科研人员及科研财务助理项目与资金管理工作手册（全三册）

（上册）

科技日报社　编

科学技术文献出版社
SCIENTIFIC AND TECHNICAL DOCUMENTATION PRESS

·北京·

图书在版编目（CIP）数据

科研人员及科研财务助理项目与资金管理工作手册：全三册 / 科技日报社编. —北京：科学技术文献出版社，2021.5（2024.11重印）
ISBN 978-7-5189-7899-1

Ⅰ.①科… Ⅱ.①科… Ⅲ.①科技经费—财务管理—中国—手册 Ⅳ.① G322-62

中国版本图书馆CIP数据核字（2021）第 097464 号

科研人员及科研财务助理项目与资金管理工作手册（全三册）

| 策划编辑：郝迎聪 | 责任编辑：李 晴 | 责任校对：张永霞 | 责任出版：张志平 |

出 版 者	科学技术文献出版社	
地 址	北京市复兴路15号　邮编100038	
编 务 部	（010）58882938，58882087（传真）	
发 行 部	（010）58882868，58882870（传真）	
邮 购 部	（010）58882873	
官 方 网 址	www.stdp.com.cn	
发 行 者	科学技术文献出版社发行　全国各地新华书店经销	
印 刷 者	北京虎彩文化传播有限公司	
版 次	2021年5月第1版　2024年11月第3次印刷	
开 本	889×1194　1/16	
字 数	4265千	
印 张	178.75	
书 号	ISBN 978-7-5189-7899-1	
定 价	398.00元	

版权所有　违法必究

购买本社图书，凡字迹不清、缺页、倒页、脱页者，本社发行部负责调换

编委会

主　　任：李惠安

主　　编：陈　昕

副 主 编：王　琨　李建荣

编辑部成员：白雪娟　毕春梅　曹洪杰　查良春　柴　楠
　　　　　　邓　畅　张延辉　张友昌　周　霖　张　烨
　　　　　　董时剑　杨　扬　种　瑞

创新是一个民族进步的灵魂，是一个国家兴旺发达的不竭动力，也是中华民族最深沉的民族禀赋。在激烈的国际竞争中，惟创新者进，惟创新者强，惟创新者胜。

——2013年10月21日，习近平在欧美同学会成立一百周年庆祝大会上的讲话

实施创新驱动发展战略，最根本的是要增强自主创新能力，最紧迫的是要破除体制机制障碍，最大限度解放和激发科技作为第一生产力所蕴藏的巨大潜能。

——2014年6月9日，习近平在中国科学院第十七次院士大会、
中国工程院第十二次院士大会上的讲话

要完善符合科技创新规律的资源配置方式，解决简单套用行政预算和财务管理方法管理科技资源等问题，优化基础研究、战略高技术研究、社会公益类研究的支持方式，力求科技创新活动效率最大化。要着力改革和创新科研经费使用和管理方式，让经费为人的创造性活动服务，而不能让人的创造性活动为经费服务。要改革科技评价制度，建立以科技创新质量、贡献、绩效为导向的分类评价体系，正确评价科技创新成果的科学价值、技术价值、经济价值、社会价值、文化价值。

——2016年5月30日，习近平在全国科技创新大会、两院院士大会、
中国科协第九次全国代表大会上的讲话

整合优化科技资源配置。对科技创新来说，科技资源优化配置至关重要。
——2020年9月11日，习近平在科学家座谈会上的讲话

要拿出更大的勇气推动科技管理职能转变，按照抓战略、抓改革、抓规划、抓服务的定位，转变作风，提升能力，减少分钱、分物、定项目等直接干预，强化规划政策引导，给予科研单位更多自主权，赋予科学家更大技术路线决定权和经费使用权，让科研单位和科研人员从繁琐、不必要的体制机制束缚中解放出来！

——2021年5月28日，习近平在中国科学院第二十次院士大会、
中国工程院第十五次院士大会、中国科协第十次全国代表大会上的讲话

Foreword 前 言

科技是国家强盛之基，创新是民族进步之魂。党的十八大以来，以习近平同志为核心的党中央把创新摆在国家发展全局的核心位置，加快科技体制改革步伐，破除一切束缚创新驱动发展的观念和体制机制障碍。按照中央的统一部署，科技部、财政部和中央各有关部门、地方各省市大力推进科技领域"放管服"改革，加快建立适应科技创新规律、统筹协调、职责清晰、科学规范、公开透明、监管有力的科研项目和资金管理机制，自2014年起出台了一系列优化科研项目和资金管理的规范性文件，赋予科研人员更大的人财物自主支配权，减轻科研人员负担，充分释放创新活力，调动科研人员积极性。经过6年多不断细化实化改革措施，科技治理体系全面优化，国家创新效能不断提升，激发了科研人员的积极性和创造性，营造了良好的科研政策环境。科技创新对经济社会发展的支撑和引领作用日益增强，科技创新事业实现了历史性、跨越式发展。

坚持创新在我国现代化建设全局中的核心地位，把科技自立自强作为国家发展的战略支撑。这是以习近平同志为核心的党中央立足新发展阶段、坚持新发展理念、构建新发展格局作出的重要战略部署。深入学习贯彻党的十九届五中全会精神，厚植社会创新沃土，提升全民科学素质，筑实发展战略根基，增强国家综合国力，科技宣传工作的重要性愈发彰显。科技宣传不仅是党的新闻舆论工作的重要组成部分，也是实现国家科技治理体系和治理能力现代化的重要手段。

科技日报社是党中央、国务院在科技领域的宣传主阵地，建设了国家科技计划项目和经费管理宣传平台（锐动源公众号），重点加强科研项目和资金管理的宣传工作。为使科研人员及科研财务助理能系统地了解目前中央、地方已出台的各项政策，规范管理，更好地履行责任，我们对近年来印发的有关科研项目及资金管理等方面的法规、制度等进行了整理和汇编。

本书共收录2014—2020年全国性、3个中央部门（教育部、中国科学院、国家国防科技工业局）、31个省（自治区、直辖市）已出台的科研项目及资金管理主要法规政策，为满足科研人员和科研财务助理工作需要，对部分2014年前印发现仍然执行的重要文件也做了收录并在附录中列示。

本书共分为3个部分：第一部分，全国性科研项目和资金管理法规政策；第二部分，中央部门科研项目和资金管理法规政策；第三部分，地方科研项目和资金管理法规政策。全书力求阐释科研项目和资金管理的最新法规政策和改革脉络，内容翔实、具体，具有很强的权威性、实用性和操作性，是广大科研人员和科研财务助理的必备工具书。

"惟进取也故日新"，坚持科技创新和制度创新"双轮驱动"，中国特色自主创新道路定能行稳致远，我们衷心希望本书能成为广大科研人员和科研财务助理的良师益友。由于编写时间仓促，书中的疏误之处难免，恳请读者指正。

编者

2020年12月31日

Contents 目 录

第一部分　全国性科研项目和资金管理法规政策

第一章　科技体制改革和国家创新体系建设类 ... 2

第一节　法律法规 ... 2

中华人民共和国促进科技成果转化法 ... 2

国家科学技术奖励条例（国务院令第731号） ... 8

第二节　部门规章 ... 12

科学技术活动违规行为处理暂行规定（科学技术部令第19号） ... 12

第三节　规范性文件 ... 18

一、中央和国务院文件 ... 18

中共中央　国务院关于深化体制机制改革加快实施创新驱动发展战略的若干意见（中发〔2015〕8号） ... 18

中共中央办公厅　国务院办公厅印发《深化科技体制改革实施方案》（中办发〔2015〕46号） ... 26

中共中央　国务院印发《国家创新驱动发展战略纲要》（中发〔2016〕4号） ... 37

中共中央办公厅　国务院办公厅转发中央组织部、中央外办等部门《关于加强和改进教学科研人员因公临时出国管理工作的指导意见》的通知（厅字〔2016〕17号） ... 47

中共中央办公厅　国务院办公厅印发《关于实行以增加知识价值为导向分配

政策的若干意见》(厅字〔2016〕35号)...... 49

国务院办公厅转发科技部《关于加快建立国家科技报告制度指导意见》的通知(国办发〔2014〕43号)...... 53

国务院办公厅关于优化学术环境的指导意见(国办发〔2015〕94号)...... 56

国务院办公厅关于印发促进科技成果转移转化行动方案的通知(国办发〔2016〕28号)...... 60

国务院关于印发实施《中华人民共和国促进科技成果转化法》若干规定的通知(国发〔2016〕16号)...... 66

国务院办公厅印发关于深化科技奖励制度改革方案的通知(国办函〔2017〕55号)...... 69

国务院关于印发积极牵头组织国际大科学计划和大科学工程方案的通知(国发〔2018〕5号)...... 73

国务院办公厅关于印发科学数据管理办法的通知(国办发〔2018〕17号)...... 77

国务院办公厅关于印发科技领域中央与地方财政事权和支出责任划分改革方案的通知(国办发〔2019〕26号)...... 81

国务院办公厅关于推广第三批支持创新相关改革举措的通知(国办发〔2020〕3号)...... 85

国务院关于促进国家高新技术产业开发区高质量发展的若干意见(国发〔2020〕7号)...... 89

国务院关于印发新时期促进集成电路产业和软件产业高质量发展若干政策的通知(国发〔2020〕8号)...... 93

二、部委规范性文件 98

中国科学院、科学技术部关于印发《中国科学院关于新时期加快促进科技成果转移转化指导意见》的通知(科发促字〔2016〕97号)...... 98

中共中央组织部 科技部关于印发《科研事业单位领导人员管理暂行办法》的通知(中组发〔2017〕4号)...... 101

人力资源社会保障部关于支持和鼓励事业单位专业技术人员创新创业的指导意见(人社部规〔2017〕4号)...... 106

科技部 财政部 人力资源社会保障部关于印发《中央级科研事业单位绩效评价暂行办法》的通知(国科发创〔2017〕330号)...... 109

科技部 国资委印发《关于进一步推进中央企业创新发展的意见》的通知(国科发资〔2018〕19号)...... 114

科技部 全国工商联印发《关于推动民营企业创新发展的指导意见》的通知(国科发资〔2018〕45号)...... 118

科技部等6部门印发《关于扩大高校和科研院所科研相关自主权的若干意

见》的通知（国科发政〔2019〕260号） ……………………………………… 122

科技部印发《关于新时期支持科技型中小企业加快创新发展的若干政策措施》的通知（国科发区〔2019〕268号） ………………………………… 126

科技部等六部门印发《关于促进文化和科技深度融合的指导意见》的通知（国科发高〔2019〕280号） …………………………………………………… 129

关于印发《国家科学技术奖励绩效评价暂行办法》的通知（财教〔2019〕228号） ………………………………………………………………………… 134

科技部等9部门印发《赋予科研人员职务科技成果所有权或长期使用权试点实施方案》的通知（国科发区〔2020〕128号） ……………………………… 136

科技部　教育部　人力资源社会保障部　财政部　中科院　自然科学基金委关于鼓励科研项目开发科研助理岗位吸纳高校毕业生就业的通知（国科发资〔2020〕132号） …………………………………………………………… 140

第二章　科研项目和资金管理类 …………………………………………………… 142

第一节　综合类 ……………………………………………………………… 142

一、中央和国务院文件 ……………………………………………………… 142

国务院关于改进加强中央财政科研项目和资金管理的若干意见（国发〔2014〕11号） ………………………………………………………………… 142

国务院印发关于深化中央财政科技计划（专项、基金等）管理改革方案的通知（国发〔2014〕64号） ……………………………………………………… 148

中共中央办公厅　国务院办公厅印发《关于进一步完善中央财政科研项目资金管理等政策的若干意见》的通知（中办发〔2016〕50号） …………… 154

中共中央办公厅　国务院办公厅印发《关于深化项目评审、人才评价、机构评估改革的意见》（中办发〔2018〕37号） …………………………………… 158

国务院关于优化科研管理提升科研绩效若干措施的通知（国发〔2018〕25号） ………………………………………………………………………… 163

国务院办公厅关于抓好赋予科研机构和人员更大自主权有关文件贯彻落实工作的通知（国办发〔2018〕127号） ……………………………………… 167

二、部委规范性文件 ………………………………………………………… 170

科技部关于印发《中央财政科技计划（专项、基金等）项目管理专业机构管理暂行规定》的通知（国科发创〔2016〕70号） ………………………… 170

财政部关于印发《中央级公益性科研院所基本科研业务费专项资金管理办法》的通知（财教〔2016〕268号） ……………………………………………… 176

科技部　质检总局　国家标准委关于在国家科技计划专项实施中加强技术标准研制工作的指导意见（国科发资〔2016〕301号） ………………………… 179

财政部　教育部关于印发《中央高校基本科研业务费管理办法》的通知（财教〔2016〕277号）……183

财政部关于《中央级公益性科研院所基本科研业务费专项资金管理办法》的补充通知（财科教〔2016〕20号）……186

关于《中央级科学事业单位修缮购置专项资金管理办法》的补充通知（财科教〔2016〕21号）……187

科技部　财政部　发展改革委关于印发《科技评估工作规定（试行）》的通知（国科发政〔2016〕382号）……188

科技部关于印发《中央财政科技计划（专项、基金等）科技报告管理暂行办法》的通知（国科发创〔2016〕419号）……193

财政部　科技部　教育部　发展改革委关于进一步做好中央财政科研项目资金管理等政策贯彻落实工作的通知（财科教〔2017〕6号）……197

科技部办公厅关于印发《国家科技专家库管理办法（试行）》的通知（国科办创〔2017〕25号）……199

财政部关于印发《中央科教部门预算执行管理办法》的通知（财科教〔2017〕113号）……203

财政部关于印发《中央财政科研项目专家咨询费管理办法》的通知（财科教〔2017〕128号）……206

科技部　财政部关于印发《关于鼓励香港特别行政区、澳门特别行政区高等院校和科研机构参与中央财政科技计划（专项、基金等）组织实施的若干规定（试行）》的通知（国科发资〔2018〕43号）……208

中国注册会计师协会关于印发《中央财政科技计划项目（课题）结题审计指引》的通知（会协〔2018〕57号）……210

财政部关于进一步完善中央财政科技和教育资金预算执行管理有关事宜的通知（财库〔2018〕96号）……233

财政部　科技部关于印发《中央财政科技计划（专项、基金等）后补助管理办法》的通知（财教〔2019〕226号）……235

科技部　发展改革委　教育部　中科院　自然科学基金委关于印发《加强"从0到1"基础研究工作方案》的通知（国科发基〔2020〕46号）……238

科技部印发《关于破除科技评价中"唯论文"不良导向的若干措施（试行）》的通知（国科发监〔2020〕37号）……243

科技部办公厅　财政部办公厅　教育部办公厅　中科院办公厅　工程院办公厅　自然科学基金委办公室关于印发《新形势下加强基础研究若干重点举措》的通知（国科办基〔2020〕38号）……247

科技部　财政部　发展改革委关于印发《中央财政科技计划（专项、基金

等）绩效评估规范（试行）》的通知（国科发监〔2020〕165号）·········· 250

科技部　财政部　教育部　中科院关于持续开展减轻科研人员负担激发创新
活力专项行动的通知（国科发政〔2020〕280号）······························· 254

第二节　国家自然科学基金 ·············· 257

一、法律法规 ·············· 257

国家自然科学基金条例（中华人民共和国国务院令第487号）·············· 257

二、部委规范性文件 ·············· 264

（一）程序管理规范 ·············· 264

国家自然科学基金面上项目管理办法 ·············· 264

国家自然科学基金重点项目管理办法 ·············· 268

关于印发《国家自然科学基金重大项目管理办法》的通知（国科金发计
〔2015〕60号）·············· 273

国家自然科学基金国际（地区）合作研究项目管理办法 ·············· 279

国家自然科学基金国际（地区）合作交流项目管理办法 ·············· 284

国家自然科学基金地区科学基金项目管理办法 ·············· 288

国家自然科学基金青年科学基金项目管理办法 ·············· 293

国家杰出青年科学基金项目管理办法 ·············· 297

国家自然科学基金优秀青年科学基金项目管理办法 ·············· 302

国家自然科学基金数学天元基金项目管理办法 ·············· 306

国家自然科学基金创新研究群体项目管理办法 ·············· 310

国家自然科学基金联合基金项目管理办法 ·············· 315

国家自然科学基金重大研究计划管理办法 ·············· 320

国家自然科学基金专项项目管理办法 ·············· 327

国家重大科研仪器研制项目管理办法 ·············· 331

（二）资金管理规范 ·············· 338

国家自然科学基金资助项目资金管理办法 ·············· 338

财政部　国家自然科学基金委员会关于国家自然科学基金资助项目资金管理
有关问题的补充通知（财科教〔2016〕19号）·············· 343

国家自然科学基金委员会关于国家自然科学基金资助项目资金管理的补充通
知（国科金发财〔2018〕88号）·············· 344

国家自然科学基金委员会　财政部关于进一步完善科学基金项目和资金管理
的通知（国科金发财〔2019〕31号）·············· 345

（三）监督管理及其他规章 ·············· 347

国家自然科学基金项目评审专家行为规范 ·············· 347

国家自然科学基金依托单位注册管理实施细则 ·············· 349

国家自然科学基金资助项目研究成果管理办法 …… 353
　　国家自然科学基金资助项目变更管理规程（试行）…… 355
　　国家自然科学基金委员会关于开展提高间接费用比例试点工作的通知（国科金发财〔2019〕65号）…… 360
　　国家自然科学基金项目科研不端行为调查处理办法 …… 361

第三节　国家科技重大专项 …… 370

　　科技部　发展改革委　财政部关于印发《国家科技重大专项（民口）管理规定》的通知（国科发专〔2017〕145号）…… 370
　　财政部　科技部　发展改革委关于印发《国家科技重大专项（民口）资金管理办法》的通知（财科教〔2017〕74号）…… 379
　　财政部关于印发《国家科技重大专项（民口）项目（课题）财务验收办法》的通知（财科教〔2017〕75号）…… 389
　　科技部关于印发《国家科技重大专项（民口）档案管理规定》的通知（国科发专〔2017〕348号）…… 394
　　科技部　发展改革委　财政部关于印发《进一步深化管理改革激发创新活力确保完成国家科技重大专项既定目标的十项措施》的通知（国科发重〔2018〕315号）…… 402

第四节　国家重点研发计划 …… 406

　　财政部　科技部关于印发《国家重点研发计划资金管理办法》的通知（财科教〔2016〕113号）…… 406
　　《国家重点研发计划资金管理办法》解读 …… 414
　　科技部　财政部关于印发《国家重点研发计划管理暂行办法》的通知（国科发资〔2017〕152号）…… 417
　　科技部关于印发《国家重点研发计划资金管理办法》配套实施细则的通知（国科发资〔2017〕261号）…… 426
　　国家重点研发计划重点专项项目预算评估规范 …… 434
　　《国家重点研发计划重点专项项目预算编报指南》解读 …… 438
　　《国家重点研发计划重点专项项目预算评估规范》解读 …… 442
　　科技部　资源配置与管理司关于印发《国家重点研发计划项目中期检查工作规范（试行）》的通知（国科资函〔2018〕3号）…… 445
　　科技部办公厅关于印发《国家重点研发计划项目综合绩效评价工作规范（试行）》的通知（国科办资〔2018〕107号）…… 447
　　科技部　财政部关于进一步优化国家重点研发计划项目和资金管理的通知（国科发资〔2019〕45号）…… 465
　　科技部办公厅关于调整2020年度国家重点研发计划项目管理相关工作安排

的通知（国科办资〔2020〕9号）⋯⋯⋯⋯⋯⋯⋯⋯⋯⋯⋯⋯⋯⋯⋯⋯⋯⋯⋯⋯ 468

第五节　技术创新引导专项（基金） ⋯⋯⋯⋯⋯⋯⋯⋯⋯⋯⋯⋯⋯⋯⋯⋯⋯⋯⋯ 469

科技部　财政部关于印发《国家科技成果转化引导基金设立创业投资子基金管理暂行办法》的通知（国科发财〔2014〕229号）⋯⋯⋯⋯⋯⋯⋯⋯⋯⋯⋯ 469

科技部　财政部关于启动实施国家科技成果转化引导基金有关工作的通知（国科发财〔2014〕311号）⋯⋯⋯⋯⋯⋯⋯⋯⋯⋯⋯⋯⋯⋯⋯⋯⋯⋯⋯⋯⋯⋯ 473

科技部　财政部关于印发《国家科技成果转化引导基金贷款风险补偿管理暂行办法》的通知（国科发资〔2015〕417号）⋯⋯⋯⋯⋯⋯⋯⋯⋯⋯⋯⋯⋯⋯ 474

关于印发《中央引导地方科技发展资金管理办法》的通知（财教〔2019〕129号）⋯⋯⋯⋯⋯⋯⋯⋯⋯⋯⋯⋯⋯⋯⋯⋯⋯⋯⋯⋯⋯⋯⋯⋯⋯⋯⋯⋯⋯⋯⋯ 476

第六节　基地和人才专项 ⋯⋯⋯⋯⋯⋯⋯⋯⋯⋯⋯⋯⋯⋯⋯⋯⋯⋯⋯⋯⋯⋯⋯ 479

一、中央和国务院文件 ⋯⋯⋯⋯⋯⋯⋯⋯⋯⋯⋯⋯⋯⋯⋯⋯⋯⋯⋯⋯⋯⋯⋯ 479

国务院办公厅关于推进农业高新技术产业示范区建设发展的指导意见（国办发〔2018〕4号）⋯⋯⋯⋯⋯⋯⋯⋯⋯⋯⋯⋯⋯⋯⋯⋯⋯⋯⋯⋯⋯⋯⋯⋯⋯ 479

二、部委规范性文件 ⋯⋯⋯⋯⋯⋯⋯⋯⋯⋯⋯⋯⋯⋯⋯⋯⋯⋯⋯⋯⋯⋯⋯⋯ 482

科技部关于进一步推动科技型中小企业创新发展的若干意见（国科发高〔2015〕3号）⋯⋯⋯⋯⋯⋯⋯⋯⋯⋯⋯⋯⋯⋯⋯⋯⋯⋯⋯⋯⋯⋯⋯⋯⋯⋯⋯⋯ 482

科技部　财政部　国家税务总局关于修订印发《高新技术企业认定管理办法》的通知（国科发火〔2016〕32号）⋯⋯⋯⋯⋯⋯⋯⋯⋯⋯⋯⋯⋯⋯⋯⋯ 485

关于印发《国有科技型企业股权和分红激励暂行办法》的通知（财资〔2016〕4号）⋯⋯⋯⋯⋯⋯⋯⋯⋯⋯⋯⋯⋯⋯⋯⋯⋯⋯⋯⋯⋯⋯⋯⋯⋯⋯⋯⋯⋯ 489

国家企业技术中心认定管理办法（中华人民共和国国家发展和改革委员会　中华人民共和国科学技术部　中华人民共和国财政部　中华人民共和国海关总署　国家税务总局　令第34号）⋯⋯⋯⋯⋯⋯⋯⋯⋯⋯⋯⋯⋯⋯⋯⋯ 496

关于《国家重点实验室专项经费管理办法》的补充通知（财科教〔2016〕27号）⋯⋯⋯⋯⋯⋯⋯⋯⋯⋯⋯⋯⋯⋯⋯⋯⋯⋯⋯⋯⋯⋯⋯⋯⋯⋯⋯⋯⋯⋯⋯ 500

科技部　财政部　国家税务总局关于印发《科技型中小企业评价办法》的通知（国科发政〔2017〕115号）⋯⋯⋯⋯⋯⋯⋯⋯⋯⋯⋯⋯⋯⋯⋯⋯⋯⋯⋯ 501

科技部　发展改革委　财政部关于印发《国家重大科研基础设施和大型科研仪器开放共享管理办法》的通知（国科发基〔2017〕289号）⋯⋯⋯⋯⋯⋯ 505

财政部　科技部　国资委关于《国有科技型企业股权和分红激励暂行办法》的问题解答（发布时间：2017年11月10日）⋯⋯⋯⋯⋯⋯⋯⋯⋯⋯⋯⋯ 508

科技部　财政部关于印发《国家科技资源共享服务平台管理办法》的通知（国科发基〔2018〕48号）⋯⋯⋯⋯⋯⋯⋯⋯⋯⋯⋯⋯⋯⋯⋯⋯⋯⋯⋯⋯⋯⋯ 515

关于加强国家重点实验室建设发展的若干意见（国科发基〔2018〕64号） 519

关于扩大国有科技型企业股权和分红激励暂行办法实施范围等有关事项的通知（财资〔2018〕54号） 524

财政部 科技部关于印发《中央级新购大型科研仪器设备查重评议管理办法》的通知（财科教〔2019〕1号） 525

关于印发《国家新一代人工智能开放创新平台建设工作指引》的通知（国科发高〔2019〕265号） 528

科技部 农业农村部 水利部 国家林业和草原局 中国科学院 中国农业银行关于印发《国家农业科技园区管理办法》的通知（国科发农〔2020〕173号） 531

交通运输部 科学技术部关于印发《国家交通运输科普基地管理办法》的通知（交科技发〔2020〕73号） 535

第七节 国家社会科学基金类 538

财政部 全国哲学社会科学规划领导小组关于印发《国家社会科学基金项目资金管理办法》的通知（财教〔2016〕304号） 538

财政部 教育部关于印发《高等学校哲学社会科学繁荣计划专项资金管理办法》的通知（财教〔2016〕317号） 543

财政部 全国哲学社会科学规划领导小组关于《国家社会科学基金项目资金管理办法》的补充通知（财科教〔2016〕24号） 548

全国哲学社会科学工作领导小组 财政部关于进一步完善国家社会科学基金项目管理的有关规定（社科工作领字〔2019〕1号） 549

第三章 科技监督和诚信建设类 552

第一节 中央和国务院文件 552

中共中央办公厅 国务院办公厅印发《关于进一步加强科研诚信建设的若干意见》（厅字〔2018〕23号） 552

中共中央办公厅 国务院办公厅印发《关于进一步弘扬科学家精神加强作风和学风建设的意见》（中办发〔2019〕35号） 558

第二节 部委规范性文件 562

科技部 财政部关于印发《中央财政科技计划（专项、基金等）监督工作暂行规定》的通知（国科发政〔2015〕471号） 562

科技部等15部门关于印发《国家科技计划（专项、基金等）严重失信行为记录暂行规定》的通知（国科发政〔2016〕97号） 568

科技部办公厅关于印发《科技部落实国家科技计划管理监督主体责任实施方案》的通知（国科办政〔2016〕49号） 572

印发《关于对科研领域相关失信责任主体实施联合惩戒的合作备忘录》的通知（发改财金〔2018〕1600号）……578

科技部等20部门关于印发《科研诚信案件调查处理规则（试行）》的通知（国科发监〔2019〕323号）……583

科技部 自然科学基金委关于进一步压实国家科技计划（专项、基金等）任务承担单位科研作风学风和科研诚信主体责任的通知（国科发监〔2020〕203号）……590

科技部关于印发《科学技术活动评审工作中请托行为处理规定（试行）》的通知（国科发监〔2020〕360号）……592

第四章 税收政策类……595

财政部 国家税务总局 科技部关于完善研究开发费用税前加计扣除政策的通知（财税〔2015〕119号）……595

国家税务总局关于企业研究开发费用税前加计扣除政策有关问题的公告（国家税务总局公告2015年第97号）……598

财政部 海关总署 国家税务总局关于鼓励科普事业发展进口税收政策的通知（财关税〔2016〕6号）……601

财政部 国家税务总局关于国家大学科技园税收政策的通知（财税〔2016〕98号）……602

财政部 国家税务总局关于完善股权激励和技术入股有关所得税政策的通知（财税〔2016〕101号）……604

财政部 海关总署 国家税务总局关于"十三五"期间支持科技创新进口税收政策的通知（财关税〔2016〕70号）……608

财政部等10部门关于支持科技创新进口税收政策管理办法的通知（财关税〔2016〕71号）……610

财政部 税务总局 科技部关于提高科技型中小企业研究开发费用税前加计扣除比例的通知（财税〔2017〕34号）……612

国家税务总局关于实施高新技术企业所得税优惠政策有关问题的公告（国家税务总局公告2017年第24号）……613

科技部 财政部 国家税务总局关于进一步做好企业研发费用加计扣除政策落实工作的通知（国科发政〔2017〕211号）……615

海关总署关于执行"十三五"期间支持科技创新进口税收政策有关问题的通知（署税发〔2017〕153号）……617

科技部 财政部 海关总署 国家税务总局关于印发科研院所、转制科研院所、国家重点实验室、企业国家重点实验室和国家工程技术研究中心免税

进口科学研究、科技开发和教学用品管理办法的通知（国科发政〔2017〕280号）……625

国家税务总局　科技部关于加强企业研发费用税前加计扣除政策贯彻落实工作的通知（税总发〔2017〕106号）……628

财政部　税务总局　商务部　科技部　国家发展改革委关于将技术先进型服务企业所得税政策推广至全国实施的通知（财税〔2017〕79号）……630

国家税务总局关于研发费用税前加计扣除归集范围有关问题的公告（国家税务总局公告2017年第40号）……633

财政部　税务总局关于创业投资企业和天使投资个人有关税收政策的通知（财税〔2018〕55号）……636

财政部　税务总局　科技部关于科技人员取得职务科技成果转化现金奖励有关个人所得税政策的通知（财税〔2018〕58号）……639

财政部　税务总局　科技部　国资委关于转制科研院所科技人员取得职务科技成果转化现金奖励有关个人所得税政策的通知（财税〔2018〕60号）……641

财政部　税务总局　科技部关于企业委托境外研究开发费用税前加计扣除有关政策问题的通知（财税〔2018〕64号）……642

财政部　税务总局　科技部　教育部关于科技企业孵化器大学科技园和众创空间税收政策的通知（财税〔2018〕120号）……644

科技部成果与区域司　教育部科技司关于开展2018年度国家大学科技园免税审核工作的通知（国科区函〔2019〕52号）……645

科技部　教育部关于中国农业大学国家大学科技园等55家国家大学科技园通过2018年度享受税收优惠政策审核的通知（国科发区〔2020〕14号）……646

国家税务总局关于发布《研发机构采购国产设备增值税退税管理办法》的公告（国家税务总局公告2020年第6号）……647

第五章　科技金融类……650

科技部　中国人民银行　中国银监会　中国证监会　中国保监会关于确定第二批促进科技和金融结合试点的通知（国科发资〔2016〕183号）……650

财政部　科技部　工业和信息化部　人民银行　银保监会关于开展财政支持深化民营和小微企业金融服务综合改革试点城市工作的通知（财金〔2019〕62号）……651

科技部　中国邮政储蓄银行关于加强科技金融合作有关工作的通知（国科发资〔2020〕9号）……654

第二部分　中央部门科研项目和资金管理法规政策

第六章　教育部科研项目和资金管理法规政策 ... 658

　　教育部关于印发《高校国际合作联合实验室建设与管理办法》的通知（教技〔2014〕3号） ... 658

　　教育部关于直属高校落实财务管理领导责任严肃财经纪律的若干意见（教财〔2015〕4号） ... 661

　　教育部关于印发《教育部重点实验室建设与运行管理办法》和《教育部重点实验室评估规则（2015年修订）》的通知（教技〔2015〕3号） ... 665

　　教育部办公厅关于加强高等学校科研基础设施和科研仪器开放共享的指导意见（教技厅〔2015〕4号） ... 673

　　教育部办公厅关于印发《教育部科学事业费重大项目立项和实施管理办法》的通知（教技厅函〔2016〕91号） ... 675

　　教育部　科技部关于加强高等学校科技成果转移转化工作的若干意见（教技〔2016〕3号） ... 679

　　教育部办公厅关于印发《促进高等学校科技成果转移转化行动计划》的通知（教技厅函〔2016〕115号） ... 683

　　教育部办公厅关于高校进一步落实以增加知识价值为导向分配政策有关事项的通知（教技厅函〔2017〕91号） ... 687

　　教育部办公厅关于进一步推动高校落实科技成果转化政策相关事项的通知（教技厅函〔2017〕139号） ... 688

　　教育部关于印发《高等学校科技成果转化和技术转移基地认定暂行办法》的通知（教技〔2018〕7号） ... 691

　　中共教育部党组关于抓好赋予科研管理更大自主权有关文件贯彻落实工作的通知（教党函〔2019〕37号） ... 693

　　教育部关于印发《前沿科学中心建设管理办法》的通知（教技函〔2019〕57号） ... 695

　　教育部关于印发《教育部工程研究中心建设与运行管理办法》《教育部工程研究中心评估细则》的通知（教技函〔2019〕71号） ... 699

　　教育部关于印发《高等学校国家重大科技基础设施建设管理办法（暂行）》的通知（教技函〔2019〕76号） ... 711

　　教育部关于印发《高等学校科学研究优秀成果奖（科学技术）奖励办法》的通知（教技〔2019〕3号） ... 715

　　教育部　国家知识产权局　科技部关于提升高等学校专利质量促进转化运用的若干意见（教科技〔2020〕1号） ... 722

教育部　科技部印发《关于规范高等学校SCI论文相关指标使用树立正确评价导向的若干意见》的通知（教科技〔2020〕2号）………………726

教育部关于印发《教育部科学技术委员会章程》的通知（教科技函〔2020〕70号）……………………………………………………………………728

第七章　中国科学院科研项目和资金管理法规政策……………………731

中国科学院条件保障与财务局关于印发《中国科学院野外科学考察等特殊科研活动经费支出管理办法》（试行）的通知（条财字〔2014〕33号）……………731

中国科学院关于加强科研项目和资金管理的若干意见（试行）（科发条财字〔2014〕204号）……………………………………………………………734

中国科学院关于加强科研项目关联业务管理的暂行规定（科发条财字〔2015〕125号）……………………………………………………………741

中国科学院战略性先导科技专项财务验收规程（条财字〔2016〕26号）……744

中国科学院差旅费管理办法（试行）（科发条财字〔2016〕102号）…………748

中国科学院会议费管理办法（试行）（科发条财字〔2016〕103号）…………751

中国科学院学部项目经费管理办法（科发条财字〔2016〕119号）…………754

中国科学院关于印发《中国科学院院级科研项目经费管理办法》的通知（科发条财字〔2016〕169号）……………………………………………………757

中国科学院关于加强间接费用管理与核算的指导意见（科发条财字〔2016〕170号）……………………………………………………………………763

中国科学院关于加强科研项目资金管理实行内部公示的指导意见（科发条财字〔2016〕171号）……………………………………………………………765

中国科学院关于推进科研财务助理工作的指导意见（科发条财字〔2016〕172号）……………………………………………………………………767

中国科学院条件保障与财务局关于印发《中国科学院科研仪器设备研制项目管理办法》的通知（条财字〔2017〕14号）……………………………………770

中国科学院关于印发《中国科学院战略性先导科技专项管理办法》及相关管理实施细则的通知（科发规字〔2017〕106号）…………………………………775

中国科学院条件保障与财务局关于在战略性先导科技专项中进一步落实"放管服"工作的通知（科发条财函字〔2018〕17号）…………………………812

中国科学院关于中国科学院战略性先导科技专项管理的补充通知（科发函字〔2018〕524号）……………………………………………………………814

中国科学院关于印发《中国科学院C类战略性先导科技专项管理实施细则》的通知（科发重字〔2019〕29号）……………………………………………816

中国科学院条件保障与财务局关于进一步优化战略性先导科技专项经费管理

的通知（科发条财函字〔2019〕88号）……821

中国科学院条件保障与财务局关于印发《中国科学院科技扶贫经费管理办法》的通知（条财字〔2019〕36号）……824

中国科学院条件保障与财务局关于进一步完善后补助项目经费管理的通知（条财字〔2019〕37号）……827

中国科学院条件保障与财务局关于进一步加大授权力度促进科技成果转化的通知（条财字〔2019〕49号）……829

中国科学院条件保障与财务局关于印发《中国科学院单位内部往来业务管理指导意见（试行）》的通知（条财字〔2019〕57号）……831

中国科学院条件保障与财务局关于进一步规范科研经费管理和使用的通知（科发条财函字〔2020〕53号）……834

第八章 国防科工局科研项目和资金管理法规政策……838

国防科工局关于印发《核电站乏燃料处理处置基金项目管理办法》的通知（科工二司〔2014〕314号）……838

国防科工局关于印发《国防科技工业科技报告管理暂行办法》的通知（科工技〔2015〕736号）……844

国防科工局关于促进国防科技工业科技成果转化的若干意见（科工技〔2015〕1230号）……848

国防科工局关于印发《国防科工局技术基础科研项目建议书形式审查内容及要求》的通知（科工技〔2016〕260号）……851

国防科工局关于军工项目审计全覆盖的实施意见（科工财审〔2016〕349号）……853

国防科工局关于印发《军工技术推广专项奖励性后补助实施细则（试行）》的通知（科工技〔2017〕1072号）……855

国防科工局关于印发《船舶动力基础科研（MPRD）计划项目事前立项事后补助管理实施细则（试行）》的通知（科工四司〔2017〕1296号）……859

国防科工局关于印发《国防科技工业技术基础科研奖励性后补助实施细则（试行）》的通知（科工技〔2017〕1515号）……865

关于印发《促进国家重点实验室与国防科技重点实验室、军工和军队重大试验设施与国家重大科技基础设施的资源共享管理办法》的通知（国科发基〔2018〕63号）……868

军品配套科研项目后补助管理实施细则（试行）（科工管〔2018〕822号）……871

国防科工局关于印发《国防科技重点实验室稳定支持科研管理暂行办法》的通知（科工技〔2018〕1545号）……874

第三部分　地方科研项目和资金管理法规政策

第九章　北京市科研项目和资金管理法规政策 878

关于印发《北京市自然科学基金联合基金经费管理细则（暂行）》的通知（京科基金字〔2016〕33号） 878

中共北京市委办公厅　北京市人民政府办公厅印发《北京市进一步完善财政科研项目和经费管理的若干政策措施》的通知（京办发〔2016〕36号） 881

北京市财政局　北京市科学技术委员会关于印发《北京市科技计划项目（课题）经费管理办法》的通知（京财科文〔2016〕2861号） 886

北京市科学技术委员会关于印发《北京市科技计划项目（课题）管理办法（试行）》的通知（京科发〔2016〕771号） 893

北京市财政局　北京市科学技术委员会关于印发《北京市自然科学基金资助项目经费管理办法》的通知（京财科文〔2017〕1842号） 900

关于印发《北京市科技计划科技报告管理办法（试行）》的通知（京科发〔2017〕235号） 906

北京市科学技术委员会关于印发《北京市杰出青年科学基金项目管理办法（试行）》的通知（京科发〔2018〕63号） 909

北京市科学技术委员会关于印发《北京市科技创新基地培育与发展工程专项管理办法（试行）》的通知（京科发〔2018〕100号） 914

关于印发《北京市关于解决重大科研基础设施和大型科研仪器向社会开放若干关键问题的实施细则（试行）》的通知（京科发〔2018〕189号） 917

北京市财政局　北京市科学技术委员会关于印发《首都科技创新券资金管理办法》的通知（京财科文〔2018〕529号） 919

关于印发《〈中关村国家自主创新示范区一区多园协同发展支持资金管理办法〉实施细则（试行）》的通知（中科园发〔2019〕22号） 923

关于印发《北京市自然科学基金项目管理办法》的通知（京科发〔2019〕10号） 929

关于印发《北京市高精尖产业技能提升培训补贴实施办法》的通知（京科发〔2020〕3号） 935

北京市科学技术委员会印发《关于落实"放管服"要求进一步完善北京市科技计划项目经费监督管理的若干措施》的通知（京科发〔2020〕8号） 940

关于印发《北京市科技企业孵化器认定管理办法》的通知（京科发〔2020〕13号） 943

第十章 天津市科研项目和资金管理法规政策 ... 946

天津市科委　市财政局关于印发《天津国家自主创新示范区发展专项资金管理暂行办法》的通知（津科计〔2015〕60号）... 946

天津市科委关于印发《天津市自然科学基金管理办法》的通知（津科基〔2016〕139号）... 949

天津市科委关于印发《天津市杰出青年科学基金项目管理办法》的通知（津科基〔2016〕150号）... 952

天津市科委　市财政局关于印发《天津市大型科学仪器开放共享实施细则》的通知（津科财〔2016〕154号）... 955

天津市科委　市财政局关于印发《天津市科技金融对接服务平台认定及考核补贴办法》的通知（津科金〔2016〕151号）... 959

天津市科委　市财政局关于修订《科技型企业股份制改造补贴资金管理办法》的通知（津科金〔2016〕152号）... 962

天津市科委　市财政局关于印发《天津市创新创业大赛打包贷款补贴实施细则》的通知（津科金〔2016〕153号）... 964

天津市科委关于印发《天津市科技计划管理办法》的通知（津科计〔2017〕27号）... 966

天津市国家税务局　天津市地方税务局　天津市科学技术委员会关于企业研究开发费用税前加计扣除项目鉴定有关问题的通知（津国税发〔2017〕59号）... 972

天津市科委　市财政局关于《科技型企业股份制改造补贴资金管理办法》的补充通知（津科金〔2017〕116号）... 974

天津市科委关于印发《天津市"杀手锏"产品认定补贴办法》的通知（津科规〔2017〕3号）... 976

天津市科委关于印发《天津市重点新产品认定补贴办法》的通知（津科规〔2017〕4号）... 978

天津市财政局　天津市科学技术委员会　天津市教育委员会关于印发《天津市财政科研项目资金管理办法》的通知（津财教〔2017〕72号）... 980

天津市科委关于印发《天津市科技计划项目相关责任主体失信行为管理暂行办法》的通知（津科规〔2017〕10号）... 986

天津市科委　市财政局　天津海关　市国税局关于印发《科研院所、转制科研院所、国家重点实验室、企业国家重点实验室和国家工程技术研究中心免税进口科学研究、科技开发和教学用品管理实施细则》的通知（津科体〔2018〕55号）... 991

天津市科委关于印发《天津市科技领军企业和领军培育企业认定补助办法

（试行）》的通知（津科规〔2018〕4号） 995

天津市科学技术局　市财政局　市税务局关于印发《天津市企业研发投入后
　　补助暂行办法》的通知（津科规〔2018〕9号） 997

天津市人民政府关于加强基础科学研究的意见（津政发〔2018〕34号） 1000

天津市科技局　市财政局关于印发《天津市科研院所技术开发工作扶持经费
　　管理办法》的通知（津科院所〔2019〕101号） 1004

市科技局　市财政局关于修订《天津市科技发展事业专项资金管理办法》的
　　通知（津科院所〔2019〕102号） 1008

市科技局　市财政局关于印发《天津市科技创新券管理办法》的通知（津科
　　规〔2019〕2号） 1012

市科技局、市财政局关于印发《天津市雏鹰企业贷款奖励及瞪羚企业、科
　　技领军企业和领军培育企业股改奖励管理暂行办法》的通知（津科规
　　〔2019〕4号） 1016

市科技局、市财政局印发《关于建立高成长初创科技型企业专项投资扶持机
　　制的意见》和《天津市高成长初创科技型企业专项投资管理暂行办法》的
　　通知（津科规〔2020〕2号） 1019

第十一章　河北省科研项目和资金管理法规政策 1024

河北省人民政府关于深化省级财政科技计划（专项、基金等）管理改革的意
　　见（冀政发〔2015〕24号） 1024

河北省财政厅　河北省科学技术厅关于印发《河北省省级技术创新引导专项
　　（基金）后补助管理规定》的通知（冀财教〔2015〕109号） 1029

中共河北省委办公厅　河北省人民政府办公厅印发《关于完善和落实省
　　级财政科研项目资金管理等政策的实施意见》的通知（冀办发〔2016〕
　　49号） 1034

关于印发《河北省企业研究开发费用税前加计扣除项目鉴定办法》的通知
　　（冀科政〔2016〕22号） 1037

河北省科学技术厅　河北省财政厅关于印发《河北省天使投资引导基金设立
　　方案》的通知（冀科计〔2016〕28号） 1041

河北省财政厅、河北省科学技术厅关于印发《河北省省级基础研究专项资金
　　管理办法》的通知（冀财教〔2017〕103号） 1045

河北省财政厅、河北省科学技术厅关于印发《中央引导地方科技发展专项资
　　金管理使用实施细则（试行）》的通知（冀财教〔2017〕162号） 1050

河北省科学技术厅关于印发《河北省科技计划项目经费审计实施暂行办法》
　　的通知（冀科资函〔2017〕191号） 1054

河北省科学技术厅关于印发《河北省科技创业投资和成果转化引导基金管理办法》的通知（冀科办〔2018〕15号） ………………………………… 1057

中共河北省委办公厅　河北省人民政府办公厅印发《关于深化项目评审、人才评价、机构评估改革的实施意见》的通知（冀办发〔2019〕1号） ………… 1061

河北省人民政府印发《关于深化放管服改革优化科研管理若干政策措施》的通知（冀政字〔2019〕4号） ……………………………………………… 1067

河北省财政厅、河北省科学技术厅关于印发《河北省技术创新引导专项资金管理办法（暂行）》的通知（冀财规〔2019〕3号） ………………………… 1072

关于印发《河北省县域科技创新跃升计划奖励资金实施细则（试行）》的通知（冀科区〔2020〕2号） …………………………………………………… 1075

关于印发《河北省省级科技计划项目管理办法》的通知（冀科规〔2020〕1号） ……………………………………………………………………………… 1077

关于印发《河北省省级科技计划项目科研诚信管理办法（试行）》的通知（冀科监规〔2020〕1号） …………………………………………………… 1084

关于印发《河北省省级战略性科研项目滚动支持实施方案（试行）》的通知（冀科高函〔2020〕49号） …………………………………………………… 1088

关于印发《河北省科技领军企业认定管理办法（试行）》的通知（冀科高〔2020〕10号） ……………………………………………………………… 1090

关于印发《河北省国际科技合作基地建设补助资金实施细则（试行）》的通知（冀科外〔2020〕3号） …………………………………………………… 1092

关于印发《河北省可持续发展实验区（示范区）资金管理实施细则》的通知（冀科社规〔2020〕1号） …………………………………………………… 1095

关于印发《河北省省级软科学研究项目管理办法》的通知（冀科政规〔2020〕1号） ……………………………………………………………………… 1098

关于印发《河北省省级产业技术研究院建设与运行绩效评估实施细则》的通知（冀科平规〔2020〕1号） ………………………………………………… 1101

关于印发《河北省企业重点实验室建设与运行管理办法》的通知（冀科平规〔2020〕2号） ……………………………………………………………… 1104

第十二章　山西省科研项目和资金管理法规政策 ………………………… 1111

山西省人民政府关于印发《山西省省级财政科研项目和资金管理办法（试行）》的通知（晋政发〔2014〕32号） ……………………………………… 1111

中共山西省委　山西省人民政府关于实施科技创新的若干意见（晋发〔2015〕12号） ……………………………………………………………………… 1116

山西省深化省级财政科技计划（专项、基金等）管理改革方案（晋政发〔2015〕35号） ………………………………………………………………… 1121

山西省科技创新券实施管理办法（试行）（晋科发〔2016〕22号）............1125

山西省人民政府办公厅关于转发省科技厅山西省科技计划（专项、基金等）及7个配套专项管理办法的通知（晋政办发〔2016〕52号）............1128

山西省人民政府办公厅关于印发《山西省科研项目经费和科技活动经费管理办法（试行）》的通知（晋政办发〔2016〕76号）............1153

《山西省科研项目经费和科技活动经费管理办法（试行）》补充规定（晋政办发〔2017〕79号）............1158

山西省人民政府办公厅关于印发《山西省支持科技创新若干政策》的通知（晋政办发〔2017〕148号）............1160

山西省人民政府办公厅关于印发《山西省科技重大专项管理办法》的通知（晋政办发〔2017〕160号）............1163

关于印发《山西省重点研发计划项目管理暂行办法》的通知（晋科资发〔2019〕97号）............1169

科技厅等七部门印发《关于进一步扩大高校和科研院所科研相关自主权的实施意见》的通知（晋科发〔2020〕41号）............1173

第十三章 内蒙古自治区科研项目和资金管理法规政策............1176

内蒙古自治区人民政府关于深化科技计划管理改革加强科技项目和资金管理的意见（内政发电〔2015〕23号）............1176

内蒙古自治区党委办公厅 自治区人民政府办公厅印发《关于进一步完善自治区财政科研项目资金管理等政策的意见》的通知（内党办发〔2017〕30号）............1181

内蒙古自治区应用技术研究与开发资金管理办法（内财科规〔2018〕2号）............1185

内蒙古自治区科技成果转化专项资金管理办法（内财科规〔2018〕11号）............1192

内蒙古自治区财政厅 内蒙古自治区科学技术厅关于印发《内蒙古自治区科技重大专项资金管理办法》的通知（内财科规〔2018〕12号）............1195

关于印发《内蒙古自治区科技计划项目管理办法》的通知（内科发〔2020〕32号）............1202

内蒙古自治区科学技术厅、内蒙古自治区财政厅关于印发《内蒙古自治区科技创新券管理办法（试行）》的通知（内科发〔2020〕37号）............1208

内蒙古自治区科学技术厅 内蒙古自治区财政厅 内蒙古自治区税务局关于印发《内蒙古自治区企业研究开发费用加计扣除项目鉴定办法》的通知（内科发〔2020〕69号）............1212

内蒙古自治区科学技术厅、内蒙古自治区发展和改革委员会、内蒙古自治区教育厅、内蒙古自治区工业和信息化厅、内蒙古自治区财政厅、内蒙古自治区人力资源和社会保障厅、内蒙古自治区商务厅、内蒙古自治区市场监督管理局（知识产权局）、国家税务总局内蒙古自治区税务局关于印发《内蒙古自治区赋予科研人员职务科技成果所有权或长期使用权试点工作方案》的通知（内科发成字〔2020〕13号）……1216

第十四章 辽宁省科研项目和资金管理法规政策 ……1220

关于印发《辽宁省中央引导地方科技发展专项资金管理细则》的通知（辽财教〔2016〕627号）……1220

辽宁省人民政府办公厅关于印发《辽宁省产业（创业）投资引导基金直接投资科技创新项目管理办法》的通知（辽政办发〔2016〕158号）……1223

中共辽宁省委办公厅 辽宁省人民政府办公厅印发《关于改进和完善省级财政科研项目资金管理的实施意见》的通知（辽委办发〔2017〕5号）……1225

关于印发《辽宁省重点研发计划指导计划项目管理办法（试行）》的通知（辽科发〔2017〕25号）……1228

关于印发省级科技计划专项资金后补助管理暂行规定的通知（辽财教〔2017〕602号）……1232

关于优化科研管理提升科研绩效若干措施的通知（辽科发〔2018〕31号）……1236

关于抓好赋予科研机构和人员更大自主权有关文件贯彻落实的通知（辽科发〔2019〕9号）……1239

关于印发《科技助力民营企业创新发展若干政策措施》的通知（辽科发〔2019〕13号）……1241

关于印发《关于进一步深化科技体制改革开展科技成果转化政策激励试点的工作方案》的通知（辽科创发〔2019〕4号）……1245

关于印发《辽宁省财政科研基金项目管理办法》和《辽宁省财政科研基金项目资金管理办法》的通知（辽财专服〔2019〕202号）……1249

关于深化省级科技计划项目和资金管理"放管服"改革若干措施的通知（辽科发〔2019〕22号）……1254

关于印发《辽宁省企业R&D经费投入后补助实施细则（修订）》的通知（辽科发〔2019〕32号）……1256

第十五章 吉林省科研项目和资金管理法规政策 ……1258

关于印发《应用技术研究开发资金管理暂行办法》的通知（吉财教〔2016〕498号）……1258

关于印发《吉林省科技发展计划（项目）管理办法实施细则（修订稿）》的通知（吉科发计〔2016〕259号）……1262

中共吉林省委办公厅 吉林省人民政府办公厅印发《关于进一步完善省财政科研项目资金管理等政策的若干实施意见》的通知（吉办发〔2017〕

3号） ……1274

关于印发《吉林省省级科技风险投资基金管理办法》的通知 ……1278

关于印发《吉林省科技发展计划项目管理"双随机一公开"制度（试行）》的通知（吉科发计〔2018〕198号） ……1283

关于印发《吉林省科技小巨人企业R&D投入补贴和贷款担保管理工作实施细则》的通知（吉科发高〔2018〕270号） ……1286

关于印发《吉林省科技发展计划项目终止、撤销管理办法（试行）》的通知（吉科发计〔2018〕245号） ……1288

关于印发《吉林省科技发展计划项目调整管理办法（试行）》的通知（吉科发计〔2018〕262号） ……1291

关于印发《关于抓好赋予科研机构和人员更大自主权有关文件贯彻落实工作的实施方案》的通知（吉科发政〔2019〕169号） ……1293

关于印发《吉林省科技发展计划项目管理惩戒处理实施办法》的通知（吉科发规〔2019〕192号） ……1297

关于印发《吉林省科技发展计划项目立项管理实施办法》的通知（吉科发规〔2019〕197号） ……1300

关于印发《吉林省科技发展计划项目验收管理办法》的通知（吉科发规〔2019〕254号） ……1303

关于印发《吉林省科技发展计划项目实施过程管理办法》的通知（吉科发规〔2019〕255号） ……1306

关于印发《吉林省科技发展计划项目管理"双随机、一公开"工作实施办法（试行）》的通知（吉科发监〔2019〕256号） ……1309

关于印发《吉林省科技发展计划项目科研诚信管理暂行办法》的通知 ……1315

关于印发《吉林省重点实验室管理办法》的通知（吉科发基〔2019〕341号） ……1319

省科技厅 省教育厅 省财政厅关于印发《吉林省科研基础设施和大型科研仪器开放共享管理办法》的通知（吉科发资〔2020〕285号） ……1323

第十六章 黑龙江省科研项目和资金管理法规政策 ……1327

关于印发《黑龙江省科技成果使用、处置、收益管理改革的实施细则》的通知（黑科联发〔2015〕40号） ……1327

关于印发《黑龙江省大型科研仪器和科研基础设施共享实施细则》的通知（黑科联发〔2015〕43号） ……1330

中共黑龙江省委办公厅 黑龙江省人民政府办公厅印发《关于进一步改进和完善省级财政科研项目资金管理等政策的实施意见》的通知（黑办发〔2017〕1号） ……1333

黑龙江省科学技术厅　黑龙江省财政厅关于印发《黑龙江省扶持科技企业孵化器和众创空间发展政策实施细则》的通知（黑科联发〔2017〕56号）·········1337

关于印发《省属科研院所免税进口科学研究、科技开发和教学用品管理实施细则》的通知（黑科联发〔2017〕60号）··1340

黑龙江省科学技术厅　黑龙江省财政厅关于印发《黑龙江省技术转移示范机构奖励实施细则》的通知（黑科规〔2018〕2号）·····························1342

黑龙江省科学技术厅　黑龙江省财政厅关于印发《黑龙江省技术交易补助、奖励实施细则》的通知（黑科规〔2018〕3号）····························1344

黑龙江省科学技术厅　黑龙江省财政厅关于印发《黑龙江省科技型企业研发费用投入后补助实施细则》的通知（黑科规发〔2018〕6号）··············1346

黑龙江省科学技术厅　黑龙江省财政厅关于印发《黑龙江省科技创新基地奖励实施细则》的通知（黑科规发〔2018〕7号）····························1348

黑龙江省科学技术厅　黑龙江省财政厅关于印发《黑龙江省自然科学基金管理办法》的通知（黑科规发〔2018〕8号）··································1350

黑龙江省科学技术厅关于印发《省科技计划项目绩效评价和验收工作规程（试行）》的通知（黑科规〔2019〕5号）·······································1356

黑龙江省科学技术厅　黑龙江省财政厅关于印发《黑龙江省科技创新券管理办法（试行）》的通知（黑科规〔2019〕7号）····························1361

黑龙江省科学技术厅　黑龙江省财政厅关于印发《黑龙江省科技重大专项管理暂行办法》的通知（黑科规〔2020〕2号）·······························1366

关于印发《黑龙江省科技计划项目科研诚信管理暂行办法》的通知（黑科规〔2020〕6号）··1371

第十七章　上海市科研项目和资金管理法规政策···1374

关于发布《上海市促进人才发展专项资金管理办法（试行）》的通知（沪人社财〔2015〕716号）··1374

关于修订《上海市自然科学基金管理办法》的通知（沪科〔2016〕394号）·······1377

关于印发《上海市市级科技重大专项管理办法》的通知（沪发改规范〔2017〕2号）···1380

关于印发《市级财政科技投入基础前沿类专项联动管理实施细则》的通知（沪科合〔2017〕2号）···1384

关于印发《市级财政科技投入科技创新支撑类专项联动管理实施细则》的通知（沪科合〔2017〕3号）···1388

关于印发《市级财政科技投入科技人才与环境类专项联动管理实施细则》的通知（沪科合〔2017〕4号）···1392

关于印发《上海市科技创新计划专项资金管理办法》的通知（沪科合

〔2017〕11号）……1396

上海市人民政府办公厅关于延长《上海市大型科学仪器设施共享服务评估与奖励办法》有效期的通知（沪府办发〔2017〕81号）……1399

关于印发《上海市科研计划项目（课题）专项经费管理办法》的通知（沪财发〔2017〕9号）……1402

关于印发《上海市科研计划项目（课题）财务验收管理办法》的通知（沪科合〔2017〕38号）……1408

关于印发《上海市大型科学仪器设施共享服务评估与奖励办法实施细则》的通知（沪科规〔2018〕3号）……1411

关于印发《上海市科研计划项目（课题）专项经费巡查管理办法》的通知（沪科规〔2018〕4号）……1413

关于修订《国家重要科技计划项目上海市地方匹配资金管理办法》的通知（沪科规〔2018〕5号）……1416

关于印发《上海市科研计划项目（课题）预算评估评审管理办法》的通知（沪科规〔2018〕6号）……1418

关于发布《上海市科技计划科技报告管理办法》的通知（沪科规〔2018〕7号）……1421

关于印发《关于进一步扩大高校、科研院所、医疗卫生机构等科研事业单位科研活动自主权的实施办法（试行）》的通知（沪科规〔2019〕2号）……1424

关于印发《上海市科技计划项目管理办法（试行）》的通知（沪科规〔2019〕5号）……1428

关于印发《上海市科技计划项目综合绩效评价工作规范（试行）》的通知（沪科规〔2019〕11号）……1434

关于印发《国家科技重大专项资金配套管理办法实施细则》的通知（沪科合〔2020〕15号）……1438

关于印发《上海市科技计划专项经费后补助管理办法》的通知（沪科规〔2020〕4号）……1443

关于进一步支持和鼓励本市事业单位科研人员创新创业的实施意见（沪人社规〔2020〕22号）……1446

关于印发《上海市高新技术成果转化专项扶持资金管理办法》的通知（沪科规〔2020〕10号）……1450

关于印发《上海市科技信用信息管理办法（试行）》的通知（沪科规〔2020〕9号）……1453

第十八章　江苏省科研项目和资金管理法规政策……1458

省政府关于深化省级财政科研项目和资金管理改革的意见（苏政发〔2015〕

15号）……………………………………………………………………………1458
关于印发《江苏省企业研究开发费用省级财政奖励资金管理办法（试行）》
　　的通知（苏财规〔2017〕21号）……………………………………………1463
关于印发《江苏省科技成果转化贷款风险补偿资金管理办法（试行）》的通
　　知（苏财规〔2017〕19号）…………………………………………………1465
印发《关于深化科技体制机制改革推动高质量发展若干政策》的通知（苏发
　　〔2018〕18号）………………………………………………………………1468
关于印发《江苏省政策引导类计划（国际科技合作）项目管理办法（试行）》
　　的通知（苏科技规〔2018〕359号）…………………………………………1474
江苏省科学技术厅　江苏省财政厅　国家税务总局江苏省税务局关于印发
　　《江苏省企业研究开发费用税前加计扣除核查异议项目鉴定处理办法》的
　　通知………………………………………………………………………………1481
关于修订印发《江苏省高新技术企业培育资金管理办法》的通知（苏财规
　　〔2019〕9号）…………………………………………………………………1484
省科技厅关于印发《江苏省科技计划项目信用管理办法》的通知（苏科技规
　　〔2019〕329号）………………………………………………………………1488
关于印发《江苏省科技创新券试点方案》的通知（苏科机发〔2020〕
　　206号）…………………………………………………………………………1492

第十九章　浙江省科研项目和资金管理法规政策……………………………1495

浙江省人民政府办公厅转发省科技厅、省财政厅《关于改进加强省级财政科
　　研项目和资金管理若干意见》的通知（浙政办发〔2014〕148号）………1495
浙江省科学技术厅关于印发《浙江省科技计划专项、基金项目实施及经费管
　　理使用监督检查办法》的通知（浙科发计〔2017〕95号）…………………1501
浙江省科学技术厅关于印发《浙江省科技计划（专项、基金）项目验收管理
　　办法》的通知（浙科发计〔2017〕146号）…………………………………1504
浙江省科学技术厅关于印发《浙江省科技计划（专项、基金）信用管理和科
　　研不端行为处理办法》的通知（浙科发计〔2017〕172号）………………1510
中共浙江省委办公厅　浙江省人民政府办公厅印发《关于实行以增加知识价
　　值为导向分配政策的实施意见》的通知（浙委办发〔2018〕45号）………1514
浙江省科学技术厅关于印发《浙江省科技计划（专项、基金）科技报告管理
　　暂行办法》的通知（浙科发计〔2018〕130号）……………………………1518
浙江省科学技术厅　浙江省财政厅关于印发《浙江省中央引导地方科技发展
　　计划管理细则》的通知（浙科发计〔2018〕198号）………………………1521
浙江省科学技术厅关于印发《浙江省重点研发计划暂行管理办法》
　　《关于进一步完善省级科技计划体系创新科技资源配置机制的改革方案

（试行）》的通知（浙科发规〔2019〕110号）·················· 1524

浙江省科学技术厅关于印发《浙江省科研诚信信息管理办法（试行）》的通知（浙科发监〔2020〕28号）·················· 1534

浙江省科学技术厅关于印发《浙江省自然科学基金委员会章程》的通知（浙科发金〔2020〕31号）·················· 1539

第二十章 安徽省科研项目和资金管理法规政策 ·················· 1544

关于印发《安徽省科技计划管理改革实施方案》的通知（科计〔2015〕63号）·················· 1544

安徽省科技厅、安徽省财政厅关于印发《关于整合优化省级财政科技项目和资金管理的实施意见》的通知（科财〔2016〕39号）·················· 1547

中共安徽省委办公厅 安徽省人民政府办公厅印发《关于改革完善省级财政科研项目资金管理等政策的实施意见》的通知（皖办发〔2016〕73号）·········· 1552

安徽省财政厅 安徽省科学技术厅关于印发《安徽省重点研究与开发计划资金管理办法》的通知（财教〔2016〕2150号）·················· 1557

安徽省财政厅 安徽省科学技术厅关于印发《安徽省自然科学基金资助项目资金管理办法》的通知（财教〔2016〕2151号）·················· 1562

安徽省财政厅 安徽省科学技术厅关于印发《安徽省科技重大专项资金管理办法》的通知（财教〔2016〕2152号）·················· 1567

安徽省教育厅 安徽省科技厅 安徽省财政厅 安徽省审计厅关于进一步改革完善省属高校科研经费管理的若干意见（皖教科〔2017〕5号）········ 1572

安徽省人民政府关于印发《安徽省进一步优化科研管理提升科研绩效实施细则》的通知（皖政〔2018〕108号）·················· 1575

关于推进赋予科研机构和人员更大自主权有关文件贯彻落实的通知（皖科政〔2019〕18号）·················· 1581

安徽省财政厅 安徽省科学技术厅关于优化省重点研究与开发计划、省科技重大专项、省自然科学基金资助项目等科研资金管理的通知（皖财教〔2019〕839号）·················· 1583

关于印发《安徽省科技创新战略与软科学研究专项管理办法》的通知（皖科规秘〔2019〕357号）·················· 1585

关于印发《安徽省科技重大专项项目管理办法》等三个管理办法的通知（皖科资〔2019〕33号）·················· 1588

安徽省财政厅关于进一步完善省级财政科技和教育资金预算执行管理有关事宜的通知（皖财教〔2019〕1109号）·················· 1599

关于印发《安徽省科技成果转化引导基金投资管理暂行办法》的通知（皖科资〔2019〕41号）·················· 1601

关于印发《安徽省科技计划项目档案管理办法》的通知（皖科办〔2020〕4号） 1608

安徽省财政厅 安徽省科学技术厅关于印发《安徽省中央引导地方科技发展资金管理实施细则》的通知（皖财教〔2020〕678号） 1610

关于印发《安徽省自然科学基金管理办法（修订）》的通知（皖科基奖〔2020〕16号） 1614

关于印发《安徽省科技成果转化引导基金项目库管理办法（试行）》的通知（皖科区〔2020〕27号） 1621

第二十一章　福建省科研项目和资金管理法规政策 1623

关于印发《福建省科技成果购买补助项目管理实施细则》的通知（闽科计〔2015〕39号） 1623

福建省科学技术厅 福建省财政厅关于印发《省属公益类科研院所基本科研项目及专项资金管理办法》的通知（闽科政〔2015〕6号） 1626

福建省科学技术厅关于印发《福建省自然科学基金计划项目管理实施细则》的通知（闽科基〔2016〕7号） 1630

福建省财政厅 福建省哲学社会科学规划领导小组关于印发《福建省社会科学规划项目资金管理办法》的通知（闽财教〔2017〕32号） 1633

关于印发《福建省级科技计划项目经费管理办法》的通知（闽财教〔2017〕41号） 1637

福建省财政厅 福建省科学技术厅关于印发《福厦泉国家自主创新示范区建设专项资金管理办法》的通知（闽科财〔2017〕14号）（闽财教〔2017〕43号） 1643

福建省财政厅 福建省科学技术厅关于印发《福建省省级新型研发机构非财政资金购买科研仪器设备软件后补助专项资金管理办法》的通知（闽科政〔2017〕20号） 1647

福建省财政厅 福建省科学技术厅关于印发《福建省高水平科技研发创新平台专项资金管理办法》的通知（闽财教〔2018〕49号） 1650

福建省财政厅 福建省科学技术厅关于《福建省级科技计划项目经费管理办法》的补充通知（闽财教〔2019〕12号） 1652

福建省科学技术厅关于印发《福建省科技计划项目管理办法》的通知（闽科计〔2019〕9号） 1655

福建省科学技术厅关于印发《福建省科技计划项目验收管理办法》的通知（闽科计〔2019〕10号） 1662

福建省科学技术厅等四部门关于印发《关于进一步促进高校和省属科研院所

创新发展政策贯彻落实的七条措施》的通知（闽科综〔2019〕7号）……1667

福建省财政厅 福建省科学技术厅关于省属公益类科研院所基本科研项目及专项资金管理办法的补充通知（闽财教〔2019〕26号）……1670

福建省科学技术厅关于修订《福建省自然科学基金计划项目管理实施细则》的通知（闽科基〔2020〕3号）……1672

福建省科学技术厅 福建省财政厅关于印发《福建省企业研发经费投入分段补助实施细则（2020—2022年）》的通知（闽科资〔2020〕14号）……1673

福建省科学技术厅印发《福建省科技计划项目监督工作暂行办法》的通知（闽科监〔2020〕2号）……1676

第二十二章 江西省科研项目和资金管理法规政策……1680

江西省人民政府关于深化省级财政科技计划（专项、基金等）管理改革的实施意见（赣府发〔2016〕2号）……1680

江西省科技专项资金管理暂行办法（赣财文〔2017〕38号）……1685

江西省人民政府办公厅关于印发《加快新型研发机构发展办法》的通知（赣府厅发〔2018〕19号）……1689

江西省人民政府办公厅印发《关于加快科技创新平台高质量发展十二条措施》的通知（赣府厅字〔2018〕59号）……1691

江西省科技厅关于印发《江西省"科贷通"贷款贴息资金管理细则（试行）》的通知（赣科发计字〔2018〕95号）……1694

江西省科学技术厅 江西省民政厅关于印发《江西省科技类民办非企业单位进口科学研究和教学用品免税资格认定管理办法》的通知（赣科发政字〔2019〕81号）……1695

关于印发《江西省关于加强科研诚信建设的实施办法》的通知（赣科发监字〔2019〕105号）……1697

省委办公厅 省政府办公厅印发〈关于深化科技体制机制改革加快高质量发展的实施意见〉的通知（赣办字〔2019〕40号）……1703

关于印发《江西省网上常设技术市场技术交易专项补助办法（试行）》的通知（赣科发成字〔2020〕39号）……1708

关于印发《江西省科技型中小企业信贷风险补偿资金管理办法》的通知（赣科发计字〔2020〕50号）……1711

关于印发《江西省大型科研仪器向社会开放共享双向支持试行办法》的通知（赣科发财字〔2020〕147号）……1715

第二十三章 山东省科研项目和资金管理法规政策……1718

中共山东省委办公厅 山东省人民政府办公厅印发《关于完善财政科研项目

资金管理政策的实施意见》的通知（鲁办发〔2016〕71号） ····· 1718

山东省科学技术厅　山东省财政厅关于印发《山东省重点研发计划管理办法》的通知（鲁科字〔2017〕185号） ····· 1722

山东省财政厅　山东省科学技术厅关于印发《山东省重点研发计划资金管理办法》的通知（鲁财教〔2019〕2号） ····· 1727

山东省科学技术厅　山东省财政厅关于印发《国家重点科研项目补助资金管理实施细则》和《国家重点科研项目奖励资金管理实施细则》的通知（鲁科字〔2019〕36号） ····· 1732

山东省科学技术厅　山东省财政厅关于印发《山东省自然科学基金管理办法》的通知（鲁科字〔2019〕40号） ····· 1735

山东省人民政府办公厅印发《关于进一步完善财政科研项目资金管理的若干措施》的通知（鲁政办字〔2019〕120号） ····· 1741

山东省科学技术厅　山东省财政厅关于印发《山东省自然科学基金项目资助经费管理办法》的通知 ····· 1744

山东省科学技术厅　山东省财政厅关于印发《山东省创新券使用管理办法》的通知（鲁科字〔2019〕66号） ····· 1748

山东省人民政府办公厅关于推进省级财政科技创新资金整合的实施意见（鲁政办字〔2020〕64号） ····· 1751

关于印发《山东省重大科技创新工程项目管理暂行办法》的通知（鲁科字〔2020〕44号） ····· 1754

关于印发《山东省"政产学研金服用"创新创业共同体补助资金管理办法》的通知（鲁科字〔2020〕69号） ····· 1757

关于印发《山东省重点研发计划（软科学项目）实施细则》的通知（鲁科字〔2020〕77号） ····· 1761

关于印发《山东省科技计划项目科研诚信管理办法》的通知（鲁科字〔2020〕105号） ····· 1764

山东省科学技术厅　山东省财政厅关于印发《山东省中央引导地方科技发展资金管理实施细则》的通知（鲁科字〔2020〕138号） ····· 1767

第二十四章　河南省科研项目和资金管理法规政策 ····· 1770

河南省人民政府关于深化省级财政科技计划和资金管理改革的意见（豫政〔2015〕2号） ····· 1770

河南省财政厅　河南省科学技术厅关于印发《河南省省级科技基础条件专项资金管理办法》的通知（豫财科〔2016〕52号） ····· 1776

关于印发《河南省科技计划项目管理办法（试行）》、《河南省科技创新平台建设与管理办法（试行）》的通知（豫科〔2016〕83号） ····· 1780

河南省财政厅　河南省科学技术厅关于印发《河南省科技金融引导专项资金管理办法（试行）》的通知（豫财科〔2016〕75号）················1786

中共河南省委办公厅　河南省人民政府办公厅关于进一步完善省级财政科研项目资金管理等政策的若干意见（豫办〔2017〕7号）··············1788

河南省财政厅　河南省科学技术厅关于印发《河南省省级重大科技专项资金管理办法》的通知（豫财科〔2017〕120号）··············1792

河南省财政厅　河南省科学技术厅关于印发《河南省省级科技研发专项资金管理办法》的通知（豫财科〔2017〕184号）··············1797

河南省财政厅关于印发《河南省省级科技创新体系（平台）建设专项资金管理办法》的通知（豫财科〔2018〕101号）··············1804

河南省财政厅　河南省科学技术厅关于印发《河南省国家自主创新示范区建设省级专项资金管理办法》的通知（豫财科〔2018〕109号）··············1808

河南省社科联关于印发《河南省社科联财政科研项目经费管理办法》《河南省社科联横向科研项目经费管理办法》和《河南省社科联国家社会科学基金项目资金管理办法》的通知（豫社科联字〔2018〕32号）··············1811

河南省科学技术厅　河南省财政厅关于印发《河南省科研设施和仪器向社会开放共享双向补贴实施细则》的通知（豫科〔2018〕137号）··············1818

河南省科学技术厅　河南省财政厅关于印发《河南省省级财政科研项目预算编制规范》《河南省省级财政科研项目预算评估工作细则》《河南省省级财政科研项目财务验收工作细则》的通知（豫科条〔2018〕33号）··············1821

河南省财政厅　河南省科学技术协会关于印发《河南省省级科普与学会服务能力提升专项资金管理办法》的通知（豫财科〔2019〕1号）··············1826

河南省科技厅　河南省财政厅关于进一步优化省级科技计划项目和资金管理的通知（豫科〔2019〕32号）··············1830

河南省财政厅关于进一步推动改革政策落实优化科研项目资金管理的通知（豫财科〔2019〕18号）··············1833

河南省科学技术厅　河南省财政厅关于印发《河南省省级重大科技专项管理办法（试行）》的通知（豫科〔2019〕96号）··············1835

河南省科学技术厅　河南省财政厅关于印发《河南省自然科学基金项目管理办法（试行）》的通知（豫科〔2019〕141号）··············1839

河南省财政厅　河南省科学技术厅　河南省发展和改革委员会　国家税务总局河南省税务局　河南省统计局关于印发《河南省企业研究开发财政补助实施方案》的通知（豫财科〔2020〕30号）··············1851

河南省财政厅关于印发《河南省省属科研院所基本科研业务费实施办法》的通知（豫财科〔2020〕33号）··············1855

河南省财政厅　河南省科学技术厅关于印发《河南省国家自主创新示范区省级财政资金奖补实施细则》的通知（豫财科〔2020〕86号）………………1859

第二十五章　湖北省科研项目和资金管理法规政策……………………1862

关于印发《湖北省省属高校院所自然科学应用研发及成果转化财务管理暂行办法》的通知（鄂财教发〔2015〕104号）……………………………………1862

湖北省人民政府关于改进加强省级财政科技项目和资金管理的实施意见（鄂政发〔2015〕40号）……………………………………………………………1865

关于印发《湖北省自然科学基金管理办法》的通知（鄂科技规〔2015〕6号）…………………………………………………………………………………1870

湖北省人民政府关于推动高校院所科技人员服务企业研发活动的意见（鄂政发〔2015〕66号）……………………………………………………………1876

湖北省财政厅　湖北省科技厅关于印发《湖北省科技计划及专项资金后补助管理暂行办法》的通知（鄂财企规〔2016〕3号）…………………………1878

省人民政府办公厅关于印发湖北省激励企业开展研究开发活动暂行办法的通知（鄂政办发〔2017〕6号）……………………………………………………1884

湖北省科技厅关于印发《湖北省科技计划项目管理办法》的通知（鄂科技规〔2017〕2号）…………………………………………………………………1886

省委办公厅　省政府办公厅印发《关于实行以增加知识价值为导向分配政策的实施意见》的通知（鄂办文〔2017〕56号）……………………………1891

湖北省省级科技计划项目监督与评估管理办法（试行）（鄂科技规〔2020〕1号）……………………………………………………………………………1895

湖北省科技计划（专项、基金）项目验收管理办法（鄂科技规〔2020〕1号）……………………………………………………………………………1899

湖北省科技计划（专项、基金）项目验收工作规程（试行）（鄂科技规〔2020〕1号）……………………………………………………………………1904

第二十六章　湖南省科研项目和资金管理法规政策……………………1908

关于印发《湖南省自然科学基金联合基金项目管理办法》的通知（湘科发〔2016〕21号）……………………………………………………………1908

关于印发《湖南省工程技术研究中心管理办法》的通知（湘科〔2016〕108号）……………………………………………………………………………1912

关于印发《湖南省重点实验室建设与运行管理办法》的通知（湘科〔2016〕109号）……………………………………………………………………………1917

关于印发《湖南省科技计划（专项、基金等）科研诚信管理办法》的通知（湘科发〔2018〕172号）………………………………………………………1921

关于印发《湖南省支持高校科研院所研发财政奖补实施办法》的通知（湘科发〔2019〕49号） 1928

湖南省财政厅 湖南省科技厅关于印发《湖南省创新型省份建设专项资金管理办法》的通知（湘财教〔2019〕22号） 1931

湖南省科学技术厅 湖南省财政厅关于印发《湖南省科技资源共享服务平台管理办法》的通知（湘科发〔2019〕117号） 1937

关于印发《湖南省科学技术厅关于进一步加强基础研究工作的措施》的通知（湘科发〔2019〕130号） 1941

关于印发《湖南省新型研发机构管理办法》的通知（湘科发〔2020〕67号） 1944

湖南省科学技术厅关于印发《湖南省科技创新计划项目管理办法》的通知（湘科发〔2020〕69号） 1948

关于印发《湖南省科技创新计划项目验收管理工作规范》的通知（湘科计〔2020〕29号） 1955

印发《关于进一步深化科研院所改革推动创新驱动发展的实施意见》的通知（湘科发〔2020〕71号） 1964

关于印发《湖南省科技型企业知识价值信用贷款风险补偿试点实施办法》的通知（湘科计〔2020〕57号） 1969

关于印发《湖南省自然科学基金项目管理办法》的通知（湘科发〔2020〕126号） 1975

第二十七章 广东省科研项目和资金管理法规政策 1981

关于进一步加强科研项目（课题）经费监管的暂行规定（粤委办〔2014〕6号） 1981

广东省人民政府关于加强广东省省级财政科研项目和资金管理的实施意见（粤府〔2014〕31号） 1986

关于印发《广东省产业技术创新与科技金融结合专项资金管理办法》的通知（粤财工〔2014〕262号） 1992

关于印发《广东省基础与应用基础研究专项资金（省自然科学基金）管理办法》的通知（粤财教〔2014〕274号） 1996

关于印发《广东省公益研究与能力建设专项资金管理办法》的通知（粤财教〔2014〕275号） 2001

关于印发《广东省协同创新与平台环境建设专项资金管理办法》的通知（粤财教〔2014〕280号） 2008

广东省人民政府办公厅关于深化高校科研体制机制改革的实施意见（粤府办〔2015〕58号） 2015

关于印发《关于进一步加强省级财政科研项目（课题）资金结转结余管理暂
　　行规定》的通知（粤财教〔2016〕27号）………………………………………… 2018
广东省科学技术厅关于印发《广东省科学技术厅关于科技计划科技报告的管
　　理办法》的通知（粤科规划字〔2016〕39号）………………………………… 2021
关于进一步完善省级财政科研项目资金管理等政策的实施意见（试行）（粤
　　委办〔2017〕13号）………………………………………………………………… 2024
关于印发《关于省级财政科研项目资金拨付管理的暂行规定》的通知（粤财
　　教〔2017〕503号）………………………………………………………………… 2028
关于印发《广东省财政厅关于省级财政社会科学研究项目资金的管理办法》
　　的通知（粤财规〔2018〕1号）…………………………………………………… 2031
关于省级财政社会科学研究项目科研仪器设备采购管理有关事项的通知（粤
　　财采购〔2018〕2号）……………………………………………………………… 2036
广东省财政厅　广东省科学技术厅关于印发《中央引导地方科技发展专项资
　　金管理细则》的通知（粤财教〔2018〕22号）………………………………… 2038
关于优化财政科研资金管理提升科研资金绩效的通知（粤财教〔2018〕
　　394号）……………………………………………………………………………… 2041
广东省人民政府印发关于进一步促进科技创新若干政策措施的通知（粤府
　　〔2019〕1号）……………………………………………………………………… 2044
关于印发《广东省财政厅　广东省审计厅关于省级财政科研项目资金的管理
　　监督办法》的通知（粤财规〔2019〕5号）……………………………………… 2049
广东省科技计划项目监督规定〔广东省人民政府令（271）号〕……………………… 2057
广东省科学技术厅　广东省财政厅　广东省审计厅关于印发《广东省重点领
　　域研发计划管理办法（试行）》的通知（粤科规范字〔2020〕1号）……… 2062

第二十八章　广西壮族自治区科研项目和资金管理法规政策 …………………… 2066

广西壮族自治区人民政府办公厅转发科技厅　财政厅关于调整自治区
　　本级财政科研项目经费管理办法若干规定的通知（桂政办发〔2015〕
　　33号）………………………………………………………………………………… 2066
关于印发广西壮族自治区本级财政科技计划资金后补助管理暂行办法的通知
　　（桂财教〔2016〕52号）…………………………………………………………… 2070
关于印发广西壮族自治区科技计划项目和科技经费监督管理暂行办法的通知
　　（桂科政字〔2016〕78号）………………………………………………………… 2074
关于印发广西自然科学基金项目管理办法的通知（桂科基字〔2016〕151号）……… 2079
关于印发广西自然科学基金项目资助经费管理办法的通知（桂财教〔2016〕
　　213号）……………………………………………………………………………… 2085

关于印发广西科技计划项目结题管理办法（试行）的通知（桂科计字〔2016〕462号）·······2091

关于印发《广西科技重大专项管理办法（试行）》的通知（桂科计字〔2017〕113号）·······2097

关于印发广西科技重大专项经费管理办法（试行）的通知（桂财教〔2017〕80号）·······2103

关于印发《广西重点研发计划项目管理办法（试行）》的通知（桂科计字〔2017〕155号）·······2110

关于印发《广西科技计划科技报告管理暂行办法》的通知（桂科计字〔2017〕167号）·······2115

关于印发《广西科技发展专项资金管理办法（试行）》的通知（桂科政字〔2018〕70号）·······2118

广西壮族自治区科学技术厅关于印发《广西科技计划项目预算评估工作规范（试行）》的通知（桂科政字〔2018〕173号）·······2124

广西壮族自治区科学技术厅关于印发广西科技计划项目立项评审管理办法（试行）的通知（桂科政字〔2018〕174号）·······2128

广西壮族自治区人民政府办公厅关于印发广西加快落实赋予科研机构和人员更大自主权有关文件工作实施方案的通知（桂政办发〔2019〕51号）·······2134

关于印发《广西壮族自治区激励企业加大研发经费投入财政奖补实施办法》的通知（桂科政字〔2019〕69号）·······2138

自治区科技厅关于印发《广西科技计划项目评审改革实施方案》的通知（桂科计字〔2019〕162号）·······2141

自治区科技厅关于印发《广西壮族自治区激励企业加大研发经费投入实施办法》的通知（桂科政字〔2019〕111号）·······2145

广西壮族自治区科学技术厅关于印发广西科研项目经费包干制改革实施方案的通知（桂科政字〔2020〕37号）·······2149

自治区党委办公厅 自治区人民政府办公厅印发《关于进一步深化科技体制改革推动科技创新促进广西高质量发展的若干措施》的通知（厅发〔2020〕29号）·······2155

关于印发《广西科技发展战略研究专项课题管理暂行办法（修订）》的通知（桂科政字〔2020〕57号）·······2161

关于印发自治区本级自筹经费科技项目管理办法（试行）的通知（桂科政字〔2020〕59号）·······2165

广西壮族自治区科学技术厅关于印发《广西科技项目揭榜制工作实施办法（试行）》的通知（桂科政字〔2020〕81号）·······2167

广西壮族自治区科学技术厅　广西壮族自治区财政厅　广西壮族自治区审计
厅关于印发《广西壮族自治区科技项目资金监督管理办法》的通知（桂科
政字〔2020〕114号）······2170

自治区科技厅关于印发《广西新型研发机构奖励性财政补助实施办法（暂
行）》的通知（桂科政字〔2020〕121号）······2173

自治区科技厅关于印发《广西促进新型研发机构发展的若干措施》的通知
（桂科政字〔2020〕148号）······2176

第二十九章　海南省科研项目和资金管理法规政策······2180

海南省财政厅　海南省科学技术厅关于印发《海南省地方科技发展引导专项
资金管理实施细则》的通知（琼财教〔2017〕331号）······2180

海南省社会科学界联合会关于印发《海南省哲学社会科学规划课题资金管理
办法》的通知（琼财教〔2017〕1664号）······2184

海南省科学技术厅关于印发《海南省科技计划科技报告管理办法》的通知
（琼科〔2018〕20号）······2188

海南省科学技术厅关于印发《海南省财政科技计划项目管理办法》的通知
（琼科〔2018〕48号）······2192

海南省财政厅　海南省科学技术厅关于印发《海南省重大科技计划项目和经
费管理办法》的通知（琼财教〔2018〕116号）······2199

海南省财政厅　海南省科学技术厅关于印发《海南省财政科技计划项目经费
管理办法》的通知（琼财教〔2018〕117号）······2207

海南省科学技术厅关于印发《海南省财政科技计划项目任务书管理实施细
则》的通知（琼科〔2018〕57号）······2212

海南省科学技术厅关于印发《海南省财政科技计划项目验收管理实施细则》
的通知（琼科〔2018〕58号）······2215

海南省科学技术厅关于印发《海南省重点研发计划项目和经费管理办法》的
通知（琼科〔2018〕59号）······2219

海南省科学技术厅关于印发《海南省重点研发计划科技合作方向项目和经费
管理细则》的通知（琼科〔2018〕172号）······2226

海南省科学技术厅　海南省财政厅关于进一步优化省级财政科技计划项目和
资金管理的通知（琼科〔2019〕45号）······2233

海南省人民政府关于印发海南省优化科研管理提升科研绩效若干措施的通知
（琼府〔2019〕22号）······2236

海南省科学技术厅关于印发《海南省重点研发计划软科学方向项目和资金管
理细则》的通知（琼科规〔2019〕3号）······2242

海南省科学技术厅关于印发《海南省院士创新平台科研专项与经费管理暂行办法》的通知（琼科规〔2019〕12号）............2249

海南省科学技术厅　海南省财政厅关于调整《海南省重大科技计划项目和经费管理办法》有关规定的通知（琼科〔2020〕94号）............2254

海南省科学技术厅　海南省财政厅关于印发《海南省省属科研院所技术创新专项管理办法》的通知（琼科规〔2020〕3号）............2255

海南省财政厅　海南省科学技术厅关于印发《海南省院士创新平台经费管理办法》的通知（琼财教规〔2020〕9号）............2258

海南省科学技术厅关于修订《海南省财政科技计划项目管理办法》部分条款的通知（琼科〔2020〕199号）............2260

海南省科学技术厅关于印发《海南省自然科学基金项目和经费管理办法》的通知（琼科规〔2020〕10号）............2262

第三十章　重庆市科研项目和资金管理法规政策............2269

关于进一步完善我市财政科研项目资金管理等政策的实施意见（渝委办发〔2017〕31号）............2269

重庆市科学技术委员会关于印发《重庆市自然科学基金项目实施办法（试行）》的通知（渝科委发〔2018〕111号）............2273

重庆市科学技术局关于印发《重庆市科研项目管理办法》的通知（渝科局发〔2019〕11号）............2277

重庆市科学技术局关于印发《重庆市科研机构绩效激励引导专项实施细则》的通知（渝科局发〔2019〕57号）............2285

重庆市科学技术局关于印发《重庆市科技计划绩效评价暂行办法》的通知（渝科局发〔2019〕130号）............2288

重庆市科学技术局关于印发《重庆市科技计划项目诚信管理暂行办法》的通知（渝科局发〔2020〕5号）............2291

重庆市科学技术局　重庆市财政局关于印发《重庆市新型研发机构管理暂行办法》的通知（渝科局发〔2020〕137号）............2295

第三十一章　四川省科研项目和资金管理法规政策............2299

关于印发《关于加强和改进教学科研人员因公临时出国管理工作实施细则》的通知（川外侨函〔2016〕227号）............2299

四川省科学技术厅关于印发《四川省科技计划项目管理办法》的通知（川科计〔2018〕4号）............2302

四川省科学技术厅关于印发《四川省科技计划项目验收管理办法》的通知（川科计〔2018〕5号）............2309

四川省科学技术厅关于印发《四川省重大科技专项管理暂行办法》的通知
（川科计〔2018〕59号） ………………………………………………………… 2312

四川省科学技术厅 四川省财政厅关于赋予科研机构和人员更大自主权进一
步优化省级科研项目和资金管理的通知（川科资〔2019〕3号） ……… 2317

四川省财政厅 四川省科学技术厅关于印发《四川省科技计划项目专项资金
管理办法》的通知（川财规〔2019〕10号） ……………………………… 2320

四川省省级科研院所基本科研业务费项目管理实施细则（川科规〔2019〕
8号） …………………………………………………………………………… 2327

四川省省级科研院所设施设备修缮购置资金项目管理实施细则（川科规
〔2019〕8号） ………………………………………………………………… 2330

四川省科学技术厅等6部门印发《关于扩大高校和科研院所科研自主权的若
干政策措施》的通知（川科规〔2020〕2号） …………………………… 2332

四川省科学技术厅等10部门印发《关于深化赋予科研人员职务科技成果所有
权或长期使用权改革的实施意见》的通知（川科规〔2020〕6号） …… 2337

四川省科学技术厅关于印发《四川省科学技术厅科研失信记录实施细则（试
行）》的通知（川科监〔2020〕2号） ……………………………………… 2342

四川省科学技术厅关于印发《四川省科技服务业发展专项项目管理办法》的
通知（川科高〔2020〕18号） ……………………………………………… 2346

四川省科学技术厅 四川省财政厅 国家税务总局四川省税务局关于印发
《四川省激励企业加大研发投入后补助实施暂行办法》的通知 …………… 2351

第三十二章 贵州省科研项目和资金管理法规政策 …………………………… 2354

关于印发《贵州省应用技术研究与开发资金后补助管理暂行规定》的通知
（黔科通〔2014〕154号） …………………………………………………… 2354

关于印发《贵州省科技保险补助资金管理暂行办法》的通知（黔科通〔2015〕
22号） ………………………………………………………………………… 2358

省人民政府办公厅关于印发贵州省省级财政科研项目和资金管理办法（试
行）的通知（黔府办发〔2016〕4号） …………………………………… 2361

关于印发《贵州省大型科研仪器设备共享服务评估与补助暂行办法》的通知
（黔科通〔2016〕179号） …………………………………………………… 2366

省人民政府办公厅印发《关于进一步改进完善省级财政科研项目资金管理等
政策的实施意见》的通知（黔府办发〔2017〕26号） …………………… 2368

省人民政府办公厅关于抓好赋予科研机构和人员更大自主权有关文件贯彻落
实工作的通知（黔府办函〔2019〕19号） ………………………………… 2372

贵州省科学技术厅 贵州省财政厅关于印发《贵州省科技成果转化股权投资

管理暂行办法》的通知（黔科通〔2019〕66号）·· 2375

省科学技术厅　省委宣传部　省发展和改革委员会关于印发贵州省科研诚信
管理暂行办法的通知（黔科通〔2020〕9号）·· 2378

第三十三章　云南省科研项目和资金管理法规政策 ·· 2382

云南省科学技术厅　云南省财政厅关于印发《云南省科技型中小企业技术创新项目管理暂行办法》的通知（云科高发〔2014〕5号）·· 2382

云南省新认定国家高新技术产业开发区平台建设补助经费管理办法（云南省科学技术厅公告第36号）·· 2387

云南省科技金融结合专项补助资金管理暂行办法（云南省科学技术厅公告第41号）·· 2389

云南省科技厅关于印发云南省财政科技支出绩效评价实施细则（试行）的通知（云科监发〔2017〕1号）·· 2393

云南省科技厅财政科技计划（专项、基金）监督工作暂行规定（云南省科学技术厅公告第50号）·· 2398

云南省科技厅科技计划项目严重失信行为记录暂行规定（云南省科学技术厅公告第51号）·· 2404

云南省科技厅关于印发《云南省科技厅科技计划项目管理办法》的通知（云科规〔2019〕3号）·· 2407

云南省科技厅关于印发云南省基础研究计划项目管理实施细则的通知（云科规〔2019〕7号）·· 2414

云南省科技厅关于印发科技发展战略与政策研究专项管理实施细则的通知（云科规〔2020〕1号）·· 2419

云南省科技厅关于印发科技计划科研失信行为记录管理实施细则（试行）的通知（云科规〔2020〕2号）·· 2423

云南省科技厅关于印发科技信用评级管理办法（试行）的通知（云科规〔2020〕3号）·· 2428

云南省财政厅　云南省科技厅关于印发《云南省科技计划项目资金管理办法》的通知（云财规〔2020〕5号）·· 2435

云南省科技厅关于印发云南省科技金融结合专项资金管理办法和云南省科技保险险种保费补助资金实施细则的通知（云科规〔2020〕7号）·· 2442

云南省科技厅关于印发《云南省科技厅院士自由探索项目管理办法》的通知（云科规〔2020〕8号）·· 2449

第三十四章　西藏自治区科研项目和资金管理法规政策 ·· 2451

西藏自治区财政厅关于印发《西藏自治区财政科研课题管理办法》的通知

（藏财研〔2017〕2号）……2451

关于印发《西藏自治区自然科学基金管理办法（暂行）》的通知（藏科发〔2018〕87号）……2456

西藏自治区财政厅 西藏自治区科技厅关于印发《西藏自治区应用技术研究与开发专项资金管理办法》的通知（藏财教〔2018〕76号）……2460

关于印发《西藏自治区科技计划项目管理办法》的通知（藏科发〔2019〕132号）……2466

关于印发《西藏自治区科技计划科技报告管理暂行办法》的通知……2471

关于印发《西藏自治区科技计划项目过程管理办法（试行）》的通知（藏科发〔2019〕178号）……2474

关于印发《西藏自治区企业研究开发费用加计扣除项目鉴定办法（暂行）》的通知……2481

关于印发《关于深化自治区科技领域放管服改革优化创新服务环境的实施意见》的通知（藏科发〔2020〕91号）……2484

西藏科技厅关于进一步明确自治区财政科研项目经费中绩效支出有关事项的通知……2489

关于印发《西藏自治区科技计划项目综合绩效评价工作规范（试行）》的通知……2491

第三十五章 陕西省科研项目和资金管理法规政策……2496

关于印发《陕西省省属国有工业企业（集团）研发投入量化考核管理办法（试行）》的通知（陕科产发〔2016〕128号）……2496

关于印发《陕西省科技创新券管理暂行办法》的通知（陕科条发〔2016〕188号）……2499

关于印发《陕西省杰出青年科学基金实施细则》的通知（陕科基发〔2017〕28号）……2502

陕西省人民政府关于改进加强省级财政科技计划和项目资金管理的实施意见（陕政发〔2017〕22号）……2505

陕西省科技厅 陕西省财政厅关于修订印发《陕西省科技成果转化引导基金管理暂行办法》的通知（陕科发〔2017〕22号）……2510

关于印发《陕西省科技型中小微企业贷款风险补偿资金使用管理细则》的通知（陕科发〔2017〕23号）……2514

陕西省科学技术厅关于印发《陕西省科技计划项目经费监督管理办法》的通知（陕科办发〔2018〕263号）……2517

陕西省科学技术厅关于印发《陕西省重点研发计划管理办法（暂行）》的通

知（陕科发〔2019〕3号） ··· 2520

陕西省科学技术厅关于印发《陕西省自然科学基础研究计划管理办法（暂
行）》的通知（陕科发〔2019〕4号） ··· 2526

陕西省科学技术厅关于印发《陕西省技术创新引导计划（基金）管理办法
（暂行）》的通知（陕科发〔2019〕5号） ······································ 2530

陕西省科学技术厅关于印发《陕西省创新能力支撑计划管理办法（暂行）》
的通知（陕科发〔2019〕6号） ··· 2534

陕西省科学技术厅关于印发《陕西省科技重大专项管理办法（暂行）》的通
知（陕科发〔2020〕1号） ··· 2539

陕西省科学技术厅 陕西省财政厅关于在陕西省财政科技计划中试行项目经
费"包干制"的通知（陕科发〔2020〕21号） ··································· 2544

第三十六章 甘肃省科研项目和资金管理法规政策 ·· 2546

甘肃省人民政府关于印发改进加强省级财政科研项目和资金管理的办法的通
知（甘政发〔2015〕78号） ··· 2546

中共甘肃省委办公厅 甘肃省人民政府办公厅印发《关于完善省级财政
科研项目资金管理政策的实施意见（试行）》的通知（甘办发〔2017〕
5号） ·· 2551

关于印发《甘肃省科技计划项目管理办法》的通知（甘科计规〔2017〕
10号） ·· 2555

关于印发《甘肃省科技重大专项计划项目管理办法》的通知（甘科计规
〔2017〕11号） ·· 2560

关于印发《甘肃省重点研发计划项目管理办法》的通知（甘科计规〔2017〕
12号） ·· 2564

关于印发《甘肃省技术创新引导计划项目管理办法》的通知（甘科计规
〔2017〕13号） ·· 2567

关于印发《甘肃省创新基地和人才计划项目管理办法》的通知（甘科计规
〔2017〕14号） ·· 2570

中共甘肃省委办公厅 甘肃省人民政府办公厅印发《关于落实以增加知识价
值为导向分配政策的实施意见》的通知（甘办发〔2018〕12号） ·········· 2573

甘肃省财政厅 甘肃省科技厅关于印发《甘肃省省级科技计划专项资金管理
办法》的通知（甘财科〔2018〕105号） ·· 2579

甘肃省人民政府关于进一步激发创新活力强化科技引领的意见（甘政发
〔2020〕46号） ·· 2582

关于印发《甘肃省科技揭榜挂帅制项目管理暂行办法》的通知（甘科计规

〔2020〕9号）…………………………………………………………………………2588

关于印发《甘肃省科技计划自筹经费项目管理办法》的通知（甘科计规〔2020〕10号）………………………………………………………………………2592

第三十七章 青海省科研项目和资金管理法规政策 ……………………………2594

青海省人民政府关于改革省级财政科技计划和资金管理的实施意见（青政〔2015〕80号）……………………………………………………………………2594

青海省财政厅 青海省科技厅关于印发青海省省级财政科技专项资金管理办法的通知（青财教字〔2016〕2307号）………………………………………2600

青海省科学技术厅 青海省财政厅关于印发《青海省科技创新引导基金管理办法》的通知（青科发办〔2017〕195号）…………………………………………2607

青海省财政厅 青海省科技厅关于印发《青海省高校、科研机构等科技成果使用处置和收益分配管理办法》的通知（青财教字〔2017〕1844号）………2611

青海省财政厅 青海省科技厅关于印发《青海省科研基础条件和能力建设专项资金管理办法》的通知（青财教字〔2018〕1021号）……………………………2614

中共青海省委办公厅 青海省人民政府办公厅印发《青海省关于实施以增加知识价值为导向分配政策的实施意见》的通知（青办字〔2018〕33号）………2617

青海省人民政府办公厅转发省科技厅等部门关于青海省深化科技领域"放管服"改革二十条（暂行）的通知（青政办〔2018〕155号）……………………2622

青海省科学技术厅关于印发《青海省省级科技计划科研诚信管理办法》的通知（青科发政〔2019〕98号）…………………………………………………2626

中共青海省委办公厅 青海省人民政府办公厅印发《青海省关于优化科技创新体系提升科技创新供给能力的若干政策措施》的通知（青办字〔2020〕76号）………………………………………………………………………………2631

第三十八章 宁夏回族自治区科研项目和资金管理法规政策 ………………2636

关于调整宁夏回族自治区科技项目经费管理办法若干规定的通知［宁财（教）发〔2014〕377号］……………………………………………………………2636

宁夏回族自治区财政科研项目和资金管理办法（宁政办发〔2015〕8号）………2640

关于深化自治区财政科技计划（专项、基金等）管理改革方案（宁政发〔2016〕15号）……………………………………………………………………2645

宁夏回族自治区中央引导地方科技发展专项资金管理实施细则［宁财（教）发〔2017〕736号］……………………………………………………………2650

自治区财政厅 自治区科技厅 自治区人才办关于印发《关于完善自治区财政科研项目资金管理等政策的实施意见》的通知［宁财（教）发〔2017〕838号］…………………………………………………………………………2654

宁夏科技型中小微企业风险补偿专项资金管理办法（宁财规发〔2018〕5号）......2659

宁夏回族自治区企业研究开发费用财政后补助办法（宁科工字〔2018〕8号）......2663

宁夏回族自治区科技计划经费监督管理办法（宁科规发〔2018〕3号）......2665

关于进一步做好自治区财政科研项目资金管理等政策贯彻落实工作的通知〔宁财（教）发〔2018〕550号〕......2668

宁夏回族自治区重点研发计划管理暂行办法（宁科规发〔2018〕8号）......2670

宁夏回族自治区科技计划项目验收管理暂行办法（宁科规发〔2018〕12号）......2674

自治区人民政府关于优化科研管理提升科研绩效若干措施的通知（宁政规发〔2019〕2号）......2678

宁夏回族自治区科技创新券管理实施细则（宁科规发〔2019〕1号）......2682

关于印发《关于深化科技领域"放管服"改革优化创新服务环境的实施意见》的通知（宁科发〔2019〕37号）......2684

关于印发《关于建立以需求为导向的科技项目形成机制改革方案》的通知（宁科发党〔2019〕56号）......2688

自治区科技厅关于印发《关于改革自然科学基金管理加强基础科学研究的实施方案》的通知（宁科规发〔2020〕1号）......2692

自治区科技厅关于印发《宁夏回族自治区自然科学基金管理办法》的通知（宁科规发〔2020〕2号）......2695

自治区科技厅关于深化自治区科研项目管理改革的通知（宁科资配字〔2020〕51号）......2699

第三十九章 新疆维吾尔自治区科研项目和资金管理法规政策......2702

关于印发《新疆维吾尔自治区重点实验室专项资金管理办法》的通知（新财教〔2014〕221号）......2702

印发《关于改进加强自治区财政科技项目和资金管理的意见》的通知（新财教〔2016〕14号）......2705

关于印发《新疆维吾尔自治区"天山众创行动"专项资金管理暂行管理办法》的通知（新财教〔2016〕229号）......2710

关于印发《新疆维吾尔自治区"上海合作组织科技伙伴计划"专项经费管理暂行办法》的通知（新财教〔2016〕234号）......2712

新疆维吾尔自治区重大科技专项实施细则（暂行）（新科计字〔2016〕112号）......2717

新疆维吾尔自治区重点研发任务专项实施细则（暂行）（新科计字〔2016〕

113号）..................2720

关于印发《新疆维吾尔自治区科技成果转化引导基金管理暂行办法》的通知
（新财教〔2016〕374号）..................2722

关于印发《新疆维吾尔自治区财政科研项目经费管理办法（试行）》的通知
（新财教〔2019〕196号）..................2727

关于印发《自治区众创空间管理办法》的通知（新科高字〔2019〕34号）..................2734

关于印发《新疆维吾尔自治区科技计划项目管理办法》的通知（新科规〔2019〕1号）..................2736

关于印发《新疆维吾尔自治区重点技术创新专项资金管理办法》的通知（新财规〔2020〕1号）..................2744

关于印发《自治区科技企业孵化器管理办法》的通知（新科规〔2020〕1号）..................2747

关于印发《新疆维吾尔自治区自然科学基金项目管理办法（试行）》的通知
（新科规〔2020〕4号）..................2750

附录 2757

科技部关于印发《国家科技计划和专项经费监督管理暂行办法》的通知（国科发财字〔2007〕393号）..................2758

关于印发《国防科工局基础科研管理办法》的通知（科工技〔2010〕136号）..................2763

核能开发科研项目管理办法（科工二司〔2010〕592号）..................2771

关于印发《国防科工局科研项目管理办法》的通知（科工技〔2012〕34号）..................2777

财政部　科技部关于印发《国家重点实验室专项经费管理办法》的通知（财教〔2008〕531号）..................2783

科技部关于印发《科技部科技计划课题预算评估评审规范》的通知（国科发财字〔2006〕99号）..................2787

科技部关于印发《科技部科技计划课题经费国库支付管理暂行办法》的通知
（国科发财字〔2006〕113号）..................2791

科技部关于印发《国家软科学研究计划管理办法》的通知（国科发办字〔2007〕87号）..................2794

科技部关于印发《关于进一步加强国家科技计划项目（课题）承担单位法人责任的若干意见》的通知（国科发计〔2012〕86号）..................2797

中国科学院与地方共建研究机构财务管理办法（科发条财字〔2013〕207号）..................2800

后记 2805

第一部分

全国性科研项目和资金管理法规政策

第一章 科技体制改革和国家创新体系建设类

第一节 法律法规

中华人民共和国促进科技成果转化法

(1996年5月15日第八届全国人民代表大会常务委员会第十九次会议通过 根据2015年8月29日第十二届全国人民代表大会常务委员会第十六次会议《关于修改〈中华人民共和国促进科技成果转化法〉的决定》修正)

第一章 总则

第一条 为了促进科技成果转化为现实生产力,规范科技成果转化活动,加速科学技术进步,推动经济建设和社会发展,制定本法。

第二条 本法所称科技成果,是指通过科学研究与技术开发所产生的具有实用价值的成果。职务科技成果,是指执行研究开发机构、高等院校和企业等单位的工作任务,或者主要是利用上述单位的物质技术条件所完成的科技成果。

本法所称科技成果转化,是指为提高生产力水平而对科技成果所进行的后续试验、开发、应用、推广直至形成新技术、新工艺、新材料、新产品,发展新产业等活动。

第三条 科技成果转化活动应当有利于加快实施创新驱动发展战略,促进科技与经济的结合,有利于提高经济效益、社会效益和保护环境、合理利用资源,有利于促进经济建设、社会发展和维护国家安全。

科技成果转化活动应当尊重市场规律,发挥企业的主体作用,遵循自愿、互利、公平、诚实信用的原则,依照法律法规规定和合同约定,享有权益,承担风险。科技成果转化活动中的知识产权受法律保护。

科技成果转化活动应当遵守法律法规,维护国家利益,不得损害社会公共利益和他人合法权益。

第四条 国家对科技成果转化合理安排财政资金投入,引导社会资金投入,推动科技成果转化资金投入的多元化。

第五条 国务院和地方各级人民政府应当加强科技、财政、投资、税收、人才、产业、金融、政府采购、军民融合等政策协同,为科技成果转化创造良好环境。

地方各级人民政府根据本法规定的原则，结合本地实际，可以采取更加有利于促进科技成果转化的措施。

第六条 国家鼓励科技成果首先在中国境内实施。中国单位或者个人向境外的组织、个人转让或者许可其实施科技成果的，应当遵守相关法律、行政法规以及国家有关规定。

第七条 国家为了国家安全、国家利益和重大社会公共利益的需要，可以依法组织实施或者许可他人实施相关科技成果。

第八条 国务院科学技术行政部门、经济综合管理部门和其他有关行政部门依照国务院规定的职责，管理、指导和协调科技成果转化工作。

地方各级人民政府负责管理、指导和协调本行政区域内的科技成果转化工作。

第二章 组织实施

第九条 国务院和地方各级人民政府应当将科技成果的转化纳入国民经济和社会发展计划，并组织协调实施有关科技成果的转化。

第十条 利用财政资金设立应用类科技项目和其他相关科技项目，有关行政部门、管理机构应当改进和完善科研组织管理方式，在制定相关科技规划、计划和编制项目指南时应当听取相关行业、企业的意见；在组织实施应用类科技项目时，应当明确项目承担者的科技成果转化义务，加强知识产权管理，并将科技成果转化和知识产权创造、运用作为立项和验收的重要内容和依据。

第十一条 国家建立、完善科技报告制度和科技成果信息系统，向社会公布科技项目实施情况以及科技成果和相关知识产权信息，提供科技成果信息查询、筛选等公益服务。公布有关信息不得泄露国家秘密和商业秘密。对不予公布的信息，有关部门应当及时告知相关科技项目承担者。

利用财政资金设立的科技项目的承担者应当按照规定及时提交相关科技报告，并将科技成果和相关知识产权信息汇交到科技成果信息系统。

国家鼓励利用非财政资金设立的科技项目的承担者提交相关科技报告，将科技成果和相关知识产权信息汇交到科技成果信息系统，县级以上人民政府负责相关工作的部门应当为其提供方便。

第十二条 对下列科技成果转化项目，国家通过政府采购、研究开发资助、发布产业技术指导目录、示范推广等方式予以支持：

（一）能够显著提高产业技术水平、经济效益或者能够形成促进社会经济健康发展的新产业的；

（二）能够显著提高国家安全能力和公共安全水平的；

（三）能够合理开发和利用资源、节约能源、降低消耗以及防治环境污染、保护生态、提高应对气候变化和防灾减灾能力的；

（四）能够改善民生和提高公共健康水平的；

（五）能够促进现代农业或者农村经济发展的；

（六）能够加快民族地区、边远地区、贫困地区社会经济发展的。

第十三条 国家通过制定政策措施，提倡和鼓励采用先进技术、工艺和装备，不断改进、限制使用或者淘汰落后技术、工艺和装备。

第十四条 国家加强标准制定工作，对新技术、新工艺、新材料、新产品依法及时制定国家标准、行业标准，积极参与国际标准的制定，推动先进适用技术推广和应用。

国家建立有效的军民科技成果相互转化体系，完善国防科技协同创新体制机制。军品科研生产应当依法优先采用先进适用的民用标准，推动军用、民用技术相互转移、转化。

第十五条 各级人民政府组织实施的重点科技成果转化项目，可以由有关部门组织采用公开招标的方式实施转化。有关部门应当对中标单位提供招标时确定的资助或者其他条件。

第十六条 科技成果持有者可以采用下列方式进行科技成果转化：

（一）自行投资实施转化；

（二）向他人转让该科技成果；

（三）许可他人使用该科技成果；

（四）以该科技成果作为合作条件，与他人共同实施转化；

（五）以该科技成果作价投资，折算股份或者出资比例；

（六）其他协商确定的方式。

第十七条 国家鼓励研究开发机构、高等院校采取转让、许可或者作价投资等方式，向企业或者其他组织转移科技成果。

国家设立的研究开发机构、高等院校应当加强对科技成果转化的管理、组织和协调，促进科技成果转化队伍建设，优化科技成果转化流程，通过本单位负责技术转移工作的机构或者委托独立的科技成果转化服务机构开展技术转移。

第十八条 国家设立的研究开发机构、高等院校对其持有的科技成果，可以自主决定转让、许可或者作价投资，但应当通过协议定价、在技术交易市场挂牌交易、拍卖等方式确定价格。通过协议定价的，应当在本单位公示科技成果名称和拟交易价格。

第十九条 国家设立的研究开发机构、高等院校所取得的职务科技成果，完成人和参加人在不变更职务科技成果权属的前提下，可以根据与本单位的协议进行该项科技成果的转化，并享有协议规定的权益。该单位对上述科技成果转化活动应当予以支持。

科技成果完成人或者课题负责人，不得阻碍职务科技成果的转化，不得将职务科技成果及其技术资料和数据占为己有，侵犯单位的合法权益。

第二十条 研究开发机构、高等院校的主管部门以及财政、科学技术等相关行政部门应当建立有利于促进科技成果转化的绩效考核评价体系，将科技成果转化情况作为对相关单位及人员评价、科研资金支持的重要内容和依据之一，并对科技成果转化绩效突出的相关单位及人员加大科研资金支持。

国家设立的研究开发机构、高等院校应当建立符合科技成果转化工作特点的职称评定、岗位管理和考核评价制度，完善收入分配激励约束机制。

第二十一条 国家设立的研究开发机构、高等院校应当向其主管部门提交科技成果转化情况年度报告，说明本单位依法取得的科技成果数量、实施转化情况以及相关收入分配情况，该主管部门应当按照规定将科技成果转化情况年度报告报送财政、科学技术等相关行政部门。

第二十二条 企业为采用新技术、新工艺、新材料和生产新产品，可以自行发布信息或者委托科技中介服务机构征集其所需的科技成果，或者征寻科技成果转化的合作者。

县级以上地方各级人民政府科学技术行政部门和其他有关部门应当根据职责分工，为企业获取所需的科技成果提供帮助和支持。

第二十三条 企业依法有权独立或者与境内外企业、事业单位和其他合作者联合实施科技成果转化。

企业可以通过公平竞争，独立或者与其他单位联合承担政府组织实施的科技研究开发和科技成果转化项目。

第二十四条 对利用财政资金设立的具有市场应用前景、产业目标明确的科技项目，政府有关部门、管理机构应当发挥企业在研究开发方向选择、项目实施和成果应用中的主导作用，鼓励企业、研究开发机构、高等院校及其他组织共同实施。

第二十五条 国家鼓励研究开发机构、高等院校与企业相结合，联合实施科技成果转化。

研究开发机构、高等院校可以参与政府有关部门或者企业实施科技成果转化的招标投标活动。

第二十六条 国家鼓励企业与研究开发机构、高等院校及其他组织采取联合建立研究开发平台、技术转移机构或者技术创新联盟等产学研合作方式，共同开展研究开发、成果应用与推广、标准研究与制定等活动。

合作各方应当签订协议，依法约定合作的组织形式、任务分工、资金投入、知识产权归属、权益分配、风险分担和违约责任等事项。

第二十七条 国家鼓励研究开发机构、高等院校与企业及其他组织开展科技人员交流，根据专业特点、行业领域技术发展需要，聘请企业及其他组织的科技人员兼职从事教学和科研工作，支持本单位的科技人员到企业及其他组织从事科技成果转化活动。

第二十八条 国家支持企业与研究开发机构、高等院校、职业院校及培训机构联合建立学生实习实践培训基地和研究生科研实践工作机构，共同培养专业技术人才和高技能人才。

第二十九条 国家鼓励农业科研机构、农业试验示范单位独立或者与其他单位合作实施农业科技成果转化。

第三十条 国家培育和发展技术市场，鼓励创办科技中介服务机构，为技术交易提供交易场所、信息平台以及信息检索、加工与分析、评估、经纪等服务。

科技中介服务机构提供服务，应当遵循公正、客观的原则，不得提供虚假的信息和证明，对其在服务过程中知悉的国家秘密和当事人的商业秘密负有保密义务。

第三十一条 国家支持根据产业和区域发展需要建设公共研究开发平台，为科技成果转化提供技术集成、共性技术研究开发、中间试验和工业性试验、科技成果系统化和工程化开发、技术推广与示范等服务。

第三十二条 国家支持科技企业孵化器、大学科技园等科技企业孵化机构发展，为初创期科技型中小企业提供孵化场地、创业辅导、研究开发与管理咨询等服务。

第三章 保障措施

第三十三条 科技成果转化财政经费，主要用于科技成果转化的引导资金、贷款贴息、补助资金和风险投资以及其他促进科技成果转化的资金用途。

第三十四条 国家依照有关税收法律、行政法规规定对科技成果转化活动实行税收优惠。

第三十五条 国家鼓励银行业金融机构在组织形式、管理机制、金融产品和服务等方面进行创新，鼓励开展知识产权质押贷款、股权质押贷款等贷款业务，为科技成果转化提供金融支持。

国家鼓励政策性金融机构采取措施，加大对科技成果转化的金融支持。

第三十六条 国家鼓励保险机构开发符合科技成果转化特点的保险品种，为科技成果转化提供保险服务。

第三十七条 国家完善多层次资本市场，支持企业通过股权交易、依法发行股票和债券等直接融资方式为科技成果转化项目进行融资。

第三十八条 国家鼓励创业投资机构投资科技成果转化项目。

国家设立的创业投资引导基金，应当引导和支持创业投资机构投资初创期科技型中小企业。

第三十九条 国家鼓励设立科技成果转化基金或者风险基金，其资金来源由国家、地方、企业、事业单位以及其他组织或者个人提供，用于支持高投入、高风险、高产出的科技成果的转化，加速重大科技成果的产业化。

科技成果转化基金和风险基金的设立及其资金使用，依照国家有关规定执行。

第四章 技术权益

第四十条 科技成果完成单位与其他单位合作进行科技成果转化的，应当依法由合同约定该科技成果有关权益的归属。合同未作约定的，按照下列原则办理：

（一）在合作转化中无新的发明创造的，该科技成果的权益，归该科技成果完成单位；

（二）在合作转化中产生新的发明创造的，该新发明创造的权益归合作各方共有；

（三）对合作转化中产生的科技成果，各方都有实施该项科技成果的权利，转让该科技成果应经合作各方同意。

第四十一条 科技成果完成单位与其他单位合作进行科技成果转化的，合作各方应当就保守技术秘密达成协议；当事人不得违反协议或者违反权利人有关保守技术秘密的要求，披露、允许他人使用该技术。

第四十二条 企业、事业单位应当建立健全技术秘密保护制度，保护本单位的技术秘密。职工应当遵守本单位的技术秘密保护制度。

企业、事业单位可以与参加科技成果转化的有关人员签订在职期间或者离职、离休、退休后一定期限内保守本单位技术秘密的协议；有关人员不得违反协议约定，泄露本单位的技术秘密和从事与原单位相同的科技成果转化活动。

职工不得将职务科技成果擅自转让或者变相转让。

第四十三条 国家设立的研究开发机构、高等院校转化科技成果所获得的收入全部留归本单位，在对完成、转化职务科技成果做出重要贡献的人员给予奖励和报酬后，主要用于科学技术研究开发与成果转化等相关工作。

第四十四条 职务科技成果转化后，由科技成果完成单位对完成、转化该项科技成果做出重要贡献的人员给予奖励和报酬。

科技成果完成单位可以规定或者与科技人员约定奖励和报酬的方式、数额和时限。单位制定相关规定，应当充分听取本单位科技人员的意见，并在本单位公开相关规定。

第四十五条 科技成果完成单位未规定、也未与科技人员约定奖励和报酬的方式和数额的，按照下列标准对完成、转化职务科技成果做出重要贡献的人员给予奖励和报酬：

（一）将该项职务科技成果转让、许可给他人实施的，从该项科技成果转让净收入或者许可净收入中提取不低于百分之五十的比例；

（二）利用该项职务科技成果作价投资的，从该项科技成果形成的股份或者出资比例中提取不低于百分之五十的比例；

（三）将该项职务科技成果自行实施或者与他人合作实施的，应当在实施转化成功投产后连续三至五年，每年从实施该项科技成果的营业利润中提取不低于百分之五的比例。

国家设立的研究开发机构、高等院校规定或者与科技人员约定奖励和报酬的方式和数额应当符合前款第一项至第三项规定的标准。

国有企业、事业单位依照本法规定对完成、转化职务科技成果做出重要贡献的人员给予奖励和报酬的支出计入当年本单位工资总额，但不受当年本单位工资总额限制、不纳入本单位工资总额基数。

第五章　法律责任

第四十六条　利用财政资金设立的科技项目的承担者未依照本法规定提交科技报告、汇交科技成果和相关知识产权信息的，由组织实施项目的政府有关部门、管理机构责令改正；情节严重的，予以通报批评，禁止其在一定期限内承担利用财政资金设立的科技项目。

国家设立的研究开发机构、高等院校未依照本法规定提交科技成果转化情况年度报告的，由其主管部门责令改正；情节严重的，予以通报批评。

第四十七条　违反本法规定，在科技成果转化活动中弄虚作假，采取欺骗手段，骗取奖励和荣誉称号、诈骗钱财、非法牟利的，由政府有关部门依照管理职责责令改正，取消该奖励和荣誉称号，没收违法所得，并处以罚款。给他人造成经济损失的，依法承担民事赔偿责任。构成犯罪的，依法追究刑事责任。

第四十八条　科技服务机构及其从业人员违反本法规定，故意提供虚假的信息、实验结果或者评估意见等欺骗当事人，或者与当事人一方串通欺骗另一方当事人的，由政府有关部门依照管理职责责令改正，没收违法所得，并处以罚款；情节严重的，由工商行政管理部门依法吊销营业执照。给他人造成经济损失的，依法承担民事赔偿责任；构成犯罪的，依法追究刑事责任。

科技中介服务机构及其从业人员违反本法规定泄露国家秘密或者当事人的商业秘密的，依照有关法律、行政法规的规定承担相应的法律责任。

第四十九条　科学技术行政部门和其他有关部门及其工作人员在科技成果转化中滥用职权、玩忽职守、徇私舞弊的，由任免机关或者监察机关对直接负责的主管人员和其他直接责任人员依法给予处分；构成犯罪的，依法追究刑事责任。

第五十条　违反本法规定，以唆使窃取、利诱胁迫等手段侵占他人的科技成果，侵犯他人合法权益的，依法承担民事赔偿责任，可以处以罚款；构成犯罪的，依法追究刑事责任。

第五十一条　违反本法规定，职工未经单位允许，泄露本单位的技术秘密，或者擅自转让、变相转让职务科技成果的，参加科技成果转化的有关人员违反与本单位的协议，在离职、离休、退休后约定的期限内从事与原单位相同的科技成果转化活动，给本单位造成经济损失的，依法承担民事赔偿责任；构成犯罪的，依法追究刑事责任。

第六章　附则

第五十二条　本法自1996年10月1日起施行。

国家科学技术奖励条例

(国务院令第 731 号)

(1999 年 5 月 23 日中华人民共和国国务院令第 265 号发布
根据 2003 年 12 月 20 日《国务院关于修改〈国家科学技术奖励条例〉的决定》第一次修订
根据 2013 年 7 月 18 日《国务院关于废止和修改部分行政法规的决定》第二次修订
2020 年 10 月 7 日中华人民共和国国务院令第 731 号第三次修订)

第一章 总则

第一条 为了奖励在科学技术进步活动中做出突出贡献的个人、组织,调动科学技术工作者的积极性和创造性,建设创新型国家和世界科技强国,根据《中华人民共和国科学技术进步法》,制定本条例。

第二条 国务院设立下列国家科学技术奖:

(一)国家最高科学技术奖;

(二)国家自然科学奖;

(三)国家技术发明奖;

(四)国家科学技术进步奖;

(五)中华人民共和国国际科学技术合作奖。

第三条 国家科学技术奖应当与国家重大战略需要和中长期科技发展规划紧密结合。国家加大对自然科学基础研究和应用基础研究的奖励。国家自然科学奖应当注重前瞻性、理论性,国家技术发明奖应当注重原创性、实用性,国家科学技术进步奖应当注重创新性、效益性。

第四条 国家科学技术奖励工作坚持中国共产党领导,实施创新驱动发展战略,贯彻尊重劳动、尊重知识、尊重人才、尊重创造的方针,培育和践行社会主义核心价值观。

第五条 国家维护国家科学技术奖的公正性、严肃性、权威性和荣誉性,将国家科学技术奖授予追求真理、潜心研究、学有所长、研有所专、敢于超越、勇攀高峰的科技工作者。

国家科学技术奖的提名、评审和授予,不受任何组织或者个人干涉。

第六条 国务院科学技术行政部门负责国家科学技术奖的相关办法制定和评审活动的组织工作。对涉及国家安全的项目,应当采取严格的保密措施。

国家科学技术奖励应当实施绩效管理。

第七条 国家设立国家科学技术奖励委员会。国家科学技术奖励委员会聘请有关方面的专家、学者等组成评审委员会和监督委员会,负责国家科学技术奖的评审和监督工作。

国家科学技术奖励委员会的组成人员人选由国务院科学技术行政部门提出,报国务院批准。

第二章 国家科学技术奖的设置

第八条 国家最高科学技术奖授予下列中国公民:

(一)在当代科学技术前沿取得重大突破或者在科学技术发展中有卓越建树的;

（二）在科学技术创新、科学技术成果转化和高技术产业化中，创造巨大经济效益、社会效益、生态环境效益或者对维护国家安全做出巨大贡献的。

国家最高科学技术奖不分等级，每次授予人数不超过 2 名。

第九条 国家自然科学奖授予在基础研究和应用基础研究中阐明自然现象、特征和规律，做出重大科学发现的个人。

前款所称重大科学发现，应当具备下列条件：

（一）前人尚未发现或者尚未阐明；

（二）具有重大科学价值；

（三）得到国内外自然科学界公认。

第十条 国家技术发明奖授予运用科学技术知识做出产品、工艺、材料、器件及其系统等重大技术发明的个人。

前款所称重大技术发明，应当具备下列条件：

（一）前人尚未发明或者尚未公开；

（二）具有先进性、创造性、实用性；

（三）经实施，创造显著经济效益、社会效益、生态环境效益或者对维护国家安全做出显著贡献，且具有良好的应用前景。

第十一条 国家科学技术进步奖授予完成和应用推广创新性科学技术成果，为推动科学技术进步和经济社会发展做出突出贡献的个人、组织。

前款所称创新性科学技术成果，应当具备下列条件：

（一）技术创新性突出，技术经济指标先进；

（二）经应用推广，创造显著经济效益、社会效益、生态环境效益或者对维护国家安全做出显著贡献；

（三）在推动行业科学技术进步等方面有重大贡献。

第十二条 国家自然科学奖、国家技术发明奖、国家科学技术进步奖分为一等奖、二等奖 2 个等级；对做出特别重大的科学发现、技术发明或者创新性科学技术成果的，可以授予特等奖。

第十三条 中华人民共和国国际科学技术合作奖授予对中国科学技术事业做出重要贡献的下列外国人或者外国组织：

（一）同中国的公民或者组织合作研究、开发，取得重大科学技术成果的；

（二）向中国的公民或者组织传授先进科学技术、培养人才，成效特别显著的；

（三）为促进中国与外国的国际科学技术交流与合作，做出重要贡献的。

中华人民共和国国际科学技术合作奖不分等级。

第三章 国家科学技术奖的提名、评审和授予

第十四条 国家科学技术奖实行提名制度，不受理自荐。候选者由下列单位或者个人提名：

（一）符合国务院科学技术行政部门规定的资格条件的专家、学者、组织机构；

（二）中央和国家机关有关部门，中央军事委员会科学技术部门，省、自治区、直辖市、计划单列市人民政府。

香港特别行政区、澳门特别行政区、台湾地区的有关个人、组织的提名资格条件，由国务院科学技术行政部门规定。

中华人民共和国驻外使馆、领馆可以提名中华人民共和国国际科学技术合作奖的候选者。

第十五条 提名者应当严格按照提名办法提名，提供提名材料，对材料的真实性和准确性负责，并按照规定承担相应责任。

提名办法由国务院科学技术行政部门制定。

第十六条 在科学技术活动中有下列情形之一的，相关个人、组织不得被提名或者授予国家科学技术奖：

（一）危害国家安全、损害社会公共利益、危害人体健康、违反伦理道德的；

（二）有科研不端行为，按照国家有关规定被禁止参与国家科学技术奖励活动的；

（三）有国务院科学技术行政部门规定的其他情形的。

第十七条 国务院科学技术行政部门应当建立覆盖各学科、各领域的评审专家库，并及时更新。评审专家应当精通所从事学科、领域的专业知识，具有较高的学术水平和良好的科学道德。

第十八条 评审活动应当坚持公开、公平、公正的原则。评审专家与候选者有重大利害关系，可能影响评审公平、公正的，应当回避。

评审委员会的评审委员和参与评审活动的评审专家应当遵守评审工作纪律，不得有利用评审委员、评审专家身份牟取利益或者与其他评审委员、评审专家串通表决等可能影响评审公平、公正的行为。

评审办法由国务院科学技术行政部门制定。

第十九条 评审委员会设立评审组进行初评，评审组负责提出初评建议并提交评审委员会。

参与初评的评审专家从评审专家库中抽取产生。

第二十条 评审委员会根据相关办法对初评建议进行评审，并向国家科学技术奖励委员会提出各奖种获奖者和奖励等级的建议。

监督委员会根据相关办法对提名、评审和异议处理工作全程进行监督，并向国家科学技术奖励委员会报告监督情况。

国家科学技术奖励委员会根据评审委员会的建议和监督委员会的报告，作出各奖种获奖者和奖励等级的决议。

第二十一条 国务院科学技术行政部门对国家科学技术奖励委员会作出的各奖种获奖者和奖励等级的决议进行审核，报国务院批准。

第二十二条 国家最高科学技术奖报请国家主席签署并颁发奖章、证书和奖金。

国家自然科学奖、国家技术发明奖、国家科学技术进步奖由国务院颁发证书和奖金。

中华人民共和国国际科学技术合作奖由国务院颁发奖章和证书。

第二十三条 国家科学技术奖提名和评审的办法、奖励总数、奖励结果等信息应当向社会公布，接受社会监督。

涉及国家安全的保密项目，应当严格遵守国家保密法律法规的有关规定，加强项目内容的保密管理，在适当范围内公布。

第二十四条 国家科学技术奖励工作实行科研诚信审核制度。国务院科学技术行政部门负责建立提名专家、学者、组织机构和评审委员、评审专家、候选者的科研诚信严重失信行为数据库。

禁止任何个人、组织进行可能影响国家科学技术奖提名和评审公平、公正的活动。

第二十五条 国家最高科学技术奖的奖金数额由国务院规定。

国家自然科学奖、国家技术发明奖、国家科学技术进步奖的奖金数额由国务院科学技术行政部门会同财政部门规定。

国家科学技术奖的奖励经费列入中央预算。

第二十六条 宣传国家科学技术奖获奖者的突出贡献和创新精神，应当遵守法律法规的规定，做到安全、保密、适度、严谨。

第二十七条 禁止使用国家科学技术奖名义牟取不正当利益。

第四章 法律责任

第二十八条 候选者进行可能影响国家科学技术奖提名和评审公平、公正的活动的，由国务院科学技术行政部门给予通报批评，取消其参评资格，并由所在单位或者有关部门依法给予处分。

其他个人或者组织进行可能影响国家科学技术奖提名和评审公平、公正的活动的，由国务院科学技术行政部门给予通报批评；相关候选者有责任的，取消其参评资格。

第二十九条 评审委员、评审专家违反国家科学技术奖评审工作纪律的，由国务院科学技术行政部门取消其评审委员、评审专家资格，并由所在单位或者有关部门依法给予处分。

第三十条 获奖者剽窃、侵占他人的发现、发明或者其他科学技术成果的，或者以其他不正当手段骗取国家科学技术奖的，由国务院科学技术行政部门报国务院批准后撤销奖励，追回奖章、证书和奖金，并由所在单位或者有关部门依法给予处分。

第三十一条 提名专家、学者、组织机构提供虚假数据、材料，协助他人骗取国家科学技术奖的，由国务院科学技术行政部门给予通报批评；情节严重的，暂停或者取消其提名资格，并由所在单位或者有关部门依法给予处分。

第三十二条 违反本条例第二十七条规定的，由有关部门依照相关法律、行政法规的规定予以查处。

第三十三条 对违反本条例规定，有科研诚信严重失信行为的个人、组织，记入科研诚信严重失信行为数据库，并共享至全国信用信息共享平台，按照国家有关规定实施联合惩戒。

第三十四条 国家科学技术奖的候选者、获奖者、评审委员、评审专家和提名专家、学者涉嫌违反其他法律、行政法规的，国务院科学技术行政部门应当通报有关部门依法予以处理。

第三十五条 参与国家科学技术奖评审组织工作的人员在评审活动中滥用职权、玩忽职守、徇私舞弊的，依法给予处分；构成犯罪的，依法追究刑事责任。

第五章 附则

第三十六条 有关部门根据国家安全领域的特殊情况，可以设立部级科学技术奖；省、自治区、直辖市、计划单列市人民政府可以设立一项省级科学技术奖。具体办法由设奖部门或者地方人民政府制定，并报国务院科学技术行政部门及有关单位备案。

设立省部级科学技术奖，应当按照精简原则，严格控制奖励数量，提高奖励质量，优化奖励程序。其他国家机关、群众团体，以及参照公务员法管理的事业单位，不得设立科学技术奖。

第三十七条 国家鼓励社会力量设立科学技术奖。社会力量设立科学技术奖的，在奖励活动中不得收取任何费用。

国务院科学技术行政部门应当对社会力量设立科学技术奖的有关活动进行指导服务和监督管理，并制定具体办法。

第三十八条 本条例自 2020 年 12 月 1 日起施行。

第二节 部门规章

科学技术活动违规行为处理暂行规定

(科学技术部令第 19 号)

第一章 总则

第一条 为规范科学技术活动违规行为处理,营造风清气正的良好科研氛围,根据《中华人民共和国科学技术进步法》等法律法规,制定本规定。

第二条 对下列单位和人员在开展有关科学技术活动过程中出现的违规行为的处理,适用本规定。

(一)受托管理机构及其工作人员,即受科学技术行政部门委托开展相关科学技术活动管理工作的机构及其工作人员;

(二)科学技术活动实施单位,即具体开展科学技术活动的科学技术研究开发机构、高等学校、企业及其他组织;

(三)科学技术人员,即直接从事科学技术活动的人员和为科学技术活动提供管理、服务的人员;

(四)科学技术活动咨询评审专家,即为科学技术活动提供咨询、评审、评估、评价等意见的专业人员;

(五)第三方科学技术服务机构及其工作人员,即为科学技术活动提供审计、咨询、绩效评估评价、经纪、知识产权代理、检验检测、出版等服务的第三方机构及其工作人员。

第三条 科学技术部加强对科学技术活动违规行为处理工作的统筹、协调和督促指导。

各级科学技术行政部门根据职责和权限对科学技术活动实施中发生的违规行为进行处理。

第四条 科学技术活动违规行为的处理,应区分主观过错、性质、情节和危害程度,做到程序正当、事实清楚、证据确凿、依据准确、处理恰当。

第二章 违规行为

第五条 受托管理机构的违规行为包括以下情形:

(一)采取弄虚作假等不正当手段获得管理资格;

(二)内部管理混乱,影响受托管理工作正常开展;

(三)重大事项未及时报告;

(四)存在管理过失,造成负面影响或财政资金损失;

(五)设租寻租、徇私舞弊、滥用职权、私分受托管理的科研资金;

(六)隐瞒、包庇科学技术活动中相关单位或人员的违法违规行为;

（七）不配合监督检查或评估评价工作，不整改、虚假整改或整改未达到要求；

（八）违反任务委托协议等合同约定的主要义务；

（九）违反国家科学技术活动保密相关规定；

（十）法律、行政法规、部门规章或规范性文件规定的其他相关违规行为。

第六条 受托管理机构工作人员的违规行为包括以下情形：

（一）管理失职，造成负面影响或财政资金损失；

（二）设租寻租、徇私舞弊等利用组织科学技术活动之便谋取不正当利益；

（三）承担或参加所管理的科技计划（专项、基金等）项目；

（四）参与所管理的科学技术活动中有关论文、著作、专利等科学技术成果的署名及相关科技奖励、人才评选等；

（五）未经批准在相关科学技术活动实施单位兼职；

（六）干预咨询评审或向咨询评审专家施加倾向性影响；

（七）泄露科学技术活动管理过程中需保密的专家名单、专家意见、评审结论和立项安排等相关信息；

（八）违反回避制度要求，隐瞒利益冲突；

（九）虚报、冒领、挪用、套取所管理的科研资金；

（十）违反国家科学技术活动保密相关规定；

（十一）法律、行政法规、部门规章或规范性文件规定的其他相关违规行为。

第七条 科学技术活动实施单位的违规行为包括以下情形：

（一）在科学技术活动的申报、评审、实施、验收、监督检查和评估评价等活动中提供虚假材料，组织"打招呼""走关系"等请托行为；

（二）管理失职，造成负面影响或财政资金损失；

（三）无正当理由不履行科学技术活动管理合同约定的主要义务；

（四）隐瞒、迁就、包庇、纵容或参与本单位人员的违法违规活动；

（五）未经批准，违规转包、分包科研任务；

（六）截留、挤占、挪用、套取、转移、私分财政科研资金；

（七）不配合监督检查或评估评价工作，不整改、虚假整改或整改未达到要求；

（八）不按规定上缴应收回的财政科研结余资金；

（九）未按规定进行科技伦理审查并监督执行；

（十）开展危害国家安全、损害社会公共利益、危害人体健康的科学技术活动；

（十一）违反国家科学技术活动保密相关规定；

（十二）法律、行政法规、部门规章或规范性文件规定的其他相关违规行为。

第八条 科学技术人员的违规行为包括以下情形：

（一）在科学技术活动的申报、评审、实施、验收、监督检查和评估评价等活动中提供虚假材料，实施"打招呼""走关系"等请托行为；

（二）故意夸大研究基础、学术价值或科技成果的技术价值、社会经济效益，隐瞒技术风险，造成负面影响或财政资金损失；

（三）人才计划入选者、重大科研项目负责人在聘期内或项目执行期内擅自变更工作单位，造成负面影响或财政资金损失；

（四）故意拖延或拒不履行科学技术活动管理合同约定的主要义务；

（五）随意降低目标任务和约定要求，以项目实施周期外或不相关成果充抵交差；

（六）抄袭、剽窃、侵占、篡改他人科学技术成果，编造科学技术成果，侵犯他人知识产权等；

（七）虚报、冒领、挪用、套取财政科研资金；

（八）不配合监督检查或评估评价工作，不整改、虚假整改或整改未达到要求；

（九）违反科技伦理规范；

（十）开展危害国家安全、损害社会公共利益、危害人体健康的科学技术活动；

（十一）违反国家科学技术活动保密相关规定；

（十二）法律、行政法规、部门规章或规范性文件规定的其他相关违规行为。

第九条 科学技术活动咨询评审专家的违规行为包括以下情形：

（一）采取弄虚作假等不正当手段获取咨询、评审、评估、评价、监督检查资格；

（二）违反回避制度要求；

（三）接受"打招呼""走关系"等请托；

（四）引导、游说其他专家或工作人员，影响咨询、评审、评估、评价、监督检查过程和结果；

（五）索取、收受利益相关方财物或其他不正当利益；

（六）出具明显不当的咨询、评审、评估、评价、监督检查意见；

（七）泄漏咨询评审过程中需保密的申请人、专家名单、专家意见、评审结论等相关信息；

（八）抄袭、剽窃咨询评审对象的科学技术成果；

（九）违反国家科学技术活动保密相关规定；

（十）法律、行政法规、部门规章或规范性文件规定的其他相关违规行为。

第十条 第三方科学技术服务机构及其工作人员的违规行为包括以下情形：

（一）采取弄虚作假等不正当手段获取科学技术活动相关业务；

（二）从事学术论文买卖、代写代投以及伪造、虚构、篡改研究数据等；

（三）违反回避制度要求；

（四）擅自委托他方代替提供科学技术活动相关服务；

（五）出具虚假或失实结论；

（六）索取、收受利益相关方财物或其他不正当利益；

（七）泄漏需保密的相关信息或材料等；

（八）违反国家科学技术活动保密相关规定；

（九）法律、行政法规、部门规章或规范性文件规定的其他相关违规行为。

第三章 处理措施

第十一条 对科学技术活动违规行为，视违规主体和行为性质，可单独或合并采取以下处理措施：

（一）警告；

（二）责令限期整改；

（三）约谈；

（四）一定范围内或公开通报批评；

（五）终止、撤销有关财政性资金支持的科学技术活动；

（六）追回结余资金，追回已拨财政资金以及违规所得；

（七）撤销奖励或荣誉称号，追回奖金；

（八）取消一定期限内财政性资金支持的科学技术活动管理资格；

（九）禁止在一定期限内承担或参与财政性资金支持的科学技术活动；

（十）记入科研诚信严重失信行为数据库。

第十二条 违规行为涉嫌违反党纪政纪、违法犯罪的，移交有关机关处理。

第十三条 对于第三方科学技术服务机构及人员违规的，可视情况将相关问题及线索移交具有处罚或处理权限的主管部门或行业协会处理。

第十四条 受托管理机构、科学技术活动实施单位有组织地开展科学技术活动违规行为的，或存在重大管理过失的，按本规定第十一条第（八）项追究主要负责人、直接负责人的责任，具体期限与被处理单位的受限年限保持一致。

第十五条 有证据表明违规行为已经造成恶劣影响或财政资金严重损失的，应直接或提请具有相应职责和权限的行政机关责令采取有效措施，防止影响或损失扩大，中止相关科学技术活动，暂停拨付相应财政资金，同时暂停接受相关责任主体申请新的财政性资金支持的科学技术活动。

第十六条 采取本规定第十一条第（九）项处理措施的，违规行为未涉及科学技术活动核心关键任务、约束性目标或指标，但造成较大负面影响或财政资金损失，对违规单位取消 2 年以内（含 2 年）相关资格，对违规个人取消 3 年以内（含 3 年）相关资格。

上述违规行为涉及科学技术活动的核心关键任务、约束性目标或指标，并导致相关科学技术活动偏离约定目标，或造成严重负面影响或财政资金损失，对违规单位取消 2 至 5 年相关资格，对违规个人取消 3 至 5 年相关资格。

上述违规行为涉及科学技术活动的核心关键任务、约束性目标或指标，并导致相关科学技术活动停滞、严重偏离约定目标，或造成特别严重负面影响或财政资金损失，对违规单位和个人取消 5 年以上直至永久相关资格。

第十七条 有以下情形之一的，可以给予从轻处理：

（一）主动反映问题线索，并经查属实；

（二）主动承认错误并积极配合调查和整改；

（三）主动退回因违规行为所获各种利益；

（四）主动挽回损失浪费或有效阻止危害结果发生；

（五）通过全国性媒体公开作出严格遵守科学技术活动相关国家法律及管理规定、不再实施违规行为的承诺；

（六）其他可以给予从轻处理情形。

第十八条 有以下情形之一的，应当给予从重处理：

（一）伪造、销毁、藏匿证据；

（二）阻止他人提供证据，或干扰、妨碍调查核实；

（三）打击、报复举报人；

（四）有组织地实施违规行为；

（五）多次违规或同时存在多种违规行为；

（六）其他应当给予从重处理情形。

第十九条 科学技术活动违规行为涉及多个主体的，应甄别不同主体的责任，并视其违规行为在负面影响或财政资金损失发生过程和结果中所起作用等因素分别给予相应处理。

第四章 处理程序

第二十条 科学技术活动违规行为认定后，视事实、性质、情节，按照本规定第十一条的处理措施作出相应处理决定，并制作处理决定书。

第二十一条 作出处理决定前，应告知被处理单位或人员拟作出处理决定的事实、理由及依据，并告知其享有陈述与申辩的权利及其行使的方式和期限。被处理单位或人员逾期未提出陈述或申辩的，视为放弃陈述与申辩的权利；作出陈述或申辩的，应充分听取其意见。

第二十二条 处理决定书应载明以下内容：

（一）被处理主体的基本情况；

（二）违规行为情况及事实根据；

（三）处理依据和处理决定；

（四）救济途径和期限；

（五）作出处理决定的单位名称和时间；

（六）法律、行政法规、部门规章或规范性文件规定的其他相关事项。

第二十三条 处理决定书应送达被处理单位或人员，抄送被处理人员所在单位或被处理单位的上级主管部门，并可视情通知被处理人员或单位所属相关行业协会。

处理决定书可采取直接送达、委托送达、邮寄送达等方式；被送达人下落不明的，可公告送达。涉及保密内容的，按照保密相关规定送达。

对于影响范围广、社会关注度高的违规行为的处理决定，除涉密内容外，应向社会公开，发挥警示教育作用。

第二十四条 被处理单位或人员对处理决定不服的，可自收到处理决定书之日起15个工作日内，按照处理决定书载明的救济途径向作出处理决定的相关部门或单位提出复查申请，写明理由并提供相关证据或线索。

处理主体应自收到复查申请后15个工作日内作出是否受理的决定。决定受理的，应当另行组织对处理决定所认定的事实和相关依据进行复查。

复查应制作复查决定书，复查原则上应自受理之日起90个工作日内完成并送达复查申请人。复查期间，不停止原处理决定的执行。

第二十五条 被处理单位或人员也可以不经复查，直接依法申请复议或提起诉讼。

第二十六条 采取本规定第十一条第（九）项处理措施的，取消资格期限自处理决定下达之日起计算，处理决定作出前已执行本规定第十五条采取暂停活动的，暂停活动期限可折抵处理期限。

第二十七条 科学技术活动违规行为涉及多个部门的，可组织开展联合调查，按职责和权限分别予以处理。

第二十八条 科学技术活动违规行为处理超出科学技术行政部门职责和权限范围内的，应将问题及线索移交相关部门、机构，并可以适当方式向相关部门、机构提出意见建议。

第五章 附则

第二十九条 科学技术行政部门委托受托管理机构管理的科学技术活动中,项目承担单位和人员出现的情节轻微、未造成明显负面影响或财政资金损失的违规行为,由受托管理机构依据有关科学技术活动管理合同、管理办法等处理。

第三十条 各级科学技术行政部门已在职责和权限范围内制定科学技术活动违规行为处理规定且处理尺度不低于本规定的,可按照已有规定进行处理。

第三十一条 科学技术活动违规行为处理属其他部门、机构职责和权限的,由有权处理的部门、机构依据法律、行政法规及其他有关规定处理。

科学技术活动违规行为涉事单位或人员属军队管理的,由军队按照其有关规定进行处理。

第三十二条 法律、行政法规对科学技术活动违规行为及相应处理另有规定的,从其规定。

科学技术部部门规章或规范性文件相关内容与本规定不一致的,适用本规定。

第三十三条 本规定自 2020 年 9 月 1 日起施行。

第三十四条 本规定由科学技术部负责解释。

第三节 规范性文件

一、中央和国务院文件

中共中央 国务院关于深化体制机制改革加快实施创新驱动发展战略的若干意见

(中发〔2015〕8号)

创新是推动一个国家和民族向前发展的重要力量，也是推动整个人类社会向前发展的重要力量。面对全球新一轮科技革命与产业变革的重大机遇和挑战，面对经济发展新常态下的趋势变化和特点，面对实现"两个一百年"奋斗目标的历史任务和要求，必须深化体制机制改革，加快实施创新驱动发展战略，现提出如下意见。

一、总体思路和主要目标

加快实施创新驱动发展战略，就是要使市场在资源配置中起决定性作用和更好发挥政府作用，破除一切制约创新的思想障碍和制度藩篱，激发全社会创新活力和创造潜能，提升劳动、信息、知识、技术、管理、资本的效率和效益，强化科技同经济对接、创新成果同产业对接、创新项目同现实生产力对接、研发人员创新劳动同其利益收入对接，增强科技进步对经济发展的贡献度，营造大众创业、万众创新的政策环境和制度环境。

坚持需求导向。紧扣经济社会发展重大需求，着力打通科技成果向现实生产力转化的通道，着力破除科学家、科技人员、企业家、创业者创新的障碍，着力解决要素驱动、投资驱动向创新驱动转变的制约，让创新真正落实到创造新的增长点上，把创新成果变成实实在在的产业活动。

坚持人才为先。要把人才作为创新的第一资源，更加注重培养、用好、吸引各类人才，促进人才合理流动、优化配置，创新人才培养模式；更加注重强化激励机制，给予科技人员更多的利益回报和精神鼓励；更加注重发挥企业家和技术技能人才队伍创新作用，充分激发全社会的创新活力。

坚持遵循规律。根据科学技术活动特点，把握好科学研究的探索发现规律，为科学家潜心研究、发明创造、技术突破创造良好条件和宽松环境；把握好技术创新的市场规律，让市场成为优化配置创新资源的主要手段，让企业成为技术创新的主体力量，让知识产权制度成为激励创新的基本保障；大力营造勇于探索、鼓励创新、宽容失败的文化和社会氛围。

坚持全面创新。把科技创新摆在国家发展全局的核心位置，统筹推进科技体制改革和经济社会领域改革，统筹推进科技、管理、品牌、组织、商业模式创新，统筹推进军民融合创新，统筹推进引进来与走出去合作创新，实现科技创新、制度创新、开放创新的有机统一和协同发展。

到2020年，基本形成适应创新驱动发展要求的制度环境和政策法律体系，为进入创新型国家行列提供有力保障。人才、资本、技术、知识自由流动，企业、科研院所、高等学校协同创新，创新活力竞相迸发，创新成果得到充分保护，创新价值得到更大体现，创新资源配置效率大幅提高，创新人才合理分享创新收益，使创新驱动发展战略真正落地，进而打造促进经济增长和就业创业的新引擎，构筑参与国际竞争合作的新优势，推动形成可持续发展的新格局，促进经济发展方式的转变。

二、营造激励创新的公平竞争环境

发挥市场竞争激励创新的根本性作用，营造公平、开放、透明的市场环境，强化竞争政策和产业政策对创新的引导，促进优胜劣汰，增强市场主体创新动力。

（一）实行严格的知识产权保护制度

完善知识产权保护相关法律，研究降低侵权行为追究刑事责任门槛，调整损害赔偿标准，探索实施惩罚性赔偿制度。完善权利人维权机制，合理划分权利人举证责任。

完善商业秘密保护法律制度，明确商业秘密和侵权行为界定，研究制定相应保护措施，探索建立诉前保护制度。研究商业模式等新形态创新成果的知识产权保护办法。

完善知识产权审判工作机制，推进知识产权民事、刑事、行政案件的"三审合一"，积极发挥知识产权法院的作用，探索跨地区知识产权案件异地审理机制，打破对侵权行为的地方保护。

健全知识产权侵权查处机制，强化行政执法与司法衔接，加强知识产权综合行政执法，健全知识产权维权援助体系，将侵权行为信息纳入社会信用记录。

（二）打破制约创新的行业垄断和市场分割

加快推进垄断性行业改革，放开自然垄断行业竞争性业务，建立鼓励创新的统一透明、有序规范的市场环境。

切实加强反垄断执法，及时发现和制止垄断协议和滥用市场支配地位等垄断行为，为中小企业创新发展拓宽空间。

打破地方保护，清理和废除妨碍全国统一市场的规定和做法，纠正地方政府不当补贴或利用行政权力限制、排除竞争的行为，探索实施公平竞争审查制度。

（三）改进新技术新产品新商业模式的准入管理

改革产业准入制度，制定和实施产业准入负面清单，对未纳入负面清单管理的行业、领域、业务等，各类市场主体皆可依法平等进入。

破除限制新技术新产品新商业模式发展的不合理准入障碍。对药品、医疗器械等创新产品建立便捷高效的监管模式，深化审评审批制度改革，多种渠道增加审评资源，优化流程，缩短周期，支持委托生产等新的组织模式发展。对新能源汽车、风电、光伏等领域实行有针对性的准入政策。

改进互联网、金融、环保、医疗卫生、文化、教育等领域的监管，支持和鼓励新业态、新商业模式发展。

（四）健全产业技术政策和管理制度

改革产业监管制度，将前置审批为主转变为依法加强事中事后监管为主，形成有利于转型升级、鼓励创新的产业政策导向。

强化产业技术政策的引导和监督作用，明确并逐步提高生产环节和市场准入的环境、节能、节地、节水、节材、质量和安全指标及相关标准,形成统一权威、公开透明的市场准入标准体系。健全技术标准体系,强化强制性标准的制定和实施。

加强产业技术政策、标准执行的过程监管。强化环保、质检、工商、安全监管等部门的行政执法联动机制。

(五)形成要素价格倒逼创新机制

运用主要由市场决定要素价格的机制,促使企业从依靠过度消耗资源能源、低性能低成本竞争,向依靠创新、实施差别化竞争转变。

加快推进资源税改革,逐步将资源税扩展到占用各种自然生态空间,推进环境保护费改税。完善市场化的工业用地价格形成机制。健全企业职工工资正常增长机制,实现劳动力成本变化与经济提质增效相适应。

三、建立技术创新市场导向机制

发挥市场对技术研发方向、路线选择和各类创新资源配置的导向作用,调整创新决策和组织模式,强化普惠性政策支持,促进企业真正成为技术创新决策、研发投入、科研组织和成果转化的主体。

(六)扩大企业在国家创新决策中话语权

建立高层次、常态化的企业技术创新对话、咨询制度,发挥企业和企业家在国家创新决策中的重要作用。吸收更多企业参与研究制定国家技术创新规划、计划、政策和标准,相关专家咨询组中产业专家和企业家应占较大比例。

国家科技规划要聚焦战略需求,重点部署市场不能有效配置资源的关键领域研究,竞争类产业技术创新的研发方向、技术路线和要素配置模式由企业依据市场需求自主决策。

(七)完善企业为主体的产业技术创新机制

市场导向明确的科技项目由企业牵头、政府引导、联合高等学校和科研院所实施。鼓励构建以企业为主导、产学研合作的产业技术创新战略联盟。

更多运用财政后补助、间接投入等方式,支持企业自主决策、先行投入,开展重大产业关键共性技术、装备和标准的研发攻关。

开展龙头企业创新转型试点,探索政府支持企业技术创新、管理创新、商业模式创新的新机制。

完善中小企业创新服务体系,加快推进创业孵化、知识产权服务、第三方检验检测认证等机构的专业化、市场化改革,壮大技术交易市场。

优化国家实验室、重点实验室、工程实验室、工程(技术)研究中心布局,按功能定位分类整合,构建开放共享互动的创新网络,建立向企业特别是中小企业有效开放的机制。探索在战略性领域采取企业主导、院校协作、多元投资、军民融合、成果分享的新模式,整合形成若干产业创新中心。加大国家重大科研基础设施、大型科研仪器和专利基础信息资源等向社会开放力度。

(八)提高普惠性财税政策支持力度

坚持结构性减税方向,逐步将国家对企业技术创新的投入方式转变为以普惠性财税政策为主。

统筹研究企业所得税加计扣除政策,完善企业研发费用计核方法,调整目录管理方式,扩大研发费用加计扣除优惠政策适用范围。完善高新技术企业认定办法,重点鼓励中小企业加大研发力度。

（九）健全优先使用创新产品的采购政策

建立健全符合国际规则的支持采购创新产品和服务的政策体系，落实和完善政府采购促进中小企业创新发展的相关措施，加大创新产品和服务的采购力度。鼓励采用首购、订购等非招标采购方式，以及政府购买服务等方式予以支持，促进创新产品的研发和规模化应用。

研究完善使用首台（套）重大技术装备鼓励政策，健全研制、使用单位在产品创新、增值服务和示范应用等环节的激励和约束机制。

放宽民口企业和科研单位进入军品科研生产和维修采购范围。

四、强化金融创新的功能

发挥金融创新对技术创新的助推作用，培育壮大创业投资和资本市场，提高信贷支持创新的灵活性和便利性，形成各类金融工具协同支持创新发展的良好局面。

（十）壮大创业投资规模

研究制定天使投资相关法规。按照税制改革的方向与要求，对包括天使投资在内的投向种子期、初创期等创新活动的投资，统筹研究相关税收支持政策。

研究扩大促进创业投资企业发展的税收优惠政策，适当放宽创业投资企业投资高新技术企业的条件限制，并在试点基础上将享受投资抵扣政策的创业投资企业范围扩大到有限合伙制创业投资企业法人合伙人。

结合国有企业改革设立国有资本创业投资基金，完善国有创投机构激励约束机制。按照市场化原则研究设立国家新兴产业创业投资引导基金，带动社会资本支持战略性新兴产业和高技术产业早中期、初创期创新型企业发展。

完善外商投资创业投资企业规定，有效利用境外资本投向创新领域。研究保险资金投资创业投资基金的相关政策。

（十一）强化资本市场对技术创新的支持

加快创业板市场改革，健全适合创新型、成长型企业发展的制度安排，扩大服务实体经济覆盖面，强化全国中小企业股份转让系统融资、并购、交易等功能，规范发展服务小微企业的区域性股权市场。加强不同层次资本市场的有机联系。

发挥沪深交易所股权质押融资机制作用，支持符合条件的创新创业企业发行公司债券。支持符合条件的企业发行项目收益债，募集资金用于加大创新投入。

推动修订相关法律法规，探索开展知识产权证券化业务。开展股权众筹融资试点，积极探索和规范发展服务创新的互联网金融。

（十二）拓宽技术创新的间接融资渠道

完善商业银行相关法律。选择符合条件的银行业金融机构，探索试点为企业创新活动提供股权和债权相结合的融资服务方式，与创业投资、股权投资机构实现投贷联动。

政策性银行在有关部门及监管机构的指导下，加快业务范围内金融产品和服务方式创新，对符合条件的企业创新活动加大信贷支持力度。

稳步发展民营银行，建立与之相适应的监管制度，支持面向中小企业创新需求的金融产品创新。

建立知识产权质押融资市场化风险补偿机制，简化知识产权质押融资流程。加快发展科技保险，推进专利保险试点。

五、完善成果转化激励政策

强化尊重知识、尊重创新，充分体现智力劳动价值的分配导向，让科技人员在创新活动中得到合理回报，通过成果应用体现创新价值，通过成果转化创造财富。

（十三）加快下放科技成果使用、处置和收益权

不断总结试点经验，结合事业单位分类改革要求，尽快将财政资金支持形成的，不涉及国防、国家安全、国家利益、重大社会公共利益的科技成果的使用权、处置权和收益权，全部下放给符合条件的项目承担单位。单位主管部门和财政部门对科技成果在境内的使用、处置不再审批或备案，科技成果转移转化所得收入全部留归单位，纳入单位预算，实行统一管理，处置收入不上缴国库。

（十四）提高科研人员成果转化收益比例

完善职务发明制度，推动修订专利法、公司法等相关内容，完善科技成果、知识产权归属和利益分享机制，提高骨干团队、主要发明人受益比例。完善奖励报酬制度，健全职务发明的争议仲裁和法律救济制度。

修订相关法律和政策规定，在利用财政资金设立的高等学校和科研院所中，将职务发明成果转让收益在重要贡献人员、所属单位之间合理分配，对用于奖励科研负责人、骨干技术人员等重要贡献人员和团队的收益比例，可以从现行不低于 20% 提高到不低于 50%。

国有企业事业单位对职务发明完成人、科技成果转化重要贡献人员和团队的奖励，计入当年单位工资总额，不作为工资总额基数。

（十五）加大科研人员股权激励力度

鼓励各类企业通过股权、期权、分红等激励方式，调动科研人员创新积极性。

对高等学校和科研院所等事业单位以科技成果作价入股的企业，放宽股权奖励、股权出售对企业设立年限和盈利水平的限制。

建立促进国有企业创新的激励制度，对在创新中作出重要贡献的技术人员实施股权和分红权激励。

积极总结试点经验，抓紧确定科技型中小企业的条件和标准。高新技术企业和科技型中小企业科研人员通过科技成果转化取得股权奖励收入时，原则上在 5 年内分期缴纳个人所得税。结合个人所得税制改革，研究进一步激励科研人员创新的政策。

六、构建更加高效的科研体系

发挥科学技术研究对创新驱动的引领和支撑作用，遵循规律、强化激励、合理分工、分类改革，增强高等学校、科研院所原始创新能力和转制科研院所的共性技术研发能力。

（十六）优化对基础研究的支持方式

切实加大对基础研究的财政投入，完善稳定支持和竞争性支持相协调的机制，加大稳定支持力度，支持研究机构自主布局科研项目，扩大高等学校、科研院所学术自主权和个人科研选题选择权。

改革基础研究领域科研计划管理方式，尊重科学规律，建立包容和支持"非共识"创新项目的制度。

改革高等学校和科研院所聘用制度，优化工资结构，保证科研人员合理工资待遇水平。完善内部分配机制，重点向关键岗位、业务骨干和作出突出成绩的人员倾斜。

（十七）加大对科研工作的绩效激励力度

完善事业单位绩效工资制度，健全鼓励创新创造的分配激励机制。完善科研项目间接费用管理制度，强化绩效激励，合理补偿项目承担单位间接成本和绩效支出。项目承担单位应结合一线科研人员实际贡献，公开公正安排绩效支出，充分体现科研人员的创新价值。

（十八）改革高等学校和科研院所科研评价制度

强化对高等学校和科研院所研究活动的分类考核。对基础和前沿技术研究实行同行评价，突出中长期目标导向，评价重点从研究成果数量转向研究质量、原创价值和实际贡献。

对公益性研究强化国家目标和社会责任评价，定期对公益性研究机构组织第三方评价，将评价结果作为财政支持的重要依据，引导建立公益性研究机构依托国家资源服务行业创新机制。

（十九）深化转制科研院所改革

坚持技术开发类科研机构企业化转制方向，对于承担较多行业共性科研任务的转制科研院所，可组建成产业技术研发集团，对行业共性技术研究和市场经营活动进行分类管理、分类考核。

推动以生产经营活动为主的转制科研院所深化市场化改革，通过引入社会资本或整体上市，积极发展混合所有制，推进产业技术联盟建设。

对于部分转制科研院所中基础研究能力较强的团队，在明确定位和标准的基础上，引导其回归公益，参与国家重点实验室建设，支持其继续承担国家任务。

（二十）建立高等学校和科研院所技术转移机制

逐步实现高等学校和科研院所与下属公司剥离，原则上高等学校、科研院所不再新办企业，强化科技成果以许可方式对外扩散。

加强高等学校和科研院所的知识产权管理，明确所属技术转移机构的功能定位，强化其知识产权申请、运营权责。

建立完善高等学校、科研院所的科技成果转移转化的统计和报告制度，财政资金支持形成的科技成果，除涉及国防、国家安全、国家利益、重大社会公共利益外，在合理期限内未能转化的，可由国家依法强制许可实施。

七、创新培养、用好和吸引人才机制

围绕建设一支规模宏大、富有创新精神、敢于承担风险的创新型人才队伍，按照创新规律培养和吸引人才，按照市场规律让人才自由流动，实现人尽其才、才尽其用、用有所成。

（二十一）构建创新型人才培养模式

开展启发式、探究式、研究式教学方法改革试点，弘扬科学精神，营造鼓励创新、宽容失败的创新文化。改革基础教育培养模式，尊重个性发展，强化兴趣爱好和创造性思维培养。

以人才培养为中心，着力提高本科教育质量，加快部分普通本科高等学校向应用技术型高等学校转型，开展校企联合招生、联合培养试点，拓展校企合作育人的途径与方式。

分类改革研究生培养模式，探索科教结合的学术学位研究生培养新模式，扩大专业学位研究生招生比例，增进教学与实践的融合。

鼓励高等学校以国际同类一流学科为参照，开展学科国际评估，扩大交流合作，稳步推进高等学校国际化进程。

（二十二）建立健全科研人才双向流动机制

改进科研人员薪酬和岗位管理制度，破除人才流动的体制机制障碍，促进科研人员在事业单

位和企业间合理流动。

符合条件的科研院所的科研人员经所在单位批准，可带着科研项目和成果、保留基本待遇到企业开展创新工作或创办企业。

允许高等学校和科研院所设立一定比例流动岗位，吸引有创新实践经验的企业家和企业科技人才兼职。试点将企业任职经历作为高等学校新聘工程类教师的必要条件。

加快社会保障制度改革，完善科研人员在企业与事业单位之间流动时社保关系转移接续政策，促进人才双向自由流动。

（二十三）实行更具竞争力的人才吸引制度

制定外国人永久居留管理的意见，加快外国人永久居留管理立法，规范和放宽技术型人才取得外国人永久居留证的条件，探索建立技术移民制度。对持有外国人永久居留证的外籍高层次人才在创办科技型企业等创新活动方面，给予中国籍公民同等待遇。

加快制定外国人在中国工作管理条例，对符合条件的外国人才给予工作许可便利，对符合条件的外国人才及其随行家属给予签证和居留等便利。对满足一定条件的国外高层次科技创新人才取消来华工作许可的年龄限制。

围绕国家重大需求，面向全球引进首席科学家等高层次科技创新人才。建立访问学者制度。广泛吸引海外高层次人才回国（来华）从事创新研究。

稳步推进人力资源市场对外开放，逐步放宽外商投资人才中介服务机构的外资持股比例和最低注册资本金要求。鼓励有条件的国内人力资源服务机构走出去与国外人力资源服务机构开展合作，在境外设立分支机构，积极参与国际人才竞争与合作。

八、推动形成深度融合的开放创新局面

坚持引进来与走出去相结合，以更加主动的姿态融入全球创新网络，以更加开阔的胸怀吸纳全球创新资源，以更加积极的策略推动技术和标准输出，在更高层次上构建开放创新机制。

（二十四）鼓励创新要素跨境流动

对开展国际研发合作项目所需付汇，实行研发单位事先承诺，商务、科技、税务部门事后并联监管。

对科研人员因公出国进行分类管理，放宽因公临时出国批次限量管理政策。

改革检验管理，对研发所需设备、样本及样品进行分类管理，在保证安全前提下，采用重点审核、抽检、免检等方式，提高审核效率。

（二十五）优化境外创新投资管理制度

健全综合协调机制，协调解决重大问题，合力支持国内技术、产品、标准、品牌走出去，开拓国际市场。强化技术贸易措施评价和风险预警机制。

研究通过国有重点金融机构发起设立海外创新投资基金，外汇储备通过债权、股权等方式参与设立基金工作，更多更好利用全球创新资源。

鼓励上市公司海外投资创新类项目，改革投资信息披露制度，在相关部门确认不影响国家安全和经济安全前提下，按照中外企业商务谈判进展，适时披露有关信息。

（二十六）扩大科技计划对外开放

制定国家科技计划对外开放的管理办法，按照对等开放、保障安全的原则，积极鼓励和引导外资研发机构参与承担国家科技计划项目。

在基础研究和重大全球性问题研究等领域,统筹考虑国家科研发展需求和战略目标,研究发起国际大科学计划和工程,吸引海外顶尖科学家和团队参与。积极参与大型国际科技合作计划。引导外资研发中心开展高附加值原创性研发活动,吸引国际知名科研机构来华联合组建国际科技中心。

九、加强创新政策统筹协调

更好发挥政府推进创新的作用。改革科技管理体制,加强创新政策评估督查与绩效评价,形成职责明晰、积极作为、协调有力、长效管用的创新治理体系。

(二十七)加强创新政策的统筹

加强科技、经济、社会等方面的政策、规划和改革举措的统筹协调和有效衔接,强化军民融合创新。发挥好科技界和智库对创新决策的支撑作用。

建立创新政策协调审查机制,组织开展创新政策清理,及时废止有违创新规律、阻碍新兴产业和新兴业态发展的政策条款,对新制定政策是否制约创新进行审查。

建立创新政策调查和评价制度,广泛听取企业和社会公众意见,定期对政策落实情况进行跟踪分析,并及时调整完善。

(二十八)完善创新驱动导向评价体系

改进和完善国内生产总值核算方法,体现创新的经济价值。研究建立科技创新、知识产权与产业发展相结合的创新驱动发展评价指标,并纳入国民经济和社会发展规划。

健全国有企业技术创新经营业绩考核制度,加大技术创新在国有企业经营业绩考核中的比重。对国有企业研发投入和产出进行分类考核,形成鼓励创新、宽容失败的考核机制。把创新驱动发展成效纳入对地方领导干部的考核范围。

(二十九)改革科技管理体制

转变政府科技管理职能,建立依托专业机构管理科研项目的机制,政府部门不再直接管理具体项目,主要负责科技发展战略、规划、政策、布局、评估和监管。

建立公开统一的国家科技管理平台,健全统筹协调的科技宏观决策机制,加强部门功能性分工,统筹衔接基础研究、应用开发、成果转化、产业发展等各环节工作。

进一步明晰中央和地方科技管理事权和职能定位,建立责权统一的协同联动机制,提高行政效能。

(三十)推进全面创新改革试验

遵循创新区域高度集聚的规律,在有条件的省(自治区、直辖市)系统推进全面创新改革试验,授权开展知识产权、科研院所、高等教育、人才流动、国际合作、金融创新、激励机制、市场准入等改革试验,努力在重要领域和关键环节取得新突破,及时总结推广经验,发挥示范和带动作用,促进创新驱动发展战略的深入实施。

各级党委和政府要高度重视,加强领导,把深化体制机制改革、加快实施创新驱动发展战略,作为落实党的十八大和十八届二中、三中、四中全会精神的重大任务,认真抓好落实。有关方面要密切配合,分解改革任务,明确时间表和路线图,确定责任部门和责任人。要加强对创新文化的宣传和舆论引导,宣传改革经验、回应社会关切、引导社会舆论,为创新营造良好的社会环境。

中共中央办公厅 国务院办公厅印发
《深化科技体制改革实施方案》

(中办发〔2015〕46号)

深化科技体制改革是全面深化改革的重要内容，是实施创新驱动发展战略、建设创新型国家的根本要求。党的十八大特别是十八届二中、三中、四中全会以来，中央对科技体制改革和创新驱动发展作出了全面部署，出台了一系列重大改革举措。为更好地贯彻落实中央的改革决策，形成系统、全面、可持续的改革部署和工作格局，打通科技创新与经济社会发展通道，最大限度地激发科技第一生产力、创新第一动力的巨大潜能，现制定如下实施方案。

一、指导思想、基本原则和主要目标

（一）指导思想

高举中国特色社会主义伟大旗帜，全面贯彻落实党的十八大和十八届二中、三中、四中全会精神，深入学习贯彻习近平总书记系列重要讲话精神，按照"四个全面"战略布局总要求，坚持走中国特色自主创新道路，聚焦实施创新驱动发展战略，以构建中国特色国家创新体系为目标，全面深化科技体制改革，推动以科技创新为核心的全面创新，推进科技治理体系和治理能力现代化，促进军民融合深度发展，营造有利于创新驱动发展的市场和社会环境，激发大众创业、万众创新的热情与潜力，主动适应和引领经济发展新常态，加快创新型国家建设步伐，为实现发展驱动力的根本转换奠定体制基础。

（二）基本原则

激发创新。把增强自主创新能力、促进科技与经济紧密结合作为根本目的，以改革驱动创新，强化创新成果同产业对接、创新项目同现实生产力对接、研发人员创新劳动同其利益收入对接，充分发挥市场作用，释放科技创新潜能，打造创新驱动发展新引擎。

问题导向。坚持把破解制约创新驱动发展的体制机制障碍作为着力点，找准突破口，增强针对性，在重要领域和关键环节取得决定性进展，提高改革的质量和效益。

整体推进。坚持科技体制改革与经济社会等领域改革同步发力，既继承又发展，围绕实施创新驱动发展战略和建设国家创新体系，制定具有标志性、带动性的改革举措和政策措施，抓好进度统筹、质量统筹、落地统筹，增强改革的系统性、全面性和协同性。

开放协同。统筹中央和地方改革部署，强化部门改革协同，注重财税、金融、投资、产业、贸易、消费等政策与科技政策的配套，充分利用国内国际资源，加强工作衔接和协调配合，形成改革合力，更大范围、更高层次、更有效率配置创新资源。

落实落地。坚持科技体制改革的目标和方向，统筹衔接当前和长远举措，把握节奏，分步实施，增强改革的有序性。明确部门分工，强化责任担当，注重可操作、可考核、可督查，确保改革举措落地生根，形成标志性成果。

（三）主要目标

到2020年，在科技体制改革的重要领域和关键环节取得突破性成果，基本建立适应创新驱动发展战略要求、符合社会主义市场经济规律和科技创新发展规律的中国特色国家创新体系，进入创新型国家行列。自主创新能力显著增强，技术创新的市场导向机制更加健全，企业、科研院所、高等学校等创新主体充满活力、高效协同，军民科技融合深度发展，人才、技术、资本等创新要素流动更加顺畅，科技管理体制机制更加完善，创新资源配置更加优化，科技人员积极性、创造性充分激发，大众创业、万众创新氛围更加浓厚，创新效率显著提升，为到2030年建成更加完备的国家创新体系、进入创新型国家前列奠定坚实基础。

二、建立技术创新市场导向机制

企业是科技与经济紧密结合的主要载体，解决科技与经济结合不紧问题的关键是增强企业创新能力和协同创新的合力。要健全技术创新的市场导向机制和政府引导机制，加强产学研协同创新，引导各类创新要素向企业集聚，促进企业成为技术创新决策、研发投入、科研组织和成果转化的主体，使创新转化为实实在在的产业活动，培育新的增长点，促进经济转型升级提质增效。

（一）建立企业主导的产业技术创新机制，激发企业创新内生动力

1. 建立高层次、常态化的企业技术创新对话、咨询制度，发挥企业和企业家在国家创新决策中的重要作用。吸收更多企业参与研究制定国家技术创新规划、计划、政策和标准，相关专家咨询组中产业专家和企业家应占较大比例。

2. 市场导向明确的科技项目由企业牵头、政府引导、联合高等学校和科研院所实施。政府更多运用财政后补助、间接投入等方式，支持企业自主决策、先行投入，开展重大产业关键共性技术、装备和标准的研发攻关。开展国家科技计划（专项、基金）后补助试点。

3. 开展龙头企业创新转型试点，探索政府支持企业技术创新、管理创新、商业模式创新的新机制。

4. 坚持结构性减税方向，逐步将国家对企业技术创新的投入方式转变为以普惠性财税政策为主。

5. 统筹研究企业所得税加计扣除政策，完善企业研发费用计核方法，调整目录管理方式，扩大研发费用加计扣除政策适用范围。

6. 健全国有企业技术创新经营业绩考核制度，加大技术创新在国有企业经营业绩考核中的比重。对国有企业研发投入和产出进行分类考核，形成鼓励创新、宽容失败的考核机制。完善中央企业负责人经营业绩考核暂行办法。

7. 建立健全符合国际规则的支持采购创新产品和服务的政策，加大创新产品和服务采购力度。鼓励采用首购、订购等非招标采购方式以及政府购买服务等方式予以支持，促进创新产品的研发和规模化应用。

8. 研究完善使用首台（套）重大技术装备鼓励政策，健全研制、使用单位在产品创新、增值服务和示范应用等环节的激励和约束机制。推进首台（套）重大技术装备保险补偿机制。

（二）加强科技创新服务体系建设，完善对中小微企业创新的支持方式

9. 制定科技型中小企业的条件和标准，为落实扶持中小企业创新政策开辟便捷通道。

10. 完善中小企业创新服务体系，加快推进创业孵化、知识产权服务、第三方检验检测认证等机构的专业化、市场化改革，构建面向中小微企业的社会化、专业化、网络化技术创新服务平台。

11. 修订高新技术企业认定管理办法，重点鼓励中小企业加大研发力度，将涉及文化科技支撑、科技服务的核心技术纳入国家重点支持的高新技术领域。

12. 落实和完善政府采购促进中小企业创新发展的相关措施，完善政府采购向中小企业预留采购份额、评审优惠等措施。

（三）健全产学研用协同创新机制，强化创新链和产业链有机衔接

13. 鼓励构建以企业为主导、产学研合作的产业技术创新战略联盟，制定促进联盟发展的措施，按照自愿原则和市场机制，进一步优化联盟在重点产业和重点区域的布局。加强产学研结合的中试基地和共性技术研发平台建设。

14. 探索在战略性领域采取企业主导、院校协作、多元投资、军民融合、成果分享的新模式，整合形成若干产业创新中心。

15. 制定具体管理办法，允许符合条件的高等学校和科研院所科研人员经所在单位批准，带着科研项目和成果、保留基本待遇到企业开展创新工作或创办企业。

16. 开展高等学校和科研院所设立流动岗位吸引企业人才兼职的试点工作，允许高等学校和科研院所设立一定比例流动岗位，吸引有创新实践经验的企业家和企业科技人才兼职。试点将企业任职经历作为高等学校新聘工程类教师的必要条件。

17. 改进科研人员薪酬和岗位管理制度，破除人才流动的体制机制障碍，促进科研人员在事业单位与企业间合理流动。加快社会保障制度改革，完善科研人员在事业单位与企业之间流动社保关系转移接续政策。

三、构建更加高效的科研体系

科研院所和高等学校是源头创新的主力军，必须大力增强其原始创新和服务经济社会发展能力。深化科研院所分类改革和高等学校科研体制机制改革，构建符合创新规律、职能定位清晰的治理结构，完善科研组织方式和运行管理机制，加强分类管理和绩效考核，增强知识创造和供给，筑牢国家创新体系基础。

（四）加快科研院所分类改革，建立健全现代科研院所制度

18. 完善科研院所法人治理结构，推动科研机构制定章程，探索理事会制度，推进科研事业单位取消行政级别。

19. 制定科研事业单位领导人员管理暂行规定，规范领导人员任职资格、选拔任用、考核评价激励、监督管理等。在有条件的单位对院（所）长实行聘任制。

20. 推进公益类科研院所分类改革，落实科研事业单位在编制管理、人员聘用、职称评定、绩效工资分配等方面的自主权。

21. 坚持技术开发类科研机构企业化转制方向，对于承担较多行业共性任务的转制科研院所，可组建产业技术研发集团，对行业共性技术研究和市场经营活动进行分类管理、分类考核。推动以生产经营活动为主的转制科研院所深化市场化改革，通过引入社会资本或整体上市，积极发展混合所有制。对于部分转制科研院所中基础能力强的团队，在明确定位和标准的基础上，引导其回归公益，参与国家重点实验室建设，支持其继续承担国家任务。

22. 研究制定科研机构创新绩效评价办法，对基础和前沿技术研究实行同行评价，突出中长期目标导向，评价重点从研究成果数量转向研究质量、原创价值和实际贡献；对公益性研究强化国家目标和社会责任评价，定期对公益性研究机构组织第三方评价，将评价结果作为财政支持的重要依据，引导建立公益性研究机构依托国家资源服务行业创新机制。扩大科研机构绩效拨款试点范围，逐步建立财政支持的科研机构绩效拨款制度。

23. 实施中国科学院率先行动计划。发挥集科研院所、学部、教育机构于一体的优势，探索中国特色的国家现代科研院所制度。

（五）完善高等学校科研体系，建设一批世界一流大学和一流学科

24. 按照中央财政科技计划管理改革方案，实施"高等学校创新能力提升计划"（2011 计划）。

25. 制定总体方案，统筹推进世界一流大学和一流学科建设，完善专业设置和动态调整机制，建立以国际同类一流学科为参照的学科评估制度，扩大交流合作，稳步推进高等学校国际化进程。

26. 启动高等学校科研组织方式改革，开展自主设立科研岗位试点，推进高等学校研究人员聘用制度改革。

（六）推动新型研发机构发展，形成跨区域、跨行业的研发和服务网络

27. 制定鼓励社会化新型研发机构发展的意见，探索非营利性运行模式。

28. 优化国家实验室、重点实验室、工程实验室、工程（技术）研究中心布局，按功能定位分类整合，构建开放共享互动的创新网络。制定国家实验室发展规划、运行规则和管理办法，探索新型治理结构和运行机制。

四、改革人才培养、评价和激励机制

创新驱动实质上是人才驱动。改革和完善人才发展机制，加大创新型人才培养力度，对从事不同创新活动的科技人员实行分类评价，制定和落实鼓励创新创造的激励政策，鼓励科研人员持续研究和长期积累，充分调动和激发人的积极性和创造性。

（七）改进创新型人才培养模式，增强科技创新人才后备力量

29. 开展启发式、探究式、研究式教学方法改革试点，弘扬科学精神，营造鼓励创新、宽容失败的创新文化。改革基础教育培养模式，尊重个性发展，强化兴趣爱好和创造性思维培养。

30. 以人才培养为中心，着力提高本科教育质量，加快部分普通本科高等学校向应用技术型高等学校转型，开展校企联合招生、联合培养试点，拓展校企合作育人的途径与方式。

31. 分类改革研究生培养模式，探索科教结合的学术学位研究生培养新模式，扩大专业学位研究生招生比例，增进教学与实践的融合，建立以科学与工程技术研究为主导的导师责任制和导师项目资助制，推行产学研联合培养研究生的"双导师制"。

32. 制定关于深化高等学校创新创业教育改革的实施意见，加大创新创业人才培养力度。

（八）实行科技人员分类评价，建立以能力和贡献为导向的评价和激励机制

33. 建立健全各类人才培养、使用、吸引、激励机制，制定关于深化人才发展体制机制改革的意见。

34. 改进人才评价方式，制定关于分类推进人才评价机制改革的指导意见，提升人才评价的科学性。对从事基础和前沿技术研究、应用研究、成果转化等不同活动的人员建立分类评价制度。

35. 完善科技人才职称评价标准和方式，制定关于深化职称制度改革的意见，促进职称评价结果和科技人才岗位聘用有效衔接。

36. 研究制定事业单位高层次人才收入分配激励机制的政策意见，健全鼓励创新创造的分配激励机制。优化工资结构，保证科研人员合理工资待遇水平。推进科研事业单位实施绩效工资，完善内部分配机制，重点向关键岗位、业务骨干和作出突出贡献的人员倾斜。

（九）深化科技奖励制度改革，强化奖励的荣誉性和对人的激励

37. 制定深化科技奖励改革方案，逐步完善推荐提名制，突出对重大科技贡献、优秀创新团队

和青年人才的激励。

38.完善国家科技奖励工作，修订国家科学技术奖励条例。

39.引导和规范社会力量设奖，制定关于鼓励社会力量设立科学技术奖的指导意见。

（十）改进完善院士制度，健全院士遴选、管理和退出机制

40.完善院士增选机制，改进院士候选人推荐（提名）方式，按照新的章程及相关实施办法开展院士推荐和遴选。

41.制定规范院士学术兼职和待遇的相关措施，明确相关标准和范围。

42.制定实施院士退出机制的具体管理措施，加强院士在科学道德建设方面的示范作用。

五、健全促进科技成果转化的机制

科技成果转化为现实生产力是创新驱动发展的本质要求。要完善科技成果使用、处置和收益管理制度，加大对科研人员转化科研成果的激励力度，构建服务支撑体系，打通成果转化通道，通过成果应用体现创新价值，通过成果转化创造财富。

（十一）深入推进科技成果使用、处置和收益管理改革，强化对科技成果转化的激励

43.推动修订促进科技成果转化法和相关政策规定，在财政资金设立的科研院所和高等学校中，将职务发明成果转让收益在重要贡献人员、所属单位之间合理分配，对用于奖励科研负责人、骨干技术人员等重要贡献人员和团队的比例，可以从现行不低于20%提高到不低于50%。

44.结合事业单位分类改革要求，尽快将财政资金支持形成的，不涉及国防、国家安全、国家利益、重大社会公共利益的科技成果的使用权、处置权和收益权，全部下放给符合条件的项目承担单位。单位主管部门和财政部门对科技成果在境内的使用、处置不再审批或备案，科技成果转移转化所得收入全部留归单位，纳入单位预算，实行统一管理，处置收入不上缴国库。总结试点经验，结合促进科技成果转化法修订进程，尽快将有关政策在全国范围内推广。

45.完善职务发明制度，推动修订专利法、公司法等相关内容，完善科技成果、知识产权归属和利益分享机制，提高骨干团队、主要发明人受益比例。完善奖励报酬制度，健全职务发明的争议仲裁和法律救济制度。

46.制定在全国加快推行股权和分红激励政策的办法，对高等学校和科研院所等事业单位以科技成果作价入股的企业，放宽股权奖励、股权出售对企业设立年限和盈利水平的限制。建立促进国有企业创新的激励制度，对在创新中作出重要贡献的技术人员实施股权和分红激励政策。

47.落实国有企业事业单位成果转化奖励的相关政策，国有企业事业单位对职务发明完成人、科技成果转化重要贡献人员和团队的奖励，计入当年单位工资总额，但不纳入工资总额基数。

48.完善事业单位无形资产管理，探索建立适应无形资产特点的国有资产管理考核机制。

（十二）完善技术转移机制，加速科技成果产业化

49.加强高等学校和科研院所的知识产权管理，完善技术转移工作体系，制定具体措施，推动建立专业化的机构和职业化的人才队伍，强化知识产权申请、运营权责。逐步实现高等学校和科研院所与下属公司剥离，原则上高等学校、科研院所不再新办企业，强化科技成果以许可方式对外扩散，鼓励以转让、作价入股等方式加强技术转移。

50.建立完善高等学校和科研院所科技成果转化年度统计和报告制度，财政资金支持形成的科技成果，除涉及国防、国家安全、国家利益、重大社会公共利益外，在合理期限内未能转化的，可由国家依法强制许可实施。

51. 构建全国技术交易市场体系，在明确监管职责和监管规则的前提下，以信息化网络连接依法设立、运行规范的现有各区域技术交易平台，制定促进技术交易和相关服务业发展的措施。

52. 统筹研究国家自主创新示范区实行的科技人员股权奖励个人所得税试点政策推广工作。

53. 研究制定科研院所和高等学校技术入股形成的国有股转持豁免的政策。

54. 推动修订标准化法，强化标准化促进科技成果转化应用的作用。

55. 健全科技与标准化互动支撑机制，制定以科技提升技术标准水平、以技术标准促进技术成果转化应用的措施，制定团体标准发展指导意见和标准化良好行为规范，鼓励产业技术创新战略联盟及学会、协会协调市场主体共同制定团体标准，加速创新成果市场化、产业化，提高标准国际化水平。

六、建立健全科技和金融结合机制

金融创新对技术创新具有重要的助推作用。要大力发展创业投资，建立多层次资本市场支持创新机制，构建多元化融资渠道，支持符合创新特点的结构性、复合性金融产品开发，完善科技和金融结合机制，形成各类金融工具协同支持创新发展的良好局面。

（十三）壮大创业投资规模，加大对早中期、初创期创新型企业支持力度

56. 扩大国家科技成果转化引导基金规模，吸引优秀创业投资管理团队联合设立一批子基金，开展贷款风险补偿工作。

57. 设立国家新兴产业创业投资引导基金，带动社会资本支持战略性新兴产业和高技术产业早中期、初创期创新型企业发展。

58. 研究设立国家中小企业发展基金，保留专注于科技型中小企业的投资方向。

59. 研究制定天使投资相关法规，鼓励和规范天使投资发展，出台私募投资基金管理暂行条例。

60. 按照税制改革的方向与要求，对包括天使投资在内的投向种子期、初创期等创新活动的投资，统筹研究相关税收支持政策。

61. 研究扩大促进创业投资企业发展的税收优惠政策，适当放宽创业投资企业投资高新技术企业的条件限制，并在试点基础上将享受投资抵扣政策的创业投资企业范围扩大到有限合伙制创业投资企业法人合伙人。

62. 结合国有企业改革建立国有资本创业投资基金制度，完善国有创投机构激励约束机制。

63. 完善外商投资创业投资企业规定，引导境外资本投向创新领域。

64. 研究保险资金投资创业投资基金的相关政策，制定保险资金设立私募投资基金的办法。

（十四）强化资本市场对技术创新的支持，促进创新型成长型企业加速发展

65. 发挥沪深交易所股权质押融资机制作用，支持符合条件的创新创业企业发行公司债券。

66. 支持符合条件的企业发行项目收益债，募集资金用于加大创新投入。

67. 推动修订相关法律法规，开展知识产权证券化试点。

68. 开展股权众筹融资试点，积极探索和规范发展服务创新的互联网金融。

69. 加快创业板市场改革，推动股票发行注册制改革，健全适合创新型、成长型企业发展的制度安排，扩大服务实体经济覆盖面，强化全国中小企业股份转让系统融资、并购、交易等功能，规范发展服务小微企业的区域性股权市场。加强不同层次资本市场的有机联系。

（十五）拓宽技术创新间接融资渠道，完善多元化融资体系

70. 建立知识产权质押融资市场化风险补偿机制，简化知识产权质押融资流程，鼓励有条件的

地区建立科技保险奖补机制和再保险制度，加快发展科技保险，开展专利保险试点，完善专利保险服务机制。

71. 完善商业银行相关法律。选择符合条件的银行业金融机构，探索试点为企业创新活动提供股权和债权相结合的融资服务方式，与创业投资、股权投资机构实现投贷联动。

72. 政策性银行在有关部门及监管机构的指导下，加快业务范围内金融产品和服务方式创新，对符合条件的企业创新活动加大信贷支持力度。

73. 稳步发展民营银行，建立与之相适应的监管制度，支持面向中小企业创新需求的金融产品创新。

七、（略）
八、构建统筹协调的创新治理机制

深化科技管理改革是提升科技资源配置使用效率的根本途径。要加快政府职能转变，加强科技、经济、社会等方面政策的统筹协调和有效衔接，改革中央财政科技计划管理，完善科技管理基础制度，建立创新驱动导向的政绩考核机制，推进科技治理体系和治理能力现代化。

（十八）完善政府统筹协调和决策咨询机制，提高科技决策的科学化水平

82. 建立部门科技创新沟通协调机制，加强创新规划制定、任务安排、项目实施等的统筹协调，优化科技资源配置。

83. 建立国家科技创新决策咨询机制，发挥好科技界和智库对创新决策的支撑作用，成立国家科技创新咨询委员会，定期向党中央、国务院报告国际科技创新动向。

84. 建立并完善国家科技规划体系，国家科技规划进一步聚焦战略需求，重点部署市场不能有效配置资源的关键领域研究。进一步明晰中央和地方科技管理事权和职能定位，建立责权统一的协同联动机制。

85. 建立创新政策协调审查机制，启动政策清理工作，废止有违创新规律、阻碍创新发展的政策条款，对新制定政策是否制约创新进行审查。

86. 建立创新政策调查和评价制度，定期对政策落实情况进行跟踪分析，及时调整完善。

（十九）推进中央财政科技计划（专项、基金等）管理改革，再造科技计划管理体系

87. 对现有科技计划（专项、基金等）进行优化整合，按照国家自然科学基金、国家科技重大专项、国家重点研发计划、技术创新引导专项（基金）、基地和人才专项等五类科技计划重构国家科技计划布局，实行分类管理、分类支持。

88. 构建统一的国家科技管理平台，建立国家科技计划（专项、基金等）管理部际联席会议制度，组建战略咨询与综合评审委员会，制定议事规则，完善运行机制，加强重大事项的统筹协调。

89. 建立专业机构管理项目机制，制定专业机构改建方案和管理制度，逐步推进专业机构的市场化和社会化。

90. 建立统一的国家科技计划监督评估机制，制定监督评估通则和标准规范，强化科技计划实施和经费监督检查，开展第三方评估。

（二十）改革科研项目和资金管理，建立符合科研规律、高效规范的管理制度

91. 建立五类科技计划（专项、基金等）管理和资金管理制度，制定和修订相关计划管理办法和经费管理办法，改进和规范项目管理流程，提高资金使用效率。

92. 完善科研项目间接费管理制度。

93. 健全完善科研项目资金使用公务卡结算有关制度，健全科研项目和资金巡视检查、审计等制度，依法查处违法违规行为，完善科研项目和资金使用监管机制。

94. 制定加强基础研究的指导性文件，在科研布局、科研评价、政策环境、资金投入等方面加强顶层设计和综合施策，切实加大对基础研究的支持力度。完善稳定支持和竞争性支持相协调的机制，加大稳定支持力度，支持研究机构自主布局科研项目，扩大高等学校、科研院所学术自主权和个人科研选题选择权。在基础研究领域建立包容和支持"非共识"创新项目的制度。

95. 完善科研信用管理制度，建立覆盖项目决策、管理、实施主体的逐级考核问责机制和责任倒查制度。

（二十一）全面推进科技管理基础制度建设，推动科技资源开放共享

96. 建立统一的国家科技计划管理信息系统和中央财政科研项目数据库，对科技计划实行全流程痕迹管理。

97. 全面实行国家科技报告制度，建立科技报告共享服务机制，将科技报告呈交和共享情况作为对项目承担单位后续支持的依据。

98. 全面推进国家创新调查制度建设，发布国家、区域、高新区、企业等创新能力监测评价报告。

99. 建立统一开放的科研设施与仪器国家网络管理平台，将所有符合条件的科研设施与仪器纳入平台管理，建立国家重大科研基础设施和大型科研仪器开放共享制度和运行补助机制。

（二十二）完善宏观经济统计指标体系和政绩考核机制，强化创新驱动导向

100. 改进和完善国内生产总值核算方法，体现科技创新的经济价值。研究建立科技创新、知识产权与产业发展相结合的创新驱动发展评价指标，并纳入国民经济和社会发展规划。

101. 完善地方党政领导干部政绩考核办法，把创新驱动发展成效纳入考核范围。

九、推动形成深度融合的开放创新局面

以全球视野谋划和推动科技创新。坚持引进来和走出去相结合，开展全方位、多层次、高水平的国际科技合作与交流，深入实施"千人计划"、"万人计划"，加大先进技术和海外高层次人才引进力度，充分利用全球创新资源，以更加积极的策略推动技术和标准输出，提升我国科技创新的国际化水平。

（二十三）有序开放国家科技计划，提高我国科技的全球影响力

102. 制定国家科技计划对外开放的管理办法，鼓励在华的外资研发中心参与承担国家科技计划项目，开展高附加值原创性研发活动，启动外籍科学家参与承担国家科技计划项目实施的试点。

103. 在基础研究和重大全球性问题研究领域，研究发起国际大科学计划和工程，积极参与大型国际科技合作计划。吸引国际知名科研机构来华联合组建国际科技中心。鼓励和支持中国科学家在国际科技组织任职。

（二十四）实行更加积极的人才引进政策，聚集全球创新人才

104. 制定外国人永久居留管理的意见，加快外国人永久居留管理立法，规范和放宽技术型人才取得外国人永久居留证的条件，探索建立技术移民制度，对持有外国人永久居留证的外籍高层次人才在创办科技型企业等创新活动方面，给予中国籍公民同等待遇。

105. 加快制定外国人在中国工作管理条例，对符合条件的外国人才给予工作许可便利，对符

合条件的外国人才及其随行家属给予签证和居留等便利。对满足一定条件的国外高层次科技创新人才取消来华工作许可的年龄限制。

106. 开展国有企业事业单位选聘、聘用国际高端人才实行市场化薪酬试点，加大对高端人才激励力度。

107. 围绕国家重大需求，面向全球引进首席科学家等高层次科技创新人才。建立访问学者制度，广泛吸引海外高层次人才回国（来华）从事创新研究。

108. 开展高等学校和科研院所非涉密的部分岗位全球招聘试点，提高科研院所所长全球招聘比例。

109. 逐步放宽外商投资人才中介服务机构的外资持股比例和最低注册资本金要求。鼓励有条件的国内人力资源服务机构走出去与国外人力资源服务机构开展合作，在境外设立分支机构。

（二十五）鼓励企业建立国际化创新网络，提升企业利用国际创新资源的能力

110. 进一步完善同主要国家创新对话机制，积极吸收企业参与，在研发合作、技术标准、知识产权、跨国并购等方面为企业搭建沟通和对话平台。

111. 健全综合协调机制，支持国内技术、产品、标准、品牌走出去，支持企业在海外设立研发中心、参与国际标准制定。强化技术贸易措施评价和风险预警机制。

（二十六）优化境外创新投资管理制度，鼓励创新要素跨境流动

112. 研究通过国有重点金融机构发起设立海外创新投资基金，外汇储备通过债权、股权等方式参与设立基金工作，积极吸收其他性质资金参与，更多更好利用全球创新资源。

113. 制定鼓励上市公司海外投资创新类项目的措施，改革投资信息披露制度。

114. 制定相关规定，对开展国际研发合作项目所需付汇，实行研发单位事先承诺、事后并联监管制度。

115. 对科研人员因公出国进行分类管理，放宽因公临时出国批次限量管理政策。

116. 改革检验管理，对研发所需设备、样本及样品进行分类管理，在保证安全前提下，采用重点审核、抽检、免检等方式，提高审核效率。

十、营造激励创新的良好生态

积极营造公平、开放、透明的市场环境，推动大众创业、万众创新。强化知识产权保护，改进新技术新产品新商业模式的准入管理和产业准入制度，加快推进垄断性行业改革，建立主要由市场决定要素价格的机制，形成有利于转型升级、鼓励创新的产业政策导向，营造勇于探索、鼓励创新、宽容失败的文化和社会氛围。

（二十七）实行严格的知识产权保护制度，鼓励创业、激励创新

117. 完善知识产权保护相关法律，研究降低侵权行为追究刑事责任门槛，调整损害赔偿标准，探索实施惩罚性赔偿制度。完善权利人维权机制，合理划分权利人举证责任。

118. 完善商业秘密保护法律制度，明确商业秘密和侵权行为界定，研究制定相关保护措施，探索建立诉前保护制度。

119. 研究商业模式等新形态创新成果的知识产权保护办法。

120. 完善知识产权审判工作机制，推进知识产权民事、行政、刑事案件审判"三合一"，积极发挥知识产权法院的作用，探索建立跨地区知识产权案件异地审理机制，打破对侵权行为的地方保护。

121. 健全知识产权侵权查处机制，强化行政执法与司法衔接，加强知识产权综合行政执法，将侵权行为信息纳入社会信用记录。

122. 建立知识产权海外维权援助机制，完善中国保护知识产权网海外维权信息平台建设和知识产权海外服务机构、专家名录。

（二十八）打破制约创新的行业垄断和市场分割，营造激励创新的市场环境

123. 加快推进垄断性行业改革，放开自然垄断行业竞争性业务，建立鼓励创新的统一透明、有序规范的市场环境。切实加强反垄断执法，及时发现和制止垄断协议和滥用市场支配地位等垄断行为，为中小企业创新发展拓展空间。

124. 打破地方保护，清理和废除各地妨碍全国统一市场的规定和做法，纠正地方政府不当补贴或利用行政权力限制、排除竞争的行为，探索实施公平竞争审查制度。

（二十九）改进市场准入与监管，完善放活市场、拉动创新的产业技术政策

125. 改革市场准入制度，制定和实施产业准入负面清单，对未纳入负面清单管理的行业、领域、业务等，各类市场主体皆可依法平等进入。

126. 破除限制新技术新产品新商业模式发展的不合理准入障碍。对药品、医疗器械等创新产品建立便捷高效的监管模式，深化审评审批制度改革，多种渠道增加审评资源，优化流程，缩短周期，支持委托生产等新的组织模式发展。

127. 对新能源汽车、风电、光伏等领域制定有针对性的准入政策。

128. 完善相关管理制度，改进互联网、金融、环保、医疗卫生、文化、教育等领域的监管，支持和鼓励新业态、新商业模式发展。

129. 改革产业监管制度，将前置审批为主转变为依法加强事中事后监管为主。

130. 明确并逐步提高生产环节和市场准入的环境、节能、节水、节地、节材、质量和安全指标及相关标准，形成统一权威、公开透明的市场准入标准体系。健全技术标准体系，制定和实施强制性标准。

131. 加强产业技术政策、标准执行的过程监管。建立健全环保、质检、工商、安全监管等部门的行政执法联动机制。

（三十）推动有利于创新的要素价格改革，形成创新倒逼机制

132. 运用主要由市场决定要素价格的机制，促使企业从依靠过度消耗资源能源、低性能低成本竞争，向依靠创新、实施差别化竞争转变。

133. 加快推进资源税改革，逐步将资源税扩展到占用各种自然生态空间。

134. 推进环境保护费改税。

135. 完善市场化的工业用地价格形成机制。

136. 健全企业职工工资正常增长机制，实现劳动力成本变化与经济提质增效相适应。

（三十一）培育创新文化，形成支持创新创业的社会氛围

137. 发展众创、众筹、众包和虚拟创新创业社区等多种形式的创新创业模式，研究制定发展众创空间推进大众创新创业的政策措施。

138. 深入实施全民科学素质行动计划纲要，加强科学普及，推进科普信息化建设，实现到2020年我国公民具备基本科学素质的比例达到10%。

139. 创新科技宣传方式，突出对重大科技创新工程、重大科技活动、优秀科技工作者、创新

创业典型事迹的宣传,在全社会营造崇尚科学、尊重创新的文化氛围和价值理念。

十一、推动区域创新改革

遵循创新区域高度集聚的规律,突出分类指导和系统改革,选择若干省(自治区、直辖市)对各项重点改革举措进行先行先试,取得一批重大改革突破,复制、推广一批改革举措和重大政策,一些地方率先实现创新驱动发展转型,引领、示范和带动全国加快实现创新驱动发展。

(三十二)打造具有创新示范和带动作用的区域性创新平台

140. 遵循创新区域高度集聚的规律,在有条件的省(自治区、直辖市)系统推进全面创新改革试验,授权开展知识产权、科研院所、高等教育、人才流动、国际合作、金融创新、激励机制、市场准入等改革试验,努力在重要领域和关键环节取得新突破,及时总结推广经验,发挥示范和带动作用,促进创新驱动发展战略的深入实施。出台关于在部分区域系统推进全面创新改革试验的总体方案,启动改革试验工作。

141. 深入推进创新型省份和创新型城市试点建设。

142. 按照国家自主创新示范区的建设原则和整体布局,推进国家自主创新示范区建设,加强体制机制改革和政策先行先试。

143. 制定京津冀创新驱动发展指导意见,支撑京津冀协同发展。

深化科技体制改革是关系国家发展全局的重大改革,要加强领导,精心组织实施。国家科技体制改革和创新体系建设领导小组要加强统筹协调、督促落实。各有关部门、各地方要高度重视,认真落实好相关任务。各牵头单位对牵头的任务要负总责,会同其他参与单位制定具体落实方案,明确责任人、路线图、时间表,加快各项任务实施,确保按进度要求完成任务。

中共中央 国务院印发
《国家创新驱动发展战略纲要》

(中发〔2016〕4号)

党的十八大提出实施创新驱动发展战略，强调科技创新是提高社会生产力和综合国力的战略支撑，必须摆在国家发展全局的核心位置。这是中央在新的发展阶段确立的立足全局、面向全球、聚焦关键、带动整体的国家重大发展战略。为加快实施这一战略，特制定本纲要。

一、战略背景

创新驱动就是创新成为引领发展的第一动力，科技创新与制度创新、管理创新、商业模式创新、业态创新和文化创新相结合，推动发展方式向依靠持续的知识积累、技术进步和劳动力素质提升转变，促进经济向形态更高级、分工更精细、结构更合理的阶段演进。

创新驱动是国家命运所系。国家力量的核心支撑是科技创新能力。创新强则国运昌，创新弱则国运殆。我国近代落后挨打的重要原因是与历次科技革命失之交臂，导致科技弱、国力弱。实现中华民族伟大复兴的中国梦，必须真正用好科学技术这个最高意义上的革命力量和有力杠杆。

创新驱动是世界大势所趋。全球新一轮科技革命、产业变革和军事变革加速演进，科学探索从微观到宏观各个尺度上向纵深拓展，以智能、绿色、泛在为特征的群体性技术革命将引发国际产业分工重大调整，颠覆性技术不断涌现，正在重塑世界竞争格局、改变国家力量对比，创新驱动成为许多国家谋求竞争优势的核心战略。我国既面临赶超跨越的难得历史机遇，也面临差距拉大的严峻挑战。唯有勇立世界科技创新潮头，才能赢得发展主动权，为人类文明进步作出更大贡献。

创新驱动是发展形势所迫。我国经济发展进入新常态，传统发展动力不断减弱，粗放型增长方式难以为继。必须依靠创新驱动打造发展新引擎，培育新的经济增长点，持续提升我国经济发展的质量和效益，开辟我国发展的新空间，实现经济保持中高速增长和产业迈向中高端水平"双目标"。

当前，我国创新驱动发展已具备发力加速的基础。经过多年努力，科技发展正在进入由量的增长向质的提升的跃升期，科研体系日益完备，人才队伍不断壮大，科学、技术、工程、产业的自主创新能力快速提升。经济转型升级、民生持续改善和国防现代化建设对创新提出了巨大需求。庞大的市场规模、完备的产业体系、多样化的消费需求与互联网时代创新效率的提升相结合，为创新提供了广阔空间。中国特色社会主义制度能够有效结合集中力量办大事和市场配置资源的优势，为实现创新驱动发展提供了根本保障。

同时也要看到，我国许多产业仍处于全球价值链的中低端，一些关键核心技术受制于人，发达国家在科学前沿和高技术领域仍然占据明显领先优势，我国支撑产业升级、引领未来发展的科学技术储备亟待加强。适应创新驱动的体制机制亟待建立健全，企业创新动力不足，创新体系整体效能不高，经济发展尚未真正转到依靠创新的轨道。科技人才队伍大而不强，领军人才和高技能人才缺乏，创新型企业家群体亟须发展壮大。激励创新的市场环境和社会氛围仍需进一步培育和优化。

在我国加快推进社会主义现代化、实现"两个一百年"奋斗目标和中华民族伟大复兴中国梦的关键阶段，必须始终坚持抓创新就是抓发展、谋创新就是谋未来，让创新成为国家意志和全社会的共同行动，走出一条从人才强、科技强到产业强、经济强、国家强的发展新路径，为我国未来十几年乃至更长时间创造一个新的增长周期。

二、战略要求

（一）指导思想

以邓小平理论、"三个代表"重要思想、科学发展观为指导，深入贯彻习近平总书记系列重要讲话精神，按照"四个全面"战略布局的要求，坚持走中国特色自主创新道路，解放思想、开放包容，把创新驱动发展作为国家的优先战略，以科技创新为核心带动全面创新，以体制机制改革激发创新活力，以高效率的创新体系支撑高水平的创新型国家建设，推动经济社会发展动力根本转换，为实现中华民族伟大复兴的中国梦提供强大动力。

（二）基本原则

紧扣发展。坚持问题导向，面向世界科技前沿、面向国家重大需求、面向国民经济主战场，明确我国创新发展的主攻方向，在关键领域尽快实现突破，力争形成更多竞争优势。

深化改革。坚持科技体制改革和经济社会领域改革同步发力，强化科技与经济对接，遵循社会主义市场经济规律和科技创新规律，破除一切制约创新的思想障碍和制度藩篱，构建支撑创新驱动发展的良好环境。

强化激励。坚持创新驱动实质是人才驱动，落实以人为本，尊重创新创造的价值，激发各类人才的积极性和创造性，加快汇聚一支规模宏大、结构合理、素质优良的创新型人才队伍。

扩大开放。坚持以全球视野谋划和推动创新，最大限度用好全球创新资源，全面提升我国在全球创新格局中的位势，力争成为若干重要领域的引领者和重要规则制定的参与者。

（三）战略目标

分三步走：

第一步，到2020年进入创新型国家行列，基本建成中国特色国家创新体系，有力支撑全面建成小康社会目标的实现。

创新型经济格局初步形成。若干重点产业进入全球价值链中高端，成长起一批具有国际竞争力的创新型企业和产业集群。科技进步贡献率提高到60%以上，知识密集型服务业增加值占国内生产总值的20%。

自主创新能力大幅提升。形成面向未来发展、迎接科技革命、促进产业变革的创新布局，突破制约经济社会发展和国家安全的一系列重大瓶颈问题，初步扭转关键核心技术长期受制于人的被动局面，在若干战略必争领域形成独特优势，为国家繁荣发展提供战略储备、拓展战略空间。研究与试验发展（R&D）经费支出占国内生产总值比重达到2.5%。

创新体系协同高效。科技与经济融合更加顺畅，创新主体充满活力，创新链条有机衔接，创新治理更加科学，创新效率大幅提高。

创新环境更加优化。激励创新的政策法规更加健全，知识产权保护更加严格，形成崇尚创新创业、勇于创新创业、激励创新创业的价值导向和文化氛围。

第二步，到2030年跻身创新型国家前列，发展驱动力实现根本转换，经济社会发展水平和国际竞争力大幅提升，为建成经济强国和共同富裕社会奠定坚实基础。

主要产业进入全球价值链中高端。不断创造新技术和新产品、新模式和新业态、新需求和新市场，实现更可持续的发展、更高质量的就业、更高水平的收入、更高品质的生活。

总体上扭转科技创新以跟踪为主的局面。在若干战略领域由并行走向领跑，形成引领全球学术发展的中国学派，产出对世界科技发展和人类文明进步有重要影响的原创成果。攻克制约国防科技的主要瓶颈问题。研究与试验发展（R&D）经费支出占国内生产总值比重达到2.8%。

国家创新体系更加完备。实现科技与经济深度融合、相互促进。

创新文化氛围浓厚，法治保障有力，全社会形成创新活力竞相迸发、创新源泉不断涌流的生动局面。

第三步，到2050年建成世界科技创新强国，成为世界主要科学中心和创新高地，为我国建成富强民主文明和谐的社会主义现代化国家、实现中华民族伟大复兴的中国梦提供强大支撑。

科技和人才成为国力强盛最重要的战略资源，创新成为政策制定和制度安排的核心因素。

劳动生产率、社会生产力提高主要依靠科技进步和全面创新，经济发展质量高、能源资源消耗低、产业核心竞争力强。国防科技达到世界领先水平。

拥有一批世界一流的科研机构、研究型大学和创新型企业，涌现出一批重大原创性科学成果和国际顶尖水平的科学大师，成为全球高端人才创新创业的重要聚集地。

创新的制度环境、市场环境和文化环境更加优化，尊重知识、崇尚创新、保护产权、包容多元成为全社会的共同理念和价值导向。

三、战略部署

实现创新驱动是一个系统性的变革，要按照"坚持双轮驱动、构建一个体系、推动六大转变"进行布局，构建新的发展动力系统。

双轮驱动就是科技创新和体制机制创新两个轮子相互协调、持续发力。抓创新首先要抓科技创新，补短板首先要补科技创新的短板。科学发现对技术进步有决定性的引领作用，技术进步有力推动发现科学规律。要明确支撑发展的方向和重点，加强科学探索和技术攻关，形成持续创新的系统能力。体制机制创新要调整一切不适应创新驱动发展的生产关系，统筹推进科技、经济和政府治理等三方面体制机制改革，最大限度释放创新活力。

一个体系就是建设国家创新体系。要建设各类创新主体协同互动和创新要素顺畅流动、高效配置的生态系统，形成创新驱动发展的实践载体、制度安排和环境保障。明确企业、科研院所、高校、社会组织等各类创新主体功能定位，构建开放高效的创新网络，建设军民融合的国防科技协同创新平台；改进创新治理，进一步明确政府和市场分工，构建统筹配置创新资源的机制；完善激励创新的政策体系、保护创新的法律制度，构建鼓励创新的社会环境，激发全社会创新活力。

六大转变就是发展方式从以规模扩张为主导的粗放式增长向以质量效益为主导的可持续发展转变；发展要素从传统要素主导发展向创新要素主导发展转变；产业分工从价值链中低端向价值链中高端转变；创新能力从"跟踪、并行、领跑"并存、"跟踪"为主向"并行"、"领跑"为主转变；资源配置从以研发环节为主向产业链、创新链、资金链统筹配置转变；创新群体从以科技人员的小众为主向小众与大众创新创业互动转变。

四、战略任务

紧紧围绕经济竞争力提升的核心关键、社会发展的紧迫需求、国家安全的重大挑战，采取差异化策略和非对称路径，强化重点领域和关键环节的任务部署。

（一）推动产业技术体系创新，创造发展新优势

加快工业化和信息化深度融合，把数字化、网络化、智能化、绿色化作为提升产业竞争力的技术基点，推进各领域新兴技术跨界创新，构建结构合理、先进管用、开放兼容、自主可控、具有国际竞争力的现代产业技术体系，以技术的群体性突破支撑引领新兴产业集群发展，推进产业质量升级。

1.发展新一代信息网络技术，增强经济社会发展的信息化基础。加强类人智能、自然交互与虚拟现实、微电子与光电子等技术研究，推动宽带移动互联网、云计算、物联网、大数据、高性能计算、移动智能终端等技术研发和综合应用，加大集成电路、工业控制等自主软硬件产品和网络安全技术攻关和推广力度，为我国经济转型升级和维护国家网络安全提供保障。

2.发展智能绿色制造技术，推动制造业向价值链高端攀升。重塑制造业的技术体系、生产模式、产业形态和价值链，推动制造业由大到强转变。发展智能制造装备等技术，加快网络化制造技术、云计算、大数据等在制造业中的深度应用，推动制造业向自动化、智能化、服务化转变。对传统制造业全面进行绿色改造，由粗放型制造向集约型制造转变。加强产业技术基础能力和试验平台建设，提升基础材料、基础零部件、基础工艺、基础软件等共性关键技术水平。发展大飞机、航空发动机、核电、高铁、海洋工程装备和高技术船舶、特高压输变电等高端装备和产品。

3.发展生态绿色高效安全的现代农业技术，确保粮食安全、食品安全。以实现种业自主为核心，转变农业发展方式，突破人多地少水缺的瓶颈约束，走产出高效、产品安全、资源节约、环境友好的现代农业发展道路。系统加强动植物育种和高端农业装备研发，大面积推广粮食丰产、中低产田改造等技术，深入开展节水农业、循环农业、有机农业和生物肥料等技术研究，开发标准化、规模化的现代养殖技术，促进农业提质增效和可持续发展。推广农业面源污染和重金属污染防治的低成本技术和模式，发展全产业链食品安全保障技术、质量安全控制技术和安全溯源技术，建设安全环境、清洁生产、生态储运全覆盖的食品安全技术体系。推动农业向一二三产业融合，实现向全链条增值和品牌化发展转型。

4.发展安全清洁高效的现代能源技术，推动能源生产和消费革命。以优化能源结构、提升能源利用效率为重点，推动能源应用向清洁、低碳转型。突破煤炭石油天然气等化石能源的清洁高效利用技术瓶颈，开发深海深地等复杂条件下的油气矿产资源勘探开采技术，开展页岩气等非常规油气勘探开发综合技术示范。加快核能、太阳能、风能、生物质能等清洁能源和新能源技术开发、装备研制及大规模应用，攻克大规模供需互动、储能和并网关键技术。推广节能新技术和节能新产品，加快钢铁、石化、建材、有色金属等高耗能行业的节能技术改造，推动新能源汽车、智能电网等技术的研发应用。

5.发展资源高效利用和生态环保技术，建设资源节约型和环境友好型社会。采用系统化的技术方案和产业化路径，发展污染治理和资源循环利用的技术与产业。建立大气重污染天气预警分析技术体系，发展高精度监控预测技术。建立现代水资源综合利用体系，开展地球深部矿产资源勘探开发与综合利用，发展绿色再制造和资源循环利用产业，建立城镇生活垃圾资源化利用、再生资源回收利用、工业固体废物综合利用等技术体系。完善环境技术管理体系，加强水、大气和土壤污染防治及危险废物处理处置、环境检测与环境应急技术研发应用，提高环境承载能力。

6.发展海洋和空间先进适用技术，培育海洋经济和空间经济。开发海洋资源高效可持续利用

适用技术,加快发展海洋工程装备,构建立体同步的海洋观测体系,推进我国海洋战略实施和蓝色经济发展。大力提升空间进入、利用的技术能力,完善空间基础设施,推进卫星遥感、卫星通信、导航和位置服务等技术开发应用,完善卫星应用创新链和产业链。

7.发展智慧城市和数字社会技术,推动以人为本的新型城镇化。依靠新技术和管理创新支撑新型城镇化、现代城市发展和公共服务,创新社会治理方法和手段,加快社会治安综合治理信息化进程,推进平安中国建设。发展交通、电力、通信、地下管网等市政基础设施的标准化、数字化、智能化技术,推动绿色建筑、智慧城市、生态城市等领域关键技术大规模应用。加强重大灾害、公共安全等应急避险领域重大技术和产品攻关。

8.发展先进有效、安全便捷的健康技术,应对重大疾病和人口老龄化挑战。促进生命科学、中西医药、生物工程等多领域技术融合,提升重大疾病防控、公共卫生、生殖健康等技术保障能力。研发创新药物、新型疫苗、先进医疗装备和生物治疗技术。推进中华传统医药现代化。促进组学和健康医疗大数据研究,发展精准医学,研发遗传基因和慢性病易感基因筛查技术,提高心脑血管疾病、恶性肿瘤、慢性呼吸性疾病、糖尿病等重大疾病的诊疗技术水平。开发数字化医疗、远程医疗技术,推进预防、医疗、康复、保健、养老等社会服务网络化、定制化,发展一体化健康服务新模式,显著提高人口健康保障能力,有力支撑健康中国建设。

9.发展支撑商业模式创新的现代服务技术,驱动经济形态高级化。以新一代信息和网络技术为支撑,积极发展现代服务业技术基础设施,拓展数字消费、电子商务、现代物流、互联网金融、网络教育等新兴服务业,促进技术创新和商业模式创新融合。加快推进工业设计、文化创意和相关产业融合发展,提升我国重点产业的创新设计能力。

10.发展引领产业变革的颠覆性技术,不断催生新产业、创造新就业。高度关注可能引起现有投资、人才、技术、产业、规则"归零"的颠覆性技术,前瞻布局新兴产业前沿技术研发,力争实现"弯道超车"。开发移动互联技术、量子信息技术、空天技术,推动增材制造装备、智能机器人、无人驾驶汽车等发展,重视基因组、干细胞、合成生物、再生医学等技术对生命科学、生物育种、工业生物领域的深刻影响,开发氢能、燃料电池等新一代能源技术,发挥纳米、石墨烯等技术对新材料产业发展的引领作用。

(二)强化原始创新,增强源头供给

坚持国家战略需求和科学探索目标相结合,加强对关系全局的科学问题研究部署,增强原始创新能力,提升我国科学发现、技术发明和产品产业创新的整体水平,支撑产业变革和保障国家安全。

1.加强面向国家战略需求的基础前沿和高技术研究。围绕涉及长远发展和国家安全的"卡脖子"问题,加强基础研究前瞻布局,加大对空间、海洋、网络、核、材料、能源、信息、生命等领域重大基础研究和战略高技术攻关力度,实现关键核心技术安全、自主、可控。明确阶段性目标,集成跨学科、跨领域的优势力量,加快重点突破,为产业技术进步积累原创资源。

2.大力支持自由探索的基础研究。面向科学前沿加强原始创新,力争在更多领域引领世界科学研究方向,提升我国对人类科学探索的贡献。围绕支撑重大技术突破,推进变革性研究,在新思想、新发现、新知识、新原理、新方法上积极进取,强化源头储备。促进学科均衡协调发展,加强学科交叉与融合,重视支持一批非共识项目,培育新兴学科和特色学科。

3.建设一批支撑高水平创新的基础设施和平台。适应大科学时代创新活动的特点,针对国家重大战略需求，建设一批具有国际水平、突出学科交叉和协同创新的国家实验室。加快建设大型共用实验装置、数据资源、生物资源、知识和专利信息服务等科技基础条件平台。研发高端科研仪器设备，提高科研装备自给水平。建设超算中心和云计算平台等数字化基础设施，形成基于大数据的先进信息网络支撑体系。

（三）优化区域创新布局，打造区域经济增长极

聚焦国家区域发展战略，以创新要素的集聚与流动促进产业合理分工，推动区域创新能力和竞争力整体提升。

1. 构建各具特色的区域创新发展格局。东部地区注重提高原始创新和集成创新能力，全面加快向创新驱动发展转型，培育具有国际竞争力的产业集群和区域经济。中西部地区走差异化和跨越式发展道路，柔性汇聚创新资源，加快先进适用技术推广和应用，在重点领域实现创新牵引，培育壮大区域特色经济和新兴产业。

2. 跨区域整合创新资源。构建跨区域创新网络，推动区域间共同设计创新议题、互联互通创新要素、联合组织技术攻关。提升京津冀、长江经济带等国家战略区域科技创新能力，打造区域协同创新共同体，统筹和引领区域一体化发展。推动北京、上海等优势地区建成具有全球影响力的科技创新中心。

3. 打造区域创新示范引领高地。优化国家自主创新示范区布局，推进国家高新区按照发展高科技、培育新产业的方向转型升级，开展区域全面创新改革试验，建设创新型省份和创新型城市，培育新兴产业发展增长极，增强创新发展的辐射带动功能。

（四）深化军民融合，促进创新互动

按照军民融合发展战略总体要求，发挥国防科技创新重要作用，加快建立健全军民融合的创新体系，形成全要素、多领域、高效益的军民科技深度融合发展新格局。

1. 健全宏观统筹机制。遵循经济建设和国防建设的规律，构建统一领导、需求对接、资源共享的军民融合管理体制，统筹协调军民科技战略规划、方针政策、资源条件、成果应用，推动军民科技协调发展、平衡发展、兼容发展。

2. 开展军民协同创新。建立军民融合重大科研任务形成机制，从基础研究到关键技术研发、集成应用等创新链一体化设计，构建军民共用技术项目联合论证和实施模式，建立产学研相结合的军民科技创新体系。

3. 推进军民科技基础要素融合。推进军民基础共性技术一体化、基础原材料和零部件通用化。推进海洋、太空、网络等新型领域军民融合深度发展。开展军民通用标准制定和整合，推动军民标准双向转化，促进军民标准体系融合。统筹军民共用重大科研基地和基础设施建设，推动双向开放、信息交互、资源共享。

4. 促进军民技术双向转移转化。推动先进民用技术在军事领域的应用，健全国防知识产权制度、完善国防知识产权归属与利益分配机制，积极引导国防科技成果加速向民用领域转化应用。放宽国防科技领域市场准入，扩大军品研发和服务市场的开放竞争，引导优势民营企业进入军品科研生产和维修领域。完善军民两用物项和技术进出口管制机制。

（五）壮大创新主体，引领创新发展

明确各类创新主体在创新链不同环节的功能定位，激发主体活力，系统提升各类主体创新能力，夯实创新发展的基础。

1. 培育世界一流创新型企业。鼓励行业领军企业构建高水平研发机构，形成完善的研发组织体系，集聚高端创新人才。引导领军企业联合中小企业和科研单位系统布局创新链，提供产业技术创新整体解决方案。培育一批核心技术能力突出、集成创新能力强、引领重要产业发展的创新型企业，力争有一批企业进入全球百强创新型企业。

2. 建设世界一流大学和一流学科。加快中国特色现代大学制度建设，深入推进管、办、评分离，扩大学校办学自主权，完善学校内部治理结构。引导大学加强基础研究和追求学术卓越，组建跨学科、综合交叉的科研团队，形成一批优势学科集群和高水平科技创新基地，建立创新能力评估基础上的绩效拨款制度，系统提升人才培养、学科建设、科技研发三位一体创新水平。增强原始创新能力和服务经济社会发展能力，推动一批高水平大学和学科进入世界一流行列或前列。

3. 建设世界一流科研院所。明晰科研院所功能定位，增强在基础前沿和行业共性关键技术研发中的骨干引领作用。健全现代科研院所制度，形成符合创新规律、体现领域特色、实施分类管理的法人治理结构。围绕国家重大任务，有效整合优势科研资源，建设综合性、高水平的国际化科技创新基地，在若干优势领域形成一批具有鲜明特色的世界级科学研究中心。

4. 发展面向市场的新型研发机构。围绕区域性、行业性重大技术需求，实行多元化投资、多样化模式、市场化运作，发展多种形式的先进技术研发、成果转化和产业孵化机构。

5. 构建专业化技术转移服务体系。发展研发设计、中试熟化、创业孵化、检验检测认证、知识产权等各类科技服务。完善全国技术交易市场体系，发展规范化、专业化、市场化、网络化的技术和知识产权交易平台。科研院所和高校建立专业化技术转移机构和职业化技术转移人才队伍，畅通技术转移通道。

（六）实施重大科技项目和工程，实现重点跨越

在关系国家安全和长远发展的重点领域，部署一批重大科技项目和工程。

面向2020年，继续加快实施已部署的国家科技重大专项，聚焦目标、突出重点，攻克高端通用芯片、高档数控机床、集成电路装备、宽带移动通信、油气田、核电站、水污染治理、转基因生物新品种、新药创制、传染病防治等方面的关键核心技术，形成若干战略性技术和战略性产品，培育新兴产业。

面向2030年，坚持有所为有所不为，尽快启动航空发动机及燃气轮机重大项目，在量子通信、信息网络、智能制造和机器人、深空深海探测、重点新材料和新能源、脑科学、健康医疗等领域，充分论证，把准方向，明确重点，再部署一批体现国家战略意图的重大科技项目和工程。

面向2020年的重大专项与面向2030年的重大科技项目和工程，形成梯次接续的系统布局，并根据国际科技发展的新进展和我国经济社会发展的新需求，及时进行滚动调整和优化。要发挥社会主义市场经济条件下的新型举国体制优势，集中力量，协同攻关，持久发力，久久为功，加快突破重大核心技术，开发重大战略性产品，在国家战略优先领域率先实现跨越。

（七）建设高水平人才队伍，筑牢创新根基

加快建设科技创新领军人才和高技能人才队伍。围绕重要学科领域和创新方向造就一批世界水平的科学家、科技领军人才、工程师和高水平创新团队，注重培养一线创新人才和青年科技人才，对青年人才开辟特殊支持渠道，支持高校、科研院所、企业面向全球招聘人才。倡导崇尚技能、精益求精的职业精神，在各行各业大规模培养高级技师、技术工人等高技能人才。优化人才成长环境，实施更加积极的创新创业人才激励和吸引政策，推行科技成果处置收益和股权期权激

励制度，让各类主体、不同岗位的创新人才都能在科技成果产业化过程中得到合理回报。

发挥企业家在创新创业中的重要作用，大力倡导企业家精神，树立创新光荣、创新致富的社会导向，依法保护企业家的创新收益和财产权，培养造就一大批勇于创新、敢于冒险的创新型企业家，建设专业化、市场化、国际化的职业经理人队伍。

推动教育创新，改革人才培养模式，把科学精神、创新思维、创造能力和社会责任感的培养贯穿教育全过程。完善高端创新人才和产业技能人才"二元支撑"的人才培养体系，加强普通教育与职业教育衔接。

（八）推动创新创业，激发全社会创造活力

建设和完善创新创业载体，发展创客经济，形成大众创业、万众创新的生动局面。

1. 发展众创空间。依托移动互联网、大数据、云计算等现代信息技术，发展新型创业服务模式，建立一批低成本、便利化、开放式众创空间和虚拟创新社区，建设多种形式的孵化机构，构建"孵化＋创投"的创业模式，为创业者提供工作空间、网络空间、社交空间、共享空间，降低大众参与创新创业的成本和门槛。

2. 孵化培育创新型小微企业。适应小型化、智能化、专业化的产业组织新特征，推动分布式、网络化的创新，鼓励企业开展商业模式创新，引导社会资本参与建设面向小微企业的社会化技术创新公共服务平台，推动小微企业向"专精特新"发展，让大批创新活力旺盛的小微企业不断涌现。

3. 鼓励人人创新。推动创客文化进学校，设立创新创业课程，开展品牌性创客活动，鼓励学生动手、实践、创业。支持企业员工参与工艺改进和产品设计，鼓励一切有益的微创新、微创业和小发明、小改进，将奇思妙想、创新创意转化为实实在在的创业活动。

五、战略保障

实施创新驱动发展战略，必须从体制改革、环境营造、资源投入、扩大开放等方面加大保障力度。

（一）改革创新治理体系

顺应创新主体多元、活动多样、路径多变的新趋势，推动政府管理创新，形成多元参与、协同高效的创新治理格局。

建立国家高层次创新决策咨询机制，定期向党中央、国务院报告国内外科技创新动态，提出重大政策建议。转变政府创新管理职能，合理定位政府和市场功能。强化政府战略规划、政策制定、环境营造、公共服务、监督评估和重大任务实施等职能。对于竞争性的新技术、新产品、新业态开发，应交由市场和企业来决定。建立创新治理的社会参与机制，发挥各类行业协会、基金会、科技社团等在推动创新驱动发展中的作用。

合理确定中央各部门功能性分工，发挥行业主管部门在创新需求凝练、任务组织实施、成果推广应用等方面的作用。科学划分中央和地方科技管理事权，中央政府职能侧重全局性、基础性、长远性工作，地方政府职能侧重推动技术开发和转化应用。

构建国家科技管理基础制度。再造科技计划管理体系，改进和优化国家科技计划管理流程，建设国家科技计划管理信息系统，构建覆盖全过程的监督和评估制度。完善国家科技报告制度，建立国家重大科研基础设施和科技基础条件平台开放共享制度，推动科技资源向各类创新主体开放。建立国家创新调查制度，引导各地树立创新发展导向。

（二）多渠道增加创新投入

切实加大对基础性、战略性和公益性研究稳定支持力度，完善稳定支持和竞争性支持相协调的机制。改革中央财政科技计划和资金管理，提高资金使用效益。完善激励企业研发的普惠性政策，引导企业成为技术创新投入主体。

探索建立符合中国国情、适合科技创业企业发展的金融服务模式。鼓励银行业金融机构创新金融产品，拓展多层次资本市场支持创新的功能，积极发展天使投资，壮大创业投资规模，运用互联网金融支持创新。充分发挥科技成果转化、中小企业创新、新兴产业培育等方面基金的作用，引导带动社会资本投入创新。

（三）全方位推进开放创新

抓住全球创新资源加速流动和我国经济地位上升的历史机遇，提高我国全球配置创新资源能力。支持企业面向全球布局创新网络，鼓励建立海外研发中心，按照国际规则并购、合资、参股国外创新型企业和研发机构，提高海外知识产权运营能力。以卫星、高铁、核能、超级计算机等为重点，推动我国先进技术和装备走出去。鼓励外商投资战略性新兴产业、高新技术产业、现代服务业，支持跨国公司在中国设立研发中心，实现引资、引智、引技相结合。

深入参与全球科技创新治理，主动设置全球性创新议题，积极参与重大国际科技合作规则制定，共同应对粮食安全、能源安全、环境污染、气候变化以及公共卫生等全球性挑战。丰富和深化创新对话，围绕落实"一带一路"战略构想和亚太互联互通蓝图，合作建设面向沿线国家的科技创新基地。积极参与和主导国际大科学计划和工程，提高国家科技计划对外开放水平。

（四）完善突出创新导向的评价制度

根据不同创新活动的规律和特点，建立健全科学分类的创新评价制度体系。推进高校和科研院所分类评价，实施绩效评价，把技术转移和科研成果对经济社会的影响纳入评价指标，将评价结果作为财政科技经费支持的重要依据。完善人才评价制度，进一步改革完善职称评审制度，增加用人单位评价自主权。推行第三方评价，探索建立政府、社会组织、公众等多方参与的评价机制，拓展社会化、专业化、国际化评价渠道。改革国家科技奖励制度，优化结构、减少数量、提高质量，逐步由申报制改为提名制，强化对人的激励。发展具有品牌和公信力的社会奖项。完善国民经济核算体系，逐步探索将反映创新活动的研发支出纳入投资统计，反映无形资产对经济的贡献，突出创新活动的投入和成效。改革完善国有企业评价机制，把研发投入和创新绩效作为重要考核指标。

（五）实施知识产权、标准、质量和品牌战略

加快建设知识产权强国。深化知识产权领域改革，深入实施知识产权战略行动计划，提高知识产权的创造、运用、保护和管理能力。引导支持市场主体创造和运用知识产权，以知识产权利益分享机制为纽带，促进创新成果知识产权化。充分发挥知识产权司法保护的主导作用，增强全民知识产权保护意识，强化知识产权制度对创新的基本保障作用。健全防止滥用知识产权的反垄断审查制度，建立知识产权侵权国际调查和海外维权机制。

提升中国标准水平。强化基础通用标准研制，健全技术创新、专利保护与标准化互动支撑机制，及时将先进技术转化为标准。推动我国产业采用国际先进标准，强化强制性标准制定与实施，形成支撑产业升级的标准群，全面提高行业技术标准和产业准入水平。支持我国企业、联盟和社团参与或主导国际标准研制，推动我国优势技术与标准成为国际标准。

推动质量强国和中国品牌建设。完善质量诚信体系，形成一批品牌形象突出、服务平台完备、质量水平一流的优势企业和产业集群。制定品牌评价国际标准，建立国际互认的品牌评价体系，推动中国优质品牌国际化。

（六）培育创新友好的社会环境

健全保护创新的法治环境。加快创新薄弱环节和领域的立法进程，修改不符合创新导向的法规文件，废除制约创新的制度规定，构建综合配套精细化的法治保障体系。

培育开放公平的市场环境。加快突破行业垄断和市场分割。强化需求侧创新政策的引导作用，建立符合国际规则的政府采购制度，利用首台套订购、普惠性财税和保险等政策手段，降低企业创新成本，扩大创新产品和服务的市场空间。推进要素价格形成机制的市场化改革，强化能源资源、生态环境等方面的刚性约束，提高科技和人才等创新要素在产品价格中的权重，让善于创新者获得更大的竞争优势。

营造崇尚创新的文化环境。大力宣传广大科技工作者爱国奉献、勇攀高峰的感人事迹和崇高精神，在全社会形成鼓励创造、追求卓越的创新文化，推动创新成为民族精神的重要内涵。倡导百家争鸣、尊重科学家个性的学术文化，增强敢为人先、勇于冒尖、大胆质疑的创新自信。重视科研试错探索价值，建立鼓励创新、宽容失败的容错纠错机制。营造宽松的科研氛围，保障科技人员的学术自由。加强科研诚信建设，引导广大科技工作者恪守学术道德，坚守社会责任。加强科学教育，丰富科学教育教学内容和形式，激发青少年的科技兴趣。加强科学技术普及，提高全民科学素养，在全社会塑造科学理性精神。

六、组织实施

实施创新驱动发展战略是我们党在新时期的重大历史使命。全党全国必须统一思想，各级党委和政府必须切实增强责任感和紧迫感，统筹谋划，系统部署，精心组织，扎实推进。

加强领导。按照党中央、国务院统一部署，国家科技体制改革和创新体系建设领导小组负责本纲要的具体组织实施工作，加强对创新驱动发展重大战略问题的研究和审议，指导推动纲要落实。

分工协作。国务院和军队各有关部门、各省（自治区、直辖市）要根据本纲要制定具体实施方案，强化大局意识、责任意识，加强协同、形成合力。

开展试点。加强任务分解，明确责任单位和进度安排，制订年度和阶段性实施计划。对重大改革任务和重点政策措施，要制定具体方案，开展试点。

监测评价。完善以创新发展为导向的考核机制，将创新驱动发展成效作为重要考核指标，引导广大干部树立正确政绩观。加强创新调查，建立定期监测评估和滚动调整机制。

加强宣传。做好舆论宣传，及时宣传报道创新驱动发展的新进展、新成效，让创新驱动发展理念成为全社会共识，调动全社会参与支持创新积极性。

全党全社会要紧密团结在以习近平同志为总书记的党中央周围，把各方面力量凝聚到创新驱动发展上来，为全面建成创新型国家、实现中华民族伟大复兴的中国梦而努力奋斗。

中共中央办公厅 国务院办公厅转发中央组织部、中央外办等部门《关于加强和改进教学科研人员因公临时出国管理工作的指导意见》的通知

(厅字〔2016〕17号)

近期，中共中央印发的《关于深化人才发展体制机制改革的意见》（中发〔2016〕9号）提出，鼓励支持人才更广泛地参加国际学术交流与合作，完善相关管理办法。为贯彻落实中央要求，进一步支持高等学校和科研院所在扩大对外交流合作中激发人才创新创造创业活力，现就加强和改进教学科研人员因公临时出国管理工作提出如下指导意见。

一、指导思想

必须坚持党对外事工作的集中统一领导。高等学校和科研院所党委对本单位外事工作负有领导责任，要按照党中央关于加强和规范外事管理工作的指示要求，健全领导机制，加强制度建设，进一步完善包括对外学术交流合作在内的因公临时出国管理。

必须强化服务大局意识。对外学术交流合作要着眼国家发展大局和实际需要，通过积极参与国际重大科学计划、科学工程和专业学术交流，实现国际协同创新，全面加强基础学科、国际前沿、薄弱和空白学科建设，造就培养人才，提升教育科研领域国家软实力、国际影响力和国际竞争力。

二、实施区别管理

党的十八大以来，中央全面加强和规范国家工作人员因公临时出国管理，对加强党风廉政建设意义重大，必须严格贯彻，持之以恒。同时，根据高等学校和科研院所对外学术交流合作的实际需求，实施导向明确的区别管理。

（一）在因公临时出国管理中，教学科研人员出国开展学术交流合作要与其他性质的出访有所区别。学术交流合作主要包括开展教育教学活动、科学研究、学术访问、出席重要国际学术会议以及执行国际学术组织履职任务等。其他出访主要指一般性中外校际和科研院所间的工作交流。

（二）教学科研人员指高等学校和科研院所直接从事教学和科研任务的人员（含退离休返聘人员），以及在高等学校和科研院所及其二级单位中担任领导职务的专家学者。

（三）上述教学科研人员出国执行前项明确的学术交流合作任务，单位与个人的出国批次数、团组人数、在外停留天数根据实际需要安排。

高等学校和科研院所学术交流合作以外的因公临时出国，仍执行现行国家工作人员因公临时出国管理政策。

三、优化审批程序

加强和改进高等学校和科研院所教学科研人员出国开展学术交流合作管理工作，在调整中体现服务，在管理中突出保障，提高管理和服务的针对性。

（一）要科学制订教学科研人员出国开展学术交流合作年度计划，统筹规划和合理安排相关工

作。年度计划由各高等学校和科研院所负责管理，并按外事审批权限报备，不列入国家工作人员因公临时出国批次限量管理范围。对确需临时安排的学术交流合作，应在个案报批时说明理由。

（二）教学科研人员出国开展学术交流合作，按行政隶属关系、组织人事管理权限和外事审批权限审批，各审批部门应各负其责，加强管理，提高审批效率，为教学科研人员出国开展学术交流合作提供便利和服务。高等学校和科研院所对包括对外学术交流合作在内的因公临时出国管理负有主体责任，主要负责人是第一责任人。高等学校和科研院所纪检监察机构要负起监督责任。

（三）教学科研人员出国开展学术交流合作，应持因公护照。特殊情况需持普通护照出国，应说明理由并按组织人事管理权限报组织人事部门批准。

四、加强经费管理

高等学校和科研院所应切实加强教学科研人员出国开展学术交流合作经费的预算管理，认真执行因公临时出国经费先行审核制度，由经费审批部门和任务审批部门实行审批联动。

高等学校和科研院所教学科研人员使用国家科技计划（专项、基金）等经费出国开展学术交流合作，应按照有关管理办法和制度规定执行，体现既符合科研活动规律、又符合预算管理要求的原则。

教学科研人员如需持普通护照出国开展学术交流合作，应凭本单位有关批件、出国证件及出入境记录报销与学术交流合作相关的费用。

五、强化监督和追责

要从加强党风廉政建设的高度，进一步强化纪律意识和责任意识，按照权责一致的原则，建立完善监督检查和责任追究机制。

（一）教学科研人员出国开展学术交流合作所执行的任务、涉及的国家（地区）和在外日程等要按规定公示，接受监督。未按规定公示的不予审批，不予核销相关费用。

（二）加强绩效评估。教学科研人员出国开展学术交流合作要及时提交总结报告，高等学校和科研院所要建立相应的交流合作成果和经费使用绩效评估制度。

（三）加强监督检查和责任追究。对教学科研人员以对外学术交流合作名义变相公款出国旅游等违规违纪行为，上级部门、纪检监察机构要严肃追究责任，并依规依纪惩处。对因管理不善、滥用政策造成严重不良影响的单位，要追究有关领导的责任。

各地区各部门各单位要根据本指导意见，结合实际制定实施细则，确保有关政策准确贯彻实施。

本指导意见自2016年7月1日起实施。此前有关规定与本指导意见不一致的，按本指导意见执行。

中共中央办公厅　国务院办公厅印发
《关于实行以增加知识价值为导向分配政策的若干意见》

(厅字〔2016〕35号)

为加快实施创新驱动发展战略，激发科研人员创新创业积极性，在全社会营造尊重劳动、尊重知识、尊重人才、尊重创造的氛围，现就实行以增加知识价值为导向的分配政策提出以下意见。

一、总体要求

（一）基本思路

全面贯彻党的十八大和十八届三中、四中、五中全会以及全国科技创新大会精神，深入学习贯彻习近平总书记系列重要讲话精神，加快实施创新驱动发展战略，实行以增加知识价值为导向的分配政策，充分发挥收入分配政策的激励导向作用，激发广大科研人员的积极性、主动性和创造性，鼓励多出成果、快出成果、出好成果，推动科技成果加快向现实生产力转化。统筹自然科学、哲学社会科学等不同科学门类，统筹基础研究、应用研究、技术开发、成果转化全创新链条，加强系统设计、分类管理。充分发挥市场机制作用，通过稳定提高基本工资、加大绩效工资分配激励力度、落实科技成果转化奖励等激励措施，使科研人员收入与岗位职责、工作业绩、实际贡献紧密联系，在全社会形成知识创造价值、价值创造者得到合理回报的良性循环，构建体现增加知识价值的收入分配机制。

（二）主要原则

坚持价值导向。针对我国科研人员实际贡献与收入分配不完全匹配、股权激励等对创新具有长期激励作用的政策缺位、内部分配激励机制不健全等问题，明确分配导向，完善分配机制，使科研人员收入与其创造的科学价值、经济价值、社会价值紧密联系。

实行分类施策。根据不同创新主体、不同创新领域和不同创新环节的智力劳动特点，实行有针对性的分配政策，统筹宏观调控和定向施策，探索知识价值实现的有效方式。

激励约束并重。把人作为政策激励的出发点和落脚点，强化产权等长期激励，健全中长期考核评价机制，突出业绩贡献。合理调控不同地区、同一地区不同类型单位收入水平差距。

精神物质激励结合。采用多种激励方式，在加大物质收入激励的同时，注重发挥精神激励的作用，大力表彰创新业绩突出的科研人员，营造鼓励探索、激励创新的社会氛围。

二、推动形成体现增加知识价值的收入分配机制

（一）逐步提高科研人员收入水平。在保障基本工资水平正常增长的基础上，逐步提高体现科研人员履行岗位职责、承担政府和社会委托任务等的基础性绩效工资水平，并建立绩效工资稳定增长机制。加大对作出突出贡献科研人员和创新团队的奖励力度，提高科研人员科技成果转化收益分享比例。强化绩效评价与考核，使收入分配与考核评价结果挂钩。

（二）发挥财政科研项目资金的激励引导作用。对不同功能和资金来源的科研项目实行分类管理，在绩效评价基础上，加大对科研人员的绩效激励力度。完善科研项目资金和成果管理制度，对目标明确的应用型科研项目逐步实行合同制管理。对社会科学研究机构和智库，推行政府购买服务制度。

（三）鼓励科研人员通过科技成果转化获得合理收入。积极探索通过市场配置资源加快科技成果转化、实现知识价值的有效方式。财政资助科研项目所产生的科技成果在实施转化时，应明确项目承担单位和完成人之间的收益分配比例。对于接受企业、其他社会组织委托的横向委托项目，允许项目承担单位和科研人员通过合同约定知识产权使用权和转化收益，探索赋予科研人员科技成果所有权或长期使用权。逐步提高稿费和版税等付酬标准，增加科研人员的成果性收入。

三、扩大科研机构、高校收入分配自主权

（一）引导科研机构、高校实行体现自身特点的分配办法。赋予科研机构、高校更大的收入分配自主权，科研机构、高校要履行法人责任，按照职能定位和发展方向，制定以实际贡献为评价标准的科技创新人才收入分配激励办法，突出业绩导向，建立与岗位职责目标相统一的收入分配激励机制，合理调节教学人员、科研人员、实验设计与开发人员、辅助人员和专门从事科技成果转化人员等的收入分配关系。对从事基础性研究、农业和社会公益研究等研发周期较长的人员，收入分配实行分类调节，通过优化工资结构，稳步提高基本工资收入，加大对重大科技创新成果的绩效奖励力度，建立健全后续科技成果转化收益反馈机制，使科研人员能够潜心研究。对从事应用研究和技术开发的人员，主要通过市场机制和科技成果转化业绩实现激励和奖励。对从事哲学社会科学研究的人员，以理论创新、决策咨询支撑和社会影响作为评价基本依据，形成合理的智力劳动补偿激励机制。完善相关管理制度，加大对科研辅助人员的激励力度。科学设置考核周期，合理确定评价时限，避免短期频繁考核，形成长期激励导向。

（二）完善适应高校教学岗位特点的内部激励机制。把教学业绩和成果作为教师职称晋升、收入分配的重要依据。对专职从事教学的人员，适当提高基础性绩效工资在绩效工资中的比重，加大对教学型名师的岗位激励力度。对高校教师开展的教学理论研究、教学方法探索、优质教学资源开发、教学手段创新等，在绩效工资分配中给予倾斜。

（三）落实科研机构、高校在岗位设置、人员聘用、绩效工资分配、项目经费管理等方面自主权。对科研人员实行岗位管理，用人单位根据国家有关规定，结合实际需要，合理确定岗位等级的结构比例，建立各级专业技术岗位动态调整机制。健全绩效工资管理，科研机构、高校自主决定绩效考核和绩效分配办法。赋予财政科研项目承担单位对间接经费的统筹使用权。合理调节单位内部各类岗位收入差距，除科技成果转化收入外，单位内部收入差距要保持在合理范围。积极解决部分岗位青年科研人员和教师收入待遇低等问题，加强学术梯队建设。

（四）重视科研机构、高校中长期目标考核。结合科研机构、高校分类改革和职责定位，加强对科研机构、高校中长期目标考核，建立与考核评价结果挂钩的经费拨款制度和员工收入调整机制，对评价优秀的加大绩效激励力度。对有条件的科研机构，探索实行合同管理制度，按合同约定的目标完成情况确定拨款、绩效工资水平和分配办法。完善科研机构、高校财政拨款支出、科研项目收入与支出、科研成果转化及收入情况等内部公开公示制度。

四、进一步发挥科研项目资金的激励引导作用

（一）发挥财政科研项目资金在知识价值分配中的激励作用。根据科研项目特点完善财政资金管理，加大对科研人员的激励力度。对实验设备依赖程度低和实验材料耗费少的基础研究、软件开发和软科学研究等智力密集型项目，项目承担单位应在国家政策框架内，建立健全符合自身特点的劳务费、间接经费管理方式。项目承担单位可结合科研人员工作实绩，合理安排间接经费中绩效支出。建立符合科技创新规律的财政科技经费监管制度，探索在有条件的科研项目中实行经费支出负面清单管理。个人收入不与承担项目多少、获得经费高低直接挂钩。

（二）完善科研机构、高校横向委托项目经费管理制度。对于接受企业、其他社会组织委托的横向委托项目，人员经费使用按照合同约定进行管理。技术开发、技术咨询、技术服务等活动的奖酬金提取，按照《中华人民共和国促进科技成果转化法》及《实施〈中华人民共和国促进科技成果转化法〉若干规定》执行；项目合同没有约定人员经费的，由单位自主决定。科研机构、高校应优先保证科研人员履行科研、教学等公益职能；科研人员承担横向委托项目，不得影响其履行岗位职责、完成本职工作。

（三）完善哲学社会科学研究领域项目经费管理制度。对符合条件的智库项目，探索采用政府购买服务制度，项目资金由项目承担单位按照服务合同约定管理使用。修订国家社会科学基金、教育部高校哲学社会科学繁荣计划的项目资金管理办法，取消劳务费比例限制，明确劳务费开支范围，加大对项目承担单位间接成本补偿和科研人员绩效激励力度。

五、加强科技成果产权对科研人员的长期激励

（一）强化科研机构、高校履行科技成果转化长期激励的法人责任。坚持长期产权激励与现金奖励并举，探索对科研人员实施股权、期权和分红激励，加大在专利权、著作权、植物新品种权、集成电路布图设计专有权等知识产权及科技成果转化形成的股权、岗位分红权等方面的激励力度。科研机构、高校应建立健全科技成果转化内部管理与奖励制度，自主决定科技成果转化收益分配和奖励方案，单位负责人和相关责任人按照《中华人民共和国促进科技成果转化法》及《实施〈中华人民共和国促进科技成果转化法〉若干规定》予以免责，构建对科技人员的股权激励等中长期激励机制。以科技成果作价入股作为对科技人员的奖励涉及股权注册登记及变更的，无须报科研机构、高校的主管部门审批。加快出台科研机构、高校以科技成果作价入股方式投资未上市中小企业形成的国有股，在企业上市时豁免向全国社会保障基金转持的政策。

（二）完善科研机构、高校领导人员科技成果转化股权奖励管理制度。科研机构、高校的正职领导和领导班子成员中属中央管理的干部，所属单位中担任法人代表的正职领导，在担任现职前因科技成果转化获得的股权，任职后应及时予以转让，逾期未转让的，任期内限制交易。限制股权交易的，在本人不担任上述职务一年后解除限制。相关部门、单位要加快制定具体落实办法。

（三）完善国有企业对科研人员的中长期激励机制。尊重企业作为市场经济主体在收入分配上的自主权，完善国有企业科研人员收入与科技成果、创新绩效挂钩的奖励制度。国有企业科研人员按照合同约定薪酬，探索对聘用的国际高端科技人才、高端技能人才实行协议工资、项目工资等市场化薪酬制度。符合条件的国有科技型企业，可采取股权出售、股权奖励、股权期权等股权方式，或项目收益分红、岗位分红等分红方式进行激励。

（四）完善股权激励等相关税收政策。对符合条件的股票期权、股权期权、限制性股票、股权奖励以及科技成果投资入股等实施递延纳税优惠政策，鼓励科研人员创新创业，进一步促进科技成果转化。

六、允许科研人员和教师依法依规适度兼职兼薪

（一）允许科研人员从事兼职工作获得合法收入。科研人员在履行好岗位职责、完成本职工作的前提下，经所在单位同意，可以到企业和其他科研机构、高校、社会组织等兼职并取得合法报酬。鼓励科研人员公益性兼职，积极参与决策咨询、扶贫济困、科学普及、法律援助和学术组织等活动。科研机构、高校应当规定或与科研人员约定兼职的权利和义务，实行科研人员兼职公示制度，兼职行为不得泄露本单位技术秘密，损害或侵占本单位合法权益，违反承担的社会责任。兼职取得的报酬原则上归个人，建立兼职获得股权及红利等收入的报告制度。担任领导职务的科研人员兼职及取酬，按中央有关规定执行。经所在单位批准，科研人员可以离岗从事科技成果转化等创新创业活动。兼职或离岗创业收入不受本单位绩效工资总量限制，个人须如实将兼职收入报单位备案，按有关规定缴纳个人所得税。

（二）允许高校教师从事多点教学获得合法收入。高校教师经所在单位批准，可开展多点教学并获得报酬。鼓励利用网络平台等多种媒介，推动精品教材和课程等优质教学资源的社会共享，授课教师按照市场机制取得报酬。

七、加强组织实施

（一）强化联动。各地区各部门要加强组织领导，健全工作机制，强化部门协同和上下联动，制定实施细则和配套政策措施，加强督促检查，确保各项任务落到实处。加强政策解读和宣传，加强干部学习培训，激发广大科研人员的创新创业热情。

（二）先行先试。选择一些地方和单位结合实际情况先期开展试点，鼓励大胆探索、率先突破，及时推广成功经验。对基层因地制宜的改革探索建立容错机制。

（三）加强考核。各地区各部门要抓紧制定以增加知识价值为导向的激励、考核和评价管理办法，建立第三方评估评价机制，规范相关激励措施，在全社会形成既充满活力又规范有序的正向激励。

本意见适用于国家设立的科研机构、高校和国有独资企业（公司）。其他单位对知识型、技术型、创新型劳动者可参照本意见精神，结合各自实际，制定具体收入分配办法。国防和军队系统的科研机构、高校、企业收入分配政策另行制定。

国务院办公厅转发
科技部《关于加快建立国家科技报告制度指导意见》的通知

(国办发〔2014〕43号)

各省、自治区、直辖市人民政府,国务院各部委、各直属机构:

科技部《关于加快建立国家科技报告制度的指导意见》已经国务院同意,现转发给你们,请认真贯彻执行。

国务院办公厅
2014年8月31日

关于加快建立国家科技报告制度的指导意见
科技部

科技报告是描述科研活动的过程、进展和结果,并按照规定格式编写的科技文献,包括科研活动的过程管理报告和描述科研细节的专题研究报告。建立国家科技报告制度,将科技报告纳入科研管理,有利于加强各类科技计划协调衔接、避免科技项目重复部署,有利于广大科研人员共享科研成果、提高国家科技投入效益,有利于社会公众了解科技进展、促进科技成果转化应用。为深入实施创新驱动发展战略,推动科技成果的完整保存、持续积累、开放共享和转化应用,按照《中共中央 国务院关于深化科技体制改革加快国家创新体系建设的意见》和《国务院关于改进加强中央财政科研项目和资金管理的若干意见》(国发〔2014〕11号)的部署要求,现就加快建立国家科技报告制度提出以下意见。

一、总体要求

(一)指导思想。以服务科技创新为根本目标,以促进科技报告规范产生、持续积累、集中收藏和开放共享为主要任务,充分利用现有机构和渠道,逐步建立健全国家科技报告组织管理机制和开放共享体系,形成统一的国家科技报告制度,为提升我国科技实力、深入实施创新驱动发展战略提供支撑。

(二)基本原则。坚持分步实施,在相关地方和部门先行试点,要求财政性资金资助的科技项目必须呈交科技报告,引导社会资金资助的科研活动自愿呈交科技报告。坚持统一标准,规范科技报告的撰写、积累、收藏和共享。坚持分类管理,在做好涉密科技报告安全管理的同时,把强化开放共享作为工作重点,充分发挥科技报告的作用。坚持分工协作,科技行政主管部门、项目主管机构、项目承担单位各负其责,建立协同创新的工作机制。

(三)主要目标。进一步完善国家科技报告制度的政策、标准和规范,理顺组织管理架构,推进收藏共享服务,到2020年建成全国统一的科技报告呈交、收藏、管理、共享体系,形成科学、规范、高效的科技报告管理模式和运行机制。

二、建立科技报告逐级呈交的组织管理机制

（四）加强国家科技报告工作统筹管理。科技部负责科技报告工作的统筹规划、组织协调和监督检查，牵头拟订国家科技报告制度建设的相关政策，制定科技报告标准和规范，对各地、各有关部门科技报告工作进行业务指导，委托相关专业机构承担国家科技报告日常管理工作，负责全国范围内科技报告的接收、收藏、管理和共享服务，开展国家科技报告服务系统的开发、运行、维护和管理工作。

（五）建立地方和部门科技报告管理机制。各地、各有关部门应将科技报告工作纳入本地、本部门管理的科技计划、专项、基金等科研管理范畴，在科研合同或任务书中明确项目承担单位须呈交科技报告的具体要求，依托现有机构对科技报告进行统一收藏和管理，并定期向科技部报送非涉密和解密的科技报告。对涉及国家安全等不宜公开的科技报告，项目承担单位应提出科技报告密级和保密期限建议，由项目主管机构按照国家有关保密规定进行确认，并负责做好涉密科技报告管理工作。

（六）强化项目承担单位科技报告管理责任。项目承担单位应建立科技报告工作机制，结合项目和工作要求，组织科研人员撰写科技报告，对本单位拟呈交的科技报告进行审核，并及时向项目主管机构呈交科技报告。

（七）明确科研人员撰写和使用科技报告的责任权利。科研人员应增强撰写科技报告的责任意识，将撰写合格的科技报告作为科研工作的重要组成部分，根据科研合同或任务书要求按时保质完成科技报告，并对内容和数据的真实性负责。科研人员在科研工作中享有检索和使用科技报告的权利，应积极借鉴、参考已有科技报告，高起点开展研究工作。

三、推动科技报告的持续积累和开放共享

（八）强化科技报告的完整保存和集中收藏。对目前已验收（结题）的科技项目，有条件的地方和部门应开展科技报告回溯工作。在做好财政性资金资助科技项目科技报告收集的同时，鼓励引导社会资金资助的科研活动通过国家科技报告服务系统向科技部或其委托机构呈交科技报告。科技部及其委托机构应对全国范围内收集的科技报告进行加工整理、集中收藏和统一管理。

（九）建立科技报告共享服务机制。科技部及其委托机构应根据分级分类原则，通过国家科技报告服务系统面向项目主管机构、项目承担单位、科研人员和社会公众提供开放共享服务。鼓励有条件的地方、部门推动本地、本部门科技报告的共享使用。各地、各有关部门要切实做好科技报告共享服务过程中的安全保密管理和知识产权保护工作，保障科研人员和项目承担单位的合法权益。

（十）开展科技报告资源增值服务。科技部和项目主管机构应组织相关单位开展科技报告资源深度开发利用，做好立项查重，避免科技项目重复部署；实时跟踪科技项目的阶段进展、研发产出等情况，服务项目过程管理；对相关领域科技发展态势进行监测，为技术预测和国家关键技术选择提供支撑；梳理国家重大科技进展和成果并向社会公布，推动科技成果形成知识产权和技术标准，促进科技成果转化和产业化。

四、营造科技报告工作良好环境

（十一）加强组织领导。科技部会同相关部门建立会商机制，加强对国家科技报告制度建设重大事项的沟通和协商，不断提升科技报告管理科学化规范化水平。各地、各有关部门要高度重视，精心组织，健全工作机制，加强协调配合，抓好组织落实。

（十二）建立奖惩机制。项目主管机构应将科技报告的呈交和共享使用情况作为对项目负责人和项目承担单位后续滚动支持的重要依据。对未按时按标准要求完成科技报告任务的科技项目，按不通过验收或不予结题处理。对科技报告存在抄袭、数据弄虚作假等学术不端行为的，纳入项目负责人和项目承担单位的科研信用记录并依据相关规定向社会公布。

（十三）加强宣传培训。开展科技报告培训工作，提高科研人员的科技报告撰写能力，提升科技管理部门、科研单位科技报告规范管理水平，增强开放共享服务意识。加大对科技报告工作的宣传力度，在科技界和全社会营造重视科技报告的良好氛围。

国务院办公厅关于优化学术环境的指导意见

(国办发〔2015〕94号)

各省、自治区、直辖市人民政府，国务院各部委、各直属机构：

良好的学术环境是培养优秀科技人才、激发科技工作者创新活力的重要基础。近年来，我国学术环境不断改善，为推动产出重大创新成果，促进经济社会发展发挥了积极作用。但目前我国支持创新的学术氛围还不够浓厚，仍然存在科学研究自律规范不足、学术不端行为时有发生、学术活动受外部干预过多、学术评价体系和导向机制不完善等问题。为进一步优化学术环境，更好调动广大科技工作者的积极性，深入实施创新驱动发展战略，推动大众创业万众创新，经国务院同意，现提出以下意见。

一、总体要求

（一）指导思想。全面贯彻党的十八大和十八届二中、三中、四中、五中全会精神，按照党中央、国务院决策部署，强化问题导向，坚持改革驱动，全面推进人才使用、吸引、培养的体制机制创新，加快实现政府职能从研发管理向创新服务转变，着力构建符合学术发展规律的科研管理、宏观政策、学术民主、学术诚信和人才成长环境，引导科技工作者自觉践行社会主义核心价值观，促进我国创新文化建设，为科技事业持续健康发展提供有力保障。

（二）基本原则。坚持创新导向。紧紧围绕创新驱动发展、推动大众创业万众创新、提高自主创新能力的要求，破除制约创新的观念和体制障碍，支持有利于激活创新要素的探索和实践，鼓励科技工作者增强创新自信，创立新学说，开发新技术，开拓新领域，创造新价值。

坚持学术自主。维护科技工作者在科研活动中的主体地位，激发科技工作者研究探索的主观能动性，充分发挥科学共同体在学术活动中的自主作用，建立科学、规范的学术自治制度，健全激励创新的学术评价体系和导向机制。

坚持自律为本。引导科技工作者发扬爱国奉献、创新求实、淡泊名利、追求卓越的优良传统，坚守学术诚信，完善学术人格，遵守学术规范，维护学术尊严，正确行使学术权力，履行社会责任，倡导崇实、唯实、求实的良好学风。

坚持依法治学。建立保障学术自由的法治基础，强化知识产权保护，依法保障科技工作者开展学术活动的权利，引导科技工作者自觉遵守宪法和法律法规，抵制学术不端行为，确保科研活动造福人民、服务国家。

坚持宽松包容。坚持人才是第一资源的理念，营造宽松的学术环境和敢为人先、宽容失败的学术氛围，尊重科技工作者个性，倡导科学面前人人平等，鼓励学术争鸣和质疑批判，培育竞争共生的学术生态。

（三）主要目标。到2020年，在影响学术创新的科技体制机制改革关键环节和重点领域取得突破性进展，与实施创新驱动发展战略的要求相适应的科研管理、人才培养等制度体系进一步完善，学术自治理念全面落实，学术评价更加科学规范，学术生态环境明显改善，创新人才竞相涌现，科技工作者探索研究的积极性显著提升。

二、任务要求

（四）优化科研管理环境，落实扩大科研机构自主权。推动政府职能从研发管理向创新服务转变，更好发挥政府顶层设计和公共政策保障功能，尊重科技工作者科研创新的主体地位，不以行政决策代替学术决策。优化科研管理流程，避免让科技工作者陷入各类不必要的检查论证评估等事务中，确保科技工作者把更多时间和精力用在科研上。改革科研院所组织机构设置和管理运行机制，消除科研院所管理中存在的"行政化"和"官本位"弊端，实行有利于开放、协同、高效创新的扁平化管理结构，建立健全有利于激励创新、人尽其才、繁荣学术的现代科研管理制度。在国家政策制度框架下，扩大高校和科研院所在科研立项、人财物管理、科研方向和技术路线选择、国际科技交流等方面的自主权，逐步推广以项目负责人制为核心的科研组织管理模式，赋予创新型领军人才更大的人财物支配权、技术路线决策权。打破科技工作者流动的体制机制障碍，鼓励高校和科研院所采用更加开放的用人制度，自主决定聘用流动人员。搭建学术交流和合作平台，推动科研团队开展多种形式的学术研讨、交流活动。放宽对学术性会议规模、数量等方面的限制，为科技工作者参加更多的国际学术交流提供政策保障和往返便利。

（五）优化宏观政策环境，减少对科研创新和学术活动的直接干预。完善稳定支持和竞争性支持相协调的机制，改变科技资源配置竞争性项目过多的局面，对国家实验室等重大科研基地以稳定支持为主，鼓励其围绕重大科技前沿和国家目标开展持续稳定的研究。充分发挥国家科技计划在促进学科交叉、跨界融合中的平台作用，推动跨团队、跨机构、跨学科、跨领域协同创新。推动科研基础设施等科技资源开放共享，克服科研资源配置的碎片化和孤岛现象。率先在国家实验室等重大科研基地开展人事制度改革试点，建立具有国际竞争力的人才管理制度，增强对高端人才的吸引力。实行以增加知识价值为导向的分配政策，提高科研人员成果转化收益分享比例，以科技成果使用处置收益权管理改革为突破口，全面激发高校、科研院所科技工作者创新创业的积极性。改革科技评价制度，对从事基础和前沿技术研究、应用研究、成果转化等不同活动的人员实行分类评价，对以国家使命为导向的科研基地建立中长期绩效评价体系，拓宽科技社团、企业和公众参与评价的渠道，切实避免评价过多过繁、评价指标重数量轻质量和"一刀切"的现象。

（六）优化学术民主环境，营造浓厚学术氛围。倡导学术研究百花齐放、百家争鸣，鼓励科技工作者打破定式思维和守成束缚，勇于提出新观点、创立新学说、开辟新途径、建立新学派。不得以"出成果"名义干涉科学家研究工作，不得动辄用行政化"参公管理"约束科学家，不得以过多的社会事务干扰学术活动，不得用"官本位"、"等级制"等压制学术民主。允许科学家采用弹性工作方式从事科学研究，确保用于科研和学术的时间不少于工作时间的六分之五。鼓励开展健康的学术批评，发挥小同行评议和第三方评价的作用。科学合理使用评价结果，不能以各类学术排名代替学术评价，避免学术评价结果与利益分配过度关联。

（七）优化学术诚信环境，树立良好学风。坚持道德自律和制度规范并举，建设集教育、防范、监督、惩治于一体的学术诚信体系。完善科研机构学术道德和学风监督机制，实行严格的科研信用制度，建立学术诚信档案，加大对学术不端行为的查处力度，将严重学术不端行为向社会公布，并在项目申报、职位晋升、奖励评定等方面采取限制措施。教育引导科技工作者强化诚信自律，严守学术道德，不准在科学研究中弄虚作假，严禁计算、试验等数据资料造假；不准以任何形式抄袭盗用他人的论文等科研成果；不准为追求论文发表数量和引用量粗制滥造、投机取巧；

不准利用中介机构或其他第三方代写或变相代写论文，或通过金钱交易在国内外刊物上发表论文；不准违反有关规定，在论文、科研项目、奖励、人才评价等学术评审中拉关系、送人情，亵渎学术尊严。广泛开展学术道德和学风建设宣讲工作，引导科技工作者严谨治学、诚实做人，秉持奉献、创新、求实、协作的科学精神，在践行社会主义核心价值观、引领社会良好风尚中率先垂范。

（八）优化人才成长环境，促进优秀科研人才脱颖而出。坚决破除论资排辈、求全责备等传统人才观念，以更广阔的视野选拔人才、不拘一格使用人才，创造人尽其才、才尽其用、优秀人才脱颖而出的人才成长环境。重视发挥青年人才在科研工作中的生力军作用，支持更多年轻科学家担任项目负责人、组建团队承担重点课题、成长为学术带头人。鼓励青年科技工作者平等开展学术讨论和争鸣，发表学术上的新观点、新学说。健全全国优秀青年科学家的奖励制度，引导社会力量加大对优秀青年科研人才的奖励力度，通过国家奖励、高级职称聘任、院士推荐等使一批有真才实学、成就突出的青年科研人才脱颖而出。进一步发挥青年科学基金的育苗功能，增加对青年科技工作者的资助强度并扩大覆盖面，支持其开展原始性创新研究。深入实施国家千人计划特别是青年项目，吸引更多海外人才回国工作。高度重视以领军人才为核心的科研团队建设，促进科研人员协作创新。

三、保障措施

（九）发挥政府部门的引导促进职能。把优化学术环境作为深化科技体制改革的重要方面，强化顶层设计和宏观指导，不断完善促进学术繁荣发展的法律法规和政策体系。在制定科技发展规划、部署重大专项等重大决策中，广泛征求专家意见，支持科技工作者参与科技决策、充分自由表达意见建议。推进简政放权，减少对学术活动的直接干预，依法保护科技工作者正常开展学术交流的权利，维护学术秩序。建立应对潜在技术风险的合理程序，制定管理计划与伦理规范，明确科技工作者对涉及社会利益与风险的科学争论应负的社会责任。研究建立引导社会资源支持公益性科研与学术活动的相关制度。支持科技社团依法依章独立自主开展活动、有序承接政府转移职能，加大向科技社团购买服务力度，提高其创新和服务能力。

（十）强化高校和科研院所的保障作用。坚持把优化学术环境作为高校和科研院所事业发展和管理创新的重要内容，加大推进科技管理改革力度，建立健全内部治理体系，构建科学合理的激励约束和评价机制，发挥理事会、学术委员会在学术环境建设中的重要作用。更加注重科研成果的质量水平、创新性和社会价值，推动各类公共资金资助的科研成果优先在我国中英文期刊上发表，推进已发表科研成果在一定期限内存储到开放的公共知识库，实现公共利益最大化。遵循科技发展规律与人才成长规律，促进学术与行政适度分开，最大限度发挥好科技工作者在科技布局与规划、学科建设、资源配置、人才培养与管理、科技评价等方面的重要作用。

（十一）增强科技社团的自律功能。支持科技社团组织开展学术活动，搭建自由表达学术观点、开展学术交流的平台，营造维护保障学术自由的良好环境。强化学会人才举荐和科技奖励功能，发挥好同行评议的基础性作用。及时研究更新相关专业领域的章程规范，加大对学术诚信、学术道德和学术伦理的监督力度，引导科技工作者加强自我约束、自我管理，维护科技工作者学术权益。发挥科技社团第三方评估作用，组织动员科技工作者为科技发展规划、项目指南、项目后评估、资质认证等方面提供支撑。

（十二）引导企业积极承担社会责任。要正确处理技术创新与市场需求的关系，支持企业开展公益性、探索性、创新性学术活动，激励大胆创造发明，鼓励提出新观点、新方案和新途径，积极开展研究开发和科技成果转移转化。支持企业科技工作者参与学术活动，提高学术水平和技术技能，依法保障其在知识产权、技术转让等方面的权益。

（十三）突出科技工作者的主体地位。加大对优秀科技工作者和创新团队的宣传力度，在全社会营造尊崇创新、鼓励探索、宽容失败、多元包容的良好学术舆论。号召广大科技工作者坚持从自身做起，恪守科学精神，树立底线思维，坚守学术操守和道德理念，推进学术环境不断优化。支持科技工作者参加学术争鸣，尊重同行发现的优先权，客观公正评价他人的学术成果，尊重他人理性怀疑的权利，不干扰和破坏他人的学术自由，自觉杜绝并坚决抵制学术不端行为。引导科技工作者正确行使学术权力，不打着学术旗号参与商业营利性活动。鼓励科技工作者积极参与国家和社会公共事务，为重大决策提供专业支持，面向社会关切主动释疑解惑，引导公众全面、正确地理解科学技术。引导科技工作者进一步规范科研行为，遵守科学伦理准则，谨慎评估科学技术风险，避免对科学技术的不当应用。

各地区和有关部门要增强大局意识、责任意识，把优化学术环境作为重要内容纳入工作日程，加强组织领导，强化协同合作，狠抓任务落实，以更好的学术环境，激励广大科技工作者投身创新实践，为建设创新型国家、实现中华民族伟大复兴中国梦作出更大贡献。

国务院办公厅

2015 年 12 月 29 日

国务院办公厅关于印发促进科技成果转移转化行动方案的通知

(国办发〔2016〕28号)

各省、自治区、直辖市人民政府，国务院各部委、各直属机构：

《促进科技成果转移转化行动方案》已经国务院同意，现印发给你们，请认真贯彻落实。

国务院办公厅
2016年4月21日

促进科技成果转移转化行动方案

促进科技成果转移转化是实施创新驱动发展战略的重要任务，是加强科技与经济紧密结合的关键环节，对于推进结构性改革尤其是供给侧结构性改革、支撑经济转型升级和产业结构调整，促进大众创业、万众创新，打造经济发展新引擎具有重要意义。为深入贯彻党中央、国务院一系列重大决策部署，落实《中华人民共和国促进科技成果转化法》，加快推动科技成果转化为现实生产力，依靠科技创新支撑稳增长、促改革、调结构、惠民生，特制定本方案。

一、总体思路

深入贯彻落实党的十八大、十八届三中、四中、五中全会精神和国务院部署，紧扣创新发展要求，推动大众创新创业，充分发挥市场配置资源的决定性作用，更好发挥政府作用，完善科技成果转移转化政策环境，强化重点领域和关键环节的系统部署，强化技术、资本、人才、服务等创新资源的深度融合与优化配置，强化中央和地方协同推动科技成果转移转化，建立符合科技创新规律和市场经济规律的科技成果转移转化体系，促进科技成果资本化、产业化，形成经济持续稳定增长新动力，为到2020年进入创新型国家行列、实现全面建成小康社会奋斗目标作出贡献。

（一）基本原则。

——市场导向。发挥市场在配置科技创新资源中的决定性作用，强化企业转移转化科技成果的主体地位，发挥企业家整合技术、资金、人才的关键作用，推进产学研协同创新，大力发展技术市场。完善科技成果转移转化的需求导向机制，拓展新技术、新产品的市场应用空间。

——政府引导。加快政府职能转变，推进简政放权、放管结合、优化服务，强化政府在科技成果转移转化政策制定、平台建设、人才培养、公共服务等方面职能，发挥财政资金引导作用，营造有利于科技成果转移转化的良好环境。

——纵横联动。加强中央与地方的上下联动，发挥地方在推动科技成果转移转化中的重要作用，探索符合地方实际的成果转化有效路径。加强部门之间统筹协同、军民之间融合联动，在资源配置、任务部署等方面形成共同促进科技成果转化的合力。

——机制创新。充分运用众创、众包、众扶、众筹等基于互联网的创新创业新理念，建立创新要素充分融合的新机制，充分发挥资本、人才、服务在科技成果转移转化中的催化作用，探索科技成果转移转化新模式。

（二）主要目标。

"十三五"期间，推动一批短中期见效、有力带动产业结构优化升级的重大科技成果转化应用，企业、高校和科研院所科技成果转移转化能力显著提高，市场化的技术交易服务体系进一步健全，科技型创新创业蓬勃发展，专业化技术转移人才队伍发展壮大，多元化的科技成果转移转化投入渠道日益完善，科技成果转移转化的制度环境更加优化，功能完善、运行高效、市场化的科技成果转移转化体系全面建成。

主要指标：建设100个示范性国家技术转移机构，支持有条件的地方建设10个科技成果转移转化示范区，在重点行业领域布局建设一批支撑实体经济发展的众创空间，建成若干技术转移人才培养基地，培养1万名专业化技术转移人才，全国技术合同交易额力争达到2万亿元。

二、重点任务

围绕科技成果转移转化的关键问题和薄弱环节，加强系统部署，抓好措施落实，形成以企业技术创新需求为导向、以市场化交易平台为载体、以专业化服务机构为支撑的科技成果转移转化新格局。

（一）开展科技成果信息汇交与发布。

1. 发布转化先进适用的科技成果包。围绕新一代信息网络、智能绿色制造、现代农业、现代能源、资源高效利用和生态环保、海洋和空间、智慧城市和数字社会、人口健康等重点领域，以需求为导向发布一批符合产业转型升级方向、投资规模与产业带动作用大的科技成果包。发挥财政资金引导作用和科技中介机构的成果筛选、市场化评估、融资服务、成果推介等作用，鼓励企业探索新的商业模式和科技成果产业化路径，加速重大科技成果转化应用。引导支持农业、医疗卫生、生态建设等社会公益领域科技成果转化应用。

2. 建立国家科技成果信息系统。制定科技成果信息采集、加工与服务规范，推动中央和地方各类科技计划、科技奖励成果存量与增量数据资源互联互通，构建由财政资金支持产生的科技成果转化项目库与数据服务平台。完善科技成果信息共享机制，在不泄露国家秘密和商业秘密的前提下，向社会公布科技成果和相关知识产权信息，提供科技成果信息查询、筛选等公益服务。

3. 加强科技成果信息汇交。建立健全各地方、各部门科技成果信息汇交工作机制，推广科技成果在线登记汇交系统，畅通科技成果信息收集渠道。加强科技成果管理与科技计划项目管理的有机衔接，明确由财政资金设立的应用类科技项目承担单位的科技成果转化义务，开展应用类科技项目成果以及基础研究中具有应用前景的科研项目成果信息汇交。鼓励非财政资金资助的科技成果进行信息汇交。

4. 加强科技成果数据资源开发利用。围绕传统产业转型升级、新兴产业培育发展需求，鼓励各类机构运用云计算、大数据等新一代信息技术，积极开展科技成果信息增值服务，提供符合用户需求的精准科技成果信息。开展科技成果转化为技术标准试点，推动更多应用类科技成果转化为技术标准。加强科技成果、科技报告、科技文献、知识产权、标准等的信息化关联，各地方、各部门在规划制定、计划管理、战略研究等方面要充分利用科技成果资源。

5. 推动军民科技成果融合转化应用。建设国防科技工业成果信息与推广转化平台，研究设立国防科技工业军民融合产业投资基金，支持军民融合科技成果推广应用。梳理具有市场应用前景的项目，发布军用技术转民用推广目录、"民参军"技术与产品推荐目录、国防科技工业知识产权转化目录。实施军工技术推广专项，推动国防科技成果向民用领域转化应用。

（二）产学研协同开展科技成果转移转化。

6. 支持高校和科研院所开展科技成果转移转化。组织高校和科研院所梳理科技成果资源，发布科技成果目录，建立面向企业的技术服务站点网络，推动科技成果与产业、企业需求有效对接，通过研发合作、技术转让、技术许可、作价投资等多种形式，实现科技成果市场价值。依托中国科学院的科研院所体系实施科技服务网络计划，围绕产业和地方需求开展技术攻关、技术转移与示范、知识产权运营等。鼓励医疗机构、医学研究单位等构建协同研究网络，加强临床指南和规范制定工作，加快新技术、新产品应用推广。引导有条件的高校和科研院所建立健全专业化科技成果转移转化机构，明确统筹科技成果转移转化与知识产权管理的职责，加强市场化运营能力。在部分高校和科研院所试点探索科技成果转移转化的有效机制与模式，建立职务科技成果披露与管理制度，实行技术经理人市场化聘用制，建设一批运营机制灵活、专业人才集聚、服务能力突出、具有国际影响力的国家技术转移机构。

7. 推动企业加强科技成果转化应用。以创新型企业、高新技术企业、科技型中小企业为重点，支持企业与高校、科研院所联合设立研发机构或技术转移机构，共同开展研究开发、成果应用与推广、标准研究与制定等。围绕"互联网+"战略开展企业技术难题竞标等"研发众包"模式探索，引导科技人员、高校、科研院所承接企业的项目委托和难题招标，聚众智推进开放式创新。市场导向明确的科技计划项目由企业牵头组织实施。完善技术成果向企业转移扩散的机制，支持企业引进国内外先进适用技术，开展技术革新与改造升级。

8. 构建多种形式的产业技术创新联盟。围绕"中国制造2025"、"互联网+"等国家重点产业发展战略以及区域发展战略部署，发挥行业骨干企业、转制科研院所主导作用，联合上下游企业和高校、科研院所等构建一批产业技术创新联盟，围绕产业链构建创新链，推动跨领域跨行业协同创新，加强行业共性关键技术研发和推广应用，为联盟成员企业提供订单式研发服务。支持联盟承担重大科技成果转化项目，探索联合攻关、利益共享、知识产权运营的有效机制与模式。

9. 发挥科技社团促进科技成果转移转化的纽带作用。以创新驱动助力工程为抓手，提升学会服务科技成果转移转化能力和水平，利用学会服务站、技术研发基地等柔性创新载体，组织动员学会智力资源服务企业转型升级，建立学会联系企业的长效机制，开展科技信息服务，实现科技成果转移转化供给端与需求端的精准对接。

（三）建设科技成果中试与产业化载体。

10. 建设科技成果产业化基地。瞄准节能环保、新一代信息技术、生物技术、高端装备制造、新能源、新材料、新能源汽车等战略性新兴产业领域，依托国家自主创新示范区、国家高新区、国家农业科技园区、国家可持续发展实验区、国家大学科技园、战略性新兴产业集聚区等创新资源集聚区域以及高校、科研院所、行业骨干企业等，建设一批科技成果产业化基地，引导科技成果对接特色产业需求转移转化，培育新的经济增长点。

11. 强化科技成果中试熟化。鼓励企业牵头、政府引导、产学研协同，面向产业发展需求开展中试熟化与产业化开发，提供全程技术研发解决方案，加快科技成果转移转化。支持地方围绕区域特色产业发展、中小企业技术创新需求，建设通用性或行业性技术创新服务平台，提供从实验研究、中试熟化到生产过程所需的仪器设备、中试生产线等资源，开展研发设计、检验检测认证、科技咨询、技术标准、知识产权、投融资等服务。推动各类技术开发类科研基地合理布局和功能整合，促进科研基地科技成果转移转化，推动更多企业和产业发展急需的共性技术成果扩散与转化应用。

（四）强化科技成果转移转化市场化服务。

12. 构建国家技术交易网络平台。以"互联网+"科技成果转移转化为核心，以需求为导向，连接技术转移服务机构、投融资机构、高校、科研院所和企业等，集聚成果、资金、人才、服务、政策等各类创新要素，打造线上与线下相结合的国家技术交易网络平台。平台依托专业机构开展市场化运作，坚持开放共享的运营理念，支持各类服务机构提供信息发布、融资并购、公开挂牌、竞价拍卖、咨询辅导等专业化服务，形成主体活跃、要素齐备、机制灵活的创新服务网络。引导高校、科研院所、国有企业的科技成果挂牌交易与公示。

13. 健全区域性技术转移服务机构。支持地方和有关机构建立完善区域性、行业性技术市场，形成不同层级、不同领域技术交易有机衔接的新格局。在现有的技术转移区域中心、国际技术转移中心基础上，落实"一带一路"、京津冀协同发展、长江经济带等重大战略，进一步加强重点区域间资源共享与优势互补，提升跨区域技术转移与辐射功能，打造连接国内外技术、资本、人才等创新资源的技术转移网络。

14. 完善技术转移机构服务功能。完善技术产权交易、知识产权交易等各类平台功能，促进科技成果与资本的有效对接。支持有条件的技术转移机构与天使投资、创业投资等合作建立投资基金，加大对科技成果转化项目的投资力度。鼓励国内机构与国际知名技术转移机构开展深层次合作，围绕重点产业技术需求引进国外先进适用的科技成果。鼓励技术转移机构探索适应不同用户需求的科技成果评价方法，提升科技成果转移转化成功率。推动行业组织制定技术转移服务标准和规范，建立技术转移服务评价与信用机制，加强行业自律管理。

15. 加强重点领域知识产权服务。实施"互联网+"融合重点领域专利导航项目，引导"互联网+"协同制造、现代农业、智慧能源、绿色生态、人工智能等融合领域的知识产权战略布局，提升产业创新发展能力。开展重大科技经济活动知识产权分析评议，为战略规划、政策制定、项目确立等提供依据。针对重点产业完善国际化知识产权信息平台，发布"走向海外"知识产权实务操作指引，为企业"走出去"提供专业化知识产权服务。

（五）大力推动科技型创新创业。

16. 促进众创空间服务和支撑实体经济发展。重点在创新资源集聚区域，依托行业龙头企业、高校、科研院所，在电子信息、生物技术、高端装备制造等重点领域建设一批以成果转移转化为主要内容、专业服务水平高、创新资源配置优、产业辐射带动作用强的众创空间，有效支撑实体经济发展。构建一批支持农村科技创新创业的"星创天地"。支持企业、高校和科研院所发挥科研设施、专业团队、技术积累等专业领域创新优势，为创业者提供技术研发服务。吸引更多科技人员、海外归国人员等高端创业人才入驻众创空间，重点支持以核心技术为源头的创新创业。

17. 推动创新资源向创新创业者开放。引导高校、科研院所、大型企业、技术转移机构、创业投资机构以及国家级科研平台（基地）等，将科研基础设施、大型科研仪器、科技数据文献、科技成果、创投资金等向创新创业者开放。依托3D打印、大数据、网络制造、开源软硬件等先进技术和手段，支持各类机构为创新创业者提供便捷的创新创业工具。支持高校、企业、孵化机构、投资机构等开设创新创业培训课程，鼓励经验丰富的企业家、天使投资人和专家学者等担任创业导师。

18. 举办各类创新创业大赛。组织开展中国创新创业大赛、中国创新挑战赛、中国"互联网+"大学生创新创业大赛、中国农业科技创新创业大赛、中国科技创新创业人才投融资集训营等活动，支持地方和社会各界举办各类创新创业大赛，集聚整合创业投资等各类资源支持创新创业。

（六）建设科技成果转移转化人才队伍。

19. 开展技术转移人才培养。充分发挥各类创新人才培养示范基地作用，依托有条件的地方和机构建设一批技术转移人才培养基地。推动有条件的高校设立科技成果转化相关课程，打造一支高水平的师资队伍。加快培养科技成果转移转化领军人才，纳入各类创新创业人才引进培养计划。推动建设专业化技术经纪人队伍，畅通职业发展通道。鼓励和规范高校、科研院所、企业中符合条件的科技人员从事技术转移工作。与国际技术转移组织联合培养国际化技术转移人才。

20. 组织科技人员开展科技成果转移转化。紧密对接地方产业技术创新、农业农村发展、社会公益等领域需求，继续实施万名专家服务基层行动计划、科技特派员、科技创业者行动、企业院士行、先进适用技术项目推广等，动员高校、科研院所、企业的科技人员及高层次专家，深入企业、园区、农村等基层一线开展技术咨询、技术服务、科技攻关、成果推广等科技成果转移转化活动，打造一支面向基层的科技成果转移转化人才队伍。

21. 强化科技成果转移转化人才服务。构建"互联网+"创新创业人才服务平台，提供科技咨询、人才计划、科技人才活动、教育培训等公共服务，实现人才与人才、人才与企业、人才与资本之间的互动和跨界协作。围绕支撑地方特色产业培育发展，建立一批科技领军人才创新驱动中心，支持有条件的企业建设院士（专家）工作站，为高层次人才与企业、地方对接搭建平台。建设海外科技人才离岸创新创业基地，为引进海外创新创业资源搭建平台和桥梁。

（七）大力推动地方科技成果转移转化。

22. 加强地方科技成果转化工作。健全省、市、县三级科技成果转化工作网络，强化科技管理部门开展科技成果转移转化的工作职能，加强相关部门之间的协同配合，探索适应地方成果转化要求的考核评价机制。加强基层科技管理机构与队伍建设，完善承接科技成果转移转化的平台与机制，宣传科技成果转化政策，帮助中小企业寻找应用科技成果，搭建产学研合作信息服务平台。指导地方探索"创新券"等政府购买服务模式，降低中小企业技术创新成本。

23. 开展区域性科技成果转移转化试点示范。以创新资源集聚、工作基础好的省（区、市）为主导，跨区域整合成果、人才、资本、平台、服务等创新资源，建设国家科技成果转移转化试验示范区，在科技成果转移转化服务、金融、人才、政策等方面，探索形成一批可复制、可推广的工作经验与模式。围绕区域特色产业发展技术瓶颈，推动一批符合产业转型发展需求的重大科技成果在示范区转化与推广应用。

（八）强化科技成果转移转化的多元化资金投入。

24. 发挥中央财政对科技成果转移转化的引导作用。发挥国家科技成果转化引导基金等的杠杆作用，采取设立子基金、贷款风险补偿等方式，吸引社会资本投入，支持关系国计民生和产业发展的科技成果转化。通过优化整合后的技术创新引导专项（基金）、基地和人才专项，加大对符合条件的技术转移机构、基地和人才的支持力度。国家科技重大专项、重点研发计划支持战略性重大科技成果产业化前期攻关和示范应用。

25. 加大地方财政支持科技成果转化力度。引导和鼓励地方设立创业投资引导、科技成果转化、知识产权运营等专项资金（基金），引导信贷资金、创业投资资金以及各类社会资金加大投入，支持区域重点产业科技成果转移转化。

26.拓宽科技成果转化资金市场化供给渠道。大力发展创业投资，培育发展天使投资人和创投机构，支持初创期科技企业和科技成果转化项目。利用众筹等互联网金融平台，为小微企业转移转化科技成果拓展融资渠道。支持符合条件的创新创业企业通过发行债券、资产证券化等方式进行融资。支持银行探索股权投资与信贷投放相结合的模式，为科技成果转移转化提供组合金融服务。

三、组织与实施

（一）加强组织领导。各有关部门要根据职能定位和任务分工，加强政策、资源统筹，建立协同推进机制，形成科技部门、行业部门、社会团体等密切配合、协同推进的工作格局。强化中央和地方协同，加强重点任务的统筹部署及创新资源的统筹配置，形成共同推进科技成果转移转化的合力。各地方要将科技成果转移转化工作纳入重要议事日程，强化科技成果转移转化工作职能，结合实际制定具体实施方案，明确工作推进路线图和时间表，逐级细化分解任务，切实加大资金投入、政策支持和条件保障力度。

（二）加强政策保障。落实《中华人民共和国促进科技成果转化法》及相关政策措施，完善有利于科技成果转移转化的政策环境。建立科研机构、高校科技成果转移转化绩效评估体系，将科技成果转移转化情况作为对单位予以支持的参考依据。推动科研机构、高校建立符合自身人事管理需要和科技成果转化工作特点的职称评定、岗位管理和考核评价制度。完善有利于科技成果转移转化的事业单位国有资产管理相关政策。研究探索科研机构、高校领导干部正职任前在科技成果转化中获得股权的代持制度。各地方要围绕落实《中华人民共和国促进科技成果转化法》，完善促进科技成果转移转化的政策法规。建立实施情况监测与评估机制，为调整完善相关政策举措提供支撑。

（三）加强示范引导。加强对试点示范工作的指导推动，交流各地方各部门的好经验、好做法，对可复制、可推广的经验和模式及时总结推广，发挥促进科技成果转移转化行动的带动作用，引导全社会关心和支持科技成果转移转化，营造有利于科技成果转移转化的良好社会氛围。

附件：重点任务分工及进度安排表（略）

国务院关于印发实施
《中华人民共和国促进科技成果转化法》若干规定的通知

(国发〔2016〕16号)

各省、自治区、直辖市人民政府，国务院各部委、各直属机构：

现将《实施〈中华人民共和国促进科技成果转化法〉若干规定》印发给你们，请认真贯彻执行。

国务院
2016年2月26日

实施《中华人民共和国促进科技成果转化法》若干规定

为加快实施创新驱动发展战略，落实《中华人民共和国促进科技成果转化法》，打通科技与经济结合的通道，促进大众创业、万众创新，鼓励研究开发机构、高等院校、企业等创新主体及科技人员转移转化科技成果，推进经济提质增效升级，作出如下规定。

一、促进研究开发机构、高等院校技术转移

（一）国家鼓励研究开发机构、高等院校通过转让、许可或者作价投资等方式，向企业或者其他组织转移科技成果。国家设立的研究开发机构和高等院校应当采取措施，优先向中小微企业转移科技成果，为大众创业、万众创新提供技术供给。

国家设立的研究开发机构、高等院校对其持有的科技成果，可以自主决定转让、许可或者作价投资，除涉及国家秘密、国家安全外，不需审批或者备案。

国家设立的研究开发机构、高等院校有权依法以持有的科技成果作价入股确认股权和出资比例，并通过发起人协议、投资协议或者公司章程等形式对科技成果的权属、作价、折股数量或者出资比例等事项明确约定，明晰产权。

（二）国家设立的研究开发机构、高等院校应当建立健全技术转移工作体系和机制，完善科技成果转移转化的管理制度，明确科技成果转化各项工作的责任主体，建立健全科技成果转化重大事项领导班子集体决策制度，加强专业化科技成果转化队伍建设，优化科技成果转化流程，通过本单位负责技术转移工作的机构或者委托独立的科技成果转化服务机构开展技术转移。鼓励研究开发机构、高等院校在不增加编制的前提下建设专业化技术转移机构。

国家设立的研究开发机构、高等院校转化科技成果所获得的收入全部留归单位，纳入单位预算，不上缴国库，扣除对完成和转化职务科技成果作出重要贡献人员的奖励和报酬后，应当主要用于科学技术研发与成果转化等相关工作，并对技术转移机构的运行和发展给予保障。

（三）国家设立的研究开发机构、高等院校对其持有的科技成果，应当通过协议定价、在技术交易市场挂牌交易、拍卖等市场化方式确定价格。协议定价的,科技成果持有单位应当在本单位公示科技成果名称和拟交易价格,公示时间不少于15日。单位应当明确并公开异议处理程序和办法。

(四)国家鼓励以科技成果作价入股方式投资的中小企业充分利用资本市场做大做强,国务院财政、科技行政主管部门要研究制定国家设立的研究开发机构、高等院校以技术入股形成的国有股在企业上市时豁免向全国社会保障基金转持的有关政策。

(五)国家设立的研究开发机构、高等院校应当按照规定格式,于每年3月30日前向其主管部门报送本单位上一年度科技成果转化情况的年度报告,主管部门审核后于每年4月30日前将各单位科技成果转化年度报告报送至科技、财政行政主管部门指定的信息管理系统。年度报告内容主要包括:

1. 科技成果转化取得的总体成效和面临的问题;
2. 依法取得科技成果的数量及有关情况;
3. 科技成果转让、许可和作价投资情况;
4. 推进产学研合作情况,包括自建、共建研究开发机构、技术转移机构、科技成果转化服务平台情况,签订技术开发合同、技术咨询合同、技术服务合同情况,人才培养和人员流动情况等;
5. 科技成果转化绩效和奖惩情况,包括科技成果转化取得收入及分配情况,对科技成果转化人员的奖励和报酬等。

二、激励科技人员创新创业

(六)国家设立的研究开发机构、高等院校制定转化科技成果收益分配制度时,要按照规定充分听取本单位科技人员的意见,并在本单位公开相关制度。依法对职务科技成果完成人和为成果转化作出重要贡献的其他人员给予奖励时,按照以下规定执行:

1. 以技术转让或者许可方式转化职务科技成果的,应当从技术转让或者许可所取得的净收入中提取不低于50%的比例用于奖励。
2. 以科技成果作价投资实施转化的,应当从作价投资取得的股份或者出资比例中提取不低于50%的比例用于奖励。
3. 在研究开发和科技成果转化中作出主要贡献的人员,获得奖励的份额不低于奖励总额的50%。
4. 对科技人员在科技成果转化工作中开展技术开发、技术咨询、技术服务等活动给予的奖励,可按照促进科技成果转化法和本规定执行。

(七)国家设立的研究开发机构、高等院校科技人员在履行岗位职责、完成本职工作的前提下,经征得单位同意,可以兼职到企业等从事科技成果转化活动,或者离岗创业,在原则上不超过3年时间内保留人事关系,从事科技成果转化活动。研究开发机构、高等院校应当建立制度规定或者与科技人员约定兼职、离岗从事科技成果转化活动期间和期满后的权利和义务。离岗创业期间,科技人员所承担的国家科技计划和基金项目原则上不得中止,确需中止的应当按照有关管理办法办理手续。

积极推动逐步取消国家设立的研究开发机构、高等院校及其内设院系所等业务管理岗位的行政级别,建立符合科技创新规律的人事管理制度,促进科技成果转移转化。

(八)对于担任领导职务的科技人员获得科技成果转化奖励,按照分类管理的原则执行:

1. 国务院部门、单位和各地方所属研究开发机构、高等院校等事业单位（不含内设机构）正职领导，以及上述事业单位所属具有独立法人资格单位的正职领导，是科技成果的主要完成人或者对科技成果转化作出重要贡献的，可以按照促进科技成果转化法的规定获得现金奖励，原则上不得获取股权激励。其他担任领导职务的科技人员，是科技成果的主要完成人或者对科技成果转化作出重要贡献的，可以按照促进科技成果转化法的规定获得现金、股份或者出资比例等奖励和报酬。

2. 对担任领导职务的科技人员的科技成果转化收益分配实行公开公示制度，不得利用职权侵占他人科技成果转化收益。

（九）国家鼓励企业建立健全科技成果转化的激励分配机制，充分利用股权出售、股权奖励、股票期权、项目收益分红、岗位分红等方式激励科技人员开展科技成果转化。国务院财政、科技等行政主管部门要研究制定国有科技型企业股权和分红激励政策，结合深化国有企业改革，对科技人员实施激励。

（十）科技成果转化过程中，通过技术交易市场挂牌交易、拍卖等方式确定价格的，或者通过协议定价并在本单位及技术交易市场公示拟交易价格的，单位领导在履行勤勉尽责义务、没有牟取非法利益的前提下，免除其在科技成果定价中因科技成果转化后续价值变化产生的决策责任。

三、营造科技成果转移转化良好环境

（十一）研究开发机构、高等院校的主管部门以及财政、科技等相关部门，在对单位进行绩效考评时应当将科技成果转化的情况作为评价指标之一。

（十二）加大对科技成果转化绩效突出的研究开发机构、高等院校及人员的支持力度。研究开发机构、高等院校的主管部门以及财政、科技等相关部门根据单位科技成果转化年度报告情况等，对单位科技成果转化绩效予以评价，并将评价结果作为对单位予以支持的参考依据之一。

国家设立的研究开发机构、高等院校应当制定激励制度，对业绩突出的专业化技术转移机构给予奖励。

（十三）做好国家自主创新示范区税收试点政策向全国推广工作，落实好现有促进科技成果转化的税收政策。积极研究探索支持单位和个人科技成果转化的税收政策。

（十四）国务院相关部门要按照法律规定和事业单位分类改革的相关规定，研究制定符合所管理行业、领域特点的科技成果转化政策。涉及国家安全、国家秘密的科技成果转化，行业主管部门要完善管理制度，激励与规范相关科技成果转化活动。对涉密科技成果，相关单位应当根据情况及时做好解密、降密工作。

（十五）各地方、各部门要切实加强对科技成果转化工作的组织领导，及时研究新情况、新问题，加强政策协同配合，优化政策环境，开展监测评估，及时总结推广经验做法，加大宣传力度，提升科技成果转化的质量和效率，推动我国经济转型升级、提质增效。

（十六）《国务院办公厅转发科技部等部门关于促进科技成果转化若干规定的通知》（国办发〔1999〕29号）同时废止。此前有关规定与本规定不一致的，按本规定执行。

国务院办公厅印发关于深化科技奖励制度改革方案的通知

(国办函〔2017〕55号)

各省、自治区、直辖市人民政府，国务院有关部门：

《关于深化科技奖励制度改革的方案》已经党中央、国务院同意，现印发给你们，请认真贯彻落实。

国务院办公厅
2017年5月31日

关于深化科技奖励制度改革的方案

科技奖励制度是我国长期坚持的一项重要制度，是党和国家激励自主创新、激发人才活力、营造良好创新环境的一项重要举措，对于促进科技支撑引领经济社会发展、加快建设创新型国家和世界科技强国具有重要意义。为全面贯彻落实全国科技创新大会精神和《国家创新驱动发展战略纲要》，进一步完善科技奖励制度，调动广大科技工作者的积极性、创造性，深入推进实施创新驱动发展战略，制定本方案。

一、指导思想和基本原则

（一）指导思想。

高举中国特色社会主义伟大旗帜，全面贯彻党的十八大和十八届三中、四中、五中、六中全会精神，以邓小平理论、"三个代表"重要思想、科学发展观为指导，深入学习贯彻习近平总书记系列重要讲话精神和治国理政新理念新思想新战略，认真落实党中央、国务院决策部署，按照建立健全党和国家功勋荣誉表彰制度的总体要求，围绕实施创新驱动发展战略，改革完善科技奖励制度，建立公开公平公正的评奖机制，构建既符合科技发展规律又适应我国国情的中国特色科技奖励体系，大力弘扬求真务实、勇于创新的科学精神，营造促进大众创业、万众创新的良好氛围，充分调动全社会支持科技创新的积极性，为推动科技进步和经济社会发展、建成创新型国家和世界科技强国注入更大动力。

（二）基本原则。

——服务国家发展。围绕国家战略全局，改进完善科技奖励工作，调动科技人员积极性、创造性，形成推动科技发展的强劲动力，为提升科技水平、促进创新体系建设、实现创新驱动发展、建设创新型国家服务。

——激励自主创新。以激励自主创新为出发点和落脚点，奖励具有重大国际影响力的科学发现、具有重大原创性的技术发明、具有重大经济社会价值的科技创新成果，奖励高水平科技创新人才，增强科技人员的荣誉感、责任感和使命感，激发创新内生动力。

——突出价值导向。积极培育和践行社会主义核心价值观，鼓励科技人员追求真理、潜心研究、学有所长、研有所专、敢于超越、勇攀高峰。加强科研道德和学风建设，健全科技奖励信用制度，鼓励科技人员争做践行社会诚信、严守学术道德的模范和表率。

——公开公平公正。坚持把公开公平公正作为科技奖励工作的核心，增强提名、评审的学术性，明晰政府部门和评审专家的职责分工，评奖过程公开透明，鼓励学术共同体发挥监督作用，进一步提高科技奖励的公信力和权威性。

二、重点任务

（一）改革完善国家科技奖励制度。

坚持公开提名、科学评议、公正透明、诚实守信、质量优先、突出功绩、宁缺毋滥，改革完善国家科技奖励制度，进一步增强学术性、突出导向性、提升权威性、提高公信力、彰显荣誉性。

1. 实行提名制。

改革现行由行政部门下达推荐指标、科技人员申请报奖、推荐单位筛选推荐的方式，实行由专家学者、组织机构、相关部门提名的制度，进一步简化提名程序。

提名者承担推荐、答辩、异议答复等责任，并对相关材料的真实性和准确性负责。

提名者应具备相应的资格条件，遵守提名规则和程序。建立对提名专家、提名机构的信用管理和动态调整机制。

2. 建立定标定额的评审制度。

定标。自然科学奖围绕原创性、公认度和科学价值，技术发明奖围绕首创性、先进性和技术价值，科技进步奖围绕创新性、应用效益和经济社会价值，分类制定以科技创新质量、贡献为导向的评价指标体系。自然科学奖、技术发明奖、科技进步奖（以下统称三大奖）一、二等奖项目实行按等级标准提名、独立评审表决的机制。提名者严格依据标准条件提名，说明被提名者的贡献程度及奖项、等级建议。评审专家严格遵照评价标准评审，分别对一等奖、二等奖独立投票表决，一等奖评审落选项目不再降格参评二等奖。

定额。大幅减少奖励数量，三大奖总数由不超过400项减少到不超过300项，鼓励科技人员潜心研究。改变现行各奖种及其各领域奖励指标与受理数量按既定比例挂钩的做法，根据我国科研投入产出、科技发展水平等实际状况分别限定三大奖一、二等奖的授奖数量，进一步优化奖励结构。

3. 调整奖励对象要求。

三大奖奖励对象由"公民"改为"个人"，同时调整每项获奖成果的授奖人数和单位数要求。

分类确定被提名科技成果的实践检验年限要求，杜绝中间成果评奖，同一成果不得重复报奖。

4. 明晰专家评审委员会和政府部门的职责。

各级专家评审委员会履行对候选成果（人）的科技评审职责，对评审结果负责，充分发挥同行专家独立评审的作用。

政府部门负责制定规则、标准和程序，履行对评审活动的组织、服务和监督职能。

5. 增强奖励活动的公开透明度。

以公开为常态、不公开为例外，向全社会公开奖励政策、评审制度、评审流程和指标数量，对三大奖候选项目及其提名者实行全程公示，接受社会各界特别是科技界监督。

建立科技奖励工作后评估制度，每年国家科学技术奖励大会后，委托第三方机构对年度奖励工作进行评估，促进科技奖励工作不断完善。

6. 健全科技奖励诚信制度。

充分发挥科学技术奖励监督委员会作用，全程监督科技奖励活动。完善异议处理制度，公开异议举报渠道，规范异议处理流程。健全评审行为准则与督查办法，明确提名者、被提名者、评审专家、组织者等各奖励活动主体应遵守的评审纪律。建立评价责任和信誉制度，实行诚信承诺机制，为各奖励活动主体建立科技奖励诚信档案，纳入科研信用体系。

严惩学术不端。对重复报奖、拼凑"包装"、请托游说评委、跑奖要奖等行为实行一票否决；对造假、剽窃、侵占他人成果等行为"零容忍"，已授奖的撤销奖励；对违反学术道德、评审不公、行为失信的专家，取消评委资格。对违规的责任人和单位，要记入科技奖励诚信档案，视情节轻重予以公开通报、阶段性或永久取消参与国家科技奖励活动资格等处理；对违纪违法行为，严格依纪依法处理。

7. 强化奖励的荣誉性。

禁止以营利为目的使用国家科学技术奖名义进行各类营销、宣传等活动。对违规广告行为，一经发现，依法依规予以处理。

合理运用奖励结果。有关部门和评价机构要树立正确的价值导向，坚持"物质利益和精神激励相结合、突出精神激励"的原则，适当提高国家科学技术奖奖金标准，增强获奖科技人员的荣誉感和使命感。

按照党和国家功勋荣誉表彰制度的有关规定，对生活确有困难的获奖科技人员，通过专项基金及时予以救助。

强化宣传引导。坚持正确的舆论导向，大力宣传科技拔尖人才、优秀成果、杰出团队，弘扬崇尚科学、实事求是、鼓励创新、开放协作的良好社会风尚，激发广大科技工作者的创新热情。

（二）引导省部级科学技术奖高质量发展。

省、自治区、直辖市人民政府可设立一项省级科学技术奖（计划单列市人民政府可单独设立一项），国务院有关部门根据国防、国家安全的特殊情况可设立部级科学技术奖。除此之外，国务院其他部门、省级人民政府所属部门、省级以下各级人民政府及其所属部门，其他列入公务员法实施范围的机关，以及参照公务员法管理的机关（单位），不得设立由财政出资的科学技术奖。

省部级科学技术奖要充分发挥地方和部门优势，进一步研究完善推荐提名制度和评审规则，控制奖励数量，提高奖励质量。设奖地方和部门要根据国家科学技术奖励改革方向，抓紧制定具体改革方案，明确路线图和时间表。

（三）鼓励社会力量设立的科学技术奖健康发展。

坚持公益化、非营利性原则，引导社会力量设立目标定位准确、专业特色鲜明、遵守国家法规、维护国家安全、严格自律管理的科技奖项，在奖励活动中不得收取任何费用。对于具备一定资金实力和组织保障的奖励，鼓励向国际化方向发展，逐步培育若干在国际上具有较大影响力的知名奖项。

研究制定扶持政策，鼓励学术团体、行业协会、企业、基金会及个人等各种社会力量设立科学技术奖，鼓励民间资金支持科技奖励活动。加强事中事后监管，逐步构建信息公开、行业自律、政府指导、第三方评价、社会监督的有效模式，提升社会力量科技奖励的整体实力和社会美誉度。

三、工作实施

（一）由科技部、国务院法制办负责修订《国家科学技术奖励条例》并按程序报请国务院审批，由科技部负责修改完善《国家科学技术奖励条例实施细则》，从法规制度层面贯彻落实科技奖励制度改革精神。

（二）关于国家科技奖励具体实施工作中的提名规则和程序、分类评价指标体系、奖励数量和类型结构、评审监督、异议处理等问题，由国家科学技术奖励委员会分别制定相关办法予以落实。

（三）关于鼓励社会力量科技奖励健康发展问题，由科技部研究制定指导性意见，会同有关方面建立安全审查工作机制。

（四）由科技部会同中央宣传部等部门，进一步加强国家科技奖励宣传报道和舆论引导工作。

国务院关于印发积极牵头组织国际大科学计划和大科学工程方案的通知

(国发〔2018〕5号)

各省、自治区、直辖市人民政府，国务院各部委、各直属机构：

现将《积极牵头组织国际大科学计划和大科学工程方案》印发给你们，请认真贯彻执行。

国务院

2018年3月14日

积极牵头组织国际大科学计划和大科学工程方案

积极提出并牵头组织国际大科学计划和大科学工程是党中央、国务院作出的重大决策部署。为做好组织实施工作，制定本方案。

一、重要意义

国际大科学计划和大科学工程（以下简称大科学计划）是人类开拓知识前沿、探索未知世界和解决重大全球性问题的重要手段，是一个国家综合实力和科技创新竞争力的重要体现。牵头组织大科学计划作为建设创新型国家和世界科技强国的重要标志，对于我国增强科技创新实力、提升国际话语权具有积极深远意义。

（一）牵头组织大科学计划是解决全球关键科学问题的有力工具。大科学计划以实现重大科学问题的原创性突破为目标，是基础研究在科学前沿领域的全方位拓展，对于推动世界科技创新与进步、应对人类社会面临的共同挑战具有重要支撑作用。牵头组织大科学计划有利于发挥我国主导作用，为解决世界性重大科学难题贡献中国智慧、提出中国方案、发出中国声音，提供全球公共产品，为世界文明发展作出积极贡献。

（二）牵头组织大科学计划是聚集全球优势科技资源的高端平台。牵头组织大科学计划，有利于面向全球吸引和集聚高端人才，培养和造就一批国际同行认可的领军科学家、高水平学科带头人、学术骨干、工程师和管理人员，形成具有国际水平的管理团队和良好机制，打造高端科研试验和协同创新平台，带动我国科技创新由跟跑为主向并跑和领跑为主转变。

（三）牵头组织大科学计划是构建全球创新治理体系的重要内容。开展大科学计划在优化全球科技资源布局、完善创新治理体系中扮演重要角色，已成为国际科技创新合作的重要议题。牵头组织大科学计划作为科技外交的重要途径，有利于建立以合作共赢为核心的新型国际关系和构建全球伙伴关系网络，对落实国家整体外交战略发挥积极作用。

二、总体要求

（一）指导思想。

全面贯彻党的十九大精神，以习近平新时代中国特色社会主义思想为指导，落实全国科技创新大会精神，统筹推进"五位一体"总体布局和协调推进"四个全面"战略布局，牢固树立和贯彻落实创新、协调、绿色、开放、共享的发展理念，按照《国家创新驱动发展战略纲要》总体要求和外交总体布局，坚持中方主导、前瞻布局、分步推进、量力而行的整体思路，以全球视野谋划科技开放合作，深入落实"一带一路"倡议，遵循共商共建共享原则，积极牵头组织实施大科学计划，着力提升战略前沿领域创新能力和国际影响力，打造创新能力开放合作新平台，推进构建全球创新治理新格局和人类命运共同体，为建设创新型国家和世界科技强国提供有力支撑，为中国特色大国外交作出重要贡献。

（二）基本原则。

国际尖端，科学前沿。适应大科学计划基础性、战略性和前瞻性特点，聚焦国际科技界普遍关注、对人类社会发展和科技进步影响深远的研究领域，选择能够在国际上引起广泛共鸣的项目，力求攻克重大科学问题。

战略导向，提升能力。落实建设世界科技强国"三步走"战略，服务于科技创新和经济社会发展整体战略需要，集聚国内外优秀科技力量，形成一批具有国际影响力的标志性科研成果，全面提升我国科技创新实力。

中方主导，合作共赢。发挥我国在大科学计划核心专家确定、研究问题提出、技术路线选择、科技资源配置、设施选址等问题上的主导作用，尊重各国及各方的优势特长，坚持多国多机构共同参与、优势互补，采取共同出资、实物贡献、成立基金等方式，共享知识产权，实现互利共赢。

创新机制，分步推进。借鉴国际先进经验，注重在大科学计划发起、组织、建设、运行和管理等方面进行系统创新，完善科技资源合作及共享机制，吸引部门、地方共同参加，加强科技界与产业界协作，试点先行，充分论证，根据实施条件成熟一个、启动一个。

（三）主要目标。

总体目标：通过牵头组织大科学计划，在世界科技前沿和驱动经济社会发展的关键领域，形成具有全球影响力的大科学计划布局，开展高水平科学研究，培养引进顶尖科技人才，增强凝聚国际共识和合作创新能力，提升我国科技创新和高端制造水平，推动科技创新合作再上新台阶，努力成为国际重大科技议题和规则的倡导者、推动者和制定者，提升在全球科技创新领域的核心竞争力和话语权。

近期目标：到 2020 年，培育 3~5 个项目，研究遴选并启动 1~2 个我国牵头组织的大科学计划，初步形成牵头组织大科学计划的机制做法，为后续工作探索积累有益经验。

中期目标：到 2035 年，培育 6~10 个项目，启动培育成熟项目，形成我国牵头组织的大科学计划初期布局，提升在全球若干科技领域的影响力。

远期目标：到本世纪中叶，培育若干项目，启动培育成熟项目，我国原始科技创新能力显著提高，在国际科技创新治理体系中发挥重要作用，持续为全球重大科技议题作出贡献。

三、重点任务

（一）制定战略规划，确定优先领域。

根据《国家创新驱动发展战略纲要》等部署，结合当前战略前沿领域发展趋势，立足我国现有基础条件，综合考虑潜在风险，组织编制牵头组织大科学计划规划，围绕物质科学、宇宙演化、生命起源、地球系统、环境和气候变化、健康、能源、材料、空间、天文、农业、信息以及多学科交叉领域的优先方向、潜在项目、建设重点、组织机制等，制定发展路线图，明确阶段性战略目标、资金来源、建设方式、运行管理等，科学有序推进各项任务实施。

（二）做好项目的遴选论证、培育倡议和启动实施。

立足我国优势特色领域，根据实施条件成熟度和人力财力保障等情况，遴选具有合作潜力的若干项目进行重点培育，发出相关国际倡议，开展磋商与谈判，视情确定启动实施项目。要加强与国家重大研究布局的统筹协调，做好与"科技创新2030—重大项目"等的衔接，充分利用国家实验室、综合性国家科学中心、国家重大科技基础设施等基础条件和已有优势，实现资源开放共享和人员深入交流。

（三）建立符合项目特点的管理机制。

依托具有国际影响力的国家实验室、科研机构、高等院校、科技社团，通过科研机构间合作或政府间合作等模式，整合各方资源，组建成立专门科研机构、股份公司或政府间国际组织进行大科学计划项目的规划、建设和运营。积极争取把新组建的政府间国际组织总部设在中国。每个大科学计划可成立项目理事会和专家咨询委员会，对项目实施作出决策部署和提供专业化咨询建议。

（四）积极参与他国发起的大科学计划。

继续参与他国发起或多国共同发起的大科学计划，积极承担项目任务，深度参与运行管理，积累组织管理经验，形成与我国牵头组织的大科学计划互为补充、相互支撑、有效联动的良好格局。积极参加重要国际组织的大科学计划相关活动，主动参与大科学计划相关国际规则的起草制定。

四、组织实施保障

（一）加强组织领导和协调管理。

在国家科技计划（专项、基金等）管理部际联席会议机制下，召开牵头组织大科学计划专题会议，由科技部、国家发展改革委、教育部、工业和信息化部、财政部、农业部、国家卫生计生委、国家知识产权局、中科院、工程院、自然科学基金会、国家国防科工局、中央军委装备发展部、中央军委科学技术委员会和中国科协等部门和单位参加，统筹和审议大科学计划的战略规划、发展方向、领域布局、重点任务、项目启动、运行管理机制、知识产权管理和开放共享政策等。

成立由科技界、工程界、产业界等高层次专家组成的大科学计划专家咨询委员会，对大科学计划的优先领域、战略规划、项目论证等进行咨询评审，为国家决策提供参考。战略规划和项目设置等重大事项，经国家科技体制改革和创新体系建设领导小组审议后，按程序报国务院，特别重大事项报党中央。

（二）建立多元化投入和管理机制。

完善财政投入机制，充分利用现有资源和资金渠道，更好发挥财政资金在我国牵头组织大科学计划过程中的引导作用，吸引地方、企业、外国及国际组织的投入。根据实际需求，测算和编制项目经费概算，鼓励社会资本参与，建立多元化投入机制。充分借鉴国际经验，通过有偿使用、知识产权共享等多种方式，吸引国内外政府、科研机构、高等院校、科技社团、企业及国际组织等参与支持大科学计划的建设、运营及管理。

（三）加强高水平专业人才队伍建设。

实施更加积极开放的高层次人才引进政策，依托国家重大人才工程培养和引进大科学计划所需人才，建立支持相关人员参与大科学计划的激励机制。探索建立与国际接轨的全球人才招聘制度，公开招聘世界一流科学家、国际顶尖工程技术人才。加强我国牵头组织大科学计划多层次专业人才队伍建设，构建可持续发展的人才梯队。

（四）建立大科学计划监督评估机制。

建立健全监督评估与动态调整机制，定期对大科学计划的执行情况与成效进行跟踪检查，并将监督评估结果作为项目目标、技术路线、研究任务、预算、进度等调整的重要依据。监督评估结果和调整建议及时报国务院。

国务院办公厅关于印发科学数据管理办法的通知

（国办发〔2018〕17号）

各省、自治区、直辖市人民政府，国务院各部委、各直属机构：

《科学数据管理办法》已经国务院同意，现印发给你们，请认真贯彻执行。

国务院办公厅
2018年3月17日

科学数据管理办法

第一章 总则

第一条 为进一步加强和规范科学数据管理，保障科学数据安全，提高开放共享水平，更好支撑国家科技创新、经济社会发展和国家安全，根据《中华人民共和国科学技术进步法》、《中华人民共和国促进科技成果转化法》和《政务信息资源共享管理暂行办法》等规定，制定本办法。

第二条 本办法所称科学数据主要包括在自然科学、工程技术科学等领域，通过基础研究、应用研究、试验开发等产生的数据，以及通过观测监测、考察调查、检验检测等方式取得并用于科学研究活动的原始数据及其衍生数据。

第三条 政府预算资金支持开展的科学数据采集生产、加工整理、开放共享和管理使用等活动适用本办法。

任何单位和个人在中华人民共和国境内从事科学数据相关活动，符合本办法规定情形的，按照本办法执行。

第四条 科学数据管理遵循分级管理、安全可控、充分利用的原则，明确责任主体，加强能力建设，促进开放共享。

第五条 任何单位和个人从事科学数据采集生产、使用、管理活动应当遵守国家有关法律法规及部门规章，不得利用科学数据从事危害国家安全、社会公共利益和他人合法权益的活动。

第二章 职责

第六条 科学数据管理工作实行国家统筹、各部门与各地区分工负责的体制。

第七条 国务院科学技术行政部门牵头负责全国科学数据的宏观管理与综合协调，主要职责是：

（一）组织研究制定国家科学数据管理政策和标准规范；

（二）协调推动科学数据规范管理、开放共享及评价考核工作；

（三）统筹推进国家科学数据中心建设和发展；

（四）负责国家科学数据网络管理平台建设和数据维护。

第八条 国务院相关部门、省级人民政府相关部门（以下统称主管部门）在科学数据管理方面的主要职责是：

（一）负责建立健全本部门（本地区）科学数据管理政策和规章制度，宣传贯彻落实国家科学数据管理政策；

（二）指导所属法人单位加强和规范科学数据管理；

（三）按照国家有关规定做好或者授权有关单位做好科学数据定密工作；

（四）统筹规划和建设本部门（本地区）科学数据中心，推动科学数据开放共享；

（五）建立完善有效的激励机制，组织开展本部门（本地区）所属法人单位科学数据工作的评价考核。

第九条 有关科研院所、高等院校和企业等法人单位（以下统称法人单位）是科学数据管理的责任主体，主要职责是：

（一）贯彻落实国家和部门（地方）科学数据管理政策，建立健全本单位科学数据相关管理制度；

（二）按照有关标准规范进行科学数据采集生产、加工整理和长期保存，确保数据质量；

（三）按照有关规定做好科学数据保密和安全管理工作；

（四）建立科学数据管理系统，公布科学数据开放目录并及时更新，积极开展科学数据共享服务；

（五）负责科学数据管理运行所需软硬件设施等条件、资金和人员保障。

第十条 科学数据中心是促进科学数据开放共享的重要载体，由主管部门委托有条件的法人单位建立，主要职责是：

（一）承担相关领域科学数据的整合汇交工作；

（二）负责科学数据的分级分类、加工整理和分析挖掘；

（三）保障科学数据安全，依法依规推动科学数据开放共享；

（四）加强国内外科学数据方面交流与合作。

第三章 采集、汇交与保存

第十一条 法人单位及科学数据生产者要按照相关标准规范组织开展科学数据采集生产和加工整理，形成便于使用的数据库或数据集。

法人单位应建立科学数据质量控制体系，保证数据的准确性和可用性。

第十二条 主管部门应建立科学数据汇交制度，在国家统一政务网络和数据共享交换平台的基础上开展本部门（本地区）的科学数据汇交工作。

第十三条 政府预算资金资助的各级科技计划（专项、基金等）项目所形成的科学数据，应由项目牵头单位汇交到相关科学数据中心。接收数据的科学数据中心应出具汇交凭证。

各级科技计划（专项、基金等）管理部门应建立先汇交科学数据、再验收科技计划（专项、基金等）项目的机制；项目/课题验收后产生的科学数据也应进行汇交。

第十四条 主管部门和法人单位应建立健全国内外学术论文数据汇交的管理制度。

利用政府预算资金资助形成的科学数据撰写并在国外学术期刊发表论文时需对外提交相应科学数据的，论文作者应在论文发表前将科学数据上交至所在单位统一管理。

第十五条 社会资金资助形成的涉及国家秘密、国家安全和社会公共利益的科学数据必须按照有关规定予以汇交。

鼓励社会资金资助形成的其他科学数据向相关科学数据中心汇交。

第十六条 法人单位应建立科学数据保存制度，配备数据存储、管理、服务和安全等必要设施，保障科学数据完整性和安全性。

第十七条 法人单位应加强科学数据人才队伍建设，在岗位设置、绩效收入、职称评定等方面建立激励机制。

第十八条 国务院科学技术行政部门应加强统筹布局，在条件好、资源优势明显的科学数据中心基础上，优化整合形成国家科学数据中心。

第四章 共享与利用

第十九条 政府预算资金资助形成的科学数据应当按照开放为常态、不开放为例外的原则，由主管部门组织编制科学数据资源目录，有关目录和数据应及时接入国家数据共享交换平台，面向社会和相关部门开放共享，畅通科学数据军民共享渠道。国家法律法规有特殊规定的除外。

第二十条 法人单位要对科学数据进行分级分类，明确科学数据的密级和保密期限、开放条件、开放对象和审核程序等，按要求公布科学数据开放目录，通过在线下载、离线共享或定制服务等方式向社会开放共享。

第二十一条 法人单位应根据需求，对科学数据进行分析挖掘，形成有价值的科学数据产品，开展增值服务。鼓励社会组织和企业开展市场化增值服务。

第二十二条 主管部门和法人单位应积极推动科学数据出版和传播工作，支持科研人员整理发表产权清晰、准确完整、共享价值高的科学数据。

第二十三条 科学数据使用者应遵守知识产权相关规定，在论文发表、专利申请、专著出版等工作中注明所使用和参考引用的科学数据。

第二十四条 对于政府决策、公共安全、国防建设、环境保护、防灾减灾、公益性科学研究等需要使用科学数据的，法人单位应当无偿提供；确需收费的，应按照规定程序和非营利原则制定合理的收费标准，向社会公布并接受监督。

对于因经营性活动需要使用科学数据的，当事人双方应当签订有偿服务合同，明确双方的权利和义务。

国家法律法规有特殊规定的，遵从其规定。

第五章 保密与安全

第二十五条 涉及国家秘密、国家安全、社会公共利益、商业秘密和个人隐私的科学数据，不得对外开放共享；确需对外开放的，要对利用目的、用户资质、保密条件等进行审查，并严格控制知悉范围。

第二十六条 涉及国家秘密的科学数据的采集生产、加工整理、管理和使用，按照国家有关保密规定执行。主管部门和法人单位应建立健全涉及国家秘密的科学数据管理与使用制度，对制作、审核、登记、拷贝、传输、销毁等环节进行严格管理。

对外交往与合作中需要提供涉及国家秘密的科学数据的，法人单位应明确提出利用数据的类别、范围及用途，按照保密管理规定程序报主管部门批准。经主管部门批准后，法人单位按规定办理相关手续并与用户签订保密协议。

第二十七条 主管部门和法人单位应加强科学数据全生命周期安全管理，制定科学数据安全保护措施；加强数据下载的认证、授权等防护管理，防止数据被恶意使用。

对于需对外公布的科学数据开放目录或需对外提供的科学数据，主管部门和法人单位应建立相应的安全保密审查制度。

第二十八条 法人单位和科学数据中心应按照国家网络安全管理规定，建立网络安全保障体系，采用安全可靠的产品和服务，完善数据管控、属性管理、身份识别、行为追溯、黑名单等管理措施，健全防篡改、防泄露、防攻击、防病毒等安全防护体系。

第二十九条 科学数据中心应建立应急管理和容灾备份机制，按照要求建立应急管理系统，对重要的科学数据进行异地备份。

第六章 附则

第三十条 主管部门和法人单位应建立完善科学数据管理和开放共享工作评价考核制度。

第三十一条 对于伪造数据、侵犯知识产权、不按规定汇交数据等行为，主管部门可视情节轻重对相关单位和责任人给予责令整改、通报批评、处分等处理或依法给予行政处罚。

对违反国家有关法律法规的单位和个人，依法追究相应责任。

第三十二条 主管部门可参照本办法，制定具体实施细则。涉及国防领域的科学数据管理制度，由有关部门另行规定。

第三十三条 本办法自印发之日起施行。

国务院办公厅关于印发
科技领域中央与地方财政事权和支出责任划分改革方案的通知

（国办发〔2019〕26号）

各省、自治区、直辖市人民政府，国务院各部委、各直属机构：

《科技领域中央与地方财政事权和支出责任划分改革方案》已经党中央、国务院同意，现印发给你们，请结合实际认真贯彻落实。

国务院办公厅

2019年5月22日

科技领域中央与地方财政事权和支出责任划分改革方案

按照党中央、国务院有关决策部署，现就科技领域中央与地方财政事权和支出责任划分改革制定如下方案。

一、总体要求

（一）指导思想。以习近平新时代中国特色社会主义思想为指导，全面贯彻落实党的十九大和十九届二中、三中全会精神，统筹推进"五位一体"总体布局，协调推进"四个全面"战略布局，坚持和加强党的全面领导，坚持稳中求进工作总基调，坚持新发展理念，坚持推动高质量发展，坚持以供给侧结构性改革为主线，坚定实施科教兴国战略和创新驱动发展战略，把握科技工作规律和特点，立足我国实际，借鉴国际经验，坚持问题导向，抓紧形成完整规范、分工合理、高效协同的科技领域财政事权和支出责任划分模式，加快建立权责清晰、财力协调、区域均衡的中央和地方财政关系。

（二）基本原则。

——科学厘清政府与市场边界。进一步明晰政府与市场支持科技创新的功能定位，科学合理确定政府科技投入的边界和方式，调动社会各方面力量参与的积极性和主动性，形成推进科技创新的强大合力。使市场在资源配置中起决定性作用，引导激励企业和社会力量加大科技投入，加快建立完善多元化、多层次、多渠道的科技投入体系。更好发挥政府作用，政府投入重点支持市场不能有效配置资源的基础前沿、社会公益、重大共性关键技术研究等公共科技活动。

——合理划分中央与地方权责。在完善中央决策、地方执行的机制基础上，明确中央在财政事权确认和划分上的决定权。根据科技事项公共性层次、科技成果受益范围等属性，科学合理划分科技领域中央与地方财政事权和支出责任。中央财政侧重支持全局性、基础性、长远性工作，以及面向世界科技前沿、面向国家重大需求、面向国民经济主战场组织实施的重大科技任务。同时进一步发挥中央对地方转移支付的作用，充分调动地方的积极性和主动性。地方财政侧重支持技术开发和转化应用，构建各具特色的区域创新发展格局。

——统筹推进当前与长远改革。着眼长远，坚持总体设计，全面系统梳理科技领域各类事项，加强机构、人才、装置、项目和资金的统筹协调，加强与科技体制机制改革的协调联动，进一步优化科技创新发展的财政体制和政策环境。同时，立足当前，分类推进改革，在保持科技领域现行财政政策总体稳定的基础上，对现行划分较为科学合理、行之有效的事项予以确认；对现行划分不尽合理、改革条件相对成熟的事项进行调整；对尚不具备改革条件的事项，暂时延续现行划分格局，并根据相关领域体制机制改革进展等情况适时调整。

二、主要内容

根据《国务院关于推进中央与地方财政事权和支出责任划分改革的指导意见》（国发〔2016〕49号），按照深化科技体制改革的总体要求和科技工作的特点，将科技领域财政事权和支出责任划分为科技研发、科技创新基地建设发展、科技人才队伍建设、科技成果转移转化、区域创新体系建设、科学技术普及、科研机构改革和发展建设等方面。

（一）科技研发。

利用财政资金设立的用于支持基础研究、应用研究和技术研究开发等方面的科技计划（专项、基金等），确认为中央与地方共同财政事权，由中央财政和地方财政区分不同情况承担相应的支出责任。

1. 基础研究。

自由探索类基础研究要聚焦探索未知的科学问题，由中央财政承担主要支出责任，充分发挥国家自然科学基金支持源头创新的重要作用，加强基础研究和科学前沿探索。地方结合基础研究区域布局自主设立的科技计划（专项、基金等），由地方财政承担支出责任，中央财政通过转移支付统筹给予支持。

目标导向类基础研究要紧密结合经济社会发展需求，由中央财政和地方财政分别承担支出责任。其中：聚焦国家发展战略目标和整体自主创新能力提升的事项，由中央财政承担主要支出责任。地方结合本地区经济社会发展实际，根据相关规划等自主设立的科技计划（专项、基金等），由地方财政承担支出责任。

2. 应用研究和技术研究开发。

对聚焦国家重大战略产品和重大产业化目标、发挥举国体制优势、在设定时限内进行集成式协同攻关的事项，由中央财政承担主要支出责任，通过国家科技重大专项等予以支持。

对事关国计民生的农业、能源资源、生态环境、健康等领域中需要长期演进的重大社会公益性研究，以及事关产业核心竞争力、整体自主创新能力和国家安全的重大科学问题、重大共性关键技术和产品研发，由中央财政承担主要支出责任，通过国家重点研发计划等予以支持。

地方财政根据相关科研任务部署，结合本地区实际承担相应的支出责任。同时，地方根据相关规划等自主设立的应用研究和技术研究开发方面的科技计划（专项、基金等），由地方财政承担支出责任。

（二）科技创新基地建设发展。

对科技创新基地建设发展的补助，确认为中央与地方共同财政事权，由中央财政和地方财政区分不同情况承担相应的支出责任。对围绕国家目标，根据科学前沿发展、国家战略需求以及产业创新发展需要建设的国家实验室等国家科技创新基地建设发展，财政负担资金由中央财政承担主要支出责任；地方财政根据相关建设发展规划等，结合本地区实际承担相应的支出责任。同时，地方根据本地区相关规划等自主建设的科技创新基地，财政负担资金由地方财政承担主要支出责任，中央财政通过转移支付统筹给予支持。

（三）科技人才队伍建设。

对围绕建设高层次科技人才队伍，根据相关规划等统一组织实施的科技人才专项，分别确认为中央或地方财政事权，由同级财政承担支出责任。其中：中央实施的涉及科技人才引进、培养支持的人才专项，确认为中央财政事权，由中央财政承担支出责任。地方按相关规划等自主实施的科技人才引进、培养支持等人才专项，确认为地方财政事权，由地方财政承担支出责任。

（四）科技成果转移转化。

对通过风险补偿、后补助、创投引导等财政投入方式支持的科技成果转移转化，确认为中央与地方共同财政事权，由中央财政和地方财政区分不同情况承担相应的支出责任。其中：中央财政主要通过发挥相关国家级基金的引导和杠杆作用，运用市场机制，吸引社会资本投入，促进关系国计民生和产业发展的科技成果转移转化和资本化、产业化。地方财政主要结合本地区实际，通过自主方式引导社会资本加大投入，支持区域重点产业等科技成果转移转化，中央财政通过转移支付统筹给予支持。

（五）区域创新体系建设。

对推进区域创新体系建设财政负担资金，调整为中央与地方共同财政事权，由中央财政和地方财政区分不同情况承担相应的支出责任。对国家自主创新示范区、国家科技创新中心、综合性国家科学中心等区域创新体系建设，财政负担资金由地方财政承担主要支出责任，中央财政通过转移支付统筹给予支持。地方根据本地区相关规划等自主开展区域创新体系建设，财政负担资金由地方财政承担支出责任。

（六）科学技术普及。

对国家普及科学技术知识、倡导科学方法、传播科学思想、弘扬科学精神、提高全民科学素质等工作的保障，确认为中央与地方共同财政事权，由中央财政和地方财政区分不同情况承担相应的支出责任。对中央层面开展科普工作的保障，由中央财政承担主要支出责任；对地方层面开展科普工作的保障，由地方财政承担主要支出责任，中央财政通过转移支付统筹给予支持。

（七）科研机构改革和发展建设。

对利用财政性资金设立的科研机构改革和发展建设方面的补助，按照隶属关系分别确认为中央或地方财政事权，由同级财政承担支出责任。其中：对中央级科研机构改革和发展建设方面的补助，确认为中央财政事权，由中央财政承担支出责任；中央级科研机构承担地方政府委托任务，由地方财政给予合理补助。对地方科研机构改革和发展建设方面的补助，确认为地方财政事权，由地方财政承担支出责任。

（八）科技领域的其他未列事项。

国际科技交流与合作有关事项财政事权和支出责任划分按照外交领域改革方案执行。中央基本建设支出按国家有关规定执行，主要用于中央财政事权或中央与地方共同财政事权事项。科技管理与服务，高校、企业和其他社会力量设立的科学技术研究开发机构，按照现行管理体制和经费渠道保障或支持。其他未列事项，按照改革的总体要求和事项特点具体确定财政事权和支出责任。

社会科学研究领域，对围绕关系经济社会发展全局的重大理论和现实问题、哲学社会科学创新体系建设的重大基础理论问题开展的研究，以及推动国家高端智库建设等事项，由中央财政承担主要支出责任，充分发挥国家社会科学基金的作用；根据研究任务部署和地方实际，鼓励地方财政承担相应的支出责任。地方结合本地区实际，根据相关规划等自主设立社会科学研究方面的专项（基金等），由地方财政承担支出责任。

中央与新疆生产建设兵团财政事权和支出责任划分，参照中央与地方划分原则执行；财政支持政策原则上参照新疆维吾尔自治区执行，并适当考虑新疆生产建设兵团的特殊因素。

三、配套措施

（一）切实加强组织领导。科技领域财政事权和支出责任划分是推进中央与地方财政事权和支出责任划分改革、加快建立现代财政制度的重要内容。各地区、各有关部门要树牢"四个意识"，坚定"四个自信"，坚决做到"两个维护"，加强组织领导，精心组织实施，切实履行职责，密切协调配合，确保改革工作有序推进。

（二）增强各级财力保障。各地区、各有关部门要始终坚持把科技作为支出重点领域，按照本方案确定的财政事权和支出责任做好预算安排，持续加大财政科技投入力度，确保财政科技投入只增不减，中央财政继续通过转移支付加大对各地科技事业支持力度。加大基础研究等公共科技活动支持力度，完善稳定支持和竞争性支持相协调的投入机制，推动科学研究、人才培养与基地建设全面发展。

（三）全面实施绩效管理。按照全面实施预算绩效管理的要求，紧密结合科技工作特点，加快建立健全科技领域预算绩效管理机制，强化绩效评价结果应用，着力提高财政科技资金配置效率和使用效益，加强绩效管理监督问责和工作考核，提高科技领域预算管理水平和政策实施效果。

（四）协同深化相关改革。各地区、各有关部门要按照党中央、国务院决策部署，进一步深化科技计划管理改革，使之更加符合科技创新规律，更加高效配置科技资源，更加强化科技与经济社会紧密结合。按照推进"放管服"改革的要求，不断深化科研经费管理改革，让经费更好地为人的创造性活动服务。探索赋予科研人员科技成果所有权或长期使用权，调动科研人员的积极性和创造性。

（五）推进省以下相关改革。各省级人民政府要参照本方案要求，结合省以下财政体制、科技事业发展情况等实际，合理划分科技领域省以下财政事权和支出责任。要进一步加强统筹协调，推动形成聚焦重点配置科技资源、集成攻关的体制机制。要进一步聚焦国家重大区域发展战略，推动区域创新能力和竞争力整体提升。

（六）抓紧修订完善制度。各有关部门要根据本方案有关要求，在全面系统梳理的基础上，抓紧修订完善相关管理制度。今后在制定或修订相关法律、行政法规时，要推动将科技领域中央与地方财政事权和支出责任划分的基本规范予以体现，加强法治化、规范化建设。

本方案自 2019 年 1 月 1 日起实施。

国务院办公厅关于推广第三批支持创新相关改革举措的通知

(国办发〔2020〕3号)

各省、自治区、直辖市人民政府，国务院各部委、各直属机构：

为深入实施创新驱动发展战略，党中央、国务院在京津冀、上海、广东（珠三角）、安徽（合芜蚌）、四川（成德绵）、湖北武汉、陕西西安、辽宁沈阳等8个区域部署开展全面创新改革试验，着力破除制约创新发展的体制机制障碍，推进相关改革举措先行先试。有关地区和部门认真落实党中央、国务院决策部署，聚焦发挥市场和政府作用有效机制、促进科技与经济深度融合有效途径、激发创新者动力和活力有效举措、深化开放创新有效模式，大胆探索创新，取得了一系列改革突破，形成了若干新经验新成果，已于2017年、2018年分两批推广36项改革举措。为进一步发挥改革试验的示范带动作用，经国务院批准，决定在全国或8个改革试验区域内推广第三批20项改革举措。现就有关事项通知如下：

一、推广的改革举措

（一）科技金融创新方面7项：银行与专业投资机构建立市场化长期性合作机制支持科技创新型企业；科技创新券跨区域"通用通兑"政策协同机制；政银保联动授信担保提供科技型中小企业长期集合信贷机制；建立银行跟贷支持科技型中小企业的风险缓释资金池；建立基于大数据分析的"银行+征信+担保"的中小企业信用贷款新模式；建立以企业创新能力为核心指标的科技型中小企业融资评价体系；银行与企业风险共担的仪器设备信用贷。

（二）科技管理体制创新方面6项：集中科技骨干力量打造前沿技术产业链股份制联盟；对战略性科研项目实施滚动支持制度；以产业数据、专利数据为基础的新兴产业专利导航决策机制；老工业基地的国有企业创新创业增量型业务混合所有制改革；生物医药领域特殊物品出入境检验检疫"一站式"监管服务机制；地方深度参与国家基础研究和应用基础研究的投入机制。

（三）知识产权保护方面2项：建立跨区域的知识产权远程诉讼平台；建立提供全方位证据服务的知识产权公证服务平台。

（四）人才培养和激励方面1项："五业联动"的职业教育发展新机制。

（五）军民深度融合方面4项。

二、结合各自实际，深化改革探索

各地区、各部门要以习近平新时代中国特色社会主义思想为指导，深入贯彻党的十九大和十九届二中、三中、四中全会精神，坚定实施创新驱动发展战略，以钉钉子精神巩固完善全面创新改革试验成果，真正取得扎实成效。要把推广第三批改革举措与巩固落实第一批、第二批改革举措结合起来，同一领域的改革举措要加强系统集成，不同领域的改革举措要强化协同高效，不断巩固和深化在解决体制性障碍、机制性梗阻和开展政策性创新方面取得的改革成果，推动各方面制度更加成熟更加定型，真正把制度优势转化为治理效能。要认真梳理和总结本地区、本部门全面创新改革试验工作的成效和经验，在充分发挥已推广改革举措和典型经验示范带动作用的同时，继续加强和深化改革创新探索实践，进一步聚焦重点领域和关键环节，不断激发市场活力和社会创造力，推动经济持续健康发展。

三、明确主体责任，抓好组织实施

各省（区、市）人民政府要加强对全面创新改革试验工作的组织领导，着力以改革疏通堵点、破解痛点、攻克难点。要健全完善激励机制，细化实化任务分工，确保改革举措落地生根，更好服务经济社会发展。要结合本地区、本部门具体工作实际，坚持因地制宜、实事求是，务求取得实效。要充分调动各方面的积极性、主动性和创造性，进一步推动形成担当作为、勇于创新的工作作风，营造有利于创新创业创造的良好社会环境。

国务院各有关部门要结合各自职责，积极主动作为、加强政策协同、做好工作衔接，加强对本领域全面创新改革试验工作的支持和指导。国家发展改革委和科技部要发挥牵头部门作用，做好统筹协调，加强政策解读，总结宣传典型经验和成效，重要情况和问题及时向国务院报告。

附件：第三批支持创新相关改革举措推广清单

国务院办公厅

2020 年 1 月 23 日

（本文有删减）

附件

第三批支持创新相关改革举措推广清单

序号	改革举措	主要内容	指导部门	推广范围
一、科技金融创新方面（共7项）				
1	银行与专业投资机构建立市场化长期性合作机制支持科技创新型企业	银行在依法合规、风险可控的前提下，与专业投资机构、信托等非银行金融机构合作，运用"贷款＋外部直接投资"或"贷款＋远期权益"等模式开展业务，支持科技创新型企业发展。	银保监会、人民银行、科技部	全国
2	科技创新券跨区域"通用通兑"政策协同机制	推动财政支持创新的跨行政区域联动机制通过统一服务机构登记标准、放宽服务机构注册地限制，实现企业异地采购科技服务。	财政部、科技部、发展改革委	全国
3	政银保联动授信担保提供科技型中小企业长期集合信贷机制	政府集中遴选科技型中小企业并建立银行贷款风险分担机制，担保公司集中提供担保，银行发放长期贷款，地方财政视财力情况给予担保公司适当补偿，形成"统一管理、统一授信、统一担保、分别负债"的信贷新机制。	财政部、科技部、人民银行、银保监会	8个改革试验区域
4	建立银行跟贷支持科技型中小企业的风险缓释资金池	政府适当出资与社会资本共同设立一定额度的外部投贷联动风险缓释资金池，在试点银行对投资机构支持的科创企业发放贷款出现风险时，给予一定比例本金代偿，建立投贷联动新机制。	人民银行、银保监会、财政部	8个改革试验区域
5	建立基于大数据分析的"银行＋征信＋担保"的中小企业信用贷款新模式	通过比选引进高水平的征信机构和信用评级机构，建立企业信用风险分析数据库，与政务信息大数据库实现互联，利用大数据分析技术，对企业评级更精准和高效，为银行提供准确信用信息。	人民银行、发展改革委、银保监会	全国

续表

序号	改革举措	主要内容	指导部门	推广范围
6	建立以企业创新能力为核心指标的科技型中小企业融资评价体系	建立科技型企业信贷审批授权专属流程、信用评价模型和"技术流"专属评价体系，将科技创新企业创新能力作为核心指标，拓展科技型中小企业的融资渠道。	银保监会、人民银行、科技部	全国
7	银行与企业风险共担的仪器设备信用贷	地方政府引导设立科学仪器共享平台，推荐科技型中小企业向银行申请用于定向购置仪器设备的信用贷款。平台通过与企业签订仪器设备抵押合同获得优先处置权，出现风险后对仪器设备进行市场化处置。	科技部、银保监会	8个改革试验区域
二、科技管理体制创新方面（共6项）				
8	集中科技骨干力量打造前沿技术产业链股份制联盟	面向重大战略新兴产业，政府推动领域内科技主体与产业主体以股份为纽带，建立股份制战略技术联盟、成立法人实体，推动全产业链上不同环节技术优势单位强强联合、交互持股，打造技术创新合作网络和利益共同体。	发展改革委、科技部	全国
9	对战略性科研项目实施滚动支持制度	针对战略性科研项目一次性申报、一次性资助、实施周期长等特点，建立跨年度、覆盖项目全周期的管理制度，统筹各年度科研计划和预算资金安排，进行滚动支持。	科技部、财政部	全国
10	以产业数据、专利数据为基础的新兴产业专利导航决策机制	运用专利导航方法，通过产业数据、专利数据分析，准确把握战略新兴产业领域和区域重点产业的技术与市场竞争态势，合理推进区域新兴产业布局和结构优化。	发展改革委、科技部、知识产权局	全国
11	老工业基地的国有企业创新创业增量型业务混合所有制改革	老工业基地的国有企业以"双创"开拓出的新业务增长点引入社会资本，通过市场化债转股、限制性股权激励等模式，深化国有企业混合所有制改革。	国资委、财政部、人民银行	全国
12	生物医药领域特殊物品出入境检验检疫"一站式"监管服务机制	创新特殊物品出入境检验检疫监管服务，针对生物医药检验检疫，扩大低风险特殊物品智能审批覆盖范围，对试点企业进口同一种科研用样本实施"一次评估、分批进口"。推广中，需要对特殊物品应用制定针对性监管措施。	海关总署	全国
13	地方深度参与国家基础研究和应用基础研究的投入机制	在充分发挥中央财政支持基础研究重要作用的基础上，地方通过有机对接国家基础研究、技术创新和产业创新等项目，从财政资金、人才和土地等方面建立持续的投入机制，加大对国家基础研究和应用基础研究的支持力度。	科技部、发展改革委	全国
三、知识产权保护方面（共2项）				
14	建立跨区域的知识产权远程诉讼平台	知识产权法院设立远程诉讼服务处，建立诉讼咨询服务平台，突破诉讼地域限制，为当事人提供远程立案、案件查询、远程视频庭审等多项诉讼服务。知识产权部门加强跨区域维权援助工作的协同。	最高人民法院、知识产权局	8个改革试验区域

续表

序号	改革举措	主要内容	指导部门	推广范围
15	建立提供全方位证据服务的知识产权公证服务平台	成立知识产权公证服务中心,围绕知识产权公证案件,办理涵盖知识产权授权公证、证据保全公证等各类型知识产权公证业务,为企业及个人解决知识产权纠纷提供高效的公证法律服务。	司法部、知识产权局	8个改革试验区域
四、人才培养和激励方面(共1项)				
16	"五业联动"的职业教育发展新机制	政府主导和统筹,行业企业参与、指导和评价,职业院校(含技工院校)培养,研究机构支持和服务,加强资源整合,建立就业、职业、产业、行业和企业协同联动的新机制,实现职业教育办学结构和效能优化。	教育部、发展改革委、工业和信息化部、财政部、人力资源社会保障部	全国
五、军民深度融合方面(共4项)				

国务院关于促进国家高新技术产业开发区高质量发展的若干意见

(国发〔2020〕7号)

各省、自治区、直辖市人民政府,国务院各部委、各直属机构:

国家高新技术产业开发区(以下简称国家高新区)经过30多年发展,已经成为我国实施创新驱动发展战略的重要载体,在转变发展方式、优化产业结构、增强国际竞争力等方面发挥了重要作用,走出了一条具有中国特色的高新技术产业化道路。为进一步促进国家高新区高质量发展,发挥好示范引领和辐射带动作用,现提出以下意见。

一、总体要求

(一)指导思想。

以习近平新时代中国特色社会主义思想为指导,贯彻落实党的十九大和十九届二中、三中、四中全会精神,牢固树立新发展理念,继续坚持"发展高科技、实现产业化"方向,以深化体制机制改革和营造良好创新创业生态为抓手,以培育发展具有国际竞争力的企业和产业为重点,以科技创新为核心着力提升自主创新能力,围绕产业链部署创新链,围绕创新链布局产业链,培育发展新动能,提升产业发展现代化水平,将国家高新区建设成为创新驱动发展示范区和高质量发展先行区。

(二)基本原则。

坚持创新驱动,引领发展。以创新驱动发展为根本路径,优化创新生态,集聚创新资源,提升自主创新能力,引领高质量发展。

坚持高新定位,打造高地。牢牢把握"高"和"新"发展定位,抢占未来科技和产业发展制高点,构建开放创新、高端产业集聚、宜创宜业宜居的增长极。

坚持深化改革,激发活力。以转型升级为目标,完善竞争机制,加强制度创新,营造公开、公正、透明和有利于促进优胜劣汰的发展环境,充分释放各类创新主体活力。

坚持合理布局,示范带动。加强顶层设计,优化整体布局,强化示范带动作用,推动区域协调可持续发展。

坚持突出特色,分类指导。根据地区资源禀赋与发展水平,探索各具特色的高质量发展模式,建立分类评价机制,实行动态管理。

(三)发展目标。

到2025年,国家高新区布局更加优化,自主创新能力明显增强,体制机制持续创新,创新创业环境明显改善,高新技术产业体系基本形成,建立高新技术成果产出、转化和产业化机制,攻克一批支撑产业和区域发展的关键核心技术,形成一批自主可控、国际领先的产品,涌现一批具有国际竞争力的创新型企业和产业集群,建成若干具有世界影响力的高科技园区和一批创新型特色园区。到2035年,建成一大批具有全球影响力的高科技园区,主要产业进入全球价值链中高端,实现园区治理体系和治理能力现代化。

二、着力提升自主创新能力

（四）大力集聚高端创新资源。国家高新区要面向国家战略和产业发展需求，通过支持设立分支机构、联合共建等方式，积极引入境内外高等学校、科研院所等创新资源。支持国家高新区以骨干企业为主体，联合高等学校、科研院所建设市场化运行的高水平实验设施、创新基地。积极培育新型研发机构等产业技术创新组织。对符合条件纳入国家重点实验室、国家技术创新中心的，给予优先支持。

（五）吸引培育一流创新人才。支持国家高新区面向全球招才引智。支持园区内骨干企业等与高等学校共建共管现代产业学院，培养高端人才。在国家高新区内企业工作的境外高端人才，经市级以上人民政府科技行政部门（外国人来华工作管理部门）批准，申请工作许可的年龄可放宽至65岁。国家高新区内企业邀请的外籍高层次管理和专业技术人才，可按规定申办多年多次的相应签证；在园区内企业工作的外国人才，可按规定申办5年以内的居留许可。对在国内重点高等学校获得本科以上学历的优秀留学生以及国际知名高校毕业的外国学生，在国家高新区从事创新创业活动的，提供办理居留许可便利。

（六）加强关键核心技术创新和成果转移转化。国家高新区要加大基础和应用研究投入，加强关键共性技术、前沿引领技术、现代工程技术、颠覆性技术联合攻关和产业化应用，推动技术创新、标准化、知识产权和产业化深度融合。支持国家高新区内相关单位承担国家和地方科技计划项目，支持重大创新成果在园区落地转化并实现产品化、产业化。支持在国家高新区内建设科技成果中试工程化服务平台，并探索风险分担机制。探索职务科技成果所有权改革。加强专业化技术转移机构和技术成果交易平台建设，培育科技咨询师、技术经纪人等专业人才。

三、进一步激发企业创新发展活力

（七）支持高新技术企业发展壮大。引导国家高新区内企业进一步加大研发投入，建立健全研发和知识产权管理体系，加强商标品牌建设，提升创新能力。建立健全政策协调联动机制，落实好研发费用加计扣除、高新技术企业所得税减免、小微企业普惠性税收减免等政策。持续扩大高新技术企业数量，培育一批具有国际竞争力的创新型企业。进一步发挥高新区的发展潜力，培育一批独角兽企业。

（八）积极培育科技型中小企业。支持科技人员携带科技成果在国家高新区内创新创业，通过众创、众包、众扶、众筹等途径，孵化和培育科技型创业团队和初创企业。扩大首购、订购等非招标方式的应用，加大对科技型中小企业重大创新技术、产品和服务采购力度。将科技型中小企业培育孵化情况列入国家高新区高质量发展评价指标体系。

（九）加强对科技创新创业的服务支持。强化科技资源开放和共享，鼓励园区内各类主体加强开放式创新，围绕优势专业领域建设专业化众创空间和科技企业孵化器。发展研究开发、技术转移、检验检测认证、创业孵化、知识产权、科技咨询等科技服务机构，提升专业化服务能力。继续支持国家高新区打造科技资源支撑型、高端人才引领型等创新创业特色载体，完善园区创新创业基础设施。

四、推进产业迈向中高端

（十）大力培育发展新兴产业。加强战略前沿领域部署，实施一批引领型重大项目和新技术应用示范工程，构建多元化应用场景，发展新技术、新产品、新业态、新模式。推动数字经济、平台经济、智能经济和分享经济持续壮大发展，引领新旧动能转换。引导企业广泛应用新技术、新工艺、新材料、新设备,推进互联网、大数据、人工智能同实体经济深度融合,促进产业向智能化、高端化、绿色化发展。探索实行包容审慎的新兴产业市场准入和行业监管模式。

(十一)做大做强特色主导产业。国家高新区要立足区域资源禀赋和本地基础条件,发挥比较优势,因地制宜、因园施策,聚焦特色主导产业,加强区域内创新资源配置和产业发展统筹,优先布局相关重大产业项目,推动形成集聚效应和品牌优势,做大做强特色主导产业,避免趋同化。发挥主导产业战略引领作用,带动关联产业协同发展,形成各具特色的产业生态。支持以领军企业为龙头,以产业链关键产品、创新链关键技术为核心,推动建立专利导航产业发展工作机制,集成大中小企业、研发和服务机构等,加强资源高效配置,培育若干世界级创新型产业集群。

五、加大开放创新力度

(十二)推动区域协同发展。支持国家高新区发挥区域创新的重要节点作用,更好服务于京津冀协同发展、长江经济带发展、粤港澳大湾区建设、长三角一体化发展、黄河流域生态保护和高质量发展等国家重大区域发展战略实施。鼓励东部国家高新区按照市场导向原则,加强与中西部国家高新区对口合作和交流。探索异地孵化、飞地经济、伙伴园区等多种合作机制。

(十三)打造区域创新增长极。鼓励以国家高新区为主体整合或托管区位相邻、产业互补的省级高新区或各类工业园区等,打造更多集中连片、协同互补、联合发展的创新共同体。支持符合条件的地区依托国家高新区按相关规定程序申请设立综合保税区。支持国家高新区跨区域配置创新要素,提升周边区域市场主体活力,深化区域经济和科技一体化发展。鼓励有条件的地方整合国家高新区资源,打造国家自主创新示范区,在更高层次探索创新驱动发展新路径。

(十四)融入全球创新体系。面向未来发展和国际市场竞争,在符合国际规则和通行惯例的前提下,支持国家高新区通过共建海外创新中心、海外创业基地和国际合作园区等方式,加强与国际创新产业高地联动发展,加快引进集聚国际高端创新资源,深度融合国际产业链、供应链、价值链。服务园区内企业"走出去",参与国际标准和规则制定,拓展新兴市场。鼓励国家高新区开展多种形式的国际园区合作,支持国家高新区与"一带一路"沿线国家开展人才交流、技术交流和跨境协作。

六、营造高质量发展环境

(十五)深化管理体制机制改革。建立授权事项清单制度,赋予国家高新区相应的科技创新、产业促进、人才引进、市场准入、项目审批、财政金融等省级和市级经济管理权限。建立国家高新区与省级有关部门直通车制度。优化内部管理架构,实行扁平化管理,整合归并内设机构,实行大部门制,合理配置内设机构职能。鼓励有条件的国家高新区探索岗位管理制度,实行聘用制,并建立完善符合实际的分配激励和考核机制。支持国家高新区探索新型治理模式。

(十六)优化营商环境。进一步深化"放管服"改革,加快国家高新区投资项目审批改革,实行企业投资项目承诺制、容缺受理制,减少不必要的行政干预和审批备案事项。进一步深化商事制度改革,放宽市场准入,简化审批程序,加快推进企业简易注销登记改革。在国家高新区复制推广自由贸易试验区、国家自主创新示范区等相关改革试点政策,加强创新政策先行先试。

(十七)加强金融服务。鼓励商业银行在国家高新区设立科技支行。支持金融机构在国家高新区开展知识产权投融资服务,支持开展知识产权质押融资,开发完善知识产权保险,落实首台(套)重大技术装备保险等相关政策。大力发展市场化股权投资基金。引导创业投资、私募股权、并购基金等社会资本支持高成长企业发展。鼓励金融机构创新投贷联动模式,积极探索开展多样化的科技金融服务。创新国有资本创投管理机制，允许园区内符合条件的国有创投企业建立跟投机制。支持国家高新区内高成长企业利用科创板等多层次资本市场挂牌上市。支持符合条件的国家高新区开发建设主体上市融资。

（十八）优化土地资源配置。强化国家高新区建设用地开发利用强度、投资强度、人均用地指标整体控制，提高平均容积率，促进园区紧凑发展。符合条件的国家高新区可以申请扩大区域范围和面积。省级人民政府在安排土地利用年度计划时，应统筹考虑国家高新区用地需求，优先安排创新创业平台建设用地。鼓励支持国家高新区加快消化批而未供土地，处置闲置土地。鼓励地方人民政府在国家高新区推行支持新产业、新业态发展用地政策，依法依规利用集体经营性建设用地，建设创新创业等产业载体。

（十九）建设绿色生态园区。支持国家高新区创建国家生态工业示范园区，严格控制高污染、高耗能、高排放企业入驻。加大国家高新区绿色发展的指标权重。加快产城融合发展，鼓励各类社会主体在国家高新区投资建设信息化等基础设施，加强与市政建设接轨，完善科研、教育、医疗、文化等公共服务设施，推进安全、绿色、智慧科技园区建设。

七、加强分类指导和组织管理

（二十）加强组织领导。坚持党对国家高新区工作的统一领导。国务院科技行政部门要会同有关部门，做好国家高新区规划引导、布局优化和政策支持等相关工作。省级人民政府要将国家高新区作为实施创新驱动发展战略的重要载体，加强对省内国家高新区规划建设、产业发展和创新资源配置的统筹。所在地市级人民政府要切实承担国家高新区建设的主体责任，加强国家高新区领导班子配备和干部队伍建设，并给予国家高新区充分的财政、土地等政策保障。加强分类指导，坚持高质量发展标准，根据不同地区、不同阶段、不同发展基础和创新资源等情况，对符合条件、有优势、有特色的省级高新区加快"以升促建"。

（二十一）强化动态管理。制定国家高新区高质量发展评价指标体系，突出研发经费投入、成果转移转化、创新创业质量、科技型企业培育发展、经济运行效率、产业竞争能力、单位产出能耗等内容。加强国家高新区数据统计、运行监测和绩效评价。建立国家高新区动态管理机制，对评价考核结果好的国家高新区予以通报表扬，统筹各类资金、政策等加大支持力度；对评价考核结果较差的通过约谈、通报等方式予以警告；对整改不力的予以撤销，退出国家高新区序列。

国务院

2020年7月13日

国务院关于印发
新时期促进集成电路产业和软件产业高质量发展若干政策的通知

(国发〔2020〕8号)

各省、自治区、直辖市人民政府，国务院各部委、各直属机构：

现将《新时期促进集成电路产业和软件产业高质量发展的若干政策》印发给你们，请认真贯彻落实。

国务院

2020年7月27日

新时期促进集成电路产业和软件产业高质量发展的若干政策

集成电路产业和软件产业是信息产业的核心，是引领新一轮科技革命和产业变革的关键力量。《国务院关于印发鼓励软件产业和集成电路产业发展若干政策的通知》(国发〔2000〕18号)、《国务院关于印发进一步鼓励软件产业和集成电路产业发展若干政策的通知》(国发〔2011〕4号)印发以来，我国集成电路产业和软件产业快速发展，有力支撑了国家信息化建设，促进了国民经济和社会持续健康发展。为进一步优化集成电路产业和软件产业发展环境，深化产业国际合作，提升产业创新能力和发展质量，制定以下政策。

一、财税政策

（一）国家鼓励的集成电路线宽小于28纳米（含），且经营期在15年以上的集成电路生产企业或项目，第一年至第十年免征企业所得税。国家鼓励的集成电路线宽小于65纳米（含），且经营期在15年以上的集成电路生产企业或项目，第一年至第五年免征企业所得税，第六年至第十年按照25%的法定税率减半征收企业所得税。国家鼓励的集成电路线宽小于130纳米（含），且经营期在10年以上的集成电路生产企业或项目，第一年至第二年免征企业所得税，第三年至第五年按照25%的法定税率减半征收企业所得税。国家鼓励的线宽小于130纳米（含）的集成电路生产企业纳税年度发生的亏损，准予向以后年度结转，总结转年限最长不得超过10年。

对于按照集成电路生产企业享受税收优惠政策的，优惠期自获利年度起计算；对于按照集成电路生产项目享受税收优惠政策的，优惠期自项目取得第一笔生产经营收入所属纳税年度起计算。国家鼓励的集成电路生产企业或项目清单由国家发展改革委、工业和信息化部会同相关部门制定。

（二）国家鼓励的集成电路设计、装备、材料、封装、测试企业和软件企业，自获利年度起，第一年至第二年免征企业所得税，第三年至第五年按照25%的法定税率减半征收企业所得税。国家鼓励的集成电路设计、装备、材料、封装、测试企业条件由工业和信息化部会同相关部门制定。

（三）国家鼓励的重点集成电路设计企业和软件企业，自获利年度起，第一年至第五年免征企业所得税，接续年度减按 10% 的税率征收企业所得税。国家鼓励的重点集成电路设计企业和软件企业清单由国家发展改革委、工业和信息化部会同相关部门制定。

（四）国家对集成电路企业或项目、软件企业实施的所得税优惠政策条件和范围，根据产业技术进步情况进行动态调整。集成电路设计企业、软件企业在本政策实施以前年度的企业所得税，按照国发〔2011〕4 号文件明确的企业所得税"两免三减半"优惠政策执行。

（五）继续实施集成电路企业和软件企业增值税优惠政策。

（六）在一定时期内，集成电路线宽小于 65 纳米（含）的逻辑电路、存储器生产企业，以及线宽小于 0.25 微米（含）的特色工艺集成电路生产企业（含掩模版、8 英寸及以上硅片生产企业）进口自用生产性原材料、消耗品，净化室专用建筑材料、配套系统和集成电路生产设备零配件，免征进口关税；集成电路线宽小于 0.5 微米（含）的化合物集成电路生产企业和先进封装测试企业进口自用生产性原材料、消耗品，免征进口关税。具体政策由财政部会同海关总署等有关部门制定。企业清单、免税商品清单分别由国家发展改革委、工业和信息化部会同相关部门制定。

（七）在一定时期内，国家鼓励的重点集成电路设计企业和软件企业，以及第（六）条中的集成电路生产企业和先进封装测试企业进口自用设备，及按照合同随设备进口的技术（含软件）及配套件、备件，除相关不予免税的进口商品目录所列商品外，免征进口关税。具体政策由财政部会同海关总署等有关部门制定。

（八）在一定时期内，对集成电路重大项目进口新设备，准予分期缴纳进口环节增值税。具体政策由财政部会同海关总署等有关部门制定。

二、投融资政策

（九）加强对集成电路重大项目建设的服务和指导，有序引导和规范集成电路产业发展秩序，做好规划布局，强化风险提示，避免低水平重复建设。

（十）鼓励和支持集成电路企业、软件企业加强资源整合，对企业按照市场化原则进行的重组并购，国务院有关部门和地方政府要积极支持引导，不得设置法律法规政策以外的各种形式的限制条件。

（十一）充分利用国家和地方现有的政府投资基金支持集成电路产业和软件产业发展，鼓励社会资本按照市场化原则，多渠道筹资，设立投资基金，提高基金市场化水平。

（十二）鼓励地方政府建立贷款风险补偿机制，支持集成电路企业、软件企业通过知识产权质押融资、股权质押融资、应收账款质押融资、供应链金融、科技及知识产权保险等手段获得商业贷款。充分发挥融资担保机构作用，积极为集成电路和软件领域小微企业提供各种形式的融资担保服务。

（十三）鼓励商业性金融机构进一步改善金融服务，加大对集成电路产业和软件产业的中长期贷款支持力度，积极创新适合集成电路产业和软件产业发展的信贷产品，在风险可控、商业可持续的前提下，加大对重大项目的金融支持力度；引导保险资金开展股权投资；支持银行理财公司、保险、信托等非银行金融机构发起设立专门性资管产品。

（十四）大力支持符合条件的集成电路企业和软件企业在境内外上市融资，加快境内上市审核流程，符合企业会计准则相关条件的研发支出可作资本化处理。鼓励支持符合条件的企业在科创板、创业板上市融资，通畅相关企业原始股东的退出渠道。通过不同层次的资本市场为不同发展阶段的集成电路企业和软件企业提供股权融资、股权转让等服务，拓展直接融资渠道，提高直接融资比重。

（十五）鼓励符合条件的集成电路企业和软件企业发行企业债券、公司债券、短期融资券和中期票据等，拓宽企业融资渠道，支持企业通过中长期债券等方式从债券市场筹集资金。

三、研究开发政策

（十六）聚焦高端芯片、集成电路装备和工艺技术、集成电路关键材料、集成电路设计工具、基础软件、工业软件、应用软件的关键核心技术研发，不断探索构建社会主义市场经济条件下关键核心技术攻关新型举国体制。科技部、国家发展改革委、工业和信息化部等部门做好有关工作的组织实施，积极利用国家重点研发计划、国家科技重大专项等给予支持。

（十七）在先进存储、先进计算、先进制造、高端封装测试、关键装备材料、新一代半导体技术等领域，结合行业特点推动各类创新平台建设。科技部、国家发展改革委、工业和信息化部等部门优先支持相关创新平台实施研发项目。

（十八）鼓励软件企业执行软件质量、信息安全、开发管理等国家标准。加强集成电路标准化组织建设，完善标准体系，加强标准验证，提升研发能力。提高集成电路和软件质量，增强行业竞争力。

四、进出口政策

（十九）在一定时期内，国家鼓励的重点集成电路设计企业和软件企业需要临时进口的自用设备（包括开发测试设备）、软硬件环境、样机及部件、元器件，符合规定的可办理暂时进境货物海关手续，其进口税收按照现行法规执行。

（二十）对软件企业与国外资信等级较高的企业签订的软件出口合同，金融机构可按照独立审贷和风险可控的原则提供融资和保险支持。

（二十一）推动集成电路、软件和信息技术服务出口，大力发展国际服务外包业务，支持企业建立境外营销网络。商务部会同相关部门与重点国家和地区建立长效合作机制，采取综合措施为企业拓展新兴市场创造条件。

五、人才政策

（二十二）进一步加强高校集成电路和软件专业建设，加快推进集成电路一级学科设置工作，紧密结合产业发展需求及时调整课程设置、教学计划和教学方式，努力培养复合型、实用型的高水平人才。加强集成电路和软件专业师资队伍、教学实验室和实习实训基地建设。教育部会同相关部门加强督促和指导。

（二十三）鼓励有条件的高校采取与集成电路企业合作的方式，加快推进示范性微电子学院建设。优先建设培育集成电路领域产教融合型企业。纳入产教融合型企业建设培育范围内的试点企业，兴办职业教育的投资符合规定的，可按投资额30%的比例，抵免该企业当年应缴纳的教育费附加和地方教育附加。鼓励社会相关产业投资基金加大投入，支持高校联合企业开展集成电路人才培养专项资源库建设。支持示范性微电子学院和特色化示范性软件学院与国际知名大学、跨国公司合作，引进国外师资和优质资源，联合培养集成电路和软件人才。

（二十四）鼓励地方按照国家有关规定表彰和奖励在集成电路和软件领域作出杰出贡献的高端人才，以及高水平工程师和研发设计人员，完善股权激励机制。通过相关人才项目，加大力度引进顶尖专家和优秀人才及团队。在产业集聚区或相关产业集群中优先探索引进集成电路和软件人才的相关政策。制定并落实集成电路和软件人才引进和培训年度计划，推动国家集成电路和软件人才国际培训基地建设，重点加强急需紧缺专业人才中长期培训。

（二十五）加强行业自律，引导集成电路和软件人才合理有序流动，避免恶性竞争。

六、知识产权政策

（二十六）鼓励企业进行集成电路布图设计专有权、软件著作权登记。支持集成电路企业和软件企业依法申请知识产权，对符合有关规定的，可给予相关支持。大力发展集成电路和软件相关知识产权服务。

（二十七）严格落实集成电路和软件知识产权保护制度，加大知识产权侵权违法行为惩治力度。加强对集成电路布图设计专有权、网络环境下软件著作权的保护，积极开发和应用正版软件网络版权保护技术，有效保护集成电路和软件知识产权。

（二十八）探索建立软件正版化工作长效机制。凡在中国境内销售的计算机（含大型计算机、服务器、微型计算机和笔记本电脑）所预装软件须为正版软件，禁止预装非正版软件的计算机上市销售。全面落实政府机关使用正版软件的政策措施，对通用软件实行政府集中采购，加强对软件资产的管理。推动重要行业和重点领域使用正版软件工作制度化规范化。加强使用正版软件工作宣传培训和督促检查，营造使用正版软件良好环境。

七、市场应用政策

（二十九）通过政策引导，以市场应用为牵引，加大对集成电路和软件创新产品的推广力度，带动技术和产业不断升级。

（三十）推进集成电路产业和软件产业集聚发展，支持信息技术服务产业集群、集成电路产业集群建设，支持软件产业园区特色化、高端化发展。

（三十一）支持集成电路和软件领域的骨干企业、科研院所、高校等创新主体建设以专业化众创空间为代表的各类专业化创新服务机构，优化配置技术、装备、资本、市场等创新资源，按照市场机制提供聚焦集成电路和软件领域的专业化服务，实现大中小企业融通发展。加大对服务于集成电路和软件产业的专业化众创空间、科技企业孵化器、大学科技园等专业化服务平台的支持力度，提升其专业化服务能力。

（三十二）积极引导信息技术研发应用业务发展服务外包。鼓励政府部门通过购买服务的方式，将电子政务建设、数据中心建设和数据处理工作中属于政府职责范围，且适合通过市场化方式提供的服务事项，交由符合条件的软件和信息技术服务机构承担。抓紧制定完善相应的安全审查和保密管理规定。鼓励大中型企业依托信息技术研发应用业务机构，成立专业化软件和信息技术服务企业。

（三十三）完善网络环境下消费者隐私及商业秘密保护制度，促进软件和信息技术服务网络化发展。在各级政府机关和事业单位推广符合安全要求的软件产品和服务。

（三十四）进一步规范集成电路产业和软件产业市场秩序，加强反垄断执法，依法打击各种垄断行为，做好经营者反垄断审查，维护集成电路产业和软件产业市场公平竞争。加强反不正当竞争执法，依法打击各类不正当竞争行为。

（三十五）充分发挥行业协会和标准化机构的作用，加快制定集成电路和软件相关标准，推广集成电路质量评价和软件开发成本度量规范。

八、国际合作政策

（三十六）深化集成电路产业和软件产业全球合作，积极为国际企业在华投资发展营造良好环境。鼓励国内高校和科研院所加强与海外高水平大学和研究机构的合作，鼓励国际企业在华建设研发中心。加强国内行业协会与国际行业组织的沟通交流，支持国内企业在境内外与国际企业开展合作，深度参与国际市场分工协作和国际标准制定。

（三十七）推动集成电路产业和软件产业"走出去"。便利国内企业在境外共建研发中心，更好利用国际创新资源提升产业发展水平。国家发展改革委、商务部等有关部门提高服务水平，为企业开展投资等合作营造良好环境。

九、附则

（三十八）凡在中国境内设立的符合条件的集成电路企业（含设计、生产、封装、测试、装备、材料企业）和软件企业，不分所有制性质，均可享受本政策。

（三十九）本政策由国家发展改革委会同财政部、税务总局、工业和信息化部、商务部、海关总署等部门负责解释。

（四十）本政策自印发之日起实施。继续实施国发〔2000〕18号、国发〔2011〕4号文件明确的政策，相关政策与本政策不一致的，以本政策为准。

二、部委规范性文件

中国科学院、科学技术部关于印发《中国科学院关于新时期加快促进科技成果转移转化指导意见》的通知

(科发促字〔2016〕97号)

院属各单位、院机关各部门：

为进一步提升中国科学院科技成果转移转化能力，充分发挥科技对经济社会发展的支撑和引领作用，现将《中国科学院关于新时期加快促进科技成果转移转化指导意见》印发给你们，请结合本单位、本部门的实际情况遵照执行。

附件：中国科学院关于新时期加快促进科技成果转移转化指导意见

中国科学院　科学技术部
2016年8月22日

中国科学院关于新时期加快促进科技成果转移转化指导意见

党的"十八大"明确提出了实施创新驱动发展战略。为加快技术向现实生产力转化，切实提高中国科学院（以下简称院）科技成果转移转化能力，充分发挥科技对经济社会发展的支撑和引领作用，特制定本《指导意见》。

一、指导思想

（一）院鼓励院属单位根据《中华人民共和国促进科技成果转化法》、国务院《实施〈中华人民共和国促进科技成果转化法〉若干规定》和国务院办公厅《促进科技成果转移转化行动方案》，按照新时期办院方针和科研机构改革方向，解放思想，实事求是，积极探索契合国立科研机构的有效举措，加快促进科技成果转移转化。

二、基本原则

（二）落实政策，充分调动科研人员积极性。院属单位要依据国家、地方和院的相关政策，结合本单位目标定位，确定成果转移转化模式，制定实施细则，在确保科研中心工作与核心科研团队稳定的同时，积极推动科技成果有效转移转化。

（三）简政放权，营造良好环境。简化院机关层面工作流程，将科技成果使用、处置和收益管理权利下放给院属单位。院属单位自主决策，院不再审批与备案。科技成果转移转化失败案例，要实事求是认真总结，对于符合规定的，不追究相关人员的领导决策责任。

（四）分类管理，强化绩效评价。结合院"四类机构"分类改革工作推进，以面向国民经济主

战场和国家重大需求工作为主的院属单位，应制定科技成果转移转化指标；以从事基础性研究或公益性研究为主的院属单位，也应结合自身特点积极开展成果转移转化工作。

（五）加强制度建设，规范行使权利。院属单位要根据本单位特点，制定相应规章制度，充分发挥经营性国有资产监督管理委员会、学术委员会、职工代表大会的作用，充分听取本单位科技人员的意见，建立健全高效协商、公开透明与规范监督相结合的管理机制，依法依规行使职权。

三、资产管理

（六）院属单位应结合工作实际，制定科技成果市场定价的相关政策。根据科技成果的类型和属性，确定协议定价、在技术交易市场挂牌交易、拍卖等市场化定价方式适用范围和实施流程；需要对成果名称和拟交易价格等信息进行公示的，应当就公示方式、公示范围和公示异议处理程序等具体事项做出明确规定。

（七）对横向课题经费和纵向课题经费施行分类管理，横向课题经费管理实行合同约定优先。科技人员为企业提供技术开发、技术咨询、技术服务、技术培训等服务，是科技成果转化的重要形式；院属单位应依据相关法律法规与合作单位依法签订合同或协议，约定任务分工、资金投入和使用、知识产权归属、权益分配等事项，经费支出按约定执行。

（八）科技成果转移转化所获得的收入全部留归单位，院属单位应依法纳入单位预算，合理支配转化收益。扣除对完成和转化职务科技成果做出重要贡献人员的奖励和报酬后，应当主要用于科学技术研发与成果转化等相关工作。

（九）院属单位应完善无形资产管理制度，切实维护单位利益。要加强对投资股权的监管，保障单位合法权益；加强对单位名称、商誉等特殊无形资产的保护，避免对院的形象造成不良影响。

四、人员管理

（十）结合院分类改革工作，鼓励院属单位根据实际情况自主设置转移转化岗位，培养一支了解知识产权运营和成果转化内在规律的，精通科研、管理和法律的高端复合型专业化人才队伍。健全转移转化人才评价体系，突出市场评价和绩效奖励，实现技术转移人才价值与转移转化的绩效相匹配。

（十一）院研究制定科技人员离岗创业管理办法，鼓励科技人员带着科技成果离岗创业。科技人员离岗创业的，由所在单位合理确定其离岗创业时限，原则上在不超过3年时间内保留其人事关系。离岗创业期满确需延期的，经所在单位同意可适当延长，最多不超过2年。离岗创业期间，离岗创业人员与人事关系所在单位其他在岗人员同等享有参加岗位等级晋升、社会保险、住房、医疗等方面的权利，所在单位与离岗创业人员签订或变更聘用合同，约定离岗创业时限、工资待遇、社会保险、知识产权、技术秘密保护、研究生培养、返回所在单位工作相关事宜、违约责任处理、发生争议处理方式等。

（十二）为促进科技要素合理流动，院属单位应按照相关政策制定本单位的规章制度，允许科技人员在适当条件下兼职从事科技成果转移转化，并在兼职中取得合理报酬。各单位应书面约定兼职人员的权利义务，兼职人员须如实将兼职收入报单位备案，按规定缴纳个人所得税。

（十三）院属单位应对担任领导职务的科研人员获得科技成果转化奖励实行公示制度，各单位应当就公示内容、方式、范围和异议处理程序等具体事项做出明确规定。

（十四）院属单位应按照有关法律法规和本单位的实际情况，制定个性化的促进科技成果转移转化激励政策与实施细则，并报院条财局备案。在确定"科技成果转化净收入"时，院属单位可以根据成果特点做出规定，也可以采用合同收入扣除维护该项科技成果、完成转化交易所产生的费用而不计算前期研发投入的方式进行核算。

（十五）院属各单位正职领导，是科技成果主要完成人或者对科技成果转化作出重要贡献的，可以按照促进科技成果转化法的规定获得现金奖励，原则上不得获取股权激励。担任院属单位正职领导和领导班子成员中属中央管理的干部，所属单位中担任法人代表的正职领导，在担任现职前因科技成果转化获得的股权，可在任职后及时予以转让，转让股权的完成时间原则上不超过3个月；股权非特殊原因逾期未转让的，应在任现职期间限制交易；限制股权交易的，也不得利用职权为所持有股权的企业谋取利益，在本人不担任上述职务一年后解除限制。

五、考核机制

（十六）院按照国家规定建立科技成果转化情况分级报告制度。院属单位应按照规定格式，于每年3月底之前向所联系分院报告科技成果数量、实施转化情况、相关收入及分配情况，以及其他必要内容。各分院汇总所联系单位报告后，形成分院的科技成果库和相应专家库，提交年度进展报告，纳入院年度统计体系。每年4月30日前，院形成科技成果转化年度报告，按要求报送至国务院科技、财政行政主管部门指定的信息管理系统。

（十七）根据《"率先行动"计划》的总体部署，院按照"四类机构"定位实施分类评价与考核，将科技成果转移转化情况作为对相关院属单位评价与考核的重要内容。中国科学院鼓励院属单位在科技人员岗位晋升、绩效考核中，将其开展科技成果转移转化的成效作为重要依据；应用型科研机构应该针对技术转移人员制定差异化的评价标准。

六、条件保障

（十八）院设立"科技成果转移转化重点专项资金"和"科技成果转化引导基金"，统筹院内相关资源，采取多种方式，支持和引导院属单位探索科技成果转移转化的创新方式。有条件的院属单位，可参照院转化基金的管理模式在单位内部设立科技成果转化引导基金。

（十九）院设立知识产权运营管理中心，鼓励院属单位充分利用已有的技术转移中心、育成中心、科技园等科技成果转移转化平台，组织科研团队，联合相关企业，共同开展行业共性关键技术的开发和推广工作，探索技术向产业转移的多元机制。

（二十）院属单位在符合国家相关法律法规规章的前提下，可以根据发展需求，执行所在地方党委、政府出台的科技创新相关政策。

（二十一）涉及国家安全、国家秘密的科技成果转移转化，必须经过原定密机关单位的批准，相关单位应根据规定做好保密审查。

（二十二）院实施科技成果转移转化专项行动，建立联席会议制度，统筹协调推动和服务院属单位科技成果转移转化工作。

本《指导意见》自发布之日起执行，中国科学院及院属各单位原有制度与《指导意见》不一致的，以本《指导意见》为准。在执行过程中，涉及人事、资产、评价等需院制定实施细则的，由院机关相关主管部门办理。院属单位要及时研究解决或向院反馈执行中遇到的问题，中国科学院、科技部将定期调研总结，适时对《指导意见》进行完善。

中共中央组织部 科技部关于印发《科研事业单位领导人员管理暂行办法》的通知

(中组发〔2017〕4号)

第一章 总则

第一条 为加强和改进科研事业单位领导人员管理，完善选拔任用和管理监督机制，建设一支符合好干部标准的高素质领导人员队伍，根据《事业单位领导人员管理暂行规定》和有关法律法规，制定本办法。

第二条 本办法适用于省级以上政府直属以及部门所属自然科学和技术领域科研事业单位领导班子成员。

法律法规对科研事业单位领导人员管理另有规定的，从其规定。

第三条 科研事业单位领导人员管理，必须坚持党管干部、党管人才，坚持德才兼备、以德为先，坚持依法依规办事，坚持从严管理监督与激励关怀相结合，注意体现科研事业单位开放度高、探索性强、创新活跃等特点，不简单套用党政领导干部管理模式，公道公平公正地对待、评价和使用领导人员，充分调动积极性、主动性、创造性，促进科技繁荣发展。

第四条 主管机关（部门）党委（党组）及其组织（人事）部门按照干部管理权限履行科研事业单位领导人员管理职责，负责本办法的组织实施。

第二章 任职条件和资格

第五条 科研事业单位领导人员应当具备下列基本条件：

（一）具有较高的思想政治素质，重视政治理论学习，坚持马克思主义指导思想，坚定共产主义远大理想和中国特色社会主义共同理想，自觉践行创新科技、服务国家、造福人民的价值理念，认真贯彻科技工作方针政策，牢固树立政治意识、大局意识、核心意识、看齐意识，在思想上政治上行动上同以习近平同志为核心的党中央保持高度一致。

（二）具有胜任岗位职责所必需的专业知识和职业素养，熟悉科研业务和相关政策法规，具有相关专业背景，尊重科研工作规律，弘扬科学精神，业界声誉好。

（三）具有较强的组织领导能力，有全局观念，自觉贯彻执行民主集中制，有战略眼光、科研规划能力和开拓创新精神，能够科学决策，注重沟通协调、团结合作。

（四）具有强烈的事业心和责任感，积极献身科技事业，敢于担当，求真务实，忠于职守，勤勉尽责，能够全身心投入工作，实绩突出。

（五）具有良好的品行修养，带头践行社会主义核心价值观，自觉遵守科研伦理道德，尊重人才，尊重创造，严于律己，廉洁从业。

第六条 科研事业单位领导人员应当具备下列基本资格：

（一）应当具有大学本科以上文化程度。

（二）一般应当具有五年以上工作经历。

（三）从副职提任正职的，一般应当具有副职岗位两年以上任职经历；从下级正职提任上级副职的，一般应当具有下级正职岗位三年以上任职经历。

（四）具有正常履行职责的身体条件。

（五）符合有关法律法规和行业主管部门规定的其他任职资格要求。

第七条 专业技术人员直接提任领导人员的，应当具有相应的专业技术职务和一定的科研管理工作经历。其中：

（一）提任五级、六级管理岗位领导人员的，应当已担任正高级专业技术职务或者两年以上副高级专业技术职务；

（二）提任四级以上管理岗位领导人员的，应当已担任正高级专业技术职务。

第八条 从企业、社会组织、国（境）外著名高等学校和科研机构等单位选聘的领导人员，应当具有较高的专业水平，一般应当具有在科技研发关键岗位工作或者组织实施重大科技项目的经历。

第九条 对特别优秀或者工作特殊需要的，可以破格提拔，破格提拔必须从严掌握。

第三章 选拔任用

第十条 选拔任用科研事业单位领导人员，应当充分发挥主管机关（部门）党委（党组）的领导和把关作用，坚持正确选人用人导向，严格标准条件和程序，按照核定或者批准的领导职数和岗位设置方案，精准科学选人用人，注重优化领导班子结构，增强班子整体功能。注意拓宽视野，打破身份等限制，吸引优秀人才。

第十一条 主管机关（部门）党委（党组）或者组织（人事）部门按照干部管理权限，根据工作需要和领导班子建设实际提出选拔任用工作启动意见，在综合研判、充分酝酿的基础上形成工作方案，并按照组织考察、会议决定等有关程序和要求认真组织实施。

第十二条 选拔科研事业单位领导人员，一般采取单位内部推选、外部选派、竞争（聘）上岗、公开选拔（聘）等方式进行，也可以探索其他有利于优秀人才脱颖而出的选拔方式。

从企业、社会组织、国（境）外著名高等学校和科研机构等单位打破身份等限制选拔领导人员的，一般采取公开选拔（聘）方式。

第十三条 确定考察对象，应当综合考虑工作需要、人选德才条件、一贯表现、人岗相适和征求意见等情况，防止简单以票、以分或者以学历、职称、论文等取人偏向。

因造假、剽窃、篡改等科研不端行为受到查处，在科研项目安排、经费使用等方面存在违规违纪行为受到责任追究，以及具有其他有关政策规定明确限制情形的，不得作为考察对象。

第十四条 严格执行考察制度，依据任职资格条件和岗位职责要求，全面了解考察对象的德、能、勤、绩、廉表现，着重了解政治品格、作风品行、廉洁自律等情况，深入了解科研水平、管理能力、学术道德和推动科技创新工作实绩等情况，实事求是、客观准确地作出评价，防止"带病提拔"。

第十五条 任用科研事业单位领导人员，区别不同情况实行选任制、委任制、聘任制。

对行政领导人员，逐步加大聘任制推行力度。在条件成熟的单位，可以对行政领导人员全部实行聘任制。对打破身份等限制选拔的领导人员，一般应当实行聘任制。

第十六条 实行聘任制的领导人员，以聘任通知、聘任书、聘任合同等形式确定聘任关系，所聘职务及相关待遇在聘期内有效。聘任期满，因工作需要继续聘任的，经考核为合格以上等次、本人愿意且未达到最高任职年限，按照有关程序办理续聘手续。

第十七条 提任领导人员的，应当在一定范围内进行公示，公示期不少于五个工作日。

第十八条 提任非选举产生领导人员的，实行任职试用期制度，试用期一般为一年。

第四章 任期和任期目标责任

第十九条 科研事业单位领导人员一般应当实行任期制。

行政领导人员每个任期一般为三至五年。党组织领导人员的任期，按照党内有关规定执行。

领导人员在同一岗位连续任职一般不超过十年。工作特殊需要的，按照干部管理权限经批准后可以延长任职年限。

第二十条 科研事业单位领导班子和领导人员一般应当实行任期目标责任制。

第二十一条 领导班子的任期目标，应当根据单位职能定位，围绕紧跟科技发展前沿、服务国家重大战略、推动经济社会发展等需要制定，体现科技成果产出和转化、创新平台建设、科技交流合作、服务社会公益、支撑产业发展、人才队伍建设和党的建设等内容。

主要从事基础研究的科研事业单位，任期目标应当以提升原始创新能力为核心，注重学术水平、科学贡献和创新源头供给；主要从事前沿技术研究的科研事业单位，任期目标应当以国家重大战略需求为导向，注重基础科技和关键技术领域的创新；主要从事社会公益研究的科研事业单位，任期目标应当以改善民生和支撑产业发展为重点，注重社会效益和共性技术产出。

领导人员的任期目标，根据领导班子任期目标和岗位职责确定。

第二十二条 制定领导班子任期目标，应当充分听取学术委员会、职工代表大会或者科技人员代表等方面意见。

任期目标由单位领导班子集体研究确定，一般应当报经主管机关（部门）批准或者备案，不涉密的在单位内公布。

第五章 考核评价

第二十三条 完善体现科研事业单位特点的领导人员考核评价制度，充分发挥考核的激励和鞭策作用，推动领导人员树立正确业绩观，勇挑重担、锐意进取、积极作为。

第二十四条 对科研事业单位领导班子和领导人员实行年度考核和任期考核。

第二十五条 考核评价应当以任期目标为依据，注重科技创新质量、贡献、绩效，注意与创新绩效评价工作相衔接。

坚持党建工作与业务工作同步考核，实行抓党建述职评议考核制度，可以与年度考核等结合进行，重点了解科研事业单位党组织履行抓党建主体责任、党组织书记履行抓党建第一责任人职责、领导班子其他成员履行职责范围内党建责任等情况。

第二十六条 根据基础研究、前沿技术研究和社会公益研究等不同类型科研事业单位特点，科学合理确定考核评价指标，积极推进分类考核。

结合行业特点和科研事业单位实际，注意改进方法，简化程序，提高考核工作质量和效率，营造宽松的科研环境。

第二十七条 领导班子年度考核和任期考核的评价等次，分为优秀、良好、一般、较差。领导人员年度考核和任期考核的评价等次，分为优秀、合格、基本合格、不合格。

第二十八条 考核评价结果应当以适当方式向领导班子和领导人员反馈，并作为领导班子建设和领导人员选拔任用、培养教育、管理监督、激励约束等的重要依据。

第六章　职业发展和激励保障

第二十九条　完善科研事业单位领导人员教育培训制度，充分利用党校、行政学院、干部学院等机构，重点加强理想信念、党性修养、政治理论、科技政策法规、国情形势、管理能力、科研诚信等方面的教育培训，根据工作需要和有关规定，有针对性地开展国（境）外培训和学习考察，着力提高思想政治素质和理论水平，提高领导能力专业化水平。

第三十条　完善领导人员交流轮岗制度，积极推进分管人财物领导人员轮岗和同类别、同领域科研事业单位之间领导人员交流。根据领导班子建设需要，开展科研事业单位与高等学校、国有企业、党政机关之间领导人员交流。鼓励支持科研事业单位领导人员到科技企业、国际组织任职。

第三十一条　领导人员经批准可以兼任与本单位或者本人科研领域相关的社会团体和基金会等职务，副职领导人员根据工作需要并经批准可以在本单位出资的企业或者参与合作举办的社会服务机构兼职，具体按照有关规定执行。

第三十二条　领导人员出国（境）开展学术交流合作活动，按照中央关于教学科研人员因公临时出国（境）管理有关规定执行。

第三十三条　完善领导人员后续职业发展制度，对任期结束后未达到退休年龄界限适合继续从事科研工作的，在科研经费安排、科研团队建设、学术交流培训等方面给予必要支持；其他退出领导岗位人员，根据本人实际和工作需要，作出适当安排。

第三十四条　实行以增加知识价值为导向的分配政策，完善领导人员收入分配办法，根据单位类别和实际，结合考核情况合理确定绩效工资水平，使其收入与履职情况和单位发展相联系。

领导人员是科技成果主要完成人或者对科技成果转化作出重要贡献的，可以按照有关规定获取科技成果转化奖励。

实行聘任制的领导人员，按照有关规定经批准可以试行年薪制、协议工资制等分配办法。

第三十五条　领导人员在推动科技创新、承担专项重要工作、应对重大突发事件等方面表现突出、作出显著成绩和贡献的，按照有关规定给予表彰奖励。

主管机关（部门）可以根据实际情况，探索行之有效的表彰奖励措施，激励领导人员干事创业。

第三十六条　落实科研事业单位在岗位设置、人员聘用、职称评定、绩效工资分配、设备采购、项目经费及科技成果管理等方面自主权，支持领导人员依法依规履行职责。加强人文关怀，关心身心健康，帮助解决实际困难。

第三十七条　建立容错纠错机制，宽容领导人员在工作中特别是改革创新中的失误，营造鼓励探索、支持创新的氛围，旗帜鲜明地为敢于担当者担当，为敢于负责者负责。正确对待犯错误的领导人员，不得混淆错误性质或者夸大错误程度作出不适当的处理，不得利用其所犯错误泄私愤、打击报复。

第七章　监督约束

第三十八条　贯彻全面从严治党要求，完善科研事业单位领导班子和领导人员特别是主要负责人监督约束机制，构建严密有效的监督体系，充分发挥党内监督和外部监督的作用，督促引导领导人员认真履职尽责，依法依规办事，保持清正廉洁。

第三十九条　加强对领导班子和领导人员履行政治责任、行使职责权力、加强作风建设等方面的监督，重点监督贯彻执行科技工作方针政策，加强党的建设，依法依规办事，执行民主集中制，落实"三重一大"决策制度，公道正派选人用人，职业操守，廉洁自律等情况。

根据行业特点，聚焦突出问题，加大对职务（职称）评聘、科研经费使用、物资采购、资源配置、成果处置、收益管理等重点领域和关键环节的监督力度。

第四十条 主管机关（部门）党委（党组）及纪检监察机关、组织（人事）部门按照管理权限和职责分工，综合运用考察考核、述职述责述廉、民主生活会、谈心谈话等方式，对科研事业单位领导班子和领导人员进行监督。

充分发挥单位党组织和党员的监督作用，党员领导人员应当以普通党员身份参加所在党支部或者党小组的组织生活，坚持民主生活会、组织生活会和民主评议党员制度，开展严肃认真的党内政治生活，营造党内民主监督环境。

第四十一条 完善科研事业单位内部治理结构和内控机制，实行权力清单制度，明确权力运行程序、规则和权责关系，公开权力运行过程和结果，健全不当用权问责机制。

推进院（所）务公开，注意发挥学术委员会、职工代表大会等组织在单位民主管理方面的作用，畅通职工群众参与讨论单位事务的途径，拓宽表达意见的渠道。对学科发展、职称评定、学术管理、科研奖励等事项，应当充分听取学术委员会等相关组织的意见。

对领导人员科技成果转化收益分配实行公开公示制度，兼职取酬情况应当按照有关规定报告。

第四十二条 领导人员应当正确对待监督，主动接受监督，习惯在监督下开展工作，自觉检查和及时纠正存在的问题。

第八章　退出

第四十三条 完善科研事业单位领导人员退出机制，促进领导人员能上能下、能进能出，增强队伍生机活力。

第四十四条 领导人员达到退休年龄界限的，应当按照有关规定办理免职（退休）手续。因工作需要而延迟免职（退休）的，应当按照干部管理权限报批。

第四十五条 领导人员因健康原因，无法正常履行工作职责一年以上的，应当对其工作岗位进行调整。

第四十六条 领导人员因德、能、勤、绩、廉与所任职务要求不符，具有下列情形之一，被认定为不适宜担任现职的，应当按照有关规定予以组织调整或者组织处理：

（一）贯彻执行科技工作方针政策、上级党组织指示和决定不及时不得力的；

（二）因科研不端行为受到查处，或者有其他违背社会公德、职业道德、家庭伦理道德行为，造成不良影响的；

（三）年度考核、任期考核被确定为不合格，或者连续两年年度考核被确定为基本合格的；

（四）存在其他问题需要调整或者处理的。

第四十七条 领导人员违纪违法的，按照有关法律法规和规定处理。

第四十八条 实行领导人员辞职制度，辞职程序参照有关规定执行。

第九章　附则

第四十九条 本办法由中央组织部、科技部负责解释。

第五十条 本办法自 2017 年 1 月 13 日起施行。

人力资源社会保障部关于支持和鼓励事业单位专业技术人员创新创业的指导意见

(人社部规〔2017〕4号)

各省、自治区、直辖市及新疆生产建设兵团人力资源社会保障厅（局），国务院各部委、各直属机构人事部门：

为贯彻落实党中央、国务院关于加快实施创新驱动发展战略、深化人才发展体制机制改革、大力推进大众创业万众创新和做好新形势下就业创业工作的总体部署和要求，发挥事业单位在科技创新和大众创业万众创新中的示范引导作用，激发高校、科研院所等事业单位（简称"事业单位"）专业技术人员科技创新活力和干事创业热情，促进人才在事业单位和企业间合理流动，营造有利于创新创业的政策和制度环境，按照简政放权、放管结合、优化服务的要求，现就支持和鼓励事业单位专业技术人员创新创业提出以下指导意见。

一、支持和鼓励事业单位选派专业技术人员到企业挂职或者参与项目合作

事业单位选派符合条件的专业技术人员到企业挂职或者参与项目合作，是强化科技同经济对接、创新成果同产业对接、创新项目同现实生产力对接的重要举措，有助于实现企业、高校、科研院所协同创新，强化对企业技术创新的源头支持。

事业单位专业技术人员到企业挂职或者参与项目合作期间，与原单位在岗人员同等享有参加职称评审、项目申报、岗位竞聘、培训、考核、奖励等方面权利。合作期满，应返回原单位，事业单位可以按照有关规定对业绩突出人员在岗位竞聘时予以倾斜；所从事工作确未结束的，三方协商一致可以续签协议。专业技术人员与企业协商一致，自愿流动到企业工作的，事业单位应当及时与其解除聘用合同并办理相关手续。

事业单位选派专业技术人员到企业挂职或者参与项目合作，应当根据实际情况，与专业技术人员变更聘用合同，约定岗位职责和考核、工资待遇等管理办法。事业单位、专业技术人员、企业应当约定工作期限、报酬、奖励等权利义务，以及依据专业技术人员服务形成的新技术、新材料、新品种以及成果转让、开发收益等进行权益分配等内容。

二、支持和鼓励事业单位专业技术人员兼职创新或者在职创办企业

支持和鼓励事业单位专业技术人员到与本单位业务领域相近企业、科研机构、高校、社会组织等兼职，或者利用与本人从事专业相关的创业项目在职创办企业，是鼓励事业单位专业技术人员合理利用时间，挖掘创新潜力的重要举措，有助于推动科技成果加快向现实生产力转化。

事业单位专业技术人员在兼职单位的工作业绩或者在职创办企业取得的成绩可以作为其职称评审、岗位竞聘、考核等的重要依据。专业技术人员自愿流动到兼职单位工作，或者在职创办企业期间提出解除聘用合同的，事业单位应当及时与其解除聘用合同并办理相关手续。

事业单位专业技术人员兼职或者在职创办企业，应该同时保证履行本单位岗位职责、完成本职工作。专业技术人员应当提出书面申请，并经单位同意；单位应当将专业技术人员兼职和在职创办企业情况在单位内部进行公示。事业单位应当与专业技术人员约定兼职期限、保密、知识产权保护等事项。创业项目涉及事业单位知识产权、科研成果的，事业单位、专业技术人员、相关企业可以订立协议，明确权益分配等内容。

三、支持和鼓励事业单位专业技术人员离岗创新创业

事业单位专业技术人员带着科研项目和成果离岗创办科技型企业或者到企业开展创新工作（简称"离岗创业"），是充分发挥市场在人才资源配置中的决定性作用，提高人才流动性，最大限度激发和释放创新创业活力的重要举措，有助于科技创新成果快速实现产业化，转化为现实生产力。

事业单位专业技术人员离岗创业期间依法继续在原单位参加社会保险，工资、医疗等待遇，由各地各部门根据国家和地方有关政策结合实际确定，达到国家规定退休条件的，应当及时办理退休手续。创业企业或所工作企业应当依法为离岗创业人员缴纳工伤保险费用，离岗创业人员发生工伤的，依法享受工伤保险待遇。离岗创业期间非因工死亡的，执行人事关系所在事业单位抚恤金和丧葬费规定。离岗创业人员离岗创业期间执行原单位职称评审、培训、考核、奖励等管理制度。离岗创业期间取得的业绩、成果等，可以作为其职称评审的重要依据；创业业绩突出，年度考核被确定为优秀档次的，不占原单位考核优秀比例。离岗创业期间违反事业单位工作人员管理相关规定的，按照事业单位人事管理条例等相关政策法规处理。

事业单位对离岗创业人员离岗创业期间空出的岗位，确因工作需要，经同级事业单位人事综合管理部门同意，可按国家有关规定用于聘用急需人才。离岗创业人员返回的，如无相应岗位空缺，可暂时突破岗位总量聘用，并逐步消化。离岗创业人员离岗创业期间，本人提出与原单位解除聘用合同的，原单位应当依法解除聘用合同；本人提出提前返回的，可以提前返回原单位。离岗创业期满无正当理由未按规定返回的，原单位应当与其解除聘用合同，终止人事关系，办理相关手续。

事业单位专业技术人员离岗创业，须提出书面申请，经单位同意，可在3年内保留人事关系。对离岗创办科技型企业的，按规定享受国家创业有关扶持政策。事业单位与离岗创业人员应当订立离岗协议，约定离岗事项、离岗期限、基本待遇、保密、成果归属等内容，明确双方权利义务，同时相应变更聘用合同。离岗创业项目涉及原单位知识产权、科研成果的，事业单位、离岗创业人员、相关企业可以订立协议，明确收益分配等内容。

四、支持和鼓励事业单位设置创新型岗位

在事业单位设置创新型岗位，是促进事业单位全面参与国家创新体系建设的重要举措，有助于充分发挥高校、科研院所等事业单位人力资源和技术资源优势，加快推动科技创新。

事业单位可根据创新工作需要设置开展科技项目开发、科技成果推广和转化、科研社会服务等工作的岗位（简称"创新岗位"），并按规定调整岗位设置方案。通过调整岗位设置难以满足创新工作需求的，可按规定申请设置特设岗位，不受岗位总量和结构比例限制。创新岗位人选可以通过内部竞聘上岗或者面向社会公开招聘等方式产生，任职条件要求具有与履行岗位职责相符的科技研发、科技创新、科技成果推广能力和水平。事业单位根据创新工作实际，可探索在创新岗位实行灵活、弹性的工作时间，便于工作人员合理安排利用时间开展创新工作。事业单位绩效工资分配应当向在创新岗位做出突出成绩的工作人员倾斜。创新岗位工作人员依法取得的科技成果转化奖励收入，不纳入单位绩效工资；取得的技术项目开发、科技成果推广和

转化、科研社会服务成果，应当作为职称评审、项目申报、岗位竞聘、考核、奖励的重要依据。事业单位应当与创新岗位工作人员订立或者变更聘用合同，聘用合同内容应当符合创新工作实际，明确合同期限、岗位职责要求、岗位工作条件、工资待遇、社会保险、合同变更、终止和解除的条件、违反合同的责任等条款，双方协商一致，可以约定知识产权保护等条款。

事业单位可以设立流动岗位，吸引有创新实践经验的企业管理人才、科技人才和海外高水平创新人才兼职。事业单位设置流动岗位，可按规定申请调整工资总额，用于发放流动岗位人员工作报酬。流动岗位人员通过公开招聘、人才项目引进等方式被事业单位正式聘用的，其在流动岗位工作业绩可以作为事业单位岗位聘用和职称评审的重要依据。事业单位应当与流动岗位人员订立协议，明确工作期限、工作内容、工作时间、工作要求、工作条件、工作报酬、保密、成果归属等内容。

五、组织实施

各级人力资源社会保障部门要树立大局意识，充分认识到支持和鼓励事业单位专业技术人员参与创新创业工作的重要意义，把这项工作摆到重要议事日程。要解放思想，大胆创新，结合本地区本部门实际，细化相关政策，研究具体措施，做到真正切实管用；要加强组织实施，指导事业单位主管部门和事业单位落实文件要求，建立健全内部管理制度，确保政策落到实处；要搞好跟踪服务，切实解决事业单位专业技术人员创新创业中的实际困难，解决他们的后顾之忧，为事业单位专业技术人员投身创新发展实践提供人事政策保障。同时，要通过完善聘用合同管理、强化考核等办法，加强规范管理；指导事业单位按规定定期将离岗创业人员情况按程序报主管部门并同级事业单位人事综合管理部门备案。要及时研究解决政策实施过程中碰到的新情况、新问题，重点问题及时向人力资源社会保障部报告。

人力资源社会保障部
2017 年 3 月 10 日

科技部 财政部 人力资源社会保障部关于印发《中央级科研事业单位绩效评价暂行办法》的通知

(国科发创〔2017〕330号)

国务院各有关部委、直属机构、最高人民法院、最高人民检察院、各有关人民团体：

为深入贯彻党的十九大关于"加快建设创新型国家"、"建立全面规范透明、标准科学、约束有力的预算制度，全面实施绩效管理"的部署要求，落实《中共中央 国务院关于深化科技体制改革加快国家创新体系建设的意见》和中共中央办公厅、国务院办公厅印发的《深化科技体制改革实施方案》关于开展科研机构绩效评价的要求，推动中央级科研事业单位深化管理方式改革、优化评价机制、激发创新活力，科技部、财政部、人力资源社会保障部制定了《中央级科研事业单位绩效评价暂行办法》。现印发给你们，请遵照执行。

科技部 财政部 人力资源社会保障部
2017年10月26日

中央级科研事业单位绩效评价暂行办法

第一章 总则

第一条 为深入贯彻党的十九大关于"加快建设创新型国家"、"建立全面规范透明、标准科学、约束有力的预算制度，全面实施绩效管理"的部署要求，进一步深化中央级科研事业单位管理改革，建立科学合理的评价机制，创新政府配置资源方式，激发科研事业单位创新活力，引导科研事业单位面向世界科技前沿、面向国民经济主战场、面向国家重大需求，立足职责定位，增强科技创新能力，发挥骨干引领作用，特制定本办法。

第二条 本办法适用于国务院各部门、直属机构、直属事业单位等（以下简称主管部门）所属自然科学和技术领域科研事业单位（以下简称科研事业单位）。

第三条 科技部牵头，会同财政部、人力资源社会保障部（以下简称牵头部门）统筹开展科研事业单位绩效评价工作。主管部门组织开展所属科研事业单位的绩效评价工作。科研事业单位进行绩效自评价，配合牵头部门、主管部门开展绩效评价工作。

第四条 开展科研事业单位绩效评价，应重能力、重绩效、守规范、讲贡献，遵循以下原则：

（一）能力导向。引导科研事业单位根据职责定位，聚焦能力提升，注重科技创新的科学价值、技术价值、经济价值和社会价值，建立基于绩效目标的评价机制，强化创新责任，激发创新活力，提升科技资源配置和资金使用效益，增加知识创造与技术供给。

（二）科学分类。结合科研事业单位职责定位，将中央级科研事业单位分为基础前沿研究、公益性研究、应用技术研发等三类进行评价。对三类科研事业单位的绩效评价，在绩效目标设定、评价指标选择、评价方法运用等方面均体现各自类别特点，评价过程中不以论文作为唯一标准。从事基础前沿研究的科研事业单位，绩效评价应突出研究质量、原创价值和实际贡献等；从事公益性研究的科研事业单位，绩效评价应突出实现国家目标和履行社会责任等；从事应用技术研发的科研事业单位，绩效评价应突出成果转化、技术转移和经济社会影响等。

（三）协同推进。建立牵头部门、主管部门、科研事业单位协同配合、试点先行的工作机制。牵头部门加强顶层设计，推进科研事业单位绩效评价，加强对科研事业单位及其主管部门绩效评价工作的指导监督，组织开展科研事业单位综合评价和年度抽查评价；充分发挥主管部门的积极性，由主管部门组织开展所属科研事业单位部门评价，督促指导科研事业单位做好绩效评价管理、目标设置、执行监控、绩效自评价以及评价结果运用等方面工作；科研事业单位开展本单位绩效目标设置、执行监控和绩效自评价，配合牵头部门、主管部门开展绩效评价工作。

（四）促进发展。采取参与式、开放式评价模式，充分发挥第三方机构和专家学者作用，通过开展评价，促进科研事业单位发现科技创新中的问题，完善绩效管理机制。加强评价结果运用，推动科研事业单位聚焦职责定位，优化科研力量配置，加强创新团队和研发条件建设，改进科研组织方式和管理机制，提高绩效水平。

第五条 建立包括综合评价、年度抽查评价等评价类型的科研事业单位绩效评价长效机制。综合评价是面向全部中央级科研事业单位开展的，涵盖职责定位、科技产出、创新效益等方面的全面评价，以五年为评价周期。年度抽查评价是指五年期间，每年按一定比例对中央级科研事业单位开展的，聚焦年度绩效完成情况、创新能力等重点方面的评价；五年期间，通过年度抽查评价，实现中央级科研事业单位全覆盖。同时，结合绩效评价总体要求，围绕科研事业单位管理运行、科技创新，开展绩效执行监控，为综合评价、年度抽查评价等提供基础性支撑。

第二章 任务分工

第六条 科技部会同财政部、人力资源社会保障部开展以下工作：

（一）制定科研事业单位绩效评价制度，确定科研事业单位绩效总体目标，以及绩效评价指标框架；

（二）统筹协调科研事业单位绩效评价工作，制定综合评价、年度抽查评价等评价计划和工作方案，提出总体工作要求。结合年度抽查评价开展评价试点，在总结试点经验的基础上，进一步完善评价计划、工作方案、指标体系等；

（三）指导监督主管部门开展所属科研事业单位绩效评价工作；

（四）组织开展科研事业单位绩效综合评价、年度抽查评价，并形成评价报告。建立绩效评价结果信息库并滚动管理；

（五）运用评价结果，优化科技资源配置、科研事业单位布局，加强科研事业单位人事管理与绩效工资总量核定；

（六）组织开展相关宣传、交流和培训。

第七条 主管部门开展以下工作：

（一）制定本部门科研事业单位绩效评价细则；

（二）制定本部门所属科研事业单位绩效评价工作计划、实施方案和绩效指标体系；

（三）在会同所属科研事业单位研究、协商的基础上，审定所属科研事业单位绩效目标、绩效指标；

（四）组织所属科研事业单位开展绩效执行监控工作；

（五）组织开展所属科研事业单位绩效评价，向科技部提交科研事业单位绩效部门评价报告；

（六）加强对科研事业单位绩效评价结果的运用；

（七）组织部门内绩效评价宣传与培训。

第八条 科研事业单位开展以下工作：

（一）与主管部门研究、协商、制定本单位绩效目标、绩效指标；

（二）配合主管部门开展绩效评价，制定本单位自评价工作方案；

（三）开展绩效执行监控工作，向牵头部门、主管部门提交绩效评价相关数据、资料、材料等；

（四）开展绩效自评价，提交自评价报告；

（五）结合绩效评价提出的问题与建议，改进科研和管理工作；

（六）面向本单位开展绩效评价宣传和培训。

第三章 绩效目标与指标制定

第九条 绩效目标是科研事业单位在评价周期内开展科技创新活动的预期结果。绩效指标是对绩效目标的细化、具体化，是衡量绩效目标实现程度的考核工具。

第十条 主管部门、科研事业单位根据牵头部门确定的总体目标，研究设定绩效目标和指标，绩效目标包括五年综合绩效目标和年度绩效目标。绩效目标、绩效指标制定应符合以下标准：

（一）导向明确。根据中央编办、主管部门关于本单位职责、机构、编制的文件以及科研事业单位章程等文件规定的职责定位，国家科技发展规划和政策，所属行业发展规划，以及相关领域科技创新趋势，设定绩效目标。对有条件的科研事业单位，探索实行合同管理制度，通过合同约定绩效目标。

（二）具体清晰。绩效目标和绩效指标应有时间节点，指向明确，内容具体清晰，定量指标、定性指标应可比对、可考核。

（三）科学可行。绩效目标应充分考虑科研活动规律与特点，与预算投资额或资金量相适应，经过充分调查、研究和论证，符合客观实际且科学可行。绩效指标数据口径规范、资料易于采集。

（四）分类制定。根据学科特点，不同类型的科研事业单位应分类制定绩效目标。五年综合绩效目标和年度绩效目标应有机结合、有序衔接，通过年度绩效目标的积累递进，实现五年综合绩效目标。

第十一条 绩效目标包括预期产出、预期效果、服务对象及社会公众满意度等方面。主要应包括以下五个方面：

（一）科技创新成果与水平；

（二）人才团队与条件平台建设；

（三）科研成果推广应用，科学传播、科技服务；

（四）科研组织方式与管理机制创新；

（五）其他。

第十二条 科研事业单位绩效目标、指标由科研事业单位研究提出，经主管部门审定，报科技部备案。

第十三条 实施中如有客观原因，确需调整绩效目标的，应按绩效目标设定程序，再行调整、审定、备案。

第四章 评价内容与指标

第十四条 绩效评价的基本内容包括：

（一）绩效目标的设定情况；

（二）绩效目标的实现程度；

（三）实现绩效目标的管理效率；

（四）创新活动与成果的影响。

第十五条 评价指标体系一般由三级指标构成，一、二级指标为共性指标，三级指标为分类指标。一级指标包括职责定位、科技产出和创新效益；二级指标包括职责相符性、需求一致性、管理规范性、完成情况及效率、创新能力、创新贡献等；三级指标按照基础前沿研究、公益性研究和应用技术研发等不同单位类型，结合单位自身职责定位、科技创新特点，确定评价指标和权重。

第十六条 立足科研事业单位的基础、条件、特色，选择科学、适用的评价方式，坚持定性和定量相结合。基础前沿研究类科研事业单位综合运用专家咨询、文献计量等方法，公益性研究类科研事业单位综合运用用户评价、调研座谈等方法，应用技术研发类科研事业单位综合运用市场调查、案例分析等方法。

第五章 评价程序

第十七条 主管部门制定评价工作计划、实施方案和指标体系，报科技部备案。

（一）主管部门制定本部门的评价工作计划，确定开展绩效评价的组织方式、工作流程和进度安排等。

（二）按照评价工作计划，制定所属科研事业单位的评价实施方案、目标、指标体系等。

第十八条 科研事业单位按照牵头部门部署要求，根据主管部门制定的评价工作计划、实施方案和指标体系，开展绩效执行监控和自评价。自评价过程中，应听取包括管理人员、专业技术人员、工勤技能人员的意见建议，在此基础上，形成自评价报告。

第十九条 主管部门开展部门评价工作。

（一）根据评价工作计划、实施方案和评价指标体系，组织或委托评估机构等，在核实科研事业单位自评价报告的基础上，按照绩效评价指标和评价标准，合理运用专家评议、市场评价、文献计量、案例分析、问卷调查等方法分析评价，形成初步结论。

（二）主管部门将评价初步结论反馈科研事业单位，参考科研事业单位提交的意见建议，研究形成科研事业单位绩效部门评价报告，报送科技部。

第二十条 科研事业单位自评价报告、主管部门评价报告应包含以下重点内容：职责履行情况、绩效目标完成情况与效率、创新能力、创新贡献、存在的问题及改进建议等。

第二十一条 牵头部门在部门评价报告基础上，委托评估机构等开展第三方评价，结合绩效执行监控相关信息，形成科研事业单位绩效综合评价报告、年度抽查评价报告。

第六章 评价结果及运用

第二十二条 科研事业单位绩效综合评价和年度抽查评价结果实行计分制，并根据评分情况分为优秀、良好、一般、较差四级。

第二十三条 科研事业单位应根据绩效评价报告提出的问题、意见、建议，提出具体整改措施和方案，加强学科、团队建设，完善条件保障，改进科研组织管理，提高绩效水平。

第二十四条 主管部门应将绩效评价结果，作为加强所属科研事业单位管理的重要依据。在科研事业单位领导人员调整、任期目标考核、学科方向调整、条件平台建设、绩效激励等工作中，强化评价结果的应用。

第二十五条 科技部、财政部、人力资源社会保障部按照职责，在科技创新政策规划制定、科研任务安排部署、财政拨款、科研事业单位人事管理、绩效工资总量核定等工作中，将绩效评价结果作为重要依据；按照程序办理科研事业单位编制调整事项时，参考评价结果。

第七章 评价条件保障

第二十六条 科技部依托国家科技管理信息系统，建立完善科研事业单位绩效评价信息平台和数据库，促进科研事业单位绩效评价信息资源的整合与共享，发布科研事业单位绩效评价报告。

第二十七条 科技部、财政部、人力资源社会保障部、主管部门对科研事业单位绩效评价工作提供条件保障，鼓励委托评估机构等参与评价工作，提高评价的质量和效率，确保评价结果客观公正。

第二十八条 科研事业单位应将绩效信息采集、分析等绩效评价基础性工作纳入日常管理，建立绩效执行监控机制。

第八章 附则

第二十九条 本办法由科技部负责解释。

第三十条 地方科研事业单位绩效评价工作由省级科技行政管理部门会同财政、人力资源社会保障部门参照本暂行办法作出规定，推动相关工作开展。

第三十一条 本办法自发布之日起施行。

附：1. 中央级科研事业单位绩效评价指标框架（基础前沿研究类科研事业单位）（略）
　　2. 中央级科研事业单位绩效评价指标框架（公益性研究类科研事业单位）（略）
　　3. 中央级科研事业单位绩效评价指标框架（应用技术研发类科研事业单位）（略）

科技部 国资委印发
《关于进一步推进中央企业创新发展的意见》的通知

(国科发资〔2018〕19号)

各省、自治区、直辖市及计划单列市科技厅（委、局）、国资委，新疆生产建设兵团科技局、国资委，各中央企业：

为深入贯彻党的十九大精神，实施创新驱动发展战略，落实中央企业科技创新推进会议要求，加快推动中央企业创新发展，科技部会同国资委制定了《关于进一步推进中央企业创新发展的意见》，现印发给你们，请结合实际，认真组织实施。

请各地方科技厅（委、局）、国资委参照执行本意见，加强研究，相互配合，共同施策，积极推进地方国有企业创新发展。

科技部 国资委

2018年4月19日

关于进一步推进中央企业创新发展的意见

党的十八大以来，党中央、国务院把科技创新摆在国家发展全局的核心位置，围绕实施创新驱动发展战略作出了一系列重大决策部署。中央企业作为国民经济发展的重要支柱，是践行创新发展新理念、实施国家重大科技创新部署的骨干力量和国家队。推动中央企业提高科技创新能力，走创新发展道路，是实现科技创新面向世界科技前沿、面向经济主战场、面向国家重大需求的必然要求。

为深入学习贯彻党的十九大精神，实施创新驱动发展战略，落实中央企业科技创新推进会议要求，加快推动中央企业创新发展，提出以下意见。

一、总体要求

（一）指导思想。

全面贯彻落实党的十九大精神，以习近平新时代中国特色社会主义思想为指导，按照党中央、国务院科技创新重大决策部署要求，发挥科技创新和制度创新对中央企业创新发展的支撑推动作用，通过政策引导、机制创新、研发投入、项目实施、平台建设、人才培育、科技金融、国际合作等加强中央企业科技创新能力，充分发挥中央企业在国家安全、国民经济和社会发展等方面的基础性、引导性和骨干性作用，培育具有全球竞争力的世界一流创新型中央企业，为建设创新型国家和世界科技强国提供坚强支撑。

（二）基本原则。

坚持科技创新与体制机制创新双轮驱动。加强科技发展规划和创新政策引领，支持创新要素向中央企业集聚，不断增强科技创新能力。通过体制机制创新，突破瓶颈障碍，提高资源配置效率，激发创新要素活力。

坚持政府引导和市场配置资源相结合。发挥市场配置资源的决定性作用，运用市场的手段，充分调动中央企业创新发展内生动力，更好发挥政府引导作用，创新国家重大科技任务组织方式，建立健全有利于中央企业创新发展的科研管理服务机制。

坚持聚焦国家发展战略布局创新资源。着眼国家战略需求和部署，强化中央企业在国家创新体系中的重要作用，在国家重大科技项目实施、创新人才培养、创新创业基地建设方面统筹考虑，整体布局，协同推进，促进科技重点领域取得重大突破和中央企业科技创新能力全面提升。

坚持基础研究、应用研究和技术创新融通发展。把握科技发展趋势，完善创新生态，把原始创新摆在更加突出位置，引导中央企业围绕基础研究、应用研究和技术创新全链条部署，增加成果供给，促进成果转化，培育发展新兴产业。

（三）主要目标。

建立特色鲜明、要素集聚、活力迸发的中央企业创新体系；突破一批核心关键技术，在若干重点产业领域形成一批具有国际影响力和竞争力的创新型中央企业；取得一批对国家经济社会发展具有重要作用的创新成果，推动高质量发展，为我国建成创新型国家和现代化经济体系提供强有力的支撑。

二、重点任务

（四）鼓励和支持中央企业参与国家重大科技项目。

共同指导和推动中央企业在国家科技计划组织实施中发挥更大作用，制定出台相关政策措施，鼓励中央企业承担和参与国家重大科技项目。在集中度较高、中央企业具有明显优势的产业领域，将中央企业的重大创新需求纳入相关科技计划项目指南，支持中央企业牵头承担国家科技重大专项、重点研发计划重点专项和"科技创新2030—重大项目"，结合项目特点，可按照"一企一策"原则制定管理、投入和知识产权分享机制，优化管理流程，提高实施效率，一体化推进基础研究、共性技术研发、应用示范和成果转化。

（五）鼓励中央企业增加研发投入。

深化科技体制改革和国企改革，健全中央企业技术创新经营业绩考核制度，将技术进步要求高的中央企业研发投入占销售收入的比例纳入经营业绩考核。引导和鼓励中央企业加大对基础研究和应用基础研究的投入。加强对中央企业高新技术企业认定工作的指导，协调相关部门完善研发费用加计扣除等创新激励政策，促进相关政策落实落地。推动中央企业加快实施《国有科技型企业股权和分红激励暂行办法》（财资〔2016〕4号），进一步发挥好股权和分红激励政策的带动作用。

（六）支持中央企业发挥创新主体作用。

激发中央企业创新发展的内在动力，充分发挥在技术创新决策、研发投入、科研组织和成果转化应用方面的主体作用。支持中央企业参与编制国家科技创新规划和相关技术领域发展专项实施方案，在科技专家数据库中增加中央企业技术专家数量和比重，更多吸收来自中央企业的专家参与国家科技计划项目评审和验收。在中央企业推广应用创新方法，提高研发和生产效能。推进《促进科技成果转化法》在中央企业落地，采取多种方式推动建立中央企业技术交易平台，提高知识产权创造、应用、管理和保护能力。

（七）支持中央企业打造协同创新平台。

支持中央企业设立或联合组建研究院所、实验室、新型研发机构、技术创新联盟等各类研发机构和组织，加强跨领域创新合作，打造产业技术协同创新平台。加强对在中央企业中建立国家各类创新基地和平台的统筹规划和系统布局，按照《国家科技创新基地优化整合方案》（国科发基〔2017〕250号）精神，支持中央企业承建更多的技术创新中心、重点实验室等国家科技创新基地，对外开放和共享创新资源，加强行业共性技术问题的应用研究，发挥行业引领示范作用。鼓励中央企业建设完善军民两用技术创新平台。将中央企业符合条件的科研设施与仪器设备，纳入国家科技资源共享服务平台，进一步向各类创新主体开放共享。

（八）共同推动中央企业科技人才队伍建设。

树立人才是第一资源的理念，落实中央关于深化人才发展体制机制改革的意见，支持中央企业加大创新型科技人才的培养、引进力度，共同支持在中央企业建立高层次人才创新创业基地。结合创新人才推进计划的实施，加大对中央企业中青年科技创新领军人才、重点领域创新团队、创新人才培养示范基地等的支持力度，重视培育高水平战略科学家和具有创新精神的企业家。在中央企业培育一批创新工程师、创新咨询师和创新培训师。

（九）共同指导和推动中央企业深入开展双创工作。

支持中央企业围绕主营业务和发展需要，推行众创、众包、众扶、众筹等创新模式。建立一批特色鲜明、创客聚集、资源开放、机制灵活、成效显著的专业化众创空间。支持中央企业面向中小企业开放创新资源，建设大中小企业融通发展的众创平台。共同支持办好中央企业熠星创新创意大赛，加强与"中国创新创业大赛"的协调联动和资源整合。发展完善科技金融，为创新创业提供金融服务和融资支持。

（十）支持中央企业参与北京、上海科技创新中心建设。

引导中央企业整合创新资源，积极投入北京、上海科技创新中心建设。会同两地政府，在资金投入、重大工程以及项目安排、平台建设、人才引进等方面加强与中央企业合作。推动中央企业围绕新一代信息技术、北斗导航、高端处理器芯片、大飞机、智能制造与机器人、深远海洋工程装备、生物医药、能源、新能源汽车、节能环保、新材料、轨道交通、人工智能等产业领域，在两地组织实施重点示范项目，加快中央企业科技成果在两地转化落地。

（十一）共同开展创新创业投资基金合作。

加强国家科技成果转化引导基金与中央企业创新类投资基金的合作，围绕国家科技创新部署和区域创新发展需求，在创新创业、人工智能、军民融合、信息安全、装备制造、生物医药、新材料、现代农业等国家重点支持和鼓励发展的科技创新领域和方向，联合地方政府、金融机构、社会资本，成立一批专业化创业投资基金，推动中央企业科技成果的转移转化和产业化。

（十二）支持中央企业开展国际科技合作。

以"一带一路"建设为重点，加强中央企业创新能力开放合作，支持中央企业参与实施"一带一路"科技创新行动计划，与"一带一路"沿线国家企业、科研机构和大学开展高层次、多形式、宽领域的科技合作。支持中央企业主动布局全球创新网络、并购重组海外高技术企业或研发机构，建立海外研发中心或联合实验室，促进顶尖人才、先进技术及成果的引进和对外合作，实现优势产业、产品的"走出去"，提高全球创新资源配置能力。

三、保障措施

（十三）加强组织领导。

科技部和国资委建立推动中央企业创新发展的部际联席会议机制，协调工作，部署任务。加强对双方战略合作的组织领导和工作推进，在顶层设计、改革措施和工作保障等方面实现部门联动，加强对中央企业创新发展各项工作的指导，分解重点任务，明确时间表和路线图，推动各项任务落到实处。

（十四）开展监测评价和宣传推广。

完善国家创新调查制度，部署和开展中央企业创新能力监测及科技基础条件资源调查，不断优化对中央企业创新发展的考核和评价机制。总结和宣传中央企业在创新发展中涌现的新典型、新做法、新机制和新模式，编写中央企业创新发展报告，形成一批可借鉴、可复制、可推广的案例和经验，利用多种形式宣传中央企业创新发展的突出成果。

科技部 全国工商联印发
《关于推动民营企业创新发展的指导意见》的通知

(国科发资〔2018〕45号)

各省、自治区、直辖市及计划单列市科技厅(委、局)、工商联,新疆生产建设兵团科技局、工商联,全国工商联各直属商会:

为深入贯彻党的十九大精神,实施创新驱动发展战略,落实科技部、全国工商联部际合作协议要求,加快推动民营企业创新发展,科技部会同全国工商联制定了《关于推动民营企业创新发展的指导意见》,现印发给你们,请结合实际贯彻落实,加强协同配合,积极推进民营企业创新发展。

科技部 全国工商联
2018年5月18日

关于推动民营企业创新发展的指导意见

为深入贯彻落实党的十九大精神,实施创新驱动发展战略,深化供给侧结构性改革、激发市场活力、加快建设创新型国家和实现经济社会持续健康发展,支持民营企业提高科技创新能力,做优做强做大做实,制定本意见。

一、总体要求

(一)指导思想。

全面贯彻党的十九大精神,坚持以习近平新时代中国特色社会主义思想为根本遵循,牢固树立创新、协调、绿色、开放、共享的发展理念,贯彻落实《中共中央国务院关于营造企业家健康成长环境弘扬优秀企业家精神更好发挥企业家作用的意见》精神,按照党中央、国务院科技创新重大决策和部署要求,发挥科技创新和制度创新对民营企业创新发展的支撑引领作用,通过政策引领、机制创新、项目实施、平台建设、人才培育、科技金融、军民融合、国际合作等加强民营企业科技创新能力,充分支持民营企业创新发展,为建设创新型国家和促进经济社会持续健康发展提供坚强支撑。

(二)基本原则。

坚持发挥企业主体作用与政府引导作用相结合。创新是民营企业可持续健康发展的内在要求,要强化企业在技术创新中的主体地位,加强政府引导,激发企业创新发展内生动力,营造民营企业实践创新发展良好氛围,抓好科技创新政策在民营企业的落地实施。

坚持推进产学研深度融合。推动民营企业与高校、科研机构开展战略合作,探索产学研深度融合的有效模式和长效机制。鼓励高等院校和科研院所向民营企业转移转化科技成果,支持科研人员服务企业技术创新。

坚持人才项目基地多要素协同一体化推进。集聚创新资源，加强政策协同、机制协同，形成资金聚力、人才聚力，将创新人才培养、国家重大科技项目实施和创新创业基地平台建设统筹考虑，协同推进，促进民营企业创新向更大范围、更高层次、更深程度发展。

坚持分类指导协调推进大中小企业健康发展。培育一批核心技术能力突出、集成创新能力强、引领产业发展、具有国际竞争力的创新型民营企业。在产业细分领域培育一批"隐形冠军"和"独角兽"企业。完善双创孵化体系和生态，扶持小微企业创新发展。

二、重点任务

（三）大力支持民营企业参与实施国家科技重大项目。

支持和鼓励民营企业牵头或参与国家科技重大专项、科技创新2030—重大项目、重点研发计划等国家重大科技项目实施。在国家科技计划规划制定、实施方案论证、指南编制、政策调研中充分听取民营企业意见和建议。在项目评审、预算评估、结题验收等环节更多吸收民营企业专家参与。

（四）积极支持民营企业建立高水平研发机构。

按照《国家科技创新基地优化整合方案》（国科发基〔2017〕250号）要求，通过竞争方式，依托行业龙头民营企业布局设立一批国家技术创新中心、企业国家重点实验室等研发和创新平台，对外开放和共享创新资源，发挥行业引领示范作用。支持民营企业发展产业技术研究院、先进技术研究院、工业研究院等新型研发组织，各级科技部门可以通过项目资助、后补助、社会资本与政府合作等多种方式给予引导扶持或合作共建。

（五）鼓励民营企业发展产业技术创新战略联盟。

围绕国家"十三五"科技创新规划和国家科技创新重大决策部署，充分发挥全国工商联所属商会的作用，组织行业内有代表性的民营企业联合高校、科研机构、国有企业、社会服务机构等共同发起建立产业技术创新战略联盟，完善产学研协同创新机制，推动基础研究、应用研究与技术创新对接融通。培育一批民营企业产业技术创新示范联盟，通过国家科技计划支持联盟牵头承担计划项目，突破关键共性技术，服务和支持行业创新发展。

（六）力促民营企业推动大众创业、万众创新。

加快发展科技企业孵化器、加速器、众创空间、星创天地等创新创业孵化载体，提高为民营小微企业的公共服务能力。支持行业龙头民营企业围绕主营业务，创新模式，建立一批特色鲜明、创客云集、机制灵活的专业化众创空间。建立民营企业双创导师队伍，开展灵活多样的创新创业服务。支持民营技术转移机构发展，推动建立专业化运营团队，为技术交易双方提供成果转化配套服务。依托各地科技领军人才创新驱动中心，组织高水平科技领军人才和创新团队为民营企业转型升级提供技术咨询等智力支持。推动民营小微企业参与"中国创新创业大赛"，弘扬创新创业文化。

（七）加强优秀创新型民营企业家培育。

高度重视培育具有科学素养、高水平战略和创新意识的民营企业家。发挥企业家组织的积极作用，加大对民营企业家创新思维和能力提升的培训力度。弘扬工匠精神，积极倡导民营企业家坚守实体经济，将培养企业家队伍与实施国家重大科技战略同步谋划、同步推进，在实践中培养一批具有全球战略眼光、市场开拓精神、管理创新能力和社会责任感的优秀创新型民营企业家。

（八）加强民营企业创新人才培育。

结合实施创新人才推进计划，加大对民营企业中青年科技创新领军人才、重点领域创新团队的培育和支持。建设全国科技创新创业人才联盟，促进民营企业创新创业人才跨界交流、合作、互助。通过创新方法专项，在民营企业培育一批创新工程师、创新咨询师和创新培训师。举办民营企业科技创新培训班，通过专家讲授、政策解读、案例分析和实地调研等方式，加强对民营企业科技创新知识和能力的系统培养，鼓励支持更多具有创新创业能力的人才脱颖而出。

（九）落实支持民营企业创新发展的各项政策。

深入推动高新技术企业和科技型中小企业认定、研发投入加计扣除及无形资产税前摊销、政府采购、科技金融等普惠性创新政策落地实施，取得实效。推广实施创新券政策，开展创新券跨区域应用试点，支持民营企业利用创新券购买创新服务、降低创新成本。推动更多国家重大科技基础设施、科研仪器设备、科学数据和科技文献等科技资源向民营企业开放共享。

（十）完善科技金融促进民营企业发展。

针对民营中小微企业融资难、融资贵问题，发展完善科技金融，形成科技创新与创业投资基金、银行信贷、融资担保、科技保险等各种金融方式深度结合的模式和机制，为民营中小微企业营造良好投融资环境。鼓励有影响、有实力的民营金融机构，通过设立创业投资基金、投贷联动、设立服务平台开展科技金融服务等方式，为民营中小微企业提供投融资支持。

（十一）推动民营企业参与军民协同创新。

鼓励民营企业、高等院校、科研院所等多方协同，建设军民融合众创空间、科技企业孵化器、高科技园区、技术创新战略联盟等机构，开展军民科技协同创新。通过建立完善各类军民协同创新公共服务平台，向民营企业提供信息检索、政策咨询、科技成果评价等服务，鼓励和引导民用技术参军和军用技术转民。

（十二）推动民营企业开展国际科技合作。

依托"一带一路"科技创新行动计划，支持民营企业积极参与科技人文交流、共建联合实验室、科技园区合作和技术转移。支持民营企业与"一带一路"沿线国家企业、大学、科研机构开展高层次、多形式、宽领域的科技合作。鼓励民营企业并购重组海外高技术企业，设立海外研发中心，促进顶尖人才、先进技术及成果引进和转移转化，实现优势产业、优质企业和优秀产品"走出去"，提升科技创新能力对外开放水平。

（十三）引导民营企业支持基础研究和公益性研究。

不断完善多元化投入基础研究机制，运用税收等政策手段激励民营企业增加基础研究投入。激发企业家致富思源的情怀，引导企业主动履行社会责任，引导民营企业通过联合资助、慈善捐赠等方式，资助在基础研究和公益性研究方面的科学研究活动。支持民间力量规范开展科学技术奖励。

三、保障措施

（十四）加强组织领导。

科技部和全国工商联建立推动民营企业创新发展的部际联席会议机制，定期和不定期召开会议，协调工作，部署任务。建立健全加强战略合作的组织领导和工作推进体系，在顶层设计、改革措施和工作保障等方面实现部门联动，推动各项任务落到实处。

（十五）加强指导服务。

科技部和全国工商联共同加强对民营企业创新发展的工作指导。科技部加强对支持民营企业创新发展相关政策的宣传和解读，增强民营企业对政策的知晓度，增强政策获得感。全国工商联加强对民营企业创新发展的服务，搭建成果展示、产学研合作等创新服务平台，开展培训及项目人才推荐、评选等工作。

（十六）开展监测评价和总结宣传。

结合实施国家创新调查制度，开展民营企业创新能力监测。发挥第三方评估机构作用，对民营企业创新发展情况进行跟踪评价，依据评价结果及时调整完善相关政策措施。及时总结民营企业创新发展的新典型、新模式和新机制，加强对民营企业创新发展成功经验和突出成果的宣传推广。

科技部等 6 部门印发
《关于扩大高校和科研院所科研相关自主权的若干意见》的通知

(国科发政〔2019〕260号)

国务院各部委、各直属机构：

《关于扩大高校和科研院所科研相关自主权的若干意见》已经 2019 年 3 月 19 日中央全面深化改革委员会第七次会议审议通过，现印发给你们，请认真贯彻执行。落实过程中遇到的重要情况和问题，请及时向科技部、教育部报告反映。

联系电话：科技部 010-58881715

　　　　　教育部 010-66096298

科技部　教育部　发展改革委

财政部　人力资源社会保障部　中科院

2019 年 7 月 30 日

关于扩大高校和科研院所科研相关自主权的若干意见

高校和科研院所从事探索性、创造性科学研究活动，具有知识和人才独特优势，是实施创新驱动发展战略、建设创新型国家的重要力量。党中央、国务院高度重视高校和科研院所科研领域简政放权工作，近年来出台了一系列改革举措，取得了良好效果。但随着科技创新向纵深推进，高校和科研院所科研相关自主权越来越难以适应实践发展需求。为进一步完善相关制度体系，推动扩大高校和科研院所科研领域自主权，全面增强创新活力，提升创新绩效，增加科技成果供给，支撑经济社会高质量发展，现提出如下意见。

一、总体要求

（一）指导思想。

以习近平新时代中国特色社会主义思想为指导，全面贯彻党的十九大和十九届二中、三中全会精神，认真落实党中央、国务院决策部署，牢固树立新发展理念，遵循科研活动、人才成长、成果转化规律，深化科技体制改革，转变政府科技管理职能，抓战略、抓规划、抓政策、抓服务，支持高校和科研院所依法依规行使科研相关自主权，充分调动单位和人员积极性创造性，增强创新动力活力和服务经济社会发展能力，为建设创新型国家和世界科技强国提供有力支撑。

（二）基本原则。

坚持单位发展与国家使命相一致。坚持和加强党对高校和科研院所的全面领导，牢记国家使命，坚持国家目标导向，充分利用国家赋予的职责权限组织开展工作，积极承担重大科研任务，将单位发展融入国家发展大局，在服务国家目标过程中实现自身可持续发展。

坚持统一要求与分类施策相协调。扩大高校和科研院所科研相关自主权应符合中央分类推进事业单位改革的总体要求，尊重科学规律，针对高校和科研院所不同特点精准施策，实行分类管理，提高政策的针对性和可操作性。

坚持简政放权与加强监管相结合。最大限度减少政府对高校和科研院所内部事务的微观管理和直接干预，加强对发展方向的总体把握，实施预算绩效管理，推动内控机制建设，确保充分放权与有效承接、完善内部治理与加强外部监督、激励担当作为与严肃问责追责等有机结合、权力与责任相一致。

二、完善机构运行管理机制

（三）完善章程管理。主管部门要按照中央改革精神和政事分开、管办分离的原则，组织所属高校完善章程，推动科研院所制定章程，科学确定不同类型单位的职能定位和权利责任边界。高校和科研院所要按照章程规定的职能和业务范围开展科研活动，完善内部治理结构，建立高效运行管理机制。主管部门对章程赋予高校和科研院所管理权限的事务不得干预。

（四）强化绩效管理。高校和科研院所要制定中长期发展目标和规划，明确绩效目标及指标。主管部门要按照权责利效相统一和分类评价原则，减少过程管理，突出创新导向、结果导向和实绩导向，对高校和科研院所实行中长期绩效管理和评价考核，评价结果以适当方式公开，并作为单位财政拨款、科技创新基地建设、领导人员考评奖励、绩效工资总量核定等的重要依据；机构编制部门按照程序办理科研事业单位编制调整事项时，参考评价结果。

（五）优化机构设置管理。科技部门要按照功能定位清晰、布局合理、精简高效的原则，拟订科研机构改革发展与布局的规划，推动科技资源优化配置。高校和科研院所在章程规定的职能范围内，根据国家战略需求、行业发展需要和科技发展趋势，按照精简、效能的原则，可自主设置、变更和取消单位的内设机构。

三、优化科研管理机制

（六）简化科研项目管理流程。完善中央财政科技计划重大项目组织实施机制，围绕国家需求改进项目形成机制，合理确定项目布局、数量及体量，优选研发团队，强化责任落实与结果考核，简化过程管理。科技部门要会同相关部门精简项目申报流程，减少不必要申报材料。项目实施期间实行"里程碑"式管理，减少各类过程性评估、检查、抽查、审计等。合并财务验收和技术验收，评估、规范和动态调整第三方审计机构。整合科技管理各项工作和计划的材料报送环节，实现一表多用。建立国家科技管理信息系统按权限开放制度，凡是信息系统已有材料或已要求提供过的材料，不得要求重复提供。科技、财政、教育部门和中科院等要开展减轻科研人员负担专项行动，积极营造有利于潜心研究的环境。

（七）完善科研经费管理机制。改革间接经费预算编制和支付方式，不再由项目负责人编制预算，由项目管理部门（单位）直接核定并办理资金支付手续，资金直接支付给承担单位。加快推进基于绩效、诚信和能力的科研管理改革试点，及时总结推广科研项目资金管理等试点经验和做法。落实横向经费使用自主权，单位依法依规制定的横向经费管理办法可作为审计检查依据。允许项目承担单位对国内差旅费中的伙食补助费、市内交通费和难以取得发票的住宿费实行包干制。科技、教育部门适时选择部分高校和科研院所探索开展国内差旅费报销改革试点。

（八）改进科研仪器设备耗材采购管理。简化采购流程，缩短采购周期，对独家代理或生产的仪器设备，高校和科研院所可按有关规定和程序采取更灵活便利的采购方式。对科研急需的设备和耗材，采用特事特办、随到随办的采购机制，可不再走招投标程序。各单位要建立完善的科研设备耗材采购管理制度，对确需采用特事特办、随到随办方式的采购作出明确规定，确保放而不乱。

（九）赋予创新领军人才更大科研自主权。国家科研项目负责人可根据国家有关规定自主调整研究方案和技术路线，自主组织科研团队。具有相应授权的高校和科研院所在研究生招生计划分配中，要向承担科技重大专项、重点研发计划等国家重大科研项目的优秀团队和导师倾斜。探索基于重大科技创新平台、重大科研项目和工程项目加强博士研究生培养，完善培养成本分摊机制。项目承担单位要切实落实公务卡管理自主权，允许项目临时聘用人员、研究生等不具备公务卡申请条件的人员因执行项目任务产生的差旅费不使用公务卡结算。

（十）改革科技成果管理制度。修订完善国有资产评估管理方面的法律法规，取消职务科技成果资产评估、备案管理程序。科技、财政等部门要开展赋予科研人员职务科技成果所有权或长期使用权试点，为进一步完善职务科技成果权属制度探索路子。

四、改革相关人事管理方式

（十一）自主聘用工作人员。高校和科研院所可根据国家有关规定和开展科研活动需要，制定招聘方案，设置岗位条件，发布招聘信息，自主组织公开招聘，规范聘后管理，畅通人员出口，实现聘用人员市场化退出。对本土培养人才与海外引进人才一视同仁、平等对待。支持和鼓励高校和科研院所专业技术人员以挂职、参与项目合作、兼职、在职创业等方式从事创新活动。允许科研院所完善内部用人制度，自主聘用内设机构负责人。高校和科研院所正职和领导班子中属中央管理的干部要严格执行中央有关规定，内设研发机构负责人可依法依规获得科技成果转化现金和股权奖励，执行教学科研人员因公临时出国、兼职等区别对待、分类管理政策。

（十二）自主设置岗位。高校和科研院所可根据国家有关规定，结合科技创新事业发展需要，在编制或人员总量内自主制订岗位设置方案和管理办法，确定岗位结构比例。已全面实行聘用合同、岗位管理和公开招聘制度，建立能上能下、能进能出灵活用人机制的单位，可在编制内适当增加高级专业技术岗位比例，调整情况按管理权限报相关部门备案。允许高校和科研院所通过设置创新型岗位和流动性岗位，引进优秀人才从事创新活动。对单位引进的急需紧缺高层次人才，通过调整岗位设置难以满足需求的，经相关部门审批同意，设置一定数量的特设岗位，不受岗位总量、最高等级和结构比例限制，涉及编制事宜报机构编制管理部门按程序专项审批。完成相关任务后，按照管理权限予以核销。

（十三）切实下放职称评审权限。高校和科研院所按照国家规定自主制定职称评审办法和操作方案，按照管理权限自主开展职称评审，评审结果事后按要求报主管部门备案。部分条件不具备、尚不能独立组织评审的高校和科研院所，可自主采取联合评审、委托评审等方式。对引进的急需紧缺高层次人才和有突出贡献的人才，允许高校和科研院所在明确标准、程序和公示公开的前提下，开辟评审绿色通道，评审标准不设资历、年限等门槛。

（十四）完善人员编制管理方式。教育部门要会同机构编制、财政、人力资源社会保障等相关部门加快制订高校人员总量核定指导标准和试点方案，积极开展试点。在总结评估科研院所编制备案制试点工作基础上，完善相关政策，逐步扩大试点范围。

五、完善绩效工资分配方式

（十五）加大绩效工资分配向科研人员倾斜力度。高校和科研院所可在绩效工资总量内，按国家有关规定自主确定绩效工资结构、考核办法、分配方式、工资项目名称、标准和发放范围，绩效工资分配要向关键创新岗位、作出突出贡献的科研人员、承担财政科研项目的人员、创新团队和优秀青年人才倾斜。在绩效工资总量核定中，要向高层次人才集中、创新绩效突出的高校和科研院所倾斜。人力资源社会保障、财政部门要会同相关主管部门在部分高校和科研院所探索建立符合行业特点的工资制度。

（十六）强化绩效工资对科技创新的激励作用。对全时承担国家关键领域核心技术攻关任务的团队负责人以及单位引进的急需紧缺高层次人才等可实行年薪制、协议工资、项目工资等灵活分配方式，其薪酬在所在单位绩效工资总量中单列，相应增加单位当年绩效工资总量。加大高校和科研院所人员科技成果转化股权期权激励力度，科研人员获得的职务科技成果转化现金奖励、兼职或离岗创业收入不受绩效工资总量限制，不纳入总量基数。

六、确保政策落实见效

（十七）加强统筹协调。科技、教育部门要会同组织、机构编制、发展改革、财政、人力资源社会保障等相关部门及时完善配套制度，建立政策落实沟通反馈和动态调整机制，适时组织开展改革效果评估。主管部门要根据本意见精神在半年内完成本部门相关管理制度的修订，在岗位设置、人员聘用、内部机构调整、绩效工资分配、评价考核、科研组织等方面充分放权，加强支持保障和绩效管理。相关改革试点工作要在半年内启动，有关部门要加强指导并及时总结评估、复制推广成功经验和做法。

（十八）落实主体责任。高校和科研院所党政主要领导是本单位抓落实的第一责任人，要提高思想认识，强化责任担当，抓好组织实施，把自主权政策落实到科研一线。抓落实的成效作为单位班子考核的重要内容。一年内要制定完善本单位科研、人事、财务、成果转化、科研诚信等具体管理办法，建立健全相关工作体系、配套制度，积极推进重大决策、重大事项、重要制度等公开，自觉接受各方监督。

（十九）实施有效监管。高校和科研院所要建立适合本单位实际情况的内部控制体系，强化内部流程控制，分析风险隐患，完善风险评估机制，实现内控体系全面、有效实施，确保自主权接得住、用得好、不出事，防止滋生腐败。

各相关部门要跟踪高校和科研院所履行职责、行使自主权情况，通过"双随机、一公开"抽查、督查、第三方绩效评估等方式督促推动改革政策落实，对落实不到位的以适当方式予以通报，对发现的违法违规问题予以严肃处理。实行科研项目责任人预算绩效负责制，重大项目责任人实行绩效终身责任追究制。构建公开公示和信用机制，将诚信状况作为单位获得科研相关自主权的重要依据，将单位行使相关自主权过程中出现的失信情况纳入信用记录管理，对严重失信行为实行终身追责、联合惩戒。

（二十）鼓励担当作为。按照"三个区分开来"的要求，鼓励高校和科研院所改革创新。监督检查工作中出现与工作对象理解相关政策不一致时，监督检查部门要与政策制定部门沟通，及时调查澄清。对在担当作为中发生无意过失的干部，要按照事业为上、实事求是、依法依纪、容纠并举等原则，结合动机态度、客观条件、程序方法、性质程度、后果影响以及挽回损失等情况，进行综合分析和妥善处理，该容的大胆容，不该容的坚决不容，鼓励干部敢于担当、主动作为。

本意见适用于中央部门所属高校和中央级科研院所。现行相关规定与本意见不一致的，以本意见为准。

科技部印发《关于新时期支持科技型中小企业加快创新发展的若干政策措施》的通知

(国科发区〔2019〕268号)

各省、自治区、直辖市及计划单列市科技厅(委、局),新疆生产建设兵团科技局:

为深入贯彻落实党中央、国务院支持民营企业发展的重大决策部署,加快推动民营企业特别是各类中小企业走创新驱动发展道路,强化对科技型中小企业的政策引导与精准支持,科技部制定了《关于新时期支持科技型中小企业加快创新发展的若干政策措施》。现印发给你们,请结合实际,认真贯彻执行。

科技部

2019年8月5日

关于新时期支持科技型中小企业加快创新发展的若干政策措施

科技型中小企业是培育发展新动能、推动高质量发展的重要力量,科技创新能力是企业打不垮的竞争力。为深入贯彻习近平总书记在民营企业座谈会上的重要讲话精神,切实落实中央办公厅、国务院办公厅《关于促进中小企业健康发展的指导意见》,加快推动民营企业特别是各类中小企业走创新驱动发展道路,增强技术创新能力与核心竞争力,现就支持科技型中小企业创新发展提出以下政策措施。

一、总体思路

以习近平新时代中国特色社会主义思想为指导,全面贯彻党的十九大和十九届二中、三中全会精神,以培育壮大科技型中小企业主体规模、提升科技型中小企业创新能力为主要着力点,完善科技创新政策,加强创新服务供给,激发创新创业活力,引导科技型中小企业加大研发投入,完善技术创新体系,增强以科技创新为核心的企业竞争力,为推动高质量发展、支撑现代化经济体系建设发挥更加重要的作用。

二、主要措施

(一)培育壮大科技型中小企业主体规模。

1.完善创新创业孵化体系建设。加强专业化众创空间在重点地区和细分领域的梯次布局,推动专业化众创空间提升服务能力,在若干行业领域推动建立专业孵化器联盟,支撑科技型中小企业培育孵化。

2.鼓励科研人员创新创业。推动出台支持科研人员离岗创业的实施细则,完善科研人员校企、院企共建双聘机制。支持持有外国人永久居留证的外籍高层次人才创办科技型企业,给予与中国籍公民同等待遇。

3. 强化考核评估导向。将科技型中小企业培育孵化情况列入国家高新区、国家自主创新示范区以及创新型省份、创新型城市、创新型县（市）等相关评价指标体系。完善科技型中小企业评价办法，扩大全国科技型中小企业数据库入库规模。

（二）强化科技创新政策完善与落实。

4. 加大政策激励力度。推动研究制订提高科技型中小企业研发费用加计扣除比例、科技型初创企业普惠性税收减免等新的政策措施。

5. 加强政策落实与宣讲。进一步落实高新技术企业所得税减免、技术开发及技术转让增值税和所得税减免、小型微利企业免增值税和所得税减免等支持政策，推动降低执行门槛。加强现有政策宣传推广，在科技园区、众创空间、孵化器中开展面向科技型初创企业的重点政策解读。

（三）加大对科技型中小企业研发活动的财政支持。

6. 加大财政资金支持力度。通过国家科技计划加大对中小企业科技创新的支持力度，调整完善科技计划立项、任务部署和组织管理方式，对中小企业研发活动给予直接支持。鼓励各级地方政府设立支持科技型中小企业技术研发的专项资金。

7. 支持承担国家科技计划项目。在国家重点研发计划、科技创新2030—重大项目等国家科技计划组织实施中，支持科技型中小企业广泛参与龙头骨干企业、高校、科研院所等牵头的项目，组建创新联合体"揭榜攻关"。对于任务体量和条件要求适宜的，鼓励科技型中小企业牵头申报。

（四）引导创新资源向科技型中小企业集聚。

8. 推动完善企业研发体系。鼓励科技型中小企业制定企业科技创新战略，完善内部研发管理制度，推广应用创新方法。支持有条件的科技型中小企业建立内部研发平台、技术中心等，引进培育骨干创新团队，申请认定高新技术企业。支持有条件的科技型中小企业参与建设国家技术创新中心、企业国家重点实验室等。

9. 鼓励开展产学研协同创新。研究出台新时期强化产学研一体化创新的政策措施，引导科技型中小企业通过组建产业技术创新战略联盟、共设研发基金、共建实验室、研发众包等方式，共享创新资源、开展协同创新。

10. 加大科技资源集聚共享。支持国家高新区打造科技资源支撑型、高端人才引领型等特色载体，引导科技型中小企业集聚和开展专业化分工协作。推动科研机构、高等学校、大型企业搭建科技资源开放共享网络管理平台，促进科研仪器、实验设施等向科技型中小企业开放共享。

（五）扩大面向科技型中小企业的创新服务供给。

11. 推广科技创新券。支持地方设立科技创新券专项资金，以政府购买公共服务方式对各类服务科技型中小企业的服务载体进行奖励或后补助。

12. 加强科技服务机构培育建设。制订出台促进新型研发机构发展的政策举措，开展新型研发机构培育建设试点，引导面向科技型中小企业创新需求开展成果转化与创新服务。在高等学校、科研院所培育建设一批专业化技术转移机构，为科技型中小企业吸纳科技成果提供专业化服务。

13. 搭建特色服务载体。建设全国科技型中小企业信息服务平台，举办科技型中小企业创新产品博览会，开展科技成果直通车，提供政策咨询、融资对接、技术转移、政府采购等综合服务。

（六）加强金融资本市场对科技型中小企业的支持。

14. 加强创业投资引导。拓展国家科技成果转化引导基金功能，引导地方政府、社会资本成立专门投资科技型中小企业的"双创"基金，培育发展专注投资初创期科技型中小企业的天使投资。

15. 拓展企业融资渠道。开展贷款风险补偿试点，引导银行信贷支持转化科技成果的科技型中小企业。加强科技金融结合试点工作，加快推进投贷联动、知识产权质押、融资租赁等。实施"科技型中小企业成长路线图计划2.0"，为优质企业进入"新三板"、科创板上市融资提供便捷通道。

（七）鼓励科技型中小企业开展国际科技合作。

16. 强化"一带一路"合作交流。探索开展"一带一路"产权交易与技术转移相关工作，为更多科技型中小企业与"一带一路"沿线国家开展科技合作营造良好的环境。

17. 加强国际人才交流对接。优先支持科技型中小企业参与"国际杰青计划"，帮助科技型中小企业与相关领域外国青年人才进行对接。支持科技型中小企业选派专业技术人才参加中长期出国（境）培训。

三、组织实施

（一）加强组织领导。科技部成立推进科技型中小企业创新发展工作小组，统筹推进有关工作。各级科技管理部门要牢固树立"创新不问出身、不分大小"理念，切实把营造良好创新创业环境作为转变政府职能、提升服务意识的根本要求，因地制宜制定出台相关支持政策，加大力度推动科技型中小企业创新发展。

（二）强化任务落实。加强对各项任务的细化分解，明确责任分工和时间节点，以抓铁有痕的决心和久久为功的毅力，持续推动各项任务落实。适时开展政策落实情况评估，定期报告工作进展，确保各项任务落实到位。

（三）开展总结宣传。结合国家创新调查工作，监测科技型中小企业发展情况，及时调整完善政策措施。总结科技型中小企业创新经验，加强对企业家精神和重大创新成果的宣传推广，引领和带动更多科技型中小企业实现创新发展。

科技部等六部门印发《关于促进文化和科技深度融合的指导意见》的通知

(国科发高〔2019〕280号)

各省、自治区、直辖市、计划单列市科技厅(委、局)、党委宣传部、网信办、财政厅(局)、文化和旅游厅(局)、广播电视局,新疆生产建设兵团科技局、党委宣传部、网信办、财政局、文化体育新闻出版广电局:

为促进文化和科技深度融合,全面提升文化科技创新能力,转变文化发展方式,推动文化事业和文化产业更好更快发展,更好满足人民精神文化生活新期待,增强人民群众的获得感和幸福感,科技部、中央宣传部、中央网信办、财政部、文化和旅游部、广播电视总局共同研究制定了《关于促进文化和科技深度融合的指导意见》。现印发给你们,请认真贯彻执行。

科技部　中央宣传部　中央网信办
财政部　文化和旅游部　广播电视总局
2019年8月13日

关于促进文化和科技深度融合的指导意见

党的十八大以来,以习近平同志为核心的党中央高度重视文化和科技融合工作,对宣传思想文化战线如何应对新一轮科技革命作出了一系列战略部署,特别是对全媒体时代的媒体融合发展提出了明确要求。目前,国家对网络强国建设作出总体部署,对数字经济发展提出明确要求,有关互联网发展及数字化、网络化、智能化建设正在积极有序推进。同时要看到,文化和科技深度融合仍面临许多新的挑战,科技对文化建设支撑作用的潜力还没有充分释放,相关部门和地方对文化和科技融合的重要性和紧迫性的认识尚需进一步提高,现就促进文化和科技深度融合,提出以下指导意见。

一、总体要求

(一)指导思想。

以习近平新时代中国特色社会主义思想为指导,全面贯彻党的十九大和十九届二中、三中全会精神,贯彻落实全国科技创新大会、全国宣传思想工作会议精神,坚持社会主义先进文化前进方向,不断增强社会主义意识形态的凝聚力和引领力,促进文化和科技深度融合,全面提升文化科技创新能力,转变文化发展方式,推动文化事业和文化产业更好更快发展,更好满足人民精神文化生活新期待,增强人民群众的获得感和幸福感。

(二)基本原则。

面向文化建设重大需求,把握文化科技发展趋势,瞄准国际科技前沿,选准主攻方向和突破口，打通文化和科技融合的"最后一公里"，激发各类主体创新活力，创造更多文化和科技融合创新性成果，为高质量文化供给提供强有力的支撑。

坚持需求导向。以满足人民对美好生活向往的精神文化需求为导向，用先进科技手段，助推文化领域供给侧结构性改革和需求侧服务模式创新。

坚持问题导向。找准文化和科技两种思维、缺乏交融的软肋，补齐文化发展缺少核心技术支撑的短板，以体系化思维攻克关键核心技术和系统集成技术。

坚持统筹融合。统筹政府和市场作用，统筹基础研究与应用技术研究，统筹应用示范与成果推广，引领文化和科技深度融合。

（三）主要目标。

到 2025 年，基本形成覆盖重点领域和关键环节的文化和科技融合创新体系，实现文化和科技深度融合。按照国家科技创新基地优化整合总体部署，建成若干目标明确、重点突出、协同攻关的文化科技领域国家科技创新基地，建成 100 家左右特色鲜明、示范性强、管理规范、配套完善的国家文化和科技融合示范基地，200 家左右拥有知名品牌、引领行业发展、竞争力强的文化和科技融合领军企业，使文化和科技融合成为文化高质量发展的重要引擎。

二、重点任务

（一）加强文化共性关键技术研发。

加强智能科学、体验科学等基础研究，开展语言及视听认知表达、跨媒体内容识别与分析、情感分析等智能基础理论与方法研究，开展人机交互、混合现实等关键技术开发，推动类人视觉、听觉、语言、思维等智能技术在文化领域的创新应用。

加强文化创作、生产、传播和消费等环节共性关键技术研究，开展文化资源分类与标识、数字化采集与管理、多媒体内容知识化加工处理、VR/AR 虚拟制作、基于数据智能的自适配生产、智能创作等文化生产技术研发；开展文化产品多渠道发布、多网络分发、多终端呈现等文化传播技术研发；开展文化产品价值评估与版权交易、基于大数据的个性化推荐、文化产品与服务质量评测等文化服务技术研发；开展文化资源保护与开发利用、知识产权保护与侵权追踪、舆情分析与内容安全监管、文化艺术品鉴定等文化管理技术研发。

以数字化、网络化、智能化为技术基点，重点突破新闻出版、广播影视、文化艺术、创意设计、文物保护利用、非物质文化遗产传承发展、文化旅游等领域系统集成应用技术，开发内容可视化呈现、互动化传播、沉浸化体验技术应用系统平台与产品，优化文化数据提取、存储、利用技术，发展适用于文化遗产保护和传承的数字化技术和新材料、新工艺。

（二）完善文化科技创新体系建设。

构建以企业为主体、市场为导向、产学研相结合的文化科技创新体系。把国家文化和科技融合示范基地作为文化科技创新和产业发展的核心载体，鼓励各基地强化服务行业意识和公共服务平台建设，结合区域特色进行差异化发展，形成以龙头骨干企业为支点、大中小企业紧密配合的发展模式，充分发挥示范企业在模式创新和融合发展中的带动作用，打造文化和科技深度融合的示范区、政策体系和管理机制先行先试的试验田、文化科技产业创新发展的先锋队。鼓励不同区域根据其文化、科技资源禀赋和经济社会发展水平，构建各具特色的文化和科技融合区域创新发展格局。

探索建立高效协同的创新体系，培育产学研结合、上中下游衔接、大中小企业协同的创新格局。依托企业、高校、科研院所建设文化和科技融合创新领域的国家级及省部级科技创新基地。建立文化科技重大科研任务形成机制，从基础研究到关键技术研发、集成应用等创新链一体化设计。明确企业、科研院所、高校、社会组织等各类创新主体功能定位，构建开放高效的创新网络。

（三）加快文化科技成果产业化推广。

以国家重点研发计划为抓手，疏通应用基础研究和产业化连接的快车道，打通关卡，促进创新链和产业链精准对接，破解实现技术突破、产品制造、市场模式、产业发展"一条龙"转化的瓶颈，加快文化和科技融合成果从样品到产品再到商品的转化。

完善全国文化技术交易市场体系，定期开展文化和科技融合成果展览交易，打造交流对接平台，破解信息不对称难题。鼓励科研院所和高校建立专业化技术转移机构和职业化技术转移人才队伍，畅通技术转移通道。

加强中试基地建设，以技术示范带动成果转化。培育和发展面向社会从事文化科技咨询、技术评估、技术转移、成果转化的文化科技服务，有效降低文化科技创新风险，加速推进文化和科技融合成果产业化。

（四）加强文化大数据体系建设。

贯彻国家大数据战略，加强顶层设计，加快国家文化大数据体系建设。依托现有工作基础，对全国公共文化机构、高等科研机构和文化生产机构各类藏品数据，分门别类标注中华民族文化基因，把非物质文化遗产记录成果中蕴含的优秀传统文化的精神标识提炼出来，建设物理分散、逻辑集中、政企互通、事企互联、数据共享、安全可信的文化大数据体系。

构建文化大数据应用生态体系，加强文化大数据公共服务支撑。面向社会开放文化大数据，鼓励公民、法人和其他组织依法开发利用，将中华文化元素和标识融入内容创作生产、创意设计以及国土空间规划、生态文明建设、制造强国建设、网络强国建设和数字中国建设，让文化遗产"活起来"。

加快文化数据采集、存储、清洗、分析发掘、可视化、标准化、版权保护、安全与隐私保护等领域关键技术攻关。加强文化数据在采集、存储、应用和开放等环节的安全保护，加强文化数据在公开共享等环节的安全评估与保护，强化对妥善处理重大突发文化事件的数据支持。

（五）推动媒体融合向纵深发展。

加快党报党刊、通讯社、电台电视台等网络化改造和技术升级，建设"内容+平台+终端"的新型新闻内容生产和传播体系，运用信息革命成果，坚持一体化发展方向，通过流程优化、平台再造，实现各种媒介资源、生产要素有效整合，促进新闻信息、技术应用、平台终端、管理手段共融互通，推动媒体深度融合。

探索将人工智能运用于新闻采集、生产、分发、接收、反馈中，全面提高舆论引导能力，让个性化定制、精准化生产、智能化推送服务于正面宣传。加快高质量广播电视内容供给，推动超高清内容制作、交易、版权保护全链条体系建设。推动跨媒体内容制作与呈现，利用VR/AR技术实现内容传播精细化与沉浸化。研究云平台技术，开发分布式云架构，支持融媒体中心建设，创新新闻宣传新业务，打造服务社会、服务用户新业态。

（六）促进内容生产和传播手段现代化。

利用物联网、云计算、大数据、人工智能等新技术对公共文化服务和文化产业进行全方位、全链条的改造，推动文化数字化成果走向网络化、智能化。创新公共文化服务供给模式，重点研发智慧型呈现技术，开发数字化文化产品，充分发挥公共文化机构的研究、展示和教育功能。加快文化服务业智能化升级，支持智能技术和创新服务在出版发行、广播影视、演艺娱乐、印刷复制、广告服务、会展服务等传统文化产业中的应用，实现服务模式和业态创新。

推动人工智能技术在文化领域的深度应用和创新发展，在文化领域建设人工智能公共服务平台，建立"智能+文化"开源技术开发社区，鼓励双向交流、合作开发、共同体验和社会评测，强化文化领域新一代人工智能技术的有效供给。

（七）提升文化装备技术水平。

瞄准文化领域关键核心技术产品与装备，攻克一批关键瓶颈技术，实现文化领域重要软件系统和重大装备自主研发和安全可控，提升文化装备制造水平。完善文化大数据基础设施和应用设施的装备配备，加快文化装备关键技术、重要工艺、应用模式等方面的标准规范制定与推广。

加强智能化的文化遗产保护与传承、数字化采集、文化体验、公共文化服务和休闲娱乐等专用装备研制。加强激光放映、虚拟现实、光学捕捉、影视摄录、高清制播、图像编辑等高端文化装备自主研发及产业化。加强舞台演艺和观演互动、影视制作和演播等高端软件产品和装备自主研发及产业化。加快广播电视网络升级和智能化建设，支持内容制作、传输和使用的相关设备、软件和系统的自主研发及产业化。

开展绿色印刷、数字印刷、纳米印刷、按需印刷、智能印刷等技术、装备和材料研发与应用，加大印刷技术在微电子领域的应用研究，完善印刷业协同创新服务平台。加快物联网、现代物流等技术、产品与装备在新闻出版领域的集成应用，构建新闻出版业现代供应链体系。

（八）强化文化技术标准研制与推广。

实施标准化战略，完善文化技术标准化体系，强化标准研制与推广，推进技术专利化、产业标准化，完善产业评估体系建设，以标准助力文化和科技深度融合。

鼓励我国企业和社团参与国际标准研制，推动我国优势技术与标准成为国际标准。利用"一带一路"倡议相关政策，推动以标准为基础的文化科技创新成果"走出去"，加快文化技术标准推广。

三、保障措施

（一）加强组织领导。

完善国家层面的组织领导机制。完善以科技部、中央宣传部牵头，中央网信办、财政部、文化和旅游部、广电总局等部门参与的工作机制，指导和推动全国文化和科技融合工作。

建立地方层面的协调推进机制。有条件的省（自治区、直辖市）、副省级城市、省会城市和文化资源富集地区的市、县，可建立本地文化和科技融合发展工作协调推进机制，强化文化、科技、经济等部门协同，定期沟通协调，推动本地区文化和科技融合工作。

（二）加强政策引导。

地方有关部门根据本指导意见制定出台推动文化和科技深度融合的政策措施。鼓励有条件的地方先行先试，探索制定推动文化和科技深度融合的新举措。

将文化和科技融合技术研发列入国家重点研发计划，部署一批体现国家战略意图的重大文化和科技融合项目和工程，加大对文化和科技融合创新重大共性关键技术和产品研发的持续支持力度，聚焦目标、突出重点，形成梯次接续的系统布局。

中央财政和地方财政通过现有资金渠道对文化和科技融合相关工作给予必要的支持。鼓励地方政府科学规划建设文化和科技融合基础设施和公共服务平台，为文化科技企业提供生产经营场地和培训辅导、信息咨询、金融、知识产权等服务。

鼓励文化科技企业、金融机构和社会资本共同出资，依法依规设立文化和科技融合产业投资类基金，发挥其撬动成果转化、中小企业创新、新兴产业培育等作用。鼓励并支持具备条件的文化和科技融合项目开展政府与社会资本合作（PPP），促进文化科技项目实现社会效益与经济效益的协同双赢。鼓励并支持金融机构以及相关中介服务机构开发针对文化科技企业的投融资产品、风险控制技术、数据库等，推动文化科技金融工具的创新发展。

（三）深化开放合作。

加快建立开放合作平台，支持开展国际技术交流、探索技术合作模式，以技术、标准、产品、品牌、知识产权、差异化服务等优势和特点参与国际竞争。鼓励有实力的企业通过项目合作、海外并购、联合经营、设立分支机构等方式开拓海外市场，讲好中国故事，推动打造一批反映当代中国、面向国际市场的优秀数字文化产品及服务。

（四）加强智库建设和人才培养。

建立文化和科技融合决策咨询机制，研究文化和科技融合发展现状、趋势，研判世界文化科技新方向，定期报告国内外文化科技创新动态，提供准确、前瞻、及时的政策建议。

加快建设文化和科技融合创新领军人才和高技能人才队伍，加快复合型、创新型、外向型文化科技跨界人才的培养，鼓励国家文化和科技融合示范基地和企业与高等院校、科研机构共建人才培养基地。

关于印发《国家科学技术奖励绩效评价暂行办法》的通知

(财教〔2019〕228号)

国务院各部委、各直属机构，各省、自治区、直辖市、计划单列市财政厅（局）、科技厅（局），新疆生产建设兵团，各有关单位：

为贯彻习近平新时代中国特色社会主义思想，落实党的十九大关于"全面实施绩效管理"和十九届四中全会"完善科技创新体制机制"精神，按照《中共中央 国务院关于全面实施预算绩效管理的意见》要求，对国家科学技术奖励开展绩效评价，我们制定了《国家科学技术奖励绩效评价暂行办法》。现印发你们，请遵照执行。

附件：国家科学技术奖励绩效评价暂行办法

财政部 科技部
2019年12月17日

国家科学技术奖励绩效评价暂行办法

第一条 为贯彻习近平新时代中国特色社会主义思想，落实党的十九大关于"全面实施绩效管理"和十九届四中全会"完善科技创新体制机制"精神，按照《中共中央 国务院关于全面实施预算绩效管理的意见》要求，对国家科学技术奖励开展绩效评价，制定本办法。

第二条 本办法所称国家科学技术奖励是指按《国家科学技术奖励条例》要求设立的国家科学技术奖，包括国家最高科学技术奖、国家自然科学奖、国家技术发明奖、国家科学技术进步奖、中华人民共和国国际科学技术合作奖。

第三条 本办法所称绩效评价是指根据绩效目标，运用科学合理的绩效评价指标和评价方法，对国家科学技术奖励目标定位、奖种设置、组织实施、奖励效果等开展的评价。

第四条 绩效评价旨在提升国家科学技术奖励绩效，推动完善国家科学技术奖励制度，更好发挥国家科学技术奖励激励自主创新、激发人才活力、营造良好创新环境的导向作用。

第五条 绩效评价坚持目标导向和结果导向相结合，遵循科学、规范、高效的原则。

第六条 绩效评价采取年度评价和综合评价相结合方式开展。

年度评价是指对国家科学技术奖励工作组织实施情况开展的绩效评价，结合中央部门预算管理要求，每年开展一次。

综合评价是指对国家科学技术奖励制度和实施总体情况的系统评价，根据工作需要阶段性开展。

第七条 年度评价指标主要包括国家科学技术奖励提名、评审、授奖、监督等年度工作的组织实施的规范性、科学性，奖励工作专项经费支出的合规性、有效性，以及影响国家科学技术奖励绩效的其他相关事项。

综合评价指标主要包括国家科学技术奖励目标定位与我国科技创新、经济社会发展、国家安全需要的适应性，奖种设置、等级划分、数量设定、奖金标准的合理性，评奖机制的科学性，提名与评审工作的规范性，提名方、评审专家、评审对象、科技界、社会公众对奖励工作的满意度，奖励目标的实现程度，以及影响国家科学技术奖励绩效的其他相关事项。

第八条 年度评价由财政部、科技部按照中央部门项目支出绩效管理等要求组织开展。

综合评价由科技部、财政部根据国家科学技术奖励改革发展需要组织开展，包括国家科学技术奖励工作办公室自评、第三方机构评价、专家咨询评议、形成评价结果等环节。

第九条 坚持定量评价和定性评价相结合，自评和他评相结合，综合运用问卷调查、数据分析、专家咨询、调研座谈、案例和关键指标分析等方法，开展绩效评价工作。

第十条 绩效评价结果作为预算安排、改进管理、完善制度的重要依据。

第十一条 加强绩效评价工作责任约束，相关部门及其工作人员要切实履行主体责任，客观公正、实事求是、科学高效地开展绩效评价工作；委托第三方机构开展评价的，要明确双方权利和义务，确保评价标准科学、程序规范、方法合理、结果可信。

第十二条 绩效评价应当严格遵守国家保密法律、法规和规章制度，按规定做好保密工作。

第十三条 省部级科学技术奖励可参照本办法，开展绩效评价工作。社会力量设立的科学技术奖励可结合本办法精神和自身特点，开展绩效评价工作。

第十四条 本办法由财政部、科技部负责解释。

第十五条 本办法自发布之日起施行。

科技部等 9 部门印发《赋予科研人员职务科技成果所有权或长期使用权试点实施方案》的通知

(国科发区〔2020〕128 号)

各有关单位：

《赋予科研人员职务科技成果所有权或长期使用权试点实施方案》（以下简称《实施方案》）已经 2020 年 2 月 14 日中央全面深化改革委员会第十二次会议审议通过。现将《实施方案》印发给你们，请结合实际认真贯彻执行。

科技部　发展改革委　教育部
工业和信息化部　财政部　人力资源社会保障部
商务部　知识产权局　中科院
2020 年 5 月 9 日

赋予科研人员职务科技成果所有权或长期使用权试点实施方案

为深化科技成果使用权、处置权和收益权改革，进一步激发科研人员创新热情，促进科技成果转化，根据《中华人民共和国科学技术进步法》《中华人民共和国促进科技成果转化法》《中华人民共和国专利法》相关规定，现就开展赋予科研人员职务科技成果所有权或长期使用权试点工作制定本实施方案。

一、总体要求

（一）指导思想。

以习近平新时代中国特色社会主义思想为指导，全面贯彻党的十九大和十九届二中、三中、四中全会精神，认真贯彻党中央、国务院决策部署，加快实施创新驱动发展战略，树立科技成果只有转化才能真正实现创新价值、不转化是最大损失的理念，创新促进科技成果转化的机制和模式，着力破除制约科技成果转化的障碍和藩篱，通过赋予科研人员职务科技成果所有权或长期使用权实施产权激励，完善科技成果转化激励政策，激发科研人员创新创业的积极性，促进科技与经济深度融合，推动经济高质量发展，加快建设创新型国家。

（二）基本原则。

系统设计、统筹布局。聚焦科技成果所有权和长期使用权改革，从规范赋予科研人员职务科技成果所有权和长期使用权流程、充分赋予单位管理科技成果自主权、建立尽职免责机制、做好科技成果转化管理和服务等方面做好顶层设计，统筹推进试点工作。

问题导向、补齐短板。遵循市场经济和科技创新规律，着力破解科技成果有效转化的政策制度瓶颈，找准改革突破口，集中资源和力量，畅通科技成果转化通道。

先行先试、重点突破。以调动科研人员创新积极性、促进科技成果转化为出发点和落脚点，强化政策引导，鼓励先行开展探索，破除体制机制障碍，形成新路径和新模式，加快构建有利于科技创新和科技成果转化的长效机制。

（三）主要目标。

分领域选择40家高等院校和科研机构开展试点，探索建立赋予科研人员职务科技成果所有权或长期使用权的机制和模式，形成可复制、可推广的经验和做法，推动完善相关法律法规和政策措施，进一步激发科研人员创新积极性，促进科技成果转移转化。

二、试点主要任务

（一）赋予科研人员职务科技成果所有权。

国家设立的高等院校、科研机构科研人员完成的职务科技成果所有权属于单位。试点单位可以结合本单位实际，将本单位利用财政性资金形成或接受企业、其他社会组织委托形成的归单位所有的职务科技成果所有权赋予成果完成人（团队），试点单位与成果完成人（团队）成为共同所有权人。赋权的成果应具备权属清晰、应用前景明朗、承接对象明确、科研人员转化意愿强烈等条件。成果类型包括专利权、计算机软件著作权、集成电路布图设计专有权、植物新品种权，以及生物医药新品种和技术秘密等。对可能影响国家安全、国防安全、公共安全、经济安全、社会稳定等事关国家利益和重大社会公共利益的成果暂不纳入赋权范围，加快推动建立赋权成果的负面清单制度。

试点单位应建立健全职务科技成果赋权的管理制度、工作流程和决策机制，按照科研人员意愿采取转化前赋予职务科技成果所有权（先赋权后转化）或转化后奖励现金、股权（先转化后奖励）的不同激励方式，对同一科技成果转化不进行重复激励。先赋权后转化的，科技成果完成人（团队）应在团队内部协商一致，书面约定内部收益分配比例等事项，指定代表向单位提出赋权申请，试点单位进行审批并在单位内公示，公示期不少于15日。试点单位与科技成果完成人（团队）应签署书面协议，合理约定转化科技成果收益分配比例、转化决策机制、转化费用分担以及知识产权维持费用等，明确转化科技成果各方的权利和义务，并及时办理相应的权属变更等手续。

（二）赋予科研人员职务科技成果长期使用权。

试点单位可赋予科研人员不低于10年的职务科技成果长期使用权。科技成果完成人（团队）应向单位申请并提交成果转化实施方案，由其单独或与其他单位共同实施该项科技成果转化。试点单位进行审批并在单位内公示，公示期不少于15日。试点单位与科技成果完成人（团队）应签署书面协议，合理约定成果的收益分配等事项，在科研人员履行协议、科技成果转化取得积极进展、收益情况良好的情况下，试点单位可进一步延长科研人员长期使用权期限。试点结束后，试点期内签署生效的长期使用权协议应当按照协议约定继续履行。

（三）落实以增加知识价值为导向的分配政策。

试点单位应建立健全职务科技成果转化收益分配机制，使科研人员收入与对成果转化的实际贡献相匹配。试点单位实施科技成果转化，包括开展技术开发、技术咨询、技术服务等活动，按规定给个人的现金奖励，应及时足额发放给对科技成果转化作出重要贡献的人员，计入当年本单位绩效工资总量，不受单位总量限制，不纳入总量基数。

（四）优化科技成果转化国有资产管理方式。

充分赋予试点单位管理科技成果自主权，探索形成符合科技成果转化规律的国有资产管理模式。高等院校、科研机构对其持有的科技成果，可以自主决定转让、许可或者作价投资，不需报主管部门、财政部门审批。试点单位将科技成果转让、许可或者作价投资给国有全资企业的，可以不进行资产评估。试点单位将其持有的科技成果转让、许可或作价投资给非国有全资企业的，由单位自主决定是否进行资产评估。

（五）强化科技成果转化全过程管理和服务。

试点单位要加强对科技成果转化的全过程管理和服务，坚持放管结合，通过年度报告制度、技术合同认定、科技成果登记等方式，及时掌握赋权科技成果转化情况。试点单位可以通过协议定价、在技术交易市场挂牌交易、拍卖等方式确定交易价格，探索和完善科技成果转移转化的资产评估机制。获得科技成果所有权或长期使用权的科技成果完成人（团队）应勤勉尽职，积极采取多种方式加快推动科技成果转化。对于赋权科技成果作价入股的，应完善相应的法人治理结构，维护各方权益。鼓励试点单位和科研人员通过科研发展基金等方式，将成果转化收益继续用于中试熟化和新项目研发等科技创新活动。建立健全相关信息公开机制，加强全社会监督。

（六）加强赋权科技成果转化的科技安全和科技伦理管理。

鼓励赋权科技成果首先在中国境内转化和实施。国家出于重大利益和安全需要，可以依法组织对赋权职务科技成果进行推广应用。科研人员将赋权科技成果向境外转移转化的，应遵守国家技术出口等相关法律法规。涉及国家秘密的职务科技成果的赋权和转化，试点单位和成果完成人（团队）要严格执行科学技术保密制度，加强保密管理；试点单位和成果完成人（团队）与企业、个人合作开展涉密成果转移转化的，要依法依规进行审批，并签订保密协议。加强对赋权科技成果转化的科技伦理管理，严格遵守科技伦理相关规定，确保科技成果的转化应用安全可控。

（七）建立尽职免责机制。

试点单位领导人员履行勤勉尽职义务，严格执行决策、公示等管理制度，在没有牟取非法利益的前提下，可以免除追究其在科技成果定价、自主决定资产评估以及成果赋权中的相关决策失误责任。各地方、各主管部门要建立相应容错和纠错机制，探索通过负面清单等方式，制定勤勉尽责的规范和细则，激发试点单位的转化积极性和科研人员干事创业的主动性、创造性。完善纪检监察、审计、财政等部门监督检查机制，以是否符合中央精神和改革方向、是否有利于科技成果转化作为对科技成果转化活动的定性判断标准，实行审慎包容监管。

（八）充分发挥专业化技术转移机构的作用。

试点单位应在不增加编制的前提下完善专业化技术转移机制建设，发挥社会化技术转移机构作用，开展信息发布、成果评价、成果对接、经纪服务、知识产权管理与运用等工作，创新技术转移管理和运营机制，加强技术经理人队伍建设，提升专业化服务能力。

三、试点对象和期限

（一）试点单位范围。

试点单位为国家设立的高等院校和科研机构。优先在开展基于绩效、诚信和能力的科研管理改革试点的中央部门所属高等院校和中科院所属科研院所，医疗卫生、农业等行业所属中央级科研机构，以及全面创新改革试验区和国家自主创新示范区内的地方高等院校和科研机构中，选择一批改革动力足、创新能力强、转化成效显著以及示范作用突出的单位开展试点。

（二）试点期限。

试点期3年。

四、组织实施

（一）加强组织领导。

在国家科技体制改革和创新体系建设领导小组指导下，科技部会同发展改革委、教育部、工业和信息化部、财政部、商务部、人力资源社会保障部、知识产权局、中科院等部门建立高效、精简的试点工作协调机制，及时研究重大政策问题，编制赋权协议范本，加强风险防控，指导推进试点工作，确保试点宏观可控。相关地方要建立协调机制，推动试点任务落实，做好成效总结评估和经验推广工作。试点单位应按照实施方案的原则和要求，编制试点工作方案。

（二）加强评估监测。

科技部会同相关部门完善试点工作报告制度，试点单位应及时将试点工作方案、年度试点执行情况和赋权成果名单报告主管部门和科技部。对试点中的一些重大事项，可组织科技、产业、法律、财务、知识产权等方面的专家，开展决策咨询服务。发挥第三方评估机构的作用，对试点进展情况开展监测和评估。对于试点前有关地方和单位已经开展的科技成果赋权和转化成功经验、做法和模式，及时纳入试点方案。对试点中发现的问题和偏差，及时予以解决和纠正。

（三）加强推广应用。

充分发挥试点示范作用，开展经验交流，编发典型案例，加强宣传引导。对形成的一些好的经验做法，通过扩大试点范围等方式进行复制推广，总结试点中形成的改革新举措，及时健全完善相关政策措施。为解决试点中可能出现的突出问题和矛盾，需要对现行法律法规进行调整的，依法律程序解决。

各有关部门和地方要按照本方案精神，强化全局和责任意识，统一思想，主动改革，勇于创新，积极作为，确保试点工作取得实效。国防领域赋予科研人员职务科技成果所有权或长期使用权的试点由国防科技工业主管部门和军队有关部门参照本方案精神制定实施方案，另行开展。

科技部 教育部 人力资源社会保障部 财政部
中科院 自然科学基金委
关于鼓励科研项目开发科研助理岗位吸纳高校毕业生就业的通知

(国科发资〔2020〕132号)

各省、自治区、直辖市及计划单列市科技厅（委、局）、教育厅（教委）、人力资源社会保障厅（局）、财政厅（局），新疆生产建设兵团科技局、教育局、人力资源社会保障局、财政局，国务院各有关部门、直属机构，国家科技计划（专项、基金等）项目承担单位：

为落实习近平总书记在统筹推进新冠肺炎疫情防控和经济社会发展工作部署会议上的重要讲话精神，按照4月14日国务院常务会议关于采取有力有效举措促进高校毕业生就业的工作部署，现就承担国家科技计划（专项、基金等）科研项目的高校、科研院所、企业等单位（以下简称项目承担单位）开发科研助理岗位，吸纳高校毕业生就业的有关工作通知如下。

一、充分认识开发科研助理岗位吸纳高校毕业生就业的重要意义。高校毕业生是国家科技创新的一支重要生力军，科研助理是科研队伍的重要组成部分，是完善科研治理体系建设、提升治理能力的重要手段。鼓励项目承担单位开发科研助理岗位吸纳高校毕业生，既是促进就业稳定的有效手段，也是深化科技管理体制改革，构建与国家科技计划实施相匹配的专业科技支撑队伍的重要举措，对推动科技创新支撑复工复产和经济平稳运行具有重要意义。

二、依托各类国家科技计划（专项、基金等）项目拓宽大学生就业渠道。高校、科研院所和企业等主体，按照公开、自愿、双向选择的原则，在所承担的各类国家科技计划（专项、基金等）项目中，积极吸纳高校毕业生参与科研相关工作。上述科技计划主要包括：国家自然科学基金，国家科技重大专项，科技创新2030—重大项目，国家重点研发计划，技术创新引导专项（基金），基地和人才专项（含国家重点实验室、国家工程研究中心、国家技术创新中心、国家临床医学研究中心、国家科技资源共享服务平台等）。

三、主动作为积极开发科研助理岗位。科研助理是指从事科研项目辅助研究、实验（工程）设施运行维护和实验技术、科技成果转移转化以及学术助理和财务助理等工作的人员。项目承担单位应创新工作机制，采取包括签订服务协议等多种方式选聘科研助理，明确设置科研助理岗位的相关标准。项目承担单位应加强统筹，支持各级各类科研创新平台和团队（课题组）结合承担项目和经费等情况设置科研助理岗位；鼓励经费较少的课题组联合设置科研助理岗位；鼓励国家人才计划入选科技人才、创新团队和创新人才培养示范基地按需设置科研助理岗位。各单位要增强选聘科研助理工作的开放性，积极吸纳外部毕业生，不得设置仅招录本校（所）毕业生等限制条件。

四、进一步明确科研助理经费开支的相关管理要求。项目承担单位可结合自身情况，按规定从科研项目经费等渠道开支科研助理的相关经费支出。科研项目经费中，"劳务费"科目及结余资金均可按照有关规定用于科研助理的劳务性报酬和社会保险补助等支出。对于新立项项目，应结合科研助理的聘用情况认真测算经费需求，据实列支；在研项目如需调整预算，可由项目承担单位按规定调整。鼓励项目承担单位统筹现有经费渠道，配套专门资金为科研助理岗位提供长期稳定支持。

五、加强对科研助理岗位高校毕业生就业服务。项目承担单位应根据国家有关规定及本单位的实际签订服务协议等，明确双方的权利、责任和义务以及服务期限等内容，并按照岗位职责和工作任务的具体要求，参照本单位同级同类岗位确定科研助理薪酬标准，不得低于当地最低工资标准。项目承担单位应按规定，为科研助理办理参加社会保险及住房公积金等。高校毕业生在担任科研助理期间，其户口可存放在项目单位所在地或入学前户籍所在地；其档案可存放在项目单位，项目单位不具备人事档案管理条件的，档案可参照流动人员人事档案管理有关规定转递至项目单位所在地或户籍所在地的公共就业和人才服务机构。服务协议期满，根据工作需要可以续签协议，其户口和档案按照有关规定办理手续。就业后工龄与科研助理期间的工作时间合并计算，社会保险缴费年限合并计算。

六、建立完善项目承担单位科研助理队伍建设的长效机制。项目承担单位应切实落实主体责任，深化单位内部科研管理改革，逐步建立起一支规模适当、结构合理、能进能出、流动顺畅的科研助理队伍。加强科研助理岗位培训和职业发展规划，建立健全考核评价机制，提升科研助理能力水平、服务质量，拓宽成长空间，完善科研助理队伍建设长效机制。对参与涉密科研项目的科研助理，严格落实各项保密工作要求，确保安全。

七、做好开发科研助理岗位吸纳高校毕业生就业的组织、协调和推动工作。各部门、各地区要切实履行职责，组织本部门、本地区所属项目承担单位认真做好落实工作。中央级科研院所、"双一流"建设高校、高新技术产业开发区、龙头骨干企业等要发挥带头作用，加强组织领导和统筹协调，主动作为，积极吸纳高校毕业生就业。"双一流"建设高校设置科研助理岗位及实聘人数将作为"双一流"建设监测指标。各地区可结合本地实际，按照本通知精神，提出地方科技计划（项目、基金等）项目承担单位吸纳大学生就业的具体落实意见，上下联动，形成合力，落实好开发科研助理岗位吸纳高校毕业生就业的相关工作。各单位自行组织的科研项目可参照本通知要求开展落实吸纳大学生就业的相关工作。

各部门、各地区要加强跟踪指导，定期掌握本部门、本地区项目承担单位吸纳高校毕业生就业的有关情况，研究解决执行中出现的问题，有力推进政策落实落地。请各有关部门、各地区及时向科技部报送工作进展情况，于2020年6月15日前报送具体落实计划，于2020年8月31日、12月31日前报送落实进展情况（具体格式见附件）。

科技部联系人：席梦佳　联系电话：010-58881671

教育部联系人：王骁　联系电话：010-66096298

人力资源社会保障部联系人：范淼　联系电话：010-84202538

附件：×××关于开发科研助理岗位吸纳高校毕业生就业的落实计划及落实进展情况报告（略）

科技部　教育部　人力资源社会保障部

财政部　中科院　自然科学基金委

2020年5月27日

第二章 科研项目和资金管理类

第一节 综合类

一、中央和国务院文件

国务院关于改进加强中央财政科研项目和资金管理的若干意见

(国发〔2014〕11号)

各省、自治区、直辖市人民政府，国务院各部委、各直属机构：

《国家中长期科学和技术发展规划纲要（2006—2020年）》实施以来，我国财政科技投入快速增长，科研项目和资金管理不断改进，为科技事业发展提供了有力支撑。但也存在项目安排分散重复、管理不够科学透明、资金使用效益亟待提高等突出问题，必须切实加以解决。为深入贯彻党的十八大和十八届二中、三中全会精神，落实创新驱动发展战略，促进科技与经济紧密结合，按照《中共中央 国务院关于深化科技体制改革加快国家创新体系建设的意见》（中发〔2012〕6号）的要求，现就改进加强中央财政民口科研项目和资金管理提出如下意见。

一、改进加强科研项目和资金管理的总体要求

（一）总体目标。

通过深化改革，加快建立适应科技创新规律、统筹协调、职责清晰、科学规范、公开透明、监管有力的科研项目和资金管理机制，使科研项目和资金配置更加聚焦国家经济社会发展重大需求，基础前沿研究、战略高技术研究、社会公益研究和重大共性关键技术研究显著加强，财政资金使用效益明显提升，科研人员的积极性和创造性充分发挥，科技对经济社会发展的支撑引领作用不断增强，为实施创新驱动发展战略提供有力保障。

（二）基本原则。

——坚持遵循规律。把握全球科技和产业变革趋势，立足我国经济社会发展和科技创新实际，遵循科学研究、技术创新和成果转化规律，实行分类管理，提高科研项目和资金管理水平，健全鼓励原始创新、集成创新和引进消化吸收再创新的机制。

——坚持改革创新。推进政府职能转变，发挥好财政科技投入的引导激励作用和市场配置各类创新要素的导向作用。加强管理创新和统筹协调，对科研项目和资金管理各环节进行系统化改革，以改革释放创新活力。

——坚持公正公开。强化科研项目和资金管理信息公开，加强科研诚信建设和信用管理，着力营造以人为本、公平竞争、充分激发科研人员创新热情的良好环境。

——坚持规范高效。明确科研项目、资金管理和执行各方的职责，优化管理流程，建立健全决策、执行、评价相对分开、互相监督的运行机制，提高管理的科学化、规范化、精细化水平。

二、加强科研项目和资金配置的统筹协调

（三）优化整合各类科技计划（专项、基金等）。科技计划（专项、基金等）的设立，应当根据国家战略需求和科技发展需要，按照政府职能转变和中央与地方合理划分事权的要求，明确各自功能定位、目标和时限。建立各类科技计划（专项、基金等）的绩效评估、动态调整和终止机制。优化整合中央各部门管理的科技计划（专项、基金等），对定位不清、重复交叉、实施效果不好的，要通过撤、并、转等方式进行必要调整和优化。项目主管部门要按照各自职责，围绕科技计划（专项、基金等）功能定位，科学组织安排科研项目，提升项目层次和质量，合理控制项目数量。

（四）建立健全统筹协调与决策机制。科技行政主管部门会同有关部门要充分发挥科技工作重大问题会商与沟通机制的作用，按照国民经济和社会发展规划的部署，加强科技发展优先领域、重点任务、重大项目等的统筹协调，形成年度科技计划（专项、基金等）重点工作安排和部门分工，经国家科技体制改革和创新体系建设领导小组审议通过后，分工落实、协同推进。财政部门要加强科技预算安排的统筹，做好各类科技计划（专项、基金等）年度预算方案的综合平衡。涉及国民经济、社会发展和国家安全的重大科技事项，按程序报国务院决策。

（五）建设国家科技管理信息系统。科技行政主管部门、财政部门会同有关部门和地方在现有各类科技计划（专项、基金等）科研项目数据库基础上，按照统一的数据结构、接口标准和信息安全规范，在2014年年底前基本建成中央财政科研项目数据库；2015年年底前基本实现与地方科研项目数据资源的互联互通，建成统一的国家科技管理信息系统，并向社会开放服务。

三、实行科研项目分类管理

（六）基础前沿科研项目突出创新导向。基础、前沿类科研项目要立足原始创新，充分尊重专家意见，通过同行评议、公开择优的方式确定研究任务和承担者，激发科研人员的积极性和创造性。引导支持企业增加基础研究投入，与科研院所、高等学校联合开展基础研究，推动基础研究与应用研究的紧密结合。对优秀人才和团队给予持续支持，加大对青年科研人员的支持力度。项目主管部门要减少项目执行中的检查评价，发挥好学术咨询机构、协会、学会的咨询作用，营造"鼓励探索、宽容失败"的实施环境。

（七）公益性科研项目聚焦重大需求。公益性科研项目要重点解决制约公益性行业发展的重大科技问题，强化需求导向和应用导向。行业主管部门应当充分发挥组织协调作用，提高项目的系统性、针对性和实用性，及时协调解决项目实施中存在的问题，保证项目成果服务社会公益事业发展。加强对基础数据、基础标准、种质资源等工作的稳定支持，为科研提供基础性支撑。

（八）市场导向类项目突出企业主体。明晰政府与市场的边界，充分发挥市场对技术研发方向、路线选择、要素价格、各类创新要素配置的导向作用，政府主要通过制定政策、营造环境，引导企业成为技术创新决策、投入、组织和成果转化的主体。对于政府支持企业开展的产业重大共性关键技术研究等公共科技活动，在立项时要加强对企业资质、研发能力的审核，鼓励产学研协同攻关。对于政府引导企业开展的科研项目，主要由企业提出需求、先行投入和组织研发，政府采用"后补助"及间接投入等方式给予支持，形成主要由市场决定技术创新项目和资金分配、评价成果的机制以及企业主导项目组织实施的机制。

（九）重大项目突出国家目标导向。对于事关国家战略需求和长远发展的重大科研项目，应当集中力量办大事，聚焦攻关重点，设定明确的项目目标和关键节点目标，并在任务书中明确考核指标。项目主管部门主要采取定向择优方式遴选优势单位承担项目，鼓励产学研协同创新，加强项目实施全过程的管理和节点目标考核，探索实行项目专员制和监理制；项目承担单位上级主管部门要切实履行在项目推荐、组织实施和验收等环节的相应职责；项目承担单位要强化主体责任，组织有关单位协同创新，保证项目目标的实现。

四、改进科研项目管理流程

（十）改革项目指南制定和发布机制。项目主管部门要结合科技计划（专项、基金等）的特点，针对不同项目类别和要求编制项目指南，市场导向类项目指南要充分体现产业需求。扩大项目指南编制工作的参与范围，项目指南发布前要充分征求科研单位、企业、相关部门、地方、协会、学会等有关方面意见，并建立由各方参与的项目指南论证机制。项目主管部门每年固定时间发布项目指南，并通过多种方式扩大项目指南知晓范围，鼓励符合条件的科研人员申报项目。自指南发布日到项目申报受理截止日，原则上不少于50天，以保证科研人员有充足时间申报项目。

（十一）规范项目立项。项目申请单位应当认真组织项目申报，根据科研工作实际需要选择项目合作单位。项目主管部门要完善公平竞争的项目遴选机制，通过公开择优、定向择优等方式确定项目承担者；要规范立项审查行为，健全立项管理的内部控制制度，对项目申请者及其合作方的资质、科研能力等进行重点审核，加强项目查重，避免一题多报或重复资助，杜绝项目打包和"拉郎配"；要规范评审专家行为，提高项目评审质量，推行网络评审和视频答辩评审，合理安排会议答辩评审，视频与会议答辩评审应当录音录像，评审意见应当及时反馈项目申请者。从受理项目申请到反馈立项结果原则上不超过120个工作日。要明示项目审批流程，使项目申请者能够及时查询立项工作进展，实现立项过程"可申诉、可查询、可追溯"。

（十二）明确项目过程管理职责。项目承担单位负责项目实施的具体管理。项目主管部门要健全服务机制，积极协调解决项目实施中出现的新情况新问题，针对不同科研项目管理特点组织开展巡视检查或抽查，对项目实施不力的要加强督导，对存在违规行为的要责成项目承担单位限期整改，对问题严重的要暂停项目实施。

（十三）加强项目验收和结题审查。项目完成后，项目承担单位应当及时做好总结，编制项目决算，按时提交验收或结题申请，无特殊原因未按时提出验收申请的，按不通过验收处理。项目主管部门应当及时组织开展验收或结题审查，并严把验收和审查质量。根据不同类型项目，可以采取同行评议、第三方评估、用户测评等方式，依据项目任务书组织验收，将项目验收结果纳入国家科技报告。探索开展重大项目决策、实施、成果转化的后评价。

五、改进科研项目资金管理

（十四）规范项目预算编制。项目申请单位应当按规定科学合理、实事求是地编制项目预算，并对仪器设备购置、合作单位资质及拟外拨资金进行重点说明。相关部门要改进预算编制方法，完善预算编制指南和评估评审工作细则，健全预算评估评审的沟通反馈机制。评估评审工作的重点是项目预算的目标相关性、政策相符性、经济合理性，在评估评审中不得简单按比例核减预算。除以定额补助方式资助的项目外，应当依据科研任务实际需要和财力可能核定项目预算，不得在预算申请前先行设定预算控制额度。劳务费预算应当结合当地实际以及相关人员参与项目的全时工作时间等因素合理编制。

（十五）及时拨付项目资金。项目主管部门要合理控制项目和预算评估评审时间，加强项目立项和预算下达的衔接，及时批复项目和预算。相关部门和单位要按照财政国库管理制度相关规定，结合项目实施和资金使用进度，及时合规办理资金支付。实行部门预算批复前项目资金预拨制度，保证科研任务顺利实施。对于有明确目标的重大项目，按照关键节点任务完成情况进行拨款。

（十六）规范直接费用支出管理。科学界定与项目研究直接相关的支出范围，各类科技计划（专项、基金等）的支出科目和标准原则上应保持一致。调整劳务费开支范围，将项目临时聘用人员的社会保险补助纳入劳务费科目中列支。进一步下放预算调整审批权限，同时严格控制会议费、差旅费、国际合作与交流费，项目实施中发生的三项支出之间可以调剂使用，但不得突破三项支出预算总额。

（十七）完善间接费用和管理费用管理。对实行间接费用管理的项目，间接费用的核定与项目承担单位信用等级挂钩，由项目主管部门直接拨付到项目承担单位。间接费用用于补偿项目承担单位为项目实施所发生的间接成本和绩效支出，项目承担单位应当建立健全间接费用的内部管理办法，合规合理使用间接费用，结合一线科研人员实际贡献公开公正安排绩效支出，体现科研人员价值，充分发挥绩效支出的激励作用。项目承担单位不得在核定的间接费用或管理费用以外再以任何名义在项目资金中重复提取、列支相关费用。

（十八）改进项目结转结余资金管理办法。项目在研期间，年度剩余资金可以结转下一年度继续使用。项目完成任务目标并通过验收，且承担单位信用评价好的，项目结余资金按规定在一定期限内由单位统筹安排用于科研活动的直接支出，并将使用情况报项目主管部门；未通过验收和整改后通过验收的项目，或承担单位信用评价差的，结余资金按原渠道收回。

（十九）完善单位预算管理办法。财政部门按照核定收支、定额或者定项补助、超支不补、结转和结余按规定使用的原则，合理安排科研院所和高等学校等事业单位预算。科研院所和高等学校等事业单位要按照国家规定合理安排人员经费和公用经费，保障单位正常运转。

六、加强科研项目和资金监管

（二十）规范科研项目资金使用行为。科研人员和项目承担单位要依法依规使用项目资金，不得擅自调整外拨资金，不得利用虚假票据套取资金，不得通过编造虚假合同、虚构人员名单等方式虚报冒领劳务费和专家咨询费，不得通过虚构测试化验内容、提高测试化验支出标准等方式违规开支测试化验加工费，不得随意调账变动支出、随意修改记账凭证、以表代账应付财务审计和检查。项目承担单位要建立健全科研和财务管理等相结合的内部控制制度，规范项目资金管理，在职责范围内及时审批项目预算调整事项。对于从中央财政以外渠道获得的项目资金，按照国家有关财务会计制度规定以及相关资金提供方的具体要求管理和使用。

（二十一）改进科研项目资金结算方式。科研院所、高等学校等事业单位承担项目所发生的会议费、差旅费、小额材料费和测试化验加工费等，要按规定实行"公务卡"结算；企业承担的项目,上述支出也应当采用非现金方式结算。项目承担单位对设备费、大宗材料费和测试化验加工费、劳务费、专家咨询费等支出,原则上应当通过银行转账方式结算。

（二十二）完善科研信用管理。建立覆盖指南编制、项目申请、评估评审、立项、执行、验收全过程的科研信用记录制度,由项目主管部门委托专业机构对项目承担单位和科研人员、评估评审专家、中介机构等参与主体进行信用评级,并按信用评级实行分类管理。各项目主管部门应共享信用评价信息。建立"黑名单"制度,将严重不良信用记录者记入"黑名单",阶段性或永久取消其申请中央财政资助项目或参与项目管理的资格。

（二十三）加大对违规行为的惩处力度。建立完善覆盖项目决策、管理、实施主体的逐级考核问责机制。有关部门要加强科研项目和资金监管工作,严肃处理违规行为,按规定采取通报批评、暂停项目拨款、终止项目执行、追回已拨项目资金、取消项目承担者一定期限内项目申报资格等措施,涉及违法的移交司法机关处理,并将有关结果向社会公开。建立责任倒查制度,针对出现的问题倒查项目主管部门相关人员的履职尽责和廉洁自律情况,经查实存在问题的依法依规严肃处理。

七、加强相关制度建设

（二十四）建立健全信息公开制度。除涉密及法律法规另有规定外,项目主管部门应当按规定向社会公开科研项目的立项信息、验收结果和资金安排情况等,接受社会监督。项目承担单位应当在单位内部公开项目立项、主要研究人员、资金使用、大型仪器设备购置以及项目研究成果等情况,接受内部监督。

（二十五）建立国家科技报告制度。科技行政主管部门要会同有关部门制定科技报告的标准和规范,建立国家科技报告共享服务平台,实现国家科技资源持续积累、完整保存和开放共享。对中央财政资金支持的科研项目,项目承担者必须按规定提交科技报告,科技报告提交和共享情况作为对其后续支持的重要依据。

（二十六）改进专家遴选制度。充分发挥专家咨询作用,项目评估评审应当以同行专家为主,吸收海外高水平专家参与,评估评审专家中一线科研人员的比例应当达到75%左右。扩大企业专家参与市场导向类项目评估评审的比重。推动学术咨询机构、协会、学会等更多参与项目评估评审工作。建立专家数据库,实行评估评审专家轮换、调整机制和回避制度。对采用视频或会议方式评审的,公布专家名单,强化专家自律,接受同行质询和社会监督;对采用通讯方式评审的,评审前专家名单严格保密,保证评审公正性。

（二十七）完善激发创新创造活力的相关制度和政策。完善科研人员收入分配政策,健全与岗位职责、工作业绩、实际贡献紧密联系的分配激励机制。健全科技人才流动机制,鼓励科研院所、高等学校与企业创新人才双向交流,完善兼职兼薪管理政策。加快推进事业单位科技成果使用、处置和收益管理改革,完善和落实促进科研人员成果转化的收益分配政策。加强知识产权运用和保护,落实激励科技创新的税收政策,推进科技评价和奖励制度改革,制定导向明确、激励约束并重的评价标准,充分调动项目承担单位和科研人员的积极性创造性。

八、明确和落实各方管理责任

（二十八）项目承担单位要强化法人责任。项目承担单位是科研项目实施和资金管理使用的责任主体,要切实履行在项目申请、组织实施、验收和资金使用等方面的管理职责,加强支撑服务条件建设,提高对科研人员的服务水平,建立常态化的自查自纠机制,严肃处理本单位出现的违规行为。科研人员要弘扬科学精神,恪守科研诚信,强化责任意识,严格遵守科研项目和资金管理的各项规定,自觉接受有关方面的监督。

(二十九)有关部门要落实管理和服务责任。科技行政主管部门要会同有关部门根据本意见精神制定科技工作重大问题会商与沟通的工作规则;项目主管部门和财政部门要制定或修订各类科技计划(专项、基金等)管理制度。各有关部门要建立健全本部门内部控制和监管体系,加强对所属单位科研项目和资金管理内部制度的审查;督促指导项目承担单位和科研人员依法合规开展科研活动,做好经常性的政策宣传、培训和科研项目实施中的服务工作。

各地区要参照本意见,制定加强本地财政科研项目和资金管理的办法。

国务院
2014 年 3 月 3 日

国务院印发关于深化中央财政科技计划（专项、基金等）管理改革方案的通知

（国发〔2014〕64号）

各省、自治区、直辖市人民政府，国务院各部委、各直属机构：

《关于深化中央财政科技计划（专项、基金等）管理改革的方案》已经党中央、国务院同意，现印发给你们，请认真贯彻执行。

国务院
2014年12月3日

关于深化中央财政科技计划（专项、基金等）管理改革的方案

科技计划（专项、基金等）是政府支持科技创新活动的重要方式。改革开放以来，我国先后设立了一批科技计划（专项、基金等），为增强国家科技实力、提高综合竞争力、支撑引领经济社会发展发挥了重要作用。但是，由于顶层设计、统筹协调、分类资助方式不够完善，现有各类科技计划（专项、基金等）存在着重复、分散、封闭、低效等现象，多头申报项目、资源配置"碎片化"等问题突出，不能完全适应实施创新驱动发展战略的要求。当前，全球科技革命和产业变革日益兴起，世界各主要国家都在调整完善科技创新战略和政策，我们必须立足国情，借鉴发达国家经验，通过深化改革着力解决存在的突出问题，推动以科技创新为核心的全面创新，尽快缩小我国与发达国家之间的差距。

为深入贯彻党的十八大和十八届二中、三中、四中全会精神，落实党中央、国务院决策部署，加快实施创新驱动发展战略，按照深化科技体制改革、财税体制改革的总体要求和《中共中央 国务院关于深化科技体制改革加快国家创新体系建设的意见》《国务院关于改进加强中央财政科研项目和资金管理的若干意见》（国发〔2014〕11号）精神，制定本方案。

一、总体目标和基本原则

（一）总体目标。

强化顶层设计，打破条块分割，改革管理体制，统筹科技资源，加强部门功能性分工，建立公开统一的国家科技管理平台，构建总体布局合理、功能定位清晰、具有中国特色的科技计划（专项、基金等）体系，建立目标明确和绩效导向的管理制度，形成职责规范、科学高效、公开透明的组织管理机制，更加聚焦国家目标，更加符合科技创新规律，更加高效配置科技资源，更加强化科技与经济紧密结合，最大限度激发科研人员创新热情，充分发挥科技计划（专项、基金等）在提高社会生产力、增强综合国力、提升国际竞争力和保障国家安全中的战略支撑作用。

（二）基本原则。

转变政府科技管理职能。政府各部门要简政放权，主要负责科技发展战略、规划、政策、布局、评估、监管，对中央财政各类科技计划（专项、基金等）实行统一管理，建立统一的评估监管体系，加强事中、事后的监督检查和责任倒查。政府各部门不再直接管理具体项目，充分发挥专家和专业机构在科技计划（专项、基金等）具体项目管理中的作用。

聚焦国家重大战略任务。面向世界科技前沿、面向国家重大需求、面向国民经济主战场，科学布局中央财政科技计划（专项、基金等），完善项目形成机制，优化资源配置，需求导向，分类指导，超前部署，瞄准突破口和主攻方向，加大财政投入，建立围绕重大任务推动科技创新的新机制。

促进科技与经济深度融合。加强科技与经济在规划、政策等方面的相互衔接。科技计划（专项、基金等）要围绕产业链部署创新链，围绕创新链完善资金链，统筹衔接基础研究、应用开发、成果转化、产业发展等各环节工作，更加主动有效地服务于经济结构调整和提质增效升级，建设具有核心竞争力的创新型经济。

明晰政府与市场的关系。政府重点支持市场不能有效配置资源的基础前沿、社会公益、重大共性关键技术研究等公共科技活动，积极营造激励创新的环境，解决好"越位"和"缺位"问题。发挥好市场配置技术创新资源的决定性作用和企业技术创新主体作用，突出成果导向，以税收优惠、政府采购等普惠性政策和引导性为主的方式支持企业技术创新和科技成果转化活动。

坚持公开透明和社会监督。科技计划（专项、基金等）项目全部纳入统一的国家科技管理信息系统和国家科技报告系统，加强项目实施全过程的信息公开和痕迹管理。除涉密项目外，所有信息向社会公开，接受社会监督。营造遵循科学规律、鼓励探索、宽容失败的氛围。

二、建立公开统一的国家科技管理平台

（一）建立部际联席会议制度。

建立由科技部牵头，财政部、发展改革委等相关部门参加的科技计划（专项、基金等）管理部际联席会议（以下简称联席会议）制度，制定议事规则，负责审议科技发展战略规划、科技计划（专项、基金等）的布局与设置、重点任务和指南、战略咨询与综合评审委员会的组成、专业机构的遴选择优等事项。在此基础上，财政部按照预算管理的有关规定统筹配置科技计划（专项、基金等）预算。各相关部门做好产业和行业政策、规划、标准与科研工作的衔接，充分发挥在提出基础前沿、社会公益、重大共性关键技术需求，以及任务组织实施和科技成果转化推广应用中的积极作用。科技发展战略规划、科技计划（专项、基金等）布局和重点专项设置等重大事项，经国家科技体制改革和创新体系建设领导小组审议后，按程序报国务院，特别重大事项报党中央。

（二）依托专业机构管理项目。

将现有具备条件的科研管理类事业单位等改造成规范化的项目管理专业机构，由专业机构通过统一的国家科技管理信息系统受理各方面提出的项目申请，组织项目评审、立项、过程管理和结题验收等，对实现任务目标负责。加快制定专业机构管理制度和标准，明确规定专业机构应当具备相关科技领域的项目管理能力，建立完善的法人治理结构，设立理事会、监事会，制定章程，按照联席会议确定的任务，接受委托，开展工作。加强对专业机构的监督、评价和动态调整，确保其按照委托协议的要求和相关制度的规定进行项目管理工作。项目评审专家应当从国家科技项

目评审专家库中选取。鼓励具备条件的社会化科技服务机构参与竞争，推进专业机构的市场化和社会化。

（三）发挥战略咨询与综合评审委员会的作用。

战略咨询与综合评审委员会由科技界、产业界和经济界的高层次专家组成，对科技发展战略规划、科技计划（专项、基金等）布局、重点专项设置和任务分解等提出咨询意见，为联席会议提供决策参考；对制定统一的项目评审规则、建设国家科技项目评审专家库、规范专业机构的项目评审等工作，提出意见和建议；接受联席会议委托，对特别重大的科技项目组织开展评审。战略咨询与综合评审委员会要与学术咨询机构、协会、学会等开展有效合作，不断提高咨询意见的质量。

（四）建立统一的评估和监管机制。

科技部、财政部要对科技计划（专项、基金等）的实施绩效、战略咨询与综合评审委员会和专业机构的履职尽责情况等统一组织评估评价和监督检查，进一步完善科研信用体系建设，实行"黑名单"制度和责任倒查机制。对科技计划（专项、基金等）的绩效评估通过公开竞争等方式择优委托第三方机构开展，评估结果作为中央财政予以支持的重要依据。各有关部门要加强对所属单位承担科技计划（专项、基金等）任务和资金使用情况的日常管理和监督。建立科研成果评价监督制度，强化责任；加强对财政科技资金管理使用的审计监督，对发现的违法违规行为要坚决予以查处，查处结果向社会公开，发挥警示教育作用。

（五）建立动态调整机制。

科技部、财政部要根据绩效评估和监督检查结果以及相关部门的建议，提出科技计划（专项、基金等）动态调整意见。完成预期目标或达到设定时限的，应当自动终止；确有必要延续实施的，或新设立科技计划（专项、基金等）以及重点专项的，由科技部、财政部会同有关部门组织论证，提出建议。上述意见和建议经联席会议审议后，按程序报批。

（六）完善国家科技管理信息系统。

要通过统一的信息系统，对科技计划（专项、基金等）的需求征集、指南发布、项目申报、立项和预算安排、监督检查、结题验收等全过程进行信息管理，并主动向社会公开非涉密信息，接受公众监督。分散在各相关部门、尚未纳入国家科技管理信息系统的项目信息要尽快纳入，已结题的项目要及时纳入统一的国家科技报告系统。未按规定提交并纳入的，不得申请中央财政资助的科技计划（专项、基金等）项目。

三、优化科技计划（专项、基金等）布局

根据国家战略需求、政府科技管理职能和科技创新规律，将中央各部门管理的科技计划（专项、基金等）整合形成五类科技计划（专项、基金等）。

（一）国家自然科学基金。

资助基础研究和科学前沿探索，支持人才和团队建设，增强源头创新能力。

（二）国家科技重大专项。

聚焦国家重大战略产品和重大产业化目标，发挥举国体制的优势，在设定时限内进行集成式协同攻关。

（三）国家重点研发计划。

针对事关国计民生的农业、能源资源、生态环境、健康等领域中需要长期演进的重大社会公益性研究，以及事关产业核心竞争力、整体自主创新能力和国家安全的战略性、基础性、前瞻性

重大科学问题、重大共性关键技术和产品、重大国际科技合作，按照重点专项组织实施，加强跨部门、跨行业、跨区域研发布局和协同创新，为国民经济和社会发展主要领域提供持续性的支撑和引领。

（四）技术创新引导专项（基金）。

通过风险补偿、后补助、创投引导等方式发挥财政资金的杠杆作用，运用市场机制引导和支持技术创新活动，促进科技成果转移转化和资本化、产业化。

（五）基地和人才专项。

优化布局，支持科技创新基地建设和能力提升，促进科技资源开放共享，支持创新人才和优秀团队的科研工作，提高我国科技创新的条件保障能力。

上述五类科技计划（专项、基金等）要全部纳入统一的国家科技管理平台管理，加强项目查重，避免重复申报和重复资助。中央财政要加大对科技计划（专项、基金等）的支持力度，加强对中央级科研机构和高校自主开展科研活动的稳定支持。

四、整合现有科技计划（专项、基金等）

本次优化整合工作针对所有实行公开竞争方式的科技计划（专项、基金等），不包括对中央级科研机构和高校实行稳定支持的专项资金。通过撤、并、转等方式按照新的五个类别对现有科技计划（专项、基金等）进行整合，大幅减少科技计划（专项、基金等）数量。

（一）整合形成国家重点研发计划。

聚焦国家重大战略任务，遵循研发和创新活动的规律和特点，将科技部管理的国家重点基础研究发展计划、国家高技术研究发展计划、国家科技支撑计划、国际科技合作与交流专项，发展改革委、工业和信息化部管理的产业技术研究与开发资金，有关部门管理的公益性行业科研专项等，进行整合归并，形成一个国家重点研发计划。该计划根据国民经济和社会发展重大需求及科技发展优先领域，凝练形成若干目标明确、边界清晰的重点专项，从基础前沿、重大共性关键技术到应用示范进行全链条创新设计，一体化组织实施。

（二）分类整合技术创新引导专项（基金）。

按照企业技术创新活动不同阶段的需求，对发展改革委、财政部管理的新兴产业创投基金，科技部管理的政策引导类计划、科技成果转化引导基金，财政部、科技部、工业和信息化部、商务部共同管理的中小企业发展专项资金中支持科技创新的部分，以及其他引导支持企业技术创新的专项资金（基金），进一步明确功能定位并进行分类整合，避免交叉重复，并切实发挥杠杆作用，通过市场机制引导社会资金和金融资本进入技术创新领域，形成天使投资、创业投资、风险补偿等政府引导的支持方式。政府要通过间接措施加大支持力度，落实和完善税收优惠、政府采购等支持科技创新的普惠性政策，激励企业加大自身的科技投入，真正发展成为技术创新的主体。

（三）调整优化基地和人才专项。

对科技部管理的国家（重点）实验室、国家工程技术研究中心、科技基础条件平台，发展改革委管理的国家工程实验室、国家工程研究中心等合理归并，进一步优化布局，按功能定位分类整合，完善评价机制，加强与国家重大科技基础设施的相互衔接。提高高校、科研院所科研设施开放共享程度，盘活存量资源，鼓励国家科技基础条件平台对外开放共享和提供技术服务，促进国家重大科研基础设施和大型科研仪器向社会开放，实现跨机构、跨地区的开放运行和共享。相关人才计划要加强顶层设计和相互之间的衔接。在此基础上调整相关财政专项资金。

（四）国家科技重大专项。

要坚持有所为有所不为，加大聚焦调整力度，准确把握技术路线和方向，更加聚焦产品目标和产业化目标，进一步改进和强化组织推进机制，控制专项数量，集中力量办大事。更加注重与其他科技计划（专项、基金等）的分工与衔接，避免重复部署、重复投入。

（五）国家自然科学基金。

要聚焦基础研究和科学前沿，注重交叉学科，培育优秀科研人才和团队，加大资助力度，向国家重点研究领域输送创新知识和人才团队。

（六）支持某一产业或领域发展的专项资金。

要进一步聚焦产业和领域发展，其中有关支持技术研发的内容，要纳入优化整合后的国家科技计划（专项、基金等）体系，根据产业和领域发展需求，由中央财政科技预算统筹支持。

通过国有资本经营预算、政府性基金预算安排的支持科技创新的资金，要逐步纳入中央公共财政预算统筹安排，支持科技创新。

五、方案实施进度和工作要求

（一）明确时间节点，积极稳妥推进实施。

优化整合工作按照整体设计、试点先行、逐步推进的原则开展。

2014年，启动国家科技管理平台建设，初步建成中央财政科研项目数据库，基本建成国家科技报告系统，在完善跨部门查重机制的基础上，选择若干具备条件的科技计划（专项、基金等）按照新的五个类别进行优化整合，并在关系国计民生和未来发展的重点领域先行组织5~10个重点专项进行试点，在2015年财政预算中体现。

2015—2016年，按照创新驱动发展战略顶层设计的要求和"十三五"科技发展的重点任务，推进各类科技计划（专项、基金等）的优化整合，对原由国务院批准设立的科技计划（专项、资金等），报经国务院批准后实施，基本完成科技计划（专项、基金等）按照新的五个类别进行优化整合的工作，改革形成新的管理机制和组织实施方式；基本建成公开统一的国家科技管理平台，实现科技计划（专项、基金等）安排和预算配置的统筹协调，建成统一的国家科技管理信息系统，向社会开放。

2017年，经过三年的改革过渡期，全面按照优化整合后的五类科技计划（专项、基金等）运行，不再保留优化整合之前的科技计划（专项、基金等）经费渠道，并在实践中不断深化改革，修订或制定科技计划（专项、基金等）和资金管理制度，营造良好的创新环境。各项目承担单位和专业机构建立健全内控制度，依法合规开展科研活动和管理业务。

（二）统一思想，狠抓落实，确保改革取得实效。

科技计划（专项、基金等）管理改革工作是实施创新驱动发展战略、深化科技体制改革的突破口，任务重，难度大。科技部、财政部要发挥好统筹协调作用，率先改革，作出表率，加强与有关部门的沟通协商。各有关部门要统一思想，强化大局意识、责任意识，积极配合，主动改革，以"钉钉子"的精神共同做好本方案的落实工作。

（三）协同推进相关工作。

加快事业单位科技成果使用、处置和收益管理改革，推进促进科技成果转化法修订，完善科技成果转化激励机制；加强科技政策与财税、金融、经济、政府采购、考核等政策的相互衔接，落实好研发费用加计扣除等激励创新的普惠性税收政策；加快推进科研事业单位分类改革和收入分配制度改革，完善科研人员评价制度，创造鼓励潜心科研的环境条件；促进科技和金融结合，推动符合科技创新特点的金融产品创新；将技术标准纳入产业和经济政策中，对产业结构调整和经济转型升级形成创新的倒逼机制；将科技创新活动政府采购纳入科技计划，积极利用首购、订购等政府采购政策扶持科技创新产品的推广应用；积极推动军工和民口科技资源的互动共享，促进军民融合式发展。

各省（区、市）要按照本方案精神，统筹考虑国家科技发展战略和本地实际，深化地方科技计划（专项、基金等）管理改革，优化整合资源，提高资金使用效益，为地方经济和社会发展提供强大的科技支撑。

中共中央办公厅　国务院办公厅印发
《关于进一步完善中央财政科研项目资金管理等政策的若干意见》的通知

(中办发〔2016〕50号)

各省、自治区、直辖市党委和人民政府，中央和国家机关各部委，中央军委办公厅，各人民团体：

《关于进一步完善中央财政科研项目资金管理等政策的若干意见》已经党中央、国务院同意，现印发你们，请结合实际认真贯彻落实。

中共中央办公厅　国务院办公厅
2016 年 7 月 20 日

关于进一步完善中央财政科研项目资金管理等政策的若干意见

《中共中央、国务院关于深化体制机制改革加快实施创新驱动发展战略的若干意见》和《国务院关于改进加强中央财政科研项目和资金管理的若干意见》印发以来，有力激发了创新创造活力，促进了科技事业发展，但也存在一些改革措施落实不到位、科研项目资金管理不够完善等问题。为贯彻落实中央关于深化改革创新、形成充满活力的科技管理和运行机制的要求，进一步完善中央财政科研项目资金管理等政策，现提出以下意见。

一、总体要求

全面贯彻落实党的十八大和十八届三中、四中、五中全会及全国科技创新大会精神，以邓小平理论、"三个代表"重要思想、科学发展观为指导，深入学习贯彻习近平总书记系列重要讲话精神，按照党中央、国务院决策部署，牢固树立和贯彻落实创新、协调、绿色、开放、共享的发展理念，深入实施创新驱动发展战略，促进大众创业、万众创新，进一步推进简政放权、放管结合、优化服务，改革和创新科研经费使用和管理方式，促进形成充满活力的科技管理和运行机制，以深化改革更好激发广大科研人员积极性。

——坚持以人为本。以调动科研人员积极性和创造性为出发点和落脚点，强化激励机制，加大激励力度，激发创新创造活力。

——坚持遵循规律。按照科研活动规律和财政预算管理要求，完善管理政策，优化管理流程，改进管理方式，适应科研活动实际需要。

——坚持"放管服"结合。进一步简政放权、放管结合、优化服务，扩大高校、科研院所在科研项目资金、差旅会议、基本建设、科研仪器设备采购等方面的管理权限，为科研人员潜心研究营造良好环境。同时，加强事中事后监管，严肃查处违法违纪问题。

——坚持政策落实落地。细化实化政策规定，加强督查，狠抓落实，打通政策执行中的"堵点",增强科研人员改革的成就感和获得感。

二、改进中央财政科研项目资金管理

(一)简化预算编制,下放预算调剂权限。根据科研活动规律和特点,改进预算编制方法,实行部门预算批复前项目资金预拨制度,保证科研人员及时使用项目资金。下放预算调剂权限,在项目总预算不变的情况下,将直接费用中的材料费、测试化验加工费、燃料动力费、出版/文献/信息传播/知识产权事务费及其他支出预算调剂权下放给项目承担单位。简化预算编制科目,合并会议费、差旅费、国际合作与交流费科目,由科研人员结合科研活动实际需要编制预算并按规定统筹安排使用,其中不超过直接费用10%的,不需要提供预算测算依据。

(二)提高间接费用比重,加大绩效激励力度。中央财政科技计划(专项、基金等)中实行公开竞争方式的研发类项目,均要设立间接费用,核定比例可以提高到不超过直接费用扣除设备购置费的一定比例:500万元以下的部分为20%,500万~1000万元的部分为15%,1000万元以上的部分为13%。加大对科研人员的激励力度,取消绩效支出比例限制。项目承担单位在统筹安排间接费用时,要处理好合理分摊间接成本和对科研人员激励的关系,绩效支出安排与科研人员在项目工作中的实际贡献挂钩。

(三)明确劳务费开支范围,不设比例限制。参与项目研究的研究生、博士后、访问学者以及项目聘用的研究人员、科研辅助人员等,均可开支劳务费。项目聘用人员的劳务费开支标准,参照当地科学研究和技术服务业从业人员平均工资水平,根据其在项目研究中承担的工作任务确定,其社会保险补助纳入劳务费科目列支。劳务费预算不设比例限制,由项目承担单位和科研人员据实编制。

(四)改进结转结余资金留用处理方式。项目实施期间,年度剩余资金可结转下一年度继续使用。项目完成任务目标并通过验收后,结余资金按规定留归项目承担单位使用,在2年内由项目承担单位统筹安排用于科研活动的直接支出;2年后未使用完的,按规定收回。

(五)自主规范管理横向经费。项目承担单位以市场委托方式取得的横向经费,纳入单位财务统一管理,由项目承担单位按照委托方要求或合同约定管理使用。

三、完善中央高校、科研院所差旅会议管理

(一)改进中央高校、科研院所教学科研人员差旅费管理。中央高校、科研院所可根据教学、科研、管理工作实际需要,按照精简高效、厉行节约的原则,研究制定差旅费管理办法,合理确定教学科研人员乘坐交通工具等级和住宿费标准。对于难以取得住宿费发票的,中央高校、科研院所在确保真实性的前提下,据实报销城市间交通费,并按规定标准发放伙食补助费和市内交通费。

(二)完善中央高校、科研院所会议管理。中央高校、科研院所因教学、科研需要举办的业务性会议(如学术会议、研讨会、评审会、座谈会、答辩会等),会议次数、天数、人数以及会议费开支范围、标准等,由中央高校、科研院所按照实事求是、精简高效、厉行节约的原则确定。会议代表参加会议所发生的城市间交通费,原则上按差

旅费管理规定由所在单位报销;因工作需要,邀请国内外专家、学者和有关人员参加会议,对确需负担的城市间交通费、国际旅费,可由主办单位在会议费等费用中报销。

四、完善中央高校、科研院所科研仪器设备采购管理

(一)改进中央高校、科研院所政府采购管理。中央高校、科研院所可自行采购科研仪器设

备，自行选择科研仪器设备评审专家。财政部要简化政府采购项目预算调剂和变更政府采购方式审批流程。中央高校、科研院所要切实做好设备采购的监督管理，做到全程公开、透明、可追溯。

（二）优化进口仪器设备采购服务。对中央高校、科研院所采购进口仪器设备实行备案制管理。继续落实进口科研教学用品免税政策。

五、完善中央高校、科研院所基本建设项目管理

（一）扩大中央高校、科研院所基本建设项目管理权限。对中央高校、科研院所利用自有资金、不申请政府投资建设的项目，由中央高校、科研院所自主决策，报主管部门备案，不再进行审批。国家发展改革委和中央高校、科研院所主管部门要加强对中央高校、科研院所基本建设项目的指导和监督检查。

（二）简化中央高校、科研院所基本建设项目审批程序。中央高校、科研院所主管部门要指导中央高校、科研院所编制五年建设规划，对列入规划的基本建设项目不再审批项目建议书。简化中央高校、科研院所基本建设项目城乡规划、用地以及环评、能评等审批手续，缩短审批周期。

六、规范管理，改进服务

（一）强化法人责任，规范资金管理。项目承担单位要认真落实国家有关政策规定，按照权责一致的要求，强化自我约束和自我规范，确保接得住、管得好。制定内部管理办法，落实项目预算调剂、间接费用统筹使用、劳务费分配管理、结余资金使用等管理权限；加强预算审核把关，规范财务支出行为，完善内部风险防控机制，强化资金使用绩效评价，保障资金使用安全规范有效；实行内部公开制度，主动公开项目预算、预算调剂、资金使用（重点是间接费用、外拨资金、结余资金使用）、研究成果等情况。

（二）加强统筹协调，精简检查评审。科技部、项目主管部门、财政部要加强对科研项目资金监督的制度规范、年度计划、结果运用等的统筹协调，建立职责明确、分工负责的协同工作机制。科技部、项目主管部门要加快清理规范委托中介机构对科研项目开展的各种检查评审，加强对前期已经开展相关检查结果的使用，推进检查结果共享，减少检查数量，改进检查方式，避免重复检查、多头检查、过度检查。

（三）创新服务方式，让科研人员潜心从事科学研究。项目承担单位要建立健全科研财务助理制度，为科研人员在项目预算编制和调剂、经费支出、财务决算和验收等方面提供专业化服务，科研财务助理所需费用可由项目承担单位根据情况通过科研项目资金等渠道解决。充分利用信息化手段，建立健全单位内部科研、财务部门和项目负责人共享的信息平台，提高科研管理效率和便利化程度。制定符合科研实际需要的内部报销规定，切实解决野外考察、心理测试等科研活动中无法取得发票或财政性票据，以及邀请外国专家来华参加学术交流发生费用等的报销问题。

七、加强制度建设和工作督查，确保政策措施落地见效

（一）尽快出台操作性强的实施细则。项目主管部门要完善预算编制指南，指导项目承担单位和科研人员科学合理编制项目预算；制定预算评估评审工作细则，优化评估程序和方法，规范评估行为，建立健全与项目申请者及时沟通反馈机制；制定财务验收工作细则，规范委托中介机构开展的财务检查。2016年9月1日前，中央高校、科研院所要制定出台差旅费、会议费内部管理办法,其主管部门要加强工作指导和统筹;2016年年底前,项目主管部门要制定出台相关实施细则,项目承担单位要制定或修订科研项目资金内部管理办法和报销规定。以后年度承担科研项目的单位要于当年制定出台相关管理办法和规定。

(二)加强对政策措施落实情况的督查指导。财政部、科技部要适时组织开展对项目承担单位科研项目资金等管理权限落实、内部管理办法制定、创新服务方式、内控机制建设、相关事项内部公开等情况的督查,对督查情况以适当方式进行通报,并将督查结果纳入信用管理,与间接费用核定、结余资金留用等挂钩。审计机关要依法开展对政策措施落实情况和财政资金的审计监督。项目主管部门要督促指导所属单位完善内部管理,确保国家政策规定落到实处。

财政部、中央级社科类科研项目主管部门要结合社会科学研究的规律和特点,参照本意见尽快修订中央级社科类科研项目资金管理办法。

各地区要参照本意见精神,结合实际,加快推进科研项目资金管理改革等各项工作。

中共中央办公厅 国务院办公厅印发
《关于深化项目评审、人才评价、机构评估改革的意见》

(中办发〔2018〕37号)

项目评审、人才评价、机构评估（以下简称"三评"）改革是推进科技评价制度改革的重要举措。为全面贯彻党的十九大精神，落实全国科技创新大会部署和《国家创新驱动发展战略纲要》要求，深入推进"三评"改革，进一步优化科研项目评审管理机制、改进科技人才评价方式、完善科研机构评估制度、加强监督评估和科研诚信体系建设，现提出如下意见。

一、总体要求

（一）指导思想。全面贯彻党的十九大和十九届二中、三中全会精神，以习近平新时代中国特色社会主义思想为指导，按照党中央、国务院决策部署，坚定实施创新驱动发展战略，深化科技体制改革，以激发科研人员的积极性创造性为核心，以构建科学、规范、高效、诚信的科技评价体系为目标，以改革科研项目评审、人才评价、机构评估为关键，统筹自然科学和哲学社会科学等不同学科门类，推进分类评价制度建设，发挥好评价指挥棒和风向标作用，营造潜心研究、追求卓越、风清气正的科研环境，形成中国特色科技评价体系，为提升我国科技创新能力、加快建设创新型国家和世界科技强国提供有力的制度保障。

（二）基本原则

坚持尊重规律。遵循科技人才发展和科研规律，科学设立评价目标、指标、方法，引导科研人员潜心研究、追求卓越。加强顶层设计，统筹和精简"三评"工作，简化优化流程，为科研人员和机构松绑减负，并形成长效机制。

坚持问题导向。聚焦"三评"工作中存在的突出问题，从破除体制机制障碍入手，找准突破口，更加注重质量、贡献、绩效，树立正确评价导向，增强针对性，突出实招硬招，提高改革的含金量和实效性。

坚持分类评价。针对自然科学、哲学社会科学、军事科学等不同学科门类特点，建立分类评价指标体系和评价程序规范。基础前沿研究突出原创导向，以同行评议为主；社会公益性研究突出需求导向，以行业用户和社会评价为主；应用技术开发和成果转化评价突出企业主体、市场导向，以用户评价、第三方评价和市场绩效为主。

坚持客观公正。客观、真实、准确反映不同评价对象的实际情况，推行同行评价，引入国际评价，进一步提高科技评价活动的公开性和开放性，保证评价工作的独立性和公正性，确保评价结果的科学性和客观性。

（三）主要目标。"十三五"期间，在优化"三评"工作布局、减少"三评"项目数量、改进评价机制、提高质量效率等方面实现更大突破，基本形成适应创新驱动发展要求、符合科技创新规律、突出质量贡献绩效导向的分类评价体系，科技资源配置更加高效，科研机构和科研人员创新创业潜能活力竞相迸发，科技创新和供给能力大幅提升，科技进步对经济社会发展作出更大贡献。

二、优化科研项目评审管理

（一）完善项目指南编制和发布机制。国家科技计划项目指南编制工作应采取有效方式充分吸收相关部门、行业、地方以及产业界、科技社团、社会公众共同参与。项目指南内容要广泛吸纳各方意见，更好体现国家意志、反映各方需求，有条件的可在网上公开征求意见并进行审核评估，提高指南的科学性。项目体量应大小适中，目标集中明确，合理设置课题及参加单位数量，确保下设各课题任务紧密关联形成有机整体，避免拼凑组团和执行中的碎片化。各类国家科技计划逐步实行年度指南定期发布制度。自然科学类项目指南应关注重大原创性、颠覆性、交叉学科创新等。哲学社会科学类项目指南应注重研究的政治方向、学术创新、社会效益、实践价值等。

项目指南应根据分类原则明确不同类型项目的组织实施方式。国家科技计划项目一般采取公开竞争的方式择优遴选承担单位。对具有明确国家目标、技术路线清晰、组织程度较高、优势承担单位集中的重大科技项目，可采取定向择优或定向委托等方式确定承担单位；对于企业牵头的技术创新项目，应对企业的资质、技术创新能力和财务情况提出明确要求，鼓励企业共同投入并组织实施。深入实施军民融合发展战略，加快建设军民融合创新体系，推动重大科技项目军地一体论证和实施。

（二）保证项目评审公开公平公正。建立公正、科学、明确的项目评审工作规则，并在评审前公布。按照不同立项方式，采取相应的评审程序和方法，同一轮次实行同一种评审方法，避免评审结果出现歧义。推行视频评审、电话录音、评审结果反馈、立项公示等措施，实现评审全过程的可申诉、可查询、可追溯。允许项目申报人在评审前提出回避单位及个人。建立项目负责人科研背景核查制度，对立项公示期间存在异议的项目负责人开展科研业绩、经历、诚信情况调查，确保符合项目要求。不同类别国家科技计划应根据实际情况，在项目申报和评审中，综合考虑负责人和团队实际能力以及项目要求，不把发表论文、获得专利、荣誉性头衔、承担项目、获奖等情况作为限制性条件。探索建立对重大原创性、颠覆性、交叉学科创新项目等的非常规评审机制。保密项目评审管理按国家科技保密有关规定执行。

（三）完善评审专家选取使用。进一步推动建设集中统一、标准规范、安全可靠、开放共享的国家科技专家库，及时补充高层次专家，细化专家领域和研究方向，更好地满足项目评审要求。完善国家科技专家库入库标准和评审专家遴选规范，明确推荐单位在专家推荐和管理等方面的权责，强化推荐单位对专家信息的审核把关责任，建立专家入库信息定期更新机制。根据项目类型特点，合理确定评审专家遴选条件和专家组组成原则，原则上应主要选取活跃在科研一线、真懂此行此项的专家参与评审，充分考虑其专业水平和知识结构。与产业应用结合紧密的项目，还应选取活跃在生产一线的专家参与评审。建立完善评审专家的诚信记录、动态调整、责任追究制度，严格规范专家评审行为。完善专家轮换、随机抽取、回避、公示等相关制度，对公示期间存在异议的专家开展背景经历调查，确保专家选取使用科学、公正。初评环节实施小同行评议，在部分前沿与基础科学等领域逐步按适当比例引入国际同行评议。项目管理专业机构应加强对评审专家名单抽取和保密的管理，进一步推进专家抽取和使用岗位分离。开展会议评审的，原则上应在评审前公布评审专家名单；开展通讯评审的，应在评审结束前对评审专家名单严格保密，有条件的应在评审结束后向社会公布。评审专家要强化学术自律，学术共同体要加强学术监督。

（四）提高项目评审质量和效率。合理确定专家的评审项目数、总时长等工作量，会议评审前及时组织专家审阅申报材料，确保专家充分了解申报项目情况；合理确定项目汇报和质询答辩时间。项目负责人原则上应亲自汇报答辩,不在项目申报团队内的人员不得参与答辩。进一步优化预算评估工作,只针对拟立项的项目开展预算评估,规范和优化预算评估专家的遴选、评估方法,提高评估质量,及时反馈评估结果。

(五)严格项目成果评价验收。项目承担单位对本单位科研成果管理负主体责任,要组织对本单位科研人员拟公布的成果进行真实性审查。行业主管部门对所属科研单位的科研成果每年要按一定比例进行抽查。非涉密的国家科技计划项目成果验收前,应在遵守知识产权保护法律法规的前提下,纳入国家科技报告系统,向社会公开,接受监督。项目管理专业机构应按照规定时限和程序组织开展国家科技计划项目验收,严格依据任务书确定的目标、指标和验收工作标准规范进行考核评价。有明确应用要求的,在项目验收后不定期组织对成果应用情况的现场抽查、后评估。

(六)加强国家科技计划绩效评估。针对科技计划整体情况组织开展绩效评估,重点评估计划目标完成、管理、产出、效果、影响等绩效。绩效评估通过公开竞争等方式择优委托第三方开展,以独立、专业、负责为基本要求,充分发挥第三方评估机构作用,根据需要引入国际评估。加强对第三方评估机构的规范和监督,逐步建立第三方评估机构评估结果负责制和信用评价机制。

(七)落实国家科技奖励改革方案。改革现行由政府下达指标、科技人员申报、单位推荐的方式,实行由专家学者、组织机构、相关部门提名的制度。提名者承担推荐、答辩、异议答复等责任,对相关材料的真实性和准确性负责。实行定标定额评审制度,自然科学奖、技术发明奖、科技进步奖实行按等级标准提名、独立评审表决的机制,一等奖评审落选项目不再降格参评二等奖。提高奖励工作的公开透明度,向全社会公开评奖规则、流程、指标数量,全程公示自然科学奖、技术发明奖、科技进步奖候选项目及其提名者。

三、改进科技人才评价方式

(一)统筹科技人才计划。加强部门、地方的协调,建立人才项目申报查重及处理机制,防止人才申报违规行为,避免多个类似人才项目同时支持同一人才。指导部门、地方针对不同支持对象科学设置科技人才计划,优化人才计划结构。

(二)科学设立人才评价指标。突出品德、能力、业绩导向,克服唯论文、唯职称、唯学历、唯奖项倾向,推行代表作评价制度,注重标志性成果的质量、贡献、影响。把学科领域活跃度和影响力、重要学术组织或期刊任职、研发成果原创性、成果转化效益、科技服务满意度等作为重要评价指标。在对社会公益性研究、应用技术开发等类型科研人才的评价中,SCI(科学引文索引)和核心期刊论文发表数量、论文引用榜单和影响因子排名等仅作为评价参考。注重个人评价与团队评价相结合,尊重和认可团队所有参与者的实际贡献。引进海外人才要加强对其海外教育和科研经历的调查验证,不把教育、工作背景简单等同于科研水平。注重发挥同行评议机制在人才评价过程中的作用。探索对特殊人才采取特殊评价标准。对承担国防重大工程任务的人才可采用针对性评价措施,对国防科技涉密领域人才评价开辟特殊通道。

(三)树立正确的人才评价使用导向。坚持正确价值导向,不把人才荣誉性称号作为承担各类国家科技计划项目、获得国家科技奖励、职称评定、岗位聘用、薪酬待遇确定的限制性条件,使人才称号回归学术性、荣誉性本质,避免与物质利益简单、直接挂钩。鼓励人才合理流动,引导人才良性竞争和有序流动,探索人才共享机制。中西部、东北老工业基地及欠发达地区的科研人员因政策倾斜因素获得的国家级人才称号、人才项目等支持,在支持周期内原则上不得跟随人员向东部、发达地区流转。合理发挥市场机制作用，逐步建立高层次人才流动的培养补偿机制。

（四）强化用人单位人才评价主体地位。坚持评用结合，支持用人单位健全科技人才评价组织管理，根据单位实际建立人才分类评价指标体系，突出岗位履职评价，完善内部监督机制，使人才发展与单位使命更好协调统一。按照深化职称制度改革方向要求，分类完善职称评价标准，不将论文、外语、专利、计算机水平作为应用型人才、基层一线人才职称评审的限制性条件。落实职称评审权限下放改革措施，支持符合条件的高校、科研院所、医院、大型企业等单位自主开展职称评审。选择部分国家临床医学研究中心试点开展临床医生科研评价改革工作。不简单以学术头衔、人才称号确定薪酬待遇、配置学术资源。

（五）加大对优秀人才和团队的稳定支持力度。国家实验室等的全职科研人员及团队不参与申请除国家人才计划之外的竞争性科研经费，由中央财政给予中长期目标导向的持续稳定经费支持。推动中央部委所属高校、科研院所完善基本科研业务费的内部管理机制，切实加强对青年科研人员的倾斜支持。

四、完善科研机构评估制度

（一）实行章程管理。推动中央级科研事业单位制定实施章程，确立章程在单位管理运行中的基础性制度地位，实现"一院（所）一章程"和依章程管理。章程要明确规定单位的宗旨目标、功能定位、业务范围、领导体制、运行管理机制等，确保机构运行各项事务有章可循。

（二）落实法人自主权。中央级科研事业单位主管部门要加快推进政事分开、管办分离，赋予科研事业单位充分自主权，对章程明确赋予科研事业单位管理权限的事务，由单位自主独立决策、科学有效管理，少干预或不干预。坚持权责一致原则，细化自主权的行使规则与监督制度，明确重大管理决策事项的基本规则、决策程序、监督机制、责任机制，形成完善的内控机制，保障科研事业单位依法合规管理运行。切实发挥单位党委（党组）把方向、管大局、保落实的重要作用，坚决防止党的领导弱化、党的建设缺失。

（三）建立中长期绩效评价制度。根据科研机构从事的科研活动类型，分类建立相应的评价指标和评价方式，避免简单以高层次人才数量评价科研事业单位。建立综合评价与年度抽查评价相结合的中央级科研事业单位绩效评价长效机制。以5年为评价周期，对科研事业单位开展综合评价，涵盖职责定位、科技产出、创新效益等方面。5年期间，每年按一定比例，聚焦年度绩效完成情况等重点方面，开展年度抽查评价。加强绩效评价结果与科研管理机制的衔接，充分发挥绩效评价的激励约束作用，在科技创新政策规划制定、财政拨款、国家科技计划项目承担、国家级科技人才推荐、国家科技创新基地建设、学科专业设置、研究生和博士后招收、科研事业单位领导人员考核评价、科研事业单位人事管理、绩效工资总量核定等工作中，将绩效评价结果作为重要依据。按照程序办理科研事业单位编制调整事项时，应参考绩效评价结果。

（四）完善国家科技创新基地评价考核体系。根据优化整合后的各类国家科技创新基地功能定位、任务目标、运行机制等不同特点，确定合理的评价方式和标准。科学与工程研究类基地重点评价原始创新能力、国际科学前沿竞争力、满足国家重大需求的能力；技术创新与成果转化类基地重点评价行业共性关键技术研发、成果转化应用能力、对行业技术进步的带动作用；基础支撑与条件保障类基地重点评价科技创新条件资源支撑保障和服务能力。对各类基地的评价要有利于人才队伍建设、能力提升和可持续发展。建立与评价结果挂钩的动态管理机制，坚持优胜劣汰、有进有出，实现国家科技创新基地建设运行的良性循环。

五、加强监督评估和科研诚信体系建设

（一）建立覆盖"三评"全过程的监督评估机制。将监督和评估嵌入"三评"活动事前、事中、事后全过程，确保科学、规范、高效。事前，实行诚信承诺制度，申报人员、评审专家、工作人员均应签订诚信承诺书，明确行为规范并划定负面行为的底线。事中，实行重点监督和随机抽查相结合，强化重点环节监督，加强对各类主体履职尽责和任务完成情况的监督评估。事后，强化绩效评估和动态调整，按照合同（委托书、协议书）约定开展绩效评估，评估结果作为对相关主体今后监督管理和动态调整的重要参考。建立学术期刊预警监测制度，定期发布学术期刊预警名单和黑名单。加强与纪检监察机关等的信息沟通，自觉接受监督。

（二）加强科研诚信建设。对科研不端行为零容忍，完善调查核实、公开公示、惩戒处理等制度。建设完善严重失信行为记录信息系统，对纳入系统的严重失信行为责任主体实行"一票否决"，一定期限、一定范围内禁止其获得政府奖励和申报政府科技项目等。推进科研信用与其他社会领域诚信信息共享，实施联合惩戒。逐步建立科研领域守信激励机制。将诚信监管关口前移，推动高校、科研院所、医院等单位建立完善学术管理制度，对科研人员学术成长轨迹和学术水平进行跟踪评价，加强对科研人员和青年学生的科研诚信教育，引导其树立正确的科研价值观，潜心科研、淡泊名利。强化导师对学生发表论文的主要内容和研究数据的真实性及实验的可重复性等的审核把关。引导学术共同体建立符合本领域特点的科研诚信规范。

六、加强组织实施，确保政策措施落地见效

（一）加强组织领导。国家科技体制改革和创新体系建设领导小组负责"三评"改革工作的组织领导和统筹协调。各有关部门要根据职责分工，细化任务举措，加强协调配合，抓好本领域"三评"改革的组织实施。各地区要结合实际制定具体方案，推进本地区"三评"改革工作。

（二）强化责任担当。各相关评价主体要强化责任意识，敢于担当，切实推进"三评"改革政策措施落实落地。各有关部门要深化"放管服"改革，进一步减少"三评"项目数量，加强监管，优化服务。各项目管理专业机构要切实履行监督管理职责，各法人单位、学（协）会要完善内部管理，广大科研人员要强化学术自律。各方面要齐心协力，共同营造良好科研环境。

（三）加大推进力度。加强政府部门、用人单位、学术共同体、第三方评估机构等各类评价主体间的相互配合和协同联动，强化"三评"之间的统筹协调。强化政策解读和宣传引导，加强对科研单位干部教育培训，提升科研管理水平，让广大科研人员知晓、掌握、用好改革政策。持续跟踪调研，加强总结评估，及时推广先进经验，发现和解决问题。加强督查督办，推动"三评"改革政策措施落实和动态完善，形成长效机制。

（四）开展试点示范。对一些关联度高、探索性强、暂时不具备全面推行条件的改革举措，可以结合实际情况选择部分地方和单位先期开展试点。鼓励试点地方和单位大胆探索实践，发挥示范突破和带动作用。对基层因地制宜的改革要探索建立容错纠错机制，激发改革动力，保护改革积极性。

国务院关于优化科研管理提升科研绩效若干措施的通知

(国发〔2018〕25号)

各省、自治区、直辖市人民政府，国务院各部委、各直属机构：

为了贯彻落实党中央、国务院关于推进科技领域"放管服"改革的要求，建立完善以信任为前提的科研管理机制，按照能放尽放的要求赋予科研人员更大的人财物自主支配权，减轻科研人员负担，充分释放创新活力，调动科研人员积极性，激励科研人员敬业报国、潜心研究、攻坚克难，大力提升原始创新能力和关键领域核心技术攻关能力，多出高水平成果，壮大经济发展新动能，为实现经济高质量发展、建设世界科技强国作出更大贡献，现就有关事项通知如下：

一、优化科研项目和经费管理

（一）简化科研项目申报和过程管理。聚焦国家重大战略任务，优化中央财政科技计划项目形成机制，合理确定项目数量。加快完善国家科技管理信息系统，2018年底前要将中央财政科技计划（专项、基金等）项目全部纳入。逐步实行国家科技计划年度指南定期发布制度，并将指南提前在网上公示，加强项目查重、避免重复申报，增加科研人员申报准备时间；精简科研项目申报要求，减少不必要的申报材料。针对关键节点实行"里程碑"式管理，减少科研项目实施周期内的各类评估、检查、抽查、审计等活动；自由探索类基础研究项目和实施周期三年以下的项目以承担单位自我管理为主，一般不开展过程检查。

（二）合并财务验收和技术验收。由项目管理专业机构严格依据任务书在项目实施期末进行一次性综合绩效评价，不再分别开展单独的财务验收和技术验收，项目承担单位自主选择具有资质的第三方中介机构进行结题财务审计，利用好单位内外部审计结果。

（三）推行"材料一次报送"制度。整合科技管理各项工作和计划管理的材料报送相关环节，实现一表多用。国家科技管理信息系统按权限向项目承担单位、项目管理专业机构、行业主管部门等相关主体开放，加强数据共享，凡是国家科技管理信息系统已有的材料或已要求提供过的材料，不得要求重复提供。项目管理专业机构和承担单位要简化报表及流程，加快建立健全学术助理和财务助理制度，允许通过购买财会等专业服务，把科研人员从报表、报销等具体事务中解脱出来。

（四）赋予科研人员更大技术路线决策权。科研人员具有自主选择和调整技术路线的权利，科研项目申报期间，以科研人员提出的技术路线为主进行论证，科研项目实施期间，科研人员可以在研究方向不变、不降低申报指标的前提下自主调整研究方案和技术路线，报项目管理专业机构备案。科研项目负责人可以根据项目需要，按规定自主组建科研团队，并结合项目实施进展情况进行相应调整。

（五）赋予科研单位科研项目经费管理使用自主权。直接费用中除设备费外，其他科目费用调剂权全部下放给项目承担单位。项目承担单位应完善管理制度，及时为科研人员办理调剂手续。对于接受企业或其他社会组织委托取得的项目经费，纳入单位财务统一管理，由项目承担单位按照委托方要求或合同约定管理使用。高校和科研院所要简化科研仪器设备采购流程，对科研急需的设备和耗材，采用特事特办、随到随办的采购机制，可不进行招投标程序，缩短采购周期；对于独家代理或生产的仪器设备，按程序确定采取单一来源采购等方式增强采购灵活性和便利性。

（六）避免重复多头检查。科技部、财政部要会同相关部门加强科研项目监督检查工作统筹，制定统一的年度监督检查计划，在相对集中时间开展联合检查，避免在同一年度对同一项目重复检查、多头检查。探索实行"双随机、一公开"检查方式，充分利用大数据等信息技术提高监督检查效率，实行监督检查结果信息共享和互认，最大限度降低对科研活动的干扰。

二、完善有利于创新的评价激励制度

（七）切实精简人才"帽子"。在中央人才工作协调小组的领导下，对科技领域人才计划进行优化整合。西部地区因政策倾斜获得人才计划支持的科研人员，在支持周期内离开相关岗位的，取消对其相应支持。开展科技人才计划申报查重工作，一个人只能获得一项相同层次的人才计划支持。科技人才计划突出人才培养和使用导向，明确支持周期，人才计划项目结束后不得再使用有关人才称号。主管部门、用人单位要逐步取消入选人才计划与薪酬待遇和职称评定等直接挂钩的做法。科研项目申报书中不得设置填写人才"帽子"等称号的栏目。不得将科研项目（基地、平台）负责人、项目评审专家等作为荣誉称号加以使用、宣传。

（八）开展"唯论文、唯职称、唯学历"问题集中清理。由科技部会同教育部、人力资源社会保障部、中科院、工程院及相关行业主管部门在2018年底前对项目、人才、学科、基地等科技评价活动中涉及简单量化的做法进行清理，建立以创新质量和贡献为导向的绩效评价体系，准确评价科研成果的科学价值、技术价值、经济价值、社会价值、文化价值。减少评价频次，对于评价结果连续优秀的，实行一定期限免评的制度。

（九）加大对承担国家关键领域核心技术攻关任务科研人员的薪酬激励。对全时全职承担任务的团队负责人（领衔科学家/首席科学家、技术总师、型号总师、总指挥、总负责人等）以及引进的高端人才，实行一项一策、清单式管理和年薪制。项目承担单位应在项目立项时与项目管理专业机构协商确定人员名单和年薪标准，并报科技部、人力资源社会保障部、财政部备案。年薪所需经费在项目经费中单独核定，在本单位绩效工资总量中单列，相应增加单位当年绩效工资总量。项目范围、年薪制具体操作办法由科技部、财政部、人力资源社会保障部细化制定。单位从国家关键领域核心技术攻关任务项目间接费用中提取的绩效支出，应向承担任务的中青年科研骨干倾斜。完善以科技成果为纽带的产学研深度融合机制，建立科研机构和企业等各方参与的创新联盟，落实相关政策，支持高校、科研院所科研人员到国有企业或民营企业兼职开展研发和成果转化，加大高校、科研院所和国有企业科研人员科技成果转化股权激励力度，科研人员获得的职务科技成果转化现金奖励计入当年本单位绩效工资总量，但不受总量限制，不纳入总量基数。

三、强化科研项目绩效评价

（十）推动项目管理从重数量、重过程向重质量、重结果转变。明确设定科研项目绩效目标，项目指南要按照分类评价要求提出项目绩效目标。目标导向类项目申报书和任务书要有科学、合理、具体的项目绩效目标和适用于考核的结果指标，并按照关键节点设定明确、细化的阶段性目标，用于判断实质性进展；立项评审应审核绩效目标、结果指标与指南要求的相符性，以及创新性、可行性、可考核性，实现项目绩效目标的能力和条件等；要加强项目关键环节考核，项目实施进度严重滞后或难以达到预期绩效目标的，及时予以调整或取消后续支持。

（十一）实行科研项目绩效分类评价。基础研究与应用基础研究类项目重点评价新发现新原理新方法新规律的重大原创性和科学价值、解决经济社会发展和国家安全重大需求中关键科学问题的效能、支撑技术和产品开发的效果、代表性论文等科研成果的质量和水平，以国际国内同行评议为主。技术和产品开发类项目重点评价新技术、新方法、新产品、关键部件等的创新性、成熟度、稳定性、可靠性，突出成果转化应用情况及其在解决经济社会发展关键问题、支撑引领行业产业发展中发挥的作用。应用示范类项目绩效评价以规模化应用、行业内推广为导向，重点评价集成性、先进性、经济适用性、辐射带动作用及产生的经济社会效益，更多采取应用推广相关方评价和市场评价方式。

（十二）严格依据任务书开展综合绩效评价。强化契约精神，严格按照任务书的约定逐项考核结果指标完成情况，对绩效目标实现程度作出明确结论，不得"走过场"，无正当理由不得延迟验收，应用研究和工程技术研究要突出技术指标刚性要求，严禁成果充抵等弄虚作假行为。突出代表性成果和项目实施效果评价，对提交评价的论文、专利等作出数量限制规定。目标导向类项目可在结束后2—3年内进行绩效跟踪评价，重点关注项目成果转移转化、应用推广以及产生的经济社会效益。有关单位和企业要如实客观开具科研项目经济社会效益证明，对虚开造假者严肃处理。

（十三）加强绩效评价结果的应用。绩效评价结果应作为项目调整、后续支持的重要依据，以及相关研发、管理人员和项目承担单位、项目管理专业机构业绩考核的参考依据。对绩效评价优秀的，在后续项目支持、表彰奖励等工作中给予倾斜。要区分因科研不确定性未能完成项目目标和因科研态度不端导致项目失败，鼓励大胆创新，严惩弄虚作假。项目承担单位在评定职称、制定收入分配制度等工作中，应更加注重科研项目绩效评价结果，不得简单计算获得科研项目的数量和经费规模。

四、完善分级责任担当机制

（十四）建立相关部门为高校和科研院所分担责任机制。项目管理部门应建立自由探索和颠覆性技术创新活动免责机制，对已履行勤勉尽责义务但因技术路线选择失误导致难以完成预定目标的单位和项目负责人予以免责，同时认真总结经验教训，为后续研究路径等提供借鉴。单位主管部门、项目管理部门和其他相关部门要支持高校和科研院所按照国家科技体制改革要求和科技创新规律进行改革创新，合理区分改革创新、探索性试验、推动发展的无意过失与明知故犯、失职渎职、谋取私利等违纪违法行为。对科研活动的审计和财务检查要尊重科研规律，减少频次，与工作对象对相关政策理解不一致时，要及时与政策制定部门沟通，调查澄清。

（十五）强化高校、科研院所和科研人员的主体责任。主管部门要在岗位设置、人员聘用、内部机构调整、绩效工资分配、评价考核、科研组织等方面充分尊重高校和科研院所管理权限。高校和科研院所要根据国家科技体制改革要求，制定完善本单位科研、人事、财务、成果转化、科研诚信等具体管理办法，强化服务意识，推行一站式服务，让科研人员少跑腿。强化科研人员主体地位，在充分信任基础上赋予更大的人财物支配权，强化责任和诚信意识，对严重违背科研诚信要求的，实行终身追究、联合惩戒。

（十六）完善鼓励法人担当负责的考核激励机制。以科研机构评估为统领，协调推进项目评审、人才评价、机构评估相关工作，形成合力，压实项目承担单位对科研项目和人才的管理责任。主管部门在对所属高校、科研院所开展考核时，应当将落实国家科技体制改革政策情况作为重要内容。对于落实国家科技体制改革政策到位、科技创新绩效突出的高校、科研院所，在申请国家科技计划和人才项目、核定绩效工资总量、布局建设国家科技创新基地、核定研究生招生指标等方面给予倾斜支持。

五、开展基于绩效、诚信和能力的科研管理改革试点

科技部、财政部会同教育部、中科院在教育部直属高校和中科院所属科研院所中选择部分创新能力和潜力突出、创新绩效显著、科研诚信状况良好的单位开展支持力度更大的"绿色通道"改革试点。

（十七）开展简化科研项目经费预算编制试点。项目直接费用中除设备费外，其他费用只提供基本测算说明，不提供明细。进一步精简合并其他直接费用科目。各项目管理专业机构要简化相关科研项目预算编制要求，精简说明和报表。

（十八）开展扩大科研经费使用自主权试点。允许试点单位从基本科研业务费、中科院战略性先导科技专项经费等稳定支持科研经费中提取不超过20%作为奖励经费，由单位探索完善科研项目资金的激励引导机制。奖励经费的使用范围和标准由试点单位在绩效工资总量内自主决定，在单位内部公示。对试验设备依赖程度低和实验材料耗费少的基础研究、软件开发、集成电路设计等智力密集型项目，提高间接经费比例，500万元以下的部分为不超过30%，500万~1000万元的部分为不超过25%，1000万元以上的部分为不超过20%。对数学等纯理论基础研究项目，可进一步根据实际情况适当调整间接经费比例。间接经费的使用应向创新绩效突出的团队和个人倾斜。

（十九）开展科研机构分类支持试点。对从事基础前沿研究、公益性研究、应用技术研究开发等不同类型的科研机构实施差别化的经费保障机制，结合科研机构职责定位，完善稳定支持和竞争性经费支持相协调的保障机制。对基础前沿研究类机构，加大经常性经费等稳定支持力度，适当提高人员经费补助标准，保障合理的薪酬待遇，使科研人员潜心长期从事基础研究。

（二十）开展赋予科研人员职务科技成果所有权或长期使用权试点。对于接受企业、其他社会组织委托项目形成的职务科技成果，允许合同双方自主约定成果归属和使用、收益分配等事项；合同未约定的，职务科技成果由项目承担单位自主处置，允许赋予科研人员所有权或长期使用权。对利用财政资金形成的职务科技成果，由单位按照权利与责任对等、贡献与回报匹配的原则，在不影响国家安全、国家利益、社会公共利益的前提下，探索赋予科研人员所有权或长期使用权。

科技部、财政部、教育部、中科院等相关部门和单位要加快职能转变，优化管理与服务，加强事中事后监管，放出活力与效率，管好底线与秩序，为科研活动保驾护航。要开展对试点单位落实改革措施的跟踪指导和考核，对推进试点工作不力、无法达到预期目标的，及时取消试点资格、终止支持。对证明行之有效的经验和做法，及时总结提炼在全国推广。

国务院
2018年7月18日

国务院办公厅关于抓好赋予科研机构和人员更大自主权有关文件贯彻落实工作的通知

(国办发〔2018〕127号)

各省、自治区、直辖市人民政府，国务院各部委、各直属机构：

党中央、国务院高度重视激发科研人员创新积极性。近年来，党中央、国务院聚焦完善科研管理、提升科研绩效、推进成果转化、优化分配机制等方面，先后制定出台了一系列政策文件，在赋予科研单位和科研人员自主权等方面取得了显著效果，受到广大科技工作者的拥护和欢迎。但在有关政策落实过程中还不同程度存在各类问题，有的部门、地方以及科研单位没有及时修订本部门、本地方和本单位的科研管理相关制度规定，仍然按照老办法来操作；有的经费调剂使用、仪器设备采购等仍然由相关机构管理，没有落实到项目承担单位；科技成果转化、薪酬激励、人员流动还受到相关规定的约束等。这些问题制约了政策效果，影响了科研人员的积极性主动性。为了进一步推动赋予科研单位和科研人员更大自主权有关文件精神落实到位，经国务院同意，现就有关事项通知如下。

一、充分认识赋予科研机构和人员自主权的重要意义

深入推进科技体制改革、赋予科研单位和科研人员更大自主权、切实减轻科研人员负担，对于调动科研人员积极性、充分释放创新创造活力、推进建设创新型国家、实现经济高质量发展具有十分重要的意义。各地区、各部门、各单位要坚持以习近平新时代中国特色社会主义思想为指导，深入贯彻党的十九大精神，增强"四个意识"，坚定"四个自信"，坚决做到"两个维护"，进一步统一思想，充分认识赋予科研单位和科研人员自主权的重要意义，坚决贯彻落实党中央、国务院各项部署要求，尊重规律，尊重科研人员，充分发挥市场在科技资源配置中的决定性作用，更好发挥政府作用，进一步发挥企业的技术创新主体作用，密切协调配合，精心组织实施，抓紧解决政策落实中存在的突出问题，杜绝形式主义、官僚主义等现象，真抓实干，务求实效，切实为科研单位和科研人员营造良好创新环境，进一步解放生产力，为实施创新驱动发展战略和建设创新型国家增添动力。

二、制定政策落实的配套制度和具体实施办法

对党中央、国务院已经出台的赋予科研单位和科研人员自主权的有关政策，各地区、各部门和各单位都要制定具体的实施办法，对现行的科研项目、科研资金、科研人员以及因公临时出国等管理办法进行修订，对与新出台政策精神不符的规定要进行清理和修改。各高校、科研院所、国有企业和智库以及其他承担科研任务的单位要按照上述原则修订和制定相关实施办法和制度。以上工作要在2019年2月底前完成。

三、深入推进下放科技管理权限工作

（一）推动预算调剂和仪器采购管理权落实到位。科技部、财政部和相关科技项目管理部门要

按照《中共中央办公厅 国务院办公厅印发〈关于进一步完善中央财政科研项目资金管理等政策的若干意见〉的通知》和《国务院关于优化科研管理提升科研绩效若干措施的通知》等精神，分别修订相关科技计划项目和经费管理办法，将文件规定的有关预算调剂、科研仪器采购等事项交由项目承担单位自主决定，由单位主管部门报项目管理部门备案。

（二）推动科研人员的技术路线决策权落实到位。各地区、各部门在制定相关规定和具体办法时，要明确"赋予科研人员更大技术路线决策权"、"科研项目负责人可以根据项目需要，按规定自主组建科研团队，并结合项目实施进展情况进行相应调整"。

（三）推动项目过程管理权落实到位。各项目管理部门对科研项目要由重过程管理向重项目目标和标志性成果转变，加强对科研项目结果及阶段性成果的考核，实施过程中的管理主要由项目承担单位负责。要精简信息和材料报送，有关单位不得随意要求项目承担单位填报各种信息或报送有关材料。

（四）科研单位要健全完善内部管理制度。项目管理专业机构不再承担已明确下放给科研单位管理的有关事项，请科技部、工业和信息化部、农业农村部、卫生健康委等部门在2019年2月底前完成。各地区、各有关部门根据有关规定，负责指导所属科研单位制定详细可操作的管理制度和办法，确保在落实科研人员自主权的基础上，突出成果导向，提高科研资金使用绩效，完成科研目标任务。项目管理部门要通过随机抽查等方式加强事中事后监管，防止发生违规行为。

四、进一步做好已出台法规文件中相关规定的衔接

（一）明确科研人员兼职的操作办法。各单位要认真执行《国务院关于印发实施〈中华人民共和国促进科技成果转化法〉若干规定的通知》和《中共中央办公厅 国务院办公厅印发〈关于实行以增加知识价值为导向分配政策的若干意见〉的通知》，与企业通过股权合作、共同研发、互派人员、成果应用等多种方式建立紧密的合作关系，支持科研人员深入企业进行成果转化，落实"科研人员在履行好岗位职责、完成本职工作的前提下，经所在单位同意，可以到企业和其他科研机构、高校、社会组织等兼职并取得合法报酬"的规定。各地区、各有关部门和单位要进一步明确科研人员兼职兼薪问题的具体管理办法，明确审批程序，约定相关权利与义务。对担任领导职务的科研人员兼职，按中央有关规定执行。

（二）明确科研人员获得科技成果转化收益的具体办法。各高校、科研院所要按照《中华人民共和国促进科技成果转化法》的规定，制定本单位转化科技成果的专门管理办法，完善评价激励机制，对科技成果的主要完成人和其他对科技成果转化作出重要贡献的人员，区分不同情况给予现金、股份或者出资比例等奖励和报酬。请人力资源社会保障部会同有关部门按照《国务院关于优化科研管理提升科研绩效若干措施的通知》精神，落实"科研人员获得的职务科技成果转化现金奖励计入当年本单位绩效工资总量，但不受总量限制，不纳入总量基数"的要求，制定出台具体操作办法，推动各单位落实到位。

（三）明确科技成果作为国有资产的管理程序。请财政部落实《中华人民共和国促进科技成果转化法》，按照对科技成果价值"通过协议定价、在技术市场挂牌交易、拍卖等方式确定价格"的规定，提出对《国有资产评估管理办法》的修订建议，简化科技成果的国有资产评估程序，缩短评估周期，改进对评估结果的使用方式，研究建立资产评估报告公示制度，同时探索利用市场化机制确定科技成果价值的多种方式。要进一步优化国有资产产权登记和变更程序，提高科技成果转化效率。

（四）明确有关项目经费的细化管理制度。各地区、各部门、各单位要进一步推进产学研结合，并制定专门管理办法，对以市场委托方式取得的横向经费，由项目承担单位按照委托方要求或合同约定管理使用。请财政部在相关项目经费使用管理规定中明确，中央高校、科研院所要根据科研工作的特点，对科研需要的出差和会议按标准报销相关费用并简化相关手续。探索建立项目立项环节技术专家和财务专家共同审核机制，在科研项目评审的同时进行预算评审。

五、加强对政策贯彻落实工作的督查指导

（一）开展对政策落实情况的自查和督查。各地区、各部门要加强对科研单位的业务指导和督查，坚持问题导向，对本地区、本部门所属科研单位落实赋予科研单位和科研人员自主权有关文件精神情况进行全面自查，逐一梳理、明确责任，深入分析堵点难点并加以纠正解决，确保政策全面兑现。国务院办公厅要适时开展督促检查。

（二）做好培训宣传工作。科技部、财政部等有关部门要加强对党中央、国务院出台文件的宣传解读。对政策性比较强的管理问题和财务制度要开展培训，建立咨询渠道。对地方和单位的好做法、好经验、好案例，要做好宣传推广。

（三）加强对政策落实的监督。要加强审计监督，以是否符合中央精神和改革方向作为审计定性判断的标准，充分尊重科研规律，对于符合中央精神和改革方向，但不符合部门、地方、单位现有管理规定的行为，要有针对性地提出对具体规定修改调整的建议。加强社会监督，建立举报投诉渠道，鼓励科研单位和科研人员对政策落实情况进行监督，发现严重失职失责的要追究有关人员责任。

国务院办公厅

2018年12月26日

二、部委规范性文件

科技部关于印发《中央财政科技计划（专项、基金等）项目管理专业机构管理暂行规定》的通知

（国科发创〔2016〕70号）

国家科技计划（专项、基金等）管理部际联席会议各成员单位、各项目管理专业机构：

为加强中央财政科技计划（专项、基金等）项目管理专业机构管理工作，根据《国务院关于改进加强中央财政科研项目和资金管理的若干意见》（国发〔2014〕11号）、《国务院印发关于深化中央财政科技计划（专项、基金等）管理改革方案的通知》（国发〔2014〕64号）和有关制度规定，科技部商财政部、发展改革委等部门制定了《中央财政科技计划（专项、基金等）项目管理专业机构管理暂行规定》，经国家科技计划（专项、基金等）管理部际联席会议2016年第一次全体会议审议通过。现予以印发，请依照执行。

科技部

2016年3月7日

中央财政科技计划（专项、基金等）项目管理专业机构管理暂行规定

第一章 总则

第一条 根据《国务院关于改进加强中央财政科研项目和资金管理的若干意见》（国发〔2014〕11号）、《国务院印发关于深化中央财政科技计划（专项、基金等）管理改革方案的通知》（国发〔2014〕64号），制定本规定。

第二条 本规定所称中央财政科技计划（专项、基金等）项目管理专业机构（以下简称"专业机构"）是指经国家科技计划（专项、基金等）管理部际联席会议（以下简称"部际联席会议"）审议确定的，具有独立法人资格，主要从事科研项目管理工作，承担中央财政科技计划（专项、基金等）项目（以下简称"项目"）管理工作的科研管理类事业单位或社会化科技服务机构。

第三条 部际联席会议负责审议专业机构的遴选和择优确定事项。

第四条 科技部会同财政部、发展改革委对专业机构的建设和发展进行统筹布局。科技部、财政部会同相关部门对专业机构的履职尽责情况等统一组织评估评价和监督检查。相关部门加强对专业机构建设、管理队伍建设、制度建设、能力建设等宏观业务的指导和监管，在专业机构管理任务组织实施和科技成果转化应用中积极发挥协调作用，并提供相关条件保障。

第五条 专业机构依据国家有关规定和管理任务委托协议，组织项目评审、立项、过程管理

和结题验收等，对项目进行全过程管理，履行有关职责，对实现任务目标负责。

第六条 专业机构按照项目管理工作量等，提出管理费需求，报科技部审核。科技部结合委托任务量、监督评估等情况，提出审核意见反馈专业机构。专业机构在科技部审核数范围内，按照部门预算管理有关规定，向财政部报送管理费预算申请。财政部按照部门预算管理渠道核定下达专业机构管理费预算。

第二章 专业机构的职责与任务

第七条 制定所承担科研项目管理任务的管理工作方案，编制经费概算。

第八条 参与编制科技计划（专项、基金等）年度指南。

第九条 受理项目申请，组织项目和预算评审评估，遴选承担单位，形成项目（预算）安排，并签订项目任务书（含预算书）。

第十条 开展项目过程管理，组织拨付项目年度经费，对项目任务和经费进行动态调整；落实科技报告制度，加强知识产权管理。

第十一条 组织项目验收及后续管理，开展项目成果汇交，对项目相关资料等进行归档；按相关规定推进项目验收后的成果转化等后续管理工作。

第十二条 对项目实施和经费使用情况进行监督评估，开展对参与项目立项、过程管理和验收等咨询评审专家履职尽责情况的监督。

第十三条 受理各方对项目管理和实施中承担单位、参与人员和专家的申诉和举报；受理相关单位或个人对项目申请、立项和验收等决定的异议、申诉以及对专业机构工作人员在项目管理中的违规、违纪行为的投诉；按相关政策规定及时处理反馈，并开展信用记录工作。

第十四条 在任务委托期间，出现重大变化导致任务无法正常实施时，及时向部际联席会议办公室和相关部门报告，提出调整或终止建议。

第十五条 开展相关科技领域研发动向调研和发展战略研究，提出科技发展建议，并围绕所承担的管理任务，协调与科研人员、公众及媒体的关系，组织开展项目管理、技术研发等相关研讨、培训、科普工作。

第十六条 承担委托协议中约定的其他事项。

第三章 专业机构的申请与受理

第十七条 申请专业机构须符合以下标准：

（一）组织结构。具有独立法人资格的科研管理类事业单位或社会化科技服务机构。拥有相对健全的项目管理、行政、监督和财务等部门。

（二）治理结构。建有理事会、监事会。理事会、监事会根据工作实际合理确定成员构成和规模，成员具有代表性，不得交叉。理事会负责审议和修改项目管理相关制度等文件，对项目管理相关重大事项进行决策，处理项目管理中的重大争议事项；监事会负责监督理事会和项目管理人员的履职尽责情况。

（三）管理制度。具有章程和较为完善的项目管理、经费管理、质量控制、风险控制、知识产权、信用管理、保密及档案管理等制度，实行不相容岗位分离和全程留痕管理，建立内部决策、执行、监督相互制约又相互协调的工作机制。

（四）管理能力。具有满足项目管理要求的相对稳定、结构合理且素质较高的专业化管理队伍；在相关科技领域具备较强的项目管理能力、组织协调能力及丰富的项目管理经验；熟悉国家有关财政科研经费管理和财政预算管理规定，建有规范的项目经费管理程序，具备对科研项目经费预算全过程管理和监督的能力。

（五）管理条件。具有稳定的办公场所和较完备的办公系统，能够依据有关管理规定和技术要求，通过国家科技管理信息系统开展项目管理。定期对管理人员进行专业化培训。

（六）社会信誉。科技管理表现良好，运作规范，无违纪违法等不良记录。

第十八条 根据专业机构的申请标准，符合条件的科研管理类事业单位经相关部门推荐，向部际联席会议办公室提出申请，提交《中央财政科技计划（专项、基金等）项目管理专业机构申请书》等申请材料。符合条件的社会化科技服务机构也可以提出申请。

第十九条 部际联席会议办公室对申请单位的材料进行审查后，组织专家进行咨询论证。通过审查和论证的申请单位，经部际联席会议审议后，纳入专业机构备选目录清单。

第四章 专业机构的改建与任务委托

第二十条 备选目录清单中的专业机构按照要求，及时启动各项改建工作。到2017年底，专业机构剥离与项目管理无关业务，全面完成改建任务，具有完善的法人治理结构、健全的机构设置、完善的规章制度、高素质的科研管理团队和相关领域专业化项目管理能力等。

第二十一条 对专业机构提交的项目管理任务申请，部际联席会议办公室结合任务特点和管理要求，从专业机构的项目管理能力、管理业绩、任务饱和程度、工作延续性以及管理工作方案可行性等方面，择优推荐拟承担管理任务的专业机构，并提交部际联席会议专题会议审议。

第二十二条 经部际联席会议专题会议审议后，科技部代表部际联席会议与专业机构签订任务委托协议书，明确相关职责、权利和义务。

第五章 专业机构的运行规范

第二十三条 专业机构按照《关于改革过渡期国家重点研发计划组织管理有关事项的通知》等各类科技计划（专项、基金等）的相关规定、办法开展项目管理。

第二十四条 专业机构通过统一的国家科技管理信息系统受理各方面提出的项目申请，组织项目评审、立项、过程管理和结题验收等。

第二十五条 专业机构选取、使用专家，应根据国家科技项目评审专家选取和使用相关要求执行。

第二十六条 专业机构实行年度报告和重大事项报告制度。每年12月底前按要求报送年度工作报告，主要包括机构运行、履职尽责、项目管理情况以及所管理项目实施效果的监督检查结果等。专业机构发生法人代表变更或机构合并、重组、撤销等重大事项，应及时报告。

第二十七条 专业机构按照国家科技报告制度相关要求，组织、督促项目承担单位按规定提交科技报告，并将其科技报告提交和共享情况作为后续支持的重要依据。

第二十八条 专业机构实行信息公开制度。在项目管理过程中，除涉密或另有规定外，应公开项目管理负责人、管理人员、项目评审流程、评审专家、立项信息、资金安排、验收及监督评估结果等，接受社会监督。

第二十九条 专业机构建立人员管理制度。可设置流动岗位，选用高水平专家参与项目管理。加强与社会化科技服务机构、社会团体的合作。定期组织对相关人员的能力培训，建立高水平的专业化项目管理团队。

第三十条 专业机构人员在开展项目管理过程中，要严格遵照国家有关法律、法规及相关制度要求，严禁以下行为：

（一）承担或参加国家科技计划（专项、基金等）项目研究；

（二）作为专家参与国家科技计划（专项、基金等）项目评审、验收工作并领取报酬和各种费用；

（三）参与国家科技计划（专项、基金等）项目研究论文、著作、专利等署名，作为国家科技奖励的候选人参与评奖；

（四）索取或者接受项目承担单位的宴请、礼品、礼金、购物卡、有价证券、支付凭证、旅游和娱乐健身活动；

（五）在国家科技计划（专项、基金等）项目承担单位兼职，并领取报酬；

（六）受利益相关方请托向评审专家输送利益，干预国家科技计划（专项、基金等）项目评审或向评审专家施加倾向性影响；

（七）泄漏管理过程中需保密的专家名单、专家意见、评审结论和立项安排等相关信息；

（八）索取、接受或者以借为名占用项目管理对象以及其他与行使职权有关系的单位或者个人的财物。

第六章　专业机构的保密管理

第三十一条　专业机构在项目管理中的保密工作接受国家科学技术保密办公室的指导、监督。相关部门和专业机构按权限确定、调整保密事项，以及涉密项目的密级和保密期限。

第三十二条　专业机构严格遵守《中华人民共和国保守国家秘密法》、《科学技术保密规定》等国家保密法律法规，负责所承担管理任务的保密工作。

第三十三条　专业机构实行保密管理责任人制度。建立层次清晰、职责明确的保密工作责任体系，确保项目管理保密工作责任落实到人；坚持先审后用的用人机制，保证涉密岗位工作人员政治可靠、业务素质好，熟知国家保密法律法规及有关规章制度。涉密工作人员离岗离职时，应按要求办理文件移交手续。任何个人不得私自保存或者销毁秘密文件资料。

第三十四条　专业机构管理涉密项目要严格按照国家科学技术保密要求的程序和标准进行，评审时要与相关评审专家签订保密责任书；举办会议或者其他活动时要采取相应的保密措施；签署任务书时要与项目责任主体签订保密协议书；年度工作报告中应单独说明项目保密情况；验收时应将项目保密工作列为验收内容。

第三十五条　相关部门授权专业机构使用、保管的涉密文件、资料，未经该部门批准，不得提供给其他单位和个人。其他单位向专业机构借阅、索取或抄录秘密文件资料时，应出具正式公函，并按程序报批。

第三十六条　专业机构利用广播、电影、电视、网络以及公开发行的报刊、书籍、图文资料和音像制品对机构自身或所管理的任务进行宣传时，不得涉及保密事项。

第三十七条　专业机构发现泄密或者可能发生泄密的，应立即采取补救措施，并按规定及时向保密行政管理部门和上级主管部门报告。

第三十八条　专业机构应加强保密宣传、教育和培训工作。对相关工作人员组织开展经常性的保密宣传教育，定期进行保密形势、保密法律法规、保密技术防范等方面的教育培训。

第七章　专业机构的档案管理

第三十九条　专业机构在承担管理任务期间，负责相关项目的档案管理工作，按照集中统一管理的原则，建立完善项目管理档案制度，对项目管理进行全程完整记录，保留相关会议纪要等文件资料。项目管理档案应当完整、真实、准确、安全，归档留存时间不少于10年。

第四十条 专业机构要建立层次清晰、职责明确的档案管理责任体系，确保档案管理工作责任落实到人。相关工作人员在工作调离时，须交清应归档的文件材料或借阅的档案，不得擅自留存或处理。

第四十一条 专业机构在项目组织实施过程中，应按国家有关规定和标准规范，形成、收集、整理各种形式和载体的档案，相关人员不得拒绝归档或者据为己有。

第四十二条 专业机构在其所承担的管理任务验收后，应按规定对相关档案进行统一保管。

第四十三条 专业机构应按照档案数字化建设要求，积极开展档案数字化建设，逐步实现档案的全数字化管理，提高档案现代化管理水平。

第八章　专业机构的监督和评估

第四十四条 按照《中央财政科技计划（专项、基金等）监督工作暂行规定》等政策文件，对专业机构开展监督工作。监督和评估主要采取日常检查、专项检查、专项审计以及绩效评估评价等方式。在监督评估的基础上，部际联席会议对专业机构备选目录清单进行调整，建立有进有出的动态调整机制。

日常检查重点是对专业机构项目管理情况进行监管。任务委托方应与专业机构定期召开例会，专业机构应定期向任务委托方提交工作报告。

专项检查重点是对专业机构法人责任落实情况、内部控制机制和管理制度的建设及执行情况、执行国家有关财经法规情况，以及项目管理的科学性和规范性进行检查。专项审计重点是对专业机构管理经费使用的合法性、合规性和合理性，经费拨付的及时性，以及内部管理有效性等进行审计。一般委托具备相应能力和条件的机构开展。

绩效评估评价重点是对专业机构履职尽责情况及其负责管理的项目实施绩效进行评估评价。一般通过公开竞争等方式择优委托第三方机构开展。

第四十五条 根据有关规定，向社会公开专业机构年度工作报告、监督评估结果及其应用情况，接受社会监督。

第四十六条 专业机构违反相关管理规定，在管理工作中存在弄虚作假、管理混乱或发生重大事项未及时报告等，影响管理工作正常开展的，对其提出整改意见和整改期限并监督其整改。

第四十七条 建立问责机制和责任倒查机制。专业机构工作人员在项目管理中存在严重失职、渎职、滥用职权的，追究相关责任；涉嫌违法的，移交司法机关处理。

第四十八条 对经整改后仍未达到要求的，或因重大管理过失造成严重损失的，或存在泄漏国家秘密、设租寻租、徇私舞弊、滥用职权等行为产生恶劣影响的，经部际联席会议审议后，取消其项目管理资格。

第四十九条 建立专业机构信用制度，将专业机构的监督评估情况纳入科研信用体系，及时、客观记录专业机构的严重失信行为，建立健全守信激励和失信惩戒机制。

专业机构的信用等级和监督评估结果作为专业机构遴选和动态调整的重要依据。同等条件下，信用等级高、评估结果好的专业机构优先承担管理任务，对于连续实施的专项任务，可定向委托此类机构继续承担管理工作。

第五十条 专业机构合并重组或更名后，根据部际联席会议办公室评估意见履行相关程序；

不再作为独立法人单位存在或不具备项目管理条件的,经部际联席会议审议后,取消其项目管理资格。

第五十一条 被取消项目管理资格的专业机构应按规定向重新确定的专业机构移交项目管理工作。

第九章 附则

第五十二条 本规定由科技部负责解释。

第五十三条 本规定自发布之日起施行。

财政部关于印发
《中央级公益性科研院所基本科研业务费专项资金管理办法》的通知

(财教〔2016〕268号)

国务院有关部委、有关直属机构，高检院，有关人民团体：

为加强对中央级公益性科研院所自主开展科学研究的稳定支持，进一步规范中央级公益性科研院所基本科研业务费专项资金的使用和管理，提高资金使用效益，根据《中共中央 国务院关于深化体制机制改革加快实施创新驱动发展战略的若干意见》、《国务院关于改进加强中央财政科研项目和资金管理的若干意见》(国发〔2014〕11号)、《国务院印发关于深化中央财政科技计划(专项、基金等)管理改革方案的通知》(国发〔2014〕64号)以及预算管理改革的有关要求，我部对《中央级公益性科研院所基本科研业务费专项资金管理办法(试行)》(财教〔2006〕288号)进行了修订。现予印发，请遵照执行。

附件：中央级公益性科研院所基本科研业务费专项资金管理办法

财政部
2016年7月19日

中央级公益性科研院所基本科研业务费专项资金管理办法

第一条 为贯彻落实《中共中央 国务院关于深化体制机制改革加快实施创新驱动发展战略的若干意见》、《国务院关于改进加强中央财政科研项目和资金管理的若干意见》(国发〔2014〕11号)、《国务院印发关于深化中央财政科技计划(专项、基金等)管理改革方案的通知》(国发〔2014〕64号)的有关要求，进一步加大对中央级公益性科研院所(以下简称科研院所)的稳定支持力度，充分发挥科研院所在国家创新体系中的骨干和引领作用，加强对中央级公益性科研院所基本科研业务费专项资金(以下简称基本科研业务费)的管理和使用，提高资金使用效益，依据国家有关规定以及预算管理改革的要求，制定本办法。

第二条 基本科研业务费用于支持科研院所开展符合公益职能定位，代表学科发展方向，体现前瞻布局的自主选题研究工作。基本科研业务费的使用方向包括：

(一)由科研院所自主选题开展的科研工作；

(二)所属行业基础性、支撑性、应急性科研工作；

(三)团队建设及人才培养；

(四)开展国际科技合作与交流；

(五)科技基础性工作等其他工作。

第三条 基本科研业务费的管理和使用原则包括：

（一）稳定支持，长效机制。基本科研业务费稳定支持科研院所培育优秀科研人才和团队，为科研院所形成有益于持续发展、不断创新的长效机制提供经费支持。

（二）分类分档，动态调整。财政部根据院所规模、学科特点、绩效评价结果等，结合财力可能，确定分类分档支持标准，并结合科研院所预算执行情况等因素每年对经费进行动态调整。

（三）依托院所、突出重点。基本科研业务费的使用应当依托科研院所已有的科研条件、设施和环境，优先支持有助于科研院所符合职能定位、实现学科布局与发展规划目标、有利于培育优秀科研人才和团队的选题以及所属行业基础性、支撑性、应急性科研工作。

（四）专款专用，严格管理。科研院所应当充分发挥基本科研业务费管理的法人责任，建立健全基本科研业务费内部管理制度，将基本科研业务费纳入依托单位财务统一管理，单独核算，专款专用。

第四条 财政部负责核定科研院所基本科研业务费支出规划及年度预算，以项目支出"基本科研业务费"方式随部门预算下达。

第五条 主管部门的主要职责包括：

（一）应当按照部门预算管理的有关要求，加强对基本科研业务费的管理；

（二）负责根据行业科技规划、行业应用需求以及院所职能定位，提出通过基本科研业务费支持的行业基础性、支撑性、应急性科研工作要求；

（三）负责组织基本科研业务费中期绩效评价。中期绩效评价一般每三年开展一次，对基本科研业务费管理和使用绩效进行全面考核。中期绩效评价结果需报财政部备案，作为以后年度预算安排的重要依据。

第六条 科研院所为基本科研业务费管理和使用的责任主体，主要职责包括：

（一）切实履行在资金申请、资金分配、资金使用、监督检查等方面的管理职责，建立常态化的自查自纠机制。

（二）负责组建基本科研业务费管理咨询委员会。

（三）负责开展基本科研业务费使用的年度监管，主要包括科研进展、科研产出、人才团队建设、资金使用等方面。

第七条 管理咨询委员会委员应包括主管部门科技管理部门、财务管理部门和科研院所负责人、科研人员以及经济或财务管理专家等，如设有学术委员会的科研院所，管理咨询委员会还应包括学术委员会负责人。院所两级法人的单位，应同时包括院所两级负责人。根据实际需要，可以邀请来自行业协会、其他科研院所以及高等院校的专家参加管理咨询委员会。管理咨询委员会设主任委员一名，负责主持管理咨询委员会工作，一般由科研院所负责人担任（院所两级法人的单位，由院级法人单位负责人担任）。管理咨询委员会委员应根据实际工作需要定期或不定期调整。

第八条 主管部门应当在每年9月底之前提出下年通过基本科研业务费支持的行业基础性、支撑性、应急性科研工作的具体任务。

第九条 科研院所根据主管部门提出的工作任务以及拟自主开展的有关工作，形成基本科研业务费年度支持项目及预算建议方案，提交管理咨询委员会进行咨询审议。

第十条 管理咨询委员会应当建立回避制度，并在2/3以上委员到会时开展咨询审议。咨询审议意见分为同意资助和不予资助，并对同意资助项目按照优先顺序排序。咨询审议意见是科研院所确定基本科研业务费分配结果的主要依据。

第十一条 科研院所根据咨询审议意见以及基本科研业务费年度预算规模，确定年度资助项目。管理咨询委员会咨询审议意见以及年度资助项目在科研院所内部公示（涉密项目除外）后，科研院所应当与资助对象或团队负责人签订工作任务书。资助对象或团队负责人一般为科研院所在编人员。

如需调整工作任务，需经管理咨询委员会审议后，经科研院所负责人批准，重新签订工作任务书。工作任务书格式由科研院所自行确定，其中应当明确预算数和绩效目标。

科研院所为院所两级法人的单位，院级法人与所级法人签订工作任务书；所级法人根据与院级法人签订的工作任务书，与资助对象或团队负责人签订工作任务书。

第十二条 科研院所应当在每年度终了后三个月内，向主管部门提交年度经费使用情况报告。

第十三条 科研院所可以使用基本科研业务费联合院（所）外单位共同开展研究工作。合作研究经费一般不能拨至科研院所以外单位，确需外拨时应经管理咨询委员会审议通过，并签订科研任务合同等。

第十四条 科研院所基本科研业务费中支持40岁以下青年科研人员牵头负责科研工作的比例，一般不得低于年度预算的30%。

第十五条 基本科研业务费具体开支范围由科研院所按照国家有关科研经费管理规定，结合本单位实际情况确定。但不得开支有工资性收入的人员工资、奖金、津补贴和福利支出，不得分摊院所公共管理和运行费用（含科研房屋占用费），不得开支罚款、捐赠、赞助、投资等。

第十六条 基本科研业务费所发生的会议费、差旅费、小额材料费和测试化验加工费等，应当按照《财政部科技部关于中央财政科研项目使用公务卡结算有关事项的通知》（财库〔2015〕245号）规定实行"公务卡"结算。劳务费、专家咨询费等支出，原则上应当通过银行转账方式结算，从严控制现金支付。

第十七条 科研院所应当按照国家科研信用制度的有关要求，建立基本科研业务费的科研信用制度，并按照国家统一要求纳入国家科研信用体系。

第十八条 基本科研业务费的资金支付应按照国库集中支付制度有关规定执行，属于政府采购范围的，应当按照政府采购的有关规定执行。

第十九条 使用基本科研业务费形成的固定资产、无形资产等属于国有资产，应当按照国家国有资产管理有关规定进行管理。专项经费形成的科学数据、自然科技资源等，按照规定开放共享，并按规定提交科技报告。

第二十条 基本科研业务费项目实施期间年度剩余资金可结转下一年度继续使用。连续两年未用完或者完成任务目标并通过验收、项目中止等形成的剩余资金，报财政部确认为可留归单位使用的结余资金后，由科研院所按照基本科研业务费的管理和使用要求在2年内统筹安排。

第二十一条 科研院所为院所两级法人的单位，应当按照预决算管理的有关要求建立健全基本科研业务费的分级管理制度。

第二十二条 科研院所应当严格遵守国家财政财务制度和财经纪律，规范和加强内部管理，自觉接受财政、审计、监察及主管部门的监督检查。

第二十三条 科研院所应当根据本办法规定制定基本科研业务费的管理实施细则，报主管部门备案。

第二十四条 本办法自印发之日起施行。《中央级公益性科研院所基本科研业务费专项资金管理办法（试行）》（财教〔2006〕288号）同时废止。

科技部　质检总局　国家标准委
关于在国家科技计划专项实施中加强技术标准研制工作的指导意见

（国科发资〔2016〕301号）

各省、自治区、直辖市科技厅（委）、质量技术监督局（市场监督管理部门），计划单列市科技局，新疆生产建设兵团科技局、质量技术监督局，国务院各有关部门，中央财政科技计划（专项、基金等）项目管理专业机构，各直属全国专业标准化技术委员会，各有关单位：

为全面落实《国家创新驱动发展战略纲要》、《中华人民共和国促进科技成果转化法》、《深化科技体制改革实施方案》、《深化标准化工作改革方案》，深入实施技术标准战略，在国家科技计划专项（本《意见》所指国家科技计划专项包括国家科技重大专项和国家重点研发计划专项，以下简称"专项"）实施中进一步加强技术标准研制工作，强化标准化与科技创新的互动支撑，以科技创新提升技术标准水平，以标准促进科技成果转化应用，推动经济社会持续健康发展，现提出以下意见。

一、充分认识国家科技计划专项实施中加强技术标准研制工作的重要意义

技术标准（本《意见》中的技术标准包括国际标准、国家标准、国家标准化指导性技术文件、行业标准或地方标准）是促进科技成果转化为现实生产力的桥梁和纽带，研制技术标准已成为科技研发活动的一项重要内容。自《国家中长期科学和技术发展规划纲要（2006—2020年）》提出实施技术标准战略以来，通过政策引导和科技计划持续支持，我国技术标准研制和应用取得显著成效，技术标准总体水平明显提升，对科技创新和产业发展的促进作用日益显现。新常态下，技术标准研制和科技创新同步趋势愈发明显，技术标准研制逐步嵌入到科技活动各个环节中，为科技成果快速进入市场、形成产业提供着重要支撑和保障。技术标准研制不仅关系科技计划实施成效，还关系科技创新效率。《国家创新驱动发展战略纲要》明确提出实施标准战略，要求健全技术创新、专利保护与标准化互动支撑机制。落实创新驱动发展战略和《中国制造2025》、《质量发展纲要（2011—2020年）》有关要求，深化科技体制改革和标准化工作改革，促进科技与经济更加紧密结合，提高财政科研经费使用效益，迫切需要进一步加强国家科技计划专项实施过程中的技术标准研制（包括技术标准制定和修订的研究，下同）工作，强化技术标准在科技创新中的导向和保障作用。

二、加强国家科技计划专项中研制技术标准的分类引导

专项项目（课题）中的标准研制任务应与标准化主管部门确定的标准体系（规划）相衔接协调。根据专项项目（课题）预期成果的应用范围和技术成熟度等特点，在加强知识产权保护的同时，可考虑研制国际标准、国家标准、国家标准化指导性技术文件、行业标准或地方标准。对于预期成果可以形成具有产业化、市场化和国际化应用前景的自主创新技术和产品，且相关领域国际标准存在空白或其方案优于现有国际标准的项目（课题），宜将研制国际标准作为研究任务；预期成果为需要在全国范围内统一的技术要求的项目（课题），宜将研制国家标准作为研究任务；预期成果涉及保障人身健康和生命财产安全、国家安全、生态环境安全和满足社会经济管理基本要求的项目（课题），宜将研制强制性国家标准作为研究任务；在创新活跃、发展变化速度较快技术（产业）领域，预期成果技术方案不十分稳定、市场前景不明朗的项目（课题），可将研制国家标准化指导性技术文件作为研究任务；预期成果为需要在全国某个行业范围内统一的技术要求，且相关领域没有国家标准的项目（课题），宜将研制行业标准作为研究内容；预期成果相关领域没有国家标准和行业标准，而又需要在某个省、自治区、直辖市范围内统一的满足地方自然条件、民族风俗习惯的特殊技术要求，可以将研制地方标准作为研究内容。

三、在专项设立阶段统筹协调把握技术标准研制需求

对于应用导向比较明确的专项，在设立过程中应考虑技术标准研制任务或内容。涉及标准研制任务的专项，科技主管部门会同有关行业主管部门和标准化主管部门共同组织开展专项实施方案编制工作，共同推荐技术领域和标准化领域专家参与。

四、在专项项目（课题）立项阶段明确技术标准研制任务和要求

有技术标准研制需求的专项，应将技术标准研究相关内容纳入项目（课题）申报指南；申报单位在项目（课题）申报书中应提出技术标准研究的具体目标、内容和预期成果；中央财政科技计划（专项、基金等）项目管理专业机构（以下简称专业机构）在项目（课题）立项评审过程中，应注重发挥相关领域专业标准化技术委员会、标准化研究机构及标准化专家作用，为项目（课题）中标准研制任务的必要性和可行性提供咨询论证服务；项目（课题）任务书中应明确研究技术标准的数量、名称、标准类型以及推进的目标进度。

五、在专项项目（课题）实施阶段强化技术标准研制的要求与服务

在技术标准研制任务实施中，专业机构及项目（课题）承担单位应充分发挥前期参与专项设计、实施方案编制和指南编写标准化专家的技术咨询与评议作用；在标准关键技术和指标的评估、验证及确定中，项目（课题）承担单位应充分发挥具有相应资质的第三方检验检测机构的作用；将修订标准作为研究任务的，项目（课题）承担单位应主动与原标准编制单位进行有效沟通；项目（课题）研究任务变更中涉及标准研制任务的，项目（课题）承担单位应提前就标准研制任务变更事项与相关专业标准化技术委员会做好协调沟通，由专业标准化技术委员会对变更后标准的性质、类型、名称、适用范围、主要内容等提供咨询意见建议；对于强制性国家标准研制任务的变更，项目（课题）承担单位应征得国务院有关行政主管部门的同意；标准化主管部门应建立健全专项研制技术标准的快速立项程序，对前期已经充分论证并纳入专项研究任务的推荐性国家标准，争取将其立项周期压缩一半；对国家标准化指导性技术文件，可视其技术方案成熟度和市场应用前景，省略立项论证、公示等环节，予以优先和快速立项，加快科技成果转化应用步伐；国家标准化主管部门为有标准研制任务的专项项目（课题）承担单位开通国家技术标准资源服务平台，提供国内外标准题录检索、强制性国家标准全文免费阅读、经授权的标准文本在线阅读等服务；相关专业标准化技术委员会应为标准研制任务承担单位提供标准制修订工作程序、方法的服务与指导。

六、在专项项目（课题）验收阶段把握技术标准研制任务完成情况

有技术标准研制任务的专项项目（课题），邀请相关领域标准化专家参加验收。项目（课题）承担单位应提供相关标准计划立项、征求意见、报批的文书，以及标准报批稿或标准文本等，作为标准研制任务验收的重要依据。同时，对于标准中有首次应用的技术和指标，或技术指标与同

层级现有标准规定不一致的,需附上具有相应资质的第三方检验检测机构提供的标准中关键技术和指标的评估、验证报告。由于客观原因导致技术标准研制任务终止或延期的,应提供相应证明材料。

七、支持在研和已结题验收专项的成果向技术标准转化

科技主管部门和标准化主管部门建立健全科技成果向技术标准转化的工作机制,选择部分重点领域开展科技成果向技术标准转化试点,支持在研或已结题验收的专项项目(课题)产出应用前景广、市场需求大的成果转化为技术标准,加速科技成果产业化、市场化应用进程。

八、加强专项中研制技术标准的统计与应用

将专项研制技术标准纳入科技成果统计和科技报告,强化统计信息的公开共享。将技术标准研制任务完成情况作为项目(课题)承担单位后续承担技术标准研究和制修订工作的重要依据。

九、加强技术标准人才培养和专家队伍建设

标准化主管部门会同科技主管部门和相关专项专业机构,为承担技术标准研制任务的项目(课题)承担者提供技术标准知识、工具和方法培训。支持承担技术标准研制任务的专家参与标准化技术委员会的工作。在标准化试点示范、中国标准创新贡献奖评选表彰等工作中,优先支持技术标准研制任务完成出色的单位和团队。加强国家科技专家库和标准化专家库信息的交换共享。

十、鼓励地方制定配套政策措施

地方科技主管部门会同标准化及行业主管部门研究制定地方科技计划专项研究技术标准的支持政策,对有助于促进地方优势产业培育、集聚和发展以及社会进步的技术标准研究项目(课题),在科技计划专项项目(课题)和产业项目安排上给予优先支持。对有标准研制任务的科技计划专项,地方标准化主管部门应积极配合,做好标准立项、实施、应用推广等工作。在淘汰落后产能、促进产业技术升级等工作中,充分发挥科技计划专项项目(课题)形成的强制性技术标准的作用。鼓励将科技计划专项项目(课题)形成的技术标准作为政府采购和公开招投标的依据。

附件:主要名词解释说明

科技部 质检总局 国家标准委
2016 年 9 月 20 日

主要名词解释说明

标准性质:按照《标准化法》规定,标准根据法律效率可分为强制性标准和推荐性标准。依据国务院《深化标准化工作改革方案》,国家标准分为强制性标准和推荐性标准。涉及人身健康和生命财产安全、国家安全、生态环境安全以及满足社会经济管理基本要求,需要统一技术、管理和服务要求,应制定强制性国家标准。法律法规对标准制定另有规定的,按现行法律法规执行。环境保护、工程建设、医药卫生强制性国家标准、强制性行业标准和强制性地方标准,按现有模式管理。安全生产、公安、税务标准暂按现有模式管理。核、航天等涉及国家安全和秘密的军工领域行业标准,由国务院国防科技工业主管部门负责管理。

国家标准化指导性技术文件：指为仍处在技术发展过程中（如变化较快的技术领域）的标准化工作提供指南或信息，供科研、设计、生产、使用和管理等有关人员参考使用而制定的标准文件。

标准化主管部门：包括国家标准化主管部门、行业标准化主管部门、地方标准化主管部门。国家标准化主管部门指国家标准化管理委员会（简称国家标准委），是国务院授权履行行政管理职能，统一管理全国标准化工作的主管机构。行业标准化主管部门指国务院有关行政主管部门，分工管理本部门、本行业的标准化工作。地方标准化主管部门指省、自治区、直辖市标准化行政主管部门（统一管理本行政区域的标准化工作）和省、自治区、直辖市人民政府有关行政主管部门（分工管理本行政区域内本部门、本行业的标准化工作）。

专业标准化技术委员会：指由国家标准委、国务院有关行政主管部门或地方标准化主管部门批准设立，在一定专业领域内，分别在全国、行业或地方范围内从事标准化工作的技术组织。

标准制定阶段：指依据标准制定程序，将标准制定过程划分形成的区间段落。以制定国家标准为例，根据《国家标准制定程序的阶段划分及代码》规定，我国国家标准制定程序分为9个阶段，即预阶段、立项阶段、起草阶段、征求意见阶段、审查阶段、批准阶段、出版阶段、复审阶段、废止阶段。

国家技术标准资源服务平台：指由质检总局和国家标准委牵头建设，涵盖国家标准化、国际标准化、WTO/TBT/SPS、标准文献及全文等资源，为用户提供包括标准化信息检索、在线阅读、信息咨询等国内外标准化信息专业服务的资源平台。

中央财政科技计划（专项、基金等）项目管理专业机构：指中央财政科技计划（专项、基金等）管理部际联席会议审议确定的，具有独立法人资格，主要从事科研项目管理工作，承担中央财政科技计划（专项、基金等）项目管理工作的科技管理类事业单位或社会化科技服务机构。

财政部 教育部关于印发
《中央高校基本科研业务费管理办法》的通知

(财教〔2016〕277号)

党中央有关部门，国务院有关部委、有关直属机构，中央部门所属各高等学校：

为加强对中央高校自主开展科学研究的稳定支持，进一步规范中央高校基本科研业务费的使用和管理，提高资金使用效益，根据《中共中央 国务院关于深化体制机制改革加快实施创新驱动发展战略的若干意见》、《国务院关于改进加强中央财政科研项目和资金管理的若干意见》（国发〔2014〕11号）、《国务院印发关于深化中央财政科技计划（专项、基金等）管理改革方案的通知》（国发〔2014〕64号）、《财政部 教育部关于改革完善中央高校预算拨款制度的通知》（财教〔2015〕467号）以及预算管理改革的有关要求，我们制定了《中央高校基本科研业务费管理办法》。现予印发，请遵照执行。

财政部 教育部
2016年9月22日

中央高校基本科研业务费管理办法

第一章 总则

第一条 为贯彻落实《中共中央 国务院关于深化体制机制改革加快实施创新驱动发展战略的若干意见》、《国务院关于改进加强中央财政科研项目和资金管理的若干意见》（国发〔2014〕11号）、《国务院印发关于深化中央财政科技计划（专项、基金等）管理改革方案的通知》（国发〔2014〕64号）和《财政部 教育部关于改革完善中央高校预算拨款制度的通知》（财教〔2015〕467号）等文件精神，加强对中央高校自主开展科学研究的稳定支持，提升中央高校服务国家发展战略能力、自主创新能力和高层次人才培养能力，提高资金使用效益，根据国家有关规定以及预算管理改革的有关要求，制定本办法。

第二条 中央高校基本科研业务费（以下简称基本科研业务费）用于支持中央高校开展自主选题研究工作，使用方向包括：重点支持40周岁以下青年教师提升基本科研能力；支持在校优秀学生提升科研创新能力；支持优秀创新团队建设；开展多学科交叉的基础性、支撑性和战略性研究；加强科技基础性工作。

第三条 基本科研业务费的使用和管理遵循以下原则：

（一）稳定支持。对中央高校培养优秀科研人才和团队、开展前瞻性自主科研、提升创新能力给予稳定支持，根据使用绩效和中央财力状况适时加大支持力度。

（二）自主安排。中央高校根据自身基本科研需求统筹规划，自主选题、自主立项，按规定编制预算和使用资金。

（三）公开公正。中央高校按照科学民主的原则，通过公开评议、公示等方式遴选项目，确保各环节公正、透明。

（四）严格管理。基本科研业务费纳入中央高校财务统一管理，专款专用，资金的使用范围和标准要符合国家有关规定。建立全过程管理制度，注重绩效，提高资金使用效益。

第二章 管理权限与职责

第四条 财政部负责会同教育部核定基本科研业务费支出规划和年度预算，对资金使用和管理情况进行监督指导。

第五条 主管部门应当按照部门预算管理的有关要求，及时将基本科研业务费预算下达到所属高校，并对资金使用情况进行监督。组织基本科研业务费中期绩效评价，一般每3年开展一次。绩效评价可根据需要委托第三方开展，并加强结果应用。

第六条 中央高校是基本科研业务费使用管理的责任主体，应当切实履行法人责任，健全内部管理机制，加强项目库的建设和管理，对立项项目进行全过程预算绩效管理，具体组织预算执行。

第七条 项目负责人是基本科研业务费使用管理的直接责任人，对资金使用和项目实施的规范性、合理性和有效性负责。

第三章 预算管理

第八条 基本科研业务费采用因素法分配，主要考虑中央高校青年教师和在校学生科研需求及能力、科研活动开展情况、预算执行和财务管理情况、中期绩效评价结果等因素。

第九条 中央高校应当结合中期财政规划，自行组织项目的遴选和立项，建立校内基本科研业务费项目库，并实行动态调整。

第十条 每年11月底前，中央高校结合下一年度"一下"预算控制数、当年预算执行情况等，根据基本科研业务费校内管理机制，完成下一年度的项目申报、评审、遴选排序等工作，落实年度预算安排。

第十一条 基本科研业务费支持的项目，原则上同一负责人同一时期只能牵头负责一个项目，作为团队成员参加者合计不得超过三个项目。

第十二条 中央高校根据项目立项情况，科学合理安排年度预算，对实施期限为1年以上的研究项目，应当根据研究进展分年度安排预算。

第四章 支出和决算管理

第十三条 基本科研业务费使用范围和开支标准，由中央高校按照国家有关规定，结合实际情况确定。

第十四条 基本科研业务费不得开支有工资性收入的人员工资、奖金、津补贴和福利支出；不得购置40万元以上的大型仪器设备；不得分摊学校公共管理和运行费用；不得作为其他项目的配套资金；不得用于偿还贷款、支付罚款、捐赠、赞助、投资等支出；也不得用于按照国家规定不得列支的其他支出。

第十五条 基本科研业务费的资金支付执行国库集中支付制度。发生的会议费、差旅费、小额材料费和测试化验加工费等，应当按照《财政部科技部关于中央财政科研项目使用公务卡结算有关事项的通知》（财库〔2015〕245号）规定，实行"公务卡"结算。劳务费、专家咨询费等支出，原则上应当通过银行转账方式结算，从严控制现金支付。

第十六条 基本科研业务费的支出中属于政府采购范围的，应当按照《中华人民共和国政府采购法》及政府采购的有关规定执行。

第十七条 中央高校应当按照国家科研信用制度的有关要求，建立基本科研业务费的科研信用制度，并按照国家统一要求纳入国家科研信用体系。

第十八条 中央高校应将基本科研业务费的收支情况纳入单位年度决算，统一编报。年度结转结余资金按照国家有关规定管理。

第十九条 使用基本科研业务费形成的资产属于国有资产，应当按照国家国有资产管理的有关规定加强管理；形成的科技成果和科学数据等由学校按规定统筹管理。

第五章 绩效评价与监督检查

第二十条 中央高校应当对科研进展、科研产出、人才团队建设、资金使用等情况进行监测，实施绩效监控，开展绩效自评，及时报送科研业务费使用及绩效管理年度报告。每年4月1日前，中央高校登陆"基本科研业务费管理平台"，填报本校项目数据并上传上一年度实施情况总结和绩效自评报告，并及时报送主管部门。

第二十一条 主管部门、财政部对基本科研业务费的预算执行、资金使用效益和财务管理等情况进行监督检查，如发现有截留、挤占、挪用资金的行为，以及因管理不善导致资金浪费、资产毁损、效益低下的，将暂停或核减其以后年度预算。

第二十二条 中央高校要切实加强基本科研业务费的预算执行管理，建立预算安排与预算执行、实施绩效挂钩的奖惩机制。对未按照校内管理要求自行调整经费用途、预算执行进度缓慢或实施效果差的项目，应当采取调整和扣减当年预算、暂停安排以后年度预算等措施，强化激励约束。

第二十三条 中央高校应当严格遵守国家财政财务制度和财经纪律，规范和加强内部管理，自觉接受审计、监察、财政及主管部门的监督检查。

第六章 附则

第二十四条 本办法由财政部、教育部负责解释。各中央高校应当根据本办法，制定适合本校特点的实施细则，报主管部门备案，同时抄送财政部、教育部。

第二十五条 本办法自2016年11月1日起施行。《财政部 教育部关于中央高校基本科研业务费管理的意见》（财教〔2008〕233号）、《财政部 教育部关于印发〈中央高校基本科研业务费专项资金管理暂行办法〉的通知》（财教〔2009〕173号）以及《财政部 教育部关于加强中央高校基本科研业务费管理工作的通知》（财教〔2011〕171号）同时废止。

财政部关于《中央级公益性科研院所基本科研业务费专项资金管理办法》的补充通知

(财科教〔2016〕20号)

国务院有关部委、直属机构，高检院，有关人民团体：

为进一步规范和加强中央级公益性科研院所基本科研业务费专项资金管理，现就《财政部关于印发〈中央级公益性科研院所基本科研业务费专项资金管理办法〉的通知》(财教〔2016〕268号)有关事项补充通知如下：

财政部、相关主管部门及其相关工作人员在项目和预算审核等环节中，存在违反规定安排资金以及其他滥用职权、玩忽职守、徇私舞弊等违法违纪行为的，依照《中华人民共和国预算法》《中华人民共和国公务员法》《中华人民共和国行政监察法》《财政违法行为处罚处分条例》等有关法律法规追究有关责任单位和人员的法律责任。涉嫌犯罪的，依法移送司法机关处理。

特此通知。

财政部
2016年11月30日

关于《中央级科学事业单位修缮购置专项资金管理办法》的补充通知

(财科教〔2016〕21号)

国务院有关部委、直属机构，高检院，有关人民团体：

为进一步规范和加强中央级科学事业单位修缮购置专项资金管理，现就《财政部关于印发〈中央级科学事业单位修缮购置专项资金管理办法〉的通知》（财教〔2006〕118号）有关事项补充通知如下：

财政部、相关主管部门及其相关工作人员在项目和预算审核等环节中，存在违反规定安排资金以及其他滥用职权、玩忽职守、徇私舞弊等违法违纪行为的，依照《中华人民共和国预算法》《中华人民共和国公务员法》《中华人民共和国行政监察法》《财政违法行为处罚处分条例》等有关法律法规追究有关责任单位和人员的法律责任。涉嫌犯罪的，依法移送司法机关处理。

特此通知。

财政部

2016年11月30日

科技部　财政部　发展改革委关于印发
《科技评估工作规定（试行）》的通知

(国科发政〔2016〕382号)

各省、自治区、直辖市及计划单列市科技厅（委、局）、财政厅（局）、发展改革委，新疆生产建设兵团科技局、财务局、发展改革委，国务院各部委、各直属机构，各有关单位：

　　为有效支撑和服务国家创新驱动发展战略实施，促进政府职能转变，加强科技评估管理，建立健全科技评估体系，推动我国科技评估工作科学化、规范化，依据《中华人民共和国科学技术进步法》《国务院关于改进加强中央财政科研项目和资金管理的若干意见》（国发〔2014〕11号）、《国务院印发关于深化中央财政科技计划（专项、基金等）管理改革方案的通知》（国发〔2014〕64号）和有关法律法规，我们制定了《科技评估工作规定（试行）》。现予印发，请遵照执行。

科技部　财政部　发展改革委
2016年12月11日

科技评估工作规定（试行）

第一章　总则

第一条　为有效支撑和服务国家创新驱动发展战略实施，促进政府职能转变，加强科技评估管理，建立健全科技评估体系，推动我国科技评估工作科学化、规范化，依据《中华人民共和国科学技术进步法》、《国务院关于改进加强中央财政科研项目和资金管理的若干意见》（国发〔2014〕11号）和《国务院印发关于深化中央财政科技计划（专项、基金等）管理改革方案的通知》（国发〔2014〕64号），制定本规定。

第二条　本规定所指科技评估是指政府管理部门及相关方面委托评估机构或组织专家评估组，运用合理、规范的程序和方法，对科技活动及其相关责任主体所进行的专业化评价与咨询活动。旨在优化科技管理决策，加强科技监督问责，提高科技活动实施效果和财政支出绩效。

第三条　本规定适用范围包括，国家科技规划和科技政策、中央财政资金支持的科技计划（专项、基金等）（以下简称科技计划）及项目，科研机构、项目管理专业机构等的评估。

　　其他科技活动的评估工作参照执行。

第四条　科技部、财政部和发展改革委负责制定国家科技评估制度和规范，推动科技评估能力建设，牵头组织开展国家科技规划、政策的评估，组织开展中央财政科技计划、科研机构、项目管理专业机构的评估。

　　各有关部门和地方根据管理职责参与相关国家科技规划、政策、计划和项目管理专业机构等评估活动,组织开展本部门、地方职责范围内的其他科技活动的评估。

项目管理专业机构、项目承担单位应当根据有关科技项目管理要求和机构职责,组织开展相关科技项目评估活动。

第五条 科技部、财政部和发展改革委牵头建立部门间会商机制,加强科技评估重要制度规范建设、评估活动计划安排、评估结果运用和共享等工作的统筹协调,保障科技评估工作有序和高效进行。

第六条 科技评估工作应当遵循独立、科学、可信、有用的原则,推动评估工作的专业化和社会化,确保依据事实做出客观判断,加强评估结果公开和运用。

第七条 科技活动的各级管理部门,应当加强评估工作的制度化建设,并在相关科技活动的管理制度规范和任务合同(协议、委托书等)中约定科技评估的内容和要求。

第二章 评估内容及分类

第八条 科技评估主要考察各类科技活动的必要性、合理性、规范性和有效性:

(一)科技规划评估内容一般包括目标定位、任务部署、落实与保障、目标完成情况、效果与影响等;

(二)科技政策评估内容一般包括必要性、合规性、可行性、范围和对象、组织与实施、效果与影响等;

(三)科技计划和项目评估应突出绩效,评估内容一般包括目标定位、可行性、任务部署、资源配置与使用、组织管理、实施进展、成果产出、知识产权、人才队伍、目标完成情况、效果与影响等;

(四)科研机构评估内容一般包括机构的发展目标定位、人才队伍建设、条件建设、创新能力和服务水平、运行机制、组织管理与绩效等;

(五)项目管理专业机构评估内容一般包括能力和条件、管理工作科学性和规范性,履职尽责情况,任务目标实现和绩效等。

根据实际工作需要,可针对特定内容开展专题评估。

第九条 按照科技活动的管理过程,科技评估可分为事前评估、事中评估和事后绩效评估评价。

第十条 事前评估,是在科技活动实施前进行的评估。通过可行性咨询论证、目标论证分析、知识产权评议、投入产出分析和影响预判等工作,为科技规划、政策的出台制定,科技计划、项目和机构的设立、资源配置等决策提供参考和依据。

重要科技规划、科技政策、科技计划应当开展事前评估,评估工作可与相关战略研究或咨询论证等工作结合进行。

第十一条 事中评估,是在科技活动实施过程中进行的评估。通过对照科技计划和项目、项目管理专业机构等相关合同(协议、委托书等)约定要求,以及科技活动的目标等,对科技活动的实施进展、组织管理和目标执行等情况进行评估,为科技规划、政策调整完善,优化科技管理,任务和经费动态调整等提供依据。

实施周期3年以上的科技规划、政策、计划和项目执行过程中,以及科研机构和项目管理专业机构运行过程中,根据工作需要开展事中评估。

第十二条 事后绩效评估评价,是在科技活动完成后进行的绩效评估评价。通过对科技活动目标完成情况、产出、效果、影响等评估，为科技活动滚动实施、促进成果转化和应用、完善科技管理和追踪问效提供依据。

有时效的科技规划、科技政策、计划、项目实施结束后，以及项目管理专业机构完成相关科技活动后，都应当开展事后绩效评估评价。科技项目的事后绩效评估评价可与项目验收工作结合进行。需要较长时间才能产生效果和影响的科技活动，可在其实施结束后开展跟踪评估评价。

第三章　组织实施

第十三条　评估委托者、评估实施者、评估对象是科技评估的3类主体。

（一）评估委托者一般为科技活动的管理、监督部门或机构，包括政府部门、项目管理专业机构等，根据科技规划、科技政策、科技计划的管理职责分工，负责提出评估需求、委托评估任务、提供评估经费与条件保障。

（二）评估实施者包括评估机构和专家评估组，根据委托任务，负责制定评估工作方案，独立开展评估活动，按要求向评估委托者提交评估结果并对评估结果负责。

（三）评估对象主要包括各类科技活动及其相关责任主体，应当接受评估实施者评估，配合开展评估工作并按照评估要求提供相关资料和信息。

第十四条　对重大科技活动的评估工作，根据工作需要组织具有独立、公正立场和相应能力与条件的第三方评估机构开展。

评估委托者应当向社会公开评估的内容、周期、结果要求等，公开择优或定向委托评估机构开展评估，签订评估合同（协议、任务书等），并告知评估对象责任主体。

评估委托者应当依据评估内容和要求，提供资料，定期检查评估过程的相关工作档案。

第十五条　对于不涉密、适宜国际比较的科技活动，应邀请国际同行专家开展国际评估。

第十六条　评估方法应当根据评估对象和需求确定，一般包括专家咨询、指标评价、问卷调查、调研座谈、文献计量和案例研究等定性或定量方法。

第十七条　评估工作一般包括以下基本程序：制定评估工作方案，采集和处理评估信息，综合分析评估，形成评估报告，提交或发布评估报告，评估结果运用和反馈。根据评估工作方案，评估对象责任主体应当按照要求开展自评价。

在评估过程和评估结果形成环节，评估实施者应当根据工作需要，充分征求评估委托者意见；评估实施者可在评估委托者的允许下，与评估对象责任主体等相关方面沟通评估信息和评估结果。

第四章　质量控制

第十八条　评估委托者和评估实施者在评估合同（协议、任务书等）中，应当明确评估工作目标、范围、内容、方法、程序、时间、成果形式、经费等内容和要求。

第十九条　科技评估应当遵循科技活动规律，分类开展评估。评估实施者应当根据评估对象特点和评估需求，制定合理的、有针对性的评估内容框架和指标体系。

第二十条　评估委托者和评估实施者应当制定评估工作规范程序，建立评估全过程质量控制和评估报告审查机制，充分保证评估工作方案合理可行、评估信息真实有效、评估行为规范有序、评估过程可追溯、评估结果客观准确。

第二十一条　评估实施者应当建立评估工作档案制度，实施"痕迹化"管理，对评估合同、工作方案、证据材料、评估报告等重要信息及时记录和归档。

中央财政科技计划和项目管理专业机构的评估委托者，应当按相关管理要求将评估报告等评估工作记录纳入国家科技管理信息系统和国家科技报告服务系统。

第二十二条 实行评估机构、评估人员和评估（咨询）专家信用记录制度，对相关责任主体的信用状况进行记录；评估委托者在委托开展评估工作时，应当将有关责任主体的信用状况作为重要依据。

第五章 评估结果及运用

第二十三条 评估报告应当包括评估活动说明、信息来源和分析、评估结论、问题和建议等部分。

第二十四条 评估委托者建立评估结果反馈和综合运用机制，深入分析评估发现问题的责任主体及其原因，全面客观使用评估结果。

第二十五条 评估委托者应当及时将评估结果下达评估对象责任主体，评估对象责任主体应当认真研究分析评估意见、建议和相关整改要求，按照规定提交整改、完善、调整等意见，并改进完善相关管理和实施工作。

评估委托者应当跟踪评估对象责任主体对评估结果的运用情况，并将其作为后续评估的重要内容。

第二十六条 评估委托者应当建立评估结果与考核、激励、调整完善、问责等联动的措施。

优先支持评估结果好的科技计划、项目、科研机构和项目管理专业机构的设立及滚动实施。

把评估结果作为科技规划和政策制定、实施和调整完善等的重要参考条件，科研机构财政支持和项目管理专业机构经费支持的重要依据。

对评估结果和结果运用中发现的重要问题，评估委托者应当按照相关制度规定开展监督检查和问责。

第二十七条 实施科技评估结果共享制度，推动评估工作信息公开，按照有关规定在国家科技管理信息系统、政府部门官方网站等，对评估工作计划、评估标准、评估程序、评估结果及结果运用等信息进行公开，提高评估工作透明度。

第六章 能力建设和行为准则

第二十八条 积极开展科技评估理论方法体系研究和国内外科技评估业务交流与合作，推动建立科技评估技术标准和工作规范，加强行业自律和诚信建设。

有关部门和地方积极引导和扶持科技评估行业的发展，建立健全科技评估相关的法律法规和政策体系，完善支持方式，鼓励多层次专业化的评估机构开展科技评估工作。

第二十九条 推动评估信息化建设。评估活动应当利用科技活动组织实施、管理与监督评估中已积累的各类信息和数据，充分运用互联网、大数据等技术手段，发展信息化评估模型，提升评估工作能力、质量和效率。

第三十条 评估委托者应当提供有关信息、经费、组织协调等资源和条件，保障评估活动规范开展。评估委托者不得以任何方式干预评估实施者独立开展评估工作。

第三十一条 评估机构应当遵守国家法律法规和评估行业规范，加强能力和条件建设，健全内部管理制度，规范评估业务流程，加强高素质人才队伍建设。

第三十二条 评估人员和评估（咨询）专家应当具备评估所需的专业能力，恪守职业道德，独立、客观、公正开展评估工作，遵守保密、回避等工作规定，不得利用评估谋取不当利益。

评估（咨询）专家应当熟悉相关技术领域和行业发展状况，满足评估任务需求。

第三十三条 评估对象责任主体应当积极配合开展评估工作,及时提供真实、完整和有效的评估信息,不得以任何方式干预评估实施者独立开展评估工作。

第七章 附则

第三十四条 科技部依据本规定研究制定科技评估工作相关规范。

有关部门、地方和机构应当依据本规定,结合工作实际,制定具体实施方案和规则。

第三十五条 本规定由科技部、财政部和发展改革委负责解释,自发布之日起施行。

科技部关于印发
《中央财政科技计划（专项、基金等）科技报告管理暂行办法》的通知

(国科发创〔2016〕419号)

国务院各有关部门，中国科学技术协会：

依据《关于深化中央财政科技计划（专项、基金等）管理改革的方案》（国发〔2014〕64号）和《关于加快建立国家科技报告制度的指导意见》（国办发〔2014〕43号），为推动中央财政科技计划（专项、基金等）科技报告的统一呈交、规范管理和共享使用，科技部研究制定了《中央财政科技计划（专项、基金等）科技报告管理暂行办法》。现印发你们，请遵照执行。

科技部

2016年12月29日

中央财政科技计划（专项、基金等）科技报告管理暂行办法

第一章 总则

第一条 根据《中华人民共和国促进科技成果转化法》、《关于深化中央财政科技计划（专项、基金等）管理改革的方案》（国发〔2014〕64号）和《关于加快建立国家科技报告制度的指导意见》（国办发〔2014〕43号），为推动中央财政科技计划（专项、基金等）科技报告的统一呈交、规范管理和共享使用，制定本办法。

第二条 科技报告是描述科研活动的过程、进展和结果，并按照规定格式撰写的特种科技文献，目的是促进科技知识的积累、传播交流和转化应用。科技报告是国家基础性、战略性科技资源。

第三条 本办法适用于《关于深化中央财政科技计划（专项、基金等）管理改革的方案》（国发〔2014〕64号）中明确的中央财政科技计划（专项、基金等）项目（或课题）科技报告的管理，包括国家自然科学基金、国家科技重大专项、国家重点研发计划、技术创新引导专项（基金）、基地和人才专项。

第二章 职责分工

第四条 建立由科技部、项目管理专业机构、项目（或课题）承担单位组成的中央财政科技计划（专项、基金等）科技报告组织管理体系，明确职责分工，健全工作机制。

第五条 科技部负责科技报告制度建设的总体部署、统筹规划、组织协调和监督检查，主要职责是：

（一）牵头拟订科技报告制度建设的相关政策，制定科技报告标准和规范。

（二）规划、部署、指导和监督检查科技报告制度建设工作。

（三）将科技报告工作纳入中央财政科技计划（专项、基金等）的项目立项、年度或中期检查、结题验收及监督检查和评估等管理过程。

（四）组织开展科技报告宣传培训工作。

第六条 项目管理专业机构在项目立项、年度和中期检查、结题验收过程中执行科技报告工作的相关规定和要求，主要职责是：

（一）在与项目承担单位签订的项目（或课题）合同或任务书时明确规定呈交科技报告的数量和时间。

（二）督促、检查科技报告撰写和呈交工作，在项目（或课题）结题验收时审查科技报告呈交情况。

（三）确认科技报告的密级和保密期限、延期公开和延期公开时限。

（四）及时将科技报告移交中国科学技术信息研究所。

第七条 科技部委托中国科学技术信息研究所承担科技报告收藏和管理工作，主要职责是：

（一）收集、加工和收藏中央财政科技计划（专项、基金等）项目（或课题）科技报告。

（二）收藏部门、地方财政科技计划（专项、基金等）项目（或课题）公开科技报告和已解密解限科技报告。

（三）建设、运行和维护国家科技报告服务系统。

（四）开展科技报告共享服务，以及产出分析、立项查重等增值服务，推动科技报告交流利用。

（五）协助开展科技报告宣传培训工作。

第八条 项目（或课题）承担单位应充分履行法人责任，做好科技报告工作，主要职责是：

（一）建立本单位科技报告管理制度，将科技报告工作纳入本单位科研管理过程，指定专人负责本单位科技报告工作。

（二）督促项目（或课题）负责人组织科研人员撰写科技报告。

（三）审核科技报告编号、格式、内容、密级和保密期限、延期公开和延期公开时限。

（四）按照规定的渠道和方式呈交科技报告。

（五）建立本单位科技报告奖惩机制，为科技报告工作提供条件保障。

（六）项目（或课题）牵头单位负责协调参加单位共同完成科技报告工作，并由项目（或课题）牵头单位统一呈交项目（或课题）科技报告。

第九条 项目（或课题）负责人要增强撰写科技报告的责任意识，根据项目（或课题）合同或任务书的要求按时保质完成科技报告，并对内容和数据的真实性负责。

第三章 工作要求

第十条 项目（或课题）申报单位应在申报书中明确提出呈交科技报告的类型、时间和数量。应呈交的科技报告包括：

（一）项目（或课题）结题验收前，应呈交一份最终科技报告。

（二）项目（或课题）研究期限超过2年（含2年）的，应根据中央财政科技计划（专项、基金等）项目管理部门的要求，呈交年度或中期技术进展报告。

（三）根据项目（或课题）的研究内容、期限和经费强度，应呈交包含科研活动细节及基础数据的专题科技报告，如实验（试验）报告、调研报告、技术考察报告、设计报告、测试报告等。

第十一条 项目管理专业机构在签订项目（或课题）合同或任务书时，应明确呈交科技报告的类型、时间和数量，作为结题验收的考核指标。

第十二条 项目（或课题）负责人应按照合同或任务书的要求和《科技报告编写规则》（GB/T 7713.3—2014）、《科技报告编号规则》（GB/T 15416—2014）、《科技报告保密等级代码与标识》（GB/T 30534—2014）等相关国家标准组织撰写科技报告，提出科技报告密级和保密期限、延期公开和延期公开时限。

（一）公开项目（或课题）科技报告分为公开或延期公开。科技报告内容需要发表论文、申请专利、出版专著或涉及技术秘密的，可标注为"延期公开"。需要发表论文的，延期公开时限原则上在2年（含2年）以内；需要申请专利、出版专著的，延期公开时限原则上在3年（含3年）以内；涉及技术诀窍的，延期公开时限原则上在5年（含5年）以内。论文发表或专利申请公开后，延期公开科技报告应及时公开。

（二）涉密项目（或课题）科技报告可以确定为秘密级，如该项目（或课题）为机密或绝密级，科技报告应经降密或脱密处理后再行呈交。保密期限应依据项目（或课题）合同书或任务书及国家有关保密规定提出。

第十三条 项目（或课题）承担单位按照相关要求对科技报告的编号、格式、内容、密级和保密期限、延期公开和延期公开时限等进行审核，确保科技报告内容真实完整，格式规范，并按时通过规定的渠道和方式呈交科技报告。

第十四条 项目管理专业机构在项目（或课题）管理过程中，应及时检查科技报告撰写和呈交情况，依据有关规定对科技报告密级和保密期限、是否延期公开和延期公开时限等进行审查和确认，及时将科技报告移交中国科学技术信息研究所。

第十五条 项目管理专业机构在项目（或课题）结题验收时，应按照合同或任务书的规定审查科技报告完成情况，作为结题验收的必备条件。对未按照项目（或课题）合同或任务书呈交科技报告的，按不通过验收或不予结题处理，并责令改正。情节严重的，予以通报批评，禁止项目（或课题）负责人和承担单位在一定期限内申报中央财政科技计划（专项、基金等）项目（或课题）。

第十六条 对科技报告存在抄袭、数据弄虚作假等科研不端行为的，按程序将相关项目（或课题）负责人和承担单位纳入中央财政科技计划（专项、基金等）失信行为记录管理。

第四章　共享使用

第十七条 通过国家科技报告服务系统实现科技报告的开放共享。国家科技报告服务系统和部门、地方科技报告服务系统实行互联互通。

第十八条 科技报告按照公开与受控使用相结合的原则向社会开放共享。向社会公众提供检索以及公开和延期公开科技报告摘要信息浏览服务。向实名注册用户提供检索以及公开科技报告全文浏览、全文推送等服务。向科技管理人员提供检索以及全文浏览、全文推送、统计分析等服务。延期公开科技报告全文实行授权受控使用，全文使用应得到项目管理专业机构授权或科技报告完成单位许可。鼓励社会开展科技报告分析与深度利用。

第十九条 涉密和延期公开科技报告的保密期限或延期公开时限到期后，将自动公开。如需要延长保密期限或延期公开时限，应由项目（或课题）承担单位向项目管理专业机构提出书面申请，获得批准后，于到期前15个工作日将批准材料提交中国科学技术信息研究所。

第二十条 在保密期限内的涉密科技报告的使用按照国家有关保密规定执行，解密后按公开科技报告管理和使用。

第二十一条 科技报告使用者应严格遵守知识产权管理的相关规定，在论文发表、专利申请、专著出版等工作中注明参考引用的科技报告，确保科技报告完成人的合法权益。

第五章 附则

第二十二条 其他中央财政支持的科技项目（或课题）科技报告参照本办法执行。

第二十三条 本办法自发布之日起施行。

第二十四条 本办法由科技部负责解释。

财政部 科技部 教育部 发展改革委关于
进一步做好中央财政科研项目资金管理等政策贯彻落实工作的通知

(财科教〔2017〕6号)

国务院有关部委、有关直属机构，各中央高校、科研院所：

为了进一步做好《中共中央办公厅 国务院办公厅印发〈关于进一步完善中央财政科研项目资金管理等政策的若干意见〉的通知》(以下简称《若干意见》)贯彻落实工作，促进中央财政科研项目资金管理改革举措落地生根，切实增强科研人员改革"成就感""获得感"，现就有关问题通知如下：

一、提高思想认识，强化责任担当

《若干意见》是加快推进科技领域"放管服"改革、完善财政科研项目资金管理的重要举措，对于促进形成充满活力的科技管理和运行机制、激发广大科研人员创新创造活力具有十分重要的意义。各部门、各单位要进一步提高思想认识，全面深入学习，准确把握文件精神和具体要求，切实增强做好贯彻落实工作的责任感和紧迫感。项目主管部门要加强统筹协调，督促和指导所属单位落实好相关政策。中央高校、科研院所等相关单位要切实履行法人责任，加快制度建设，完善内控机制，规范工作流程，创新服务方式，确保下放的管理权限"接得住、管得好"。

二、细化政策措施，狠抓政策执行

(一)加快制度建设。

项目承担单位应当结合本单位实际，抓紧制定和完善项目预算调剂、间接费用统筹使用、劳务费分配管理、结余资金使用、科研财务助理岗位设立、内部信息公开公示等内部管理办法。对于督查或自查中发现未在规定时间出台制度的单位，应当逐项对照、查漏补缺，务必于3月底前完成整改。

各单位在制定制度时，应当严格按照本单位内部决策程序开展工作，有关制度应当以单位正式文件形式印发，并在单位内部以适当的方式公开。各项制度应当做到权责明确、流程清晰、操作性强、务实管用。各项制度以及中央高校、科研院所按规定制定的差旅会议内部管理办法，应当作为预算编制、评估评审、经费管理、审计检查、财务验收等工作依据。

项目主管部门应当尽快完善预算编制指南，制定预算评估评审和财务验收工作细则等具体操作规范。

(二)大力推进信息公开。

项目承担单位应当完善内部信息公开制度，明确单位内部信息公开的责任主体、程序、方式、范围和期限等，除涉密信息外，财政科研项目预决算、预算调剂、资金使用(重点是间接费用、外拨资金、结余资金使用)、研究成果等情况均应以适当方式在单位内部公开。要充分运用信息公开的手段，加强内部监督和管理。

(三)细化、完善劳务费和间接费用管理。

项目承担单位应当建立健全劳务费管理办法，进一步细化访问学者、项目聘用研究人员的管理要求，规范对访问学者、项目聘用研究人员的资格认定、审批或备案、公开公示程序，明确管理责任，细化岗位设立、工作协议、劳务费标准和发放办法等日常管理规定。项目聘用研究人员应当为项目承担单位通过劳务派遣方式或者签订劳动合同、聘用协议等方式为项目聘用的研究人员（包括退休人员）。

项目承担单位应当建立健全间接费用管理办法，进一步明确间接费用分配原则和流程，完善绩效考核办法，以及绩效支出与科研人员在项目工作中的实际贡献挂钩的机制，妥善处理合理分摊间接成本和对科研人员激励的关系。中央高校、科研院所等事业单位在安排绩效支出时，应当符合事业单位绩效工资管理有关规定。

（四）加强结余资金统筹管理。

于完成任务目标并一次性通过验收的项目，验收结论确定的结余资金全部留归项目承担单位使用，由其统筹用于本单位科研活动的直接支出。2年后（自验收结论下达后次年的1月1日起计算）结余资金未用完的，按规定原渠道收回。未一次性通过验收的项目，结余资金按规定原渠道收回。

项目承担单位应当认真落实结余资金使用管理权限，加强结余资金统筹管理，在内部管理办法中明确具体统筹方式和管理要求，提高科研项目资金使用效益，激发科研人员创新创造活力。

（五）做好在研项目政策衔接。

《若干意见》发布时，已进入结题验收环节的项目，继续按照原政策执行，不作调整；尚在执行环节的项目，由项目承担单位统筹考虑本单位实际情况，与科研人员特别是项目负责人充分协商后，在项目预算总额不变的前提下，自主决定是否执行新规定。

（六）规范会计师事务所开展的财务审计。

项目主管部门制定财务验收工作细则，明确科研项目财务验收的责任主体、主要内容、程序规范等。加强对承接科研项目财务审计委托任务的会计师事务所的指导和培训，提高其政策理解和把握能力，促进提升财务审计工作质量。按照政府采购法的有关要求，规范对承接科研项目财务审计委托任务的会计师事务所选聘程序，完善信用管理体系，会同财政部门对严重违规会计师事务所的严重不良信用记录记入"黑名单"。

中国注册会计师协会制定科研项目财务审计操作指引，明确会计师事务所从事科研项目财务审计工作要求和技术规范，将科研项目财务审计纳入执业质量检查范围。会计师事务所应当建立健全相关质量控制机制，切实提升服务能力和审计质量。

三、发挥部门作用，加强统筹指导

各部门、各单位应当进一步加大宣传培训力度，在官方网站开辟专栏，系统、集中登载中央财政科研项目资金管理有关政策文件及解读，及时发布本部门、本单位制定的相关管理办法。加大对财务人员、科研财务助理、科研人员等相关人员的培训力度。同时，加强对中央财政科研项目资金的事中事后监管，严肃查处违法违纪问题。

项目主管部门应当结合本部门实际情况，对共性问题统筹研究，提出解决方案或指导意见。加强对本部门所属高校、科研院所等单位落实《若干意见》的跟踪指导，及时总结典型做法，并予以推广。

财政部、科技部将持续跟踪改革进展，建立中央财政科研项目资金管理改革等政策落实情况的督查机制、通报机制。有关通报和督查结果将纳入信用管理，与中央高校管理改革等绩效拨款、间接费用核定、结余资金留用等挂钩。

财政部　科技部　教育部　发展改革委
2017年3月3日

科技部办公厅关于印发
《国家科技专家库管理办法（试行）》的通知

(国科办创〔2017〕25号)

机关各厅、司、局、办，各直属事业单位，各有关单位：

为贯彻落实《国务院关于改进加强中央财政科研项目和资金管理的若干意见》（国发〔2014〕11号）和《国务院印发关于深化中央财政科技计划（专项、基金等）管理改革方案的通知》（国发〔2014〕64号），指导国家科技专家库建设工作，科技部研究制定了《国家科技专家库管理办法（试行）》。现印发你们，请遵照执行。

科技部办公厅
2017年4月14日

国家科技专家库管理办法（试行）

第一章　总则

第一条　按照《中共中央国务院关于深化科技体制改革加快国家创新体系建设的意见》（中发〔2012〕6号）、《国务院关于改进加强中央财政科研项目和资金管理的若干意见》（国发〔2014〕11号）和《国务院印发关于深化中央财政科技计划（专项、基金等）管理改革方案的通知》（国发〔2014〕64号）的要求，深化科技管理改革，完善专家遴选制度，提高决策的科学化和民主化水平，推进国家科技专家库（以下简称专家库）建设，特制订本办法。

第二条　专家库集成科技、产业和经济高层次人才，服务于国家科技管理，是国家科技管理信息系统的重要组成部分。按照共建共享的目标，积极鼓励引导专家为地方和社会各方发展提供服务。

第三条　专家库按照广泛参加、统一建设、科学管理、规范使用、有序开发的原则建设和运行。

第四条　国家科技行政管理部门牵头专家库建设的总体部署和统筹协调，研究制定相关政策和管理制度。委托部内相关单位分工负责，开展专家库建设、运行维护、开发利用等相关工作。

第二章　专家信息资源建设

第五条　专家库由科技界、产业界和经济界的高层次专家组成。原则上应符合以下基本条件：

（一）科技界专家主要是从事科技研发、科技创新政策研究或项目管理，或在主要国际学术组织中任中高级职务、具有较高专业水平的专家。原则上应具有副高级及以上职称，或作为负责人承担过中央财政支持的国家科技计划项目（课题），或是国家科技奖励获得者。研究成果突出的优秀青年学者可适当放宽条件。

（二）产业界专家主要是科技型上市公司、国家高新技术企业、国家创新型（试点）企业、国家级高新区、科技园区和各类创业服务机构、行业协会学会的高级管理人员等。

（三）经济界专家主要是熟悉国家科技经费审计的注册会计师，或高等学校、科研院所、企业等的财务审计部门负责人，知识产权法、民商法等相关领域高水平专家；知名创业服务机构的创业导师，天使投资或创业投资机构的高级管理人员，资本市场、银行信贷及保险等机构中高级管理人员等。

第六条 专家进入专家库有两种方式。

（一）每年新增的中国科学院院士、中国工程院院士、海外高层次人才引进计划（千人计划）和国家高层次人才特殊支持计划（万人计划）自然科学与工程领域入选者、长江学者、中央财政科技计划（专项、基金等）项目负责人、国家科技奖励获奖人等，经本人同意可直接入库。

（二）其他符合条件的专家可由本人申请、经单位推荐和科技人才管理与服务单位信息校验后入库。

第七条 专家库积极吸纳海外专家，采取专业机构邀请、专家自愿申报、国内专家联名推荐等多种形式增加库内海外专家数量。海外专家原则上应当在本领域知名高等学校、科研院所和企业任职，或在国际科技组织担任高级职务，或获得本领域国际大奖，在学术界较为活跃。

第八条 专家所在单位负责本单位的专家推荐、信息审核和重大事项报告工作，及时按照部署要求，组织专家登陆国家科技管理信息系统对本人信息进行定期核对、补充。

第三章 专家库管理与维护

第九条 专家库每年组织一次专家信息集中更新。系统通过短信、邮件等方式通知在库专家，登录网上系统，确认专家单位、职务、联系方式等关键信息变更情况，并对系统所提供的最新获奖、论文及承担国家课题等情况进行核实确认。各单位审核后录入系统。

第十条 入库专家可随时在线更新本人信息。专家库系统将积极拓展信息更新渠道，采取多种方式采集和补充专家信息，扩大专家库规模，并对新入库和更新的专家信息进行审核校验。

第十一条 专家连续两年未对个人信息进行更新确认，系统将进入冻结状态，并通知专家本人。专家重新登录并确认信息后，可解除冻结状态。

第十二条 有以下或其他不适宜参加评审活动的情况，专家所在单位应及时报告，相关专家自动退出专家库：

（一）违法违纪；

（二）开除公职或党籍；

（三）学术失范。因身体原因或其他原因，专家本人可申请退出专家库。

第四章 专家选取及使用

第十三条 中央财政科技计划（项目、基金等）各管理部门、直属机构主管司局和专业机构等因项目评审评估、结题验收、评价奖励等管理活动所需专家，一律从专家库中选取。

各地方科技行政管理部门、各行业、各地方专业机构需要使用专家库专家的，按照专家抽取与使用的管理规定和专家自愿参与的原则，依申请使用。

第十四条 专家使用坚持轮换原则。原则上每位专家每年参与评审项目不超过10次，避免同一专家反复多次参加各类评审活动,保障专家科研时间。

第十五条 从专家库中抽取项目评审咨询专家,一般应遵循随机原则。

(一)专家使用单位明确提出专家选取条件、专家组结构、回避要求及抽取方式,在线提交后,由系统随机产生候选专家。

(二)专家库通过语义分析、数据挖掘、机器学习等大数据技术和人工智能方法,开展专家活跃度评价、影响力评价和小同行标识匹配,支撑服务专家抽取工作。

(三)专家使用单位认为候选专家不能完全满足评审需求的,可采取特邀方式选取部分建议专家,并需按要求向社会公开,接受监督。

第十六条 专家选取遵循回避原则。符合以下条件的专家不能参加项目评审,包括:

1. 被评审项目的负责人或参与人员。

2. 与被评审项目负责人或任务(课题)负责人5年之内有共同承担项目、申报奖励、发表论文、申请专利等合作关系;与被评审项目申报负责人或任务(课题)负责人有近亲属关系、师生关系(硕士、博士期间)以及其他重大利益关系。

3. 24个月内与被评审项目申报单位及任务(课题)牵头单位有过聘用关系,包括现任该单位的咨询或顾问。

4. 所在单位与被评审项目申报单位及任务(课题)牵头单位有行政隶属关系。

5. 与被评审项目申报单位及任务(课题)牵头单位有经济利害关系,如持有涉及申报单位的股权(申报单位为上市公司的除外)。

6. 被评审项目评审前声明提出的回避事项,如存在利益竞争或学术争议的单位及个人。

7. 其他有可能妨碍评审公正性的情形。专家使用单位可根据实际工作需求,提出更详细明确的回避条件。

第十七条 专家库建立评价机制。通过使用单位评价、专家相互评价及被评审项目评价等多种方式对专家参与评审咨询活动情况进行记录,作为后续专家使用参考。

第五章 专家服务

第十八条 专家库采取多种形式,向在库专家推送国家科技战略规划制定、科技前沿信息、科技计划管理、科技政策等信息,积极创造条件,促进专家学术交流与合作。

第十九条 专家库广泛吸纳各界人才入库,组织动员在库人才助力科研活动和成果转化及大众创业万众创新,服务行业和地方发展,服务国家创新驱动发展全局。

第六章 监督评估与罚则

第二十条 除涉密及法律法规另有规定外,项目评审专家名单应当向社会公开,接受社会监督。对采用视频或会议方式评审的,公布专家名单,强化专家自律,接受同行质询和社会监督;对采用通讯方式评审的,评审前专家名单严格保密,评审后向社会公开,保证评审公正性。

第二十一条 专家库按照科技管理改革监督评估的总体要求,加强监督。专家库系统设置重要风险点预警模块,发现风险点及时提醒。

第二十二条 专家所在单位要认真履行法人主体责任,加强专家信息审核,及时向专家通报专家库工作进展、宣传科技和计划管理政策;对学术失范、违法违纪等重大事项及时报告。如因单位审核不力、通报不及时,给项目评审造成重大影响的,将视情节轻重给予计入单位诚信档案、批评教育、通报批评直至取消单位推荐资格等处罚。

第二十三条 专家如存在学术不端、填写虚假信息、在评审咨询工作中存在不当行为情况，一经查实，取消专家资格。对徇私舞弊者予以通报批评，并公开相关信息，取消申报中央财政科技计划（项目、基金等）资格。

第七章 附则

第二十四条 本办法自发布之日起执行。

第二十五条 本办法由国家科技行政管理部门负责解释。

财政部关于印发《中央科教部门预算执行管理办法》的通知

(财科教〔2017〕113号)

中央科教部门：

为进一步完善预算执行管理制度，规范和加强中央科教部门预算执行管理，提高财政资金使用效益，保障全年预算任务完成和科教事业又好又快发展，根据《中华人民共和国预算法》及国家预算管理有关规定，我们制定了《中央科教部门预算执行管理办法》，现印发给你们，请遵照执行。

附件：中央科教部门预算执行管理办法

财政部
2017年8月9日

中央科教部门预算执行管理办法

第一条 为规范和加强中央科教部门预算执行管理，促进预算执行的及时性和均衡性，提高财政资金使用效益，保障全年预算任务完成和科教事业又好又快发展，根据《中华人民共和国预算法》及国家预算管理有关规定，制定本办法。

第二条 本办法所指部门预算执行管理，包括财政部批复的当年部门预算、以前年度财政拨款结转资金、年度预算执行中预算调剂，以及年度预算绩效目标的执行管理。

第三条 中央科教部门（以下简称"各部门"）是本部门、本单位的预算执行主体，负责本部门、本单位的预算执行，并对执行结果负责。财政部对部门预算执行负有组织、监督和指导的职责。

第四条 各部门应当建立预算执行管理责任制度。按照预算管理的要求，把预算执行的管理责任明确和落实到具体承担单位。

第五条 各部门应当建立健全预算执行管理机制。根据各自业务工作特点和财政预算管理的要求，改革和创新管理机制，把业务工作与预算执行、绩效目标及指标的实现程度等有机结合，建立健全体现部门特点的预算执行管理制度。

第六条 各部门应当加强内部制度建设。按照科学化、规范化、信息化管理要求，进一步加强部门内部制度建设，建立和完善预算和财务管理规章制度，提高部门预算执行管理水平。

第七条 科学合理编制部门预算是保证预算有效执行的重要基础。各部门在预算编制过程中，应按照合法性、真实性、完整性、科学性、绩效性、稳妥性、重点性、透明性等原则，结合部门三年滚动规划、事业发展规划和目标，全面提高预算编制质量。

第八条 严格项目预算编制。各部门应加强项目库建设和管理，科学规范设置项目、绩效目标及指标，突出重点。项目全部纳入项目库管理，做实项目库，充实项目储备，列入预算安排的项目必须从项目库中选取。同时，各部门要改进项目管理方式，强化绩效目标导向，增强预算统筹能力，整合归并同类支出，避免对同类支出的管理碎片化。

第九条 加强预算审核工作。各部门应结合各自实际，提前做好预算编制前的相关准备工作，建立健全预算评审机制，规范评审程序，提高评审质量，并强化评审结果的应用，做到预算与绩效一体化，在部门内部严把预算编制审核关。

第十条 严格控制预算调剂事项。各部门应强化预算约束，严格控制不同预算科目、项目间的预算资金调剂。确需调剂使用的，按有关规定办理。

第十一条 加强财政拨款结转和结余资金管理。各部门应按照财政部关于财政拨款结转和结余资金管理的规定，加强对财政拨款结转和结余资金的统计、分析和统筹使用，积极采取有效措施盘活存量资金，提高财政资金使用效益。

第十二条 实行预算执行计划管理制度。各部门应当从当年4月起逐月编制当年财政拨款预算执行计划和以前年度财政拨款结转资金执行计划，于财政部批复本部门预算后十五个工作日内送财政部备案。部门编制用款计划时应与报送的预算执行计划相结合。

第十三条 实行重点项目监控制度。每年初财政部会同各部门综合考虑项目规模、实施周期等因素，原则上选择3~5个二级项目作为部门重点项目。财政部对重点项目预算执行情况进行监控。

第十四条 实行预算执行分析会议制度。根据各部门预算执行情况，财政部不定期召开预算执行分析会议，对各部门预算执行情况、重点项目执行情况进行深入分析，提出改进措施和工作要求。各部门也应建立本部门预算执行分析会议制度。

第十五条 实行预算执行定期报告制度。各部门应当对所属单位建立定期报告制度，要求各单位定期报送预算执行进度以及预算执行分析报告。各部门应于每年2月底前将上年度预算执行分析报告报送财政部。

第十六条 实行预算执行通报和警报制度。财政部自每年7月起，逐月对各部门预算执行进度、重点项目执行进度进行通报。凡预算执行进度低于中央本级平均执行进度10个百分点以上且预算执行进度排名在中央部门100名以后的部门均纳入警报范围。警报与通报同时发布。各部门对所属单位也应建立预算执行通报警报制度。

第十七条 实行预算执行约谈和督查制度。对纳入警报范围的部门，以及重点项目执行进度偏慢的部门，财政部实行约谈制度或对其进行专项督查。各部门对预算执行进度慢的所属单位也应实行约谈或督查制度。

第十八条 加强部门预算执行的基础管理工作。各部门应加强基础管理制度、管理手段的建设，加强基层单位管理工作的建设。要按照国库管理规定及预算管理要求，及时、准确地编制用款计划，资金支付按照国库集中支付制度的有关规定执行。实行政府采购的项目，应当随部门预算同步编制政府采购预算，并提前做好各项准备工作。

第十九条 实行预算执行与预算调剂挂钩制度。根据当年预算执行情况等，结合以前年度结转资金规模，确需调剂使用的，各部门应当按照财政部有关规定办理。各部门对所属单位也应建立预算执行与当年预算调剂挂钩制度。

第二十条 实行预算执行与预算编制挂钩制度。财政部在审核测算部门下年度预算时，将根据当年预算执行情况、以前年度结转资金执行情况、年度绩效目标及指标的实现程度等，对相关部门的预算规模或内部结构进行调整。各部门对所属单位也应建立预算执行与预算编制挂钩制度。

第二十一条 实行预算执行总结制度。预算执行年度终了，财政部将对上年度预算执行工作进行总结，并对预算执行工作成绩突出的部门通报表扬。

第二十二条 各部门可依据本办法制定本部门预算执行管理的具体实施办法。

第二十三条 本办法由财政部负责解释。

第二十四条 本办法自发布之日起实施。财政部 2011 年 5 月 4 日发布的《中央教科文部门预算执行管理办法》（财教〔2011〕128 号）同时废止。

财政部关于印发
《中央财政科研项目专家咨询费管理办法》的通知

(财科教〔2017〕128号)

有关单位：

根据中央本级项目支出定额标准管理和预算管理的要求，为进一步规范和加强中央级科研项目专家咨询活动的经费支出管理，提高资金使用效益，我们制定了《中央财政科研项目专家咨询费管理办法》，现印发你们，请遵照执行。

附件：中央财政科研项目专家咨询费管理办法

财政部

2017年9月4日

中央财政科研项目专家咨询费管理办法

第一条 为加强和规范专家咨询费的管理，根据《预算法》以及中央本级项目支出定额标准等国家有关预算管理制度规定，制定本办法。

第二条 专家咨询费是指科研项目（课题）承担单位（以下简称单位）在项目（课题）实施过程中支付给临时聘请的咨询专家的费用。

第三条 本办法适用于由中央财政科研项目资金列支的专家咨询费。

第四条 本办法的专家是指精通某一领域业务，或对相关科技业务的某一方面有独到见解，已取得高级专业技术职称的人员或被科研项目（课题）承担单位认可的其他专业人员。

第五条 单位应当结合实际制定统一、合理、规范的咨询专家遴选办法，并在单位内部公开。具备条件的单位应当建立多领域、多学科的咨询专家库。

第六条 高级专业技术职称人员的专家咨询费标准为1500~2400元／人天（税后）；其他专业人员的专家咨询费标准为900~1500元／人天（税后）。

第七条 院士、全国知名专家，可按照高级专业技术职称人员的专家咨询费标准上浮50%执行。

第八条 本办法所指专家咨询活动的组织形式主要有会议、现场访谈或者勘察、通讯三种形式。

（1）以会议形式组织的咨询，是指通过召开专家参加的会议，征询专家的意见和建议。

（2）以现场访谈或者勘察形式组织的咨询，是指通过组织现场谈话，或者查看实地、实物、原始业务资料等方式征询专家的意见和建议。

（3）以通讯形式组织的咨询，是指通过信函、邮件等方式征询专家的意见和建议。

第九条 不同形式组织的专家咨询活动适用专家咨询费标准如下：

组织形式 会期	半天	不超过两天（含两天）	超过两天
会议	按照本办法第六条所规定标准的60%执行。	按照本办法第六条所规定的标准执行。	第一天、第二天：按照本办法第六条所规定的标准执行；第三天及以后：按照本办法第六条所规定标准的50%执行。
现场访谈或者勘察	按照上述以会议形式组织的专家咨询费相关标准执行。		
通讯	按次计算，每次按照本办法第六条所规定标准的20%~50%执行。		

第十条 不同领域、相同专业技术职称的专家咨询费标准应当保持一致。

第十一条 根据国家经济社会发展水平和物价变动等情况，财政部适时对专家咨询费标准进行调整。

第十二条 专家咨询费不得支付给参与项目（课题）研究及其管理的相关人员。

第十三条 专家咨询费的发放应当按照国家有关规定由单位代扣代缴个人所得税。

第十四条 单位发放专家咨询费原则上采用银行转账方式。

第十五条 单位应当建立专家咨询费的支付审核机制，负责核实专家咨询行为及专家咨询费发放的真实性、合规性，并及时向代理银行办理支付手续。对专家信息不真实、存在虚假咨询行为，以及其他违反本办法或单位有关规定的，单位应当拒绝办理支付手续。

第十六条 单位应当对专家咨询费的开支做好财务记录，并及时归档，定期对专家咨询费支付情况进行检查。

第十七条 地方财政科研项目开支的专家咨询费可参照本办法，结合本地实际予以执行。

第十八条 单位可根据本办法有关规定，结合单位实际制定实施细则。

第十九条 本办法自印发之日起施行。

科技部　财政部关于印发《关于鼓励香港特别行政区、澳门特别行政区高等院校和科研机构参与中央财政科技计划（专项、基金等）组织实施的若干规定（试行）》的通知

（国科发资〔2018〕43号）

国务院有关部委、有关直属机构，各省、自治区、直辖市及计划单列市科技厅（委、局）、财政厅（局），新疆生产建设兵团科技局、财政局，各有关单位：

为在新时代深入实施创新驱动发展战略，促进内地与香港特别行政区、澳门特别行政区（以下简称港澳特区）发挥各自的科技优势、加强科技合作，支持港澳特区科技创新发展，鼓励爱国爱港爱澳科学家在建设创新型国家和科技强国中发挥更大作用，我们研究制定了《关于鼓励香港特别行政区、澳门特别行政区高等院校和科研机构参与中央财政科技计划（专项、基金等）组织实施的若干规定（试行）》，现印发给你们，请遵照执行。

科技部　财政部
2018年2月9日签发
2018年5月14日发布

关于鼓励香港特别行政区、澳门特别行政区高等院校和科研机构参与中央财政科技计划（专项、基金等）组织实施的若干规定（试行）

第一条　为深入实施创新驱动发展战略，支持香港特别行政区、澳门特别行政区（以下简称港澳特区）科技创新发展，在建设创新型国家和科技强国中发挥更大作用，就港澳特区高等院校和科研机构参与中央财政科技计划（专项、基金等）（以下简称中央财政科技计划）组织实施的相关事项，制定本规定。

第二条　港澳特区的高等院校和科研机构（以下简称港澳机构）可通过竞争择优方式承担中央财政科技计划项目，并获得项目经费资助。

第三条　中央财政科技计划资助港澳机构的科研活动，一般应当公开发布项目指南，明确提出资助方式及鼓励港澳机构参与申报的领域和方向。

第四条　港澳机构可联合内地单位，按照指南要求牵头或参与申报中央财政科技计划的相关项目，并根据港澳特区科研活动的实际支出情况提出项目经费需求。

港澳特区申报中央财政科技计划项目的具体机构，由内地与香港、内地与澳门科技合作委员会协商确定。

第五条　港澳机构申报项目应按照中央财政科技计划的有关要求提交申报材料，参加内地组织的项目评审，通过公平竞争获得资助。

第六条 经评审立项的港澳机构牵头申报的项目，应当由内地项目管理机构与港澳机构签订承担项目任务（合同）书，明确项目目标、研究内容、经费资助额度和支出内容等，根据任务（合同）书组织项目实施、开展项目管理；由内地单位牵头、港澳机构参与的项目，内地单位也应与港澳机构签订任务（合同）书。

第七条 中央财政科技计划资助港澳机构的项目经费，相关项目管理机构应当按照国库集中支付的有关规定和向境外支付的有关要求，及时办理资金支付手续。其中，由港澳机构与内地单位联合承担的项目，项目经费可分别支付至港澳机构和内地单位。

第八条 港澳机构牵头承担项目的过程管理、验收评估、相关服务等工作，可由内地项目管理机构组织开展，也可以委托港澳特区的机构实施。委托实施的，应签订委托协议，确保管理和服务工作及时到位。

第九条 中央财政科技计划与港澳特区的科技计划可通过联合资助项目等方式，支持内地与港澳机构加强科技合作与交流。联合资助与共同管理项目的具体方式由内地与香港、内地与澳门科技合作委员会协商确定。

第十条 中央财政科技计划主管部门可根据科技计划管理制度、本规定和港澳特区的实际情况，对港澳机构申报、承担项目的具体要求事项做出专门规定，并积极邀请港澳科学家参与中央财政科技计划战略咨询、项目管理和验收评估等工作。

第十一条 原中央财政科技计划相关管理制度限定项目承担单位为内地高等院校、科研机构、企业等，现按本规定拓展至符合条件的港澳机构。本规定未尽事宜，执行中央财政科技计划管理办法的相关规定。

第十二条 本规定自发布之日起试行。

中国注册会计师协会关于印发
《中央财政科技计划项目（课题）结题审计指引》的通知

(会协〔2018〕57号)

各省、自治区、直辖市注册会计师协会：

为更好地服务科技创新和科研项目资金管理，规范和优化注册会计师执行中央财政科技计划项目（课题）结题审计业务，我会制定了《中央财政科技计划项目（课题）结题审计指引》，现予印发，自2019年1月1日起施行。执行中有何问题，请及时反馈我会。

附件：中央财政科技计划项目（课题）结题审计指引

中国注册会计师协会
2018年12月17日

中央财政科技计划项目（课题）结题审计指引

第一章 总则

一、制定目的与依据

为了指导注册会计师执行中央财政科技计划项目（课题）结题审计工作，明确工作要求，保证工作质量，依据国家有关财政法律法规、中央财政科技计划相关管理规定以及中国注册会计师审计准则（以下简称审计准则），制定本指引。

二、审计目标

注册会计师的目标是，按照审计准则和本指引的要求，对中央财政科技计划项目（课题）执行结题审计工作，出具审计报告，以报告被审计项目（课题）承担单位及项目（课题）负责人按照科研项目（课题）资金相关法律法规以及经批准的项目（课题）任务书和预算书的规定，对科研项目（课题）资金投入、使用、管理的具体情况，同时报告审计中发现的问题并提出相关建议。

三、总体要求

（一）掌握和尊重科研活动规律

注册会计师应当认真学习并贯彻2016年5月召开的全国科技创新大会精神，以2018年国务院关于优化科研管理提升科研绩效若干措施的通知（国发〔2018〕25号）等科研项目（课题）资金相关法律法规政策为依据，在执行中央财政科技计划项目（课题）结题审计工作时，掌握和尊重科研活动规律，注重实质，提高服务意识，避免给被审计项目（课题）承担单位和项目（课题）负责人造成不必要的负担。

（二）遵守职业道德要求注册会计师执行中央财政科技计划项目（课题）结题审计业务，应当遵守中国注册会计师职业道德守则，遵循诚信、客观和公正原则，在执行审计业务时保持独立性，获取和保持专业胜任能力，保持应有的关注，对执业过程中获知的涉密信息保密，维护职业声誉，树立良好的职业形象。

（三）勤勉尽责注册会计师在接受委托执行业务时，应当与项目主管部门充分沟通审计目标和审计报告具体要求，围绕目标和要求收集充分、适当的审计证据，并发表恰当的审计意见，以将审计风险降至可接受的低水平。在能够利用被审计项目（课题）承担单位内部审计人员或其他外部第三方工作的情况下，注册会计师应当考虑利用其工作，以减轻被审计项目（课题）承担单位和项目（课题）负责人的负担。

四、使用说明

本指引适用于注册会计师执行中央财政科技计划项目（课题）结题审计业务。中央财政科技计划项目（课题）结题审计属于特殊目的审计。本指引在审计准则的总体框架下，根据中央财政科技计划项目（课题）资金管理的要求，既遵从风险导向审计思路，又着重突出中央财政科技计划项目（课题）结题审计工作的特殊性。对于未在本指引中涉及的其他事项，注册会计师需要遵守相关审计准则中适用的规定。

第二章 初步业务活动

一、初步业务活动的目的

（一）初步业务活动的基本要求

开展初步业务活动，有助于注册会计师识别和评价可能对计划和执行审计工作产生影响的事项或情况，有助于其在计划审计工作时达到下列要求：

1. 具备执行业务所需的独立性和胜任能力。

2. 不存在因被审计项目（课题）承担单位管理层和项目（课题）负责人诚信问题而可能影响注册会计师承接或保持该项业务意愿的事项。

3. 与被审计项目（课题）承担单位之间不存在对业务约定条款的误解。

（二）开展初步业务活动需要考虑的特殊事项

1. 与被审计项目（课题）承担单位管理层和项目（课题）负责人讨论有关中央财政科技计划项目（课题）结题审计中的重大问题，包括这些重大问题对计划审计工作的影响。

2. 分派了解科研项目（课题）资金投入、使用、管理特点，熟悉相关法律法规政策，具备胜任能力的人员。针对预见到的特别风险，分派具有适当经验且专业胜任能力较强的人员。

3. 考虑被审计项目（课题）承担单位以前年度接受审计的情况。

二、初步业务活动的内容

（一）实施相应的质量控制程序

针对接受和保持客户关系和具体审计业务实施质量控制程序，并根据实施相应程序的结果作出适当的决策是注册会计师控制审计风险的重要环节。在首次接受审计委托时，注册会计师应当针对建立客户关系和承接具体审计业务实施质量控制程序；而在连续审计时，注册会计师应当针对保持客户关系和具体审计业务实施质量控制程序。

注册会计师需要考虑下列事项：

1. 被审计项目（课题）承担单位

关键管理人员、项目（课题）负责人是否诚信。注册会计师需要与被审计项目（课题）承担单位管理层、项目（课题）负责人直接沟通。必要时，与其主管单位、项目管理专业机构（以下简称专业机构）等进行沟通，或查阅相关资料，分析判断被审计项目（课题）承担单位关键管理人员、项目（课题）负责人的诚信情况。注册会计师对被审计项目（课题）承担单位管理层、项目（课题）负责人诚信情况的考虑可能需要贯穿审计业务的全过程。

2.注册会计师是否具备专业胜任能力以及必要的时间和资源。中央财政科技计划项目（课题）结题审计业务要求注册会计师除了具备财务、会计、审计方面的知识和经验外，还要熟悉中央财政科技计划项目（课题）资金管理相关的法律法规和政策。在评价专业胜任能力时，注册会计师需要考虑是否接受过中央财政科技计划项目（课题）结题审计相关的培训。在考虑建立并保持客户关系和接受业务委托时，注册会计师还需要考虑能否具备必要时间和资源，以满足执行该项审计业务的需要。

（二）评价遵守相关职业道德要求（包括独立性要求）的情况评价

遵守相关职业道德要求（包括独立性要求）的情况也是一项非常重要的初步业务活动。中国注册会计师职业道德守则对包括诚信、独立性、客观和公正、专业胜任能力和应有的关注、保密、良好职业行为在内的职业道德基本原则提出要求，注册会计师应当遵守其规定。

（三）就审计业务约定条款与被审计项目（课题）承担单位达成一致意见

在作出接受或保持客户关系和接受业务委托的决策后，注册会计师需要按照《中国注册会计师审计准则第1111号——就审计业务约定条款达成一致意见》和本指引的规定，在审计业务开始前与被审计项目（课题）承担单位或项目（课题）负责人就审计业务约定条款达成一致意见，以避免双方对审计业务的理解产生分歧。

三、审计业务约定书

（一）审计的前提条件

注册会计师应当执行下列程序，以确定审计的前提条件是否存在：

1.确定被审计项目（课题）承担单位对科研项目资金核算所依据的会计准则（制度）是否是可接受的。

2.就被审计项目（课题）承担单位及项目（课题）负责人认可并理解其责任与被审计项目（课题）承担单位及项目（课题）负责人达成一致意见。被审计项目（课题）承担单位及项目（课题）负责人的责任包括：

（1）根据《中华人民共和国会计法》规定，被审计项目（课题）承担单位有责任保证会计资料的真实性和完整性。因此，被审计项目（课题）承担单位有责任妥善保存和提供会计记录（包括但不限于会计凭证、会计账簿及其他会计资料），这些记录必须真实、完整地反映科研项目资金投入、使用和管理情况。

（2）被审计项目（课题）承担单位按照适用的会计准则和财务制度，设置会计科目进行核算和财务管理。将科研项目资金纳入单位财务统一管理，对中央财政资金和其他来源的资金分别单独核算。

（3）被审计项目（课题）承担单位及项目（课题）负责人是科研项目实施和资金管理、使用的责任主体，负责项目资金的日常管理，保证科研项目资金投入、使用、管理符合科研项目资金相关法律法规以及经批准的本项目任务书和预算书的规定。按照政策相符性、目标相关性和经济合理性原则，科学、合理、真实地编制预算，严格项目资金预算管理。按照承诺保证其他来源的资金及时足额到位。严格执行国家有关财经法规和财务制度，切实履行法人责任，建立健全项目资金内部管理制度和报销规定。严格执行国家科研项目资金有关支出管理制度。严格按照资金开支范围和标准办理支出。

（4）及时为注册会计师的审计工作提供与审计有关的所有记录、文件和其他所需的信息，对所提供的与科研项目（课题）结题审计相关的资料负责，并保证资料真实、合法、完整。

（5）确保注册会计师不受限制地接触其认为必要的内部人员和其他相关人员。如果审计的前提条件不存在，注册会计师应当按照《中国注册会计师审计准则第1111号——就审计业务约定条款达成一致意见》第八条的规定，与被审计项目（课题）承担单位及项目（课题）负责人进行沟通，并根据具体情况判断承接审计业务是否适当。

（二）审计业务约定书的内容

1.审计业务约定书的具体内容可能因被审计项目（课题）的不同而存在差异，但应当包括下列主要方面：

（1）中央财政科技计划项目（课题）结题审计的目标和范围。

（2）注册会计师的责任。

（3）被审计项目（课题）承担/参与单位及项目（课题）负责人的责任。

（4）科研项目（课题）资金投入、使用、管理的标准依据。

（5）拟出具的审计报告的预期形式和内容，以及对在特定情况下出具的审计报告可能不同于预期形式和内容的说明。

2.审计业务约定书还可能包括下列主要方面：

（1）详细说明审计工作的范围，包括提及适用的法律法规、审计准则，以及中国注册会计师协会发布的职业道德守则和其他公告。

（2）对审计业务结果的其他沟通形式。

（3）说明由于审计和内部控制的固有限制，即使审计工作按照审计准则和本指引的规定得到恰当的计划和执行，仍不可避免地存在某些重大违规未被发现的风险。

（4）计划和执行审计工作的安排，包括审计项目组的构成。

（5）管理层及项目（课题）负责人确认将提供书面声明。

（6）管理层及项目（课题）负责人同意向注册会计师及时提供科研项目（课题）结题审计相关资料，以使注册会计师能够按照预定的时间表完成审计工作。

（7）收费的计算基础和收费安排。

（8）管理层及项目（课题）负责人确认收到审计业务约定书并同意其中的条款。

3.如果情况需要，审计业务约定书也可列明下列内容：

（1）在某些方面对利用其他注册会计师和专家工作的安排。

（2）利用被审计项目（课题）承担单位员工工作的安排。

（3）说明对注册会计师责任可能存在的限制。

（4）注册会计师与被审计项目（课题）承担单位之间需要达成进一步协议的事项。

（5）向其他机构或人员提供审计工作底稿的义务。本指引附录一列示了审计业务约定书的参考格式。

第三章 计划审计工作

注册会计师需要合理计划中央财政科技计划项目（课题）结题审计工作，以保证审计工作的高质量完成。

一、审计范围

注册会计师需要根据科研项目（课题）资金管理相关法律法规、被审计项目（课题）承担单位执行的会计准则和财务制度、科研项目（课题）结题相关机构的报告要求等情况，界定审计范围。在界定审计范围时，注册会计师主要考虑下列事项：

1. 中央财政科技计划项目（课题）结题审计报告要求；

2. 预期审计工作涵盖的范围，包括项目（课题）参与单位以及需审计的科研项目（课题）承担团队的数量及所在地点；

3. 拟利用以前年度审计工作中获取的审计证据的程度；

4. 与被审计项目（课题）承担单位人员的时间协调和相关数据的可获得性。

二、审计的时间安排

明确审计业务的报告目标，以及计划审计的时间安排和所需沟通的性质，包括现场审计的时间安排、提交审计报告的时间以及预期与管理层和项目（课题）负责人沟通的重要日期等。

为确定报告目标、时间安排和沟通性质，注册会计师主要考虑下列事项：

1. 被审计项目（课题）承担单位提交相关报告的时间表。

2. 与管理层和项目（课题）负责人举行会谈，讨论审计工作的性质、时间安排和范围。

3. 与管理层和项目（课题）负责人讨论注册会计师拟出具报告的类型和时间安排以及沟通的其他事项（口头或书面沟通）。

4. 与管理层和项目（课题）负责人讨论预期就整个审计业务中对审计工作的进展进行的沟通。

5. 审计项目组成员之间沟通的预期性质和时间安排，包括审计会议的性质和时间安排，以及复核已执行工作的时间安排。

6. 预期是否需要和第三方（如专业机构）进行其他沟通，包括与审计相关的法定或约定的报告责任。

三、审计方向

注册会计师应当考虑影响审计业务的重要因素，以确定审计工作的方向，包括初步识别可能存在重大违规风险的领域，初步识别相关账户及交易，评价是否需要针对内部控制的有效性获取审计证据，识别科研项目外部监管、审计的报告要求及其他相关方面最近发生的重大变化等。

四、审计资源调配

在确定审计资源调配时，注册会计师主要考虑下列事项：

1. 审计项目组成员的选择以及对项目组成员审计工作的分派，包括向可能存在较高重大违规风险的领域分派具备适当经验的人员。

2. 项目时间预算包括为可能存在较高重大违规风险的领域预留适当的工作时间。

3. 对审计项目组成员的指导、监督以及对其工作进行复核的性质、时间安排和范围，包括预期项目合伙人和经理的复核范围等。

五、计划实施的风险评估程序

注册会计师应当按照《中国注册会计师审计准则第 1211 号——通过了解被审计单位及其环境识别和评估重大错报风险》的规定，计划风险评估程序的性质、时间安排和范围。

六、计划实施的进一步审计程序

注册会计师应当按照《中国注册会计师审计准则第1231号——针对评估的重大错报风险采取的应对措施》的规定，计划进一步审计程序的性质、时间安排和范围。

1. 科研项目（课题）预算安排及执行注册会计师可以采用综合性审计方案或实质性审计方案，特别关注科研项目预算审批、调剂、列支内容等是否符合规定。

2. 科研项目（课题）资金使用与管理注册会计师可以采用综合性审计方案或实质性审计方案，设计相关审计程序以测试与科研项目（课题）资金支出相关的内部控制有效性，并特别关注科研项目资金支出是否符合开支范围等。

七、计划实施的其他审计程序

注册会计师需要根据审计准则的规定，计划需要实施的其他审计程序。计划实施的其他审计程序可以包括上述进一步审计程序中没有涵盖的、根据审计准则的要求注册会计师需要执行的审计程序。需要提请关注的是，计划审计工作并非审计业务的一个孤立阶段，而是一个持续的、不断修正的过程，贯穿于整个审计业务的始终。例如，由于未预期事项的存在、条件的变化或通过实施审计程序获取的审计证据等原因，注册会计师可能需要基于修正后的风险评估结果，对总体审计策略和具体审计计划，以及相应的原计划实施的进一步审计程序的性质、时间安排和范围作出修改。

第四章 风险评估

在对中央财政科技计划项目（课题）进行审计的过程中，注册会计师需要对被审计项目（课题）承担单位的相关情况进行了解，包括相关内部控制，以识别和评估与科研项目（课题）资金投入、使用、管理相关的重大违规风险。

一、对被审计项目（课题）承担单位及课题基本情况的了解

1. 了解被审计项目（课题）承担单位情况及主管部门，包括承担单位、参与单位在任务研究期间发生合并、分立、调整等机构变更情况。

2. 了解被审计项目（课题）承担单位所处行业地位、科研技术优势、科研项目是否为新业务领域，科研项目产业化现状及趋势。

3. 了解中央财政科技计划项目（课题）资金管理适用的相关法律法规及其他规定。相关法律法规主要包括：《国务院关于优化科研管理提升科研绩效若干措施的通知》（国发〔2018〕25号）、《关于进一步完善中央财政科研项目资金管理等政策的若干意见》（中办发〔2016〕50号）、《国务院关于改进加强中央财政科研项目和资金管理的若干意见》（国发〔2014〕11号）、《国家重点研发计划资金管理办法》（财科教〔2016〕113号）及相关配套实施细则、《国家自然科学基金资助项目资金管理办法》（财教〔2015〕15号）、《国家科技重大专项（民口）资金管理办法》（财科教〔2017〕74号）、《国家科技重大专项（民口）项目（课题）财务验收办法》（财科教〔2017〕75号）、《中央财政科研项目专家咨询费管理办法》（财科教〔2017〕128号）等［以下简称科研项目（课题）相关法律法规］。

4. 了解被审计项目（课题）承担单位研究开发部门的设置，包括：

（1）研究开发部门及人员的数量。

（2）科研项目的课题数量和管理模式。

（3）科研项目组的成员与来源、技术职称结构。

（4）科研项目人员的考核奖励制度。

5. 了解科研项目课题立项基本情况，包括：课题名称、课题编号、课题起止时间、课题负责人及主要研究人员、课题基本情况等。

6. 了解科研项目实施情况。如是否存在承担单位、参与单位变更或课题负责人变更、课题延期或课题任务延迟、课题任务目标调整、预算调剂等情况。

7. 了解被审计项目（课题）承担单位对科研项目资金会计政策的选择和运用是否符合适用的会计准则、财务制度和国家有关法律法规，是否符合被审计项目（课题）承担单位的具体情况，并特别考虑下列事项：

（1）被审计项目（课题）承担单位是否将科研项目（课题）资金纳入单位财务统一管理，对中央财政资金和其他来源的资金是否分别单独核算，以及会计科目设置情况、相关财务档案资料保存管理情况。

（2）科研项目（课题）核算模式。

（3）识别和确定科研项目（课题）资金支出归集的对象是否属于科研项目（课题）资金规定的范围，各类支出的识别标志、开支范围和标准。

（4）科研项目成果的验收、所有权归属等。

二、对与中央财政科技计划项目（课题）结题审计相关的内部控制的了解

被审计项目（课题）承担单位管理层及项目（课题）负责人应确保科研项目（课题）资金在投入、使用、管理方面建立并实施有效的内部控制。注册会计师需要针对控制环境、风险评估过程、信息系统（包括相关业务流程）与沟通、控制活动、对控制的监督等内部控制要素，了解和识别与中央财政科技计划项目（课题）结题审计相关的内部控制。

1. 控制环境 控制环境是被审计项目（课题）承担单位实施内部控制的基础，是所有控制运行的环境。注册会计师需要了解控制环境各要素，以及这些要素如何被纳入被审计项目（课题）承担单位的业务流程：

（1）对诚信和道德价值观念的沟通与落实。对诚信和道德价值观念的沟通与落实既包括管理层如何处理不诚实、非法或不道德行为，也包括在被审计项目（课题）承担单位内部，通过行为规范以及高级管理人员的身体力行，营造和保持诚信和道德价值观念。道德行为规范应融入被审计项目（课题）承担单位日常科研活动中，并被持续地沟通、执行和监督。

（2）对胜任能力的重视。注册会计师应当考虑被审计项目（课题）承担单位财务会计人员及承担内部控制重要职责的其他人员是否具备足够的胜任能力并接受足够的培训，能根据被审计项目（课题）承担单位的性质和复杂程度处理业务；被审计项目（课题）承担单位是否对各岗位录用人员有明确的录用标准；是否强调对员工开展业务和道德培训；是否建立考核机制以使员工能得到正常晋升和更大的发展空间等。

（3）管理层及项目（课题）负责人的理念和运营风格。

（4）职权与责任的分配。被审计项目（课题）承担单位应当建立与其实际情况（包括规模、地理位置和业务性质等）相适应的权责分工。例如，由专人负责评估科研项目的收入和支出预算控制情况，使得为实现科研项目目标所需执行的各项活动能够被适当地计划、执行、控制和监督。此外，职责分配还包括对职责分离不充分的岗位设置足够的监督。职责分配应考虑涵盖非财务部门的工作人员。

（5）人力资源政策与实务。考虑被审计项目（课题）承担单位是否在人员招聘、培训、考核、晋升、薪酬、调动和辞退方面都有适当的政策和程序。控制环境总体上的优势是否为内部控制的其他要素奠定了适当的基础，以及这些其他要素是否未被控制环境中存在的缺陷所削弱。

2.风险评估过程被审计项目（课题）承担单位面临的风险主要包括两个方面：资金投入风险和使用风险。资金投入风险如编报虚假预算套取国家财政资金，虚假承诺其他来源的资金等。资金使用风险则集中体现为科研项目（课题）资金在使用过程中被截留、挤占、挪用的风险，以及部分科研项目（课题）资金实际使用过程中可能会出现未能按照程序或规范进行操作的风险。

注册会计师需要了解管理层识别与科研项目（课题）资金投入、使用、管理目标相关的风险评估过程，通过询问管理层或者检查有关文件确定被审计项目（课题）承担单位的风险评估过程是否发现了与科研项目（课题）资金业务流程相关的风险，并考虑这些风险是否可能导致重大违规。

3.信息系统与沟通与科研项目（课题）资金相关的信息系统负责对科研项目（课题）资金投入、使用、管理等信息进行收集、存储、处理、提取和传输。注册会计师需要了解在信息技术和人工系统中涉及科研项目（课题）资金收支交易的生成、记录、处理和报告的程序、相关会计记录和支持性信息，处理科研项目（课题）资金相关业务的过程，数据生成、记录、处理和汇总形成中央财政科技计划项目（课题）结题审计申报材料的过程。

注册会计师需要关注管理层及项目（课题）负责人凌驾于控制之上的风险，由于运用信息技术进行数据传输时，发生的篡改可能不会留下痕迹或证据，注册会计师还需要了解不正确的业务处理记录是如何解决的。充分的内部沟通对于控制环境、控制活动、风险评估等各方面都起着至关重要的作用。

注册会计师需要关注被审计项目（课题）承担单位是否建立完善的内部沟通体系。对于被审计项目（课题）承担单位而言，通过外部沟通获取信息非常重要，例如，相关主管单位监管反馈信息、政策法规标准类信息（如行业管理法规、行业标准）、外部反馈的信息及其投诉等。注册会计师应当关注被审计项目（课题）承担单位是否对这些外部信息做出及时反应，制定相应对策。注册会计师还需要关注被审计项目（课题）承担单位是否注重信息的公开透明程度，建立信息公开制度，在单位内部公开项目（课题）立项、主要研究人员、资金使用（重点是间接费用、外拨资金、结余资金使用等）、大型仪器设备购置以及项目研究成果等情况，接受内部监督。

4.控制活动被审计项目（课题）承担单位在资金投入和使用环节都存在风险，应针对潜在风险采取相应的控制活动。注册会计师需要了解与审计相关的控制活动。例如，针对被审计项目（课题）承担单位对资金的投入和使用情况，注册会计师考虑的主要因素可能包括：

（1）被审计项目（课题）承担单位是否制定了内部控制政策和程序用以规范科研项目（课题）资金的投入和使用。

（2）被审计项目（课题）承担单位是否明确科研项目（课题）支出程序和批准权限，以防范资金支出不合规风险。

（3）不相容的职责在何种程度上相分离，以降低舞弊和不当行为发生的风险

5.对控制的监督被审计项目（课题）承担单位对控制的监督包括检查控制是否按设计运行，是否根据情况的变化对控制作出适当修正，以发现和改进内部控制设计与运行中存在的问题和薄

弱环节。对内部控制制度的健全性、有效性进行监督，例如，在资金投入循环重点关注是否对实际执行情况与预算情况进行比较；在资金使用循环重点关注项目进展情况是否与计划一致。注册会计师在实施审计程序时需要了解被审计项目（课题）承担单位对与科研项目（课题）资金投入、使用、管理相关的内部控制的监督活动，并了解如何采取纠正措施。监督活动可能包括利用与外部有关机构或人员沟通所获取的信息，这些外部信息可能显示内部控制存在的问题或需要改进的领域。

三、了解与科研项目（课题）资金相关的业务流程和控制活动

本指引以科研项目（课题）最常见的业务流程为例，说明注册会计师如何了解被审计项目（课题）承担单位业务流程层面的内部控制。需要说明的是，不同被审计项目（课题）承担单位的具体业务流程可能不尽相同，本指引不可能涵盖实际工作中的所有情况。在执行中央财政科技计划项目（课题）结题审计工作时，注册会计师需要结合被审计项目（课题）承担单位的具体情况和最新的法律法规政策要求，作出相应的选择和调整。

（一）了解科研项目（课题）资金相关业务流程的主要环节

科研项目（课题）资金控制通常属于被审计项目（课题）承担单位收入管理、费用和成本控制的重要组成部分，在对科研项目（课题）资金控制进行了解时，注册会计师需要了解科研项目相关业务流程。科研项目（课题）相关业务通常包括下列主要活动：

1. 立项和预算管理

（1）项目（课题）的申请和批准。

（2）项目（课题）预算的编制和批准。

（3）项目（课题）预算的调剂。

2. 项目（课题）资金管理与核算

（1）项目（课题）资金拨付。

（2）项目（课题）资金结算。

（3）项目（课题）资金核算。

3. 项目（课题）直接费用管理

（1）直接费用支出。

（2）直接费用记录。

（3）资产（成果）验收和使用。

4. 项目（课题）间接费用管理

（1）间接费用支出。

（2）间接费用记录。

5. 项目过程及验收管理

（1）项目年度执行情况报告。

（2）项目中期执行情况报告、中期检查意见。

（3）项目调整、延期、撤销或终止。

（4）项目验收。了解控制的程序包括检查科研项目（课题）资金投入、使用、管理相关控制手册和其他书面指引，询问各部门的相关人员，观察操作流程，执行穿行测试等。例如，注册会计师可以询问科研项目（课题）负责人，了解科研项目（课题）的立项和预算情况；可以询问采

购管理人员，了解设备采购程序及被审计项目（课题）承担单位内部采购管理规定的要求和流程；也可以询问会计人员，了解有关账务处理的流程。注册会计师应当考虑流程在各部门之间如何衔接，如单据的流转和核对，以及各部门人员的职责分工等。注册会计师可以通过文字叙述、流程图等方式记录上述业务流程。

（二）确定违规可能发生的环节

注册会计师需要结合了解的结果，确定被审计项目（课题）承担单位需要在哪些环节设置控制，以防止或发现并纠正业务流程中的违规事项，即确定违规事项可能发生的环节。本指引以表格的形式列举了科研项目业务流程中违规事项可能发生的环节，以说明注册会计师如何确定被审计项目（课题）承担单位的控制目标是否得以实现。

"违规事项可能发生的环节"示例

1. 预算
怎样确保科研项目（课题）预算或调剂得到批复？
2. 项目（课题）资金管理与核算
怎样确保项目（课题）资金（国拨和自筹）投入及时、足额、真实到位？
怎样确保项目（课题）资金投入均已入账？
怎样确保项目（课题）资金专款专用、单独核算？
怎样确保项目（课题）资金支付结算方式合规？
怎样确保项目（课题）资金使用与本项目研究任务的相关性？
怎样避免随意调账、随意修改会计凭证等行为？
3. 项目（课题）直接费用管理
怎样确保直接费用的开支范围符合相关规定？
怎样确保直接费用的支出审批流程完善？
怎样确保直接费用的支出证据材料完整、真实、准确？
怎样确保直接费用的支出金额在批复或调剂后的预算范围内？
4. 项目（课题）间接费用管理
怎样确保间接费用不超过批复的预算额度？
5. 项目（课题）过程和验收管理
怎样确保应付未付支出和预计支出适当？
怎样确保因故撤销或终止的项目或课题资金及时清理？
怎样确保科研项目形成的资产被合理使用？
怎样确保包括中期检查等项目（课题）管理过程中发现的违规问题及时整改到位？

需要注意的是，一方面，某项控制目标可能涉及几项控制，注册会计师需要重点考虑某项控制单独或连同其他控制，是否能够防止或发现并纠正重大违规；另一方面，某些控制可能涉及多项控制目标。因此，在实务工作中，为提高审计效率，注册会计师需要优先考虑了解和识别能针对多项控制目标的控制。

（三）了解和识别相关控制

注册会计师需要根据被审计项目（课题）承担单位的实际情况，通过询问、观察、检查、穿行测试等审计程序，了解和识别相关控制，并对其结果形成审计工作记录，包括记录控制由谁执行以及如何执行。在了解和识别内部控制时，注册会计师需要重点考虑能够发现并纠正违规的关键控制。

以下是科研项目（课题）业务流程控制的示例：

控制目标	常用的控制活动
1. 预算	
科研项目（课题）预算或调剂得到批复	项目（课题）承担单位负责部门跟踪科研项目（课题）预算审批结果，获取经批准的项目（课题）任务书（含预算），建立项目（课题）档案。如需预算调剂，按规定履行有关程序。
	负责部门及时登记项目（课题）变更信息，更新完善项目（课题）档案。
2. 项目（课题）资金管理与核算	
确保项目（课题）资金投入及时、足额、真实到位	定期核对并调查拨款进度及金额与任务书存在重大差异的原因，提出改进措施。
项目（课题）资金投入均已入账	负责部门将拨款进度信息及时告知财务部门，财务部门收到拨入款后，记账并告知负责部门已收款信息。期末，负责部门与财务进行对账，核对项目（课题）资金是否均已入账，如存在差异，则查找原因，保证项目（课题）资金纳入单位财务统一管理。
确保项目（课题）资金专款专用、单独核算	财务部门设置明细科目或项目（课题）辅助明细账，对中央财政资金和其他来源资金分别进行单独核算。按照项目（课题）支出明细项进行费用归集。
确保项目（课题）资金支付结算方式合规	资金支付除必须使用现金外，应通过银行转账方式支付，并得到授权支出批准。
	已实行公务卡制度改革的行政事业单位，按中央财政科研项目使用公务卡结算的有关规定执行，并得到授权支出批准。
确保项目（课题）资金使用与本项目研究任务的相关性	项目（课题）资金需用于与本项目研究任务相关的支出，费用支出报销单证经过项目（课题）负责人或其授权人批准后，方可提交付款支出申请。
避免随意调账、随意修改会计凭证等行为	项目（课题）资金核算应规范、清晰，调账或更正会计凭证需遵照有关规定进行。更正申请经项目（课题）负责人或其授权人批准，交由财务审核批准后，方可调账或更正会计凭证。
3. 项目（课题）直接费用管理	
直接费用的支出审批流程完善	项目（课题）直接费用支出需建立完善的审批流程并遵照执行。每笔支出均需经过完整的审批流程方可办理。
直接费用的开支范围符合相关规定	财务人员审核项目（课题）直接费用开支范围是否符合相关资金管理办法的规定。
直接费用的支出证据材料完整、真实、准确	项目（课题）组办理项目（课题）直接费用支出时应提供相应的证据材料，项目（课题）承担单位相关层级审批人员需按职责权限审核批准。
直接费用的支出金额在批复或调剂后的预算范围内	项目（课题）承担单位相关层级审批人员在预算范围内批准支出金额。
4. 项目（课题）间接费用管理	
间接费用不超过批复的预算额度	在核定的总额内列支间接费用，超预算支出不被批准。

续表

控制目标	常用的控制活动
5.项目（课题）过程和验收管理	
应付未付支出和预计支出是适当的	项目（课题）组应及时报销费用支出，对于项目（课题）执行周期内发生的与项目（课题）研发活动直接相关的费用尚未支付、需要在基准日后进行支付的款项，项目（课题）承担单位需提供明细表及相关证明材料，经审核批准后确认为应付未付支出。
	项目（课题）组编制项目（课题）在审计基准日之后发生的或预计发生的与项目（课题）验收相关的必需支出清单，经审核批准后确认为预计支出。
因故撤销或终止的项目（课题）资金应及时清理	项目（课题）因故撤销或终止，财务部门应及时清理账目与资产，编制财务报告及资产清单，报送项目主管单位。项目主管单位组织清查处理，确认并回收结余资金（含处理已购物资、材料及仪器设备的变价收入），统筹用于相关专项后续支出。
科研项目形成的资产被恰当管理和使用	行政事业单位使用中央财政资金形成的固定资产属于国有资产，按照国家有关国有资产管理的规定执行。企业使用中央财政资金形成的固定资产，按照《企业财务通则》等相关规章制度执行。
	使用中央财政资金形成的知识产权等无形资产的管理，按照国家有关规定执行。
	使用中央财政资金形成的大型科学仪器设备、科学数据、自然科技资源等，按照规定开放共享。
	期末，资产管理部门对实物资产进行盘点，如有账实差异，需查找原因，经审批后及时进行账务处理。如果出现资产减值迹象，进行减值测试，报经审批后进行账务处理。
中期检查等项目（课题）管理过程中发现的违规问题及时整改到位	被审计项目（课题）承担单位接受中期检查等监督检查过程中发现的问题应及时进行整改，确保整改到位。

（四）执行穿行测试

注册会计师需要针对不同业务循环中的具体业务流程，选择一笔或几笔交易进行穿行测试，以追踪交易从发生到最终被反映在项目（课题）结题报告中的整个处理过程，并考虑之前对相关控制的了解是否正确和完整，确定相关控制是否得到执行。

在执行穿行测试时，注册会计师需要询问执行业务流程和控制的相关人员，并根据需要检查有关单据和文件，询问其对已发现违规的处理。注册会计师还需要按照《中国注册会计师审计准则第1211号——通过了解被审计单位及其环境识别和评估重大错报风险》的规定，对相关控制设计是否合理和是否得到执行进行评价，以确定进一步审计程序。

第五章　控制测试

一、一般要求

在评估重大违规风险时，如果预期控制的运行是有效的，或者仅实施实质性程序不能提供充分、适当的审计证据，注册会计师需要设计和实施控制测试，针对相关控制运行的有效性，获取充分、适当的审计证据。注册会计师只对那些设计合理，能够防止、发现并纠正科研项目（课题）资金投入、使用、管理重大违规的内部控制进行测试以验证其运行是否有效。

控制目标	常用的控制活动	常用的控制测试
1. 预算		
研项目（课题）预算或调剂得到批复	项目（课题）承担单位负责部门跟踪科研项目（课题）预算审批结果，获取经批准的项目（课题）任务书（含预算），建立项目（课题）档案。如需预算调剂，按规定履行有关程序。负责部门及时登记项目（课题）变更信息，更新完善项目（课题）档案。	询问相关负责人，了解项目（课题）预算管理、审批、变更是否按照规定流程执行。检查是否保留项目（课题）任务书（含预算）及变更调剂相关记录。
2. 项目（课题）资金管理与核算		
确保项目（课题）资金投入及时、足额、真实到位	定期核对并调查拨款进度及金额与任务书存在重大差异的原因，提出改进措施。	查看项目（课题）各项来源资金的拨款单证等资金投入到位的证明材料，对重大差异事项需查明原因及项目（课题）承担单位是否已有改进措施。
项目（课题）资金投入均已入账	负责部门将拨款进度信息及时告知财务部门，财务部门收到拨入款后，记账并告知负责部门已收款信息。期末，负责部门与财务进行对账，核对项目（课题）资金是否均已入账，如存在差异，则查找原因，保证项目（课题）资金纳入单位财务统一管理。	查看单位财务系统，确认项目（课题）资金是否纳入被审计项目（课题）承担单位财务系统统一核算管理。
确保项目（课题）资金专款专用、单独核算	财务部门设置明细科目或项目（课题）辅助明细账，对中央财政资金和其他来源资金分别进行单独核算。按照项目（课题）支出明细项进行费用归集。	询问相关负责人，了解项目（课题）资金财务核算与管理情况，查看是否可以通过财务核算系统查阅相关数据信息。
确保项目（课题）资金支付结算方式合规。	资金支付除必须使用现金外，应通过银行转账方式支付，并得到授权支出批准。已实行公务卡制度改革的行政事业单位，按中央财政科研项目使用公务卡结算的有关规定执行，并得到授权支出批准。	询问相关负责人，了解项目（课题）资金支付是否按照规定的结算方式执行，抽查支付项目是否符合规定，审批手续是否完备。
确保项目（课题）资金使用与本项目研究任务的相关性	项目（课题）资金需用于与本项目研究任务相关的支出，费用支出报销单证经过项目（课题）负责人或其授权人批准后，方可提交付款支出申请。	询问相关负责人，了解项目（课题）资金支出是否按照规定的审核流程执行，抽查支出项目是否提供相关性证明材料，审批手续是否完备。
避免随意调账、随意修改会计凭证等行为	项目（课题）资金核算应规范、清晰，调账或更正会计凭证需遵照有关规定进行。更正申请经项目（课题）负责人或其授权人批准，交由财务审核批准后，方可调账或更正会计凭证。	询问相关负责人，了解调账和更改凭证是否按照规定流程执行，抽查调账是否按规定程序批准；调账或更正会计凭证的行为是否规范，修改会计凭证是否有不同岗位的相互制约并留痕。
3. 项目（课题）直接费用管理		
直接费用的支出审批流程完善	项目（课题）直接费用支出需建立完善的审批流程并遵照执行。每笔支出均需经过完整的审批流程方可办理。	询问相关负责人，了解支出审批是否按照规定流程办理，查看项目（课题）承担单位支出审批的相关规定，抽查支出凭单是否履行审批手续。
直接费用的开支范围符合相关规定	财务人员审核项目（课题）直接费用开支范围是否符合相关资金管理办法的规定。	询问相关负责人，了解是否按照相关规定审核开支范围，查看项目（课题）支出内容，检查超范围支出申请是否被阻止。

续表

控制目标	常用的控制活动	常用的控制测试
直接费用的支出证据材料完整、真实、准确	项目（课题）组办理项目（课题）直接费用支出时应提供相应的证据材料，项目（课题）承担单位相关层级审批人员需按职责权限审核批准。	抽查直接费用支出凭证后所附单据与相关证据材料是否齐全、真实，是否可以证明业务真实性、经济合理性等。
直接费用的支出金额在批复或调剂后的预算范围内	项目（课题）承担单位相关层级审批人员在预算范围内批准支出金额。	询问相关负责人，了解是否按照相关规定审核支出金额，检查项目（课题）直接费用支出是否在批准或调剂的预算范围内。
4. 项目（课题）间接费用管理		
间接费用不超过批复的预算额度	在核定的总额内列支间接费用，超预算支出不被批准。	询问相关负责人，了解间接费用支出是否按照规定程序执行，检查支出是否在批准的预算范围内。
5. 项目（课题）过程和验收管理		
应付未付支出和预计支出是适当的	项目（课题）组应及时报销费用支出，对于项目（课题）执行周期内发生的与项目（课题）研发活动直接相关的费用尚未支付、需要在基准日后进行支付的款项，项目（课题）承担单位需提供明细表及相关证明材料，经审核批准后确认为应付未付支出。	询问相关负责人，了解应付及预计支出管理是否按照规定流程执行，检查应付及预计支出明细清单审批手续是否完备。
	项目（课题）组编制项目（课题）在审计基准日之后发生的或预计发生的与项目（课题）验收相关的必需支出清单，经审核批准后确认为预计支出。	
因故撤销或终止的项目（课题）资金应及时清理	项目（课题）因故撤销或终止，财务部门应及时清理账目与资产，编制财务报告及资产清单，报送项目主管单位。项目主管单位组织清查处理，确认并回收结余资金（含处理已购物资、材料及仪器设备的变价收入），统筹用于相关专项后续支出。	询问相关负责人，了解项目（课题）清理是否按照规定流程执行，抽查撤销或终止的项目（课题）是否已及时清理。
科研项目形成的资产被恰当管理和使用	行政事业单位使用中央财政资金形成的固定资产属于国有资产，按照国家有关国有资产管理的规定执行。企业使用中央财政资金形成的固定资产，按照《企业财务通则》等相关规章制度执行。	询问相关负责人，了解资产管理和使用是否按照规定流程或程序执行，抽查资产盘点表是否经审批后及时处理，对科研项目形成的资产进行实地抽盘。
	使用中央财政资金形成的知识产权等无形资产的管理，按照国家有关规定执行。	
	使用中央财政资金形成的大型科学仪器设备、科学数据、自然科技资源等，按照规定开放共享。	
	期末，资产使用部门对实物资产进行盘点，如有账实差异，经审批后及时进行账务处理。如果出现资产减值迹象，进行减值测试，报经审批后进行账务处理。	
中期检查等项目（课题）管理过程中发现的违规问题及时整改到位	被审计项目（课题）承担单位接受中期检查等监督检查过程中发现的问题应及时进行整改，确保整改到位。	询问相关负责人，了解是否接受过检查，了解是否按规定流程检查整改，检查项目（课题）承担单位接受监督检查的相关检查结果文件，核对是否对违规问题及时整改到位并在审计报告中披露。

二、控制测试程序

注册会计师对内部控制的测试涵盖内部控制的五个要素，这里重点说明与科研项目（课题）相关的控制活动。以下通过示例说明与被审计项目（课题）承担单位上述科研项目（课题）业务活动相关的常用的控制测试。需要说明的是，由于被审计项目（课题）承担单位的情况千差万别，以下示例并不能涵盖实际工作中的所有情况，在执行审计业务时，注册会计师需要结合被审计项目（课题）承担单位的实际情况，并结合最新的法律法规政策要求，作出相应的选择和调整。

第六章 实质性程序

一、实质性程序的总体要求

针对评估的在科研项目（课题）资金投入、使用、管理方面存在的重大违规风险，注册会计师应当在确定是否实施控制测试以及拟对控制的依赖程度的基础上，计划拟实施实质性程序的性质、时间安排和范围。如果发现拟信赖的控制出现偏差，注册会计师应当考虑是否需要针对潜在的违规风险修改计划的实质性程序。无论对重大违规风险的评估结果如何，注册会计师都应当针对所有重大类别的交易、账户余额和披露，设计和实施实质性程序。

如果认为评估的重大违规风险是特别风险，注册会计师应当专门针对该风险实施实质性程序。如果针对特别风险实施的程序仅为实质性程序，这些程序应当包括细节测试。

二、实质性程序的目标

中央财政科技计划项目（课题）结题审计的对象是被审计项目（课题）承担/参与单位的科研项目（课题）资金投入、使用、管理情况，其审计目标是科研项目（课题）资金投入、使用、管理相关科目中的交易是否真实发生，是否符合科研项目（课题）资金管理相关法律法规以及经批准的项目（课题）任务书和预算书的规定。

三、实质性程序

下文从分析会计核算要求入手，对科研项目（课题）的直接费用和间接费用的实质性程序进行举例。需要说明的是，由于被审计项目（课题）承担单位的情况千差万别，以下示例并不能涵盖所有情况，在执行审计业务时，注册会计师需要考虑被审计项目（课题）承担单位的实际情况，特别是重大违规风险的评估结果，并结合最新的法律法规政策要求，作出相应的调整和取舍。

直接费用是指在项目实施过程中发生的与之直接相关的费用。主要包括设备费、材料费、测试化验加工费、燃料动力费、出版/文献/信息传播/知识产权事务费、会议/差旅/国际合作交流费、劳务费、专家咨询费、其他支出等。

间接费用是指被审计项目（课题）承担单位在组织实施项目过程中发生的无法在直接费用中列支的相关费用。主要包括被审计项目（课题）承担单位为项目研究提供的房屋占用，日常水、电、气、暖消耗，有关管理费用的补助支出，以及用于激励科研人员的绩效支出等。注册会计师需要在充分了解直接费用和间接费用特点的基础上，实施适当的实质性程序。

直接费用：资金支出依据任务书中的预算，审计时关注项目（课题）直接费用分类管理的形式，即关注直接费用支出预算是按明细分类管理，还是按大类分类管理，并关注相关支出是否符合列支规定。

1.设备费：是指在项目（课题）实施过程中购置或试制专用仪器设备，对现有仪器设备进行升级改造,以及租赁外单位仪器设备而发生的费用。

（1）获取设备支出明细账和购置明细账,核对是否与项目任务书中的预算或调剂后的预算一致。

（2）检查设备费支出与签订合同时间、付款时间、发票时间及到货时间是否均在项目执行期内（合同尾款可在执行期后）,仪器设备（购置、试制）使用及管理是否与预算或调剂批复一致,如存在差异,查明原因,并披露差异情况。

（3）检查列支的设备费原始凭证（如审批单、银行单据、发票、合同、验收单等）是否齐全并相互钩稽。

（4）检查中央级高校和科研院所采购进口仪器设备是否已按规定备案。

（5）检查设备租赁费是否为租赁使用本单位以外其他单位的设备而发生的费用以及租赁设备的交付使用手续是否完备。

（6）检查支付设备费是否存在非银行转账方式结算,关注资金实际流向是否与开具发票单位一致。

（7）检查被审计项目（课题）承担单位符合固定资产确认条件的资产是否准确计量和记录,是否存在账外资产,是否按单位资产管理办法对购入设备及符合使用条件的试制设备办理验收和交付使用手续。试制设备费及改造费成本归集的合理性、相关性。

（8）实地查看设备,检查是否账实相符,关注设备的使用情况,检查是否存在未使用固定资产。固定资产异地存放的,应当评估其合理性,并视情况实施必要的审计程序。

2. 材料费：是指在项目实施过程中消耗的各种原材料、辅助材料等低值易耗品的采购及运输、装卸、整理等费用。

（1）获取材料支出明细账。

（2）检查大宗原辅材料采购合同是否与货物清单、验收购入单等信息相匹配。

（3）检查是否列支与项目（课题）无关或执行期外的材料费用,重点关注科研用材料的采购或领用是否与单位日常经营活动或生产、基本建设用材料有明确区分。

（4）检查支付大宗材料费是否存在非银行转账方式结算,关注资金实际流向是否与开具发票单位一致。

（5）检查科研购入材料相关购入、验收和领用手续是否完备,购入验收手续是否具有实质性管理作用。

（6）检查材料结存管理是否符合相关规定。

3. 测试化验加工费：是指在项目实施过程中支付给外单位［包括被审计项目（课题）承担单位内部独立经济核算单位］的检验、测试、化验及加工等费用。

（1）获取测试化验加工费支出明细账。

（2）检查是否列支项目（课题）执行期外发生的费用、是否存在明显与项目
（课题）无关的测试化验加工费用。

（3）关注检验、测试、化验、加工承担单位是否具有相应资质或能力,收费有无明显偏高或偏低。

（4）检验、测试、化验等是否取得结果报告或分析测试报告等成果性资料。

（5）检查支付大宗测试化验加工费是否存在非银行转账方式结算,关注资金实际流向是否与

开具发票单位一致。

（6）加工件完工后是否办理完备的验收移交手续。

（7）对于支付被审计项目（课题）承担单位内部独立经济核算单位的检验、测试、化验及加工等费用，检查是否有测试记录、收费标准、内部结算规定等，结算程序是否规范。

（8）关注是否以测试化验加工费的名义转包科研任务。

4. 燃料动力费：是指在项目实施过程中直接使用的相关仪器设备、科学装置等运行发生的水、电、气、燃料消耗费用等。

（1）获取燃料动力费支出明细账。

（2）检查是否列支课题执行期外发生的费用、是否存在明显与项目研究无关的燃料动力费。

（3）检查是否列支或分摊被审计项目（课题）承担单位日常运行的水、电、气、暖等支出，该类支出属于间接费用开支范围。

5. 出版/文献/信息传播/知识产权事务费：是指在项目实施过程中，需要支付的出版费、资料费、专用软件购买费、文献检索费、专业通信费、专利申请及其他知识产权事务等费用。

（1）获取出版/文献/信息传播/知识产权事务费支出明细账。

（2）检查是否列支课题执行期外发生的费用、是否存在明显与项目无关的专业资料等费用，重点检查大宗专业资料和软件购置费支出。

（3）检查是否列支通用性操作系统、办公软件费用，是否列支日常普通通讯费及耗材等日常办公费用或个人通讯费、网费。

（4）检查符合无形资产确认条件的资产是否准确计量和记录，是否存在账外资产。

（5）检查购买专业资料、软件以及自行开发软件是否办理验收和领用手续。

（6）检查支付大宗出版/文献/信息传播/知识产权事务费是否存在非银行转账方式结算，关注资金实际流向是否与开具发票单位一致。

（7）如项目（课题）的任务目标为软件开发，关注单位是否以定制或者购买软件的形式将任务外包。

（8）关注是否在本项目中列支非本项目形成的专利申请费和维护费。

6. 会议/差旅/国际合作交流费：是指在项目实施过程中发生的会议费、差旅费和国际合作交流费。

（1）获取会议/差旅/国际合作交流费支出明细账。

（2）检查是否列支项目（课题）执行期外发生的费用，是否列支非项目（课题）组成员国际合作交流费或与项目（课题）无关的会议/差旅/国际合作交流费。

（3）关注中央级高校、中央级科研院所相关支出是否符合被审计项目（课题）承担单位管理规定。关注其他单位相关支出是否符合中办发〔2016〕50号以及本地科研资金管理规定。

（4）检查列支依据是否充分，所附原始凭证等资料是否完整。

（5）检查中央高校、科研院所对于难以取得住宿费发票，据实报销城市间交通费，并按规定标准发放伙食补助费和市内交通费的，是否已有确保其真实性的判断依据。

（6）检查是否列支会议中发生的专家咨询费，该类支出属于专家咨询费开支范围。

7. 劳务费：是指在项目（课题）实施过程中支付给参与项目（课题）的研究生、博士后、访问学者以及项目（课题）聘用的研究人员、科研辅助人员等的劳务性费用。

（1）获取劳务费支出明细账。

（2）检查是否列支课题执行期外发生的费用。

（3）获取劳务聘用合同或支持性证据，检查提供劳务内容是否与课题研究任务直接相关。

（4）检查开支标准是否符合相关规定。项目聘用人员的劳务费开支标准，参照当地科学研究和技术服务业从业人员平均工资水平，根据其在项目研究中承担的工作任务确定，其社会保险补助纳入劳务费科目开支。

（5）重点关注大额劳务费支出的记账凭证及发放签收单相关信息，检查发放签收单内容是否齐全，应包括姓名、职称（职务）、身份证号、金额、发放期间、提供劳务内容等项目。检查劳务费是否据实列支。

（6）关注访问学者、项目（课题）聘用研究人员的费用支出依据资料是否完备，如对访问学者的资格认定、审批备案程序、工作协议等。

（7）检查劳务费发放方式是否符合相关要求，原则上应通过银行转账方式，重点关注大额现金发放劳务费情况。

8.专家咨询费：是指在项目实施过程中支付给临时聘请的咨询专家的费用。

（1）获取专家咨询费支出明细账。

（2）检查是否列支发放对象或提供咨询服务内容与项目（课题）无关的费用，是否列支课题执行期外发生的费用。

（3）检查开支标准、内容、范围等是否符合相关规定。是否列支发放对象或提供咨询服务内容与项目无关的费用，是否列支课题执行期外发生的费用，是否向项目（课题）组成员以及参与项目（课题）管理的相关工作人员发放专家咨询费。

（4）重点关注大额专家咨询费支出的记账凭证及发放签收单相关信息，检查发放签收单内容是否齐全，应包括姓名、职称（职务）、工作单位、身份证号、金额、咨询时间、咨询内容等项目。

（5）检查专家咨询费发放方式是否符合相关要求，原则上应通过银行转账方式，重点关注大额现金发放专家咨询费情况。

9.其他支出：是指在项目实施过程中除上述支出范围之外的其他相关支出。

（1）获取其他支出明细账。

（2）检查是否列支与项目无关的费用，如各种罚款、捐款、赞助、投资等支出。

（3）检查是否与前述1~8项预算科目的支出内容重复。

10.间接费用：是指被审计项目（课题）承担单位在组织实施项目过程中发生的无法在直接费用中列支的相关费用。主要包括：被审计项目（课题）承担单位为项目研究提供的房屋占用，日常水、电、气、暖消耗，有关管理费用的补助支出，以及用于激励科研人员的绩效支出等。结合被审计项目（课题）承担单位的信用情况，间接费用实行总额控制，按照不超过课题直接费用扣除设备购置费后的一定比例核定。

（1）核对支出金额是否超过项目任务书预算所列金额。

（2）检查是否存在用于支付各种罚款、捐款、赞助、投资等开支。

（3）关注被审计项目（课题）承担单位是否在间接费用以外，在项目（课题）中重复提取、列支相关费用。

11.科研项目（课题）经费拨付情况：经费资金来源包括中央财政资金、地方财政资金、单位自筹资金和从其他渠道获得的资金。

（1）获取科研项目（课题）专项经费拨付相关明细账，核对专项经费拨付是否与项目（课题）任务书预算及调剂后预算一致，如有差异，查明原因，重点关注预算外拨款情况。

（2）重点关注课题专项经费拨付的记账凭证及银行汇款单，检查是否存在未及时全额拨付资金的情形，如有，需查明原因。

（3）检查中央财政资金结余情况，是否存在违反规定事项。对于结余经费比例较大的（超过30%），重点核实结余情况及原因。

（4）检查其他来源资金到位情况，检查银行转账等原始单据，检查是否与资金提供方的出资承诺一致。

12. 应付未付支出和预计：应付未付支出指课题执行期内发生的与课题研发活动直接相关的费用尚未支付、需在基准日后支付的款项；审计基准日后发生的或预计发生的与课题验收相关的必需支出为预计支出。

（1）获取应付未付支出明细清单，检查相关支出是否为课题执行期内已发生业务且与课题研发活动直接相关。

（2）询问并逐一确认未支付原因，是否存在不需支付事项，获取协议或合同、使用计划（须经单位和课题负责人签章确认的证明材料）等。

（3）获取预计支出明细清单，逐一检查各预算科目预计后续支出金额及使用计划。

第七章 审计报告

审计报告是注册会计师根据审计准则和本指引的规定，在实施审计工作的基础上，对被审计项目（课题）承担单位科研项目资金投入、使用、管理情况发表审计意见的书面文件。注册会计师应当在审计报告中明确表述审计结论。

一、完成审计工作

在实施恰当的审计程序后，注册会计师应当汇总实施审计程序得出的结果，评价根据审计证据得出的结论是否恰当。在得出结论时，注册会计师应当考虑：

1. 按照《中国注册会计师审计准则第1231号——针对评估的重大错报风险采取的应对措施》的规定，是否已获取充分、适当的审计证据。

2. 按照《中国注册会计师审计准则第1251号——评价审计过程中识别出的错报》的规定，未更正违规事项单独或汇总起来是否重大。重大违规事项通常包括：

（1）编报虚假预算，套取国家财政资金。

（2）截留、挤占、挪用中央财政科技计划项目资金。

（3）违反规定转拨、转移中央财政科技计划项目资金。

（4）提供虚假财务会计资料。

（5）虚假承诺其他来源的资金。

（6）资金管理使用存在重大违规问题。

（7）其他违反国家财经纪律的行为。

3. 对于被审计项目（课题）承担单位科研项目资金的投入、使用和管理，就以下方面做出报告：

（1）被审计项目（课题）承担单位是否按照经批准的任务书和预算书（含调剂后的预算）执行预算，预算调剂是否符合科研项目资金相关法律法规的要求，预算或其他来源的资金是否及时足额到位。

（2）被审计项目（课题）承担单位是否建立健全项目资金内部管理制度，包括建立科研项目资金有关支出管理制度。项目资金相关的内部管理主要包括：预算管理、资金管理、经费支出授权批准、财务报销管理、会计核算、资产管理、采购管理、合同管理、外拨经费管理、劳务费、会议费、差旅费管理、绩效支出管理、结余资金管理等。

（3）被审计项目（课题）承担单位是否按照适用的会计准则（制度）对科研项目资金进行核算和管理，将科研项目资金纳入单位财务统一管理，对中央财政资金和其他来源的资金分别单独核算，保证专款专用。

（4）被审计项目（课题）承担单位是否严格按照资金开支范围和标准办理和列支项目资金支出，不存在重大违规支出事项。

二、审计报告的基本内容

审计报告应当包括下列要素：标题；收件人；引言段；课题基本情况段；课题预算安排及执行情况段；课题资金管理和使用存在的主要问题及建议段；审计意见（综合评价）段；其他需要说明的事项段；其他事项段；附表；注册会计师的签名和盖章；会计师事务所的名称、地址及盖章；报告日期。与审计报告一并附送的材料清单。

（一）标题

审计报告的标题统一规范为"中央财政科技计划项目（课题）结题审计报告"。

（二）收件人

审计报告的收件人是指注册会计师按照审计业务约定书的要求致送审计报告的对象。收件人一般是被审计项目（课题）承担单位。如果属于第三方委托，收件人一般为委托方。审计报告需要载明收件人的全称。

（三）引言段

引言段需要说明，被审计项目（课题）承担单位及项目（课题）名称、结题审计基准日、被审计项目（课题）承担单位的责任、注册会计师的审计责任。

（四）课题基本情况段

课题基本情况段需要说明，被审计课题承担单位基本情况、课题立项基本情况、课题实施情况、课题资金核算情况、被审计课题承担单位项目资金内部管理制度建设及执行情况。

（五）课题预算安排及执行情况段

课题预算安排及执行情况段需要说明，中央财政资金预算安排及调剂情况、中央财政资金到位及拨付情况、中央财政资金使用情况、执行周期内中央财政资金结余情况、中央财政资金应付未付情况、中央财政资金预计支出情况、其他来源资金预算安排和到位情况、其他来源资金使用情况、财务档案保存情况。

（六）课题资金管理和使用存在的主要问题及建议段

课题资金管理和使用存在的主要问题及建议段需要说明，审计过程中发现的问题，引用有关制度规定，并提出审计建议。

（七）审计意见段

审计意见段需要说明，被审计项目（课题）承担单位承担的课题资金投入、使用、管理是否在所有重大方面符合科研项目资金相关法律法规以及本项目经批准的任务书和预算书的规定，不存在重大违规事项。

（八）其他需要说明的事项段

会计师事务所就结题审计过程中发现的问题，要与被审计项目（课题）承担单位进行充分的沟通，交换审计意见。审计过程中，单位已对审计问题整改的，可在该部分予以披露整改情况。除"（六）课题资金管理和使用存在的主要问题及建议段"中披露的事项外，注册会计师认为其他需要披露或提醒验收时予以关注的事项，可在"其他需要说明的事项"中予以披露。如果课题在执行过程中，存在专项审计、中期检查、巡视检查等发现需整改的问题，需披露其整改情况。

（九）其他事项段

说明报告的使用范围。说明本审计报告仅供被审计项目（课题）承担单位的课题验收使用。非法律、行政法规规定，本审计报告的全部或部分内容不得提供给其他任何单位和个人，不得见诸公共媒体。本审计报告正文部分及附表不可分割，应一同阅读和使用。对任何因审计报告使用不当产生的后果，与执行本审计业务的注册会计师及其所在的会计师事务所无关。

（十）附表

附表主要包括：

（1）课题基本情况表；

（2）课题承担单位资金拨付情况审计表；

（3）课题资金支出情况审计汇总表；

（4）课题购置/试制设备情况审计表；

（5）课题测试化验加工费支出情况审计表；

（6）课题劳务费支出情况审计表；

（7）课题参与单位资金支出情况审计表（根据参与单位数量自行增加）。

（十一）注册会计师的签名和盖章

审计报告需要由注册会计师签名和盖章。

（十二）会计师事务所的名称、地址及盖章

审计报告需要载明会计师事务所的名称和地址，并加盖会计师事务所公章。

（十三）报告日期

审计报告需要注明报告日期。审计报告日不应早于注册会计师获取充分、适当的审计证据，并在此基础上对被审计项目（课题）承担单位科研项目资金投入、使用、管理形成审计意见的日期。

（十四）与审计报告一并附送的材料清单

根据课题结题审计要求附送的佐证资料。注册会计师应在审核原文件后，复印相关资料并加盖被审计项目（课题）承担单位财务专用章，将加盖红章的佐证资料与结题审计报告一起装订。同时，应复印一份盖章后的佐证资料，注明与原件内容一致，存入审计工作底稿。

本指引附录二列示了中央财政科技计划课题结题审计报告的参考格式。如果注册会计师判断需要出具否定意见或无法表示意见审计报告，应当按照《中国注册会计师审计准则第1502号——在审计报告中发表非无保留意见》的要求出具审计报告。

三、审计汇总报告

审计汇总报告是注册会计师在项目牵头单位提供的各课题结题审计报告的基础上，对项目牵头单位出具的报告。负责出具审计汇总报告的注册会计师承担各课题结题审计报告的汇总责任，由于未对本项目的科研项目资金投入、使用和管理进行审计或审阅，因此不在汇总报告中提出鉴证结论。被审计项目（课题）承担单位注册会计师对课题结题审计报告承担审计责任。在出具汇总报告时，如果注意到各课题结题审计报告中信息不正确、不完整等影响本项目汇总的事项，出具汇总报告的注册会计师应当通过被审计项目（课题）承担单位要求其聘请的注册会计师予以更正，并将是否更正的情况，在汇总报告汇总意见中予以说明。

（一）审计汇总报告的基本内容

审计汇总报告应当包括下列要素：标题；收件人；引言段；项目基本情况段；项目预算安排及执行情况段；项目资金管理和使用存在的主要问题及建议段；汇总意见段；其他需要说明的事项段；其他事项段；附表；会计师事务所的名称、地址及盖章；报告日期。

1.标题

审计汇总报告的标题统一规范为"中央财政科技计划项目结题审计汇总报告"。

2.收件人

审计报告的收件人是指注册会计师按照审计业务约定书的要求致送审计报告的对象。审计汇总报告的收件人一般是项目牵头单位。如果属于第三方委托，收件人一般为委托方。审计报告需要载明收件人的全称。

3.引言段

引言段需要说明项目牵头单位及项目名称、项目执行期间（起止时间）、项目牵头单位的责任、被审计项目（课题）承担单位注册会计师的审计责任、项目牵头单位注册会计师的汇总责任。

4.项目基本情况段

项目基本情况段需要说明项目牵头单位、被审计项目（课题）承担单位及主管部门基本情况、项目实施情况。

5.项目预算安排及执行情况段

项目预算安排及执行情况段需要说明中央财政资金预算安排和到位情况、中央财政资金拨付情况、中央财政资金使用情况、其他来源资金预算安排和到位情况、其他来源资金使用情况。

6.项目资金管理和使用存在的主要问题及建议段

按照课题逐项列示课题审计过程中发现的问题，引用的有关制度规定，提出的审计建议。

7.汇总意见段

逐项列示各课题审计意见。

8.其他需要说明的事项段

按照课题分别汇总课题结题审计报告中披露的其他需要说明的事项。

9.其他事项段

说明汇总报告的使用范围。说明本汇总报告仅供项目牵头单位科研项目结题使用。非法律、行政法规规定，本汇总报告的全部或部分内容不得提供给其他任何单位和个人，不得见诸于公共媒体。本汇总报告正文部分及附表不可分割，应一同阅读使用。对任何因汇总报告使用不当产生的后果，与执行本审计报告汇总业务的注册会计师及其所在的会计师事务所无关。

10.附表

附表主要包括：

（1）项目基本情况表；

（2）项目牵头单位中央财政资金拨付情况汇总表；

（3）项目资金支出情况汇总表。

11. 会计师事务所的名称、地址及盖章

审计汇总报告需要载明会计师事务所的名称和地址，并加盖会计师事务所公章。

12. 报告日期

审计汇总报告需要注明报告日期。审计汇总报告日不应早于项目牵头单位注册会计师获取项目牵头单位管理层提供的各课题结题审计报告，并在此基础上形成项目结题审计汇总报告的日期。

本指引附录三列示了审计汇总报告的参考格式。

四、审计工作底稿

除用于审计报告的佐证材料外，注册会计师通常无需复印被审计项目（课题）承担单位的记账凭证等资料，但应在工作底稿中记录所核查具体项目或事项的识别特征。

附录一：审计业务约定书参考格式（略）。

附录二：课题结题审计报告参考格式（略）。

附录三：项目结题审计汇总报告参考格式（略）。

财政部关于进一步完善中央财政科技和教育资金预算执行管理有关事宜的通知

(财库〔2018〕96号)

国务院有关部委、有关直属机构，各中央高校、科研院所，有关中央管理企业，各中央国库集中支付代理银行，西藏自治区财政厅，财政部驻各省、自治区、直辖市、计划单列市财政监察专员办事处：

根据《中华人民共和国预算法》和财政国库管理制度有关规定，现就进一步完善中央财政科技和教育资金预算执行管理有关事宜通知如下：

一、优化资金支付管理，提高预算单位用款自主权

（一）落实科研项目主管部门和管理专业机构主体责任，国家科技重大专项（民口）资金、国家重点研发计划重点专项资金、国家自然科学基金资助项目资金、青年千人计划项目资金，全部实行财政授权支付。

（二）根据教育经费管理规律和特点，教育主管部门和中央高校管理的奖助学金、国家助学贷款贴息及风险补偿金、来华留学经费、出国留学经费，全部实行财政授权支付。同时，中央高校基建类项目（含基本建设与改善基本办学条件专项）资金，在高校内部已建立完备内部控制体系的条件下，全部实行财政授权支付。

（三）提高预算执行效率，允许部分科研项目和教育资金从本单位零余额账户向本单位或本部门其他预算单位实有资金账户划转。具体包括：按照有关制度规定由预算单位与科研项目承担单位签订委托协议或合同，按约定确需将资金支付到科研项目承担单位的；中央高校、科研单位内部机构之间合理的结算支出，如测试化验加工费用、成本分摊费用等；由于零余额账户开户行外币种类不全等原因，确需先转入可提供该币种银行现有实有资金账户的购汇资金；承担中央财政资金安排的事后补助类项目资金；高等学校哲学社会科学繁荣计划专项中的间接费用。

二、完善公务卡管理，放宽科研项目中公务卡结算要求

（四）中央高校、科研院所等单位承担中央财政科研项目，所发生支出中属于中央预算单位公务卡强制结算目录范围的，在不具备刷卡条件的情况下，如市内交通费、野外科考工作中发生的支出等，经单位财务部门批准后可不使用公务卡结算。

（五）对于参与中央财政科研项目1年以上，并负责科研经费支出报销业务的项目聘用人员，经项目管理部门和财务部门批准后，可以办理并使用公务卡。

（六）中央财政科研项目中的临时聘用人员、研究生等不具备公务卡办卡资格的参与人员，因执行项目任务产生的差旅费等费用，经项目负责人和单位财务部门批准后，可不使用公务卡结算，但原则上不得使用现金。

三、简化科研仪器设备采购管理，提高政府采购效率

（七）简化科研仪器设备进口产品备案内容。2019年1月1日起，中央高校、科研院所进口科研仪器设备，采购单位可单次或批量通过"政府采购计划管理系统"备案，备案事项不再填报主要性能指标、性能等内容。

（八）优化科研仪器设备变更采购方式审批程序。中央高校、科研院所达到公开招标数额标准的科研仪器设备采购项目需要变更采购方式的，可在一次申请中提出多个项目，通过"政府采购计划管理系统"申报并标注"科研仪器设备"，由主管部门归集后向财政部（国库司）一揽子申报。财政部（国库司）将通过建立科研仪器设备审批"绿色通道"，实现特事特办、急事急办。

（九）本通知自2019年1月1日起施行。其他有关规定与本通知不符的，以本通知为准。

财政部

2018年12月28日

财政部 科技部关于印发
《中央财政科技计划（专项、基金等）后补助管理办法》的通知

(财教〔2019〕226号)

国务院各部委、各直属机构，各省、自治区、直辖市、计划单列市财政厅（局）、科技厅（局），新疆生产建设兵团，各有关单位：

为进一步发挥中央财政科技资金的引导作用，规范中央财政科技计划（专项、基金等）后补助资金管理，根据《国务院印发关于深化中央财政科技计划（专项、基金等）管理改革方案的通知》（国发〔2014〕64号）、《国务院关于国家重大科研基础设施和大型仪器向社会开放的意见》（国发〔2014〕70号）、《国务院关于优化科研管理提升科研绩效若干措施的通知》（国发〔2018〕25号）、《中共中央办公厅、国务院办公厅印发〈关于促进中小企业健康发展的指导意见〉》等文件要求，我们制定了《中央财政科技计划（专项、基金等）后补助管理办法》。现印发你们，请遵照执行。

附件：中央财政科技计划（专项、基金等）后补助管理办法

财政部 科技部
2019年12月11日

中央财政科技计划（专项、基金等）后补助管理办法

第一章 总则

第一条 为进一步发挥中央财政科技资金的引导作用，规范中央财政科技计划（专项、基金等）后补助资金管理，根据《国务院印发关于深化中央财政科技计划（专项、基金等）管理改革方案的通知》（国发〔2014〕64号）、《国务院关于国家重大科研基础设施和大型仪器向社会开放的意见》（国发〔2014〕70号）、《国务院关于优化科研管理提升科研绩效若干措施的通知》（国发〔2018〕25号）、《中共中央办公厅、国务院办公厅印发〈关于促进中小企业健康发展的指导意见〉》等文件要求，制定本办法。

第二条 本办法所称后补助，是指单位先行投入资金开展研发活动，或者提供科技创新服务等活动，中央财政根据实施结果、绩效等，事后给予补助资金的财政支持方式。

本办法所称的单位，包括具有独立法人资格的企业、事业单位以及其他各类从事科技创新活动的主体。

第三条 后补助资金由单位统筹使用，不得用于与科技创新无关的支出。

第四条 后补助包括研发活动后补助、服务运行后补助。

第二章 研发活动后补助

第五条 研发活动后补助是指中央财政科技计划（专项、基金等）中以科技成果产品化、工程

化、产业化为目标任务，并且具有量化考核指标的项目，由项目承担单位先行投入资金组织开展研发活动及应用示范，项目结束并通过综合绩效评价后，给予适当补助资金的财政支持方式。

第六条 研发活动后补助按照以下程序组织实施：

（一）发布通知。项目管理部门在发布年度项目申报通知时，确定拟采用后补助支持方式的项目，对项目拟达到的目标任务提出明确要求，并明确科学、合理、具体的考核评价指标，以及相应的考核评价方式（方法）。

（二）提交申请。单位根据申报通知的要求，编制并提交项目申请材料。

（三）立项评审。项目管理专业机构（以下简称专业机构）组织开展评审，按照择优支持原则提出年度项目安排方案。

（四）预算评估。专业机构委托相关机构对项目预算进行评估，并根据评估结果提出项目后补助预算方案。后补助资金比例不超过项目预算的50%。

（五）签订任务书。完成规定程序的项目，由专业机构发布立项通知并与项目承担单位签订项目任务书。

（六）项目实施。项目承担单位按照项目任务书的规定自行组织实施和管理。项目实施过程中专业机构一般不组织中期检查（评估）等。项目延期或终止实施的，应当按照相关科技计划的管理规定履行审批程序。

（七）考核评价。项目承担单位在完成任务或实施期满3个月内向专业机构提出综合绩效评价申请。专业机构应在收到单位申请6个月内，按照明确的考核评价方式（方法）对项目实施结果完成综合绩效评价。

（八）确定补助金额。通过综合绩效评价的项目，根据评价结果等，确定后补助金额。

（九）结果公示。专业机构按规定将项目实施情况、综合绩效评价情况、专家意见等以及拟补助金额以适当方式向社会公示。

（十）资金支付。专业机构按照财政预算管理和国库集中支付制度有关规定向项目承担单位支付后补助资金。

第七条 单位自行投入资金组织开展研发活动，取得有助于解决国家急需或影响经济社会发展问题的技术成果，可以给予奖励性后补助。奖励性后补助重点支持中小企业。

奖励性后补助项目由项目管理部门会同专业机构对技术成果进行审核，综合考虑单位前期投入成本、同类项目资助强度等因素确定补助金额，并以适当方式向社会公示。完成规定程序的项目，由专业机构与单位签订协议，明确其技术成果应当实际应用于解决相关问题。

专业机构按照有关规定向单位支付后补助资金。

第三章 服务运行后补助

第八条 服务运行后补助是指对国家科技创新基地开放运行、科技创新服务以及国家重大科研基础设施和大型科研仪器开放共享等，由相关管理部门组织考核评估，并根据考核评估结果，给予适当补助资金的财政支持方式。

第九条 国家科技创新基地以及国家重大科研基础设施和大型科研仪器的依托单位应当切实履行职责，按照有关规定开放科技资源、开展科技创新服务，并提供相应的支撑保障。

第十条 相关管理部门定期组织对依托单位服务运行情况开展考核评估，形成考核评估结果，并将考核评估结果以适当方式向社会公示。

第十一条 服务运行后补助由相关管理部门分类分档确定补助标准。补助标准根据有关要求和实际情况适时调整。

第十二条 相关管理部门根据考核评估结果和补助标准，按照财政预算管理和国库集中支付制度有关规定向依托单位支付后补助资金。

第四章 法律责任

第十三条 相关管理部门及其工作人员在后补助资金考核评估、管理等工作中，存在违反本办法，以及其他滥用职权、玩忽职守、徇私舞弊等违法违纪行为的，依照《中华人民共和国预算法》《中华人民共和国公务员法》《中华人民共和国监察法》《财政违法行为处罚处分条例》等国家有关规定追究相应责任；涉嫌犯罪的，依法移送司法机关处理。

第十四条 后补助涉及的专业机构、项目承担单位、依托单位、专家、第三方机构、用户及其相关科研人员、工作人员等各类主体，存在违规违纪违法行为和违背科研诚信要求的，应当按照《财政违法行为处罚处分条例》、科研诚信管理制度以及国家其他有关法律法规等进行处理。涉嫌犯罪的，依法移送司法机关处理。

第十五条 对于不涉及国家秘密、商业秘密和个人隐私的后补助资金违规行为及处理结果等，项目管理部门应当以适当方式向社会公开，接受社会监督。

第五章 附则

第十六条 本办法未尽事宜，按照中央财政科技计划（专项、基金等）有关管理规定执行。本办法由财政部、科技部负责解释。

第十七条 本办法自发布之日起执行，《国家科技计划及专项资金后补助管理规定》（财教〔2013〕433号）同时废止。

科技部　发展改革委　教育部　中科院　自然科学基金委关于印发《加强"从 0 到 1"基础研究工作方案》的通知

(国科发基〔2020〕46 号)

各省、自治区、直辖市及计划单列市科技厅（委、局）、发展改革委、教育厅（委、局），新疆生产建设兵团科技局、发展改革委、教育局，国务院有关部门、有关直属机构，各有关单位：

为深入贯彻落实《国务院关于全面加强基础科学研究的若干意见》(国发〔2018〕4 号)，充分发挥基础研究对科技创新的源头供给和引领作用，解决我国基础研究缺少"从 0 到 1"原创性成果的问题，科技部、发展改革委、教育部、中科院、自然科学基金委联合制定了《加强"从 0 到 1"基础研究工作方案》。现印发给你们，请结合本单位实际认真落实。

科技部　发展改革委　教育部
中科院　自然科学基金委
2020 年 1 月 21 日

加强"从 0 到 1"基础研究工作方案

为贯彻落实党的十九大精神和《国务院关于全面加强基础科学研究的若干意见》(国发〔2018〕4 号)，切实解决我国基础研究缺少"从 0 到 1"原创性成果的问题，充分发挥基础研究对科技创新的源头供给和引领作用，制定工作方案如下。

一、总体考虑

当前，新一轮科技革命和产业变革蓬勃兴起，国际竞争向基础研究竞争前移，科学探索不断向宏观拓展、向微观深入，交叉融合汇聚不断加速，一些基本科学问题孕育重大突破，可望催生新的重大科学思想和科学理论，产生颠覆性技术。加强"从 0 到 1"的基础研究，开辟新领域、提出新理论、发展新方法，取得重大开创性的原始创新成果，是国际科技竞争的制高点。"从 0 到 1"原创性突破，既需要长期厚重的知识积累与沉淀，也需要科学家瞬间的灵感爆发；既需要对基础研究进行长期稳定的支持，也需要聚焦具有比较优势的领域，进一步突出重点，有所为、有所不为。

（一）指导思想。以习近平新时代中国特色社会主义思想为指导，面向世界科技前沿、面向国家战略需求、面向国民经济主战场，围绕重大科学问题和关键核心技术突破，以人为本、深化改革、优化环境、稳定支持、创新管理，强化基础研究的原创导向，激发科研人员创新活力，努力取得更多重大原创性成果，为建设世界科技强国提供强有力的支撑。

（二）基本原则。突出问题导向。围绕基础前沿领域和关键核心技术重大科学问题，坚持需求导向和前瞻引领。从国家战略需求出发，强化重点领域部署，鼓励跨领域、跨学科交叉研究，形成关键领域先发优势。

坚持以人为本。遵循人才成长规律，创新人才评价制度，深入实施人才优先发展战略，注重青年人才和创新团队的培育，激发青年人才创新活力。不唯帽子、不唯名气、不唯团队大小。

注重方法创新。适应大科学、大数据、互联网时代科学研究的新特点，注重科研平台、科研手段、方法工具和高端科学仪器的自主研发与创新，提高基础研究原始创新能力。

优化学术环境。遵循基础研究的规律与特点，推动基础研究分类评价，探索支持非共识项目的机制。鼓励自由探索，赋予科研人员更多学术自主权。弘扬科学精神，营造勇于创新、敢于啃硬骨头和学术民主、宽容失败的科研环境。

强化稳定支持。优化基础研究投入结构，依托国家重点实验室和国家科技计划等，对关系长远发展的基础前沿领域加大稳定支持力度，努力取得重大原创性成果和关键核心技术突破。

二、优化原始创新环境

（三）建立有利于原始创新的评价制度。一是推行代表作评价制度。对人和创新团队的评价，注重评价代表作的科学水平和学术贡献，让论文回归学术，避免唯论文、唯职称、唯学历、唯奖项倾向。二是建立国家重点实验室新的评价制度。坚持定期评估和分类考核制度。将完成国家任务情况和创新效能作为重要的评价标准，建立以创新质量和学术贡献为核心的评价制度。三是建立促进原创的基础研究项目评价制度。基础研究项目重点评价新发现、新原理、新方法、新规律的原创性和科学价值，注重评价代表性成果水平；应用基础研究项目重点评价解决经济社会发展和国家安全重大需求中关键科学问题的效能和应用价值。在高校、科研院所开展评价试点。

（四）支持高校、科研院所自主布局基础研究。高等学校与科研机构结合国际一流科研机构、世界一流大学和一流学科建设，遵循科研活动规律，自主布局基础研究，扩大高等学校与科研机构学科布局和科研选题自主权。鼓励科学家围绕重要方向开展长期研究，不追热点，把冷板凳坐热。鼓励和支持科学家敢于啃硬骨头，敢于挑战最前沿科学问题，在独创独有上下功夫，努力开辟新领域、提出新理论、设计新方法、发现新现象。推动科教融合，围绕重大科技任务加强科研育人。

（五）改革重大基础研究项目形成机制。根据改革完善科技计划项目形成机制的有关要求，完善国家重大基础研究项目形成机制，在指南编制方式、有效竞争、开放性、项目评审机制、评审专家队伍建设等方面完善基础研究项目形成方式和管理方式。充分重视科学研究过程的灵感瞬间性，对原创性课题开通项目申报、评审绿色通道，建立随时申报的机制。对于在重大原创性突破研究过程急需解决的关键问题实行滚动立项。国家重点研发计划对港澳机构开放，国家自然科学基金进一步研究向港澳特区科研人员开放基金项目申请的具体方案并逐步实施。

（六）深化国际合作与交流。深化政府间科技合作，建立国际创新合作平台，联合开展科学前沿问题研究。加大国家科技计划开放力度。鼓励国际科研合作交流，积极参与国际大科学计划和大科学工程。

（七）加强学风建设。提倡学术自由和学术民主，坚持严谨、求实的良好作风，力戒浮躁张扬之风，树立诚信、严谨的正确导向，弘扬爱国奉献、诚实守信、淡泊名利的科学精神。加强科研活动全流程诚信管理，对违背科研诚信要求的行为责任人开展失信惩戒，加大对科研造假等学术不端的惩治力度。

三、强化国家科技计划原创导向

（八）强化国家自然科学基金的原创导向。稳定支持各学科领域均衡协调可持续发展，加强对数学、物理等重点基础学科的支持，稳定支持一批基础数学领域科研人员围绕数学学科前沿问题开展基础理论研究，夯实发展基础。坚持自由探索、突出原创，科学问题导向和需求牵引并重，引导科学家将科学研究活动中的个人兴趣与国家战略需求紧密结合，实现对科学前沿的引领和拓展，全面培育源头创新能力。坚持学科建设的主方向，推进跨学科研究，强化学科交叉融合，培育新的学科发展方向。稳定支持面上项目、青年科学基金项目和地区科学基金项目，鼓励在科学基金资助范围内自主选题。为原创项目开辟单独渠道，采取专家或项目主任署名推荐、不设时间窗口接收申请，探索实施非常规评审和决策模式，着重关注研究的原始创新性，弱化对项目前期工作基础、可行性等要求，优化完善非共识项目的实施机制。

（九）国家科技计划突出支持重要原创方向。坚持全球视野，把握世界科技前沿发展态势，在关系长远发展的基础前沿领域前瞻部署。在重大专项和重点研发计划中突出支持基础研究重点领域原创方向，持续支持量子科学、脑科学、纳米科学、干细胞、合成生物学、发育编程、全球变化及应对、蛋白质机器、大科学装置前沿研究等重点领域，针对重点领域、重大工程等国家重大战略需求中的关键数学问题，加强应用数学和交叉研究，加强引力波、极端制造、催化科学、物态调控、地球系统科学、人类疾病动物模型等领域部署，抢占前沿科学研究制高点。创新"变革性技术关键科学问题重点专项"的组织模式和机制，加强变革性技术关键科学问题研究，支持我国科学家取得原创突破、应用前景明确、有望产出具有变革性影响的技术原型，加大对经济社会发展产生重大影响的前瞻性、原创性的基础研究和前沿交叉研究的支持，推动颠覆性创新成果的产生。

（十）国家科技计划突出支持关键核心技术中的重大科学问题。面向国家重大需求，对关键核心技术中的重大科学问题给予长期支持。重点支持人工智能、网络协同制造、3D打印和激光制造、重点基础材料、先进电子材料、结构与功能材料、制造技术与关键部件、云计算和大数据、高性能计算、宽带通信和新型网络、地球观测与导航、光电子器件及集成、生物育种、高端医疗器械、集成电路和微波器件、重大科学仪器设备等重大领域，推动关键核心技术突破。

四、加强基础研究人才培养

（十一）建立健全基础研究人才培养机制。要创新人才培养、引进、使用机制，真正选对人、用好人。加快培养一批在国际前沿领域具有较大影响力的领军人才，赋予领军人才技术路线决策权、项目经费调剂权、创新团队组建权。重视培养基础研究领域的青年人才，对青年人才开辟特殊支持渠道，重点支持淡泊名利、献身科学、潜心研究的优秀青年人才。推动教育创新，改革培养模式，把科学精神、创造能力的培养贯穿教育全过程。重视素质教育养成，加强基础研究人才创新能力的教育培养，培育一批具有基础研究创新能力的人才。支持高校、科研院所、企业多方引才引智，广聚天下英才。

（十二）实施青年科学家长期项目。统筹利用现有渠道，聚焦重点研究方向，准备支持一批30~40岁具有高级职称或博士学位、有志于长期从事科学研究的优秀青年科学家，瞄准重大原创性基础前沿和关键核心技术的科学问题，在数学、物理、生命科学、空间科学、深海科学、纳米科学等基础前沿领域和农业、能源、材料、信息、生物、医药、制造与工程等应用基础领域开展基础研究。按方向选人，按人定项目。青年科学家人选由一线科学家推荐。被推荐人根据确定的重点方向提出项目。项目负责人自主确定研究内容和技术路线。对项目进行全程跟踪、服务。承担单位对项目团队成员可实行年薪制等灵活分配方式。

（十三）在国家科技计划中支持青年科学家。抓住中青年时期这一实现原创性突破的峰值年龄，依托国家科技计划培养青年人才。在重点研发计划中加大对35岁以下青年科学家的支持。国家自然科学基金加强对"青年科学基金项目""优秀青年科学基金项目""杰出青年科学基金项目"等资助计划的支持，鼓励青年科学家自主选题，开展基础研究工作，构建分阶段、全谱系、资助强度与规模合理的人才资助体系，加大力度持续支持中青年科学家和创新团队。加大对博士后的支持力度，积极吸引国内外优秀博士毕业生在国内从事博士后研究。

五、创新科学研究方法手段

（十四）加强重大科技基础设施和高端通用科学仪器的设计研发。聚焦空间和天文、粒子物理和核物理、能源、生命、地球系统与环境、新材料、工程技术等世界科技前沿和国家战略急需领域，布局建设一批重大科技基础设施。依托重大科技基础设施开展科学前沿研究，解决经济社会发展重大科技问题。充分发挥设施的集聚作用，吸引国内外创新资源，促进科技交叉融合，形成国际顶尖科研队伍。培育具有原创性学术思想的探索性科学仪器设备研制，聚焦高端通用和专业重大科学仪器设备研发、工程化和产业化研究，推动高端科学仪器设备产业快速发展。

（十五）大力支持科研手段自主研发与创新。加大力度支持科研平台、科研手段、方法工具的创新，提升开展原创研究的能力，大力加强实验材料、数据资源、技术方法、工具软件等方面的创新。着力开展高端检测试剂、高纯试剂、高附加值专用试剂研发和科研用试剂研究，加强技术标准建设，完善科研用试剂质量体系。完善科技资源库（馆）的建设和运行管理机制，提升科技基础资源整理加工、保藏鉴定以及对科技创新和经济社会发展的支撑保障能力。鼓励研发国产高端设计分析工具软件，保证研发设计过程自主安全可控。在重大研发任务中加大对高端试剂、可控软件研发和基础方法创新的支持。

六、强化国家重点实验室原始创新

（十六）发挥国家重点实验室的辐射带动作用。发挥国家重点实验室创新平台作用，作为国家重大科技任务的提出者和组织者，牵头组织全国相关领域的科技力量，发挥集群优势，开展协同攻关，承担起行业领域的辐射带动作用。探索建立国家重点实验室作为独立责任主体申请和承担国家科技任务的机制。

（十七）支持国家重点实验室长期积累。支持国家重点实验室围绕孕育重大原始创新、推动学科发展和解决国家战略重大科技问题，在特定优势领域长期持续开展科技创新，在重点学科领域和关键技术领域形成持续创新能力。强化国家重点实验室的独立性和自主权，鼓励国家重点实验室在重要领域开展前沿探索，提出新方向，发展新领域。加大对国家重点实验室稳定支持力度，聚焦前沿、长期积累、突出原创。

七、提升企业自主创新能力

（十八）推动企业加强基础研究。鼓励企业面向长远发展和竞争力提升，前瞻部署基础研究。鼓励企业与高等院校、科研机构等基础研究机构合作，共建各类研究开发机构和联合实验室，加强企业实验室与高校、科研院所实验室紧密衔接和实质性合作，促进基础研究、应用基础研究与产业化对接融通，提高企业研发能力。重视企业内部创新环境建设，鼓励企业引进高层次人才，与高等院校和科研院所共同培养基础研究人才。发挥国家科技计划的导向作用，在重大专项、重点研发计划论证和实施过程中，组织企业家、产业专家和科技专家共同凝练来自生产一线、关系经济社会发展的关键重大科学问题，支持企业承担国家科研项目。

（十九）引导企业加大投入。切实落实企业研发费用按 75% 比例税前加计扣除等财税优惠政策。在具备条件的企业建设国家重点实验室，衔接基础研究和应用需求。做强国家自然科学基金企业创新发展联合基金，推动科研院所与高等院校围绕企业技术创新需求，解决企业发展中面临的重大科学问题和技术难题。

八、加强管理服务

（二十）加强组织协调和统筹实施。组建基础研究战略咨询专家委员会，加强基础研究顶层设计和统筹协调，研判基础研究发展趋势、凝练基础研究重大需求，在推进重大工作部署中发挥战略咨询作用。建立部门间沟通协调机制，统筹各类科技计划支持基础研究的资助政策与管理机制。强化中央和地方协作联动。发挥知识产权制度激励作用，推动知识产权权属改革，加强知识产权运用和保护。

（二十一）加大中央财政的稳定支持力度。中央财政加大对基础研究的稳定支持力度，建立健全稳定支持和竞争性支持相协调的投入机制。探索实施中央和地方共同出资、共同组织国家重大基础研究任务的新机制。

（二十二）加大地方政府和社会力量对基础研究的投入。鼓励和支持地方政府结合自身优势和特色，制定出台加强地方基础研究和应用基础研究的政策措施，加大对基础研究的支持力度。探索共建新型研发机构、联合资助、慈善捐赠等措施，激励企业和社会力量加大基础研究投入。北京、上海、粤港澳科技创新中心和北京怀柔、上海张江、合肥、深圳综合性国家科学中心应加大基础研究投入力度，加强基础研究能力建设。

（二十三）改进管理部门工作作风。科技管理部门要提高站位、做好统筹，坚持"抓战略、抓规划、抓政策、抓服务"，进一步推进政府职能转变和"放管服"改革。科研院所和高等院校的科研管理部门全面提升微观管理服务水平，在放权上求实效，在监管上求创新，在服务上求提升，努力营造有利于基础研究的科研生态。

科技部印发
《关于破除科技评价中"唯论文"不良导向的若干措施（试行）》的通知

(国科发监〔2020〕37号)

国务院各有关部门、直属机构，各有关单位：

为落实中共中央办公厅、国务院办公厅《关于深化项目评审、人才评价、机构评估改革的意见》《关于进一步弘扬科学家精神加强作风和学风建设的意见》要求，改进科技评价体系，破除科技评价中"唯论文"不良导向，按照分类评价、注重实效的原则，科技部会同财政部研究制定了《关于破除科技评价中"唯论文"不良导向的若干措施（试行）》。现予印发，请遵照执行。

对执行过程中的有关问题，请及时向科技部反映。试行1年后将开展实施效果评估，对有关措施进一步调整完善，对效果好的措施商有关部门在更大范围复制推广。

联系电话：010-58884332

科技部
2020年2月17日

关于破除科技评价中"唯论文"不良导向的若干措施（试行）

为落实中共中央办公厅、国务院办公厅《关于深化项目评审、人才评价、机构评估改革的意见》《关于进一步弘扬科学家精神加强作风和学风建设的意见》要求，改进科技评价体系，破除国家科技计划项目、国家科技创新基地、中央级科研事业单位、国家科技奖励、创新人才推进计划等科技评价中过度看重论文数量多少、影响因子高低，忽视标志性成果的质量、贡献和影响等"唯论文"不良导向，按照分类评价、注重实效的原则，经商财政部，现提出如下措施。

一、强化分类考核评价导向。 实施分类考核评价，注重标志性成果的质量、贡献和影响。

（一）对于基础研究类科技活动，注重评价新发现、新观点、新原理、新机制等标志性成果的质量、贡献和影响。对论文评价实行代表作制度，根据科技活动特点，合理确定代表作数量，其中，国内科技期刊论文原则上应不少于1/3。强化代表作同行评议，实行定量评价与定性评价相结合，重点评价其学术价值及影响、与当次科技评价的相关性以及相关人员的贡献等，不把代表作的数量多少、影响因子高低作为量化考核评价指标。

（二）对于应用研究、技术开发类科技活动，注重评价新技术、新工艺、新产品、新材料、新设备，以及关键部件、实验装置/系统、应用解决方案、新诊疗方案、临床指南/规范、科学数据、科技报告、软件等标志性成果的质量、贡献和影响，不把论文作为主要的评价依据和考核指标。

（三）提高对高质量成果的考核评价权重。对于具有一定学术影响或取得实际应用效果的标志性成果可作为高质量成果，可增加到10%的权重；对于具有重要学术影响、对相关领域的科技创新具有带动作用的，可增加到30%的权重；对于已在实践中应用、对经济社会发展和国家安全作出重要贡献的，可增加到50%的权重。具体权重由相关科技评价组织管理单位（机构）根据实际情况确定。

鼓励发表高质量论文，包括发表在具有国际影响力的国内科技期刊、业界公认的国际顶级或重要科技期刊的论文，以及在国内外顶级学术会议上进行报告的论文（以下简称"三类高质量论文"）。上述期刊、学术会议的具体范围由本单位的学术委员会本着少而精的原则确定，其中，具有国际影响力的国内科技期刊参照中国科技期刊卓越行动计划入选期刊目录确定；业界公认的国际顶级或重要科技期刊、国内外顶级学术会议由本单位学术委员会结合学科或技术领域选定。对于"三类高质量论文"的研究成果，可按高质量成果进行考核评价。发挥同行评议在高质量成果考核评价中的作用。

二、对国家科技计划项目（课题）评审评价突出创新质量和综合绩效。 立项评审注重对项目（课题）可行性和先进性进行评价，综合绩效评价注重对项目（课题）合同约定标志性成果的质量和影响进行评价。

（四）对于应用研究、技术开发类项目（课题），不把论文作为申报指南、立项评审、综合绩效评价、随机抽查等的评价依据和考核指标，不得要求在申报书、任务书、年度报告等材料中填报论文发表情况。

（五）对于基础研究类项目（课题），对论文评价实行代表作制度，代表作数量原则上不超过5篇。在申报书、任务书、年度报告等材料中，重点填报代表作对相关项目（课题）的支撑作用和相关性；在立项评审、综合绩效评价、随机抽查等环节，重点考核评价代表作的质量和应用情况。

三、对国家科技创新基地评估突出支撑服务能力。 注重评估科技创新基地支撑服务国家重大需求、经济社会发展的作用和效果。

（六）对于国家技术创新中心、国家临床医学研究中心等技术创新与成果转化类基地，注重评估对国家重大需求和工程建设的支撑作用、对重大临床需求和产业化需要的支撑保障作用。不把论文作为主要的评价依据和考核指标。

（七）对于国家科技资源共享服务平台、国家野外科学观测研究站等基础支撑与条件保障类基地，注重评估对外服务的质量和效果。不把论文作为主要的评价依据和考核指标。

（八）对于国家实验室、国家重点实验室等科学与工程研究类基地，注重评估原始创新能力、国际科学前沿竞争力、满足国家重大需求的能力等。对论文评价实行代表作制度，每个评价周期代表作数量原则上不超过20篇。

四、对中央级科研事业单位绩效评价突出使命完成情况。 注重评估科研机构履行国家使命和宗旨目标的情况，以及成果的学术价值和影响力。

（九）对于技术研发类机构，注重评估在成果转化、支撑产业发展等方面的绩效，不把论文作为主要的评价依据和考核指标。

（十）对于社会公益性研究类机构，注重评估公益性研究成果的绩效、履行社会责任的效果，不把论文作为主要的评价依据和考核指标。

（十一）对于基础研究类机构，注重评估代表性成果水平、国际学术影响、在经济社会发展和国家重大需求中的贡献等。对论文评价实行代表作制度，每个评价周期代表作数量原则上不超过40篇。

五、对国家科技奖励评审突出成果质量和贡献。 注重评审相关科技成果的质量、效果和影响，以及相关人员的贡献。

（十二）对于自然科学奖，注重对成果的原创性、公认度和科学价值等进行评审。对论文评价实行代表作制度，代表作数量原则上不超过5篇。

（十三）对于技术发明奖、科技进步奖，注重对成果的创新性、先进性、应用价值和经济社会效益等进行评审，不把论文作为主要的评审依据。

（十四）最高科学技术奖、国际合作奖也要落实分类评价要求。

六、对创新人才推进计划人才评选突出科学精神、能力和业绩。 注重评价学术道德水平以及在学科领域的活跃度和影响力、研发成果原创性、成果转化效益、科技服务满意度等。

（十五）对于科技创新创业人才，注重评价创业人才创办企业带动就业、产业科技含量及经济社会效益等，不把论文作为主要的评价依据和考核指标。

（十六）对于中青年科技创新领军人才，注重评价已取得核心成果的创新性和学术影响。对论文评价实行代表作制度，代表作数量原则上不超过5篇。

（十七）对于重点领域创新团队，注重评价团队协作创新能力，以及团队负责人的组织协调和领导力。对论文评价实行代表作制度，代表作数量原则上不超过10篇。

（十八）其他科技人才计划也要落实分类评价要求。

七、培育打造中国的高质量科技期刊。 以培育世界一流的中国科技期刊为目标，推动中国科技期刊高质量发展，服务科技强国建设。

（十九）加快实施中国科技期刊卓越行动计划，推进领军期刊建设，培育重点期刊、梯队期刊，鼓励创办高起点英文期刊，提高中文期刊英文摘要质量；建立中国特色、具有国际影响力的"科学引文索引"系统。鼓励财政资金资助的论文在高质量国内科技期刊发表。

（二十）完善学术期刊预警机制，定期发布国内和国际学术期刊的预警名单，并实行动态跟踪、及时调整。将管理和学术信誉差、商业利益至上的学术期刊，列入"黑名单"。

八、加强论文发表支出管理。 建立与破除"唯论文"导向相适应的资金管理措施，从严控制论文资助范围、从紧管理论文发表支出。

（二十一）对于国家科技计划项目产生的代表作和"三类高质量论文"，发表支出可在国家科技计划项目专项资金按规定据实列支，其他论文发表支出均不允许列支。对于单篇论文发表支出超过2万元人民币的，需经该论文通讯作者或第一作者所在单位学术委员会对论文发表的必要性审核通过后，方可在国家科技计划项目专项资金中列支。

（二十二）对于发表在"黑名单"和预警名单学术期刊上的论文，相关的论文发表支出不得在国家科技计划项目专项资金中列支。不允许使用国家科技计划项目专项资金奖励论文发表，对于违反规定的，追回奖励资金和相关项目结余资金。

（二十三）在项目综合绩效评价过程中，项目管理机构应加强对在国家科技计划项目专项资金中列支论文发表情况的核验。

（二十四）相关高校、科研院所等要对论文发表的必要性以及与项目研究的相关性进行审核；对于可能涉及国家安全和秘密等的论文，要从严审核、加强管理。不允许将论文发表数量、影响因子等与奖励奖金挂钩。

九、强化监督检查。 加大监督检查力度，确保各项措施落实落地。

（二十五）开展破除"唯论文"不良导向各项措施落实情况的监督检查。对落实不力、存在严重"唯论文"问题或存在奖励论文发表的相关高校、科研院所等，采取约谈、通报批评等方式予以处理并责令整改，整改期间暂停国家科技计划项目专项资金对该单位论文发表的资助。加强对咨询评审专家的培训引导，对项目评审中存在"唯论文"现象的，及时予以纠正。

（二十六）相关高校、科研院所要加强论文发表署名管理。《关于进一步弘扬科学家精神加强作风和学风建设的意见》发布后，对论文无实质学术贡献仍然"挂名"的，依规严肃追究责任。

（二十七）加大正面典型案例的宣传，树立正确的舆论导向。不允许过度宣传论文发表情况，不提倡将论文数量、影响因子作为宣传报道、工作总结、年度报告的重要内容。

科技部办公厅　财政部办公厅　教育部办公厅　中科院办公厅　工程院办公厅　自然科学基金委办公室关于印发《新形势下加强基础研究若干重点举措》的通知

(国科办基〔2020〕38号)

各有关单位：

为深入贯彻落实《国务院关于全面加强基础科学研究的若干意见》(国发〔2018〕4号)，在新形势下进一步加强基础研究，提升我国基础研究和科技创新能力，科技部、财政部、教育部、中科院、工程院、自然科学基金委共同制定了《新形势下加强基础研究若干重点举措》。现印发给你们，请结合本单位实际认真落实。

科技部办公厅　财政部办公厅　教育部办公厅
中科院办公厅　工程院办公厅　自然科学基金委办公室
2020年4月29日

新形势下加强基础研究若干重点举措

基础研究是整个科学体系的源头，是所有技术问题的总机关。现代科学技术发展进入大科学时代，科学、技术、工程加速渗透与融合，科学研究的模式不断重构，学科交叉、跨界合作、产学研协同成为趋势。经济高质量发展急需高水平基础研究的供给和支撑，需求牵引、应用导向的基础研究战略意义凸显。新形势下进一步加强基础研究，要以习近平新时代中国特色社会主义思想为指导，尊重科学发展规律，突出目标导向，支持自由探索，优化总体布局，深化体制机制改革，创新支持方式，营造创新环境，提升原始创新能力，努力攀登世界科学高峰，为创新型国家和世界科技强国建设提供强大支撑。

为落实《国务院关于全面加强基础科学研究的若干意见》，进一步加强基础研究，提升我国基础研究和科技创新能力，实现前瞻性基础研究、引领性原创成果重大突破，特提出以下重点举措。

一、优化基础研究总体布局

1.加强基础研究统筹布局。坚持基础研究整体性思维，把握基础研究与应用研究日趋一体化的发展趋势，注重解决实际问题，以应用研究带动基础研究，加强重大科学目标导向、应用目标导向的基础研究项目部署，重点解决产业发展和生产实践中的共性基础问题，为国家重大技术创新提供支撑。强化目标导向，支持自由探索，突出原始创新，强化战略性前瞻性基础研究，鼓励提出新思想、新理论、新方法。制定基础研究2021—2035年的总体规划。

2.完善国家科技计划体系。充分发挥国家自然科学基金的作用，资助基础研究和科学前沿探索，支持人才和团队建设，加强面向国家需求的项目部署力度，提升国家自然科学基金支撑经济社会发展的能力。面向国际科学前沿和国家重大战略需求，突出战略性、前瞻性和颠覆性，优化国家科技重大专项、国家重点研发计划、基地和人才计划中基础研究支持体系，强化对目标导向基础研究的系统部署和统筹实施。

二、激发创新主体活力

3.切实把尊重科研人员的科研活动主体地位落到实处。完善适应基础研究特点和规律的经费管理制度，坚持以人为本，增加对"人"的支持。重点围绕优秀人才团队配置科技资源，推动科学家、数学家、工程师在一起共同开展研究。落实科研人员在立项选题、经费使用以及资源配置的自主权，释放人才创新创造活力。切实保障科研人员工作和生活条件，强化对承担基础研究国家重大任务的人才和团队的激励，落实以增加知识价值为导向的分配政策，探索实行年薪制和学术休假制度，对科研骨干在内部绩效工资分配时予以倾斜。加快推进经费使用"包干制"的落实落地。认真落实《关于优化科研管理提升科研绩效若干措施的通知》，安排好纯理论基础研究、对试验设备依赖程度低和实验材料耗费少的基础研究项目间接费用。

4.支持企业和新型研发机构加强基础研究。引导企业面向长远发展和竞争力提升前瞻部署基础研究。扫除高校、科研院所和企业间人才流动的制度障碍。支持企业承担国家科研项目。支持新型研发机构制度创新，在科研模式、评价体系、人才引进、职称评定、内控制度等方面积极探索，先行先试。支持新型研发机构建设创新平台、承担国家科研任务。推动产学研协作融通，形成基础研究、应用研究和技术创新贯通发展的科技创新生态。

三、深化项目管理改革

5.改革项目形成机制。健全基础研究任务征集机制，组织行业部门、企业、战略研究机构、科学家等共同研判科学前沿和战略发展方向，多方凝练经济社会发展和生产一线的重大科学问题。提高指南开放性，简化指南内容，不限定具体技术路线，对原创性强的研究探索以指向代替指南。合理把握项目规模，避免拼凑和打包，保证竞争性和参与度。推行评审专家责任机制，强化"小同行"评审，应用目标导向类基础研究评审须增加应用和产业专家。推进评审活动国际化。优化完善非共识项目的遴选机制和资助机制，建立非共识和颠覆性项目建议"网上直通车"，全时段征集重大需求方向建议。对于具备"颠覆性、非共识、高风险"等特征的原创项目，应单独设置渠道，创新遴选方式，探索建立有别于现行项目的遴选机制。对原创性项目开通绿色评审通道。

6.改进项目实施管理。在调整参与人员、研究方案、技术路线和经费开支科目方面赋予项目负责人更大的自主权。实施"减表行动"，简化预算测算说明和编报表格。建立定期评估与弹性评估相结合的评估制度，减少评估频率，可依项目自主申请开展中期评估，三年以下的项目不再进行中期评估。建立项目动态调整机制，强化全程跟踪，对实施好的项目加强滚动支持，对差的项目要及时调整。项目完成情况要客观评价，不得夸大成果水平。将科学普及作为基础研究项目考核的必要条件。稳步提升基础研究计划、项目和基地的对外开放力度。推动基础研究人才、项目等多层次、全方位、高水平交流和国际合作。

四、营造有利于基础研究发展的创新环境

7.改进基础研究评价。创新人才评价机制，建立健全以创新能力、质量、贡献为导向的科技人才评价体系。注重个人评价和团队评价相结合，尊重和认可团队所有参与者的实际贡献。基础研究评价要符合科学发展规律、反映基础研究特点，实行分类评价、长周期评价，推行代表作评价制度。注重基础研究论文发表后的深化研究、中长期创新绩效评价和成果转化的后评价工作。对自由探索和颠覆性创新活动建立免责机制，宽容失败。高校、科研院所要严格落实《关于深化项目评审、人才评价、机构评估改革的意见》要求，破除"唯论文、唯职称、唯学历、唯奖项"的倾向。

8.推动科技资源开放共享。加强科研设施与仪器国家网络管理平台建设，完善开放共享的评价考核和后补助机制，深化新购仪器设备购置查重评议，强化管理单位主体责任，加快推进科研设施与仪器开放共享。推进国家科技资源共享服务平台建设，建设一批国家科学数据中心和国家科技资源库（馆）。加强实验动物资源和科研用试剂的研发与应用。构建完善的国家科技文献信息保障服务体系。

五、完善支持机制

9.加大对基础研究的稳定支持。完善基础研究投入机制，加大对长期重点基础研究项目、重点团队和科研基地的稳定支持。支持优秀青年科学家长期稳定开展基础研究，坚持本土培养和从外引进并举。认真落实《关于扩大高校和科研院所科研相关自主权的若干意见》，支持高校和科研院所围绕重要方向，自主组织开展基础研究。重构国家实验室和国家重点实验室体系，形成以重大问题为导向，跨学科领域协同开展重大基础研究的稳定机制。

10.完善基础研究多元化投入体系。拓宽基础研究经费投入渠道，逐步提高基础研究占全社会研发投入比例。中央财政持续加大对基础研究的支持力度。通过部省联合组织实施国家重大科技任务和共建科研基地等方式，推动地方加大基础研究投入，强化地方财政对应用基础研究的支持。积极推动与各行业设立联合基金，解决制约行业发展的深层次科学问题。引导和鼓励企业加大对基础研究和应用基础研究的投入力度。鼓励社会资本投入基础研究，支持社会各界设立基础研究捐赠基金。

科技部　财政部　发展改革委关于印发《中央财政科技计划（专项、基金等）绩效评估规范（试行）》的通知

(国科发监〔2020〕165号)

国家科技计划（专项、基金等）管理部际联席会议成员单位，各有关单位：

为贯彻落实党的十九届四中全会关于"改进科技评价体系"精神和《中共中央办公厅　国务院办公厅印发〈关于深化项目评审、人才评价、机构评估改革的意见〉的通知》要求，指导和规范中央财政科技计划（专项、基金等）绩效评估工作，加强中央财政科技计划管理，提高科技计划的实施效果和财政资金使用效率，科技部、财政部、发展改革委研究制定了《中央财政科技计划（专项、基金等）绩效评估规范（试行）》，现印发给你们，请认真贯彻执行。

科技部　财政部　发展改革委
2020年6月19日

中央财政科技计划（专项、基金等）绩效评估规范（试行）

第一章　总则

第一条　为指导和规范中央财政科技计划（专项、基金等）绩效评估工作，建立统一的评估监管体系，提高科技计划（专项、基金等）实施成效和中央财政资金使用效率，依据《国务院印发关于深化中央财政科技计划（专项、基金等）管理改革方案的通知》（国发〔2014〕64号）、《中央办公厅国务院办公厅印发〈关于深化项目评审、人才评价、机构评估改革的意见〉的通知》、《科技部　财政部　发展改革委关于印发〈科技评估工作规定（试行）〉的通知》（国科发政〔2016〕382号）等要求，制定本规范。

第二条　本规范适用于中央财政科技计划（专项、基金等）（以下简称科技计划）绩效评估活动，包括国家自然科学基金、国家科技重大专项（含科技创新2030—重大项目）、国家重点研发计划、技术创新引导专项（基金）、基地和人才专项等的绩效评估。

第三条　绩效评估活动应遵循以下原则：

（一）科学规范。遵循科技活动规律，根据评估需求以及项目研发、基地运行、人才成长、市场发展的特点，设置合理的评估内容和评估指标体系，采用科学可行的方法和规范程序，独立客观、分类评价。

（二）协同高效。科技计划绩效评估应与其下设的专项（基金、基地、人才计划等）、项目评估及财政预算绩效评价统筹衔接，加强数据、资料共享，充分利用已有科技管理信息，提高评估工作的整体效率。

（三）注重实效。突出科技计划设立目的和整体实施效果评价，重点评价其在解决国家重大发

展需求、引领科学前沿发展、突破关键核心技术、培养科技人才、提升自主创新能力、培育壮大新动能等方面的实际成效，以及对保障国家安全、促进经济社会高质量发展、增强综合国力、提升人民福祉等方面的支撑作用。

第四条 科技部、财政部和发展改革委负责制定科技计划绩效评估规范，统筹指导评估活动，推动评估结果运用。

科技部、财政部牵头组织开展科技计划整体绩效评估。各有关部门根据管理职责参与科技计划整体绩效评估，按职责组织开展相关科技计划下设的专项（基金、基地、人才计划等）评估，提供有关专项（基金、基地、人才计划等）监测评估、财政预算绩效评价和过程管理资料。

项目管理专业机构负责提供有关项目绩效评估和项目过程管理材料，配合开展科技计划评估活动。

第五条 科技计划绩效评估根据计划（专项、基金等）特点及管理需求开展，原则上每5年开展一次全面评估，期间可以根据需要适时开展中期评估。

第二章 评估工作程序

第六条 科技部牵头会同有关部门（以下简称评估委托者）提出评估需求，制定评估工作方案，明确评估目的和任务、评估范围、组织方式、工作流程、进度要求、经费安排等。

第七条 评估委托者根据评估工作方案，综合考虑评估机构的独立性、评估能力、实践经验、组织管理、资源条件、影响力和信誉等情况，通过公开招标、竞争性磋商等方式择优遴选第三方评估机构。

第八条 评估委托者与评估机构签订委托评估协议，明确评估任务目标、范围、内容、成果形式、委托经费、质量控制、保密要求和数据使用要求等。

第九条 评估机构接受委托，独立开展评估，形成评估报告提交评估委托者。

第十条 评估活动完成后1个月内，评估委托者应将评估报告等信息汇交到国家科技管理信息系统。

第十一条 评估委托者应当加强评估结果的运用，将其作为科技计划动态调整、完善和优化布局及管理等的重要依据。

第三章 评估内容和方法

第十二条 科技计划绩效评估内容一般包括科技计划的目标定位、组织管理与实施、目标完成情况与效果影响等。在此基础上分析问题，提出相关建议。

（一）目标定位。主要评估科技计划目标定位与科技计划管理改革精神的相符性，目标定位与我国科技创新和战略需求的相关性，目标定位的明确性和可考核性，目标定位与其他科技计划或科技工作之间的协调关系，目标对未来科技发展趋势和需求的适应性等。

（二）组织管理与实施。主要评估科技计划的管理决策机制与科技计划管理改革精神的相符性，组织管理的规范性、有效性、效率，以及纳入国家科技管理信息系统进行信息化管理的情况，为实现绩效目标采取的制度措施，研发队伍和条件保障落实情况，引导资源投入情况，任务部署和实施进展情况，预算执行情况，经费管理和使用情况，资源平台开放共享与服务情况，科技报告等成果提交、档案归档、数据共享情况，科研诚信管理情况、战略咨询与综合评审委员会和项目管理专业机构的履职尽责情况等。

（三）目标完成情况与效果影响。主要评估科技计划目标任务的完成情况，成果产出和知识产权情况，标志性成果的创新性和先进性，对原始创新、技术创新、重大共性关键技术突破及协同创新的作用，对学科发展、人才培养、科技创新平台建设的作用，对促进科技成果转移转化的作用，对经济发展、社会进步、生态文明建设、人民生活质量提升、国家安全的作用，效果影响的可持续性，科技界和产业界的满意度等。

第十三条　国家自然科学基金绩效评估应重点考察基金资助基础研究和科学前沿探索的定位和导向，对推进国家创新体系建设和满足国家需求的支撑作用，对促进原始创新、学科发展、人才队伍成长的作用。

第十四条　国家科技重大专项（含科技创新2030—重大项目）绩效评估应重点考察重大专项在重大战略产品研制、关键共性技术和重大工程建设等方面的进展和效果，核心技术突破情况，资源统筹协调和集成式协同攻关组织管理情况，带动科技与产业领域局部跃升、经济社会高质量发展的贡献和影响。

第十五条　国家重点研发计划绩效评估应关注计划与统筹科技资源、协同创新等科技计划管理改革精神的相符性，重点考察重点专项布局和任务部署的合理性，组织管理机制的有效性，计划对促进解决重大科学问题、突破重大共性关键技术和产品开发、工程应用的作用，对提高原始创新能力、提升产业核心竞争力和自主创新能力、保障国家安全、促进经济社会发展以及国际交流合作的支撑和引领作用。

第十六条　技术创新引导专项（基金）绩效评估应重点考察专项（基金）对技术创新的引导带动作用，对社会资金、金融资本和地方财政加大创新投入的引导效果，对促进科技成果转移转化和资本化、产业化的作用以及通过技术创新产生的经济社会效益等。

第十七条　基地专项绩效评估应重点考察基地的功能定位、布局和整合、能力提升，为国家重大需求（特别是重大科技任务）提供支撑保障的作用，推动原始创新、科学前沿发展、成果转化和产业化的作用，科技资源的开放交流共享和服务质量等。

人才专项绩效评估应重点考察专项布局，对培养高水平领军人才的示范作用、完善创新型科技人才队伍结构和对各类科技人才发展的示范引领和带动情况，服务质量和满意度以及与相关计划（专项、基金等）和重大任务的结合和衔接等。

第十八条　科技计划绩效评估方法主要包括政策分析、目标比较、现场考察、数据分析、问卷调查、座谈调研、专家咨询、同行评议、案例研究、成本效益分析等，根据评估对象特点和评估需求综合确定，并注重听取有关部门、产业界、关联单位、服务对象等意见建议。在符合保密要求的前提下，评估委托者可根据需要引入国际评估或邀请国际专家参与咨询。

第四章　保障和监督

第十九条　评估委托者协调有关方面依托国家科技管理信息系统，提供评估活动必需的资料信息等条件，保障评估活动有序开展。

第二十条　评估委托者应当在评估协议中要求评估机构根据评估对象特点和评估任务需求，制定具体评估方案，明确评估内容和指标、程序和方法、组织实施模式、管理措施等，报评估委托者审核认可后方可实施。

评估机构应当按照评估方案，组织专业团队开展评估，加强全过程质量控制，按时保质完成评估任务，确保评估信息收集和处理全面、可信，综合分析评估依据充分，形成的评估报告要素齐全、内容完整、数据准确、逻辑清晰、简洁易懂，评估结果客观公正。

第二十一条 评估活动中涉及国家秘密的按有关保密规定进行管理,评估机构应具备相关保密条件。评估委托者与评估机构签订保密协议,明确保密责任和有关要求。

第二十二条 评估委托者采取随机抽查、节点检查等方式对评估机构履行评估协议情况进行监督。对未按评估协议约定和评估方案开展工作、存在不当行为的,视情节轻重采取限期整改、终止评估任务、回收评估工作经费、取消承担科技计划绩效评估资格等处理措施;违反法律法规的,依法依规追究评估机构和相关人员责任。

第五章 附则

第二十三条 各类科技计划绩效评估工作可依据本规范制定有关细则。

第二十四条 地方科技计划(专项、基金等)绩效评估工作可参照本规范执行。

第二十五条 本规范由科技部、财政部和发展改革委负责解释,自发布之日起施行。

科技部 财政部 教育部 中科院关于持续开展减轻科研人员负担激发创新活力专项行动的通知

(国科发政〔2020〕280号)

国务院有关部门和单位，各省、自治区、直辖市、计划单列市科技厅（委、局）、财政厅（局）、教育厅（教委），新疆生产建设兵团科技局、财政局、教育局，教育部直属高校、中科院所属院所：

2018年，科技部、财政部、教育部、中科院联合印发了《贯彻落实习近平总书记在两院院士大会上重要讲话精神开展减轻科研人员负担专项行动》的通知，在全国范围开展减轻科研人员负担7项行动（简称"减负行动1.0"），取得积极成效，广大科研人员反映的表格多、报销繁、检查多等突出问题逐步得到解决。与此同时，科技成果转化、科研人员保障激励、新型研发机构发展等方面又暴露出一些阻碍改革落地的新"桎梏"。为贯彻落实党中央关于持续解决困扰基层的形式主义问题、减轻基层负担的决策部署和中央领导同志指示精神，根据新形势新要求进一步攻坚克难，切实推动政策落地见效，减轻科研人员负担并强化激励，拟在前期工作基础上，持续组织开展减轻科研人员负担、激发创新活力专项行动（简称"减负行动2.0"）。

一、总体要求

以习近平新时代中国特色社会主义思想为指导，发挥改革统领全局作用，加快转变政府职能，围绕推动改革落地见效，坚持减负与激励相结合，巩固成果与拓展深化相结合，坚持聚焦突出问题、自我革命，坚持解剖麻雀、集中治理，坚持小切口、大成效，注重流程再造、制度创新，注重部门协同、破除深层次障碍，注重权责一致、完善监督体系，注重上下联动、发挥基层单位积极性。通过进一步减负，充分激发科技创新活力，提升创新绩效，更好发挥科技支撑高质量发展的作用。

二、行动安排

（一）持续深化已部署的专项行动，巩固和扩大行动成果。

在继续坚持和巩固前期工作成果的基础上，根据新形势要求拓展内容、调整聚焦、加大工作力度。减表行动进一步加强国家科技计划项目有关数据与科技统计工作的统筹，减少基层填报工作量；推动减表行动进基层单位，形成上下联动合力。解决报销繁行动进一步推动简化项目经费调剂管理方式和科研仪器设备采购流程等改革落地，并深入实施开发科研助理岗位吸纳高校毕业生就业的工作计划。检查瘦身行动持续巩固完善科研项目监督检查工作统筹机制，建立统一的年度监督检查计划，采取"飞行检查"工作方式，强化科技计划监督检查结果的信息共享互认。精简牌子行动在已摸底掌握的科技创新基地牌子存量情况基础上，推动重组国家重点实验室体系。精简帽子行动结合对科技人才计划调查摸底情况，积极配合中央人才工作协调小组指导推进地方人才计划整合；清理规范科技评价活动中人才"帽子"作为评审评价指标的使用、人才"帽子"

与物质利益直接挂钩的问题。"四唯"清理行动深入推动落实破除"SCI至上""唯论文"等硬措施，树好科技评价导向，改进学科、学校评估；优化临床医务人员职称评审和其他领域职称（职务）评聘办法；扭转考核奖励功利化倾向，优化高校专利资助奖励体系。信息共享行动在国家科技管理信息系统已开放信息基础上，进一步拓展开放内容和对象范围，在确保科技安全前提下，逐步向科研管理各相关主体分权限开放。

科技部、财政部、教育部、中科院按原行动分工继续推进，卫生健康委结合职能参与，2020年12月底前，推动已有成果制度化；2021年6月底前，对照新的行动内容开展工作部署，推动取得新成效；2021年12月底前，开展总结评估。

众筹科改行动转为常态化工作，不再按专项行动方式限时开展。

（二）组织开展新的专项行动，回应科研人员新期盼。

1.成果转化尽责担当行动。针对科技成果转化决策担责问题，要为负责者负责，为担当者担当，建立健全科技成果转化尽职免责和风险防控机制，制定高校和科研院所科技成果转化尽职免责负面清单。结合"赋予科研人员职务科技成果所有权或长期使用权试点"，以及科技部、教育部开展的高等学校专业化国家技术转移中心建设试点和高等学校科技成果转化和技术转移基地认定工作，指导、推动和督促高校、科研院所建立符合自身具体情况的尽职免责细化负面清单。（科技部、财政部、教育部、中科院按职责分工）

2.科研人员保障激励行动。落实社会委托项目按合同约定管理使用。加强对承接科研项目财务审计委托任务的会计师事务所的科技创新政策宣传与培训，提高其政策理解和把握能力，推动相关工作与最新科研经费管理政策要求相一致。加强各类国家科技计划对青年科学家的支持力度，研究扩大青年科学家项目比例。督查推动项目承担单位针对实验设备依赖程度低和实验材料耗费少的基础研究、软件开发和软科学研究等智力密集型项目，建立健全与之相匹配的劳务费和间接经费使用管理办法。支持科研单位对优秀青年科研人员设立青年科学家、特别研究等岗位，在科研条件、收入待遇、继续教育等方面给予必要保障。对中青年科技领军人才进行摸底，形成人才清单，提供定期体检和相关保健服务。（科技部、财政部、教育部、中科院、卫生健康委按职责分工）

3.新型研发机构服务行动。对重点新型研发机构实行"一所一策"，在内部管理、科研创新、人员聘用、成果转化等方面充分赋予自主权。研究制定新型研发机构的统计指标，加快建设新型研发机构数据库和信息服务平台，发布新型研发机构年度报告。推动地方根据区域创新发展需要，从科技计划项目、创新平台、成果转化、人才团队等方面加强专题研究，给予更多针对性的政策支持。指导和推动新型研发机构实行章程管理、理事会决策制、院长负责制。（科技部、统计局按职责分工）

4.政策宣传行动。对近年来出台的科技创新相关政策进行梳理，在科技日报等主流媒体设立专栏，通过宣传解读、采访专家、收集案例、总结典型经验等方式，加大政策宣传力度，发挥基层落实典型示范带动作用，推动政策更好落实落地。（科技部牵头，相关部门按职责分工）

上述行动于2020年12月底前，开展解剖麻雀，梳理问题；2021年6月底前，制定细化相关行动措施，组织开展集中治理，动员各方力量广泛参与；2021年12月底前，开展总结评估。

各地方、各部门要统一思想认识，加强统筹协调和沟通配合，紧抓组织实施，加快推进各项行动部署。各基层单位要提高思想认识，落实主体责任，健全内部工作体系和配套制度，借鉴减负行动 1.0 的成功经验做法，进一步找准问题堵点痛点，切实破除政策落实最后一公里"梗阻"，推动相关政策加快落地见效，增强科研人员的获得感和满意度。

四部门进一步加强宣传发动、跟踪指导，提升工作实效。行动完成后组织开展第三方评估，推动减负成果制度化。对于行动积极主动、成效显著的单位，将作为典型案例宣传推广，对于落实不到位的以适当方式予以通报。专项行动进展和成效及时报送国务院和中央改革办。

科技部 财政部 教育部 中科院
2020 年 10 月 22 日

第二节　国家自然科学基金

一、法律法规

国家自然科学基金条例

(中华人民共和国国务院令第487号)

《国家自然科学基金条例》已经2007年2月14日国务院第169次常务会议通过，现予公布，自2007年4月1日起施行。

总理　温家宝

二〇〇七年二月二十四日

国家自然科学基金条例

第一章　总则

第一条　为了规范国家自然科学基金的使用与管理，提高国家自然科学基金使用效益，促进基础研究，培养科学技术人才，增强自主创新能力，根据《中华人民共和国科学技术进步法》，制定本条例。

第二条　国家设立国家自然科学基金，用于资助《中华人民共和国科学技术进步法》规定的基础研究。

第三条　国家自然科学基金主要来源于中央财政拨款。国家鼓励自然人、法人或者其他组织向国家自然科学基金捐资。

中央财政将国家自然科学基金的经费列入预算。

第四条　国家自然科学基金资助工作遵循公开、公平、公正的原则，实行尊重科学、发扬民主、提倡竞争、促进合作、激励创新、引领未来的方针。

第五条　确定国家自然科学基金资助项目（以下简称基金资助项目），应当充分发挥专家的作用，采取宏观引导、自主申请、平等竞争、同行评审、择优支持的机制。

第六条　国务院自然科学基金管理机构（以下简称基金管理机构）负责管理国家自然科学基金，监督基金资助项目的实施。

国务院科学技术主管部门对国家自然科学基金工作依法进行宏观管理、统筹协调。国务院财政部门依法对国家自然科学基金的预算、财务进行管理和监督。审计机关依法对国家自然科学基金的使用与管理进行监督。

第二章 组织与规划

第七条 基金管理机构应当根据国民经济和社会发展规划、科学技术发展规划以及科学技术发展状况，制定基金发展规划和年度基金项目指南。基金发展规划应当明确优先发展的领域，年度基金项目指南应当规定优先支持的项目范围。国家自然科学基金应当设立专项资金，用于培养青年科学技术人才。

基金管理机构制定基金发展规划和年度基金项目指南，应当广泛听取高等学校、科学研究机构、学术团体和有关国家机关、企业的意见，组织有关专家进行科学论证。年度基金项目指南应当在受理基金资助项目申请起始之日30日前公布。

第八条 中华人民共和国境内的高等学校、科学研究机构和其他具有独立法人资格、开展基础研究的公益性机构，可以在基金管理机构注册为依托单位。

本条例施行前的依托单位要求注册为依托单位的，基金管理机构应当予以注册。

基金管理机构应当公布注册的依托单位名称。

第九条 依托单位在基金资助管理工作中履行下列职责：

（一）组织申请人申请国家自然科学基金资助；

（二）审核申请人或者项目负责人所提交材料的真实性；

（三）提供基金资助项目实施的条件，保障项目负责人和参与者实施基金资助项目的时间；

（四）跟踪基金资助项目的实施，监督基金资助经费的使用；

（五）配合基金管理机构对基金资助项目的实施进行监督、检查。

基金管理机构对依托单位的基金资助管理工作进行指导、监督。

第三章 申请与评审

第十条 依托单位的科学技术人员具备下列条件的，可以申请国家自然科学基金资助：

（一）具有承担基础研究课题或者其他从事基础研究的经历；

（二）具有高级专业技术职务（职称）或者具有博士学位，或者有2名与其研究领域相同、具有高级专业技术职务（职称）的科学技术人员推荐。

从事基础研究的科学技术人员具备前款规定的条件、无工作单位或者所在单位不是依托单位的，经与在基金管理机构注册的依托单位协商，并取得该依托单位的同意，可以依照本条例规定申请国家自然科学基金资助。依托单位应当将其视为本单位科学技术人员，依照本条例规定实施有效管理。

申请人应当是申请基金资助项目的负责人。

第十一条 申请人申请国家自然科学基金资助，应当以年度基金项目指南为基础确定研究项目，在规定期限内通过依托单位向基金管理机构提出书面申请。

申请人申请国家自然科学基金资助，应当提交证明申请人符合本条例第十条规定条件的材料；年度基金项目指南对申请人有特殊要求的，申请人还应当提交符合该要求的证明材料。

申请人申请基金资助的项目研究内容已获得其他资助的，应当在申请材料中说明资助情况。申请人应当对所提交申请材料的真实性负责。

第十二条 基金管理机构应当自基金资助项目申请截止之日起45日内，完成对申请材料的初步审查。符合本条例规定的，予以受理，并公布申请人基本情况和依托单位名称、申请基金资助

项目名称。有下列情形之一的,不予受理,通过依托单位书面通知申请人,并说明理由:

(一)申请人不符合本条例规定条件的;

(二)申请材料不符合年度基金项目指南要求的;

(三)申请人申请基金资助项目超过基金管理机构规定的数量的。

第十三条 基金管理机构应当聘请具有较高的学术水平、良好的职业道德的同行专家,对基金资助项目申请进行评审。聘请评审专家的具体办法由基金管理机构制定。

第十四条 基金管理机构对已受理的基金资助项目申请,应当先从同行专家库中随机选择3名以上专家进行通讯评审,再组织专家进行会议评审;对因国家经济、社会发展特殊需要或者其他特殊情况临时提出的基金资助项目申请,可以只进行通讯评审或者会议评审。

评审专家对基金管理机构安排其评审的基金资助项目申请认为难以作出学术判断或者没有精力评审的,应当及时告知基金管理机构;基金管理机构应当依照本条例规定,选择其他评审专家进行评审。

第十五条 评审专家对基金资助项目申请应当从科学价值、创新性、社会影响以及研究方案的可行性等方面进行独立判断和评价,提出评审意见。

评审专家对基金资助项目申请提出评审意见,还应当考虑申请人和参与者的研究经历、基金资助经费使用计划的合理性、研究内容获得其他资助的情况、申请人实施基金资助项目的情况以及继续予以资助的必要性。

会议评审提出的评审意见应当通过投票表决。

第十六条 对通讯评审中多数评审专家认为不应当予以资助,但创新性强的基金资助项目申请,经2名参加会议评审的评审专家署名推荐,可以进行会议评审。但是,本条例第十四条规定的因特殊需要或者特殊情况临时提出的基金资助项目申请除外。

基金管理机构应当公布评审专家的推荐意见。

第十七条 基金管理机构根据本条例的规定和专家提出的评审意见,决定予以资助的研究项目。基金管理机构不得以与评审专家有不同的学术观点为由否定专家的评审意见。

基金管理机构决定予以资助的,应当及时书面通知申请人和依托单位,并公布申请人基本情况以及依托单位名称、申请基金资助项目名称、拟资助的经费数额等;决定不予资助的,应当及时书面通知申请人和依托单位,并说明理由。

基金管理机构应当整理专家评审意见,并向申请人提供。

第十八条 申请人对基金管理机构作出的不予受理或者不予资助的决定不服的,可以自收到通知之日起15日内,向基金管理机构提出书面复审请求。对评审专家的学术判断有不同意见,不得作为提出复审请求的理由。

基金管理机构对申请人提出的复审请求,应当自收到之日起60日内完成审查。认为原决定符合本条例规定的,予以维持,并书面通知申请人;认为原决定不符合本条例规定的,撤销原决定,重新对申请人的基金资助项目申请组织评审专家进行评审、作出决定,并书面通知申请人和依托单位。

第十九条 在基金资助项目评审工作中,基金管理机构工作人员、评审专家有下列情形之一的,应当申请回避:

(一)基金管理机构工作人员、评审专家是申请人、参与者近亲属,或者与其有其他关系、可能影响公正评审的；

（二）评审专家自己申请的基金资助项目与申请人申请的基金资助项目相同或者相近的；

（三）评审专家与申请人、参与者属于同一法人单位的。

基金管理机构根据申请，经审查作出是否回避的决定；也可以不经申请直接作出回避决定。

基金资助项目申请人可以向基金管理机构提供3名以内不适宜评审其申请的评审专家名单，基金管理机构在选择评审专家时应当根据实际情况予以考虑。

第二十条 基金管理机构工作人员不得申请或者参与申请国家自然科学基金资助，不得干预评审专家的评审工作。

基金管理机构工作人员和评审专家不得披露未公开的评审专家的基本情况、评审意见、评审结果等与评审有关的信息。

第四章 资助与实施

第二十一条 依托单位和项目负责人自收到基金管理机构基金资助通知之日起20日内，按照评审专家的评审意见、基金管理机构确定的基金资助额度填写项目计划书，报基金管理机构核准。

依托单位和项目负责人填写项目计划书，除根据评审专家的评审意见和基金管理机构确定的基金资助额度对已提交的申请书内容进行调整外，不得对其他内容进行变更。

第二十二条 基金管理机构对本年度予以资助的研究项目，应当按照《中华人民共和国预算法》和国家有关规定，及时向国务院财政部门申请基金资助项目的预算拨款。但是，本条例第十四条规定的因特殊需要或者特殊情况临时提出的基金资助项目除外。

依托单位自收到基金资助经费之日起7日内，通知基金管理机构和项目负责人。

项目负责人应当按照项目计划书的要求使用基金资助经费，依托单位应当对项目负责人使用基金资助经费的情况进行监督。项目负责人、依托单位不得以任何方式侵占、挪用基金资助经费。基金资助经费使用与管理的具体办法由国务院财政部门会同基金管理机构制定。

第二十三条 项目负责人应当按照项目计划书组织开展研究工作，作好基金资助项目实施情况的原始记录，通过依托单位向基金管理机构提交项目年度进展报告。

依托单位应当审核项目年度进展报告，查看基金资助项目实施情况的原始记录，并向基金管理机构提交年度基金资助项目管理报告。

基金管理机构应当对项目年度进展报告和年度基金资助项目管理报告进行审查。

第二十四条 基金资助项目实施中，依托单位不得擅自变更项目负责人。

项目负责人有下列情形之一的，依托单位应当及时提出变更项目负责人或者终止基金资助项目实施的申请，报基金管理机构批准；基金管理机构也可以直接作出终止基金资助项目实施的决定：

（一）不再是依托单位科学技术人员的；

（二）不能继续开展研究工作的；

（三）有剽窃他人科学研究成果或者在科学研究中有弄虚作假等行为的。

项目负责人调入另一依托单位工作的，经所在依托单位与原依托单位协商一致，由原依托单位提出变更依托单位的申请，报基金管理机构批准。协商不一致的，基金管理机构作出终止该项目负责人所负责的基金资助项目实施的决定。

第二十五条 基金资助项目实施中,研究内容或者研究计划需要作出重大调整的,项目负责人应当及时提出申请,经依托单位审核报基金管理机构批准。

第二十六条 自基金资助项目资助期满之日起60日内,项目负责人应当通过依托单位向基金管理机构提交结题报告;基金资助项目取得研究成果的,应当同时提交研究成果报告。

依托单位应当对结题报告进行审核,建立基金资助项目档案。依托单位审核结题报告,应当查看基金资助项目实施情况的原始记录。

第二十七条 基金管理机构应当及时审查结题报告。对不符合结题要求的,应当提出处理意见,并书面通知依托单位和项目负责人。

基金管理机构应当将结题报告、研究成果报告和基金资助项目申请摘要予以公布,并收集公众评论意见。

第二十八条 发表基金资助项目取得的研究成果,应当注明得到国家自然科学基金资助。

第五章 监督与管理

第二十九条 基金管理机构应当对基金资助项目实施情况、依托单位履行职责情况进行抽查,抽查时应当查看基金资助项目实施情况的原始记录。抽查结果应当予以记录并公布,公众可以查阅。

基金管理机构应当建立项目负责人和依托单位的信誉档案。

第三十条 基金管理机构应当定期对评审专家履行评审职责情况进行评估;根据评估结果,建立评审专家信誉档案;对有剽窃他人科学研究成果或者在科学研究中有弄虚作假等行为的评审专家,不再聘请。

第三十一条 基金管理机构应当在每个会计年度结束时,公布本年度基金资助的项目、基金资助经费的拨付情况以及对违反本条例规定行为的处罚情况等。

基金管理机构应当定期对基金资助工作进行评估,公布评估报告,并将评估报告作为制定基金发展规划和年度基金项目指南的依据。

第三十二条 评审专家对申请人的基金资助项目申请提出评审意见后,申请人可以就评审专家的评审工作向基金管理机构提出意见;基金管理机构在对评审专家履行评审职责进行评估时应当参考申请人的意见。

任何单位或者个人发现基金管理机构及其工作人员、评审专家、依托单位及其负责基金资助项目管理工作的人员、申请人或者项目负责人、参与者有违反本条例规定行为的,可以检举或者控告。

基金管理机构应当公布联系电话、通讯地址和电子邮件地址。

第三十三条 基金管理机构依照本条例规定对外公开有关信息,应当遵守国家有关保密规定。

第六章 法律责任

第三十四条 申请人、参与者伪造或者变造申请材料的,由基金管理机构给予警告;其申请项目已决定资助的,撤销原资助决定,追回已拨付的基金资助经费;情节严重的,3~5年不得申请或者参与申请国家自然科学基金资助,不得晋升专业技术职务(职称)。

第三十五条 项目负责人、参与者违反本条例规定,有下列行为之一的,由基金管理机构给予警告,暂缓拨付基金资助经费,并责令限期改正;逾期不改正的,撤销原资助决定,追回已拨付的基金资助经费;情节严重的,5~7年不得申请或者参与申请国家自然科学基金资助:

（一）不按照项目计划书开展研究的；

（二）擅自变更研究内容或者研究计划的；

（三）不依照本条例规定提交项目年度进展报告、结题报告或者研究成果报告的；

（四）提交弄虚作假的报告、原始记录或者相关材料的；

（五）侵占、挪用基金资助经费的。

项目负责人、参与者有前款第（四）项、第（五）项所列行为，情节严重的，5~7年不得晋升专业技术职务（职称）。

第三十六条 依托单位有下列情形之一的，由基金管理机构给予警告，责令限期改正；情节严重的，通报批评，3~5年不得作为依托单位：

（一）不履行保障基金资助项目研究条件的职责的；

（二）不对申请人或者项目负责人提交的材料或者报告的真实性进行审查的；

（三）不依照本条例规定提交项目年度进展报告、年度基金资助项目管理报告、结题报告和研究成果报告的；

（四）纵容、包庇申请人、项目负责人弄虚作假的；

（五）擅自变更项目负责人的；

（六）不配合基金管理机构监督、检查基金资助项目实施的；

（七）截留、挪用基金资助经费的。

第三十七条 评审专家有下列行为之一的，由基金管理机构给予警告，责令限期改正；情节严重的，通报批评，基金管理机构不得再聘请其为评审专家：

（一）不履行基金管理机构规定的评审职责的；

（二）未依照本条例规定申请回避的；

（三）披露未公开的与评审有关的信息的；

（四）对基金资助项目申请不公正评审的；

（五）利用工作便利谋取不正当利益的。

第三十八条 基金管理机构工作人员有下列行为之一的，依法给予处分：

（一）未依照本条例规定申请回避的；

（二）披露未公开的与评审有关的信息的；

（三）干预评审专家评审工作的；

（四）利用工作便利谋取不正当利益的。

第三十九条 违反本条例规定，有下列行为之一，构成犯罪的，依法追究刑事责任：

（一）侵吞、挪用基金资助经费的；

（二）基金管理机构工作人员、评审专家履行本条例规定的职责，索取或者非法收受他人财物或者谋取其他不正当利益的；

（三）申请人或者项目负责人、参与者伪造、变造国家机关公文、证件或者伪造、变造印章的；

（四）申请人或者项目负责人、参与者、依托单位及其负责基金资助项目管理工作的人员为谋取不正当利益，给基金管理机构工作人员、评审专家以财物的；

（五）泄露国家秘密的。

申请人或者项目负责人、参与者因前款规定的行为受到刑事处罚的，终身不得申请或者参与申请国家自然科学基金资助。

第四十条 违反有关财政法律、行政法规规定的，依照有关法律、行政法规的规定予以处罚、处分。

第七章 附则

第四十一条 本条例施行前已决定资助的研究项目，按照作出决定时国家有关规定执行。

第四十二条 基金管理机构在基金资助工作中，涉及项目组织实施费和与基础研究有关的学术交流活动、基础研究环境建设活动的基金资助经费的使用与管理的，按照国务院财政部门的有关规定执行。

第四十三条 本条例自 2007 年 4 月 1 日起施行。

二、部委规范性文件

（一）程序管理规范

国家自然科学基金面上项目管理办法

（2009年9月27日国家自然科学基金委员会委务会议通过；
2011年4月12日国家自然科学基金委员会委务会议修订通过）

第一章 总则

第一条 为了规范和加强国家自然科学基金面上项目（以下简称面上项目）管理，根据《国家自然科学基金条例》（以下简称《条例》），制定本办法。

第二条 面上项目支持科学技术人员在国家自然科学基金资助范围内自主选题，开展创新性的科学研究，促进各学科均衡、协调和可持续发展。

第三条 国家自然科学基金委员会（以下简称自然科学基金委）在面上项目管理过程中履行以下职责：

（一）制定并发布年度项目指南；

（二）受理项目申请；

（三）组织专家进行评审；

（四）批准资助项目；

（五）管理和监督资助项目实施。

第四条 面上项目的经费使用与管理，按照国家自然科学基金资助项目经费管理的有关规定执行。

第二章 申请与评审

第五条 自然科学基金委根据基金发展规划、学科发展战略和基金资助工作评估报告，在广泛听取意见和专家评审组论证的基础上制定年度项目指南。年度项目指南应当在接收项目申请起始之日30日前公布。

第六条 依托单位的科学技术人员具备下列条件的，可以申请面上项目：

（一）具有承担基础研究课题或者其他从事基础研究的经历；

（二）具有高级专业技术职务（职称）或者具有博士学位，或者有2名与其研究领域相同、具有高级专业技术职务（职称）的科学技术人员推荐。

从事基础研究的科学技术人员具备前款规定的条件、无工作单位或者所在单位不是依托单位的，经与依托单位协商，并取得该依托单位的同意可以申请。依托单位应当将其视为本单位科学技术人员实施有效管理。

正在攻读研究生学位的人员不得申请面上项目，但在职人员经过导师同意可以通过其受聘依托单位申请。

第七条 申请面上项目的数量应当符合下列要求：

（一）作为申请人同年申请面上项目限为1项；

（二）不具有高级专业技术职务（职称）的人员，作为项目负责人正在承担面上项目的，不得申请；

（三）年度项目指南中对申请数量的限制。

第八条 申请人应当是申请面上项目的实际负责人，限为1人。

参与者与申请人不是同一单位的，参与者所在单位视为合作研究单位，合作研究单位的数量不得超过2个。

面上项目研究期限一般为4年。

第九条 申请人应当按照年度项目指南要求，通过依托单位提出书面申请。申请人应当对所提交的申请材料的真实性负责。

依托单位应当对申请材料的真实性和完整性进行审核，统一提交自然科学基金委。

申请人可以向自然科学基金委提供3名以内不适宜评审其项目申请的通讯评审专家名单。

第十条 具有高级专业技术职务（职称）的申请人或者参与者的单位有下列情况之一的，应当在申请时注明：

（一）同年申请或者参与申请各类项目的单位不一致的；

（二）与正在承担的各类项目的单位不一致的。

第十一条 自然科学基金委应当自项目申请截止之日起45日内完成对申请材料的初步审查。符合本办法规定的，予以受理并公布申请人基本情况和依托单位名称、申请项目名称。有下列情形之一的，不予受理，通过依托单位书面通知申请人，并说明理由：

（一）申请人不符合本办法规定条件的；

（二）申请材料不符合年度项目指南要求的；

（三）未在规定期限内提交申请的；

（四）申请人、参与者在不得申请或者参与申请国家自然科学基金资助的处罚期内的；

（五）依托单位在不得作为依托单位的处罚期内的。

第十二条 自然科学基金委负责组织同行专家对受理的项目申请进行评审。项目评审程序包括通讯评审和会议评审。

第十三条 评审专家对项目申请应当从科学价值、创新性、社会影响以及研究方案的可行性等方面进行独立判断和评价，提出评审意见。

评审专家提出评审意见时还应当考虑以下几个方面：

（一）申请人和参与者的研究经历；

（二）研究队伍构成、研究基础和相关的研究条件；

（三）项目申请经费使用计划的合理性。

第十四条 对于已受理的项目申请，自然科学基金委应当根据申请书内容和有关评审要求从同行专家库中随机选择3名以上专家进行通讯评审。对内容相近的项目申请应当选择同一组专家评审。

对于申请人提供的不适宜评审其项目申请的评审专家名单，自然科学基金委在选择评审专家时应当根据实际情况予以考虑。

每份项目申请的有效评审意见不得少于 3 份。

第十五条 通讯评审完成后，自然科学基金委应当组织专家对项目申请进行会议评审。会议评审专家应当来自专家评审组，必要时可以特邀其他专家参加会议评审。

自然科学基金委应当根据通讯评审情况对项目申请排序和分类，供会议评审专家评审时参考，同时还应当向会议评审专家提供年度资助计划、项目申请书和通讯评审意见等评审材料。

会议评审专家应当充分考虑通讯评审意见和资助计划，结合学科布局和发展对会议评审项目以无记名投票的方式表决，建议予以资助的项目应当以出席会议评审专家的过半数通过。

第十六条 多数通讯评审专家认为不应当予以资助的项目，2 名以上会议评审专家认为创新性强可以署名推荐。会议评审专家在充分听取推荐意见的基础上，应当以无记名投票的方式表决，建议予以资助的项目应当以出席会议评审专家的三分之二以上的多数通过。

第十七条 自然科学基金委根据本办法的规定和专家会议表决结果，决定予以资助的项目。

第十八条 自然科学基金委决定予以资助的，应当根据专家评审意见以及资助额度等及时制作资助通知书，书面通知依托单位和申请人，并公布申请人基本情况以及依托单位名称、申请项目名称、资助额度等；决定不予资助的，应当及时书面通知申请人和依托单位，并说明理由。

自然科学基金委应当整理专家评审意见，并向申请人和依托单位提供。

第十九条 申请人对不予受理或者不予资助的决定不服的，可以自收到通知之日起 15 日内，向自然科学基金委提出书面复审申请。对评审专家的学术判断有不同意见，不得作为提出复审申请的理由。

自然科学基金委应当按照有关规定对复审申请进行审查和处理。

第二十条 面上项目评审执行自然科学基金委项目评审回避与保密的有关规定。

第三章 实施与管理

第二十一条 自然科学基金委应当公告予以资助项目的名称以及依托单位名称，公告期为 5 日。公告期满视为依托单位和项目负责人收到资助通知。

依托单位应当组织项目负责人按照资助通知书的要求填写项目计划书（一式两份），并在收到资助通知之日起 20 日内完成审核，提交自然科学基金委。

自然科学基金委应当自收到项目计划书之日起 30 日内审核项目计划书，并在核准后将其中 1 份返还依托单位。核准后的项目计划书作为项目实施、经费拨付、检查和结题的依据。

项目负责人除根据资助通知书要求对申请书内容进行调整外，不得对其他内容进行变更。

逾期未提交项目计划书且在规定期限内未说明理由的，视为放弃接受资助。

第二十二条 项目负责人应当按照项目计划书组织开展研究工作，做好资助项目实施情况的原始记录，填写项目年度进展报告。

依托单位应当审核项目年度进展报告并于次年 1 月 15 日前提交自然科学基金委。

第二十三条 自然科学基金委应当审查提交的项目年度进展报告。对未按时提交的，责令其在 10 日内提交，并视情节按有关规定处理。

第二十四条 自然科学基金委应当对面上项目的实施情况进行抽查。

第二十五条 面上项目实施过程中，依托单位不得擅自变更项目负责人。

项目负责人有下列情形之一的，依托单位应当及时提出变更项目负责人或者终止项目实施的申请，报自然科学基金委批准；自然科学基金委也可以直接作出终止项目实施的决定：

（一）不再是依托单位科学技术人员的；

（二）不能继续开展研究工作的；

（三）有剽窃他人科学研究成果或者在科学研究中有弄虚作假等行为的。

项目负责人调入另一依托单位工作的，经所在依托单位与原依托单位协商一致，由原依托单位提出变更依托单位的申请，报自然科学基金委批准。协商不一致的，自然科学基金委作出终止该项目负责人所负责的项目实施的决定。

第二十六条 依托单位和项目负责人应当保证参与者的稳定。

参与者不得擅自增加或者退出。由于客观原因确实需要增加或者退出的，由项目负责人提出申请，经依托单位审核后报自然科学基金委批准。新增加的参与者应当符合本办法第七条的要求。

第二十七条 项目负责人或者参与者变更单位以及增加参与者的，合作研究单位的数量应当符合本办法第八条第二款的要求。

第二十八条 项目实施过程中，研究内容或者研究计划需要作出重大调整的，项目负责人应当及时提出申请，经依托单位审核后报自然科学基金委批准。

第二十九条 由于客观原因不能按期完成研究计划的，项目负责人可以申请延期 1 次，申请延长的期限不得超过 2 年。

项目负责人应当于项目资助期限届满 60 日前提出延期申请，经依托单位审核后报自然科学基金委批准。

批准延期的项目在结题前应当按时提交项目年度进展报告。

第三十条 发生本办法第二十五条、第二十六条、第二十八条、第二十九条情形，自然科学基金委作出批准、不予批准和终止决定的，应当及时通知依托单位和项目负责人。

第三十一条 自项目资助期满之日起 60 日内，项目负责人应当撰写结题报告、编制项目资助经费决算；取得研究成果的，应当同时提交研究成果报告。项目负责人应当对结题材料的真实性负责。

依托单位应当对结题材料的真实性和完整性进行审核，统一提交自然科学基金委。

对未按时提交结题报告和经费决算表的，自然科学基金委责令其在 10 日内提交，并视情节按有关规定处理。

第三十二条 自然科学基金委应当自收到结题材料之日起 90 日内进行审查。对符合结题要求的，准予结题并书面通知依托单位和项目负责人。

有下列情况之一的，责令改正并视情节按有关规定处理：

（一）提交的结题报告材料不齐全或者手续不完备的；

（二）提交的资助经费决算手续不全或者不符合填报要求的；

（三）其他不符合自然科学基金委要求的情况。

第三十三条 自然科学基金委应当公布准予结题项目的结题报告、研究成果报告和项目申请摘要。

第三十四条 发表面上项目取得的研究成果，应当按照自然科学基金委成果管理的有关规定注明得到国家自然科学基金资助。

第三十五条 面上项目研究形成的知识产权的归属、使用和转移，按照国家有关法律、法规执行。

第四章 附则

第三十六条 本办法自公布之日起施行。

国家自然科学基金重点项目管理办法

（2009 年 9 月 27 日国家自然科学基金委员会委务会议通过；

2011 年 4 月 12 日国家自然科学基金委员会委务会议修订通过；

2015 年 12 月 4 日国家自然科学基金委员会委务会议修订通过）

第一章 总则

第一条 为了规范和加强国家自然科学基金重点项目（以下简称重点项目）管理，根据《国家自然科学基金条例》（以下简称《条例》），制定本办法。

第二条 重点项目支持科学技术人员针对已有较好基础的研究方向或者学科生长点开展深入、系统的创新性研究，促进学科发展，推动若干重要领域或者科学前沿取得突破。

重点项目应当体现有限目标、有限规模、重点突出的原则，重视学科交叉与渗透，有效利用国家和部门科学研究基地的条件，积极开展实质性的国际合作与交流。

第三条 国家自然科学基金委员会（以下简称自然科学基金委）在重点项目管理过程中履行下列职责：

（一）制定并发布年度项目指南；

（二）受理项目申请；

（三）组织专家进行评审；

（四）批准资助项目；

（五）管理和监督资助项目实施。

第四条 重点项目的经费使用与管理，按照国家自然科学基金资助项目经费管理的有关规定执行。

第二章 项目指南制定

第五条 自然科学基金委应当根据基金发展规划和基金资助工作评估报告制定年度项目指南。

年度项目指南应当体现优先发展领域、学科发展战略，明确受理重点项目申请的研究领域或者研究方向。

第六条 自然科学基金委制定年度项目指南应当广泛听取意见、组织专家评审组会议进行论证。

专家评审组对拟列入年度项目指南的研究领域或者研究方向，应当以无记名投票的方式表决，以出席会议评审专家的过半数通过。

第七条 自然科学基金委根据专家评审组论证意见制定年度项目指南，并在接收项目申请起始之日 30 日前公布。

第八条 因国家经济、社会发展特殊需要或者其他特殊情况临时制定的重点项目指南，应当经过专家论证，并在接收项目申请起始之日 30 日前公布。

第三章 申请与受理

第九条 依托单位的科学技术人员具备下列条件的，可以申请重点项目：

（一）具有承担基础研究课题的经历；

（二）具有高级专业技术职务（职称）。

正在博士后流动站或工作站内从事研究、正在攻读研究生学位以及《条例》第十条第二款所列的科学技术人员不得申请。

第十条 申请重点项目的数量应当符合下列要求：

（一）具有高级专业技术职务（职称）的人员，同年申请重点项目不得超过1项；

（二）年度项目指南中对申请数量的限制。

第十一条 申请人应当是申请重点项目的实际负责人，限为1人。

参与者与申请人不是同一单位的，参与者所在单位视为合作研究单位，合作研究单位的数量不得超过2个。

重点项目研究期限为5年。

第十二条 申请人应当按照年度项目指南要求，通过依托单位提出书面申请。申请人应当对所提交的申请材料的真实性负责。

依托单位应当对申请材料的真实性和完整性进行审核，统一提交自然科学基金委。

申请人可以向自然科学基金委提供3名以内不适宜评审其项目申请的通讯评审专家名单。

第十三条 申请人或者具有高级专业技术职务（职称）的参与者的单位有下列情况之一的，应当在申请时注明：

（一）同年申请或者参与申请各类项目的单位不一致的；

（二）与正在承担的各类项目的单位不一致的。

第十四条 自然科学基金委应当自项目申请截止之日起45日内完成对申请材料的初步审查。符合本办法规定的，予以受理并公布申请人基本情况和依托单位名称、申请项目名称。有下列情形之一的，不予受理，通过依托单位书面通知申请人，并说明理由：

（一）申请人不符合本办法规定条件的；

（二）申请材料不符合年度项目指南要求的；

（三）未在规定期限内提交申请的；

（四）申请人、参与者在不得申请或者参与申请国家自然科学基金资助的处罚期内的；

（五）依托单位在不得作为依托单位的处罚期内的。

第四章　评审与批准

第十五条 自然科学基金委负责组织同行专家对受理的项目申请进行评审。

第十六条 评审专家对项目申请应当从科学价值、创新性、社会影响以及研究方案的可行性等方面进行独立判断和评价，提出评审意见。

评审专家提出评审意见时还应当按照本办法第二条的要求考虑以下几个方面：

（一）申请人和参与者的研究经历；

（二）研究队伍构成、研究基础和相关的研究条件；

（三）申请人完成基金资助项目的情况；

（四）研究内容获得其他资助的情况；

（五）项目申请经费使用计划的合理性。

第十七条 对于已受理的项目申请，自然科学基金委应当根据申请书内容和有关评审要求从同行专家库中随机选择 5 名以上专家进行通讯评审。对同一研究领域或者研究方向的项目申请应当选择同一组专家评审。

对于申请人提供的不适宜评审其项目申请的评审专家名单，自然科学基金委在选择评审专家时应当根据实际情况予以考虑。

每份项目申请的有效评审意见不得少于 5 份。

第十八条 自然科学基金委应当根据通讯评审情况对项目申请进行排序和分类，确定参加会议评审的项目申请。

第十九条 会议评审专家应当来自专家评审组，根据需要可以特邀其他专家参加会议评审。到会评审专家应当为 9 人以上。

自然科学基金委应当向会议评审专家提供年度资助计划、项目申请书和通讯评审意见等评审材料。

被确定参加会议评审的项目，其申请人应当到会答辩，不到会答辩的，视为放弃申请。确因不可抗力不能到会答辩的，申请人经自然科学基金委批准可以委托项目参与者到会答辩。

会议评审专家应当在充分考虑申请人答辩情况、通讯评审意见和资助计划的基础上，对会议评审项目以无记名投票的方式表决，建议予以资助的项目应当以出席会议评审专家的过半数通过。

第二十条 自然科学基金委根据本办法的规定和专家会议表决结果，决定予以资助的项目。

第二十一条 自然科学基金委决定予以资助的，应当根据专家评审意见以及资助额度等及时制作资助通知书，书面通知依托单位和申请人，并公布申请人基本情况以及依托单位名称、申请项目名称、资助额度等；决定不予资助的，应当及时书面通知申请人和依托单位，并说明理由。

自然科学基金委应当整理专家评审意见，并向申请人和依托单位提供。

第二十二条 申请人对不予受理或者不予资助的决定不服的，可以自收到通知之日起 15 日内，向自然科学基金委提出书面复审申请。对评审专家的学术判断有不同意见，不得作为提出复审申请的理由。

自然科学基金委应当按照有关规定对复审申请进行审查和处理。

第五章 实施与管理

第二十三条 自然科学基金委应当公告予以资助项目的名称以及依托单位名称，公告期为 5 日。公告期满视为依托单位和项目负责人收到资助通知。

依托单位应当组织项目负责人按照资助通知书的要求填写项目计划书（一式两份），并在收到资助通知之日起 20 日内完成审核，提交自然科学基金委。

自然科学基金委应当自收到项目计划书之日起 30 日内审核项目计划书，并在核准后将其中 1 份返还依托单位。核准后的项目计划书作为项目实施、经费拨付、检查和结题的依据。

项目负责人除根据资助通知书要求对申请书内容进行调整外，不得对其他内容进行变更。

逾期未提交项目计划书且在规定期限内未说明理由的，视为放弃接受资助。

第二十四条 项目负责人应当按照项目计划书组织开展研究工作，做好资助项目实施情况的原始记录，填写项目年度进展报告。

依托单位应当审核项目年度进展报告并于次年 1 月 15 日前提交自然科学基金委。

第二十五条 自然科学基金委应当审查提交的项目年度进展报告。对未按时提交的，责令其在 10 日内提交，并视情节按有关规定处理。

第二十六条 自然科学基金委应当在重点项目实施中期,组织同行专家对项目进展和经费使用情况等进行检查。

中期检查采取会议或者通讯评审方式进行。相近领域项目应当集中进行交流与评审。中期检查专家应当为5人以上,其中应当包括参加过该项目评审的专家。

自然科学基金委应当整理中期检查意见,作出是否继续资助的决定并向依托单位和项目负责人提供。

第二十七条 重点项目实施过程中,一般不得变更依托单位,依托单位不得擅自变更项目负责人。

项目负责人有下列情形之一的,依托单位应当及时提出变更项目负责人或者终止项目实施的申请,报自然科学基金委批准;自然科学基金委也可以直接作出终止项目实施的决定:

(一)不再是依托单位科学技术人员的;

(二)不能继续开展研究工作的;

(三)有剽窃他人科学研究成果或者在科学研究中有弄虚作假等行为的。

第二十八条 依托单位和项目负责人应当保证参与者的稳定。

参与者不得擅自增加或者退出。由于客观原因确实需要增加或者退出的,由项目负责人提出申请,经依托单位审核后报自然科学基金委批准。

新增加的参与者应当符合本办法第十条的要求。退出的参与者1年内不得申请重点项目和自然科学基金委规定的其他相关类型项目。

第二十九条 参与者变更单位以及增加参与者的,合作研究单位的数量应当符合本办法第十一条 第二款的要求。

第三十条 项目实施过程中,研究内容或者研究计划需要作出重大调整的,项目负责人应当及时提出申请,经依托单位审核后报自然科学基金委批准。

第三十一条 由于客观原因不能按期完成研究计划的,项目负责人可以申请延期1次,申请延长的期限不得超过2年。

项目负责人应当于项目资助期限届满60日前提出延期申请,经依托单位审核后报自然科学基金委批准。

批准延期的项目在结题前应当按时提交项目年度进展报告。

第三十二条 发生本办法第二十七条、第二十八条、第三十条、第三十一条情形,自然科学基金委作出批准、不予批准和终止决定的,应当及时通知依托单位和项目负责人。

第六章 结题

第三十三条 自项目资助期满之日起60日内,项目负责人应当撰写结题报告、编制项目资助经费决算;取得研究成果的,应当同时提交研究成果报告。项目负责人应当对结题材料的真实性负责。

依托单位应当对结题材料的真实性和完整性进行审核,统一提交自然科学基金委。

第三十四条 有下列情况之一的,自然科学基金委应当责令依托单位和项目负责人10日内提交或者改正;逾期不提交或者改正的,视情节按有关规定处理:

(一)未按时提交结题报告的;

(二)未按时提交资助经费决算的;

（三）提交的结题报告材料不齐全或者手续不完备的；

（四）提交的资助经费决算手续不全或者不符合填报要求的；

（五）其他不符合自然科学基金委要求的情况。

第三十五条 自然科学基金委自收到结题材料之日起 90 日内，应组织同行专家对重点项目完成情况通过通讯评审或会议评审方式进行结题审查。

第三十六条 评审专家应当从以下方面审查重点项目的完成情况，并向自然科学基金委提供评价意见：

（一）项目计划执行情况；

（二）研究成果情况；

（三）人才培养情况；

（四）国际合作与交流情况；

（五）资助经费的使用情况。

第三十七条 自然科学基金委根据结题材料提交的情况和评审专家的意见，作出予以结题的决定并书面通知依托单位和项目负责人。

第三十八条 自然科学基金委应当公布准予结题项目的结题报告、研究成果报告和项目申请摘要。

第三十九条 发表重点项目取得的研究成果，应当按照自然科学基金委成果管理的有关规定注明得到国家自然科学基金资助。

第四十条 重点项目研究形成的知识产权的归属、使用和转移，按照国家有关法律、法规执行。

第七章 附则

第四十一条 重点项目评审、中期检查和结题审查，执行自然科学基金委项目评审回避与保密的有关规定。

第四十二条 本办法自公布之日起施行。

关于印发《国家自然科学基金重大项目管理办法》的通知

(国科金发计〔2015〕60号)

有关单位：

《国家自然科学基金重大项目管理办法》业经2015年7月7日国家自然科学基金委员会委务会议通过，现予以印发，自2015年9月1日起实行。

国家自然科学基金委员会

2015年8月17日

国家自然科学基金重大项目管理办法

第一章 总则

第一条 为了规范和加强国家自然科学基金重大项目（以下简称重大项目）管理，根据《国家自然科学基金条例》，制定本办法。

第二条 重大项目面向科学前沿和国家经济、社会、科技发展及国家安全的重大需求中的重大科学问题，超前部署，开展多学科交叉研究和综合性研究，充分发挥支撑与引领作用，提升我国基础研究源头创新能力。

第三条 国家自然科学基金委员会（以下简称自然科学基金委）在重大项目管理过程中履行下列职责：

（一）确立项目领域；

（二）制定并发布项目指南；

（三）受理项目申请；

（四）组织专家进行评审；

（五）批准资助项目；

（六）管理和监督资助项目实施。

第四条 重大项目实行成本补偿的资助方式，资金的使用与管理按照《国家自然科学基金资助项目资金管理办法》执行。

第二章 立项与指南制定

第五条 自然科学基金委应当按照本办法第二条规定的原则公开征集重大项目领域建议，在广泛征求意见的基础上，组织专家进行论证，提出拟立项的重大项目领域。

科学部专家咨询委员会应当对拟立项的重大项目领域差额遴选，按照记名投票的方式表决，以出席会议成员的过半数通过。

第六条 自然科学基金委应当根据基金发展规划、优先发展领域、基金资助工作评估报告和科学部专家咨询委员会意见确立重大项目立项领域并制定年度重大项目指南。

第七条 年度重大项目指南应当明确受理重大项目申请的研究领域、科学目标、研究期限和受理申请的注意事项等内容。

第八条 自然科学基金委应当在接收项目申请起始之日30日前公布年度重大项目指南。

第九条 每个重大项目应当围绕科学目标设置不多于5个重大项目课题，课题之间应当有机联系并体现学科交叉。

自然科学基金委只接收重大项目申请人组织课题申请人联合提出的重大项目申请，重大项目的申请人应当是其中1个课题的申请人。

第十条 除了相关条款做出特别规定外，本办法中的申请人包括重大项目申请人和重大项目课题申请人；项目负责人包括重大项目主持人和重大项目课题负责人；参与者是指除了重大项目主持人和重大项目课题负责人之外的参与人员。

第三章 申请与受理

第十一条 依托单位的科学技术人员具备下列条件的，可以申请重大项目或者重大项目课题：

（一）具有承担基础研究课题的经历；

（二）具有高级专业技术职务（职称）。

正在博士后流动站或者工作站内从事研究、正在攻读研究生学位以及无工作单位或者所在单位不是依托单位的科学技术人员均不得申请。

重大项目的申请人还应当具有较高的学术造诣，在本领域具有较高的影响力和较强的凝聚研究队伍能力。

第十二条 申请重大项目或者重大项目课题的数量应当符合年度项目指南中对申请和承担项目数量的限制。

第十三条 申请人应当是申请重大项目或者重大项目课题的实际负责人，各限为1人。

重大项目课题申请人与参与者不是同一单位的，参与者所在单位视为合作研究单位。每个课题的合作研究单位的数量不得超过2个。每个重大项目依托单位和合作研究单位数量合计不得超过5个。

重大项目研究期限一般为5年。

第十四条 申请人应当按照重大项目指南要求，通过依托单位提出书面申请。申请人应当对所提交的申请材料的真实性负责。

依托单位应当对申请材料的真实性和完整性进行审核，并提交自然科学基金委。

重大项目申请人可以向自然科学基金委提供3名以内不适宜评审项目申请的通讯评审专家名单。

第十五条 申请人或者具有高级专业技术职务（职称）的参与者的单位有下列情况之一的，应当在申请时注明：

（一）同年申请或者参与申请各类项目的单位不一致的；

（二）与正在承担的各类项目的单位不一致的。

第十六条 自然科学基金委应当自重大项目申请截止之日起45日内完成对申请材料的初步审查。符合本办法规定的，予以受理并公布申请人基本情况和依托单位名称、申请项目及课题名称。有下列情形之一的，不予受理，通过依托单位书面通知申请人，并说明理由：

（一）申请人不符合本办法规定条件的；

（二）申请材料不符合重大项目指南要求的；

（三）未在规定期限内提交申请的；

（四）申请人、参与者在不得申请或者参与申请国家自然科学基金资助的处罚期内的；

（五）依托单位在不得作为依托单位的处罚期内的。

第四章 评审与批准

第十七条 自然科学基金委负责组织评审专家对受理的重大项目申请进行评审。评审程序包括通讯评审和会议评审。

第十八条 评审专家对重大项目申请应当从科学价值、创新性、社会影响以及研究方案的可行性等方面进行独立判断和评价，提出评审意见。

评审专家提出评审意见时还应当按照本办法第二条的要求考虑以下几个方面：

（一）科学问题凝练和科学目标明确情况；

（二）围绕总体科学目标，课题之间的有机联系；

（三）申请人和参与者的研究经历；

（四）研究队伍构成、研究基础和相关的研究条件；

（五）申请人完成基金资助项目的情况；

（六）研究内容获得其他资助的情况；

（七）资金预算编制的合理性。

第十九条 对于已受理的重大项目申请，自然科学基金委根据申请书内容和有关评审要求，随机选取5名以上同行专家进行通讯评审。对交叉领域项目应当注意专家的学科覆盖面。

对于重大项目申请人提供的不适宜评审重大项目申请的评审专家名单，自然科学基金委在选择评审专家时应当根据实际情况予以考虑。

每个重大项目申请的有效评审意见不得少于5份。

第二十条 自然科学基金委根据通讯评审意见确定参加会议评审的项目申请。

到会评审专家应当9人以上。自然科学基金委应当向会议评审专家提供年度资助计划、项目及课题申请书和通讯评审意见等评审材料。

第二十一条 被确定参加会议评审的项目申请，其申请人应当到会答辩，不到会答辩的，视为放弃申请。确因不可抗力不能到会答辩的，申请人经自然科学基金委批准可以委托参与者到会答辩。

会议评审专家应当在充分考虑申请人答辩情况、通讯评审意见和年度资助计划的基础上，对会议评审项目以记名投票的方式表决，建议予以资助的项目应当以出席会议评审专家的过半数通过。

自然科学基金委组织专家对建议予以资助的项目进行资金预算专项评审，并根据项目实际需求确定预算。

第二十二条 自然科学基金委根据本办法的规定和专家会议表决结果，决定予以资助的项目。

第二十三条 自然科学基金委决定予以资助的，应当根据专家评审意见以及资助额度等及时制作资助通知书，书面通知依托单位和申请人，并公布申请人基本情况以及依托单位名称、申请项目及课题名称、资助额度等；决定不予资助的，应当及时通知申请人和依托单位，并说明理由。

自然科学基金委应当整理专家评审意见,并向申请人和依托单位提供。

第二十四条 申请人对不予受理或者不予资助的决定不服的,可以自收到通知之日起 15 日内,向自然科学基金委提出书面复审申请。对评审专家的学术判断有不同意见,不得作为提出复审申请的理由。

自然科学基金委应当按照有关规定对复审申请进行审查和处理。

第五章 实施与管理

第二十五条 自然科学基金委应当公告予以资助重大项目及课题的名称以及依托单位名称,公告期为 5 日。公告期满视为依托单位和项目负责人收到资助通知。

重大项目主持人应当按照资助通知书的要求组织重大项目课题负责人填写项目计划书(一式两份)。各依托单位应当在收到资助通知之日起 20 日内完成审核,提交自然科学基金委。

自然科学基金委应当自收到项目计划书之日起 30 日内审核项目计划书,并在核准后将其中 1 份返还依托单位。核准后的项目计划书作为项目实施、资金拨付、中期评估和结题审查的依据。

项目负责人除根据资助通知书要求对申请书内容进行调整外,不得对其他内容进行变更。

逾期未提交项目计划书且在规定期限内未说明理由的,视为放弃接受资助。

第二十六条 重大项目应当成立项目实施学术领导小组。组长为重大项目主持人,成员包括重大项目课题负责人以及若干相关专家。

重大项目学术领导小组应当通过以下方式促进项目实施:

(一)发挥学术指导作用,推进项目研究计划的实施;

(二)定期召集学术交流和工作协调会议;

(三)推动课题协作、促进学科交叉;

(四)加强国内外合作与交流。

第二十七条 项目负责人应当按照项目计划书组织开展研究工作,做好资助项目实施情况的原始记录,填写项目年度进展报告。

依托单位应当审核项目年度进展报告并于次年 1 月 15 日前提交自然科学基金委。

第二十八条 自然科学基金委应当审查提交的项目年度进展报告。对未按时提交的,责令其在 10 日内提交,并视情节按有关规定处理。

第二十九条 自然科学基金委应当在重大项目实施中期,组织专家对项目进展及资金使用和管理等进行评估。

中期评估采取会议评审方式进行。中期评估专家应当为 9 人以上,其中应当包括科学部专家咨询委员会相关成员和参加过该项目评审的专家。

评估专家应当就重大项目的进展情况、项目后期的实施方案等方面提出评估意见。自然科学基金委应当根据中期评估意见,作出是否继续资助的决定并向依托单位和项目负责人提供。

第三十条 重大项目实施过程中,一般不得变更依托单位,依托单位不得擅自变更项目负责人。

项目负责人有下列情形之一的,依托单位应当及时提出变更项目负责人或者终止项目(课题)实施的申请,报自然科学基金委批准;自然科学基金委也可以直接作出终止项目实施的决定:

(一)不再是依托单位科学技术人员的;

(二)不能继续开展研究工作的;

（三）有剽窃他人科学研究成果或者在科学研究中有弄虚作假等行为的。

重大项目课题负责人的变更还应当经重大项目主持人同意。

第三十一条 依托单位和项目负责人应当保证参与者的稳定。

参与者不得擅自增加或者退出。由于客观原因确实需要增加或者退出的，由重大项目课题负责人提出申请，重大项目主持人同意，经依托单位审核后报自然科学基金委批准。

新增加的参与者应当符合本办法第十二条的要求。退出的参与者1年内不得申请重大项目、重大项目课题和自然科学基金委规定的其他相关类型项目。

第三十二条 参与者变更单位以及增加参与者的，依托单位和合作研究单位的数量应当符合本办法第十三条要求。

第三十三条 项目实施过程中，根据中期评估专家的建议，项目的研究内容或者研究计划需要作出重大调整的，重大项目主持人应当及时提出申请，经依托单位审核后报自然科学基金委批准。

第三十四条 由于客观原因不能按期完成研究计划的，重大项目主持人可以申请延期1次，申请延长的期限不得超过2年。

重大项目主持人应当于项目资助期限届满60日前提出延期申请，经依托单位审核后报自然科学基金委批准。

批准延期的项目在结题前应当按时提交项目年度进展报告。

第三十五条 发生本办法第三十条、第三十一条、第三十三条、第三十四条情形，自然科学基金委作出批准、不予批准和终止决定的，应当及时通知依托单位和项目负责人。

第三十六条 重大项目实施过程中应当积极开展国际合作与交流活动，并将其纳入项目研究计划。项目学术领导小组应当定期检查国际合作与交流计划的执行情况。

第三十七条 重大项目实施过程中应当制定研究资源共享办法。项目负责人以及参与者应当共同遵守，保证课题之间的研究资源共享。

第六章 结题审查

第三十八条 自项目资助期满之日起60日内，项目负责人应当撰写结题报告、编制资金决算；取得研究成果的，应当同时提交研究成果报告。重大项目主持人应当对结题材料的真实性负责。

依托单位应当对结题材料的真实性和完整性进行审核，并提交自然科学基金委。

第三十九条 有下列情况之一的，自然科学基金委应当责令依托单位和项目负责人10日内提交或者改正；逾期不提交或者改正的，视情节按有关规定处理：

（一）未按时提交结题报告的；

（二）未按时提交资金决算的；

（三）提交的结题报告材料不齐全或者手续不完备的；

（四）提交的资金决算手续不全或者不符合填报要求的；

（五）其他不符合自然科学基金委要求的情况。

第四十条 自然科学基金委应当自收到结题材料之日起90日内，组织专家对重大项目完成情况进行结题审查及财务验收。

结题审查采取会议评审方式。会议评审专家不少于9人，其中应当包括参加过该项目评审或者中期评估的专家。

第四十一条 评审专家应当主要从以下几个方面审查重大项目完成情况，并向自然科学基金委提供评价意见：

（一）重大项目的预期目标实现情况；

（二）研究内容的完成情况；

（三）取得的研究成果情况；

（四）人才培养情况；

（五）国际合作与交流情况；

（六）项目组织管理和资金使用情况。

第四十二条 自然科学基金委根据结题材料提交的情况和评审专家的意见，作出予以结题的决定并书面通知依托单位和项目负责人。

第四十三条 自然科学基金委应当公布准予结题的重大项目和重大项目课题的结题报告、研究成果报告和申请摘要。

第四十四条 重大项目取得的研究成果，应当按照自然科学基金委成果管理的有关规定注明得到国家自然科学基金资助。

第四十五条 重大项目研究形成的知识产权的归属、使用和转移，按照国家有关法律、法规执行。

第七章 附则

第四十六条 重大项目评审、中期评估和结题审查，执行自然科学基金项目评审回避与保密的有关规定。

第四十七条 本办法自 2015 年 9 月 1 日起施行。2002 年 12 月 13 日公布的《国家自然科学基金重大项目管理办法》同时废止。

国家自然科学基金国际（地区）合作研究项目管理办法

（2009年9月27日国家自然科学基金委员会委务会议通过）

第一章　总则

第一条　为了规范和加强国家自然科学基金国际（地区）合作研究项目（以下简称合作研究项目）管理，根据《国家自然科学基金条例》（以下简称《条例》），制定本办法。

第二条　合作研究项目资助科学技术人员立足国际科学前沿，有效利用国际科技资源，本着平等合作、互利互惠、成果共享的原则开展实质性国际合作研究，提高我国科学研究水平和国际竞争能力。

第三条　合作研究项目包括重大国际（地区）合作研究项目和组织间国际（地区）合作研究项目（以下简称重大合作研究项目和组织间合作研究项目）。

第四条　国家自然科学基金委员会（以下简称自然科学基金委）鼓励以下合作研究项目的申请：

（一）利用国际大型科学设施开展的研究工作；

（二）组织或者参与国际大型科学研究项目和计划。

第五条　自然科学基金委在合作研究项目管理过程中履行下列职责：

（一）制定并发布项目指南；

（二）受理项目申请；

（三）组织专家进行评审；

（四）批准资助项目；

（五）管理和监督资助项目实施。

第六条　合作研究项目的经费使用与管理，按照国家自然科学基金资助项目经费管理的有关规定执行。

第七条　组织间协议对组织间合作研究项目管理有特殊约定的，从其约定。

第二章　申请与受理

第八条　自然科学基金委应当根据基金发展规划、国际（地区）合作政策和基金资助工作评估报告制定合作研究项目年度项目指南。

年度项目指南应当体现优先发展领域、学科发展战略，明确鼓励的研究领域或者研究方向。

第九条　自然科学基金委制定合作研究项目年度项目指南应当广泛听取意见、组织专家进行论证。年度项目指南应当在受理项目申请起始之日30日前公布。

第十条　依托单位的科学技术人员具备下列条件的，可以申请合作研究项目：

（一）具有高级专业技术职务（职称）；

（二）作为项目负责人正在承担或者承担过3年期以上科学基金资助项目；

（三）与国外（地区）合作者具有良好的合作基础。

第十一条 申请合作研究项目的数量应当符合下列要求：

（一）具有高级专业技术职务（职称）的人员，同年申请或者参与申请合作研究项目不得超过1项；

（二）正在承担合作研究项目的负责人和具有高级专业技术职务（职称）的参与者不得申请或者参与申请；

（三）年度项目指南中对申请数量的限制。

第十二条 申请人应当是申请合作研究项目的实际负责人，限为1人。

参与者与申请人不是同一单位的，参与者所在单位视为国内合作研究单位，国内合作研究单位的数量不得超过2个。

合作研究项目的研究期限一般为3年。

第十三条 合作研究项目申请人应当提供与国外（地区）合作者签订的合作研究协议书。

合作研究协议书应当包括：

（一）合作研究内容和所要达到的研究目标；

（二）合作双方负责人和主要参与者；

（三）合作研究的期限、方式和计划；

（四）知识产权的归属、使用和转移；

（五）相关经费预算等事项。

第十四条 申请人应当按照项目指南要求，通过依托单位提出书面申请。申请人应当对所提交的申请材料的真实性负责。

依托单位应当对申请材料的真实性和完整性进行审核，统一提交自然科学基金委。

申请人可以向自然科学基金委提供3名以内不适宜评审其项目申请的通讯评审专家名单。

第十五条 申请人或者具有高级专业技术职务（职称）的参与者的单位有下列情况之一的，应当在申请时注明：

（一）同年申请或者参与申请各类项目的单位不一致的；

（二）与正在承担的各类项目的单位不一致的。

第十六条 自然科学基金委应当自项目申请截止之日起45日内完成对申请材料的初步审查。符合本办法规定的，予以受理并公布申请人基本情况和依托单位名称、申请项目名称。有下列情形之一的，不予受理，通过依托单位书面通知申请人，并说明理由：

（一）申请人不符合本办法规定条件的；

（二）申请材料不符合年度项目指南要求的；

（三）未在规定期限内提交申请的；

（四）申请人、参与者在不得申请或者参与申请国家自然科学基金资助的处罚期内的；

（五）依托单位在不得作为依托单位的处罚期内的。

第三章 评审与批准

第十七条 自然科学基金委负责组织同行专家对受理的项目申请进行评审。

第十八条 评审专家对项目申请应当从科学价值、创新性、社会影响以及研究方案的可行性等方面进行独立判断和评价，提出评审意见。

评审专家提出评审意见时还应当按照本办法第二条的要求考虑以下几个方面：

（一）合作各方的研究基础和条件；

（二）开展合作的意义和基础；

（三）合作方案的合理性和可行性；

（四）承担基金资助项目的进展情况或者完成情况；

（五）项目申请经费使用计划的合理性。

第十九条 对于已受理的项目申请，自然科学基金委应当根据申请书内容和有关评审要求从同行专家库中随机选择 5 名以上专家进行通讯评审。对同一研究领域或者研究方向的项目申请应当选择同一组专家评审。

对于申请人提供的不适宜评审其项目申请的评审专家名单，自然科学基金委在选择评审专家时应当根据实际情况予以考虑。

每份项目申请的有效评审意见不得少于 5 份。

第二十条 通讯评审完成后，自然科学基金委应当组织专家对项目申请进行会议评审。自然科学基金委应当根据通讯评审意见对项目申请进行排序和分类，确定进行会议评审的项目申请。

第二十一条 会议评审专家应当来自专家评审组，根据需要可以特邀其他专家参加会议评审，到会评审专家应当为 9 人以上。

自然科学基金委应当向会议评审专家提供年度资助计划、项目申请书和通讯评审意见等评审材料。

被确定参加会议评审的项目，其申请人应当到会答辩，不到会答辩的，视为放弃申请。确因不可抗力不能到会答辩的，申请人经自然科学基金委批准可以委托项目参与者到会答辩。

会议评审专家应当在充分考虑申请人答辩情况、通讯评审意见和资助计划的基础上，对会议评审项目以无记名投票的方式表决，建议予以资助的项目应当以出席会议评审专家的过半数通过。

第二十二条 自然科学基金委根据本办法的规定和专家会议表决结果，决定予以资助的项目。

第二十三条 自然科学基金委决定予以资助的，应当根据专家评审意见以及资助额度等及时制作资助通知书，书面通知依托单位和申请人，并公布申请人基本情况以及依托单位名称、申请项目名称、资助额度等；决定不予资助的，应当及时书面通知申请人和依托单位，并说明理由。

自然科学基金委应当整理专家评审意见，并向申请人和依托单位提供。

第二十四条 申请人对不予受理或者不予资助的决定不服的，可以自收到通知之日起 15 日内，向自然科学基金委提出书面复审申请。对评审专家的学术判断有不同意见，不得作为提出复审申请的理由。

自然科学基金委应当按照有关规定对复审申请进行审查和处理。

第四章 实施与管理

第二十五条 自然科学基金委应当公告予以资助项目的名称以及依托单位名称，公告期为 5 日。公告期满视为依托单位和项目负责人收到资助通知。

依托单位应当组织项目负责人按照资助通知书的要求填写项目计划书（一式两份），并在收到资助通知之日起 20 日内完成审核，提交自然科学基金委。

自然科学基金委应当自收到项目计划书之日起 30 日内审核项目计划书，并在核准后将其中 1 份返还依托单位。核准后的项目计划书作为项目实施、经费拨付、检查和结题的依据。

项目负责人除根据资助通知书要求对申请书内容进行调整外，不得对其他内容进行变更。

逾期未提交项目计划书且在规定期限内未说明理由的,视为放弃接受资助。

第二十六条 项目负责人应当按照项目计划书组织开展研究工作,做好资助项目实施情况的原始记录,填写项目年度进展报告。

依托单位应当审核项目年度进展报告并于次年 1 月 15 日前提交自然科学基金委。

第二十七条 自然科学基金委应当审查提交的项目年度进展报告。对未按时提交的,责令其在 10 日内提交,并视情节按有关规定处理。

第二十八条 合作研究项目实施过程中,一般不得变更依托单位,依托单位不得擅自变更项目负责人。

项目负责人有下列情形之一的,依托单位应当及时提出终止项目实施的申请,报自然科学基金委批准;自然科学基金委也可以直接作出终止项目实施的决定:

(一)不再是依托单位科学技术人员的;

(二)不能继续开展研究工作的;

(三)有剽窃他人科学研究成果或者在科学研究中有弄虚作假等行为的。

第二十九条 国外(地区)合作者不能继续开展合作研究的,项目负责人应当及时通知依托单位,依托单位应当提出终止项目实施的申请,报自然科学基金委批准;自然科学基金委也可以直接作出终止项目实施的决定。

第三十条 依托单位和项目负责人应当保证参与者的稳定。

参与者不得擅自增加或者退出。由于客观原因确实需要增加或者退出的,由项目负责人提出申请,经依托单位审核后报自然科学基金委批准。

新增加的参与者应当符合本办法第十一条的要求。退出的参与者 1 年内不得申请合作研究项目和自然科学基金委规定的其他相关类型项目。

第三十一条 参与者变更单位以及增加参与者的,合作研究单位的数量应当符合本办法第十二条第二款的要求。

第三十二条 项目实施过程中,合作研究内容、合作计划或者国外(地区)合作者需要作出重大调整的,项目负责人应当及时提出申请,经依托单位审核后报自然科学基金委批准。

第三十三条 由于客观原因不能按期完成研究计划的,项目负责人可以申请延期 1 次,申请延长的期限不得超过 2 年。

项目负责人应当于项目资助期限届满 60 日前提出延期申请,经依托单位审核后报自然科学基金委批准。

批准延期的项目在结题前应当按时提交项目年度进展报告。

第三十四条 发生本办法第二十八条、第二十九条、第三十条、第三十二条、第三十三条情形,自然科学基金委作出批准、不予批准和终止决定的,应当及时通知依托单位和项目负责人。

第五章 结题

第三十五条 自项目资助期满之日起 60 日内,项目负责人应当撰写结题报告、编制项目资助经费决算;取得研究成果的,应当同时提交研究成果报告。项目负责人应当对结题材料的真实性负责。

依托单位应当对结题材料的真实性和完整性进行审核,统一提交自然科学基金委。

第三十六条 有下列情况之一的,自然科学基金委应当责令依托单位和项目负责人 10 日内提交或者改正；逾期不提交或者改正的，视情节按有关规定处理：

（一）未按时提交结题报告的；

（二）未按时提交资助经费决算的；

（三）提交的结题报告材料不齐全或者手续不完备的；

（四）提交的资助经费决算手续不全或者不符合填报要求的；

（五）其他不符合自然科学基金委要求的情况。

第三十七条 自然科学基金委应当自收到结题材料之日起90日内，组织同行专家对项目完成情况进行审查。

审查采取会议评审方式进行。会议评审专家应当为5人以上，其中应当包括参加过该项目评审的专家。

第三十八条 评审专家应当从以下方面审查项目的国际（地区）合作与交流成效，并向自然科学基金委提供项目完成情况的评价意见：

（一）项目计划执行情况；

（二）合作研究成果情况；

（三）人才培养情况；

（四）资助经费使用情况。

第三十九条 自然科学基金委根据结题材料提交的情况和评审专家的意见，作出予以结题的决定并书面通知依托单位和项目负责人。

第四十条 自然科学基金委应当公布准予结题项目的结题报告、研究成果报告和项目申请摘要。

第四十一条 发表合作研究项目取得的研究成果，应当按照自然科学基金委成果管理的有关规定注明得到国家自然科学基金资助。

第四十二条 合作研究项目研究形成的知识产权的归属、使用和转移，按照国家有关法律、法规执行。

第六章 附则

第四十三条 本办法中所称重大合作研究项目是自然科学基金委资助科学技术人员与国外（地区）合作者开展的合作研究项目；组织间合作研究项目是自然科学基金委与外国（地区）基金组织、科研机构或者国际组织共同组织和资助科学技术人员开展的双边或者多边合作研究项目。

第四十四条 合作研究项目的内容不得涉及国家秘密，实施过程中应当遵守国家有关保密的法律法规。

合作研究项目的评审和结题审查，执行自然科学基金委项目评审回避与保密的有关规定。

第四十五条 本办法自2010年1月1日起施行。2005年5月10日公布的《重大国际（地区）合作研究项目资助管理办法》同时废止。

国家自然科学基金国际（地区）合作交流项目管理办法

（2014年2月18日国家自然科学基金委员会委务会议通过）

第一章 总则

第一条 为了规范和加强国家自然科学基金国际（地区）合作交流项目（以下简称"合作交流项目"）的管理，根据《国家自然科学基金条例》（以下简称《条例》），制定本办法。

第二条 合作交流项目资助科学技术人员开展国际（地区）学术交流，创造合作机遇，密切合作联系，为推动实质性合作奠定基础。

第三条 合作交流项目是指国家自然科学基金委员会（以下简称自然科学基金委）在与境外科学基金组织、科研机构或者国际组织（以下简称对口组织机构）签署的双（多）边协议框架下，资助的以下合作交流活动：

（一）人员交流；

（二）在境内举办双（多）边会议；

（三）出国（境）参加双（多）边会议；

（四）其他交流活动。

第四条 自然科学基金委在合作交流项目管理过程中履行以下职责：

（一）制定并发布年度项目指南；

（二）受理项目申请；

（三）组织专家进行评审；

（四）批准资助项目；

（五）管理和监督资助项目实施。

第五条 合作交流项目经费的使用与管理，按照国家自然科学基金资助项目经费管理的有关规定执行。

第六条 自然科学基金委与对口组织机构对合作交流项目的资助与管理有特殊约定的，从其约定。

第二章 申请与受理

第七条 自然科学基金委应当根据基金发展规划、国际（地区）合作政策、双（多）边协议和基金资助工作评估报告，制定合作交流项目年度项目指南。

第八条 自然科学基金委制定年度项目指南应当广泛听取意见。年度项目指南应当在项目申请起始之日30日前公布。

第九条 依托单位科学技术人员具备下列条件的，可以申请合作交流项目：

（一）正在承担3年期以上基金资助项目的项目负责人；

（二）正在承担3年期以上基金资助项目的参与者且具有高级专业技术职务（职称）或者博士学位，或者有2名与其研究领域相同、具有高级专业技术职务（职称）的科学技术人员推荐，并应当经基金资助项目负责人同意。

前款第（二）项中的基金资助项目参与者不包括《条例》第十条第二款所列的无工作单位或者所在单位不是依托单位的人员。

第十条 依托单位科学技术人员具备下列条件的，可以作为参与者申请合作交流项目：

（一）正在承担3年期以上基金资助项目的项目负责人或者参与者；

（二）基金资助项目参与者应当经基金资助项目负责人同意。

本办法中正在承担的基金资助项目不包括正在承担的合作交流项目。

第十一条 限项要求按照年度项目指南中的有关规定执行。

第十二条 申请人应当是申请合作交流项目的实际负责人，限为1人。

第十三条 申请人应当按照年度项目指南要求，提出书面申请。申请人应当对所提交的申请材料的真实性负责。

依托单位应当对申请材料的真实性和完整性进行审核。

申请人可以向自然科学基金委提供3名以内不适宜评审其项目申请的通讯评审专家名单。

第十四条 申请人申请合作交流项目时，应当随申请书提供项目指南要求的相关材料。

需要提交与境外合作者签订的合作协议书时，合作协议书内容应当包括：合作交流领域、合作交流形式、合作交流计划、各方费用分担以及知识产权约定等事项。

第十五条 自然科学基金委应当自收到申请项目之后45日内完成对申请材料的初步审查。有下列情形之一的，不予受理，通过依托单位书面通知申请人，并说明理由：

（一）申请人不符合本办法规定条件的；

（二）申请材料不符合项目指南要求的；

（三）未在规定期限内提交申请的；

（四）申请人、参与者在不得申请或者参与申请国家自然科学基金资助的处罚期内的；

（五）依托单位在不得作为依托单位的处罚期内的。

第三章 评审与批准

第十六条 自然科学基金委负责组织同行专家对受理的项目申请进行评审。评审可以采用通讯评审或者会议评审的方式。

第十七条 评审专家对项目申请依据下列评审原则进行独立判断和评价，提出评审意见：

（一）与正在承担的基金资助项目的关系；

（二）对创造合作机遇和密切合作的作用；

（三）交流计划的可行性；

（四）经费预算的合理性；

（五）合作的预期成果。

第十八条 通讯评审时，自然科学基金委应当根据申请书内容和有关评审要求，从同行专家库中随机选择3名以上专家进行评审。

对于申请人提供的不适宜评审其项目申请的评审专家名单，自然科学基金委在选择评审专家时应当根据实际情况予以考虑。

第十九条 会议评审时，自然科学基金委应当组织专家对项目申请进行评审。到会评审专家应当为5人以上。

自然科学基金委应当向会议评审专家提供年度资助计划、项目申请书等评审材料。

会议评审专家应当对会议评审项目以无记名投票的方式表决，建议予以资助的项目应当以出席会议评审专家的过半数通过。

第二十条 自然科学基金委根据本办法的规定和评审结果，决定予以资助的项目。

第二十一条 自然科学基金委决定予以资助的，应当根据专家评审意见以及资助额度等及时制作资助通知书，通知依托单位和申请人，并公布申请人基本情况以及依托单位名称、项目名称、资助额度等；决定不予资助的，应当及时通知申请人和依托单位，并说明理由。

第二十二条 申请人对不予受理或者不予资助的决定不服的，可以自收到通知之日起 15 日内，向自然科学基金委提出复审申请。对评审专家的学术判断有不同意见，不得作为提出复审申请的理由。

自然科学基金委应当按照有关规定对复审申请进行审查和处理。

第四章 实施与管理

第二十三条 自然科学基金委应当公告予以资助项目的名称以及依托单位名称，公告期为 5 日。公告期满视为依托单位和项目负责人收到资助通知。

依托单位应当督促项目负责人按照资助通知书的要求填写项目计划书（一式两份），并在收到资助通知之日起 20 日内完成审核，提交自然科学基金委。

自然科学基金委应当自收到项目计划书之日起 30 日内审核项目计划书，并在核准后将其中 1 份返还依托单位。核准后的项目计划书作为项目实施、经费拨付、检查和结题的依据。

项目负责人除根据资助通知书要求对申请书内容及经费预算进行调整外，不得对其他内容进行变更。

逾期未提交项目计划书且在规定期限内未说明理由的，视为放弃接受资助。

第二十四条 执行期超过 1 年的合作交流项目，项目负责人须填写项目年度进展报告。

依托单位应当审核项目年度进展报告并于次年 1 月 15 日前提交自然科学基金委。

第二十五条 自然科学基金委应当审查提交的项目年度进展报告。对未按时提交的，责令其在 10 日内提交，并视情节按有关规定处理。

第二十六条 自然科学基金委应当对合作交流项目的实施情况进行抽查。

第二十七条 合作交流项目实施过程中，依托单位不得擅自变更项目负责人。

项目负责人有下列情形之一的，依托单位应当及时提出变更项目负责人或者终止项目实施的申请，报自然科学基金委批准；自然科学基金委也可以直接做出终止项目实施的决定：

（一）不再是依托单位科学技术人员的；

（二）不能继续开展合作交流工作的；

（三）有剽窃他人科学研究成果或者在科学研究中有弄虚作假等行为的。

项目负责人调入另一依托单位工作的，经所在依托单位与原依托单位协商一致的，由原依托单位提出变更依托单位的申请，报自然科学基金委批准。协商不一致的，自然科学基金委应当做出终止该项目负责人所负责的项目实施的决定。

第二十八条 项目实施过程中，合作交流内容需要做出重大调整的，项目负责人应当及时提出申请，经依托单位审核后报自然科学基金委批准。

第二十九条 项目执行期限在 1 年以内的，不得办理跨年度延期。项目执行期限超过 1 年的，由于客观原因不能按期完成的，项目负责人可以申请延期 1 次，申请延长的期限不得超过 1 年。

项目负责人应当于项目资助期限届满60日前提出延期申请，经依托单位审核后报自然科学基金委批准。

批准延期的项目在结题前应当按时提交项目年度进展报告。

第三十条 发生本办法第二十七条、第二十八条、第二十九条情形，自然科学基金委作出批准、不予批准和终止决定的，应当及时通知依托单位和项目负责人。

第五章 结题

第三十一条 项目负责人应当在自然科学基金委集中接收结题报告之前撰写结题报告、编制项目资助经费决算；取得成果的，应当同时提交成果报告。项目负责人应当对结题材料的真实性负责。

依托单位应当对结题材料的真实性和完整性进行审核，统一提交自然科学基金委。

对未按时提交结题报告和经费决算表的，自然科学基金委责令其在10日内提交，并视情节按有关规定处理。

第三十二条 自然科学基金委应当自收到结题材料之日起30日内进行审查。对符合结题要求的，准予结题并通知依托单位和项目负责人。

有下列情况之一的，责令改正并视情节按有关规定处理：

提交的结题报告材料不齐全或者手续不完备的；

提交的资助经费决算手续不全或者不符合填报要求的；

其他不符合自然科学基金委要求的情况。

第三十三条 自然科学基金委应当公布准予结题项目的结题报告。

第三十四条 发表基金资助项目取得的成果，应当按照自然科学基金委成果管理的有关规定注明得到国家自然科学基金资助。

第三十五条 合作交流项目形成的知识产权的归属、使用和转移，按照国家有关法律法规执行。

第六章 附则

第三十六条 合作交流项目的内容不得涉及国家秘密，实施过程中应当遵守国家有关保密的法律法规。

第三十七条 本办法自2015年1月1日起施行。2001年5月22日通过的《国家自然科学基金委员会资助国际合作研究项目实施办法》同时废止。

国家自然科学基金地区科学基金项目管理办法

（2009 年 9 月 27 日国家自然科学基金委员会委务会议通过；
2011 年 4 月 12 日国家自然科学基金委员会委务会议修订通过；
2015 年 12 月 4 日国家自然科学基金委员会委务会议修订通过）

第一章　总则

第一条　为了规范和加强国家自然科学基金地区科学基金项目（以下简称地区基金项目）管理，根据《国家自然科学基金条例》（以下简称《条例》），制定本办法。

第二条　地区基金项目支持内蒙古自治区、江西省、广西壮族自治区、海南省、贵州省、云南省、西藏自治区、甘肃省、青海省、宁夏回族自治区、新疆维吾尔自治区和吉林省延边朝鲜族自治州、湖北省恩施土家族苗族自治州、湖南省湘西土家族苗族自治州、四川省凉山彝族自治州、四川省甘孜藏族自治州、四川省阿坝藏族羌族自治州、陕西省延安市、陕西省榆林市等地区部分依托单位的全职科学技术人员在国家自然科学基金资助范围内开展创新性的科学研究，培养和扶植该地区的科学技术人员，稳定和凝聚优秀人才，为区域创新体系建设与经济、社会发展服务。

第三条　国家自然科学基金委员会（以下简称自然科学基金委）在地区基金项目管理过程中履行以下职责：

（一）制定并发布年度项目指南；

（二）受理项目申请；

（三）组织专家进行评审；

（四）批准资助项目；

（五）管理和监督资助项目实施。

第四条　地区基金项目的经费使用与管理，按照国家自然科学基金资助项目经费管理的有关规定执行。

第二章　申请与评审

第五条　自然科学基金委根据基金发展规划、学科发展战略和基金资助工作评估报告，在广泛听取意见和专家评审组论证的基础上制定年度项目指南。年度项目指南应当在接收项目申请起始之日 30 日前公布。

第六条　依托单位属于地区基金项目资助范围的，其科学技术人员具备下列条件可以申请地区基金项目：

（一）具有承担基础研究课题或者其他从事基础研究的经历；

（二）具有高级专业技术职务（职称）或者具有博士学位，或者有 2 名与其研究领域相同、具有高级专业技术职务（职称）的科学技术人员推荐。

正在攻读研究生学位以及《条例》第十条第二款所列的科学技术人员不得申请地区基金项目，

但在职攻读研究生学位的人员经过导师同意可以通过其受聘依托单位申请。

第七条 申请地区基金项目的数量应当符合下列要求：

（一）作为申请人同年申请地区基金项目限为 1 项；

（二）不具有高级专业技术职务（职称）的人员，作为项目负责人正在承担地区基金项目的，不得申请；

（三）年度项目指南中对申请数量的限制。

第八条 申请人应当是申请地区基金项目的实际负责人，限为 1 人。

参与者与申请人不是同一单位的，参与者所在单位视为合作研究单位，合作研究单位的数目不得超过 2 个。

地区基金项目研究期限一般为 4 年。

第九条 申请人应当按照年度项目指南要求，通过依托单位提出书面申请。申请人应当对所提交的申请材料的真实性负责。

依托单位应当对申请材料的真实性和完整性进行审核，统一提交自然科学基金委。

申请人可以向自然科学基金委提供 3 名以内不适宜评审其项目申请的通讯评审专家名单。

第十条 具有高级专业技术职务（职称）的申请人或者参与者的单位有下列情况之一的，应当在申请时注明：

（一）同年申请或者参与申请各类项目的单位不一致的；

（二）与正在承担的各类项目的单位不一致的。

第十一条 自然科学基金委应当自项目申请截止之日起 45 日内完成对申请材料的初步审查。符合本办法规定的，予以受理并公布申请人基本情况和依托单位名称、申请项目名称。有下列情形之一的，不予受理，通过依托单位书面通知申请人，并说明理由：

（一）申请人不符合本办法规定条件的；

（二）申请材料不符合年度项目指南要求的；

（三）未在规定期限内提交申请的；

（四）申请人、参与者在不得申请或者参与申请国家自然科学基金资助的处罚期内的；

（五）依托单位在不得作为依托单位的处罚期内的。

第十二条 自然科学基金委负责组织同行专家对受理的项目申请进行评审。项目评审程序包括通讯评审和会议评审。

第十三条 评审专家对项目申请应当从科学价值、创新性、社会影响以及研究方案的可行性等方面进行独立判断和评价，提出评审意见。

评审专家提出评审意见时还应当考虑以下几个方面：

（一）申请人和参与者的研究经历；

（二）研究队伍构成、研究基础和相关的研究条件；

（三）研究内容与该地区经济、社会与科技发展的关联性；

（四）项目实施对该地区人才培养的预期效果；

（五）项目申请经费使用计划的合理性。

第十四条 对于已受理的项目申请，自然科学基金委应当根据申请书内容和有关评审要求从同行专家库中随机选择 3 名以上专家进行通讯评审。对内容相近的项目申请应当选择同一组专家评审。

对于申请人提供的不适宜评审其项目申请的评审专家名单，自然科学基金委在选择评审专家时应当根据实际情况予以考虑。

每份项目申请的有效评审意见不得少于3份。

第十五条 通讯评审完成后，自然科学基金委应当组织专家对项目申请进行会议评审。会议评审专家应当来自专家评审组，必要时可以特邀其他专家参加会议评审。

自然科学基金委应当根据通讯评审情况对项目申请排序和分类，供会议评审专家评审时参考，同时还应当向会议评审专家提供年度资助计划、项目申请书和通讯评审意见等评审材料。

会议评审专家应当充分考虑通讯评审意见和资助计划，结合区域发展需求对会议评审项目以无记名投票的方式表决，建议予以资助的项目应当以出席会议评审专家的过半数通过。

第十六条 多数通讯评审专家认为不应当予以资助的项目，2名以上会议评审专家认为创新性强可以署名推荐。会议评审专家在充分听取推荐意见的基础上，应当以无记名投票的方式表决，建议予以资助的项目应当以出席会议评审专家的三分之二以上的多数通过。

第十七条 自然科学基金委根据本办法的规定和专家会议表决结果，决定予以资助的项目。

第十八条 自然科学基金委决定予以资助的，应当根据专家评审意见以及资助额度等及时制作资助通知书，书面通知依托单位和申请人，并公布申请人基本情况以及依托单位名称、申请项目名称、资助额度等；决定不予资助的，应当及时书面通知申请人和依托单位，并说明理由。

自然科学基金委应当整理专家评审意见，并向申请人和依托单位提供。

第十九条 申请人对不予受理或者不予资助的决定不服的，可以自收到通知之日起15日内，向自然科学基金委提出书面复审申请。对评审专家的学术判断有不同意见，不得作为提出复审申请的理由。

自然科学基金委应当按照有关规定对复审申请进行审查和处理。

第二十条 地区基金项目评审执行自然科学基金委项目评审回避与保密的有关规定。

第三章　实施与管理

第二十一条 自然科学基金委应当公告予以资助项目的名称以及依托单位名称，公告期为5日。公告期满视为依托单位和项目负责人收到资助通知。

依托单位应当组织项目负责人按照资助通知书的要求填写项目计划书（一式两份），并在收到资助通知之日起20日内完成审核，提交自然科学基金委。

自然科学基金委应当自收到项目计划书之日起30日内审核项目计划书，并在核准后将其中1份返还依托单位。核准后的项目计划书作为项目实施、经费拨付、检查和结题的依据。

项目负责人除根据资助通知书要求对申请书内容进行调整外，不得对其他内容进行变更。

逾期未提交项目计划书且在规定期限内未说明理由的，视为放弃接受资助。

第二十二条 项目负责人应当按照项目计划书组织开展研究工作，做好资助项目实施情况的原始记录，填写项目年度进展报告。

依托单位应当审核项目年度进展报告并于次年1月15日前提交自然科学基金委。

第二十三条 自然科学基金委应当审查提交的项目年度进展报告。对未按时提交的，责令其在10日内提交，并视情节按有关规定处理。

第二十四条 自然科学基金委应当对地区基金项目的实施情况进行抽查。

第二十五条 地区基金项目实施过程中，依托单位不得擅自变更项目负责人。

项目负责人有下列情形之一的，依托单位应当及时提出变更项目负责人或者终止项目实施的申请，报自然科学基金委批准；自然科学基金委也可以直接作出终止项目实施的决定：

（一）不再是依托单位科学技术人员的；

（二）不能继续开展研究工作的；

（三）有剽窃他人科学研究成果或者在科学研究中有弄虚作假等行为的；

（四）调入的依托单位不属于地区科学基金项目资助范围的。

项目负责人调入另一依托单位工作的，经所在依托单位与原依托单位协商一致，由原依托单位提出变更依托单位的申请，报自然科学基金委批准。协商不一致的，自然科学基金委作出终止该项目负责人所负责的项目实施的决定。

第二十六条 依托单位和项目负责人应当保证参与者的稳定。

参与者不得擅自增加或者退出。由于客观原因确实需要增加或者退出的，由项目负责人提出申请，经依托单位审核后报自然科学基金委批准。新增加的参与者应当符合本办法第七条的要求。

第二十七条 项目负责人或者参与者变更单位以及增加参与者的，合作研究单位的数目应当符合本办法第八条第二款的要求。

第二十八条 项目实施过程中，研究内容或者研究计划需要作出重大调整的，项目负责人应当及时提出申请，经依托单位审核后报自然科学基金委批准。

第二十九条 由于客观原因不能按期完成研究计划的，项目负责人可以申请延期1次，申请延长的期限不得超过2年。

项目负责人应当于项目资助期限届满 60 日前提出延期申请，经依托单位审核后报自然科学基金委批准。

批准延期的项目在结题前应当按时提交项目年度进展报告。

第三十条 发生本办法第二十五条、第二十六条、第二十八条、第二十九条情形，自然科学基金委作出批准、不予批准和终止决定的，应当及时通知依托单位和项目负责人。

第三十一条 自项目资助期满之日起 60 日内，项目负责人应当撰写结题报告、编制项目资助经费决算；取得研究成果的，应当同时提交研究成果报告。项目负责人应当对结题材料的真实性负责。

依托单位应当对结题材料的真实性和完整性进行审核，统一提交自然科学基金委。

对未按时提交结题报告和经费决算表的，自然科学基金委责令其在 10 日内提交，并视情节按有关规定处理。

第三十二条 自然科学基金委应当自收到结题材料之日起 90 日内进行审查。对符合结题要求的，准予结题并书面通知依托单位和项目负责人。

有下列情况之一的，责令改正并视情节按有关规定处理：

（一）提交的结题报告材料不齐全或者手续不完备的；

（二）提交的资助经费决算手续不全或者不符合填报要求的；

（三）其他不符合自然科学基金委要求的情况。

第三十三条 自然科学基金委应当公布准予结题项目的结题报告、研究成果报告和项目申请摘要。

第三十四条 发表地区基金项目取得的研究成果，应当按照自然科学基金委成果管理的有关规定注明得到国家自然科学基金资助。

第三十五条 地区基金项目研究形成的知识产权的归属、使用和转移，按照国家有关法律、法规执行。

第四章 附则

第三十六条 本办法自公布之日起施行。

国家自然科学基金青年科学基金项目管理办法

（2009年9月27日国家自然科学基金委员会委务会议通过；
2011年4月12日国家自然科学基金委员会委务会议修订通过；
2019年12月17日国家自然科学基金委员会委务会议修订通过）

第一章 总则

第一条 为了规范和加强国家自然科学基金青年科学基金项目（以下简称青年基金项目）管理，根据《国家自然科学基金条例》（以下简称《条例》），制定本办法。

第二条 青年基金项目支持青年科学技术人员在国家自然科学基金资助范围内自主选题，开展基础研究工作，特别注重培养青年科学技术人员独立主持科研项目、进行创新研究的能力。

第三条 国家自然科学基金委员会（以下简称自然科学基金委）在青年基金项目管理过程中履行以下职责：

（一）制定并发布年度项目指南；

（二）受理项目申请；

（三）组织专家进行评审；

（四）批准资助项目；

（五）管理和监督资助项目实施。

第四条 青年基金项目的经费使用与管理，按照国家自然科学基金资助项目经费管理的有关规定执行。

第二章 申请与评审

第五条 自然科学基金委根据基金发展规划、学科发展战略和基金资助工作评估报告，在广泛听取意见和专家评审组论证的基础上制定年度项目指南。年度项目指南应当在接收项目申请起始之日30日前公布。

第六条 依托单位的科学技术人员具备下列条件的，可以申请青年基金项目：

（一）具有从事基础研究的经历；

（二）具有高级专业技术职务（职称）或者具有博士学位，或者有2名与其研究领域相同、具有高级专业技术职务（职称）的科学技术人员推荐；

（三）申请当年1月1日男性未满35周岁，女性未满40周岁。

从事基础研究的科学技术人员具备前款规定的条件、无工作单位或者所在单位不是依托单位的，经与依托单位协商，并取得该依托单位的同意可以申请。依托单位应当将其视为本单位科学技术人员实施有效管理。

第七条 下列科学技术人员不得申请青年基金项目：

（一）作为负责人正在承担青年基金项目的；

（二）作为负责人承担过青年基金项目的；

（三）正在攻读研究生学位的。

前款第（三）项中在职攻读博士研究生学位且符合第六条规定条件的，经过导师同意可以通过其受聘依托单位申请。

第八条 申请青年基金项目的数量应当符合下列要求：

（一）作为申请人同年申请青年基金项目限为1项；

（二）年度项目指南中对申请数量的限制。

第九条 申请人应当是申请青年基金项目的实际负责人，限为1人。

青年基金项目研究期限一般为3年。

第十条 申请人应当按照年度项目指南要求，通过依托单位提出书面申请。申请人应当对所提交的申请材料的真实性负责。

依托单位应当对申请材料的真实性和完整性进行审核，统一提交自然科学基金委。

申请人可以向自然科学基金委提供3名以内不适宜评审其项目申请的通讯评审专家名单。

第十一条 具有高级专业技术职务（职称）的申请人的单位有下列情况之一的，应当在申请时注明：

（一）同年申请或者参与申请各类项目的单位不一致的；

（二）与正在承担的各类项目的单位不一致的。

第十二条 自然科学基金委应当自项目申请截止之日起45日内完成对申请材料的初步审查。符合本办法规定的，予以受理并公布申请人基本情况和依托单位名称、申请项目名称。有下列情形之一的，不予受理，通过依托单位书面通知申请人，并说明理由：

（一）申请人不符合本办法规定条件的；

（二）申请材料不符合年度项目指南要求的；

（三）未在规定期限内提交申请的；

（四）申请人在不得申请或者参与申请国家自然科学基金资助的处罚期内的；

（五）依托单位在不得作为依托单位的处罚期内的。

第十三条 自然科学基金委负责组织同行专家对受理的项目申请进行评审。项目评审程序包括通讯评审和会议评审。

第十四条 评审专家对项目申请应当从科学价值、创新性、社会影响以及研究方案的可行性等方面进行独立判断和评价，提出评审意见。

评审专家提出评审意见时还应当考虑申请人的创新潜力。

第十五条 对于已受理的项目申请，自然科学基金委应当根据申请书内容和有关评审要求从同行专家库中随机选择3名以上专家进行通讯评审。对内容相近的项目申请应当选择同一组专家评审。

对于申请人提供的不适宜评审其项目申请的评审专家名单，自然科学基金委在选择评审专家时应当根据实际情况予以考虑。

每份项目申请的有效评审意见不得少于3份。

第十六条 通讯评审完成后，自然科学基金委应当组织专家对项目申请进行会议评审。会议评审专家应当来自专家评审组，必要时可以特邀其他专家参加会议评审。

自然科学基金委应当根据通讯评审情况对项目申请排序和分类，供会议评审专家评审时参考，同时还应当向会议评审专家提供年度资助计划、项目申请书和通讯评审意见等评审材料。

会议评审专家应当在充分考虑通讯评审意见和资助计划的基础上，对会议评审项目以无记名投票的方式表决，建议予以资助的项目应当以出席会议评审专家的过半数通过。

第十七条 多数通讯评审专家认为不应当予以资助的项目，2 名以上会议评审专家认为创新性强可以署名推荐。会议评审专家在充分听取推荐意见的基础上，应当以无记名投票的方式表决，建议予以资助的项目应当以出席会议评审专家的三分之二以上的多数通过。

第十八条 自然科学基金委根据本办法的规定和专家会议表决结果，决定予以资助的项目。

第十九条 自然科学基金委决定予以资助的，应当根据专家评审意见以及资助额度等及时制作资助通知书，书面通知依托单位和申请人，并公布申请人基本情况以及依托单位名称、申请项目名称、资助额度等；决定不予资助的，应当及时书面通知申请人和依托单位，并说明理由。

自然科学基金委应当整理专家评审意见，并向申请人和依托单位提供。

第二十条 申请人对不予受理或者不予资助的决定不服的，可以自收到通知之日起 15 日内，向自然科学基金委提出书面复审申请。对评审专家的学术判断有不同意见，不得作为提出复审申请的理由。

自然科学基金委应当按照有关规定对复审申请进行审查和处理。

第二十一条 青年基金项目评审执行自然科学基金委项目评审回避与保密的有关规定。

第三章 实施与管理

第二十二条 自然科学基金委应当公告予以资助项目的名称以及依托单位名称，公告期为 5 日。公告期满视为依托单位和项目负责人收到资助通知。

依托单位应当组织项目负责人按照资助通知书的要求填写项目计划书（一式两份），并在收到资助通知之日起 20 日内完成审核，提交自然科学基金委。

自然科学基金委应当自收到项目计划书之日起 30 日内审核项目计划书，并在核准后将其中 1 份返还依托单位。核准后的项目计划书作为项目实施、经费拨付、检查和结题的依据。

项目负责人除根据资助通知要求对申请书内容进行调整外，不得对其他内容进行变更。

逾期未提交项目计划书且在规定期限内未说明理由的，视为放弃接受资助。

第二十三条 项目负责人应当按照项目计划书组织开展研究工作，做好资助项目实施情况的原始记录，填写项目年度进展报告。

依托单位应当审核项目年度进展报告并于次年 1 月 15 日前提交自然科学基金委。

第二十四条 自然科学基金委应当审查提交的项目年度进展报告。对未按时提交的，责令其在 10 日内提交，并视情节按有关规定处理。

第二十五条 自然科学基金委应当对青年基金项目的实施情况进行抽查。

第二十六条 青年基金项目实施过程中，项目负责人不得变更。

项目负责人有下列情形之一的，依托单位应当及时提出终止项目实施的申请，报自然科学基金委批准；自然科学基金委也可以直接作出终止项目实施的决定：

（一）不再是依托单位科学技术人员的；

（二）不能继续开展研究工作的；

（三）连续一年以上出国的；

（四）有剽窃他人科学研究成果或者在科学研究中有弄虚作假等行为的。

项目负责人调入另一依托单位工作的，经所在依托单位与原依托单位协商一致，由原依托单位提出变更依托单位的申请,报自然科学基金委批准。协商不一致的,自然科学基金委作出终止该项目负责人所负责的项目实施的决定。

在站博士后研究人员获资助后不得变更依托单位。

第二十七条 项目实施过程中,研究内容或者研究计划需要作出重大调整的,项目负责人应当及时提出申请,经依托单位审核后报自然科学基金委批准。

第二十八条 由于客观原因不能按期完成研究计划的,项目负责人可以申请延期1次,申请延长的期限不得超过2年。

项目负责人应当于项目资助期限届满60日前提出延期申请,经依托单位审核后报自然科学基金委批准。

批准延期的项目在结题前应当按时提交项目年度进展报告。

第二十九条 发生本办法第二十六条、第二十七条、第二十八条情形,自然科学基金委作出批准、不予批准和终止决定的,应当及时通知依托单位和项目负责人。

第三十条 自项目资助期满之日起60日内,项目负责人应当撰写结题报告、编制项目资助经费决算;取得研究成果的,应当同时提交研究成果报告。项目负责人应当对结题材料的真实性负责。

依托单位应当对结题材料的真实性和完整性进行审核,统一提交自然科学基金委。

对未按时提交结题报告和经费决算表的,自然科学基金委责令其在10日内提交,并视情节按有关规定处理。

第三十一条 自然科学基金委应当自收到结题材料之日起90日内进行审查。对符合结题要求的,准予结题并书面通知依托单位和项目负责人。

有下列情况之一的,责令改正并视情节按有关规定处理:

(一)提交的结题报告材料不齐全或者手续不完备的;

(二)提交的资助经费决算手续不全或者不符合填报要求的;

(三)其他不符合自然科学基金委要求的情况。

第三十二条 自然科学基金委应当公布准予结题项目的结题报告、研究成果报告和项目申请摘要。

第三十三条 发表青年基金项目取得的研究成果,应当按照自然科学基金委成果管理的有关规定注明得到国家自然科学基金资助。

第三十四条 青年基金项目研究形成的知识产权的归属、使用和转移,按照国家有关法律、法规执行。

第四章 附则

第三十五条 本办法自公布之日起施行,此前颁布的有关规定与本办法不一致的,按照本办法执行。

国家杰出青年科学基金项目管理办法

(2009年9月27日国家自然科学基金委员会委务会议通过;
2015年12月4日国家自然科学基金委员会委务会议修订通过;
2019年12月17日国家自然科学基金委员会委务会议修订通过)

第一章 总则

第一条 为了规范和加强国家杰出青年科学基金项目管理,根据《国家自然科学基金条例》(以下简称《条例》),制定本办法。

第二条 国家杰出青年科学基金是国家设立的专项基金,由国家自然科学基金委员会(以下简称自然科学基金委)负责管理。

第三条 国家杰出青年科学基金项目支持在基础研究方面已取得突出成绩的青年学者自主选择研究方向开展创新研究,促进青年科学技术人才的成长,吸引海外人才,培养造就一批进入世界科技前沿的优秀学术带头人。

第四条 自然科学基金委在国家杰出青年科学基金项目管理过程中履行下列职责:

(一)制定并发布年度项目指南;

(二)组建国家杰出青年科学基金评审委员会(以下简称评审委员会);

(三)受理项目申请;

(四)组织专家进行评审;

(五)批准资助项目;

(六)管理和监督资助项目实施。

第五条 国家杰出青年科学基金项目的经费使用与管理,按照国家杰出青年科学基金资助项目经费管理的有关规定执行,另有规定的从其规定。

第二章 申请

第六条 自然科学基金委根据国家人才培养战略规划、基金发展规划和基金资助工作评估报告制定年度项目指南。年度项目指南应当在接收项目申请起始之日30日前公布。

第七条 依托单位的科学技术人员申请国家杰出青年科学基金项目应当具备以下条件:

(一)遵守中华人民共和国法律法规及科学基金的各项管理规定,具有良好的科学道德,自觉践行新时代科学家精神;

(二)申请当年1月1日未满45周岁;

(三)具有高级专业技术职务(职称)或者具有博士学位;

(四)具有承担基础研究课题或者其他从事基础研究的经历;

(五)与境外单位没有正式聘用关系;

(六)保证资助期内每年在依托单位从事研究工作的时间在9个月以上。

第八条 以下科学技术人员不得申请国家杰出青年科学基金项目:

(一)《条例》第十条第二款所列的无工作单位或者所在单位不是依托单位的;

（二）获得过国家杰出青年科学基金项目资助的；

（三）正在承担优秀青年科学基金项目的（当年结题的除外）；

（四）当年申请优秀青年科学基金项目的；

（五）在站博士后研究人员或者正在攻读研究生学位的。

第九条 申请人申请和承担基金项目的数量应当符合年度项目指南中的限项申请规定。

第十条 申请人应当是申请国家杰出青年科学基金项目的实际负责人，限为1人。

国家杰出青年科学基金项目研究期限为5年。

第十一条 申请人应当按照年度项目指南要求，通过依托单位提出书面申请。申请人应当对所提交的申请材料的真实性负责。

申请人可以向自然科学基金委提供3名以内不适宜评审其项目申请的通讯评审专家名单。

第十二条 申请人的单位有下列情况之一的，应当在申请时注明：

（一）同年申请或者参与申请各类项目的单位不一致的；

（二）与正在承担的各类项目的单位不一致的。

第十三条 依托单位应当对申请材料的真实性和完整性进行审核，统一提交自然科学基金委。

第十四条 自然科学基金委应当自项目申请截止之日起45日内完成对申请材料的初步审查。符合本办法规定的，予以受理并公布申请人基本情况、申请基金资助项目名称及依托单位名称。有下列情形之一的，不予受理，通过依托单位书面通知申请人，并说明理由：

（一）申请人不符合本办法规定的；

（二）申请材料不符合年度项目指南要求的；

（三）申请人在不得申请国家自然科学基金资助的处罚期内的；

（四）依托单位在不得作为依托单位的处罚期内的。

第三章 评审与批准

第十五条 自然科学基金委负责组织同行专家对受理的项目申请进行评审。项目评审程序为通讯评审、会议评审、评审委员会评定。

第十六条 评审委员会由科学家、工程技术专家以及国家有关部委的管理专家组成。评审委员会的职责是：

（一）评定国家杰出青年科学基金资助人选；

（二）研究国家杰出青年科学基金资助工作中的重大问题。

第十七条 国家杰出青年科学基金项目的评审应当重点考虑以下几个方面：

（一）研究成果的创新性和科学价值；

（二）对本学科领域或者相关学科领域发展的推动作用；

（三）对国民经济与社会发展的影响；

（四）拟开展的研究工作的创新性构思、研究方向、研究内容和研究方案等。

第十八条 对于已受理的项目申请，自然科学基金委应当根据申请书内容和有关评审要求从同行专家库中随机选择5名以上专家进行通讯评审。

对于申请人提供的不适宜评审其项目申请的评审专家名单，自然科学基金委在选择评审专家时应当根据实际情况予以考虑。

每份项目申请的有效评审意见不得少于5份。

第十九条　自然科学基金委应当根据通讯评审情况对项目申请进行排序和分类，确定参加会议评审的项目申请。

会议评审专家应当来自专家评审组和评审委员会，根据需要可以特邀其他专家参加会议评审。到会评审专家应当为15人以上。

被确定参加会议评审的项目，其申请人应当到会答辩，不到会答辩的，视为放弃申请。

会议评审专家应当在充分考虑申请人答辩情况、通讯评审意见和资助计划的基础上，对到会答辩的申请人以无记名投票的方式表决，建议予以资助的应当以出席会议评审专家的过半数通过。

第二十条　自然科学基金委应当公布建议资助项目申请人名单。建议资助项目申请人有违反条例或本办法规定行为的，任何单位和个人均可在15日内提出书面异议。

自然科学基金委负责异议的受理与调查，调查结果提交评审委员会。

第二十一条　自然科学基金委组织评审委员会会议。评审委员会会议必须有二分之一以上的评审委员会委员出席方可召开。

根据需要可以特邀其他专家参加评审委员会会议。

评审委员会对建议资助项目申请人进行评定，以无记名投票的方式表决，通过人选获得的赞同票数应当超过到会专家人数的三分之二。

第二十二条　自然科学基金委根据本办法的规定和评审委员会评定结果，决定予以资助的项目。

第二十三条　自然科学基金委决定予以资助的，应当根据专家评审意见以及资助额度等及时制作资助通知书，书面通知依托单位和申请人，并公布申请人基本情况以及依托单位名称、申请基金资助项目名称、资助额度等；决定不予资助的，应当及时书面通知申请人和依托单位，并说明理由。

自然科学基金委应当整理专家评审意见，并向申请人和依托单位提供。

第二十四条　申请人对不予受理或者不予资助的决定不服的，可以自收到通知之日起15日内，向自然科学基金委提出书面复审申请。对评审专家的学术判断有不同意见，不得作为提出复审申请的理由。

自然科学基金委应当按照有关规定对复审申请进行审查和处理。

第四章　实施与管理

第二十五条　自然科学基金委应当公告予以资助项目负责人名单以及依托单位名称，公告期为5日。公告期满视为依托单位和项目负责人收到资助通知。

依托单位应当组织项目负责人按照资助通知书的要求填写项目计划书（一式两份），并在收到资助通知之日起20日内完成审核，提交自然科学基金委。

自然科学基金委应当自收到项目计划书之日起30日内审核项目计划书，并在核准后将其中1份返还依托单位。核准后的项目计划书作为项目实施、经费拨付、检查和结题的依据。

项目负责人除根据资助通知书要求对申请书内容进行调整外，不得对其他内容进行变更。

逾期未提交项目计划书且在规定期限内未说明理由的，视为放弃接受资助。

第二十六条　项目负责人应当按照项目计划书开展研究工作，做好资助项目实施情况的原始记录，填写项目年度进展报告。

依托单位应当审核项目年度进展报告并于次年1月15日前提交自然科学基金委。

第二十七条 自然科学基金委应当审查提交的项目年度进展报告。对未按时提交的，责令其在 10 日内提交，并视情节按有关规定处理。

第二十八条 自然科学基金委应当在项目实施中期，组织同行专家以学术会议方式对项目进展和经费使用情况等进行检查。中期检查专家应当包括参加过该项目评审的专家。

自然科学基金委应当整理中期检查意见，作出是否继续资助的决定并向依托单位和项目负责人提供。

第二十九条 国家杰出青年科学基金项目负责人不得变更。项目负责人有下列情形之一的，依托单位应当及时提出终止项目实施的申请，报自然科学基金委批准；自然科学基金委也可以直接作出终止项目实施的决定：

（一）不再是依托单位科学技术人员的；

（二）不能继续开展研究工作的；

（三）连续一年以上出国的；

（四）有剽窃他人科学研究成果或者在科学研究中有弄虚作假等行为的。

项目负责人调入另一依托单位工作的，经所在依托单位与原依托单位协商一致，由原依托单位提出变更依托单位的申请，报自然科学基金委批准。协商不一致的，自然科学基金委作出终止该项目负责人所负责的项目实施的决定。

发生第一、二款情形，自然科学基金委作出批准、不予批准和终止决定的，应当及时通知依托单位和项目负责人。

第三十条 自项目资助期满之日起 60 日内，项目负责人应当撰写结题报告、编制项目资助经费决算；取得研究成果的，应当同时提交研究成果报告。项目负责人应当对结题材料的真实性负责。

依托单位应当对结题材料的真实性和完整性进行审核，统一提交自然科学基金委。

第三十一条 有下列情况之一的，自然科学基金委应当责令依托单位和项目负责人 10 日内提交或者改正；逾期不提交或者改正的，视情节按有关规定处理：

（一）未按时提交结题报告的；

（二）未按时提交资助经费决算的；

（三）提交的结题报告材料不齐全或者手续不完备的；

（四）提交的资助经费决算手续不全或不符合填报要求的；

（五）其他不符合自然科学基金委要求的情况。

第三十二条 自然科学基金委应当组织同行专家对项目完成情况进行审查。

审查采取会议评审方式进行。会议评审专家应当为 15 人以上，其中应当包括参加过项目评审或者中期检查的专家。

第三十三条 评审专家应当从以下方面审查项目的完成情况，并向自然科学基金委提供评价意见：

（一）项目计划执行情况；

（二）研究成果情况；

（三）人才培养情况；

（四）国际合作与交流情况；

（五）资助经费的使用情况。

第三十四条 自然科学基金委根据结题材料提交的情况和评审专家的意见，作出予以结题的决定并书面通知依托单位和项目负责人。

第三十五条 自然科学基金委应当公布准予结题项目的结题报告、研究成果报告和项目申请摘要。

第三十六条 发表国家杰出青年科学基金项目取得的研究成果，应当按照自然科学基金委成果管理的有关规定注明得到国家自然科学基金资助。

第三十七条 国家杰出青年科学基金项目研究形成的知识产权的归属、使用和转移，按照国家有关法律、法规执行。

第五章 附则

第三十八条 国家杰出青年科学基金项目评审、中期检查和结题审查，执行自然科学基金委项目评审回避与保密的有关规定。

第三十九条 本办法自公布之日起施行，此前颁布的有关规定与本办法不一致的，按照本办法执行。

国家自然科学基金优秀青年科学基金项目管理办法

（2014年2月18日国家自然科学基金委员会委务会议通过；
2019年12月17日国家自然科学基金委员会委务会议修订通过）

第一章　总则

第一条　为了规范和加强国家自然科学基金优秀青年科学基金项目管理，根据《国家自然科学基金条例》（以下简称《条例》），制定本办法。

第二条　优秀青年科学基金项目支持在基础研究方面已取得较好成绩的青年学者自主选择研究方向开展创新研究，促进青年科学技术人才的快速成长，培养一批有望进入世界科技前沿的优秀学术骨干。

第三条　国家自然科学基金委员会（以下简称自然科学基金委）在优秀青年科学基金项目管理过程中履行以下职责：

（一）制定并发布年度项目指南；

（二）受理项目申请；

（三）组织专家进行评审；

（四）批准资助项目；

（五）管理和监督资助项目实施。

第四条　优秀青年科学基金项目的经费使用与管理，按照国家自然科学基金资助项目经费管理的有关规定执行。

第二章　申请

第五条　自然科学基金委根据国家中长期人才发展规划、基金发展规划和基金资助工作评估报告制定项目指南。年度项目指南应当在接收项目申请起始之日30日前公布。

第六条　依托单位的科学技术人员申请优秀青年科学基金项目应当具备以下条件：

（一）遵守中华人民共和国法律法规及科学基金的各项管理规定，具有良好的科学道德，自觉践行新时代科学家精神；

（二）申请当年1月1日男性未满38周岁，女性未满40周岁；

（三）具有高级专业技术职务（职称）或者博士学位；

（四）具有承担基础研究课题或者其他从事基础研究的经历；

（五）与境外单位没有正式聘用关系；

（六）保证资助期内每年在依托单位从事研究工作的时间在9个月以上。

第七条　以下科学技术人员不得申请优秀青年科学基金项目：

（一）《条例》第十条第二款所列的无工作单位或者所在单位不是依托单位的；

（二）获得过国家杰出青年科学基金或者优秀青年科学基金项目资助的；

（三）当年申请国家杰出青年科学基金项目的；

（四）在站博士后研究人员或者正在攻读研究生学位的。

第八条 申请人申请和承担基金项目的数量应当符合年度项目指南中的限项申请规定。

第九条 申请人应当是优秀青年科学基金项目的实际负责人，限为1人。

优秀青年科学基金项目研究期限为3年。

第十条 申请人应当按照年度项目指南要求，通过依托单位提出书面申请。申请人应当对所提交的申请材料的真实性负责。

申请人可以向自然科学基金委提供3名以内不适宜评审其项目申请的通讯评审专家名单。

第十一条 申请人的单位有下列情况之一的，应当在申请时注明：

（一）同年申请或者参与申请各类项目的单位不一致的；

（二）与正在承担的各类项目的单位不一致的。

第十二条 依托单位应当对申请材料的真实性和完整性进行审核，统一提交自然科学基金委。

第十三条 自然科学基金委应当自项目申请截止之日起45日内完成对申请材料的初步审查。符合本办法规定的，予以受理并公布申请人基本情况、申请基金资助项目名称及依托单位名称。有下列情形之一的，不予受理，通过依托单位书面通知申请人，并说明理由：

（一）申请人不符合本办法规定的；

（二）申请材料不符合年度项目指南要求的；

（三）申请人在不得申请国家自然科学基金资助的处罚期内的；

（四）依托单位在不得作为依托单位的处罚期内的。

第三章 评审与批准

第十四条 自然科学基金委负责组织同行专家对受理的项目申请进行评审。项目评审程序包括通讯评审和会议评审。

第十五条 优秀青年科学基金项目的评审应当重点考虑申请人以下几个方面：

（一）近5年取得的科研成就；

（二）提出创新思路和开展创新研究的潜力；

（三）拟开展的研究工作的科学意义和创新性；

（四）研究方案的可行性。

第十六条 对于已受理的项目申请，自然科学基金委应当根据申请书内容和有关评审要求从同行专家库中随机选择5名以上专家进行通讯评审。

对于申请人提供的不适宜评审其项目申请的评审专家名单，自然科学基金委在选择评审专家时应当根据实际情况予以考虑。

每份项目申请的有效评审意见不得少于5份。

第十七条 自然科学基金委应当根据通讯评审情况对项目申请进行排序和分类，确定参加会议评审的项目申请。

会议评审专家应当来自专家评审组，根据需要可以邀请其他专家参加会议评审。到会评审专家应当为15人以上。

被确定参加会议评审的项目，其申请人应当到会答辩；不到会答辩的，视为放弃申请。

会议评审专家在充分考虑申请人答辩情况、通讯评审意见和资助计划的基础上，对到会答辩的申请人以无记名投票的方式表决，建议予以资助的应当以出席会议评审专家的过半数通过。

第十八条 自然科学基金委根据本办法的规定和专家会议表决结果，决定予以资助的项目。

第十九条 自然科学基金委决定予以资助的，应当根据专家评审意见以及资助额度等及时制作资助通知书，书面通知依托单位和申请人，并公布申请人基本情况以及依托单位名称、申请基金资助项目名称、资助额度等；决定不予资助的，应当及时书面通知申请人和依托单位，并说明理由。

自然科学基金委应当整理专家评审意见，并向申请人和依托单位提供。

第二十条 申请人对不予受理或者不予资助的决定不服的，可以自收到通知之日起15日内，向自然科学基金委提出书面复审申请。对评审专家的学术判断有不同意见，不得作为提出复审申请的理由。

自然科学基金委应当按照有关规定对复审申请进行审查和处理。

第四章 实施与管理

第二十一条 自然科学基金委应当公告予以资助项目负责人名单以及依托单位名称，公告期为5日。公告期满视为依托单位和项目负责人收到资助通知。

依托单位应当组织项目负责人按照资助通知书的要求填写项目计划书（一式两份），并在收到资助通知之日起20日内完成审核，提交自然科学基金委。

自然科学基金委应当自收到项目计划书之日起30日内审核项目计划书，并在核准后将其中1份返还依托单位。核准后的项目计划书作为项目实施、经费拨付、检查和结题的依据。

项目负责人除根据资助通知书要求对申请书内容进行调整外，不得对其他内容进行变更。

逾期未提交项目计划书且在规定期限内未说明理由的，视为放弃接受资助。

第二十二条 项目负责人应当按照项目计划书开展研究工作，做好资助项目实施情况的原始记录，填写项目年度进展报告。

依托单位应当审核项目年度进展报告并于次年1月15日前提交自然科学基金委。

第二十三条 自然科学基金委应当审查提交的项目年度进展报告。对未按时提交的，责令其在10日内提交，并视情节按有关规定处理。

第二十四条 优秀青年科学基金项目实施过程中，项目负责人不得变更。项目负责人有下列情形之一的，依托单位应当及时提出终止项目实施的申请，报自然科学基金委批准；自然科学基金委也可以直接作出终止项目实施的决定：

（一）不再是依托单位科学技术人员的；

（二）不能继续开展研究工作的；

（三）连续一年以上出国的；

（四）有剽窃他人科学研究成果或者在科学研究中有弄虚作假等行为的。

项目负责人调入另一依托单位工作的，经所在依托单位与原依托单位协商一致，由原依托单位提出变更依托单位的申请，报自然科学基金委批准。协商不一致的，自然科学基金委作出终止该项目负责人所负责的项目实施的决定。

发生第一、二款情形，自然科学基金委作出批准、不予批准和终止决定的，应当及时通知依托单位和项目负责人。

第二十五条 项目实施过程中，研究内容或者研究计划需要作出重大调整的，项目负责人应当及时提出申请，经依托单位审核后报自然科学基金委批准。

第二十六条 自项目资助期满之日起60日内，项目负责人应当撰写结题报告、编制项目资助经费决算；取得研究成果的，应当同时提交研究成果报告。项目负责人应当对结题材料的真实性负责。

依托单位应当对结题材料的真实性和完整性进行审核，统一提交自然科学基金委。

第二十七条 有下列情况之一的，自然科学基金委应当责令依托单位和项目负责人 10 日内提交或者改正；逾期不提交或者改正的，视情节按有关规定处理：

（一）未按时提交结题报告的；

（二）未按时提交资助经费决算的；

（三）提交的结题报告材料不齐全或者手续不完备的；

（四）提交的资助经费决算手续不全或者不符合填报要求的；

（五）其他不符合自然科学基金委要求的情况。

第二十八条 自然科学基金委应当对结题材料进行审查，必要时组织同行专家以通讯评审或者会议评审方式对项目完成情况进行审查。

第二十九条 自然科学基金委根据结题材料提交情况和审查情况，作出予以结题的决定并书面通知依托单位和项目负责人。

第三十条 自然科学基金委应当公布准予结题项目的结题报告、研究成果报告和项目申请摘要。

第三十一条 发表优秀青年科学基金项目取得的研究成果，应当按照自然科学基金委成果管理的有关规定注明得到国家自然科学基金资助。

第三十二条 优秀青年科学基金项目研究形成的知识产权的归属、使用和转移，按照国家有关法律、法规执行。

第五章 附则

第三十三条 优秀青年科学基金项目评审和结题审查，执行自然科学基金委项目评审回避与保密的有关规定。

第三十四条 本办法自公布之日起施行，此前颁布的有关规定与本办法不一致的，按照本办法执行。

国家自然科学基金数学天元基金项目管理办法

（2012年7月3日国家自然科学基金委员会委务会议通过）

第一章 总则

第一条 为了规范和加强国家自然科学基金数学天元基金项目（以下简称天元基金项目）管理，根据《国家自然科学基金条例》，制定本办法。

第二条 国家自然科学基金数学天元基金是为凝聚数学家集体智慧，探索符合数学特点和发展规律的资助方式，推动建设数学强国而设立的专项基金。

天元基金项目支持科学技术人员结合数学学科特点和需求，开展科学研究，培育青年人才，促进学术交流，优化研究环境，传播数学文化，提升中国数学创新能力。

第三条 国家自然科学基金委员会（以下简称自然科学基金委）在天元基金项目管理过程中履行以下职责：

（一）组建国家自然科学基金数学天元基金学术领导小组（以下简称学术领导小组）；

（二）制定并发布年度项目指南；

（三）受理项目申请；

（四）组织专家进行评审；

（五）批准资助项目；

（六）管理和监督资助项目实施。

第四条 天元基金项目包括研究项目和科技活动项目。

第五条 天元基金项目的经费使用与管理，按照国家自然科学基金资助项目经费管理的有关规定执行。

第二章 学术领导小组

第六条 学术领导小组的职责是：

（一）开展战略研究，筹划数学发展；

（二）拟订年度项目指南；

（三）负责天元基金项目申请的会议评审；

（四）检查资助项目的实施情况；

（五）承担自然科学基金委委托的其他工作。

第七条 学术领导小组成员由学术造诣深、学风严谨、办事公正的15~21名数学家及相关专家担任。

学术领导小组设组长1名、副组长2名。

第八条 学术领导小组成员实行任期制，每届任期3年，连任不得超过两届。

第三章 申请与评审

第九条 自然科学基金委根据基金发展规划、学科发展战略和基金资助工作评估报告，对学术领导小组拟订的年度项目指南广泛听取意见，制定年度项目指南。年度项目指南在接收项目申请起始之日 30 日前公开发布。

第十条 依托单位的科学技术人员具备下列条件的，可以申请天元基金项目：

（一）具有承担基础研究课题或者其他从事基础研究的经历；

（二）具有高级专业技术职务（职称）或者具有博士学位，或者有 2 名与其研究领域相同、具有高级专业技术职务（职称）的科学技术人员推荐；

（三）符合年度项目指南的相关规定。

第十一条 申请天元基金项目的数量应当符合年度项目指南的要求。

第十二条 申请人应当是申请天元基金项目的实际负责人，限为 1 人。

参与者与申请人不是同一单位的，参与者所在单位视为合作研究单位，合作研究单位的数量不得超过 2 个。

天元基金项目执行期限根据需要确定，一般不超过 1 年。

第十三条 申请人应当按照年度项目指南要求，通过依托单位提出书面申请。申请人应当对所提交的申请材料的真实性负责。

依托单位应当对申请材料的真实性和完整性进行审核，统一提交自然科学基金委。

申请人可以同时向自然科学基金委提供 3 名以内不适宜评审其项目申请的通讯评审专家名单并说明理由。

第十四条 自然科学基金委应当自天元基金项目申请截止之日起 45 日内完成对申请材料的初步审查。符合本办法规定的，予以受理并公布申请人基本情况和依托单位名称、申请项目名称。有下列情形之一的，不予受理，通过依托单位书面通知申请人，并说明理由：

（一）申请人不符合本办法规定条件的；

（二）申请材料不符合年度项目指南要求的；

（三）未在规定期限内提交申请的；

（四）申请人、参与者在不得申请或者参与申请国家自然科学基金资助处罚期内的；

（五）依托单位在不得作为依托单位的处罚期内的。

第十五条 自然科学基金委负责组织同行专家对受理的项目申请进行评审。项目评审程序包括通讯评审和会议评审。

对于科技活动项目，可以只进行会议评审。

第十六条 评审专家对项目申请应当从科学价值、创新性、社会影响以及研究方案的可行性等方面进行独立判断和评价，提出评审意见。

评审专家提出评审意见时，还应当考虑数学领域发展的总体布局和特殊需求。

第十七条 对于需要通讯评审的项目申请，自然科学基金委应当根据申请书内容和有关评审要求从同行专家库中随机选择 3 名以上专家进行通讯评审。对内容相近的项目申请应当选择同一组专家评审。

对于申请人提出的不适宜评审其项目申请的评审专家名单，自然科学基金委在选择评审专家时应当根据实际情况予以考虑。

每份项目申请的有效评审意见不得少于 3 份。

第十八条 自然科学基金委应当组织学术领导小组对项目申请进行会议评审。必要时可以特邀其他专家参加会议评审。

自然科学基金委应当向会议评审专家提供年度资助计划、项目申请书和通讯评审意见等评审材料。

会议评审专家应当充分考虑通讯评审意见和资助计划，结合学科布局和数学发展需要形成会议评审意见，并以无记名投票的方式表决，建议予以资助的项目应当以出席会议评审专家的过半数通过。

第十九条 自然科学基金委根据本办法的规定和专家提出的会议评审意见，决定予以资助的项目。

第二十条 自然科学基金委决定予以资助的，应当及时书面通知申请人和依托单位，并公布申请人基本情况以及依托单位名称、申请项目名称、拟资助的经费数额等；决定不予资助的，应当及时书面通知申请人和依托单位，并说明理由。

自然科学基金委应当整理专家评审意见，并向申请人提供。

第二十一条 申请人对不予受理或者不予资助的决定不服的，可以自收到通知之日起15日内，向自然科学基金委提出书面复审申请。对评审专家的学术判断有不同意见，不得作为提出复审申请的理由。

自然科学基金委应当按照有关规定对复审申请进行审查和处理。

第二十二条 天元基金项目评审执行自然科学基金委项目评审回避与保密的有关规定。

第四章 实施与管理

第二十三条 自然科学基金委对决定予以资助的项目，应当根据专家评审意见以及资助额度等制作资助通知书。自然科学基金委应当公告予以资助项目的名称以及依托单位名称，公告期为5日。公告期满视为依托单位和项目负责人收到资助通知。

依托单位应当组织项目负责人按照资助通知书的要求填写项目计划书，并在收到资助通知之日起20日内完成审核，提交自然科学基金委。

自然科学基金委应当自收到项目计划书之日起30日内审核项目计划书，并在核准后将其中1份返还依托单位。核准后的项目计划书作为项目实施、经费拨付、检查和结题的依据。

项目负责人除根据资助通知书要求对申请书内容进行调整外，不得对其他内容进行变更。

逾期未提交项目计划书且在规定期限内未说明理由的，视为放弃接受资助。

第二十四条 自然科学基金委应当组织学术领导小组对天元基金项目的实施情况进行抽查。

第二十五条 天元基金项目实施中，依托单位不得擅自变更项目负责人。

项目负责人有下列情形之一的，依托单位应当及时提出变更项目负责人或者终止项目实施的申请，报自然科学基金委批准；自然科学基金委也可以直接作出终止项目实施的决定：

（一）不再是依托单位科学技术人员的；

（二）不能继续开展工作的；

（三）有剽窃他人科学研究成果或者在科学研究中有弄虚作假等行为的。

第二十六条 依托单位和项目负责人应当保证参与者的稳定，参与者不得变更、增加或者退出。

第二十七条 天元基金项目实施过程中，项目内容或者项目计划需要作出重大调整的，项目负责人应当及时提出申请，经依托单位审核后报自然科学基金委批准。

第二十八条 由于客观原因不能按期完成项目计划的，项目负责人可以申请延期1次，申请延长的期限不得超过 1 年。

项目负责人应当于项目资助期限届满 60 日前提出延期申请，经依托单位审核后报自然科学基金委批准。

第二十九条 自项目资助期满之日起 60 日内，项目负责人应当填写结题报告，经依托单位审核后提交自然科学基金委，取得研究成果的，应当同时提交研究成果报告。

项目负责人应当对结题报告和研究成果报告的真实性负责。

第三十条 自然科学基金委应当自收到结题报告之日起 90 日内审查结题报告，对符合结题要求的，准予结题并书面通知依托单位和项目负责人；对不符合结题要求的，应当提出处理意见，并书面通知依托单位和项目负责人。

对未按时提交结题报告的，责令其在 30 日内改正，并按有关规定处理。

第三十一条 自然科学基金委应当公布准予结题项目的结题报告、研究成果报告和项目申请摘要。

第三十二条 发表天元基金项目取得的研究成果，应当标注国家自然科学基金数学天元基金资助和项目批准号。

天元基金项目资助的科技活动项目，应当注明国家自然科学基金数学天元基金资助。

天元基金项目成果管理按照自然科学基金委成果管理的有关规定执行。项目形成的知识产权的归属、使用和转移，按照国家有关法律、法规执行。

第五章　附则

第三十三条 本办法中研究项目是指主要资助科学技术人员开展符合数学自身发展特殊需求的研究而设立的项目；科技活动项目是指主要资助科学技术人员开展与数学有关的研讨、交流、讲习、培训、传播等科技活动而设立的项目。

第三十四条 本办法自 2012 年 9 月 1 日起施行。1998 年 7 月 24 日公布的《数学天元基金管理实施办法》同时废止。

国家自然科学基金创新研究群体项目管理办法

（2013年12月9日国家自然科学基金委员会委务会议通过；
2015年12月4日国家自然科学基金委员会委务会议修订通过）

第一章　总则

第一条　为了规范和加强国家自然科学基金创新研究群体项目（以下简称创新群体项目）管理，依照《国家自然科学基金条例》（以下简称《条例》），制定本办法。

第二条　创新群体项目支持优秀中青年科学家为学术带头人和研究骨干，共同围绕一个重要研究方向合作开展创新研究，培养和造就在国际科学前沿占有一席之地的研究群体。

第三条　国家自然科学基金委员会（以下简称自然科学基金委）在创新群体项目管理过程中履行下列职责：

（一）制定并发布年度项目指南；

（二）受理项目申请；

（三）组织专家进行评审；

（四）批准资助项目；

（五）管理和监督资助项目实施。

第四条　创新群体项目的经费使用与管理，按照国家自然科学基金资助项目经费管理的有关规定执行。

第二章　申请

第五条　自然科学基金委根据国家人才培养战略规划、基金发展规划和基金资助工作评估报告制定年度项目指南。年度项目指南应当在接收项目申请起始之日30日前公布。

第六条　依托单位的科学技术人员申请创新群体项目应当具备以下条件：

（一）具有承担基础研究课题或者其他从事基础研究的经历；

（二）保证资助期限内每年在依托单位从事基础研究工作的时间在6个月以上；

（三）具有在长期合作基础上形成的研究队伍，包括学术带头人1人，研究骨干不多于5人；

（四）学术带头人作为项目申请人，应当具有正高级专业技术职务（职称）、较高的学术造诣和国际影响力，申请当年1月1日未满55周岁；

（五）研究骨干作为参与者，应当具有高级专业技术职务（职称）或博士学位；

（六）项目申请人和参与者应当属于同一依托单位。

作为项目负责人承担过创新群体项目的，不得作为申请人提出申请。

第七条　申请创新群体项目的数量应当符合下列要求：

（一）具有高级专业技术职务（职称）的人员，同年申请或者参与申请创新群体项目不得超过1项；

（二）正在承担创新群体项目的项目负责人和具有高级专业技术职务（职称）的参与者不得申

请或者参与申请。

第八条 申请人应当是申请创新群体项目的实际负责人。

创新群体项目研究期限为 6 年。

第九条 申请人应当按照年度项目指南要求，通过依托单位提出书面申请。申请人应当对所提交的申请材料的真实性负责。

依托单位应当组织学术委员会或专家组对项目申请提出推荐意见；依托单位应当对申请材料的真实性和完整性进行审核，统一提交自然科学基金委。

申请人可以向自然科学基金委提供 3 名以内不适宜评审其项目申请的通讯评审专家名单。

第十条 申请人或者具有高级专业技术职务（职称）的参与者的单位有下列情况之一的，应当在申请时注明：

（一）同年申请或者参与申请各类项目的单位不一致的；

（二）与正在承担的各类项目的单位不一致的。

第十一条 自然科学基金委应当自创新群体项目申请截止之日起 45 日内完成对申请材料的初步审查。符合本办法规定的，予以受理并公布申请人基本情况和依托单位名称、申请项目名称。有下列情形之一的，不予受理，通过依托单位书面通知申请人，并说明理由：

（一）申请人不符合本办法规定条件的；

（二）申请材料不符合项目指南要求的；

（三）未在规定期限内提交申请的；

（四）依托单位在不得作为依托单位的处罚期内的。

第三章 评审与批准

第十二条 自然科学基金委负责组织同行专家对受理的项目进行评审。项目评审程序包括通讯评审和会议评审。

第十三条 创新群体项目的评审应当重点考虑以下几个方面：

（一）研究方向和共同研究的科学问题的重要意义；

（二）已经取得研究成果的创新性和科学价值；

（三）拟开展研究工作的创新性构思及研究方案的可行性；

（四）申请人的学术影响力，把握研究方向、凝练重大科学问题的能力，组织协调能力以及在研究群体中的凝聚力；

（五）参与者的学术水平和开展创新研究的能力，专业结构和年龄结构的合理性；

（六）研究群体成员间的合作基础。

第十四条 对于已受理的项目申请，自然科学基金委应当根据申请书内容和有关评审要求从同行专家库中随机选择 5 名以上专家进行通讯评审。

对于申请人提供的不适宜评审其项目申请的评审专家名单，自然科学基金委在选择评审专家时应当根据实际情况予以考虑。

每份项目申请的有效评审意见不得少于 5 份。

第十五条 自然科学基金委应当根据通讯评审情况对项目申请进行排序和分类，确定参加会议评审的项目申请。

会议评审专家应当来自专家评审组，根据需要可以特邀其他专家参加会议评审。到会评审专家应当为 15 人以上。

被确定参加会议评审的项目，其申请人应当到会答辩，不到会答辩的，视为放弃申请。确因不可抗力不能到会答辩的，申请人经自然科学基金委批准可以委托项目参与者到会答辩。

会议评审专家应当在充分考虑申请人答辩情况、通讯评审意见和资助计划的基础上，对会议评审项目以无记名投票的方式表决，建议予以资助的应当以出席会议评审专家的过半数通过。

第十六条 自然科学基金委根据本办法的规定和专家会议表决结果，决定予以资助的项目。

第十七条 自然科学基金委决定予以资助的，应当根据专家评审意见以及资助额度等及时制作资助通知书，书面通知依托单位和申请人，并公布申请人基本情况以及依托单位名称、研究领域、资助额度等；决定不予资助的，应当及时书面通知申请人和依托单位，并说明理由。

自然科学基金委应当整理专家评审意见，并向申请人和依托单位提供。

第十八条 申请人对不予受理或者不予资助的决定不服的，可以自收到通知之日起 15 日内，向自然科学基金委提出书面复审申请。对评审专家的学术判断有不同意见，不得作为提出复审申请的理由。

自然科学基金委应当按照有关规定对复审申请进行审查和处理。

第四章 实施与管理

第十九条 自然科学基金委应当公告予以资助项目的名称以及依托单位名称，公告期为 5 日。公告期满视为依托单位和项目负责人收到资助通知。

依托单位应当组织项目负责人按照资助通知书的要求填写项目计划书（一式两份），并在收到资助通知之日起 20 日内完成审核，提交自然科学基金委。

自然科学基金委应当自收到项目计划书之日起 30 日内审核项目计划书，并在核准后将其中 1 份返还依托单位。核准后的项目计划书作为项目实施、经费拨付、检查和结题的依据。

项目负责人除根据资助通知书要求对申请书内容进行调整外，不得对其他内容进行变更。

逾期未提交项目计划书且在规定期限内未说明理由的，视为放弃接受资助。

第二十条 项目负责人应当按照项目计划书开展研究工作，做好资助项目实施情况的原始记录，填写项目年度进展报告。

依托单位应当审核项目年度进展报告并于次年 1 月 15 日前提交自然科学基金委。

第二十一条 自然科学基金委应当审查提交的项目年度进展报告。对未按时提交的，责令其在 10 日内提交，并视情节按有关规定处理。

第二十二条 自然科学基金委应当在项目实施中期，组织同行专家以学术会议或实地考核等方式对项目进展和经费使用情况等进行检查。中期检查专家应当包括参加过该项目评审的专家。

自然科学基金委应当整理中期检查意见，作出是否继续资助的决定并向依托单位和项目负责人提供。

第二十三条 项目实施过程中，不得变更依托单位，依托单位不得擅自变更项目负责人。

项目负责人有下列情形之一的，依托单位应当及时提出终止项目实施的申请，报自然科学基金委批准；自然科学基金委也可以直接作出终止项目实施的决定：

（一）不再是依托单位科学技术人员的；

（二）不能继续开展研究工作的；

（三）有剽窃他人科学研究成果或者在科学研究中有弄虚作假等行为的。

第二十四条 依托单位和项目负责人应当保证参与者的稳定。

参与者不得擅自增加或者退出。由于客观原因确实需要增加或者退出的，由项目负责人提出申请，经依托单位审核后报自然科学基金委批准。参与者更换依托单位的，视为退出。

新增加的参与者应当符合本办法第六条和第七条的要求。退出的参与者 2 年内不得申请或者参与申请创新群体项目。

第二十五条 项目负责人可以根据研究工作需要提出延续资助申请；延续资助申请应当在资助期限届满 3 个月前提出。

延续资助期限为 3 年。

第二十六条 延续资助申请的评审、延续资助申请的决定以及延续资助项目实施和管理，按照本办法第十四条至第二十四条的规定执行。

第二十七条 自创新群体项目资助或延续资助期满之日起 60 日内，项目负责人应当撰写结题报告、编制项目资助经费决算；取得研究成果的，应当同时提交研究成果报告。项目负责人应当对结题材料的真实性负责。

依托单位应当对结题材料的真实性和完整性进行审核，统一提交自然科学基金委。

第二十八条 有下列情况之一的，自然科学基金委应当责令依托单位和项目负责人 10 日内提交或者改正；逾期不提交或者改正的，视情节按有关规定处理：

（一）未按时提交结题报告的；

（二）未按时提交资助经费决算的；

（三）提交的结题报告材料不齐全或手续不完备的；

（四）提交的资助经费决算手续不全或不符合填报要求的；

（五）其他不符合自然科学基金委要求的情况。

第二十九条 自然科学基金委应当组织同行专家对项目完成情况进行审查。

审查采取会议评审方式进行。会议评审专家应当为 15 人以上，其中应当包括参加过项目评审或者中期检查的专家。

延续资助的项目可根据实际情况采取适当的审查方式。

第三十条 评审专家应当从以下方面审查项目的完成情况，并向自然科学基金委提供评价意见：

（一）项目计划执行情况；

（二）研究成果情况；

（三）人才培养情况；

（四）国际合作与交流情况；

（五）资助经费的使用情况。

第三十一条 自然科学基金委根据结题材料提交的情况和评审专家的意见，作出予以结题的决定并书面通知依托单位和项目负责人。

第三十二条 自然科学基金委应当公布准予结题项目的结题报告、研究成果报告和项目申请摘要。

第三十三条 发表创新群体项目取得的研究成果，应当按照自然科学基金委成果管理的有关规定注明得到国家自然科学基金资助。

第三十四条 创新群体项目研究形成的知识产权的归属、使用和转移，按照国家有关法律、法规执行。

第五章 附则

第三十五条 创新群体项目评审、中期检查和结题审查，执行自然科学基金委项目评审回避与保密的有关规定。

第三十六条 本办法自 2014 年 2 月 1 日起施行。2001 年 2 月 27 日公布的《国家自然科学基金委员会创新研究群体科学基金试行办法》同时废止。

国家自然科学基金联合基金项目管理办法

（2015年9月8日委务会议审议通过）

第一章 总则

第一条 为了规范和加强国家自然科学基金联合基金（以下简称联合基金）项目管理，根据《国家自然科学基金条例》（以下简称《条例》），并结合联合基金管理特点，制定本办法。

第二条 联合基金是指由国家自然科学基金委员会（以下简称自然科学基金委）与联合资助方共同提供资金，在商定的科学与技术领域内共同支持基础研究的基金。

联合资助方包括政府部门、事业单位、企业或其他法人组织。

第三条 联合基金旨在发挥国家自然科学基金（以下简称自然科学基金）的导向作用，引导与整合社会资源投入基础研究，促进有关部门、企业、地区与高等学校和科学研究机构的合作，培养科学与技术人才，推动我国相关领域、行业、区域自主创新能力的提升。

第四条 自然科学基金委应当与联合资助方签订联合资助协议。联合基金实施中的重大问题由联合资助双方共同研究决定。必要时联合资助双方可以成立联合基金管理委员会（以下简称管委会）。

联合基金是自然科学基金的组成部分，按自然科学基金管理方式，双方共同管理。

第五条 自然科学基金委在联合基金项目管理过程中会同联合资助方履行下列职责：

（一）制定并发布年度项目指南；

（二）受理项目申请；

（三）组织专家进行评审；

（四）批准资助项目；

（五）管理和监督资助项目实施。

第六条 联合基金项目的资金使用与管理，按照国家自然科学基金资助项目资金管理有关规定执行。

第二章 申请与受理

第七条 联合基金项目主要分为培育项目、重点支持项目等亚类。根据实际需要，双方可协商确定其他亚类。

第八条 联合资助方根据协议规定的研究领域并结合其发展需求提出联合基金年度项目指南建议。自然科学基金委根据科学基金发展规划、联合基金协议及联合资助方的年度项目指南建议，在广泛听取专家意见的基础上，制定年度项目指南。

年度项目指南应当在接收项目申请起始之日30日前公布。

第九条 依托单位的科学技术人员具备下列条件的，可以申请联合基金项目：

（一）具有承担基础研究课题或者其他从事基础研究的经历；

（二）具有高级专业技术职务（职称）或者具有博士学位；

（三）年度项目指南规定的其他条件。

第十条 申请联合基金项目的数量应当符合年度项目指南中对申请和承担项目数量的限制。

第十一条 申请人应当是申请联合基金项目的实际负责人，限为1人。

参与者与申请人不是同一单位的，参与者所在单位视为合作研究单位，合作研究单位的数量不得超过2个，年度项目指南有特别规定的除外。

第十二条 申请人应当按照年度项目指南要求，通过依托单位提出书面申请。申请人应当对所提交的申请材料的真实性负责。

依托单位应当对申请材料的真实性和完整性进行审核，统一提交自然科学基金委。

申请人可以向自然科学基金委提供3名以内不适宜评审其项目申请的通讯评审专家名单。

第十三条 申请人或者具有高级专业技术职务（职称）的参与者的单位有下列情况之一的，应当在申请时注明：

（一）同年申请或者参与申请各类项目的单位不一致的；

（二）与正在承担的各类项目的单位不一致的。

第十四条 自然科学基金委应当自联合基金项目申请截止之日起45日内完成对申请材料的初步审查。符合本办法规定的，予以受理并公布申请人基本情况和依托单位名称、申请项目名称。有下列情形之一的，不予受理，通过依托单位书面通知申请人，并说明理由：

（一）申请人不符合本办法规定条件的；

（二）申请材料不符合年度项目指南要求的；

（三）未在规定期限内提交申请的；

（四）申请人、参与者在不得申请国家自然科学基金资助的处罚期内的；

（五）依托单位在不得作为依托单位的处罚期内的。

第三章 评审与批准

第十五条 自然科学基金委负责组织同行专家对受理的联合基金项目申请进行评审。项目评审程序包括通讯评审和会议评审。

第十六条 评审专家对联合基金项目申请应当从科学价值、创新性、社会影响以及研究方案的可行性等方面进行独立判断和评价，提出评审意见。

评审专家提出评审意见时，还应当考虑申请人和参与者的研究经历、研究基础和相关的研究条件、项目申请经费使用计划的合理性以及各项联合基金设立的定位和特殊要求。

第十七条 自然科学基金委对已受理的联合基金项目申请，应当根据申请书内容和有关评审要求从同行专家库中随机选择3名以上专家进行通讯评审。

对于申请人提供的不适宜评审其项目申请的评审专家名单，自然科学基金委在选择通讯评审专家时应当根据实际情况予以考虑。

培育项目每份申请的有效通讯评审意见不得少于3份；重点支持项目等其他亚类项目每份申请的有效通讯评审意见不得少于5份。

第十八条 通讯评审完成后，自然科学基金委应当组织专家对联合基金项目申请进行会议评审，会议评审专家应当为9人以上且符合自然科学基金委关于选聘评审专家的原则和要求。

第十九条 自然科学基金委应当根据通讯评审情况对项目申请进行排序和分类，确定参加会议评审的项目申请。必要时可会同联合资助方按照双方约定方式共同确定。

自然科学基金委应当向会议评审专家提供年度资助计划、项目申请书和通讯评审意见等评审材料。

第二十条 联合基金项目需要到会答辩的，其申请人应当到会答辩，不到会答辩的，视为放弃申请。确因不可抗力不能到会答辩的，申请人经自然科学基金委批准可以委托项目参与者到会答辩。

会议评审专家应当在充分考虑申请人答辩情况、通讯评审意见和资助计划的基础上，结合联合基金的特点，对会议评审项目以无记名投票的方式表决，建议予以资助的项目应当以出席会议评审专家的过半数通过。

第二十一条 自然科学基金委根据本办法的规定和专家会议表决结果，决定予以资助的项目。设有管委会的联合基金，由管委会决定予以资助的项目。

第二十二条 决定予以资助的，自然科学基金委应当根据专家评审意见以及资助额度等及时制作资助通知书，书面通知依托单位和申请人，并公布申请人基本情况以及依托单位名称、申请项目名称、资助额度等；决定不予资助的，应当及时书面通知申请人和依托单位，并说明理由。

自然科学基金委应当整理专家评审意见，并向申请人和依托单位提供。

第二十三条 申请人对不予受理或者不予资助的决定不服的，可以自收到通知之日起15日内，向自然科学基金委提出书面复审申请。对评审专家的学术判断有不同意见，不得作为提出复审申请的理由。

自然科学基金委应当按照有关规定对复审申请进行审查和处理。

第四章 实施与管理

第二十四条 自然科学基金委应当公告予以资助项目的名称以及依托单位名称，公告期为5日。公告期满视为依托单位和项目负责人收到资助通知。

依托单位应当组织项目负责人按照资助通知书的要求填写项目计划书（一式两份），并在收到资助通知之日起20日内完成审核，提交自然科学基金委。

自然科学基金委应当自收到项目计划书之日起30日内审核项目计划书，并在核准后将其中1份返还依托单位。核准后的项目计划书作为项目实施、经费拨付、检查和结题的依据。

项目负责人除根据资助通知书要求对申请书内容进行调整外，不得对其他内容进行变更。

逾期未提交项目计划书且在规定期限内未说明理由的，视为放弃接受资助。

第二十五条 项目负责人应当按照项目计划书组织开展研究工作，做好资助项目实施情况的原始记录，填写项目年度进展报告。

依托单位应当审核项目年度进展报告并于次年1月15日前提交自然科学基金委。

第二十六条 自然科学基金委应当审查提交的项目年度进展报告。对未按时提交的，责令其在10日内提交，并视情节按有关规定处理。

第二十七条 自然科学基金委应当在重点支持项目实施中期，会同联合资助方组织同行专家对项目进展和经费使用情况等进行检查。

中期检查采取会议或者通讯评审方式进行，中期检查的专家应当为5人以上，其中应当包括参加过该项目评审的专家。

第二十八条 联合基金项目实施中，依托单位不得擅自变更项目负责人。

项目负责人有下列情形之一的，依托单位应当及时提出变更项目负责人或者终止项目实施的申请，报自然科学基金委批准；自然科学基金委也可以直接作出终止项目实施的决定：

（一）不再是依托单位科学技术人员的；

（二）不能继续开展研究工作的；

（三）有剽窃他人科学研究成果或者在科学研究中有弄虚作假等行为的；

（四）调入的依托单位不符合该联合基金申请条件。

项目负责人调入另一依托单位工作的，经所在依托单位与原依托单位协商一致，由原依托单位提出变更依托单位的申请，报自然科学基金委批准。协商不一致的，自然科学基金委作出终止该项目负责人所负责的项目实施的决定。

第二十九条 依托单位和项目负责人应当保证参与者的稳定。

参与者不得擅自增加或者退出。由于客观原因确实需要增加或者退出的，由项目负责人提出申请，经依托单位审核后报自然科学基金委批准。

新增加的参与者应当符合年度项目指南的要求。

第三十条 项目负责人或者参与者变更单位以及增加参与者的，合作研究单位应当符合本办法第十一条的要求。

第三十一条 联合基金项目实施过程中，研究内容或者研究计划需要作出重大调整的，项目负责人应当及时提出申请，经依托单位审核后报自然科学基金委批准。

第三十二条 由于客观原因不能按期完成研究计划的，项目负责人可以申请延期1次，申请延长的期限不得超过2年。

项目负责人应当于项目资助期限届满60日前提出延期申请，经依托单位审核后报自然科学基金委批准。

批准延期的项目在结题前应当按时提交项目年度进展报告。

第三十三条 发生本办法第二十八条、第二十九条、第三十一条、第三十二条情形，自然科学基金委作出批准、不予批准和终止决定的，应当及时通知依托单位和项目负责人。

第三十四条 自项目资助期满之日起60日内，项目负责人应当撰写结题报告、编制项目资助经费决算；取得研究成果的，应当同时提交研究成果报告。项目负责人应当对结题材料的真实性负责。

依托单位应当对结题材料的真实性和完整性进行审核，统一提交自然科学基金委。

第三十五条 有下列情况之一的，自然科学基金委应当责令依托单位、项目负责人10日内提交或者改正；逾期不提交或者改正的，视情节按有关规定处理：

（一）未按时提交结题报告的；

（二）未按时提交资助经费决算的；

（三）提交的结题报告材料不齐全或者手续不完备的；

（四）提交的资助经费决算手续不全或者不符合填报要求的；

（五）其他不符合自然科学基金委要求的情况。

第三十六条 自然科学基金委应当自收到项目结题材料之日起90日内进行审查。

对重点支持项目还应会同联合资助方组织同行专家对项目完成情况通过通讯评审或会议评审方式进行结题审查。评审专家应当从以下方面审查项目的完成情况，并向自然科学基金委提供评价意见：

（一）项目计划执行情况；

（二）研究成果情况；

（三）人才培养情况；

（四）国际合作与交流情况；

（五）资助经费的使用情况。

自然科学基金委根据结题材料提交情况和评审专家意见，作出予以结题的决定并书面通知依托单位和项目负责人。

第三十七条 自然科学基金委应当公布准予结题项目的结题报告、研究成果报告和项目申请摘要。

第三十八条 联合基金项目取得的研究成果，应当按照年度项目指南标明联合基金名称和项目批准号。

第三十九条 联合基金项目取得的研究成果按照自然科学基金委成果管理的有关规定执行。项目形成的知识产权的归属、使用和转移，按照国家有关法律、法规执行。

联合资助协议中有特殊约定或年度项目指南中有明确规定的，按照约定和规定执行。

第五章 附则

第四十条 根据联合资助协议或工作需要，自然科学基金委可以向联合资助方提供项目申请书、项目计划书、年度进展报告和结题报告。

第四十一条 联合基金项目评审、中期检查和结题验收审查等活动执行自然科学基金项目评审回避与保密的有关规定。

联合基金项目管理中涉及国家秘密的，按照国家有关法律、法规执行。

第四十二条 本办法自 2015 年 11 月 1 日起施行。

国家自然科学基金重大研究计划管理办法

（2015年5月12日国家自然科学基金委员会委务会议通过）

第一章　总则

第一条　为了规范和加强国家自然科学基金重大研究计划（以下简称重大研究计划）管理，根据《国家自然科学基金条例》，制定本办法。

第二条　重大研究计划围绕国家重大战略需求和重大科学前沿，加强顶层设计，凝练科学目标，凝聚优势力量，形成具有相对统一目标或方向的项目集群，促进学科交叉与融合，培养创新人才和团队，提升我国基础研究的原始创新能力，为国民经济、社会发展和国家安全提供科学支撑。

第三条　重大研究计划应当遵循有限目标、稳定支持、集成升华、跨越发展的基本原则。

重大研究计划执行期一般为8年。

第四条　国家自然科学基金委员会（以下简称自然科学基金委）在重大研究计划管理过程中履行下列职责：

（一）组织与批准重大研究计划立项；

（二）组建重大研究计划指导专家组（以下简称指导专家组）；

（三）组织制定并发布项目指南；

（四）受理项目申请；

（五）组织专家进行项目评审；

（六）批准资助项目；

（七）管理和监督资助项目实施；

（八）组织重大研究计划评估；

（九）审核批准重大研究计划实施结束。

第五条　每个重大研究计划均应设立指导专家组，以实现对重大研究计划的顶层设计和学术指导。指导专家组由7~9名来自不同单位、不同领域的专家组成，设组长1人，副组长1人。指导专家组成员应当保持稳定，除不可抗力外，组长和副组长不得中途退出指导专家组。

指导专家组成员应当具备以下条件：

（一）具备良好的科学道德，公道正派；

（二）学术水平高，熟悉相关领域的科学技术发展趋势；

（三）具有宽广的学术视野、较强的战略思维和宏观把握能力；

（四）年龄不超过65周岁。

第六条　指导专家组履行下列职责：

（一）提出重大研究计划实施规划书（以下简称实施规划书）；

（二）提出项目指南建议；

（三）参加会议评审工作；

（四）指导在研项目的年度学术交流活动；

（五）跟踪项目进展，开展战略研究；

（六）编制重大研究计划中期评估自评估报告和阶段实施报告；

（七）编制重大研究计划结束评估总结报告、研究成果报告和战略研究报告。

第七条 自然科学基金委设立重大研究计划管理工作组，由主管科学部和相关科学部工作人员组成。履行自然科学基金委的有关职责，负责重大研究计划的组织实施及项目管理工作，联系指导专家组。

管理工作组设组长1人，由重大研究计划主管科学部负责人担任。

第八条 重大研究计划项目的经费使用与管理，按照国家自然科学基金资助项目资金管理有关规定执行。

第二章 重大研究计划立项

第九条 重大研究计划立项应当符合下列条件：

（一）研究方向符合国家科技发展规划和科学基金的优先发展领域；

（二）在我国基础研究发展总体布局中具有重点部署的必要性及合理性；

（三）核心科学问题体现基础性、前瞻性和交叉性；

（四）科学目标明确，具有可检验性；

（五）具备较好的研究工作积累及所需的基本研究条件；

（六）具有一定规模的高水平研究队伍以及若干在国际科学前沿作出有影响工作的科学家；

（七）通过实施重大研究计划，该领域或方向的整体水平应在国际上有显著的提高，实现跨越式发展。

第十条 在广泛征求科学家意见的基础上，自然科学基金委科学部提出重大研究计划立项设想，经科学部专家咨询委员会论证后，报自然科学基金委委务会议审议。

自然科学基金委委务会议以记名投票、超过半数通过的方式进行差额遴选，批准重大研究计划立项设想。

第十一条 对于批准的立项设想，科学部应当组织专家起草组撰写重大研究计划立项建议书。

立项建议书的内容包括：立项依据、总体目标与核心科学问题、国内现有工作基础、研究条件与队伍状况、计划框架与组织方式、实施年限与经费预算、指导专家组和管理工作组的建议名单。

第十二条 自然科学基金委委务（扩大）会议对立项建议书进行审议，以记名投票、超过半数通过的方式遴选，批准重大研究计划立项并成立指导专家组和管理工作组。

第十三条 指导专家组根据委务（扩大）会的意见和建议提出实施规划书，报自然科学基金委审批。

实施规划书是项目指南制定以及重大研究计划整体实施和评估的依据，包括科学目标与核心科学问题、主要研究内容、实施方案、年度经费安排计划等细化内容。

第三章 项目申请与受理

第十四条 指导专家组根据实施规划书和学科发展趋势，提出年度项目指南建议，自然科学基金委根据年度项目指南建议制定年度项目指南，并在接收项目申请起始之日30日前公布。

第十五条 重大研究计划项目包括培育项目、重点支持项目、集成项目和战略研究项目4个亚类。

（一）培育项目是指符合重大研究计划的研究目标和资助范围，创新性明显，尚需在研究中进一步明确突破方向和凝聚研究力量的项目，研究期限一般为3年；

（二）重点支持项目是指研究方向属于国际前沿，创新性强，有很好的研究基础和研究队伍，有望取得重要研究成果，并且对重大研究计划目标的完成有重要作用的项目，研究期限一般为4年；

（三）集成项目是指在前期资助和调研的基础上，针对重大研究计划中非常重要和有望突破的方向，明确目标，集中优势力量，能够实现跨越发展，使我国在该领域的研究水平处于国际前列或领先水平的项目，研究期限根据整个重大研究计划的安排确定；

（四）战略研究项目是指用于支持指导专家组进行战略调研、项目跟踪、专题研讨以及学术交流等活动的项目，研究期限根据需要确定。

第十六条 依托单位的科学技术人员具备下列条件的，可以申请重大研究计划项目：

（一）具有承担基础研究课题的经历；

（二）具有高级专业技术职务（职称）。

正在博士后流动站或者工作站内从事研究、正在攻读研究生学位以及无工作单位或者所在单位不是依托单位的科学技术人员均不得申请。

申请人应当是申请重大研究计划项目的实际负责人，限为1人。

申请人申请项目的数量应当符合年度项目指南中对申请和承担项目数量的限制。

指导专家组成员任职期间不得申请和参与申请本重大研究计划项目（战略研究项目除外）。根据需要申请和参与申请集成项目的指导专家组成员应退出指导专家组。

第十七条 重大研究计划项目申请人与参与者不是同一单位的，参与者所在单位视为合作研究单位。培育项目和重点支持项目的合作研究单位的数量不得超过2个，集成项目的合作研究单位不得超过4个。

第十八条 申请人应当按照项目指南要求，通过依托单位提出书面申请。申请人应当对所提交的申请材料的真实性负责。

依托单位应当对申请材料的真实性和完整性进行审核，统一提交自然科学基金委。

申请人可以向自然科学基金委提供3名以内不适宜评审其项目申请的通讯评审专家名单。

第十九条 申请人或者具有高级专业技术职务（职称）的参与者的单位有下列情况之一的，应当在申请时注明：

（一）同年申请或者参与申请各类项目的单位不一致的；

（二）与正在承担的各类项目的单位不一致的。

第二十条 自然科学基金委应当自项目申请截止之日起45日内完成对申请材料的初步审查。符合本办法规定的，予以受理并公布申请人基本情况和依托单位名称、申请项目名称。有下列情形之一的，不予受理，通过依托单位书面通知申请人，并说明理由：

（一）申请人不符合本办法规定条件的；

（二）申请材料不符合项目指南要求的；

（三）未在规定期限内提交申请的；

（四）申请人、参与者在不得申请或者参与申请国家自然科学基金资助的处罚期内的；

（五）依托单位在不得作为依托单位的处罚期内的。

第四章 项目评审和批准

第二十一条 自然科学基金委负责组织同行专家对受理的项目申请进行评审，评审程序包括通讯评审和会议评审。

第二十二条 评审专家对项目申请应当从科学价值、创新性、社会影响以及研究方案的可行性等方面进行独立判断和评价，提出评审意见。

评审专家提出评审意见时还应当按照本办法第二条和第十五条的要求考虑以下几个方面：

（一）凝练科学问题和科学目标的情况；

（二）与重大研究计划总体目标的相关性；

（三）研究队伍构成、研究基础和相关的研究条件；

（四）申请经费使用计划的合理性。

第二十三条 对于已受理的项目申请，自然科学基金委根据申请书内容和有关评审要求，随机选取 5 名以上同行专家进行通讯评审，对交叉领域项目应当注意专家的学科覆盖面。

对于申请人提供的不适宜评审其重大研究计划项目申请的评审专家名单，自然科学基金委在选择评审专家时应当根据实际情况予以考虑。

每个项目申请的有效评审意见不得少于 5 份。

第二十四条 自然科学基金委根据通讯评审意见分类排序确定参加会议评审的项目申请。

会议评审专家应当主要来自指导专家组，同时还可以邀请相关领域专家组成。会议评审由指导专家组组长或副组长主持。到会评审专家应当为 13 人以上。

自然科学基金委应当向会议评审专家提供年度资助计划、重大研究计划项目申请书和通讯评审意见等评审材料。

第二十五条 被确定参加会议评审的重点支持项目或集成项目，其申请人应当到会答辩，不到会答辩的，视为放弃申请。确因不可抗力不能到会答辩的，申请人经自然科学基金委批准可以委托项目参与者到会答辩。

会议评审专家应当在充分考虑申请人答辩情况、通讯评审意见和资助计划的基础上，对会议评审项目以无记名投票的方式表决，建议予以资助的项目应当以出席会议评审专家的过半数通过。

第二十六条 会议评审专家认为的非共识项目等特殊项目，2 名以上的会议评审专家可以署名推荐，经会议评审组以无记名方式投票表决，建议予以资助的项目应当以出席会议评审专家的三分之二以上的多数通过。

指导专家组认为需要特殊部署的项目，由指导专家组成员提出建议，指导专家组另行召开会议，集体讨论确定。

第二十七条 自然科学基金委根据本办法的规定和会议评审结果，决定予以资助的项目。

第二十八条 自然科学基金委决定予以资助的，应当根据专家评审意见以及资助额度等及时制作资助通知书，书面通知依托单位和申请人，并公布申请人基本情况以及依托单位名称、申请项目名称、资助额度等；决定不予资助的，应当及时书面通知申请人和依托单位，并说明理由。

自然科学基金委应当整理专家评审意见，并向申请人和依托单位提供。

第二十九条 申请人对不予受理或者不予资助的决定不服的，可以自收到通知之日起 15 日内，向自然科学基金委提出书面复审申请。对评审专家的学术判断有不同意见，不得作为提出复审申请的理由。

自然科学基金委应当按照有关规定对复审申请进行审查和处理。

第五章　项目实施与管理

第三十条　自然科学基金委应当公告予以资助的重大研究计划项目名称以及依托单位名称，公告期为5日。公告期满视为依托单位和项目负责人收到资助通知。

依托单位应当组织项目负责人按照资助通知书的要求填写项目计划书（一式两份），并在收到资助通知之日起20日内完成审核，提交自然科学基金委。

自然科学基金委应当自收到项目计划书之日起30日内审核计划书，并在核准后将其中1份返还依托单位。核准后的项目计划书作为项目实施、经费拨付、中期检查和结题审查的依据。

项目负责人除根据资助通知书要求对申请书内容进行调整外，不得对其他内容进行变更。

逾期未提交项目计划书且在规定期限内未说明理由的，视为放弃接受资助。

第三十一条　自然科学基金委应当会同指导专家组对正在实施的项目通过年度交流会、中期检查、专题研讨、实地考察及结题审查等方式进行跟踪检查，保障项目的顺利实施。

第三十二条　项目负责人应当按照项目计划书组织开展研究工作，做好资助项目实施情况的原始记录，填写项目年度进展报告。

依托单位应当审核项目年度进展报告并于次年1月15日前提交自然科学基金委。

第三十三条　自然科学基金委应当审查提交的项目年度进展报告。对未按时提交的，责令其在10日内提交，并视情节按有关规定处理。

第三十四条　自然科学基金委应当会同指导专家组在重点支持项目和集成项目实施中期组织同行专家对项目进展和经费使用情况等进行检查。

中期检查采取会议或者通讯评审方式进行，会议方式也可以与重大研究计划学术研讨与交流活动共同进行。

第三十五条　重大研究计划项目实施过程中，一般不得变更依托单位，依托单位不得擅自变更项目负责人。

项目负责人有下列情形之一的，依托单位应当及时提出变更项目负责人或者终止项目实施的申请，报自然科学基金委批准；自然科学基金委也可以直接作出终止项目实施的决定：

（一）不再是依托单位科学技术人员的；

（二）不能继续开展研究工作的；

（三）有剽窃他人科学研究成果或者在科学研究中有弄虚作假等行为的。

第三十六条　依托单位和重大研究计划项目负责人应当保证项目参与者的稳定。

参与者不得擅自增加或者退出。由于客观原因确实需要增加或者退出的，由负责人提出申请，经依托单位审核后报自然科学基金委批准。

新增加的参与者应当符合项目指南的限项要求。退出的参与者1年内不得申请重大研究计划项目。

项目参与者变更单位以及增加参与者的，合作研究单位的数量应当符合本办法第十七条要求。

第三十七条　项目实施过程中，研究内容或者研究计划需要作出重大调整的，项目负责人应当及时提出申请，经依托单位审核后报自然科学基金委批准。

第三十八条　由于客观原因不能按期完成研究计划项目的，项目负责人可以申请延期1次，申请延长的期限不得超过 2 年。

项目负责人应当于项目资助期限届满 60 日前提出延期申请，经依托单位审核后报自然科学基金委批准。

第三十九条 发生本办法第三十五条、第三十六条、第三十七条、第三十八条情形，自然科学基金委作出批准、不予批准和终止决定的，应当及时通知依托单位、项目负责人。

第四十条 自项目资助期满之日起 60 日内，项目负责人应当撰写结题报告、编制项目资助经费决算；取得研究成果的，应当同时提交研究成果报告。项目负责人应当对结题材料的真实性负责。

依托单位应当对结题材料的真实性和完整性进行审核，统一提交自然科学基金委。

第四十一条 有下列情况之一的，自然科学基金委应当责令依托单位、项目负责人 10 日内提交或者改正；逾期不提交或者改正的，视情节按有关规定处理：

（一）未按时提交结题报告的；

（二）未按时提交资助经费决算的；

（三）提交的结题报告材料不齐全或者手续不完备的；

（四）提交的资助经费决算手续不全或者不符合填报要求的；

（五）其他不符合自然科学基金委要求的情况。

第四十二条 自然科学基金委应当自收到结题材料之日起 90 日内，组织同行专家对重大研究计划项目完成情况进行审查。

审查采取会议评审或者通讯评审方式进行。会议评审专家应当为 13 人以上，其中应当包括参加过该项目评审或者中期检查的专家。会议评审也可以与重大研究计划学术研讨与交流活动共同进行。

第四十三条 评审专家应当从以下方面审查重大研究计划项目的完成情况，并向自然科学基金委提供评价意见：

（一）项目计划执行情况；

（二）研究成果情况；

（三）人才培养情况；

（四）对重大研究计划的贡献情况；

（五）国际合作与交流情况；

（六）资助经费的使用情况。

第四十四条 自然科学基金委根据结题材料提交情况和评审专家意见，作出予以结题的决定并书面通知依托单位和项目负责人。

第四十五条 自然科学基金委应当公布准予结题的重大研究计划项目的结题报告、研究成果报告和申请摘要。

第四十六条 重大研究计划项目取得的研究成果，应当按照自然科学基金委成果管理的有关规定注明得到国家自然科学基金资助。

第四十七条 重大研究计划项目研究形成的知识产权的归属、使用和转移，按照国家有关法律、法规执行。

第六章 重大研究计划评估

第四十八条 自然科学基金委应当对同期的重大研究计划统一组织评估。在重大研究计划实施中期进行中期评估，实施结束进行结束评估。

自然科学基金委组建综合评估专家组对重大研究计划进行综合评估。正在承担被评估的重大研究计划项目的科学技术人员不得担任综合评估专家组专家。

第四十九条 自然科学基金委按照重大研究计划实施时间分批组织中期评估。

中期评估包括中期自评估与中期综合评估两个阶段。

第五十条 指导专家组在项目学术交流或研讨的基础上，对重大研究计划的整体方向、阶段重要进展以及经费使用情况等进行中期自评估，并形成重大研究计划自评估报告。

第五十一条 自然科学基金委应当在重大研究计划自评估的基础上，组织综合评估专家组对重大研究计划中期实施情况进行评估。

中期综合评估采取会议评审方式进行。

评估专家应当从以下方面评估重大研究计划的中期实施情况，并形成重大研究计划中期评估意见。

（一）重大研究计划的部署情况；

（二）阶段性重要进展及其影响；

（三）重大研究计划目标实现情况；

（四）集成思路及集成工作实施情况。

第五十二条 自然科学基金委根据重大研究计划中期评估意见审批下一阶段重大研究计划实施方案和经费计划。

指导专家组根据批准的重大研究计划实施方案，形成重大研究计划下一阶段实施报告，报自然科学基金委审批后实施。

第五十三条 自然科学基金委按照重大研究计划实施结束时间分批组织结束评估。

结束评估包括结束自评估与结束综合评估两个阶段。

第五十四条 指导专家组负责组织结束自评估，通过全面总结重大研究计划的执行情况、实施效果及体现重大研究计划水平的集成成果，形成重大研究计划总结报告和研究成果报告；通过深入分析国内外研究现状和发展趋势，提出该领域下一步深入研究的设想和建议，形成战略研究报告。

第五十五条 结束综合评估采取会议评审方式进行。

综合评估专家组评估专家应当就重大研究计划的总体设计及实施效果进行评估并形成重大研究计划结束评估意见，评估意见主要包括：

（一）顶层设计情况；

（二）研究计划完成情况；

（三）成果的水平与创新性；

（四）研究队伍创新能力、优秀人才培养情况；

（五）经费使用情况。

第五十六条 自然科学基金委根据重大研究计划结束评估意见，确定重大研究计划实施结束。

第七章 附则

第五十七条 重大研究计划项目评审、中期检查和重大研究计划中期评估、结束评估等，执行自然科学基金项目评审回避与保密的有关规定。

第五十八条 本办法自 2015 年 7 月 1 日起施行。

国家自然科学基金专项项目管理办法

（2018年9月10日第11次委务会议审议通过）

第一章　总则

第一条　为了规范和加强国家自然科学基金专项项目（以下简称专项项目）的管理，根据《国家自然科学基金条例》（以下简称《条例》），制定本办法。

第二条　专项项目支持需要及时资助的创新研究，以及与国家自然科学基金发展相关的科技活动等。

第三条　国家自然科学基金委员会（以下简称自然科学基金委）在专项项目管理过程中履行以下职责：

（一）根据需要制定并发布项目指南；

（二）受理项目申请；

（三）组织专家进行评审；

（四）批准资助项目；

（五）管理和监督资助项目实施。

第四条　专项项目的资金使用与管理，按照国家自然科学基金资助项目资金管理的有关规定执行。

第二章　资助范围

第五条　专项项目分为研究项目和科技活动项目两个亚类。

第六条　专项项目中的研究项目用于资助以下研究任务：

（一）及时落实国家经济社会与科学技术等领域战略部署的研究；

（二）重大突发事件中涉及的关键科学问题研究；

（三）需要及时资助的创新性强、有发展潜力的、涉及前沿科学问题的研究。

第七条　专项项目中的科技活动项目用于资助与国家自然科学基金发展相关的战略与管理研究、学术交流、科学传播、平台建设等活动。

第三章　申请、评审与资助

第八条　自然科学基金委应当根据国家经济社会与科学技术等领域战略部署和重大突发事件中关键科学问题等的研究需要，通过发布项目指南或者委托方式组织项目申请。

第九条　依托单位的科学技术人员具备下列条件的，可以申请专项项目：

（一）具有承担基础研究课题或者其他从事基础研究的经历；

（二）具有高级专业技术职务（职称）或者具有博士学位。

正在博士后流动站或者工作站内从事研究工作、正在攻读研究生学位以及无工作单位或者所在单位不是依托单位的人员不得申请专项项目。

第十条　申请专项项目的数量应当符合项目相关指南中对申请数量的限制。除特殊说明外，同年申请研究项目限为1项。

第十一条 申请人应当是申请专项项目的实际负责人，限为1人。

第十二条 申请人应当通过依托单位提出书面申请。申请人应当对所提交的申请材料的真实性负责。

依托单位应当对申请材料的真实性和完整性进行审核，提交自然科学基金委。

科技活动项目一般应当在活动开展前3个月提出申请。

第十三条 具有高级专业技术职务（职称）的申请人或者参与者的单位有下列情况之一的，应当在申请时注明：

（一）同年申请或者参与申请各类项目的单位不一致的；

（二）与正在承担的各类项目的单位不一致的。

第十四条 自然科学基金委应当自项目申请截止之日起45日内完成对申请材料的初步审查。有下列情形之一的，不予受理：

（一）申请人不符合本办法规定条件的；

（二）申请材料不符合项目指南等要求的；

（三）未在规定期限内提交申请的；

（四）申请人、参与者在不得申请或者参与申请国家自然科学基金资助的处罚期内的；

（五）依托单位在不得作为依托单位的处罚期内的。

第十五条 自然科学基金委应当组织专家进行通讯评审或者会议评审。采用通讯评审方式的，每个项目申请的有效通讯评审意见应当不少于3份；采用会议评审方式的，到会评审专家应当不少于7人。

第十六条 评审专家对项目申请应当根据本办法第六条、第七条所列的各类项目资助目的进行独立判断和评价，提出评审意见。有效通讯评审意见为多数不同意资助的，或会议评审专家赞成票未超过半数的，不得予以资助。

第十七条 自然科学基金委根据专家评审结果做出专项项目的资助决定。决定予以资助的，应当及时制作资助通知书，书面通知依托单位和申请人，并公布申请人基本情况以及依托单位名称、申请项目名称、资助额度等。决定不予资助的，应当及时书面通知申请人和依托单位，并说明理由。

自然科学基金委应当整理专家评审意见，及时向申请人和依托单位提供。

第十八条 申请人对不予受理或者不予资助的决定不服的，可以自收到通知之日起15日内，向自然科学基金委提出书面复审申请。对评审专家的学术判断有不同意见，不得作为提出复审申请的理由。

自然科学基金委应当按照有关规定对复审申请进行审查和处理。

第十九条 专项项目评审执行自然科学基金委项目评审回避与保密的有关规定。

第四章 实施与管理

第二十条 依托单位应当组织项目负责人按照资助通知书的要求填写项目计划书（一式两份），并在收到资助通知之日起20日内完成审核，提交自然科学基金委。

自然科学基金委应当自收到项目计划书之日起30日内审核项目计划书，并在核准后将其中1份返还依托单位。核准后的项目计划书作为项目实施、经费拨付、检查和结题的依据。

项目负责人除根据资助通知书要求对申请书内容进行调整外，不得对其他内容进行变更。

逾期未提交项目计划书且在规定期限内未说明理由的，视为放弃接受资助。

第二十一条 项目负责人应当按照项目计划书组织开展研究或相关活动，做好资助项目实施情况的原始记录，资助期限2年以上的应当填写项目年度进展报告。

依托单位应当审核项目年度进展报告并于次年1月15日前提交自然科学基金委。

第二十二条 自然科学基金委应当审查提交的项目年度进展报告。对未按时提交的，责令其在10日内提交，并视情节按有关规定处理。

第二十三条 自然科学基金委应当对专项项目的实施情况进行抽查。

第二十四条 专项项目实施过程中，依托单位不得擅自变更项目负责人。

项目负责人有下列情形之一的，依托单位应当及时提出变更项目负责人或者终止项目实施的申请，报自然科学基金委批准；自然科学基金委也可以直接作出终止项目实施的决定：

（一）不再是依托单位科学技术人员的；

（二）不能继续开展研究工作或者组织活动的；

（三）有剽窃他人科学研究成果或者有弄虚作假等行为的。

项目负责人调入另一依托单位工作的，经所在依托单位与原依托单位协商一致，由原依托单位提出变更依托单位的申请，报自然科学基金委批准。协商不一致的，自然科学基金委作出终止该项目实施的决定。

第二十五条 依托单位和项目负责人应当保证参与者的稳定。

参与者不得擅自增加或者退出。由于客观原因确实需要增加或者退出的，由项目负责人提出申请，经依托单位审核后报自然科学基金委批准。

第二十六条 项目实施过程中，研究内容需要作出重大调整的，项目负责人应当及时提出申请，经依托单位审核后报自然科学基金委批准。

第二十七条 由于客观原因不能按期完成计划的，项目负责人可以申请延期1次，申请延长的期限不得超过2年。

项目负责人应当于项目资助期限届满60日前提出延期申请，经依托单位审核后报自然科学基金委批准。

第二十八条 发生第二十四条、二十五条、二十六条、二十七条情形的，自然科学基金委作出批准、不予批准和终止决定的，应当及时通知依托单位和项目负责人。

第二十九条 自项目资助期满之日起60日内，项目负责人应当撰写结题报告、编制项目资助资金决算；取得研究成果的，应当同时提交研究成果报告。项目负责人应当对结题材料的真实性负责。

依托单位应当对结题材料的真实性和完整性进行审核，统一提交自然科学基金委。

对未按时提交结题报告材料的，自然科学基金委责令其在10日内提交，并视情节按有关规定处理。

自然科学基金委可以根据需要组织同行专家对项目完成情况通过通讯评审或者会议评审方式进行结题审查。

第三十条 自然科学基金委应当自收到结题材料之日起90日内进行审查。对符合结题要求的，准予结题并书面通知依托单位和项目负责人。

有下列情况之一的，责令改正并视情节按有关规定处理：

（一）提交的结题报告材料不齐全或者手续不完备的；

（二）其他不符合自然科学基金委要求的情况。

第三十一条 自然科学基金委应当公布准予结题项目的结题报告、研究成果报告和项目申请摘要。

第三十二条 发表专项项目取得的研究成果，以及向各级政府报送的政策咨询报告或者建议，应当按照国家自然科学基金项目研究成果管理的有关规定注明得到国家自然科学基金资助。

第三十三条 专项项目研究形成的知识产权的归属、使用和转移，按照国家有关法律法规执行。

第五章　附则

第三十四条 本办法自 2019 年 1 月 1 日起试行。1998 年 4 月 2 日修订通过的《国家自然科学基金委员会主任基金管理办法》和 2007 年 7 月 3 日通过的《国家自然科学基金委员会科学部主任基金项目管理暂行规定》同时废止。

国家重大科研仪器研制项目管理办法

（2018年12月4日第14次委务会议审议通过）

第一章 总则

第一条 为了规范和加强国家重大科研仪器研制项目（以下简称重大科研仪器项目）管理，根据《国家自然科学基金条例》，制定本办法。

第二条 重大科研仪器项目面向科学前沿和国家需求，以科学目标为导向，资助对促进科学发展、探索自然规律和开拓研究领域具有重要作用的原创性科研仪器与核心部件的研制，以提升我国的原始创新能力。

重大科研仪器项目包括部门推荐项目和自由申请项目两个亚类。

第三条 国家自然科学基金委员会（以下简称自然科学基金委）在重大科研仪器项目管理中履行下列职责：

（一）制定并发布项目指南；

（二）受理项目申请；

（三）组织专家进行评审；

（四）批准资助项目；

（五）管理和监督项目实施，组织中期检查和验收工作；

（六）促进科研仪器开放共享，推动项目成果转化。

第四条 项目组织部门是部门推荐项目依托单位的主管部门，在部门推荐项目管理中履行下列职责：

（一）推荐项目申请；

（二）组织制定项目监理规章制度及相关工作程序；

（三）成立项目监理工作组，实施第三方独立监理职责；

（四）跟踪、监督和推进项目实施。

项目组织部门由自然科学基金委确定。

第五条 依托单位在重大科研仪器项目管理中履行下列职责：

（一）组织项目申请；

（二）建立完善的项目管理体系；

（三）落实项目实施的保障条件；

（四）跟踪和推动项目实施，及时报告重大事项；

（五）监督项目资金使用；

（六）配合项目管理及监理工作；

（七）其他相关工作。

第六条 自然科学基金委对每个部门推荐项目设立管理工作组。管理工作组在部门推荐项目管理中履行下列职责：

（一）审核资助项目计划书、年度进展报告、年度监理报告、结题报告和研究成果报告；

（二）组织专家组对项目进行中期检查和验收；

（三）向委务会议汇报项目中期检查情况和验收情况。

第七条 部门推荐项目实行监理制度。项目组织部门负责组织实施监理工作，对每个部门推荐项目设立监理工作组。监理工作组在部门推荐项目管理中履行下列职责：

（一）监督检查依托单位和合作研究单位管理体系的建立情况、贯彻执行相关法律法规和政策的情况，以及项目实施相关保障条件的落实情况；

（二）监督检查项目的任务分解、组织实施情况及相关技术文件的管理情况；

（三）监督检查项目的质量控制和进度、技术状态及技术风险情况；

（四）向依托单位和项目组织部门随时报告监理过程中出现的问题。

（五）撰写监理活动报告和年度监理报告，提交项目组织部门；

（六）项目组织部门委托的其他监理工作事项。

第八条 重大科研仪器项目实行成本补偿的资助方式，资金的使用与管理按照《国家自然科学基金资助项目资金管理办法》及有关规定执行。

第二章 申请与受理

第九条 自然科学基金委应当在接收项目申请起始之日30日前公布重大科研仪器项目指南。

第十条 依托单位的科学技术人员具备下列条件的，可以申请重大科研仪器项目：

（一）具有承担基础研究课题的经历；

（二）具有高级专业技术职务（职称）。

正在博士后流动站或者工作站内从事研究、正在攻读研究生学位以及无工作单位或者所在单位不是依托单位的科学技术人员均不得申请。

第十一条 申请重大科研仪器项目的数量应当符合下列要求：

（一）具有高级专业技术职务（职称）的人员，同年申请和参与申请的重大科研仪器项目数量合计不得超过1项；

（二）正在承担重大科研仪器项目的负责人和具有高级专业技术职务（职称）的参与者，在自然科学基金委准予结题前不得申请和参与申请重大科研仪器项目；

（三）部门推荐项目的负责人，在自然科学基金委准予结题前不得申请除国家杰出青年科学基金以外的其他国家自然科学基金项目。

（四）年度项目指南中对申请数量的限制。

第十二条 申请人应当是申请重大科研仪器项目的实际负责人，限为1人。重大科研仪器项目申请人与参与者不是同一单位的，参与者所在单位视为合作研究单位。合作研究单位的数量不得超过5个。

重大科研仪器项目的研究期限为5年。

第十三条 申请人应当按照重大科研仪器项目指南要求，通过依托单位提出书面申请，部门推荐项目的申请还应当经项目组织部门推荐。

申请人应当对所提交的申请材料的真实性负责。依托单位应当对申请材料的真实性和完整性进行审核并提交自然科学基金委。

重大科研仪器项目申请人可以向自然科学基金委提供3名以内不适宜评审项目申请的通讯评审专家名单。

第十四条 申请人或者具有高级专业技术职务（职称）的参与者的单位有下列情况之一的，应当在申请时注明：

（一）同年申请或者参与申请各类项目的单位不一致的；

（二）与正在承担的各类项目的单位不一致的。

第十五条 自然科学基金委应当自重大科研仪器项目申请截止之日起45日内完成对申请材料的初步审查。符合本办法规定的，予以受理并公布申请人基本情况、依托单位名称和申请项目名称。有下列情形之一的，不予受理，通过依托单位书面通知申请人，并说明理由：

（一）申请人不符合本办法规定条件的；

（二）申请材料不符合重大科研仪器项目指南要求的；

（三）申请人或者参与者在不得申请或者参与申请国家自然科学基金资助的处罚期内的；

（四）依托单位在不得作为依托单位的处罚期内的。

第三章　评审与批准

第十六条 自然科学基金委负责组织评审专家对受理的重大科研仪器项目申请进行评审。

评审程序包括通讯评审和会议评审。对于会议评审专家组建议予以资助的项目，自然科学基金委应当组织专家或者委托第三方机构进行资金预算评审。

第十七条 评审专家对重大科研仪器项目申请应当从以下几个方面提出评审意见：

（一）原创性和科学价值；

（二）仪器指标先进性；

（三）对本学科领域或者相关学科领域发展的推动作用；

（四）仪器指标可考核性；

（五）研制方案可行性；

（六）研制队伍构成、仪器研制基础和相关研究条件；

（七）资金预算编制的目标相关性、政策相符性、经济合理性。

第十八条 对于已受理的重大科研仪器项目申请，自然科学基金委根据申请书内容和有关评审要求，随机选取同行专家进行通讯评审。自由申请项目的通讯评审专家数量应当为5名以上，部门推荐项目的通讯评审专家数量应当为7名以上。

对于重大科研仪器项目申请人提供的不适宜评审其项目申请的评审专家名单，自然科学基金委在选择评审专家时应当根据实际情况予以考虑。

每个自由申请项目的有效通讯评审意见不得少于5份，每个部门推荐项目的有效通讯评审意见不得少于7份。

第十九条 对于自由申请项目，自然科学基金委根据通讯评审情况确定参加会议评审的项目申请。

第二十条 对于部门推荐项目，自然科学基金委根据通讯评审情况，组织科学部专家咨询委员会会议遴选确定参加会议评审的项目申请。

科学部专家咨询委员会会议专家在充分考虑申请人答辩情况和通讯评审意见的基础上，对项目以无记名投票的方式表决。进入会议评审的项目应当以超过出席会议专家的三分之二通过。

第二十一条 会议评审专家到会人数应当为 15 人以上。

自然科学基金委应当向会议评审专家提供年度资助计划、项目申请书和通讯评审意见等评审材料。

第二十二条 被确定参加会议评审的项目申请，其申请人应当到会答辩，不到会答辩的，视为放弃申请。确因客观原因不能到会答辩的，申请人应当及时提出申请，经自然科学基金委批准可以委托参与者到会答辩。

会议评审专家应当在充分考虑申请人答辩情况、通讯评审意见和年度资助计划的基础上，对会议评审项目以无记名投票的方式表决。建议予以资助的自由申请项目应当以出席会议评审专家的过半数通过，建议予以资助的部门推荐项目应当以超过出席会议评审专家的三分之二通过。

第二十三条 自然科学基金委组织专家或者委托第三方机构对建议予以资助的重大科研仪器项目进行资金预算评审，形成资金预算评审意见。

第二十四条 自然科学基金委组织专家对建议予以资助的部门推荐项目进行现场考察。现场考察专家人数不少于 11 人，着重考察依托单位的保障条件和研制方案可行性，形成现场考察意见。

第二十五条 自然科学基金委根据本办法的规定、专家会议表决结果和资金预算评审意见，决定予以资助的项目及资助金额。

自然科学基金委对部门推荐项目的资助决定还应当考虑现场考察意见。

第二十六条 自然科学基金委决定予以资助的，应当根据专家评审意见以及资助金额等及时制作资助通知书，书面通知依托单位和申请人，并公布申请人基本情况以及依托单位名称、申请项目名称、资助金额等；决定不予资助的，应当及时通知申请人和依托单位，并说明理由。自公布之日起满 5 日，视为依托单位和项目负责人收到资助通知。

自然科学基金委应当整理专家评审意见，并向申请人和依托单位提供。

第二十七条 申请人对不予受理或者不予资助的决定不服的，可以自收到通知之日起 15 日内，向自然科学基金委提出书面复审申请。对评审专家的学术判断有不同意见，不得作为提出复审申请的理由。

自然科学基金委应当按照有关规定对复审申请进行审查和处理。

第四章　实施与管理

第二十八条 重大科研仪器项目负责人应当按照资助通知书的要求填写项目计划书（一式两份）。依托单位应当自收到资助通知之日起 20 日内完成审核，提交自然科学基金委。

自然科学基金委应当自收到项目计划书之日起 30 日内审核项目计划书，并在核准后将其中 1 份返还依托单位。核准后的项目计划书作为项目实施、资金拨付、中期检查和验收的依据。

项目负责人除根据资助通知书要求对申请书内容进行调整外，不得对其他内容进行变更。

逾期未提交项目计划书且在规定期限内未说明理由的，视为放弃接受资助。

第二十九条 自然科学基金委应当通过定期交流、中期检查、专题研讨等方式跟踪项目实施，根据工作需要进行实地考察。

第三十条 项目负责人应当按照项目计划书组织开展研究工作，做好资助项目实施情况的原始记录，填写项目年度进展报告。

依托单位应当审核项目年度进展报告，并于次年 1 月 15 日前提交自然科学基金委。

第三十一条 自然科学基金委应当审查提交的项目年度进展报告。对未按时提交的，责令其在 10 日内提交，并视情节按有关规定处理。

第三十二条 部门推荐项目监理工作组应当于每年 12 月 20 日前向项目组织部门提交年度监理报告。项目组织部门应当审核年度监理报告，并于次年 1 月 15 日前提交自然科学基金委。自然科学基金委应当审查年度监理报告。

第三十三条 自然科学基金委应当在重大科研仪器项目实施中期组织专家对项目进展、资金使用和管理情况以及后期实施方案等进行检查。

自由申请项目的中期检查采取会议评审方式进行。自然科学基金委可以根据工作需要，以现场测试方式对部分项目进行抽查。

部门推荐项目的中期检查采取现场会议评审方式进行。

中期检查专家应当就重大科研仪器项目的进展情况、项目后期的实施方案和资金使用情况等提出意见。自然科学基金委根据中期检查专家意见，作出是否继续资助的决定并通知依托单位、项目负责人和部门推荐项目的项目组织部门。

第三十四条 重大科研仪器项目实施过程中，不得变更依托单位，依托单位不得擅自变更项目负责人。

项目负责人有下列情形之一的，依托单位应当及时提出变更项目负责人或者终止项目实施的申请，报自然科学基金委批准；自然科学基金委也可以直接作出终止项目实施的决定：

（一）不再是依托单位科学技术人员的；

（二）不能继续开展研究工作的；

（三）有剽窃他人科学研究成果或者在科学研究中有弄虚作假等行为的。

部门推荐项目负责人的变更申请应当经项目组织部门同意后报自然科学基金委批准。

原项目负责人在项目准予结题前不得申请重大科研仪器项目和自然科学基金委规定的其他相关类型项目。

第三十五条 依托单位和项目负责人应当保证参与者的稳定。

参与者不得擅自增加或者退出。确因客观原因需要增加或者退出的，由项目负责人提出申请，经依托单位审核后报自然科学基金委批准。部门推荐项目的参与者增加或者退出的变更申请报自然科学基金委前应当经项目组织部门同意。退出的参与者在项目准予结题前不得申请重大科研仪器项目和自然科学基金委规定的其他相关类型项目。

参与者变更单位以及增加参与者的，应当符合本办法第十一条和第十二条的要求。

第三十六条 重大科研仪器项目实施过程中，项目的研究内容或者研究计划需要作出重大调整的，重大科研仪器项目负责人应当及时提出申请，经依托单位审核后报自然科学基金委批准。部门推荐项目的研究内容或者研究计划需要作出重大调整的，变更申请报自然科学基金委前应当经项目组织部门同意。

第三十七条 重大科研仪器项目由于客观原因不能按期完成研究计划的，项目负责人可以申请延期 1 次，申请延长的期限不得超过 2 年。

重大科研仪器项目负责人应当于项目资助期满 60 日前提出延期申请，经依托单位审核后报自然科学基金委批准。部门推荐项目的延期申请应当经项目组织部门同意后报自然科学基金委批准。

批准延期的项目在资助期满前应当按时提交项目年度进展报告。

第三十八条 重大科研仪器项目实施过程中,有下列情况之一的,自然科学基金委可以直接作出终止项目实施的决定:

(一)依托单位不履行保障项目研究条件职责的;

(二)擅自变更项目负责人的;

(三)擅自变更研究内容或研究计划的;

(四)不能完成项目计划书目标的。

第三十九条 发生本办法第三十四条、第三十五条、第三十六条、第三十七条、第三十八条情形,自然科学基金委作出批准、不予批准和终止决定的,应当及时通知依托单位、项目负责人和部门推荐项目的项目组织部门。

第四十条 重大科研仪器项目实施过程中,依托单位应当建立科学、规范的档案管理制度。依托单位应当将项目实施过程中产生的具有保存价值的电子文档、文字资料、声像资料、照片、图表、数据信息等档案进行及时收集、整理和归档。

第四十一条 重大科研仪器项目实施过程中,使用国家自然科学基金项目资金购置和研制的资产属国有资产,由依托单位按照有关规定使用和管理。

第五章 验收与结题

第四十二条 项目资助期满后,自然科学基金委应当要求依托单位及时提出验收申请,组织专家开展验收工作,根据验收结论作出予以结题或终止项目实施的决定。

第四十三条 自项目资助期满之日起60日内,依托单位应当向自然科学基金委提交验收申请材料。验收申请材料包括项目负责人撰写的结题报告、验收申请书、资金决算报告、研究成果报告、仪器测试手册,专家组或者具有资质的第三方机构出具的仪器技术指标测试报告,以及具有科技审计资质的第三方资金决算审计报告。

部门推荐项目的验收申请材料应当经项目组织部门审核通过后提交自然科学基金委。

第四十四条 自然科学基金委应当自收到验收申请材料之日起30日内对材料的完整性进行审核。

有下列情况之一的,自然科学基金委应当责令依托单位10日内提交或者改正;逾期不提交或者改正的,视情节按有关规定处理:

(一)未按时提交验收申请材料的;

(二)提交的验收申请材料不齐全或者手续不完备的;

(三)其他不符合自然科学基金委要求的情况。

自然科学基金委应当在验收申请材料审核通过之日起90日内组织专家完成验收工作。

第四十五条 验收包括项目验收和财务验收两部分。

自由申请项目的验收一般采取会议评审方式进行。自然科学基金委可以根据工作需要抽查部分项目进行现场验收。

部门推荐项目的验收采取现场验收方式进行。

第四十六条 项目验收以项目计划书、年度进展报告、中期检查报告、结题报告、验收申请书、研究成果报告、仪器测试手册、仪器技术指标测试报告和项目档案为依据。

具有下列情况之一的,不得通过项目验收:

（一）成果或者仪器技术指标未达到任务指标的；

（二）所提供的验收文件、资料、数据不真实的；

（三）其他自然科学基金委认为不得通过项目验收的情况。

第四十七条 财务验收以项目计划书中确定的资金预算、资金决算报告和第三方资金决算审计报告为依据。

具有下列情况之一的，不得通过财务验收，并按照国家有关规定处理：

（一）编报虚假预算，套取国家财政资金；

（二）未对资金进行单独核算；

（三）截留、挤占、挪用资金；

（四）违反规定转拨、转移资金；

（五）提供虚假财务会计资料；

（六）其他违反国家财经纪律的行为。

第四十八条 验收结论分为通过验收和不通过验收。项目验收和财务验收如有一项未通过，验收结论为不通过验收。

第四十九条 自然科学基金委应当将验收结论通知依托单位、项目负责人和部门推荐项目的项目组织部门。

未通过验收的项目，依托单位和项目负责人应当自收到验收结论6个月内针对存在的问题做出一次性整改并按照本办法第四十三条的要求再次提交验收申请材料；自然科学基金委应当按照本办法第四十四至四十七条的要求再次组织专家对项目进行验收。

验收情况记入项目负责人和依托单位信誉档案。

第五十条 验收结论为通过验收的，自然科学基金委应当准予结题；整改后验收结论仍为不通过验收的，自然科学基金委应当作出终止项目实施的决定。自然科学基金委应当将准予结题或者终止项目实施的决定书面通知依托单位、项目负责人和部门推荐项目的项目组织部门。

第六章 成果管理和后评估

第五十一条 依托单位应当按照项目计划书确定的成果使用方案和目标，加强与使用仪器单位的联系与合作，建立开放共享机制，提高科研仪器的使用效益和水平，推动项目成果转化。

第五十二条 部门推荐项目验收通过后3年内，依托单位应当经项目组织部门向自然科学基金委提交科研仪器使用、成果转化及开放共享情况报告。自然科学基金委根据需要组织专家对项目进行后评估。

第五十三条 重大科研仪器项目研究形成的知识产权的归属、使用和管理，按照国家有关法律、法规执行。

第五十四条 重大科研仪器项目取得的研究成果，应当按照自然科学基金委成果管理的有关规定注明得到国家自然科学基金资助。

第七章 附则

第五十五条 重大科研仪器项目评审、中期检查、验收和后评估，执行国家自然科学基金项目评审回避与保密的有关规定。

第五十六条 本办法自2019年1月1日起施行。

（二）资金管理规范

国家自然科学基金资助项目资金管理办法

第一章 总则

第一条 为了规范国家自然科学基金资助项目（以下简称项目）资金的使用和管理，提高资金使用效益，根据《国家自然科学基金条例》、《国务院关于改进加强中央财政科研项目和资金管理的若干意见》（国发〔2014〕11号）、《国务院印发关于深化中央财政科技计划（专项、基金等）管理改革方案的通知》（国发〔2014〕64号）和国家财政财务有关法律法规制定本办法。

第二条 本办法所称项目资金，是指国家自然科学基金按照《国家自然科学基金条例》规定，用于资助科学技术人员开展基础研究和科学前沿探索，支持人才和团队建设的专项资金。

第三条 财政部根据国家科技发展规划，结合国家自然科学基金资金需求和国家财力可能，将项目资金列入中央财政预算，并负责宏观管理和监督。

第四条 国家自然科学基金委员会（以下简称自然科学基金委）依法负责项目的立项和审批，并对项目资金进行具体管理和监督。

第五条 依托单位是项目资金管理的责任主体，应当建立健全"统一领导、分级管理、责任到人"的项目资金管理体制和制度，完善内部控制和监督约束机制，合理确定科研、财务、人事、资产、审计、监察等部门的责任和权限，加强对项目资金的管理和监督。

依托单位应当落实项目承诺的自筹资金及其他配套条件，对项目组织实施提供条件保障。

第六条 项目负责人是项目资金使用的直接责任人，对资金使用的合规性、合理性、真实性和相关性承担法律责任。

项目负责人应当依法据实编制项目预算和决算，并按照项目批复预算、计划书和相关管理制度使用资金，接受上级和本级相关部门的监督检查。

第七条 自然科学基金项目一般实行定额补助资助方式。对于重大项目、国家重大科研仪器研制项目等研究目标明确，资金需求量较大，资金应当按项目实际需要予以保障的项目，实行成本补偿资助方式。

第二章 项目资金开支范围

第八条 项目资金支出是指在项目组织实施过程中与研究活动相关的、由项目资金支付的各项费用支出。项目资金分为直接费用和间接费用。

第九条 直接费用是指在项目研究过程中发生的与之直接相关的费用，具体包括：

（一）设备费：是指在项目研究过程中购置或试制专用仪器设备，对现有仪器设备进行升级改造，以及租赁外单位仪器设备而发生的费用。

（二）材料费：是指在项目研究过程中消耗的各种原材料、辅助材料、低值易耗品等的采购及运输、装卸、整理等费用。

（三）测试化验加工费：是指在项目研究过程中支付给外单位（包括依托单位内部独立经济核算单位）的检验、测试、化验及加工等费用。

（四）燃料动力费：是指在项目研究过程中相关大型仪器设备、专用科学装置等运行发生的可以单独计量的水、电、气、燃料消耗费用等。

（五）差旅费：是指在项目研究过程中开展科学实验（试验）、科学考察、业务调研、学术交流等所发生的外埠差旅费、市内交通费用等。差旅费的开支标准应当按照国家有关规定执行。

（六）会议费：是指在项目研究过程中为了组织开展学术研讨、咨询以及协调项目研究工作等活动而发生的会议费用。

会议费支出应当按照国家有关规定执行，并严格控制会议规模、会议数量和会期。

（七）国际合作与交流费：是指在项目研究过程中项目研究人员出国及赴港澳台、外国专家来华及港澳台专家来内地工作的费用。国际合作与交流费应当严格执行国家外事资金管理的有关规定。

（八）出版/文献/信息传播/知识产权事务费：是指在项目研究过程中，需要支付的出版费、资料费、专用软件购买费、文献检索费、专业通信费、专利申请及其他知识产权事务等费用。

（九）劳务费：是指在项目研究过程中支付给项目组成员中没有工资性收入的在校研究生、博士后和临时聘用人员的劳务费用，以及临时聘用人员的社会保险补助费用。

劳务费应当结合当地实际以及相关人员参与项目的全时工作时间等因素，合理确定。

（十）专家咨询费：是指在项目研究过程中支付给临时聘请的咨询专家的费用。专家咨询费标准按国家有关规定执行。

（十一）其他支出：项目研究过程中发生的除上述费用之外的其他支出，应当在申请预算时单独列示，单独核定。

直接费用应当纳入依托单位财务统一管理，单独核算，专款专用。

第十条 间接费用是指依托单位在组织实施项目过程中发生的无法在直接费用中列支的相关费用，主要用于补偿依托单位为了项目研究提供的现有仪器设备及房屋，水、电、气、暖消耗，有关管理费用，以及绩效支出等。绩效支出是指依托单位为了提高科研工作的绩效安排的相关支出。

第十一条 结合不同学科特点，间接费用一般按照不超过项目直接费用扣除设备购置费后的一定比例核定，并实行总额控制，具体比例如下：

（一）500万元及以下部分为20%；

（二）超过500万~1000万元的部分为13%；

（三）超过1000万元的部分为10%。

绩效支出不超过直接费用扣除设备购置费后的5%。

间接费用核定应当与依托单位信用等级挂钩，具体管理规定另行制定。

第十二条 间接费用由依托单位统一管理使用。依托单位应当制定间接费用的管理办法，合规合理使用间接费用，结合一线科研人员的实绩，公开、公正安排绩效支出，体现科研人员价值，充分发挥绩效支出的激励作用。依托单位不得在核定的间接费用以外再以任何名义在项目资金中重复提取、列支相关费用。

第三章 预算的编制与审批

第十三条 项目负责人（或申请人）应当根据目标相关性、政策相符性和经济合理性原则，编制项目收入预算和支出预算。

收入预算应当按照从各种不同渠道获得的资金总额填列。包括国家自然科学基金资助的资金以及从依托单位和其他渠道获得的资金。

支出预算应当根据项目需求，按照资金开支范围编列，并对直接费用支出的主要用途和测算理由等作出说明。对仪器设备鼓励共享、试制、租赁以及对现有仪器设备进行升级改造，原则上不得购置，确有必要购置的，应当对拟购置设备的必要性、现有同样设备的利用情况以及购置设备的开放共享方案等进行单独说明。合作研究经费应当对合作研究单位资质及拟外拨资金进行重点说明。

第十四条 依托单位应当组织其科研和财务管理部门对项目预算进行审核。

有多个单位共同承担一个项目的，依托单位的项目负责人（或申请人）和合作研究单位参与者应当根据各自承担的研究任务分别编报资金预算，经所在单位科研、财务部门审核并签署意见后，由项目负责人（或申请人）汇总编制。

第十五条 申请人申请国家自然科学基金项目，应当按照本办法第八、九、十、十一条的规定编制项目资金预算，经依托单位审核后提交自然科学基金委。

第十六条 对于实行定额补助方式资助的项目，自然科学基金委组织专家对项目和资金预算进行评审，根据专家评审意见并参考同类项目平均资助强度确定项目资助额度。

对于实行成本补偿方式资助的项目，自然科学基金委组织专家或择优遴选第三方对项目资金预算进行专项评审，根据项目实际需求确定预算。

第十七条 依托单位应当组织项目负责人根据批准的项目资助额度，按规定调整项目预算，并在收到资助通知之日起 20 日内完成审核，报自然科学基金委核准。

第四章 预算执行与决算

第十八条 项目资金按照国库集中支付管理有关规定支付给依托单位。

有多个单位共同承担一个项目的，依托单位应当及时按预算和合同转拨合作研究单位资金，并加强对转拨资金的监督管理。

第十九条 项目负责人应当严格执行自然科学基金委核准的项目预算。项目预算一般不予调整，确有必要调整的，应当按照规定报批。

实行定额补助方式资助的项目，预算调整情况应当在项目年度进展报告和结题报告中予以说明。实行成本补偿方式资助的项目，预算调整情况应当在中期财务检查或财务验收时予以确认。

第二十条 项目预算有以下情况确需调整的，应当经依托单位报自然科学基金委审批。

（一）项目实施过程中，由于研究内容或者研究计划做出重大调整等原因需要对预算总额进行调整的；

（二）同一项目课题之间资金需要调整的。

第二十一条 项目直接费用预算确需调整的，按以下规定予以调整：

（一）项目预算总额不变的情况下，材料费、测试化验加工费、燃料动力费、出版/文献/信息传播/知识产权事务费、其他支出预算如需调整，由项目负责人根据科研活动的实际需要提出申请，报依托单位审批。

（二）会议费、差旅费、国际合作与交流费在不突破三项支出预算总额的前提下可调剂使用。

（三）设备费、专家咨询费、劳务费预算一般不予调增，如需调减的，由项目负责人提出申请，报依托单位审批后，用于项目其他方面支出。

项目间接费用预算不得调整。

第二十二条 依托单位应当严格执行国家有关科研资金支出管理制度。会议费、差旅费、小额材料费和测试化验加工费等，应当按规定实行"公务卡"结算。设备费、大宗材料费和测试化验加工费、劳务费、专家咨询费等，原则上应当通过银行转账方式结算。

第二十三条 项目负责人应当严格按照资金开支范围和标准办理支出，不得擅自调整外拨资金，不得利用虚假票据套取资金，不得通过编造虚假劳务合同、虚构人员名单等方式虚报冒领劳务费和专家咨询费，不得通过虚构测试化验内容、提高测试化验支出标准等方式违规开支测试化验加工费，严禁使用项目资金支付各种罚款、捐款、赞助、投资等。

第二十四条 对于实行成本补偿方式资助的项目，项目中期评估时，由自然科学基金委组织专家对项目资金的使用和管理进行财务检查或评估。财务检查或评估的结果作为调整项目预算安排的依据。

第二十五条 项目研究结束后，项目负责人应当会同科研、财务、资产等管理部门及时清理账目与资产，如实编制项目资金决算，不得随意调账变动支出、随意修改记账凭证。

有多个单位共同承担一个项目的，依托单位的项目负责人和合作研究单位的参与者应当分别编报项目资金决算，经所在单位科研、财务管理部门审核并签署意见后，由依托单位项目负责人汇总编制。

依托单位应当组织其科研、财务管理部门审核项目资金决算，并签署意见后报自然科学基金委。

第二十六条 对于实行成本补偿方式资助的项目，依托单位应当在委托第三方对项目资金决算进行审计认证后，提出财务验收申请，自然科学基金委负责组织专家对项目进行财务验收。

第二十七条 依托单位应当按年度编制本单位项目资金年度收支报告，全面反映项目资金年度收支情况、资金管理情况及取得的绩效等。年度收支报告于下一年度3月1日前报送自然科学基金委。

第二十八条 项目通过结题验收并且依托单位信用评价好的，项目结余资金在2年内由依托单位统筹安排，专门用于基础研究的直接支出。若2年后结余资金仍有剩余的，应当按原渠道退回自然科学基金委。

未通过结题验收和整改后通过结题验收的项目，或依托单位信用评价差的，结余资金应当在验收结论下达后30日内按原渠道退回自然科学基金委。

项目负责人在项目结题验收后如需继续使用结余资金，可以向依托单位提出申请。

第二十九条 项目实施过程中，因故终止执行的项目，其结余资金应当退回自然科学基金委。

因故被依法撤销的项目，已拨付的资金应当全部退回自然科学基金委。因特殊情况退回资金确有困难的，应当由依托单位提出申请报自然科学基金委核准。

第三十条 依托单位应当严格执行国家有关政府采购、招投标、资产管理等规定。行政事业单位使用项目资金形成的固定资产属于国有资产，一般由依托单位进行使用和管理，国家有权进行调配。企业使用项目资金形成的固定资产，按照《企业财务通则》等相关规章制度执行。

项目资金形成的知识产权等无形资产的管理，按照国家有关规定执行。

第五章 监督检查

第三十一条 依托单位项目资金管理和使用情况应当接受国家财政部门、审计部门和自然科学基金委的检查与监督。依托单位和项目负责人应当积极配合并提供有关资料。

依托单位应当对项目资金的管理使用情况进行不定期审计或专项审计。发现问题的，应当及时向自然科学基金委报告。

第三十二条 自然科学基金委、依托单位应当建立项目资金的绩效管理制度，结合财务审计和财务验收，对项目资金管理使用效益进行绩效评价。

第三十三条 项目资金管理建立承诺机制。依托单位应当承诺依法履行项目资金管理的职责。项目负责人应当承诺提供真实的项目信息，并认真遵守项目资金管理的有关规定。依托单位和项目负责人对信息虚假导致的后果承担责任。

第三十四条 项目资金管理建立信用管理机制。自然科学基金委对依托单位和项目负责人在项目资金管理方面的信誉度进行评价和记录，作为对依托单位信用评级、绩效考评和对项目负责人绩效考评以及连续资助的依据。

第三十五条 项目资金管理建立信息公开机制。自然科学基金委应当及时公开非涉密项目预算安排情况，接受社会监督。

依托单位应当在单位内部公开项目资金预算、预算调整、决算、项目组人员构成、设备购置、外拨资金、劳务费发放以及结余资金和间接费用使用等情况。

第三十六条 任何单位和个人发现项目资金在使用和管理过程中有违规行为的，有权检举或者控告。

第三十七条 对于预算执行过程中，不按规定管理和使用项目资金、不按时报送年度收支报告、不按时编报项目决算、不按规定进行会计核算，截留、挪用、侵占项目资金的依托单位和项目负责人，按照《预算法》、《国家自然科学基金条例》和《财政违法行为处罚处分条例》等法律法规处理。涉嫌犯罪的，移送司法机关处理。

第六章 附则

第三十八条 本办法由财政部、自然科学基金委负责解释。

第三十九条 本办法自 2015 年 4 月 15 日起施行。国家杰出青年科学基金项目资金管理依照本办法执行。2002 年 6 月颁布的《国家自然科学基金项目资助经费管理办法》（财教〔2002〕65号）和《国家杰出青年科学基金项目资助经费管理办法》（财教〔2002〕64号）同时废止。

财政部 国家自然科学基金委员会关于国家自然科学基金资助项目资金管理有关问题的补充通知

(财科教〔2016〕19号)

有关单位：

为了贯彻落实《中共中央办公厅 国务院办公厅印发〈关于进一步完善中央财政科研项目资金管理等政策的若干意见〉的通知》精神，现就《国家自然科学基金资助项目资金管理办法》（财教〔2015〕15号）有关问题补充通知如下：

一、合并差旅费、会议费、国际合作与交流费三个科目为差旅/会议/国际合作与交流费一个科目，由科研人员结合科研活动实际需要编制预算并按规定统筹安排使用，其中不超过直接费用10%的，不需要提供预算测算依据。

二、参与项目研究的研究生、博士后、访问学者以及项目聘用的研究人员、科研辅助人员等，均可开支劳务费。项目聘用人员的劳务费开支标准，参照当地科学研究和技术服务业从业人员平均工资水平，根据其在项目研究中承担的工作任务确定，其社会保险补助纳入劳务费科目列支。

三、间接费用核定比例上限调整为：500万元以下的部分为20%，500万~1000万元的部分为15%，1000万元以上的部分为13%。加大对科研人员的激励力度，取消绩效支出比例限制。依托单位在统筹安排间接费用时，要处理好合理分摊间接成本和对科研人员激励的关系，绩效支出安排与科研人员在项目工作中的实际贡献挂钩。

四、依托单位要创新服务方式，让科研人员潜心从事科学研究。要建立健全科研财务助理制度，为科研人员在项目预算编制和调剂、经费支出、财务决算和验收等方面提供专业化服务。要充分利用信息化手段，建立健全单位内部科研、财务部门和项目负责人共享的信息平台，提高科研管理效率和便利化程度。要制定符合科研实际需要的内部报销规定，切实解决野外考察、心理测试等科研活动中无法取得发票或财政性票据，以及邀请外国专家来华参加学术交流发生费用等的报销问题。

五、依托单位要切实强化法人责任，规范项目资金管理。要制定内部管理办法，落实项目预算调剂、间接费用统筹使用、劳务费分配管理、结余资金使用等管理权限。要加强预算审核把关，规范财务支出行为，完善内部风险防控机制，强化资金使用绩效评价，保障资金使用安全规范有效。

六、财政部、项目主管部门及其相关工作人员在国家自然科学基金预算审核环节，项目主管部门及其相关工作人员在项目立项及其资金分配等环节，存在违反规定安排资金以及其他滥用职权、玩忽职守、徇私舞弊等违法违纪行为的，按照《中华人民共和国预算法》《中华人民共和国公务员法》《中华人民共和国行政监察法》《财政违法行为处罚处分条例》等国家有关规定追究相应责任；涉嫌犯罪的，移送司法机关处理。

财政部 国家自然科学基金委员会
2016年12月5日

国家自然科学基金委员会关于
国家自然科学基金资助项目资金管理的补充通知

(国科金发财〔2018〕88号)

有关单位:

为了贯彻落实《国务院关于优化科研管理提升科研绩效若干措施的通知》精神,根据国家自然科学基金委员会2018年第10次委务会议决定,现就《国家自然科学基金资助项目资金管理办法》(财教〔2015〕15号)有关问题补充通知如下:

一、国家自然科学基金资助项目资金直接费用中除设备费外,其他科目预算调整权全部下放给依托单位。设备费预算一般不予调增,如需调减的由依托单位审批。依托单位应按照国家有关规定完善管理制度,及时为科研人员办理调整手续。

二、简化报表及流程,取消依托单位项目资金年度收支报告编制报送。

三、依托单位要切实履行主体责任,加快建立健全学术助理和财务助理制度,通过购买财会等专业服务,把科研人员从报表、报销等具体事务中解脱出来。相关费用可由依托单位根据情况通过科研项目资金等渠道解决。

四、对于2015年(不含)以前批准资助的在研项目,其是否列支间接费用由依托单位自主决定。如列支,则在项目预算总额不变的前提下,由依托单位按规定进行预算调整,在直接费用"其他支出"科目列支。根据研究需要,可按规定对劳务费、专家咨询费等科目预算进行调整。

五、项目通过结题验收并且依托单位信用评价好的,项目结余资金由依托单位统筹安排,专门用于基础研究的直接支出。若2年后(自验收结论下达后次年的1月1日起计算)结余资金仍有剩余的,应当按原渠道退回。

国家自然科学基金委员会
2018年9月26日

国家自然科学基金委员会　财政部
关于进一步完善科学基金项目和资金管理的通知

（国科金发财〔2019〕31号）

各有关单位：

为全面贯彻落实习近平总书记在两院院士大会重要讲话精神和《中共中央　国务院关于全面实施预算绩效管理的意见》《国务院关于优化科研管理提升科研绩效若干措施的通知》《国务院办公厅关于抓好赋予科研机构和人员更大自主权有关文件贯彻落实工作的通知》的要求，充分激发科研人员创新活力，切实减轻科研人员负担，按照明确责任、简化流程的原则，现就国家自然科学基金（以下简称"科学基金"）项目和资金管理有关事项通知如下。

1. 精简信息填报和材料报送。申请国家杰出青年科学基金项目和创新研究群体项目时，不再需要提供学术委员会或专家组推荐意见；在站博士后人员作为申请人申请面上项目、青年科学基金项目和地区科学基金项目时，不再需要提供依托单位承诺函；青年科学基金项目申请书中不再列出参与者。国家自然科学基金委员会（以下简称"自然科学基金委"）将进一步完善项目申请相关文本，简化填报内容。

取消依托单位项目资金年度收支报告编制报送；依托单位决算汇总表无须报送纸质文件；继续扩大项目无纸化申请试点范围。

2. 简化项目预算编制要求。编制预算时，定额补助式项目只需提供基本测算说明，不需提供明细；成本补偿式项目只需提供必要的测算过程说明。

3. 精简项目过程检查。面上项目、青年科学基金项目、地区科学基金项目等一般不开展过程检查，仅在必要时进行抽查；对于其他研究目标相对明确、资金体量较大的项目，自然科学基金委按照相关项目管理办法的要求，在实施中期组织同行专家采取会议或者通讯评审方式，对项目进展和资金使用情况等进行一次检查。

4. 赋予科研人员更大技术路线决策权。科学基金的项目负责人，可以在不改变研究或技术指标的前提下，自行决定研究方案或技术路线。

5. 赋予科研单位项目经费管理使用自主权。科学基金项目资金直接费用中除设备费外，其他科目预算调剂权全部下放给依托单位。设备费预算一般不予调增，确需调增的需报自然科学基金委审批；设备费调减、设备费内部预算结构调整、拟购置设备明细发生变化的，由依托单位审批，依托单位要切实履行审批职责。依托单位应按照国家有关规定完善管理制度，相关管理制度报自然科学基金委备案。

6. 规范结题财务审计。对于成本补偿式项目，资助期满后，依托单位应及时清理账目与资产，严格按照《中央财政科技计划项目（课题）结题审计指引》及相关规范，自主选择具备资质的第三方机构完成结题财务审计，并作为财务验收的依据。

7. 精简项目验收检查。科学基金项目中成本补偿式项目需进行结题验收，由自然科学基金委组织专家组一并完成项目和财务验收程序。

8. 推进分类评审改革。基于新时代科学基金"鼓励探索、突出原创；聚焦前沿、独辟蹊径；需求牵引、突破瓶颈；共性导向、交叉融通"的资助导向，选择重点项目和部分学科面上项目试点分类申请和分类评审，分别制定相应的评审要点，遴选和资助符合科学基金资助导向的创新性项目。

9. 强化四方公正性承诺制度。为弘扬科学精神，树立优良学风作风，进一步加强评审工作的公正性，强化承诺制度。申请人和参与者、依托单位和合作研究单位、评审专家以及自然科学基金委全体工作人员均需签署维护科学基金公正性的相关承诺，杜绝各种干扰评审工作的不端行为。对于发现和收到的涉及违背承诺的违纪违规线索和举报，将按照管理权限移交相关纪检监察部门处理。

10. 突出代表性成果和项目实施效果评价。为使评审专家更加注重标志性成果的质量、贡献和影响，申请人与参与者简历中所列代表性论著数目上限由10篇减少为5篇，论著之外的代表性研究成果和学术奖励数目由原来不设上限改为设置上限为10项。

加强自然科学基金项目绩效管理。分类设置绩效指标体系，强化绩效目标管理。开展项目绩效评价，重点评价新发现、新原理、新方法、新规律的重大原创性和科学价值、解决经济社会发展和国家安全重大需求中关键科学问题的效能、支撑技术和产品开发的效果、代表性论文等科研成果的质量和水平，以国际国内同行评议为主，年终决算时组织开展绩效自评。加强绩效评价结果应用，将评价结果作为后续各类型项目资助调整的重要依据。

11. 避免科学基金人才项目被异化使用。科学基金人才项目不是荣誉称号，也不是"永久"的标签，有关部门和依托单位要设置科学合理的评价标准，让人才项目回归研究项目本质，避免与物质待遇挂钩，为广大科研人员潜心研究创造良好氛围。自然科学基金委将根据中央关于科技人才计划统筹协调的有关要求出台避免科学基金人才项目与其他科技人才计划重复资助的进一步规定。

12. 加强科研伦理、科技安全审查和监管。依托单位和项目申请人应当严格执行国家有关法律法规和伦理准则。依托单位要建立健全科研伦理和科技安全管理制度，加强伦理审查和过程监管。科研人员要加强科研伦理和科技安全等方面的责任感和法律意识，自觉接受伦理审查和监管。

13. 强化依托单位主体责任。依托单位要认真履行管理主体责任，加强和规范科学基金管理；充分尊重科研自主权，保护、调动和发挥科研人员积极性；加强科学基金项目研究成果管理；积极促进科研成果的科学普及与转移转化；要根据科研工作的特点，对科研需要的出差和会议按标准报销相关费用，进一步简化优化报销管理，建立科学合理、便捷高效的报销管理机制；要加快建立健全学术助理和财务助理制度，通过购买财会等专业服务，把科研人员从报表、报销等具体事务中解脱出来，相关费用可由依托单位根据情况通过科研项目资金等渠道解决。

本通知自发布之日起实施。

国家自然科学基金委员会　财政部
2019年3月28日

（三）监督管理及其他规章

国家自然科学基金项目评审专家行为规范

（2014年12月2日委务会议审议通过）

第一条 为了加强科学道德建设，维护国家自然科学基金评审工作的公正性和科学性，规范评审专家行为，正确履行评审职责，根据《国家自然科学基金条例》（以下简称《条例》）等有关法律法规，制定本规范。

第二条 本规范所称科学基金项目评审专家包括：

（一）通讯评审专家；

（二）会议评审专家；

（三）项目中期检查、结题审查评审专家；

（四）参与其他评审工作的专家。

第三条 具有评审能力的科技工作者，尤其是承担过科学基金项目的科学技术人员，有义务参加国家自然科学基金委员会（以下简称自然科学基金委）的项目评审，共同维护科学基金项目评审的公正性和科学性。

第四条 评审专家应当严格遵守科学基金管理相关规章制度和评审工作纪律，维护评审专家的名誉和形象，廉洁自律，坚决抵制评审中的各种违法违纪行为和违反科学道德的行为，并自觉接受监督。

第五条 评审专家应当学习和了解科学基金项目指南、相关管理办法、评审标准等，准确把握相关资助政策和评审工作要求，认真、完整地阅读评审材料，避免因了解不全面导致评审偏差。

第六条 评审专家应当认真履行评审职责，根据自然科学基金委的评审要求和个人专业知识，客观、公正地从科学价值、创新性、社会影响以及研究方案可行性等方面进行独立学术判断并提出具体评审意见。严禁请他人代为评审。

评审意见应当明确具体，避免简单化和套话；应当指出项目的优势、不足和改进建议，努力帮助自然科学基金委评审决策和申请人今后改进申请。

评审过程应当注重保护创新和学科交叉，重视或包容不同的研究方法和创新的学术思想，避免对理论和研究方法先入为主的偏见。

第七条 评审专家应当主动回避利益冲突，认真检查自己是否存在需要回避的情形。有下列情形之一的，应当主动、及时提出回避申请，并服从有关安排。

（一）评审专家与申请人、参与者存在近亲属关系的；

（二）评审专家本人同期申请项目与被评审项目相同或者相近的；

（三）评审专家与申请人、参与者属于同一单位的；

（四）评审专家与申请人、参与者过去五年内在科研项目、学术论文等方面有合作关系的；

（五）评审专家与申请人存在研究生师生关系的；

（六）评审专家与申请人师从同一研究生指导教师的；

（七）评审专家参与所评审项目申请的；

（八）评审专家为所评审项目写推荐信的；

（九）评审专家在申请人所属单位担任含薪兼职教授或学者的；

（十）会议评审专家当年在评审项目范围内有申请同类项目的；

（十一）其他利益冲突或可能影响评审公正性的。

第八条 通讯评审专家在接受评审任务前应当仔细阅读全部评审材料。如果认为专业知识不相符、难以做出学术判断或者没有精力评审，应当及时告知自然科学基金委。

第九条 评审专家应当保证有充足时间完成评审工作，在规定的时间内完成评审任务。确因客观原因无法按时完成评审任务的，应当及时告知自然科学基金委。

第十条 评审专家应当尊重申请人，避免对申请人的国籍、性别、民族、身份地位、地域以及所属单位性质等非学术问题提出歧视性或者人身攻击性的评审意见。

第十一条 评审专家应当尊重和保护申请人的知识产权，严禁抄袭、剽窃或者扩散申请书中的内容。评审完毕或者无法评审的，应当及时退回、删除或者销毁评审资料，不得擅自留存。

第十二条 评审专家应当严格保守评审工作秘密，不得披露按要求不能公开的评审专家的基本情况、评审过程中的专家意见、评审结果等评审工作有关信息。

第十三条 评审专家不得利用评审工作便利，为任何单位或个人谋取不正当利益；不得索取或接受申请人、参与者及相关单位的礼品、礼金、有价证券、支付凭证、宴请等不正当利益；不得利用基金项目评审专家身份和影响力参与有偿商业活动。

第十四条 评审工作期间，评审专家不得违规擅自与申请人及利益相关人员联系，不得违规帮助他人游说；不干扰评审工作正常秩序，不从事与评审工作无关的活动。

第十五条 在评审工作中评审专家发现申请人、工作人员或其他评审专家涉嫌存在科研不端行为或违法违纪行为的，应当及时向自然科学基金委举报。

评审专家应当自觉抵制各种干预评审活动的不良行为，如果发现各种"打招呼"等谋取不正当利益的公关活动，应当及时向自然科学基金委反映。

第十六条 评审专家在评审工作中发生违规违法或科研不端行为的，按照《条例》、《国家自然科学基金项目科研不端行为处理办法》等有关规定给予警告、通报批评，取消评审专家资格，直至永不聘任的处理，处理结果记入专家信誉档案。

第十七条 评审专家应当积极配合自然科学基金委对评审工作开展评估，帮助完善评审工作。

第十八条 本规范自 2015 年 1 月 1 日起施行。

国家自然科学基金依托单位注册管理实施细则

（2015年7月7日国家自然科学基金委员会第7次委务会议审议通过）

第一章 总则

第一条 为了规范和加强国家自然科学基金依托单位（以下简称依托单位）注册管理工作，根据《国家自然科学基金依托单位基金工作管理办法》，制定本细则。

第二条 与依托单位注册、变更和注销等有关的活动适用本细则。

第三条 国家自然科学基金委员会（以下简称自然科学基金委）实施依托单位注册管理，遵循公开、公平、公正和方便申请单位或依托单位的原则。

第四条 自然科学基金委在依托单位注册管理中履行下列职责：

（一）受理和审查依托单位注册、变更以及注销申请；

（二）决定依托单位注册、变更以及注销；

（三）公布依托单位名称；

（四）其他与依托单位注册管理相关的工作。

自然科学基金委计划管理部门具体负责依托单位注册管理工作的组织实施。

第五条 单位申请注册和依托单位信息变更或注销，应当向自然科学基金委提供真实、准确、合法、有效的信息和材料，但不得提交涉密信息和材料。

第二章 注册

第六条 中华人民共和国境内的高等学校、科学研究机构以及其他公益性机构，符合下列条件的，可以向自然科学基金委申请注册为依托单位：

（一）具有独立法人资格；

（二）业务范围中具有科学研究的相关内容；

（三）具有从事基础研究活动的科学技术人员；

（四）具备开展基础研究所需的条件；

（五）具有专门的科学研究项目管理机构和制度；

（六）具有专门的财务机构和制度；

（七）具有必要的资产管理机构和制度。

第七条 自然科学基金委每年一次集中受理依托单位注册申请，受理注册通知应当在受理申请起始之日30日前公布。

对因国家经济、社会发展特殊需要或者其他特殊情况需要注册为依托单位的，自然科学基金委根据需求按程序受理注册申请。

第八条 注册程序包括预申请、正式申请、受理、形式审查、基础研究及管理能力审查、决定、结果公布与通知。

第九条 申请单位应当于申请受理期内在线进行注册预申请，提交单位名称、组织机构代码、联系信息。中国人民解放军、中国人民武装警察部队所属机构,可以不提交组织机构代码信息。

注册单位名称应当与单位公章一致。申请单位一般应当使用独立法人资格证书上的第一名称作为注册单位名称。

自然科学基金委应当自收到注册预申请后2个工作日内完成审查。对于符合如下条件的预申请,予以通过,对于不予通过的在线反馈原因:

(一)具有独立法人资格;

(二)公益性机构;

(三)业务范围中具有科学研究的相关内容;

(四)单位名称和组织机构代码信息准确。

申请单位应当及时在线查看预申请审查结果。预申请通过的申请单位可提出注册正式申请。

第十条 申请单位提出注册正式申请,应当在申请受理期内向自然科学基金委提交如下申请材料:

(一)国家自然科学基金依托单位注册申请书(以下简称注册申请书);

(二)独立法人资格证书副本的复印件;

(三)组织机构代码证书的复印件;

(四)银行账户开户许可证的复印件;

(五)其他需要提交的附件材料。

前款第(一)、(二)、(三)、(四)项须加盖本单位公章。中国人民解放军、中国人民武装警察部队所属机构,不能提交前款中第(二)、(三)项材料的,需提供师级以上上级管理机关对该单位是否从事科学研究的证明原件。

自然科学基金委对于在申请受理期内提交的正式申请材料,予以受理。

第十一条 自然科学基金委应当自收到受理的注册正式申请材料之日起15日内完成初次形式审查。对于符合本细则第五和十条的要求的,形式审查予以通过;有下列情形之一的,应当在线反馈原因并告知申请单位在规定期限内一次性修改或补齐:

(一)申请材料不齐全的;

(二)注册申请书信息不准确的;

(三)申请材料含无效材料的;

(四)加盖公章不符合要求的。

申请材料修改或补齐后,申请材料仍不符合本细则第五和十条要求的,不予通过。

第十二条 自然科学基金委应当按照本细则第六条第(三)、(四)、(五)、(六)、(七)项的要求,对通过形式审查的申请材料进行基础研究及管理能力的审查。

第十三条 自然科学基金委应当根据注册正式申请材料形式审查结果、基础研究及管理能力审查情况,于申请受理截止日起60个工作日内做出决定。

自然科学基金委决定予以注册的,应当书面通知申请单位并公布依托单位的名称;决定不予注册的,应当书面通知申请单位并说明理由。

第十四条 自然科学基金委对于申请单位的注册申请必要时也可以采取实地审查的方式。申请单位应当积极配合自然科学基金委的实地审查工作。

第十五条 因依托单位分立新设立的单位,申请注册的,应当按照本细则的程序进行注册。

第三章 依托单位信息变更

第十六条 依托单位信息变更程序包括申请、审查、决定、通知。

第十七条 依托单位出现下列情形之一,应当自该情形发生之日起 60 日内向自然科学基金委提出书面变更申请:

(一)依托单位名称、联系信息、银行账户信息等基本信息变更;

(二)法人类型发生变更;

(三)因法人合并、分立等发生变更;

(四)其他需要变更的情形。

第十八条 依托单位申请信息变更,应当向自然科学基金委提交电子和纸质依托单位注册信息变更申请表(以下简称变更申请表),但仅变更联系信息、法定代表人姓名的,只需提交电子变更申请表。

因变更事项的不同,还应当提交其他相应纸质附件材料:

(一)变更依托单位名称、机构类型、单位性质的,提交独立法人资格证书副本的复印件、组织机构代码证书的复印件、上级管理机关批准文件的复印件;

(二)变更住所、上级主管单位、隶属关系的,提交独立法人资格证书副本的复印件;

(三)变更组织机构代码的,提交组织机构代码证书的复印件;

(四)变更开户单位名称、开户银行名称、账号的,提交开户许可证的复印件。

变更提交的纸质材料(含复印件)须加盖本单位公章。中国人民解放军、中国人民武装警察部队所属机构,变更前款第(一)、(二)项所列事项的,可不提交其中所列材料,但应在相应纸质变更申请表上加盖师级以上上级管理机关公章确认。

有关变更申请材料的详细要求见附表。

第十九条 依托单位名称变更应当符合本细则第九条第二款的规定。

第二十条 自然科学基金委对于依托单位提交的变更申请材料进行审查,变更申请材料有下列情形之一的,应当告知依托单位修改或补齐:

(一)申请材料不齐全的;

(二)变更申请表信息不准确的;

(三)申请材料含无效材料的;

(四)加盖公章不符合要求的。

自然科学基金委应当自收到符合要求的变更申请材料之日起 45 日内完成审查并作出决定。

自然科学基金委决定予以变更的,应当及时书面通知依托单位;决定不予变更的,按照本细则第二十一条规定处理。本细则实施前已注册的依托单位,如提交符合要求的变更申请材料,自然科学基金委应当予以变更。

第四章 依托单位注销与资格自动终止

第二十一条 依托单位出现下列情形之一,自然科学基金委可以予以注销:

(一)依托单位提出注销申请的;

(二)不再符合本细则第六条规定的;

(三)受到自然科学基金委 3~5 年不得作为依托单位处罚的;

（四）自然科学基金委对其变更申请决定不予变更的。

发生前款第（三）项情形的，处罚期满后可以按照本细则相关规定重新申请注册。

第二十二条 依托单位申请注销，应当向自然科学基金委提交说明注销原因的公函；如因依托单位合并导致注销的，公函需加盖涉及的所有依托单位公章，还应当提交上级管理机关批准文件的复印件。

第二十三条 自然科学基金委核准依托单位注销或直接做出注销决定后，应当及时公布被注销依托单位的名称。

第二十四条 依托单位连续5年未获得国家自然科学基金资助的，其依托单位资格自动终止。自然科学基金委应当在其资格终止之日30日前告知依托单位。

第五章 监督与处罚

第二十五条 任何单位或个人发现申请单位在申请注册或依托单位在申请变更或注销过程中有违法行为，可以向自然科学基金委举报。

第二十六条 申请依托单位注册或者变更时有以下情形之一的，自然科学基金委应当予以警告：

（一）以隐瞒有关情况、提供虚假材料等不正当手段申请注册的；

（二）以隐瞒有关情况、提供虚假材料等不正当手段取得注册的；

（三）未在发生变更情形60日内向自然科学基金委提出书面变更申请的。

有前款第（一）项情形的，不予注册；有前款第（二）项情形的，注销其依托单位资格。

第六章 附则

第二十七条 注册申请书和变更申请表，应当使用自然科学基金委提供的纸质和电子格式文本。

第二十八条 本细则中的上级管理机关是指举办单位、上级主管部门或上级业务主管部门等组织或机构。

第二十九条 本细则自2015年7月10日起施行。

附件：依托单位注册实施细则附表（略）

国家自然科学基金资助项目研究成果管理办法

（2015年9月8日国家自然科学基金委员会委务会议审议通过）

第一条 为了规范和加强国家自然科学基金资助项目研究成果（以下简称项目成果）管理，反映科学基金资助成效，推动项目成果的共享与传播、促进项目成果的转化和使用，依据《国家自然科学基金条例》及相关法律法规，制定本办法。

第二条 本办法所称项目成果，包括国家自然科学基金资助项目经过科学研究取得的论文、专著、软件、标准、重要报告、专利、数据库、标本库及科研仪器设备等有价值的科学技术产出。

第三条 项目成果的报告、标注、共享、使用、监督和保障活动等适用本办法。

第四条 项目成果管理应当坚持依法管理、推动转化、促进共享、维护产权的基本原则。

第五条 国家自然科学基金委员会（以下简称自然科学基金委）在项目成果管理中履行下列职责：

（一）组织项目成果的收集、统计、分析和发布；

（二）促进项目成果的共享和传播；

（三）指导并监督依托单位项目成果管理以及使用和转化；

（四）其他项目成果管理职责。

第六条 依托单位应当建立项目成果档案制度，积极做好项目成果提交和报告工作，采取措施促进成果的使用、转化、共享和传播，提升项目成果的社会影响与经济效益。

第七条 项目负责人应当通过依托单位向自然科学基金委提交结题报告；取得研究成果的，应当撰写并提交项目成果报告。项目负责人应当对项目结题报告和成果报告的真实性负责。

第八条 项目负责人不得将下列研究成果作为项目成果列入项目研究成果报告中：

（一）非本人或者参与者所取得的；

（二）与受资助项目无关的。

第九条 项目负责人应当做好项目成果原始记录的采集和保存工作，并按照要求提交依托单位，确保项目成果报告中科学数据的系统性、完整性和准确性。

依托单位应当审核项目负责人所提交项目成果报告的真实性，并建立项目成果档案。

第十条 依托单位应当每年撰写本单位受资助项目成果报告，作为年度管理报告一部分提交自然科学基金委。

项目成果报告包括：

（一）项目取得成果的总体情况；

（二）具有突出贡献的项目成果实例；

（三）项目成果取得知识产权情况；

（四）项目成果转化及使用等情况。

第十一条 发表的项目成果，项目负责人和参与者均应如实注明得到国家自然科学基金项目资助和项目批准号。

依托单位应当督促本单位项目负责人及参与者发表的项目成果进行标注。

对于受多个资助机构资助产生的项目成果，科学基金为主要资助渠道或者发挥主要资助作用的，应当将自然科学基金作为第一顺序的标注。

第十二条 国家自然科学基金项目所形成的成果权利归属按照我国有关法律法规规定执行；法律法规未规定的，由依托单位和项目负责人进行约定。

第十三条 自然科学基金委应当建立项目成果共享服务平台，实现国家科技资源持续积累、完整保存和开放获取。

依托单位应当采用有偿或者无偿方式对于数据库、标本库及科研仪器设备等有价值的项目成果实现共享；其形成的固定资产按照国家有关法律法规执行。

第十四条 自然科学基金委应当建立资助项目论文开放获取机构知识库，促进资助项目论文开放获取和项目成果的传播、推广。

以论文形式发表成果的，论文作者应当按自然科学基金委要求及时将论文提交开放获取机构知识库。

第十五条 项目成果中具备申请专利等有关知识产权条件的，依托单位或者项目负责人应当按照国家有关法律规定及时申请相关知识产权。

第十六条 依托单位对于取得的项目成果知识产权应当依法实施，同时采取保护措施。

对于按照有关法律规定的国家无偿实施或者许可他人有偿实施、无偿实施的，依托单位以及项目负责人和参与者应当积极配合。

第十七条 将项目成果形成的知识产权向境外的组织或者个人转让或者许可境外的组织或者个人独占实施的，依托单位或者项目负责人应当按照有关国家法律法规规定及时申请报批。

第十八条 自然科学基金委应当对项目成果进行分类统计。对于突出的和重要的资助项目成果，自然科学基金委可以通过有关刊物、报纸或者网站等媒介进行宣传和报道。

取得重大成果的，项目负责人应当及时向自然科学基金委报送。

第十九条 自然科学基金委建立依托单位项目成果管理评估制度，定期对依托单位开展成果管理等活动情况进行抽查，并将抽查结果纳入依托单位信用记录，鼓励和支持依托单位做好项目成果的管理工作。

第二十条 任何单位或者个人都可以对项目成果管理中违反本办法的行为进行举报和监督。

第二十一条 依托单位、项目负责人以及参与者违反本办法规定的，自然科学基金委应当予以警告或者按照国家有关法律法规的规定进行处理。

第二十二条 成果管理中涉及国家秘密的，按照国家有关法律法规规定执行。

第二十三条 本办法自 2015 年 11 月 1 日起施行。1997 年 1 月 1 日颁布的《国家自然科学基金资助项目研究成果管理暂行规定》同时废止。

国家自然科学基金资助项目变更管理规程（试行）

（2018年9月10日第11次委务会议审议通过）

第一章 总则

第一条 为了规范国家自然科学基金资助项目（以下简称项目）的变更管理工作，依据《国家自然科学基金条例》（以下简称《条例》）、国家自然科学基金项目管理办法和《国家自然科学基金资助项目资金管理办法》等制定本规程。

第二条 本规程适用于需要由国家自然科学基金委员会（以下简称自然科学基金委）批准的项目变更。

本规程所称项目变更是指与项目相关的人员、单位、资助期限、拨款计划、资金预算等的变更，以及项目终止和撤销。

第三条 自然科学基金委遵循合法、合规、公正、及时的原则实施项目变更管理。

第四条 项目负责人应当按照项目计划书开展研究工作，依托单位应当依据项目计划书跟踪和监督项目实施。确实需要变更的，项目负责人或者依托单位应当及时提出项目变更申请，按程序报自然科学基金委批准。依托单位应当通知项目负责人自然科学基金委项目变更的决定，项目负责人和依托单位应当保证变更项目的顺利实施。

第五条 自然科学基金委在项目变更工作中履行下列职责：

（一）审查项目变更申请；

（二）依申请批准项目变更或者直接决定项目变更；

（三）通知依托单位项目变更的决定；

（四）其他相关工作。

第二章 项目变更内容和适用情形

第六条 本规程所称项目变更包含以下内容的变更：

（一）项目负责人；

（二）参与者；

（三）依托单位；

（四）合作研究单位；

（五）延期；

（六）终止；

（七）撤销；

（八）拨款计划；

（九）资金预算总额；

（十）其他。

以上所有变更都应当符合《条例》、国家自然科学基金各类项目管理办法和《国家自然科学基金资助项目资金管理办法》等的要求。各类项目变更要求详见附表1。

第七条 项目负责人变更包含项目负责人更换和项目负责人信息更正。

依托单位不得擅自更换项目负责人。项目负责人有下列情形之一的,项目负责人或者依托单位可以申请项目负责人更换:

(一)不再是依托单位科学技术人员的;

(二)不能继续开展研究工作的;

(三)有剽窃他人科学研究成果或者在科学研究中有弄虚作假等行为的。

更换后的项目负责人应当为项目的参与者,具有该类型项目要求的申请资格且符合限项申请与承担规定。

项目负责人有下列情形之一的,可以申请项目负责人信息更正:

(一)项目负责人更名的;

(二)因申请阶段填写错误或者不规范造成的个人相关信息需进行勘误的。

第八条 参与者变更包含参与者退出、新增和参与者信息更正。

依托单位和项目负责人应当保证参与者的稳定,参与者退出或者新增仅适用于研究工作需要的情形。参与者中的学生更换无须提交参与者退出或者新增的变更申请。参与者顺序不可变更。

参与者有下列情形之一的,可由项目负责人提出参与者信息更正的申请:

(一)需要更名的;

(二)调入另一工作单位的;

(三)因申请阶段填写错误或者不规范造成的个人相关信息需要进行勘误的。

第九条 依托单位变更仅适用于项目负责人调入另一依托单位工作,项目需要在调入后的依托单位实施的情形。

第十条 合作研究单位变更一般适用以下情形:

(一)因依托单位变更引起的合作研究单位变更;

(二)因参与者退出或者新增引起的合作研究单位变更;

(三)因参与者工作单位变更引起的合作研究单位变更。

第十一条 由于客观原因不能按期完成研究计划的,项目负责人可以申请延期1次,申请延长的期限一般应当为整年且不得超过2年。项目负责人应当于项目资助期限届满60日前提出延期申请。国家自然科学基金相关项目管理办法中对项目延期的要求不尽相同,详见附表1。

第十二条 项目负责人有下列情形之一的,项目负责人或者依托单位可以申请终止项目,自然科学基金委也可以直接决定终止项目:

(一)不再是依托单位科学技术人员的;

(二)不能继续开展研究工作的;

(三)有剽窃他人科学研究成果或者在科学研究中有弄虚作假等行为,以及按照《国家自然科学基金委员会监督委员会对科学基金资助工作中不端行为的处理办法(试行)》规定应当予以终止的;

(四)项目负责人工作单位调动,所在依托单位与原依托单位就变更依托单位协商不一致的;

(五)其他应当予以终止的情形。

第十三条 项目负责人或者参与者有下列情形之一的,自然科学基金委应当直接作出撤销项目的决定，项目负责人或者依托单位也可以主动申请撤销项目：

（一）在申请阶段伪造或者变造申请材料的；

（二）受到自然科学基金委警告并责令限期改正后，逾期不改正的；

（三）按照《国家自然科学基金委员会监督委员会对科学基金资助工作中不端行为的处理办法（试行）》规定应当予以撤销的；

（四）其他应当予以撤销的情形。

第十四条 拨款计划变更包含暂缓拨付资金和解除暂缓拨付资金。

项目负责人、参与者有以下情形之一的，自然科学基金委可以暂缓拨付资金：

（一）项目负责人调动工作单位，但手续尚未完成的；

（二）项目负责人、参与者不按照资助项目计划书开展研究的；

（三）项目负责人、参与者擅自变更研究内容或者研究计划的；

（四）项目负责人不按规定提交年度进展报告、中期检查报告等项目材料的；

（五）项目负责人、参与者提交弄虚作假的报告、原始记录或者相关材料的；

（六）项目负责人、参与者侵占、挪用资助项目资金的。

有上述第（二）至（六）项情形之一的，自然科学基金委还应当给予警告，并责令限期改正。

项目负责人、参与者有以下情形之一的，自然科学基金委应当解除暂缓拨付资金：

（一）项目负责人调动工作单位手续已完成，已提出变更依托单位申请的；

（二）项目负责人、参与者受到自然科学基金委警告、暂缓拨付资金并责令限期改正的处理后，已按期改正的。

第十五条 资金预算总额变更是指符合《国家自然科学基金资助项目资金管理办法》第二十条规定情形，需要自然科学基金委审批的项目预算变更，适用于以下情形：

（一）项目实施过程中，由于研究内容或者研究计划作出重大调整等原因需要对预算总额进行调整的；

（二）重大项目课题之间资金需要调整的。

第十六条 本规程所述其他变更是指除第七至十五条之外，仅能由自然科学基金委提出的其他项目变更情形。

第三章 项目变更发起和审查

第十七条 项目负责人、依托单位或者自然科学基金委项目管理部门（以下简称项目管理部门）可以发起项目变更。

自然科学基金委科学部和履行项目管理职责的职能局（室）为项目管理部门。不同项目类型对应的项目管理部门详见附表2。

第十八条 项目负责人可以提出本规程第六条第（一）至（七）项的项目变更申请，并提交依托单位审核。

依托单位应当审核项目负责人提出的项目变更书面申请的真实性、有效性、完整性和合规性，及时报自然科学基金委审查。

第十九条 依托单位在项目负责人无法提出或者不愿主动提出但确有充分理由需要提出变更时，可以提出本规程第六条第（一）项中项目负责人更换以及第（三）（六）（七）项的项目变更申请，并及时报自然科学基金委审查。

第二十条 自然科学基金委可以直接决定本规程第六条第（六）至（十）的项目变更，由项目管理部门在国家自然科学基金网络信息系统（以下简称信息系统）中及时录入并提交至自然科学基金委计划局（以下简称计划局）复核。

对于组织间国际（地区）合作研究项目的变更，自然科学基金委国际合作局（以下简称国际合作局）履行相关复核职责。

第二十一条 项目资助期限开始前，仅能做暂缓拨付资金和撤销项目的变更。项目准予结题后，仅能做撤销项目的变更。

第二十二条 项目变更的发起者应当在信息系统中填写相应的信息，向下一审核环节提交项目变更材料，包含电子和纸质的项目变更申请与审批表（以下简称《申请与审批表》）以及必要的附件材料。

《申请与审批表》应当使用自然科学基金委提供的标准格式文本，并且满足以下要求：

（一）电子文件应当和纸质文件一致；

（二）项目负责人和依托单位提交的纸质《申请与审批表》由项目负责人签字并加盖依托单位公章，变更依托单位的还应当加盖变更后的依托单位公章；

（三）由于客观原因导致项目负责人无法签字或者项目负责人不愿主动签字的，依托单位应当备注说明。

根据变更内容的不同，还应当提交其他相应的纸质附件材料，详见附表3。

第二十三条 自然科学基金委应当在收到符合要求的项目变更材料之日起90日内完成审查并作出决定。

第二十四条 项目变更的审查程序包括审核和复核。

仅涉及本规程第六条第（一）（二）（四）（五）项的项目变更，项目管理部门审核后生效。

涉及本规程第六条第（三）、（六）至（十）项的项目变更，经项目管理部门审核，计划局复核后生效。

组织间国际（地区）合作研究项目变更还应当经国际合作局复核。

第二十五条 项目管理部门、国际合作局和计划局应当审查项目变更材料的完整性、准确性、有效性、合规性以及手续完备性。项目变更材料的合规性审查要点详见附表4。

项目管理部门发现项目变更材料不符合要求的，应当及时告知依托单位修改或者补齐。

第二十六条 项目管理部门应当指定项目主管处的项目主任和负责人、综合处负责人、部门负责人等专人负责本部门项目变更的录入、审核与复核，其管理权限设置应当与项目审批权限设置一致。

前款中的综合处包括科学部的综合与战略规划处、职能局（室）的综合处、局秘以及外事计划处等部门。

第二十七条 计划局应当指定业务处经办人和负责人、部门负责人等专人负责本规程第六条第（三）、（六）至（十）项所涉及项目变更的复核，其管理权限设置应当与项目审批权限设置一致。

国际合作局应当要求地区处和部门负责人按上述有关规定对科学部提交的组织间国际（地区）合作研究项目变更材料进行复核，提交计划局。

第二十八条 对于本规程第六条第（一）（二）（四）（五）项的项目变更申请，项目管理部门每个月集中审查，部门负责人于月底前完成复核与批准；组织间国际（地区）合作研究项目的上述项目变更申请应当提交国际合作局，国际合作局部门负责人复核后生效。

对于本规程第六条第（三）、（六）至（十）项的项目变更，项目管理部门的部门负责人复核后，应当于单月 10 日前将本部门项目变更材料提交计划局。组织间国际（地区）合作研究项目的上述项目变更，项目管理部门的部门负责人复核后，应当于单月 5 日前将本部门项目变更材料提交国际合作局；国际合作局部门负责人复核后，于单月 10 日前提交计划局。

对于项目管理部门或者国际合作局提交的项目变更材料，计划局应当于单月 30 日前完成复核。

第二十九条 项目管理部门、国际合作局和计划局应当要求审核人员和复核人员依次确认电子文件，并在《申请与审批表》纸质文件上签字或加盖人名章。

第三十条 项目管理部门、国际合作局和计划局在审查过程中发现不符合本规程第二十五条规定的，应当中止审查程序，责成相关人员及时修正后重新提交。

第三十一条 根据项目类型、变更内容和变更发起主体的不同，项目变更流程分为 10 种，详见流程图 1-10。

第四章　通知及资金退回

第三十二条 对本规程第六条第（三）、（六）至（十）项的项目变更申请决定予以变更的，由计划局负责制作项目变更批准文件，并发至相关项目管理部门和自然科学基金委财务局（以下简称财务局）。

第三十三条 计划局应当要求业务处经办人对已经完成审查程序并决定予以变更的项目，按项目类型汇总形成项目变更汇总表和项目变更清单，连同项目变更批准公文生成项目变更批准文件，经业务处负责人审核后提交综合处复核；综合处负责人复核后，提交部门负责人签发。

第三十四条 项目管理部门依据变更决定将结果书面通知依托单位，不予变更的应当告知原因，必要时给出下一步处理意见；涉及终止、撤销的，书面通知中应当包含退回金额和时限要求。项目负责人和依托单位可上网查询项目变更申请的审查进度。

第三十五条 依托单位应当在规定的时限内退回终止项目的结余资金或者撤销项目的全部已拨付资金。对于 2014 年及以前批准的项目，终止后退回全部结余资金，撤销后退回全部已拨付资金；对于 2015 年及以后批准的项目，终止后仅退回结余的直接费用，撤销后退回已拨付的直接费用和间接费用。

财务局应当在信息系统中记录收到的依托单位退回资金。

依托单位未按要求退回资金的，自然科学基金委从下一年度该单位间接费用拨款中扣缴应当退回的金额。终止或者撤销项目的退回资金情况将纳入依托单位信用记录。

第五章　附则

第三十六条 项目管理部门应当将《申请与审批表》以及附件材料存入项目档案。

第三十七条 本规程自 2019 年 1 月 1 日起试行。

附表 1-4 及变更流程图 1-10（略）

国家自然科学基金委员会关于开展提高间接费用比例试点工作的通知

(国科金发财〔2019〕65号)

各依托单位:

为贯彻落实《国务院关于优化科研管理提升科研绩效若干措施的通知》(国发〔2018〕25号)文件精神,国家自然科学基金委员会(以下简称自然科学基金委)将在国家自然科学基金(以下简称科学基金)部分项目类型中,开展提高智力密集型和纯理论基础研究项目间接费用比例的试点工作。具体通知如下:

一、试点范围

试点单位由科技部、财政部组织教育部、中科院选定,且属于科学基金依托单位。(名单见附件1)

试点项目类型包括优秀青年科学基金项目、创新研究群体项目和海外及港澳学者合作研究基金延续资助项目。

二、试点内容

对于试点单位在2019年获批准的上述三类项目,资助经费试点采用新的结构。其中,

(1)优秀青年科学基金项目直接费用为120万元、间接费用为30万元;

(2)创新研究群体项目直接费用为1000万元、间接费用为200万元(数学、管理领域直接费用为670万元、间接费用为170万元);

(3)海外及港澳学者合作研究基金延续资助项目直接费用为160万元、间接费用为40万元。(具体见附件2)

其他单位获批准的上述三类项目、所有单位获批准的非试点类型项目仍采用原来的经费结构。

附件:1.试点单位名单(略)。
   2.间接费用调整方案(略)。

国家自然科学基金委员会
2019年11月14日

国家自然科学基金项目科研不端行为调查处理办法

（2005年3月16日国家自然科学基金委员会监督委员会
第二届第三次全体会议审议通过；
2020年11月3日国家自然科学基金委员会委务会议修订通过）

第一章 总则

第一条 为了规范国家自然科学基金委员会（以下简称自然科学基金委）对科研不端行为的调查处理，维护科学基金的公正性和科技工作者的权益，推动科研诚信、学术规范和科研伦理建设，促进科学基金事业的健康发展，根据《中华人民共和国科学技术进步法》《国家自然科学基金条例》《关于进一步加强科研诚信建设的若干意见》《科学技术活动违规行为处理暂行规定》和《科研诚信案件调查处理规则（试行）》等规定，制定本办法。

第二条 本办法适用于在国家自然科学基金项目（以下简称科学基金项目）的申请、评审、实施、结题和成果发表与应用等活动中发生的科研不端行为的调查处理。

第三条 本办法所称科研不端行为，是指发生在科学基金项目申请、评审、实施、结题和成果发表与应用等活动中，偏离科学共同体行为规范，违背科研诚信和科研伦理行为准则的行为。具体包括：

（一）抄袭、剽窃、侵占；

（二）伪造、篡改；

（三）买卖、代写；

（四）提供虚假信息、隐瞒相关信息以及提供信息不准确；

（五）通过贿赂或者利益交换等不正当方式获取科学基金项目；

（六）违反科研成果的发表规范、署名规范、引用规范；

（七）违反评审行为规范；

（八）违反科研伦理规范；

（九）其他科研不端行为。

第四条 自然科学基金委监督委员会依照《国家自然科学基金委员会章程》和《国家自然科学基金委员会监督委员会章程》的规定，具体负责受理对科研不端行为的投诉举报，组织开展调查，提出处理建议并且监督处理决定的执行。

第五条 自然科学基金委对监督委员会提出的处理建议进行审查，并作出处理决定。

第六条 科研人员应当遵守学术规范，恪守职业道德，诚实守信，不得在科学技术活动中弄虚作假。

涉嫌科研不端行为接受调查时，应当如实说明有关情况并且提供相关证明材料。

第七条 项目评审专家应当认真履行评审职责，对与科学基金项目相关的通讯评审、会议评审、中期检查、结题审查以及其他评审事项进行公正评审，不得违反相关回避、保密规定或者利用工作便利谋取不正当利益。

第八条 项目依托单位及科研人员所在单位作为本单位科研诚信建设主体责任单位,应建立健全处理科研不端行为的相关工作制度和组织机构,在科研不端行为的预防与调查处理中具体履行以下职责:

(一)宣讲科研不端行为调查处理相关政策与规定;

(二)对本单位人员的科研不端行为,积极主动开展调查;

(三)对自然科学基金委交办的问题线索组织开展相关调查;

(四)依据职责权限对科研不端行为责任人作出处理;

(五)向自然科学基金委报告本单位与科学基金项目相关的科研不端行为及其查处情况;

(六)执行自然科学基金委作出的处理决定;

(七)监督处理决定的执行;

(八)其他与科研诚信相关的职责。

第九条 自然科学基金委在调查处理科研不端行为时应当坚持事实清楚、证据确凿、定性准确、处理恰当、程序合法、手续完备的原则。

第十条 自然科学基金委对科研人员、项目评审专家和项目依托单位实行信用管理,用于相关的评审、实施和管理活动。

第十一条 项目申请人、负责人、参与者、评审专家和依托单位等应积极履行与自然科学基金委签订的相关合同或者承诺,如违反相应义务,自然科学基金委可以依据合同或者承诺对其作出相应处理。

第二章 调查处理程序

第一节 投诉举报与受理

第十二条 任何公民、法人或者其他组织均可以向自然科学基金委以书面形式投诉举报科研不端行为,投诉举报应当符合下列要求:

(一)有明确的投诉举报对象;

(二)有可查证的线索或者证据材料;

(三)与科学基金工作相关;

(四)涉及本办法适用的科研不端行为。

第十三条 自然科学基金委鼓励实名投诉举报,并对投诉举报人、被举报人、证人等相关人员的信息予以严格保密,充分保护相关人员的合法权益。

第十四条 自然科学基金委应当在十五个工作日内对投诉举报材料进行初核,初核由两名工作人员进行。经初核认为投诉举报材料符合本办法第十二条的要求的,应当作出受理的决定,并在五个工作日内告知实名投诉举报人。不符合受理条件的,应当作出不予受理的决定,并在五个工作日内告知实名投诉举报人。

上述决定涉及不予公开或者保密内容的,投诉举报人应予以保密。泄露、扩散或者不当使用相关信息的,应承担相应责任。

第十五条 调查处理过程中,发现投诉举报人有捏造事实、诬告陷害等行为的,自然科学基金委将向其所在单位通报。

第十六条 投诉举报事项属于下列情形的,不予受理:

(一)投诉举报已经依法处理,投诉举报人在无新线索的情况下以同一事实或者理由重复投诉举报的；

（二）已由公安机关、监察机关立案调查或者进入司法程序的；

（三）其他依法不应当受理的情形。

投诉举报中同时含有应当受理和不应当受理的内容，能够作区分处理的，对不应当受理的内容不予受理。

第二节 调查

第十七条 对于受理的科研不端行为案件，自然科学基金委应当组织、会同、直接移交或者委托相关部门开展调查。对直接移交或者委托依托单位或者科研不端行为人所在单位调查的，自然科学基金委保留自行调查的权力。

被调查人担任单位主要负责人或者被调查人是法人单位的，自然科学基金委可以直接移交或者委托其上级主管部门开展调查。没有上级主管部门的，自然科学基金委可以直接移交或者委托其所在地的省级科技行政管理部门科研诚信建设责任单位负责组织调查。

涉及项目资金使用的举报，自然科学基金委可以聘请第三方机构对相关资助资金使用情况进行监督和检查，根据监督和检查结论依照本办法处理。

第十八条 对涉嫌科研不端行为的调查，可以采取谈话函询、书面调查、现场调查、依托单位或者科研不端行为人所在单位调查等方式开展。必要时也可以采取邀请专家参与调查、邀请专家或者第三方机构鉴定以及召开听证会等方式开展。

第十九条 自然科学基金委对于依职权发现的涉嫌科研不端行为，应当及时审查并依照相关规定处理。

第二十条 进行书面调查的，应当对投诉举报材料、当事人陈述材料、有关证明材料等进行审查，形成书面调查报告。

第二十一条 进行现场调查的，调查人员不得少于两人，并且应当向当事人或者有关人员出示工作证件或者公函。

当事人或者有关人员应当如实回答询问并协助调查，向调查人员出示原始记录、观察笔记、图像照片或者实验样品等证明材料，不得隐瞒信息或者提供虚假信息。询问或者检查应当制作笔录，当事人和相关人员应当在笔录上签字。

第二十二条 依托单位或者当事人所在单位负责调查的，应当认真开展调查，形成完整的调查报告并加盖单位公章，按时向自然科学基金委报告有关情况。

调查过程中，调查单位应当与当事人面谈，并向自然科学基金委提供以下材料：

（一）调查结果和处理意见；

（二）相关证明材料；

（三）当事人的陈述材料；

（四）当事人与调查人员双方签字的谈话笔录；

（五）其他相关材料。

第二十三条 调查过程中，调查人员应当充分听取当事人的陈述或者申辩，对当事人提出的事实、理由和证据进行核实。当事人提出的事实、理由或者证据成立的，应当采纳。任何个人和组织不得以不正当手段影响调查工作的进行。

调查中发现当事人的行为可能影响公众健康与安全或者导致其他严重后果的，调查人员应立即报告，或者按程序移送有关部门处理。

第二十四条 科研不端行为案件应自受理之日起六个月内完成调查。

对于在前款规定期限内不能完成调查的重大复杂案件，经自然科学基金委监督委员会主要负责人或者自然科学基金委负责人批准后可以延长调查期限，延长时间最长不得超过一年。对于上级机关和有关部门移交的案件，调查延期情况应向移交机关或者部门报备。

调查中发现关键信息不充分、暂不具备调查条件或者被调查人在调查期间死亡的，经自然科学基金委监督委员会主要负责人或者自然科学基金委负责人批准后可以中止或者终止调查。

条件具备时，应及时启动已中止的调查，中止的时间不计入调查时限。对死亡的被调查人中止或终止调查不影响对案件涉及的其他被调查人的调查。

第三章　处理

第二十五条 调查终结后，应当形成调查报告，调查报告应当载明以下事项：

（一）调查的对象和内容；

（二）主要事实、理由和依据；

（三）调查结论和处理建议；

（四）其他需要说明的内容。

第二十六条 自然科学基金委作出处理决定前，应当书面告知当事人拟作出处理决定的事实、理由及依据，并告知当事人依法享有陈述与申辩的权利。

当事人没有进行陈述或者申辩的，视为放弃陈述与申辩的权利。当事人作出陈述或者申辩的，应当充分听取其意见。

第二十七条 调查终结后，自然科学基金委应当对调查结果进行审查，根据不同情况，分别作出以下决定：

（一）确有科研不端行为的，根据事实及情节轻重，作出处理决定；

（二）未发现存在科研不端行为的，予以结案；

（三）涉嫌违纪违法的，移送相关机关处理。

第二十八条 自然科学基金委作出处理决定时应当制作处理决定书。处理决定书应当载明以下事项：

（一）当事人基本情况；

（二）实施科研不端行为的事实和证据；

（三）处理依据和措施；

（四）救济途径和期限；

（五）作出处理决定的单位名称和日期；

（六）其他应当载明的内容。

第二十九条 自然科学基金委作出处理决定后，应及时将处理决定书送达当事人，并将处理结果告知实名投诉举报人。

处理结果涉及不予公开或者保密内容的，投诉举报人应予以保密。泄露、扩散或者不当使用相关信息的，应承担相应责任。

第三十条 对实施科研不端行为的科研人员的处理措施包括：

（一）警告；

（二）责令改正；

（三）通报批评；

（四）暂缓拨付项目资金；

（五）科学基金项目处于申请或者评审过程的，撤销项目申请；

（六）科学基金项目正在实施的，终止原资助项目并追回结余资金；

（七）科学基金项目正在实施或者已经结题的，撤销原资助决定并追回已拨付资金；

（八）取消一定期限内申请或者参与申请科学基金项目资格。

第三十一条 对实施科研不端行为的评审专家的处理措施包括：

（一）警告；

（二）责令改正；

（三）通报批评；

（四）一定期限内直至终身取消评审专家资格。

第三十二条 对实施科研不端行为的依托单位的处理措施包括：

（一）警告；

（二）责令改正；

（三）通报批评；

（四）取消一定期限内依托单位资格。

第三十三条 对科研不端行为的处理应当考虑以下因素：

（一）科研不端行为的性质与情节；

（二）科研不端行为的结果与影响程度；

（三）实施科研不端行为的主观恶性程度；

（四）实施科研不端行为的次数；

（五）承认错误与配合调查的态度；

（六）应承担的责任大小；

（七）其他需要考虑的因素。

第三十四条 科研不端行为情节轻微并及时纠正，危害后果较轻的，可以给予谈话提醒、批评教育。

第三十五条 有下列情形之一的，从轻或者减轻处理：

（一）主动消除或者减轻科研不端行为危害后果的；

（二）受他人胁迫实施科研不端行为的；

（三）积极配合调查并且主动承担责任的；

（四）其他从轻或者减轻处理的情形。

第三十六条 有下列情形之一的，从重处理：

（一）伪造、销毁或者藏匿证据的；

（二）阻止他人投诉举报或者提供证据的；

（三）干扰、妨碍调查核实的；

（四）打击、报复投诉举报人的；

（五）多次实施或者同时实施数种科研不端行为的；

（六）造成严重后果或者恶劣影响的；

（七）其他从重处理的情形。

第三十七条 同时涉及数种科研不端行为的，应当合并处理。合并处理的幅度不超过《国家自然科学基金条例》规定的上限。

第三十八条 二人以上共同实施科研不端行为的，按照各自所起的作用、造成的后果以及应负的责任，分清主要责任、次要责任和同等责任，分别进行处理。无法分清主要责任与次要责任的，视为同等责任一并处理。

第三十九条 负责受理、调查和处理的工作人员应当严格遵守相关回避与保密规定。当事人认为前述人员与案件处理有直接利害关系的，有权申请回避。

上述人员与当事人有近亲属关系、同一法人单位关系、师生关系或者合作关系等可能影响公正处理的，应当主动申请回避。自然科学基金委也可以直接作出回避决定。

上述人员未经允许不得披露未公开的有关证明材料、调查处理的过程或者结果等与科研不端行为处理相关的信息，违反保密规定的，依照有关规定处理。

依托单位或者当事人所在单位调查人员可以不受本条第二款中同一法人单位规定的限制。

第四章　处理细则

第四十条 项目申请人、参与者在项目申请书或者列入项目申请书的论文等科研成果中有抄袭、剽窃、伪造、篡改等行为之一的，根据项目所处状态，撤销项目申请、终止原资助项目并追回结余资金或者撤销原资助决定并追回已拨付资金。除上述处理措施外，情节较轻的，取消项目申请或者参与申请资格一至三年，给予警告或者通报批评；情节较重的，取消项目申请或者参与申请资格三至五年，给予通报批评；情节严重的，取消项目申请或者参与申请资格五至七年，给予通报批评。

第四十一条 项目申请人、参与者在项目申请过程中有下列行为之一的，科学基金项目处于申请或者评审过程的，撤销项目申请。除上述处理措施外，情节较轻的，给予谈话提醒、批评教育或者警告；情节较重的，终止原资助项目并追回结余资金或者撤销原资助决定并追回已拨付资金，取消项目申请或者参与申请资格一至三年，给予警告或者通报批评；情节严重的，终止原资助项目并追回结余资金或者撤销原资助决定并追回已拨付资金，取消项目申请或者参与申请资格三至五年，给予通报批评：

（一）代写、委托代写或者买卖项目申请书的；

（二）委托第三方机构修改项目申请书的；

（三）提供虚假信息、隐瞒相关信息以及提供信息不准确的；

（四）冒充他人签名或者伪造参与者姓名的；

（五）擅自将他人列为项目参与人员的；

（六）违规重复申请的；

（七）其他违反项目申请规范的行为。

第四十二条 项目申请人、参与者在列入项目申请书的论文等科研成果中有下列行为之一的，科学基金项目处于申请或者评审过程的，撤销项目申请。除上述处理措施外，情节较轻的，给予谈话提醒、批评教育或者警告；情节较重的，终止原资助项目并追回结余资金或者撤销原资助决定并追回已拨付资金，取消项目申请或者参与申请资格一至三年，给予警告或者通报批评；情节严重的,终止原资助项目并追回结余资金或者撤销原资助决定并追回已拨付资金,取消项目申请或者参与申请资格三至五年,给予通报批评:

(一)一稿多发或者重复发表的;
(二)买卖或者代写的;
(三)委托第三方机构投稿的;
(四)虚构同行评议专家及评议意见的;
(五)其他违反论文发表规范、引用规范的行为。

第四十三条 项目申请人、参与者在列入项目申请书的论文等科研成果中有下列行为之一的,科学基金项目处于申请或者评审过程的,撤销项目申请。除上述处理措施外,情节较轻的,给予谈话提醒、批评教育或者警告;情节较重的,终止原资助项目并追回结余资金或者撤销原资助决定并追回已拨付资金,取消项目申请或者参与申请资格一至三年,给予警告或者通报批评;情节严重的,终止原资助项目并追回结余资金或者撤销原资助决定并追回已拨付资金,取消项目申请或者参与申请资格三至五年,给予通报批评:

(一)未经同意使用他人署名的;
(二)虚构其他署名作者的;
(三)篡改作者排序和贡献的;
(四)未做出实质性贡献而署名的;
(五)将做出实质性贡献的作者或者单位排除在外的;
(六)擅自标注他人科学基金项目的;
(七)标注虚构的科学基金项目的;
(八)在与科学基金项目无关的科研成果中标注基金项目的;
(九)其他不当署名或者不当标注的行为。

第四十四条 项目申请人、参与者在与项目相关的评审中有下列行为之一的,科学基金项目处于申请或者评审过程的,撤销项目申请。除上述处理措施外,情节较轻的,给予谈话提醒、批评教育或者警告;情节较重的,终止原资助项目并追回结余资金或者撤销原资助决定并追回已拨付资金,取消项目申请或者参与申请资格一至三年,给予警告或者通报批评;情节严重的,终止原资助项目并追回结余资金或者撤销原资助决定并追回已拨付资金,取消项目申请或者参与申请资格三至五年,给予通报批评:

(一)请托、游说或者打招呼的;
(二)违规获取相关评审信息的;
(三)贿赂评审专家或者自然科学基金委工作人员的;
(四)其他对评审工作的独立、客观、公正造成影响的行为。

第四十五条 项目负责人、参与者在项目实施过程中有下列行为之一的,给予警告,暂缓拨付资金并责令改正;逾期不改正的,终止原资助项目并追回结余资金或者撤销原资助决定并追回已拨付资金;情节较重的,终止原资助项目并追回结余资金或者撤销原资助决定并追回已拨付资金,取消项目申请或者参与申请资格三至五年,给予通报批评;情节严重的,终止原资助项目并追回结余资金或者撤销原资助决定并追回已拨付资金,取消项目申请或者参与申请资格五至七年,给予通报批评:

（一）擅自变更研究方向或者降低申报指标的；

（二）不按照规定提交项目结题报告或者研究成果报告等材料的；

（三）提交弄虚作假的报告或者原始记录等材料的；

（四）挪用、滥用或者侵占项目资金的；

（五）违反国家有关科研伦理的规定的；

（六）其他不按照规定履行研究职责的行为。

第四十六条 项目负责人、参与者在项目结题报告等材料中有本办法第四十条、第四十一条、第四十二条或者第四十三条规定的行为之一的，分别依照第四十条、第四十一条、第四十二条或者第四十三条的规定进行处理。

第四十七条 项目负责人、参与者在标注基金资助的论文等科研成果中有本办法第四十条、第四十二条或者第四十三条规定的行为之一的，分别依照第四十条、第四十二条或者第四十三条的规定进行处理。

第四十八条 科研人员在其他科学技术活动中有抄袭、剽窃他人研究成果或者弄虚作假等行为的，自然科学基金委可以依照本办法相关条款的规定，依据情节轻重，禁止其在一定期限内申请科学基金项目。

第四十九条 项目申请人、负责人或者参与者因实施本办法规定的科研不端行为而导致负责或者参与的科学基金项目被撤销的，自然科学基金委可以建议行为人所在单位撤销其因为负责或者参与该科学基金项目而获得的相应荣誉以及利益。

第五十条 评审专家在项目评审过程中有下列行为之一的，取消评审专家资格二至五年，给予警告并责令改正；情节较重的，取消评审专家资格五至七年，给予警告或者通报批评并责令改正；情节严重的，不再聘请为评审专家，给予通报批评：

（一）违反保密或者回避规定的；

（二）打击报复、诬陷或者故意损毁申请者名誉的；

（三）由他人代为评审的；

（四）因接受请托等原因而进行不公正评审的；

（五）利用工作便利谋取不正当利益的；

（六）其他违反评审行为规范的行为。

在科学技术活动中存在本办法第四十条至第四十七条规定不端行为的，自然科学基金委可以取消其一定年限评审专家资格，且取消的评审专家资格年限不低于取消的申请资格年限，直至不再聘请为评审专家。

第五十一条 项目申请人、负责人、参与者或者评审专家因实施本办法规定的科研不端行为受到相应处理的，自然科学基金委可以依据科研不端行为的情节、后果等情形，建议行为人所在单位给予其相应的党纪政务处分。

第五十二条 对于不在自然科学基金委职责管辖范围内的科研不端案件同案违规人员，自然科学基金委可以责成相关依托单位进行处理。

第五十三条 依托单位有下列行为之一的，给予警告并责令改正；逾期不改正的，取消依托单位资格一至三年，给予警告或者通报批评；情节严重的，取消依托单位资格三至五年，给予通报批评：

（一）对项目申请人、负责人或者参与者发生的科研不端行为负有疏于管理责任的；

（二）纵容、包庇或者协助有关人员实施科研不端行为的；

（三）擅自变更项目负责人的；

（四）组织、纵容工作人员参与请托游说、打招呼或者违规获取相关评审信息等行为的；

（五）违规挪用、克扣、截留项目资金的；

（六）不履行科学基金项目研究条件保障职责的；

（七）不履行科研伦理或者科技安全的审查职责的；

（八）不配合监督、检查科学基金项目实施的；

（九）不履行科研不端行为的调查处理职责的；

（十）其他不履行科学基金资助管理工作职责的行为。

依托单位实施前款规定的科研不端行为的，由自然科学基金委记入信用档案。

第五十四条 对依托单位的相关处理措施，由自然科学基金委执行；对项目申请人、负责人、参与者或者评审专家等给予的谈话提醒、批评教育等处理措施，由行为人所在单位执行。

第五十五条 自然科学基金委根据有关规定适用终止原资助项目并追回结余资金或者撤销原资助决定并追回已拨付资金的处理措施。

第五十六条 自然科学基金委建立问题线索移送机制，对于不在自然科学基金委职责管辖范围的问题线索，移送相关部门或者机构处理。

项目申请人、负责人、参与者、评审专家或者自然科学基金委工作人员（含兼职、兼聘人员和流动编制工作人员）等实施的科研不端行为涉嫌违纪违法的，移送相关纪检监察组织处理。

第五章 申诉与复查

第五十七条 当事人对处理决定不服的，可以在收到处理决定书后十五日内，向自然科学基金委提出书面复查申请。

自然科学基金委应在收到复查申请之日起十五个工作日内作出是否受理的决定。决定不予复查的，应当通知申请人，并告知不予复查的理由；决定复查的，应当自受理之日起九十个工作日内作出复查决定。复查依照本办法规定的调查处理程序进行，复查不影响处理决定的执行。

第五十八条 当事人对复查结果不服的，可以向自然科学基金委的上级主管部门提出书面申诉。

第六章 附则

第五十九条 科研不端行为案件中的当事人或者单位属于军队管理的，自然科学基金委可以将案件移交军队相关部门，由军队按照其规定进行调查处理。

第六十条 本办法由自然科学基金委负责解释。

第六十一条 本办法自 2021 年 1 月 1 日起实施。2005 年 3 月 16 日发布的《国家自然科学基金委员会监督委员会对科学基金资助工作中不端行为的处理办法（试行）》同时废止。

第三节 国家科技重大专项

科技部 发展改革委 财政部关于印发《国家科技重大专项（民口）管理规定》的通知

（国科发专〔2017〕145号）

各有关科技重大专项牵头组织单位、各有关项目管理专业机构、各有关单位：

为进一步明确科技重大专项的组织管理和工作流程，推动科技重大专项的组织实施，根据《国务院办公厅关于印发国家科技重大专项组织实施工作规则的通知》（国办发〔2016〕105号）和国家科技计划管理改革的有关要求，科技部、发展改革委、财政部三部门共同研究制定了《国家科技重大专项（民口）管理规定》。现印发你们，请遵照执行。

科技部 发展改革委 财政部
2017年6月1日

国家科技重大专项（民口）管理规定

第一章 总则

第一条 为贯彻党中央、国务院的决策部署，落实《国家中长期科学和技术发展规划纲要（2006—2020年）》，保证国家科技重大专项（以下简称重大专项）任务的顺利实施，加强重大专项管理，根据《国务院办公厅关于印发国家科技重大专项组织实施工作规则的通知》（国办发〔2016〕105号）和国家科技计划管理改革的有关要求，特制定本规定。

第二条 重大专项是为了实现国家目标，通过核心技术突破和资源集成，在一定时限内完成的重大战略产品、关键共性技术和重大工程，是我国科技发展的重中之重，对提高我国自主创新能力、建设创新型国家具有重要意义。

第三条 重大专项紧紧围绕国家重大战略目标和需求，主要采取自上而下、上下结合的方式广泛研究论证提出，由党中央、国务院批准设立。组织实施重大专项要坚持"成熟一项，启动一项"的原则。

第四条 重大专项的组织实施，由国务院统一领导，国家科技教育领导小组、国家科技体制改革和创新体系建设领导小组加强统筹、协调和指导。

第五条 重大专项组织实施管理的原则：

（一）明确目标，聚焦重点。重大专项围绕国民经济和社会发展的关键领域中的重大问题，聚焦国家重大战略产品和重大产业化目标，强调坚持自主创新，通过重点突破带动关键领域跨越式发展。

（二）创新机制，统筹资源。深化科技体制改革，突出企业主体地位，促进各类创新要素向企业集聚。充分发挥部门、地方、企业、研究机构和高等院校等各方面积极性，加强重大专项与国家其他科技计划（专项、基金等）和重大工程的衔接，推动军民融合，集成和优化配置全社会科技资源。

（三）厘清权责，规范管理。重大专项纳入国家科技管理平台统一管理，在实施方案制定、启动实施、监督管理、验收和成果应用等各个环节，坚持科学、民主决策，建立健全权责明确的管理制度和机制。

（四）定期评估，突出绩效。建立健全重大专项监督评估与动态调整机制，对重大专项的组织管理、执行情况与实施成效进行跟踪检查。

（五）注重人才，创造环境。结合重大专项的实施，凝聚和培养一批高水平创新、创业、创优人才，形成一支产学研结合、创新能力强的科技队伍，完善有利于重大专项实施的配套政策和良好环境。

第六条 重大专项的资金筹集坚持多元化的原则，中央财政设立专项资金支持重大专项的组织实施，引导和鼓励地方财政、金融资本和社会资金等方面的投入。针对重大专项任务实施，科学合理配置资金，加强审计与监管，提高资金使用效益。

第七条 本规定适用于民口有关的重大专项。

第二章 组织管理与职责

第八条 国家科技计划（专项、基金等）管理部际联席会议（以下简称部际联席会议）负责审议重大专项总体布局、新增重大专项立项建议和实施方案、重大专项发展规划和有关管理规定，以及遴选确定项目管理专业机构（以下简称专业机构）等重大事项。

拟提交部际联席会议审议的重大专项议题，须按程序由战略咨询与综合评审委员会（以下简称咨评委）咨询评议。

第九条 在部际联席会议制度下，科技部会同发展改革委、财政部（以下简称三部门）负责重大专项综合协调和整体推动，研究解决重大专项组织实施中的重大问题，各司其职，共同推动重大专项的组织实施管理。主要职责包括：

（一）牵头研究制订重大专项发展规划；

（二）研究制订重大专项管理规定和配套政策；

（三）组织重大专项实施方案（含总概算和阶段概算，下同）编制论证；

（四）指导牵头组织单位制订重大专项年度指南，负责重大专项年度指南合规性审核；

（五）负责对各重大专项阶段实施计划（一般按五年计划，含分年度概算，下同）和年度计划（含年度预算，下同）进行综合平衡；

（六）组织重大专项的监测评估、检查监督和总结验收，将重大专项实施情况的总结报告上报党中央、国务院，负责对重大专项项目管理专业机构履职尽责情况进行综合监督评估；

（七）对重大专项实施中的重大问题提出意见，包括对涉及专项目标、技术路线、概算、进度、组织实施方式等重大调整的意见；

（八）负责统筹协调各重大专项之间目标定位、政策措施、绩效监督等涉及重大专项全局的主要工作；

（九）负责统筹协调重大专项与国家其他科技计划（专项、基金等）、国家重大工程的关系；

（十）组织做好拟提交部际联席会议审议重大专项相关事项的准备工作等。

第十条 科技部负责协调重大专项与国家其他科技计划（专项、基金等）的衔接；牵头组织研究制订重大专项相关管理办法以及与实施相关的科技配套政策；汇总重大专项各类信息，提出信息汇总的统一要求；向国务院汇报年度工作计划、年度执行情况。承担重大专项日常组织协调和联络沟通工作等。

发展改革委牵头组织研究制订重大专项组织实施中的相关产业配套政策等；负责协调重大专项与国家重大工程的衔接等。

财政部负责研究制订重大专项组织实施中的相关财政政策，牵头研究制订中央财政安排的重大专项资金的管理办法；负责提出重大专项概预算编制的要求，牵头审核重大专项总概算和阶段概算，审核并批复重大专项分年度概算和年度预算；按规定审核批复重大专项概预算调剂。

第十一条 重大专项牵头组织单位负责重大专项的具体组织实施，强化宏观管理、战略规划和政策保障，建立多部门共同参与的机制，充分调动全社会力量参与重大专项实施，保证重大专项顺利组织实施并完成预期目标。同一重大专项的不同牵头组织单位之间应当加强沟通、协调与配合。主要职责包括：

（一）会同有关部门和单位成立重大专项实施管理办公室，具体负责本重大专项实施的日常工作。组建重大专项总体专家组；

（二）负责组织制订本重大专项实施管理细则、资金管理实施细则、保密工作和档案管理方案等规章制度；

（三）负责组织制订本重大专项的阶段实施计划，制订年度指南，审核上报年度计划；

（四）批复本重大专项项目（课题）的立项（多个牵头组织单位的专项，联合行文批复）；

（五）负责对本重大专项项目（课题）的执行情况进行监督检查和责任倒查，指导督促本重大专项的实施；

（六）负责加强对本重大专项项目管理专业机构队伍建设、条件保障等宏观业务的指导和监管；

（七）负责协调落实本重大专项实施的相关支撑条件，协调落实配套政策，推动本重大专项成果转化和产业化；

（八）组织落实本重大专项与国家其他科技计划（专项、基金等）、国家重大工程的衔接工作；

（九）核准实施方案、阶段实施计划、年度计划相关内容的调整，涉及专项目标、技术路线、概算、进度、组织实施方式等重大调整时，商三部门提出意见；

（十）组织编制上报本重大专项年度执行情况报告、总结报告等，根据本重大专项任务完成情况，提出本重大专项验收申请；

（十一）负责本重大专项保密工作的管理、监督和检查。按有关规定，对涉及国家秘密的项目（课题）和取得的成果，进行密级评定和确定等。

第十二条 各重大专项组建专项总体专家组，配合专项实施管理办公室做好专项的具体组织实施工作。充分发挥专家的决策咨询作用，总体专家组的咨询建议是重大专项牵头组织单位决策的重要依据。总体专家组设技术总师，全面负责重大专项总体专家组的工作，各专项可根据需要设技术副总师。总体专家组主要职责包括：

（一）负责开展相关技术发展战略与预测研究，对重大专项主攻方向、技术路线和研发进度提出咨询意见；

（二）负责对重大专项发展规划、阶段实施计划、年度指南、年度计划提出咨询建议；

（三）对重大专项集成方案设计、项目（课题）衔接和协同攻关促进重大专项成果的集成应用提出咨询建议；

（四）参与对重大专项项目（课题）的检查、评估和验收等工作等。

技术总师、副总师要求是本重大专项领域的战略科学家和领军人物，能够集中精力从事本重大专项的组织实施。重大专项总体专家组成员要求是本重大专项相关领域技术、管理和金融等方面的复合型优秀人才，能够将主要精力投入本重大专项的具体实施工作。总体专家组成员原则上不得承担重大专项项目（课题）。

第十三条 重大专项项目（课题）的具体管理工作原则上委托专业机构承担。三部门会同牵头组织单位等提出备选专业机构建议，由部际联席会议审议确定。专业机构接受部际联席会议办公室与牵头组织单位的共同委托，负责对重大专项项目（课题）的具体管理工作。

（一）负责制订本重大专项项目（课题）实施管理细则、保密工作和档案管理方案等规章制度；

（二）参与制订本重大专项阶段实施计划和年度指南，提出年度计划建议；

（三）负责组织受理重大专项项目（课题）申请，遴选项目（课题）承担单位，按批复下达立项通知并与项目（课题）承担单位签订任务合同书（含预算书，下同），落实资金安排；

（四）组织对本重大专项项目（课题）的督促、检查；

（五）组织对本重大专项项目（课题）的验收等；

（六）研究提出本重大专项组织管理、配套政策等建议；

（七）根据有关规定和实际需要对项目（课题）进行任务调整或预算调剂；

（八）根据需要提出调整实施方案、阶段实施计划、年度计划的建议；

（九）定期报告本重大专项的实施进展情况；

（十）负责项目（课题）的档案和保密工作的管理、监督和检查等。

专业机构的有关管理要求，按照《中央财政科技计划（专项、基金等）项目管理专业机构管理暂行规定》执行。

尚未委托专业机构的重大专项，其职责由专项实施管理办公室承担。

第十四条 重大专项任务的承担单位是项目（课题）执行责任主体，要按照法人管理责任制的要求，强化内部控制与风险管理，对项目（课题）实施和资金管理负责。按照项目（课题）任务合同书要求，落实配套支撑条件，组织任务实施，规范使用资金，促进成果转化，完成既定目标。要严格执行重大专项有关管理规定，认真履行合同条款，接受指导、检查，并配合评估和验收工作。

第十五条 加强国家科技重大专项在地方的组织协调工作。地方政府加强统一领导，根据实际情况，建立科技、发展改革、财政及有关部门的协调机制，做好相关国家科技重大专项工作的统筹协调和配套支撑条件的落实工作；组织力量积极承担重大专项的研究开发任务；做好地方科技项目（专项）与国家科技重大专项的衔接配套；及时与三部门、牵头组织单位进行联络沟通。

第三章 实施方案与阶段实施计划

第十六条 实施方案是重大专项组织实施、监督检查、评估验收的依据。

第十七条 重大专项实施方案的编制论证。三部门与相关部门和单位，共同组织成立由技术、经济、管理、财务等方面专家组成的编制论证委员会，编制论证重大专项实施方案。实施方案的主要内容包括：

（一）重大专项目标。提出重大专项任务和总体目标，确定重大专项的具体目标和阶段目标，明确技术路线，提出重大专项重点任务等。

（二）重大专项启动条件。确定重大专项实施需具备的科技、产业、财力等基础和条件，提出启动重大专项的时机。

（三）组织实施方式。根据重大专项特点，按照部门职能，在充分考虑科技与产业结合、与已有工作基础相衔接等基础上，明确重大专项的牵头组织单位，提出专业机构备选建议以及组织实施方式和相应分工。

（四）筹资方案。根据重大专项的目标和任务，提出实施所需资金的概算及筹资方案。

第十八条 重大专项实施方案的审批。三部门将重大专项实施方案提交咨评委咨询评议后，报部际联席会议审议，经国家科技体制改革和创新体系建设领导小组审议通过后，按程序报国务院审定，特别重大事项报党中央审定。

第十九条 根据国务院批复的重大专项实施方案，各牵头组织单位组织总体专家组、专业机构等编制重大专项阶段实施计划。

第二十条 重大专项牵头组织单位将重大专项阶段实施计划报三部门综合平衡。

综合平衡的主要内容包括：所确定研究任务与实施方案的一致性；与已有国家其他科技计划（专项、基金等）、国家重大工程的衔接情况；利用已有科技成果、基础设施等条件的情况；分年度概算建议的合理性等。

第二十一条 重大专项牵头组织单位根据综合平衡意见，组织修改和完善阶段实施计划报三部门备案。

第二十二条 重大专项实施过程中，涉及重大专项实施方案目标、概算、进度、组织实施方式的重大调整等事项，由牵头组织单位提出建议，经三部门审核后，报国务院批准。涉及重大专项阶段实施计划目标、分年度概算和年度预算总额的重大调整等事项，由牵头组织单位按程序报三部门。涉及重大专项阶段实施计划和年度计划其他一般性调整的事项，由牵头组织单位核准，报三部门备案。

第四章 年度计划

第二十三条 重大专项任务以保障总体目标的实现为前提，坚持公平、公正的原则，采取定向委托、择优委托（包括定向择优和公开择优）、招标等方式遴选项目（课题）承担单位。

第二十四条 重大专项牵头组织单位会同相关部门依据重大专项实施方案、阶段实施计划，组织总体专家组、专业机构等编制年度指南。

第二十五条 重大专项牵头组织单位将年度指南报三部门合规性审核后，提交国家科技管理信息系统统一发布。涉密或涉及敏感信息项目（课题）的指南由重大专项牵头组织单位依照相关保密管理规定进行发布。

第二十六条 专业机构受理项目（课题）申报。对于公开择优和招标的，自指南发布日到项目（课题）申报受理截止日，原则上不少于50天，以保证科研人员有充足时间申报项目（课题）。

第二十七条 专业机构采取视频评审或会议评审等方式，组织开展项目（课题）任务和预算评审。评审专家应从统一的国家科技管理专家库中选取,严格执行专家回避制度,除涉密或法律法规另有规定外,评审专家名单应向社会公开,强化专家自律,接受同行质询和社会监督。项目(课题)申报材料应提前请评审专家审阅,确保评审的效果、质量和效率。

第二十八条 专业机构完成任务和预算评审工作后,形成年度计划建议(含预算建议方案),报重大专项牵头组织单位审核。

第二十九条 重大专项牵头组织单位将年度计划报三部门综合平衡。三部门将重点对立项程序的规范性、与任务目标和指南的相符性等进行审查,并及时反馈。专业机构对经过综合平衡的拟立项项目(课题)(含预算)进行公示,公示情况和处理意见经牵头组织单位审核后报三部门。三部门依据公示结果反馈正式综合平衡意见。牵头组织单位按照部门预算管理规程将综合平衡后的预算建议方案报财政部,财政部按程序审核批复预算。科技部汇编形成重大专项项目(课题)年度计划。

第三十条 重大专项牵头组织单位根据三部门综合平衡意见和财政部预算批复,向专业机构下达项目(课题)立项批复(含预算)。

第五章 组织实施与过程管理

第三十一条 专业机构根据牵头组织单位下达的立项批复,与项目(课题)承担单位签订《重大专项项目(课题)任务合同书》,加盖重大专项合同专用章;需地方(有关单位)提供配套条件和资金投入的,由地方有关部门或有关单位在项目(课题)任务合同书上盖章;对涉及国家秘密的项目(课题),由专业机构与项目(课题)承担单位签订保密协议。

第三十二条 专业机构按照项目(课题)任务合同书,检查、督促项目(课题)相关配套条件的落实,负责日常管理,并建立项目(课题)诚信档案。

第三十三条 重大专项实行年度报告制度。专业机构在总结本重大专项项目(课题)执行情况的基础上,形成重大专项年度执行情况报告,经牵头组织单位审核后,在每年12月底前提交三部门,由科技部汇总后报国务院。

第三十四条 需要调整或撤销的一般性项目(课题),由专业机构提出书面意见,报重大专项牵头组织单位核准,并报三部门备案。

第六章 评估与监督

第三十五条 三部门负责开展重大专项实施总体进展情况的评估和监督工作。三部门按计划组织力量或委托第三方独立评估机构对重大专项实施进行阶段绩效评估和年度监督评估,加强对相关项目(课题)的抽查,并进行责任倒查;会同牵头组织单位对专业机构履职尽责情况等进行监督,并督促落实监督和评估意见建议。阶段绩效评估结果作为实施方案和阶段实施计划的目标、技术路线、概算、进度、组织实施方式等调整的重要依据。三部门将阶段绩效评估和调整结果上报国务院。

第三十六条 重大专项牵头组织单位组织力量或委托具备条件的第三方独立评估机构,负责对重大专项任务的执行情况进行监督检查和责任倒查。

第三十七条 重大专项指南、评审、立项及监督评估等相关信息应按照有关规定公开公示,主动接受社会监督。

第三十八条 建立科研信用管理机制。要根据相关规定,客观、规范地记录重大专项项目(课题)管理过程中的各类科研信用信息,包括项目(课题)申请者在申报过程中的信用状况,承担单位和项目（课题）负责人在项目（课题）实施过程中的信用状况，专家参与项目（课题）评审评估、检查和验收过程中的信用状况，并按照信用评级实行分类管理。建立严重失信行为记录制度，阶段性或永久性取消具有严重失信行为相关责任主体申请重大专项项目（课题）或参与项目（课题）管理的资格。

第三十九条 建立责任追究机制。对在重大专项实施过程中失职、渎职，弄虚作假，截留、挪用、挤占、骗取重大专项资金等行为，按照有关规定追究相关责任人和单位的责任；构成犯罪的，依法追究刑事责任。

第七章 总结与验收

第四十条 项目（课题）验收。

专业机构负责组织项目（课题）总结验收（包括任务验收和财务验收），验收结果报牵头组织单位，并抄送三部门。项目（课题）验收工作应在任务合同到期后6个月内完成，原则上，延期时间不超过1年。

按照国家科技报告制度的有关要求，每个项目（课题）在验收时向专业机构提交完整的、统一格式的技术报告，专业机构按季度将书面材料和电子版汇总后提交牵头组织单位，并抄送科技部。

项目（课题）验收等相关情况纳入重大专项管理信息系统，并记入诚信档案。每年12月底前提交项目（课题）年度执行情况报告，定期向部际联席会议和牵头组织单位报告重大专项实施进展情况，组织编制重大专项验收材料。

第四十一条 阶段总结。

各重大专项每个五年计划的最后一年组织进行阶段总结。重大专项牵头组织单位组织专业机构编制形成重大专项阶段执行情况报告，报送三部门。

三部门将阶段总结及评估监督情况汇总，上报国务院。

第四十二条 各重大专项总结验收。

重大专项牵头组织单位根据重大专项任务目标完成及项目（课题）验收情况，形成实施情况报告并向三部门提出整体验收申请。原则上，应于重大专项即将达到执行期限或执行期限结束后6个月内提出验收申请。组织实施顺利、提前完成任务目标的，可提前申请验收。

三部门收到验收申请后，根据各重大专项实施方案，组织开展整体验收工作，重点从目标指标完成程度、组织实施和管理情况、资金使用情况和效益、实施成效和影响等方面进行综合评价，形成验收报告和整体验收结论，并将各重大专项整体验收结论和实施情况总结报告上报党中央、国务院。

第八章 资金管理

第四十三条 重大专项资金来源包括中央财政资金、地方财政资金、单位自筹资金以及从其他渠道获得的资金。

第四十四条 统筹使用各渠道资金，提高资金使用效益。中央财政资金严格执行财政预算管理和重大专项资金管理办法的有关规定；其他来源的资金按照相应的管理规定进行管理。重大专项资金要专款专用、单独核算、注重绩效。

第四十五条 重大专项的资金使用要严格按照有关审计规定进行重大专项审计，保障资金使用规范、有效。

第九章 成果、知识产权和资产管理

第四十六条 各重大专项要建立知识产权保护和管理的长效机制,制定明确的知识产权目标,指定专门机构和人员负责知识产权工作,跟踪国内外相关领域知识产权动态,形成知识产权分析报告,为科学决策提供参考。各重大专项要建立知识产权管理、考核和目标评估制度。必要时,可委托知识产权专业机构负责相关工作。

第四十七条 在重大专项牵头组织单位的指导下,专业机构具体负责重大专项成果与知识产权的管理。

第四十八条 重大专项取得的相关知识产权的归属和使用,按照《中华人民共和国科学技术进步法》、《中华人民共和国促进科技成果转化法》、《国家知识产权战略纲要》等执行。对承担重大专项项目(课题)形成的知识产权,有向国内其他单位有偿或无偿许可实施的义务。

第四十九条 专业机构应与项目(课题)承担单位事先约定知识产权归属、使用、许可等事项,促进成果转化和应用,为实现重大专项总体目标提供保证。

第五十条 各重大专项要采取切实措施促进科技成果的转化和产业化。对取得的涉及国家秘密的成果,依照国家保密法律法规进行管理。

第五十一条 重大专项项目(课题)实施过程中形成的无形资产,由项目(课题)承担单位负责管理和使用。成果转化及无形资产使用产生的经济效益按《中华人民共和国促进科技成果转化法》和国家有关规定执行。

第五十二条 使用中央财政资金形成的固定资产,按照国家有关规定执行。

第十章 信息、档案和保密管理

第五十三条 科技部负责建立统一的重大专项信息管理平台,并纳入国家科技管理信息系统管理。各重大专项建立信息管理分平台,与管理平台衔接,保障信息畅通。

第五十四条 信息内容主要包括重大专项实施方案、阶段实施计划、年度计划、项目(课题)立项、资金预算、监督和评估、科技报告、验收和成果等有关信息。

第五十五条 各重大专项项目(课题)任务合同的有关信息、项目(课题)的执行情况信息、项目(课题)的验收与成果信息,随同年度执行情况报告于每年12月底前报送科技部,并抄送发展改革委、财政部。

第五十六条 各重大专项按照国家和三部门有关档案管理规定,建立和完善本重大专项档案管理制度,做好有关档案的整理、保存、归档和移交工作,将重大专项档案管理工作贯穿于重大专项方案制定、论证、实施、考核验收的全过程,确保档案收集齐全、保存完整。

第五十七条 重大专项组织实施必须严格遵守国家保密法律法规,建立层次清晰、职责明确的保密工作责任体系,确保重大专项保密工作责任落实到人。

第五十八条 各重大专项实施期间的保密管理工作由重大专项牵头组织单位负责。在重大专项牵头组织单位的指导下,专业机构认真开展重大专项保密工作的管理、监督、检查以及教育培训和宣传等工作。

第五十九条 严格遵守国家有关加强信息安全工作的规定和要求,重大专项涉密信息和档案等严格按照国家有关保密法律法规要求进行管理。

第十一章 国际合作

第六十条 为了充分利用国际资源,要积极开展平等、互利、共赢的国际合作活动。结合重

大专项目标，注重引进、消化、吸收再创新，制定系统的引进消化吸收和提升自主创新能力方案和措施，经严格科学论证后执行。

第六十一条 在牵头组织单位的指导下，专业机构负责重大专项国际合作的具体工作。

第六十二条 项目（课题）承担单位开展与重大专项有关的重大国际合作活动，由专业机构审批，重大专项牵头组织单位核准。

第六十三条 重大专项国际合作活动应遵守有关外事工作规定、保密工作规定。

第十二章 附则

第六十四条 各重大专项依照本规定，结合重大专项特点，制定相应的实施管理细则，报三部门备案。

第六十五条 本规定由三部门负责解释，自发布之日起施行。《国家科技重大专项管理暂行规定》（国科发计〔2008〕453号）同时废止。

财政部 科技部 发展改革委关于印发《国家科技重大专项（民口）资金管理办法》的通知

(财科教〔2017〕74号)

各国家科技重大专项（民口）牵头组织单位，国务院有关部委、有关直属机构，各省、自治区、直辖市、计划单列市财政厅（局）、科技厅（委、局）、发展改革委（局），新疆生产建设兵团财务局、科技局、发展改革委，各有关单位：

为保障国家科技重大专项（民口）（以下简称重大专项）的组织实施，规范和加强重大专项资金管理，根据《国务院关于改进加强中央财政科研项目和资金管理的若干意见》（国发〔2014〕11号）、《国务院印发关于深化中央财政科技计划（专项、基金等）管理改革方案的通知》（国发〔2014〕64号）、《中共中央办公厅国务院办公厅印发〈关于进一步完善中央财政科研项目资金管理等政策的若干意见〉的通知》、《国务院办公厅关于印发国家科技重大专项组织实施工作规则的通知》（国办发〔2016〕105号）、《国家科技重大专项（民口）管理规定》（国科发专〔2017〕145号）及国家有关财经法规和财务管理制度，结合重大专项管理特点，我们修订了《国家科技重大专项（民口）资金管理办法》。现印发给你们，请遵照执行。

附件：国家科技重大专项（民口）资金管理办法

财政部 科技部 发展改革委
（2017年6月27日印发）

国家科技重大专项（民口）资金管理办法

第一章 总则

第一条 为保障国家科技重大专项（民口）（以下简称重大专项）的组织实施，规范和加强重大专项资金管理，根据《国务院关于改进加强中央财政科研项目和资金管理的若干意见》（国发〔2014〕11号）、《国务院印发关于深化中央财政科技计划（专项、基金等）管理改革方案的通知》（国发〔2014〕64号）、《中共中央办公厅国务院办公厅印发〈关于进一步完善中央财政科研项目资金管理等政策的若干意见〉的通知》、《国务院办公厅关于印发国家科技重大专项组织实施工作规则的通知》（国办发〔2016〕105号）、《国家科技重大专项（民口）管理规定》（国科发专〔2017〕145号）及国家有关财经法规和财务管理制度，制定本办法。

第二条 重大专项的资金来源坚持多元化原则，资金来源包括中央财政资金、地方财政资金、单位自筹资金以及从其他渠道获得的资金。

本办法适用于中央财政安排的重大专项资金（以下简称重大专项资金）。其他来源的资金应当按照国家有关财务会计制度和相关资金提供方的具体要求执行。

第三条 重大专项资金主要用于支持在中国大陆境内注册，具有独立法人资格，承担重大专项任务的科研院所、高等院校、企业等，开展重大专项实施过程中市场机制不能有效配置资源的基础性和公益性研究，以及企业竞争前的共性技术和重大关键技术研究开发等公共科技活动，并对重大技术装备或产品进入市场的产业化前期工作予以适当支持。重大专项实行概预算管理，项目（课题）实行预算管理。

第四条 重大专项的财政支持方式分为前补助、后补助。具体支持方式根据重大专项组织实施的要求和项目（课题）的特点，在年度指南和年度计划（含年度预算，下同）中予以明确。

（一）前补助是指项目（课题）立项后核定预算，并按照项目（课题）执行进度拨付资金的财政支持方式。

（二）后补助是指单位先行投入资金组织开展研究开发、成果转化和产业化活动，在项目（课题）完成并取得相应成果后，按规定程序通过审核验收、评估评审后，给予相应补助的财政支持方式。后补助包括事前立项事后补助、事后立项事后补助两种方式。

（三）对于基础性和公益性研究，以及重大共性关键技术研究、开发、集成等公共科技活动，一般采取前补助方式支持。对于具有明确的、可考核的产品目标和产业化目标的项目（课题），以及具有相同研发目标和任务、并由多个单位分别开展研发的项目（课题），一般采取后补助方式支持。

第五条 重大专项资金的使用和管理遵循以下原则：

（一）集中财力，聚焦重点。聚焦国家重大战略产品和重大产业化目标，发挥举国体制的优势，集中财力，突出重点，避免资金安排分散重复。

（二）放管结合，权责对等。进一步转变政府职能，坚持做好"放管服"，充分发挥相关管理机构的作用，明确职责，强化担当，落实资金管理责任。

（三）多元投入，注重绩效。坚持多元化投入原则，积极发挥市场配置技术创新资源的决定性作用和企业技术创新的主体作用，突出需求牵引和成果绩效导向，提高资金使用效益。

（四）专款专用，单独核算。各种渠道获得的资金都应当按照"专款专用、单独核算"的原则使用和管理。

第二章 管理机构与职责

第六条 按照重大专项的组织管理体系，重大专项资金实行分级管理，分级负责。

第七条 在部际联席会议制度下，科技部会同发展改革委、财政部负责组织重大专项实施方案（含总概算和阶段概算）编制论证，开展阶段实施计划（含分年度概算，下同）、年度计划综合平衡工作，统筹协调重大专项与国家其他科技计划（专项、基金等）、国家重大工程的关系；组织重大专项的监测评估、检查监督和总结验收等。

第八条 财政部会同科技部、发展改革委制定重大专项资金管理制度，评估审核专项总概算和阶段概算。财政部会同科技部组织开展阶段概算的分年度概算评审；对专项牵头组织单位、项目管理专业机构（以下简称专业机构）的重大专项资金管理情况进行监督检查，对项目（课题）资金使用情况和财务验收情况进行抽查。财政部审核批复分年度概算，按部门预算程序审核批复年度预算、执行中的重大概预算调剂等。

出资的地方财政部门负责落实其承诺投入的资金，提出资金安排意见，并加强对资金使用的管理。

第九条 牵头组织单位负责重大专项具体实施工作，制定资金管理实施细则，协调落实重大专项实施的相关支撑条件和配套政策；组织编报分年度概算，制定年度指南；审核上报年度计划建议（含年度预算建议，下同）；批复项目（课题）立项（含预算），按规定程序审核批复预算调剂；监督检查本专项预算执行情况，报告年度资金使用情况，按规定组织开展专项项目（课题）绩效评价；成立重大专项实施管理办公室等。

第十条 专业机构接受部际联席会议办公室与牵头组织单位的共同委托，负责重大专项项目（课题）的具体管理工作。负责组织项目（课题）立项、预算评审、提出年度计划建议；负责与项目（课题）牵头承担单位签订项目（课题）任务合同书（含预算书，下同）；按规定程序审核批复预算调剂；负责项目（课题）过程管理、结题验收和决算；定期报告年度资金使用情况；督促项目（课题）预算执行，监督检查项目（课题）资金使用情况；建立健全重大专项项目（课题）资金管理、财务验收、内部监督等制度，以及预算执行人失信警示和联合惩戒机制等。

第十一条 项目（课题）承担单位（以下简称承担单位）是项目（课题）资金使用和管理的责任主体，应强化法人责任，规范资金管理。负责编制和执行所承担的重大专项项目（课题）预算；按规定程序履行相关预算调剂职责；严格执行各项财务规章制度，接受监督、检查和审计，并配合评估和验收；编报重大专项资金决算，报告资金使用情况等；负责项目（课题）资金使用情况的日常监督和管理；落实单位自筹资金及其他配套条件等。

第三章 重大专项概算管理

第十二条 重大专项概算是指对专项实施周期内，专项实施所需总费用的事前估算，是重大专项预算安排的重要依据。重大专项概算包括总概算、阶段概算和分年度概算。

第十三条 重大专项概算应当同时编制收入概算和支出概算，确保收支平衡。

重大专项收入概算包括中央财政资金概算和其他来源资金概算。

重大专项支出概算包括支出总概算、支出阶段概算和支出分年度概算。支出概算应当在充分论证、科学合理的基础上，根据任务相关性、配置适当性和经济合理性的原则，按照任务级次和不同研发阶段分别编列。

第十四条 牵头组织单位会同专业机构根据国务院批复的实施方案中确定的总概算和阶段概算，结合编制阶段实施计划，进一步细化年度任务目标，编制分年度概算。

第十五条 财政部会同科技部组织开展专项分年度概算评审。财政部根据评审结果，结合财力可能，按照有关规定核定并批复专项中央财政资金分年度概算。

第十六条 经国务院批复的总概算及阶段概算原则上不得调增。分年度概算在不突破阶段概算的前提下，可以在本阶段年度间调整，由牵头组织单位提出申请，按程序报财政部审批。重大专项任务目标发生重大变化等原因导致中央财政资金总概算、阶段概算确需调增的，由牵头组织单位提出调整申请，财政部、科技部、发展改革委审核后按程序报国务院批准。

第四章 资金核定方式及开支范围

第十七条 重大专项资金由项目（课题）资金和管理工作经费组成，分别核定与管理。

第十八条 重大专项项目（课题）资金由直接费用和间接费用组成，适用于前补助和事前立项事后补助项目（课题）。

（一）直接费用是指在项目（课题）实施过程（包括研究、中间试验试制等阶段）中发生的与之直接相关的费用。主要包括：

1. 设备费：是指在项目（课题）实施过程中购置或试制专用仪器设备，对现有仪器设备进行升级改造，以及租赁使用外单位仪器设备而发生的费用。应当严格控制设备购置，鼓励共享、试制、租赁专用仪器设备以及对现有仪器设备进行升级改造，避免重复购置。

2. 材料费：是指在项目（课题）实施过程中由于消耗各种必需的原材料、辅助材料等低值易耗品而发生的采购、运输、装卸和整理等费用。

3. 测试化验加工费：是指在项目（课题）实施过程中支付给外单位（包括承担单位内部独立经济核算单位）的检验、测试、设计、化验、加工及分析等费用。

4. 燃料动力费：是指在项目（课题）实施过程中相关大型仪器设备、专用科学装置等运行发生的水、电、气、燃料消耗费用等。

5. 会议/差旅/国际合作与交流费：是指在项目（课题）实施过程中发生的会议费、差旅费和国际合作与交流费。

会议费：是指在项目（课题）实施过程中为组织开展相关的学术研讨、咨询以及协调任务等活动而发生的会议费用。

差旅费：是指在项目（课题）实施过程中开展科学实验（试验）、科学考察、业务调研、学术交流等所发生的外埠差旅费、市内交通费用等。

国际合作与交流费：是指在项目（课题）实施过程中相关人员出国（境）、外国专家来华及港澳台专家来内地（大陆）工作而发生的费用。

在编制项目（课题）预算时，本科目支出预算不超过直接费用10%的，不需要提供预算测算依据。承担单位和科研人员应当按照实事求是、精简高效、厉行节约的原则，严格执行国家和单位的有关规定，统筹安排使用。

6. 出版/文献/信息传播/知识产权事务费：是指在项目（课题）实施过程中，需要支付的出版费、资料费、专用软件购买费、文献检索费、专业通信费、专利申请及其他知识产权事务等费用。

7. 劳务费：是指在项目（课题）实施过程中支付给参与研究的研究生、博士后、访问学者以及项目（课题）聘用的研究人员、科研辅助人员等的劳务性费用。

项目（课题）聘用人员的劳务费标准，参照当地科研和技术服务业人员平均工资水平，根据其在项目（课题）研究中承担的工作任务确定，其社会保险补助纳入劳务费科目列支。劳务费预算不设比例限制，据实编制。

8. 专家咨询费：是指在项目（课题）实施过程中支付给临时聘请的咨询专家的费用。专家咨询费不得支付给参与项目（课题）研究及其管理相关的工作人员。专家咨询费的标准按国家有关规定执行。

9. 基本建设费：是指项目（课题）实施过程中发生的房屋建筑物构建、工程配套机电设备购置等基本建设支出，应当单独列示，并参照基本建设财务制度执行。

10. 其他费用：是指在项目（课题）实施过程中除上述支出项目之外的其他直接相关的支出。其他费用应当在申请预算时详细说明。

（二）间接费用是指承担单位在项目（课题）组织实施过程中无法在直接费用中列支的相关费用。主要包括承担单位为项目（课题）研究提供的房屋占用，日常水、电、气、暖消耗，有关管理费用的补助支出，以及激励科研人员的绩效支出等。

结合承担单位信用情况，间接费用实行总额控制，按照不超过课题直接费用扣除设备购置费和基本建设费后的一定比例核定。具体比例如下：500万元及以下部分为20%，超过500万元至1000万元的部分为15%，超过1000万元以上的部分为13%。

间接费用由承担单位统筹使用和管理。承担单位应当建立健全间接费用的内部管理办法，公开透明、合规合理使用间接费用，处理好分摊间接成本和对科研人员激励的关系，绩效支出安排应当与科研人员在项目工作中的实际贡献挂钩。

项目（课题）中有多个单位的，间接费用在总额范围内由项目（课题）牵头承担单位与参与单位协商分配。承担单位不得在核定的间接费用以外，再以任何名义在项目（课题）资金中重复提取、列支相关费用。

第十九条 重大专项管理工作经费是指在重大专项组织实施过程中，科技部、发展改革委和财政部（以下简称三部门）、牵头组织单位、专业机构等承担重大专项管理职能且不直接承担项目（课题）的有关单位和部门，开展与实施重大专项相关的研究、论证、招标、监理、咨询、评估、评审、审计、监督、检查、培训等管理性工作所需的费用，由财政部单独核定。

第二十条 管理工作经费按照"分年核定、专款专用、勤俭节约、合理规范"的原则使用和管理。管理工作经费不得用于弥补相应单位的日常公用经费。

第二十一条 管理工作经费开支范围包括：会议费、差旅费、专家咨询费、劳务费、审计/评审评估/招投标/监理费、出版物/文献/信息传播费、设备购置费及其他费用等。

（一）会议费是指专项组织实施和管理过程中召开的研讨会、论证会、评审评估会、培训会等会议费用。会议费的开支应当按照国家有关规定执行，严格控制会议的规模、数量、开支标准和会期。

（二）差旅费是指专项组织实施和管理过程中临时聘请的咨询专家发生的外埠差旅费、市内交通费用等，开支标准应当按照国家有关规定执行。

（三）专家咨询费是指专项组织实施和管理过程中支付给临时聘请的咨询专家的费用。专家咨询费不得支付给参与专项管理的相关工作人员，开支标准按国家有关规定执行。

（四）劳务费是指专项组织管理工作中支付给临时聘用且没有工资性（包括退休工资）收入人员的劳务性费用。

（五）审计/评审评估/招投标/监理费是指专项组织实施和管理过程中发生的审计、立项评审、招投标、项目监理等相关费用，开支标准应当按照国家有关规定执行。

（六）出版物/文献/信息传播费是指专项组织实施和管理过程中需要支付的出版费、资料费、专用软件购买费、文献检索费、宣传费等费用。

（七）设备购置费主要用于重大专项管理工作所必需的达到固定资产标准的小型设备购置。设备购置费原则上不予开支，确有需要的，应单独报批。

（八）其他费用是指在专项组织实施过程中除上述支出项目之外的其他与重大专项管理工作直接相关的支出。其他费用应当在申请预算时单独列示。

第二十二条 管理工作经费纳入部门预算管理。经费使用部门（单位）按照部门预算管理有关规定编报经费需求，财政部按规定审核下达管理工作经费预算。管理工作经费应当按规定纳入相应使用单位财务，统一管理，单独核算。管理工作经费的结转结余资金按照中央部门结转和结余资金管理有关规定执行。

第五章 预算编制与审批

第二十三条 预算编制与审批程序适用于前补助和事前立项事后补助项目（课题）。

第二十四条 重大专项实行全口径预算编制，应当全面反映重大专项组织实施过程中的各项收入和支出，明确提出各项支出所需资金的来源渠道。预算包括收入预算和支出预算，做到收支平衡。

第二十五条 专业机构根据年度指南，组织项目（课题）申报及预算编报，不得在预算申报前先行设置控制额度，可在年度指南中公布重大专项年度拟立项项目概算数。

第二十六条 承担单位按照政策相关性、目标相符性和经济合理性原则，科学、合理、真实地编制项目（课题）预算。对仪器设备购置、参与单位资质及拟外拨资金进行重点说明，并申明现有的实施条件和从单位外部可能获得的共享服务，项目（课题）申报单位对直接费用各项支出不得简单按比例编列。

第二十七条 专业机构委托具有独立法人资格的、具有相应资质的第三方机构进行预算评审。

预算评审第三方机构应当具备丰富的国家科技计划预算评审工作经验，熟悉国家科技计划（专项、基金等）和资金管理政策，建立了相关领域的科技专家队伍支撑，拥有专业的预算评审人才队伍等。

预算评审应当按照规范的程序和要求，坚持独立、客观、公正、科学的原则，对项目（课题）申报预算的政策相关性、目标相符性和经济合理性进行评审，预算评审过程中不得简单按比例核减预算。预算评审应当建立健全沟通反馈机制，承担单位对预算评审意见存在重大异议的，可向专业机构申请复议。

第二十八条 专业机构提出年度计划建议报牵头组织单位，牵头组织单位审核同意后，于每年9月底前将下一年年度计划报三部门综合平衡。财政部根据三部门综合平衡意见核定年度预算，按规定程序下达牵头组织单位，同时抄送科技部、发展改革委。

由地方政府作为牵头组织单位的重大专项按照有关规定执行。

第二十九条 专业机构应按照有关规定公示拟立项项目（课题）名单和预算（涉密内容除外），并接受监督。

第三十条 牵头组织单位根据三部门综合平衡意见和财政部预算批复，向专业机构下达项目（课题）立项批复（含预算）。

第三十一条 专业机构根据立项批复（含预算）与项目（课题）牵头承担单位签订项目（课题）的任务合同书。

任务合同书是项目（课题）预算执行、财务验收和监督检查的依据。任务合同书应以项目（课题）预算申报书为基础，突出绩效管理，明确项目（课题）考核目标、考核指标及考核方法，明晰各方责权，明确项目（课题）牵头承担单位和参与单位的资金额度，包括其他来源资金和其他配套条件等。

第三十二条 事前立项事后补助是指单位围绕重大专项目标任务，按照前补助规定的程序立项后，先行投入组织研发活动并取得预期成果，按规定程序通过审核、评估和验收后，给予相应补助的财政支持方式。

采用事前立项事后补助方式的项目（课题），可事先拨付不超过该项目（课题）中央财政核定专项资金总额30%的启动资金，启动资金列入立项当年预算。待专业机构对项目（课题）进行验收、提出其余中央财政资金预算安排建议,经牵头组织单位审批后,在以后年度预算中安排,承担单位可以统筹安排使用。

第三十三条 事后立项事后补助是对单位已取得了符合重大专项目标要求,但未纳入重大专项支持范围的核心关键技术等研究成果,按规定程序通过审核、评估后给予相应补助的财政支持方式。

采用事后立项事后补助方式的项目(课题),由专业机构组织开展成果征集、项目(课题)评估、技术验证和价值评估,结合项目(课题)的实际支出,提出后补助预算安排建议,并纳入年度计划建议,论证结果和预算安排建议应向社会公示(涉密内容除外)。事后立项事后补助方式获得的资金,承担单位可以统筹安排使用。

第六章 预算执行

第三十四条 自2018年1月1日起,重大专项资金不再通过特设账户拨付,资金支付按照国库集中支付制度有关规定执行。取消特设账户有关事项另行规定。

第三十五条 专业机构按照国库集中支付制度规定,及时办理向项目(课题)牵头承担单位支付年度项目(课题)资金的有关手续。实行部门预算批复前项目(课题)资金预拨制度。

项目(课题)牵头承担单位应当根据项目(课题)研究进度和资金使用情况,及时向项目(课题)参与单位拨付资金。课题参与单位不得再向外转拨资金。

项目(课题)牵头承担单位不得对参与单位无故拖延资金拨付,对于出现上述情况的单位,专业机构将采取约谈、暂停项目(课题)后续拨款等措施。

第三十六条 承担单位应当严格执行国家有关财经法规和财务管理制度,切实履行法人责任,建立健全项目(课题)资金内部管理制度和报销规定,明确内部管理权限和审批程序,完善内控机制建设,强化资金使用绩效评价,确保资金使用安全、规范、有效。

第三十七条 承担单位应当建立健全科研财务助理制度,为科研人员在项目编制和调剂、资金支出、财务决算和验收方面提供专业化服务。

第三十八条 承担单位应当将项目(课题)资金纳入单位财务统一管理,对中央财政资金和其他来源的资金分别单独核算,确保专款专用。按照承诺保证其他来源的资金及时足额到位。

第三十九条 承担单位应当建立信息公开制度,在单位内部公开立项、主要研究人员、资金使用(重点是间接费用、外拨资金、结余资金使用等)、大型仪器设备购置以及项目(课题)研究成果等情况,接受内部监督。

第四十条 承担单位应当严格执行国家有关支出管理制度。对应当实行"公务卡"结算的支出,按照中央财政科研项目使用公务卡结算的有关规定执行。对设备费、大宗材料费和测试化验加工费、劳务费、专家咨询费等支出,原则上应当通过银行转账方式结算。对野外考察、心理测试等科研活动中无法取得发票或者财政性票据的,在确保真实性的前提下,可按实际发生额予以报销。

第四十一条 承担单位应当按照下达的预算执行。项目(课题)在研期间,年度剩余资金结转下一年度继续使用。预算确有必要调剂时,应当按照调剂范围和权限,履行相关程序。

(一)专项年度预算总额的调剂,由专业机构提出申请,牵头组织单位审核后报财政部批复。

(二)项目(课题)年度预算总额调剂,由项目(课题)牵头承担单位向专业机构提出申请,专业机构按原预算评审程序委托预算评审第三方机构评审后,报牵头组织单位审批。

（三）项目（课题）年度预算总额不变，课题间预算调剂，课题承担单位之间预算调剂以及增减项目（课题）参与单位的预算调剂，由项目（课题）牵头承担单位审核汇总后，报专业机构审批。

（四）项目（课题）预算总额不变，直接费用中材料费、测试化验加工费、燃料动力费、出版/文献/信息传播/知识产权事务费、会议/差旅/国际合作与交流费、其他费用等预算如需调剂，由项目（课题）负责人根据实施过程中科研活动的实际需要提出申请，由项目（课题）牵头承担单位审批。设备费、劳务费、专家咨询费、基本建设费预算一般不予调剂，如需调减可按上述程序调剂用于其他方面支出；如需调增，需由项目（课题）牵头承担单位报专业机构审批。

（五）项目（课题）的间接费用预算总额不得调增，经承担单位与项目（课题）负责人协商一致后，可以调减用于直接费用。

第四十二条 重大专项资金实行全口径决算报告制度。对按规定应列入项目（课题）决算的所有资金，应全部纳入项目（课题）决算。

第四十三条 项目（课题）牵头承担单位应当在每年的 4 月 20 日前，审核上年度收支情况，汇总形成项目（课题）年度财务决算报告，并报送专业机构。决算报告应当真实、完整、账表一致。

项目（课题）资金下达之日起至年度终了不满三个月的项目（课题），当年可以不编报年度财务决算报告，其资金使用情况在下一年度的年度财务决算报告报表中编制反映。

第四十四条 专业机构按规定组织项目（课题）财务验收，并将财务验收结果报牵头组织单位备案。有下列行为之一的，不得通过财务验收：

（一）编报虚假预算，套取国家财政资金；

（二）未对专项资金进行单独核算；

（三）截留、挤占、挪用专项资金；

（四）违反规定转拨、转移专项资金；

（五）提供虚假财务会计资料；

（六）未按规定执行和调剂预算；

（七）虚假承诺、单位自筹资金不到位；

（八）资金管理使用存在违规问题拒不整改；

（九）其他违反国家财经纪律的行为。

第四十五条 重大专项项目（课题）通过财务验收后，各承担单位应当在一个月内及时办理财务结账手续。

第四十六条 项目（课题）因故撤销或终止，承担单位应当及时清理账目与资产，编制财务报告及资产清单，报送专业机构。专业机构研究提出清查处理意见并报牵头组织单位审核批复，牵头组织单位确认后，按规定程序将结余资金（含处理已购物资、材料及仪器设备的变价收入）上缴国库。

第四十七条 对于项目（课题）结余资金（不含审计、年度监督评估等监督检查中发现的违规资金），项目（课题）完成任务目标并一次性通过验收，且承担单位信用评价好的，结余资金按规定留归承担单位使用，2 年内（自验收结论下达后次年的 1 月 1 日起计算）统筹安排用于科研活动的直接支出。2 年后结余资金未使用完的，按规定原渠道收回。

未一次性通过财务验收的项目（课题），或承担单位信用评价差的，结余资金按规定原渠道收回。

第四十八条 重大专项资金使用中涉及政府采购的，按照国家政府采购有关规定执行。

第四十九条 行政事业单位使用中央财政资金形成的固定资产属国有资产，应当按照国家有关国有资产的管理规定执行。企业使用中央财政资金形成的固定资产，按照《企业财务通则》等相关规章制度执行。中央财政资金形成的知识产权等无形资产的管理，按照国家有关规定执行。

中央财政资金形成的大型科学仪器设备、科学数据、自然科技资源等，按照规定开放共享。

第七章 监督检查

第五十条 三部门、牵头组织单位、专业机构和承担单位应当根据职责和分工，建立覆盖资金管理使用全过程的资金监督检查机制。监督检查应当加强统筹协调，加强信息共享，避免重复交叉。

第五十一条 三部门通过监督评估、专项检查、年度报告分析、举报核查、绩效评价等方式，按计划对专业机构内部管理、重大专项资金管理使用规范性和有效性进行监督检查；对承担单位法人责任落实情况，内部控制机制和管理制度的建设及执行情况，项目（课题）资金拨付的及时性，项目（课题）资金管理使用规范性、安全性和有效性以及财务验收情况等进行抽查。

第五十二条 牵头组织单位应当指导专业机构做好重大专项资金管理工作，对重大专项的实施进展情况、资金使用和管理情况进行监督检查。牵头组织单位按照规定组织开展项目（课题）绩效评价。牵头组织单位对监督检查中发现的问题，及时督促专业机构整改，追踪问责。

第五十三条 专业机构应当建立健全资金监管制度，组织开展重大专项资金的管理和监督，并配合有关部门监督检查，对发现问题的承担单位，采取警示、约谈等方式，督促整改，追踪问责。

专业机构应当在每年末总结当年的重大专项资金管理和监督情况，并报牵头组织单位备案。

第五十四条 承担单位应当按照本办法和国家相关财经法规及财务管理制度，完善内部控制和监督制约机制，加强支撑服务条件建设，提高对科研人员的服务水平，建立常态化的自查自纠机制，保证项目（课题）资金安全。

承担单位应当强化预算约束，规范资金使用行为，严格按照本办法规定的开支范围和标准支出，严禁使用重大专项资金支付各种罚款、捐款、赞助等，严禁以任何方式牟取私利。承担单位应当建立健全各种费用开支的原始资料登记和材料消耗、统计盘点制度，做好预算与财务管理的各项基础性工作。

第五十五条 重大专项资金管理实行责任倒查和追究制度。对存在失职，渎职，弄虚作假，截留、挪用、挤占、骗取重大专项资金等违法违纪行为的，按照相关规定追究相关责任人和单位的责任；涉嫌犯罪的，移送司法机关处理。

财政部及其相关工作人员在重大专项概预算审核下达，牵头组织单位、专业机构及其相关工作人员在重大专项项目（课题）资金分配等环节，存在违反规定安排资金或其他滥用职权、玩忽职守、徇私舞弊等违法违纪行为的，按照《预算法》、《公务员法》、《行政监察法》、《财政违法行为处罚处分条例》等国家有关规定追究相关单位和人员的责任；涉嫌犯罪的，移送司法机关处理。

第五十六条 重大专项组织管理过程中，相关机构和人员应严格遵守国家保密规定。对于违反保密规定的，给国家安全和利益造成损害的，应当依照有关法律、法规给予有关责任机构和人员处分，构成犯罪的，依法追究刑事责任。

第八章　附则

第五十七条　牵头组织单位应当根据本办法制定实施细则，报三部门备案。

第五十八条　本办法由财政部负责解释。

第五十九条　本办法自发布之日起施行，《财政部科技部发展改革委关于印发〈民口科技重大专项资金管理暂行办法〉通知》（财教〔2009〕218号）、《财政部关于印发〈民口科技重大专项管理工作经费管理暂行办法〉的通知》（财教〔2010〕673号）、《财政部关于民口科技重大专项课题预算调整规定的补充通知》（财教〔2012〕277号）、《财政部关于印发〈民口科技重大专项后补助课题资金管理办法〉的通知》（财教〔2013〕443号）、《财政部关于民口科技重大专项项目（课题）结题财务决算工作的通知》（财教〔2013〕489号）、《财政部科技部发展改革委关于〈民口科技重大专项资金管理暂行办法〉的补充通知》（财科教〔2016〕56号）、《财政部关于〈民口科技重大专项管理工作经费管理暂行办法〉的补充通知》（财科教〔2016〕57号）、《财政部关于民口科技重大专项项目（课题）预算调整规定的补充通知》（财科教〔2016〕58号）、《财政部关于〈民口科技重大专项后补助项目（课题）资金管理办法〉的补充通知》（财科教〔2016〕59号）、《财政部关于民口科技重大专项项目（课题）结题财务决算工作的补充通知》（财科教〔2016〕60号）同时废止。

财政部关于印发
《国家科技重大专项（民口）项目（课题）财务验收办法》的通知

（财科教〔2017〕75号）

各国家科技重大专项（民口）牵头组织单位，国务院有关部委、有关直属机构，有关省、自治区、直辖市、计划单列市财政厅（局）：

为做好国家科技重大专项（民口）（以下简称重大专项）项目（课题）财务验收工作，保证财务验收工作的科学性、公正性和规范性，根据《国家科技重大专项（民口）管理规定》（国科发专〔2017〕145号）、《国家科技重大专项（民口）资金管理办法》（财科教〔2017〕74号）以及国家有关财经法规和财务管理制度，结合重大专项管理特点，我们修订了《国家科技重大专项（民口）项目（课题）财务验收办法》。现印发给你们，请遵照执行。

附件：国家科技重大专项（民口）项目（课题）财务验收办法

财政部
2017年6月14日
（2017年6月28日印发）

附件

国家科技重大专项（民口）项目（课题）财务验收办法

第一章 总则

第一条 为做好国家科技重大专项（民口）（以下简称重大专项）项目（课题）财务验收工作，保证财务验收工作的科学性、公正性和规范性，根据《国家科技重大专项（民口）管理规定》（国科发专〔2017〕145号）、《国家科技重大专项（民口）资金管理办法》（财科教〔2017〕74号）以及国家有关财经法规和财务管理制度，制定本办法。

第二条 重大专项项目（课题）财务验收是重大专项项目（课题）验收的重要组成部分。财务验收旨在客观评价重大专项资金使用的总体情况，进一步促进提高重大专项资金使用效益，更好地推进重大专项顺利实施。

第三条 凡经批准列入重大专项管理的项目（课题）均应当进行财务验收。项目（课题）财务验收与项目（课题）任务验收要统一部署、同期实施，在任务合同规定完成时间到期后六个月内完成。不能按期完成任务的，需提前三个月提出延期财务验收申请，说明延期理由和延期时间，报项目管理专业机构（以下简称专业机构）批复。延期时间一般不超过一年。

第四条 重大专项以项目（课题）为基本单元进行财务验收。项目（课题）分管理级次的，各重大专项的专业机构可以根据专项组织管理情况分级次组织、监督财务验收。

第五条 财务验收以国家相关财经法规和财务管理制度，以及批复的重大专项项目（课题）预算为依据。财务验收的资金范围为纳入重大专项预算管理的全部资金，包括中央财政资金、地方财政资金、单位自筹资金以及从其他渠道获得的资金等。

第二章 财务验收的组织管理

第六条 财政部指导重大专项的项目（课题）财务验收工作，并负责对财务验收工作进行监督检查。财政部根据有关规定对专业机构组织开展的财务验收工作及其结果，组织开展财务验收抽查工作。

第七条 牵头组织单位根据政府采购有关规定，确定开展财务审计工作的会计师事务所入围范围，并根据专业机构上报的项目（课题）财务审计计划，安排负责项目（课题）财务审计的会计师事务所。

第八条 专业机构负责相应重大专项项目（课题）财务验收工作。财务验收工作可以通过组织财务验收专家组和按规定委托第三方机构进行。

第九条 财务验收专家组、受托第三方机构应当按合同要求，独立、客观、公正地开展财务验收工作，依据财务验收内容、验收指标等出具初步财务验收意见和验收报告。

第十条 财务验收专家组应当包括财务专家、技术专家等。财务验收专家组成员原则上不少于7人，其中财务专家不少于5人。专家组组长由财务专家担任。

第十一条 项目（课题）牵头承担单位应当按要求及时提交财务验收申请报告及相关材料，并积极配合专家组完成财务验收相关工作。对于多个单位承担的项目（课题），参与单位应当积极配合牵头承担单位做好上述工作。

第十二条 实行回避制度。重大专项项目（课题）承担单位及其合作单位的人员不得作为验收专家参加本单位验收工作。专业机构工作人员不得作为验收专家参加验收工作。

第三章 财务验收的方式和内容

第十三条 财务验收采取现场验收、非现场验收或两者相结合等方式。专业机构可以视具体情况确定验收方式。

（一）现场验收：主要是通过深入项目（课题）承担单位现场，查验会计凭证和相关财务资料、现场听取有关汇报等，形成项目（课题）财务验收意见。

（二）非现场验收：主要是通过非现场听取汇报、查阅资料、咨询等形式进行财务验收，形成项目（课题）财务验收意见。对确需到项目（课题）现场核查有关资料的，可以组织专家到现场查阅相关资料。

第十四条 财务验收的主要内容有：财务管理及相关制度建设情况、资金到位和拨付情况、会计核算和财务支出情况、预算执行情况和资产管理情况等。

第十五条 财务管理及相关制度建设情况主要包括：项目（课题）承担单位是否建立预算管理、资金管理、合同管理、政府采购、审批报销、资产管理和内部控制等制度；如项目（课题）涉及基本建设，则需制定基建管理制度；以及上述制度的内容是否合理等。

第十六条 资金到位和拨付情况主要包括：重大专项各渠道资金的到位情况，以及项目（课题）牵头承担单位是否按预算批复和任务合同书（含预算书，下同）对参与单位及时足额拨付资金等。

第十七条 会计核算和财务支出情况主要包括：项目（课题）承担单位的会计核算是否规范、

准确、真实；项目（课题）的实际支出是否按照预算执行（包括调剂后的预算）；项目（课题）的实际支出是否符合有关规定的支出范围和支出标准；项目（课题）的支出与项目（课题）内容的相关性和合理性等。

第十八条 预算执行情况主要包括：项目（课题）的预算执行情况和项目（课题）的预算调剂是否按照规定程序和权限进行，以及各类资金结余情况等。

第十九条 资产管理情况主要包括：资产配置是否符合新增资产配置预算、政府采购及合同管理制度的规定，资产使用及处置是否符合资产管理制度情况，设备类资产的使用效率及开放共享情况；以及无形资产管理的情况等。

第二十条 在财务验收过程中，有《国家科技重大专项（民口）资金管理办法》（财科教〔2017〕74号）第四十四条规定的九种情况之一的，验收结论为"不通过财务验收"。

第二十一条 财务验收评价采取定性与定量相结合的方式。依据规定的验收内容、验收指标及相应评价标准和分值（财务验收指标详见附2），形成财务验收综合得分，同时对存在的问题提出整改意见。

第四章 财务验收程序

第二十二条 专业机构根据专项任务完成情况和总体工作安排，结合专项特点，制定专项项目（课题）财务验收工作方案，并报牵头组织单位备案。

专业机构根据财务验收工作方案向项目（课题）牵头承担单位发出进行财务验收的通知。

第二十三条 项目（课题）牵头承担单位应当在任务完成后的30日内，在认真清理账目、编制项目（课题）财务收支执行情况报告的基础上，向专业机构提交财务验收材料，主要包括：

（一）项目（课题）任务合同书和其他有关批复文件；

（二）项目（课题）财务收支执行情况报告（报告内容、格式见附1）；

（三）项目（课题）结余资金情况说明；

（四）其他需要提供的材料。

项目（课题）验收文件资料须加盖项目（课题）承担单位公章。项目（课题）承担单位对提供的验收文件资料和相关数据的真实性、准确性和完整性负责。

第二十四条 专业机构收到财务验收材料后，要及时进行形式审查。对通过形式审查的项目（课题），牵头组织单位从确定的会计师事务所范围内选定会计师事务所进行财务审计。

第二十五条 财务审计结束后，会计师事务所应当及时向牵头组织单位出具财务审计报告，牵头组织单位向专业机构做出回复。财务审计报告是财务验收的重要依据；对于财务审计无问题的，专业机构应当及时组织财务验收工作；对于财务审计有问题的，专业机构应当及时组织项目（课题）承担单位进行整改，整改完成后再进行财务验收。

第二十六条 进行项目（课题）财务验收时，每位专家应当在认真学习领会有关政策和制度要求、深入了解项目（课题）相关情况基础上，独立填写并提交财务验收专家意见（详见附3）。总体财务验收结论意见须由全体验收专家讨论通过，由验收专家组组长组织填写财务验收专家组意见（详见附4）并由专家组组长签名。

第二十七条 专业机构在汇总、分析项目（课题）财务验收意见的基础上，初步形成财务验收结论，并将财务验收结论下发至项目（课题）牵头承担单位。

第二十八条 对存在问题需要整改的项目（课题），项目（课题）承担单位应当于接到财务验收结论后一个月内，按照财务验收结论的要求整改完毕，并将整改情况书面报告专业机构重新进行财务验收，一个项目（课题）仅有一次整改机会。整改到位的财务验收结论为"整改后通过财务验收"，整改不到位的财务验收结论为"不通过财务验收"。

第二十九条 专业机构汇总整改后的财务验收意见及相关材料，形成最终财务验收结论，并编写财务验收报告（报告内容、格式见附5），报送牵头组织单位备案。财政部对财务验收工作的程序、内容、质量和验收结论等进行抽查。

第三十条 对于财务验收抽查工作中发现的问题，专业机构及项目（课题）承担单位应当及时进行整改，并将整改情况报送牵头组织单位，牵头组织单位按照规定作相应处理。

第三十一条 涉密项目（课题）的财务验收工作，应严格按照国家有关保密法律法规要求进行管理，由专业机构商牵头组织单位另行组织实施。

第五章 财务验收结论及相关责任

第三十二条 重大专项财务验收结论分为"通过财务验收"（"整改后通过财务验收"）和"不通过财务验收"两种。

项目（课题）综合得分总分值为100分，综合得分高于80分为"通过财务验收"；综合得分低于80分（含80分）为"不通过财务验收"或"整改后重新财务验收"，其中，"整改后重新财务验收"的项目（课题）按照本办法第二十八条规定执行。

第三十三条 项目（课题）通过验收后一个月内，各项目（课题）承担单位应当办理完毕财务结账手续。项目（课题）资金如有结余，应当按照相关财经法规和财务管理制度处理。

第三十四条 到期无故不申请验收、验收未通过的项目（课题），项目（课题）负责人不得再申报重大专项项目（课题），项目（课题）承担单位5年内不得再申报重大专项项目（课题）。

第三十五条 在财务验收过程中发现弄虚作假、截留、挪用、挤占、骗取重大专项资金等行为，对相关单位及个人，按照《预算法》和《财政违法行为处罚处分条例》进行处罚；涉嫌犯罪的，移送司法机关处理。

第三十六条 验收专家组在验收过程中，出现不按照有关要求审核资料、偏袒特定承担单位、收受贿赂，以及其他滥用职权、玩忽职守、徇私舞弊等违法违纪行为的，一经查实，终止或取消其参与重大专项财务验收工作的资格；同时按照信用管理相关规定进行记录和评价，并按照有关规定追究相应责任；涉嫌犯罪的，移送司法机关处理。

会计师事务所等第三方机构人员在验收过程中，出现协助承担单位弄虚作假、重大稽核失误以及其他虚假陈述或未勤勉尽责行为的，一经查实，不再委托其参与重大专项财务验收工作；同时按照《中华人民共和国注册会计师法》及国家有关规定追究相应责任；涉嫌犯罪的，移送司法机关处理。

相关单位及其工作人员、相关管理人员在验收过程中，出现违规参与评审、干扰验收过程和结果，收受贿赂，以及其他滥用职权、玩忽职守、徇私舞弊等违法违纪行为的，一经查实，按照《预算法》、《公务员法》、《行政监察法》、《财政违法行为处罚处分条例》等国家有关规定追究相应责任；涉嫌犯罪的，移送司法机关处理。

第六章 附则

第三十七条 各专业机构依据本办法，制定相应的项目（课题）财务验收管理实施细则，报牵头组织单位和财政部备案。

第三十八条 专业机构组织财务验收等所需经费,在专业机构管理工作经费中列支;牵头组织单位组织会计师事务所遴选费用、项目(课题)财务审计费用等,在牵头组织单位管理工作经费中列支;财政部组织财务验收抽查等所需经费,在三部门管理工作经费中列支。经费的开支内容和标准严格按照《国家科技重大专项(民口)资金管理办法》(财科教〔2017〕74号)执行。

第三十九条 本办法由财政部负责解释,自发布之日起施行。《财政部关于印发〈民口科技重大专项项目(课题)财务验收办法〉的通知》(财教〔2011〕287号)同时废止。

附:

1. 国家科技重大专项(民口)项目(课题)财务收支执行情况报告(略)
2. 国家科技重大专项(民口)项目(课题)财务验收指标(略)
3. 国家科技重大专项(民口)项目(课题)财务验收专家意见(略)
4. 国家科技重大专项(民口)项目(课题)财务验收专家组意见(略)
5. 国家科技重大专项(民口)项目(课题)财务验收报告(略)

科技部关于印发
《国家科技重大专项（民口）档案管理规定》的通知

(国科发专〔2017〕348号)

各国家科技重大专项（民口）牵头组织单位、项目管理专业机构，各有关单位：

为进一步加强国家科技重大专项档案管理，根据《国务院办公厅关于印发国家科技重大专项组织实施工作规则的通知》（国办发〔2016〕105号）、《国家科技重大专项（民口）管理规定》（国科发专〔2017〕145号）和《国家科技重大专项（民口）资金管理规定》（财科教〔2017〕74号），科技部修订了《国家科技重大专项（民口）档案管理规定》。经商发展改革委和财政部同意，现印发你们，请遵照执行。

科技部

2017年11月10日

国家科技重大专项（民口）档案管理规定

第一章 总则

第一条 为落实《国家中长期科学和技术发展规划纲要（2006—2020年）》，保证国家科技重大专项（以下简称重大专项）档案的安全性、真实性、可靠性、完整性和可用性，促进国家科技信息资源长期保存和有效共享，根据《中华人民共和国档案法》、《国家科技重大专项组织实施工作规则》、《国家科技重大专项（民口）管理规定》、《国家科技重大专项（民口）资金管理办法》和国家相关保密法规，特制定本规定。

第二条 重大专项档案是指在重大专项的规划、论证、组织实施、监督评估、考核验收等全过程中产生的，具有保存价值的文字、图表、声像等各种形式的历史记录。

第三条 重大专项档案是国家的重要科技资源和知识资产，重大专项档案管理工作是重大专项管理的重要组成部分，应贯穿于重大专项的规划、论证、组织实施、监督评估、考核验收等全过程。

第四条 本规定适用于国家科技重大专项（民口）的档案管理。

第二章 组织领导及职责

第五条 重大专项档案管理工作坚持统一领导、分级管理的原则。各级重大专项组织实施管理部门要把档案管理工作纳入重大专项整体工作，切实加强对重大专项档案的领导和管理。

第六条 科技部会同发展改革委、财政部（以下简称三部门）负责对重大专项档案管理工作进行统筹协调和指导监督。主要职责是：

（一）制定重大专项档案管理相关规章制度、标准规范和工作指南等。

（二）负责重大专项档案管理工作的监督检查、考核评估及总体验收等工作。

（三）协调解决重大专项档案管理中的重大问题。

第七条 科技部重大专项办公室（以下简称重大办）具体落实三部门的决策。主要职责是：

（一）组织实施重大专项档案的收集整理、监督检查、评估验收等工作，督查重大专项档案及其数据的及时移交与集中管理情况。

（二）组织建设统一的重大专项档案管理服务平台，推动重大专项档案的长期保存和授权利用。

（三）负责重大专项档案管理工作的协调、沟通和联络。

（四）组织开展重大专项档案业务培训和交流活动。

（五）对重大专项档案管理工作定期通报，包括各专项档案管理情况、档案移交及数据汇交情况等。

（六）委托相关档案管理专业机构，具体承担重大专项档案的收集、保管与服务工作。

第八条 重大专项牵头组织单位（以下简称牵头组织单位）负责本专项档案的管理、监督和检查。主要职责是：

（一）组织制订本专项档案管理实施细则和工作方案。

（二）建立本专项档案管理工作机制和责任体系，实行项目（课题）承担单位法人和项目（课题）负责人负责制。

（三）指导和监督专项实施管理办公室（以下简称专项办）和项目管理专业机构（以下简称专业机构）开展专项具体档案管理工作。

第九条 专业机构具体落实本专项档案管理工作。主要职责是：

（一）负责制订本专项项目（课题）档案管理方案等规章制度。

（二）为本专项档案管理提供人员、资金及档案保管场地等必要支撑条件，确保档案管理责任落实到人，档案完整保存，工作顺利开展。

（三）负责本专项项目（课题）档案管理的组织协调、联络沟通、培训指导及监督检查工作。

（四）组织本专项项目（课题）档案的收集、整理、归档、验收及移交工作。

（五）负责收集、整理、归档及移交自身产生的专项管理档案。

尚未设立专业机构的专项，上述工作职责由专项办承担。

第十条 专项办负责收集、整理、归档及移交自身产生的专项层面管理档案。

第十一条 重大专项项目（课题）承担单位要按照法人管理责任制的要求，具体落实本项目（课题）档案管理工作。主要职责是：

（一）建立健全项目（课题）档案管理制度及工作责任体系，项目（课题）负责人对本项目（课题）档案管理工作负直接责任。

（二）为本项目（课题）档案管理配备人员、资金及档案保管场地等必要支撑条件。

（三）规范管理并按时移交本项目（课题）档案，保证档案齐全、完整、真实、准确。

第三章 归档范围与质量

第十二条 重大专项档案的归档范围主要包括：

（一）重大专项综合材料：重要文件，领导的重要讲话记录（录音），会议纪要，简报，评估报告，年报，通知通告，大事记，出版刊物，影像资料等。

（二）规划阶段：专项实施方案（含总概算和阶段概算）及相关材料，专项阶段实施计划（含分年度概算），专项年度计划（含年度预算），专项管理办法、制度等。

（三）申报立项阶段：年度指南，申报书，预算申诉材料，预算评审报告，申报立项评审材料（论证专家名单、专家承诺书、专家评审表、专家组意见等）及相关视频资料，立项批复（含预算），保密协议，任务合同书（含预算书）等。

（四）过程管理阶段：实验任务书、实验大纲，实验、探测、测试、观测、观察、野外调查、考察等原始记录、整理记录和综合分析报告等，各类协议、合同等，样机、样品、标本等实物，设计文件和图纸，计算文件、数据处理文件，照片、底片、录音带、录像带等声像文件，项目（课题）调整、变更材料，三部门监督评估报告，年度、阶段执行情况自评价报告、检查报告，专项阶段执行情况报告／专项阶段总结报告等。

（五）验收阶段：验收申请书，验收承诺书，验收通知，自评价报告及相关材料，科技报告，知识产权及其证明类材料，第三方检测、测试、评估报告，验收现场测试报告，成果产业化证明类，财务验收抽查报告及整改报告，审计报告及审计底稿、决算报告等财务相关资料，验收评审类材料（专家签到表、专家承诺书、验收意见等），验收结论书，产业化年度报告等。

（六）其他需要归档的重要材料。

具体归档范围详见《重大专项档案归档范围表》（附件1）。

第十三条 重大专项档案的质量要求：

重大专项档案整理及归档应按照国家相关标准执行。

（一）重大专项档案的收集、整理应遵循相关规定及标准，保证内容齐全、完整、真实、准确，能够全面反映重大专项的立项背景、实施过程、验收及应用转化效果；档案应字迹清楚、图样清晰、图表整洁等。

（二）重大专项项目（课题）档案按照项目（课题）组卷，重大专项综合材料按照年度—类别组卷。卷内文件按时间顺序排列，对案卷基本情况进行说明并编制卷内目录。

（三）纸质档案与电子档案应同步建立并保持信息一致，保证重大专项档案不同载体类型之间内容的准确一致。

第四章　过程管理与保存

第十四条 重大专项各级管理机构及项目（课题）承担单位依据档案管理职责分工及相关规定，对重大专项各实施阶段产生的应归档的文件进行系统整理，及时归档保存，并按照《重大专项档案归档范围表》要求逐级移交。

第十五条 重大专项各级管理机构及项目（课题）承担单位应当对移交档案实行多套备份，确保移交后本级仍保存完整档案。

第十六条 重大专项项目（课题）牵头承担单位在项目（课题）通过验收或终止、撤销后3个月内，将本项目（课题）档案移交至专业机构。专业机构及专项办在每年6月底及12月底，将本专项项目（课题）及管理档案移交至重大办。

第十七条 对于多个单位联合承担的项目（课题），各单位保管各自产生的档案，本项目（课题）全套档案由牵头承担单位完整保存，参与单位将本单位项目（课题）档案送交至牵头承担单位。

第十八条 重大专项档案移交前，应参照《重大专项档案归档范围表》（附件1）及《重大专项档案文件编号规则》（附件2）对本专项项目（课题）档案及管理档案分别进行编码标注。

第十九条 移交档案时,应按照国家有关标准,同时移交纸质档案、电子档案并附档案材料清单(附件3、附件4),经档案接收单位审核后,双方履行签收手续。

第二十条 重大专项档案保管期限为永久。重大专项各级管理机构须按照国家法律规定,向国家有关档案管理机构移交档案。

第二十一条 重大专项涉密档案管理严格遵照国家相关保密法律法规执行。

第五章 档案验收

第二十二条 档案验收是重大专项项目(课题)验收和重大专项验收的必要前提。三部门、牵头组织单位、专业机构、项目(课题)承担单位应将档案验收纳入管理工作程序,实行同步管理。

第二十三条 重大专项项目(课题)档案验收,由项目(课题)承担单位向专业机构提出验收申请,由专业机构组织验收。重大专项档案验收,由牵头组织单位向三部门提出验收申请,由三部门组织验收。

第二十四条 档案验收工作由档案验收专家组(以下简称专家组)具体实施,专家组组成原则:

(一)由三部门组织的重大专项档案验收,专家组不少于7人。

(二)由专业机构组织的项目(课题)档案的验收,专家组不少于3人。

第二十五条 档案验收内容主要包括:档案的完整、齐全情况;档案的分类、整理、组卷、装盒等情况;纸质档案与电子档案对应及真实情况等。

第二十六条 专家组可通过现场查验、案卷抽查等方式进行验收,并给出验收结论。

第二十七条 档案验收结论分为合格与不合格。专家组成员全部同意通过验收的为合格。档案验收合格后,方可进行重大专项项目(课题)及重大专项验收。

第二十八条 重大专项项目(课题)完成所有验收工作后,重大专项各级管理机构及项目(课题)承担单位应将验收阶段产生的应归档的文件材料归入本项目(课题)档案及相应管理档案。

第六章 共享与利用

第二十九条 重大专项各级管理机构和项目(课题)承担单位要在严格遵守国家相关保密及知识产权保护的法律规定下,制订档案有效利用制度,推进重大专项档案的共享服务。

第三十条 重大专项各级管理机构应通过现代科技手段加强项目(课题)档案信息资源开发利用,为重大专项实施、监督检查、评估、验收等管理工作提供便利条件,为科技创新、经济发展和社会进步提供支撑服务。

第三十一条 查阅、摘抄和复印重大专项档案,需持有效证件,并登记造册。查阅、摘抄、复印重大专项涉密档案,须依据国家相关保密规定,履行审批手续。

第三十二条 对于重要的、珍贵的档案和资料,一般不得提供原件使用。如特殊需要,须按照档案管理权限和工作程序,履行审批手续。

第七章 监督检查与考核奖惩

第三十三条 建立三部门、牵头组织单位、专业机构和项目(课题)承担单位的档案管理监督检查制度。重大专项组织管理机构适时对档案保管及移交情况进行检查考核并通报结果。

第三十四条 重大专项各级管理机构对档案管理工作中做出突出贡献的单位和个人给予表彰;

对没有及时归档移交档案或档案质量存在严重问题的单位和责任人给予通报批评并限期整改。

第三十五条　在重大专项档案的收集、整理、保管、利用、服务等管理工作中，出现违法违纪行为的依照《档案管理违法违纪行为处分规定》处理。

第八章　附则

第三十六条　各重大专项依照本规定，结合重大专项特点，制定相应的实施管理细则，报科技部备案。

第三十七条　本规定由科技部负责解释，自 2018 年 1 月 1 日起施行。

附件：1. 重大专项档案归档范围表
　　　2. 重大专项档案文件编号规则
　　　3. 重大专项项目（课题）档案清单［项目（课题）层面］
　　　4. 重大专项档案移交清单［专项层面］

附件 1

重大专项档案归档范围表

阶段序号	阶段名称	文件序号	重大专项档案材料名称	三部门/重大办	专业机构/专项办	项目/课题承担单位
A	规划阶段	01	专项实施方案（含总概算和阶段概算）及相关材料	必存	必存	-
		02	专项阶段实施计划（含分年度概算）	必存	必存	-
		03	专项年度计划（含年度预算）	必存	必存	-
		04	专项管理办法、制度	必存	必存	-
		05	年度指南	必存	必存	-
B	申报立项阶段	01	申报书	必存	必存	必存
		02	评审专家综合意见、专家打分表、专家签到表等申报立项评审材料及视频资料	必存	必存	-
		03	预算评审报告	必存	必存	-
		04	预算申诉材料	有则必存	有则必存	有则必存
		05	立项批复（含预算）	必存	必存	必存
		06	保密协议	-	有则必存	有则必存
		07	任务合同书（含预算书）	必存	必存	必存
		08	会议纪要和重要往来函件	-	必存	必存
C	过程管理阶段	01	实验任务书、实验大纲	-	-	必存
		02	实验、探测、测试、观测、观察、野外调查、考察等原始记录、整理记录和综合分析报告等	-	-	有则必存
		03	设计文件和图纸	-	-	有则必存
		04	计算文件、数据处理文件，照片、底片、录音带、录像带等声像文件	-	-	有则必存
		05	样品、标本等实物的目录	-	-	有则必存
		06	人员/项目变更申请、变更批复、变更审查会专家组意见、审查委员会专家名单等各类调整、变更材料	有则必存	有则必存	有则必存

续表

阶段序号	阶段名称	文件序号	重大专项档案材料名称	三部门/重大办	专业机构/专项办	项目/课题承担单位
C	过程管理阶段	07	与其他单位的协作协议、合同等相关文件	有则必存	有则必存	有则必存
		08	三部门监督评估报告	必存	-	-
		09	年度/阶段执行情况报告、检查报告	-	有则必存	有则必存
		10	专项阶段执行情况报告/专项阶段总结报告	必存	必存	-
		11	专项年度监督自查报告	有则必存	有则必存	-
D	验收阶段	01	验收申请书、验收承诺书	必存	必存	必存
		02	验收通知	有则必存	有则必存	有则必存
		任务验收材料（10种）				
		03	自评价报告及相关材料	必存	必存	必存
		04	科技报告	必存	必存	必存
D	验收阶段	05	知识产权报告、专利及说明书（复印件）、软件著作权、技术标准、论文及研究报告、查新报告等知识产权及证明类	必存	必存	必存
		06	第三方检测/测试/评估报告	有则必存	有则必存	有则必存
		07	验收现场测试报告	有则必存	有则必存	有则必存
		08	用户使用报告及证明/典型用户报告、产业化审核报告等成果产业化证明类	有则必存	有则必存	有则必存
		09	专家打分表、专家（组）意见表、专家签到表、专家承诺书等验收评审类	必存	必存	-
		10	验收结论书	必存	必存	必存
		11	任务验收报告/验收技术报告	有则必存	有则必存	-
		12	整改验收会形成材料（复核通知、专家组意见、专家打分表）	有则必存	有则必存	-
		财务验收材料（14种）				
		13	财务收支执行情况报告及附表	有则必存	有则必存	有则必存
		14	预算调整申请报告及相关批复	有则必存	有则必存	有则必存
		15	财务验收抽查报告及整改报告	有则必存	有则必存	有则必存
		16	审计报告及审计底稿	必存	必存	必存
		17	财务验收报告	必存	必存	-
		18	项目（课题）年度财务决算报告	有则必存	有则必存	有则必存
		19	资金落实和拨付证明	-	-	有则必存
D	验收阶段	20	账户对账单	-	有则必存	有则必存
		21	中央、地方、自筹资金、其他渠道资金核算明细账	-	-	有则必存
		22	资金归垫申请及附件等相关材料	-	有则必存	有则必存
		23	财务验收专家打分表、专家意见等	必存	必存	-
		24	设备台账、事务所设备盘点表、验收测试组现场设备盘点表	-	有则必存	有则必存

续表

阶段序号	阶段名称	文件序号	重大专项档案材料名称	三部门/重大办	专业机构/专项办	项目/课题承担单位
D	验收阶段	25	正式验收整改情况报告及附件	有则必存	有则必存	有则必存
		26	后续支出情况报告及附件	有则必存	有则必存	有则必存
		27	产业化年度报告	有则必存	有则必存	有则必存
		28	重大专项整体验收结论	必存	-	-
		29	实施情况总结报告	必存	-	-

1. 国家科技重大专项档案实行三级保管制度。其中，表中的"必存"表示必须归档保存档案，即必存项；"有则必存"表示如有此档案，则必须归档，即有则必存项。
2. 国家科技重大专项档案的归档坚持纸质与电子档案并重的原则。
3. 电子文件或扫描件格式可为：PDF、DOC、JP（E）G、XLS、AVI、MP4、KAS、OWL等。
4. 对于未在本表中列出的档案材料，各专项可根据实际需求，按照项目管理阶段对表中的"文件序号"进行扩充。如：C12：××文件。

附件2

重大专项档案文件编号规则

重大专项档案文件编号规则如下所示：

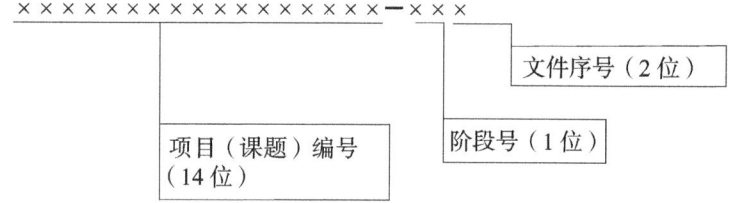

一、编号规则说明

文件编号前十四位为项目（课题）编号，管理类档案后六位补0；文件编号第十五位为英文半角"-"；文件编号第十六位为《归档范围表》中阶段序号。共分为A、B、C、D、E五个阶段。文件编号后两位为《归档范围表》中文件序号，由两位阿拉伯数字表示。

二、重大专项档案文件编号示例

例1：2012ZX01109001-B07（2012年立项的01专项第109项目001课题申报立项阶段的任务合同书）

例2：2012ZX01000000-A01（2012年产生的01专项规划阶段的实施方案及相关材料）

例3：2008ZX08000000-A02（2008年产生的08专项规划阶段的专项五年规划文件）

附件3

重大专项项目（课题）档案清单［项目（课题）层面］

项目（课题）名称：　　　　　　　　项目（课题）编号：　　　　　共　页　第　页

序号	档号	重大专项项目（课题）档案材料名称	对应文件号	载体类型（有则必存）		页数	备注
				电子	纸质		

移交单位（盖章）：　　　　　　　　　　　　　　　　　　接收单位（盖章）：

移交人：　　　　　　　　　　　　　　　　　　　　　　　接收人：

交接日期：　　年　　月　　日

说明：项目（课题）承担单位向专业机构移交档案材料时提交本表。

附件4

重大专项档案移交清单［专项层面］

重大专项名称：　　　　　　　　　　　　　　　　　　　　　　　　　共　页　第　页

序号	档号/项目（课题）编号	重大专项档案材料名称	负责人	件数	备注

移交单位（盖章）：　　　　　　　　　　　　　　　　　　接收单位（盖章）：

移交人：　　　　　　　　　　　　　　　　　　　　　　　接收人：

交接日期：　　年　　月　　日

说明：1. 专业机构向重大办移交档案材料时提交本表，并附所列项目（课题）档案清单（附件3）。

　　　2. 档号：项目（课题）档案填写项目（课题）编号，管理档案填写档号。

　　　3. 档案材料名称：项目档案填写项目名称，非项目档案的档案材料名称要能概括本卷档案的内容。

科技部　发展改革委　财政部关于印发《进一步深化管理改革激发创新活力确保完成国家科技重大专项既定目标的十项措施》的通知

(国科发重〔2018〕315号)

各重大专项牵头组织单位、各有关项目管理专业机构、各有关单位：

　　为全面贯彻落实习近平总书记在两院院士大会上的重要讲话精神和《国务院关于优化科研管理提升科研绩效若干措施的通知》(国发〔2018〕25号)(以下简称25号文)的要求，科技部、发展改革委、财政部共同研究制定了《进一步深化管理改革激发创新活力确保完成国家科技重大专项既定目标的十项措施》，除部分试点措施需进一步确定试点单位外，将在重大专项全面实施。现印发你们，请遵照执行。

　　《国家科技重大专项(民口)管理规定》(国科发专〔2017〕145号)、《国家科技重大专项(民口)资金管理办法》(财科教〔2017〕74号)等民口科技重大专项相关制度中，关于重大专项项目(课题)申报、综合平衡、立项批复(含预算)、项目(课题)验收等规定与本通知不一致的，按本通知执行。各级管理机构应按照党中央、国务院相关要求和25号文精神及时做好重大专项管理改革部署和落实工作，确保完成既定战略目标。

　　附件：进一步深化管理改革激发创新活力确保完成国家科技重大专项既定目标的十项措施。

科技部　发展改革委　财政部
2018年12月20日

附件

进一步深化管理改革激发创新活力确保完成国家科技重大专项既定目标的十项措施

　　为全面贯彻习近平总书记关于科技创新的重要论述，落实党中央、国务院关于推进科技领域"放管服"改革和《国务院关于优化科研管理提升科研绩效若干措施的通知》(国发〔2018〕25号)(以下简称25号文)的要求，充分激发科研人员创新活力，加快国家科技重大专项(以下简称"专项")组织实施，突破核心领域关键技术，保障专项总体目标圆满完成，为国家经济社会高质量发展提供科技支撑，科技部、发展改革委、财政部(以下简称"三部门")按照明确责任、规范流程、讲求绩效、综合激励的原则，制定以下措施。

一、完善管理制度，提高科学管理水平

(一)明确课题申报和批复程序要求。

1.增加定向支持项目(课题)(以下简称课题)比例。对于目标清晰、研究团队较为明确的任务，原则上以定向支持为主，主要通过定向择优或定向委托的方式，从具备资质和能力的一家或几家单位中择优遴选优势单位承担，并切实保障公平公正。

2. 每年1月31日之前发布下一年度指南。牵头组织单位按照审定的实施方案和阶段实施计划编制年度指南，在国家科技管理信息系统发布，课题应列明绩效目标。定向支持课题应明确注明，申报准备时间为25个工作日；公开招标课题申报准备时间为45个工作日。每年4月10日前完成课题申报工作。

3. 每年7月31日前完成论证、评审上报。项目管理专业机构（以下简称"专业机构"，尚未委托专业机构的重大专项，其职责由专项实施管理办公室承担）应及时完成课题（含预算）论证、评审，并形成下一年度计划建议报牵头组织单位，牵头组织单位完成审核并报三部门。

4. 每年9月30日前完成综合平衡。三部门组织开展综合平衡（内容包括年度实施计划和年度预算），依据专业机构公示（时间为5个工作日）结果形成综合平衡意见，并正式反馈牵头组织单位。财政部根据三部门综合平衡意见核定下一年度预算，按《预算法》相关规定和程序纳入相关专项牵头组织单位年初部门预算中。

5. 每年10月31日前完成立项批复。牵头组织单位按照三部门综合平衡意见，向专业机构下达下一年度新立项课题批复（含预算）。

6. 每年12月15日前完成合同签订。立项批复下达后，专业机构开展《重大专项项目（课题）任务合同书》审查，并及时与课题承担单位签订。

（二）减少实施周期内的各类评估、检查、抽查、审计等活动。

7. 统筹监督检查工作计划。科技部牵头负责专项监督检查统筹工作计划。牵头组织单位、专业机构分别于每年1月底前，向科技部提交围绕重点工作的监督检查和绩效评价年度工作计划。科技部会同发展改革委、财政部于每年2月底前，研究制定并公布各专项监督检查和绩效评价年度工作计划。

8. 减少检查频次。重点核心任务攻关课题坚持定期检查；一般性课题实施周期内原则上按不超过5%的比例抽查；实施周期三年（含）以下的自由探索类基础研究课题一般不开展过程检查。相对集中时间开展联合检查，避免在同一年度对同一课题重复检查、多头检查。

9. 整合精简上报材料。科技部牵头完成管理流程、申报材料与表格的整合精简工作，推行"材料一次报送"制度，实现管理表格共享，专项各级管理主体不得要求重复填报相关信息（动态更新的信息除外）。

（三）精简课题验收程序。

10. 实施一次性综合绩效评价。不再单独组织技术验收，合并技术、财务、档案验收程序，由项目管理专业机构实施以目标导向为核心的一次性综合绩效评价。综合绩效评价专家组原则上不少于11人，由技术专家、财务专家（2人）、档案检查专家（1人）、管理专家和知识产权专家等共同组成，对于具有产业化目标的课题，要有用户代表参加。综合绩效评价专家组联合验收，实现同步下达验收结论。

11. 不再单独组织财务验收。综合绩效评价前，由课题承担单位自主选择具备资质的第三方机构完成结题财务审计，并作为综合绩效评价的依据。

12. 不再单独组织档案验收。综合绩效评价前，由档案检查专家对课题全周期文件档案归档情况进行检查，并作为综合绩效评价的依据。

13. 突出课题实施效果评估。按照分类评价的要求，基础研究与应用基础研究类课题主要评价研究的原创性、学术贡献和解决关键领域核心竞争力重大科学问题的效能；技术和产品开发类课题主要评价自主创新能力、产业技术水平和国际竞争力；应用示范类课题主要评价集成性、先进性、经济适用性和辐射带动作用及产生的经济社会效益。

（四）实现信息互联共享。

14. 开放国家科技管理信息系统。在做好保密工作的前提下，按职能和管理权限向牵头组织单位、专业机构和课题承担单位等相关主体开放国家科技管理信息系统，加强专项公开数据与其他科技计划和科研机构的共享运用，推动高效管理。

15. 明确数据填报责任。课题承担单位和课题负责人负责数据的真实性和准确性，做好非涉密信息网上填报工作。

16. 提供综合服务。通过管理信息系统对新立项课题申报、评审、监督、评估、验收等全过程进行信息管理，为综合平衡、过程管理、绩效评价等提供支撑服务。

二、优化科研项目和经费管理，赋予科研人员和科研单位更大自主权

（五）赋予重大专项科研人员更大的技术路线决策权。

17. 课题负责人自主选择和调整技术路线。重大专项课题负责人具有自主选择和调整技术路线的权利，科研项目申报期间，以课题负责人提出的技术路线为主进行论证，科研项目实施期间，课题负责人可以在研究方向不变、不降低申报指标的前提下自主调整研究方案和技术路线，报项目管理专业机构备案。单位主管部门、项目管理部门应充分尊重科研人员意见。同时，各牵头组织单位要落实好服务、保障和监管责任。

18. 开展专项年度计划申报"绿色通道"试点。选择综合实施绩效优秀、有代表性的专项开展年度计划申报"绿色通道"试点：在既定目标和概算范围内专项对立项计划和预算安排拥有自主权；三部门在牵头组织单位审核同意后仅开展形式审核，并形成综合平衡意见。

（六）进一步优化概预算管理方式。

19. 进一步落实重大专项概预算管理改革。根据形势和任务变化，在不突破阶段概算的前提下，牵头组织单位可及时申请分年度概算在年度间的调整。项目管理专业机构要简化重大专项预算编制要求，精简说明和报表。结合评审结果，专项在分年度概算控制数内，自主决定新立项课题预算安排。

20. 实行部门预算批复前课题资金预拨制度。年度部门预算在正式批复前，各专项牵头组织单位结合科研任务进展，可在当年一季度预先申请和拨付延续课题和新立项课题资金，确保不影响科研人员一季度使用课题资金。

21. 赋予科研单位科研课题经费管理使用自主权。直接费用中除设备费外，其他科目费用调剂权全部下放给课题承担单位，单位应完善管理制度，及时为科研人员办理调剂手续。

（七）开展基于绩效、诚信和能力的重大专项科研管理改革试点。

22. 开展简化预算编制试点。根据25号文精神确定的改革试点单位，在编制承担重大专项课题预算时，可简化预算编制，直接费用中除设备费外，其他费用只提供基本测算说明，不提供明细，进一步精简合并其他直接费用科目。

23. 进一步落实重大专项课题结余经费使用的相关要求。对于课题结余资金（不含审计、年度监督评估等监督检查中发现的违规资金），课题完成任务目标并一次性通过验收，且承担单位信用评价好的，结余资金按规定留归承担单位使用，2年内（自验收结论下达后次年的1月1日起计算）统筹安排用于科研活动的直接支出，2年后结余资金未使用完的，按规定原渠道收回。

三、弘扬科学精神，激发科研人员创新活力

（八）完善以增加知识价值为导向的激励措施。

24. 开展加大间接经费预算比例试点。根据25号文精神确定的改革试点单位，对试验设备依赖程度低和实验材料耗费少的软件研发、集成电路设计等智力密集型课题，提高间接经费比例，500万元以下的部分为不超过30%，500万~1000万元的部分为不超过25%，1000万元以上的部分为不超过20%。对数学等纯理论基础研究课题可根据实际情况适当突破上述比例。间接经费的使用应向创新绩效突出的团队和个人倾斜。

25. 探索开展绩效总量核定试点。选择承担专项重点任务，落实国家科技体制改革政策到位、科技创新绩效突出的单位，试点探索在核定绩效工资总量方面给予倾斜支持。

（九）加大特殊人才薪酬激励力度。

26. 探索提高核心攻关任务负责人薪酬。专项可探索对全职承担专项任务的团队负责人以及高端引进人才的薪酬实行一项一策、清单式管理和年薪制，按程序报相关部门批准后执行。年薪所需经费在课题经费中单独核定，在本单位绩效工资总量中单列，相应增加单位当年绩效工资总量。

27. 绩效支出向青年科研骨干倾斜。在保障专项任务完成和间接费用总额不变的前提下，承担单位统筹考虑本单位实际情况、与课题负责人协商一致后，可从课题间接费用中提取一定比例的绩效支出，优先支持青年科研骨干。

（十）弘扬科学精神，转变科研作风。

28. 打造崇尚使命、献身科技的优良作风。弘扬为国奉献、求真务实、刻苦钻研、淡泊名利的精神，倡导甘为人梯、理性质疑、诚实守信的科研作风。

29. 开展科研作风整治。有针对性地治理浮夸浮躁、弄虚作假、拜金主义、"圈子文化"、"学阀现象"等违背科学精神的科研作风问题；严格控制科研人员超额申报或承担课题，防止"囤项目"、"挂名争项目"等问题。

30. 探索实施非物质激励方式。在各专项推荐的基础上，按比例遴选科研作风优良，在关键技术突破、成果推广应用、科研管理创新等工作中作出突出贡献的承担单位和科研（管理）人员，可定期进行荣誉激励。

第四节 国家重点研发计划

财政部 科技部关于印发
《国家重点研发计划资金管理办法》的通知

(财科教〔2016〕113号)

国务院有关部委、有关直属机构,各省、自治区、直辖市、计划单列市财政厅(局)、科技厅(委、局),新疆生产建设兵团财务局、科技局,有关单位:

为了保障国家重点研发计划的组织实施,规范国家重点研发计划资金管理和使用,根据《国务院关于改进加强中央财政科研项目和资金管理的若干意见》(国发〔2014〕11号)、《国务院印发关于深化中央财政科技计划(专项、基金等)管理改革方案的通知》(国发〔2014〕64号)和《中共中央办公厅国务院办公厅印发〈关于进一步完善中央财政科研项目资金管理等政策的若干意见〉的通知》,以及国家有关财经法规和财务管理制度,我们制定了《国家重点研发计划资金管理办法》。现印发给你们,请遵照执行。

附件:国家重点研发计划资金管理办法

财政部 科技部
2016年12月30日

附件

国家重点研发计划资金管理办法

第一章 总则

第一条 为规范国家重点研发计划资金管理和使用,提高资金使用效益,根据《国务院关于改进加强中央财政科研项目和资金管理的若干意见》(国发〔2014〕11号)、《国务院印发关于深化中央财政科技计划(专项、基金等)管理改革方案的通知》(国发〔2014〕64号)和《中共中央办公厅 国务院办公厅印发〈关于进一步完善中央财政科研项目资金管理等政策的若干意见〉的通知》,以及国家有关财经法规和财务管理制度,结合国家重点研发计划管理特点,制定本办法。

第二条 国家重点研发计划由若干目标明确、边界清晰的重点专项组成,重点专项采取从基础前沿、重大共性关键技术到应用示范全链条一体化组织实施方式。重点专项下设项目,项目可根据自身特点和需要下设课题。重点专项实行概预算管理,重点专项项目实行预算管理。

第三条　国家重点研发计划实行多元化投入方式，资金来源包括中央财政资金、地方财政资金、单位自筹资金和从其他渠道获得的资金。中央财政资金支持方式包括前补助和后补助，具体支持方式在编制重点专项实施方案和年度项目申报指南时予以明确。

第四条　本办法主要规范中央财政安排的采用前补助支持方式的国家重点研发计划资金（以下简称"重点研发计划资金"），中央财政后补助支持方式具体规定另行制定。其他来源的资金应当按照国家有关财务会计制度和相关资金提供方的具体使用管理要求，统筹安排和使用。

第五条　重点专项项目牵头承担单位、课题承担单位和课题参与单位（以下简称"承担单位"）应当是在中国大陆境内注册、具有独立法人资格的科研院所、高等院校、企业等。

第六条　重点研发计划资金的管理和使用遵循以下原则：

（一）集中财力，突出重点。重点研发计划资金聚焦重点专项研发任务，重点支持市场机制不能有效配置资源的公共科技活动。注重加强统筹规划，避免资金安排分散重复。

（二）明晰权责，放管结合。政府部门不再直接管理具体项目，委托项目管理专业机构（以下简称"专业机构"）开展重点专项项目资金管理。充分发挥承担单位资金管理的法人责任，完善内控机制建设，提高管理服务水平。

（三）遵循规律，注重绩效。重点研发计划资金的管理和使用，应当体现重点专项组织实施的特点，遵循科研活动规律和依法理财的要求。强化事中和事后监管，完善信息公开公示制度，建立面向结果的绩效评价机制，提高资金使用效益。

第七条　重点研发计划资金实行分级管理、分级负责。财政部、科技部负责研究制定重点研发计划资金管理制度，组织重点专项概算编制和评估，组织开展对重点专项资金的监督检查；财政部按照资金管理制度，核定批复重点专项概预算；专业机构是重点专项资金管理和监督的责任主体，负责组织重点专项项目预算申报、评估、下达和项目财务验收，组织开展对项目资金的监督检查；承担单位是项目资金管理使用的责任主体，负责项目资金的日常管理和监督。

第二章　重点专项概预算管理

第八条　重点专项概算是指对专项实施周期内，专项任务实施所需总费用的事前估算，是重点专项预算安排的重要依据。重点专项概算包括总概算和年度概算。

第九条　专业机构根据重点专项的目标和任务，编报重点专项概算，报财政部、科技部。

第十条　重点专项概算应当同时编制收入概算和支出概算，确保收支平衡。

重点专项收入概算包括中央财政资金概算和其他来源的资金概算。

重点专项支出概算包括支出总概算和年度支出概算。专业机构应当在充分论证、科学合理分解重点专项任务基础上，根据任务相关性、配置适当性和经济合理性的原则，按照任务级次和不同研发阶段编列支出概算。

第十一条　财政部、科技部委托相关机构对重点专项概算进行评估。根据评估结果，结合财力可能，财政部核定并批复重点专项中央财政资金总概算和年度概算。

第十二条　中央财政资金总概算一般不予调整。重点专项任务目标发生重大变化等导致中央财政资金总概算确需调整的，专业机构在履行相关任务调整审批程序后，提出调整申请，经科技部审核后，按程序报财政部审批。总概算不变，重点专项年度间重大任务调整等导致年度概算需要调整的，由专业机构提出申请，经科技部审核后，按程序报财政部审批。

第十三条　专业机构根据核定的概算组织项目预算申报和评估，提出项目安排建议和重点专项中央财政资金预算安排建议，项目安排建议按程序报科技部，预算安排建议按照预算申报程序报财政部。无部门预算申报渠道的专业机构，通过科技部报送。

第十四条 科技部对项目安排建议进行合规性审核。财政部结合科技部意见，按照预算管理要求向专业机构下达重点专项中央财政资金预算（不含具体项目预算），并抄送科技部。

第十五条 重点专项中央财政资金预算一般不予调剂，因概算变化等确需调剂的，由专业机构提出申请，按程序报财政部批准。

第十六条 在重点专项实施周期内，由于年度任务调整等导致专业机构当年未下达给项目牵头承担单位的资金，可以结转下一年度继续使用。由于重点专项因故中止等原因，专业机构尚未下达给项目牵头承担单位的资金，按规定上缴中央财政。

第三章 项目资金开支范围

第十七条 重点专项项目资金由直接费用和间接费用组成。

第十八条 直接费用是指在项目实施过程中发生的与之直接相关的费用。主要包括：

（一）设备费：是指在项目实施过程中购置或试制专用仪器设备，对现有仪器设备进行升级改造，以及租赁外单位仪器设备而发生的费用。应当严格控制设备购置，鼓励开放共享、自主研制、租赁专用仪器设备以及对现有仪器设备进行升级改造，避免重复购置。

（二）材料费：是指在项目实施过程中消耗的各种原材料、辅助材料等低值易耗品的采购及运输、装卸、整理等费用。

（三）测试化验加工费：是指在项目实施过程中支付给外单位（包括承担单位内部独立经济核算单位）的检验、测试、化验及加工等费用。

（四）燃料动力费：是指在项目实施过程中直接使用的相关仪器设备、科学装置等运行发生的水、电、气、燃料消耗费用等。

（五）出版/文献/信息传播/知识产权事务费：是指在项目实施过程中，需要支付的出版费、资料费、专用软件购买费、文献检索费、专业通信费、专利申请及其他知识产权事务等费用。

（六）会议/差旅/国际合作交流费：是指在项目实施过程中发生的会议费、差旅费和国际合作交流费。在编制预算时，本科目支出预算不超过直接费用预算10%的，不需要编制测算依据。承担单位和科研人员应当按照实事求是、精简高效、厉行节约的原则，严格执行国家和单位的有关规定，统筹安排使用。

（七）劳务费：是指在项目实施过程中支付给参与项目的研究生、博士后、访问学者以及项目聘用的研究人员、科研辅助人员等的劳务性费用。

项目聘用人员的劳务费开支标准，参照当地科学研究和技术服务业从业人员平均工资水平，根据其在项目研究中承担的工作任务确定，其社会保险补助纳入劳务费科目开支。劳务费预算应据实编制，不设比例限制。

（八）专家咨询费：是指在项目实施过程中支付给临时聘请的咨询专家的费用。专家咨询费不得支付给参与本项目及所属课题研究和管理的相关工作人员。专家咨询费的管理按照国家有关规定执行。

（九）其他支出：是指在项目实施过程中除上述支出范围之外的其他相关支出。其他支出应当在申请预算时详细说明。

第十九条 间接费用是指承担单位在组织实施项目过程中发生的无法在直接费用中列支的相

关费用。主要包括：承担单位为项目研究提供的房屋占用，日常水、电、气、暖消耗，有关管理费用的补助支出，以及激励科研人员的绩效支出等。

第二十条 结合承担单位信用情况，间接费用实行总额控制，按照不超过课题直接费用扣除设备购置费后的一定比例核定。具体比例如下：

（一）500万元及以下部分为20%；

（二）超过500万～1000万元的部分为15%；

（三）超过1000万元以上的部分为13%。

第二十一条 间接费用由承担单位统筹安排使用。承担单位应当建立健全间接费用的内部管理办法，公开透明、合规合理使用间接费用，处理好分摊间接成本和对科研人员激励的关系。绩效支出安排应当与科研人员在项目工作中的实际贡献挂钩。

课题中有多个单位的，间接费用在总额范围内由课题承担单位与参与单位协商分配。承担单位不得在核定的间接费用以外，再以任何名义在项目资金中重复提取、列支相关费用。

第四章 项目预算编制与审批

第二十二条 重点专项项目预算由收入预算与支出预算构成。项目预算由课题预算汇总形成。

（一）收入预算包括中央财政资金和其他来源资金。对于其他来源资金，应充分考虑各渠道的情况，并提供资金提供方的出资承诺，不得使用货币资金之外的资产或其他中央财政资金作为资金来源。

（二）支出预算应当按照资金开支范围确定的支出科目和不同资金来源分别编列，并对各项支出的主要用途和测算理由等进行详细说明。

第二十三条 重点专项项目不得在预算申报前先行设置控制额度，可在重点专项年度申报指南中公布重点专项概算。

项目实行两轮申报的，预申报环节时，项目申报单位提出所需专项资金预算总额；正式申报环节时，专业机构综合考虑重点专项概算、项目任务设置、预申报情况以及专家建议等，组织项目申报单位编报预算。

项目实行一轮申报的，按照正式申报环节要求组织编报预算。

第二十四条 项目申报单位应当按照政策相符性、目标相关性和经济合理性原则，科学、合理、真实地编制预算，对仪器设备购置、参与单位资质及拟外拨资金进行重点说明，并申明现有的实施条件和从单位外部可能获得的共享服务。项目申报单位对直接费用各项支出不得简单按比例编列。

第二十五条 专业机构委托相关机构开展项目预算评估。预算评估机构应当具有丰富的国家科技计划预算评估工作经验、熟悉国家科技计划和资金管理政策、建立了相关领域的科技专家队伍支撑、拥有专业的预算评估人才队伍等。

第二十六条 预算评估应当按照规范的程序和要求，坚持独立、客观、公正、科学的原则，对项目以及课题申报预算的政策相符性、目标相关性和经济合理性进行评估。

预算评估过程中不得简单按比例核减直接费用预算，同时应当建立健全与项目申报单位的沟通反馈机制。

第二十七条 专业机构根据预算评估结果，提出重点专项项目预算安排建议，并予以公示。

第二十八条 专业机构根据财政部下达的重点专项预算和科技部对项目安排建议的审核意

见，向项目牵头承担单位下达重点专项项目预算，并与项目牵头承担单位签订项目任务书（含预算）。

项目任务书（含预算）是项目和课题预算执行、财务验收和监督检查的依据。项目任务书（含预算）应以项目预算申报书为基础，突出绩效管理，明确项目考核目标、考核指标及考核方法，明晰各方责权，明确课题承担单位和参与单位的资金额度，包括其他来源资金和其他配套条件等。

第五章 项目预算执行与调剂

第二十九条 专业机构应当按照国库集中支付制度规定，及时办理向项目牵头承担单位支付年度项目资金的有关手续。实行部门预算批复前项目资金预拨制度。

项目牵头承担单位应当根据课题研究进度和资金使用情况，及时向课题承担单位拨付资金。课题承担单位应当按照研究进度，及时向课题参与单位拨付资金。课题参与单位不得再向外转拨资金。

逐级转拨资金时，项目牵头承担单位或课题承担单位不得无故拖延资金拨付，对于出现上述情况的单位，专业机构将采取约谈、暂停项目后续拨款等措施。

第三十条 承担单位应当严格执行国家有关财经法规和财务制度，切实履行法人责任，建立健全项目资金内部管理制度和报销规定，明确内部管理权限和审批程序，完善内控机制建设，强化资金使用绩效评价，确保资金使用安全规范有效。

第三十一条 承担单位应当建立健全科研财务助理制度，为科研人员在项目预算编制和调剂、资金支出、财务决算和验收方面提供专业化服务。

第三十二条 承担单位应当将项目资金纳入单位财务统一管理，对中央财政资金和其他来源的资金分别单独核算，确保专款专用。按照承诺保证其他来源的资金及时足额到位。

第三十三条 承担单位应当建立信息公开制度，在单位内部公开项目立项、主要研究人员、资金使用（重点是间接费用、外拨资金、结余资金使用等）、大型仪器设备购置以及项目研究成果等情况，接受内部监督。

第三十四条 承担单位应当严格执行国家有关支出管理制度。对应当实行"公务卡"结算的支出，按照中央财政科研项目使用公务卡结算的有关规定执行。对于设备费、大宗材料费和测试化验加工费、劳务费、专家咨询费等，原则上应当通过银行转账方式结算。对野外考察、心理测试等科研活动中无法取得发票或者财政性票据的，在确保真实性的前提下，可按实际发生额予以报销。

第三十五条 承担单位应当严格按照资金开支范围和标准办理支出，不得擅自调整外拨资金，不得利用虚假票据套取资金，不得通过编造虚假劳务合同、虚构人员名单等方式虚报冒领劳务费和专家咨询费，不得通过虚构测试化验内容、提高测试化验支出标准等方式违规开支测试化验加工费，不得随意调账变动支出、随意修改记账凭证，严禁以任何方式使用项目资金列支应当由个人负担的有关费用和支付各种罚款、捐款、赞助、投资等。

第三十六条 承担单位应当按照下达的预算执行。项目在研期间，年度剩余资金结转下一年度继续使用。预算确有必要调剂时，应当按照以下调剂范围和权限，履行相关程序：

（一）项目预算总额调剂，项目预算总额不变、课题间预算调剂，课题预算总额不变、课题参与单位之间预算调剂以及增减参与单位的，由项目牵头承担单位或课题承担单位逐级向专业机构提出申请，专业机构审核评估后，按有关规定批准。

（二）课题预算总额不变，课题直接费用中材料费、测试化验加工费、燃料动力费、出版／文献／信息传播／知识产权事务费、其他支出预算如需调剂，课题负责人根据实施过程中科研活动的实际需要提出申请，由课题承担单位批准，报项目牵头承担单位备案。设备费、差旅／会议／国际合作交流费、劳务费、专家咨询费的预算一般不予调增，需调减用于课题其他直接支出的，可按上述程序办理调剂审批手续；如有特殊情况确需调增的，由项目（课题）负责人提出申请，经项目牵头承担单位同意后，报专业机构批准。

（三）课题间接费用预算总额不得调增，经课题承担单位与课题负责人协商一致后，可以调减用于直接费用。

第三十七条 项目牵头承担单位应当在每年的 4 月 20 日前，审核课题上年度收支情况，汇总形成项目年度财务决算报告，并报送专业机构。决算报告应当真实、完整，账表一致。

项目资金下达之日起至年度终了不满三个月的项目，当年可以不编报年度财务决算，其资金使用情况在下一年度的年度决算报告中编制反映。

第三十八条 项目实施过程中，行政事业单位使用中央财政资金形成的固定资产属于国有资产，应当按照国家有关国有资产管理的规定执行。企业使用中央财政资金形成的固定资产，按照《企业财务通则》等相关规章制度执行。

承担单位使用中央财政资金形成的知识产权等无形资产的管理，按照国家有关规定执行。

使用中央财政资金形成的大型科学仪器设备、科学数据、自然科技资源等，按照规定开放共享。

第三十九条 项目或课题因故撤销或终止，项目牵头承担单位或课题承担单位财务部门应当及时清理账目与资产，编制财务报告及资产清单，报送专业机构。专业机构组织清查处理，确认并回收结余资金（含处理已购物资、材料及仪器设备的变价收入），统筹用于重点专项后续支出。

第六章 项目财务验收

第四十条 项目执行期满后，项目牵头承担单位应当及时组织课题承担单位清理账目与资产，如实编制课题资金决算。项目牵头承担单位审核汇总后向专业机构提出财务验收申请。

财务验收申请应当在项目执行期满后的三个月内提出。

第四十一条 专业机构按照有关规定组织财务验收。财务验收前，应当选择符合要求的会计师事务所进行财务审计，财务审计报告是财务验收的重要依据。

财务验收工作应当在项目牵头承担单位提出财务验收申请后的六个月内完成。

在财务验收前，专业机构应按照项目任务书的规定检查承担单位的科技报告呈交情况，未按规定呈交的，应责令其补交科技报告。

第四十二条 财务验收应当按项目组织，以项目下设的课题为单元开展和出具财务验收结论，综合形成项目财务验收意见，并告知项目牵头承担单位。

第四十三条 存在下列行为之一的，不得通过财务验收：

（一）编报虚假预算，套取国家财政资金；

（二）未对重点研发计划资金进行单独核算；

（三）截留、挤占、挪用重点研发计划资金；

（四）违反规定转拨、转移重点研发计划资金；

（五）提供虚假财务会计资料；

（六）未按规定执行和调剂预算；

（七）虚假承诺其他来源的资金；

（八）资金管理使用存在违规问题拒不整改；

（九）其他违反国家财经纪律的行为。

第四十四条 课题承担单位应当在财务验收完成后一个月之内及时办理财务结账手续。

完成课题任务目标并通过财务验收，且承担单位信用评价好的，结余资金在财务验收完成起两年内由承担单位统筹安排用于科研活动的直接支出；两年后结余资金未使用完的，上缴专业机构，统筹用于重点专项后续支出。

未通过财务验收或整改后通过财务验收的课题，或承担单位信用评价差的，结余资金由专业机构收回，统筹用于重点专项后续支出。

第四十五条 专业机构应当在财务验收完成后一个月内，将财务验收相关材料整理归档，并将验收结论报科技部备案。验收结论应当按规定向社会公开。

第四十六条 科技部对财务审计和财务验收进行随机抽查。对财务审计，重点抽查审计依据充分性、结论可靠性、审计工作质量及对重大违规问题的披露情况；对财务验收，重点抽查验收程序规范性、依据充分性、结论可靠性和项目结余资金管理情况。

第七章 监督检查

第四十七条 财政部、科技部、相关主管部门、专业机构和承担单位应当根据职责和分工，建立覆盖资金管理使用全过程的资金监督检查机制。监督检查应当加强统筹协调，加强信息共享，避免交叉重复。

第四十八条 科技部、财政部应当根据重点研发计划资金监督检查年度计划和实施方案，通过专项检查、专项审计、年度报告分析、举报核查、绩效评价等方式，对专业机构内部管理、重点专项资金管理使用规范性和有效性进行监督检查，对承担单位法人责任和内部控制、项目资金拨付的及时性、项目资金管理使用规范性、安全性和有效性等进行抽查。

第四十九条 相关主管部门应当督促所属承担单位加强内控制度和监督制约机制建设、落实重点专项项目资金管理责任，配合财政部、科技部开展监督检查和整改工作。

第五十条 专业机构应当组织开展对重点专项资金的管理和监督，并配合有关部门开展监督检查；对监督检查中发现问题较多的承担单位，采取警示、指导和培训等方式，加强对承担单位的事前风险预警和防控。

专业机构应当在每年末总结当年的重点专项资金管理和监督情况，并报科技部备案。

第五十一条 承担单位应当按照本办法和国家相关财经法规及财务管理规定，完善内部控制和监督制约机制，加强支撑服务条件建设，提高对科研人员的服务水平，建立常态化的自查自纠机制，保证项目资金安全。

项目牵头承担单位应当加强对课题承担单位的指导和监督，积极配合有关部门和机构的监督检查工作。

第五十二条 承担单位在预算编报、资金拨付、资金管理和使用、财务验收、监督检查等环节存在违规行为的，应当严肃处理。科技部、财政部、专业机构视情况轻重采取约谈、通报批评、暂停项目拨款、终止项目执行、追回已拨资金、阶段性或永久取消项目承担者项目申报资格等措施,并将有关结果向社会公开。涉嫌犯罪的,移送司法机关处理。

监督检查和验收过程中发现重要疑点和线索需要深入核查的,科技部、财政部可以移交相关单位的主管部门。主管部门应当按照有关规定和要求及时进行核查,并将核查结果及处理意见反馈科技部、财政部。

第五十三条 经本办法第五十二条规定作出正式处理,存在违规违纪和违法且造成严重后果或恶劣影响的责任主体,纳入科研严重失信行为记录,加强与其他社会信用体系衔接,实施联合惩戒。

第五十四条 重点研发计划资金管理实行责任倒查和追究制度。财政部、科技部及其相关工作人员在重点专项概预算审核下达,专业机构及其相关工作人员在重点专项项目资金分配等环节,存在违反规定安排资金或其他滥用职权、玩忽职守、徇私舞弊等违法违纪行为的,按照《预算法》、《公务员法》、《行政监察法》、《财政违法行为处罚处分条例》等有关规定追究相关单位和人员的责任,涉嫌犯罪的,移送司法机关处理。

第五十五条 科技部、财政部按照信用管理相关规定,对专业机构、承担单位、项目(课题)负责人、评估机构、会计师事务所、咨询评审专家等参与资金管理使用的行为进行记录和信用评价。

相关信用记录是重点研发计划项目预算核定、结余资金管理、监督检查、专业机构遴选和调整等的重要依据。信用记录与资金监督频次挂钩,对于信用好的机构和人员,可减少或在一定时期内免除监督检查;对于信用差的,应当作为监督检查的重点,加大监督检查频次。

第八章 附则

第五十六条 管理要求另有规定的重点专项按有关规定执行。

第五十七条 本办法自发布之日起施行。2015年7月7日财政部、科技部颁布的《关于中央财政科技计划管理改革过渡期资金管理有关问题的通知》(财教〔2015〕154号)和2016年4月18日财政部办公厅、科技部办公厅颁布的《关于国家重点研发计划重点专项预算管理有关规定(试行)的通知》(财办教〔2016〕25号)同时废止。

《国家重点研发计划资金管理办法》解读

为规范国家重点研发计划管理，切实提高资金使用效益，近日，财政部、科技部联合发布了《国家重点研发计划资金管理办法》（财科教〔2016〕113号，以下简称《办法》）。为了更好地贯彻和执行《办法》，财政部科教司、科技部资源配置与管理司对《办法》进行了解读。

一、关于《办法》制定的背景

党的十八大以来，围绕全面深化改革总目标和创新驱动发展战略要求，党中央、国务院部署推动了一系列重大科技体制改革举措，促进科技成果转化，优化学术环境，完善中央财政科技计划和科研项目资金管理，破除了一系列深层次体制机制障碍，有效激发了科技创新活力。

2014年，国务院印发了《关于深化中央财政科技计划（专项、基金等）管理改革方案》（国发〔2014〕64号，以下简称64号文），强化顶层设计，打破条块分割，系统重构科技计划体系，转变政府科技管理职能。其中明确提出将"973"计划、"863"计划、国家科技支撑计划、国际科技合作与交流专项、产业技术研究与开发资金、公益性行业科研专项等中央财政科技计划进行整合归并，形成国家重点研发计划，集中力量解决国家重大战略科技问题。经过2014—2016三年改革过渡期，中央财政科技计划（专项、基金等）管理改革取得了决定性进展。相关科技计划整合工作已经完成，国家重点研发计划已经启动实施，有必要尽快制定和完善包括资金管理办法在内的相关管理制度，为重点研发计划顺利实施提供更加有效的保障和支撑。

为了规范科研项目资金管理，2014年，国务院印发了《关于改进加强中央财政科研项目和资金管理的若干意见》（国发〔2014〕11号，以下简称11号文）；2016年，中共中央办公厅、国务院办公厅又印发了《关于进一步完善中央财政科研项目资金管理等政策的若干意见》（以下简称《若干意见》），要求进一步推进简政放权、放管结合、优化服务，改革和创新科研资金管理和使用方式，促进形成充满活力的科技管理和运行机制，以深化改革激发广大科研人员积极性。这两份文件聚焦科研项目和资金管理的关键环节以及科研人员普遍关心的问题，提出了一系列中央财政科研项目资金管理的要求。与此同时，深化预算管理制度改革对加强财政资金管理和使用，不断提出了新要求。国家重点研发计划是新的中央财政科技计划体系的重要组成部分，是中央财政科技投入的重点之一。根据中央财政科研项目资金管理的新形势、新要求，迫切需要出台资金管理办法。

二、关于制定《办法》的总体思路和原则

制定《办法》的总体思路是：以支持解决重大科技问题为目标，以"优化资源配置、完善管理机制、提高资金效益"为重点，全面贯彻落实中央财政科技计划和项目资金管理改革精神，力求适应科研活动规律、激发广大科研人员创新创造活力，让经费为人的创造性活动服务，构建充满活力的科技管理和运行机制，营造良好的科研环境。

遵循这一思路，在制定《办法》过程中注意把握以下原则：一是坚持聚焦国家重大战略科技任务。集中财力，突出重点，支持事关国计民生的重大社会公益性研究，以及事关产业核心竞争力、整体自主创新能力和国家安全的战略性、基础性、前瞻性重大科学问题研究、重大共性关

键技术和产品研发、重大国际科技合作。二是坚持遵循科研活动规律。按照科研活动规律和财政预算管理要求，明晰各方职责，优化管理流程，改进管理方式，建立科学的、有利于促进创新链与资金链相互融合的资金管理模式，满足重点研发计划全链条一体化组织实施需要。三是坚持"放、管、服"结合。进一步简政放权，扩大承担单位资金使用自主权。强化承担单位法人责任，加强事中事后监管和服务，寓管理于服务之中，营造良好科研环境。四是坚持以人为本。以调动科研人员积极性和创造性为出发点和落脚点，加大对科研工作的绩效激励力度，调动科研人员积极性。

三、关于《办法》的适用范围和主要内容

按照中央财政科技计划管理改革的精神，国家重点研发计划实行多元化的投入机制，资金来源包括中央财政资金、地方财政资金、单位自筹资金等。其中，中央财政资金的支持方式包括前补助和后补助。《办法》适用于中央财政安排的采用前补助支持方式的重点研发计划资金。对于后补助支持方式，财政部、科技部已于2013年印发了《国家科技计划及专项资金后补助管理规定》。下一步，两部门将根据中央财政科技计划管理改革进展和实际需要，适时研究完善后补助支持机制。

《办法》共8章57条，根据国家重点研发计划特点，从预算编制到执行、结题验收到监督检查，全过程、全方位地提出了资金管理的要求，明确了《办法》制定的目的和依据、重点研发计划资金支持方向、管理使用原则和适用范围，就重点专项概预算管理、项目资金开支范围、预算编制与审批、预算执行与调剂、财务验收、监督检查等具体内容和流程、职责做了明确规定。

四、关于《办法》的主要变化内容

与原科技计划资金管理办法相比，《办法》主要有以下变化：

一是建立了适应重点研发计划管理特点的概预算管理模式。国家重点研发计划由若干目标明确、边界清晰的重点专项组成。重点专项下设项目，项目可根据自身特点和需要下设课题。在重点专项层面，实行概预算管理；在项目层面和课题层面，实行预算管理。按照政府部门不再直接管理具体项目的要求，项目管理专业机构负责具体项目预算管理，政府部门只核定批复重点专项概预算，不再核定批复具体项目预算。

二是遵循科研活动规律，落实"放、管、服"改革。适应科研活动的不确定性的特点，《办法》坚持简政放权，简化预算编制，下放预算调剂权限。将会议、差旅、国际合作交流费合并为一个科目，该科目支出预算不超过直接费用预算10%的，不用提供编制测算依据。完善了燃料动力费管理要求，取消了单独计量的限定条件。大部分直接费用科目调剂，由课题承担单位受理批准。完成课题任务目标并通过财务验收，且承担单位信用评价好的，结余资金在财务验收完成后两年内由承担单位统筹安排用于科研活动的直接支出。同时，坚持放管结合、优化服务，明确了相关主体的管理责任，并要求承担单位应当建立健全科研财务助理制度，为科研人员在项目预算编制和调剂、资金支出、财务决算和验收方面提供专业化服务。

三是突出以人为本，注重调动广大科研人员积极性。更加注重发挥科研项目资金的激励引导作用，加大对科研人员的激励力度。健全间接成本补偿机制，提高了间接费用的比例，直接费用扣除设备购置费后的比例上限，由原来的20%、13%、10%提高到20%、15%、13%。取消了间接费用中的绩效支出比例限制。明确参与项目研究的研究生、博士后、访问学者以及项目聘用的研究人员、科研辅助人员，如项目层面聘用的财务助理等，均可开支劳务费。劳务费预算据实编

制，并不设比例限制。

在《办法》制定过程中，一些单位建议制定统一的间接费用管理使用细则，考虑到承担单位的性质和特点不同，不宜"一刀切"、制定统一的政策标准，根据《若干意见》精神，由承担单位切实履行法人责任，结合单位管理需要和实际情况，完善内部控制和监督制约机制，合理制定间接费用管理办法，处理好分摊间接成本和对科研人员激励的关系，安排的绩效支出应与科研人员在项目工作中的实际贡献挂钩。

五、关于如何推动《办法》有效落实

《办法》对加强国家重点研发计划资金管理，提高资金使用效益，加强科技创新供给具有重要意义。为了推动《办法》尽快得到准确理解和全面落实，相关部门、项目承担单位需要共同做好以下工作：

一是强化责任，狠抓落实。为了确保政策落实到位，《办法》明确了各方管理职责。财政部、科技部负责研究制定重点研发计划资金管理制度，组织重点专项概算编制和评估，组织开展对重点专项资金的监督检查；相关主管部门应当督促所属承担单位加强内控制度和监督制约机制建设、落实重点专项项目资金管理责任；专业机构是重点专项资金管理和监督的责任主体，负责组织重点专项项目预算申报、评估、下达和项目财务验收，组织开展对项目资金的监督检查；承担单位是项目资金管理使用的责任主体，负责项目资金的日常管理和监督。相关方面应按照《办法》要求，履职尽责，规范重点研发计划资金管理。

二是组织宣传和培训。财政部、科技部将组织开展宣传培训，指导各有关部门和单位开展学习，全面提高对《办法》的认识和理解，为政策执行到位提供保障，同时两部门将密切关注《办法》发布后各方反应，认真研究处理实施过程中发现的新问题和新情况。相关部门（单位）也应加强宣传培训，确保科研人员、科研管理人员、财务人员、科研财务助理对《办法》理解到位。

三是加强监督和指导。科技部、财政部将通过专项检查、专项审计、年度报告分析、举报核查、绩效评价等方式，对专业机构、项目承担单位贯彻落实《办法》情况进行监督检查或抽查。相关主管部门应当督促所属承担单位加强内控制度和监督制约机制建设、落实资金管理责任。专业机构应当组织开展对重点专项资金的管理和监督。承担单位应当完善内部控制和监督制约机制，建立常态化的自查自纠机制，保证项目资金安全。

科技部 财政部关于印发《国家重点研发计划管理暂行办法》的通知

(国科发资〔2017〕152号)

国务院有关部委、有关直属机构,各省、自治区、直辖市及计划单列市科技厅(委、局)、财政厅(局),新疆生产建设兵团科技局、财务局,有关单位:

为了保障国家重点研发计划的组织实施,规范国家重点研发计划的管理,根据《国务院关于改进加强中央财政科研项目和资金管理的若干意见》(国发〔2014〕11号)、《国务院印发关于深化中央财政科技计划(专项、基金等)管理改革方案的通知》(国发〔2014〕64号),我们制定了《国家重点研发计划管理暂行办法》。现印发给你们,请遵照执行。

科技部 财政部
2017年6月22日

国家重点研发计划管理暂行办法

第一章 总则

第一条 为保证国家重点研发计划的顺利实施,实现科学、规范、高效和公正的管理,按照《国务院关于改进加强中央财政科研项目和资金管理的若干意见》(国发〔2014〕11号)、《国务院印发关于深化中央财政科技计划(专项、基金等)管理改革方案的通知》(国发〔2014〕64号)等的要求,制定本办法。

第二条 国家重点研发计划由中央财政资金设立,面向世界科技前沿、面向经济主战场、面向国家重大需求,重点资助事关国计民生的农业、能源资源、生态环境、健康等领域中需要长期演进的重大社会公益性研究,事关产业核心竞争力、整体自主创新能力和国家安全的战略性、基础性、前瞻性重大科学问题、重大共性关键技术和产品研发,以及重大国际科技合作等,加强跨部门、跨行业、跨区域研发布局和协同创新,为国民经济和社会发展主要领域提供持续性的支撑和引领。

第三条 国家重点研发计划按照重点专项、项目分层次管理。重点专项是国家重点研发计划组织实施的载体,聚焦国家重大战略任务、以目标为导向,从基础前沿、重大共性关键技术到应用示范进行全链条创新设计、一体化组织实施。

项目是国家重点研发计划组织实施的基本单元。项目可根据需要下设一定数量的课题。课题是项目的组成部分,按照项目总体部署和要求完成相对独立的研究开发任务,服务于项目目标。

第四条 国家重点研发计划的组织实施遵循以下原则:

(一)战略导向,聚焦重大。瞄准国家目标,聚焦重大需求,优化配置科技资源,着力解决当前及未来发展面临的科技瓶颈和突出问题，发挥全局性、综合性带动作用。

（二）统筹布局，协同推进。充分发挥部门、行业、地方、各类创新主体在总体任务布局、重点专项设置、实施与监督评估等方面的作用，强化需求牵引、目标导向和协同联动，促进产学研结合，普及科学技术知识，支持社会力量积极参与。

（三）简政放权，竞争择优。建立决策、咨询和具体项目管理工作既相对分开又相互衔接的管理制度，主要通过公开竞争方式遴选资助优秀创新团队，发挥市场配置技术创新资源的决定性作用和企业技术创新主体作用，尊重科研规律，赋予科研人员充分的研发创新自主权。

（四）加强监督，突出绩效。建立全过程嵌入式的监督评估体系和动态调整机制，加强信息公开，注重关键节点目标考核和组织实施效果评估，着力提升科技创新绩效。

第五条 国家重点研发计划纳入公开统一的国家科技管理平台，充分发挥国家科技计划（专项、基金等）管理部际联席会议、战略咨询与综合评审委员会、项目管理专业机构、评估监管与动态调整机制、国家科技管理信息系统的作用，与国家自然科学基金、国家科技重大专项、技术创新引导专项（基金）、基地和人才专项等加强统筹衔接。

第二章 组织管理与职责

第六条 国家科技计划（专项、基金等）管理部际联席会议（以下简称联席会议）负责审议国家重点研发计划的总体任务布局、重点专项设置、专业机构遴选择优等重大事项。

第七条 战略咨询与综合评审委员会（以下简称咨评委）负责对国家重点研发计划的总体任务布局、重点专项设置及其任务分解等提出咨询意见，为联席会议提供决策参考。

第八条 科技部是国家重点研发计划的牵头组织部门，主要职责是会同相关部门和地方开展以下工作：

（一）研究制定国家重点研发计划管理制度；

（二）研究提出重大研发需求、总体任务布局及重点专项设置建议；

（三）编制重点专项实施方案，编制发布年度项目申报指南；

（四）提出承接重点专项具体项目管理工作的专业机构建议，代表联席会议与专业机构签署任务委托协议，并对其履职尽责情况进行监督检查；

（五）开展重点专项年度与中期管理、监督检查和绩效评估，提出重点专项优化调整建议；

（六）建立重点专项组织实施的协调保障机制，推动重点专项项目成果的转化应用和信息共享；

（七）组建各重点专项专家委员会，支撑重点专项的组织实施与管理工作；

（八）开展科技发展趋势的战略研究和政策研究，优化国家重点研发计划总体任务布局。

第九条 相关部门和地方通过联席会议机制推动国家重点研发计划的组织实施，主要职责是：

（一）凝练形成相关领域重大研发需求，提出重点专项设置的相关建议；

（二）参与重点专项实施方案和年度项目申报指南编制；

（三）参与重点专项年度与中期管理、监督检查和绩效评估等；

（四）为相关重点专项组织实施提供协调保障支撑，加强对所属单位承担国家重点研发计划任务和资金使用情况的日常管理与监督；

（五）做好产业政策、规划、标准等与重点专项组织实施工作的衔接，协调推动重点专项项目成果在行业和地方的转移转化与应用示范。

第十条 重点专项专家委员会由重点专项实施方案编制参与部门（含地方，以下简称专项参与部门）推荐的专家组成，主要职责是：

（一）开展重点专项的发展战略研究和政策研究；

（二）为重点专项实施方案和年度项目申报指南编制工作提供专业咨询；

（三）在项目立项的合规性审核环节提出咨询意见；

（四）参与重点专项年度和中期管理、监督检查、项目验收、绩效评估等，对重点专项的优化调整提出咨询意见。

第十一条 项目管理专业机构（以下简称专业机构）根据国家重点研发计划相关管理规定和任务委托协议，开展具体项目管理工作，对实现任务目标负责，主要职责是：

（一）组织编报重点专项概算；

（二）参与编制重点专项年度项目申报指南；

（三）负责项目申报受理、形式审查、评审、公示、发布立项通知、与项目牵头单位签订项目任务书等立项工作；

（四）负责项目资金拨付、年度和中期检查、验收、按程序对项目进行动态调整等管理和服务工作；

（五）加强重点专项下设项目间的统筹协调，整体推进重点专项的组织实施；

（六）按要求报告重点专项及其项目实施情况和重大事项，接受监督；

（七）负责项目验收后的后续管理工作，对项目相关资料进行归档保存，促进项目成果的转化应用和信息共享；

（八）按照公开、公平、公正和利益回避的原则，充分发挥专家作用，支撑具体项目管理工作。

第十二条 项目牵头单位负责项目的具体组织实施工作，强化法人责任。主要职责是：

（一）按照签订的项目任务书组织实施项目，履行任务书各项条款，落实配套条件，完成项目研发任务和目标；

（二）严格执行国家重点研发计划各项管理规定，建立健全科研、财务、诚信等内部管理制度，落实国家激励科研人员的政策措施；

（三）按要求及时编报项目执行情况报告、信息报表、科技报告等；

（四）及时报告项目执行中出现的重大事项，按程序报批需要调整的事项；

（五）接受指导、检查并配合做好监督、评估和验收等工作；

（六）履行保密、知识产权保护等责任和义务，推动项目成果转化应用。

第十三条 项目下设课题的，课题承担单位应强化法人责任，按照项目实施的总体要求完成课题任务目标；课题任务须接受项目牵头单位的指导、协调和监督，对项目牵头单位负责。

第三章 重点专项与项目申报指南

第十四条 科技部围绕国家重大战略和相关规划的贯彻落实，牵头组织征集部门和地方的重大研发需求，根据"自下而上"和"自上而下"相结合的原则，会同相关部门和地方研究提出国家重点研发计划的总体任务布局，经咨评委咨询评议后，提交联席会议全体会议审议。

第十五条 根据联席会议审议通过的总体任务布局，科技部会同相关部门和地方凝练形成目标明确的重点专项，并组织编制重点专项实施方案，作为重点专项任务分解、概算编制、项目申报指南编制、项目安排、组织实施、监督检查、绩效评估的基本依据。

实施方案要围绕国家重大战略需求和规划部署，聚焦本专项要解决的重大科学问题或要突破的共性关键技术，全链条创新设计，合理部署基础研究、重大共性关键技术、应用示范等研发阶段的主要任务，并明确任务部署的进度安排。

第十六条 重点专项实施方案由咨评委咨询评议，并按照突出重点、区分轻重缓急的原则提出启动建议后，提交联席会议专题会议审议，并将审议结果向联席会议全体会议报告。联席会议审议通过的重点专项应按程序报批。

第十七条 重点专项实行目标管理，执行期一般为5年，执行期间可根据需要优化调整。重点专项完成预期目标或达到设定时限的，应当自动终止；确有必要的，可延续实施。

需要优化调整或延续实施的重点专项，由科技部、财政部商相关部门提出建议，经咨评委咨询评议后报联席会议专题会议审议，按程序报批。

第十八条 拟启动实施的重点专项，应按规定明确承接具体项目管理工作的专业机构并签订任务委托协议，由专业机构组织编报重点专项概算，并与财政预算管理要求相衔接。

第十九条 重点专项的年度项目申报指南，由科技部会同专项参与部门及专业机构编制。重点专项专家委员会为指南编制提供专业支撑。指南编制工作应充分遵循实施方案提出的总体目标和任务设置，细化分解形成重点专项年度项目安排。

项目应相对独立完整，体量适度，设立可考核可评估的具体指标。指南不得直接或变相限定项目的技术路线和研究方案。对于同一指南方向下不同技术路线的申报项目，可以择优同时支持。

第二十条 项目申报指南应明确项目遴选方式，主要通过公开竞争择优确定项目承担单位。对于组织强度要求较高、行业内优势单位较为集中或典型应用示范区域特征明显的指南方向，也可采取定向择优等方式遴选项目承担单位，但须对申报单位的资质、与项目相关的研究基础以及配套资金等提出明确要求。

第二十一条 经公开征求意见与审核评估后，项目申报指南通过国家科技管理信息系统（以下简称信息系统）公开发布。发布指南时可公布重点专项年度拟立项项目数及相应的总概算。指南编制专家名单、形式审查条件要求等应与指南一并公布。保密项目采取非公开方式发布指南。自指南发布日到项目申报受理截止日，原则上不少于50天。

第二十二条 建立多元化的投入体系，鼓励地方、行业、企业与中央财政共同出资，组织实施重点专项，建立由出资各方共同管理、协同推进的组织实施模式，支持重点专项项目成果在地方、行业和企业推广应用、转化落地。

第四章 项目立项

第二十三条 具有较强科研能力和条件、运行管理规范、在中国大陆境内注册、具有独立法人资格的科研机构、高等学校、企业等，可根据项目申报指南要求申报项目。多个单位组成申报团队联合申报的，应签订联合申报协议，并明确一家单位作为项目牵头单位。项目下设课题的，也应同时明确课题承担单位。

第二十四条 申报项目应明确项目（课题）负责人。项目（课题）负责人应具有领导和组织开展创新性研究的能力，科研信用记录良好，年龄、工作时间等符合指南要求。项目（课题）负责人及研发骨干人员按相关规定实行限项管理。

第二十五条 国家重点研发计划实行对外开放与合作。境外科研机构、高等学校、企业等在中国大陆境内注册的独立法人机构，可根据指南要求牵头或参与项目申报；受聘于在中国大陆境内注册的独立法人机构的外籍科学家及港、澳、台地区科研人员，符合指南要求的可作为项目（课题）负责人申报。

第二十六条 项目申报一般包括预申报和正式申报两个环节，并相应开展首轮评审和答辩评审。项目评审专家应从国家科技专家库中选取，按照相关规定向社会公布，并实行回避制度和轮换机制。鼓励邀请外籍专家参与国家重点研发计划的项目评审工作。

第二十七条 项目牵头单位应按照项目申报指南的要求，通过信息系统提交简要的预申报书。专业机构受理项目预申报并进行形式审查后，采取网络评审、通讯评审或会议评审等方式组织开展首轮评审，不要求项目申报团队答辩。

第二十八条 专业机构通过首轮评审择优遴选出3~4倍于拟立项数量的申报项目，通知项目牵头单位通过信息系统填报正式申报书，经形式审查后，以视频会议等方式组织开展答辩评审。

第二十九条 预申报项目数低于拟立项数量3~4倍的，专业机构可不组织首轮评审，直接通知项目牵头单位填报正式申报书，经形式审查后进入答辩评审环节。

第三十条 组织答辩评审时，专业机构应要求评审专家提前审阅评审材料，并在评审前就指南内容、评审规则等向评审专家进行说明。

第三十一条 专业机构根据指南要求和答辩评审结果，按照择优支持原则提出年度项目安排方案，报科技部进行合规性审核。

第三十二条 科技部对项目立项程序的规范性、拟立项项目与指南的相符性等进行审核，形成审核意见反馈专业机构。审核工作应以适当方式听取重点专项专家委员会专家的咨询意见。

第三十三条 专业机构对通过合规性审核的拟立项项目通过信息系统进行公示，并依据公示结果发布立项通知，与项目牵头单位签订项目任务书。项目下设课题的，项目牵头单位也应与课题承担单位签订课题任务书。

项目（课题）任务书应以项目申报书和专家评审意见为依据，突出绩效管理，明确考核目标、考核指标、考核方式方法，以及普及科学技术知识的要求。对于保密项目，专业机构应与项目牵头单位签订保密协议。

第三十四条 专业机构完成立项工作后，应将立项情况报告专项参与部门。

第三十五条 对于突发、紧急的国家重大科技需求，科技部可根据党中央、国务院要求，组织相关部门或地方对已设立的重点专项研发任务进行调整，研究提出快速反应项目，采取定向择优等方式组织实施。涉及重点专项中央财政资金总概算调整的，按程序报批。

第三十六条 专业机构应将形式审查和评审结果通过信息系统及时反馈项目牵头单位，并建立项目申诉处理机制，按规定受理项目相关申诉意见和建议，开展申诉调查，及时向申诉者反馈处理意见。

第五章 项目实施

第三十七条 项目承担单位（包括项目牵头单位、课题承担单位和参与单位等）应根据项目（课题）任务书确定的目标任务和分工安排，履行各自的责任和义务，按进度高质量完成相关研发任务。应按照一体化组织实施的要求，加强不同任务间的沟通、互动、衔接与集成，共同完成项目总体目标。

第三十八条 项目牵头单位和项目负责人应切实履行牵头责任，制定本项目一体化组织实施的工作方案，明确定期调度、节点控制、协同推进的具体方式，在项目实施中严格执行，全面掌握项目进展情况，并为各研究任务的顺利推进提供支持。对可能影响项目实施的重大事项和重大问题，应及时报告专业机构并研究提出对策建议。

第三十九条 课题承担单位和参与单位应积极配合项目牵头单位组织开展的督导、协调和调度工作，按要求参加集中交流、专题研讨、信息共享等沟通衔接安排，及时报告研究进展和重大事项，支持项目牵头单位加强研究成果的集成。

第四十条 项目实施中，专业机构应安排专人负责项目管理、服务和协调保障工作，通过全程跟进、集中汇报、专题调研等方式全面了解项目进展和组织实施情况，及时研究处理项目牵头单位提出的有关重大事项和重大问题，及时判断项目执行情况、承担单位和人员的履约能力等。在项目实施的关键节点，及时向项目牵头单位提出有关意见和建议。

第四十一条 对于具有创新链上下游关系或关联性较强的相关项目，专业机构应当建立专门的统筹管理机制，督导相关项目牵头单位在项目实施中加强协调和联动，按照重点专项实施方案的部署和进度安排，共同完成研发任务。

第四十二条 实行项目年度报告制度。项目牵头单位应按照科技报告制度要求，于每年11月底前，通过信息系统向专业机构报送项目年度执行情况报告。项目执行不足3个月的，可在下一年度一并上报。

第四十三条 实行项目中期检查制度。执行周期在3年及以上的项目，在项目实施中期，专业机构应对项目执行情况进行中期检查，对项目能否完成预定任务目标做出判断，并形成中期执行情况报告。具有明确应用示范目标的项目，专业机构应邀请有关部门和地方共同开展中期检查工作。

第四十四条 项目实施中须对以下事项作出必要调整的，应按程序通过信息系统报批：

（一）变更项目牵头单位、课题承担单位、项目（含课题）负责人、项目实施周期、项目主要研究目标和考核指标等重大调整事项，由项目牵头单位提出书面申请，专业机构研究形成意见，或由专业机构直接提出意见，报科技部审核后，由专业机构批复调整；

（二）变更课题参与单位、研发骨干人员、课题实施周期、课题主要研究目标和考核指标等重要调整事项，由项目牵头单位提出书面申请，专业机构研究审核批复，并报科技部备案；

（三）其他一般性调整事项，专业机构可委托项目牵头单位负责，并做好指导和管理工作。

第四十五条 项目实施中遇到下列情况之一的，项目任务书签署方均可提出撤销或终止项目的建议。专业机构应对撤销或终止建议研究提出意见，报科技部审核后，批复执行。

（一）经实践证明，项目技术路线不合理、不可行，或项目无法实现任务书规定的进度且无改进办法；

（二）项目执行中出现严重的知识产权纠纷；

（三）完成项目任务所需的资金、原材料、人员、支撑条件等未落实或发生改变导致研究无法正常进行；

（四）组织管理不力或者发生重大问题导致项目无法进行；

（五）项目实施过程中出现严重违规违纪行为，严重科研不端行为，不按规定进行整改或拒绝整改；

（六）项目任务书规定其他可以撤销或终止的情况。

第四十六条 撤销或终止项目的，项目牵头单位应对已开展工作、经费使用、已购置设备仪器、阶段性成果、知识产权等情况做出书面报告，经专业机构核查批准后，依规完成后续相关工作。对于因非正当理由致使项目撤销或终止的，专业机构应通过调查核实或后评估明确责任人和责任单位，并纳入科研诚信记录。

第四十七条 专业机构应对受托管理重点专项下设项目的总体执行情况定期梳理汇总，形成重点专项执行情况报告，以及进一步完善重点专项组织实施工作的意见和建议，通过书面或会议方式向专项参与部门报告，为重点专项管理工作提供支撑。

执行满 6 个月以上的重点专项，专业机构在每年 12 月向科技部提交当年度执行情况报告；执行期 5 年及以上的重点专项，专业机构在第 3 年提交中期执行情况报告。

第四十八条 专项参与部门应当加强重点专项的年度及中期管理工作，定期听取重点专项执行情况报告，每年不少于一次，及时研究解决重点专项实施中的重大问题，加强协调保障和组织推动，对专业机构进一步完善具体项目管理工作提出意见和建议。

第四十九条 事关重点专项总体实施效果的重大项目取得超过预期的重大突破或实施进度严重滞后，或外部环境发生重大变化时，科技部、财政部应会同其他专项参与部门及时研究提出优化调整或终止执行重点专项的建议，按程序报批。

第六章 项目验收与成果管理

第五十条 项目执行期满后，专业机构应立即启动项目验收工作，要求项目牵头单位在 3 个月内完成验收准备并通过信息系统提交验收材料，在此基础上 6 个月内完成项目验收，不得无故逾期。项目下设课题的，项目牵头单位应在项目验收前组织完成课题验收。

第五十一条 项目因故不能按期完成须申请延期的，项目牵头单位应于项目执行期结束前 6 个月提出延期申请，经专业机构提出意见报科技部审核后，由专业机构批复执行。项目延期原则上只能申请 1 次，延期时间原则上不超过 1 年。

未按要求提出延期申请的，专业机构应按照正常进度组织验收工作。

第五十二条 专业机构应根据不同项目类型，组织项目验收专家组，采用同行评议、第三方评估和测试、用户评价等方式，依据项目任务书所确定的任务目标和考核指标开展验收。

对于具有创新链上下游关系或关联性较强的相关项目，验收时应有整体设计，强化对一体化实施绩效的考核。

第五十三条 项目验收专家组一般由技术专家、管理专家和产业专家等共同组成。验收专家组构成应充分听取专项参与部门意见。验收专家执行回避制度。

第五十四条 项目验收专家组在审阅资料、听取汇报、实地考核、观看演示、提问质询的基础上，按照通过验收、不通过验收或结题三种情况形成验收结论。

（一）按期保质完成项目任务书确定的目标和任务，为通过验收；

（二）因非不可抗拒因素未完成项目任务书确定的主要目标和任务，按不通过验收处理；

（三）因不可抗拒因素未完成项目任务书确定的主要目标和任务的，按照结题处理。

第五十五条 提供的验收文件、资料、数据存在弄虚作假，或未按相关要求报批重大调整事项，或不配合验收工作的，按不通过验收处理。

第五十六条 专业机构应统筹做好项目验收和财务验收工作。验收工作结束后 3 个月内，专业机构应将项目验收结论与财务验收意见一并通知项目牵头单位,并报科技部备案;项目承担单位应按相关规定填写科技报告和成果信息,纳入国家科技报告系统和科技成果转化项目库。项目验收结论及成果除有保密要求外,应及时向社会公示。

第五十七条 项目形成的研究成果,包括论文、专著、样机、样品等,应标注"国家重点研发计划资助"字样及项目编号,英文标注:"National Key R&D Program of China"。第一标注的成果作为验收或评估的确认依据。

第五十八条 项目形成的知识产权的归属、使用和转移,按照国家有关法律、法规和政策执行。相关单位应事先签署正式协议,约定成果和知识产权的归属及权益分配。为了国家安全、国家利益和重大社会公共利益的需要,国家可以许可他人有偿实施或者无偿实施项目形成的知识产权。

第五十九条 依法取得知识产权的单位应当积极应用和有序扩散项目成果,传播和普及科学知识,促进技术交易和成果转化,并落实支持成果转化的科研人员激励政策。专项参与部门应在协调推动项目成果转移转化和应用示范方面给予支持。

第六十条 对涉及国家秘密的项目及取得的成果,按有关规定进行密级评定、确认和保密管理。

第七章 监督与评估

第六十一条 国家重点研发计划建立全过程嵌入式的监督评估机制,对重点专项及其项目管理和实施中指南编制、立项、专家选用、项目实施与验收等工作中相关主体的行为规范、工作纪律、履职尽责情况等进行监督,并对重点专项总体实施和资金使用情况及效果进行评估评价,创造公平公开公正的科研环境,提高创新绩效。

第六十二条 监督评估工作应以国家重点研发计划的相关制度规定、重点专项实施方案、项目申报指南、任务书、协议、诚信承诺书等为依据,按照责权一致的原则和放管服要求确定监督评估对象和重点。接受监督评估的单位应当建立健全内控制度和常态化的自查自纠机制,加强风险防控,强化管理人员、科研人员的责任意识、绩效意识、自律意识和科研诚信,积极配合监督评估工作。

第六十三条 监督评估工作由科技部、财政部会同其他专项参与部门组织开展,一般应先行制定年度工作方案,明确当年监督评估的范围、重点、时间、方式等,避免交叉重复,并注重发挥重点专项专家委员会专家的作用。涉及项目监督评估的,应主要针对事关重点专项总体实施效果的重大项目。

第六十四条 监督工作应当深入科研和管理一线,加强事中、事后和关键环节的监督,但不得干涉正常的具体项目管理工作,不得额外增加专业机构和项目承担单位的负担。监督的主要内容包括但不限于以下方面:

(一)科技计划相关管理部门管理科技计划的科学性、规范性,科技计划的实施绩效;

(二)专业机构管理工作的科学性、规范性,及其在项目管理过程中的履职尽责和绩效情况;

(三)项目承担单位法人责任制落实情况、项目执行情况及资金的管理使用情况;

(四)参与科技计划、项目咨询评审和监督工作的专家,以及支撑机构的履职尽责情况;

(五)科研人员在项目申报、实施和资金管理使用中的科研诚信和履职尽责情况。

第六十五条 建立公众参与监督的工作机制。按照公开为常态,不公开为例外的原则,加大项目立项、验收、资金安排和专家选用等信息公开力度，主动接受公众和舆论监督，听取意见，推动和改进相关工作。收到投诉举报的，应当按有关规定登记、分类处理和反馈；投诉举报事项不在权限范围内的，应按有关规定移交相关部门和地方处理。

项目承担单位应当在单位内部公开项目立项、主要研究人员、科研资金使用、项目合作单位、大型仪器设备购置以及研究成果情况等信息，加强内部监督。

第六十六条 建立监督工作应急响应机制。发现重大项目执行风险、接到重大违规违纪线索、出现项目管理重大争议事件时，相关部门应立即启动应急响应机制，进行调查核实，或责成专业机构调查核实，提出意见和建议。

第六十七条 监督工作应当形成监督结论和意见，及时向相关部门或专业机构反馈。对于需进一步改进完善项目管理或组织实施工作的，应提出明确建议或要求，责成相关专业机构及时核查具体情况，采取相应措施进行整改。

第六十八条 因发生重大变化须对重点专项进行优化调整的，应根据需要委托第三方机构，对重点专项实施情况进行定性与定量相结合的评估，与专家咨询意见一起作为决策参考。

第六十九条 重点专项即将达到或已经达到执行期限时，应责成专业机构对重点专项实施情况进行总结评估，在此基础上委托第三方机构开展总体绩效评估，对重点专项的目标实现程度、任务布局合理性、组织管理水平、效果与影响等做出全面评价。

第七十条 及时严肃处理违规行为，并实行逐级问责和责任倒查。对有违规行为的咨询评审专家，予以警告、责令限期改正、通报批评、阶段性或永久性取消咨询评审和申报参与项目资格等处理；对有违规行为的项目承担单位和科研人员，予以约谈、通报批评、暂停项目拨款、追回已拨项目资金、终止项目执行、阶段性或永久性取消申报参与项目资格等处理；对有违规行为的专业机构，予以约谈、通报批评、解除委托协议、阶段性或永久性取消项目管理资格等处理。

处理结果应以适当方式向社会公布，并纳入科研诚信记录。违法、违纪的，应及时移交司法机关和纪检部门。

第七十一条 建立统一的信息系统，为重点专项及其项目管理和监督评估提供支撑。重点专项的形成、年度与中期管理、动态调整、监督评估，以及项目的立项、资金安排、过程管理、验收与跟踪管理等信息，统一纳入信息系统，全程留痕，可查询、可申诉、可追溯。

第八章 附则

第七十二条 涉及资金使用、管理等事项，执行国家重点研发计划资金管理办法及相关规定。管理要求另有规定的重点专项，按有关规定执行。

第七十三条 本办法自发布之日起施行。科技部依据本办法制定相应的实施管理细则。2015年12月6日科技部、财政部颁布的《关于改革过渡期国家重点研发计划组织管理有关事项的通知》（国科发资〔2015〕423号）同时废止。

科技部关于印发
《国家重点研发计划资金管理办法》配套实施细则的通知

(国科发资〔2017〕261号)

各省、自治区、直辖市及计划单列市科技厅(委、局),新疆生产建设兵团科技局,国务院有关部委、有关直属机构,有关单位:

为保障国家重点研发计划的组织实施,规范国家重点研发计划资金的预算编制和评估,根据《财政部 科技部关于印发〈国家重点研发计划资金管理办法〉的通知》(财科教〔2016〕113号),以及国家有关财经法规和财务管理制度,我们制定了《国家重点研发计划重点专项项目预算编报指南》和《国家重点研发计划重点专项项目预算评估规范》,现印发给你们,请遵照执行。

科技部
2017年8月29日

国家重点研发计划重点专项项目预算编报指南

第一节 项目(课题)预算的概述

国家重点研发计划由若干目标明确、边界清晰的重点专项组成,重点专项下设项目,项目可根据自身特点和需要下设课题。

重点专项项目实行预算管理。经过批复的项目预算,将作为任务书签订、资金拨付、预算执行、财务验收和监督检查的重要依据。

重点专项项目预算由课题预算汇总形成。负责项目预算申报工作的项目牵头单位、课题承担单位和课题参与单位(以下统称"承担单位")按照分级管理、分级负责的原则,由项目牵头单位负责协调各课题承担单位编报课题预算,课题承担单位负责组织课题参与单位以课题为单元编报课题预算,在此基础上,由项目牵头单位审核、汇总提交项目预算。

重点专项项目预算由收入预算与支出预算构成。收入预算包括中央财政资金和其他来源资金(包括地方财政资金、单位自筹资金和从其他渠道获得的资金)。对于其他来源资金,应充分考虑各渠道的情况,不得使用货币资金之外的资产或其他中央财政资金作为资金来源。支出预算应当按照《国家重点研发计划资金管理办法》确定的支出科目和不同来源分别编列,并与项目研究开发任务密切相关。本指南主要规范中央财政安排的重点研发计划资金,其他来源资金应当按照国家有关会计制度和相关资金提供方的具体要求编列。

第二节 项目（课题）预算的政策依据和编报原则、总体要求

一、政策依据和编报原则

1.项目（课题）预算的政策依据

中央办公厅、国务院办公厅《关于进一步完善中央财政科研项目资金管理等政策的若干意见》、《国务院关于改进加强中央财政科研项目和资金管理的若干意见》（国发〔2014〕11号）、《国务院印发关于深化中央财政科技计划（专项、基金等）管理改革方案的通知》（国发〔2014〕64号）、《国家重点研发计划资金管理办法》（以下简称《资金管理办法》，财科教〔2016〕113号）、《关于落实〈关于进一步完善中央财政科研项目资金管理等政策的若干意见〉的通知》（财科教〔2017〕6号）等相关制度。

2.项目（课题）预算的编报原则

（1）项目（课题）收入预算由中央财政资金预算和其他来源资金预算构成，其他来源资金预算包括地方财政资金、单位自筹资金和其他资金。因资金来源各有不同，在编报预算时要结合项目（课题）任务实际需要以及资金来源方的要求编制预算，做到全面、完整、真实、准确填报，不得虚假承诺配套。

（2）项目（课题）支出预算的开支范围和开支标准，应符合《资金管理办法》及国家财经法规的规定。

政策相符性：项目（课题）预算科目的开支范围和开支标准，应符合国家财经法规和《资金管理办法》的相关规定。

目标相关性：项目（课题）预算应以其任务目标为依据，预算支出应与项目（课题）研究开发任务密切相关，预算的总量、结构等应与设定的项目（课题）任务目标、工作内容、工作量及技术路线相符。

经济合理性：项目（课题）预算应综合考虑国内外同类研究开发活动的状况以及我国相关产业行业特点等，与同类科研活动支出水平相匹配，并结合项目（课题）研究开发的现有基础、前期投入和支撑条件，在考虑技术创新风险和不影响项目（课题）任务的前提下进行安排，并提高资金的使用效益。

二、编报总体要求

承担单位应当按照政策相符性、目标相关性和经济合理性原则，科学、合理、真实地编制预算，在明确项目（课题）研究目标、任务、实施周期和资金安排（包括间接费用分配）等内容的基础上，对仪器设备购置、承担单位资质及拟外拨资金进行重点说明，并申明现有的实施条件和从单位外部可能获得的共享服务。

承担单位对直接费用各项支出不得简单按比例编列。承担单位已形成的工作基础及科研条件等前期投入不得列入项目（课题）资金预算。在同一支出科目中需要同时编列中央财政资金和其他来源资金的，应在预算说明中分别就中央财政资金、其他来源资金在本科目中的具体用途予以说明。

承担单位对项目（课题）资金管理使用负有法人责任，按照"谁申报项目（课题）、谁承担研究任务、谁管理使用资金"的要求，如法人单位实际承担研究任务且管理使用资金，不应以上级单位的名义申报；如以法人单位名义申报的，应由本单位组织任务实施并管理使用资金，不得将资金转拨给其下级法人单位，如大学的附属医院、集团公司或母公司的全资或控制子公司、科研

院及下属的研究所等。

若项目牵头单位、课题承担单位、课题参与单位之间存在关联关系，或项目负责人、课题负责人与课题参与单位之间存在关联关系的，应予以披露。项目牵头单位在预算编报、资金过程管理以及财务验收等工作中应重点予以审核、把关。

承担单位应采用支出预算和收入预算同时编制的方法编制项目（课题）预算，平衡公式为：资金支出预算合计＝资金收入预算合计。项目（课题）预算期间应与项目（课题）实施周期一致。

课题预算应以课题为单元编报，无须再将课题预算拆分成参与单位或子任务进行编报。

第三节 课题预算说明的主要内容

一、对承担单位前期已形成的工作基础及科研条件，以及相关部门承诺为本课题研发提供的支撑条件等情况进行详细说明

重点按以下内容进行说明：一是说明项目牵头单位、课题承担单位、课题参与单位以及相关部门，在课题研发方面的前期投入情况和已经形成的相关科研条件，如为课题研究开发提供的场地（实验示范基地、实验室等），提供的仪器设备、装置、软件、数据库，具备的测试化验加工条件，以及研究团队等情况；二是上述相关科研条件对课题研发活动起到的支撑保障作用。

二、对本课题各科目支出主要用途、与课题研发的相关性、必要性及测算方法、测算依据进行详细说明

本部分是预算说明的重点，若在同一科目既有中央财政资金预算又有其他来源资金预算，应对中央财政资金和其他来源资金分别说明。课题资金由直接费用和间接费用组成，各科目具体如下：

（一）设备费

设备费：是指在项目（课题）实施过程中购置或试制专用仪器设备，对现有仪器设备进行升级改造，以及租赁外单位仪器设备而发生的费用。

编制设备费预算应注意：

1.应当严格控制设备购置，鼓励开放共享、自主研制、租赁专用仪器设备以及对现有仪器设备进行升级改造，避免重复购置。

2.应对购置仪器设备重点予以说明，包括设备的主要性能指标、主要技术参数和用途，对项目（课题）研究的作用，购置单台套50万元（含）以上的仪器设备，还需重点说明购买的必要性和数量的合理性等。购置仪器设备的选型应在能够完成项目（课题）任务的前提下，选择性价比好的仪器设备。

购置单台套10万元（含）以上的设备，需提供3家以上报价单。如果是独家代理或生产，可提供1家报价单，但应予以说明。

3.试制设备费是现有仪器设备无法满足项目（课题）检测、实验、验证或示范等研究任务需要而试制专用仪器设备发生的费用，一般由零部件、材料等成本，以及零部件加工、设备安装调试、燃料动力等费用构成。

当试制设备为过程产品时［即为完成项目（课题）任务而研制的零部件或工具性产品］，试制设备发生的相关成本（含直接相关的小型仪器设备费、材料费、测试加工费、燃料动力费等）应列入试制设备费科目，试制10万元（含）以上仪器设备需提供相应成本清单；当试制设备为目标产品［即项目（课题）主要任务就是研制该设备］时，应当分别在设备费、材料费、测试化验加

工费、燃料动力费、劳务费等科目编列测算。

4.应区分设备购置费和设备试制费,不得为提高间接费用水平将设备购置费列入试制设备费。

5.设备改造费是指因项目(课题)任务目标需要,对现有设备进行局部改造以改善提升性能而发生的费用,及项目(课题)实施过程中相关设备发生损坏需维修而发生的费用,一般由零部件、材料等成本和安装调试等费用构成。

因安装使用新增设备而对实验室进行小规模维修改造的费用,可在设备改造费中编列,应提供测算依据和说明。

6.设备租赁费是指项目(课题)研究过程中需要租用承担单位以外其他单位的设备而发生的费用。租赁费主要包括设备的租金、安装调试费、维修保养费及其他相关费用等。

与项目(课题)研究任务相关的科学考察、野外实验勘探等车、船、航空器等交通工具的租赁费可在设备租赁费中编列,并提供测算依据和说明。

不得编列承担单位自有仪器设备的租赁费用。

7.原则上,中央财政资金中不应编列生产性设备的购置费、基建设施的建造费、实验室的常规维修改造费以及属于承担单位支撑条件的专用仪器设备购置费,并严格控制常规或通用仪器设备的购置。

(二)材料费

材料费:是指在项目(课题)实施过程中消耗的各种原材料、辅助材料、低值易耗品等的采购及运输、装卸、整理等费用。

编制材料费预算应注意:

1.项目(课题)实施过程中消耗的主要材料,如某一品种材料预算合计达到10万元(含)以上的大宗原辅材料、贵重材料等,应详细说明其与项目(课题)任务的相关性、购买的必要性、数量的合理性等。其余辅助材料、低值易耗品可按类别简要说明。

2.材料的运输、装卸、整理费用主要是指采购材料时必须发生的物流运输、材料装卸、整理等费用。编报材料费预算应将材料运输、装卸、整理等费用与材料出厂(供应)价格统一合并测算,无须单独编列测算。

3.应避免与试制设备费中的材料重复编列。

4.中央财政资金中不应编列用于生产经营和基本建设的材料。

5.与专用设备同时购置的备品、备件等可纳入设备费预算,单独购置备品、备件等可纳入材料费预算。

(三)测试化验加工费

测试化验加工费:是指在项目(课题)实施过程中支付给外单位(包括承担单位内部独立经济核算单位)的检验、测试、化验及加工等费用。

编制测试化验加工费预算应注意:

1.单次或累计费用在10万元(含)以上的测试化验加工项目,应详细说明其与项目(课题)研究任务的相关性、必要性,以及次数、价格等测算依据,并详细说明承接测试化验加工业务的外单位(包括承担单位内部独立经济核算单位)所具备的资质或相应能力。

如承接方与承担单位存在利益关联关系,应披露双方利益关联情况。

2.单次或累计费用在10万元以下的测试化验加工项目,可结合项目(课题)研究任务分类说明。

3. 内部独立经济核算单位是指在单位统一会计制度控制下，单位内部实行独立经济核算的机构或部门，其承担的测试化验加工任务应按照测试、化验、加工内容发生的实际成本或内部结算价格进行测算。

4. 与项目（课题）研究任务相关的软件测试、数据加工整理、大型计算机机时等费用可在本科目编列。

5. 按照研究任务分工，需由承担单位独立完成的测试化验加工任务，相关费用不在本科目中核算，应在材料费、燃料动力费和劳务费等预算科目编列。

6. 应由承担单位完成的研究任务，不得以测试化验加工费的名义分包。

（四）燃料动力费

燃料动力费：是指在项目（课题）实施过程中直接使用的相关仪器设备、科学装置等运行发生的水、电、气、燃料消耗费用等。

编制燃料动力费预算应注意：

1. 详细说明直接使用的相关仪器设备、科学装置等在项目（课题）研究任务中的作用。

2. 应按照相关仪器、科学装置等预计运行时间和所消耗的水、电、气、燃料等即期（预算编报时）价格测算，在测算过程中还应提供各参数来源或分摊依据、测算方法等。

3. 承担单位的日常水、电、气、暖消耗等费用不应在此科目编列，应在间接费用中解决。

4. 与项目（课题）研究任务相关的科学考察、野外实验勘探等发生的车、船、航空器的燃油费用可在燃料动力费中编列。

（五）出版/文献/信息传播/知识产权事务费

出版/文献/信息传播/知识产权事务费：是指在项目（课题）实施过程中，需要支付的出版费、资料费、专用软件购买费、文献检索费、查新费、专业通信费、专利申请及其他知识产权事务等费用。

编制出版/文献/信息传播/知识产权事务费预算应注意：

1. 出版费：主要包括项目（课题）研究任务产生的论文、专著、标准、图集等出版费用。

2. 资料费：主要包括项目（课题）研究任务必需的图书、学术资料、数据资源等购买费用，以及与项目（课题）任务相关的资料翻译、打印、复印、装订等费用。对于单价10万元（含）以上的资料购买费用，应说明其购买的必要性和数量的合理性等。

3. 购买单价在10万元（含）以上的专用软件，应说明专用软件的主要技术指标和用途，购买的必要性和数量的合理性等，并需提供3家以上报价单。如果专用软件为独家代理或生产，可提供1家报价单，但应予以说明。

中央财政资金中不应编列通用性操作系统、办公软件等非专用软件的购置费。

4. 委托外单位开发的单价在10万元（含）以上的定制软件，应说明定制软件的用途，定制的必要性、数量的合理性等。

如项目（课题）主要任务目标为软件开发，不应将课题研究的主要任务通过定制软件的方式外包，其研发软件发生的费用应计入相应科目中，不计入本科目。

5. 中央财政资金中不应编列日常手机和办公固定电话的通讯费、日常办公网络费和电话充值卡费用等。

6.专利申请及其他知识产权事务费用：为完成本项目（课题）研究目标而申请专利的费用，以及该专利在项目（课题）实施周期内发生的维护费用，和办理其他知识产权事务发生的费用，如计算机软件著作权、集成电路布图设计权、临床批件、新药证书等。

（六）会议／差旅／国际合作交流费

会议／差旅／国际合作交流费：是指在项目（课题）实施过程中发生的差旅费、会议费和国际合作交流费。承担单位和科研人员应当按照实事求是、精简高效、厉行节约的原则，严格执行国家和单位的有关规定，统筹安排使用。

编制会议／差旅／国际合作交流费预算应注意：

1.本科目预算不超过直接费用预算10%的，不需要对预算内容和资金安排进行说明，更不需要提供测算依据。

2.本科目预算超过直接费用10%的，应对会议费、差旅费、国际合作交流费分类分别进行测算。

（1）会议费：是指在项目（课题）实施过程中承担单位为组织开展学术研讨、咨询以及协调项目（课题）等活动而发生的会议费用。

会议费可按照会议类别（如学术交流研讨、咨询座谈、验收等）对会议次数、规模、开支标准等进行说明，无需对每次会议做单独的测算和说明。

会议次数、天数、人数以及会议费开支范围、标准等，中央高校、科研院所应按照其内部制定的管理办法测算，并提供管理办法作为附件。除中央高校、科研院所外，其他单位应参照国家关于会议费的相关开支标准进行测算。

（2）差旅费：是指在项目（课题）实施过程中开展科学实验（试验）、科学考察、业务调研、学术交流等所发生的外埠差旅费、市内交通费用等。

差旅费可按照差旅类别（如科学实验／试验、科学考察、业务调研、学术交流等）对出差次数、人数、人均出差费用等进行分类说明，无须对每一次出差事项做单独的测算和说明。

预算中若涉及乘坐交通工具等级和住宿费标准等，中央高校、科研院所应按照其内部制定的管理办法测算，并提供管理办法作为附件。除中央高校、科研院所外，其他单位应参照国家关于差旅费的相关开支标准进行测算。

（3）国际合作交流费：是指项目（课题）实施过程中课题研究人员出国（境）及外国专家来华的费用。

国际合作交流费应根据国际合作交流的类型，如项目（课题）研究人员出国（境）进行的学术交流、考察调研等，海外专家来华进行的技术培训、业务指导等，分别说明相关活动与项目（课题）研究任务的相关性、必要性。

课题研究人员出国（境）和外国专家来华应与项目（课题）研究任务相关，在编报预算时应合理考虑出国（境）目的地、外国专家主要工作内容、出国（境）或来华的天数、出国（境）批次数和出国（境）团组人数等。

出国（境）费用应按照国家的相关规定测算。外国专家来华工作发生的住宿费、差旅费，应参考国内同行专家的标准编报。

3.参加与项目（课题）研究任务相关的国内和国际学术交流会议的注册费，以及因项目（课题）研究任务需要，邀请国内外专家、学者和有关人员参加会议，对确需负担的城市间交通费、国际旅费、签证费等可列入会议／差旅／国际合作交流费科目编列。

（七）劳务费

劳务费：是指在项目（课题）实施过程中支付给参与项目（课题）的研究生、博士后、访问学者以及项目（课题）聘用的研究人员、科研辅助人员等的劳务性费用。

编制劳务费预算应注意：

1. 劳务费预算不设比例限制，应根据科研人员以及相关人员参与项目（课题）的全时工作时间、承担的任务等因素据实编制并进行说明。

2. 承担单位应有健全的劳务费管理办法，对访问学者、项目（课题）聘用研究人员应有细化的管理要求。在单位的相关管理规定中应明确访问学者的资格认定、审批或备案程序、归口管理部门及公开公示等内容，并制定岗位设立、工作协议、日常管理、发放标准等方面的具体规定。

3. 编列研究生、博士后等人员的劳务费，应综合考虑参与项目（课题）研究的人月数、本单位研究生、博士后的科研劳务费发放管理制度规定，并结合本地区和本领域科研单位的研究生、博士后平均发放水平据实测算。

4. 编列访问学者劳务费用时，应对其承担研究任务的必要性、投入工作时间的合理性以及费用标准予以重点说明。访问学者的资格应符合承担单位制订的相关管理规定，并经承担单位审批或备案程序确认。

课题组成员不得以访问学者名义在项目下各课题中编列劳务费。

5. 编列项目（课题）聘用研究人员劳务费时，应对其承担研究任务的必要性、投入工作时间的合理性等予以重点说明。项目（课题）聘用研究人员应当为承担单位通过劳务派遣方式或者签订劳动合同、聘用协议等方式为项目（课题）聘用的研究人员。

6. 编列项目（课题）聘用的科研辅助人员劳务费时，应对参与相关工作的必要性、投入的工作时间、工作量等进行测算说明。项目（课题）聘用的科研辅助人员包括：与项目（课题）科研工作相关的操作员、实验员等辅助工作人员；项目（课题）组因研究任务需要临时聘用人员，如科学考察、野外实验勘探等临时用工、农业季节性用工等；以及为项目（课题）组提供服务的科研助理、科研财务助理等。

7. 承担单位为事业单位的，在编人员不得编列劳务费；承担单位为企业的，除为项目（课题）实施专门聘用的人员外，其他人员不得编列劳务费。上述人员可在项目（课题）间接费用的绩效支出中列支。

8. 项目（课题）聘用的研究人员及科研辅助人员劳务费开支标准，可结合其在项目（课题）研究中的工作情况，参照当地科学研究和技术服务业从业人员平均工资水平以及当地相应的社会保险补助编列，从业人员平均工资水平具体可参考国家统计局上一年度发布的《中国统计年鉴》中关于从事"科学研究和技术服务业"相关地区城镇单位人员平均工资统计数据，社会保险补助包括养老保险、医疗保险、失业保险、工伤保险、生育保险。

9. 劳务费的发放应符合本单位统一的薪酬体系规定，不得重复发放。

（八）专家咨询费

专家咨询费：是指在项目（课题）实施过程中支付给临时聘请的咨询专家的费用。

1. 咨询专家是指承担单位在项目（课题）实施过程中，临时聘请为项目（课题）研发活动提供咨询意见的专业人员。包括高级专业技术职称人员和其他专业人员。

2.专家咨询费应按照财政部关于中央财政科研项目专家咨询费管理的有关规定编列。

3.专家咨询费的发放应当按照国家有关规定由单位代扣代缴个人所得税。编列专家咨询费预算时,可将代扣代缴的个人所得税编列在内。

4.访问学者和项目(课题)聘用的研究人员应在劳务费中编列,不应在本科目中编列。

5.专家咨询费不得支付给参与项目(课题)研究及其管理的相关人员。

(九)其他支出

其他支出:是指在项目(课题)实施过程中除上述支出范围之外的其他相关支出。其他支出应当在申请预算时详细说明并单独列示,单独核定。

编制其他支出预算时应该注意:

对项目(课题)研究过程中必须发生但不包含在上述科目中的支出,如财务验收审计费用、在农业、林业等领域发生的土地租赁费及青苗补偿费、在人口与健康领域发生的临床试验费等,可在其他支出中编列,应详细说明该支出与项目(课题)研究任务的相关性和必要性,并详细列示测算依据。

对于列支的财务验收审计费用,应本着经济合理的原则进行编制,不得列支财务咨询业务发生的费用。

(十)间接费用

间接费用:是指承担单位在组织实施项目(课题)过程中发生的无法在直接费用中列支的相关费用。主要包括:承担单位为项目研究提供的房屋占用,日常水、电、气、暖消耗,有关管理费用的补助支出,以及激励科研人员的绩效支出等。单位在申报间接费用预算时,应统筹安排,处理好分摊间接成本和对科研人员激励的关系。绩效支出安排应当与科研人员在项目工作中的实际贡献挂钩,绩效支出在间接费用中无比例限制。

1.课题间接费用实行总额控制,一般按照不超过直接费用扣除设备购置费后的一定比例核定。具体比例如下:

500万元及以下部分为20%;超过500万~1000万元的部分为15%;超过1000万元以上的部分为13%。

2.课题间接费用无须编制预算说明。

3.项目间接费用由课题间接费用汇总形成。

三、相关利益关联关系情况,需对项目牵头单位、课题承担单位和课题参与单位之间,以及项目负责人或课题负责人与课题参与单位是否存在利益关联关系进行说明

相关利益关联关系是指导致单位利益转移的各种关系。如不存在,填写无。如存在,需对利益关联关系情况进行披露。如:承担单位之间为母公司与子公司,或同一母公司下两个子公司关系的;两家承担单位受同一自然人控制的,或项目(课题)负责人或其直系亲属直接或间接持有承担单位股权等。

第四节　项目预算申报材料上报要求

《国家重点研发计划项目预算申报书》须经国家科技管理信息系统填报,纸件申报书须通过信息系统打印,各方签章齐全后才行上报。上报的纸件应与系统最终提交版本一致。

附件:1.项目预算申报书(略)

2.《国家重点研发计划项目预算申报书》填表说明(略)

国家重点研发计划重点专项项目预算评估规范

第一章 总则

第一条 为规范和指导国家重点研发计划重点专项（以下简称重点专项）项目预算评估工作，充分发挥评估活动对预算决策的参考和咨询作用，根据《中共中央办公厅 国务院办公厅印发〈关于进一步完善中央财政科研项目资金管理等政策的若干意见〉的通知》和《国家重点研发计划资金管理办法》（财科教〔2016〕113号）（以下简称资金管理办法）等文件精神，制定本规范。

第二条 项目管理专业机构（以下简称专业机构）委托相关评估机构开展项目预算评估，评估机构应当按照规范的程序和要求，坚持独立、客观、公正、科学的原则，对项目申报预算进行评估。评估机构应当具有丰富的国家科技计划预算评估工作经验、熟悉国家科技计划和资金管理政策、建立了相关领域的科技专家队伍支撑、拥有专业的预算评估人才队伍等。

第三条 重点专项项目预算由课题预算汇总形成。评估机构以课题为单元进行预算评估，并汇总形成项目预算评估结果。

第四条 预算评估主要任务是评价项目申报预算的政策相符性、目标相关性和经济合理性，为项目预算的决策提供参考。

（一）政策相符性。预算开支范围和开支标准应符合国家财经法规和资金管理办法的相关规定。

（二）目标相关性。预算应与项目研究开发任务密切相关，预算的总量、结构等应与设定的项目任务目标、工作内容与工作量及技术路线相符。

（三）经济合理性。预算应综合考虑国内外同类研究开发活动的状况以及我国国情，与同类科研活动的支出水平相匹配，并结合项目研究开发的现有基础、前期投入和支撑条件，在考虑技术创新风险和不影响项目任务的前提下进行安排，并提高资金的使用效益。

第五条 评估机构应遵循科研活动规律，根据研发任务目标要求和不同单位实际情况，科学评价项目预算，不得简单按比例核减预算。预算评估应当健全沟通反馈机制，实现信息公开，接受各方监督。评估机构协助解答项目承担单位在预算编制过程中遇到的问题。

第二章 评估委托

第六条 专业机构根据资金管理办法要求委托评估机构开展预算评估。专业机构与评估机构协商签订工作约定书，对委托事项、时间要求、双方权利与义务以及保密要求等进行约定。专业机构应为评估机构开展预算评估提供充分的保障支撑。

第七条 评估机构根据工作约定书设计评估方案，评估方案需提交专业机构备案。评估方案应明确具体的评估内容、评估原则和依据、评估工作安排、重要的时间节点等事项。

第八条 专业机构对项目预算申报书进行形式审查，主要审查申请材料是否齐全，纸质申报材料是否签字盖章以及与电子材料是否一致等，确保相关材料的规范性和完备性。

第九条 专业机构将每个项目的拟立项项目清单、项目申报书及项目预算申报书等纸质材料移交评估机构，评估机构按照工作约定书和评估方案的进度要求，开展对拟立项项目的预算评估工作。评估机构应在接受委托后 15 个工作日内完成评估工作。

第三章 评估程序

第十条 项目预算评估包括专家遴选、初评、初评意见反馈、综合评估、报告形成与提交等环节。

第十一条 专家遴选。评估机构按照被评项目任务情况进行分组，并从国家科技专家库中根据项目任务特点选择咨询专家。各组咨询专家由 5~9 人组成，包含 1~3 名财务或管理方面的专家，其余为技术专家，可特邀不超过 3 名专家。评估机构应对聘请的咨询专家进行培训。

第十二条 初评。评估机构组织对拟立项项目预算开展初评工作，重点对直接费用（设备费、材料费、测试化验加工费、燃料动力费、出版/文献/信息传播/知识产权事务费、会议/差旅/国际合作交流费、劳务费、专家咨询费和其他支出）预算的政策相符性、目标相关性和经济合理性进行评价与分析，提出需要申报单位进一步说明的问题。

第十三条 初评意见反馈。评估机构通过国家科技管理信息系统及时反馈初评发现的问题和需要补充说明的内容。项目申报单位应将反馈的问题及时通知各课题单位，汇总各课题单位的补充材料，形成说明材料并在规定时间内提交。

第十四条 综合评估。评估机构结合项目申报单位提交的说明材料、初评结论和沟通反馈的情况，组织召开咨询专家会议，形成咨询专家意见。评估机构对预算申报材料、项目申报单位提交的说明材料、咨询专家意见等多方面信息进行分析与综合，形成项目综合评估结论。

第十五条 报告的形成与提交。

（一）评估机构根据综合评估结论，撰写评估报告。评估报告内容应包括：预算评估总体结论、预算存在的问题及调整原因、预算调整建议等。评估结论应明确、严谨；评估数据应满足平衡关系，数据调整意见应与文字意见相符；对于预算调整额度较大或预算编制可信度太差等重大问题必须在评估报告中明确说明。

（二）评估机构按工作约定书的要求，将预算评估报告、预算调整建议及有关说明加盖评估机构公章后提交专业机构。

第十六条 在预算评估工作结束后，评估机构应及时将有关材料分别归档，包括纸介质和电子版材料，供有关方面查询使用。档案保存应按档案管理和相关专项管理的有关规定执行。

第四章 评估方法

第十七条 预算评估方法主要包括政策对比法、目标任务对比法、调查法、专家经验法、案例参照法和成果反推法等。在评估过程中，应在考虑不同领域、不同规模、不同研究阶段、不同类型项目特点的基础上，选择或组合运用合适的方法，不得简单按比例核减。

（一）政策对比法，指通过对比重点专项资金管理的政策规定、国家相关财务政策等，审核预算是否与政策相符的方法。

（二）目标任务对比法，指根据项目的研究开发任务，审核预算是否与项目任务目标相关的方法。

（三）调查法，即通过调查项目某项与特定科研活动相关的支出预算在领域内的常规支出标准，判断预算合理性的方法。

（四）专家经验法，即根据同行专家对科研支出规律和特点的经验，判断项目预算合理性的方法。

（五）案例参照法，即通过对照以往领域内同类项目的典型案例，判断项目预算支出合理性的方法。

（六）成果反推法，即根据项目申报书承诺的产出成果反推项目预算资金规模合理性的方法。

第五章 质量控制

第十八条 评估机构应建立评估活动的内部质量控制体系，明确相关各方应遵守的行为准则，制定评估管理制度，规范地开展评估活动，以保证预算评估质量。

第十九条 评估机构制定工作方案和评估手册，采取包括评估培训、进度控制、行为控制、痕迹化管理、评估管理审查等措施，对评估活动进行质量控制。

第二十条 评估培训。评估机构应组织咨询专家进行集中培训，使咨询专家了解评估活动的要求、评估原则，掌握评估的方法，统一认识、统一要求、统一标准。

第二十一条 进度控制。评估机构应按照评估方案的时间要求，对评估启动、项目分组与专家遴选、初评、初评结果反馈、综合评估、评估报告撰写等关键环节开展进度控制，并对关键环节相关人员的阶段性工作结果进行检查，及时发现和解决问题，纠正偏差，以保证关键环节工作内容顺利完成。

第二十二条 行为控制。

（一）评估机构的行为控制。在评估活动中评估机构应采取必要的措施，坚持第三方立场，保证独立、客观、公正地开展工作。

（1）当参与评估活动的相关人员与被评对象有直接利害关系时，评估机构应向委托方事先申明并采取相应的回避措施。

（2）维护被评对象的知识产权，不得向与预算评估活动无关的任何单位或个人扩散项目申报材料。

（3）应为咨询专家创造有利于独立、客观、公正、充分发表意见的氛围，不得向被评单位及与预算评估活动无关的任何单位或个人透露专家咨询意见。

（4）不得以评估事项为由采取任何方式收取被评对象的报酬、费用和礼品等。

（5）不得篡改项目预算申报材料、专家咨询意见。

（6）评估机构是评估结果的责任者，应加强对项目预算申报材料的理解，提高对咨询专家意见的分析和判断能力。

（7）评估机构应当与委托方进行必要的沟通，提示其合理理解并恰当使用评估报告。

（8）未经委托方同意，评估机构不得对外发布评估结果，不得向被评对象及与预算评估无关的任何单位或个人提供项目评估报告和有关项目评估结果。

（二）咨询专家的行为控制。评估机构应与咨询专家签订工作协议，约束和规范咨询专家的行为。

（1）维护被评对象的知识产权，专家不得向与预算评估活动无关的任何单位或个人扩散项目申报材料。专家有对评估所涉及课题的研究内容、技术路线、预算方案等进行保密的义务。

（2）专家不得向单位或个人泄露项目咨询结果。

（3）专家有义务接受评估机构组织的专业培训。

（4）专家应独立、客观、实事求是地提供咨询意见。

（5）专家不得以任何方式收取被评对象的报酬、费用和礼品等。

（6）评估机构应建立评估咨询专家的信用管理制度，对专家的行为表现、工作质量等进行信用记录。

第二十三条 痕迹化管理。预算评估组织过程中，建立对各个环节和每项工作内容的过程档案管理，对专家在调研咨询、问题分析等评估中的关键信息进行记录。

第二十四条 评估机构应建立评估工作审查机制。审查内容包括组织程序的规范性、专家遴选与工作的合规性、过程档案管理的规范性、评估报告格式是否符合要求、结论是否明确和严谨、分析推理是否合乎逻辑、依据是否充分、文字表述是否清晰等。

第六章 监督检查

第二十五条 科技部应建立专业机构、评估机构、专家、项目负责人和申报单位在预算评估活动中的信用记录和动态调整机制，实现对预算评估工作的有效监督。

专业机构、评估机构均有义务接受科技部、财政部等部门对项目预算评估工作的检查和监督。

第二十六条 专业机构应当及时提供拟立项项目清单、项目申报材料、组织协调等资源和条件，保障评估活动规范开展。专业机构不得以任何方式干预评估机构独立开展预算评估工作。

第二十七条 预算评估流程结束后，若出现针对项目预算评估结果的申诉情况，专业机构可根据申诉要求调取评估文档，评估机构有义务配合专业机构了解相关评估文档。

第二十八条 评估机构应当遵守国家法律法规和评估行业规范，加强能力和条件建设，健全内部管理制度，规范评估业务流程，加强高素质人才队伍建设。评估机构存在违反评估行业规范行为的，科技部可视情节轻重，采取记录机构不良信用、批评、通报、相关项目预算评估结果无效，或取消该单位的重点专项项目预算评估资格等处理措施。

第二十九条 专家应当具备评估所需的专业能力，恪守职业道德，独立、客观、公正开展评估工作，遵守保密、回避等工作规定，不得利用评估谋取不当利益。专家存在向评估机构以外的单位或个人扩散评估结果、利用评估谋取不当利益等违规行为的，评估机构可视情节轻重，采取记录专家不良信用、专家意见无效、取消专家评估资格等处理措施，相关情况及信息应及时书面报告科技部，科技部视情节轻重，将专家不良信用信息计入严重失信行为数据库。涉嫌存在违纪行为的，移送其所在单位或主管单位的纪检监察部门调查核实处理。

第三十条 项目负责人或申报单位应当积极配合开展评估工作，及时提供真实、完整和有效的评估信息，不得以任何方式干预评估机构独立开展评估工作。项目负责人或申报单位存在干扰评估机构独立开展评估工作的违规行为的，科技部可视情节轻重，采取记录该项目负责人或申报单位不良信用、通报、暂缓甚至撤销项目及其预算、阶段性或永久取消其申请中央财政资助项目或参与项目管理的资格等处理措施。涉嫌存在违纪行为的相关人员，移送其所在单位或主管单位纪检监察部门调查核实处理。

第七章 附则

第三十一条 本规范由科技部负责解释，自发布之日起实施。

附件：1.××××年度国家重点研发计划××××重点专项项目预算评估工作约定书（略）
　　　2.××××年度国家重点研发计划××××重点专项项目预算评估信息保密协议（略）
　　　3.××××年度国家重点研发计划××××重点专项项目预算评估工作方案（略）

《国家重点研发计划重点专项项目预算编报指南》解读

为落实《关于改进加强中央财政科研项目和资金管理的若干意见》（国发〔2014〕11号，以下简称11号文）、《关于进一步完善中央财政科研项目资金管理等政策的若干意见》（以下简称50号文）、《国家重点研发计划资金管理办法》（财科教〔2016〕113号，以下简称《办法》）等文件精神，规范国家重点研发计划项目预算申报工作，使科研单位和科研人员能够更好地理解项目预算申报要求，避免政策在执行过程中走样变形，我们制订了《国家重点研发计划项目预算编报指南》（以下简称《预算编报指南》）。现将《预算编报指南》的有关情况说明如下：

一、《预算编报指南》的制定原则

《预算编报指南》是以原"973"计划、"863"计划、国家科技支撑计划等申报使用的《国家科技计划项目概算和课题预算编报指南》（国科发财字〔2007〕241号）和2016年重点研发计划项目预算编制要求（以上统称"原预算编报指南"）为基础，全面梳理了新的改革要求以及预算编报过程中的常见问题，在制订起草过程中重点体现了以下原则：

一是坚持细化实化政策的原则。根据国家科研项目资金管理政策的改革精神，在劳务费支出范围、间接费用分配、差旅会议费管理权限等方面，对11号文、50号文和《办法》的有关规定作出细化说明和解释。

二是坚持问题导向的原则。聚焦科技界反映原预算编报要求"过细"的问题，按照新的改革要求，进一步简化预算说明有关内容，调整和完善预算申报书和预算表；针对科研人员反映具体预算支出中的"热点"问题，如科考活动中的车辆租赁费、计算机机时费、项目（课题）结题财务审计费、临床试验费等，予以详细解释。

三是更加契合科研实际需要的原则。通过对预算科目支出内容解释和列举，强调预算支出应与项目（课题）任务目标密切相关，体现"让经费为人的创造性活动服务"的原则。

另外，考虑到重点研发计划处于初步实施阶段，随着各项任务的深入开展，在预算支出内容和资金管理方面还可能出现新情况、新问题，预算支出具体内容将会随之做适当调整，今后还会对《预算编报指南》进行动态调整，以更好地适应新的变化和要求。

二、预算编报要求的主要变化

《预算编报指南》由正文和附件两部分组成，其中正文由"第一节项目（课题）预算的概述"、"第二节项目（课题）预算的政策依据和编报原则、总体要求"、"第三节课题预算说明的主要内容"、"第四节项目预算申报材料上报要求"等四节构成，2个附件为"《国家重点研发计划项目预算申报书》（以下简称《预算申报书》）"和"《国家重点研发计划项目预算申报书》填表说明"。

（一）进一步简化了预算编报要求，减轻预算编制负担。

1.《预算编报指南》只要求对单位支撑条件和课题预算支出情况进行说明，取消了对单位经费安排和其他来源经费情况的说明，进一步精简说明。

2.《预算编报指南》只要求对项目（课题）资金的主要预算支出进行说明，如购买主要材料、主要测试化验加工项目的费用，以及项目聘用研究人员或访问学者的劳务费等，对非主要支出简要说明。

考虑重点研发计划项目（课题）资金体量较大等因素，《预算编报指南》将购置/试制设备、材料、测试化验加工、出版/文献/信息传播/知识产权事务费等需逐项说明的范围统一提高至10万元（含）以上，进一步精简说明。

3. 对于有配套资金要求的，不再要求单位在申请预算时提供配套资金来源证明文件，而是在签订正式任务书时作为附件，进一步简化预算申报手续。

（二）进一步明确了项目（课题）的实施主体，首次要求对关联关系予以披露。

1. 在以往科技计划项目（课题）实施过程中，常出现申报主体与实施主体不一致问题，比如大学与其附属医院之间，集团公司或母公司与其全资或控制子公司之间，科研院与其下属的研究所之间，为此，《预算编报指南》明确了单位应按照"谁申报项目（课题）、谁承担研究任务、谁管理使用资金"的原则申报，避免上级单位与下级法人单位之间随意转拨资金的问题。

2. 为保证利益关联关系信息披露的充分性和满足实施过程管理的要求，项目牵头承担单位、课题承担单位和课题参与单位之间，以及项目负责人或课题负责人与课题参与单位存在利益关联关系的，《预算编报指南》明确了项目牵头承担单位应了解相关利益关联方的情况，利益相关方应对关联关系提前进行申明。

（三）进一步明确了不同来源资金的管理要求，预算科目编制更有针对性。

根据《办法》的规定，《预算编报指南》主要是规范中央财政安排的采用前补助支持方式的国家重点研发计划资金（以下简称重点研发计划资金），其他来源资金应当按照国家有关会计制度和相关资金提供方的具体要求编列，如果地方财政资金、单位自有资金或其他资金对于劳务费、间接费用等的支出范围和支出标准有具体要求的，从其要求。

三、预算科目的主要内容解释

《预算编报指南》正文的"第三节课题预算说明的主要内容"对重点研发计划资金支出内容和范围按预算科目进行了详细说明，相关预算科目中的一些主要变化和重要内容体现如下。

（一）设备费

1. 将设备改造费作为重要支出内容单列出来。在项目（课题）实施过程中，单位可能会对现有设备进行局部改造以改善提升其性能，也可能因相关设备发生损坏而需进行维修，以及因安装使用新设备而需对实验室的基础条件进行适当的改造，为此，《预算编报指南》将设备改造费作为设备费中的一项重要支出内容单列出来，并对其支出内容及编制方法进行了解释。

2. 考虑到项目（课题）实施过程中的特殊情况，解释和明确了试制设备费和交通工具租赁费的编列问题。试制的设备有可能是项目（课题）任务完成的最终目标产品，也可能是项目（课题）实施的过程产品，为此，《预算编报指南》专门介绍了因试制设备目的不同而应采用的不同预算编列方法；一些存在科学考察、野外实验、野外勘探任务的项目（课题），与科考活动相关的车、船、航空器等交通工具的租赁费，《预算编报指南》明确了可在设备租赁费科目中编列。

3. 明确了不应编列的费用支出。如属于单位自身支撑条件应具备的专用仪器设备购置费；单位自有仪器设备的使用费；生产性设备的购置费和基建设施的建造费等。

（二）材料费

1. 对主要材料的概念进行了明确定义。《预算编报指南》通过举例，如新材料领域课题研发中使用的聚氨酯、农业领域课题研发中使用的尿素、先进制造领域课题研发中使用的锰钢等，单一材料预算合计达到 10 万元（含）即为主要材料。

2. 解释了材料运输、装卸、整理等费用的内容，说明了备品、备件购买方式不同而采用的不同预算编列方法。

3. 明确了不应编列的费用支出。考虑到重点研发计划资金重点支持项目（课题）的研发活动，不应在重点研发计划资金预算中编列用于生产经营和基本建设的材料费用。

（三）测试化验加工费

1. 明确了承接测试化验加工业务的单位所具备的资质或相应能力的要求；强调了与外单位如果存在利益关联情况的披露要求；明确了软件测试费、数据加工整理费、大型计算机机时费的编列问题。

2. 详细解释了内部独立经济核算单位的概念和其发生测试化验加工费管理要求。《预算编报指南》通过举例，如大学内部的计算中心，科研院所内部的测试中心、检验中心，企业内部的加工中心，医院内部的检验科等，解释了内部独立经济核算单位是在统一会计制度控制下单位内部实行独立经济核算的机构或部门；明确其支出应按实际成本或内部结算价格进行结算，结算手续应符合其内部委托、内部结算有关规定。

3. 应由单位自己完成的任务不能以测试化验加工方式外包，其发生的相关费用，如材料费、燃料动力费、劳务费等，应在相应科目编列。

（四）燃料动力费

1. 明确了无法单独装表计量的仪器设备发生燃料动力费的预算编列方法。考虑到在项目（课题）实施中，大部分仪器设备或科学装置的燃料动力费难以单独装表计量，《预算编报指南》介绍了可以按照仪器设备或装置预计使用时间和相关参数进行测算，也可以按照单位自己确定的合理分摊依据进行测算。

2. 因科考任务而发生的车、船、航空器的燃油费用，可在本科目编列。

3. 明确了不应编列的费用支出。因重点研发计划资金的间接费用已经涵盖了单位为项目（课题）实施提供的房屋占用，日常水、电、气、暖消耗等，为避免重复列支，单位的日常水、电、气、暖消耗等费用应由间接费用解决。

（五）出版/文献/信息传播/知识产权事务费

1. 进一步解释了出版费、资料费和其他知识产权事务费用的预算内容。

2. 明确了专利维护费预算的问题。因专利属于单位的无形资产，专利维护费用一般应由单位自有资金解决，但考虑到为完成项目（课题）研究任务而获得的专利与项目（课题）相关，对于该专利在实施周期内的专利维护费允许在重点研发计划资金预算中编列。

3. 应由单位自己完成的软件开发任务，不能以定制软件的方式外包，其软件开发的费用，如材料费、燃料动力费、劳务费、专家咨询费等，应在相应科目编列。

4. 明确了不应编列的费用支出。因通用性操作系统、办公软件等属于非专用软件，也是单位应提供的支撑条件，对于日常手机和办公固定电话的通讯费、日常办公网络费和电话充值卡费用等属于管理费用，应通过间接费用解决。

（六）会议/差旅/国际合作交流费

1. 强调了会议/差旅/国际合作交流不超过直接费用 10% 的，不需要对预算内容和资金安排进行说明，更不需要提供测算依据。

2. 对于会议/差旅/国际合作交流费超过直接费用 10% 的，要求单位对会议费、差旅费"分类"测算即可。会议费可按照学术交流研讨、咨询座谈、验收等类型，差旅费可按照科学实验/试验、科学考察、业务调研、学术交流等类型进行测算，无需对每次会议、每一次出差事项做单独的测算和说明，以简化预算编制要求。另外，对于使用重点研发计划资金编列会议费、差旅费标准的问题，中央高校、科研院所应按照其内部制定的会议费和差旅费管理办法进行测算，并提供管理办法作为附件；中央高校、科研院所以外的科研单位参照国家关于会议费和差旅费的相关开支标准进行测算。

3.将外国专家住宿费、差旅费的管理权限下放给单位。由于项目（课题）邀请外国专家来华开展技术交流、培训等情况不同，《预算编报指南》将其来华工作期间发生的住宿费、差旅费等管理权限下放给单位，并明确应参考国内同行专家费用标准编列预算。

（七）劳务费

1.再次重申了"劳务费预算不设比例限制"，并在开支范围中增加了科研辅助人员、访问学者、博士后等人员的相关费用。

2.介绍了项目（课题）聘用的研究人员及科研辅助人员劳务费开支标准。为适当统一不同类型人员发放劳务费的标准，可参考国家统计局上一年度发布的《中国统计年鉴》中关于从事"科学研究和技术服务业"相关地区城镇单位人员平均工资统计数据；对于研究生、博士后等人员的劳务费，应结合本地区和本领域科研单位的研究生、博士后的平均科研劳务水平据实测算。

3.提出了访问学者、项目（课题）聘用研究人员的管理原则。为完善对访问学者和项目（课题）聘用研究人员劳务费管理，《预算编报指南》要求单位有健全的劳务费管理办法，项目（课题）聘用研究人员需通过劳务派遣方式或者签订劳动合同、聘用协议等方式聘用；课题组成员不得以访问学者名义在项目下各课题中编列劳务费；劳务费的发放应符合本单位统一的薪酬体系规定，不得重复发放。

4.明确了劳务费开支范围以外的人员不应编列劳务费的要求。因重点研发计划资金是对单位项目（课题）实施的补助，对于劳务费开支范围以外、不是为项目（课题）实施专门聘用的研究人员，如在项目（课题）立项前已签订劳动合同的人员，以及事业单位的在编人员，《预算编报指南》明确上述人员不应在重点研发计划资金的劳务费中编列，其相关费用可在项目（课题）间接费用的绩效支出中列支。

（八）专家咨询费

1.应由单位代扣代缴个人所得税的预算可以编列。对于科研单位反映专家个人所得税的问题，明确了应由单位代扣代缴个人所得税，并可将个人所得税在本科目预算中一并编列。

2.强调了专家咨询费不得支付给参与项目（课题）研究及其管理的相关人员。

（九）其他支出

1.对其他支出的支出范围进行了解释。《预算编报指南》以列举"财务验收审计费用""在农业、林业等领域发生的土地租赁费及青苗补偿费""在人口与健康领域发生的临床试验费"等方式，明确了在项目（课题）实施过程中必须发生但不包含在上述8个科目中的支出，可在其他支出中编列。

2.对于列支的财务验收审计费用，应本着经济合理的原则进行编制，不得列支财务咨询业务发生的费用。

（十）间接费用

明确提出课题间接费用无须编制预算说明，课题间接费用按照课题直接费用扣除设备购置费后，按规定的比例计算得出。

《国家重点研发计划重点专项项目预算评估规范》解读

为进一步规范国家重点研发计划管理，充分发挥预算评估的作用，切实提高财政资金使用效益，让科研人员能够更科学合理地编制重点专项项目预算、了解预算评估工作，现就新修订的《国家重点研发计划重点专项项目预算评估规范》(以下简称《评估规范》)说明如下。

一、关于起草《评估规范》的考虑

在科技计划预算管理流程中探索开展预算评估，对改进和规范项目预算管理、提高资金使用效益、提高科研人员预算管理理念等方面有重要的推动作用，预算评估已逐渐成为预算管理的一项重要手段。通过多年实践，预算评估工作积累了丰富的经验和大量评估数据、报告。在工作内容上，预算评估注重专项经费总量和结构的科学合理、预算内容的目标相关、政策相符和经济合理；在操作上，评估流程中设计了与项目申报单位进行沟通反馈的内容；在技术上，要求评估机构根据政策变化调整技术手段和方法。

随着国家科技计划项目和预算管理改革不断深化，以及《关于进一步完善中央财政科研项目资金管理等政策的若干意见》和《国家重点研发计划资金管理办法》(财科教〔2016〕113号)等陆续出台，国家重点研发计划组织管理流程和实施主体发生了较大变化，其预算评估规范需要进一步完善和优化，以适应新的形势要求和变化。为此，科技部在原有工作的基础上，结合近年来预算评估工作经验，形成了《国家重点研发计划重点专项项目预算评估规范》。在起草过程中，组织来自高校、院所和企业等单位的专家、学者进行了多次座谈，并根据各方意见进行了修改完善；先后征求了相关部门、专业机构及项目承担单位的意见和建议。

二、《评估规范》制定中把握的主要原则

制定《评估规范》的总体思路是：以"优化评估程序和方法，规范预算评估行为，健全沟通反馈机制"为重点，全面贯彻落实中央财政科技计划和项目资金管理改革精神，遵循科研活动规律，科学规范开展预算评估工作。在制定《评估规范》过程中把握以下原则：

1.坚持边界清晰原则。明确管理部门、专业机构、预算评估机构的工作内容、范围与界限，专业机构委托评估机构独立组织预算评估工作，评估机构对拟立项项目任务的经费预算提出评估意见，不对项目研发内容、技术路线和考核指标等技术内容发表评估意见。管理部门对预算评估工作进行整体监督。

2.预算评估遵循"三性"原则。把目标相关性、政策相符性和经济合理性原则作为指导预算评估的总原则，按照"三性"原则组织重点专项项目预算评估。《评估规范》按照以任务目标为依据，尊重科研规律，预算的结构、范围及标准符合国家财经法规和科技经费管理制度的要求，测算依据应充分，保障研究任务开展、提高财政资金使用效益。

3.评估流程简化优化原则。全面落实50号文精神，真正让政策落实落地，在评估流程上进行简化优化，主要包括：将以前的形式评估和初评合二为一，优化了评估流程；简化预算初评工作内容，初评以发现预算编制依据不足、材料不齐、相关性必要性不大、需要进一步解释问题为主，不出具综合性评估结论，加快评估进度；评估过程中与科研人员进行沟通反馈，提高预算评估实

施效率等。

4.坚持评估质量导向原则。保证评估质量，规范评估程序、改进评估方法，建立和完善评估过程中的沟通反馈机制，加强信息沟通的痕迹化管理，以保证独立、客观、公正、科学的评估结论，并自觉接受有关方面的监督。

三、预算评估实施主体和评估总体要求

《资金管理办法》规定"专业机构委托相关机构开展项目预算评估"，并明确了承接预算评估的机构应具备的评估条件。按《资金管理办法》要求，预算评估委托专业化、规范化的预算评估机构，按照《评估规范》组织开展预算评估。预算评估前，专业机构与评估机构双方应签订工作约定书，明确权利义务，评估机构应在15个工作日内完成预算评估工作。专业机构根据预算评估结果，提出重点专项项目预算安排建议。

对预算评估工作，明确应根据研发任务目标要求和不同单位实际情况，科学评价项目预算，不得简单按比例核减预算。预算评估应当健全沟通反馈机制，实现信息公开，接受各方监督。

四、主要环节和作用

为了保证预算评估程序的规范性，《评估规范》明确了预算评估应包括专家遴选、初评、初评意见反馈、综合评估、报告形成与提交五个环节，并明确了每个环节的具体要求。五个环节中，专家遴选、报告形成与提交是评估机构的内部工作环节，初评意见反馈是评估机构与申报单位和科研人员沟通初评内容的环节，初评和综合评估两个环节主要审核预算申报材料。

预算初评的主要目的，是通过对直接费用预算的政策相符性、目标相关性和经济合理性进行评价与分析，找出需要申报单位进一步说明的重点疑点问题。

综合评估的主要目的，是评估机构结合项目申报单位提交的说明材料、初评结论和沟通反馈的情况，组织召开咨询专家会议，通过集中讨论与分析，形成咨询专家意见及项目综合评估结论。

《评估规范》明确提出，项目评估结论应在综合分析预算申报材料、项目申报单位提交的说明材料、咨询专家意见等多方面信息基础上得出。

五、评估反馈机制和内容

预算评估工作早期阶段在评估流程中没有安排沟通反馈机制，但经常有项目因为政策理解偏差、预算编制疏忽、经验不足等原因，又没有合适的方式进行沟通交流，造成预算评估出现偏差。为了妥善解决这些问题，预算评估流程中增设了沟通反馈环节，将预算初评意见和预算中存在的问题反馈给项目申报单位，由申报单位进行解释和进一步说明，评估专家组根据单位说明形成最终意见。

评估过程中的沟通反馈机制，给申报单位和科研人员提供了补充材料和说明的机会，进一步提高评估结果的科学性，受到科研人员的充分肯定。《评估规范》明确要求评估机构完成初评工作后，需将初评意见通过国家科技管理信息系统反馈给项目申报单位。

反馈意见包括与政策不相符合的问题、预算内容与研发任务的相关性和必要性问题、预算价格与数量的经济合理性问题、预算说明不够详细预算依据不充分问题、预算科目内容交叉重复问题、专项经费与自筹经费预算内容未明确分开问题等，申报单位需要对初评反馈问题有针对性的解释和说明。原则上，补充说明材料是对原预算的解释和细化，可补充提供报价单等预算依据，但不应推翻、修改或重编预算。

六、评估专家选择和管理

为了确保评估咨询专家的公平选择和专业性，《评估规范》明确提出，评估机构根据被评项

目任务特点从国家科技专家库中选取咨询专家，抽取专家应遵守《国家科技专家库管理办法（试行）》（国科办创〔2017〕25号）和《评估规范》相关规定。抽取专家按规定在监督指导下进行。

根据分组项目任务数量和项目任务经费体量，各组咨询专家由5~9人组成，包含1~3名财务或管理方面专家，其余为技术专家；由于预算评估的专业性、技术性较强，可根据需要特邀部分参与过政策研究或预算评估的专家，包括财务、管理和技术专家，每组特邀专家不超过3名。

评估机构应对聘请的咨询专家进行评估前培训，使咨询专家了解评估要求、评估原则，掌握评估方法。在评估组织过程中，不同类型专家分工配合，共同完成项目任务预算评估。

七、评估公正性与质量控制体系

评估机构要在原有科技计划（专项）项目（课题）预算评估经验基础上，对国家重点研发计划重点专项项目（课题）预算评估方法进行改进和完善，一方面要根据新的政策要求和重点专项特点审核预算内容，对政策对比法、专家经验法、案例参照法等方法进行改进；另一方面，除了评价单个项目外，还要综合考虑重点专项的整体目标，对目标任务对比法等技术方法进一步研究改进。严禁简单按比例对项目（课题）预算进行核减。

评估机构要制定工作方案和评估手册，对评估工作、活动组织和相关人员进行约束，在评估规则指导下开展评估，采取培训、进度控制、行为控制、痕迹化管理、评估管理审查等措施，对评估活动进行质量控制。行为控制是评估组织的基本原则，评估培训、进度控制、痕迹化管理、评估管理审查等是保障评估可信和评估结果质量的技术性措施。

评估机构须遵守国家法律法规和评估行业规范，独立开展预算评估工作，有义务配合专业机构了解相关评估文档；专家应当具备评估所需的专业能力，恪守职业道德，不得利用评估谋取不当利益。

建立专业机构、评估机构、专家、项目负责人或申报单位在预算评估活动中的信用记录和动态调整机制，实现对预算评估工作的有效监督。专业机构、评估机构均有义务接受科技部、财政部等的检查和监督。

科技部 资源配置与管理司关于印发《国家重点研发计划项目中期检查工作规范（试行）》的通知

（国科资函〔2018〕3号）

各有关司局、各项目管理专业机构、各有关单位：

为组织做好国家重点研发计划项目中期检查工作，推动项目按期完成任务目标，根据《国家重点研发计划管理暂行办法》（国科发资〔2017〕152号）和《国家重点研发计划资金管理办法》（国科发资〔2016〕113号），我们制定了《国家重点研发计划项目中期检查工作规范（试行）》。现印发给你们，请遵照执行。

科技部 资源配置与管理司
2018 年 1 月 30 日

国家重点研发计划项目中期检查工作规范（试行）

国家重点研发计划实行项目中期检查制度，执行期为3年及以上的项目应在实施中期开展检查工作，目的在于及时了解项目执行进展情况，发现和解决项目实施中的重大问题，对项目能否完成预定任务目标做出判断。

一、组织方式和要求

1. 项目管理专业机构（以下简称专业机构）负责组织项目中期检查工作，应认真履行职责，强化服务意识，创新工作方法，提前制定计划，明确检查重点；通过检查准确把握项目执行情况，对项目能否按期完成任务目标作出预判；对于总体进展顺利但也存在一定问题的项目，应采取必要措施督促项目改进和加强后续组织实施，确保项目按时完成任务目标；对于存在重大问题、难以完成预定任务目标的项目，要提出明确的处理意见，保障财政资金安全。

2. 项目中期检查的重点包括以下内容。

（1）项目总体进展情况，特别是任务书规定的中期目标和考核指标完成情况，发生的重大调整情况；

（2）项目已取得的突出进展；

（3）项目一体化组织实施、协同推进情况，项目牵头单位和负责人履职尽责情况；

（4）项目资金到位和执行情况、会计核算和资金使用规范性，人员投入情况，支撑条件保障情况等；

（5）项目执行中存在的主要问题，包括技术路线执行方面遇到的问题，因政策、市场等外部环境变化导致的问题，项目组织管理、协调中存在的问题，人员投入、资金管理使用和支撑条件保障方面存在的问题等。

3.项目中期检查一般实行会议或现场检查方式。专业机构组建项目中期检查专家组，依据项目任务书所设定的中期任务目标和考核指标开展检查工作。专家组人数一般为5~7人，由技术专家、管理专家和财务专家组成，并邀请重点专项专家委员会专家和专业机构聘请的项目责任专家参加。项目中期检查专家组专家实行诚信承诺。

4.鼓励专业机构根据项目类型特点，探索实行同行评议、第三方评估和测试、用户评价等不同形式的工作手段，提高中期检查工作质量和效率，过程中应注重发挥小同行专家和长期跟踪项目进展的专项管理人员、责任专家的作用。

5.项目中期检查工作应邀请科技部相关司局和相关部门、地方参加，充分听取部门、地方关于聚焦行业（地方）重点需求、推动成果转化应用、加强政策支撑保障协调等方面的意见建议。

6.对于具有创新链上下游关系或关联性较强的相关项目，专业机构在组织中期检查时应有整体设计。

7.项目牵头单位应积极配合，组织做好中期执行情况总结和自查工作。

8.涉密项目的中期检查参照此办法并严格按照国家有关保密管理规定执行。

二、工作程序

1.专业机构根据项目任务书规定的进度要求制定项目中期检查工作计划。在开展中期检查1个月前，将项目中期检查工作计划和工作要求通知项目牵头单位。

2.项目牵头单位按照要求开展自查和中期执行情况总结工作，并通过国家科技管理信息系统向专业机构提交项目中期执行情况报告（格式见附1）及相关资料。

3.专业机构根据项目特点，组建项目中期检查专家组，并制定具体的项目中期检查工作方案。专业机构组织专家对项目牵头单位提交的材料进行审核，并结合已有的项目年度执行情况报告、年度财务决算报告等材料，对项目执行情况进行分析，合理确定检查方式和重点。

4.项目中期检查专家组通过会议或现场检查方式开展中期检查工作，填写项目中期检查专家个人意见表和专家组意见表（格式见附2、3）。

5.专业机构根据项目中期检查专家组意见，研究形成项目中期检查意见，重点是提出改进完善项目后续组织实施、保障项目按期完成任务目标的措施和要求，在20个工作日内反馈项目牵头单位。

6.专业机构可根据项目中期检查意见，对项目牵头单位提出整改要求，必要时可研究提出对项目进行调整、撤销或终止的处理意见，按程序报科技部审核或备案。

7.项目牵头单位应在收到项目中期检查意见后的20个工作日内，通过国家科技管理信息系统修改完善项目中期执行情况报告并提交，同时将纸质版报送专业机构存档；中期检查意见中涉及整改要求的，项目牵头单位应向专业机构一并提交整改工作方案。

8.专业机构组织完成本年度项目中期检查工作后，应分专项形成中期检查总结报告，报科技部相关司局。

附：1.国家重点研发计划项目中期执行情况报告（格式）（略）
　　2.国家重点研发计划项目中期检查专家个人意见表（略）
　　3.国家重点研发计划项目中期检查专家组意见表（略）

科技部办公厅关于印发《国家重点研发计划项目综合绩效评价工作规范（试行）》的通知

（国科办资〔2018〕107号）

各有关单位：

为贯彻落实《国务院关于优化科研管理提升科研绩效若干措施的通知》（国发〔2018〕25号）、《关于深化项目评审、人才评价、机构评估改革的意见》《关于进一步加强科研诚信建设的若干意见》等文件精神，组织做好国家重点研发计划项目综合绩效评价工作，我们制定了《国家重点研发计划项目综合绩效评价工作规范（试行）》。现印发给你们，请遵照执行。

本通知自发布之日起施行，《国家重点研发计划项目验收工作规范（试行）》（国科资函〔2018〕5号）同时废止。

附件：国家重点研发计划项目综合绩效评价工作规范（试行）

科技部办公厅
2018年12月14日

附件

国家重点研发计划项目综合绩效评价工作规范（试行）

国家重点研发计划项目实施期满后，项目管理专业机构（以下简称专业机构）应立即启动综合绩效评价工作。项目因故不能按期完成须申请延期的，项目牵头单位应于项目执行期结束前6个月提出延期申请，经专业机构提出意见报科技部审核后，由专业机构批复。项目延期原则上只能申请1次，延期时间原则上不超过1年。

综合绩效评价重点包括项目（课题）任务完成情况和经费管理使用情况等方面。有关工作分为课题绩效评价和项目综合绩效评价两个阶段，在完成课题绩效评价的基础上开展项目综合绩效评价。

一、总体要求

1. 课题承担单位和参与单位，对本单位科研成果管理负主体责任，要组织对本单位科研人员的成果进行真实性审查，并按照分类分级管理的原则，对科研档案的完整性、准确性、系统性进行审查；项目牵头单位和项目负责人、课题承担单位和课题负责人，要对本项目或课题的相关成果进行审核把关，检查科技报告完成情况和科技成果填报情况，不得把项目承担单位之外的成果，或项目任务之外成果，纳入综合绩效评价材料。

2. 综合绩效评价工作中，任务完成方面主要考核项目目标和考核指标的完成情况、成果效益、人才培养和组织管理等；经费管理使用方面主要考核承担单位项目资金拨付及到位、预算执行、科研经费管理制度执行情况和经费开支合规性等。项目牵头单位负责组织课题绩效评价并对绩效评价结论负责；专业机构负责组织项目综合绩效评价。

3.突出代表性成果和项目实施效果评价，不将"人才项目""头衔""帽子""论文数量""获得奖励"等作为评价指标。基础研究与应用基础研究类项目重点评价新发现、新原理、新方法、新规律的重大原创性和科学价值、解决经济社会发展和国家安全重大需求中关键科学问题的效能、支撑技术和产品开发的效果、代表性论文等科研成果的质量和水平，以国际国内同行评议为主。技术和产品开发类项目重点评价新技术、新方法、新产品、关键部件等的创新性、成熟度、稳定性、可靠性，突出成果转化应用情况及其在解决经济社会发展关键问题、支撑引领行业产业发展中发挥的作用。应用示范类项目绩效评价以规模化应用、行业内推广为导向，重点评价集成性、先进性、经济适用性、辐射带动作用及产生的经济社会效益，更多采取应用推广相关方评价和市场评价方式。

对于关键核心技术攻关重大项目，进一步发挥需求方、用户、产业界等的重要作用，需求方、用户、产业界代表应直接参与综合绩效评价工作，充分发表意见，并将需求方和用户对项目完成情况的评价意见，以及对项目成果的推广应用意见，作为评价的核心指标。

4.专业机构应提前部署综合绩效评价工作，通知项目牵头单位做好准备，同时制定重点专项项目年度综合绩效评价工作方案，并报科技部备案。

二、课题绩效评价

项目下设各课题实施期满后，项目牵头单位组织对课题任务完成情况进行绩效评价，课题承担单位和负责人应认真编制课题绩效自评价报告（格式见附1）；同时，课题承担单位从国家科技管理信息系统选取具备国家科技计划（专项、基金等）资金审计资格的会计师事务所开展课题结题审计。课题承担单位应与会计师事务所签订审计协议，审计费用可从课题资金列支，应在双方协商、公允透明、经济合理的原则下确定。

（一）课题绩效评价。

1.项目牵头单位组建课题绩效评价专家组。专家组实行回避制度和诚信承诺，人数一般不少于7人，其中可包括重点专项专家委员会专家和专业机构聘请的项目责任专家。

2.专家组在审阅资料、听取汇报、实地考察等基础上，根据科研项目绩效分类评价的要求，按照任务书约定，对课题目标和考核指标完成情况、研究成果的水平及创新性、成果示范推广及应用前景、课题对项目总体目标的贡献、人才培养和组织管理等情况进行评价（专家个人意见表格式见附2，专家组意见表格式见附3）。评价时，既要总结成绩，又要分析存在的主要问题，并严格审核课题成果的真实性。课题绩效评价结论分为通过、未通过和结题三类。

（1）按期保质完成课题任务书确定的目标和任务，为通过。

（2）因非不可抗拒因素未完成课题任务书确定的主要目标和任务，为未通过。

（3）因不可抗拒因素未完成课题任务书确定的主要目标和任务的，按结题处理。

（4）未按期提交材料的，提供的文件、资料、数据存在弄虚作假的，未按相关要求报批重大调整事项的，课题承担单位、参与单位或个人存在严重失信行为并造成重大影响的，拒不配合绩效评价工作的，均按未通过处理。

对于项目下不设课题或仅设置一个课题的情况，可不组织课题绩效评价。

（二）课题结题审计。

1.课题结题审计主要是对课题资金的管理使用情况进行审计。会计师事务所应严格按照《中央财政科技计划项目（课题）结题审计指引》要求，如实、准确、全面的开展结题审计，并向课题承担单位出具审计报告。项目的汇总审计报告由审计项目牵头单位的会计师事务所出具。课题承担单位如能提供本课题已接受有关政府审计、纪检等方面出具的报告，应当对相关结论予以采信。

2.结题审计后，课题承担单位应将审计报告和相关补充说明材料等统一交至项目牵头单位。对于项目下不设课题或仅设置一个课题的情况，直接出具项目审计报告。

完成上述工作后，项目牵头单位在国家科技管理信息系统中填报并提交项目综合绩效自评价报告（格式见附4）。

三、项目综合绩效评价

项目牵头单位和项目负责人应在项目执行期结束后3个月内完成项目综合绩效评价材料准备工作，并通过国家科技管理信息系统向专业机构提交如下材料。

（1）项目综合绩效自评价报告。

（2）项目所有下设课题相关绩效评价材料及绩效评价意见。

（3）项目实施过程中形成的知识产权和技术标准情况，包括专利、商标、著作权等知识产权的取得、使用、管理、保护等情况，国际标准、国家标准、行业标准等研制完成情况。

（4）与项目任务相关的第三方检测报告或用户使用报告。

（5）成果管理和保密情况，说明研究过程中公开发表论文和宣传报道、对外合作交流、接受外方资助等情况；保密项目和拟对成果定密的非保密项目还需说明成果定密的密级和保密期限建议、研究过程中保密规定执行情况等。

（6）任务书中约定应呈交的科技报告。

（7）科技资源汇交方案，根据《国务院办公厅关于印发科学数据管理办法的通知》的要求和指南规定需要汇交的数据，应提交由有关方面认可的科学数据中心出具的汇交凭证；对于项目实施过程中形成的科技文献、科学数据、具有宣传与保存价值的影视资料、照片图表、购置使用的大型科学仪器、设备、实验生物等各类科技资源，应提出明确的处置、归属、保存、开放共享等方案。

（8）审计报告和相关补充说明材料等（审计报告由会计师事务所上传）。

专业机构应在收到项目综合绩效评价材料后6个月内完成项目综合绩效评价。

（一）评前审查。

收到综合绩效评价材料后，专业机构应组织开展评前审查。审查工作可委托第三方评估机构（以下简称评估机构）开展。评估机构应具备国家科技计划项目（课题）资金审核工作经验，熟悉国家科技计划和资金管理政策，建立了相关领域的科技专家队伍，拥有专业的人才队伍等。

审查内容包括：

（1）资料的完整性、合规性。

（2）审计报告反映的问题是否准确、客观、全面，并填写《审计报告质量评价表》。

（3）对资金管理存在的问题组织进行整改，要求项目牵头单位组织各课题承担单位于15个工作日内提交整改材料，如未按时提交整改材料，且无正当理由的，按相关支出不合理认定。

（4）对整改后各课题专项资金的收支及结余情况进行调整并出具审查意见。

审查工作应在收到综合绩效评价资料后25个工作日内完成。

（二）专家评议。

1.专业机构应按照科研项目绩效分类评价要求，根据不同项目类型，组织项目综合绩效评价专家组，采用同行评议、第三方评估和测试、用户评价等方式开展综合绩效评价工作，如有需要可现场核查。对于具有创新链上下游关系或关联性较强的相关项目，应有整体设计，强化对一体化实施绩效的考核。

为便于有关部门及时掌握专项实施成效、推动后续成果的转化应用，项目综合绩效评价时一般应邀请科技部计划管理司局、业务司局等相关司局和有关部门、地方参加。

2.项目综合绩效评价专家组实行回避制度和诚信承诺。专家组包含技术专家和财务专家等，组长由技术专家担任，副组长由财务专家担任，总人数一般不少于10人（财务专家不少于3人），原则上从国家科技专家库中选取。其中：技术专家应包括重点专项专家委员会专家和专业机构聘请的项目责任专家，其构成应体现科研项目绩效分类评价要求，并充分听取专项参与部门意见；财务专家可特邀不超过3人。

3.开展项目综合绩效评价时，专家组在审阅资料、听取汇报和质询等基础上，结合项目年度、中期执行情况等信息，进行审核评议。

在项目任务方面，根据科研项目绩效分类评价的要求，重点对项目目标和考核指标完成情况、研究成果的水平及创新性、成果示范推广及应用前景、项目组织管理和内部协作配合、人才培养等情况进行评价。

在资金方面，重点对资金到位与拨付情况、会计核算与资金使用情况、预算执行与调整等情况进行评议，在此基础上确定课题专项资金结余，并由财务专家填写专家个人、专家组课题资金评议打分表（格式见附5、6）。

4.技术专家填写项目综合绩效评价专家个人意见表（格式见附7），专家组出具项目综合绩效评价专家组意见表（格式见附8）。项目综合绩效评价结论分为通过、未通过和结题三类。对于通过综合绩效评价的项目，绩效等级分为优秀、合格两档。

（1）按期保质完成项目任务书确定的目标和任务，为通过。

（2）因非不可抗拒因素未完成项目任务书确定的主要目标和任务，为未通过。

（3）因不可抗拒因素未完成项目任务书确定的主要目标和任务的，按结题处理。

（4）未按任务书约定提交科技报告或未按期提交材料的，提供的文件、资料、数据存在弄虚作假的，未按相关要求报批重大调整事项的，项目牵头单位、课题承担单位、参与单位或个人存在严重失信行为并造成重大影响的，拒不配合综合绩效评价工作或逾期不开展课题绩效评价的，均按未通过处理。

对于通过综合绩效评价的项目，平均得分90分及以下的，绩效等级为合格；由专业机构根据综合绩效评价情况，在平均得分90分以上的项目中，确定绩效等级为优秀的项目，且每个重点专项中，绩效等级为优秀的项目比例不超过15%。

四、综合绩效评价结论下达及其他事宜

1.专业机构根据项目综合绩效评价情况，形成项目综合绩效评价结论。综合绩效评价工作结束后3个月内，专业机构应将项目综合绩效评价结论（附9）通知项目牵头单位，抄报科技部和项目牵头单位的主管部门。

2.存在下列情况之一的，课题结余资金由专业机构收回：

（1）课题绩效评价结论为结题或未通过的。

（2）课题资金评议得分为 80 分及以下的。

（3）课题承担单位信用评价差的。

（4）项目综合绩效评价结论为结题或未通过的，项目下所有课题结余由专业机构收回。

3. 对于需上交的课题专项资金结余，项目牵头单位应及时收缴课题承担单位的结余，并汇总后上交专业机构。结余资金上交应在项目牵头单位收到综合绩效评价结论后 1 个月内完成。

4. 留用的结余由课题承担单位和参与单位在 2 年内（自综合绩效评价结论下达后次年的 1 月 1 日起计算）统筹用于本单位科研活动的直接支出。2 年后结余未使用完的，应及时上交专业机构，统筹用于重点专项后续支出。

5. 专业机构应督促项目牵头单位在收到项目综合绩效评价结论后 1 个月内，将项目综合绩效评价材料和相关技术文件归档管理。涉及科技报告、数据汇交、技术标准、成果管理、档案管理等事宜，按照有关管理规定执行。

6. 项目综合绩效评价结论及成果除有保密要求外，应及时向社会公示。

7. 保密项目和拟对成果定密的非保密项目的综合绩效评价，参照此办法并严格按照《中华人民共和国保守国家秘密法》和《科学技术保密规定》等相关规定组织实施。保密课题结题审计由专业机构组织以财务检查形式开展。

五、责任与监督

1. 科技部相关司局根据职能分工采取随机抽查等方式对综合绩效评价工作进行督促检查。项目牵头单位和专业机构负责对受其管理或委托的项目相关责任主体的严重失信行为进行记录，并报送科技部进行管理和结果应用。

2. 项目综合绩效评价或课题绩效评价不通过的，或项目牵头单位、课题承担单位和参与单位或个人涉及科研诚信问题的，依照相关规定和程序记入信用记录；课题承担单位和参与单位在科研资金使用中有重大违规行为，或整改不到位，或未及时足额上交结余资金的，视情节轻重，给予通报批评、停拨单位在研课题中央财政资金、取消单位或有关人员课题申报资格等处理，并记入信用记录；涉嫌犯罪的，移送司法机关处理。

3. 科技部对审计报告和第三方评估测试或评价报告进行抽查监督评估，相关结果将作为对相关责任主体进行信用记录的重要依据。

建立对会计师事务所的责任追究制度。会计师事务所无正当理由不按时提交审计报告或出具的结题审计报告未能按要求如实反映被审课题资金管理和使用情况，或出现协助承担单位弄虚作假、重大稽核失误以及其他虚假陈述或未勤勉尽责行为的，相关部门给予通报批评或取消审计资格等处理，同时按照《中华人民共和国注册会计师法》及国家有关法律法规追究相应责任；涉嫌犯罪的，移送司法机关处理。

4. 专业机构是实施项目综合绩效评价的主体，对综合绩效评价结果负责。在综合绩效评价各环节出现审核疏漏、违反规则，以及滥用职权、玩忽职守、徇私舞弊等违法违纪行为的，一经查实，按照《中华人民共和国监察法》《事业单位工作人员处分暂行规定》《财政违法行为处罚处分条例》等国家有关法律法规追究相应责任；涉嫌犯罪的，移送司法机关处理。

5. 评估机构应当遵守国家法律法规，规范审查业务流程。评估机构存在重大问题的，可视情节采取记录机构不良信用、批评、通报、相关审查结果无效，或取消该单位审查资格等处理措施，并依法追究相关工作人员的责任。

6. 参与综合绩效评价工作的专家应恪尽职业操守，按照独立、客观、公正的原则进行审核评议。建立对专家的责任追究制度，存在明显不合理、不正当、不作为等倾向，或谋取不正当利益等行为的，其出具的相关意见无效，记入专家个人信用记录，情节严重的给予通报批评、取消专家资格等处理；涉嫌犯罪的，移送司法机关处理。

7. 对专业机构以及相关人员、项目承担单位及相关人员、会计师事务所及从业人员、有关专家等的处理结果，以适当方式向社会公布。

附：

1. 国家重点研发计划课题绩效自评价报告（参考格式）
2. 国家重点研发计划课题绩效评价专家个人意见表（参考格式）
3. 国家重点研发计划课题绩效评价专家组意见表（参考格式）
4. 国家重点研发计划项目综合绩效自评价报告（参考格式）
5. 专家课题资金评议打分表（参考格式）
6. 专家组课题资金评议打分表（参考格式）
7. 国家重点研发计划项目综合绩效评价专家个人意见表（参考格式）
8. 国家重点研发计划项目综合绩效评价专家组意见表（参考格式）
9. 关于下达国家重点研发计划××项目综合绩效评价结论的通知（参考格式）

附1

课题编号： 密级：

国家重点研发计划课题绩效自评价报告

（参考格式）

课题名称：

所属项目：

所属专项：

课题负责人：（签字）

课题承担单位：（盖章）

执行期限： 年 月至 年 月

中华人民共和国科学技术部

20 年 月 日

编报要求

一、内容说明

课题绩效自评价报告应围绕课题任务书的内容报告总体执行情况,具体包括课题目标和考核指标完成情况、重要成果、成果应用示范推广及产业化情况、一体化组织实施及管理运行情况、人才培养、资金使用情况等。

二、格式要求

文字简练;报告的密级一般与课题任务书密级相同;报告文本统一用A4幅面纸,报告文本第一次出现外文名称时要写清全称和缩写,再出现时可以使用缩写。

三、编制程序及时间要求

各课题执行期结束后,课题承担单位应组织课题参与单位编制绩效自评价报告,经课题承担单位和课题负责人审核签字(盖章)后,提交项目牵头单位。

涉密课题绩效自评价报告按照有关保密规定进行填写、打印及报送。

编写大纲

一、总体进展情况

1.课题总体进展情况

对照课题目标和各项考核指标,阐明课题总体进展情况。

2.课题重要调整情况

对课题主要研究内容和考核指标调整、课题承担/参与单位变更、课题负责人变更、项目骨干、课题执行期变更等调整情况进行说明(如无调整此项不需填写)。

二、取得的重要成果及效益

1.取得的重要进展及成果

简要介绍课题研究工作的重要进展、重要成果及应用前景。

2.经济社会效益

重点阐明课题研究对学科/行业产生的重要影响,对社会民生、生态环境、国家安全等的作用,以及研究成果的合作交流、转移转化和示范推广情况,人才、专利、技术标准战略在课题中的实施情况等。

三、人员及资金投入使用情况

1.人员及资金使用情况

对照课题任务书阐述人员投入情况,课题资金(包括中央财政资金、地方财政资金、单位自筹资金和其他渠道资金等)到位、拨付、支出和资金管理使用、监督情况等,并填写经结题审计后的《课题资金支出情况表》。

2.资金调整情况

如出现课题执行过程中需报批的预算调整事项,以及资金未及时到位、停拨、迟拨等特殊情况，请详细说明原因。

四、组织实施管理情况及重大问题、建议

五、课题任务书中有特殊约定或其他需要说明的事项

附表

课题资金支出情况表

金额单位：万元

填表说明：
1. 预算批复数以任务书批复的金额为准，如有调整，以履行报批程序后专业机构批复的金额为准；
2. 账面支出数为项目执行周期内实际支出数；
3. 账面结余数为预算批复数减去账面支出数。

序号	课题编号	课题承担单位	预算批复数			账面支出数			账面结余数				是否为预算内单位
			中央财政专项资金	其他来源资金	合计	中央财政专项资金	其他来源资金	合计	中央财政专项资金		其他来源资金	合计	
			直接费用	间接费用		直接费用	间接费用		直接费用	间接费用			
(1)	(2)		(3)	(4)	(5)	(6)	(7)		(8)		(9)	(10) (11) (12) (13) (14)	(15)
	累计												/

注：采用计提方式列支间接费用的课题，计提数则为账面支出数，无须填写计提后的详细支出情况。

附2

国家重点研发计划课题
绩效评价专家个人意见表

（参考格式）

重点专项名称					
项目编号		项目名称			
评价内容	课题1名称	课题2名称	课题3名称	课题4名称	……
一、课题目标、考核指标完成情况，对项目总体目标的贡献（55分）					
二、成果水平、创新性、应用前景及示范推广情况（30分）					
三、人才培养、组织管理、数据共享、技术档案归档等情况（15分）					
总分					
意见及建议：
签名：					

注：1. 本表由专家填写，每人一份。2. 意见及建议栏可另附页。3. 各项目可根据各自特点对各项评价内容的内涵进行细化。

附 3

国家重点研发计划课题
绩效评价专家组意见表
（参考格式）

重点专项名称			
项目编号		项目名称	
课题编号		课题名称	
课题负责人		课题承担单位	
专家组意见： （包括：1.对课题执行情况的总体评价，是否完成预定考核指标、达到预期目标，对项目总体目标的贡献；2.取得的重要成果、创新性、应用前景及示范推广等情况；3.组织管理、人才培养等情况；4.存在的问题及建议等。）			
绩效评价意见： □通过 □未通过 □结题			
专家组组长签名：			

注：因非不可抗拒因素未完成课题任务书确定的主要目标和任务；未按期提交材料的；提供的文件、资料、数据存在弄虚作假的；未按相关要求报批重大调整事项的；课题承担单位、参与单位或个人存在严重失信行为并造成重大影响的；拒不配合绩效评价工作的；均按未通过处理。

附 4

项目编号：　　　　　　　　　　　　　　　　　　密级：

国家重点研发计划项目综合绩效自评价报告
（参考格式）

项目名称：

所属专项：

项目负责人：（签字）

项目牵头单位：（盖章）

项目管理专业机构：

执行期限：　　年　　月至　　年　　月

中华人民共和国科学技术部

20　　年　　月　　日

编报要求

一、内容说明

项目综合绩效自评价报告应围绕项目任务书的内容报告总体执行情况，具体包括项目目标和考核指标完成情况、获得的重要成果、成果应用示范推广及产业化情况、组织管理和人才培养等情况，以及资金使用情况等。

二、格式要求

文字简练；报告的密级一般与项目任务书密级相同；报告文本统一用A4幅面纸，文字内容一律通过"国家科技管理信息系统公共服务平台"在线填报；报告文本第一次出现外文名称时要写清全称和缩写，再出现时可以使用缩写。

三、编制程序及时间要求

项目各课题绩效评价结束后，由项目牵头单位组织项目参与单位编制项目综合绩效自评价报告，经项目牵头单位及项目负责人审核后，按照填报项目任务书时的用户名和密码，登陆国家科技管理信息系统公共服务平台（http：//service.most.gov.cn/）在线填写，并由单位管理员审核提交专业机构审核确认。填报完毕后，打印装订，由项目负责人签字，项目牵头单位盖章后，报送专业机构。

涉密项目综合绩效自评价报告不得在线填写，请在国家科技管理信息系统公共服务平台下载文档模板，并按照有关保密规定进行填写、打印及报送。

编写大纲

一、总体进展情况

1. 项目总体进展情况

对照项目任务书的目标和各项主要考核指标，阐明项目总体进展情况，项目实施、重要产出和成果等对专项整体进展、完成专项目标的贡献。

2. 项目重要调整情况

对项目主要研究内容和考核指标调整、项目牵头单位/课题承担单位/课题参与单位变更、项目/课题负责人变更、项目骨干变更、项目（课题）执行期变更等调整情况进行说明（如无调整此项可不写）。

二、取得的重要成果及效益

1. 取得的重要进展及成果

介绍项目研究工作的重要进展、重要成果及应用前景。

2. 经济社会效益

重点阐明项目研究对学科/行业产生的重要影响，对社会民生、生态环境、国家安全等的作用，以及研究成果的合作交流、转移转化和示范推广情况，人才、专利、技术标准战略在项目中的实施情况等。

三、组织实施管理工作

1. 人员投入使用情况

对照项目任务书阐述项目的人员投入情况。

2.项目组织管理情况

阐述项目内部管理机构和管理制度建立、运行情况和效果，以及项目牵头单位组织课题间交流、检查评估等方面的管理情况。

3.项目间协作情况

阐述项目参与重点专项的相关管理活动，项目间资源与数据共享、协作研发以及成果转化应用情况，具有创新链上下游关系或关联性较强的相关项目实施中协调联动情况等。

4.组织实施风险及应对情况

阐述项目在组织实施过程中，面对外部政策、组织管理、研发变化和知识产权等方面的风险以及应对措施。

5.资金投入、拨付与支出情况

经结题审计后的项目资金（包括专项中央财政资金、地方财政资金、单位自筹资金和其他来源资金等）到位、拨付、调整、支出和资金使用监督管理情况等，并提交项目下所有课题的《中央财政科技计划项目（课题）结题审计报告》，如对审计报告有异议或进行整改的，可一并提交相关材料。

四、组织实施中的重大问题及建议

五、项目任务书中有特殊约定或其他需要说明的事项

六、专业机构要求提交的其他材料

附表

国家重点研发计划项目综合绩效评价信息表

一、项目基本情况

项目名称			
项目编号			
所属专项			
密级	□公开□秘密□机密□绝密	课题数	
项目牵头单位		单位性质	
申请绩效评价时间		参加单位数	
中央财政专项资金		地方财政资金	
单位自筹资金		其他渠道获得资金	
项目执行周期		审计基准日	
项目负责人		联系电话	
电子邮箱			
项目联系人		联系电话	
电子邮箱			
科研财务助理		联系电话	
电子邮箱			

续表

项目类型	□基础前沿 □重大共性关键技术 □应用示范 □其他 □青年项目
与专项内其他项目/应用单位/企业合作状况	□信息交流 □技术咨询 □研发合作 □成果转化 □实现产业化
项目执行情况	01 按期完成 02 提前完成 03 延期完成
项目完成情况	01 达到预期指标 02 超过预期指标 03 未达到预期指标

二、项目人员投入情况

总人数	其中女性	高级职称	中级职称	初职称级	其他人员	博士	硕士	学士	其他学历	总人年

三、项目目标及考核指标完成情况

项目目标	成果名称	成果类型	对应的课题	考核指标				考核方式（方法）及评价手段	实际完成指标状态
				指标名称	立项时已有指标值/状态	中期指标值/状态	完成时指标值/状态		
	1	□新理论 □新原理 □新产品 □新技术 □新方法 □关键部件 □数据库 □软件 □应用解决方案 □实验装置/系统 □临床指南/规范 □工程工艺 □标准 □论文 □发明专利 □其他		指标1.1					
				……					
	2	同上		指标2.1					
				……					
	……	同上		指标…					
				……					
科技报告考核指标	序号	报告类型	数量	提交时间				公开类别及时限	是否按计划提交科技报告
	其他目标与考核指标完成情况								

四、项目取得经济社会效益情况

1. 标准情况	获得国际标准数		获得国家标准数	
	获得行业、地方标准数		获得其他标准数	
2. 专利情况	申请发明专利项数		获得授权发明专利项数	
	其中国际		其中国际	
	申请其他各类专利项数		获得授权其他各类专利项数	
	其中国际		其中国际	
3. 专著人才等情况	毕业研究生数		其中博士生	
	取得软件著作权数		出版专著数	
4. 新理论、新技术、新产品等情况	取得的新理论、新原理数		取得的新技术、新工艺、新方法数	
	取得的新产品、新装置数		示范、推广面积数（亩）	
	获得新药（医疗器械）证书数、临床批件数		获得临床指南、规范数	
	新建生产线数		新建示范工程数	
5. 培训情况	培训技术人员数		培训农民数	
6. 成果转化情况	成果转让数（项）		成果转让收入（万）	

论文专著发表情况（请列出不超过5篇代表性论文）	论文/专著名称	发表期刊/出版单位	完成人	发表时间
	...			

专利申请授权情况（请列出不超过5项代表性专利）	申请/授权的专利名称	申请号/批准号	申请/批准国别	完成人	专利类型
	...				

技术标准获批情况	获得技术标准名称	标准类型	标准号
	...		

其他情况（不超过5项)	
	...

注：项目牵头单位仅需填写与本项目相关的内容信息，并根据项目进展情况填写。

五、项目牵头单位中央财政专项资金拨付情况表

金额单位：万元

填表说明：该表填报内容为项目牵头单位资金外拨课题承担单位情况。

序号	课题编号	课题名称	课题承担单位	预算批复数			拨付数			拨付日期	是否为预算内单位	是否足额拨付资金
				中央财政专项资金		合计	中央财政专项资金		合计			
				直接费用	间接费用		直接费用	间接费用				
	（1）	（2）	（3）	（4）	（5）	（6）	（7）	（8）	（9）	（10）	（11）	（12）
1												
2												
3												
4												
5												
6												
7												
8												
9												
10												
	累计										/	/

注：此表为项目牵头单位向课题承担单位拨付中央财政专项资金填列，如存在项目牵头单位向课题承担单位拨付其他来源资金的，请单独做出说明。

六、项目资金支出情况汇总表

金额单位：万元

填表说明：
1. 预算批复数以任务书批复的金额为准，如有调整，以履行报批程序后专业机构批复的金额为准；
2. 账面支出数为项目执行周期内实际支出数；
3. 账面结余数为预算批复数减去账面支出数。

序号	课题编号	课题承担单位	预算批复数				账面支出数				账面结余数				是否为预算内单位
			中央财政专项资金		其他来源资金	合计	中央财政专项资金		其他来源资金	合计	中央财政专项资金		其他来源资金	合计	
			直接费用	间接费用			直接费用	间接费用			直接费用	间接费用			
	（1）	（2）	（3）	（4）	（5）	（6）	（7）	（8）	（9）	（10）	（11）	（12）	（13）	（14）	（15）
1															

2								
3								
4								
5								
6								
7								
8								
9								
10								
累计								/

注：1. 课题承担单位应付未付和预计支出应在课题审计报告中反映；
　　2. 采用计提方式列支间接费用的课题，计提数则为账面支出数，无须填写计提后的详细支出情况。

附5

专家课题资金评议打分表
（参考格式）

课题编号		课题承担单位	
课题名称		课题负责人	
总经费		中央财政专项资金	
		其他来源资金	

一、评分表				
指标	内容	分值	评分
1. 资金到位和拨付情况	①中央财政专项资金和其他来源资金到位情况； ②项目/课题承担单位是否按照任务进展对课题承担/参与单位及时足额拨付资金。 （如出现无故不拨专项经费影响课题任务执行；自筹资金不到位影响任务执行等情况，该指标得0分）	30	
2. 会计核算和资金使用情况	①课题承担/参与单位的会计核算是否规范； ②支出与课题任务是否相关、经济合理，开支范围和标准是否符合规定； ③相关资产管理情况； ④财务档案保存情况。 （如出现挤占、挪用、套取、转移专项资金，提供虚假会计资料，拒不提供会计资料，存在问题拒不整改以及其他违反国家财经纪律行为的任意一种，该指标得0分）	40	
3. 预算执行与调整情况	①专项经费预算调整是否履行规定的程序（如出现重大调整事项未报批的，该指标得0分）； ②专项经费预算执行是否明显过低；（课题专项经费预算执行率每低于95%一个百分点，减少1分）	30	
评议得分		100	

二、资金审核评议情况说明	
（一）资金到位和拨付情况：	
（二）会计核算和资金使用情况：	
（三）预算执行与调整情况：	
（四）经评议，对审计确认的结余资金进行了审核调整：	
1.	
2.	
……	
最终认定本课题结余资金为万元。	
评议专家签字：	日期：

附6

专家组课题资金评议打分表
（参考格式）

课题编号		课题承担单位	
课题名称		课题负责人	
总经费		中央财政专项资金	
		其他来源资金	

一、评分表					
指标	分值	评分1	评分2	评分3	评分4	最终评分
1. 资金到位和拨付情况	30					
2. 会计核算和资金使用情况	40					
3. 预算执行与调整情况	30					
评议得分	100					

二、资金审核评议情况说明	
（一）资金到位和拨付情况：	
（二）会计核算和资金使用情况：	
（三）预算执行与调整情况：	
（四）经专家组评议，对审计确认的结余资金进行了审核调整：	
1.	
2.	
……	
最终认定本课题结余资金为万元。	
专家组副组长签字：	日期：

附 7

国家重点研发计划项目综合绩效评价专家个人意见表

（参考格式）

重点专项名称			
项目编号		项目名称	
项目负责人		项目牵头单位	
评价内容		分值	得分
一、项目目标、考核指标完成情况等		55	
二、成果水平、创新性、应用前景及示范推广情况		30	
三、组织管理、人才培养、数据共享、科技报告呈交、技术档案归档等情况		15	
总分		100	
意见及建议： 签名：			

注：1. 本表由专家填写，每人一份。
　　2. 意见及建议栏可另附页。
　　3. 各专业机构可根据专项项目特点对各项评议内容的内涵作进行细化。

附 8

国家重点研发计划项目综合绩效评价专家组意见表

（参考格式）

重点专项名称											
项目编号					项目名称						
项目负责人					项目牵头单位						
专家平均评分	专家1	专家2	专家3	专家4	专家5	专家6	专家7	专家8	专家9	专家10	专家……
专家组意见： （包括：1. 对项目执行情况的总体评价，是否完成预定任务、达到预期目标，项目支撑专项目标实现情况；2. 取得的重要成果、创新性、应用前景及示范推广等情况；3. 组织管理、人才培养及相关项目协同情况等；4. 存在的问题及建议等。）											
综合绩效评价意见： □通过 □未通过 □结题 专家组组长签名：											

注：因非不可抗拒因素未完成项目任务书确定的主要目标和任务；未按任务书约定提交科技报告或未按期提交材料的；提供的文件、资料、数据存在弄虚作假的；未按相关要求报批重大调整事项的；项目牵头单位、课题承担单位、参与单位或个人存在严重失信行为并造成重大影响的；拒不配合综合绩效评价工作或逾期不开展课题绩效评价的；均按未通过处理。

附 9

关于下达国家重点研发计划 ×× 项目
综合绩效评价结论的通知
（参考格式）

×× （项目牵头单位）：

你单位牵头承担的 ×× 项目执行期已满。按照《国家重点研发计划管理暂行办法》（国科发资〔2017〕152 号）、《国家重点研发计划资金管理办法》（财科教〔2017〕113 号）以及相关配套管理制度等要求，你单位组织对该项目下设各课题任务完成情况进行了绩效评价；我们组织对该项目进行了综合绩效评价，现将综合绩效评价结论下达你单位。

一、项目综合绩效评价结论

项目综合绩效评价结论为 ××，评分为 ×× 分，绩效等级为 ××。

课题编号	课题名称	课题绩效评价结论	课题资金评议得分	结余资金（单位：万元）	应上交结余（单位：万元）
	项目合计				

注：如项目综合绩效评价结论为"未通过"或"结题"，项目下各课题的结余资金均应上交专业机构；"应上交结余"栏目填写的金额应等于"结余资金"栏目。

二、有关要求

对于留归单位使用的结余资金，应严格按照中央财政科技计划资金管理的相关规定执行，加强管理，规范使用，切实提高资金的使用效益。

对于应上交的结余资金，请项目牵头单位在收到综合绩效评价结论后 1 个月内及时组织回收课题承担单位的结余，汇总上交至专业机构指定账户（户名：　　　　　开户行：　　　　　账号：　　　　　），并备注 "×× 结余"。课题承担单位应组织相关参与单位做好结余回收工作，并积极配合项目牵头单位完成结余上交。

附件：项目综合绩效评价专家组意见表（将专家个人评分删去）

（专业机构签章）

年　　月　　日

科技部 财政部关于进一步优化
国家重点研发计划项目和资金管理的通知

(国科发资〔2019〕45号)

各有关单位：

为贯彻落实习近平总书记在两院院士大会上的重要讲话精神和《国务院关于优化科研管理提升科研绩效若干措施的通知》(国发〔2018〕25号)、《中共中央办公厅、国务院办公厅关于进一步加强科研诚信建设的若干意见》《国务院办公厅关于抓好赋予科研机构和人员更大自主权有关文件贯彻落实工作的通知》(国办发〔2018〕127号)的要求，充分激发科研人员创新活力，切实减轻科研人员负担，现就国家重点研发计划组织实施有关问题补充通知如下。

1. 整合精简各类报表。系统梳理项目申报、立项、过程管理和综合绩效评价等环节，优化管理流程，整合项目申报书、任务书、年度报告、中期报告、综合绩效自评价报告等材料中的各类报表，按照减量不减质、满足管理基本需求的原则，将现有项目层面填报的表格，整合精简为6张；课题层面填报的表格，整合精简为8张，实现"一表多用、一表多能"。

2. 减少信息填报和材料报送。从项目申报到综合绩效评价各环节，全面推行信息化方式，通过国家科技管理信息系统填报材料。杜绝科研单位基本信息、科研人员基本信息、项目目标和考核指标等各类信息的重复填报，减少联合申报协议、诚信承诺书等材料的重复报送，实现项目全周期"信息一次填报、材料一次报送"。

合并年度报告和预算执行报告，不再单独编报年度财务决算报告；减少纸质材料报送，一般情况下，项目牵头单位报送的纸质材料（除任务书外）不超过2套。除共性要求外，项目管理专业机构不得额外增加半年报、季报等材料和表格报送，切实减轻科研人员负担。

3. 精简过程检查。按照任务书约定，在关键节点开展里程碑式管理；实施周期三年以下的项目，一般不开展过程检查。项目管理专业机构提前制定年度检查工作方案，相对集中时间开展检查，避免在同一年度对同一项目重复检查、多头检查。同时，注重年度报告等已有信息的分析运用，尽量让科研人员少填报信息。

4. 赋予科研人员更大技术路线决策权。科研项目申报期间，以科研人员提出的技术路线为主进行论证；科研项目实施期间，科研人员可以在研究方向不变、不降低考核指标的前提下自主调整研究方案和技术路线，由项目牵头单位报项目管理专业机构备案。

科研项目负责人可以根据项目需要，在申报期间按规定自主组建科研团队；结合项目进展情况，在实施期间按规定进行相应调整，并在遵守科研人员限项规定及符合诚信要求的前提下自主调整项目骨干、一般参与人员，由项目牵头单位报项目管理专业机构备案。

5. 简化预算编制要求。根据科研活动规律和特点，进一步完善预算编制。简化预算测算说明和编报表格，除设备费外，其他开支科目无须单独填列明细表格。会议费/差旅费/国际合作交流费预算不超过直接费用 10% 的，无须提供预算测算依据；超过 10% 的，按照会议、差旅、国际合作交流分类提供必要的测算依据，无须对每次会议、差旅做单独的测算和说明。对于纳入"绿色通道"改革试点单位的科研项目预算编制要求，按照改革试点相关规定执行。

6. 扩大承担单位预算调剂权限。直接费用中设备费预算总额一般不予调增，确需调增的应报项目管理专业机构审批；设备费预算总额调减、设备费内部预算结构调整、拟购置设备的明细发生变化，以及其他科目的预算调剂权下放给承担单位。直接费用实行分类总额控制，其中，材料费、测试化验加工费、燃料动力费、出版/文献/信息传播/知识产权事务费等四个科目在实施中按一类管理；劳务费、专家咨询费、会议/差旅费/国际合作交流费、其他支出等四个科目在实施中按一类管理。两类之间的预算调剂应履行承担单位内部审批程序；同一类预算额度内，承担单位可结合实际情况进行审批或授权课题负责人自行调剂使用；承担单位应按照国家有关规定完善管理制度，及时为科研人员办理预算调剂手续；相关管理制度由单位主管部门报项目管理部门备案。

7. 规范结题财务审计。项目实施期满后，课题承担单位应当及时清理账目与资产，严格按照《中央财政科技计划项目（课题）结题审计指引》及相关规范组织实施结题审计工作，并做好与项目综合绩效评价工作的衔接。

8. 实施一次性项目综合绩效评价。不再单独组织技术验收、财务验收，合并有关验收程序，实施一次性综合绩效评价。项目实施期满，项目管理专业机构应当根据有关要求，严格按照任务书的约定，考核项目任务完成情况和项目资金管理使用情况，组织开展综合绩效评价，重视相关项目间的协同和项目对重点专项目标实现的支撑作用。结余经费的认定、留用与收回等按照综合绩效评价相关要求执行。

9. 突出代表性成果和项目实施效果评价。按照分类评价的要求，基础研究与应用基础研究类项目重点评价新发现、新原理、新方法、新规律的重大原创性和科学价值、解决经济社会发展和国家安全重大需求中关键科学问题的效能、支撑技术和产品开发的效果、代表性论文等科研成果的质量和水平；技术和产品开发类项目重点评价新技术、新方法、新产品、关键部件等的创新性、成熟度、稳定性、可靠性，突出成果转化应用情况及其在解决经济社会发展关键问题、支撑引领行业产业高质量发展中发挥的作用；应用示范类项目绩效评价以规模化应用、行业内推广为导向，重点评价集成性、先进性、经济适用性、辐射带动作用及产生的经济社会效益。对提交评价的论文、专利等作出数量限制规定，不将"头衔""帽子""论文数量""获得奖励"等作为评价指标。

10. 加强科学伦理审查和监管。有关承担单位和科研人员须恪守科学道德，遵守有关法律法规和伦理准则。相关单位建立资质合格的伦理审查委员会，须对相关科研活动加强审查和监管；相关科研人员应自觉接受伦理审查和监管。

11. 强化承担单位和项目管理专业机构责任。承担单位应发挥科研项目和资金管理主体责任，结合单位实际，修订完善内部科研项目和资金管理制度，严格按照任务书的承诺，做好组织实施和支撑服务；中央高校、科研院所要根据科研工作的特点，对科研需要的出差和会议按标准报销相关费用，进一步简化优化报销管理，建立起科学合理、便捷高效的报销管理机制；加强单位内部的政策宣传与培训，强化科研人员的责任和诚信意识，对违背承诺与诚信要求的，加强责任追究，对严重失信行为实行联合惩戒。项目管理专业机构要深入落实下放科技管理权限工作，及时向项目承担单位拨付资金，不得额外增加承担单位的负担。承担单位及项目管理专业机构要根据《财政部关于进一步完善中央财政科技和教育资金预算执行管理有关事宜的通知》（财库〔2018〕96号）等要求，做好资金支付管理、公务卡管理、科研仪器设备采购管理等相关工作。

12. 做好项目政策衔接。对于执行周期结束且已开展结题验收的项目，继续按照原政策执行；项目执行周期结束但尚未开展结题验收以及仍在执行中的项目，参照本通知执行。

本通知自发布之日起施行，《国家重点研发计划管理暂行办法》（国科发资〔2017〕152号）、《国家重点研发计划资金管理办法》（财科教〔2016〕113号）和改革前计划有关管理办法等相关规定与本通知要求不一致的，以本通知为准。

科技部　财政部
2019年1月22日

科技部办公厅关于调整 2020 年度国家重点研发计划项目管理相关工作安排的通知

(国科办资〔2020〕9 号)

各有关单位：

为深入贯彻习近平总书记关于新冠肺炎疫情防控的重要指示精神，确保广大科研人员能够集中精力开展疫情防控科技攻关、做好疫情防控工作，现对 2020 年度国家重点研发计划项目管理相关工作进行调整，有关事项通知如下。

一、调整事项

1. 项目申报时间调整。目前所有处于申报期的项目，申报材料提交截止时间在原定时间要求基础上延后 30 天，同时相应的评审立项工作安排顺延。

2. 项目验收时间调整。对于实施期已结束正在准备综合绩效评价材料的项目，材料提交时间将 3 个月延长为 6 个月。已提交综合绩效评价材料的项目，项目管理专业机构组织开展后续工作的时间视情况顺延。

3. 项目实施周期调整。对于实施期结束时间在 2020 年 12 月底前的在研项目，项目实施期自动延长 6 个月，在此期间项目承担单位完成项目任务的，可立即启动课题绩效评价和结题审计工作，提交项目综合绩效评价材料。项目研究人员在申请新项目时，限项时间按原任务书实施期结束时间为准。

如核心研究团队身处疫区或直接投入疫情防控诊治一线、关键任务实施受到疫情严重影响需要进一步延长实施周期，项目牵头单位可根据实际情况向项目管理专业机构提出申请。

对于实施期结束时间不在上述范围的在研项目，如受疫情影响较为严重，可根据实际需要提出延期申请。

4. 其他管理服务工作安排调整。根据疫情防控进展情况，项目管理专业机构可将原计划进行的评审立项、中期检查等工作适当延期，并及时通知项目牵头单位。

二、相关要求

1. 各项目管理专业机构和国家科技管理信息系统服务支撑单位要按照上述调整要求，及时做好工作统筹安排，进一步深入落实"放管服"各项要求，充分运用各类信息技术手段，在及时高效办理项目调整事项、切实减轻科研人员负担等方面不断强化服务意识和能力，为打赢疫情防控阻击战做好服务，推动国家科技计划任务有序顺利实施。

2. 请各有关项目承担单位在组织开展研究工作的同时，严格遵循国家、地方的各项防疫要求，减少人员聚集，确保科研人员健康安全；切实按照党中央、国务院的有关部署，做好科研团队、科研资源等的统筹协调，优先保障疫情防控科研攻关需求。

科技部办公厅
2020 年 2 月 12 日

第五节 技术创新引导专项（基金）

科技部 财政部关于印发《国家科技成果转化引导基金设立创业投资子基金管理暂行办法》的通知

（国科发财〔2014〕229号）

各省、自治区、直辖市及计划单列市科技厅（委、局）、财政厅（局），新疆生产建设兵团科技局、财务局，科技部、财政部各有关司（中心），各有关单位：

根据《国家科技成果转化引导基金管理暂行办法》（财教[2011]289号），为规范国家科技成果转化引导基金设立创业投资子基金工作，科技部、财政部制定了《国家科技成果转化引导基金设立创业投资子基金管理暂行办法》。现予印发，请遵照执行。

科技部 财政部
2014年8月8日

国家科技成果转化引导基金设立创业投资子基金管理暂行办法

第一章 总则

第一条 为规范国家科技成果转化引导基金（以下简称引导基金）设立创业投资子基金（以下简称子基金），加强资金管理，根据《国家科技成果转化引导基金管理暂行办法》，制定本办法。

第二条 引导基金按照政府引导、市场运作、不以营利为目的的原则设立子基金。设立方式包括与民间资本、地方政府资金以及其他投资者共同发起设立，或对已有创业投资基金增资设立等。

第三条 科技部按照《国家科技成果转化引导基金管理暂行办法》和本办法规定的条件和程序批准出资设立子基金。

第二章 子基金的设立

第四条 子基金应当在中国大陆境内注册，募集资金总额不低于10000万元人民币，且以货币形式出资，经营范围为创业投资业务，组织形式为公司制或有限合伙制。

第五条 引导基金对子基金的参股比例为子基金总额的20%-30%，且始终不作为第一大股东或最大出资人；子基金的其余资金应依法募集，境外出资人应符合国家相关规定。

第六条 子基金存续期一般不超过8年。在子基金股权资产转让或变现受限等情况下，经子基金出资人协商一致，最多可延长2年。

第七条 在中国大陆境内注册的投资企业或创业投资管理企业（以下统称投资机构）可以作为申请者，向科技部、财政部申请设立子基金。多家投资机构拟共同发起子基金的，应推举一家机构作为申请者。

科技部、财政部委托引导基金的受托管理机构受理子基金的设立申请。

第八条 申请者为投资企业的，其注册资本或净资产应不低于5000万元；申请者为创业投资管理企业的，其注册资本应不低于500万元。

第九条 申请者应当确定一家创业投资管理企业作为拟设立的子基金的管理机构。该管理机构应具备以下条件：

（一）在中国大陆境内注册，主要从事创业投资业务；

（二）具有完善的创业投资管理和风险控制流程，规范的项目遴选和投资决策机制，健全的内部财务管理制度，能够为所投资企业提供创业辅导、管理咨询等增值服务；

（三）至少有3名具备5年以上创业投资或相关业务经验的专职高级管理人员；在国家重点支持的高新技术领域内，至少有3个创业投资成功案例；

（四）应参股子基金或认缴子基金份额，且出资额不得低于子基金总额的5‰；

（五）企业及其高级管理人员无重大过失，无受行政主管机关或司法机关处罚的不良记录。

第十条 申请者向受托管理机构提交的申请应包括以下材料：

（一）子基金组建或增资方案；

（二）主要出资人的出资承诺书或出资证明；

（三）会计师事务所出具的投资机构近期的审计报告；

（四）子基金管理机构的有关材料；

（五）其他应当提交的资料。

第十一条 受托管理机构收到申请后，应对申请材料进行初审。对于不符合要求的，应及时通知申请者补充完善；对于符合要求的，应在规定时间内组织开展尽职调查，形成调查报告，并向引导基金理事会提交调查报告和子基金设立方案。

受托管理机构按照理事会要求委托专业化的社会中介机构开展尽职调查等工作。

第十二条 引导基金理事会依据《国家科技成果转化引导基金理事会规程》的相关规定，对调查报告和子基金设立方案进行审核，形成审核意见。

第十三条 科技部根据引导基金理事会的审核意见，对子基金设立方案进行合规性审查。对于符合设立条件的，科技部商财政部同意后向社会公示，公示期为10个工作日；公示无异议的，批准出资设立子基金，并向社会公告。

第三章 投资管理

第十四条 科技部、财政部委托受托管理机构向子基金派出代表，依据法律法规和子基金章程或合伙协议等行使出资人职责，参与重大决策，监督子基金的投资和运作，不参与日常管理。子基金管理机构做出投资决定后，应在实施投资前3个工作日告知受托管理机构代表。

第十五条 子基金管理机构在完成子基金70%的资金委托投资之前，不得募集其他基金。子基金的待投资金应存放托管银行或购买国债等风险低、流动性强的符合国家有关规定的金融产品。

子基金管理费由子基金出资人与子基金管理机构协商确定。

第十六条 子基金投资于转化国家科技成果转化项目库中科技成果的企业的资金应不低于引

导基金出资额的 3 倍，且不低于子基金总额的 50%；其他投资方向应符合国家重点支持的高新技术领域；所投资企业应在中国大陆境内注册。

第十七条 子基金不得从事以下业务：

（一）投资于已上市企业（所投资企业上市后，子基金所持股份未转让及其配售部分除外）；

（二）从事担保、抵押、委托贷款、房地产（包括购买自用房地产）等业务；

（三）投资于股票、期货、企业债券、信托产品、理财产品、保险计划及其他金融衍生品；

（四）进行承担无限连带责任的对外投资；

（五）吸收或变相吸收存款，以及发行信托或集合理财产品的形式募集资金；

（六）向任何第三方提供资金拆借、赞助、捐赠等；

（七）其他国家法律法规禁止从事的业务。

第十八条 引导基金以出资额为限对子基金债务承担责任。子基金清算出现亏损时，首先由子基金管理机构以其对子基金的出资额承担亏损，剩余部分由引导基金和其他出资人按出资比例承担。

第十九条 出现下列情况之一时，引导基金可选择退出，且无须经由其他出资人同意：

（一）子基金方案获得科技部批准后，未按规定程序完成设立手续超过一年的；

（二）引导基金向子基金账户拨付资金后，子基金未开展投资超过一年的；

（三）子基金投资项目不符合本办法规定的政策目标的；

（四）子基金未按照章程或合伙协议约定投资的；

（五）子基金管理机构发生实质性变化的。

第二十条 子基金存续期内，鼓励子基金的股东（出资人）或其他投资者购买引导基金所持子基金的股权或份额。同等条件下，子基金的股东（出资人）优先购买。

对于发起设立的子基金，注册之日起 4 年内（含 4 年）购买的，以引导基金原始出资额转让；4 年至 6 年内（含 6 年）购买的，以引导基金原始出资额及从第 5 年起按照转让时中国人民银行公布的 1 年期贷款基准利率计算的利息之和转让；6 年以上仍未退出的，将与其他出资人同股同权在存续期满后清算退出。

对于增资设立的子基金的，上述年限从子基金完成变更登记手续之日起计算。

第二十一条 子基金存续期结束时，子基金出资各方按照出资比例或相关协议约定获取投资收益。子基金的年平均收益率不低于子基金出资时中国人民银行公布的一年期贷款基准利率的，引导基金可将其不超过 20% 的收益奖励子基金管理机构。

第四章 托管银行

第二十二条 科技部、财政部通过招标等方式确定若干家银行作为子基金的托管银行，并向社会公布。托管银行应当符合以下条件：

（一）成立时间在 5 年以上的全国性股份制商业银行；

（二）具有专门的基金托管机构和创业投资基金托管经验；

（三）无重大过失以及受行政主管机关或司法机关处罚的不良记录。

第二十三条 子基金应在科技部、财政部公布的银行名单中选择托管银行，签订资产托管协议，开设托管账户。托管银行与子基金主要出资人、子基金管理机构之间不得有股权和亲属等关联及利害关系。

第二十四条 托管银行负责托管子基金资产，按照托管协议和投资指令负责子基金的资金往来，定期向受托管理机构报告资金情况。受托管理机构负责对托管银行履行职责情况进行考核。

第二十五条 子基金存续期内产生的股权转让、分红、清算等资金应进入托管账户，不得循环投资。

第五章 收入收缴

第二十六条 引导基金投资子基金的收入包括引导基金退出时应收回的原始投资及应取得的收益、子基金清算时引导基金应取得的剩余财产清偿收入等。

上述原始投资及应取得的收益，按照引导基金的实际出资额以及引导基金股权或份额转让协议等确定；应取得的剩余财产清偿收入根据有关法律程序确定。

第二十七条 引导基金投资子基金的所得收入上缴中央国库，纳入中央公共财政预算管理。收入收缴工作由受托管理机构负责，按照国库集中收缴有关规定执行。

第二十八条 引导基金投资子基金的收入按以下程序上缴：

（一）受托管理机构与子基金其他出资人等商议股权或份额退出、收益分配及清算等事宜，并对子基金实施情况的专项审计报告、受让子基金股权或份额申请以及确认收入所依据的相关资料等进行审核；

（二）受托管理机构根据商议及审核结果，提出引导基金退出及收入收缴实施方案，报科技部、财政部审定；

（三）受托管理机构根据科技部、财政部的审定意见，办理股权或份额转让、收入收缴等手续，向有关缴款单位发送缴款通知；

（四）缴款单位在收到缴款通知后的 30 日内，将应缴的引导基金投资子基金收入缴入引导基金在托管银行开设的指定账户。

第六章 管理与监督

第二十九条 受托管理机构应建立子基金管理信息系统，实施子基金设立及运作的过程管理，并采取投资告知、定期报告、专项审计等方式，加强对子基金的管理和监督。

第三十条 受托管理机构应向科技部、财政部定期提交子基金运作情况和引导基金投资子基金收入上缴情况，及时报告子基金法律文件变更、资本增减、违法违规事件、管理机构变动、清算与解散等重大事项。

第三十一条 科技部、财政部委托引导基金理事会对子基金运作情况定期开展绩效评价，对受托管理机构改进工作提出建议。

第三十二条 受托管理机构不能有效履行职责、发生重大过失或违规行为等造成恶劣影响的，科技部、财政部视情况给予约谈、批评、警告直至取消其受托管理资格的处理。处理结果可向社会公告。

第三十三条 任何单位和个人不得隐瞒、滞留、截留、挤占、挪用引导基金投资子基金的收入。一经发现和查实前述行为，除收回有关资金外，按照《财政违法行为处罚处分条例》（国务院令第 427 号）的规定处理。

第七章 附则

第三十四条 本办法规定的相关事项应在子基金章程或合伙协议等文件中载明。

第三十五条 本办法由科技部、财政部负责解释。

第三十六条 本办法自发布之日起 30 日后施行。

科技部 财政部关于
启动实施国家科技成果转化引导基金有关工作的通知

(国科发财〔2014〕311号)

各省、自治区、直辖市及计划单列市科技厅(委、局)、财政厅(局),新疆生产建设兵团科技局、财务局,各有关单位:

为促进科技成果转化,根据财政部、科技部《国家科技成果转化引导基金管理暂行办法》(财教[2011]289号)以及科技部、财政部《国家科技成果转化引导基金设立创业投资子基金管理暂行办法》(国科发财[2014]229号)等文件要求,现将转化基金有关启动实施工作通知如下:

一、管理单位

1. 科技部、财政部委托国家科技风险开发事业中心作为2014—2015年度受托管理机构,承担相应年度转化基金设立创业投资子基金受理申请等日常管理工作。

国家科技风险开发事业中心联系人:李天一、张萌、杜俊华,联系电话:010-88301514,传真:010-68340830,地址:北京市海淀区首体南路2号,邮编:100044。

2. 科技部、财政部建立国家科技成果转化项目库,委托中国科学技术信息研究所承担国家科技成果转化项目库信息系统的建设和维护运行工作。

成果转化项目库信息系统的建设和维护相关工作具体由中国科学技术信息研究所负责,联系人:赵辉、杨晖、彭洁,联系电话:010-58882026 58882645 58882524,地址:北京市海淀区复兴路15号,邮编:100038。

二、启动工作要求

根据工作需要,转化基金设立创业投资子基金工作于9月26日启动实施。其他支持方式将在出台相关管理办法后陆续启动。

有关单位可以向科技部条件财务司、财政部教科文司以及通过国家科技成果转化引导基金官方网站(www.nfttc.gov.cn)、国家科技成果转化项目库网站(www.nstad.cn)了解转化基金政策信息和申报要求。

科技部 财政部
2014年10月24日

科技部　财政部关于印发《国家科技成果转化引导基金贷款风险补偿管理暂行办法》的通知

(国科发资〔2015〕417号)

各省、自治区、直辖市及计划单列市科技厅（委、局）、财政厅（局），新疆生产建设兵团科技局、财务局：

根据《国家科技成果转化引导基金管理暂行办法》（财教〔2011〕289号），为规范国家科技成果转化引导基金贷款风险补偿工作，科技部、财政部制定了《国家科技成果转化引导基金贷款风险补偿管理暂行办法》。现予印发，请遵照执行。

科技部　财政部
2015年12月4日

国家科技成果转化引导基金贷款风险补偿管理暂行办法

第一条　为规范国家科技成果转化引导基金（以下简称转化基金）贷款风险补偿工作，根据《国家科技成果转化引导基金管理暂行办法》，制定本办法。

第二条　贷款风险补偿是指转化基金对合作银行发放用于转化国家科技成果转化项目库中科技成果的贷款（以下简称科技成果转化贷款）给予一定的风险补偿。

第三条　科技成果转化贷款应符合以下条件：

（一）向年销售额3亿元以下的科技型中小企业发放用于科技成果转化和产业化的贷款；

（二）贷款期限为1年期（含1年）以上。

第四条　转化基金按照政府引导、共同支持、风险分担、适当补偿的原则，与设立贷款风险补偿资金的省、自治区、直辖市、计划单列市等（以下简称省市）联合实施贷款风险补偿工作。

第五条　省市科技部门、财政部门应根据本办法，与合作银行省市机构等协商制定本地开展贷款风险补偿工作的具体实施方案，报科技部、财政部备案。

第六条　科技部、财政部委托转化基金受托管理机构（以下简称受托管理机构）负责科技成果转化贷款风险补偿日常管理工作。

第七条　受托管理机构通过招标确定合作银行，向社会公告；报科技部、财政部批准后，与合作银行签订贷款风险补偿合作协议。合作协议有效期一般为3年。

第八条　合作银行应具备下列条件：

（一）在中国大陆境内注册，具有开展人民币贷款业务资格的银行业金融机构；

（二）自身实力较强，服务网点较多；

（三）资产状况良好，科技信贷管理机制较完善，具有较强的风险控制能力和较好的经营业绩，无重大违法违规行为。

第九条 合作银行应明确科技成果转化贷款的条件、标准和程序等，并在转化基金及合作银行等网站上公布。对于符合条件的贷款，合作银行应在综合评审、合理定价、风险可控的条件下积极支持，降低贷款成本，提高贷款效率。

第十条 对合作银行年度风险补偿额按照合作银行当年实际发放的科技成果转化贷款额进行核定，最高不超过合作银行当年实际发放的科技成果转化贷款额的2%。具体比例另行核定。

第十一条 合作银行省市机构向省级科技部门报送在当地发生的科技成果转化贷款项目。省级科技部门会同同级财政部门对符合科技成果转化贷款条件的贷款项目进行确认。

第十二条 省级科技部门、财政部门应将确认结果及时反馈合作银行省市机构，同时报送受托管理机构。

第十三条 合作银行总行应汇总、审核其省市机构上一年度发生的经确认的科技成果转化贷款项目情况，于每年第一季度向受托管理机构提交贷款风险补偿申请。

第十四条 受托管理机构应根据核定的补偿比例以及省级科技部门、财政部门报送的科技成果转化贷款项目情况等，审核合作银行的贷款风险补偿申请，拟定年度科技成果转化贷款风险补偿方案，并提交转化基金理事会审议。

第十五条 受托管理机构根据转化基金理事会的审议意见，向科技部提交年度科技成果转化贷款风险补偿方案。

第十六条 科技部对年度科技成果转化贷款风险补偿方案进行合规性审查，提出转化基金贷款风险补偿年度预算安排建议，报财政部批复。按照财政部批复的预算和财政国库管理制度有关规定，向合作银行支付贷款风险补偿资金。

第十七条 合作银行对贷款风险补偿金按照金融企业财务制度的有关规定处理。

第十八条 科技部、财政部委托转化基金理事会对贷款风险补偿工作的实施情况开展绩效评价。

第十九条 联合开展贷款风险补偿资金的省市应于每年一季度向受托管理机构报送本地贷款风险补偿工作开展情况，不能有效开展工作的，科技部、财政部将暂停直至终止与其联合实施贷款风险补偿工作。

第二十条 受托管理机构负责对合作银行开展的科技成果转化贷款增长、服务能力、科技金融专业团队建设情况等绩效情况进行评估，根据评估结果提出续约、经整改后续约、不续约和取消合作资格的建议，经转化基金理事会审议后报科技部、财政部同意后实施。

第二十一条 合作银行弄虚作假骗取贷款风险补偿资金的，一经查实，除收回有关资金、取消合作资格外，按照有关规定进行处理，并向社会通报。

第二十二条 受托管理机构不能有效履行职责、发生重大过失或违规行为等造成恶劣影响的，科技部、财政部视情况给予批评、警告直至取消其受托管理资格的处理。处理结果向社会公告。

第二十三条 本办法由科技部、财政部负责解释。

第二十四条 本办法自2016年1月1日起施行。

关于印发
《中央引导地方科技发展资金管理办法》的通知

(财教〔2019〕129号)

各省、自治区、直辖市、计划单列市财政厅（局）、科技厅（委、局），新疆生产建设兵团财政局、科技局：

为规范和加强中央财政对地方转移支付资金管理，提高资金使用效益，根据《中华人民共和国预算法》《国务院办公厅关于印发科技领域中央与地方财政事权和支出责任划分改革方案的通知》等有关法律法规和政策要求，以及财政部转移支付资金等预算管理规定，我们修订了《中央引导地方科技发展资金管理办法》，现印发给你们，请遵照执行。

附件：中央引导地方科技发展资金管理办法

财政部　科技部
2019年9月24日

附件

中央引导地方科技发展资金管理办法

第一条 为规范中央引导地方科技发展资金（以下称引导资金）管理，提高引导资金使用效益，推进科技创新，根据国家有关规定，制定本办法。

第二条 本办法所称引导资金，是指中央财政用于支持和引导地方政府落实国家创新驱动发展战略和科技改革发展政策、优化区域科技创新环境、提升区域科技创新能力的共同财政事权转移支付资金。实施期限根据科技领域中央与地方财政事权和支出责任划分改革方案等政策相应进行调整。

第三条 引导资金由财政部、科技部共同负责管理。科技部负责审核地方相关材料和数据，提供资金测算需要的基础数据，提出资金需求测算方案和分配建议。财政部根据预算管理相关规定，会同科技部研究确定各省份引导资金预算金额。省级财政、科技部门明确省级及以下各级财政、科技部门在资金安排和使用管理方面的责任，切实加强资金管理。

第四条 引导资金管理遵循"中央引导、省级统筹，简政放权、激发活力，聚焦重点、突出绩效"的原则。

第五条 引导资金支持以下四个方面：

（一）自由探索类基础研究。主要指地方聚焦探索未知的科学问题，结合基础研究区域布局，自主设立的旨在开展自由探索类基础研究的科技计划（专项、基金等），如地方设立的自然科学基金、基础研究计划、基础研究与应用基础研究基金等。

（二）科技创新基地建设。主要指地方根据本地区相关规划等建设的各类科技创新基地，包括依托大学、科研院所、企业、转制科研机构设立的科技创新基地（含省部共建国家重点实验室、临床医学研究中心等），以及具有独立法人资格的产业技术研究院、技术创新中心、新型研发机构等。

（三）科技成果转移转化。主要指地方结合本地区实际，针对区域重点产业等开展科技成果转移转化活动，包括技术转移机构、人才队伍和技术市场建设，以及公益属性明显、引导带动作用突出、惠及人民群众广泛的科技成果转化示范及科技扶贫项目等。

（四）区域创新体系建设。主要指国家自主创新示范区、国家科技创新中心、综合性国家科学中心、可持续发展议程创新示范区、国家农业高新技术产业示范区、创新型县（市）等区域创新体系建设，重点支持跨区域研发合作和区域内，科技型中小企业科技研发活动。

第六条 支持自由探索类基础研究、科技创新基地建设和区域创新体系建设的资金，鼓励地方综合采用直接补助、后补助、以奖代补等多种投入方式。支持科技成果转移转化的资金，鼓励地方综合采用风险补偿、后补助、创投引导等财政投入方式。

第七条 引导资金不得用于支付各种罚款、捐款、赞助、投资、偿还债务等支出，不得用于行政事业单位编制内在职人员工资性支出和离退休人员离退休费，以及国家规定禁止列支的其他支出。

第八条 引导资金采取因素法分配，分配因素主要有：

（一）地方基础科研条件情况及财力状况（占比40%）：体现科研机构、研发人员、科研仪器设备、研发经费投入等基础科研条件情况以及地方财力状况。

（二）地方科技创新能力提升情况（占比30%）：体现地方支持自由探索类基础研究、加强科技创新基地建设、支持科技成果转移转化、支持区域创新体系建设等情况。

（三）绩效目标完成情况（占比30%）：体现地方年度实施方案编制质量，落实国家科技改革与发展重大政策情况，以及专项资金的使用绩效情况等。

第九条 引导资金计算分配公式如下：

某省引导资金预算数 = 某省分配因素得分 /$\sum$ 各省分配因素得分 × 引导资金总额；

其中：某省分配因素得分 =$\sum$（某省分配因素值 / 全国该项分配因素总值 × 相应权重）。

第十条 财政部于每年全国人民代表大会批准中央预算后30日内，会同科技部按本办法规定正式下达引导资金预算，每年10月31日前提前下达下一年度引导资金预计数。

第十一条 省级财政部门接到中央财政下达的预算后30日内，应当会同科技部门按照预算级次合理分配、及时下达引导资金预算，并抄送财政部当地监管局。

第十二条 省级科技部门会同财政部门，应当结合本地区科技改革发展规划和有关政策，及时制定年度引导资金实施方案，实施方案应包括当年引导资金总体目标和思路、重点任务、资金安排计划、区域绩效目标等，重点任务及资金安排计划等要加强与国家区域发展战略任务相结合；实施方案随资金分配情况同时抄送财政部当地监管局，并报科技部、财政部备案。引导资金实施方案备案后不得随意调整。如需调整，应当将调整情况及原因报科技部、财政部备案，同时抄送财政部当地监管局。

第十三条 对拟分配到企业的引导资金，省级财政部门、科技部门应当通过官方网站等媒介向社会公示，公示期一般不少于7日，公示无异议后实施方案方可备案并组织实施。

第十四条 引导资金支付按照国库集中支付制度有关规定执行。涉及政府采购的，应当按照政府采购法律法规和有关制度执行。

第十五条 引导资金原则上应在当年执行完毕，年度未支出的引导资金按财政部结转结余资金管理有关规定处理。

第十六条 地方各级财政、科技部门要按照全面实施预算绩效管理的要求，建立健全全过程预算绩效管理机制，按规定科学合理设定绩效目标，对照绩效目标做好绩效监控、绩效评价，强化绩效结果运用，做好绩效信息公开，提高引导资金使用效益。科技部每年牵头组织开展引导资金绩效评价，重点考量地方科技创新能力提升情况、重点任务落实情况以及资金使用绩效情况等，财政部根据工作需要适时组织重点绩效评价，评价结果作为预算安排的重要依据。

第十七条 省级科技、财政部门应当于每年12月31日前向科技部、财政部报送引导资金绩效自评报告，并抄送财政部当地监管局，主要包括本年度引导资金支出情况、组织实施情况、绩效情况等。

第十八条 财政部各地监管局应当按照工作职责和财政部要求，对引导资金进行全面监管。

第十九条 各级财政部门、科技部门及使用引导资金的单位应强化流程控制、依法合规分配和使用资金，实行不相容岗位（职责）分离控制。

第二十条 使用引导资金的单位，应当严格执行国家会计法律法规制度，按规定管理使用资金，开展全过程绩效管理，并自觉接受监督及绩效评价。

第二十一条 资金使用单位和个人在引导资金使用过程中存在各类违法违规行为的，按照《中华人民共和国预算法》《财政违法行为处罚处分条例》等国家有关规定追究相应责任。对严重违规、违纪、违法犯罪的相关责任主体，按程序纳入科研严重失信行为记录。

第二十二条 各级财政、科技部门及其工作人员在引导资金分配、使用、管理等相关工作中，存在违反本办法规定，以及其他滥用职权、玩忽职守、徇私舞弊等违法违纪行为的，依照《中华人民共和国预算法》《中华人民共和国公务员法》《中华人民共和国监察法》《财政违法行为处罚处分条例》等国家有关规定追究相应责任；涉嫌犯罪的，依法移送司法机关处理。

第二十三条 本办法由财政部、科技部负责解释。省级财政、科技部门应当根据本办法，结合各地实际，制定具体管理办法，报财政部、科技部备案，并抄送财政部当地监管局。

第二十四条 本办法自2020年1月1日起施行，《中央引导地方科技发展专项资金管理办法》（财教〔2016〕81号）、《关于〈中央引导地方科技发展专项资金管理办法〉的补充通知》（财科教〔2016〕25号）同时废止。

第六节　基地和人才专项

一、中央和国务院文件

国务院办公厅关于推进农业高新技术产业示范区建设发展的指导意见

(国办发〔2018〕4号)

各省、自治区、直辖市人民政府，国务院各部委、各直属机构：

1997年和2015年，国务院分别批准建立杨凌、黄河三角洲农业高新技术产业示范区。在各方共同努力下，我国农业高新技术产业示范区（以下简称示范区）建设取得明显成效，在抢占现代农业科技制高点、引领带动现代农业发展、培育新型农业经营主体等方面发挥了重要作用，但也面临发展不平衡不充分、高新技术产业竞争力有待提高等问题。为加快推进示范区建设发展，提高农业综合效益和竞争力，大力推进农业农村现代化，经国务院同意，现提出以下意见。

一、总体要求

（一）指导思想。全面贯彻党的十九大精神，以习近平新时代中国特色社会主义思想为指导，认真落实党中央、国务院决策部署，统筹推进"五位一体"总体布局和协调推进"四个全面"战略布局，牢固树立和贯彻落实新发展理念，以实施创新驱动发展战略和乡村振兴战略为引领，以深入推进农业供给侧结构性改革为主线，以服务农业增效、农民增收、农村增绿为主攻方向，统筹示范区建设布局，充分发挥创新高地优势，集聚各类要素资源，着力打造农业创新驱动发展的先行区和农业供给侧结构性改革的试验区。

（二）基本原则。

坚持创新驱动。以科技创新为引领，构建以企业为主体的创新体系，促进农业科技成果集成、转化，培育农业高新技术企业、发展农业高新技术产业，通过试验示范将科研成果转化为现实生产力，更好为农业农村发展服务，走质量兴农之路。

深化体制改革。以改革创新为动力，加大科技体制机制改革力度，打造农业科技体制改革"试验田"，进一步整合科研力量，深入推进"放管服"改革，充分调动各方面积极性，着力激发农业科技创新活力。

突出问题导向。以国家战略为指引，主动适应当前农产品供需形势变化，针对制约区域发展的突出问题，围绕农业生产经营需求，加强科研创新，强化协同攻关，坚持差异化、特色化发展，增强农业可持续发展能力。

推动融合发展。以提质增效为重点，推进农村一二三产业融合发展，充分发挥溢出效应，提升农业技术水平，加快构建现代农业产业体系，促进城乡一体化建设，辐射带动农业农村发展，实现农业强、农村美、农民富，为乡村全面振兴提供有力支撑。

（三）主要目标。到 2025 年，布局建设一批国家农业高新技术产业示范区，打造具有国际影响力的现代农业创新高地、人才高地、产业高地。探索农业创新驱动发展路径，显著提高示范区土地产出率、劳动生产率和绿色发展水平。坚持一区一主题，依靠科技创新，着力解决制约我国农业发展的突出问题，形成可复制、可推广的模式，提升农业可持续发展水平，推动农业全面升级、农村全面进步、农民全面发展。

二、重点任务

（一）培育创新主体。研究制定农业创新型企业评价标准，培育一批研发投入大、技术水平高、综合效益好的农业创新型企业。以"星创天地"为载体，推进大众创业、万众创新，鼓励新型职业农民、大学生、返乡农民工、留学归国人员、科技特派员等成为农业创业创新的生力军。支持家庭农场、农民合作社等新型农业经营主体创业创新。

（二）做强主导产业。按照一区一主导产业的定位，加大高新技术研发和推广应用力度，着力提升主导产业技术创新水平，打造具有竞争优势的农业高新技术产业集群。加强特色优势产业关键共性技术攻关，着力培育现代农业发展和经济增长新业态、新模式，增强示范区创新能力和发展后劲。强化"农业科技创新＋产业集群"发展路径，提高农业产业竞争力，推动向产业链中高端延伸。

（三）集聚科教资源。推进政产学研用创紧密结合，完善各类研发机构、测试检测中心、新农村发展研究院、现代农业产业科技创新中心等创新服务平台，引导高等学校、科研院所的科技资源和人才向示范区集聚。健全新型农业科技服务体系，创新农技推广服务方式，探索研发与应用无缝对接的有效办法，支持科技成果在示范区内转化、应用和示范。

（四）培训职业农民。加大培训投入，整合培训资源，增强培训能力，创新培训机制，建设具有区域特点的农民培训基地，提升农民职业技能，优化农业从业者结构。鼓励院校、企业和社会力量开展专业化教育，培养更多爱农业、懂技术、善经营的新型职业农民。

（五）促进融合共享。推进农村一二三产业融合发展，加快转变农业发展方式。积极探索农民分享二三产业增值收益的机制，促进农民增收致富，增强农民的获得感。推动城乡融合发展，推进区域协同创新，逐步缩小城乡差距，打造新型"科技＋产业＋生活"社区，建设美丽乡村。

（六）推动绿色发展。坚持绿色发展理念，发展循环生态农业，推进农业资源高效利用，打造水体洁净、空气清新、土壤安全的绿色环境。加大生态环境保护力度，提高垃圾和污水处理率，正确处理农业绿色发展和生态环境保护、粮食安全、农民增收的关系，实现生产生活生态的有机统一。

（七）强化信息服务。促进信息技术与农业农村全面深度融合，发展智慧农业，建立健全智能化、网络化农业生产经营体系，提高农业生产全过程信息管理服务能力。加快建立健全适应农产品电商发展的标准体系，支持农产品电商平台建设和乡村电商服务示范，推进农业农村信息化建设。

（八）加强国际合作。结合"一带一路"建设和农业"走出去"，统筹利用国际国内两个市场、两种资源，提升示范区国际化水平。加强国际学术交流和技术培训，国家引进的农业先进技术、先进模式优先在示范区转移示范。依托示范区合作交流平台，推动装备、技术、标准、服务"走出去"，提高我国农业产业国际竞争力。

三、政策措施

（一）完善财政支持政策。中央财政通过现有资金和政策渠道，支持公共服务平台建设、农业高新技术企业孵化、成果转移转化等，推动农业高新技术产业发展。各地要按规定统筹支持农业科技研发推广的相关资金并向示范区集聚，采取多种形式支持农业高新技术产业发展。

（二）创新金融扶持政策。综合采取多种方式引导社会资本和地方政府在现行政策框架下设立现代农业领域创业投资基金，支持农业科技成果在示范区转化落地；通过政府和社会资本合作（PPP）等模式，吸引社会资本向示范区集聚，支持示范区基础设施建设；鼓励社会资本在示范区所在县域使用自有资金参与投资组建村镇银行等农村金融机构。创新信贷投放方式，鼓励政策性银行、开发性金融机构和商业性金融机构，根据职能定位和业务范围为符合条件的示范区建设项目和农业高新技术企业提供信贷支持。引导风险投资、保险资金等各类资本为符合条件的农业高新技术企业融资提供支持。

（三）落实土地利用政策。坚持依法供地，在示范区内严禁房地产开发，合理、集约、高效利用土地资源。在土地利用年度计划中，优先安排农业高新技术企业和产业发展用地，明确"规划建设用地"和"科研试验、示范农业用地（不改变土地使用性质）"的具体面积和四至范围（以界址点坐标控制）。支持指导示范区在落实创新平台、公共设施、科研教学、中试示范、创业创新等用地时，用好用足促进新产业新业态发展和大众创业、万众创新的用地支持政策，将示范区建设成为节约集约用地的典范。

（四）优化科技管理政策。在落实好国家高新技术产业开发区支持政策、高新技术企业税收优惠政策等现有政策的基础上，进一步优化科技管理政策，推动农业企业提升创新能力。完善科技成果评价评定制度和农业科技人员报酬激励机制。将示范区列为"创新人才推进计划"推荐渠道，搭建育才引才荐才用才平台。

四、保障机制

（一）加强组织领导。科技部等有关部门要建立沟通协调机制，明确分工，协同配合，形成合力，抓好贯彻落实。各地要根据国务院统一部署，创新示范区管理模式，探索整合集约、精简高效的运行机制，以评促建、以建促管、建管并重，全面提升示范区发展质量和水平。

（二）规范创建流程。坚持高标准、严要求，科学合理布局。由省（区、市）人民政府制定示范区建设发展规划和实施方案并向国务院提出申请，科技部会同有关部门从示范区功能定位、区域代表性等方面对规划和方案进行评估，按程序报国务院审批。

（三）做好监测评价。健全监测评价机制，建立创新驱动导向的评价指标体系，加强对创新能力、高新技术产业培育、绿色可持续发展等方面的考核评价。定期开展建设发展情况监测，建立有进有退的管理机制。加强监督指导，不断完善激励机制，切实保障示范区建设发展质量。

国务院办公厅
2018 年 1 月 16 日

二、部委规范性文件

科技部关于进一步推动科技型中小企业创新发展的若干意见

(国科发高〔2015〕3号)

各省、自治区、直辖市及计划单列市科技厅(委、局),新疆生产建设兵团科技局:

为深入贯彻党的十八大、十八届三中全会精神,全面落实《中共中央国务院关于深化科技体制改革加快国家创新体系建设的意见》(中发〔2012〕6号),实施创新驱动发展战略,深化科技体制改革,充分发挥市场在资源配置中的决定性作用和更好发挥政府作用,激发科技型中小企业技术创新活力,促进科技型中小企业健康发展,现提出以下意见:

一、推动科技型中小企业创新发展的重要意义

科技型中小企业是指从事高新技术产品研发、生产和服务的中小企业群体,在提升科技创新能力、支撑经济可持续发展、扩大社会就业等方面发挥着重要作用。长期以来,在党中央国务院和各部门、各地方的大力支持下,科技型中小企业取得了长足发展。但是,我国科技型中小企业仍然面临创新能力有待加强、创业环境有待优化、服务体系有待完善、融资渠道有待拓宽等问题。因此,需要进一步凝聚各方力量,培育壮大科技型中小企业群体,带动科技型中小企业走创新发展道路,为经济社会发展提供重要支撑。

二、鼓励科技创业

(一)支持创办科技型中小企业。鼓励科研院所、高等学校科研人员和企业科技人员创办科技型中小企业,建立健全股权、期权、分红权等有利于激励技术创业的收益分配机制。支持高校毕业生以创业的方式实现就业,对入驻科技企业孵化器或大学生创业基地的创业者给予房租优惠、创业辅导等支持。

(二)加快推进创业投资机构发展。鼓励各类社会资本设立天使投资、创业投资等股权投资基金,支持科技型中小企业创业活动。探索建立早期创投风险补偿机制,在投资损失确认后可按损失额的一定比例,对创业投资企业进行风险补偿。

(三)加强创新创业孵化生态体系建设。推动建立支持科技创业企业成长的持续推进机制和全程孵化体系,促进大学科技园、科技企业孵化器等创业载体功能提升和创新发展。加大中小企业专项资金等对创业载体建设的支持力度。

三、支持技术创新

(四)支持科技型中小企业建立研发机构。支持科技型中小企业建立企业实验室、企业技术中心、工程技术研究中心等研发机构,提升对技术创新的支撑与服务能力。对拥有自主知识产权并形成良好经济社会效益的科技型中小企业研发机构给予重点扶持。

(五)支持科技型中小企业开展技术改造。鼓励和引导中小企业加强技术改造与升级,支持其采用新技术、新工艺、新设备调整优化产业和产品结构,将技术改造项目纳入贷款贴息等优惠政

策的支持范围。

（六）通过政府采购支持科技型中小企业技术创新。进一步完善和落实国家政府采购扶持中小企业发展的相关法规政策。各级机关、事业单位和社团组织的政府采购活动，在同等条件下，鼓励优先采购科技型中小企业的产品和服务。鼓励科技型中小企业组成联合体共同参加政府采购与首台（套）示范项目。

四、强化协同创新

（七）推动科技型中小企业开展协同创新。推动科技型中小企业与大型企业、高等学校、科研院所开展战略合作，探索产学研深度结合的有效模式和长效机制。鼓励高等学校、科研院所等形成的科技成果向科技型中小企业转移转化。深入开展科技人员服务企业行动，通过科技特派员等方式组织科技人员帮助科技型中小企业解决技术难题。

（八）鼓励高校院所和大型企业开放科技资源。引导和鼓励有条件的高等学校、科研院所、大型企业的重点实验室、国家工程（技术）研究中心、大型科学仪器中心、分析测试中心等科研基础设施和设备进一步向科技型中小企业开放，提供检验检测、标准制定、研发设计等科技服务。

（九）吸纳科技型中小企业参与构建产业技术创新战略联盟。以产业技术创新关键问题为导向、形成产业核心竞争力为目标，引导行业骨干企业牵头，广泛吸纳科技型中小企业参与，按市场机制积极构建产业技术创新战略联盟。

五、推动集聚化发展

（十）充分发挥国家高新区、产业化基地的集聚作用。以国家高新区、高新技术产业化基地、现代服务业产业化基地、火炬计划特色产业基地、创新型产业集群等为载体，引导科技型中小企业走布局集中、产业集聚、土地集约的发展模式，促进科技型中小企业集群式发展。

（十一）引导科技型中小企业走专业化发展道路，提升产品质量、塑造品牌。支持科技型中小企业聚焦"新技术、新业态、新模式"，走专业化、精细化发展道路。鼓励科技型中小企业做强核心业务，推进精益制造，打造具有竞争力和影响力的精品和品牌。

六、完善服务体系

（十二）完善科技型中小企业技术创新服务体系。充分发挥地方在区域创新中的主导作用，通过政策引导和试点带动，整合资源，加快建设各具特色的科技型中小企业技术创新公共服务体系。鼓励通过政府购买服务的方式，为科技型中小企业提供管理指导、技能培训、市场开拓、标准咨询、检验检测认证等服务。

（十三）充分发挥专业中介机构和科技服务机构作用。开放并扩大中小企业中介服务机构的服务领域、规范中介服务市场，促进各类专业机构为科技型中小企业提供优质服务。充分发挥科技服务机构作用，推动各类科技服务机构面向科技型中小企业开展服务。

七、拓宽融资渠道

（十四）完善多层次资本市场，支持科技型中小企业做大做强。支持科技型中小企业通过多层次资本市场体系实现改制、挂牌、上市融资。支持利用各类产权交易市场开展科技型中小企业股权流转和融资服务，完善非上市科技公司股份转让途径。鼓励科技型中小企业利用债券市场融资，探索对发行企业债券、信托计划、中期票据、短期融资券等直接融资产品的科技型中小企业给予社会筹资利息补贴。

（十五）引导金融机构面向科技型中小企业开展服务创新，拓宽融资渠道。引导商业银行积极向科技型中小企业提供系统化金融服务。支持发展多种形式的抵质押类信贷业务及产品。鼓励融资租赁企业创新融资租赁经营模式，开展融资租赁与创业投资相结合、租赁债权与投资股权相结合的创投租赁业务。鼓励互联网金融发展和模式创新，支持网络小额贷款、第三方支付、网络金融超市、大数据金融等新兴业态发展。

（十六）完善科技型中小企业融资担保和科技保险体系。引导设立多层次、专业化的科技担保公司和再担保机构，逐步建立和完善科技型中小企业融资担保体系，鼓励为中小企业提供贷款担保的担保机构实行快捷担保审批程序，简化反担保措施。鼓励保险机构大力发展知识产权保险、首台（套）产品保险、产品研发责任险、关键研发设备险、成果转化险等科技保险产品。

八、优化政策环境

（十七）进一步加大对科技型中小企业的财政支持力度。充分发挥中央财政资金的引导作用，逐步提高中小企业发展专项资金和国家科技成果转化引导基金支持科技创新的力度，凝聚带动社会资源支持科技型中小企业发展。加大各类科技计划对科技型中小企业技术创新活动的支持力度。鼓励地方财政加大对科技型中小企业技术创新的支持，对于研发投入占企业总收入达到一定比例的科技型中小企业给予补贴。鼓励地方政府在科技型中小企业中筛选一批创新能力强、发展潜力大的企业进行重点扶持，培育形成一批具有竞争优势的创新型企业和上市后备企业。

（十八）进一步完善落实税收支持政策。进一步完善和落实小型微利企业、高新技术企业、技术先进型服务企业、技术转让、研究开发费用加计扣除、研究开发仪器设备折旧、科技企业孵化器、大学科技园等税收优惠政策，加强对科技型中小企业的政策培训和宣传。结合深化税收制度改革，加快推动营业税改征增值税试点，完善结构性减税政策。

（十九）实施有利于科技型中小企业吸引人才的政策。结合创新人才推进计划、海外高层次人才引进计划、青年英才开发计划和国家高技能人才振兴计划等各项国家人才重大工程的实施，支持科技型中小企业引进和培养创新创业人才，鼓励在财政补助、落户、社保、税收等方面给予政策扶持。鼓励科技型中小企业与高等学校、职业院校建立定向、订单式的人才培养机制，支持高校毕业生到科技型中小企业就业，并给予档案免费保管等扶持政策。鼓励科技型中小企业加大对员工的培训力度。

（二十）加强统计监测与信用评价体系建设。建立公平开放透明的市场规则，加大对市场中侵害科技型中小企业合法利益行为的打击力度。研究发布科技型中小企业标准，建立科技型中小企业资源库，健全科技型中小企业统计调查、监测分析和定期发布制度。加快科技型中小企业信用体系建设，开展对科技型中小企业的信用评价。

推动科技型中小企业创新发展既是一项事关创新型国家建设的长期战略任务，也是加快转变经济发展方式的迫切需求，更是进一步落实创新驱动发展战略的关键路径之一。各地方科技管理部门要高度重视科技型中小企业工作，加强与有关部门的沟通协调，结合各地情况，制定本意见的贯彻落实办法，采取有效政策措施，切实推动科技型中小企业创新发展。

科技部
2015 年 1 月 10 日

科技部　财政部　国家税务总局关于修订印发《高新技术企业认定管理办法》的通知

(国科发火〔2016〕32号)

各省、自治区、直辖市及计划单列市科技厅（委、局）、财政厅（局）、国家税务局、地方税务局：

根据《中华人民共和国企业所得税法》及其实施条例有关规定，为加大对科技型企业特别是中小企业的政策扶持，有力推动大众创业、万众创新，培育创造新技术、新业态和提供新供给的生力军，促进经济升级发展，科技部、财政部、国家税务总局对《高新技术企业认定管理办法》进行了修订完善。经国务院批准，现将新修订的《高新技术企业认定管理办法》印发给你们，请遵照执行。

科技部　财政部　国家税务总局
2016年1月29日

高新技术企业认定管理办法

第一章　总则

第一条　为扶持和鼓励高新技术企业发展，根据《中华人民共和国企业所得税法》（以下称《企业所得税法》）、《中华人民共和国企业所得税法实施条例》（以下称《实施条例》）有关规定，特制定本办法。

第二条　本办法所称的高新技术企业是指：在《国家重点支持的高新技术领域》内，持续进行研究开发与技术成果转化，形成企业核心自主知识产权，并以此为基础开展经营活动，在中国境内（不包括港、澳、台地区）注册的居民企业。

第三条　高新技术企业认定管理工作应遵循突出企业主体、鼓励技术创新、实施动态管理、坚持公平公正的原则。

第四条　依据本办法认定的高新技术企业，可依照《企业所得税法》及其《实施条例》、《中华人民共和国税收征收管理法》（以下称《税收征管法》）及《中华人民共和国税收征收管理法实施细则》（以下称《实施细则》）等有关规定，申报享受税收优惠政策。

第五条　科技部、财政部、税务总局负责全国高新技术企业认定工作的指导、管理和监督。

第二章　组织与实施

第六条　科技部、财政部、税务总局组成全国高新技术企业认定管理工作领导小组（以下称"领导小组"），其主要职责为：

（一）确定全国高新技术企业认定管理工作方向，审议高新技术企业认定管理工作报告；

（二）协调、解决认定管理及相关政策落实中的重大问题；

（三）裁决高新技术企业认定管理事项中的重大争议，监督、检查各地区认定管理工作，对发现的问题指导整改。

第七条 领导小组下设办公室，由科技部、财政部、税务总局相关人员组成，办公室设在科技部，其主要职责为：

（一）提交高新技术企业认定管理工作报告，研究提出政策完善建议；

（二）指导各地区高新技术企业认定管理工作，组织开展对高新技术企业认定管理工作的监督检查，对发现的问题提出整改处理建议；

（三）负责各地区高新技术企业认定工作的备案管理，公布认定的高新技术企业名单，核发高新技术企业证书编号；

（四）建设并管理"高新技术企业认定管理工作网"；

（五）完成领导小组交办的其他工作。

第八条 各省、自治区、直辖市、计划单列市科技行政管理部门同本级财政、税务部门组成本地区高新技术企业认定管理机构（以下称"认定机构"）。认定机构下设办公室，由省级、计划单列市科技、财政、税务部门相关人员组成，办公室设在省级、计划单列市科技行政主管部门。认定机构主要职责为：

（一）负责本行政区域内的高新技术企业认定工作，每年向领导小组办公室提交本地区高新技术企业认定管理工作报告；

（二）负责将认定后的高新技术企业按要求报领导小组办公室备案，对通过备案的企业颁发高新技术企业证书；

（三）负责遴选参与认定工作的评审专家（包括技术专家和财务专家），并加强监督管理；

（四）负责对已认定企业进行监督检查，受理、核实并处理复核申请及有关举报等事项，落实领导小组及其办公室提出的整改建议；

（五）完成领导小组办公室交办的其他工作。

第九条 通过认定的高新技术企业，其资格自颁发证书之日起有效期为3年。

第十条 企业获得高新技术企业资格后，自高新技术企业证书颁发之日所在年度起享受税收优惠，可依照本办法第四条的规定到主管税务机关办理税收优惠手续。

第三章 认定条件与程序

第十一条 认定为高新技术企业须同时满足以下条件：

（一）企业申请认定时须注册成立一年以上；

（二）企业通过自主研发、受让、受赠、并购等方式，获得对其主要产品（服务）在技术上发挥核心支持作用的知识产权的所有权；

（三）对企业主要产品（服务）发挥核心支持作用的技术属于《国家重点支持的高新技术领域》规定的范围；

（四）企业从事研发和相关技术创新活动的科技人员占企业当年职工总数的比例不低于10%；

（五）企业近三个会计年度（实际经营期不满三年的按实际经营时间计算，下同）的研究开发费用总额占同期销售收入总额的比例符合如下要求：

1. 最近一年销售收入小于5000万元（含）的企业，比例不低于5%；

2. 最近一年销售收入在 5000 万元至 2 亿元（含）的企业，比例不低于 4%；

3. 最近一年销售收入在 2 亿元以上的企业，比例不低于 3%。

其中，企业在中国境内发生的研究开发费用总额占全部研究开发费用总额的比例不低于 60%；

（六）近一年高新技术产品（服务）收入占企业同期总收入的比例不低于 60%；

（七）企业创新能力评价应达到相应要求；

（八）企业申请认定前一年内未发生重大安全、重大质量事故或严重环境违法行为。

第十二条 高新技术企业认定程序如下：

（一）企业申请

企业对照本办法进行自我评价。认为符合认定条件的在"高新技术企业认定管理工作网"注册登记，向认定机构提出认定申请。申请时提交下列材料：

1. 高新技术企业认定申请书；

2. 证明企业依法成立的相关注册登记证件；

3. 知识产权相关材料、科研项目立项证明、科技成果转化、研究开发的组织管理等相关材料；

4. 企业高新技术产品（服务）的关键技术和技术指标、生产批文、认证认可和相关资质证书、产品质量检验报告等相关材料；

5. 企业职工和科技人员情况说明材料；

6. 经具有资质的中介机构出具的企业近三个会计年度研究开发费用和近一个会计年度高新技术产品（服务）收入专项审计或鉴证报告，并附研究开发活动说明材料；

7. 经具有资质的中介机构鉴证的企业近三个会计年度的财务会计报告（包括会计报表、会计报表附注和财务情况说明书）；

8. 近三个会计年度企业所得税年度纳税申报表。

（二）专家评审

认定机构应在符合评审要求的专家中，随机抽取组成专家组。专家组对企业申报材料进行评审，提出评审意见。

（三）审查认定

认定机构结合专家组评审意见，对申请企业进行综合审查，提出认定意见并报领导小组办公室。认定企业由领导小组办公室在"高新技术企业认定管理工作网"公示 10 个工作日，无异议的，予以备案，并在"高新技术企业认定管理工作网"公告，由认定机构向企业颁发统一印制的"高新技术企业证书"；有异议的，由认定机构进行核实处理。

第十三条 企业获得高新技术企业资格后，应每年 5 月底前在"高新技术企业认定管理工作网"填报上一年度知识产权、科技人员、研发费用、经营收入等年度发展情况报表。

第十四条 对于涉密企业，按照国家有关保密工作规定，在确保涉密信息安全的前提下，按认定工作程序组织认定。

第四章 监督管理

第十五条 科技部、财政部、税务总局建立随机抽查和重点检查机制，加强对各地高新技术企业认定管理工作的监督检查。对存在问题的认定机构提出整改意见并限期改正，问题严重的给予通报批评，逾期不改的暂停其认定管理工作。

第十六条 对已认定的高新技术企业，有关部门在日常管理过程中发现其不符合认定条件的，应提请认定机构复核。复核后确认不符合认定条件的,由认定机构取消其高新技术企业资格,并通知税务机关追缴其不符合认定条件年度起已享受的税收优惠。

第十七条 高新技术企业发生更名或与认定条件有关的重大变化(如分立、合并、重组以及经营业务发生变化等)应在三个月内向认定机构报告。经认定机构审核符合认定条件的,其高新技术企业资格不变,对于企业更名的,重新核发认定证书,编号与有效期不变;不符合认定条件的,自更名或条件变化年度起取消其高新技术企业资格。

第十八条 跨认定机构管理区域整体迁移的高新技术企业,在其高新技术企业资格有效期内完成迁移的,其资格继续有效;跨认定机构管理区域部分搬迁的,由迁入地认定机构按照本办法重新认定。

第十九条 已认定的高新技术企业有下列行为之一的,由认定机构取消其高新技术企业资格:

(一)在申请认定过程中存在严重弄虚作假行为的;

(二)发生重大安全、重大质量事故或有严重环境违法行为的;

(三)未按期报告与认定条件有关重大变化情况,或累计两年未填报年度发展情况报表的。

对被取消高新技术企业资格的企业,由认定机构通知税务机关按《税收征管法》及有关规定,追缴其自发生上述行为之日所属年度起已享受的高新技术企业税收优惠。

第二十条 参与高新技术企业认定工作的各类机构和人员对所承担的有关工作负有诚信、合规、保密义务。违反高新技术企业认定工作相关要求和纪律的,给予相应处理。

第五章 附则

第二十一条 科技部、财政部、税务总局根据本办法另行制定《高新技术企业认定管理工作指引》。

第二十二条 本办法由科技部、财政部、税务总局负责解释。

第二十三条 本办法自 2016 年 1 月 1 日起实施。原《高新技术企业认定管理办法》(国科发火〔2008〕172 号)同时废止。

关于印发
《国有科技型企业股权和分红激励暂行办法》的通知

(财资〔2016〕4号)

党中央有关部门，国务院各部委、各直属机构，各省、自治区、直辖市、计划单列市财政厅（局）、科技厅（委、局）、国资委，新疆生产建设兵团财务局、科技局、国资委，各中央管理企业：

为进一步激发广大技术和管理人员的积极性和创造性，促进国有科技型企业健康可持续发展，经国务院同意，我们在中关村国家自主创新示范区股权和分红激励试点办法的基础上，制定了《国有科技型企业股权和分红激励暂行办法》。现予印发，请遵照执行。

附件：国有科技型企业股权和分红激励暂行办法

财政部　科技部　国资委
2016年2月26日

附件

国有科技型企业股权和分红激励暂行办法

第一章　总则

第一条　为加快实施创新驱动发展战略，建立国有科技型企业自主创新和科技成果转化的激励分配机制，调动技术和管理人员的积极性和创造性，推动高新技术产业化和科技成果转化，依据《中华人民共和国促进科技成果转化法》《中华人民共和国公司法》《中华人民共和国企业国有资产法》等国家法律法规，制定本办法。

第二条　本办法所称国有科技型企业，是指中国境内具有公司法人资格的国有及国有控股未上市科技企业（含全国中小企业股份转让系统挂牌的国有企业），具体包括：

（一）转制院所企业、国家认定的高新技术企业。

（二）高等院校和科研院所投资的科技企业。

（三）国家和省级认定的科技服务机构。

第三条　本办法所称股权激励，是指国有科技型企业以本企业股权为标的，采取股权出售、股权奖励、股权期权等方式，对企业重要技术人员和经营管理人员实施激励的行为。

分红激励，是指国有科技型企业以科技成果转化收益为标的，采取项目收益分红方式；或者以企业经营收益为标的，采取岗位分红方式，对企业重要技术人员和经营管理人员实施激励的行为。

第四条　国有科技型企业实施股权和分红激励应当遵循以下原则：

（一）依法依规，公正透明。严格遵守国家法律法规和本办法的规定，有序开展激励工作，操作过程公开、公平、公正，坚决杜绝利益输送，防止国有资产流失。

（二）因企制宜，多措并举。统筹考虑企业规模、行业特点和发展阶段，采取一种或者多种激励方式，科学制定激励方案。建立合理激励、有序流转、动态调整的机制。

（三）利益共享，风险共担。激励对象按照自愿原则，获得股权和分红激励，应当诚实守信，勤勉尽责，自觉维护企业和全体股东利益，共享改革发展成果，共担市场竞争风险。

（四）落实责任，强化监督。建立健全企业内部监督机制，依法维护企业股东和员工的权益。履行国有资产监管职责单位及同级财政、科技部门要加强监管，依法追责。

第五条 国有科技型企业负责拟订股权和分红激励方案，履行内部审议和决策程序，报经履行出资人职责或国有资产监管职责的部门、机构、企业审核后，对符合条件的激励对象实施激励。

第二章　实施条件

第六条 实施股权和分红激励的国有科技型企业应当产权明晰、发展战略明确、管理规范、内部治理结构健全并有效运转，同时具备以下条件：

（一）企业建立了规范的内部财务管理制度和员工绩效考核评价制度。年度财务会计报告经过中介机构依法审计，且激励方案制定近3年（以下简称近3年）没有因财务、税收等违法违规行为受到行政、刑事处罚。成立不满3年的企业，以实际经营年限计算。

（二）对于本办法第二条中的（一）、（二）类企业，近3年研发费用占当年企业营业收入均在3%以上，激励方案制定的上一年度企业研发人员占职工总数10%以上。成立不满3年的企业，以实际经营年限计算。

（三）对于本办法第二条中的（三）类企业，近3年科技服务性收入不低于当年企业营业收入的60%。

上款所称科技服务性收入是指国有科技服务机构营业收入中属于研究开发及其服务、技术转移服务、检验检测认证服务、创业孵化服务、知识产权服务、科技咨询服务、科技金融服务、科学技术普及服务等收入。

企业成立不满3年的，不得采取股权奖励和岗位分红的激励方式。

第七条 激励对象为与本企业签订劳动合同的重要技术人员和经营管理人员，具体包括：

（一）关键职务科技成果的主要完成人，重大开发项目的负责人，对主导产品或者核心技术、工艺流程做出重大创新或者改进的主要技术人员。

（二）主持企业全面生产经营工作的高级管理人员，负责企业主要产品（服务）生产经营的中、高级经营管理人员。

（三）通过省、部级及以上人才计划引进的重要技术人才和经营管理人才。

企业不得面向全体员工实施股权或者分红激励。

企业监事、独立董事不得参与企业股权或者分红激励。

第三章　股权激励

第八条 企业可以通过以下方式解决激励标的股权来源：

（一）向激励对象增发股份。

（二）向现有股东回购股份。

（三）现有股东依法向激励对象转让其持有的股权。

第九条 企业可以采取股权出售、股权奖励、股权期权等一种或多种方式对激励对象实施股权激励。

大、中型企业不得采取股权期权的激励方式。

企业的划型标准,按照国家统计局《关于印发统计上大中小微型企业划分办法的通知》(国统字〔2011〕75号)等有关规定执行。

第十条 大型企业的股权激励总额不超过企业总股本的5%;中型企业的股权激励总额不超过企业总股本的10%;小、微型企业的股权激励总额不超过企业总股本的30%,且单个激励对象获得的激励股权不得超过企业总股本的3%。

企业不能因实施股权激励而改变国有控股地位。

第十一条 企业实施股权出售,应按不低于资产评估结果的价格,以协议方式将企业股权有偿出售给激励对象。资产评估结果,应当根据国有资产评估的管理规定,报相关部门、机构或者企业核准或者备案。

第十二条 企业实施股权奖励,除满足本办法第六条规定外,近3年税后利润累计形成的净资产增值额应当占近3年年初净资产总额的20%以上,实施激励当年年初未分配利润为正数。

近3年税后利润累计形成的净资产增值额,是指激励方案制定上年末账面净资产相对于近3年首年初账面净资产的增加值,不包括财政及企业股东以各种方式投资或补助形成的净资产和已经向股东分配的利润。

第十三条 企业用于股权奖励的激励额不超过近3年税后利润累计形成的净资产增值额的15%。企业实施股权奖励,必须与股权出售相结合。

股权奖励的激励对象,仅限于在本企业连续工作3年以上的重要技术人员。单个获得股权奖励的激励对象,必须以不低于1:1的比例购买企业股权,且获得的股权奖励按激励实施时的评估价值折算,累计不超过300万元。

第十四条 企业用于股权奖励的激励额,应当依据经核准或者备案的资产评估结果折合股权,并确定向每个激励对象奖励的股权。

第十五条 企业股权出售或者股权奖励原则上应一次实施到位。

第十六条 小、微型企业采取股权期权方式实施激励的,应当在激励方案中明确规定激励对象的行权价格。

确定行权价格时,应当综合考虑科技成果成熟程度及其转化情况、企业未来至少5年的盈利能力、企业拟授予全部股权数量等因素,且不低于制定股权期权激励方案时经核准或者备案的每股评估价值。

第十七条 企业应当与激励对象约定股权期权授予和行权的业绩考核目标等条件。

业绩考核指标可以选取净资产收益率、主营业务收入增长率、现金营运指数等财务指标,但应当不低于企业近3年平均业绩水平及同行业平均业绩水平。成立不满3年的企业,以实际经营年限计算。

第十八条 企业应当在激励方案中明确股权期权的授权日、可行权日和行权有效期。

股权期权授权日与获授股权期权首次可行权日之间的间隔不得少于1年,股权期权行权的有效期不得超过5年。

企业应当规定激励对象在股权期权行权的有效期内分期行权。有效期过后,尚未行权的股权期权自动失效。

第十九条 企业以股权期权方式授予的股权，激励对象分期缴纳相应出资额的，以实际出资额对应的股权参与企业利润分配。

第二十条 企业不得为激励对象购买股权提供贷款以及其他形式的财务资助，包括为激励对象向其他单位或者个人贷款提供担保。企业要坚持同股同权，不得向激励对象承诺年度分红回报或设置托底回购条款。

第二十一条 激励对象可以采用直接或间接方式持有激励股权。采用间接方式的，持股单位不得与企业存在同业竞争关系或发生关联交易。

第二十二条 股权激励的激励对象，自取得股权之日起，5年内不得转让、捐赠，特殊情形按以下规定处理：

（一）因本人提出离职或者个人原因被解聘、解除劳动合同，取得的股权应当在半年内全部退回企业，其个人出资部分由企业按上一年度审计后净资产计算退还本人。

（二）因公调离本企业的，取得的股权应当在半年内全部退回企业，其个人出资部分由企业按照上一年度审计后净资产计算与实际出资成本孰高的原则返还本人。

在职激励对象不得以任何理由要求企业收回激励股权。

第四章 分红激励

第二十三条 企业实施项目收益分红，应当依据《中华人民共和国促进科技成果转化法》，在职务科技成果完成、转化后，按照企业规定或者与重要技术人员约定的方式、数额和时限执行。企业制定相关规定，应当充分听取本企业技术人员的意见，并在本企业公开相关规定。

企业未规定、也未与重要技术人员约定的，按照下列标准执行：

（一）将该项职务科技成果转让、许可给他人实施的，从该项科技成果转让净收入或者许可净收入中提取不低于50%的比例；

（二）利用该项职务科技成果作价投资的，从该项科技成果形成的股份或者出资比例中提取不低于50%的比例；

（三）将该项职务科技成果自行实施或者与他人合作实施的，应当在实施转化成功投产后连续3~5年，每年从实施该项科技成果的营业利润中提取不低于5%的比例。

转让、许可净收入为企业取得的科技成果转让、许可收入扣除相关税费和企业为该项科技成果投入的全部研发费用及维护、维权费用后的金额。企业将同一项科技成果使用权向多个单位或者个人转让、许可的，转让、许可收入应当合并计算。

第二十四条 企业实施项目收益分红，应当按照具体项目实施财务管理，并按照国家统一的会计制度进行核算，反映具体项目收益分红情况。

第二十五条 企业实施岗位分红，除满足本办法第六条规定外，近3年税后利润累计形成的净资产增值额应当占企业近3年年初净资产总额的10%以上，且实施激励当年年初未分配利润为正数。

第二十六条 企业年度岗位分红激励总额不高于当年税后利润的15%。企业应当按照岗位在科技成果产业化中的重要性和贡献，确定不同岗位的分红标准。

第二十七条 激励对象应当在该岗位上连续工作1年以上，且原则上每次激励人数不超过企业在岗职工总数的30%。

激励对象获得的岗位分红所得不高于其薪酬总额的2/3。激励对象自离岗当年起，不再享有原岗位分红权。

第二十八条 岗位分红激励方案有效期原则上不超过3年。激励方案中应当明确年度业绩考核指标，原则上各年度净利润增长率应当高于企业实施岗位分红激励近3年平均增长水平。

企业未达到年度考核要求的，应当终止激励方案的实施，再次实施岗位分红激励需重新申报。

激励对象未达到年度考核要求的，应当按约定的条款扣减、暂缓或停止分红激励。

第二十九条 企业实施分红激励所需支出计入工资总额，但不受当年本单位工资总额限制、不纳入本单位工资总额基数，不作为企业职工教育经费、工会经费、社会保险费、补充养老及补充医疗保险费、住房公积金等的计提依据。

第五章 激励方案的管理

第三十条 企业总经理班子或者董事会（以下统称企业内部决策机构）负责拟订企业股权和分红激励方案（格式参见附件）。

第三十一条 对同一激励对象就同一职务科技成果或者产业化项目，企业只能采取一种激励方式、给予一次激励。对已按照本办法实施股权激励的激励对象，企业在5年内不得再对其实施股权激励。

第三十二条 激励方案涉及的财务数据和资产评估结果，应当经具有相关资质的会计师事务所审计和资产评估机构评估，并按有关规定办理核准或备案手续。

第三十三条 企业内部决策机构拟订激励方案时，应当通过职工代表大会或者其他形式充分听取职工的意见和建议。

第三十四条 企业内部决策机构应当将激励方案及听取职工意见情况，先行报履行出资人职责或国有资产监管职责的部门、机构、企业（以下简称审核单位）批准。

中央企业集团公司相关材料报履行出资人职责的部门或机构批准；中央企业集团公司所属子企业，相关材料报中央企业集团公司批准。履行出资人职责的国有资本投资、运营公司所属子企业，相关材料报国有资本投资、运营公司批准。

中央部门及事业单位所属企业，按国有资产管理权属，相关材料报中央主管部门或机构批准。

地方国有企业相关材料，按现行国有资产管理体制，报同级履行国有资产监管职责的部门或机构批准。

第三十五条 审核单位应当严格审核企业申报的激励方案，必要时要求企业法律事务机构或者外聘律师对激励方案出具法律意见书，对以下事项发表专业意见：

（一）激励方案是否符合有关法律、法规和本办法的规定。

（二）激励方案是否存在明显损害企业及现有股东利益的情形。

（三）激励方案是否充分披露影响激励结果的重大信息。

（四）激励方案可能引发的法律纠纷等风险，以及应对风险的法律建议。

（五）其他重要事项。

审核单位自受理企业股权和分红激励方案之日起20个工作日内，提出书面审定意见。

第三十六条 审核单位批准企业实施股权和分红激励后，企业内部决策机构应将批准的激励方案提请股东（大）会审议。

在股东（大）会审议激励方案时，国有股东代表应当按照审批单位书面审定意见发表意见。

未设立股东（大）会的企业，按照审批单位批准的方案实施。

第三十七条 除国家另有规定外，企业应当在股东（大）会审议通过激励方案后5个工作日内，将以下材料报送审核单位备案：

（一）经股东（大）会审议通过的激励方案。

（二）相关批准文件、股东（大）会决议。

企业股东应当依法行使股东权利，督促企业内部决策机构严格按照激励方案实施激励。

第三十八条 在激励方案实施期间内，企业应于每年1月底前向审核单位报告上一年度激励方案实施情况：

（一）实施激励涉及的业绩条件、净收益等财务信息。

（二）激励对象在报告期内各自获得的激励情况。

（三）报告期内的股权激励数量及金额，引起的股本变动情况，以及截至报告期末的累计额。

（四）报告期内的分红激励金额，以及截至报告期末的累计额。

（五）激励支出的列支渠道和会计核算情况。

（六）其他应报告的事项。

中央主管部门、机构和中央企业集团公司，应当对所属企业年度股权和分红激励实施情况进行总结，包括实施股权和分红激励企业户数、激励方式、激励人数、激励落实情况、存在的突出问题以及有关政策建议等，并于3月底前将上一年度实施情况的总结报告报送财政部、科技部。

地方省级财政部门、科技部门，负责对本省地方国有企业年度股权和分红激励实施情况进行总结，并于3月底前将上一年度实施情况的总结报告报送财政部、科技部。

第三十九条 企业实施股权或者分红激励，应当按照《企业财务通则》（财政部令第41号）和国家统一会计制度的规定，规范财务管理和会计核算。

第四十条 企业实施激励导致注册资本规模、股权结构或者组织形式变动的，应当按照有关规定，根据相关批准文件、股东（大）会决议等，及时办理国有资产产权登记和工商变更登记手续。

第四十一条 因出现特殊情形需要调整激励方案的，企业应重新履行内部审议和外部审核的程序。

因出现特殊情形需要终止实施激励的，企业内部决策机构应当向审核单位报告并向股东（大）会说明情况。

第四十二条 企业实施激励过程中，应当接受审核单位及财政、科技部门监督。对违反有关法律法规及本办法规定、损害国有资产合法权益的情形，审核单位应当责令企业中止方案实施，并追究相关人员的法律责任。

第六章 附则

第四十三条 企业不符合本办法规定激励条件而向管理者转让国有产权的，应当通过产权交易市场公开进行，并按照国家关于产权交易监督管理的有关规定执行。

第四十四条 尚未实施公司制改革的全民所有制企业可参照本办法，实施项目收益分红和岗位分红激励政策。

第四十五条 本办法由财政部、科技部负责解释。各地方、部门可根据本办法制定具体实施细则。

第四十六条 本办法自2016年3月1日起施行。企业依据《财政部 科技部关于印发〈中关村国家自主创新示范区企业股权和分红激励实施办法〉的通知》（财企〔2010〕8号）、《财政

部 科技部关于〈中关村国家自主创新示范区企业股权和分红激励实施办法〉的补充通知》(财企〔2011〕1号)制定并正在实施的激励方案,可继续执行,实施期满,新的激励方案统一按本办法执行。

附件:"企业股权和分红激励方案"提纲

"企业股权和分红激励方案"提纲

企业拟定的激励方案应包括但不限于以下内容:

一、基本情况

(一)企业基本情况及其发展战略。

(二)企业近3年的业务发展和财务状况。

(三)企业产权是否清晰,目前的股权结构。

(四)激励方案拟订和实施的管理机构及其成员。

(五)企业未来三年技术创新规划,包括企业技术创新目标,以及为实现技术创新目标在体制机制、创新人才、创新投入、创新能力、创新管理等方面将采取的措施。

(六)其他重要事项。

二、激励方案

(一)企业符合本办法规定实施激励条件的情况说明。

(二)激励对象的确定依据、具体名单及其职位和主要贡献。

(三)激励方式的选择及考虑因素。

(四)实施股权激励的,说明所需股权来源、数量及其占企业实收资本(股本)总额的比例,与激励对象约定的业绩条件;拟分次实施的,说明每次拟授予股权的来源、数量及其占比。

(五)实施股权激励的,说明股权出售价格或者股权期权行权价格的确定依据。

(六)实施分红激励的,说明具体激励水平及考虑因素。

(七)每个激励对象预计可获得的股权数量、激励金额。

(八)企业与激励对象各自的权利、义务。

(九)激励对象通过其他方式间接持股的,说明必要性、直接持股单位的基本情况,必要时应当出具直接持股单位与企业不存在同业竞争关系或者不发生关联交易的书面承诺。

(十)发生企业控制权变更、合并、分立,激励对象职务变更、离职、被解聘、被解除劳动合同、死亡等特殊情形时的调整性规定。

(十一)激励方案的审批、变更、终止程序。

(十二)其他重要事项。

三、其他需说明的特殊事项说明

国家企业技术中心认定管理办法

(中华人民共和国国家发展和改革委员会　中华人民共和国科学技术部　中华人民共和国财政部　中华人民共和国海关总署　国家税务总局　令第 34 号)

为贯彻创新驱动发展战略，落实《中共中央　国务院关于深化科技体制改革加快国家创新体系建设的意见》，强化企业技术创新主体地位，引导和支持企业增强技术创新能力，健全技术创新市场导向机制，规范国家企业技术中心管理，我们对《国家认定企业技术中心管理办法》(2007 年第 53 号令) 进行了修订，在此基础上制定了《国家企业技术中心认定管理办法》，现予发布，自 2016 年 4 月 1 日起实施。《国家认定企业技术中心管理办法》(2007 年第 53 号令) 和《鼓励和支持大型企业和企业集团建立技术中心暂行办法》(国经贸〔1993〕261 号) 同时废止。

国家发展和改革委员会主任：徐绍史

科学技术部部长：万钢

财政部部长：楼继伟

海关总署署长：于广洲

国家税务总局局长：王军

2016 年 2 月 26 日

国家企业技术中心认定管理办法

第一章　总则

第一条　为深入实施创新驱动发展战略，贯彻落实《中共中央国务院关于深化科技体制改革加快国家创新体系建设的意见》，进一步强化企业技术创新主体地位，引导和支持企业增强技术创新能力，健全技术创新市场导向机制，规范国家企业技术中心管理，依据《中华人民共和国科学技术进步法》，特制定本办法。

第二条　本办法所称企业技术中心，是指企业根据市场竞争需要设立的技术研发与创新机构，负责制定企业技术创新规划、开展产业技术研发、创造运用知识产权、建立技术标准体系、凝聚培养创新人才、构建协同创新网络、推进技术创新全过程实施。

第三条　国家鼓励和支持企业建立技术中心，发挥企业在技术创新中的主体作用，建立健全企业主导产业技术研发创新的体制机制。国家根据创新驱动发展要求和经济结构调整需要，对创新能力强、创新机制好、引领示范作用大、符合条件的企业技术中心予以认定，并给予政策支持，鼓励引导行业骨干企业带动产业技术进步和创新能力提高。

第四条　国家发展改革委、科技部、财政部、海关总署、税务总局负责指导协调国家企业技术中心相关工作。国家发展改革委牵头开展国家企业技术中心的认定与运行评价。各省、自治区、直辖市、计划单列市及新疆生产建设兵团发展改革部门或地方人民政府指定的部门会同同级管理部门，负责国家企业技术中心的申报、管理等事项。

第二章　国家企业技术中心认定

第五条　国家企业技术中心的认定，原则上每年进行一次。地方政府主管部门根据国家发展改革委通知要求报送申请材料，受理截止日期为当年 5 月 31 日。

第六条　国家企业技术中心应当具备以下基本条件：

（一）企业在行业中具有显著的发展优势和竞争优势，具有行业领先的技术创新能力和水平；

（二）企业具有较好的技术创新机制，企业技术中心组织体系健全，创新效率和效益显著；

（三）有较高的研究开发投入，年度研究与试验发展经费支出额不低于 1500 万元；拥有技术水平高、实践经验丰富的技术带头人，专职研究与试验发展人员数不少于 150 人；

（四）具有比较完善的研究、开发、试验条件，技术开发仪器设备原值不低于 2000 万元；有较好的技术积累，重视前沿技术开发，具有开展高水平技术创新活动的能力；

（五）具有省级企业技术中心资格两年以上。企业在申请受理截止日期前三年内，不得存在下列情况：

（一）因违反海关法及有关法律、行政法规，构成走私行为，受到刑事、行政处罚，或因严重违反海关监管规定受到行政处罚；

（二）因违反税收征管法及有关法律、行政法规，构成偷税、骗取出口退税等严重税收违法行为；

（三）司法、行政机关认定的其他严重违法失信行为。

第七条　地方政府主管部门会同同级管理部门，根据本办法及当年国家发展改革委发布的通知，推荐符合条件的企业技术中心，并将推荐企业技术中心名单及其申请材料（一式二份）报送国家发展改革委。申请材料主要包括企业技术中心申请报告、评价表及必要的证明材料。

第八条　母公司技术中心已是国家企业技术中心的，地方政府主管部门不得再推荐其下属子公司申请国家企业技术中心。但从事业务领域与母公司不同的子公司，可推荐其申请母公司国家企业技术中心分中心。子公司技术中心已是国家企业技术中心的，地方政府主管部门在推荐其母公司申请国家企业技术中心时，应在推荐意见中明确提出将其子公司国家企业技术中心调整为分中心或撤销的意见。国家企业技术中心分中心的申请程序和要求与国家企业技术中心相同。

第九条　国家发展改革委委托第三方机构，依据评价指标体系对地方政府主管部门推荐的企业技术中心申请材料进行初评，并根据初评结果委托第三方机构组织专家评审。

国家发展改革委会同科技部、财政部、海关总署、税务总局，根据专家评审意见以及国家产业政策、国家进口税收税式支出的总体原则及年度方案等综合评估，确认认定结果，并通过国家发展改革委官方网站予以公示。

第十条　国家发展改革委会同科技部、财政部、海关总署、税务总局，在受理地方政府主管部门申报材料之日起 90 个工作日之内联合发文，向地方政府主管部门及同级管理部门通报认定结果。

第三章　运行评价

第十一条　国家发展改革委会同科技部、财政部、海关总署、税务总局，原则上每两年组织一次国家企业技术中心运行评价。国家发展改革委于评价年度下发评价通知。

地方政府主管部门对国家企业技术中心评价材料真实性出具意见，并于评价年度的 5 月 31 日前将评价材料报送国家发展改革委。

评价材料主要包括国家企业技术中心工作总结、评价表及必要的证明材料。

第十二条 国家发展改革委委托第三方机构，依据评价指标体系，对地方政府主管部门报送的评价材料进行评价，并形成评价结果和评价报告。

第十三条 评价结果分为优秀、良好、基本合格和不合格：

（一）评价得分90分及以上为优秀；

（二）评价得分65~90分（不含90分）为良好；

（三）评价得分60~65分（不含65分）为基本合格；

（四）评价得分低于60分为不合格。

第十四条 国家发展改革委会同科技部、财政部、海关总署、税务总局对评价结果进行确认。国家发展改革委在受理评价材料之日起70个工作日内，向地方政府主管部门通报评价结果。

第四章 鼓励政策

第十五条 国家企业技术中心和国家企业技术中心分中心进口科技开发用品按照国家相关税收政策执行。经海关确认后，国家企业技术中心可按有关规定，将免税进口的科技开发用品放置在其异地非独立法人分支机构使用。

第十六条 国家发展改革委结合企业技术中心创新能力建设、高技术产业化、战略性新兴产业发展等工作，对国家企业技术中心予以支持。

第十七条 国家支持国家企业技术中心承担中央财政科技计划（专项、基金等）的研发任务。

第五章 监督管理

第十八条 地方政府主管部门应于每年8月30日前，将国家企业技术中心所在企业发生更名、重组等变更情况报送国家发展改革委，同时抄送地方同级管理部门。

第十九条 国家发展改革委会同科技部、财政部、海关总署、税务总局，每年对地方政府主管部门报送的企业变更情况进行确认。

其中，对经确认取消国家企业技术中心资格的，自该国家企业技术中心所在企业发生更名、重组等变更之日起，停止享受科技开发用品免征进口税收政策。

第二十条 自国家企业技术中心所在企业发生更名、重组等变更之日起，该企业所属国家企业技术中心进口的有关科技开发用品，经海关审核符合有关规定，可办理凭税款担保放行手续。待国家企业技术中心所在企业更名情况确认后，根据确认结果办理已凭税款担保放行的有关进口科技开发用品的税款征免手续。

第二十一条 母公司技术中心已认定为国家企业技术中心的，其子公司原有国家企业技术中心的资格应予调整。其中，从事业务领域与母公司不同的，可调整为其母公司国家企业技术中心分中心；

业务领域与母公司一致的，取消其国家企业技术中心资格。

地方政府主管部门推荐母公司申请国家企业技术中心时，没有提出对其子公司国家企业技术中心调整意见的，视同母公司与子公司业务领域相同。

第二十二条 地方政府主管部门报送的企业材料和数据应当真实可靠。企业提供虚假材料和数据的行为，经核实，将纳入国家统一的信用信息平台。

第二十三条 有下列情况之一的，撤销国家企业技术中心资格：

（一）运行评价不合格；

（二）逾期未报送评价材料；

（三）提供虚假材料和数据；

（四）主要由于技术原因发生重大质量、安全事故；

（五）因违反海关法及有关法律、行政法规，构成走私行为，受到刑事、行政处罚，或因严重违反海关监管规定受到行政处罚；

（六）因违反税收征管法及有关法律、行政法规，构成偷税、骗取出口退税等严重税收违法行为；

（七）司法、行政机关认定的其他严重违法失信行为；

（八）企业被依法终止。

第二十四条 因本办法第二十三条第（一）、（二）项所列原因被撤销国家企业技术中心资格的，自撤销之日起，地方政府主管部门两年内不得再次推荐该企业。

因本办法第二十三条第（三）至（七）项所列原因被撤销国家企业技术中心资格的，自撤销之日起，地方政府主管部门三年内不得再次推荐该企业。

地方政府主管部门负责指导和督促评价基本合格的国家企业技术中心改进工作。

第二十五条 各直属海关对推荐申请国家企业技术中心的企业和国家企业技术中心所在企业是否存在本办法第六条第二款第（一）项、第二十三条第（五）项所列情况进行核查，具体核查要求由海关总署另行确定。

税务机关对推荐申请国家企业技术中心的企业和国家企业技术中心所在企业是否存在本办法第六条第二款第（二）项、第二十三条第（六）项情况进行核查，具体核查要求由税务总局另行确定。

第二十六条 国家发展改革委会同科技部、财政部、海关总署、税务总局联合发文，向地方政府主管部门及同级管理部门通报国家企业技术中心调整、撤销和更名结果。

第六章 附则

第二十七条 各地方政府主管部门可参考本办法，结合本地实际，在职责范围内依法制定相应政策，支持企业技术中心建设。

第二十八条 本办法涉及的申请材料、评价材料和评价指标体系的内容和要求，由国家发展改革委商科技部、财政部、海关总署、税务总局后另行发布并适时调整。

第二十九条 依据《中华人民共和国政府信息公开条例》，国家企业技术中心认定的相关信息向社会公开。国家企业技术中心的认定、运行评价等，逐步实现网上办理。

第三十条 本办法自2016年4月1日起施行。《鼓励和支持大型企业和企业集团建立技术中心暂行办法》（国经贸〔1993〕261号）和《国家认定企业技术中心管理办法》（第53号令）同时废止。

第三十一条 本办法由国家发展改革委会同科技部、财政部、海关总署、税务总局负责解释。

关于《国家重点实验室专项经费管理办法》的补充通知

(财科教〔2016〕27号)

有关单位:

为进一步规范和加强国家重点实验室专项经费管理,现就《财政部科学技术部关于印发〈国家重点实验室专项经费管理办法〉的通知》(财教〔2008〕531号)有关事项补充通知如下:

财政部、相关主管部门及其相关工作人员在预算审核等环节中,存在违反规定安排资金以及其他滥用职权、玩忽职守、徇私舞弊等违法违纪行为的,依照《中华人民共和国预算法》《中华人民共和国公务员法》《中华人民共和国行政监察法》《财政违法行为处罚处分条例》等有关法律法规追究有关责任单位和人员的法律责任。涉嫌犯罪的,依法移送司法机关处理。

特此通知。

财政部
2016年12月7日

科技部　财政部　国家税务总局关于印发《科技型中小企业评价办法》的通知

（国科发政〔2017〕115号）

各省、自治区、直辖市及计划单列市科技厅（委、局）、财政厅（局）、国家税务局、地方税务局，新疆生产建设兵团科技局、财务局：

为贯彻落实《国家创新驱动发展战略纲要》，推动大众创业万众创新，加大对科技型中小企业的精准支持力度，按照《深化科技体制改革实施方案》要求，科技部、财政部、国家税务总局研究制定了《科技型中小企业评价办法》，现印发给你们，请遵照执行。

科技部　财政部　国家税务总局
2017年5月3日

附件

科技型中小企业评价办法

第一章　总则

第一条　为贯彻落实《国家创新驱动发展战略纲要》，推动大众创业万众创新，加速科技成果产业化，加大对科技型中小企业的精准支持力度，壮大科技型中小企业群体，培育新的经济增长点，根据《深化科技体制改革实施方案》要求，制定本办法。

第二条　本办法所称的科技型中小企业是指依托一定数量的科技人员从事科学技术研究开发活动，取得自主知识产权并将其转化为高新技术产品或服务，从而实现可持续发展的中小企业。

第三条　科技型中小企业评价工作采取企业自主评价、省级科技管理部门组织实施、科技部服务监督的工作模式，坚持服务引领、放管结合、公开透明的原则。

第四条　科技部负责建设"全国科技型中小企业信息服务平台"（以下简称"服务平台"）和"全国科技型中小企业信息库"（以下简称"信息库"）。科技部火炬高技术产业开发中心负责服务平台和信息库建设与运行的日常工作。

企业可根据本办法进行自主评价，并按照自愿原则到服务平台填报企业信息，经公示无异议的，纳入信息库。

第五条　各有关部门和各级人民政府应当对纳入信息库的科技型中小企业提供精准支持和精准服务，制定的支持企业技术创新的政策措施应优先支持纳入信息库的企业。

第二章　评价指标

第六条　科技型中小企业须同时满足以下条件：

（一）在中国境内（不包括港、澳、台地区）注册的居民企业。

（二）职工总数不超过500人、年销售收入不超过2亿元、资产总额不超过2亿元。

（三）企业提供的产品和服务不属于国家规定的禁止、限制和淘汰类。

（四）企业在填报上一年及当年内未发生重大安全、重大质量事故和严重环境违法、科研严重失信行为，且企业未列入经营异常名录和严重违法失信企业名单。

（五）企业根据科技型中小企业评价指标进行综合评价所得分值不低于60分，且科技人员指标得分不得为0分。

第七条 科技型中小企业评价指标具体包括科技人员、研发投入、科技成果三类，满分100分。

1.科技人员指标（满分20分）。按科技人员数占企业职工总数的比例分档评价。

A.30%（含）以上（20分）

B.25%（含）~30%（16分）

C.20%（含）~25%（12分）

D.15%（含）~20%（8分）

E.10%（含）~15%（4分）

F.10%以下（0分）

2.研发投入指标（满分50分）。企业从（1）、（2）两项指标中选择一个指标进行评分。

（1）按企业研发费用总额占销售收入总额的比例分档评价。

A.6%（含）以上（50分）

B.5%（含）~6%（40分）

C.4%（含）~5%（30分）

D.3%（含）~4%（20分）

E.2%（含）~3%（10分）

F.2%以下（0分）

（2）按企业研发费用总额占成本费用支出总额的比例分档评价。

A.30%（含）以上（50分）

B.25%（含）~30%（40分）

C.20%（含）~25%（30分）

D.15%（含）~20%（20分）

E.10%（含）~15%（10分）

F.10%以下（0分）

3.科技成果指标（满分30分）。按企业拥有的在有效期内的与主要产品（或服务）相关的知识产权类别和数量（知识产权应没有争议或纠纷）分档评价。

A.1项及以上Ⅰ类知识产权（30分）

B.4项及以上Ⅱ类知识产权（24分）

C.3项Ⅱ类知识产权（18分）

D.2项Ⅱ类知识产权（12分）

E.1项Ⅱ类知识产权（6分）

F.没有知识产权（0分）

第八条 符合第六条第（一）至（四）项条件的企业，若同时符合下列条件中的一项，则可直接确认符合科技型中小企业条件：

（一）企业拥有有效期内高新技术企业资格证书；

（二）企业近五年内获得过国家级科技奖励，并在获奖单位中排在前三名；

（三）企业拥有经认定的省部级以上研发机构；

（四）企业近五年内主导制定过国际标准、国家标准或行业标准。

第九条 科技型中小企业评价指标的说明：

（一）企业科技人员是指企业直接从事研发和相关技术创新活动，以及专门从事上述活动管理和提供直接服务的人员，包括在职、兼职和临时聘用人员，兼职、临时聘用人员全年须在企业累计工作6个月以上。

（二）企业职工总数包括企业在职、兼职和临时聘用人员。在职人员通过企业是否签订了劳动合同或缴纳社会保险费来鉴别，兼职、临时聘用人员全年须在企业累计工作6个月以上。

（三）企业研发费用是指企业研发活动中发生的相关费用，具体按照财政部 国家税务总局 科技部《关于完善研究开发费用税前加计扣除政策的通知》（财税〔2015〕119号）有关规定进行归集。

（四）企业销售收入为主营业务与其他业务收入之和。

（五）知识产权采用分类评价，其中：发明专利、植物新品种、国家级农作物品种、国家新药、国家一级中药保护品种、集成电路布图设计专有权按Ⅰ类评价；实用新型专利、外观设计专利、软件著作权按Ⅱ类评价。

（六）企业主导制定国际标准、国家标准或行业标准是指企业在国家标准化委员会、工业和信息化部、国际标准化组织等主管部门的相关文件中排名起草单位前五名。

（七）省部级以上研发机构包括国家（省、部）重点实验室、国家（省、部）工程技术研究中心、国家（省、部）工程实验室、国家（省、部）工程研究中心、国家（省、部）企业技术中心、国家（省、部）国际联合研究中心等。

第三章 信息填报与登记入库

第十条 企业可对照本办法自主评价是否符合科技型中小企业条件，认为符合条件的，可自愿在服务平台上注册登记企业基本信息，在线填报《科技型中小企业信息表》（附件）。

各省级科技管理部门组织有关单位对企业填报的《科技型中小企业信息表》内容是否完整进行确认。内容不完整的，在服务平台上通知企业补正。信息完整且符合条件的，由省级科技管理部门在服务平台公示10个工作日。

公示无异议的企业，纳入信息库并在服务平台公告；有异议的，由省级科技管理部门组织有关单位进行核实处理。

第十一条 省级科技管理部门为入库企业赋予科技型中小企业入库登记编号（以下简称"登记编号"）。

有关单位可通过服务平台查验企业的登记编号。

第十二条 已入库企业应在每年3月底前通过服务平台对《科技型中小企业信息表》中的信息进行更新，并对本企业是否仍符合科技型中小企业条件进行自主评价，仍符合条件的，由省级科技管理部门按本办法第十条和第十一条规定程序办理。

第十三条 已入库企业发生更名或与第二章规定的条件有关的重大变化的，应在三个月内通过服务平台填报变化情况。

第十四条 已入库企业有下列行为之一的,由省级科技管理部门撤销其行为发生年度登记编号并在服务平台上公告:

(一)企业发生重大变化,不再符合第二章规定条件的;

(二)存在严重弄虚作假行为的;

(三)发生科研严重失信行为的;

(四)发生重大安全、重大质量事故或有严重环境违法行为的;

(五)被列入经营异常名录和严重违法失信企业名单的;

(六)未按期更新《科技型中小企业信息表》信息的。

第十五条 科技部根据工作需要对省级科技管理部门管理工作进行监督检查。省级科技管理部门对已入库企业进行抽查,对经抽查或审核企业确认不符合条件的,由省级科技管理部门按照第十四条规定处理。

第四章 附则

第十六条 本办法由科技部、财政部、国家税务总局负责解释。

各省级科技管理部门、财政部门、税务部门可根据本地区情况制定实施细则。

第十七条 本办法自发布之日起实施。

附件:科技型中小企业信息表(略)

科技部　发展改革委　财政部关于印发《国家重大科研基础设施和大型科研仪器开放共享管理办法》的通知

(国科发基〔2017〕289号)

各省、自治区、直辖市及计划单列市科技厅（委、局）、财政厅（局），新疆生产建设兵团科技局、财务局，国务院有关部委、有关直属机构，有关单位：

为落实《国务院关于国家重大科研基础设施和大型科研仪器向社会开放的意见》（国发〔2014〕70号），推动国家重大科研基础设施和大型科研仪器的开放共享，科技部、发展改革委、财政部三部门共同研究制定了《国家重大科研基础设施和大型科研仪器开放共享管理办法》。现印发你们，请遵照执行。

科技部发展改革委　财政部
2017年9月20日

国家重大科研基础设施和大型科研仪器开放共享管理办法

第一章　总则

第一条　为推动国家重大科研基础设施和大型科研仪器的开放共享，充分释放服务潜能，提高使用效率，根据《中华人民共和国科学技术进步法》、《国务院关于国家重大科研基础设施和大型科研仪器向社会开放的意见》（国发〔2014〕70号），制定本办法。

第二条　本办法所指的国家重大科研基础设施和大型科研仪器（以下简称科研设施与仪器）主要包括政府预算资金投入建设和购置的用于科学研究和技术开发活动的各类重大科研基础设施和单台套价值在50万元及以上的科学仪器设备。

对于单台套价值在50万元以下的科学仪器设备，由管理单位自愿申报，主管部门择优纳入国家网络管理平台。

第三条　本办法所称管理单位是指科研设施与仪器所依托管理的法人单位。

本办法适用于中央级研究开发机构、高等院校以及其他机构。

第四条　本规定所称的开放共享，是指管理单位将科研设施与仪器向社会开放，由其他单位、个人用于科学研究和技术开发的行为。

第五条　科研设施与仪器原则上都应当对社会开放共享，为其他高校、科研院所、企业、社会研发组织以及个人等社会用户提供服务，尤其要为创新创业、中小微企业发展提供支撑保障。法律法规另有特殊规定的除外。

第六条　免税进口仪器设备纳入国家网络管理平台对外开放，应符合国家的有关规定。对于纳入国家网络管理平台统一管理、符合支持科技创新进口税收政策规定的免税进口的科学仪器设备，在符合监管的条件下准予用于其他单位的科学研究、科技开发和教学活动，未经海关审核同意不得擅自转让、移作他用或者进行其他处置。

第二章 管理职责

第七条 科技部牵头负责科研设施与仪器开放共享的宏观管理与综合协调，其主要职责是：

（1）按国务院要求协调、推动和监督科研设施与仪器开放共享工作；

（2）研究制定科研设施与仪器开放共享的政策措施和标准规范；

（3）会同有关部门建立和管理科研设施与仪器国家网络管理平台，指导管理单位建立在线服务平台；

（4）会同有关部门建立考核评价制度，组织开展科研设施与仪器开放共享评价考核工作。

第八条 财政部协同推动科研设施与仪器的开放共享工作，主要职责是：

（1）会同有关部门开展科研设施与仪器开放共享的评价考核工作；

（2）依据评价考核结果对科研设施与仪器开放效果好、用户评价高的管理单位通过后补助机制予以支持；

（3）会同有关部门，根据评价考核结果，推动科研设施与仪器优化配置。

第九条 国务院有关部门（以下简称主管部门）在推动科研设施与仪器开放共享的主要职责是：

（1）建立健全本部门科研设施与仪器开放共享的政策和规章制度，鼓励直属研究机构、高等院校及其他单位分享仪器设备、实验平台等创新资源；

（2）审核所属管理单位报送至国家网络管理平台的科研设施与仪器相关信息，监督指导本部门所属管理单位的开放共享工作；

（3）组织开展本部门所属管理单位开放共享的评价考核。按照国家开放共享评价考核工作的要求，组织做好相关工作。

第十条 管理单位是科研设施与仪器开放共享的责任主体，主要职责是：

（1）落实国家有关政策要求，制定本单位科研设施与仪器开放共享规章制度；

（2）建立健全科研设施与仪器开放共享的激励和约束机制；

（3）建设科研设施与仪器开放共享在线服务平台；

（4）加强实验技术人才队伍建设；

（5）配合有关部门做好开放共享评价考核工作，并接受社会监督。

第三章 开放共享

第十一条 管理单位应当自科研设施与仪器完成安装使用验收之日起30个工作日内，将符合开放条件的科研设施与仪器的有关信息按照统一标准及要求报送至国家网络管理平台。报送采取网络上传方式，需经上级行政主管部门审核。

第十二条 管理单位应按照统一的标准规范建立在线服务平台，把科研设施与仪器纳入国家网络管理平台统一管理，公布科研设施与仪器目录、开放共享管理制度、服务方式、服务内容、服务流程、收费标准等信息，实时提供在线服务。

科研设施与仪器不纳入国家网络管理平台应有正当理由，由管理单位提出申请，经主管部门审核同意后，报科技部备案。

第十三条 管理单位提供开放共享服务，应当与用户订立合同，约定服务内容、知识产权归属、保密要求、损害赔偿、违约责任、争议处理等事项。

第十四条 管理单位提供开放共享服务可按照成本补偿和非营利原则收取费用，开放服务收费标准应采取适当方式向社会公布。行政事业单位相关收入按国有资产有偿使用收入有关规定执行。

第十五条 管理单位要建立完善的科研设施与仪器运行和开放情况记录，每季度向国家网络管理平台报送一次。报送方式和流程参照第十一条规定办理。

第十六条 管理单位应建立和稳定高水平专业化的实验技术队伍，在岗位设置、业务培训、薪酬待遇、职称晋升和评价考核等方面实行富有激励性的政策措施。

第十七条 管理单位应当建立知识产权管理工作机制，保护科研设施与仪器用户身份信息及在使用过程中形成的知识产权和科学数据。

用户独立开展科学实验形成的知识产权由用户自主拥有；用户与管理单位联合开展科学实验形成的知识产权，双方应事先约定知识产权归属或比例。

用户使用科研设施与仪器形成的著作、论文等发表时，应明确标注利用科研设施与仪器情况。

第四章 考核和奖惩

第十八条 科技部会同相关部门按照分类、分级、分步的原则，制定考核标准和办法，组织实施科研设施与仪器开放共享评价考核工作，在国家网络管理平台上公布考核结果。

第十九条 评价考核应按照科研设施与仪器不同类型特点制定相应的考核指标，实施分类考核。国家重大科技基础设施的考核要符合《国家重大科技基础设施管理办法》的有关规定。

第二十条 评价考核采取试点先行、分步实施的方式组织开展。选择科研仪器多、大型仪器集中、开放共享需求大的管理单位先行考核，在取得经验的基础上逐步推开。

第二十一条 财政部会同有关部门，根据评价考核结果和财政预算管理的要求，对开放服务效果好、用户评价高的管理单位，安排后补助经费予以支持，调动管理单位开放共享积极性。

考核结果应作为科研设施与仪器建设和配置的依据。有关部门要结合考核结果和仪器设备资产存量情况，对拟新建设施和新购置仪器开展查重评议工作，避免资源重复建设。

第二十二条 利用政府预算资金购置大型科学仪器、设备后，不履行大型科学仪器、设备等科学技术资源共享使用义务的，由有关主管部门责令改正，对直接负责的主管人员和其他直接责任人员依法给予处分。

第二十三条 对于使用效率低、开放效果差、考核结果较差的管理单位，科技部会同有关部门将给予警告、公开通报并责令其限期整改；并视情节采取核减管理单位修缮购置资金、在申报科技计划（专项、基金）项目时不准购置仪器设备等措施予以约束。

对于通用性强但使用率比较低、开放共享差的科研设施与仪器，可以按规定在部门内或跨部门无偿划拨，管理单位也可以在单位内部调配。

第五章 附则

第二十四条 本办法由科技部负责解释。

第二十五条 有关部门按照本办法结合实际制定或修订相关管理规定和实施细则。地方可参照本办法执行。

第二十六条 本办法自公布之日起施行。

财政部　科技部　国资委关于《国有科技型企业股权和分红激励暂行办法》的问题解答

(发布时间：2017年11月10日)

为加快实施创新驱动发展战略，进一步激发广大技术和管理人员的积极性和创造性，促进国有科技型企业可持续发展，经国务院同意，2016年2月26日，财政部、科技部、国资委联合印发了《国有科技型企业股权和分红激励暂行办法》（财资〔2016〕4号，以下简称《办法》），自2016年3月1日起在全国范围内实施。《办法》出台以来，受到社会各界广泛关注，各单位高度重视，认真部署，开展了一系列卓有成效的工作，同时也反映了一些执行中的突出问题。为便于各单位深入理解政策内涵，引导、鼓励企业开展激励工作，财政部、科技部、国资委就《办法》执行中企业适用条件、激励对象要求、激励实施条件、激励方案管理等方面有关问题进行了解答。

一、企业适用条件

1. 如何界定转制院所企业？

答：转制院所企业是指根据《国务院办公厅转发科技部等部门关于深化科研机构管理体制改革实施意见的通知》（国办发〔2000〕38号），国务院部门（单位）所属科研机构已转制为企业或进入企业的主要从事科学研究和技术开发工作的机构，以及各省、自治区、直辖市、计划单列市所属已转制为企业或进入企业的主要从事科学研究和技术开发工作的机构。

2. 如何界定国家认定的高新技术企业？

答：根据《科技部　财政部　国家税务总局关于修订印发〈高新技术企业认定管理办法〉的通知》（国科发火〔2016〕32号）《科技部　财政部　国家税务总局关于修订印发〈高新技术企业认定管理工作指引〉的通知》（国科发火〔2016〕195号）认定的高新技术企业。

3. 如何界定高等院校和科研院所投资的科技企业？

答：包括两类情况，一是高等院校、科研院所直接投资的科技企业；二是高等院校、科研院所通过其独资设立的资产管理公司投资的科技企业。

4. 如何界定国家和省级认定的科技服务机构？

答：科技服务机构的主要业务符合《国务院关于加快科技服务业发展的若干意见》（国发〔2014〕49号）规定的范畴，包括研究开发及其服务、技术转移服务、检验检测认证服务、创业孵化服务、知识产权服务、科技咨询服务、科技金融服务、科学技术普及服务等，并经国务院有关部委、直属机构或省（自治区、直辖市、计划单列市）有关部门认定。

5. 分公司、子公司是否可实施股权和分红激励？

答：分公司不具有公司法人资格，不符合《办法》第二条规定，不能依据《办法》实施股权和分红激励；子公司具有独立的法人主体资格，在符合《办法》规定的实施条件基础上，可实施股权和分红激励。

6. 全民所有制企业是否可以根据《办法》实施股权或分红激励？

答：《办法》第四十四条规定，尚未实施公司制改革的全民所有制企业可参照本办法，实施项目收益分红和岗位分红激励政策，但不能实施股权激励政策。

7. 纳入国有控股混合所有制企业员工持股试点的单位，是否可开展股权激励？

答：符合国有控股混合所有制企业员工持股试点与《办法》股权激励政策的国有科技型企业，可自主择一实施，不可以同时开展。主要考虑，国有控股混合所有制企业员工持股试点政策实质是允许员工购买企业股权，与《办法》股权激励的标的来源是一致的，即都是企业股权。因此，企业可按照自身发展要求和发展战略，实施不同的政策，但不可以同时开展员工持股试点和股权激励，避免重复激励。

8. 在全国中小企业股份转让系统挂牌的国有科技型企业是否可以实施股权或分红激励？

答：2006年，中关村科技园区非上市股份公司进入代办转让系统进行股份报价转让，即在全国中小企业股份转让系统进行挂牌，俗称"新三板"。《办法》的适用对象为中国境内具有公司法人资格的国有及国有控股未上市科技企业，包含在全国中小企业股份转让系统挂牌的国有企业。

9. 非国有企业激励政策如何执行？

答：对于非国有企业的激励政策，属于上市公司的，按照《上市公司股权激励管理办法》（中国证券监督管理委员会令第126号）执行；属于非上市公司的，可比照《中华人民共和国促进科技成果转化法》及《办法》等相关规定执行激励政策，或自主决策。

二、激励对象要求

10. 如何理解《办法》第七条规定的"签订劳动合同"的条件？

答：《办法》的目的是为建立国有科技型企业自主创新和科技成果转化的中长期激励分配机制，调动本企业技术和管理人员的积极性和创造性，所以要求激励对象必须是与本企业"签订劳动合同"的职工。

11. 重要技术人员、经营管理人员同时为企业职工代表监事，是否可进行股权或者分红激励？

答：《办法》明确规定，"企业监事、独立董事不得参与企业股权或者分红激励"。考虑到特定职务履职独立性要求，重要技术人员、经营管理人员兼任企业职工代表监事的，不能纳入激励人员范围。

12. 对同一激励对象可否实施多次、多种激励？

答：根据《办法》第三十一条规定，对同一激励对象就同一职务科技成果或者产业化项目，企业只能采取一种激励方式、给予一次激励。对按照本办法给予股权激励的激励对象，自本次股权激励方案实施始，企业5年内不得再对其开展股权激励。

三、激励实施条件

13. 股权或分红激励的前置条件有哪些？

答：根据《办法》第六条规定，企业应建立规范的内部财务管理制度和员工绩效考核评价制度，年度财务会计报告经过中介机构依法审计，且激励方案制定近3年未因财务、税收等违法违规行为受到行政、刑事处罚。成立不满3年的企业，以实际经营年限计算。近3年的财务指标要求如下：

对符合《办法》第六条中的（一）、（二）类企业	
近 3 年，每年研发费用 / 当年营业收入	＜3%
激励方案制定的上一年度中的（三）类企业	＞10%
对符合《办法》第六条中的（三）类企业	
国家或省级认定的科技服务机构，近三年科技服务性收入 / 营业收入	≥60%

注：假设企业制定 2017 年的激励方案，近 3 年指 2014—2016 年。激励方案制定的上一年度指 2016 年。

14. 成立不满 3 年的企业，可以实施股权和分红激励么？

答：为支持和鼓励初创型国有科技型企业开展股权和分红激励，《办法》放宽了实施激励的时间限制。对成立不满 3 年的企业，可采取股权出售、股权期权和项目收益分红等激励方式，相关指标以实际经营年限计算；但不得采取股权奖励和岗位分红的激励方式。

15. 对于转制院所企业，《办法》第六条"近 3 年"的指标是从转制为企业时开始算还是从院所设立时开始算？

答：根据《国务院办公厅转发科技部等部门关于深化科研机构管理体制改革实施意见的通知》（国办发〔2000〕38 号）有关要求，由事业单位转制为企业的技术开发类科研机构，实施激励时涉及的"近 3 年"指标是从转制成为企业作为初始时点开始计算的。如果转制为企业的时间不满 3 年，按照《办法》要求，不得采取股权奖励和岗位分红的激励方式。

16. 集团和子公司作为独立公司法人均符合激励条件，在实施激励时，激励所需财务指标是否能剔除各自的子公司？

答：《办法》第二章实施条件中规定的财务指标，按经中介机构依法审计的企业年度财务会计报告有关数据计算确认。集团公司或子公司在实施激励时，企业年度财务会计报告是指本企业合并财务报告，包括各自子公司的数据。

17. 大、中、小、微型国有科技型企业是否均可依据《办法》实施股权激励？

答：根据《办法》规定，股权激励包括股权出售、股权奖励和股权期权三种方式，大、中型国有科技型企业可以采取股权出售、股权奖励的激励方式，不得采取股权期权的激励方式。企业的类型划分标准，按照国家统计局《关于印发统计上大中小微型企业划分办法的通知》（国统字〔2011〕75 号）等有关规定执行。

18. 符合条件的国有科技型企业是否可以用持有的控股子公司股份对本企业员工进行股权激励？

答：根据《办法》第三条规定，符合条件的国有科技型企业开展股权激励，应以本企业股权为标的，不得用持有的控股子公司股份对本企业员工进行股权激励。

19. 股权出售是否需要进场交易？

答：根据《办法》第十一条规定，企业实施股权出售，应按不低于资产评估结果的价格，以协议方式将企业股权出售给激励对象，股权出售不需要进场交易。

20. 如何理解实施股权奖励需"近 3 年税后利润累计形成的净资产增值额应当占近 3 年年初净资产总额的 20% 以上"？

答：根据《办法》第十二条规定，"近 3 年税后利润累计形成的净资产增值额，是指激励方案制定上年末账面净资产相对于近 3 年首年年初账面净资产的增加值，不包括财政及企业股东以各种方式投资或补助形成的净资产和已经向股东分配的利润",近3年年初净资产总额是指近三年首年年初净资产总额。

举例说明如下:假设A企业2017年度计划实施股权奖励,2014—2016年税后利润形成的净资产分别为60万元、70万元、80万元,2014年年初净资产总额为1000万元。净资产增值情况为:210(60+70+80)>200(1000×20%),故A企业达到实施股权奖励的财务指标要求。

21.获得财政专项补助资金的国有企业是否可以实施股权和分红激励?

答:根据《办法》第十二条规定"近3年税后利润累计形成的净资产增值额,不包括财政及企业股东以各种方式投资或补助形成的净资产和已经向股东分配的利润"。即国有企业获得财政专项补助资金不影响企业实施股权和分红激励,但在具体计算"近3年税后利润累计形成的净资产增值额"有关财务指标时,要扣除企业获得的财政专项补助资金,即计算采用的指标必须是企业通过自身经营发展实现盈利。

22.股权期权的行权日期有何硬性要求?

答:股权期权授权日与获授股权期权首次可行权日之间的间隔(即行权限制期)不得少于1年,股权期权行权的有效期不得超过5年。流程如下:

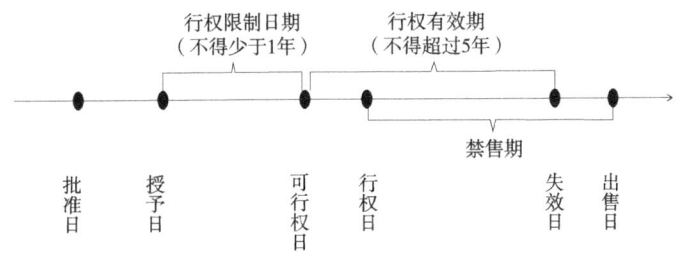

23.股权激励实施过程中涉及哪些税收优惠政策?

答:根据财政部、税务总局联合印发的《关于完善股权激励和技术入股有关所得税政策的通知》(财税〔2016〕101号),自2016年9月1日起,符合条件的非上市公司股票(权)期权、限制性股票和股权奖励实行递延纳税政策。员工在取得股权激励时暂不纳税,递延至股权转让时,按股权转让收入减除股权取得成本以及合理税费后的差额和20%的税率一次性缴纳;上市公司股票期权、限制性股票和股权奖励征税政策维持不变,缴税期限由6个月放宽至12个月。

24.如何理解第十九条"以实际出资额对应的股权参与企业利润分配"?

答:激励对象应以实际出资额对应的股权参与企业利润分配,不能按应获得的股权期权参与企业利润分配,即分期缴纳未出资部分不能参与企业利润分配。

举例说明如下:假设激励对象A获得1%的股权期权激励,并分期缴纳出资额;本期利润分配总额为100万元;在激励确定的时点,A共缴纳总出资额的20%。则A应按照应获得的激励股权的20%参与企业利润分配,获得100万元×1%×20%=2000元。

25.如何理解第二十一条中"激励对象可以采用直接或间接方式持有激励股权"?

答:激励对象可以采用直接持有激励股权;也可以通过设立有限责任公司或合伙企业持股平台,采用间接持股的方式持有激励股权。需要注意的是,间接持股单位不得与企业存在同业竞争关系或发生关联交易。如下图所示：

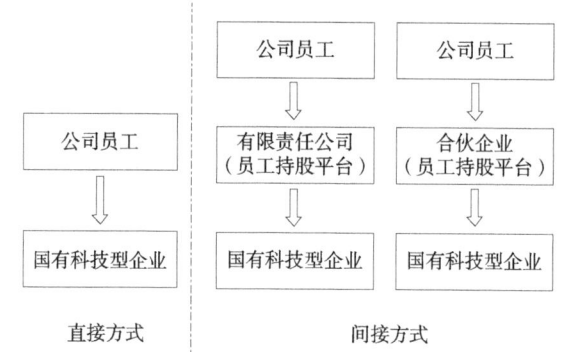

26. 如何理解项目收益分红的"约定"条款？

答：《办法》项目收益分红激励与《中华人民共和国促进科技成果转化法》相关规定一致。国有科技型企业有规定或与重要技术人员有约定的，按规定或约定的方式、数额和时限执行。没有约定的，按《办法》第二十三条执行。

27. 在实施岗位分红激励时，如何准确把握《办法》第二十六条、第二十七条中关于"岗位"的要求？

答：岗位分红是以企业经营收益为标的，按照岗位在科技成果产业化中的重要性和贡献确定分红标准，因岗而奖。企业关键技术人员和管理人员岗位调整后，自离岗当年起，不再享有原岗位分红权，以前年度已获得的岗位分红不再退还。

28. 如何理解岗位分红实施中的财务指标要求？

答：根据《办法》第二十七条规定，企业实施岗位分红，除满足本办法第六条规定外，近3年税后利润累计形成的净资产增值额应当占企业近3年年初净资产总额的10%以上，且实施激励当年年初未分配利润为正数。

举例说明如下：在满足《办法》前置条件基础上，假设A企业2017年度实施岗位分红，2014—2016年税后利润形成的净资产增值额分别为100万元、120万元、140万元，且2014年年初净资产总额为1000万元，2017年年初未分配利润为160万元。由于36%［(100+120+140)/1000］>10%，且160>0，故A企业达到实施岗位分红的财务指标要求。

29. 如何理解"激励对象获得的岗位分红所得不高于其薪酬总额的2/3"，薪酬基数如何计算？

答：根据《办法》第二十七条规定，激励对象获得的岗位分红所得不高于其薪酬总额的2/3。这里的薪酬总额不包括激励对象获得的年度岗位分红所得。

举例说明如下：假设激励对象的年薪酬总额为60万元，则年度岗位分红最多不超过60万元×2/3=40万元。

30. 在实施岗位分红激励过程中，某一年度未达到年度考核要求，是否可以当年暂停分红激励，待下一年度达到考核要求后继续实施？

答：根据《办法》第二十八条规定，企业业绩未达到年度考核要求的，应当终止激励方案的实施，该岗位分红激励方案同时终止，以前年度已经发放的岗位分红无须退回。下一年度即使企业达到考核要求，也不可以重新启动原岗位分红激励，而应重新申报新的岗位分红激励方案。

企业业绩达到年度考核要求、某些激励对象未达到年度考核要求的，则企业岗位分红激励方案仍有效，整体激励方案仍可实施，达到年度考核要求的激励对象可依规获得岗位分红，未达到年度考核要求的个人，则应按约定的条款扣减、暂缓或停止其分红激励。

31. 企业实施股权和分红激励，如何进行会计处理？

答：企业实施股权和分红激励，应当按照《企业财务通则》（财政部令第41号）和国家统一会计制度的规定，规范财务管理和会计核算。如，企业实施项目收益分红，应当按照具体项目实施财务管理、独立核算，反映具体项目收益分红情况。又如，企业实施分红激励所需支出计入工资总额，但不受当年本单位工资总额限制、不纳入本单位工资总额基数，不作为企业职工教育经费、工会经费、社会保险费、补充养老及补充医疗保险费、住房公积金等的计提依据。

四、激励方案管理

32. 企业实施激励的具体流程是？

答：符合条件的国有科技型企业实施股权或分红激励的流程如下图：

企业内部决策机构（即总经理班子或者董事会）负责拟订企业股权和分红激励方案，并应当通过职工代表大会或者其他形式充分听取职工的意见和建议。

审核单位是指履行出资人职责或国有资产监管职责的部门、机构、企业。即中央企业集团公司相关材料报履行出资人职责的部门或机构批准；中央企业集团公司所属子企业，相关材料报中央企业集团公司批准；履行出资人职责的国有资本投资、运营公司所属子企业，相关材料报国有资本投资、运营公司批准；中央部门及事业单位所属企业，按国有资产管理权属，相关材料报中央主管部门或机构批准；地方国有企业相关材料，按现行国有资产管理体制，报同级履行国有资产监管职责的部门或机构批准。

33. 审核单位的主要职责有哪些？

答：《办法》第三十五条、第三十七条、第三十八条、第四十一条、第四十二条均对审核单位的职责作出规定。主要如下图所示：

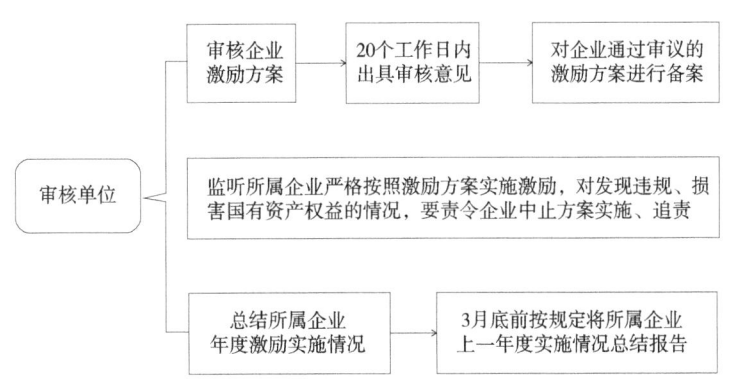

34. 出现特殊情形，需要调整或终止实施激励方案时，企业应如何操作？

答：根据《办法》第四十一条规定，因出现特殊情形需要调整激励方案的，企业应当重新履行内部审议和外部审核的程序。需要终止实施激励的，企业内部决策机构应当向审核单位报告并向股东（大）会说明情况。

35.《办法》与之前的激励文件如何有效衔接？

答：《办法》自 2016 年 3 月 1 日起施行。企业依据《财政部 科技部关于印发〈中关村国家自主创新示范区企业股权和分红激励实施方法〉的通知》（财企〔2010〕8 号）、《财政部 科技部关于〈中关村国家自主创新示范区企业股权和分红激励实施办法〉的补充通知》（财企〔2011〕1 号）制定并正在实施的激励方案，可继续执行。实施期满后，统一按《办法》执行。

科技部　财政部关于印发
《国家科技资源共享服务平台管理办法》的通知

(国科发基〔2018〕48号)

各省、自治区、直辖市及计划单列市科技厅（委、局）、财政厅，新疆生产建设兵团科技局、财务局，国务院有关部委、有关直属机构，有关单位：

为深入实施创新驱动发展战略，规范管理国家科技资源共享服务平台，推进科技资源向社会开放共享，依据《国家科技创新基地优化整合方案》（国科发基〔2017〕250号），科技部、财政部共同研究制定了《国家科技资源共享服务平台管理办法》，现印发你们，请遵照执行。

科技部　财政部

2018年2月13日

国家科技资源共享服务平台管理办法

第一章　总则

第一条　为深入实施创新驱动发展战略，规范管理国家科技资源共享服务平台（以下简称国家平台），推进科技资源向社会开放共享，提高资源利用效率，促进创新创业，根据《中华人民共和国科学技术进步法》和《国家科技创新基地优化整合方案》（国科发基〔2017〕250号），制定本办法。

第二条　国家科技资源共享服务平台属于基础支撑与条件保障类国家科技创新基地，面向科技创新、经济社会发展和创新社会治理、建设平安中国等需求，加强优质科技资源有效集成，提升科技资源使用效率，为科学研究、技术进步和社会发展提供网络化、社会化的科技资源共享服务。

第三条　本办法所称的国家平台主要指围绕国家或区域发展战略，重点利用科学数据、生物种质与实验材料等科技资源在国家层面设立的专业化、综合性公共服务平台。

科研设施和科研仪器等科技资源，按照《国务院关于国家重大科研基础设施和大型科研仪器向社会开放的意见》（国发〔2014〕70号）和《国家重大科研基础设施和大型科研仪器开放共享管理办法》（国科发基〔2017〕289号）进行管理。图书文献等科技资源，依据相关管理章程和管理办法进行管理。

第四条　国家平台管理遵循合理布局、整合共享、分级分类、动态调整的基本原则，加强能力建设，规范责任主体，促进开放共享。

第五条　利用财政性资金形成的科技资源，除保密要求和特殊规定外，必须面向社会开放共享。

鼓励社会资本投入形成的科技资源通过国家平台面向社会开放共享。

中央财政对国家平台的运行维护和共享服务给予必要的支持。

第二章　管理职责

第六条　科技部、财政部是国家平台的宏观管理部门，主要职责是：

1. 制定国家平台发展规划、管理政策和标准规范；

2. 确定国家平台总体布局，协调组建国家平台，批准国家平台的建立、调整和撤销；

3. 建设国家平台门户系统即"中国科技资源共享网"（以下简称共享网）；

4. 组织开展国家平台运行服务评价考核工作，根据评价考核结果拨付相关经费；

5. 指导有关部门、地方政府科技管理部门开展平台工作。

第七条　国务院有关部门、地方政府科技管理部门是国家平台的主管部门（以下简称主管部门），主要职责是：

1. 按照国家平台规划和布局，研究制定本部门或本地区平台发展规划、管理政策和标准规范；

2. 推动本部门或本地区平台建设，促进科技资源整合与共享服务；

3. 择优推荐本部门或本地区平台加入共享网，提出国家平台建设意见建议；

4. 负责本部门或本地区国家平台管理工作，支持和监督国家平台管理、运行与服务。

第八条　国家科技基础条件平台中心（以下简称平台中心）受科技部、财政部委托承担共享网的建设和运行，以及国家平台的考核、评价等管理工作。

第九条　国家平台的依托单位应选择有条件的科研院所、高等院校等，是国家平台建设和运行的责任主体，主要职责是：

1. 制定国家平台的规章制度和相关标准规范；

2. 编制国家平台的年度工作方案并组织实施；

3. 负责国家平台的科技资源整合、更新、整理和保存，确保资源质量；

4. 负责国家平台的在线服务系统建设和运行，开展科技资源共享服务，做好服务记录；

5. 负责国家平台的建设、运行与管理并提供支撑保障，根据需要配备软硬件条件和专职人员队伍；

6. 配合完成相关部门组织的评价考核，接受社会监督；

7. 按规定管理和使用国家平台的中央财政经费，保证经费的单独核算、专款专用。

第三章　组建

第十条　科技部、财政部会同有关部门制定并发布国家平台发展的总体规划和布局。主管部门根据总体规划和布局制定本部门或本地区平台发展规划，组织实施本部门或本地区平台建设，鼓励开展跨部门、跨地区科技资源整合与共享。

第十一条　科技部、财政部共同建设共享网。共享网是国家平台的科技资源信息发布平台和网络管理平台，按照统一标准接受和公布科技资源目录及相关服务信息，具备承担平台组建、运行管理和评价考核等工作的在线管理功能。

第十二条　国家平台应具备以下基本条件：

1. 依托单位拥有较大体量的科技资源或特色资源，建立了符合资源特点的标准规范、质量控制体系和资源整合模式，在本专业领域或区域范围内具有一定影响力，具备较强的科技资源整合能力；

2. 纳入共享网并公布科技资源目录及相关服务信息，且发布的科技资源均按照国家标准进行标识；

3.已按照相关标准建成科技资源在线服务系统，并与共享网实现有效对接和互联互通，资源信息合格，更新及时；

4.具备资源保存和共享服务所需要的软硬件条件，具有稳定的专职队伍，具有保障运行服务的组织机构、管理制度和共享服务机制；

5.建立了符合资源特点的服务模式并取得良好服务成效。

第十三条 科技部、财政部可根据国家平台发展的总体规划和布局，按照国家科技发展战略和重大任务需求，并商有关部门遴选基础较好、资源优势明显、资源特色突出的部门或地区平台组建形成国家平台。

第十四条 牵头组建国家平台的主管部门负责编制国家平台组建与运行管理方案，推荐国家平台依托单位和负责人，并报科技部。

国家平台负责人应由依托单位正式在职、具有较高学术水平、熟悉本领域科技资源、管理协调能力较强的科学家担任，由依托单位负责聘任。

第十五条 科技部、财政部委托平台中心负责组织对国家平台组建与运行管理方案进行论证评审，对上报材料进行形式审查，组织专家进行评审，进行现场考察核实，并将评审结果报科技部、财政部。由科技部、财政部确定并向社会发布国家平台和依托单位名单。

第十六条 根据资源类型和平台的特点，国家平台统一规范命名为"国家××科学数据中心"、"国家××资源库（馆）"等，英文名称为National××Data Center、National××Resource Center等。

第四章 运行服务

第十七条 国家平台的主要任务包括：

1.围绕国家战略需求持续开展重要科技资源的收集、整理、保存工作；

2.承接科技计划项目实施所形成的科技资源的汇交、整理和保存任务；

3.开展科技资源的社会共享，面向各类科技创新活动提供公共服务，开展科学普及，根据创新需求整合资源开展定制服务；

4.建设和维护在线服务系统，开展科技资源管理与共享服务应用技术研究；

5.开展资源国际交流合作，参加相关国际学术组织，维护国家利益与安全。

第十八条 依托单位要按照有关管理办法制定本国家平台运行管理和科技资源开放共享的管理制度，并报主管部门备案，保障国家平台日常运行，促进科技资源的开放共享。

第十九条 依托单位应该配备规模合理的专职从事国家平台管理的人员队伍，在绩效收入、职称评定等方面采取有利于激发积极性、稳定实验技术队伍的政策措施。

第二十条 依托单位要建立健全国家平台科技资源质量控制体系，保证科技资源的准确性和可用性。依托单位要按照相关安全要求，建立应急管理和容灾备份机制，健全网络安全保障体系，为资源保存提供所需要的软硬件条件。主管部门应定期对资源安全情况进行检查。

第二十一条 依托单位可通过在线或者离线等方式向社会提供信息资源服务和实物资源服务。积极开展综合性、系统性、知识化的共享服务。鼓励组织开展科技资源加工整理，形成有价值的科技资源产品，向社会提供服务。

第二十二条 利用财政性资金资助的各类科技计划项目所形成的科技资源应汇交到指定平台。主管部门应明确相关科技资源生产、管理、汇交和共享的工作原则，并对科技资源汇交进行审核。

建立国家平台科技资源的内部动态调整机制，及时整合相关科技资源纳入平台。全社会的科技资源拥有者均可通过共享网公布科技资源信息。主管部门可组织推荐本部门或本地区拥有科技资源并具备服务条件的平台通过共享网公布科技资源目录及相关服务信息，开展共享服务。

第二十三条　国家平台应建立符合国家知识产权保护和安全保密等有关规定的制度，保护科技资源提供者的知识产权和利益。

用户使用国家平台科技资源形成的著作、论文等发表时，应明确标注科技资源标识和利用科技资源的情况，并应事先约定知识产权归属或比例。

第二十四条　为政府决策、公共安全、国防建设、环境保护、防灾减灾、公益性科学研究等提供基本资源服务的，国家平台应当无偿提供。

因经营性活动需要国家平台提供资源服务的，当事人双方应签订有偿服务合同，明确双方的权利和义务。有偿服务收费标准应当按成本补偿和非营利原则确定。

国家法律法规有特殊规定的，遵从其规定。

第五章　评价考核

第二十五条　主管部门应按年度组织对本部门或地区所属的国家平台进行年度自评，并将年度自评报告与下一年度工作计划于次年1月底前报科技部、财政部备案。

第二十六条　科技部、财政部组织对国家平台进行分类评价考核，重点考核科技资源整合能力、服务成效、组织运行管理及专项经费使用情况等内容。评价考核采取用户评价、门户系统在线测评和专家综合评价等方式，每两年考核一次。

第二十七条　科技部、财政部委托平台中心开展国家平台的评价考核。平台中心根据经主管部门审核的各国家平台运行服务记录、服务成效等材料，组织专家进行评价考核，考核结果报科技部、财政部。

第二十八条　科技部、财政部确定评价考核结果，并通过共享网予以公示和公布。根据国家平台科技资源整合和运行维护情况给予后补助经费支持，经费主要用于资源建设、仪器设备更新、日常运行维护、人员培训等方面。

第二十九条　科技部、财政部根据评价考核结果对国家平台进行动态调整。对于评价考核结果较差的责成其限期整改，仍不合格的不再纳入国家平台序列。

第三十条　国家平台涉及内部管理重大变化、主要人员变动等重大事项或重要内容，由主管部门公示后确认，并报科技部备案。

第三十一条　依托单位应如实提供运行服务记录、服务成效及相关材料。凡弄虚作假、违反学术道德的，将取消申报和参加评价考核资格，并视具体情况予以严肃处理。

第三十二条　科技部及有关部门和地方要建立投诉渠道，接受社会对国家平台开放共享情况的意见和监督。

第六章　附则

第三十三条　本办法由科技部和财政部负责解释。

第三十四条　有关部门和地方可参照本办法结合实际制定或修订部门或地方平台的相关管理办法。

第三十五条　本办法自发布之日起实施。

关于加强国家重点实验室建设发展的若干意见

(国科发基〔2018〕64号)

各省、自治区、直辖市、计划单列市科技厅(委、局)、财政厅(局),新疆生产建设兵团科技局、财务局,国务院各有关部门、直属机构,中央军委科学技术委员会,各有关单位:

国家重点实验室是国家组织开展基础研究和应用基础研究、聚集和培养优秀科技人才、开展高水平学术交流、具备先进科研装备的重要科技创新基地,是国家创新体系的重要组成部分。经过30多年的建设发展,已成为孕育重大原始创新、推动学科发展和解决国家战略重大科学技术问题的重要力量。但与全面加强基础科学研究建设世界科技强国的要求相比,还存在重大原创性成果缺乏、世界一流领军科学家不足、管理体制机制亟待深化等问题。为进一步加强国家重点实验室建设发展,依据《关于深化中央财政科技计划(专项、基金等)管理改革的方案》(国发〔2014〕64号)、《国务院关于全面加强基础科学研究的若干意见》(国发〔2018〕4号)和《国家科技创新基地优化整合方案》(国科发基〔2017〕250号),现提出以下意见。

一、总体要求

(一)指导思想。

全面贯彻党的十九大精神,以习近平新时代中国特色社会主义思想为指导,以加快建设创新型国家为目标,面向世界科技前沿、面向国家重大需求、面向国民经济主战场,加强顶层设计和系统布局,加大建设力度和体制机制创新,强化基础研究和应用基础研究,凝聚和培养一流优秀人才,引领未来科学技术发展方向,产出重大原创成果,大幅提升国家重点实验室的原始创新能力、国际学术影响力、学科发展带动力、国家需求和社会发展支撑力,打造国家重点实验室"升级版",保持国家重点实验室的创新性、先进性和引领性,构筑国际竞争新优势,促进基础研究与应用研究融通发展,为建设世界科技强国提供有力支撑。

(二)基本原则。

坚持系统布局。按照建设高水平科学与工程研究类国家科技创新基地的要求,加强顶层设计,构建国家重点实验室发展体系,明确各类国家重点实验室功能定位、目标任务。

坚持能力提升。加强创新能力建设,注重原始创新,聚集领军人才,增强国家重点实验室持续创新活力,促进重大原创成果产出,提升国际影响力。

坚持开放合作。深化"开放、流动、联合、竞争"机制建设,强化开放合作,加强协同创新,推动军民融合,激发创新活力,提升服务能力。

坚持科学管理。加强制度建设,强化分类管理,完善评估机制。加强统筹协调,发挥部门地方作用。建立多元投入机制,强化财政稳定支持。

(三)发展目标。

到2020年,基本形成定位准确、目标清晰、布局合理、引领发展的国家重点实验室体系。

管理体制、运行机制和评价激励制度基本完善。实验室整体水平、开放力度、科研条件和国际影响力显著提升，凝聚和培养一批顶尖科研领军人才和团队，在部分重要学科方向取得一批重大原创性科学成果，支撑引领创新驱动发展的源头供给能力显著增强。实验室经优化调整和新建，数量稳中有增，总量保持在 700 个左右。其中，学科国家重点实验室保持在 300 个左右，企业国家重点实验室保持在 270 个左右，省部共建国家重点实验室保持在 70 个左右。

到 2025 年，国家重点实验室体系全面建成，科研水平和国际影响力大幅跃升。若干实验室成为世界最重要的科学中心和高水平创新高地，引领基础科学研究发展，持续产出对世界科技发展有重大影响的原创成果，集聚一批具有国际水平的战略科技人才和团队，在相关领域成为解决世界重大科学技术问题的核心创新力量，引领带动经济社会发展的作用不断增强，为建成社会主义现代化国家提供有力支撑。

二、完善国家重点实验室发展体系

（四）优化国家重点实验室总体布局。

明确各类国家重点实验室功能定位，系统布局、重点建设、均衡发展，强化分类管理，加强体系建设和优化布局。推进现有国家重点实验室优化调整，以学科国家重点实验室为重点，积极推进学科交叉国家研究中心建设，统筹企业、省部共建、军民共建和港澳等国家重点实验室建设发展，实现国家重点实验室布局的结构优化、领域优化和区域优化。重点围绕世界科技前沿和国家长远发展，围绕区域创新和行业发展，选择优势单位和团队布局建设，适当向布局较少或尚未布局的地方、行业部门倾斜，加强与国家相关科教计划重点任务布局的衔接，推动实验室聚焦重大科学前沿问题，超前布局可能引发重大变革的基础研究和应用基础研究，聚集一批世界一流领军科学家，产出更多原创理论、做出更多原创发现、开创更多前沿学科，在引领基础研究前沿方向中发挥主导作用。

（五）重点推进学科国家重点实验室建设发展。

瞄准世界科技前沿，服务国家重大战略需求，以提升原始创新能力为目标，重点开展基础研究，产出具有国际影响力的重大原创成果。关注国际学科领域发展新动态，遵循科学规律，适时调整实验室研究方向和任务，促进更多优势学科领域实现领跑并跑。对在国际上领跑并跑的实验室加大稳定支持力度，对长期跟跑、多年无重大创新成果的实验室予以优化调整。围绕数学、物理、化学、地学、生物、医学、农学、信息、材料、工程和智能制造等相关领域，在干细胞、合成生物学、园艺生物学、脑科学与类脑、深海深空深地探测、物联网、纳米科技、人工智能、极端制造、森林生态系统、生物安全、全球变化等前沿方向布局建设。

（六）大力推动企业国家重点实验室建设发展。

面向战略性新兴产业和行业发展需求，以提升企业自主创新能力和核心竞争力为目标，围绕产业发展共性关键问题，主要开展应用基础研究等。突出需求导向，在高新技术、现代农业、生态环境、社会民生等重点领域布局建设。加强与学科国家重点实验室的交流合作，促进产学研深度融合。强化企业对基础研究的投入，引导部门地方加大对实验室建设发展的支持，落实研究开发费用税前加计扣除、高新技术企业所得税优惠等政策。明确实验室建设标准，加强评估考核，引导企业建立实验室科研成果质量和效益评价机制，为企业创新发展提供动力。

（七）加大省部共建国家重点实验室建设力度。

以提升区域创新能力和地方基础研究能力为目标，主要开展具有区域特色的应用基础研究，依托地方所属高等学校和科研院所加快布局建设。创新运行管理机制，坚持省部共建、以省为主的管理模式，加强过程管理与评估考核，按照实验室目标任务执行情况进行动态调整。不断提升实验室科研能力和水平，推动与学科国家重点实验室建立伙伴关系。推动地方政府设立专项经费，在项目、人才团队建设等方面加大对实验室的支持力度。统筹中央与地方相关专项资金等措施支持实验室建设发展。

（八）组建学科交叉国家研究中心。

适应大科学时代基础研究特点，加强自然科学与社会科学的融合，聚焦符合科学发展趋势且对未来长远发展产生巨大推动作用的前沿科学问题，聚焦可能形成重大科学技术突破且对经济发展方式产生重大影响的基础科学问题，聚焦学科交叉前沿研究方向，开展前瞻性、战略性、前沿性基础研究。根据世界科技前沿和国家长远发展重大需求，在优势学科群基础上，成熟一个，启动一个。推动体制机制创新，实行主任负责制，强化组建单位法人主体责任，加大中央财政稳定支持力度。

（九）推动国家重点实验室组建联盟。

加强引导，推动实验室围绕学科领域、行业发展和区域创新组建实验室联盟，开展共性重大科学问题和战略方向的联合研究，促进协同创新。推动固体地球科学、药学、水科学等领域国家重点实验室联盟发展。围绕京津冀、长江经济带、粤港澳大湾区等区域发展需求，推动实验室联盟建设。鼓励和引导联盟大力支持雄安新区建设发展，支撑北京、上海科技创新中心建设。

三、提升国家重点实验室创新能力

（十）培养和聚集高水平人才队伍。

以提高科技创新活力为核心，推动国家重点实验室建立开放、流动、竞争、协同的用人机制，吸引顶尖人才、培养青年人才、用好现有人才，促进人员合理的双向流动，助推重大成果产出和国际影响力提升。强化对国家重点实验室人才队伍建设的评价，引导出成果、出人才并重，造就一大批具有国际水平的战略科技人才、科技领军人才、青年科技人才，稳定支持优秀创新团队。推动实验室建立完善人才评价与成果、贡献相挂钩的制度，评价考核注重研究成果创新质量、学术贡献和学术影响力。

（十一）提升国家重点实验室基础设施和装备水平。

应对基础研究和应用基础研究不断深化和学科交叉的大趋势，推动实验室围绕研究方向，科学合理地进行原有实验研究硬件资源整合和配置，积极开拓仪器设施的功能和推动极限研究手段突破，搭建具有世界一流水平的公共实验研究平台。加强实验室公共实验研究平台能力建设和管理水平提升，为突破科学前沿、实现技术变革提供充分的物质基础保障。

（十二）扩大国家重点实验室开放力度。

深化实验室"物"与"人"等资源开放共享的广度和深度，提升实验室认可度。按照《国家科技资源共享服务平台管理办法》的要求，推动实验室仪器设备、重大科研数据等科技资源开放共享，探索开展基础研究众包众筹众创，将开放服务满意度和普及度作为实验室年度考核和定期评估的重要指标。加强实验室技术人员培养，为科研活动提供规范化、专业化公共技术服务。推动实验室建立固定与流动相结合的聘用制度，设置一定数量流动岗位，吸引本学科领域国际顶尖人才共同开展联合研究。调动青年人才创新积极性，为他们提供由骨干研究人员辅导开展阶段性研究的便利条件。

（十三）加强国家重点实验室国际合作与交流。

健全国际科技合作机制，深化与国际一流科研机构的交流与合作。根据国家发展战略需求，支持实验室开展目标导向的国际科技合作，积极参与或主导国际大科学计划和工程，牵头承担国际科技创新合作专项项目。落实"一带一路"科技创新合作倡议，推动有条件的实验室共建"一带一路"联合实验室，开展合作研究、人才培养和科技人文交流等工作。

（十四）提升国家重点实验室影响力。

充分发挥实验室品牌效应，鼓励实验室在加强自身建设、提高核心竞争力的同时，进一步发挥引领带动作用，不断增强在学科、领域和行业产业中的美誉度与影响力。鼓励实验室与学会、协会保持密切联系和沟通。积极支持实验室开展科普工作，按有关规定向社会开放。鼓励实验室创办国际知名期刊。大力倡导和支持实验室参与国际学术交流活动，支持和推荐更多人员到有影响力的国际科技组织和国际重要期刊应聘任职，推进任职高端化。将实验室打造成为具有国际影响力的学术创新中心、人才培育中心、学科引领中心、科学知识传播普及和成果转移中心。

四、加强国家重点实验室管理创新

（十五）加强统筹协调和组织实施。

按照国家重点实验室建设总体布局，推动部门地方将实验室建设作为一项重要工作纳入本部门本地区科技创新体系，进一步提升创新保障能力，把经费、人员、条件保障等方面的支持落到实处。建立国家和部门地方联动机制，形成多层次推动实验室建设发展的工作格局，国家将加强对部门地方实验室建设工作的指导和支持，实现国家重点实验室与部门地方实验室的协同发展，促进资源开放共享和信息互联互通。

（十六）强化依托单位法人主体责任。

国家重点实验室依托单位应将实验室作为本单位的"政策高地"，在物理空间、科研仪器和实验设施平台搭建、人员聘用、研究生指标、经费使用等方面给予必要的条件保障和倾斜。实行实验室主任负责制，赋予实验室选人用人、科研课题设定自主权。创造科学家、研究团队和青年人才拎包入驻的环境和条件。建立一流的科研专业服务团队，为科学家开展研究提供全方位支撑。

（十七）加强多元投入，完善资源配置。

进一步完善分类支持方式和稳定支持机制，加大绩效考核和财政支持的衔接。本着"保重点，补短板、分类支持、注重绩效"的原则，中央财政稳定支持国家研究中心和学科等国家重点实验室的运行和能力建设。积极鼓励国家研究中心和学科国家重点实验室牵头承担国家重大研发任务。坚持多元化投入，推动实验室依托单位、主管部门和地方政府加大对实验室建设发展投入力度。通过政府引导、税收杠杆方式，激励企业和社会力量加大基础研究投入。

（十八）加强国家重点实验室制度建设和分类管理。

按照各类国家重点实验室的定位、目标和任务，制定建设运行实施方案。按照科技计划管理改革要求，创新管理模式，加强分类管理和分类评估考核，制定修订适合各类国家重点实验室管理特点的办法。加强省部共建等实验室共建共管的制度探索，明晰管理职责，调动实验室相关主管部门和地方政府的积极性。

（十九）建立完善符合基础研究特点和规律的评价机制。

坚持定期评估考核制度，建立与实验室发展目标相一致的评估考核指标体系和以创新质量和学术贡献为核心的评价机制。完善第三方评估，探索国际同行专业化评价，强化实验室学术竞争力的国际比对和实验室任务完成情况定性与定量相结合的综合评价，引导实验室在学科目标上更加聚焦原始创新，促使更多实验室不断成为领跑者和并跑者，增强国际影响力，实现国家重点实验室的优化调整、良性循环。

（二十）营造国家重点实验室创新文化。

弘扬科学家和研究团队为国奉献精神，提升国家重点实验室的荣誉感和使命感。引导实验室做科研诚信的表率，避免急功近利、急于求成。推动实验室建立容错机制，形成潜心研究、挑战未知的创新文化和宽容失败、鼓励争鸣的学术氛围。保障科研人员围绕实验室确定的科学目标和任务，心无旁骛、长期稳定深耕基础理论、基础方法，产出重大原创性成果，引领国际科技前沿方向。充分发挥学术委员会对实验室发展目标、学科方向、人才队伍等的学术指导作用，保持实验室创新活力。

科技部　财政部
2018 年 6 月 22 日

关于扩大国有科技型企业股权和分红激励暂行办法实施范围等有关事项的通知

(财资〔2018〕54号)

党中央有关部门，国务院各部委、各直属机构，各省、自治区、直辖市、计划单列市财政厅（局）、科技厅（委、局）、国资委，新疆生产建设兵团财政局、科技局、国资委，各中央管理企业：

为加快实施创新驱动发展战略，推动国有科技型企业建立健全激励分配机制，进一步增强技术和管理人员的获得感，经国务院同意，现就扩大《国有科技型企业股权和分红激励暂行办法》实施范围等有关事项通知如下：

一、将国有科技型中小企业、国有控股上市公司所出资的各级未上市科技子企业、转制院所企业投资的科技企业纳入激励实施范围。

上述企业纳入实施范围后，《财政部科技部国资委关于印发〈国有科技型企业股权和分红激励暂行办法〉的通知》(财资〔2016〕4号，以下简称《激励办法》)

第二条相应调整为：本办法所称国有科技型企业，是指中国境内具有公司法人资格的国有及国有控股未上市科技企业（含全国中小企业股份转让系统挂牌的国有企业、国有控股上市公司所出资的各级未上市科技子企业），具体包括：

（一）国家认定的高新技术企业。

（二）转制院所企业及所投资的科技企业。

（三）高等院校和科研院所投资的科技企业。

（四）纳入科技部"全国科技型中小企业信息库"的企业。

（五）国家和省级认定的科技服务机构。

二、对于国家认定的高新技术企业不再设定研发费用和研发人员指标条件。将《激励办法》第六条第（二）款调整为"（二）对于本办法第二条中的（二）、（三）、（四）类企业，近3年研发费用占当年企业营业收入均在3%以上，激励方案制定的上一年度企业研发人员占职工总数10%以上。成立不满3年的企业，以实际经营年限计算"。将《激励办法》第六条第（三）款调整为"（三）对于本办法第二条中的（五）类企业，近3年科技服务性收入不低于当年企业营业收入的60%"。

三、本通知自印发之日起执行。

财政部　科技部　国资委

2018年9月18日

财政部 科技部关于印发
《中央级新购大型科研仪器设备查重评议管理办法》的通知

(财科教〔2019〕1号)

各有关部门(单位):

为规范中央级新购大型科研仪器设备查重评议工作,减少重复浪费,促进资源共享,提高财政资金的使用效益,依据《国务院关于国家重大科研基础设施和大型科研仪器向社会开放的意见》(国发〔2014〕70号)等规定,财政部会同科技部研究制定了《中央级新购大型科研仪器设备查重评议管理办法》,现印发你们,请遵照执行。

附件:中央级新购大型科研仪器设备查重评议管理办法

财政部 科技部
2019年1月8日

中央级新购大型科研仪器设备查重评议管理办法

第一条 为规范中央级新购大型科研仪器设备查重评议工作,减少重复浪费,促进资源共享,提高财政资金的使用效益,依据《国务院关于国家重大科研基础设施和大型科研仪器向社会开放的意见》(国发〔2014〕70号)等规定,对中央和地方所属高等院校、科研院所及其他科研机构利用中央财政资金申请购置大型科研仪器设备实施查重评议,特制定本办法。

第二条 本办法所称"大型科研仪器设备"是指利用中央财政资金购置的单台(套)价格在200万元及以上,用于科学研究、技术开发及其他科技活动的科研仪器设备。

"查重评议"是指有关单位申请购置大型科研仪器设备预算时,提请负责审核批复仪器设备购置事项预算的部门或单位(以下简称组织查重部门)按本办法规定对新购大型科研仪器设备的学科相关性、必要性、合理性等进行评议,从源头上避免仪器设备重复购置,提高利用效率。

第三条 有关单位申请购置大型科研仪器经费预算时,需提请组织查重部门进行查重评议并提交购置申请报告。购置申请报告主要内容包括:拟购仪器设备基本情况、购置的必要性以及本单位同类仪器设备保有和运行开放情况等(概要模版附后)。

第四条 组织查重部门是查重评议工作的责任主体,负责自行组织或委托第三方机构利用重大科研基础设施和大型科研仪器国家网络管理平台中仪器设备数据和相关信息开展,并将查重评议结果作为批准新购大型科研仪器设备事项的重要依据。

组织查重部门要改进服务和管理,统筹做好与项目评审、预算审核等工作的衔接。

第五条 查重评议的主要内容包括:

（一）申购单位相关学科发展和承担科研任务需要购置仪器设备的必要性。

（二）申购单位及所在地区（一般指所在的直辖市、省会城市或地级市，下同）同类仪器设备的保有情况（包括分布情况、共享情况、利用情况及年平均有效机时）。

（三）申购仪器设备功能及相关技术指标的先进性、适用性、合理性。

（四）申购单位实验队伍支撑情况。

（五）申购单位物理条件（安置地点、水电环境等）支撑情况。

第六条 查重评议的原则包括：

符合下列条件之一的建议购置：

（一）申购单位及所在地区无同类仪器设备或有同类仪器设备但其功能无法满足当前研究需要。

（二）申购单位及所在地区虽有同类设备但机时饱满（原则上年平均机时达1200小时以上），无法满足当前研究需要。

（三）申购单位及所在地区虽有同类仪器设备，但由于实验性质和条件所限不适合共享。

（四）申购仪器设备为在线仪器设备或对已有设备的配套和升级改造等。

具有下述情况之一的不建议购置：

（一）申购单位及本地区现存同类仪器设备较多且功能可以满足当前研究需要，可以通过共享支撑当前研究（一般按照现有共享仪器设备利用机时不足1200小时来判断）。

（二）申购仪器设备与本项目的研究方向不符。

（三）对申购仪器设备刻意拆分、打包或未使用规范名称。

（四）申购单位缺乏合适的专职/兼职实验管理人员、仪器设备操作人员。

第七条 组织查重部门自行开展查重评议的，要根据本办法制定具体的操作办法；采取委托第三方评议机构开展的，应要求第三方评议机构根据本办法制定具体的操作办法，充分利用信息化手段，遴选符合条件的专家，公平、公正、高效地开展评议工作。

第八条 组织查重部门应将查重评议的结果，及时反馈有关单位。

第九条 有关单位对查重评议结果有异议的，应提请组织查重部门进行研究并提出处理意见。

第十条 财政部会同科技部等负责查重评议制度设计，推进完善国家网络平台管理，对组织查重部门、第三方评议机构等开展查重评议情况进行监督指导。

第十一条 对有关单位提交虚假材料申购仪器设备等行为、组织查重部门未按规定开展查重评议等行为，以及第三方评议机构徇私舞弊等行为，财政部将会同有关部门，采取扣减仪器设备购置预算、计入法人单位科研严重失信行为记录等方式，予以惩戒。

第十二条 为应对应急突发事件需购置大型科研仪器设备的，可不进行查重评议。涉及国防领域大型科研仪器设备购置，不适用本办法。购置单台（套）价格在200万元以下的，有关单位要合理统筹利用仪器设备资源，减少重复购买，提高资源和资金利用效率。

第十三条 本办法由财政部负责解释。

第十四条 本办法自2019年1月1日起施行，《中央级新购大型科学仪器设备联合评议工作管理办法（试行）》（财教〔2004〕33号）同时废止。

附：大型科研仪器设备购置申请报告（概要模版）

附：

大型科研仪器设备购置申请报告
（概要模版）

一、科研仪器设备基本信息。主要包括：名称、型号、功能、产地国别、数量、单价、经费预算和来源、采购方式以及供货来源等。

二、科研仪器设备购置必要性。主要包括：该仪器设备适用的科研领域和对当前科研工作的作用。

三、本单位现有同类大型科研仪器设备使用管理情况。主要包括：本单位现有同类仪器设备的购置年代、型号、原值、使用情况（含年平均有效机时、开放共享、平均报废时间等）以及本单位科研仪器设备运维保障情况等。

四、本单位现有实验队伍支撑情况。主要包括：本单位配备专职／兼职实验管理人员和仪器设备操作人员的总人数、资质状况、日平均有效工作时长、培训学习情况等。

五、开放共享方案。主要包括：本单位对于拟购置大型科研仪器设备开放共享的有关安排。

关于印发
《国家新一代人工智能开放创新平台建设工作指引》的通知

(国科发高〔2019〕265号)

各省、自治区、直辖市及计划单列市科技厅（委、局），新疆生产建设兵团科技局：

为深入贯彻落实《国务院关于印发新一代人工智能发展规划的通知》（国发〔2017〕35号），充分发挥人工智能行业领军企业、研究机构的引领示范作用，促进人工智能与实体经济的深度融合，进一步推进国家新一代人工智能开放创新平台建设，推动我国人工智能技术创新和产业发展，科技部制定了《国家新一代人工智能开放创新平台建设工作指引》。现印发给你们，请结合本地区实际做好落实工作。

科技部
2019年8月1日

国家新一代人工智能开放创新平台建设工作指引

根据《国务院关于印发新一代人工智能发展规划的通知》（国发〔2017〕35号）统筹布局人工智能创新平台的总体要求，以及科技创新2030—"新一代人工智能"重大项目确定的总体目标和阶段性目标，为进一步明确国家新一代人工智能开放创新平台的目的意义、建设原则、基本条件和主要任务，指导和推动国家新一代人工智能开放创新平台有序发展，特制定本工作指引。

一、目的意义

新一代人工智能开放创新平台（以下简称"开放创新平台"）是聚焦人工智能重点细分领域，充分发挥行业领军企业、研究机构的引领示范作用，有效整合技术资源、产业链资源和金融资源，持续输出人工智能核心研发能力和服务能力的重要创新载体。"开放、共享"是推动我国人工智能技术创新和产业发展的重要理念，通过建设开放创新平台，着力提升技术创新研发实力和基础软硬件开放共享服务能力，鼓励各类通用软件和技术的开源开放，支撑全社会创新创业人员、团队和中小微企业投身人工智能技术研发，促进人工智能技术成果的扩散与转化应用，使人工智能成为驱动实体经济建设和社会事业发展的新引擎。

二、建设原则

（一）应用为牵引。以人工智能重大应用需求方向为牵引，依托开放创新平台推动人工智能相关基础理论、关键核心技术、软硬件支撑体系及产品应用开发，形成具有国际影响力和广泛覆盖面的人工智能创新成果。

（二）企业为主体。鼓励人工智能细分领域领军企业搭建开源、开放平台，面向公众开放人工智能技术研发资源，向社会输出人工智能技术服务能力，推动人工智能技术的行业应用，培育行业领军企业，助力中小微企业成长。

（三）市场化机制。鼓励采用市场化的组织管理机制，依托单位应作为开放创新平台的资金投入主体，并通过技术成果转让授权、技术有偿使用等方式，为开放创新平台发展提供持续支持。

（四）协同式创新。鼓励地方政府、产业界、科研院所、高校等共同参与推进开放创新平台建设，通过人才、技术、数据、产业链等资源整合，构建开放生态，推动核心技术成果产业化。

三、基本条件

开放创新平台重点由人工智能行业技术领军企业牵头建设，鼓励联合科研院所、高校参与建设并提供智力和技术支撑。开放创新平台应围绕《新一代人工智能发展规划》重点任务中涉及的具有重大应用需求的细分领域组织建设，原则上每个具体细分领域建设一家国家新一代人工智能开放创新平台，不同开放创新平台所属细分领域应有明确区分和侧重。

提出建设申请的开放创新平台应具备以下基本条件。

（一）开放创新平台应具备突出的技术实力和产业创新影响力，能够发挥人工智能行业的引领示范作用。

（二）具有向社会提供开放共享服务的技术基础和服务能力，能够有效整合技术资源、产业链资源和金融资源，具备快速形成对外服务的技术能力，能够大幅降低行业技术研发和使用门槛，带动中小微企业协同创新发展。

（三）依托单位承诺对开放创新平台建设给予持续的资金、人才、基础设施等投入，提供开放创新平台发展的保障条件。

（四）具备明确可考核的开放服务运行机制，建立较为完善的组织架构和支撑开放创新平台可持续发展的运营模式。

四、重点任务

（一）开展细分领域的技术创新。结合开放创新平台细分领域已有技术基础与产业资源，汇聚优势企业、科研院所、高校等创新力量，协同推动人工智能基础理论、模型方法、基础软硬件研究，服务和支撑人工智能前沿基础理论和关键技术创新。

（二）促进成果扩散与转化应用。积极探索开放创新平台成果转化与应用机制，以创新成果为牵引，有效整合相关技术、产业链和金融资源，汇聚上下游创新力量，构筑完整的技术和产业生态，推动经济社会高质量发展和民生改善。

（三）提供开放共享服务。开放创新平台面向细分领域建设标准测试数据集，促进数据开放和共享，形成标准化、模块化的模型、中间件及应用软件，以开放接口、模型库、算法包等方式向社会提供软硬件开放共享服务。

（四）引导中小微企业和行业开发者创新创业。在细分领域打造知识共享和经验交流社区，引导科技型中小微企业和创新创业人员基于开放创新平台开展产品研发、应用测试，降低技术与资源使用门槛，营造全行业协同创新创业的良好氛围。

五、组织管理

（一）推荐申请。

符合上述申请条件、有意愿提供公共创新服务的建设主体结合自身技术基础和发展定位，选定一个明确的具体细分领域，撰写《国家新一代人工智能开放创新平台建设申请书》，通过依托单位自荐或所属省级科技主管部门推荐，择优向科技部申请。

（二）综合论证。

科技部组织专家进行综合论证，论证专家由综合专家和领域专家组成。其中，综合专家从科技创新2030—"新一代人工智能"重大项目咨询专家组成员、已建开放创新平台负责人中遴选产生，领域专家主要从重大项目指南编制专家中遴选产生。综合论证主要采取会议论证方式开展，论证专家通过审阅开放创新平台建设申请书，听取申请单位汇报，从申请方向的合理性、依托单位的基础和能力、建设计划的可行性、开放服务的预期效果等方面进行综合质询和判定，形成综合论证意见。

（三）认定公布。

科技部结合论证意见，综合考虑新一代人工智能技术发展需求、建设方向的整体布局，择优确定开放创新平台及其依托单位，按程序予以认定并向社会公布。

（四）运行管理。

依托单位是国家新一代人工智能开放创新平台的建设主体和责任主体，鼓励依托单位根据国家战略和领域实际，积极探索适合自身发展特点的高效组织管理模式，建立有效的资源整合、协同创新、开放服务和利益分配机制，鼓励各开放创新平台间建立技术协作、经验交流和资源共享机制。

建立年度报告和重大事项报告制度，开放创新平台应定期总结工作情况，编写年度总结报告，经所属省级科技主管部门审核后报送科技部。科技部积极支持开放创新平台建设，并推动与国家新一代人工智能创新发展试验区建设的协同发展。省级科技主管部门应结合地区发展特点，积极推进开放创新平台建设，助力技术推广应用，并给予有利于其发展的相关政策支持。

建立开放创新平台退出机制。开放创新平台的依托单位应遵循《新一代人工智能治理原则》，发展负责任的人工智能，积极稳妥推进人工智能技术创新和产业发展，不断探索开放创新平台的绩效管理与评估机制。省级科技主管部门应及时向科技部反馈开放创新平台建设过程中存在的问题；科技部将对无法继续履行依托单位职责或产生严重社会不良影响的开放创新平台予以撤销。

附件：国家新一代人工智能开放创新平台建设申请材料提纲（略）

科技部 农业农村部 水利部 国家林业和草原局 中国科学院 中国农业银行关于印发《国家农业科技园区管理办法》的通知

(国科发农〔2020〕173号)

各省、自治区、直辖市及计划单列市科技厅（委、局）、农业农村（农牧）厅（委、局）、水利（水务）厅（局）、林业和草原主管部门，新疆生产建设兵团科技局、农业农村局、水利局、林业和草原主管部门，中国科学院院属各单位，中国农业银行各分行：

为进一步规范国家农业科技园区管理，科技部、农业农村部、水利部、国家林业和草原局、中国科学院、中国农业银行对《国家农业科技园区管理办法》进行了修订。现印发给你们，请结合各地实际认真贯彻执行。

科技部 农业农村部 水利部
国家林业和草原局 中国科学院 中国农业银行
2020年6月25日

国家农业科技园区管理办法

建设国家农业科技园区是党中央、国务院提出的一项重要任务，自2001年由科技部等部门联合实施。为进一步加强国家农业科技园区建设与规范化管理，深入推进农业供给侧结构性改革，加快培育农业农村发展新动能，推进农业农村现代化，根据《国家创新驱动发展战略纲要》及实施创新驱动发展战略、乡村振兴战略、区域协调发展战略等要求，制定本办法。

第一章 总则

第一条 本办法所称国家农业科技园区，是指由国家农业科技园区协调指导小组批准建设的国家级农业科技园区（以下简称"园区"）。有关部门、地方批准建设的各级各类农业科技园区管理可参照本办法执行。

第二条 园区建设与管理要坚持"政府主导、市场运作、企业主体、农民受益"的原则，集聚创新资源，培育农业农村发展新动能，着力拓展农村创新创业、成果展示示范、成果转化推广和高素质农民培训四大功能，强化创新链，支撑产业链，激活人才链，提升价值链，分享利益链，把园区建设成为现代农业创新驱动发展的高地。

第三条 本办法主要包括园区申报、审核、建设、管理、验收、监测、评价和评估等工作。

第二章 组织机构及职责

第四条 科技部联合农业农村部、水利部、国家林业和草原局、中国科学院、中国农业银行成立园区协调指导小组，科技部为组长单位，农业农村部为副组长单位，其他部门为成员单位。园区协调指导小组负责对园区工作进行宏观指导，组织制定并发布园区发展规划、管理办法。

第五条 园区协调指导小组管理办公室（简称园区管理办公室）设在科技部农村科技司，负责园区统筹协调和日常管理。园区管理办公室委托中国农村技术开发中心开展相关工作。

第六条 园区管理办公室聘请相关领域知名专家组成园区专家工作组（专家工作组工作规则另行制定），负责园区发展战略与政策研究、提供咨询和技术指导，并参与相关论证、评审、过程监管、验收、评估等工作。

第七条 园区所在省（自治区、直辖市）、计划单列市及新疆生产建设兵团可根据实际情况按程序建立领导机制，负责辖区内园区建设的组织领导和协调推进工作，落实国家有关政策和制定地方配套政策。省级科技主管部门负责辖区内园区的组织申报、指导管理、资源整合、统筹发展等具体工作。

第八条 园区申报单位可根据实际需要组建管理工作专班负责园区建设的组织领导和协调推进工作，落实国家和地方有关政策和制定配套政策；负责园区规划编制、基础设施建设、创新能力建设、平台建设、产业发展等工作。鼓励园区组建具有法人资格的管理服务公司或投资管理公司，发挥市场在资源配置中的决定性作用，通过市场机制推进园区发展。

第三章　申报与审核

第九条 园区申报条件：

（一）园区申报单位原则上应为地市级及以上人民政府，应从严控制，避免同质化建设；

（二）园区要有科学的规划方案、合理的功能分区、明确的主导产业、完善的配套政策，并已正式成为省级农业科技园区一年以上；

（三）园区建设规划要符合国家农业科技园区发展规划，并经地市级及以上人民政府批准纳入当地社会经济发展规划；

（四）园区要有明确的地理界线和一定的建设规模，核心区、示范区、辐射区功能定位清晰，建设内容具体；

（五）园区要有较强的科技开发能力或相应的技术支撑条件，能够承接技术成果的转移转化；要有较好的研发基础设施条件和较完善的技术转化服务体系；要有一批专家工作站和科学测试检测中心，有利于聚集科技型人才；

（六）园区要有一批农业高新技术企业和科技服务机构，有效提高当地劳动生产率、土地产出率和资源利用率；要为高素质农民培训提供场所，促进农民科学素养和技术水平提升；要为大学生、农民工等返乡创业提供孵化器和公共服务平台；

（七）园区要有健全的管理服务体系。统筹科技资源，协调推进，充分发挥园区对当地农业主导产业的支撑作用。

第十条 园区申报程序：

（一）由园区申报单位通过所在地人民政府向省级科技主管部门提出申请；

（二）省级科技主管部门组织专家进行评审，并经省级人民政府审定后报送园区管理办公室。

第十一条 园区申报材料：

（一）国家农业科技园区建设申报书（见附件1）；

（二）国家农业科技园区总体规划（见附件2）；

（三）国家农业科技园区建设实施方案（见附件3）；

（四）其他有关附件材料。

第十二条 园区论证与审核：

（一）园区管理办公室组织专家对申报园区进行实地考察，提出园区建设的相关建议，并形成考察报告；

（二）园区管理办公室组织专家通过视频答辩或会议评审等方式对申报园区进行论证和评审；

（三）园区管理办公室将考察报告及专家评审结果报请协调指导小组审定后，由科技部发文正式批准。

第四章 建设与管理

第十三条 园区申报单位须按照论证评审通过后的总体规划，组织编制实施方案。总体规划和实施方案须经园区所在地政府常务会审议通过，报园区管理办公室备案后执行。

第十四条 园区管理工作专班负责协调和落实各级政府有关园区的土地、税收、财政等政策措施。

第十五条 省（自治区、直辖市）、计划单列市、新疆生产建设兵团科技主管部门要整合本地区各类涉农科技计划项目，倾斜支持园区发展。园区所在地人民政府要结合本地实际，制定支持园区发展操作性强的相关政策。

第十六条 园区要坚持新发展理念，制定出台优惠政策，以推动农业供给侧结构性改革为主线，推动科技服务业和创新创业政策在园区落地生根；要积极吸引优势企业和优秀人才入驻园区，着力孵化涉农高新技术企业，发展农业高新技术产业，推动园区向高端化、集聚化、融合化、绿色化方向发展；要强化一二三产实质融合，积极推进产城产镇产村融合；要着力营造科技成果转移转化的良好环境，打造一批"星创天地"。

第十七条 园区实行年度报告制度和年度总结会议制度。每年3月底前，各园区应通过省级科技主管部门将上年度工作报告等材料报送到园区管理办公室，内容主要包括园区建设进展、统计数据、经验总结、存在问题及下一年度工作重点等。其中，统计数据参考国民经济统计数据，主要包括地区生产总值（第一产业、第二产业、第三产业）、总产值（农业、林业、牧业、渔业）、各类农产品产量、规模以上工业增加值、城镇和农村居民可支配收入等。园区管理办公室定期组织召开国家农业科技园区工作会议，交流各园区的主要经验和做法。

第十八条 园区实行创新能力监测与评价制度。按照"建立全国创新调查制度，加强国家创新体系建设监测评估"的要求，在科学、规范的统计调查基础上，对园区创新能力进行全面监测和评价，根据评价结果和区域发展需求进行针对性指导。园区管理工作专班要及时组织填报监测数据，并对数据真实性负责。

第五章 验收与评估

第十九条 园区建设期为三年。建设期满后，由园区建设单位通过省级科技主管部门向园区管理办公室提出验收申请。园区管理办公室根据园区验收申请，组织专家进行现场审查，结合年度创新能力监测与评价结果，经综合评议后认定是否通过验收，并将验收结果以适当方式向社会公布。

不能按期参加验收的园区，应提前半年由园区建设单位通过省级科技主管部门向园区管理办公室提出延期验收申请，由园区管理办公室批准。

第二十条 园区管理办公室对通过验收的园区，实行动态管理和综合评估。园区评估工作原则上每三年进行一次，评估结果分为优秀、达标和不达标。评估工作由园区协调指导小组统一部署，园区管理办公室组织实施。

第二十一条 加大对评估优秀园区的支持力度，支持符合条件的园区申请建设国家农业高新技术产业示范区；对评估不达标的园区要限期整改（整改期一般为一年）。整改后再次进行评估，达标则继续保留园区资格，不达标则取消其园区资格。

第二十二条 园区一个评估阶段（一般为三年）有两年不参加创新能力监测，视为园区评估不达标。

第六章 附则

第二十三条 本办法自公布之日起实施。

第二十四条 本办法由科技部负责解释。

第二十五条 原《国家农业科技园区管理办法》（国科发农〔2018〕31号）自本办法实施之日起废止。

附件：1. 国家农业科技园区建设申报书（参考格式）（略）
　　　2. 国家农业科技园区总体规划（参考格式）（略）
　　　3. 国家农业科技园区建设实施方案（参考格式）（略）

交通运输部 科学技术部关于印发《国家交通运输科普基地管理办法》的通知

(交科技发〔2020〕73号)

各省、自治区、直辖市交通运输厅（委、局）、科技厅（委、局），新疆生产建设兵团交通局、科技局，交通运输部、科学技术部直属单位，交通运输部共建高校，招商局集团、中远海运集团、中交建设集团，各交通运输行业学（协）会：

为贯彻落实习近平总书记关于科技创新和科学普及工作的重要论述，引导和规范国家交通运输科普基地建设和运行管理，促进交通运输科技创新和科学技术普及工作协调发展，支撑交通强国和科技强国建设，交通运输部和科技部制定了《国家交通运输科普基地管理办法》，现印发给你们，请遵照执行。

交通运输部 科学技术部
2020年7月10日

国家交通运输科普基地管理办法

第一章 总则

第一条 根据《中华人民共和国科学技术普及法》，为贯彻落实《"十三五"国家科技创新规划》和《交通运输部关于加强交通运输科学技术普及工作的指导意见》等文件精神，推进国家特色科普基地体系建设，加强和规范国家交通运输科普基地（以下称科普基地）的建设与管理，支撑加快建设交通强国和科技强国，制定本办法。

第二条 本办法适用于科普基地的申报、评审、命名、运行与管理等工作。

第三条 科普基地是展示交通运输科技成果与发展实践的重要场所、设施或单位，应以面向社会公众开展交通运输科技知识普及、宣传交通运输发展和现代化交通理念及先进交通文化为主要任务，并在开展社会性、群众性、经常性的科普活动中发挥示范引领作用。

第四条 科普基地享有依法开展科普活动的权利，享受国家给予公益性科普事业的相关优惠政策。主要包括交通运输科技场馆、教育科研平台、生产设施等类别。

第五条 交通运输部会同科技部共同负责科普基地的评审、命名、管理及评估，具体工作由交通运输部科技主管部门和科技部科普工作主管部门共同承担。各省、自治区、直辖市交通运输主管部门会同科技主管部门负责本行政区域内的科普基地审核、推荐工作。国家铁路局、中国民用航空局、国家邮政局（以下称部管国家局）及中央级交通运输企业、科技部直属单位、交通运输部直属单位（系统）、共建高校和行业学（协）会负责本单位（系统）科普基地的推荐工作。

第六条 依托有关专业机构设立科普基地管理办公室（以下称基地办公室），负责组织科普基地申报及评审、日常运行管理等事务性工作。具体如下：

（一）参与受理科普基地申报、推荐材料审查、组织专家咨询评审等有关工作；

（二）参与组织开展科普基地评估考核工作；

（三）组织开展科普基地建设相关研究和业务交流活动；

（四）提供科普基地建设的技术咨询和信息社会化服务；

（五）承办科普基地的工作信息汇集、数据统计、活动宣传等日常管理工作。

第二章 申报条件

第七条 科普基地申报单位应具备以下基本条件：

（一）中国大陆境内注册，具有独立法人资格。

（二）突出交通运输科普特色，开展主题内容明确、形式多样的科普活动，年对外开放30天以上（科技场馆等有条件的基地应常年开放），年参观人数5000人次以上，并拥有各类支撑保障资源。

（三）具备一定规模的专门用于交通运输科学技术传播与普及的固定场所、平台及技术手段（展馆类基地面积原则上应在1000㎡以上，综合交通枢纽、场站、码头等交通生产服务设施及大型交通工具应通过电子屏幕、展板安排一定比例的科普宣传内容）。

（四）设有负责科普工作的职能部门，并配备开展科普活动的专（兼）职人员队伍。

（五）管理制度健全，将科普工作纳入本单位年度工作计划及目标。

（六）能够保障开展经常性科普活动所需的经费。

（七）面向公众开放，具备一定规模的接待能力，符合相关公共场馆、设施或场所的安全、卫生、消防标准。

（八）具备策划、创作、开发交通运输科普作品的能力，并具有网站、微信、微博等对外宣传渠道。

第八条 科普基地应充分发挥公益性科普示范作用，结合本单位职能定位和优势条件，制定开展科普工作的规划和年度计划，面向公众开展常态化科普活动，或结合促进交通运输科学发展和交通强国建设需要，开展主题性科普宣传活动。

第九条 科普基地应加强科普人才队伍建设。有计划地开展专、兼职科普工作人员业务培训，积极发展科普志愿者队伍。

第三章 申报与命名

第十条 交通运输部和科技部组织基地办公室开展科普基地的评审工作。

第十一条 科普基地的申报工作原则上每两年开展一次。凡符合前述条件的单位均可自愿申报，申报科普基地不收取费用。

第十二条 申报与命名程序。

（一）申报。申报单位填写《国家交通运输科普基地申报表》（见附件）报送推荐渠道，并对材料的真实性和准确性负责。同一基地只能通过一个推荐渠道申报。

（二）推荐。各省级交通运输主管部门会同科技主管部门受理本辖区内的科普基地申报推荐工作；中央级交通运输企业、交通运输部直属单位（系统）和共建高校、科技部直属单位可直接申报；部管国家局和行业学（协）会可择优推荐所属科普教育基地或有关企事业单位申报。

（三）评审。评审程序分为材料评审和现场评审两个阶段。申报单位通过材料评审后，方可进入现场评审。现场评审重点核实申报材料是否与实际相符，并形成最终评审结果及命名建议。

（四）公示。评审结果向社会公示，公示期为 10 个工作日。有异议者，应在公示期内提出实名书面材料及必要的证明文件，逾期和匿名异议不予受理。

（五）命名。公示无异议或经处理消除异议的申报单位，由交通运输部和科技部命名为科普基地，向社会公布，并颁发证书和牌匾。

第四章　管理与服务

第十三条　已获命名的科普基地应认真履行职责，不断提升科普能力，服务交通运输中心工作。在全国科技活动周、全国科普日、中国航海日及交通运输行业重大活动期间积极组织开展持续有效的主题性及常规科普活动。积极开发公众喜闻乐见的科普作品，通过各类媒体渠道对外传播。

第十四条　科普基地应加强自身制度建设，于每年 11 月底前向基地办公室和推荐单位提交年度科普工作总结和下年度工作计划，并在组织及参与重大科普活动结束后及时报送活动总结。

第十五条　交通运输部将支持和指导科普基地发展建设，并优先推荐申报各类科普项目、奖励，优先提供培训机会，择优推荐工作成效突出的基地争创国家科普示范基地。各省级交通运输主管部门和科技主管部门、有关行业学会，应充分利用相关政策和交通运输重大工程建设，支持科普基地建设及运行，加强宣传和推介，扩大科普基地的社会认可度和影响力。

第十六条　对科普基地实行动态管理，适时组织开展综合评估，经评估合格的继续保留基地称号，评估不合格的责令整改。

第十七条　对未认真履行职责、运行不良的科普基地，有下列情况之一的，取消科普基地称号，且四年内不得再次申报：

（一）未履行科普义务，或因客观原因无法运行，主动申请撤销的。

（二）评估不合格，并经责令整改后仍不合格的。

（三）不提交年度科普工作总结与计划，不提交考核材料，不参加考核的。

（四）发生其他严重损害公众利益和科普基地名誉行为的。

对发生重大安全责任事故，或宣传伪科学、涉嫌商业欺诈等违法违纪行为的科普基地，交通运输部将会同科技部取消其科普基地称号，并依法严肃处理。

第五章　附则

第十八条　本办法由交通运输部和科技部负责解释。

第十九条　本办法自 2020 年 7 月 10 日起施行。

第七节 国家社会科学基金类

财政部 全国哲学社会科学规划领导小组关于印发《国家社会科学基金项目资金管理办法》的通知

(财教〔2016〕304号)

国务院各部委、各直属机构,教育、艺术、军事学科规划领导小组,各省、自治区、直辖市社科规划领导小组:

为了改进和规范国家社会科学基金项目资金使用和管理,提高资金使用效益,促进我国哲学社会科学繁荣发展,根据国家财政财务管理有关法律法规和中共中央办公厅、国务院办公厅《关于进一步完善中央财政科研项目资金管理等政策的若干意见》,结合《国家社会科学基金管理办法》有关规定,我们修订了《国家社会科学基金项目资金管理办法》。现印发你们,请遵照执行。

附件:国家社会科学基金项目资金管理办法

财政部 全国哲学社会科学规划领导小组
2016年9月7日

国家社会科学基金项目资金管理办法

第一章 总则

第一条 为了规范国家社会科学基金(以下简称国家社科基金)项目资金的使用和管理,提高资金使用效益,更好推动哲学社会科学繁荣发展,根据国家财政财务管理有关法律法规和中共中央办公厅、国务院办公厅《关于进一步完善中央财政科研项目资金管理等政策的若干意见》,结合《国家社会科学基金管理办法》有关规定,制定本办法。

第二条 国家社科基金项目资金来源于中央财政拨款,是用于资助哲学社会科学研究,促进哲学社会科学学科发展、人才培养和队伍建设的专项资金。

第三条 国家社科基金项目资金管理,应当以出成果、出人才为目标,坚持以人为本、遵循规律、依法规范、公正合理和安全高效的原则。

第四条 项目责任单位是项目资金管理的责任主体,负责项目资金的日常管理和监督。

第五条 项目负责人是项目资金使用的直接责任人,对资金使用的合规性、合理性、真实性和相关性承担法律责任。

第二章 项目资金开支范围

第六条 项目资金支出是指在项目组织实施过程中与研究活动相关的、由项目资金支付的各项费用支出。项目资金分为直接费用和间接费用。

第七条 直接费用是指在项目研究过程中发生的与之直接相关的费用，具体包括：

（一）资料费：指在项目研究过程中需要支付的图书（包括外文图书）购置费，资料收集、整理、复印、翻拍、翻译费，专用软件购买费，文献检索费等。

（二）数据采集费：指在项目研究过程中发生的调查、访谈、数据购买、数据分析及相应技术服务购买等支出的费用。

（三）会议费/差旅费/国际合作与交流费：指在项目研究过程中开展学术研讨、咨询交流、考察调研等活动而发生的会议、交通、食宿等费用，以及项目研究人员出国及赴港澳台、外国专家来华及港澳台专家来内地开展学术合作与交流的费用。其中，不超过直接费用20%的，不需要提供预算测算依据。

（四）设备费：指在项目研究过程中购置设备和设备耗材、升级维护现有设备以及租用外单位设备而发生的费用。

应当严格控制设备购置，鼓励共享、租赁以及对现有设备进行升级。

（五）专家咨询费：指在项目研究过程中支付给临时聘请的咨询专家的费用。

专家咨询费预算由项目负责人按照项目研究实际需要编制，支出标准按照国家有关规定执行。

（六）劳务费：指在项目研究过程中支付给参与项目研究的研究生、博士后、访问学者以及项目聘用的研究人员、科研辅助人员等的劳务费用。

项目聘用人员的劳务费开支标准，参照当地科学研究和技术服务业人员平均工资水平以及在项目研究中承担的工作任务确定，其社会保险补助费用纳入劳务费列支。劳务费预算应根据项目研究实际需要编制。

（七）印刷出版费：指在项目研究过程中支付的打印费、印刷费及阶段性成果出版费等。

（八）其他支出：项目研究过程中发生的除上述费用之外的其他支出，应当在编制预算时单独列示，单独核定。

直接费用应当纳入责任单位财务统一管理，单独核算，专款专用。

第八条 间接费用是指责任单位在组织实施项目过程中发生的无法在直接费用中列支的相关费用，主要用于补偿责任单位为项目研究提供的现有仪器设备及房屋、水、电、气、暖消耗等间接成本，有关管理费用，以及激励科研人员的绩效支出等。

间接费用一般按照不超过项目资助总额的一定比例核定。具体比例如下：50万元及以下部分为30%；超过50万~500万元的部分为20%；超过500万元的部分为13%。

间接费用核定应当与责任单位信用等级挂钩，具体管理规定另行制定。

第九条 间接费用由责任单位统筹管理使用。责任单位应当处理好合理分摊间接成本和对科研人员激励的关系，根据科研人员在项目工作中的实际贡献，结合项目研究进度和完成质量，在核定的间接费用范围内，公开公正安排绩效支出，充分发挥绩效支出的激励作用。

责任单位不得在核定的间接费用以外再以任何名义在项目资金中重复提取、列支相关费用。

第三章 预算的编制与审核

第十条 项目负责人应当按照目标相关性、政策相符性和经济合理性原则，根据项目研究需要和资金开支范围，科学合理、实事求是地编制项目预算，并对直接费用支出的主要用途和测算理由等作出说明。

项目负责人应当在收到立项通知之日起 30 日内完成预算编制。无特殊情况，逾期不提交的，视为自动放弃资助。

第十一条 项目预算经责任单位、所在省区市社科规划办或在京委托管理机构审核并签署意见后，提交全国哲学社会科学规划办公室（以下简称全国社科规划办）审核。未通过审核的，应当按要求调整后重新上报。

第十二条 跨单位合作的项目，确需外拨资金的，应当在项目预算中单独列示，并附外拨资金直接费用支出预算。间接费用外拨金额，由责任单位和合作研究单位协商确定。

责任单位应当及时按照合作研究协议和审核通过的项目预算转拨合作研究单位资金。

第四章 预算执行与决算

第十三条 项目负责人应当严格执行批准后的项目预算。确需调剂的，应当按规定报批。

第十四条 项目预算有以下情况需要调剂的，由项目负责人提出申请，经责任单位、所在省区市社科规划办或在京委托管理机构审核同意后，报全国社科规划办审批。

（一）由于研究内容或者研究计划作出重大调整等原因，需要增加或减少项目预算总额。

（二）原项目预算未列示外拨资金，需要增列。

第十五条 项目直接费用预算确需调剂的，按以下规定予以调整：

（一）资料费、数据采集费、设备费、印刷出版费和其他支出预算需要调剂，由项目负责人提出申请，报责任单位审批。

（二）会议费/差旅费/国际合作与交流费、专家咨询费、劳务费预算一般不予调增，需要调减用于项目其他方面支出，由项目负责人提出申请，报责任单位审批；如有特殊情况确需调增的，由项目负责人提出申请，经责任单位、所在省区市社科规划办或在京委托管理机构审核同意后，报全国社科规划办审批。

项目间接费用预算不得调剂。

责任单位应当按规定及时审批项目预算调剂事项申请。

第十六条 国家社科基金项目资金的支付执行国库集中支付制度。项目资金实行预留资金制度，预留部分资金在项目成果通过审核验收后支付。未通过审核验收的项目，预留资金不予支付。

项目资金属于政府采购范围的，应当按照政府采购有关规定执行。

第十七条 责任单位应当严格执行国家有关科研资金支出管理制度。对应当实行"公务卡"结算的支出，按照中央财政科研项目使用公务卡结算的有关规定执行。专家咨询费、劳务费等支出，原则上应当通过银行转账方式结算，从严控制现金支出事项。

对于野外考察、数据采集等科研活动中无法取得发票或财政性票据的支出，在确保真实性的前提下，责任单位可按实际发生额予以报销。

第十八条 项目研究完成后，项目负责人应当会同科研、财务、审计、资产等管理部门及时清理账目与资产，如实编制《国家社会科学基金项目结项审批书》中的项目决算表，不得随意调账变动支出、随意修改记账凭证。

有外拨资金的项目，外拨资金决算经合作研究单位财务、审计部门审核并签署意见后，由项目负责人汇总编制项目资金决算。

第十九条 项目研究成果首次鉴定的费用由全国社科规划办另行支付。首次鉴定未通过并组织第二次鉴定的，鉴定费从项目预留资金中扣除。

第二十条 项目在研期间，年度剩余资金可以结转下一年度继续使用。项目研究成果完成并通过审核验收后，结余资金可用于项目最终成果出版及后续研究的直接支出。若项目研究成果通过审核验收2年后结余资金仍有剩余的，应当按原渠道退回国家社科基金，结转下年统筹用于资助项目研究。

项目成果未通过审核验收的项目，或责任单位信用评价差的，结余资金应当在接到有关通知后30日内按原渠道退回国家社科基金。

第二十一条 对于因故被终止执行的项目的结余资金，以及因故被撤销的项目的已拨资金，责任单位应当在接到有关通知后30日内按原渠道退回国家社科基金。

第二十二条 项目实施过程中，使用项目资金形成的固定资产、无形资产等属于国有资产，应当按照国有资产管理的有关规定执行。

第五章　管理与监督

第二十三条 项目负责人应当依法依规使用项目资金，不得擅自调整外拨资金，不得利用虚假票据套取资金，不得通过编造虚假劳务合同、虚构人员名单等方式虚报冒领劳务费和专家咨询费，不得使用项目资金支付各种罚款、捐款、赞助、投资等。

项目负责人使用项目资金情况应当自觉接受有关部门的监督检查。

第二十四条 责任单位应当制定项目资金内部管理办法，明确审批程序、管理要求和报销规定，落实项目预算调剂、间接费用统筹使用、劳务费分配管理、结余资金使用等管理权限。

责任单位应当加强项目预算审核把关，规范财务支出行为，完善内部风险防控机制，强化资金使用绩效评价，保障资金使用安全规范有效。责任单位项目资金管理和使用情况，要自觉接受国家财政、审计、监察部门和全国社科规划办的监督检查。责任单位应当积极配合，如实反映情况，提供有关资料。

责任单位应当建立健全科研财务助理制度，为科研人员在项目预算编制和调剂、经费支出、项目资金决算和验收等方面提供专业化服务。

责任单位应当充分利用信息化手段，建立健全单位内部科研、财务、项目负责人共享的信息平台，提高科研管理效率和便利化程度。

第二十五条 各省区市社科规划办和在京委托管理机构应当根据各自实际，对本地区本系统责任单位和项目负责人的资金使用和管理情况进行不定期检查或专项审计。发现问题的，应当及时督促整改，并向全国社科规划办报告。

第二十六条 全国社科规划办应当建立项目资金使用和管理情况的检查、审计、监督长效机制，建立项目资金绩效评价和结果应用制度，加强项目资金使用效益评估。

第二十七条 建立项目资金使用和管理的承诺机制，责任单位应当承诺依法依规履行项目资金管理的职责，项目负责人应当承诺提供真实的项目信息并认真遵守项目资金管理的有关规定。

第二十八条 建立项目资金使用和管理的信用机制，全国社科规划办对责任单位和项目负责人在项目资金使用和管理方面的信誉度进行评价和记录，作为对责任单位信用评级和对项目负责人绩效考评以及今后资助的重要依据。

第二十九条 建立项目资金使用和管理的信息公开机制，责任单位和项目负责人应当在单位内部公开项目预算、预算调剂、决算、项目组人员构成、设备购置、外拨资金、劳务费发放以及间接费用和结余资金使用等情况，自觉接受监督。

第三十条 违反本办法规定的,依照《预算法》、《财政违法行为处罚处分条例》等国家有关规定追究法律责任。涉嫌犯罪的,依法移送司法机关处理。

第六章 附则

第三十一条 本办法适用于国家社科基金各项目类型,以及教育学、艺术学、军事学三个单列学科。国家社科基金其他资助,未制定有关办法的,适用本办法。

第三十二条 本办法由财政部、全国哲学社会科学规划领导小组负责解释。

第三十三条 本办法自发布之日起施行。2007年4月10日财政部、全国哲学社会科学规划领导小组印发的《国家社会科学基金项目经费管理办法》(财教〔2007〕30号)同时废止。

财政部　教育部关于印发
《高等学校哲学社会科学繁荣计划专项资金管理办法》的通知

(财教〔2016〕317号)

党中央有关部门，国务院有关部委、有关直属机构，各省、自治区、直辖市、计划单列市财政厅（局）、教育厅（教委、教育局），新疆生产建设兵团财务局、教育局：

　　为促进高校哲学社会科学事业健康持续协调发展，加强和规范高等学校哲学社会科学繁荣计划专项资金管理，提高资金使用效益，根据党中央、国务院关于深入推进高等学校哲学社会科学繁荣发展的有关精神、《中共中央办公厅　国务院办公厅关于进一步完善中央财政科研项目资金管理等政策的若干意见》以及国家财政财务管理有关法律法规，我们制定了《高等学校哲学社会科学繁荣计划专项资金管理办法》。现印发你们，请遵照执行。

　　附件：高等学校哲学社会科学繁荣计划专项资金管理办法

财政部　教育部
2016年10月26日

高等学校哲学社会科学繁荣计划专项资金管理办法

第一章　总则

第一条　为促进高校哲学社会科学事业持续健康协调发展，加强和规范高等学校哲学社会科学繁荣计划专项资金（以下简称繁荣计划专项资金）管理，提高资金使用效益，根据党中央、国务院关于深入推进高等学校哲学社会科学繁荣发展的有关精神、《中共中央办公厅　国务院办公厅关于进一步完善中央财政科研项目资金管理等政策的若干意见》以及国家财政财务管理有关法律法规，制定本办法。

第二条　繁荣计划专项资金由中央财政安排，是用于支持"高等学校哲学社会科学繁荣计划"（以下简称繁荣计划）社会科学研究、学科发展、人才培养和队伍建设的专项资金。

第三条　繁荣计划专项资金以促进出成果、出人才为目标，坚持以人为本、遵循规律、"放管服"结合，坚持统筹规划、分类实施、专款专用、规范高效的管理原则。繁荣计划专项资金管理充分体现质量创新和实际贡献，赋予依托学校和项目负责人更大的管理权限。在简政放权的同时，注重规范管理、改进服务，为科研人员潜心研究创造良好条件和宽松环境，充分调动科研人员积极性创造性。

第四条　财政部、教育部负责制定繁荣计划专项资金管理制度，研究制定预算安排的总体方案。教育部负责编制繁荣计划专项资金年度预算、组织实施和管理监督工作，建立健全项目绩效考评机制。

第五条　项目依托学校是繁荣计划项目实施和资金管理使用的责任主体，应当制定和完善本单位项目和资金管理办法，按要求具体负责项目组织、实施、评价等全过程管理；将项目资金纳入学校预算，指导和审核项目预算编制，承担项目资金的财务管理和会计核算，监督项目资金使用，审核项目决算。

项目依托学校的财务和科研管理等相关部门，要根据学科特点和实际需要，加强对项目预算执行和资金使用的指导；注重科学管理、改进服务，为项目实施提供条件保障。

第六条 项目负责人是项目管理和资金使用的直接责任人，应当按照本办法规定，科学编制项目预算和决算，合理合规使用资金。

项目负责人应当严格遵守国家预算和财务管理规定，对资金使用和项目实施的合规性、合理性、真实性和相关性负责，并承担相应的经济与法律责任。

第二章 支出范围

第七条 繁荣计划专项资金分为研究项目资金、非研究项目资金和管理资金。

第八条 本办法第七条所称研究项目是指围绕繁荣计划建设任务设立的各类高校哲学社会科学研究项目的总称。研究项目资金包括在项目研究过程中发生的直接费用和间接费用。

第九条 直接费用包括图书资料费、数据采集费、会议费/差旅费/国际合作与交流费、设备费、专家咨询费、劳务费、印刷费/宣传费等。其中：

图书资料费：指在项目研究过程中购买必要的图书（包括外文图书）、专业软件，资料收集、整理、录入、复印、翻拍、翻译，文献检索等费用。

数据采集费：指在项目研究过程中开展问卷调查、田野调查、数据购买、数据分析及相应技术服务购买等费用。

会议费/差旅费/国际合作与交流费：指围绕项目研究组织开展学术研讨、咨询交流、考察调研等活动而发生的会议、交通、食宿费用，以及项目研究人员出国及赴港澳台地区、外国专家来华及港澳台地区专家来内地开展学术合作与交流的费用。其中，不超过直接费用20%的，不需要提供预算测算依据。

设备费：指在项目研究过程中购置设备和设备耗材、升级维护现有设备以及租用外单位设备而发生的费用。应当严格控制设备购置，鼓励共享、租赁以及对现有设备进行升级改造。

专家咨询费：指在项目研究过程中支付给临时聘请的咨询专家的费用。专家咨询费由项目负责人按照项目研究实际需要编制，支出标准按照国家有关规定执行。

劳务费：指在项目研究过程中支付给参与项目研究的研究生、博士后、访问学者和项目聘用的研究人员、科研辅助人员等的劳务费用。项目聘用人员的劳务费开支标准，参照当地科学研究和技术服务业人员平均工资水平以及在项目研究中承担的工作任务确定，其社会保险补助费用纳入劳务费列支。劳务费预算由项目负责人按照项目研究实际需要编制。

印刷费/宣传费：指在项目研究过程中支付的打印、印刷和出版、成果推介等费用。

其他：指与项目研究直接相关的除上述费用之外的其他支出。其他支出应当在项目预算中单独列示，单独核定。

第十条 间接费用是指项目依托学校在组织实施项目过程中发生的无法在直接费用中列支的相关费用，主要包括补偿学校为项目研究提供的现有仪器设备及房屋、水、电、气、暖消耗等间接成本，有关管理工作费用，以及激励科研人员的绩效支出等。

间接费用一般按照不超过项目支出总额的一定比例核定。具体比例如下：50万元及以下部分为30%；超过50万~500万元的部分为20%；超过500万元的部分为13%。严禁超额提取、变相提取和重复提取。

间接费用应当纳入项目依托学校预算统筹安排，合规合理使用。项目依托学校统筹安排间接费用时，应当处理好合理分摊间接成本和对科研人员激励的关系，绩效支出安排应当结合项目研究进度和完成质量，与科研人员在项目工作中的实际贡献挂钩。

第十一条 非研究项目资金指支撑高校哲学社会科学科研机构、团队以及智库运行、优秀成果奖励等繁荣计划建设项目的资金。

非研究项目资金按照"绩效导向、稳定支持、协议管理、动态调整"的原则进行资助和管理，可以通过第三方评估将相关优秀的研究机构（或者智库、团队）纳入资助范围。

在财政部、教育部核定的资金总额内，依托高校和相关研究机构（或者智库、团队）根据绩效目标，围绕实现培养拔尖人才、服务国家重大战略、推出学术精品力作、扩大对外学术交流等任务，按规定自主编制资金预算，自主决定使用方向。同时，应当完善资金管理办法，提高资金使用效益，注重发挥绩效激励作用，尊重科研工作者的创造性劳动，体现知识创造价值。

教育部与依托学校、受资助研究机构（或者智库、团队）约定建设周期内的目标任务，委托第三方进行评价考核，根据实际绩效实行有差别的稳定支持，并采取优胜劣汰、动态调整的管理方式。

财政部、教育部按规定对获得教育部科学研究优秀成果奖（人文社会科学）的成果进行奖励，对被采用和向有关部门报送的有价值、高水平的咨政成果实行后期资助和事后奖励。学校不得对奖励资金提取间接费用。

第十二条 管理资金是指教育部在实施繁荣计划过程中组织、协调、评审、鉴定等管理性工作所需费用。

在繁荣计划实施过程中，应按照"管、办、评"分离原则，推进政府购买服务，规范向社会力量购买服务的程序和方式，切实转变政府职能。

第十三条 繁荣计划专项资金项目中的相关开支标准，按照国家以及项目依托学校的有关规定执行。

第十四条 繁荣计划专项资金应当专款专用，不得用于偿还贷款、支付罚款、捐赠、赞助、对外投资等支出，不得用于本单位编制内人员的工资支出，不得用于繁荣计划建设项目之外的支出，不得用于其他不符合国家规定的支出。

项目负责人应当按照批准的项目预算，在依托学校财务、科研管理部门的指导下使用项目资金；依托学校和个人不得以任何理由和方式截留、挤占和挪用。繁荣计划专项资金项目中属于政府采购范围的，应当按照政府采购有关法律制度规定执行。

第三章 预算管理

第十五条 项目申请人在申报繁荣计划项目资金时，应当根据项目类别和要求，按照项目实际需要和资金开支范围规定，科学合理、实事求是地按年度编制项目预算、设定项目绩效目标，并对直接费用支出的主要用途和测算理由等作出说明。

项目资金需要转拨协作单位的，应在预算中单独列示，并对外协单位资质、承担的研究任务、外拨资金额度等进行详细说明。项目负责人应对合作（外协）业务的真实性、相关性负责。间接费用外拨金额，由项目依托学校和合作研究单位协商确定。

第十六条 教育部根据繁荣计划建设目标和建设内容，重点对项目预算的目标相关性、政策相符性、经济合理性进行评审。应建立评审专家库，建立和完善评审专家的遴选、回避、信用和问责制度。

第十七条 教育部根据部门预算编制要求，在部门预算"一上"时，将繁荣计划专项资金三年支出规划和年度预算建议数报送财政部，财政部按部门预算程序审核后批复年度预算。

第十八条 教育部根据繁荣计划项目类别和完成期限向项目依托学校下达项目预算。其中，研究项目预算一次核定、按年度分期分批下达。未通过年度或中期检查的，停止下达下一年度后续项目预算；非研究项目预算采取一次核定、按年度一次性下达。

繁荣计划专项资金支付按照国库集中支付制度有关规定执行。

第十九条 项目依托学校应当将资金纳入学校财务部门统一管理。

学校应当严格按照国家有关规定和本办法规定，制定内部管理办法，明确审批程序、管理要求和报销规定，落实项目预算调剂、间接费用统筹使用、劳务费分配管理、结转结余资金使用等管理权限，建立健全内控制度，加强对项目资金的监督和管理。

学校应当指导项目负责人科学合理编制预算，规范预算调剂程序，完善项目资金支出、报销审核监督制度，加强对专家咨询费、劳务费、外拨资金、间接费用、结转结余资金等的审核和管理。

学校应当强化对合作项目真实性、可行性和合规性的审核，严格防止虚假资源匹配和虚假合作，坚决杜绝假借合作名义骗取资金。

学校应当建立健全科研财务助理制度，为科研人员在项目预算编制和调剂、资金支出、项目资金决算和验收等方面提供专业化服务。充分利用信息化手段，建立健全单位内部科研、财务、项目负责人共享的信息平台，提高科研管理效率和便利化程度。

第二十条 项目预算一经批复，必须严格执行。确需调剂的，应当按规定报批。

由于研究内容或者研究计划作出重大调整等原因，确需增加或减少预算总额的，由依托学校审核同意后报教育部审批。

在项目预算总额不变的情况下，支出科目和金额确需调剂的，由项目负责人根据实际需要提出调剂申请，报依托学校审批。会议费/差旅费/国际合作与交流费、劳务费、专家咨询费预算一般不予调增，可以调减用于项目其他方面支出。如有特殊情况确需调增的，由项目负责人提出申请，经学校审核同意后，报教育部审批。间接费用原则上不得调剂。原项目预算未列示外拨资金，需要增列的，或者已列示的外拨资金确需调整的，由项目负责人提出申请，报依托学校审批。

第二十一条 项目依托学校应当严格执行国家有关资金支出管理制度。对应当实行"公务卡"结算的支出，按照公务卡结算的有关规定执行。专家咨询费、劳务费等支出，原则上应当通过银行转账方式结算，从严控制现金支出事项。

对于野外考察、数据采集等科研活动中无法取得发票或财政性票据的支出，在确保真实性的前提下，依托学校可按实际发生额予以报销。

第四章 决算管理

第二十二条 项目负责人应当按照规定编制项目资金年度决算。项目依托学校应将繁荣计划专项资金收支情况纳入单位年度决算统一编报。

第二十三条 项目完成后，项目负责人应当会同学校财务部门清理账目，据实编报项目决算，并附财务部门审核确认的项目资金收支明细账，与项目结项材料一并报送教育部。项目负责人和依托学校不得随意调账变动支出、随意修改记账凭证。

第二十四条 对于研究项目资金，项目在研期间，年度结转资金可以在下一年度继续使用。项目完成目标任务并通过验收后，结余资金可以用于项目最终成果出版及后续研究的直接支出，或由项目依托学校统筹安排用于科研活动的直接支出。若项目审核验收2年后结余资金仍有剩余的，应当按原渠道退回教育部。对于非研究项目资金和管理资金，按照财政部关于结转结余资金管理有关规定执行。

第二十五条 项目因故终止或被撤销，依托学校应当及时清理账目与资产，编制财务决算及资产清单，审核汇总后报送教育部。已拨资金或其剩余部分按原渠道退回教育部。

第二十六条 凡使用繁荣计划专项资金形成的固定资产、无形资产等均属国有资产，应当按照国有资产管理的有关规定执行。

第五章 监督检查与绩效管理

第二十七条 项目依托学校应当自觉接受审计、纪检监察等有关部门对繁荣计划建设项目预算执行、资金使用效益和财务管理等情况的监督检查。对于截留、挤占、挪用繁荣计划专项资金的行为，以及因管理不善导致资金浪费、资产毁损的，视情节轻重，分别采取通报批评、停止拨款、撤销项目、追回已拨资金、取消项目承担者一定期限内项目申报资格等处理措施，涉嫌违法的移交司法机关处理。

第二十八条 项目依托学校应当制定内部管理办法，明确审批程序和管理要求，落实项目预算调剂、间接费用统筹使用、劳务费分配管理、结转结余资金使用等自主权。

项目依托学校应当完善内部风险防控机制，加强预算审核把关，规范财务支出行为，强化资金使用绩效评价，保障资金使用安全规范有效。

项目依托学校应当实行内部公开制度，主动公开项目预算、预算调剂、决算、外拨资金、劳务费发放、间接费用、结余资金使用和研究成果等情况。

项目依托学校和项目负责人应当严格遵守国家财经纪律，依法依规使用项目资金，不得擅自调整外拨资金，不得利用虚假票据套取资金，不得通过编造虚假合同、虚构人员名单等方式虚报冒领劳务费和专家咨询费，不得随意调账变动支出、随意修改记账凭证、以表代账应付财务审计和检查。

第二十九条 加强繁荣计划专项资金项目绩效管理，建立健全全过程预算绩效管理机制。教育部在开展项目预算评审时，应对项目申请人设定的绩效目标进行审核，并将审核结果作为核定项目预算的重要参考因素。实施绩效目标执行监控，及时纠正绩效目标执行中的偏差，确保绩效目标如期实现。开展绩效评价，将评价结果作为今后资助的重要依据，建立项目资金使用和管理的信用机制、信息公开机制和责任追究机制，提高项目资金使用效益。

第三十条 违反本办法规定的，依照《中华人民共和国预算法》、《财政违法行为处罚处分条例》等国家有关法律制度规定处理。

第六章 附则

第三十一条 本办法由财政部、教育部负责解释。

第三十二条 本办法自2016年12月1日起施行。

财政部 全国哲学社会科学规划领导小组关于《国家社会科学基金项目资金管理办法》的补充通知

(财科教〔2016〕24号)

国务院各部委、各直属机构,教育、艺术、军事学科规划领导小组,各省、自治区、直辖市社科规划领导小组:

为进一步规范和加强国家社会科学基金项目资金管理,现就《财政部 全国哲学社会科学规划领导小组关于印发〈国家社会科学基金项目资金管理办法〉的通知》(财教〔2016〕304号)有关事项补充通知如下:

财政部、项目主管部门及其相关工作人员在国家社会科学基金预算审核环节,项目主管部门及其相关工作人员在项目立项及其资金分配等环节,存在违反规定安排资金以及其他滥用职权、玩忽职守、徇私舞弊等违法违纪行为的,按照《中华人民共和国预算法》《中华人民共和国公务员法》《中华人民共和国行政监察法》《财政违法行为处罚处分条例》等有关规定追究有关责任单位和人员的责任;涉嫌犯罪的,移送司法机关处理。

特此通知。

财政部 全国哲学社会科学规划领导小组
2016年12月3日

全国哲学社会科学工作领导小组 财政部关于进一步完善国家社会科学基金项目管理的有关规定

（社科工作领字〔2019〕1号）

为全面贯彻习近平总书记在哲学社会科学工作座谈会上的重要讲话精神，落实党中央、国务院关于推进科技领域"放管服"改革和中共中央办公厅、国务院办公厅《关于深化项目评审、人才评价、机构评估改革的意见》、《国务院关于优化科研管理提升科研绩效若干措施的通知》、《国务院办公厅关于抓好赋予科研机构和人员更大自主权有关文件贯彻落实工作的通知》等文件的要求，充分激发社科界创新活力，优化科研项目和经费管理，减轻科研人员负担，现就国家社会科学基金（以下简称国家社科基金）项目管理明确以下规定。

一、简化项目申请管理要求

1.精简项目申请要求。国家社科基金青年项目负责人可根据研究实际需要自主确定科研团队，申请时不再需要列出参与者。不具有副高级以上专业技术职称（职务）或者博士学位的，申请国家社科基金青年项目，不再需要专家书面推荐。取消后期资助项目申报成果须由三名正高职称同行专家书面推荐的规定。

2.放宽项目申请人资格。正式受聘于内地（大陆）高校和科研院所等的港澳台研究人员，可以根据相关条件申请国家社科基金各类项目。在站博士后人员均可申请国家社科基金项目，不再要求在职；其中在职博士后可从所在工作单位或博士后工作站申请，全脱产博士后从所在博士后工作站申请。

3.突出代表性成果评价。重点考察国家社科基金项目申请人标志性成果的同行评价和社会效益。重大项目申请人学术简历中所列承担的各类项目情况由原来不设上限改为设置上限为5项，与申请课题相关的主要研究成果数目由原来不设上限改为设置上限为10项，子课题负责人相关代表性成果上限为5项。其他各类项目的前期相关成果由原来不设上限改为设置上限为5项。

二、精简项目过程管理要求

4.简化变更批复程序。分类实施国家社科基金项目重要事项变更申请：第一类，变更项目负责人或项目责任单位、改变项目名称、研究内容有重大调整、改变最终研究成果形式、涉及国家秘密或重要政治敏感问题的阶段性成果出版发表等事项，由全国哲学社会科学工作办公室（以下简称全国社科工作办）审批；第二类，在研究方向不变、不降低预期目标的前提下，调整研究思路或研究计划、变更重大项目子课题负责人，以及因身体原因或不可抗拒因素自行申请终止或撤销项目，均由责任单位审批同意后按程序报全国社科工作办备案；第三类，调整各类项目的课题组成员，由责任单位直接审批。

5.明确项目延期和清理工作要求。各类项目原则上要求按照申请书中计划完成时间申请结项，对按时完成项目且成果验收达到优秀等级的负责人在申请新的国家社科基金项目时予以适当政策倾斜。对逾期未完成的项目实行定期清理制，能够在清理期内完成的项目不再需要提交延期申请。个别研究难度大、在清理期内确实无法完成的项目，可按程序提交延期申请报全国社科工作办审批。

6. 精简项目过程检查。各省区市社科管理部门或在京委托管理机构负责组织国家社科基金各类项目中期检查，针对关键节点实行"里程碑"式管理，按照每个项目在研期间均只进行1次中期检查的原则，确定每个年度的项目检查范围，重点检查研究工作情况和阶段性成果。中期检查结果报全国社科工作办备案。实施周期三年以下的项目以责任单位自我管理为主，可以不进行中期检查。

7. 减少信息填报和材料报送。国家社科基金项目（不含涉密研究项目）经费预算填报和中后期管理环节全面推行信息化方式，通过"国家社会科学基金科研创新服务管理平台"网上办理相关业务，减少纸质材料报送，提高工作效率。

8. 扩大委托鉴定范围。国家社科基金项目最终研究成果的鉴定一般采取匿名通讯鉴定或会议鉴定的方式，分类组织实施。重大项目、年度项目、青年项目、西部项目、后期资助项目和中华学术外译项目等的最终研究成果鉴定，由全国社科工作办委托各省区市社科管理部门或在京委托管理机构负责组织，重大项目一般采用会议鉴定方式，其他项目采用通讯鉴定方式，鉴定后的材料均报全国社科工作办验收审批。特别委托项目、重大研究专项的最终成果鉴定，由全国社科工作办负责组织。

9. 修改关于终止和撤项的处罚规定。国家社科基金项目在申请和实施过程中，成果存在严重政治问题，或者成果未能达到申请书的目标，或者有严重违约、违背科研诚信要求行为等情形的，视情节轻重分别予以终止或撤销项目的处理。被终止项目的负责人3年内不得申请或者参与申请国家社科基金项目，被撤销项目的负责人5年内不得申请或者参与申请国家社科基金项目。被终止或撤销的项目，应视情节轻重按要求退回已拨经费或剩余资金。所退资金，由全国社科工作办统筹用于资助项目研究。

三、优化项目资助经费管理

10. 赋予科研单位项目经费管理使用自主权。国家社科基金项目除增列外拨经费外，直接费用预算调剂权全部下放给项目责任单位。责任单位应按照国家有关规定完善管理制度，及时为课题组办理调剂手续。相关管理制度由项目责任单位按程序报全国社科工作办备案。

对于2016年（不含）以前批准资助的在研项目，是否列支间接费用由项目责任单位自主决定。如列支，则在项目预算总额不变的前提下，由项目责任单位按规定自主进行预算调剂。

11. 落实项目结余经费使用相关要求。国家社科基金项目通过结题验收并且项目责任单位信用良好的，在保证项目后续研究或成果出版的前提下，结余资金可由项目责任单位统筹安排，用于科研的直接支出。若2年后（自验收结项下达后次年的1月1日起计算）结余资金仍有剩余的，应当按原渠道退回国家社科基金，统筹用于资助项目研究。

四、营造优良学术环境

12. 加强科研诚信管理。把科研诚信要求融入国家社科基金项目管理全过程。继续做好国家社科基金项目负责人和参与者、评审（鉴定）专家的科研诚信记录，对严重违背科研诚信要求的人员记入"黑名单"。加强科研诚信信息跨部门跨区域共享共用，依法依规对严重违背科研诚信要求责任人采取联合惩戒措施。

13. 强化相关参与人员公正性承诺制度。项目申请人和参与者、责任单位和合作研究单位、评审（鉴定）专家及国家社科基金全体工作人员均需签署相关维护国家社科基金公正性的承诺，杜绝各种干扰评审（鉴定）工作的不端行为。对于发现和收到的涉及违背承诺的违纪违规线索和举报，将按照管理权限移交责任单位或相关纪检监察部门处理。

14. 避免国家社科基金项目"帽子化"倾向。国家社科基金学科组评审专家、同行评议专家、成果鉴定专家、重大项目首席专家或项目负责人，不是荣誉称号，也不是"永久"的标签，有关部门和责任单位要设置科学合理的评价标准，让项目回归学术研究本质，避免与物质待遇挂钩，为广大研究人员潜心研究创造良好氛围。

15. 强化责任单位主体责任。国家社科基金项目责任单位要认真履行管理主体责任，加强和规范国家社科基金项目及其研究成果管理，结合单位实际修订完善内部科研项目管理制度和内部报销规定，对科研需要的出差和会议按标准报销相关费用并简化相关手续，切实解决调查研究、问卷调查、数据采集等科研活动中无法取得发票或财政性票据，以及邀请外国专家来华参加学术交流发生费用等报销问题。要充分尊重科研自主权，保护、调动和发挥专家学者积极性，加大科研成果宣传推介力度。加快建立健全学术助理和财务助理制度，通过购买财会等专业服务，把专家学者从报表、报销等具体事务中解脱出来，相关费用可由项目责任单位根据工作实际通过科研项目资金等渠道解决。

16. 做好国家社科基金在研项目政策衔接。对于本规定发布前的国家社科基金项目，执行周期结束且已开展结题验收的项目，继续按照原政策执行；项目执行周期结束但尚未开展结题验收以及仍在执行中的项目，参照本规定执行。

本规定自发布之日起施行，《国家社会科学基金管理办法》、《国家社会科学基金项目资金管理办法》及原国家社科基金有关管理规章与本规定要求不一致的，以本规定为准。

全国哲学社会科学工作领导小组　财政部
2019 年 4 月 28 日

第三章 科技监督和诚信建设类

第一节 中央和国务院文件

中共中央办公厅 国务院办公厅印发
《关于进一步加强科研诚信建设的若干意见》

(厅字〔2018〕23号)

科研诚信是科技创新的基石。近年来，我国科研诚信建设在工作机制、制度规范、教育引导、监督惩戒等方面取得了显著成效，但整体上仍存在短板和薄弱环节，违背科研诚信要求的行为时有发生。为全面贯彻党的十九大精神，培育和践行社会主义核心价值观，弘扬科学精神，倡导创新文化，加快建设创新型国家，现就进一步加强科研诚信建设、营造诚实守信的良好科研环境提出以下意见。

一、总体要求

（一）指导思想。全面贯彻党的十九大和十九届二中、三中全会精神，以习近平新时代中国特色社会主义思想为指导，落实党中央、国务院关于社会信用体系建设的总体要求，以优化科技创新环境为目标，以推进科研诚信建设制度化为重点，以健全完善科研诚信工作机制为保障，坚持预防与惩治并举，坚持自律与监督并重，坚持无禁区、全覆盖、零容忍，严肃查处违背科研诚信要求的行为，着力打造共建共享共治的科研诚信建设新格局，营造诚实守信、追求真理、崇尚创新、鼓励探索、勇攀高峰的良好氛围，为建设世界科技强国奠定坚实的社会文化基础。

（二）基本原则

明确责任，协调有序。加强顶层设计、统筹协调，明确科研诚信建设各主体职责，加强部门沟通、协同、联动，形成全社会推进科研诚信建设合力。

系统推进，重点突破。构建符合科研规律、适应建设世界科技强国要求的科研诚信体系。坚持问题导向，重点在实践养成、调查处理等方面实现突破，在提高诚信意识、优化科研环境等方面取得实效。

激励创新，宽容失败。充分尊重科学研究灵感瞬间性、方式多样性、路径不确定性的特点，重视科研试错探索的价值，建立鼓励创新、宽容失败的容错纠错机制，形成敢为人先、勇于探索的科研氛围。

坚守底线，终身追责。综合采取教育引导、合同约定、社会监督等多种方式，营造坚守底线、严格自律的制度环境和社会氛围，让守信者一路绿灯，失信者处处受限。坚持零容忍，强化责任追究，对严重违背科研诚信要求的行为依法依规终身追责。

（三）主要目标。在各方共同努力下，科学规范、激励有效、惩处有力的科研诚信制度规则健全完备，职责清晰、协调有序、监管到位的科研诚信工作机制有效运行，覆盖全面、共享联动、动态管理的科研诚信信息系统建立完善，广大科研人员的诚信意识显著增强，弘扬科学精神、恪守诚信规范成为科技界的共同理念和自觉行动，全社会的诚信基础和创新生态持续巩固发展，为建设创新型国家和世界科技强国奠定坚实基础，为把我国建成富强民主文明和谐美丽的社会主义现代化强国提供重要支撑。

二、完善科研诚信管理工作机制和责任体系

（四）建立健全职责明确、高效协同的科研诚信管理体系。科技部、中国社科院分别负责自然科学领域和哲学社会科学领域科研诚信工作的统筹协调和宏观指导。地方各级政府和相关行业主管部门要积极采取措施加强本地区本系统的科研诚信建设，充实工作力量，强化工作保障。科技计划管理部门要加强科技计划的科研诚信管理，建立健全以诚信为基础的科技计划监管机制，将科研诚信要求融入科技计划管理全过程。教育、卫生健康、新闻出版等部门要明确要求教育、医疗、学术期刊出版等单位完善内控制度，加强科研诚信建设。中国科学院、中国工程院、中国科协要强化对院士的科研诚信要求和监督管理，加强院士推荐（提名）的诚信审核。

（五）从事科研活动及参与科技管理服务的各类机构要切实履行科研诚信建设的主体责任。从事科研活动的各类企业、事业单位、社会组织等是科研诚信建设第一责任主体，要对加强科研诚信建设作出具体安排，将科研诚信工作纳入常态化管理。通过单位章程、员工行为规范、岗位说明书等内部规章制度及聘用合同，对本单位员工遵守科研诚信要求及责任追究作出明确规定或约定。

科研机构、高等学校要通过单位章程或制定学术委员会章程，对学术委员会科研诚信工作任务、职责权限作出明确规定，并在工作经费、办事机构、专职人员等方面提供必要保障。学术委员会要认真履行科研诚信建设职责，切实发挥审议、评定、受理、调查、监督、咨询等作用，对违背科研诚信要求的行为，发现一起，查处一起。学术委员会要组织开展或委托基层学术组织、第三方机构对本单位科研人员的重要学术论文等科研成果进行全覆盖核查，核查工作应以3~5年为周期持续开展。

科技计划（专项、基金等）项目管理专业机构要严格按照科研诚信要求，加强立项评审、项目管理、验收评估等科技计划全过程和项目承担单位、评审专家等科技计划各类主体的科研诚信管理，对违背科研诚信要求的行为要严肃查处。

从事科技评估、科技咨询、科技成果转化、科技企业孵化和科研经费审计等的科技中介服务机构要严格遵守行业规范，强化诚信管理，自觉接受监督。

（六）学会、协会、研究会等社会团体要发挥自律自净功能。学会、协会、研究会等社会团体要主动发挥作用，在各自领域积极开展科研活动行为规范制定、诚信教育引导、诚信案件调查认定、科研诚信理论研究等工作，实现自我规范、自我管理、自我净化。

（七）从事科研活动和参与科技管理服务的各类人员要坚守底线、严格自律。科研人员要恪守科学道德准则，遵守科研活动规范，践行科研诚信要求，不得抄袭、剽窃他人科研成果或者伪造、篡改研究数据、研究结论；不得购买、代写、代投论文，虚构同行评议专家及评议意见；不得违反论文署名规范，擅自标注或虚假标注获得科技计划（专项、基金等）等资助；不得弄虚作假，骗取科技计划（专项、基金等）项目、科研经费以及奖励、荣誉等；不得有其他违背科研诚信要求的行为。

项目（课题）负责人、研究生导师等要充分发挥言传身教作用，加强对项目（课题）成员、学生的科研诚信管理，对重要论文等科研成果的署名、研究数据真实性、实验可重复性等进行诚信审核和学术把关。院士等杰出高级专家要在科研诚信建设中发挥示范带动作用，做遵守科研道德的模范和表率。

评审专家、咨询专家、评估人员、经费审计人员等要忠于职守，严格遵守科研诚信要求和职业道德，按照有关规定、程序和办法，实事求是，独立、客观、公正开展工作，为科技管理决策提供负责任、高质量的咨询评审意见。科技管理人员要正确履行管理、指导、监督职责，全面落实科研诚信要求。

三、加强科研活动全流程诚信管理

（八）加强科技计划全过程的科研诚信管理。科技计划管理部门要修改完善各级各类科技计划项目管理制度，将科研诚信建设要求落实到项目指南、立项评审、过程管理、结题验收和监督评估等科技计划管理全过程。要在各类科研合同（任务书、协议等）中约定科研诚信义务和违约责任追究条款，加强科研诚信合同管理。完善科技计划监督检查机制，加强对相关责任主体科研诚信履责情况的经常性检查。

（九）全面实施科研诚信承诺制。相关行业主管部门、项目管理专业机构等要在科技计划项目、创新基地、院士增选、科技奖励、重大人才工程等工作中实施科研诚信承诺制度，要求从事推荐（提名）、申报、评审、评估等工作的相关人员签署科研诚信承诺书，明确承诺事项和违背承诺的处理要求。

（十）强化科研诚信审核。科技计划管理部门、项目管理专业机构要对科技计划项目申请人开展科研诚信审核，将具备良好的科研诚信状况作为参与各类科技计划的必备条件。对严重违背科研诚信要求的责任者，实行"一票否决"。相关行业主管部门要将科研诚信审核作为院士增选、科技奖励、职称评定、学位授予等工作的必经程序。

（十一）建立健全学术论文等科研成果管理制度。科技计划管理部门、项目管理专业机构要加强对科技计划成果质量、效益、影响的评估。从事科学研究活动的企业、事业单位、社会组织等应加强科研成果管理，建立学术论文发表诚信承诺制度、科研过程可追溯制度、科研成果检查和报告制度等成果管理制度。学术论文等科研成果存在违背科研诚信要求情形的，应对相应责任人严肃处理并要求其采取撤回论文等措施，消除不良影响。

（十二）着力深化科研评价制度改革。推进项目评审、人才评价、机构评估改革，建立以科技创新质量、贡献、绩效为导向的分类评价制度，将科研诚信状况作为各类评价的重要指标，提倡严谨治学，反对急功近利。坚持分类评价，突出品德、能力、业绩导向，注重标志性成果质量、贡献、影响，推行代表作评价制度，不把论文、专利、荣誉性头衔、承担项目、获奖等情况作为限制性条件，防止简单量化、重数量轻质量、"一刀切"等倾向。尊重科学研究规律，合理设定评价周期，建立重大科学研究长周期考核机制。开展临床医学研究人员评价改革试点，建立设置合理、评价科学、管理规范、运转协调、服务全面的临床医学研究人员考核评价体系。

四、进一步推进科研诚信制度化建设

（十三）完善科研诚信管理制度。科技部、中国社科院要会同相关单位加强科研诚信制度建设，完善教育宣传、诚信案件调查处理、信息采集、分类评价等管理制度。从事科学研究的企业、事业单位、社会组织等应建立健全本单位教育预防、科研活动记录、科研档案保存等各项制度，明晰责任主体，完善内部监督约束机制。

（十四）完善违背科研诚信要求行为的调查处理规则。科技部、中国社科院要会同教育部、国家卫生健康委、中国科学院、中国科协等部门和单位依法依规研究制定统一的调查处理规则，对举报受理、调查程序、职责分工、处理尺度、申诉、实名举报人及被举报人保护等作出明确规定。从事科学研究的企业、事业单位、社会组织等应制定本单位的调查处理办法，明确调查程序、处理规则、处理措施等具体要求。

（十五）建立健全学术期刊管理和预警制度。新闻出版等部门要完善期刊管理制度，采取有效措施，加强高水平学术期刊建设，强化学术水平和社会效益优先要求，提升我国学术期刊影响力，提高学术期刊国际话语权。学术期刊应充分发挥在科研诚信建设中的作用，切实提高审稿质量，加强对学术论文的审核把关。

科技部要建立学术期刊预警机制，支持相关机构发布国内和国际学术期刊预警名单，并实行动态跟踪、及时调整。将罔顾学术质量、管理混乱、商业利益至上，造成恶劣影响的学术期刊，列入黑名单。论文作者所在单位应加强对本单位科研人员发表论文的管理，对在列入预警名单的学术期刊上发表论文的科研人员，要及时警示提醒；对在列入黑名单的学术期刊上发表的论文，在各类评审评价中不予认可，不得报销论文发表的相关费用。

五、切实加强科研诚信的教育和宣传

（十六）加强科研诚信教育。从事科学研究的企业、事业单位、社会组织应将科研诚信工作纳入日常管理，加强对科研人员、教师、青年学生等的科研诚信教育，在入学入职、职称晋升、参与科技计划项目等重要节点必须开展科研诚信教育。对在科研诚信方面存在倾向性、苗头性问题的人员，所在单位应当及时开展科研诚信诫勉谈话，加强教育。

科技计划管理部门、项目管理专业机构以及项目承担单位，应当结合科技计划组织实施的特点，对承担或参与科技计划项目的科研人员有效开展科研诚信教育。

（十七）充分发挥学会、协会、研究会等社会团体的教育培训作用。学会、协会、研究会等社会团体要主动加强科研诚信教育培训工作，帮助科研人员熟悉和掌握科研诚信具体要求，引导科研人员自觉抵制弄虚作假、欺诈剽窃等行为，开展负责任的科学研究。

（十八）加强科研诚信宣传。创新手段，拓宽渠道，充分利用广播电视、报刊等传统媒体及微博、微信、手机客户端等新媒体，加强科研诚信宣传教育。大力宣传科研诚信典范榜样，发挥典型人物示范作用。及时曝光违背科研诚信要求的典型案例，开展警示教育。

六、严肃查处严重违背科研诚信要求的行为

（十九）切实履行调查处理责任。自然科学论文造假监管由科技部负责，哲学社会科学论文造假监管由中国社科院负责。科技部、中国社科院要明确相关机构负责科研诚信工作，做好受理举报、核查事实、日常监管等工作，建立跨部门联合调查机制，组织开展对科研诚信重大案件联合调查。违背科研诚信要求行为人所在单位是调查处理第一责任主体，应当明确本单位科研诚信机构和监察审计机构等调查处理职责分工，积极主动、公正公平开展调查处理。相关行业主管部门应按照职责权限和隶属关系，加强指导和及时督促，坚持学术、行政两条线，注重发挥学会、协会、研究会等社会团体作用。对从事学术论文买卖、代写代投以及伪造、虚构、篡改研究数据等违法违规活动的中介服务机构，市场监督管理、公安等部门应主动开展调查，严肃惩处。保障相关责任主体申诉权等合法权利，事实认定和处理决定应履行对当事人的告知义务，依法依规及时公布处理结果。科研人员应当积极配合调查，及时提供完整有效的科学研究记录，对拒不配合调查、隐匿销毁研究记录的，要从重处理。对捏造事实、诬告陷害的，要依据有关规定严肃处理；对举报不实、给被举报单位和个人造成严重影响的，要及时澄清、消除影响。

（二十）严厉打击严重违背科研诚信要求的行为。坚持零容忍，保持对严重违背科研诚信要求行为严厉打击的高压态势，严肃责任追究。建立终身追究制度，依法依规对严重违背科研诚信要求行为实行终身追究，一经发现，随时调查处理。积极开展对严重违背科研诚信要求行为的刑事规制理论研究，推动立法、司法部门适时出台相应刑事制裁措施。

相关行业主管部门或严重违背科研诚信要求责任人所在单位要区分不同情况，对责任人给予科研诚信诫勉谈话；取消项目立项资格，撤销已获资助项目或终止项目合同，追回科研项目经费；撤销获得的奖励、荣誉称号，追回奖金；依法开除学籍，撤销学位、教师资格，收回医师执业证书等；一定期限直至终身取消晋升职务职称、申报科技计划项目、担任评审评估专家、被提名为院士候选人等资格；依法依规解除劳动合同、聘用合同；终身禁止在政府举办的学校、医院、科研机构等从事教学、科研工作等处罚，以及记入科研诚信严重失信行为数据库或列入观察名单等其他处理。严重违背科研诚信要求责任人属于公职人员的，依法依规给予处分；属于党员的，依纪依规给予党纪处分。涉嫌存在诈骗、贪污科研经费等违法犯罪行为的，依法移交监察、司法机关处理。

对包庇、纵容甚至骗取各类财政资助项目或奖励的单位，有关主管部门要给予约谈主要负责人、停拨或核减经费、记入科研诚信严重失信行为数据库、移送司法机关等处理。

（二十一）开展联合惩戒。加强科研诚信信息跨部门跨区域共享共用，依法依规对严重违背科研诚信要求责任人采取联合惩戒措施。推动各级各类科技计划统一处理规则，对相关处理结果互认。将科研诚信状况与学籍管理、学历学位授予、科研项目立项、专业技术职务评聘、岗位聘用、评选表彰、院士增选、人才基地评审等挂钩。推动在行政许可、公共采购、评先创优、金融支持、资质等级评定、纳税信用评价等工作中将科研诚信状况作为重要参考。

七、加快推进科研诚信信息化建设

（二十二）建立完善科研诚信信息系统。科技部会同中国社科院建立完善覆盖全国的自然科学和哲学社会科学科研诚信信息系统，对科研人员、相关机构、组织等的科研诚信状况进行记录。研究拟订科学合理、适用不同类型科研活动和对象特点的科研诚信评价指标、方法模型，明确评价方式、周期、程序等内容。重点对参与科技计划（项目）组织管理或实施、科技统计等科技活动的项目承担人员、咨询评审专家，以及项目管理专业机构、项目承担单位、中介服务机构等相关责任主体开展诚信评价。

（二十三）规范科研诚信信息管理。建立健全科研诚信信息采集、记录、评价、应用等管理制度，明确实施主体、程序、要求。根据不同责任主体的特点，制定面向不同类型科技活动的科研诚信信息目录，明确信息类别和管理流程，规范信息采集的范围、内容、方式和信息应用等。

（二十四）加强科研诚信信息共享应用。逐步推动科研诚信信息系统与全国信用信息共享平台、地方科研诚信信息系统互联互通，分阶段分权限实现信息共享，为实现跨部门跨地区联合惩戒提供支撑。

八、保障措施

（二十五）加强党对科研诚信建设工作的领导。各级党委（党组）要高度重视科研诚信建设，切实加强领导，明确任务，细化分工，扎实推进。有关部门、地方应整合现有科研保障措施，建立科研诚信建设目标责任制，明确任务分工，细化目标责任，明确完成时间。科技部要建立科研诚信建设情况督查和通报制度，对工作取得明显成效的地方、部门和机构进行表彰；对措施不得力、工作不落实的，予以通报批评，督促整改。

（二十六）发挥社会监督和舆论引导作用。充分发挥社会公众、新闻媒体等对科研诚信建设的监督作用。畅通举报渠道，鼓励对违背科研诚信要求的行为进行负责任实名举报。新闻媒体要加强对科研诚信正面引导。对社会舆论广泛关注的科研诚信事件，当事人所在单位和行业主管部门要及时采取措施调查处理，及时公布调查处理结果。

（二十七）加强监测评估。开展科研诚信建设情况动态监测和第三方评估，监测和评估结果作为改进完善相关工作的重要基础以及科研事业单位绩效评价、企业享受政府资助等的重要依据。对重大科研诚信事件及时开展跟踪监测和分析。定期发布中国科研诚信状况报告。

（二十八）积极开展国际交流合作。积极开展与相关国家、国际组织等的交流合作，加强对科技发展带来的科研诚信建设新情况新问题研究，共同完善国际科研规范，有效应对跨国跨地区科研诚信案件。

中共中央办公厅　国务院办公厅印发
《关于进一步弘扬科学家精神加强作风和学风建设的意见》

(中办发〔2019〕35号)

为激励和引导广大科技工作者追求真理、勇攀高峰，树立科技界广泛认可、共同遵循的价值理念，加快培育促进科技事业健康发展的强大精神动力，在全社会营造尊重科学、尊重人才的良好氛围，现提出如下意见。

一、总体要求

（一）指导思想。以习近平新时代中国特色社会主义思想为指导，全面贯彻党的十九大和十九届二中、三中全会精神，以塑形铸魂科学家精神为抓手，切实加强作风和学风建设，积极营造良好科研生态和舆论氛围，引导广大科技工作者紧密团结在以习近平同志为核心的党中央周围，增强"四个意识"，坚定"四个自信"，做到"两个维护"，在践行社会主义核心价值观中走在前列，争做重大科研成果的创造者、建设科技强国的奉献者、崇高思想品格的践行者、良好社会风尚的引领者，为实现"两个一百年"奋斗目标、实现中华民族伟大复兴的中国梦作出更大贡献。

（二）基本原则。坚持党的领导，提高政治站位，强化政治引领，把党的领导贯穿到科技工作全过程，筑牢科技界共同思想基础。坚持价值引领，把握主基调，唱响主旋律，弘扬家国情怀、担当作风、奉献精神，发挥示范带动作用。坚持改革创新，大胆突破不符合科技创新规律和人才成长规律的制度藩篱，营造良好学术生态，激发全社会创新创造活力。坚持久久为功，汇聚党政部门、群团组织、高校院所、企业和媒体等各方力量，推动作风和学风建设常态化、制度化，为科技工作者潜心科研、拼搏创新提供良好政策保障和舆论环境。

（三）主要目标。力争1年内转变作风改进学风的各项治理措施得到全面实施，3年内取得作风学风实质性改观，科技创新生态不断优化，学术道德建设得到显著加强，新时代科学家精神得到大力弘扬，在全社会形成尊重知识、崇尚创新、尊重人才、热爱科学、献身科学的浓厚氛围，为建设世界科技强国汇聚磅礴力量。

二、自觉践行、大力弘扬新时代科学家精神

（四）大力弘扬胸怀祖国、服务人民的爱国精神。继承和发扬老一代科学家艰苦奋斗、科学报国的优秀品质，弘扬"两弹一星"精神，坚持国家利益和人民利益至上，以支撑服务社会主义现代化强国建设为己任，着力攻克事关国家安全、经济发展、生态保护、民生改善的基础前沿难题和核心关键技术。

（五）大力弘扬勇攀高峰、敢为人先的创新精神。坚定敢为天下先的自信和勇气，面向世界科技前沿，面向国民经济主战场，面向国家重大战略需求，抢占科技竞争和未来发展制高点。敢于提出新理论、开辟新领域、探寻新路径，不畏挫折、敢于试错，在独创独有上下功夫，在解决受制于人的重大瓶颈问题上强化担当作为。

（六）大力弘扬追求真理、严谨治学的求实精神。把热爱科学、探求真理作为毕生追求，始终保持对科学的好奇心。坚持解放思想、独立思辨、理性质疑，大胆假设、认真求证，不迷信学术权威。坚持立德为先、诚信为本，在践行社会主义核心价值观、引领社会良好风尚中率先垂范。

（七）大力弘扬淡泊名利、潜心研究的奉献精神。静心笃志、心无旁骛、力戒浮躁，甘坐"冷板凳"，肯下"数十年磨一剑"的苦功夫。反对盲目追逐热点，不随意变换研究方向，坚决摒弃拜金主义。从事基础研究，要瞄准世界一流，敢于在世界舞台上与同行对话；从事应用研究，要突出解决实际问题，力争实现关键核心技术自主可控。

（八）大力弘扬集智攻关、团结协作的协同精神。强化跨界融合思维，倡导团队精神，建立协同攻关、跨界协作机制。坚持全球视野，加强国际合作，秉持互利共赢理念，为推动科技进步、构建人类命运共同体贡献中国智慧。

（九）大力弘扬甘为人梯、奖掖后学的育人精神。坚决破除论资排辈的陈旧观念，打破各种利益纽带和裙带关系，善于发现培养青年科技人才，敢于放手、支持其在重大科研任务中"挑大梁"，甘做致力提携后学的"铺路石"和领路人。

三、加强作风和学风建设，营造风清气正的科研环境

（十）崇尚学术民主。鼓励不同学术观点交流碰撞，倡导严肃认真的学术讨论和评论，排除地位影响和利益干扰。开展学术批评要开诚布公，多提建设性意见，反对人身攻击。尊重他人学术话语权，反对门户偏见和"学阀"作风，不得利用行政职务或学术地位压制不同学术观点。鼓励年轻人大胆提出自己的学术观点，积极与学术权威交流对话。

（十一）坚守诚信底线。科研诚信是科技工作者的生命。高等学校、科研机构和企业等要把教育引导和制度约束结合起来，主动发现、严肃查处违背科研诚信要求的行为，并视情节追回责任人所获利益，按程序记入科研诚信严重失信行为数据库，实行"零容忍"，在晋升使用、表彰奖励、参与项目等方面"一票否决"。科研项目承担者要树立"红线"意识，严格履行科研合同义务，严禁违规将科研任务转包、分包他人，严禁随意降低目标任务和约定要求，严禁以项目实施周期外或不相关成果充抵交差。严守科研伦理规范，守住学术道德底线，按照对科研成果的创造性贡献大小据实署名和排序，反对无实质学术贡献者"挂名"，导师、科研项目负责人不得在成果署名、知识产权归属等方面侵占学生、团队成员的合法权益。对已发布的研究成果中确实存在错误和失误的，责任方要以适当方式予以公开和承认。不参加自己不熟悉领域的咨询评审活动，不在情况不掌握、内容不了解的意见建议上署名签字。压紧压实监督管理责任，有关主管部门和高等学校、科研机构、企业等单位要建立健全科研诚信审核、科研伦理审查等有关制度和信息公开、举报投诉、通报曝光等工作机制。对违反项目申报实施、经费使用、评审评价等规定，违背科研诚信、科研伦理要求的，要敢于揭短亮丑，不迁就、不包庇，严肃查处、公开曝光。

（十二）反对浮夸浮躁、投机取巧。深入科研一线，掌握一手资料，不人为夸大研究基础和学术价值，未经科学验证的现象和观点，不得向公众传播。论文等科研成果发表后1个月内，要将所涉及的实验记录、实验数据等原始数据资料交所在单位统一管理、留存备查。参与国家科技计划（专项、基金等）项目的科研人员要保证有足够时间投入研究工作，承担国家关键领域核心技术攻关任务的团队负责人要全时全职投入攻关任务。科研人员同期主持和主要参与的国家科技计划（专项、基金等）项目（课题）数原则上不得超过2项，高等学校、科研机构领导人员和企业负责人作为项目（课题）负责人同期主持的不得超过1项。每名未退休院士受聘的院士工作站不超过1个、退休院士不超过3个，院士在每个工作站全职工作时间每年不少于3个月。国家人

才计划入选者、重大科研项目负责人在聘期内或项目执行期内擅自变更工作单位，造成重大损失、恶劣影响的要按规定承担相应责任。兼职要与本人研究专业相关，杜绝无实质性工作内容的各种兼职和挂名。高等学校、科研机构和企业要加强对本单位科研人员的学术管理，对短期内发表多篇论文、取得多项专利等成果的，要开展实证核验，加强核实核查。科研人员公布突破性科技成果和重大科研进展应当经所在单位同意，推广转化科技成果不得故意夸大技术价值和经济社会效益，不得隐瞒技术风险，要经得起同行评、用户用、市场认。

（十三）反对科研领域"圈子"文化。要以"功成不必在我"的胸襟，打破相互封锁、彼此封闭的门户倾向，防止和反对科研领域的"圈子"文化，破除各种利益纽带和人身依附关系。抵制各种人情评审，在科技项目、奖励、人才计划和院士增选等各种评审活动中不得"打招呼"、"走关系"，不得投感情票、单位票、利益票，一经发现这类行为，立即取消参评、评审等资格。院士等高层次专家要带头打破壁垒，树立跨界融合思维，在科研实践中多做传帮带，善于发现、培养青年科研人员，在引领社会风气上发挥表率作用。要身体力行、言传身教，积极履行社会责任，主动走近大中小学生，传播爱国奉献的价值理念，开展科普活动，引领更多青少年投身科技事业。

四、加快转变政府职能，构建良好科研生态

（十四）深化科技管理体制机制改革。政府部门要抓战略、抓规划、抓政策、抓服务，树立宏观思维，倡导专业精神，减少对科研活动的微观管理和直接干预，切实把工作重点转到制定政策、创造环境、为科研人员和企业提供优质高效服务上。坚持刀刃向内，深化科研领域政府职能转变和"放管服"改革，建立信任为前提、诚信为底线的科研管理机制，赋予科技领军人才更大的技术路线决策权、经费支配权、资源调动权。优化项目形成和资源配置方式，根据不同科学研究活动的特点建立稳定支持、竞争申报、定向委托等资源配置方式，合理控制项目数量和规模，避免"打包"、"拼盘"、任务发散等问题。建立健全重大科研项目科学决策、民主决策机制，确定重大创新方向要围绕国家战略和重大需求，广泛征求科技界、产业界等意见。对涉及国家安全、重大公共利益或社会公众切身利益的，应充分开展前期论证评估。建立完善分层分级责任担当机制，政府部门要敢于为科研人员的探索失败担当责任。

（十五）正确发挥评价引导作用。改革科技项目申请制度，优化科研项目评审管理机制，让最合适的单位和人员承担科研任务。实行科研机构中长期绩效评价制度，加大对优秀科技工作者和创新团队稳定支持力度，反对盲目追求机构和学科排名。大幅减少评比、评审、评奖，破除唯论文、唯职称、唯学历、唯奖项倾向，不得简单以头衔高低、项目多少、奖励层次等作为前置条件和评价依据，不得以单位名义包装申报项目、奖励、人才"帽子"等。优化整合人才计划，避免相同层次的人才计划对同一人员的重复支持，防止"帽子"满天飞。支持中西部地区稳定人才队伍，发达地区不得片面通过高薪酬高待遇竞价抢挖人才，特别是从中西部地区、东北地区挖人才。

（十六）大力减轻科研人员负担。加快国家科技管理信息系统建设，实现在线申报、信息共享。大力解决表格多、报销繁、牌子乱、"帽子"重复、检查频繁等突出问题。原则上1个年度内对1个项目的现场检查不超过1次。项目管理专业机构要强化合同管理，按照材料只报1次的要求，严格控制报送材料数量、种类、频次，对照合同从实从严开展项目成果考核验收。专业机构和项目专员严禁向评审专家施加倾向性影响，坚决抵制各种形式的"围猎"。高等学校、科研机构和企业等创新主体要切实履行法人主体责任，改进内部科研管理，减少繁文缛节，不层层加码。高等学校、科研机构领导人员和企业负责人在履行勤勉尽责义务、没有牟取非法利益前提下，免除追究其技术创新决策失误责任，对已履行勤勉尽责义务但因技术路线选择失误等导致难以完成预定目标的项目单位和科研人员予以减责或免责。

五、加强宣传，营造尊重人才、尊崇创新的舆论氛围

（十七）大力宣传科学家精神。高度重视"人民科学家"等功勋荣誉表彰奖励获得者的精神宣传，大力表彰科技界的民族英雄和国家脊梁。推动科学家精神进校园、进课堂、进头脑。系统采集、妥善保存科学家学术成长资料，深入挖掘所蕴含的学术思想、人生积累和精神财富。建设科学家博物馆，探索在国家和地方博物馆中增加反映科技进步的相关展项，依托科技馆、国家重点实验室、重大科技工程纪念馆（遗迹）等设施建设一批科学家精神教育基地。

（十八）创新宣传方式。建立科技界与文艺界定期座谈交流、调研采风机制，引导支持文艺工作者运用影视剧、微视频、小说、诗歌、戏剧、漫画等多种艺术形式，讲好科技工作者科学报国故事。以"时代楷模"、"最美科技工作者"、"大国工匠"等宣传项目为抓手，积极选树、广泛宣传基层一线科技工作者和创新团队典型。支持有条件的高等学校和中学编排创作演出反映科学家精神的文艺作品，创新青少年思想政治教育手段。

（十九）加强宣传阵地建设。主流媒体要在黄金时段和版面设立专栏专题，打造科技精品栏目。加强科技宣传队伍建设，开展系统培训，切实提高相关从业人员的科学素养和业务能力。加强网络和新媒体宣传平台建设，创新宣传方式和手段，增强宣传效果、扩大传播范围。

六、保障措施

（二十）强化组织保障。各级党委和政府要切实加强对科技工作的领导，对科技工作者政治上关怀、工作上支持、生活上关心，把弘扬科学家精神、加强作风和学风建设作为践行社会主义核心价值观的重要工作摆上议事日程。各有关部门要转变职能，创新工作模式和方法，加强沟通、密切配合、齐抓共管，细化政策措施，推动落实落地，切实落实好党中央关于为基层减负的部署。科技类社会团体要制定完善本领域科研活动自律公约和职业道德准则，经常性开展职业道德和学风教育，发挥自律自净作用。各类新闻媒体要提高科学素养，宣传报道科研进展和科技成就要向相关机构和人员进行核实，听取专家意见，杜绝盲目夸大或者恶意贬低，反对"标题党"。对宣传报道不实、造成恶劣影响的，相关媒体、涉事单位及责任人员应及时澄清，有关部门应依规依法处理。

中央宣传部、科技部、中国科协、教育部、中国科学院、中国工程院等要会同有关方面分解工作任务，对落实情况加强跟踪督办和总结评估，确保各项举措落到实处。军队可根据本意见，结合实际建立健全相应工作机制。

第二节 部委规范性文件

科技部 财政部关于印发
《中央财政科技计划（专项、基金等）监督工作暂行规定》的通知

(国科发政〔2015〕471号)

国务院各部委、各直属机构，各省、自治区、直辖市、计划单列市科技厅（委、局）、财政厅（局），新疆生产建设兵团科技局、财务局，各有关单位：

为加强和规范中央财政科技计划（专项、基金等）监督工作，根据《国务院关于改进加强中央财政科研项目和资金管理的若干意见》（国发〔2014〕11号）、《国务院印发关于深化中央财政科技计划（专项、基金等）管理改革方案的通知》（国发〔2014〕64号）和有关法律法规，我们制定了《中央财政科技计划（专项、基金等）监督工作暂行规定》。现予印发，请遵照执行。

科技部 财政部
2015年12月29日

中央财政科技计划（专项、基金等）监督工作暂行规定

第一章 总则

第一条 为加强和规范中央财政科技计划（专项、基金等）（以下简称科技计划）监督工作，根据《国务院关于改进加强中央财政科研项目和资金管理的若干意见》（国发〔2014〕11号）、《国务院印发关于深化中央财政科技计划（专项、基金等）管理改革方案的通知》（国发〔2014〕64号）和有关法律法规，制定本规定。

第二条 本规定所指监督是指按照有关规章制度，对科技计划、项目、资金的管理和执行情况所开展的检查、督导和问责，以促进管理的科学规范、公平公开，提高财政科技资金使用效益。

第三条 监督的主要内容包括：

（一）科技计划相关管理部门管理科技计划及资源配置的科学性、规范性，科技计划的实施绩效；

（二）项目管理专业机构管理工作的科学性、规范性，及其在项目管理过程中的履职尽责和绩效情况；

（三）项目承担单位法人责任制落实情况、项目执行情况及资金的管理使用情况；

（四）参与科技计划、项目咨询评审和监督工作的专家，以及支撑机构的履职尽责情况；

（五）科研人员在项目实施和资金管理使用中的科研诚信和履职尽责情况。

第四条 监督工作应当遵循以下原则：

（一）坚持决策、执行、监督相互制约又相互协调。监督工作既要将有关内容和要求融入管理工作，又独立于管理工作开展，确保客观、公正。

（二）坚持遵循规律。根据科技计划、项目的性质和特点，分类开展监督工作，既强化监督的刚性要求，又要发挥监督的督导和服务功能。

（三）坚持分层分级监督。结合科技计划管理层级，实行分层分级监督机制，强化事中、事后监督和绩效评估评价，加强责任倒查，突出对关键环节的监督。

（四）坚持内部管理与外部监督相结合。在完善有关规章制度的基础上，强化内部管理、法人负责和科研人员自律，加强公开公示和外部监督，减少对正常科技管理和科研活动的影响。

（五）坚持绩效导向。加强绩效评估评价，强化监督结果运用，完善考核问责机制，加大对违规行为的惩处力度，突出有力有效，构建科研信用体系，促进管理优化。

第二章 职责

第五条 各类科技计划、项目组织实施的各个环节都应当明确责任主体。按照谁主责谁接受监督、权责对等的原则，各责任主体都要自觉接受监督。

第六条 明确各监督主体的责任，科技部和财政部、有关部门和地方、项目管理专业机构以及项目承担单位等各监督主体，对受其管理或委托的责任主体履职尽责情况进行监督、评价、问责。

第七条 科技部、财政部是监督工作的牵头部门，主要监督职责包括：

（一）研究制定监督相关管理制度规范；

（二）加强监督工作的统筹协调、综合指导和基础能力建设；

（三）组织开展对科技计划需求征集和凝练、实施方案编制、项目管理专业机构遴选和委托等重点环节管理工作规范性和科学性的监督，开展对科技计划目标实现、结果产出、效果和影响等绩效评估评价；

（四）组织开展对战略咨询和综合评审委员会履职的独立、客观、公正性，以及廉洁自律、保密制度和回避规则遵守和执行情况等监督；

（五）组织开展对项目管理专业机构的法人治理和内部管理、项目管理的规范性和有效性监督；

（六）会同有关部门对项目和资金管理使用情况开展随机抽查；

（七）加强监督结果的反馈和运用，建立统一的科研信用体系。

第八条 有关部门和地方应当加强监督工作，主要监督职责包括：

（一）按照有关科技计划管理职责，加强对相关科技计划、项目和资金的监督；

（二）负责组织对承担科技计划、项目的所属单位日常管理和监督，配合相关监督主体对所属单位存在的重点问题和线索进行核查；

（三）加强对所属单位作为项目管理专业机构建设、日常运行的管理和监督；

（四）参与对相关领域科技计划、项目的研发质量、成果转化应用以及绩效目标实现等绩效评估评价；

（五）配合科技部、财政部开展相关监督工作。

第九条 项目管理专业机构主要负责对科技计划、项目的日常监督，主要监督职责包括：

（一）开展对相关项目和资金使用管理情况监督；

（二）开展对相关项目的绩效评估评价；

（三）开展对参与项目立项、过程管理和验收等咨询评审专家履职尽责情况的监督。

第十条 项目承担单位是项目实施主体，主要监督职责包括：

（一）负责对项目实施及资金使用情况的日常监督和管理；

（二）开展科研人员遵规守纪宣传和培训，强化科研人员自律意识和科研诚信。

第十一条 科技部、财政部牵头建立部门间会商机制，加强监督制度、年度计划、结果运用等的统筹协调，重大事项向国家科技计划管理部际联席会议报告。

第十二条 科技部、财政部，有关部门和地方以及项目管理专业机构等各监督主体都应接受审计、纪检等部门监督。

第三章 内部管理和自律

第十三条 科技计划、项目管理各责任主体应积极履行职责，将监督工作融于科技计划、项目管理工作中，通过制度规范建设、履行法人责任、强化内部控制和自律等，实现科学决策，规范管理。

第十四条 按照监督与科技计划、项目管理同步部署的原则，各类科技计划、项目管理应当建立健全计划、项目及资金管理制度，制定相关实施细则或工作规范，将监督内容和要求纳入其中，明确计划和项目立项、项目管理专业机构遴选和管理、专家遴选和使用、项目组织实施、验收和绩效评估评价、成果汇交等各个环节的具体流程、责任主体以及监督主体，强化管理的制度化、规范化。

第十五条 在科技计划、项目管理过程中，涉及工作委托和任务下达的，应按照有关要求，在合同（任务书、协议等）中约定工作任务、考核目标和指标、监督考核方式、违约责任等具体事项，明晰各方责、权、利，为监督工作提供依据。

第十六条 项目管理专业机构应当完善法人治理结构，建立健全机构管理和运行的各类规章制度，提高专业化管理水平。

项目承担单位要强化法人责任，切实履行在项目申请、组织实施、验收和科研资金使用等方面的管理职责，加强支撑服务条件建设，提高管理能力和服务水平。

第十七条 各责任主体应当按照国家有关规定，结合单位实际情况，建立健全内部风险防控和监管体系。建立监督制约机制，明确内部监督机构或专门人员的监督职责，确保不相容岗位相互分离。建立常态化的自查自纠机制，加强内部审查，督促依法合规开展工作，严肃查处违规行为。

第十八条 实施全过程"痕迹化"管理。各责任主体应当加强科技计划、项目管理工作的日常记录和资料归档，按科技计划管理要求将相关管理信息纳入国家科技管理信息系统。

第十九条 科技计划、项目管理实行报告制度。各责任主体应当按照相关管理规定，定期报告科技计划、项目实施进展、资金使用和组织管理等相关工作情况。遇有重大事项或特殊情况，应及时报告。

第二十条 科技部、财政部建立国家科技专家数据库，建立健全专家管理制度和工作规范。专家选择应当从国家科技专家库中随机抽取，专家管理实行轮换、调整机制和回避制度。

第二十一条 科研人员和专家要弘扬科学精神，恪守科研诚信，强化责任意识，严格遵守科技计划、项目和资金管理的各项规定，自觉接受有关方面的监督。

第四章 公开公示

第二十二条 按照"公开为常态，不公开为例外"的原则，各责任主体和监督主体都要建立公开公示制度，明确公开公示事项、渠道、时限等管理内容和要求。

第二十三条 科技计划相关管理部门、项目管理专业机构根据相关规定，应当将相关管理制度和规范、项目立项和资金安排、验收结果、绩效评价和监督报告以及专家管理和使用等信息，在国家科技管理信息系统或政府官方网站上，及时主动向全社会公开，接受各方监督。涉密及法律法规另有规定的除外。

第二十四条 项目承担单位应当在单位内部公开项目立项、主要研究人员、科研资金使用、项目合作单位、大型仪器设备购置以及项目研究成果情况等信息，接受内部监督。

第二十五条 公开公示应注重时效性。项目指南发布日到项目申报受理截止日，原则上不少于50天；各类事项公示时间一般不少于5个工作日。

第二十六条 各责任主体应重视公众和舆论监督，听取意见，推动和改进有关工作。

第五章 外部监督

第二十七条 在各责任主体内部管理基础上，各监督主体根据职责和实际需要，开展外部监督。

监督对象的选择应当根据工作需要，采用随机抽取和对风险度高、受理举报等重点抽取相结合的方式，合理确定对项目管理专业机构和项目承担单位开展现场监督的比例。

第二十八条 各监督主体应当根据职责分别制定年度监督工作计划方案，明确监督对象、内容、时间、方式、实施主体和结果要求等。

科技部和财政部加强各监督主体年度监督工作计划的衔接，避免重复开展监督。

第二十九条 现场监督一般应集中时间开展，加强项目执行情况和资金管理使用监督的协同。原则上，对一个项目执行情况现场监督一年内不超过1次，执行期3年以内的项目原则上执行情况现场监督只进行1次。

对风险较高、信用等级差的项目承担单位及其承担的项目，可加大监督频次。

第三十条 外部监督一般采取专项检查、专项审计、绩效评估评价等方式。

专项检查重点是对相关责任主体落实法人责任、建立健全内部管理机制、执行国家有关财经法规和科研资金管理规定、项目管理和科研资金使用情况等进行检查。

专项审计重点是对科研资金使用的合法性、合规性和合理性以及内部管理有效性进行审计。一般委托具备相应能力和条件的机构开展。

绩效评估评价重点是对科技计划和项目组织实施，以及项目管理专业机构履职尽责进行绩效评估评价。绩效评估评价内容一般包括目标实现、资源配置、管理与实施、效果与影响等。绩效评估评价一般通过公开竞争等方式择优委托第三方机构开展。

第三十一条 各监督主体应建立公众参与监督机制，受理投诉举报，并按有关规定登记、分类处理和反馈。投诉举报事项不在权限范围内的，应按有关规定移交相关部门或地方处理。

第三十二条 各监督主体应当对监督中发现重要问题和线索的真实性、完整性进行核实检查。核查工作可根据需要责成有关责任主体所在法人单位或上级主管部门开展。

第三十三条 各监督主体根据工作需要，可形成联合监督工作组，集中开展监督。

第三十四条 各监督主体应当加强与纪检监察、审计等部门的协调配合，形成监督工作合力。

第六章 结果运用和信用管理

第三十五条 各监督主体针对监督中发现的问题，按照相关制度规定下达监督结果和整改建议。相关责任主体应在规定时限内完成整改，并将整改结果书面报送有关监督主体。

有关责任主体对监督结果有异议或对处理意见不服的，可按相关规定申请复核和申诉。

第三十六条 建立监督结果共享制度。各监督主体应按照统一要求，将有关监督结果汇总到国家科技信息管理系统，并按规定向社会公开。

监督结果应包括监督主体、对象、内容、时间、程序、结论和重要事项记录等。

第三十七条 科技部、财政部会同有关部门和地方，根据监督结果和有关责任主体整改情况，提出科技计划和项目管理专业机构的动态调整意见，优化科技计划和项目管理，并将监督结果作为中央财政予以支持的重要依据；项目管理专业机构根据监督结果和项目承担单位整改情况，提出项目动态调整意见。

第三十八条 各监督主体应当严肃处理违规行为，处理结果向社会公开。对有违规行为的项目管理专业机构，采取约谈、通报批评、解除委托合同、追回已拨管理资金、取消项目管理专业机构项目管理资格等处理措施；对有违规行为的项目承担单位和科研人员，责成项目管理专业机构采取约谈、通报批评、暂停项目拨款、追回已拨项目资金、终止项目执行、取消项目承担者一定期限内项目申报资格等处理措施。涉嫌违纪的移交纪检监察部门处理，涉嫌违法犯罪的移交司法机关处理。对有违规行为的专家，采取给予警告、责令限期改正、通报批评、取消一定期限内咨询评审和监督资格等处理措施。

建立责任倒查制度，针对出现的问题倒查各责任主体及相关人员的履职尽责和廉洁自律情况，经查实存在问题的，依法依规追究责任。

第三十九条 科技部建立统一的科研信用管理体系，各监督主体及时记录项目管理专业机构、项目承担单位、监督支撑机构、专家和科研人员信用信息，实施信用管理。

第四十条 建立健全守信激励和失信惩戒机制。将信用等级作为项目管理专业机构遴选、项目立项及资金安排、专家遴选、监督支撑机构使用等管理决策重要参考。对实行间接费用管理的项目，间接费用的核定与项目承担单位信用等级挂钩。项目完成任务目标并通过验收，且项目承担单位信用评价好的，项目结余资金按规定在一定期限内由单位统筹安排用于科研活动的直接支出。

信用等级与监督频次挂钩。对于信用等级好的机构和人员，可减少或在一定时期内免除监督；对于信用等级差的，应作为监督重点，加大监督频次。

第四十一条 加强科研信用体系与其他社会领域信用体系的衔接，实施联合惩戒机制。

第四十二条 科技部会同有关部门和地方建立"黑名单"制度，将严重科研不端行为、严重违反财经纪律及违法的单位和个人列入"黑名单"，相关信息作为国家科技计划、项目管理的重要决策依据。

第七章 条件保障

第四十三条 科技部、财政部应积极培育专业化的监督支撑机构和专家队伍，严明工作规范和纪律，加强统一管理和培训交流。

各监督主体应加强内部监督机构和人员能力建设，并注重发挥监督支撑机构和专家队伍的作用。

第四十四条 实施监督的机构和人员，应当具备开展工作的基本条件以及与监督工作相适应的专业知识和业务能力，独立、客观、公正开展工作，按照相关要求保守秘密。涉及利益冲突的，应当回避。

第四十五条 监督工作发生的费用应由监督主体支付，不得转嫁给被监督方。

第四十六条 科技部、财政部应依托国家科技管理信息系统，建立统一的监督信息平台，加强监督信息共享。

各监督主体应当依托监督信息平台开展工作，积极运用互联网和大数据技术，开展智能监督和风险预警，提高监督工作精准化和针对性。

第八章 附则

第四十七条 各责任主体在相关管理制度规范中，应当依据本规定明确监督内容和要求；各监督主体应当依据本规定，结合工作实际制定监督工作实施细则。

其他科技管理活动的监督工作，可参照本规定执行。

第四十八条 本规定由科技部、财政部负责解释，自发布之日起实施。

科技部等 15 部门关于印发
《国家科技计划（专项、基金等）严重失信行为记录暂行规定》的通知

(国科发政〔2016〕97号)

各省、自治区、直辖市及计划单列市科技厅（委、局）、发展改革委、教育厅（委、局）、工业和信息化主管部门、财政厅（局）、农业厅（局）、人力资源社会保障厅（局）、卫生计生委、新闻出版广电局、科协，新疆生产建设兵团科技局、发展改革委、教育局、工业和信息化委、财务局、农业局、人力资源社会保障局、卫生局、人口计生委、新闻出版广电局、科协，国务院有关部门，各有关单位：

为加强科研信用体系建设，净化科研风气，构筑诚实守信的科技创新环境氛围，规范中央财政科技计划（专项、基金等）相关管理工作，保证科技计划和项目目标实现及财政资金安全，推进依法行政，根据国家有关法律法规和政策文件，我们制定了《国家科技计划（专项、基金等）严重失信行为记录暂行规定》。现印发给你们，请遵照执行。

科技部　国家发展改革委　教育部
工业和信息化部　财政部　农业部
人力资源社会保障部　国家卫生计生委　新闻出版广电总局
中科院　社科院　工程院
自然科学基金会　中国科协　中央军委装备发展部
2016年3月25日

国家科技计划（专项、基金等）严重失信行为记录暂行规定

第一条 为加强科研信用体系建设，净化科研风气，构筑诚实守信的科技创新环境氛围，规范中央财政科技计划（专项、基金等）（以下简称科技计划）相关管理工作，保证科技计划和项目目标实现及财政资金安全，推进依法行政，根据《中华人民共和国科学技术进步法》、《国务院关于改进加强中央财政科研项目和资金管理的若干意见》（国发〔2014〕11号）、《国务院印发关于深化中央财政科技计划（专项、基金等）管理改革方案的通知》（国发〔2014〕64号）、《国务院关于印发社会信用体系建设规划纲要（2014—2020年）的通知》（国发〔2014〕21号）和有关法律法规，制定本规定。

第二条 本规定所指严重失信行为是指科研不端、违规、违纪和违法且造成严重后果和恶劣影响的行为。本规定所指严重失信行为记录，是对经有关部门/机构查处认定的，科技计划和项目相关责任主体在项目申报、立项、实施、管理、验收和咨询评审评估等全过程的严重失信行为，按程序进行的客观记录，是科研信用体系建设的重要组成部分。

第三条 严重失信行为记录应当覆盖科技计划、项目管理和实施的相关责任主体，遵循客观公正、标准统一、分级分类的原则。

第四条 本规定的记录对象为在参与科技计划、项目组织管理或实施中存在严重失信行为的相关责任主体，主要包括有关项目承担人员、咨询评审专家等自然人，以及项目管理专业机构、项目承担单位、中介服务机构等法人机构。

政府工作人员在科技计划和项目管理工作中存在严重失信行为的，依据公务员法及其相关规定进行处理。

第五条 科技部牵头制定严重失信行为记录相关制度规范，会同有关行业部门、项目管理专业机构，根据科技计划和项目管理职责，负责受其管理或委托的科技计划和项目相关责任主体的严重失信行为记录管理和结果应用工作。

充分发挥科研诚信建设部际联席会议作用，加强与相关部门合作与信息共享，实施跨部门联合惩戒，形成工作合力。

重大事项应当向国家科技计划管理部际联席会议报告。

第六条 实行科技计划和项目相关责任主体的诚信承诺制度，在申请科技计划项目及参与科技计划项目管理和实施前，本规定第四条中所涉及的相关责任主体都应当签署诚信承诺书。

第七条 结合科技计划管理改革工作，逐步推行科研信用记录制度，加强科技计划和项目相关责任主体科研信用管理。

第八条 参与科技计划、项目管理和实施的相关项目承担人员、咨询评审专家等自然人，应当加强自律，按照相关管理规定履职尽责。以下行为属于严重失信行为：

（一）采取贿赂或变相贿赂、造假、故意重复申报等不正当手段获取科技计划和项目承担资格。

（二）项目申报或实施中抄袭他人科研成果，故意侵犯他人知识产权，捏造或篡改科研数据和图表等，违反科研伦理规范。

（三）违反科技计划和项目管理规定，无正当理由不按项目任务书（合同、协议书等）约定执行；擅自超权限调整项目任务或预算安排；科技报告、项目成果等造假。

（四）违反科研资金管理规定，套取、转移、挪用、贪污科研经费，谋取私利。

（五）利用管理、咨询、评审或评估专家身份索贿、受贿；故意违反回避原则；与相关单位或人员恶意串通。

（六）泄露相关秘密或咨询评审信息。

（七）不配合监督检查和评估工作，提供虚假材料，对相关处理意见拒不整改或虚假整改。

（八）其他违法、违反财经纪律、违反项目任务书（合同、协议书等）约定和科研不端行为等情况。

第九条 参与科技计划、项目管理和实施相关项目管理专业机构、项目承担单位以及中介服务机构等法人和机构，应当履行法人管理职责，规范管理。以下行为属于严重失信行为：

（一）采取贿赂或变相贿赂、造假、故意重复申报等不正当手段获取管理、承担科技计划和项目或中介服务资格。

（二）利用管理职能，设租寻租，为本单位、项目申报单位/项目承担单位或项目承担人员谋取不正当利益。

（三）项目管理专业机构违反委托合同约定，不按制度执行或违反制度规定；管理严重失职，所管理的科技计划和项目或相关工作人员存在重大问题。

（四）项目承担单位未履行法人管理和服务职责；包庇、纵容项目承担人员严重失信行为；截留、挤占、挪用、转移科研经费。

（五）中介服务机构违反合同或协议约定，采取造假、串通等不正当竞争手段谋取利益。

（六）不配合监督检查和评估工作，提供虚假材料，对相关处理意见拒不整改或虚假整改。

（七）其他违法、违反财经纪律、违反项目任务书（合同、协议书等）约定等情况。

第十条 对具有本规定第八条、第九条行为的责任主体，且受到以下处理的，纳入严重失信行为记录。

（一）受到刑事处罚或行政处罚并正式公告。

（二）受审计、纪检监察等部门查处并正式通报。

（三）受相关部门和单位在科技计划、项目管理或监督检查中查处并以正式文件发布。

（四）因伪造、篡改、抄袭等严重科研不端行为被国内外公开发行的学术出版刊物撤稿，或被国内外政府奖励评审主办方取消评审和获奖资格并正式通报。

（五）经核实并履行告知程序的其他严重违规违纪行为。

对纪检监察、监督检查等部门已掌握确凿违规违纪问题线索和证据，因客观原因尚未形成正式处理决定的相关责任主体，参照本条款执行。

第十一条 依托国家科技管理信息系统建立严重失信行为数据库。记录信息应当包括：责任主体名称、统一社会信用代码、所涉及的项目名称和编号、违规违纪情形、处理处罚结果及主要责任人、处理单位、处理依据和做出处理决定的时间。

对于责任主体为法人和机构，根据处理决定，记录信息还应包括直接责任人员。

第十二条 对于列入严重失信行为记录的责任主体，按照科技计划和项目管理办法的相关规定，阶段性或永久取消其申请国家科技计划、项目或参与项目实施与管理的资格。同时，在后续科技计划和项目管理工作中，应当充分利用严重失信行为记录信息，对相关责任主体采取如下限制措施：

（一）在科研立项、评审专家遴选、项目管理专业机构确定、科研项目评估、科技奖励评审、间接费用核定、结余资金留用以及基地人才遴选中，将严重失信行为记录作为重要依据。

（二）对纳入严重失信行为记录的相关法人单位，以及违规违纪违法多发、频发，一年内有2个及以上相关责任主体被纳入严重失信行为记录管理的法人单位作为项目实施监督的重要对象，加强监督和管理。

第十三条 实行记录名单动态调整机制，对处理处罚期限届满的相关责任主体，及时移出严重失信记录名单。

第十四条 严重失信行为记录名单为科技部、相关部门，项目管理专业机构、监督和评估专业化支撑机构掌握使用，严格执行信息发布、查询、获取和修改的权限。

严重失信行为记录名单及时向责任主体通报，对于责任主体为自然人的还应向其所在法人单位通报。

对行为恶劣、影响较大的严重失信行为按程序向社会公布失信行为记录信息。

第十五条 在本规定暂行实施的基础上，总结经验，完善跨部门联动工作体系，加强与其他社会信用记录衔接,逐步形成国家统一的科研信用制度和管理体系。

第十六条 国家有关法律法规对国家科技计划和项目相关责任主体所涉及的严重失信行为另有规定的,依照其规定执行。

地方科技计划和项目管理可参照执行。

第十七条 本规定自发布之日起实施,由科技部负责解释。

科技部办公厅关于印发
《科技部落实国家科技计划管理监督主体责任实施方案》的通知

(国科办政〔2016〕49号)

机关各厅、司、局、办,直属机关党委,驻部纪检组,各直属事业单位:

为深化国家科技计划管理改革,防范廉政风险和管理风险,确保财政资金安全,管理更富效率,提升科技创新质量和效益,根据国务院《关于改进加强中央财政科技计划项目和资金管理的若干意见》(国发〔2014〕11号)、《关于深化中央财政科技计划(专项、基金等)管理改革的方案》(国发〔2014〕64号),以及《中共科学技术部党组关于印发〈科技部内设机构职责任务(试行)〉的通知》(国科党组发〔2015〕80号)、《关于改革过渡期国家重点研发计划组织管理有关事项的通知》(国科发资〔2015〕423号)、《中央财政科技计划(专项、基金等)监督工作暂行规定》(国科发政〔2015〕471号)和《中央财政科技计划(专项、基金等)项目管理专业机构管理暂行规定》(国科发创〔2016〕70号)等,制定科技部落实科技计划管理监督主体责任实施方案。经科技部党组会议审议通过,现予印发,请遵照执行。

科技部办公厅
2016年7月8日

科技部落实国家科技计划管理监督主体责任实施方案

为深化国家科技计划管理改革,防范廉政风险和管理风险,确保财政资金安全,管理更富效率,提升科技创新质量和效益,现就进一步明确和落实我部科技计划管理监督主体责任制定本实施方案。

一、总体要求

全面贯彻党的十八大和十八届三中、四中、五中全会关于转变政府职能、依法行政、加强权力制约与监督的精神,深刻认识加强科技计划管理监督、风险防控的重要性和紧迫性,按照《关于改进加强中央财政科技计划项目和资金管理的若干意见》(国发〔2014〕11号)、《关于深化中央财政科技计划(专项、基金等)管理改革的方案》(国发〔2014〕64号)以及《关于改革过渡期国家重点研发计划组织管理有关事项的通知》(国科发资〔2015〕423号)、《中央财政科技计划(专项、基金等)监督工作暂行规定》(国科发政〔2015〕471号)和《中央财政科技计划(专项、基金等)项目管理专业机构管理暂行规定》(国科发创〔2016〕70号)等要求,狠抓相关司局和项目管理专业机构科技计划管理监督责任落实,强化统筹部署、分层实施和质量控制,加快形成决策、执行、监督相互制约又相互协调的现代科技管理体系。做好科技计划管理监督工作,要把握好以下几点:

统筹推进。强化顶层设计和制度建设，一体化部署科技计划管理和监督评估工作，确保监督和评估工作跟得上、管得住；统筹推进廉政风险防控、科技计划项目监督和科研资金监督，避免多头重复监督。

明晰权责。明晰科技计划管理决策、执行、监督、评估等各类主体的权利与责任，强化责任制和目标管理，建立有权必有责、责权对应的权责关系，确保各责任主体知责明责、守责尽责、各就各位、各负其责，并自觉接受监督。

强化监督。坚持日常监督和重点监督相结合、内部监督和外部监督相结合、重点岗位监督与关键个人监督相结合；认真履行各项主体责任，逐级传导压力，坚持真抓真管、敢抓敢管、常抓常管、高压惩治腐败。

严格问责。把握用好监督执纪"四种形态"，突出抓早抓小，让红脸出汗成为常态，严查违规违纪行为，坚持有责必问、问责必严，以强有力的问责问效推动主体责任落地、扎根、开花、结果。

二、明晰主体职责

按照《中共科学技术部党组关于印发〈科技部内设机构职责任务（试行）〉的通知》（国科党组发〔2015〕80号），构建科技计划管理和监督牵头司局、业务司局和专业机构的分层分级的科技计划管理和监督工作体系。结合专项形成、项目立项、资金管理、项目验收等科技计划管理具体工作事项，各司局和专业机构要做好管理和监督角色转换，加强对受其管理或委托的责任主体履职尽责情况的监督。

（一）科技计划管理和监督牵头司局。资管司对科技计划管理负总责。主要负责研究提出科技资源合理配置、优化整合的重大政策和措施建议；拟订重大科技投入政策和科技经费管理办法；研究提出国家科技计划管理办法，组织科技计划（专项、基金等）联席会议，联系战略咨询与综合评审委员会；组织国家层面新设立科技计划（专项、基金等）的预审核工作；组织编制科技计划（专项、基金等）的重点任务和指南；负责科技计划（专项、基金等）的综合平衡，提出经费配置建议；建设和管理国家科技管理信息系统；组织编制本部门经费预决算，并监督预算执行。

政策司对科技计划监督负总责。主要负责建立科技监督评估体系；研究提出科技监督评估体系的总体建设方案，负责制定科技监督评估的有关规定和实施办法，统筹和指导政策法规执行、规划落实、专业机构开展项目管理、科技成果管理等的监督评估，组织对科技计划（专项、基金等）的绩效评价，指导并推进科技监督评估的能力建设和科研诚信与信用体系建设。

（二）科技计划管理和监督业务司局。政策司承担人才专项的规划布局、年度计划、绩效评价等工作。创发司负责专业机构的评价和管理，并组织开展专业机构履职尽责情况评价和监督检查。同时，负责建设和管理国家科技管理专家库；结合科技创新五年规划，研究提出国家科技计划（专项、基金等）布局。

资管司会同相关单位组织实施国家重点研发计划、技术创新引导专项（基金）等；负责中央财政相关科技计划（专项、基金等）预算评估评审、经费管理、财务验收等制度建设，指导和监督专业机构开展相关工作；会同有关单位组织开展相关科技计划（专项、基金等）预算支出绩效评价、科研经费巡视检查、专项审计等监管工作。

重大办负责会同有关方面研究提出国家科技重大专项布局，拟订重大专项管理办法；审核重大专项实施计划，提出综合平衡、方案调整和相关配套政策建议，跟踪和监督实施，协调解决重大问题，组织评估和验收。

基础司、高新司、农村司、社发司以及合作司等专业司对相关领域计划组织实施管理和监督评估负责。具体包括：在职责范围内按照科技创新五年规划和统一的年度工作计划，研究提出科技计划重点任务布局及重点专项建议；会同相关部门编制重点专项实施方案及经费需求和年度项目申报指南；会同相关部门建立重点专项的组织协调保障机制，推动专项的科技成果在行业内转化和应用；按照科技计划执行及经费管理的年度计划，提出本领域年度工作计划建议，并推进相关任务落实；负责开展相关计划（专项、基金等）的监督评估和绩效评价工作。

（三）项目管理专业机构。专业机构对项目具体管理和监督工作负责。具体包括，参与科技计划相关专项的指南编制，负责科技计划相关专项概算编制，承接科技计划相关专项任务的项目申请，组织项目评审、立项、过程管理和结题验收等具体工作；负责对项目实施和经费使用情况进行监督评估，开展对参与项目立项、过程管理和验收等咨询评审专家履职尽责情况的监督。

科技部制定《科技计划及资金管理重点工作规则》、《科技监督和评估重点工作规则》和《专业机构重点工作规则》，进一步明晰科技部相关司局、专业机构的职责，建立健全工作机制，避免"越位"和"缺位"。

同时，强化机关党委对科技计划项目经费管理和使用中廉政风险防控措施的监督指导作用。各有关司局应主动接受驻部纪检组关于中央加强监督评估工作决策部署的贯彻落实的监督，加强对权力制约和监督。注重发挥评估中心、经费监管中心、风险中心、中信所和信息中心等单位在监督管理中的支撑保障作用。

三、落实科技计划管理职责

（一）扎紧制度笼子，加强合同管理。坚持用制度管权、管事、管人，各有关司局和专业机构要按照科技计划管理改革要求，建立健全科技计划、项目和资金管理制度，制定相关实施细则和工作规范，明确科技计划各环节的流程和各责任主体的职责，做到"无死角"，确保有法可依、有章可循，严控自由裁量权。实施契约管理，在合同（任务书、协议等）中，科技计划管理相关司局和专业机构与受其管理或委托的责任主体明晰责、权、利，明确考核目标和指标。

（二）实施内部控制管理，强化法人责任。科技计划管理相关司局和专业机构要加强内部控制管理，实行"三重一大"事项民主集中制，建立全过程"痕迹化"管理制度，强化对重点岗位和科技计划管理关键环节的权力制衡和监督。实行一把手负总责和"一岗双责"，管好班子带好队伍，严格执行《科技部机关工作人员和项目管理专业机构及工作人员"十不准"》，对发现苗头性问题及时提醒和告诫。推进专业机构法人治理结构建设，建立健全机构管理和运行的各类规章制度，不断完善内部风险防控和监管体系，提高专业化管理水平。

（三）强化公开公示，推进信息化管理。强化公开公示机制，让权力在阳光下运行，按照"公开为常态，不公开为例外"的原则，科技计划管理相关司局和专业机构根据管理职责，通过国家科技管理信息系统和具有一定影响度的便于利益相关方知晓的网站，主动向社会公开科研项目立项、资金安排、验收结果及监督和评估结果等信息，接受社会监督。加强科技计划管理信息化建设，强化日常记录和关键环节在国家科技管理信息系统中"留痕"，实现管理可查询、可追溯、可问责。

（四）严格台账制度，狠抓落实落地。科技计划管理相关司局和专业机构要根据具体的职责和任务，在年初制定好科技计划管理工作台账和党风廉政建设台账等，台账应全面、具体、细化，针对性和可操作性强，明确具体的责任部门和人员、工作目标和内容要点、进度安排、保障落实和监督考核措施等。采取有效措施，保障台账的权威性和强制性，严格定期考核和年度考核机制，有效推动台账的执行落实。

四、强化风险防控和重点监督

（一）加强对科技计划项目形成等关键环节的监督。

加强对科技计划项目形成机制的监督。政策司牵头采取抽查、责任倒查、绩效评估等方式对计划和项目形成机制的科学性、规范性、公开性进行监督；资管司会同政策司开展专项指南与实施方案相符性的评估评价；相关司局对专业机构立项安排与指南相符性进行监督评估。

加强对关键环节和重点岗位监督。加强对科技计划管理司局和专业机构一把手履职尽责监督；加强对专项形成、项目立项、专家遴选和使用、专项验收、动态调整等关键环节和相关重点岗位人员的监督和廉政风险防控。

加强对科技计划专项整体绩效评估。定期开展科技计划、专项绩效评估，重点评估计划的管理、产出、效果影响等。政策司、资管司负责组织科技计划整体层面、跨领域的专项绩效评估，业务司局负责组织相关专项领域的绩效评估。绩效评估通过公开竞争等方式择优委托秉承第三方客观立场、具有法人资质的专业化评估机构开展。根据评估工作需要，引入国际评估机制。

（二）强化对项目管理专业机构的监督。政策司、创发司、资管司等有关司局采取专项检查、例会、报告、抽查、绩效评估等方式加强对专业机构履职尽责、内部控制机制、管理制度建设及执行情况、项目管理规范性和科学性以及所负责专项的实施绩效等的监督及评估；根据有关规定，向社会公开专业机构年度工作报告、监督评估结果及其应用情况，接受社会监督。

（三）增强对专家遴选和使用的监督。

创发司明确专家库建设和专家使用总体要求，加快完善统一的国家科技计划项目咨询评审专家管理制度和工作规范，完善专家回避制度、诚信制度和调整机制等，规范专家遴选、管理和使用。完善国家科技专家库数据库的建设和运行，强化统一管理、规范使用。

科技计划相关司局和专业机构严格执行《国家科技计划项目评审专家选取和使用实施细则》（国科办创〔2016〕2号），加强专家遴选和使用工作的内部监督，政策司会同创发司等司局加强抽查和现场监督工作。

按照"谁使用、谁监督"的原则，科技计划相关司局和专业机构对遴选和使用、专家行为规范、工作纪律、履职尽责情况进行监督，负责调查处理相关主体的违规违纪行为。政策司对专家遴选和使用情况开展抽查工作。

（四）强化项目执行和经费使用监督。

专业机构结合项目管理采取中期检查、财务验收、年度报告等，加强对项目承担单位内部控制、科研人员、项目执行和经费使用情况的监督检查。

政策司、资管司会同相关司局采取随机抽查、专项检查、专项审计、受理举报等方式，对项目承担单位内部控制制度、项目执行和经费使用情况进行监督检查，具体监督检查工作由各业务司局按职责分工负责。政策司加强对涉及重大问题、多主体、跨领域的综合性事项的监督检查，同时注重发挥有关司局和专业机构的作用。

（五）主动接受社会监督。

建立公众参与机制，在立项评审、项目验收等重要环节，探索建立公众和媒体开放日制度，增加公众的参与度和知情权。

在公开公示基础上，畅通申诉和投诉举报渠道，做到有申诉必复核、有举报必核查；重视公众和舆论监督，广泛听取意见，积极推动和改进有关工作。

（六）规范监督检查工作和行为。

做好监督检查统筹协调。政策司牵头制定细化监督检查工作流程、规范和标准，制定年度监督工作计划方案，明确监督对象、内容、时间、方式、实施主体和结果要求等，并在一定范围公开公示，规范监督检查工作。

规范监督检查的时间和频率。合理安排项目管理和监督检查工作，避免重复。原则上年度项目监督检查工作要集中在3至4个月内开展，执行期为3年以内的项目最多只开展1次执行情况现场监督检查，一个项目一个年度最多只进行一次执行情况现场监督检查，对同一个单位的现场监督检查要集中进行。

强化随机抽查。各有关司局在做好科技计划层面日常监督和管理的同时，对项目的现场监督检查采用随机抽查方式，比例控制在总项目数的5%以内（受理举报除外），减少监督检查的随意性。

严明监督检查纪律。监督检查工作须独立、客观、公正开展，保守秘密。涉及利益冲突的，应当回避。

五、强化监督结果运用和问责

（一）强化监督结果运用。

政策司牵头加强监督结果汇交。各司局、专业机构要按照统一要求，及时报送监督和评估结果并纳入国家科技管理信息系统，促进信息共享。监督检查结果作为科技计划专项、项目立项和专业机构等动态调整的依据。同时，政策司及时将监督检查结果汇总并抄送人事司和机关党委。

加强监督检查结果反馈和整改落实。及时将监督检查结果反馈相关责任主体，推动整改落实，实施监督检查结果落实情况"回头看"，加强监督检查发现问题整改落实情况的监督检查。

加大对违规违纪行为的惩处。对经查实存在的违规违纪行为要坚决予以查处，对相关责任主体采取约谈、通报批评、取消项目承担或管理资格等，对违法违纪线索，及时移送司法、纪检部门。对社会影响恶劣的重大案件公开曝光，发挥警示教育作用。

（二）完善科技计划管理问责与倒查制度。

建立科技计划管理问责与倒查制度。强化监督问责，实施"一案双查"，在查处追究有关单位、人员责任的同时，倒查管理部门是否存在管理漏洞，是否存在部门和人员职责不清、滥用职权、玩忽职守、贻误工作等行为，既追究直接责任人的责任，又追究领导责任。

严肃查办重大案件。坚持以零容忍态度惩治腐败，加强与纪检监察、审计、公安等相关部门的协调配合与信息共享，形成工作合力。

（三）构建科研信用体系，实行严重失信记录制度。

加快科研信用体系建设。出台科研信用管理制度，实施事前诚信承诺、事中分类监管、事后信用记录的信用管理措施，各相关司局、专业机构按照统一要求，加强信用记录和运用工作。

加强严重失信记录工作。政策司牵头推动《国家科技计划（专项、基金等）严重失信行为记录暂行规定》实施，对参与科技计划、项目组织管理或实施的项目承担人员、咨询评审专家等自然人，以及项目管理专业机构、项目承担单位、中介服务机构等法人机构的违法违规违纪行为和严重科研不端行为进行客观记录，建立跨部门、地方联合惩戒机制，实现"一处失信、处处受限"。

六、组织保障

（一）加强组织领导。部党组（部务会）负责组织领导科技计划管理监督主体责任落实工作，建立党组与驻部纪检组沟通机制。建立党组（部务会）定期听取汇报机制，及时协调解决重大问题，总结推广先进经验。

（二）加强责任落实报告和考核。将科技计划管理监督与党风廉政建设同部署、同考核，突出对"一把手"考核；实施各司局和专业机构责任落实情况年度报告、重要节点和重大事项报告制度，实行科技计划管理监督目标任务完成情况与年度考核、评先评优挂钩。

（三）加强宣传培训和廉政教育。加强对新的科技计划管理体系、管理和监督制度、规范及主要举措的宣传和培训公开工作，深入开展党性教育、纪律教育和警示教育。加强对《科技部干部行为规范》的宣传贯彻，作为科技部干部遵规守纪、履职尽责和社会生活中的基本行为准则。广泛开展廉政文化建设。

（四）加快队伍和能力建设。研究制定举措，加强管理监督人才队伍建设，大力培育和发展专业化的监督评估支撑机构和专家队伍，加强统一管理。加强专业机构内部监督机构和人员能力建设。运用互联网和大数据技术，加强监督信息化建设，实施电子监督检查，提高监督质量和效率。

印发《关于对科研领域相关失信责任主体实施联合惩戒的合作备忘录》的通知

(发改财金〔2018〕1600号)

各省、自治区、直辖市、新疆生产建设兵团有关部门、机构：

为深入学习贯彻习近平新时代中国特色社会主义思想和党的十九大精神，落实《国务院关于印发社会信用体系建设规划纲要（2014—2020年）的通知》（国发〔2014〕21号）、《国务院关于改进加强中央财政科研项目和资金管理的若干意见》（国发〔2014〕11号）、《国务院关于建立完善守信联合激励和失信联合惩戒制度加快推进社会诚信建设的指导意见》（国发〔2016〕33号）、《中华人民共和国科学技术进步法》《国家发展改革委人民银行关于加强和规范守信联合激励和失信联合惩戒对象名单管理工作的指导意见》（发改财金〔2017〕1798号）等有关要求，加强科研诚信体系建设，建立健全科研领域失信联合惩戒机制，构筑诚实守信的科技创新环境，国家发展改革委、人民银行、科技部、中央组织部、中央宣传部、中央编办、中央文明办、中央网信办、最高法院、最高检察院、中央军委装备发展部、中央军委科学技术委员会、教育部、工业和信息化部、公安部、财政部、人力资源社会保障部、自然资源部、住房城乡建设部、交通运输部、水利部、农业农村部、商务部、卫生健康委、国资委、海关总署、税务总局、市场监管总局、广电总局、中科院、社科院、工程院、银保监会、证监会、自然科学基金会、民航局、全国总工会、共青团中央、全国妇联、中国科协、铁路总公司联合签署了《关于对科研领域相关失信责任主体实施联合惩戒的合作备忘录》。现印发给你们，请认真贯彻执行。

附件：关于对科研领域相关失信责任主体实施联合惩戒的合作备忘录

国家发展改革委 人民银行 科技部
中央组织部 中央宣传部 中央编办
中央文明办 中央网信办 最高法院
最高检察院 中央军委装备发展部 中央军委科学技术委员会
教育部 工业和信息化部 公安部
财政部 人力资源社会保障部 自然资源部
住房城乡建设部 交通运输部 水利部
农业农村部 商务部 卫生健康委
国资委 海关总署 税务总局
市场监管总局 广电总局 中科院
社科院 工程院 银保监会
证监会 自然科学基金会 民航局
全国总工会 共青团中央 全国妇联
中国科协 铁路总公司
2018年11月5日

附件

关于对科研领域相关失信责任主体实施联合惩戒的合作备忘录

为深入学习贯彻习近平新时代中国特色社会主义思想和党的十九大精神，落实《国务院关于印发社会信用体系建设规划纲要（2014—2020年）的通知》（国发〔2014〕21号）、《国务院关于改进加强中央财政科研项目和资金管理的若干意见》（国发〔2014〕11号）、《国务院关于建立完善守信联合激励和失信联合惩戒制度加快推进社会诚信建设的指导意见》（国发〔2016〕33号）、《中华人民共和国科学技术进步法》《国家发展改革委人民银行关于加强和规范守信联合激励和失信联合惩戒对象名单管理工作的指导意见》（发改财金〔2017〕1798号）等有关要求，加强科研诚信体系建设，建立健全科研领域失信联合惩戒机制，构筑诚实守信的科技创新环境，国家发展改革委、人民银行、科技部、中央组织部、中央宣传部、中央编办、中央文明办、中央网信办、最高法院、最高检察院、中央军委装备发展部、中央军委科学技术委员会、教育部、工业和信息化部、公安部、财政部、人力资源社会保障部、自然资源部、住房城乡建设部、交通运输部、水利部、农业农村部、商务部、卫生健康委、国资委、海关总署、税务总局、市场监管总局、广电总局、中科院、社科院、工程院、银保监会、证监会、自然科学基金会、民航局、全国总工会、共青团中央、全国妇联、中国科协、铁路总公司就科研领域实施失信联合惩戒达成如下一致意见。

一、联合惩戒对象

联合惩戒对象为在科研领域存在严重失信行为，列入科研诚信严重失信行为记录名单的相关责任主体，包括科技计划（专项、基金等）及项目的承担人员、评估人员、评审专家，科研服务人员和科学技术奖候选人、获奖人、提名人等自然人，项目承担单位、项目管理专业机构、中介服务机构、科学技术奖提名单位、全国学会等法人机构。

二、联合惩戒措施

依据相关责任主体失信行为严重程度，对其采取以下一项或多项惩戒措施：

（一）科研诚信建设联席会议成员单位采取的惩戒措施

1. 限制或取消一定期限申报或承担国家科技计划（专项、基金等）的资格。
2. 依法撤销国家科学技术奖奖励，追回奖金、证书。
3. 暂停或取消国家科学技术奖提名人资格。
4. 一定期限内或终身取消国家科学技术奖被提名资格。
5. 作为高新技术企业认定管理工作监督检查和备案等相关工作的重点监管对象。
6. 撤销其行为发生年科技型中小企业入库登记编号，并在服务平台上公告。
7. 在科技计划（专项、基金等）项目立项、评审专家遴选、职称评定、职务晋升、项目管理专业机构选定、科技奖励评审、间接费用核定、结余资金留用及创新基地与人才遴选、考核评估等工作中，将失信信息作为重要参考依据。
8. 列为重点监管对象，增加在国家科技计划（专项、基金等）实施中的监督检查频次。
9. 撤销学会领导职务，取消会员资格。

（实施单位：科技部、最高法院、最高检察院、中央军委装备发展部、中央军委科学技术委员会、国家发展改革委、教育部、工业和信息化部、公安部、财政部、人力资源社会保障部、农业农村部、卫生健康委、市场监管总局、广电总局、中科院、社科院、工程院、自然科学基金会、

中国科协）

（二）跨部门联合惩戒措施

10. 一定期限内或终身取消中国科学院、中国工程院院士提名（推荐）资格、院士被提名（推荐）资格。（实施单位：中科院、工程院、中国科协）

11. 按程序及时撤销相关荣誉称号，取消参加评优评先资格。（实施单位：中央宣传部、中央文明办、人力资源社会保障部、全国总工会、共青团中央、全国妇联、中国科协）

12. 依法限制招录（聘）为公务员或事业单位工作人员。（实施单位：中央组织部、人力资源社会保障部等有关部门）

13. 失信责任主体是个人的，依法限制登记为事业单位法定代表人。失信责任主体是机构的，该机构法定代表人依法限制登记为事业单位法定代表人。（实施单位：中央编办）

14. 暂停审批其新的重大项目申报，核减、停止拨付或收回政府补贴资金。（实施单位：国家发展改革委、财政部、人力资源社会保障部、国资委）

15. 将失信信息作为证券公司、保险公司、基金管理公司、期货公司的董事、监事和高级管理人员及分支机构负责人任职审批或备案的参考。（实施单位：证监会、银保监会）

16. 将失信信息作为证券公司、保险公司、基金管理公司及期货公司的设立及股权或实际控制人变更审批或备案，私募投资基金管理人登记、重大事项变更以及基金备案的参考。（实施单位：证监会、银保监会）

17. 将失信信息作为加强对境内上市公司实行股权激励计划或相关人员成为股权激励对象事中事后监管的参考。（实施单位：国资委、财政部、证监会）

18. 强化税收管理，提高监督检查频次。（实施单位：税务总局）

19. 将失信责任主体的失信情况作为纳税信用评价的重要外部参考。（实施单位：税务总局）

20. 对严重失信责任主体，限制其取得认证机构资质；限制其获得认证证书。（实施单位：市场监管总局）

21. 对失信责任主体进出口货物实施严密监管，在办理相关海关业务时，加强单证审核、布控查验、加工贸易担保征收、后续稽查或统计监督核查。（实施单位：海关总署）

22. 对失信责任主体申请适用海关认证企业管理的，不予通过认证。已经成为认证企业的，按照规定下调企业信用等级。（实施单位：海关总署）

23. 依法限制参与依法必须招标的工程建设项目招投标活动。（实施单位：国家发展改革委、工业和信息化部、住房城乡建设部、交通运输部、水利部、商务部、市场监管总局、民航局、铁路总公司）

24. 依法限制参与基础设施和公用事业特许经营。（实施单位：国家发展改革委、财政部、住房城乡建设部、交通运输部、水利部）

25. 依法限制享受投资等领域优惠政策。（实施单位：国家发展改革委等有关单位）

26. 依法限制新网站开办；在申请经营性互联网信息服务时，将失信信息作为审核相关许可的重要参考。（实施单位：工业和信息化部）

27. 依法限制其作为供应商参与政府采购活动；依法限制其作为装备承制单位参与武器装备采购。（实施单位：财政部、中央军委装备发展部）

28. 依法限制取得政府供应土地。（实施单位：自然资源部）

29. 依法限制取得生产许可证。（实施单位：市场监管总局）

30. 依法限制取得建筑开发规划选址许可、新增建设项目规划许可、水土保持方案许可和设施验收许可、施工许可等。（实施单位：住房城乡建设部、水利部）

31. 依法限制发起设立或参股金融机构。（实施单位：银保监会、证监会）

32. 依法限制发起设立或参股小额贷款公司、融资担保公司、创业投资公司、互联网融资平台等机构。（实施单位：中央网信办、地方政府确定的相关监管机构）

33. 将失信机构及其相关失信人员信息作为银行评级授信、信贷融资、管理和退出的重要参考依据。（实施单位：人民银行、银保监会）

34. 依法对申请发行企业债券不予受理。（实施单位：国家发展改革委）

35. 将失信信息作为发行公司债券的重要参考，依法从严审核；在注册非金融债券融资工具时加强管理，并按照注册发行有关工作要求，强化信息披露，加强投资人保护机制管理，防范有关风险。（实施单位：人民银行）

36. 将失信信息纳入金融信用信息基础数据库。（实施单位：人民银行）

37. 将失信信息作为公开发行公司信用类债券核准或注册的参考，依法从严审核；在注册非金融债券融资工具时加强管理，并按照注册发行有关工作要求，强化信息披露，加强投资人保护机制管理，防范有关风险。（实施单位：证监会）

38. 在股票发行审核及在全国中小企业股份转让系统挂牌公开转让审核中，将失信信息作为参考。（实施单位：证监会）

39. 对相关失信责任主体在证券、基金、期货从业资格申请中予以从严审核，对已成为证券、基金、期货从业人员的相关主体予以重点关注。（实施单位：证监会）

40. 对相关失信责任主体在上市公司或者非上市公众公司收购的事中事后监管中予以重点关注。（实施单位：证监会）

41. 将失信信息作为非上市公众公司重大资产重组审核的参考。（实施单位：证监会）

42. 将其失信信息作为独立基金销售机构审批时的参考。（实施单位：证监会）

43. 对其依法采取责令改正、暂停相关业务、停业整顿、关闭网站、吊销相关业务许可证或者吊销营业执照等措施。（实施单位：公安部、市场监管总局、中央网信办）

三、联合惩戒实施方式

（一）科技部通过全国信用信息共享平台定期向签署本备忘录的相关部门提供科研领域联合惩戒对象的相关信息。同时，在"信用中国"网站、科技部政府网站、国家企业信用信息公示系统等向社会公布。其他部门和单位通过全国信用信息共享平台联合奖惩子系统获取科研领域联合惩戒对象信息，按照本备忘录约定内容，依法依规实施惩戒。

（二）建立惩戒效果定期通报机制，根据实际情况相关部门可定期将联合惩戒措施的实施情况通过全国信用信息共享平台联合奖惩子系统反馈至国家发展改革委和科技部。

四、联合惩戒动态管理

科技部对科研领域失信行为责任主体名单进行动态管理，通过全国信用信息共享平台定期更新科研领域严重失信行为信息，相关部门依据相关规则和程序实施或解除惩戒措施。解除惩戒措施后依程序移除科研领域严重失信行为信息，但相关记录在电子档案中长期保存。

五、其他事宜

各部门应密切协作,积极落实本备忘录。本备忘录实施过程中涉及部门之间协调配合的问题,由各部门协商解决。各有关单位可在惩戒时按相关具体规定或管理要求,确定惩戒时限。

本备忘录签署后,各项惩戒措施所依据的法律、法规、规章及规范性文件有修改或调整的,以修改后的法律、法规、规章及规范性文件为准。

科技部等20部门关于印发《科研诚信案件调查处理规则（试行）》的通知

(国科发监〔2019〕323号)

科研诚信建设联席会议成员单位，各省、自治区、直辖市及计划单列市科技厅（委、局），新疆生产建设兵团科技局：

《科研诚信案件调查处理规则（试行）》已经科研诚信建设联席会议第七次会议审议通过，现印发给你们，请遵照实施。

科技部　中央宣传部　最高人民法院
最高人民检察院　国家发展改革委　教育部
工业和信息化部　公安部　财政部
人力资源社会保障部　农业农村部　国家卫生健康委
国家市场监管总局　中科院　社科院
工程院　自然科学基金委　中国科协
中央军委装备发展部　中央军委科技委
2019年9月25日

科研诚信案件调查处理规则（试行）

第一章　总则

第一条　为规范科研诚信案件调查处理工作，根据《中华人民共和国科学技术进步法》《中华人民共和国高等教育法》《关于进一步加强科研诚信建设的若干意见》等规定，制定本规则。

第二条　本规则所称的科研诚信案件，是指根据举报或其他相关线索，对涉嫌违背科研诚信要求的行为开展调查并作出处理的案件。

前款所称违背科研诚信要求的行为（以下简称科研失信行为），是指在科学研究及相关活动中发生的违反科学研究行为准则与规范的行为，包括：

（一）抄袭、剽窃、侵占他人研究成果或项目申请书；

（二）编造研究过程，伪造、篡改研究数据、图表、结论、检测报告或用户使用报告；

（三）买卖、代写论文或项目申请书，虚构同行评议专家及评议意见；

（四）以故意提供虚假信息等弄虚作假的方式或采取贿赂、利益交换等不正当手段获得科研活动审批，获取科技计划项目（专项、基金等）、科研经费、奖励、荣誉、职务职称等；

（五）违反科研伦理规范；

（六）违反奖励、专利等研究成果署名及论文发表规范；

（七）其他科研失信行为。

第三条 任何单位和个人不得阻挠、干扰科研诚信案件的调查处理，不得推诿包庇。

第四条 科研诚信案件被调查人和证人等应积极配合调查，如实说明问题，提供相关证据，不得隐匿、销毁证据材料。

第二章 职责分工

第五条 科技部和社科院分别负责统筹自然科学和哲学社会科学领域科研诚信案件的调查处理工作。应加强对科研诚信案件调查处理工作的指导和监督，对引起社会普遍关注，或涉及多个部门（单位）的重大科研诚信案件，可组织开展联合调查，或协调不同部门（单位）分别开展调查。

主管部门负责指导和监督本系统科研诚信案件调查处理工作，建立健全重大科研诚信案件信息报送机制，并可对本系统重大科研诚信案件独立组织开展调查。

第六条 科研诚信案件被调查人是自然人的，由其被调查时所在单位负责调查。调查涉及被调查人在其他曾任职或求学单位实施的科研失信行为的，所涉单位应积极配合开展调查处理并将调查处理情况及时送被调查人所在单位。

被调查人担任单位主要负责人或被调查人是法人单位的，由其上级主管部门负责调查。没有上级主管部门的，由其所在地的省级科技行政管理部门或哲学社会科学科研诚信建设责任单位负责组织调查。

第七条 财政资金资助的科研项目、基金等的申请、评审、实施、结题等活动中的科研失信行为，由项目、基金管理部门（单位）负责组织调查处理。项目申报推荐单位、项目承担单位、项目参与单位等应按照项目、基金管理部门（单位）的要求，主动开展并积极配合调查，依据职责权限对违规责任人作出处理。

第八条 科技奖励、科技人才申报中的科研失信行为，由科技奖励、科技人才管理部门（单位）负责组织调查，并分别依据管理职责权限作出相应处理。科技奖励、科技人才推荐（提名）单位和申报单位应积极配合并主动开展调查处理。

第九条 论文发表中的科研失信行为，由第一通讯作者或第一作者的第一署名单位负责牵头调查处理，论文其他作者所在单位应积极配合做好对本单位作者的调查处理并及时将调查处理情况报送牵头单位。学位论文涉嫌科研失信行为的，学位授予单位负责调查处理。

发表论文的期刊编辑部或出版社有义务配合开展调查，应当主动对论文内容是否违背科研诚信要求开展调查，并应及时将相关线索和调查结论、处理决定等告知作者所在单位。

第十条 负有科研诚信案件调查处理职责的相关单位，应明确本单位承担调查处理职责的机构，负责科研诚信案件的登记、受理、调查、处理、复查等。

第三章 调查

第一节 举报和受理

第十一条 科研诚信案件举报可通过下列途径进行：

（一）向被举报人所在单位举报；

（二）向被举报人单位的上级主管部门或相关管理部门举报；

（三）向科研项目、科技奖励、科技人才计划等的管理部门（单位）、监督主管部门举报；

（四）向发表论文的期刊编辑部或出版机构举报；

（五）其他方式。

第十二条 科研诚信案件的举报应同时满足下列条件：

（一）有明确的举报对象；

（二）有明确的违规事实；

（三）有客观、明确的证据材料或查证线索。

鼓励实名举报，不得恶意举报、诬陷举报。

第十三条 下列举报，不予受理：

（一）举报内容不属于科研失信行为的；

（二）没有明确的证据和可查线索的；

（三）对同一对象重复举报且无新的证据、线索的；

（四）已经做出生效处理决定且无新的证据、线索的。

第十四条 接到举报的单位应在 15 个工作日内进行初核。初核应由 2 名工作人员进行。

初核符合受理条件的，应予以受理。其中，属于本单位职责范围的，由本单位调查；不属于本单位职责范围的，可转送相关责任单位或告知举报人向相关责任单位举报。

举报受理情况应在完成初核后 5 个工作日内通知实名举报人，不予受理的应说明情况。举报人可以对不予受理提出异议并说明理由，符合受理条件的，应当受理；异议不成立的，不予受理。

第十五条 下列科研诚信案件线索，符合受理条件的，有关单位应主动受理，主管部门应加强督查。

（一）上级机关或有关部门移送的线索；

（二）在日常科研管理活动中或科技计划、科技奖励、科技人才管理等工作中发现的问题和线索；

（三）媒体披露的科研失信行为线索。

第二节 调查

第十六条 调查应制订调查方案，明确调查内容、人员、方式、进度安排、保障措施等，经单位相关负责人批准后实施。

第十七条 调查应包括行政调查和学术评议。行政调查由单位组织对案件的事实情况进行调查，包括对相关原始数据、协议、发票等证明材料和研究过程、获利情况等进行核对验证。学术评议由单位委托本单位学术（学位、职称）委员会或根据需要组成专家组，对案件涉及的学术问题进行评议。专家组应不少于 5 人，根据需要由案件涉及领域的同行科技专家、管理专家、科研伦理专家等组成。

第十八条 调查需要与被调查人、证人等谈话的，参与谈话的调查人员不得少于 2 人，谈话内容应书面记录，并经谈话人和谈话对象签字确认，在履行告知程序后可录音、录像。

第十九条 调查人员可按规定和程序调阅、摘抄、复印、封存相关资料、设备。调阅、封存的相关资料、设备应书面记录，并由调查人员和资料、设备管理人签字确认。

第二十条 调查中应当听取被调查人的陈述和申辩，对有关事实、理由和证据进行核实。可根据需要要求举报人补充提供材料，必要时经举报人同意可组织举报人与被调查人当面质证。严禁以威胁、引诱、欺骗以及其他非法手段收集证据。

第二十一条 调查中发现被调查人的行为可能影响公众健康与安全或导致其他严重后果的，调查人员应立即报告，或按程序移送有关部门处理。

第二十二条 调查中发现关键信息不充分，或暂不具备调查条件的，或被调查人在调查期间死亡的，可经单位负责人批准中止或终止调查。条件具备时，应及时启动已中止的调查，中止的时间不计入调查时限。对死亡的被调查人中止或终止调查不影响对案件涉及的其他被调查人的调查。

第二十三条 调查结束应形成调查报告。调查报告应包括举报内容的说明、调查过程、查实的基本情况、违规事实认定与依据、调查结论、有关人员的责任、被调查人的确认情况以及处理意见或建议等。调查报告须由全体调查人员签字。

如需补充调查，应确定调查方向和主要问题，由原调查人员进行，并根据补充调查情况重新形成调查报告。

第二十四条 科研诚信案件应自决定受理之日起6个月内完成调查。

特别重大复杂的案件，在前款规定期限内仍不能完成调查的，经单位主要负责人批准后可延长调查期限，延长时间最长不得超过一年。上级机关和有关部门移交的案件，调查延期情况应向移交机关或部门报备。

第四章 处理

第二十五条 被调查人科研失信行为的事实、性质、情节等最终认定后，由调查单位按职责对被调查人作出处理决定，或向有关单位或部门提出处理建议，并制作处理决定书或处理建议书。

第二十六条 处理决定书或处理建议书应载明以下内容：

（一）责任人的基本情况（包括身份证件号码、社会信用代码等）；

（二）违规事实情况；

（三）处理决定和依据；

（四）救济途径和期限；

（五）其他应载明的内容。

做出处理决定的单位负责向被调查人送达书面处理决定书，并告知实名举报人。

第二十七条 作出处理决定前，应书面告知被处理人拟作出处理决定的事实、理由及依据，并告知其依法享有陈述与申辩的权利。被调查人没有进行陈述或申辩的，视为放弃陈述与申辩的权利。被调查人作出陈述或申辩的，应充分听取其意见。

第二十八条 处理包括以下措施：

（一）科研诚信诫勉谈话；

（二）一定范围内或公开通报批评；

（三）暂停财政资助科研项目和科研活动，限期整改；

（四）终止或撤销财政资助的相关科研项目，按原渠道收回已拨付的资助经费、结余经费，撤销利用科研失信行为获得的相关学术奖励、荣誉称号、职务职称等，并收回奖金；

（五）一定期限直至永久取消申请或申报科技计划项目（专项、基金等）、科技奖励、科技人才称号和专业技术职务晋升等资格；

（六）取消已获得的院士等高层次专家称号，学会、协会、研究会等学术团体以及学术、学位委员会等学术工作机构的委员或成员资格；

（七）一定期限直至永久取消作为提名或推荐人、被提名或推荐人、评审专家等资格；

（八）一定期限减招、暂停招收研究生直至取消研究生导师资格；

（九）暂缓授予学位、不授予学位或撤销学位；

（十）其他处理。

上述处理措施可合并使用。科研失信行为责任人是党员或公职人员的，还应根据《中国共产党纪律处分条例》等规定，给予责任人党纪和政务处分。责任人是事业单位工作人员的，应按照干部人事管理权限，根据《事业单位工作人员处分暂行规定》给予处分。涉嫌违法犯罪的，应移送有关国家机关依法处理。

第二十九条 有关机构或单位有组织实施科研失信行为的，或在调查处理中推诿塞责、隐瞒包庇、打击报复举报人的，主管部门应撤销该机构或单位因此获得的相关利益、荣誉，给予单位警告、重点监管、通报批评、暂停拨付或追回资助经费、核减间接费用、取消一定期限内申请和承担项目资格等处理，并按照有关规定追究其主要负责人、直接负责人的责任。

第三十条 被调查人有下列情形之一的，认定为情节较轻，可从轻或减轻处理：

（一）有证据显示属于过失行为且未造成重大影响的；

（二）过错程度较轻且能积极配合调查的；

（三）在调查处理前主动纠正错误，挽回损失或有效阻止危害结果发生的；

（四）在调查中主动承认错误，并公开承诺严格遵守科研诚信要求、不再实施科研失信行为的。

第三十一条 被调查人有下列情形之一的，认定为情节较重或严重，应从重或加重处理：

（一）伪造、销毁、藏匿证据的；

（二）阻止他人提供证据，或干扰、妨碍调查核实的；

（三）打击、报复举报人的；

（四）存在利益输送或利益交换的；

（五）有组织地实施科研失信行为的；

（六）多次实施科研失信行为或同时存在多种科研失信行为的；

（七）态度恶劣，证据确凿、事实清楚而拒不承认错误的；

（八）其他情形。

有前款情形且造成严重后果或恶劣影响的属情节特别严重，应加重处理。

第三十二条 对科研失信行为情节轻重的判定应考虑以下因素：

（一）行为偏离科学界公认行为准则的程度；

（二）是否有故意造假、欺骗或销毁、藏匿证据行为，或者存在阻止他人提供证据，干扰、妨碍调查，或打击、报复举报人的行为；

（三）行为造成社会不良影响的程度；

（四）行为是首次发生还是屡次发生；

（五）行为人对调查处理的态度；

（六）其他需要考虑的因素。

第三十三条 经调查认定存在科研失信行为的，应视情节轻重给予以下处理：

（一）情节较轻的，警告、科研诚信诫勉谈话或暂停财政资助科研项目和科研活动，限期整改，暂缓授予学位；

（二）情节较重的，取消3年以内承担财政资金支持项目资格及本规则规定的其他资格，减招、暂停招收研究生，不授予学位或撤销学位；

（三）情节严重的，所在单位依法依规给予降低岗位等级或者撤职处理，取消3~5年承担财政资金支持项目资格及本规则规定的其他资格；

（四）情节特别严重的，所在单位依法依规给予取消5年以上直至永久取消其晋升职务职称、申报财政资金支持项目等资格及本规则规定的其他资格，并向社会公布。

存在本规则第二条（一）（二）（三）（四）情形之一的，处理不应低于前款（二）规定的尺度。

第三十四条 被给予本规则第三十三条（二）（三）（四）规定处理的责任人正在申报财政资金资助项目或被推荐为相关候选人、被提名人、被推荐人等的，终止其申报资格或被提名、推荐资格。

利用科研失信行为获得的资助项目、科研经费以及科技人才称号、科技奖励、荣誉、职务职称、学历学位等的，撤销获得的资助项目和人才、奖励、荣誉等称号及职务职称、学历学位，追回项目经费、奖金。

第三十五条 根据本规则规定给予被调查人一定期限取消相关资格处理和取消已获得的相关称号、资格处理的，均应对责任人在单位内部或系统通报批评，并记入科研诚信严重失信行为数据库，按照国家有关规定纳入信用信息系统，并提供相关部门和地方依法依规对有关责任主体实施失信联合惩戒。

根据前款规定记入科研诚信严重失信行为数据库的，应在处理决定书中载明。

第三十六条 根据本规则给予被调查人一定期限取消相关资格处理和取消已获得的相关称号、资格处理的，处理决定由省级及以下地方相关单位作出的，决定作出单位应在决定生效后1个月内将处理决定书和调查报告报送所在地省级科技行政管理部门或哲学社会科学科研诚信建设责任单位和上级主管部门。省级科技行政管理部门应在收到后10个工作日内通过科研诚信信息系统提交至科技部。

处理决定由国务院部门及其所属单位作出的，由该部门在处理决定生效后1个月内将处理决定书和调查报告提交至科技部。

第三十七条 被调查人科研失信行为涉及科技计划（专项、基金等）、科技奖励、科技人才等的，调查处理单位应将调查处理决定或处理建议书同时报送科技计划（专项、基金等）、科技奖励和科技人才管理部门（单位）。科技计划（专项、基金等）、科技奖励、科技人才管理部门（单位）在接到调查报告和处理决定书或处理建议书后，应依据经查实的科研失信行为，在职责范围内对被调查人同步做出处理，并制作处理决定书，送达被处理人及其所在单位。

第三十八条 对经调查未发现存在科研失信行为的，调查单位应及时以公开等适当方式澄清。对举报人捏造事实，恶意举报的，举报人所在单位应依据相关规定对举报人严肃处理。

第三十九条 处理决定生效后，被处理人如果通过全国性媒体公开作出严格遵守科研诚信要求、不再实施科研失信行为承诺，或对国家和社会做出重大贡献的，做出处理决定的单位可根据被处理人申请对其减轻处理。

第五章 申诉复查

第四十条 当事人对处理决定不服的，可在收到处理决定书之日起15日内，按照处理决定书载明的救济途径向做出调查处理决定的单位或部门书面提出复查申请，写明理由并提供相关证据或线索。

调查处理单位（部门）应在收到复查申请之日起15个工作日内作出是否受理决定。决定受理的，另行组织调查组或委托第三方机构，按照本规则的调查程序开展调查，作出复查报告，向被举报人反馈复查决定。

第四十一条 当事人对复查结果不服的，可向调查处理单位的上级主管部门或科研诚信管理部门提出书面申诉，申诉必须明确理由并提供充分证据。

相关单位或部门应在收到申诉之日起 15 个工作日内作出是否受理决定。仅以对调查处理结果和复查结果不服为由，不能说明其他理由并提供充分证据，或以同一事实和理由提出申诉的，不予受理。决定受理的，应再次组织复查，复查结果为最终结果。

第四十二条 复查应制作复查决定书，复查决定书应针对当事人提出的理由一一给予明确回复。复查原则上应自受理之日起 90 个工作日内完成。

第六章 保障与监督

第四十三条 参与调查处理工作的人员应遵守工作纪律，签署保密协议，不得私自留存、隐匿、摘抄、复制或泄露问题线索和涉案资料，未经允许不得透露或公开调查处理工作情况。

委托第三方机构开展调查、测试、评估或评价时，应履行保密程序。

第四十四条 调查处理应严格执行回避制度。参与科研诚信案件调查处理工作的专家和调查人员应签署回避声明。被调查人或举报人近亲属、本案证人、利害关系人、有研究合作或师生关系或其他可能影响公正调查处理情形的，不得参与调查处理工作，应当主动申请回避。

被调查人、举报人以及其他有关人员有权要求其回避。

第四十五条 调查处理应保护举报人、被举报人、证人等的合法权益，不得泄露相关信息，不得将举报材料转给被举报人或被举报单位等利益涉及方。对于调查处理过程中索贿受贿、违反保密和回避原则、泄露信息的，依法依规严肃处理。

第四十六条 高等学校、科研机构、医疗卫生机构、企业、社会组织等单位应建立健全调查处理工作相关的配套制度，细化受理举报、科研失信行为认定标准、调查处理程序和操作规程等，明确单位科研诚信负责人和内部机构职责分工，加强工作经费保障和对相关人员的培训指导，抓早抓小，并发挥聘用合同（劳动合同）、科研诚信承诺书和研究数据管理政策等在保障调查程序正当性方面的作用。

第四十七条 主管部门应加强对本系统科研诚信案件调查处理的指导和监督。

第四十八条 科技部和社科院对自然科学和哲学社会科学领域重大科研诚信案件应加强信息通报与公开。

科研诚信建设联席会议各成员单位和各地方应加强科研诚信案件调查处理的协调配合、结果互认和信息共享等工作。

第七章 附则

第四十九条 从轻处理，是指在本规则规定的科研失信行为应受到的处理幅度以内，给予较轻的处理。

从重处理，是指在本规则规定的科研失信行为应受到的处理幅度以内，给予较重的处理。

减轻处理，是指在本规则规定的科研失信行为应受到的处理幅度以外，减轻一档给予处理。

加重处理，是指在本规则规定的科研失信行为应受到的处理幅度以外，加重一档给予处理。

第五十条 各有关部门和单位应依据本规则结合实际情况制定具体细则。

第五十一条 科研诚信案件涉事人员或单位属于军队管理的，由军队按照其有关规定进行调查处理。

相关主管部门已制定本行业、本领域、本系统科研诚信案件调查处理规则且处理尺度不低于本规则的，可按照已有规则开展调查处理。

第五十二条 本规则自发布之日起实施，由科技部和社科院负责解释。

科技部 自然科学基金委关于进一步压实国家科技计划（专项、基金等）任务承担单位科研作风学风和科研诚信主体责任的通知

（国科发监〔2020〕203号）

各有关单位：

为贯彻落实习近平总书记关于科研作风学风建设的重要指示精神，全面加强科研作风学风建设，根据中共中央办公厅、国务院办公厅《关于进一步弘扬科学家精神加强作风和学风建设的意见》《关于进一步加强科研诚信建设的若干意见》的部署要求，进一步压实国家科技计划（专项、基金等）任务承担单位的主体责任，现就有关事项通知如下。

一、从事科研活动的各类科研院所、高校、企业、社会组织等是科研作风学风和科研诚信建设第一责任主体，在承担国家科技计划（专项、基金等）任务时要将科研作风学风和科研诚信建设工作摆上重要日程，进一步加强制度建设，开展常态化管理，强化责任传导，确保科研作风学风和科研诚信建设各项要求落实到位。

二、各有关单位要严格执行信息报送制度，对重大科研作风学风和科研诚信问题的调查处理情况及结果须按要求报送所在地省级科技行政管理部门，涉及科技计划（专项、基金等）科研项目、创新基地、科技奖励、人才工程等的，应同时报送相关管理部门。每年年底要通过国家科研诚信管理信息系统报告本单位科研作风学风和科研诚信建设情况。

三、科学、理性看待学术论文，注重论文质量和水平，不将论文发表数量、影响因子等与奖励奖金挂钩，不使用国家科技计划（专项、基金等）专项资金奖励论文发表。

四、建立并严格执行科研数据汇交制度，确保本单位科研活动的原始记录及时、准确、完整，保存得当，做到可查询、可追溯。

五、加强对本单位科研人员的日常教育引导，在入学入职、职称晋升、参与各类科技活动等重要节点必须开展科研诚信教育，在年度考核、评奖、评优时要对科研人员的作风学风和科研诚信情况进行考评。督促项目团队负责人、研究生导师加强对团队成员、学生的科研诚信教育和管理。

六、加强对本单位拟公布的突破性科技成果和重大科技进展的审核把关，确保实事求是、科学严谨，督促项目负责人、团队负责人、导师等对拟发表的论文严格把好学术关、诚信关，确保发表的论文严谨规范、数据真实。

七、及时主动纠正本单位人员科研作风学风和科研诚信等方面的问题，对存在倾向性、苗头性问题的，通过谈话提醒等方式指导相关人员及时改正；对严重违背科研诚信、科研伦理等要求的，要严肃查处。

八、各有关单位在申请各类科技计划（专项、基金等）科研项目、创新基地等时要对落实本

通知确定的主体责任事项作出明确承诺，在申请时尚未达到相应要求的，应说明情况并承诺改正。

九、科技部、自然科学基金委将把各有关单位签署的承诺书作为批复相关科技活动的重要依据并纳入重点核验范围。对不实承诺或违背承诺的，依据《科研诚信案件调查处理规则（试行）》关于"以故意提供虚假信息等获得科研活动审批"的规定进行处理并限期整改。相关单位整改完成前，科技部、自然科学基金委对该单位申请的科技活动不予受理。

十、各有关单位在科研作风学风和科研诚信建设方面的主体责任履行情况将纳入信用记录，对存在问题较多的，将列入重点监督对象。

特此通知。

联系电话：科技部　010-58884344，58884332

自然科学基金委　010-62326959

科技部　自然科学基金委

2020年7月17日

科技部关于印发
《科学技术活动评审工作中请托行为处理规定（试行）》的通知

(国科发监〔2020〕360号)

各有关单位：

为规范科学技术活动评审工作中有关单位和个人的行为，严肃处理科学技术活动评审工作中"打招呼""走关系"等请托行为，维护公平公正的评审环境和风清气正的创新生态，科技部研究制定了《科学技术活动评审工作中请托行为处理规定（试行）》。现印发给你们，请遵照执行。

科技部
2020年12月23日

科学技术活动评审工作中请托行为处理规定（试行）

第一条 为规范科学技术活动评审工作中有关单位和个人的行为，维护公平公正的评审环境和风清气正的创新生态，根据《科学技术活动违规行为处理暂行规定》《国家科技计划项目评估评审行为准则与督查办法》《科研诚信案件调查处理规则（试行）》等，制定本规定。

第二条 科学技术活动评审工作中发生的请托行为，按照本规定处理。本规定所称评审工作包括国家科技计划（专项、基金等）科研项目、创新基地、人才工程、引导专项和科技奖励等科学技术活动中涉及的评审、评估、评价、论证、验收、监督检查等。

第三条 本规定所称请托行为，是指在科学技术活动评审过程中，相关单位或个人以直接或间接、明示或暗示等方式，向评审组织者、承担者及其工作人员和评审专家等寻求关照、谋取不正当利益的行为。包括：

（一）探听尚未公布的评审专家信息、评审结果等和未经公开的评审信息；

（二）为获得有利的评审结果进行游说、说情等；

（三）投感情票、单位票、利益票等，搞"人情评审"；

（四）为他人的请托行为提供帮助、协助或其他便利；

（五）以"打招呼""走关系"或其他方式干扰评审工作、影响评审结果、破坏评审秩序的请托行为。

第四条 科学技术活动评审工作要按照国家有关法律、法规、规章和其他规范性文件的要求，坚持独立、客观、公正的原则。参与评审工作的单位和个人要严格遵守评审行为准则和工作纪律，自觉抵制请托行为，主动接受有关方面的监督。

第五条 建立评审诚信承诺制度。科学技术活动申请者应在提交申报材料时，明确承诺不以任何形式实施请托行为；评审专家应签署承诺书，承诺不接受任何单位和个人的请托，且对收到的请托事项均已按要求主动报告；评审工作人员应签署承诺书，承诺不干预评审或向评审专家施加倾向性影响。

第六条 评审专家、评审工作人员等收到请托的，应当及时主动向评审组织者、承担者或有关监督部门报告，并提供相关线索、证据等。未及时主动报告的，一经发现，按接受相关请托进行处理。

第七条 评审组织者、承担者应当全面、如实、及时记录请托情况，做到全程留痕、有据可查。记录应当采取书面记录的形式，记录要素应包括时间、地点、当事人姓名及其职务、涉及的具体评审事项、请托的具体形式及其要求等。

对领导干部违反法定职责或法定程序过问、干预评审活动的，应当如实记录并按照有关规定报告。

第八条 评审组织者、承担者和相关监督部门综合运用信访举报、随机抽查以及信息化工具等，建立健全主动发现机制，及时发现请托线索和问题。

评审组织者、承担者在评审工作过程中发现请托情况的，应当及时启动相应预案、采取相应措施，确保评审工作依规有序开展。

第九条 评审承担者是调查处理请托行为的第一责任主体，应按照职责和权限，及时做好记录、受理、调查、处理等工作。涉及评审承担者的，由评审组织者负责调查处理。涉及本单位工作人员的，按照干部管理权限由相关监督部门或纪检监察部门依规调查处理。

第十条 实施请托行为的，禁止在1~3年（含3年）内承担或参与财政性资金支持的科学技术活动；向多人请托或多次实施请托的，禁止在3~5年（含5年）内承担或参与财政性资金支持的科学技术活动；造成严重后果或影响恶劣的，禁止5年以上直至永久承担或参与财政性资金支持的科学技术活动。

有组织实施请托行为的，从重处理。

第十一条 对涉及请托行为的评审专家，视事实、情节、后果和影响作出如下处理：

（一）对主动报告且未接受请托行为的，不予处理。

（二）对主动报告但仍搞"人情评审"的，禁止在3年内（含3年）承担或参与财政性资金支持的科学技术活动。对干扰、妨碍调查的，从重处理。

（三）对隐瞒不报的，按接受相关请托进行处理，禁止在3~5年内（含5年）承担或参与财政性资金支持的科学技术活动；造成严重后果或影响恶劣的，禁止5年以上直至永久承担或参与财政性资金支持的科学技术活动。对干扰、妨碍调查的，从重处理。

第十二条 对涉及请托行为的评审工作人员，视事实、情节、后果和影响作出如下处理：

（一）对主动报告且未接受请托行为的，不予处理。

（二）对隐瞒不报或主动报告后仍干预评审或施加倾向性影响的，调离评审管理工作岗位，并按照干部管理权限追责问责。对干扰、妨碍调查的，加重处理。情节严重，涉嫌违反党纪政纪的，移送纪检监察机关处理。

第十三条 对因请托行为所获得的科研项目、创新基地、人才工程、引导专项、科技奖励等，一经查实，予以撤销，并追回专项经费、奖章、证书和奖金等。

第十四条 具有《科学技术活动违规行为处理暂行规定》第十七条、第十八条相应情形的，依规从轻或从重处理。

第十五条 对请托行为相关责任人的处理结果记入科研诚信严重失信行为数据库。对依照本规定给予处理的评审专家,应当及时从专家库中除名,重新入库禁止时限与本规定第十一条的处理期限保持一致。

第十六条 对请托行为的调查处理情况,在一定范围内通报,并抄送相关责任人所在单位或其上级主管部门。

第十七条 评审承担者及其工作人员、评审专家等落实本规定第六条、第七条、第九条的情况,作为考核、评价其履职尽责的重要内容。对自觉抵制请托行为的,列入科研信用良好记录。

评审组织者、承担者违反本规定第七条、第九条的,追究单位及主要负责人的责任;造成严重后果或影响恶劣的,取消科学技术活动评审承担资格。

第十八条 请托行为责任人涉嫌违反党纪政纪、违法犯罪的,移送有关机关处理。

第十九条 相关单位和个人发现评审工作中存在请托的,应及时向评审组织者、承担者或有关监督部门如实反映。对采取捏造事实、伪造材料等方式恶意举报的,依法依规严肃处理。对反映不实或不能证明存在问题的,要以适当方式及时澄清、消除影响。

第二十条 法律、行政法规、部门规章对请托行为及相应处理另有规定的,从其规定。

第二十一条 各级科学技术行政部门可参照本规定结合实际情况制定具体办法。

第二十二条 本规定自发布之日起试行。

第二十三条 本规定由科技部负责解释。

第四章 税收政策类

财政部 国家税务总局 科技部关于完善研究开发费用税前加计扣除政策的通知

(财税〔2015〕119号)

各省、自治区、直辖市、计划单列市财政厅（局）、国家税务局、地方税务局、科技厅（局），新疆生产建设兵团财务局、科技局：

根据《中华人民共和国企业所得税法》及其实施条例有关规定，为进一步贯彻落实《中共中央国务院关于深化体制机制改革加快实施创新驱动发展战略的若干意见》精神，更好地鼓励企业开展研究开发活动（以下简称研发活动）和规范企业研究开发费用（以下简称研发费用）加计扣除优惠政策执行，现就企业研发费用税前加计扣除有关问题通知如下：

一、研发活动及研发费用归集范围

本通知所称研发活动，是指企业为获得科学与技术新知识，创造性运用科学技术新知识，或实质性改进技术、产品（服务）、工艺而持续进行的具有明确目标的系统性活动。

（一）允许加计扣除的研发费用。

企业开展研发活动中实际发生的研发费用，未形成无形资产计入当期损益的，在按规定据实扣除的基础上，按照本年度实际发生额的50%，从本年度应纳税所得额中扣除；形成无形资产的，按照无形资产成本的150%在税前摊销。研发费用的具体范围包括：

1. 人员人工费用。

直接从事研发活动人员的工资薪金、基本养老保险费、基本医疗保险费、失业保险费、工伤保险费、生育保险费和住房公积金，以及外聘研发人员的劳务费用。

2. 直接投入费用。

（1）研发活动直接消耗的材料、燃料和动力费用。

（2）用于中间试验和产品试制的模具、工艺装备开发及制造费，不构成固定资产的样品、样机及一般测试手段购置费，试制产品的检验费。

（3）用于研发活动的仪器、设备的运行维护、调整、检验、维修等费用，以及通过经营租赁方式租入的用于研发活动的仪器、设备租赁费。

3. 折旧费用。

用于研发活动的仪器、设备的折旧费。

4. 无形资产摊销。

用于研发活动的软件、专利权、非专利技术（包括许可证、专有技术、设计和计算方法等）的摊销费用。

5. 新产品设计费、新工艺规程制定费、新药研制的临床试验费、勘探开发技术的现场试验费。

6. 其他相关费用。

与研发活动直接相关的其他费用，如技术图书资料费、资料翻译费、专家咨询费、高新科技研发保险费，研发成果的检索、分析、评议、论证、鉴定、评审、评估、验收费用，知识产权的申请费、注册费、代理费，差旅费、会议费等。此项费用总额不得超过可加计扣除研发费用总额的10%。

7. 财政部和国家税务总局规定的其他费用。

（二）下列活动不适用税前加计扣除政策。

1. 企业产品（服务）的常规性升级。

2. 对某项科研成果的直接应用，如直接采用公开的新工艺、材料、装置、产品、服务或知识等。

3. 企业在商品化后为顾客提供的技术支持活动。

4. 对现存产品、服务、技术、材料或工艺流程进行的重复或简单改变。

5. 市场调查研究、效率调查或管理研究。

6. 作为工业（服务）流程环节或常规的质量控制、测试分析、维修维护。

7. 社会科学、艺术或人文学方面的研究。

二、特别事项的处理

1. 企业委托外部机构或个人进行研发活动所发生的费用，按照费用实际发生额的80%计入委托方研发费用并计算加计扣除，受托方不得再进行加计扣除。委托外部研究开发费用实际发生额应按照独立交易原则确定。

委托方与受托方存在关联关系的，受托方应向委托方提供研发项目费用支出明细情况。企业委托境外机构或个人进行研发活动所发生的费用，不得加计扣除。

2. 企业共同合作开发的项目，由合作各方就自身实际承担的研发费用分别计算加计扣除。

3. 企业集团根据生产经营和科技开发的实际情况，对技术要求高、投资数额大，需要集中研发的项目，其实际发生的研发费用，可以按照权利和义务相一致、费用支出和收益分享相配比的原则，合理确定研发费用的分摊方法，在受益成员企业间进行分摊，由相关成员企业分别计算加计扣除。

4. 企业为获得创新性、创意性、突破性的产品进行创意设计活动而发生的相关费用，可按照本通知规定进行税前加计扣除。

创意设计活动是指多媒体软件、动漫游戏软件开发，数字动漫、游戏设计制作；房屋建筑工程设计（绿色建筑评价标准为三星）、风景园林工程专项设计；工业设计、多媒体设计、动漫及衍生产品设计、模型设计等。

三、会计核算与管理

1. 企业应按照国家财务会计制度要求，对研发支出进行会计处理；同时，对享受加计扣除的研发费用按研发项目设置辅助账，准确归集核算当年可加计扣除的各项研发费用实际发生额。企业在一个纳税年度内进行多项研发活动的，应按照不同研发项目分别归集可加计扣除的研发费用。

2.企业应对研发费用和生产经营费用分别核算，准确、合理归集各项费用支出，对划分不清的，不得实行加计扣除。

四、不适用税前加计扣除政策的行业

1.烟草制造业。

2.住宿和餐饮业。

3.批发和零售业。

4.房地产业。

5.租赁和商务服务业。

6.娱乐业。

7.财政部和国家税务总局规定的其他行业。

上述行业以《国民经济行业分类与代码（GB/4754—2011）》为准，并随之更新。

五、管理事项及征管要求

1.本通知适用于会计核算健全、实行查账征收并能够准确归集研发费用的居民企业。

2.企业研发费用各项目的实际发生额归集不准确、汇总额计算不准确的，税务机关有权对其税前扣除额或加计扣除额进行合理调整。

3.税务机关对企业享受加计扣除优惠的研发项目有异议的，可以转请地市级（含）以上科技行政主管部门出具鉴定意见，科技部门应及时回复意见。企业承担省部级（含）以上科研项目的，以及以前年度已鉴定的跨年度研发项目，不再需要鉴定。

4.企业符合本通知规定的研发费用加计扣除条件而在2016年1月1日以后未及时享受该项税收优惠的，可以追溯享受并履行备案手续，追溯期限最长为3年。

5.税务部门应加强研发费用加计扣除优惠政策的后续管理，定期开展核查，年度核查面不得低于20%。

六、执行时间

本通知自2016年1月1日起执行。《国家税务总局关于印发〈企业研究开发费用税前扣除管理办法（试行）〉的通知》（国税发〔2008〕116号）和《财政部国家税务总局关于研究开发费用税前加计扣除有关政策问题的通知》（财税〔2013〕70号）同时废止。

财政部　国家税务总局　科技部

2015年11月2日

国家税务总局关于企业研究开发费用税前加计扣除政策有关问题的公告

(国家税务总局公告 2015 年第 97 号)

根据《中华人民共和国企业所得税法》及其实施条例(以下简称税法)、《财政部　国家税务总局　科技部关于完善研究开发费用税前加计扣除政策的通知》(财税〔2015〕119 号,以下简称《通知》)规定,现就落实完善研究开发费用(以下简称研发费用)税前加计扣除政策有关问题公告如下:

一、研究开发人员范围

企业直接从事研发活动人员包括研究人员、技术人员、辅助人员。研究人员是指主要从事研究开发项目的专业人员;技术人员是指具有工程技术、自然科学和生命科学中一个或一个以上领域的技术知识和经验,在研究人员指导下参与研发工作的人员;辅助人员是指参与研究开发活动的技工。

企业外聘研发人员是指与本企业签订劳务用工协议(合同)和临时聘用的研究人员、技术人员、辅助人员。

二、研发费用归集

(一)加速折旧费用的归集

企业用于研发活动的仪器、设备,符合税法规定且选择加速折旧优惠政策的,在享受研发费用税前加计扣除时,就已经进行会计处理计算的折旧、费用的部分加计扣除,但不得超过按税法规定计算的金额。

(二)多用途对象费用的归集

企业从事研发活动的人员和用于研发活动的仪器、设备、无形资产,同时从事或用于非研发活动的,应对其人员活动及仪器设备、无形资产使用情况做必要记录,并将其实际发生的相关费用按实际工时占比等合理方法在研发费用和生产经营费用间分配,未分配的不得加计扣除。

(三)其他相关费用的归集与限额计算

企业在一个纳税年度内进行多项研发活动的,应按照不同研发项目分别归集可加计扣除的研发费用。在计算每个项目其他相关费用的限额时应当按照以下公式计算:

其他相关费用限额 = 《通知》第一条第一项允许加计扣除的研发费用中的第 1 项至第 5 项的费用之和 ×10%/(1-10%)。

当其他相关费用实际发生数小于限额时,按实际发生数计算税前加计扣除数额;当其他相关费用实际发生数大于限额时,按限额计算税前加计扣除数额。

(四)特殊收入的扣减

企业在计算加计扣除的研发费用时,应扣减已按《通知》规定归集计入研发费用,但在当期取得的研发过程中形成的下脚料、残次品、中间试制品等特殊收入；不足扣减的，允许加计扣除的研发费用按零计算。

企业研发活动直接形成产品或作为组成部分形成的产品对外销售的，研发费用中对应的材料费用不得加计扣除。

（五）财政性资金的处理

企业取得作为不征税收入处理的财政性资金用于研发活动所形成的费用或无形资产，不得计算加计扣除或摊销。

（六）不允许加计扣除的费用

法律、行政法规和国务院财税主管部门规定不允许企业所得税前扣除的费用和支出项目不得计算加计扣除。

已计入无形资产但不属于《通知》中允许加计扣除研发费用范围的，企业摊销时不得计算加计扣除。

三、委托研发

企业委托外部机构或个人开展研发活动发生的费用，可按规定税前扣除；加计扣除时按照研发活动发生费用的80%作为加计扣除基数。委托个人研发的，应凭个人出具的发票等合法有效凭证在税前加计扣除。

企业委托境外研发所发生的费用不得加计扣除，其中受托研发的境外机构是指依照外国和地区（含港澳台）法律成立的企业和其他取得收入的组织。受托研发的境外个人是指外籍（含港澳台）个人。

四、不适用加计扣除政策行业的判定

《通知》中不适用税前加计扣除政策行业的企业，是指以《通知》所列行业业务为主营业务，其研发费用发生当年的主营业务收入占企业按税法第六条规定计算的收入总额减除不征税收入和投资收益的余额50%（不含）以上的企业。

五、核算要求

企业应按照国家财务会计制度要求，对研发支出进行会计处理。研发项目立项时应设置研发支出辅助账，由企业留存备查；年末汇总分析填报研发支出辅助账汇总表，并在报送《年度财务会计报告》的同时随附注一并报送主管税务机关。研发支出辅助账、研发支出辅助账汇总表可参照本公告所附样式（见附件）编制。

六、申报及备案管理

（一）企业年度纳税申报时，根据研发支出辅助账汇总表填报研发项目可加计扣除研发费用情况归集表（见附件），在年度纳税申报时随申报表一并报送。

（二）研发费用加计扣除实行备案管理，除"备案资料"和"主要留存备查资料"按照本公告规定执行外，其他备案管理要求按照《国家税务总局关于发布〈企业所得税优惠政策事项办理办法〉的公告》（国家税务总局公告2015年第76号）的规定执行。

（三）企业应当不迟于年度汇算清缴纳税申报时，向税务机关报送《企业所得税优惠事项备案表》和研发项目文件完成备案，并将下列资料留存备查：

1.自主、委托、合作研究开发项目计划书和企业有权部门关于自主、委托、合作研究开发项目立项的决议文件；

2.自主、委托、合作研究开发专门机构或项目组的编制情况和研发人员名单；

3.经科技行政主管部门登记的委托、合作研究开发项目的合同；

4.从事研发活动的人员和用于研发活动的仪器、设备、无形资产的费用分配说明（包括工作使用情况记录）；

5.集中研发项目研发费决算表、集中研发项目费用分摊明细情况表和实际分享收益比例等资料；

6."研发支出"辅助账；

7.企业如果已取得地市级（含）以上科技行政主管部门出具的鉴定意见，应作为资料留存备查；

8.省税务机关规定的其他资料。

七、后续管理与核查

税务机关应加强对享受研发费用加计扣除优惠企业的后续管理和监督检查。每年汇算清缴期结束后应开展核查，核查面不得低于享受该优惠企业户数的20%。省级税务机关可根据实际情况制订具体核查办法或工作措施。

八、执行时间

本公告适用于2016年度及以后年度企业所得税汇算清缴。

特此公告。

附件：（略）

国家税务总局

2015年12月29日

财政部　海关总署　国家税务总局
关于鼓励科普事业发展进口税收政策的通知

(财关税〔2016〕6号)

各省、自治区、直辖市、计划单列市财政厅（局）、国家税务局，新疆生产建设兵团财务局、海关总署广东分署、各直属海关：

经国务院批准，自2016年1月1日至2020年12月31日，对公众开放的科技馆、自然博物馆、天文馆（站、台）和气象台（站）、地震台（站）、高校和科研机构对外开放的科普基地，从境外购买自用科普影视作品播映权而进口的拷贝、工作带，免征进口关税，不征进口环节增值税，对上述科普单位以其他形式进口的自用影视作品，免征进口关税和进口环节增值税，进口科普影视作品的商品名称及税号见附件。

以上科普单位进口的自用科普影视作品，由省、自治区、直辖市、计划单列市财政厅（委、局）认定，经认定享受税收优惠政策的进口科普影视作品，由海关凭相关证明办理免税手续。

附件：科普影视作品的商品名称及税号（2016年版）（略）

财政部　海关总署　国家税务总局
2016年2月4日

财政部　国家税务总局关于国家大学科技园税收政策的通知

（财税〔2016〕98号）

各省、自治区、直辖市、计划单列市财政厅（局）、国家税务局、地方税务局，新疆生产建设兵团财务局：

经国务院批准，现就国家大学科技园（以下简称科技园）有关税收政策通知如下：

一、自2016年1月1日至2018年12月31日，对符合条件的科技园自用以及无偿或通过出租等方式提供给孵化企业使用的房产、土地，免征房产税和城镇土地使用税；自2016年1月1日至2016年4月30日，对其向孵化企业出租场地、房屋以及提供孵化服务的收入，免征营业税；在营业税改征增值税试点期间，对其向孵化企业出租场地、房屋以及提供孵化服务的收入，免征增值税。

二、符合非营利组织条件的科技园的收入，按照企业所得税法及其实施条例和有关税收政策规定享受企业所得税优惠政策。

三、享受本通知规定的房产税、城镇土地使用税以及营业税、增值税优惠政策的科技园，应当同时符合以下条件：

（一）科技园符合国家大学科技园条件。国务院科技和教育行政主管部门负责发布国家大学科技园名单。

（二）科技园将面向孵化企业出租场地、房屋以及提供孵化服务的业务收入在财务上单独核算。

（三）科技园提供给孵化企业使用的场地面积（含公共服务场地）占科技园可自主支配场地面积的60%以上（含60%），孵化企业数量占科技园内企业总数量的75%以上（含75%）。

公共服务场地是指科技园提供给孵化企业共享的活动场所，包括公共餐厅、接待室、会议室、展示室、活动室、技术检测室和图书馆等非营利性配套服务场地。

四、本通知所称"孵化企业"应当同时符合以下条件：

（一）企业注册地及主要研发、办公场所在科技园的工作场地内。

（二）新注册企业或申请进入科技园前企业成立时间不超过3年。

（三）企业在科技园内孵化的时间不超过48个月。海外高层次创业人才或从事生物医药、集成电路设计等特殊领域的创业企业，孵化时间不超过60个月。

（四）符合《中小企业划型标准规定》所规定的小型、微型企业划型标准。

（五）单一在孵企业使用的孵化场地面积不超过1000平方米。从事航空航天、现代农业等特殊领域的单一在孵企业，不超过3000平方米。

（六）企业产品（服务）属于科学技术部、财政部、国家税务总局印发的《国家重点支持的高新技术领域》规定的范围。

五、本通知所称"孵化服务"是指为孵化企业提供的属于营业税"服务业"税目中"代理业"、"租赁业"和"其他服务业"中的咨询和技术服务范围内的服务，改征增值税后是指为孵化企业提供的"经纪代理"、"经营租赁"、"研发和技术"、"信息技术"和"鉴证咨询"等服务。

六、国务院科技和教育行政主管部门负责组织对科技园是否符合本通知规定的各项条件定期进行审核确认，并向纳税人出具证明材料，列明纳税人用于孵化的房产和土地的地址、范围、面积等具体信息，并发送给国务院税务主管部门。

纳税人持相应证明材料向主管税务机关备案，主管税务机关按照《税收减免管理办法》等有关规定，以及国务院科技和教育行政主管部门发布的符合本通知规定条件的科技园名单信息，办理税收减免。

财政部　国家税务总局
2016 年 9 月 5 日

财政部 国家税务总局
关于完善股权激励和技术入股有关所得税政策的通知

(财税〔2016〕101号)

各省、自治区、直辖市、计划单列市财政厅（局）、国家税务局、地方税务局，新疆生产建设兵团财务局：

为支持国家大众创业、万众创新战略的实施，促进我国经济结构转型升级，经国务院批准，现就完善股权激励和技术入股有关所得税政策通知如下：

一、对符合条件的非上市公司股票期权、股权期权、限制性股票和股权奖励实行递延纳税政策

（一）非上市公司授予本公司员工的股票期权、股权期权、限制性股票和股权奖励，符合规定条件的，经向主管税务机关备案，可实行递延纳税政策，即员工在取得股权激励时可暂不纳税，递延至转让该股权时纳税；股权转让时，按照股权转让收入减除股权取得成本以及合理税费后的差额，适用"财产转让所得"项目，按照20%的税率计算缴纳个人所得税。

股权转让时，股票（权）期权取得成本按行权价确定，限制性股票取得成本按实际出资额确定，股权奖励取得成本为零。

（二）享受递延纳税政策的非上市公司股权激励（包括股票期权、股权期权、限制性股票和股权奖励，下同）须同时满足以下条件：

1.属于境内居民企业的股权激励计划。

2.股权激励计划经公司董事会、股东（大）会审议通过。未设股东（大）会的国有单位，经上级主管部门审核批准。股权激励计划应列明激励目的、对象、标的、有效期、各类价格的确定方法、激励对象获取权益的条件、程序等。

3.激励标的应为境内居民企业的本公司股权。股权奖励的标的可以是技术成果投资入股到其他境内居民企业所取得的股权。激励标的股票（权）包括通过增发、大股东直接让渡以及法律法规允许的其他合理方式授予激励对象的股票（权）。

4.激励对象应为公司董事会或股东（大）会决定的技术骨干和高级管理人员，激励对象人数累计不得超过本公司最近6个月在职职工平均人数的30%。

5.股票（权）期权自授予日起应持有满3年，且自行权日起持有满1年；限制性股票自授予日起应持有满3年，且解禁后持有满1年；股权奖励自获得奖励之日起应持有满3年。上述时间条件须在股权激励计划中列明。

6.股票（权）期权自授予日至行权日的时间不得超过10年。

7.实施股权奖励的公司及其奖励股权标的公司所属行业均不属于《股权奖励税收优惠政策限制性行业目录》范围（见附件）。公司所属行业按公司上一纳税年度主营业务收入占比最高的行

业确定。

（三）本通知所称股票（权）期权是指公司给予激励对象在一定期限内以事先约定的价格购买本公司股票（权）的权利；所称限制性股票是指公司按照预先确定的条件授予激励对象一定数量的本公司股权，激励对象只有工作年限或业绩目标符合股权激励计划规定条件的才可以处置该股权；所称股权奖励是指企业无偿授予激励对象一定份额的股权或一定数量的股份。

（四）股权激励计划所列内容不同时满足第一条第（二）款规定的全部条件，或递延纳税期间公司情况发生变化，不再符合第一条第（二）款第4~6项条件的，不得享受递延纳税优惠，应按规定计算缴纳个人所得税。

二、对上市公司股票期权、限制性股票和股权奖励适当延长纳税期限

（一）上市公司授予个人的股票期权、限制性股票和股权奖励，经向主管税务机关备案，个人可自股票期权行权、限制性股票解禁或取得股权奖励之日起，在不超过12个月的期限内缴纳个人所得税。《财政部　国家税务总局关于上市公司高管人员股票期权所得缴纳个人所得税有关问题的通知》（财税〔2009〕40号）自本通知施行之日起废止。

（二）上市公司股票期权、限制性股票应纳税款的计算，继续按照《财政部　国家税务总局关于个人股票期权所得征收个人所得税问题的通知》（财税〔2005〕35号）、《财政部　国家税务总局关于股票增值权所得和限制性股票所得征收个人所得税有关问题的通知》（财税〔2009〕5号）、《国家税务总局关于股权激励有关个人所得税问题的通知》（国税函〔2009〕461号）等相关规定执行。股权奖励应纳税款的计算比照上述规定执行。

三、对技术成果投资入股实施选择性税收优惠政策

（一）企业或个人以技术成果投资入股到境内居民企业，被投资企业支付的对价全部为股票（权）的，企业或个人可选择继续按现行有关税收政策执行，也可选择适用递延纳税优惠政策。

选择技术成果投资入股递延纳税政策的，经向主管税务机关备案，投资入股当期可暂不纳税，允许递延至转让股权时，按股权转让收入减去技术成果原值和合理税费后的差额计算缴纳所得税。

（二）企业或个人选择适用上述任一项政策，均允许被投资企业按技术成果投资入股时的评估值入账并在企业所得税前摊销扣除。

（三）技术成果是指专利技术（含国防专利）、计算机软件著作权、集成电路布图设计专有权、植物新品种权、生物医药新品种，以及科技部、财政部、国家税务总局确定的其他技术成果。

（四）技术成果投资入股，是指纳税人将技术成果所有权让渡给被投资企业、取得该企业股票（权）的行为。

四、相关政策

（一）个人从任职受雇企业以低于公平市场价格取得股票（权）的，凡不符合递延纳税条件，应在获得股票（权）时，对实际出资额低于公平市场价格的差额，按照"工资、薪金所得"项目，参照《财政部　国家税务总局关于个人股票期权所得征收个人所得税问题的通知》（财税〔2005〕35号）有关规定计算缴纳个人所得税。

（二）个人因股权激励、技术成果投资入股取得股权后，非上市公司在境内上市的，处置递延纳税的股权时，按照现行限售股有关征税规定执行。

（三）个人转让股权时，视同享受递延纳税优惠政策的股权优先转让。递延纳税的股权成本按照加权平均法计算，不与其他方式取得的股权成本合并计算。

（四）持有递延纳税的股权期间，因该股权产生的转增股本收入，以及以该递延纳税的股权再进行非货币性资产投资的，应在当期缴纳税款。

（五）全国中小企业股份转让系统挂牌公司按照本通知第一条规定执行。

适用本通知第二条规定的上市公司是指其股票在上海证券交易所、深圳证券交易所上市交易的股份有限公司。

五、配套管理措施

（一）对股权激励或技术成果投资入股选择适用递延纳税政策的，企业应在规定期限内到主管税务机关办理备案手续。未办理备案手续的，不得享受本通知规定的递延纳税优惠政策。

（二）企业实施股权激励或个人以技术成果投资入股，以实施股权激励或取得技术成果的企业为个人所得税扣缴义务人。递延纳税期间，扣缴义务人应在每个纳税年度终了后向主管税务机关报告递延纳税有关情况。

（三）工商部门应将企业股权变更信息及时与税务部门共享，暂不具备联网实时共享信息条件的，工商部门应在股权变更登记3个工作日内将信息与税务部门共享。

六、本通知自2016年9月1日起施行

中关村国家自主创新示范区2016年1月1日至8月31日之间发生的尚未纳税的股权奖励事项，符合本通知规定的相关条件的，可按本通知有关政策执行。

财政部　国家税务总局

2016年9月20日

附件

股权奖励税收优惠政策限制性行业目录

门类代码	类别名称
A（农、林、牧、渔业）	（1）03 畜牧业（科学研究、籽种繁育性质项目除外） （2）04 渔业（科学研究、籽种繁育性质项目除外）
B（采矿业）	（3）采矿业（除第11类开采辅助活动）
C（制造业）	（4）16 烟草制品业 （5）17 纺织业（除第178类非家用纺织制成品制造） （6）19 皮革、毛皮、羽毛及其制品和制鞋业 （7）20 木材加工和木、竹、藤、棕、草制品业 （8）22 造纸和纸制品业（除第223类纸制品制造） （9）31 黑色金属冶炼和压延加工业（除第314类钢压延加工）
F（批发和零售业）	（10）批发和零售业
G（交通运输、仓储和邮政业）	（11）交通运输、仓储和邮政业
H（住宿和餐饮业）	（12）住宿和餐饮业
J（金融业）	（13）66 货币金融服务 （14）68 保险业

续表

门类代码	类别名称
K（房地产业）	（15）房地产业
L（租赁和商务服务业）	（16）租赁和商务服务业
O（居民服务、修理和其他服务业）	（17）79 居民服务业
Q（卫生和社会工作）	（18）84 社会工作
R（文化、体育和娱乐业）	（19）88 体育 （20）89 娱乐业
S（公共管理、社会保障和社会组织）	（21）公共管理、社会保障和社会组织（除第 9421 类专业性团体和 9422 类行业性团体）
T（国际组织）	（22）国际组织

说明：以上目录按照《国民经济行业分类》（GB/T 4754—2011）编制。

财政部 海关总署 国家税务总局
关于"十三五"期间支持科技创新进口税收政策的通知

(财关税〔2016〕70号)

各省、自治区、直辖市、计划单列市财政厅（局）、国家税务局，海关总署广东分署、各直属海关，新疆生产建设兵团财务局：

为深入实施创新驱动发展战略，发挥科技创新在全面创新中的引领作用，规范科学研究、科技开发和教学用品免税进口行为，经国务院批准，特制定支持科技创新进口税收政策，现将有关政策内容通知如下：

一、对科学研究机构、技术开发机构、学校等单位进口国内不能生产或者性能不能满足需要的科学研究、科技开发和教学用品，免征进口关税和进口环节增值税、消费税；对出版物进口单位为科研院所、学校进口用于科研、教学的图书、资料等，免征进口环节增值税。

二、本通知第一条中科学研究机构、技术开发机构、学校和出版物进口单位等是指：

（一）国务院部委、直属机构和省、自治区、直辖市、计划单列市所属从事科学研究工作的各类科研院所。

（二）国家承认学历的实施专科及以上高等学历教育的高等学校。

（三）国家发展改革委会同财政部、海关总署和国家税务总局核定的国家工程研究中心；国家发展改革委会同财政部、海关总署、国家税务总局和科技部核定的企业技术中心。

（四）科技部会同财政部、海关总署和国家税务总局核定的：1.科技体制改革过程中转制为企业和进入企业的主要从事科学研究和技术开发工作的机构；2.国家重点实验室及企业国家重点实验室；3.国家工程技术研究中心。

（五）科技部会同民政部核定或者各省、自治区、直辖市、计划单列市及新疆生产建设兵团科技主管部门会同同级民政部门核定的科技类民办非企业单位。

（六）工业和信息化部会同财政部、海关总署、国家税务总局核定的国家中小企业公共服务示范平台（技术类）。

（七）各省、自治区、直辖市、计划单列市及新疆生产建设兵团商务主管部门会同同级财政、国税部门和外资研发中心所在地直属海关核定的外资研发中心。

（八）国家新闻出版广电总局批准的下列具有出版物进口许可的出版物进口单位：中国图书进出口（集团）总公司及其具有独立法人资格的子公司、中国经济图书进出口公司、中国教育图书进出口有限公司、北京中科进出口有限责任公司、中国科技资料进出口总公司、中国国际图书贸易集团有限公司。

（九）财政部会同有关部门核定的其他科学研究机构、技术开发机构、学校。

三、本通知第一条所述科学研究机构、技术开发机构、学校等单位进口国内不能生产或者性能不能满足需要的科学研究、科技开发和教学用品免税清单（含出版物进口单位为科研院所、学校进口用于科研、教学的图书、资料等），由财政部会同海关总署、国家税务总局制定并另行发布。

四、财政部会同有关部门根据科学研究、科技开发和教学用品需求变化及国内生产发展等情况，适时对第三条进口科学研究、科技开发和教学用品免税清单进行调整。

五、本通知有关的政策管理办法由财政部会同有关部门另行发布。

六、经海关审核同意，科学研究机构、技术开发机构、学校可将免税进口的科学研究、科技开发和教学用品用于其他单位的科学研究、科技开发和教学活动。

对纳入国家网络管理平台统一管理、符合本通知规定的免税进口的科学仪器设备，在符合监管条件的前提下，准予用于其他单位的科学研究、科技开发和教学活动。具体管理办法由科技部会同海关总署等有关部门另行制定并发布。

经海关审核同意，医院类高等学校、专业和科学研究机构以科学研究或教学为目的，可将免税进口的医疗检测、分析仪器及其附件用于其附属、所属医院的临床活动，或用于开展临床实验所需依托的其分立前附属、所属医院的临床活动。其中，大中型医疗检测、分析仪器，限每所医院每5年每种1台。

七、违反本通知规定，将免税进口的科学研究、科技开发和教学用品擅自转让、移作他用或者进行其他处置的，按照有关规定处罚，有关进口单位在1年内不得享受本通知规定的进口税收政策；依法被追究刑事责任的，有关进口单位在3年内不得享受本通知规定的进口税收政策。

八、海关总署根据本通知制定海关具体实施办法。

九、本通知自2016年1月1日起实施，2020年12月31日截止。自实施之日起，《财政部 科技部 民政部 海关总署 国家税务总局关于科技类民办非企业单位适用科学研究和教学用品进口税收政策的通知》（财关税〔2012〕54号）同时废止。

财政部 海关总署 国家税务总局
2016年12月27日

财政部等 10 部门关于支持科技创新进口税收政策管理办法的通知

(财关税〔2016〕71号)

各省、自治区、直辖市、计划单列市财政厅（局）、教育厅（局）、发展改革委、科技厅（委、局）、工业和信息化主管部门、民政厅（局）、商务厅（局）、国家税务局，海关总署广东分署、各直属海关，新疆生产建设兵团财务局、科技局、民政局、商务局：

为深入贯彻落实党中央、国务院关于创新驱动发展战略有关精神，发挥科技创新在全面创新中的引领作用，经国务院批准，财政部、海关总署、国家税务总局联合印发了《关于"十三五"期间支持科技创新进口税收政策的通知》（财关税〔2016〕70号）。为加强政策管理，现将支持科技创新进口税收政策管理办法通知如下：

一、国务院部委、直属机构所属从事科学研究工作的各类科研院所，由科技部核定名单，函告海关总署，并抄送本通知第八条出版物进口单位。此类科研院所持凭主管部门批准成立的文件、《事业单位法人证书》，按海关规定办理有关减免税手续。

各省、自治区、直辖市、计划单列市所属从事科学研究工作的各类科研院所，由本级科技主管部门核定名单，函告相关科研院所所在地直属海关，并抄送本通知第八条出版物进口单位。此类科研院所持凭主管部门批准成立的文件、《事业单位法人证书》，按海关规定办理有关减免税手续。

二、国家承认学历的实施专科及以上高等学历教育的高等学校，由教育部核定并在教育部门户网站公布，按海关规定办理有关减免税手续。

三、国家发展改革委会同财政部、海关总署和国家税务总局核定的国家工程研究中心的免税进口资格，按国家发展和改革委员会会同有关部门另行制定的国家工程研究中心管理办法确定。

国家发展改革委会同财政部、海关总署、国家税务总局和科技部核定的企业技术中心，按《国家企业技术中心认定管理办法》（国家发展改革委科技部财政部海关总署国家税务总局令第34号）确定免税资格，按海关规定办理有关减免税手续。

四、科技部会同财政部、海关总署和国家税务总局核定的科技体制改革过程中转制为企业和进入企业的主要从事科学研究和技术开发工作的机构、国家重点实验室、企业国家重点实验室、国家工程技术研究中心的免税进口管理办法由科技部会同有关部门另行制定。

五、科技部会同民政部核定或者各省、自治区、直辖市、计划单列市及新疆生产建设兵团科技主管部门会同同级民政部门核定的科技类民办非企业单位的免税进口管理办法见附件1。

六、工业和信息化部会同财政部、海关总署、国家税务总局核定的国家中小企业公共服务示范平台（技术类）的免税进口管理办法见附件2。

七、各省、自治区、直辖市、计划单列市及新疆生产建设兵团商务主管部门会同同级财政、国税部门和外资研发中心所在地直属海关核定的外资研发中心的免税进口管理办法见附件3。

八、国家新闻出版广电总局批准的下列具有出版物进口许可的出版物进口单位：中国图书进出口（集团）总公司及其具有独立法人资格的子公司、中国经济图书进出口公司、中国教育图书进出口有限公司、北京中科进出口有限责任公司、中国科技资料进出口总公司、中国国际图书贸易集团有限公司，按海关规定办理有关减免税手续。免税进口商品销售对象中的科研院所是指本通知第一条中经核定的科研院所；学校是指本通知第二条中经核定的高等学校。

出版物进口单位应在每年3月31日前将上一年度免税进口图书、资料等情况报财政部、海关总署、国家税务总局、国家新闻出版广电总局备案。备案信息应包括商品种类、进口额、免税进口商品的销售流向、使用单位等。

对出版物进口单位为科研院所、学校进口用于科研、教学的图书、资料等的免税范围，按进口科学研究、科技开发和教学用品免税清单中的"五、图书、文献、报刊及其他资料（包括只读光盘、微缩平片、胶卷、地球资源卫星照片、科技和教学声像制品）"执行。

九、财政部会同有关部门核定的其他科学研究机构、技术开发机构、学校，比照上述有关条款进行免税进口管理。

十、财政部等有关部门及其工作人员在政策执行过程中，存在违反执行免税政策规定的行为，以及滥用职权、玩忽职守、徇私舞弊等违法违纪行为的，按照《预算法》《公务员法》《行政监察法》《财政违法行为处罚处分条例》等国家有关规定追究相应责任；涉嫌犯罪的，移送司法机关处理。

本通知自2016年1月1日起实施。

附件：1. 科技类民办非企业单位免税进口科学研究、科技开发和教学用品管理办法（略）
   2. 国家中小企业公共服务示范平台（技术类）免税进口科学研究、科技开发和教学用品管理办法（略）
   3. 外资研发中心免税进口科学研究、科技开发和教学用品管理办法（略）

财政部 教育部 国家发展改革委科技部 工业和信息化部 民政部 商务部
海关总署 国家税务总局 国家新闻出版广电总局
2017年1月14日

财政部 税务总局 科技部关于提高科技型中小企业研究开发费用税前加计扣除比例的通知

(财税〔2017〕34号)

各省、自治区、直辖市、计划单列市财政厅(局)、国家税务局、地方税务局、科技厅(局),新疆生产建设兵团财务局、科技局:

为进一步激励中小企业加大研发投入,支持科技创新,现就提高科技型中小企业研究开发费用(以下简称研发费用)税前加计扣除比例有关问题通知如下:

一、科技型中小企业开展研发活动中实际发生的研发费用,未形成无形资产计入当期损益的,在按规定据实扣除的基础上,在2017年1月1日至2019年12月31日期间,再按照实际发生额的75%在税前加计扣除;形成无形资产的,在上述期间按照无形资产成本的175%在税前摊销。

二、科技型中小企业享受研发费用税前加计扣除政策的其他政策口径按照《财政部国家税务总局科技部关于完善研究开发费用税前加计扣除政策的通知》(财税〔2015〕119号)规定执行。

三、科技型中小企业条件和管理办法由科技部、财政部和国家税务总局另行发布。科技、财政和税务部门应建立信息共享机制,及时共享科技型中小企业的相关信息,加强协调配合,保障优惠政策落实到位。

财政部 税务总局 科技部
2017年5月2日

国家税务总局关于
实施高新技术企业所得税优惠政策有关问题的公告

(国家税务总局公告 2017 年第 24 号)

为贯彻落实高新技术企业所得税优惠政策，根据《科技部 财政部 国家税务总局关于修订印发〈高新技术企业认定管理办法〉的通知》(国科发火〔2016〕32 号，以下简称《认定办法》)及《科技部 财政部 国家税务总局关于修订印发〈高新技术企业认定管理工作指引〉的通知》(国科发火〔2016〕195 号，以下简称《工作指引》)以及相关税收规定，现就实施高新技术企业所得税优惠政策有关问题公告如下：

一、企业获得高新技术企业资格后，自高新技术企业证书注明的发证时间所在年度起申报享受税收优惠，并按规定向主管税务机关办理备案手续。

企业的高新技术企业资格期满当年，在通过重新认定前，其企业所得税暂按 15% 的税率预缴，在年底前仍未取得高新技术企业资格的，应按规定补缴相应期间的税款。

二、对取得高新技术企业资格且享受税收优惠的高新技术企业，税务部门如在日常管理过程中发现其在高新技术企业认定过程中或享受优惠期间不符合《认定办法》第十一条规定的认定条件的，应提请认定机构复核。复核后确认不符合认定条件的，由认定机构取消其高新技术企业资格，并通知税务机关追缴其证书有效期内自不符合认定条件年度起已享受的税收优惠。

三、享受税收优惠的高新技术企业，每年汇算清缴时应按照《国家税务总局关于发布〈企业所得税优惠政策事项办理办法〉的公告》(国家税务总局公告 2015 年第 76 号)规定向税务机关提交企业所得税优惠事项备案表、高新技术企业资格证书履行备案手续，同时妥善保管以下资料留存备查：

1. 高新技术企业资格证书；

2. 高新技术企业认定资料；

3. 知识产权相关材料；

4. 年度主要产品(服务)发挥核心支持作用的技术属于《国家重点支持的高新技术领域》规定范围的说明，高新技术产品(服务)及对应收入资料；

5. 年度职工和科技人员情况证明材料；

6. 当年和前两个会计年度研发费用总额及占同期销售收入比例、研发费用管理资料以及研发费用辅助账，研发费用结构明细表(具体格式见《工作指引》附件 2)；

7. 省税务机关规定的其他资料。

四、本公告适用于 2017 年度及以后年度企业所得税汇算清缴。2016 年 1 月 1 日以后按《认定办法》认定的高新技术企业按本公告规定执行。2016 年 1 月 1 日前按《科技部 财政部 国家税务总局关于印发〈高新技术企业认定管理办法〉的通知》(国科发火〔2008〕172 号)认定的高新技术企业，仍按《国家税务总局关于实施高新技术企业所得税优惠有关问题的通知》（国税函〔2009〕203号）和国家税务总局公告2015年第76号的规定执行。

《国家税务总局关于高新技术企业资格复审期间企业所得税预缴问题的公告》（国家税务总局公告2011年第4号）同时废止。

特此公告。

国家税务总局
2017年6月19日

科技部　财政部　国家税务总局
关于进一步做好企业研发费用加计扣除政策落实工作的通知

（国科发政〔2017〕211号）

各省、自治区、直辖市和计划单列市科技厅（委、局）、财政厅（局）、国家税务局、地方税务局，新疆生产建设兵团科技局、财务局：

为贯彻落实国务院关于"简政放权、放管结合、优化服务"要求，强化政策服务，降低纳税人风险，增强企业获得感，根据《关于完善研究开发费用税前加计扣除政策的通知》（财税〔2015〕119号）的有关规定，现就进一步做好企业研发费用加计扣除政策落实工作通知如下：

一、建立协同工作机制

地方各级人民政府科技、财政和税务主管部门要建立工作协调机制，加强工作衔接，形成工作合力。要切实加强对企业的事前事中事后管理和服务，以多种形式开展政策宣讲，引导企业规范研发项目管理和费用归集，确保政策落实、落细、落地。

二、事中异议项目鉴定

1. 税务部门对企业享受加计扣除优惠的研发项目有异议的，应及时通过县（区）级科技部门将项目资料送地市级（含）以上科技部门进行鉴定；由省直接管理的县/市，可直接由县级科技部门进行鉴定（以下统称"鉴定部门"）。

2. 鉴定部门在收到税务部门的鉴定需求后，应及时组织专家进行鉴定，并在规定时间内通过原渠道将鉴定意见反馈税务部门。鉴定时，应由3名以上相关领域的产业、技术、管理等专家参加。

3. 税务部门对鉴定部门的鉴定意见有异议的，可转请省级人民政府科技行政管理部门出具鉴定意见。

4. 对企业承担的省部级（含）以上科研项目，以及以前年度已鉴定的跨年度研发项目，税务部门不再要求进行鉴定。

三、事后核查异议项目鉴定

税务部门在对企业享受的研发费用加计扣除优惠开展事后核查中，对企业研发项目有异议的，可按照本通知第二条的规定送科技部门鉴定。

四、有关要求

1. 开展企业研发项目鉴定，不得向企业收取任何费用，所需要的工作经费应纳入部门经费预算给予保障。

2. 有条件的地方可建立信息化服务平台，为企业提供自我评价、材料提交、工作流转与信息传递等服务，提高工作效率，降低企业成本。

3.各地方可根据本通知精神,制定实施细则,进一步明确职责分工、工作程序、办理时限等。

各地方在落实企业研发费用加计扣除政策过程中出现的问题以及意见和建议,要及时报科技部政策法规与监督司、财政部税政司和税务总局所得税司。

科技部　财政部　国家税务总局
2017 年 7 月 21 日

海关总署关于执行"十三五"期间支持科技创新进口税收政策有关问题的通知

（署税发〔2017〕153号）

广东分署，各直属海关：

经国务院批准，在"十三五"期间，实施支持科技创新进口税收政策（以下简称"政策"）。为此，财政部、海关总署和国家税务总局联合印发了《财政部海关总署国家税务总局关于"十三五"期间支持科技创新进口税收政策的通知》（财关税〔2016〕70号）、《财政部海关总署国家税务总局关于公布进口科学研究、科技开发和教学用品免税清单的通知》（财关税〔2016〕72号）；相关十部门联合印发了《财政部教育部国家发展和改革委员会科技部工业和信息化部民政部商务部海关总署国家税务总局国家新闻出版广电总局关于支持科技创新进口税收政策管理办法的通知》（财关税〔2016〕71号）。根据上述文件规定，现将政策执行中涉及的有关事项通知如下：

一、免税主体的范围

（一）经核定的国务院部委、直属机构所属从事科学研究工作的各类科研院所的名单，及其享受政策的起始时间；以及上述科研院所中因发生分立、合并、更名等变更情形，经确认其免税资格继续有效的名单，或经确认取消其免税资格的名单及停止其享受政策的时间，在科技部函告海关总署后，总署转发各直属海关。

经核定的各省、自治区、直辖市、计划单列市所属从事科学研究工作的各类科研院所的名单，及其享受政策的起始时间；以及上述科研院所中因发生分立、合并、更名等变更情形，经确认其免税资格继续有效的名单，或经确认取消其免税资格的名单及停止其享受政策的时间，由同级科技主管部门函告相关科研院所所在地直属海关。

（二）国家承认学历的实施专科及以上高等学历教育的高等学校（以下简称高等学校）名单，由教育部核定并在其门户网站上公布及更新。上述公布的高等学校因撤销而终止享受免税政策资格及停止其享受政策的时间，在教育部函告海关总署后，总署转发各直属海关。

（三）经认定的国家企业技术中心名单及其享受政策的起始时间，由国家发展改革委会同科技部、财政部、海关总署和国家税务总局联合发文，通知各直属海关。

上述国家企业技术中心因其所在企业发生更名、重组等变更情形，经确认其国家企业技术中心资格继续有效的名单，或经确认取消其国家企业技术中心资格的名单及停止其享受政策的时间；以及被撤销国家企业技术中心资格的名单及停止其享受政策的时间，由国家发展改革委会同科技部、财政部、海关总署和国家税务总局联合发文，通报各直属海关。

（四）具备免税资格的科技类民办非企业单位（以下简称"科技民非单位"）名单；以及上述科技民非单位中被撤销免税资格的名单及停止其享受政策的时间，由科技主管部门会同同级民政部门函告其所在地直属海关。

（五）具备免税资格的新增国家中小企业公共服务示范平台（技术类）（以下简称"示范平台"）的名单及其享受政策的起始时间；免税资格复审合格的示范平台名单；以及复审不合格或未申请复审的示范平台名单及停止其享受政策的时间，由工业和信息化部会同财政部、海关总署、国家税务总局联合发文，通知各直属海关。

上述具备免税资格的示范平台中，因发生更名，经确认其免税资格继续有效的名单，以及被撤销免税资格的名单及停止其享受政策的时间，在工业和信息化部通报海关总署后，总署转发各直属海关。

（六）具备免税资格的外资研发中心的名单（含独立法人及非独立法人）及其享受政策的起始时间，由各省、自治区、直辖市、计划单列市及新疆生产建设兵团商务主管部门牵头，会同同级财政、国税部门和外资研发中心所在地直属海关（以下统称"审核部门"）召开联席会议审核，由审核部门以公告形式联合发布。

已获得免税资格的外资研发中心中，免税资格复审合格的名单；复审不合格或未申请复审的名单及停止其享受政策的时间；以及因其发生更名或其所在企业发生分立、合并、更名等变更情形，经确认其免税资格继续有效的名单，或经确认取消其免税资格的名单及停止其享受政策的时间，由审核部门函告其所在地直属海关。

根据政策规定，在2015年12月31日前，已取得免税资格未满2年暂不需要进行资格复审的、按规定已复审合格的外资研发中心，截至2015年12月31日（含）享受政策未满2年的，可继续享受政策至2年期满。

（七）具备免税资格的科技体制改革过程中转制为企业和进入企业主要从事科学研究和技术开发工作的机构（以下简称"转制科研机构"）、国家重点实验室、企业国家重点实验室、国家工程技术研究中心，由科技部会同财政部、海关总署和国家税务总局核定。

（八）具备免税资格的国家工程研究中心，由国家发展改革委会同财政部、海关总署和国家税务总局核定。

（九）具备免税资格的出版物进口单位为：中国图书进出口（集团）总公司及其具有独立法人资格的子公司、中国经济图书进出口公司、中国教育图书进出口公司、北京中科进出口有限责任公司、中国科技资料进出口总公司和中国国际图书贸易集团有限公司。

（十）上述经核定取消其免税资格的科研院所、高等学校，经确认取消其资格或被撤销资格的国家企业技术中心，被撤销免税资格的科技民非单位，免税资格复审不合格或未申请复审的、经确认取消其免税资格的或被撤销免税资格的示范平台，以及免税资格复审不合格或未申请复审的、经确认取消其免税资格的外资研发中心，在停止其享受政策之日（含）后，向海关申报进口并已享受政策的有关科学研究、科技开发和教学用品（以下简称"用品"），应补缴相关税款。

二、减免税审核确认

（一）科学研究机构、技术开发机构和学校以及出版物进口单位进口《进口科学研究、科技开发和教学用品免税清单》（以下简称《免税清单》）所列有关用品的减免税审核确认手续，由其所在地海关（以下称"主管海关"）办理。

对属于非独立法人的国家企业技术中心、外资研发中心、转制科研机构、国家重点实验室、企业国家重点实验室、国家工程技术研究中心和国家工程研究中心，由其所在企业或所依托的企业（单位）向主管海关申请办理减免税审核确认手续，同时在相关申请表的备注栏注明有关非独立法人单位的名称。

（二）总署正在部分直属海关开展取消减免税备案环节试点，在开展试点的关区或者在取消减免税备案环节全面推开以后，上述进口单位在首次申报进口有关用品前，可单独向海关申请办理免税资格备案手续，也可以一次性向海关申请办理减免税审核确认手续；除试点关区外，在取消减免税备案环节全面推开以前，进口单位仍按现行规定申请办理减免税审核确认手续。

（三）主管海关在审核确认有关科学研究机构、技术开发机构和学校是否符合政策规定的免税资格时，应按以下要求办理：

1. 对科研院所，应对照总署转发的或省、自治区、直辖市、计划单列市科技主管部门函告直属海关的科研院所名单，验核其提交的中央编制部门或主管部门批准成立的文件和《事业单位法人证书》。

2. 对高等学校，应对照教育部门户网站公布的高等学校名单，验核其提交的与其单位性质相对应的《事业单位法人证书》、《民办非企业单位登记证书》或《营业执照》复印件。

3. 对国家企业技术中心，应对照有关部门联合发布的国家企业技术中心名单或通报各直属海关的有关国家企业技术中心名单，验核其提交的《营业执照》复印件（独立法人的）或其所在企业的《营业执照》复印件（非独立法人的）。

4. 对科技民非单位，应对照科技主管部门会同同级民政部门函告直属海关的，具备免税资格的科技类民办非企业单位名单或被撤销免税资格的名单，验核其提交的免税资格证书和《民办非企业单位登记证书》。

5. 对示范平台，应对照工业和信息化部会同财政部、海关总署、国家税务总局联合公布的示范平台名单和总署转发工业和信息化部通报的有关示范平台名单，验核其提交的与其单位性质相对应的《营业执照》复印件、《事业单位法人证书》、《民办非企业单位登记证书》或《社会团体法人登记证书》。

6. 对外资研发中心，应对照审核部门公告的外资研发中心名单和审核部门函告直属海关的有关外资研发中心名单，验核其提交的《营业执照》复印件（独立法人的）或其所在企业的《营业执照》复印件（非独立法人的）。

7. 对转制科研机构、国家重点实验室、企业国家重点实验室、国家工程技术研究中心和国家工程研究中心，待有关主管部门制定出台相应的免税进口管理办法后，总署另行通知各直属海关。

（四）主管海关按规定审核确认科学研究机构、技术开发机构和学校的免税资格后，对其申请免税进口的有关用品，符合《免税清单》所列商品和税号范围的，予以免税确认。

（五）主管海关在对有关出版物进口单位申请免税进口的图书、资料进行审核确认时，应对照6家出版物进口单位名单，验核其提交的《营业执照》复印件和免税进口商品销售对象属于下列科研院所或高等学校的承诺书：1.经科技部核定的科研院所；2.经各省、自治区、直辖市、计划单列市科技主管部门核定的科研院所；3.经教育部核定的高等学校。

对出版物进口单位进口图书、资料后销售给非本关区辖区范围，并由省级地方科技主管部门核定的有关科研院所的，主管海关应主动与科研院所所在地直属海关联系沟通，加强协作配合。

对出版物进口单位申请免税进口的有关用品，主管海关审核后，对符合《免税清单》第五条所列商品和税号范围的，予以免税确认。

（六）上述进口单位可通过中国电子口岸QP预录入客户端减免税申报系统查询《海关进出口货物征免税证明》（以下简称《征免税证明》）电子信息，如需要纸质上述《征免税证明》（第三联，即申请单位留存联）的，应在该《征免税证明》有效期内向主管海关申请领取。主管海关可按规定为其出具纸质《征免税证明》。

（七）上述减免税审核确认手续，纳入海关《减免税管理系统》管理。按进口单位的不同，其征免性质和监管方式分别为：

1. 对于科研院所，征免性质为：科研院所进口科学研究、科技开发和教学用品（简称：科研院所，代码：901）；监管方式为：一般贸易（代码：0110）、捐赠物资（代码：3612）。

2. 对于高等学校，征免性质为：高等学校进口科学研究、科技开发和教学用品（简称：高等学校，代码：902）；监管方式为：一般贸易（代码：0110）、捐赠物资（代码：3612）。

3. 对于国家工程研究中心，征免性质为：国家工程研究中心进口科学研究、科技开发和教学用品（简称：工程研究中心，代码：903）；监管方式为：一般贸易（代码：0110）、捐赠物资（代码：3612）。

4. 对于国家企业技术中心，征免性质为：国家企业技术中心进口科学研究、科技开发和教学用品（简称：国家企业技术中心，代码：904）；监管方式为：一般贸易（代码：0110）、捐赠物资（代码：3612）、合资合作设备（代码：2025）、外资设备物品（代码：2225）。

5. 对于转制科研机构，征免性质为：转制科研机构进口科学研究、科技开发和教学用品（简称：转制科研机构，代码：905）；监管方式为：一般贸易（代码：0110）、捐赠物资（代码：3612）。

6. 对于国家重点实验室及企业国家重点实验室，征免性质为：国家重点实验室及企业国家重点实验室进口科学研究、科技开发和教学用品（简称：重点实验室，代码：906）；监管方式为：一般贸易（代码：0110）、捐赠物资（代码：3612）。

7. 对于国家工程技术研究中心，征免性质为：国家工程技术研究中心进口科学研究、科技开发和教学用品（简称：国家工程技术研究中心，代码：907）；监管方式为：一般贸易（代码：0110）、捐赠物资（代码：3612）。

8. 对于科技民非单位，征免性质为：科技类民办非企业单位进口科学研究、科技开发和教学用品（简称：科技民非单位，代码：908）；监管方式为：一般贸易（代码：0110）、捐赠物资（代码：3612）。

9. 对于示范平台，征免性质为：国家中小企业公共服务示范平台（技术类）进口科学研究、科技开发和教学用品（简称：示范平台，代码：909），监管方式为：一般贸易（代码：0110）、捐赠物资（代码：3612）、暂时进出货物（代码：2600）、租赁贸易（代码：1523），租赁不满一年（代码：1500），租赁征税（代码：9800）。

10. 对于外资研发中心，征免性质为：外资研发中心进口科学研究、科技开发和教学用品（简称：外资研发中心，代码：910）；监管方式为：一般贸易（代码：0110）、捐赠物资（代码：3612）、合资合作设备（代码：2025）、外资设备物品（代码：2225）。

11. 对于出版物进口单位，征免性质为：出版物进口单位进口用于科研、教学的图书、文献、报刊及其他资料（简称：科教图书，代码：911）；监管方式为：一般贸易（代码：0110）。

三、免税进口有关用品的税款担保

对于下列情形，有关科学研究机构、技术开发机构和学校可向主管海关申请办理进口《免税清单》内有关用品的凭税款担保放行手续，主管海关按有关规定办理：

（一）新批准成立的高等学校，在教育部门户网站公布其名单前；以及已列入教育部门户网站公布名单内的高等学校，发生分立、合并、更名等变更情形，在教育部门户网站高等学校名单更新前，持凭教育部或者省、自治区、直辖市人民政府批准文件及相关材料，向主管海关提出申请的；

（二）新批准成立的科研院所，在总署转发科技部函告或省、自治区、直辖市、计划单列市科技主管部门函告直属海关其名单前；已经核定的科研院所，发生分立、合并、更名等变更情形，在总署转发科技部函告的或同级科技主管部门函告直属海关的变更结果确认前，持凭主管部门批准成立的文件、《事业单位法人证书》及相关材料，向主管海关提出申请的；

（三）经认定的国家企业技术中心，自其所在企业发生更名、重组等变更之日起，至国家发展改革委会同相关部门确认变更结果并通报直属海关前，向主管海关提出申请的；

（四）具备免税资格的科技民非单位，发生分立、合并、更名等变更情形，在科技主管部门会同同级民政部门确认其变更结果、核发免税资格证书并函告直属海关前，向主管海关提出申请的；

（五）具备免税资格的示范平台发生更名，在总署转发工业和信息化部通报对其变更情况确认结果前；以及具备免税资格的示范平台，自工业和信息化部会同相关部门联合公布其名单之日起满2年，至工业和信息化部会同相关部门联合公布其免税资格复审结果名单前，向主管海关提出申请的；

（六）具备免税资格的外资研发中心，发生更名或其所在企业发生分立、合并、更名等变更情形，在审核部门确认其变更结果并函告直属海关前；以及具备免税资格的外资研发中心，自审核部门公告名单之日起或函告直属海关免税资格复审结果名单之日起满2年，至审核部门函告直属海关新的免税资格复审结果名单前，向主管海关提出申请的；

（七）在科技部会同有关部门制定出台相关免税进口管理办法和明确转制科研机构名单前，属于《科技部　财政部　海关总署　国家税务总局关于印发执行〈科技开发用品免征进口税收暂行规定〉转制科研机构名单（第一批）的通知》（国科发政字〔2007〕453号）和《科技部　财政部　海关总署　国家税务总局关于印发执行〈科技开发用品免征进口税收暂行规定〉转制科研机构名单（第二批）的通知》（国科发政〔2008〕743号）范围的转制科研机构，向主管海关提出申请的；

（八）在总署转发科技部函告的或省、自治区、直辖市、计划单列市科技主管部门函告直属海关的新批准成立科研院所名单前，以及在教育部门户网站公布或总署转发教育部函告的新批准成立高等学校名单前，出版物进口单位为上述新批准成立的科研院所、高等院校进口《免税清单》第五条所列有关用品，向主管海关提出申请的。

四、免税进口用品的管理

（一）科学研究机构、技术开发机构和学校免税进口的用品，在海关监管年限内，未经海关审核同意，不得擅自转让、抵押、质押、移作他用或者进行其他处置。

（二）在海关监管年限内，经主管海关审核同意并办理相关手续后，科学研究机构、技术开发机构和学校可将免税进口的用品，用于其他单位的科学研究、科技开发和教学活动，但一般不得移出本单位。因开展科研及技术开发专项协作、其他单位教学急需或对使用地点有特定要求等特殊情况，确需将免税进口用品短期或临时移出本单位使用的，经海关审核同意，可以移出本单位；

使用结束后，应及时将有关用品运回原进口单位，并向主管海关报告用品使用等情况。

有关科学研究机构、技术开发机构和学校应事先向主管海关提出申请，并提交相关说明材料，说明材料内容应包括：用于其他单位使用、移出本单位使用的理由，其他单位使用该免税进口用品的具体用途，使用该用品的时限，以及对免税进口用品移出本单位使用期间的监管措施等。

主管海关应建立有关免税进口用品用于其他单位科学研究、科技开发和教学活动的登记、核查管理制度，加强后续监管。

对纳入国家网络管理平台统一管理的免税进口科研仪器设备，用于其他单位的科学研究、科技开发和教学活动的监管措施，按照科技部会同海关总署等有关部门另行制定的管理办法执行。

（三）医药类高等学校、医药类专业所在高等学校和医药类科学研究机构为从事科学研究或教学活动，如需将免税进口的《免税清单》第十条所列有关医疗检测、分析仪器及附件，放置于其附属、所属医院临床使用，或放置于开展临床实验所依托的其分立前附属、所属医院临床使用，应事先向主管海关提出申请，并经主管海关审核同意。上述医疗检测、分析仪器及附件免税进口后，应由医药类高等学校、医药类专业所在高等学校和医药类科学研究机构进行登记管理。

1.上述附属医院包括：经省级或省级以上教育或者卫生行政主管部门批准的医药类高等学校、医药类专业所在高等学校的附属医院；经省级或省级以上卫生行政主管部门批准的医药类科学研究机构的附属医院；

上述所属医院包括：下设医药类科学研究机构，并为其科学研究活动提供依托的医院；下设医药类高等学校、医药类专业所在高等学校，并为其教学活动提供依托的医院。

对于符合政策规定的科研院所中既是科学研究机构也是医院的单位，即在其《事业单位法人证书》上同时体现医院和科研机构名称的单位，或者机构编制、卫生、科技等主管部门批准其成立的文件中体现"一个机构两个牌子"内容的单位，经主管海关审核同意，可将免税进口的有关医疗检测、分析仪器及附件，放置于其所属医院临床使用。对于此类单位，应以医药类科研机构的名义向海关申请办理减免税手续。

2.放置于上述附属、所属医院临床使用的大中型医疗检测、分析仪器，按照主要功能和用途，限每所医院每种每5年1台。

大中型医疗检测、分析仪器的执行标准，按照进口货值200万元/台（套）及以上掌握。大中型医疗检测、分析仪器按照主要功能或者用途区分有明显差别的，可认定不属于"同种"仪器。

3.有关医药类高等学校、医药类专业所在高等学校和医药类科学研究机构提交的申请材料，应当包括相关医院资质证明、5年内免税进口同类仪器放置于相关医院临床使用的情况、相关医院与高等学校或科学研究机构关系的证明文件等。

有关医药类高等学校、医药类专业所在高等学校和医药类科学研究机构在每年第1季度向主管海关递交《减免税货物使用状况报告书》时，应同时提交5年内免税进口大中型医疗检测、分析仪器放置于相关医院临床使用情况的说明材料。

（四）为加强对出版物进口单位免税进口图书、资料的管理，海关会同新闻出版广电部门实行年度核查的管理办法。有关出版物进口单位应在每年3月31日前，结合上一年度免税进口图书、资料的种类、进口额、销售流向、使用单位等情况进行自查，并将自查结果书面报告主管海关以备核查。

五、政策执行衔接

（一）在 2016 年 1 月 1 日至财关税〔2016〕72 号文件印发之日（2016 年 12 月 30 日）期间，对财政部、海关总署和税务总局 63 号令（以下简称 63 号令）中《科学研究和教学用品免征进口税收规定》第三条所列各类科研院所和高等学校、财关税〔2012〕54 号文件规定的科技民非单位申请进口的用品，海关已按 63 号令、海关总署 2007 年第 13 号公告规定审核出具《征免税证明》，在本通知印发之日（含）以前已免税进口的，已免征税款不予调整；截至本通知印发之日未免税进口的，海关应当按照财关税〔2016〕70 号、财关税〔2016〕71 号、财关税〔2016〕72 号和本通知规定重新审核，经审核符合免税条件的，需对《征免税证明》中征免性质字段进行修改，经审核不符合免税条件的，应将《征免税证明》作废，对减免税申请人已申领的纸质《征免税证明》，应予以收回。

（二）财关税〔2016〕72 号文件印发之后，科学研究机构、技术开发机构和学校申请进口用品的，海关审核用品是否符合政策时，应当按照财关税〔2016〕70 号、财关税〔2016〕72 号文件进行审核。

1. 在财关税〔2016〕72 号文件印发（2016 年 12 月 30 日）至财关税〔2016〕71 号文件印发之日（2017 年 2 月 4 日）期间，对 63 号令中《科学研究和教学用品免征进口税收规定》第三条所列高等学校申请进口的用品，海关按照财关税〔2016〕70 号、财关税〔2016〕72 号文件规定审核出具《征免税证明》，在本通知印发之日（含）前已免税进口的，已免征税款不予调整；截至本通知印发之日未免税进口的，海关应当按照财关税〔2016〕70 号、财关税〔2016〕71 号、财关税〔2016〕72 号及本通知规定重新审核，经审核符合免税条件的，需对《征免税证明》中征免性质字段进行修改，经审核不符合免税条件的，应将《征免税证明》作废，对减免税申请人已申领的纸质《征免税证明》，应予以收回。

2. 财关税〔2016〕72 号文件印发之后，对工业和信息化部会同相关部门联合公布名单中已取得免税资格未满 2 年暂不需要进行资格复审的或已复审合格未满 2 年的示范平台，63 号令《科技开发用品免征进口税收暂行规定》第二条所列转制机构，63 号令《科学研究和教学用品免征进口税收规定》第三条所列各类科研院所申请进口的用品，有关海关按照财关税〔2016〕70 号、财关税〔2016〕72 号文件规定审核出具《征免税证明》，在本通知印发之日（含）以前免税进口的，已免征税款不予调整；截至本通知印发之日未免税进口的，海关应当按照财关税〔2016〕70 号、财关税〔2016〕71 号、财关税〔2016〕72 号及本通知规定重新审核，经审核符合免税条件的，需对《征免税证明》中征免性质字段进行修改，经审核不符合免税条件的，应将《征免税证明》作废，对减免税申请人已申领的纸质《征免税证明》，应予以收回。

（三）财关税〔2016〕71 号文件印发之后，科学研究机构、技术开发机构和学校申请进口用品的，海关应当按照财关税〔2016〕70 号、财关税〔2016〕71 号、财关税〔2016〕72 号文件规定进行审核。此前，已办理凭税款担保进口放行手续的，可按规定办理有关减免税审核确认手续和征免税、担保核销等手续。

财关税〔2016〕71 号文件印发后，相关主管部门重新核定享受免税政策的科研院所、转制机构、示范平台名单前，海关暂不办理相关单位申请进口用品的减免税审核确认手续。相关单位申请凭税款担保进口用品的，海关可予受理。

（四）2016 年 1 月 1 日以后，财关税〔2016〕70 号、财关税〔2016〕71 号文件规定的科学研究机构、技术开发机构和学校已征税进口，符合财关税〔2016〕70号、财关税〔2016〕72号文件规定的用品，已缴纳税款可以退还。

相关科学研究机构、技术开发机构和学校应当于2018年6月30日前，向主管海关提出申请，主管海关依据财关税〔2016〕70号、财关税〔2016〕71号、财关税〔2016〕72号文件规定进行审核，出具纸质《征免税证明》。

相关科学研究机构、技术开发机构和学校持凭纸质《征免税证明》及相关材料，向纳税地海关申请办理退税手续，纳税地海关依据本通知及相关规定办理。其中，申请退还增值税的，相关单位应当提供主管税务机关出具的增值税未抵扣证明。增值税已抵扣的，不予退还。

六、请各海关将本通知有关规定告知有关科学研究机构、技术开发机构、学校和有关出版物进口单位。

特此通知。

海关总署

2017年7月27日

科技部 财政部 海关总署 国家税务总局关于印发科研院所、转制科研院所、国家重点实验室、企业国家重点实验室和国家工程技术研究中心免税进口科学研究、科技开发和教学用品管理办法的通知

(国科发政〔2017〕280号)

各省、自治区、直辖市及计划单列市科技厅(委、局)、财政厅(局),新疆生产建设兵团科技局、财务局、国家税务局,海关总署广东分署、各直属海关:

根据《财政部 海关总署 国家税务总局关于"十三五"期间支持科技创新进口税收政策的通知》(财关税〔2016〕70号)和《财政部 教育部 国家发展改革委 科技部 工业和信息化部 民政部 商务部 海关总署 国家税务总局 国家新闻出版广电总局关于支持科技创新进口税收政策管理办法》(财关税〔2016〕71号)要求,为加强对科研院所、转制科研院所、国家重点实验室、企业国家重点实验室和国家工程技术研究中心免税进口科学研究、科技开发和教学用品的管理,科技部、财政部、海关总署、国家税务总局研究制定了《科研院所、转制科研院所、国家重点实验室、企业国家重点实验室和国家工程技术研究中心免税进口科学研究、科技开发和教学用品管理办法》,现印发给你们,请遵照执行。

科技部 财政部 海关总署 国家税务总局
2017年9月6日

科研院所、转制科研院所、国家重点实验室、企业国家重点实验室和国家工程技术研究中心免税进口科学研究、科技开发和教学用品管理办法

第一条 根据《财政部 海关总署 国家税务总局关于"十三五"期间支持科技创新进口税收政策的通知》(财关税〔2016〕70号)和《财政部 教育部 国家发展改革委 科技部 工业和信息化部 民政部 商务部 海关总署 国家税务总局 国家新闻出版广电总局关于支持科技创新进口税收政策管理办法》(财关税〔2016〕71号)要求,为加强对科研院所、转制科研院所、国家重点实验室、企业国家重点实验室和国家工程技术研究中心免税进口科学研究、科技开发和教学用品的管理,特制定本办法。

第一章 科研院所

第二条 国务院部委、直属机构所属从事科学研究工作的各类科研院所是指由国务院各部门、直属机构举办,由中央编制部门批复成立,主要从事基础和前沿技术研究、公益研究、应用研究和技术开发的事业单位。

第三条 符合条件的科研院所，应向主管部门提出免税资格申请，提交中央编制部门或主管部门批复文件、《事业单位法人证书》等申报材料。科研院所主管部门初步审核后，提交科技部进行核定。科技部根据《关于进一步完善科研事业单位机构设置审批的通知》（中央编办发〔2014〕3号）等相关文件要求，核定符合免税资格的科研院所名单。科技部将核定符合条件的科研院所名单函告海关总署，注明享受政策起始时间，并抄送财政部、国家税务总局和科研院所主管部门。

第四条 符合免税资格条件的科研院所可持中央编制部门或主管部门批准成立的文件、《事业单位法人证书》，按规定向主管海关申请办理进口科学研究、科技开发和教学用品的减免税手续。

第五条 2016年1月1日前成立的科研院所自2016年1月1日起享受支持科技创新进口税收政策。2016年1月1日后成立的科研院所自《事业单位法人证书》有效期起始之日起享受支持科技创新进口税收政策。

第六条 省、自治区、直辖市、计划单列市所属的各类科研院所由本级科技主管部门商同级机构编制部门参照本办法有关要求作出规定。

第二章 转制院所

第七条 科技体制改革过程中转制为企业和进入企业的主要从事科学研究和技术开发工作的机构是指根据《国务院办公厅转发科技部等部门关于深化科研机构管理体制改革实施意见的通知》（国办发〔2000〕38号），国务院部门（单位）所属科研机构已转制为企业或进入企业的主要从事科学研究和技术开发工作的机构（以下简称中央级转制院所），以及各省、自治区、直辖市、计划单列市所属已转制为企业或进入企业的主要从事科学研究和技术开发工作的机构（以下简称地方转制院所）。

第八条 科技部会同财政部、海关总署和国家税务总局对中央级转制院所进行审核。地方转制院所根据管辖权限由各省、自治区、直辖市、计划单列市科技部门进行初核，并将核定后符合条件的转制院所名单及成立时间报科技部，由科技部会同财政部、海关总署和国家税务总局进行复核。科技部将经核定符合条件的中央级转制院所名单及地方转制院所名单函告海关总署，注明享受政策起始时间，并抄送财政部和国家税务总局。

第九条 经核定的转为企业的转制院所可持企业法人登记证书和其他有关材料，按海关规定办理减免税手续；符合免税资格进入企业的转制院所持所属企业法人登记证书、所属企业承担减免税货物管理承诺书和其他有关材料，按规定向主管海关申请办理进口科学研究、科技开发和教学用品的减免税手续。

第十条 2016年1月1日前转制的科研院所，自2016年1月1日起享受支持科技创新进口税收政策。2016年1月1日后转制的科研院所，自取得企业法人登记证书之日起或批准进入企业之日起享受支持科技创新进口税收政策。

第三章 国家重点实验室和企业国家重点实验室

第十一条 科技部会同财政部、海关总署和国家税务总局核定符合条件的国家重点实验室和企业国家重点实验室名单。科技部将核定后的名单函告海关总署，注明依托单位和享受政策起始时间，并抄送财政部和国家税务总局。

第十二条 经核定的国家重点实验室和企业国家重点实验室可持依托单位组织机构代码证或企业法人登记证书、依托单位承担减免税货物管理承诺书和其他有关材料，按规定向海关申请办理进口科学研究、科技开发和教学用品的减免税手续。

第十三条 经核定的国家重点实验室和企业国家重点实验室，2016年1月1日前批准建设的，自2016年1月1日起享受支持科技创新进口税收政策；2016年1月1日后批准建设的，自科技部函中注明的日期开始享受支持科技创新进口税收政策。

第四章 国家工程技术研究中心

第十四条 科技部会同财政部、海关总署和国家税务总局核定国家工程技术研究中心名单。科技部将核定后的名单函告海关总署，注明依托单位和享受政策起始时间，并抄送财政部和国家税务总局。

第十五条 经核定的符合免税资格的国家工程技术研究中心可持依托单位组织机构代码证或企业法人登记证书、依托单位承担减免税货物管理承诺书和其他有关材料，按规定向海关申请办理进口科学研究、科技开发和教学用品的减免税手续。

第十六条 经核定的国家工程技术研究中心，2016年1月1日前成立的，自2016年1月1日起享受支持科技创新进口税收政策；2016年1月1日后成立的，自科技部函中注明的日期开始享受支持科技创新进口税收政策。

第五章 附则

第十七条 符合免税资格的国务院部委、直属机构所属科研院所，科技体制改革过程中转制为企业和进入企业的科研院所，科技部会同财政部、海关总署和国家税务总局核定的国家重点实验室、企业国家重点实验室和国家工程技术研究中心，发生分立、合并、撤销和更名等情形的，科技部应及时按照本办法规定的程序重新审核相关单位的免税资格。省、自治区、直辖市、计划单列市所属的科研院所发生分立、合并、撤销和更名等情形的，同级科技主管部门应及时按照本办法规定的程序重新审核相关单位的免税资格。

经审核符合免税资格的单位，继续享受支持科技创新进口税收政策。经审核不符合免税资格的单位，自变更之日起，停止其享受支持科技创新进口税收政策。

科技部应及时将重新审核的结果函告海关总署，省、自治区、直辖市、计划单列市科技主管部门及时将重新审核的结果函告科研院所所在地直属海关，对停止享受支持科技创新进口税收政策的单位应在函告中明确停止享受政策日期。

在停止享受政策之日（含）后，有关单位向海关申报进口并已享受支持科技创新进口税收政策的科学研究、科技开发和教学用品，应补缴税款。

第十八条 经核定符合免税资格的上述单位免税进口范围，按照进口科学研究、科技开发和教学用品免税清单执行。

第十九条 上述单位在资格确认过程中有弄虚作假行为的，经科技部和地方科技主管部门查实后，撤销其免税资格，及时将有关情况通报海关总署及所在地直属海关，明确停止享受支持科技创新进口税收政策的日期。在停止享受政策之日（含）以后，有关单位向海关申报进口并已享受支持科技创新进口税收政策的科学研究、科技开发和教学用品，应补缴税款。

第二十条 上述单位因违反税收征管法及有关法律、行政法规，构成偷税、骗取出口退税等严重税收违法行为的，撤销其免税资格。

第二十一条 本办法自2016年1月1日起实施。

国家税务总局 科技部
关于加强企业研发费用税前加计扣除政策贯彻落实工作的通知

(税总发〔2017〕106号)

各省、自治区、直辖市和计划单列市国家税务局、地方税务局、科技厅（委、局），新疆生产建设兵团科技局：

为进一步推进简政放权、放管结合、优化服务改革，积极为企业减负增效，增强企业技术创新动力，结合《财政部 国家税务总局 科技部关于完善研究开发费用税前加计扣除政策的通知》（财税〔2015〕119号）、《财政部 税务总局 科技部关于提高科技型中小企业研究开发费用税前加计扣除比例的通知》（财税〔2017〕34号）、《科技部 财政部 国家税务总局关于印发〈科技型中小企业评价办法〉的通知》（国科发政〔2017〕115号）以及《科技部 财政部 国家税务总局关于进一步做好企业研发费用加计扣除政策落实工作的通知》（国科发政〔2017〕211号）规定，现就加强企业研发费用税前加计扣除政策贯彻落实工作通知如下：

一、提高思想认识，加强组织领导。各级税务部门和科技部门应提高思想认识，站在贯彻落实创新驱动发展战略、深化供给侧结构性改革、促进新旧动能转换的高度，通过落实好研发费用税前加计扣除政策，积极主动谋创新、促发展。要把落实好研发费用税前加计扣除政策作为本单位的一项重要工作，加强组织领导，增强服务观念，精心谋划部署，夯实管理责任，依据相关政策及管理规定，强化有关事项的事前、事中、事后管理和服务，积极、稳妥地做好研发费用税前加计扣除政策的贯彻落实工作。要将研发费用税前加计扣除等创新支持政策落实情况作为对各级税务和科技部门绩效考核的重要内容。

二、强化合作意识，完善合作机制。各级税务部门和科技部门要紧密配合，建立和完善研发费用税前加计扣除政策部门间的联合工作机制。就涉及企业切身利益的研发项目鉴定问题，包括事中异议项目鉴定以及事后核查异议项目鉴定，统一政策口径，明确专门协调机制，制定异议研发项目鉴定实施细则，规范办理流程。

三、简化管理方式，优化操作流程。各级税务部门和科技部门要简化管理方式，优化操作流程，确保政策落地。优化委托研发与合作研发项目合同登记管理方式，坚持"实质重于形式"的原则。凡研发项目合同具备技术合同登记的实质性要素，仅在形式上与技术合同示范文本存在差异的，也应予以登记，不得要求企业重新按照技术合同示范文本进行修改报送。

四、加大宣传力度，实现"应知尽知"。各地要充分利用官方网站、微信、微博、APP等方式开展多维度、多渠道的宣传，提醒纳税人及时申报享受研发费用税前加计扣除政策。税务部门和科技部门要联合开展宣传活动，精准锁定政策受惠企业群体，通过开展"键对键"的网上沟通、"面对面"的精准辅导，印发宣传资料等多种方式，扩大宣传辅导覆盖面，方便企业及时了解政策和管理要求。在宣传辅导工作中，要规范政策解答，及时为企业答疑解惑。

五、加强政策辅导，确保"应享尽享"。各级税务部门和科技部门要通过各种方式为企业提供研发项目管理和研发费用归集等政策辅导，切实加大政策落实力度。对尚处于亏损期的企业，进一步加大宣传及服务力度，引导企业及时办理税务备案等相关手续。要督促广大科技型中小企业按照《科技型中小企业评价办法》（国科发政〔2017〕115号文件印发）规定，到"全国科技型中小企业信息服务平台"进行自主评价和登记，及时取得登记编号，确保纳税人政策落实"应享尽享"。

六、强化督导检查，确保落地见效。各省税务部门和科技部门要开展联合督导检查，加大对政策落实的督导力度，密切跟踪政策执行情况，随时收集基层和纳税人政策落实情况的反馈和工作建议，并加强部门间的信息沟通，确保优惠政策落地见效。税务总局和科技部将视情况适时联合开展督导检查。

国家税务总局　科技部
2017年9月18日

财政部 税务总局 商务部 科技部 国家发展改革委关于将技术先进型服务企业所得税政策推广至全国实施的通知

(财税〔2017〕79号)

各省、自治区、直辖市、计划单列市财政厅(局)、国家税务局、地方税务局、商务主管部门、科技厅(委、局)、发展改革委,新疆生产建设兵团财务局、商务局、科技局、发展改革委:

为贯彻落实《国务院关于促进外资增长若干措施的通知》(国发〔2017〕39号)要求,发挥外资对优化服务贸易结构的积极作用,引导外资更多投向高技术、高附加值服务业,促进企业技术创新和技术服务能力的提升,增强我国服务业的综合竞争力,现就技术先进型服务企业有关企业所得税政策问题通知如下:

一、自2017年1月1日起,在全国范围内实行以下企业所得税优惠政策:

1. 对经认定的技术先进型服务企业,减按15%的税率征收企业所得税。

2. 经认定的技术先进型服务企业发生的职工教育经费支出,不超过工资薪金总额8%的部分,准予在计算应纳税所得额时扣除;超过部分,准予在以后纳税年度结转扣除。

二、享受本通知第一条规定的企业所得税优惠政策的技术先进型服务企业必须同时符合以下条件:

1. 在中国境内(不包括港、澳、台地区)注册的法人企业;

2. 从事《技术先进型服务业务认定范围(试行)》(详见附件)中的一种或多种技术先进型服务业务,采用先进技术或具备较强的研发能力;

3. 具有大专以上学历的员工占企业职工总数的50%以上;

4. 从事《技术先进型服务业务认定范围(试行)》中的技术先进型服务业务取得的收入占企业当年总收入的50%以上;

5. 从事离岸服务外包业务取得的收入不低于企业当年总收入的35%。

从事离岸服务外包业务取得的收入,是指企业根据境外单位与其签订的委托合同,由本企业或其直接转包的企业为境外单位提供《技术先进型服务业务认定范围(试行)》中所规定的信息技术外包服务(ITO)、技术性业务流程外包服务(BPO)和技术性知识流程外包服务(KPO),而从上述境外单位取得的收入。

三、技术先进型服务企业的认定管理

1. 省级科技部门会同本级商务、财政、税务和发展改革部门根据本通知规定制定本省(自治区、直辖市、计划单列市)技术先进型服务企业认定管理办法,并负责本地区技术先进型服务企业的认定管理工作。各省(自治区、直辖市、计划单列市)技术先进型服务企业认定管理办法应报科技部、商务部、财政部、税务总局和国家发展改革委备案。

2. 符合条件的技术先进型服务企业应向所在省级科技部门提出申请,由省级科技部门会同本级商务、财政、税务和发展改革部门联合评审后发文认定,并将认定企业名单及有关情况通过科技部"全国技术先进型服务企业业务办理管理平台"备案,科技部与商务部、财政部、税务总局和国家发展改革委共享备案信息。符合条件的技术先进型服务企业须在商务部"服务贸易统计监测管理信息系统(服务外包信息管理应用)"中填报企业基本信息,按时报送数据。

3. 经认定的技术先进型服务企业,持相关认定文件向所在地主管税务机关办理享受本通知第一条规定的企业所得税优惠政策事宜。享受企业所得税优惠的技术先进型服务企业条件发生变化的,应当自发生变化之日起15日内向主管税务机关报告;不再符合享受税收优惠条件的,应当依法履行纳税义务。主管税务机关在执行税收优惠政策过程中,发现企业不具备技术先进型服务企业资格的,应提请认定机构复核。复核后确认不符合认定条件的,应取消企业享受税收优惠政策的资格。

4. 省级科技、商务、财政、税务和发展改革部门对经认定并享受税收优惠政策的技术先进型服务企业应做好跟踪管理,对变更经营范围、合并、分立、转业、迁移的企业,如不再符合认定条件,应及时取消其享受税收优惠政策的资格。

5. 省级财政、税务、商务、科技和发展改革部门要认真贯彻落实本通知的各项规定,在认定工作中对内外资企业一视同仁,平等对待,切实做好沟通与协作工作。在政策实施过程中发现问题,要及时反映上报财政部、税务总局、商务部、科技部和国家发展改革委。

6. 省级科技、商务、财政、税务和发展改革部门及其工作人员在认定技术先进型服务企业工作中,存在违法违纪行为的,按照《公务员法》《行政监察法》等国家有关规定追究相应责任;涉嫌犯罪的,移送司法机关处理。

7. 本通知印发后,各地应按照本通知规定于2017年12月31日前出台本省(自治区、直辖市、计划单列市)技术先进型服务企业认定管理办法并据此开展认定工作。现有31个中国服务外包示范城市已认定的2017年度技术先进型服务企业继续有效。从2018年1月1日起,中国服务外包示范城市技术先进型服务企业认定管理工作依照所在省(自治区、直辖市、计划单列市)制定的管理办法实施。

附件:技术先进型服务业务认定范围(试行)

财政部 税务总局 商务部 科技部 国家发展改革委
2017年11月2日

附件

技术先进型服务业务认定范围(试行)

一、信息技术外包服务(ITO)

(一)软件研发及外包

类别	适用范围
软件研发及开发服务	用于金融、政府、教育、制造业、零售、服务、能源、物流、交通、媒体、电信、公共事业和医疗卫生等部门和企业,为用户的运营/生产/供应链/客户关系/人力资源和财务管理、计算机辅助设计/工程等业务进行软件开发,包括定制软件开发,嵌入式软件、套装软件开发,系统软件开发、软件测试等。
软件技术服务	软件咨询、维护、培训、测试等技术性服务。

（二）信息技术研发服务外包

类别	适用范围
集成电路和电子电路设计	集成电路和电子电路产品设计以及相关技术支持服务等。
测试平台	为软件、集成电路和电子电路的开发运用提供测试平台。

（三）信息系统运营维护外包

类别	适用范围
信息系统运营和维护服务	客户内部信息系统集成、网络管理、桌面管理与维护服务；信息工程、地理信息系统、远程维护等信息系统应用服务。
基础信息技术服务	基础信息技术管理平台整合、IT基础设施管理、数据中心、托管中心、安全服务、通讯服务等基础信息技术服务。

二、技术性业务流程外包服务（BPO）

类别	适用范围
企业业务流程设计服务	为客户企业提供内部管理、业务运作等流程设计服务。
企业内部管理服务	为客户企业提供后台管理、人力资源管理、财务、审计与税务管理、金融支付服务、医疗数据及其他内部管理业务的数据分析、数据挖掘、数据管理、数据使用的服务；承接客户专业数据处理、分析和整合服务。
企业运营服务	为客户企业提供技术研发服务、为企业经营、销售、产品售后服务提供的应用客户分析、数据库管理等服务。主要包括金融服务业务、政务与教育业务、制造业务和生命科学、零售和批发与运输业务、卫生保健业务、通讯与公共事业业务、呼叫中心、电子商务平台等。
企业供应链管理服务	为客户企业提供采购、物流的整体方案设计及数据库服务。

三、技术性知识流程外包服务（KPO）

适用范围
知识产权研究、医药和生物技术研发和测试、产品技术研发、工业设计、分析学和数据挖掘、动漫及网游设计研发、教育课件研发、工程设计等领域。

国家税务总局关于研发费用税前加计扣除归集范围有关问题的公告

(国家税务总局公告 2017 年第 40 号)

为进一步做好研发费用税前加计扣除优惠政策的贯彻落实工作,切实解决政策落实过程中存在的问题,根据《财政部　国家税务总局　科技部关于完善研究开发费用税前加计扣除政策的通知》(财税〔2015〕119号)及《国家税务总局关于企业研究开发费用税前加计扣除政策有关问题的公告》(国家税务总局公告2015年第97号)等文件的规定,现就研发费用税前加计扣除归集范围有关问题公告如下:

一、人员人工费用

指直接从事研发活动人员的工资薪金、基本养老保险费、基本医疗保险费、失业保险费、工伤保险费、生育保险费和住房公积金,以及外聘研发人员的劳务费用。

(一)直接从事研发活动人员包括研究人员、技术人员、辅助人员。研究人员是指主要从事研究开发项目的专业人员;技术人员是指具有工程技术、自然科学和生命科学中一个或一个以上领域的技术知识和经验,在研究人员指导下参与研发工作的人员;辅助人员是指参与研究开发活动的技工。外聘研发人员是指与本企业或劳务派遣企业签订劳务用工协议(合同)和临时聘用的研究人员、技术人员、辅助人员。

接受劳务派遣的企业按照协议(合同)约定支付给劳务派遣企业,且由劳务派遣企业实际支付给外聘研发人员的工资薪金等费用,属于外聘研发人员的劳务费用。

(二)工资薪金包括按规定可以在税前扣除的对研发人员股权激励的支出。

(三)直接从事研发活动的人员、外聘研发人员同时从事非研发活动的,企业应对其人员活动情况做必要记录,并将其实际发生的相关费用按实际工时占比等合理方法在研发费用和生产经营费用间分配,未分配的不得加计扣除。

二、直接投入费用

指研发活动直接消耗的材料、燃料和动力费用;用于中间试验和产品试制的模具、工艺装备开发及制造费,不构成固定资产的样品、样机及一般测试手段购置费,试制产品的检验费;用于研发活动的仪器、设备的运行维护、调整、检验、维修等费用,以及通过经营租赁方式租入的用于研发活动的仪器、设备租赁费。

(一)以经营租赁方式租入的用于研发活动的仪器、设备,同时用于非研发活动的,企业应对其仪器设备使用情况做必要记录,并将其实际发生的租赁费按实际工时占比等合理方法在研发费用和生产经营费用间分配,未分配的不得加计扣除。

(二)企业研发活动直接形成产品或作为组成部分形成的产品对外销售的,研发费用中对应的材料费用不得加计扣除。

产品销售与对应的材料费用发生在不同纳税年度且材料费用已计入研发费用的,可在销售当年以对应的材料费用发生额直接冲减当年的研发费用,不足冲减的,结转以后年度继续冲减。

三、折旧费用

指用于研发活动的仪器、设备的折旧费。

（一）用于研发活动的仪器、设备，同时用于非研发活动的，企业应对其仪器设备使用情况做必要记录，并将其实际发生的折旧费按实际工时占比等合理方法在研发费用和生产经营费用间分配，未分配的不得加计扣除。

（二）企业用于研发活动的仪器、设备，符合税法规定且选择加速折旧优惠政策的，在享受研发费用税前加计扣除政策时，就税前扣除的折旧部分计算加计扣除。

四、无形资产摊销费用

指用于研发活动的软件、专利权、非专利技术（包括许可证、专有技术、设计和计算方法等）的摊销费用。

（一）用于研发活动的无形资产，同时用于非研发活动的，企业应对其无形资产使用情况做必要记录，并将其实际发生的摊销费按实际工时占比等合理方法在研发费用和生产经营费用间分配，未分配的不得加计扣除。

（二）用于研发活动的无形资产，符合税法规定且选择缩短摊销年限的，在享受研发费用税前加计扣除政策时，就税前扣除的摊销部分计算加计扣除。

五、新产品设计费、新工艺规程制定费、新药研制的临床试验费、勘探开发技术的现场试验费

指企业在新产品设计、新工艺规程制定、新药研制的临床试验、勘探开发技术的现场试验过程中发生的与开展该项活动有关的各类费用。

六、其他相关费用

指与研发活动直接相关的其他费用，如技术图书资料费、资料翻译费、专家咨询费、高新科技研发保险费，研发成果的检索、分析、评议、论证、鉴定、评审、评估、验收费用，知识产权的申请费、注册费、代理费，差旅费、会议费，职工福利费、补充养老保险费、补充医疗保险费。

此类费用总额不得超过可加计扣除研发费用总额的10%。

七、其他事项

（一）企业取得的政府补助，会计处理时采用直接冲减研发费用方法且税务处理时未将其确认为应税收入的，应按冲减后的余额计算加计扣除金额。

（二）企业取得研发过程中形成的下脚料、残次品、中间试制品等特殊收入，在计算确认收入当年的加计扣除研发费用时，应从已归集研发费用中扣减该特殊收入，不足扣减的，加计扣除研发费用按零计算。

（三）企业开展研发活动中实际发生的研发费用形成无形资产的，其资本化的时点与会计处理保持一致。

（四）失败的研发活动所发生的研发费用可享受税前加计扣除政策。

（五）国家税务总局公告2015年第97号第三条所称"研发活动发生费用"是指委托方实际支付给受托方的费用。无论委托方是否享受研发费用税前加计扣除政策，受托方均不得加计扣除。

委托方委托关联方开展研发活动的，受托方需向委托方提供研发过程中实际发生的研发项目费用支出明细情况。

八、执行时间和适用对象

本公告适用于 2017 年度及以后年度汇算清缴。以前年度已经进行税务处理的不再调整。涉及追溯享受优惠政策情形的，按照本公告的规定执行。科技型中小企业研发费用加计扣除事项按照本公告执行。

国家税务总局公告 2015 年第 97 号第一条、第二条第（一）项、第二条第（二）项、第二条第（四）项同时废止。

国家税务总局
2017 年 11 月 8 日

财政部 税务总局关于创业投资企业和天使投资个人有关税收政策的通知

(财税〔2018〕55号)

各省、自治区、直辖市、计划单列市财政厅（局）、国家税务局、地方税务局，新疆生产建设兵团财政局：

为进一步支持创业投资发展，现就创业投资企业和天使投资个人有关税收政策问题通知如下：

一、税收政策内容

（一）公司制创业投资企业采取股权投资方式直接投资于种子期、初创期科技型企业（以下简称初创科技型企业）满2年（24个月，下同）的，可以按照投资额的70%在股权持有满2年的当年抵扣该公司制创业投资企业的应纳税所得额；当年不足抵扣的，可以在以后纳税年度结转抵扣。

（二）有限合伙制创业投资企业（以下简称合伙创投企业）采取股权投资方式直接投资于初创科技型企业满2年的，该合伙创投企业的合伙人分别按以下方式处理：

1. 法人合伙人可以按照对初创科技型企业投资额的70%抵扣法人合伙人从合伙创投企业分得的所得；当年不足抵扣的，可以在以后纳税年度结转抵扣。

2. 个人合伙人可以按照对初创科技型企业投资额的70%抵扣个人合伙人从合伙创投企业分得的经营所得；当年不足抵扣的，可以在以后纳税年度结转抵扣。

（三）天使投资个人采取股权投资方式直接投资于初创科技型企业满2年的，可以按照投资额的70%抵扣转让该初创科技型企业股权取得的应纳税所得额；当期不足抵扣的，可以在以后取得转让该初创科技型企业股权的应纳税所得额时结转抵扣。

天使投资个人投资多个初创科技型企业的，对其中办理注销清算的初创科技型企业，天使投资个人对其投资额的70%尚未抵扣完的，可自注销清算之日起36个月内抵扣天使投资个人转让其他初创科技型企业股权取得的应纳税所得额。

二、相关政策条件

（一）本通知所称初创科技型企业，应同时符合以下条件：

1. 在中国境内（不包括港、澳、台地区）注册成立、实行查账征收的居民企业；

2. 接受投资时，从业人数不超过200人，其中具有大学本科以上学历的从业人数不低于30%；资产总额和年销售收入均不超过3000万元；

3. 接受投资时设立时间不超过5年（60个月）；

4. 接受投资时以及接受投资后2年内未在境内外证券交易所上市；

5. 接受投资当年及下一纳税年度，研发费用总额占成本费用支出的比例不低于20%。

（二）享受本通知规定税收政策的创业投资企业，应同时符合以下条件：

1. 在中国境内（不含港、澳、台地区）注册成立、实行查账征收的居民企业或合伙创投企业，且不属于被投资初创科技型企业的发起人；

2. 符合《创业投资企业管理暂行办法》（发展改革委等10部门令第39号）规定或者《私募投资基金监督管理暂行办法》（证监会令第105号）关于创业投资基金的特别规定，按照上述规定完成备案且规范运作；

3. 投资后2年内，创业投资企业及其关联方持有被投资初创科技型企业的股权比例合计应低于50%。

（三）享受本通知规定的税收政策的天使投资个人，应同时符合以下条件：

1. 不属于被投资初创科技型企业的发起人、雇员或其亲属（包括配偶、父母、子女、祖父母、外祖父母、孙子女、外孙子女、兄弟姐妹，下同），且与被投资初创科技型企业不存在劳务派遣等关系；

2. 投资后2年内，本人及其亲属持有被投资初创科技型企业股权比例合计应低于50%。

（四）享受本通知规定的税收政策的投资，仅限于通过向被投资初创科技型企业直接支付现金方式取得的股权投资，不包括受让其他股东的存量股权。

三、管理事项及管理要求

（一）本通知所称研发费用口径，按照《财政部 国家税务总局 科技部关于完善研究开发费用税前加计扣除政策的通知》（财税〔2015〕119号）等规定执行。

（二）本通知所称从业人数，包括与企业建立劳动关系的职工人员及企业接受的劳务派遣人员。从业人数和资产总额指标，按照企业接受投资前连续12个月的平均数计算，不足12个月的，按实际月数平均计算。

本通知所称销售收入，包括主营业务收入与其他业务收入；年销售收入指标，按照企业接受投资前连续12个月的累计数计算，不足12个月的，按实际月数累计计算。

本通知所称成本费用，包括主营业务成本、其他业务成本、销售费用、管理费用、财务费用。

（三）本通知所称投资额，按照创业投资企业或天使投资个人对初创科技型企业的实缴投资额确定。

合伙创投企业的合伙人对初创科技型企业的投资额，按照合伙创投企业对初创科技型企业的实缴投资额和合伙协议约定的合伙人占合伙创投企业的出资比例计算确定。合伙人从合伙创投企业分得的所得，按照《财政部 国家税务总局关于合伙企业合伙人所得税问题的通知》（财税〔2008〕159号）规定计算。

（四）天使投资个人、公司制创业投资企业、合伙创投企业、合伙创投企业法人合伙人、被投资初创科技型企业应按规定办理优惠手续。

（五）初创科技型企业接受天使投资个人投资满2年，在上海证券交易所、深圳证券交易所上市的，天使投资个人转让该企业股票时，按照现行限售股有关规定执行，其尚未抵扣的投资额，在税款清算时一并计算抵扣。

（六）享受本通知规定的税收政策的纳税人，其主管税务机关对被投资企业是否符合初创科技型企业条件有异议的，可以转请被投资企业主管税务机关提供相关材料。对纳税人提供虚假资料，违规享受税收政策的，应按税收征管法相关规定处理，并将其列入失信纳税人名单，按规定实施联合惩戒措施。

四、执行时间

本通知规定的天使投资个人所得税政策自 2018 年 7 月 1 日起执行,其他各项政策自 2018 年 1 月 1 日起执行。执行日期前 2 年内发生的投资,在执行日期后投资满 2 年,且符合本通知规定的其他条件的,可以适用本通知规定的税收政策。

《财政部 税务总局关于创业投资企业和天使投资个人有关税收试点政策的通知》(财税〔2017〕38 号)自 2018 年 7 月 1 日起废止,符合试点政策条件的投资额可按本通知的规定继续抵扣。

财政部 税务总局

2018 年 5 月 14 日

注释:

本文第二条第(一)项关于初创科技型企业条件中的"从业人数不超过 200 人"调整为"从业人数不超过 300 人","资产总额和年销售收入均不超过 3000 万元"调整为"资产总额和年销售收入均不超过 5000 万元"。参见:《财政部 税务总局关于实施小微企业普惠性税收减免政策的通知》(财税〔2019〕13 号)

财政部　税务总局　科技部关于科技人员取得职务科技成果转化现金奖励有关个人所得税政策的通知

(财税〔2018〕58号)

各省、自治区、直辖市、计划单列市财政厅（局）、地方税务局、科技厅（委、局），新疆生产建设兵团财政局、科技局：

为进一步支持国家大众创业、万众创新战略的实施，促进科技成果转化，现将科技人员取得职务科技成果转化现金奖励有关个人所得税政策通知如下：

一、依法批准设立的非营利性研究开发机构和高等学校（以下简称非营利性科研机构和高校）根据《中华人民共和国促进科技成果转化法》规定，从职务科技成果转化收入中给予科技人员的现金奖励，可减按50%计入科技人员当月"工资、薪金所得"，依法缴纳个人所得税。

二、非营利性科研机构和高校包括国家设立的科研机构和高校、民办非营利性科研机构和高校。

三、国家设立的科研机构和高校是指利用财政性资金设立的、取得《事业单位法人证书》的科研机构和公办高校，包括中央和地方所属科研机构和高校。

四、民办非营利性科研机构和高校，是指同时满足以下条件的科研机构和高校：

（一）根据《民办非企业单位登记管理暂行条例》在民政部门登记，并取得《民办非企业单位登记证书》。

（二）对于民办非营利性科研机构，其《民办非企业单位登记证书》记载的业务范围应属于"科学研究与技术开发、成果转让、科技咨询与服务、科技成果评估"范围。对业务范围存在争议的，由税务机关转请县级（含）以上科技行政主管部门确认。

对于民办非营利性高校，应取得教育主管部门颁发的《民办学校办学许可证》，《民办学校办学许可证》记载学校类型为"高等学校"。

（三）经认定取得企业所得税非营利组织免税资格。

五、科技人员享受本通知规定税收优惠政策，须同时符合以下条件：

（一）科技人员是指非营利性科研机构和高校中对完成或转化职务科技成果作出重要贡献的人员。非营利性科研机构和高校应按规定公示有关科技人员名单及相关信息（国防专利转化除外），具体公示办法由科技部会同财政部、税务总局制定。

（二）科技成果是指专利技术（含国防专利）、计算机软件著作权、集成电路布图设计专有权、植物新品种权、生物医药新品种，以及科技部、财政部、税务总局确定的其他技术成果。

（三）科技成果转化是指非营利性科研机构和高校向他人转让科技成果或者许可他人使用科技成果。现金奖励是指非营利性科研机构和高校在取得科技成果转化收入三年（36个月）内奖励给科技人员的现金。

（四）非营利性科研机构和高校转化科技成果，应当签订技术合同，并根据《技术合同认定登记管理办法》，在技术合同登记机构进行审核登记，并取得技术合同认定登记证明。

非营利性科研机构和高校应健全科技成果转化的资金核算，不得将正常工资、奖金等收入列入科技人员职务科技成果转化现金奖励享受税收优惠。

六、非营利性科研机构和高校向科技人员发放现金奖励时，应按个人所得税法规定代扣代缴个人所得税，并按规定向税务机关履行备案手续。

七、本通知自2018年7月1日起施行。本通知施行前非营利性科研机构和高校取得的科技成果转化收入，自施行后36个月内给科技人员发放现金奖励，符合本通知规定的其他条件的，适用本通知。

财政部　税务总局　科技部
2018年5月29日

财政部 税务总局 科技部 国资委关于转制科研院所科技人员取得职务科技成果转化现金奖励有关个人所得税政策的通知

(财税〔2018〕60号)

各省、自治区、直辖市、计划单列市财政厅（局）、地方税务局、科技厅（委、局）、国资委，新疆生产建设兵团财政局、科技局、国资委：

为进一步支持国家大众创业、万众创新战略的实施，促进科技成果转化，现将转制科研院所科技人员取得职务科技成果转化现金奖励有关个人所得税政策通知如下：

一、转制科研院所科技人员取得职务科技成果转化现金奖励，符合《财政部 税务总局 科技部关于科技人员取得职务科技成果转化现金奖励有关个人所得税政策的通知》（财税〔2018〕58号）第五条规定条件的，可减按50%计入科技人员当月"工资薪金所得"，依法缴纳个人所得税。

二、转制科研院所是指根据国家科技体制改革要求由事业单位转制为企业且具有独立法人资格、主要从事科学研究和技术开发的机构，包括国务院部门所属转制科研院所和各省、自治区、直辖市、计划单列市所属转制科研院所。

三、享受本通知规定税收优惠的转制科研院所实行清单制管理，具体名单由科技部会同财政部、税务总局、国资委制定。

四、转制科研院所向科技人员发放现金奖励时，应按个人所得税法规定代扣代缴个人所得税，并比照非营利性研究开发机构和高等学校科技人员取得职务科技成果转化现金奖励有关规定向税务机关履行备案手续。

五、本通知自2018年7月1日起施行。本通知施行前转制科研院所取得的科技成果转化收入，自施行后36个月内给科技人员发放现金奖励，符合本通知规定的其他条件的，适用本通知。

2018年5月29日

财政部　税务总局　科技部关于企业委托境外研究开发费用税前加计扣除有关政策问题的通知

（财税〔2018〕64号）

各省、自治区、直辖市、计划单列市财政厅（局）、科技厅（局），国家税务总局各省、自治区、直辖市、计划单列市税务局，新疆生产建设兵团财政局、科技局：

为进一步激励企业加大研发投入，加强创新能力开放合作，现就企业委托境外进行研发活动发生的研究开发费用（以下简称研发费用）企业所得税前加计扣除有关政策问题通知如下：

一、委托境外进行研发活动所发生的费用，按照费用实际发生额的80%计入委托方的委托境外研发费用。委托境外研发费用不超过境内符合条件的研发费用三分之二的部分，可以按规定在企业所得税前加计扣除。

上述费用实际发生额应按照独立交易原则确定。委托方与受托方存在关联关系的，受托方应向委托方提供研发项目费用支出明细情况。

二、委托境外进行研发活动应签订技术开发合同，并由委托方到科技行政主管部门进行登记。相关事项按技术合同认定登记管理办法及技术合同认定规则执行。

三、企业应在年度申报享受优惠时，按照《国家税务总局关于发布修订后的〈企业所得税优惠政策事项办理办法〉的公告》（国家税务总局公告2018年第23号）的规定办理有关手续，并留存备查以下资料：

（一）企业委托研发项目计划书和企业有权部门立项的决议文件；

（二）委托研究开发专门机构或项目组的编制情况和研发人员名单；

（三）经科技行政主管部门登记的委托境外研发合同；

（四）"研发支出"辅助账及汇总表；

（五）委托境外研发银行支付凭证和受托方开具的收款凭据；

（六）当年委托研发项目的进展情况等资料。

企业如果已取得地市级（含）以上科技行政主管部门出具的鉴定意见，应作为资料留存备查。

四、企业对委托境外研发费用以及留存备查资料的真实性、合法性承担法律责任。

五、委托境外研发费用加计扣除其他政策口径和管理要求按照《财政部国家税务总局科技部关于完善研究开发费用税前加计扣除政策的通知》（财税〔2015〕119号）、《财政部税务总局科技部关于提高科技型中小企业研究开发费用税前加计扣除比例的通知》（财税〔2017〕34号）、《国家税务总局关于企业研究开发费用税前加计扣除政策有关问题的公告》（国家税务总局公告2015

年第 97 号）等文件规定执行。

六、本通知所称委托境外进行研发活动不包括委托境外个人进行的研发活动。

七、本通知自 2018 年 1 月 1 日起执行。财税〔2015〕119 号文件第二条中"企业委托境外机构或个人进行研发活动所发生的费用，不得加计扣除"的规定同时废止。

财政部　税务总局　科技部

2018 年 6 月 25 日

财政部 税务总局 科技部 教育部关于科技企业孵化器大学科技园和众创空间税收政策的通知

(财税〔2018〕120号)

各省、自治区、直辖市、计划单列市财政厅（局）、科技厅（局）、教育厅（局），国家税务总局各省、自治区、直辖市、计划单列市税务局，新疆生产建设兵团财政局、科技局、教育局：

为进一步鼓励创业创新，现就科技企业孵化器、大学科技园、众创空间有关税收政策通知如下：

一、自2019年1月1日至2021年12月31日，对国家级、省级科技企业孵化器、大学科技园和国家备案众创空间自用以及无偿或通过出租等方式提供给在孵对象使用的房产、土地，免征房产税和城镇土地使用税；对其向在孵对象提供孵化服务取得的收入，免征增值税。

本通知所称孵化服务是指为在孵对象提供的经纪代理、经营租赁、研发和技术、信息技术、鉴证咨询服务。

二、国家级、省级科技企业孵化器、大学科技园和国家备案众创空间应当单独核算孵化服务收入。

三、国家级科技企业孵化器、大学科技园和国家备案众创空间认定和管理办法由国务院科技、教育部门另行发布；省级科技企业孵化器、大学科技园认定和管理办法由省级科技、教育部门另行发布。

本通知所称在孵对象是指符合前款认定和管理办法规定的孵化企业、创业团队和个人。

四、国家级、省级科技企业孵化器、大学科技园和国家备案众创空间应按规定申报享受免税政策，并将房产土地权属资料、房产原值资料、房产土地租赁合同、孵化协议等留存备查，税务部门依法加强后续管理。

2018年12月31日以前认定的国家级科技企业孵化器、大学科技园，自2019年1月1日起享受本通知规定的税收优惠政策。2019年1月1日以后认定的国家级、省级科技企业孵化器、大学科技园和国家备案众创空间，自认定之日次月起享受本通知规定的税收优惠政策。2019年1月1日以后被取消资格的，自取消资格之日次月起停止享受本通知规定的税收优惠政策。

五、科技、教育和税务部门应建立信息共享机制，及时共享国家级、省级科技企业孵化器、大学科技园和国家备案众创空间相关信息，加强协调配合，保障优惠政策落实到位。

财政部 税务总局 科技部 教育部
2018年11月1日

科技部成果与区域司　教育部科技司关于开展2018年度国家大学科技园免税审核工作的通知

(国科区函〔2019〕52号)

各有关省、自治区、直辖市及计划单列市科技厅（委、局）、教育厅（委、局）：

根据《财政部　国家税务总局关于国家大学科技园税收政策的通知》（财税〔2016〕98号，以下简称《通知》）相关要求，为落实国家大学科技园税收优惠政策，促进科技型中小微企业发展，拟于近期开展2018年度国家大学科技园免税审核工作。经研究，现将有关工作通知如下。

一、参加免税审核的国家大学科技园需按照《通知》要求，认真核实本园区财务、场地、在孵企业等信息，完整填写"国家大学科技园免税申请表"（附件1），并附相应证明材料，提交至所在省、自治区、直辖市、计划单列市科技厅（委、局）、教育厅（委、局）。

二、各有关省、自治区、直辖市、计划单列市科技厅（委、局）、教育厅（委、局）负责对本地区国家大学科技园免税事项进行审核，对照《通知》要求，确认其是否符合税收减免条件。于2019年12月6日前将符合条件的大学科技园提交的"国家大学科技园免税申请表"和"国家大学科技园免税确认表"（附件2）汇总后报送科技部成果与区域司和教育部科技司。

三、科技部成果与区域司会同教育部科技司对各有关省、自治区、直辖市、计划单列市科技厅（委、局）、教育厅（委、局）提供的免税名单进行确认，并抽查复核。

四、联系方式

科技部成果与区域司：010-58884276、58884277

联系地址：北京复兴路乙15号邮编：100862

电子邮件：gxs_gyfzc@most.cn

教育部科技司：010-66097937、66092082

联系地址：北京市西城区西单大木仓胡同37号

邮编：100816

电子邮件：gxc7937@moe.edu.cn

附件：1.国家大学科技园免税申请表（略）

2.国家大学科技园免税确认表（略）

3.《关于国家大学科技园税收政策的通知》（财税〔2016〕98号）（略）

科技部成果与区域司　教育部科技司

2019年11月13日

科技部 教育部关于中国农业大学国家大学科技园等55家国家大学科技园通过2018年度享受税收优惠政策审核的通知

(国科发区〔2020〕14号)

有关省、自治区、直辖市、计划单列市科技厅（委、局），教育厅（委、局）：

根据《财政部 国家税务总局关于国家大学科技园税收政策的通知》（财税〔2016〕98号）的要求，经对2018年度115家国家大学科技园免税条件进行审核，确认中国农业大学国家大学科技园等55家国家大学科技园符合享受2018年度国家税收优惠政策条件。

请你们继续协助本地区通过审核的国家大学科技园落实有关税收政策。对于在落实税收优惠政策中遇到的有关问题请及时反馈我们。

附件：2018年度通过有关税收优惠政策审核的国家大学科技园及范围面积（略）

科技部 教育部
2020年1月16日

国家税务总局关于发布
《研发机构采购国产设备增值税退税管理办法》的公告

(国家税务总局公告2020年第6号)

根据《财政部 商务部 税务总局关于继续执行研发机构采购设备增值税政策的公告》（2019年第91号）规定，经商财政部，税务总局制定了《研发机构采购国产设备增值税退税管理办法》，现予以发布。《国家税务总局关于发布〈研发机构采购国产设备增值税退税管理办法〉的公告》（2017年第5号，2018年第31号修改）到期停止执行。

特此公告。

国家税务总局

2020年3月11日

研发机构采购国产设备增值税退税管理办法

第一条 为规范研发机构采购国产设备增值税退税管理，根据《财政部 商务部 税务总局关于继续执行研发机构采购设备增值税政策的公告》（2019年第91号，以下简称"91号公告"）规定，制定本办法。

第二条 符合条件的研发机构（以下简称"研发机构"）采购国产设备，按照本办法全额退还增值税（以下简称"采购国产设备退税"）。

第三条 本办法第二条所称研发机构、国产设备的具体条件和范围，按照91号公告规定执行。

第四条 主管研发机构退税的税务机关（以下简称"主管税务机关"）负责办理研发机构采购国产设备退税的备案、审核、核准及后续管理工作。

第五条 研发机构享受采购国产设备退税政策，应于首次申报退税时，持以下资料向主管税务机关办理退税备案手续：

（一）符合91号公告第一条、第二条规定的研发机构资质证明资料。

（二）内容填写真实、完整的《出口退（免）税备案表》。该备案表在《国家税务总局关于出口退（免）税申报有关问题的公告》（2018年第16号）发布。其中，"企业类型"选择"其他单位"；"出口退（免）税管理类型"依据资质证明材料填写"内资研发机构（简写：内资机构）"或"外资研发中心（简写：外资中心）"；其他栏次按填表说明填写。

（三）主管税务机关要求提供的其他资料。

本办法下发前，已办理采购国产设备退税备案的研发机构，无须再次办理备案。

第六条 研发机构备案资料齐全，《出口退（免）税备案表》填写内容符合要求，签字、印章完整的，主管税务机关应当予以备案。备案资料或填写内容不符合要求的，主管税务机关应一次性告知研发机构，待其补正后再予备案。

第七条 已办理备案的研发机构，《出口退（免）税备案表》中内容发生变更的，须自变更之日起30日内，持相关资料向主管税务机关办理备案变更。

第八条 研发机构发生解散、破产、撤销以及其他依法应终止采购国产设备退税事项的，应持相关资料向主管税务机关办理备案撤回。主管税务机关应按规定结清退税款后，办理备案撤回。

研发机构办理注销税务登记的，应先向主管税务机关办理退税备案撤回。

第九条 外资研发中心因自身条件发生变化不再符合91号公告第二条规定条件的，应自条件变化之日起30日内办理退税备案撤回，并自条件变化之日起，停止享受采购国产设备退税政策。未按照规定办理退税备案撤回，并继续申报采购国产设备退税的，依照本办法第十九条规定处理。

第十条 研发机构新设、变更或者撤销的，主管税务机关应根据核定研发机构的牵头部门提供的名单及注明的相关资质起止时间，办理有关退税事项。

第十一条 研发机构采购国产设备退税的申报期限，为采购国产设备之日（以发票开具日期为准）次月1日起至次年4月30日前的各增值税纳税申报期。

2019年研发机构采购国产设备退税申报期限延长至2020年8月31日前的各增值税纳税申报期。

第十二条 已备案的研发机构应在退税申报期内，凭下列资料向主管税务机关办理采购国产设备退税：

（一）《购进自用货物退税申报表》。该表在《国家税务总局关于发布〈出口货物劳务增值税和消费税管理办法〉的公告》（2012年第24号）发布。填写该表时，应在备注栏填写"科技开发、科学研究、教学设备"。

（二）采购国产设备合同。

（三）增值税专用发票，或者开具时间为2019年1月1日至本办法发布之日前的增值税普通发票（不含增值税普通发票中的卷票，下同）。

（四）主管税务机关要求提供的其他资料。

上述增值税专用发票，在增值税发票综合服务平台上线后，应当已通过增值税发票综合服务平台确认用途为"用于出口退税"；在增值税发票综合服务平台上线前，应当已经扫描认证通过，或者已通过增值税发票选择确认平台勾选确认。

第十三条 属于增值税一般纳税人的研发机构申报采购国产设备退税，主管税务机关经审核符合规定的，应按规定办理退税。

研发机构申报采购国产设备退税，属于下列情形之一的，主管税务机关应采取发函调查或其他方式调查，在确认增值税发票真实、发票所列设备已按规定申报纳税后，方可办理退税：

（一）审核中发现疑点，经核实仍不能排除疑点的。

（二）增值税一般纳税人使用增值税普通发票申报退税的。

（三）非增值税一般纳税人申报退税的。

第十四条 研发机构采购国产设备的应退税额，为增值税发票上注明的税额。

第十五条 研发机构采购国产设备取得的增值税专用发票，已用于进项税额抵扣的，不得申报退税；已用于退税的，不得用于进项税额抵扣。

第十六条 主管税务机关应建立研发机构采购国产设备退税情况台账，记录国产设备的型号、发票开具时间、价格、已退税额等情况。

第十七条 已办理增值税退税的国产设备，自增值税发票开具之日起 3 年内，设备所有权转移或移作他用的，研发机构须按照下列计算公式，向主管税务机关补缴已退税款。

应补缴税款＝增值税发票上注明的税额 ×（设备折余价值÷设备原值）

设备折余价值＝增值税发票上注明的金额 − 累计已提折旧

累计已提折旧按照企业所得税法的有关规定计算。

第十八条 研发机构涉及重大税收违法失信案件，按照《国家税务总局关于发布〈重大税收违法失信案件信息公布办法〉的公告》（2018 年第 54 号）被公布信息的，研发机构应自案件信息公布之日起，停止享受采购国产设备退税政策，并在 30 日内办理退税备案撤回。研发机构违法失信案件信息停止公布并从公告栏撤出的，自信息撤出之日起，研发机构可重新办理采购国产设备退税备案，其采购的国产设备可继续享受退税政策。未按照规定办理退税备案撤回，并继续申报采购国产设备退税的，依照本办法第十九条规定处理。

第十九条 研发机构采取假冒采购国产设备退税资格、虚构采购国产设备业务、增值税发票既申报抵扣又申报退税、提供虚假退税申报资料等手段，骗取采购国产设备退税的，主管税务机关应追回已退税款，并依照税收征收管理法的有关规定处理。

第二十条 本办法未明确的其他退税管理事项，比照出口退税有关规定执行。

第二十一条 本办法施行期限为 2019 年 1 月 1 日至 2020 年 12 月 31 日，以增值税发票的开具日期为准。

第五章 科技金融类

科技部 中国人民银行 中国银监会 中国证监会 中国保监会
关于确定第二批促进科技和金融结合试点的通知

(国科发资〔2016〕183号)

各有关省、自治区、直辖市及计划单列市科技厅（委、局）、银监局、证监局、保监局，中国人民银行上海总部、各有关分行、营业管理部、省会（首府）城市中心支行、副省级城市中心支行：

根据科技部、中国人民银行、中国银监会、中国证监会、中国保监会《关于组织申报第二批促进科技和金融结合试点的通知》(国科办资〔2015〕67号)要求，我们组织专家对各地提出的试点实施方案进行了评审。经研究，确定在郑州市、厦门市、宁波市、济南市、南昌市、贵阳市、银川市、包头市和沈阳市等9个城市开展第二批促进科技和金融结合试点。

请你们根据试点实施方案的要求，加强当地各部门的协调联动和组织保障，结合本地区实际情况，扎实推进试点。试点工作的进展情况和相关问题，请及时向五部门报告。

科技部 中国人民银行 中国银监会
中国证监会 中国保监会
2016年5月30日

财政部 科技部 工业和信息化部 人民银行 银保监会关于开展财政支持深化民营和小微企业金融服务综合改革试点城市工作的通知

(财金〔2019〕62号)

各省(自治区、直辖市、计划单列市)财政厅(局)、科技厅(委、局)、中小企业主管部门、银保监局,中国人民银行上海总部、各分行、营业管理部、省会(首府)城市中心支行、各副省级城市中心支行,财政部各地监管局:

民营和小微企业是我国经济社会发展不可或缺的重要力量。为贯彻落实党中央、国务院关于支持民营和小微企业发展的决策部署,更好发挥财政资金引导作用,探索改善民营和小微企业金融服务的有效模式,从2019年起,财政部联合科技部、工业和信息化部、人民银行、银保监会开展财政支持深化民营和小微企业金融服务综合改革试点城市工作,中央财政给予奖励资金支持。现通知如下:

一、指导思想

全面贯彻党的十九大和十九届二中、三中全会精神,以习近平新时代中国特色社会主义思想为指引,认真贯彻落实党中央、国务院关于支持民营和小微企业发展的决策部署,以推进民营和小微企业金融服务高质量发展为目标,着力发挥财政资金引导撬动作用,支持地方因地制宜打造各具特色的金融服务综合改革试点城市。要落实好中央减税降费政策,着力改善小微和民营企业融资;也要防范好民营、小微企业信贷风险,健全融资担保体系和风险补偿机制,切实打好防范重大风险攻坚战。

二、基本原则

(一)地方为主,中央引导。以城市为单位支持深化民营和小微企业金融服务,充分发挥地方熟悉情况、整合资源的优势,突出地方主体地位,落实好中央减税降费政策,中央财政给予资金支持。

(二)完善机制,市场运行。立足于完善机制,弥补市场失灵,有效引导金融资源在尊重市场规律的前提下"支小助微",更好地利用市场化手段创造良好环境,激发内生动力。

(三)鼓励创新,探索经验。鼓励试点城市先行先试,探索深化民营和小微企业金融服务的有效模式,建立健全融资担保体系和风险补偿机制,形成可复制、可推广的经验,树立标杆,打造样本,放大政策效果。

(四)跟踪问效,奖优罚劣。实施全过程预算绩效管理,相关部门对试点城市加强指导,强化绩效目标管理,做好绩效运行监控,开展绩效评价和结果应用,跟踪其工作进展情况和实施成效,中央财政奖励资金与试点城市工作绩效挂钩,突出引导效应。

三、试点内容

（一）中央财政奖励政策。

从 2019 年起，中央财政通过普惠金融发展专项资金每年安排约 20 亿元资金，支持一定数量的试点城市。试点期限暂定为 3 年，东、中、西部地区每个试点城市的奖励标准分别为 3000 万元、4000 万元、5000 万元。

奖励资金可用于试点城市金融机构的民营和小微企业信贷风险补偿或代偿，或用于试点城市政府性融资担保机构资本补充。试点城市应注重加强部门统筹协调和政策联动，特别是与中央财政已出台的小微企业融资担保降费奖补、中小企业信用担保代偿补偿等政策形成互补和合力，不得对同一主体重复安排资金支持。

鼓励有条件的省份适当安排资金比照开展省内深化民营和小微企业金融服务综合改革试点城市工作。

（二）试点城市选择。

各省、自治区、直辖市及计划单列市择优确定辖区内试点城市。为更好发挥统筹资源、优化平台、创新服务的作用，试点城市一般应为地级市（含直辖市、计划单列市所辖县区）、省会（首府）城市所属区县、国家级新区。地市级行政区少于 10 个的省、自治区（包括吉林、福建、海南、贵州、西藏、青海、宁夏，共 7 个省区）及 5 个计划单列市，每年确定 1 个试点城市；其他省、自治区及 4 个直辖市，每年确定 2 个试点城市。试点城市可重复申报。

1. 每年 1 月 31 日前，省级（含省、自治区、直辖市、计划单列市，下同）财政部门联合金融监管、科技、工信、人民银行、银保监等部门，围绕考核要求，制定本辖区内试点城市评审方案，以试点城市绩效评价指标为依据，逐项确定绩效考核目标，加强政策指导。

2. 有意向的城市财政部门会同相关部门做好试点方案编制工作，确定绩效考核目标，细化工作任务，每年 2 月 27 日前以书面形式向省级财政部门申报。

3. 省级财政部门联合金融监管、科技、工信、人民银行、银保监等部门，采取公开竞争性方式进行评审，每年 3 月 31 日前将试点城市名单、实施方案、绩效目标及评价指标表等材料提交财政部。

（三）绩效评价指标。

试点工作坚持促发展和防风险并重，既要立足落实好中央减税降费政策，加大民营和小微企业融资规模，降低融资成本；又要健全政府主导的融资担保和风险补偿机制，妥善处理好支持民营、小微企业发展与防范潜在风险之间的关系。对试点城市绩效情况重点评价四个方面内容：一是金融服务民营和小微企业总体状况（占比 40%）。二是完善融资担保和风险补偿机制情况（占比 30%）。三是金融综合服务和创新情况（占比 20%）。四是金融带动地方发展情况（占比 10%）。具体绩效评价指标和口径见附件。

（四）绩效评价实施及结果运用。

省级财政部门联合金融监管局、科技、工信、人民银行、银保监等部门对试点城市工作开展情况和资金使用情况进行日常监督管理，建立相关绩效指标动态监测体系。

每年 3 月 31 日前，省级财政部门联合金融监管局、科技、工信、人民银行、银保监等部门及财政部当地监管局对上年工作开展绩效评价，绩效评价结果向社会公开，并将绩效评价结果等材料提交财政部，抄送财政部当地监管局。

财政部根据工作需要组织当地监管局对绩效评价结果进行抽评，并根据绩效评价和抽评结果进行资金结算。对绩效评价或抽评结果分值低于70分的试点城市，取消试点资格，追回全部奖励资金。

（五）职责分工。

各地财政、科技、工信、人民银行分支机构、银保监部门、财政部各地监管局、地方金融监管部门各司其职。试点城市绩效目标设定和评价工作由各部门分工负责：人民银行分支机构、银保监部门负责金融服务民营和小微企业总体状况、金融综合服务和创新相关指标，具体口径和得分由双方协商确定；财政部门、地方金融监管部门负责融资担保和风险补偿机制相关指标；科技、工信部门负责金融带动地方发展相关指标；财政部各地监管局负责中央财政奖励资金规范使用情况。各部门定期不定期召开联席会议，加强沟通与信息共享，构建有效高效的工作机制。

地方相关部门应高度重视，抓紧组织做好2019年度试点城市申报和评审工作，通过以点带面、上下联动，进一步稳定市场预期，汇聚各方合力营造良好发展环境，推动实现增加民营和小微企业贷款规模、降低实体经济融资成本的目标。各省、自治区、直辖市、计划单列市财政部门应于2019年8月31日前，将本年度试点城市名单、实施方案、绩效评价指标表等材料报送财政部，并抄送财政部当地监管局。以后年度试点城市申报和评审工作时间遵照本通知执行。

附件：1. 试点城市绩效评价指标（略）
      2. 绩效评价指标填报口径说明（略）

财政部　科技部　工业和信息化部

人民银行　银保监会

2019年7月16日

科技部　中国邮政储蓄银行关于加强科技金融合作有关工作的通知

(国科发资〔2020〕9号)

各省、自治区、直辖市及计划单列市科技厅（委、局），新疆生产建设兵团科技局，中国邮政储蓄银行各一级分行：

为深入贯彻党的十九大精神，加快实施创新驱动发展战略部署，完善科技创新投入和科技金融政策，进一步推动科技和金融深度结合，根据科技部和中国邮政储蓄银行（以下简称"邮储银行"）签署的《科技金融战略合作协议》，双方将加强相关领域的科技金融合作。现将有关工作通知如下。

一、建立多层次联系合作机制

各级科技主管部门和邮储银行分支机构要高度重视科技金融对于实施重大科技创新项目、支持科技型企业和科技园区、推动县域科技创新等的重要促进作用，以及对于银行金融业积极探索发展新机制、新模式，拓展新业务、新市场的重要意义。

科技部与邮储银行建立科技金融合作机制，由科技部资源配置与管理司和邮储银行总行小企业金融部负责具体联系和工作协调。支持地方科技部门与邮储银行分支机构建立合作机制，确定具体联系部门和人员，加强合作沟通，建立工作机制，完善政策措施，共同推动工作，并及时将工作进展成效、发现的问题以及意见建议报科技部和邮储银行总行。

二、保障国家和地方重大科技创新项目实施

围绕国家科技计划重大项目以及各地方科技部门科技创新计划（专项）重大项目的组织实施、成果转化和产业化，科技部与邮储银行形成合力，共同推动建立多元化融资渠道，保障相关重大项目的顺利实施。科技部提出承担国家重大科技创新任务的重点单位清单，邮储银行对符合基本条件的单位依据同档同期利率给予一定优惠。地方科技部门加强对本地区正在实施和准备实施的重大科技创新项目的统筹协调，科学设计投入机制，做好与邮储银行分支机构的对接和推荐工作。邮储银行分支机构要对地方科技部门推荐的重大科技创新项目建立"绿色通道"，简化流程手续，优先安排信贷资源，探索对牵头承担项目的中小企业负责人给予专门个人贷款额度。

三、促进高新技术企业和科技型中小企业成长

科技部和邮储银行加强资源整合力度，综合发挥政策推动和金融服务优势，共同做好高新技术企业和科技型中小企业的金融支持工作。根据具体工作需要，地方科技部门可向邮储银行分支机构提供区域内高新技术企业和科技型中小企业的必要合规数据，并协调指导企业获得邮储银行的投融资支持和金融服务。邮储银行分支机构要及时主动了解高新技术企业和科技型中小企业的金融服务需求，加强金融产品创新，开展培训及政策宣讲，提供"融资＋融智"全方位服务。

四、支持各类科技园区发展

科技部、邮储银行共同支持国家自主创新示范区、国家高新技术产业开发区、国家农业高新技术产业示范区、国家农业科技园区、国家可持续发展议程创新示范区、国家可持续发展实验区、

国家科技成果转移转化区、重大专项科技成果转移转化示范区等科技园区发展，支持邮储银行分支机构在科技园区内设立科技特色支行，鼓励科技园区管理机构与科技特色支行在项目信息、人员交流、政策互动、资源配置等方面开展深入合作，采取多种形式提高园区科技企业投融资效率。邮储银行对科技特色支行研究出台差异化考核机制的指导意见，指导分支机构对科技特色支行给予信贷资源倾斜，大力支持科技特色支行发展。

五、推动县域科技创新

县域科技部门和邮储银行分支机构要加强对接合作，围绕县域创新驱动发展的总体工作安排和重大任务，提升县域科技资源配置和使用效率。有条件的地方科技主管部门在设立科技成果转化引导基金、创业投资引导基金等工作中，可充分发挥邮储银行分支机构的作用。邮储银行要指导推动分支机构，根据县域创新驱动发展的特点和需求，对县域创新试点区域给予信贷资源倾斜，对科技特派员的科技致富带动工作等开设贷款绿色通道并给予优惠利率，对所在县域的产业转型升级、培育壮大创新型企业、集聚创新创业人才、加强创新创业载体建设、创新驱动精准扶贫精准脱贫等工作加大金融支持力度。

六、开展科技金融改革创新探索

在条件成熟的情况下，科技部遴选部分科技创新资源富集、推动科技和金融深度结合意愿强烈的省市，会同邮储银行、省级科技主管部门确定辖区内部分园区、县（市）作为创新实践区域，依托当地邮储银行分支机构开展支持科技创新的金融产品、服务改革创新，积极为重大科技项目、科技园区、科技企业提供针对性支持保障，形成科技金融改革探索的"试验田"，并在省市范围内形成政策示范带动效应。科技部、省级科技主管部门将通过多种方式对试点区域的科技创新工作进行支持。邮储银行对承接创新探索任务的分支机构，给予产品创新、审批授权、内部资金转移定价（FTP）优惠、人员配置、信息系统、业务培训、营销费用等专项政策支持，并做好工作检查指导。

七、加强政策引导和联动

科技部、邮储银行将共同开展工作调研和政策研究，加强推动科技政策与金融政策的衔接和联动，积极探索银行金融机构与专业投资机构的联动支持机制，联合为地方科技部门培养一批了解科技、熟悉金融的复合型科技金融人才。地方科技部门要增强创新资源配置方式的改革意识，加强对银行信贷投入的引导和带动，加快形成多元化、多层次的科技融资体系；推动财政科技投入方式机制创新，综合运用贷款贴息、风险补偿等方式，引导和支持银行信贷投入。邮储银行分支机构要充分发挥网点及资金优势，在贷款、债券、贸融等多方面，为科技创新工作提供全方位金融支撑服务。

联系人：科技部资源配置与管理司　赵理，010-58881662

邮储银行小企业金融部　孟飞飞，010-86351027

科技部　中国邮政储蓄银行

2020年1月13日

第二部分

中央部门科研项目和资金管理法规政策

第六章 教育部科研项目和资金管理法规政策

教育部关于印发
《高校国际合作联合实验室建设与管理办法》的通知

(教技〔2014〕3号)

各省、自治区、直辖市教育厅(教委),新疆生产建设兵团教育局,有关部门(单位)教育司(局),部属各高等学校:

为加快推进高校国际合作联合实验室的建设和培育,推动高校创新体系建设和综合改革,提高创新能力,根据我部《国际合作联合实验室计划》的要求,现将《高校国际合作联合实验室建设与管理办法》印发给你们,请按照执行,并将执行中出现的情况和问题及时反馈我部科技司。

各高校可根据此办法自主推进联合实验室建设,符合认定标准即可向我部申报。

教育部
2014年7月14日

高校国际合作联合实验室建设与管理办法

第一章 总则

第一条 为落实《国家中长期教育改革和发展规划纲要(2010—2020年)》,加强与国外高水平大学合作,建立教学科研合作平台,联合推进高水平科学研究,规范高校国际合作联合实验室(以下简称联合实验室)建设和认定,特制定本办法。

第二条 本办法所称联合实验室是指我国高等学校同国外高水平大学联合建设管理,面向国家重大需求和学科发展前沿开展重大原创性研究,培养和汇聚拔尖领军人才和创新团队,开展高水平国际合作的重要基地。

第三条 联合实验室建设采取三种模式:国际合作联合研究中心模式,以多学科交叉为基础,形成学科创新集群,与国外有关单位开展宽领域合作;国际合作联合实验室模式,以某一学科方向或主流研究方向为基础,形成与国外对口领域实验室间的实质性合作;省部共建国际合作联合实验室模式,面向地方高校和区域需求,强调联合实验室对区域社会经济的服务功能。

第四条 联合实验室建设分为培育组建、立项建设、验收认定三个环节。培育组建以高校为主进行，立项建设和验收认定环节由教育部组织进行。联合实验室建设遵循以下工作原则：一是坚持以机构对机构的对等合作为培育前提；二是坚持以国际化学术机制和环境为建设重点；三是坚持以汇聚资源和创新机制为保障手段；四是坚持以创新能力和国际影响为认定标准。

第五条 联合实验室应面向国际科学前沿和国家重大需求，围绕"五个一流"的目标进行整体建设：一是支撑形成一流学科，引领新兴、交叉发展方向；二是承担国际前沿或重大需求科研任务，持续产出国际学术界公认具有重大科学价值的原始创新成果；三是汇聚国际一流创新人才，培养具有国际视野杰出创新能力的科学家；四是充分利用国际化人才培养手段，进一步提升人才培养能力；五是执行国际化运行机制、人才评聘、学术评价和支撑服务。

第二章 组建培育

第六条 高校应根据自身整体发展规划，重点遴选符合科技前沿发展趋势，具备冲击世界一流的基础与能力的优势学科，自主寻找世界一流水平的国外合作伙伴，有目标、有重点地建设联合实验室，中外双方共同确定实验室研究方向并共同投入实质性资源进行建设。

第七条 中外双方应签订法人间实质性合作协议，明确共建联合实验室的责任义务，并落实各自的依托平台。中方单位相关学科应是国内优势或特色学科，依托平台应是国家重点实验室、教育部重点实验室、111引智基地等；外方单位应在相关领域具有世界一流或先进水平，依托平台是相关实验室、研究所（中心）或院系；中外双方在场地、仪器设备、科研人员、人才培养等方面给予配套政策和措施支持，并落实稳定的经费投入。

第八条 组建培育期间中外双方应密切合作，确保联合实验室实质性运行，组织开展国际化科学研究，推进国际化学科建设与人才培养，打造国际化团队和人才队伍，促进国际化资源整合与共享，提升国际化交流层次与水平。

第九条 中外双方应积极配合，探索实行国际一流实验室运行和管理机制。成立国际学术委员会或咨询委员会；聘请国际一流科学家担任实验室负责人；逐步实行准聘—长聘制和年薪制；注重技术支撑队伍和管理服务队伍的建设和发展，不断提升支撑服务水平；积极争取国内外大型企业、科研机构积极参与实验室建设。

第三章 立项建设

第十条 按本办法第二章各项要求，实质运行两年以上，取得明显成效的联合实验室，可填写联合实验室立项建设申请报告，并由依托单位向教育部提出联合实验室立项建设申请。

第十一条 教育部组织专家组对建设申请报告进行立项评审，专家赞成票超过三分之二方可立项建设，建设期三年。专家评审指标体系包括合作协议、组建基础、培育进展、未来3年发展规划等方面情况。

第四章 验收认定

第十二条 建设期满的联合实验室可由依托单位向教育部提出验收认定申请。验收指标体系包括学科发展、科学研究、人才培养、学术队伍、运行管理五方面内容。

第十三条 教育部对验收认定材料进行审查，对符合条件的，教育部将组织专家进行现场验收认定，专家赞成票超过三分之二方可通过，教育部发文批准，正式开放运行。

第五章 管理运行

第十四条 高校是联合实验室建设和运行管理的具体负责单位，承担以下管理职能：

（一）落实中外双方有关联合实验室建设和发展的政策和措施，具体指导联合实验室的建设和运行；

（二）为联合实验室提供相应的条件保障，解决实验室建设与运行中的有关问题；

（三）负责对联合实验室进行年度考核，视条件成熟向主管部门申请立项建设或验收认定。

第十五条 联合实验室实行依托单位领导下的主任负责制。联合实验室主任由依托单位择优遴选，自主聘任。

第十六条 咨询委员会是联合实验室的学术指导机构，由依托单位组建聘任，负责审议联合实验室的研究目标、研究方向、发展规划、重大学术活动、年度工作计划和总结。

第十七条 联合实验室由固定研究人员和流动研究人员组成，设立访问学者制度，并积极探索人员聘任与评价等管理体制机制创新。

第十八条 联合实验室应将学科建设和创新人才培养作为重要任务之一，双方应建立稳定的人才联合培养机制，形成科教结合支撑人才培养的有效模式。

第十九条 联合实验室应围绕主要任务和国际科学前沿选择研究课题，组织承担国内外重大科研任务，持续深入推动协同创新。

第二十条 联合实验室应当结合自身特点，推动科学普及和科技成果转化，加强社会联系和与产业界的合作。

第六章 支持方式

第二十一条 高校是联合实验室建设投入和发展管理的主体，积极汇聚资源，加大改革和投入力度，为联合实验室建设提供条件和政策保障。地方政府、主管部门从实际需要出发，合理配置资源，为高校开展联合实验室提供多元化支持，为高校改革与发展创造有利条件。

第二十二条 教育部积极创造条件，加强对联合实验室的支持，采取后补助方式对通过验收认定的联合实验室给予持续稳定的支持。

第七章 考核评估

第二十三条 依托单位应当对联合实验室进行年度考核，充分发挥考核对建设发展的指导作用。定期召开联合实验室咨询会议，及时发现、研究和解决联合实验室存在的问题。

第二十四条 开放运行的联合实验室实行五年一轮的定期评估。评估主要对联合实验室五年的整体运行状况进行综合评价。评估考评等级分为优秀、良好、合格、不合格。考评结果为合格的将责令其限期整改，不合格的将撤销其联合实验室资格。

第八章 附则

第二十五条 联合实验室统一命名为"×××（研究方向）国际合作联合实验室"，英文名称"Joint International Research Laboratory of×××"。

教育部关于
直属高校落实财务管理领导责任严肃财经纪律的若干意见

(教财〔2015〕4号)

部属各高等学校：

党的十八大以来，直属高校认真贯彻落实中央八项规定精神，坚持厉行节约、反对浪费，在加强财务管理、严肃财经纪律方面取得明显成效。同时也要清醒地看到，近年来的巡视、监察、审计等发现，直属高校在财务管理方面还存在不少问题，有的问题还比较严重。究其原因，主要是财务管理领导责任落实不到位、管理制度不健全、责任追究不严格、有制度不执行现象严重。新形势下，全面落实财务管理领导责任、严肃财经纪律，是直属高校贯彻落实"全面建成小康社会、全面深化改革、全面依法治国、全面从严治党"的必然要求，是严明党的政治纪律和政治规矩、严守国家财经纪律和财经规矩的重要举措。为此，现就直属高校落实财务管理领导责任、严肃财经纪律提出以下意见。

一、全面落实财务管理领导责任

高等学校实行党委领导下的校长负责制。直属高校党委要切实负起对学校财务管理工作的领导责任。全面贯彻执行党和国家财经方针政策和决策部署，持之以恒深入贯彻落实中央八项规定精神。严格遵守国家财经法律法规，真抓真管，使财经纪律真正成为带电的高压线。积极配合上级主管部门做好总会计师委派工作，选好用好财务机构负责人。讨论决定事关学校改革发展稳定的重大财经事项和管理制度，健全规范学校财务管理的长效工作机制，强化对权力运行的制约和监督。支持总会计师（财务分管领导）、财务机构负责人、财务人员依法履行职责，支持内部审计工作，支持纪检监察部门查处违反财经法律法规和财经纪律问题。

党委主要负责同志要抓好班子，带好队伍，管好自己，做好廉洁从政的表率。认真执行民主集中制，严格执行领导班子议事规则与决策程序。积极督促党政班子成员落实"一岗双责"。党政领导班子其他成员要带头贯彻执行国家财经法律法规，按照"一岗双责"的要求，根据分工抓好职责范围内的财经管理工作。

校长是学校的法定代表人，在学校党委领导下，全面负责学校财务管理工作。组织拟订和实施重大决策事项、重大项目安排、大额资金使用、预算安排、重要财经管理制度及信息公开工作。加强财务队伍建设。强化财务管理和内部审计监督。加强国有资产管理，防止国有资产流失。对各级各部门巡视、监察、审计、检查中发现的问题，应及时组织整改，注重结果运用。向党委报告重大财经决议执行情况，向教职工代表大会报告财务工作。

二、健全财务治理体制和运行机制

要按照统一领导、集中或分级管理的原则，规范内部财务治理体制和运行机制。要建立健全党政领导班子、财经管理各领导小组（管理委员会）的议事规则。学校讨论决定、拟定实施重大经济决策事项时，应充分论证，必要时应进行专业咨询。要明确财务、审计、纪检监察及相关业务部门的职责分工，明晰经费投入的前期论证、执行过程的审核监督、事后的绩效评价等环节的责任边界，形成决策权、执行权、监督权既相互制约又相互协调的运行机制。

三、大力推进内部控制制度建设

要把建立和完善以内部控制制度为核心的财务管理制度建设，作为扎紧制度笼子的关键举措来抓。要按照《行政事业单位内部控制规范（试行）》要求，成立由主要负责人牵头的工作组，加快推进内部控制制度建设。要对照内部控制规范要求，系统梳理制度建设情况及存在问题，及时完善相关管理制度。要重点围绕科研经费、国有资产、基本建设、所属企业、财政资金分配使用、政府采购等领域，按照分事行权、分岗设权、分级授权的要求，科学合理设置机构和岗位权责。要按照权责一致、有效制衡的原则，定期评估风险、检查漏洞，确保制度有效执行。

四、全面加强预算管理

要严格遵守预算法，坚持依法理财，规范理财行为。实施全面规范、公开透明的预算制度，校内各部门、各单位的所有收支必须统一纳入学校预算。预算编制应遵循统筹兼顾、勤俭节约、量力而行、讲求绩效和收支平衡的原则。要结合国家财政支出政策、学校事业发展需要和财力可能，科学编制事业发展规划，确保事业发展规划与财力相匹配。要据实填报学校人员、资产等预算编制基础数据，严禁套取财政资金。切实加强预算执行管理，重点做好基建项目、科研项目和其他各类重大项目预算执行工作，有效降低财政拨款结转结余资金规模。要强化预算约束，严格控制预算追加事项，未列入预算的经费不得支出。建立预算绩效评价制度。建立绩效评价结果、预算执行与预算安排相挂钩的制度。严格决算管理，做到收支真实、数额准确、内容完整、报送及时。

五、严格规范收入支出管理

依法合规组织收入。行政事业性收费应当严格执行国家规定的收费范围和标准，收费收入必须全额上缴学校，由学校统一管理，严禁设立"账外账"或"小金库"。严格执行国家税收政策。对按规定上缴国库或财政专户的各项资金，应及时足额上缴，不得隐瞒、截留、挤占、挪用、坐支或者私分。

支出应当严格执行国家有关财务规章制度规定的开支范围及开支标准。严格执行国库集中支付和政府采购等有关规定。严禁违规将财政资金从国库转入本单位其他账户或所属下级单位账户。不得超标准超范围发放津贴补贴。严格执行会议费、培训费、接待费、差旅费等经费管理办法。严禁在风景名胜区召开会议、违规转嫁或摊派费用以及借会议培训之名组织会餐、安排宴请、公款旅游等。严格控制一般性支出。加快推进公务卡制度改革，进一步减少现金提取和使用，切实提高公务卡使用率。

六、切实落实基本建设管理的各项规定

严格执行《教育部直属高校基本建设管理办法》和《教育部直属高校及事业单位基本建设项目竣工财务决算管理办法》。建设项目决策应执行"三重一大"程序，符合校园建设总体规划，按规定进行招投标。项目投资概算经批复后，应当严格执行，不得擅自调整建设功能、建设规模、建设标准等。严格实行工程款支付"两支笔"会签制度，应按照年度投资计划拨付建设资金，及时编制项目竣工财务决算。基建财务应纳入高校事业会计核算体系。

七、严格科研经费管理

加快建立适应科技创新规律、职责清晰、监管有力的学校、院系、项目负责人三级科研经费

管理体制，落实各级管理责任。规范科研项目预算编制和评估评审工作，统筹考虑可能从不同渠道获得的资金情况，实事求是地按照需要申请中央财政资金支持。科研经费应全部纳入学校财务统一管理，专款专用，结题的项目应及时结账。严禁编造虚假合同、编制虚假预算、使用虚假票据套取科研资金，严禁购买与科研项目无关的设备、材料等，严禁虚报冒领或者违规发放"三助"津贴、劳务费和专家咨询费。不得随意调账变动支出、随意修改记账凭证、以表代账应付财务审计和检查。严禁将科研经费在合同（任务书）约定之外转拨、转移到有关联关系的单位或个人。

八、加强事业资产管理

按照统一领导、归口管理、分级负责、责任到人的管理原则，建立专门机构统一管理学校所有事业资产。资产管理应当与预算管理相结合，资产配置应统筹考虑存量资产、实际需要和财力可能，加强论证，从严控制。资产使用应首先保障教育事业发展需要，确需对外投资、出租、出借的，应当加强合法合规审核和监管，履行报批报备手续，做好风险控制和跟踪管理，确保国有资产安全。严格执行国有资产处置规定。

九、强化对所属企业国有资产监管

按照《中共中央国务院关于深化体制机制改革加快实施创新驱动发展战略的若干意见》（中发〔2015〕8号）要求，逐步实现直属高校与下属公司剥离，今后学校原则上不再新办企业。在国家有关剥离具体方案出台前，学校要以管资本为主加强对所属企业国有资产监管。依法依规办理企业国有资产报批报备手续，规范国有产权转让行为，防范国有资产流失。加强企业负责人薪酬待遇管理。加强经营业绩考核，加大考核结果应用。规范领导干部在所属企业兼职任职。现职和不担任现职但未办理退（离）休手续的党政领导干部不得在所属企业兼职（任职）。对辞去公职或者退（离）休的党政领导干部到企业兼职（任职）的，严格按中组部《关于进一步规范党政领导干部在企业兼职（任职）问题的意见》等有关规定执行。

十、规范政府采购管理

严格执行《政府采购法》《政府采购法实施条例》的各项规定。建立或明确政府采购工作归口管理机构。科学编制政府采购计划和采购预算，严格实施经费支出和资产配置标准，不得无预算超预算采购。按规定确定采购方式，执行采购程序，对达到公开招标限额标准的项目，必须实行公开招标，严禁拆分项目规避公开招标。认真执行批量集中采购相关规定。要进一步规范评审专家抽取、采购信息发布、采购方式变更和进口产品采购等工作。严禁在采购活动中违规收受回扣、手续费等。加强对采购需求、采购效果的管理，提高资金使用效益。推进政府采购管理信息系统建设，对采购预算、采购程序、采购结果实施动态监管。

十一、规范会计核算

会计凭证、会计账簿、会计报表和其他会计资料的内容和要求必须符合《高等学校会计制度》的规定。往来款项应及时清理。严禁会计造假行为。严禁违规采取权责发生制方式虚列支出。依法加强各类支出凭证、票据的审核把关，确保来源合法、内容真实、使用正确。学校应当建立健全账务处理程序、内部牵制、稽核、财务收支审批、财务分析等内部会计管理制度。

十二、加快财务管理信息化建设

财务管理信息化建设是全面加强直属高校财务管理的重要手段和技术支撑。各校要做好财务管理信息化建设的顶层设计，系统开发会计核算、财务监管、决策支持、财务公开、接受监督的统一技术平台，作为高校"阳光财务"工作的基础保障。要加强学校内部信息系统之间的互联互通与信息共享,提高学校管理信息化水平。要做好财务管理信息化人才队伍建设,保障财务信息系统的安全、高效、稳定运行。做好信息安全和保密工作,根据国家信息安全等级保护的要求,完善信息系统综合防护体系建设。

十三、加大信息公开力度

加快实施"阳光财务",主动接受外部监督。严格执行《高等学校信息公开办法》。定期主动公开预决算信息,不断扩大公开范围,细化公开内容。逐步推进高校财务年报制度。建立健全依申请公开工作机制,依法依规做好财务信息依申请公开工作。项目承担单位应当在学校内部公开项目立项、主要研究人员、资金使用、大型仪器设备购置以及项目研究成果等情况,接受内部监督。

十四、提升财务队伍专业化水平

认真落实《教育部关于加强直属高校直属单位财务队伍建设的意见》。财务、资产、基建和审计等部门负责人应具有相关专业背景。进一步优化财务队伍结构,推动专业化建设。科学制订财务骨干人才培养培训方案,支持财务人员参加继续教育。加强学校财会队伍党风廉政建设、工作作风建设和财务部门文化建设,建设业务精湛、视野开阔、作风过硬的教育财务队伍。

十五、加强内部审计工作

深入落实《教育部关于加强直属高等学校内部审计工作的意见》。学校主要负责人应直接领导内部审计工作。应设置独立内部审计部门,足额配备专职审计人员,切实加强内部审计专业化建设。强化预算管理审计、内部控制审计、经济责任审计,加强对科研经费管理、建设工程管理、采购管理、资产管理等重点领域的审计。拓展内部审计范围,探索开展重要政策跟踪审计、适时开展专项审计调查。强化审计结果运用,加强审计整改和责任追究,推进审计结果公开。

十六、严肃责任追究

对违反财经纪律的行为,将按照《中国共产党纪律处分条例》《事业单位工作人员处分暂行规定》《财政违法行为处罚处分条例》等规定严肃处理。对财务管理责任落实不到位,发生顶风违纪,出现窝案、大案、要案和重复性案件的单位和部门,坚持"一案双查",既要追究当事人责任,又要倒查追究相关领导责任,包括主体责任和监督责任。

教育部
2015 年 5 月 22 日

教育部关于印发《教育部重点实验室建设与运行管理办法》和《教育部重点实验室评估规则（2015年修订）》的通知

（教技〔2015〕3号）

各省、自治区、直辖市教育厅（教委），新疆生产建设兵团教育局，有关部门（单位）教育司（局），部属各高等学校：

为加快实施创新驱动发展战略，进一步规范和加强教育部重点实验室的建设和运行管理，现将修订后的《教育部重点实验室建设与运行管理办法》和《教育部重点实验室评估规则（2015年修订）》印发给你们，请认真贯彻执行。

教育部
2015年8月20日

教育部重点实验室建设与运行管理办法

第一章 总则

第一条 为加快实施国家创新驱动发展战略，深化科技体制改革，推动高等教育事业发展，规范和加强教育部重点实验室（以下简称实验室）建设与运行管理，制定本办法。

第二条 实验室是高等学校组织高水平科学研究、培养和集聚创新人才、开展学术合作交流的重要基地，是国家科技创新体系的重要组成部分。其主要任务是面向科学前沿，聚焦国家战略需求和行业、区域发展需求，开展创新性研究，提升高等学校创新能力，推动学科建设发展，以高水平科学研究支撑高质量高等教育。

第三条 实验室实行"开放、流动、联合、竞争"的运行机制；坚持科教融合，创新引领，定期评估，动态调整。

第四条 实验室是由高等学校建设的具有相对独立性的科研实体，实行人、财、物相应独立的管理机制。

第二章 管理职责

第五条 教育部是实验室的宏观管理部门，主要职责是：

（一）制定实验室发展方针和政策，编制发展规划，发布建设指南。

（二）制定实验室建设与运行管理办法，指导实验室的建设和运行。

（三）负责实验室的立项建设、调整和撤销。

（四）组织实验室的验收、评估和检查。

第六条 高等学校主管部门对实验室建设与运行管理的主要职责是：

（一）将实验室的建设发展纳入行业和地方的发展重点。

（二）推进、落实实验室建设和运行经费，以及相应人事配套政策。

（三）依据本办法，指导和监督实验室的运行和管理。

（四）协助教育部做好实验室的验收、评估和检查工作。

第七条 高等学校是实验室建设和运行管理的主体，其主要职责是：

（一）将实验室建设和基本运行经费纳入学校年度预算；在重点学科建设、人才引进和队伍建设、研究生培养指标、自主选题研究等的年度计划中对实验室给予重点支持；提供人力资源、科研场所和仪器设备等条件保障。

（二）组织实验室的申报、论证，制定运行管理的实施细则，解决实验室建设运行中的有关问题。

（三）聘任实验室主任和学术委员会主任，组建实验室学术委员会。

（四）组织实验室年度考核，负责日常监督管理，配合做好定期评估。

（五）根据学术委员会建议，提出实验室名称、发展目标、组织结构等重大事项的调整，经主管部门审核报教育部认定。

第三章 立项与建设

第八条 教育部根据科学研究、学科发展和人才培养的需要，结合实验室总体规划和布局，会同高等学校主管部门，不定期发布建设指南，组织开展实验室的立项建设，主要包括立项申请、评审、论证、验收。

第九条 实验室立项申请的基本条件为：

（一）研究方向和目标明确，特色鲜明，在本领域有重要影响；有承担国家和地方重大科研任务的能力；具备培养高层次人才的条件，能够广泛开展国内外学术交流与合作；具有良好的学术氛围。

（二）拥有知名学术带头人和年龄与知识结构合理、富于创新、团结协作的优秀研究团队；具有一支稳定、高水平的研究、实验技术和管理人员队伍。

（三）具有良好实验条件和充足的研究场所、经费保障。人员与用房相对集中，原则上实验室面积不低于 3000 平方米，仪器设备总价值不低于 2000 万元。

（四）依托学科应为高等学校的优势和特色学科，或是新兴交叉学科，并符合实验室建设规划和指南。

（五）实验室申请立项时，一般应是已良好运行 2 年以上的行业、地方、校级重点研究机构，具有较完善的管理制度。

第十条 根据教育部发布的实验室建设指南和要求，符合立项申请基本条件的高等学校按规定格式填写《教育部重点实验室建设申请书》。高等学校应确保申请书内容的真实性，并签署配套经费及条件保障等意见，经主管部门审核后报教育部。

第十一条 教育部组织专家对《教育部重点实验室建设申请书》进行评审，择优立项，向高等学校批复立项结果，并抄送其主管部门。

根据立项批复，高等学校组织编制《教育部重点实验室建设计划任务书》，并组织专家组对实验室建设计划进行可行性论证。论证后的建设计划任务书和论证报告报主管部门和教育部备案。

第十二条 实验室建设坚持"边建设、边运行"的原则。鼓励部门、地方、企业参与共建。建设应严格按照《教育部重点实验室建设计划任务书》的内容实施，建设期一般不超过 3 年。逾期未通过验收的实验室，取消立项建设资格。

第十三条 建设任务完成后，高等学校经自查后向主管部门和教育部报送《教育部重点实验室建设验收报告》，并提出验收计划安排。

实验室建设验收由教育部组织或委托相关部门进行。验收专家组一般由学术专家和管理专家组成。验收专家组依据建设计划任务书及验收报告，进行综合评议，形成验收意见。通过验收的实验室，经教育部认定后正式开放运行。

第十四条 地方、行业的重点研究机构建设发展成为开放运行的教育部重点实验室后，可以同时保留其原有的地方、行业重点研究机构名称，地方政府和行业部门可继续按照原有渠道和方式给予支持。

第四章 运行与管理

第十五条 高等学校应当重视实验室的建设与发展，成立由主要负责人牵头，科技、人事、学科、财务、资产等部门参加的实验室建设和运行管理委员会，负责落实条件保障、日常监督管理和年度考核工作，协调解决实验室发展中的重大问题，并保障实验室基本运行经费每年不低于100万元。

第十六条 实验室实行高等学校领导下的主任负责制。实验室主任负责实验室的全面工作，并设立专职副主任和专职秘书。

实验室主任由高等学校公开招聘和聘任，报主管部门和教育部备案。实验室主任应是本领域高水平的学术带头人，具有较强的组织管理能力，首次聘任时一般不超过55岁。实验室主任应是高等学校聘任的全职教学科研人员，每届任期5年，一般连任不超过2届。

第十七条 学术委员会是实验室的学术指导机构，职责是审议实验室的发展目标、研究方向、重大学术活动、年度报告、开放课题。学术委员会会议每年至少召开1次，每次实到人数不少于总人数2/3。

学术委员会主任一般应由非实验室所在高等学校的人员担任。实验室学术委员会主任由高等学校聘任，报主管部门和教育部备案。委员由高等学校聘任。

学术委员会由不少于9位国内外优秀专家组成，其中实验室所在高等学校人员不超过1/3。鼓励聘请外籍专家。1位专家至多同时担任3个实验室的学术委员。委员每届任期5年，一般连任不超过2届，每次换届应更换1/3以上委员，原则上2次不出席学术委员会会议的应予以更换。

第十八条 实验室人员由固定人员和流动人员组成。固定人员应是高等学校聘用的聘期2年以上的全职人员，除承担高等学校教学任务外，原则上应全职在实验室工作。固定人员包括研究人员、技术人员和管理人员，一般规模不少于30人。流动人员包括访问学者、博士后研究人员等。实验室要加大流动人员规模，注重吸引国内外优秀博士后研究人员等青年人才，并通过聘用合同明确工作职责和任务、聘期及在岗工作时间等。

第十九条 实验室应围绕主要研究方向和重点任务，组织团队系统开展持续深入的科学研究，联合国内外优秀团队开展协同创新，承担国家、区域和行业的重大科技任务；充分发挥高等学校多学科优势，设立自主研究选题，加强跨学科研究；开展仪器设备的自主研发和更新改造，开展实验技术方法的创新研究。

第二十条 实验室应注重人才培养，吸引优秀本科生进入实验室参与科研活动，支持研究生参与课题研究和学术交流，注重研究成果向教学内容及时转化，积极与国内外科研机构和行业企业联合培养创新人才，开展学生跨校交流和联合培养。

第二十一条 实验室应充分开放运行，建立访问学者制度，设立开放课题，吸引优秀人才开展合作研究；广泛开展学术交流，与国内外高水平研究机构和团队开展稳定的实质性合作；积极参与重大国际科技合作计划，争取在国际学术组织中任职。

第二十二条 实验室的科研设施和仪器设备、数据库和样本库等科技资源，在满足科研教学需求的同时，应建立开放共享机制，面向社会开放运行。实验室应设立公众开放日，面向社会开展科学知识传播。

第二十三条 实验室应加强知识产权的规范管理。在实验室完成的专著、论文、软件、数据库等研究成果均应标注实验室名称；专利申请、成果转让、奖励申报等按国家有关规定执行；加强数据、标本等科技资源的采集、整理、加工、保存，建设各类资源库。

第二十四条 实验室应建立健全各项规章制度，严格遵守国家有关保密规定。加强实验室信息化建设，建立内部管理信息系统和实验室网站，纳入学校信息化工作统筹管理，并保持安全运行。

第二十五条 实验室要营造宽松民主、团结协作、积极进取的工作环境，形成潜心研究、勇于创新和宽容失败的学术氛围。实验室要高度重视学术道德和学风建设，加强自我监督。

第五章 考核评估与调整

第二十六条 实验室必须编制年度报告，并在实验室网站公布。

第二十七条 高等学校以年度报告为基础，每年组织对实验室进行年度考核，并将考核结果与年度报告一并报主管部门和教育部备案。

第二十八条 根据年度考核情况，教育部可会同高等学校主管部门，抽取部分实验室进行现场检查，发现、研究和解决实验室存在的问题。

第二十九条 教育部对实验室进行定期评估。定期评估周期为5年，每年评估1~2个领域。开放运行满3年的实验室应当参加定期评估。

第三十条 教育部负责实验室定期评估的组织实施，制定评估规则，委托和指导第三方机构开展具体评估工作，确定和发布评估结果，受理并处理异议。

第三十一条 定期评估主要对实验室5年的整体运行状况进行综合评估，评估程序分为初评、现场考察和综合评议三个阶段。定期评估工作按照《教育部重点实验室评估规则》进行。

第三十二条 教育部根据定期评估结果，对实验室进行动态调整。未通过评估的实验室不再列入实验室序列；评估结果为优秀的实验室优先推荐申报国家重点实验室。

第六章 附则

第三十三条 实验室通过验收后，统一命名为"××教育部重点实验室（××大学）"，英文名称为Key Laboratory of ××（××University），Ministry of Education。如：神经科学教育部重点实验室（北京大学），Key Laboratory of Neuroscience（Peking University），Ministry of Education。

第三十四条 在实验室建设与运行管理中，凡是属于国家科学技术涉密范围的相关情形和内容，应按照《国家科学技术保密规定》等相关法规执行。

第三十五条 《教育部重点实验室评估规则》另行发布。

第三十六条 本办法自公布之日起施行，原《高等学校重点实验室建设与管理暂行办法》（教技〔2003〕2号）同时废止。

教育部重点实验室评估规则（2015年修订）

第一章 总则

第一条 为规范教育部重点实验室（以下简称实验室）的定期评估（以下简称评估）工作，根据《教育部重点实验室建设与运行管理办法》，特制定本规则。

第二条 评估的目的是全面了解和检查实验室5年的运行状况，总结经验，发现问题，促进发展。评估重点是实验室的研究水平与贡献、研究团队建设、学科发展与人才培养、开放与运行管理。

第三条 评估工作坚持"公开、公平、公正"，按照依靠专家，注重实效，动态调整，以评促建的原则，采取定性评估与定量评估相结合的方式（评估指标体系见附件）。

第四条 评估是实验室管理的重要环节，在年度考核的基础上进行。评估周期为5年，每年评估1~2个领域的实验室。教育部可根据情况对实验室进行不定期抽查。

第五条 所有通过验收并且正式开放运行期满3年的实验室均应参加评估，未满3年的实验室可自主决定是否参加评估。依托中央部门所属高等学校和依托地方高等学校建设的实验室按照统一规定和程序参加评估。

第六条 教育部科技司负责评估的组织实施，包括：制订实验室评估规则，确定参评实验室名单，建立评估专家库，选择和委托第三方评估机构（以下简称评估机构）开展评估工作，确定和发布评估结果，受理对评估机构和评估工作的实名异议，对评估机构的履职尽责情况进行监督和评价。

第七条 评估机构应具备组织实施评估工作的条件，能够按照本规则客观公正地开展工作，并对评估中的有关过程和情况严格保密。评估机构的主要职责是：拟定评估实施方案和经费预算，受理评估申请，组织专家评估，提交评估报告，建立评估工作档案并按期向教育部移交。

第八条 中央部门、地方政府教育行政部门负责指导和组织本部门实验室和依托高等学校做好接受评估的准备工作。

第九条 实验室依托高等学校负责为实验室评估提供支持和保障；审核评估申请材料的真实性和准确性，并承担材料失实的连带责任。

第十条 教育部建立实验室评估专家库。评估专家一般由本领域学术水平高、公道正派、熟悉实验室工作的一线科学家和少数科研管理专家担任。应用基础研究比重大的领域应当聘请部分来自产业界的专家。

第二章 评估材料

第十一条 评估材料是实验室评估的依据，必须反映评估期限内的真实情况，包括实验室年度考核报告和5年工作总结。评估材料存在弄虚作假情形的实验室，当年评估结果定为整改。评估材料中属于国家科学技术涉密范围的内容应按照《国家科学技术保密规定》执行。

第十二条 实验室根据评估期内提交的年度报告编写5年工作总结，并在依托高等学校内进行公示。5年工作总结中列举的所有成果必须是评估期内获得，并且各项数据应与年度考核报告的内容相符。

第十三条 评估材料经实验室依托高等学校和主管部门审核后，按照规定程序和日期提交评估机构。评估机构应组织人员对评估材料进行审核。

第三章 评估程序

第十四条 教育部于每年7月1日前确定委托承担次年评估工作的评估机构，并下达当年参评的实验室清单。

第十五条 评估机构制定详细的评估实施方案和经费预算，报教育部批准。评估实施方案包括实验室分组、材料提交、评估日程安排等。评估经费预算包括专家评审费、会场租用费、交通费、食宿费等。教育部在收到评估方案后的15个工作日内批复。

第十六条 评估机构发布评估通知，按初评、现场考察和综合评议三个阶段分别组织专家评估，于下半年完成评估工作。

第十七条 参评实验室的依托高等学校负责审核评估材料并签署意见，在规定时间期限内，向评估机构正式提交。

第四章 初评

第十八条 初评采取专家集中开会听取工作报告的形式对所有参评实验室进行评议。按照学科领域相近的原则，分组进行。

第十九条 评估机构在会前组织召开初评预备会，向初评专家说明评估规则和指标体系，明确评估任务和要求。

第二十条 各参评实验室主任到会做工作报告，并对专家提问进行答辩。报告时间30分钟，答辩10分钟，其他参评实验室可以旁听。

第二十一条 初评专家在会议期间应审阅评估材料，听取实验室主任工作报告并交流讨论后，根据评估指标体系对实验室进行记名打分。

第二十二条 根据专家打分结果从高到低排序，排名前20%和后20%的实验室进入现场考察，同时教育部还将从其余参评实验室中抽取不少于10%的实验室列入现场考察名单。

名单在教育部科技司网站上发布，但不公开具体排名。未进入现场考察名单的其他参评实验室可在名单公布后的10个工作日内向教育部提出现场考察申请，经批准后接受现场考察。

第五章 现场考察

第二十三条 现场考察按照初评的分组进行。评估机构组织成立现场考察专家组，确定专家组长。每个现场考察专家组由5~7位专家组成，其中包含初评专家2~3名，管理专家1~2名。专家组名单需报教育部审核同意。

第二十四条 评估机构安排确定各实验室现场考察时间（每实验室评估半天）和路线，于考察前10个工作日通知相关参评实验室，并将考察安排向有关中央部门、地方政府教育行政部门通报。

评估机构负责制订现场考察工作手册，主要内容包括现场考察的基本程序、详细日程安排以及评估工作的有关文件和工作人员职责。

评估机构组织召开现场考察预备会，向专家组成员明确现场考察的任务和要求。

第二十五条 现场考察过程由专家组长主持。主要考察实验室的工作状态、创新氛围和内部运行管理；核实科研成果和经费使用情况，以及仪器设备运行管理和开放共享情况；检查依托高等学校对实验室的支持和条件保障的落实情况，以及对实验室的日常监督管理。专家组采取听取实验室主任和依托高等学校工作报告、审查证明材料、召开座谈会或进行个别访谈等方式进行考察了解。

第二十六条 专家组审阅评估材料和证明材料，听取实验室主任和依托高等学校的工作报告，并提问质询。其中：

实验室主任工作报告主要介绍评估期限内实验室取得的代表性成果（不超过5项），并对实验室的运行状况和管理机制进行全面、系统总结。报告不超过40分钟，答辩20分钟。

由校领导或科研管理部门负责人代表依托高等学校，报告评估期限内依托高等学校对实验室的资源投入、条件保障、政策支持、日常监督管理等情况。报告不超过20分钟，答辩10分钟。

第二十七条 实验室应提供以下材料备专家组查阅：基本运行经费、开放课题经费等有关经费的财务证明（包括到账和使用情况）；各类有关项目合同书、项目批准书、获奖证书；完成的各类研究成果（论文、专利等）；公共服务证明；学术交流和会议相关文（信、函）件；内部管理规章制度等。

第二十八条 专家组经交流讨论后，以口头方式向实验室和依托高等学校简要反馈，在肯定成绩的同时，更要明确指出实验室的不足。

第二十九条 专家组在现场考察结束后，根据评估指标体系对本组考察的实验室记名打分，并研究提出书面评估意见。评估意见应明确指出实验室存在的问题和改进建议。

第六章 综合评议

第三十条 评估机构按照初评打分占60%，现场考察打分占40%的方式，计算出参加现场考察的各实验室成绩并从高到低排序，成绩靠前的实验室评估结果为优秀；成绩靠后的实验室将参加综合评议，比例不少于参评实验室总数的20%。参加综合评议的实验室名单在教育部科技司网站上发布并提前至少10个工作日通知依托高等学校。

第三十一条 同领域的综合评议不再按相近学科分组。每个领域由7~11位专家组成综合评议专家组。

第三十二条 评估机构向综合评议专家组提供参评实验室的初评成绩、现场考察成绩、现场考察意见、评估材料和评估指标体系。

第三十三条 参加综合评议的实验室主任到会做工作报告，并对专家提问进行答辩。主要介绍实验室代表性成果和优势特色、存在的问题和不足、发展规划和设想等。报告时间30分钟，答辩10分钟。

第三十四条 专家经评议讨论，对参加综合评议的实验室记名打分和排序，并当场公布排序结果。

第七章 公布结果

第三十五条 综合评议结束后的15个工作日内，评估机构向教育部提交当年评估工作档案，包括：各阶段专家组人员名单、会议初评专家打分表、初评打分排序统计结果、各实验室现场考察意见、现场考察打分和排序结果、综合评议专家打分表及排序结果。

第三十六条 评估机构应在综合评议结束后的15个工作日内，向教育部提交评估报告，报告应对评估过程中产生的材料进行分析，对评估工作进行系统总结，并提出意见和建议。

第三十七条 教育部根据评估成绩和评估报告，确定并发布评估结果及处理意见。评估结果分为优秀、良好、整改、未通过评估四类。其中评估结果为优秀的实验室不超过15%，评估结果为整改和未通过评估的实验室不少于10%，其他实验室评估结果为良好。

第三十八条 评估结果为整改的实验室整改期为2年，期满后由教育部组织专家现场检查整改结果，检查通过后评估结果定为良好，检查未通过的实验室不再列入教育部重点实验室序列。

第三十九条 未通过评估的实验室、不参加评估或中途退出评估的实验室，不再列入教育部重点实验室序列，可以再次参加立项申请。

第四十条 评估结果在教育部科技司网站公示一周。公示期内接受实名提出异议。最后以书面形式向参评实验室和依托高等学校反馈评估结果。

第八章　附则

第四十一条 实验室评估费用由教育部承担。

第四十二条 评估机构、工作人员和评估专家应严格遵守国家法律法规和相关保密规定，科学公正、严肃认真地履行职责，不得对外发布相关过程信息，不得收取评估对象的评审费用、礼品、礼金。

第四十三条 评估实行回避制度，与实验室有直接利害关系者，包括实验室正、副主任、固定人员，学术委员会成员，实验室主管部门及其他直接相关者不得作为评估专家。实验室可提出希望回避的专家名单并说明理由，与评估材料一并上报。

第四十四条 本规则自发布之日起施行。《教育部重点实验室评估规则》（教技〔2007〕3号）同时废止。

附件：教育部重点实验室评估指标体系（略）

教育部办公厅关于
加强高等学校科研基础设施和科研仪器开放共享的指导意见

(教技厅〔2015〕4号)

各省、自治区、直辖市教育厅(教委),新疆生产建设兵团教育局,有关部门(单位)教育(科技)司(局),部属各高等学校:

为贯彻落实《国务院关于国家重大科研基础设施和大型科研仪器向社会开放的意见》(国发〔2014〕70号)精神,切实推进高等学校科研基础设施和科研仪器(以下简称科研设施与仪器)的全面开放、充分共享,提高科研设施与仪器使用、配置的效率和效益,提出以下指导意见。

一、总体目标

加强开放共享,服务创新。加快推进高等学校科研设施与仪器在保障本校教学科研基本需求的前提下向其他高校、科研院所、企业、社会研发组织等社会用户开放共享,并提供专业化服务,实现资源共享,充分释放服务潜能,支持创新创业,支持小型微型企业发展,为实施创新驱动发展战略和创新创业提供有效支撑。

合理配置资源,提高效率。有力促进高等学校统筹管理现有科研设施与仪器,合理布局新增科研设施与仪器,避免重复建设和购置,杜绝闲置浪费现象,切实提高科研设施与仪器的利用效率和效益。

二、组织管理

1.加强引导和督查。高等学校的上级主管部门将高等学校科研设施与仪器开放共享水平和评估结果作为基地管理、科研管理的考评内容之一,把开放共享综合考评结果与规划发展再投入安排相结合,引导高等学校科研设施与仪器的共享共用。主管部门指导和监督高等学校向社会公布科研设施与仪器开放共享制度、实施情况及具体做法,并开展不定期督查。

2.强化法人主体责任。高等学校是本单位科研设施与仪器开放共享的责任主体,要强化法人责任,切实履行实施科研设施与仪器开放共享职责。学校应设立由校领导牵头的工作组,统筹协调各相关职能部门,并明确专门管理机构和管理职能,制定本校科研设施与仪器开放共享实施细则,报上级主管部门备案,并负责具体实施。

3.明确分级管理职责。高等学校应建立学校和下属二级单位共同推进本校科研设施与仪器开放共享的管理体制,明确学校、院系、研究团队分级管理职责,协同做好科研设施与仪器开放共享工作。

三、重点工作

1.建立开放共享机制。高等学校应建立科学有效的科研设施与仪器开放共享服务管理制度,认真梳理本校已有科研设施与仪器整体情况,包括设备原值、功能类型、专业领域、运行和开放共享情况等,建立符合学校实际的科研设施与仪器开放共享机制。除涉密、功能特殊、技术要求特殊、研究目的特殊等仪器设备之外，其他用于教学科研且具有一定共性需求的科研设施与仪器，特别是单台套价值在50万元以上的科研设施与仪器，均应纳入开放共享范围，提供开放共享服务。

2. 建设信息服务平台。高等学校应建立科研设施与仪器管理和开放共享的网络信息和服务平台，实现科研设施与仪器配置、管理、服务、监督、评价的有机衔接，并根据主管部门和地方政府要求统一纳入国家与地方网络管理平台，逐步形成跨学校、跨领域、多层次的网络服务体系。

3. 加强人才队伍建设。高等学校根据本单位科研设施与仪器开放、运行、使用和维护的技术需求，合理配置实验技术人员岗位，建立专业化、职业化技术服务队伍。要制定实验技术人员的岗位、培训、薪酬、评价和激励政策，充分调动技术服务人员积极性、稳定实验技术人才队伍，不断提高实验技术水平和开放服务水平。

4. 创新完善管理模式。高等学校可以借鉴分析测试中心或同类型大型仪器公共平台的模式，建立学校实体公共服务平台集中集约管理，也可以通过信息化手段建立分散配置但统一管理的虚拟公共平台，鼓励探索联合企业和社会力量参与科研设施与仪器服务机构建设管理和开展社会化服务的新模式。

5. 建立成本核算和服务收费管理机制。高等学校应按照成本补偿和非营利性原则，建立科研设施与仪器开放服务收费管理机制，合理制定公开透明的成本核算和服务收费标准。开放共享服务收入纳入学校预算，由学校统一管理，并接受上级主管部门的监督。

6. 建立分类考核评价办法。对于通用科研设施与仪器，重点评价用户使用率、用户评价、有效服务机时、服务质量以及相关研究成果的产出、水平与贡献。对于专用科研设施与仪器，重点评价是否有效使用，是否有效组织了高水平的科研设施与仪器应用专业团队以及相关研究成果的产出、水平与贡献。

7. 建立激励和调控机制。构建用户参与的绩效评价体系，探索开放共享后补助机制和校内调配制度，把科研设施与仪器开放共享效果与仪器新购和维护的资源投入挂钩，并根据开放效果和用户评价，对提供开放共享服务的单位和技术人员给予绩效奖励，调动科研设施与仪器开放共享积极性。

8. 加强信息安全和知识产权保护。用户独立开展科学实验形成的知识产权由用户自主拥有，成果发表时应明确标注利用科研设施与仪器情况。高等学校要加强网络防护和网络环境下数据安全管理，依法保护用户身份信息以及在使用科研设施与仪器过程中形成的科学数据、技术秘密和知识产权。

教育部办公厅
2015年12月25日

教育部办公厅关于印发
《教育部科学事业费重大项目立项和实施管理办法》的通知

(教技厅函〔2016〕91号)

部属有关高等学校、有关单位：

为进一步加强高校科技创新顶层设计，推动高校创新能力建设，规范科学事业费重大项目的管理，提高资金使用效益，我部对2007年印发的《教育部科学技术研究项目管理办法（修订）》做了重新修订，明确了科学事业费重大项目的设置、组织管理等内容。现将《教育部科学事业费重大项目立项和实施管理办法》印发给你们，请认真贯彻执行。

教育部办公厅
2016年7月19日

教育部科学事业费重大项目立项和实施管理办法

第一章 总则

第一条 为进一步提高教育部科学事业费（以下简称科学事业费）使用效益，规范使用流程，加强精准管理，特制定本办法。

第二条 科学事业费坚持"目标导向、创新引领、分类支持、突出成效"的原则，重点支持能够引领科技发展方向、加强创新能力建设、优化政策环境的顶层设计和战略研究，按重大项目方式组织实施。

第三条 科学事业费重大项目实行全流程管理，包括指南与申报、评审与立项、实施与验收等环节。

第四条 重大项目实行预算制。每年9月前完成下一年度指南编制和发布，12月底前完成申报和立项。项目执行周期一般不超过两年，可择优滚动支持。

第五条 重大项目由教育部科学技术司（以下简称科技司）负责组织实施，综合处负责日常管理。

第二章 项目设置

第六条 根据目标和定位，重大项目分别设重大创新平台顶层设计与培育、重大科技项目生成、重大科技战略和政策研究三类。

A类：重大创新平台顶层设计与培育，以国家目标和战略需求为导向，以提升高校创新能力为核心，开展高校牵头建设国家实验室、国家重大科技基础设施、国家科学中心、国家技术创新中心、国际大科学工程、全球顶级科学家工作室等重大创新平台的顶层设计、重点培育和开放共享。

B类：重大科技项目生成，以国家重大战略需求和问题为导向，以引领科技前沿抢占制高点，实现重点领域跨越发展为目标，开展系统性、战略性研究，提出国家（国际）重大科技项目和重点研发计划项目等建议。

C类：重大科技战略和政策研究，围绕实施创新驱动发展战略、全面提升高等教育质量、深化高校科技体制改革等重大政策问题开展系统化研究，形成重大战略研究报告和政策建议。

第三章 指南与申报

第七条 重大项目实行指南牵引，包括征集指南建议、综合评审、指南审定。

第八条 科技司综合处组织相关业务处和科技委学部提出指南建议，并填报《教育部科学事业费重大项目指南建议书》。其中 A 类项目由各业务处提出，B、C 类项目由教育部科技委学部提出，科技委学部应在相关业务处指导下积极组织学部委员申请，鼓励跨学部联合提出指南建议。

第九条 委托教育部科技委战略咨询委员会组织专家对三类指南建议进行综合评审，提出年度拟立项指南建议。

第十条 科技司司务会研究审定立项指南。

第十一条 科技司综合处组织相关高校和科技委学部按照指南方向进行申报。项目主持人需填报《教育部科学事业费重大项目申请书》（以下简称《申请书》）。

第十二条 项目主持人应具有较强组织协调能力和学术影响力，保证有足够的时间和精力从事项目的组织和研究工作。原则上同一申请人当年只能申请一项项目，同期承担科学事业费项目不得超过两项。B、C 类项目主持人一般应为科技委委员和学部委员。

第四章 评审与立项

第十三条 重大项目评审包括形式审查和专家答辩评审。

第十四条 科技司综合处和相关业务处根据项目指南和申报要求，对项目申请书进行形式审查。

第十五条 委托科技委战略咨询委员会组织科技委专家进行答辩评审，答辩专家组成员不少于 13 名，择优提出立项建议名单。

第十六条 科技司综合处根据科技委评审结果提出科学事业费年度立项方案，经司务会研究后，作为教育部"三重一大"事项报部党组会审定。

第十七条 重大项目立项名单在科技司网站公示（涉密项目除外），公示期不少于 10 天。公示期满，正式发布立项通知。如公示期中有异议，委托第三方复议。

第十八条 立项通知发布后 1 个月内，项目申请人需根据项目申请书和专家评审意见编制《教育部科学事业费重大项目任务书》（以下简称《任务书》），并报送科技司综合处。

第十九条 《任务书》经科技司核准后将作为项目实施、经费拨付和结题验收的主要依据。

第五章 实施与验收

第二十条 项目主持人作为第一责任人应按照《任务书》的研究内容和工作计划，负责项目实施和经费使用。

第二十一条 项目主持人所在高校是项目依托单位，为项目实施提供条件保障和必要支持，并负责项目经费监管等工作。

第二十二条 A 类项目依托单位负责项目过程监管和结题验收预评估，并形成评估意见。B、C 类项目主持人所在学部负责项目过程监管，积极支持项目的顺利进行，负责项目中期检查和结题验收的预评估，并形成评估意见。

第二十三条 项目执行过程中，一般不得更换项目主持人或调整《任务书》内容。如因特殊原因，需进行调整的，报科技司审批。

第二十四条 如因组织管理不力，导致项目难以进行的，予以中止或撤销。项目依托单位须对已开展的工作、经费使用等情况作出书面报告，提出处理意见，报科技司审核后执行。

第二十五条 项目主持人须在项目研究期满1个月内向科技司提出结题申请。同时，填报《教育部科学事业费重大项目验收报告》（以下简称《验收报告》）。

第二十六条 科技司综合处对项目结题材料进行审核，委托科技委战略咨询委员会进行结题验收，并形成验收意见。验收采取答辩评审方式进行，验收专家组由不少于13名相关专家组成，其中财务专家至少1名。

第二十七条 对通过验收的项目，准予结题。对未通过验收的项目，3个月内修改完善，再提交材料进行结题验收。

第二十八条 有下列情况之一的，将视情况给予通报或终止项目等处理：

1. 无正当理由，未按时提交结题申请的；
2. 二次结题验收未通过的；
3. 有严重学术不端行为的；
4. 有违反国家财经纪律和触犯法律行为的。

第六章 经费管理

第二十九条 项目承担单位按"目标相关性、政策相符性、经济合理性"的原则，根据项目实际需求编制预算，报科技司。

第三十条 科技司委托科技委战略咨询委员会组织专家对承担单位申报预算进行评审，并根据评审结果提出预算额度建议。预算额度经科技司司务会研究后，报部党组会审定。

第三十一条 科技司按年度拨付项目经费资金，项目承担单位根据批复预算使用经费，专款专用。

第三十二条 项目经费是指在项目研究过程中发生的与研究活动直接相关的费用，开支范围主要包括：

（一）文献/图书资料费：指在研究过程中发生的资料收集、录入、复印、翻拍、翻译等费用，以及必要的图书和专用软件购置费等。

（二）数据采集费：指在研究过程中发生的数据跟踪采集、数据挖掘分析等费用。

（三）差旅费：指在研究过程中开展国内调研活动所发生的外埠差旅费、市内交通费、食宿费及其他费用。

（四）会议费：指在研究过程中为组织开展学术研讨、协调项目等活动而发生的会议费用。

（五）专家咨询费：指在研究过程中支付给聘请的咨询专家的费用，费用标准按照国家有关规定执行。

（六）劳务费：指在研究过程中支付给项目组没有工资性收入的相关人员（如在校研究生、博士后等）和临时聘用人员等的劳务性费用。

（七）出版/传播/印刷费：指在研究过程中发生的研究成果的打印费、印刷费和誊写费、出版费等。

（八）合作与交流：指参加国内外学术会议与调研发生的费用，支出标准按国家有关规定执行。

（九）办公设备：为开展项目研究确需购置、租赁使用的小型设备，由所在单位按照国家有关规定进行管理。

第三十三条 项目预算总额一般不予调整；在项目执行过程中会议费、差旅费、合作与交流费三项支出之间可以调剂使用，但不得突破三项支出预算总额；专家咨询费和劳务费预算一般不予调增；其他需要调整的，由项目主持人提出申请，依托单位审准，报科技司备案。

第三十四条 项目完成后应按照实际支出进行决算，决算须经项目依托单位的财务和审计部门审核，并随《验收报告》报送科技司。

第三十五条 通过验收项目的结余经费按国家有关规定办理，终止项目的结余经费按原渠道退回。

第三十六条 项目依托高校应严格遵守国家财经法规，发现问题及时纠正。对违反国家财经纪律的学校相关责任人，按国家有关规定追究其行政或法律责任。

第七章 附则

第三十七条 本办法由科技司负责解释。

第三十八条 本办法自发布之日起执行。《教育部科学技术研究项目管理办法（修订）》（教技〔2007〕6号）同时废止。

附件：1. 教育部科学事业费重大项目申请书（格式）（略）
　　　2. 教育部科学事业费重大项目任务书（格式）（略）

教育部　科技部关于
加强高等学校科技成果转移转化工作的若干意见

(教技〔2016〕3号)

各省、自治区、直辖市教育厅（教委）、科技厅（科委），新疆生产建设兵团教育局、科技局，教育部直属各高等学校：

为深入贯彻落实《中共中央国务院关于深化体制机制改革加快实施创新驱动发展战略的若干意见》、《中共中央关于深化人才发展体制机制改革的意见》和《中共中央办公厅关于印发深化科技体制改革实施方案的通知》精神，推动高校加快科技成果转移转化，依据《中华人民共和国促进科技成果转化法》、国务院《实施〈中华人民共和国促进科技成果转化法〉若干规定》和国务院办公厅《促进科技成果转移转化行动方案》，结合高校实际，提出如下意见：

一、全面认识高校科技成果转移转化工作。科技成果转化是高校科技活动的重要内容，高校要引导科研工作和经济社会发展需求更加紧密结合，为支撑经济发展转型升级提供源源不断的有效成果。高校要改革完善科技评价考核机制，促进科技成果转化。高校科技成果转移转化工作，既要注重以技术交易、作价入股等形式向企业转移转化科技成果；又要加大产学研结合的力度，支持科技人员面向企业开展技术开发、技术服务、技术咨询和技术培训；还要创新科研组织方式，组织科技人员面向国家需求和经济社会发展积极承担各类科研计划项目，积极参与国家、区域创新体系建设，为经济社会发展提供技术支撑和政策建议；高校作为人才培养的主阵地，更要引导、激励科研人员教书育人，注重知识扩散和转移，及时将科研成果转化为教育教学、学科专业发展资源，提高人才培养质量。

二、简政放权鼓励科技成果转移转化。高校对其持有的科技成果，可以自主决定转让、许可或者作价投资，除涉及国家秘密、国家安全外，不需要审批或备案。高校有权依法以持有的科技成果作价入股确认股权和出资比例，通过发起人协议、投资协议或者公司章程等形式对科技成果的权属、作价、折股数量或出资比例等事项明确约定、明晰产权，并指定所属专业部门统一管理技术成果作价入股所形成的企业股份或出资比例。高校职务科技成果完成人和参加人在不变更职务科技成果权属的前提下，可以按照学校规定与学校签订协议，进行该项科技成果的转化，并享有相应权益。高校科技成果转移转化收益全部留归学校，纳入单位预算，不上缴国库；在对完成、转化科技成果做出重要贡献的人员给予奖励和报酬后，主要用于科学技术研究与成果转化等相关工作。

三、建立健全科技成果转移转化工作机制。高校要加强对科技成果转移转化的管理、组织和协调，成立科技成果转移转化工作领导小组，建立科技成果转移转化重大事项领导班子集体决策制度；统筹成果管理、技术转移、资产经营管理、法律等事务，建立成果转移转化管理平台；明确科技成果转移转化管理机构和职能，落实科技成果报告、知识产权保护、资产经营管理等工作的责任主体，优化并公示科技成果转移转化工作流程。

高校应根据国家规定和学校实际建立科技成果使用、处置的程序与规则。在向企业或者其他组织转移转化科技成果时，可以通过在技术交易市场挂牌、拍卖等方式确定价格，也可以通过协议定价。协议定价的，应当通过网站、办公系统、公示栏等方式在校内公示科技成果名称、简介等基本要素和拟交易价格、价格形成过程等，公示时间不少于15日。高校对科技成果的使用、处置在校内实行公示制度，同时明确并公开异议处理程序和办法。涉及国家秘密和国家安全的，按国家相关规定执行。

科技成果转化过程中，通过技术交易市场挂牌、拍卖等方式确定价格的，或者通过协议定价并按规定在校内公示的，高校领导在履行勤勉尽职义务、没有牟取非法利益的前提下，免除其在科技成果定价中因科技成果转化后续价值变化产生的决策责任。

四、加强科技成果转移转化能力建设。鼓励高校在不增加编制的前提下建立负责科技成果转移转化工作的专业化机构或者委托独立的科技成果转移转化服务机构开展科技成果转化，通过培训、市场聘任等多种方式建立成果转化职业经理人队伍。发挥大学科技园、区域（专业）研究院、行业组织在成果转移转化中的集聚辐射和带动作用，依托其构建技术交易、投融资等支撑服务平台，开展技术开发和市场需求对接、科技成果和风险投资对接，形成市场化的科技成果转移转化运营体系，培育打造运行机制灵活、专业人才集聚、服务能力突出的国家技术转移机构。高校要充分利用各级政府建立的科技成果信息平台，加强成果的宣传和展览展示；鼓励科研人员面向企业开展技术开发、技术咨询和技术服务等横向合作，与企业联合实施科技成果转化。

五、健全以增加知识价值为导向的收益分配政策。高校要根据国家规定和学校实际，制定科技成果转移转化奖励和收益分配办法，并在校内公开。在制定科技成果转移转化奖励和收益分配办法时，要充分听取学校科技人员的意见，兼顾学校、院系、成果完成人和专业技术转移转化机构等参与科技成果转化的各方利益。

高校依法对职务科技成果完成人和为成果转化作出重要贡献的其他人员给予奖励时，按照以下规定执行：以技术转让或者许可方式转化职务科技成果的，应当从技术转让或者许可所取得的净收入中提取不低于50%的比例用于奖励；以科技成果作价投资实施转化的，应当从作价投资取得的股份或者出资比例中提取不低于50%的比例用于奖励；在研究开发和科技成果转化中作出主要贡献的人员，获得奖励的份额不低于总额的50%。成果转移转化收益扣除对上述人员的奖励和报酬后，应当主要用于科学技术研发与成果转移转化等相关工作，并支持技术转移机构的运行和发展。

担任高校正职领导以及高校所属具有独立法人资格单位的正职领导，是科技成果的主要完成人或者为成果转移转化作出重要贡献的，可以按照学校制定的成果转移转化奖励和收益分配办法给予现金奖励，原则上不得给予股权激励；其他担任领导职务的科技人员，是科技成果的主要完成人或者为成果转移转化作出重要贡献的，可以按照学校制定的成果转化奖励和收益分配办法给予现金、股份或出资比例等奖励和报酬。对担任领导职务的科技人员的科技成果转化收益分配实行公示和报告制度，明确公示其在成果完成或成果转化过程中的贡献情况及拟分配的奖励、占比情况等。

高校科技人员面向企业开展技术开发、技术咨询、技术服务、技术培训等横向合作活动，是高校科技成果转化的重要形式，其管理应依据合同法和科技成果转化法；高校应与合作单位依法签订合同或协议，约定任务分工、资金投入和使用、知识产权归属、权益分配等事项，经费支出按照合同或协议约定执行，净收入可按照学校制定的科技成果转移转化奖励和收益分配办法对完成项目的科技人员给予奖励和报酬。对科技人员承担横向科研项目与承担政府科技计划项目，在业绩考核中同等对待。

科技成果转移转化的奖励和报酬的支出，计入单位当年工资总额，不受单位当年工资总额限制，不纳入单位工资总额基数。

六、完善有利于科技成果转移转化的人事管理制度。高校科技人员在履行岗位职责、完成本职工作的前提下，征得学校同意，可以到企业兼职从事科技成果转化，或者离岗创业在不超过三年时间内保留人事关系。离岗创业期间，科技人员所承担的国家科技计划和基金项目原则上不得中止，确需中止的应当按照有关管理办法办理手续。高校要建立和完善科技人员在岗兼职、离岗创业和返岗任职制度，对在岗兼职的兼职时间和取酬方式、离岗创业期间和期满后的权利和义务及返岗条件作出规定并在校内公示。担任领导职务的科技人员的兼职管理，按中央有关规定执行。鼓励高校设立专门的科技成果转化岗位并建立相应的评聘制度。鼓励高校设立一定比例的流动岗位，聘请有创新实践经验的企业家和企业科技人才兼职从事教学和科研工作。教育部将组织高校开展将企业任职经历作为新聘工程类教师必要条件的试点，加大对应用型本科和高职院校专业教师在校企之间的交流力度。

七、支持学生创新创业。探索建立以创新创业为导向的人才培养机制，完善产学研用结合的协同育人模式。支持高校与企业、研究院所联合建立学生实习实训和研究生科研实践等教学科研基地，提高学生创新创业实践能力。推动国家大学科技园为学生创新创业提供力所能及的场地、信息网络和商事、法律服务，建立微创新实验室、创新创业俱乐部等，发展众创、众包、众扶、众筹空间等新型孵化模式。鼓励国家大学科技园组织有创业实践经验的企业家、高校科技人员和天使投资人开展志愿者行动，为学生创新创业提供创业辅导以及技术开发合作援助，编写高校师生创新创业成功案例作为高校创新创业教辅材料，支持高校创新创业教育。加强知识产权相关学科专业建设，对学生开展知识产权保护相关法律法规的教育培训。鼓励高校通过无偿许可专利的方式，向学生授权使用科技成果，引导学生参与科技成果转移转化。

八、推进科研设施和仪器设备开放共享。鼓励高校与企业、研究开发机构及其他组织联合建立研究开发平台、技术转移机构或技术创新联盟，共同开展研究开发、成果应用与推广、标准研究与制定。支持高校和地方、企业联合共建实验室和大型仪器设备共享平台，加快推进高校科研设施与仪器在保障本校教学科研基本需求的前提下向其他高校、科研院所、企业、社会研发组织等社会用户开放共享。依托高校建设的国家重点实验室、国家工程实验室、国家工程（技术）研究中心、大型科学仪器中心、分析测试中心等各类研发平台，要按功能定位，建立向企业特别是中小企业有效开放的机制，加大向社会开放的力度，为科技成果转移转化提供服务支撑。科研设施和仪器设备有偿开放的，严格按国家工商、价格管理等规定办理，收入、支出纳入学校财务统一管理。

九、建立科技成果转移转化年度报告制度和绩效评价机制。按照国家科技成果年度报告制度的要求，高校要按期以规定格式向主管部门报送年度科技成果许可、转让、作价投资以及推进产学研合作、科技成果转移转化绩效和奖励等情况，并对全年科技成果转移转化取得的总体成效、面临的问题进行总结。高校要建立科技成果转移转化绩效评价机制，对科技成果转移转化业绩突出的机构和人员给予奖励。高校主管部门要根据高校科技成果转移转化年度报告情况，对高校科技成果转移转化绩效进行评价，并将评价结果作为对高校给予支持的重要依据之一。高校科技成果转移转化绩效纳入世界一流大学和一流学科建设考核评价体系。

十、切实加强领导，认真组织实施。各省级教育、科技行政部门，各高校要认真学习贯彻"创新是引领发展的第一动力"的深刻内涵，将思想和行动统一到党中央、国务院的重大战略部署上来，根据本意见的要求和自身实际情况，采取切实有效的措施加快科技成果转移转化。要切实防范道德风险、廉政风险和法律风险；加强对科技成果转移转化工作的监督检查，对不作为、乱作为的行为严肃问责，对借机谋取私利、搞利益输送的违纪违法问题依法依规严肃查处。教育部将组织实施促进高校科技成果转移转化行动计划，引导高校进一步完善科技成果转移转化的体制机制，为经济社会发展提供科技支撑和智力支持。

本意见自发布之日起施行，执行过程中遇到的问题，请及时向教育部科学技术司、科学技术部创新发展司反馈。此前有关规定与本意见不一致的，按本意见执行。

教育部　科技部

2016 年 8 月 3 日

教育部办公厅关于印发
《促进高等学校科技成果转移转化行动计划》的通知

(教技厅函〔2016〕115号)

各省、自治区、直辖市教育厅(教委),新疆生产建设兵团教育局,部属各高等学校:

为贯彻落实《教育部 科技部关于加强高等学校科技成果转移转化工作的若干意见》,推动在高校形成鼓励创新、促进科技成果转移转化的政策环境,现将《促进高等学校科技成果转移转化行动计划》印发给你们,请贯彻执行。

教育部直属高校要在2016年12月底前,其他高校在2017年3月底前完成涉及科技成果转移转化各项制度、工作机制的建立和完善,形成良好的支持科技成果转移转化的政策环境。

教育部办公厅
2016年10月13日

促进高等学校科技成果转移转化行动计划

促进科技成果转移转化工作是高校实施创新驱动发展战略,增强高校服务社会能力的重要手段。为贯彻落实国务院《实施〈中华人民共和国促进科技成果转化法〉若干规定》和国务院办公厅《促进科技成果转移转化行动方案》要求,根据《教育部 科技部关于加强高等学校科技成果转移转化工作的若干意见》,制定本行动计划。

一、总体要求

(一)指导思想

贯彻落实党的十八大和十八届三中、四中、五中全会精神,深入实施创新驱动发展战略,充分发挥高校在科技成果转移转化中的突出作用,推进高校科技成果转化体制机制改革,理顺科技成果转移转化各环节,优化资源配置,充分调动高校科技人员积极性,促进科技成果向现实生产力转化,提升高校科技成果转移转化水平,切实增强高校服务经济社会发展能力。

(二)基本原则

——创新体制机制,畅通转移转化渠道。根据高校自身特点,建立有利于高校科技成果转移转化的管理机制和政策体系,探索科技成果转移转化的新机制和新模式。

——落实改革要求,推动成果转移转化。各省级教育行政部门支持并指导高校科技成果转移转化工作,结合落实高校办学自主权,由高校自主决定科技成果的使用、处置和收益分配。

——发挥市场作用,强化产学研用结合。加强产学研合作力度,建立科技成果协同创新机制,完善科技成果转移转化市场需求导向,畅通创新链、产业链和资金链。

——典型示范引领,稳步推进转化工作。充分调动技术转移机构、大学科技园、区域(行业）研究院等机构积极性，结合专项计划实施，优化资源配置，全面开展科技成果转移转化工作。

（三）主要目标

围绕科技成果转移转化难点问题和薄弱环节，加强高校顶层设计与校内协同，建立适合高校特点的科技成果转移转化体制机制，培养一批复合型科技成果转移转化专业人才，建设一批专业化服务机构，拓宽科技成果转移转化渠道，促进产业技术创新联盟及科技成果转移转化平台建设；采用兼顾市场化运营手段的多种转移转化模式，支持创新创业，激发科技人员从事产学研及科技成果转移转化积极性，提高科研质量和科技成果转移转化效益。"十三五"期间，以企业技术需求为导向，依托高校人才、科技优势，推动一批能支撑经济转型升级，带动产业结构调整的重大科技成果转化应用，显著提升高校科技成果转移转化能力。

二、重点任务

尊重科技发展客观规律，全面认识科技成果转移转化工作对深化高校改革的重大意义，教育部、省级教育行政部门和各高等学校要采取切实有效措施，充分调动各方积极性，促进高校科技成果转化。

（一）加强制度建设，营造成果转化良好环境

1.建立完善工作机制。成立以学校主要领导为组长、相关职能部门负责人组成的科技成果转移转化领导小组，优化科技成果转移转化工作流程，开列权力清单，明确议事规则；建立和完善科技成果使用、处置的政策措施。

2.实行成果转化公示制度。建立科技成果转移转化工作公示制度及异议处理办法，公示内容包括科技成果转移转化的各项制度、工作流程、重要人事岗位设置以及领导干部取得科技成果转移转化奖励和收益等情况。

3.健全人事管理制度。制定科技人员在岗兼职、离岗创业和返岗任职的制度，完善鼓励科技人员与企业工程人员双向交流的政策措施。组织开展将企业任职经历作为新聘工程类教师必要条件的试点工作。

4.完善成果转化收益分配制度。完善科技成果转化收益分配政策，保障参与科技成果转移转化各方的权益。对完成"四技"合同项目科研人员的奖励和报酬，参照科技成果转化收益分配政策。

（二）创新服务模式，形成技术转移服务体系

5.创新科技成果转移转化新型孵化模式。建立各种形式的"创新创业俱乐部"，在大学科技园等创新资源集聚区域建设专业服务水平高、创新资源配置优、产业辐射带动作用强的众创空间，为教师、学生创新创业提供技术研发、孵化空间、信息网络、法律服务和资本对接等服务。

6.加强技术转移机构建设。整合校内各类技术转移、转化机构，促进高校技术转移机构与市场化第三方技术转移机构在信息、人才、孵化空间、技术转移平台载体等方面的共享、共建力度，形成集对接市场需求、促进成果交易、投融资服务等为一体的科技成果转移转化服务体系。与地方政府、大型企业共建技术转移机构，积极创建国家技术转移示范机构。

7.加大专业人才队伍培养力度。推动组织高校技术经纪人联盟，采取特邀讲座、案例研讨、实例调研、参与创新创业竞赛等方式，着力培养既懂技术又懂市场的复合型技术转移转化人才；引入国外先进的技术经理人培训课程体系，培养一批具有国际视野、通晓国际规则的高校技术经纪人队伍；加强技术转移机构管理人员的专题培训。制订并推行《高等学校知识产权管理规范》

标准贯彻工作。

（三）加强平台建设，服务国家发展战略实施

8. 推动区域行业联盟载体建设。推动高校与行业、领域上下游科研院所、企业联合建立产业技术创新联盟，推动区域科技成果转移转化联盟建设，支持联盟承担重大科技研发与转化项目。

9. 推动科技成果转化基地建设。结合学校学科特色优势，优化大学科技园、高校区域（行业）研究院等创新载体的空间布局，围绕一带一路、京津冀、长江经济带、粤港澳等重点区域的产业规划需求建设一批创新研究基地。以创新性企业、高新技术企业、科技型中小企业为重点，共同建立科技成果转化基地，承担流程改造、工艺革新、产品升级等研究任务，开展成果应用与推广、标准研究与制定等工作。

（四）立足以人为本，助力学生创新创业

10. 加强学生创新创业教育。深化高校创新创业教育改革，探索建立创新创业导向的人才培养机制。开展知识产权专业课程教育及培训工作，与企业、研究院所联合建立学生实习实践培训基地和研究生联合培养基地。组织高校青年教师和高年级研究生深入地方、企业一线，开展创新创业活动，探索并打造具有高校特色的"师徒创新创业"新模式。

11. 组织参与创新创业竞赛。结合深化创新创业教育改革示范高校建设，推动双创示范基地建设步伐，组织中国"互联网+"大学生创新创业大赛等多种类型的创新创业竞赛活动。

12. 增强学生创新创业能力。组织实施大学生创新创业训练计划，支持学生开展创新训练、创业训练和创业实践。加强高校创新创业典型案例宣传工作，完善升级全国大学生创业服务网，提供创业培训实训、项目对接等服务。加强创业指导，对准备创业的学生，提供创业指导、政策咨询；对正在创业的学生，给予项目孵化、金融服务支持。采取专利许可等方式，向学生授权使用科技成果；推进万名优秀创新创业导师人才库建设。

（五）实施专项计划，促进科技成果转移扩散

13. 推进实施"蓝火计划"。建立校地产学研合作长效机制。结合国家、地方的产业规划，在重点区域分片建设高校科技成果转化中心；针对行业、产业共性技术问题和社会公益等需求，以博士生工作团、科技特派员、科技镇长团、科技专家企业行、企业专家（院士）工作站等多种形式，与地方、企业、园区等开展产学研对接。

14. 组织实施"海桥计划"。争取建立中美、中英等中外大学技术转移与创新合作对话机制，构建高校国际技术转移协作网络和国际先进产业技术创新合作网络，促进高校开展海外专利布局工作。与地方政府合作，建设国际创新园区，汇聚国际创新资源要素，促进一批跨国技术转移项目落地实现产业化。

（六）开展项目筛选，挖掘科技成果转化潜力

15. 加强科技成果源头管理。对科技奖励、专利、结题项目等进行深入挖掘，编辑整理形成技术成果汇编。加强应用类科技成果及基础研究中具有应用前景的科技成果信息的汇交力度，加大对财政资金设立的应用类科技项目成果的转化义务；通过建立专利池、可转移转化科技成果储备库等手段，培育一批具有一定成熟度、市场认可度高的科技成果，推动一批市场前景好的科技成果进行小试、中试。

16. 加强科技成果展示与推广。加强与各级政府的信息共享力度，推动高校积极参与科技成果交易、展示活动；面向产业和地方开展技术攻关、技术转移与示范、知识产权运营等增值服务。

结合"中国技术供需在线"建设运营工作，推进建立产学双方交流的公共服务平台；围绕传统产业转型升级、国家战略性新兴产业发展需求，通过举办中国高校科技成果交易会，建设高校科技成果项目库等大数据中心，发布具有自有知识产权的先进实用技术，构建线上信息服务与线下实体服务相结合的高校科技成果转移转化服务网络和服务体系。

（七）产学研用结合，促进创新资源开放共享

17. 加大科教融合力度。完善高校教材管理相关规定，加快推动科技成果以出版专著、编辑教材、讲义等形式尽快转化为教育教学内容，丰富教学手段，革新教学技术，增强教学深度、广度。

18. 加强产学研协同创新。联合有实力的企业承担重点研发计划等国家重点科研任务，加强成果产业化示范工作；围绕"互联网+"战略开展企业技术难题竞标等"研发众包"模式探索。推动建设高校新兴产业技术创新网络，组织高校创新资源与地方政府、行业骨干企业开展合作，建成若干领域产业技术创新协作组织，为相关领域产业向国际风价值链高端攀升提供服务。

19. 加强高校创新资源开放共享。构建高校仪器设备开放共享平台，完善向社会开放科研设施和大型仪器设备的管理运行机制，为创新创业群体开放科技数据、论文等创新资源，提供科技成果相关信息。

（八）拓展资金渠道，加强科技与金融的结合

20. 拓宽社会资金参与渠道。以知识产权作价入股等形式引入产业类资金参与科技成果转化；通过组织成立创业投资基金等方式，吸引天使投资、私募基金、风险投资等社会资本参与高校科技成果转化；向各类基金会等社会团体推介高校科技成果，吸引其以自有资金支持科研成果转移转化工作。

21. 发挥财政资金引导作用。加强高校内部资源整合，鼓励强强联合，与相关单位共同争取国家科技成果转化引导基金以及各级政府财政设立的技术创新引导专项（基金）、成果转化基地、知识产权运营和人才专项等的专项资金（基金）的支持。

（九）建立报告制度，完善成果转化评价体系

22. 建设科技成果信息系统。积极参与各级政府科技成果网络信息系统建设，完善科技成果信息发布机制，向社会公布科技成果和知识产权信息，提供科技成果信息查询、筛选等服务。

23. 完善评价机制。省级教育行政部门定期汇总高校科技成果转移转化报告内容，完善科技成果转移转化绩效评价机制，将科技成果转移转化成效纳入高校考核评价体系，分类指导高校科技成果转移转化工作。

三、组织实施

（一）加强组织领导

省级教育行政部门要加强政策、资源统筹，建立协同推进机制，督促指导高校开展科技成果转移转化工作；各高校要结合自身实际情况，制定切实可行的科技成果转化制度和实施方案，落实任务分工和责任主体，健全工作机制，为科技成果转移转化工作提供政策支持和条件保障。

（二）开展示范推广

教育部和省级教育行政部门将持续跟踪高校科技成果转移转化工作，及时研究、解决高校在科技成果转移转化过程中遇到的实际问题；汇聚可复制、可推广的高校科技成果转移转化成功模式和经验，通过典型示范、经验交流等方式进行宣传、推广，推动高校科技成果转移转化工作迈上新台阶、形成新亮点、做出大贡献。

教育部办公厅关于高校进一步落实以增加知识价值为导向分配政策有关事项的通知

(教技厅函〔2017〕91号)

各省、自治区、直辖市教育厅（教委），部属各高等学校：

为贯彻中共中央办公厅、国务院办公厅《关于实行以增加知识价值为导向分配政策的若干意见》（厅字〔2016〕35号，以下简称《意见》）精神，2017年5月，我部会同科技部对部分高校落实《意见》情况开展了现场督查。各高校按照《意见》精神和有关要求，完善了相关制度，取得了积极进展，政策落实成效初步显现。督查中也发现有的高校存在落实《意见》不积极主动、对政策理解不深入、推进改革的措施不力等问题。为进一步推动《意见》各项任务的落实，针对督查发现的突出问题，现通知如下：

一、加强《意见》精神的宣贯解读。各单位要通过组织开展宣贯解读等形式，加大宣传力度，将中央、省市及高校落实《意见》相关精神与要求传达给一线科技人员，提高广大师生员工对《意见》精神的认识和理解，营造实施以增加知识价值为导向分配政策的良好氛围。

二、强化科技成果转化的运营保障。各高校要进一步完善科技成果转化运营保障机制，加强成果转化部门的人员配置和经费保障。

三、加大对科研辅助人员的激励。各高校要进一步完善科研辅助人员管理制度，健全科研辅助人员激励机制。

四、完善兼职兼薪管理制度、科研财务助理制度。各高校要根据《意见》和《关于进一步完善中央财政科研项目资金管理等政策的若干意见》（中办发〔2016〕50号）精神，结合本单位实际，建立健全规章制度，规范科研人员兼职兼薪行为，切实减轻科研人员财务报销负担等。

请各省级教育行政部门和部属高校认真组织，重点针对以上问题，对照《意见》任务要求，全面梳理相关工作，对本地区（高校）落实《意见》情况进行总结，形成文字材料，于2017年10月20日前将落实以增加知识价值为导向分配政策总结报告（不超过5000字）报送我部科学技术司，电子版发送gxc7937@moe.edu.cn。

联系人：吴磊、张建华

联系电话：010-66097937、66092093

附件：落实以增加知识价值为导向分配政策总结报告提纲（略）

教育部办公厅
2017年8月4日

教育部办公厅关于进一步推动高校落实科技成果转化政策相关事项的通知

(教技厅函〔2017〕139号)

各省、自治区、直辖市教育厅（教委），部属各高等学校：

为深入贯彻落实党的十九大精神，实施创新驱动发展战略，激发科技人员创新创造活力，进一步推动落实科技成果转化政策，全面协调推进高校科技成果转化工作，根据《促进科技成果转化法》《关于深化体制机制改革加快实施创新驱动发展战略的若干意见》（中发〔2015〕8号）、《关于实行以增加知识价值为导向分配政策的若干意见》（厅字〔2016〕35号）、《关于深化教育体制机制改革的意见》（中办发〔2017〕46号）、《实施〈促进科技成果转化法〉若干规定》（国发〔2016〕16号）、《促进科技成果转移转化行动方案》（国办发〔2016〕28号）、《国家技术转移体系建设方案》（国发〔2017〕44号）和教育部等五部门《关于深化高等教育领域简政放权放管结合优化服务改革的若干意见》（教政法〔2017〕7号）相关要求，结合高校实际，现就有关事项通知如下：

一、依法推进高校科技成果转移转化，落实相关激励政策

1. 维护职务科技成果权益。高校依法享有并自主行使职务科技成果使用权、处置权和收益权。高校要按照《教育部 科技部关于加强高等学校科技成果转移转化工作的若干意见》（教技〔2016〕3号）要求，建立职务科技成果产权管理制度，明确登记、使用、处置的管理规范及办事流程，依法维护国家、学校和科技人员合法权益。

2. 完善市场运营体系。高校要按照教技〔2016〕3号文要求，通过招标委托第三方机构或整合、重组校内市场化运营机构从事科技成果转化工作，探索实行技术经理人市场化聘用制。校内市场化运营机构、第三方机构和市场化聘用人员根据约定，可以从科技成果转化净收入中提取一定比例作为中介服务的报酬。

3. 建立风险防控机制。高校要按照教技〔2016〕3号文要求，建立健全涉及科技成果转化的科技人员兼职兼薪、离岗创业、返岗任职管理制度和办事流程，明确各参与方的权利、责任和义务。要对科技成果转化中的关联交易、科技人员利用科技成果领办或参与创办企业等建立风险防范制度，引导科技人员依法依规从事科技成果转化工作。

4. 确定成果交易价格。高校依法以协议定价、在技术交易市场挂牌交易、拍卖等方式确定科技成果交易价格。高校依据教技〔2016〕3号文精神，要积极推动建立科技成果专业化、市场化定价机制，可以由学校技术转移部门开展尽职调查进行价值判断，也可委托专家委员会或具有相应资质的第三方机构对科技成果进行价值评估，作为市场化交易定价的参考依据。

5. 完善奖励分配政策。高校要依法制定科技成果转化收益分配政策，科技成果转化的股权期权奖励税收政策按照《财政部 国家税务总局关于完善股权激励和技术入股有关所得税政策的通知》(财税〔2016〕101号)执行,现金奖励根据国家规定的税率标准,向成果转化受益人发放。

6. 规范领导干部奖励。按照《实施〈促进科技成果转化法〉若干规定》(国发〔2016〕16号),符合科技成果转化奖励条件的高校领导干部可以依法获得科技成果转化奖励。担任领导干部的科技人员获取科技成果转化奖励时,除执行学校规定的流程外,还应在校内公示,并按规定进行个人收入和重大事项申报。

7. 确定勤勉尽责行为。在推动科技成果转化过程中,学校各级管理人员依法按照规章制度、内控机制、规范流程开展工作且没有牟取非法利益的,即视为勤勉尽责,适用国发〔2016〕16号文的免责条款。

二、进一步简政放权,优化科技成果转化流程,激发科技人员创新活力

8. 支持创新改革试验。支持高校参与国家自主创新示范区、全面创新改革试验区相关改革试点。示范(试验)区内高校可根据实际情况,执行所在地区省级人民政府有关科技成果转化政策,并在校内制度规范中载明实施的具体事项和办法。

9. 简化评估备案管理。教育部授权部属高校负责科技成果资产评估备案工作。高校应根据教育部、财政部有关国有资产评估备案管理规定,结合本校实际,制定科技成果资产评估备案管理制度,优化备案程序,切实做好评估备案工作。

10. 核算成果转化成本。高校可根据实际情况,制定科技成果转化净收入的核算办法。成果转化净收入一般以许可、转让合同实际交易额扣除完成本次成果转化交易发生的直接成本来确定。直接成本应包括科技成果评估评价费、拍卖佣金等第三方服务费以及与科技成果转化相关的税金等。

11. 明确成果转化受益人。成果转化受益人应是在与科技成果转化相关科研任务的正式合同、计划任务书或论文、专利及奖励证书上署名的机构和人员,或是在成果转化服务合同中约定的第三方机构和人员。成果转化受益人按规定或约定参与科技成果转化收益的初次分配。

三、加强组织领导,健全技术转移体系,强化责任落实

12. 健全转化工作体系。高校要按照《关于深化高等教育领域简政放权放管结合优化服务改革的若干意见》(教政法〔2017〕7号)精神和《教育部 科技部关于加强高等学校科技成果转移转化工作的若干意见》(教技〔2016〕3号)要求,统筹科技成果转化与人才培养、科学研究和学科建设,按照"市场导向、规范管理、协调推进、激励创新"的原则,制度先行,强化管理责任,加快推进成果转化管理体系、制度体系、服务支撑体系建设。

13. 建立评估评价机制。高校要建立健全科技成果评估评价机制,可根据需要设立科技成果评估评价机构或专家委员会,对科技成果转化受益人、成果交易估值、转化成本核算以及科技人员兼职兼薪、离岗创业等相关合同约定独立进行审核、评估,审核、评估意见作为高校决策的参考依据。专家委员会成员应包括法律、管理、财务、投资、行业及科技领域专家。

14. 完善细化实施细则。高校要按照《关于深化教育体制机制改革的意见》(中办发〔2017〕46号)要求,结合各自特点和具体情况,落实人才培养根本任务,创新工作方法和工作思路,完善、细化科技成果转化落地政策和实施细则。实施细则和办事流程要清晰明了、可操作,并在校内公开,不得简单以参照执行上级文件、规定来代替制定本校科技成果转化落地政策和实施细则。

15. 组织开展试点示范。教育部将在创新资源集聚、成果转化工作基础好的部分地区和若干高校,开展科技成果转化示范基地建设,探索形成若干可复制、可推广的高校科技成果转化模式和经验，助力大众创业、万众创新持续深入发展，推动高校科技服务国家战略，为区域经济发展提供新动能。

16. 实施年度报告制度。高校要按照规定格式，于每年3月31日前按隶属关系向主管部门报送本校上一年度科技成果转化情况的年度报告。省级教育行政部门对所属高校科技成果转化年度报告审核后，于每年4月20日前统一报送至教育部科学技术司。教育部将对高校科技成果转化情况进行汇总评估。

17. 推动地方落实政策。各省级教育行政部门要根据上述要求，结合本地区实际情况，落实中央决策部署，指导所属高校落实科技成果转化政策。

18. 报告落实政策情况。对落实科技成果转化政策情况实行零报告制度。各省级教育行政部门按照隶属关系将所属高校落实本《通知》要求情况及落实科技成果转化政策的实施细则汇总整理形成报告，于2018年4月30日前正式行文报送教育部（同时将电子版发送：gxc7937@moe.edu.cn）。直属高校直接报送教育部。

19. 加大政策宣传和督查。各高校要通过组织开展宣贯解读、学习手册等形式，将中央、省级部门及高校落实科技成果转化相关政策精神与要求，传达到一线科技人员，营造科技成果转化的良好氛围。教育部将按照党中央、国务院的决策部署，对政策落实情况进行督查，并对各地、各高校落实科技成果转化政策及实施情况进行通报。

各地方、各高校在落实中央决策部署，促进科技成果转化中的创新做法、取得的重大进展以及出现的新情况、新问题要及时报告教育部。

教育部关于印发
《高等学校科技成果转化和技术转移基地认定暂行办法》的通知

(教技〔2018〕7号)

各省、自治区、直辖市教育厅(教委)、新疆生产建设兵团教育局,各有关高等学校:

为全面贯彻党的十九大精神,推进实施高等学校服务国家战略行动,完善高校促进科技成果转化的管理体系、制度体系和支撑服务体系,探索形成各具特色的科技成果转化机制和模式,我部研究制定了《高等学校科技成果转化和技术转移基地认定暂行办法》。现印发给你们,请结合实际遵照执行。

教育部
2018年5月18日

高等学校科技成果转化和技术转移基地认定暂行办法

为深入贯彻落实《国家技术转移体系建设方案》和《促进科技成果转移转化行动方案》,有序推进高等学校科技成果转化和技术转移基地(以下简称基地)认定工作,特制定本办法。

一、指导思想

全面贯彻党的十九大精神,大力实施创新驱动发展战略,落实教育"奋进之笔"攻坚行动计划任务,推进实施高等学校服务国家战略行动,加强与地方、行业协同创新,聚焦科技成果转化推动经济高质量发展,探索高校科技成果转化机制和模式,完善高校促进科技成果转化的管理体系、制度体系和服务支撑体系,加速高校科技成果转移转化。

二、发展目标

以服务国家重大区域发展战略和经济社会发展需求为导向,充分发挥科技创新对高校人才培养和"双一流"建设的带动作用,打造一批体系健全、机制创新、市场导向的高校科技成果转化和技术转移平台,结合实际开展体制机制探索,形成一批可复制、可推广的经验做法,促进高校科技成果转移转化能力明显提升,各具特色的高校科技成果转移转化体系逐步建立和完善。

三、认定条件

(一)基本条件:科技创新基础好、成果转化需求强烈、高校成果转化工作特色鲜明、转化协同成效显著的地方和高校,服务国家、区域重大战略实施及重点产业发展贡献突出。

(二)以地方为基本依托单位的基地,要求:

1.地方政府高度重视,建立了较为完善的成果转化政策体系;

2.拥有一批较高水平的成果转化服务机构和技术转移专业化人才队伍,与高校有紧密的合作关系;

3. 有效集聚地方科技资源和创新力量，形成推进本区域高校成果转化的合力，承载高校成果转化成效显著；

4. 在与高校协同创新推动成果转化方面有政策、有机制、有探索，形成良好的示范效应。

（三）以高校为基本依托单位的基地，要求：

1. 高校高度重视，促进科技成果转移转化工作与学校改革发展同部署、同落实；

2. 有利于科技成果转化的工作体系健全，体制机制完备，操作性好；

3. 已拥有一批能实现科技成果转移转化的各类平台，并已取得显著的成效；

4. 与地方、行业有深入的协同创新并取得积极效果，有典型成果转化应用示范案例。

四、认定程序

（一）提出申请。根据《高等学校科技成果转化和技术转移基地认定工作指导标准》（详见附件1），结合自身实际编制《高等学校科技成果转化和技术转移基地认定申请书》（详见附件2），以地方为基本依托单位申请的基地经省级教育行政部门同意，以高校为基本依托单位申请的基地经主管部门同意，正式行文报送教育部。

（二）组织论证。教育部成立专家组，对提出申请的基地开展咨询论证或实地调研论证，提出咨询意见，形成论证结论。

（三）立项认定。对通过专家论证同意认定的地方或高校，经教育部审定后，公布认定名单。

（四）监测评估。经立项认定的基地，于每年度结束后30日内（次年1月31日之前）向教育部报送年度工作报告，内容包括年度开展工作、创新举措、取得成效、示范成果、下一步工作计划等。教育部按照基地确定的任务与规划，根据《高等学校科技成果转化和技术转移基地评估指标体系》（详见附件3），每四年组织一次评估，主要依据是年度报告资料。对于执行效果不佳或无法实现预期目标的基地，及时整改或予以裁撤。

五、组织实施

（一）加强组织领导。各地方、各高校要积极推动基地各项任务的落实。基地要制定工作方案，明确任务分工和进度安排。教育部支持并协调各项改革措施的衔接、协同。

（二）强化政策支撑。基地应率先落实促进科技成果转移转化的相关政策措施，对已经确定的重大改革和政策措施要及时跟进、加强督查与评估。结合自身实际，积极开展先行先试，鼓励和推动基地探索实施符合本校实际、具有本地特色的改革政策，完善科技成果转化政策体系。

（三）推广应用示范。每个基地在先行先试基础上，总结提炼1至2个可供复制推广的政策措施和经验做法。教育部对基地建设经验和做法进行总结提炼，及时向全国高校示范推广，发挥基地的辐射带动效应。

附件：（略）

中共教育部党组关于抓好赋予科研管理更大自主权有关文件贯彻落实工作的通知

(教党函〔2019〕37号)

部属各高等学校党委：

近年来，党中央、国务院聚焦完善科研管理、提升科研绩效等方面，出台了《关于进一步完善中央财政科研项目资金管理等政策的若干意见》《关于优化科研管理提升科研绩效若干措施的通知》(国发〔2018〕25号)等一系列重大政策文件。各高校党委要充分认识落实科研管理政策创新的重要意义，坚决贯彻党中央、国务院各项部署要求，切实担负起主体责任，进一步抓好赋予科研管理更大自主权有关文件贯彻落实工作。经商中央纪委国家监委驻教育部纪检监察组，现就有关事项通知如下。

一、坚持问题导向，完善科研管理制度

各高校要对照党中央、国务院已出台的新政策新要求，对现行科研项目、科研资金、科技成果转化、外国专家和科研人员差旅、会议、因公临时出国（境）等管理办法开展全面自查。凡是与党中央、国务院新政策新要求不符的管理办法，要逐一清理和修订完善；尚未制定管理办法的，要抓紧制定出台。除国家和项目主管部门有明确具体规定外，各高校根据党中央、国务院有关文件精神制定的相关管理办法，可作为预算编制、经费管理、审计检查、财务验收、评估评审、巡视督查以及纪律检查等工作的重要依据。

二、遵循科研规律，落实科研管理自主权

各高校制定的科研经费管理和政府采购管理办法，要体现教学科研经费与学校行政管理经费的差异性，合理区分业务活动与公务活动，支持科研活动规范、高效开展。纵向科研经费管理按国家规定执行，科研人员差旅费、会议费、国际合作与交流费、专家咨询费、劳务费等，由高校结合学校实际自主确定开支标准、报销范围，优化审批程序，简化报销手续。横向科研经费除上述费用外，可按实际需要开支少量科研活动接待费，由学校确定具体管理办法，严格管理。用于科研活动的仪器设备、耗材备件以及服务、工程的采购，各高校要根据科研需要，制定具体办法，缩短采购周期，简化采购流程。特别是对于科研急需的设备和耗材，要落实特事特办、随到随办的采购机制，明确适用情况，确定可不进行招投标程序的采购情形。

三、优化管理服务，增强科研人员获得感

各高校要加强科研管理信息化建设，推进"一站式"服务，各种管理事务限时办结，提高科研管理服务效率。要赋予科研人员更大的预算调剂自主权，减少科研经费报销各类证明材料，缩减审批环节，简化报销流程，推进网络服务，切实解决"报销繁"问题。要建立完善学术助理和财务助理制度，根据科研需要和科研人员意愿，统筹落实专门经费、专职人员，把科研人员从报表、报销等具体事务中解脱出来。各高校科研项目中提取的间接费用，要更多用于科研绩效奖

励，加大科研人员绩效工资比重。

四、加强诚信建设，引导科研人员坚守法纪底线

各高校要加强科研诚信建设，强化科研人员主体地位、责任意识、诚信意识，引导科研人员恪守科学道德准则，遵守科研活动规范，践行科研诚信要求。科研人员不得弄虚作假，骗取科技项目、科研经费以及奖励、荣誉等，不得在科研经费中报销应由个人承担的费用，不得将科研经费挪用于非科研用途，不得把外协单位作为逃避监管的法外之地。除涉密项目外，外协安排需事前由学校有关部门在校内公示。项目负责人如与外协单位有利益关联，应在签订外协合同前主动向学校相关部门报备。担任党务、行政职务的科研人员，不得利用审批、管理职权在项目申报或经费分配中谋取不正当利益或竞争优势。

五、改进工作机制，强化科研管理部门责任

各高校要制定违背科研诚信要求行为调查处理办法，明确调查程序、处理规则、处理措施等具体要求。涉及科研经费使用问题的信访举报，先由高校科研管理部门牵头组织办理。发现存在违规问题的，高校科研管理部门会同有关部门按规定予以通报批评、暂停项目拨款、终止项目执行、追回已拨项目资金、取消项目负责人一定期限内申报资格等处罚。涉嫌违纪的，由高校纪委在调查核实基础上运用监督执纪"四种形态"对有关责任人进行处理。涉嫌违法犯罪的，由高校纪委调查核实后按规定移送地方纪委监委审查调查，并配合其依纪依法妥善处理。

六、完善监督机制，营造良好科研创新环境

教育系统纪检监察、审计、巡视巡察等部门要统筹规范各类监督检查，建立检查结果共享机制，最大限度降低对科研活动的干扰。科研项目完成（验收）前，一般不组织开展监督检查。自由探索类基础研究和实施周期3年以下项目，不作过程检查。各高校纪委要强化政治监督，针对中央政策落实中存在的堵点难点、科研人员反映强烈的突出问题，督促有关部门切实加以解决，对不担当、不作为的要严肃问责。高校纪委在监督执纪中要坚持实事求是，充分尊重科研规律，深刻领会中央精神和改革方向，准确把握"三个区分开来"，督促有关部门加强政策制度宣传解读，切实推动营造良好科研创新与育人环境。

各高校要于2019年6月30日前完成政策清理、修订与制定工作，并将本校贯彻落实科研管理自主权情况报送我部。执行过程中遇到的困难问题以及政策建议请及时反馈。

联系人：王骁，张拥军

联系电话：010-66096298

联系地址：北京市西城区西单大木仓胡同35号，教育部科学技术司

中共教育部党组
2019年4月4日

教育部关于印发《前沿科学中心建设管理办法》的通知

(教技函〔2019〕57号)

各省、自治区、直辖市教育厅（教委），新疆生产建设兵团教育局，部属各高等学校、部省合建各高等学校：

为落实《高等学校基础研究珠峰计划》，规范前沿科学中心建设管理，我部研究制定了《前沿科学中心建设管理办法》，现印发给你们，请结合本地、本单位工作实际，认真遵照执行。

教育部

2019年8月19日

前沿科学中心建设管理办法

第一章 总则

第一条 为规范前沿科学中心（以下简称中心）的建设和管理，根据《高等学校基础研究珠峰计划》和《前沿科学中心建设方案（试行）》，特制定本办法。

第二条 中心是探索现代大学制度的试验区，要充分发挥在人才培养、科学研究、学科建设中的枢纽作用，深化体制机制改革，面向世界汇聚一流人才，促进学科深度交叉融合、科教深度融合，建设成为我国在相关基础前沿领域最具代表性的创新中心和人才摇篮，成为具有国际"领跑者"地位的学术高地。

第三条 中心以前沿科学问题为牵引，集聚形成高水平国际化的大团队，积极建设重大科技基础设施和具有极限研究手段的大平台，主动培育前瞻引领的基础研究大项目，持续产出高影响力的原创大成果。

第四条 中心是依托高校组建的实体机构，实行新的管理运行机制。按照物理空间实、研究队伍实、目标任务实、投入保障实的要求独立运行。以研究团队为基本单元，聚焦重要前沿领域方向长期持续攻关。

第二章 管理职责

第五条 教育部是前沿科学中心的主管部门，主要职责是：

（一）顶层设计。对中心的领域布局和建设分布进行统筹规划，明确立项建设、运行管理、验收考核要求。

（二）建设支持。将中心建设纳入有关中央财政经费预算拨款因素；在研究生招生指标、重大科技基础设施建设、重大项目培育等方面给予倾斜支持，指导中心的建设和发展。

（三）绩效评价。根据检查、评估结果动态调整对中心的支持力度。把中心建设成效作为"双一流"建设成效评价的重要内容。

第六条 高校是前沿科学中心的建设主体，主要职责是：

（一）制定方案。根据科学发展前沿和国家战略需求，结合"双一流"建设规划布局，发挥学科群优势，按照要求制定中心的建设方案。

（二）条件保障。制定有利于中心建设发展的政策，并在各方面给予倾斜支持。统筹"双一流"建设经费、中央高校基本科研业务费、物理空间、研究生招生指标等资源，为中心提供条件保障，确保落实建设方案中承诺的各项政策、机制和条件。

（三）管理运行。制定中心发展规划；组建管理委员会、学术委员会并有效开展工作；制定中心管理和运行机制；配合教育部做好验收评估、绩效考核、进展报送等工作。

第三章 立项建设

第七条 中心按照"成熟一个，启动一个"开展建设。在具备《前沿科学中心建设方案（试行）》中要求的申请条件基础上，应达到以下要求：

（一）领域方向。应是国际前沿和新兴交叉方向、具有变革性的方向，或是关键领域的战略必争点。能凝练形成该领域内的重大科学问题，确定研究的主要方向和任务。

（二）研究水平。中心在该领域的研究水平已经达到国内一流，居于国际第一方阵或有望进入世界领先行列，已取得国际国内同行认可并具有重要影响的标志性成果。

（三）人才队伍。在主要研究方向上拥有具有国际影响力的领军人才和学术带头人；拥有创新思想活跃、创新能力强、创新潜力大的 PI（团队负责人），一般不少于 30 人，每个 PI 组建 3~5 人团队；拥有体量规模较大、学科交叉融合，优秀青年人才聚集的国际化研究队伍。

（四）发展前景。在相关领域有望取得新的重大突破，包括：提出和解决"从 0 到 1"的科学问题，取得原创性成果；开辟新方向，提出新理论；突破产业和国防重大关键核心技术，产生变革性技术等。

（五）建设条件。中心有独立的物理空间（不低于 10 000 平方米）并相对集中；有稳定的运行经费（不低于 5000 万元/年）并有独立的校内财务编码；在人事聘用、科研组织、评价考核、人才培养等方面获得特殊政策支持；有充足的科研资源，并具有或者已规划布局重大科技基础设施和重大科研装置。

第八条 中心的设立程序是：

（一）提出组建建议

具备申报条件的高校根据已有基础和发展需求，选择前沿方向，组建研究团队，创新体制机制，明确支持政策，形成建设方案，并向教育部提出建设申请。

建设方案是中心年度考核、验收和定期评估的依据。主要内容包括：建设意义、基础和条件、研究方向与重点任务、预期成果、建设任务和进度安排、人才队伍建设、管理与运行机制、条件与平台建设、政策资源保障等。

（二）开展方案咨询

经教育部同意后，建设高校组织校外专家对建设方案进行咨询评议。咨询评议专家组人数不少于 9 人，其中高校系统外的专家不少于二分之一。

咨询重点包括：领域方向是否重大前沿，重大科学问题是否明确，建设基础是否扎实，建设思路是否可行，发展前景和产出目标是否清晰等。

（三）组织专家论证

教育部组织专家对中心进行论证，包括审阅资料、听取汇报、专家质询和评议等环节。专家组由不少于 11 位的国内外知名专家组成，论证结果作为立项的重要依据。

论证重点包括：建设方案总体是否可行，建设任务和进度安排是否合理，中心体制机制和运行管理是否体现高校科技体制改革要求，政策保障和资源投入能否满足建设需要等。

（四）批准立项建设

学校根据专家论证意见修改完善建设方案，提请校常委会讨论通过，并形成会议纪要。建设高校以正式公函形式将建设方案、会议纪要、专家论证意见记录及采纳情况提交教育部。教育部对中心进行立项批复。

第九条 中心建设期 5 年，在建设期内：

教育部不定期组织开展建设工作推进会，了解中心建设进展、组织现场交流、考核建设进度等，指导和推动建设高校保障中心高质量、高效率建设。

教育部组织开展年度绩效考核，建设高校每年 12 月 31 日前提交建设进展报告，重点报告建设进度、政策落实、经费投入等。对于年度目标未完成，建设进展不力的，教育部视情况对中心采取约谈、警告、调整支持力度或不再支持。

第四章 验收考核

第十条 建设期满后，建设高校编制前沿科学中心验收总结报告，并向教育部提出验收申请。

第十一条 教育部组织专家或委托第三方机构进行验收。验收方式包括查阅资料、听取汇报、现场考察、提出质询、综合评议等。根据前沿科学中心验收标准和中心建设方案，形成书面验收意见。

第十二条 通过验收的中心，持续开放运行。未通过验收的中心进行为期一年的整改。整改后再次申请验收，仍不能通过的不再支持。

第十三条 验收基本要求：

（一）中心建设成为独立运行的实体机构，物理空间相对集中，达到 20 000 平方米以上，并形成有特色的创新环境和文化氛围。具备开展前沿科学实验的先进仪器设备或特殊研究手段，形成开放共享良好的基础实验平台，建设有高水平的实验技术队伍。

（二）中心以全职人员为主，高水平 PI 一般不少于 60 人，40 岁以下青年科研人员占比在 60% 以上。建立了与国际接轨的访问学者和博士后制度，引进和培养了一批优秀青年人才，培养出高水平研究生等。

（三）中心持续产出有重要影响力的原创成果、取得"从 0 到 1"的创新突破。国际学术影响力大幅提升，在相关学科领域引领能力明显加强，对国家重大战略需求的贡献更加显著。

（四）中心管理制度健全，管理委员会、学术委员会运行有效，形成制度先进、简捷高效、国际一流的组织管理体系，具有较完善的内部机制，体制机制改革创新取得显著成效。

第十四条 中心进入开放运行后，教育部每年组织一次集中汇报交流，各中心汇报年度研究工作进展、中心运行状态、创新能力提升情况等。中心每年 12 月 31 日前向教育部提交年度工作报告。

第十五条 教育部组织对中心进行定期评估。评估周期为五年，委托独立第三方组织国内外专家开展。评估要点包括：成果产出质量、人才队伍水平、人才培养质量、运行管理情况等，重在判断是否形成创新高地，是否达到国内不可替代、国际领先并进入世界第一梯队。教育部根据评估结果，对评估合格的中心予以滚动支持；对评估不合格的中心限期整改，整改期内暂停经费支持，整改后仍不能达到要求的不再支持。

第五章 运行管理

第十六条 中心自立项建设起正式运行，实行管理委员会领导下的首席科学家负责制，并成立学术委员会。可设置中心行政主任协助首席科学家对中心进行管理，可根据需要内设研究和管理机构。

管理委员会是中心决策机构，主任由建设高校主要领导担任，分管校领导担任副主任，成员由科技、规划、人事、研究生、财务、资产等部门和相关学院主要负责人共同组成，确定中心建设发展的中长期规划，审定中心重大事项，协调中心建设运行中的问题，审定学术委员会人选。

学术委员会是中心的专家咨询组织，由相关领域中外国际知名学者组成（其中国外专家不少于三分之一），由中心负责遴选和聘任。学术委员会对中心发展方向和重大项目选题进行指导，为中心的发展提供战略咨询，推动中心开展学术交流，帮助中心引进国际一流人才。

首席科学家负责中心建设运行发展的全面工作，包括方向选择、团队建设、经费使用、绩效考核等各类事项。首席科学家由建设高校择优遴选后聘任，并报教育部备案。实行任期制，每届任期5年，一般不超过2届。原则上，首聘年龄不超过55周岁，院士不超过65周岁。

中心行政主任协助首席科学家负责中心行政事务和日常管理。行政主任是有一定学术背景的专业管理人员，具有丰富的行政管理经验，较强的组织、管理和协调能力，由学校任命。

第十七条 中心是学校体制机制改革的政策特区，包括：

组织模式要加强有组织科研。在首席科学家领导下围绕中心主要研究方向开展体系化持续研究；积极开展本领域科技发展的战略规划研究，主动提出国家重大项目建议。

人才培养强化科研育人。中心以研究生培养为主，在研究生招生、推免等方面给予倾斜，在科研实践中提高研究生培养质量和创新培养方式；鼓励中心高级研究人员积极承担本科生教学任务；创新人才培养模式，选拔优秀本科生跟随教授开展科研训练。

人事聘用赋予中心自主权。中心根据发展需要选聘和引进人员，以全职人员为主，人事管理归中心负责；制定有利于面向世界吸引人才、特别是青年人才的倾斜政策；对青年人才主要采取预聘制，并营造有利于青年人才集聚、发展的良好环境。

评价考核按照克服"五唯"的改革要求先行先试。实行分类评价、淡化年度考核、强化聘期考核、注重团队考核；简化考核程序，对中心进行整体绩效考核，中心内部采用逐级考核，首席科学家和PI具有考核评价自主权；允许中心独立自主地开展职称评定。

创新文化应营造克服浮躁、潜心研究的氛围，加强学风和诚信建设；强化鼓励开展"从0到1"研究的导向，支持非共识和交叉融合创新；鼓励担当意识、奉献精神和家国情怀。

开放创新应加快吸引和集聚国际一流人才，建立高效的访问学者机制，与国际高水平机构长期深入合作，并建立中心创新资源开放共享的管理机制。

第十八条 中心可以结合相关领域科技发展趋势，以及重大科技任务的组织实施，在建设任务书确定的主要领域范围内，动态优化具体研究方向，以保持其前沿性和领先性。研究方向的重大调整，须经学术委员会审议通过后报教育部备案。

第六章 附则

第十九条 中心统一命名为："×××前沿科学中心"，英文名称为："Frontiers Science Center for ×××"。

第二十条 本办法由教育部负责解释，自发布之日起施行。

教育部关于印发
《教育部工程研究中心建设与运行管理办法》
《教育部工程研究中心评估细则》的通知

(教技函〔2019〕71号)

各省、自治区、直辖市教育厅（教委），新疆生产建设兵团教育局，有关部门（单位）教育司（局），部属各高等学校、部省合建各高等学校：

为适应新时代科技教育发展的需要，不断提升高校自主创新能力，进一步加强和规范教育部工程研究中心的建设与管理，我部对《教育部工程研究中心建设与管理暂行办法》（教技〔2004〕2号）进行了修订，形成了《教育部工程研究中心建设与运行管理办法》，同步制定了《教育部工程研究中心评估细则》。现印发给你们，请认真贯彻执行。原有管理暂行办法同时废止。

教育部
2019年10月10日

教育部工程研究中心建设与运行管理办法

第一章 总则

第一条 为加强和规范教育部工程研究中心（以下简称工程中心）建设与运行管理，促进工程中心高质量发展，提升高等学校自主创新能力，制定本办法。

第二条 工程中心是高等学校科技创新体系的重要组成部分，是高等学校面向世界科技前沿、面向经济主战场、面向国家重大需求，组织工程技术研发、促进科技成果转化、推动学科建设发展、培养集聚创新人才、开展国际合作交流的重要基地。

第三条 工程中心的任务是以国家中长期教育、科技发展规划为指导，立足高等学校基础研究优势，强化关键核心技术攻关，提升工程化和系统集成能力，促进高等学校科技成果转化与技术转移，夯实行业技术基础，推动行业技术进步，为国家战略需求提供科学技术支撑。

第四条 工程中心应充分发挥科研育人作用，深化科教融合，以人才的创造性精神、创造性思维、创造性能力为核心，通过科学研究和工程实践，培养具有创意、创新、创业能力的高水平工程化人才，为关键核心技术攻关持续提供人才支撑。

第五条 工程中心为依托高等学校建设的相对独立的科研实体，实行人、财、物相对独立的管理机制。实行定期评估，动态调整。

第二章 管理职责

第六条 教育部是工程中心的宏观管理部门。主要职责是：

（一）编制工程中心发展规划，拟定布局方案和实施计划，制定建设与运行管理办法。

（二）指导工程中心的运行和管理。

（三）负责工程中心建设立项、调整和撤销。

（四）组织开展工程中心的验收、评估和检查。

（五）拟定支持工程中心建设与运行的相关政策。

第七条 各省级教育行政部门，有关部门（单位）教育司（局）主要职责是：

（一）指导工程中心紧密对接行业和区域科技、经济发展需求。

（二）推进工程中心建设与运行，落实建设资金和配套条件，提供政策支持。

（三）负责组织所属高等学校工程中心建设申报、论证，指导和监督工程中心的建设和运行管理。

（四）协助教育部做好工程中心的验收、评估和检查工作。

第八条 高等学校是工程中心的建设主体，主要职责是：

（一）负责工程中心的建设实施，在学科建设、人才引进、队伍建设、研究生招生计划等方面予以重点支持，并落实建设资金和运行经费，提供人力资源、研发场地、设备设施等配套保障条件。

（二）将工程中心建设纳入学校发展规划，制定工程中心管理和运行制度，支持工程中心相对独立运行管理。

（三）聘任工程中心主任和技术委员会主任，组建技术委员会。

（四）负责工程中心日常监督管理和年度考核，协助做好工程中心验收与评估等相关工作。

（五）根据技术委员会意见，提出工程中心发展方向、建设内容等重大事项调整建议。

第三章 立项与建设

第九条 工程中心的立项与建设包括发布建设领域（指南）、立项申请、评审、论证、验收等环节。

第十条 工程中心立项申请的基本条件为：

符合建设领域（指南）及相关要求，发展目标与建设思路清晰，建设方案可行，研究方向明确，特色鲜明，在本领域本行业有重要影响。

依托学科应为优势学科或学科群，建设起点高，拥有一批具有自主知识产权和良好市场前景的重大科技成果，具有坚实的工程技术开发与成果转化工作基础。

具备技术研发、科技成果工程化的条件及经费保障。原则上工程中心仪器设备总价值不低于2000万元，建设期新增投资不低于1000万元，研发、验证和中试物理空间不低于5000平方米，且相对集中。

拥有知名的学术/技术带头人和结构合理、富于创新、产业服务意识强、科技成果转化经验丰富的创新团队。具有一支稳定、高水平的研究、工程技术和管理人员队伍。

拟申请的工程中心，一般应是已运行良好的行业、地方、校级重点技术研发平台，具有良好的产学研合作基础和技术储备。依托高等学校应具有完善的技术转移与成果转化机制和管理制度。

第十一条 符合工程中心立项申请基本条件的高等学校，根据教育部发布的工程中心建设领域（指南）及相关要求，编制《教育部工程研究中心建设申请书》（编制大纲详见附件1）。依托高等学校应确保建设申请书内容的真实性，并签署配套经费及条件保障等承诺意见，经主管部门审核同意后报送至教育部。

第十二条 教育部组织专家对建设申请书进行评审，择优批复立项。

根据立项批复，高等学校编制《教育部工程研究中心建设计划任务书》（编制大纲详见附件2），组织专家组对工程中心建设计划进行可行性论证，并将论证后的建设计划任务书、论证报告报主管部门和教育部备案。

第十三条 高等学校依据立项批复文件，落实建设经费与保障条件，实施建设。工程中心建设期原则上不超过三年，逾期未通过验收的工程中心，取消立项建设资格。

第十四条 鼓励支持高等学校探索社会企业和自然人等多元方式融资建设工程中心，开展成果转移转化。鼓励工程中心与合作企业共建中试基地、成果转化和技术转移基地。

第四章 运行与管理

第十五条 高等学校负责本校工程中心的建设与发展，成立由校级相关负责同志牵头，科技、人事、学科、财务、资产等部门参加的建设和运行管理委员会，负责落实条件保障、日常监督管理和年度考核工作，研究解决工程中心发展中的重大问题，并保障工程中心基本运行经费每年不低于100万元。

第十六条 工程中心实行高等学校领导下的主任负责制，工程中心主任负责工程中心的全面工作，并设立副主任和专职秘书。

工程中心主任由高等学校公开遴选和聘任，报主管部门和教育部备案。工程中心主任的聘任条件是：学术造诣深厚、工程技术研究水平高、开拓创新意识和组织管理能力强，熟悉相关行业国内外技术现状和发展趋势，身体健康，首次聘任时年龄不超过55岁，且应为本单位全职人员。工程中心主任每届任期五年，原则上不超过2届。

第十七条 技术委员会是工程中心的技术指导机构，其职责是根据技术与行业发展趋势和需求，指导审议工程中心发展战略和年度计划工作，评价工程设计与试验方案，提供技术经济咨询和市场信息，研究提出工程中心研究方向调整建议等。技术委员会会议每年至少召开1次，每次实到人数不少于总人数三分之二。

技术委员会由行业与技术领域的科技、工程、企业界优秀专家组成，人数不少于11人，其中来自依托高等学校的成员不超过总数的三分之一，中青年委员不少于总数的三分之一。技术委员会每届聘期5年，原则上不超过2届。每次换届须更换三分之一以上成员。

技术委员会由高等学校聘任。技术委员会主任应由依托高校之外的专家担任，报主管部门和教育部备案。

第十八条 工程中心研发队伍由固定人员和流动人员组成。固定人员应为依托高等学校聘用的、聘期在2年（含）以上的全职人员，包括研究人员、工程技术人员和管理人员，原则上规模不少于50人。

第十九条 工程中心以国家战略需求和行业、区域经济发展需要为导向，围绕主要研究方向和重点任务，组织团队开展技术攻关，承担国家、行业和区域的重大科技任务，持续为技术创新和产业进步提供工程化技术成果。

第二十条 工程中心应深化科教融合，加强人才培养，吸引优秀本科生参与工程实践，支持研究生参与工程技术攻关，积极与国内外高校、科研机构和行业企业联合培养创新人才。

第二十一条 工程中心应建立协同创新机制，面向社会开放运行，广泛吸引优秀人才开展技术协同攻关，与国内外知名企业和团队开展稳定的实质性合作。

第二十二条 工程中心应规范知识产权管理，强化技术标准与专利等知识产权的创造、运用和保护，重视对行业发展有影响的技术成果和高价值专利（组合）培育。

第二十三条 工程中心应着力营造求真务实、潜心问学、诚实公正、水到渠成、理性质疑、协作开放的创新文化，加强自我监督和科研诚信教育，提升科学素养，防范学术不端行为。

第二十四条 工程中心应建立健全各项管理规章制度，严格遵守国家有关保密规定。实行年度统计报告制度，每年3月底之前将上年度总结报告提交至教育部科技管理信息系统，加盖公章后的纸质版报送教育部，并在依托高等学校相关网站上进行公示。

第二十五条 工程中心升级为国家级创新平台后，原则上不再保留原工程中心牌子，不再纳入工程中心管理序列。支持依托高等学校申请组建新的工程中心。

第二十六条 工程中心发展方向和建设内容需要进行重大调整的，经主管部门同意后，由教育部组织专家进行论证，通过论证的准予调整。

第五章 验收与评估

第二十七条 工程中心建设任务完成后，高等学校经主管部门向教育部报送《教育部工程研究中心建设验收总结报告》（编制大纲详见附件3），并提出验收申请。

第二十八条 验收工作由教育部组织或委托相关单位进行。验收专家组由技术专家和管理专家组成。验收专家组依据立项批复文件、《教育部工程研究中心建设计划任务书》和《教育部工程研究中心建设验收总结报告》进行现场验收和综合评议，形成验收意见。通过验收的工程中心，经教育部批复后正式开放运行。

第二十九条 现场验收和综合评议包括：

（一）听取工程中心主任建设工作总结报告，对照《教育部工程研究中心建设计划任务书》，审查建设任务完成情况。

（二）审阅工程中心档案资料，实地考察工程中心中试与工程验证环境、设备设施及用房等条件建设情况。

（三）对工程中心建设任务完成情况进行综合讨论，提出评议性指导建议，形成书面验收意见。

第三十条 通过验收的工程中心正式纳入教育部工程研究中心序列管理；未通过验收的工程中心将被取消立项建设资格。

第三十一条 教育部按照相近研究领域对工程中心进行定期评估，评估周期为5年，评估程序分为初评、现场考察和综合评议三个阶段。正式开放运行满三年的工程中心应参加教育部组织的定期评估。

第三十二条 教育部负责工程中心定期评估的组织实施，制定《教育部工程研究中心评估细则》，组织或委托第三方机构开展评估工作，确定和发布评估结果，受理并处理异议。

第三十三条 教育部根据定期评估结果，对工程中心进行动态调整。评估结果为优秀的工程中心将给予一定支持，并优先推荐申报国家级科技创新平台，未通过评估的工程中心不再列入教育部工程研究中心序列。

第六章 附则

第三十四条 工程中心命名统一为"×××教育部工程研究中心"，英文名称为"Engineering

Research Center of×××, Ministry of Education"。工程中心通过验收后,可依据批复文件刻制工程中心印章。

第三十五条 港澳台地区高等学校申请工程中心建设,参照本办法执行。

第三十六条 本办法自发布之日起施行,由教育部负责解释。

附件：1.《教育部工程研究中心建设申请书》编制大纲
      2.《教育部工程研究中心建设计划任务书》编制大纲
      3.《教育部工程研究中心建设验收总结报告》编制大纲

附件1

《教育部工程研究中心建设申请书》编制大纲

封面：中心名称、所属技术领域、依托单位、主管部门、中心负责人、联系电话、电子邮箱、通信地址与邮编、编制日期

一、摘要

二、建设意义与必要性

1. 建设的背景和需求

2. 国内外本领域技术状况及发展趋势

3. 国内本领域成果转化与产业化现状

4. 依托单位在本领域所处的地位与发展潜力

三、申报单位概况和建设条件

1. 申报单位概述

2. 现有基础条件

3. 学科建设基础

4. 人才队伍建设基础

5. 代表性成果与案例

四、主要任务和目标

1. 研究方向和任务

2. 近期目标和中长期目标

五、管理与运行机制

1. 机构设置与职能

2. 运行机制

六、投资情况

七、经济社会效益分析

八、其他需要说明的问题

九、依托单位意见

十、主管部门意见

十一、有关附件

附件 2

《教育部工程研究中心建设计划任务书》编制大纲

封面：工程中心名称、所属技术领域、依托单位、主管部门、中心负责人、联系电话、电子邮箱、通信地址与邮编、编制日期

一、摘要

工程中心名称、依托单位、主要研究方向、建设周期、建设地点和建设计划；投资总规模、新增投资规模及其构成、经费筹措方式等。

二、建设方案

1. 主要研究方向和任务

2. 验收目标和中长期目标

3. 拟解决的关键技术问题和当前拟实施的工程化项目

4. 人才培养、队伍建设计划

5. 保障条件建设计划

三、运行管理机制

1. 机构设置

2. 管理机制

四、依托单位的支持

五、主管单位的支持

六、产业化应用前景和经济社会效益分析

七、工程中心建设计划专家组论证意见

八、依托单位意见

九、主管部门意见

十、教育部审核意见

十一、有关附件

（有行政或法律效力的配套建设资金证明文件；科研项目名称、编号、来源、起止时间及其经费一览表；成果推广转化用户证明等。）

附件 3

《教育部工程研究中心建设验收总结报告》编制大纲

封面：工程中心名称、所属技术领域、依托单位、主管部门、中心负责人、联系电话、电子邮箱、通信地址与邮编、编制日期

一、摘要

二、建设概况

三、建设计划任务书主要内容

四、建设计划完成情况

1. 研究任务完成情况及标志性成果

2. 队伍建设及人才培养情况

3. 配套与支撑条件落实情况

五、建设期工程化情况

1. 关键技术突破情况

2. 工程化项目实施进展与效益

3. 成果转化和技术转移及其对行业、区域发展影响力

4. 典型工程化案例

六、建设和运行资金投入情况

七、运行与管理机制、规章制度

八、中长期发展规划

九、依托单位自评意见

十、主管部门意见

十一、附件材料

1.《×××教育部工程研究中心建设》相关批复文件

2.《×××教育部工程研究中心建设计划任务书》

3. 合作、协议及其他相关文件

4. 建设和运行资金投入相关证明材料

5. 仪器设备清单

6. 建筑平面图、图纸等

7. 典型工程化案例佐证材料

8. 行业标准、认证资质证明等

9. 代表性科研成果

10. 产业化成果证明材料

11. 其他证明材料

教育部工程研究中心评估细则

第一章　总则

第一条　为加强教育部工程研究中心（以下简称工程中心）的管理，规范工程中心定期评估工作，引导激励高质量发展，根据《教育部工程研究中心建设与运行管理办法》，制定本细则。

第二条　评估是工程中心建设运行动态管理的重要环节，重点检查工程中心评估周期内的运行情况，其目的是建立优胜劣汰竞争机制，总结经验，发现问题，提高质量，促进发展。评估内容包括工程技术研发能力与水平、成果转化与行业贡献、学科发展与人才培养、运行管理能力。

第三条　评估工作坚持"公开、公平、公正"的原则，依靠专家、注重实效、动态调整、以评促建，采取定性评估和定量评估相结合的方式（评估指标体系详见附件1），定量评估以每年度提交至教育部科技管理信息系统中的数据为准。评估工作分为初评、现场考察和综合评议三个阶段。

第四条　正式开放运行（从验收通过发文第二年1月1日算起）满三年的工程中心，原则上都应参加五年一周期的评估，未满三年的工程中心可自愿申请参加评估。

第二章　评估职责

第五条　教育部负责评估工作的组织实施，包括：制定工程中心评估细则和评估指标体系，确定参评工程中心名单，安排评估任务，建立评估专家库并遴选评估专家，组织或委托第三方评估机构（以下简称评估机构）开展评估工作，确定和发布评估结果，指导、评价和监督评估机构的工作，受理对评估机构和评估工作的实名异议。

第六条　评估机构应具备组织实施评估工作的条件，能够按照本细则客观公正地开展工作，并对评估过程中的有关信息严格保密。评估机构的主要职责是：负责拟定评估实施方案和经费预算并报教育部批准，受理评估申请，组织专家评估，总结评估工作，提交评估报告，建立评估工作档案并按期向教育部移交。

第七条　各省级教育行政部门和有关部门（单位）教育司（局）（以下称主管部门）负责组织指导所属高等学校编制评估相关材料，做好工程中心评估准备工作。

第八条　工程中心依托高等学校负责为工程中心评估提供支撑和保障，组织工程中心编制评估相关材料，并对评估材料的真实性和准确性进行审核把关。

第九条　参评工程中心根据本细则的要求，全面总结评估周期内的工作，认真编制《教育部工程研究中心评估总结报告》（编制大纲详见附件2），确保材料与数据真实可靠。

第三章　评估准备

第十条　教育部于每年4月发布当年评估通知，确定参评工程中心名单，并抄送评估机构。

第十一条　评估机构根据当年发布的评估通知，制定详细的评估实施方案和经费预算，报教育部批准。评估实施方案包括工程中心分组、材料提交、评估日程安排等。评估经费预算主要包括专家评审费、会场租用费、交通费、食宿费等。教育部在收到评估方案后的15个工作日内批复。

第十二条　评估机构按照初评、现场考察和综合评议三个阶段工作安排，组织专家开展评估，并于下半年完成评估工作。

第四章 初评

第十三条 评估机构依据评估工作相关规定和要求，对参评工程中心提交的评估材料进行审核，督促工程中心在规定期限内完善和补齐相关材料。

第十四条 初评按照技术领域相近分组，采取集中会议评议。教育部在会前组织召开初评预备会，向初评专家说明评估规则和指标体系，明确评估任务和要求。

初评内容包括：审阅评估材料、听取评估总结报告、专家质询、记名打分等环节。

第十五条 根据专家打分结果，初评成绩排名前 20% 和后 20% 的工程中心，从其余参评工程中心中抽取的不少于 10% 工程中心一并列入现场考察名单。

现场考察名单在教育部网站上发布。未进入现场考察名单但有意愿参加现场考察的，可在名单公布后 10 个工作日内向教育部提出申请，经批准后列入现场考察名单。

第五章 现场考察

第十六条 现场考察按照参评数量和相近领域进行分组。教育部成立现场考察专家组，评估机构组织现场考察。每个专家组由 5~7 名专家组成，其中应包含初评专家 2~3 名，管理专家 1~2 名。

第十七条 评估机构按照现场考察工作方案，确定各参评工程中心现场考察时间（每个参评工程中心不少于半天）和路线，于现场考察前 10 个工作日通知参评工程中心，并将现场考察安排通报工程中心主管部门。

评估机构负责拟订现场考察工作手册，主要内容包括现场考察基本程序、日程安排、有关文件、工作人员职责以及保密协议等。教育部会同评估机构组织召开现场考察预备会，向专家组成员明确现场考察的任务和要求。

第十八条 现场考察过程由专家组组长主持。主要考察工程中心的运行状态、建设内容和管理机制；核实承担国家、行业和区域重大科技任务完成情况，技术攻关、科研成果和工程化应用推广情况；检查依托高等学校对工程中心的支持和条件保障的落实情况，以及工程中心的日常监督管理情况等。

第十九条 现场考察主要内容包括：听取工程中心主任和依托高等学校工作报告，并提问质询，审阅评估材料和证明材料，召开座谈会或进行个别访谈，考察工程中心实验技术平台、中试与工程验证环境等。其中：

工程中心主任工作报告主要介绍评估期内工程中心取得的标志性技术成果（不超过 5 项）与工程化应用，并对工程中心的运行状况和管理机制进行全面、系统总结。

学校负责人要代表依托高等学校，报告评估期内对工程中心的资源投入、条件保障、政策支持、日常监督管理等情况。

第二十条 工程中心应提供以下材料备现场考察专家组查阅：基本运行经费、建设资金投入等有关财务证明（包括到账和使用情况）；各类相关项目合同书、立项批准书、科研成果、成果转化与技术转移、技术交流和会议等相关证明材料；内部管理规章制度等。

第二十一条 现场考察专家组根据实际考察情况，交流讨论后，以口头方式向工程中心和依托高等学校简要反馈意见和建议，现场不公布考察结果。

第二十二条 现场考察结束后，专家组根据评估指标体系对本组考察的工程中心记名打分，并形成书面评估意见。评估意见应明确指出工程中心存在的问题并提出改进建议。

第六章 综合评议

第二十三条 按照初评成绩占50%，现场考察成绩占50%计算出参加现场考察的各工程中心的综合成绩。综合成绩排名靠前的工程中心评估结果为优秀，综合成绩排名后15%的工程中心将参加综合评议。参加综合评议的工程中心名单在教育部网站上发布并提前至少10个工作日通知有关依托高等学校。

第二十四条 同领域的综合评议不再按相近学科分组。每个领域综合评议专家组由9~11名专家组成。

第二十五条 评估机构向综合评议专家组提供参评工程中心的初评成绩、现场考察成绩、现场考察意见、评估材料和评估指标体系等。

第二十六条 参加综合评议的工程中心由中心主任做综合评议工作报告，并对专家组的质询进行答辩。主要介绍工程中心代表性成果和优势特色、技术研究情况、工程化情况、存在的问题和不足、发展规划和设想等。

第二十七条 专家组经评议讨论，对参加综合评议的工程中心记名打分和排序，形成综合评议意见，并当场公布排序结果。

第七章 评估结果

第二十八条 综合评议结束后15个工作日内，评估机构负责撰写评估报告，对评估工作进行系统总结并提出建议和意见，并与评估档案一并提交教育部。评估档案包括：各阶段专家组人员名单、初评专家打分表、初评打分排序统计结果、各工程中心现场考察意见、现场考察打分表和排序结果、综合评议专家打分表和排序结果、综合评议意见等。

第二十九条 教育部根据评估成绩和评估报告，确定并发布评估结果及处理意见。评估结果分为：优秀、良好、限期整改、未通过四类，评估结果为优秀的比例不超过15%，评估结果为限期整改和未通过的比例不低于10%，其余为良好。

评估结果在教育部科技司网站公示一周，最后以书面形式向依托高等学校反馈。由教育部处理公示期间个人或单位实名提出的异议。

第三十条 评估结果为"优秀"的工程中心优先推荐申报国家级科技创新平台。评估结果为"未通过"的工程中心不再纳入教育部工程研究中心管理序列。评估结果为"限期整改"的工程中心整改期不超过2年，整改期满后由教育部组织专家现场检查整改效果，检查未通过的工程中心不再纳入教育部工程研究中心管理序列。

第三十一条 连续三次评估结果均为"优秀"的工程中心，可不参加下一轮评估，其评估结果定为优秀。连续两次评估结果均为"限期整改"的工程中心不再纳入教育部工程研究中心管理序列。不参加评估、中途退出评估、无重大客观原因逾期未报送评估材料的工程中心，其评估结果定为未通过。

第八章 附则

第三十二条 工程中心评估费用由教育部承担。

第三十三条 工程中心评估实行公示与回避制度。参评工程中心可提出需回避的评估专家，与工程中心相关的人员不得作为评估专家。评估专家应科学、公正、独立地行使评估职责和权力，遵守评估保密制度，不得对外发布相关过程信息，不得收取评估对象的评审费用、礼品、礼金。

第三十四条 本细则作为《教育部工程研究中心建设与运行管理办法》配合文件,自发布之日起施行,由教育部负责解释。

附件:1.教育部工程研究中心评估指标体系
   2.《教育部工程研究中心评估总结报告》编制大纲

附件1

教育部工程研究中心评估指标体系

一级指标	二级指标	评估要点
工程技术研发能力与水平(30%)	创新水平	总体定位和研究方向; 工程技术重大突破; 标志性成果影响力; 承担国家或地方重点重大科研任务情况
	人才与队伍	中心主任与技术带头人作用; 研发及工程技术队伍结构; 青年骨干培养与引进; 工程技术队伍团队攻关能力
	装备与场地	物理空间与仪器设备分布合理,满足工程技术研发及创新发展需要
成果转化与行业贡献(30%)	成果转化	科研成果转化机制及成效; 专利转化收益; 校企合作研发任务及经费保障; 承担政府产业化项目情况
	行业贡献	工程化典型案例,推广示范作用; 对行业(区域)产生直接经济社会效益; 主持或参与制定国际、国家及行业技术标准与规范; 提供技术咨询和培训服务
学科发展与人才培养(20%)	学科建设	支撑学科建设水平提升的作用; 促进学科交叉和新兴学科发展
	人才培养	硕士、博士培养; 实习实践基地设立及学生创新创业情况; 与国内外科研机构和行业企业联合培养创新人才
开放与运行管理(20%)	发展潜力	近中期目标; 未来前景
	开放共享	仪器设备和资源开放共享; 技术研发合作交流情况
	管理与支持	内部规章制度、运行管理机制、评价考核体系等; 依托高校、地方政府投入与支持举措; 技术委员会支撑作用; 科研氛围、学术风气

附件 2

《教育部工程研究中心评估总结报告》编制大纲

封面：工程中心名称、所属技术领域、建设时间、依托单位、主管部门、中心负责人、联系电话、电子邮箱、通信地址与邮编

一、摘要

二、评估期基本情况概述

三、评估期间工作业绩

1. 产业重大技术突破、共性关键技术供给、自主知识产权成果及其水平，各研究方向标志性技术成果、水平和工程应用与效益。

2. 工程化典型案例实施进展，对产业技术进步与核心竞争力的提升作用、影响与效益贡献。

3. 工程化技术成果转移、转化、辐射、扩散情况及其对行业、区域发展影响力，主持或参与制定国家及行业技术标准与规范情况，对创新驱动发展、经济转型升级的作用与贡献。

4. 队伍建设及其水平，高层次创新人才培养质量及其在行业中的影响；带头人与团队水平对工程中心建设的贡献。

5. 对工程技术人才培训、人才培养及开放服务。

6. 对学科建设支撑作用。

四、硬件条件运行情况与质量

1. 研究方向及其相应实验技术平台配置情况

2. 中试与工程验证能力

3. 配套设施及支撑条件

4. 技术成果、文件资料归档情况

五、经费情况

1. 经费收支情况

2. 技术转让与服务收入情况

六、运行与管理机制

1. 机构设置

2. 管理体制及运行机制

七、近中期任务、目标和未来规划

八、存在问题及改进措施

九、依托单位自评估意见

十、主管部门意见

十一、教育部意见

十二、有关附件

（科研项目名称、编号、来源、起止时间及其经费一览表；成果推广转化用户证明等。）

教育部关于印发
《高等学校国家重大科技基础设施建设管理办法（暂行）》的通知

(教技函〔2019〕76号)

各省、自治区、直辖市教育厅（教委），新疆生产建设兵团教育局，部属各高等学校、部省合建各高等学校：

为深入学习习近平新时代中国特色社会主义思想和党的十九大精神，贯彻落实全国教育大会精神，规范和加强高等学校重大科技基础设施的建设和管理，进一步提高建设质量和水平，我部研究制定了《高等学校国家重大科技基础设施建设管理办法（暂行）》，现印发给你们，请结合本地、本单位工作实际，认真遵照执行。

教育部
2019年10月25日

高等学校国家重大科技基础设施建设管理办法（暂行）

第一章 总则

第一条 为全面落实创新驱动发展战略，规范和加强高等学校（以下简称高校）重大科技基础设施的建设和管理，进一步提高建设质量和水平，根据《国家重大科技基础设施管理办法》和有关法律法规，特制定本办法。

第二条 高校重大科技基础设施，是指为提升探索未知世界、发现自然规律、实现科技变革的能力，引领和支撑"双一流"建设和人才培养，高校牵头建设，经费投入大、工程建设难度高并提供开放共享服务的大型复杂科学研究装置或系统。

第三条 本办法适用于高校作为项目法人或共建单位、教育部作为主管部门建设的国家重大科技基础设施（以下简称大设施）。

第四条 大设施建设坚持学校主体、精心设计、协同组织、严格管理的原则。建设管理流程包括开展项目预研、提出项目建议、可行性研究、初步设计和概算编制、开工准备、工程建设、竣工验收、运行管理等阶段。

第五条 大设施应严格按照国家相关部门批复的可行性研究报告、初步设计、投资概算中所确定的建设内容、性能指标、建设投资和建设周期等进行建设。

第六条 大设施建设管理与协调工作由教育部负责。

第二章 管理体制

第七条 教育部作为大设施建设的主管部门，审议和批准大设施建设管理中的重大事项，协调大设施建设中的相关问题，主要职责有：

（一）负责大设施的顶层设计、前期培育和申报组织等工作；

（二）负责大设施的基本建设规划，审核大设施年度建设经费预算，审核中央预算内投资计划进展与完成情况；

（三）与国家有关部委协商大设施规划、建设和运行事宜，与地方政府协同推进大设施共建事宜；

（四）争取国家有关部门和地方的经费支持；

（五）根据建设单位提名，批准大设施建设领导机构、建设管理机构、运行管理机构、科技委员会和用户委员会的设立及相关负责人的聘任；

（六）审核大设施项目建议书、可行性研究报告、初步设计和投资概算，审查开工报告；

（七）监督大设施的建设进度、工程质量、资金使用、管理运行等；

（八）组织部门验收；

（九）与大设施建设管理相关的其他事项。

第八条 高校作为大设施建设的主体责任单位，负责大设施的申报、建设和运行管理，并落实相应保障条件，主要职责有：

（一）成立大设施建设领导机构，由学校主要负责人担任组长，分管校领导担任副组长，科技、基建、学科、规划、人事、财务、资产等职能部门负责人作为小组成员，建立领导小组指导下的多部门联合协同工作机制；大设施建设领导机构在学校党委统一领导下，承担建设管理领导职责；

（二）成立大设施建设指挥部，作为独立机构，纳入行政序列，负责日常建设管理与组织协调工作；总指挥由校领导兼任，设常务副总指挥和若干副总指挥；并确定首席科学家、总工艺师、总工程师、总经济师和总质量师等；

（三）制定"特区"政策，为参与大设施建设的科学与工程技术、行政管理、实验技术人员提供物理空间、科研条件、职称评聘、考核晋升、绩效激励等方面的保障，在人员薪酬、人才引进、研究生招生等方面给予倾斜支持；

（四）制定大设施建设工作计划和管理规章制度，合理配置建设经费、物理空间、科研条件、工程资源，保障自筹资金的有序到位；

（五）其他保障大设施建设顺利开展的相关工作。

第三章 开展项目预研

第九条 项目预研是指为提出大设施项目建议所开展的预先研究，主要包括初步确定大设施的科学目标、工程目标、建设内容和总体技术方案，同时开展原理探索、技术攻关、流程优化、工程验证等前期研究，并验证建设方案基本技术路线的可行性。

第十条 高校应围绕世界科技前沿、国家战略需求和经济社会发展重大需求，依托一流学科和重大科技平台，组建研究团队，筹措预研经费，调研用户需求，开展项目预研，形成建议方案，为大设施建设提供人才、技术和工程储备。

第十一条 教育部建立大设施培育项目库，并根据建设进展动态调整；择优推荐和支持培育项目纳入国家建设规划。

第四章 提出项目建议

第十二条 高校参照《国家重大科技基础设施管理办法》要求，启动项目建议书编制工作。

第十三条 项目建议阶段，高校应依托科研管理部门，或建立相对独立的机构，负责建设方案组织协调工作；制定前期工作计划，明确工作进度安排、研究试验方案、专项设计计划、用户需求评估等。

第十四条 项目建议阶段，高校应召开用户会议，就科学目标、用户需求、主要功能和性能指标等进行研讨，形成用户意见。

第十五条 前期准备工作扎实，已具备相关条件的，可以直接编报可行性研究报告。

第十六条 项目建议书由高校自审通过后，提请教育部审核，报国家发展改革委审批。

第十七条 项目建议书获批复后，高校应尽快成立大设施建设领导机构和建设指挥部，建设指挥部可下设综合协调办公室、工艺办公室、工程办公室等。

第五章 可行性研究

第十八条 高校依据项目建议书批复文件，参照《国家重大科技基础设施管理办法》要求，启动可行性研究报告编制工作。

第十九条 可行性研究阶段，高校应全面分析实现科学目标的可行性和建设方案的合理性，论证设计指标和验收指标，全面征求用户意见，落实土地、节能、开放共享、社会效益、资源综合利用、社会稳定风险等各项条件，对较为复杂的技术或工艺应进行专题论证。其他与建设实施条件相关的专项工作应提前布局开展。

第二十条 可行性研究阶段，高校应进一步完善大设施建设管理机构和管理体制。

第二十一条 可行性研究报告由高校自审通过后，提请教育部审核，报国家发展改革委审批。

第六章 初步设计和投资概算

第二十二条 高校依据可行性研究报告批复文件，参照《国家重大科技基础设施管理办法》要求和专项资金管理相关规范，启动初步设计报告和投资概算编制工作。

第二十三条 初步设计应对可行性研究报告批复确定的建设目标、建设内容、验收指标，做出全面、系统的工程设计方案和建设实施方案，落实技术工艺、设备选型、环保安全等方面的设计要求。投资概算应与初步设计范围和内容相一致，且依据合理、标准清晰。

第二十四条 初步设计由教育部审批的项目，其评审由现场踏勘和会议评审组成，审查范围包括工艺、设备、基本建设和概算等。

第二十五条 投资概算由国家发展改革委核定的项目，高校自审通过后，提请教育部审核，报国家发展改革委核定。

第二十六条 经批准的初步设计和投资概算作为项目建设实施和投资控制的依据。

第七章 开工准备

第二十七条 根据国家发展改革委工作要求，需要审批开工报告的项目，高校应按照可行性研究报告、初步设计批复要求，做好施工图设计和审查，办理建设施工许可证，编制开工报告，按国家相关规定进行审批备案。不需要审批开工报告的项目，建设起始时间自初步设计批复之日起计算。

第八章 工程建设

第二十八条 高校应根据大设施特点，加强质量、经费、进度、风险、变更、安全、采购、合同和信息等管理，并按照国家档案管理要求，形成规范的档案文件。

第二十九条 大设施建设领导机构应定期审查大设施建设的进度、质量和投资情况，研究大设施建设过程中的重大事项，审核建设过程中的调整和变更。

第三十条 大设施建设管理实行月报和年报制，高校每月底前向教育部提交月度进展报告，每年底前向教育部提交本年度建设进展报告和下一年度建设计划。

第三十一条 教育部适时成立督查小组或委托第三方机构，对大设施建设进度、工程和工艺质量、投资完成、建设管理情况等进行检查，形成督查报告。

第三十二条 进展报告和督查报告是后续投资计划申请的重要依据。

第三十三条 大设施建设中出现重大问题、与实施计划发生重大偏离、投资概算发生重大调整时，高校应妥善采取措施并及时上报。

第三十四条 大设施建设过程中，高校应筹备组建运行管理机构、科技委员会和用户委员会，委员中依托高校以外的专家人数应不低于二分之一。

第三十五条 在项目建设过程中，高校应围绕大设施，同步组建科学研究中心，支撑大设施建设；项目验收后，由中心负责大设施的管理运行，并依托大设施功能，组织开展科学研究，培养和汇聚技术创新和前沿研究队伍，提高大设施使用效能，产出重大创新成果。

第九章 竣工验收和运行管理

第三十六条 大设施验收分为专项自验收、主管部门验收和国家验收。

第三十七条 专项自验收由高校自行组织，验收内容包括工程、工艺、设备、财务、档案、审计等专项自验收，其中工艺验收应组织工艺测试，形成工艺测试报告。专项自验收完成后，向主管部门提出部门验收申请。

第三十八条 主管部门验收由教育部组织开展，验收内容主要包括工艺、财务、资产、建安、档案等部分。

第三十九条 主管部门验收合格后，由教育部向国家发展改革委提出国家验收申请。

第四十条 验收通过后，大设施应形成权责清晰、管理规范、开放共享、产出高效的运行管理机制。

第十章 附则

第四十一条 国务院部门和地方政府立项建设、高校自筹建设、社会资本支持建设的高校重大科技基础设施，可参照本办法执行。

第四十二条 高校应按照相关法律法规和本办法有关规定，组织大设施建设管理工作，对建设过程中的违法违规和失职行为，依法依规追究其相关责任。

第四十三条 国务院其他有关部门和地方政府立项建设的高校重大科技基础设施，具体建设管理流程由批复部门确定。

第四十四条 本办法自发布之日起施行，由教育部负责解释。

教育部关于印发
《高等学校科学研究优秀成果奖（科学技术）奖励办法》的通知

（教技〔2019〕3号）

各省、自治区、直辖市教育厅（教委），新疆生产建设兵团教育局，有关部门（单位）教育司（局），部属各高等学校、部省合建各高等学校：

为深入学习贯彻习近平新时代中国特色社会主义思想和党的十九大精神，大力实施科教兴国战略、人才强国战略和创新驱动发展战略，促进高等学校科技创新，支撑高质量人才培养，我部对2015年2月印发的《高等学校科学研究优秀成果奖（科学技术）奖励办法》进行了修订。

现将修订后的《高等学校科学研究优秀成果奖（科学技术）奖励办法》印发给你们，请遵照执行。

教育部
2019年11月7日

高等学校科学研究优秀成果奖（科学技术）奖励办法

第一章 总则

第一条 为鼓励高等学校教师和科技工作者围绕国家战略需求、经济社会发展需要与世界科技前沿开展科技创新和成果转化，推动高等学校创新人才培养，根据《国家科学技术奖励条例》，结合高等学校实际情况，教育部设立高等学校科学研究优秀成果奖（科学技术）。

第二条 高等学校科学研究优秀成果奖（科学技术）奖励在开展科技创新、成果转化并在创新人才培养中作出突出贡献的高等学校教师、科技工作者和相关单位。

第三条 高等学校科学研究优秀成果奖（科学技术）设立下列奖项：

（一）自然科学奖；

（二）技术发明奖；

（三）科学技术进步奖；

（四）青年科学奖。

第四条 高等学校科学研究优秀成果奖（科学技术）评审工作遵循公开、公平、公正原则，实行科学的评审制度，不受任何组织或者个人的非法干涉。

第五条 高等学校科学研究优秀成果奖（科学技术）实行提名制，每年提名、评审一次。

第六条 教育部设立高等学校科学研究优秀成果奖（科学技术）工作办公室（以下简称奖励工作办公室），负责奖励管理、评审组织等工作。奖励工作办公室设在教育部科学技术司。

第七条 奖励工作办公室根据每年提名项目的学科分布等具体情况，聘请相关学科领域学术造诣高、学风端正的专家组成高等学校科学研究优秀成果奖（科学技术）评审委员会（以下简称评审委员会）。

评审委员会主要职责：

（一）对高等学校科学研究优秀成果奖（科学技术）候选项目和候选人进行评审，提出一等奖、二等奖候选项目和青年科学奖候选人建议；

（二）根据一等奖候选项目成果水平，提出特等奖候选项目建议；

（三）对评审工作中出现的有关问题进行处理。

第八条 教育部设立高等学校科学研究优秀成果奖（科学技术）奖励委员会（以下简称奖励委员会），委员由相关领域、行业及部门专家担任。奖励委员会委员实行任期聘任制，每届20~30人，任期3年，任期届满进行换届，每次换届人数不低于总人数的1/3，原则上不得连任3届以上。

奖励委员会主要职责：

（一）审定评审委员会提出的特等奖候选项目和青年科学奖候选人建议；

（二）审定评审委员会提出的一等奖、二等奖候选项目建议；

（三）对奖励工作提供政策性意见和建议。

奖励委员会的审定结果报教育部批准。

第二章 评定条件

第九条 高等学校科学研究优秀成果奖（科学技术）候选项目第一完成单位应为国内高校。青年科学奖候选人应为长期在国内高校工作的青年教师。

第十条 自然科学奖授予在基础研究和应用基础研究中作出重要科学发现的个人和单位。

重要科学发现应同时具备下列条件：

（一）前人尚未发现或者尚未阐明。指该项自然科学发现为国内外首次提出，或者其科学理论在国内外首次阐明，且主要论著为国内外首次发表。

（二）具有重大科学价值。指在学术上处于国际同类研究领先或者先进水平，并在科学理论、学说上有创见，在研究方法、手段上有创新，以及在基础数据的收集和综合分析上有创造性和系统性贡献；并对科学技术的发展有重要意义，或者对经济建设和社会发展具有重要影响。

（三）得到国内外科学界公认。指主要论著已在国内外公开发行的学术刊物上发表或者作为学术专著出版2年以上，其重要科学结论已被国内外同行在重要国际学术会议、公开发行的学术刊物，尤其是重要学术刊物以及学术专著所正面引用或者应用。

第十一条 自然科学奖的主要完成人必须是该项自然科学发现代表论著的作者，并具备下列条件之一：

（一）提出总体学术思想、研究方案；

（二）发现重要科学现象、特性和规律，并阐明科学理论和学说；

（三）提出研究方法和手段，解决关键性学术疑难问题或者实验技术难点，以及对重要基础数据进行系统收集和综合分析等。

第十二条 自然科学奖的主要完成单位是指在该项自然科学发现的研究过程中，提供技术、经费或设备等条件，对该项自然科学发现的研究起到重要作用的单位，一般为主要完成人在完成该项自然科学发现时的所在单位。

第十三条 技术发明奖授予在运用科学技术知识做出产品、工艺、材料及其系统等重要技术发明的个人和单位。

重要技术发明应同时具备下列条件：

（一）前人尚未发明或尚未公开。指该项技术发明为国内外首创，或者虽然国内外已有但主要技术内容尚未在国内外公开出版物、媒体及各种公众信息渠道上发表或者公开，也未曾公开使用。

（二）具有先进性和创造性。指该项技术发明与国内外已有同类技术相比较，其技术构思有实质性显著的进步，主要性能（性状）、技术经济指标、科学技术水平及其促进科学技术进步的作用和意义等方面综合优于同类技术。

（三）经实施，创造显著经济效益或社会效益，或具有明显的应用前景。指该项技术发明成熟，并实施应用2年以上，取得良好效果。直接关系到人身和社会安全的技术发明成果，如动植物新品种、药品、食品、基因工程技术等，在获得行政机关审批之后方可提名。

第十四条 技术发明奖的主要完成人应当具备下列条件之一：

（一）在完成该项技术发明过程中作出重要贡献，是全部或部分创造性技术内容的独立完成人；

（二）在实施该项技术发明中作出重要贡献。

第十五条 技术发明奖的主要完成单位是指对该项技术发明的完成起重要作用或实施该发明技术的单位，一般为主要完成人完成该项技术发明时所在的单位。

第十六条 科学技术进步奖授予在推广应用先进科学技术成果、完成重要科学技术工程计划项目等方面作出创造性贡献，或在推进国防现代化建设、保障国家安全方面作出重大科学技术贡献的个人和单位。

科学技术进步奖的成果应同时具备下列条件：

（一）技术创新性突出，技术经济指标先进。在技术上有创新，特别是在高新技术领域进行自主创新，形成了产业的主导技术和成熟产品，或者应用高新技术对传统产业进行装备和改造，通过技术创新，提升传统产业，增加行业的技术含量；技术难度较大，解决了行业发展中的热点、难点和关键问题；总体技术水平和主要技术经济指标达到了行业领先水平。

（二）经转化，经济效益或者社会效益显著。所开发的成果经过2年以上的实施应用，产生了明显的经济效益或者社会效益，实现了技术创新的市场价值或者社会价值，为经济建设、社会发展和国家安全作出了很大贡献。

（三）推动行业科技进步作用明显。成果的转化程度高，具有较强的示范、带动和扩散能力，提高了行业技术水平、竞争能力和系统创新能力，促进了产业结构的调整、优化、升级及产品的更新换代，对行业的发展具有很大作用。

第十七条 科学技术进步奖的主要完成人应当具备下列条件之一：

（一）在提出和确定项目的总体技术方案中作出重要贡献；

（二）在关键技术和疑难问题的解决中作出重要贡献；

（三）在成果转化和应用推广过程中作出重要贡献；

（四）在高新技术产业化的技术实施过程中作出重要贡献。

第十八条 科学技术进步奖的主要完成单位是指在项目研制、开发、投产应用和推广过程中提供技术、设备和人员等条件，对成果的完成起到重要作用的单位，一般为主要完成人完成该成果时所在的单位。行政管理部门一般不得作为主要完成单位。

第十九条 青年科学奖授予已经取得突出原创性学术成果、具有赶超或保持国际先进水平能力的青年学者。青年科学奖候选人应同时符合下列条件：

（一）为在校青年教师，在国内高校连续工作3年以上，被提名当年未满40周岁（至1月1日）；

（二）长期从事科技创新，并取得了有较大影响的原创性成果；

（三）具备勇于创新的科学精神、良好的科学道德、扎实的学术素养和高尚的师德风尚；

（四）潜心研究工作，积极开展人才培养，具有独立开展研究的能力与较强的科研发展潜力。

第二十条 高等学校科学研究优秀成果奖（科学技术）坚持科技贡献为科技成果评价的主要依据，同时充分考虑科技成果在提高人才培养和教学质量，以及科学普及、师德风尚等方面所发挥的作用。在科技成果水平基本一致的情况下，对同时在教书育人或科学普及方面也作出贡献的教师和科技工作者取得的成果给予优先奖励。

第三章 提名、评审和授予

第二十一条 高等学校科学研究优秀成果奖（科学技术）实行定标定额。自然科学奖、技术发明奖、科学技术进步奖设一等奖、二等奖，对于特别优秀的成果可授予特等奖。青年科学奖不设等级。高等学校科学研究优秀成果奖（科学技术）每年奖励总数不超过310项。

第二十二条 高等学校科学研究优秀成果奖（科学技术）自然科学奖、技术发明奖、科学技术进步奖候选项目由相关单位或专家按以下程序向奖励工作办公室提名：

（一）中央部委所属高等学校的各类成果，可由学校直接提名；

（二）地方高等学校的各类成果，可由省、自治区、直辖市教育厅（教委）提名；

（三）三名及以上中国科学院院士、中国工程院院士可联合提名。

第二十三条 青年科学奖候选人由以下单位或专家向奖励工作办公室提名：

（一）教育部科学技术委员会各学部；

（二）中国科协所属的有关全国学会；

（三）有关高等学校校长；

（四）中国科学院院士、中国工程院院士（3名及以上联合提名）。

第二十四条 候选项目有下列情形之一的，不得提名高等学校科学研究优秀成果奖（科学技术）：

（一）相关成果已获得或正在申报国家级、省部级科学技术奖的；

（二）相关成果在知识产权归属以及完成单位、完成人署名等方面存在争议，尚未解决的；

（三）相关技术内容依照有关法律、法规规定必须取得有关许可证，或直接关系到人身和社会安全、公共利益的项目，尚未获得行政主管部门批准的；

（四）相关成果经评审未授奖且无实质性进展的。

第二十五条 高等学校科学研究优秀成果奖（科学技术）获奖项目完成人，获奖后须间隔一定年份后方可作为提名项目的完成人，同一人同一年度只能作为一个候选项目的完成人。

第二十六条 提名单位或专家应按规定的统一格式填写候选项目或候选人提名书，并提供真实、准确的证明材料，报送奖励工作办公室。

第二十七条 奖励工作办公室负责对提名书及相关材料进行形式审查。

第二十八条 评审委员会对候选项目和候选人进行评审,并根据评审结果向奖励委员会提出授奖建议。

第二十九条 奖励委员会对评审委员会的授奖建议进行审定,作出授奖决议。

第三十条 奖励委员会作出的授奖决议报教育部批准。教育部对获奖个人和单位授奖,并颁发证书。

第三十一条 高等学校科学研究优秀成果奖(科学技术)提名和评审的规则、程序和结果等信息按程序向社会公布,接受社会监督。

涉及国防、国家安全方面的成果,应当严格遵守国家保密法律法规的有关规定,加强保密管理,在适当范围内公布。

第四章 评定标准

第三十二条 自然科学奖的评定标准如下:

(一)在科学上取得突破性进展,发现的科学现象、揭示的科学规律、提出的学术观点或研究方法为国内外学术界所公认和广泛引用,推动了本学科或其分支学科或相关学科的发展,或者对经济建设、社会发展有重大影响的,可评为一等奖;

(二)在科学上取得重要进展,发现的科学现象、揭示的科学规律、提出的学术观点或研究方法为国内外学术界所公认和引用,推动了本学科或者其分支学科的发展,或者对经济建设、社会发展有较大影响的,可评为二等奖;

(三)对于原始性创新特别突出、具有特别重大科学价值、在国际相关学术领域中具有引领作用、在国内外具有重大影响的特别重大的科学发现,可评为特等奖。

第三十三条 技术发明奖的评定标准如下:

(一)属国内外首创的重要技术发明,技术思路独特,技术上有很大的创新,技术经济指标达到了国际同类技术的领先水平,推动了相关领域的技术进步,已产生显著的经济效益或者社会效益或具有显著的应用前景,可评为一等奖;

(二)属国内外首创,或者国内外已有但尚未公开的主要技术发明,技术思路新颖,技术上有较大的创新,技术经济指标达到了国际同类技术的先进水平,对本领域的技术进步有推动作用,并产生了明显的经济效益、社会效益或具有明显的应用前景,可评为二等奖;

(三)对原始性创新特别突出、主要技术经济指标显著优于国内外同类技术或者产品,并取得重大经济或者社会效益的特别重大的技术发明,可评为特等奖。

第三十四条 科学技术进步奖从技术开发、社会公益、国家安全三个方面制定评定标准,分别为:

(一)技术开发:在关键技术和系统集成上有重要创新,技术难度大,总体技术水平和主要技术经济指标达到了国际同类技术的先进水平,市场竞争力强,成果转化程度高,取得了显著的经济效益,对行业的技术进步和产业结构优化升级有很大作用的,可评为一等奖;在关键技术和系统集成上有较大创新,技术难度较大,总体技术水平和主要技术经济指标达到了国内同类技术的领先水平,并接近国际同类技术的先进水平,市场竞争力较强,成果转化程度较高,取得了明显的经济效益,对行业的技术进步和产业结构调整有较大意义的,可评为二等奖。

(二)社会公益:在关键技术和系统集成上有重要创新,技术难度大,总体技术水平和主要技术指标达到了国际同类技术的先进水平,并在行业得到广泛应用,取得了显著的社会效益,对科技发展和社会进步有很大意义的，可评为一等奖；在关键技术和系统集成上有较大创新，技术难度较大，总体技术水平和主要技术指标达到了国内同类技术的领先水平，并接近国际同类技术的先进水平，在行业较大范围应用，取得了明显的社会效益，对科技发展和社会进步有较大意义的，可评为二等奖。

（三）国家安全：在关键技术和系统集成上有重要创新，技术难度大，总体技术达到国际同类技术的先进水平，应用效果突出，对国防建设和保障国家安全具有很大作用的，可评为一等奖；在关键技术和系统集成上有较大创新，技术难度较大，总体技术达到国内同类技术的领先水平，并接近国际同类技术的先进水平，应用效果突出，对国防建设和保障国家安全有较大作用的，可评为二等奖。

对于技术创新性特别突出、经济效益或者社会效益特别显著、推动行业科技进步特别明显的项目，可评为特等奖。

第三十五条 青年科学奖的评定标准如下：

（一）致力于科技前沿，独立开展研究工作，创新能力强，学风严谨，作风扎实；

（二）取得重大原创性成果，产生了显著的国际学术影响，推动经济社会发展，在国内同领域同龄人中学术水平居于前列；

（三）学术思想活跃，具有很好的学术发展前景；

（四）坚持立德树人，积极开展人才培养，并取得显著成绩。

第五章 异议处理

第三十六条 高等学校科学研究优秀成果奖（科学技术）接受社会监督，实行异议处理制度。任何单位或个人对公示的候选项目和候选人如有异议，在规定的公示期内可向异议受理部门书面提出。逾期提出的异议原则上不予受理。

第三十七条 提名项目正式报送奖励工作办公室前提出的异议，由提名单位或专家处理。提名项目通过形式审查后提出的异议，由奖励工作办公室会同有关提名单位或者提名专家共同处理。涉及国家安全成果的异议，由奖励工作办公室会同有关部门处理。

第三十八条 涉及异议的任何一方应当积极配合异议处理单位和人员对异议进行处理，不得推诿或延误。

第三十九条 参加处理异议问题的单位和人员，应当依法依规、客观公正，并严守秘密。

第六章 罚则

第四十条 获奖者剽窃、侵夺他人的发现、发明或者其他科学技术成果的，或者以其他不正当手段骗取高等学校科学研究优秀成果奖（科学技术）的，由教育部撤销其奖励、追回证书等，并责成所在单位依法依规给予处理。

第四十一条 提名单位或专家提供虚假数据、材料，协助他人骗取高等学校科学研究优秀成果奖（科学技术）的，教育部视情节轻重予以公开通报、暂停或者取消提名资格等处理，并记录不良信誉，责成所在单位依法依规给予处理。

第四十二条 评审专家存在违反学术道德和评审纪律等行为的，按照有关规定给予内部或公开通报、暂停或者取消评审专家资格等处理，并记录不良信誉。情节严重的，责成所在单位依法依规给予处理。

第四十三条 参与高等学校科学研究优秀成果奖（科学技术）评审组织工作的人员在评审活

动中存在违规违纪行为的，责成所在单位依法依规给予处理。

第四十四条 对高等学校科学研究优秀成果奖（科学技术）获奖成果的宣传应当客观、准确，关注科学技术本身，不得以夸大、虚假、模糊宣传误导公众。不得在商业广告中将商品或服务表述为高等学校科学研究优秀成果奖（科学技术）的获奖对象。

禁止利用高等学校科学研究优秀成果奖（科学技术）提名和评审相关信息，进行各类营销、中介、代理等营利性活动。

第七章 附则

第四十五条 本办法由教育部负责解释。

第四十六条 本办法自2020年1月1日起施行，2015年2月印发的《高等学校科学研究优秀成果奖（科学技术）奖励办法》（教技发〔2015〕1号）同时废止。

教育部　国家知识产权局　科技部
关于提升高等学校专利质量促进转化运用的若干意见

(教科技〔2020〕1号)

各省、自治区、直辖市教育厅(教委)、知识产权局(知识产权管理部门)、科技厅(委、局),新疆生产建设兵团教育局、知识产权局、科技局,有关部门(单位)教育司(局)、知识产权工作管理机构、科技司,部属各高等学校、部省合建各高等学校:

《国家知识产权战略纲要》颁布实施以来,高校知识产权创造、运用和管理水平不断提高,专利申请量、授权量大幅提升。但是与国外高水平大学相比,我国高校专利还存在"重数量轻质量""重申请轻实施"等问题。为全面提升高校专利质量,强化高价值专利的创造、运用和管理,更好地发挥高校服务经济社会发展的重要作用,现提出如下意见。

一、总体要求

(一)指导思想

以习近平新时代中国特色社会主义思想为指导,全面贯彻党的十九大和十九届二中、三中、四中全会精神,落实全国教育大会部署,坚持新发展理念,紧扣高质量发展这一主线,深入实施创新驱动发展战略和知识产权强国战略,全面提升高校专利创造质量、运用效益、管理水平和服务能力,推动科技创新和学科建设取得新进展,支撑教育强国、科技强国和知识产权强国建设。

(二)基本原则

坚持质量优先。牢牢把握知识产权高质量发展的要求,坚持质量优先,找准突破口,增强针对性,始终把高质量贯穿高校知识产权创造、管理和运用的全过程。

突出转化导向。树立高校专利等科技成果只有转化才能实现创新价值、不转化是最大损失的理念,突出转化应用导向,倒逼高校知识产权管理工作的优化提升。

强化政策引导。发挥资助奖励、考核评价等政策在推进改革、指导工作中的重要作用,建立并不断完善有利于提升专利质量、强化转化运用的各类政策和措施。

(三)主要目标

到2022年,涵盖专利导航与布局、专利申请与维护、专利转化运用等内容的高校知识产权全流程管理体系更加完善,并与高校科技创新体系、科技成果转移转化体系有机融合。到2025年,高校专利质量明显提升,专利运营能力显著增强,部分高校专利授权率和实施率达到世界一流高校水平。

二、重点任务

(一)完善知识产权管理体系

1.健全知识产权统筹协调机制。高校要成立知识产权管理与运营领导小组或科技成果转移转化领导小组，统筹科研、知识产权、国资、人事、成果转移转化和图书馆等有关机构，积极贯彻《高校知识产权管理规范》（GB/T 33251—2016），形成科技创新和知识产权管理、科技成果转移转化相融合的统筹协调机制。已成立科技成果转移转化领导小组的高校，要将知识产权管理纳入领导小组职责范围。

2. 建立健全重大项目知识产权管理流程。高校应将知识产权管理体现在项目的选题、立项、实施、结题、成果转移转化等各个环节。围绕科技创新2030重大项目、重点研发计划等国家重大科研项目，探索建立健全专利导航工作机制。在项目立项前，进行专利信息、文献情报分析，开展知识产权风险评估，确定研究技术路线，提高研发起点；项目实施过程中，跟踪项目研究领域工作动态，适时调整研究方向和技术路线，及时评估研究成果并形成知识产权；项目验收前，要以转化应用为导向，做好专利布局、技术秘密保护等工作，形成项目成果知识产权清单；项目结题后，加强专利运用实施，促进成果转移转化。鼓励高校围绕优势特色学科，强化战略性新兴产业和国家重大经济领域有关产业的知识产权布局，加强国际专利的申请。

3. 逐步建立职务科技成果披露制度。高校应从源头上加强对科技创新成果的管理与服务，逐步建立完善职务科技成果披露制度。科研人员应主动、及时向所在高校进行职务科技成果披露。高校要提高科研人员从事创新创业的法律风险意识，引导科研人员依法开展科技成果转移转化活动，切实保障高校合法权益。未经单位允许，任何人不得利用职务科技成果从事创办企业等行为。涉密职务科技成果的披露要严格遵守保密有关规定。

（二）开展专利申请前评估

4. 建立专利申请前评估制度。有条件的高校要加快建立专利申请前评估制度，明确评估机构与流程、费用分担与奖励等事项，对拟申请专利的技术进行评估，以决定是否申请专利，切实提升专利申请质量。评估工作可由本校知识产权管理部门（技术转移部门）或委托市场化机构开展。对于评估机构经评估认为不适宜申请专利的职务科技成果，因放弃申请专利而给高校带来损失的，相关责任人已履行勤勉尽责义务、未牟取非法利益的，可依法依规免除其放弃申请专利的决策责任。对于接受企业、其他社会组织委托项目形成的职务科技成果，允许合同相关方自主约定是否申请专利。

5. 明确产权归属与费用分担。允许高校开展职务发明所有权改革探索，并按照权利义务对等的原则，充分发挥产权奖励、费用分担等方式的作用，促进专利质量提升。发明人不得利用财政资金支付专利费用。

专利申请评估后，对于高校决定申请专利的职务科技成果，鼓励发明人承担专利费用。高校与发明人进行所有权分割的，发明人应按照产权比例承担专利费用。不进行所有权分割的，要明确专利费用分担和收益分配；高校承担全部专利费用的，专利转化取得的收益，扣除专利费用等成本后，按照既定比例进行分配；发明人承担部分或全部专利费用的，专利转化取得的收益，先扣除专利费用等成本，其中发明人承担的专利费用要加倍扣除并返还给发明人，然后再按照既定比例进行分配。

专利申请评估后，对于高校决定不申请专利的职务科技成果，高校要与发明人订立书面合同，依照法定程序转让专利申请权或者专利权，允许发明人自行申请专利，获得授权后专利权归发明人所有，专利费用由发明人承担，专利转化取得的收益，扣除专利申请、运维费用等成本后，发明人根据约定比例向高校交纳收益。

（三）加强专业化机构和人才队伍建设

6. 加强技术转移与知识产权运营机构建设。支持有条件的高校建立健全集技术转移与知识产权管理运营为一体的专门机构，在人员、场地、经费等方面予以保障，通过"国家知识产权试点示范高校""高校科技成果转化和技术转移基地""高校国家知识产权信息服务中心"等平台和试点示范建设，促进技术转移与知识产权管理运营体系建设，不断提升高校科技成果转移转化能力。鼓励各高校探索市场化运营机制，充分调动专业机构和人才的积极性。

支持市场化知识产权运营机构建设，为高校提供知识产权、法律咨询、成果评价、项目融资等专业服务。鼓励高校与第三方知识产权运营服务平台或机构合作，并从科技成果转移转化收益中给予第三方专业机构中介服务费。鼓励高校与地方结合，围绕各地产业规划布局和高校学科优势，设立行业性的知识产权运营中心。

7. 加快专业化人才队伍建设。支持高校设立技术转移及知识产权运营相关课程，加强知识产权相关专业、学科建设，引育结合打造知识产权管理与技术转移的专业人才队伍，推动专业化人才队伍建设。鼓励高校组建科技成果转移转化工作专家委员会，引入技术经理人全程参与高校发明披露、价值评估、专利申请与维护、技术推广、对接谈判等科技成果转移转化的全过程，促进专利转化运用。

8. 设立知识产权管理与运营基金。支持高校通过学校拨款、地方奖励、科技成果转移转化收益等途径筹资设立知识产权管理与运营基金，用于委托第三方专业机构开展专利导航、专利布局、专利运营等知识产权管理运营工作以及技术转移专业机构建设、人才队伍建设等，形成转化收益促进转化的良好循环。

（四）优化政策制度体系

9. 完善人才评聘体系。高校要以质量和转化绩效为导向，更加重视专利质量和转化运用等指标，在职称晋升、绩效考核、岗位聘任、项目结题、人才评价和奖学金评定等政策中，坚决杜绝简单以专利申请量、授权量为考核内容，加大专利转化运用绩效的权重。支持高校根据岗位设置管理有关规定自主设置技术转移转化系列技术类和管理类岗位，激励科研人员和管理人员从事科技成果转移转化工作。

10. 优化专利资助奖励政策。高校要以优化专利质量和促进科技成果转移转化为导向，停止对专利申请的资助奖励，大幅减少并逐步取消对专利授权的奖励，可通过提高转化收益比例等"后补助"方式对发明人或团队予以奖励。

三、组织实施

（一）完善工作机制。教育部、国家知识产权局、科技部建立定期沟通机制，及时研究高校专利申请、授权、转化有关情况。各高校要深刻认识进一步做好专利质量提升工作的重要性，坚持质量第一，积极推动把专利质量提升工作纳入重要议事日程，进一步提高知识产权工作水平，促进知识产权的创造和运用。其他类型知识产权管理工作可参照本意见执行。

（二）加强政策引导。将专利转化等科技成果转移转化绩效作为一流大学和一流学科建设动态监测和成效评价以及学科评估的重要指标，不单纯考核专利数量，更加突出转化应用。遴选若干高校开展专业化知识产权运营或技术转移人才队伍培养，不断提升高校知识产权运营和技术转移能力。国家知识产权局加强对专利申请的审查力度，严把专利质量关。反对发布并坚决抵制高校专利申请量和授权量排行榜。

（三）实行备案监测。每年3月底前高校通过国家知识产权局系统对以许可、转让、作价入股或与企业共有所有权等形式进行转化实施的专利进行备案。教育部、国家知识产权局根据备案情况，每年公布高校专利转化实施情况，对专利交易情况进行监测。按照《关于规范专利申请行为的若干规定》（国家知识产权局令2017年第75号），每季度监测高校非正常专利申请情况。对非正常专利申请每季度超过5件或本年度非正常专利申请占专利申请总量的比例超过5%的高校，国家知识产权局取消其下一年度申报中国专利奖的资格。

（四）创新许可模式。鼓励高校以普通许可方式进行专利实施转化，提升转化效率。支持高校创新许可模式，被授予专利权满三年无正当理由未实施的专利，可确定相关许可条件，通过国家知识产权运营相关平台发布，在一定时期内向社会开放许可。

教育部　国家知识产权局　科技部
2020年2月3日

教育部 科技部印发
《关于规范高等学校 SCI 论文相关指标使用树立正确评价导向的若干意见》的通知

（教科技〔2020〕2 号）

各省、自治区、直辖市教育厅（教委）、科技厅（委、局），新疆生产建设兵团教育局、科技局，有关部门（单位）教育司（局），部属各高等学校、部省合建各高等学校，教育部有关司局、有关直属单位：

为深入贯彻落实党的十九大精神和习近平总书记在全国教育大会和 2018 年两院院士大会上的重要讲话精神，破除唯分数、唯升学、唯文凭、唯论文、唯帽子的顽瘴痼疾，落实中共中央办公厅、国务院办公厅印发的《关于进一步弘扬科学家精神加强作风和学风建设的意见》和《关于深化项目评审、人才评价、机构评估改革的意见》，破除论文"SCI 至上"，探索建立科学的评价体系，营造高校良好创新环境，加快提升教育治理体系和治理能力现代化水平，教育部、科技部研究制定了《关于规范高等学校 SCI 论文相关指标使用树立正确评价导向的若干意见》，现印发给你们。各"双一流"建设高校，特别是教育部直属高校要根据若干意见，检查修改相关制度文件及"双一流"建设方案，将相关落实情况、经验做法梳理形成报告，经主管部门审核后，于 2020 年 7 月 31 日前送教育部科技司。教育部有关司局和直属单位要根据意见提出具体落实举措，于 7 月 31 日前送教育部科技司。其他高校和地方教育行政部门结合自身实际，参照执行。落实过程中有关意见建议，请及时报教育部。

教育部 科技部
2020 年 2 月 18 日

关于规范高等学校 SCI 论文相关指标使用树立正确评价导向的若干意见

为扭转当前科研评价中存在的 SCI 论文相关指标片面、过度、扭曲使用等现象，规范各类评价工作中 SCI 论文相关指标的使用，鼓励定性与定量相结合的综合评价方式，探索建立科学的评价体系，引导评价工作突出科学精神、创新质量、服务贡献，推动高等学校回归学术初心，净化学术风气，优化学术生态，现提出以下意见。

一、准确理解 SCI 论文及相关指标。SCI（Science Citation Index，科学引文索引）是国内外广泛使用的科技文献索引系统。SCI 论文是发表在 SCI 收录期刊上的论文，相关指标包括论文数量、被引次数、高被引论文、影响因子、ESI（基本科学指标数据库）排名等，不是评价学术水平与创新贡献的直接依据。

二、深刻认识论文"SCI 至上"的影响。SCI 论文相关指标已成为学术评价，以及职称评定、绩效考核、人才评价、学科评估、资源配置、学校排名等方面的核心指标，使得高等学校科研工作出现了过度追求 SCI 论文相关指标，甚至以发表 SCI 论文数量、高影响因子论文、高被引论文为根本目标的异化现象，科技创新出现了价值追求扭曲、学风浮夸浮躁和急功近利等问题。

三、建立健全分类评价体系。对不同类型的科研工作应分别建立各有侧重的评价路径。对于基础研究，论文是成果产出的主要表达形式，坚决摒弃"以刊评文"，评价重点是论文的创新水平和科学价值，不把 SCI 论文相关指标作为直接判断依据；对于应用研究和技术创新，评价重点是对解决生产实践中关键技术问题的实际贡献，以及带来的新技术、新产品、新工艺实现产业化应用的实际效果，不以论文作为单一评价依据。对于服务国防的科研工作和科技成果转化工作，一般不把论文作为评价指标。

四、完善学术同行评价。组织实施部门要完善规则，引导学者在参加各类评审、评价、评估工作时遵守学术操守，负责任地提供专业评议意见，不简单以 SCI 论文相关指标和国内外专家评价评语代替专业判断，并遵守利益相关方专家回避原则。组织实施部门可开展对评审专家的实际表现、学术判断能力、公信力的相应评价，并建立评审专家评价信誉制度。

五、规范各类评价活动。大力减少项目评审、人才评价、机构评估事项。涉及学术评价的，组织实施单位应就评价指标和办法听取本单位科技管理部门意见。制定明确的工作流程和决策规则并在一定范围内听取意见和公示。实行代表作评价，精简优化申报材料，不再要求填报 SCI 论文相关指标，重点阐述代表性成果的创新点和意义。评审过程应严谨科学，遵循同行原则，对评审对象合理分组，遴选合适专家，并合理设定工作量，保障专家有充足评审时间。

六、改进学科和学校评估。减少对学科、学校的排名性评价，坚持分类和分领域评价。对创新能力的评价突出创新质量和实际贡献，审慎选用量化指标，不把 SCI 论文相关指标作为评价的直接依据，评价结果减少与资源配置直接挂钩。引导社会机构准确把握国家方针政策，科学开展大学评估排行。

七、优化职称（职务）评聘办法。在职称（职务）评聘中，学校应建立与岗位特点、学科特色、研究性质相适应的评价指标，细化论文在不同岗位评聘中的作用，重点考察实际水平、发展潜力和岗位匹配度，不以 SCI 论文相关指标作为判断的直接依据。在人员聘用中，学校不把 SCI 论文相关指标作为前置条件。

八、扭转考核奖励功利化倾向。学校在绩效和聘期考核中，不宜对院系和个人下达 SCI 论文相关指标的数量要求，在资源配置时不得与 SCI 相关指标直接挂钩。要取消直接依据 SCI 论文相关指标对个人和院系的奖励，避免功利导向。

九、科学设置学位授予质量标准。学校应重视人才培养质量和培养过程，发挥基层院系和导师的质量把关作用，加强对学位论文的质量审核，结合学科特点等合理设置学位授予的质量标准，不宜以发表 SCI 论文数量和影响因子等指标作为学生毕业和学位授予的限制性条件。

十、树立正确政策导向。高校、高校主管部门及其下属事业单位要按照正确的导向引领学术文化建设，不发布 SCI 论文相关指标、ESI 指标的排行，不采信、引用和宣传其他机构以 SCI 论文、ESI 为核心指标编制的排行榜，不把 SCI 论文相关指标作为科研人员、学科和大学评价的标签。

教育部关于印发
《教育部科学技术委员会章程》的通知

(教科技函〔2020〕70号)

各省、自治区、直辖市教育厅（教委）、新疆生产建设兵团教育局，部属各高等学校、部省合建各高等学校，有关单位：

现将修订后的《教育部科学技术委员会章程》印发给你们，请遵照执行。

教育部
2020年12月18日

教育部科学技术委员会章程

第一章 总则

第一条 为进一步提高高等学校科技创新能力，提升学科建设和人才培养质量，加强学术交流与开放创新，服务国家和区域发展战略，充分发挥思想库和智囊团作用，特设立教育部科学技术委员会（以下简称教育部科技委）。

第二条 教育部科技委以马克思列宁主义、毛泽东思想、邓小平理论、"三个代表"重要思想、科学发展观、习近平新时代中国特色社会主义思想为指导，坚持中国共产党的全面领导，面向世界科技前沿，面向经济建设主战场，面向国家重大需求，面向人民生命健康，服务教育现代化和教育强国建设，为实施科教兴国战略、人才强国战略、创新驱动发展战略，建设现代化强国贡献智慧和力量。

第三条 教育部科技委定位是高等学校科技工作的高级智库，是汇聚战略科技专家和管理专家、开展高水平战略研究和咨询、推动科技创新和学术交流、传播科学思想和弘扬科学家精神的重要平台，是国家教育、科技领域思想库和智囊团。

第四条 教育部科技委主要任务

（一）围绕党中央国务院关于科技、教育、人才以及经济、社会等方面的重大部署、重大决定、重大政策等进行战略研究，形成报告和建议。

（二）针对世界科技前沿、教育改革发展、产业创新态势、治理体系和治理能力、相关研究热点和社会关切等方面的重大问题开展系统研究，提出指导和咨询建议。

（三）面向科技强国建设，促进高等学校更好地面向国家区域战略需求和问题导向，承担重大科研任务，加强基础研究和关键核心技术攻关，推动协同创新和科技成果转化，深化国际科技合作和交流，形成战略科技力量。

（四）面向教育强国和人才强国建设，促进高等学校落实立德树人根本任务，推动科教融合、产教融合，加快教育结构、学科专业结构和人才培养结构优化适应新发展格局，深入实施新时代教育评价改革总体方案，加快教育现代化建设。

（五）弘扬科学家精神，开展科学教育，普及科学知识；倡导先进创新文化，加强优良学风和科学道德建设，反对学术不端行为，营造良好创新氛围和学术生态。

（六）充分发挥多学科综合交叉和高层次专家集聚的优势，组织或接受委托开展第三方咨询活动。

（七）完成教育部交办和委托的其他工作。

第二章　组织体制

第五条　教育部科技委设主任委员 1 名、副主任委员若干名，实行聘任制，原则上任期一届，每届任期 5 年。

第六条　教育部科技委设顾问若干名，由上一届教育部科技委主任委员、副主任委员担任，任期一届，每届任期 5 年。

第七条　教育部科技委设秘书长 1 名、副秘书长若干名。秘书长负责处理日常工作，副秘书长协助秘书长工作。

第八条　教育部科技委由专门委员会和学部构成，其组成专家称为科技委委员。各专门委员会和学部依据本章程开展工作，根据工作需要，可设立若干工作组，开展专项工作。

第九条　专门委员会是教育部科技委针对国家重大战略需求、前沿科技方向、学风建设等目标任务设置的组织机构。各专门委员会设主任 1 名，副主任若干名。专门委员会依托高校设立办公室，负责日常工作的组织和协调。专门委员会办公室设主任和秘书各 1 名。

第十条　学部是教育部科技委针对相关学科领域，开展战略研究、学术交流和提供咨询服务的组织机构。各学部设主任 1 名，副主任若干名。学部依托高校设立办公室，负责学部的日常工作。学部办公室设主任和秘书各 1 名。

第十一条　教育部科技委依托有关高校建立战略研究基地，支撑开展重大战略研究、学科前沿发展研究、政策咨询研究；集聚战略科技人才、青年骨干人才和高水平创新团队；开展国内外合作交流。

第十二条　教育部科技委秘书处作为科技委常设办事机构，建制在教育部科技司，负责科技委日常工作的组织和协调。

第三章　科技委委员

第十三条　科技委委员应具备的基本条件

（一）热爱祖国，立场坚定，德才兼备，学风正派，具备优良的政治素养和强烈的社会责任感。

（二）具备战略思维和国际视野，能够准确把握国家战略需求和世界科技发展趋势，学术造诣高，创新能力强，在学术界具有重要影响力的战略科学家、科技领军人才、工程技术专家和管理专家。

（三）身体健康，团结协作，尽职尽责，积极参与科技委组织的各种活动和各项工作。候选人年龄原则上一般不超过 60 岁，其中两院院士按退休年龄规定一般不超过 70 岁。

第十四条　科技委委员应履行的职责和义务

（一）积极履行本章程规定的科技委各项职责和任务。

（二）积极参与科技委组织的各项活动和交办的各项工作。

（三）积极献计献策，按要求独立或联合提交高质量研究报告和高水平专家建议。

第十五条 科技委委员的产生程序

科技委委员候选人由相关高校和单位按本章程规定的基本条件和要求择优推荐。科技委秘书处提出组成建议名单，经科技委主任办公会通过后，由教育部聘任。

第十六条 科技委委员每届任期5年，原则上不超过2届。

第四章 工作机制

第十七条 教育部科技委每年召开一次科技委代表会议，总结年度工作，部署工作任务，研究相关重大事项。

第十八条 教育部科技委主任每年定期召开主任办公（扩大）会议，开展政策理论学习，审议重大咨询报告和政策建议，听取工作汇报，研究重大事项，推动工作落实。

第十九条 各专门委员会和学部每年至少召开两次会议，贯彻落实教育部科技委年度工作要点，制定年度工作计划，开展学科前沿战略研究并形成若干专家建议及研究报告，承担科技委交办的其他工作。

第二十条 科技委秘书处每年定期召开专门委员会办公室、学部办公室工作会议、战略研究基地工作会议，讨论和部署相关工作。

第二十一条 科技委秘书处组织召开科技前沿与创新战略圆桌会议，针对特定主题开展多学科交叉研讨，形成专题报告。

第二十二条 科技委秘书处负责编印《教育部科学技术委员会专家建议》，向党中央、国务院有关部门和教育部党组报送科技委委员相关建议和意见。

第五章 财务管理

第二十三条 教育部科技委经费由教育部预算单列，用于专项研究和日常办公。教育部科技委经费使用严格按照国家财务管理相关规定执行。

第二十四条 教育部科技委组成机构工作经费列入科技委经费预算。

第六章 附则

第二十五条 本章程自发布之日起实施。

第二十六条 本章程的解释权属于教育部。

第七章　中国科学院科研项目和资金管理法规政策

中国科学院条件保障与财务局关于印发《中国科学院野外科学考察等特殊科研活动经费支出管理办法》（试行）的通知

（条财字〔2014〕33号）

院属各有关单位：

为了进一步规范我院部分特殊科研活动费用报销经济行为，加强内部控制、提升财务管理水平，保障科研工作的顺利开展和科研经费的规范合理使用，根据《中央和国家机关差旅费管理办法》（财行〔2013〕531号）等相关财务制度，结合我院野外科学考察等工作的具体情况，制定了《中国科学院野外科学考察等特殊科研活动经费支出管理办法》（试行），现印发给你们，请遵照执行。

附件：中国科学院野外科学考察等特殊科研活动经费支出管理办法（试行）

中国科学院条件保障与财务局
2014年4月16日

《中国科学院野外科学考察等特殊科研活动经费支出管理办法》（试行）

第一条　为了进一步规范我院野外科学考察、实验测试、样本采集和基本原材料采购等特殊科研活动费用报销等经济行为，保障科研工作的顺利开展和科研经费的规范合理使用，加强内部控制、提升财务管理水平，根据《中央和国家机关差旅费管理办法》（财行〔2013〕531号）等相关财务管理制度，制定本办法。

第二条　制订原则：保障野外科学考察研究工作需求，保护科考人员身体健康，规范经费报销标准和依据，保证科研费用合理使用。

第三条　适用范围：科考人员离开单位驻地（食宿条件比较艰苦、流动性大）进行观测、采集、发掘、测量、试验等野外工作，农业基本原材料、动植物和矿产标本等的采购，可执行本办法。

第四条 科考人员应事前编制野外科学考察出差计划（见附表1），经单位科技处审批后，作为报销凭据，报销时还应附科考报告或者科考日志等相关佐证材料。

第五条 野外科学考察期间的差旅费包括交通费、住宿费、伙食补助费、零星公杂费和保险费等。

第六条 科考人员在野外科学考察期间的城市间交通费，根据差旅费规定的标准据实报销。

乘坐飞机、火车、轮船等交通工具的，每人次可以购买交通意外保险一份。所在单位统一购买交通意外保险的，不得重复购买。

第七条 其他交通费凭票据实报销。科考人员自带或租用车辆进行考察的，应在科考计划中注明。科考计划审批通过后，科考工作发生的燃油费、过路费、租车费等，可据实凭据报销。出差期间全程使用车辆的，将不再发放市内交通补助；出差期间未全程使用车辆的，扣除使用车辆的天数外可发放交通补助。车辆、船只的租赁合同需由相关部门管理备案，并附有机动车行驶证和驾驶证。

第八条 住宿费是指科考人员因公出差期间入住宾馆（包括饭店、招待所，下同）发生的房租费用。能取得住宿发票的，根据《中央和国家机关差旅费管理办法》中规定的相关地区出差的住宿费限额标准据实报销。

因工作需要只能在帐篷、汽车等处过夜或临时租赁房屋，无法取得住宿发票的，可提供相应的证明（研究所审核过的科考计划、科考报告、连续的工作日志），由项目负责人、课题负责人签字证明有效后，实行定额包干，定额标准在不超过差旅费规定标准的范围内由研究所统一制定实施细则执行。

第九条 伙食补助费标准：每人每天100元，伙食补助费实行总额包干，调剂使用，超支不补。根据科考地区条件不同，补助标准由研究所在不超过130%的范围内自行规定实施细则，考虑到高原（高于3000米）、沙漠（深入50公里）、冰川、海洋等特殊地域，包干标准可在不超过200%的范围内由研究所自行规定实施细则。

第十条 考虑到野外科学考察工作需要，对使用外单位车辆、牲畜等运送科考仪器、装备以及使用本地民工搬运、充当向导等工作发生的支出能取得正式发票的，据实报销；不能取得的，应填报《中国科学院野外科考报销原始凭证》（见附表2），并附《中国科学院野外科学考察出差计划申请表》、科考报告或者科考日志，由项目负责人、课题负责人签字证明，经严格审核后作为特殊情况报销处理。

第十一条 直接从个人手中购买的用于科学研究的初级动植物、矿产标本及农业材料等，无法取得正式发票的，应填报《中国科学院原材料采购原始凭证》（见附件3），经严格审核后报销，并建立内部公示制度。原材料直接使用的应提供照片、实验记录等相关佐证资料，并由项目负责人、课题负责人签字证明；需入库管理的，还应由资产管理部门等审核，办理出入库手续。

第十二条 零星公杂费是指野外科考期间因特殊原因发生的无法取得发票的零星支出补助，包括办公用品、印刷费和邮寄费等。零星公杂费实行定额补助，可由单位按照日人均不超过50元标准自行规定实施细则，由科考人员共同使用。

第十三条 因工作需要常驻台站（研究所根据实际情况界定）工作期间，城市间交通费报销标准同第六条、第七条规定，若乘坐公交或便车前往，没有往返或只有单程飞机、火车或长途汽车票，则需要由野外台站出具工作证明，方能报销。

第十四条 常驻台站人员伙食补助和零星公杂费标准：职工每人每天 80 元、研究生每人每天 40 元，各所可根据台站所在地标准，在不超过 150% 范围内自行规定实施细则。补助计算天数为工作人员住野外台站自然天数，长期驻站人员计算补助费需以考勤表为凭。

第十五条 住宿费、伙食补助费和零星公杂费，均按野外科学考察自然天数计算。

第十六条 科考人员在条件恶劣地区进行野外考察，如所处环境可能会对人身及健康造成损害及伤害的，可为科考人员购买野外工作期间的人身意外伤害保险或商业医疗保险。

第十七条 科考人员前往疫区、灾区等进行科学考察的，应严格遵守地区规定，补助标准可以参考当地有关规定执行。

第十八条 因采样、测试以及标本采购等需要到国外的，差旅费用报销标准参考《因公临时出国境经费管理办法》中规定的相关国家报销标准，发生的原材料购买费用报销参照第十一条规定。

第十九条 研究所依据本办法制定实施细则。农业类实验基地差旅费管理办法可参照执行。

第二十条 本办法由条件保障与财务局负责解释。

第二十一条 本办法自发布之日起执行。

附表：中科院野外科学考察出差计划申请表（略）
　　　 中国科学院野外科考费用报销原始凭证（略）
　　　 中国科学院原材料采购费用报销原始凭证（略）

中国科学院关于加强科研项目和资金管理的若干意见（试行）

（科发条财字〔2014〕204号）

院属各单位、院机关各部门：

为贯彻落实《国务院关于改进加强中央财政科研项目和资金管理的若干意见》（国发〔2014〕11号）精神，促进党风廉政建设，不断探索科研项目和资金管理规律，加强我院财政科研资金的监督和管理，提高科技资源使用效益，充分发挥科研人员的积极性和创造性，保障"创新2020"和"率先行动"计划的顺利实施，现就我院加强科研项目和资金管理提出如下意见：

一、主要目标和基本原则

（一）主要目标

立足我院战略定位，遵循科研活动规律，以强化法人责任、提升科技资源使用效益为核心，针对科研项目和资金管理重点环节，建立健全统筹协调、分类管理、职责清晰、科学规范、公开透明、监管有力的长效机制，促进改革发展，激发创新创造活力，为实施"创新2020"、"一三五"规划和"率先行动"计划提供有力保障。

（二）基本原则

——创新管理模式。围绕"一三五"规划和"率先行动"计划战略部署，遵循科学研究、技术创新和成果转化等科技活动的客观规律，创新管理、统筹协调，实行分类管理，突出绩效导向，强化法人责任。

——明确权责关系。统筹院所两级管理，明确立项、执行、验收、评估等环节的责任主体和内涵，建立健全科研项目和资金全过程管理的制衡机制，提高管理的科学化、规范化、信息化水平。

——落实简政放权。规范科研项目管理流程，减少院级审批环节，加强事中事后监管，坚持放管并重，明确研究所责任，在责任范围内提升研究所自主权，充分调动研究所科研创新的积极性。

——强化监督制约。坚持激励与约束并重、奖励与惩罚并举，加强科研诚信建设和信用管理，强化监督检查、责任追究和问题整改，推进科研项目和资金管理信息公开，营造以人为本、公开透明、公平竞争的良好环境，充分激发科研人员创新热情。

二、优化院级财政资源配置

（三）逐步建立分类管理的院属单位资源配置模式

结合"率先行动"计划，以研究所分类管理为基础，按照"定位准确、规模合理、标准清晰、综合预算"的原则，对不同类型科研机构实行分类指导、分类支持、分类评价，优化资金结构，优先支持科技骨干人员，激发广大科技人员的积极性，完善财政支出绩效评价机制，发挥资金使用效益，逐步推进国际一流科研机构建设。

（四）逐步建立"绩效管理、统筹规划"的院级专项管理方式对于确需发挥自上而下统筹作用、跨所跨学科组织的科研业务活动，设立院级专项经费。专项设立必须定位清晰，并与国家相关计划和专项统筹协调。专项经费管理实行年度预算与3年滚动预算、绩效评价、动态调整相结合的管理方式，对定位不清、重复交叉、实施效果不好的专项实施撤、并、转。

三、实行科研项目分类管理

（五）基础前沿项目立足原始创新

鼓励基础前沿项目实行自由探索，旨在激发科研工作者的潜能和创造力。采取稳定支持和公开择优相结合的方式，加大对青年科研人员的支持力度，建立同行学术咨询评议机制。

（六）重大项目突出目标导向

聚焦重点领域和方向，在若干新兴前沿交叉领域成为领跑者和开拓者，在国家重大科技任务中发挥骨干、引领和关键作用。按轻重缓急予以经费支持，建立项目绩效目标考核和监理机制。

（七）产业转化项目瞄准市场需求

重点支持院属研究机构，聚焦若干科技服务的重大主题，以市场化机制整合创新要素，集成开展科技促进经济社会发展的研发工作，促进产学研用紧密结合。重点采取后补助等方式给予支持，建立成果应用部门和市场评价机制。院后补助经费由单位统筹安排使用。

（八）科研条件与支撑运行类项目强化开放共享

以保障各类科研活动开展必需的科技基础设施和平台建设为中心，强化科技资源的开放共享，开展跨学科、跨领域、跨部门协同创新，提高我院科研装备的自主研制能力，推动我院技术支撑系统建设，促进原始性科技创新成果的产出。经费应当集中用于确定的目标和任务，保障其经费需求，避免分散使用。

（九）软科学类项目重在提供权威决策咨询

面向国家高水平科技智库建设，支持开展辨识发展方向、阐释科学道理、服务科学决策、支撑科技发展的重大战略研究和决策咨询研究，为我国经济社会领域科技相关重大问题决策提供科学前瞻的建设性建议，产出系列品牌产品，支持研究系统和管理平台建设。经费支持有保有控，采取稳定支持和适当择优相结合的方式。

（十）人才类项目突出绩效激励

面向国家创新人才高地建设，培养和造就一批高水平科技创新人才，成为我国科技队伍的核心和骨干力量，作为我国科技界的代表活跃在国际科技前沿。项目突出绩效激励，对优秀人才和团队的人员支出给予倾斜支持，建立退出机制。

四、完善科研项目流程管理

（十一）改革项目征集通知编制与发布机制

项目主管局结合分管科技项目特点编制项目征集通知，充分征求科研单位和科研人员等有关方意见，并组织有关方对工作重点进行论证。项目主管局每年以适当方式发布项目征集通知，同时通过多种方式扩大知晓范围，逐步实现院属网站查询。鼓励符合条件的科研单位申报项目。自通知发布日到项目申报受理截止日，原则上不少于50天，以保证科研单位有充足时间申报项目。

（十二）规范项目立项管理

——逐步建立与行政主管部门、财政部门、行业主管部门等部门间的会商机制和咨询评议机制，使科研项目立项始终与国家战略需求和各类科技计划相衔接，保证财政科技资金投入方向的

——项目主管局应建立局际联席会议制度，加强院级项目的交叉整合管理，加强院级项目立项的查重，避免一题多报或重复立项。严格控制科研人员承担和参与项目数量，集聚有限资源，保障重大科技工作需求，共同凝练目标，促进重大科技成果产出。

——项目主管局应完善公平竞争的项目遴选机制，规范立项审查行为，提高项目评审质量，按照公开择优方式确定项目承担单位，评审意见应当在评审结束后20个工作日内反馈项目申请单位。明示项目审批流程，使项目申请单位可及时查询立项工作进展，实现立项过程"可申诉、可查询、可追溯"。项目主管局以适当形式公开立项结果。项目立项后，项目主管局负责及时下达立项通知。

——项目主管局在立项时应进行顶层设计，明确项目、课题、子课题的设立层级，在院办公自动化系统中明确项目的编码规则，强化项目承担单位按批准立项课题管理，不得擅自拆分课题，有效控制核算课题数量，防止科研碎片化，提高经费使用效益。原则上不低于项目年度预算的90%应于年初下达到项目承担单位。

——项目牵头申请单位根据科研项目特点和实际需要，协调组织本单位及相关合作单位的优势科研力量共同参与申报。组织本单位管理部门积极协助科研人员填报项目申请书、经费预算书等申报材料，认真做好咨询服务、培训支撑和审核把关，杜绝重复申报现象。

——项目牵头申请单位和项目主管局，要认真审核合作、外协单位资质，对项目负责人和参与人员本人及其亲属或有直接利益关系人员所成立或参与公司承担合作、外协项目的，要进行严格的必要性审查，从源头杜绝利益输送行为。

（十三）明确项目过程管理职责

项目承担单位负责项目实施的具体管理。单位应根据项目任务要求，合理配置研发资源，提供实验室、仪器设备等必要的科研基础条件保障，督促科研人员按进度完成项目任务，及时向院项目主管局报告项目中期或年度执行、经费到位及使用情况等。在充分论证的基础上，项目承担单位可在职责范围内对项目的技术路线、经费预算和主要研究人员变动等事项做出调整。涉及外拨经费的，项目承担单位应加强严格审查，确保合作、外协单位与项目的相关性以及关联交易的真实性、必要性、公允性，杜绝以合作名义谋取非法利益。

项目主管局应健全服务机制，积极协调解决项目实施中出现的新情况新问题，负责对重要的项目技术路线、主要研究人员变动等调整事项进行审批。同时，针对项目管理特点组织开展中期或年度巡视检查或抽查，对项目实施不力的单位加强督导，对存在违规行为的项目承担单位责成限期整改，问题严重的暂停项目实施。项目承担单位整改落实到位的，项目继续实施；整改落实不到位或虚假整改的，终止项目执行、追回已拨项目资金。

（十四）加强项目验收和结题结账管理

项目承担单位应按照相关管理规定和项目任务书要求，认真审核验收材料，确保真实完整。无特殊原因未按时提出验收申请的，按不通过验收处理。项目主管局应当及时组织开展验收或结题审查，并严把验收和审查质量，项目验收结果纳入科技报告。基础前沿类、软科学类和人才类项目可以采取同行评议、第三方评估等方式，重大项目可采取第三方评估、成果转化后评价等方式，产业转化和科研条件与支撑运行类项目可采取用户测评、成果转化后评价等方式。项目主管局应在项目执行期满6个月内完成验收工作，验收意见应当在验收结束后15日内反馈项目承担单位。项目承担单位在验收通过3个月内完成结题结账手续。

（十五）加强项目科技成果推广应用

鼓励将具有科学、社会和经济价值的项目科技成果向经济建设和社会发展领域扩散转移，扩大其应用范围。鼓励为提高生产力水平对有实用价值的项目科技成果所进行的后续开发、应用、推广等活动。

鼓励和引导科研人员加强项目科技成果的保护、管理和运用，完善科技成果转移转化制度，统筹兼顾研究所、研发团队和科研人员三者的利益，充分调动科研人员创新创造的积极性。科研项目产生的知识产权归属依据国家法律、法规规定以及科研合同的约定确定，不得以任何方式隐匿、私自转让、非法占有或谋取私利，保障项目单位和科研人员的合法权益。

规范固定资产和无形资产的入账、使用、处置的全程管理。积极建立设备共享机制，建设共享平台，大力推动仪器设备的开放运行和科研成果的汇交共享，促进社会公益服务。

五、加强科研项目资金管理

（十六）规范项目预算编制

单位应当按规定科学合理、实事求是地编制项目预算，确保项目任务和经费相匹配，并对仪器设备购置、合作和外协单位资质及其承担科研工作的能力、与合作和外协单位的关系、拟外拨资金进行重点说明，项目负责人和参与人员应主动申明与合作、外协单位的关系，提供相关信息，保证合作、外协工作的公允性，接受监督。项目主管局与条件保障与财务局负责组织预算的评估评审工作，预算评估评审意见应当在评审结束后30日内向项目单位沟通反馈。评估评审的重点是项目预算的目标相关性、政策相符性、经济合理性，在评估评审中不得简单按比例核减预算，项目不得提前设置项目预算额度。劳务费预算应当结合当地实际以及相关人员参与项目的全时工作时间等因素合理编制，项目聘用人员的社会保险补助纳入劳务费科目中列支。

（十七）规范科研项目资金使用和结算

项目承担单位和科研人员应依法依规使用项目资金。项目承担单位应完善科研项目经费支出、报销审核与监督制度。经费审批权限应合理设置、适当集中。

经费使用中应坚决杜绝擅自调整外拨资金，利用虚假发票、合同套取资金，虚报冒领劳务费和专家咨询费等相关费用，通过虚构测试化验内容、提高测试化验支出标准等方式违规开支测试化验加工费，列支与科研工作不直接相关支出等行为，坚决杜绝制度外收支和"小金库"，严禁随意调账变动支出、随意修改记账凭证、以表代账应付财务审计和检查，严禁与合作、外协企业间违规利润输送或不合理转嫁分摊企业成本费用。

单位承担项目所发生的会议费、差旅费、小额材料费和测试化验加工费等，按规定积极推广"公务卡"结算；设备费、大宗材料费和测试化验加工费、劳务费、专家咨询费等支出，原则上应当通过银行转账方式结算。

（十八）提升研究所项目预算调整自主权

在目标与经费总额不变的情况下，除设备费外，各研究所可根据项目实际需求合理调整直接费用预算。预算调整应由项目负责人提出申请，由项目承担单位审批，院项目主管局和条件保障与财务局在中期财务检查或财务验收时予以确认。项目承担单位负责制定本单位预算调整审批制度，预算调整工作原则上应在每年上半年完成。

（十九）转变科研项目间接费用管理方式

根据项目承担单位的信用评级、经费结构和分类定位核定间接经费比例。间接经费比例按单位核定，直接拨付到单位并由各单位统筹安排使用。各单位应建立健全间接费用的内部管理办法。各单位间接经费可重点用于保障科研人员的合理绩效支出，不得在核定的间接费用或管理费用以外重复提取、列支相关费用。

（二十）统筹安排使用项目结余资金

项目未按期验收、完成结题结账，且无特殊情况的，结余资金收回院财政。项目完成任务目标并通过验收的，由验收组确认项目结余资金。承担单位信用评价好的且经验收组确认的结余资金，结余资金由单位统筹安排使用，结余资金使用预算纳入单位年度预算，在2个年度内，用于与科研活动直接支出相关的科研业务支出和人员支出。超过2年未使用完的部分，统一收回院财政，并按照国家财政部门的要求进行管理。

六、建立和完善制度体系

（二十一）加强项目和资金管理制度建设

建立和完善科研项目和资金管理相关制度，构建"管理措施有效，管理链条完整"的制度体系，规范科研项目和资金的全过程管理。加强内控制度建设，明确内控管理体系中的管理职责，规范内控管理流程，加强关键风险控制。设立项目经费使用责任专员制度，由项目组提出，负责预算编制、经费使用和验收等事项，落实工作责任。制度体系建设与执行作为单位信用评级重要指标。建立单位制度备案制，单位科研项目管理制度报项目主管局备案，资金管理制度报条件保障与财务局备案。

（二十二）建立专家库管理制度

完善项目和预算评审和验收管理工作，建立健全评审和验收专家库，吸纳院属单位科研与管理方面专家参与，充分发挥专家咨询作用。实行评估评审专家轮换、调整机制和回避制度。对采用视频或会议方式评审的，公布专家名单，强化专家自律，接受同行质询和社会监督；对采用通讯方式评审的，评审前专家名单严格保密，保证评审公正性。

（二十三）建立院级信用评价体系

逐步建立统一的院级科研项目和资金管理信用评价体系，以项目评审和验收、监督检查、整改落实等结果作为考核依据，对项目承担单位和科研人员、评估评审专家、中介机构等项目参与主体进行综合信用评级，实行信用主体分类管理。信用评级与院属单位资源配置、间接经费核定、结转结余资金使用、领导干部任期考核、职称评定、绩效考核、项目立项批准等挂钩。信用记录严重不良的单位和人员将记入"黑名单"，阶段性或永久取消其申请或参与院级项目的资格。

（二十四）推进信用和信息公开共享

建立健全信息公开工作考核机制和责任追究制度。法人单位应当在单位内部公开项目立项、主要研究人员、预算批复、预算调整、经费支出、仪器设备购置和项目研究成果等情况，以及内部风险防控要求的外拨经费、"三公"经费、会议费等重点支出情况，接受内部监督，并定期对信息公开工作进行考核、评议。

（二十五）建立健全科技报告制度

完善科技报告管理规范，实现公开科技报告的开放共享和受限科技报告的授权使用。科技报告的完成情况将作为项目经费拨付、结题验收、滚动支持的重要依据。对于未能按要求完成科技报告的项目,暂缓拨付下一年度经费或暂停项目承担人员申报项目的资格。对于科技报告完成情况较好的项目承担人员,在各类科研项目申报中同等情况下可优先考虑。

(二十六)提升信息化综合支撑服务能力

整合现有信息化系统的各项科研项目和资金管理模块,进一步完善项目、预算、资金、内控、信息公开、科技报告、信用评价等管理功能,增加科研项目库、项目和财务评审专家库功能,提升信息化手段对科研项目和资金的管理、支撑和服务能力。

七、明确科研项目承担方责任

(二十七)强化研究所法人责任

研究所是院级科研项目和资金管理的责任主体,应统筹优化科研力量布局和科技资源配置,完善科研项目和资金管理组织体系,积极探索"PI 簇"(由多个 PI 组成的簇团)、创新组群等科研模式,完善内控制度体系建设,合理设置部门和岗位,明确权责分工,细化控制流程,落实监督约束机制,建立责任追究机制,建立科研管理部门、财务管理部门与监督部门常态化沟通协调机制,协同推进内控体系建设与科研领域廉洁从业风险防控工作,切实履行在科研项目申请指导、预算审核、组织实施、验收监督和资金使用等方面的管理职责。积极探索设立总会计师岗位,赋予管理职责,提升财务管理力度和服务水平,努力提高科技投入产出效益,着力促进重大成果产出。

(二十八)强化科研人员责任

科研人员(PI、实验室或课题、项目负责人及参与人员)要弘扬科学精神,恪守科研诚信,强化责任意识,严格遵守科研项目和资金管理的各项规定,自觉接受有关方面的监督,对科研项目的申请、执行和科研经费使用的真实性、合法性以及合作、外协业务的必要性、关联交易的公允性负直接责任。建立责任追究机制,并与科研人员的信用评级挂钩。

八、加强科研资金监督管理

(二十九)构建"三位一体"的监督体系

构建院、所和社会中介机构"三位一体"的科研项目和资金监督体系。院条件保障与财务局、监察审计局等主管部门组织实施重点领域、重点专项监督检查,建立健全专项巡视制度,完善通报与约谈制度,加强经费监管专业骨干人才培养。各单位通过加强内部控制制度和风险防控体系建设,对重点领域、重点环节、重点岗位全程监控,建立预警机制和自查自纠机制。院条件保障与财务局择优选取社会中介机构,充分发挥中介机构的监督辐射作用,协助完成对院属单位科研项目经费全方位、多角度的监督管理。

(三十)加大对违规行为的惩处力度

加大对违背科研诚信和科研项目经费管理规定行为的惩处力度,建立健全监督结果跟踪排查、责任追究和倒查机制,项目承担单位法人对监督检查结果负责,监督检查结果与相关责任人年度绩效考核、干部任期考核、经济责任审计挂钩。对造成严重社会负面影响的行为,违规资金一律收回院财政,并视严重程度予以停拨相关单位项目资金、核减间接经费和结余资金等追加惩罚,对严重违规违纪的,要给予行政纪律处分。对监督检查中发现的科研经费管理使用方面违规违纪问题严肃处理,对发现的违法违纪线索移交纪检监察部门。

(三十一)建立绩效监督机制

强化绩效管理理念,将科研项目资金专项监督与绩效监督相结合,全面、客观评价各单位政策制度执行、资金管理使用、资源利用效益效果，逐步扩大绩效监督覆盖范围，提升监督工作实效。

（三十二）建立健全绩效监督奖惩机制

绩效评价结果较好的，院以适当方式予以激励。绩效评价结果较差的，责令其限期整改。不进行整改或整改不到位的，予以通报批评，作为以后年度绩效评价重点检查对象；未整改到位之前，不得申报同类项目预算；情节严重的调减项目预算，并与单位整体资源配置挂钩。凡是科研经费监督检查中发现问题的，被有关部门通报批评的，要与后续院级项目审批及经费拨付挂钩。

院属各单位应参照本意见，结合单位实际制定加强本单位科研项目和资金管理的具体细则，并报条件保障与财务局备案。

2014 年 12 月 22 日

中国科学院关于加强科研项目关联业务管理的暂行规定

(科发条财字〔2015〕125号)

第一章 总则

第一条 为贯彻落实《国务院关于改进加强中央财政科研项目和资金管理的若干意见》，依据国家有关法律、法规及财务规章制度和《中国科学院关于加强科研项目和资金管理的指导意见》、《中国科学院所属单位经济活动内部控制规范》，结合我院所属单位科研项目活动的实际情况，制定本暂行规定。

第二条 本暂行规定关联业务是指课题承担单位委托具有关联关系的企业或单位提供有偿业务的行为，包括委托任务、采购、化验加工、试制改造等。本暂行规定旨在规范科研项目关联业务的处理，确保关联业务的必要性、真实性和公允性，防止违规拨付资金、套取资金及利益输送等舞弊、违法行为的发生，保证单位承担科研项目资金的安全和规范使用。

第三条 本暂行规定适用于中国科学院（以下简称中科院）所属单位承担的各类科研项目或课题（以下统一简称课题）。本暂行规定与国家其他部门制定的课题管理规定不一致时，以国家其他部门制定的课题管理规定为准。

第四条 本暂行规定中关联业务方是指院内各课题承担单位、课题承担单位参与投资的企业、课题承担单位职工参与投资的企业和特定关系人参与投资的企业。

本暂行规定的特定关系人是指课题承担单位职工的近亲属，以及其他共同利益关系人（包括在职人员的学生、老师等）。

第二章 关联业务的处理

第五条 关联业务的处理原则

一、专款专用原则：课题资金只能用于合同任务书规定的开支，不得用于其他课题开支；不得截留、挤占、挪用财政资金，不得违反规定随意转拨、转移财政性资金。

二、以预算为依据原则：课题支出必须以预算为依据（包括按照规定程序调整的预算），不得开支预算中没有安排的业务；课题资金的转拨必须以课题任务书、预算书和合同为依据，凡任务书和预算书中没有列为联合承担单位的，一律不得拨付课题经费。

三、真实性原则：课题各项关联业务，必须以实际发生的真实业务为基础进行管理和会计核算，不得以虚假、未发生的虚构事项作为支出依据。

四、必要性原则：各项关联业务必须以实际科研任务需要为前提，不得开支与课题任务无关或不必要的关联业务。

五、公平公正公开、独立交易原则：关联业务应坚持客观公正、公开透明、独立交易原则，不得故意提高价格变相转移和套取资金。

第六条 课题承担单位应建立关联业务管理制度，加强对关联业务的论证、审批和组织实施。关联业务发生前原则上应由经办人事前申报，并签订书面承诺函，承诺业务需求真实及没有利益输送。

一、原则上禁止与本单位职工个人投资的企业（公众公司除外）开展业务，以避免利益输送。

二、原则上限制与特定关系人投资的企业开展关联业务，确有必要发生关联业务的，应在签订合同或业务发生前进行申报，并在单位范围内公示，同时签订书面承诺函，承诺真实性和不存在利益输送行为。

三、与课题承担单位投资的企业开展业务，应完善内部控制管理，加强对其承担业务资质和能力的审核管理，完善内部审批程序。

四、对于国家规定的货物和服务品种及数额，课题承担单位应严格按照政府采购、招投标法规执行，不得对同一标的进行拆分，以逃避政府采购和招投标。

第七条 所有关联业务承担单位都应符合其相应的经营范围，应具有行业颁发的资质证书或资格证书，技术水平在同行业具备先进水平，具备承担业务的能力与条件，原则上应具备从事过3年以上受托相关业务的经历。

第八条 在对关联业务承担单位的资质能力、技术水平、收费价格等方面进行充分调研的基础上，由单位内部相关部门组织评议，单笔关联业务金额在10万元以上的，原则上应组织论证，择优遴选并确定委托关联业务单位。

第九条 关联业务原则上应签订书面合同，按《合同法》规定的内容详细填写，原则上涉及经济业务的合同应经法律部门或法律顾问审核。合同内容包括当事人名称、住所、标的、数量、质量（应注明国家标准、行业标准或特定技术要求）、价款或报酬、履行期限、地点和方式（验单付款、验货付款、调试合格后付款，以及收到测试化验分析报告资料合格后付款等）、违约责任和解决争议方法等。合同中应载明课题的名称或编号（涉密内容除外）。

第十条 承担关联业务的单位，应根据业务和资金支付进度，开具符合国家法规要求的发票或票据。

第三章 责任和监督管理

第十一条 课题承担单位是课题资金管理的责任主体，也是关联业务管理的责任主体，应做好以下工作：

一、课题承担单位应建立健全关联业务的内部相关管理制度。

二、课题承担单位科研业务主管有关部门应严格审核关联业务的必要性和对方资质、合同或协议等文件。

三、课题实施过程中由于任务目标、技术路线变更等特殊原因需要增加、减少或变更联合承担单位和人员的，应由课题承担单位按规定履行必要的手续并经批准后方可执行，不得擅自增加、减少或变更联合承担单位。

四、课题承担单位应杜绝将本单位的场地、平台、设备等资源提供给其他单位，为本单位提供测试、化验、加工等服务，并向本单位收取相关费用的行为。

五、充分发挥单位内审部门的作用，加强对关联业务的监督。课题承担单位应建立相关业务档案，妥善保存关联业务合同、公示书、承诺函、关联方资质、关联业务审批文件、会计凭证等资料。内审计部门应对涉及的关联业务进行定期或不定期审查。

第十二条 科研人员要强化责任意识，严格遵守课题资金管理的各项规定，自觉接受有关部门的监督，对关联业务的真实性、合法性、必要性负有直接责任。

第十三条 课题承担单位应建立职工利益冲突回避制度。利益冲突，是指本单位职工的个人利益与其所代表或维护的公共利益发生矛盾，可能导致公共利益受到损害或特定关系人获取利益的行为。

课题承担单位职工对可能产生的利益冲突行为，应主动回避：

一、本单位职工不得以外部企业名义，承接课题的关联业务谋取或为他人谋取不当利益，不得为特定关系人从事营利性活动提供便利和优惠条件。

二、在涉及课题的设备、材料等采购、测试化验加工等事项招投标时，与投标方存在关联关系的单位职工或特定关系人应事先声明，并采取回避制度，同时不得对审核和决定等环节工作施加影响。

三、单位职工不得利用职权或者学术上的影响，以暗示、授意、指定、强令等不当方式，影响课题关联业务审批的正常开展。

第十四条 单位应建立关联业务公示制度，应根据本单位实际情况确定应纳入公示范围的关联业务额度、公示时间和公示内容等。公示内容应包括关联业务各方情况、关联方关系、关联业务内容和关联业务金额等信息，同时应加强关联业务信息的保密处理。

第十五条 单位应制定完善关联业务管理制度，明确内部管理程序和责任。

一、对违反关联业务管理制度的关联业务，单位不得审核批准报销相应支出；已经报销的，查实后责成当事人退回相应资金，并同时按照违反财经纪律行为追究有关人员责任；造成经济损失的，应按违反财经纪律追究相关直接责任人责任；触犯法律的，移送司法部门处理。

二、对关联业务出现问题的，如单位未制定关联业务管理制度，同时应追究法定代表人责任。

第十六条 院条件保障与财务局、监察审计局是我院关联业务的监督管理机构，将定期或不定期对院属各单位课题关联业务进行督导检查，对违纪、违规问题依照相应程序进行处理，必要时追究有关人员的责任。

第四章 附则

第十七条 院属各单位应按照本规定制定实施细则。

第十八条 本暂行规定由中国科学院条件保障与财务局负责解释，自发布之日起执行。

中国科学院战略性先导科技专项财务验收规程

(条财字〔2016〕26号)

第一章 总则

第一条 为规范我院战略性先导科技专项（以下简称"先导专项"）财务验收工作，根据《中国科学院战略性先导科技专项管理办法》、《中国科学院战略性先导科技专项经费管理实施细则》和《中国科学院战略性先导科技专项中期检查和结题验收实施细则（试行）》，以及国家有关财务管理制度，制定本规程。

第二条 先导专项的财务验收旨在客观评价先导专项经费使用的总体情况，规范经费管理，进一步提高先导专项课题资金使用效益，更好地推进先导专项顺利实施。财务验收结论是先导专项的承担单位和科研人员综合信用评级重要内容之一，将影响对各单位资源配置、课题结余资金的处置及参研人员职称评定、绩效考评和其他科研项目的申请等。

第三条 先导专项的验收包括专项、项目、课题和子课题四级验收，所有子课题、课题均应当进行财务验收。财务验收应在任务书规定完成时间后的6个月内进行。凡不能按期完成任务，经院批准延期的，以批准延期后的日期为准（延期一般不得超过一年）。财务验收可在任务验收通过后进行，也可与任务验收同期实施。

第四条 财务验收的资金范围包括中央财政安排的专项经费（即直接经费）、中国科学院统筹安排的财政经费（包括间接经费），以及其他渠道取得的经费。

第二章 财务验收的组织管理

第五条 财务验收在内的结题验收方案由院发展规划局制定，院条件保障与财务局依据方案负责指导和组织财务验收。先导专项各依托单位按照要求，完成本专项总结后向发展规划局提交验收申请（包括财务验收），并及时上报有关验收材料；发展规划局对上报资料进行形式审查，根据各专项特点，与相关部门协商，组成专家组，制定详细验收方案，并组织专家组开展验收工作，形成验收报告。

第六条 先导专项的财务验收为逐级验收，以子课题为基本单元进行财务验收：

（一）子课题、课题的财务验收由先导各专项自行组织实施。

（二）项目及专项的财务验收由院条件保障与财务局组织实施。

第七条 财务验收可采取财务验收专家组验收和委托审计中介机构验收两种方式。原则上，课题直接经费在100万元以上（扣除拨付给联合承担单位的经费后）的应委托审计中介机构验收。项目和专项的财务验收具体方式由条件保障与财务局确定。

（一）财务验收专家组应当由财务专家（至少50%人员具有高级会计师专业技术职称）和技术专家（由各总体组或领衔科学家推荐，并经主管业务局审批）组成，成员为3~7人，其中财务专家不少于2~5人，组长由财务专家担任。

（二）审计中介机构应具有国家科技经费审计的资质（原则上，应在财政部、科技部及院条件保障与财务局公布的审计服务入围名单内），并应有2名技术专家参加（由各总体组或领衔科学家推荐，并经主管业务局审批）。已承担该课题各类财务审计或检查的中介审计机构不得再承担该课题的财务验收工作。

第八条 财务验收专家组或审计中介机构应当独立、客观、公正地开展财务验收工作，出具财务验收结论和验收报告。财务验收实行回避制度，与财务验收课题有直接利害关系者，不得成为验收专家组成员。课题承担单位、联合参加单位的科研及管理人员不得作为验收专家组成员参加本单位课题的财务验收工作。

第九条 课题承担单位应当按要求及时提交财务验收申请报告及相关材料，并积极配合财务验收专家组或审计机构开展财务验收相关工作。对于多个单位联合承担的课题，联合单位应当积极配合牵头承担单位作好财务验收工作。

第三章 财务验收的形式和内容

第十条 财务验收采取现场验收、非现场验收或两者相结合的形式。财务验收专家组或审计中介机构可根据具体情况确定验收形式。

（一）现场验收：主要通过深入承担单位现场，查阅原始凭证、记账凭证和相关资料，检查和盘点设备及材料等资产，现场听取有关汇报，形成财务验收意见。

（二）非现场验收：主要是通过非现场听取汇报、查阅资料、质询等形式进行财务验收，形成财务验收意见。对确需现场核查有关资料的，可以组织专家到现场查阅相关资料。

第十一条 财务验收的主要内容有：各种管理制度的制定和执行情况、资金到位和落实情况、会计核算和财务信息情况、支出内容合规有效情况、预算执行情况和资产管理情况等。

（一）各种管理制度制定和执行情况主要包括：科研管理、预算管理、资金管理、合同管理、政府采购及招投标、审批报销、资产管理等有关管理制度制定和执行情况，以及单位内部控制制度落实情况等。

（二）资金到位和落实情况主要包括：直接费用（中央财政拨付的专项经费）、中国科学院统筹安排的财政经费（包括间接经费）、从其他渠道获得的经费到位和落实情况，以及按照预算批复和任务书对联合承担单位资金拨付情况等。

（三）会计核算和财务信息情况主要包括：按照单独核算和专款专用要求，会计核算的规范性、准确性，财务信息的真实性等。

（四）支出内容合规有效情况主要包括：执行国家财务制度及先导专项经费管理实施细则确定的支出范围和支出标准的情况，支出的目标相关性、政策相符性和经济合理性，以及资金使用效益情况等。

（五）预算执行情况主要包括：按照合同任务书约定和课题进展执行预算的情况，按规定程序和权限预算调整情况，以及各类资金结余情况等。

（六）资产管理情况主要包括：课题购买资产和服务执行政府采购及招投标情况，各项资产购置、入账、使用和处置情况。

第十二条 在财务验收中，发现有《中国科学院战略性先导科技专项经费管理实施细则》第二十六条规定七种情况之一的，不得通过财务验收。

第十三条 财务验收结论采取定性与定量相结合的方式确定。依据规定的验收内容、验收指标及相应评价标准和分值，形成财务验收综合得分，同时对存在的问题提出整改意见。

第四章 财务验收的具体程序

第十四条 子课题、课题的承担单位应于任务完成后的 6 个月内，认真清理账目、编制课题财务收支执行情况报告，逐级提出验收申请、经上一级批准同意验收后，即可开展财务审计或审查工作和实施财务验收。

第十五条 课题承担单位收到验收通知书后，应聘请具有国家科技经费审计资质的审计中介机构对课题经费收支进行审计，或聘请本单位以外的财务专家对课题经费收支进行审查。

第十六条 专项总体组或领衔科学家收到课题验收申请报告及有关资料后，及时进行形式审查。对通过形式审查的及时下发验收通知书；对形式审查有问题的，尽快通知申请单位进行整改，整改审查通过后再下发验收通知并予以实施。

第十七条 各项目、专项中的子课题、课题全部完成财务验收后，由项目、专项提出项目或专项的财务验收申请。

第十八条 条财局收到项目或专项的财务验收申请书及相关资料后，及时进行初审，采用重点抽取与随机选取相结合的方式确定抽查验收的课题，下发验收通知并及时组织财务验收。抽查验收比例在项目或专项全部课题的 2% 以上。

第十九条 财务验收申请书及验收资料，主要包括：

（一）课题合同书、年度计划书、预算书，课题延期申请报告及批复文件，按照规定程序进行的预算调整报告等；

（二）课题财务收支执行情况报告；

（三）子课题的经费审计（审查）报告（没有设立子课题的应提供课题审计或审查报告）；

（四）课题结余资金情况说明；

（五）项目或专项中全部子课题、课题的财务验收材料；

（六）其他需要提供的材料。课题验收申请报告须加盖课题承担单位公章。课题承担单位对提供的验收文件资料和相关数据等的真实性、准确性和完整性负责。

第二十条 财务验收时，每位专家除听取课题、项目、专项承担单位的财务收支报告，对有关问题进行询问，调阅会计账簿和会计凭证，还应了解承担单位的科研、财务、资产等管理制度制定执行，审查设备、材料采购合同、测试化验加工合同以及劳务合同等。每位专家对检查情况独立填写专家意见。总体财务验收结论意见应由全体验收专家讨论通过，由验收专家组组长组织填写财务验收专家组意见并由专家组组长签名。

第二十一条 对存在问题暂不通过财务验收并需要整改的课题，承担单位应在收到财务验收意见后六个月内，按照意见和要求整改完毕，并将整改情况书面上报验收组，申请再次进行验收。再次验收发现整改落实不到位或虚假整改的，验收不予通过。财务验收专家组可向中科院提出包括追回已拨项目资金等的建议。

第二十二条 项目、专项的财务验收意见及相关材料，在完成财务验收后的 3 个月内统一报条财局存档，同时抄报规划局和主管业务局。条财局将通过抽查方式对已经通过财务验收课题的验收工作程序、内容、质量和验收结论进行抽查监督。

第二十三条 涉密课题的财务验收工作，应严格按照《中华人民共和国保守国家秘密法》、《科学技术保密规定》等相关规定执行。

第五章　财务验收结果及相关责任

第二十四条　财务验收结论分为"通过验收"和"不通过验收"两种。验收综合得分总分值为100分,得分高于80分(含80分)为"通过验收";得分低于80分为"不通过验收",其中,得分高于60分(含60分)且低于80分的项目课题按照本规程的第二十一条规定执行。

第二十五条　课题通过总体验收后3个月内,承担单位应当办理完毕财务结账手续。课题财务验收一次性通过并经验收组确认的净结余资金(扣除经费审计或审查中核减部分),由单位纳入年度预算,按照国家及中科院结转结余资金相关要求进行管理。

第二十六条　到期无故不申请财务验收、财务验收未通过的课题,课题负责人3年内不得再申报先导专项课题。

第二十七条　在财务验收过程中发现课题承担单位弄虚作假,截留、挪用、挤占先导专项资金等行为,按照有关规定追究相关责任人和单位的责任;涉嫌犯罪的,移交司法机关依法追究刑事责任。

第二十八条　在财务验收过程中,财务验收专家组或审计中介机构有弄虚作假、徇私舞弊等行为的,终止或取消其3年参与先导专项财务验收工作的资格。有违反国家法律法规行为的,按有关法律法规处理。

第六章　附则

第二十九条　课题实施过程中因故被终止的,应按照本规程进行结题财务验收。

第三十条　本财务验收规程由条件保障与财务局负责解释和修改,并自发布之日起实行。

中国科学院差旅费管理办法（试行）

(科发条财字〔2016〕102号)

第一章 总则

第一条 为落实国家关于推进科技领域简政放权、放管结合、优化服务的要求，进一步加强和规范中国科学院国内差旅费管理，根据中办、国办《关于进一步完善中央财政科研项目资金管理等政策的若干意见》，参照《财政部关于印发〈中央和国家机关差旅费管理办法〉的通知》（财行〔2013〕531号），结合我院实际业务情况，制定本办法。

第二条 本办法适用于中国科学院所属事业单位（以下简称"各单位"）。

第三条 本办法所指差旅费是各单位职工（包括学生）及聘请的专家等从事科学研究、技术创新、学术交流、咨询服务等业务活动中临时到常驻地以外地区出差时发生的有关费用。

第四条 差旅费管理应坚持"业务相关、实事求是、厉行节约、便捷高效"的原则。

第五条 各单位应当以本办法为指导意见，结合本单位实际情况，制定具体实施细则，经职工代表大会审议并报中国科学院条件保障与财务局备案。

第二章 开支范围和标准

第六条 差旅费开支范围包括城市间交通费、住宿费、伙食补助费及市内交通费。

第七条 城市间交通费。乘坐交通工具的等级见下表：

交通工具级别	火车（含高铁、动车、全列软席列车）	轮船（不包括旅游船）	飞机	其他交通工具
两院院士、部级及相当职务人员	火车软席（软座、软卧），高铁/动车商务座，全列软席列车一等软座	一等舱	头等舱	凭据报销
司局级及相当职务人员、正高级专业技术人员	火车软席（软座、软卧），高铁/动车一等座，全列软席列车一等软座	二等舱	经济舱	凭据报销
其余人员（含学生）	火车硬席（硬座、硬卧），高铁/动车二等座、全列软席列车二等软座	三等舱	经济舱	凭据报销

部级及相当职务人员，因工作需要，随行一人可乘坐同等级交通工具。

身患重大疾病或年龄超过70岁的、确因工作需要出差的院士，经单位审批，随行工作人员一人可乘坐同等级交通工具。

第八条 住宿费标准参照财政部最新下发的中央和国家机关差旅住宿费标准执行。

第九条 伙食补助费、市内交通费标准参照财政部最新下发的中央和国家机关差旅伙食补助费和市内交通费标准执行。

第三章 报销管理

第十条 为确保出差活动的真实性和相关性，单位应当履行出差审批手续，审批方式由单位根据实际情况制定。

第十一条 各单位差旅费报销实行实报实销和包干相结合的方式。原则上城市间交通费不实行包干，有条件的单位短期出差可实行住宿费包干。

第十二条 城市间交通费中购买民航发展基金、燃油附加费、交通意外保险一份（所在单位统一购买交通意外保险的，不得重复购买）、订票费及经批准发生的签转或退票费可凭据报销。未按规定等级乘坐交通工具的，超支部分由个人自理。

由于科研任务紧急、携带军工设备、保密要求以及其他特殊原因，出差人员超标准乘坐交通工具的，履行审批手续后，可实报实销。

对于长时间连续乘坐火车等交通工具的，经单位审批后可酌情提高乘坐交通工具等级，并予以报销。

第十三条 住宿费原则上在标准内实报实销。对于其他方已提供住宿的或在本单位所在地区发生的住宿费原则上不予报销。但到本市远郊区县开展业务活动且实际发生住宿的，可按本办法执行。未按规定等级超标准住宿的，超支部分由个人自理。对于难以取得住宿费发票的，在确保真实性的前提下，据实报销城市间交通费，并按规定标准发放伙食补助费和市内交通费。

第十四条 出差人员参加统一安排食宿的会议，会议期间的住宿费、伙食补助费和市内交通费由会议主办单位承担的，在途期间的伙食补助费和市内交通费按照本办法执行。

第十五条 市内交通费可采用实报实销、按标准包干或两者并行的方式，由各单位结合实际情况自行制定，但不可重复领取。

第十六条 差旅费中发生的住宿费、机票费原则上应按规定使用公务卡等非现金方式结算。购买机票原则上应执行《财政部关于加强公务机票购买管理有关事项的通知》（财库〔2014〕33号）。

第四章 其他相关规定

第十七条 受邀参加学术会议、研讨会、评审会、座谈会、与其他单位开展教学科研合作等，凭邀请方负担住宿费的有效证明（特殊原因未能取得邀请方负担住宿费有效证明的，由本人做出书面说明，相关负责人签字确认），按规定报销城市间交通费、在途期间的伙食补助费和市内交通费。

第十八条 邀请专家开会或参加调研的，可按相应职级标准报销受邀人员城市间交通费、住宿费，但原则上不得发放伙食补助费及市内交通费。受邀人员所在单位已报销差旅费的，不得重复报销。

第十九条 对于符合野外科学考察等特殊科研活动的出差，参照《中国科学院野外科学考察等特殊科研活动经费支出管理办法》（条财字〔2014〕33号）执行。

第五章 监督问责

第二十条 出差人员对差旅费的真实性负直接责任。出差人员应严格执行中央"八项规定"等有关要求，不得向接待单位提出正常业务活动以外的要求，不得在出差期间接受违反规定用公款支付的宴请、游览和非工作需要的参观，不得接受礼品、礼金和土特产品等。

第二十一条 各单位应加强对本单位工作人员及其他参与本单位业务人员出差活动和经费报销的内部控制管理，对差旅费报销进行审核把关，确保出差活动内容真实，支付渠道及票据来源合法、完整。各单位内部监察审计部门应对差旅费管理和使用情况进行日常监督检查。

第二十二条 院相关部门对各单位差旅费管理进行督导检查。

第二十三条 违反本办法规定，有下列行为之一的，依法依规追究相关单位和人员的责任：

（一）单位无出差审批制度或出差审批控制不严的；

（二）虚报、冒领骗取差旅费的；

（三）擅自扩大差旅费开支范围和提高开支标准的；

（四）不按规定报销差旅费的；

（五）转嫁差旅费的；

（六）其他违反本办法行为的。

有前款所列行为之一的，由院有关部门责令改正，违规资金应予追回，并视情况予以通报。对直接责任人和相关负责人，应按相关规定给予行政处分；科研教学人员涉及虚报、冒领骗取差旅费的，取消一定期间院级科研项目的申请资格。涉嫌违法的，移送司法机关处理。

第六章 附则

第二十四条 院机关及分院发生的与科研教学任务相关的差旅费可参照本办法执行。

第二十五条 本办法由中国科学院条件保障与财务局负责解释。

第二十六条 本办法自 2016 年 9 月 1 日起施行。

中国科学院会议费管理办法（试行）

（科发条财字〔2016〕103号）

第一章 总则

第一条 为落实国家关于推进科技领域简政放权、放管结合、优化服务的要求，进一步加强和规范中国科学院会议费管理，根据中办、国办《关于进一步完善中央财政科研项目资金管理等政策的若干意见》，参照《财政部、国家机关事务管理局、中共中央直属机关事务管理局关于印发〈中央和国家机关会议费管理办法〉的通知》（财行〔2016〕214号），结合我院实际业务情况，制定本办法。

第二条 本办法适用于中国科学院所属事业单位（以下简称"各单位"）。

第三条 本办法所指会议是各单位主办或承办且在国内召开的以科学研究、决策咨询、学术交流、成果转移转化等为主要内容的各种会议，如学术会议、研讨会、评审会、座谈会、答辩会等。

第四条 各单位应严格控制行政会议数量和规模；召开业务性会议应当按照实事求是、精简高效、厉行节约的原则，按照科研教学活动的需求确定会议数量、天数和人数。

第五条 各单位应当以本办法为指导，结合本单位实际情况，制定具体实施细则，经职工代表大会审议并报中国科学院条件保障与财务局备案。

第二章 开支范围和标准

第六条 会议费支出范围包括会议住宿费、伙食费和其他费用。其他费用包括会议场所租赁费、交通费、文件印刷费、办公用品费、医药费和会议服务费等。

第七条 会议费实行综合定额控制，各项费用之间可以调剂使用。

会议费综合定额标准如下：

单位：元/人天

住宿费	伙食费	其他费用	合计
340	130	80	550

综合定额标准是会议费开支的基本控制额度。各单位应依据综合定额标准根据季节价格变动情况允许一定的浮动，并经单位审批方可执行。院属单位可参考同行业会议费标准。

参加会议的外籍知名专家（来自不超过2个国家）和院士达到3人且占参会人数三分之一以上的，综合定额标准可提高20%。

第三章 会议费管理

第八条 各单位应当建立会议计划编报和审批制度。会议计划（包含会议名称、召开理由、主要内容、时间地点、参会人数、所需经费及列支渠道等）原则上经单位审定后执行，审定方式由单位根据实际情况制定。

第九条 会议费应纳入单位预算，并应当严格控制预算规模。

第十条　各单位应建立会议费公示制度，对非涉密会议的名称、主要内容、参会人数、经费开支情况等信息在单位内部公开，具备条件时向社会公开。

第十一条　会议结束后，经办人员应持实际发生的会议相关票据及时办理报销手续。原则上会议费报销应提供会议审批文件、会议通知、会议日程、实际参会人员签到表、会议服务单位提供的费用原始明细单据、电子结算单等凭证。

对于小型会议，在保证业务真实性的情况下，单位可适当简化审批和报销手续。

财务部门要严格审核会议费开支，对未列入年度会议计划或未经批准召开的，以及超范围、超标准开支的经费不予报销。

第十二条　各单位召开会议应优先安排在单位内部会议场所进行，并改进会议形式，充分运用电视电话、网络视频等现代信息技术手段，降低会议成本，提高会议效率。各单位不得到党中央、国务院明令禁止的风景名胜区召开会议（处于风景名胜区的单位在本单位内部召开的会议除外）。

第十三条　会议代表参加会议所发生的城市间交通费，原则上由参会人员所在单位报销；确因工作需要，邀请专家、学者和有关人员参加会议，对确需负担的城市间交通费、国际旅费，可由主办单位在会议费中报销，也可按差旅费规定报销。

第十四条　单位举办的无外地代表参加的会议，原则上不安排住宿，因特殊需要安排住宿的，需提前审批。

第十五条　会议收取注册费、会务费、资助费等，应遵循"收支两条线"的原则，由单位财务统一管理。较大规模会议可委托具有相应资质的会议公司提供会议服务，应签订合同并按合同据实结算，会议收支结算表作为会议支出报销凭据。

第十六条　会议费支付应按照国库集中支付制度和公务卡管理制度的有关规定执行，原则上以银行转账或公务卡等非现金方式结算。

第四章　监督问责

第十七条　各单位应当加强对本单位会议活动和经费报销的内部控制管理，对会议费报销进行审核把关，确保会议活动内容真实，支付渠道及票据来源合法、完整。单位内部监察审计部门应对会议费管理和使用情况进行日常监督检查。

第十八条　院相关部门对单位会议费管理进行督导检查。

第十九条　严禁各单位借会议名义组织会餐或安排宴请；严禁套取会议费设立"小金库"；严禁在会议费中列支公务接待费。严格执行会议用房标准，会议用餐不安排宴请，不上烟酒。不得组织会议代表旅游和与会议无关的参观；严禁组织高消费娱乐、健身活动；严禁以任何名义发放纪念品；严禁发放与会议业务内容无关的物品。

第二十条　违反本办法规定，有下列行为之一的，依法依规追究会议举办部门和相关人员的责任：

（一）计划外召开会议的；

（二）虚报、冒领手段骗取会议费的；

（三）虚报会议人数、天数等进行报销的；

（四）违规扩大会议费开支范围，擅自提高会议费开支标准的；

（五）违规报销与会议无关费用的；

（六）其他违反本办法行为的。

有前款所列行为之一的，由院有关部门责令改正，违规资金应予追回，并视情况予以通报。对直接责任人和相关负责人，应按相关规定给予行政处分；科研教学人员涉及虚报、冒领手段骗取会议费的，取消一定期间院级科研项目的申请资格。涉嫌违法的，移送司法机关处理。

第五章　附则

第二十一条　院机关及分院组织召开的与科研教学业务相关的会议可参照本办法执行。

第二十二条　中国科学院国际会议另行制定管理办法。

第二十三条　中国科学院学部组织召开的会议另行制定管理办法。

第二十四条　执行政府采购的地区依照政府采购管理办法执行。

第二十五条　本办法由中国科学院条件保障与财务局负责解释。

第二十六条　本办法自 2016 年 9 月 1 日起执行。

中国科学院学部项目经费管理办法

(科发条财字〔2016〕119号)

各有关单位：

为更好落实全国科技创新大会精神，贯彻执行《关于进一步完善中央财政科研项目资金管理等政策的若干意见》(中办发〔2016〕50号）的有关要求，加强中国科学院学部项目经费管理工作，不断提高管理水平，根据国家和中国科学院财务管理方面的有关规定，结合近年来学部项目经费的执行情况，研究制定了《中国科学院学部项目经费管理办法》，现予以印发，请认真贯彻执行。

附件：中国科学院学部项目经费管理办法

中国科学院
2016年12月21日

中国科学院学部项目经费管理办法

第一章 总则

第一条 为更好地贯彻落实全国科技创新大会及《关于进一步完善中央财政科研项目资金管理等政策的若干意见》的精神，进一步规范和加强中国科学院学部项目经费（以下简称学部项目经费）的使用和管理，提高经费的使用效益，按照国家有关规定和中国科学院财务管理制度，制定本办法。

第二条 学部项目经费是指学部发挥国家科学思想库作用，由学部部署并拨付至项目依托单位的各类研究项目经费。主要包括：咨询评议经费、学科发展战略研究经费、学术活动经费、科学文化研究经费、科学传播与普及经费、国际合作与交流经费等。

第三条 学部项目经费实行两级财务管理，即中国科学院本级和项目依托单位。中国科学院条件保障与财务局（以下简称条财局）负责对学部项目经费管理进行宏观指导，与中国科学院学部工作局（以下简称学部局）共同完成项目预算评审、预算执行和绩效评价等工作。

第四条 学部局主要负责提出学部项目经费建议方案，项目经费的审批，与承担相关研究项目的院士及依托单位签订《项目任务书》，按职责对项目经费进行监督管理等。

第五条 项目依托单位是项目经费管理的责任主体，应当建立健全项目资金管理制度，完善内部控制和监督约束机制，合理确定科研、财务、人事、资产、审计、监察等部门的责任和权限，加强对项目资金的管理和监督，保证各项开支符合国家和中国科学院有关规定。

第六条 项目负责人是学部项目经费使用的直接责任人，应对资金使用的真实性和合理性负责，并对资金使用的合规性把关。

第二章 经费开支范围

第七条 学部项目经费指在项目研究过程中，发生的与之直接相关的费用。主要包括：出版/文献/信息传播费、数据采集费、差旅费、会议费、国际合作与交流费、设备费、专家咨询费、劳务费、管理费、其他支出等。

1. 出版/资料/信息传播费：指在项目研究过程中发生的出版、文献检索、专业通讯与资料收集、录入、打印、复印、翻拍、印刷、誊写、翻译等费用，以及必要的图书和专用软件购置等费用。

2. 数据采集费：指在项目研究过程中发生的问卷调查、数据跟踪采集、数据挖掘、案例分析等费用。

3. 差旅费：指在项目研究过程中开展国内调研活动所发生的交通费、食宿费及其他费用。项目依托单位应按照精简高效、厉行节约的原则，研究制定差旅费管理办法，合理确定科研人员乘坐交通工具等级和住宿费标准。

4. 会议费：指在项目研究过程中为组织开展学术研讨、咨询以及协调项目或课题等活动召开会议的费用。会议次数、天数、人数以及会议费开支范围、标准等，由项目依托单位按照实事求是、精简高效、厉行节约的原则确定。

5. 国际合作与交流费：是指在项目研究过程中开展国际交流、出访、合作产生的各项费用，包括赴国外及港澳台地区调研及研究的交通费、食宿费及其他费用，邀请外国专家来华及港澳台专家来内地开展研究合作与交流而发生的食宿、交通、咨询等费用。

6. 设备费：指在项目研究过程中发生的购置或租赁使用外单位设备而发生的费用，应在经费预算中单独列示。学部项目经费严格审核设备费预算，不支持购买大型科学仪器设备。

7. 专家咨询费：指在项目研究过程中支付给参与研究任务的院士、专家的咨询费用。以会议形式组织的咨询，咨询费发放标准一般参照高级专业技术职称人员500~800元/人天、其他专业技术人员按300~500元/人天。会期超过两天的，第三天及以后的咨询费一般参照高级专业技术职称人员300~400元/人天，其他专业技术人员按200~300元/人天执行。以通讯形式组织的咨询，专家咨询费的开支一般参照高级专业技术职称人员200~300元/人次、其他专业技术人员100~200元/人次的标准执行。

8. 劳务费：参与项目研究的研究生、博士后、访问学者以及项目聘用的研究人员、科研辅助人员等，均可开支劳务费。项目聘用人员的劳务费开支标准，参照当地科学研究和技术服务业从业人员平均工资水平，根据其在项目研究中承担的工作任务确定，其社会保险补助纳入劳务费科目列支。劳务费预算不设比例限制，由项目依托单位和科研人员据实编制。

9. 管理费：指依托单位在项目研究过程中用于补偿依托单位为了项目研究提供的现有仪器设备及房屋，水、电、气、暖消耗，以及其他有关管理费用支出。管理费按照项目经费预算分段超额累退比例法核定，核定比例如下：经费预算（依托单位）在100万元及以下的部分按照8%的比例核定；超过100万~500万元的部分按照5%的比例核定；超过500万~1000万元的部分按照2%的比例核定；超过1000万元的部分按照1%的比例核定。管理费实行总额控制，由项目依托单位管理和使用。

10. 其他支出：在项目研究过程中发生的除上述费用之外的其他支出，应当在申请预算时单独列示，单独核定。

会议费、差旅费和国际合作与交流费由项目负责人结合工作实际需要编制预算并按规定统筹安排使用，三项费用合计不超过项目经费10%的，不需要提供预算测算依据。

第三章 预算的编制、执行与决算

第八条 学部局按照中国科学院预算编制的相关要求，于每年 6 月上旬编制未来三年滚动预算方案，经评审后纳入中国科学院统一的项目库，于每年 7 月由条财局将预算指标下达到项目依托单位，并于每年 11 月调整确定下年度经费预算方案。各单位应根据条财局下达的指标编制项目预算。

第九条 学部局于每年 5 月，根据各项预算经费的执行情况，编制当年预算动态调整方案，按照中国科学院统一的程序，对经费进行动态调整。

第十条 对于时间较长、额度较大的项目采用分年度下拨经费的方法，并根据项目进展进行动态调整。项目经费拨付后，学部局将以适当形式将经费拨付情况告知项目负责人与项目依托单位。

第十一条 对于在目标与经费总额不变的情况下，依托单位可根据项目实际需求合理调整直接费用预算。预算调整应由项目负责人提出申请，经项目依托单位批准后报学部局备案。

第十二条 项目研究完成后，依托单位财务、资产等部门清理该项目收支账目及资产，据实编制《经费决算表》，并在规定时间内报送学部局。《经费决算表》应由单位财务负责人签章并加盖财务专用章，同时附上财务部门提供并加盖财务专用章的项目经费开支明细账。项目结余经费可由依托单位统筹安排使用，在 2 个年度内，用于与学部项目研究相关的科研业务支出，但不得另行提取管理费；项目负责人提出申请不再使用或超过 2 年未使用完的部分，统一原渠道收回，并按照财政部有关管理制度执行。

第四章 绩效管理与监督检查

第十三条 加强项目绩效管理，提高学部项目经费管理质量。建立项目绩效评价制度，定期对项目的执行情况与绩效进行独立评价，并将评价结果作为项目研究内容和经费调整的重要依据。

第十四条 项目批准立项后，不得无故终止。对于各种原因导致的项目终止执行，将停止拨款并根据情况追回全部或部分已拨经费。学部项目经费应确保专款专用，任何单位和个人不得截留、挤占和挪用，不得擅自调整外拨经费。使用学部项目经费形成的固定资产属于国有资产，由依托单位进行管理，任何人不得侵占、挪用。使用学部项目经费形成的知识产权等无形资产，按照国家有关规定执行。

第十五条 项目经费管理和使用情况应当接受国家财政部门、审计部门和中国科学院的检查与监督。依托单位和项目负责人应积极配合并提供有关资料。

第十六条 学部项目经费开支须严格执行国家及中国科学院相关规定。如有违法、违规行为，将依据相关规定严肃处理。

第十七条 学部局将会同条财局按照一定比例，对项目经费支出情况进行检查。

第五章 附则

第十八条 本办法由条财局和学部局负责解释。

第十九条 本办法自印发之日起开始实施。

2016 年 12 月 22 日印发

中国科学院关于印发
《中国科学院院级科研项目经费管理办法》的通知

(科发条财字〔2016〕169号)

院属各事业单位：

为落实国家关于推进科技领域简政放权、放管结合、优化服务的要求，进一步规范和加强院级科研项目经费管理，根据中央和国家有关规定，结合实际业务情况，我院修订了《中国科学院院级科研项目经费管理办法》。现印发给你们，请遵照执行。

中国科学院
2016年12月30日

中国科学院院级科研项目经费管理办法

第一章 总则

第一条 为深入实施"率先行动"计划，贯彻落实《关于改进加强中央财政科研项目和资金管理的若干意见》(国发〔2014〕11号)和《中共中央办公厅国务院办公厅印发〈关于进一步完善中央财政科研项目资金管理等政策的若干意见〉的通知》的精神，推进我院科技创新事业持续健康发展，进一步规范和加强院级科研项目经费(以下简称项目经费)管理，推进放管结合，改革和创新科研经费使用和管理方式，提高资金使用效益，根据国家和院有关财务规章制度，制定本办法。

第二条 院级科研项目主要用于组织符合我院发展规划、代表学科发展方向、体现前瞻布局、利于优化科研布局的重要科技创新活动，包括战略性先导科技专项、重点部署项目、科研装备研制项目、国际合作科研项目、国防科技创新项目等。院人才专项、院重点实验室、重大科技基础设施运行等从其专项经费管理办法规定。院级项目经费主要来源于中央财政资金。

本办法适用于所有承担院级项目的院内、外法人机构和非法人机构。

第三条 项目经费管理和使用原则：

(一)集中财力，突出重点。项目经费要集中用于支持实现重大原创成果、重大战略性技术与产品、重大示范转化工程的基础性、战略性、前瞻性、原创性研究和系统集成技术与开发，注重加强统筹规划，避免资金安排分散重复。优先支持跨单位、跨学科组织的重要科技创新活动，适当向中青年科技人才倾斜。

(二)科学安排，合理配置。要严格按照项目的目标和任务，根据创新价值链不同阶段的科研规律，科学合理地编制和安排预算，探索后补助经费管理方式，提高资源配置效率。

(三)产出导向，绩效管理。机关项目主管部门和经费使用单位要建立面向结果的追踪问效机制，对经费分配的科学性、经费使用的有效性负责。

（四）单独核算，专款专用。项目经费应当纳入经费使用单位财务统一管理，单独核算，确保专款专用，不得随意拆分项目（课题）。

第四条 院级项目经费管理职责：

（一）条件保障与财务局负责根据院资源配置规划和财政拨款情况确定专项经费预算方案；负责制定院级项目经费管理制度、审核项目预算方案、组织财政支出绩效评价、监督检查经费执行等。

（二）机关项目主管部门应根据院发展规划和专项经费预算方案，科学合理安排院级项目资金；负责组织项目申报、立项论证、预算评审、执行监控、结题验收、绩效评价以及项目库的建立维护等。

（三）院级项目（课题）承担单位、非法人机构依托单位承担法人主体责任，负责建立健全单位内部经费管理制度，完善内部控制和监督机制，加强对项目经费使用的管理，加强信息化建设，落实科研财务助理制度，为院级项目的实施提供必要条件。

（四）项目（课题）负责人对经费使用的真实性、合法合规性和相关性承担直接责任。

第二章 项目经费开支范围

第五条 项目经费开支是指项目在组织实施过程中与科技创新活动相关的、应由项目经费承担的各项费用。

第六条 项目经费主要包括设备费、材料费、测试化验加工及计算分析费、燃料动力费、差旅/会议/国际合作与交流费、出版/文献/信息传播/知识产权事务费、劳务费、专家咨询费、其他支出等。

（一）设备费：是指在项目实施过程中需要购置或研制的专用仪器设备以及对现有仪器设备进行升级改造和租赁外单位仪器设备而发生的费用。项目经费要合理控制设备购置费支出。鼓励共享、试制、租赁专用仪器设备以及对现有仪器设备进行升级改造，避免重复购置。

（二）材料费：是指在项目实施过程中消耗的各种原材料、辅助材料、低值易耗品以及与科学实验直接相关的健康安全保护用品等的采购、运输、装卸、整理等费用。

（三）测试化验加工及计算分析费：是指在项目实施过程中支付给外单位（包括承担单位内部单独核算的业务支撑部门）的检验、测试、化验、加工及计算分析等费用。

（四）燃料动力费：是指在项目实施过程中相关仪器设备、科学装置等运行发生的水、电、气、暖、燃料消耗费用等。可以采用单独计量（算）或科学合理的分摊方式。采用分摊方式的单位应建立内部燃料动力费分摊管理办法，分摊标准应保持连续性、一致性。在编制预算时，本科目支出不超过经费总额5%的，不需要编制测算依据。

（五）差旅/会议/国际合作与交流费：是指在项目实施过程中开展科学实验（试验）、科学考察、业务调研、学术交流等所发生的差旅费、市内交通费用，以及邀请专家、学者和有关人员参加会议发生的差旅费；为组织开展学术研讨、咨询以及协调项目（课题）等活动而发生的会议费用；项目研究人员出国及赴港澳台、外国专家来华及港澳台专家来内地开展学术合作与交流的费用。在编制预算时，本科目支出不超过经费总额10%的，不需要编制测算依据。承担单位和科研人员应当按照实事求是、精简高效、厉行节约的原则，严格执行国家和单位的有关规定，统筹安排使用。

（六）出版/文献/信息传播/知识产权事务费：是指在项目实施过程中，需要支付的出版费、资料费、专用软件购买费、文献检索费、专业网络及通信费、专利及其他知识产权事务申请和维护费用等。在编制预算时，本科目支出不超过经费总额5%的，不需要提供测算依据。单价超过10万元上的专用软件购置费应单独说明。

（七）劳务费：是指在项目实施过程中支付给参与项目工作的研究生、客座人员、博士后、访问学者、项目聘用人员及科研辅助人员等的劳务性费用和社会保险费补助（包括住房公积金）。项目聘用人员的劳务费开支标准参照当地科学研究和技术服务业从业人员平均工资水平，根据其在项目中承担的工作任务确定。劳务费预算应据实编制，不设比例限制。

（八）专家咨询费：是指在项目实施过程中支付给临时聘请的咨询专家的费用。专家咨询费不得支付给参与项目（课题）管理相关的工作人员。专家咨询费的开支标准原则上按照国家科技经费管理的相关规定执行。院士和正高级职称专家，咨询费标准可由单位自行制定并经所务会等审定。

（九）其他支出：是指项目实施过程中发生的除上述费用之外的对使用本单位现有仪器设备及房屋，日常水、电、气、暖的消耗补助支出，审计费用，经批准的实验设施和场地的小型维修改造、土地或场地租赁等支出。特殊事项应在申请预算时详细说明。

第三章　预算的编制与审批

第七条　项目预算申报书编制要求：

（一）机关项目主管部门在组织编写项目可行性研究报告时，应组织项目（课题）承担单位编报项目预算申报书。项目预算申报书应由项目负责人牵头、科研财务助理协助，单位科研、财务、资产、人事等管理部门共同配合，坚持目标相关性、政策相符性和经济合理性原则，根据工作需要据实编制。

（二）项目预算应包括来源预算与支出预算。来源预算除申请院项目经费外，有自筹经费的，应当提供出资证明及其他相关财务资料。院内单位原则上不要求自筹，自筹经费主要由院外参与单位承担。自筹经费包括单位的自有资金、单位自主安排的基本科研配套资金、其他资金等。支出预算应当按照经费开支范围确定的支出科目和不同资金来源分别编制，支出预算应当对各项支出的主要用途和测算依据等进行必要的说明。

第八条　机关项目主管部门组织项目论证评审工作，应结合工作实际需求和财政预算管理要求，原则上在部门"一上"预算之前完成。加强项目库管理，提高部门预算细化率。

项目预算评审应当按照规范的程序和要求，坚持独立、客观、公正、科学的原则，对申报预算的政策相符性、目标相关性和经济合理性进行评估。不得简单按比例核减预算。

第九条　评审后的项目预算申报书须报院有关管理部门审定。其中经费总额超过1000万元（含1000万元）的项目，原则上应报院长办公会审定。

第十条　经费总额超过1000万元（含1000万元）的项目，可设立综合调控课题，由项目负责人根据总体目标完成情况、课题实际执行情况，适时提出分配方案，报机关项目主管部门备案。取得综合调控经费的项目（课题）单位，应编制经费预算，由所在单位审批。综合调控课题经费比例不得超过项目经费总额的20%。

第四章　预算执行与调剂

第十一条　项目经费的拨付，按照财政国库集中支付规定执行。项目牵头单位应当根据研究进度和资金使用情况，及时向合作单位拨付资金。

第十二条 预算调剂程序

（一）项目预算总额调剂、项目承担单位变更等应当报机关项目主管部门批准。

（二）项目预算总额不变、增加或减少项目合作单位以及项目合作单位之间的预算调剂，应当报机关项目主管部门批准。

（三）项目（课题）总预算不变的情况下，除设备费外，支出预算如需调剂，项目（课题）负责人根据实施过程中科研活动的实际需要提出申请，由项目（课题）承担单位审批，在中期财务检查或财务验收时予以确认。

设备费一般不予调增，如需调减可按上述程序调剂用于项目其他方面支出。如有特殊情况确需调增或购置内容变动较大的，由项目（课题）负责人提出申请，经项目（课题）承担单位同意后，报机关项目主管部门批准。

第十三条 预算执行过程中实行重大事项报告制度。在项目实施期间出现计划任务调整、负责人变更或调动单位、承担单位变更等影响经费预算执行的重大事项，项目承担单位审查后应及时向机关主管业务部门报告。

第五章 项目财务验收和结余资金管理

第十四条 项目因故终止，项目（课题）承担单位应当及时清理账目与资产，编制财务报告及资产清单，按程序经项目（课题）负责人、项目牵头单位审核汇总后报送机关项目主管部门，由机关项目主管部门审核后会同条件保障与财务局清查处理，结余资金按原渠道退回。

第十五条 项目执行期满后，项目（课题）承担单位应当及时组织清理账目和资产，如实编制项目（课题）经费决算，项目牵头单位应及时向机关项目主管部门提出验收申请。机关项目主管部门应在项目执行期满6个月内完成验收工作，应当覆盖项目下设所有课题，验收意见应当在验收结束后15日内反馈项目（课题）承担单位。项目（课题）承担单位在验收通过3个月内完成结题结账手续。

存在下列行为之一的，不得通过财务验收：

（一）编报虚假预算，套取国家财政资金；

（二）未对中央财政专项资金进行单独核算，随意拆分项目（课题）；

（三）截留、挤占、挪用项目资金；

（四）违反规定层层转拨、转移项目资金；

（五）提供虚假财务会计资料；

（六）未按规定执行和调剂预算；

（七）虚假承诺自筹资金；

（八）资金管理使用存在重大违规问题拒不整改；

（九）其他违反国家财经纪律的行为。

第十六条 项目（课题）承担单位应加强项目预算执行管理，项目实施期间，年度剩余资金可结转下一年度继续使用。项目完成任务目标并验收后，承担单位信用评价好的且经验收组确认的结余资金，由单位统筹安排使用，结余资金使用纳入单位年度预算，在2个年度内，用于与科研活动相关的业务支出。对于验收中存在问题较多未一次性通过验收的，或结余资金超过2年后未使用完的部分，按照国家及院结转结余资金管理有关要求处理。

第六章 资金管理与监督检查

第十七条 项目（课题）承担单位应实行内部公开制度，主动公开项目预算、预算调剂、资金使用（重点是外拨资金、结余资金使用）、研究成果等情况。

第十八条 项目经费管理建立承诺机制。项目（课题）承担单位法定代表人（或授权人）、项目（课题）负责人在编报预算时应当共同签署承诺书，保证所提供信息的真实性，并对信息虚假导致的后果承担责任。

第十九条 项目（课题）承担单位应当建立健全科研财务助理制度，为科研人员在项目预算编制和调剂、资金支出、财务决算和验收等方面提供专业化服务。

第二十条 项目（课题）承担单位应严格按照本办法规定的经费开支范围和标准办理，规范项目支出管理。不得擅自调剂外拨资金，不得利用虚假票据套取资金，不得通过编造虚假劳务合同、虚构人员名单等方式虚报冒领劳务费和专家咨询费，不得通过虚构测试化验内容、提高测试化验支出标准等方式违规开支测试化验加工费，不得随意调账变动支出、随意修改记账凭证，严禁以任何方式使用项目资金列支应当由个人负担的有关费用和支付各种罚款、捐款、赞（资）助、投资等，严禁以任何方式变相谋取私利。

第二十一条 项目（课题）承担单位发生的会议费、差旅费、小额材料费和测试化验加工费等，原则上应按规定实行"公务卡"等非现金结算方式；对设备费、大宗材料费、测试化验加工及计算分析费、劳务费、专家咨询费等支出，原则上应通过银行转账方式结算。对野外考察、心理测试等科研活动中无法取得发票或者财政性票据的，在保证真实性前提下，可按实际发生额予以报销。涉及政府采购的，按照政府采购有关规定执行。在境外使用或划拨至境外的项目资金应符合有关规定。

第二十二条 项目（课题）承担单位应严格按照国家相关规定加强对项目执行过程中形成的固定资产和无形资产管理。项目经费形成的固定资产属国有资产，一般由项目（课题）承担单位进行管理和使用，院有权调配。项目经费形成的知识产权等无形资产的管理，按照国家有关规定执行。项目经费形成的大型科学仪器设备、科学数据、自然科技资源等，应按照国家有关规定积极开放共享，提高资源利用效率。

第二十三条 项目经费管理应建立信用管理机制。机关项目主管部门等对项目（课题）承担单位、项目（课题）负责人、中介机构和评审评议专家等在项目经费管理方面的工作情况进行信用评价和记录，并将结果纳入信用管理，与结余资金留用等挂钩。

第二十四条 条件保障与财务局会同监督与审计局负责组织实施重点领域、重点专项的监督检查，建立健全覆盖资金管理使用全过程的资金监督检查机制，加强统筹协调，加强信息共享，避免交叉重复。

机关项目主管部门负责对项目开展中期评估和结题验收等工作，可以采取组织专家或委托中介机构进行。项目经费检查和中期评估的结果，作为调剂项目预算、安排项目以后年度预算等的重要依据。

第二十五条 对于在预算执行过程中，不按规定管理和使用项目经费、不按规定进行会计核算的单位，条件保障与财务局将会同机关项目主管部门停拨项目经费或通报批评，情节严重的终止项目或课题。对于未按期完成验收工作、未通过财务验收，存在弄虚作假，恶意套取项目经费等违反财经纪律行为的，院有关部门可以取消相关单位或个人今后一定期间申请院级科研项目的资格。同时建议有关部门对相关责任人员问责。构成犯罪的，依法移送司法机关追究刑事责任。

第七章　附则

第二十六条　本办法发布后，对执行期已经结束且进入结题验收环节的项目，按照原管理办法执行。对于尚在执行期内的项目，由项目（课题）承担单位统筹考虑本单位实际情况，并与科研人员充分协商后，在项目预算总额不变的前提下，自主决策在研项目是否执行有关新规定。

第二十七条　各单位基本科研业务费按照《中央级公益性科研院所基本科研业务费专项资金管理办法》（财教〔2016〕268号）相关规定执行。

第二十八条　本办法由条件保障与财务局负责解释。

第二十九条　本办法自公布之日起试行。2009年印发的《中国科学院院级科研项目经费管理办法》（科发计字〔2009〕250号）同时作废。

中国科学院关于加强间接费用管理与核算的指导意见

(科发条财字〔2016〕170号)

院属各事业单位：

为落实《关于改进加强中央财政科研项目和资金管理的若干意见》（国发〔2014〕11号）和《中共中央办公厅 国务院办公厅印发〈关于进一步完善中央财政科研项目资金管理等政策的若干意见〉的通知》的精神，依据国家有关法律、法规及财务规章制度和《中国科学院关于加强科研项目和资金管理的指导意见》（科发条财字〔2014〕204号）相关规定，结合我院各单位科研活动的实际情况，现就我院加强间接费用管理与核算提出如下指导意见：

一、主要目标

（一）本指导意见旨在进一步加强我院属各单位间接费用的管理，规范间接费用使用和财务核算，充分发挥间接费用在运行保障和科研激励中的作用，不断提高科研基础保障能力和管理水平，调动和激励科研人员的研发积极性和创造性，增强科研人员改革的成就感和获得感，为顺利推进我院"率先行动"计划和研究所"一三五"规划的实施提供保障。

二、适用范围

（二）本指导意见适用于中国科学院所属单位承担的各类项目间接费用。有明确间接费用管理要求的，从其规定。

三、加强间接费用的统筹管理、合理安排预算

（三）间接费用是指单位在组织实施科研项目过程中发生的无法在直接费用中列支的相关费用，主要用于弥补单位为项目（课题）研究提供的现有仪器设备以及房屋，水、电、气、暖等消耗，有关管理费用的补助支出，以及激励科研人员的绩效支出等。

（四）间接费用应纳入单位统一管理，统筹安排使用。各单位应结合自身实际情况，合理确定间接费用分配规则，处理好公共成本补偿和对科研人员激励的关系。为科研项目的顺利开展提供基础保障，建立合理的公共费用分摊机制，科学合理补偿因承担科研任务而产生的公共成本或支出；兼顾激励科研人员的科研积极性，在核定的间接费用范围内，根据科研人员在项目工作中的实际贡献，结合项目研究进度和完成质量，公正、合理安排绩效等人员支出，充分发挥绩效支出的激励作用。

（五）各单位应不断完善预算管理制度，原则上将间接费用纳入总体预算统筹安排，通过预算管理的方式提升间接费用的使用效益。

四、建立科研绩效管理机制，统筹安排绩效支出

（六）各单位应当建立和完善科研绩效管理机制，在对科研活动实施绩效管理的基础上，结合我院岗位绩效工资制的相关要求，由单位相关管理部门会同项目（课题）团队统筹安排绩效支出。在遵循公开、公平、公正的原则上，合理安排，充分发挥绩效支出的激励作用，调动和激发科研

人员的研发积极性和创造性。

（七）间接费用中绩效支出应当与项目（课题）实际绩效评价结果挂钩，对于年度执行情况不良或中止、中期评估不合格、结题验收不合格的项目（课题），单位应当建立惩罚机制，收回或扣除部分或全部绩效支出。

五、明确间接费用的核算管理，提高财务信息质量

（八）为保证单位成本支出信息的客观性，间接费用的核算可以采取收入管理或成本费用分摊（计提）的模式。各单位应根据自身实际情况确定适合的间接费用核算模式。核算模式应遵循一贯性原则，一经确定不得随意变动。

（九）间接费用支出采用直接列支和分摊方式核算，对绩效工资及相关人员成本支出直接在相关成本费用科目核算；对支撑及消耗性支出采用分摊方式在相关成本费用科目核算，单位应科学、合理制定费用分摊依据和办法，准确计量消耗性费用。

（十）各单位应加强科研项目成本核算，完善基础条件建设，有效合理核算科研项目应承担的直接费用支出，科学合理的分摊使用间接费用，进一步提高财务信息质量。

六、规范间接费用的使用管理，严禁各类违规支出

（十一）间接费用的管理和使用将纳入科研信用评价体系，各单位应加强间接费用的使用管理，严格按照规定的资金开支范围使用间接费用。应建立完善内部审批权限和流程，相关部门加强对间接费用使用的监督复核。

（十二）间接费用支出应遵循合理性、合法性、相关性、真实性原则。严禁虚构经济业务、使用虚假票据报销，严禁用于支付各种罚款、捐款、赞助、投资等与科研活动无关支出，严禁以任何方式牟取私利。不得在核定的间接费用以外再以任何名义在项目资金中重复提取、列支相关费用。

七、加强制度建设，制定内部实施细则

（十三）各单位应加强制度建设，根据国家相关规定及本指导意见，结合本单位具体情况，建立健全本单位间接费用管理机制和管理方式，制定本单位间接费用使用管理及核算管理的实施细则。实施细则中应当明确规定间接费用的管理方式、责任机制、核算方式、使用范围等具体内容。

（十四）细则制定后，各单位要进一步加强本指导意见和单位细则的宣贯、培训工作，将政策规定的学习落实到科研业务部门和管理等部门。

（十五）为确保政策落地，条件保障与财务局将对各单位间接费用实施细则的制定和执行进行检查，检查结果将与资源配置挂钩。

中国科学院
2016 年 12 月 30 日

中国科学院关于加强科研项目资金管理实行内部公示的指导意见

(科发条财字〔2016〕171号)

院属各事业单位：

为落实《关于改进加强中央财政科研项目和资金管理的若干意见》(国发〔2014〕11号)和《中共中央办公厅　国务院办公厅印发〈关于进一步完善中央财政科研项目资金管理等政策的若干意见〉的通知》的精神，强化法人责任，规范资金管理，进一步推动科研资金使用的公开化透明化，依据《行政事业单位内部控制规范》的要求，结合我院实际业务特点，现就所属各事业单位（以下简称"各单位"）内部公示相关工作提出以下指导意见：

一、建立健全单位内部公示工作的组织协调机制

（一）各单位应建立内部信息公示工作的组织协调机制，确定本单位实行公示的范围、方式、流程、责任部门及具体实施部门。由责任部门负责提供公示内容，具体实施部门负责审核公示内容并按一定程序和方式予以公示。公示信息不得涉及国家秘密，不得危及国家安全、公共安全、经济安全和社会稳定。

二、明确单位内部公示业务范围和内容

（二）各单位应对年度部门预算、决算及大额资金支出等重大经济事项进行内部公示。

（三）各单位应对科研项目立项（含预算）、主要研究人员、预算调整、资金使用（包括间接费用、外拨资金、结余资金等）、大型仪器设备购置、项目研究成果等情况，以及科研业务内容合理性和相关性等证明内容进行内部公示。

（四）各单位应对财政资金项目的绩效评价结果进行内部公示。

（五）各单位应对科研因公出国（境）、科研公务接待、科研公务用车支出进行内部公示。

（六）各单位应对科研项目关联业务进行内部公示。公示内容应包括关联业务各方情况、关联方关系、关联业务内容和关联业务金额等信息。

（七）各单位认为需要实行内部公示的科研项目和资金有关事项。

（八）对国家和我院已有明确规定要求公示的事项，随其规定执行。

三、采取灵活多样的内部公示形式

（九）公示形式可以采用内部网络、公告栏、会议、征求意见等形式。

（十）各单位应推进内部公示信息化平台建设，加强内部数据信息共享。

（十一）各单位应逐步推进向社会公示，切实提升科研工作透明度，提高公共服务水平，及时、准确地公开信息，积极回应社会关切，接受社会各界监督和意见反馈，营造有利于科技创新的良好舆论氛围和社会环境。

四、制定并完善单位内部公示实施细则

（十二）各单位应结合本单位实际情况，以本意见为指导，制定本单位内部公示实施细则。

（十三）单位内部人员或部门对公示信息有异议的，可向内部监督部门反映，监督部门责令责

任部门及时认真处理，对确有涉及公示内容信息有误的情况应及时进行修正调整。

（十四）公示工作可以根据不同情况，通过电子邮箱、投诉举报箱、电话、回收征求意见书、上门听取服务对象意见等渠道收集反馈意见。

（十五）公示的时间一般为不少于 5 个工作日（另有明确规定的从其规定）。

五、建立健全内部公示监督机制

（十六）各单位应加强本单位内部公示管理，建立本单位内部公示制度并确保有效实施。

（十七）各单位内部监督部门按照职责权限应对内部公示制度的实施进行监督检查。

（十八）院条件保障与财务局等部门对各单位内部公示管理进行督导检查。对违反规定的单位，责令改正，并视情况予以通报。

中国科学院
2016 年 12 月 30 日

中国科学院关于推进科研财务助理工作的指导意见

(科发条财字〔2016〕172号)

院属各事业单位:

为落实《关于改进加强中央财政科研项目和资金管理的若干意见》(国发〔2014〕11号)和《中共中央办公厅 国务院办公厅印发〈关于进一步完善中央财政科研项目资金管理等政策的若干意见〉的通知》的精神,创新服务方式,让科研人员潜心从事科学研究,进一步加强科研业务与经费管理,促进科研院所科研事业可持续发展,结合我院科研工作实际,提出以下指导意见:

一、总体目标

(一)通过建立健全科研财务助理制度,与现有科研秘书统筹考虑,逐步形成专业化的科研财务助理队伍,为科研人员在项目预算编制和调剂、经费支出、财务决算和验收、项目管理等方面提供全过程专业化服务,让科研人员潜心从事科学研究。通过创新服务方式,加强财务与科研工作的有效衔接,促进我院科研院所科研项目顺利实施,提高资金使用效率,规范资金使用和资产管理,确保科研工作有序开展。

二、建立健全各单位科研财务助理制度

(二)科研财务助理是指为保证科技创新团队或项目组(以下简称团队)做好科研项目管理和科研经费管理的专职或兼职人员,旨在让科研人员潜心从事科学研究。各单位应根据本单位科技事业发展及财务管理工作实际,坚持遵循规律、灵活和协调建设的原则,建立健全本单位科研财务助理制度。

三、明确科研财务助理的配备、岗位要求及职责

(三)科研财务助理可由各单位事业编制人员担任,也可由非事业编制人员担任,可优先由符合条件的科研秘书兼任。各单位在配备科研财务助理时,应与现有科研秘书相结合,结合科研与财务工作实际,按照项目组、课题组等单元,自行选择配备,合理控制科研财务助理岗位数量。规模大、任务多的团队可以项目组为单元配备科研财务助理,规模小的团队也可以采取科研财务助理与科研秘书相结合的方式配备科研财务助理。

(四)科研财务助理应具有较强的责任意识、服务意识和团队合作意识;了解科技财务政策规章,熟悉科研团队运行情况;应具有本科或以上文化程度,具有较强的学习能力和一定的管理能力,能够熟练应用日常办公软件;兼职人员要有足够的时间和精力承担职责;具有会计从业资格证书者可优先考虑。

(五)科研财务助理在科研团队中兼具科研管理与财务管理双重职能,既要协助团队负责人加强团队预算管理,又要做好科研服务工作,充分发挥在科技创新工作中的桥梁纽带作用。协助科研团队完善团队经费内部管理规则,落实科研项目资金管理要求,统筹调配预算资金,规范资金支出;协助做好团队内部各类经费的预决算编制、预算执行、决算审计和项目验收等工作;配合财务部门按相关制度要求负责团队的相关经费审核和报销;配合采购部门落实团队政府采购计划与预算的编制申报工作；配合资产管理部门负责团队的资产管理；加强相关科技和财务制度学习，做好财务制度的宣传贯彻；做好与本单位财务和相关部门的沟通和有关事项的落实工作；配合监督部门履行科研经费监管职责，落实好科研经费使用管理的信息公开和内控规范的制度要求；协助团队做好科研项目实施过程中的辅助工作。

四、落实科研财务助理的经费保障渠道

（六）落实科研财务助理的经费保障渠道是确保科研财务助理制度顺利推行的关键。聘用科研财务助理所需费用，可由项目承担单位根据实际情况通过劳务费、科研项目间接费用、单位日常运转经费等渠道解决，也可从横向科研项目等其他渠道筹集，经费支出应符合财政相关规定。

五、强化科研财务助理的管理与保障

（七）各单位应根据实际情况指定牵头部门负责科研财务助理的管理工作。科研财务助理的岗位设置、人员聘用等人事管理事项，由单位人事部门牵头负责，其他部门配合。所聘人员公开招聘、竞聘上岗、合同管理、考核培训、奖励处分、人事争议处理等事项，按照《中国科学院岗位管理实施办法》《中国科学院人员聘用制度实施办法》、所在单位岗位管理和聘用等有关规定执行。

（八）各单位科研、人事、财务和资产等部门应加强与科研财务助理的协调联系工作，推动科研财务管理有关政策的落实。加强对科研财务助理在贯彻落实国家科技政策、财政政策和院所相关规章制度等方面的指导和培训，组织科研财务助理高效完成项目申报、经费预决算、资产管理、政府采购等相关工作。

（九）各科技创新团队要加强对科研财务助理的实践锻炼和培养，使其熟悉并掌握相关科研业务情况，提高科研项目预算、计划执行和风险管控的专业化水平，保障科研工作合理、合规开展和科研经费高效、规范、安全使用，促进科技创新与财务管理的有机结合。

（十）各单位人事部门应结合本单位人事管理实际情况，合理确定科研财务助理薪资待遇，确保科研财务助理人员相对稳定。同时建立符合科研财务助理特点的考核评价和晋升机制，定期对科研财务助理进行考核，激励科研财务助理安心岗位工作，考核结果作为调整岗位和工资、续订合同等的主要依据。

（十一）院相关部门要加强对各单位推进科研财务助理制度工作的宏观指导、政策培训及管理监督。定期进行有关科技政策、财政政策、项目管理等政策规章和业务知识的宣传、培训。院相关部门应加强对科研财务助理制度推进工作的考核和监督，考核结果将作为各单位经费安排的参考依据。同时，积极探索科研财务助理岗位设置和晋升机制，逐步完善科研财务助理的职业规划。

六、提高思想认识，强化责任落实

（十二）各单位领导和科研团队负责人要高度重视，充分认识科研财务助理聘用工作对我院加强创新服务、规范资金使用管理、保障科研项目顺利实施的重要意义，要把推进科研财务助理聘用工作，作为当前和今后各单位内部管理的一项重要任务，有效落实。

（十三）科研财务助理的聘用和管理需要各单位科研、财务、人事、监审等部门协同配合，各部门要结合自身职责，密切配合，积极推进此项工作，形成工作合力。各单位在推进科研财务助理工作中，要加强组织领导，全面强化工作任务、责任的落实，要建立单位内部推进此项工作的领导机制，制定开展此项工作的实施方案，要把各项工作落实到具体的部门，明确时间节点、工

作要求。

（十四）各单位要根据本指导意见，结合实际情况制定本单位科研财务助理的管理制度，逐步落实本单位的科研财务助理聘用工作。院相关部门将结合国家财政管理的要求，对各单位完成此项工作的情况进行检查。各单位要结合政策要求，不断完善、加强科研财务助理的管理，提高科研财务助理的业务水平和服务水平，稳定科研财务助理队伍。

中国科学院

2016 年 12 月 30 日

中国科学院条件保障与财务局关于印发《中国科学院科研仪器设备研制项目管理办法》的通知

(条财字〔2017〕14 号)

院属有关单位:

为加强和规范科研仪器设备研制项目管理,现将《中国科学院科研仪器设备研制项目管理办法》印发给你们,请遵照执行。本办法自印发之日起施行。2009 年 4 月印发的《中国科学院科研装备研制项目管理办法》(计字〔2009〕60 号)同时废止。

2017 年 6 月 1 日

中国科学院科研仪器设备研制项目管理办法

第一章 总则

第一条 为了贯彻落实"四个率先"目标要求,规范和加强我院科研仪器设备研制项目管理,继续完善我院技术支撑系统和人才队伍建设,进一步提高我院科研仪器设备的自主创新能力,促进原创性科技创新成果产出,引领我国科研仪器设备的自主研制和创新发展,特制定本办法。

第二条 中国科学院科研仪器设备研制项目(以下简称研制项目)是指对我院战略布局调整和重大科技创新活动有重要影响,能够显著提升相关领域核心竞争力的中、大型仪器设备(百万至千万元)研制项目。研制项目的支持范围包括:

(一)面向世界科技前沿,瞄准未来、前沿科学问题,重点支持科学目标明确的前瞻性未来技术研发,注重科学思想的实现;

(二)面向国家重大需求,结合国家重大科技任务,重点支持任务需求明确的关键核心技术研发,注重技术方法的实现;

(三)面向经济主战场,针对社会、民生与经济发展需求,重点支持战略支柱产业的升级换代技术集成与研发,推进交叉融合,注重性能指标的实现与提升。

第三条 研制项目采取研究所自由申请和院自上而下部署相结合的方式推进,主要包括院级科研仪器设备研制项目(以下简称院级研制项目)、院级重大科研仪器设备研制项目(以下简称院级重大研制项目)和关键技术研发团队项目(以下简称关键技术团队项目)。

第四条 院级研制项目支持经费原则上不超过 300 万元,其中青年人才类项目经费不超过 200 万元。执行周期一般为 2 年,实行中期评估制度。

院级重大研制项目支持经费原则上不超过 1000 万元,执行周期一般为 3 年,实行中期评估制度。

关键技术团队项目年度支持经费原则上不超过 500 万元,执行周期一般为 3 年,实行年度考核制度。

第五条 条件保障与财务局（以下简称条财局）作为项目主管部门具体负责研制项目的组织管理等工作。

第二章 基本要求

第六条 院级研制项目以满足科研工作的实际需求为目的，应有独到的设计思想、切实可行的技术方案和明确的验收指标，并能产出实用的科研仪器设备。分为单独申报类、联合申报类、持续支持类和青年人才类：

（一）单独申报类。项目申请单位能够完成仪器设备的研制工作，并利用研制出的仪器设备开展科学研究；

（二）联合申报类。院内单位研用双方的实质性合作，而非一般的联合研制。项目原则上由应用单位牵头，研制单位作为项目合作单位，研制仪器设备的所有权归应用单位所有；

（三）持续支持类。要求前期承担过院级研制项目（原则上通过验收已超过2年），有重要科研成果产出或开放共享情况好，并有进一步仪器设备研发需求（不是简单的升级改造）；

（四）青年人才类。为进一步提升我院35周岁及以下青年科技人才的技术创新能力和科研活动组织能力，针对青年科技人才采取项目单独评审的方式进行倾斜支持。

第七条 院级重大研制项目针对世界科技前沿、国家重大需求、经济主战场等方面需求，在院级研制项目的基础上进行策划。侧重支持：

（一）技术上已有突破，能明显提升性能指标的项目；

（二）科学目标明确，能进一步争取国家支持的项目；

（三）促进交叉融合，能产出重大科技成果的项目。

第八条 关键技术团队项目瞄准我院已有技术优势、对仪器设备发展有重要作用的核心或共性关键技术，遴选技术研发团队开展持续攻关。侧重支持：

（一）已有技术基础且优势明显的研究团队；

（二）在仪器设备整机研制过程中起关键作用，制约我院仪器设备研制水平的核心关键技术或关键部件；

（三）对国家重大需求和国民经济发展有重要作用，能有效支撑科学研究工作的共性关键技术。

第九条 研制项目的申请单位必须是院属事业单位（以下统称研究所）。院鼓励研究所加强与国内外相关研究机构、大学、企业的合作，合作方式可采取联合设计制造、关键部件委托设计加工、自主设计委托加工等多种形式。

第三章 立项程序

第十条 院级研制项目采取研究所自由申请的方式，由研究所按年度组织、限项申报。研究所组织相关力量研究提出研制项目方案，经过初步论证后，填写《中国科学院科研仪器设备研制项目实施方案》（以下简称《实施方案》），正式行文报条财局，申报时间为每年上半年，具体时间以通知为准。院级研制项目由条财局按差额评选原则组织评审，分为形式审查、书面评审和综合答辩3个步骤：

（一）形式审查主要审核申请材料是否符合规定的格式要求；

（二）书面评审由条财局组织技术专家依据申请材料对项目的意义、目标、创新性和经费预算等进行初步评审；

（三）综合答辩由条财局组织技术专家和财务专家对申请人做的项目报告和答辩情况进行综合评审。

书面评审和综合答辩均采取差额投票的方式进行评选。通过综合答辩的项目，由项目负责人根据专家意见修改完善《实施方案》后报送条财局审批。

第十一条 院级重大研制项目和关键技术团队项目采取院自上而下部署的方式，通过院仪器设备研制专家委员会（以下简称专家委员会）遴选推荐。

（一）专家委员会按学科领域分组，结合各研究所提出的需要重点解决和发展的科研仪器设备技术方向，研讨确定本领域下一年度仪器设备研制优先发展方向；

（二）各领域召开研讨会，围绕各自领域仪器设备研制优先发展方向，组织院内相关单位和专家交流研讨，遴选出院级重大研制项目和关键技术团队项目推荐至专家委员会；

（三）召开专家委员会会议，对各领域推荐的项目进行评审，投票遴选出拟支持的院级重大研制项目和关键技术团队项目。

通过遴选的院级重大研制项目和关键技术团队项目，由项目负责人根据专家意见修改完善《实施方案》，经专家论证后，报送条财局审批。

第十二条 条财局根据专家评审意见提出研制项目年度支持计划，报送主管院领导审批。《实施方案》由条财局和项目承担单位共同签章，一式三份分别由条财局、项目承担单位和项目团队留存，作为项目实施、经费拨付及验收的依据。项目承担单位在收到条财局审批签章的《实施方案》后，应于1个月之内将立项相关材料的电子版上传至科技条件项目管理平台（网址：http：//fact.cas.cn，以下简称项目管理平台）。

第四章 组织实施

第十三条 研制项目实行承担单位法定代表人责任制。承担单位负责项目组织实施工作。

（一）协调相关单位的人员、设备、房屋、水电等资源条件为研制项目提供支撑；

（二）掌握项目进展情况，督促项目执行，重大事项需及时报告条财局；

（三）及时组织项目负责人填报并提交项目相关材料，按期完成项目验收。

第十四条 承担单位应当建立严格的质量控制体系，制定从图纸设计、部件采购、加工和工艺安装等环节的技术及管理规范，形成完整齐全的档案，技术文件应达到研制的科研仪器设备或部件能够复制的要求。

第十五条 项目负责人应当建立内部管理体系，按《实施方案》中的进度安排及年度考核指标制定详细的工作计划，明确人员分工和协同关系，稳步推进项目的实施。

第十六条 院级研制项目和院级重大研制项目实行中期评估制度，承担单位应于计划执行周期中间年度10月31日前向条财局提交中期评估报告纸质材料一份，并将相关材料的电子版上传至项目管理平台。

关键技术团队项目实行年度考核制度，承担单位应于项目执行期内每年10月31日前向条财局提交当年的年度工作报告纸质材料一份，并将相关材料的电子版上传至项目管理平台。

条财局根据项目评估和考核情况核拨项目后续经费。

第十七条 项目实施期间，若因项目负责人工作变化、技术方案遇到难以克服的困难、加工协作条件或进口限制等客观原因，不能继续实施时，项目承担单位应及时停止项目并向条财局报告，经批准后调整或终止项目。

第十八条 对不能按时完成任务的项目，项目承担单位应在项目执行期满前 3 个月之内向条财局正式行文报告，说明已完成内容、财务收支情况、延期原因、拟采取的补救措施和新的完成时限。由条财局研究决定是否延期、结题或终止。

第十九条 有下列情况之一的，条财局将视具体情况予以警告、通报批评、核减或停拨经费、调整或终止项目，对于情节严重的将调减项目承担单位院级研制项目申报数量：

（一）未按时提交中期评估或年度工作报告；

（二）擅自变更项目负责人，技术指标等《实施方案》相关内容；

（三）项目经费使用不合理或预算执行率低；

（四）无故拖延项目验收时间或项目不通过验收。

第五章 经费管理

第二十条 研制项目经费管理和使用的原则：

（一）目标明确，重点突出。研制项目经费应当有明确的绩效目标，充分体现研制项目的特点与重点；

（二）产出导向，绩效管理。经费管理各方权责清晰，面向结果追踪问效，保证经费分配的科学性、经费使用的有效性；

（三）单独核算，专款专用。项目经费纳入经费使用单位财务统一管理，单独核算，确保专款专用，不得随意拆分项目。

第二十一条 研制项目预算编制的要求：

（一）由项目负责人牵头，科研财务助理协助，单位科研、财务、资产、人事等管理部门共同配合，坚持目标相关性、政策相符性和经济合理性原则，根据研制工作需要据实编制；

（二）项目经费指用于与研制活动直接相关的费用，开支范围包括设备费、材料费、测试化验加工及计算分析费、燃料动力费、差旅/会议/国际合作与交流费、出版/文献/信息传播/知识产权事务费、劳务费、专家咨询费、其他支出等；

（三）预算应当对各项支出的主要用途和测算依据等进行必要的说明。

第二十二条 项目经费的拨付，按照财政国库集中支付规定执行。项目牵头单位应当根据研制进度和资金使用情况，及时向合作单位拨付资金。

第二十三条 项目预算执行过程中，在目标与经费总额不变的情况下，除设备购置费外，支出预算如需调剂，项目负责人根据实施过程中科研活动的实际需要提出申请，由项目承担单位审批，在中期报告、年度考核或验收时予以确认。若项目经费超支，原则上由承担单位自行筹措。

第二十四条 项目承担单位应加强项目预算执行管理，项目实施期间，年度剩余资金可结转下一年度继续使用。项目完成任务目标并验收后，承担单位信用评价好且经项目验收组确认的结余资金，由单位统筹安排使用，结余资金使用纳入单位年度预算，在 2 个年度内，用于与科研活动相关的业务支出。

第二十五条 项目负责人对经费使用的真实性、合法合规性和相关性承担直接责任。

第二十六条 研制项目经费管理具体细则参照《中国科学院院级科研项目经费管理办法》（科发条财字〔2016〕169 号）执行。

第六章 验收及后续管理

第二十七条 研制项目执行期满后，承担单位应按国家有关档案管理规定，完备相关技术文件、财务决算报告等，并于6个月内通过项目管理平台向条财局申请并完成验收工作。

第二十八条 条财局审核承担单位提交的申请验收材料，组织专家按照《实施方案》进行验收。条财局根据项目验收专家组的验收意见，确定"通过验收"、"项目结题"或"不通过验收"的结论。

（一）通过验收：全面完成《实施方案》规定的各项任务，技术文件等档案齐全、经费使用合理；

（二）项目结题：研制项目基本完成，但因客观原因不能完全实现预定功能或不能完全达到规定技术指标时，项目承担单位应组织技术专家进行研讨和论证，经确认无法继续完善的，应及时向条财局申请结题。条财局组织专家完成现场测试和财务支出审核后，确定结题处理方案，并根据专家意见收回相应经费；

（三）项目存在下列情况之一者，不通过验收，并全部收回剩余经费：

（1）项目执行期满3年内仍未能通过验收或结题；

（2）技术文件等档案不齐全，管理混乱，提供的资料或数据不真实；

（3）支出与预算严重不符，经费使用不合理。

第二十九条 院级联合申报类研制项目的验收应在应用单位进行。仪器设备研制单位应在项目通过验收后1个月内，向应用单位办理资产移交手续，并提供相应技术资料和培训服务。

关键技术团队项目在执行期满后，由条财局根据项目执行情况和专家考评结果，确定是否进行持续支持。

第三十条 项目承担单位应在项目验收后1个月内，向条财局报送项目验收表纸质材料一式三份，并将项目验收材料的电子版汇总后上传至项目管理平台。条财局和项目承担单位共同签章后的项目验收表分别由条财局、项目承担单位和项目团队留存。

第三十一条 条财局对通过验收的研制项目实行追踪问效管理。研制的仪器设备应按照国家有关规定积极开放共享，提高资源利用效率。条财局根据后续提交的项目年度报告情况，对研制仪器设备使用率高、开放共享情况好、科技成果产出丰富的承担单位，增加其下一年度院级研制项目的申报数量。

第三十二条 研制项目形成的知识产权，其归属、使用和管理等，应严格按照国家相关法律法规及我院的相关管理规定执行。

第三十三条 项目承担单位应按照既定的成果推广应用方案和效益目标，加强与相关企业的联系与合作，在满足相关科研需求的同时，提高研制成果的商品化水平，推动成果转化或技术转移。

第三十四条 项目研制过程中产生的，以及项目完成后3年内使用该研制仪器设备产生的专著、论文等，均应标注"中国科学院科研仪器设备研制项目资助"和项目批准号，英文写法为：Supported by the Scientific Instrument Developing Project of the Chinese Academy of Sciences, GrantNo.××××。

第七章 附则

第三十五条 本办法自印发之日起施行。2009年4月印发的《中国科学院科研装备研制项目管理办法》（计字〔2009〕60号）同时废止。

第三十六条 本办法由条财局负责解释。

中国科学院关于印发《中国科学院战略性先导科技专项管理办法》及相关管理实施细则的通知

(科发规字〔2017〕106号)

院属各单位、院机关各部门：

为全面贯彻落实全国科技创新大会精神，梳理和总结先导专项运行管理经验，进一步优化和提升专项管理水平，释放和激发科技人员的创新活力，促进和推动重大成果产出，我院对2013年发布的《中国科学院战略性先导科技专项管理办法》及相关实施细则进行了修订，并经2017年8月22日院长办公会议审议通过。

现将修订后的《中国科学院战略性先导科技专项管理办法》及7个管理实施细则印发给你们，请遵照执行。

2017年9月1日

中国科学院战略性先导科技专项管理办法

第一章 总则

第一条 为贯彻落实国家创新驱动发展战略和新时期办院方针，深入推动"率先行动"计划的顺利实施，规范和加强中国科学院战略性先导科技专项（以下简称"先导专项"）的管理，根据国务院第105次常务会议的精神，参照国家科研项目管理的有关规定，制定本办法。

第二条 先导专项是中国科学院发挥建制化优势，组织院属单位优势力量，共同实施的跨学科、跨领域的重大科技任务。先导专项致力于突破关系我国国际竞争力、经济社会长远持续发展、国家安全及新科技革命的前沿科学问题和战略高技术问题，取得一批重大原创成果、重大战略性技术与产品和重大示范转化工程（简称"三重大"），提供更多有效和中高端科技供给。

第三条 先导专项持续创新组织模式和运行机制，根据国家创新发展的新形势新任务新要求，强化与国家重大科技计划相衔接，与院全面深化改革工作和发展规划的组织实施紧密结合，切实发挥先导和示范作用。

第四条 先导专项包括前瞻战略科技专项（A类先导专项）和基础与交叉前沿方向布局（B类先导专项）两类。

A类先导专项侧重于突破战略高技术、重大公益性关键核心科技问题，促进技术变革和新兴产业的形成发展，服务我国经济社会可持续发展。

B类先导专项侧重于瞄准新科技革命可能发生的方向和发展迅速的新兴、交叉、前沿方向，取得世界领先水平的原创性成果，占据未来科学技术制高点，并形成集群优势。

第五条 中国科学院作为先导专项的主管部门，负责先导专项的全过程管理。在策划、论证和立项的各个环节，建立健全会商和咨询机制，接受国家有关部门的指导并充分听取科技界高水平专家意见。

第六条 中国科学院坚持顶层设计，自上而下组织实施先导专项，并遵循以下管理原则：

（一）强化导向，示范引领。以"三重大"产出为导向，主要针对培育战略性新兴产业、迎接新科技革命和我国经济社会可持续发展起关键作用的科技问题，开展战略性、先导性研究，实施长期持续攻关。

（二）创新机制，协同攻关。发挥科研组织建制化和多学科综合优势，加强宏观把握与战略判断，自上而下组织策划，创新组织管理模式，统一协调，协同攻关，系统推进。

（三）权责明晰，分类管理。坚持科学、民主决策，建立健全决策、执行、评价既权责明晰、相对独立，又有机衔接、相互监督的运行机制。实行完善的过程管理、检查验收和后评估制度，形成管理闭环。保证先导专项管理的科学、公正与公平。先导专项根据定位和创新目标，实行分类管理，并全面落实科技领域"放管服"改革要求。

（四）造就人才，建设高地。结合先导专项的实施，培养和凝聚一批高水平科技创新人才，建设一批高水平综合创新平台和高地，全面提升相关领域科技创新能力。

第七条 先导专项资金包括中央财政安排的专项经费、中国科学院统筹安排的财政经费，以及从其他渠道获得的经费。先导专项资金应合理配置，加强监管，提高经费使用效益。

第二章 组织管理体制

第八条 中国科学院院长办公会议负责先导专项管理制度、整体布局、设立与调整、依托单位和领衔科学家（专项负责人）、资源配置等重大事项的审议和决策。

第九条 先导专项建立以中国科学院学术委员会（以下简称"院学术委员会"）为主体的专家咨询机制，负责对先导专项重大事项提出咨询建议，供院长办公会议决策参考。

第十条 发展规划局在先导专项管理中的职责包括：

（一）牵头制定先导专项管理办法；

（二）支撑院学术委员会的咨询评议工作；

（三）牵头负责先导专项中期检查工作的组织实施，提出专项布局调整建议；

（四）牵头负责先导专项结题验收工作的组织实施；

（五）组织开展相关战略研究和政策研究，为先导专项科技布局与管理运行提供政策支撑。

第十一条 相关业务局在先导专项管理中的职责包括：

（一）根据职能分工，依据先导专项管理办法，制定A类和B类先导专项管理实施细则；

（二）策划遴选，形成先导专项设置建议；

（三）负责组织专项申报与实施方案论证等；

（四）指导专项建立符合专项特点的内部管理组织模式和管理制度，代表中国科学院与先导专项相关任务承担单位签署任务书；

（五）负责先导专项实施过程管理。建立监理或专家委员会等机制，对专项的实施过程进行跟踪、监督和检查，了解掌握专项实施进展和经费使用情况等，及时协调和解决实施中的问题，保障专项按计划实现科技目标；

（六）参与先导专项中期检查和结题验收，负责科技目标和科研管理分项验收；配合条件保障与财务局开展财政支出绩效评价；

（七）负责与相关国家部委的对口联系。

第十二条 条件保障与财务局负责先导专项经费的全过程管理，具体包括：

（一）制定先导专项经费使用及管理的制度；

（二）落实年度财政经费；

（三）负责先导专项预算评审和申报，提出A类和B类的总体分配原则和建议方案；

（四）根据专项进展情况，及时下拨经费；

（五）指导和组织对任务承担单位经费使用、预算执行情况的监督检查；

（六）负责指导和组织先导专项财务中期检查、财务验收和财政支出绩效评价等经费全过程管理。

第十三条 办公厅负责先导专项档案的全过程管理。具体包括：

（一）制定先导专项档案管理的规章制度；

（二）指导和组织对任务承担单位档案的形成、归档和保管情况的监督检查；

（三）指导和组织先导专项档案验收；

（四）指导先导专项有关信息化、安全、保密等相关工作。

第十四条 先导专项实施过程中涉及的人事、资产与科技条件、成果转化、科学传播、监察审计等工作由院机关相关部门根据职能分工，按照"简政放权、加强监督、突出绩效、确保重大产出"的原则分别负责。

第十五条 先导专项建立机关各部门间的沟通协调机制和重大事项报告制度。对涉及专项整体的管理活动，如各类检查、培训、验收等相关工作，牵头部门应在听取相关部门意见后，制定明确的工作计划，加强管理工作的协同联动，促进信息共享，减轻专项负担，提高管理效能。

第十六条 由发展规划局牵头，依托院计算机网络信息中心，建立先导专项全过程管理信息平台，用于跟踪先导专项实施情况，在遵守保密规定的前提下，促进专项资源和成果的开放共享。同时，有效提升管理信息化水平，提高管理能力、质量和效率。

第十七条 A类先导专项实行先导专项领导小组统一领导、先导专项总体组具体组织实施下的各任务承担单位负责制。一般情况下，领导小组由相关分管副院长担任组长，主要负责专项组织实施过程中的组织领导，审定并协调解决相关先导专项实施过程中的重大问题。

（一）A类先导专项实行"行政指挥线"和"科技指挥线"双线并行管理模式，均对专项领导小组负责；

（二）"行政指挥线"由专项协调组负责。一般由专项主管业务局领导、专项依托单位和项目承担单位法人代表构成，负责协调推动跨所、跨领域合作；落实专项任务执行所需的配套支撑条件，执行院有关管理规定；对专项实施过程中的行政管理问题提出处理建议，保证专项成果产出，确保各项目标实现；

（三）"科技指挥线"由专项总体组负责。原则上在专项依托单位成立，由专项负责人任组长，负责提出专项整体目标、实施方案、任务分解及内部调整建议等，负责专项内部的总体协调与专项任务的组织实施；

（四）专项各级任务承担单位是专项目标实现的责任主体，并负责为科技目标的实现提供支撑保障。

第十八条 B类先导专项实行领衔科学家（专项负责人）负责制，可根据专项实际情况设立相应的领导机构和学术咨询机构。

（一）领衔科学家（专项负责人）是专项目标实现的责任主体，负责专项的总体协调与组织实施，提出专项发展规划、科学目标、核心与合作团队建议、专项内部运行管理机制，负责专项任务分解、确定工作任务节点，并组织编报预算等；

（二）B类先导专项的各级任务承担单位为先导专项顺利实施提供组织管理保障。

第十九条 专项依托单位是指牵头负责专项任务的法人单位；承担单位是指牵头负责项目、课题或子课题层次专项任务的法人单位；参与单位是指承担专项任务，但不是任务牵头单位的法人单位。一般情况下，专项应在依托单位成立专项办公室，负责专项各项管理工作的具体推进和落实。

所有承担任务的法人单位要把专项的实施作为重大任务首要支持，在政策制度及管理等方面做出适当倾斜，认真做好统筹协调和提供配套支撑条件，严格执行国家、院有关管理规定，认真履行合同条款，接受指导、检查，并配合检查和验收工作。

第三章 策划与立项

第二十条 相关业务局根据优先战略领域和国家重大需求、院发展规划纲要和相关战略研究成果等研究提出拟立项的先导专项建议，形成策划遴选报告，对策划遴选的依据、过程、立项的必要性与重大意义等进行详细阐述，同时提出专项领衔科学家（专项负责人）建议人选，组织编制立项建议报告。

第二十一条 相关业务局分别就专项研究方向和目标、立项意义与必要性等组织征询国家相关部委和国内外专家意见，汇总形成咨询意见报告。策划遴选报告、立项建议报告及咨询意见报告经分管院领导审定后，转呈发展规划局提交学术委员会审议。

第二十二条 发展规划局在收到业务局报送的相关材料2个月内，支撑院学术委员会，就拟设立的先导专项集中开展立项咨询评议。院学术委员会根据策划遴选报告、立项建议报告和咨询意见报告，对专项的定位与产出目标、领衔科学家（专项负责人）的能力与水平、研究内容和技术路线的合理性、运行与管理机制等进行投票和打分，明确提出是否支持立项的意见。

第二十三条 一般情况下，院学术委员会咨询评议结果，由发展规划局按程序提交院长办公会议审议立项。

第二十四条 相关业务局根据院长办公会议决议，组织获准立项的各先导专项，在不违反保密原则的前提下，采用开放竞争的方式，遴选汇聚最优势力量，确定项目、课题（子课题）任务承担单位，编制专项实施方案，确保重大科技资源的高效使用。

第二十五条 相关业务局组织召开先导专项实施方案论证会，邀请相关专家（优先从院学术委员会专家中遴选）和职能局对先导专项实施方案进行综合论证。对与经济社会发展和国家安全密切相关的，有清晰产出目标的先导专项，论证会应包括政府有关部门、相关行业部门管理专家和企业专家等参与。

第二十六条 相关业务局根据论证意见组织修改完善相关专项实施方案，组织编报专项经费概预算。条件保障与财务局根据先导专项实施方案的经费需求和国家、院有关经费管理规定，以及实施方案论证情况，组织经费概预算评审。

第二十七条 相关业务局和条件保障与财务局将实施方案论证和概预算评审结果，提交院长办公会议审议。院长办公会议审议通过日期为专项启动时间。相关业务局和条件保障与财务局共同以院文形式，发布专项立项通知，明确专项名称、专项领衔科学家（专项负责人）、依托单位、实施周期、经费概算等。

第二十八条 先导专项建立应急响应机制。对于突发、紧急的国家重大科技部署或需求，经院党组研究决定，可直接进入实施方案论证或对现有专项做出重大调整。

第四章 组织实施与过程管理

第二十九条 先导专项一般由项目、课题组成，课题可根据需要下设子课题。项目一般为综合性的、集成性的任务，是为完成先导专项的总体目标和任务分解设立的；课题（子课题）是为完成项目的目标和任务分解设立的。同一先导专项分解出来的若干项目（课题）应建立有机集成和衔接，保证项目对先导专项、课题对项目、子课题对课题的支撑，防止碎片化，确保实现总体目标。

第三十条 相关业务局按照确保专项产出和管理效率最大化原则，听取专项领衔科学家（专项负责人）的建议，研究确定任务书签署层级，并组织相关部门和单位签署任务书或实施责任书。涉密专项的任务书按保密管理规定提交。

第三十一条 专项各级任务承担单位、负责人应切实履行责任和义务，按照任务书规定的目标任务、时间节点和分工安排，建立行之有效的组织管理机制，加强各项任务间的交叉协同，确保专项总体目标的高质量完成。

相关业务局和职能局应采用多种方式，全面了解专项进展、组织实施情况、经费使用情况、档案管理情况等，指导和协助专项及时处理和解决影响专项目标实现的相关问题，为专项目标的顺利实现提供服务和保障。

第三十二条 先导专项建立科技报告制度。科技报告撰写呈交情况将作为专项检查验收的重要内容与依据。

第三十三条 先导专项实行年度报告制度。专项各级任务牵头单位应按照科技报告要求，下一年度1月底前，完成年度总结并形成专项年度工作报告，2月底前按程序提交到先导专项全过程管理信息平台。

第三十四条 先导专项实施中期检查制度。发展规划局牵头组织专家，通过函评、会评和经费检查，对进入实施中期的先导专项进展情况、经费使用情况、发展态势等进行诊断分析，判断目标完成、重大成果产出和组织管理情况，发现问题，提出中止、调整和改进的建议，检查结果报院长办公会议审议。

第三十五条 先导专项经费实行概算与"2+3"预算（立项时评审出总概算和前两年的预算，结合中期检查评审确定后3年预算）相结合的方式管理。概算作为专项总经费的最高限额，各年度预算总额作为专项的总经费。各级任务承担单位必须严格遵照先导专项经费使用与管理有关规定，按照"单独核算、专款专用，产出导向、绩效管理"的原则，确保专项经费合规合理使用，提高资金使用效率。

第三十六条 专项实施中，如确需调整或变更研究目标、考核指标、实施方案、技术路线、各级负责人等事项，实行分级变更调整制度。有关调整方案经业务局，报条件保障与财务局、发展规划局备案。

第三十七条 先导专项和项目、课题负责人，应集中主要精力从事先导专项的研究工作，每年应保证2/3以上时间用于专项研究。

第五章 结题验收与成果管理

第三十八条 先导专项建立重大产出导向的分类、分项验收评价体系，重视科技创新质量、贡献和绩效。课题/子课题的验收由专项在相关业务局和职能局指导下，自行组织开展；专项及项目的科技目标、科研管理、财务、档案分项验收由相关业务局及职能局分工开展。在分项验收基础上，发展规划局牵头开展专项总体验收。

第三十九条 先导专项验收工作应根据专项特点和验收工作要求，遴选邀请国内外高水平领域专家、管理专家、行业或用户专家、财务、档案专家及国家相关宏观管理部门领导等参加。其中，参与过立项实施方案评审和中期检查的专家优先。

第四十条 各专项应在实施周期期满6个月内，在相关部门指导下组织完成专项总结和自验收，并及时向发展规划局提交专项验收申请。如有特殊原因不能按时验收的专项，应提前3~6个月提出延迟验收的申请，并按程序报批。

第四十一条 实施期满的先导专项应对照任务书内容和指标，组织开展自验收，确保各项研究任务和指标已达到任务书要求。相关业务局、条件保障与财务局、办公厅等在专项自验收基础上，分别组织开展科技目标、科研管理、财务和档案分项验收。分项验收应充分考虑与自验收工作的衔接，以确保自验收数据和结果充分有效用于后续验收工作。

分项验收可根据需要，采用函评、会评、现场测试或考察等方式进行。适合国际比较的先导专项在开展科技目标分项验收时，应组织开展国际评价。

分项验收牵头责任部门应明确出具"通过"和"不通过"的分项验收意见。

第四十二条 各分项验收均通过后，发展规划局组织专家及有关部门开展总体验收。

总体验收一般以会议形式开展。验收专家组组长一般由院领导担任。专家组通过听取专项实施情况报告、审阅专项提交的各类材料，参阅国际专家出具的评价意见（参加国际评估的专项），听取科技目标与科研管理、财务和档案分项验收专家组组长的介绍，对专项实施情况做出全面、客观、准确的总体评价，明确做出"通过验收"或"不通过验收"的建议；同时对专项有关工作提出意见和建议。

第四十三条 发展规划局将验收结果提交院长办公会议审议。验收结果将采取适当方式向社会公开，并作为后续专项部署及资源配置的重要参考。

第四十四条 专项通过验收后，各级承担单位应当在3个月内办理财务结账手续。专项经费结余应按照国家及院关于专项结转结余资金管理的有关规定执行。

第四十五条 被验收专项存在下列情况之一者，不能通过验收并进行问责：

（一）未能实现《先导专项任务书》规定的目标；

（二）提供的验收文件、资料、数据（含财务数据）不真实，不完整；

（三）分项验收未获通过；

（四）未经批准，逾期半年以上。

第四十六条 先导专项建立后评估制度，并按照国家评估工作有关规定结合结题验收或绩效评价工作一并开展。

第四十七条 先导专项要建立知识产权保护工作的长效机制，专项实施过程中产生的各类科技成果的发布、使用、转让等，应按照任务书及相关合同约定的知识产权归属及权益分配原则进行处理。

专项成果转化及无形资产使用产生的经济效益按国家及院有关科技成果转移转化的相关规定执行。

专项形成的研究成果在论文发表、专著出版、专利申请、奖励申请或推荐时，应优先标注"中国科学院战略性先导科技专项资助"及专项编号，英文标注"Supported by the Strategic Priority

Research Program of Chinese Academy of Sciences，Grant No.XDA/B00000000"，作为检查或验收时确认依据。

第四十八条 先导专项实施过程中形成的固定资产属国有资产，一般由承担单位使用和管理，院有权进行调配。

第四十九条 涉及国家秘密的专项及取得的成果，按国家及院有关保密规定进行密级评定确认和保密管理。

第五十条 先导专项应重视科学传播及成果宣传工作，及时通过多种渠道将专项进展及成果向社会公众公开。中国科学院亦适时将先导专项进展情况及专项验收结果向国务院汇报并向院内外公告。

第六章 监督及信用管理

第五十一条 先导专项各级管理和实施主体应当建立健全内部监督制约机制和常态化的自查自纠机制，加强风险防控，强化管理人员、科研人员的自律意识和科研诚信。

各级任务承担单位应当在单位内部公开主要研究人员、科研资金使用、合作单位、大型仪器设备购置以及研究成果情况等信息，接受内部监督。

专项应定期自行开展总结，对偏离目标或执行不好的任务单位及负责人按程序及时进行动态调整。

第五十二条 相关业务局和职能局应建立先导专项全流程闭环式监督机制。对科技目标分解、组织管理制度建立、运行管理机制健全等各项工作中相关主体的行为规范、工作纪律、履职尽责情况等进行监督，并及时根据监督情况提出调整建议。

第五十三条 先导专项建立信用管理制度。专项的中期检查及结题验收等各项检查巡视结果将和任务承担单位、任务负责人的信用及后续资源的配置紧密挂钩。对管理缺位，组织不力，没有完成既定科研目标的专项承担单位及负责人将在一定时间内不推荐其承担院内的重大项目。管理信用较好的承担单位和个人，在后续申报院级重大项目时将予以优先考虑。

第五十四条 建立先导专项组织实施的逐级问责和责任倒查制度。对在专项实施过程中失职、渎职，弄虚作假、科研不端及违规违纪使用科研经费等行为的任务承担单位和研究人员，予以约谈、通报批评、暂停拨款、追回已拨经费、终止任务执行、阶段性或永久性取消申报参与项目资格等处理。涉嫌犯罪的，依法移送司法机关追究刑事责任。

第五十五条 结合后评估、监理、检查验收与监督审计等工作，建立管理绩效制度。对在先导专项管理中做出重大创新性贡献的人员将在绩效考评、职务晋升时应予以考虑；对履职不力、失职渎职和违反工作纪律的机关相关部门及人员，应追究责任并予以严肃处理；对造成国家重大损失的，要依纪依法追究有关部门负责人的领导责任；对滥用职权、玩忽职守、徇私舞弊的，应移交纪检和司法部门处理。

第七章 附则

第五十六条 院机关相关部门依据本办法和部门职能分工，分别制定相应的管理实施细则，共同加强先导专项实施过程中的组织协调和监督落实。

第五十七条 本办法由发展规划局负责解释。

第五十八条 本办法自发布之日起施行。2013年11月20日发布的《中国科学院战略性先导科技专项管理办法》同时废止。

中国科学院A类战略性先导科技专项管理实施细则

为规范和加强中国科学院A类战略性先导科技专项（以下简称"A类先导专项"）的管理，根据《中国科学院战略性先导科技专项管理办法》相关规定和要求，特制定本实施细则。

第一章 组织管理体制及职责

第一条 A类先导专项实行领导小组统一领导、总体组具体组织实施下的各任务承担单位负责制。领导小组是A类先导专项实施管理的最高决策机构，负责领导专项组织实施，协调解决专项实施过程中的重大问题。领导小组组长由分管副院长担任，成员一般由重大科技任务局、发展规划局、条件保障与财务局和人事局等相关局领导构成。领导小组的主要职责是：

（一）审定各专项实施管理细则；

（二）审定各专项总体组建议方案；

（三）审定各专项年度工作计划、经费概预算方案、调整方案；

（四）监督检查各专项总体工作进展及目标完成情况；

（五）协调解决各专项实施过程中的重大问题。

第二条 A类先导专项组织实施采用"行政指挥线"和"科技指挥线"双线并行管理模式。"行政指挥线"设置专项协调组，"科技指挥线"设置专项总体组。

第三条 重大科技任务局负责A类先导专项的策划遴选、组织与过程管理，主要职责如下：

（一）承担专项领导小组办公室相关职责，执行院和专项领导小组对专项管理的相关决定，并及时汇报专项工作进展和相关问题；

（二）制定并解释A类先导专项管理实施细则；

（三）负责A类先导专项策划遴选，组织实施方案论证等；

（四）负责指导A类专项建立符合专项特点的内部管理组织模式和管理制度，提出相关专项总体组建议方案，并代表中国科学院与相关任务承担单位签署任务书；

（五）负责A类先导专项实施过程管理。建立监理或专家委员会等机制，对各专项总体工作进程及目标完成情况进行跟踪、监督和检查，全面掌握专项进展、组织实施情况、经费使用情况和档案管理情况，协调解决专项"科技指挥线"和"行政指挥线"提请的各项事宜，为专项科技目标的顺利实施提供服务和保障；

（六）组织编制并审核专项管理文件，主要包括：各专项实施管理细则、任务书、工作计划、工作总结、计划调整方案等，并报专项领导小组审定；

（七）参与先导专项中期检查和结题验收，并负责科技目标和科研管理分项验收；配合条件保障与财务局开展财政支出绩效评价；

（八）负责与相关国家部委的对口联系。

第四条 专项协调组一般由重大科技任务局局领导、专项依托单位和项目承担单位法人代表构成，具体职责：

（一）对专项领导小组负责，保证专项成果产出，确保各项目标实现；

（二）协调推动跨所、跨领域合作；

（三）落实专项任务执行所需的配套支撑条件，执行专项领导小组有关决定和专项相关管理规定；

（四）对专项实施过程中的行政管理问题提出处理建议。

第五条 A类先导专项立项后，原则上在依托单位成立专项总体组，具体负责专项的总体协调与组织实施。专项总体组组长由专项负责人担任，成员一般由项目负责人及核心任务负责人构成，主要职责如下：

（一）负责专项总体设计与任务分解，提出专项整体目标和实施方案，确定专项各级任务的负责人、承担单位、研究内容、考核指标和经费概预算方案等；

（二）组织专项各级任务研究制订年度工作计划，确定节点目标和经费预算方案；

（三）检查协调项目、课题（子课题）的工作进程和经费预算执行进度，检查各级任务档案管理情况。

（四）组织年度工作总结，考核评价各级任务年度工作计划及节点目标完成情况，并根据工作进展及目标完成情况，提出项目、课题（子课题）科研任务及预算调整方案建议；

（五）组织开展专项战略研究，根据需要调整专项技术路线和实施方案；

（六）对专项实施过程中的重大问题提出处理建议，提交重大科技任务局审定。

第六条 专项负责人须严格遵守国家和中科院相关规定，集中主要精力从事专项工作，切实保证按照专项任务书和各阶段工作计划中规定的考核指标和工作内容、按照计划工作时间节点认真开展工作。主要职责如下：

（一）负责按照专项领导小组及专项咨询专家组等意见，组织专项攻关团队，执行专项研究开发任务，把握专项总体进度；

（二）负责带领专项总体组开展战略研究，组织专项总体设计与任务分解，编制任务书、年度工作计划与经费概预算方案；

（三）合理分配工作时间，确保按时高质量地完成专项工作；

（四）及时向专项领导小组汇报专项进展或相关情况，并根据实际需要提出专项科研任务、人员或经费调整建议。

第七条 A类先导专项实行各级任务承担单位法人负责制，专项各级任务承担单位是保证专项顺利实施并完成预期目标的责任主体，负责相关任务的管理职责和质量保证，严格执行国家、院有关管理规定，认真履行任务书合同条款，统筹协调并提供配套支撑条件，全程督促专项实施，接受相关部门的指导和检查，配合检查及验收等相关工作。专项立项后，院将与专项和项目承担单位签订专项实施责任书，各级任务的完成情况作为研究所考评和班子考核的重要依据。

专项各级任务承担单位主要职责如下：

（一）对本单位承担专项任务的产出负责，严格执行有关规定，认真履行合同条款，对专项实施加强监督，确保专项任务按时保质完成；

（二）与本单位"一三五"紧密结合，做好统筹协调和配套条件支持，保证专项总体组办公室办公用房等办公条件、落实专项专职管理人员，并提供相应支持；

（三）审查本单位专项科研人员承担的各类科研项目，保证科研人员投入足够的时间参与先导专项的研究开发；

（四）对专项科研人员报送的有关数据材料的真实性负责；

（五）如发生专项科研人员变动等情况，应及时报告重大科技任务局并提出处理意见和建议；

（六）对本单位承担的相关任务提出调整意见。

第八条 A类先导专项立项后，各专项挂靠专项依托单位成立专项总体组办公室，主要职责为：

（一）向专项总体组负责，具体承担专项的过程管理工作；

（二）负责专项行政指挥线、科技指挥线的日常事务及有关协调工作；

（三）负责起草制定专项相关实施管理细则；

（四）具体负责专项宣传、工作平台建设与维护、成果统计与分析、档案、保密、数据汇交与知识产权等工作。

第九条 A类先导专项实行专项监理制度，重大科技任务局负责组织制定监理工作实施细则并成立A类先导专项监理机构，由该机构负责组织对先导专项实施过程开展监理工作，监督、检查各先导专项的任务执行情况，及时报告并提出相关建议，为专项管理决策提供支撑。各专项监理组向专项领导小组和重大科技任务局负责，通常由科技和管理专家组成，主要职责为：

（一）依照先导专项管理办法及其管理实施细则，检查了解项目及课题层级管理体系的建立及运行情况，管理机构是否完善、权责是否明晰、责任是否到位等；

（二）依照任务书、年度工作计划及调整批件等，检查项目及课题的进度、完成质量与预算执行等相关情况。

第二章 专项遴选

第十条 重大科技任务局根据优先战略领域和国家重大需求、院发展规划纲要和相关战略研究成果，按照A类先导专项的遴选原则，研究提出拟立项的先导专项建议，形成策划遴选报告，同时提出专项负责人建议人选，组织编制专项立项建议报告。

第十一条 A类先导专项遴选原则：

（一）专项面向"三重大"产出要求，产出要可考核，成果要用得上，应用要能产生重要影响；

（二）专项目标明确、方案具体、队伍稳定、措施有力；

（三）专项研究工作要与研究所"一三五"紧密结合、衔接并落实中科院各类规划部署。

第十二条 重大科技任务局就拟立项专项的研究方向和目标，立项意义与必要性等组织征询国家相关部委和院内外专家意见，汇总形成咨询意见报告。

第十三条 发展规划局支撑院学术委员会，就拟设立的先导专项集中开展立项咨询评议，并将院学术委员会咨询评议结果按程序提交院长办公会议审议。

第三章 实施方案论证

第十四条 重大科技任务局根据院长办公会议决议，组织获准立项的各先导专项，在不违反保密原则的前提下，采用顶层设计与开放竞争相结合的方式，遴选汇聚最优势力量，确定各级任务承担单位，编制专项（项目）实施方案，确保重大科技资源的高效使用。

第十五条 重大科技任务局负责组织召开A类先导专项实施方案论证会，论证会议程主要包括：听取专项及项目实施方案报告、专家组质询评议并讨论形成专项论证意见、专家填写个人评议表等。

第十六条 A类先导专项论证委员会一般由11~15位专家组成，设主任1人，副主任1~2人，成员应包括国内外科技专家（优先从院学术委员会专家中遴选）、国家部委、地方政府、行业部门管理专家和企业专家等。其中科技专家人数不少于专家总数的60%，院外专家人数不少于30%。

第十七条 A类先导专项论证委员会专家应熟悉国家重大需求、国际科技前沿、科研项目管理、产业发展需求，具有战略思维能力，科技专家应具有正高级专业技术职称。此外，论证委员会专家应具有良好的科学道德，能够独立、客观、公正、实事求是地提出论证意见，并遵守保密规定。

第十八条 通过实施方案论证和条件保障与财务局经费概预算评审的专项，根据专家意见进一步修改完善专项实施方案和经费概预算方案，细化组织管理方案。

第十九条 重大科技任务局和条件保障与财务局将实施方案论证和概预算评审结果，提交院长办公会议审议。院长办公会议审议通过日期为专项启动时间。重大科技任务局和条件保障与财务局共同以院文形式，发布专项立项通知，明确专项名称、专项负责人、依托单位、实施周期、经费概算等。

第四章 任务书签订

第二十条 A类先导专项实施方案通过院长办公会审批立项后，重大科技任务局组织专项各级责任人和相关单位逐级签订任务书，明确研究内容、目标、指标、计划节点、科技报告、档案、成果产出及知识产权分配、管理模式、各方责任和义务等内容。其中，专项和项目任务书一般按照5年期限，课题和子课题任务书可根据任务的需要自行设定执行期限。各级任务的任务书盖章和签字纸件，应及时上传至先导专项管理信息平台，涉密专项的任务书按保密管理规定提交。

第二十一条 专项任务书由专项负责人、专项依托单位、重大科技任务局和分管院领导共同签署。专项任务书正式文本，留存发展规划局、重大科技任务局、专项总体组办公室和专项依托单位各一份。

第二十二条 项目任务书由项目负责人、专项负责人、项目承担单位、专项依托单位和重大科技任务局共同签署。项目任务书正式文本，留存发展规划局、重大科技任务局、专项总体组办公室和相关单位各一份。

第二十三条 课题任务书由课题负责人、项目负责人、专项负责人、和课题承担单位、项目承担单位共同签署。课题任务书正式文本，留存发展规划局、重大科技任务局、专项总体组办公室和相关单位各一份。

第二十四条 子课题任务书由子课题负责人、课题负责人、项目负责人、专项负责人、子课题承担单位、课题承担单位共同签署。子课题任务书正式文本，留存发展规划局、重大科技任务局、专项总体组办公室和相关单位各一份。

第五章 过程管理

第二十五条 A类先导专项管理实行年度计划管理制度，专项各级负责人每年均需按照子课题、课题、项目、专项层级逐级提交年度工作报告和下一年度工作计划。

第二十六条 专项总体组负责组织编制专项年度工作计划和年度工作报告，并组织课题（子课题）年度考核，考核结果是拨付后续经费的重要依据。每年1月底前，开展上一年度工作总结，形成专项年度工作报告；2月底前，按程序提交专项年度工作报告，并根据各级任务年度总结情况，编制并提交当年工作计划。

第二十七条 重大科技任务局负责组织专项各级任务负责人和承担单位根据财政部批准的预算数签订《年度工作计划书》，责任方和份数要求与任务书签订相关要求一致。

第二十八条　每年3月，重大科技任务局将各专项上年度工作进展、本年度工作计划报院长办公会审议。

第二十九条　院长办公会后，分管院领导、重大科技任务局与专项依托单位法人、项目承担单位法人分别签署专项、项目实施责任书，明确相关单位在专项实施管理过程中的责任及义务，确保专项按计划实施。

第三十条　专项各级任务负责人及承担单位须严格按照年度工作计划及预算方案开展工作，对由于客观因素导致无法执行的，应逐级向上级任务负责人及承担单位提出年度工作计划和预算调整申请。专项总体组于每年5月15日之前，将工作计划调整报重大科技任务局按程序审批，预算调整经重大科技任务局审核后，报条件保障与财务局，并由条件保障与财务局报财政部审批。

第三十一条　为确保专项各项工作的有序推进，各专项应结合各自学科特点和实际情况，研究并制定详细并切实可行的成果宣传、知识产权、固定资产、档案、保密、数据汇交与共享及总结考核等相关管理规定和细则。

第三十二条　A类先导专项各级任务负责人应集中主要精力从事专项研究工作，每年应保证2/3以上时间用于专项研究工作。

第六章　调整与变更

第三十三条　专项应根据任务书规定的研究内容执行年度计划，如确需调整或变更研究目标、考核指标、实施方案、技术路线、各级负责人等事项，实行自下而上逐级上报、分级审批、专家评议的调整制度。

第三十四条　专项总体目标及考核指标、专项负责人、专项主要承担单位变更等重大调整，由专项总体组提出调整方案，报重大科技任务局、专项领导小组审定后，由重大科技任务局提请院长办公会审批。

第三十五条　专项（项目）年度考核指标、项目及课题（子课题）负责人变更、课题（子课题）承担单位等调整和变更，由专项总体组提出书面申请，报重大科技任务局和专项领导小组审批。

第三十六条　课题及子课题执行过程中的调整，由专项总体组根据实际情况审核并出具明确意见，报重大任务局备案。确需中止的课题或子课题，由专项总体组提出书面申请，报重大科技任务局审批。

第七章　结题验收

第三十七条　各专项在实施周期期满6个月内，在相关部门指导下组织完成专项总结和自验收后，应及时向发展规划局提交专项验收申请。如有特殊原因不能按时验收的专项/项目，应提前3~6个月向发展规划局提出延迟验收的申请，并按程序报批，延迟时间原则上不超过一年。

第三十八条　A类先导专项课题/子课题的验收由专项在院机关相关部门的指导下，自行组织开展；专项及项目的科技目标、科研管理、财务、档案分项验收由相关业务局及职能局分工开展。在分项验收基础上，发展规划局牵头开展专项总体验收。

第三十九条　重大科技任务局负责组织A类先导专项科技目标和科研管理分项验收，重点考核专项各级任务科技目标完成和组织管理实施情况，旨在对专项实施成效进行全面梳理和总结，凝练工作亮点成果、总结管理工作经验，更好地促进专项重大科技成果产出，扩大专项影响，为专项总体验收做好材料准备，为后续专项管理工作提供参考。

第四十条 A类先导专项各级任务科技目标和科研管理分项验收以会议评审、现场考察、测试鉴定、用户报告等方式开展。会议评审主要包括：听取任务负责人报告、审查验收材料、专家提问、填写评议表、讨论形成验收意见等环节。

第四十一条 各专项应坚持精简验收程序、减轻科研人员负担的原则，酌情分组或集中组织验收。验收方案需提前一周以上报重大任务局审定，验收完成一周内，专项总体组办公室需将专项结题报告、验收意见等相关材料报重大科技任务局备案。

第八章　专项编号与成果标注

第四十二条 各专项应遵循统一编号原则：XDA 01020304，其中第一至第三位代表A类先导专项，第四、五位为专项编号，第六、七位为项目编号，第八、九位为课题编号，第十、十一位为子课题编号。各专项办公室需在签订各级任务书之后将相关信息统一汇总报重大科技任务局和条件保障与财务局备案。

第四十三条 先导专项的研究成果，包括专著和论文等，均应用中英文标注"中国科学院战略性先导科技专项（A类）资助"和任务编号（Supported by the Strategic Priority Research Program of Chinese Academy of Sciences，Grant No.XDA 01020304）。专项成果标注应坚持实事求是原则，由专项总体组负责审核本专项成果标注的真实性，并作为评判专项任务完成情况的重要依据。

第四十四条 本细则由重大科技任务局负责解释。

第四十五条 本细则自发布之日起施行，2013年11月20日印发的《中国科学院A类战略性先导科技专项管理实施细则（试行）》同时废止。

中国科学院 B 类战略性先导科技专项管理实施细则

为规范和加强中国科学院 B 类战略性先导科技专项（以下简称"B 类先导专项"）的管理，根据《中国科学院战略性先导科技专项管理办法》相关规定和要求，特制定本实施细则。

第一章 专项遴选

第一条 为贯彻落实国家创新驱动发展战略和新时期办院方针，深入推动"率先行动"计划的顺利实施，产出重大原创成果。前沿科学与教育局（以下简称"前沿局"）根据院我院"率先行动"计划和院发展规划纲要的战略重点，按照 B 类先导专项的定位，在相关研究所和科学家推荐的基础上，按照"顶层设计，精心组织，成熟一项启动一项"的原则推荐候选专项，同时提出领衔科学家候选人选建议，并报分管院领导审批。

第二条 前沿局组织国际学科专家对专项进行函评，候选专项建议书、国际函评结果和策划遴选报告报分管院领导审批通过后交发展规划局（以下简称"规划局"）。规划局负责提请院学术委员会组织咨询评议，并将咨询评议结果按程序报院长办公会审议。

第二章 实施方案论证

第三条 院长办公会批准立项后，前沿局根据院长办公会议决议，组织获准立项的各先导专项，在不违反保密原则的前提下，采用顶层设计与开放竞争相结合的方式，遴选汇聚优势力量，确定各级任务承担单位，编制专项（项目）实施方案，确保重大科技资源的高效使用。

第四条 前沿局和条件保障与财务局（以下简称"条财局"）组织对专项开展实施方案论证和概预算评审。B 类先导专项实施方案论证委员会一般由 9~11 位专家组成，设组长 1 人，成员应包括领域专家、同行专家（优先从院学术委员会专家中遴选）、财务专家等。

第五条 通过实施方案论证和条财局经费概预算评审的专项，根据专家意见进一步修改完善专项实施方案和经费概预算方案，细化组织管理方案。

第六条 前沿局和条财局将实施方案论证、组织管理方案、领衔科学家人选和概预算评审结果等，按程序提交院长办公会议审议。院长办公会议审议通过日期为专项启动时间。前沿局和条财局共同以院文形式，发布专项立项通知，明确专项名称、领衔科学家、依托单位、实施周期、经费概算等。

第三章 签订实施责任书

第七条 B 类先导专项按照专项、项目和课题三级管理。如有必要，也可在课题下设置子课题。

第八条 B 类先导专项通过院长办公会审批立项后，相关各级责任人须签订专项、项目和课题实施责任书，明确研究内容、目标、指标、计划节点、科技报告、档案、成果产出及知识产权分配、管理模式及各方责任和义务等内容。专项和项目实施责任书按照 5 年期限，由前沿局组织领衔科学家、依托单位和相关责任人签订。相关责任书须报规划局备案。各级实施责任书自签字、盖章之日起生效。

第九条 专项实施责任书由前沿局组织领衔科学家、专项依托单位法人代表共同签署。专项实施责任书正式文本，留存前沿局、规划局各一份，专项办、任务承担单位各存一份。相关盖章和签字纸件，应及时上传至先导专项管理信息平台，涉密专项的任务书按保密管理规定提交。

第十条 项目实施责任书由前沿局、领衔科学家与项目负责人、项目承担单位法人代表共同签署。项目实施责任书正式文本，留存前沿局、规划局各一份，项目依托单位、领衔科学家、项目负责人各存一份。

第十一条 课题（子课题）实施责任书由领衔科学家组织课题（子课题）负责人、课题（子课题）承担单位法人代表、项目负责人共同签署。课题（子课题）实施责任书正式文本，留存依托单位和领衔科学家各一份，课题（子课题）承担单位、有关单位、项目负责人各一份。

第四章 组织管理

第十二条 B类先导专项实行领衔科学家负责制，并可根据专项实际情况设立学术咨询和领导机构。

第十三条 领衔科学家牵头负责提出整个专项的发展规划、科学研究目标、核心和合作科研团队构成、专项运行管理机制等。专项运行管理机制主要包括人员队伍遴选考核机制、学术交流总结机制、项目间协同攻关机制、专项内部考核评价机制等。

第十四条 B类先导专项管理实行年度计划管理制度。领衔科学家负责确定年度工作任务，并按照工作任务组织调整专项预算。专项各级负责人按照专项、项目、课题、子课题逐级提交年度进展情况（含经费使用情况）报告和下年度工作计划（含经费预算）。前沿局负责组织专家对专项和项目下一年年度工作计划进行审核，如有重大工作计划调整，将会同条财局对专项的预算进行调整。专项前一年度进展情况须报前沿局备案。

第十五条 承担单位应设置专人负责专项日常事务管理。

第十六条 为确保专项执行期内的有效推进，专项应建立定期学术交流总结机制，如学术年会制度、年度总结考核制度。

第十七条 领衔科学家和项目负责人应集中主要精力从事B类先导专项的研究工作，项目核心团队成员应保证2/3以上时间用于专项研究工作。

第五章 调整与变更

第十八条 专项应根据实施责任书规定的研究内容执行年度计划，如确需调整或变更研究目标、考核指标、实施方案、技术路线、各级负责人等事项，实行分级变更调整制度。

第十九条 专项总体目标及考核指标、领衔科学家、专项主要承担单位变更等重大调整，由前沿局会同专项依托单位提出调整方案，提请院长办公会审批。

第二十条 领衔科学家可以根据专项发展需求和内部考核评价结果提出项目目标、任务分解、任务增减以至终止的调整建议。调整建议应报前沿局审核，报分管院领导批准后提交规划局、条财局备案。

第二十一条 各专项内课题（子课题）执行过程中的调整和中止，由领衔科学家提出书面意见，专项依托单位审核通过后报前沿局批准后，完成备案。

第六章 经费管理

第二十二条 B类先导专项经费实行概算与"2+3"预算（立项时评审出总概算和前两年的预算，结合中期检查评审确定后3年预算）相结合的方式管理。概算作为专项总经费的最高限额，各年度预算总额作为专项的总经费。各级任务承担单位必须严格遵照先导专项经费使用与管理有关规定，按照"单独核算、专款专用，产出导向、绩效管理"的原则，确保专项经费合规合理使用，提高资金使用效率。B类先导专项预算由条财局组织合规性审核。预算合规性审核可与实施方案论证同时开展。领衔科学家应组织专项根据审核意见对预算进行修改完善，提交条财局复审。各专项将《中国科学院战略性先导科技专项（B类）年度预算方案明细表》提交条财局。

第二十三条 财政部下达预算后，条财局负责根据各专项细化方案下达预算控制数。下达预算控制数时，根据领衔科学家建议额度确定直接下达到各承担单位的经费额度，比例一般在70%~80%，其余经费预算暂安排专项承担单位，根据年度工作总结考核结果调整下达。在上年度工作总结结束后，剩余经费将由专项领导小组或领衔科学家按照程序提出分配建议，经审批后由条财局按规定程序下达。

第二十四条 B类先导专项上年度工作总结结束后，领衔科学家提出年度预算调整方案，经批准后报条财局。调整方案应对前期未分配的经费进行细化。

第二十五条 B类先导专项坚持加强预算执行管理，当年结余经费冲抵下一年度预算。

第二十六条 B类先导专项经费使用应严格执行《中国科学院战略性先导科技专项管理办法》和《中国科学院战略性先导科技专项经费管理实施细则》中有关规定。

第二十七条 条财局组织对B类先导专项经费的使用与管理情况进行监督检查。监督检查的结果、承担单位预算执行情况等，将作为承担单位编制预算、调整预算安排的重要依据。

第七章 中期检查和结题验收

第二十八条 B类先导专项实行年度报告、中期检查和验收制度，一般每年进行年度报告，实施满2年时组织开展中期检查，实施周期期满后组织开展结题验收。院根据阶段报告评议及绩效评估结果，对专项进行调整或择优滚动支持。

第二十九条 年度检查由前沿局负责组织。专项各级负责人按照子课题、课题、项目逐级提交当年进展情况（含经费使用情况）报告。

第三十条 中期检查和验收由规划局牵头负责组织。

各专项应在实施满2年时提交中期检查资料，规划局牵头组织专家，通过函评、会评和经费检查，对进入实施中期的先导专项进展情况、经费使用情况、发展态势等进行诊断分析，判断目标完成、重大成果产出和组织管理情况，发现问题，提出中止、调整和改进的建议，检查结果报院长办公会议。

专项验收分为自验收、分项验收和总体验收三部分。各专项应在实施周期期满后及时提交验收资料，并在6个月内，在相关部门指导下组织完成专项总结和自验收。

专项及项目的科技目标、科研管理分项验收由前沿局组织，财务、档案分项验收分别由条财局和办公厅组织；在分项验收基础上，规划局牵头开展专项总体验收。科技目标验收重点关注专项科技目标完成情况、科技成果水平及影响、人才培养与团队建设情况、经费使用绩效等方面；科研管理验收重点关注专项组织管理体系建设、研究队伍组织及协作交流、各承担单位支撑及保障等方面。重大科研成果将组织国际评估。

第八章 专项编号与成果标注

第三十一条 各专项应遵循统一编号原则：XDB01020300（先导专项B类），其中第一至第三位代表B类先导专项，第四、五位为专项编号，第六、七位为项目编号，第八、九位为课题编号，第十、十一位为子课题编号。

第三十二条 B类先导专项的研究成果，包括专著和论文等均需中英文标注资助专项，中文标注为"中国科学院战略性先导科技专项（B类）资助"，任务编号 XDB01000000（举例，编号统一到专项层级）；英文标注方式为"Supported by the Strategic Priority Research Program of Chinese Academy of Sciences, Grant No.XDB01000000"。

第三十三条 本细则由前沿局负责解释。

第三十四条 本细则自发布之日起施行。2013年11月20日印发的《中国科学院战略性先导科技专项（B类）实施管理细则（暂行）》同时废止。

中国科学院战略性先导科技专项经费管理实施细则

第一章 总则

第一条 为深入实施"率先行动"计划，贯彻落实《关于改进加强中央财政科研项目和资金管理的若干意见》（国发〔2014〕11号）和《中共中央办公厅国务院办公厅印发〈关于进一步完善中央财政科研项目资金管理等政策的若干意见〉的通知》精神，保障中国科学院战略性先导科技专项（以下简称"先导专项"）的组织实施，规范和加强先导专项的经费管理，根据《中国科学院战略性先导科技专项管理办法》、《中国科学院院级科研项目经费管理办法》和国家有关财务规章制度，结合先导专项管理特点，制定本实施细则。

第二条 先导专项经费主要包括：中央财政安排的专项经费、中国科学院统筹安排的财政经费，以及从其他渠道获得的经费。先导专项资金应合理配置，加强监管，提高使用效益。

本细则主要规范财政经费的使用与管理，其他渠道经费应按经费提供方的要求，统筹安排和使用。

第三条 先导专项的经费管理和使用原则

（一）集中财力、突出重点。先导专项经费应当集中用于确定的目标和任务，保障其经费需求，避免分散使用。

（二）科学安排、合理配置。严格按照先导专项确定的目标和任务，科学合理编制概算、预算，杜绝随意性。

（三）产出导向，绩效管理。业务局、条件保障与财务局、专项各级任务负责人（领衔科学家）和经费使用单位要建立面向结果的追踪问效机制，对经费分配的科学性、经费使用的有效性负责。

（四）单独核算、专款专用。先导专项直接经费应当纳入承担单位财务统一管理单独核算，严格按照规定的范围、标准进行使用，不得与其他项目经费混收混支，确保专款专用。承担单位应根据签订的任务书，按照统一要求设立带有明确标识的科研课题核算账号，并确保与指定的专项编号在ARP核算系统中始终保持关联关系，不得随意拆分项目、课题（子课题）。

第四条 专项经费实行概算与预算相结合的方式。概算是框定专项在一定期间内经费总量的重要依据，概算一经确定不得调增但可根据经费和专项的实际情况调减。预算实行按年编制和核定的方式。

第五条 经费管理的职责

（一）条件保障和财务局负责：制定经费管理实施细则及其他必要的管理办法；落实财政经费；提出A类和B类专项的总体分配原则和建议方案，组织预算评审和批复；根据任务进展情况及时下拨经费；指导和组织对承担单位经费使用、预算执行情况的监督检查；指导和组织财务验收和财政支出绩效评价等经费全过程管理。

（二）业务局负责：根据发展规划和专项经费预算方案，科学合理安排各专项资金；负责提出专项概算、组织专项和项目申报、立项论证、预算编制、执行监控、结题验收、绩效评价以及项目库的建立维护等。

（三）专项总体组和专项领衔科学家（专项办公室）负责：根据各专项的任务、节点目标，指导和具体组织课题（子课题）承担单位编制概预算；编制预算执行计划；按规定履行预算调剂程序；组织课题（子课题）财务验收等。

（四）承担单位负责：编报概算和预算；落实其他渠道资金；按预算使用经费；按规定履行预算调剂程序；建立健全内部经费监督管理制度；严格执行财务规章制度并接受监督检查和财务验收。

第六条 各专项应指定专项经费管理负责人或设置专项财务负责人岗位，由财务副处长以上或具有高级会计师资格、注册会计师证书的人员担任或兼任。其职责是：组织概算和预算的编制；审核、汇总并上报预算调剂方案；监督检查预算执行情况；协调课题（子课题）财务验收等。

第二章 经费开支范围

第七条 先导专项经费来源中，中央财政安排的专项经费只能用于直接费用的开支，其他渠道的经费按照经费提供方规定的内容开支。

第八条 直接费用是指先导专项实施过程中发生的与之直接相关的费用。主要包括：

（一）设备费：是指在先导专项实施过程中需要购置或研制的专用仪器设备、对现有仪器设备进行升级改造以及租赁外单位仪器设备而发生的费用。专项经费要合理控制设备购置费支出。鼓励共享、试制、租赁专用仪器设备以及对现有仪器设备进行升级改造，避免重复购置。

1. 设备购置费，是指购置可以单独使用的仪器设备所发生的费用。

2. 设备研制费，是指通过研制某装置、系统等专用仪器设备发生的费用，包括研制某装置、系统需要的器件、零件、部件、材料发生的购置费，以及必要的加工、组装、调试等费用。执行期的最后一年不得安排设备研制费的预算。

3. 设备改造费，是指承担单位原有仪器设备功能不能满足任务要求而需对其进行升级改造所发生的费用，包括器件、零件、部件、材料等的购置费，以及必要的加工、组装、调试等费用。执行期的最后一年不得安排设备改造费的预算。

4. 设备租赁费，是指租用外单位的仪器、设备等发生的费用。

（二）材料费：是指在先导专项实施过程中由于消耗各种必需的原材料、辅助材料、低值易耗品以及与科学实验直接相关的健康安全保护用品等的采购、运输、装卸和整理等费用。

（三）测试化验加工费：是指在先导专项实施过程中由于承担单位自身的技术、工艺和设备等条件的限制，必须支付给外单位的检验、测试、设计、化验、加工及计算分析等费用。

由于技术、时间等原因，在外单位的测试、化验加工等不能满足任务需要时，承担单位可委托依托在本单位、实行内部独立经济核算的中科院大型仪器区域中心或本单位内部的科研平台。承担单位应制定内部科研平台统一的收费管理办法（应包括收费依据、计量方法、收费标准、使用记录及内部转账格式等），收取的费用必须低于市场价格。收取费用进行内部转账时应提供委托业务书、测试化验分析报告、设计加工验收单、结算清单等资料。未能提供上述资料的，其开支一律不得计入直接费用。

（四）燃料动力费：是指在先导专项实施过程中相关大型仪器设备、专用科学装置等运行发生的直接使用的水、电、气、燃料消耗费用等。

承担单位应制定详细的费用分摊管理办法和计算依据，列入先导专项直接费用中燃料动力费的，应按照使用的仪器设备、专用装置每台额定功率、使用时间等依据进行计量分摊。对于预算中规定的野外科学考察事项，其发生的车（船）燃油费可在燃料动力费中列支。

在编制预算时，本科目支出不超过直接经费5%的，不需要编制测算依据，只需要写明燃料动力费类型和金额。

（五）差旅、会议与国际合作交流费：是指在先导专项实施过程中开展科学实验（试验）、科学考察、业务调研、学术交流等所发生的差旅费、市内交通费用，以及邀请专家、学者和有关人员参加会议发生的差旅费；为组织开展学术研讨、咨询以及协调等活动而发生的会议费用；研究人员出国及赴港澳台、外国专家来华及港澳台专家来内地开展学术合作与交流的费用。在编制预算时，本科目支出不超过直接经费10%的，不需要编制测算依据。承担单位和科研人员应当按照实事求是、精简高效、厉行节约的原则，严格执行国家和单位的有关规定，统筹安排使用。

（六）出版/文献/信息传播/知识产权事务费：是指在先导专项实施过程中，需要支付的出版费、资料费、专用软件购买费、文献检索费、专业通信费、专利申请及其他知识产权事务申请和维护费用等。在编制预算时，本科目支出不超过直接经费5%的，不需要提供测算依据。单价超过10万元上的专用软件购置费应单独说明。

（七）劳务费：是指在先导专项实施过程中支付给参与先导专项的研究生、客座人员、博士后、访问学者、非在编项目聘用人员及科研辅助人员等的劳务性费用和社会保险费补助等。项目聘用人员的劳务费开支标准参照当地科学研究和技术服务业从业人员平均工资水平，根据其承担的工作任务确定。劳务费预算应据实编制，不设比例限制。

承担单位聘用的参与研究任务的优秀高校毕业生在聘用期内所需的劳务性费用和有关社会保险费补助等，可以在劳务费中列支。

承担先导专项任务的人员在先导专项中的任务及岗位应在聘用（劳动）合同内予以明确。

（八）专家咨询费：是指在先导专项实施过程中支付给临时聘请的咨询专家的费用。专家咨询费不得支付给本单位管理人员和参与本项目、课题（子课题）研究的人员。专家咨询费的开支标准原则上按照国家科技经费管理的相关规定执行。

（九）专项外协费：是指先导专项实施过程中确有必要委托院外单位整体设计、加工、合作的费用，并作为先导专项的课题（子课题）签署任务书进行管理。任务书中对合作的任务、内容及各项指标要求、完成时间、验收方式、违约责任及经费数额等做出详细约定。外协单位应按照本细则经费开支范围编制详细的预算并报经批准，无预算的不得列支专项外协费。严禁以专项外协费名义违规转移转拨经费。

（十）其他费用：是指在先导专项实施过程中除上述支出外的在中期检查和验收中发生的各项检查审计费用，经批准的实验设施和场地的小型维修改造、土地或场地租赁等支出。其他费用应当在申请预算时专项说明特殊性，单独列示，单独核定。

第九条 承担单位应加强设备和大宗材料的采购管理，采购内容须与预算相符，并做到设备选型、合同签订、审批等不相容职务分离，完善设备和材料验收入库、出库、退库等手续，涉及政府采购的，按有关规定执行。承担单位应加强对先导专项购置设备使用情况监管，充分发挥设备的使用效益。

第十条 间接费用是指承担单位在组织实施先导专项过程中发生的无法在直接费用列支的相关费用，主要包括承担单位为专项提供的现有仪器设备及房屋、日常水、电、气、暖消耗，有关管理费用的补助支出等，以及承担单位用于科研人员激励的绩效支出。

间接费用不超过直接费用扣除设备购置费和专项外协费后的13%。间接费用原则上不进行预算调剂。

间接经费中用于先导专项科研人员的激励支出不做比例限制，各承担单位应当在对科研人员进行绩效考核的基础上予以实施。

间接费用预算由院直接下达到承担单位，纳入单位财务统一管理，统筹安排使用。各承担单位在院下达的间接费用预算以外，不得再以任何名义在先导专项经费中重复提取或列支相关费用。

第三章 概、预算的编制与审批

第十一条 先导专项实行五年概算、"2+3"预算和按年度拨款相结合的管理制度。概算和预算是反映专项任务经费需求和确定专项经费投入的重要依据，是专项各项目间合理配置资源的基础。

第十二条 概算是根据专项任务的实施方案初步框定五年期内的经费投入和支出总额。任务执行期限不足五年的，按照执行期限计算。财务预算是专项任务根据研究计划和节点目标，预计的经费投入总额和支出总额，各年预算的总额不得突破概算。

第十三条 A类先导专项在专项领导小组领导下，由专项总体组具体负责组织各承担单位根据实施方案共同编制概算和"2+3"预算，按照专项层级关系逐级编制汇总。B类先导专项由领衔科学家组织各承担单位根据实施方案编制"2+3"预算，按照专项层级关系逐级编制汇总。

第十四条 预算编制中，承担单位应根据先导专项的目标、任务和实施阶段，合理确定专项经费、统筹经费和其他渠道经费的使用内容和重点。支出应坚持目标相关性、政策相符性和经济合理性原则，测算应有科学真实依据，并经过充分论证满足专项任务的合理需要，确保任务的有效完成。

第十五条 先导专项采取"2+3"的预算管理方式，先编制2年的经费预算，根据中期考核结果确定后三年的预算。编制的预算经专项领导小组或领衔科学家审定后报相关业务局和条件保障与财务局。由条件保障与财务局组织预算评审。原则上在部门"一上"预算之前完成。

第十六条 条件保障与财务局将审定的用款计划方案报财政部审批后纳入部门预算，并将财政部批准的预算通知各承担单位。下达的预算与申请的预算不一致时，由专项总体组或领衔科学家组织各承担单位修订。

第十七条 条件保障与财务局与专项负责人、项目负责人、专项依托单位和项目承担单位签署预算书。签署的预算书是先导专项承担单位预算执行的依据。

第十八条 条件保障与财务局根据财政部核定的先导专项预算，按照专项总体组或领衔科学家提出、相关业务局审定的经费方案下达专项经费，直接下达比例一般在70%-80%之间，剩余经费预算暂下达至专项依托单位。在上年度工作总结结束后，剩余经费将由专项总体组或领衔科学家按照程序提出分配建议方案，经相关业务局审批后由条件保障与财务局按规定程序下达。

第四章 预算执行与调剂

第十九条 承担单位应根据批复的预算和任务，各研发阶段和节点目标预计完成时间，按月编制预算执行计划，纳入单位预算执行计划，并认真执行，确保当年预算当年执行。承担单位应对先导专项预算执行计划签订承诺书，随同单位预算执行计划一并报送条件保障与财务局。

第二十条 先导专项承担单位应当严格按照规定的经费开支范围和标准执行。严禁用专项经费支付各种罚款、捐款、赞助、投资等，严禁以任何方式变相谋取私利。

第二十一条 专项预算一经批复，原则上不做调剂。由于客观因素导致无法执行确需调剂的，应履行相应的预算调剂程序。

（一）专项、项目预算总额需要调剂的在先导专项执行期间出现任务、目标、承担单位等重大事项变更以及课题（子课题）因故中止，致使专项、项目预算总额发生变化的，由专项总体组或领衔科学家提出书面调剂建议，报相关业务局和条件保障与财务局批准。

（二）专项、项目预算总额不变，增加或减少项目合作单位或项目合作单位之间的预算调剂，由专项总体组或领衔科学家提出书面调剂建议，报相关业务局批准。

（三）经费支出科目和支出内容需要调剂的课题（子课题）在预算总额不变的前提下，除设备购置费和间接费用外，支出预算或支出内容如需调剂，由课题（子课题）负责人根据目标相关性原则和完成专项任务的合理需要提出申请，并写明详细理由和调剂明细表，经课题（子课题）负责人签字和承担单位审批后，于年底前报专项总体组或领衔科学家备案。业务局和条件保障与财务局在中期财务检查或财务验收时予以确认。

设备购置费一般不予调增，调减可按上述程序调剂用于课题（子课题）其他方面支出。如有特殊情况确需调增或购置内容变动较大的，由课题（子课题）负责人提出申请，经课题（子课题）负责人签字和承担单位审核后，应通过课题（子课题）承担单位以外的技术专家（不少于3人）予以论证确定为完成本课题（子课题）任务必须购置，财务验收时予以确认。

专项外协费原则上不能调增，确需要调增的，应书面上报相关业务局批准。任务书中除对合作的任务、内容及各项指标要求、完成时间、验收方式、违约责任及经费数额等做出详细约定外，外协单位还应按照本细则经费开支范围编制详细的财务预算并报经批准后方能调增。

（四）承担单位应制定本单位预算调剂审批制度，规范先导专项预算调剂事项。

第五章 财务验收

第二十二条 经书面批准，课题（子课题）因故中止，承担单位相关部门应当及时清理账目与资产，编制财务报告及资产清单，经承担单位、项目负责人审批后报送专项总体组或领衔科学家。专项总体组或领衔科学家提出清查处理意见并报条件保障与财务局和相关业务局备案。

第二十三条 已完成的专项、项目、课题（子课题）应及时编制经费总决算报告，并及时提出财务验收申请报告和上报有关验收的材料。

第二十四条 财务验收为逐级验收。课题（子课题）由专项自行组织财务验收；专项及项目由条件保障与财务局组织财务验收。财务验收采取专家组验收或委托审计中介机构验收两种方式。财务验收具体事项依照《中国科学院先导专项财务验收规程》办理。

第二十五条 先导专项通过财务验收后，各承担单位应当在验收通过之日起3个月内及时办理财务结账手续。专项经费如有结余，应按照财政部关于结转和结余资金管理的有关规定执行。

第二十六条 存在下列行为之一的，不得通过财务验收：

（一）编报虚假预算，套取国家财政资金；

（二）未对专项经费进行单独核算，随意拆分项目、课题（子课题）；

（三）截留、挤占、挪用专项经费；

（四）违反规定转拨、转移专项经费；

（五）提供虚假财务会计资料；

（六）未按规定执行和调剂预算；

（七）虚假承诺自筹资金；

（八）资金管理使用存在重大违规问题拒不整改；

（九）其他违反国家财经纪律的行为。

第六章 资金管理与监督检查

第二十七条 先导专项承担单位应实行内部公开制度，主动公开预算、预算调剂、资金使用（重点是外拨资金、结余资金使用）、研究成果等情况。

第二十八条 先导专项经费管理建立承诺机制。专项各级任务承担单位法定代表人（或授权人）、专项各级任务负责人在编报预算时应当共同签署承诺书，保证所提供信息的真实性，并对虚假信息导致的后果承担责任。

第二十九条 先导专项承担单位应当建立健全科研财务助理制度，为科研人员在预算编制和调剂、资金支出、财务决算和验收等方面提供专业化服务。

第三十条 先导专项承担单位应严格按照本细则规定的经费开支范围和标准办理，规范支出管理。不得擅自调剂外拨资金，不得利用虚假票据套取资金，不得通过编造虚假劳务合同、虚构人员名单等方式虚报冒领劳务费和专家咨询费，不得通过虚构测试化验内容、提高测试化验支出标准等方式违规开支测试化验加工费，不得随意调账变动支出、随意修改记账凭证，严禁以各种方式使用专项资金列支应当由个人负担的有关费用和支付各种罚款、捐款、赞（资）助、投资等，严禁以任何方式变相谋取私利。

第三十一条 先导专项承担单位发生的会议费、差旅费、小额材料费和测试化验加工费等，原则上应按规定实行"公务卡"等非现金结算方式；对设备费、大宗材料费、测试化验加工及计算分析费、劳务费、专家咨询费等支出，原则上应通过银行转账方式结算。对野外考察、心理测试等科研活动中无法取得发票或者财政性票据的，在保证真实性前提下，可按实际发生额予以报销。涉及政府采购的，按照政府采购有关规定执行。在境外使用或划拨至境外的专项资金应符合有关规定。

第三十二条 先导专项承担单位应严格按照国家相关规定加强对专项执行过程中形成的固定资产和无形资产管理。专项经费形成的固定资产属国有资产，一般由专项承担单位进行管理和使用，院有权调配。专项经费形成的知识产权等无形资产的管理，按照国家有关规定执行。专项经费形成的大型科学仪器设备、科学数据、自然科技资源等，应按照国家有关规定积极开放共享，提高资源利用效率。

第三十三条 先导专项经费管理应建立信用管理机制。机关专项主管部门等对专项承担单位、专项负责人、中介机构和评审评议专家等在专项经费管理方面的工作情况进行信用评价和记录，并将结果纳入信用管理，与结余资金留用等挂钩。

第三十四条 先导专项经费监督检查工作，按照分级负责的原则，由条件保障与财务局、专项总体组或领衔科学家和任务承担单位分别实施。

（一）条件保障与财务局负责建立先导专项的监督检查机制。根据先导专项管理办法和先导专项的实施情况，制定监督检查的计划，组织监督检查的机构和人员实施检查，对检查出的问题及时提出整改意见。

（二）专项总体组或领衔科学家负责组织对专项的预算执行和经费使用情况进行监督、检查。必要时，可组织专家或委托中介机构进行不定期抽查，抽查和整改结果报送条件保障与财务局和相关业务局备案。

（三）任务承担单位应制定内部专项经费管理办法，建立健全内部控制制度，加强对经费使用的财务管理和会计核算，并接受专项总体组或领衔科学家、条件保障与财务局、监察审计局以及国家有关部门的监督和检查。

第三十五条 对于在预算执行过程中，不按规定管理和使用专项经费、不按规定进行会计核算的单位，条件保障与财务局将会同机关专项主管部门停拨专项经费或通报批评，情节严重的终止专项、项目、课题（子课题）。对于未按期完成验收工作、未通过财务验收，存在弄虚作假，恶意套取专项经费等违反财经纪律行为的，院有关部门可以取消相关单位或个人今后一定期间申请先导专项的资格，同时建议有关部门对相关责任人员问责。构成犯罪的，依法移送司法机关追究刑事责任。

第三十六条 先导专项经费监督检查主要包括承担单位内部财务管理制度和内部控制制度建设和执行、资金到位、会计核算、预算执行和支出内容合规有效、资产管理等。

第三十七条 对于存在弄虚作假，截留、挪用、挤占专项经费等违反财经纪律的行为，依照国家有关规定追究有关单位和人员的责任外，视情况予以缓拨、停拨经费，情节严重的按程序报批后终止，并取消承担单位或个人今后三年内申请先导专项的资格；涉嫌犯罪的，依法移送司法机关追究刑事责任。

第七章　附则

第三十八条 本办法发布后，对执行期已经结束且进入结题验收环节的专项，按照原管理办法执行。对于尚在执行期内的专项，由先导专项承担单位统筹考虑本单位实际情况，并与科研人员充分协商后，在专项预算总额不变的前提下，自主决策在研专项是否执行有关新规定。

第三十九条 本细则由条件保障与财务局负责解释。

第四十条 本细则自公布之日起试行，2013年11月20日印发的《中国科学院战略性先导科技专项经费管理实施细则（试行）》同时废止。

中国科学院战略性先导科技专项人员管理实施细则

第一条 为保障中国科学院战略性先导科技专项（以下简称"先导专项"）的顺利实施，培养和凝聚一批高水平科技创新人才，全面提升相关领域科技创新能力，进一步规范和加强先导专项的人员管理，依据《中国科学院战略性先导科技专项管理办法》，制定本细则。

第二条 院长办公会批准先导专项立项后，由相关业务局组织专项编制先导专项人力资源规划。人力资源规划应重点明确以下内容：

（一）分析人才队伍现状，合理确定先导专项人员需求；

（二）在院规定的宏观岗位结构比例基础上，进行岗位设置。主要设置科技、支撑两类岗位，根据工作需要可设置少量管理岗位，也可设置符合先导专项特点的岗位，如领衔科学家、专项负责人、总设计师、总工程师等；

（三）按照院有关规定，结合先导专项任务需求制定具体的岗位任职条件。

第三条 在人力资源规划中明确先导专项承担单位确需新增事业编制的，报院长办公会审议批准后，由院单独核定。新增事业编制核定到承担任务的法人单位。

第四条 坚持"按需设岗、按岗聘用、竞争择优、合同管理"的原则，实行岗位聘用、项目聘用相结合的用人机制。承担先导专项任务人员优先从承担单位现有人员中遴选。

第五条 人员聘用应按照公开招聘、竞聘上岗的程序进行，可依托承担单位的聘用委员会，也可单独成立聘用委员会，具体按院有关规定执行。

第六条 承担单位负责办理人员聘用手续，其中，现聘人员的聘用关系保持不变。对科技骨干和关键岗位人员，签订的聘用合同期限一般不低于3年；对新进的中级及以下岗位人员，原则上需经1~3年项目聘用后，方可择优实行岗位聘用。承担单位应为聘用人员提供必要的工作条件及相应的薪酬和社会保障。

第七条 承担单位、总体组或领衔科学家（专项负责人）、受聘人员三方应签订具体的工作协议，明确三方需要协商确定的相关内容，并报相关主管业务局备案。对关键岗位人员的保密管理、成果和知识产权归属等应做特别约定。

第八条 先导专项人员聘用管理按照《中国科学院人员聘用制度实施办法》（科发人字〔2016〕2号）执行。先导专项结束后，相关单位应优先聘用先导专项人员到其他岗位。先导专项人员也可与相关单位协商一致，解除聘用合同。

第九条 对承担先导专项任务人员，实行分级分类的年度考核和聘期考核。其中，对领衔科学家（专项负责人），应结合专项评估检查，由主管业务局负责考核，其他人员可由总体组或领衔科学家（专项负责人）负责考核，也可委托承担单位考核。

第十条 应将承担先导专项任务完成情况作为主要考核内容，考核结果作为奖励、岗位调整、续聘、解聘的依据，记入人员档案。

第十一条 先导专项人员执行我院岗位绩效工资政策，具体由承担单位与总体组或领衔科学家（专项负责人）协商约定其薪酬的水平、发放方式和支付渠道等。其中，对符合我院高层次人才协议薪酬政策的人员，可执行协议薪酬，并按照相关规定报院备案。

第十二条 按照国家和地方政策,人事关系所在单位负责承担先导专项人员养老保险、医疗保险等社会保险,以及公积金的参保缴费及其他福利待遇的管理工作。

第十三条 总体组或领衔科学家(专项负责人)应根据本细则,制定具体的人员管理实施方案,报相关主管业务局审定,送人事局备案。

第十四条 人事局会同主管业务局负责指导和监督先导专项人员管理,总体组或领衔科学家(专项负责人)、承担单位负有日常管理职责,按照国家和院的有关规定做好先导专项的人员管理。

第十五条 本细则由人事局负责解释。

第十六条 本细则自印发之日起施行,2013年11月20日印发的《中国科学院战略性先导科技专项人员管理实施细则》同时废止。

中国科学院战略性先导科技专项档案管理实施细则

第一章 总则

第一条 为保障中国科学院战略性先导科技专项（以下简称"先导专项"）的组织实施，规范和加强先导专项档案管理工作，确保先导专项档案的完整、准确、系统、安全和有效利用，充分发挥先导专项档案在科研管理、科学研究和科技成果转移转化等各项工作中的作用，依据《中华人民共和国档案法》《科学技术档案工作条例》和《中国科学院关于加强和改进新形势下档案工作的实施意见》《中国科学院战略性先导科技专项管理办法》，以及国家和中国科学院有关档案工作制度、规范，结合先导专项管理特点制定本实施细则。

第二条 先导专项档案是指在先导专项管理和科研活动中直接形成的，具有保存价值的文字材料、科学数据、图纸、图表、照片、音视频等各种形式和载体的原始记录。

第三条 先导专项档案工作是先导专项管理的重要组成部分，应贯穿于先导专项的策划与立项、组织实施与过程管理、结题验收与成果管理、监督及信用管理的全过程。

第四条 先导专项档案管理的基本原则：

（一）先导专项档案工作实行统一领导、分级管理，坚持院机关先导专项管理部门、先导专项依托单位、各级任务承担单位分级负责、统分结合的管理体制；

（二）先导专项档案工作应纳入先导专项管理相关规章制度和工作流程，与先导专项管理和科研活动同步进行；

（三）先导专项档案按照"集中统一管理"的基本原则，由先导专项依托单位统一管理、各级任务承担单位分级保管；

（四）先导专项档案应全面真实反映先导专项管理和科研活动的全过程，充分呈现科技成果，达到完整、准确、系统、安全和有效利用的要求。

第二章 管理职责

第五条 办公厅是先导专项档案工作的主管部门。中国科学院档案馆（以下简称"院档案馆"）负责先导专项档案管理工作的具体实施，主要职责包括：

（一）制定先导专项档案工作规章制度和业务规范；

（二）负责对先导专项档案工作进行业务指导和监督检查；

（三）负责先导专项档案验收工作的具体实施；

（四）建设中国科学院先导专项档案资源库，接收和管理先导专项档案信息资源。

第六条 先导专项依托单位全面负责所承担的先导专项档案管理工作，主要职责包括：

（一）将先导专项档案纳入本单位档案工作管理体系，建立以档案部门和专项办公室为核心、各级任务承担单位相关人员共同参与的档案工作网络和沟通协调机制，明确相关部门和人员的档案工作职责；

（二）组织制定先导专项文件材料的收集、整理和档案利用、处置等制度、规范；

（三）对各级任务承担单位的先导专项档案工作进行业务指导和监督检查；

（四）组织开展先导专项档案自验收，配合办公厅完成档案分项验收；

（五）负责本单位承担的先导专项任务的建档工作，接收保管院外任务承担单位形成的先导专项档案复制件；

（六）建设先导专项档案资源库，接收、管理并按要求向院档案馆提交先导专项档案信息资源；

（七）为先导专项档案工作提供必要的条件保障。

第七条 A类先导专项领导小组、协调组、总体组和B类先导专项领衔科学家（专项负责人）应负责统筹部署先导专项档案工作，将档案工作纳入先导专项管理工作中，与先导专项管理工作和科研活动同规划、同部署、同检查、同验收，并协调解决档案工作中的重大问题。

第八条 专项办公室负责先导专项档案工作的具体实施，主要职责包括：

（一）负责先导专项过程管理中形成的文件材料的收集、整理和归档工作；

（二）及时将先导专项立项情况及实施情况告知依托单位档案部门；

（三）会同先导专项依托单位档案部门建立先导专项档案工作网络，制定并落实先导专项档案工作制度、规范，并将先导专项档案工作纳入专项管理相关规章制度和工作流程；

（四）会同先导专项依托单位档案部门协调、督促、指导各级任务承担单位完成所承担任务的建档工作，督促院外任务承担单位提交先导专项档案复制件；

（五）会同先导专项依托单位档案部门完成先导专项档案验收工作；

（六）先导专项档案通过验收后，负责将先导专项综合管理档案移交档案部门。

第九条 各级任务承担单位负责所承担先导专项任务的建档工作，主要职责包括：

（一）将先导专项档案工作纳入本单位档案工作管理体系，执行中国科学院和先导专项依托单位的相关档案工作制度、规范，负责所承担任务文件材料的收集、整理和归档；

（二）在签订合同、协议时，应明确归档内容、质量要求、归档时间和违约责任；

（三）接受中国科学院和先导专项依托单位组织的档案工作业务指导和监督检查；

（四）配合专项办公室和先导专项依托单位档案部门完成所承担任务的档案验收工作，并向先导专项依托单位提交档案信息资源；

（五）各级任务承担单位档案部门对本单位先导专项档案工作进行业务指导和监督检查，接收并管理本单位所承担任务形成的档案。

第三章 先导专项文件归档与管理

第十条 各先导专项应按照《中国科学院战略性先导科技专项文件归档要求和整理规范（试行）》要求，对先导专项文件进行收集、整理。

第十一条 各先导专项应结合先导专项任务书和实际情况，编制本先导专项文件归档范围和档案保管期限表，作为收集先导专项文件的依据，重点加强对科技成果文件、科研管理文件、研究过程文件（设计文件、技术配方、工艺参数、实验数据、测试记录等）和照片、音视频、电子文件等特殊载体档案的收集。

第十二条 各先导专项应制定档案分类方案，先导专项档案一般分为专项综合管理文件、科研文件、仪器设备（含软件）文件、声像文件、电子文件。

第十三条 先导专项各级任务承担单位应依据档案分类方案建立预立卷，并定期检查。

第十四条 先导专项文件的整理应遵循文件材料的形成规律，坚持"简化整理、深化检索"的原则，保持卷内文件的有机联系，便于档案保管和利用。

第十五条 先导专项各任务负责人应对所承担任务形成档案的完整性、真实性负责;各级任务承担单位档案部门应对本单位承担任务形成的档案进行质量审核。

第十六条 先导专项各级任务承担单位向本单位档案部门归档时,应填写移交清单,履行清点、签字等交接手续。

第十七条 先导专项依托单位档案部门统一管理先导专项档案目录信息;各级任务承担单位档案部门保管本单位形成的先导专项档案;不具备档案保管条件的任务承担单位,应将本单位形成的先导专项档案移交先导专项依托单位档案部门保管;院外任务承担单位应同时将档案复制件移交先导专项依托单位档案部门保管。

第十八条 先导专项各级任务承担单位应安全保管先导专项档案,确保先导专项档案的长期保存。

第十九条 涉密先导专项的档案工作,应严格按照《中华人民共和国保守国家秘密法》《科学技术保密规定》和《实施科技重大专项的保密规定》等相关法规执行。

第二十条 未经办公厅同意,任何单位和个人不得随意处置或擅自销毁先导专项档案。

第二十一条 先导专项依托单位应制定先导专项档案利用制度,对专项档案利用的范围、对象、审批手续等做出规定,建立先导专项档案资源利用共享机制,促进先导专项档案的开发和利用。

第二十二条 先导专项依托单位应建设先导专项档案资源库,逐步实现先导专项档案资源的整合和共享。

第四章　档案验收

第二十三条 办公厅根据发展规划局年度先导专项结题验收工作整体方案的要求,制定年度档案验收工作方案。

第二十四条 先导专项档案验收分为自验收和分项验收。课题、子课题档案验收由专项办公室和依托单位档案主管部门在办公厅指导下,自行组织开展;专项及项目的档案分项验收由办公厅组织实施。

第二十五条 档案自验收

(一)验收内容课题、子课题形成的各类档案的齐全完整、真实有效和系统规范情况,重点检查科技成果文件、科研管理文件、研究过程文件(设计文件、技术配方、工艺参数、实验数据、测试记录等)和照片、音视频、电子文件等特殊载体档案。

(二)验收程序

1.项目、课题、子课题承担单位在研究任务结束后及时开展档案自查(比例为100%),将自查材料报先导专项依托单位。

2.专项办公室和依托单位档案主管部门对各级任务承担单位提交的自查材料进行审核。对审核未通过的,要求整改并重新报送。

3.专项办公室和依托单位档案主管部门组织课题、子课题档案验收会,现场查验档案(比例不低于专项下设课题总数的50%)。验收组组长由依托单位档案工作领导担任,成员包括档案人员和相关管理人员等(成员选择应遵守回避制度)。

4.专项办公室和依托单位档案主管部门共同开展专项层级档案自查,汇总形成档案分项验收申请材料,提请先导专项档案分项验收。

第二十六条 档案分项验收

（一）验收内容

1. 先导专项档案工作组织管理情况；

2. 先导专项档案工作规章制度的制定与执行情况；

3. 专项、项目、课题、子课题形成的各类档案的齐全完整、真实有效和系统规范情况；

4. 先导专项档案信息化建设情况；

5. 先导专项档案归属与流向情况。

（二）验收程序

1. 办公厅对先导专项提交的档案分项验收申请材料进行审核。审核未通过的，要求整改并重新报送。

2. 办公厅组织专项及项目的档案分项验收会，现场查验档案（比例不低于专项下设项目总数的30%）。验收组组长由国家档案局相关领导担任，成员包括院内外档案专家、相关管理专家（人员选择应遵守回避制度）。

第二十七条 先导专项档案自验收与分项验收结果分为通过与不通过。通过验收的，验收组出具验收意见；未通过验收的，验收组出具整改备忘录，被验收单位限期进行整改，并向验收组织单位提交书面整改报告。先导专项档案整改后仍不符合验收要求的，不得通过档案分项验收。

第二十八条 办公厅将先导专项档案分项验收意见报送发展规划局呈交先导专项总体验收专家组审议。

第二十九条 因故中止、撤销的各级任务应在确认中止、撤销后，1个月内向先导专项依托单位申请档案验收，先导专项档案依托单位将验收结果报办公厅备案。档案验收通过后，向所在单位档案部门归档，并填写移交清单，履行清点、签字等交接手续。

第五章 监督检查

第三十条 办公厅建立先导专项监督检查机制，由院档案馆、先导专项依托单位牵头组建先导专项督导小组，制定监督检查工作计划，开展先导专项档案工作监督检查，对发现的问题及时提出整改意见。

第三十一条 档案工作监督检查内容主要包括先导专项档案的形成、归档和保管情况，中止和撤销任务文件材料的归档情况，离职离岗人员的先导专项文件材料交接情况等。先导专项档案工作监督检查情况实行通报制度。

第三十二条 按照《中华人民共和国档案法》和《档案管理违法违纪行为处分规定》，对在先导专项档案工作监督检查和验收工作中发现有下列行为的，提请有关部门依法依规进行处理：

（一）单位或个人将先导专项档案据为己有，拒绝归档的；

（二）单位或个人擅自涂改或伪造档案的；

（三）明知所保存档案面临危险而不采取措施，造成档案损毁或丢失的；档案工作人员、对档案工作负有领导责任的人员玩忽职守，造成档案损毁或丢失的。

第六章 附则

第三十三条 本细则由办公厅负责解释。

第三十四条 本细则自发布之日起施行。

中国科学院战略性先导科技专项中期检查和结题验收实施细则

第一章 总则

第一条 为落实全国科技创新大会精神，规范和加强先导专项评估工作管理，根据《科技评估工作规定（试行）》（国科发政〔2016〕382号）、《中国科学院战略性先导科技专项管理办法》等有关规定，制定本实施细则。

第二条 中期检查是在先导专项实施后2~3年开展的评估工作，通过对专项进展情况、经费使用情况、发展态势的诊断分析，发现问题，提出调整和改进建议，促进和推动专项实施。结题验收是在专项一个实施周期（一般为5年）期满后进行的评估工作，通过对专项目标完成情况、经费使用情况及成果产出等评价，促进创新成果的推广应用，提高资金使用效率。

第三条 先导专项中期检查和结题验收遵循科学规范、公正独立、务求实效的原则，确保检查验收结果可信可用。

（一）科学规范原则：根据专项特点，严格执行规定程序，采用定量与定性分析相结合、专业评估与综合评价相结合、资料审核及现场测试相结合等方法进行。

（二）公正独立原则：坚持真实、客观、公正，内部评估与外部评估相结合，建立相对独立的专家评价系统，由相关部委专家、用户专家、管理专家、国内外高水平科技专家等共同组成专家组进行咨询评议。

（三）务求实效原则：检查验收与过程管理相衔接。年度计划执行情况等作为检查验收的基础。注重专项投入和产出的绩效评价。

第四条 中期检查和结题验收重点在专项及项目层次开展，课题及以下层级由专项自行组织。项目以上层级由发展规划局负责牵头组织，相关业务局、条件保障与财务局、办公厅等部门配合。

（一）发展规划局的主要职责是：制定专项中期检查和结题验收整体工作方案，协调组织开展检查验收，研究形成检查验收情况报告，提请院长办公会审议检查验收结果等。

（二）相关业务局和职能局的主要职责是：根据职能分工和检查验收整体方案，组织完成相关检查验收工作，落实院长办公会对专项做出的决定。

（三）相关专项任务承担单位和负责人的职责是：按照中期检查和结题验收的要求，如实报告专项进展的实际情况和存在问题，及时报送相关资料，配合检查和验收工作的开展，不得以任何方式影响评价的公正性。

（四）发展规划局牵头机关相关部门和相关专项办公室，成立各专项中期检查和结题验收工作小组，加强部门间沟通协调，支撑整个检查验收工作。

第五条 先导专项中期检查和结题验收的主要依据是专项任务书、计划书、预算书及国家相关科技管理政策、制度等。

第二章 内容和方式

第六条 先导专项中期检查重点考察专项计划任务进展情况，主要包括：阶段目标完成情况及水平、影响，发展态势、完成最终目标的可能性，经费使用、人员队伍和组织管理保障情况等，发现问题，提出调整和改进的建议。包括函评、经费检查和会议评审三个环节。

第七条 先导专项结题验收重点检查专项计划任务完成情况、研究成果的水平与创新性、人才培养与团队建设情况、经费投入与产出绩效情况、组织管理和机制创新情况等。根据验收重点，结题验收包括科技目标、科研管理、财务、档案分项验收，并分别由相关业务局、条件保障与财务局、办公厅等部门牵头负责。在通过各分项验收基础上，发展规划局组织开展专项总体验收。

第八条 先导专项中期检查和结题验收遵循科技活动规律，根据专项定位及重大产出目标，实行分类评价，制定科学合理的有针对性的评估指标体系。不涉密，适宜国际比较的基础研究以国际评估为主，着重评价成果的科学价值。应用研究以用户和同行专家评价为主，着重评价成果应用情况以及技术成果的突破性和带动性。产业化开发以市场和用户评价为主，着重评价对产业发展的实质贡献。

第九条 针对各专项特点和检查验收要求组成专家组开展检查和验收工作。专家由牵头组织检查验收的部门按程序邀请和聘任。评估专家的遴选充分体现分类管理的特点，注重专家的权威性、代表性和公正性。领域同行专家一般从院学术委员会、发展咨询委员会、业务局推荐人选、院专家库中选择产生；财务、档案等专家从院内外具有该领域从业资质或从业经验的专家中产生。参加过专项实施方案评审的专家将作为首选专家被优先考虑。

评审专家的选择实行回避制度。与被评专项有直接利害关系者，不得成为检查和验收专家组成员。专项承担方可提出希望回避的专家名单并说明理由，与检查和验收资料一起报送。

在确保专项评估工作公开透明的原则下，检查验收工作注重加强核心知识产权的保护。一般情况下，函评专家名单在评审前保密，会评专家名单在评审前公开。所有参与评审工作的专家均需签署保密协议，并保证公正公平的提出评审意见。

第十条 先导专项中期检查和结题验收建立评估工作档案制度和报告审查机制，实施"痕迹化"管理，充分保证检查及验收过程可追溯，结果可检验。

检查验收工作产生的工作方案、证据材料、检查和验收报告等按规定及时归档，科技报告经首席科学家确认、业务局审核、领导小组同意后纳入院科技报告管理平台，并按国家有关管理规定，集中推送到国家科技报告管理系统。

第三章 工作流程

第十一条 先导专项中期检查一般按照以下程序进行：

（一）每年年初，实施期满2年的先导专项应及时向发展规划局提交中期检查申请。

（二）发展规划局根据整体工作安排以及专项类型、特点、管理需求等，商机关相关部门，制定中期检查工作整体方案，明确中期检查范围、原则、组织实施方式、标准及工作分工等，报请院领导批准后印发相关专项及部门。

（三）纳入中期检查范围的各专项按照中期检查工作方案要求，在相关业务部门指导下，及时开展专项总结，梳理专项进展及成果，如期完成中期进展报告撰写等各项准备工作，并按要求呈交相关材料到中期检查评审平台。

专项进展报告中应对下一步工作内容和后三年经费预算提出明确计划。

（四）发展规划局会同相关业务局根据中期检查工作方案，遴选提出函评、会评专家建议名单报院领导审定后商请。经费检查专家由条件保障与财务局根据检查需要按程序商请。

（五）接受邀请的中期检查函评专家登录评审平台，在线审阅相关专项进展材料，并填写评审意见。中期检查工作组及时对函评意见进行汇总和整理，并按程序报批后反馈相关专项。

（六）条件保障与财务局同步组织经费检查专家组对专项经费使用及管理情况开展检查并出具经费检查意见（含后三年的预算评审意见），转呈发展规划局。

（七）在函评及经费检查基础上，发展规划局牵头组织开展会议评审。会议评审专家在听取专项及项目负责人汇报、审阅专项及项目进展报告、参阅函评及经费检查意见等基础上对专项实施情况进行评价和判断，填写专家评审意见，并讨论形成整体意见。

第十二条 先导专项结题验收一般按照以下程序进行：

（一）专项实施期满6个月内，应及时在相关业务部门指导下，完成总结和自验收工作，并向发展规划局提交结题验收申请。

（二）发展规划局根据整体工作安排以及专项类型、特点、管理需求等，商机关相关部门，制定结题验收工作整体方案，明确验收工作范围、原则、组织实施方式及工作分工等，报请院领导批准后印发相关专项及部门。

（三）根据评估内容，先导专项结题验收工作可分为科技目标和科研管理、财务、档案等分项验收，并分别由相关业务局、条件保障与财务局、办公厅等部门牵头负责。各牵头责任部门根据管理要求，制定相关的评估工作规程，明确评估工作重点、指标、形式、要求及专家来源构成等，报相关分管院领导批准后通知各相关专项。

（四）各专项依工作要求，配合完成各分项验收工作。各牵头责任部门根据分项验收情况和专家组意见，出具分项验收意见报发展规划局。

（五）在分项验收基础上，发展规划局牵头组织相关领域专家、管理专家及国家相关部委或行业用户等，对专项整体进展及目标完成情况进行总体验收。总体验收主要以会议评审方式进行。必要时，可进行现场考察或与科技目标和科研管理分项验收合并进行。

总体验收专家组听取专项实施情况报告、审阅专项提交的各类材料，参阅国际专家出具的评价意见（参加国际评估的专项），听取科技目标与科研管理、财务和档案分项评估专家组组长的介绍，从整体上对专项实施情况进行评价和判断，并讨论形成专项总体验收意见。

（六）各项评估工作在严格程序、保证质量前提下，按照实事求是、精简高效的原则，尽可能地简化程序，与专项自评工作紧密结合，避免重复性工作，减轻研究所科研和管理人员负担。

第十三条 涉密专项的检查和验收工作，严格按照《中华人民共和国保守国家秘密法》、《科学技术保密规定》和《实施科技重大专项的保密规定》等相关法规执行。

第十四条 存在下列情况之一的先导专项，不能通过验收。

（一）未能实现《先导专项任务书》规定的目标；

（二）未按要求呈交科技报告或提供的验收文件、资料、数据（含财务数据）不真实，不完整；

（三）分项验收未获通过；

（四）未经批准，逾期半年以上。

第十五条 发展规划局汇总专家意见，并根据中期检查和结题验收工作组织及实施情况，形成专项中期检查和结题验收报告，按程序报请院长办公会议审议。相关评议结果及科技报告等按规定要求和程序适时向社会公开。

各专项评议结果将作为专项动态调整和信用状况的重要决策参考依据，是后续资源配置与调整的重要参考。

第四章　附则

第十六条　本细则由发展规划局负责解释。

第十七条　本细则自发布之日起施行。2013年11月20日印发的《中国科学院战略性先导科技专项中期检查和结题验收实施细则（试行）》同时废止。

中国科学院 A 类战略性先导科技专项监理实施细则

为规范和保障中国科学院 A 类战略性先导科技专项（以下简称"专项"）监理工作顺利开展，根据《中国科学院 A 类战略性先导科技专项管理实施细则（试行）》，特制订本监理实施细则。

第一章 监理组织机制

第一条 本着"权责清晰、规范监理、秉公办事、廉洁自律"原则，开展专项监理工作。

第二条 重大科技任务局（以下简称"重大任务局"）委托院军工项目监理部（以下简称"监理部"）负责专项监理工作的具体组织实施和服务支撑，其运行经费由院财政按年度预算核拨。监理部应按国家和院财务管理的有关规定，专款专用。

重大任务局综合处负责联系监理部专项监理相关工作（具体事宜另行规定）。

第三条 监理部负责组建监理组。监理组应全面了解专项管理办法和相关细则、专项任务内容等监理依据，认真实践，创新探索，"重在找问题、提建议"，为专项组织实施与管理决策提供重要支撑。

第四条 专项依托单位和项目（课题）承担单位及相关负责人应按照院有关管理办法要求，积极支持和配合监理工作。

第二章 监理内容与方式

第五条 监理工作的主要内容：

检查了解专项和项目（或课题）各层级管理体系的结构及运行情况，检查了解专项和项目（或课题）的进度、质量控制与预算经费使用相符性等相关任务完成情况及存在问题，具体内容包括：

进度目标：关键时间节点及预期指标，年度预算执行进度；

质量目标：技术指标是否符合任务书要求、有关质量控制文件是否完备；工程类项目内容质量保证体系执行是否符合规范、技术指标是否按计划实现等。

专项经费监督检查工作按照《中国科学院战略性先导科技专项经费管理实施细则（试行）》的有关规定执行。

第六条 监理工作的主要方式：

监理组根据年度监理计划自主组织开展现场监理；或参加专项组织的专题检查。一般每季度进行一次，无特殊理由专项和项目（或课题）不得拒绝。

现场监理一般应包括听取专项和项目（或课题）汇报、查阅相关文档资料，查看研制现场和工作过程。

参加专项和项目（或课题）重要阶段的实施进展工作会议，了解项目（或课题）有关进展情况，并与专项和项目（或课题）有关各方沟通交流前期监理情况。

监理组可通过电子邮件、电话等多种方式与专项和项目（或课题）保持经常性的联系。

第七条 监理（或监理组）按要求定期提交监理报告，由监理部报送重大任务局（综合处），综合处根据情况报送专项领导小组办公室（以下简称"专项办"）审阅。

第八条 监理报告以文字形式由监理组长签字后提交。监理报告应简明扼要，主要反映专项组织实施中存在的主要问题和相关监理意见建议。

每次现场监理活动后应提交一份监理报告。各监理组每年至少提交两份专项整体情况监理报告，原则上应分别在专项组织的年中和年底两次工作总结交流汇报会前提交。

第九条 若发现专项和项目未按计划进度执行，严重拖期或内容有重大调整的，应及时报告。

第三章 监理聘任与实施

第十条 专项监理组织实施的主要依据是院战略性先导科技专项相关管理办法及细则、专项任务书、年度工作计划书和年度预算书、相关任务目标及内容调整批件，以及专项经费定期检查结果通报等。

第十一条 专项监理工作一般在专项任务书、概算书和年度计划（含预算书）等签署后，由重大任务局发文下达监理任务后开始实施，至专项项目通过验收时终止。

第十二条 监理组根据专项和项目（或课题）任务书及年度工作计划书（含年度预算书）规定的关键节点进度与指标等，制定年度专项监理实施计划及工作重点，由监理部报重大任务局备案后执行。

监理组年度计划外的现场监理工作，须事先征得监理部同意。

第十三条 监理人员由重大任务局聘任并签发聘任通知，同时抄送各专项和项目（或课题）负责人及相关依托和承担单位，监理部负责完成相关的聘任手续。

第十四条 当专项和项目（或课题）任务目标及内容发生调整时，专项办应将正式调整批复文本（副本）及时提供给监理部，以便监理组对年度专项监理实施计划做相应调整。

第十五条 专项办收到监理报告并明确处理意见后，应将结果及时反馈监理部，供后期监理工作参考。

第十六条 专项各依托和承担单位，应设负责专项监理工作的固定联系人，并按照监理工作需求，在专项的监理实施计划时间内接受监督检查，在现场如实介绍相关进展情况，主动向监理组提供需查证的相关实物或凭证，并提供必要的监理工作条件。

当专项内部组织项目及课题重要阶段进展工作会议时，主办单位应提前通知监理部，以便合理选择安排监理人员与会。

各承担单位定期编制的专项（项目或课题）实施进展简报、年度工作报告和年度经费使用报告等，应及时抄送监理部和相关专项监理组专家。

第十七条 监理部应定期组织专项监理组开展内部总结和交流研讨，各专项监理组应经常保持内部的沟通与联系，以保证专项监理工作的系统性和一致性。

第十八条 监理部应按院有关规定，定期向专项监理专家发放聘用费，办理各项监理费用支出报销，以及为监理专家外埠差旅交通住宿等提供相关服务保障等。

第十九条 监理人员必须严格遵守国家保密法规和知识产权法规。

第四章 监理构成

第二十条 监理人员由科技专家和管理专家构成。

第二十一条 根据需要，合理确定各专项监理队伍规模，设监理组长一名，全面负责该专项监理工作。

第二十二条 根据监理工作需要，监理部可临时聘请专家参加现场监理活动，并提供相关费用。

第五章 附则

第二十三条 本细则由重大任务局负责解释。

第二十四条 本细则自发布之日起施行。2014年印发的《中国科学院A类战略性先导科技专项监理实施细则》（重字〔2014〕3号）同时废止。

中国科学院条件保障与财务局
关于在战略性先导科技专项中进一步落实"放管服"工作的通知

(科发条财函字〔2018〕17号)

各专项牵头承担单位、各专项总体组(办公室)、院机关各有关部门：

为深入贯彻落实十九大精神，促进我院科研工作持续健康发展，确保重大科技成果产出，按照"放管服"改革有关要求，条件保障与财务局在深入调查研究的基础上，提出了进一步加强和完善战略性先导科技专项预算和财务管理的多项措施。现将有关工作通知如下：

一、减少管理层级，扩大专项管理自主权

(一)改革资金拨款方式，减少管理层级。为进一步提升专项总体调控能力，根据各专项任务安排情况，由专项总体组(领衔科学家)、主管部门提出经费细化方案，院将直接经费和间接经费下达至项目承担单位。专项办公室、项目承担单位应确保"接得住、管得好"，及时将专项资金落实到使用单位。原则上年初已细化的资金应于每年1月底前落实，且不低于年度资金的50%；其余部分根据任务完成情况，应于每年6月底前完成。对于不及时拨款、不按审定方案拨款或擅自截留资金等情况，主管部门、专项办公室应加强监管，建立惩罚机制。

二、加强过程财务服务，简化财务验收程序

(二)建立专项财务责任专家制度。院将遴选资深财务专家，为每个专项指定2名财务责任专家，全过程指导和协助专项办公室、牵头承担单位、参与单位等完成预算编制、资金管理、财务验收等相关工作，并定期检查专项财务管理、预算执行及资金使用等情况，督促问题整改落实。

(三)加强财务责任专家与专项监理联动。院将建立专项财务责任专家与专项监理的协同工作机制，将任务目标监督检查和财务监督检查有机结合，共同对专项实施过程开展监督管理，定期报告并提出相关建议，为专项管理决策提供支撑。在财务验收中，专项监理作为技术专家全过程参与财务验收工作，提供技术支持。

(四)精简专项财务验收程序。院将采用专项财务责任专家与会计师事务所相结合的验收方式，简化财务验收程序，由目前的三级验收变为两级验收。由专项财务责任专家指导会计师事务所共同完成专项财务审计验收工作。对中期财务检查已有检查结论且已整改到位的，在财务验收中不再重复检查。

三、加强预算执行和结转结余管理

(五)加强预算执行和结转结余管理。为保障专项资金预算执行，避免新增存量资金产生，主管部门、专项办公室应加强对专项资金预算执行的日常监控，及时掌握专项资金的预算执行情况。院将按照结转结余资金考核方案对各单位进行考核，因预算执行不力产生的扣减资金，由承担单位提出针对专项资金的扣减方案。

(六)加强专项结余资金分级管理。专项结余资金反映了专项预算安排的准确性和专项资金使用的效率。为进一步提高结余资金使用效益，加强对优秀团队的后续支持，院将加强统筹专项结

余资金。净结余和审减资金不超过预算收入（直接经费和间接经费）5%的，由主管部门与专项总体组（领衔科学家）拟定后续支出计划，支持优秀先导团队；超过5%的部分，收回院财政统筹安排。

请各专项总体组（领衔科学家）、专项办公室、专项牵头承担单位和各项目承担单位加强统筹协调，建立完善的专项管理机制，切实履行管理和监督责任，共同做好专项资金管理工作，为重大成果的顺利产出保驾护航。

中国科学院条件保障与财务局

2018年1月19日

中国科学院关于中国科学院战略性先导科技专项管理的补充通知

(科发函字〔2018〕524号)

院属各单位、院机关各部门：

为贯彻落实《国务院关于优化科研管理提升科研绩效若干措施的通知》（国发〔2018〕25号）和我院夏季党组扩大会议有关精神要求，深化推动科技领域"放管服"，优化先导专项管理，现就《中国科学院战略性先导科技专项管理办法》（科发规字〔2017〕106号）（以下简称"管理办法"）有关问题补充通知如下：

一、增设关键核心技术攻坚专项（简称"C类先导专项"）

在中国科学院战略性先导科技专项（以下简称"先导专项"）中增设C类先导专项。专项侧重于聚焦国家重大需求和国民经济建设中的关键核心技术"卡脖子"问题组织开展攻坚，从根本上改变相关领域和产业关键核心技术受制于人的被动局面，为引领支撑经济社会高质量发展和保障国家安全、抢占国际竞争制高点提供有效中高端科技供给。

C类先导专项由重大科技任务局根据专项定位和目标产出要求，参考A类专项组织管理模式进行策划实施和管理。通常情况下，专项总体实施周期一般不超过3年，最长不超过5年。应坚持问题导向和目标导向，突出关键节点目标与时间要求，实行"里程碑"管理，强化对不同技术路线的支持与竞争，并根据节点目标完成情况适时予以调整或终止。同时，应突出与地方政府、行业部门、企业的合作，鼓励和吸引社会资源投入，有效汇聚优势资源，确保科技成果转化效率与质量，形成重大影响力。

C类先导专项立项时应签订"责任状"。专项及项目等各级任务负责人每年应保证4/5以上时间投入专项，实施期间不允许调离。对于快速、高质量完成任务目标的相关负责人和做出突出贡献的研究团队，可参考国发〔2018〕25号文件，加大绩效奖励力度。

C类先导专项管理实施细则由重大科技任务局研究制定。

二、强化统筹，简化立项流程

为加强统筹，每年7月，各业务局应根据发展规划及先导专项年度经费盘子总量，研究提出拟策划遴选的先导专项类型、数量、重点方向和相关经费概算建议数，形成拟设立先导专项的整体计划，提请院长办公会议审议通过，并据此组织开展策划遴选工作。对于因特殊原因批准设立但超过经费盘子的先导专项，由业务局商相关任务承担单位，以研究所自筹资金先行开展工作，并根据专项目完成情况，在后续的专项整体经费计划中安排。为简化程序，将院长办公会议对立项建议与实施方案的两次审议合并为一次。每年9月和下一年4月，发展规划局支撑院学术委员会对完成策划遴选的候选专项实施方案，集中开展立项咨询论证（相关业务局应至少提前一个月，将候选专项的咨询论证材料送交发展规划局），形成优先启动排序建议。条件保障与财务局同步开展经费预算评审。相关评审结果按程序提交院长办公会议审议。

三、建立先导专项管理绿色通道

对院党组紧急部署启动的先导专项,应按管理办法第二十八条要求,实施应急响应。

若专项在执行期间取得重大研究成果并产生广泛影响,则可免除中期检查,仅需提交中期进展报告。

四、简化验收环节

结题验收时,合并财务分项验收和科技目标与科研管理分项验收。由相关业务局商条件保障与财务局共同组织开展。

中国科学院

2018 年 11 月 10 日

中国科学院关于印发
《中国科学院 C 类战略性先导科技专项管理实施细则》的通知

(科发重字〔2019〕29 号)

院属各单位、院机关各部门：

《中国科学院 C 类战略性先导科技专项管理实施细则》已经 2019 年第 2 次院长办公会议审议通过。现予以印发，请遵照执行。本细则自印发之日起施行。

中国科学院

2019 年 3 月 20 日

中国科学院 C 类战略性先导科技专项管理实施细则

为规范和加强中国科学院 C 类战略性先导科技专项（以下简称"C 类先导专项"）的管理，根据《中国科学院战略性先导科技专项管理办法》（科发规字〔2017〕106 号）和《中国科学院关于中国科学院战略性先导科技专项管理的补充通知》（科发函字〔2018〕524 号）相关规定和要求，特制定本实施细则。

第一章 总则

第一条 C 类先导专项（关键核心技术攻坚专项）聚焦国家重大需求和国民经济建设中的关键核心技术"卡脖子"问题组织开展攻坚，从根本上改变相关领域和产业关键核心技术受制于人的被动局面，为引领支撑经济社会高质量发展和保障国家安全、抢占国际竞争制高点提供有效中高端科技供给。

第二条 C 类先导专项由重大科技任务局主管。专项采用"行政指挥线"和"科技指挥线"的管理模式。"行政指挥线"设置专项协调组，"科技指挥线"设置专项总体组。根据需要，可设置总指挥、总设计师和总质量师。专项实行领导小组统一领导、专项负责人或总体组组织实施的各任务承担单位负责制。

第三条 C 类先导专项各级承担单位和负责人要坚持绝对忠诚的政治品格、高度自觉的大局意识、极端负责的工作作风、无怨无悔的奉献精神和廉洁自律的道德操守。C 类先导专项的管理方针是实战导向、会战攻坚、能战必胜。

第二章 组织管理体制

第四条 领导小组是 C 类先导专项实施管理的最高决策机构，负责领导专项组织实施，协调解决专项实施过程中的重大问题。领导小组组长一般由分管副院长担任，成员一般由重大科技任务局、发展规划局、条件保障与财务局、人事局和相关业务局局领导和专项负责人构成。主要职责如下：

（一）审定各专项实施管理细则；

（二）审定各专项年度工作计划、经费预算方案和调整方案；

（三）监督检查各专项总体工作进展及目标完成情况；

（四）协调解决各专项实施过程中的重大问题。

原则上每年召开一次领导小组会议，检查专项进展。根据需要，经专项协调组提议，并报领导小组组长同意，可以临时召开领导小组会议。

第五条 重大科技任务局负责C类先导专项的策划遴选、组织与过程管理。主要职责如下：

（一）承担专项领导小组办公室相关职责，执行领导小组相关决定；

（二）负责组织C类先导专项立项策划遴选、实施方案编制、部委咨询评议，负责C类先导专项过程管理；

（三）负责审定并发文成立专项协调组、总体组、监理组等组织管理机构。根据需要，负责审定并发文成立专项咨询组；

（四）负责指导各专项编制组织管理实施细则，负责组织编制审核各专项管理文件；

（五）参与先导专项中期检查和结题验收，并负责组织科技目标和科研管理分项验收；

（六）负责制定并解释C类先导专项管理实施细则；

（七）负责与相关国家部委的对口联系。

第六条 专项协调组一般由重大科技任务局局领导、专项依托单位和项目承担单位法人代表构成。主要职责如下：

（一）对专项领导小组负责，保障专项顺利实施，确保各项目标实现；

（二）落实专项任务执行所需的配套支撑条件，执行专项领导小组有关决定和专项相关管理规定；

（三）及时协调解决专项实施过程中的管理问题；

（四）对专项实施过程中的行政管理重大问题提出处理建议并报专项领导小组审定。

第七条 专项总体组组长由专项负责人担任，成员一般由项目负责人及核心任务负责人构成。主要职责如下：

（一）负责专项总体设计与任务分解，提出专项总体目标和实施方案，确定专项各级任务的负责人、承担单位、研究内容、考核指标和经费概预算方案等；

（二）组织专项各级任务研究制订年度工作计划，确定节点目标和经费预算方案；

（三）检查协调项目、课题（子课题）的工作进程和经费预算执行进度，检查各级任务档案管理情况；

（四）组织年度工作总结，考核评价各级任务年度工作计划及节点目标完成情况，并根据工作进展及目标完成情况，提出项目、课题（子课题）科研任务及预算调整方案建议；

（五）组织开展专项战略研究，根据需要调整专项技术路线和实施方案；

（六）对专项实施过程中的重大科技问题提出处理建议，提交专项领导小组审定。

第八条 专项负责人须严格遵守国家和中科院相关规定，集中精力从事专项工作，切实保证按照专项任务书和各阶段工作计划中规定的考核指标、工作内容和里程碑节点开展工作，确保专项成果产出。主要职责如下：

（一）负责组织专项攻关团队，执行专项研究开发任务，严格执行专项总体计划流程；

（二）负责组织专项总体组开展战略研究，组织专项总体设计与任务分解，编制任务书、年度工作计划与经费概预算方案；

（三）负责建立专项责任体系，确保按时高质量地完成专项工作；

（四）负责向专项领导小组汇报专项进展或相关情况，并根据实际需要提出专项科研任务、人员或经费调整建议。

第九条 C 类先导专项实行各级任务承担单位法人负责制。专项各级任务承担单位是保证专项顺利实施并完成预期目标的责任主体，负责相关任务的管理职责和质量保证，严格执行国家、院有关管理规定，认真履行任务书合同条款，统筹协调并提供配套支撑条件，全程督促专项实施，接受相关部门的指导和检查，配合检查及验收等相关工作。专项立项后，院将与专项和项目承担单位签订专项实施责任状，各级任务的完成情况作为研究所考评和班子考核的重要依据。

专项各级任务承担单位主要职责如下：

（一）对本单位承担专项任务的产出负责，严格执行有关规定，认真履行任务书合同条款，对专项实施加强监督，确保专项任务按时保质完成；

（二）与本单位"一三五"规划紧密结合，做好统筹协调和配套条件支持，保证专项总体组办公室办公用房等办公条件、落实专项专职管理人员，并提供相应支持；

（三）审查本单位专项科研人员承担的各类科研项目，保证科研人员投入足够的时间参与先导专项的研究开发；

（四）对专项科研人员报送的有关数据材料的真实性负责；

（五）负责出台特殊政策，对专项实施主要人员在岗位竞聘、绩效奖励方面予以倾斜支持；

（六）如发生专项科研人员变动等情况，应及时报告重大科技任务局并提出处理意见和建议；

（七）对本单位承担的相关任务提出调整意见。

第十条 C 类先导专项立项后，专项依托单位须成立专项管理办公室，主要职责为：

（一）向专项负责人或专项总体组负责，承担专项的过程管理工作；

（二）负责专项行政指挥线、科技指挥线的日常事务及有关协调工作；

（三）负责起草制定专项相关实施管理细则；

（四）具体负责专项宣传、工作平台建设与维护、成果统计与分析、档案、保密、数据汇交与知识产权等工作。

第十一条 C 类先导专项实行专项监理制度。专项立项后，经项目监理部提名、由重大科技任务局发文成立专项监理组，负责对先导专项实施过程开展监理工作，监督、检查各先导专项的任务执行情况，及时报告并提出相关建议，为专项管理决策提供支撑。各专项监理组向专项领导小组和重大科技任务局负责，通常由科技和管理专家组成。主要职责为：

（一）依照先导专项管理办法及其管理实施细则，检查了解项目及课题层级管理体系的建立及运行情况，管理机构是否完善、权责是否明晰、责任是否到位等；

（二）依照任务书、年度工作计划及调整批件等，检查项目及课题的进度、完成质量与预算执行等相关情况。

第三章　专项遴选

第十二条 重大科技任务局瞄准我国科技创新短板，着力突破关键核心技术"卡脖子"问题，按照 C 类先导专项的遴选原则，选取我院优势明显的方向，在相关研究所和科学家推荐的基础上，按照"聚焦问题、顶层设计、成熟一项、启动一项"的原则，研究提出拟立项的先导专项建议，组织编制专项立项建议报告，提出专项负责人建议人选，并报分管院领导审批。

第十三条 C类先导专项遴选原则：

（一）聚焦解决国家重大需求和服务国民经济主战场的"卡脖子"问题，注重提供系统性解决方案，强调应用目标和产出导向；

（二）面向"三重大"产出要求，坚持遴选高标准、立项高效率、管理高要求、应用高水平；

（三）专项目标明确、方案可行、队伍稳定、措施有力；

（四）专项突出与地方政府、行业部门、企业的合作，鼓励和吸引社会资源投入，有效汇聚优势资源，确保科技成果转化效率和质量，形成重大影响力。

第十四条 重大科技任务局组织就专项立项建议报告征询国家相关部委和院内外专家意见，形成咨询评议意见。通过咨询评议并经院长办公会审议通过的专项，由重大科技任务局组织编制专项实施方案报告。

第十五条 发展规划局支撑院学术委员会，就候选专项实施方案开展立项咨询论证，条件保障与财务局同步开展经费预算评审，相关评审结果按程序提交院长办公会审议。

第十六条 院长办公会审议环节，发展规划局汇报学术委员会咨询论证结果，拟立专项负责人汇报专项实施方案和预算方案。院长办公会议审议通过后，重大科技任务局会同条件保障与财务局以院文形式，发布专项立项通知，明确专项名称、专项负责人、依托单位、实施周期、经费概算等。院长办公会议审议通过日期为专项启动时间。

第十七条 C类先导专项建立应急响应机制。对于突发、紧急的国家重大科技部署和要求，经院党组研究决定，直接进入实施方案论证环节。由重大科技任务局组织专项实施方案论证，条件保障与财务局同步开展经费预算评审，相关评审结果按程序提交院长办公会审议。

第四章 管理要求

第十八条 重大科技任务局组织各级责任人和相关单位逐级签订任务书，明确研究内容、目标、指标、计划节点、风险、科技报告、档案、成果产出及知识产权分配、管理模式、各方责任和义务等内容。原则上按照专项、项目、课题三级管理，如有必要，可在课题下设置子课题。

第十九条 专项总体组组织编制专项年度工作计划书，提出预算方案，报重大科技任务局和条件保障与财务局审核。通过审核的专项，由重大科技任务局会同条件保障与财务局共同组织签订专项各级年度工作计划书和预算书。

第二十条 专项总体组负责组织编制专项和项目年度工作总结报告，并以此为依据进行年度考核，相关考核情况报重大科技任务局备案。

第二十一条 专项应严格根据任务书和年度工作计划书规定的研究内容开展工作。如确需调整或变更研究目标、考核指标、研究内容、技术路线、各级负责人等事项，实行自下而上逐级上报、分级审批、专家评议的调整制度。专项总体目标及考核指标、专项负责人、专项主要承担单位变更等重大调整，由专项总体组提出调整方案，并经专项依托单位审核后，报重大科技任务局和专项领导小组审定后，由重大科技任务局提请院长办公会审批。

项目层面重大调整和变更，由专项总体组提出书面申请，报重大科技任务局审批。课题和子课题层面的调整和变更，由专项总体组审核并出具明确意见，报重大科技任务局备案。对违规使用经费、不按时回复监理意见的项目或课题，视情整改或终止。

第二十二条 为确保专项各项工作的有序推进，各专项应结合各自学科特点和实际情况，制定详细并切实可行的成果宣传、知识产权、固定资产、档案、保密、数据汇交与共享、总结考核等相关管理规定和细则。

第二十三条 C类先导专项实施周期一般不超过3年，最长不超过5年。专项实施周期如多于3年，需要专门做出说明。

第二十四条 在专项实施期间，专项各级任务负责人和主要科研骨干原则上不以专项产生的阶段性成果申报奖励和荣誉，不主动调动工作，不从事与专项无关的工作，集中主要精力、保证充足时间，确保按要求完成专项任务。

第二十五条 C类先导专项结题验收工作按照《中国科学院战略性先导科技专项管理办法》相关规定执行。

第五章 专项编号与成果标注

第二十六条 各专项应遵循统一编号原则：XDC01020304，其中第一至第三位代表C类先导专项，第四、五位为专项编号，第六、七位为项目编号，第八、九位为课题编号，第十、十一位为子课题编号。各专项办公室需在签订各级任务书之后将相关信息统一汇总报重大科技任务局和条件保障与财务局备案。

第二十七条 先导专项的研究成果，包括专著和论文等，均应用中英文标注"中国科学院战略性先导科技专项（C类）资助"和任务编号（Supported by the Strategic Priority Research Program of Chinese Academy of Sciences, Grant No.XDC01020304）。专项成果标注应坚持实事求是原则，由专项总体组负责审核本专项成果标注的真实性，并作为评判专项任务完成情况的重要依据。

第二十八条 本细则由重大科技任务局负责解释。

第二十九条 本细则自发布之日起施行。

中国科学院条件保障与财务局关于进一步优化战略性先导科技专项经费管理的通知

(科发条财函字〔2019〕88号)

院属各单位、机关各部门：

为贯彻落实习近平总书记在两院院士大会上的重要讲话精神和《国务院关于优化科研管理提升科研绩效若干措施的通知》(国发〔2018〕25号)，进一步推进科技领域"放管服"改革，破除科研经费管理"繁文缛节"，充分激发科研人员创新活力，切实减轻科研人员负担；同时进一步规范和加强先导专项的经费管理，提高专项经费使用效益，现就《中国科学院战略性先导科技专项经费管理实施细则》有关调整补充通知如下，请按照执行。

一、明确"C类"专项经费管理

《中国科学院战略性先导科技专项经费管理实施细则》及本通知同样适用于"C类先导专项"。

二、完善"财务责任专家"制度

条件保障与财务局商业务局、各专项为每个专项指定2名财务责任专家，全过程指导和协助专项办公室、牵头承担单位、参与单位等完成预算编制、经费管理、财务验收、综合绩效评价等相关工作，跟踪了解专项财务管理、预算执行及资金使用等情况，并及时与条件保障与财务局沟通。

三、简化预算编制

合并直接费用预算科目，按设备费（设备购置费、设备研制费、设备改造费和设备租赁费）、材料费\测试化验加工费\燃料动力费、差旅费\会议费\国际合作与交流费、劳务费\专家咨询费、专项外协费和其他支出六大类科目编制。编制预算时，除设备费、专项外协费以及超过直接费用20%的科目需提供测算依据外，其他科目无须提供明细测算依据，仅做简要说明、列示相应金额即可。间接费用由任务承担单位统筹使用，无须提供测算依据。对于纳入"基于绩效、诚信和能力的科研管理改革试点"的单位，按照试点相关规定执行。

四、下放预算调剂权限

在预算总额不变的前提下，各大类科目支出内容未发生较大变化，且实际执行数未超过该大类预算10%的，可不进行预算调剂；超过预算10%的，应履行预算调剂程序并进行调剂说明。各大类科目实际执行数虽未超过该大类预算10%，但支出内容发生较大变化，仍需履行预算调剂程序并进行调剂说明。承担单位应进一步完善、简化预算调剂程序，及时为科研人员办理预算调剂手续。可结合实际情况进行审批，每年底将调剂情况报专项总体组或专项首席备案。

五、精简过程检查

对执行期内取得产生广泛影响的重大研究成果的专项，由专项负责人或总体组提出申请，经业务局报专项领导小组或分管院领导批准同意，可取消中期检查，只提交进展报告，由财务责任专家协助专项根据专项财务管理情况，在自评报告中汇报专项财务管理情况。实施周期不超过三年的专项，一般不开展中期财务检查。根据专项实施进度，集中时间开展检查，避免在同一年度对同一专项、项目重复检查、多头检查。

六、优化财务验收

最底层子课题或课题财务验收由各专项组织，财务责任专家指导中介机构完成结题审计，财务验收与科技目标验收合并完成；项目及专项财务验收由条件保障与财务局组织，与科技目标验收合并完成。财务验收不再一一对照预算科目，强化支出合规合法性验收。院将探索实施一次性综合绩效评价，综合考核项目任务完成情况和项目资金管理使用情况，不再单独组织技术验收、财务验收。

经批准，因故中止、执行期较短（2年以内）的课题（子课题），承担单位应及时清理账目与资产，编制财务收支执行情况报告，在批复中止或执行期结束后的3个月内，在财务责任专家的指导下，由专项组织中介机构进行审计。

七、开展"奖励经费"试点

根据《国务院关于优化科研管理提升科研绩效若干措施的通知》（国发〔2018〕25号），经批复开展基于绩效、诚信和能力的科研管理改革试点单位可从战略性先导科技专项经费直接经费中提取不超过20%作为绩效奖励经费。绩效奖励经费的使用应以在现有预算内确保科研任务完成为前提，以直接经费为计算依据，纳入其他费用，由单位自主调整项目预算。试点单位应制定相应的绩效奖励经费分配和使用规定，明确奖励经费的对象、遴选标准、分配标准、管理机制等，突出激励引导机制，体现绩效导向、不能平均分配，并在单位内部公示。绩效奖励经费的使用由试点单位自主确定，在绩效工资总量内分配，分配时应体现承担重大任务贡献、业绩及考核情况。

八、规范"专项调控费"

各专项结合实际情况可设置专项调控费，用于专项负责人（领衔科学家）对专项实施过程中进行宏观调控、重点支持、任务调整等。专项调控费一般不超过直接经费总额20%，在"其他费用"预算科目单独列示，拨付时应细化到具体课题（子课题）以及预算科目，并明确主要支出内容。

九、设置"合理准备期"

各专项结合实际情况可设置不超过6个月的合理准备期，并对合理准备期的时间予以确定，合理准备期应与专项执行期相衔接。对合理准备期内与专项相关的前期支出予以认可，主要包括专项实施方案的论证与细化、组织架构的确定和研究团队遴选工作，用于专项必备实验基地、试验材料创制等前期准备工作，专项开展基础实验前的必备设备、试剂、耗材等的采购、信息收集等工作发生的支出。各专项应结合本专项实际情况确定合理准备期的具体开支范围和内容。

各专项应对合理准备期支出的申报、认定做出明确规定。承担单位对准备期支出的真实性、相关性负责，专项总体组、领衔科学家和财务责任专家对承担单位上报的合理准备期支出严格审核把关，出具审核意见。经批准认定的合理准备期支出可调剂到专项执行期并按照有关预算科目列支。

十、规范预先研究、培育项目管理

设置预先研究、培育项目的先导专项，预先研究、培育阶段经费管理和使用应参照《中国科学院战略性先导科技专项经费管理实施细则》执行。预先研究、培育项目的预算编制，由专项总体组组织并审核，在正式立项后先导专项概预算评审中确认。设置预先研究、培育的先导专项原则上不再设置合理准备期。

十一、完善预算报审程序

优化预算申报程序，实现全周期"信息一次填报、材料一次报送"，纸质材料一般不超过2套。过程管理中不得额外增加半年报、季报等材料和表格报送，切实减轻科研人员负担。

进一步加强预算评审，明确评审责任，加强事前调研，充分发挥技术专家在预算评审中的作用，提升评审质量。新设立专项预算评审与年度预算书审签每年4月、9月分两次集中开展。A类、C类先导专项预算评审与项目任务论证合并开展，一般由具有评审资质的中介机构完成；B类先导专项在任务论证评审过程中，由财务专家审核任务书中预算编制的合规合理性，不再单独进行预算评审。

十二、强化预算绩效管理

各专项、各级承担单位、院相关部门应全面落实国家及我院全面实施预算绩效管理的有关要求，加强专项全过程预算绩效管理，提升专项资金使用效益，促进成果产出。建立事前绩效管理与立项审批融合的管理机制，强化绩效目标管理，提升绩效目标编报、审核质量。逐步建立绩效目标实现程度与预算执行进度相互衔接的双监控体系和双通报、双考核机制。进一步加强绩效评价结果的应用，绩效评价结果应作为专项预算安排、项目调整、后续支持的重要依据。

十三、规范课题账号管理

各专项应合理设置科研任务层级，避免碎片化管理。承担单位应根据签订的任务书，设立科研课题核算账号。原则上，子课题作为先导专项预算管理和财务核算的最小单元，不得随意拆分课题（子课题）进行核算或违规拨付专项资金。确有必要委托院外单位进行整体设计、加工、合作的专项外协费用，应作为课题（子课题）签署任务书进行管理。子课题级原则上不再设置专项外协费。严禁以专项外协费名义，将资金在院内、院外单位之间转移。

十四、做好项目政策衔接

对于执行周期结束且已开展结题验收的专项，继续按照原政策执行；执行周期结束但尚未开展结题验收以及仍在执行中的专项，参照本通知执行。

本通知自发布之日起施行，《中国科学院战略性先导科技专项经费管理实施细则》和有关管理办法等相关规定与本通知要求不一致的，以本通知为准。

中国科学院条件保障与财务局

2019年4月30日

中国科学院条件保障与财务局关于印发《中国科学院科技扶贫经费管理办法》的通知

(条财字〔2019〕36号)

院属各单位：

为全面贯彻落实党中央、国务院脱贫攻坚和乡村振兴战略有关决策部署，推进我院科技扶贫及未来乡村振兴相关工作的持续健康发展，进一步规范和加强院级科技扶贫经费使用和管理，落实"放管服"改革有关精神，我们制定了《中国科学院科技扶贫经费管理办法》，现印发给你们，请遵照执行。

附件：中国科学院科技扶贫经费管理办法

中国科学院条件保障与财务局

2019年7月31日

中国科学院科技扶贫经费管理办法

第一章 总则

第一条 为全面贯彻落实党中央、国务院脱贫攻坚和乡村振兴战略有关决策部署，推进我院科技扶贫及未来乡村振兴相关工作的持续健康发展，进一步规范和加强院级科技扶贫经费使用和管理，落实"放管服"改革有关精神，参照《中国科学院院级科研项目经费管理办法》(科发条财字〔2016〕169号)、《中央财政专项扶贫资金管理办法》(财农〔2017〕8号)，结合中国科学院科技扶贫工作特点，制定本办法。

第二条 扶贫经费包括科技扶贫项目经费和区域扶贫经费两种类型。

科技扶贫项目经费主要指由我院科技扶贫领导小组办公室（以下简称院扶贫办）以项目形式委托，用于科技扶贫工作的经费，具有明确任务要求。

区域扶贫经费是指院扶贫办按照区域帮扶对象（贫困村）数量定额下拨到院属有关单位的扶贫经费，用于完成区域扶贫相关任务。

第二章 经费使用范围

第三条 科技扶贫项目经费主要包括设施费、燃料动力费/材料费、差旅费/会议/培训费、劳务费/专家咨询费、其他支出等。除设施费及超过直接费用20%的科目需提供测算依据外，其他科目仅做简要说明，列示相应金额即可。

（一）设施费：基础设施是指为实施扶贫项目和技术示范而必需改造的路、沟渠、电力设施、生产管理用房等；生产设施是指为实施扶贫项目和技术示范而必需改造的大棚、喷滴灌、苗床、采暖加温设备等；装备设施是指扶贫项目实施中用到的仪器或为解决贫困地区实际困难而购买的设备或教育扶贫培训所需教具，如电脑、模型、农用机械等。

（二）燃料动力费／材料费：燃料动力费是指项目实施过程中相关设备运行发生的水、电、气、暖、燃料消耗费用等。材料费是指科技扶贫项目实施过程中消耗的原材料购买、运输、装卸、整理等费用，如种苗种子、饲料、管道以及化肥农药等农资购买费。

（三）差旅费／会议／培训费：差旅费是指科技扶贫项目实施过程中开展的实验、考察、调研等发生的差旅费、市内交通费用、帮扶当地租车费用、自有车辆燃油费，以及邀请专家、学者和有关人员参加上述活动发生的差旅费。会议／培训费是指为组织开展科技扶贫培训、讲座、咨询、学术研讨、协调项目（课题）及项目验收等活动而发生的费用。

（四）劳务费／专家咨询费：劳务费是指在科技扶贫项目实施过程中支付给临时参与项目工作辅助人员的劳务性费用和人身意外保险等。劳务费预算应据实编制，不设比例限制。专家咨询费是指在科技扶贫项目实施过程中支付给临时聘请的咨询专家的费用。

（五）其他支出：是指项目实施过程中发生的除上述费用之外的审计费用、宣传资料制作费、扶贫绩效奖励经费等。特殊事项应在申请预算时详细说明。

扶贫绩效奖励经费不能超过经费总额的20%。用于参与扶贫项目在职人员绩效奖励。奖励经费纳入单位绩效工资实施总额管理，应符合人事绩效工资相关规定。奖励经费应体现绩效导向，对科技扶贫成效突出、科研诚信良好的团队和个人倾斜，避免平均分配。承担单位应加强对绩效奖励经费管理，明确管理机制、流程和发放标准，并在单位内部以适当方式公开。

第四条 区域扶贫经费主要用于乡村条件改造费、慰问费／健康扶贫费、第一驻村书记及扶贫工作队工作经费，以及开展扶贫工作必要的设施费、燃料动力费、材料费、差旅费、会议费、培训费、劳务费、专家咨询费等。区域扶贫经费不得列支扶贫绩效奖励经费，承担单位可根据扶贫工作实际情况和地方扶贫政策制定扶贫工作补助政策。

（一）乡村条件改造费：是指用于改善贫困地区农业生产条件、生态环境和群众基本生活条件的费用。

（二）慰问费／健康扶贫费：是指看望贫困人员或购买慰问品的费用；用于建档立卡贫困户体检产生的费用。

（三）第一驻村书记及扶贫工作队经费：是指帮扶责任机构直接拨付给第一村书记及扶贫工作队用于开展科技扶贫活动的费用，包括当地交通费等。

第三章 预算编制、执行与验收

第五条 项目预算申报书应由项目负责人牵头，根据工作需要据实编制。项目承担单位不得提留管理费用。

第六条 项目预算执行与调整。

（一）项目经费拨付：按照财政国库集中支付规定执行。项目牵头单位应当根据科技扶贫工作进度和经费使用情况，及时向任务参与单位拨付经费。

（二）项目预算调整：在总预算不变情况下，预算支出科目如需调整比例超过总额10%的，项目（课题）负责人根据项目实施过程中的实际需求提出申请，由项目（课题）承担单位组织论证和批准，报院扶贫办备案。

（三）项目终止或撤销的，收回结余经费。

第七条 项目财务验收。

（一）项目执行期满后，项目（课题）承担单位应当及时组织清理账目和资产，如实编制项目经费决算，请 2 位以上财务专家对决算报告进行审核并签字确认。项目经费使用情况也将根据安排接受专项审计。院扶贫办将组织专家验收财务决算报告或结合审计意见对项目进行验收。

（二）项目（课题）承担单位应加强项目执行管理，并且注意经费执行率。项目实施期间，年度剩余经费可结转下一年度继续使用。项目（课题）完成任务目标并验收后，承担单位信用评价好的且经验收组确认的结余经费，可在 2 个年度内用于与当地科技扶贫工作相关的业务支出。如遇特殊情况，结余经费超过总额 20% 的，相关使用方案由项目（课题）承担单位组织论证和批准，报院扶贫办备案。

第四章　财务管理与监督

第八条　项目（课题）承担单位应加强对扶贫资金管理，严格按照本办法规定的经费开支范围和标准执行。

（一）如遇确实需要对外进行经费拨付的（经费超过 10 万元），需经项目（课题）承担单位组织开展论证程序，与受托方签订相关协议。

（二）科技扶贫经费购买的设备等固定资产，化肥种子等生产资料可以根据贫困地区实际情况进行捐赠。捐赠须履行交接程序，涉及固定资产捐赠的需严格履行审批手续，未经批准不得自行处置。

第九条　条件保障与财务局与监督与审计局负责对扶贫经费管理和使用开展监督检查。对于不按规定管理和使用扶贫经费的单位，将停拨项目经费或通报批评，情节严重的终止项目或课题。同时建议有关部门对相关责任人员问责。构成犯罪的，依法移送司法机关追究刑事责任。

第五章　附则

第十条　本办法自发布之日起施行，由院条财局、院扶贫办负责解释。

中国科学院条件保障与财务局关于进一步完善后补助项目经费管理的通知

(条财字〔2019〕37号)

院属各单位、院机关有关部门：

为进一步贯彻落实党中央、国务院和院党组关于深化科技资源配置管理改革、盘活存量资源、提高资金使用绩效水平的要求，促进重大成果产出，在《中国科学院关于试行部分项目后补助支持方式的通知》（科发条财字〔2014〕60号）的基础上，结合《财政部关于进一步完善中央财政科技和教育资金预算执行管理有关事宜的通知》（财库〔2018〕96号）要求，现就进一步完善院级后补助项目经费管理通知如下：

一、进一步扩大纳入后补助支持方式的项目范围

在"璀璨行动"项目、"仪器设备功能开发"、"科技服务网络计划（简称STS计划）"、"弘光专项"等产业化导向明确的项目的基础上，将国际合作人才项目、规划与战略咨询项目、重大科技基础设施开放共享项目、院级重点部署项目、战略性先导科技专项纳入实施后补助支持的范围。纳入后补助支持方式的项目可以是产出目标明确、考核标准客观的项目；也可以是需要项目承担单位盘活存量资金先行启动的项目。

二、规范后补助项目管理

（一）规范项目立项管理。对于纳入后补助方式支持的项目，项目主管部门应加强事前立项管理，严格论证，科学、合理设定绩效目标。预算管理按照各类项目管理要求实施。项目类型中应明确"后补助"字段，要求承担单位在任务书封面及签批盖章页明确标识。项目主管部门每年应将批准立项的后补助项目报条件保障与财务局备案。

（二）加强后补助项目和实施效果的评价。后补助项目主管部门将会同条件保障与财务局逐步开展后补助项目综合绩效评价。采取用户评价、用户满意度调查等方式对实施效果跟踪评价，重点关注后补助项目科技研发活动和成果的可持续性，并将绩效评价的结果作为以后的申报资格条件之一。

三、规范后补助项目经费管理

（一）拓宽后补助项目资金来源。后补助项目资金来源可包括：研究所统筹使用的自有资金和项目结余资金；通过科技成果转移转化的用户单位或企业投入前期经费；基本科研业务费；以及国家各类科研任务暂时闲置资金等。

（二）规范后补助项目财务管理。各单位应加强后补助项目会计核算，在ARP系统中单独建立核算账号，严格按照立项时项目课题编码，独立核算，准确归集成本费用。后补助项目课题可采取"赤字运行"方式管理。后补助财政资金到位后，凭借批复的后补助项目任务书、备案清单，经财政专员办批准后，从本单位零余额账户向本单位实有资金账户划转。

（三）明确后补助资金使用范围。在保证单位科研任务资金充裕的前提下，对于前期已经由

项目承担单位统筹银行存款安排支出的部分，后补助资金可由项目承担单位自行安排使用，不再限定具体用途。对于前期统筹动用基本科研费等垫付的部分，后补助资金可用于科研活动各项支出。

院将加强对后补助项目经费管理和使用的检查和监督，对存在弄虚作假、伪造成果、重复申报立项、虚假评价等骗取后补助资金的违规行为，根据具体情况，将停止拨款、追回部分或全部补助经费。

中国科学院条件保障与财务局

2019 年 8 月 19 日

中国科学院条件保障与财务局关于
进一步加大授权力度促进科技成果转化的通知

(条财字〔2019〕49号)

院属各单位：

根据财政部《关于进一步加大授权力度促进科技成果转化的通知》（财资〔2019〕57号），我院将进一步加大授权力度，促进科技成果转化，并就相关问题通知如下：

一、（科技成果转化行为审批）院属科研单位和高校对持有的科技成果，可以自主决定转让、许可或者作价投资，除涉及国家秘密、国家安全及关键核心技术外，不需报主管部门和财政部审批或者备案。涉及国家秘密、国家安全及关键核心技术的科技成果转让、许可或者作价投资，由院按照国家有关保密制度的规定进行审批，并于批复之日起15个工作日内将批复文件报财政部备案。

二、（科技成果转化企业的股权处置审批）院属科研单位和高校科技成果作价投资形成国有股权的转让、无偿划转或者对外投资等国有资产处置事项，由院审批，不需报财政部审批或者备案。以科技成果和现金等混合出资及其他国有资产处置事项，继续按照财政部国有资产管理相关规定执行。

三、（科技成果转化企业的国有资产产权登记审核）院委托国科控股办理院属科研单位和高校科技成果作价投资形成企业的国有资产产权登记事项，会同第三方机构对国有资产产权登记材料进行实质性审核，并出具审核报告。国有资产产权登记表（附件一）加盖院条财局公章后生效。其他企事业单位国有资产产权登记事项，继续按财政部有关规定办理。

四、（科技成果评估备案）院属科研单位和高校将科技成果转让、许可或者作价投资，由单位自主决定是否进行资产评估；通过协议定价的，应当在本单位公示科技成果名称和拟交易价格。如决定采取资产评估，继续按照院有关规定履行评估备案程序。

五、（科技成果转化收入）院属科研单位和高校转化科技成果所获得的收入全部留归本单位，纳入单位预算，不上缴国库，主要用于对完成和转化职务科技成果做出重要贡献人员的奖励和报酬、科学技术研发与成果转化等相关工作。

六、（科技成果转化过程管理主体责任）院属科研单位和高校要遵循科技成果转移转化规律，完善科技成果转化机制，加强科技成果管理，规范科技成果转化程序，建立健全科技成果转化重大事项领导班子集体决策制度，提高科技成果转化成效。对在科技成果转化工作过程中，通过串通作弊、暗箱操作等低价处置国有资产的，要依据国家有关规定进行处理。

七、（科技成果转化国资监管主体责任）院属科研单位和高校是科技成果作价投资形成企业的监管主体，要承担科技成果转化有关国有资产管理的主体责任，对企业加强过程管理，对国有资产产权登记材料的完整性和有效性负责，对股权处置行为的合法性和公允性负责，对评估方法选取的合理性和评估价值的真实性负责。对在企业管理和股权处置过程中，玩忽职守造成国有资产流失的，依据国家有关规定进行处理。

八、（院主管部门监督审核）院条财局和国科控股加强对科技成果转化形成企业和有关国有资产处置事项的监督，督促改进发现的问题。对国有资产产权登记、评估备案材料关键要素进行审核，对科技成果转化形成企业股权处置严格把关，做到放管结合，实现有效监管。

本通知自印发之日起施行。

特此通知。

中国科学院条件保障与财务局

2019 年 11 月 13 日

中国科学院条件保障与财务局关于印发《中国科学院单位内部往来业务管理指导意见（试行）》的通知

（条财字〔2019〕57号）

院属各事业单位：

为贯彻落实《国务院关于改进加强中央财政科研项目和资金管理的若干意见》、《中共中央国务院关于全面实施预算绩效管理的意见》及政府会计制度，依据国家有关法律、法规及财务规章制度，结合我院各单位内部往来业务的实际情况，特制定本指导意见，现印发给你们，请遵照执行。

附件：中国科学院单位内部往来业务管理指导意见（试行）

中国科学院条件保障与财务局

2019年12月10日

中国科学院单位内部往来业务管理指导意见（试行）

为贯彻落实《国务院关于改进加强中央财政科研项目和资金管理的若干意见》、《中共中央国务院关于全面实施预算绩效管理的意见》及政府会计制度，依据国家有关法律、法规及财务规章制度，结合我院各单位内部往来业务的实际情况，现提出如下指导意见：

一、内部往来业务的内涵

本指导意见所指内部往来业务是院属单位内部核算单元之间提供各项服务以及相关成本费用结算。主要包括：单位建立仪器设备共享平台为本单位项目提供测试化验、计算分析、设计加工、动物饲养、植物种植等服务；单位支撑部门为项目提供加工协作、车辆、住宿、文印、文献检索、会议服务等支撑服务；由单位统一管理的、项目实际耗费的水、电、暖、气等燃料动力消耗等。随着科研能力建设不断加强，科研院所规模不断扩大，围绕科研活动发生的内部往来业务大幅增加，成为科研活动的重要内容。

二、主要目的

本指导意见旨在进一步规范院属事业单位（以下简称单位）内部往来业务管理，确保内部往来业务的真实性、相关性，保证资金的安全和规范使用，进一步提升单位成本核算水平，提高资金配置效率和使用效益，为深入开展科研预算绩效管理奠定基础。

三、基本原则

内部往来业务应本着真实、相关、成本补偿、非盈利原则，具体内容包括：

——真实性原则：内部往来业务必须以真实发生的业务为基础，进行管理和会计核算。

——相关性原则：内部往来业务支出应以合同、任务书等为依据，与实际开展科研任务相关。

——补偿性原则：内部往来业务结算应按照成本补偿原则，充分考虑各项成本耗费。

——非营利原则：内部往来业务不以市场化盈利为目的，不应在结算中产生利润。

四、加强内部往来业务成本核算

单位应加强全成本核算管理，利用科学的成本归集和分摊方法，全面、准确反映内部往来业务各项资源耗费。成本核算范围包括：提供内部服务过程中仪器设备、实验耗材、实验用房使用所发生的相关成本；水、电、暖等经合理分摊后的运行支出；固定资产折旧、无形资产摊销等耗费以及与人力成本（不含财政资金来源的部分）相关的服务费等。

五、明确内部往来业务的财务管理

（一）单位应在成本核算基础上，完善内部往来业务结算。做好试剂耗材、人工、设备运行、燃料动力等成本核算信息归集工作，按照成本补偿原则，合理制定各项内部往来业务的收费标准。收费标准应经所务会批准，并在单位内部公示，原则上不得高于成本核算价格和对外服务价格。

（二）内部往来业务结算时应符合内部业务的收费标准，有明确的计量办法、可操作的计量手段、合理的分摊依据以及手续完备的内部往来业务证明资料。结算时均应提供纸质或电子版业务申请审批单、测试报告、验收单、结算清单、服务记录等证明资料。

（三）单位应按照"收、支两条线"原则，对内部往来业务收入纳入单位预算，由单位统一管理，统筹用于各项科研业务相关支出。会计处理应按照政府会计制度执行。成本归集时，财务会计应按照权责发生制合理确定成本费用，涉及资金变动的业务应在预算会计记入预算支出。业务结算时，财务会计应依据结算金额将费用记入受益的核算单元，相应冲减已归集的费用，预算会计应同时在内部核算单元间进行支出调整，涉及银行账户资金划转的，应做相应账务处理。

六、规范内部往来业务过程管理

（一）单位应加强内部科研平台管理，准确、全面的归集为项目提供服务的相关成本。鼓励单位建立科研仪器共享服务平台为项目提供科研服务，并建立服务记录台账，详细记录项目名称、服务时间、服务数量、服务内容等。使用本项目经费购置或研制的设备和平台，不得在该项目执行期内再行列支费用。

（二）单位应加强对项目直接发生的水、电、煤、气、油等燃料动力的分摊管理。结合当地物价水平或以前年度历史水平进行合理测算，分别制定合理的水、电、煤、气、油等燃料动力结算分摊标准等。大型仪器设备、专用科学装置等发生的燃料动力费应单独计量或提供合理分摊依据。

（三）单位支撑管理部门为项目提供车辆使用、住宿、通讯、文印、文献检索、会议等服务的，结算时应提供详细记录，注明项目名称、服务事由、服务时间、收费标准等，据实结算。

七、强化责任与监督管理

（一）确保内部往来业务的真实性是单位的主体责任，单位应强化法人责任落实，建立健全内部往来业务管理制度、内部控制制度和内部公示制度，加强对内部往来业务的管理和监督。

（二）项目负责人及业务管理部门应对内部往来业务的真实性、相关性承担直接责任；科研平台管理、支撑管理等部门应加强对内部往来业务的真实性、相关性的审核，确保内部往来业务收费合理，计量记录真实完整；财务部门应加强对内部往来业务结算相关材料、手续的审核，规范会计核算；单位内部审计部门应对内部往来业务的真实性、规范性，以及手续的完备性、合规性进行监督检查。

（三）单位不得通过虚构事项、虚增业务量或不合理收费等方式变相转移或套取项目资金。

（四）院条件保障与财务局、监督与审计局将定期或不定期对各单位内部往来业务进行督导检查，对违纪、违规问题依照相应程序进行处理，必要时追究有关人员的责任。

各单位应根据国家相关规定及本指导意见，结合本单位具体情况，制定本单位内部往来业务管理办法。

中国科学院条件保障与财务局关于进一步规范科研经费管理和使用的通知

（科发条财函字〔2020〕53号）

院属各单位、院机关各有关部门：

近年来，各单位承担的科研项目和取得的科研经费均大幅增长。在科研经费管理和使用中，多数单位能按照国家法律法规和财经制度进行管理和使用，保证了科研工作的顺利进行。但根据中央第十五巡视组对我院巡视的意见反馈，以及近年审计、院内巡视、财务检查的情况来看，部分单位仍存在管理和使用不规范现象以及违规问题，影响了科研工作顺利开展。为落实中央巡视整改要求，进一步规范各单位科研经费管理和使用，促进我院科研工作持续健康发展，现就进一步规范科研经费管理和使用通知如下：

一、加强制度建设

我院落实"放管服"改革的要求，制定完善了一系列管理制度，改革和创新科研经费使用和管理方式。但仍然发现部分单位科研经费管理制度陈旧，时效性不强。部分制度照搬照抄，未结合本单位实际，责任归口部门不明确，细则条款不明确，程序要求冗余，可操作性不强。个别单位缺少"三重一大"事项决策审批制度，对大额科研资金支出决策审批不严，缺少管控措施。

各单位应高度重视制度建设工作，在院制度框架内制定并完善相关科研经费和财务管理制度，明确"三重一大"事项决策审批制度。内部制度应结合单位实际，细则条款和权责范围应明确清晰，具有可操作性，避免重复、无效的程序要求。因国家政策调整等因素，不适用的制度条款应及时修订。

二、严防"小金库"问题发生

"小金库"是指违反法律法规及其他有关规定，应列入而未列入符合规定的单位账簿的各项资金（含有价证券）及其形成的资产。"小金库"的表现形式主要包括：一是通过隐匿、截留单位收入以及违反"收支两条线"原则形成的，包括利用单位各种资产对外提供服务，房屋出租、科研展品及废旧物资处理收入等未纳入单位财务部门统一管理，还包括未按规定对大型会议全部财务收支编制预算、进行结算与账面反映，通过会议公司、酒店等存在坐支或将结算余款留存；二是通过虚列各项支出形成的，包括虚列技术开发费，虚报冒领材料费、劳务费、咨询费、培训费等，以及以虚报工作量、虚报维修、开假发票等方式，将科研经费转到本单位以外形成。

各单位应强化财务收支管理，严禁单位以各种名义、各种方式设立"小金库"。加强内部科研测试平台及课题组领用材料、动植物等资产的后续管理，梳理掌握各种收入信息，对外提供服务取得的收入应及时纳入研究所财务统一管理；全面梳理掌握单位出租出借资产和报废资产信息，建立从形成、配置、使用、处置等全过程监控，确保资产出租出借及处置收入及时入账；规范野外台站等分支机构、食堂、物业等后勤保障部门资金管理，避免形成"账外账"。加强材料、测试化验加工、劳务、专家咨询、差旅、会议等支出管理，强化事前审批，落实审批责任，加强真实性和报销票据附件审核，防止虚报冒领、重复报销套取资金。

三、强化预算源头管理

根据近年预决算对比，部分单位部门预算编制不完整，上年结转结余、出租收入、技术收入、科研项目收入、下属企业上缴收入等未完整编入部门预算，预决算差异较大。有的单位承担的国家级科研项目预算编制不准确，编制质量审核把关不严，或未按项目主管部门规定履行预算调剂审批程序，造成执行中违反相关项目经费管理制度、项目合同书的条款，开支项目预算以外的内容。有的单位科研项目预算绩效目标填报较为粗糙，绩效目标设置不完整，指标设计未细化、未量化，与科研任务目标"两张皮"，造成绩效目标管理表无法起到作用。

各单位应充分认识预算管理的重要性，按照《预算法》从源头上抓实单位预算编制工作，加强组织协调，明确各部门职责，充分发挥预算委员会作用，科学、合理、完整编制预算，尽可能全面、准确预计出租收入、技术收入、科研项目收入、下属企业收入等收入项，以前年度结转结余应纳入部门预算编制。严格执行项目主管部门对项目预算管理要求，发挥科研财务助理作用，提高项目预算编报质量，实际执行中按要求及时履行预算调剂审批程序。在编制项目预算时，按照"谁申请资金，谁设定目标"的原则，科学、合理编报绩效目标，设定与任务匹配、可操作和量化的绩效指标，在报送前加强对项目预算绩效目标的审核。

四、正确处理关联业务往来

关联业务是指课题承担单位委托具有关联关系的企业或单位提供有偿业务的行为。部分单位对关联业务重视程度不足，制度建设和执行不力，对关联方管理不到位，资质审核不严，关联业务审批程序和合同管理不规范。个别单位将承担的科研项目经费通过技术开发、技术服务合同委托、拨付给关联单位，用于支付在编人员的工资薪酬，涉嫌虚列技术开发费。个别单位由所办公司对外销售技术产品，将销售收入转入公司，而部分成本在研究所课题中列支，涉嫌利益输送。个别单位与所办公司或分支机构的资产、成本、人员关系划分不清晰，所办公司无偿使用场地、平台、设备等资源。个别单位存在在职职工在所办公司违规领取报酬的现象。

各单位应严格执行《中国科学院关于加强科研项目关联业务管理的暂行规定》（科发条财字〔2015〕125号），确保关联业务的必要性、真实性和公允性，防止违规拨付资金、套取资金及利益输送等舞弊、违法行为的发生。在关联业务管理制度中明确禁止事项、申报审批程序、承诺公示机制。理清与所办企业等关联方关系，合理区分研发、转化等阶段收入、成本，合理划分员工薪金发放主体。明确关联业务管理的归口部门，及时掌握关联方、关联业务，利用审批、论证、公示、承诺机制加强对关联业务的管理。规范测试化验加工、采购等行为，加强对关联方资质的审核，对其实际能力、条件做必要的市场调查；符合政府采购和招投标范围的，严格履行政府采购和招投标程序。加强对关联业务合同的管理，规范关联业务合同签订程序，严格事前审批的原则；确保合同签订时间、金额、内容等要件齐全；确保关联业务合同条款公平。

五、规范内部往来业务行为

内部往来业务是院属单位内部核算单元之间提供各项服务以及相关成本费用结算。对于内部往来业务的处理，部分单位缺少相关管理制度或制度可操作性差。个别单位通过虚构业务事项、虚增业务量或不合理收费等方式变相转移或套取项目资金；部分单位内部转账结算佐证材料不充分，难以证明内转业务真实性。

各单位应严格执行《中国科学院单位内部往来业务管理指导意见（试行）》（条财字〔2019〕57号），建立健全内部往来业务管理制度，加强对内部往来业务真实性、相关性的审核。按照成本补偿原则合理制定各项内部往来业务的收费标准，原则上不得高于成本核算价格和对外服务价格，收费标准应经所务会批准，并在单位内部公示。结算时应有明确的计量办法、可操作的计量手段、合理的分摊依据以及手续完备的内部往来业务证明资料。按照"收支两条线"原则，对内部往来业务收入纳入单位预算，由单位统一管理，统筹用于各项科研业务相关支出。严禁通过虚构事项、虚增业务量或不合理收费等方式变相转移或套取项目资金。

六、加强会议费管理

各单位按照"放管服"有关要求制定了会议费管理办法，但在实际执行中发现：有的单位混淆行政会议与科研会议，将相关政策错用在行政会议中，未按照会议级别履行会议计划审批和执行标准；有的单位内部学会、协会未经民政部门批准，不具备收费资质，违规在举办会议过程中收取费用；个别单位通过虚报参会人数增加会议预算，变相提高就餐、住宿标准，在没有会议计划、审批、通知等相关性材料情况下，通过会议形式报销餐费或接待费；一些单位存在会议计划申报随意，审批失控，会议泛化等问题。

各单位应进一步完善会议费、接待费、误餐费等管理办法，避免会议泛化，防范违反中央八项规定精神的事项发生。严格执行《中国科学院会议费管理办（试行）》（科发条财字〔2016〕103号）和《中国科学院在华举办国际会议经费管理办法（暂行）》（科发际字〔2017〕47号），严格区分行政会议与科研业务会议，科研业务会议是指以科学研究、决策咨询、学术交流、成果转移转化等为主要内容的业务性会议。行政会议应严格按照会议等级履行审批程序。全面梳理单位内部学会、协会不具备收费资质，严禁收取会议费。按照"厉行节约"的原则，控制会议规模和人数，不得通过虚报人数增加会议预算或变相提高就餐或住宿标准。加强对小型科研会议的审批管理，严禁违规以会议费名义报销餐费或接待费。按规定编制会议全部财务收支预算，严格按"收支两条线"的原则，将会议全部收入和支出纳入单位财务统一管理。委托会议服务公司的，严格遴选具有相应资质的会议服务公司，签订委托合同，及时结算入账，并将会议收支结算清单作为会议报销凭据。

七、重视合同管理问题

合同管理是科研经费监管的重要关口。当前各单位合同管理存在的主要问题包括：部分单位领导、管理和科研人员合同管理认识不到位；没有明确合同归口管理部门，或有归口管理部门但没有明确职责，缺少相应合同管理制度；重大合同管理缺少前期主体形式审查和实质审查等准备工作，缺少合同谈判、签订、执行以及变更等法定程序；签订的合同文字不严谨，条款不全面有漏洞；执行过程中忽视合同变更管理和档案管理等。

各单位应依照《合同法》、《劳动合同法》加强科研经费合同管理，增强合同管理意识。建立健全合同管理制度，明确合同归口管理部门及职责，严格合同签章。重大合同要做好前期准备工作，管控好合同谈判、合同审核及签订、合同履行、合同变更、合同验收等重要环节，做到不相容岗位相互分离。

八、规范基本科研业务费管理

基本科研业务费主要用于由科研院所自主选题开展的科研工作；所属行业基础性、支撑性、应急性科研工作；团队建设及人才培养；开展国际科技合作与交流；科技基础性工作等其他工作。

目前部分单位在基本科研业务费的安排和使用较为随意，缺少管理机制，甚至有个别单位超范围开支单位公用经费。

各单位应按照《中央级公益性科研院所基本科研业务费专项资金管理办法》（财教〔2016〕268号）和《中国科学院院级科研项目经费管理办法》（科发条财字〔2016〕169号）等科研经费管理规定，切实履行在资金申请、资金分配、资金使用、监督检查等方面的管理职责。单位可组建基本科研业务费管理咨询委员会等，充分听取科研人员意见，按照科学民主、公开公正的原则，审议支持项目和预算方案，并监督资金的使用。基本科研业务费中严禁分摊单位公共管理和运行费用，严禁开支罚款、捐赠、赞助、投资等。

院将继续加强对于科研经费违规行为的监督检查力度，一旦发现违规问题，将按照有关规定处理，情节严重的将移交有关部门处理。

中国科学院条件保障与财务局
2020年5月6日

第八章 国防科工局科研项目和资金管理法规政策

国防科工局关于印发
《核电站乏燃料处理处置基金项目管理办法》的通知

(科工二司〔2014〕314号)

各有关单位：

为规范核电站乏燃料处理处置基金项目管理，明确各方责任，推动核电站乏燃料处理处置工作顺利进行，我们制定了《核电站乏燃料处理处置基金项目管理办法》，现印发给你们，请遵照执行。

国防科工局

2014年3月24日

核电站乏燃料处理处置基金项目管理办法

第一章 总则

第一条 为规范我国核电站乏燃料处理处置基金（以下简称基金）项目管理，保障基金合理和有效使用，依据《核电站乏燃料处理处置基金征收使用管理暂行办法》（财综〔2010〕58号）及其他有关规定，制定本办法。

第二条 核电站乏燃料处理处置基金属于政府性基金，专项用于核电站乏燃料处理处置。具体使用范围包括：

（一）乏燃料运输；

（二）乏燃料离堆贮存；

（三）乏燃料后处理（含乏燃料后处理中试厂进行的商用核电站乏燃料后处理）；

（四）乏燃料后处理所产生的高放废物处理处置；

（五）乏燃料后处理厂的建设、运行、改造和退役；

（六）乏燃料处理处置的其他支出。

第三条 基金项目预决算和经费使用管理按照财政部有关规定执行。

第四条 基金项目中涉密事项按照国家相关保密管理规定的要求执行。

第二章 管理职责

第五条 国家国防科技工业局(以下简称国防科工局)负责基金项目的管理。主要职责是:

(一)会同财政部编制和发布基金项目规划;

(二)编制下达基金项目年度计划;

(三)负责基金项目的审批、监督检查、审计、验收与后评估;

(四)承担基金项目范围内乏燃料管理的监督责任;

(五)负责基金项目执行过程中的重大事项协调。

第六条 项目承担单位的上级单位承担本系统基金项目的管理和项目范围内乏燃料管理职责。主要包括:

(一)组织所属项目承担单位履行相关乏燃料管理责任,并进行监督检查;

(二)组织编制及报送所属单位基金项目规划建议及年度计划建议;

(三)审查所属单位基金项目申报文件并及时报送;

(四)组织所属单位基金项目的实施,并对实施情况进行监督检查;

(五)组织编制及报送所属单位基金项目预算和财务决算;

(六)国防科工局委托的其他事项。

第七条 项目承担单位具体负责基金项目的实施管理和项目范围内的乏燃料管理。主要职责是:

(一)承担本单位基金项目范围内相关乏燃料管理的直接责任;

(二)编制及上报本单位基金项目规划建议;

(三)编制及上报本单位基金项目申报文件;

(四)编制及上报本单位基金项目年度计划建议;

(五)编制及上报本单位基金项目预算和财务决算;

(六)负责本单位基金项目实施和日常管理;

(七)负责本单位基金项目验收的申请和准备。

第八条 国防科工局组织成立专家委员会,协助开展战略和规划研究、项目评审、检查和验收工作。建立健全专家评审制度、问责制度和回避制度。

第三章 项目申报与审批

第九条 基金项目实施专项规划管理。专项规划分为近期规划和中长期规划,近期规划的规划期为5年,中长期规划的规划期为10年。

(一)项目承担单位的上级单位根据实际需求,提出本部门基金项目规划建议。

(二)国防科工局会同财政部组织编制基金项目规划,用于指导项目的申报与审批。

(三)规划期内,如确需要,国防科工局可直接向有关项目承担单位的上级单位下达运输及贮存等工作任务。

第十条 基金项目分为乏燃料运输、设施建设、设施运行、设施退役四类。重大设施建设项目的前期工作可作为基金项目申报,视同设施建设类项目管理。各类项目申报文件的格式及要求按国防科工局有关规定执行。

第十一条 基金项目的申报,面向具备乏燃料处理处置有关资质的单位。

第十二条 乏燃料运输类项目按以下程序申报审批:

（一）依据规划或任务，项目承担单位的上级单位组织所属运输单位编制五年规划期内乏燃料运输方案报国防科工局。

（二）国防科工局对乏燃料运输方案组织评估或审查后，商财政部进行批复。

（三）规划期内如确需对运输方案进行调整，由项目承担单位的上级单位向国防科工局提交调整申请，国防科工局审查后按规定程序办理批复。

第十三条 设施建设类项目按以下程序申报审批：

（一）设施建设类项目申报审批分为项目建议书、可行性研究报告和初步设计三个阶段。

（二）依据规划，项目承担单位的上级单位组织所属相关单位编制项目建议书报国防科工局。国防科工局组织评估或审查后，商财政部进行批复。

（三）依据项目建议书批复，项目承担单位的上级单位组织所属相关单位编制项目可行性研究报告报国防科工局。国防科工局组织审查后，对可行性研究报告进行批复。

（四）依据项目可行性研究报告批复，项目承担单位的上级单位组织所属相关单位编制项目初步设计，国防科工局或委托项目承担单位的上级单位组织审查后，对项目初步设计进行批复。

第十四条 设施运行类项目按以下程序申报审批：

（一）依据规划，项目承担单位的上级单位组织所属相关单位编制五年规划期内的设施运行方案报国防科工局。

（二）国防科工局对设施运行方案组织评估或审查后，商财政部进行批复。

（三）规划期内如确需对设施运行方案进行调整，由项目承担单位的上级单位向国防科工局提交调整申请，国防科工局审查后按规定程序办理批复。

第十五条 设施退役类项目按以下程序申报审批：

（一）设施退役类项目的申报审批分为项目建议书、可行性研究报告和初步设计三个阶段。

（二）依据规划，项目承担单位的上级单位组织所属相关单位编制项目建议书报国防科工局。国防科工局组织评估或审查后，商财政部进行批复。

（三）依据项目建议书批复，项目承担单位的上级单位组织所属相关单位编制项目可行性研究报告报国防科工局。国防科工局组织审查后，对可行性研究报告进行批复。

（四）依据项目可行性研究报告批复，项目承担单位的上级单位组织所属相关单位编制项目初步设计，国防科工局或委托项目承担单位的上级单位组织审查后，对项目初步设计进行批复。

（五）对于特别重大、复杂的退役项目可视具体情况分阶段审批，但应在项目建议书批复中明确审批节点与要求。

第十六条 用于乏燃料处理处置其他支出的项目，由国防科工局商财政部研究办理。

第十七条 不具备批复条件的项目，由国防科工局告知项目承担单位的上级单位；规划外项目，国防科工局商财政部研究办理。

第十八条 多个项目承担单位联合申报项目，应明确牵头责任单位及联合申报各单位的职责、分工和经费分配等内容。

第四章 基金项目年度计划与预算

第十九条 基金项目年度计划按以下程序确定：

（一）项目承担单位根据批复的项目建议书、可行性研究报告等（运输类和设施运行类项目完成方案批复、设施建设类和退役类项目完成可行性研究报告批复），提出本单位基金项目下年度计划建议；

（二）项目承担单位的上级单位汇总基金项目年度计划建议，并于每年7月31日前编制本系统基金项目年度计划建议报国防科工局；

（三）国防科工局审核项目承担单位的上级单位基金项目年度计划建议，于9月30日前提出基金项目年度计划，商财政部确定后下达项目承担单位的上级单位。

（四）基金项目申请列入项目年度计划，应符合下列要求：

1.符合基金项目年度计划的安排原则和支持方向；

2.首次列入的基金项目，应符合预算管理的要求；

3.结转安排的基金项目，其上一年度计划执行情况良好，本年度计划内容、进度节点和经费需求明确；

4.国家规定的其他条件。

第二十条 基金年度预算申报与审批：

（一）根据基金项目年度计划，项目承担单位的上级单位提出下一年度经费预算建议，按照部门预算管理程序报财政部审批。

（二）项目承担单位和项目承担单位的上级单位应严格执行有关规定，加强预算管理，切实提高预算执行率。

第二十一条 项目承担单位的上级单位与项目承担单位应严格遵照下达的基金项目年度计划执行，不得擅自调整。执行过程中因出现重大情况必须调整的，项目承担单位的上级单位应于当年8月15日前向国防科工局上报基金项目本年度计划调整申请，国防科工局综合平衡后，于当年8月31日前向财政部提出预算调整建议。乏燃料运输和离堆贮存项目年度计划调整申请应附必要的补救措施和相关核电企业的意见。

第五章 项目组织实施

第二十二条 项目承担单位按照有关规定，依据批复要求和年度计划，做好项目实施过程中的进度、质量、安全和资金的管理。

第二十三条 项目承担单位的上级单位应按照项目批复和有关规定，指导、督促本部门项目承担单位完成项目任务，及时协调处理各种问题，定期对本系统的项目执行情况进行监督检查。

第二十四条 国防科工局定期或不定期组织对项目进展、预算执行和经费使用情况进行监督检查。

第二十五条 基金项目管理实行报告制度。

（一）乏燃料运输和设施运行类项目，由项目承担单位提交年度总结，经项目承担单位的上级单位汇总后，于每年1月31日前，向国防科工局书面报告上年度项目执行情况、资金使用情况、存在的问题和解决措施、建议等。

（二）设施建设和设施退役类项目，由项目承担单位提交半年总结和年度总结，经项目承担单位的上级单位汇总后，于每年7月15日和次年1月31日前，向国防科工局书面报告项目执行情况、资金使用情况、存在的问题和解决措施、建议等。

（三）项目实施过程中发生的重大事项，项目承担单位应及时通过项目承担单位的上级单位上报国防科工局。

第二十六条 对于不能按批复要求完成的项目，项目承担单位应及时通过项目承担单位的上级单位，向国防科工局报送终止、撤销或调整的申请。

第六章 财务决算与项目验收

第二十七条 大型设施建设和设施退役类项目完成后6个月内，其他项目完成后3个月内，项目承担单位编制财务决算，国防科工局组织对项目财务决算进行审计，并下达审计决定或出具审计意见。

第二十八条 投资1亿元以下（含1亿元）项目的财务决算，财政部授权国防科工局审批；投资1亿元以上项目，经项目承担单位的上级单位初审后报国防科工局审核，国防科工局提出审核意见后报财政部审批。

第二十九条 基金项目由国防科工局或委托项目承担单位的上级单位组织验收。项目验收实行计划管理，乏燃料运输和设施运行类项目应在批复周期结束后一年内完成验收。设施建设、设施退役及其他类项目应在项目批复周期内完成验收。

第三十条 项目承担单位的上级单位应于每年12月31日前向国防科工局报送本系统下年度应验收的项目建议；不能按期验收的，应向国防科工局提交延期申请。

第三十一条 国防科工局于每年3月31日前下达当年项目验收计划，明确验收时间、验收组织部门等。

第三十二条 验收计划中明确由国防科工局组织验收的项目，项目承担单位的上级单位应在验收前2个月，按有关规定向国防科工局报送验收申请文件及相关材料，国防科工局按验收计划组织专家验收，验收通过后下达验收批复。未通过验收的项目，限期（不超过6个月）整改后申请第二次验收。第二次验收仍未通过的，项目承担单位五年内不得申请基金项目。

第三十三条 验收计划中明确由项目承担单位的上级单位验收的项目，项目承担单位应在验收前2个月向项目承担单位的上级单位提交项目验收申请文件及相关材料，项目承担单位的上级单位应按验收计划组织验收工作，并将验收批复报国防科工局备案。

第三十四条 国防科工局根据基金项目实施具体情况，适时组织开展后评估工作。后评估的结论作为今后安排乏燃料处理处置项目的重要参考依据。

第七章 财务管理

第三十五条 项目承担单位应严格执行国家有关财经法规、制度，建立健全内部控制制度，严格按照批复内容建账核算。

第三十六条 项目经费必须专项核算，专款专用。

第三十七条 项目承担单位的财务部门要协助监督项目经费的使用，发现问题及时予以纠正，接受单位审计部门和上级部门的监督检查。

第三十八条 国防科工局定期或不定期组织对项目承担单位项目资金资产管理情况进行监督检查。

第八章 奖励与处罚

第三十九条 项目实施成效显著的，国防科工局对有关单位和个人给予表彰。

第四十条 项目实施过程中，发生重大质量和安全事故，违反经费使用、财务和审计制度，发生重大失泄密事件等问题，按国家有关法律法规办理。

第九章　附则

第四十一条　核电站乏燃料处理处置过程中涉及的核安全、核应急、核责任险、职业卫生、运输等事项按国家有关规定执行。

第四十二条　本办法由国防科工局负责解释。

第四十三条　本办法自公布之日起施行。

国防科工局关于印发
《国防科技工业科技报告管理暂行办法》的通知

(科工技〔2015〕736号)

教育部、中科院，各省、自治区、直辖市国防科技工业管理部门，深圳市国防科工办，各军工集团公司，中国工程物理研究院，有关民口中央企业集团公司（研究总院），工业和信息化部直属单位，国防科技大学：

为贯彻落实《关于加快建立国家科技报告制度的指导意见》（国办发〔2014〕43号），建立国防科技工业科技报告制度，推动科技成果完整保存、持续积累、开放共享和转化应用，现将《国防科技工业科技报告管理暂行办法》印发给你们，请遵照执行。

国防科工局

2015年8月18日

国防科技工业科技报告管理暂行办法

第一章 总则

第一条 为深入实施创新驱动发展战略，推动科技成果完整保存、持续积累、开放共享和转化应用，贯彻落实《关于加快建立国家科技报告制度的指导意见》（国办发〔2014〕43号），建立国防科技工业科技报告（以下简称国防科技报告）制度，根据国家有关法律法规，制定本办法。

第二条 国防科技报告是描述国防科研活动的过程、进展和结果，并按规定格式编写的科技文献，主要用于促进科技知识的积累、传播交流和转化应用。国防科技报告是国家科技报告的重要组成部分，是国防科技工业基础性、战略性信息资源，是国防科技创新能力的重要体现形式之一。

第三条 国防科技报告工作是国防科研工作的组成部分，科技管理部门应将其纳入科研管理程序，在科研工作中建立国防科技报告管理制度。

第四条 本办法适用于国家国防科技工业局（以下简称国防科工局）下达科研计划的基础研究类、技术研究与开发类、工程研制类科研项目、国家科技重大专项，以及申报国防科学技术奖或通过国防科工局推荐参评国家科学技术奖的科研项目产生的科技报告。

第二章 职责分工

第五条 国防科工局是国防科技报告工作的主管部门，主要职责是：

（一）贯彻落实国家有关科技报告工作的方针、政策和法规，推动国防科技报告与国家科技报告体系的衔接；

（二）统筹规划国防科技报告工作发展，制定相关制度和政策；

（三）总体组织、协调、指导和监督检查国防科技报告工作，确保国防科技报告工作体系的正常运行；

（四）推动国防科技报告的共享交流。

第六条 国防科工局信息中心承担国防科技报告管理的日常工作，主要职责是：

（一）负责国防科技报告电子版的接收、收藏、服务和归档；

（二）组织研究国防科技报告相关标准规范，负责检索体系建设；

（三）负责所收藏国防科技报告的统计分析和相关二次文献的编辑出版；

（四）负责国防科技报告信息系统的开发、运行和维护工作；

（五）组织开展国防科技报告相关政策法规、标准规范的宣传培训活动。

第七条 国务院有关部门，中国科学院，省、自治区、直辖市国防科技工业管理部门，中央直属企业，中国工程物理研究院，教育部直属高校，工业和信息化部直属单位（以下简称项目主管单位）承担本部门（单位）或所在地区企事业单位的国防科技报告管理职责，主要包括：

（一）落实国防科技报告工作的方针、政策、法规；

（二）为国防科技报告工作提供必要的条件保障；

（三）督促、审查、呈交、收藏本部门（单位）负责的国防科技报告；

（四）组织参加国防科技报告共享交流和相关业务建设活动；

（五）推动本部门（单位）所收藏国防科技报告的共享交流。

第八条 承担研究任务的单位（以下简称承研单位）是编写国防科技报告的责任主体，主要职责包括：

（一）按照项目任务书（或可行性研究报告）和有关要求，完成国防科技报告的编写、初步审查并向项目主管单位呈交；

（二）参加国防科技报告的共享交流和相关业务建设活动；

（三）负责本单位管理的国防科技报告的共享交流。

第三章 呈交工作要求

第九条 国防科工局将呈交国防科技报告的类型、时间节点、最低数量作为科研项目任务书（或可行性研究报告）评审与评估的重要内容，并在任务书（或可行性研究报告）批复中予以明确。

第十条 国防科技报告包括最终研究报告（或最终技术报告）、技术方案论证报告、研究报告、实验（试验）报告、测试报告、调研报告、工程报告、评估报告等蕴含科研活动细节及基础数据的报告。

第十一条 国防科技报告呈交数量：

（一）所有科研项目均须呈交最终研究报告（或最终技术报告）1篇；

（二）国防科工局下达科研计划的基础研究类、技术研究与开发类、工程研制类科研项目，以及国拨经费不足1000万元的国家科技重大专项科研项目，实施周期1~3年的须呈交至少1篇其他类型国防科技报告；实施周期3年以上的，前3年呈交任务同上，从第4年起每两年须呈交至少1篇其他类型国防科技报告，折算数量不足1篇的按1篇计；

（三）国防科工局下达科研计划且国拨经费超过1000万元的国家科技重大专项科研项目，每年须呈交至少1篇其他类型国防科技报告。

第十二条 承研单位应按任务书（或可行性研究报告）要求组织编写国防科技报告，并做好形式、内容、保密、知识产权，以及电子版和印刷版一致性等方面的审查。联合承研单位撰写的国防科技报告，除最终研究报告（或最终技术报告）由主承研单位统一审查、呈交外，其他类型科技报告自行审查、呈交。

第十三条　承研单位按任务书（或可行性研究报告）要求及时将国防科技报告的电子版和印刷版报项目主管单位。项目主管单位将 1 份合格的国防科技报告的印刷版盖章返承研单位，作为项目现场验收审查资料。项目主管单位在每年 6 月底、12 月底前向国防科工局信息中心报送国防科技报告电子版，并在每年 12 月底前向国防科工局书面报告当年国防科技报告呈交工作情况。

申报国防科学技术奖或通过国防科工局推荐参评国家科学技术奖的科研项目，需在提交报奖申请材料前完成国防科技报告的呈交工作。

第十四条　承研单位最晚应于现场验收前 1 个月完成除最终研究报告（或最终技术报告）以外的全部国防科技报告的呈交工作。最终研究报告（或最终技术报告）应在现场验收后根据专家组意见完成修改，并经专家组组长签字确认后于现场验收后 1 个月内呈交。

第四章　国家秘密保护

第十五条　国防科技报告的编写、审查、加工、管理、呈交、收藏、交流和使用必须严格遵守保密法和相关保密制度规定。

第十六条　国防科技报告中所涉及国家秘密原则上限于科学技术范围。

第十七条　国防科技报告的密级分为绝密、机密、秘密、限制、公开五级。

绝密级、机密级和秘密级国防科技报告包含的最高密级国家秘密分别为绝密级、机密级和秘密级；限制级国防科技报告不包含国家秘密，但包含不适宜全社会知悉的敏感信息，其交流和使用范围在一定时期内受到限制；公开级国防科技报告交流和使用范围不受限制，可按程序在国内外发行和交换。

绝密级国防科技报告管理另行规定或做必要的降密处理后适用于本办法；非涉密科研项目产生的国防科技报告，不得涉及国家秘密。

第十八条　国防科技报告的密级和保密期限由承研单位根据相关保密法律法规确定，并按照国防科技报告编写规则标注。不标注密级的国防科技报告按不合格退回；不明确标识保密期限的，按保密法规定的该密级的最高期限处理；限制级国防科技报告的限制使用期限最长不超过 5 年。

第十九条　仍在保密期限的国防科技报告，因原定密级不准确或情况变化，确需变更密级和保密期限的，由原定密单位按照有关规定变更后，报项目主管单位和国防科工局信息中心对收藏的国防科技报告进行相应变更。

第二十条　承研单位解密国防科技报告时，需及时通知国防科工局信息中心。国防科工局信息中心每年定期向项目主管单位通报当年保密期满的国防科技报告；项目主管单位征求原定密单位意见后，将需延长保密期限的国防科技报告清单及时报国防科工局信息中心。

第五章　权益保护

第二十一条　承研单位编写国防科技报告时可对需保护的知识产权做出标记和处理。

第二十二条　涉及技术诀窍以及需要进行论文发表、专利申请等知识产权保护的国防科技报告，可标注"延期共享"，延期共享时限内不进行全文共享。延期共享时限最长不超过 5 年。

第二十三条　国防科技报告的使用者应严格遵守知识产权管理的相关规定，在科技报告编写、论文发表、专利申请、专著出版等工作中，必须注明所参考引用的国防科技报告；在参考或直接使用国防科技报告中有知识产权的思路、方法、技术路线等内容时，应征得国防科技报告权利人的同意或授权，确保权利人的合法权益。

第六章　共享交流

第二十四条　国防科技报告按照"分类管理、受控使用"的原则向社会有限共享。

第二十五条　国防科工局可根据国家安全、国家利益和重大社会公共利益需要限制部分技术领域国防科技报告的共享。

第二十六条　未经批准任何单位和个人不得擅自组织、参加涉密国防科技报告的涉外交流活动。

第二十七条　国防科工局信息中心自接收到国防科技报告20个工作日后可提供查阅服务。

第二十八条　党政机关，在境内注册的企事业单位、社会团体均可申请查阅已过"延期共享"时限的公开级国防科技报告。

第二十九条　近3年内承担国防科研任务或当年国防科研任务已立项的单位，可按本单位保密资格申请检索相应密级国防科技报告，查阅已过"延期共享"时限的相应密级国防科技报告全文和摘要。

具有二级及以上军工保密资格的单位可申请检索和查阅机密级及以下的国防科技报告摘要和全文；具有三级及以上军工保密资格的单位可申请检索和查阅秘密级及以下的国防科技报告摘要和全文。

第三十条　查阅国防科技报告的地点在国防科工局信息中心。查阅公开级国防科技报告需预约并现场提供单位介绍信和查阅人有效身份证件。查阅限制级和涉密国防科技报告需由单位提前通过机要渠道向国防科工局信息中心书面预约；查阅人在查阅前需现场提供单位介绍信和本人有效身份证件。

第三十一条　国防科工局信息中心及时跟踪、统计所收藏的国防科技报告的共享使用情况。

第七章　奖惩

第三十二条　国防科工局定期组织评选优秀国防科技报告，并通报表扬。国防科技报告的呈交数量、质量情况和共享使用情况将作为对项目主管单位申报成果奖励和后续科研支持的重要依据之一。

第三十三条　项目主管单位和承研单位可将国防科技报告完成情况纳入科研绩效考核体系，作为科研人员技术职称和职务考核晋升的依据之一。

第三十四条　未完成国防科技报告呈交任务的科研项目，不予验收批复，不得申报国防科学技术奖或通过国防科工局推荐参评国家科学技术奖。项目主管单位年度呈交任务未达90%的，国防科工局将视情调减项目主管单位下一年度科研经费并给予通报批评。

第三十五条　对发现、举报的国防科技报告编写或使用中涉嫌学术抄袭等科研不端行为和其他侵权行为，按照国家相关法律法规进行处理；上述情况一经查实，相关责任人5年内禁止查阅国防科技报告和担任科研项目负责人。

第八章　附则

第三十六条　其他资金渠道资助的国防科研活动自愿呈交国防科技报告的可参照本办法执行。

第三十七条　本办法自发布之日起施行。

第三十八条　本办法由国防科工局负责解释。

国防科工局关于促进国防科技工业科技成果转化的若干意见

(科工技〔2015〕1230号)

教育部、中科院,各省、自治区、直辖市国防科技工业管理部门,深圳市国防科工办,各军工集团公司,中国工程物理研究院,有关民口中央企业集团公司(研究总院),工业和信息化部直属有关单位,局共建高校:

为落实国家创新驱动发展战略和军民融合发展战略,促进国防科技工业科技成果的转化应用,激发国防科技工业相关单位及科技人员的创新创业热情,更好地履行支撑国防军队建设、推动科学技术进步、服务经济社会发展的职责,依据《中华人民共和国促进科技成果转化法》等法律法规,结合国防科技工业实际,提出本意见。

一、本意见所称国防科技工业科技成果,是指国防科工局、国务院其他有关部门及地方人民政府有关部门管理并给予经费支持和有关单位(研究开发机构、高等院校和企业等)自筹经费开展国防科技工业领域科学研究、技术开发和设备设施建设所产生的具有实用价值的成果,包括涉密科技成果与非涉密科技成果。

本意见所称国防科技工业科技成果转化,是指为提高生产力水平而对国防科技工业科技成果所进行的后续试验、开发、应用、推广直至形成新产品、新工艺、新材料,发展新产业等活动,包括"军转军"、"军转民"、"民转军"和"民转民"四种类型。

二、国防科技工业科技成果转化工作在确保国家安全和保密的前提下,遵照《中华人民共和国促进科技成果转化法》执行。

三、国防科技工业科技成果转化活动应当充分发挥企业的主体作用、政府的主导作用和市场对资源配置的决定性作用。本着安全保密、自主自愿、公平公正的原则,激发广大科研人员创新活力和创造潜能,注重产学研用相结合,提升人才、劳动、信息、知识、技术、管理、投资的效率和效益。

四、国防科技工业科技成果应当首先在国防科技工业领域和境内民口领域实施。单位或个人向境外的组织、个人转让或者许可其实施科技成果的,应当遵循相关法律、行政法规以及国家有关规定,维护国家安全和利益。

五、国家为了国家安全、国家利益和重大社会公共利益的需要,可以依法组织实施或者许可他人实施相关科技成果。

六、鼓励开展增材制造、智能机器人、工业互联网、节能环保、安全生产、先进设计、试验与测试等先进工业技术的推广应用。积极参加《中国制造2025》,推动国防科技工业强基工程实施。提倡和鼓励采用先进技术、工艺与装备,限制或者淘汰落后技术、工艺与装备,替代国外进口,改造传统产业,促进升级换代,提高全行业先进科技成果转化应用效率,降低制造成本,缩短研制周期,促进节能环保,提高武器装备研制生产水平和企业核心竞争力。

七、鼓励采取多种形式,推动国防科技工业科技成果向装备制造、绿色产业等技术产业方向的转化应用，积极融入国家"一带一路"、京津冀协同发展、长江经济带建设、西部大开发、振兴东北老工业基地等发展战略。发挥军工特色技术的引领辐射作用，打造军民结合、产学研一体的科技创新中心和转化平台，催生新技术，孵化新产业，带动区域经济发展，促进产业结构升级，推动经济建设和国防建设融合发展。

八、各有关单位加强对国防科技工业科技成果转化工作的组织实施，完善适应科技成果转化要求的体制机制，建立科学高效的转化管理方式，培养专兼结合的转化队伍，积极推动科技成果的转化应用，发挥研究开发机构、高等院校和企业的创业创新主体作用。

九、科技成果持有单位在符合国家安全、保密和科研生产布局等相关规定的前提下，可以自主决定，采用下列方式进行国防科技工业科技成果转化：

（一）自行投资实施转化；

（二）向他人转让该科技成果；

（三）许可他人使用该科技成果；

（四）以该科技成果作为合作条件，与他人共同实施转化；

（五）以该科技成果作价投资，折算股份或者出资比例；

（六）其他协商确定的方式。

鼓励研究开发机构、高等院校采取转让、许可或作价投资方式，向企业或其他组织转移科技成果。

十、国防科技工业科技成果转化收益全部留归本单位，在对完成和转化科技成果作出重要贡献的人员给予奖励和报酬后，主要用于科学技术研究开发与成果转化等相关工作。奖励和报酬支出部分计入当年本单位工资总额，但不受当年本单位工资总额限制、不纳入工资总额基数。

十一、科技成果完成单位可规定或与科技人员约定奖励和报酬的方式、数额和时限。单位在制定相关规定时应充分听取本单位科技人员意见，并在本单位公开相关规定。

对于未规定也未约定的，按以下标准之一执行：

（一）对转让或许可给他人实施的科技成果，从转让净收入或许可净收入中提取不低于50%的比例；

（二）对作价投资的科技成果，从该项科技成果形成的股份或出资比例中提取不低于50%的比例；

（三）对自行实施或与他人合作实施的，在实施转化成功投产后连续3~5年，每年从实施该项科技成果的营业利润中提取不低于5%的比例。

对于研究开发机构和高等院校，在规定或与科技人员约定时，也应符合第一项至第三项规定的标准，即约定优先和最低保障相结合。

十二、关于奖励和报酬的纳税，依照国家对科技成果转化活动的有关税收政策执行。

十三、统筹建设国防科技工业科技成果信息及推广转化平台，鼓励各有关单位建设相关分平台；通过多种形式分别向国防科技工业系统和民口领域发布科技成果信息和转化目录，提供对不同密级科技成果在相应范围内的信息发布和查询等公益服务，实现全行业科技成果信息的综合集成、系统分析和开放交流；推进与国务院有关部门和地方人民政府的合作和相关平台的信息共享，实现成果转化方、需求方和专业服务机构的有效对接。

十四、建立国防科技工业科技成果报送制度。

（一）各有关单位应定期对已有科技成果进行梳理和筛选，每年 12 月 31 日前向国防科工局报送科技成果统计信息及转化情况。

（二）对于国防科工局管理并给予经费支持的科研项目，在项目验收时，各有关单位向国防科工局提交的项目科技报告必须包括科技成果和相关知识产权等内容。未按规定提交的，项目不予验收。

十五、科技成果转化的全过程，要确保国家秘密的安全。涉密科技成果要按照国家保密规定，由原定密单位履行解密、降密或知悉范围变更手续后实施转化。

（一）各有关单位应每年定期对涉密科技成果进行审核。对保密期限已满、符合解密降密条件或不需要继续保密的，由原定密单位按国家保密规定及时办理解密降密手续。

（二）向具有与科技成果密级相同（或更高）资质的军工单位转化涉密科技成果的，应按照国家保密规定履行知悉范围变更手续；向民用领域转化涉密科技成果的，应按照国家保密规定履行解密程序。

（三）参与涉密科技成果转化的服务机构必须具备相关保密资质，并在转化服务过程中确保国家秘密的安全。

（四）对于涉密科技成果的转化，应由具有相关资质的服务机构进行评估，以协议定价的方式确定价格；对于非涉密科技成果的转化，可通过协议定价、在技术交易市场挂牌交易、拍卖等方式确定价格。对于协议定价的，应当在一定范围内公示科技成果名称和拟交易价格。

十六、支持国防科技工业领域科技成果转化服务机构发展，鼓励社会科技服务机构参与国防科技工业科技成果转化工作，开展成果推荐、法律咨询、价值评估、转化交易、投融资服务和实施运营等工作，引导科技成果转化工作规范化、专业化发展。重视人才队伍培养，开展跨学科、跨业务、跨行业、跨区域的培训与交流，提高科技成果推广转化队伍的综合素质和业务水平。

十七、国防科工局对推广转化效益好的示范项目通过相关科研计划给予支持；对单位先行投入资金组织开展科技成果转化并取得显著成效的带动性项目，可按照后补偿机制给予相应补助。鼓励各有关单位设立科技成果转化专项资金，支持科技成果转化项目的实施。鼓励和引导社会资金投入，推动科技成果转化资金投入的多元化。

十八、鼓励各有关单位制定激发科研人员创新活力和创业潜能的措施，建立有利于促进成果转化的考核和激励机制，将转化绩效纳入对单位和个人的考核评价体系。应用类科研项目立项时，应明确项目承担者的科技成果转化责任，并将其作为验收的重要内容和依据。对科技成果转化绩效突出的相关单位和个人加大科研资金的支持力度。

十九、鼓励各有关单位以普通专利形式对科技成果进行保护，依法优先采用先进适用的民用标准，推动军用、民用技术相互转移转化，充分发挥市场配置资源作用。

二十、对其他渠道投资产生的科技成果转化，在征得其投资主管部门同意后，可参照本意见执行。

二十一、各有关单位可依据《中华人民共和国促进科技成果转化法》和本意见，结合单位实际情况，制定切实可行的实施细则，优化政策环境，确保科技成果转化各项工作落到实处，取得实效。

国防科工局

2015 年 12 月 16 日

国防科工局关于印发
《国防科工局技术基础科研项目建议书形式审查内容及要求》的通知

(科工技〔2016〕260号)

教育部、中科院，各省（区、市）国防科技工业管理部门，深圳市国防科工办，各军工集团公司、中国工程物理研究院，工业和信息化部所属高校及相关单位，局属有关事业单位：

  为进一步规范国防科工局技术基础科研项目管理，加强科研项目立项论证指导，提高科研项目立项论证质量，依据《国防科工局技术基础科研管理办法》（科工技〔2010〕262号）和《国防科技工业科研经费管理暂行办法》（财防〔2008〕11号），我局制定了《国防科工局技术基础科研项目建议书形式审查内容及要求》，细化明确了项目建议书形式审查的主要内容和具体要求。今后，我们将据此开展技术基础科研项目建议书形式审查工作。请在技术基础科研项目立项论证中，参照本要求，严格把关，确保项目建议书质量。

国防科工局
2016年3月18日

国防科工局技术基础科研项目建议书形式审查内容及要求

  第一条 为规范国防科工局技术基础科研项目管理，加强科研项目立项论证指导，提高科研项目立项论证质量，细化科研项目建议书形式审查要求，依据《国防科工局技术基础科研管理办法》（科工技〔2010〕262号）和《国防科技工业科研经费管理暂行办法》（财防〔2008〕11号），制定本要求。

  第二条 形式审查的主要目的是确保科研项目申报渠道的正确性、申报材料的完整性、申报手续的完备性、与论证要点的符合性、经费匡算的规范性、承研单位资质的合规性等，维护科研项目立项的严肃性和权威性。形式审查由国防科工局科技与质量司负责组织。

  第三条 申报材料须通过（主）承研单位主管部门（单位）向国防科工局申报。主管部门（单位）主要包括国务院有关部门（单位），地方国防科技工业管理部门，军工集团公司、中国工程物理研究院等中央企事业单位。工业和信息化部所属高校和单位、国防科工局所属单位等有关单位直接向国防科工局申报。

  第四条 申报材料包括立项申请正式文件、项目汇总表、项目建议书（一式三份）及相关电子文档。申报材料须符合《国防科工局技术基础科研管理办法》等规定的格式要求，项目建议书内容填写规范、不得遗漏，双面打印、不得缺页少页。

  第五条 项目建议书中项目名称、（主）承研单位、研究周期、项目负责人、经费匡算、项目密级等须与立项申请正式文件随附的项目汇总表有关内容一致。

第六条 项目建议书"经费匡算"栏须由(主)承研单位财务主管领导签名,"(主)承研单位诚信承诺"栏须由(主)承研单位主要领导签名并加盖公章,"有关部门(单位)意见"栏须由主管部门(单位)的相关业务管理部门签署意见并加盖公章。

第七条 科研项目须符合本年度技术基础科研项目论证要点明确的方向。项目建议书"必要性"栏须阐明拟解决的重大问题。

第八条 科研项目经费匡算须严格符合《国防科技工业科研经费管理暂行办法》有关规定和要求。其中,管理费不得超过项目成本总额的8%,子项目经费之和须与总经费一致。

第九条 科研项目承研单位须具备独立法人资格,以及与项目密级相应的保密资质,项目建议书"科研项目基本信息表"中须如实填写(主)承研单位具备的资质。

第十条 联合承研的科研项目,项目建议书"主要技术人员"栏须明确联合承研单位参研人员,"联合承研单位"栏须明确联合承研单位承担的任务,"经费匡算"栏须明确联合承研单位申请的经费,各单位经费之和须与项目总经费一致。

第十一条 标准化专业标准研制类项目须随附标准初稿。成果管理与推广专业成果推广类项目,须由成果持有单位与成果应用单位联合申报。

第十二条 违反国防科工局科研管理有关规定,处于处罚期内的单位,不得申报技术基础科研项目。

第十三条 不符合本要求第三条至第十二条任意条款的科研项目建议书不得通过形式审查,终止项目立项。《技术基础科研项目建议书形式审查表》格式详见附件。

第十四条 国防科工局将形式审查结果通报有关主管部门(单位)。形式审查通过率较低的,视情通报全行业。

第十五条 参与形式审查的专家须签署廉政和保密承诺书,严格遵守有关廉政和保密管理规定。对违反廉政及保密要求的专家,按相关规定进行处理。

第十六条 本要求由国防科工局负责解释。

第十七条 本要求自印发之日起施行。

附件:技术基础科研项目建议书形式审查表(略)

国防科工局关于军工项目审计全覆盖的实施意见

(科工财审〔2016〕349号)

教育部、中科院,各省、自治区、直辖市国防科技工业管理部门,深圳市国防科工办,各军工集团公司、中国工程物理研究院,有关民口中央企业集团公司,工业和信息化部所属有关单位,局属有关事业单位:

为全面履行审计监督职责,充分发挥审计在国防科技工业健康持续发展的监督履职行为和预防违规违纪作用,根据《中共中央办公厅 国务院办公厅印发〈关于完善审计制度若干重大问题的框架意见〉及相关配套文件的通知》(中办发〔2015〕58号),经研究,现就军工项目审计工作贯彻落实"审计全覆盖"要求,提出如下实施意见:

一、指导思想

全面贯彻落实中办发〔2015〕58号文件,紧紧围绕国防科技工业改革发展,牢固树立五大发展理念,进一步完善审计制度,加大审计力度,创新审计方式,提高审计效率,健全与审计全覆盖相适应的工作机制,更好地服务于国防科技工业持续健康发展。

二、总体目标

全面实现军工项目审计全覆盖,即审计对象和审计内容全覆盖。实现审计对象全覆盖,要做到对国防科工局投资的所有项目进行审计监督,覆盖到军工固定资产投资项目、军工科研项目、核退役治理专项和国家科技重大专项等所有投资类型,覆盖到核、航天、航空、船舶、兵器、电子和民口配套等所有接受国防科工局投资的行业和单位;实现审计内容全覆盖,要按照"应审尽审、凡审必严、严肃问责"的要求,对军工项目建设(研制)全过程情况进行审计。

三、具体措施

(一)继续坚持对军工项目财务决算进行综合审计,不断拓宽审计内容,覆盖项目管理全过程。

在做到对决算数据审计的基础上,加强对项目招标投标执行情况、实施过程中调整情况、工程价款结算情况、自制设备成本费用情况,以及项目单位内控制度情况等方面的审计。同时,决算审计还要突出重点,牢牢抓住财务决算数据的真实性、准确性和完整性这条主线,为军工项目验收提供财务验收依据。

(二)不断创新审计方式和手段。

在对军工项目进行常规审计的同时,坚持问题导向,加强对重大项目和重点单位的跟踪审计和对热点难点问题的专项审计调查,要不断规范在建(研)项目的调概审计和终(中)止项目的经费支出审计。探索建立国防科技工业审计"大数据"库,推动国防科技工业审计工作信息化建设,提高审计能力、质量和效率。

(三)牢固树立依法审计工作理念,运用法治思维和法治方式处理审计问题。

以《审计法》《审计法实施条例》为根本遵循,恪守审计职业操守,依法履行审计工作职责;不断健全、完善军工项目审计管理制度,规范审计工作流程,严肃审计工作纪律,确保审计工作于法有据、有序开展；严格按照项目管理法规制度、财政资金使用管理制度发现问题、处理问题，确保审计结果经得起时间的检验，经得起审计署、财政部等国家相关部门的复查和检验。

（四）推动审计结果的运用。

及时反馈审计工作结果，审计报告和审计意见及时送达相关部门和单位；积极推行审计报告公告机制，将审计报告和审计意见在局机关内网公告；加强审计成果的分析总结，不断健全审计结果排名通报制度，有效提升审计工作影响力。积极推动审计结果纳入项目投资、绩效考核、干部任免等方面的考核体系，使审计工作在促进国防科技工业健康发展方面发挥更重要的作用。

（五）推动审计人才队伍建设。

一是推进审计队伍职业化建设。要根据审计职业特点，建立分类科学、权责一致的审计人员管理制度，确保审计队伍的专业化水平；要完善审计职业保障机制和职业教育培训体系。二是要注重审计队伍思想和作风建设；要强化理论武装，坚定理想信念，严守政治纪律和政治规矩，不断提高审计队伍的政治素质。要严格执行廉政纪律和审计工作纪律，文明开展审计，培育和弘扬审计精神。

四、相关要求

（一）各军工项目主管部门和单位要认真组织学习，深刻领会中办发〔2015〕58号"审计全覆盖"的精神实质和重大意义，切实增强做好军工项目审计工作的使命感、责任感、紧迫感，把思想和行动统一到中央决策部署上来。

（二）各军工项目主管部门和单位要精心组织、周密部署，结合自身情况研究落实我局军工项目"审计全覆盖"工作要求，进一步完善审计制度，加大审计力度，创新审计方式，提高审计效率，完善有利于依法独立行使审计监督权的审计管理体制，健全与审计全覆盖相适应的工作机制。

（三）各军工项目主管部门和单位要加强对我局审计工作的监督，对局机关及受托单位在依法审计、文明审计和遵守廉洁保密纪律的情况及时进行评价和反馈，促进军工项目审计工作阳光、透明、文明开展。

国防科工局

2016年4月8日

国防科工局关于印发
《军工技术推广专项奖励性后补助实施细则（试行）》的通知

(科工技〔2017〕1072号)

各有关单位：

为规范军工技术推广专项奖励性后补助管理，切实发挥中央财政资金的引导作用，促进军工技术转化应用，国防科工局制定了《军工技术推广专项奖励性后补助实施细则（试行）》，现印发你们，请遵照执行。

国防科工局

2017年9月14日

军工技术推广专项奖励性后补助实施细则（试行）

第一章 总则

第一条 为规范军工技术推广专项奖励性后补助管理，切实发挥中央财政资金的引导作用，促进军工技术转化应用，依据《国防科工局科研项目管理办法》（科工技〔2012〕34号）、《国防科技工业科研项目后补助管理暂行办法》（财防〔2016〕249号）及有关规定，制定本细则。

第二条 本细则所称奖励性后补助，是指项目单位先行投入资金，针对国内领先、具有自主知识产权的军工高新技术，组织开展推广应用研发活动，实现军工高新技术向民用领域转化应用，并形成一定产业规模，为经济社会创造较大利益，经审查通过后，中央财政给予相应资金补助的科研资助方式。

项目单位是指在中国大陆境内注册的、具有独立法人资格的企业、科研院所、高等院校等。

第三条 奖励性后补助工作遵循注重引导、突出实效、科学公正、社会公开的原则。

第四条 国防科工局负责奖励性后补助项目征集、申请受理、审查核定、公示和异议处理、批复，提出年度预算安排建议，以及相关监督管理工作。

国务院有关部门、有关科研机构，省、自治区、直辖市国防科技工业管理部门，中央管理企业（以下简称项目主管部门），负责奖励性后补助项目申报工作。其中，国务院有关部门、有关科研机构，中央管理企业负责所属单位相关工作；省、自治区、直辖市国防科技工业管理部门负责本行政区域内地方单位相关工作。

其他单位原则上由所在省、自治区、直辖市国防科技工业管理部门负责相关工作。

工业和信息化部所属单位和高校、国防科工局局属事业单位直接向国防科工局申报。

项目单位负责编制申请书。两个或两个以上单位合作完成的，由第一完成单位负责编制。

第二章 项目要求和评定标准

第五条 项目应满足以下要求：

（一）符合国家或区域特色产业布局和发展重点方向。

（二）所推广技术为军工高新技术，且为项目核心技术。

（三）所推广技术处于国内领先水平，具有国家专利等知识产权。

（四）形成直接推向民用市场的新产品、新系统，投产二年以上并具备一定产业规模，为经济社会创造较大利益。

（五）不涉及国家秘密，符合国家有关安全和环保等法律法规要求。

（六）推广应用研发活动未得到中央财政资金资助。

（七）研发过程和财务资料完备。

（八）符合项目征集要求。

第六条 项目类别按一类、二类、三类评定，标准如下：

（一）一类。项目形成的新产品、新系统总体技术水平和主要技术指标达到国际先进水平，形成的销售收入达 5000 万元以上、利润率达 10% 以上；或者项目形成的新产品、新系统总体技术水平和主要技术指标达到国内领先水平，形成的销售收入达 10 000 万元以上、利润率达 10% 以上。或者项目形成的新产品、新系统符合国家战略需求，打破国外技术禁运和封锁，实现国产化自主替代，并促进相关产业发展。

（二）二类。项目形成的新产品、新系统总体技术水平和主要技术指标达到国际先进水平，形成的销售收入达 2000 万元以上、利润率达 10% 以上；或者项目形成的新产品、新系统总体技术水平和主要技术指标达到国内领先水平，形成的销售收入达 5000 万元以上、利润率达 10% 以上。

（三）三类。项目形成的新产品、新系统主要技术指标和总体技术水平达到国内领先水平，形成的销售收入达 2000 万元以上、利润率达 10% 以上。

销售收入和利润率按前二年平均销售收入和利润率计算。

第七条 奖励性后补助额度（以下简称奖励额度）根据项目类别确定：

（一）评定为一类的项目，奖励额度最低为 600 万元，最高不超过 800 万元。

（二）评定为二类的项目，奖励额度最低为 400 万元，最高不超过 600 万元。

（三）评定为三类的项目，奖励额度最低为 200 万元，最高不超过 400 万元。

不同类别项目前二年平均利润率以 10% 为基数，每增加 5%，实际奖励额度增加 100 万元，最高不超过该类别项目奖励额度上限。对于打破国外技术禁运和封锁，实现国产化自主替代的项目，奖励额度为 800 万元。

第三章 项目征集与申请

第八条 国防科工局定期发布项目征集公告，明确相关要求。

第九条 项目主管部门按项目征集公告要求，组织编制申请书，并正式向国防科工局提交申请（申请书一式三份，附电子文档）。

第十条 申请书应随附以下证明材料，相关材料应真实、准确、可靠。

（一）所推广军工高新技术来源于军工任务的证明，知识产权证书（复印件），涉及技术许可转让的应提供相关许可转让合同（复印件）。

（二）国家认可的第三方专业机构出具的新产品、新系统技术水平评价报告，以及用户出具的新产品、新系统使用报告。

（三）具有资质的会计师事务所出具的项目审计报告，内容主要包括近二年度的销售收入、利润率等指标。

（四）推广应用研发活动等相关研发过程记录和近二年的财务报表。

（五）其他有关证明材料。

第四章 审查核定

第十一条 国防科工局组织对申请书进行形式审查。有以下情形之一的，不得通过形式审查：

（一）项目单位不具备独立法人资格。

（二）申请书填写不规范、不完整。

（三）证明材料不齐全、存在明显问题。

（四）申报项目不符合征集公告要求。

第十二条 国防科工局委托中介机构对通过形式审查的申请书进行现场审查复核。中介机构应具备相应保密资质。与项目单位存在直接利害关系的中介机构及人员应回避。中介机构按要求向国防科工局提交现场审查复核报告，提出项目类别评定建议，同一年度相同技术类型项目应提出排序建议。

第十三条 现场审查复核主要内容包括：项目与国家或区域特色产业布局和发展重点方向的符合性，所推广技术为军工高新技术且为项目核心技术的真实性，项目形成的新产品、新系统的技术先进性，项目形成的销售收入和利润率，以及需现场核实的其他内容。

第十四条 国防科工局对中介机构提交的现场审查复核报告进行核定，确定奖励性后补助项目、项目单位、项目类别和奖励额度。同一年度相同技术类型项目择优补助。

第五章 实施奖励

第十五条 国防科工局向社会公示奖励性后补助项目、项目单位、项目类别和奖励额度，公示期为5个工作日。在公示期内，提出异议者须加盖单位公章或个人署名。匿名异议不予受理。

对于实名提出异议的，国防科工局在15个工作日内作出处理决定，并告知相关单位或个人。

第十六条 经公示无异议或异议已处理无问题的项目，国防科工局办理批复，并提出年度预算安排建议。

第十七条 财政部批复年度预算后，资金按照财政国库集中支付管理有关规定支付。经核定拨付的奖励性后补助资金，由项目单位统筹安排使用。

第六章 监督管理

第十八条 对申报材料不真实的项目单位，国防科工局在5年内暂停受理其奖励性后补助项目申请，并对项目主管部门进行通报。

第十九条 项目单位应接受财政、审计监督检查，发现项目申报与事实不符、存在弄虚作假等行为的，奖励性后补助资金予以追回，并按有关法律法规作出处理。

第二十条 对提供虚假证明材料的用户、第三方专业机构和会计事务所等有关机构或组织，以及提供虚假报告的中介机构，国防科工局视情在一定范围内通报有关情况，并作为以后遴选相关工作机构的重要依据。

第二十一条 对相关工作过程中存在违法行为的有关单位和个人,依法移交司法机关处理。

第七章 附则

第二十二条 本细则由国防科工局负责解释。

第二十三条 本细则自印发之日起施行。

附件:军工技术推广专项奖励性后补助项目申请书(略)

国防科工局关于印发《船舶动力基础科研（MPRD）计划项目事前立项事后补助管理实施细则（试行）》的通知

(科工四司〔2017〕1296号)

各有关单位：

现将《船舶动力基础科研（MPRD）计划项目事前立项事后补助管理实施细则（试行）》印发你们，请遵照执行。

特此通知。

国防科工局
2017年10月30日

船舶动力基础科研（MPRD）计划项目事前立项事后补助管理实施细则（试行）

第一章　总则

第一条　为规范船舶动力基础科研（Marine Power Research & Development）计划（MPRD计划）项目事前立项事后补助管理机制实施工作，促进自主创新，提高投资效益，依据《国防科技工业科研项目后补助管理暂行办法》《国防科工局基础产品创新科研项目管理细则》等有关规定，制定本细则。

第二条　本细则所称事前立项事后补助（以下简称后补助）是指符合条件的科研生产单位根据国防科工局发布的MPRD计划项目指南，结合发展需求提出项目申请，按照规定的程序立项后，先行投入和组织研发，取得科研成果并通过验收后，由中央财政按照程序给予相应资金补助的科研资助方式。

第三条　后补助项目管理遵循有限范围、注重引导，自行实施、简化管理，严密考核、突出实效的原则。

第四条　后补助主要面向MPRD计划中，财政后补助经费投入不超过1000万元、研究周期不超过3年（含3年）、技术成熟度不低于TRL4，具有量化考核指标的项目。

第五条　国防科工局负责后补助项目的指南发布、立项审批、组织验收、验收结果公示、预算编报等工作；

国务院有关部门、有关科研机构，省、自治区、直辖市国防科技工业管理部门以及中央管理企业（以下统称项目主管单位），负责组织所属单位或所在行政区域内地方单位项目的论证和申报、实施过程管理、验收准备等工作；

工业和信息化部所属单位和高校、国防科工局直属事业单位直接向国防科工局申报。

项目主管单位所属的承研单位（以下简称项目承研单位）作为项目实施责任主体，负责按要求开展具体科研工作。

第二章 申报与审批

第六条 国防科工局根据军用船舶工业发展规划和 MPRD 计划指导意见发布项目指南。定期从项目指南中，选择部分项目纳入后补助实施范围，并提出拟达到的目标要求和考核指标。

第七条 项目主管单位根据 MPRD 计划项目指南，组织相关单位开展项目建议书（格式见附件1）的论证编制工作，并按要求报送国防科工局。项目申请单位应当符合以下条件：

（一）所申请项目需求紧迫，并具备项目研发基础和条件；

（二）具有一定资金实力，能够筹措项目研发所需费用；

（三）能够自行承担项目研发失败的风险；

（四）所申请项目未接受国家财政资金支持。

第八条 项目建议书重点论证项目的必要性、研究目标、考核指标及验证环境条件、预期成果及应用成效、技术方案、验收方式方法、项目概算及研究基础和条件等内容。

（一）考核指标应具体量化、可操作，涵盖相关技术指标和功能性能指标，能够体现项目关键需求，并明确验证环境和条件。

（二）预期成果及应用成效要向解决船舶动力研制生产实际问题聚焦，重点反映成果应用的产品效益、产业效益和技术效益。

（三）验收方式方法应结合项目特点，采用用户评价验收、第三方检测验收、专家评审验收。

对于用户明确的工程化应用项目，可采用用户评价验收方式；对于产品（包括材料、装备、设备、器件等）技术性能指标明确的工程化应用项目，可采用第三方检测验收方式。验收用户和第三方检测机构不得参与或承担项目研究任务。

采用用户评价验收的项目，由申请单位提出用户建议。采用第三方检测验收的项目，由申请单位提出第三方检测机构建议，第三方检测机构须为国务院有关部门或有关省、自治区、直辖市认定的专业技术检测机构。

不适用以上两种验收方式的项目，采用专家评审验收。

（四）项目概算要根据实际需求编制，应真实反映项目组织实施过程中发生的与研发活动直接相关的各项费用。

（五）研究基础和条件，应包括能够证明申请单位资金实力的财务报表等。

第九条 后补助项目的立项审批程序如下：

（一）形式审查。国防科工局对项目建议书进行形式审查，主要审查科研项目是否符合指导意见与项目指南要求、申请单位的资格要求和项目建议书的完整性等。不符合要求的项目建议书退回申请单位。

（二）评审与评估。国防科工局对通过形式审查的项目建议书，组织专家评审或委托中介机构咨询评估，重点审查项目的研究方案可行性、考核指标和成果要求、研究周期、验收方式方法、项目概算等，并将评审或评估意见反馈项目主管单位。

（三）批复。国防科工局根据评审或评估意见，采取公正、择优方式审批项目建议书。批复时要明确项目的考核指标、项目概算及后补助方案、研究周期、验收方式方法等重点内容。对于采用用户评价、第三方检测验收的项目，国防科工局对项目申请单位的用户建议、第三方检测机构建议审核同意后，连同成果使用评价要求、检测要求一并在立项批复中予以明确。

对于未列入后补助实施项目指南、评审或评估后符合事前立项事后补助支持方式的项目，申请单位自愿，纳入后补助管理。

同一项目原则上只委托一家单位承担，当出现多家单位竞争申报，研究方法和技术路线不同、难以判断优劣时，可择优批复两家承研单位。同时委托两家单位承担研究任务的项目，经与申请单位协商，形成统一的概算经费、后补助方案、验收方式和实施周期后予以批复。采用用户评价、第三方检测机构验收方式的，须为同一用户、同一第三方检测机构。每家单位概算经费不得超过专家评审或中介机构评估确认投资的80%。

第三章　组织实施

第十条　项目立项批复后，国防科工局下达项目科研计划，项目主管单位组织承研单位据此自行开展实施和管理工作。

第十一条　除不可抗力因素外，后补助项目不得进行研究周期、任务目标、考核指标、项目经费等内容的调整。

第十二条　项目实施过程中发生以下情况，项目主管单位应及时报国防科工局审批终止科研项目：

（一）因技术发展或市场需求发生重大变化，科研项目已失去研究开发意义；

（二）技术方案和技术指标无法达到预期目标，并无有效解决办法；

（三）项目负责人或技术骨干发生重大变更，致使项目无法按计划继续进行。

第十三条　项目实施过程中发生以下情况，国防科工局可直接作出撤销科研项目的决定：

（一）已列入其他科研计划，重复申报；

（二）组织管理不力，发生重大失泄密事件；

（三）监督检查中发生重大违规违纪行为；

（四）出现第十二条所列情况，项目主管单位未及时提出终止申请；

（五）其他需要撤销的情况。

第四章　验收

第十四条　国防科工局依据立项批复的研究周期，编制下达验收计划，明确验收方式、验收组织部门（单位）和验收时间等。

第十五条　项目主管单位在验收计划下达后，及时组织承研单位编制验收申请报告（格式见附件2），并报国防科工局申请验收。逾期6个月未提交验收申请的项目，按终止处理。后补助项目不组织财务验收。

对于已提前完成研究工作但未列入验收计划的项目，项目主管单位可直接组织承研单位向国防科工局提出验收申请。

项目验收申请报告应包括研究内容完成情况、考核指标达标情况、科研成果应用情况等方面的内容。

第十六条　项目申请验收必须同时具备以下条件：

（一）完成批复的各项内容；

（二）达到了批复的考核指标和研究目标；

（三）按档案部门规定完成归档资料编写，并已按要求提交国防科技报告。

第十七条 项目验收重点审查以下内容：

（一）批复研究内容完成情况；

（二）研究目标、考核指标实现情况；

（三）研究成果试用（使用）及应用情况；

（四）产品效益、产业效益及技术效益情况。

第十八条 项目验收采用用户评价方式的，承研单位应在立项批复后1个月内与用户签订协议书，约定双方权责，报国防科工局备案。

用户根据验收计划、立项批复要求以及协议书的约定，在项目成果经过至少一个完整的使用周期后，出具用户评价报告，形成项目是否通过验收及验收评定等次的明确意见，并报送国防科工局审核。

用户评价报告应包括成果基本情况、考核环境条件、评价标准要求、成果应用情况、评价结论等内容。

第十九条 项目验收采用第三方检测方式的，由第三方检测机构根据相关规定和标准独立完成项目成果检测，出具第三方检测报告，形成项目是否通过验收及验收评定等次的明确意见，并报送国防科工局审核。

第三方检测报告应包括相关成果的检测方案、技术指标、检测周期、检测结果及评价结论等内容。

第二十条 采用专家评审方式验收的项目，由项目主管单位组织完成项目验收测试工作。国防科工局成立验收专家组，成员人数一般不少于7人，由具有高级职称的技术、经济和管理专家组成。验收专家组组成应遵循回避原则，人员原则上从MPRD计划专家库中遴选，不得选用承研单位人员或与承研单位存在利害关系单位的人员。验收专家组听取项目承研单位的研究情况汇报，审核验收申请报告、验收测试报告等材料，进行质询，形成项目验收意见和验收评定等次。

第二十一条 同时委托两家单位承担的项目，为确保项目验收公平公正，采用专家评审验收方式的，由国防科工局成立同一验收专家组。

第二十二条 项目验收评价参照《军工科研项目验收评价暂行办法》执行，对照验收评价标准（见附件3）进行等次评定。评分达到总分值90%（含90%）以上为"优秀"等次；评分达到总分值80%~90%（含80%）的为"良好"等次；评分达到总分值60%~80%（含60%）的为"合格"等次；评分未达到总分值60%，但通过整改达到60%的为"基本合格"等次。

第二十三条 凡出现下列情况之一的，项目不得通过验收：

（一）未完成批复的主要考核指标；

（二）体现项目创新性的关键研究成果缺失；

（三）验收文件、资料或试验测试数据等弄虚作假；

（四）验收中发现应当予以终止或撤销情形等其他严重问题。

第二十四条 国防科工局将通过验收的项目及其拟补助金额，在一定范围内进行不少于5个工作日公示。

公示期内，提出异议的单位或者个人应当表明真实身份，并提供书面异议材料。个人提出异议的，应当在书面异议材料上签署真实姓名；以单位名义提出异议的，应当加盖本单位公章。

以匿名方式提出的异议一般不予受理。对于实名提出的异议的，国防科工局在15个工作日内作出处理决定，并告知相关单位或个人。

第二十五条 经公示无异议或异议已处理无问题的项目，国防科工局予以批复。

第五章 经费管理

第二十六条 依据《国防科技工业科研经费管理暂行办法》等有关规定和要求，承研单位编制项目建议书时提出项目概算需求。

第二十七条 项目立项评审或评估中，应根据项目概算需求提出概算意见。

第二十八条 国防科工局根据评审评估意见，确定项目概算，并在立项批复时予以明确。

第二十九条 项目后补助方案综合项目概算和验收评定等次制定。验收评定等次达到"优秀"的，补助金额原则上按照财政后补助经费足额拨付；验收评定等次达到"良好"的，补助金额为财政后补助经费的90%；验收评定等次达到"合格"的，补助金额为财政后补助经费的80%；验收评定等次达到"基本合格"的，补助金额为财政后补助经费的50%。

第三十条 项目通过验收后，国防科工局按照立项批复的后补助方案和验收评定等次，提出后补助预算安排建议送财政部。财政部对预算安排建议进行审核，按有关程序批复下达预算。财政拨付的后补助资金，由项目承研单位统筹安排使用。

第三十一条 终止、撤销和验收不通过的项目将不给予经费补助。

第六章 监督检查

第三十二条 项目主管单位、承研单位应当接受财政、审计以及计划管理部门对其项目申报情况、成果验收情况等的检查和监督。

（一）项目主管单位监督管理不力，所属承研单位不良信用记录累计达到两次以上（含两次）的，国防科工局对有关情况进行通报，同时视情调减其下一年度MPRD计划年度预算；情节恶劣、拒不整改的，暂停受理其MPRD计划项目申报。

（二）承研单位存在弄虚作假、伪造成果、重复申报立项、以不当方式唆使用户或第三方检测机构出具虚假评价或检测报告，骗取财政资金的，视情节轻重，采取通报、记入不良信用记录等处理措施；已经获得事后补助经费的，应当予以追回。

承研单位有不良信用记录一次的，国防科工局将暂停1年受理其MPRD计划项目申请；不良信用记录累计达到2次的，将暂停3年受理其MPRD计划项目申请。

第三十三条 用户、第三方检测机构和中介机构在项目管理中存在弄虚作假等违规行为的，国防科工局可宣布其出具的相关结果无效，并视情节轻重，给予通报、记入不良信用记录等处理措施，在其完成整改前，不再委托其承担相关业务。

第三十四条 专家、项目负责人、项目管理工作人员，在项目申报、评审、验收及经费管理过程中，违反程序或滥用职权、徇私舞弊，给国家利益造成损害的，视情节轻重，给予批评教育、记入不良信用记录，或由其所在单位给予行政处分。对涉事专家，取消其评审专家资格并从MPRD计划专家库中除名。对项目负责人，有一次不良信用记录的，在3年内暂停受理其MPRD计划项目申报；不良信用记录累计达到两次的，不再受理其MPRD计划项目申请。

第三十五条 对在监督检查中发现的有关单位和个人违规情节严重的，提请有关部门依法作出处理；涉及犯罪的，依法移交司法机关处理。

第七章　附则

第三十六条　项目保密管理按照国家有关法律法规执行。

第三十七条　本细则由国防科工局负责解释。

第三十八条　本细则自印发之日起施行。

附件：1. MPRD 计划事前立项事后补助项目建议书（格式）（略）

　　　2. MPRD 计划事前立项事后补助项目验收申请报告（格式）（略）

　　　3. MPRD 计划事前立项事后补助项目验收评价标准（略）

国防科工局关于印发
《国防科技工业技术基础科研奖励性后补助实施细则（试行）》的通知

(科工技〔2017〕1515号)

各有关单位：

为规范技术基础科研奖励性后补助管理，切实发挥中央财政资金效率效益，激发有关单位积极性、主动性，国防科工局制定了《国防科技工业技术基础科研奖励性后补助实施细则（试行）》，现印发你们，请遵照执行。

国防科工局

2017年12月11日

国防科技工业技术基础科研奖励性后补助实施细则（试行）

第一章 总则

第一条 为规范技术基础科研奖励性后补助管理，切实发挥中央财政资金效率效益，激发有关单位积极性、主动性，依据《国防科工局技术基础科研管理办法》（科工技〔2010〕262号）、《国防科技工业科研项目后补助管理暂行办法》（财防〔2016〕249号）及有关规定，制定本细则。

第二条 本细则所称奖励性后补助，是指项目单位先行投入资金，针对国防科技工业技术基础共性问题和急需解决的问题，组织开展标准化、科技情报等科研活动，取得的成果在国防科技工业改革发展中发挥基础性、战略性和支撑性作用，经审查核定通过后，中央财政给予相应资金补助的科研资助方式。

第三条 本细则适用于以下科研活动：

（一）军工行业标准制修订，以及根据对外合作需要开展的军工行业标准外文版翻译；

（二）围绕国防科技工业改革发展开展的重大问题、重大政策科技情报咨询研究。

第四条 国防科工局负责奖励性后补助项目征集、申请受理、审查核定、公示和异议处理、批复，提出年度预算安排建议，以及相关监督管理工作。

国务院有关部门、有关科研机构，省、自治区、直辖市国防科技工业管理部门，中央管理企业（以下统称项目主管部门），负责奖励性后补助项目组织申报工作。其中，国务院有关部门、有关科研机构，中央管理企业负责所属单位相关工作；省、自治区、直辖市国防科技工业管理部门负责本行政区域内地方单位相关工作。

工业和信息化部所属单位、国防科工局所属事业单位直接向国防科工局申报。

项目单位负责编制申请书。两个或两个以上单位合作完成的，由第一完成单位负责编制。

第二章 项目要求

第五条 项目应满足以下要求：

（一）符合国家战略和国防科技工业发展规划明确的重点方向和重点任务；

（二）科研活动未得到中央财政资金资助；

（三）符合项目征集要求。

第六条 标准化项目在满足本细则第五条要求的同时，其形成的标准应已由国防科工局批准发布。

第七条 科技情报项目在满足本细则第五条要求的同时，还应满足以下要求：

（一）国防科工局机关部门有明确需求；

（二）形成的成果系统完整，有效支撑重大问题解决、重大政策出台，在国防科技工业改革发展中发挥重要作用。

第三章 项目类别评定标准和奖励性后补助额度

第八条 标准化项目类别评定标准和奖励性后补助额度如下：

（一）一类，标准制定。国防科技工业全行业通用的标准每项奖励性后补助额度为 30 万元；其他军工行业标准每项奖励性后补助额度为 20 万元。

（二）二类，标准修订。每项标准奖励性后补助额度为 15 万元。

（三）三类，标准翻译。每项标准奖励性后补助额度为 10 万元。

每项标准奖励性后补助额度的 30%，用于军工行业标准化专业机构的技术支撑与服务工作。

第九条 科技情报项目类别评定标准和奖励性后补助额度如下：

（一）一类，国防科技工业相关的国家法律法规、政策制度、战略规划研究。形成文件草案，被党中央、国务院文件直接采用。奖励性后补助额度最高不超过 200 万元。

（二）二类，国防科技工业有关重大问题研究。形成切实有效的措施建议，被党中央、国务院或国家有关部门采纳；或形成由国防科工局呈报的专报信息，得到中央领导或国务院领导批示。奖励性后补助额度最高不超过 100 万元。

（三）三类，国防科技工业管理规章（规范）、行业（专业）规划研究。形成文件草案，被国家有关部门文件直接采用。奖励性后补助额度最高不超过 80 万元。

实际奖励性后补助额度根据需求提出部门的应用效果评价进行核定。优秀项目补助额度为相应类别最高额度的 100%，良好项目补助额度为相应类别最高额度的 80%。

第四章 项目征集与申请

第十条 国防科工局定期发布项目征集公告，明确相关要求。

第十一条 项目主管部门按项目征集公告要求，组织编制申请书，并正式向国防科工局提交申请（申请书一式三份，附电子文档）。

第十二条 奖励性后补助项目申请书至少应随附以下证明材料，相关材料应真实、准确、可靠。

（一）标准化项目应出具标准正式文本；

（二）科技情报项目应出具项目研究报告，用户需求证明和应用效果评价，以及采用项目成果的正式文件等；

（三）其他旁证材料。

第五章 审查核定

第十三条 国防科工局组织对申请书进行形式审查。申请材料不齐全或者不符合本细则规定形式的,国防科工局当场或者在五日内一次告知申请人需要补正的全部内容。有以下情形之一的,不得通过形式审查:

(一)项目单位不具备独立法人资格;

(二)申请书填写不规范、不完整;

(三)证明材料不齐全、存在明显问题;

(四)申请项目不符合征集公告要求。

第十四条 国防科工局委托中介机构对通过形式审查的申请书进行审查复核。中介机构应具备相应保密资质。与项目单位存在直接利害关系或其他可能影响客观审核因素的中介机构及人员应回避。中介机构按要求向国防科工局提交审查复核报告,提出项目类别评定建议,竞争性项目提出排序建议。

第十五条 审查复核主要内容包括:项目与相关要求和评定标准的符合性,项目应用效果,以及需现场核实的其他内容。

第十六条 国防科工局对中介机构提交的审查复核报告进行核定,确定奖励性后补助项目、项目单位、项目类别和奖励性后补助额度。竞争性项目择优补助。

第六章 实施奖励性后补助

第十七条 国防科工局对审查复核结果进行公示,公示期为5个工作日。在公示期内提出异议,应提交加盖单位公章或个人署名的书面材料,匿名异议不予受理。

对于实名提出异议的,国防科工局在15个工作日内作出处理决定,并告知相关单位或个人。

第十八条 经公示无异议或异议已处理无问题的项目,国防科工局办理批复,并提出年度预算安排建议。

第十九条 财政部批复年度预算后,资金按照财政国库集中支付管理有关规定支付。经核定拨付的奖励性后补助资金,由项目单位统筹安排使用。

第七章 监督管理

第二十条 对申报材料不真实的项目单位,国防科工局在5年内暂停受理其技术基础科研项目申请,并对项目主管部门进行通报。

第二十一条 项目单位应接受财政、审计监督检查,发现项目申报与事实不符、存在弄虚作假等行为的,奖励性后补助资金予以追回,并按有关法律法规作出处理。

第二十二条 对提供虚假材料的单位或用户,以及提供虚假报告的第三方专业机构或中介机构,国防科工局视情在一定范围内通报有关情况,并作为以后遴选相关工作机构的重要依据。

第二十三条 对相关工作过程中存在违法行为的有关单位和个人,依法移交司法机关处理。

第八章 附则

第二十四条 本细则由国防科工局负责解释。

第二十五条 本细则自印发之日起施行。

附件:技术基础科研项目奖励性后补助项目申请书(略)

关于印发《促进国家重点实验室与国防科技重点实验室、军工和军队重大试验设施与国家重大科技基础设施的资源共享管理办法》的通知

(国科发基〔2018〕63号)

为落实中共中央、国务院、中央军委关于经济建设和国防建设融合发展的任务要求，加强军民融合，促进协同创新，推动国家重点实验室与国防科技重点实验室、军工和军队重大试验设施与国家重大科技基础设施的资源共享，科技部会同国家发展改革委、国防科工局、军委装备发展部、军委科技委制定了《促进国家重点实验室与国防科技重点实验室、军工和军队重大试验设施与国家重大科技基础设施的资源共享管理办法》，现予印发，请认真贯彻执行。

科技部 国家发展改革委 国防科工局 军委装备发展部 军委科技委

2018年6月22日

促进国家重点实验室与国防科技重点实验室、军工和军队重大试验设施与国家重大科技基础设施的资源共享管理办法

第一章 总则

第一条 为落实中共中央、国务院、中央军委关于经济建设和国防建设融合发展的工作任务，加强军民融合，统筹推进国家重点实验室与国防科技重点实验室、军工和军队重大试验设施与国家重大科技基础设施的资源共享，提高资源利用效率，释放服务潜能，提升协同创新能力，规范相关管理工作，制定本办法。

第二条 本办法所指的国家重点实验室与国防科技重点实验室、军工和军队重大试验设施与国家重大科技基础设施（以下简称实验室及设施）的资源主要包括科研设施与仪器设备、科学数据、实验材料等。

科研设施与仪器设备是指用于科学研究和技术开发活动的实验（试验）设施和科学仪器设备。

科学数据是指通过基础研究、应用研究、试验开发产生的数据以及通过观测监测、考察调查、检验检测等方式取得并可用于科学研究活动的原始数据及其衍生数据。

实验材料是指用于科学研究和技术开发活动的实验样本（样品）、实验用试剂、标准物质、实验动物、微生物菌种资源等。

第三条 本办法所称的实验室是军民开展科技创新的基地，国家重点实验室与国防科技重点实验室通过资源共享，共同组织基础研究和应用基础研究，整体提升军民协同创新能力。本办法所称的设施是军民开展科学研究和技术开发的科研基础条件平台，军工和军队重大试验设施与国家重大科技基础设施通过优质资源的有效集成，形成服务于协同创新活动的支撑能力。

第四条 实验室及设施的资源原则上应对外开放共享，并为科技创新活动提供支撑服务。法律法规、相关管理办法和保密制度另有特殊规定的按其规定执行。

第二章 管理职责

第五条 科技部、国家发展改革委、国防科工局、军委装备发展部、军委科技委等部门是推进实验室及设施资源共享的宏观管理部门（以下简称宏观管理部门），主要职责是：

1. 建立军民会商协调机制，设立管理办公室，统筹推进实验室及设施资源共享；
2. 强化问题导向，制定完善促进实验室及设施资源共享的政策措施；
3. 组织开展实验室及设施资源共享执行情况的评价考核；
4. 指导部门和地方政府相关管理部门开展实验室及设施资源共享工作。

第六条 有关部门和地方政府相关管理部门是开展实验室及设施资源共享工作的主管部门（以下简称主管部门），主要职责是：

1. 组织开展本部门实验室及设施资源共享工作，建立健全组织管理体系、规章制度和保密条例；
2. 定期开展本部门实验室及设施资源共享工作检查，跟踪掌握工作进展情况；
3. 盘活本部门实验室及设施资源存量，统筹增量，按照分级分类原则，核准并发布相关资源的共享目录；
4. 参与跨部门、跨区域实验室及设施资源共享工作。

第七条 依托单位是实验室及设施资源共享工作的责任主体，主要职责是：

1. 落实推进实验室及设施资源共享的各类规章制度，创新管理运行机制，完善相关配套条件；
2. 负责实验室及设施运行管理和资源共享服务中的知识产权保护。负责签署资源共享服务合同，约定服务内容、相关保密要求等事项。组织编制实验室及设施资源共享目录；
3. 开展实验室及设施资源共享的人才队伍建设，在人员编制、薪酬待遇、职称晋升和业务培训等方面给予倾斜；
4. 开展实验室及设施资源共享时，可依据相关规定，采取有偿或无偿的方式进行。军队所属单位要按照中央军委"全面停止有偿服务活动"相关政策执行。

第三章 信息互通

第八条 宏观管理部门将会同主管部门建立实验室及设施资源共享的信息互通机制和渠道。推动重大科研基础设施和大型科研仪器国家网络管理平台、国家军民融合公共服务平台、国家军民技术成果公共服务平台、全军武器装备采购信息网等网络信息平台互联互通，实现信息共享。

第九条 依托单位应按照分级分类原则，负责组织编制实验室及设施资源共享目录，经主管部门保密审查核准通过后，依据相关规定，由主管部门采取适当方式发布。

第十条 依托单位在相关网络信息平台上，依据相关规定，发布实验室及设施资源共享的服务内容、服务方式、服务流程等相关信息，并提供线上线下服务。

第四章 双向开放

第十一条 实验室应按照资源共享要求，加强国家重点实验室和国防科技重点实验室双向开放、相互融合和有效集成，开展协同创新能力建设。

第十二条 设施应按照资源共享要求，通过设置开放共享服务公开区域和涉密区域方式，开展国防科技重点实验室、军工和军队重大试验设施的降解密工作，有效盘活资源存量，实现军工和军队重大试验设施与国家重大科技基础设施的融通衔接和协同共用。

第十三条 实验室及设施应加强资源共享的供需对接，集中优质资源，为科技创新提供有针对性的规范化、专业化资源共享服务。

第十四条 实验室及设施可通过互聘兼职教授（研究员）、互派客座研究人员、联合培养人才等方式促进专业技术人才的双向交流和资源共享。

第五章 协同创新

第十五条 国家重点实验室开展前瞻性、前沿性、颠覆性基础研究和军民共用技术研究，引领带动学科领域发展。国防科技重点实验室开展创新性的应用基础和关键技术研究。实验室及设施应聚焦经济建设和国防建设融合发展需求，围绕基础研究和应用基础研究，联合提出重大科学技术问题，共同申报并承担国家、国防各类科技计划和军队科研计划项目。

第十六条 实验室及设施可通过建立联盟等多种合作形式，促进交叉学科、相近领域、相同地域实验室及设施资源共享，提升协同创新能力。

第十七条 实验室及设施应参与军民科技协同创新平台、国家军民融合创新示范区建设的相关工作，面向区域科技创新需求提供资源共享服务，发挥辐射带动作用。

第六章 评价考核

第十八条 宏观管理部门将会同主管部门组织开展实验室及设施资源共享执行情况评价考核，并通过适当方式公布评价考核结果。

第十九条 评价考核要根据实验室及设施在资源开放共享中不同的定位和作用，分别制定相应的考核指标，实行分类评价考核。

第二十条 评价考核结果将作为实验室及设施新建、调整和经费支持的重要依据。对于评价考核结果较差的实验室及设施将给予警告、公开通报并责令其限期整改。

第二十一条 实验室及设施资源共享执行情况评价考核工作应与国家重点实验室、国防科技重点实验室、军工和军队重大试验设施、国家重大科技基础设施的评价考核相结合，在相应的评价考核指标体系中增设实验室及设施资源共享情况评价指标。

第二十二条 主管部门和依托单位要加强对本部门本单位实验室及设施资源共享工作的监督管理，重点检查实验室及设施开展资源共享工作的进展情况、服务质量和服务水平。

第七章 附则

第二十三条 本办法由科技部会同相关部门负责解释。

第二十四条 本办法自发布之日起实施。

军品配套科研项目后补助管理实施细则（试行）

(科工管〔2018〕822号)

第一章 总则

第一条 为了进一步调动企事业单位军品配套产品研制的积极性，鼓励自主创新，引导单位先行投入资金开展产品技术研发，加快装机应用和推动军用材料（产品）发展，依据《国防科工局科研项目管理办法》《国防科技工业科研项目后补助管理暂行办法》及《军品配套科研项目管理实施细则》，制定本实施细则。

第二条 本细则所称的后补助是指符合条件的相关单位，根据国防科工局发布的《军品配套科研项目指南》（以下简称《指南》），先行投入资金开展的军品配套科研项目，通过审查确认后，按照相关程序给予一定额度的中央财政资金补助。后补助包括事前立项事后补助、奖励性后补助两种方式。

第二章 事前立项事后补助

第三条 符合以下条件的配套科研项目可以采取事前立项事后补助管理方式：

（一）需求迫切，有明确的装机对象的；

（二）研制周期原则上不超过3年的；

（三）科研成果具有推广应用前景的。

第四条 国防科工局根据军品配套科研项目管理的有关程序，拟采取事前立项事后补助方式的项目在《指南》中予以明确。

第五条 项目的后补助方案及验收方式在国防科工局立项批复中明确。项目立项后，国防科工局不再审批任务书，立项批复是项目执行、项目验收及补助资金拨付、监督检查的依据。对于在发布《指南》中未明确实施后补助方式的，建议书评估后认为符合后补助支持方式的项目可纳入后补助管理。竞争类项目承担单位不超过两家，研制周期、经费概算保持一致。

第六条 项目承担单位及其主管单位按照批复的项目建议书自行组织实施和管理。除不可抗力因素外，后补助项目不得进行研制周期、成果目标、考核指标、概算经费等内容调整。

第七条 项目完成后，项目承担单位按程序提出验收申请，项目验收采取专家评审方式，由项目主管单位组织完成验收测试工作。国防科工局成立验收专家组，专家组成员一般不少于7人，由具有高级职称的技术、经济和管理专家组成，应遵循回避原则。超期2年未提出验收申请的项目，视同终止，不再予以后补助。竞争类项目采用同一第三方检测单位、同一验收专家组完成验收。

第八条 项目验收以批复的建议书为依据，重点验收项目的研究目标实现情况、研究内容完成情况、技术指标达到情况、产品交付及应用情况等，不再进行财务验收。未达到批复建议书要求的不通过验收。

第九条 国防科工局将项目验收结果及拟补助金额在项目申请单位和用户中公示，对于公示结束无异议的，或者异议处理结论不影响批复的，国防科工局予以批复。

第十条 事前立项事后补助项目通过验收的，按批复经费予以补助，未通过验收的不予补助。对于竞争类项目，均通过验收的，若产品综合性能相当，各按批复经费的 50% 补助；若产品综合性能差别较大，补助经费向有明显优势的单位倾斜，劣势单位补助经费不超过 30%。

第十一条 项目通过验收后，国防科工局按照立项批复时确定的项目概算及后补助方案，提出项目后补助预算安排建议，报财政部批复。预算批复下达后，补助资金按照国库集中支付管理有关规定拨付项目承担单位，项目承担单位可统筹安排使用。

第三章 奖励性后补助

第十二条 国防科工局根据军品配套科研项目管理的有关程序，对拟采取奖励性后补助方案的项目在《指南》中予以明确。

第十三条 在《指南》中符合以下条件的配套科研项目可以采取奖励性后补助管理方式：

（一）研制出的新材料、新产品属原创成果，研发记录完备，具有潜在军事用途，并完成典型件试验验证的；

（二）已发布需求的进口替代项目，有关单位通过自有资金自主研发实现装机应用的；

（三）军用关键材料经过适应性改进，在国家重大工程、重大项目的型号产品上拓展应用并发挥重要作用的。

第十四条 奖励性后补助按研制材料（产品）成果的贡献划分为一类、二类、三类 3 个等级。一类为研制材料（产品）达到国际领先水平；二类为研制材料（产品）达到国际先进水平；三类为研制材料（产品）达到国内领先水平。水平认定综合主要技术的先进性、应用性等指标。一类奖励金额最低 600 万元，最高不超过 900 万元。二类奖励金额最低 300 万元，最高不超过 600 万元。三类奖励金额最低 100 万元，最高不超过 300 万元。

第十五条 奖励性后补助按照以下程序管理：

（一）征集成果。国防科工局根据已发布的《指南》征集成果信息。

（二）补助金申请。申请单位通过其主管单位向国防科工局提交奖励性后补助资金申请报告。资金申请报告应当包括研制材料（产品）的军事用途或在国家重大工程、重大项目的型号产品上拓展应用情况说明、国内外研制现状、研制材料主要技术指标与国内外同类材料技术指标对比、申请金额等。

（三）补助申请审查。国防科工局组织对申请书进行形式审查，审查内容主要为申请书的规范性、完整性、与《指南》符合性等；通过形式审查的项目委托专家或中介机构进行现场审查复核，现场审查复核主要内容为研制材料（产品）军事用途或拓展应用情况、主要研究内容完成情况、主要技术指标及成果先进性、申请金额等，审查复核完成后形成审查报告。

（四）补助申请核定及公示。国防科工局对审查结果在申请单位和用户范围进行公示。

（五）补助金批复及拨付。国防科工局根据审查结论按立项程序办理批复后，依照程序提出奖励性后补助预算安排，报财政部批复。预算批复下达后，补助资金按照国库集中支付管理有关规定拨付项目承担单位，项目承担单位可统筹安排使用。

第四章 罚则

第十六条 项目承担单位或个人弄虚作假、伪造成果、重复申报立项、以不当方式唆使用户或第三方检测机构出具虚假评价或检测报告，骗取财政资金的，按照《财政违法行为处罚处分条例》等有关规定予以处理。情节严重涉及犯罪的，依法移送司法机关处理。

事前立项事后补助科研项目管理出现以下问题之一的，国防科工局将撤销该项目，已经获得事后补助经费的，予以追回，并视情节在2年内暂停受理相关项目承担单位的立项申请：

（一）立项批复后，未按立项批复要求开展研制工作；

（二）完全利用已有成果，未开展研制工作；

（三）其他财政资金渠道支持过的项目。

第十七条 对配套科研项目需求单位出现以下问题之一的，国防科工局将在1年内暂停受理相关需求单位的立项申请，并在行业内通报：

（一）虚报需求项目或需求项目上报后随意取消的；

（二）不按照任务总要求约定开展应用研究和考核验证的；

（三）未进行考核（或考核未通过）出具用户合格证明的。

第十八条 专家、中介机构、第三方检测机构存在弄虚作假等违规行为的，视情节轻重，可以采取宣布其出具的相关结果无效、视情况进行通报等处理措施，并将违规行为记录在案，作为以后遴选专家、中介机构、第三方检测机构的重要依据。

第五章 附则

第十九条 本细则未尽事宜，按照《国防科工局科研项目管理办法》《国防科技工业科研项目后补助管理暂行办法》《军品配套科研项目管理实施细则》等有关规定执行。

第二十条 本细则自印发之日起施行。

附件：1. 军品配套科研事前立项事后补助项目验收申请报告（格式）（略）
　　　2. 军品配套科研奖励性后补助项目申请书（格式）（略）

2018年7月9日

国防科工局关于印发
《国防科技重点实验室稳定支持科研管理暂行办法》的通知

(科工技〔2018〕1545号)

各有关单位:

为进一步推进落实国家创新驱动发展战略和军民融合发展战略,加大国防科技基础研究领域创新力度,充分发挥国防科技重点实验室自主创新平台作用,赋予一线科研人员更多自主权,建立稳定规范的基础科研项目支持机制,国防科工局制定了《国防科技重点实验室稳定支持科研管理暂行办法》,现予印发,请遵照执行。

国防科工局
2018年11月12日

国防科技重点实验室稳定支持科研管理暂行办法

第一条 为提升国防科技重点实验室(以下简称实验室)自主创新能力,赋予一线基础科研人员更多自主权,规范实验室稳定支持科研项目管理,依据《财政部关于建立国防科技重点实验室稳定支持机制的通知》和有关军工科研管理规定,制定本办法。

第二条 本办法所称稳定支持,是指国家国防科技工业局(以下简称国防科工局)通过军工科研经费渠道,在一个时间周期内按照一定经费标准,支持实验室自主开展国防领域基础性、前沿性和探索性研究的科研投入方式,旨在培养造就高水平国防科技人才和创新团队,提升实验室的自主创新能力。

第三条 实验室稳定支持科研管理遵循自主选题、定性评价、宽容失败、开放协作原则,简化管理流程、减少审批环节。

第四条 国防科工局负责项目审核确认、预算编制、监督检查、绩效评价及重大事项协调等工作。

实验室依托单位主管部门(以下简称主管部门)负责组织项目申报,协助开展项目结题验收、监督检查和绩效评价工作。实验室依托单位为工业和信息化部所属单位、国防科技大学的,直接由依托单位负责组织项目申报、结题验收等工作。

实验室依托单位负责组织项目论证实施和过程管理,对项目实施进度、完成质量和经费使用等负责,协助开展项目结题验收、监督检查和绩效评价工作。

实验室学术委员会负责项目评议、过程指导、结题验收以及参与绩效评价等工作。

实验室负责项目选题与论证,开展项目实施工作。

第五条 实验室围绕批复的研究方向,依据自身中长期发展规划及重点任务,在稳定支持经费额度范围内，自主提出若干选题建议，编制项目建议书，并经实验室学术委员会评议通过后，由主管部门于每年 4 月底前将项目建议书及意见报送国防科工局。

第六条 实验室实施开放协同创新机制，可通过设置项目子课题、单独委托项目研究等方式，原则上每年将不低于 20% 的稳定支持经费用于对外开放项目研究，支持优势单位参与实验室创新发展。

第七条 国防科工局组织开展项目建议书合规性审核，重点审查与批复方向的吻合性、经费预算与实际需求的匹配性、年度预算支出的均衡性等，确认后按程序办理立项批复。不再组织对项目建议书进行立项评估或评审。

第八条 国防科工局根据实验室在一个评估周期内稳定支持经费总额，综合考虑项目经费总需求及年度经费需求，动态调整实验室年度经费预算数，并编制项目年度预算计划。稳定支持经费也可用于支持实验室依据军工科研项目指南（论证要点）申报并获得立项批复的基础研究项目，以及对实验室自行投入开展的基础研究项目进行后补助。

第九条 实验室根据项目立项批复，组织开展具体研究工作。实施过程中，确因技术难度大或其他客观原因无法继续完成预期目标的，经实验室学术委员会评议通过后，可终止研究项目或调整相关内容，并由主管部门报国防科工局备案。

第十条 项目结束后，学术委员会组织开展结题验收，对项目完成情况进行审查，形成验收意见。主管部门应于每年 12 月底前将本年度已结题验收的稳定支持项目情况报国防科工局备案。

第十一条 国防科工局结合实验室运行评估工作，会同有关部门适时组织开展实验室稳定支持科研绩效评价，评价结果纳入实验室运行评估体系。

第十二条 国防科工局依据实验室评估结果，制定评估周期内的稳定支持标准。评估结果为"优秀"的，年度支持标准为 500 万元；评估结果为"合格"的，年度支持标准为 300 万元；对于"基本合格"或"不合格"的不予支持。年度支持标准根据实验室运行、中央财力等情况适时调整。

第十三条 稳定支持经费由实验室统筹用于稳定支持科研项目，预算和支出应符合财务核算制度和军工科研经费管理的有关规定和要求。

第十四条 国防科工局会同财政部等有关部门可采用抽查、专项检查、举报核查等方式，对稳定支持科研项目的实施情况进行监督检查。

第十五条 实验室存在弄虚作假、伪造成果、与已申报或在研的其他中央财政科研项目交叉或重复，骗取财政资金的，国防科工局视情节轻重采取通报有关情况、调减其下一年度稳定支持经费等处理措施；情节恶劣、拒不整改的，暂停对其稳定支持；情节特别严重、涉及犯罪的，依法移交司法机关处理。

第十六条 实验室根据国家档案管理有关规定，做好项目各类技术文件、国防科技报告的归档管理工作。

第十七条 实验室评估按照《国防科技重点实验室评估规则》执行。

第十八条 国防科技工业创新中心、国防重点学科实验室、国防科技创新团队等稳定支持科研管理，以及国防科技工业杰出人才奖支持项目科研管理，可参照本办法执行。

第十九条 本办法由国防科工局负责解释，自印发之日起施行。

第三部分

地方科研项目和资金管理法规政策

第九章 北京市科研项目和资金管理法规政策

关于印发《北京市自然科学基金联合基金经费管理细则（暂行）》的通知

(京科基金字〔2016〕33号)

各有关单位：

为稳步推进北京市自然科学基金联合基金工作，规范并加强联合基金经费的管理，提高资金使用效益，根据国家、北京市有关法律法规和《北京市自然科学基金管理办法》、《北京市自然科学基金项目管理办法》，参照《北京市自然科学基金项目资助经费管理办法》、《北京市科技计划项目（课题）经费管理办法》，结合联合基金经费管理实际，市基金办制定《北京市自然科学基金联合基金经费管理细则（暂行）》，现正式印发，请遵照执行。

附件：北京市自然科学基金联合基金经费管理细则（暂行）

北京市自然科学基金委员会办公室
2016年7月11日

北京市自然科学基金联合基金经费管理细则（暂行）

第一章　总则

第一条　为规范北京市自然科学基金联合基金经费的管理，提高资金使用效益，依据《北京市自然科学基金管理办法》、《北京市自然科学基金项目管理办法》等，参照《北京市自然科学基金项目资助经费管理办法》、《北京市科技计划项目（课题）经费管理办法》制定本细则。

第二条　本细则适用于北京市自然科学基金联合基金经费的管理。联合基金经费包括北京市自然科学基金经费和合作方经费。北京市自然科学基金经费是指由自然科学基金专项出资用于联合基金的财政性经费，合作方经费是指由合作方出资用于联合基金并由北京市自然科学基金统一管理的经费。

第三条　联合基金管理小组是联合基金工作的决策机构，由北京市自然科学基金委员会（简称"市基金委"）批准产生，并授权决策联合基金各项工作。联合基金管理小组成员由合作方代表及相关领域专家组成，主要负责对资助领域、项目指南、资助计划、项目审批、资助经费审定及其他重大事项进行决策。联合基金管理小组名单应对外公布，因实际工作需要可进行调整，调整后的名单应报市基金委备案。

第四条 联合基金管理小组下设联合基金管理办公室，设置在北京市自然科学基金委员会办公室（简称"市基金办"），具体负责联合基金项目的组织、申报、评审、立项、实施、验收及经费管理等工作。联合基金项目的管理依据《北京市自然科学基金项目管理办法》执行。

第五条 联合基金是北京市自然科学基金探索基金投入体系多元化的新模式，是联合社会力量解决首都经济社会发展重要基础问题的新手段。联合基金项目是北京市自然科学基金资助体系的组成部分，遵循北京市自然科学基金"三审一定"的评审程序，坚持公开、公平、公正。

第二章 经费来源及管理

第六条 北京市自然科学基金通过和合作方共同签订联合基金框架协议和年度协议，明确经费筹集途径及用途等事项。框架协议应明确北京市自然科学基金和合作方的出资额、出资比例、重点资助领域及合作年限。年度协议应规定北京市自然科学基金和合作方的年度出资额度、项目资助强度及年度重点资助方向。

第七条 联合基金经费参照《北京市自然科学基金项目资助经费管理办法》及相关经费规定管理，主要用于联合基金项目资助及组织实施中产生的费用，具体如下：

（一）项目经费：参照《北京市自然科学基金项目资助经费管理办法》规定科目支出。

（二）组织实施费：主要用于联合基金组织实施中产生的评审费、会议费、税费等，在合作方经费中列支。

1.评审费是指在联合基金项目评审过程中支付给专家的费用，按照国家和北京市相关规定执行；

2.会议费是指在联合基金项目组织实施中开展学术研讨、组织协调等而发生的会议费用，按照国家和北京市相关规定执行，严格控制会议的规模、数量、开支标准和会期；

3.税费是市基金办在收取合作方经费时依法应缴纳的相关税费。

联合基金经费不能用于支付各种罚款、捐款、赞助、投资等，严禁以任何方式变相谋取私利。

第八条 联合基金经费应纳入市基金办年度预算管理，专款专用、单独核算。其中，北京市自然科学基金出资的联合基金经费在市基金办零余额账户核算，计入财政补助收入；合作方经费在市基金办基本账户核算，计入事业收入。

（一）按照市财政经费预算编制要求，市基金办在次年预算编制前，与合作方签订年度合作协议，明确次年经费预算情况。

（二）次年年初市基金办向合作方发函，明确合作经费拨付金额及时间，合作方在收到拨款函后按照要求将经费汇入市基金办账户。一般情况下要求合作方在收到拨款函后60日内将经费汇入市基金办账户。

（三）市基金办同合作方签订年度合作协议后，由联合基金管理办公室启动年度指南编制、指南审定等相关工作。

（四）市基金办收到合作方提供的联合基金经费后，由联合基金管理办公室对外发布年度项目指南、组织项目申请、评审、立项等相关工作。年度项目指南、拟资助项目名单由联合基金管理小组审定。

（五）联合基金管理办公室对联合基金管理小组审定的拟资助项目名单予以公告，接受社会监督，公告期为30日。对公告期无异议的项目，组织签订任务书。

（六）联合基金管理办公室审核任务书并拨款。北京市自然科学基金出资的联合基金经费由市基金办零余额账户拨付至受资助依托单位，合作方经费由市基金办基本账户拨付至受资助依托单位。

（七）联合基金管理办公室可根据需要对联合基金项目进行抽查审计，项目负责人和依托单位应积极配合并提供有关资料。

第九条 联合基金结余经费包括联合基金结余资金和联合基金项目结余经费。

（一）对于联合基金的年度结余资金，属于财政性资金的部分，按照《北京市财政局关于修订〈北京市市级行政事业单位财政性结余资金管理办法〉的通知》（京财预〔2015〕828号）规定执行。属于非财政性资金的部分，经联合基金管理小组审定后，用于下一年度联合基金项目资助及项目管理，并在年度协议中做相关说明。

（二）对联合基金项目实施过程中产生的结转、结余经费，视不同情况执行：

联合基金项目在研期间，年度结余经费可结转下一年度继续使用。

联合基金项目完成任务目标并通过验收后，结余经费按规定在2年内由依托单位统筹安排用于科研活动的直接支出。

因项目终止、依法撤销、项目验收结论为"结题"和"验收不合格"等原因结余的联合基金项目经费应在结论下达后30日内退回。

第十条 联合基金经费的使用及管理按年度向联合基金管理小组汇报，受审计部门及市财政局、市科委的监督检查。合作方对经费支出情况有知情权和监督权。

第三章 附则

第十一条 本细则自发布之日起施行，由市基金办负责解释。

中共北京市委办公厅 北京市人民政府办公厅印发《北京市进一步完善财政科研项目和经费管理的若干政策措施》的通知

(京办发〔2016〕36号)

各区委、区政府,市委、市政府各部委办局,各总公司,各人民团体,各高等院校:

经市委、市政府同意,现将《北京市进一步完善财政科研项目和经费管理的若干政策措施》印发给你们,请结合实际认真贯彻落实。

中共北京市委办公厅
北京市人民政府办公厅
2016年9月1日

北京作为全国科技创新中心,创新资源密集、创新人才聚集、创新成果富集,在全国实施创新驱动发展战略进程中发挥着示范引领和辐射带动作用。为深入贯彻落实全国科技创新大会和《中共中央办公厅、国务院办公厅印发〈关于进一步完善中央财政科研项目资金管理等政策的若干意见〉的通知》精神,改革创新科研项目和经费管理方式,加快形成充满活力的科技管理和运行机制,充分调动科研人员积极性、创造性,特制定以下政策措施。

一、简化财政科研项目预算编制和评审程序

(一)简化预算编制。采用前补助方式支持的科研项目,承担单位在立项时按照科研经费与研究任务相匹配原则,根据科研活动实际需要编制财政科研项目预算。同时,改进预算编制方法,在编制预算时,只需编制一级费用科目,且不需提供过细的测算依据。市财政局、项目主管部门对符合条件的科研项目,可在部门预算批复前预拨科研经费。

(二)取消财政预算评审程序。将科研项目实施方案论证和预算评审"合二为一",由项目主管部门组织科技、财务等方面的专家,重点对目标相关性、技术创新性、路线可行性、政策相符性以及经费合理性等进行论证。

二、赋予承担单位和科研人员开展科研更大的自主权

(三)下放预算调剂权限。在科研项目总预算不变的情况下,直接费用中的材料费、测试化验加工费、燃料动力费、出版、文献、信息传播、知识产权事务费及其他支出预算如需调整,可由项目负责人根据科研活动实际需要自主安排,由承担单位据实核准,验收(结题)时向项目主管部门备案。

(四)下放差旅费、会议费、咨询费管理权限。承担单位可根据科研活动实际需要,按照实事求是、精简高效、厉行节约的原则,研究制定科研类差旅费、会议费、咨询费管理办法,合理确定科研人员乘坐交通工具等级和住宿费标准,会议次数、天数、人数和会议费开支范围、标准,以及咨询费开支标准。科研类差旅费、会议费不纳入行政经费统计范围,不受零增长限制。项目主管部门要加强对科研类差旅费、会议费、咨询费管理工作的指导和统筹。

（五）下放科研仪器设备采购管理权限。承担单位可自行采购科研仪器设备，自行选择科研仪器设备评审专家。承担单位要切实做好设备采购的监督管理，做到全程公开、透明、可追溯。对承担单位采购进口科研仪器设备实行备案制管理。继续落实进口科研教学用品免税政策。

（六）改进科研经费结转结余资金管理方式。科研项目实施期间，年度剩余资金可结转下一年度由承担单位继续使用。对按要求完成任务目标并通过验收的科研项目，结余资金按规定留归承担单位使用，在2年内由承担单位统筹安排用于科研活动的直接支出；2年后未使用完的，按规定收回。

（七）改进财务报销管理方式。承担单位因科研活动实际需要，邀请国内外专家、学者和有关人员参加由其主办的会议，对确需负担的城市间交通费、国际旅费，可在其会议费等费用中报销。对难以取得住宿费发票的，承担单位在确保真实性的前提下，据实报销城市间交通费，并按规定标准发放伙食补助费和市内交通费。承担单位要制定符合科研实际需要的内部报销规定，切实解决野外考察、心理测试等科研活动中无法取得发票或财政性票据等的报销问题。

（八）改进科研人员因公出国（境）管理方式。市政府外办对科研人员出国（境）开展国际合作与交流实行导向明确的区别管理，对为完成科研项目任务目标、从科研经费中列支费用的国际合作与交流按业务类别单独管理。承担单位要研究制定相应的加强和改进科研人员出国（境）管理办法，项目主管部门要加强指导和统筹。从科研经费中列支的国际合作与交流费用不纳入"三公"经费统计范围，不受零增长限制。

（九）加大绩效支出激励力度。竞争性科研项目均要设立间接费用，核定比例从不超过直接费用扣除设备购置费的15%、20%统一调整为不超过20%。取消间接费用中绩效支出比例限制。承担单位要依法依规使用间接费用，处理好合理分摊间接成本和对科研人员激励的关系，绩效支出只能用于项目组成员，不得截留、挪用、挤占。项目负责人要结合项目组成员的实际贡献，公开、公正安排绩效支出，真正体现科研人员价值。承担单位中的国有企事业单位从科研经费中列支的编制内有工资性收入科研人员的绩效支出，一次性计入当年本单位工资总额，但不受当年本单位工资总额限制、不纳入本单位工资总额基数。

（十）自主规范管理横向经费。承担单位以市场委托方式取得的横向经费，纳入承担单位财务统一管理，由承担单位按照委托方要求或合同约定管理使用。

（十一）扩大科研基本建设项目自主权。在符合首都城市功能定位和城市总体规划前提下，对承担单位利用自有土地和自有资金、不申请政府投资建设的项目，由承担单位自主决策，报主管部门备案，不再进行审批。简化承担单位科研基本建设项目规划、用地以及环评、能评等审批手续，缩短审批周期。市发展改革委和承担单位主管部门要加强对基本建设项目的指导和监督检查。

三、创新财政科研经费投入与支持方式

（十二）拓展财政科研经费投入渠道。发挥财政经费的杠杆效应和导向作用，引导民间资本开展科技创新创业。积极推进政府和社会资本合作（PPP）等模式在科技领域的应用。完善"前孵化"基金机制，优化科技创新类引导基金，推动更多具有重大价值的科技成果转化应用。创新自然科学基金机制，通过接受社会捐赠、与社会机构共同设立联合基金等方式，拓宽基础研究投入渠道，促进基础研究与需求导向的良性互动。

（十三）深化科研管理与运行机制改革试点。紧紧围绕国家重大战略需求和前沿科学领域，遴选全球顶尖的领衔科学家，给予持续稳定的科研经费支持，在确定的重点方向、重点领域、重点任务范围内，由领衔科学家自主确定研究课题，自主选聘科研团队，自主安排科研经费使用；3至5年后采取第三方评估和国际同行评议等方式，对领衔科学家及其团队的研究质量、原创价值、实际贡献，以及聘用领衔科学家及其团队的单位服务保障措施落实情况进行绩效评价，形成可复制可推广的改革试点经验。大力支持北京生命科学研究所在更高水平上开展科技体制改革试点和原创性基础研究，为科研人员提供居留和出入境、落户、配偶安置、子女教育、住房等方面的服务保障；同时，在量子计算、生命与健康、脑科学、战略性先导材料等领域，探索培育一批新型科研机构，形成与国际接轨、符合国情的科研管理和运行机制。

（十四）加大对市属公益性科研机构和高等学校的科研支持力度。市财政局按照不低于15%的幅度，一次性增加科研定额经费规模，支持市属公益性科研机构和高等学校加强科研教学、人才培养、基础研究能力提升、科研条件改善等，并赋予其更大的科研定额经费使用自主权，自定方向、自主选题，夯实学科基础，提高公共科技供给能力。市财政局支持市属公益性科研机构、高等学校等单位依托优势学科、重点实验室等平台，引进国际、国内一流创新人才和学科带头人，所支持资金优先用于人员年薪和科研项目经费等。鼓励市属公益性科研机构、高等学校等单位争取中央财政科研项目，市财政局提供相关配套资金支持。

（十五）加强对国家实验室和国家重大科技基础设施等的配套服务。主动服务国家重大创新战略，强化央地共建共享，为国家实验室和国家重大科技基础设施在京建设发展提供配套资金、用地等方面的支持，集聚高端创新资源，形成一批具有世界影响力的原始创新成果，打造我国自主创新的重要源头和原始创新的主要策源地。对接中央财政科技计划（专项、基金等）和"科技创新2030—重大项目"，突破一批核心、关键和基础性技术，服务首都经济社会发展。

四、加快科技成果转化与推广应用

（十六）深化科技成果转化决策机制改革。承担单位中的国有企事业单位要根据国家和本市促进科技成果转化相关政策，制定科技成果转化管理办法，建立健全科技成果转化重大事项领导班子集体决策制度，优化科技成果转化流程；对其持有的科技成果，要通过协议定价、在技术交易市场挂牌交易、拍卖等市场化方式确定价格，其中协议定价的，科技成果持有单位要在本单位公示科技成果名称和拟交易价格，公示时间不少于15日；单位领导在履行勤勉尽责义务、没有牟取非法利益的前提下，免除其在科技成果定价中因科技成果转化后续价值变化产生的决策责任。

（十七）深化科技成果转化收益分配方式改革。科技成果转化所获收益可按70%及以上的比例，对职务科技成果完成人和为科技成果转化作出重要贡献的人员给予奖励和报酬，剩余部分留归承担单位用于科技研发与成果转化等相关工作。承担单位中的国有企事业单位用于对完成、转化职务科技成果作出重要贡献人员的奖励和报酬支出，一次性计入当年本单位工资总额，但不受当年本单位工资总额限制、不纳入本单位工资总额基数。

（十八）加强对科研人员离岗创业的政策保障。科研人员经所在单位同意可离岗创业，3年内保留人事关系，变更原聘用合同。创业期内，由原单位代缴社会保险，所需费用由离岗创业人员和新单位共同承担，缴费基数按照原单位同类人员确定；享受原单位社会保险相关待遇；认定原单位连续工龄。创业期内，离岗创业人员申请回原单位工作的，双方变更聘用合同，由原单位妥善安排工作岗位。创业期满，离岗创业人员决定不回原单位工作的，原单位要及时终止人事关系，解除聘用合同，并协助办理社会保险转移接续等手续。

（十九）加大新技术新产品（服务）采购力度。充分发挥政府采购对新技术新产品（服务）应用的导向作用，不断扩大首购、订购、首台（套）重大技术装备试验和示范项目、推广应用以及远期采购合约的规模。完善"首购首用"风险补偿和激励机制。负有预算编制职责的部门，要预留本部门年度政府采购项目预算总额的30%以上专门面向中小企业采购，且预留给小型和微型企业的比例不低于面向中小企业采购总额的60%。在政府采购评审中，对于非专门面向中小企业的项目，对小型和微型企业产品的价格给予6%~10%的扣除，用扣除后的价格参与评审；鼓励大中型企业和其他组织、自然人与小型、微型企业组成联合体共同参加非专门面向中小企业的政府采购活动，小型、微型企业的协议合同金额占到联合体协议合同总金额30%以上的，可给予联合体2%~3%的价格扣除。

五、提高科研项目和经费的管理服务水平

（二十）建立市级科技决策统筹工作机制。市政府负责确定科技创新的发展目标、重点领域、关键任务、重大工程和重要政策，编制发布实施计划，审定科技决策咨询委员会组成、专业服务机构遴选等事项。科技决策咨询委员会负责提出咨询意见，为政府决策提供参考。项目主管部门采取公开择优、定向择优等方式，确定承担单位、项目负责人及其团队。专业服务机构接受项目主管部门委托，负责组织科研项目立项、过程管理和验收（结题）等工作。

（二十一）强化承担单位法人责任。承担单位是科研项目实施和科研经费管理使用的责任主体，要认真落实国家和本市有关政策规定，按照权责一致的要求，强化自我约束和自我规范，确保接得住、管得好；制定内部管理办法，落实项目预算调剂、间接费用统筹使用、劳务费分配管理、结余资金使用等管理权限；加强预算审核把关，规范财务支出行为，完善内部风险防控机制，强化资金使用绩效评价，保障资金使用规范安全有效；落实科技报告制度，及时向项目主管部门提交科技报告；加强科技成果转化与推广应用。承担单位根据实际需要建立科研财务助理制度。

（二十二）建设统一的科研项目管理信息系统。市科委会同有关部门负责建设全市统一的科研项目管理信息系统，对科研项目申报、立项和预算安排、监督检查、验收（结题）、科技报告等进行信息管理，为科研人员提供高效便捷的申报、查询服务。

（二十三）加强科研项目信息公开。除涉密及法律法规另有规定外，项目主管部门要按规定向社会公开科研项目的立项信息、验收结果和经费安排情况等，接受社会监督。承担单位要在单位内部公开项目立项、主要研究人员、经费使用、大型仪器设备购置以及项目研究成果等情况，接受内部监督。

（二十四）健全科研信用管理体系。加强科研信用信息的归集，项目主管部门在科研项目立项、实施、验收（结题）、绩效评价等各阶段，建立对承担单位、项目负责人、专业服务机构、咨询专家等主体的信用记录，作为今后项目立项及科研经费安排、专业服务机构和咨询专家遴选等的重要依据，并与间接费用核定、科研经费结余资金使用、督查频次等挂钩；同时，将科研信用纳入全市社会信用体系，实现信用信息共享共用。

（二十五）完善科研项目经费审计机制。项目主管部门根据科研项目任务书的约定，重点对科研经费使用的合法合规性进行审计。项目主管部门、市财政局要加快建立健全共同遴选、委托第三方机构开展经费审计工作的机制。要加强科研项目经费审计结果的共享和应用，避免重复检查、多头检查、过度检查。

（二十六）改进科研项目绩效评价。项目主管部门、市财政局要加快建立既符合预算绩效管理要求、又适应科技创新规律的项目绩效评价体系。项目主管部门负责开展项目绩效评价，侧重依据科研项目任务书考核项目目标和任务完成情况、经费管理使用情况，注重科技创新质量和实际贡献。基础前沿类项目突出同行评价，注重引入国际同行评价。应用研究和技术开发类项目突出市场评价，注重引入第三方和投资者评价。社会公益类项目突出社会评价，注重引入公众评价。绩效评价原则上要结合项目执行周期进行安排，适当延长基础前沿类项目的评价周期。

（二十七）细化完善相关措施。各有关部门、各区政府要参照本政策措施，结合实际，加快推进科研项目和经费管理改革，切实增强科研人员的获得感。市财政局、市级社科类科研项目主管部门要结合社会科学研究的规律和特点，参照本政策措施修订市级社科类科研项目经费管理办法。本政策措施发布之日起3个月内，项目主管部门要按照本政策措施要求，对职责范围内的相关规定、管理办法和实施细则进行修改完善，承担单位要研究制定或修订科研经费内部管理办法和报销规定。以后年度承担科研项目的单位要于当年制定相关管理办法和规定。

（二十八）强化督促检查和指导。市财政局、项目主管部门要适时组织开展对承担单位科研项目经费管理权限落实、内部管理办法制定、创新服务方式、内控机制建设、相关事项内部公开以及落实用于人员激励的绩效支出等情况的督促检查，对督查情况以适当方式进行通报，并将督查结果纳入信用管理。市审计局要依法开展对政策措施落实情况和财政资金的审计监督。项目主管部门要督促指导承担单位完善内部管理，确保国家和本市政策规定落到实处。

本政策措施所称承担单位，指承担市财政科研项目并使用财政科研经费的高等学校、科研机构、企业和包括医疗机构在内的其他事业单位、社会组织等；项目主管部门，指立项支持承担单位开展科技研发和成果转化活动的有关部门。

2016年12月31日前验收（结题）的科研项目原则上不适用本政策措施；2016年12月31日后验收（结题）的科研项目可适用本政策措施；2017年及以后年度立项的科研项目均适用本政策措施。

北京市财政局　北京市科学技术委员会关于印发《北京市科技计划项目（课题）经费管理办法》的通知

(京财科文〔2016〕2861号)

各委办局（总公司、集团公司）、各区财政局、科委、中关村管委会，有关单位：

为规范并加强北京市科技计划项目（课题）经费的管理，提高资金使用效益，根据《国务院关于改进加强中央财政科研项目和资金管理的若干意见》（国发〔2014〕11号）、《关于进一步完善中央财政科研项目资金管理等政策的若干意见》（中办发〔2016〕50号）、《北京市进一步完善财政科研项目和经费管理的若干政策措施》（京办发〔2016〕36号）等文件精神，依照北京市市级支出预算要求及有关财务管理制度，结合本市财政科技经费管理的实际情况，特制定《北京市科技计划项目（课题）经费管理办法》，现印发给你们，请遵照执行。

北京市财政局
北京市科学技术委员会
2016年12月21日

北京市科技计划项目（课题）经费管理办法

第一章　总则

第一条　为规范并加强北京市科技计划项目（课题）[以下简称"项目（课题）"]经费的管理，提高财政资金使用效益，根据《国务院关于改进加强中央财政科研项目和资金管理的若干意见》（国发〔2014〕11号）、《关于进一步完善中央财政科研项目资金管理等政策的若干意见》（中办发〔2016〕50号）、《北京市进一步完善财政科研项目和经费管理的若干政策措施》（京办发〔2016〕36号）等文件精神，依据北京市市级支出预算要求及有关财务管理制度，结合本市财政科技经费管理的实际情况，制定本办法。

第二条　项目（课题）指为落实国家方针政策，依据北京市经济社会的发展目标，由北京市科学技术委员会（以下简称"市科委"）研究确定并组织安排在北京地区注册的法人单位承担的科学技术研究开发、成果转化应用等任务。

市财政科技经费来源于市财政资金，用于支持科技计划项目（课题）的执行和科技事业的发展。事业单位履行本职工作的经费不在该范围之内。

第三条　科技经费管理和使用原则

（一）集中财力，突出重点。根据市委市政府的战略部署、重点工作和科技发展需求，确定项目（课题）经费重点支持方向。

（二）遵循规律，分类支持。遵循科学研究、技术创新和成果转化规律，实行分类管理，创新财政科技经费支持方式。

（三）科学安排，合理配置。发挥市场对技术研发方向、路线选择、要素价格、各类创新要素配置的导向作用，建立项目（课题）经费分配、绩效评价机制，坚持简政放权、放管结合、优化服务。

（四）专款专用，单独核算。项目（课题）经费应当纳入单位财务统一管理，实行单独核算，确保专款专用，不得截留、挤占和挪用。

（五）公正公开，追踪问效。强化资金管理信息公开，加强科研诚信建设和信用管理，建立既符合预算绩效管理要求、又适应科技创新规律的绩效考评机制，推行面向目标和结果的问效机制。

第二章　职责与权限

第四条　北京市财政局（以下简称"市财政局"）的主要职责：

根据财政预算编制要求，与市科委共同制定项目（课题）经费预算总体投向。负责审核并批复年度项目（课题）经费预算和决算。对预算执行情况进行监督检查。对项目（课题）经费进行财政绩效管理。

第五条　市科委的主要职责：

与市财政局共同制定项目（课题）经费的支持方向，会同市财政局制定相应经费管理办法。负责组织主持单位、承担单位、专业服务机构［受市科委委托承担项目（课题）管理工作的机构］编报项目（课题）经费的预算及决算，组织项目（课题）预算评审。根据市财政局预算批复，按项目（课题）进度拨付经费。负责对项目（课题）预算执行情况的监督检查，组织经费自查、经费审计和绩效管理等工作。协助有关部门对项目（课题）经费进行监督检查。

第六条　主持单位、专业服务机构的主要职责：

负责建立符合项目（课题）特点的经费内部监管机制，保证经费使用的规范性、合理性、有效性。负责组织承担单位落实市财政科技经费以外其他渠道资金及相关配套条件。负责组织承担单位编报项目（课题）经费预算和决算，按规定程序审核汇总经费预算和决算，向市科委报送。负责监督、检查项目（课题）经费预算执行情况，对实施中的重大预算调整报市科委审批。负责组织承担单位对项目（课题）经费使用情况的自查工作，配合市科委开展对项目（课题）的绩效管理与监督检查等工作。负责有关财务文件的归档保存。

第七条　承担单位的主要职责：

承担单位要认真落实国家和北京市有关政策规定，按照"权责一致，自我约束，自我规范，接住管好"的原则，切实履行在项目（课题）申请、组织实施、验收和经费使用等方面的管理职责。

（一）负责制订或完善与项目（课题）经费管理有关的预算、支出等财务规章制度，根据实际需要建立科研财务助理制度。

（二）负责编制项目（课题）经费预算和决算，按照项目（课题）有关匹配资金的约定，落实单位自筹资金及其他配套条件。

（三）负责落实项目预算调剂、间接费用统筹使用、结余资金使用、科研仪器设备采购等管理工作。

（四）负责在单位内部主动公开项目立项、主要研究人员、经费使用、大型仪器设备购置以及研究成果等。

（五）配合进行项目（课题）经费审计等工作，接受市科委、主持单位、专业服务机构及有关部门的监督检查和绩效管理等工作。

（六）负责有关财务文件的归档保存。

第三章 经费的支持方式

第八条 项目（课题）经费采取多种支持方式，包括事前直接补助、后补助、股权投资（含资本金注入）、风险补偿金、基金、贷款贴息等。市科委会同市财政局，根据项目（课题）的特点及绩效目标，确定具体支持方式、支出范围及参照标准。

第九条 事前直接补助是对科研项目（课题）等活动所需成本，在开展前直接给予部分或全部补助的财政资助方式。

后补助是指从事研究开发和科技服务活动的单位先行投入资金，取得成果或者服务绩效，通过验收、审计或绩效考核后，给予经费补助的财政资助方式。

股权投资（含资本金注入）是指财政经费对开展重大科技成果转化和产业化的项目（课题）相关的科技企业以股权形式进行权益性投资的财政支持方式。

风险补偿金是指用于对金融机构给予科技创新和成果转化过程中银行、担保、创业投资、保险等支持活动产生的风险，给予一定比例补偿的财政支持方式。

贷款贴息是指对科技创新和科技成果转化过程中对一定时期内按照一定比例给予的银行贷款利息补贴。

本办法主要适用于采用事前直接补助方式支持项目（课题）的经费管理。

第四章 经费支出范围

第十条 事前直接补助经费的支出范围一般包括直接费用和间接费用两部分。

第十一条 直接费用是指在项目（课题）实施过程中发生的与之直接相关的费用。包括：

（一）设备费：是指在项目（课题）实施过程中购置或试制专用仪器设备，对现有仪器设备进行升级改造，以及租赁使用外单位仪器设备而发生的相关费用。

（二）材料费：是指在项目（课题）实施过程中消耗的各种原材料、辅助材料等低值易耗品的采购及运输、装卸、整理等费用。

（三）测试化验加工费：是指在项目（课题）实施过程中由于承担单位自身的技术、工艺和设备等条件的限制，委托或与外单位合作（包括承担单位内部独立经济核算单位）进行的检验、测试、化验、加工、计算、试验、设计、制作等所支付的费用。

（四）燃料动力费：是指在项目（课题）实施过程中相关大型仪器设备、专用科学装置等运行发生的可以单独计量的水、电、气、燃料消耗等费用。

（五）差旅费：是指在项目（课题）实施过程中开展科学实验（试验）、科学考察、业务调研、学术交流等所发生的城市间交通费、住宿费、伙食补助费和市内交通费等。

（六）会议费：是指在项目（课题）实施过程中为组织开展学术研讨、咨询论证，以及组织协调项目或课题等活动而发生的会议费用。

（七）国际合作交流费：是指在项目（课题）实施过程中，研究人员出国及外国专家来华开展科学技术交流与合作的费用。

（八）档案/出版/文献/信息传播/知识产权事务费：是指在项目（课题）实施过程中，需要支付的出版费、资料及印刷费、专用软件购买费、文献检索费、专业通信费、专利申请及其他知识产权事务等费用。

（九）劳务费：是指在项目（课题）实施过程中支付给项目（课题）组成员、参与项目研究的研究生、博士后、访问学者以及项目（课题）组聘用的研究人员、科研辅助人员的劳务性费用。项目（课题）组临时聘用人员的社会保险补助纳入劳务费科目中列支。财政供养人员不得列支劳务费。

（十）咨询费：是指在项目（课题）实施过程中支付给临时聘请的咨询专家的费用。咨询费不得支付给参与项目（课题）研究及管理相关的工作人员。

（十一）其他费用：是指项目（课题）实施过程中除上述支出费用之外的其他支出，应当在申请预算时单独列示。

第十二条 间接费用是指项目（课题）承担单位在组织实施项目（课题）过程中发生的无法在直接费用中列支的相关费用。主要包括项目（课题）承担单位为项目（课题）研究提供的现有仪器设备及房屋，水、电、气、暖消耗，以及有关管理费用的补助支出等。其中绩效支出是指承担单位为提高科研工作绩效安排的相关支出，只能用于项目组成员。

第五章　经费管理

第十三条　预算编制

（一）预算编制原则

1.项目（课题）经费预算编制严格遵守目标相关性、政策相符性、经济合理性和任务完成的可行性原则。

2.项目（课题）经费预算编制时需编制来源预算与支出预算。来源预算指用于同一项目（课题）的各种不同渠道的经费。包括市财政科技经费、单位自筹资金和其他来源资金。支出预算应当按照经费开支范围确定的支出科目和不同经费来源编列。预算编制需提供主要支出内容与项目（课题）活动内容的相关性、必要性说明，及测算方法、测算依据。

3.由多个单位共同承担一个项目（课题）的，应当同时编列各单位承担的主要任务、经费预算等。

4.项目（课题）经费预算应当由项目（课题）负责人与主持单位（承担单位）财务人员共同参与编制。

（二）明细预算编制和使用要求

1.设备费：承担单位应当严格控制设备购置费支出。对使用市财政性科技经费购置仪器、设备，需履行查重评议程序。承担单位可自行采购科研仪器设备，自行选择科研仪器设备评审专家。对承担单位采购进口科研仪器设备实行备案制管理。

2.差旅费、会议费、国际合作交流费：承担单位为完成科研项目的任务目标、从科技经费中列支的差旅费、会议费、国际合作与交流费不纳入"三公"经费、机关运行经费和行政一般性支出统计范围，不受"零增长"限制。

承担单位应根据科研活动实际需要，按照实事求是、精简高效、厉行节约的原则，制定出台科研类差旅费、会议费管理办法，合理确定科研人员乘坐交通工具等级、住宿费标准，会议次数、天数、人数和会议费开支范围、标准。

3.劳务费：承担单位应根据本单位的实际和工作需要，建立劳务费分配制度。

4.咨询费：承担单位可根据本单位的实际和工作需要，制定咨询费管理办法和开支标准。承担单位可根据本单位管理办法和开支标准编制预算，并在参加预算评审时提供单位相关文件。

5.间接费用：实行总额控制，按照不超过项目（课题）经费中直接费用扣除设备购置费后的

20%核定。间接费用中的绩效支出不得超过间接费用的比例。

项目（课题）承担单位要依法依规使用间接费用，处理好合理分摊间接成本和对科研人员激励的关系，绩效支出只能用于项目组成员，不得截留、挪用、挤占。项目（课题）负责人要结合项目（课题）组成员的贡献和实绩，公开、公正安排绩效支出，真正体现科研人员价值。

实行工资总额管理的承担单位从科研经费中列支的编制内有工资性收入科研人员的绩效支出，一次性计入当年本单位工资总额，但不受当年本单位工资总额限制、不纳入本单位工资总额基数。

第十四条 预算评审

项目（课题）预算评审与实施方案论证"合二为一"，由市科委组织科技、财务等方面的专家，坚持科学合理、实事求是的原则，重点对目标相关性、技术创新性、路线可行性、政策相符性以及经济合理性等进行论证。专家组必须出具单独的经费预算评审意见，保证其相对独立性。

项目（课题）应按要求参加预算评审，属下列范围之一的项目（课题）可不参加：

1.采取股权投资、后补助［事前立项事后补助的项目（课题）除外］、资本金注入、风险补偿金、基金、贷款贴息支持方式的项目（课题）；

2.政策法规已明确补助标准、范围等定额方式，已制定相关经费管理办法，并经市财政部门审查通过的项目（课题）；

3.按有关规定其他可不参加预算评审的项目（课题）。

第十五条 预算审批及拨付

市科委将项目（课题）经费预算报市财政局审核、批复后按进度拨付，延续项目（课题）根据业务检查和经费检查（或审计）结果，确定后续经费的拨付。

第十六条 经费使用管理

（一）经费核算

1.主持单位、承担单位、专业服务机构应当具备健全的财务制度，以及项目（课题）财务管理制度，由专职的财务人员负责项目（课题）经费的财务核算和管理工作。

2.主持单位、承担单位、专业服务机构应当对不同来源的项目（课题）经费分别进行单独核算，即在单位适用的会计制度一级科目统括之下，按照规定的项目（课题）支出范围设置明细科目，按开支范围与标准执行，并进行会计核算。

（二）资金结算方式

科研院所、高等学校等事业单位承担项目（课题）所发生的会议费、差旅费、材料费和测试化验加工费等，按财政部门相关规定实行银行转账或"公务卡"结算。

（三）涉及政府采购事项的，严格按照《中华人民共和国政府采购法》及北京市有关规定执行。承担单位使用财政性资金采购北京市政府集中采购目录以内或者采购限额标准以上的货物、工程和服务项目，均应按照政府采购有关规定执行。

（四）承担单位使用市财政科技经费购置（试制）的固定资产属国有资产，原则上由承担单位进行管理和使用，国家有权调配用于相关科学研究开发，其处置按国家相关规定执行。

市财政科技经费形成的知识产权等无形资产的管理，按照国家有关规定执行。

市财政科技经费形成的大型科学仪器设备、科学数据、自然科技资源等，在保障有关参与单位合法权益的基础上，按照国家和北京市有关规定开放共享，避免重复购置，提高资源利用效率。

（五）承担单位应当强化预算约束，严格按照本办法规定的资金开支范围和标准执行，严禁使用项目（课题）经费支付各种罚款、捐款、赞助等，严禁以任何方式牟取私利。

（六）承担单位因科研活动需要，邀请国内外专家、学者和有关人员参加其主办的会议，对确需负担的城市间交通费、国际旅费，可由其在会议费等费用中报销。对于难以取得住宿费发票的，承担单位在确保真实性的前提下，据实报销城市间交通费，并按规定标准发放伙食补助费和市内交通费。承担单位要制定符合科研实际需要的内部报销规定，切实解决野外考察、心理测试等科研活动中无法取得发票或财政性票据等的报销问题。

（七）项目（课题）经费实行决算报告制度，分为年度决算和总决算。

（八）企业承担项目（课题）取得财政性资金的税务处理，参照《财政部国家税务总局关于专项用途财政性资金企业所得税处理问题的通知》（财税〔2011〕70号）等国家和北京市有关规定执行。

第十七条 预算调整

（一）项目（课题）总预算调整、项目（课题）主要承担单位变更应报市财政局批准。

（二）项目（课题）总预算不变的情况下，直接费用中的材料费、测试化验加工费、燃料动力费、出版/文献/信息传播/知识产权事务费、其他支出预算如需调整，可由项目（课题）负责人根据科研活动的实际需要自主安排，由承担单位据实核准，每年年底和验收（结题）时通过科技项目管理信息系统备案。

（三）差旅费、会议费、国际合作与交流费三项之间可调剂使用，但不得突破三项支出预算总额，如需调减可按上述程序调剂用于项目（课题）其他方面的支出。

（四）设备费、劳务费、咨询费预算原则上一般不予调增，如需调减可按上述程序调剂用于项目（课题）其他方面的支出。

（五）间接费用预算不得调整。

第十八条 结转、结余资金管理

项目（课题）经费中市财政科技经费结转、结余资金，视不同情况执行：

（一）项目（课题）在研期间，年度剩余资金可以结转下一年度继续使用。

（二）对于按要求完成任务目标、通过验收的项目（课题），并且其承担单位和课题负责人没有不良信用记录，结余资金按规定归承担单位使用，在2年内由承担单位统筹安排用于科研活动的直接支出；2年后未使用完的，按规定收回。

第六章　经费监督管理与处理原则

第十九条 主持单位、承担单位、专业服务机构在项目（课题）经费使用和管理中，不得存在以下行为：

（一）未对项目（课题）经费进行单独核算。

（二）编报虚假预算、套取国家财政资金。

（三）截留、挤占、挪用项目（课题）经费。

（四）违反规定转拨、转移项目（课题）经费。

（五）擅自变更项目（课题）承担主体，未获市科委批准。

（六）提供虚假财务会计信息，虚列支出。

（七）虚假承诺配套资金、自筹资金到位率低于60%。

（八）未按规定执行和调整预算。

（九）发生设备购置、租赁、测试、化验、加工、对外合作等事项未签订相关合同或协议。

（十）随意调账变动支出、随意修改记账凭证、以表代账应付财务审计和检查。

出现上述行为的，视情节轻重将采取暂停项目（课题）拨款、终止项目（课题）执行、追回已拨项目（课题）资金、取消项目（课题）承担者一定期限内项目（课题）申报资格等措施。对于违反财经法律法规的行为，按照《财政违法行为处罚处分条例》及其他相关法律法规处理、处罚，构成犯罪的，移交司法机关依法处理。建立责任倒查制度，针对出现的问题倒查项目（课题）主管部门相关人员的履职尽责和廉洁自律情况，经查存在问题的依法依规严肃处理。

第二十条 对主持单位、承担单位、专业服务机构及关联的相关机构和人员在项目（课题）经费使用和管理中的问题，按照市科委信用管理的有关规定进行记录。存在上述行为之一的，一经查实，记入相关机构和人员的信用记录。信用记录作为项目（课题）立项及科技经费安排、专业服务机构遴选、咨询专家遴选等的重要参考依据。

第七章 附则

第二十一条 本办法由市财政局、市科委负责解释。

第二十二条 本办法自2017年1月1日施行。《北京市科技计划（课题）经费管理办法》（京财科文〔2015〕865号）同时废止。2016年12月31日前验收（结题）的科研项目原则上不适用本办法；2016年12月31日后验收（结题）的科研项目可适用本办法；2017年及以后年度立项的科研项目均适用本办法。

北京市科学技术委员会关于印发《北京市科技计划项目（课题）管理办法（试行）》的通知

（京科发〔2016〕771号）

各有关单位：

为规范并加强北京市科技计划项目（课题）的管理，持续推进项目（课题）管理的科学化、规范化和制度化，根据国家和北京市科技计划和经费管理的相关改革措施，我委组织制定了《北京市科技计划项目（课题）管理办法（试行）》，经委领导同意，现印发给你们，请遵照执行。

北京市科学技术委员会

2016年12月30日

北京市科技计划项目（课题）管理办法（试行）

第一章 总则

第一条 为深入贯彻国家关于财政科研项目和经费管理的要求，全面落实《北京市进一步完善财政科研项目和经费管理的若干政策措施》（京办发〔2016〕36号）、《北京市深化市级财政科技计划（专项、基金）管理改革实施方案》（京政办发〔2016〕55号）等科技计划和经费管理改革措施，规范和加强北京市科技计划项目（以下简称"项目"）和北京市科技计划课题（以下简称"课题"）的管理，制定本办法。

第二条 本办法适用于由北京市科学技术委员会（以下简称"市科委"）立项，并由北京市财政科技经费（以下简称"科技经费"）拨款支持的项目和课题。其中，"课题"包括项目下设课题和其他专项下设的课题。

第三条 本办法所指项目（课题）是指为服务国家创新驱动发展战略、加强全国科技创新中心建设，实现北京市经济社会发展的主要目标，根据北京科技发展规划，由市科委支持在北京地区注册的法人单位承担的科学技术研究开发、成果转化应用等相关活动。

第四条 项目（课题）管理遵循职责清晰、科学规范、公开透明、监管有力、绩效导向的原则，以进一步优化科技资源配置，充分调动科研人员的积极性和创造性，形成充满活力的科技管理和运行机制为目标。

第二章 组织管理

第五条 项目实行"项目-课题制"管理，即将项目的任务和目标分解落实到若干课题任务中组织实施。

第六条 项目（课题）的管理责任主体是市科委或接受市科委委托负责项目（课题）管理、监督检查等相关事务性工作的项目管理专业机构（专业机构管理办法另行制定）。项目（课题）

的参与主体包括项目主持单位、课题承担单位、项目负责人、课题负责人和咨询专家。项目主持单位（以下简称"主持单位"）是项目的总负责单位，负责项目的实施和经费管理使用。课题承担单位（以下简称"承担单位"）是课题的实施单位，是课题实施和经费管理使用的责任主体。项目（课题）负责人是项目（课题）实施和经费管理使用的直接责任人。咨询专家是指接受市科委委托，对项目（课题）进行评审与论证的个人。

第七条 市科委主要职责包括：

1. 制定项目（课题）管理制度并监督执行；

2. 审议、确定立项项目（课题），组织立项方案论证，下达项目任务通知，签订课题任务书；

3. 对执行中的项目（课题）进行指导、评估和监督检查，协调并处理项目（课题）执行中的重大问题；

4. 组织项目（课题）验收（结题）；

5. 开展项目（课题）科技报告工作管理；

6. 开展项目（课题）档案工作管理；

7. 开展项目（课题）信息公开工作管理；

8. 开展项目的绩效考评管理；

9. 开展项目（课题）参与主体的信用管理；

10. 建立北京市科技计划项目（课题）管理信息系统（以下简称管理信息系统），对项目（课题）申报、立项和预算安排、监督检查、验收（结题）、科技报告等进行信息化管理。

第八条 主持单位主要职责包括：

1. 开展项目可行性研究，组织编制《北京市科技计划项目实施方案》（以下简称《项目实施方案》）并落实课题任务，协助市科委进行项目（课题）立项方案论证、招标等工作，与承担单位一起同市科委签订《课题任务书》；

2. 负责项目的任务分解，监督承担单位落实课题实施的匹配经费、人员团队及其他配套条件；

3. 督促课题实施，及时向市科委报告管理项目及下设课题实施中的重大事件，提出项目调整和终止结题申请，审核下设课题调整和终止结题申请，协助市科委进行项目及下设课题的调度评议和监督检查等工作，完善科研管理和科研财务助理制度；

4. 提交项目验收（结题）材料，审查下设课题验收（结题）材料，协助市科委进行项目（课题）验收（结题）的其他工作；

5. 辅助承担单位撰写和提交科技报告，进行成果管理等相关工作，完成项目绩效考评，开展项目及下设课题的档案归档工作；

6. 开展知识产权管理及技术保密工作；

7. 开展项目科技成果转化工作；

8. 开展与项目相关的合作交流、人才培养、科技宣传等工作；

9. 完成市科委委托的其他工作。

第九条 承担单位主要职责包括：

1. 开展课题可行性研究，提出《课题实施方案》，配合市科委、主持单位或项目管理专业机构完成课题实施方案及经费预算论证，进行课题招标工作，与主持单位一起和市科委签订《课题任务书》；

2.落实课题实施的配套条件和经费，建立稳定的研究团队，完善科研管理和科研财务助理制度；

3.负责课题实施，及时向市科委和主持单位（如有）报告课题实施中的重大事件，提出课题调整和终止结题申请；

4.配合市科委完成课题验收（结题）、科技报告撰写和提交、成果管理等相关工作，协助主持单位完成项目绩效考评，负责课题的档案管理及技术保密工作；

5.负责课题研究成果的知识产权保护与管理，并予以有效管理和充分使用；

6.开展与课题相关的合作交流、人才培养、科技宣传等工作；

7.完成市科委及主持单位（如有）委托的与课题相关的其他工作。

第十条 咨询专家主要职责包括：

受市科委委托，遵循独立、保密、回避原则，参与项目（课题）的可行性评估、立项方案论证、验收（结题）评议等环节的工作。

第十一条 主持单位及项目负责人应具备下列条件：

1.主持单位应在北京行政区域内注册，具有独立法人资格；

2.主持单位应具有项目实施的基础条件和保障能力，具备健全的项目管理、财务管理、科研人员管理、科技成果与知识产权管理、档案与保密管理制度，拥有专业研究团队和科研管理团队，符合市科委的信用评价等级要求；

3.项目负责人一般应具有本专业领域高级技术职称或相当资格，原则上年龄不超过60周岁，且在项目任务执行期内在职，具有较强的项目组织管理和协调能力，身体健康并能切实履行职责，符合市科委对负责人的信用评价等级要求。

第十二条 承担单位及课题负责人应具备下列条件：

1.承担单位应在北京行政区域内注册，具有独立法人资格；

2.承担单位应具有课题实施的基础条件和保障能力，具备健全的课题管理、财务管理、科研人员管理、科技成果与知识产权管理、档案与保密管理制度，拥有专业研究团队和科研管理团队，符合市科委的信用评价等级要求；

3.课题负责人原则上年龄不超过60周岁，且在课题任务执行期内在职，具有较强的课题组织管理和协调能力，身体健康并能切实履行职责，符合市科委对负责人的信用评价等级要求。

第十三条 咨询专家应具备下列条件：

1.具有良好的科学道德和职业道德、严谨的工作作风，能够客观、公正、实事求是地提出咨询意见；

2.科技专家应从事与所咨询项目（课题）相关的专业研究，具有高级技术职称或相当资格，熟悉相关领域的科技、经济发展状况，了解科技活动的特点与规律，经验丰富，有突出业绩，在本领域或行业内具有较高的水平；财务专家应从事财务相关领域工作5年以上，并具有中级或中级以上专业技术职称或同等专业水平；

3.身体健康，能够承担相关工作；

4.符合市科委对专家的信用评价等级要求。

第三章 需求调研及重点任务分解

第十四条 市科委根据国家和北京市关于加强全国科技创新中心建设的部署要求、规划计划和实施方案，围绕北京市委、市政府的中心工作，按照"增强原始创新能力，推动科技和经济结合，构建区域协同创新共同体，加强科技创新合作，深化体制机制改革"的总体思路，开展需求调研。

第十五条 市科委根据需求调研情况，凝练服务国家创新战略和北京经济社会发展的重大科技任务，分解提出北京市科技计划项目（课题）年度目标，形成重大专项工作和重点支持领域，鼓励符合条件的单位申报项目（课题）。完善项目（课题）承担单位的遴选机制，通过公开择优、定向择优等方式，确定项目主持单位和课题承担单位。

第四章 立项管理

第十六条 市科委按照科技计划年度重点任务和科技经费预算要求开展项目（课题）立项工作。项目（课题）的立项程序包括实施方案编制、立项方案论证、项目（课题）任务下达与《课题任务书》签订等。

第十七条 主持单位按照项目任务要求，对项目研究计划和经费预算方案进行专家咨询和评议，编制《项目实施方案》，并组织承担单位编制下设课题的《课题实施方案》或《北京市科技计划项目招标课题任务说明》（以下简称《招标课题任务说明》），报市科委审核。

第十八条 市科委按工作程序审核通过后，按照"目标相关性、技术创新性、路线可行性、政策相符性、经费合理性"等原则，组织科技、财务等方面的专家，对项目（课题）实施方案、科技经费预算进行立项方案论证。

第十九条 立项方案论证通过的项目，主持单位将《项目实施方案》、《课题实施方案》、《招标课题任务说明》一并报市科委审核确认。市科委确认并形成相应项目（课题）的论证报告报市财政局审核后，向主持单位下达《关于下达××年度北京市科技计划"××××"项目任务的通知》（以下简称《项目任务通知》）。

第二十条 接到《项目任务通知》后，主持单位根据确认的《课题实施方案》组织承担单位编制《课题任务书》，由项目（课题）参与主体共同签订后执行。

第二十一条 其他专项下设的课题，承担单位自行编报《课题实施方案》，市科委组织课题实施方案和经费预算论证。论证通过的课题，《课题实施方案》报市科委审核确认。承担单位根据确认的《课题实施方案》编制《课题任务书》，报市科委签订后执行。

第二十二条 符合招标投标条件的项目（课题），由市科委委托有资质的第三方机构、并由项目管理专业机构或主持单位协助进行招标。

第五章 实施管理

第二十三条 项目（课题）实施管理采取日常沟通、指导评估、监督检查等形式。

第二十四条 项目（课题）管理实行重大事件报告制度。"重大事件"指项目（课题）在实施过程中取得的重大进展，以及在项目（课题）的实施中严重违反本办法有关规定，或出现严重影响《项目任务通知》、《课题任务书》实施效果并难以协调解决的重大问题。

第二十五条 项目（课题）发生重大进展，主持单位（承担单位）应及时向市科委报告，并作为信用评级提升的重要依据。

第二十六条 项目（课题）发生重大问题，主持单位（承担单位）应及时采取措施协调解决并向市科委报告；确需对项目（课题）进行调整、终止的，应及时提交书面申请，经市科委批准后执行。市科委也可根据执行情况做出项目（课题）调整、终止结题决定。

第六章 验收（结题）管理

第二十七条 项目（课题）任务期满即进入验收阶段；确实未能完成任务且短期内无法达到验收标准的进入结题程序。

第二十八条 课题应在任务期满后三个月内完成验收工作，项目应在全部下设课题完成验收（结题）工作后一个月内完成验收工作。

项目（课题）验收由市科委组织，一般包括验收准备、专家验收、验收确认三个环节。

第二十九条 在验收准备阶段，市科委在项目（课题）任务期满前开展调度，拟定验收计划。主持单位（承担单位）根据验收计划，结合任务完成情况进行验收准备，及时向市科委提交验收材料。市科委审核验收材料、考查项目（课题）完成情况，制定专家验收方案。

第三十条 在专家验收阶段，市科委组织验收专家组对项目（课题）任务完成情况进行验收评议，形成专家验收意见。

第三十一条 验收评议完成后，专家建议通过验收的项目（课题），市科委进行验收确认，并出具《北京市科技计划项目（课题）完成确认书》（以下简称《完成确认书》）。验收确认未通过的项目（课题），市科委可终止项目（课题）或在两个月内再次组织验收。经专家认可科技人员已经尽职仍不能完成任务书规定考核指标的项目（课题），市科委确认结题，出具《北京市科技计划项目（课题）结题确认书》（以下简称《结题确认书》）。相关主持单位、承担单位和负责人在三年内首次未能完成考核指标但专家认为存在合理原因的项目（课题），结题结果不纳入相关责任主体的失信记录。

第三十二条 终止的项目（课题）按结题处理。主持单位（承担单位）按要求提交结题材料，由市科委审核后出具《北京市科技计划项目（课题）结题确认书》。

第三十三条 主持单位、承担单位和项目（课题）负责人对项目（课题）验收结果有异议的，有权向市科委提出申诉。

第七章 经费管理

第三十四条 主持单位和承担单位编制的《项目（课题）实施方案》中应包括项目（课题）经费预算。

第三十五条 市科委依据《项目任务通知》和《课题任务书》，按科技经费拨款程序拨付科技经费。项目（课题）经费应纳入单位财务统一管理，单独核算，专款专用。

第三十六条 市科委会同北京市财政局（以下简称市财政局）等部门按照各自的职责分工，对项目（课题）经费的使用进行监督。市科委负责开展项目绩效评价，侧重依据项目（课题）任务书考核目标和任务完成情况、经费管理使用情况，注重科技创新质量和实际贡献，建立健全既适应科技创新规律、又符合预算绩效管理要求的项目（课题）绩效评价体系。市科委、市财政局建立健全共同遴选、委托第三方审计机构开展经费审计的工作机制，加强科研项目经费审计结果的共享和应用。

第三十七条 项目（课题）经费结算与返还。

1. 对于按要求完成任务目标并通过验收的项目（课题），结余资金按规定留归承担单位使用，在项目（课题）实施期结束后2年内由承担单位统筹安排用于科研活动的直接支出。项目（课题）实施期结束后2年内未使用完的，按规定收回。

2. 终止的项目（课题），主持单位（承担单位）应及时清理账目与资产，进行经费审计，按市科委的结题处理意见和审计结果返还相应经费。

第八章 科技报告与知识产权

第三十八条 项目（课题）管理实行科技报告制度。主持单位（承担单位）应按规定对项目（课题）实施的各个环节、路径和实验数据等进行记录并整理形成科技报告，作为项目（课题）验收材料的组成部分，通过管理信息系统提交。科技报告撰写质量和提交情况作为相关责任主体的信用记录内容之一，拖延提交或报告内容不符合要求的记为信用不良。

第三十九条 市科委与主持单位、承担单位就项目（课题）可能产生的成果及其形成的知识产权在《课题任务书》中进行书面约定。主持单位应对项目及下设课题可能产生的成果及其形成的知识产权与有关单位进行书面约定并监督执行。

项目（课题）产生的科技成果涉及保密、转让、科技奖励等内容的，按《中华人民共和国促进科技成果转化法》等有关法律法规执行。

第九章 信用管理

第四十条 市科委对项目（课题）参与主体实施全过程信用管理。市科委在项目（课题）立项、实施、验收（结题）、绩效评价等项目（课题）实施的各环节，建立对主持单位、承担单位、项目（课题）负责人、项目管理专业机构、咨询专家等主体的信用记录，并根据记录进行信用评价，作为此后项目（课题）立项、科技经费安排、项目管理专业机构和咨询专家遴选等的重要依据，并与科技经费结余资金使用、监督管理等挂钩。同时将科研信用纳入全市社会信用体系，实现信用信息共享共用。

第四十一条 市科委不定期组织开展对主持单位和承担单位的监督检查，主要内容包括：科技经费管理权限落实、内部管理办法制定、服务方式创新、内部控制机制建立、用于人员激励的绩效支出落实等，对督查结果以适当方式进行通报，并将督查结果纳入信用管理。

第十章 信息公开与档案管理

第四十二条 项目（课题）管理实行信息公开制度。除涉密和法律法规另有规定外，市科委按规定在市科委网站上公开项目立项信息、验收结果和经费安排情况等，接受社会监督。承担单位在单位内部公开项目（课题）立项、主要研究人员、经费使用、大型仪器设备购置、研究成果、科技成果转化情况等，接受内部监督。

第四十三条 项目（课题）档案管理按照《北京市科技计划项目（课题）档案管理办法》执行，涉密项目（课题）的档案保密管理工作按照《北京市科技计划国家科技秘密项目（课题）保密管理办法》执行。

第四十四条 市科委根据《中华人民共和国档案法》、《中华人民共和国保守国家秘密法》、《科学技术保密规定》和《北京市科技计划国家科技秘密项目（课题）保密管理办法》有关规定，与主持单位、承担单位就项目（课题）的保密工作在《项目任务通知》或《课题任务书》中进行书面约定并监督执行。

第十一章 责任追究

第四十五条 市科委从事项目（课题）管理的有关人员要认真履行职责，不得承担项目（课题）及其中的任务。对于出现玩忽职守、失职渎职、以权谋私、弄虚作假、谎报瞒报等行为的管理人员，市科委一经查实，视情节轻重给予批评教育，或由纪检监察部门依纪依规进行处理。构成犯罪的，移交司法机关处理。

第四十六条 对于在项目（课题）立项、实施、执行和验收（结题）过程中出现的弄虚作假、徇私舞弊、剽窃他人科技成果、侵犯他人知识产权等科研不端行为，以及违规操作或因主观原因未能完成项目（课题）任务并造成损失的主持单位、承担单位或个人，市科委视情节轻重将采取通报批评、暂停项目（课题）拨款、终止项目（课题）执行、追回已拨项目（课题）资金或取消单位（个人）一定期限内项目（课题）申报资格等措施。对于违反财经法律法规的行为，市科委按照《财政违法行为处罚处分条例》及其他相关法律法规处理、处罚，构成犯罪的，移交司法机关依法处理。

第四十七条 有关单位和个人对市科委作出的有关处理决定有异议的，可根据《中华人民共和国行政复议法》申请行政复议，或根据《中华人民共和国行政诉讼法》向人民法院提起行政诉讼。

第十二章 附则

第四十八条 本办法自 2017 年 1 月 1 日起试行。在本办法发布之前已制定的北京市科技计划各相关管理办法如与本办法不相符的，应当按本办法执行或重新修订。

北京市财政局　北京市科学技术委员会
关于印发《北京市自然科学基金资助项目经费管理办法》的通知

(京财科文〔2017〕1842号)

各委办局（总公司、集团公司）、各区财政局、科委、中关村管委会、有关单位：

　　为进一步规范和加强北京市自然科学基金项目资助经费的管理，提高资金使用效益，依据《北京市自然科学基金管理办法》（第235号政府令），为深入落实《中共北京市委办公厅　北京市人民政府办公厅印发〈北京市进一步完善财政科研项目和经费管理的若干政策措施〉的通知》（京办发〔2016〕36号）等文件精神，特制定《北京市自然科学基金资助项目经费管理办法》，现印发给你们，请遵照执行。

北京市财政局
北京市科学技术委员会
2017年8月8日

北京市自然科学基金资助项目经费管理办法

第一章　总则

第一条　依据《北京市自然科学基金管理办法》（第235号政府令），为深入落实《北京市进一步完善财政科研项目和经费管理的若干政策措施》（京办发〔2016〕36号）等文件精神，规范并加强北京市自然科学基金（以下简称"自然科学基金"）经费的管理，提高资金使用效益，按照国家和北京市财政财务有关法律法规，制定本办法。

第二条　本办法所称项目经费，是指北京市自然科学基金按照《北京市自然科学基金管理办法》规定，资助科研人员开展基础研究、应用基础研究及其相关的环境条件促进活动的专项经费。

　　项目经费优先资助与本市经济社会发展紧密相关的战略性、前瞻性应用基础研究，为加强全国科技创新中心建设、培育高精尖产业新增长点、推动新兴学科与优势学科发展提供知识、技术和人才储备。

第三条　项目经费主要来源于市财政拨款。市财政局应当将自然科学基金经费列入预算。

　　鼓励自然人、法人或者其他组织通过与自然科学基金联合资助、向自然科学基金捐资等方式资助基础研究与应用基础研究。向自然科学基金捐资的，按照国家和本市规定享受优惠政策。

　　经费来源于非财政性资金的，应纳入自然科学基金预算统筹管理。

第四条　自然科学基金项目（以下简称"项目"）包括研究项目、人才项目、环境条件促进项目及联合基金项目等，一般按项目类型实行定额补助方式，对受资助项目进行固定数额经费资助。

第五条　北京市自然科学基金资助项目的经费管理和使用遵循以下原则：

（一）科学安排，合理配置。建立项目经费分配、绩效评价机制，坚持简政放权、放管结合、优化服务。

（二）专款专用，单独核算。项目经费应当纳入单位财务统一管理，实行单独核算，确保专款专用，不得截留和挪用。

（三）公正公开，追踪问效。强化资金管理信息公开，加强科研诚信建设和信用管理，建立既符合预算绩效管理要求、又适应科技创新规律的绩效考评机制，推行面向目标和结果的问效机制。

第二章 职责与权限

第六条 北京市财政局的主要职责：

北京市财政局（以下简称"市财政局"）根据北京市科技发展规划，结合自然科学基金发展需求，负责审核并批复年度经费预算和决算，制定自然科学基金经费管理办法。对预算执行情况进行监督检查。对项目经费进行财政绩效管理。

第七条 北京市科委的主要职责：

北京市科学技术委员会（以下简称"市科委"）会同市财政局制定经费管理办法。根据财政预算编报要求，确定并组织编报自然科学基金经费预算，确定自然科学基金项目资助强度，负责对预算执行情况的监督检查、绩效管理等工作。

第八条 北京市自然科学基金委员会办公室的主要职责：

北京市自然科学基金委员会办公室（以下简称"基金办"）结合自然科学基金发展需求，提出自然科学基金经费预算，组织依托单位编报项目经费预算并按规定拨付项目经费，对项目经费预算执行情况进行监督检查，组织项目经费的自查、审计和绩效管理及评估，规范联合基金经费管理。

第九条 依托单位的主要职责：

依托单位是项目经费管理的直接责任主体，应强化法人责任，建立健全内部管理办法，规范项目经费管理。

依托单位应加强项目经费预算、决算的审核，严格预算执行，规范项目经费支出，协助有关部门开展项目经费的监督检查、审计及绩效管理等工作。

第十条 项目负责人的主要职责：

项目负责人是项目经费使用的直接责任人，对项目经费使用的合规性、合理性、真实性和相关性承担法律责任。

项目负责人应当依法据实编报项目预算和决算，并按照项目批复预算、任务书和相关管理制度使用经费，接受依托单位和相关部门的监督检查及绩效管理等。

第三章 经费支出范围

第十一条 项目经费支出是指在项目组织实施过程中与研究活动相关的、由项目经费支付的各项费用支出。项目经费分为直接费用和间接费用。

第十二条 直接费用是指在项目实施过程中发生的与之直接相关的费用，具体包括：

（一）设备费：是指在项目实施过程中购置或试制专用仪器设备，对现有仪器设备进行升级改造、租赁使用外单位仪器设备而发生的相关费用。

（二）材料费：是指在项目实施过程中消耗的各种原材料、辅助材料等低值易耗品的采购及运输、装卸、整理等费用。

（三）测试化验加工费：是指在项目实施过程中由于依托单位自身的技术、工艺和设备等条件的限制，委托或与外单位合作（包括依托单位内部独立经济核算单位）进行的检验、测试、化验、加工、计算、试验、设计、制作等费用。

（四）燃料动力费：是指在项目实施过程中相关大型仪器设备、专用科学装置等运行发生的可以单独计量的水、电、气、燃料消耗等费用。

（五）差旅费：是指在项目实施过程中开展科学实验（试验）、科学考察、业务调研、学术交流等所发生的城市间交通费、住宿费、伙食补助费和市内交通费等。

（六）会议费：是指在项目实施过程中为组织开展学术研讨、咨询论证，以及组织协调项目等活动而发生的会议费用。

（七）国际合作与交流费：是指在项目实施过程中，研究人员出国（境）、外国专家来华及港澳台专家来内地开展科学技术交流与合作的费用。

（八）档案/出版/文献/信息传播/知识产权事务费：是指在项目实施过程中，需要支付的出版费、资料及印刷费、专用软件购买费、文献检索费、专业通信费、专利申请及其他知识产权事务等费用。

（九）劳务费：是指在项目实施过程中支付给项目组成员、参与项目研究的研究生、博士后、访问学者以及项目组聘用的研究人员、科研辅助人员的劳务性费用。项目组临时聘用人员的社会保险补助可纳入劳务费科目中列支。财政供养人员不得列支劳务费。

（十）咨询费：是指在项目实施过程中支付给临时聘请的咨询专家的费用。咨询费不得支付给参与项目研究及管理相关的工作人员。

（十一）其他费用：是指项目实施过程中除上述支出费用以外的其他支出，应当在申请预算时单独列示。

第十三条 间接费用是指依托单位在组织实施项目过程中发生的无法在直接费用中列支的相关费用，主要包括依托单位为项目研究提供的现有仪器设备及房屋，水、电、气、暖消耗，结题验收、项目经费审计等管理费用及绩效支出等。绩效支出是依托单位为提高科研工作绩效安排的相关支出。环境条件促进项目不得列支间接费用。

第四章　经费管理

第十四条 预算编制

（一）预算编制原则

1.项目经费预算编制严格遵守目标相关性、政策相符性、经济合理性和任务完成的可行性原则。

2.项目经费预算应当由项目负责人与依托单位财务人员共同参与编制。有合作单位的项目，由项目负责人汇总编制经费预算并经依托单位审核。

3.预算编制需提供主要支出内容与项目活动内容的相关性、必要性说明，及测算方法、测算依据。合作研究经费应当对合作研究单位资质及拟外拨资金进行重点说明。

4.依托单位在收到资助通知之日起30日内完成项目经费预算审核并提交基金办。

（二）预算编制要求

1.设备费：依托单位应当严格控制设备购置支出。对使用项目经费购置的仪器、设备，根据《北京市人民政府办公厅关于加强首都科技条件平台建设进一步促进重大科研基础设施和大型科研仪器向社会开放的实施意见》(京政办发〔2016〕34号)文件及相关规定,履行查重评议程序。依托单位可自行采购科研仪器设备,自行选择科研仪器设备评审专家。对依托单位采购进口科研仪器设备实行备案制管理。

2.差旅费、会议费、国际合作与交流费:依托单位为完成项目的任务目标、从项目经费中列支的差旅费、会议费、国际合作与交流费不纳入"三公"经费、机关运行经费和行政一般性支出统计范围,不受"零增长"限制。

依托单位可自行制定出台科研类差旅费、会议费管理办法,合理确定科研人员乘坐交通工具等级、住宿费标准,会议次数、天数、人数和会议费开支范围、标准。

3.劳务费、咨询费:依托单位可根据科研活动实际需要,按照实事求是、精简高效、厉行节约的原则,制定出台咨询费管理办法及劳务费分配制度,合理确定开支标准。

4.间接费用:间接费用实行总额控制,按照不超过资助项目经费中直接费用扣除设备购置费后的20%核定。

间接经费由依托单位统一管理使用,逐步探索间接费用与依托单位信用等级挂钩的机制。依托单位应当制定间接费用管理办法,依法依规使用间接费用,完善绩效支出机制,应将间接费用主要用于绩效支出,处理好合理分摊间接成本和对科研人员激励的关系。绩效支出只能用于项目组成员,不得截留、挪用。

项目负责人要结合项目组成员的贡献和实绩,公开、公平安排绩效支出,真正体现科研人员价值。实行工资总额管理的依托单位从项目经费中列支的编制内有工资性收入科研人员的绩效支出,一次性计入当年本单位工资总额,但不受当年本单位工资总额限制、不纳入本单位工资总额基数。

第十五条 预算审批及拨付

项目经费按照有关规定拨付依托单位,依托单位收到经费后,按照拨付数额将拨款回执返回基金办。

有合作单位的项目,依托单位应及时按预算和合同拨付合作单位经费,并加强对相关经费的监督管理。

第十六条 经费使用管理

(一)经费核算

依托单位应当具备健全的财务制度,以及项目财务管理制度,由专职的财务人员负责项目经费的财务核算和管理工作,在单位适用的会计制度一级科目统括之下,按照规定的项目支出范围设置明细科目,按开支范围和标准执行,并进行会计核算。

(二)结算方式

科研院所、高等学校等事业单位承担项目所发生的会议费、差旅费、材料费和测试化验加工费、劳务费、咨询费等,按财政部门相关规定实行银行转账或公务卡等非现金方式结算。

(三)涉及政府采购事项的,严格按照《中华人民共和国政府采购法》及北京市有关规定执行。依托单位使用财政性资金采购北京市政府集中采购目录以内或者采购限额标准以上的货物、工程和服务项目,均应按照政府采购有关规定执行。

(四)依托单位使用项目经费购置(试制)的固定资产属国有资产,原则上由依托单位进行管理和使用,国家有权调配用于相关科学研究开发,其处置按国家相关规定执行。

项目经费形成的知识产权等无形资产的管理，按照国家有关规定执行。

项目经费形成的大型科学仪器设备、科学数据、自然科技资源等，在保障有关参与单位合法权益的基础上，按照国家和北京市有关规定开放共享。

（五）依托单位及项目负责人应当强化预算约束，严格按照本办法规定的开支范围和标准执行，严禁使用项目经费支付各种罚款、捐款、赞助等，严禁以任何方式牟取私利。

（六）依托单位因科研活动需要，邀请国内外专家、学者和有关人员参加其主办的会议，对确需负担的城市间交通费、国际旅费，可由其在会议费等费用中报销。对于难以取得住宿费发票的，依托单位在确保真实性的前提下，据实报销城市间交通费，并按规定标准发放伙食补助费和市内交通费。依托单位要制定符合科研实际需要的内部报销规定，切实解决野外考察、心理测试、临床样本采集等科研活动中无法取得发票或财政性票据等的报销问题。

（七）项目实施期结束后，项目负责人应当会同科研、财务、资产等管理部门及时清理账目与资产，如实编制项目资金决算，不得随意调账变动支出、随意修改记账凭证。

有合作单位的项目，项目负责人编报项目资金决算并经依托单位审核。

（八）企业承担项目取得财政性资金的税务处理，参照《财政部 国家税务总局关于专项用途财政性资金企业所得税处理问题的通知》（财税〔2011〕70号）等国家和北京市有关规定执行。

第十七条 预算调整

项目直接费用中的材料费、测试化验加工费、燃料动力费、档案/出版/文献/信息传播/知识产权事务费、其他支出预算如需调整，可由项目负责人根据科研活动实际需要自主安排，由依托单位据实核准，每年年底和验收时向基金办备案。

差旅费、会议费、国际合作与交流费三项之间可调剂使用，但不得突破三项支出预算总额，如需调减可按上述程序调剂用于项目其他方面的支出。

设备费、劳务费、咨询费预算原则上不予调增，如需调减可按上述程序调剂用于项目其他方面的支出。

间接费用预算总额不得调整。

第十八条 结转、结余资金管理

项目经费中的结转、结余资金，视不同情况执行：

（一）项目实施期间，年度剩余资金可结转下一年度继续使用。

（二）对完成任务目标并通过验收的项目，且依托单位和项目负责人无不良信用的，结余资金由依托单位统筹安排用于基础研究的直接支出，原则上支持原项目负责人开展课题延续性研究或相关研究。两年后（自验收结论下达后次年的1月1日起计算）仍未使用完的，30日内按规定收回。

（三）对终止、未通过验收的项目，其结余资金应在验收结论下达后30日内按规定收回。

第五章 经费监督检查

第十九条 依托单位项目经费管理和使用情况应当接受市财政局、市科委、审计部门及基金办的监督检查。依托单位和项目负责人应当积极配合并提供有关材料。基金办可根据工作需要，要求依托单位对项目资金的管理使用情况进行不定期审计或专项审计。发现问题的，依托单位应当及时向基金办报告。

第二十条 项目经费管理建立承诺机制。依托单位应当承诺依法履行项目经费管理的职责。

项目负责人应当承诺提供真实的项目信息,并认真遵守项目经费管理的有关规定。依托单位和项目负责人对信息虚假导致的后果承担责任。

第二十一条 基金办应对依托单位和项目负责人在项目组织、实施、验收以及履行经费管理等方面的信用,按照市科委或自然科学基金信用管理的有关规定进行评价和记录,对依托单位、项目负责人的信用评级及绩效考评作为项目立项、间接费用核定、结余经费使用等的重要参考。

第二十二条 依托单位及项目负责人在项目经费使用和管理中不得存在以下行为:

(一)未对项目经费进行单独核算。

(二)编报虚假预算、套取国家财政资金。

(三)截留、挪用项目经费。

(四)违反规定转拨、转移项目经费。

(五)擅自变更项目承担主体,未获基金办批准。

(六)提供虚假财务会计信息,虚列支出。

(七)未按规定执行和调整预算。

(八)发生设备购置、租赁,测试、化验、加工,对外合作等事项未签订相关合同或协议。

(九)随意调账变动支出、随意修改记账凭证、以表代账应付财务审计和检查。

出现上述行为的,视情节轻重将采取暂停项目拨款、终止项目执行、追回已拨项目资金、取消项目承担者一定期限内项目申报资格等措施。对于违反财经法律法规的行为,按照《财政违法行为处罚处分条例》及其他相关法律法规依法依规严肃处理。对预算执行不力的依托单位及项目负责人,视情节轻重将采取通报批评、取消一定期限内项目申报资格等措施。

第二十三条 市财政局、市科委、基金办及其相关工作人员在北京市自然科学基金预算审核环节,基金办及其相关人员在项目立项及经费分配等环节,存在违反规定安排经费以及其他滥用职权、玩忽职守、徇私舞弊等违法违纪行为的,按照《中华人民共和国预算法》、《中华人民共和国公务员法》、《中华人民共和国行政监察法》、《财政违法行为处罚处分条例》等国家有关规定追究相关责任;涉嫌犯罪的,移送司法机关处理。

第六章 附则

第二十四条 本办法由市财政局、市科委负责解释。

第二十五条 本办法自发布之日起 30 日后施行。《北京市自然科学基金项目资助经费管理办法》(京财文〔2002〕2503 号)同时废止。

关于印发《北京市科技计划科技报告管理办法（试行）》的通知

(京科发〔2017〕235号)

各有关单位：

依据《国务院办公厅转发科技部关于加快建立国家科技报告制度指导意见的通知》（国办发〔2014〕43号）《北京市深化市级财政科技计划（专项、基金等）管理改革实施方案》（京政办发〔2016〕55号），为推动北京市科技计划科技报告的统一呈交、规范管理和共享使用，我委研究制定了《北京市科技计划科技报告管理办法（试行）》。2017年12月29日，经市科委第23次主任办公会审议通过，现印发你们，请遵照执行。

北京市科学技术委员会
2017年12月29日

北京市科技计划科技报告管理办法（试行）

第一章 总则

第一条 为贯彻落实《中华人民共和国促进科技成果转化法》和《国务院办公厅转发科技部关于加快建立国家科技报告制度指导意见的通知》（国办发〔2014〕43号），按照《中央财政科技计划（专项、基金等）科技报告管理暂行办法》（国科发创〔2016〕419号）、《北京市进一步完善财政科研项目和经费管理的若干政策措施》（京政办发〔2016〕36号）、《北京市深化市级财政科技计划（专项、基金等）管理改革实施方案》（京政办发〔2016〕55号）的相关要求，推动北京市科技计划科技报告的统一呈交、规范管理和共享使用，制定本办法。

第二条 科技报告是描述科研活动的过程、进展和结果，并按照规定格式撰写的特种科技文献，目的是促进科技知识的积累、传播交流和转化应用。

第三条 本办法适用于由北京市科学技术委员会（以下简称"市科委"）立项，并由北京市财政科技经费拨款支持的项目（课题）。北京市有关部门组织实施的科研项目（课题）的科技报告工作参照本办法执行。

第二章 职责分工

第四条 市科委负责科技报告工作的总体部署、统筹规划、组织协调和监督检查，主要职责是：

（一）负责科技报告相关政策制定、科技报告组织体系建设等工作；根据国家关于科技报告制度建设的要求，牵头拟定北京市科技计划科技报告制度建设的相关政策，制定北京市科技计划科技报告标准和规范；

（二）将科技报告纳入现有科技计划项目（课题）管理体系，指导、督促项目（课题）承担单位按要求开展科技报告工作；

（三）审核确认《北京市科技计划课题任务书》（以下简称《任务书》）中需提交的科技报告类型、时间和数量，审查确认科技报告呈交情况；

（四）确认科技报告的密级和保密期限、延期公开和延期公开时限；

（五）组织开展科技报告宣传培训工作；

（六）定期将非涉密和解密的北京市科技计划科技报告汇交国家科技部。

第五条 市科委委托专业机构承担科技报告的收藏和管理工作，主要职责是：

（一）收集、加工和收藏北京市科技计划项目（课题）科技报告；

（二）建设、运行和维护"北京市科技报告服务系统"；

（三）开展科技报告共享，以及产出分析、立项查重等服务，推动科技报告交流利用；

（四）协助开展科技报告宣传培训工作。

第六条 项目（课题）主持（承担）单位应充分履行法人责任，做好科技报告工作，主要职责是：

（一）建立本单位科技报告管理制度，将科技报告工作纳入本单位科研管理过程，建立本单位科技报告奖惩机制，指定专人负责科技报告管理工作，并提供必要的条件保障；

（二）组织相关人员参加科技报告培训，督促项目（课题）负责人按照要求和相关规范撰写科技报告，统筹协调各参与单位共同推进科技报告工作；

（三）审核本单位呈交科技报告的编号、格式、内容、密级和保密期限、延期公开和延期公开时限等；

（四）按照规定的渠道和方式呈交科技报告。

第七条 项目（课题）负责人要增强撰写科技报告的责任意识，根据《任务书》的要求及相关标准规范，按时保质完成科技报告，并对内容和数据的真实性负责。

第三章 工作要求

第八条 项目（课题）立项阶段：

（一）申报单位根据科技计划类别、研究性质和资助强度，在《北京市科技计划项目（课题）实施方案》和《任务书》中明确提出呈交科技报告的类型、时间节点和最低数量。

（二）市科委审核确认承担单位须呈交的科技报告类型、时间和数量等有关条款，作为项目（课题）的考核指标。

第九条 项目（课题）实施和验收（结题）管理阶段：

（一）项目（课题）负责人撰写并呈交科技报告，提出科技报告密级和保密期限、延期公开和延期公开时限。

（二）承担单位对科技报告的编号、格式、内容、密级和保密期限、延期公开和延期公开时限等进行审核，确保科技报告内容真实完整，格式规范，并按时通过规定的渠道和方式呈交科技报告。

（三）市科委及时检查科技报告撰写和呈交情况，对科技报告密级和保密期限、是否延期公开和延期公开时限等进行审查和确认。

第十条 科技报告撰写的要求。

（一）科技报告的类型包括：

（1）进展报告。主要描述《任务书》规定时间范围内研究工作的目的、内容、方法、过程以及取得的进展、经验教训等内容，包括项目（课题）的年度或中期进展报告等。项目（课题）研究期限超过2年（含2年）的，应根据市科委的要求提交进展报告。

（2）专题报告。包括专题调研报告以及科研活动细节及基础数据的实验（试验）报告、调研报告、技术考察报告、设计报告、测试报告等。申报单位可根据项目（课题）研究内容、期限和经费强度确定是否撰写提交专题报告。

（3）最终报告。全面描述科研活动的过程和结果，以文字、数据、图表、照片等充分展示所做工作，是项目（课题）验收（结题）的必备材料。所有项目（课题）均需撰写提交一份最终报告。

（二）撰写要求。按照《任务书》的要求和《科技报告编写规则》（GB/T 7713.3—2014）、《科技报告编号规则》（GB/T 15416—2014）等相关国家标准撰写科技报告。

（三）科技报告保密与延期公开。按照《任务书》的要求和《科技报告保密等级代码与标识》（GB/T 30534—2014）提出科技报告密级和保密期限、延期公开和延期公开时限。

涉密项目（课题）科技报告可以确定为秘密级，如该项目（课题）为机密或绝密级，科技报告应经降密或脱密处理后再行呈交。保密期限应依据《任务书》及《北京市科技计划国家科技秘密项目（课题）保密管理办法》规定提出。

公开项目（课题）科技报告分为公开和延期公开。科技报告内容需要发表论文、申请专利、出版专著或涉及技术秘密的，可标注为"延期公开"。需要发表论文的，延期公开时限原则上在2年（含2年）以内；需要申请专利、出版专著的，延期公开时限原则上在3年（含3年）以内；涉及技术诀窍的，延期公开时限原则上在5年（含5年）以内。论文发表或专利申请公开后，延期公开科技报告应及时公开。

第十一条　对科技报告存在抄袭、数据弄虚作假等科研不端行为的，市科委按信用管理的规定及程序将相关项目（课题）负责人和承担单位纳入北京市科技计划相关责任主体信用记录。

第四章　共享使用

第十二条　科技报告按照"分类管理、受控使用"的原则，通过北京市科技报告服务系统面向社会开放共享。向社会公众提供检索以及公开和延期公开科技报告摘要信息浏览服务。向实名注册用户提供检索以及公开科技报告全文浏览、全文推送等服务。向科技管理人员提供检索以及全文浏览、全文推送、统计分析等服务。延期公开科技报告全文实行授权受控使用；涉密项目的科技报告严格按照国家和北京市相关保密规定进行管理。

第十三条　科技报告使用者应严格遵守知识产权管理的相关规定，在论文发表、专利申请、专著出版等工作中注明参考引用的科技报告，确保科技报告完成人的合法权益。

第五章　附则

第十四条　本办法自发布之日起试行。

第十五条　本办法由市科委负责解释。

科研人员及科研财务助理项目与资金管理工作手册（全三册）

（中册）

科技日报社 编

科学技术文献出版社

·北京·

北京市科学技术委员会关于印发《北京市杰出青年科学基金项目管理办法（试行）》的通知

(京科发〔2018〕63号)

各有关单位：

为规范北京市杰出青年科学基金项目的管理，我们组织制定了《北京市杰出青年科学基金项目管理办法（试行）》。经2018年第6次市科委主任办公会审议通过，现予印发，请遵照执行。

北京市科学技术委员会
2018年4月3日

北京市杰出青年科学基金项目管理办法（试行）

第一章 总则

第一条 为贯彻落实《国务院关于全面加强基础科学研究的若干意见》的精神，加强青年科技人才的培养，根据《北京市自然科学基金管理办法》（以下简称"管理办法"），设立北京市杰出青年科学基金项目（以下简称"北京杰青项目"）并制定本办法。

第二条 北京杰青项目是北京市自然科学基金资助体系的重要组成部分，以服务全国科技创新中心建设为导向，以培养创新人才和团队为目标，鼓励北京地区在基础研究方面已取得较好成绩的青年学者，立足科学前沿，有效利用国际科技资源，开展实质性国际合作，培养造就一批有望进入世界科技前沿的优秀青年学术带头人。

第三条 北京杰青项目的经费使用与管理，按照北京市自然科学基金资助项目经费管理的有关规定执行。

第二章 申请

第四条 北京市自然科学基金委员会办公室（以下简称"基金办"）根据工作安排发布申请通知。

第五条 依托单位的科学技术人员申请北京杰青项目应当具备以下条件：

（一）至申请当年1月1日未满40周岁，资助期限内每年在依托单位从事基础研究工作的时间在6个月以上；

（二）学风正派，品行端正，具有高级专业技术职务（职称）或者博士学位；

（三）具有主持省部级及以上基础研究项目或课题的工作经历，并得到两名相同学科两院院士或国家杰出青年科学基金获得者的推荐（每名推荐人推荐的项目数量原则上不超过2项/年度）；

（四）具有国际合作研究经历或曾在国（境）外连续工作、学习、进修12个月（含）以上。

第六条 以下科学技术人员不得申请北京杰青项目：

（一）当年申请北京市自然科学基金研究类项目的；

（二）正在承担北京市自然科学基金青年项目及研究类项目的；

（三）正在博士后流动站或者工作站内从事研究的；

（四）国家杰出青年科学基金获得者、国家千人计划入选者；

（五）教育部长江学者；

（六）北京学者计划入选者及首都地区领军人才、北京杰青项目获得者；

（七）国家或北京市其他重点人才计划入选者。

第七条 申请人应本着平等合作、互利互惠、成果共享的原则，与国（境）外一流科研机构、著名大学、知名企业开展合作研究，吸引国（境）外杰出科技人才来京从事研究工作。

项目研究期限一般为3年，研究期限内双方互访累计在12个月（含）以上。

第八条 申请人应当是北京杰青项目的实际负责人，限为1人。

研究团队主要成员及国（境）外合作者作为北京杰青项目的研究骨干，应当具有高级专业技术职务（职称）或博士学位，研究骨干人数不得超过5人，且平均年龄不超过45周岁。在读研究生可参与项目研究，但不作为研究骨干。

第九条 申请人应当按照申请通知要求，通过依托单位提出申请，申请的研究内容应未获国家、北京市等相关科技计划支持。

申请人应当对所提交申请材料的真实性负责。

第十条 依托单位应当对申请材料的真实性和完整性进行审核，统一提交基金办。

第十一条 申请人可以向基金办提供3名以内不适宜评审其项目申请的通讯评审专家名单。

第三章 评审

第十二条 基金办负责北京杰青项目的评审组织工作，评审程序为初步审查、通讯评审、会议评审、北京市自然科学基金委员会（以下简称"基金委"）审定。

评审中应当重点考虑以下几个方面：

（一）申请人的学术影响力，把握研究方向、凝练关键科学问题的潜力，在研究团队中的组织协调能力；

（二）研究团队中主要成员的学术水平和研究能力，专业结构和年龄结构的合理性；

（三）拟开展研究工作的科学意义和创新性，研究方案的可行性，预期研究结果的合理性；

（四）对落实北京加强全国科技创新中心建设重点任务的支撑作用；

（五）对学科建设与人才培养的促进作用；

（六）国（境）外合作的必要性，合作基础，合作方案的合理性和可行性以及合作方能力。

第十三条 基金办应当自北京杰青项目申请截止之日起45日内完成对申请材料的初步审查。符合受理条件的，予以受理。有下列情形之一的，不予受理：

（一）申请人不符合本办法规定条件的；

（二）申请材料不符合申请要求的；

（三）申请人在不得申请北京市自然科学基金资助的处罚期内的。

第十四条 基金办决定不予受理的项目，应当通过依托单位告知申请人，并说明理由。

申请人对不予受理决定有异议的，可以自收到决定之日起15日内，通过依托单位以书面形式向基金办提出复审申请。基金办应当自收到复审申请之日起15日内完成复审。认为项目属于不予受理情形的,予以维持,并通过依托单位书面告知申请人;认为项目符合受理条件的,撤销原决定。

第十五条 对于已受理的项目,基金办应当根据申请书内容和有关评审要求从专家库中随机选择5名(含)以上专家进行通讯评审。

对于申请人提供的不适宜评审其项目申请的评审专家名单,基金办在选择评审专家时应当根据实际情况予以考虑。

每份申请的有效评审意见不得少于5份。

第十六条 基金办应当根据专家通讯评审意见对项目申请进行排序和分类,确定进入会议评审的项目名单,形成会议评审方案,报请基金委常务工作会议审定后,组建评审专家组进行会议评审。

评审专家组专家来自基金委委员,根据需要可以邀请其他专家参加会议评审。

被确定参加会议评审的项目,其申请人应当到会答辩,不到会答辩的,视为放弃申请。

评审专家应当在充分考虑申请人答辩情况、通讯评审意见和资助计划的基础上,以记名投票的方式确定建议资助项目名单。建议资助项目得票数应当不低于专家人数的2/3。

第十七条 基金委召开全体委员会议,听取基金办关于项目申请和评审工作汇报。基金委根据本办法规定和专家评审意见,对建议资助项目和遴选工作进行审议,委员以记名投票方式确定拟资助项目名单。拟资助项目得票数应当不低于全体委员的1/2。

第十八条 基金办应当将基金委确定的拟资助项目申请人以及依托单位名称等情况予以公告,公告期为30日。任何单位或个人认为拟资助项目有弄虚作假等情形的,可以在公告期内向基金委提出异议,基金委应当在60日内核查处理。

第十九条 基金办应当在公告结束后15日内将评审结果告知依托单位和申请人,并向申请人反馈专家评审意见。

对决定不予资助的,应当说明理由。

第二十条 申请人对不予资助的决定有异议的,可以自收到决定之日起15日内通过依托单位以书面形式向基金委提出复审申请。对评审专家的学术判断有不同意见,不得作为提出复审申请的理由。

基金委应当自收到复审申请之日起60日内组织专家完成审查。原决定符合评审规定的,予以维持,并书面告知申请人;原决定不符合评审规定的,撤销原决定,重新组织评审,并将评审结果书面告知依托单位和申请人。

第四章 实施

第二十一条 依托单位应当按照以下要求组织北京杰青项目负责人填写《北京市自然科学基金资助项目任务书》(以下简称"任务书"):

(一)项目负责人应当按照资助通知的要求填写任务书并提交依托单位审核,不得对其他内容进行变更;

(二)依托单位在收到资助通知之日起30日内完成任务书审核并提交基金办。

基金办应当自收到任务书之日起30日内审核任务书,并在核准后将其中一份返还依托单位。核准后的任务书作为项目实施、经费拨付、检查和验收的依据。

依托单位逾期未提交任务书且未说明理由的,视为放弃接受资助。

第二十二条 项目负责人应当按照任务书开展研究工作,做好项目实施情况的原始记录,发表的研究成果（论文、著作等）应当标注"北京市自然科学基金资助"（英文：Supported by Beijing Natural Science Foundation）及项目编号，其中第一标注的论文不少于一篇。凡未标注或与项目研究内容不直接相关的研究成果在项目验收时不予认可。

第二十三条 项目实施过程中，项目负责人不得变更。

项目负责人有下列情形之一的，依托单位应当及时提出终止项目实施的申请，报基金办批准，基金办也可以直接做出终止项目实施的决定：

（一）不再是依托单位科研人员的；

（二）不能继续开展研究工作的；

（三）有剽窃他人科学研究成果或在科学研究中有弄虚作假行为的。

项目负责人调入另一依托单位工作的，经所在依托单位与原依托单位协商一致，由项目负责人提出变更依托单位的申请，报基金办批准。协商不一致的，基金办做出终止该项目的决定。

基金办做出的批准、不予批准和终止决定，应当及时通知依托单位和项目负责人。

第二十四条 项目负责人和依托单位不得擅自变更任务书的内容。实施中出现影响项目进展问题的，项目负责人和依托单位应当及时采取处理措施并向基金办报告。

研究内容或研究目标等任务书内容因客观原因确需变更的，项目负责人应当及时提出申请，经依托单位审核后提交基金办。基金办应当自收到书面申请之日起60日内完成核查，做出处理决定。

第二十五条 由于客观原因不能按期完成研究计划的，项目负责人可提出一次延期申请，经依托单位审核后，于资助期满前30日提交基金办。申请延长的期限不得超过12个月。

基金办应当自收到延期申请之日起30日内做出处理决定。

第二十六条 项目有下列情形之一的予以终止，不再继续实施，停止项目经费支出，并办理相关手续：

（一）项目负责人或者依托单位在项目执行过程中发现或发生不能解决的重大问题，导致项目无法完成原定任务的；

（二）由于不可抗力因素造成项目不能继续实施的。

第二十七条 基金办应当将决定终止的项目予以公布。

第五章　绩效与信用管理

第二十八条 基金办采取年度自评、中期考评、项目验收等方式对北京杰青项目进行绩效管理。

第二十九条 项目负责人依照任务书对工作开展情况、经费使用情况等进行自评，并填写《北京市自然科学基金资助项目年度进展报告》（以下简称"年度进展报告"），经依托单位审核后，于次年起，每年1月15日前提交至基金办。

基金办应当审查提交的年度进展报告。对未按时提交的，责令其在10日内提交，并视情节记入信用记录。

第三十条 在项目实施过程中，基金办适时组织同行专家以会议形式对项目进展与国际合作情况、团队建设、创新能力等进行中期考评，项目负责人和依托单位有义务配合。

第三十一条 项目资助期满，基金办应当组织同行专家对项目进行会议验收。验收专家组由5名（含）以上单数专家组成，设组长1名。

项目依托单位、合作单位的专家及其他利益相关专家不得作为验收专家。

第三十二条 依托单位应当协助基金办开展验收工作，在资助期满60日内组织项目负责人填写验收申请材料，并提交至基金办。

验收申请材料包括：

（一）《北京市自然科学基金资助项目验收申请表》；

（二）《北京市自然科学基金资助项目研究工作总结报告》；

（三）《北京市自然科学基金资助项目经费决算表》；

（四）项目成果有关的重要数据、技术资料等；

（五）论文、专利、专著以及能够表现实物成果特征的图片、多媒体资料等，论文须标注有"北京市自然科学基金资助"和项目编号；

（六）项目审计报告；

（七）基金办要求提交的其他材料。

第三十三条 验收专家应当从以下方面审查项目的完成情况，并向基金办提供评价意见：

（一）项目计划执行情况；

（二）研究成果情况；

（三）人才与团队培养情况；

（四）国际合作与交流情况。

第三十四条 基金办根据项目成果评价指标体系、验收专家的意见等形成《北京市自然科学基金资助项目验收意见书》，并反馈依托单位和项目负责人。

基金办应将项目验收意见予以公示。

第三十五条 北京杰青项目应建立全过程信用管理制度。项目申请人、研究团队主要成员及国（境）外合作者申请北京杰青项目出现虚假合作、重复申报等情形的，取消其参加本年度评审的资格；其申请项目已经予以资助的，撤销资助，追回已拨付的资助经费；情节严重的，在五年内不得申请或者参与申请北京市自然科学基金项目。

第三十六条 推荐人应秉承严谨的学术态度对推荐项目进行审查，重点考虑项目的前沿性、原创性，避免重复申报，保障学术公平。

第三十七条 北京杰青项目信用管理的其他未尽事项参照北京市科技计划的有关规定执行。

第六章 服务与培养

第三十八条 基金办建立长效联系与信息沟通机制，做好对项目负责人的服务与培养。

第三十九条 基金办以信息交流与学术交流的方式，与项目负责人建立长期联系。

项目负责人应于项目验收后定期将科研进展、团队成员个人发展、国际合作等信息以书面形式告知基金办。

基金办通过组织项目负责人开展学术交流活动等方式，加强项目负责人间的合作与交流，促进资源共享，搭建产学研用合作平台，加快科研成果转化。

第四十条 基金办协助做好与相关单位的沟通与协调工作，支持北京杰青优秀项目负责人积极参与全国科技创新中心建设，助力"三城一区"发展；支持北京杰青优秀项目负责人申报相关科技奖励；支持北京杰青优秀项目负责人进入国际性或全国性学术团体和评审、评奖机构专家库。

第七章 附则

第四十一条 本办法自发布之日起试行，试行期3年。

北京市科学技术委员会关于印发
《北京市科技创新基地培育与发展工程专项管理办法（试行）》的通知

(京科发〔2018〕100号)

各有关单位：

为规范和加强北京市科技创新基地培育与发展工程专项管理，我委制定了《北京市科技创新基地培育与发展工程专项管理办法（试行）》。现予印发，请遵照执行。

北京市科学技术委员会
2018年6月11日

北京市科技创新基地培育与发展工程专项管理办法（试行）

第一章 总则

第一条 为贯彻落实《关于深化中央财政科技计划（专项、基金等）管理改革方案》（国发〔2014〕64号）《北京加强全国科技创新中心建设总体方案》（国发〔2016〕52号），加快实施《北京市深化市级财政科技计划（专项、基金等）管理改革实施方案》（京政办发〔2016〕55号）等本市科技计划和经费管理改革措施，充分发挥科技创新基地"搭平台、聚人才、接任务、出成果"作用，支撑高质量发展，服务全国科技创新中心建设，市科委设立北京市科技创新基地培育与发展工程专项（简称专项）。为规范和加强专项管理，特制定本办法。

第二条 北京市科技创新基地（简称基地），是本市培育建设，围绕落实国家创新驱动发展战略和服务全国科技创新中心建设目标，根据世界科技前沿发展、国家重大需求和首都经济社会发展需要，以"有创新源头、有成果孵化、有资本支持、有转移转化、有社会服务"为特征，开展基础前沿研究、行业产业共性关键技术研发、科技成果转化及产业化、科技资源共享服务等科技创新活动的重要载体。

本专项支持的基地，是指已经市科委认定，并且市科委对其定期绩效考评的北京市重点实验室、北京市工程技术研究中心、北京市技术创新中心等。

第三条 专项重点支持基地开展以下科技创新活动：

1. 吸引和培养具有国际水平的科技创新领军人才和高水平创新团队；

2. 开展原创科技成果的孵化转化和推广应用；

3. 与社会化技术转移服务机构合作，共同促进科技成果在京转移转化。

通过专项的实施，进一步促进基地在科技创新、人才培养、科技成果转化等方面平台能力的提升。

第四条 专项支持原则：

1.集中财力、突出重点。发挥财政资金引导作用,统筹各方资源,对创新能力强、研究水平高的基地进行重点支持。

2.科学安排、合理配置。严格按照项目的目标和任务,科学合理地编制和安排预算。

3.绩效导向、分类支持。以定期绩效考评结果为依据,突出"以评促建"政策导向,根据考评等级分类别进行支持。

第二章 支持方式及类别

第五条 专项支持的基地,其研究方向应当符合构建高精尖经济结构和全国科技创新中心建设要求。

第六条 专项实施以市科委对基地开展的定期绩效考评结果为依据。定期绩效考评工作,由市科委根据有关办法组织实施。

第七条 专项围绕本办法规定的支持方向,分两类对符合条件的基地予以支持。第一类每个基地支持资金不超200万元;第二类每个基地支持资金不超过500万元。

第八条 专项第一类支持对象为定期绩效考评结果为"优秀"的基地。

第九条 专项第二类支持对象从绩效考评为"优秀"的基地中择优选取,应当同时符合以下条件:有条件、有基础培育成为国家重点实验室、国家技术创新中心等国家级科技创新基地,并且属于本市重点发展的高精尖产业,能够实现重大科技成果在京落地转化和产业化。

绩效考评结果为"优秀"的基地,可按照上述条件提交相关材料,申报第二类方式支持。

第十条 一个会计年度内,本专项对同一基地不重复支持,且应当与市科委其他相关专项资金相互衔接,避免交叉和重复支持。

第十一条 市科委审定支持对象后,签订任务书并办理资金拨付手续。

第三章 经费使用和管理

第十二条 专项采用后补助方式实施。主要围绕以下方面给予相应补助:

1.支持基地人才及团队建设。专项资金可用于基地引进国际水平的科技创新领军人才及高水平创新团队的奖励性补助;基地人才引进和培养过程中的科研费用支出;基地整体科研人员绩效支出,用于基地整体科研人员绩效支出的资金原则上不超过支持资金总额的20%。

2.支持基地开展研发转化平台建设。专项资金可用于基地开展原创技术研发和成果放大过程的成本支出;基地成果孵化和技术转移转化过程中与第三方社会化专业技术转移服务机构合作的费用支出;基地聘用从事技术工程化和成果转移转化的非在编专职人员支出。

第十三条 获得专项支持的基地,在下一周期的绩效考评工作中应当提交专项资金的使用情况报告。

第十四条 基地依托单位是支持经费使用的责任主体,应当加强对专项资金的使用管理,建立健全内部控制制度,实行专款专用,对专项资金和自筹资金分别核算。

第十五条 市科委对专项资金支持单位的资金使用情况进行检查,保证经费使用的规范性、安全性、有效性。

第十六条 对于违反财经法律法规使用专项资金的行为,市科委按照《财政违法行为处罚处分条例》及其他相关法律法规处理;构成犯罪的,移交司法机关依法处理。

第四章 绩效管理

第十七条 市科委负责组织实施专项资金的使用绩效评价,跟踪指导、监督、检查基地依托单位的绩效评价工作。绩效评价工作应当明确绩效目标、评价指标和标准。

第十八条 专项支持的基地依托单位应当制定具体的工作目标，明确项目预期产出和实施效果，配合市科委等有关部门做好绩效评价、提交资金使用效益分析报告等相关工作。

第五章 附则

第十九条 本办法实施后新建设的其他类型基地，按照相应的管理办法或者组建方案中明确的方式进行支持。

第二十条 本办法自发布之日起 30 日后施行，有效期 5 年。

关于印发《北京市关于解决重大科研基础设施和大型科研仪器向社会开放若干关键问题的实施细则（试行）》的通知

（京科发〔2018〕189号）

各有关单位：

为落实《关于加强首都科技条件平台建设进一步促进重大科研基础设施和大型科研仪器向社会开放的实施意见》（京政办发〔2016〕34号），全面推动本市重大科研基础设施和大型科研仪器向社会开放服务，解决公益类事业单位实施中开放共享服务收入、收费合规性认定、发票管理等影响改革落地"最后一公里"的关键问题，我们研究制定了《北京市关于解决重大科研基础设施和大型科研仪器向社会开放若干关键问题的实施细则（试行）》，现印发给你们，请结合工作贯彻落实。

特此通知。

北京市科学技术委员会
北京市发展和改革委员会
北京市财政局
北京市人力资源和社会保障局
国家税务总局北京市税务局
2018年12月17日

北京市关于解决重大科研基础设施和大型科研仪器向社会开放若干关键问题的实施细则（试行）

第一条 为深入落实《关于加强首都科技条件平台建设 进一步促进重大科研基础设施和大型科研仪器向社会开放的实施意见》（京政办发〔2016〕34号，以下简称"34号文"），聚焦并解决公益类事业单位实施开放共享的服务收入、收费合规性认定、发票管理等影响改革落地"最后一公里"的关键问题，强化责任落实，释放改革政策红利，推进改革任务落地生根，制定本实施细则。

第二条 本实施细则规定了市属事业单位（含公益一类单位、公益二类、生产经营类事业单位，以下简称管理单位）利用其所管理的科研设施与仪器，在满足本单位使用的同时，向本单位以外的机构、企业或个人提供科研支持或创新服务取得的服务收入的有关事项。

第三条 实行名单式管理。本市对实施此细则的管理单位实施名单式管理。管理单位需在首都科技条件平台信息系统上传单位信息、可开放共用的科研设施与仪器信息、开放管理制度，作为列入实施名单的基本要求。市科委根据管理单位申请，汇总形成实施本细则的管理单位名单。

第四条 实施流程及职责。管理单位制定本单位的绩效激励办法，在主管部门备案，开展对外服务，上报实施情况。

管理单位根据本单位开放管理制度，制定实施开放共享服务绩效激励办法，经公示后报上级行政管理部门（以下简称主管部门）备案，对外服务需签订技术服务合同、科研合同等协议，依据服务收入及成本核算、报备的绩效激励办法形成分配方案，在本单位公示后进行分配，绩效激励支出可以在预算年度内分次发放或一次性发放。管理单位对发放的绩效奖励数额应在首都科技条件平台信息系统上填报。

主管部门根据"放管服"要求，督促并组织本系统管理单位开放共享，对管理单位制定的绩效激励办法进行备案，按事业单位工资管理要求汇总所属管理单位的绩效奖励数额。

第五条 预决算管理。管理单位应合理估算当年对外开放服务收入，并作为单位事业收入，统一纳入当年部门预算及决算管理。

第六条 成本核算与服务定价。管理单位对外开放服务收入，可按照成本补偿和非盈利原则，收取材料消耗费和水、电等运行费，并对测试检测、合作研发、成果转化等涉及的人力资源与知识产权，参照市场标准收取相应的服务费。

管理单位可按上述规定自行确定成本核算办法，服务收入视为技术服务收入或科研合同收入，其额度可通过签署技术服务合同、科研合同等协议形式进行约定。常规测试检测服务应明示价格。

第七条 税务发票管理。管理单位需向科研、生产、经营所在地税务机关办理税务登记，申领发票，并按规定为服务购买方开具增值税发票，并申报缴纳税款。

第八条 服务收入用途。服务收入可用于参与开放的实验人员及辅助管理人员的绩效奖励、人员培训、实验室建设和运行、仪器及测试方法研发等方面的费用支出。

第九条 绩效奖励分配与工资总额管理。管理单位可在服务收入扣除相关成本费用后的结余部分，以不低于 70% 的比例用于对科研人员提供开放共享服务的绩效奖励。绩效奖励应在主管部门的监督指导下，经管理单位公示后实施。

绩效奖励纳入工资总额的统计范围，不受本单位绩效工资总额限制，不纳入计算及计提住房公积金、职工教育经费、工会经费等的工资总额基数。

第十条 接受检查应提供的材料。管理单位接受检查时，提供34号文、本实施细则作为执行的政策依据，提供本单位开放管理制度、预算批复、向主管部门报备的绩效激励办法、签署的技术服务合同、科研合同等协议、核算清单作为受检材料。

第十一条 本实施细则自发布之日30日后实施。自34号文发布至本实施细则发布期间实施的绩效激励，可参照本细则实施。细则涉及内容依委办局职责进行解释。

北京市财政局　北京市科学技术委员会关于印发
《首都科技创新券资金管理办法》的通知

(京财科文〔2018〕529号)

各有关单位：

为深入落实党的十九大精神，落实《国务院关于强化实施创新驱动发展战略进一步推进大众创业万众创新深入发展的意见》（国发〔2017〕37号）和《北京市人民政府办公厅关于加强首都科技条件平台建设进一步促进重大科研基础设施和大型科研仪器向社会开放的实施意见》（京政办发〔2016〕34号），进一步强化北京作为全国科技创新中心的核心功能定位，推进大众创业万众创新，促进科技资源开放服务，充分发挥市场在资源配置中的决定性作用，进一步盘活首都优势科技资源，激发创新活力，促进小微企业与高等学校和科研院所之间的产学研用合作，北京市决定实施科技创新券制度，由北京市财政局与北京市科学技术委员会共同组织实施。为切实加强创新券的管理，充分发挥创新券的作用，特制定本管理办法。现印发给你们，请遵照执行。

北京市财政局
北京市科学技术委员会
2018年3月6日

首都科技创新券资金管理办法

第一章　总则

第一条　为深入落实党的十九大精神，落实《国务院关于强化实施创新驱动发展战略进一步推进大众创业万众创新深入发展的意见》（国发〔2017〕37号）和《北京市人民政府办公厅关于加强首都科技条件平台建设进一步促进重大科研基础设施和大型科研仪器向社会开放的实施意见》（京政办发〔2016〕34号），进一步强化北京作为全国科技创新中心的核心功能定位，推进大众创业万众创新，促进科技资源开放服务，充分发挥市场在资源配置中的决定性作用，进一步盘活首都优势科技资源，激发创新活力，促进小微企业与高等学校和科研院所之间的产学研用合作，北京市决定实施科技创新券（以下简称"创新券"）制度，由北京市财政局与北京市科学技术委员会共同组织实施。为切实加强创新券的管理，充分发挥创新券的作用，特制定本管理办法。

第二条　创新券主要用于鼓励本市小微企业和创业团队充分利用国家级、北京市级重点实验室、工程技术研究中心、北京市设计创新中心以及经认定的公共服务机构（以下统称"实验室"）的资源开展研发活动和科技创新，由政府发放。小微企业及创业团队向实验室所购买科研活动时使用，收取创新券的单位持创新券到指定部门兑现。

第三条　创新券资金来源于市财政科技经费，使用和管理遵守国家有关法律法规和财务规章制度，遵循诚实申请、公正受理、择优支持、科学管理、公开透明、专款专用、据实列支的原则。

创新券资金用于以下两个方面：一是用于向小微企业和创业团队发放创新券；二是用于支付政府购买创新券过程管理的服务费用。

第四条 创新券服务获得的科研设施与仪器开放共享服务收入视为技术服务收入或科研合同项目收入，由管理单位自主统筹使用，可用于实验人员及辅助管理人员的绩效激励、人员培训、实验室建设和运行、仪器及测试方法研发、围绕科研合同开展的研发活动等方面的费用支出。

第二章 组织机构及职责

第五条 市财政局、市科委联合成立领导小组。由市财政局、市科委主管领导任组长。领导小组主要负责创新券的政策制定、决策指导、监督审批、绩效评价及研究确定创新券实施过程中的有关重大事项。

第六条 领导小组下设办公室。办公室设在北京技术交易促进中心，主要负责创新券的日常运营和管理，编制与上报年度预算，具体办理创新券的申请、发放、兑现及组织评价，完成年度工作报告及领导小组交办的其他事项。

第七条 推荐机构。主要为小微企业和创业团队的创新券申请提供专业化服务。推荐机构主要从科技服务机构、科技企业孵化器或创新型孵化器中遴选，每年经领导小组决定后公告。推荐机构需提交工作承诺函以及保障工作顺利开展的工作机制、保障措施等。

第八条 专业服务机构。实验室在向企业提供服务、收取并兑现创新券的过程中，具体委托一家专业服务机构作为本单位在创新券工作中的唯一对外工作机构，主要负责组织实验室开展科技资源服务，审核业务的真实性以及是否满足创新券发放要求、业务是否已正常完成、配套资金比例是否符合要求等，接收并兑现创新券。

第九条 专业服务机构主要从能够接收创新券的实验室所属的高等学校、科研院所和企业等机构中遴选，自愿申报，择优选取，经领导小组决定后公告。专业服务机构需提交工作承诺函以及保障工作顺利开展的实施细则，实施细则主要包括能够接收创新券的实验室名录、合同签署方式、接收创新券的主体、资金垫付方式及创新券兑现方式等。

第三章 创新券的形式及支持范围

第十条 创新券采用网络认证的模式，每张创新券均需在有效期内使用，在有效期内未登记科研活动的创新券，逾期自动作废。当年已经使用但因年度资金总量或兑付时间限制等原因未能兑现的创新券，滚动到下一年度进行支持。

第十一条 创新券支持对象为小微企业和创业团队，同时可选择1-2个重点领域进行重点支持。对其与指定实验室围绕科技创新创业开展的测试检测、合作研发、委托开发、研发设计、技术解决方案或购买新技术新产品（服务）等科研活动给予资助。创新券只支持科技创新创业而开展的科研活动。按照法律法规或者强制性标准要求必须开展的强制检测和法定检测等其他商业活动，不纳入创新券的支持范围。

第十二条 申请创新券支持的项目，除创新券专项资金外，未获得过任何财政资金支持。

第十三条 申请创新券的小微企业需同时满足以下条件：

（一）在北京地区注册，具有独立法人资格，在职正式职工不多于100人，营业收入1000万元以下，注册资金不高于2000万元，具有健全的财务机构，管理规范，无不良诚信记录；

（二）与开展合作的单位无任何隶属、共建、产权纽带等关联关系。

申请创新券的创业团队需同时满足以下条件：

（一）不具备法人资格，还未注册企业；

（二）创业团队成员应为在校学生；

（三）申请创新券支持的项目需具有产品研发及转化所需的测试或研发工作（不包括仅限创业文本策划的项目）。项目完成后产生的知识产权归创业团队所有或经协商与实验室依托单位共同所有。

对符合创新券发放条件，并在近两年在省部级以上创业大赛上胜出的前三名创业团队，或在京高等学校创业大赛上胜出的前两名创业团队，推荐机构应给予优先发放。

第四章 支持方式

第十四条 创新券采用网络认证的模式，在每一个申报周期，小微企业和创业团队申请创新券的最高补贴不超过50万元。

申请的创新券额度采取分段超额累退比例法核定，结果四舍五入后取整，核定比例如下：

- 每年度符合补贴要求的业务合同金额在10万元及以下的部分按照最高不超过90%的比例核定；
- 超过10万元至50万元的部分按照最高不超过60%的比例核定；
- 超过50万元至100万元的部分按照最高不超过30%的比例核定；
- 超过100万元以上的部分，不再予以创新券补贴。

第五章 申请与发放

第十五条 由推荐机构组织小微企业和创业团队申请创新券。对于每年选定的重点支持领域，符合条件的专业服务机构也可以作为推荐机构，组织本领域的企业申请创新券。推荐机构对符合条件的小微企业和创业团队发放创新券。

第十六条 推荐机构对小微企业和创业团队网上填写的申报材料进行审查，审查合格后提交办公室。

第十七条 办公室审查合格后，通过推荐机构将创新券发放给小微企业和创业团队，小微企业和创业团队可通过系统查询取得创新券的额度。

第六章 拨付与兑现

第十八条 专业服务机构对小微企业和创业团队的申报材料进行审查，组织实验室为符合条件的小微企业和创业团队提供科研服务。完成科研服务活动后，需及时登记对应的合同内容及金额。取得申报系统自动生成的唯一标识验证码后通过信息系统与合同内容绑定，完成创新券收取。

第十九条 办公室根据各专业服务机构创新券绑定情况，与市科委统一签订创新券工作任务书，市科委根据任务书将创新券资金拨付到各实验室依托单位或专业服务机构。

第二十条 专业服务机构需在规定期限内向办公室提交创新券及相关证明材料，办公室组织专家对创新券兑现材料进行审查核实，各实验室依托单位或专业服务机构依审查结果将先期拨付的创新券资金兑现到实验室。未通过审核的创新券项目，由专业服务机构将创新券资金退回。

创新券制度终止前，将指定最后兑现期限，并停止创新券的发放工作，不再接收创新券相关申请，创新券按实际面值进行兑换。

第七章 监督管理

第二十一条 创新券不得转让、赠送、买卖等，在创新券专项资金的申请过程中，企业、推荐机构、专业服务机构等不得提供虚假信息；专业服务机构及开放实验室不得与小微企业或创业团队通过隐瞒产权隶属关系、虚构创新券合同或提高合同金额等方式，套取创新券资金。对于违反以上规定的单位，停拨或追回财政资金，并纳入诚信记录。构成违法的，按照《财政违法行为处罚处分条例》及其他相关法律法规处理。

第二十二条　市财政局、市科委负责监督管理创新券专项工作，并负责本管理办法的监督执行。

第八章　附则

第二十三条　京津冀三地及其他区域互相衔接的创新券制度、接收创新券的组织机构及拨付兑现流程另行制定。

第二十四条　为了维护小微企业和创业团队的商业机密及合法权益，要求推荐机构和专业服务机构对小微企业和创业团队提交的注册资料、科研活动内容等相关信息严格保密。

第二十五条　本办法自发布之日起30日后施行。《首都科技创新券实施管理办法（试行）》（京财科文〔2014〕2515号）同时废止。本办法由市财政局、市科委负责解释。

关于印发《〈中关村国家自主创新示范区一区多园协同发展支持资金管理办法〉实施细则（试行）》的通知

（中科园发〔2019〕22号）

各有关单位：

《〈中关村国家自主创新示范区一区多园协同发展支持资金管理办法〉实施细则（试行）》已经我委2019年第3次主任办公会审议通过。现予以印发，请遵照执行。

中关村科技园区管理委员会
2019年4月15日

《中关村国家自主创新示范区一区多园协同发展支持资金管理办法》实施细则（试行）

第一章 总则

第一条 为当好北京加强全国科技创新中心建设的主要载体，加快建设中关村国家自主创新示范区（以下简称"中关村示范区"），促进一区多园高端化、特色化、协同化发展，规范和加强中关村示范区一区多园协同发展支持资金的使用和管理，提高资金使用效益，根据《中关村国家自主创新示范区一区多园协同发展支持资金管理办法》（中科园发〔2019〕19号，以下简称《办法》），制定本实施细则。

第二条 本实施细则支持的重点产业为北京市加快科技创新发展新一代信息技术等十个高精尖产业指导意见确定的产业领域和《中关村国家自主创新示范区发展建设规划（2016—2020年）》（中示区组发〔2016〕1号）及《中关村国家自主创新示范区创新引领高质量发展行动计划（2018—2022年）》（中示区组发〔2018〕4号）确定的重点发展产业，主要包括新一代信息技术、医药健康、智能制造、新材料、新能源与节能环保、智能交通和现代服务业等。支持项目应符合中关村示范区产业布局要求。

第三条 本实施细则支持项目的金额，根据中关村科技园区管理委员会（以下简称"中关村管委会"）年度财政资金预算情况，在最高限额内进行适当调整。项目实际投入费用以第三方机构审计认定金额为准。

第二章 支持方式和标准

第一节 生态智慧园区建设

第四条 支持对象。

在中关村示范区内开展生态智慧园区建设的投资建设单位。

第五条 支持条件。

（一）园区规划占地面积不少于10公顷或总规划建筑面积不少于10万平方米，已编制生态或智慧园区建设专项规划或实施方案；

（二）项目应根据园区生态、智慧专项规划或实施方案实施；

（三）项目建设内容应为低碳节能、绿色生态、资源利用、污染防治、智慧基础设施、智慧园区管理、智慧企业与生活服务等方向；

（四）项目采用中关村企业研发、设计、生产的生态智慧技术产品，或采用以其生态智慧技术产品为核心的集成服务；

（五）项目应于近两年内建成，完成竣工备案或达到验收条件。

第六条 支持金额。

对符合申报支持条件的项目按照采用中关村企业生态智慧技术产品和服务投入额的30%给予资金支持，单个项目支持金额最高不超过500万元，每个园区每年支持金额最高不超过1000万元。

第七条 申报材料。

（一）申报单位基本情况表；

（二）中关村示范区生态智慧园区项目申报表；

（三）生态智慧园区建设专项规划或实施方案，及其专家评审意见或相关评审会议纪要等支撑材料；

（四）项目中应用中关村生态智慧技术、产品、服务的相关合同及实际投入费用清单等支撑材料；

（五）项目完工证明等支撑材料。

第二节 园区新建产业载体和盘活利用存量空间资源

第八条 支持对象。

在中关村示范区内新建并持有产业载体、开展存量空间资源盘活改造的投资建设或运营管理单位。

第九条 支持条件。

（一）基本条件

1. 土地或空间资源依法取得、产权清晰、无纠纷；

2. 利用方向符合示范区规划布局要求和分园功能定位，用于提升创新功能、培育发展高精尖产业和优化重要配套设施，入驻企业所属产业领域不在最新版《北京市新增产业的禁止和限制目录》之列；

3. 新建产业载体应为经政府同意的园区建设公司或建设单位建设、持有和运营，有明确产业定位，可依法出租给符合入园标准的中小企业和服务机构，自持部分不得转让、销售，不得改变产业用地用途。

（二）新建载体或土地盘活类项目应满足以下条件：

1. 新建或盘活土地占地面积不少于5000平方米；

2. 项目应获得相关部门审批，为近两年内建成或主体工程基本完工，对分期建设的项目以立项批复为准，同一立项不得重复申报。

（三）存量空间改造类项目应满足以下条件：

1. 改造建筑面积不少于5000平方米；

2. 项目应为近两年内建成，改造完成后用于创业孵化或入驻高新技术企业使用面积不少于改造面积的 60%。

（四）新建园区或区域整体转型类项目应满足以下条件：

1. 区域集中连片，规划占地面积不小于 10 公顷或规划建筑总规模不小于 10 万平方米；

2. 已编制完成园区建设规划或整体转型规划、实施方案，区域范围、建设时限、公共服务设施、新建或存量资源盘活项目等建设内容明确清晰；

3. 列入市区政府重点建设计划或折子工程；

4. 项目应为近两年内建成或主体工程基本完工；

5. 分期实施的项目，每次申报的项目原则上应为独立工程审批和包含有效产业载体，符合规划方案对该部分建设内容的功能和指标要求；首次申报的项目应已建成且新建产业载体的自持部分或实际盘活改造建筑面积不小于 3 万平方米。

第十条 支持金额。

（一）对新建载体或土地盘活类项目，根据规划占地面积规模，按照不超过项目实际投入费用 30% 的比例，每年给予项目建设或运营主体资金支持：

1. 对面积在 5000 平方米（含）至 1 万平方米的，每年给予不超过 300 万元资金支持；

2. 对面积在 1 万平方米（含）至 2 万平方米的，每年给予不超过 400 万元资金支持；

3. 对面积在 2 万平方米（含）以上，每年给予不超过 500 万元资金支持。

（二）对存量空间改造类项目，根据改造面积规模，按照不超过改造实际投入费用 30% 的比例，给予项目改造或运营主体资金支持：

1. 对面积在 5000 平方米（含）至 1 万平方米的，每年给予不超过 100 万元资金支持；

2. 对面积在 1 万平方米（含）至 2 万平方米，每年给予不超过 200 万元资金支持；

3. 对面积在 2 万平方米（含）以上，每年给予不超过 300 万元资金支持。

（三）对新建园区或区域整体转型类项目，按照自持载体或改造项目总投资的 10% 对投资建设主体给予资金支持，每年最高不超过 1000 万元。

第十一条 申报材料。

（一）所有申报项目均须提供以下材料：

1. 申报单位基本情况表；

2. 中关村示范区园区新建产业载体和盘活利用存量空间资源项目申报表；

3. 改造类项目提供土地使用权证、房租产权证、租赁合同等支撑材料；新建项目提供立项批复、建设用地规划许可证、建设工程规划许可证以及建筑工程施工许可证等支撑材料；

4. 项目施工合同及实际投入费用清单等支撑材料；

5. 新建载体提供经政府同意持有运营符合产业定位的产业载体等支撑材料。

（二）新建园区或区域整体转型类项目须提供以下材料：

1. 已完成的区域整体转型升级规划文本和实施方案、专家评审意见或相关评审会议纪要等支撑材料；

2. 项目列入市区政府重点建设计划或折子工程等支撑材料。

第三节 特色园区运营能力提升

第十二条 支持对象。

在中关村示范区内开展特色园区运营管理的单位。

第十三条 支持条件。

（一）园区产业定位应符合示范区产业布局和分园产业定位，具有较强的创新或产业特色；

（二）园区已建成总建筑规模不低于 3 万平方米，运营管理单位具有独立法人资格，拥有独立运营团队；

（三）园区已入驻企业租售面积占园区可租售面积的比例应不低于 60%；对已建立明确产业准入标准和工作机制并经区级以上政府部门同意的新运营园区，已入驻企业租售面积占园区可租售面积的比例应不低于 20% 且实际入驻企业不少于 10 家；

（四）主导特色产业入驻企业租售面积占该园区已入驻企业租售面积的比例不低于 60%。

（五）申请园区专业化服务包括以下方面：

1. 专业运营机构类。运营、管理等专职人员不少于 5 人；提供专业服务的空间不少于 1000 平方米；能够为园区企业提供研发孵化、中试检测、市场和供应链资源对接、投融资等专业化服务；每年服务园区内企业不少于 30 家。

2. 特色活动类。园区运营管理主体为活动主办方或主要承办方；活动类型主要包括面向全市、京津冀乃至全国范围特定行业或专业领域的技术交流、研讨会等，或具有国内、国际影响力的特色领域大赛、论坛、展览展示等，或面向特色领域园区开展高水平创新、产业资源对接和企业需求服务等活动。

3. 创新发展研究类。研究报告应与示范区或所在园区、产业、企业创新发展需求紧密相关，具有较强的研究性、创新性和指导性；面向园区内外企业、示范区各分园等特定受众群体发布，具有一定影响力。

4. 配套服务设施类。园区建设运营或引进酒店、餐饮、商业、休闲娱乐、商务会展、幼儿园、租赁公寓等配套服务；配套服务设施面向园区内所有企业服务；每次申报的新增配套设施面积不低于 500 平方米或园区已建成建筑面积的 0.5%。

第十四条 支持金额。

对符合以上支持条件的园区，按照运营管理主体实际投入费用（第三方机构投入费用除外）的 30% 给予资金支持；每个特色园区每年资金支持不超过 200 万元，非中心城区特色园区不超过 300 万元。

第十五条 申报材料。

（一）申报单位基本情况表；

（二）中关村示范区特色园区项目申报表；

（三）专业化机构空间租赁或购置、服务企业等支撑材料；

（四）园区商务、生活、公寓等配套占用建筑面积支撑材料；

（五）园区培育或引进专业化机构、举办活动、发布报告、增加配套等实际投入费用清单表。

第四节 科技军民融合特色园

第十六条 支持对象。

经中关村管委会认定的军民融合特色园区运营服务主体单位。

第十七条 支持条件。

（一）提供科技军民融合专业化服务不少于 2 项；

（二）建立有入园科技军民融合相关企业、产业、产品、项目、需求等完整的数据库；

（三）开展科技军民融合品牌性活动，年度组织军地双方科技军民融合展示对接、信息发布、举办挑战赛等方面专题活动不少于10次，在社会上形成一定影响力。

第十八条 支持金额。

对符合条件的特色园，按不超过场地房租、开展活动、服务等实际发生的费用的30%，给予园区运营服务主体单位每年不超过200万元的资金支持。

第十九条 申报材料。

（一）申报单位基本情况表；

（二）科技军民融合特色园项目申报表；

（三）开展军民融合工作发展规划、专业服务、品牌性活动等情况总结报告；

（四）实际发生费用清单。

第五节 人才租赁住房房源筹集

第二十条 支持对象。

用于服务中关村高新技术企业人才住房的项目运营管理单位。

第二十一条 支持条件。

（一）分园或所在区相关人才租赁住房房源筹集服务机构和园区建设运营单位通过自建、收购、租赁、改建等方式新筹集的人才租赁住房项目；

（二）申报项目应纳入园区统筹或分配，所在园区须建立配租机制，已实现整体或部分配租入住；

（三）通过改造、租赁方式筹集的住宅或人才公寓，应相对集中连片，筹集房源面积不少于5000平方米；

（四）租赁对象为园区企业职工且租金低于周边市场租金水平。

第二十二条 支持金额。

按新筹集房源实际配租面积给予项目管理运营单位每平方米30元的资金支持，每年单个项目最高不超过300万元。

第二十三条 申报材料。

（一）申报单位基本情况表；

（二）中关村示范区人才租赁住房项目申报表；

（三）人才租赁住房项目房屋租赁协议或合同复印件；

（四）市区政府及相关部门或通过市场评估确定申报项目租金水平的相关文件材料；

（五）申报项目竣工验收单或改建验收报告；

（六）区政府或相关部门或园区管理机构有关人才住房管理办法或规定的相关文件复印件。

第三章 申请审核与监督管理

第二十四条 同一内容的项目原则上只能选取中关村示范区专项资金其中一种支持方向，已获得相关市财政同类专项资金支持的项目原则上不再重复支持，同一项目同一类支持资金连续支持不超过3年。

第二十五条 支持资金申报流程。

（一）项目申报采取线上申报与线下审核相结合的方式，具体事宜以在中关村示范区网站（http://zgcgw.beijing.gov.cn）上发布的具体项目申报通知为准。

（二）申报单位按照本实施细则和申报通知要求，填写相关表格，提供相应申报材料和说明文件，中关村管委会对符合条件的项目进行受理。

（三）中关村管委会根据申报项目情况，委托第三方机构对项目申报材料进行合规性审核和费用审计、核验，必要时可组织专家评审。

（四）中关村管委会对通过初审的材料进行复审并形成支持方案，报主任专题会审议。

（五）经审议通过的支持名单在中关村示范区网站公示，公示期不少于5个工作日。

（六）对经公示无异议的项目，中关村管委会与项目资金支持单位签署协议，并将支持资金拨付至支持单位。

（七）拨付支持资金时，如机构或企业注册地迁出中关村示范区，不再予以支持。

第二十六条 获得支持资金的申报单位须按国家相关会计制度进行账务管理，应接受中关村管委会的监督、检查和审计，并需配合开展宣传、调研、报送信息、提交资金使用效益分析报告等工作。

第二十七条 对支持资金使用中违反法律法规的行为，依据《中华人民共和国预算法》《中华人民共和国会计法》和《财政违法行为处罚处分条例》等规定进行处理。

第二十八条 企业应承诺提交的材料真实、合法、有效，并对此承担法律责任。对于弄虚作假骗取支持资金的申报单位，除按以上规定处理外，中关村管委会将在中关村示范区网站予以通报，责令其退回已拨付资金并支付相应的利息（按同期人民银行公布的活期存款利率为准进行计算），今后不再受理其相关公共政策支持资金的申请。违反法律规定的，移送司法机关依法处理。

第四章 附则

第二十九条 本实施细则由中关村管委会负责解释。

第三十条 本实施细则自印发之日起施行。原《〈中关村国家自主创新示范区一区多园协同发展支持资金管理办法〉实施细则（试行）》（中科园发〔2017〕39号）同时废止。

关于印发《北京市自然科学基金项目管理办法》的通知

(京科发〔2019〕10号)

各有关单位：

为规范北京市自然科学基金项目的管理，我们组织修订了《北京市自然科学基金项目管理办法》，现予印发，请遵照执行。

北京市科学技术委员会
2019年9月26日

北京市自然科学基金项目管理办法

第一章 总则

第一条 为规范本市自然科学基金项目（以下简称"项目"）管理工作，依据《北京市自然科学基金管理办法》（以下简称《管理办法》），制定本办法。

第二条 北京市自然科学基金（以下简称"自然科学基金"）项目的申请、评审、立项、实施、验收等管理工作适用于本办法。

北京市自然科学基金合作类项目管理工作参照本办法执行。合作类项目实施中的重大问题由出资方共同研究决定。

第三条 北京市科学技术委员会（以下简称"市科委"）主管自然科学基金工作，负责研究制订自然科学基金管理政策，统筹协调相关工作。

北京市自然科学基金委员会（以下简称"基金委"）负责编制自然科学基金发展规划和项目指南，审定自然科学基金资助项目，审议自然科学基金管理的重大事项等工作。

北京市自然科学基金委员会办公室（以下简称"基金办"）承担基金委的日常工作，负责自然科学基金资助工作的具体实施和管理，经市科委授权后，可根据实际需求补充制定相关管理规定、工作规范和实施细则。

第二章 组织与申请

第四条 基金办应当每年上半年在市科委相关网站上发布申报指南。

第五条 项目类型包括研究类项目、人才类项目、合作类项目、环境条件促进类项目等。

研究类项目主要资助科学技术人员按照申报指南要求自主选题，开展创新性的科学技术研究。

人才类项目主要资助青年科学技术人员在自然科学基金资助范围内自主选题，开展相关基础研究。

合作类项目包括地区之间合作的项目、自然科学基金与其他出资方联合资助的项目等。

环境条件促进类项目主要资助科学技术人员开展学术交流、基础数据共享等。

第六条 符合《管理办法》第十二条规定条件的本市行政区域内的高等院校、科学研究机构、企业以及从事科学研究的其他组织，可以向基金办申请注册为依托单位。

基金办原则上每年集中受理一次依托单位注册申请，对因本市经济、社会发展特殊需要或者其他特殊情况需要注册为依托单位的，基金办根据需求按程序受理注册申请。

基金办应当自接收注册申请截止之日起15日内作出审查决定。予以注册的依托单位名单在市科委相关网站上公布；不予注册的，应当说明理由。

依托单位注册信息发生变化的，应当在发生变化之日起30日内向基金办提出变更申请，基金办应当在接到变更申请之日起15日内作出审查决定并告知依托单位。

第七条 依托单位应当按照《管理办法》第十一条规定履行相关职责。

第八条 符合《管理办法》第十三条规定的科学技术人员可以申请项目。申请人应当对《北京市自然科学基金申请书》（以下简称"申请书"）填写内容的真实性负责。

申请人应当是申请项目的负责人，并符合自然科学基金项目申请人管理规定及申报指南要求。

第九条 申请人与参与人不是同一法人单位的，参与人所在单位视为合作研究单位（以下简称"合作单位"）。合作单位应当保障参与人的时间及工作条件，督促参与人按计划完成所承担的项目任务。

第三章 评审与立项

第十条 基金办应当按照《管理办法》第五条的规定聘请评审专家。

评审专家应当具有较高学术水平、良好职业道德，熟悉相关学科领域发展情况，并对项目进行独立判断和评价。

第十一条 项目评审原则上按照"三审一定"的程序进行，即初步审查、通讯评审、会议评审和基金委审定。

评审时重点评价项目的科研思想、科学理论、研究方法等的原创性及其对首都经济社会发展中科学问题的解决效能。

涉及多学科交叉研究的项目，基金办可根据需要组织专家以会议形式开展初步审查和通讯评审，专家应当给出项目审查意见。

第十二条 基金办应当自项目申请截止之日起45日内完成对申请材料的初步审查。符合受理条件的，予以受理。有下列情形之一的，不予受理，通过依托单位告知申请人，并说明理由：

1. 申请人不符合《管理办法》规定条件和申报指南的；
2. 申请材料不符合申报指南的；
3. 申请人或参与人申请、参与申请、正在实施的基金资助项目超过规定数量的；
4. 申请人、参与人或依托单位在《管理办法》第三十八条、第三十九条规定的5年限制期内的。

第十三条 申请人对不予受理决定有异议的，可以自收到决定之日起15日内，通过依托单位以书面形式向基金办提出复审申请。基金办应当自接收复审申请截止之日起15日内完成复审。认为项目属于不予受理情形的，予以维持，并通过依托单位书面告知申请人；认为项目符合受理条件的，撤销原决定。

第十四条 对已受理的项目，基金办根据申请书内容和有关评审要求进行分组，依据项目申请的学科代码，从同行专家库中随机选择专家进行通讯评审。

评审专家对评审的项目认为难以作出学术判断或者不能参加评审的，应当及时告知基金办，基金办应当依照《管理办法》规定，选择其他评审专家进行评审。

每个项目的有效评审意见不得少于3份。

第十五条 基金办汇总专家通讯评审意见，按照定性、定量评审意见对项目进行排序并确定会议评审方案，经基金委审议后确定进入会议评审的项目名单。

第十六条 会议评审专家应当充分考虑通讯评审意见和资助计划，按照项目评审相关规定，以记名投票方式确定建议资助项目名单。会议评审专家可以推荐部分未获资助的会议评审项目作为备选项目，按推荐顺序排序纳入储备库，基金委可以根据经费情况选择资助或向其他科技计划推荐。

第十七条 基金委召开全体委员会议，听取基金办关于项目申请和评审工作的汇报。

基金委委员以记名投票方式确定拟资助项目名单。拟资助项目得票数应当不低于全体委员的1/2。

第十八条 项目评审工作中，基金委委员、基金办工作人员、评审专家是申请人或参与人的近亲属，或者与申请人、参与人有其他关系可能影响公正评审的，应当回避。

申请人和参与人不得作为评审专家。

申请人可以向基金办提供3名以内不适宜评审其项目的评审专家名单，基金办在选择评审专家时应当根据实际情况决定其是否回避。

第十九条 基金委委员、基金办工作人员和评审专家应当遵守保密法律、法规和评审保密规定。

第二十条 资助项目实行公告异议制度。基金办应当将基金委确定的拟资助项目名称、项目申请人基本情况、依托单位名称、资助的经费数额等情况，在市科委相关网站上公告，公告期为30日。认为拟资助项目有弄虚作假等情形的，可以在公告期内向基金委提出异议，基金委应当在60日内核查处理。

第二十一条 基金办应当在公告结束后15日内将评审结果告知依托单位和申请人。对决定不予资助的，应当说明理由。

基金办应当向申请人反馈专家评审意见。

第二十二条 申请人对不予资助的决定有异议的，可以自收到决定之日起15日内通过依托单位以书面形式向基金委提出复审申请。对评审专家的学术判断有不同意见，不得作为提出复审申请的理由。

基金委应当自收到复审申请之日起60日内组织专家完成审查。原决定符合评审规定的，予以维持，并书面告知申请人；原决定不符合评审规定的，撤销原决定，重新组织评审，并将评审结果书面告知依托单位和申请人。

第二十三条 依托单位应当按照以下要求组织项目负责人填写《北京市自然科学基金资助项目任务书》（以下简称"任务书"）：

1. 项目负责人应当按照资助通知的要求填写任务书并提交依托单位审核，不得对其他内容进行变更；

2. 依托单位在收到资助通知之日起30日内完成任务书审核并提交基金办核准。

基金办、依托单位、项目负责人签订的任务书将作为资助项目实施、经费拨付、中期检查和验收的依据。

第二十四条 基金办、依托单位应当依据国家科学技术档案管理规定，建立项目的档案。

第四章 实施与验收

第二十五条 项目负责人应当按照任务书组织开展研究工作，并于立项后次年起，在资助期内每年1月15日前向依托单位提交《北京市自然科学基金资助项目年度进展报告》（以下简称"年度进展报告"）。

依托单位应当审核年度进展报告，查看资助项目实施情况的原始记录，并向基金办提交年度管理报告。年度管理报告应当对本单位承担的自然科学基金项目的总体情况，以及自然科学基金项目对本单位学科发展和人才培养的推动作用等进行总结。

第二十六条 实施周期三年及以下的项目，一般不开展过程检查；实施周期三年以上的项目，原则上只开展一次过程检查。

项目实施过程中，基金办应当采取措施加强对人才类项目负责人的培养服务。

第二十七条 资助项目产生的研究成果（论文、著作等）应当标注"北京市自然科学基金资助"（英文：Supported by Beijing Natural Science Foundation）及项目编号。其中，以自然科学基金资助编号为第一顺序标注的代表性成果应当不少于1项。未标注自然科学基金资助编号或与资助项目研究内容无关的研究成果不计入项目成果。

第二十八条 资助项目实施过程中，不得擅自变更项目负责人和依托单位。

确需变更项目负责人的，依托单位应当及时提出书面申请，基金办应当组织专家论证会并根据论证意见作出处理决定。拟变更的项目负责人应当来自资助项目依托单位的项目组主要成员。人才类项目负责人不得变更。

确需变更依托单位的，经原依托单位与拟变更依托单位协商一致，由原依托单位提出变更依托单位的申请，报基金办批准后，后续经费拨入变更后的依托单位。

第二十九条 项目负责人和依托单位不得擅自变更研究目标，因客观原因确需变更的，项目负责人或者依托单位应当及时向基金办提交书面申请。基金办应当自收到书面申请之日起60日内完成核查并经专家论证会论证后作出处理决定。

项目实施过程中，项目负责人在不降低研究目标的前提下可自主调整研究方案和技术路线，报依托单位备案，相应备案手续可作为项目验收（结题）检查依据。

第三十条 由于客观原因不能按期完成研究计划的，项目负责人可以通过依托单位向基金办申请延期一次，延长期限不得超过12个月，延期申请最迟在资助项目期满30日前提交。基金办应当自收到延期申请之日起30日内作出处理决定。

第三十一条 项目负责人有下列情形之一的，依托单位应当及时向基金办提出书面终止申请和工作总结报告，停止资助项目经费支出；基金办也可以直接作出终止项目实施的决定：

1. 不再是依托单位科学技术人员的；
2. 不能继续开展研究工作的；
3. 在科学研究中有弄虚作假或违反科研伦理等行为的。

基金办应当将决定终止的资助项目在市科委相关网站公布。

终止项目的结余经费应当在审查结论下达后30日内由依托单位负责返还基金办。

第三十二条 基金办负责组织资助项目的验收工作，依托单位应当协助基金办开展相关工作。在资助项目期满前60日内，基金办应当会同依托单位开展资助项目的验收准备工作。

第三十三条 原始记录能够证明承担探索性强、风险高的资助项目的项目负责人已经履行了勤勉尽责义务,仍不能完成该资助项目的,基金办可以作出资助项目终止决定。

项目负责人有前款规定的情形不影响其继续申请项目。

第三十四条 项目负责人应当在资助项目期满之日起 30 日内向依托单位提交验收申请材料,验收申请材料包括:

1.《北京市自然科学基金资助项目验收申请表》;

2.《北京市自然科学基金资助项目研究工作总结报告》;

3.《北京市自然科学基金资助项目经费决算表》;

4. 资助项目成果有关的重要数据、技术资料,标注有"北京市自然科学基金资助"和项目编号的专著和论文,专利等能够表现实物成果特征的图片、多媒体资料等;

5. 基金办要求资助项目验收应提交的其他材料以及根据科技政策要求应补充提交的其他材料。

第三十五条 资助项目验收采用会议验收、通讯验收等方式。

基金办根据需要组织部分项目进行会议验收。

第三十六条 会议验收由基金办主持。会议验收应当遵循以下程序:

1. 基金办将资助项目验收材料提供给验收专家;

2. 项目负责人介绍任务书规定的研究内容、目标和资助项目执行情况;

3. 验收专家针对资助项目执行情况进行质询;

4. 验收专家组依据资助项目完成情况给出验收意见,并填写《北京市自然科学基金资助项目会议验收意见》。

第三十七条 通讯验收应当遵循以下程序:

1. 依托单位将资助项目验收材料以通讯方式送达验收专家;

2. 验收专家在审阅验收材料后,填写《北京市自然科学基金资助项目通讯验收意见》中的《北京市自然科学基金资助项目通讯验收专家意见表》;

3. 依托单位结合验收专家的意见,填写《北京市自然科学基金资助项目通讯验收依托单位综合意见表》。

第三十八条 验收专家由资助项目相关研究领域的专家组成。会议验收专家组由 5 名以上单数专家组成,设组长 1 人;通讯验收专家由 3 名专家组成。

验收专家遴选时,资助项目依托单位和合作单位的专家及有其他关系可能影响资助项目验收的专家,应当回避。

验收专家对资助项目的技术内容负有保密责任,对被评定的各种材料,不得擅自使用或对外公开。基金办可以与验收专家签订保密协议,规定保密内容和期限。

第三十九条 依托单位自收到项目负责人提交验收申请材料之日起 30 日内,协助基金办组织专家完成验收相关工作,并向基金办提交后续验收材料,包括:

1. 会议验收的资助项目,应当提交会议验收意见;

2. 通讯验收的资助项目,应当提交通讯验收意见。

依托单位应当对验收材料的真实性和完整性进行审核。

第四十条 基金办自收到资助项目验收材料之日起 30 日内,根据专家的验收意见、基金资助经费的使用情况以及成果定量评价指标体系评分等,出具"优秀"、"良好"、"合格"、"基本合格"或"不合格"的验收结论。优秀项目成果重点评价具有重大原创性和科学价值、解决首都经济社会发展重大需求中关键科学问题的效能、代表性论文等科研成果的质量和水平。

基金办应当在市科委相关网站公布资助项目验收结论，并将验收意见书反馈给依托单位和项目负责人。

第四十一条 资助项目验收后，基金办应当开展资助项目研究成果追踪管理，建立优秀项目成果数据库。具有原创性或较大应用前景的优秀项目成果，基金办优先推荐其与其他科技计划、投资机构等进行对接。

对验收结论为优秀的项目负责人给予适当的奖励。验收结论评为一次优秀的项目负责人，再次申请项目，若进入会议评审阶段，应当优先予以资助，否则需要会议评审专家填写不资助意见说明。

连续两次及以上评为优秀的项目负责人，可自主提出一个适度体量的项目（人才类项目除外），由基金委审议决定是否给予资助。

第四十二条 验收不合格的项目负责人，暂停5年申报资格。

第五章 诚信与监督

第四十三条 评审专家、依托单位和项目负责人应当恪守科学道德准则，遵守科研活动规范，践行科研诚信要求，遵循国际公认的科研伦理规范和生命伦理准则。

第四十四条 基金办应当加强诚信管理，对评审专家的评审行为、依托单位的管理行为和项目负责人的科研行为进行信用记录，建立信用档案，并据此进行相关管理和决策的工作。对于失信行为按照《管理办法》规定进行相应处理。

第四十五条 项目的监督与管理按照《管理办法》的有关规定执行。

第六章 附则

第四十六条 本办法自发布之日起施行，2012年7月27日颁布的《北京市自然科学基金项目管理办法》和2000年11月14日颁布的《北京市自然科学基金对外合作交流活动基金管理办法》同时废止。

关于印发《北京市高精尖产业技能提升培训补贴实施办法》的通知

（京科发〔2020〕3号）

各区科技、经信、人力社保、财政部门，北京经济技术开发区有关部门，各有关单位：

根据市政府办公厅《关于印发〈北京市职业技能提升行动实施方案（2019—2021年）〉的通知》（京政办发〔2019〕18号）精神，为做好本市高精尖产业技能提升培训，现将《北京市高精尖产业技能提升培训补贴实施办法》印发给你们，请认真组织实施。

北京市科学技术委员会
北京市经济和信息化局
北京市人力资源和社会保障局
北京市财政局
2020年3月6日

北京市高精尖产业技能提升培训补贴实施办法

根据市政府办公厅《关于印发〈北京市职业技能提升行动实施方案（2019—2021年）〉的通知》（京政办发〔2019〕18号）要求，为做好本市高精尖产业技能提升培训，制定本办法。

一、总体目标

围绕本市高精尖产业发展对人才的需求，立足首都经济社会发展实际，坚持需求导向、结果导向，大力推行终身职业技能培训制度，落实培训信息公开化、培训项目目录化、培训评价即时化、培训资源集成化、资金使用有效化的要求，持续开展职业技能提升行动，促进企业、人才和培训机构积极参与，力争在短时间内，在人工智能、医药健康、新能源智能汽车、新材料、科技服务、新一代信息技术、集成电路、智能装备、节能环保、软件和信息服务等高精尖产业形成新的优势人才群体，为本市高精尖产业发展提供人才智力保障。

二、适用范围和条件

（一）培训的形式

包含企业组织的培训和人才自主参加的培训两类。

1. 企业组织的培训。是指企业为提高研发能力和生产技术水平，组织职工开展的内部培训或委托社会培训机构开展的技能提升培训。企业可以根据实际需要，经批准后，在具有专业优势的国家或地区，委托大学或专业机构开展培训。每班次的人数原则上不少于20人。

2. 人才自主参加的培训。是指高精尖产业专业领域的人才为提升个人技能水平，自愿到社会培训机构参加的以就业和转岗为目的的技能提升培训。

（二）企业

本办法中所指的企业为在本市注册，符合《北京市十大高精尖产业登记指导目录（2018版）》

中的行业类别，且应为国家高新技术企业、科技部认定的科技型中小企业、具有相关资质或经省级以上相关业务主管部门认定的科技服务机构、本市"专精特新"中小企业、专精特新"小巨人"企业及其他承担重大项目或重点科研任务的企业；对于未盈利的投入期企业，其研发投入应占总投入的60%以上，或固定资产投入占总投入的50%以上，且应拥有核心知识产权和良好的市场前景。企业须未被列入严重违法失信企业黑名单。

（三）人才

参加企业组织的培训的，应与该企业依法签订劳动合同，并在该企业连续缴纳社会保险6个月以上，且从事相关技术技能工作。

自主在社会培训机构参加培训的，应具备相关专业大学本科以上学历，且参加培训后，被本市高精尖产业企业录用，并从事相关技术技能工作。

三、工作机制

在市就业工作领导小组的统一领导下，市科委、市经济和信息化局负责组织高精尖产业的职业技能提升培训和资金审核，加强质量监督检查，做好政策宣传和解读。在培训工作中，可以通过购买服务的方式，积极使用市场化、专业化机构提供培训服务和工作保障。市科委负责人工智能（含区块链技术）、医药健康、新能源智能汽车、新材料和科技服务等5个产业的技能提升培训，每年培训1万人次；市经济和信息化局负责新一代信息技术、集成电路、智能装备、节能环保、软件和信息服务等5个产业的技能提升培训，每年培训1万人次。

四、目录建立和管理

围绕高精尖产业技能提升培训，市科委、市经济和信息化局依托专业机构，建立并公布相关产业培训项目目录（含课程和课时）和培训机构目录；分产业组建专家委员会，对培训项目目录和培训机构目录进行评估。

（一）培训项目目录

以企业和人才的需求为导向，围绕产业发展急需的技术技能，依托第三方专业机构，开发培训项目，建立相关产业培训项目目录，其中应包含具体课程内容和课时要求，原则上每个项目的课时数应不少于40学时，每学时不少于45分钟。企业可依据公布的培训项目目录，制定个性化的培训子项目。

企业和人才参加目录中的培训项目方可享受补贴政策。

（二）培训机构目录

培训机构应具备相关资质，有独立法人资格，对社会提供培训服务，在业界有较好的声誉，有3年以上的专业培训经验、雄厚的师资、成熟的课程、稳定的办学场所，且经其培训的学员能够被本市知名企业录用。通过机构申请、专家委员会评估、公示、发布等程序，拟定培训机构目录。对于能够从境外引进师资的，优先考虑。

列入目录的机构方可为企业提供培训服务，人才到列入目录的机构进行培训方可享受补贴政策。

（三）评估

市科委、市经济和信息化局负责建立培训项目目录（含课程和课时）和培训机构评估机制，并对目录进行动态调整，可定期补充。

五、培训的绩效管理

各企业、培训机构应重视绩效管理，切实发挥好培训的作用，达到提升专业人员技术技能的目标。在组织培训前，须结合本企业或受托企业实际，制定培训项目绩效目标，包括培训人数、课程、聘用师资、预期目标、考核方式等内容。培训结束后，应组织学员对培训效果进行评价，了解满意度。绩效目标将作为管理部门对企业培训项目考核的依据。

社会培训机构组织的培训，应对参加培训的人员进行考核，并出具相关考核结果说明。

六、补贴标准和资金使用范围

（一）企业补贴标准

对于高精尖产业企业组织职工开展技能提升培训且经绩效考核合格的，给予企业补贴。采取后补贴方式，根据企业规模和年度内培训人次分档、限额进行补贴：

1.规上企业。按照每人每年合计不超过2万元的标准、不超过培训总费用50%的比例给予补贴，年度内培训2000及以上人次的，补贴上限为800万元；年度内培训1000~2000人次的，补贴上限为600万元；年度内培训500~1000人次的，补贴上限为400万元；年度内培训100~500人次的，补贴上限为200万元；年度内培训100人次以下的，补贴上限为100万元。

2.规下及成长型企业。按照每人每年合计不超过2万元的标准、不超过培训总费用50%的比例给予补贴，补贴上限为100万元。

（二）个人补贴标准

对于参加社会培训机构的培训，且培训后在本市高精尖产业企业就业3个月以上的，按照每人每年合计不超过1万元的标准、不超过培训总费用50%的比例给予个人奖励补贴。每人每年可申请不超过3次，累计补贴金额不超过上述标准；同一培训项目不可重复享受。

（三）补贴资金使用范围

企业申领获得的补贴资金，具体用途为：

1.师资费。指培训师的讲课费、课程开发费、教材开发费、课件制作费、教师的食宿费、交通费等。培训师包括本单位职工。

2.培训所需设备设施、软件、网络培训账号等购置费。

3.参训人员培训期间发生的资料费。

4.培训场地费（利用自有办公场地除外）。

5.支付给受托关联企业、院校、第三方教育机构的培训费用。

6.缴纳本企业社会保险费。

7.个人因工作需要参加社会培训，向有关部门或机构交纳的报名费、注册费、学费、教材费、考试费、评审费等。

以上培训总费用依照资金用途核定。

七、补贴的申报和审批

（一）申报和审批程序

企业组织的培训，申报主体为本企业；个人参加的培训，申报主体为所在企业。申报和审批的程序如下：

1.提交申请。企业向所在区、经济技术开发区科技或经信部门提交书面材料。申报时间为每季度末月5日前，当季度未申报的可在下季度末月5日前申报。

2.各区初审。各区、经济技术开发区相关部门应在2个工作日内完成初审，并将审核结果（是否同意补贴及补贴额度）报市科委或市经济和信息化局。

3. 市级部门审批。市科委、市经济和信息化局对初审结果在 5 个工作日内进行审批，提出补贴意见。

4. 公示。对拟给予补贴的企业或个人在市科委、市经济和信息化局官网公示 5 个工作日。公示内容包括：享受培训补贴的单位名称或人员名单、培训内容、补贴标准及具体金额等。

5. 报送用款申请。公示无异议的，由市科委、市经济和信息化局将拟补贴资金情况报市人力社保局。

6. 下达通知。下达通知，办理补贴资金拨付手续。

7. 资金拨付。补贴资金拨付至企业账户，其中个人奖励补贴资金由所在企业全额发放至个人。

8. 境外培训。对企业组织的境外培训，需事先向市科委（市外专局）报送培训方案，经批准后，方可实施。境外培训遵守因公出国（境）培训的各项规定。人才自主参加的培训不适用境外培训的补贴申报。

（二）申报材料

1. 企业组织的培训：补贴申请表、培训方案（包括培训岗位名称、培训时间地点、培训课程内容及课时、培训方式、培训人数及批次、培训师资等）、培训人员名册及考勤表、视频、照片、支出票据（复印件，须加盖单位财务专用章）、绩效说明和由企业法定代表人签名的材料真实性承诺书。企业组织的内部培训还需提供支出明细（补贴资金使用范围 1 至 5 项）。委托培训机构开展培训的企业，须提供委托培训协议，包括预算、培训预期目标、课程计划、师资、结业考核方式等内容。以上材料均需加盖单位公章。

（2）个人参加的培训：补贴申请表、培训发票、考核结果、与所在企业签订的劳动合同和由本人签名的材料真实性承诺书。

八、质量监督检查

（一）市科委、市经济和信息化局可依托第三方专业机构，开展培训效果评估，对企业和培训机构的培训质量进行监督检查。

（二）市科委、市经济和信息化局和各区、经济技术开发区相关部门要切实履行申请材料审核职责，有效甄别资金发放对象及其申请材料的真实性，考核绩效指标。绩效考核不合格的，不予补贴。

（三）加大培训质量监管和监督检查力度。市科委、市经济和信息化局会同相关部门，采取日常督导、专项督导和年度考核等方式进行督导评价，保障资金效益。

（四）建立培训补贴抽查机制。对企业组织的培训按照不低于 50% 的比例进行抽查；对参训个人按照不低于 30% 的比例进行抽查。抽查方式包括电话回访、不定期暗访、实地检查核实等方式，也可委托第三方机构进行，差评率超过 30%（含 30%）或发现弄虚作假行为的，将终止培训补贴申请流程。

九、违规违纪处理

（一）对以虚假培训方式冒领、套取或骗取补贴资金的行为，依法依规严肃处理。

（二）对抽查检查发现并核实的冒领、套取或骗取资金予以追回。骗取补贴企业和个人将列入黑名单，且不得再申请享受本市职业技能提升培训补贴。

（三）各级工作人员违规违法违纪，按照公务员法、监察法等有关规定追究相应责任；涉嫌犯罪的，依法移送司法机关处理。

十、其他事项

（一）鼓励企业和人才在新冠肺炎疫情防控期间，通过线上培训方式，开展或参加高精尖产业技能提升培训：

1. 对受疫情影响中小微企业，支持其组织职工开展内部培训。

2. 对受疫情影响被企业裁员的人才，支持其到社会培训机构参加技能提升培训，实现转岗就业。

3. 对参与疫情防控并做出突出贡献的企业予以重点支持。

4. 鼓励企业精准稳妥有序启动高精尖产业技能提升培训。

5. 疫情防控期间补贴资金可按月申请拨付。

（二）本办法适用于 2020 年 1 月 1 日后开展的高精尖产业技能提升培训。

北京市科学技术委员会印发《关于落实"放管服"要求进一步完善北京市科技计划项目经费监督管理的若干措施》的通知

(京科发〔2020〕8号)

各有关单位：

为贯彻落实市政府《关于新时代深化科技体制改革　加快推进全国科技创新中心建设的若干政策措施》(京政发〔2019〕18号)，促进经费监督与经费管理改革同步，赋予科研单位和科研人员更大自主权，鼓励和保护创新，激发广大科研人员的积极性、主动性和创造性，市科委研究制定了《关于落实"放管服"要求　进一步完善北京市科技计划项目经费监督管理的若干措施》。经市委深改委科技体制改革专项小组2020年第一次会议审议通过，现印发给你们，请遵照执行。

北京市科学技术委员会

2020年6月12日

关于落实"放管服"要求进一步完善北京市科技计划项目经费监督管理的若干措施

为深入贯彻国家及北京市有关完善科研项目资金管理、赋予科研机构和人员更大的自主权等改革政策，落实《关于新时代深化科技体制改革　加快推进全国科技创新中心建设的若干政策措施》(京政发〔2019〕18号)，促进经费监督与经费管理改革同步，尊重科技创新规律，鼓励和保护创新，激发广大科研人员的积极性、主动性和创造性，现就北京市科技计划项目(含课题、工作任务等)经费的监督管理，提出以下措施。

一、完善组织机制，强化内部审计监督作用

1.完善内部审计与国家审计协调机制

加强与审计机关的对接，建立信息和成果共享机制，及时了解各高等学校、科研院所、国有企业等承担单位有关科技计划项目经费管理方面的典型性、普遍性、倾向性问题，建立风险防控清单，提升监督效率。

2.切实提升内部审计监督能力

落实国家和北京市内部审计相关规定，在审计机关指导下开展科技计划项目经费审计监督工作。除涉密事项外，科技计划项目经费审计可根据工作需要采购审计服务。有效利用科技计划项目承担单位(以下简称承担单位)内部审计力量和成果，对其内部审计发现且已经纠正的问题，不再在科技计划项目验收(结题)经费审计报告中反映。

二、优化经费审计监督，保障落实到位

3.落实管理权限下放

承担单位依法依规制定的与科研项目和经费管理相关的科研类差旅费、会议费、专家咨询费管理办法，科研项目预算调剂、间接费用统筹使用、结余资金使用、科研仪器设备采购管理、劳务费分配等管理制度，以及符合科研实际需要的内部报销规定等文件，符合科学、客观、合理原则的，在科技计划项目经费审计监督中，均可作为确认经费支出的优先依据。

4. 落实放与管结合

科技计划项目经费审计监督时，"承担单位法人责任落实情况"作为重点关注的内容。对于承担单位应制定而未制定相应科研项目经费管理制度的，审计监督时将重点予以关注。

5. 落实优化服务

提升第三方会计师事务所主动服务科技创新活动和科研人员的意识，发挥其对科技计划项目经费管理的服务和政策宣传作用。鼓励和引导第三方会计师事务所在科技计划项目经费审计过程中，多用网络和信息化手段，减少纸质资料提供要求，切实减轻科研人员负担。

三、创新经费监督管理方式，试点承担单位"诚信典型"管理

6. 以信息化手段提升风险研判能力

运用科技手段，归集数据、查找疑点、综合提炼，提高审计监督的精准度和时效性。通过大数据分析和调研问卷等方式，加强经费支出监测，对典型性、普遍性的风险点和问题及时预警。

7. 试点承担单位"诚信典型"管理

落实科研诚信承诺制，对于内控管理和财务管理等制度健全且已有效执行、承诺对本市科技计划项目经费管理采取相应监督举措且信用良好、设有内部审计机构的局级（含副局级）以上行政事业单位，经备案，可纳入北京市科技计划项目经费监督"诚信典型"管理。

纳入"诚信典型"管理试点的承担单位，其内部审计机构出具的科技计划项目经费审计报告或加盖单位财务部门和审计部门等印章的经费总决算表可作为验收（结题）依据，在规定时间内免于本市科技计划项目验收（结题）经费审计。其中，审计报告应符合本市科技计划项目（课题）、工作任务经费审计相关政策和格式规范等相关要求。出具经费总决算表的项目，须纳入年度科技计划项目经费监督检查范围。

8. 实施项目分类监督机制

围绕全国科技创新中心建设、科技冬奥等重点项目，试点实施重点项目全过程监督工作机制；选派第三方会计师事务所或者监督人员，全过程服务项目经费的支出与管理。强化承担单位主体责任，对于财政资金支持额度较低的科技计划项目，根据承担单位信用和管理情况，可实施多形式的经费验收（结题）措施。

9. 建立科技计划项目监督检查制度

关注财政科技经费的安全和绩效目标、考核指标的完成情况。每年围绕风险较大的项目、承担单位、支出科目或者未实施验收（结题）经费审计的项目等，组织监督检查。监督检查的范围包括项目执行情况、经费管理及审计情况等。

10. 以信任和守信为前提精简监督检查频次

按照科技计划项目执行周期，本市科技计划项目原则上只在项目执行期末开展验收（结题）经费审计一次。针对本市科技计划项目实施的各类检查、审计等原则上一年不超过一次。监督检查与信用等级、履约情况等挂钩，对于信用记录差、违反项目（课题）任务书或者协议约定义务的承担单位和项目（课题）负责人及其承担的项目，加大监督检查频次。

四、完善第三方会计师事务所服务机制，加强质量控制

11.完善采购审计服务相关工作机制

承担单位按照市场化原则，可自主选择具有资质的第三方会计师事务所进行验收（结题）经费审计。第三方会计师事务所的审计费用可列入财政科技经费预算范围。

12.加强第三方会计师事务所审计质量控制

及时做好科技计划项目经费审计相关依据的动态调整和审计人员的培训工作。贯彻落实《关于进一步做好中央财政科研项目资金管理等政策贯彻落实工作的通知》（财科教〔2017〕6号），加强与北京注册会计师协会的对接合作，明确会计师事务所从事科技计划项目经费审计的工作要求和技术规范，将科技计划项目经费审计纳入其执业质量检查范围。

五、健全监督结果运用机制，强化问题整改

13.进一步完善工作协调机制

建立健全与其他内部监督力量的联动机制，加强情况沟通、资料查询、调查取证等工作的协调配合，建立重要事项共同实施、问题整改共同落实等工作机制。对发现的重大违纪违法问题线索，按照管辖权限依法依规移送相关部门进行处理。

14.加强监督发现问题整改

承担单位要落实法人主体责任，对科技计划项目经费监督发现的问题和提出的建议，应当及时整改，并将整改结果书面报告。

15.强化监督结果的运用

本市科技计划项目经费审计或者监督检查过程中存在问题的，对于承担单位、项目（课题）负责人，按照科技计划项目信用管理相关规定纳入不良信用管理，阶段性或永久取消其承担科技计划项目的资格，并按照国家和北京市信用联合惩戒相关规定执行；第三方会计师事务所及其审计人员存在重大违法违规行为的，按照管辖权限依法依规移送相关部门进行处理。

关于印发《北京市科技企业孵化器认定管理办法》的通知

(京科发〔2020〕13号)

各有关单位:

为深入实施创新驱动发展战略,引导本市科技企业孵化器向专业化、市场化、国际化方向发展,持续优化创新创业生态,推动企业技术创新和科技成果转化,支撑全国科技创新中心建设,服务经济社会高质量发展,按照科技部《科技企业孵化器管理办法》(国科发区〔2018〕300号)要求,结合本市实际,制定《北京市科技企业孵化器认定管理办法》,现印发给你们,请结合实际认真落实。

北京市科学技术委员会
2020年7月28日

北京市科技企业孵化器认定管理办法

第一章 总则

第一条 为深入实施创新驱动发展战略,引导本市科技企业孵化器向专业化、市场化、国际化方向发展,持续优化创新创业生态,推动企业技术创新和科技成果转化,支撑全国科技创新中心建设,服务经济社会高质量发展,按照科技部《科技企业孵化器管理办法》(国科发区〔2018〕300号)要求,结合本市实际,制定本办法。

第二条 科技企业孵化器(以下简称孵化器)是指聚焦高精尖产业垂直、细分领域,配备专业服务团队,主要为早期"硬科技"初创企业及创业团队提供培训、辅导、路演、投资以及技术、人才、供应链、市场渠道等各类资源对接服务的创业孵化服务机构。

第三条 孵化器应坚持专业、专注、专精的发展目标。应聚焦专业,广泛引进专业人才,配备专业条件,搭建专业平台,为初创企业及创业团队提供高附加值的孵化服务;应保持专注,密切跟踪全球前沿技术发展趋势,建立早期"硬科技"创新项目的发现、评价、筛选、培育机制,积极开展垂直孵化、深度孵化;应突出专精,加强导师营建设,加大早期项目投资,精耕细作,精益求精,探索创业孵化服务新机制、新模式,更好满足初创企业及创业团队的需求。

第四条 孵化器认定管理工作遵循自愿参与、公开透明、客观公正、严格标准、动态调整的原则。

第五条 北京市科学技术委员会(以下简称市科委)负责全市孵化器的认定管理工作。

第二章 认定条件

第六条 申请孵化器认定应同时符合以下条件:

(一)在本市行政区域内注册并具备独立法人资格,实际注册并运营满1年,具有良好的诚信记录。孵化服务领域应属于本市重点发展的新一代信息技术、集成电路、医药健康、智能装备、节能环保、新能源智能汽车、新材料、人工智能、软件和信息服务以及科技服务业等高精尖产业领域。

（二）能够为在孵企业提供以下一项或多项专业服务：

1. 专业平台服务。通过自建、共建、合作等方式，建设专业技术领域内开放式的公共服务平台，为在孵企业提供研发、设计、检验、测试等服务。

2. 供应链服务。发挥供应链整合优势，为在孵企业提供原料采购、原型打样、批量试制、集成开发、仓储物流等服务。

3. 资源对接服务。广泛链接创新资源，为在孵企业提供产品设计、品牌策划、市场营销以及创业培训、融资对接、知识产权、技术转移、财务、法律、商务等服务。

（三）上年度取得的专业服务收入占总收入比例应不低于30%，或近两年专业服务收入平均增速不低于5%。

（四）建有创业导师营，为在孵企业提供技术、财务、市场、经营、管理、知识产权、商务等方面的培训和指导。每年组织导师服务应不少于50人次。

（五）设立天使或创业投资基金，或利用自有资金开展早期项目投资。上年度在孵企业中获得投资的企业占比应不低于30%，且获得投资的企业中孵化器投资的企业占比应不低于10%。

（六）拥有专业化、职业化的运营团队，团队负责人具有相关产业领域的从业背景，以及投融资、生产、销售、供应链管理等方面的工作经验。

（七）在本市行政区域内注册的在孵企业应不少于20家，在孵企业近两年营业收入平均增速应不低于10%。已申请专利、软件著作权、集成电路布图设计专有权、国家新药、植物新品种等知识产权的在孵企业占比应不低于50%，或拥有有效知识产权的在孵企业占比应不低于30%。

上述在孵企业是指孵化器内同时符合以下条件的企业：

1. 符合本市高精尖产业发展方向的"硬科技"创新企业，主营业务不属于《北京市新增产业的禁止和限制目录（2018年版）》范围。

2. 从业人员总数在100人以下，上年度营业收入在2000万元以下。

第三章 认定管理

第七条 孵化器认定每年组织一次，申请机构应提交如下材料：

1. 北京市科技企业孵化器认定申请书；

2. 工商营业执照等注册登记证件（复印件）；

3. 开展专业平台、供应链、资源对接以及创业导师、早期项目投资等服务的说明材料，在孵企业发展情况的说明材料；

4. 经具有资质的中介机构出具的申请机构近两个会计年度的专业服务收入专项审计报告以及财务会计报告（复印件）。

第八条 市科委组织专家对申请机构进行评审，对通过专家评审的申请机构组织实地核查，根据专家评审意见和实地核查结果提出孵化器认定名单，在市科委官方网站（网址：http://kw.beijing.gov.cn）公示5个工作日。公示期间有异议的，由市科委组织核查，属实的不予认定；无异议的，颁发"北京市科技企业孵化器认定证书"。

第九条 评定为北京市科技企业孵化器，按照国家有关规定享受相应税收优惠。

第十条 经认定的孵化器，其资格自认定之日起有效期为3年，期满后须重新认定。

第十一条 孵化器发生与认定条件有关的重大变化（如分立、合并、重组以及经营业务发生变化等），应在3个月内向市科委报告。经市科委审核符合认定条件的，其认定资格继续有效；不符合认定条件的，自条件变化之日起取消其认定资格。孵化器名称发生变化的，应在3个月内向市科委申请变更名称。

第十二条 经认定的孵化器应按规定每年向市科委报送年度发展情况，认定资格有效期内累计2次不报送且经催告后仍逾期不报的，取消其认定资格。

第十三条 经认定的孵化器存在下列情形之一的，取消其认定资格，且2年内不得重新申报。

1. 申报中存在弄虚作假行为的，或有影响公正评审行为的；
2. 发生与认定条件有关的重大变化，逾期未向市科委报告的；
3. 以孵化器名义进行虚假宣传、违法经营，或其他与孵化器认定有关事项被依法追究责任的；
4. 孵化器运营主体被依法终止或自行要求取消的。

第四章 发展促进

第十四条 加强动态管理。市科委每年组织第三方机构对经认定的孵化器进行评估，综合评估孵化器运营管理、机制创新、孵化服务等方面的情况。经评估孵化模式、服务成效均较为突出，具有较强示范引领效应的孵化器可评定为年度标杆孵化器。评定结果当年有效。

第十五条 吸引社会投资。支持设立孵化接力基金，专注投资孵化器自有基金退出投资的优质项目，引导社会资本更多关注早期项目投资。

第十六条 引进专业人才。鼓励孵化器加强人才队伍建设，不断提升运营团队的专业化水平。广泛吸引具有国际视野、相关行业背景和创业经历的专业人才加入创业孵化行业，为初创企业及创业团队传授创业经验、提供创业指导、对接创业资源。

第十七条 开展区域布局。鼓励具备条件的区、开发区按照区域功能定位和主导产业发展方向，加强医药健康、人工智能、区块链、物联网、5G等细分产业领域内的专业孵化器布局。支持在高校院所内部及周边建设一批专业孵化器。

第十八条 推进对外合作。支持本市孵化器加强与长三角、粤港澳大湾区以及津冀地区孵化器的业务合作，加强供应链等资源对接，不断拓展孵化服务链条。

第十九条 加强国际交流。鼓励孵化器搭建海外业务平台，深度融入全球创业孵化服务网络，为初创企业及创业团队对接国际技术、资金、人才、市场等资源。支持孵化器拓展海外业务渠道，开展项目"离岸"孵化，广泛吸引全球优质创业项目、技术成果和创业人才来京发展。

第五章 附则

第二十条 本办法自发布之日起30日后实施。《北京市高新技术产业专业孵化基地认定和管理办法》（京科发〔2010〕700号）同时废止。

第十章 天津市科研项目和资金管理法规政策

天津市科委 市财政局关于印发《天津国家自主创新示范区发展专项资金管理暂行办法》的通知

(津科计〔2015〕60号)

各有关单位：

根据《中共天津市委 天津市人民政府关于加快建设天津国家自主创新示范区的若干意见》（津党发〔2015〕1号）和《天津国家自主创新示范区"一区二十一园"规划方案》（津政发〔2015〕3号）精神，为规范专项资金的使用和管理，提高资金使用效益，市科委、市财政局制定了《天津国家自主创新示范区发展专项资金管理暂行办法》，现印发给你们，请遵照执行。

天津市科学技术委员会 天津市财政局
2015年6月29日

天津国家自主创新示范区发展专项资金管理暂行办法

第一章 总则

第一条 为贯彻落实《中共天津市委 天津市人民政府关于加快建设天津国家自主创新示范区的若干意见》（津党发〔2015〕1号）和《天津国家自主创新示范区"一区二十一园"规划方案》（津政发〔2015〕3号），支持建设天津国家自主创新示范区（以下简称示范区），提升自主创新能力，推动产业创新发展，发挥示范区先行先试、辐射带动作用，市财政设立示范区发展专项资金（以下简称专项资金）。为规范专项资金的使用和管理，提高资金使用效益，进一步发挥专项资金的引导带动作用，制定本办法。

第二条 专项资金由市财政预算安排和筹集，初步预算规模每年10亿元，纳入财政预算统一管理。

第三条 专项资金主要用于示范区以及经批准纳入示范区的区县分园。

第四条 专项资金的使用应遵照国家的有关法律、法规规定，符合国家对示范区发展的相关要求，遵循诚实申请、公开受理、择优支持、专款专用、审计监督、绩效考核的原则，确保专项资金的规范、安全和高效使用。

第二章 使用范围

第五条 专项资金重点支持示范区建设创新平台、培育创新型企业、构建科技服务体系、推进科技金融发展等方面，具体如下：

（一）建设创新平台。聚集科技创新要素，推动开放创新与合作，引进共建新型研发机构，推动建立创新机构、产学研协同创新平台等科技创新体系。培育众创空间、创客工场、专业孵化器等创新创业新型孵化器，支持其开展培训、合作对接等公益性服务和创新创业活动。

（二）培育创新型企业。围绕培育战略性新兴产业和新业态，推动核心技术和"杀手锏"产品开发，支持企业引进转化重大科技成果，实施重大创新项目，大力推动科技型中小企业发展，加快发展科技小巨人，培育具有国际竞争力的领军企业。

（三）构建科技服务体系。整合全市科技创新资源，支持产业技术创新战略联盟、各类协会等社会组织建设，推动研发、专利、检测检验、创业孵化、科技咨询等专业服务机构发展，打造服务机构电商化网上服务平台，建立创新人才、创业辅导、融资服务一体化的创新创业社区。

（四）推进科技金融发展。设立天使投资引导基金和创业投资引导基金，设立科技信用贷款风险补偿资金，大力发展科技信用贷款、科技担保、科技保险、科技租赁等，促进面向科技型中小企业的天使投资、科技众筹基金、创业风险投资基金等发展。鼓励企业进行股份制改造和上市发展，提升科技金融对接平台的服务水平。

（五）示范区工作领导小组办公室确定支持的其他内容。

第三章 使用管理

第六条 市科委、市财政局是专项资金的主管部门，具体负责制定专项资金的实施办法，并按照天津市科技计划项目管理程序，制定并发布申报指南，组织专家评审，审定立项等工作。

第七条 申报专项资金的项目应具备以下条件：

（一）符合国家法律、法规、方针政策和财政资金支持的方向、范围；

（二）符合示范区总体发展战略和规划纲要的要求；

（三）符合本办法第五条规定的支出方向；

（四）申报单位应具备承担项目的必要基础和实施条件。

第八条 市科委通过政府采购或招标等方式遴选有关中介机构，委托其组织财务、管理、技术专家，结合项目实施的经济合理性、目标相关性、政策相符性等方面，对拟组织实施的科技项目进行评审（评估）。

第九条 专项资金预算一经批复不得自行调整。使用专项资金的单位，应严格按照批复的预算组织实施。预算执行过程中，确有必要调整时，预算的调整幅度不超过该科目核定预算的15%时，项目单位可根据项目研发的实际需要自行调整执行（还需限定科目）；实际变动幅度超过该科目核定预算的15%（含15%）以上的，应按照预算审批程序重新报批。

第十条 市财政局会同市科委及时批复专项资金预算，下达项目资金预算，由市财政局将专项资金及时拨付至实际用款单位或用款单位所属区县，区县财政应及时将资金拨付至实际用款单位。

第四章 考核与评价

第十一条 逐步建立科技项目资金支出绩效考评制度，建立健全考评机制，建立考核指标体系，不断提高专项资金的使用效益。

第十二条 专项资金的考评结果将作为科技项目承担单位以后年度申报科技项目的重要参考依据，列入诚信体系。

第五章 监督与检查

第十三条 科技项目承担单位要严格执行国家有关财务制度和财政预算管理的相关规定，并按照合同的约定严格执行科技项目资金预算，加强对科技项目资金的监督和管理。

第十四条 在项目执行过程和项目验收前，由市科委、市财政局委托中介机构，对项目资金使用情况开展财务中期检查和验收审计。

第十五条 在预算执行过程中，因项目发生终止、撤销、变更等情况，由市科委、市财政局委托中介机构开展项目审计，项目审计结余资金归还原渠道，剩余资产按照国家有关规定处置。

第十六条 项目承担单位要强化和落实法人责任。项目承担单位是科研项目实施和资金管理使用的责任主体，要切实履行在项目申请、组织实施、验收和资金使用等方面的管理职责，强化责任意识，严格遵守科研项目和资金管理的各项规定，自觉接受有关方面的监督。要根据项目和单位的实际情况，健全内控机制，提高资金管理水平，保障财政资金安全。

第十七条 对项目承担单位在申报、管理和实施过程中，存在弄虚作假、截留、挪用、挤占专项资金等违反财经纪律的行为，可根据情况采取通报批评、停止拨款、取消以后年度申报资格、追回专项资金等措施予以相应的处理，同时建议所在单位或者其上级主管部门按照有关规定对主要负责人给予行政处分；情节严重，构成犯罪的，依法追究刑事责任。

第十八条 对受委托的中介机构在专项资金预算评估、中期评估和验收工作中，存在弄虚作假、隐瞒真相、同项目承担单位串通作弊等行为的，不再聘请其继续承担专项资金预算评估、中期评估和验收工作；情节严重，构成犯罪的，依法追究刑事责任。

第六章 附则

第十九条 本办法由市科委、市财政局负责解释。

第二十条 本办法自 2015 年 7 月 1 日起施行，有效期五年。

天津市科委关于印发
《天津市自然科学基金管理办法》的通知

(津科基〔2016〕139号)

各有关单位：

现将修订后的《天津市自然科学基金管理办法》印发给你们，请认真遵照执行。

天津市科学技术委员会
2016年11月27日

天津市自然科学基金管理办法

第一章 总则

第一条 为了规范和加强天津市自然科学基金项目的管理，提高本市自主创新能力，培养科技人才，促进科学技术进步和经济、社会发展，制订本办法。

第二条 自然科学基金重点资助自然科学领域的应用性基础研究，引导本市科技人员围绕天津市经济社会发展需求，开展基础性、前瞻性的科学问题和前沿技术研究，加强高层次创新人才培养，提高原始创新能力，为本市战略性新兴产业发展提供科技支撑。

第三条 自然科学基金主要来源于市财政预算安排的专项资金。

鼓励自然人、法人或者其他组织通过与自然科学基金联合资助、向自然科学基金捐资等方式资助基础研究与应用基础研究。

第四条 天津市科学技术委员会（以下简称市科委）是自然科学基金的管理部门，负责研究制订自然科学基金管理政策，统筹协调相关工作。

第五条 自然科学基金工作遵循公开、公平、公正的原则，实行尊重科学、发扬民主、提倡竞争、促进合作、激励创新的方针。

第六条 确定自然科学基金资助项目，应当充分发挥同行专家的作用，采取宏观引导、自主申请、平等竞争、同行评审、择优支持的原则。

第二章 规划与组织

第七条 市科委根据本市国民经济与社会发展规划、科学技术发展规划，围绕本市经济社会发展的战略需求，结合国内外科学技术发展状况，编制自然科学基金项目指南，批准项目立项，并委托项目管理服务机构进行项目的受理、评审和管理等工作。

第八条 自然科学基金包括重点基金项目、面上基金项目（包括绿色通道项目）、青年科学基金项目和杰出青年科学基金项目。

（一）重点基金项目以面向应用的新技术和新工艺开展系统研究为目标，项目结束后应完成小试，并发表高水平论文或获得发明专利授权，以此培养优秀创新人才，提高本市原始创新能力，促进学科建设。

（二）面上基金项目倡导科学和技术的自由探索，以面向应用的技术原理、新工艺、新技术为研究目标，以发表高水平论文、获得发明专利及样品样机等为科技产出方式，培养创新型人才，提高本市的原始创新能力。

（三）青年科学基金项目支持青年科学技术人员在自然科学基金资助范围内自主选题，开展基础研究工作，培养青年科学技术人员独立主持科研项目、进行创新研究的能力。

（四）杰出青年科学基金项目支持在基础研究方面已取得突出成绩的本市青年学者面向天津市和国家需求自主选择研究方向开展创新研究，促进青年科学技术人才的成长，造就拔尖人才，培育创新团队，培养造就一批进入国内外科技前沿的优秀学术带头人。

第九条 自然科学基金项目通过主管部门组织依托单位实施。

第十条 依托单位和主管部门在基金资助管理工作中履行下列职责：

（一）组织申请人申请自然科学基金项目；

（二）审核申请人、项目负责人所提交材料的真实性，并对项目进行初审；

（三）择优推荐自然科学基金项目；

（四）对已立项项目提供实施的条件，保障项目负责人和参与人实施基金资助项目的时间；

（五）配合项目管理服务机构等相关部门对基金资助项目的实施和基金资助经费的使用进行监督、检查。

第三章 申请与评审

第十一条 市科委每年定期发布自然科学基金项目申报指南。

第十二条 申请人应当按照项目申报指南和要求，在规定期限内填写申请书。

第十三条 项目主管部门应组织有关专家对申请者的申报项目进行初审。根据初审结果择优推荐并按规定时间统一报送至市科委指定受理机构。

第十四条 项目管理服务机构对受理的自然科学基金项目进行形式审查，对于不符合申报指南的项目不予受理。

第十五条 通过形式审查的项目，项目管理服务机构聘请有较高学术水平的国内同行专家对项目的创新性、可行性、必要性、经费预算合理性等进行通讯或会议评审。

第四章 立项与实施

第十六条 对市科委批准立项的项目，申请人和依托单位应在规定时间内与市科委签订《任务合同书》，无正当理由逾期不签的，视为自动放弃资助。

第十七条 依托单位须指定专人负责管理自然科学基金项目，建立健全管理制度，为项目负责人完成研究任务提供条件，督促项目的实施，并做好相关的协调和服务工作。

第十八条 项目执行期间，项目负责人应每年按时提交《天津市科技计划项目年度执行情况检查报告》。对无正当理由逾期不报的，将按有关规定处理。

第十九条 因故确需调整、变更和中止项目研究计划，或调整项目参加人员的，须提出书面申请，填写《天津市科技计划项目调整申请表》或《天津市科技计划项目中止申请表》，经主管部门同意后报请市科委审批。

绿色通道项目、青年基金项目和杰出青年科学基金项目不得变更项目负责人。

第二十条 市科委对资助项目的执行情况和资金使用情况进行检查和监督。在监督检查中发现项目负责人、依托单位未按照项目任务书的规定开展工作,资助项目确需中止或者终止的,可以根据实施情况做出资助项目中止或者终止决定。

第二十一条 自然科学基金资助项目所取得的成果(包括论文、论著、成果报告等),须标注天津市自然科学基金资助。

第二十二条 自然科学基金项目完成后,须由项目负责人通过项目主管部门在规定时间内向市科委提出结题申请。

第二十三条 由于客观原因或特殊情况不能按期结题的,项目负责人应当于项目研究期限届满之日起三十日内提出延期申请,经项目主管部门审核后报市科委。项目最多可以延期一次,时间不超过一年。超过规定期限无故不提交结题报告的,应终止该项目的实施并将该项目负责人纳入诚信记录。

第五章 监督与管理

第二十四条 自然科学基金资助项目经费的管理和使用应接受财政、审计和科技行政等有关部门的检查与监督。项目负责人和依托单位必须积极配合并提供有关资料。

第二十五条 在自然科学基金项目评审工作中,工作人员、评审专家是申请人的近亲属、参与人的近亲属,或者与申请人、参与人有其他关系可能影响公正评审的,应当回避。

第二十六条 市科委、项目管理服务机构的工作人员和评审专家应当遵守项目评审有关规定。

第二十七条 市科委应当对评审专家的评审工作情况、依托单位履行职责的情况、项目负责人的项目实施情况进行记录,建立评审专家、依托单位和项目负责人的信用档案。对违反诚信、有科研不端行为或不认真履行约定的,市科委视情况按有关规定处理。

第六章 附则

第二十八条 本办法由市科委负责解释。

第二十九条 本办法自发布之日起施行,有效期5年。原《天津市自然科学基金和青年科学基金管理办法》(津科基〔2011〕043号)同时废止。

天津市科委关于印发
《天津市杰出青年科学基金项目管理办法》的通知

(津科基〔2016〕150号)

各有关单位：

现将《天津市杰出青年科学基金项目管理办法》印发给你们，请认真遵照执行。

天津市科学技术委员会

2016年12月7日

天津市杰出青年科学基金项目管理办法

第一章 总则

第一条 为规范和加强天津市自然科学基金项目的管理，促进杰出青年科技人才的成长，加速培养造就一批进入科技前沿的优秀青年科学家，依照《中共天津市委 天津市人民政府关于贯彻落实〈国家创新驱动发展战略纲要〉的实施意见》（津党发〔2016〕19号）和《天津市自然科学基金管理办法》（津科基〔2016〕139号）的相关规定，设立天津市杰出青年科学基金项目（以下简称市杰出青年基金项目），制定本管理办法。

第二条 市杰出青年基金项目是天津市自然科学基金的组成部分，由天津市科学技术委员会（以下简称市科委）负责管理与实施。

第三条 市杰出青年基金项目支持在基础研究方面已取得突出成绩的本市青年学者自主选择研究方向开展创新研究，促进青年科学技术人才的成长，吸引国内外优秀青年人才到本市工作，培养造就一批进入国内外科技前沿的优秀学术带头人。

第四条 市杰出青年基金项目研究期限为四年，资助经费一般为100万元/人，原则上每年遴选资助30人。

第五条 市科委在市杰出青年基金项目管理过程中履行下列职责：制定并发布年度项目指南，批准项目资助；委托项目管理服务机构受理项目申请、组织专家进行评审、管理和监督资助项目实施。

第二章 申请

第六条 市杰出青年基金项目每年受理一次，由市科委制定发布年度项目指南。

第七条 申请人应符合《天津市自然科学基金管理办法》的要求并具备以下条件：

（一）具有良好的学术道德；

（二）申请当年1月1日未满四十周岁；

（三）具有高级专业技术职务（职称）或者具有博士学位；

（四）具有主持国家级基础研究项目或者在国外研究机构专职从事基础研究的工作经历；

（五）申请人须为正式受聘于天津市辖区内高校、科研院所及企业的在编且在岗科学技术人员，且在项目执行期间每年在依托单位工作时间应不少于9个月；

（六）国家杰出青年科学基金获得者，国家高层次人才特殊支持计划（不包括青年拔尖人才）入选者不在申请范围之内。

第八条 申请人应当是申请市杰出青年基金项目的实际负责人。

第九条 申请人应当根据年度申请通告和项目指南规定要求撰写申请书，并在规定期限内通过项目依托单位提出申请。申请人应当对所提交的申请材料的真实性负责。主管部门应当组织学术委员会或专家组对申请人提出推荐意见并对申请材料的真实性和完整性进行严格审核。

第三章 评审与立项

第十条 项目管理服务机构负责组织专家对受理的项目申请进行评审。评审过程一般包括：初审、市外同行专家通讯评审、邀请专家评审组会议评审。

第十一条 初审时，对于符合年度项目指南规定的项目申请，予以受理；对于不符合规定的，不予受理并通知相关申请人。

第十二条 对于初审合格的项目申请，项目管理服务机构组织同行专家对项目申请进行通讯评审。

第十三条 同行专家的评审应当重点考虑以下几个方面：

（一）申请人已取得的学术成绩以及研究成果的创新性和科学价值；

（二）在国内外同行中的影响；

（三）拟开展的研究工作的创新性构思、研究方向、研究内容和研究方案等。

第十四条 根据同行专家评审意见，择优选择项目申请，组织专家评审组进行答辩会议评审。

第十五条 评审组专家以投票方式推荐资助项目，推荐时应当重点考虑以下几个方面：

（一）申请人的创新能力与发展潜力；

（二）申请人的创新条件以及依托单位对申请人的支持条件；

（三）对本学科领域或者相关学科领域发展的推动作用。

第十六条 市科委根据评审组专家的推荐结果提出资助项目建议，对拟资助项目在市科委网站上进行公示。

第十七条 市科委对公示通过的项目予以资助并会同相关部门下达项目计划。

第四章 实施与管理

第十八条 批准资助的项目负责人和项目依托单位应当按照要求填写项目任务合同书，并报市科委核准。

第十九条 市科委核准后的资助项目任务合同书作为项目实施、经费拨付、检查和结题的依据。

第二十条 项目负责人应当对资助项目研究计划的实施负责，项目依托单位应当积极履行法人责任，对项目实施工作进行指导、监督。资助项目执行期间，项目负责人应当按照项目任务合同书开展研究工作，做好项目实施情况的原始记录，填写项目年度进展报告。项目依托单位应当审核项目年度进展报告并在规定时间内报送。

第二十一条 项目管理服务机构应当审查报送的项目年度进展报告。对未按时报送的，责令其在十日内报送，并视情节按有关规定处理。

第二十二条 市杰出青年基金项目负责人不得变更。项目负责人有下列情形之一的,项目依托单位应当及时提出终止项目实施的申请,经主管部门审核后报市科委批准;市科委也可以直接做出终止项目实施的决定:

(一)不再是依托单位科学技术人员的;

(二)不能继续开展研究工作的;

(三)有剽窃他人科学研究成果或者在科学研究中有弄虚作假等行为的。

项目负责人调入本市另一单位工作的,经所在单位和原项目依托单位协商一致并符合有关管理规定的,由所在单位和原单位共同提出变更项目依托单位的申请,报市科委批准。协商不一致或不符合有关管理规定的,市科委做出终止该项目实施的决定。

第二十三条 由于客观原因或特殊情况不能按期结题的,项目负责人应提出延期申请,经主管部门审核后报市科委批准。资助项目最多可以延期一次,时间不超过一年。

第二十四条 自资助项目结题前三个月内,项目负责人应当对资助期内研究工作全面总结,撰写结题报告、编制项目资助经费决算。资助项目取得研究成果的,项目负责人应当同时提交研究成果报告。项目负责人应当对结题材料的真实性负责。

项目依托单位应当对结题材料的真实性和完整性进行审核,统一报送项目管理服务机构。

第二十五条 项目管理服务机构收到结题材料后,应当组织专家对项目完成情况进行评审验收。

评审专家应当从以下方面审查项目的完成情况,并提供评价意见:

(一)项目计划执行情况;

(二)研究成果情况;

(三)人才培养情况;

(四)国内外合作与交流情况;

(五)承担国家基础研究项目情况;

(六)资助经费的使用情况。

第二十六条 项目管理服务机构根据结题材料和评审专家的意见,对通过验收的项目做出予以结题的决定并书面通知项目依托单位和项目负责人。

第二十七条 发表、介绍市杰出青年基金资助项目取得的论文、专著、专利、转化项目以及奖励等成果,必须按要求进行标注。

第二十八条 市杰出青年基金项目研究形成的知识产权的归属、使用和转移,按照国家有关法律、法规执行。

第五章 附则

第二十九条 本管理办法自发布之日起施行,有效期5年。

第三十条 本管理办法由市科委负责解释。

天津市科委 市财政局
关于印发《天津市大型科学仪器开放共享实施细则》的通知

(津科财〔2016〕154号)

各有关单位：

为贯彻落实全国科技创新大会精神，市委十届九次会议精神，根据《国务院关于国家重大科研基础设施和大型科研仪器向社会开放的意见》（国发〔2014〕70号）的要求，紧密围绕市委市政府关于贯彻落实《国家创新驱动发展战略纲要》的实施意见，推动我市科技资源共享和优化配置，加强科技供给，增强科技企业科技创新能力，建立目标导向、绩效管理、开放共享的新型大型科学仪器运行机制，特制定《天津市大型科学仪器开放共享实施细则》，现印发给你们，请遵照执行。

天津市科学技术委员会 天津市财政局
2016年12月8日

天津市大型科学仪器开放共享实施细则

第一章 总则

第一条 为深入贯彻落实全国科技创新大会精神，市委十届九次会议精神，根据《国务院关于国家重大科研基础设施和大型科研仪器向社会开放的意见》（国发〔2014〕70号）的要求，紧密围绕市委市政府关于贯彻落实《国家创新驱动发展战略纲要》的实施意见，加强科技供给，增强科技企业科技创新能力，建立目标导向、绩效管理、开放共享的新型大型科学仪器运行机制，特制定本细则。

第二条 本细则所称大型科学仪器是指在科学研究、技术研发及其他科技活动中使用的，购置时一般市场价格为50万元及以上的单台或成套科学仪器资源（含配套附件或软件），并符合《科学仪器分类标准编码》中的名称类型，包括分析仪器、物理性能测试仪器、计量仪器、电子测量仪器、海洋仪器、地球探测仪器、大气探测仪器、天文仪器、医学科研仪器、核仪器、特种检测仪器、工艺试验仪器、大型计算机及配套设备、激光器、其他仪器等十五大类。

第三条 本市科研设施和大型科学仪器开放共享工作的载体为天津市大型科学仪器开放共享平台（以下简称共享平台）。科研设施与大型科学仪器的拥有单位称为管理单位，管理单位中由各级财政资助购置的大型科学仪器应纳入开放共享平台，根据实际情况面向社会提供共享服务，并接受平台的认定管理。

本细则涉及的管理单位包括：坐落在我市的中央和地方科研院所、高等院校、市级及以上重点实验室、工程技术中心、生产力促进中心、专业研发平台（孵化器）等。

第二章 认定

第四条 工作机构。市科委大型精密仪器管理办公室（以下简称大型仪器办公室）负责开放共享平台运行管理工作，主要包括：负责管理单位及大型科学仪器机组的认定、平台运行组织管理、平台信息发布、宣传推广等。

第五条 管理单位认定条件

（一）管理单位纳入开放共享平台的大型科学仪器主动接受平台统一组织和管理，面向社会开放并提供相应服务。

（二）需制定有本单位大型科学仪器开放共享管理制度，包括信息报送、内容审核与发布、在线服务、统计与上报、资金使用等管理措施，明确科研仪器设施与仪器开放共享的管理要求。

（三）需配备有专职人员在网上发布大型科学仪器技术和工作信息，提供在线咨询服务、受理服务申请、记录运行和服务过程、对用户评价提供反馈，并按要求报送统计报表、提供服务成效报告。

（四）能够积极参与共享平台建设，对共享平台的政策制定、管理方式、运行模式等及时沟通反馈，提出建议和意见。

第六条 共享大型科学仪器认定条件

（一）单台套仪器设备购置时一般市场价格为50万元及以上，仪器资产属于本管理单位，仪器档案完备，技术资料、使用记录完整。具有特殊用途或本市区域内相对稀缺的原值不足50万元的仪器，经审核论证，可给予其被认定资格。

（二）能够提供足够的对外服务机时，提供大型科学仪器的测试、分析、研发等服务，满足用户需求。

（三）仪器运行正常，故障率不高于5%，能够定期进行计量检定或校准，所提供数据准确可靠。

（四）有稳定的专业技术人员队伍，操作、管理人员应具有中级以上职称和三年以上的工作经验。

第七条 认定程序

（一）申报。管理单位在开放共享平台进行注册，填报大型科学仪器详细信息及对外服务信息，并向大型仪器办公室提交相关资质材料。

（二）认定。大型仪器办公室组织专家对申报材料进行审核，对符合条件的管理单位和大型科学仪器给予认定。

（三）大型仪器办公室与管理单位签订服务协议书，汇集管理大型科学仪器相关信息，纳入开放共享平台。

第三章 补贴

第八条 经过认定的管理单位，可享受我市大型科学仪器开放共享财政资金补贴。

第九条 享受补贴的服务范围：管理单位通过使用本单位经认定的大型科学仪器，面向本市科技型中小企业，为企业在技术研发、技术创新、产品开发、质量控制、标准制定等科技研发活动中提供并完成的科学试验、分析测试、检验检测等服务。

第十条 补贴额度

依据管理单位对外服务凭证以及大型科学仪器在服务中所占工作量的相关证明，经审核确认补贴额度，按年度给予每个服务机构不超过服务费用40%、最高50万元的市级财政资金补贴。

属国家或地方强制性检测、计量、检定、校准、评估、评价等产生的费用不在补贴范围内。

第十一条 申请补贴的服务机构需提交的相关材料

（一）共享服务补贴申请书；

（二）服务合同，包括技术服务合同、研发合同、科研项目书、检测服务合同等；

（三）服务发票复印件；

（四）相关试验样品接收单、原始记录（备查）及实验报告；

（五）其他说明材料（单位根据实际情况自行提供）。

第十二条 审核确定。大型仪器办公室对服务机构提交的申请材料进行形式审查；市科委委托第三方机构，组织专家对申请材料进行审查核实和确认，并将结果进行公示；公示期满，如无异议，由市科委、市财政局联合下达补贴指标，办理补贴拨付手续。

第十三条 补贴资金使用与管理。大型科学仪器开放共享财政资金补贴，属于后补助性质，由被补助单位负责使用和管理。补贴资金原则上用于管理单位共享大型仪器协作共用、维修保养的相关费用，以及仪器操作、管理等相关人员的绩效奖励。管理单位要制定内部管理制度，将机组对外服务纳入绩效考核，调动机组人员积极性。

第十四条 鼓励有条件和政策基础的区、功能区积极开展本区域内大型科学仪器开放共享工作。逐步建立面向资源管理单位和科技型中小企业的双向激励机制，引导并促进企业在技术研发、技术创新、产品开发、质量控制、标准制定、人才培养等科技活动中使用共享大型科学仪器。

第四章 评价考核

第十五条 建立大型仪器开放共享评价考核管理机制，对共享平台认定的管理单位进行考核监督管理。市科委大型仪器办公室负责制定评价考核管理制度，制定考核标准并组织实施。根据考核结果，由市科委会同有关部门按规定对管理单位实行相应奖惩措施。

第十六条 主要考核指标。包括两类：

（一）服务类指标：管理单位大型科学仪器对外服务机时；服务企业数量；承担企业委托的技术研发合同数量、金额；承担各级（国家级、市级）服务类专项项目；在考核期间发生的与大型科学仪器开放共享相关的专利申请、标准制定、项目合作、论文论著、技术成果、人才培养等。

（二）管理类指标：大型仪器设备开放共享相关管理制度的制定和执行；技术条件保障及管理人员、专业人员队伍建设情况；完成国家网络管理平台和本市开放共享平台布置的各项工作；大型科学仪器的信息报送、信息更新与完善；网上在线服务统计指标；定期总结服务成效、服务方法完善与创新、提供典型案例；宣传推广开放共享平台、对平台的发展献计献策；参加共享平台各类活动等。

第十七条 评价考核采用年度考核方法，按照考核标准对仪器管理单位的各项工作进行量化考评，具体考核方法，另行制定。

第五章 附则

第十八条 为支持天津国家自主创新示范区（简称自创区）、中国（天津）自由贸易试验区（简称自贸区）发展，在双区内注册并拥有50万元以上大型科学仪器的企业或机构，可以申请加入开放共享平台，接受平台的认定管理，同时其符合条件的大型科学仪器对外服务，享受本细则规定的共享服务补贴及评估奖励政策。

第十九条 经认定的管理单位,面向本市自创区、自贸区内注册企业或机构提供的大型科学仪器共享服务,纳入共享服务补贴范围。

第二十条 对弄虚作假、骗取补贴及违反国家法律和财经纪律的管理单位,将追回财政补贴资金,并视情节轻重,追究其法律责任。

第二十一条 本细则由市科委、市财政局负责解释。

第二十二条 本细则自颁布之日起执行,有效期至 2020 年 12 月 31 日止。

天津市科委　市财政局
关于印发《天津市科技金融对接服务平台认定及考核补贴办法》的通知

(津科金〔2016〕151号)

各有关单位：

为全面贯彻落实市委、市政府部署，进一步推进科技型企业融资服务体系建设，按照《中共天津市委　天津市人民政府关于贯彻落实〈国家创新驱动发展战略纲要〉的实施意见》(津党发〔2016〕19号)等文件精神，市科委、市财政局制定了《天津市科技金融对接服务平台认定及考核补贴办法》，现印发给你们，请遵照执行。

天津市科学技术委员会　天津市财政局

2016年12月9日

天津市科技金融对接服务平台认定及考核补贴办法

第一章　总则

第一条　为贯彻落实《中共天津市委　天津市人民政府关于贯彻落实〈国家创新驱动发展战略纲要〉的实施意见》(津党发〔2016〕19号)等文件要求，进一步健全科技金融对接服务体系，特制定本办法。

第二条　本办法所指科技金融对接服务平台（以下简称对接平台）是指具备一定场地、设施、专业服务人员等基础条件和服务能力，以开展科技金融对接活动为核心业务的服务载体。对接平台包括市级平台、区级（功能区）平台、专业平台三类。

第三条　市科委负责平台的认定、考核及补贴资金的核定；市财政负责补贴资金的拨付。

第二章　平台认定

第四条　区级（功能区）对接平台是区域科技金融对接服务工作的组织、管理主体，主要功能包括：

1. 组织开展本区域科技金融对接、培训等服务工作；
2. 负责本区域企业融资需求调研、分析及信息发布；
3. 与市级对接平台相关工作进行衔接。

第五条　各区级（功能区）对接平台应具备的基本条件：

具有在本市注册的独立法人资格；专职工作人员不少于5名；用于现场对接、辅导咨询的固定场所不少于300平方米；有良好的网络和办公环境等基础设施；有获取企业需求或金融服务机构资源的稳定渠道；有稳定的工作经费保障；有健全的组织管理制度、服务流程、运行机制等。

第六条　市级、专业对接平台主要功能包括：

（一）负责组织开展本行业、本领域或特色化的科技金融对接、培训等服务工作；

（二）负责本行业、本领域企业融资需求调研、分析及信息发布；

（三）与区级（功能区）对接平台衔接，重点解决各区科技金融对接服务中的专业难题，提供个性化的定制服务。

第七条 市级、专业对接平台应具备的基本条件：

市级、专业对接平台在满足本办法第五条所述条件基础上，还应当具有专业化服务团队；在本领域中处于领先地位；具有相关服务资质。

第八条 对接平台认定采取网上集中申报、集中受理的方式。区级（功能区）对接平台由本区域科技主管部门统一提交申请材料；市级、专业对接平台由依托单位提交申请材料。

第九条 认定程序

通过科服网开展认定工作，凡符合本办法规定基本条件的对接平台均可参加认定。认定程序如下：

（一）申请。在科服网注册，登录"科服网对接平台"，填写相关信息，并提交申请材料。

（二）认定。市科委对申报材料进行审核，结合实地考察，经专家评审后，对符合条件的对接平台给予认定。

第十条 认定需要提交的材料

（一）区级（功能区）平台：认定申请表、机构法人证书或营业执照证书、服务场所租赁合同或产权证、管理制度等。

（二）市级、专业对接平台：认定申请表、机构法人证书或营业执照证书、服务场所租赁合同或产权证、专业化服务内容及成果介绍、管理制度等。

第三章 平台考核与补贴

第十一条 市科委委托第三方中介机构对市级、区级（功能区）对接平台、专业对接平台每年进行考核。考核采取现场考评方式，结合被考核主体上报的相关材料，由考核专家进行综合评议。

第十二条 区级（功能区）对接平台的考核内容主要包括：

（一）党委、政府重视程度：党委、政府召开科技金融对接会议和听取汇报情况，促进科技金融对接政策的制定与落实情况，实施科技金融目标责任制情况等。

（二）平台建设：机构设置情况、机构建设情况、经费投入情况等。

（三）工作推动：科技金融对接活动组织情况、培训辅导活动情况、组织企业发布融资需求数量、融资达成情况、推荐金融和服务机构加盟的数量等。

（四）工作创新：适合科技型企业的新型融资模式应用情况，对规模以下企业的服务模式创新情况，以及其他管理机制与工作思路的创新。

第十三条 市级、专业对接平台的考核内容主要包括：

科技金融对接活动组织情况、对接成功的融资金额和企业数量、开展科技金融创新服务情况、服务科技型企业情况、服务区级（功能区）对接平台情况等。

第十四条 市科委依据本通知要求修订《天津市科技金融对接服务平台评价指标体系》（津科金〔2014〕75号），并按照修订后的评价指标体系组织开展考核。

第十五条 考核结果分为优秀、良好、及格和不及格。市科委、市财政局对考核优秀的给予

100万元资金补贴，对考核良好的给予50万元资金补贴，累计补贴额一般不高于100万元。已给予100万元补贴支持的平台，累计3次（含3次）或3次以上考核优秀的可再给予50万元奖励。补贴资金可用于对接平台的设备购置、运行经费等。

第十六条 对弄虚作假的申报单位，已获得财政补贴的，一经查实，追回财政补贴资金，并视情节轻重，追究其法律责任。

第四章 附则

第十七条 本办法由市科委、市财政局按职责分工负责解释。

第十八条 本办法自发布之日起施行，有效期至2020年12月31日。

天津市科委 市财政局关于修订《科技型企业股份制改造补贴资金管理办法》的通知

(津科金〔2016〕152号)

各有关单位:

为全面贯彻落实市委十届九次全会部署,进一步推动我市科技型企业利用资本市场融资发展,加快股份制改造和上市挂牌步伐,按照《中共天津市委 天津市人民政府关于贯彻落实〈国家创新驱动发展战略纲要〉的实施意见》(津党发〔2016〕19号)等文件要求,市科委、市财政局对《科技型中小企业股份制改造补贴资金管理办法》(津科金〔2014〕107号)进行了修订。现将修订后的《科技型企业股份制改造补贴资金管理办法》印发给你们,请遵照执行。

天津市科学技术委员会 天津市财政局
2016年12月9日

科技型企业股份制改造补贴资金管理办法

第一章 总则

第一条 为贯彻落实《中共天津市委 天津市人民政府关于贯彻落实〈国家创新驱动发展战略纲要〉的实施意见》(津党发〔2016〕19号)等文件要求,促进我市科技型企业进一步规范化、规模化发展,为进入公开资本市场打好基础,特制定本办法。

第二条 市科技型企业股份制改造补贴资金,专项用于支持我市科技型企业股份制改造工作。

第三条 市科委负责科技型企业股份制改造工作部署,组织各区科委、科技金融对接服务平台,积极开展科技型企业股份制改造工作。市财政局负责科技型企业股份制改造补贴资金的拨付工作。

第四条 区科技主管部门和全市科技金融对接服务平台负责组织政府有关部门及服务机构,对开展股份制改造的科技型企业进行辅导、培训,帮助解决相关问题,解答业务咨询,确定股份制改造计划。重点培训股份制改造的相关政策、业务操作流程、服务机构的选择、融资、法律与财务知识等。

第五条 本办法所称服务机构,是指在股份制改造过程中为企业提供法律、财务等咨询服务的股权投资机构、证券公司、律师事务所、会计师事务所、资产评估公司等。

第二章 申请流程

第六条 科技型企业在进行股份制改造前,须经区科委登记后向市科委委托的受理机构备案,备案文件作为资金补贴发放的基础依据。企业进行股份制改造完成时间,须经市科委复核。

第七条 科技型企业应按照股份制改造相关流程,在服务机构的辅导和服务支持下,完成股份制改造相关工作。并在所在区域的工商管理部门，办理工商注册变更手续，为企业进入上市辅导期创造条件。

第八条 科技型企业股份制改造完成后，其在股份制改造过程中所发生的资产评估费、法律顾问费、财务顾问费等部分相关费用，可以申请股份制改造补贴资金。

第九条 申请股份制改造补贴资金的企业应提交下列材料：

（一）科技型企业股份制改造费用补贴申请表（原件）；

（二）天津市科技型企业认定证书（复印件）；

（三）企业名称核准变更通知书、股份公司营业执照以及法定代表人身份证（复印件）；

（四）与服务机构签订的合作协议及付款凭证（复印件）；

（五）服务机构出具的尽职调查报告、审计报告、评估报告、法律意见书等工作文件（复印件）；

（六）股份公司章程（复印件）；

（七）企业基本情况介绍（复印件）。

所有复印件材料应加盖公章，并提供原件以备查验。

第十条 市科委组织专家对科技型企业提交的申请材料进行审核，并将通过审核的企业情况在市科委网站上进行公示。

第三章 补贴标准、申请和拨付

第十一条 科技型企业股份制改造补贴资金采取后补助方式，补贴内容包括企业股份制改造过程中发生的资产评估费、法律顾问费、财务顾问费等相关费用。对完成股份制改造的科技型企业，经公示无异议后，市科委向市财政局提供符合补贴条件的企业名单和补贴金额，市财政给予最高不超过30万元的补贴。

第十二条 区财政按市财政补贴额给予1：1比例配套补贴。

第十三条 科技型企业在完成股份制改造的30个工作日内，向受理机构提交申请补贴的材料。

第十四条 受理机构对企业申报的材料进行初审，于每季度初10个工作日内将上季度初审结果报送市科委。

第十五条 市科委对受理机构报送的材料组织专家进行评审，会同市财政局下达补贴资金计划，市财政局根据补贴资金计划通过区财政转移支付方式拨付补贴资金。

第四章 监督管理

第十六条 申请股份制改造补贴资金的科技型企业，应如实填报申请材料。对弄虚作假的，立即取消申请资格；对已发放补贴的，追回已发放补贴资金，并取消企业在今后三年内申请各项财政补贴资金的资格。对于情节严重的，追究法律责任。

第五章 附则

第十七条 本办法适用于注册地在滨海新区以外的科技型企业，注册地在滨海新区按照《滨海新区支持企业上市专项资金管理暂行办法》（津滨金〔2016〕5号）执行。

第十八条 本办法由市科委、市财政局按职责分工负责解释。

第十九条 本办法自发布之日起施行，有效期至2020年12月31日。原《科技型企业股份制改造补贴资金管理办法》（津科金〔2014〕107号）同时废止。

天津市科委　市财政局
关于印发《天津市创新创业大赛打包贷款补贴实施细则》的通知

(津科金〔2016〕153号)

各有关单位：

为促进我市科技型企业创新发展，在创新创业大赛获奖的基础上，对科技型企业贷款提供补贴支持，现将《天津市创新创业大赛打包贷款补贴实施细则》印发给你们，望遵照执行。

天津市科学技术委员会　天津市财政局
2016年12月9日

天津市创新创业大赛打包贷款补贴实施细则

第一章　总则

第一条　为促进我市科技型企业创新发展，支持科技型企业贷款，按照《中共天津市委　天津市人民政府关于贯彻落实〈国家创新驱动发展战略纲要〉的实施意见》(津党发〔2016〕19号)等文件精神，特制定本办法。

第二条　市科委负责打包贷款补贴政策的解读，向合作银行打包推荐符合条件的企业，组织企业进行申报、受理并审核打包贷款补贴申请资料等工作。市财政局负责打包贷款补贴资金的拨付工作。

第二章　支持范围及方式

第三条　支持范围是天津市创新创业大赛获奖的科技型企业自获奖时间起一年内取得的信用贷款。

第四条　本办法所称贷款为1年期及以上，金额不低于40万元，无抵押、无担保的信用贷款（含知识产权质押贷款）。

第五条　对纳入打包贷款补贴范围的企业，取得贷款后应及时按规定向市科委提交申请材料，经审核、公示后，市科委给予每家5万元的补贴资金。

第三章　申请流程

第六条　市科委发布受理通知，企业需在规定时间内提交申请资料。

第七条　申请打包贷款补贴的企业应向市科委提交以下资料：

（一）加盖区科技部门公章的申请表；

（二）企业与银行签订的贷款合同及放款凭证复印件；

（三）贷款合同中无法证明为信用贷款的，需提交银行出具的相关证明。

第四章　审核和拨付

第八条　市科委受理申报材料，组织审核，向贷款银行核实贷款发放的真实性，确定符合条件的贷款补贴名单并核定补贴额度。经公示无异议后，与市财政局联合下发补贴通知。

第九条　市财政局办理资金拨付事宜。

第五章　监督和管理

第十条　申请打包贷款补贴应如实填写申请表并提供相关资料。纳入打包贷款补贴范围的企业需按照贷款合同约定按期偿还本金及利息。如企业弄虚作假，一经查实，立即取消补贴申请资格。

第六章　附则

第十一条　本办法由市科委、市财政局负责解释。

第十二条　本办法自发布之日起施行，有效期至 2020 年 12 月 31 日。

天津市科委关于印发《天津市科技计划管理办法》的通知

(津科计〔2017〕27号)

各有关单位:

为进一步加强天津市科技计划管理,市科委对《天津市科技计划与项目管理暂行办法》(津科综〔2006〕298号)进行了修订和完善。现将修订后的《天津市科技计划管理办法》印发给你们,请认真遵照执行。

2017年3月13日

天津市科技计划管理办法

第一章 总则

第一条 为加快建立以目标和绩效为导向、符合科技创新规律的科技计划管理体制,形成职责规范、科学高效、公开透明的组织管理机制,规范科技计划管理,充分发挥科技计划在提升我市综合竞争力中的支撑作用,根据《国务院关于改进加强中央财政科研项目和资金管理的若干意见》(国发〔2014〕11号)和《国务院印发关于深化中央财政科技计划(专项、基金等)管理改革方案的通知》(国发〔2014〕64号)精神,依据《天津市科学技术进步促进条例》(天津市人民代表大会常务委员会公告第35号),制定本办法。

第二条 天津市科技计划是天津市政府支持科技创新活动的重要方式,由天津市科学技术委员会(以下简称市科委)根据市科技创新发展规划和战略部署,由市财政资金给予支持,通过项目或投融资等形式资助各类主体从事科学技术研究开发及创新相关活动。

天津市科技计划项目是指在天津市科技计划中安排,由单位承担并在一定时间周期内进行的科学技术研究开发及相关活动,以及旨在促进科技进步和创新发展的相关事项。财政支持方式主要包括:前补助、后补助、补贴、奖励等。

投融资是指政府引导出资,通过市场化运作,聚集社会资本为科技企业提供投融资服务。财政支持方式主要包括:参股子基金、参股再担保机构、担保机构及担保风险补偿,以及其他投融资支持方式。

第三条 天津市科技计划管理遵循以下基本原则:

(一)简政放权。突出政府在计划设立与布局、监督与评估,以及资金监管中的重要作用,逐步退出对具体项目的直接管理,充分发挥专家和项目管理服务机构在科技计划具体管理中的作用。

(二)深度融合。科技计划要围绕产业链部署创新链,围绕创新链完善资金链、政策链,加强科技与经济融合。更多运用基金、股权投资等金融工具,加速科技与金融融合。

(三)战略聚焦。重点支持市场不能有效配置资源的基础前沿、社会公益、重大共性关键技术研究等公共科技活动。根据科技创新发展重大战略需求,形成集中力量办大事的新机制。

（四）市场主导。充分发挥市场配置技术创新资源的决定性作用和企业技术创新主体作用，突出成果导向。

（五）动态调整。建立科技计划体系动态调整机制，适应经济社会与科技发展的规律与需求。

第四条 本办法适用于由天津市科委组织实施、管理的科技计划及具体项目（不包括保密项目）。

第二章 科技计划的设立与调整

第五条 市科委根据国家和天津市科技发展战略、科技创新发展规划，结合国民经济和社会发展对科技的需求，设立科技计划。

第六条 天津市科技计划体系的构成与调整由市科委党委会审议决定。

第七条 天津市科技计划体系在保持相对连贯性与稳定性的基础上实施动态调整，科技计划体系的调整意见应根据监督与评估的结果提出。监督与评估的内容主要是科技计划及资源配置的科学性、规范性，重点突出科技计划的实施绩效。

第八条 各类科技计划可根据不同特点，参照本办法制定符合管理需要的实施细则。各类投融资工作应单独制定管理办法。

第三章 科技计划项目的管理与各方职责

第九条 天津市科技计划主要通过项目形式实施。项目管理应明确决策、执行、监督、评估、咨询等各类主体的权利与责任；依托科技计划管理信息平台，推进项目管理全过程的公开、公正、公平；加强监督与评估，不断提高管理效率和财政资金使用效益。

第十条 市科委是天津市科技计划项目的主管部门，主要职责包括：

（一）编制年度科技计划及项目经费预算，发布项目指南并组织申报；

（二）按照《天津市人民政府办公厅转发市财政局关于政府向社会力量购买服务管理办法的通知》（津政办发〔2014〕19号）要求，通过政府采购向项目管理服务机构购买服务，完成科技计划项目的受理、评审、过程管理、验收、监督与评估等具体管理工作，并对项目管理服务机构的工作进行监督与评估；

（三）安排科技计划项目立项、组织科技报告编制以及科技成果管理。

第十一条 项目第一承担单位的上级主管部门或注册地所在区科委（或功能区科技局）是科技计划项目组织单位，主要职责包括：

（一）负责对项目申报、合同签订、实施、调整、验收进行审查；

（二）配合开展相关监督与评估工作。

第十二条 项目第一承担单位是科技计划项目实施的责任主体。项目第一承担单位必须是在天津市注册的独立法人单位，主要职责包括：

（一）负责项目实施的日常管理。指导、督促项目负责人按照要求履行职责。按要求向市科委报送项目执行情况、经费到位及使用情况，编制提交科技报告，并及时报告项目实施中出现的重大事项；

（二）严格管理项目资金使用，开展项目资金使用的内部审计，配合相关部门开展审计工作；

（三）为项目实施提供良好的保障条件，严格履行合同，减少不必要的调整和撤项等情况；

（四）负责建立完备的自查自纠制度，在单位内部公开项目基本信息，严肃处理本单位出现的违规行为；

（五）负责加强知识产权保护，推进知识产权应用，促进技术交易和成果转化；

（六）对于涉及国家科学技术秘密的项目，履行相关保密义务；

（七）按照有关法律法规和相关部门要求，办理实施项目必要的手续并承担项目实施的安全责任；

（八）负责开展科研人员遵规守纪宣传和培训，强化科研人员自律意识和科研诚信。

第十三条 项目负责人的主要职责是：

（一）负责项目申报、实施，按要求完成合同书规定的任务，确保按时结项；

（二）按要求向项目第一承担单位报送项目执行情况、经费到位及使用情况，编制提交科技报告，并及时报告项目实施中出现的重大事项；

（三）负责推进项目产生的科技成果的转化；

（四）弘扬科学精神，恪守科研诚信，强化责任意识，严格遵守科技资金管理的各项规定，自觉接受有关方面的监督。

第十四条 项目管理服务机构是指具有独立法人资格、主要从事科研项目管理工作的企事业单位、社会组织、机构等，是经政府采购程序确定的项目管理相关环节的责任主体，其主要职责包括：

（一）根据政府购买服务的相关要求，按照市财政局有关规定，承担科技计划项目的受理、评审、过程管理、验收、监督评估等具体管理工作；

（二）客观及时地向市科委反映具体管理工作中发现的问题。

第十五条 评审或咨询专家的主要职责包括：

（一）接受市科委委托，对科技计划项目指南编制、调整、监督评估等各环节提出独立、客观、公正的咨询意见和建议；

（二）接受项目管理服务机构委托，对科技计划项目评审、验收、监督评估等各环节提出独立、客观、公正的咨询意见和建议；

（三）尊重项目申报和承担单位的知识产权，依法保守项目的技术和商业秘密。

第四章 科技计划项目管理流程

第十六条 按照财政支持方式，科技计划项目主要包括前补助类项目和后补助、补贴、奖励类项目。

第十七条 前补助类项目管理程序：

（一）征集项目

根据项目实际情况，可采取公开征集、定向委托等方式征集项目。

1. 公开征集

市科委各类计划主管处室负责各类计划项目的指南编制。项目指南发布前要充分征求科研单位、企业、相关委办局、区县、协会、学会等有关方面意见，并建立由各方参与的项目指南论证机制。项目指南发布前需经市科委主任办公会审议。自指南发布日到项目申报受理截止日，原则上不少于30天。

各科技计划项目申报指南应明确以下内容：

（1）支持的领域方向和内容；

（2）项目申报单位、项目负责人的条件，申报需提交的材料，申报的时间、渠道、方式、要求；

（3）不予受理的范围；

（4）受理单位、地址、联系方式；

（5）评审方式；

（6）财政经费支持的额度或范围、支持的方式、拨付的方式。

2.定向委托

按照市委市政府的决策与部署，围绕经济社会发展的重大科技需求，由市科委组织整合具有资质和能力的单位进行项目申报。

（二）项目申报

由申报单位委托项目负责人填写项目申报书，申报单位负责申报，上级主管部门负责审核。

（三）项目受理

项目管理服务机构和市科委项目主管处室负责对申报的项目进行审查和受理。

（四）评审专家产生

市科委依托科技专家库，随机抽取项目评审专家，评审专家的产生及职责履行实行保密制度、回避制度、轮换制度和调整制度。

（五）项目评审

由项目管理服务机构负责项目评审工作。评审方式主要包括网络评审、视频答辩评审和会议答辩评审等。网络评审应在线留痕，视频和会议答辩评审应录音录像。

（六）行政决策

市科委项目主管处室根据专家意见提出立项建议，市科委主任办公会审议立项建议，确定拟立项项目。

（七）项目公示

市科委在"天津科技"政务网上对拟立项项目进行公示，公示内容包括项目名称、承担单位、承担人、支持金额等，公示期为7个工作日。

（八）批复立项

市科委对公示无异议的项目批复立项。

（九）预算审核与修订

市科委根据《天津市财政局天津市科学技术委员会天津市教育委员会关于印发天津市财政科研项目资金管理办法的通知》（津财教〔2016〕71号）要求，对公示无异议的项目资金预算进行审核，申报单位根据审核意见对预算进行修订。

（十）合同签订

市科委项目主管处室代表市科委与项目承担单位签订项目合同任务书。

（十一）经费拨付

市科委会同市财政局联文下达科技计划项目经费。财政经费由市财政局负责拨付。

（十二）过程管理

1.项目监督

项目管理服务机构根据项目所属的类别，分别制定具体管理监督方案，明确管理监督的对象、内容、时间、方式和结果要求等，并协调解决项目实施过程中出现的问题。原则上，市财政支持100万元及以上的项目，项目管理服务机构每年现场监督检查一次；市财政支持100万元以下的项目，每年以不低于10%的比例随机抽取上年立项项目，进行现场监督检查。项目管理服务机构在管理监督工作完成后向市科委提交项目管理监督工作报告。

市科委对过程管理中发现存在问题的项目，责成承担单位限期整改；对于问题严重的项目，终止项目执行。

2. 项目年度自评价

在研项目第一承担单位和项目负责人每年定期按市科委要求，填报"天津市科技计划项目年度执行情况报告"，对项目的实施情况、目标实现情况、成果产出情况、经费支出情况等进行自评价，报告经项目组织单位审核后，报送项目管理服务机构。

市科委将项目自评价完成情况作为项目经费结转的依据。对未按要求进行自评价的项目负责人及项目第一承担单位，纳入失信记录，并采取相应的惩处措施。

3. 项目调整与撤项

项目立项后，应严格按照合同执行。因特殊原因需调整项目合同书相关内容时，项目第一承担单位和项目负责人需向市科委提交书面申请，经市科委审批后方可进行。

项目批复立项后，项目承担单位未实施项目且财政资金未使用的，或项目实施后同意全额退回财政资金的，项目第一承担单位可向市科委提交书面申请，申请项目撤项，经市科委审批后方可进行。

市财政经费支持50万元（含）以上的项目申请调整项目承担单位、项目内容、考核指标，以及申请中止、撤项时，须提请市科委主任办公会审议批准后方可进行。

4. 经费结转

根据项目执行情况，项目主管处提出结转项目及经费额度，市科委会同市财政局办理经费拨付手续。

（十三）项目验收

1. 验收申请

项目第一承担单位在合同到期时，按照相关要求组织验收材料，提交项目管理服务机构，申请验收。

2. 验收组织

项目合同执行期满后，必须进行验收，验收工作须在项目合同执行期满后6个月内完成。原则上，市财政支持10万元（含）以下的项目，由项目管理服务机构组织简化验收，具体验收意见由项目主管处室确定；市财政支持10万元以上的项目，由项目管理服务机构组织专家验收。财务验收按相关办法执行。

无正当理由，项目合同执行期满后1年仍未能验收的，将项目第一承担单位及项目负责人纳入失信记录，并采取相应的惩处措施。

3. 项目评估

拟结项的项目，市财政支持100万元（含）及以上的，必须进行项目事后评估；市财政支持20万元（含）至100万元的，每年以不低于10%的比例随机抽取项目进行事后评估。项目事后评估工作可与项目验收工作相结合。由项目管理服务机构组织专家开展具体工作，主要对项目目标完成情况、产出、效果、影响等进行评估。

（十四）科技报告

项目第一承担单位按照《市科委关于印发天津市科技计划科技报告管理暂行办法的通知》（津

科财〔2015〕63号）的要求，按时、按要求提交科技报告。

第十八条　后补助、补贴、奖励类项目管理程序：依照本办法第十七条所述流程，包括项目"预算审核与修订"前的程序及"经费拨付"程序，不包括"预算审核与修订"及其他后续程序。具体管理流程参照各相关管理办法。

第五章　科技计划管理制度

第十九条　科技计划管理实行信息公开制度。

（一）市科委通过官方网站公开科技计划申报指南，以及受理、评审、立项、验收、监督评估、科技报告等管理信息，接受社会监督。

（二）科技计划项目承担单位对项目立项、主要研究人员、资金使用、大型仪器设备购置以及项目研究成果等情况实行内部公开，接受内部监督。

第二十条　科技计划实行信用管理制度。

加强科技计划相关责任主体科研信用管理，完善守信激励和失信惩戒机制。逐步建立并推行覆盖相关责任主体在指南编制、申报、立项、实施、管理、验收和评审评估全过程的科研信用记录制度，对列入严重失信行为记录的责任主体，阶段性或永久取消其申请科技计划或参与实施与管理的资格。加强科研信用体系与其他社会领域信用体系的衔接，实施联合惩戒机制。

第二十一条　科技计划管理实行回避制度。

（一）在立项、资金分配、项目验收、监督评估、争议处理等环节，市科委以及项目管理服务机构有关人员与项目或争议处理存在利益关系的，当事人有义务主动提出声明，并实行回避。

（二）在进行评审、评估、验收等专家咨询活动中，与咨询对象有利益关系的专家应主动申请回避；项目申请单位认为存在回避事由的，可提出回避申请，经市科委审查后，决定是否回避。

（三）项目管理服务机构与科技计划项目承担单位主体之间存在利益关系的，项目管理服务机构应主动声明并实行回避。

第二十二条　科技计划管理实行监督与评估制度。

明确各类科技计划管理不同环节的实施主体和监督主体，采用内部监督和外部监督相结合的方式，由监督主体对实施主体的履职尽责情况进行监督、评价、问责。科技计划评估包括事前评估、事中评估和事后评估三类，评估实施者根据不同类别制订具体评估方案。市科委根据监督与评估的结果，优化调整科技计划管理，并将结果作为承担单位或负责人后续支持的重要依据。

第六章　附则

第二十三条　科技计划项目的资金管理参照《天津市财政局天津市科学技术委员会天津市教育委员会关于印发天津市财政科研项目资金管理办法的通知》（津财教〔2016〕71号）的有关规定执行。

第二十四条　本办法自发布之日起施行，有效期5年。市科委原制定的有关各类科技计划项目管理办法与本办法要求不一致的，按照本办法执行。

第二十五条　本办法由市科委负责解释。

天津市国家税务局　天津市地方税务局　天津市科学技术委员会
关于企业研究开发费用税前加计扣除项目鉴定有关问题的通知

（津国税发〔2017〕59号）

市国税系统各单位（不发车购税分局、天津税校），各地方税务局，各区科委：

为鼓励企业开展研究开发活动和规范企业研究开发费用加计扣除优惠政策执行，规范税前加计扣除项目鉴定工作，根据《财政部　国家税务总局　科学技术部关于完善研究开发费用税前加计扣除政策的通知》（财税〔2015〕119号，以下简称《通知》）第五条规定，结合本市实际，现就企业研发费用税前加计扣除项目鉴定有关问题通知如下：

一、鉴定范围

企业研究开发费用税前加计扣除项目鉴定范围：税务机关与企业对享受加计扣除优惠存在不同意见的研发项目，不包括企业承担的省部级以上科研项目，以及以前年度已鉴定的跨年度研发项目。

二、鉴定管辖

研究开发费用税前加计扣除项目鉴定工作按属地管理原则实施，各区国、地税局转请同一行政区（功能区）科技部门对异议项目实施鉴定工作。市国税、地税局直属局和稽查局转请企业实际经营地行政区（功能区）科技部门对异议项目实施鉴定工作。

三、鉴定内容

（一）享受加计扣除优惠研发项目是否属于《通知》规定的研究开发活动；

（二）享受加计扣除优惠研发项目的研发费用是否属于《通知》规定的归集范围；

（三）享受加计扣除优惠研发项目的人、财、物投入是否合理。

四、鉴定发起

税务机关对企业享受加计扣除优惠的研发项目有异议的，可以转请同级科技部门进行鉴定，同时附送以下资料。

（一）《天津市企业研究开发费用税前加计扣除申报项目鉴定申请表》（附件1）；

（二）企业自主、委托、合作研究开发项目计划书和企业有权部门关于自主、委托、合作研究开发项目立项的决议文件；

（三）企业自主、委托、合作研究开发专门机构或项目组的编制情况和研发人员名单；

（四）企业《研发支出辅助账汇总表》。

五、鉴定组织

科技部门依据税务机关《天津市企业研究开发费用税前加计扣除申报项目鉴定申请表》和有关附件材料，按照财税〔2015〕119号文件要求，组织专家组进行鉴定，并有权要求企业补充完善有关资料。税务机关可以派员参与，就有关疑问向专家质询。

鉴定专家组一般由3至5名技术专家、至少一名财务专家组成。鉴定专家一般从市级专家库中随机抽取，应具备高级职称，具有较高的专业知识水平和实践经验，熟悉鉴定项目的内容以及相关领域的发展状况，并应恪守职业道德，坚持独立、客观、公正、科学的原则。

申请鉴定项目的知识产权应在鉴定中受到保护，参与鉴定人员应按照国家有关保护知识产权的规定和办法执行。

区政府做好对鉴定工作的领导及经费落实，鉴定费用由科技部门通过专项经费列支。

六、出具鉴定意见

科技部门根据专家组鉴定结果，自税务机关提交鉴定资料起30日内出具一式两份的《天津市企业研究开发费用税前加计扣除项目鉴定意见书》（附件2），一份由科技主管部门留存，一份由税务机关留存。鉴定意见作为企业享受加计扣除优惠的参考依据。

七、鉴定意见的复核

主管税务机关对科技部门出具的鉴定意见存在异议的，由市国税局、市地税局会同市科委研究，市科委可组织专家对鉴定意见进行复核，复核意见经三部门议定后执行。

八、执行时间

本通知适用于2016年度及以后年度企业所得税汇算清缴，《天津市科学技术委员会天津市国家税务局天津市地方税务局关于印发〈天津市企业研究开发费用加计扣除项目鉴定办法（试行）〉的通知》（津科政〔2009〕48号）同时废止。

天津市国家税务局
天津市地方税务局
天津市科学技术委员会
2017年6月8日

附件：
1. 天津市企业研究开发费用税前加计扣除申报项目鉴定申请表（略）
2. 天津市企业研究开发费用税前加计扣除项目鉴定意见书（略）

天津市科委 市财政局关于《科技型企业股份制改造补贴资金管理办法》的补充通知

(津科金〔2017〕116号)

各有关单位：

为深入贯彻落实天津市第十一次党代会精神，进一步发挥好财政资金的引导作用，支持以上市挂牌为目标的科技型企业完成股份制改造、利用资本市场融资发展，现将《市科委 市财政局关于修订科技型企业股份制改造补贴资金管理办法的通知》(津科金〔2016〕152号)(以下简称《管理办法》)中部分条款补充通知如下：

一、对《管理办法》第四条补充如下

各区科技主管部门要切实履行职责，做好如下服务：

(一)应通过资料审查、实地走访、座谈、约见企业负责人等方式详细了解股改企业情况，支持符合条件的科技型企业完成股改；

(二)对拟股改的科技型企业提交股改备案申请时，要加强指导，对备案材料的真实性进行初审；

(三)对已完成股改的科技型企业提交的股改补贴申请材料进行初审，指导企业完善、规范申请材料。

二、对《管理办法》第六条补充如下

股改前备案的科技型企业应具有良好的成长性，具备上市挂牌条件，并已制定明确的股改及上市挂牌的计划和时间表。

三、对《管理办法》第十条补充如下

受理机构初审后，可聘请第三方专业机构到企业开展尽职调查，核实企业实际生产经营情况、股改实际发生费用和申报材料的真实性。

四、对《管理办法》第十一条补充如下

市科委组织召开专家评审会，对申请股改补贴的企业进行评审，市财政补贴金额按照股改实际发生费用的50%且不超过30万元确定。存在下列情形的，不予补贴或降低补贴上限：

(一)存在下列情形之一的，不予补贴

1. 提交的补贴申请材料信息不实；

2. 企业成立时间少于一年；

3. 最近一个完整会计年度营业收入低于30万元；

4. 股改前未到市科委委托的受理机构备案；

5. 股改前一年内发生过重大安全与质量事故、严重环境污染事故等重大违法失信行为。

（二）存在下列情形之一的，给予不超过10万元补贴

1. 注册资本低于500万元；
2. 最近一个完整会计年度营业收入低于100万元。

天津市科学技术委员会　天津市财政局
2017年8月14日

天津市科委关于印发
《天津市"杀手锏"产品认定补贴办法》的通知

(津科规〔2017〕3号)

各有关单位:

为贯彻落实创新驱动发展战略,深入推进科技型企业创新发展,引导和鼓励科技型企业开发"杀手锏"产品,提升自主创新能力,现将《天津市"杀手锏"产品认定补贴办法》印发给你们,望遵照执行。

2017年10月26日

天津市"杀手锏"产品认定补贴办法

第一章 总则

第一条 为贯彻落实创新驱动发展战略,深入推进科技型企业创新发展,引导和鼓励科技型企业培育"杀手锏"产品,进一步提升自主创新能力,提高企业产品质量和品牌影响力,特制定本办法。

第二条 "杀手锏"产品是指科技型企业自主开发并已上市销售的、具备"人无我有、人有我优、人优我特"特征的技术水平高、市场潜力大、竞争力强的优质产品。

第三条 市科委负责天津市"杀手锏"产品的认定管理。经认定后,由市和区(或局级主管部门)两级财政给予资金支持。

第二章 认定的标准和程序

第四条 申请"杀手锏"产品认定应满足以下条件:

(一)企业条件

1. 经认定的"天津市科技小巨人企业",且上年度主营业务收入达到亿元以上;

2. 具有稳定的研发投入,企业上年度研发经费支出占主营业务总收入比重要达到3%以上;

3. 掌握申报产品的关键核心技术,拥有相关自主知识产权;

4. 具有完备的科研项目管理制度、研发投入核算体系和研发人员绩效考核奖励制度,研究开发组织管理水平较高;具有明确的企业创新发展战略和规划。

(二)产品条件

1. 产品须拥有发明专利或稳定性强的实用新型专利群,且技术水平达到国内领先及以上水平;

2. 产品年销售收入达到亿元以上,或者细分市场占有率居国内前三位,且上年度产品销售收入在5000万元以上;

3. 产品必须符合国家和我市"十三五"时期的产业政策,符合当年度产品申报指南;产品须具有执行标准，并通过国家或我市质量技术监督部门资质认定的实验室、检测机构或指定第三方检测机构、国际标准检测组织在中国授权的检测机构的检测；属于国家有特殊行业管理要求的产品，必须具有相关行业主管部门批准颁发的产品生产许可；属于国家实施强制性产品认证的产品，必须通过强制性产品认证。

4. 产品生产制造过程和 / 或产品本身（材料、结构、器件等）涉及有毒、有害物质等环境污染以及废水、废气、废渣、噪声等环境影响的产品，须经治理达到国家环保标准，提供有关环保检（监）测部门、第三方环保监督检测机构出具的检测报告或证明材料。

第五条 天津市"杀手锏"产品认定程序如下：

（一）申报

市科委发布公开征集通知和申报指南；企业按照要求填写申报系统，准备相关材料；经区（功能区）科技主管部门或局级主管部门初审推荐、市科委审查后，企业自申报系统生成纸质申报材料，加盖申报单位和区（功能区）科技主管部门或局级主管部门公章后报送市科委。

（二）评审

市科委委托相关中介部门组织技术、财务等方面专家进行评审。

（三）认定与发布

1. 市科委根据专家评审结果，提出天津市"杀手锏"产品拟认定名单，并向社会公示。

2. 公示无异议的产品由市科委颁发"天津市'杀手锏'产品认定证书"。

第三章　支持办法

第六条　对于认定的天津市"杀手锏"产品，作为对企业研发投入后补助，给予不超过100万元的财政资金支持，市和区财政（或局级主管部门）各负担50%，并通过签订研发合同的方式下达支持资金。对已列入市科委科技领军企业培育重大项目、"杀手锏"产品研发项目支持的申报单位，其所申报的"杀手锏"产品只给予认定，不再给予资金支持。

第四章　附则

第七条　经认定的天津市"杀手锏"产品有下列行为之一的，将取消其认定资格，追回财政补贴资金，并视情况轻重，追究其法律责任：

（一）在申请认定过程中存在严重弄虚作假行为的；

（二）发生重大安全、质量事故或有严重环境违法行为的。

第八条　本办法自颁布之日起执行，有效期至 2020 年 12 月 31 日。

第九条　本办法由市科委负责解释。

天津市科委关于印发
《天津市重点新产品认定补贴办法》的通知

(津科规〔2017〕4号)

各有关单位:

为贯彻落实创新驱动发展战略,深入推进科技型企业创新发展,引导和鼓励科技型企业开发新产品,提升自主创新能力,现将《天津市重点新产品认定补贴办法》印发给你们,望遵照执行。

2017年10月26日

天津市重点新产品认定补贴办法

第一章 总则

第一条 为贯彻落实创新驱动发展战略,深入推进科技型企业创新发展,引导和鼓励科技型企业积极开发新产品,进一步提升自主创新能力,提高企业产品质量,特制定本办法。

第二条 重点新产品是我市科技型企业自主开发,应用新技术原理、新工艺、新材质、新设计,对原有产品进行实质性改进,显著提高了产品性能、质量或在国内外率先提出技术标准并在国内首次(或首批)开发成功,且在近三年开始上市销售的产品。

第三条 市科委负责天津市重点新产品的认定管理。相关资金由天津市科技型企业发展专项资金列支。

第二章 认定的标准和程序

第四条 申请重点新产品认定的企业和产品应满足以下条件:

(一)企业条件

1.经认定的"天津市科技型企业";

2.企业掌握申报产品的关键核心技术,拥有相关自主知识产权。

(二)产品条件

1.产品须已进入市场销售并取得销售收入,产品的生产销售应单独核算;

2.产品须符合国家"十三五"时期的产业政策,符合《天津市重点新产品申报指南》;

3.产品须具有创新性,拥有自主知识产权,且与产品相关的专利应为近三年授权;

4.产品须具有执行标准,并在近三年内通过国家或我市质量技术监督部门资质认定的实验室、检测机构或指定第三方检测机构、国际标准检测组织在中国授权的检测机构的检测;属于国家有特殊行业管理要求的产品,必须具有相关行业主管部门批准颁发的产品生产许可;属于国家实施强制性产品认证的产品,必须通过强制性产品认证;

5.产品生产制造过程和/或产品本身(材料、结构、器件等)涉及有毒、有害物质等环境污染以及废水、废气、废渣、噪声等环境影响的产品，须经治理达到国家环保标准，提供有关环保检（监）测部门、第三方环保监督检测机构出具的检测报告或证明材料。

第五条 天津市重点新产品认定程序如下：

（一）申报

市科委发布公开征集通知和申报指南；企业按照要求填写申报系统，准备相关材料；经区（功能区）科技主管部门或局级主管部门初审推荐、市科委审查后，企业自申报系统生成纸质申报材料，加盖申报单位和区（功能区）科技主管部门或局级主管部门公章后报送市科委。

（二）评审

市科委委托相关中介部门组织技术、财务等方面专家进行评审。

（三）认定与发布

1. 市科委根据专家评审结果，提出天津市重点新产品拟认定名单，并向社会公示。

2. 公示无异议的产品由市科委颁发"天津市重点新产品认定证书"。

第三章 支持办法

第六条 对于认定的天津市重点新产品，给予市财政资金支持，每项产品补贴金额不超过20万元，通过后补助方式下达补助资金。

第四章 附则

第七条 经认定的天津市重点新产品有下列行为之一的，将取消其认定资格，追回财政补贴资金，并视情况轻重，追究其法律责任：

（一）在申请认定过程中存在严重弄虚作假行为的；

（二）发生重大安全、质量事故或有严重环境违法行为的。

第八条 本办法自颁布之日起执行，有效期至2020年12月31日。

第九条 本办法由市科委负责解释。

天津市财政局 天津市科学技术委员会 天津市教育委员会关于印发《天津市财政科研项目资金管理办法》的通知

(津财教〔2017〕72号)

各区财政局、科委、教育局，各相关单位：

为贯彻落实市委办公厅、市政府办公厅印发的《关于深化体制机制改革释放科技人员创新活力的意见》（津党办发〔2017〕44号），结合我市实际情况，市财政局、市科委、市教委制定了《天津市财政科研项目资金管理办法》（以下简称《办法》），现印发给你们，请遵照执行。

天津市财政局 天津市科学技术委员会
天津市教育委员会
2017年12月13日

天津市财政科研项目资金管理办法

第一章 总则

第一条 为改革和创新科研项目资金管理方式，更好激发广大科研人员积极性，根据《中共中央办公厅 国务院办公厅印发〈关于进一步完善中央财政科研项目资金管理等政策的若干意见〉的通知》（中办发〔2016〕50号）、《中共天津市委办公厅 天津市人民政府办公厅印发〈关于深化体制机制改革释放科技人员活力的意见〉的通知》（津党办发〔2017〕44号）、《天津市人民政府办公厅关于转发市财政局拟定的天津市市级财政专项资金管理暂行办法的通知》（津政办发〔2015〕63号）精神，结合我市实际情况，制定本办法。

第二条 科研项目资金是指市级财政在部门预算中安排的支持科研活动的专项资金，主要用于支持在我市注册登记的、具有独立法人资格的单位开展基础科学与前沿技术研究、科技创新支撑、科技创新引导、创新创业人才培育、创新环境建设、科技研发平台、科技服务平台、科技创业平台等科研活动，以及市委、市人民政府确定的其他科技创新工作。

第三条 项目资金使用和管理原则是：

（一）以人为本，公平公正。以调动科研人员积极性和创造性为出发点和落脚点，强化激励机制，加大激励力度，激发创新创造活力。建立完善公平竞争的项目遴选机制，择优确定和资助项目承担者。

（二）遵循规律，合理配置。按照科研活动规律和财政预算管理要求，完善管理政策，优化管理流程，改进管理方式，适应科研活动实际需要。聚焦国家战略，围绕天津科技发展规划，科学配置创新要素，保障重要科研活动的实施。

（三）放管结合，优化服务。进一步简政放权，扩大高校、科研院所管理权限，为科研人员潜心研究营造良好环境。明确项目资金使用和管理各方的权利和义务，强化项目承担单位法人责任，加强自我约束意识，完善内控机制；建立健全绩效考评和评估监管机制，加强事中事后监管，严肃查处违法违纪问题。

（四）单独核算，专款专用。项目资金应纳入单位财务统一管理，实行单独核算，据实列支，确保专款专用，不得截留、挤占和挪用。

第四条 建立项目资金信用管理机制。市科委对项目承担单位、项目责任人等在项目资金使用和管理工作中的诚信进行记录，作为项目申报、审批、管理等重要依据。

第五条 科研项目资金的使用和管理接受财政、审计部门以及科技主管部门的监督检查。

第二章　职责分工

第六条 市科委是财政科研项目的主管部门，负责专项资金设立调整的前期论证、制定项目管理办法和年度申报指南，与市财政局共同制定资金管理办法，提出预算安排建议、编制资金安排使用计划，负责监督专项资金的使用，以及跟踪检查、绩效自评和信息公开等。

第七条 市财政局负责专项资金设立、调整和撤销的初步审核，会同有关部门制定资金管理办法，组织预算编制，办理资金拨付，实施监督检查和重点绩效评价，以及到期或撤销专项资金的清算等。

第八条 项目承担单位要强化法人责任，对项目负有主体责任，规范资金管理。落实国家及我市有关政策规定，按照权责一致的要求，强化自我约束和自我规范。制定内部管理办法，制定更加灵活的财政科研项目资金管理制度，解决单位内部科研经费预算考核僵化、报销程序烦琐等问题，落实项目预算调剂、间接费用统筹使用、劳务费分配管理、结余资金使用等管理权限。加强预算审核把关，规范财务支出行为，完善内部风险防控机制，强化资金使用绩效评价，保障资金使用安全规范有效。编制申报具体项目资金预算和决算报告，落实单位自筹资金及相关保障条件。

第三章　支持方式和支出范围

第九条 项目资金采用前补助支持方式，前补助支持方式是指项目立项后核定预算，并按照科研项目合同或任务书确定的拨款计划及项目执行进度核拨项目经费的支持方式。

第十条 项目资金的支出范围一般包括直接费用和间接费用两部分。

第十一条 直接费用是指项目实施过程中发生的与之直接相关的费用，主要包括：

（一）设备费。在项目实施过程中购置或试制专用仪器设备，对现有仪器设备进行升级改造，以及租赁外单位仪器设备而发生的费用。市属高校、科研院所使用科研项目资金采购科研仪器设备，可自行组织或委托采购代理机构组织实施，可在我市政府采购评审专家库外自行选定相应专业领域的评审专家；使用横向科研经费采购科研仪器设备的，可以参照上述规定执行。

（二）材料费。在项目实施过程中需要消耗的各种原材料、辅助材料、低值易耗品、元器件、试剂、实验动物、部件、外购件、包装物的采购、运输、装卸、整理等费用。

（三）测试化验加工费。在项目实施过程中由于承担单位自身的技术、工艺和设备等条件的限制，通过委托或与外单位合作等方式，必须支付给外单位（包括项目承担单位内部独立经济核算单位）的检验、测试、设计、化验及加工等费用。测试化验加工费单项超过1万元（含）时，需与协作单位签订相关的合同或协议。

（四）燃料动力费。在项目实施过程中相关大型仪器设备、专用科学装置等运行发生的可以单独计量的水、电、气、燃料消耗费用等。

（五）差旅/会议/国际合作与交流费。在项目实施过程中发生的差旅/会议/国际合作与交流支出，由科研人员结合科研活动实际需要编制预算并按规定统筹安排使用，其中不超过直接费用10%的，不需要提供预算测算依据。

1.差旅费用是指在项目研究开发过程中开展科学实验（试验）、科学考察、业务调研、学术交流等所发生的外埠（国内）差旅费、市内交通费等费用。项目承担单位根据教学、科研、管理工作实际需要制定差旅费管理办法，合理确定乘坐交通工具等级和住宿费标准。对于难以取得住宿费发票的，项目承担单位在确保真实性的前提下，据实报销城市间交通费，并按规定标准发放伙食补助费和市内交通费。

2.会议费用是指在项目实施过程中为组织开展学术研讨、咨询论证，以及组织协调项目或课题等活动而发生的会议费用。项目承担单位按照实事求是、精简高效、厉行节约的原则，结合科研需要，确定业务性会议（如学术会议、研讨会、评审会、座谈会、答辩会等）的次数、天数、人数以及会议费开支范围、标准等。会议代表参加会议所发生的城市间交通费，原则上按差旅费管理规定由所在单位报销；因工作需要，邀请国内外专家、学者和有关人员参加会议，对确需负担的城市间交通费、国际旅费，可由主办单位在会议费等费用中报销。

3.国际合作与交流费用。在项目实施过程中，研究人员出国及外国专家来华开展科学技术交流与合作的费用。国际合作与交流费不纳入"三公"经费统计范围，各项目承担单位对相关出访团组、人次数和经费单独统计。

（六）档案/出版/文献/信息传播/知识产权事务费。在项目实施过程中，需要支付的出版费、资料及印刷费、专用软件购买费、文献检索费、通信费、专利申请及其他知识产权事务等费用。

（七）劳务费。在项目实施过程中支付给项目组成员、因科研项目需要引进的人才以及临时聘用人员的劳务性费用。主要指参与研究的研究生、博士后、访问学者以及项目聘用的研究、科研辅助等非项目承担单位在职人员的劳务费支出。

1.劳务费开支预算应根据相关人员参与项目的全时工作时间合理编制，对于基础研究类、软科学类和软件开发类等项目，劳务费支出标准应控制在7000元/人月以内；其他类别项目，劳务费支出标准应控制在5000元/人月以内。引进人才以及临时聘用人员的支出标准在不突破该项目劳务费支出总额的前提下，由项目承担单位编制确定。

2.项目聘用人员的社会保险补助纳入劳务费科目列支。

（八）专家咨询费。在项目实施过程中支付给临时聘请的咨询专家的费用。专家咨询费不得支付给参与项目研究及其管理相关的工作人员。专家咨询费的开支标准应当按照国家及我市有关规定执行。

（九）其他费用。在项目实施过程中发生的除上述费用之外的其他支出，应当在申请预算时单独列示，单独核定。项目承担单位在编制重大科研项目资金预算时，可在其他费用类别中编报一定比例的不可预见费，由项目负责人负责审批列支不可预见费用支出。

第十二条 间接费用是指项目承担单位在组织实施项目过程中发生的无法在直接费用中列支

的相关费用。主要包括项目研究发生的现有仪器设备及房屋摊销费,水、电、气、暖消耗费,有关管理费用的补助支出以及项目承担单位在职人员的相关绩效支出等。

(一)财政科研项目资金中实行公开竞争方式的研发类项目,均要设立间接费用,核定比例可以提高到不超过直接费用扣除设备购置费的一定比例:500万元以下的部分为20%,500万~1000万元的部分为15%,1000万元以上的部分为13%。

(二)项目承担单位统筹安排间接费用,科学合理地核定间接成本和科研人员的绩效支出。绩效支出应与科研人员在项目工作中的实际贡献挂钩,不计入绩效工资总额。

(三)高校、科研单位科研经费间接费用中的内部机构间成本分摊费用等合理的结算支出,可从承担单位零余额账户划转到单位基本账户。

项目承担单位应当建立健全间接费用的内部管理办法,将间接费用纳入单位财务统一管理,统筹安排使用。承担单位不得在核定的间接费用以外再以任何名义在项目资金中重复提取、列支相关费用。

第十三条 市财政性资金资助的市级自主创新项目计划中的软科学研究项目、软件开发项目、咨询服务类项目以及创新哲学社会科学项目的绩效支出比例,可达项目经费扣除设备购置费后的60%。

第四章 资金管理

第十四条 项目预算包括收入预算和支出预算,收入预算和支出预算应做到收支平衡。收入预算包括财政资金和自筹资金。自筹资金是项目承担单位为项目投入的货币资金。自筹资金的比例或规模结合科研活动特点和项目承担单位的性质,在编制和发布项目指南时明确。支出预算应当按照经费开支范围确定的支出科目和不同经费来源编列。

第十五条 项目下设课题,每个课题承担单位均须按预算编制的要求单独编制各自的课题预算,项目牵头承担单位将所有课题预算审核汇总后形成项目预算。

第十六条 市科委应每年根据工作计划和进度于8月底前发布项目申报指南。

第十七条 市科委应当完善公平竞争的项目遴选机制,通过公开择优、定向择优等方式确定项目承担单位,从受理项目申请到反馈立项结果原则上不超过120个工作日。其中,参与评审专家中一线科研人员的比例应达到75%左右。

项目立项评审过程中,应对项目(含下设课题)进行预算评估评审。预算评估评审应按照我市有关规定执行。

第十八条 项目经审核批准立项后,市科委应当将立项情况及时公布,并组织项目承担单位签订合同和任务书,明确项目预算金额和项目承担单位主体责任等事宜。

第十九条 市科委根据合同和任务书确定的拨款计划及任务实际完成进度向市财政局申请拨款,市财政局按照有关规定拨付经费。

第二十条 项目承担单位应当具备健全的财务制度,以及项目财务管理内控制度,由专职的财务人员负责项目资金的财务核算和管理工作。项目承担单位应当对不同来源的项目资金分别进行单独核算,即在单位适用的会计制度一级科目统括之下,按照本办法规定的项目支出范围设置明细科目,按开支范围与标准执行,并进行会计核算。高校和科研院校采取多种方式在预算编制、经费报销等方面推动建立科研财务助理或专员制度,完善信息管理服务平台,提升科研经费使用管理服务水平。

第二十一条 科研院所、高等学校等事业单位承担项目所发生的会议费、差旅费、材料费和测试化验加工费等，按财政部门相关规定实行银行转账或"公务卡"结算；企业承担的项目，上述支出也应当采用非现金方式结算。

第二十二条 项目承担单位应严格按合同和任务书规定的预算内容执行，确有必要调剂的，应按以下程序办理：

（一）项目预算总额调整、项目承担单位变更等应当报市科委批准。

（二）项目预算总额不变的，按照以下规定处理：

1.设备费预算总额调增、单台/套/件价格在50万元以上设备用途和数量发生调剂的，应当报市科委批准。因项目研究需要，其他设备费预算需要调剂的，由项目责任人根据项目研究需要提出申请，由承担单位法定代表人或其授权的相关负责人负责审批。设备费预算如有调减的，调减的经费可调剂用于直接费用中其他方面的支出。

2.直接费用中的科目预算如需调剂的，由项目责任人根据实施过程中科研活动的实际需要提出申请，由项目承担单位法定代表人或其授权的相关负责人负责审批。

（1）直接费用中材料费、测试化验加工费、燃料动力费、出版/文献/信息传播/知识产权事务费及其他费用由单位根据内部相关制度自行调剂。

（2）劳务费、专家咨询费、差旅/会议/国际合作与交流费预算不得调增，若调减根据内部相关制度调剂用于项目直接费用中其他方面的支出。

3.间接费用预算不得调剂。

第二十三条 在研项目年度结存资金由项目承担单位结转下一年度按规定继续使用。

第二十四条 项目因故终止，承担单位财务部门应及时清理账目与资产，编制财务报告及资产清单，由项目承担单位向市科委提出申请，市科委停拨经费，并组织进行清查处理。

第二十五条 项目完成后，承担单位应按规定向市科委提出验收申请，市科委根据有关规定组织项目验收工作。对财政资金资助达到一定金额或影响重大的项目，市科委应当组织专题财务验收或审计。

第二十六条 项目完成任务目标并通过验收，且承担单位信用评价好的，项目结余资金按规定留归项目承担单位使用，在2年内由项目承担单位统筹安排用于科研活动的直接支出；2年后未使用完的，按规定收回。未通过验收和整改后通过验收的项目，或承担单位信用评价差的，结余资金按原渠道收回。

第五章 监督检查

第二十七条 市财政局、市科委对项目资金使用和实施情况及时进行监督检查和绩效评价，建立健全定期报告制度，检查或评价结果作为安排以后年度项目支出预算的重要参考依据。

第二十八条 项目承担单位在项目（课题）经费使用和管理中，对发生以下违规行为的，按国家有关规定予以处理。

（一）未对项目（课题）资金进行单独核算。

（二）编报虚假预算、套取国家财政资金。

（三）截留、挤占、挪用项目资金。

（四）违反规定转拨、转移项目资金。

（五）未获市科委批准擅自变更项目承担主体。

（六）提供虚假财务会计信息，虚列支出。

（七）虚假承诺配套资金。

（八）未按规定执行和调整预算。

（九）随意调账变动支出、随意修改记账凭证、以表代账应付财务审计和检查。

（十）发生设备购置、租赁，测试、化验、加工，对外合作等事项未按规定签订相关合同或协议。

（十一）其他应当进行处理的违规行为。

第六章　附则

第二十九条　各区可参照本办法制定本级财政科研项目资金管理制度。

第三十条　行政事业单位使用专项经费形成的固定资产属于国有资产，一般由项目承担单位使用和管理。企业使用财政资金形成的资产，按照企业会计准则等有关规定执行。

第三十一条　项目财政资金形成的大型科学仪器设备、科学数据、自然科技资源等，在保障有关参与单位合法权益的基础上，按照国家和我市有关规定开放共享，以减少重复浪费，提高资源利用效率。

第三十二条　高校、科研院所等单位以市场委托方式取得的横向经费，纳入单位财务专账管理，按照委托方要求或合同约定管理使用，承接横向委托项目的有关收入不纳入绩效工资总额。

第三十三条　高校、科研院所要制定出台差旅费、会议费内部管理办法，其主管部门应对其制定的差旅费和会议费内部管理办法进行工作指导和统筹。

第三十四条　本办法自印发之日起施行，有效期五年。2016年印发的《天津市财政科研项目资金管理办法》（津财教〔2016〕71号）同时废止。

天津市科委关于印发
《天津市科技计划项目相关责任主体失信行为管理暂行办法》的通知

(津科规〔2017〕10号)

各有关单位：

为加强科研信用体系建设，构筑诚实守信的科研创新环境氛围，规范天津市科技计划项目相关管理工作，根据国家和天津市有关法律法规和政策文件，我们制定了《天津市科技计划项目相关责任主体失信行为管理暂行办法》。现印发给你们，请认真遵照执行。

2017年12月29日

天津市科技计划项目相关责任主体失信行为管理暂行办法

第一章 总则

第一条 为加强科研信用体系建设，构筑诚实守信的科研创新环境氛围，规范天津市科技计划项目相关管理工作，根据《国家科技计划（专项、基金等）严重失信行为记录暂行规定》（国科发政〔2016〕97号）精神，按照《天津市科学技术进步促进条例》、《天津市社会信用体系建设规划（2014—2020年）》（津政发〔2015〕15号）、《天津市科技计划管理办法》（津科计〔2017〕27号）的要求，制定本办法。

第二条 本办法适用于天津市科学技术委员会（以下简称市科委）归口管理的市级科技计划项目，包括项目的指南编制与咨询、申报与受理、评审与立项、执行与验收、监督与评估等管理与实施全过程。国家委托市科委代管的项目参照本办法执行。

第三条 本办法所指科技计划项目相关责任主体主要包括天津市科技计划项目申报人员、承担人员、项目评审评估咨询专家等自然人，以及项目申报单位、项目承担单位、项目管理服务机构、中介服务机构等法人和机构。

政府工作人员失信行为的管理依据公务员法及相关规定执行。

第四条 科技计划项目相关责任主体失信行为管理遵循科学公正、标准统一、分级分类、合理有效的原则。

第五条 科技计划项目相关责任主体失信行为管理工作由市科委负责，所需经费纳入市科委年度财务预算。

第二章 失信行为与失信行为记录

第六条 天津市科技计划项目相关责任主体的失信行为分为一般失信行为和严重失信行为。一般失信行为是指相关责任主体管理不力、监管不严、不尽责等违反相关管理规定或约定的行为。严重失信行为是指相关责任主体科研不端、违规、违纪和违法且造成严重后果或恶劣影响的行为。

第七条 科技计划项目申报人员、承担人员、评审评估咨询专家等自然人的失信行为主要包括：

（一）项目申报人员、承担人员等

1. 一般失信行为

（1）项目负责人违反科技计划和项目管理规定，未按项目任务合同书（协议等）及相关要求向市科委报送项目执行情况、经费到位及使用情况、科技报告等，以及未按要求报告项目实施中出现的重大事项等。

（2）项目负责人承担的项目逾期超过1年仍未提请验收。

（3）项目负责人无正当理由未能完成项目考核指标。

（4）其他未按规定履行职责并造成一定不良影响的行为。

2. 严重失信行为

（1）采取贿赂或变相贿赂、造假、故意重复申报等不正当手段承担科技计划项目。

（2）项目申报或实施中抄袭他人科研成果，故意侵犯他人知识产权，捏造或篡改科研数据和图表等，违反科研伦理规范。

（3）违反科技计划和项目管理规定，无正当理由不按项目任务合同书（协议等）约定执行；擅自超权限调整项目任务或预算安排；科技报告、项目成果等造假。

（4）违反科研资金管理规定，套取、转移、挪用、贪污科研经费，谋取私利。

（5）不配合监督检查和评估工作，提供虚假材料，对相关处理意见拒不整改或虚假整改。

（6）其他违法、违反财经纪律、违反项目任务合同书（协议等）约定和科研不端行为等情况。

（二）评审评估咨询专家

1. 一般失信行为

（1）无正当理由缺席或擅自委托他人顶替；未经组织方同意擅自离席等不遵守现场规则和制度的行为；函评工作中无正当理由未在规定时间内完成咨询任务。

（2）履责过程中，专家与答辩单位讨论与项目无关的内容或接受答辩单位提供的样品，以及从事其他与项目无关的接触。

（3）履责过程中，对其他专家施加影响或发表倾向性言论，影响其他专家独立发表意见。

（4）其他未按规定履行职责，对咨询过程或结果造成一定不良影响的行为。

2. 严重失信行为

（1）弄虚作假成为评审评估咨询专家，如虚报专业领域、技术职称、职务、研究经验等。

（2）擅自保留咨询材料副本，作为咨询活动以外的其他用途，造成不良影响的情况。

（3）利用管理、咨询、评审或评估专家身份索贿、受贿；故意违反回避原则；与相关单位或人员恶意串通。

（4）泄露相关秘密或咨询评审信息。

（5）其他严重违反咨询纪律或规定，对咨询过程或结果造成严重不良影响的行为。

第八条 科技计划项目申报单位、承担单位的失信行为主要包括：

（一）一般失信行为

1. 项目第一承担单位违反科技计划和项目管理规定，未按项目任务合同书（协议等）及相关要求向市科委报送项目执行情况、经费到位及使用情况、科技报告等，以及未按要求报告项目实施中出现的重大事项等。

2.项目第一承担单位承担的项目逾期超过1年仍未提请验收。

3.项目第一承担单位性质为企业的，无正当理由未能完成项目考核指标。

4.其他未按规定履行职责并造成一定不良影响的行为。

（二）严重失信行为

1.采取贿赂或变相贿赂、造假、故意重复申报等不正当手段承担科技计划项目。

2.未履行法人管理和服务职责；包庇、纵容项目承担人员严重失信行为；截留、挤占、挪用、转移科研经费。

3.不配合监督检查和评估工作，提供虚假材料，对相关处理意见拒不整改或虚假整改。

4.其他违法、违反财经纪律、违反项目任务合同书（协议等）约定的行为。

第九条 参与科技计划项目管理的相关项目管理服务机构和中介服务机构的失信行为主要包括：

（一）一般失信行为

1.项目管理服务机构违反相关管理规定或管理混乱、影响管理工作正常开展；发生重大事项未及时报告等。

2.违反有关规定，对与科技计划项目承担单位或相关主体之间存在利益关系的，未主动声明并实行回避。

3.项目管理服务机构工作人员作为咨询专家，参与天津市科技计划项目评审、评估、验收等工作。

4.其他违反项目管理服务工作要求，并造成一定不良影响的行为。

（二）严重失信行为

1.采取贿赂或变相贿赂、造假等不正当手段承担项目管理服务事项。

2.项目管理服务机构利用管理职能，设租寻租，为本单位、项目申报单位、项目承担单位或项目承担人员谋取不正当利益。

3.项目管理服务机构违反相关规定或制度、违反委托合同约定。

4.项目管理服务机构管理失职、相关工作人员存在重大问题，主要包括：

（1）索取或者接受项目承担单位的宴请、礼品、礼金、购物卡、有价证券、支付凭证、旅游和娱乐健身活动；

（2）受利益相关方请托向评审专家输送利益，干预科技计划项目评审或向评审专家施加倾向性影响；

（3）泄漏管理过程中需保密的专家名单、专家意见、评审结论和立项安排等相关信息；

（4）索取、接受或者以借为名占用项目管理对象以及其他与行使职权有关系的单位或者个人的财物。

5.中介服务机构采取造假、串通等不正当竞争手段谋取利益。

6.其他违法、违反财经纪律并造成严重不良影响的行为。

第十条 失信行为记录，是对经市科委或有关部门/机构查处认定的，科技计划项目相关责任主体在项目管理与实施全过程的失信行为，按程序进行的客观记录，包括一般失信行为记录和严重失信行为记录。

第三章　限制措施

第十一条　对列入失信行为记录的科技计划项目申报人员、承担人员，采取如下限制措施：

（一）首次列入一般失信行为记录的，2年内不再受理其作为负责人申报的项目；10年内再次列入一般失信行为记录的，视情节轻重3~7年内不再受理其作为负责人申报的项目。

（二）首次列入严重失信行为记录的，7年内不再受理其作为负责人申报的项目，同时阶段性或永久不再邀请其作为专家参与评审评估咨询活动；10年内再次列入严重失信行为记录的，永久不再受理其作为负责人申报的项目，并永久不再邀请其作为专家参与评审评估咨询活动。列入严重失信行为记录的项目负责人，终止其所承担的相关项目。

（三）项目逾期超过1年未提请验收，项目负责人在收到《项目违约告知书》后，60个工作日内仍未提请验收的，永久不再受理其作为负责人申报的项目。

（四）对于列入失信行为记录的项目申报人员、承担人员，视情况还将给予在一定范围内通报批评等处理措施。

第十二条　对列入失信行为记录的评审评估咨询专家，采取如下限制措施：

（一）首次列入一般失信行为记录的，3年内不再邀请其作为专家参与评审评估咨询活动；10年内再次列入一般失信行为记录的，视情况阶段性或永久不再邀请其作为专家参与评审评估咨询活动。

（二）首次列入严重失信行为记录的，永久不再邀请其作为专家参与评审评估咨询活动，同时7年内不再受理其作为负责人申报的项目。

第十三条　对列入失信行为记录的科技计划项目申报单位、承担单位，采取如下限制措施：

一般失信行为记录次数超过承担项目总数10%的，2年内不再受理其作为第一承担单位申报的项目；列入严重失信行为记录的，视情节轻重2~5年内不再受理其作为第一承担单位申报的项目。

第十四条　对列入失信行为记录的项目管理服务机构和中介服务机构，采取如下限制措施：

列入一般失信行为记录的，对其提出整改意见和整改期限并监督其整改；列入严重失信行为记录的，视情况1~3年内不再购买其相关服务。

第十五条　在推荐申报国家科技计划项目（基地、创新载体等）、高新技术企业认定、天津市科技型中小企业新产品认定、对利用财政性资金设立的科研机构的评价、天津市科学技术奖励评审、项目结余资金留用等工作中，将相关责任主体失信行为记录情况作为重要依据。

第十六条　科技计划项目相关责任主体在项目实施与管理过程中发生失信行为，构成犯罪的，移交司法机关依法处理。

第四章　工作机制

第十七条　成立天津市科技计划项目失信行为管理工作领导小组，由市科委主要领导任组长、科技计划工作分管领导任副组长，成员包括科技计划项目管理相关职能处室、参与科技计划项目失信行为管理工作的相关机构等。领导小组下设办公室。

第十八条　领导小组负责科技计划项目失信行为管理工作的组织领导、统筹规划、综合协调、宣传教育、督促检查及重大事项决策部署等工作。领导小组办公室负责具体工作事宜。

各小组成员负责将科技计划项目管理与实施全过程的失信行为信息报送到领导小组办公室。相关信息应当包括责任主体名称、统一社会信用代码、所涉及的项目名称和编号、失信行为、直接责任人员等。

第十九条 实行科技计划项目相关责任主体的诚信承诺制度,在申请科技计划项目及参与科技计划项目管理和实施前,相关责任主体都应当签署诚信承诺书。

第二十条 科技计划项目第一承担单位应建立和完善相关内部工作机制,加强科研诚信建设。主管部门应按照职责权限,对第一承担单位及时指导和督促。

第二十一条 市科委委托相关机构负责受理科技计划项目失信行为投诉、举报和申诉等相关工作。

第二十二条 被投诉和举报对象所在单位是失信行为调查的第一责任主体,有义务对涉事对象和行为开展调查,出具调查报告。

第二十三条 成立天津市科技计划项目失信行为管理专家委员会,对有争议的失信行为及调查结果开展评议,并提交评议报告。

第二十四条 依托天津市科技计划项目管理信息系统,建立科技计划项目失信行为记录数据库。

第二十五条 失信行为记录及时向责任主体通报,对于责任主体为自然人的同时向其所在法人单位通报。

第二十六条 失信行为记录实行动态更新,记录有效期为120个月,期满移出失信行为记录名单(采取永久限制措施的失信行为记录除外)。

第二十七条 对失信行为记录和限制措施有异议的,可提出书面申诉。相关项目管理服务机构会同有关单位组织核查,出具核查意见。20个工作日内无法对失信行为事实认定清楚的,将被核查主体暂记入失信行为观察名单。

第二十八条 完善跨部门联动工作机制,加强科研信用体系与其他社会领域信用体系的衔接,逐步实施联合惩戒。

第五章 附则

第二十九条 本办法由市科委负责解释。

第三十条 本办法自2018年7月1日起施行,有效期三年。

天津市科委 市财政局 天津海关 市国税局关于印发《科研院所、转制科研院所、国家重点实验室、企业国家重点实验室和国家工程技术研究中心免税进口科学研究、科技开发和教学用品管理实施细则》的通知

(津科体〔2018〕55号)

各有关单位：

为加强对我市科研院所、转制科研院所、国家重点实验室、企业国家重点实验室和国家工程技术研究中心免税进口科学研究、科技开发和教学用品的管理，根据《财政部 海关总署 国家税务总局关于"十三五"期间支持科技创新进口税收政策的通知》（财关税〔2016〕70号）、《财政部 教育部 国家发展改革委 科技部 工业和信息化部 民政部 商务部 海关总署 国家税务总局 国家新闻出版广电总局关于支持科技创新进口税收政策管理办法》（财关税〔2016〕71号）和科技部、财政部、海关总署、国家税务总局《关于印发科研院所、转制科研院所、国家重点实验室、企业国家重点实验室和国家工程技术研究中心免税进口科学研究、科技开发和教学用品管理办法的通知》（国科发政〔2017〕280号）要求，市科委、市财政局、天津海关、市国家税务局研究制定了《科研院所、转制科研院所、国家重点实验室、企业国家重点实验室和国家工程技术研究中心免税进口科学研究、科技开发和教学用品管理实施细则》，现印发给你们，请遵照执行。

天津市科学技术委员会 天津市财政局
天津海关 天津市国家税务局
2018年5月4日

科研院所、转制科研院所、国家重点实验室、企业国家重点实验室和国家工程技术研究中心免税进口科学研究、科技开发和教学用品管理实施细则

第一条 根据《财政部 海关总署 国家税务总局关于"十三五"期间支持科技创新进口税收政策的通知》（财关税〔2016〕70号）、《财政部 教育部 国家发展改革委 科技部 工业和信息化部 民政部 商务部 海关总署 国家税务总局 国家新闻出版广电总局关于支持科技创新进口税收政策管理办法》（财关税〔2016〕71号）和科技部、财政部、海关总署、国家税务总局《关于印发科研院所、转制科研院所、国家重点实验室、企业国家重点实验室和国家工程技术研究中心免税进口科学研究、科技开发和教学用品管理办法的通知》（国科发政〔2017〕280号）要求，为加强对我市科研院所、转制科研院所、国家重点实验室、企业国家重点实验室和国家工

程技术研究中心免税进口科学研究、科技开发和教学用品的管理,特制定本细则。

第一章　科研院所

第二条　国务院部委、直属机构所属从事科学研究工作的各类科研院所是指由国务院各部门、直属机构举办,由中央编制部门批复成立,主要从事基础和前沿技术研究、公益研究、应用研究和技术开发的事业单位。

第三条　天津市属从事科学研究工作的各类科研院所是指由天津市政府各部门、直属机构举办,由天津市机构编制部门批复成立,主要从事基础和前沿技术研究、公益研究、应用研究和技术开发的事业单位。

第四条　符合条件的国务院部委、直属机构所属的科研院所,应向主管部门提出免税资格申请,提交中央编制部门或主管部门批复文件、《事业单位法人证书》等申报材料。科研院所主管部门初步审核后,提交科技部进行核定。科技部根据《关于进一步完善科研事业单位机构设置审批的通知》(中央编办发〔2014〕3号)等相关文件要求,核定符合免税资格的科研院所名单。科技部将核定符合条件的科研院所名单函告海关总署,注明享受政策起始时间,并抄送财政部、国家税务总局和科研院所主管部门。

第五条　符合条件的市属科研院所,应向主管部门提出免税资格申请,提交市机构编制部门或主管部门批复文件、《事业单位法人证书》等申报材料。科研院所主管部门初步审核后,提交市科委进行核定。市科委将核定符合条件的科研院所名单函告天津海关,注明享受政策起始时间,并抄送市财政局、市国家税务局。

第六条　符合免税资格条件的科研院所可持中央编制部门(或主管部门)或天津市机构编制部门(或主管部门)批准成立的文件、《事业单位法人证书》,按规定向主管海关申请办理进口科学研究、科技开发和教学用品的减免税手续。

第七条　2016年1月1日前成立的科研院所自2016年1月1日起享受支持科技创新进口税收政策。2016年1月1日后成立的科研院所自《事业单位法人证书》有效期起始之日起享受支持科技创新进口税收政策。

第二章　转制科研院所

第八条　中央级转制科研院所是指根据《国务院办公厅转发科技部等部门关于深化科研机构管理体制改革实施意见的通知》(国办发〔2000〕38号),已转制为企业或进入企业的主要从事科学研究和技术开发工作的机构;地方转制科研院所是指根据天津市政府《批转市科委等16个部门关于我市科研院所管理体制改革实施意见的通知》(津政发〔2000〕25号),已转制为企业或进入企业的主要从事科学研究和技术开发工作的机构。

第九条　中央级转制科研院所由科技部会同财政部、海关总署和国家税务总局负责审核。地方转制科研院所由市科委负责初核,并将核定后符合条件的转制科研院所名单及成立时间报科技部,由科技部会同财政部、海关总署和国家税务总局进行复核。科技部将经核定符合条件的中央级转制科研院所名单及地方转制科研院所名单函告海关总署,注明享受政策起始时间,并抄送财政部和国家税务总局。

第十条　符合免税资格条件转为企业的转制科研院所可持企业法人登记证书和其他有关材料,按海关规定办理减免税手续;符合免税资格条件进入企业的转制科研院所持所属企业法人登记证书、所属企业承担减免税货物管理承诺书和其他有关材料,按规定向主管海关申请办理进口科学研究、科技开发和教学用品的减免税手续。

第十一条 2016年1月1日前转制的科研院所，自2016年1月1日起享受支持科技创新进口税收政策。2016年1月1日后转制的科研院所，自取得企业法人登记证书之日起或批准进入企业之日起享受支持科技创新进口税收政策。

第三章 国家重点实验室和企业国家重点实验室

第十二条 符合条件的国家重点实验室和企业国家重点实验室名单由科技部会同财政部、海关总署和国家税务总局核定。科技部将核定后的名单函告海关总署，注明依托单位和享受政策起始时间，并抄送财政部和国家税务总局。

第十三条 经核定的国家重点实验室和企业国家重点实验室可持依托单位企业法人登记证书、依托单位承担减免税货物管理承诺书和其他有关材料，按规定向海关申请办理进口科学研究、科技开发和教学用品的减免税手续。

第十四条 经核定的国家重点实验室和企业国家重点实验室，2016年1月1日前批准建设的，自2016年1月1日起享受支持科技创新进口税收政策；2016年1月1日后批准建设的，自科技部函中注明的日期开始享受支持科技创新进口税收政策。

第四章 国家工程技术研究中心

第十五条 符合条件的国家工程技术研究中心名单由科技部会同财政部、海关总署和国家税务总局核定。科技部将核定后的名单函告海关总署，注明依托单位和享受政策起始时间，并抄送财政部和国家税务总局。

第十六条 经核定的符合免税资格的国家工程技术研究中心可持依托单位企业法人登记证书、依托单位承担减免税货物管理承诺书和其他有关材料，按规定向海关申请办理进口科学研究、科技开发和教学用品的减免税手续。

第十七条 经核定的国家工程技术研究中心，2016年1月1日前成立的，自2016年1月1日起享受支持科技创新进口税收政策；2016年1月1日后成立的，自科技部函中注明的日期开始享受支持科技创新进口税收政策。

第五章 附则

第十八条 符合免税资格的国务院部委、直属机构所属科研院所，科技体制改革过程中转制为企业和进入企业的科研院所，科技部会同财政部、海关总署和国家税务总局核定的国家重点实验室、企业国家重点实验室和国家工程技术研究中心，发生分立、合并、撤销和更名等情形的，由科技部负责重新审核相关单位的免税资格。市属科研院所发生分立、合并、撤销和更名等情形的，由市科委负责重新审核相关单位的免税资格。

科技部负责将重新审核的结果函告海关总署，市科委负责将重新审核的结果函告天津海关，对停止享受支持科技创新进口税收政策的单位应在函告中明确停止享受政策日期。

经审核符合免税资格的单位，继续享受支持科技创新进口税收政策。经审核不符合免税资格的单位，自变更之日起，停止其享受支持科技创新进口税收政策。

在停止享受政策之日（含）后，有关单位向海关申报进口并已享受支持科技创新进口税收政策的科学研究、科技开发和教学用品，应补缴税款。

第十九条 经核定符合免税资格的上述单位免税进口范围，按照进口科学研究、科技开发和教学用品免税清单执行。

第二十条 上述单位在资格确认过程中有弄虚作假行为的,经科技部或市科委查实后,撤销其免税资格,及时将有关情况通报海关总署或天津海关,明确停止享受支持科技创新进口税收政策的日期。在停止享受政策之日(含)以后,有关单位向海关申报进口并已享受支持科技创新进口税收政策的科学研究、科技开发和教学用品,应补缴税款。

第二十一条 上述单位因违反税收征管法及有关法律、行政法规,构成偷税、骗取出口退税等严重税收违法行为的,撤销其免税资格。

第二十二条 本细则自 2016 年 1 月 1 日起实施。

天津市科委关于印发
《天津市科技领军企业和领军培育企业认定补助办法（试行）》的通知

(津科规〔2018〕4号)

各有关单位：

为深入实施创新驱动发展战略，落实《中共天津市委 天津市人民政府关于营造企业家创业发展良好环境的规定》(津党发〔2017〕49号)和《中共天津市委 天津市人民政府关于印发〈天津市"海河英才"行动计划〉的通知》(津党发〔2018〕17号)，加快推进科技型企业创新发展，着力加强科技领军企业培育和认定，引导全市科技型企业做优做大做强，提升自主创新能力，现将《天津市科技领军企业和领军培育企业认定支持办法（试行）》印发给你们，望遵照执行。

2018年6月30日

天津市科技领军企业和领军培育企业认定补助办法（试行）

第一条 为深入实施创新驱动发展战略，落实《中共天津市委 天津市人民政府关于营造企业家创业发展良好环境的规定》(津党发〔2017〕49号)和《中共天津市委 天津市人民政府关于印发〈天津市"海河英才"行动计划〉的通知》(津党发〔2018〕17号)，加快推进科技型企业创新发展，着力加强科技领军企业培育和认定，引导全市科技型企业做优做大做强，提升自主创新能力，特制定本办法。

第二条 市科委负责天津市科技领军企业和领军培育企业的认定管理。经认定后，由市和区财政（或企业所属的局级主管部门）给予资金补助。

第三条 申请科技领军企业和领军培育企业认定应满足以下条件：

（一）申报企业应为天津市内注册、具有独立法人资格的科技型企业，科技领军培育申报企业上年度主营业务收入须达到2亿元（含）以上，科技领军申报企业上年度主营业务收入须达到5亿元（含）以上。

（二）申报企业上年度R&D经费内部支出占主营业务收入的比重须不低于3%。

（三）申报企业近三年的主营业务收入须具有一定增长性（正增长）。企业近三年主营业务收入平均增长率=1/2×（第二年主营业务收入÷第一年主营业务收入+第三年主营业务收入÷第二年主营业务收入）-1。如企业注册成立未满3年的按实际年限计。

（四）申报企业须拥有核心自主知识产权。

（五）申报企业行业细分市场占有率位居全国前列。

（六）申报企业须有明确的发展目标和合理的成长规划。

（七）申报企业须有实施项目的重大需求、条件和能力，通过项目实施，综合发展能力显著提升。

（八）申报企业近三年及当年未发生重大安全、重大质量事故和严重环境违法、科研严重失信行为，且企业未列入经营异常名录和严重违法失信企业名单。

第四条 天津市科技领军企业和领军培育企业认定程序如下：

（一）申报

市科委发布公开征集通知；企业按照要求在线填写申报系统，准备相关材料；经区（功能区）科技主管部门（或企业所属的局级主管部门）初审推荐、市科委审查后，企业从申报系统生成纸质申报材料，加盖申报单位和区（功能区）科技主管部门（或企业所属的局级主管部门）公章后报送市科委。

（二）评审

市科委委托第三方项目管理服务机构组织技术、财务等方面专家进行评审。

（三）认定与发布

1. 市科委根据专家评审结果，择优提出天津市科技领军企业和领军培育企业认定拟认定名单，并向社会公示7个工作日。

2. 公示无异议的企业，由市科委颁发"天津市科技领军企业"和"天津市科技领军培育企业"证书。

第五条 对于认定的天津市科技领军企业和领军培育企业，支持企业实施重大创新项目（含创新平台建设），分别给予不超过500万元和300万元的财政资金补助，市和区财政（或企业所属的局级主管部门）各负担50%。经我市培育后认定为科技领军企业的，通过品牌培育项目给予不超过50万元的市财政资金支持。

第六条 经认定的天津市科技领军企业和领军培育企业实行动态管理，每年4月30日前将上一年度企业主营业务收入、R&D经费内部支出、利润、有效知识产权、创新平台建设、人力资源状况等企业创新发展综合情况，通过区（功能区）科技主管部门（或企业所属的局级主管部门）报送市科委。连续两年发生主营业务收入低于5亿元或2亿元、主营业务收入负增长、R&D经费内部支出占主营业务收入比重低于3%等情况不再符合认定条件的，取消其认定资格。

第七条 经认定的天津市科技领军企业和领军培育企业，有下列行为之一的，将取消其认定资格，追回财政补助资金，并视情况轻重，追究其法律责任：

（一）在申请认定过程中存在严重弄虚作假行为的；

（二）发生重大安全、重大质量事故或有严重环境违法行为的；

（三）发生科研严重失信行为的；

（四）被列入经营异常名录和严重违法失信企业名单的。

第八条 本办法自颁布之日起执行，有效期至2020年12月31日。

第九条 本办法由市科委负责解释。

天津市科学技术局　市财政局　市税务局
关于印发《天津市企业研发投入后补助暂行办法》的通知

(津科规〔2018〕9号)

各有关单位：

为深入实施创新驱动发展战略，引导企业加大研发投入，促进我市科技创新实力快速提升，加快推进我市企业高质量发展，市科学技术局、市财政局、市税务局研究制定了《天津市企业研发投入后补助暂行办法》。现印发给你们，请遵照执行。

天津市科学技术局　天津市财政局
国家税务总局天津市税务局
2018年12月3日

天津市企业研发投入后补助暂行办法

第一章　总则

第一条　为深入实施创新驱动发展战略，引导企业加大研发投入，促进我市科技创新实力快速提升，加快推进我市企业高质量发展，特制定本办法。

第二条　研发投入补助指依据企业上一年度享受税前加计扣除的研发费用数额，由市财政按一定比例对企业给予补助。所需补助资金由市财政现有支持科技型企业发展专项资金统筹安排。

第三条　市科学技术局牵头负责企业研发投入后补助的管理工作，根据市税务局提供的企业研发投入情况，编制补助分配方案。市税务局负责提供上一年度所得税汇算清缴已享受研发费用加计扣除政策的企业名单及各企业税前加计扣除的研发费用数额。市财政局负责企业研发投入补助资金的拨付等工作。

第二章　补助对象和标准

第四条　补助对象和条件

（一）天津市内注册，具有独立法人资格的企业，未被列入失信行为记录。

（二）企业上一年度所得税汇算清缴已享受研发费用加计扣除政策。

（三）纳入国家科技统计调查的企业，在满足本条（一）、（二）条件的基础上，还须按照统计部门要求填报了上一年度研发统计年报报表。

第五条　补助依据

以企业上一年度所得税汇算清缴向税务部门自行申报的享受税前加计扣除的研发费用数额为补助基数，该数据由税务部门提供。

第六条 补助标准

（一）基础补助额

1. 取得当年入库登记编码的国家科技型中小企业，按照企业上一年度研发费用的 2.5% 给予补助。

2. 其他企业按照企业上一年度研发费用的 1.5% 给予补助。

（二）增量补助额

1. 当上一年企业研发费用较前年增长时，增量补助额 = 基础补助额 × 上一年企业研发费用的增长率。当增长率大于 50% 时，按 50% 计算；

2. 当上一年企业研发费用较前年下降时，增量补助额 = 基础补助额 × 上一年企业研发费用增长率 × 2。当增长率小于 –50% 时，按 –50% 计算。增量补助额为负数。

本办法实施的第一年，不进行增量补助。

（三）最终补助额

企业获得的最终补助额 = 基础补助额 + 增量补助额。单个企业获得的最终补助额不超过 500 万元。

第七条 申报研发投入后补助的企业应提供以下材料：

（一）《天津市企业研发投入后补助申报书》。

（二）企业前年、上一年度的研发支出辅助账汇总表。

（三）报送给税务部门的企业前年、上一年度的《中华人民共和国企业所得税年度纳税申报表（A 类）》主表及《研发费用加计扣除优惠明细表》附表。

（四）纳入国家科技统计调查的企业，还需提供报送给统计部门的企业上一年度研发统计年报报表。

（五）企业营业执照复印件。

（六）其他相关材料。

第三章 工作程序

第八条 市科学技术局按照《天津市科技计划管理办法》（津科计〔2017〕27 号）进行组织和管理。

第九条 发布通知。市科学技术局每年发布企业研发投入后补助项目受理通知。

第十条 企业申报。企业按通知要求，向企业注册地所在区科技主管部门或企业上级主管部门，在线提交本企业研发投入后补助申请和相关佐证材料。

第十一条 初审推荐。各区科技主管部门或企业上级主管部门组织对企业的研发投入后补助申请进行初审。

第十二条 编制补助方案。市科学技术局根据第二章第五条、第六条所述的补助依据和补助标准，编制拟补助的企业名单及补助经费。

第十三条 公示名单。市科学技术局向社会公示拟补助的企业名单及补助经费。

第十四条 批复立项。市科学技术局对公示无异议的补助方案批复立项。

第十五条 资金拨付。市科学技术局会同市财政局联文下达补助资金计划。补助资金通过转移支付方式下达各区财政的，由各区财政拨付相关企业；补助资金通过其他直接支付方式拨付企业的，由市财政拨付相关企业。

第十六条 企业取得研发补助经费后，税务部门通过检查调减企业可加计扣除研发费的，由市财政局、市科学技术局追回调减研发费对应的研发补助经费。

第十七条 各企业应按照有关规定，严格区分正常的生产成本费用支出和研发费用支出，依法如实填报研发经费支出数额，对弄虚作假手段骗取补助资金的，将按照相关规定纳入失信行为记录，追回财政资金。对涉及违法的企业，追究其法律责任。

第十八条 我市智能科技重点企业可按照市政府办公厅印发的《天津市关于加快推进智能科技产业发展的若干政策》（津政办发〔2018〕9号）规定享受年度研发费用奖励，不再重复给予补助。

第四章 附则

第十九条 本办法自颁布之日起执行，有效期至2020年12月31日。

第二十条 本办法由市科学技术局负责解释。

天津市人民政府关于加强基础科学研究的意见

(津政发〔2018〕34号)

各区人民政府，各委、局，各直属单位：

为进一步加强基础科学研究，提升原始创新能力，夯实建设创新型城市和产业创新中心的基础，根据《国务院关于全面加强基础科学研究的若干意见》（国发〔2018〕4号）精神，结合本市实际，现提出如下意见：

一、总体要求

（一）指导思想。以习近平新时代中国特色社会主义思想为指导，全面贯彻党的十九大和十九届二中、三中全会精神，以习近平总书记对天津工作提出的"三个着力"重要要求为元为纲，牢固树立和贯彻落实新发展理念，按照党中央、国务院决策部署，深入实施科教兴国战略、创新驱动发展战略，充分发挥科学技术作为第一生产力的作用，充分发挥创新作为引领发展第一动力的作用，按照遵循科学规律、坚持分类指导，突出原始创新、促进融通发展，创新体制机制、增强创新活力，加强协同创新、扩大开放合作，强化稳定支持、优化投入结构的基本原则，瞄准世界科技前沿，强化基础研究，深化科技体制改革，促进基础研究与应用研究融通创新发展，着力实现前瞻性基础研究、引领性原创成果重大突破，全面提升创新能力，为加快"五个现代化天津"建设提供有力支撑。

（二）发展目标。

到2020年，基础科学研究整体水平和国际影响力显著提升，推动建设一批国家重大科技创新平台，在人工智能、生物医药、新能源新材料等领域取得一批重大原创性科学成果，在合成生物学、量子科学、脑科学等领域解决一批面向国家战略和本市经济社会发展需求的前瞻性重大科学问题，为建成全国领先的创新型城市和产业创新中心提供有力支撑。

到2035年，基础科学研究整体水平和国际影响力大幅提升，在若干重点领域产生一批具有重要影响力的重大原创成果，培养造就一批具有国际水平的科技领军人才和创新团队，为跻身全国创新发展领先行列奠定坚实基础。

到本世纪中叶，在若干领域成为全球重要的科学中心和创新高地，涌现出一批重大原创性科学成果，全面建成综合型、开放式的全球一流创新型城市，为建成富强民主文明和谐美丽的社会主义现代化强国和世界科技强国做出重要贡献。

二、完善基础研究布局

（三）强化基础研究系统部署。坚持以中国特色、世界一流为指导，立足天津发展需求，服务京津冀协同发展重大国家战略，选择国家和区域发展急需、具有重大影响、学科优势突出、居于国内或国际前沿的高水平学科进行重点建设。完善学科布局，推动基础学科与应用学科均衡协调发展，把握世界科技进步大方向，在合成生物学、干细胞与组织修复、量子科学、深海科学、脑科学等领域进行前瞻性部署，取得一批重大原创性成果。集成跨学科、跨领域、跨单位的优势力量，围绕本市战略性新兴产业、优势传统产业发展中的关键科学问题，开展目标导向类应用基础研究，加快技术创新突破。围绕惠及民生和促进城市可持续发展的需求，加强生态环境治理、人口健康、安全天津与城市可持续发展等相关领域的前瞻性研究，推动有助于提升城市功能的理论体系构建。聚焦未来可能产生变革性技术的基础科学领域，强化重大原创性研究和前沿交叉研究。

（四）优化本市科技计划基础研究支持体系。发挥天津市自然科学基金支持源头创新的重要作用，聚焦本市重大战略任务，进一步加强基础研究前瞻部署，加强与本市重点研发计划、科技重大专项和工程的衔接，从基础前沿、重大关键共性技术到应用示范进行全链条创新设计、一体化组织实施。瞄准国家重大战略布局方向，积极争取国家科技计划、"科技创新2030-重大项目"支持，对接国家科技创新战略布局。坚持需求导向，在人工智能、生物医药、新能源新材料等领域精准实施一批市级科技重大专项，着力攻克一批重大科技难题，掌握一批国内外领先的关键核心技术，布局一批具有自主知识产权和前瞻性的战略性技术。建立健全市级技术创新引导专项运行机制，引导企业和社会力量支持基础研究。优化重点实验室布局，加快实验室能力建设，推动实验室仪器设备和科研成果等科技资源开放共享。

（五）优化基础研究区域布局。聚焦国家区域发展战略，积极开展京津冀基础研究合作，建立三地基础研究合作长效工作机制。科学合理布局基础研究资源，把国家自主创新示范区打造成为创新资源高地，为全市创新驱动发展提供重要支撑。

（六）推进国家重大科技基础设施和国家级平台建设。加快建设大型地震工程模拟研究设施，推动建立国际合作交流与人才培养平台，服务全国乃至世界地震工程领域科学研究，实现研究平台以及研究成果与创新技术的全面开放和共享。积极争取国家批准建设超级计算、合成生物技术等重大科技基础设施和国家级平台。推进军民融合创新，争创国家军民科技协同创新平台。

三、建设高水平研究基地

（七）培育建设国家重点实验室。聚焦国家战略目标，根据本市学科优势和经济社会发展需求，积极推动在生物医药、人工智能、新能源新材料等领域建设国家重点实验室，吸引顶尖人才，开展具有引领作用的原创性基础科学研究，助推重大成果产出和国际影响力提升。

（八）加强市级重点实验室建设。优化市级重点实验室布局。在新兴交叉学科，依托高校、科研院所布局建设一批市级重点实验室，培养、聚集高层次科学研究人才，开展创新性研究。加强市级企业重点实验室建设，支持企业与高校、科研院所等共建研发机构和实验室，加强面向行业共性问题的应用基础研究。强化对市级重点实验室的评估考核，提升持续创新能力。

四、壮大基础研究人才队伍

（九）培养造就具有国际水平的战略科技人才和科技领军人才。立足"一基地三区"定位，聚焦战略性新兴产业的需要，创新人才培养、引进、使用机制，深入推进实施国家高层次人才引进和培养计划，加快实现"天下才天津用"。积极组织实施天津市杰出人才培养计划。积极引进诺贝尔奖等奖项获得者、国内外院士等顶尖人才，来津主持国家级研发平台和重大创新项目，培养一批具有前瞻性和国际眼光的战略科学家。

（十）加强中青年和后备科技人才培养。积极组织实施天津市人才发展特殊支持计划、天津市"131"创新型人才培养工程、天津市创新人才推进计划、天津市青年人才托举工程、天津市高校学科领军人才培养计划和中青年骨干创新人才培养计划等人才培养计划，进一步加大对现有人才的培养力度。实施天津市绿色通道项目，资助优秀留学回国人员快速启动科学研究。实施天津市杰出青年科学基金项目，培养造就一批进入国内外科技前沿的优秀学术带头人。建立国际通行的访问学者制度，完善博士后制度，吸引国内外优秀青年科学家来天津从事研究工作。鼓励科研院所与高校加强协同创新和人才联合培养，加强基础研究后备科技人才队伍建设，支持具有发展潜力的中青年科学家开展探索性、原创性研究。继续推行科技特派员制度，鼓励高校、科研院所科技人员作为特派员服务企业和农业农村创新发展。

（十一）稳定高水平实验技术人才队伍。加强实验技术人员培训，提升技术能力和水平，推进本科教学实验实训工作。组织国家级示范性虚拟仿真实验教学项目建设工作。

（十二）建设高水平创新团队。发挥国家级和部、市级重点实验室等研究基地的集聚作用，稳定支持一批优秀创新团队持续从事基础科学研究。聚焦科学前沿，鼓励国家级和部、市级重点实验室组建跨学科科研团队，加强协同合作。继续实施天津市高校创新团队培养计划，遴选和支持一批市属高校优秀创新团队。

五、提高基础研究国际化水平

（十三）积极参与国际大科学计划和大科学工程。组织本市科研单位申报国际大科学计划和大科学工程，鼓励本市科研人员积极参与国际合作项目。

（十四）深化基础研究国际合作。加大天津市科技计划开放力度，落实天津市"一带一路"科技创新合作行动计划，遵循共商共建共享的原则，坚持引进来和走出去并重，推动形成国际创新合作新局面。鼓励引导天津市各类创新主体与国外创新机构开展政府间科技合作，联合开展科学前沿问题研究，建立国际创新合作平台。

六、优化基础研究发展机制和环境

（十五）加强基础研究顶层设计和统筹协调。加强统筹规划，集中资源要素，瞄准世界科技发展前沿，突出原始创新。强化军民融合协同创新体系，推进军民基础研究融合发展。结合世界一流大学和一流学科建设，推进基础研究科教融合。

（十六）建立基础研究多元化投入机制。加大市财政对基础研究的支持力度，探索对高校、科研院所的长期稳定支持机制。积极落实研发费用加计扣除政策，鼓励企业加大研发投入。鼓励自然人、法人或其他组织通过与自然科学基金联合资助、向自然科学基金捐资等方式资助基础研究与应用基础研究。积极争取中央财政支持，探索共同组织国家基础研究任务的新机制。

（十七）进一步深化科研项目和经费管理改革。完善符合基础研究规律的项目指南编制和发布、征集、评审、决策、管理与验收机制，遴选基础研究项目时更多注重对研究方向、人才团队及其创新能力的考察。选取高校试点，进一步扩大学术自主权，对基础研究类项目探索由高校自主立项机制。改革和创新科研项目资金管理方式，激发科研人员积极性。进一步简政放权，扩大高校、科研院所管理权限，为科研人员潜心研究营造良好环境。

（十八）推动基础研究与应用研究融通。积极对接、参与国家重大项目，结合本市经济产业优势与特点，以行业领军企业、高校、科研院所为主体，促进基础研究、应用研究与产业化对接融通。探索基础研究组织形式，举办多种形式的创新创业大赛。加强知识产权保护，强化研究团队的知识产权保护意识，加大对基础科学研究项目的知识产权跟踪和服务。支持鼓励龙头骨干企业、科研院所、高校等牵头建设或管理运营众创空间。

（十九）促进科技资源开放共享。加强科技数据管理，推进疾病临床数据和样本资源库建设。

完善科技报告制度，加强科技报告的开发利用。围绕重要基础科学问题和本市科技发展重大需求，加强包括基础性、公益性的自然本底数据、种质资源、标本等科技基础条件资源数据收集。围绕供需两侧用户需求，建立健全科研设施与仪器开放共享管理机制和后补助机制。鼓励本市科技型企业向科研院所、高校及科技服务机构购买研发设计、检验检测等服务，对符合条件的给予创新券支持。

（二十）建立完善符合基础研究特点和规律的评价机制。开展基础研究差别化评价试点，针对不同高校、科研院所实行分类评价，制定相应标准和程序，完善以创新质量和学术贡献为核心的评价机制。建立健全符合基础研究、应用研究及其岗位特点的人才评价体系和激励机制，进一步提高评价的科学性和准确性。支持高校与科研院所自主布局基础研究，建立顶尖人才科技研发绿色通道机制。进一步改革完善天津市科技奖励制度，增强科技人员的荣誉感、责任感和使命感，激发创新内生动力。鼓励创新、宽容失败，建立自由探索和颠覆性技术创新活动免责机制。

（二十一）加强科研诚信建设。坚持预防与惩治并举、自律与监督并重，切实加强科研诚信的教育和宣传，坚持无禁区、全覆盖、零容忍，严肃查处违背科研诚信要求的行为，增强广大科研人员的诚信意识，对科研失信行为进行有效遏制，不断巩固和发展科研诚信基础和创新生态。

（二十二）推动科学普及，弘扬科学精神和创新文化。加强科普基地建设，推动重点实验室等创新基地面向社会开展多种形式的科普活动，发挥科学家在科普教育宣传中的影响力，引导公众参与科普活动，增强科学意识，提高广大市民群众科学文化素质。

天津市人民政府

2018 年 12 月 30 日

天津市科技局 市财政局关于印发
《天津市科研院所技术开发工作扶持经费管理办法》的通知

(津科院所〔2019〕101号)

各有关单位：

为规范和加强天津市科研院所技术开发工作扶持经费管理，提高转制科研院所的开发研究能力和自主创新能力，促进科研院所持续健康发展，根据国家和我市有关财务制度规定，市科技局、市财政局对《天津市科研院所技术开发工作扶持经费管理暂行办法》（津科财〔2013〕第273号）进行了修订。现将修订后的《天津市科研院所技术开发工作扶持经费管理办法》印发给你们，请遵照执行。

天津市科学技术局　天津市财政局
2019年6月26日

天津市科研院所技术开发工作扶持经费管理办法

第一章　总则

第一条　为进一步规范和加强科研院所技术开发工作扶持经费（简称扶持经费）管理，提高资金使用效益，深入贯彻落实天津市中长期科技发展规划，根据《中共天津市委办公厅　天津市人民政府办公厅印发〈关于深化体制机制改革释放科技人员活力的意见〉的通知》（津党办发〔2017〕44号）、《天津市人民政府办公厅关于转发市财政局拟定的天津市市级财政专项资金管理暂行办法的通知》（津政办发〔2015〕63号）、《天津市财政科研项目资金管理办法》（津财教〔2017〕72号）和《天津市科技计划项目相关责任主体失信行为管理暂行办法》（津科规〔2017〕10号）等规定，提高科研单位的开发研究能力和自主创新能力，促进科研院所持续健康发展，制定本办法。

第二条　本办法所指科研院所为转制前由市财政直接拨付资金的退库转制科研院所和归口原市科委直接拨付资金的转制科研院所（以下简称转制院所）。扶持经费的资金来源是市科技局年度预算中安排的用于转制院所技术开发扶持专项经费，主要用于增强转制院所自主创新和稳定发展能力。

第三条　扶持经费坚持"科学评估、择优支持、合理安排、专款专用"的原则。

（一）科学评估。组织相关专家对转制院所申报的技术开发工作项目方案的可行性、预算的合理性等开展评审论证。

（二）择优支持。扶持经费对符合我市经济社会发展规划，满足科技发展实际需求，预期经济效益、社会效益较好的项目予以择优支持，并重点支持能够加强和提升转制院所科技创新、科技服务能力与水平的项目；在预算安排上，向论证评分高、预期绩效好的项目重点倾斜。

（三）合理安排。转制院所应严格按照项目的目标和任务，科学合理地编制扶持经费预算，杜绝随意性。

（四）专款专用。扶持经费应当按照规定用途专款专用，不得用于本办法规定范围以外的用途。转制院所应当将扶持经费纳入单位财务统一管理，单独核算，确保专款专用。

第四条 建立扶持经费项目信用管理机制。对项目承担单位、项目负责人等相关责任主体在项目资金使用和管理工作中的诚信进行记录，并落实失信惩戒机制。

第五条 扶持经费的管理和使用应当接受财政、科技主管部门和审计等部门的监督检查。

第二章 职责分工

第六条 市科技局为扶持经费项目主管部门，负责扶持经费设立调整的前期论证，与市财政局共同制定资金管理办法，提出预算安排建议、编制资金安排使用计划，全面履行预算执行主体责任，申报专项资金预算和绩效目标，对专项资金预算执行情况进行跟踪监管，开展专项资金绩效管理、信息公开，组织项目验收和考评等。对专项资金的管理接受审计部门的监督检查。

第七条 市财政局负责扶持经费设立、调整和撤销的初步审核，会同市科技局制定资金管理办法，组织预算编制，办理资金拨付，对预算执行和绩效目标实现情况进行监控，组织开展重点项目绩效评价，以及到期或撤销资金的清算等。对专项资金的管理接受审计部门的监督检查。

第八条 项目承担单位对扶持经费项目负有主体责任，要强化法人责任，规范资金管理，强化自我约束和自我规范。加强预算审核把关，规范财务支出行为，完善内部风险防控机制，开展项目资金使用的内部审计，接受相关部门审计。强化资金使用绩效自评价，明确绩效目标设置、监控、评价和审核流程，保障资金使用安全规范有效。编制申报具体项目资金预算和决算报告，落实单位自筹资金及相关保障条件。

第三章 支持方向和支出范围

第九条 扶持经费属于科研开发补助资金，主要用于我市转制科研院所以开发高新技术产品或工程技术为目标的应用开发研究工作，以及相关的科研基础条件和能力建设。

第十条 扶持经费主要通过项目形式实施，采取项目前补助的方式。前补助支持方式是指项目立项后核定预算，并按照科研项目合同或任务书确定的拨款计划及项目执行进度核拨项目经费的支持方式。

第十一条 扶持经费支出范围依据《天津市财政科研项目资金管理办法》（津财教〔2017〕72号）相关规定执行。

第四章 申报与审批

第十二条 申请扶持经费应当符合以下条件：

（一）项目申报单位应具有独立法人资格，具备独立的财务机构和健全的财务制度及内部控制制度。

（二）项目申报单位必须落实项目计划投入50%以上的自筹资金且应当具备较好的组织实施条件和能力。

（三）项目必须符合国家和我市科技产业政策和扶持经费支持方向，有明确的绩效目标并经过充分的可行性论证。

第十三条 符合条件的单位可结合自身创新发展和市场需求，立足良性发展和持续发展，通过科技计划项目管理信息系统开展项目申报工作。

第十四条 市科技局组织专家进行项目评审。依据专家意见，由市科技局商市财政局确定拟立项项目及资助金额，报请市科技局局长办公会审核，经公示后，予以立项。市科技局与项目承担单位签订项目合同任务书，并会同市财政局联文下达项目经费。项目经费的支付按照国库集中支付制度有关规定执行。

第五章 资金的使用与管理

第十五条 项目承担单位应当严格按照项目任务合同书中的项目实施内容、资金规模、具体用途、列报科目等要求，根据项目进度均衡执行。严禁超预算或者无预算安排支出，严禁虚列支出、转移或者套取预算资金。

第十六条 项目执行过程中，如发生项目承担单位、项目实施内容、考核指标，以及申请项目中止、撤项等重大变化确需调整的，项目承担单位应按照申报程序履行报批手续。

第十七条 扶持经费支付应当按照财政国库集中支付有关规定执行。资金支出过程中应当实行政府采购的，按照政府采购的有关规定执行。

第十八条 由扶持经费支持项目形成的资产属于国有资产，项目承担单位应当严格按照国有资产管理有关规定管理和使用，及时办理固定资产的转固手续，防止国有资产流失。使用中的维护和运行费用由各单位自行承担。

第十九条 项目承担单位应当按照专款专用的原则，对项目资金实行单独记账，独立核算，专项管理。项目资金不得用于支付各种罚款、捐款、赞助、投资等支出，不得用于偿还债务。

第二十条 项目承担单位应建立健全扶持经费的使用、管理和监督机制，做到审批手续完备，核算准确，账目清晰。

第二十一条 项目合同到期时，项目承担单位应按照相关要求组织验收材料，提交项目管理服务机构，及时申请结项验收，并进行项目评估。由项目管理服务机构组织专家开展具体工作，主要对项目目标完成情况、产出、效果、影响等进行评估；评估结果将作为项目承担单位或项目负责人后续支持的重要依据。

第六章 绩效评价和监督检查

第二十二条 扶持经费实施全过程绩效管理。市科技局要对预算执行进度和绩效目标实现程度实行"双监控"，动态掌握项目进展、资金使用和绩效目标完成情况，并按要求开展项目绩效自评。市科技局和市财政局按照绩效管理相关规定，加强专项资金绩效管理，开展绩效评价，并加强绩效评价结果应用，将绩效评价结果作为编制以后年度预算的重要依据。

第二十三条 市科技局通过政府采购向项目管理服务机构购买服务，实施项目的监督与评估等管理工作，对项目立项、执行、验收全过程管理中发现存在问题的，责成项目承担单位限期整改，对于问题严重的项目，终止项目执行。对未做好安全稳定工作的转制院所，市科技局、市财政局可根据实际情况采取暂停单位一至二年申报资格的措施。

第二十四条 项目承担单位须严格按照项目合同预算执行，并积极配合上级主管部门的检查和监督。对执行不力的项目承担单位，市科技局、市财政局可根据实际情况终止合同及预算拨款并追回已拨款项。

第二十五条 项目承担单位应建立内部控制制度和监督机制，严禁截留、挪用、挤占项目资金。对弄虚作假、违反财经法纪的行为，市科技局、市财政局除停止拨款、追回已拨款项外，按照有关失信行为管理办法将相关责任主体列入黑名单。涉嫌犯罪的,依法移送司法机关处理。

第七章 附则

第二十六条 本办法由市科技局、市财政局负责解释。

第二十七条 本办法自发布之日起施行,有效期五年。市科委、市财政局《关于印发〈天津市科研院所技术开发工作扶持经费管理暂行办法〉的通知》(津科财〔2013〕第273号)同时废止。

市科技局　市财政局关于修订
《天津市科技发展事业专项资金管理办法》的通知

(津科院所〔2019〕102号)

各有关单位：

为进一步规范和加强天津市科技发展事业专项资金管理，提高资金使用效益，加快我市科技创新体系建设，根据国家和我市有关财务制度规定，市科技局、市财政局对《天津市科技发展事业专项资金管理办法》（津科财〔2013〕274号）进行了修订。现将修订后的《天津市科技发展事业专项资金管理办法》印发给你们，请遵照执行。

天津市科学技术局　天津市财政局
2019年6月26日

天津市科技发展事业专项资金管理办法

第一章　总则

第一条　为进一步规范和加强天津市科技发展事业专项资金管理，提高资金使用效益，深入贯彻落实天津市中长期科技发展规划，根据《中共天津市委办公厅　天津市人民政府办公厅印发〈关于深化体制机制改革释放科技人员活力的意见〉的通知》（津党办发〔2017〕44号）、《天津市人民政府办公厅关于转发市财政局拟定的天津市市级财政专项资金管理暂行办法的通知》（津政办发〔2015〕63号）、《天津市财政科研项目资金管理办法》（津财教〔2017〕72号）和《天津市科技计划项目相关责任主体失信行为管理暂行办法》（津科规〔2017〕10号）等规定，结合深化科技体制改革，进一步加快科技创新体系建设等要求，制定本办法。

第二条　天津市科技发展事业专项资金由市财政设立，主要用于扶持市科技局所属事业单位和转制科研院所（以下统称科研机构），增强其自主创新和自我发展能力。

第三条　科技发展事业专项资金的管理和使用应坚持"统筹规划、突出重点、绩效管理、专款专用"的原则。

（一）统筹规划。结合本市经济社会发展规划、科技发展实际需求和现有科技资源布局，统筹规划科研机构发展建设，并确定年度重点支持项目。

（二）突出重点。集中财力办大事，重点支持能够增强和提升科研机构科技创新、科技服务能力与水平的项目，以及市场不能有效配置资源的基础前沿、社会公益、重大共性关键技术研究等公共科技活动项目。

（三）绩效管理。强化资金使用绩效评价，明确设定绩效目标，全面实施预算绩效管理，实施项目绩效和资金使用绩效跟踪机制。

（四）专款专用。项目资金纳入单位财务统一管理，实行单独核算，按照规定用途据实列支，确保专款专用，专账管理。

第四条 建立科技发展事业专项资金项目信用管理机制。对项目承担单位、项目负责人等相关责任主体在项目资金使用和管理工作中的诚信进行记录，并落实失信惩戒机制。

第五条 科技发展事业专项资金的使用和管理接受市财政局、市科技局和审计部门的监督检查。

第二章　职责分工

第六条 市科技局为科技发展事业专项资金项目主管部门，负责科技发展事业专项资金设立调整的前期论证，与市财政局共同制定资金管理办法，提出预算安排建议、编制资金安排使用计划，全面履行预算执行主体责任，申报专项资金预算和绩效目标，对专项资金预算执行情况进行跟踪监管，开展专项资金绩效管理、信息公开，组织项目验收和考评等。对专项资金的管理接受审计部门的监督检查。

第七条 市财政局负责科技发展事业专项资金设立、调整和撤销的初步审核，会同市科技局制定资金管理办法，组织预算编制，办理资金拨付，对预算执行和绩效目标实现情况进行监控，组织开展重点项目绩效评价，以及到期或撤销资金的清算等。对专项资金的管理接受审计部门的监督检查。

第八条 项目承担单位对科技发展事业专项资金项目负有主体责任，要强化法人责任，规范资金管理，强化自我约束和自我规范。加强预算审核把关，规范财务支出行为，完善内部风险防控机制，开展项目资金使用的内部审计，接受相关部门审计。强化资金使用绩效自评价，明确绩效目标设置、监控、评价和审核流程，保障资金使用安全规范有效。编制申报具体项目资金预算和决算报告，落实单位自筹资金及相关保障条件。

第三章　支持方向和支出范围

第九条 科技发展事业专项资金主要用于支持市科技局所属科研机构，加强高水平研发创新平台、公益性和专业性科技服务平台、科技基础条件建设，不断完善服务社会和企业的各项功能，加快培育出一批具有国内外重要影响力的科研院所和科技中介机构。

（一）支持建设高水平研发创新平台。重点支持科研机构依托自身技术优势，围绕创新链、产业链、资金链、服务链的关键环节和企业的研发需求，在新一代信息技术、高端装备技术、生物技术与现代医药、航空航天、新能源与新能源汽车、新材料、节能环保、海洋技术、现代农业、现代服务业、人口与健康、城市建设与交通等重点领域，建设专业化的科技创新平台。

（二）支持建设公益性和专业性科技服务平台。重点支持科研机构依托自身优势和特色资源，支持发展研发设计、创新创业、科技咨询、人才培养、科技信息与情报、检验检测、科技金融、技术转移、知识产权等专业科技服务和综合科技服务，加强科技服务平台建设。

（三）支持科技基础条件建设。以建设和完善科研机构开展科研和社会服务工作应具备的基础条件为目标，重点支持其提升和改善科研仪器装备水平，推进专业网络环境及系统演进升级等。

第十条 科技发展事业专项资金主要通过项目形式实施，采取项目前补助的方式。前补助支持方式是指项目立项后核定预算，并按照科研项目合同或任务书确定的拨款计划及项目执行进度核拨项目经费的支持方式。

第十一条 科技发展事业专项资金支出范围依据《天津市财政科研项目资金管理办法》（津财

教〔2017〕72号）相关规定执行。

第四章 申请和审批

第十二条 申请科技发展事业专项资金应当符合以下条件：

（一）项目申报单位具有独立法人资格，具有开展科学研究、科技服务相适应的资产、科研队伍、科研投入等基础条件，良好的科研绩效、诚信评价和财务运行状况，具备独立的财务机构和健全的财务制度及内部控制制度。

（二）项目符合科研机构发展建设规划及科技发展事业专项资金支持方向。

（三）项目有明确的绩效目标并经过充分的可行性论证。

第十三条 符合条件的单位可结合自身创新发展和市场需求，立足良性发展和持续发展，通过科技计划项目管理信息系统开展项目申报工作。

第十四条 市科技局组织专家进行项目评审。依据专家意见，由市科技局商市财政局确定拟立项项目及资助金额，报请市科技局局长办公会审议，经公示后，予以立项。市科技局与项目承担单位签订项目合同任务书，并会同市财政局联文下达项目经费。专项资金的支付按照国库集中支付制度有关规定执行。

第五章 资金的使用和管理

第十五条 项目承担单位应当严格按照项目任务合同书中的项目实施内容、资金规模、具体用途、列报科目等要求，根据项目进度均衡执行。严禁超预算或者无预算安排支出，严禁虚列支出、转移或者套取预算资金。

第十六条 项目执行过程中，如发生项目承担单位、项目实施内容、考核指标，以及申请项目中止、撤项等重大变化确需调整的，项目承担单位应按照申报程序履行报批手续。

第十七条 科技发展事业专项资金支付应当按照财政国库集中支付有关规定执行。资金支出过程中应当实行政府采购的，按照政府采购的有关规定执行。

第十八条 由科技发展事业专项资金支持项目形成的资产属于国有资产，项目承担单位应当严格按照国有资产管理有关规定管理和使用，及时办理固定资产的转固手续，防止国有资产流失。使用中的维护和运行费用由各单位自行承担。

第十九条 项目承担单位应当按照专款专用的原则，对项目资金实行单独记账，独立核算，专项管理。项目资金不得用于支付各种罚款、捐款、赞助、投资等支出，不得用于偿还债务。

第二十条 项目承担单位应建立健全科技发展事业专项资金的使用、管理和监督机制，做到审批手续完备，核算准确，账目清晰。

第二十一条 项目合同到期时，项目承担单位应按照相关要求组织验收材料，提交项目管理服务机构，及时申请结项验收，并进行项目评估。由项目管理服务机构组织专家开展具体工作，主要对项目目标完成情况、产出、效果、影响等进行评估；评估结果将作为项目承担单位或项目负责人后续支持的重要依据。

第六章 绩效评价和监督检查

第二十二条 科技发展事业专项资金实施全过程绩效管理。市科技局对预算执行进度和绩效目标实现程度实行"双监控"，动态掌握项目进展、资金使用和绩效目标完成情况，并按要求开展项目绩效自评。市科技局和市财政局按照绩效管理相关规定，加强专项资金绩效管理，开展绩效评价，并加强绩效评价结果应用，将绩效评价结果作为编制以后年度预算的重要依据。

第二十三条 市科技局通过政府采购向项目管理服务机构购买服务,实施项目的监督与评估等管理工作,对项目立项、执行、验收全过程管理中发现存在问题的,责成项目承担单位限期整改,对于问题严重的项目,终止项目执行。

第二十四条 项目承担单位须严格按照项目合同预算执行,并积极配合上级主管部门的检查和监督。对执行不力的项目承担单位,市科技局、市财政局可根据实际情况终止合同及预算拨款并追回已拨款项。

第二十五条 项目承担单位应建立内部控制制度和监督机制,严禁截留、挪用、挤占项目资金。对弄虚作假、违反财经法纪的行为,市科技局、市财政局除停止拨款、追回已拨款项外,按照有关失信行为管理办法将相关责任主体列入黑名单。涉嫌犯罪的,依法移送司法机关处理。

第七章 附则

第二十六条 本办法由市科技局、市财政局负责解释。

第二十七条 本办法自发布之日起实施,有效期五年。市科委、市财政局《关于印发〈天津市科技发展事业专项资金管理办法〉的通知》(津科财〔2013〕274号)同时废止。

市科技局　市财政局关于印发《天津市科技创新券管理办法》的通知

(津科规〔2019〕2号)

各有关单位：

现将《天津市科技创新券管理办法》印发给你们，望遵照执行。

天津市科学技术局　天津市财政局
2019年7月15日

天津市科技创新券管理办法

第一章　总则

第一条　为深入贯彻落实创新驱动发展战略，进一步推动优质科技资源开放共享，降低企业创新投入成本，促进产学研合作对接，我市决定继续实施科技创新券（以下简称创新券）制度。为切实加强创新券管理，制定本办法。

第二条　创新券由市科技局向符合本办法规定条件的企业免费发放，用于支持企业向科研院所、高校及科技服务机构购买与其科技创新活动直接相关的科技服务。企业可在购买服务时申请创新券，经审核通过后生效。待服务完成，企业提交相关材料申请兑现。

第三条　创新券兑现资金的来源为市财政科技经费，其使用和管理需遵守有关法律法规和财务规章制度，遵循诚实申请、公正受理、择优支持、专款专用、据实列支的管理和使用原则。

第二章　组织方式

第四条　市科技局、市财政局负责创新券的政策制定和管理服务，研究确定实施过程中有关重大事项。

第五条　本市各区科技行政管理部门组织各自区域内企业申请创新券，并负责创新券的初审和推荐。

第六条　市科技局委托专业机构开展创新券的受理、审核、咨询、宣传等具体工作。创新券申请、兑现，以及与之相关的信息查询、信息发布等均依托创新券管理服务平台在线进行。

第七条　市财政局负责创新券兑现资金拨付。

第三章　支持对象

第八条　申请创新券支持的企业需同时满足以下条件：

（一）在天津市注册，具有独立法人资格；

（二）管理规范、财务制度健全，无不良诚信记录；

（三）与提供科技服务的机构无任何隶属、共建、产权纽带等关联关系；

（四）企业主要从事高新技术产品研发、制造、服务等业务，在开展科研活动中有对外购买科技服务的需求。

第九条 创新券主要支持企业向创新券服务机构购买与其科技创新活动直接相关的研究开发、检验检测、科技咨询等专业科技服务和综合科技服务，所购买服务应直接用于本企业的科研活动。按照法律法规或者强制性标准要求必须开展的强制检测和法定检测等活动、已列入科技专项资金资助的在研项目及其他非创新行为，不纳入创新券支持范围。

第四章 服务机构

第十条 坐落在我市的以下单位，可申请成为创新券服务机构：中央和地方科研院所、高等院校；拥有国家级、省部级重点实验室、工程技术中心、技术创新中心等研发机构的企业；市级产业技术研究院；大型仪器开放共享平台管理单位；具有有效CMA或CNAS资质，能够提供委托检验检测服务的检测机构。

符合相关行业资质、具备较强服务能力的其他科技服务机构可申请成为创新券服务机构，机构类型和要求由市科技局根据工作重点另行公布。

第十一条 符合上述条件的单位申请成为创新券服务机构，需通过管理服务平台发布服务信息，明确服务内容、收费标准、联系方式等，由专业机构进行审核。现有服务机构中符合上述条件的，需按本办法重新进行审核。

第五章 申请与兑现

第十二条 创新券采取实名制，具有唯一的电子编码，不得买卖、转让，不重复使用。创新券的有效期原则上为1年，研究开发类服务可由企业申请并经审核通过后，酌情放宽至2年。

第十三条 创新券采取预先申请、事后兑现的方式。企业购买科技服务时须向服务机构支付相关费用，服务完成后按程序和要求申请兑现补贴资金。企业预先申请创新券后，须在有效期内按计划使用，并通过管理服务平台提交兑现，逾期未申请兑现的创新券自动作废。

第十四条 市科技局通过管理服务平台发布创新券工作通知，各区科技行政管理部门组织本区企业申请。

第十五条 企业申请创新券时，需通过管理服务平台填写申请信息，所在区科技行政管理部门进行初审，确定拟发放创新券的名单和金额，由专业机构复核确认。经确认发放的创新券方可在服务完成后申请兑现。

第十六条 创新券每次最低申请补贴额度1000元，同一周期（一般为当年7月1日至次年6月30日）内可多次申请，申请补贴额度累计不超过10万元，具体补贴金额按照符合要求的业务合同金额50%比例核定。

若合同实际发生金额与预先申请金额发生变化，低于申请金额的，按合同实际发生金额重新核定创新券兑现额度；高于申请金额的，按申请额核定兑现额度。

第十七条 企业与服务机构完成约定服务内容后，通过管理服务平台填写兑现信息，在线生成《天津市科技创新券兑现申请表》，扫描上传相关兑现材料，申请兑现创新券资金。

第十八条 企业申请兑现时，需扫描上传的兑现材料应包括以下内容，各项材料均需加盖公章。

（一）服务合同；

（二）发票及银行付款凭据；

（三）服务结果证明。研究开发类服务需提供技术报告、技术解决方案、设计方案、设计图等详细技术文件；检验检测类服务需提供检测报告及检测项目清单；科技咨询类服务需提供与合同服务内容一致、能反映咨询服务真实结果的证明文件、报告或相关材料；

（四）可同时提交项目实施情况总结及其他创新成果证明，如专利、著作权、新产品、新工艺、样机证明材料等有利于证明服务成效的文件；

（五）其他根据工作需要应当提交的资料。

第十九条 创新券兑现采取随时申请、定期集中审核的方式，企业应在兑现受理截止日前填报提交兑现材料。企业兑现申请由各区科技行政管理部门初审推荐、专业机构形式审查、市科技局委托项目评审服务机构组织专家审核。审核结果报市科技局局长办公会审议，经公示无异议后形成兑现名单。市财政局根据市科技局确定的兑现名单和金额通过转移支付拨付资金。

为了解创新券使用成效，建立抽查机制，由市科技局委托专业机构对申请创新券的企业和服务机构组织抽查。

第六章 京津冀合作

第二十条 天津市科技行政管理部门、财政部门联合北京市、河北省科技行政管理部门、财政部门共同开展京津冀创新券合作，支持三地企业围绕创新创业需求，跨区域利用科技资源，促进产学研深度融合。

第二十一条 三地科技行政管理部门遴选本地科技服务资源，形成互认的开放实验室目录并发布。被遴选的开放实验室应为国家级、省部级重点实验室、工程技术中心、企业技术中心、协同创新中心、省部级产业技术研究院及各类新型研发组织等。对企业跨区域向互认的开放实验室购买服务，由三地科技行政管理部门、财政部门依据各自创新券政策的申请条件，在本地资金总量范围内给予本地企业创新券支持。

第二十二条 符合本办法规定条件的企业向三地科技行政管理部门互认的开放实验室购买科技服务，按本办法相应条款中规定的申请条件、资助方向、资助额度、申请流程进行创新券申请，申请额度计入企业在该申请周期内的总额。

第二十三条 京津冀科技创新券合作的有关通知通告、活动组织、服务对接、政策推广、宣传报道等事务，均由三地科技行政管理部门、财政部门成立的联席工作组及授权机构统一发布实施。

第七章 管理服务

第二十四条 加强科研诚信建设。在创新券申请和兑现过程中，企业、服务机构等不得提供虚假信息，不得通过隐瞒产权隶属关系、恶意串通、虚构合同或提高合同金额等方式，套取创新券资金。对于经查实存在以上违规行为的单位，停拨或追回财政资金，并纳入失信记录。构成违法的依据相关法律法规处理。

第二十五条 创新券服务机构对使用创新券购买服务的企业，须严格按照合同提供符合标准的服务，并在企业申请兑现时提供必要支持。对擅自降低服务标准、拒不配合企业申请兑现者，经查实后不再作为创新券服务机构。

第二十六条 市科技局、市财政局定期对创新券实施情况进行总结，部署下一阶段创新券工作计划。涉及创新券申请、发放、兑现等相关事项变动的，统一在管理服务平台发布通告。

第二十七条 鼓励有条件的区科技行政管理部门、财政部门结合自身实际制定区级创新券政策，丰富基层科技主管部门服务创新创业的工作抓手，形成市区联动推进的服务网络，拓展对企业服务的深度和广度。

第二十八条 为维护企业的商业机密及合法权益，参与创新券申请、兑现及管理的各单位和人员须对企业科研活动内容等信息严格保密。

第八章 附则

第二十九条 本办法由市科技局、市财政局按照职责分工负责解释。

第三十条 本办法自发布之日起施行，有效期至2023年7月。《市科委市财政局关于印发〈天津市实施科技创新券制度管理暂行办法〉的通知》（津科创〔2015〕122号）、《市科委市财政局关于〈天津市实施科技创新券制度管理暂行办法〉的补充通知》（津科创〔2016〕105号）同时废止。

市科技局、市财政局关于印发《天津市雏鹰企业贷款奖励及瞪羚企业、科技领军企业和领军培育企业股改奖励管理暂行办法》的通知

(津科规〔2019〕4号)

各有关单位：

为推动我市创新型企业高质量发展，按照《天津市创新型企业领军计划》（津政发〔2019〕17号）要求，市科技局、市财政局制定了《天津市雏鹰企业贷款奖励及瞪羚企业、科技领军企业和领军培育企业股改奖励管理暂行办法》，现印发给你们，请遵照执行。

天津市科学技术局　天津市财政局
2019年7月19日

天津市雏鹰企业贷款奖励及瞪羚企业、科技领军企业和领军培育企业股改奖励管理暂行办法

第一章　总则

第一条　按照《天津市创新型企业领军计划》（津政发〔2019〕17号）关于雏鹰企业贷款奖励及瞪羚企业、科技领军企业和领军培育企业股改奖励的有关要求，支持我市创新型企业发展，特制定本办法。

第二条　本办法所指雏鹰企业、瞪羚企业是指按照《市科技局关于印发天津市雏鹰和瞪羚企业评价办法（试行）的通知》（津科规〔2019〕3号）评价、认定的创新型企业。科技领军企业和领军培育企业是指按照《市科委关于印发天津市科技领军企业和领军培育企业认定补助办法（试行）的通知》（津科规〔2018〕4号）认定的企业。

第三条　市科技局负责雏鹰企业贷款奖励及瞪羚企业、科技领军企业和领军培育企业股改奖励金额核定工作，各区科技行政管理部门负责材料形式审查及报送工作，市财政局负责市级奖励资金的拨付工作。

第二章　雏鹰企业贷款奖励

第四条　申请条件及奖励标准。以企业发展、技术研发、生产经营为目的，取得符合以下条件贷款的雏鹰企业，市财政给予一次性5万元奖励：

（一）中国银行保险监督管理委员会批准设立的银行业金融机构发放的、除低风险信贷业务以外的贷款；

（二）连续12个月内的年日均贷款余额不低于50万元；

（三）申请贷款奖励的企业认定为雏鹰企业时，该笔贷款在存续期内，或认定为雏鹰企业后取得的贷款；

（四）企业从同一金融机构取得的多笔贷款或不同金融机构取得的贷款可合并计算。

第五条 申请材料。申请贷款奖励的企业应向受理机构提供以下材料：

（一）雏鹰企业贷款奖励申请表（原件）；

（二）金融机构贷款合同（复印件）；

（三）金融机构放款凭证（复印件）；

（四）如贷款为线上贷款，须提供金融机构出具的授信及放款证明材料（复印件）；

（五）贷款付息凭证（复印件）；

（六）其他相关材料。

所有复印件材料应加盖公章，并提供原件以备查验。

第六条 受理和发放奖励资金程序：

（一）市科技局公开发布受理通知；

（二）雏鹰企业将上述申请材料提交至各区科技行政管理部门；

（三）各区科技行政管理部门对企业提交材料的原件及复印件形式审查后将原件退还企业；

（四）各区科技行政管理部门根据形式审查结果填写市科技局统一发放的汇总表，盖部门公章后与申请材料一并送至指定受理机构；

（五）受理机构对申请材料进行审核；

（六）市科技局向社会公示拟奖励的企业名单及金额；

（七）公示无异议的，市科技局会同市财政局联文下达奖励资金计划，办理财政资金拨付手续。

第三章 瞪羚企业、科技领军企业和领军培育企业股改奖励

第七条 申请条件及奖励标准。以上市为目的并完成股改的瞪羚企业、科技领军企业和领军培育企业，市财政给予一次性30万元奖励。被认定为瞪羚企业、科技领军企业和领军培育企业前已完成股改并获得股改补贴的企业，不再给予股改奖励。

第八条 申请材料。申请股改奖励的企业应提供以下材料：

（一）瞪羚企业、科技领军企业和领军培育企业股改奖励申请表（原件）。

（二）企业名称核准变更通知书、股份公司营业执照及法定代表人身份证（复印件）。

（三）以上市挂牌为目的完成股改的证明文件（复印件）：

1.企业在OTC挂牌的，提供OTC出具的挂牌通知书；

2.企业拟在全国中小企业股份转让系统挂牌或在沪、深证券交易所首次公开发行股票并上市的，提供同证券公司、会计师事务所、律师事务所签订的挂牌或上市服务协议；企业已在全国中小企业股份转让系统挂牌的，提供全国股转系统出具的企业挂牌交易同意函；企业已在沪、深证券交易所首次公开发行股票并上市的，提供沪、深交易所出具的企业股票上市的通知；

3.企业拟在境外证券交易所首次公开发行股票并上市的，提供同具有相关从业资质的证券公司、会计师事务所、律师事务所签订的境外上市服务协议；企业已在境外证券交易所首次公开发行股票并上市的，提供上市地证券交易所出具的同意企业公开发行股票并上市的有关证明（含翻译件）。

（四）其他相关材料。

所有复印件材料应加盖公章，并提供原件以备查验。

第九条 受理和发放奖励资金程序：

（一）市科技局公开发布受理通知；

（二）各区科技行政管理部门对企业的申请材料进行形式审查，指导企业完善、规范申请材料，形式审查通过的，签字盖章；

（三）受理机构受理申请材料，并进行审核；

（四）市科技局组织召开专家评审会，对申请股改奖励的企业进行评审；

（五）市科技局向社会公示拟奖励的企业名单及金额；

（六）公示无异议的，市科技局会同市财政局联文下达奖励资金计划，办理财政资金拨付手续。

第十条 滨海新区科技行政管理部门另行制定支持政策。其他各区科技行政管理部门自行制定配套支持政策。

第四章 法律责任

第十一条 申请奖励的企业，应如实填报申请材料。对弄虚作假的，一经查实取消申请资格；已发放奖励资金的，追回已发放奖励资金，并按照有关规定列入失信行为记录。

第五章 附则

第十二条 本办法自发布之日起施行，有效期至 2021 年 9 月 30 日。

第十三条 本办法由市科技局、市财政局按职责分工负责解释。

市科技局、市财政局印发《关于建立高成长初创科技型企业专项投资扶持机制的意见》和《天津市高成长初创科技型企业专项投资管理暂行办法》的通知

(津科规〔2020〕2号)

各有关单位：

为推动本市经济高质量发展，加快新动能引育，经市人民政府同意，现将《关于建立高成长初创科技型企业专项投资扶持机制的意见》和《天津市高成长初创科技型企业专项投资管理暂行办法》印发给你们，请遵照执行。

天津市科学技术局
天津市财政局
2020年6月29日

关于建立高成长初创科技型企业专项投资扶持机制的意见

为推动本市经济高质量发展，更好发挥财政资金在支持高成长初创科技型企业发展中的引导作用，加快新动能引育，探索建立财政资金对高成长初创科技型企业的专项投资扶持机制，支持培育更多好企业茁壮成长，制定本意见。

一、指导思想

坚持以习近平新时代中国特色社会主义思想为指导，全面贯彻党的十九大和十九届二中、三中、四中全会精神，深入落实习近平总书记对天津工作"三个着力"重要要求和一系列重要指示批示精神，按照市委、市政府工作要求，聚焦引育新动能，建立和完善以"分担风险、让利退出"为特点的支持高成长初创科技型企业扶持机制，探索科技金融创新服务新范式。

二、基本原则

——政府出资，支持早期。财政出资扶持高成长初创科技型企业发展，在企业创业早期投入，解决制约高风险早期科技型企业发展的融资难题。

——分担风险，让利退出。专项投资不追求超额收益，重在培养好苗子，分担创业风险。创业成功实现增值收益的，专项投资让利退出。创业未达预期目标或创业失败，导致专项投资发生损失的，对符合相关规定的投资损失按程序核销。

——规范管理，尽职免责。建立政府主导，专业机构投后管理的专项投资管理规范。按照管理程序实施决策和管理发生损失的，对符合条件的机构和个人实施容错机制、尽职免责。

三、主要任务

通过政府专项投资引导，优化高水平人才团队创新创业环境，促进重大科技成果转化，5年内

引育不少于100家高成长初创科技型企业，助力本市经济社会高质量发展。

（一）建立扶持机制，投向目标企业。建立高成长初创科技型企业专项投资扶持机制，与本市已设立的天使投资、创业投资、产业并购等科技风险投资引导基金相互衔接，共同形成覆盖科技型企业初创期、成长期、壮大期各阶段的科技风险投资体系。专项投资重点扶持天使投资、创业投资等风险投资基金主动投资意愿低的高成长初创科技型企业。专项投资在投资前与企业签订投资协议，明确约定让利、退出等相关安排。创业成功实现增值收益的，专项投资依约定让利退出，让利部分主要用于奖励创业经营团队。创业未达预期目标或创业失败，导致专项投资发生损失的，对符合相关规定的投资损失按程序核销。

（二）财政投入引导，联动持续推进。统筹本市已设立的天使投资、创业投资、产业并购三类科技风险投资引导基金，回收资金与收益循环投资，从中安排专项投资资金。设立激励机制，引导撬动社会风险投资机构、创业团队、本市各区（包括功能区）跟投联投高风险早期企业，形成支持合力。设置梯度让利和管理费用分段提取机制，加快资金回收，形成滚动投资、持续扶持的循环。

（三）聚焦引育新动能，瞄准重点企业。专项投资聚焦智能科技、生物医药、新能源新材料等产业领域，专注拥有核心技术和核心专利产品、成果转化能力强、市场前景好、产业带动作用突出的企业，对本市产业发展补链作用明显的高成长初创科技型企业。加大对高水平优秀"项目+团队"创新创业的扶持，加快本市新旧动能转换和战略性新兴产业集聚。重点从本市招商引资企业、创新型领军计划企业、国家高新技术企业、国家科技型中小企业等优质科技型企业中筛选，对符合条件的给予支持。对于引进的创业团队和企业，可先行受理和决策，迁入本市后实施投资。

（四）强化政府导向，依约履职尽责。建立各区（包括功能区）、市相关部门推荐，管理机构受理论证，部门联审，天津市高成长初创科技型企业专项投资管理委员会（以下简称管委会）决策，管理机构落实决策意见及投后管理的工作机制。管理机构依据本意见、《天津市高成长初创科技型企业专项投资管理暂行办法》（以下简称《管理办法》）和协议约定履职尽责。专项投资发生投资损失时，对按照本意见、《管理办法》和相关协议约定依法依规开展工作，符合条件的机构和个人尽职免责，审计机关依法对专项投资进行监督。

（五）加强风险管理，依规核销。加强项目源头把控、投资决策和投后管理。各区（包括功能区）、市相关部门优选推荐符合条件的企业，管委会按照本意见和《管理办法》实施决策，管理机构加强投后管理、跟踪服务和日常预警。专项投资发生的投资损失，由管理机构聘请具备资质的评估机构开展评估形成报告，管理机构根据评估结果提出核销建议报管委会办公室，管委会办公室组织部门联审，部门联审通过的，由管理机构报管委会审议，审议通过后核销。

四、保障机制

（一）加强组织领导。建立由分管副市长担任主任的管委会，作为专项投资决策机构，主要负责专项投资、年度预算安排及投后管理过程中重大事项的审议决策。管委会下设办公室，主要负责管委会审议事项准备、工作协调落实、监督考核等工作。遴选专业机构负责专项投资的受理论证、投资入股、投后管理。专项投资启动初期，为探索管理经验，可指定经验丰富的专业机构作为管理机构。各区（包括功能区）、市相关部门配合做好优质企业推荐工作，协调促进各类社会资本与专项投资形成资本合力。

（二）加强日常监管。管委会办公室定期对专项投资开展绩效考核评价，视情况启动下轮投资，监督管理机构规范专项投资的具体运作，实现专项投资资金滚动投资。管理机构强化对被投企业的日常管理，建立预警机制，发现风险及时报请管委会办公室研究应对方案并落实。

（三）加强资金保障。加大资金筹集力度，适时补充专项投资，弥补投资损失；加快资金回笼，提高使用效率，将专项投资保持在一定规模，保证及时投资符合条件的企业。

本意见自发布之日起施行，有效期5年。

天津市高成长初创科技型企业专项投资管理暂行办法

第一条 为支持高成长初创科技型企业发展，引导优秀团队创新创业，让更多好企业茁壮成长，本市设立高成长初创科技型企业专项投资（以下简称专项投资）。为规范专项投资运作与管理，制定本办法。

第二条 统筹使用天津市天使投资引导基金、创业投资引导基金、科技小巨人企业产业并购引导基金，回收资金与收益循环投资，从中安排专项投资资金，重点投资高风险初创科技型企业；构建相互衔接，覆盖科技型企业初创期、成长期、壮大期各阶段的科技风险投资体系，更好发挥政府资金引导作用。

第三条 专项投资对单一企业的投资额一般不超过1000万元，不作为企业发起人和第一大股东。对单一企业投资额超过1000万元的，应就其必要性作出充分说明。被投企业一般应先期或同期获得创业经营团队、中国证券投资基金业协会登记的基金管理人和备案基金（以下称备案跟投资本）、本市各区（包括功能区）代表机构或企业任意一方货币投资，专项投资分别不高于其10倍、2倍和1倍。

第四条 被投企业注册地和主要经营场所均须在本市；对注册地和主要经营场所不在本市的可先行决策，迁入本市后实施投资。企业须承诺在获得投资后不迁出本市。

被投企业应属于智能科技、生物医药、新能源新材料等领域，具有核心技术、核心创新能力、核心专利产品，且至少具备下列基本条件之一：

（一）由国内外优秀科研团队领衔，拥有原创性、颠覆性、关键共性技术或与重大工程密切相关的技术成果，具有技术迭代升级能力；

（二）创业经营团队具备较强的成果转化能力，企业成果具备转化条件，市场方向明确，具有重大需求或较强产业带动作用；

（三）获得过国家级、省部级科技重大专项等资金支持或国家级、省部级科技奖励；

（四）获得"项目＋团队"A、B级政策支持的"带土移植"优秀团队；

（五）对本市重点产业具有补链作用的企业；

（六）其他符合本市引育新动能要求的企业。

专项投资优先投资列入国家高新技术企业、国家科技型中小企业名录的企业；列入本市"雏鹰"、"瞪羚"、科技领军（培育）企业名录的企业或"专精特新"中小企业；本市各区（包括功能区）重点支持的企业；备案跟投资本同期跟投的企业。

第五条 专项投资在企业成长初期投资入股，分担企业创业失败风险，一般应在企业上市前、新的社会资本投资前等节点退出。专项投资在投资前应与企业签订投资协议，明确约定让利、退出等相关安排，在退出时依约定落实。

创业经营团队有受让意愿的，自投资之日起3年（含）内，专项投资以原始价格加管理成本后转让给创业经营团队；自投资后第4年起至第5年（含），按投资年限以原始价格及利息之和（年利率为退出时中国人民银行公布的1年期贷款基础利率，以下简称专项投资本息）转让给创业经营团队；超过5年的，各方同股同权。

备案跟投资本同期跟投的，自投资之日起3年（含）内，专项投资可将不超过备案跟投资本同期跟投额且不超过专项投资30%部分，以原始价格加管理成本后转让给备案跟投资本，其余部分以原始价格加管理成本后转让给创业经营团队；自投资后第4年起至第5年（含），专项投资可将不超过备案跟投资本同期跟投额且不超过专项投资30%部分，按专项投资本息转让给备案跟投资本，其余部分按专项投资本息转让给创业经营团队；超过5年的，各方同股同权。备案跟投资本不与创业经营团队同步受让专项投资的，专项投资可将全部投资份额一并转让给创业经营团队。

企业创业未达预期目标或创业失败，经协商，专项投资可通过适当方式退出。

第六条 建立天津市高成长初创科技型企业专项投资管理委员会（以下简称管委会）作为专项投资决策机构，分管副市长担任主任，市科技局主要负责同志担任副主任，市发展改革委、市教委、市科技局、市工业和信息化局、市财政局、市商务局、市合作交流办分管负责同志为成员。主要职责包括：

（一）审议年度预算及资金筹措方案；

（二）审议投资事项；

（三）审议投后管理重要事项；

（四）确定管理机构；

（五）审议其他有关重大决策事项。

第七条 管委会下设办公室，办公室设在市科技局，市科技局主要负责同志担任办公室主任，市科技局、市财政局分管负责同志担任办公室副主任，市发展改革委、市教委、市科技局、市工业和信息化局、市财政局、市商务局、市合作交流办分别委派相关处室主要负责同志任办公室成员。办公室承担管委会日常工作，主要职责包括：

（一）做好需管委会审议事项的前期工作；

（二）建立管委会成员单位工作协调机制，确保管委会高效运行，对相关工作督促检查落实；

（三）建立部门联审工作机制，对投资方案进行政策目标审查，形成联审意见；

（四）对管理机构相关工作进行部署、指导和监督；

（五）每3年对被投企业的产业带动、经营效益、税收贡献和就业情况等投资绩效开展评估考核，视情况启动下轮投资安排；

（六）完成管委会交办的其他工作。

第八条 管理机构代行出资人职责，负责受理申报、尽调论证、出资管理等工作。主要职责包括：

（一）受理各区（包括功能区）、市相关部门推荐的企业申请，对申请企业发展潜力、产业发展前景、技术成果先进性，以及对我市产业补链作用进行分析，深入企业开展尽职调查，形成报告。组织技术、投资专家开展投资咨询论证，形成论证意见。管理机构综合尽调报告、论证意见，提出投资建议，上报管委会办公室；

（二）根据管委会决策意见洽谈投资协议，并代表财政资金按工商管理有关规定出资持股；

（三）建立检查报告机制，对被投企业开展日常性预警评估，如发现重大风险及时采取措施，定期向管委会办公室报告投资情况；

（四）实施投资退出与资金回收；

（五）管委会及其办公室委托的其他事项。

第九条 专项投资主要决策流程如下：

（一）申请推荐。企业、创业经营团队或成果拥有者填写投资申请书，申请书应包括企业基本情况、技术或产品创新性、团队技术实力、产业带动能力、市场分析和发展规划、融资使用计划等内容，并报各区（包括功能区）或市相关部门。各区（包括功能区）、市相关部门推荐优质企业，向管委会办公室出具正式推荐函，推荐函应包括是否符合专项投资支持方向、申请专项投资支持的必要性、对本市产业补充提升作用等内容，招商引资项目还应提出落地安排；

（二）受理论证。管理机构常年受理申请，深入了解项目情况，组织技术、投资专家开展投资咨询论证，出具论证意见，提出投资建议；

（三）部门联审。管委会办公室召集办公室成员对投资方案开展部门联审，提出联审意见；

（四）投资决策。管委会听取管理机构汇报，内容包括推荐意见、论证意见、联审意见，开展投资决策；

（五）实施投资。管理机构按照管委会决策意见，细化投资协议，投资入股。

管理机构应于收到申报材料之日起15个工作日内形成投资建议，报管委会办公室。管委会作出的投资决策意见1年内有效。

第十条 管理机构按照在投企业投资额度累计从专项投资中提取7%管理费，"包干"使用。在被投企业管理期间每年提取1%，最多提取3年，剩余管理费在投资回收时一次性提取；5年内完成投资回收的，另外奖励2%管理费。

第十一条 专项投资发生损失时，对按照《关于建立高成长初创科技型企业专项投资扶持机制的意见》、本办法和相关协议约定依法依规开展工作的，依照《天津市人民代表大会常务委员会关于鼓励促进改革创新的决定》和有关规定，对符合条件的机构和个人尽职免责，审计机关依法对专项投资进行监督。

第十二条 专项投资发生的投资损失，管理机构聘请具备资质的评估机构开展评估，管理机构根据评估结果提出核销建议报管委会办公室，管委会办公室组织部门联审，部门联审通过的，由管理机构报管委会审议，审议通过后核销。

第十三条 本办法自发布之日起施行，有效期5年。

第十一章　河北省科研项目和资金管理法规政策

河北省人民政府关于深化省级财政科技计划（专项、基金等）管理改革的意见

（冀政发〔2015〕24号）

各设区市人民政府，各县（市、区）人民政府，省政府各部门：

为认真贯彻落实《国务院关于改进加强中央财政科研项目和资金管理的若干意见》（国发〔2014〕11号）和《国务院关于深化中央财政科技计划（专项、基金等）管理改革的方案》（国发〔2014〕64号）精神，深化省级财政科技计划（专项、基金等）管理改革，切实解决各类科技计划（专项、基金等）多口管理、重复资助，资源配置碎片化等突出问题，结合我省实际，提出如下意见：

一、总体要求

（一）总体目标。通过深化改革，加快构建统筹协调、布局合理、定位清晰、公开透明、监管有力的科技计划（专项、基金等）管理体系，实现科技资源配置合理化、决策流程科学化、项目管理规范化、经费使用绩效化、管理手段信息化，更加符合科技创新规律、更加聚焦我省创新发展的重大需求、更加高效配置科技资源，更加强化科技与经济紧密结合，为打造双引擎提供新动能。

（二）基本原则。

1.促进科技与经济深度融合。科技计划（专项、基金等）面向科技和经济社会发展重大需求，以产业技术创新为主攻方向，围绕产业链布局创新链，围绕创新链配置资金链，统筹衔接各环节，充分发挥科技对经济社会发展的支撑引领作用。

2.明晰政府与市场的关系。政府重点支持应用基础研究、社会公益、重大共性关键产业技术研究等科技活动。最大限度发挥市场对各类创新要素配置的决定性作用，支持企业成为技术创新和成果转化的主体。

3.坚持公开透明和社会监督。建立以目标和绩效为导向的科技计划（专项、基金等）管理体

制，加强全过程的信息公开和痕迹管理，全面推行科技报告制度，强化科研诚信建设和信用管理，接受社会监督，切实做到公平公正公开。

4.实行科研项目分类管理。应用基础研究项目突出创新导向，公益性科研项目聚焦重大需求，市场导向类项目突出企业主体，重大科研项目突出目标导向。

5.转变政府科技管理职能。进一步简政放权，政府各部门不再直接管理具体项目，主要负责科技发展战略、规划、政策、布局、评估、监管。对省级财政各类科技计划（专项、基金等）实行统一管理，建立统一的评估监管体系。

二、建立公开统一的省科技管理平台

（三）建立健全统筹协调与决策机制。成立由省科技行政主管部门牵头，省财政、发展改革等相关部门参加的科技计划（专项、基金等）管理联席会议（以下简称联席会议）。联席会议负责制定议事规则，审议科技发展战略规划、科技计划（专项、基金等）的布局与设置、重点任务和指南、科技创新专家咨询委员会的组成、专业机构的遴选择优等事项。省财政行政主管部门根据联席会议决策部署以及预算管理的有关规定，统筹配置省级财政科技预算。省各相关部门负责提出本行业、本领域重大科技需求和年度指南建议，并在计划项目组织实施和科技成果转化推广应用中发挥积极作用。

（四）组建省科技创新专家咨询委员会。省科技创新专家咨询委员会由省内外科技界、产业界和经济界的高层次专家组成，对科技创新规划编制、科技计划（专项、基金等）布局与动态调整、重大科技专项设立和任务分解等提出咨询意见，为联席会议提供决策参考。

（五）依托专业机构管理项目。将现有具备条件的科研管理类事业单位等改造成规范化的项目管理专业机构，由专业机构通过统一的省科技管理信息系统受理各方面提出的项目申请，组织项目评审、立项、过程管理和结题验收等，对实现任务目标负责。加快制定专业机构管理制度和标准，明确规定专业机构应当具备相关科技领域的项目管理能力，建立完善的法人治理结构，设立理事会、监事会，制定章程，按照联席会议确定的任务，接受委托，开展工作。加强对专业机构的监督、评价和动态调整，确保其按照委托协议的要求和相关制度的规定开展项目管理工作。项目评审专家应当从国家、省科技项目评审专家库中选取。鼓励具备条件的社会化科技服务机构参与竞争，推进专业机构的市场化和社会化。

（六）完善科技计划统一管理机制。省科技行政主管部门要会同省有关部门加快建立完善统一的科技管理信息系统，将优化整合后的省级财政科技计划（专项、基金等）集中管理。省科技、财政行政主管部门要会同省有关部门建立统一的评估和监管机制，实行黑名单制度和责任倒查机制。建立统一的信息发布和公开机制，切实提高科技资源配置效率。

三、优化整合科技计划（专项、基金等）布局

（七）重构5类科技计划（专项、基金等）。根据全省经济社会发展需求和科技创新规律，对接国家科技计划体系设置，大幅减少科技计划（专项、基金等）数量，通过撤、并、转等方式将省各部门管理的各类省级财政科技计划（专项、基金等），优化整合形成基础研究计划、重大科技专项、重点研发计划、技术创新引导计划、创新能力提升计划等5类科技计划（专项、基金等），全部纳入统一的省科技管理平台管理，分类指导，加强项目查重，避免重复申报和重复资助。各类计划的具体整合方案由联席会议研究议定。本次优化整合工作针对所有实行公开竞争方式的科技计划（专项、基金等），不包括对省级科研机构和高校实行稳定支持的专项资金。

（八）基础研究计划。主要开展应用基础研究和产业前沿技术研究，培育优秀科研人才和创新团队，不断增强源头创新能力。

（九）重大科技专项。聚焦全省产业发展的重大技术需求和重大战略产品、重大产业化目标，集中力量，在设定时限内进行集成式协同攻关，解决我省产业转型升级的关键核心问题。

（十）重点研发计划。以提升我省产业核心竞争力、企业自主创新能力为核心，加强跨部门、跨行业、跨区域研发布局和协同创新，重点支持产业重大共性关键技术和产品的研发、重大社会公益技术研究、重大科技示范应用、京津冀协同创新，实现重点突破，为经济和社会发展主要领域提供持续性的科技支撑和引领。

（十一）技术创新引导计划。以促进科技成果资本化、产业化为核心，充分发挥财政资金杠杆作用，通过政策引导，建立转化基金、引导基金、风险补偿基金等，引导和聚集社会资本，重点培育壮大科技型中小企业和行业领军企业。

（十二）创新能力提升计划。以提升我省整体创新能力为核心，以培育创新人才和优秀团队、促进科技资源开放共享、强化科技创新的条件保障能力为重点，支持各类创新人才团队、科技园区、高新技术产业基地、研发平台建设，提高科技创新的整体保障能力。

（十三）建立科技计划（专项、基金等）动态调整机制。由省科技、财政行政主管部门根据绩效评估和监督检查结果以及省相关部门的建议，提出科技计划（专项、基金等）动态调整意见。完成预期目标或达到设定时限的，自动终止；确有必要延续实施的，或新设立科技计划（专项、基金等）以及重点专项的，由省科技、财政行政主管部门会同省有关部门组织论证，提出建议。动态调整意见经联席会议审议后，报省政府审批。

四、改进科研项目管理流程

（十四）创新项目生成机制。省科技行政主管部门会同省有关部门、市县（市、区）、各类园区推进科技项目库等建设；跟踪各级政府支持重点和技术交易、创新创业大赛、金融机构投资、科技展会、高层次人才引进等活动，发现凝练科技项目；面向社会，建立企业技术需求与项目征集平台。

（十五）完善项目指南制定和发布机制。项目主管部门结合科技计划（专项、基金等）的特点，针对不同项目类别和要求编制项目指南，扩大项目指南编制工作的参与范围，充分征求、积极吸纳科研院所、高等学校、产业部门、金融部门、市县，特别是企业的意见和建议。自指南发布日到项目申报受理截止日，原则上不少于50天。

（十六）规范项目立项。完善公平竞争的项目遴选机制，通过公开择优、定向择优等方式确定项目承担者。健全立项管理的内部控制制度，加强项目查重，避免重复申报和重复资助，杜绝项目打包和拉郎配。规范评审专家行为，提高项目评审质量。推行网络评审和视频答辩评审，合理安排会议答辩评审，视频与会议答辩评审应当录音录像。公开项目审批流程，评审意见应当及时反馈项目申请者，从受理项目申请到反馈立项结果原则上不超过120个工作日。实施项目全过程痕迹管理，建立完善档案管理制度，如实记录指南编制、专家评审、立项及资金安排、实施、评价等核心环节信息，实现项目管理全过程可申诉、可查询、可追溯。

（十七）加强项目验收和结题审查。项目完成后，项目承担单位应及时做好总结工作，编制项目决算，按时提交验收或结题申请。项目主管部门应及时组织开展验收或结题审查，并严把验收和质量审查关。改进省科技计划项目验收管理，根据不同类型项目，可采取同行评议、第三方评估、用户测评、研发目标实现程度比对等方式进行验收。

五、改进科研项目资金管理

（十八）优化财政科技资金投入方式。充分发挥发挥财政资金杠杆作用，对接国家资金，汇集社会投资，吸引金融资本，促进科技金融深度融合，通过设立创业投资引导基金、成果转化基金，建立风险补偿机制等，放大财政资金使用效益。积极开展科技创新券试点工作，进一步降低科技型中小微企业创新投入成本。省级财政要继续加强对省级科研机构和高校自主开展科研活动的稳定支持。

（十九）规范项目预算编制。项目申请单位应当按规定科学合理、实事求是地编制项目预算，严格控制设备购置，鼓励共享、试制、租赁专用仪器设备以及对现有仪器设备进行升级改造。劳务费预算应当结合单位实际以及相关人员参与项目的全时工作时间等因素合理编制。

（二十）完善项目资金支出管理。项目经费单独核算、专款专用，规范项目经费会计核算。调整劳务费开支范围，将项目临时聘用人员的社会保险补助纳入劳务费科目中列支。进一步下放预算调整审批权限，项目实施中发生的会议费、差旅费、国际合作与交流费三项支出之间可以调剂使用，但不得突破三项支出预算总额。对实行间接费用管理的项目，间接费用的核定与项目承担单位信用等级挂钩，由项目主管部门直接拨付到项目承担单位。项目承担单位应当建立健全间接费用的内部管理办法，合规合理使用间接费用，结合一线科研人员实际贡献公开公正安排绩效支出，充分发挥绩效支出对科研人员的激励作用。

（二十一）改进项目结转结余资金管理办法。项目在研期间，年度剩余资金可以结转下一年度继续使用。项目完成任务目标并通过验收，且承担单位信用评价好的，项目结余资金按规定在一定期限内由单位统筹安排用于科研活动的直接支出，并将使用情况报项目主管部门；未通过验收和整改后通过验收的项目，或承担单位信用评价差的，结余资金按原渠道收回。

六、加强科研项目和资金监管

（二十二）规范科研项目资金使用行为。科研人员和项目承担单位要依法依规使用项目资金，不得擅自调整外拨资金，不得利用虚假票据套取资金，不得通过编造虚假合同、虚构人员名单等方式虚报冒领劳务费和专家咨询费，不得通过虚构测试化验内容、提高测试化验支出标准等方式违规开支测试化验加工费，不得随意调账变动支出、随意修改记账凭证、以表代账应付财务审计和检查。项目承担单位要建立健全科研和财务管理等相结合的内部控制制度，规范项目资金管理，在职责范围内及时审批项目预算调整事项。对从省级财政以外渠道获得的项目资金，按照国家有关财务会计制度规定以及相关资金提供方的具体要求管理和使用。

（二十三）改进科研项目资金结算方式。科研院所、高等学校等事业单位承担项目所发生的会议费、差旅费、小额材料费和测试化验加工费等，要按规定实行公务卡结算。企业承担的项目，上述支出也要采用非现金方式结算。项目承担单位对设备费、大宗材料费和测试化验加工费、劳务费、专家咨询费等支出，原则上应当通过银行转账方式结算。

（二十四）加大对违规行为的惩处力度。建立完善覆盖项目决策、管理、实施主体的逐级考核问责机制。省有关部门要加强科研项目和资金监管工作，按规定采取通报批评、暂停项目拨款、终止项目执行、追回已拨项目资金、取消项目承担者一定期限内项目申报资格等措施，严肃处理违规行为，涉及违法的移交司法机关处理，并将有关结果向社会公开。

七、加强相关制度建设

（二十五）建立科研信用管理制度。逐步建立覆盖指南编制、项目申请、评估评审、立项、执行、验收、科技报告全过程的科研信用记录，由项目主管部门委托专业机构对项目承担单位和科研人员、评估评审专家、中介机构等参与主体进行信用评级，各项目主管部门应共享信用评价信息。实施信用评级分类管理，将严重不良信用记录者记入黑名单，阶段性或永久取消其申请省级财政资助项目或参与项目评审、管理的资格。

（二十六）建立健全信息公开制度。除涉密及法律法规另有规定外，项目主管部门要按规定向社会公开科研项目的立项信息、验收结果和资金安排情况等，接受社会监督。项目承担单位应当在单位内部公开项目立项、主要研究人员、资金使用、大型仪器设备购置以及项目研究成果等信息，接受内部监督。

（二十七）建立省科技报告制度。参照国家科技报告的标准和规范制定省科技报告的标准和规范，建立省科技报告共享服务平台，并与国家科技报告共享服务平台对接连通，实现科技资源的持续积累、完整保存和开放共享。省级财政资金支持的科研项目，项目承担者须按规定提交科技报告，科技报告提交和共享情况作为对其后续支持的重要依据。

（二十八）改进专家遴选制度。完善评审专家数据库，与国家专家库对接，实现京津冀专家库共建共享。优化评审专家结构，评审专家以一线专家为主，扩大企业专家参与市场导向类项目评估评审的比重。科技成果转化、产业化项目根据需要，引入企业家、风险投资人、金融机构和行业协会专家参与评审。实行评估评审专家轮换、调整机制和回避制度。强化专家自律，接受同行质询和社会监督，保证评审的公平公正。

（二十九）完善激发创新创造活力的相关制度和政策。加快推进事业单位科技成果使用、处置和收益管理改革，完善和落实促进科研人员成果转化的收益分配政策。加强知识产权运用和保护，落实激励科技创新的税收政策，推进科技评价和奖励制度改革，制定导向明确、激励约束并重的评价标准，充分调动项目承担单位和科研人员的积极性创造性。

八、明确和落实各方管理责任

（三十）项目承担单位要强化法人责任。项目承担单位是科研项目实施和资金管理使用的责任主体，要切实履行在项目申请、组织实施、验收和资金使用等方面的管理职责，建立常态化的自查自纠机制，严肃处理本单位出现的违规行为。科研人员要弘扬科学精神，恪守科研诚信，强化责任意识，严格遵守科研项目和资金管理的各项规定，自觉接受有关方面的监督。

（三十一）有关部门要落实管理和服务责任。省各有关部门要按照申报要公平、项目要公开、审批要制衡、去向要审计、绩效要评估、考核要问责的要求，加快构建全链条的监管体系。省科技行政主管部门要会同省有关部门根据本意见精神，不断完善就全省科技工作重大问题进行会商与沟通的联席会议制度与议事规则。项目主管部门和省财政行政主管部门要制定或修订各类科技计划（专项、基金等）和资金管理办法，重点明确项目主管部门、财政部门、项目承担单位等在项目管理中的职责，并建立健全责任追究机制，切实做到科研项目申报预算有绩效目标、项目实施有绩效跟踪、项目结题有绩效考核。

省各有关部门要按照整体设计、试点先行、逐步推进的原则，把握时间节点，积极稳妥推进实施。2015年，启动省级科技管理平台建设，选择若干具备条件的科技计划（专项、基金等）进行整合试点，并在2016年财政预算中体现。2016年，基本完成省级财政科技计划优化整合工作，按照新的科技计划安排和预算配置试运行。2017年，全面按照优化整合后的科技计划运行，不再保留原有科技计划的经费渠道。

各地要参照本意见，制定加强本地财政科技计划（专项、基金等）管理改革的办法。

河北省财政厅 河北省科学技术厅
关于印发《河北省省级技术创新引导专项（基金）后补助管理规定》的通知

(冀财教〔2015〕109号)

各设区市、省财政直管县（市）财政局、科技局：

为了贯彻落实河北省人民政府《关于深化省级科研计划（专项、基金等）管理的意见》（冀政发〔2015〕24号）、《关于发展众创空间推进大众创新创业的实施意见》（冀政发〔2015〕15号）和《关于推动科技创新平台和大型仪器设备面向社会开放服务的实施意见》（冀政发〔2015〕16号），充分发挥财政科技经费的引导作用，强化企业技术创新主体作用，推动科技与经济紧密结合，省财政厅、省科技厅确定在省级技术创新引导专项（基金）管理中引入后补助机制，并根据国家有关财务管理制度，制定了《河北省省级技术创新引导专项（基金）后补助管理规定》，现印发你们，请遵照执行。

省财政厅 省科学技术厅
2015年7月22日

河北省省级技术创新引导专项（基金）后补助管理规定

第一章 总则

第一条 为进一步发挥财政科技资金的引导作用，加快建立以企业为主体的技术创新体系，规范省级技术创新引导专项（基金）后补助机制的实施，制定本规定。

第二条 省级财政预算安排的技术创新引导专项（基金）实施后补助机制适用本规定。

本办法所称后补助，是指从事研究开发和科技服务活动的单位先行投入资金，取得成果或者服务绩效，通过验收审查或绩效考核后，给予经费补助的财政资助方式。

前款所称的单位，是指在本省行政区划内注册的、具有独立法人资格的企业、科研院校、高等院校等。

第三条 后补助包括事前立项事后补助、奖励性后补助及共享服务后补助等方式。

第二章 事前立项后补助

第四条 事前立项事后补助是指项目单位根据科技部门发布的省级科技计划或专项项目指南，结合自身研发需要提出申请，按照规定的程序立项后，单位先行投入资金组织开展研究开发活动，取得成果并通过验收后给予相应补助。

第五条 省级科技计划及专项中以科技成果工程化、产业化为目标任务，具有量化考核指标的研究开发类项目，应当实施事前立项事后补助。

第六条 事前立项事后补助按照以下程序管理：

（一）发布指南。省科技厅根据省级科技计划或专项的目标任务和年度支持重点发布项目指南。对于其中符合事前立项事后补助实施条件的项目，应当明确其实施后补助管理，并对项目拟达到的目标任务提出明确要求，建立面向结果的考核指标体系。

项目不设置课题，不设定经费控制数。

（二）提交申请。单位根据申报指南的要求，编制并提交项目申请材料。

项目申请材料应当包括项目总体目标、主要任务、考核指标、配套条件、验收方式方法、项目预算等内容，并附近三年经审计或主管部门批复的财务报表。

项目预算由申请单位根据自身基础条件和项目实施需要进行编制，应当真实反映与项目研究内容直接相关的各项研发成本。具体开支范围参照相关科技计划、专项资金管理办法执行，无法纳入开支范围的其他支出，可单独列示。

（三）立项论证。省科技厅委托专业机构或组织专家对项目申请材料进行论证，择优确定项目承担单位，明确项目的考核指标、验收方式方法等重点内容。

（四）预算评估评审。省科技厅、省财政厅委托专业机构对项目预算进行评估评审。

（五）预算备案。省科技厅根据预算评估评审结果提出项目后补助预算方案，并向项目申请单位反馈，达成一致后，报省财政厅备案。拟补助经费额不超过项目预算的50%。

（六）签订任务书。经省科技厅批复立项的项目，由省科技厅（或受托的专业机构）与项目承担单位签订项目任务书。项目任务书应当包括项目目标任务、考核指标、验收方式方法、项目预算、拟补助经费额、项目实施期限等。

（七）项目实施。项目承担单位按照项目任务书中的规定自行组织实施和管理，省科技厅不组织项目实施过程中的管理。项目终止实施的，应当按照相关省科技计划及专项的管理要求履行审批手续。

（八）组织验收。项目承担单位在完成任务或实施期满后，应当及时向省科技厅提出验收申请。省科技厅委托专业机构或组织专家按照项目任务书约定的程序和方法对项目进行验收，不再进行财务验收。

（九）验收结果公示。省科技厅将项目验收结果及拟补助金额向社会公示。

（十）经费拨付。项目通过验收后，省科技厅按照事先备案的预算方案，提出项目后补助预算安排建议，列入下一年度部门预算。预算批复下达后，资金按照财政国库管理制度有关规定支付至项目承担单位。经核定拨付的事前立项事后补助经费，由单位统筹安排使用。

第七条 事前立项事后补助采用公开、竞争、择优方式确定项目承担单位。属于政府采购范围的，执行政府采购的有关规定。

第八条 同一项目出现多家单位竞争，研究方法和技术路线各不相同、难以判断优劣时，可以同时委托多家单位承担研究任务，但委托承担单位的数量不超过3家。

同时委托多家单位承担研究任务的，在项目任务书中明确择优支持的原则和方法，综合各家单位的预算评估结果，形成统一的后补助经费额，仅对取得最优成果的单位予以资助。除不可抗力的原因外，项目验收一律不得延期。

第九条 事前立项事后补助项目任务书是项目执行、监督检查、项目验收和经费拨付的依据。省科技厅（或受托的专业机构）和项目承担单位在签订项目任务书时应当协商一致，并详细载明考核指标和验收的方式方法，考核指标应当具体、细化，验收方式方法应当明确、可操作。

第十条 事前立项事后补助项目的验收可以采取用户评价、第三方检测、专家判定等方法。

第十一条 项目成果有明确用户的，验收应当包括用户评价。省科技厅和项目承担单位共同选择用户，并在项目任务书中事先明确。

项目承担单位应当与用户签订协议书，约定双方权责，确保用户出具客观公正的评价意见。

项目成果交付用户后，经过至少一个完整的使用周期后，由用户按照项目任务书以及协议的约定，提供成果使用情况的评价报告。

第十二条 项目验收需要进行第三方检测的，由省科技厅和项目承担单位协商确定第三方检测机构，并在项目任务书中事先明确。

第三方检测机构应当根据相关规定和标准独立完成项目成果检测，提供相关成果的技术指标、性能等检测报告。

第十三条 项目验收需要进行专家判定的，由省科技厅组织专家，根据项目任务书明确的项目验收方法，对考核指标的完成情况进行现场测试和评价，由专家出具评价报告。

第三章　奖励性后补助

第十四条 奖励性后补助是指单位根据市场需求及自身发展需要先行投入资金组织开展研发活动，取得了有助于解决重大经济社会发展问题的技术成果，经审查验收通过后，给予相应补助。

第十五条 申请奖励性后补助的技术成果应当满足以下条件：

（一）对解决我省急需的、影响经济社会发展的重大公共利益或重大产业技术问题等发挥关键作用；

（二）属于申请单位的原创成果，研发记录完备；

（三）未得到财政专项资金资助。

第十六条 省科技厅商省财政厅根据需要解决的问题和技术成果的贡献，按照一事一议的原则确定奖励额度。

第十七条 奖励性后补助按照以下程序管理：

（一）发布公告。省科技厅面向社会发布公告，征集解决重大问题的技术成果，并明确提出技术成果对解决问题应当达到的具体要求和奖励额度建议数。

（二）提交申请。单位根据公告要求提交申请材料。申请材料应当包括完整的技术报告和实施效果等。

（三）审查验收。省科技厅委托专业机构或组织专家对技术成果进行审查验收，重点审查其是否符合公告要求，验证其能否解决相关问题，并形成审查验收结论。审查验收按照本规定第十、十一、十二、十三条执行。

（四）审查结果公示。省科技厅将项目审查验收结论向社会公示。

（五）实施奖励。省科技厅根据审查验收结论，提出奖励性后补助预算安排建议，列入下一年度部门预算。预算批复下达后，资金按照财政国库管理制度有关规定支付至获得奖励性后补助的单位。经核定拨付的奖励性后补助经费，由单位统筹安排使用。

第十八条 获得奖励性后补助的单位，应当与省科技厅签订协议，明确将其技术成果实际应用于解决相关问题。未按照协议要求实际应用的，收回补助资金。

第四章 共享服务后补助

第十九条 共享服务后补助是指对面向社会开展公共服务并取得绩效的科技创新平台所在单位和大型仪器设备拥有单位，经省科技厅、省财政厅绩效考核通过后，给予相应补助。

第二十条 省科技厅会同有关部门和市县，组建统一开放的科技创新资源统筹管理与公共服务省级网络平台，建立开放共享绩效评价制度，制定《河北省大型科学仪器设施共享服务评估办法》，促进科技条件资源整合和高效利用，推动资源的市场化、社会化共享，提高资源利用效率。

第二十一条 共享服务后补助的绩效考核主要包括以下内容：

（一）服务情况。包括资源服务数量和质量、服务对象数量及范围、资源深度挖掘与集成、提供科技支撑取得的效果、平台服务带来的经济和社会效益等。

（二）运行管理情况。包括组织机构运行、平台管理制度落实以及运行机制保障等。

（三）资源整合情况。包括资源增量与质量、资源维护与更新等。

第二十二条 共享服务后补助按照以下程序管理：

（一）发布通知。省科技厅、省财政厅向科技创新平台所在单位和大型仪器设备拥有单位发布绩效考核通知，单位根据通知要求进行申报。申报材料应当包括平台、大型仪器设备运行管理、开放共享等情况，以及反映服务绩效的相关内容和运行服务成本等。

（二）绩效考核。省科技厅、省财政厅委托专业机构对申报单位的资源共享服务绩效进行考核，形成绩效考核结论。

（三）绩效考核结果公示。省科技厅将申报单位的共享服务绩效考核结论进行公示。

（四）实施补助。共享服务后补助实行分类分档定额补助，按出租仪器设备年收入的20%给予申报单位补贴，最高不超过80万元。省科技厅、省财政厅根据绩效考核结论，确定共享服务后补助方案。后补助经费按照相关预算和国库管理制度有关规定支付，主要用于开放共享仪器设备运行维护、管理和操作人员培训及相关费用支出。

第二十三条 不参加绩效考核或连续两次绩效考核较差的科技创新平台所在单位和大型仪器设备拥有单位，不再纳入共享服务后补助范围。

第五章 监督检查

第二十四条 省财政厅、省科技厅按照《预算法》有关规定，加强对后补助经费分配、使用和管理的监督检查。

对拨付非国有企业、个人的专项资金。省科技厅负责监督资金使用情况，按时向省财政厅提交预算执行情况的报告；省财政厅负责监督资金是否按规定拨付有关企业、个人，督促科技管理部门按时提交专项资金执行情况的报告，对举报和发现的问题及时纠正。

对拨付事业单位、国有企业的专项资金。省科技厅负责监督相关单位按财务规则、管理办法的规定使用专项资金，按时向省财政厅提交预算执行情况的报告；省财政厅负责监督主管部门及所属单位按规定的范围使用财政资金，督促科技管理部门按时提交专项资金执行情况的报告，对举报和发现的问题及时纠正。

第二十五条 后补助经费管理应当接受财政、审计等部门的检查和监督。对检查中发现的财政违法行为，按照《财政违法行为处罚处分条例》等有关规定予以处理。情节严重涉嫌犯罪的，依法移送司法机关处理。

第二十六条 省科技厅应当及时公开后补助经费支持单位、补助情况、违规行为及处理结果等，接受社会监督。

第六章　附则

第二十七条　科技孵化器（众创空间）建设专项、高新产业开发区建设专项、产业创新人才专项等其他省级科技计划（专项、基金等）需要实行后补助管理的，可以参照本规定执行。

第二十八条　本规定未尽事宜，按照相关国家和省科技计划及专项有关管理办法执行。

第二十九条　本规定自发布之日起施行，有效期五年，由省财政厅会同省科技厅负责解释。

中共河北省委办公厅　河北省人民政府办公厅印发《关于完善和落实省级财政科研项目资金管理等政策的实施意见》的通知

(冀办发〔2016〕49号)

各市(含定州、辛集市)、县(市、区)党委和人民政府，省直各部门，各人民团体：

《关于完善和落实省级财政科研项目资金管理等政策的实施意见》已经省委、省政府领导同意，现印发给你们，请结合实际认真贯彻落实。

中共河北省委办公厅
河北省人民政府办公厅
2016年9月6日

关于完善和落实省级财政科研项目资金管理等政策的实施意见

为贯彻落实中共中央办公厅、国务院办公厅印发的《关于进一步完善中央财政科研项目资金管理等政策的若干意见》(中办发〔2016〕50号)精神，进一步完善和落实省级财政科研项目资金管理等政策，结合我省实际，提出如下实施意见。

一、改进省级财政科研项目资金管理

(一)改进直接费用支出管理。简化预算编制科目，合并会议费、差旅费、国际合作与交流费科目，由科研人员结合科研活动实际需要编制预算并按规定统筹安排使用，其中不超过直接费用10%的，不需要提供预算测算依据。下放预算调剂权限，项目经费预算总额不变，直接费用中的材料费、测试化验加工费、燃料动力费、出版/文献/信息传播/知识产权事务费及其他支出由项目承担单位自行调剂。专家咨询费标准由项目承担单位自行确定，参照国家规定执行，最高不超过参照国家规定标准的125%。调整劳务费开支范围，参与项目研究的研究生、博士后、访问学者以及项目聘用的研究人员、科研辅助人员等，均可开支劳务费，将项目聘用人员的社会保险补助纳入劳务费科目列支。劳务费预算不设比例限制，由项目承担单位和科研人员据实编制。(省财政厅、项目主管部门、项目承担单位负责)

(二)改进间接费用使用管理。间接费用用于补偿项目承担单位为项目实施所发生的间接成本和绩效支出，由项目主管部门直接拨付到项目承担单位。提高间接费用比重，按照不超过直接费用扣除设备购置费的一定比例核定，与项目承担单位信用等级挂钩，其中：100万元以下的部分为20%，100万元至300万元的部分为15%，300万元以上的部分为13%。加大对科研人员的激励力度，取消绩效支出比例限制。项目承担单位在统筹安排间接费用时，要处理好合理分摊间接

成本和对科研人员激励的关系，绩效支出安排与科研人员在项目工作中的实际贡献挂钩。（项目主管部门、项目承担单位负责）

（三）改进资金拨付和留用处理。实行部门预算批复前项目资金预拨制度，保证科研任务顺利实施。省属高等学校、科研院所预算支出可全部实行授权支付。推行科研项目资金使用公务卡结算，按照省财政厅、省科技厅《关于省级财政科研项目使用公务卡结算有关事项的通知》（冀财库〔2016〕30号）规定执行。改进结转结余资金留用处理方式，项目实施期间，年度剩余资金可结转下一年度继续使用。项目完成任务目标并通过验收后，结余资金按规定留归项目承担单位使用，在2年内由项目承担单位统筹安排用于科研活动的直接支出；2年后未使用完的，按规定收回。（省财政厅、项目主管部门、项目承担单位负责）

（四）自主规范管理横向经费。项目承担单位以市场委托方式取得的横向经费，纳入单位财务统一管理，由项目承担单位按照委托方要求或合同约定管理使用。（项目承担单位负责）

二、下放省属高等学校、科研院所差旅会议管理权限

（一）下放教学科研人员差旅费管理权。省属高等学校、科研院所可根据教学、科研、管理工作实际需要，按照精简高效、厉行节约的原则，研究制定差旅费管理办法，合理确定教学科研人员乘坐交通工具等级和住宿费标准。对难以取得住宿费发票的，省属高等学校、科研院所在确保真实性的前提下，据实报销城市间交通费，并按规定标准发放伙食补助费和市内交通费。（省属高等学校、科研院所负责）

（二）下放业务性会议经费管理权。省属高等学校、科研院所因教学、科研需要举办的业务性会议（学术会议、研讨会、评审会、座谈会、答辩会等），会议次数、天数、人数以及会议费开支范围、标准等，由省属高等学校、科研院所按照实事求是、精简高效、厉行节约的原则确定。会议代表参加会议所发生的城市间交通费，原则上按差旅费管理规定由所在单位报销；因工作需要，邀请国内外专家、学者和有关人员参加会议，对确需负担的城市间交通费、国际旅费，可由主办单位在会议费等费用中报销。（省属高等学校、科研院所负责）

三、完善省属高等学校、科研院所科研仪器设备采购和基本建设项目管理

（一）完善科研仪器设备政府采购管理。省属高等学校、科研院所可自行采购科研仪器设备，自行选择科研仪器设备评审专家。科研仪器设备政府采购预算执行过程中，在政府采购预算总额不变的情况下，如采购需求发生变化，省属高等学校、科研院所可根据需要自行调整政府采购预算需求内容，同时报主管部门和财政部门备案。对省属高等学校、科研院所采购进口仪器设备实行备案制管理。继续落实进口科研教学用品免税政策。（省财政厅、省国税局、石家庄海关、省属高等学校和科研院所负责）

（二）完善基本建设项目管理。扩大省属高等学校、科研院所基本建设项目管理权限，对省属高等学校、科研院所利用自有资金、不申请政府投资建设的项目实行核准制，由省属高等学校、科研院所自主决策，报主管部门备案。省发展改革委和省属高等学校、科研院所主管部门要加强对省属高等学校、科研院所基本建设项目的指导和监督检查。简化省属高等学校、科研院所基本建设项目审批程序，对列入政府或主管部门规划且建设规模和投资明确的建设项目不再审批项目建议书。简化省属高等学校、科研院所基本建设项目城乡规划、用地以及环评、能评等审批手续，缩短审批周期。（省发展改革委、省属高等学校和科研院所主管部门负责）

四、强化项目承担单位法人责任

（一）加强内控机制建设。项目承担单位要认真落实国家和省有关政策规定，按照权责一致的要求，强化自我约束和自我规范，确保接得住、管得好。制定内部管理办法，落实项目预算调剂、间接费用统筹使用、劳务费分配管理、结余资金使用等管理权限；加强预算审核把关，规范财务支出行为，完善内部风险防控机制，强化资金使用绩效评价，保障资金使用安全规范有效；制定符合科研实际需要的内部报销规定，切实解决野外考察、心理测试等科研活动中无法取得发票或财政性票据，以及邀请外国专家来华参加学术交流发生费用等的报销问题。2016年底前，项目承担单位要制定或修订科研项目资金内部管理办法和报销规定；以后年度承担科研项目的单位要于当年制定出台相关管理办法和规定。2016年10月1日前，省属高等学校、科研院所要制定出台差旅费、会议费内部管理办法。（项目承担单位、省属高等学校和科研院所负责）

（二）创新管理服务方式。项目承担单位要建立健全科研财务助理制度，为科研人员在项目预算编制和调剂、经费支出、财务决算和验收等方面提供专业化服务。项目层面聘用的财务助理，所需费用可通过劳务费安排解决；单位统一聘用的财务助理，所需费用可通过科研项目间接费用、单位日常运转经费等渠道安排解决。充分利用信息化手段，建立健全单位内部科研、财务部门和项目负责人共享的信息平台，提高科研管理效率和便利化程度。实行内部公开制度，主动公开项目预算、预算调剂、资金使用（重点是间接费用、外拨资金、结余资金使用）、研究成果等情况。（项目承担单位负责）

五、落实主管部门监督管理职责

（一）加强制度建设。项目主管部门要完善预算编制指南，指导项目承担单位和科研人员科学合理编制项目预算；制定预算评估评审工作细则，优化评估程序和方法，规范评估行为，建立健全与项目申请者及时沟通反馈机制；制定财务验收工作细则，规范委托中介机构开展的财务检查。2016年底前，项目主管部门要制定出台相关实施细则。（项目主管部门负责）

（二）加强统筹协调。省科技厅、项目主管部门、省财政厅要加强对科研项目资金监督的制度规范、年度计划、结果运用等统筹协调，建立职责明确、分工负责的协同工作机制。省科技厅、项目主管部门要加快清理规范委托中介机构对科研项目开展的各种检查评审，加强对前期已经开展相关检查结果的使用，推进检查结果共享，减少检查数量，改进检查方式，避免重复检查、多头检查、过度检查。（省科技厅、项目主管部门、省财政厅负责）

（三）加强工作督查。省财政厅、省科技厅要适时组织开展对项目承担单位科研项目资金等管理权限落实、内部管理办法制定、创新服务方式、内控机制建设、相关事项内部公开等情况的督查，对督查情况以适当方式进行通报，并将督查结果纳入信用管理，与间接费用核定、结余资金留用等挂钩。审计机关要依法开展对政策措施落实情况和财政资金的审计监督。项目主管部门要督促指导所属单位完善内部管理，确保相关政策规定落到实处。（省财政厅、省科技厅、省审计厅、项目主管部门负责）

各市县要参照本意见精神，结合实际，加快推进科研项目资金管理改革等各项工作。

关于印发《河北省企业研究开发费用税前加计扣除项目鉴定办法》的通知

(冀科政〔2016〕22号)

各市(含定州、辛集市)科技局、国税局、地税局:

根据财政部、国家税务总局、科技部《关于完善研究开发费用税前加计扣除政策的通知》(财税〔2015〕119号)、国家税务总局《关于企业研究开发费用税前加计扣除政策有关问题的公告》(国家税务总局公告2015年第97号),省科技厅会同省国税局、省地税局对《河北省企业研究开发费用税前加计扣除项目鉴定办法》进行了修改完善。现将该办法印发,请遵照执行。

附件:《河北省企业研究开发费用税前加计扣除项目鉴定办法》

河北省科学技术厅　河北省国家税务局　河北省地方税务局
2016年11月14日

河北省企业研究开发费用税前加计扣除项目鉴定办法

第一条 为提高企业自主创新能力,鼓励企业开展研究开发活动,规范企业研究开发费用税前加计扣除优惠政策执行,根据财政部、国家税务总局、科技部《关于完善研究开发费用税前加计扣除政策的通知》(财税〔2015〕119号,以下简称《通知》)、国家税务总局《关于企业研究开发费用税前加计扣除政策有关问题的公告》(国家税务总局公告2015年第97号)、关于发布《企业所得税优惠政策事项办理办法》的公告(国家税务总局公告2015年第76号)精神,结合本省实际,制定本办法。

第二条 本办法适用于会计核算健全、实行查账征收并能够准确归集研究开发费用的居民企业。

企业开展研究开发活动,应以项目的形式体现。

企业在一个纳税年度内进行多项研究开发活动的,应按照不同研究开发项目分别归集可加计扣除的研究开发费用。企业应对研究开发费用和生产经营费用分别核算,准确、合理归集各项费用支出,对划分不清的,不得实行加计扣除。

企业应按照国家财务会计制度要求,对研究开发支出进行会计处理。企业研究开发项目立项时应设置《研究开发支出辅助账》,年末汇总分析填报《研究开发支出辅助账汇总表》,并在报送《年度财务会计报告》的同时随附注一并报送主管税务机关。企业年度纳税申报时,根据《研究开发支出辅助账汇总表》填报《研究开发项目可加计扣除研究开发费用情况归集表》,在年度纳税申报时随申报表一并报送。

第三条 省或市(含定州、辛集市,以下简称各市)科学技术行政主管部门组织或委托第三方专业机构负责企业研究开发费用税前加计扣除项目的鉴定工作，并与税务机关及时沟通、协商，解决鉴定工作中出现的问题。

第四条 企业应当不迟于年度汇算清缴纳税申报时，向税务机关报送《企业所得税优惠事项备案表》和研究开发项目文件，完成备案，并由税务机关确定是否有异议的项目。

主管税务机关对企业申请备案的享受加计扣除优惠的研究开发项目没有异议的，应按照国家有关规定，直接办理企业研究开发费用税前加计扣除事宜。

主管税务机关对企业申请备案的享受加计扣除优惠的研究开发项目有异议的，应告知企业通过河北省企业研发费用税前加计扣除项目鉴定信息管理系（http：//jjkc.hebstd.gov.cn/）（以下简称管理系统），按规定格式上传项目鉴定所需材料；同时在3个工作日内由县（市、区）税务局将《（企业名称）年度研究开发异议项目目录》（附件2）电子版上报各市税务机关（纸质版加盖公章，随后寄出）；3个工作日内由各市税务机关出具公函（附件1），并附《（企业名称）年度研究开发异议项目目录》，转请同级科学技术行政主管部门进行鉴定。

企业承担省部级（含）以上科研项目的，以及以前年度已鉴定的跨年度研究开发项目，不再需要鉴定。

第五条 鉴定内容。

（一）该项目开展的研究开发活动是否属于《通知》所称研发活动：

1. 企业为获得科学与技术新知识而持续进行的具有明确目标的系统性活动。

2. 企业创造性运用科学技术新知识而持续进行的具有明确目标的系统性活动。

3. 企业实质性改进技术、产品（服务）、工艺而持续进行的具有明确目标的系统性活动。

（二）该项目开展的活动是否不属于下列活动负面清单：

1. 企业产品（服务）的常规性升级。

2. 对某项科研成果的直接应用，如直接采用公开的新工艺、材料、装置、产品、服务或知识等。

3. 企业在商品化后为顾客提供的技术支持活动。

4. 对现存产品、服务、技术、材料或工艺流程进行的重复或简单改变。

5. 市场调查研究、效率调查或管理研究。

6. 作为工业（服务）流程环节或常规的质量控制、测试分析、维修维护。

7. 社会科学、艺术或人文学方面的研究。

（三）从研究开发角度判断该项目费用投入是否合理。

省、市科学技术行政主管部门组织有关专家或委托第三方专业机构负责鉴定时，仅对项目研发费用支出的合理性进行定性判断。

（四）主管税务机关要求的其他事项。

第六条 鉴定程序。

1. 市科学技术行政主管部门收到市税务机关转请出具《异议项目鉴定意见的函》后，依据本办法组织有关专家或委托第三方专业机构进行鉴定。

2. 企业所有异议项目的年度研究开发费用实际发生总额在1000万元及以上的，各市科学技术行政主管部门应将《（企业名称）年度研究开发异议项目目录》及相关材料提交省科学技术厅组织有关专家或委托第三方专业机构鉴定；所有异议项目年度研究开发费用实际发生总额在1000万元以下的，由当地市科学技术行政主管部门组织有关专家或委托第三方专业机构进行鉴定。

3.项目鉴定材料通过管理系统提交。企业首次使用管理系统时，应按属地原则向各市科学技术行政主管部门申请开户。

4.省或市科学技术行政主管部门对企业按照要求在线提交的材料进行形式审查。材料审查不合格的，应当一次性告知企业补充完善；审查合格后5个工作日内组织专家进行会议鉴定或网上鉴定。

5.鉴定完成后，企业应按专家提出的意见建议修改完善材料，重新提交管理系统，然后提交一份纸质材料给省或市科学技术行政主管部门留档备查。省或市科学技术行政主管部门给企业出具《河北省企业研究开发费用税前加计扣除异议项目鉴定意见书》（附件4），加盖企业研究开发费用税前加计扣除项目鉴定专用章；同时由市科学技术行政主管部门将《（企业名称）年度研究开发异议项目鉴定意见》函告市级税务机关（附件5）。

第七条 鉴定方式。

省或市科学技术行政主管部门或委托的第三方专业机构鉴定时，根据企业提交的材料组织相关专家进行会议评审或网上评审鉴定。必要时可前往企业现场考察。

采取会议评审方式时，原则上单个项目年度实际发生费用在100万元以上（含100万元）的，企业需要做好答辩的准备。

第八条 鉴定需要企业提供的材料。

企业接到税务机关《企业年度研究开发项目异议目录》后，应当按照要求和格式10个工作日内通过管理系统上传鉴定材料或补充完善相关材料，并对上传、报送资料的真实性、合法性承担法律责任。具体材料如下：

（一）企业总体材料部分。

1.企业简介，简要说明企业的基本情况，特别是近3年来从事研究开发活动的简要情况。

2.企业组织结构图、研究开发机构组织结构图，反映行使企业决策、研究开发职能的部门。

3.企业研究开发机构编制情况和主要技术研究开发人员名单，反映企业整体研究开发实力。

4.企业有权部门关于研究开发项目立项的决议文件，反映企业的研究开发项目立项的情况。

5.企业制定的与研究开发活动有关的管理制度，反映企业科研管理规范化、制度化的情况。

6.企业相关的资质、证明文件等，反映企业的研究开发成效情况。

（二）企业单个项目鉴定材料。

1.企业有权部门关于自主、委托、合作研究开发项目立项的决议文件等。

2.企业关于该项目的任务书或计划书。

3.该项目研究开发活动年度工作报告及创新点。

（1）研究开发过程、实施进度。

（2）创新点。

（3）项目全部研究开发人员列表（附件3）及人员情况说明。

（4）费用归集原则、发生费用情况说明。

（5）研究开发取得的阶段性成效。

4.研究开发支出辅助账及研究开发支出辅助账汇总表，该项目当年可加计扣除研究开发费用情况归集表。

5. 委托、合作研究开发项目的合同或协议；存在关联关系的受托方应向委托方提供研究开发项目费用支出明细情况。

6. 相关佐证材料。如该项目已结题，应出具验收意见；如企业已取得市级（含）以上科学技术行政主管部门出具的项目验收意见应一并出具。

7. 省或市科学技术行政主管部门或税务机关要求的其他材料。

第九条 鉴定专家。

鉴定专家组一般由 5 名以上科技、管理、财务等专家组成，其中科技专家不少于 3 人。

鉴定专家一般应具备高级职称，具有较高的专业知识水平和实践经验，熟悉被鉴定项目的内容以及相关领域的发展状况，并恪守职业道德，坚持独立、客观、公正、科学的原则。遴选专家实行回避制度。

省或市科学技术行政主管部门应建立税前加计扣除项目鉴定专家库，并实行动态管理。

第十条 鉴定时限。

省或市科学技术行政主管部门在收到企业提交的全部、有效材料，经审查合格后，应在 5 个工作日内组织专家完成鉴定工作；在企业按照专家组要求补充完善相关材料后 3 个工作日内出具鉴定意见，并将鉴定结论 3 个工作日内函告市级税务机关。

第十一条 申请鉴定项目的知识产权在鉴定中受到保护，参与鉴定人员应按照有关保护知识产权的规定和办法执行。

第十二条 企业追溯前 3 年度发生的研究开发费用的异议项目鉴定参照本办法相关要求执行。

第十三条 本办法由省科学技术厅会同省国家税务局、省地方税务局负责解释。

第十四条 本办法自 2017 年 1 月 1 日起实施，有效期 5 年。

河北省科学技术厅 河北省财政厅
关于印发《河北省天使投资引导基金设立方案》的通知

(冀科计〔2016〕28号)

各有关单位：

《河北省天使投资引导基金设立方案》已经省政府同意，现印发给你们，请遵照执行。

附件：河北省天使投资引导基金设立方案

河北省科学技术厅 河北省财政厅
2016年11月18日

河北省天使投资引导基金设立方案

为贯彻落实《中共河北省委 河北省人民政府关于加快科技其创新建设创新型河北的决定》（冀发〔2016〕29号）、《河北省人民政府关于扶持小型微型企业健康发展的实施意见》（冀政发〔2015〕10号）、《河北省人民政府关于发展众创空间推进大众创新创业的实施意见》（冀政发〔2015〕15号）和《关于财政支持科技型中小企业创新发展的十项措施》（冀财教〔2015〕112号）精神，进一步建立健全科技投融资体系，缓解科技创业企业融资难，加速科技成果转化，支持种子期、初创期科技型企业发展，结合我省实际，特制定本方案。

一、宗旨和作用

河北省天使投资引导基金（下称引导基金或基金），旨在发挥财政资金的引导作用，吸引国内外优秀天使投资机构、天使投资人、天使投资管理团队进入河北，投资省内种子期、初创期科技型企业，通过专业化、市场化运作，助推创新型初创期企业快速成长。

引导基金的作用：一是营造科技人才创业创新环境，鼓励科技人员创业，拓展科技创业企业融资渠道，缓解创业企业融资难现状，加快科技成果转化及产业化进程。二是发挥政府资金的引导作用，鼓励和引导社会资本参与天使投资，推动省内天使投资行业快速发展，促进省内天使投资专业化、机构化，为我省中小型科技企业提供创新资源支持。三是探索创新财政科技资金投入方式，发挥政府资金的杠杆放大作用，引导投资机构投入，并按市场机制筛选、投资和管理项目，提高政府资金使用效率。

二、基金规模和资金来源

（一）基金规模

引导基金起始规模为5000万元，以后根据省财政财力状况和引导基金投资运作情况，逐步扩大引导基金规模。

（二）资金来源

引导基金的资金来源为省财政安排的支持科技创新专项资金、其他政府性资金以及引导基金运行中产生的收益等。

三、投资方式

引导基金主要通过参股方式，与符合条件的天使投资机构、社会资本及政府资金等合作设立或以增资方式参股子基金。鼓励各地市政府、科技园区、科技企业孵化器和众创空间参与设立子基金。

四、管理机制

引导基金管理机构由管理委员会、出资人代表、受托管理机构、专家委员会、托管银行构成。

（一）管理委员会。由省科技厅负责成立管理委员会。管理委员会是引导基金的最高决策机构，主要负责引导基金重大事项的决策，确定引导基金受托管理机构和托管银行，研究建立对受托管理机构的经营考核和激励约束机制，监督引导基金规范运作。

（二）出资人代表。省科技厅代表省政府履行引导基金出资人职责。河北省科技投资中心根据授权代行出资人职责，代表引导基金以出资额为限对子基金行使出资人权利并承担相应义务。

（三）受托管理机构。指定河北省科技投资中心为引导基金受托管理机构，负责引导基金的日常管理工作，并对参股子基金的运行进行指导、监督和组织评审。具体包括对参股子基金的合作对象调查评估和初步审核，向管理委员会提交引导基金参股子基金方案；注资组建子基金；对子基金的运行进行监督管理，并随时报告运营情况；在引导基金退出子基金或子基金终止时，与相关利益主体、律师、会计师共同组织对子基金所投资资产进行审计评估或清算等。受托管理机构要定期向管理委员会报送引导基金投资计划、引导基金运作情况和相关财务资料。

（四）专家委员会。专家委员会的主要职责是对引导基金的投资方案进行独立评审，为管理委员会决策提供依据。专家委员会由管理委员会聘请政府相关部门、行业代表和相关投资领域的专家组成。

（五）托管银行。管理委员会确定托管银行，对引导基金资金进行托管。托管银行主要负责资产保管、资金拨付和结算等日常工作，并对投资活动进行合规性审查和动态监管。托管银行要定期向管理委员会和受托管理机构报送引导基金资金托管报告和相关财务资料。

五、运作机制

（一）运作原则

引导基金运作遵循政府引导、市场运作、创新机制、规范管理、科学决策、防范风险的原则。

（二）投资要求

1.引导基金不单独发起设立子基金。

2.子基金应当在河北省省内注册，每支子基金规模不低于1000万元。引导基金对单个子基金的参股比例一般不超过子基金规模的35%，且引导基金对子基金实际出资不先于社会资本到位。

3.子基金主要通过股权方式投资于省内处于种子期、初创期的科技型企业，并在约定期限内退出，重点支持大专院校、科研院所科研团队或青年科技人才携带科研成果创建或新办的科技型企业。

4.子基金对单个企业的投资额原则上最高不超过500万元；子基金原则上对所投企业不得控

股，不参与其日常经营管理。

（三）投资期限

子基金的存续期原则上不超过5年。在子基金股权资产转让或变现受限等情况下，经子基金出资人协商一致，最多可延长2年。

（四）投资管理

子基金委托专业管理机构按照市场化方式独立运作，且子基金的受托管理机构应在河北注册设立专职管理子基金的企业实体，并配备至少3名具备5年以上相关业务经验的专职高级管理人员，具有3个以上种子期、初创期科技型企业成功投资案例。

子基金按章程或合伙协议约定向子基金受托管理机构支付管理费用（最高不超过子基金规模的2%），并可根据子基金收益情况向子基金受托管理机构支付一定的业绩奖励，具体比例在委托管理协议中明确。

引导基金受托管理机构不参与子基金的日常经营和管理，但有权向子基金管理机构派出观察员，行使对子基金投资运作的监督权。

（五）投资退出

引导基金一般通过上市转售、股权转让、企业并购、企业回购及到期清算等方式退出。子基金其他出资人不得先于引导基金退出其在子基金中的股权。

（六）收益分配

在子基金存续期内，鼓励子基金或其他投资者购买引导基金所持子基金的股权。同等条件下，子基金的股东优先购买。

对于发起设立的子基金，注册之日起五年内购买的，以引导基金原始出资额转让；超过五年的，将与其他出资人同股同权在存续期满后清算退出。

当子基金清算出现亏损时，首先由子基金受托管理机构以其在子基金的出资额承担亏损，其余部分由引导基金和其他出资人按出资比例承担。

六、监管和风险控制

引导基金管理委员会要建立健全监管制度，对受托管理机构履行出资人职责情况进行监督，视工作需要委托专业机构开展审计，确保资金规范运作。管理委员会应按照公共性原则，对引导基金建立有效的绩效考核制度，定期对引导基金政策目标、实施效果、投资规模、资金投向及其资产情况进行绩效评估。

引导基金受托管理机构对于其投资计划、投资运作以及资金使用等情况定期向管理委员会汇报，接受管理委员会或其委托的第三方中介机构对其日常管理与运作事务的审计检查。

鉴于引导基金所投企业处于种子期、初创期阶段，面临较大风险，受托管理机构应建立完备的子基金管理制度，要加强对子基金的监管，密切跟踪其经营和财务状况，开展风险控制，防范财务风险。子基金受托管理机构应定期向引导基金受托管理机构报告子基金运行情况。引导基金受托管理机构有权根据需要组织专业机构对子基金进行专项审计。

管理委员会不干预子基金的日常运作，但当子基金运作出现违法违规和偏离政策导向等情况时，管理委员会需责成受委托管理机构负责纠正或按协议终止与此子基金的合作。

引导基金在运作过程中不得从事融资担保以外的担保、抵押、委托贷款等业务；不得投资二级市场股票、期货、房地产、证券投资基金、评级AAA以下的企业债、信托产品、非保本型理财产品、保险计划及其他金融衍生品；不得向任何第三方提供赞助、捐赠（经批准的公益性捐赠除外）；不得吸收或变相吸收存款，或向第三方提供贷款和资金拆借；不得进行承担无限连带责任的对外投资；不得发行信托或集合理财产品募集资金；不得从事其他国家法律法规禁止从事的业务。闲置资金应存放于托管银行保值运作。

七、组织实施

省科技厅尽快制定《河北省天使投资引导基金实施细则》并组织实施，组建管理委员会和专家委员会，确定《管理委员会章程》、《工作规程》、《专家委员会工作规程》等配套管理制度。

河北省财政厅、河北省科学技术厅关于印发《河北省省级基础研究专项资金管理办法》的通知

(冀财教〔2017〕103号)

各市(含定州、辛集市)财政局、科技局,省财政直管县财政局、科技局,省直有关单位:

经省政府同意,现将《河北省省级基础研究专项资金管理办法》印发给你们,请遵照执行。

省财政厅　省科技厅
2017年7月13日

河北省省级基础研究专项资金管理办法

第一章　总则

第一条　为规范和加强河北省省级基础研究专项资金管理,提高资金使用效益,根据《国务院关于改进加强中央财政科研项目和资金管理的若干意见》(国发〔2014〕11号)、《河北省人民政府关于深化省级财政科技计划(专项、基金等)管理改革的意见》(冀政发〔2015〕24号)、《关于完善和落实省级财政科研项目资金管理等政策的实施意见》(冀办发〔2016〕49号)等文件规定,结合我省基础研究资金管理的实际情况,制定本办法。

第二条　省级基础研究专项资金(以下简称专项资金)是省财政安排支持省本级科学技术研究的专项资金,主要用于支持在我省注册登记的、具有独立法人资格的高等院校、科研院所、企事业单位及个人,开展基础研究、应用基础研究和产业前沿技术研究,培育优秀科研人才和创新团队,增强源头创新能力。

第三条　专项资金管理和使用原则:

科学安排,合理配置。聚焦国家战略,围绕河北科技发展规划,科研资金管理与科研体制改革相结合,发挥资金引导激励作用和市场配置作用,优化资源配置。

单独核算,专款专用。被资助对象获得的专项资金纳入单位财务统一管理,单独核算,专款专用。

明确责权,追踪问效。明晰专项资金管理和使用各方的权利和义务,加强评估监管体系建设,加强科研诚信建设和信用管理,推行面向结果的追踪问效机制。

公开公平,择优资助。完善公平竞争的项目遴选机制,通过公开择优、定向择优等方式确定项目承担者。依据科研项目性质建立分类绩效考评和公示制度。

第二章　支持方式与支出范围

第四条　专项资金的具体支持方式,由省科技厅、省直相关部门商省财政厅结合科研活动特点和承担单位性质明确。

第五条 项目实施过程中发生的与科研活动相关的各项费用，包括直接费用和间接费用两部分。

第六条 直接费用是指在项目研究开发过程中发生的与之直接相关的费用，包括：

1. 设备费：是指在项目研究开发过程中购置或试制专用仪器设备，对现有仪器设备进行升级改造，以及租赁外单位仪器设备而发生的费用。

2. 材料费：是指在项目研究开发过程中消耗的各种原材料、辅助材料等低值易耗品的采购及运输、装卸、整理等费用。

3. 测试化验加工费：是指在项目研究开发过程中支付给外单位（包括项目承担单位内部独立经济核算单位）的检验、测试、化验及加工等费用。

4. 燃料动力费：是指在项目研究开发过程中相关大型仪器设备、专用科学装置等运行发生的可以单独计量的水、电、气、燃料消耗费用等。

5. 会议／差旅／国际合作与交流费：会议费是指在项目研究开发过程中为组织开展学术研讨、咨询以及协调项目等活动而发生的会议费用；差旅费是指在项目研究开发过程中开展科学实验（试验）、科学考察、业务调研、学术交流等所发生的外埠差旅费、市内交通费用等；国际合作与交流费是指在项目研究开发过程中项目研究人员出国及外国专家来华工作的费用。国际合作与交流费应当严格执行我省外事经费管理的有关规定。项目发生国际合作与交流费，应当事先报经项目承担单位审核同意。

省属高校、科研院所可根据工作需要，合理研究制定差旅费管理办法、确定业务性会议规模和开支标准等。

6. 出版／文献／信息传播／知识产权事务费：是指在项目研究开发过程中，需要支付的出版费、资料费、专用软件购买费、文献检索费、专业通信费、专利申请及其他知识产权事务等费用。

7. 劳务费：是指在项目实施过程中支付给参与项目的研究生、博士后、访问学者以及项目聘用的研究人员、科研辅助人员等的劳务性费用。项目聘用人员的劳务费开支标准，参照当地科学研究和技术服务业人员平均工资水平以及在项目研究中承担的工作任务确定，其社会保险补助纳入劳务费科目列支。劳务费预算不设比例限制，由项目承担单位和科研人员据实编制。

8. 专家咨询费：是指在项目实施过程中支付给临时聘请的咨询专家的费用。专家咨询费标准由项目承担单位自行确定，参照国家规定执行，最高不超过参照国家规定标准的125%。专家咨询费不得支付给参与项目及其项目管理相关的工作人员。

9. 其他费用：是指在项目实施过程中发生的除上述费用之外的其他支出，应当在申请预算时单独列示，单独核定。

第七条 间接费用是指项目承担单位和项目合作单位在组织实施项目过程中发生的无法在直接费用中列支的相关费用。主要包括为项目研究提供的现有仪器设备及房屋消耗，水、电、气、暖消耗，有关管理费用的补助支出，绩效支出等。间接费用实行总额控制，项目承担单位申请的间接费用总额按照不超过直接费用扣除设备购置费的一定比例核定，与项目承担单位信用等级挂钩，其中：100万元以下的部分为20%，100万元至300万元的部分为15%，300万元以上的部分为13%。

绩效支出是指项目承担单位在间接费用中、为提高科研工作的绩效安排的相关支出，不设比例限制。

第三章 管理和使用

第八条 省财政厅主要负责专项资金的预算审核、资金拨付，与省科技厅共同制定专项资金管理办法等工作。

第九条 省科技厅主要负责组织专项资金的预算编制、预算执行及决算编报、组织项目绩效评价等日常管理工作；按照资金管理与项目管理相结合的原则，制定科研项目立项、确定项目预算的办法。

第十条 项目承担单位是科研项目实施和资金管理使用的责任主体，负责项目申请、组织实施、验收和资金使用等方面的管理，建立常态化的自查自纠机制，严肃处理本单位出现的违规行为。建立健全项目资金管理制度，完善内部控制和监督制约机制，编制项目资金预算、资金决算报告，接受有关部门的监督检查，按要求提供有关资料。项目承担单位审核项目资金使用的真实性、规范性、安全性和有效性。

项目承担单位应依法简化项目资金管理使用审批手续，赋予项目负责人与其职责相应的使用权限。

省属高校、科研院所可自行采购科研仪器设备，自行选择科研仪器设备评审专家。科研仪器设备政府采购预算执行过程中，在政府采购预算总额不变的情况下，如采购需求发生变化，省属高校、科研院所可根据需要自行调整政府采购预算需求内容，同时向主管部门和财政部门备案。对省属高校、科研院所采购进口仪器设备实行备案制管理。

项目负责人负责编制该项目资金预算，制定、落实项目绩效目标，按任务书约定执行项目资金预算，对项目资金使用的真实性、规范性、安全性和有效性负责。科研人员弘扬科学精神，恪守科研诚信，强化责任意识，严格遵守科研项目和资金管理的各项规定，自觉接受有关方面的监督。

第十一条 项目承担单位应分年度编制资金来源预算和支出预算，项目资金单独核算，做到收支平衡。来源预算包括专项资金和自筹资金。支出预算应当按本办法规定的支出科目编列。

1. 劳务费预算应当结合单位实际以及相关人员参与项目的全时工作时间等因素合理编制。
2. 对实行间接费用管理的项目，间接费用的核定与项目承担单位信用等级挂钩。
3. 多个单位共同承担的项目，应明确各单位承担的主要任务、资金预算。
4. 编制绩效预算。对项目预期产生的科技成果、经济效益、社会效益进行阐述，可量化的须明确量化绩效目标。
5. 劳务费和项目间接费用中的绩效支出不纳入绩效工资管理。

第十二条 项目专项资金的拨付按国库集中支付等相关规定办理。

第十三条 项目承担单位要按照《预算法》、财政部规定、本办法及项目任务书约定的支出科目、资金额度和项目进度，合理安排支出，单独记账、单独核算。

第十四条 项目专项资金预算要按照批复执行，专款专用。项目专项资金预算总额不变，直接费用中的材料费、测试化验加工费、燃料动力费、出版/文献/信息传播/知识产权事务费及其他支出由项目承担单位自行调剂。

第十五条 项目承担单位要建立健全科研和财务管理等相结合的内部控制制度，规范项目资金管理，在职责范围内及时审批项目预算调整事项。

第十六条 事业单位使用专项资金形成的固定资产属国有资产，一般由项目承担单位进行管理和使用，经批准，可调配用于相关科学研究开发。形成的知识产权等无形资产的管理，按照有关规定执行。企业使用专项资金形成的固定资产，按照《企业财务通则》等相关规章制度执行。

第十七条 专项资金形成的大型科学仪器设备、科学数据、自然科技资源等，在保障有关参与单位合法权益的基础上，按照国家和我省有关规定开放共享，以减少重复浪费，提高资源利用效率。

第十八条 科研院所、高等学校等事业单位承担项目所发生的会议费、差旅费、小额材料费和测试化验加工费等，要按规定实行公务卡结算。

第十九条 项目承担单位对设备费、大宗材料费和测试化验加工费、劳务费、专家咨询费等支出，原则上应当通过银行转账方式结算。

第二十条 间接费用由项目主管部门直接拨付到项目承担单位。项目承担单位应当建立健全间接费用的内部管理办法，合规合理使用间接费用，主要结合项目组成员实际贡献公开公正安排绩效支出，充分发挥绩效支出对科研人员的激励作用。

第二十一条 项目承担单位和科研人员要依法依规使用项目资金，不得擅自调整外拨资金，不得利用虚假票据套取资金，不得通过编造虚假合同、虚构人员名单等方式虚报冒领劳务费和专家咨询费，不得通过虚构测试化验内容、提高测试化验支出标准等方式违规开支测试化验加工费。

第二十二条 项目结束后，项目承担单位须及时对项目资金使用情况进行财务决算，按要求在规定时间内申请项目验收。

第二十三条 项目实施期间，年度剩余资金可结转下一年度继续使用。项目完成任务目标并通过验收后，结余资金按规定留归项目承担单位使用，在2年内由项目承担单位统筹安排用于科研活动的直接支出；2年后未使用完的，按规定收回。

第四章 监督检查

第二十四条 建立资金使用监督检查制度。相关部门按照规定的职责分工，建立完善覆盖项目决策、管理、实施主体的逐级考核问责机制。加强科研项目和资金监管工作，按规定采取通报批评、暂停项目拨款、终止项目执行、依法追回已拨项目资金、取消项目承担者一定期限内项目申报资格等措施，严肃处理违规行为，涉及违法的移交司法机关处理，并将有关结果向社会公开。

第二十五条 依据科研项目性质建立分类绩效评价和公示制度。省科技厅、省财政厅制定绩效评价细则，逐步推行第三方绩效评价。将绩效评价结果向社会公开（涉密及国家法律法规规定的除外）接受社会的监督。

第二十六条 建立科研信用管理制度。逐步建立覆盖指南编制、项目申请、评估评审、立项、执行、验收、科技报告全过程的科研信用记录，由项目主管部门委托专业机构对项目承担单位和科研人员、评估评审专家、中介机构等参与主体进行信用评级，各项目主管部门应共享信用评价信息。实施信用评级分类管理，按照相关规定，将严重不良信用记录者记入黑名单。

第二十七条 积极推进信息公开。除涉密及法律法规另有规定外，项目主管部门要按规定向社会公开科研项目的立项信息、验收结果和资金安排情况等，接受社会监督。项目承担单位应当在单位内部公开项目立项、主要研究人员、资金使用、大型仪器设备购置以及项目研究成果等信息，接受内部监督。

第二十八条 对于违反本办法使用专项资金的单位或个人，按照《预算法》和《财政违法行为处罚处分条例》（国务院令第427号）有关规定进行处理；涉嫌犯罪的，移交司法机关处理。

第五章 附则

第二十九条 市县使用省级支持市县科技创新和科学普及专项资金用于基础研究的,参照本办法执行。

第三十条 本办法由省财政厅会同省科技厅负责解释。

第三十一条 本办法自印发之日起施行,有效期5年。《河北省省级科技计划专项经费管理办法》(冀财教〔2013〕29号)等其他文件有关规定与本办法不符的,以本办法规定为准。

河北省财政厅、河北省科学技术厅
关于印发《中央引导地方科技发展专项资金管理使用实施细则（试行）》的通知

（冀财教〔2017〕162号）

各市（含定州、辛集市）财政局、科技局，省财政直管县财政局、科技局，省直有关部门：

为规范中央补助我省的中央引导地方科技发展专项资金管理和使用，提高专项资金使用效益，根据《财政部 科技部关于印发中央引导地方科技发展专项资金管理办法的通知》（财教〔2016〕81号）等有关规定，结合我省实际，省财政厅、省科学技术厅研究制定了《中央引导地方科技发展专项资金管理使用实施细则（试行）》，现印发给你们，请遵照执行。

河北省财政厅 河北省科学技术厅
2017年11月28日

中央引导地方科技发展专项资金管理使用实施细则（试行）

第一章 总则

第一条 为规范中央补助我省的中央引导地方科技发展专项资金（以下简称专项资金）管理和使用，提高专项资金使用效益，根据《预算法》、《财政部 科技部关于印发中央引导地方科技发展专项资金管理办法的通知》（财教〔2016〕81号）等有关规定，结合我省实际，制定本细则。

第二条 本细则所称专项资金是指中央财政通过专项转移支付安排的，用于支持我省围绕科技发展战略和经济社会发展目标，改善科研基础条件，优化科技创新环境，支持基层科技工作，促进科技成果转移转化，提升区域科技创新能力的资金。

第三条 专项资金管理遵循中央引导、省级统筹、绩效导向、滚动支持的原则。

第二章 支持范围与方式

第四条 专项资金支持以下四个方面：

（一）科研基础条件和能力建设，主要指省、市政府所属科研单位（不含转为企业或其他事业单位的单位）的科研仪器设备购置和科研基础设施维修改造；

（二）专业性技术创新平台，主要指依托省属高校、省属科研院所、企业、转制科研机构建立的，通过产学研协同创新机制为区域发展提供研究开发支撑的专业性平台，包括重点实验室、技术创新中心、产业技术研究院、新型研发组织等。重点支持我省获批建设的国家重点实验室、国家技术创新中心（工程技术研究中心）和优秀省级重点实验室、省级工程技术研究中心、省级产业技术研究院；

（三）科技创新创业服务机构，主要指为省内中小微企业技术创新、基层科技创新活动提供技术转移、检验检测认证、创业孵化、知识产权、科技咨询、科技金融、科技资源共享等省内专业或综合性服务机构；

（四）科技创新项目示范，主要指围绕国家区域发展和五大发展行动计划，结合科技惠民、京津冀协同发展、科技扶贫、县域科技等任务，对政策目标明确、公益性属性明显、引导带动作用突出、惠及人民群众的科技成果进行转化应用的项目示范；

第五条 支持科研基础条件和能力建设采取直接补助的方式。支持专业性技术创新平台、科技创新创业服务机构和科技创新项目示范资金，综合采用直接补助、后补助、以奖代补、贷款贴息、发放创新券等多种投入方式；

第六条 充分发挥专项资金对区域科技创新的引导作用，突出重点，优先支持对公益性突出、创新牵动性强、服务区域创新发展成效显著的项目，倾斜支持改善本区域科研基础条件、优化科技创新环境、促进京津重大科技成果转移转化及精准扶贫、社会民生等项目。

第七条 项目承担单位不得将专项资金用于支付各种罚款、捐款、赞助、投资、偿还债务等支出，不得用于人员工资性支出和离退休人员离退休费，以及国家规定禁止列支的其他支出。

第三章 管理机构及职责分工

第八条 省财政厅主要负责专项资金管理使用规定制定、预算下达等。具体是：

（一）会同省科技厅制定中央引导地方科技发展专项资金实施细则；

（二）根据中央安排预算资金，下达专项资金；

（三）会同省科技厅对省本级专项资金使用情况进行监督检查；

（四）配合省科技厅编制专项资金三年滚动规划。

第九条 省科技厅主要负责专项资金项目管理工作。具体是：

（一）组织专项资金项目申报、评审（评估）和立项；

（二）提出项目经费预算安排建议；

（三）负责项目的跟踪管理，组织项目验收、绩效评价及项目资金监管；

（四）会同省财政厅编制专项资金三年滚动规划。

第十条 项目归口管理单位职责：

（一）负责专项资金项目的初审和推荐；

（二）负责立项项目的日常管理；

（三）配合省财政厅、省科技厅对专项资金使用情况进行监督、检查，开展绩效评价。

第十一条 项目承担单位职责：

（一）积极策划，据实、完整编报项目立项申请材料；

（二）组织项目实施，落实项目实施条件和自筹资金；

（三）严格项目资金支出管理，对项目资金专款专用、专账核算；

（四）按要求开展绩效自评，及时按要求报送有关情况；

（五）主动配合有关部门的监督检查和审计。

第四章 规划和预算管理

第十二条 省科技厅根据省科技创新规划和年度工作重点，发布征求项目通知。

第十三条 市科技局、省直有关部门等归口管理部门根据申报通知要求，实行竞争性分配的，推荐项目、报送项目申请材料。应当加强项目申报环节的信息公开工作，加大申报材料审查力度。应当明确筛选标准，公示筛选结果，并加强现场核查和评审结果实地核查。

第十四条 专项资金的申报单位应当保证申报材料的真实性、准确性、完整性；申报项目应当具备实施条件，短期内无法实施的项目不得申报。项目内容包括实施主体、目标任务、绩效目标、资金规模及结构、支持方式、实施期限等信息。

第十五条 省科技厅、省财政厅委托专家对市科技局、省直有关部门等归口管理部门推荐的项目，进行评审。评审项目要制定论证审核方案，方案要明确论证审核目的、论证审核依据和评审材料、项目论证审核方式、项目论证审核重点等。

第十六条 对拟分配到企业的专项资金通过官方网站等媒介向社会公示，公示期不少于7日。公示无异议后，确定专项资金实施方案。实施方案包括项目安排、支持内容、支持方式、项目绩效目标、组织实施能力与条件、预期社会经济效益等。

第十七条 省科技厅、省财政厅根据专家审核意见，每年编制专项资金三年滚动规划，三年滚动规划包括工作目标、重点任务、项目内容、组织管理、保障措施等。及时报科技部、财政部审核，抄送财政部驻河北省专员办。根据科技部、财政部审核意见，进行修改完善。

第十八条 省财政厅、省科技厅在财政部、科技部专项资金预算下达后30日内，将当年本省专项资金实施方案报财政部、科技部备案，抄送专员办；并下达项目立项计划通知和资金。省财政厅拨付下达资金按照国库集中支付制度和专项转移支付有关规定执行。

第十九条 项目立项计划通知下达后30工作日内，实行计划管理的项目承担单位与省科技厅签订项目任务书，任务书作为项目执行、检查和验收的依据。

第二十条 实行计划管理的项目在执行期结束后6个月内，项目承担单位需提交验收或结题申请；无特殊原因未按时提出验收申请的，按不通过验收处理。省科技厅将根据不同类型项目，采取专家评审、同行评议、第三方评审评估、用户测评等方式，按科技计划管理的依据项目任务书组织验收。财政资助50万元及以上的项目验收需提交由会计师事务所提供的财务审计报告；财政资助50万元以下的项目，提交财务决算报告。后补助方式支持的项目，不再组织项目验收。

第二十一条 专项资金涉及预算管理、预算调整、科研设备采购、结转结余等，按照河北省委办公厅、河北省政府办公厅《关于完善和落实省级财政科研项目资金管理等政策的实施意见》（冀办发〔2016〕49号）执行。

第五章 监督与绩效

第二十二条 获得专项资金的单位，按照国家财务、会计制度的有关规定使用资金，自觉接受监督检查；项目承担单位法定代表人、项目负责人在申报项目预算时应共同签署承诺书，保证所提供信息的真实性，并对信息虚假导致的后果承担责任。项目承担单位应按照项目任务书要求，认真组织实施，及时向省科技厅报送年度工作总结、绩效评价等材料。

第二十三条 建立以结果为导向，项目承担单位自评、项目归口管理部门监督、第三方复查相衔接的项目资金绩效评价机制。省科技厅组织或委托第三方机构对专项资金管理使用情况组织开展绩效评价，绩效评价报告作为下年度专项资金分配的重要参考。

第二十四条 各级科技、财政部门及其相关工作人员在预算审核环节，项目主管部门及其相关工作人员在项目立项及其资金分配等环节，存在违反规定安排资金以及其他滥用职权、玩忽职守、徇私舞弊等违法违纪行为的，按照《中华人民共和国预算法》、《中华人民共和国公务员法》、

《中华人民共和国行政监察法》、《财政违法行为处罚处分条例》等有关规定追究有关责任单位和人员的责任；涉嫌犯罪的，移送司法机关处理。

第六章　附则

第二十五条　本细则由省财政厅会同省科技厅负责解释。

第二十六条　本细则自印发之日起施行，有效期2年。

河北省科学技术厅
关于印发《河北省科技计划项目经费审计实施暂行办法》的通知

(冀科资函〔2017〕191号)

各有关单位：

为进一步加强省科技计划项目经费管理使用的审计监督，提高科研经费使用效益，省科技厅研究制定了《河北省科技计划项目经费审计实施暂行办法》，现印发给你们，请遵照执行。

河北省科学技术厅

2017年12月1日

河北省科技计划项目经费审计实施暂行办法

第一条 为进一步加强省科技计划项目经费管理使用的审计监督，提高科研经费使用效益，保障科研事业发展，根据《省政府关于深化省级财政科技计划（专项、基金等）管理改革的意见》和《河北省省级科技计划专项经费管理办法》等有关规定，制定本办法。

第二条 本办法所指科技计划项目经费审计是指对省科技计划项目经费管理和使用情况的审计监督，主要包括省级重点科技计划项目结题验收审计、科技计划项目经费使用调查审计等。

第三条 科技计划项目经费审计的内容：

（一）项目经费到位情况。重点审查项目资金是否落实到位、项目资金预算可行性和偿还能力等。

（二）科技项目经费内部控制制度建设及执行情况。针对本单位财务工作特点，制定科技计划项目经费内部财务管理制度情况，包括企业财务管理制度、内控管理制度及各项科技经费管理制度，以及项目责任制的落实情况。

（三）科技项目经费单独核算情况。包括项目经费单独核算情况，会计科目设置规范性，核算内容和财务报告信息的真实、准确和完整性，经费开支审批程序和手续的完备性，以及相关财务档案资料保存管理情况等。

（四）预算执行情况。包括预算科目尤其是省拨经费预算科目的执行情况，支出范围和标准执行情况，预算调整的必要性和程序规范性，预算资金拨付的规范性及监管情况；设备购置预算的执行及管理情况，固定资产管理以及开放共享等情况；有无挤占、挪用、转移项目经费等问题。

（五）项目合同要求的财务指标完成情况。包括研发、产业化支出等情况，是否与预算相符，是否达到合同要求。

第四条 省拨款在50万元（含）以上的省级重点科技计划项目，在申请验收前，项目承担单位应选择和委托符合资格要求的审计中介机构进行审计，并出具审计报告。

第五条 承担省级重点科技计划项目审计中介机构的基本资格要求：

（一）在省内注册的审计中介机构，具有独立承担民事责任的能力；在省外注册的机构应在河北省设有正式的分支机构。

（二）具有健全的内部管理制度和审计质量控制制度。

（三）近三年未受行政处罚及行业惩戒，承担相关审计业务中没有不良记录。

第六条 省拨款在50万元以下的省科技计划项目，由其财务管理部门编制项目经费决算报告，并附设备费、材料费、测试化验加工费、合作协作与交流费等主要支出的相关明细。

第七条 科技计划项目经费验收结题审计遵循程序：

（一）确定审计机构。由项目承担单位选择符合相应资质要求的审计中介机构，并签订协议。

（二）准备相关资料。被审计单位根据《科技计划项目审计需提供资料清单》（详见附件）的相关要求认真准备资料，由科技项目负责人签字、承担单位盖章。审计中介机构可以根据工作需要，要求项目承担单位提供其他资料。

（三）实行现场检查。审计时可先召开有关人员会议，提出项目审计要求，听取项目实施情况介绍，必要时可向有关人员作进一步的调查了解。检查被审计单位的规章制度建立情况和经费开支情况，收集有关资料和会计凭证，并就检查内容与被审计单位进行沟通和交流。

（四）出具审计报告。审计报告应当如实反映项目经费投入、使用、管理情况以及审计应当披露的其他事项，对所审计的事项发表审计评价意见，对审计发现问题提出处理和整改意见。依法征求被审计单位的意见，核实后对审计报告作出必要的修改。

（五）问题整改落实。项目承担单位应对审计反映的问题进行认真整改，并在验收申请资料中附相关整改落实的佐证材料。整改落实不到位的，不得组织项目结题验收。

科技计划项目经费调查审计以及由内审机构进行审计的，参照以上程序执行。

第八条 建立健全项目经费使用管理监督抽查制度。省科技厅委托省科技评估中心，每年按一定比例对项目经费验收结题审计报告、项目经费决算报告的准确性、真实性进行审核，并对工作质量进行评价监督。

第九条 项目承担单位在科技经费内部管理制度、经费支出管理、会计核算方面有违反财经纪律和科技项目管理规定的，将视情节轻重采取限期整改、停拨经费、终止项目、追回已拨经费等处理。涉嫌违法的，将依法追究其责任。

第十条 审计中介机构必须依法审计，严格执行审计准则。对违反审计工作纪律的机构一经核实，将取消其审计省科技计划项目经费的资格3年，并通报相关行业主管部门。涉嫌违法的，将依法追究其责任。

第十一条 审计中介机构和审计人员在科技项目经费审计中涉及企业技术秘密，应当按照有关规定要求进行保密。对审计中知悉的国家秘密，应按国家法律负保密义务。

第十二条 审计中介机构应本着公平、公正和友好协商的原则，为科技创新和项目研发提供优质服务，并按业内公允的最低标准收取项目经费审计费。项目经费审计费可以在该项目间接费用中的有关管理费用中列支。

第十三条 省科技厅会同审计部门，对审计中介机构、项目承担单位、项目主管部门等在项目经费审计中的信用情况进行评价和记录，并对相关失信行为按规定予以严肃处理。

第十四条 本办法由省科技厅负责解释。

第十五条 本办法自发布之日起施行，有效期2年。

附件

科技计划项目审计需提供资料清单

1. 科技计划项目申报书、可行性研究报告及项目合同。

2. 科技计划项目完成情况报告，项目实施期间的年度审计报告、财务报表、纳税申报表。

3. 项目承担单位制定科技计划项目专项经费管理相关规章制度情况，包括经费是否单独核算，账目设置及管理等。

4. 实际参加项目实施的科技计划项目组全体成员名单。

5. 实际收到专项经费及地方匹配资金拨款的日期与金额（附银行进账单复印件并加盖单位财务专用章）。

6. 科技计划项目经费外拨合同或协议，外拨经费的实际使用情况（附外拨经费银行汇款单复印件、外拨经费开支清单，并加盖合作单位财务专用章）。

7. 有关技术水平、获得的专利、经济效益和配套物质条件等方面的证明材料。

8. 科技计划项目经费支出相关的会计凭证及收支科目明细账；项目执行过程中发生的预算调整及报批情况；项目经费账面结余的金额及形成原因，应付未付款项金额及使用计划，净结余金额。

9. 科技计划项目经费统计表，包括项目经费实际支出与预算比较统计表、购置设备费用清单、材料费用清单、测试化验加工费用清单等。

河北省科学技术厅
关于印发《河北省科技创业投资和成果转化引导基金管理办法》的通知

(冀科办〔2018〕15号)

各市(含定州、辛集市)科技局,各国家级高新区管委会,有关投资机构:

《河北省科技创业投资和成果转化引导基金管理办法》已经省政府同意,现印发给你们,请结合本地本部门本单位实际,认真贯彻执行。

附件:河北省科技创业投资和成果转化引导基金管理办法

河北省科学技术厅
2018年3月14日

河北省科技创业投资和成果转化引导基金管理办法

第一章 总则

为贯彻落实《国务院关于促进创业投资持续健康发展的若干意见》(国发〔2016〕53号)、《中共河北省委、河北省政府关于加快科技创新建设创新型河北的决定》(冀发〔2016〕29号),按照《国务院办公厅转发发展改革委等部门关于创业投资引导基金规范设立与运作指导意见的通知》(国办发〔2008〕116号)、《财政部关于印发〈政府投资基金暂行管理办法〉的通知》(财预〔2015〕210号)、《河北省人民政府关于印发省级产业引导股权投资基金实施方案的通知》(冀政函〔2014〕153号)、《中共河北省委办公厅、河北省人民政府办公厅关于运用政府投资股权投资引导基金促进产业经济发展的意见》(冀办发〔2016〕54号)的有关要求,结合我省实际,制定本办法。

河北省科技创业投资和成果转化引导基金(以下简称引导基金),是由省政府出资设立并按市场化方式运作的政策性基金,旨在通过财政资金的引导和放大作用,推动科技成果转化与应用,引导社会力量和地方政府加大对科技型中小企业扶持力度。

引导基金实行投资决策与管理相分离的管理体制,按照政府引导、部门管理、市场运作、科学决策、防范风险的原则进行投资运作。

第二章 组织机构及其职责

省科技厅是引导基金的主管部门,代表省政府履行引导基金出资人职责,会同省财政厅负责引导基金重大事项的决策和协调,包括制定管理办法、筹措引导基金资金、对引导基金运作进行绩效评价等。

省科技厅负责设立引导基金领导小组(以下简称领导小组)。领导小组是引导基金决策机构,领导小组组长由省科技厅厅长担任,副组长由省科技厅主管副厅长担任,成员由省科技厅相关处室负责人组成。

领导小组工作职责是：

制定领导小组工作规则；

审定创业投资子基金设立方案；

审定引导基金年度工作计划和年度工作报告；

审定托管银行；

审定管理机构的年度管理费；

审定引导基金的其他重要事项。

领导小组办公室设在河北省科技投资中心，主要承担领导小组的日常工作。河北省科技投资中心代表引导基金对外签订合作协议，履行出资义务。

省科技厅选定河北科技投资集团有限公司为引导基金管理机构，负责引导基金具体运营和管理。

引导基金通过法定程序确定托管银行，负责引导基金的资金保管、拨付及回收，并对投资指令进行合规性审查和动态监管。托管银行要严格按照国家及我省有关规定规范运作，定期向引导基金管理机构报送资金使用情况和财务文件。

第三章　资金来源和运作模式

引导基金的资金来源为省级财政资金、引导基金运作产生的各项收益等。

引导基金投资运作采用设立创业投资子基金（以下简称子基金）的形式。

设立创业投资子基金是指引导基金与符合条件的机构共同发起设立或增资创业投资基金，为科技型中小企业及科技成果转化企业提供股权投资，并在约定期限内退出。

引导基金在运作过程中不得从事以下业务：

从事融资担保以外的担保、抵押、委托贷款等业务；

投资二级市场股票、期货、房地产、证券投资基金、评级 AAA 以下的企业债、信托产品、非保本型理财产品、保险计划及其他金融衍生品；

向任何第三方提供赞助、捐赠（经批准的公益性捐赠除外）；

吸收或变相吸收存款，或向第三方提供贷款和资金拆借；

进行承担无限连带责任的对外投资；

发行信托或集合理财产品募集资金；

其他国家法律法规禁止从事的业务。

第四章　子基金的设立和退出

子基金的设立应满足下列要求：

子基金在河北省境内注册；认缴出资总额不低于 1 亿元，且以货币形式出资；组织形式为公司制或有限合伙制；

引导基金对单个子基金的出资比例最高不得超过该子基金实收资本总额的 25%，不能成为最大出资方；

除经省政府批准的专项子基金外，子基金的投资比例不超过被投资企业总股权的 30%，累计投资于单个企业的资金不得超过子基金实收资本的 20%；

除子基金管理人外，其他单个出资人出资额不得低于 1000 万元，且是符合相关规定的合格投资者；

社会出资人的资金应先于引导基金到位；

子基金应选择符合条件的商业银行进行资金托管；

子基金存续期原则上不超过 7 年，经子基金全体出资人一致同意，可延长 1~2 年；

子基金不低于 60% 的资金必须投资于河北省区域内的科技型中小企业及科技成果转化项目；

子基金应在设立 6 个月内按照相关规定在其业务主管部门进行备案；

现有创业投资基金申请引导基金增资的，需要全体出资人同意，增资价格按不高于子基金每股或每份额净资产协商确定。

引导基金管理机构对子基金行使管理职责，监督子基金合规运作。

子基金应当委托专业投资管理机构作为子基金管理人，以市场化方式独立运作子基金投资业务。子基金管理人应具备以下基本条件：

在中华人民共和国境内注册，注册资本不低于 1000 万元，主要从事创业投资管理或私募股权投资基金管理业务；

具备严格合理的投资决策程序、风险控制机制以及健全的财务管理制度；

至少有 3 名从事投资管理工作 5 年以上的专职高级管理人员。专职高级管理人员至少主导过 3 个以上股权投资科技型企业或成果转化项目赢利退出案例，具有良好的职业操守和信誉，无违法违纪等不良记录；

应参股子基金或认缴子基金份额，且出资额不得低于子基金认缴总额的 1%。

子基金管理人每年按照最高不超过实际管理规模的 2% 提取管理费，具体比例在委托管理协议中明确。

引导基金参股子基金形成的股权可以通过上市、股权转让及清算等方式退出。股权转让时，同等条件下子基金的社会资本出资人优先购买。社会资本出资人不得早于引导基金退出。

子基金存续期间取得的投资收益，首先归还子基金应承担的费用和所有出资人的本金及门槛收益（如有）。

经上述分配，若有超额收益，引导基金可将其享有的子基金收益的 20% 奖励子基金管理人，当子基金 80%（含）以上的资金投资于河北省境内的科技型中小企业及科技成果转化项目，引导基金对子基金管理人的奖励比例提高到 40%。

子基金管理人应与其他出资人在子基金出资协议中约定，当子基金清算出现亏损时，首先由子基金管理人以其对子基金的出资额承担亏损。剩余部分由引导基金和其他出资人按出资比例承担。

第五章　投资程序和投资管理

原则上子基金管理人为引导基金申请人，应向引导基金管理机构提交以下材料：

（一）子基金组建或增资方案；

（二）主要社会出资人的出资承诺书或出资证明；

（三）会计师事务所出具的近三年主要社会出资人审计报告；

（四）子基金管理机构的有关材料；

（五）引导基金管理机构要求提交的其他资料。

引导基金管理机构收到申请后，应对申请材料进行初审。不符合要求的，应及时通知申请者补充完善；符合要求的，应在规定时间内组织开展尽职调查，并向引导基金领导小组提交子基金设立方案。

引导基金管理机构可委托第三方中介机构开展尽职调查等工作。

领导小组对子基金设立方案进行审核，并出具审核意见。必要时，领导小组可委托专家委员会协助评审子基金设立方案。

领导小组以会议的形式对子基金设立方案进行审议，并以会议纪要形式记录审核意见。领导小组会议应由三分之二以上成员出席方可举行，领导小组会议纪要须经出席会议的三分之二以上成员通过方能生效。

根据领导小组审议结果，河北省科技投资中心将符合设立条件的子基金相关情况报省科技厅批准后，在省科技厅网站公示7个工作日；公示无异议的，省科技厅批准出资设立子基金，并向社会公告。

子基金管理人在完成子基金70%的资金委托投资之前，不得再行募集同类型基金。

出现下列情况之一时，引导基金可选择退出，且无须经由其他出资人同意：

（一）子基金设立方案获得批准后，未按规定程序完成设立手续超过一年的；

（二）引导基金向子基金账户拨付资金后，子基金未开展投资超过一年的；

（三）子基金专职管理人员发生实质性变化的。

第六章　管理费用

引导基金管理机构管理费由领导小组按照覆盖成本、合理收益的原则，根据上一年度基金规模和管理业绩研究确定。

管理费确定后，引导基金应在30日内一次性向引导基金管理机构支付。

第七章　监督管理

引导基金管理机构应于每个会计年度结束5个月内，提交年度工作报告，会计师事务所出具的年度审计报告和托管银行出具的年度资金保管报告。

引导基金接受省财政厅、省审计厅组织的监督检查和绩效评价。

第八章　附则

本办法由省科技厅负责解释。

本办法自发布之日起实施。

本办法施行前设立的子基金及科技金融专营机构继续按已签订的章程或合伙协议。

中共河北省委办公厅 河北省人民政府办公厅印发《关于深化项目评审、人才评价、机构评估改革的实施意见》的通知

（冀办发〔2019〕1号）

各市（含定州、辛集市）、县（市、区）党委和人民政府，雄安新区党工委和管委会，省直各部门，各人民团体：

《关于深化项目评审、人才评价、机构评估改革的实施意见》已经省委、省政府领导同意，现印发给你们，请结合实际认真贯彻落实。

中共河北省委办公厅
河北省人民政府办公厅
2019年1月5日

关于深化项目评审、人才评价、机构评估改革的意见

为贯彻落实中共中央办公厅、国务院办公厅印发的《关于深化项目评审、人才评价、机构评估改革的意见》，深入推进科技评价制度改革，完善科技评价体系，释放创新创业活力，结合我省实际，提出以下实施意见。

一、总体思路

以习近平新时代中国特色社会主义思想为指导，全面贯彻党的十九大和十九届二中、三中全会精神，深入实施创新驱动发展战略，落实党中央、国务院深化科技体制改革的决策部署，以改革项目评审、人才评价、机构评估（以下简称三评）为关键，以调动科技人员积极性创造性为核心，统筹自然科学和哲学社会科学等不同学科门类，按照尊重规律、问题导向、分类评价、客观公正的原则，优化科研项目评审管理、改进科技人才评价方式、完善科研机构评估制度，精简三评项目数量，加强监督评估和科研诚信建设，着力营造潜心研究、追求卓越、风清气正的科技创新环境。到2020年，基本建立适应创新驱动发展要求、符合科技创新规律和人才成长规律、突出质量贡献绩效导向的分类评价机制，形成科学、规范、高效、诚信的分类评价体系，为提升科技创新能力、建设创新型河北提供有力制度保障。

二、建立科学公正规范的科研项目评审机制

（一）改进项目指南编制和发布机制。编制省级科技计划项目指南，积极对接国家科技创新重大战略，紧贴京津冀协同创新发展功能定位，聚焦全省重大布局和重点任务，凝练优先支持重点和方向。项目指南内容要充分吸收省相关部门、行业协会及产业界、社会公众等各方意见，更好地体现省委省政府决策部署、反映各界需求，形成需求式目标式供给式的科技专项支持体系。项

目指南实行定期发布制度,明确项目申报的支持范围、条件、重点、资助标准及实施年限,通过多种渠道、多种方式让社会各界、科研人员充分知晓。省级科技计划项目要注重打造产业杀手锏、破解卡脖子技术难题,超前布局前沿重大技术。哲学社会科学类项目指南要注重研究的政治方向、学术创新、社会效益、实践价值等。

(二)精简项目数量和申报条件。坚持集中力量办大事原则,大幅度削减现有科技专项数量和项目数量,项目体量要大小适中,目标集中明确,按照项目不同类型合理设置课题及参加单位数量,减少交叉重复,避免拼凑组团和执行中的碎片化。建立项目申报负面清单制度,最大限度放宽申报前置条件,凡能够通过公开渠道查询的资质、信用等信息,申报单位不再提供相关证明材料。除项目指南另有要求外,省属高等院校、省属科研院所、省级医疗卫生机构、中央驻冀科研院所、省级以上科技创新平台、省级产业技术创新战略联盟实行直接申报,不再通过归口管理部门审核。

(三)实施分类评审方式。项目指南要明确不同类型项目的组织实施方式,进行分类评审。省级科技计划项目一般采用公开竞争的方式择优遴选承担单位。对有明确需求目标、技术路线清晰、组织程度优势明显、承担单位集中的重大科技项目,可采取定向择优或定向委托等方式落实承担单位;对企业牵头的技术创新类项目,要明确对企业资质、技术创新能力和财务情况要求,鼓励企业共同投入并组织实施。重点支持人才、项目和基地有机结合,实行定向评审、稳定支持。军民融合科技创新项目和涉密项目,按照相关规定组织论证评审。

(四)健全项目评审规范。根据不同科技计划创新活动特点,分类制定科学合理、定性与定量相结合的项目评审指标体系和评价标准,并在评审前公布,保证项目评审公开、公平、公正。按照不同立项方式,采取相应的评审程序和方法,对基础类项目实行同行专家评议;对公益类项目突出需求导向,以行业用户和社会评价为主;对成果转化类项目突出企业主体、市场导向,参与评议的专家以企业和投资专家为主;对科技平台、科技人才类项目,可根据实际需要实行专家评议或第三方评估;对不涉密、适宜省际比较的,应邀请国内同行开展省际评估。建立项目负责人科研背景、科研诚信核查制度,确保符合项目要求。允许项目申报人在评审前提出回避单位和个人。不同类别省级科技计划应根据实际情况,综合考虑负责人和团队实际能力以及项目要求,不把发表论文、获得专利、荣誉性头衔、承担项目、获奖等情况作为项目申报评审的限制性条件。

(五)完善评审专家遴选制度。面向全国建立多学科、多领域、高层次的科技专家库,实现与国家、省外专家库对接共享。按照科技计划专项凝练、项目指南编制、项目评审及验收3个层次,明确遴选专家权责。战略咨询与综合评审专家,由省内外科技界、产业界和经济界高层次专家组成,聘期3~5年,聘期内不承担或参与省级科技计划项目;年度科技计划指南编审专家,由国内相关领域知名专家和省内优秀专家组成,从科技专家库中分类抽取选定,不参与当年科技计划项目申报。项目评审及验收专家,根据项目类型特点和评审要求,从科技专家库未参与当年科技计划项目申报的专家中随机抽取。根据项目类型特点,研发类项目主要选取活跃在科研一线、真懂此行此项的高水平专家参与评审;与产业应用结合紧密的项目,还应选取活跃在生产一线的企业专家参与评审。建立完善评审专家的诚信记录、背景调查、动态调整、责任追究制度,严格规范专家评审行为。建立专家轮换、随机抽取、回避、公示等相关制度,确保专家选取使用科学、公正。开展会议评审的,原则上在评审前公布评审专家名单;开展通讯评审的,在评审结束前对评审专家严格保密。

（六）简化项目评审流程。充分运用大数据、模糊检索等先进技术手段，将项目评审精简为项目初审、网络评审、项目复审3个步骤，明确评审要求，提高评审质量效率。在项目复审中，对重大项目可采取视频答辩和实地考察等方式评审。项目答辩应提前明确汇报和质询时间，项目负责人原则上亲自汇报答辩，不在项目申报团队内的人员不得参与答辩。推行视频评审、电话录音、评审结果反馈、立项公示等措施，实现评审全过程可申诉、可查询、可追溯。建立项目救济机制，对项目指南覆盖范围以外而未通过项目初审的优质科技项目，经组织小同行评议推荐，省科技管理部门按照一事一议的议事规定，集体研究后可予以立项支持，重大项目需报省政府同意后纳入支持范围。

（七）改革项目验收方式。根据不同类型科技计划项目，完善相应验收办法。可采取提交科技报告、同行评议、第三方评估、用户测评、研发目标实现程度比对等方式进行验收。验收实行一次性综合绩效评价，不再分别开展单独的财务验收和技术验收。项目承担单位对本单位科研成果管理负主体责任，组织对本单位科研人员拟公布的成果进行真实性审查。行业主管部门对所属科研单位的科研成果每年按一定比例进行抽查。项目管理专业机构要按照规定时限和程序组织开展科技计划项目验收。区别对待因科研不确定性未能实现预想目标和学术不端导致的项目失败，严惩弄虚作假。

（八）加强科技计划绩效评估。针对科技计划专项整体情况组织开展绩效评估，按照科研活动规律和特点合理确定评估节点、周期，重点评估计划目标完成、管理、产出、效果、影响等绩效。充分发挥第三方评估作用，更多地通过公开竞争方式择优委托第三方评估机构，按照独立、专业、负责的基本要求，开展省级科技计划绩效评估工作。加强对第三方评估机构的规范和监督，加快建立第三方评估机构评估结果负责制和信用评价机制。

（九）推进科技奖励制度改革。落实《河北省科技奖励制度改革方案》要求，设立奖励委员会，与评审委员会职能分开，进一步明确责任、规范程序。将推荐制改为提名制，实行由专家学者、组织机构、相关部门等多渠道提名，提名者承担推荐、答辩、异议答复等责任，对相关材料的真实性和准确性负责。优化奖励对象，增列企业技术创新奖项，增加奖励为我省科技事业作出突出贡献的省外人员，允许外籍专家作为项目完成人报奖。建立定标定额评审制度，完善评审标准，坚持质量优先、宁缺毋滥。提高奖励工作的公开透明度，向社会公开评奖规则和流程，全程公示候选项目及其提名者。

三、完善科技人才分类评价机制

（一）加快推进科技人才分类评价机制改革。全面落实省委办公厅、省政府办公厅印发的分类推进人才评价机制改革工作六个领域的实施意见，建立科技人才分类评价体系，尊重用人单位评价主导地位，发挥政府、市场、社会等多元主体评价作用。按照基础研究人才，应用研究与技术开发人才，社会公益研究、科技管理服务和实验技术人才等3种分类和评价标准，用人单位要细化分类评价指标、制定具体实施办法。省有关部门加强指导帮助和服务，推动科技人才分类评价改革措施落地。

（二）优化科技人才支持计划。省科技、人才等管理部门加强统筹协调，根据国家有关部署，结合我省实际，对省级科技领域人才计划优化整合，针对不同对象科学设置科技人才计划，明晰支持范围，明确支持周期，减少重复交叉。支持雄安新区创新高端科技人才引进、培养机制，实行与国际接轨的科技人才管理、评价方式。实行科技人才项目申报查重制度，防止人才申报违规行为，避免多个类似人才项目同时支持同一人才。

（三）科学确定科技人才分类评价方式方法。对基础性研究人才，以同行学术评价为主；对应用研究与技术开发人才，突出市场评价；对社会公益研究、科技管理服务和实验技术人才，统筹同行评价、服务对象评价、社会评价等方式；对综合性科技人才，由用人单位根据活动类型和聘用岗位要求，统筹确定评价标准、评价方式，进行综合性评价；对科技特殊人才，用人单位可采取特殊评价标准；对承担国防重大工程任务或国防科技涉密领域人才，可采取针对性评价措施。探索建立人才共享机制和高层次人才流动培养补偿机制，引导人才良性竞争和有序流动。

（四）强化科技人才评价使用正确价值导向。突出品德、能力、业绩评价，克服唯论文、唯职称、唯学历、唯奖项倾向，推行代表作评价制度，注重标志性成果的质量、贡献、影响。根据人才分类评价特点，把研发成果原创性、成果转化效益、学科领域活跃度和影响力、重要学术组织或期刊任职、科技服务满意度等作为相应重要评价指标。对社会公益研究、应用研究与技术开发等类型人才的评价，SCI（科学引文索引）和核心期刊论文发表数量、论文引用榜单和影响因子排名等仅作为评价参考。回归人才称号学术性、荣誉性本质，不把人才荣誉性称号作为申请省级及以上科技计划项目、提名省级和国家级科技奖励、职称评定、岗位聘用、薪酬待遇确定等限制性条件，避免与物质利益简单、直接挂钩。完善职称分类评价标准，不将论文、外语、专利、计算机水平作为应用型人才、基层一线人才职称评审的限制性条件。加强引进海外人才海外教育和科研经历调查验证，不把教育、工作背景简单等同于科研水平。

（五）落实用人单位自主权。支持用人单位健全科技人才评价组织管理，结合自身功能定位和发展方向，细化评价标准，自主评价科技人才。用人单位根据科技人才评价不同类型，合理确定评价周期，适当延长基础研究人才、青年科技人才等评价考核周期，鼓励实行聘期评价，自主开展评价聘用（任）工作；突出岗位履职评价，不简单以学术头衔、人才称号确定薪酬待遇、配置学术资源。承担省级科技计划项目负责人可根据科研需要自主评价人才、组建团队。落实职称评审权限下放改革措施，支持符合条件的高校、科研院所、医院、大型企业等单位自主开展职称评审。根据国家有关部署，选择部分省属临床医学研究中心试点开展临床医生科研评价改革工作。

（六）建立高层次人才团队稳定支持机制。改变高层次人才和创新团队支持方式，对纳入省级科技计划支持的基础研究、共性关键技术研发、公益性研究等人才和创新团队，给予周期性稳定支持，使科研人员将更多的精力投入到科研活动中。

四、推进科研机构评估制度化建设

（一）推动省属科研院所实施章程管理。省主管部门依据科技部、中央编办、人力资源社会保障部印发的《中央级科研事业单位章程制定工作指导意见》，把实行章程管理作为科研事业单位管理运行、开展科研活动的基本准则和监督评估的重要依据，加快推进省属科研院所章程制定实施，实现一院（所）一章程，建立职责明确、评价科学、开放有序、管理规范的现代科研院所制度。支持省属科研院所章程制定先行先试，明确规定院所宗旨目标、功能定位、业务范围、领导体制、运行管理机制等，确保机构运行各项事务有章可循。

（二）完善分类考核评估体系。省属科研院所主管部门，根据所属科研院所科研活动类型，建立健全共性指标和个性指标相结合的考核评估体系，避免简单以高层次人才、项目、学科、基地的数量考核评估科研院所。省属公益类科研院所考核评估涵盖职责定位、机制创新、人才队伍建设、能力提升、创新效益等方面；省属转制类科研院所重点考核评估技术创新、成果转化、行业技术服务等业绩。

（三）建立绩效评价与运用长效机制。对省属科研院所绩效评价周期原则上为5年，也可根据不同科研活动类型、主要负责人任期等实际情况进行中期评价或适当缩短绩效评价周期。加强绩效评价结果运用，在科技创新规划、创新政策制定、财政拨款、科技计划项目承担、科技人才推荐、科技创新平台建设、学科专业设置、研究生和博士后招收、科研院所领导人员考核评价、科研院所人事管理、绩效工资总量核定等工作中，将绩效评价结果作为重要依据。按照程序办理科研事业单位编制调整事项时，应参考绩效评价结果。

（四）落实科研院所法人自主权。省属科研院所主管部门加快推进政事分开、管办分离，对明确赋予科研事业单位管理权限的事务，少干预或不干预。推动省属公益类科研院所与主管部门理顺关系和去行政化，逐步取消行政级别，落实编制管理、人员聘用、职称评定、绩效工资等方面的自主权，加强成果转化、离岗创业、兼职取酬等政策激励，充分调动科研人员积极性。切实发挥单位党委（党组）把方向、管大局、保落实的重要作用，坚决防止党的领导弱化、党的建设缺失。

（五）加强科技创新平台绩效评估管理。根据各类省级科技创新平台的功能定位、任务目标、运行机制等不同特点，完善有关管理办法，合理确定绩效评估周期、方式和标准，精简评估环节、频次。强化科技创新平台动态管理，依据绩效评估结果优胜劣汰、有进有出，促进省级科技创新平台不断壮大、良性发展。

五、健全监督评估机制和科研诚信管理体系

（一）完善三评监督评估机制。省科技管理部门和省哲学社会科学管理部门要完善管理办法，将监督和评估嵌入三评活动全过程。按照事前实行诚信承诺制、事中进行重点监督和随机抽查、事后强化绩效评估和动态调整的基本要求，加强对申报人员、评审专家、工作管理人员、各类主体履职尽责和任务完成情况的监督评估。改革省级科技计划管理，实行项目申报、项目评审、项目执行、项目验收分权制衡管理机制。建立省级科技计划项目和学术期刊预警监测制度，对违反合同约定及有关规定的发布黑名单，促进自觉接受监督。

（二）加快科研诚信管理体系建设。省科技厅、省委宣传部分别负责自然科学领域和哲学社会科学领域科研诚信工作的统筹协调、宏观指导，建立健全科研诚信管理体系，推动各责任主体完善调查核实、公开公示、惩戒处理等制度，落实对严重违背科研诚信行为查处的规定要求，对科研不端行为零容忍。实施科研诚信全记录制度，对严重失信人员和单位记入不良信用记录，实行一票否决，在一定时期禁止申报财政支持的科研项目和获得政府奖励。加强科研诚信信息的共享共用，推动在行政许可、公共采购、评先创优、金融支持、资质等级评定、纳税信用评价等工作中将科研诚信作为重要参考。将科研诚信监管关口前移，推动高校、科研院所、医院等单位完善学术管理和科研诚信教育制度，强化导师对学生发表论文主要内容和研究数据的真实性及实验的可重复性等的审核把关，对科研人员、教师、医生、青年学生等加强科研诚信培训，在入学入职、职称晋升、参与科技计划项目等重要节点，帮助其熟悉掌握科研诚信具体要求。

六、强化实施保障

（一）加强组织领导。省科技厅、省委组织部、省委宣传部、省人力资源和社会保障厅等部门负责三评改革的牵头组织，根据职责分工，加强统筹协调、推动落实。省有关部门要根据本系统本领域特点，加强协同配合，细化任务举措，抓好三评改革的组织实施。各地要结合实际情况，

抓好政策措施落实，确保三评改革落地见效。

（二）落实主体责任。各有关部门要按照深化放管服改革的要求，加大三评改革推进力度，切实精简三评项目数量，强化监管和服务，加强政策解读宣传培训，让广大科技人员和科研单位知晓、掌握、用好改革政策。各实施主体要强化责任担当，细化操作办法，完善内部管理，充分调动科技人员的积极性。

（三）抓好引导示范。对三评改革关联性、探索性强的改革举措，鼓励争取国家试点，省有关部门要给予配合支持。组织开展省属科研院所绩效评价、科技人才分类评价实施试点，加强总结评估，及时推行好的做法经验，发现问题及时研究解决。

河北省人民政府印发
《关于深化放管服改革优化科研管理若干政策措施》的通知

(冀政字〔2019〕4号)

各市（含定州、辛集市）人民政府，雄安新区管委会，省政府各部门：

《关于深化放管服改革优化科研管理若干政策措施》已经2019年1月2日省政府第40次常务会议讨论通过，现印发给你们，请认真贯彻执行。

河北省人民政府
2019年1月10日

关于深化放管服改革优化科研管理若干政策措施

为贯彻落实《国务院关于优化科研管理提升科研绩效若干措施的通知》（国发〔2018〕25号）精神，大力实施创新驱动发展战略，深入推进科技领域放管服改革，着力完善以信任为前提的科研管理机制，按照能放尽放的要求赋予科研人员更大的人财物自主支配权，为科研人员减负松绑，充分释放创新创业活力，加快培育经济发展新动能，制定以下政策措施。

一、改革科技计划和科研项目管理

（一）构建目标明确、定位清晰的科技计划体系。省级科技计划要聚焦国家重大战略部署和省委、省政府重点工作安排，契合社会经济发展核心关键科技需求，按照集中力量办大事的原则，大幅削减现有科技专项数量和项目数量，全链条设计、一体化组织，促进产业链、创新链、资金链、政策链深度融合，建立更加集中统筹、精准高效、科学规范、公正透明、监管有力的省级科技计划管理新机制。逐步实行省级科技计划年度指南定期发布制度，通过多种渠道、多种方式使社会各界、科研人员充分知晓，增加科研人员申报准备时间。

（二）精简项目申报程序。建立项目申报负面清单制度，最大限度简化放宽申报前置条件。凡能够通过公开渠道查询的资质、信用等信息，申报单位不再提供相关证明材料。除申报指南另有要求外，省属高等学校、省属科研院所、省级医疗卫生机构、中央驻冀科研院所、省级以上科技创新平台、省级产业技术创新联盟实行直接申报，不再通过归口管理部门审核。除涉密项目或申报指南另有规定外，省级科技计划项目逐渐实行无纸化申报，最大程度降低项目申报成本。

（三）赋予项目负责人更大技术路线决策权和项目调整权。科研项目申报期间，以项目研究人员提出的技术路线为主进行评审论证；科研项目实施期间，除涉及项目负责人、项目名称更改外，项目负责人可在研究方向不变、不降低绩效目标的前提下，根据项目进展情况自主调整研究方案和技术路线、合作单位、项目参与人员和科研团队，并向项目管理部门备案。

（四）简化项目过程管理。减少科研项目实施周期内的各类评估、检查、抽查、审计等活动，项目关键环节的评估以信息化手段为主，项目承担单位只需按合同规定时间节点，上传项目实施进度、专项资金支出等有关数据。自由探索类基础研究项目和除重大项目以外的项目以承担单位自我管理为主，一般不开展过程检查。重大项目监督检查要制定有关工作计划，加强监督检查统筹，避免在同一年度对同一项目重复检查、多头检查。探索实行双随机、一公开监督检查方式，充分利用大数据等信息技术提高监督检查效率，实行监督检查结果信息共享和互认，最大限度降低对科研活动的干扰。

（五）改进项目验收方式。根据不同类型科技计划项目，制定相应验收办法。可采取提交科技报告、同行评议、第三方评估、用户测评、研发目标实现程度比对等方式进行验收。验收实行一次性综合绩效评价，不再分别开展单独的财务验收和技术验收，项目承担单位可自主选择具有资质的第三方中介机构进行结题财务审计，尽可能节约项目研究人员的时间和精力。

（六）完善科技计划管理信息平台。对现有各类省级科技计划管理信息系统统一整合，建立统一化、闭环式、智能化的科技管理平台，实行项目申报一个网站登录、一个单位一个账号管理、材料一次性报送制度。省级科技管理信息平台按权限向项目承担单位和归口管理部门等相关主体开放，加强数据共享，凡是省级科技管理信息平台已有的材料或已要求提供过的材料，不得要求重复提供。

（七）强化科研活动全流程诚信管理。加强科研诚信建设，将科研诚信要求落实到项目指南、立项评审、过程管理、结题验收和监督评估等科技计划管理全过程，实施科研诚信承诺制。建立健全项目承担单位、科研人员、评估评审专家和中介机构等所有项目参与主体信用记录制度，将严重不良信用者记入黑名单，阶段性或永久性取消其申请承担各类省级科技计划项目或科技奖励资格。

二、改革科研项目经费使用管理

（一）扩大科研项目预算调剂权。省级科研项目实施期间，在项目经费总额不变的情况下，直接费用中除设备费外，其他科目费用调剂权全部下放给项目承担单位。项目承担单位要建立相关制度，及时为项目研究人员办理调剂手续，作为项目验收、评估评审、审计检查等依据。

（二）改进科研项目经费预算编制方式。根据科研活动规律和特点，简化省级科研项目预算编制，精简管理流程，在开展试点的基础上全面加快实施。直接费用中在已合并会议费、差旅费、国际合作与交流费科目的基础上，试行将材料费、测试化验加工费、燃料动力费科目合并，劳务费、专家咨询费科目合并，科研人员结合科研活动实际需要，编制预算并按有关规定统筹安排使用。直接费用中除设备费外，其他费用只提供基本测算说明，不需提供明细。

（三）放宽科研单位科研项目经费管理使用自主权。列入省级科技计划的项目在实施期间，项目经费支出进度可由项目负责人自行掌握。后补助、奖励补助等财政性项目资金，由承担单位自主用于研发活动。对于接受企业或其他社会组织委托取得的项目经费，纳入单位财务统一管理，由项目承担单位按照委托方要求或合同约定管理使用。项目承担单位因科研活动需要举办的会议，对邀请参加会议的国内外专家、学者及有关人员，可列支城市交通费、国际旅费等费用。项目承担单位聘用的科研财务助理，为科研项目提供的经费管理服务费用，可在相应科研项目劳务费或间接费中列支。允许高等学校、科研院所根据有关规定，制定符合实际需要的科研经费内部报销办法，对科研活动产生的确实无法取得发票的费用，简化审批、据实报销。

（四）赋予高等学校、科研院所科研仪器设备政府采购自主权。高等学校和科研院所采购科研仪器设备（包括进口科研仪器设备），达到政府采购限额标准的，应办理政府采购计划备案或采购方式审批手续，可自行选择采购组织方式和科研仪器设备评审专家。科研仪器设备政府采购预算执行中，在政府采购预算总额不变的情况下，可根据实际需要自行调整政府采购预算内容，并报财政部门备案。对科研急需的设备和耗材，采用特事特办、随到随办的采购机制，可不进行招投标程序，缩短采购周期；对于独家代理或生产的仪器设备，按程序确定采取单一来源采购等方式增强采购灵活性和便利性。允许国有科研仪器设备以市场化方式运营，实现开放共享。

（五）提高项目间接费核定比例。对省级科技计划项目中试验设备依赖程度低和实验材料耗费少的基础研究、软件开发、集成电路设计、软科学研究等智力密集型项目，提高间接经费比例，100万元以下的部分不超过30%，100万元至300万元部分不超过25%，300万元以上的不超过20%。发挥科研绩效激励作用，间接经费的绩效支出要突出创新质量贡献导向，向创新绩效突出的团队、个人和青年人才倾斜。

三、强化科技人才创新评价和激励

（一）优化科技人才支持计划。根据国家有关部署，在省委人才工作领导小组领导下，结合我省实际，科学设置科技人才计划，突出人才培养使用导向，明晰支持范围，明确支持周期。实施科技人才计划申报查重制度，一个人只能获得一项相同层次的人才计划支持，人才计划项目结束后不得再使用有关人才称号。科研项目申报中，不得设置填写人才帽子等称号栏目。主管部门、用人单位要逐步取消入选人才计划与薪酬待遇和职称评定等直接挂钩的做法。不得将科研项目（基地、平台）负责人、项目评审专家等作为荣誉称号加以使用、宣传。

（二）清理科技人才评价唯论文、唯职称、唯学历、唯奖项问题。根据国家有关部门部署，省委人才工作领导小组各成员单位、行业主管部门要对科技项目、人才项目、创新平台和基地建设、学科和机构评估、科技奖励评审、职称评审以及行业主管部门对下属单位等科技评价中涉及简单量化的做法进行清理，对政策文件、各类考核评价条件中涉及四唯的规定进行修改。进一步健全以创新质量和贡献为导向的绩效评价体系，减少人才评价频次，对评价结果连续优秀的，实行一定期限免评制度。

（三）加大对承担重大科研任务项目负责人的薪酬激励。对全时全职承担省级重大技术攻关、重大科技成果转化或重大创新平台建设任务的项目负责人，实行一项一策、清单式管理和年薪制。项目承担单位应在项目立项时与省有关部门协商确定人员名单和年薪标准，并报省科技厅、省人力资源社会保障厅、省财政厅备案。年薪所需经费允许在项目经费中列支并单独核定，不纳入项目承担单位绩效工资总量管理。项目范围及具体操作办法由省有关主管部门细化制定。

（四）赋予高等学校、科研院所横向委托项目职务科技成果归属及使用自主权。对于高等学校、科研院所接受企业、其他社会组织委托项目形成的职务科技成果，允许合同双方自主约定成果归属和使用、收益分配等事项；合同未约定的，职务科技成果由项目承担单位自主处置，允许赋予科研人员所有权或长期使用权。横向委托项目获得的收益，科研人员按照合同约定提取报酬，如无合同约定，允许全部留归项目组成员自主分配并依法缴纳所得税。省科技厅、省财政厅、省教育厅等部门联合开展试点，对利用财政资金形成的职务科技成果，由试点单位按照权利与责任对等、贡献与回报匹配的原则，在不影响国家安全、国家利益、社会公共利益的前提下，探索赋予科研人员所有权或长期使用权。强化成果转化激励，允许转制院所和事业单位管理人员、科研人员以技术股＋现金股形式持有股权；可引入技术经理人全程参与成果转化；鼓励高等学校、科研院所以订单方式参与企业技术攻关。

（五）落实科技成果现金奖励税收优惠政策。对依法批准设立的非营利科研机构、高等学校等单位的科技人员通过科研与技术开发所创造的专利技术、计算机软件著作权、生物医药新品种等职务创新成果，采取转让、许可方式进行成果转化的，在相关单位取得转化收入3年（36个月）内发放的现金奖励，减半计入科技人员当月个人工作、薪金所得征收个人所得税。

四、加强科研项目绩效管理

（一）合理设定科技计划专项和项目绩效目标。省级科技计划要根据不同科技专项特点，围绕解决重大科技需求、提高财政资金使用效率，提出科学、合理的科技专项绩效目标，明确考核周期及阶段性目标。项目指南要按照分类评价原则，对各类项目提出绩效目标要求。项目申报书和任务书要设置具体的绩效目标，项目立项评审应注重绩效目标与指南要求的相符性，以及创新性、可行性、可考核性。

（二）建立科研项目绩效分类评价体系。尊重科研活动规律，根据不同研究特点，完善省级科技计划项目绩效评价办法，分类开展绩效评价。基础研究与应用基础研究类项目突出原创导向，以同行评议为主；社会公益性研究项目突出需求导向，以行业用户和社会评价为主；应用技术开发和成果转化项目突出企业主体、市场导向，以用户评价、第三方评价和市场绩效为主。

（三）实施科研项目任务书约定绩效评价制度。省级科技计划项目任务书要明确绩效考核有关约定，突出代表性成果、刚性技术指标和项目实施效果评价，适当降低论文、专利等短期量化指标权重。科研项目绩效评价原则上在项目验收时一次性进行，依据任务书约定考核结果指标完成情况，对绩效目标实现程度作出明确结论，无正当理由不得延迟验收。对重大项目可进行关键环节考核，项目实施进度严重滞后或难以达到预期绩效目标的，应及时予以调整或取消后续支持。重点研发项目、重大科技成果转化项目等可在结束后23年内进行绩效跟踪评价，重点关注项目应用推广以及产生的经济社会效益。有关单位和企业要如实客观开具科研项目经济社会效益证明，对虚开造假者严肃处理。

（四）强化科研绩效评价应用。省科技管理部门要依据绩效评价结果，加强对科技计划专项的优化整合和管理，提升集中力量办大事的精准度。科研项目相关管理部门要把科研项目绩效评价结果作为项目调整、后续支持的重要依据，对绩效评价优秀的项目负责人和团队、项目承担单位加大后续项目支持力度。项目承担单位应更加注重科研项目绩效评价，完善内部有关制度，将考核业绩落实到职称评定、岗位聘任、绩效奖励等各个方面。

五、营造鼓励创新浓厚氛围

（一）建立分级责任担当机制。科技计划管理部门要建立科技创新活动尽职免责制度，在开展自由探索和颠覆性技术创新活动中，对已勤勉尽责、但因技术路线选择失误或不可预见原因导致难以完成预定目标的单位和项目负责人予以免责。单位主管部门和相关部门要支持高等学校和科研院所改革创新，正确区分因科研不确定性未能完成项目目标和因科研态度不端导致项目失败，鼓励大胆创新，严惩弄虚作假。高等学校和科研院所开展科技成果转化，通过市场化方式确定科技成果价格的，单位领导在勤勉尽责、没有牟取非法利益的前提下，免除其在科技成果定价中因科技成果转化后续价值变化产生的决策责任。

（二）建立高等学校、科研院所考核激励机制。高等学校、科研院所要落实主体责任，依据国家和省科技改革创新政策，积极完善本单位科研、人事、财务、成果转化、科研诚信等具体管理办法。主管部门在对高等学校、科研院所开展考核时，对落实改革政策到位、科技创新绩效突出的，在申请省级科技计划项目、人才支持计划，核定绩效工资总量，布局建设科技创新平台，核定研究生招生指标，增列学位授权点等方面给予倾斜支持。

（三）建立高等学校、科研院所基本科研业务费激励机制。省财政厅、省教育厅、省科技厅要研究制定具体办法，在部分高等学校、省属科研院所开展基本科研业务费制度试点，逐步在全省高等学校、省属科研院所全面实施，所需资金从省级高等教育发展专项资金、省级创新能力提升专项资金中解决。对已建立基本科研业务费的单位，允许从中提取不超过30%部分作为奖励经费，由单位探索完善科研项目资金的激励引导机制。奖励经费的使用范围和标准由单位在绩效工资总量内自主决定，并在单位内部公示。

（四）建立科研信息管理共享机制。建立科技报告制度，凡是财政资金支持、非涉密的省级科技计划项目成果验收前，应在遵守知识产权保护法律、法规的前提下，及时提交科技报告，向社会公开，促进科技资源持续积累、开放共享。完善科研项目监督、检查、审计等信息共享平台，对同一科研项目实行监督、检查、审计结果互认。对科研活动的审计和财务检查要尊重科研规律，减少审计检查频次，出现对相关政策理解不一致的，要及时与政策制定部门沟通并调查澄清。

省有关部门要根据本规定制定实施细则或修订完善有关管理办法，对政策落实过程中不易把握的问题抓好试点，加强经验总结和示范引导。高等学校、省属科研院所要制定具体操作办法，完善单位内部管理制度。各市（含定州、辛集市）要结合实际研究制定配套措施。中央驻冀科研单位可参照本规定执行。

河北省财政厅、河北省科学技术厅
关于印发《河北省技术创新引导专项资金管理办法（暂行）》的通知

（冀财规〔2019〕3号）

各市（含定州、辛集市）财政局、科技局，省财政直管县财政局、科技局，雄安新区管委会，省直有关部门：

为规范和加强河北省技术创新引导专项资金管理，提高资金使用效益，根据《国务院关于优化科研管理提升科研绩效若干措施的通知》（国发〔2018〕25号）、《河北省科学技术厅关于印发河北省省级科技计划管理改革方案（试行）的通知》（冀科资〔2018〕36号）等文件规定，结合我省实际，省财政厅会同省科技厅研究制定了《河北省技术创新引导专项资金管理办法（暂行）》，现印发给你们，请遵照执行。

河北省财政厅　河北省科学技术厅
2019年2月27日

河北省技术创新引导专项资金管理办法（暂行）

第一章　总则

第一条　为深入实施创新驱动发展战略，加快创新型河北建设，规范和加强河北省技术创新引导专项资金（以下简称专项资金）管理，提高资金使用效益，根据《国务院关于优化科研管理提升科研绩效若干措施的通知》（国发〔2018〕25号）、《河北省科学技术厅关于印发河北省省级科技计划管理改革方案（试行）的通知》（冀科资〔2018〕36号），制定本办法。

第二条　本办法所称专项资金，主要通过发挥财政性资金杠杆作用，引导企业加大研发投入，创新产学研用合作体制机制，促进科技成果转移转化和资本化、产业化。围绕我省科技发展战略和地方经济社会发展目标，促进科技型中小企业发展，提升区域科技创新能力。

第三条　专项资金管理使用遵循政府引导、市场主导、目标导向、优化程序、公开透明、规范运作的原则。

第二章　支持方向和范围

第四条　专项资金主要包括：

（一）省级科技创业投资和成果转化引导基金；

（二）省级天使投资引导基金；

（三）省级科技型中小企业贷款风险补偿资金；

（四）省级科技创新券资金；

（五）省级科技服务业资金；

（六）科技工作会商资金；

（七）可持续发展实验区（示范区）建设资金。

第五条 专项资金支持方向：

（一）省级科技创业投资和成果转化引导基金主要通过财政资金的引导和放大作用，推动科技成果转化与应用，引导社会力量和市县政府加大对科技型中小企业扶持力度。

（二）省级天使投资引导基金属于不以营利为目的的政策性基金，主要通过设立天使投资子基金的方式，支持河北省内处于种子期、初创期的科技型企业，重点支持高等院校、科研院所科研团队或青年科技人才携带科研成果创建或新办的科技型企业。

（三）省级科技型中小企业贷款风险补偿资金，主要通过风险补助或奖励的形式，支持我省相关银行开展科技型中小企业贷款业务。

（四）省级科技创新券资金，主要通过发放电子支付凭证的形式，支持鼓励科技型中小企业和创新创业团队加强与高等学校、科研院所等企事业单位的产学研合作，开展研发活动和科技创新。

（五）省级科技服务业资金，主要支持科技企业孵化器、众创空间、成果展示和技术转移（交易）机构、产业技术创新战略联盟等建设。

（六）科技工作会商资金，主要是指导相关市县政府、省属重点高校和科研机构等，围绕区域产业和科技发展，组织开展重点科技工作谋划，探索新型科技管理体制机制。

（七）可持续发展实验区（示范区）建设资金，主要支持实验区（示范区）内的经济社会发展与生态环境建设。

第六条 专项资金支持的单位应符合以下条件：

（一）在我省行政区域内注册或我省所属的，具有独立法人资格的高等学校、科研院所、企事业单位、其他社会组织或机构等。

（二）具有组织或开展科技创新活动的基础、能力和条件。

（三）符合项目申报指南要求或申报资质要求的其他条件。

第三章 部门职责

第七条 省财政厅主要职责：会同省科技厅制定专项资金管理办法，并负责专项资金的预算审核、资金拨付。

第八条 省科技厅主要职责：配合省财政厅制定专项资金管理办法；编制发布项目申报指南，组织项目申报、评审与立项，组织专项资金预算编制、绩效评价，对项目组织实施进行监管。

第四章 资金分配使用管理

第九条 专项资金主要采用定向补助、奖励补贴、风险补偿、创投引导和因素法分配方式。具体支持方式和标准，由各项资金实施细则确定。

第十条 专项资金拨付至项目承担单位后，由承担单位按资金使用要求、支出方向和范围用于开展相应科技活动。专项资金独立核算、专款专用。

第十一条 专项资金不得用于支付各种罚款、捐款、偿还债务等支出，不得用于国家规定禁止列支的其他支出。

第十二条 省属高校、科研院所要根据科研工作的特点，对科研需要的出差和会议按标准报销相关费用并简化相关手续。

第五章 绩效管理

第十三条 省科技厅负责拟定专项资金绩效目标，包括组织管理、支出进度等共性评价指标。负责组织对专项资金绩效目标实现程度、预算执行进度实行双监控，负责组织对专项资金使用效果开展绩效评价。

第十四条 省财政厅会同省科技厅将绩效评价结果作为以后年度安排预算和专项资金统筹使用的重要依据。对绩效评价结果较好的方向领域，适当加大支持力度；对实际执行效果与预期目标差距较大、绩效评价结果较差的，依法相应扣减专项资金规模直至取消后续资金安排。

第十五条 省科技厅、省财政厅探索委托第三方机构开展专项资金绩效评价工作。

第六章 监督检查

第十六条 专项资金管理和使用应当严格执行有关法律法规、财务规章制度和本办法的相关规定。

第十七条 建立专项资金使用管理公开公示制度。具体内容包括：

（一）资金管理办法、实施方案等相关制度文件；

（二）资金申报条件、扶持对象、申领程序等申报通知；

（三）获得补助企事业单位名单；

（四）其他按规定应公开的内容。

第十八条 对存在弄虚作假骗取专项资金的单位，按照《预算法》、《财政违法行为处罚处分条例》等规定进行处理，涉嫌犯罪的，移送司法机关处理。

第七章 附则

第十九条 本办法由省财政厅会同省科技厅负责解释。

第二十条 本办法第四条涵盖的各项资金，均应按要求制定实施细则。

第二十一条 本办法自 2019 年 2 月 27 日起施行，有效期两年。

关于印发《河北省县域科技创新跃升计划奖励资金实施细则（试行）》的通知

（冀科区〔2020〕2号）

各市（含定州、辛集市）科技局、财政局，雄安新区管委会改发局，各县（市、区）科技局、财政局：

根据省政府办公厅《关于印发〈河北省县域科技创新跃升计划（2019—2025年）〉的通知》（冀政办字〔2019〕9号），为加强县域科技创新跃升计划奖励资金管理，省科技厅会同省财政厅制定了《河北省县域科技创新跃升计划奖励资金实施细则（试行）》，现印发给你们，请遵照执行。

河北省科学技术厅　河北省财政厅
2020年2月27日

河北省县域科技创新跃升计划奖励资金实施细则（试行）

第一章　总则

第一条　为加强县域科技创新跃升计划奖励资金管理，提高资金使用效益，根据国务院《关于优化科研管理提升科研绩效若干措施的通知》（国发〔2018〕25号）、河北省人民政府办公厅《关于印发〈河北省县域科技创新跃升计划（2019—2025年）〉的通知》（冀政办字〔2019〕9号），制定本实施细则。

第二条　本办法所称奖励资金，是指根据《河北省县域科技创新跃升计划（2019—2025年）》，在省级财政科技专项资金中安排的用于实施县域科技创新跃升奖励的资金。

第三条　省科技厅负责根据全省年度县域科技创新监测评价结果，按照《河北省县域科技创新跃升计划（2019—2025年）》规定的奖励办法，提出奖励资金安排计划，编制省级财政科技专项资金预算。省财政厅负责将奖励资金列入省科技厅部门预算，并根据省科技厅分配意见下达资金。

第四条　奖励资金管理遵循省级统筹、县级负责、突出绩效、规范运作的原则。

第二章　奖励资金的使用范围

第五条　奖励资金的管理主体是县级科技主管部门。

第六条　奖励资金主要用于县级科技主管部门在推进县域科技创新中组织开展的调查研究、业务辅导、公共技术服务平台建设、创新主体培育、科技成果转移转化、产学研对接和科技合作等，以及为此进行的政府购买服务。

第七条　奖励资金不得用于对省、市相关科技项目或资金的配套。

第八条 奖励资金使用应当符合省级财政科技专项资金使用的相关规定，不得用于补充本单位工作经费支出，不得用于支付各种罚款、捐款、偿还债务等支出，不得用于国家规定禁止列支的其他支出。

第三章 奖励资金的使用管理

第九条 获得奖励资金的县级科技主管部门应当加强奖励资金管理，制定相应管理办法，保证奖励资金规范使用。

第十条 县级科技主管部门应当制定奖励资金使用计划，明确奖励资金用途、实施单位、经费预算等。

第十一条 奖励资金使用期限一般不得超过两年。

第四章 绩效管理

第十二条 奖励资金实行绩效管理。在制定奖励资金使用计划时，应当编制资金使用绩效目标，要求可监控、可评价，并能清晰反映奖励资金的预期产出和效果。绩效目标的设定应符合财政资金绩效管理的相关规定。

第十三条 奖励资金支出完毕，各项工作结束后，县级科技主管部门应当开展奖励资金使用绩效评价并编制绩效报告，绩效报告包括奖励资金使用情况、绩效目标完成情况等内容，并报省科技厅备案。

第十四条 省科技厅对绩效评价结果进行抽查评价，并作为县（市、区）年度科技创新能力监测评价中管理创新指标的评价依据。

第十五条 省科技厅委托第三方机构开展奖励资金绩效评价工作。

第五章 监督检查

第十六条 奖励资金管理应当严格执行有关法律法规、财务规章制度和本办法的规定，接受审计部门的监督。

第十七条 县级科技主管部门建立奖励资金使用管理公开公示制度。公开内容具体包括：

（一）资金管理办法、资金使用计划等。

（二）获得专项经费支持的单位名单。

（三）其他按规定应公开的内容。

第十八条 在奖励资金使用监督检查中发现违规问题的，按照相关规定追究单位和个人的责任。

第六章 附则

第十九条 本办法由省科技厅、省财政厅负责解释。

第二十条 本办法自印发之日起施行，有效期2年。

关于印发《河北省省级科技计划项目管理办法》的通知

(冀科规〔2020〕1号)

各市(含定州、辛集市)科技局,雄安新区管委会改革发展局,国家高新区管委会,省有关部门,有关单位:

现将《河北省省级科技计划项目管理办法》印发给你们,请认真遵照执行。

附件:《河北省省级科技计划项目管理办法》

河北省科学技术厅
2020年1月20日

河北省省级科技计划项目管理办法

第一章 总则

第一条 为深入贯彻国家关于财政科研项目和经费管理的要求,全面落实河北省《关于深化放管服改革优化科研管理若干政策措施》(冀政字〔2019〕4号)、《河北省省级科技计划管理改革方案(试行)》(冀科资〔2018〕36号)等科技计划和经费管理改革措施,保证省级科技计划项目管理的公正、科学、高效,制定本办法。

第二条 河北省省级科技计划是为更好发挥政府在科技创新中的作用,根据全省经济社会发展及科技发展战略需要,由省级财政资金资助,旨在支持科学技术研究开发活动,提升科技创新能力,为加快推进新时代创新型河北建设提供有力支撑。

河北省省级科技计划主要包括:基础研究计划、科技重大专项、重点研发计划、技术创新引导计划、创新能力提升计划等五类。

第三条 河北省省级科技计划,原则上按照专项项目两个层级设置和管理,不同类计划,根据支持对象特点和资金用途可相应调整。专项是科技计划组织的载体,专项设置以目标为导向,聚焦科技创新的重大任务、重大需求,注重全链条设计和组织实施;项目是专项实施的基本单元,按照专项总体部署和要求完成相对独立的研究开发任务,服务于专项目标。

本办法适用于基础研究、科技重大专项、重点研发三类科技计划的项目管理。技术创新引导和创新能力提升两类科技计划中,按照专项项目两个层级设置,以项目为基本单元管理的,参照本办法执行。

第四条 项目管理要以转变政府科技管理职能和创新科技资源配置方式为主线,坚持科学规范、职责清晰、公正透明、监管有力、绩效导向的原则,进一步简政放权,着力完善以诚信自律为前提的科研管理机制,按照能放尽放的要求赋予科研人员更大的自主权,实现从科研管理到创新服务的转变。

第二章 组织管理

第五条 项目组织管理的主体包括省科技厅和项目归口管理部门。项目组织实施的主体包括项目承担单位（含法定代表人，下同）和项目负责人。项目评估评审专家及项目管理专业机构（简称专业机构）参与项目管理工作。

第六条 省科技厅的主要职责是：

（一）组织编制实施全省科技发展规划和年度科技计划；

（二）组织制订有关计划项目管理的规定和规范；

（三）组织编制专项实施方案，编制和发布项目申报指南，确定年度支持重点领域和方向；

（四）负责项目立项、调整、终止和撤销，协调解决执行过程中的重大问题；

（五）组织项目验收、绩效评价、统计、档案管理及信息公开工作；

（六）实施科技报告制度，建立项目成果库；

（七）统筹科技计划全过程的科研诚信管理，监督检查项目执行和经费使用。

第七条 项目归口管理部门包括各市（含定州、辛集市）、雄安新区的科技管理部门，国家级高新区管委会、省直有关部门和经省科技厅批准的其他单位，主要职责是：

（一）组织、审查和推荐本地区、本系统的项目；

（二）负责本地区、本系统的科研诚信管理；

（三）督导项目承担单位按时启动和实施项目，对项目执行和经费使用情况进行检查和监督，协调解决项目实施中的有关问题，根据项目执行情况提出项目调整、终止及撤销建议，督导承担单位执行调整、终止及撤销工作；

（四）督促项目承担单位按期验收，受省科技厅委托主持项目验收；

（五）协调推动项目成果的转移转化与应用示范。

第八条 项目承担单位是项目实施的责任主体，主要职责是：

（一）根据项目指南组织申报项目，保证申报材料的真实性；

（二）按照项目任务书约定，足额匹配自筹的项目经费，及时拨付合作单位经费，确保项目科研人员有足够的时间投入研究工作，为项目实施提供所需的保障条件；

（三）建立健全科研、财务等内部管理制度，按规定管理使用项目经费，监督合作单位经费使用，真实报告经费决算，按规定提交项目经费审计报告；

（四）接受指导、检查并配合做好监督、评估等工作；

（五）提出项目调整、终止申请，执行调整、终止、撤销工作；

（六）建立健全诚信管理、科研伦理审查等制度，负责对科研失信行为调查和处理；

（七）项目验收后形成的科技成果应进行登记，履行转化主体责任，推动科技成果转化应用；

（八）负责项目的原始科研记录和档案管理，严格遵守科技保密制度和相关规定；

（九）负责项目科研成果知识产权、项目形成的固定资产等保护与管理。

第九条 项目申请（负责）人是项目申请和实施的直接责任人，主要职责是：

（一）恪守科学道德准则，发扬科学家精神，强化契约精神，坚守科研诚信底线，认真组织项目申请和实施，严格履行项目任务书，按时完成项目任务，按时开展验收；

（二）按规定合理使用项目经费，真实报告项目经费决算（项目专项经费50万元以下的项目），配合编制项目经费审计报告（项目专项经费50万元及以上的项目）；

（三）强化诚信自律，履行诚信审核和学术把关职责；

（四）完整、真实地填报项目管理相关材料，按要求提交项目执行情况、绩效评价、科技报告、成果登记等相关材料，及时报告项目执行中出现的重大事项和问题，配合提出项目调整、终止申请，配合执行调整、终止、撤销工作；

（五）自觉接受监督和检查。

第十条 项目评估评审专家及专业机构接受委托，参与有关项目立项评估、验收评审、绩效评价等相关项目管理工作。评估评审专家和专业机构参与评估咨询时，应严守科研诚信承诺，严格履职尽责，自觉遵守以下规范：

（一）严守科研诚信要求和职业道德，独立、客观、公正地提供咨询、评估意见；

（二）维护评估咨询对象的知识产权、技术秘密和商业秘密等；

（三）与咨询评估事项有利益关系时，应主动申明并回避；

（四）不得以任何方式从咨询评估对象获取不正当利益。

第十一条 实行项目管理全过程网络信息化、痕迹化管理。省科技厅建立开放的省级科技计划管理信息平台，省级科技计划指南发布、项目申报、立项评审、过程管理、验收、科研诚信等管理流程及科技专家库均纳入平台集中管理，对所有项目管理相关纸质材料实行一次报送制度。

第三章 立项管理

第十二条 项目立项一般包括指南发布、项目申报、项目评审、签订任务书四个基本程序。项目执行期一般为1~3年。

省科技厅可根据我省经济社会发展的重大科技需求组织科技项目，以公开征集、竞争招标、定向委托等形式组织。对特别重大的创新项目，可采取一事一议的形式组织。

第十三条 构建科学合理的项目指南生成与发布机制。省科技厅根据省委省政府确定的战略重点、科技发展规划等，突出技术预测和需求调研，在生成专项的基础上形成项目申报指南。

实行项目指南定期发布制度。每年固定时间发布各类省级科技计划项目指南，从指南发布到申报受理截止原则上不少于30天。

对需要采取一事一议的项目，应根据实际情况，制定立项工作方案，适时组织实施。

第十四条 项目承担单位、合作单位、项目负责人和项目组成员应当符合以下基本条件：

（一）项目承担单位一般应为河北省所属的或者在河北省行政区域内登记、注册、具有独立法人资格的企事业单位或其他机构，省外高等学校、科研院所、企业等可作为合作单位参与承担项目；

（二）项目承担单位具备与项目实施相匹配的基础条件和能力，具有健全的科研、财务等管理制度；

（三）项目负责人在相关技术领域具有较高的学术水平，熟悉本领域国内外技术和市场动态及发展趋势，具有完成项目所需的组织管理和协调能力；

（四）承担单位、合作单位和项目组成员无不良社会信用和科研失信记录；

（五）符合项目申报指南及限项有关要求。

第十五条 项目申报要求。申请的项目应符合项目指南要求。同一单位研究内容相同或相似的不得多头、重复申报。

第十六条 项目申报程序

（一）申请单位根据项目指南要求，组织在线填写项目申请书及附件材料，通过省级科技计划管理信息平台，向其项目归口管理部门逐级申报。涉密项目或国家另有要求的除外。

（二）归口管理部门对申请的项目审核后报省科技厅。

第十七条 项目评审程序

（一）项目初审。省科技厅采取形式审查、信息辅助核查等方式对项目进行初审。

（二）网络（会议）评审。依据初审结果，按照项目特点分类组织实施网络封闭评审或会议评审。

（三）综合复审。依据网络（会议）评审结果，组织实施综合复审。

（四）项目立项。根据综合复审结果，审定年度项目立项建议，确定资金分配方案。对拟立项项目，在符合保密规定的前提下，通过官方网站等媒介向社会公示5天。

（五）下达计划。省科技厅编制下达项目计划。

第十八条 项目承担单位接到项目立项通知后15天内，与归口管理部门、省科技厅签订项目任务书，并提交承诺书。

第四章 实施管理

第十九条 建立以项目承担单位自我管理为主的过程管理制度。项目承担单位应当认真履行项目任务书的各项约定，切实履行项目组织实施和自我管理的主体责任，建立健全项目过程管理工作制度，按照规定提交相关材料。

第二十条 建立项目动态调整制度。

（一）项目执行期间，发生以下情形之一的，项目归口管理部门应督导项目承担单位及时提出申请，并做出调整建议，报省科技厅审核。

1.因工作变动、出国（境）、伤病及其他原因导致项目负责人需要变更的；

2.项目执行期限内因客观原因不能完成目标任务，需要延期的；

3.技术、市场、政策等发生重大变化，及其他不可抗拒原因需变更任务书内容的。

（二）除上述情形之外，在项目执行期内，发生研究方案、技术路线、合作单位和项目参与人员变化的，项目承担单位在充分论证的基础上，在确保研究方向不变、不降低申报指标和绩效指标、与涉及调整的人员、合作单位协商一致的前提下，可以自主调整，并通过省级科技计划管理信息平台及时备案。

第二十一条 严格执行项目终止管理制度。在项目执行期内，出现下列情形之一的，项目归口管理部门应督导项目承担单位及时提出申请，并做出终止建议，报省科技厅审核。

1.实践证明所选技术路线不可行、他人已取得知识产权保护、国内已有相当或更高水平同类科技成果致使项目实施不再必要的；

2.国家或我省的产业政策、科技政策、市场等发生重大变化，项目无法继续正常执行的；

3.因现有水平和条件限制，项目不能正常实施以致难以完成任务书考核指标的；

4.因承担单位发生重大经营困难，或兼并、重组、改制等原因，不能继续实施的；

5.其他不可抗因素导致项目无法继续执行、失败等情况。

第二十二条 项目调整、终止审批程序

（一）项目需要调整或终止的，承担单位应在项目执行期内及时提出申请，通过省级科技计

划管理信息平台报批。申请项目执行期变更的，应在到期前 90 天提出，延长期限不得超过 1 年，最多延期 1 次；申请项目负责人变更的，新任负责人需具备相应的专业技术能力和资格；申请项目任务书内容调整的，要提出调整后的任务及安排。申请项目终止的，要对已开展的工作、阶段性成果等情况进行总结，做出经费决算或审计报告。

（二）归口管理部门应加强督导，并在受理申请 15 天内提出处理建议，报省科技厅。

（三）省科技厅根据项目执行情况做出调整、终止决定。

（四）省科技厅同意进行调整的项目，要按调整后的内容组织实施项目。终止的项目，结余资金按有关规定处理。

第五章 验收管理

第二十三条 项目实行验收结项制度，省级科技计划项目须通过验收的方式结项。

第二十四条 项目承担单位应在任务书规定执行期结束后 90 天内提出验收申请。在项目执行期已全面完成任务书所规定各项指标的，可申请提前验收。项目专项经费 10 万元及以下的项目，项目承担单位可申请自主主持验收。

第二十五条 验收由省科技厅组织，根据科技计划项目不同类型，可采用会议验收、函审验收等组织形式，灵活运用同行评议、用户测评、研发目标实现程度比对等多种方式，在项目执行期结束后 180 天内完成验收程序。

第二十六条 项目验收专家组由相关技术、财务、管理方面的专家组成，专家人数不少于 5 人（项目专项经费 20 万元及以上的项目，至少 1 名财务专家）。

第二十七条 实行项目综合评价验收制度。以项目任务书为基本依据，对项目完成情况、经费预算执行情况、经济社会效益、知识产权、科技人才培养、组织管理等做出客观评价，得出验收结论。

第二十八条 验收程序

（一）承担单位向归口管理部门提出验收申请并提交科技报告、专项经费决算报告（或审计报告）等相关资料。

（二）归口管理部门应在受理之日起 15 天内完成审核并报省科技厅。

（三）省科技厅应在受理之日起 15 天内批复验收申请，确定验收专家、验收形式和验收主持部门。

（四）验收主持部门组织项目验收，做出综合评价，形成验收意见。

（五）承担单位向归口管理部门、省科技厅报送项目验收证书和验收材料。

（六）省科技厅应在受理之日起 15 天内做出验收结论。

第二十九条 验收结论分为通过验收、暂缓验收、不通过验收。

（一）通过验收。项目已按照任务书规定要求完成考核目标和任务，经费足额到位且使用合理合规，为通过验收（含整改后通过）。

（二）存在下列情况之一视为暂缓验收，限期整改：

被验收项目因提供文件资料不详、难以判断等导致验收意见争议较大，或成果资料未按要求进行归档和整理，或研究过程及结果等存在纠纷尚未解决的，可暂缓通过。项目承担单位应在 90 天内完成整改并重新申请验收。暂缓验收最多 1 次，验收期限自暂缓之日顺延 180 天。

（三）存在下列情况之一的，视为不通过验收：

1. 主要任务指标未完成的；
2. 未经批准修改项目任务书内容的；
3. 未按要求执行项目调整的；
4. 省级财政资金有关规定不通过验收的；
5. 科技报告不符合有关要求的；
6. 提供不真实验收文件、资料、数据的。

第三十条 承担单位对验收结论有异议的，可在60天内向省科技厅提出复议申请。

第三十一条 项目通过验收后，结余的专项经费按照省级财政资金有关规定处理。

第三十二条 项目形成的研究成果，包括论文、专著等，应标注河北省省级科技计划资助（英文标注：S&T Program of Hebei）字样及项目立项编号。标注成果作为验收或评估的确认依据。

第三十三条 项目实施形成的科技成果，应当按照科学技术保密、科技成果登记、知识产权保护、科学技术奖励等有关规定执行。

第三十四条 建立严格的项目撤销制度。

（一）出现下列情况之一的，省科技厅对项目做撤销处理：

1. 因承担单位、项目负责人在项目申请或实施、经费使用等方面出现违纪违法行为或违反科研诚信及社会信用实施联合惩戒，项目面临重大风险的；
2. 不按项目任务书执行、项目实施进度严重滞后、执行期结束后180天未申请验收的；
3. 未按要求终止项目的；
4. 项目未通过验收，不能继续实施完成的；
5. 依据抽查评估结果或其他按规定应予撤销的。

（二）按规定予以撤销的项目，省科技厅在做出撤销决定后15天内通知归口管理部门和项目承担单位。

（三）撤销的项目，对已开展工作、阶段性成果等情况进行总结；对项目承担单位和项目负责人进行科研信用记录，并按照科研诚信管理相关规定处理；专项经费按照省级财政资金有关规定处理。

第六章 经费管理

第三十五条 项目经费必须实行单独核算、专款专用。项目承担单位应严格履职尽责，建立和完善相应的管理制度。

第三十六条 建立符合科技创新规律的项目经费自主调剂制度。项目实施过程中，在项目经费总额不变的情况下，直接费用中除设备费外，其他科目费用调剂权全部下放给项目承担单位，由项目承担单位审批和履行项目预算调整。项目执行期间，项目经费支出进度可由项目负责人自行掌握。对科研活动产生的确实无法取得发票的费用，简化审批、据实报销。

第三十七条 省科技厅、省财政厅等部门按照各自的职责分工，对项目经费的使用进行监督。

第三十八条 建立绩效评价制度。省科技厅对项目执行和实施结果进行绩效评价，重点围绕科技创新质量和实际贡献，评价财政资金的使用效益和规范性。根据需要对有关已验收项目进行跟踪评价。

第三十九条 注重绩效评价结果的应用，将绩效评价结果作为完善资金分配的重要依据。

第七章　监督管理

第四十条　实行科研诚信分类分级管理，严格执行信用记录制度，对项目承担单位、科研人员、评估评审专家和专业机构等所有项目参与主体发生造假、逾期验收、不验收、违法违规及其他不良信用行为的，记入科研诚信不良信用记录，按照科研诚信管理相关制度进行处罚，涉嫌犯罪的，依法移送司法机关处理。

第四十一条　建立项目管理信息公示制度。除涉密项目外，充分运用信息化手段，实现项目管理环节公正透明，接受社会监督。

涉密及法律法规另有规定的项目，按照国家保密及有关规定管理。

第四十二条　实行最多检查1次项目抽查监督制度。执行期2年及以上的项目，在执行期内，除特殊情况外，每年最多进行1次检查、提交1次执行情况报告，并重点检查不按要求及时提交项目执行情况报告和未按期提交项目验收申请的承担单位。

第四十三条　建立项目争议处置机制。对拟立项项目、项目评审或者项目验收结果有异议的，可向省科技厅提出书面意见，省科技厅经调查核实后依法依规处理。

第四十四条　建立项目容错机制。对探索性强、风险性高的项目，因关键技术、市场前景、产业政策等发生重大变化或其他不可抗拒的原因造成项目验收未通过的，且原始记录能够证明项目承担单位和项目负责人已经履行了勤勉责任义务的，不记入科研诚信不良信用记录。

第四十五条　省科技厅、项目归口管理部门及其工作人员违反本办法规定，不履行职责；或者与相关人员串通、弄虚作假，骗取、违规列支省级财政科技资金；或者利用职务之便，吃拿卡要、收受他人财物的，依纪依法追究纪律责任，涉嫌犯罪的，依法移送司法机关处理。

第八章　附则

第四十六条　河北省省级科技计划中各专项的管理，可根据专项的特点，依据本办法，制定具体管理办法或实施细则。

中央引导地方科技发展资金等中央科技专项资金以及省科技厅根据全省科技创新设立的其他计划（专项）项目，参照本办法执行。

第四十七条　本办法自2020年2月1日起施行，2012年颁布的《河北省省级科技计划项目管理办法》同时废止。

第四十八条　本办法由河北省科技厅负责解释。

关于印发《河北省省级科技计划项目科研诚信管理办法（试行）》的通知

(冀科监规〔2020〕1号)

各市（含定州、辛集市）科技局，雄安新区管委会改革发展局，国家高新区管委会，省有关部门，有关单位：

现将《河北省省级科技计划项目科研诚信管理办法（试行）》印发给你们，请认真遵照执行。

河北省科学技术厅
2020年4月17日

河北省省级科技计划项目科研诚信管理办法（试行）

第一章 总则

第一条 为贯彻落实中共河北省委办公厅、河北省人民政府办公厅印发的《关于加强科研诚信建设的实施意见》（冀办字〔2019〕1号）等文件精神，规范河北省省级科技计划项目（以下简称项目）科研诚信管理，加强作风学风建设，营造以信任为前提、以诚信为底线的科研环境，推动科技治理体系和治理能力现代化，制定本办法。

第二条 本办法所称科研诚信管理对象包括项目承担单位、项目合作单位、项目负责人、评审评估专家、项目管理专业机构和第三方科技服务机构等法人机构及其工作人员。

本办法所称科研失信行为是指在项目申报、执行、验收等项目管理全过程中，发生科研不端、违规、违纪或违法，且造成严重后果或恶劣影响的严重失信行为。

失信主体是指发生失信行为的科研诚信管理对象。

第三条 项目科研诚信管理责任主体包括河北省科学技术厅（以下简称省科技厅）、项目归口管理部门及承担项目的各类企业、事业单位、社会组织等。

第四条 省科技厅主要职责：

（一）负责项目科研诚信管理工作的统筹协调、宏观指导。

（二）组织开展科技计划全过程科研诚信管理。

（三）认定、记录、惩戒项目科研失信行为。

第五条 项目归口管理部门主要职责：

（一）履行本地、本系统科研诚信管理责任。

（二）建立健全以制度体系建设为基础的项目诚信监管机制。

（三）认定、处置职责范围内的科研失信行为，并报省科技厅备案。

第六条 承担项目的各类企业、事业单位、社会组织等是科研诚信建设管理的第一责任主体，主要职责：

建立健全本单位科研诚信规章制度，开展科研诚信教育，加强项目参与人员诚信管理。

认定、处置职责范围内的科研失信行为，并逐级报备。

第七条　项目科研诚信管理遵循科学合理、客观公正，鼓励创新、宽容失败，守信激励、失信惩戒，标准统一、分级分类，强化监督、协调联动的原则。

第二章　诚信管理机制

第八条　科研诚信要求贯穿项目管理全过程，落实到项目指南、项目申报、评审立项、项目实施、项目验收和评估评价等项目管理环节。

第九条　建立科研诚信承诺制度。在项目申报书、任务书、验收申请书中约定科研诚信义务和违约责任追究条款，由项目负责人、项目承担单位签署诚信承诺。参与项目评审评估的专家及相关人员应在工作实施前签署诚信承诺书，知悉承诺事项和违背承诺的处理条款。

第十条　建立科研诚信审核制度。根据科技计划管理责任，按照谁管理、谁审核的原则，对项目承担单位、项目参与人员进行审核；按照谁委托、谁审核的原则，对评审评估专家、项目管理专业机构、第三方科技服务机构进行审核。

第十一条　建立守信激励机制。省科技厅和项目归口管理部门根据项目承担单位及项目参与人员诚信情况，对科研诚信建设效果显著的单位、恪守科研诚信表现突出的人员，在承担科技计划项目、参与河北省科学技术奖励等方面同等条件优先支持。

第十二条　建立失信惩戒机制。建立覆盖科研活动全过程的科研失信防控体系，对科研失信行为进行记录并实施相应惩戒措施。

第十三条　建立科研诚信信息共享共用机制。加强科研诚信信息的归集、汇交、共享和应用，逐步建立以省级科研诚信管理平台为主体的全省科研诚信信息系统。推动平台与全国科研诚信信息系统互联互通，与全省信用信息共享平台有效衔接，为实现信息共享共用提供支撑。

第三章　失信行为管理

第十四条　项目承担单位、项目合作单位失信行为：

1. 采取贿赂、变相贿赂、填报虚假信息等不正当手段获取项目承担资格。
2. 违反科研伦理规范。
3. 违反保密规定，泄露与研究内容有关的技术秘密。
4. 截留、挤占、挪用、转移科研经费。
5. 拒不执行或配合监督、评估等工作。
6. 其他违反相关规定，且造成严重后果或恶劣影响的行为。

第十五条　项目负责人失信行为：

1. 采取贿赂、变相贿赂、填写虚假信息等不正当手段获取项目承担资格。
2. 违反科研伦理规范。
3. 项目申报、实施、验收及监督评估等活动中抄袭、剽窃、侵占、篡改他人科研成果，编造科技报告、项目成果等，故意提供虚假材料。
4. 拒不履行任务书、协议书等约定；未按规定完成项目验收。
5. 违反保密规定，泄露与研究内容有关的技术秘密。
6. 侵吞、套取、转移、挪用、贪污科研经费，谋取私利。
7. 拒不配合监督、评估、失信行为调查等工作，对相关处理意见拒不执行或虚假执行。
8. 其他违背科研诚信要求，且造成严重后果或恶劣影响的行为。

第十六条　参与项目评审评估专家、项目管理专业机构和第三方科技服务机构工作人员失信行为：

1. 提供虚假材料获取咨询、评审、评估、审计资格。

2. 违反独立、客观、公正原则，出具不当审计、咨询或评审评价、评估意见，严重影响审计和咨询评审结果。

3. 违反保密规定，擅自泄露评审内容、评审标准、评审专家评价或意见、项目信息、评审结果等保密信息，泄露与咨询评审内容或管理、服务内容有关的技术秘密。

4. 其他违背相关规定，且造成严重后果或恶劣影响的行为。

第十七条 项目管理专业机构、第三方科技服务机构失信行为：

1. 采取弄虚作假或恶意串通等不正当手段获得业务受托资格。

2. 设租寻租、徇私舞弊、滥用职权，为本单位、项目承担单位及参与人员谋取不正当利益。

3. 违反独立、客观、公正原则，出具不当第三方结论。

4. 违反合同约定的保密规定，泄露与管理或服务内容有关的技术秘密。

5. 其他违反委托合同约定、制度规定，且造成严重后果或恶劣影响的行为。

第十八条 科研诚信管理对象发生失信行为，且受到以下处理的，列入科研失信黑名单。

1. 受到刑事处罚或行政处罚并正式公告。

2. 受审计、纪检监察等部门查处并正式通报。

3. 因伪造、篡改、抄袭等严重科研不端行为被国内外公开发行的学术出版刊物撤稿，或被奖励评审主办方取消评审和获奖资格并正式通报。

4. 经核实并履行告知程序的其他严重违规违纪行为。

对纪检监察、监督检查等部门已掌握确凿违规违纪问题线索和证据，因客观原因尚未形成正式处理决定的相关责任主体，参照本条款执行。

第十九条 项目科研诚信管理主体在各自职责范围内认定项目失信行为，将认定结果通报失信主体及其所在法人单位。认定结果逐级报备，以科技厅备案为准。

第二十条 省科技厅对失信行为进行记录，并在承担科技计划项目、参与河北省科学技术奖励等方面开展惩戒，属于联合惩戒范围的推送至社会信用信息共享平台。

项目未按规定完成验收的，自逾期之日起，项目负责人自动记入科研失信行为记录，项目承担单位视情况记入科研失信行为记录。

第二十一条 省科技厅对失信主体，单独或合并采取以下惩戒措施：

1. 通报批评，责令限期改正。

2. 取消有关项目立项资格、撤销项目，停拨未拨付经费或追回结余经费。

3. 限制3年内不得申报科技计划项目、参与河北省科学技术奖励等，并在一定范围内公开。项目逾期未验收的失信主体，自逾期之日起接受惩戒，惩戒期自完成验收或撤销项目之日起满3年终止。

第二十二条 省科技厅对黑名单失信主体，单独或合并采取以下惩戒措施：

1. 通报批评，责令限期改正。

2. 取消有关项目立项资格、撤销项目，停拨未拨付经费或追回结余经费。

3. 限制5年内直至永久不得申报科技计划项目、参与河北省科学技术奖励等，并在一定范围内公开。

4.通报其主管部门并实施联合惩戒，同时推送至国家科研诚信信息系统。

第二十三条 失信主体惩戒期满自动移出失信记录，并通知失信主体及其法人单位。黑名单失信主体惩戒期满允许申请修复。

第二十四条 失信主体在惩戒期内，如作出对国家和社会有重大贡献等突出表现的，可随时申请信用修复，减轻或免除失信行为惩戒。

第四章 附则

第二十五条 中央引导地方科技发展资金等中央科技专项资金项目，以及省科技厅根据全省科技创新设立的其他计划（专项）项目，参照本办法执行。

第二十六条 本办法由省科技厅负责解释，自发布之日起施行。

关于印发《河北省省级战略性科研项目滚动支持实施方案（试行）》的通知

(冀科高函〔2020〕49号)

各市（含定州、辛集市）科技局，雄安新区管委会改发局，国家高新区管委会，各有关单位：

为贯彻落实省政府办公厅《关于推广国家第三批支持创新相关改革举措工作方案》精神，推动战略性科研项目滚动支持制度在我省落地实施，按照《河北省省级科技计划项目管理办法》有关规定，省科技厅研究制定《河北省省级战略性科研项目滚动支持实施方案（试行）》。现印发你们，请遵照执行。

河北省科学技术厅
2020年6月29日

河北省省级战略性科研项目滚动支持实施方案（试行）

为贯彻落实省政府办公厅《关于推广国家第三批支持创新相关改革举措工作方案》精神，推动战略性科研项目滚动支持制度在我省落地实施，按照《河北省省级科技计划项目管理办法》有关规定，制定本实施方案。

第一条 本方案所指滚动支持的战略性科研项目（简称滚动支持项目），是指围绕全省战略性新兴产业和优势主导产业强链、补链、延链的重大科技需求，以攻克卡脖子技术、占领未来制高点为目标，而组织谋划和实施的部分研发周期长、目标要求高的省级科技计划项目。

第二条 本方案所指滚动支持，是指遵循战略性科研项目攻关的内在规律，对攻关项目给予跨年度连续科技资金支持。滚动支持时间一般为2~5年。

第三条 项目纳入滚动支持范围，须由省科技厅业务主管处室根据产业发展需要提出滚动支持建议，提交厅党组会审定。

第四条 业务主管处室负责组织编制滚动支持项目的申报指南。指南要明确项目连续支持的年度范围、考核指标和项目支持额度，经厅党组会审定后公开发布。

第五条 按照省科技厅年度项目立项评审统一部署，业务主管处室组织专家对各类创新主体申报的滚动支持项目进行初评、技术经济评审（或网络评审）和综合评审。

第六条 业务主管处室根据专家综合评审意见，提出滚动支持项目立项名单和资金安排建议，资金安排包括项目的支持经费总额度和年度支持经费额度，经厅党组会审定，按程序予以立项。

第七条 业务主管处室负责组织滚动支持立项项目任务书签订工作。任务书要明确项目总体目标和年度考核指标，以及项目立项年度经费预算安排。

第八条 项目年度执行期到期后，业务主管处室组织对项目年度任务完成情况进行评估。对通过评估的项目，由专家出具年度评估意见，业务主管处室按照厅党组会明确的年度支持经费额度，提出下一年度支持建议，报厅党组会审定后，组织签订下一年度任务书。对没有通过评估的项目，按照《河北省省级科技计划项目管理办法》有关规定，对项目予以调整、终止或撤销；对存在失信行为的，依据《河北省省级科技计划项目科研诚信管理办法（试行）》，对项目承担单位、合作单位、负责人予以处理。

项目出现下列情况之一的，视为不通过年度评估：

1. 研究方向不再符合国家和我省产业、科技政策的；
2. 因现有水平和条件限制，项目不能正常实施以致难以完成总体考核指标的；
3. 未完成年度考核指标的；
4. 年度自筹资金未到位的；
5. 承担单位运营管理出现重大风险，影响项目实施的；
6. 承担单位或负责人发生科研失信行为的。

第九条 滚动支持项目管理按照《河北省省级科技计划项目管理办法》执行。

第十条 本方案暂定执行期 3 年，由省科技厅主管业务处室负责解释。

关于印发《河北省科技领军企业认定管理办法（试行）》的通知

(冀科高〔2020〕10号)

各市（含定州、辛集）科技局，国家高新区管委会，雄安新区改发局：

科技领军企业是创新能力强、引领作用大、研发水平高、发展潜力好的行业龙头企业。拥有一批科技领军企业，已成为区域竞争力的重要体现，对于加快发展高新技术产业、推动高质量发展具有重要意义。按照省委、省政府部署，省科技厅研究制定了《河北省科技领军企业认定管理办法（试行）》。现印发你们，请遵照执行。

河北省科学技术厅

2020年7月31日

河北省科技领军企业认定管理办法（试行）

第一条 为促进全省科技领军企业加快发展，引导科技型企业做优做大做强，引领产业高质量发展，按照省委、省政府部署，特制定本办法。

第二条 省科技厅负责科技领军企业认定和动态管理。各市科技局、国家高新区管委会、雄安新区改发局作为归口管理单位，负责推荐申报和日常管理。

第三条 认定为河北省科技领军企业须同时满足以下条件：

（一）企业为河北省内注册、有效期内的高新技术企业；

（二）企业上年度主营业务收入须达到5亿元（含）以上，且近三年来须具有一定的增长性（正增长）；

（三）企业在行业细分市场占有率位居全国前列，具有显著的产业链创新辐射带动作用，已成为带动区域特色产业发展的龙头企业；

（四）企业上年度R&D经费内部支出占同期主营业务收入要在3%以上，拥有核心自主知识产权，并具有持续的知识产权创造和成果转化能力，在行业领域研发水平处于领先地位；

（五）企业上年度及当年未发生重大安全、重大质量事故、严重环境违法，不在惩戒执行期内的科研失信行为记录和相关社会领域信用黑名单记录。

第四条 科技领军企业原则上每年进行一次认定。通过认定的科技领军企业，其资格自认定之日起有效期为三年。

第五条 科技领军企业认定程序如下：

（一）企业申请

省科技厅发布申报科技领军企业通知。申报企业对照本办法进行自我评价，认为符合认定条件的向归口管理单位提出认定申请。申请时提交下列材料：

1.河北省科技领军企业申请表（附后）；

2.高新技术企业证书；

3.企业近三年（不含申报当年）的主营业务收入统计报表（即调查单位基本情况601表），企业上一年度研发活动统计报表（即《企业研究开发项目情况》107-1表、《企业研究开发活动及相关情况》107-2表）；上述三类表自国家统计局联网直报平台导出（PDF格式文件）。企业注册成立未满3年的按实际年限计；

4.企业获得的有效自主知识产权汇总表及授权证书，企业科技创新相关文件、证书；

5.企业在行业细分市场占有率佐证材料；

6.企业带动区域特色产业发展佐证材料。

（二）审核推荐

归口管理单位对企业的申报材料认真审核，在通过审核的企业申请表上加盖单位公章，并将通过审核的企业汇总表行文报送省科技厅。

（三）专家评审

省科技厅组织专家进行评审。评审专家从我省高新技术企业评审专家库选取。

（四）公示发布

省科技厅根据专家评审结果，提出河北省科技领军企业拟认定名单，并向社会公示5个工作日。公示无异议后，经相关程序，正式发布科技领军企业名单。

第六条 对于认定的科技领军企业，省重大成果转化计划、重点研发计划、创新平台建设等予以优先支持，其中对科技领军企业承担的重大成果转化计划项目、重点研发计划项目，给予不高于500万元省财政科技资金支持。

第七条 已认定的河北省科技领军企业实施动态管理，对在申请认定过程中存在弄虚作假行为的或不再符合本办法认定条件的，取消其认定资格。有弄虚作假行为的企业记入科研失信行为记录，一定期限限制申报省级科技计划项目、创新平台建设，参与河北省科学技术奖励等。

第八条 本办法自颁布之日起执行。

第九条 本办法由省科技厅负责解释。

关于印发《河北省国际科技合作基地建设补助资金实施细则（试行）》的通知

(冀科外〔2020〕3号)

各市（含定州、辛集市）科技局、财政局，雄安新区管委会改革发展局，各国家级高新区管委会，省直有关部门：

为促进河北省国际科技合作基地建设和发展，规范河北省国际科技合作基地建设补助资金管理，提高省级财政科技资金使用效益，根据《河北省财政厅 河北省科学技术厅〈关于印发河北省创新能力提升专项资金管理办法（暂行）〉的通知》（冀财规〔2019〕4号）等有关规定，我们制定了《河北省国际科技合作基地建设补助资金实施细则（试行）》，现印发给你们，请遵照执行。

河北省科学技术厅 河北省财政厅
2020年9月10日

河北省国际科技合作基地建设补助资金实施细则（试行）

第一章 总则

第一条 为规范河北省国际科技合作基地建设补助资金（以下简称补助资金）管理，根据《河北省财政厅 河北省科学技术厅〈关于印发河北省创新能力提升专项资金管理办法（暂行）〉的通知》（冀财规〔2019〕4号），结合工作实际，制定本细则。

第二条 河北省国际科技合作基地（以下简称国合基地）是指由省科技厅认定，具有较好国际合作基础和较强国际合作能力，合作内容符合国家和我省科技发展规划确定的重点领域和主要方向，在承担国际科技合作任务中取得显著成绩、具有进一步发展潜力和引导示范作用的各类科技园区、科研院所、高等院校、科技型企业、国际技术转移中心等机构，包括国际创新园、国际联合研究中心、国际技术转移中心和国际科技合作示范企业等四种类型。

第三条 补助资金，是指使用省科技厅归口管理的创新能力提升专项资金安排的，用于支持国合基地建设的省级财政科技资金。

第四条 补助资金主要用于对首次认定为国合基地的机构给予一次性经费补助。其中，国际创新园给予不超过100万元经费补助，国际联合研究中心、国际技术转移中心给予不超过50万元经费补助，国际科技合作示范企业给予不超过30万元经费补助。

第五条 倡导国合基地所在地科技部门采用多种方式支持国合基地建设。

第六条 补助资金管理遵循省级引导、基地统筹、规范管理、突出绩效的原则。

第二章 资金分配与使用管理

第七条 省科技厅按照《河北省国际科技合作基地管理办法》（冀科外〔2019〕10号）规定

开展国合基地认定工作。省科技厅印发国合基地申报认定通知，由归口管理部门向省科技厅组织申报推荐。省科技厅组织有关专家组成专家组对申报国合基地进行评审，形成认定意见建议。结合评审，综合考虑国合基地建设有关要求，省科技厅形成国合基地认定名单，按规定进行公示后，正式发文认定国合基地。新认定的国合基地建设依托单位（以下简称基地建设依托单位）按照要求向省科技厅报送补助资金使用计划、绩效目标等相关材料。补助资金使用计划实施期为2年。省科技厅备案通过后，向省财政厅报送资金分配意见。

第八条 省财政厅负责根据省科技厅的补助资金分配意见，按照有关规定下达资金。

第九条 补助资金由基地建设依托单位统筹使用，主要用于在加强国合基地建设提升科技创新能力中组织开展的国际科技合作与交流、联合研发、科技成果转移转化、创新资源引进与输出、产学研对接活动等。

第十条 基地建设依托单位应当加强补助资金管理，按照备案的资金使用计划明确的用途、进度及方式规范使用资金，独立核算、专款专用。如需资金调整，按照有关规定办理。补助资金按照国库集中支付制度有关规定执行。涉及政府采购的，应当按照政府采购法律法规和有关制度执行。

第十一条 补助资金应当符合省级财政科技资金使用的相关规定，不得用于基本建设、支付罚款、捐赠、偿还债务等支出，不得用于与科技创新无关的支出以及国家规定禁止列支的其他支出。

第三章 资金绩效管理

第十二条 补助资金实行绩效管理。在制定补助资金使用计划时，基地建设依托单位应按照《关于全面实施预算绩效管理的实施意见》（冀发〔2018〕54号）有关要求，科学合理设定绩效目标，要做到可监控、可评价，并能清晰反映补助资金的预期产出和效果。绩效目标的设定应符合财政资金绩效管理的相关规定，并报省科技厅备案。

第十三条 基地建设依托单位应当按照基地管理有关要求，在补助资金使用计划实施期结束后开展资金使用绩效自评工作并编制绩效自评报告。绩效自评报告包括资金使用情况、绩效目标完成情况、存在的问题分析及评价结论等内容，并报省科技厅备案。

第十四条 补助资金使用计划实施期结束后，省科技厅牵头组织开展项目补助资金整体绩效评价工作，撰写自评报告，主要包括实施期内资金支出情况、组织实施情况、绩效情况等。

第四章 监督检查

第十五条 建立补助资金使用管理公开公示制度。具体内容包括：

（一）资金管理办法等相关制度文件；

（二）国合基地认定申报通知等相关文件；

（三）获得补助的基地依托建设单位名单；

（四）其他按规定应公开的内容。

第十六条 基地建设依托单位应完善内部控制和监督制约机制，自觉接受有关部门的监督检查。

第十七条 对存在弄虚作假骗取补助资金、违规使用补助资金等失信行为的单位和个人，按照《河北省省级科技计划项目科研诚信管理办法（试行）》（冀科监规〔2020〕1号）有关规定进行处理；涉嫌犯罪的，移交司法机关处理。

第五章 附则

第十八条 本细则未尽事宜,按照省财政科技资金有关管理规定执行。本细则由省科技厅、省财政厅负责解释。

第十九条 本细则自印发之日起施行,有效期2年。

关于印发《河北省可持续发展实验区（示范区）资金管理实施细则》的通知

（冀科社规〔2020〕1号）

各市（含定州、辛集市）科技局、财政局，省财政直管县科技局、财政局，雄安新区改发局：

为规范河北省可持续发展实验区（示范区）资金管理，提高资金使用效益，根据省级财政科技专项资金管理有关规定，结合我省实际，省科学技术厅、省财政厅研究制定了《河北省可持续发展实验区（示范区）资金管理实施细则》，现印发给你们，请遵照执行。

河北省科学技术厅　河北省财政厅
2020年9月15日

河北省可持续发展实验区（示范区）资金管理实施细则

第一章　总则

第一条　为规范河北省可持续发展实验区（示范区）资金管理，提高资金使用效益，根据省级财政科技专项资金管理有关规定，制定本实施细则。

第二条　可持续发展实验区（示范区）包括国家可持续发展议程创新示范区、国家可持续发展实验区、省级可持续发展实验区等。

第三条　本细则所称可持续发展实验区（示范区）资金（以下简称可持续发展资金）是指为落实可持续发展战略，建立健全可持续发展实验区（示范区）布局体系，通过省级财政科技资金转移支付安排的，用于引导和支持可持续发展实验区（示范区）科技创新的资金。

第四条　可持续发展资金管理和使用，应遵循省级引导、地方统筹，简政放权、激发活力，聚焦主题、突出绩效的原则。

第二章　支持对象和范围

第五条　可持续发展资金支持对象：

1.经国务院批复的国家可持续发展议程创新示范区，根据创新示范区可持续发展规划、支持政策和建设成效等，确定年度预算资金额度，给予经费支持；

2.经科技部批复的国家可持续发展实验区和经省科技厅备案的省级可持续发展实验区，给予一次性资金支持。

一次性资金支持适用于本实施细则印发后批复或备案的国家、省级可持续发展实验区。

第六条　可持续发展资金使用范围：

可持续发展资金主要用于围绕实验区（示范区）主题，开展可持续发展实验区（示范区）战略规划和体制机制创新研究、创新主体培育、新技术新产品开发、科技成果转移转化；支持各类科研基础条件、技术创新平台和创新创业服务机构建设；开展典型示范，培育新业态新模式；组织开展调查研究、决策咨询、业务辅导、科技合作、宣传推广以及包括为此进行的政府购买服务等支出。

第七条 可持续发展资金使用应当符合财政科技专项资金使用的相关规定，不得用于补充本单位工作经费支出；不得用于基本建设、支付罚款、捐赠、偿还债务、赞助投资等支出；以及国家规定禁止列支的其他支出。

第八条 可持续发展资金支持的项目执行期原则上不超过3年，鼓励联合可持续发展实验区（示范区）以外的高水平团队共同实施。

第九条 国家可持续发展议程创新示范区单个项目年度支持资金额度原则上不超过500万元。

第三章　预算资金下达

第十条 省科技厅负责根据可持续发展实验区（示范区）批复、备案情况和相关支持政策，编制年度资金预算。省财政厅负责审核资金预算建议计划，批复年度资金预算、及时下达资金。

第十一条 国家可持续发展议程创新示范区所在地科技部门负责建立项目储备库，编制发布项目申报指南，组织项目申报、评审和立项等工作，并会同当地财政部门制定可持续发展资金实施方案。资金实施方案应明确资金用途、实施单位、经费预算、项目周期、绩效目标等，并报省科技厅、省财政厅论证备案。绩效目标的设定应紧密结合可持续发展规划和建设任务，要求可监控、可评价，并能清晰反映资金的预期产出和效果，符合财政资金绩效管理的相关规定。

第十二条 省科技厅会同省财政厅对国家可持续发展议程创新示范区资金实施方案进行论证，并对通过论证的资金实施方案予以备案；省财政厅会同省科技厅，按照国库集中支付制度有关规定下达资金预算。资金实施方案备案后不得随意调整，如需调整，应当将调整情况及原因报省科技厅、省财政厅备案。

第十三条 国家可持续发展议程创新示范区所在地财政部门、科技部门按照备案后的资金实施方案和国库集中支付制度有关规定、程序，将资金拨付项目实施单位。涉及政府采购的，应当按照政府采购有关规定执行。年末未形成支出的财政资金，按财政资金结余结转有关规定执行。

第十四条 国家、省级可持续发展实验区一次性支持资金，由所在地科技部门统筹做好项目组织、论证工作，并会同财政部门参照本细则第十三条要求拨付资金。

第四章　绩效管理和监督

第十五条 可持续发展资金实行绩效管理，管理的责任主体是可持续发展实验区（示范区）所在地科技部门，财政部门配合做好有关工作。

第十六条 可持续发展实验区（示范区）所在地科技部门会同财政部门，应当结合地方实际，建立完善包括项目资金管理制度、绩效评价制度在内的各项制度，进一步明确资金使用重点方向和范围、支持方式和标准、项目遴选标准和程序、绩效管理及信息公开等。

第十七条 可持续发展实验区（示范区）所在地科技部门负责项目的跟踪管理、资金使用监管、项目验收等工作，配合财政部门开展财政重点绩效评价。绩效评价报告包括资金使用情况、绩效目标完成情况等。

第十八条 国家可持续发展议程创新示范区资金使用绩效评价报告报省科技厅、省财政厅备案，国家、省级可持续发展实验区资金使用绩效评价报告报省科技厅备案。

第十九条 省科技厅会同省有关部门，根据可持续发展资金管理使用情况，适时开展监督检查。如有违反规定,弄虚作假,截留、挤占、挪用等行为,严格按照《财政违法行为处罚处分条例》等规定进行处理。

第五章 附则

第二十条 本细则由省科技厅、省财政厅负责解释。

第二十一条 本细则自印发之日起施行。

关于印发《河北省省级软科学研究项目管理办法》的通知

(冀科政规〔2020〕1号)

各市（含定州、辛集市）科技局，雄安新区管委会改革发展局，国家高新区管委会，省有关部门，有关单位：

现将《河北省省级软科学研究项目管理办法》印发给你们，请认真遵照执行。

河北省科学技术厅
2020年9月21日

河北省省级软科学研究项目管理办法

第一章　总则

第一条　为加强河北省省级软科学研究项目（以下简称软科学项目）管理，建立完善以信任为前提、诚信为底线、目标和绩效为导向、符合软科学研究规律的项目管理机制，提高软科学研究水平和决策服务能力，促进软科学项目管理公平、科学、高效，根据《河北省省级科技计划项目管理办法》（冀科规〔2020〕1号），制定本办法。

第二条　软科学项目主要运用决策理论、系统方法和现代技术，研究科技创新与经济发展、社会管理等领域的内在联系及其发展规律，突出战略性、时效性和可操作性，注重实地调查、实证案例和统计分析，围绕我省高质量发展重大问题，为决策部门科技改革创新、战略规划、政策选择、组织管理、论证评估等提供科学依据、对策建议和咨询服务。

第三条　软科学项目主要分为重点项目、面上项目、智库项目和试点项目。

重点项目是指根据全省科技创新重大决策需求，由省科技厅在年度项目申报指南中明确研究方向和内容的项目。面上项目是指围绕全省经济和社会发展中涉及科技创新的重要问题，由项目负责人根据年度项目申报指南明确的研究方向，自主提出研究内容的项目。智库项目是指具有稳定研究方向、人才结构合理、较强研究实力的科技创新智库承担的项目。试点项目是指重点开展科技政策实证研究、先行先试，能够形成相关制度、案例示范的项目。

第四条　软科学项目组织管理、经费管理、监督管理及科研诚信管理按照《河北省省级科技计划项目管理办法》《河北省省级科技计划项目科研诚信管理办法（试行）》等相关规定执行。

第二章　项目申报与立项

第五条　省科技厅根据全省创新发展重要部署，征集科技创新决策服务需求，编制河北省省级软科学项目申报指南，确定年度支持重点和研究方向，向社会公开发布。软科学项目申报不受论文、职称、学历、奖项限制，申报基本条件、申报要求及申报程序按照《河北省省级科技计划项目管理办法》相关规定及年度项目申报指南执行。行政机关及其工作人员不得申报软科学项目。

软科学项目执行周期一般不超过1年。

第六条 软科学项目立项程序包括项目初审、网络（会议）评审、综合复审、省科技厅审定、立项公示、计划下达等环节。省科技厅分类制定项目初审、网络（会议）评审、综合复审标准。

项目初审采取形式审查、信息辅助核查等方式，重点审查项目是否符合基本条件和申报要求。

根据项目类别分别采用网络评审或会议评审。重点评价项目选题的重要性或必要性，研究的可行性、创新性，预期成果的应用价值等。

综合复审依据网络（会议）评审结果，重点对项目的急需程度、成果应用价值、团队稳定支撑、研究内容重复、经费安排等进行综合评审。对完成科技创新特定决策任务，需专业团队定向研究解决的项目，可以采取委托形式，经初审后直接进入综合复审。

第七条 项目初审由省科技厅委托专业机构组织实施。

网络评审由相关研究、管理领域专家对项目进行评价，每个项目评审专家不少于5人，其中省外参评专家不低于50%。

会议评审由相关研究、行业和管理领域专家对项目进行评价，评审专家不少于7人。

综合复审由省科技厅组织实施，可邀请有关专家参与、专业机构辅助办理。

第八条 拟立项项目按规定公示后，省科技厅下达项目计划。在立项通知后15天内，项目承担单位与归口管理部门、省科技厅签订项目任务书，并提交承诺书。

第三章 项目实施

第九条 软科学项目承担单位和负责人应严格按照项目任务书约定组织项目实施，建立自我管理为主的过程管理制度，履行自我管理的主体责任，建立健全项目过程管理工作制度，按规定提交相关材料。结合项目类别，可实行项目经费使用包干制管理方式。

第十条 软科学项目调整、终止及审核程序按照《河北省省级科技计划项目管理办法》相关规定执行。项目承担单位申请项目延期的，应在项目到期前3个月提出，延长期限不得超过6个月，且只能延期1次。

第十一条 重点项目、智库项目、试点项目实施过程中，承担单位应向省科技厅提交中期报告，并作为项目验收重要参考。

第四章 项目验收

第十二条 软科学项目实行验收结项制度，可采用会议、函审、认定等方式。项目承担单位应在任务书规定执行期结束后3个月内提出验收申请，在项目执行期结束后6个月内完成验收程序。在项目执行期已全面完成任务书所规定各项指标的，可申请提前验收。

第十三条 软科学项目验收由省科技厅组织，一般委托项目归口管理部门主持项目验收。专项支持经费10万元及以下的项目，项目承担单位可申请自主主持验收。重点项目、智库项目和试点项目一般采用会议方式验收，面上项目一般采用函审方式验收。对服务决策成效突出且有有效依据的项目可申请认定方式验收。通过验收的项目，省科技厅出具验收证书。

会议验收：组成验收专家组，以会议形式通过听取项目情况介绍、质询答辩、核实有关资料，讨论形成验收意见。

函审验收：组成验收专家组，以函审形式审阅验收资料，验收专家分别提出评价意见，由专家组组长综合形成验收意见。

认定验收：依据项目研究成果服务省级及以上部门决策获得采用的佐证材料和验收材料，由省科技厅形成验收意见。

第十四条 软科学项目验收组由从事相关研究、管理、财务方面的专家组成，专家人数不少于5人。验收专家组以项目任务书为依据，对项目完成情况、绩效目标情况、经费使用情况做出客观评价，形成通过验收、暂缓验收、不通过验收的结论。

第十五条 软科学项目申请验收应提交以下材料：

（一）项目验收申请表。

（二）项目任务书。

（三）项目研究报告。一般应包括研究内容、调查分析、对策建议、目标任务完成情况、绩效目标分析等。试点项目须有实证分析。

（四）决策参考报告。对研究报告凝练，突出拟解决的问题及对策建议，3000字以内。

项目经费决算报告。对省财政拨款、自筹资金等各项经费到位及实际支出情况归纳说明。项目承担单位财务部门负责人在决算报告上签字，并加盖项目承担单位公章。财政拨款在50万元（含）以上的项目，项目承担单位提交由具有资质的第三方机构出具的项目经费审计报告。

（六）科技报告。按照编写规则要求提交。

（七）其他相关材料。

第十六条 软科学项目形成的成果，包括发表论文、出版专著、刊发文章、呈报信息等，应标注河北省省级科技计划软科学研究专项资助字样及项目立项编号。标注成果作为验收或绩效评估的确认依据。

第十七条 软科学项目验收程序、验收结论、异议处理、项目撤销等操作办法，按照《河北省省级科技计划项目管理办法》等相关规定执行。

第五章 成果应用

第十八条 对软科学项目研究取得的成果，省科技厅有复制、传播、编辑等权利。

第十九条 实行软科学项目研究成果评价制度，省科技厅定期对研究成果组织评选，评选为优秀成果的团队和个人在省科技创新智库建设、战略政策研究专家选聘等方面作为重要参考。对作出突出贡献的科技创新智库，可以给予连续稳定支持。

第二十条 对具有重要价值的研究成果，项目管理部门、承担单位采取成果汇编、信息呈报、刊物发表、案例推介等方式，拓宽应用渠道、服务科学决策。

第二十一条 实行软科学研究交流制度，项目管理部门、承担单位组织软科学研究人员、研究机构开展交流合作，促进资源共享和成果推广应用。智库项目承担团队应当按照任务书约定及时向科技管理部门提供决策咨询服务。

第六章 附则

第二十二条 本办法自发布之日起施行。《河北省软科学研究计划项目管理办法》（冀科政〔2013〕12号）同时废止。

第二十三条 本办法由省科技厅负责解释。

关于印发《河北省省级产业技术研究院建设与运行绩效评估实施细则》的通知

(冀科平规〔2020〕1号)

各市(含定州、辛集市)科技局,雄安新区管委会改发局,省直有关单位:

为规范河北省省级产业技术研究院建设与运行绩效评估工作,根据《河北省省级产业技术研究院建设与运行管理办法》(冀科平规〔2019〕4号),省科技厅制定了《河北省省级产业技术研究院建设与运行绩效评估实施细则》,现印发你们,请认真贯彻执行。

附件:《河北省省级产业技术研究院建设与运行绩效评估实施细则》

河北省科学技术厅
2020年12月30日

河北省省级产业技术研究院建设与运行绩效评估实施细则

第一章 总则

第一条 为规范河北省省级产业技术研究院(以下简称研究院)建设与运行绩效评估(以下简称评估)工作,根据《河北省省级产业技术研究院建设与运行管理办法》,特制定本评估实施细则。

第二条 河北省科学技术厅(以下简称省科技厅)建立和实施研究院评估制度,采用会议评估方式,定期对研究院整体运行状况进行综合评价,三年为一个评估周期,每年评估若干研究院,并及时公告评估结果。

第三条 评估目的是了解和掌握研究院建设运行状况,总结经验,发现问题,以评促建,鼓励争先,推动研究院的规范运行、科学发展和综合实力持续提升。

第四条 评估指标体系包括组织管理、研发条件、研发产出、产业贡献与影响力、机制创新与可持续发展等五部分(评估指标体系及评估指标说明分别见附件1、附件2)。具体评估内容及权重,根据引导建设发展实际需要,适时进行优化调整。

第五条 评估工作坚持依靠专家,贯彻公开、公平、公正的原则。

第二章 评估组织

第六条 省科技厅负责评估的组织,包括:制订研究院评估实施细则,确定参评研究院名单,委托和指导第三方评估机构(以下简称评估机构)实施评估工作,审定和发布评估结果,对评估机构进行监督和评价。

第七条 评估机构的主要任务是:拟定评估方案,组织专家评估,提交评估报告,整理评估材料并及时向省科技厅移交。

评估机构应当具备开展评估工作的条件和能力,熟悉相关领域发展情况,能够客观公正地开展评估工作。

第八条 归口管理部门应当组织归口管理的研究院及依托单位做好接受评估的准备工作，审核研究院评估材料的完整性和规范性，督促研究院按时上报材料和参加评估。

第九条 依托单位应当审核研究院拟提交的评估材料，对绩效总结报告内容及其佐证材料的真实性、准确性负责，承担材料和数据失实的主要责任。

第三章 评估程序

第十条 每年一季度省科技厅确定当年参加评估的研究院名单及评估要求，通知归口管理部门和依托单位。

第十一条 评估机构制定详细的评估实施方案。评估实施方案包括评估日程安排、材料受理、评估专家、提交评估报告时间等。

第十二条 参评研究院按照评估通知要求，填写《河北省产业技术研究院建设运行绩效总结报告》，准备相关佐证材料。评估材料经依托单位审定、归口管理部门审核后，提交省科技厅。

第十三条 评估专家组由7名及以上学术技术专家和管理专家联合组成。

第十四条 评估专家选用实行回避制度。参评研究院的固定人员、专家指导委员会成员和与参评单位有直接利害关系者，不能作为评估专家。

第十五条 评估会议由评估专家组组长主持，按照以下程序逐一对研究院进行评估：

1. 审阅《河北省产业技术研究院建设运行绩效总结报告》及佐证材料；

2. 观看研究院建设情况视频；

3. 听取研究院建设运行绩效总结报告；

4. 进行质询答辩；

5. 专家评价打分；

6. 专家讨论，形成评估意见。

第十六条 对研究院逐一评估结束后，评估专家组对评估结果进行总结，形成评估报告和研究院评估得分排序表，并提出整改档次和撤销档次研究院建议名单，由评估专家组组长签字后提交评估机构。

第十七条 评估机构对全过程评估工作及评估结果进行总结，形成年度评估工作总结报告。

第十八条 评估机构应当及时、完整、如实收集评估材料和评估过程中形成的资料，整理形成包括电子版及纸质资料在内的完整档案，移交省科技厅存档。

第四章 评估档次和后补助奖励

第十九条 省科技厅根据评估专家组对研究院的评估得分排序，按优秀、良好、合格、整改、撤销五个档次确定评估结果，其中优秀档次比例为15%，良好档次比例为30%。

第二十条 省科技厅按照评估结果，对优秀、良好、合格档次的研究院给予差别性绩效补助经费支持。对整改档次的研究院，不给与绩效补助经费，限期进行整改。

第二十一条 列入整改的研究院应制订整改方案，由依托单位在归口管理部门指导下，针对存在的问题进行整改，整改限期为一年。整改到期前，依托单位须提交整改验收申请，经归口管理部门同意后报省科技厅，由省科技厅组织专家进行整改验收。逾期未提交整改验收申请的或未通过整改验收的，省科技厅予以撤销。

第二十二条 研究院不参加评估或中途退出评估的，省科技厅予以撤销。

第五章 附则

第二十三条 评估机构、有关工作人员和评估专家应当严格遵守国家法律法规和保密规定，科学、公正、独立地履行评估职责，不得对外发布评估工作中的信息，不得收受评估对象的评审费用、礼品、礼金等。

第二十四条 研究院参加评估应当严肃认真、实事求是，不得弄虚作假，不得以不正当方式影响评估的公正性。凡提供虚假材料和不真实数据的，省科技厅给予撤销处理。

第二十五条 研究院评估费用由省科技厅支付。

第二十六条 本实施细则由省科学技术厅负责解释。

第二十七条 本实施细则自发布之日起施行，有效期五年。《河北省省级产业技术研究院建设与运行绩效评估办法》（冀科平函〔2018〕5号）同时废止。

附件：1. 河北省省级产业技术研究院评估指标体系（略）
2. 河北省省级产业技术研究院评估指标说明（略）

关于印发《河北省企业重点实验室建设与运行管理办法》的通知

(冀科平规〔2020〕2号)

各市（含定州、辛集市）科技局，雄安新区管委会改革发展局，省有关部门，有关单位：

为规范河北省企业重点实验室的建设、运行和管理，引导支持企业加强应用基础研究、竞争前共性关键技术研究、技术标准研究，提高自主创新能力，省科技厅按照与时俱进原则和依法行政要求，对 2018 年印发的《河北省企业重点实验室建设与运行管理办法（试行）》进行了修订。现将新修订的《河北省企业重点实验室建设与运行管理办法》印发你们，请遵照执行。

河北省科学技术厅
2020 年 12 月 31 日

河北省企业重点实验室建设与运行管理办法

第一章 总则

第一条 为贯彻落实《国务院关于全面加强基础科学研究的若干意见》，规范河北省省级企业重点实验室（以下简称实验室）的建设和运行管理，参照科技部《依托企业建设国家重点实验室管理暂行办法》（国科发基〔2012〕716 号），结合河北省实际，制定本办法。

第二条 实验室是河北省科技创新体系的重要组成部分。依托企业建设实验室的目的是：引导支持企业加强应用基础、竞争前共性关键技术、技术标准研究，壮大企业研发队伍，完善区域科技创新体系，提升企业自主创新能力，促进创新型河北建设。

第三条 实验室的主要任务是：面向企业和行业发展需求，开展前瞻性应用基础研究和竞争前共性关键技术研究，研究制订国际标准、国家标准和行业标准，聚集和培养优秀科研人才，引领支撑企业应用基础研究能力和技术创新水平的提升，带动企业和产业高质量发展。

第四条 实验室主要依托规模大、基础好、带动力强的龙头企业和科技人员集中、创新活跃、科研开发能力强的科技型企业进行布局建设。

第五条 实验室实行人、财、物相对独立的管理体制和开放、流动、联合、竞争的运行机制。

第六条 实验室采取依托单位独立建设或联合建设方式。鼓励支持企业采用产学研结合、京津冀联合共建的方式建设和运行实验室。鼓励实验室改组为多主体投资的法人实体，建立现代企业管理制度，面向市场需求开展研发服务。

第七条 实验室的建设发展贯彻统筹规划、企业主体、择优支持、协同推动、稳步发展、动态管理、有序进出原则，保持适度建设规模，发挥其引领、示范和辐射带动作用。

第八条 实验室建设项目评审、建设项目验收和综合绩效评估，遵循依靠专家、科学合理、公开公平公正的原则。

第九条 省级统筹科技经费，通过绩效补助方式引导实验室建设发展，通过省级相关科技计划支持实验室承担重大科研开发任务。

第十条 企业建设实验室、组织开展科学技术研究开发活动，享受国家和省支持科技创新的优惠政策。

第二章 职责

第十一条 河北省科学技术厅（以下简称省科技厅）是实验室规划布局和宏观管理部门，主要职责是：

（一）制定实验室建设与运行管理办法及相关工作规则，宏观指导实验室的建设和运行。

（二）规划全省实验室体系和布局，组织实施年度建设计划。

（三）审定实验室的建立、调整和撤销。

（四）组织实验室建设项目的立项评审、任务验收、绩效评估、动态管理和省级财政科技经费绩效补助。

（五）会同有关部门研究制定对实验室的支持政策与措施。

第十二条 各市（含定州、辛集市）和雄安新区科技行政主管部门、省直有关部门（单位）是实验室的归口管理部门（以下统称归口管理部门），主要职责是：

（一）制订本地区、本部门实验室建设发展的规划计划和政策措施。

（二）负责本部门、本地区实验室的培育和申报推荐。

（三）指导申报企业编制《河北省企业重点实验室建设申请书》（以下简称《申请书》）、编制和论证《河北省企业重点实验室建设与运行实施方案》（以下简称《实施方案》）。

（四）指导和监督归口管理实验室的建设和运行，协调解决实验室建设和运行中的有关问题。

（五）协助省科技厅做好实验室建设任务验收、绩效评估、年报统计、动态调整等管理工作。

（六）为实验室建设发展提供配套经费、扶持政策、科研任务等支持。

（七）履行对归口管理实验室绩效补助经费项目全过程的指导和监督职责。

第十三条 申请建设实验室的企业是实验室建设运行的依托单位和责任单位，主要职责是：

（一）编写实验室建设《申请书》，编制实验室《实施方案》并组织专家进行论证。

（二）承担实验室建设和运行的主体责任，建立健全实验室管理体制、运行机制和工作体系、规章制度，协调解决实验室建设与运行中的问题。

（三）为实验室提供科研办公场地、人员配备、仪器设备、经费保障、支持政策等条件。

（四）聘任实验室主任和学术委员会主任及委员。

（五）对实验室工作和实验室主任进行评价、考核和监督。

（六）配合管理部门做好实验室建设任务验收、绩效评估、年报统计、动态调整等工作。

（七）根据学术委员会建议，提出实验室名称、研究方向等重大调整意见报省科技厅审定。

（八）实验室为内设机构的，代表实验室履行法人义务、承担相关法人责任。

第十四条 共建单位是实验室建设和发展的协同单位，主要职责是：

（一）明确参加实验室建设与运行的具体机构和人员。

（二）根据共建协议履行共建职责和义务，承担和完成分工负责的工作任务。

（三）统筹单位的其他力量和资源，通过联合科研、联合人才培养、成果转让、咨询服务、学术交流、仪器设备开放共享等方式，支持实验室的建设发展。

第三章 建设

第十五条 新建实验室采取集中申报、集中评审、择优建设的方式。省科技厅根据实验室总体规划布局、工作计划、支持重点、建设发展要求等，制定印发年度申报通知，申请单位向归口管理部门提出申请，归口管理部门根据申报通知要求择优推荐符合条件的企业进行申报。

第十六条 申请建设实验室应当具备下列基本条件：

（一）符合国家政策和相关规定，开展应用基础研究和竞争前共性关键技术研究，无重大违法记录和诚信惩戒记录。

（二）依托单位是河北省境内注册登记的企业法人，属于规模大、基础好、带动力强的龙头企业和科技人员集中、创新活跃、创新能力强的研发型企业，企业的科研开发人员总数在 50 人以上，其中：是生产型企业的，近三年各年度主营业务收入需稳定在 1 亿元以上、企业年投入研发项目经费（指投入科学技术研究或开发项目的经费，不包括设施建设投入、人员工资和仪器设备投资）均在 300 万元以上；是服务型企业的，近三年各年度主营业务收入（含技术研发、技术转让（许可）、技术咨询、技术服务、技术股权投资收益、技术承包收入等）需稳定在 5000 万元以上、企业年投入研发项目经费均在 200 万元以上。

（三）研究实力强，具有应用基础研究和高新技术开发工作基础，掌握核心技术，拥有本领域高水平原创性成果或国家技术发明专利，承担过国家或省级科技计划研发项目，具有产学研联合研究开发的工作经验，在本行业具有代表性和科研特色优势，具备承担国家和省重大科研任务的能力。

（四）实验室拥有年龄结构与知识结构合理的高水平科研团队，固定科研人员不少于 20 人，依托单位固定人员占比在 70% 以上，配备有一定比例的技术人员、管理人员和流动人员，固定人员不与本单位现有省级以上重点实验室或技术创新中心（工程技术研究中心）的固定人员交叉重复。

（五）实验室具备良好的科研实验条件和相对集中的科研办公用房，实验办公用房面积不低于 800 平方米，科研仪器设备原值不低于 1000 万元。

（六）依托单位和实验室具有规范的管理制度，能够保障实验室的有效建设、高效运行和可持续发展。

（七）实验室与相关领域 2 个以上国家或省级实验室签订了伙伴实验室协议，建立伙伴实验室关系。

（八）联合共建的实验室，依托单位与共建单位签订了共建实验室协议，确定了联合共建的方式、人员、任务分工以及各自的权利和义务。

（九）依托单位承诺并能够为实验室提供必要的保障条件和建设经费及运行经费。

（十）归口管理部门承诺对实验室建设发展提供扶持政策、科研任务和指导服务。

第十七条 申请建设实验室应当提交以下材料：

（一）申请企业编写、归口管理部门审核同意的《申请书》及相关佐证材料；

（二）申请企业编制并组织专家进行了论证、经归口管理部门审核认可的《实施方案》。

申请企业对申请材料的完整性和真实性负责，并承担相应责任。

第十八条 《申请书》应当明确建设实验室的必要性、可行性、总体建设目标、现有基础条件和实现建设发展目标的保障条件，并提供相关佐证材料。《实施方案》应当明确实验室的名称、研究方向及其主要研究内容、实验室管理体系和工作体系，以及科研设施与实验条件建设、人才团队建设、科研能力建设、开放合作能力建设、管理创新与服务能力建设等方面五年期的建设发展目标，明确在二年建设期内完成实验室基本体系建设的具体任务、考核验收指标及其保障措施。

第十九条 申请企业提交的《申请书》、《实施方案》、相关佐证材料是省科技厅组织实验室立项评审和建设任务验收的主要依据。

第二十条 省科技厅制定实验室年度申报指南和立项评审程序、基本条件审查指标、评价评分指标体系、得分计算办法等，在评审前通过年度申报推荐通知予以公开。

第二十一条 省科技厅会同专业评估机构按照回避原则选择聘用专家组成立项评审专家组，采用会议评审或网络评审方式进行实验室建设项目立项评审。

第二十二条 省科技厅根据专家评审结果和年度建设计划，择优确定拟建实验室名单，经研究审定后进行社会公示。

第二十三条 对公示无异议的拟建实验室，省科技厅印发同意建设实验室公文确定实验室建设项目，实验室进入建设期。

第二十四条 实验室建设期为2年。建设期内，依托单位在归口管理部门的指导监督下，按照《实施方案》组织实施实验室建设工作，使用河北省重点实验室（筹）名义开展有关工作。

第二十五条 建设期满且完成建设任务的，依托单位应当提交实验室建设任务验收申请和建设任务完成情况总结报告等验收材料，经归口管理部门审核后报省科技厅，由省科技厅组织专家根据各实验室《实施方案》进行建设任务验收。

第二十六条 通过建设任务验收的实验室纳入实验室管理序列，根据省科技厅绩效评估工作安排，参加省级企业实验室管理与运行绩效评估（以下简称绩效评估）。

第二十七条 建设期内不能完成建设任务的，依托单位可以提出延期验收申请，报经归口管理部门和省科技厅审定同意，给予一年时间的建设延长期，延长期满后再申请进行建设任务验收。

第四章 运行

第二十八条 实验室应当重视和加强运行管理，建立健全资产管理、经费使用、人员管理、科研组织等方面的规章制度。

第二十九条 依托单位及共建单位可成立实验室管理委员会，承担对实验室建设运行的决策、保障和管理职责。

第三十条 实验室实行依托单位领导下的实验室主任负责制。依托单位应当赋予实验室主任在内部岗位设置、科研活动组织、工作任务安排、人员选择聘用、绩效奖励等方面一定的自主权。

第三十一条 实验室主任应当由在本领域具有较高学术水平、较强组织管理能力的实验室固定人员担任，年龄一般不超过55周岁。实验室主任由依托单位聘任，每届任期不少于3年。实验室主任聘任或变更，由依托单位决定。

第三十二条 实验室设立学术委员会，作为实验室学术咨询指导组织，对实验室发展目标、研究方向、管理运行、科研项目、开放课题、重大学术活动、年度工作计划和工作总结等进行咨询指导。

第三十三条 学术委员会由省内外高水平专家组成，人数一般为7~15人，其中依托单位人员不超过三分之一。学术委员会主任应当由依托单位人员外部、在本领域具有影响力的高水平专家担任。学术委员会主任及委员由依托单位聘任。

第三十四条 学术委员会应当建立工作制度，明确工作职责、换届调整程序、会议制度等，每年至少召开一次会议，每次实到人数不少于三分之二，并形成会议纪要。

第三十五条 实验室人员由固定人员和流动人员组成。固定人员指劳动关系在依托单位的研究人员、技术人员和专职管理人员。流动人员包括客座研究人员、访问学者、博士后研究人员等。实验室固定人员实行聘任制，学术带头人及团队成员由实验室主任聘任。

第三十六条 实验室应当按照研究方向及研究内容设置研究单元，并根据科研任务和发展需要适时进行优化调整。

第三十七条 实验室要加强科研人才队伍建设，落实国家和省相关政策，建立科学合理的用人和分配制度，加大国内外优秀科研人才的引进，注重学术梯队建设和优秀中青年人才培养，稳定学术骨干，构建创新能力强、结构合理的研究团队。

第三十八条 实验室应当设置综合管理办公室和实验室专职管理岗位，配备1~2名专职管理人员，协助实验室主任处理日常运行管理事务，承担相关服务工作。

第三十九条 实验室应当加强科研工作组织，编制和下达年度科研工作计划，围绕研究方向及相关科学问题组织团队开展持续深入的系统性研究，采用组织自主研究课题、设立开放课题、申请纵向项目、接受横向项目、开展联合研发等方式，提升科研水平和创新贡献能力。

第四十条 实验室应当建立开放运行的机制，加强产学研联合合作、京津冀协同创新，建立客座研究和访问学者制度，积极开展国内外科研合作和学术交流。

第四十一条 实验室应当建立伙伴实验室制度，与相关研究领域2家以上国家级或省级重点实验室建立伙伴实验室关系，优势互补，协同创新，促进自身能力建设。

第四十二条 实验室财务应当纳入依托单位财务统一管理，单独建账。财政支持实验室建设的相关经费，应当设立独立科目、单独核算、专款专用、规范支出。

第四十三条 实验室应当制定科研仪器设备的发展和管理方案，保障科研仪器设备的高效运转，有计划地实施科研仪器设备的更新改造和自主研制，建设实验（试验）功能平台，健全仪器设备面向社会开放共享制度，加入仪器设备开放共享服务体系，提高仪器设备资源的使用效率。

第四十四条 实验室应当主动面向经济建设和社会发展服务，面向需求提供研发成果和咨询服务，推动和促进科研成果的转化应用，在行业技术进步中发挥引领和带动作用。

第四十五条 实验室应当重视科学技术普及，面向社会公众开放，积极组织开展科学技术普及活动。

第四十六条 实验室应当加强知识产权的创造、保护与运用。在实验室完成的专著、论文、软件、数据库等成果应标注实验室名称。专利申请、技术成果转让（许可）、申报奖励等按国家有关规定办理。其他单位或个人利用实验室的实验条件、研发数据或研发结果等，按国家有关规定及双方约定办理。

第四十七条 实验室应当加强科学道德和学风建设，建立科学评价和科研诚信管理制度，营造宽松民主、潜心研究的科研环境，维护科研人员合法权益，加强实验记录、数据、资料、成果的科学性和真实性审核以及存档管理。

第四十八条 实验室开展学术交流、项目合作、论文发表、成果宣传等，应当严格遵守国家保密规定。

第四十九条 实验室需要变更名称、进行重组、增加或减少研究方向，应当经过学术委员会研究讨论或组织包括学术委员会人员在内的专家进行论证，由依托单位提出书面报告，经归口管理部门审核后，报省科技厅审定。

第五十条 实验室主任调整、学术委员会主任变更、科研办公设施地址发生变化的，应当在变更后及时报归口管理部门和省科技厅备案，并及时进行相关信息更新。

第五十一条 实验室依托单位因股份制改造、企业重组等变更法人名称的，应当报归口管理部门和省科技厅备案。

第五十二条 实验室2年建设期内，不得变更实验室名称或调整研究方向。

第五章 考核评估与动态管理

第五十三条 依托单位应当建立对实验室的日常管理和年度考核制度，对实验室建设发展和任务目标完成情况、实验室主任履职尽责情况等进行评价考核。

第五十四条 省科技厅建立和实施实验室年度统计报告制度，加强对实验室建设发展的监督检查和跟踪管理。实验室应当按时填报年度统计报表，真实反映建设发展的实际情况。

第五十五条 省科技厅建立和实施实验室绩效评估制度，定期对实验室建设和运行情况进行综合绩效评估，每3年为一个评估周期，每年评估若干实验室，并公告评估结果。

第五十六条 绩效评估参照省级学科重点实验室绩效评估程序进行，采用不同的评估指标体系及评价打分权重。

第五十七条 绩效评估的主要内容是：实验室工作体系、科研条件、人才队伍、研究开发、成果产出、社会贡献、运行管理保障等。

第五十八条 省科技厅根据评估专家组给出的绩效评估分数，按优秀、良好、合格、整改、撤销五个档次确定实验室绩效评估结果。

第五十九条 省科技厅按照绩效评估结果，对优秀、良好、合格档次的实验室给予差别性财政经费绩效补助。

第六十条 绩效评估为整改档次的实验室，由依托单位在归口管理部门指导下限期一年时间进行整改。整改到期后的3个月内，由依托单位提交整改验收申请、整改工作总结报告、相关佐证材料，经归口管理部门审核同意后报省科技厅，由省科技厅组织专家进行整改验收。

第六十一条 有下列情况之一的，撤销实验室资格：

（一）建设期延期一年仍不能完成建设任务的。

（二）绩效评估为整改且未通过整改验收的。

（三）不参加绩效评估的。

（四）提供虚假材料和不真实数据的。

（五）出现重大违法或学术诚信问题，造成不良影响的。

（六）依托单位停业、破产，不能保障实验室正常运行的。

（七）依托单位被收购兼并涉及法人主体或所有制结构等重大变化的。

（八）绩效评估确定给予撤销处理的。

（九）延期验收或限期整改，逾期未提交验收或整改申请材料的。

第六十二条 根据国民经济和社会发展、行业发展的需要以及实验室实际运行状况，省科技厅可调整实验室的布局及结构，对实验室进行重组、整合、撤销等。

第六章 附则

第六十三条 实验室统一命名为河北省重点实验室，英文名称为 Hebei Key Laboratory of。

第六十四条 本办法自印发之日起施行，有效期5年。《河北省企业重点实验室建设与运行管理办法（试行）》（冀科平〔2018〕11号）同时废止。

第六十五条 本办法由省科技厅负责解释。

附件：1. 河北省企业重点实验室建设申请书编写提纲（略）
　　　2. 河北省企业重点实验室建设与运行实施方案编写提纲（略）

第十二章　山西省科研项目和资金管理法规政策

山西省人民政府关于印发
《山西省省级财政科研项目和资金管理办法（试行）》的通知

(晋政发〔2014〕32号)

各市、县人民政府，省人民政府各委、办、厅、局：

现将《山西省省级财政科研项目和资金管理办法（试行）》印发给你们，请认真贯彻执行。

山西省人民政府
2014年9月23日

山西省省级财政科研项目和资金管理办法（试行）

第一章　总则

第一条　为深入推进财政科研项目和资金管理改革，提高项目预算管理的科学性和财政科研经费使用绩效，进一步激发科研人员的积极性和创造性，增强科技对经济社会发展的支撑引领作用，根据《中共中央国务院关于深化科技体制改革加快国家创新体系建设的意见》（中发〔2012〕6号）和《国务院关于改进加强中央财政科研项目和资金管理的若干意见》（国发〔2014〕11号）的有关规定，制定本办法。

第二条　本办法所称省级财政科研项目是指省级财政资金予以资助的各类科研项目。省级财政科研资金是指列入省级财政预算的科技计划、科技专项、科技基金等（以下简称科技计划）经费。

第三条　省级财政科研项目和资金管理坚持科学引领、创新驱动、遵循规律、改革创新、公正公开、规范高效的原则。

第四条　省级财政科研项目和资金管理服务于山西转型跨越和低碳发展，聚焦山西经济社会发展重大需求，发挥政府科技投入的引导激励和市场配置的导向作用，加快建立适应科技创新规律、统筹协调、职责清晰、监管有力的科研项目和资金管理机制。

第五条　省科技行政主管部门应当加强与有关部门的沟通，做好科技发展优先领域、重点任务和重大项目等统筹协调工作。省财政部门要加强科技预算安排的统筹协调，做好各类科技计划资金年度预算方案的综合平衡。其他有关部门在各自职责范围内做好省级财政科研项目和资金管理工作，提高科技计划的实施成效。

第二章 科技计划的设立

第六条 省直有关部门根据我省发展战略需求和科技创新实际需要，通过省级财政部门预算设立省级科技计划。

第七条 科技计划应当明确功能定位、目标任务、时限要求和考核指标，建立健全绩效评价、动态调整和终止机制，科学组织安排科研项目，提升项目层次和质量。

第八条 按照国家规定的基础类、公益类、市场导向类和重大项目类，优化整合省级科技计划，通过撤、并、转等方式进行调整和重新设立。

第三章 科研项目分类管理

第九条 按照不同类型科研项目的特点和规律，建立相适应的组织管理方式和组织实施机制，最大限度地调动科研人员的积极性、创造性。

第十条 基础类项目突出创新导向。重点加强基础研究和应用研究。充分尊重专家意见，通过同行评议、公开择优的方式确定研究任务和承担者。引导支持企业增加基础科研投入，与高等学校、科研院所联合开展基础研究，推动基础研究与应用研究的紧密结合。基础类科研项目要注重人才培养，强化对优秀人才和优秀团队的持续支持。营造"鼓励探索、宽容失败"的创新环境。

第十一条 公益类项目聚焦重大需求。重点解决制约我省社会公益性行业发展中的重大科技问题，提高项目的系统性、针对性和实用性，强化需求导向和应用导向，保证项目成果服务社会公益事业发展。广泛向社会征集项目，采取专家评审和行政决策相结合的方式，评审择优或定向择优支持。加强对基础数据、基础标准、种质资源等工作的稳定支持，为科研提供基础性支撑。加强国内、国际科技合作。

第十二条 市场导向类项目突出企业主体。明晰政府与市场的边界，充分发挥市场对技术研发方向、路线选择、要素价格、各类创新要素配置的导向和激励作用。通过制定政策、营造环境，引导企业成为技术创新决策、投入、组织和成果转化的主体，促进科技与经济紧密结合。市场导向类科研项目主要采取专家评审的方式择优支持。重点支持企业根据政策引导开展的科研项目，鼓励产学研协同攻关，加大科技成果转化和推广。企业科技研发和成果推广由企业提出需求，并先行投入和组织实施，政府多采用"后补助"及间接投入等资助方式予以支持。

第十三条 重大项目突出目标导向。重点解决我省转型跨越发展中的科技战略发展需求和低碳科技、煤基科技发展等重大共性关键技术。集中力量，聚焦重点，做好顶层设计。要设定明确可考核的项目目标和关键节点目标，采取定向择优或公开招标的方式遴选优势单位承担项目。加强项目实施全过程的管理和节点目标考核，逐步实行项目专员制和监理制。

第四章 科研项目立项管理

第十四条 科技计划主管部门应当结合科技计划的特点编制项目指南，并于每年固定时间通过广泛知晓的方式发布。科技计划主管部门应当扩大项目指南编制工作的参与范围，充分征求有关方面意见，并建立由产学研用各方参与的项目指南论证机制。自科技计划项目指南发布之日到项目申报受理截止日，不得少于50天，保证科研人员有充足时间申报项目。

第十五条　科技计划立项采取部门设计和单位申报的方式进行。部门设计是指科技计划主管部门通过调研和专家论证，提出经济社会发展中的重大项目。单位申报是指项目研究单位按照项目指南要求，自主提出科研项目，通过归口管理部门向科技计划主管部门提出立项申请。

第十六条　科技计划主管部门应当加强对项目申报材料的审查，健全立项管理的内部控制制度。重点审查项目申请单位、项目负责人及项目合作方的资质、科研能力等内容。加强科研项目重复申报审查，避免一题多报或重复资助。

第十七条　科技计划主管部门应当完善公平竞争的遴选机制，通过公开择优、定向择优等方式确定项目承担单位，逐步实行网络、视频评审。科技计划主管部门应当规范立项要求，公布审批流程，简化立项环节，提高公开透明度，及时向申报单位反馈评审结果和意见，实现立项过程的"可申诉、可查询、可追溯"。从受理项目申请到反馈立项结果原则上不超过120个工作日。

第十八条　科技计划项目承担单位确定后，项目承担单位与科技计划主管部门签订项目计划任务书的同时，项目承担单位法定代表人、项目负责人要共同签署项目承诺书，并保证所提供信息的真实性，提供信息不真实的将列入"黑名单"。

第十九条　科技计划主管部门应当建立以一线科研同行专家为主的专家数据库。实行评估评审专家轮换、调整和回避制度，规范评审专家行为，提高项目评审质量。项目评估评审应当接受同行质询和社会监督。

第五章　科研项目过程管理

第二十条　科技计划主管部门应健全科研项目管理服务机制，积极协调解决项目实施中出现的新情况新问题。针对不同科研项目管理特点组织开展巡视检查或抽查。

第二十一条　项目承担单位应当自项目完成后2个月内向科技计划主管部门提出验收或结题申请。由于客观原因不能按期完成项目计划的，项目负责人可以申请延期验收或结题，申请延长的期限不超过1年。无特殊原因未按时提出验收或结题申请的，按未通过验收或结题处理。科技计划主管部门自收到验收或结题申请之日起1个月内，组织有关专家依据项目计划任务书验收或结题。

第二十二条　科技计划主管部门应当完善年度项目执行过程评价和定期项目绩效评价制度，并组织进行年度项目执行过程评价，制定有关标准和程序，提出年度绩效评价报告。定期项目绩效评价由财政部门组织第三方进行评价。

第二十三条　科技计划主管部门应当建立科研信用管理机制。建立覆盖指南编制、项目申请、评估评审、立项、实施、验收结题全过程的科研信用记录制度。对项目承担单位、项目负责人和评审专家在实施项目管理中的信用情况进行评价和记录。科技计划主管部门对项目承担单位和科研人员、评估评审专家、中介机构等参与主体进行信用评级，并按信用评级实行分类管理。

第二十四条　科技计划主管部门应当通过门户网站等有效媒介，将项目立项、验收结果、资金安排以及绩效评价等情况依法向社会公开，接受社会监督。项目承担单位应当将项目立项、主要研究人员、经费使用、大型仪器设备购置以及项目研究成果信息向单位内部公开，接受内部监督。

第二十五条　科技计划主管部门应当建立报告制度，会同有关部门制定科技报告的标准和规范。明确提交的科技报告类型、格式、要求科研项目承担单位提交的科技报告。科研项目负责人应当以书面形式将所开展的科研、设计、工程、试验和鉴定等活动的过程、进展和结果向科技计划主管部门报告。科技报告提交和共享情况作为后续支持的重要依据。

第二十六条 科技行政主管部门应当建立和完善科技管理信息与共享服务平台。按照统一的数据结构、接口标准和信息安全规范建设山西省科研项目数据库，并基本实现与国家科研项目数据资源的互联互通。完善现有各类科技计划数据库，实现科技资源持续积累、完整保存和开放共享。建立统一的科技管理信息系统，向社会开放服务。

第六章 科研项目资金管理

第二十七条 规范项目预算编制，加强重大、重点科技计划项目预算评估评审。项目申请单位要结合本单位的现有科研条件和设施，科学合理、实事求是编制项目预算，并对仪器设备购置、合作单位资质及拟外拨资金进行重点说明。对项目实施可能形成的科技资源和成果提出社会共享方案。有自筹经费来源的提供出资证明及其他相关财务资料。劳务费预算要结合实际以及相关人员参与项目的全时工作时间等因素合理编制。科技计划主管部门在项目预算评估评审中不得简单按比例核减预算。除以定额补助方式资助的项目外，依据科研任务实际需要和财力可能核定项目预算，不得在预算申请前先行设定预算控制额度。

第二十八条 科技计划主管部门和财政部门应当加强项目立项和预算下达的衔接，科技计划项目审定批准后1个月内下达资金预算批复。相关部门和单位应当按照财政国库管理制度相关规定，结合项目实施和资金使用进度，及时合规办理资金支付。

第二十九条 规范直接费用支出管理，科学界定与项目研究直接相关的支出范围。各类科技计划的支出科目和标准原则上应保持一致。在项目经费总额不变的情况下，项目费用中材料费、测试化验加工费、燃料动力费、信息传播费（或文献、出版、知识产权事务费）以及其他支出预算如需调整，由项目负责人向项目承担单位提出申请。进一步下放项目预算调整权限，严格控制项目经费中会议费、差旅费、国际合作与交流费等支出，项目实施中发生的该三项支出之间可以调剂使用，但不得突破三项支出预算总额。调整劳务费开支范围，允许项目临时聘用人员的社会保险补助纳入科研项目劳务费科目中列支。

第三十条 项目承担单位应当加强间接费用管理，建立健全间接费用管理办法。间接费用主要用于补偿项目承担单位为项目实施所发生的间接成本和绩效支出。项目承担单位不得在核定的间接费用以外重复提取、列支管理费或相关费用，不得用于支付各种罚款、捐款、赞助、投资等。

第三十一条 科技计划主管部门应当开展事前立项事后补助、奖励性后补助及共享服务后补助等资助方式的研究，加大科研经费后补助支持力度，扩大后补助项目的适用范围。

第三十二条 项目完成后项目承担单位应当编制项目经费决算报告。项目经费决算开支范围应当与项目经费预算的范围相一致，如实反映项目经费预算执行和项目实施的基本情况，不一致的应当说明理由。项目经费决算报告由项目承担单位财务部门会同项目负责人共同编制，国家审计机关依法对重大项目经费进行审计监督。

第三十三条 项目结转结余资金与项目验收和信用评价相挂钩。项目在研期间，年度剩余资金可以结转下一年度继续使用。项目完成任务目标并通过验收且承担单位信用评价好的，项目结余资金按规定在一定期限内由项目承担单位用于科研活动的直接支出。项目承担单位应当在一个月内办理财务结算手续，不得长期挂账。项目未完成、资金管理存在严重问题的，项目结余资金按原渠道收回。

第七章 科研项目资金监管

第三十四条 项目承担单位应当规范科研项目资金使用行为，依法使用项目资金。不得有下列行为：（一）擅自调整外拨资金；（二）利用虚假票据套取资金；（三）编造虚假合同、虚构人员名单虚报冒领劳务费和专家咨询费；（四）虚构测试化验内容、提高测试化验支出标准等方式违规开支测试化验加工费；（五）随意调账变动支出、随意修改记账凭证、以表代账应付财务审计和检查。

第三十五条 项目承担单位要建立健全科研和财务管理等相结合的内部控制制度，规范项目资金管理，在职责范围内及时审批项目预算调整事项。对于省级财政以外渠道获得的项目资金，按照国家有关财务会计制度规定以及相关资金提供方的具体要求管理和使用。

第三十六条 项目承担单位应当改进科研项目资金结算方式，原则上采用非现金方式结算。科研院所、高等学校等事业单位承担项目所发生的会议费、差旅费、小额材料费和测试化验加工费等，要按规定实行"公务卡"结算。企业承担的项目所有支出也应当采用非现金方式结算。项目承担单位对设备费、大宗材料费和测试化验加工费、劳务费、专家咨询费等支出，原则上应当通过银行转账方式结算。

第三十七条 科技计划主管部门和科技经费监管部门应当依法履行职责，加强对省级科技计划项目决策、管理、实施、绩效的监督检查，加大对资金管理违规行为的惩处力度。建立责任倒查制度，针对出现的问题倒查项目主管部门相关人员的履职尽责和廉洁自律情况，经查实存在问题的依法依规严肃处理。

第八章 科研项目和资金管理责任

第三十八条 科技行政主管部门和财政部门应当会同有关部门制定科技工作重大问题会商与沟通工作机制，落实管理和服务责任。科技计划主管部门应当制定或修订各类科技计划管理制度，建立健全本部门内部控制和监管体系，加强对所属单位科研项目和资金管理内部制度的审查；督促指导项目承担单位和科研人员依法开展科研活动；做好经常性的政策宣传、培训和科研项目实施中的服务工作。

第三十九条 项目承担单位应当履行项目实施和资金管理使用的主体责任，建立常态化的自查自纠机制，严肃处理本单位出现的违规行为。科研人员要弘扬科学精神，恪守科研诚信，强化责任意识，严格遵守科研项目和资金管理的各项规定，自觉接受有关方面的监督。

第四十条 违反本办法规定违规使用项目资金的，科技计划主管部门和科技经费监管部门采取下列方式进行处罚：（一）通报批评；（二）暂停项目拨款；（三）终止项目执行；（四）追回已拨项目资金；（五）取消项目承担者一定期限内项目申报资格。涉及违法的移交司法机关依法处理，并将有关结果向社会公开。

第四十一条 科技计划主管部门应当将有严重不良信用记录的项目承担单位、科研人员、评估评审专家和中介机构等记入"黑名单"，阶段性或永久取消其申请财政资助项目或参与项目评审、管理资格。

第九章 附则

第四十二条 本办法自印发之日起施行。此前相关规定与本办法相抵触的以本办法为准。

中共山西省委 山西省人民政府关于实施科技创新的若干意见

(晋发〔2015〕12号)

为认真贯彻落实省委十届六次全会和全省经济工作会议精神，实现科技创新新突破，着力解决我省科技创新能力不足、科技投融资体系不健全、科技创新体制不顺、机制不灵活、改革滞后和政策不完善等问题，特别是科技创新认识不到位、氛围不浓厚、政策不落实、与产业结合不紧，以及企业作为创新主体的作用尚未有效发挥和人才团队严重匮乏等突出问题，现就实施科技创新提出如下意见。

一、指导思想和主要目标

深入贯彻党的十八大、十八届三中、四中全会和习近平总书记系列重要讲话精神，全面落实《中共中央国务院关于深化体制机制改革加快实施创新驱动发展战略的若干意见》（中发〔2015〕8号），围绕"四个全面"战略布局，坚持需求导向、改革取向、人才为先、遵循规律和全面创新的原则，加快实施创新驱动发展战略，推动我省"六大发展"。

到2020年，全省研究与试验发展经费（R&D）占地区生产总值（GDP）的比重达到2.5%以上。科技创新城核心区基本建成，煤基科技攻关取得重大突破，引领支撑煤炭产业"六型转变"，在煤炭清洁高效利用方面作出突出贡献。高新技术产业增加值占地区生产总值比重、科技成果转化率、科技进步对经济增长的贡献率力争达到全国平均水平，形成创新驱动发展新局面。

二、统筹推进全面创新

（一）形成以科技创新为核心的全面创新新格局。统筹推进以科技创新为核心的经济和社会发展等领域的体制机制创新，统筹推进技术创新、产品创新、企业创新、商业模式创新、管理创新和体制机制创新，统筹推进军民融合创新。实现科技创新、制度创新、开放创新的有机统一和协同发展。

（二）建立以产业创新为重点的科技创新新机制。围绕产业链部署创新链，依靠科技创新做好"煤"与"非煤"两篇大文章。以大型煤炭企业为主导，推动煤炭、焦化、冶金、电力等传统支柱产业实现"六型"转变。在高端装备制造、新能源、现代煤化工、新材料、节能环保、食品医药、现代农业、现代服务业等新兴领域，组织实施一批重点科技计划、应用示范工程和重大产业化项目，实现创新发展。

三、深化科技管理体制机制改革

（三）改革省级科技计划（专项、基金）管理体制。强化顶层设计，搭建公开统一的山西省科技管理平台，建立省科技计划管理部门联席会议制度，成立战略咨询与综合评审委员会，优化形成符合我省实际、与国家五大计划衔接的省级科技计划体系。建立依托专业机构管理科研项目的机制，政府部门不再直接管理具体项目。

（四）建立省科技重大专项和重点项目形成与立项机制。聚焦我省煤基产业创新重大任务，以清洁高效利用为主线，编制《煤基低碳产业创新链》年度版，形成科技重大专项。着眼高新技术产业培育发展，组织实施重点攻关项目。加强过程管理，制定出台"山西省重点产业创新链及项目管理办法"、"山西省科技招投标管理暂行办法",建立与国家重大专项、重点项目对接机制。

(五)加快推进科研项目经费管理改革。加大《国务院关于改进加强中央财政科研项目和资金管理的若干意见》的落实力度,积极研究建立符合科研规律、适应创新驱动发展要求的科技经费管理新模式,实行绩效管理,提升使用效益。

(六)深化高等院校科研体制改革。加大科技成果转化和技术转让在高校职称评审条件中的权重,对教学科研型和科研教学型教师形成正确导向。调整专业设置,突出学科特色,打造一批服务产业创新的学科群。建立政府牵头、高校和企业参加的定期沟通机制,实施面向产业需求的协同创新计划,推动高校成果在我省转化,推动企业技术难题在高校解决。

(七)深化省属科研院所改革。强化科研属性,深化分类改革。支持建设中试基地、技术研发实验平台。支持建设集应用技术研发、成果转化为一体的新型研发机构。支持以股份制形式改革或与企业联合成立研发中心。对具有公益性服务职能的,以政府购买服务的方式予以支持。

四、强化企业技术创新主体地位

(八)推进企业成为技术创新决策主体。企业要建立开发经营和科技创新一体化决策机制,把技术创新作为企业重大决策事项。政府要吸纳企业参与研究制定技术创新规划、政策和重大科技项目的决策。

(九)支持企业完善技术创新组织。强化大型企业创新示范作用。支持企业建立省级以上重点(工程)实验室、工程(技术)研究中心、企业技术中心等研发机构。力争到2020年全省规模以上工业企业都有研发活动,建立研发机构占比超过15%。培育发展高新技术企业、科技型中小微企业。建立健全技术创新服务体系,引导中小微企业开展创新活动。

(十)引导企业牵头科技攻关和创新成果转化。支持建立以产权为纽带、产学研合作的产业技术创新战略联盟。鼓励有条件的骨干企业牵头开展重大科技研发活动。构建由企业牵头、产学研协同的科技攻关机制。对企业取得技术创新成果并推广应用的,政府予以后补助或奖励补贴。建立政府采购"首台(套)"重大新产品制度。落实国家重大装备的"首台(套)"保险政策。

(十一)鼓励企业加大技术创新投入。探索运用财政补助机制激励引导企业建立研发准备金制度,有计划、持续性地增加研发投入。全面落实企业研发投入视同利润制度。省属重点国有企业研发投入占主营业务收入的比重达到1.5%以上。把研发投入和技术创新能力作为政府支持企业技术创新的前提条件。全面落实普惠性财税优惠政策,完善企业研发费用计核办法,做好企业研发费用加计扣除政策的落实工作。

五、加速科技成果向现实生产力转化

(十二)提高科技成果转化源头价值。改革科技成果评价办法,加大对科技成果转化绩效良好的高校、科研机构的支持力度。实行科技报告制度。实行科技成果后补助和协议后补助政策。

(十三)落实成果转化激励政策。下放科技成果使用、处置和收益权。财政支持的高等院校、科研院所的知识产权授权后2年内未实施转化的,须公开挂牌交易。

加大科研人员股权激励力度。在利用财政资金设立的高等院校和科研院所中,将职务发明成果转让收益在重要贡献人员、所属单位之间合理分配,对奖励科研负责人、骨干技术人员和团队的收益比例提高到50%以上。专利技术或科技成果作价出资最高可占注册资本的70%。

鼓励企业实施科研人员股权、期权、分红等激励政策。国有企事业单位对职务发明完成人、科技成果转化重要贡献人员和团队的奖励,计入当年单位工资总额,不作为工资总额基数。

（十四）发展科技成果交易市场。面向全球优选科技成果，建设科技成果储备、交易中心。稳定和健全各级技术市场管理机构。加快培育一批熟悉科技政策和行业发展的社会化、市场化、专业化科技中介服务机构。建立健全科技成果"线上线下"登记制度和转移转化交易机制。积极推动财政资金支持形成的公共科技成果及其他各类科技成果入场交易。

六、建立重点人才团队和平台协同发展的机制

（十五）加大高层次人才及团队引进力度。研究建立引进高端人才团队的资金支持方式，创新省级各类人才专项资金使用方式，围绕我省产业发展重点领域，利用5~10年的时间，引进和培育30~50个有望形成重大产品、重点产业，解决重大关键技术问题的高端人才团队。要采取"产业资本＋人力资本"的模式，积极引进国内外企业集团和跨国公司，特别要力争引进其核心研发团队或成立分支机构。省、市、县或有关企业、单位同比例配套资金，明确责任，完善政策，全面推进引进工作。继续深入实施"百人计划"，"三晋学者"计划。

（十六）建立健全更为灵活的科研人才及团队双向流动机制。打破身份限制，改进科研人员薪酬和岗位管理制度，鼓励高校、科研院所科研人员到企业兼职，兼职经历纳入专业技术职务考核内容。符合条件的科研院所的科研人员经所在单位批准，可带着科研项目和成果到企业开展创新工作或创办企业，3年保留原有身份和职称。允许高等学校和科研院所设立流动岗位，支持企业技术人员承担科研教学任务。完善科研人员在企业与事业单位之间流动时社保关系转移接续政策。

（十七）创新人才评价机制。完善企业、高校和科研院所科技人员的评价标准，引导科技人员分类发展。遵循科研成果产出规律，探索合理考评周期。

（十八）制定科技资源（大型科学仪器设备、公共数据）共享政策和制度。发布"大型科学仪器设备开放共享目录"和"山西省科技基础条件平台开放共享目录"。建立统一开放的科技资源网络管理与服务平台。出台企、事业单位科技资源开放共享的财政激励政策。

（十九）优化重点平台布局。按功能定位分类整合重点（工程）实验室、工程（技术）研究中心。围绕全省转型发展需求、重点产业领域和重点学科，制定"山西省重点科技创新平台和团队建设组织管理办法"，在原有平台基础上探索建立重点平台和重点人才团队，实行一体化规划、一体化培育和集中投入机制。支持省级创新平台升级为国家级平台。

七、构建多元化科技投融资体系

（二十）建立财政科技投入稳定增长机制。积极增加省本级财政科技投入，加大市县财政科技投入。创新财政资金投入机制，完善稳定性支持、引导性支持、奖励和后补助等方式。发挥好与国家基金委联合设立的煤基低碳联合研究基金的作用，支持发展煤炭清洁利用等推动科技创新发展的各类联合基金。

实施科技创新券政策，每年安排一定金额的科技创新券，对科技型中小微企业购买创新服务、开展技术合作等给予支持。

（二十一）加快创业投资发展。设立科技成果转化基金，设立创业投资引导基金，通过阶段参股、跟进投资、风险补助（补偿）、投资保障、收益让渡等方式，引导国内外创业投资基金、私募股权投资基金、天使投资等在我省开展创投业务。落实国家对种子期、初创期创新活动投资的税收优惠政策，允许有限合伙制创业投资企业实行税收抵扣。

（二十二）完善科技金融服务。建立科技成果转化引导资金支持、风投资金参与、产权交易一体化的协同转化机制。加快科技小额贷款公司、科技支行、科技担保公司等科技金融机构建设。大力推进知识产权质押融资。建立科技型中小微企业创新产品市场应用的保险机制。

建立政府引导科技型企业进入资本市场的引导资金,鼓励支持有条件的高新技术企业在国内主板、中小企业板、创业板和"新三板"挂牌、上市融资。对在主板、中小企业板、创业板上市的,由省本级财政给予 100 万元的一次性奖励;对在"新三板"上市的,奖励 50 万元;对在山西股权交易中心挂牌并完成股份制改造、实现融资成功的,奖励 10 万元。

积极探索股权众筹、网络借贷等互联网融资新模式,支持创新创意企业开展非标融资。

八、实施重大科技创新工程

(二十三)科技创新城建设工程。严格执行规划,创新省、市、城联动的科技城管理发展模式,打造国际低碳技术创新高地、国家煤基产业科技中心、山西转型综改试验先导区、"互联网+"创新产业集聚区、低碳智慧创新城。着力开展引进人才团队及创新政策试验、科技成果和金融结合试点、大型科学仪器设备共建共享示范,建成国家煤基低碳自主创新示范区的核心区。

构建服务于全省的科技资源、创业孵化、科技金融三大公共科技服务平台,形成我省创新创业的龙头示范基地。利用云计算、大数据、移动互联网等信息技术手段,建设集创新资源共享、信息交互、成果转化、技术转移、企业培育、资本对接于一体,"线上"、"线下"友好互动的科技服务新业态。

(二十四)低碳创新发展工程。实施煤基低碳科技重大专项,在煤炭清洁高效利用技术、煤层气开发利用技术、高端煤化工技术、节能环保技术、高效储能技术以及 CO_2 捕集、封存和利用技术方面组织重大技术攻关,实现核心技术重大突破。

做大做强低碳发展高峰论坛,建立专门机构,筹建永久会址,调动社会化力量,实行市场化运营,使论坛成为低碳新理念的传播平台、低碳新成果的展示平台、低碳新技术的交易平台。

抓好晋城市国家低碳城市试点。推进低碳机关、低碳企业、低碳社区示范行动。

(二十五)新兴产业培育壮大工程。围绕我省高端装备制造、新材料、新能源、现代煤化工、节能环保、信息技术、食品医药、现代农业、文化旅游、现代服务业等新兴产业,开展科技重大攻关行动,突破一批具有引领和带动作用的核心关键技术,形成一批有竞争力的新产品、新企业、新业态。

(二十六)园区提质升级工程。加强分类指导,明确主攻方向,完善各类园区创新体系。太原、长治高新区要突破空间限制,搭建增材制造、"互联网+"等创新创业平台,充分发挥国家级高新区的示范带动作用。加快推进各级各类经济技术开发区建设科技创新园,探索新建一批省级高新区和高新技术产业化示范基地,不断拓展高新产业发展空间。优化园区管理体制,吸引国内优秀园区运营公司、企业和社会组织参与园区管理,参股孵化器、加速器和园区建设。

发挥园区创新资源富集的优势,大力发展低成本、全要素、便利化、开放式的众创空间,打造最优"创客栖息地"。

九、推动形成深度融合的开放创新局面

(二十七)加速融入全球研发创新网络。积极推动引资、引技、引智有机结合,支持世界一流大学、科研院所和世界 500 强企业在我省设立新型产业技术研究院和产业化基地,鼓励跨国公司、行业领军企业在我省设立研发中心、财务中心、销售中心等功能性机构,推动国外高端创新资源与我省创新需求紧密对接。鼓励和支持我省企业到境外设立、兼并和收购研发机构,探索建设国际联合研究中心、国际技术转移中心。

（二十八）深化区域科技合作。建立省部会商机制，落实会商议定事项，在区域创新体系建设、产业转型等方面争取国家更多支持。加强与环渤海及京津冀地区科技合作，开展区域协同创新，实现互利共赢。扩大科技计划开放合作。鼓励省外、国外研发机构和高校联合我省单位承接省科技重大专项和重点攻关项目。

（二十九）推进军民融合创新。建立健全地方、军队、企业、社会融合创新体制机制，研究制定深化军民融合创新的指导意见。在符合国家和省发展规划的领域，对军地联合攻关项目给予优先支持。在创新平台、人才引进、资源共享方面，充分发挥军工与地方优势互补作用，合力推动军民深度融合发展。

十、营造良好的创新创业环境

（三十）强化科技创新意识。各级各部门领导干部要树立强烈的科技创新意识，想创新、学创新、敢创新、会创新，主动支持、引导、服务大众创业、万众创新。每年召开全省科技创新奖励大会，对创新企业和人才进行表彰。

（三十一）营造遵循规律、鼓励创新、宽容失败的环境氛围。开展创新型城市、创新型企业、创新型社区等认定和奖励。加大全民科学素质纲要实施力度，举办科普展览、讲座，建设科普画廊、科普基地。充分运用各类媒体，拓宽传播渠道，宣传重大科技成果、典型创新人物和企业，培育良好的创新文化。

（三十二）依法保护知识产权。加大对知识产权创造、保护、运用的扶持力度。推动企业建立知识产权预警机制，健全权利人维权机制，完善知识产权审判工作机制。加大对知识产权侵权和假冒行为的打击力度，将侵权行为信息纳入社会信用记录。

（三十三）加强科研诚信建设和信用管理。建立科技人员和项目评审专家诚信档案。发挥高校、科研院所和学术团体的自律功能，加强科研活动信息公开，加大对学术不端行为的惩罚力度。

（三十四）强化创新绩效考核。把创新驱动发展成效纳入对地方领导干部的考核范围。强化目标责任考核，加大科技创新指标权重。

（三十五）落实各级职责任务。各级党委和政府要从全局的高度，建立完善"一把手抓第一生产力"工作机制，围绕实施科技创新，制定细化工作方案，出台具体办法措施，确保各项政策措施有效落实。

中共山西省委　山西省人民政府
2015 年 8 月 17 日

山西省深化省级财政科技计划（专项、基金等）管理改革方案

(晋政发〔2015〕35号)

为深入贯彻《国务院印发关于深化中央财政科技计划（专项、基金等）管理改革方案的通知》（国发〔2014〕64号）精神及《中共山西省委　山西省人民政府关于实施科技创新的若干意见》（晋发〔2015〕12号）要求，结合我省实际，制定本方案。

一、总体目标

面向我省经济社会创新发展的实际需求，加快转变政府科技管理职能，按照明晰政府与市场的关系、科技经济深度融合的基本原则，聚焦全省重大战略任务，强化顶层设计，打破条块分割，改革管理体制，统筹科技资源。建立全省公开统一的科技管理平台，建立总体布局合理、功能定位清晰的科技计划（专项、基金等）体系和公开透明的组织管理机制。

二、建立公开统一的科技管理平台

（一）建立科技计划（专项、基金）管理联席会议制度。

建立由省科技厅牵头，省财政厅、省发展改革委、省经信委、省教育厅、省人力资源社会保障厅、省农业厅、省林业厅、省卫生计生委、省中小企业局、省农机局、省农综开发办、省委人才办、省留学生办等相关部门参加的科技计划（专项、基金等）管理厅际联席会议（以下简称联席会议）制度，制定议事规则，审议科技发展战略规划、科技计划（专项、基金等）的布局与设置、重点任务和指南、科技计划（专项、基金等）动态调整方案、战略咨询与综合评审委员会的组成、专业机构的遴选择优等事项。省财政厅按照科技计划（专项、基金等）的布局、重大专项设置以及预算管理的有关规定统筹配置科技计划（专项、基金等）预算。各相关部门做好产业和行业政策、规划、标准与科技工作的衔接，充分发挥在提出应用基础研究、社会公益、重大共性关键技术需求，以及任务组织实施和科技成果转化推广应用中的作用。科技发展战略规划、科技计划（专项、基金等）布局与调整和重点专项设置与调整等重大事项，经联席会议审议后，按程序报省政府审定。

（二）依托专业机构管理项目。

将现有具备条件的科研管理类事业单位或企业培育改造成规范化的项目管理专业机构，通过统一的科技管理信息系统受理各方面提出的项目申请，组织项目评审、立项、过程管理和结题验收等，对实现任务目标负责。推进专业机构的市场化和社会化，鼓励具备条件的社会化科技服务机构参与竞争。此项工作具有高度的专业性和复杂性，专业机构需要有一个培育过程，可以采取试点先行、稳步推进的原则，在两到三年内完成。专业机构的遴选标准和管理制度由省科技厅统一制定，经联席会议审定后公开发布。

（三）发挥战略咨询与综合评审委员会的作用。

战略咨询与综合评审委员会由科技界、产业界、经济界的高层次专家和业务管理部门有关人员组成，对科技发展战略规划、科技计划（专项、基金等）布局、指南、重大专项设置和任务分解、科技计划（专项、基金等）动态调整等提出咨询意见，为联席会议提供决策参考；对制定统一的项

目评审规则、建设科技专家库、规范专业机构的项目评审等工作，提出意见和建议；接受联席会议委托，对特别重大的科技项目组织开展评审。战略咨询与综合评审委员会要与学术咨询机构、协会、学会、国内外有关企业、高校、科研院所等开展有效合作，提高咨询意见的质量。

（四）建立统一的评估和监管机制。

省科技厅、省财政厅要对科技计划（专项、基金等）的实施绩效、战略咨询与综合评审委员会和专业机构的履职尽责情况等统一组织评估评价和监督检查，进一步完善科研信用体系建设，实行"黑名单"制度和责任倒查机制。对科技计划（专项、基金等）的绩效评估通过公开竞争等方式择优委托第三方机构开展，评估结果作为省级财政予以支持的重要评审依据。各有关部门要加强对所属单位承担科技计划（专项、基金等）任务和资金使用情况的日常管理和监督。建立科研成果评价监督制度，强化责任；加强对财政科技资金管理使用的审计监督，对发现的违法违规行为要坚决予以查处，查处结果向社会公开。

（五）建立动态调整机制。

省科技厅、省财政厅要根据绩效评估和监督检查结果以及相关部门的建议，提出科技计划（专项、基金等）动态调整意见。完成预期目标或达到设定时限的，应当自动终止；确有必要延续实施的或新设立科技计划（专项、基金等）以及重点专项的，由省科技厅、省财政厅会同有关部门组织论证，提出建议。上述意见和建议经联席会议审议后，按程序报省政府审批。

（六）完善科技管理信息系统。

要通过统一的信息系统，对科技计划（专项、基金等）的需求征集、指南发布、项目申报、立项和预算安排、监督检查、结题验收、绩效评价等全过程进行信息管理，并主动向社会公开非涉密信息，接受公众监督。结题项目要及时纳入统一的科技报告系统。科技管理信息系统要与国家信息系统进行对接，成为国家的子系统。

三、优化整合科技计划（专项、基金等）

根据我省战略需求、政府科技管理职能和科技创新规律，优化整合省级财政所有实行公开竞争方式的科技计划（专项、基金等），不包括对省级科研机构和高校实行稳定支持的专项资金。通过撤、并、转等方式将我省各相关部门管理的科技计划（专项、基金等）整合形成以下五类科技计划（专项、基金等）：

（一）设立应用基础研究计划。

重点支持重大专项、重点研发项目所需要的应用基础研究；支持支撑应用基础研究需要的基础前沿学科、交叉学科的探索等。

（二）设立科技重大专项。

围绕煤炭"六型"转变、煤炭产业"清洁、安全、低碳、高效"发展迫切需要解决的重大关键技术问题，以及围绕产业发展转型升级迫切需要解决的重大科技问题设立科技重大专项，开展联合攻关，为产业创新发展提供支撑。

（三）整合设立重点研发计划。

围绕我省转型发展、创新发展和做好煤与非煤两篇大文章的需求，将省科技厅管理的科技攻关计划（包括工业、农业、社会发展等）、国际科技合作计划，省发展改革委、省经信委、省农业厅、省林业厅、省中小企业局、省农机局、省农综开发办等有关部门管理的不同类型的财政科研资金和有关部门管理的公益性行业科研专项等，进行整合归并，形成省重点研发计划。

（四）整合设立科技成果转化引导专项（基金）。

将省科技厅管理的科技成果转化与推广计划（包括火炬项目、星火项目、科技惠民项目、"首台套"新产品项目、中小微企业科技成果转化与推广项目等），有关部门管理的中小企业发展专项资金中支持科技创新的部分归并。将有关部门管理的创业风险投资引导基金、科技成果转化引导基金，以及其他引导支持企业技术创新和成果转化的专项资金（基金），进行整合归并，建立省成果转化基金。

省成果转化基金为争取国家支持、引导社会资金的母基金，围绕山西产业转型、创新发展的需求，建立煤炭清洁利用、新能源、节能环保等系列专业化子基金，通过专业团队管理、银行托管等方式，实现成倍的放大效应，加速国内外成果在我省转化。通过风险补偿、后补助、创投引导等方式发挥财政资金的杠杆作用，运用市场机制引导和支持技术创新活动，促进科技成果的资本化、产业化。

（五）调整设立平台基地和人才专项。

对省科技厅管理的（重点）实验室、工程技术研究中心、科技基础条件平台，省发展改革委管理的工程实验室、工程研究中心，省教育厅、省卫生计生委管理的重点学科及实验室以及省人力资源社会保障厅、省委人才办、省留学生办等管理的人才经费等合理归并，结合经济社会发展重点，优化布局，分类整合，重点支持优秀人才优秀团队的培养。

凡是财政资金投资的、国有企业投资的各类平台、仪器设备必须向社会开放；鼓励民营资金投资的实验平台、仪器设备向社会开放；财政资金新购置仪器、设备要实行联审评估制度，在满足使用的前提下，应购则购，避免重复购置；要制定支持政策，完善评价机制，根据开放情况给予补助、支持。加强重点领域人才团队建设，促进项目、平台、人才的有机结合，提高科技创新的条件保障能力。

上述五类科技计划（专项、基金等）要全部纳入统一的科技管理平台管理，加强项目查重，避免重复申报和重复资助。省级财政要加强对省级以上科研机构和高校自主开展科研活动的稳定支持。

四、实施进度

优化整合工作按照整体设计、试点先行、逐步推进的原则积极稳妥推进实施。

2015年，启动省级科技管理平台建设，完善科技管理信息系统。制定专业机构建设标准和有关管理制度，明确规定专业机构遴选程序。专业机构要建立完善的法人治理结构，设立理事会、监事会，制定章程，按照联席会议确定的任务，接受委托，开展工作。建立对专业机构的监督、评价和动态调整机制，确保其按照委托协议的要求和相关制度的规定进行项目管理工作。集中一部分资金在省科技厅试运行。

2016年，推进各类科技计划（专项、基金等）的优化整合，原则上对原由省政府批准设立的科技计划（专项、资金等），按照新的五个类别进行优化整合，改革形成新的管理机制和组织实施方式，基本建成公开统一的科技管理平台和科技管理信息系统，实现科技计划（专项、基金等）安排和预算配置的统筹协调，并向社会开放。

2017年，经过两年的改革过渡期，全面按照优化整合后的五类科技计划（专项、基金等）运行，不再保留优化整合之前的科技计划（专项、基金等）经费渠道，并在实践中不断深化改革，修订或制定科技计划（专项、基金等）和资金管理制度，营造良好的创新环境。各项目承担单位和专业机构建立健全内控制度，依法开展科研活动和管理业务。

五、工作要求

科技计划（专项、基金等）管理改革工作是实施创新驱动发展战略、深化科技体制改革的突破口，任务重，难度大。省科技厅、省财政厅要发挥好统筹协调作用，率先改革，作出表率，加强与有关部门的沟通协商。各有关部门要统一思想，强化大局意识、责任意识，积极配合，主动改革，共同做好方案的落实工作。要加快事业单位科技成果使用、处置和收益管理改革，完善科技成果转化激励机制；加强科技政策与财税、金融、经济、政府采购、考核等政策的相互衔接，落实好研发费用加计扣除等激励创新的普惠性税收政策；加快推进科研事业单位分类改革和收入分配制度改革，完善科研人员评价制度，创造鼓励潜心科研的环境条件；促进科技和金融结合，推动符合科技创新特点的金融产品创新；将技术标准纳入产业和经济政策中，对产业结构调整和经济转型升级形成创新的倒逼机制；将科技创新活动政府采购纳入科技计划，积极利用首购、订购等政府采购政策扶持科技创新产品的推广应用；积极推动军工和民口科技资源的互动共享，促进军民融合式发展。

各市要按照本方案精神，统筹考虑科技发展战略和本地实际，深化地方科技计划（专项、基金等）管理改革，优化整合资源，提高资金使用效益，为地方经济和社会发展提供强大的科技支撑。

山西省人民政府

2015 年 8 月 21 日

山西省科技创新券实施管理办法(试行)

(晋科发〔2016〕22号)

第一章 总则

第一条 为贯彻落实《中共山西省委 山西省人民政府关于实施科技创新的若干意见》(晋发〔2015〕12号)、《山西省人民政府关于大型科研设施与仪器等科技资源向社会开放共享的实施意见》(晋政发〔2016〕4号),更好地发挥政府引导和市场在资源配置中的决定作用,盘活全省优势科技资源,降低企业创新投入成本,激发全社会创新创业活力,促进科技型中小微企业与科研机构之间的产学研合作,决定启动科技创新券(以下简称"创新券")政策。为加强创新券的组织实施和管理,特制定本办法。

第二条 创新券主要用于对科技型中小微企业购买创新服务、开展技术合作等给予支持,旨在鼓励本省科技型中小微企业充分利用我省国家级、省级重点(工程)实验室、工程(技术)研究中心、科技基础条件平台等各类创新平台基地(以下简称"创新平台基地")的科技资源,开展研发活动和科技创新。

第三条 创新券由省科技厅和省财政厅共同组织实施,采取省市联动的方式运行管理,省级创新券专项资金来源于省财政科技资金,各市设立专项配套资金。

第四条 创新券由政府发放,由科技型中小微企业向各类创新平台基地购买创新服务时使用,由收取创新券的单位到指定部门兑现。

第五条 创新券使用和管理遵守国家有关法律法规和财务规章制度,遵循诚实申请、公正受理、择优支持、科学管理、公开透明、专款专用、据实列支的原则。

第二章 组织机构与职责

第六条 省科技厅、省财政厅联合成立创新券领导组。领导组由省科技厅主管领导任组长,主要负责创新券的政策制定、决策指导、监督审批、绩效评价及研究确定创新券实施过程中的有关重大事项。

第七条 领导组下设办公室。办公室设在省科技厅,并委托专业机构负责"山西省科技创新券管理服务系统"(以下简称创新券管理服务系统)的建设和日常运营管理,办理创新券的发放、兑现等工作。

第八条 各市科技局为创新券的推荐和审核部门。具体负责本区域科技型中小微企业创新券的申请和审核,建立相关工作机制和保障措施,提供不低于省科技创新券额度1∶1的配套资金。

第九条 创新平台基地是创新券的接受单位。各创新平台基地应通过创新券管理服务系统进行注册,公布服务范围、服务规范、收费标准等,无正当理由不可拒收创新券。

第十条 各创新平台基地在向科技型中小微企业提供服务、收取和兑现创新券过程中,可委托专业服务机构作为创新券工作对外服务机构。

第三章 创新券形式与支持范围

第十一条 创新券采用网络认证的电子票据模式,通过创新券管理服务系统在有效期内按规定进行使用。在有效期内未开展相应科研活动的创新券，逾期自动作废。

第十二条 科技型中小微企业申请创新券，每个企业每年申请最高补贴不超过20万元，省市补贴总额按以下规则核定：

（一）对于首次申请创新券的科技型中小微企业，每年度符合补贴要求的业务合同金额在5万元及以下的部分按照最高不超过100%的比例核定；超出5万元的部分按照非首次申请的创新券额度，采取分段超额累退比例法核定。

（二）非首次申请创新券的科技型中小微企业，申请的创新券额度核定比例如下：

每年度符合补贴要求的业务合同金额在10万元及以下的部分按照最高不超过50%的比例核定；

超过10万元至50万元的部分按照最高不超过25%的比例核定；

超过50万元至100万元的部分按照最高不超过10%的比例核定；

超过100万元以上的部分，不再予以创新券补贴。

第十三条 创新券支持范围为科技型中小微企业在开展科技创新活动中，通过各类创新平台基地购买测试检测、科技数据、科技文献、自然科技资源和科技报告等创新服务。按照法律法规或者强制性标准要求必须开展的强制检测和法定检测等其他商业活动，以及科技型中小微企业申报专利、软件著作权等知识产权过程所需服务、工业设计类服务及科技金融类服务不纳入创新券的支持范围。

创新券优先支持山西科技创新城、科技企业孵化器、大学科技园、众创空间等入驻的企业。

第十四条 申请创新券的科技型中小微企业应符合工业和信息化部、国家统计局、发展改革委、财政部《关于印发中小企业划型标准规定的通知》（工信部联企业〔2011〕300号）规定的企业划型标准，且同时具备以下条件：

（一）具有自主知识产权核心技术或独特的核心竞争力；

（二）其产品或服务在行业或细分市场占一定规模，或有明显创新特点，或处于产业链关键环节或有特定品牌价值；

（三）拥有与企业主营业务相适应的创新团队和经营管理团队；

（四）初步建立了与企业发展阶段相适应的创新机制，具备持续创新能力。

第四章 申请与发放

第十五条 创新券申请由办公室发布通知，由各市科技局组织本区域科技型中小微企业进行申报。

第十六条 科技型中小微企业通过登录创新券管理服务系统，填写《山西省科技创新券申报信息表》，并将相关证明材料扫描后上传。

第十七条 科技型中小微企业网上提交的证明材料主要包括：

（一）营业执照副本（未领取加载统一社会信用代码营业执照的企业，还需提交税务登记证副本和组织机构代码证副本）；

（二）法定代表人身份证；

（三）近两年的财务报表（包括资产负债表、损益表）；

（四）计划使用创新券的科研活动简介或项目计划书等证明材料。

第十八条 各市科技局对科技型中小微企业网上填写的申报材料及相关证明材料进行审查，

提出发放名单及申请的创新券额度,通过创新券管理服务系统填报。

第十九条 办公室根据本年度创新券经费总额,按比例确定创新券发放额度。

第二十条 各市科技局根据省创新券发放额度,提出本市创新券发放额度及对各企业的配套支持额度。办公室根据各市科技局确定的额度,通过创新券管理服务系统发放创新券。

第五章 使用与兑现

第二十一条 科技型中小微企业到创新平台基地购买创新服务后,使用创新券进行结算。

第二十二条 创新平台基地为科技型中小微企业完成计划使用创新券的服务活动后,需7日内在创新券管理服务系统登记服务合同内容及金额,并上传相关附件,取得创新券系统自动生成的唯一标识验证码,完成服务内容与创新券的绑定。

第二十三条 科技型中小微企业在科研服务活动完成后,应于15日内将书面服务合同、服务报告及开展服务的有关证明材料递交各市科技局审核。各市科技局应于30日内在创新券管理服务系统中完成审核确认。

第二十四条 办公室定期对各市科技局审核确认的创新券集中进行公示,公示期7天,公示无异议后,在创新券管理服务系统中进行兑现。

第六章 绩效评价和监督管理

第二十五条 办公室每年对各市科技局及创新平台基地的创新券工作情况进行评价,并根据评价结果给予一定的奖励补助,同时作为下一年度创新券安排的重要依据。

第二十六条 各创新平台基地创新券工作开展情况将作为平台基地年度考核和绩效评估的重要内容。科技型中小微企业使用创新券产生的成果和绩效将作为再次申请创新券支持的重要依据。

第二十七条 创新券不得转让、赠送、买卖等,在创新券申请过程中,科技型中小微企业和创新平台基地等不得提供虚假信息。对于违反以上规定的单位停拨或追回财政资金,构成违法的按照相关法律法规处理。

第七章 附则

第二十八条 各市科技局、财政局应参照本办法设立本地科技创新券,制定相关管理办法和实施方案。

第二十九条 本办法自公布之日起施行。

山西省科学技术厅 山西省财政厅
2016年2月4日

山西省人民政府办公厅关于转发省科技厅山西省科技计划（专项、基金等）及7个配套专项管理办法的通知

(晋政办发〔2016〕52号)

各市、县人民政府，省人民政府各委、办、厅、局：

省科技厅制定的《山西省科技计划（专项、基金等）管理办法》《山西省产业创新链及重大重点项目产生办法》《山西省科技项目招标投标管理暂行办法》《山西省科技计划（专项、基金等）项目申报指南编制办法》《山西省科技计划（专项、基金等）项目申报和评审管理办法》《山西省应用基础研究计划项目管理办法》《山西省科技成果转化引导专项（基金）管理暂行办法》《山西省平台基地专项管理办法》等8个配套专项管理办法，已经省人民政府同意，现印发给你们，请认真贯彻执行。

山西省人民政府办公厅
2016年4月26日

山西省科技计划（专项、基金等）管理办法

第一章 总则

第一条 根据《中共山西省委 山西省人民政府关于实施科技创新的若干意见》《山西省人民政府关于山西省深化省级财政科技计划（专项、基金等）管理改革方案的通知》精神，为加强和规范山西省科技计划（专项、基金等）（以下简称科技计划）管理，推进协同创新，提升管理效能，保证科技计划管理的公平、公正和公开，制定本办法。

第二条 科技计划面向全省经济和社会发展需求，根据创新驱动发展战略设立实施，是组织科学研究、技术开发、成果推广的重要手段，旨在跟踪全球科技最新进展，引导全省科技创新，推动科学技术成果由潜在生产力向现实生产力转化。

第三条 科技计划的管理原则

（一）遵循科学规律。把握国内、外科技革命和产业变革趋势，立足我省经济社会发展和创新实际，遵循科学研究的趋向发展探索规律和技术创新的市场规律，实行分类管理。

（二）加强统筹协调。转变政府科技管理职能，省级财政各类科技计划实行统一管理和监督评估；统筹研究开发、成果转化、条件建设、人才培养和环境营造；统筹稳定性支持和竞争性分配，促进资源优化配置和科学利用。

（三）聚焦任务需求。坚持有所为有所不为，强化需求导向，面向科技前沿和国民经济主战场，科学布局，超前部署，建立健全围绕重大任务推动科技创新的新机制。

（四）坚持市场导向。加强科技与经济在规划、政策等方面的相互衔接，围绕产业链部署创

新链，围绕创新链完善资金链。强化市场配置技术创新资源的决定性作用和企业技术创新的主体作用。

（五）坚持规范高效。建立健全决策、执行、评价相对独立、互相监督的运行机制，推进科技计划管理的制度化、规范化，实行全过程的信息公开和痕迹管理，保证科技计划管理的公平、公正和公开，确保实现科技计划目标。

第四条 明确科技计划、资金管理各方职责，省直部门应做好产业和行业政策、规划、标准与科技创新工作的衔接。省财政主管部门统筹配置科技计划预算，加强科技计划协调。省科技主管部门做好科技计划的组织管理。

第二章 科技计划管理机制

第五条 科技计划管理实行厅际联席会议（以下简称联席会议）制度。省科技厅为联席会议召集人单位，省财政厅、省发展改革委为副召集人单位。省经信委、省教育厅、省人力资源社会保障厅等相关部门为成员单位。

第六条 联席会议是加强科技计划宏观管理和统筹协调的重要制度，主要负责审议科技计划布局、重点专项设置；审定科技计划设置、重点任务和指南、年度重点工作安排。

第七条 科技计划管理建立战略咨询与综合评审委员会（以下简称咨评委）咨询评议机制。咨评委委员由科技界、产业界和经济界的高层次专家担任。委员应政治素养好、道德品质高、业务能力强，人员组成由联席会议审定。咨评委受联席会议委托，独立开展咨询、论证和评议，为联席会议提供咨询评议意见。

第八条 科技计划项目的申请受理、评审立项、过程管理和结题验收等工作由项目管理专业机构执行。科技计划项目承担单位按照与省科技主管部门签订的计划任务书组织项目实施。项目管理专业机构由联席会议按照标准择优选定，承担的项目管理工作依托省级科技计划管理信息平台实现痕迹管理和公开透明。

第三章 科技计划分类

第九条 根据全省经济社会发展需求和科技发展战略规划，科技计划分为应用基础研究计划、科技重大专项、重点研发计划、科技成果转化引导专项（基金）、平台基地和人才专项等五类。

第十条 应用基础研究计划突出重点领域的应用基础研究，资助基础研究和科学前沿探索。充分尊重专家意见，通过同行评议、公开择优的方式确定研究任务和承担单位。注重人才培养，强化对优秀人才和优秀团队的持续支持，加大对青年科研人员的支持力度，营造"鼓励探索、宽容失败"的社会氛围。

第十一条 科技重大专项突出政府目标导向。聚焦全省重大战略需求和产业转型升级目标，围绕解决制约主导产业形成和发展的重大共性关键技术瓶颈和经济社会发展核心科技需求问题，设定明确可考核的任务目标和关键节点目标，在设定时限内进行集成式协同攻关。采取公开招标或定向委托的方式遴选优势单位承担。

第十二条 重点研发计划聚焦公共需求和领域。面向全省高新技术产业、现代农业和社会民生领域需要开展重点社会公益性研究、前瞻性重点科学研究、重点共性关键技术和产品研发、重点国际科技合作等，以需求为导向，按照凝练和指南申报两种形成方式组织项目实施，加强跨国别、跨行业、跨区域协同创新和开放创新，为经济社会发展主要领域提供持续性的支撑和引领。

以凝练方式形成的项目针对不同研发任务的特点和规律进行全链条创新设计，一体化组织实施，目标具体、边界清晰、周期合理。通过向社会征集项目建议，提高项目的系统性、针对性和实用性。强化项目、人才与基地建设的统筹。

以指南申报方式形成的项目针对全省支柱产业和战略性新兴产业安排，既突出产业重点，又覆盖潜在技术，充分体现创新活动的引导与覆盖相结合。加强对基础数据、基础标准、种质资源等支持。加强国内、国际科技创新合作。

第十三条 科技成果转化引导专项（基金）突出市场导向实施机制。明晰政府与市场的边界，充分发挥市场对技术研发方向、路线选择、要素价格、各类创新要素配置的导向和激励作用，促进科技成果转移转化和资本化、产业化，促进大众创业、万众创新。推进涉企科技资金基金化改革，加强科技和金融合作，引导社会资源向创新配置。

科技成果转化引导专项（基金）主要由企业根据自身和行业领域发展需求，先行投入和组织研发，财政采用风险补偿、后补助、创投引导等方式给予支持，形成以效益为导向、市场评价成果的机制。加大对中小企业创新、技术成果交易转化的支持力度。

第十四条 平台基地和人才专项突出创新能力建设。围绕全省重点产业和重点社会发展领域，支持各类创新平台、基地的布局建设和能力提升，支持创新人才和优秀团队的科研工作，共享创新公共资源，为提高科技持续创新能力提供条件保障。

平台基地和人才专项重点支持在相关领域具有重大影响力和带动力，具备较强资源优势、研发优势和团队优势，产学研结合紧密，能对全省创新驱动发展起到重要支撑引领作用的创新平台和团队。加大对大众创业、企业公共技术服务平台和孵化器建设的支持力度。

第四章 科技计划设立和调整

第十五条 省直部门可根据全省发展战略和科技创新实际需要，提出新设立省级科技计划以及重点专项的建议报告草案。由咨评委论证，联席会议审议，报省政府审定。

第十六条 科技计划的建议报告草案应当符合以下基本要求：

（一）拟设立的科技计划目标、任务和重点必须与经济和社会发展的总体部署和安排相协调，并符合国家产业政策、科技政策的要求；

（二）应对科技计划的类别、宗旨、目标、任务、范围、内容、管理和运行等予以明确界定，并说明该计划同现有的其他科技计划的关系；

（三）应提供科技计划的资金预算，包括所需要的资金规模和资金来源，并说明计划实施期限（周期）；

（四）应提供科技计划相关领域的技术发展趋势分析和有关背景资料。

第十七条 科技计划在实施期限内应具有相对的稳定性，其宗旨、目标任务的重大调整及撤销或更名，应经联席会议审定。

第十八条 科技计划完成预期目标或达到设定时限的，应当自动终止。确有必要延续实施的需经省科技主管部门和省财政主管部门提出意见，由联席会议审定。

第十九条 省科技主管部门和省财政主管部门要根据科技计划绩效评估和监督检查结果以及有关部门建议，及时提出科技计划动态调整意见，经联席会议审议后，报省政府审定。

第五章 科技计划立项评审与组织实施

第二十条 省科技主管部门应当制定科技计划的具体管理办法，并可根据管理的需要，制定有关实施细则，经联席会议审定后发布。各类科技计划的实施期限一般为5年，计划管理办法在实施期内可以通过制定有关补充规定予以修订。

第二十一条 根据科技政策和有关法律法规，针对科技计划管理工作的实际需求，各类科技计划管理办法可以就下列事项做出具体规定：

（一）计划实施的目标、宗旨、性质、范围、周期等；

（二）计划实施的组织管理。主要涉及管理模式、实施对象、组织结构、责任主体及其相应的责任、权利和义务；

（三）计划实施的基本程序和相应的管理要求；

（四）政策及经费的支持方式和来源，经费使用范围及管理要求。

第二十二条 省科技主管部门联合省直有关部门根据省委、省政府战略部署，按照顶层设计和基层申报相结合方式，凝练重大、重点项目，编制科技计划项目申报指南。重大、重点项目信息表、计划项目申报指南在省级科技计划管理信息平台上发布。

第二十三条 科技计划项目征集凝练，主要是围绕省委、省政府重点布局和重点发展任务，通过向有关部门、高等院校、科研院所、企业广泛征集项目建议，经专家研讨、论证，凝练产生重大、重点项目。科技计划项目实行网上申报。为保证科研人员有充足时间申报项目，自项目申报通知或指南发布日到受理截止日，原则上不少于50天。

第二十四条 科技计划项目评审一般按照以下程序进行：受理审查（包括形式审查和资格审查）、专家评审、现场考察、行业（领域）专家组论证、咨评委评议、联席会议审定等。其中，科技重大专项按照《山西省科技项目招标投标管理暂行办法》执行，重点研发计划、应用基础研究计划、科技成果转化引导专项（基金）、平台基地和人才专项按照《山西省科技计划（专项、基金等）项目申报和评审管理办法》执行。

第二十五条 各类科技计划管理遵循本办法，并根据各自特点制定具体管理办法，包括：《山西省应用基础研究计划项目管理办法》《山西省煤基重点科技攻关项目管理办法》《山西省科技成果转化引导专项（基金）管理暂行办法》《山西省平台基地专项管理办法》和《山西省人才专项项目管理办法》。

第二十六条 科技计划项目申报单位，应当符合以下基本条件：

（一）符合各科技计划对申报者的主体资格等方面要求；

（二）在相关研究领域和专业应具有较好研发基础和技术优势；

（三）具有为完成项目必备的人才条件和技术装备；

（四）具有完成项目所需的组织管理和协调能力；

（五）具有完成项目的良好信誉度。

第二十七条 省科技主管部门委托项目管理专业机构受理科技计划项目申报。项目管理专业机构组织进行项目的专家评审，一般可采取会议评审、通讯评审、网络评审、视频评审和答辩等相结合的方式。所有参与项目评审的专家从专家库中随机抽取。专家独立发表意见和建议不受任何组织和个人干预。应当充分考虑专家组成的专业性和配置的合理性，考虑回避原则。开展重大、重点项目论证或评审时，专家组中原则上应有一定比例的省外专家。

第二十八条 联席会议委托咨评委行业（领域）专家组对项目进行论证。咨评委形成评议意见，经联席会议审定后进行公示，接受社会监督。任何单位和个人对项目持有异议的，应当在公示之日起7日内，书面向联席会议提出。联席会议收到异议书面材料后，应当对异议内容进行审核。必要时，可组织专家进行调查，提出处理意见。

第二十九条 科技计划项目从受理申请到反馈立项结果原则上不超过120个工作日。项目申报单位可通过省级科技计划管理信息平台在线查询。

科技计划项目承担单位应当在项目下达后1个月内与省科技主管部门签订《山西省科技计划项目任务书》。

第三十条 科技计划项目建立进展情况跟踪制度。具体包括以下内容：

（一）项目执行。项目管理专业机构负责定期收集、汇总科技计划项目实施情况和经费使用情况，并报省科技主管部门。

（二）项目调整。科技计划项目实施过程中，需要对计划目标、执行进度、经费及承担单位等合同内容进行调整的，以及需要延期、终止或撤销的，应当由项目承担单位提出书面申请报告，经项目组织推荐单位审核同意后报省科技主管部门审核，其中涉及经费调整或清退的需报省财政主管部门核准。

第三十一条 科技计划项目未能正常实施或经费使用不合理的，省科技主管部门应当责令整改，对有严重过错并且整改不力的，可停止其项目实施，追回已拨财政经费，降低项目承担单位和项目负责人的信用等级，取消其3至5年申报项目资格。

第三十二条 科技计划项目完成后，省科技主管部门应当委托项目管理专业机构组织验收评价。验收以签订的计划任务书或合同文本、批准的可行性研究报告和确定的考核目标为基本依据，对项目产生的科技成果水平、应用效果和对经济社会的影响、实施的技术路线、攻克关键技术的方案和效果、知识产权的形成和管理、科技基地平台建设情况、创新人才的培养和队伍建设、经费使用的合理性等做出客观的评价。

科技计划项目验收主要形式包括会议审查验收、实地考核验收、项目函评验收等。根据项目的特点和验收需要，可选择一种或多种方式进行验收。因故不能按时验收的，须在完成时限前1个月提出延期验收申请。原则上延期最长不超过1年。

第三十三条 科技计划项目验收一般应按照下列程序进行：

（一）项目验收工作须在项目执行期满后半年内完成；

（二）项目承担单位在完成技术、研发总结的基础上，填报项目技术、财务验收材料；

（三）项目管理专业机构组织专家进行项目验收工作，并依据专家对项目技术、财务评价结果下达项目验收结论。

第三十四条 省科技主管部门、省财政主管部门负责对科技计划的实施绩效和项目管理专业机构的履职尽责情况等统一组织评价和考核。

科技计划的绩效评价应通过委托或公开竞争等方式择优委托第三方机构开展，评价结果作为科技计划调整及预算编制的重要依据。

项目管理专业机构实行动态管理，应根据监督和评估结果及时进行调整。鼓励具备条件的社会化科技服务机构参与竞争，推进专业机构的市场化和社会化。

第六章 科技计划监管

第三十五条 建立健全信息公开制度。除涉密及法律、法规另有规定外，省科技主管部门要向社会公开科技计划项目的立项信息、资金安排和验收结果等，接受社会监督。

项目承担单位要在单位内部公开项目立项、主要研究人员、资金使用、大型仪器设备购置以及项目研究成果等情况，接受内部监督。

第三十六条 完善科研信用管理制度。建立覆盖指南编制、项目申报、评审立项、组织实施、验收评估等全过程的科研信用记录制度，对项目承担单位和科研人员、评审评估专家、专业机构等参与主体进行信用评级，并按信用评级实行分类管理。建立"黑名单"制度，将严重不良信用记录者记入"黑名单"，阶段性或永久取消其申请财政资助项目或参与项目评审、项目管理的资格。其他有关部门共享信用评价信息。

第三十七条 建立完善覆盖项目决策、管理、实施主体的逐级考核问责机制。省科技主管部门要加强科研项目和资金监管工作，按规定采取通报批评、暂停项目拨款、终止项目执行、追回已拨项目资金、取消项目承担者一定期限内项目申报资格等措施，严肃处理违规行为。涉及违法的移交司法机关处理，有关结果向社会公开。

第三十八条 建立责任倒查制度。针对出现的问题倒查相关人员的履职尽责和廉洁自律情况，经查实存在问题的依法依规严肃处理。

第七章 科技计划管理信息化

第三十九条 建立公开统一的省级科技计划管理信息平台。省科技主管部门、省财政主管部门联合省直有关部门和地方建立完善省级科技计划管理信息平台。通过管理信息平台，对科技计划的需求征集、指南发布、项目申报、立项安排、跟踪问效、验收评价等全过程进行信息管理。

省级科技计划管理信息平台要实现与国家及各市项目数据库互联互通，并主动向社会公开信息，接受公众监督。省直部门管理的各类科技计划项目全部纳入省级科技计划管理信息平台。

第四十条 建立健全科技报告制度。省科技主管部门建立科技报告服务系统，实现科技资源持续积累、完整保存和开放共享。科技报告包括实施过程中产生的实验（试验）报告、调研报告、工程报告、测试报告、评估报告、年度报告、中期报告及验收报告。

项目承担单位应充分履行法人责任，按要求组织科研人员撰写科技报告，做好审查和呈交，并将科技报告工作纳入本单位科研管理程序。

省级财政资金支持的科技计划项目，其项目承担者必须按规定提交科技报告，未按规定提交并纳入科技报告服务系统的，不得申请中央、省财政资助的科技计划项目。

第八章 附则

第四十一条 本办法发布之前已制定的各类科技计划管理办法如与本办法不相符的，应当按本办法重新制定或修订。

第四十二条 本办法自印发之日起施行。

山西省产业创新链及重大重点项目产生办法

第一章 总则

第一条 根据《中共中央、国务院关于深化体制机制改革加快实施创新驱动发展战略的若干意见》《国务院关于改进和加强中央财政科研项目和资金管理的若干意见》《国务院关于深化中央财政科技计划（专项、基金等）管理改革的方案》及《中共山西省委、山西省人民政府关于实施科技创新的若干意见》精神，按照《山西省深化省级财政科技计划（专项、基金等）管理改革方案》要求，为确保山西省重点产业创新链及重大、重点项目的顺利产生，促进管理科学化、规范化和制度化，制定本办法。

第二条 产业创新链是指围绕省委、省政府重点布局发展的煤与非煤产业，全链条一体化设计的技术创新发展方向、路径和重点任务。

重大项目属科技重大专项，主要是指围绕煤炭"六型"转变、煤炭"清洁、安全、低碳、高效"发展迫切需要解决的重大关键技术问题凝练形成的项目，包括煤层气、煤电、煤焦化、煤化工、煤机装备、新材料和富碳农业等煤基低碳产业创新链项目。

重点项目属重点研发计划，主要是指围绕产业转型升级迫切需要解决的重大问题凝练形成的项目，包括新能源汽车、交通与重型装备、电子信息、环保、新能源、中药、特色农产品等高技术产业创新链项目。

第三条 山西省产业创新链及重大、重点项目的部署与实施旨在突破一批技术瓶颈，攻克一批核心关键技术，打造一批共性关键技术研发平台，培育一批创新研发团队，构建基本完善的产业链创新体系，有效支撑全省产业提质、增效、升级和转型，加快实现经济结构战略性调整。

第二章　组织实施

第四条 山西省产业创新链及重大、重点项目产生由省科技主管部门组织，联合省直有关部门共同实施。

煤层气、煤电、煤焦化、煤化工、煤机装备、新材料和富碳农业等煤基低碳产业创新链及重大项目产生由省科技主管部门牵头，商省发展改革委共同完成。

新能源汽车、交通与重型装备、电子信息、环保、新能源等高技术产业创新链及重点项目产生由省科技主管部门牵头，商省经信委共同完成。

特色农产品高技术产业创新链及重点项目产生由省科技主管部门牵头，商省农业厅共同完成。

中药高技术产业创新链及重点项目产生由省科技主管部门牵头，商省卫生计生委共同完成。

第五条 充分吸纳产业、技术、经济、管理和战略等方面的专家，按照行业（领域）划分，分别组建不少于5人的编研（修编）团队，负责编制工作。

第六条 编制工作遵循统筹协调、创新发展、市场导向、有序推进、适度调整的原则。

第七条 编制内容包括两个方面，一是编制凝练本年度新启动产业领域的创新链及重大、重点项目，二是升级、凝练上一年度产业领域的创新链及重大、重点项目。

第三章　编制创新链与凝练项目

第八条 通过省科技主管部门、省直有关部门等官方网站发布产业创新链项目建议征集通知。面向省内及国内外企业、高等院校、科研院所以及各有关单位，广泛征集产业链技术创新需求及重大、重点项目建议。

第九条 立足产业发展现状及关键技术瓶颈、未来发展趋势及重大创新需求，着眼国际、国内产业价值链和技术链高端，以关键共性技术问题为导向，开展专题研究，编制产业创新链。

第十条 产业创新链主要由五部分组成：

（一）产业发展现状和技术瓶颈。明确我省与国内外的差距、关键技术瓶颈。

（二）技术需求及攻关路径。绘制产业技术创新路线图。

（三）重大、重点项目。坚持突破瓶颈和示范引导相结合，统筹部署基础研究、应用研发、集成转化和产业化示范等项目，确定项目优先发展顺序和资源配置比例。

（四）配套技术体系。设计重点实验室、工程技术研究中心、企业技术中心、产学研联盟、创新团队和示范基地等建设任务。

（五）预期效益。预测可实现的经济、社会和生态效益。

第十一条 按照支撑全省转型的重要性、带动整体产业升级的紧迫性、与国内外技术水平相比的创新性、攻关条件的成熟性以及对行业、经济的贡献度等，遴选本年度计划启动的重大、重点项目，研究提出省级财政资金投入比例建议。

第十二条 广泛邀请省内外产业、技术、经济、管理和战略等方面的专家或企业管理者，围绕阶段性形成的产业创新链及重大、重点项目，组织召开专题研讨会至少 1 次，充分研究、讨论，及时修改、补充和完善，初步形成产业创新链及重大、重点项目。

第十三条 评估和总结上一年度产业创新链及重大、重点项目凝练工作。选择性地开展专题调研，分析、研判调研情况。针对性地开展上一年度产业创新链及重大、重点项目的改进、完善和升级，形成新版产业创新链及重大、重点项目。

第四章　征求意见和专家评审

第十四条 围绕初步形成的产业创新链及重大、重点项目，分别征求山西省科技计划（专项，基金等）战略咨询与综合评审委员会（以下简称咨评委）、有关省直部门、市人民政府、高等院校、科研院所和骨干企业的意见和建议。

第十五条 组织省内未曾参与编制工作的专家开展第三方评审。针对重大、重点项目的技术水平、拟解决关键技术、创新点、技术和经济指标、拟建设的平台和团队、研发经费估算、预期经济社会生态效益等方面进行评审，形成专家评审意见。

第十六条 组织具有一定影响力的省外专家进行函审。原则上参与每个产业评审的专家不少于 3 人。

第十七条 组织省内相关专家，依据目标相关性、政策相符性和经济合理性，做好产业创新链重大、重点项目经费概算。

第十八条 根据征求意见、省内外专家评（函）审意见及经费概算进行修改、补充和完善，形成《山西省年度产业创新链及重大、重点项目（初稿）》。

第五章　论证、评议和审定

第十九条 根据行业（领域）划分，分别组织咨评委行业（领域）专家组对《山西省年度产业创新链及重大、重点项目（初稿）》进行论证。修改、完善形成《山西省年度产业创新链及重大、重点项目（讨论稿）》。

第二十条 组织上报《山西省年度产业创新链及重大、重点项目（讨论稿）》，分别征求省政府相关行业和财政部门意见。

第二十一条 组织咨评委对《山西省年度产业创新链及重大、重点项目（讨论稿）》进行咨询评议。修改、完善形成《山西省年度产业创新链及重大、重点项目（送审稿）》。

第二十二条 提交山西省科技计划（专项、基金等）管理厅际联席会议审定《山西省年度产业创新链及重大、重点项目（送审稿）》。按照审定意见，完善、形成《山西省产业创新链及重大、重点项目（年度版）》。

第二十三条 产业创新链及重大项目的领域方向调整上报省政府审定。

第六章　附则

第二十四条 本办法自印发之日起施行。

山西省科技项目招标投标管理暂行办法

第一章 总则

第一条 为进一步规范和完善科技项目的申请和立项等管理工作，根据《中华人民共和国招标投标法》《中华人民共和国招标投标法实施条例》《科技项目招标投标管理暂行办法》及《山西省煤基重点科技攻关项目管理办法》，结合工作实际，制定本办法。

第二条 山西省科技计划（专项、基金等）属于招标投标范围的科技项目适用本办法。

第三条 科技项目招标投标是指招标人对拟订招标的科技项目公布指标和要求，众多投标人参加竞争，招标人按照规定程序选择中标人的行为。

第四条 科技项目招标投标遵循公平、公开、公正、择优和信用的原则。

第二章 招标

第五条 科技项目招标人（以下简称招标人）是依照本办法提出招标科技项目并进行招标活动的法人或其他组织。

第六条 招标人开展招标工作，应具备下列条件：

（一）需要招标的科技项目已确定；

（二）科技项目的投资资金已落实；

（三）招标所需要的其他条件已达到。

第七条 科技项目招标分为公开招标和邀请招标。

公开招标是指招标人以招标公告的方式邀请不特定的法人或者其他组织投标。

邀请招标是指招标人以投标邀请书的方式邀请特定的法人或者其他组织投标。

有下列情形之一的，可以实行邀请招标：

（一）技术复杂、有特殊要求或者受自然环境限制，只有少量潜在投标人可供选择；

（二）采用公开招标方式的费用占项目合同金额的比例过大；

（三）公开招标后投标人未达到最低数量要求。

第八条 招标人采用公开招标方式的，应当通过具有一定影响力的报刊、信息网络或者其他媒介发布招标公告。

采用邀请招标方式的，应当向3个以上（含3个）具备承担招标项目能力、资信良好的特定的法人单位或其他组织发出投标邀请书。

第九条 招标公告或投标邀请书至少包括下列内容：

（一）招标人的名称和地址；

（二）招标项目的性质；

（三）招标项目的主要目标；

（四）获取招标文件的办法、地点和时间；

（五）获取招标文件收取的费用。

第十条 招标人可以根据招标项目本身的特点，在招标公告或者投标邀请书中，要求潜在投标人提供有关证明文件和业绩情况，并对潜在投标人进行初步资格审查；国家对投标人的资格条件有规定的，依照其规定。证明文件包括：

（一）科研基础证明材料；

（二）既往科研业绩证明材料；

（三）科研团队及研发能力证明材料；

（四）既往研发投入情况证明材料；

（五）针对投标项目研发资金配套能力证明材料；

（六）与所投标项目有关的知识产权证明材料；

（七）实质性开展产学研合作证明材料；

（八）单位及投标项目负责人资信证明；

（九）近两年的财务状况资料；

（十）如有配套资金，提供配套资金的筹措情况及证明；

（十一）相关的行业资质证明；

（十二）国家规定的其他资格证明。

如果通过初步资格审查的投标人数量不足3个，招标人可以采取邀标方式，择优选择项目承担单位；也可以委托项目管理专业机构组织进行项目评审。

第十一条 招标人根据招标项目的要求编制招标文件。招标文件至少包括下列内容：

（一）投标须知；

（二）科技项目名称；

（三）项目主要内容（含技术预测内容）；

（四）目标、考核指标构成；

（五）成果形式及数量要求；

（六）进度、时间要求；

（七）投标文件的编制要求；

（八）投标人应当提供的有关上述第十条中规定的证明文件；

（九）投标人所具备的能够承担项目的科技平台、人才团队以及产学研合作情况等证明材料；

（十）投标人是否设立科研准备金及R&D资金连续投入情况；

（十一）提交投标文件的方式、地点和截止日期；

（十二）开标、评标、定标的日程安排；

（十三）综合评标标准和方法。

第十二条 招标人制定综合评标标准时，应考虑技术路线的可行性、先进性和承担单位的开发条件、人员素质、资信等级、管理能力等因素，考虑经费使用的合理性、科技项目的创新性和目标的可实现性。着重考虑投标人所具备的能够承担项目的科技平台、人才团队以及产学研合作基础。

第十三条 除国家有关法律法规规定以外，招标人不得以不合理的条件限制、排斥潜在投标人或者投标人。

招标人有下列行为之一的，属于以不合理条件限制、排斥潜在投标人或者投标人：

（一）就同一招标项目向潜在投标人或者投标人提供有差别的项目信息；

（二）设定的资格、技术、商务条件与招标项目的具体特点和实际需要不相适应或者与合同履行无关；

（三）以特定行政区域或者特定行业的业绩、奖项作为加分条件或者中标条件；

（四）对潜在投标人或者投标人采取不同的资格审查或者评标标准；

（五）限定或者指定特定的专利、商标、品牌、原产地或者供应商；

（六）限定潜在投标人或者投标人的所有制形式或者组织形式；

（七）以其他不合理条件限制、排斥潜在投标人或者投标人。

第十四条 在招标文件发出后，招标人如对招标文件进行修改、补充或澄清，应在招标文件要求提交投标文件截止日期至少 15 天前以书面形式或者省级科技计划管理信息平台发布信息，进行广泛告知，并作为招标文件的组成部分；对招标文件有重大修改的，应当适当延长投标文件截止日期。

第十五条 招标人必须对获取招标文件的潜在投标人的名称、数量以及可能影响公平竞争的其他情况进行保密。

第十六条 从招标公告发布或投标邀请书发出之日到提交投标文件截止之日，不得少于 30 天。

第十七条 招标公告发布或者投标邀请书发出后，如遇下列情况之一，招标人可终止招标或邀标。

（一）发生不可抗力；

（二）作为技术开发项目的目标技术已经由他人公开；

（三）发生废标。

第三章 投标

第十八条 投标人是指按照招标文件的要求参加投标竞争的法人和其他社会组织。

投标人参加投标必须具备下列条件：

（一）与招标文件要求相适应的研究人员、设备和经费；

（二）招标文件要求的资格和相应的科研经验与业绩；

（三）资信情况良好；

（四）拥有相关知识产权及良好的产学研合作基础；

（五）法律法规规定的其他条件。

第十九条 投标人应向招标人提供投标文件。投标文件应当加盖公章和有法定代表人的签字或印章，并通过投标人所属组织（推荐）部门审核和推荐。

第二十条 投标文件应当对招标文件提出的实质性要求和条件作出响应，至少包括下列内容：

（一）投标函；

（二）投标人概况；

（三）近两年的经营发展和科研状况；

（四）技术方案及说明，含方案的可行性、先进性、创新性，技术、经济、质量指标，风险分析等；

（五）计划进度；

（六）经费预算申报书和产学研合作协议书；

（七）投标报价及构成细目；

（八）成果提供方式及规模；

（九）承担项目的能力说明，包括：

1. 与招标项目有关的科技成果或产品开发情况；

2. 承担项目主要负责人的资历及业绩情况；

3. 具备的能够承担项目的科技平台、人才团队以及产学研合作情况等；

4. 所具备的科研设施、仪器情况及管理水平；

5. 为完成项目所筹措的资金情况及证明；

6. 投标人是否设立科研准备金及R&D资金连续投入情况等。

（十）项目实施组织形式和管理措施；

（十一）有关技术秘密的申明；

（十二）科技项目组织（推荐）部门签字盖章的明确的审核、推荐意见。

（十三）招标文件要求具备的其他内容。

第二十一条 鼓励省级及省级以上产业技术创新战略联盟参加投标。优先支持重点创新团队依托重点创新平台以产学研合作形式开展协同攻关。

第二十二条 产业技术创新战略联盟各方应当明确一个主要实施和责任主体，并且签订共同的投标协议，明确约定各自所承担的工作和责任，并将共同投标协议连同投标文件一并提交招标人。中标后，联盟各方应当共同与招标人签订任务合同，就中标项目向招标人承担连带责任。

第二十三条 投标人应在招标文件要求提交投标文件的截止日期前将投标文件密封送达指定地点。招标人应对收到的投标文件签收备案。投标人有权要求招标人提供签收证明。

对在提交投标文件截止日期后提交的投标文件，招标人不予受理。

第二十四条 投标人可以对已提交的投标文件进行补充和修改，在招标文件要求提交投标文件的截止日期前送达招标人。补充和修改的内容必须用书面形式作出，并作为投标文件的组成部分。

第四章　开标、评标与中标

第二十五条 开标应按招标文件预先确定的时间、地点和方式公开进行。开标由招标人委托项目管理专业机构主持，邀请有关单位代表和投标人参加。

第二十六条 招标人委托项目管理专业机构负责组建评标小组。

评标小组由受聘的技术、经济、管理等方面的专家组成，总人数为5人（含5人）以上的单数，其中受聘的专家不得少于三分之二。

投标人或与投标人有利害关系的人员不得进入评标小组。

第二十七条 评标小组负责评标，对所有投标文件进行审查。有下列情况之一的，其投标无效：

（一）投标文件未加盖投标人公章或法定代表人未签字或盖章；

（二）投标文件印刷不清、字迹模糊；

（三）投标文件与招标文件规定的实质性要求不符；

（四）投标文件没有满足招标文件规定的招标人认为重要的其他条件。

第二十八条 评标小组可以要求投标人对投标文件中不明确的地方进行必要的澄清、说明或答辩，但投标人在进行澄清、说明或答辩时，不得超过投标文件的范围；不得改变投标文件的实质性内容；不得阐述与问题无关的内容；未经允许不得向评标小组提供新的材料。

澄清、说明或答辩的内容必须用书面形式记录。

第二十九条 评标小组按照评标文件中规定的评标标准对投标人进行综合性评价比较；设有标底的，应参考标底。

投标人的最低报价不能作为中标的唯一理由。

第三十条 评标小组依据评标结果，提出书面评标报告。主要内容包括：

（一）对投标人的技术方案评价，技术、经济风险分析；

（二）对投标人承担能力与工作基础评价；

（三）需进一步协商的问题及协商应达到的指标和要求；

（四）对投标人进行评标打分排名。

第三十一条 招标人委托项目管理专业机构组织专家对评标报告评价排名前三名的投标人或参与项目评审的项目申报单位进行现场考察并形成考察报告。主要内容包括：

（一）投标单位生产经营状况及管理水平；

（二）投标单位近两年开展产学研合作情况；

（三）投标单位前三年研发投入情况；

（四）与所投标项目有关的知识产权情况；

（五）已形成的研发条件平台；

（六）对投标人或项目申报单位进行考察打分。

第三十二条 招标人将项目管理专业机构组织专家形成的评标小组评标报告和考察报告，提交山西省科技计划（专项、基金等）管理厅际联席会议（以下简称联席会议）审定。

投标文件与现场考察情况严重不符或不实的不予选择。

第三十三条 招标人应在开标之日后10天内完成小组评标工作，特殊情况可延长至15天。

第三十四条 联席会议委托战略咨询与综合评审委员会（以下简称咨评委）下设的行业（领域）专家组对投标人提交的评标小组评标报告和考察报告及投标文件（项目申报材料）进行论证。根据评标小组评标报告、考察报告和论证结果初步确定拟中标单位并编制项目立项草案。项目立项草案及有关说明提交咨评委进行评议。评议意见及有关资料提交联席会议审定，审定同意后向社会公示。公示无异议后，下达科技项目招投标资金计划。

招标人与中标人应当签订正式的科技计划项目任务书。

第五章 法律责任

第三十五条 招标人有下列行为之一者，由行政主管部门责令改正；已选定中标者的，中标无效；给投标人造成损失的，应当承担赔偿责任；情节严重，构成犯罪的，依法追究刑事责任。

（一）故意将科技项目划大为小的或者故意以其他方式逃避招标的；

（二）隐瞒招标真实情况的；

（三）串通某一投标人以排斥其他投标人的；

（四）索贿受贿的；

（五）泄露有关评标情况的；

（六）违反法定程序进行招标的；

（七）定标后不与中标人签订合同的；

（八）任意终止招标的；

（九）其他违反法律法规的行为。

第三十六条 投标人有下列行为之一者，由行政主管部门责令改正；已被选定为中标者的，中标无效；给招标人造成损失的，应当承担赔偿责任；情节严重，构成犯罪的，依法追究刑事责任。

（一）提供虚假投标材料的；

（二）串通投标的；

（三）采用不正当手段妨碍、排挤其他投标人的；

（四）向招标人或招标代理机构行贿的；

（五）中标后不与招标人签订合同的；

（六）其他违反法律法规的行为。

第三十七条 评标小组成员有下列行为之一者，由省科技主管部门给予警告、通报批评、取消其担任评标小组、评标委员会成员资格的处罚；收受非法财物的，没收收受的财物；情节严重，构成犯罪的，依法追究刑事责任。

（一）收受非法财物或其他好处的；

（二）向他人透露对投标文件评审和比较情况的；

（三）向他人透露中标候选人推荐情况的；

（四）向他人透露评标其他情况的；

（五）其他违反法律法规的行为。

第三十八条 省科技主管部门的工作人员在科技项目招投标活动中徇私舞弊、滥用职权或者玩忽职守，构成犯罪的，依法追究刑事责任；不构成犯罪的，依法给予行政处分。

第六章 附则

第三十九条 本办法自印发之日起施行。

山西省科技计划（专项、基金等）项目申报指南编制办法

第一章 总则

第一条 根据《山西省深化省级财政科技计划（专项、基金等）管理改革方案》要求，为强化科技创新的战略引领和需求导向，保证科技计划（专项、基金等）项目申报指南（以下简称申报指南）编制的科学性、前瞻性和针对性，制定本办法。

第二条 本办法适用于应用基础研究计划、重点研发计划（以指南申报方式形成）、科技成果转化引导专项（基金）、平台基地和人才专项的项目申报指南编制。

第三条 申报指南是各类单位申报项目、各级管理部门组织推荐项目、评审专家评价和论证项目、省科技管理部门确定立项资助项目的重要依据。

第四条 申报指南编制坚持自由探索与目标导向相结合、市场需求与战略部署相结合、科技发展与经济社会建设相结合的原则。

第二章 组织实施

第五条 申报指南编制由省科技主管部门组织，联合省直有关部门共同实施。其中：

应用基础研究计划由省科技主管部门牵头，商省教育厅等共同完成。

重点研发计划（以指南申报方式形成）由省科技主管部门牵头，分别商省经信委、省农业厅、省林业厅、省卫生计生委等共同完成。

科技成果转化引导专项（基金）由省科技主管部门牵头，商省财政厅、省中小企业局、省林业厅、省农机局等共同完成。

平台基地专项由省科技主管部门牵头，商省发展改革委、省经信委、省教育厅、省卫生计生委等共同完成。人才专项由省科技厅牵头，商省委人才办、省人力资源社会保障厅、省留学生办等共同完成。

第六条 充分吸纳产业、技术、经济、管理和战略等方面的专家，按照不同计划类别及分工，分别建立不少于5人的编制团队，负责编制工作。

第三章 研究编制

第七条 通过省级科技计划管理信息平台以及省科技主管部门、省直有关部门官方网站，发布申报指南建议征集通知。面向省直有关部门、企业、高等院校、科研院所以及各有关单位，广泛征集建议和意见。

第八条 依据全省国民经济和社会发展规划纲要及科技发展规划，立足全省科技发展现状，围绕省委、省政府年度中心工作和科技需求，结合申报指南建议和意见，编制科技计划（专项、基金等）年度申报指南，明确优先发展领域和重点支持方向，确定资助类型、资助方式和申报条件等。

第九条 邀请省内外产业、技术、经济、管理和战略等方面的专家或企业管理者，围绕阶段性形成的年度申报指南，组织召开专题研讨会至少1次，充分研究、讨论，及时修改、补充和完善，初步形成年度申报指南。

第四章 评议与咨询

第十条 根据行业（领域）划分，分别组织山西省科技计划（专项、基金等）管理战略咨询与综合评审委员会（以下简称咨评委）下设的行业（领域）专家组对"年度申报指南（初稿）"进行评议。修改、完善形成"年度申报指南（讨论稿）"。

第十一条 组织咨评委对"年度申报指南（讨论稿）"进行咨询。修改、完善形成"年度申报指南（送审稿）"。

第五章 审定与发布

第十二条 组织召开山西省科技计划（专项、基金等）管理厅际联席会议审定"年度申报指南（送审稿）"。

第十三条 按照审定意见，完善、确定"年度申报指南"，并通过省科技厅和省直有关部门官方网站发布。

第六章 附则

第十四条 本办法自印发之日起施行。

山西省科技计划（专项、基金等）项目申报和评审管理办法

第一章 总则

第一条 根据《山西省深化省级财政科技计划（专项、基金等）管理改革方案》精神，依据

《山西省科技计划（专项、基金等）管理办法》，制定本办法。

第二条 本办法适用于应用基础研究计划、重点研发计划、科技成果转化引导专项（基金）、平台基地和人才专项的项目申报和评审工作。

第三条 科技计划（专项、基金等）项目由项目管理专业机构组织评审。评审原则包括分权制衡、留痕管理、网络评审、信息公开。

第二章 项目申报

第四条 依据年度科技计划项目申报指南，通过网上集中申报，形成应用基础研究计划、重点研发计划、科技成果转化引导专项（基金）、平台基地和人才专项等申报项目。

第五条 通过网上申报项目的单位应当符合以下基本条件：

（一）符合计划对申报者的主体资格等方面要求；

（二）在相关研究领域和专业应具有一定的学术地位和技术优势；

（三）具有为完成项目必备的人才条件和技术装备；

（四）具有与项目相关的研究经历和研究积累；

（五）具有完成项目所需的组织管理和协调能力；

（六）具有完成项目的良好信誉度。

第六条 项目负责人为项目的第一承担者。原则上项目负责人每年申报科技计划（专项、基金等）项目（包括已在研项目）不超过2项。

第七条 网上申报项目应提供以下材料：

（一）山西省科技计划（专项、基金等）项目申报书；

（二）山西省科技计划（专项、基金等）项目可行性研究报告；

（三）山西省科技计划（专项、基金等）项目经费预算申报书；

（四）按要求提供必要的资质证明、财务报表、前期研究成果、合作协议及市场检验证明等支撑材料。企业需提供上一年度财务审计报告。

第八条 省直有关部门和设区市科技主管部门对其所辖范围内法人单位提交的项目申报材料进行审查和推荐，重点审查项目申请单位、项目负责人及项目合作方的资质、科研能力等内容。加强科研项目重复申报审查，避免一题多报。

第三章 项目受理

第九条 项目管理专业机构按各类科技计划（专项、基金等）要求受理申报项目。

第十条 项目管理专业机构对申报项目进行审查，审查包括形式审查和资格审查。审查通过的申报项目将进入省科技计划备选项目库；如项目以各种方式进行重复申请或申报材料不符合申报指南要求，取消该项目入库资格。审查项目结果进行公示。

第四章 项目评审

第十一条 项目管理专业机构组织进行专家评审和经费预算评审，选择性地开展现场考察。专家评审意见是项目立项的重要参考依据。一般可采取会议评审、通讯评审、网络评审、视频评审和答辩等相结合的方式。实行网络化评审的项目，评审过程实现"双盲"。

第十二条 所有参与项目评审的专家从专家库中随机抽取。专家独立发表意见和建议不受任何组织和个人干预。应当充分考虑专家组成的专业性和配置的合理性，充分考虑回避原则。原则上专家组成员应有一定比例的省外专家。

第十三条 项目专家评审和经费预算评审分开进行。先组织专家评审，在确定经费概算的基础上再组织经费预算评审。经费预算评审专家组由经济管理、财务会计、专业中与经济结合较为紧密的专家组成。

第十四条 项目管理专业机构根据评审结果和现场考察情况（如果进行现场考察），提出项目评审报告和现场考察报告。省科技主管部门结合项目评审报告和考察报告，提出项目立项草案，报山西省科技计划（专项、基金等）管理厅际联席会议（以下简称联席会议）。

第十五条 联席会议办公室根据行业（领域）划分，责成战略咨询与综合评审委员会（以下简称咨评委）下设的行业（领域）专家组对项目进行论证。咨评委根据评审报告、考察报告和论证结果等形成评议意见，并提交联席会议审定，审定同意后进行公示。公示无异议后，下达科技项目资金计划。

第十六条 在省级科技计划管理信息平台上公示拟立项项目，接受社会监督。任何单位和个人对项目持有异议的，应当在公示之日起7日内，书面向联席会议提出。联席会议收到异议书面材料后，应当对异议内容进行审核。必要时，可组织专家进行调查，提出处理意见。

第五章 项目立项与实施

第十七条 获准立项的项目，由省科技主管部门与省财政主管部门下达文件。相关单位和项目申报单位可通过省级科技计划管理信息平台在线查询。

第十八条 各类科技计划（专项、基金等）项目承担单位原则上在项目下达后1个月内与省科技主管部门签订《山西省科技计划项目任务书》。

第十九条 项目承担单位应认真履行任务书的各项约定，按时完成项目任务。

第二十条 根据项目管理的需要建立项目承担单位、项目负责人以及其他相关主体的信用评估制度。项目承担单位、项目负责人、项目管理专业机构以及评审专家等责任主体，出现的各类问题，依照《山西省科技计划项目信用管理和科研不端行为处理办法》处理。

第六章 附则

第二十一条 本办法自印发之日起施行。

山西省应用基础研究计划项目管理办法

第一章 总则

第一条 根据《山西省深化省级财政科技计划（专项、基金等）管理改革方案》精神，依据《山西省科技计划（专项、基金等）管理办法》，为规范和加强山西省应用基础研究计划项目管理，制定本办法。

第二条 应用基础研究计划项目（以下简称计划项目）的申报、立项、评审按照《山西省科技计划（专项、基金等）项目申报和评审管理办法》执行。本办法重点规范计划项目过程管理和结题验收工作。

第三条 项目承担单位是项目管理的责任主体，项目负责人是项目管理的直接责任人，应当建立健全内部控制和监督约束机制。

第四条 省科技主管部门负责计划项目过程管理与结题验收工作。根据科技计划管理工作需要，依照有关规定选择项目管理专业机构承担有关具体事务，保障项目实现有效管理。

第五条 计划项目管理实行科技报告制度，包括年度进展报告、重要事项报告、结题报告等，并建立覆盖指南编制、项目申报、评审立项、组织实施、验收评估全过程的科研信用记录制度。

第六条 计划项目及其管理应严格按照国家有关规定实行保密制度。

第二章 过程管理

第七条 计划任务书签订后，进入项目实施过程管理阶段。项目负责人和项目承担单位要按照计划任务书组织开展研究工作，按时完成项目任务。

第八条 项目负责人应做好项目实施情况的原始记录，按要求提交项目年度研究进展报告，内容包括项目实施进度、研究成果和经费使用情况等。

第九条 承担单位审核项目进展报告，汇总相关数据，并向项目管理专业机构提交本单位年度项目绩效报告，针对项目研究过程中存在的问题提出改进措施。

第十条 项目管理专业机构对项目进展报告和各单位年度项目绩效报告进行审查、备案，并组织进行年度计划项目绩效评价，制定有关标准和程序，提出年度绩效评价报告。必要时，项目管理专业机构可在项目实施期间对项目进行不定期专项检查。

第十一条 项目管理专业机构按时向省科技主管部门报送计划项目年度绩效评价报告，并由省科技主管部门按规定向社会公布。

第十二条 在研项目及其项目负责人有下述情况之一的，由省科技主管部门给予通报批评，暂缓拨付资助经费，并责令限期改正；逾期不改正的，撤销原资助决定，追回已拨付的资助经费；情节严重的，项目负责人3至5年内不得申报或者参与申报项目：

（一）项目执行不力，不按照项目计划任务书开展研究的；

（二）擅自变更研究内容或者研究计划的；

（三）不依照本办法规定提交项目进展报告或者研究成果的，不接受对项目实施情况的检查、监督与审计的；

（四）提交弄虚作假的报告、原始记录或者相关材料的；

（五）项目资助经费的使用不符合有关财务制度规定的。

第十三条 项目负责人和承担单位应对项目实施过程中的重要事项，如项目取得重大进展、突破，或发生可能影响合同按期完成的重大事件或难以协调的问题，须向省科技主管部门及时报告。省科技主管部门审核后，根据实际情况做出延期完成、修改（调整）完成、终止执行或撤销项目等调整。

第十四条 项目实施中，项目负责人一般不得代理或更换。

项目负责人有下列情形之一的，承担单位应及时提出变更项目负责人或者终止项目实施的申报，报省科技主管部门批准：

（一）不再是承担单位工作人员的；

（二）不能继续开展研究工作的；

（三）有剽窃他人科学研究成果或者在科学研究中有弄虚作假等行为的。

第十五条 项目负责人调入省内另一单位工作，且新单位具备项目实施条件的，经所在单位与原承担单位协商一致，由原承担单位提出变更承担单位的申请，报省科技主管部门批准。协商不一致的，省科技主管部门可作出终止该项目实施的决定。

第十六条 项目承担单位应当保证项目组的稳定，项目参与人不得擅自增加或者退出。由于客观原因确实需要增加或者退出的，由项目负责人提出申请，经承担单位审核后报省科技主管部门批准。

第三章 结题验收

第十七条 省科技主管部门每年集中发布年度项目结题验收安排通知，项目负责人和承担单位按照通知要求向项目管理专业机构提交项目结题报告，并同时提交专利、论文等研究成果相关证明资料。

研究目标任务提前完成的项目，可以提前验收。

由于客观原因不能按期完成目标任务的，项目负责人可以申请延期结题验收，申请延长的期限不超过1年，并应按时提交项目年度进展报告。

项目经延期后，到期仍不能完成目标任务的，按结题验收结论不合格处理。

第十八条 承担单位对结题资料进行审核，查看项目实施的原始记录，建立项目档案，汇总相关数据，对到期未完成目标任务的项目提出处理意见。

第十九条 项目管理专业机构收到结题验收资料后，按照项目计划任务书的要求对项目完成情况进行审查，编制年度项目结题验收工作方案，安排结题验收工作。

第二十条 项目结题验收采用专家评议方式，聘请若干名同行专家，并邀请省科技主管部门及承担单位的管理人员参加。具体组织采取分类方式进行：

（一）重点项目、优青项目等的结题验收工作，由项目管理专业机构统一组织专家验收，采取汇报答辩、现场考察等形式；

（二）面上项目由项目管理专业机构统一组织会议验收。

第二十一条 结题验收的主要内容包括：

（一）计划任务书规定的研究内容完成情况；

（二）研究工作达到的预期目标、学术水平和科学意义；

（三）科技人才培养和队伍建设情况；

（四）项目成果的经济社会价值；

（五）经费使用情况；

（六）项目实施的经验和教训。

第二十二条 验收结论分为优、良、中或差。验收结论为"中"的项目负责人三年内不得再次申报应用基础研究计划项目，验收结论为"差"的项目按不通过结题验收处理。

第二十三条 项目取得的研究成果，须注明山西省应用基础研究计划资助和项目立项编号。应标注而未标注的研究成果不作为结题验收评定等级的依据。

第二十四条 项目验收后实行后续成果登记备案制度，项目负责人对项目结题后续三年产生的成果按年度及时如实填报。承担单位审核登记后，集中报项目管理专业机构备案。

第二十五条 项目承担单位应按照《关于加快建立国家科技报告制度的指导意见》《国家科技计划科技报告管理办法》等相关规定，形成科技报告并按程序公布。

第四章 监督与保障

第二十六条 项目管理专业机构应当严格执行科研信用管理机制，对项目承担单位、项目负责人和评审专家在实施项目管理中的信用情况进行评价和记录，并将相关情况及时报送省科技主管部门。

第二十七条　项目负责人伪造或者编造项目材料的，由省科技主管部门撤销原资助决定，追回已拨付的资助经费；情节严重的，3至5年内不得申报或者参与申报项目。

第二十八条　承担单位有下列情形之一的，由省科技主管部门给予警告，责令限期改正；情节严重的，通报批评，3年内不得作为承担单位：

（一）不履行保障项目研究条件职责的；

（二）未对项目申请人（负责）人提交材料的真实性进行审查的；

（三）未依照本办法规定提交项目进展报告或结题报告、年度项目绩效评价报告的；

（四）纵容、包庇项目申请（负责）人弄虚作假的；

（五）擅自变更项目负责人的；

（六）不配合监督、检查项目实施的；

（七）截留、挪用基金资助经费的。

第二十九条　省科技主管部门和项目管理专业机构对评审专家履行评审职责情况进行监督，建立评审专家信誉档案；评审专家有下列行为之一的，由省科技主管部门给予警告，责令限期改正；情节严重的，通报批评，项目管理专业机构不得再聘请其为评审专家：

（一）不履行基金评审职责的；

（二）未依照有关规定申请回避的；

（三）披露未公开的与评审有关信息的；

（四）对项目不公正评审的；

（五）利用工作便利谋取不正当利益的。

第三十条　管理工作人员有下列行为之一的，依规给予处理：

（一）披露未公开的与评审有关信息的；

（二）干预评审专家评审工作的；

（三）利用工作便利谋取不正当利益的。

第五章　附则

第三十一条　本办法自印发之日起施行。

山西省科技成果转化引导专项（基金）管理暂行办法

第一章　总则

第一条　为贯彻落实《中华人民共和国促进科技成果转化法》及《山西省深化省级财政科技计划（专项、基金等）管理改革方案》《山西省科技计划（专项、基金等）管理办法》，规范科技成果转化引导活动，有效利用和配置科技资源，促进科技成果转化为现实生产力，特制定本办法。

第二条　本办法所称科技成果是指通过科学研究与技术开发所产生的具有实用价值的成果。科技成果转化，是指为提高生产力水平而对科技成果所进行的后续试验、开发、应用、推广直至形成新技术、新产品（首台套）、新工艺、新材料，发展新产业等活动。

第三条　科技成果转化引导专项优先支持省内自有知识产权的成果的转化推广，也可以与国内外相关高等院校、科研院所或企事业单位合作推广其优秀成果。

第四条　科技成果转化活动应当尊重客观规律，遵守法律和有关规定，有利于创新驱动发展、经济社会发展和提高人民生活水平。

第二章 支持方向和支持方式

第五条 支持方向：

围绕全省产业结构调整优化、发展方式转变和经济社会协调发展，对以下方面的科技成果予以引导和扶持：

（一）能够显著提高产业技术水平、经济效益或者能够形成促进社会经济健康发展的新产业的；

（二）能够显著提高安全生产能力和公共安全水平的；

（三）能够合理开发和利用资源、节约能源、降低消耗以及防治环境污染、保护生态、提高应对气候变化和防灾减灾能力的；

（四）能够改善民生和提高公共健康水平的；

（五）能够促进现代农业或者农村经济发展的；

（六）能够有效促进科技援疆、援藏和入滇，加快民族地区、边远地区、贫困地区经济社会发展的。

第六条 围绕支持方向，通过以下三种方式予以引导和扶持：

（一）公共性服务补助：根据市、县科技主管部门及技术转移转化服务机构开展科技成果转化公共性服务工作和绩效情况进行评估、考察，择优给予一定资金资助，以便进一步推动科技成果转化工作。补助经费原则上当年下达。

（二）奖励性后补助：对已经完成转化推广并取得显著经济社会效益、取得了良好的示范效应或建立了能带动相关产业或周边地区发展的示范基地的项目酌情予以奖励性补助。通过对申报项目评估、考察，择优给予一定资金的补助，原则上当年下达。

（三）协议后补助：针对申报项目进行评审、考察，择优立项，并签订计划任务书，立项时酌情给予一定的引导经费，在项目实施期限内，根据项目实施情况酌情拨付后续经费。

第三章 申报条件

第七条 公共性服务补助申报条件：

（一）市、县科技主管部门申报补助的条件：

1. 市、县科技主管部门设有支持本地区的科技成果转化引导专项经费；

2. 制定了切合本地区实际的促进科技成果转化的相关政策、措施和办法，管理规范，并对本地区成果转化活动进行严格的绩效考核；

3. 具备完善的科技成果转移转化平台，人员配备合理；

4. 支持本地区科技成果转化和推广活动，提供相关服务，成效显著。

（二）技术转移转化服务机构申报补助的条件：

1. 申报单位为提供科技成果转移转化服务的各类中介机构，内设机构健全，有严格的财务管理制度，管理规范；具备提供科技成果转化与推广服务的专业性人才，人员配备合理。

2. 具有较强的科技成果转化与推广服务能力。

3. 为科技成果转化与推广活动提供中介服务，成效显著。

第八条 奖励性后补助项目和协议后补助项目申报条件：

项目申报单位须是我省行政区域内注册、具有独立法人资格的企事业单位（包括中央驻晋企事业单位）。具有健全的财务管理制度和科研管理制度。项目负责人应为具有中级以上技术职称（含中级）的科研人员或管理人员，并有3年以上与项目相关的工作经历。项目组成员构成应科学合理，涵盖科研、管理、推广、生产应用等多方面人员。具有良好的推广体系和模式。项目成果应在本省境内转化推广（科技援疆、援藏和入滇项目除外）。已获得省部级以上（含省部级）科技成果转化项目支持且尚未验收结题的项目不能申报。

其中，协议后补助项目：

1.具有与实施项目相配套的资金筹措和转化应用推广能力；

2.项目申报单位应与成果所有单位签署相关合作协议，明确任务分工、相关投入、成果及知识产权归属和利益分配机制；

3.项目成果应符合国家及我省的产业政策，通过转化能形成新技术、新工艺、新材料、新品种和新产品（包括首台套），并具有先进性、成熟性和适用性，而且能形成示范效应或示范基地，推动相关产业的发展或带动辐射周边地区的发展；

4.项目实施年限一般为2~3年；

5.重点转化推广近五年来通过鉴定并达到国内先进水平以上、拥有有效知识产权、拥有新品种审定证书或获得国家、省部级科技奖励的科技成果。

第九条 优先立项支持具有产学研协同创新机制的各类创新联盟申报的项目。

第四章 组织实施

第十条 省科技主管部门发布科技成果转化引导专项年度申报指南，明确公共性服务补助、奖励行后补助和协议后补助申报的具体要求、方式及条件。

第十一条 项目管理专业机构对科技成果转化引导专项项目受理、评审立项、现场考察、中期检查、结题验收等过程进行管理，并接受省科技主管部门、省财政主管部门的监督。

第十二条 实施程序：

（一）申报单位按照申报指南要求，填写申报材料及相应的证明材料，提交至各相关组织（推荐）部门。

（二）各组织（推荐）部门认真审核申报单位提交的材料，并按时提交到项目管理专业机构。

（三）项目管理专业机构按照有关要求和办法进行项目评估、评审和考察。

（四）提交山西省科技计划（专项、基金等）战略咨询和综合评审委员会评议。

（五）报山西省科技计划（专项、基金等）管理厅际联席会议审定并进行公示。

（六）公示无异议，项目申报单位与省科技主管部门签署公共性服务补助协议、奖励性后补助协议或协议后补助项目任务书，下达经费。

（七）协议后补助项目中期考察：

1.专业机构每半年对项目执行情况进行考核。

2.中期考察过程中发现没有按进度完成工作、经费使用不合理、资料数据不真实、存在弄虚作假现象的，中止该项目，责令限期整改，如到期仍无改正则终止该项目，后续经费不予拨付。

3.项目执行期内如遇不可抗拒客观因素，及时提交申请进行协商，如确实无法完成任务书要求指标的，终止该项目，后续经费不予拨付。

（八）协议后补助项目实施期满后，按照《山西省科技计划（专项、基金等）管理办法》要求组织结题验收。

第十三条 结题验收的主要内容：

（一）技术资料是否齐全，并符合规定；

（二）是否达到预定的目标和计划任务书要求的各项技术、经济指标；

（三）资金使用（包括自筹、省财政补贴、地方财政匹配和投融资经费）是否符合有关规定和要求；

（四）经济、社会和环境效益是否达到预期的目标；

（五）成果转化和推广中存在的问题及改进意见。

第十四条 项目验收意见分为通过验收和不通过验收。

（一）项目实施方案确定的目标和任务已基本完成，经费使用合理的，为通过验收，按照立项预算经费予以拨付。

（二）凡具有下列情况之一，为不通过验收：

1. 没有完成项目任务书要求的主要考核指标；

2. 所提供的验收文件、资料、数据不真实，存在弄虚作假现象；

3. 实施过程及结果等存在纠纷尚未解决；

4. 无正当理由且未经批准，超过规定的执行期限半年以上仍未完成项目任务；

5. 经费使用存在严重问题。

（三）不通过验收的项目，后续经费不予拨付。

第五章 附则

第十五条 本办法自印发之日起施行。

山西省平台基地专项管理办法

第一章 总则

第一条 为贯彻落实《中共山西省委 山西省人民政府关于实施科技创新的若干意见》，加强科技创新平台和基地（简称平台基地）建设，促进科技资源开放共享，提升科技创新条件保障能力，根据《山西省深化省级财政科技计划（专项、基金等）管理改革方案》，制定本办法。

第二条 本办法所称平台基地专项是指列入山西省平台基地和人才专项中的平台基地部分。平台基地包括省级重点实验室、工程（技术）研究中心、企业技术中心、科技基础条件平台、科技企业孵化器等，涵盖科学研究、技术开发与工程化、成果转化与产业化等创新链各环节。

第三条 平台基地专项实行分类管理制度，根据功能定位进行合理归并和分类整合，进一步优化布局，促进相互衔接，推动开放运行和共享。

第四条 平台基地专项在现有各类平台基地的基础上，按照产学研协同、全链条、一体化布局的指导思想，紧密围绕煤基低碳、新兴产业和重大民生等领域，择优布局、重点支持建设一批重点创新平台和基地，构建形成应用基础研究、应用技术研发、成果转化与产业化协调发展的机制。

第二章 申请与建设

第五条 平台基地应根据申报指南组织申报，申报指南按照《山西省科技计划（专项、基金等）项目申报指南编制办法》要求进行编制。

第六条 平台基地通过省级科技计划管理信息平台统一进行申报，申报材料经依托单位和组织（推荐）部门审核同意后提交，由项目管理专业机构受理和组织评审。

第七条 平台基地立项评审分为项目管理专业机构审查（包括形式审查和资格审查）、专家评审（省内外专家网评）、现场考察、经费预算评审、行业（领域）专家组论证、咨评委评议、联席会议审定等环节。评审要求按照《山西省科技计划（专项、基金等）项目申报和评审管理办法》执行。

第八条 通过立项评审的平台基地在省科技厅和有关省直部门网站面向社会进行公示，公示期7天。公示有异议的，由省科技主管部门组织专家进行调查核实；公示无异议的，按科技计划管理程序下达立项建设计划。

第九条 平台基地建设期为2~3年。建设计划任务完成后，由依托单位在建设期满1个月内向项目管理专业机构提交验收申请。因特殊原因在建设期限没有完成建设计划任务的，依托单位应向项目管理专业机构提出延期申请，延期最多不超过1年。

第十条 项目管理专业机构组织有关专家对提交验收申请的平台基地进行验收，验收采取现场考察和集中评议相结合的方式，验收结果报省科技主管部门审定。未通过验收的，延期半年再进行验收，验收结果记入信用记录。

第三章 开放与共享

第十一条 平台基地应按照《国务院关于国家重大科研基础设施和大型科研仪器向社会开放的意见》及省有关规定，将符合条件的科研设施与仪器等科技资源按照统一标准和规范纳入全省统一的科技资源开放共享服务平台，面向社会提供开放共享服务，提高科技资源利用效率。

第十二条 平台基地科技资源开放共享遵循"制度推动、信息共享、资源统筹、奖惩结合、分类管理"的基本原则，建立相应绩效考评体系和激励约束机制。

第十三条 设立省级平台基地科技资源开放共享管理服务中心，负责开放共享服务平台的日常管理和运行维护，促进平台基地科技资源配置、管理、服务、监督、评价的全链条有机衔接。

第十四条 平台基地依托单位作为责任主体，应强化法人责任，切实履行开放职责，根据开放类型和用户需求，建立专业技术人员队伍和相应管理制度，自觉接受相关部门的考核评估和社会监督，保障科研设施与仪器等科技资源的良好运行与开放共享。

第十五条 平台基地对外提供开放共享和服务，可按照成本补偿和非盈利性原则收取材料消耗费和水、电等运行费，并可根据人力成本收取服务费，服务收入纳入单位预算统一管理，用于仪器设备更新维护、人员补助、绩效奖励及日常运行管理等支出。

第十六条 加强开放使用中形成的知识产权管理，对开放共享中取得的成果及形成的知识产权，由双方事先进行约定，属用户独立开展的科学实验形成的知识产权由用户自主拥有。

第十七条 平台基地开放共享和服务情况纳入绩效考评体系。对开放共享程度高、服务效果好、用户评价高的，给予相应的后补助支持；对不按规定开放共享、服务水平低、用户评价差、设施与仪器使用效率低的，给予通报批评、限期整改或撤销资格等处理。

第四章 运行与管理

第十八条 平台基地应当重视和加强运行管理，完善管理体制和运行机制，建立健全内部规章制度。

第十九条 平台基地的建设、日常运行管理及绩效实行年度考核和定期评估。

第二十条 年度考核和定期评估工作委托项目管理专业机构组织实施，具体程序和要求参照《山西省科技计划（专项、基金等）项目申报和评审管理办法》执行。

第二十一条 项目管理专业机构于每年 10 月发布平台基地年度考核或定期评估通知，平台基地按要求填报年度考核报告或定期评估报告。

第二十二条 年度考核和定期评估内容主要包括研究水平与贡献、队伍建设与人才培养、开放共享与交流合作、科研条件与平台建设等。

第二十三条 平台基地年度考核和定期评估结果分为优秀、良好、较差三个档次。定期评估或连续两年年度考核结果为"较差"的，撤销平台基地资格。

第二十四条 平台基地年度考核和定期评估结果通过省科技厅和有关省直部门网站向社会公布，接受社会监督。平台基地如在建设与运行过程中发生需要更名、变更研究方向、结构调整、单位重组、核心人员调动等重大变化，须由依托单位提出书面报告，报省科技主管部门审核批准。

第五章 支持与保障

第二十五条 平台基地专项经费分为建设引导经费和绩效考评补助两种类型。其中，建设引导经费用于对新立项的平台基地给予建设支持，或对已建平台基地的仪器设备购置（研制）给予支持，促进重点平台基地建设和发展；绩效考评补助根据年度考核和绩效考评情况，用于对平台基地的日常运行和对外开放共享服务等给予补助，促进平台基地提升运行管理和开放共享水平。

第二十六条 面向科技型中小微企业，设立"科技创新券"，以政府购买服务的方式，对平台基地面向科技型中小微企业开展的研发、设计、检测、咨询等服务进行补助，推动平台基地建立科技资源开放共享机制。

第二十七条 依托单位应加强对平台基地建设的支持，从政策、条件等方面支持平台基地发展。

第六章 附则

第二十八条 本办法自印发之日起施行。

山西省人民政府办公厅关于印发《山西省科研项目经费和科技活动经费管理办法（试行）》的通知

（晋政办发〔2016〕76号）

各市、县人民政府，省人民政府各委、办、厅、局：

《山西省科研项目经费和科技活动经费管理办法（试行）》已经省人民政府同意，现印发给你们，请认真贯彻执行。

山西省人民政府办公厅
2016年5月31日

山西省科研项目经费和科技活动经费管理办法（试行）

第一章 总则

第一条 为贯彻落实《中共中央 国务院关于深化体制机制改革加快实施创新驱动发展战略的若干意见》及《中共山西省委 山西省人民政府关于实施科技创新的若干意见》，完善科研经费的使用和管理，进一步激发科研人员的积极性和创造性，根据《山西省省级财政科研项目和资金管理办法（试行）》（晋政发〔2014〕32号）和《山西省财政科技计划（专项、基金等）管理改革方案》（晋政发〔2015〕35号）有关规定，结合我省实际，制定本办法。

第二条 本办法所称科研项目经费是指由财政资金支持的科研项目经费；所称科技活动经费是指使用财政资金开展科技活动的经费；所称横向科研项目经费是指由社会单位和企业支持的科研经费，以及与国外科研组织、机构合作获得的科研经费。

第三条 各类科研项目和科技活动经费，不论其来源渠道，应当全部纳入单位预算，统一管理、单独核算，并确保经费专款专用。

第二章 科研项目承担单位职责

第四条 科研项目承担单位是科研项目经费管理的责任主体，应建立健全"统一领导、分级管理、责任到人"的科研经费管理体制，健全内部控制和监督约束机制，加强对科研项目经费管理和监督。

第五条 科研项目承担单位法定代表人对科研项目经费管理承担领导责任，分管负责人根据分工对科研项目经费管理承担相应领导责任。

第六条 科研项目承担单位有关部门承担科研项目经费管理的具体责任：（一）财务管理部门负责科研项目经费的财务收支管理和预算、会计核算、会计决算；（二）科研管理部门负责科研项目经费的预算审核，协同做好科研项目经费使用的管理工作；（三）资产管理部门负责科研项目经费所购建固定资产的管理工作；（四）审计管理部门负责科研项目经费的审计和监督工作。

第七条 科研项目负责人是科研项目经费使用的直接责任人，对经费使用的合法性、真实性和相关性承担法律责任。科研项目负责人应当依法、据实编制科研项目预算和决算，按照批复的预算、合同（或计划书、任务书）和相关管理制度使用经费，接受上级和单位相关部门的监督检查。

第三章 科研项目预算和经费开支范围

第八条 科研项目负责人或申请人应根据科研项目计划内容和相关部门规定，编制科研项目预算。

第九条 科研项目经费支出是在科研项目组织实施过程中与研究活动相关的、由科研项目经费支付的各项费用支出，分为直接费用和间接费用。

第十条 在科研项目研究过程中发生的与之直接相关的直接费用，应当纳入依托单位财务统一管理，单独核算，专款专用。具体包括以下费用：（一）资料费：指在科研项目研究过程中发生的资料收集、录入、复印、翻拍、翻译等费用，以及必要的图书、资料和专用软件购置费、文献检索费等；（二）数据或样本采集费：指在科研项目研究过程中发生的数据跟踪采集、科学研究用样本采集等费用；（三）设备费：指在科研项目研究过程中购置或试制专用仪器设备，对现有仪器设备进行升级改造，以及租赁外单位仪器设备而发生的费用；（四）材料费：指在科研项目研究过程中消耗的各种原材料、辅助材料、低值易耗品等的采购、运输、装卸、整理等费用；（五）测试化验加工费：指在科研项目研究过程中支付给外单位（包括承担单位内部独立经济核算单位）的检验、测试、化验及加工（包括计算加工）等费用；（六）燃料动力费：指在科研项目研究过程中相关大型仪器设备、专用科学装置等运行发生的可以单独计量的水、电、气、燃料消耗等费用；（七）印刷、出版费：指在科研项目研究过程中发生的打印费、印刷费、誊写费和需要支付的出版费；（八）知识产权事务费：指在科研项目研究过程中需要支付的专利申请及其他知识产权事务等费用；（九）办公费：指在科研项目研究过程中发生的必要的办公用品购买费、通信费、上网费等；（十）车辆使用费：指在科研项目研究过程中发生的城市内交通费、车辆租赁费及使用车辆所发生的汽（柴）油费、过路费、停车费等。在经济科目商品服务支出的其他交通费中列支；（十一）差旅费：指在科研项目研究过程中开展科学实验（试验）、科学考察、业务调研、学术交流等发生的城市间交通费、住宿费、伙食补助费和市内交通费。差旅费的开支标准按照差旅费管理有关规定执行；（十二）会议、会务费：指在科研项目研究过程中为了组织开展学术研讨、咨询、协调项目研究工作等活动而发生的会议费及参加学术会议、活动需要支付的会务费。会议费支出按照会议费管理有关规定执行，会务费支出按照举办单位书面会议通知规定执行；（十三）国际合作与交流费：指在科研项目研究过程中项目研究人员出国及赴港澳台、外国专家来华及港澳台专家来内地工作的交通费、食宿费及其他费用。科研项目中发生的国际合作与交流费按照外交部、科技部、财政部《关于对部分科研人员因公临时出国实行分类管理的意见》的规定进行分类管理；（十四）国内协作费：指在科研项目研究过程中国内合作单位与人员参与项目研究所需要的测试化验加工费以外的费用。国内协作费依据合作协议支付，不得超过到账经费的50%；（十五）劳务费：指用于支付科研项目组成员的劳务费用或补助，以及社会保险补助费用。劳务费应结合当地实际以及相关人员参与科研项目的全时工作时间等因素合理确定；（十六）专家咨询费：指在科研项目研究过程中支付给临时聘请的咨询专家的费用；（十七）与科研项目研究任务有相关性和必要性，且应当在申请预算时单独列示、单独核定的其他费用。

第十一条 劳务费开支比例不得超过科研项目财政资助总额的20%，其中人力资本投入比重较高的软科学研究，规划、设计、咨询类研究和软件开发类项目等的劳务费开支比例可以提高到不超过财政资助总额的50%。劳务费开支标准为科研项目负责人每人每月3000元以内，高级职称科研人员每人每月2000元以内，中级职称科研人员及其他参与人员每人每月1500元以内。专家咨询费执行标准为两院院士每人每天不高于6000元，通信咨询费每人每个科研项目不高于900元；高级专业技术职称或相当于高级专业技术职称人员每人每天不高于2000元，通信咨询费每人每个科研项目不高于300元；其他人员每人每天不高于1000元，通信咨询费每人每个科研项目不高于200元。

第十二条 间接费用是依托单位在组织实施科研项目过程中发生的无法在直接费用中列支的相关费用，主要用于补偿依托单位为科研项目研究提供的仪器设备及房屋，水、电、气、暖消耗，有关管理费用，以及绩效支出等。

第十三条 间接费用由依托单位统一管理使用。科研项目承担单位应当制定使用管理办法，合理合规使用。间接费用实行总额控制，不得超过科研项目经费资助总额的10%，其中绩效支出不得超过科研项目经费资助总额的5%。

第十四条 科研项目承担单位不得在间接费用之外，以其他名义重复提取、列支相关费用。

第十五条 科研项目负责人应按照计划任务书执行项目预算。科研项目经费支出预算需要调整的，会务费、差旅费、国际合作与交流费三项支出之间可以调剂使用，不得突破三项支出预算总额；其余经费项目支出预算如需调整，由科研项目负责人向科研项目承担单位提出申请，单位负责人审批。

第四章 科技活动预算和经费开支范围

第十六条 科技活动经费应当列入年度预算，报单位行政办公会议或党委（党组）会议批准后实施，如需调整，按规定报批。

第十七条 科技活动经费是举办或参加学术会议、学术报告、学术交流、科技咨询、科普活动等科技活动的经费。具体包括以下费用：（一）科技活动中发生的打印费、印刷费、誊写费和需要支付的出版费；（二）科技活动中发生的市内交通、车辆租赁及使用车辆所发生的燃油、通行、停车等车辆使用费；（三）科技活动中发生的城市间交通、住宿、伙食补助和市内交通等差旅费；（四）科技活动中发生的会议费及参加科技活动需要支付的会务费；（五）科技活动中科研人员出国及赴港澳台、外国专家来华及港澳台专家来内地交流的交通、食宿及其他费用；（六）科技活动中支付给专家的报告费；（七）开展科技活动发生的其他费用。

第十八条 车辆使用费在经济科目商品服务支出的其他交通费中列支；差旅费按照差旅费管理有关规定执行；会议费按照会议费管理有关规定执行，会务费按照举办单位书面会议通知标准执行；国际合作与交流费按照国家外事资金管理的有关规定执行；专家报告费按照山西省《省直机关培训费管理办法》中讲课费标准的2倍执行。

第五章 支出管理

第十九条 科研项目承担单位应当对科研项目经费单独设账核算，并改进科研项目经费结算方式，原则上采用非现金方式结算。科研院所、高等院校以及其他事业单位承担科研项目或组织科技活动发生的会议费、差旅费、小额材料费和测试化验加工费等，要按规定实行公务卡结算。企业承担的科研项目或组织科技活动所有支出也应当采用非现金方式结算。科研项目承担单位对设备费、大宗材料费、大额测试化验加工费、劳务费、专家咨询费等支出，应当通过银行转账方式结算。

第二十条 科研项目经费涉及税收时，由项目承担单位财务部门按国家有关规定代扣代缴，或者由纳税人申报缴纳。

第二十一条 使用科研项目经费形成的固定资产，属于国有资产，按照国有资产管理有关规定执行。使用科研项目经费形成的知识产权等无形资产的管理，按照国家及我省有关规定执行。

第二十二条 使用科研项目经费单次购买1万元以下的计算机、打印机、照相机等设备，打印纸、存储设备、图书、文具等办公用品，硒鼓、粉盒等低值易耗用品，以及5万元以下的专用设备、专用科研试剂、专用科研用原材料等费用可以在科研项目经费中凭发票据实报销。其他科研设备、科研用品等应依据《中华人民共和国政府采购法》及《山西省政府集中采购目录及限额标准》等有关规定，选择便利于科研活动的采购方式，严格按照政府采购程序办理。

第二十三条 开展科研项目时，在涉及社会调查、访谈等过程中支付给调查、访谈对象个人的数据采集费，直接面向个人或偏远地区获得的样本采集费和从个人手中获得的购买农副产品等特殊材料支付的材料费，确实无法取得发票的，按照"按需开支、据实报销"的原则，由费用支付对象签字，有关当事人、科研项目负责人书面说明，经单位负责人审批，可凭据报销。

第六章 决算管理

第二十四条 科研项目研究结束后，科研项目负责人应当会同科研、财务、资产等管理部门及时清理账目与资产，如实编制科研项目经费决算，不得随意调账变动支出、随意修改记账凭证。

第二十五条 科研项目按时通过验收后，结余经费在一年内由科研项目负责人安排，用于项目组成员开展其他科研项目或参加科研活动的直接支出。项目验收一年后结余经费仍有剩余的，由科研项目承担单位统筹安排，专门用于科学研究的直接支出。项目验收两年后仍有剩余的，由财政按原渠道收回。除横向科研项目外，其他科研项目结余经费不得用于人员劳务费支出。

第二十六条 科研项目实施过程中，因故终止执行、撤销或未通过结题验收、整改后通过结题验收的项目，结余经费保留两年，由科研项目承担单位统筹安排，用于科学研究的直接支出。项目主管部门要求退回结余经费的，在验收结论下达后30日内按原渠道退回。

第七章 横向科研项目经费管理

第二十七条 横向科研项目经费支出是科研项目组织实施过程中，与研究开发活动直接相关的、由项目经费支付的各项费用。科研项目承担单位的横向科研项目经费管理，依据与科研项目委托单位签订的合同（协议）约定执行，没有约定的，参照本办法执行。

第二十八条 横向科研项目经费的支出，科研项目承担单位可授权横向科研项目负责人审批。横向科研项目负责人承担相应的法律责任。横向科研项目负责人严格按照合同（协议）规定的用途、范围和开支标准使用项目经费，自觉控制经费的各项支出。

第二十九条 横向科研项目经费比照财政资金支持的科研项目范围支出，还可支出实验室改造和维修费、网络使用费、日常水电暖及物业费、税费及附加、培训和学习费、立项业务费、管理费。科研项目立项过程中参与科研项目人员的先期研究补助和对外专家咨询等立项业务费，一般不超过科研项目经费的5%。管理费一般不超过科研项目经费的10%。

第三十条 横向科研项目完成后，应当按科研项目合同（协议）规定的时间及时结题，科研项目负责人主动办理各项结题手续。横向科研项目完成后，结余资金的70%用于项目组成员的科研酬金，30% 转入科研发展基金。科研发展基金按有关规定用于补助仪器设备运转的维护、人才培养及其他研究发展项目的预研和启动，也可用于其他横向科研项目的风险补偿。

第三十一条 横向科研项目经费的收支必须符合国家有关规定，经费使用符合开展科研活动的实际需要，不得为个人牟取私利。

第八章 监督检查

第三十二条 科研项目和科技活动承担单位、负责人应当接受科技、财政、审计、监察等行政主管部门以及项目主管和项目委托单位的检查与监督。科研项目和科技活动承担单位、负责人应当积极配合并提供有关资料。

第三十三条 科研项目和科技活动承担单位应当建立健全科研和财务管理相结合的内部控制制度，规范科研经费管理。有关部门应当对科研项目经费和科技活动经费的管理使用情况进行不定期审计或专项审计。发现问题及时向有关部门报告。

第三十四条 科研项目和科技活动承担单位、负责人不按规定管理使用科研项目和科技活动经费的，依据有关规定严肃处理。

第九章 附则

第三十五条 本办法自印发之日起实施。

《山西省科研项目经费和科技活动经费管理办法（试行）》补充规定

(晋政办发〔2017〕79号)

第一条 为完善科研项目经费和科技活动经费管理，进一步推进简政放权、放管结合、优化服务，创新科研资金使用和管理方式，促进形成充满活力的科技管理和运行机制，激发科研人员创新创业积极性，根据中共中央办公厅、国务院办公厅《关于实行以增加知识价值为导向分配政策的若干意见》（厅字〔2016〕35号）、《关于进一步完善中央财政科研项目资金管理等政策的若干意见》（中办发〔2016〕50号），结合我省实际，现提出本补充规定。

第二条 劳务费开支不设比例限制。劳务费预算由项目承担单位和科研人员据实编制。项目负责人应当根据科研项目任务科学合理确定项目组成员及其应承担的工作任务，体现酬绩相当原则。要统筹安排劳务费等项目经费支出，确保项目顺利完成。项目组成员劳务费发放由项目承担单位审批，并进行公示。

第三条 绩效支出取消比例限制。为加大对科研人员的激励力度，取消绩效支出比例限制。项目承担单位在统筹安排间接费用时，要处理好合理分摊间接成本和对科研人员激励的关系，绩效支出安排与科研人员在项目工作中的实际贡献挂钩。

第四条 科研项目实行分类定额资助。在省级科技计划中试点实行分类定额资助。省科技管理部门在发布年度科技计划申报指南中明确各类项目的定额资助标准，科研人员在申报项目时，不再编制项目经费预算。经评审立项后，按定额予以资助。

第五条 实行科研经费开支负面清单管理。在有条件的科研项目中实行经费支出负面清单管理，省财政部门会同省科技、教育、审计等部门联合制定指导性负面清单，各省属高等院校、科研院所自行制定符合科研项目实际的具体负面清单，负面清单之外的科研经费开支由省属高等院校、科研院所自主决定。

第六条 财政后补助资金不再规定适用范围。对高等院校、科研机构和企业自筹资金研究开发并具有自主知识产权的科技创新项目，采取后补助方式给予财政性资金定额资助，资助资金不再规定适用范围，由项目承担单位自主决定。后补助资金要向科技创新项目负责人及做出重要贡献的团队成员倾斜。

第七条 加强科研经费结余资金统筹使用。改进结转结余资金留用处理方式。项目实施期间，年度结余资金可结转下一年度继续使用。项目完成任务目标并通过验收后，结余资金在2年内由项目承担单位统筹安排用于科研活动的直接支出；2年后未使用完的，由财政部门按原渠道收回。

第八条 建立科研财务助理制度。鼓励项目承担单位实行科研财务助理制度，为科研人员在项目预算编制和调剂、经费支出、财务决算和验收等方面提供专业化服务。科研财务助理所需费用可由项目承担单位根据情况通过科研项目资金等渠道解决。

第九条 科研创新及服务收入由单位自主分配。省属高等院校、科研院所转化科技成果所得和对外提供公益性科技服务所得的单位净收益部分，全部留归单位使用。

第十条 下放差旅费管理办法制定权限。省属高等院校、科研院所可根据教学、科研、管理工作实际需要，按照精简高效、厉行节约的原则，研究制定差旅费管理办法，合理确定教学科研人员乘坐交通工具等级和住宿费标准。难以取得住宿费发票的，省属高等院校、科研院所在确保真实性的前提下，据实报销城市间交通费，并按规定标准发放伙食补助费和市内交通费。

第十一条 下放会议费管理办法制定权限。省属高等院校、科研院所因教学、科研需要举办的业务性会议（如学术会议、研讨会、评审会、座谈会、答辩会等），会议次数、天数、人数以及会议费开支范围、标准等，由省属高等院校、科研院所按照实事求是、精简高效、厉行节约的原则确定。会议代表参加会议所发生的城市间交通费，原则上按差旅费管理规定由所在单位报销；因工作需要，邀请国内外专家、学者和有关人员参加会议，对确需负担的城市间交通费、国际旅费，可由主办单位在会议费等费用中报销。

第十二条 扩大省属高等院校、科研院所政府采购自主权。省属高等院校、科研院所可自行采购科研仪器设备，自行选择科研仪器设备评审专家。对省属高等院校、科研院所采购进口仪器设备由省财政部门实行备案制管理。省财政部门要简化政府采购项目预算调剂和变更政府采购方式审批流程。省属高等院校、科研院所要严格设备采购的监督管理，及时进行国有资产登记，做到全程公开、透明、可追溯。

第十三条 完善信息公开制度。省属高等院校、科研院所涉及的科研项目收支、科研成果转化及收入情况等实行内部公开公示制度。各单位应当在每年3月底前公开公示上一年度的科研项目收支、科研成果转化及收入等情况，接受单位职工代表大会及全体职工监督。省教育、科技管理部门应当对公示情况进行监督检查。

第十四条 本补充规定自印发之日起执行。2016年5月31日山西省人民政府办公厅印发的《山西省科研项目经费和科技活动经费管理办法（试行）》（晋政办发〔2016〕76号）中有与本补充规定不一致的，以本补充规定为准。

山西省人民政府
2017年7月13日

山西省人民政府办公厅
关于印发《山西省支持科技创新若干政策》的通知

(晋政办发〔2017〕148号)

各市、县人民政府,省人民政府各委、办、厅、局:

《山西省支持科技创新的若干政策》已经省人民政府同意,现印发给你们,请认真贯彻执行。

山西省人民政府办公厅
2017 年 11 月 13 日

山西省支持科技创新的若干政策

根据《山西省关于贯彻落实〈国家创新驱动发展战略纲要〉的实施方案》(晋发〔2017〕18号),为加快推进创新型省份建设,完成区域经济转型升级目标任务,深入推进以科技创新为核心的全面创新,促进发展动能向创新驱动转变,制定以下政策。

一、引导企业加大研发投入

1. 对研究与试验发展(R&D)经费投入强度全省排名前十位的企业,根据其研发投入给予一定科研经费奖励。对主营业务收入2亿元及以上的最高奖励400万元,1亿(含)~2亿元的最高奖励300万元,低于1亿元的最高奖励200万元。

2. 鼓励各级人民政府与企业、高校、科研院所以及上级部门(单位)等共同建立联合研究基金,政府出资部分不低于20%。

二、开展重大关键技术攻关

3. 对承担国家科技重大专项和重点研发计划等项目的单位,根据项目合同实施进展绩效,按项目上年实际国拨经费的3%~5%奖励研发团队,每个项目最高奖励60万元。

4. 对获得国家自然科学、技术发明、科学技术进步一、二等奖项目的第一完成单位,按国家奖励额1∶1配套奖励。对获得国家科学技术进步特等奖的项目采取"一事一议"方式给予奖励。

三、支持科技成果转化产业化

5. 对通过山西科技成果转化和知识产权交易管理服务平台交易科技成果并在省内转化的省内企业、高校、科研院所,按其技术合同成交并实际到账额(以转账凭证为依据),给予技术输出方5%的补助,单个科技成果最高补助100万元。对省内企业购买省外先进技术成果并在省内转化、产业化的,按其技术合同成交并实际支付额(以转账凭证为依据),给予5%的补助,单个科技成果最高补助100万元。

6. 对高校、科研院所与企业联合设立的股份制科技型企业,高校、科研院所以技术入股且股权占比不低于30%的,按该企业科技研发、成果转化和企业产品(技术)销量(营业额)增长等绩效情况，一次性最高奖励 50 万元。

7. 科技成果转化中介服务机构为高校、科研院所争取到企业横向科研经费的，按科研经费的 5% 奖励中介服务机构；将高校、科研院所科技成果交易给企业的，按交易额的 5% 奖励中介服务机构；促成双方联合转化的，奖励中介服务机构 5 万元，重大转化项目可适当增加奖励，最高奖励 10 万元。高校、科研院所可根据事先约定，从转化收益中拿出部分收益奖励中介服务机构。

四、推进高新技术企业、高新技术产业开发区建设

8. 对首次通过或连续 3 次通过高新技术企业认定的企业，根据认定指标得分情况一次性最高奖励 20 万元。资金用于奖励研发团队。

9. 对新获批的国家级高新技术产业开发区、大学科技园，一次性奖励 300 万元；对新获批的省级高新技术产业开发区，一次性奖励 100 万元。

10. 对全社会 R&D 经费投入强度首次达到 2.5% 及以上的国家级及省级高新技术产业开发区一次性奖励 100 万元。奖励资金用于科技服务体系建设。

五、支持"大众创业、万众创新"

11. 对新认定的国家级科技企业孵化器奖励 100 万元，新认定的省级科技企业孵化器奖励 50 万元。对已有的科技企业孵化器，按照入驻的小微企业和孵化毕业的企业数、融资数等绩效情况择优奖励 30 万元。

12. 对新认定的国家级众创空间、星创天地奖励 100 万元，新认定的省级众创空间、星创天地奖励 50 万元。对已有的众创空间、星创天地，按照创客数、融资数等绩效情况择优奖励 30 万元。对获得中国创新创业大赛优秀奖和山西赛区一、二等奖的项目分别奖励 20 万元、10 万元和 5 万元。

13. 通过申领科技创新券的方式对购买创新服务、开展技术合作的科技型中小企业给予资助，每个企业年补助额最高不超过 20 万元。

六、推进创新平台建设和大型科学仪器设备资源共享共用

14. 对新建的国家重点实验室、省部共建国家重点实验室、国家工程技术研究中心、国家临床医学研究中心，给予 200 万元经费支持。

15. 对新建的省级重点实验室、工程技术研究中心、临床医学研究中心，给予 100 万元建设经费支持；年度考核为优秀的奖励 30 万元。

16. 对生物（种质）资源与实验材料、科技文献、科学数据等省级科技共享服务平台，每年给予 20 万元运行经费补助；年度考核为优秀的奖励 20 万元。

17. 对在我省新认定的国家产业技术创新战略联盟及试点，奖励 100 万元。对新认定且运行情况良好的省级产业技术创新战略联盟一次性奖励 20 万元。

七、支持科技人才团队创新创业

18. 对批准设立的科技创新领军、重点、培育、区域团队，给予 50 万元建设经费支持；年度考核为优秀的奖励 20 万元。

19. 每年审核选择一批具有自主知识产权科技成果、在我省设立或与省内企业共同设立公司、开展科技成果转化活动的科技团队，使用山西省科技成果转化引导基金或其他政府引导基金，进行直接股权投资。科技团队可自主选择申请债权投资还是股权投资。

20. 对符合条件的省属高校和省级科研院所组织的、达到融资条件的生产经营经济实体进行科技项目融资贴息试点。试点单位按期归还融资，经省科技厅验收合格后，将其科技项目纳入下年度科技成果转化项目给予后补助奖励扶持。奖励额不高于项目融资的50%，最高奖励500万元。

八、强化知识产权创造、保护和运用

21. 对获授权的发明专利进行授权资助，依据专利质量、产业化发展方向及前景，一次性补助国内授权发明专利5000元、国外授权发明专利2万元。对获得中国专利金奖、优秀奖项目的单位，分别一次性奖励100万元、20万元。

22. 对以专利质押贷款方式融资达到300万元及以上的企业，一次性补助贷款利息、担保、评估等费用总额的50%，最高补助20万元。

九、推进县域创新驱动发展

23. 加强对县域创新驱动发展的政策和项目支持。开展创新型县（市、区）建设工作，对省级"创新型试点县（市、区）""创新型试点乡（镇）"进行评价认定，根据评价结果分别一次性奖励100万元、50万元。对设立县域科技创新引导基金并通过基金支持取得成效的县（市、区），一次性奖励100万元。

24. 对在全省区域经济转型升级考核评价中R&D经费投入强度排名前三位的设区市奖励200万元，高于上年全国平均水平的奖励300万元；对排名前十位的县（市、区）奖励50万元，高于上年全国平均水平的奖励100万元。奖励资金用于科技管理队伍建设。

山西省人民政府办公厅
关于印发《山西省科技重大专项管理办法》的通知

(晋政办发〔2017〕160号)

各市、县人民政府，省人民政府各委、办、厅、局：

《山西省科技重大专项管理办法》已经省人民政府同意，现印发给你们，请认真贯彻执行。

山西省人民政府办公厅

2017年12月8日

山西省科技重大专项管理办法

第一章 总则

第一条 为实现对山西省科技重大专项（以下简称重大专项）科学、规范、高效管理，根据国家及我省科技计划管理改革有关要求，制定本办法。

第二条 重大专项旨在围绕国家及我省重大战略目标，聚合优势创新资源，通过全链条设计、集成攻关和应用示范，集中力量实现我省重大关键共性技术、重大战略产品和重大工程技术突破，全面提升自主创新能力，为我省经济社会发展提供引领和支撑。

第三条 重大专项按照"突出重点、有限目标，创新机制、统筹资源，全链条设计、突出绩效"的原则，聚焦战略性新兴产业发展、能源产业革命、军民融合发展和社会民生重点问题，坚持以企业为主体，产学研用相结合，主要支持市场机制不能有效配置资源的基础性和公益性研究，以及竞争前共性技术和重大关键技术研发等公共科技活动，并对重大技术装备或产品产业化前期工作予以适当支持，有效提升我省重点领域自主创新能力。

第二章 组织管理

第四条 山西省科技计划（专项、基金等）管理厅际联席会议（以下简称厅际联席会议）、省科技厅、项目管理专业机构（以下简称专业机构）、重大专项战略咨询专家组、项目组织单位、项目承担单位、首席专家根据各自职责，开展相关工作。

第五条 厅际联席会议按照相关制度，负责审议重大专项计划、规划、布局、设置、调整等重大事项。

第六条 省科技厅是重大专项的主管部门，主要职责包括：

（一）制定重大专项管理规定和规范；

（二）组织重大专项的计划布局和重点任务研究；

（三）组织重大专项方案设计，发布重大专项申报指南或招标公告；

（四）组织或委托有资质的专业机构对重大专项项目进行评审（或评标）和管理，并按照有关规定对专业机构进行监督，协调并处理项目（课题）执行中的重大问题；

（五）组织重大专项经费预算方案审核，批准并签订重大专项计划任务书，会同省财政厅下达年度重大专项计划经费；

（六）按照相关规定管理重大专项项目（课题）形成成果及知识产权；

（七）组织对重大专项计划进行绩效评估。

第七条 专业机构按照省科技厅委托协议开展工作，负责对重大专项项目的申报受理、立项评审、过程管理、验收结题等进行具体管理，承担省科技厅交办的其他任务。

第八条 省科技厅分领域选择相关技术、财务、管理等方面的专业人才组建重大专项战略咨询专家组，为重大专项的决策提供重要依据，主要职责包括：

（一）开展相关技术发展战略与预测研究，对重大专项主攻方向、技术路线和研发进度提出咨询意见；

（二）对重大专项发展规划、阶段实施计划、年度指南、年度计划提出咨询建议；

（三）对重大专项集成方案设计、项目（课题）衔接和协同攻关、成果集成应用提出咨询建议；

（四）参与对重大专项项目（课题）的检查、评估和验收等工作。

第九条 项目组织单位是重大专项在本部门（区域）的组织实施管理主体，主要职责包括：

（一）组织和指导本部门（区域）重大专项项目的征集、申报、实施等工作；

（二）督促项目承担单位落实自筹经费及其他配套条件；

（三）监督、检查重大专项项目的执行情况，按要求汇总、督导项目承担单位填报山西省科技计划（专项、基金等）科技报告、项目年度执行情况及有关信息报表，协调并处理重大专项项目执行中的相关问题。

第十条 项目承担单位是重大专项执行的责任主体，实行法人管理责任制，主要职责包括：

（一）组织制订重大专项项目（课题）实施方案和年度计划；

（二）强化内部控制与风险管理，负责重大专项项目（课题）实施和资金管理；

（三）按照重大专项项目（课题）任务书要求，落实配套支撑条件，组织任务实施，促进成果转化，完成既定目标；

（四）严格执行重大专项有关管理规定，认真履行任务书约定；

（五）填报山西省科技计划（专项、基金等）科技报告、项目年度执行情况及有关信息报表；

（六）定期报告重大专项项目（课题）实施进展情况，接受指导、检查，配合评估和验收等工作；

（七）及时提出重大专项项目（课题）调整、延期、撤销、结题和验收的申请建议。

第十一条 首席专家是重大专项项目实施的技术责任主体，主要职责包括：

（一）负责重大专项项目技术方案的设计，把握总体进度；

（二）研究并提出阶段实施计划和年度计划建议；

（三）建立项目专家组工作机制，负责重大专项项目及课题间的协调推进；

（四）参与重大专项项目（课题）的检查、评估等工作；

（五）向项目承担单位或管理机构提出任务调整或经费调整建议等。

第三章　实施方案与项目指南

第十二条　省科技厅通过集中征集、定向征集和不定向征集等形式，征集重大专项项目建议。

集中征集指每年定期向社会发布通知征集重大专项项目建议。

定向征集指根据年度工作重点向特定领域或对象征集重大专项项目建议。

不定向征集指相关单位、专家随时通过网站信箱或书面意见提出的重大专项项目建议。

第十三条　省科技厅组织重大专项战略咨询专家组，围绕省委、省政府工作重点和科技、产业、行业发展规划，结合征集的重大专项项目建议，编制重大专项实施方案和年度项目指南。

重大专项实施方案和年度项目指南应当通过专家评审、征求意见、厅际联席会议审定等程序。

第十四条　重大专项实施方案的主要内容应当包括：重大专项的总体布局、全链条项目（课题）设计、预算额度、目标任务和应用示范，项目实施需具备的科技、产业等基础和条件，统筹部署人才团队、创新平台、标准规范、知识产权、应用示范等建设内容。

第十五条　重大专项分为项目及课题两个层次，项目由1个或若干个课题组成；课题服务项目目标，相互衔接，相对集中，彼此关联，共同推进项目任务的完成。项目由首席专家负责，课题由课题负责人负责。重大专项的实施周期为3～5年。

第十六条　省科技厅通过门户网站等向社会公开发布重大专项年度项目指南或招标公告。

第四章　立项条件与程序

第十七条　重大专项项目（课题）以保障总体目标实现为前提，坚持公平、公正原则，采取择优委托、定向委托、招标等方式遴选项目承担单位。

结合重大专项组织实施要求和项目（课题）特点，采取前补助、后补助等财政支持方式。

第十八条　重大专项项目立项应当具备以下基本条件：

（一）项目技术符合年度项目指南要求，集聚国内外优势科技资源，项目单位和团队有能力完成任务；

（二）项目设计合理，示范带动作用强；

（三）具有合理的人才培养和平台建设计划；

（四）具有良好的产学研合作基础，可实现产业化或应用转化示范目标，优先在我省特别是开发区应用转化；

（五）经费预算合理，配套经费落实到位，组织保障措施有力。

第十九条　以解决产业化重大关键技术为主的重大专项项目立项，除满足本办法第十八条的基本条件外，还应当满足以下条件：

（一）研究目标明确具体，以重大技术和产品研发、新兴产业培育、重大工程建设为中心，经过3～5年实施，能在我省实现成果转化和产业化，取得重大经济效益和社会效益；

（二）突出技术的创新性，形成一批具有自主知识产权的重大科技成果，培养一批高素质科技人才；

（三）除省级财政资助外，参与项目（课题）实施单位的各类配套资金总额一般不低于总经费的60%；

（四）能充分发挥企业技术创新的主体作用，促进产学研用协同创新。

第二十条　以解决重点领域重大共性技术为主的重大专项项目立项，除满足本办法第十八条的基本条件外，还应当突出在重点领域或行业应用的广泛性，对全省经济和社会发展产生重大推动作用。重大公益技术应突出服务国家安全、社会发展、人民生活质量提高以及环境改善等公共利益。

第二十一条 首席专家应当具备以下基本条件：

（一）属于国内外相关技术领域高层次专家，是项目承担单位或合作单位的在职、在岗或在聘人员；

（二）具有组织国家或省级科技计划的成功经验；

（三）具有较高的学术水平、较强的组织协调能力和良好的信誉，作风民主、严谨；

（四）能将主要精力用于重大专项项目（课题）组织、协调与研究；

（五）未承担其他重大专项项目（课题）。

第二十二条 项目承担单位应当具备以下基本条件：

（一）为在我省注册的独立法人单位；

（二）有稳定、高素质的研究和管理团队，具有较强的创新能力、技术基础和设备条件；

（三）有配套资金保障和良好的信誉；

（四）有与国内外优势科研院所、高等院校和企业合作的基础。

第二十三条 专业机构按照资料初审、专家评审和现场考察等程序，重点审查项目技术路线、课题设计、实施计划和任务、主要技术经济指标、承担单位实施能力、立项及经费配置等，形成年度计划建议（含预算建议方案）。评审专家应由技术专家、财务专家、管理专家组成。

第二十四条 省科技厅对年度计划建议进行审核，并经综合平衡后，形成年度计划审核意见，公示7天后，报厅际联席会议审定。

综合平衡的主要内容包括：所确定研究任务与实施方案的一致性；重大专项项目（课题）计划任务、目标要求和经费预算；与已有其他科技计划（专项、基金等）、重大工程的相关性；承担单位及专家科研诚信审核等。

第二十五条 厅际联席会议审定年度计划审核意见后，省科技厅与项目承担单位、首席专家签订《山西省科技重大专项责任书》《山西省科技重大专项计划任务书》，项目承担单位与课题承担单位签订《山西省科技重大专项课题计划任务书》并在省科技厅备案，正式启动实施重大专项项目。

第二十六条 对于适合公开招标的重大专项项目，按照国家及我省科技项目招投标相关规定执行。

第五章 实施与监督

第二十七条 各级重大专项项目（课题）管理和责任主体要按照"分类指导、分工负责、分级管理、主动作为、共同推进"的要求，充分利用山西省科技计划管理信息平台实现信息化和规范化管理，确保顺利完成计划任务约定目标。

第二十八条 重大专项项目实行年度执行情况报告制度。项目承担单位应当在每年1月底前编制上年度计划执行情况报告，并填报有关信息报表，按要求报送专业机构。

专业机构审核汇总并组织开展重大专项项目年度检查，形成年度执行情况报告，提出年度后续经费拨付建议；对执行不利的重大专项项目提出整改或调整建议，报省科技厅备案或审定。

第二十九条 重大专项项目在实施过程中发生下列情况之一的，由项目承担单位会同首席专家及时提出调整、延期、中止或撤销申请，经项目组织单位和专业机构审核、省科技厅审定后，报厅际联席会议备案。

（一）市场、技术等情况发生重大变化，造成重大专项项目原定目标、技术路线、经费发生较大变化的；

（二）重大专项项目自筹资金或其他条件不能落实，影响正常实施的；

（三）重大专项项目依托工程已不能继续实施的；

（四）技术引进、合作等发生重大变化导致研究工作无法进行的；

（五）重大专项项目（课题）的主要技术骨干发生重大变化，致使研究工作无法正常进行的；

（六）项目承担单位与合作单位之间发生纠纷且已影响到重大专项项目（课题）正常实施，项目承担单位认为有必要调整合作单位的；

（七）由于其他不可抗拒的因素，致使研究工作不能正常进行的。

第三十条 项目承担单位和首席专家须对批准执行中止或撤销的重大专项项目（课题）已开展的研究工作、阶段性成果、知识产权、经费使用和设备购置等情况作出书面报告，参照验收程序报省科技厅审批或备案。对中止或撤销的重大专项项目停止拨款并追回所余经费。

第三十一条 省科技厅组织或委托第三方评估机构对重大专项实施总体进展情况或阶段绩效进行评估与监督，并督促落实评估与监督意见建议。

第三十二条 对不按时上报年度报告材料和信息，以及不接受监督检查的重大专项项目（课题），要求项目承担单位限期整改；整改不力的，视情节严重程度予以通报批评、停拨后续经费、追回已拨付经费、取消其参与科技计划项目申报等处罚。

第三十三条 建立科研信用管理及责任追究机制。对在重大专项实施过程中失职渎职、弄虚作假和截留、挪用、挤占、骗取重大专项资金等行为，相关责任人或单位将被记入不良信用记录，并按照有关规定追究责任；构成犯罪的，依法追究刑事责任。

第六章 验收与结题

第三十四条 项目承担单位会同首席专家在重大专项项目执行期满后3个月内提出验收申请，并报送重大专项项目技术、财务（含审计）等验收材料和《山西省科技计划（专项、基金等）科技报告》。经项目组织单位、专业机构审核通过后，报省科技厅审核。

省科技厅应当在3个月内委托专业机构组织专家进行重大专项项目验收，并依据专家对其技术、财务评价结果下达验收结论。

第三十五条 项目承担单位存在下列情况之一的，为不通过验收：

（一）完成任务不到80%的；

（二）所提供验收文件、资料、数据不真实的；

（三）未经批准擅自修改计划任务书考核目标、内容、技术路线等的；

（四）研究过程及结果等方面存在纠纷，在复议、诉讼、仲裁、信访、执行及其他司法程序处理过程中尚未解决的；

（五）经费使用中存在严重问题的。

第三十六条 未通过验收的重大专项项目，应在接到整改通知的半年内，整改完善并重新提出验收申请。整改后仍未通过验收且无正当理由的，首席专家、相关课题负责人和项目承担单位3年内不得再承担省科技计划项目。经审计或评估后，如有结余资金按原渠道收回。

第三十七条 重大专项项目在实施过程中发生下列情况之一，且财政扶持资金经审计使用规

范合理的,作结题处理,结题重大专项项目资金如有结余,按原渠道收回:

(一)完成任务超过50%,因不可抗拒因素不能继续进行的;

(二)科技研发任务已完成,但因市场等因素已无应用或产业化价值的;

(三)重大专项项目(课题)实施结果证明并经专家论证,其技术路线存在重大缺陷且已不具备调整可能,或继续实施将存在重大安全和环保等问题的。

重大专项项目结题除任务量指标外,结题程序及相关资料按照验收要求进行。

第七章 经费使用及其他

第三十八条 重大专项资金筹措坚持多元化原则,包括政府财政专项资金、单位自筹资金、金融机构及社会资金等。按照"专款专用、单独核算、注重绩效"的原则使用和管理。

第三十九条 政府财政专项资金要严格执行国家及我省财政资金相关管理规定,实行事前预算评估、事中监督检查、事后财务决算和审计的全过程管理。对违反资金使用规定、不按预算执行、配套资金未按时足额到位等的重大专项项目,缓拨、减拨、停拨经费,对整改不力的追回已拨付经费。

第四十条 重大专项项目(课题)成果和知识产权的管理与保护,参照国家及我省知识产权与科技成果管理的相关规定执行。

第四十一条 重大专项保密管理实行项目(课题)单位法人与首席专家(课题负责人)负责制。各重大专项项目(课题)要建立层次清晰、职责明确的保密责任体系,确保各项保密工作责任落实到人。对涉及的保密技术或形成的涉密成果,按照国家相关保密规定执行。

第四十二条 重大专项档案材料应按照有关规定及时整理归档。

第八章 附则

第四十三条 本办法自发布之日起施行。2011年12月22日省科技厅印发的《山西省科技重大专项管理办法》(晋科重发〔2011〕143号)和2016年5月17日省政府办公厅印发的《山西省煤基重点科技攻关项目管理办法》(晋政办发〔2016〕61号)同时废止。

关于印发《山西省重点研发计划项目管理暂行办法》的通知

(晋科资发〔2019〕97号)

各市科技局、各有关单位:

为保证重点研发计划的顺利实施,实现科学、规范、高效和公正的管理,省科技厅编制了《山西省重点研发计划项目管理暂行办法》,经厅党组会议研究通过,现印发,请各相关单位遵照执行。

附件:《山西省重点研发计划项目管理暂行办法》

山西省科学技术厅
2019年12月26日

山西省重点研发计划项目管理暂行办法

第一章 总则

第一条 为规范山西省重点研发计划项目的实施,实现科学、规范、高效和公正的管理,进一步完善科技计划管理制度体系,根据党中央、国务院有关文件精神和省委、省政府的重大决策部署,按照《山西省科技计划(专项、基金等)管理办法》(晋政办发〔2016〕52号)要求,制定本办法。

第二条 重点研发计划面向全省经济和社会发展需求,开展高新技术、农业、社会发展以及国际合作等领域科技攻关与技术研发,聚焦产业"卡脖子"技术和关键核心技术攻关,建立以企业为主体、市场为导向、产学研深度融合的技术创新体系,支持大中小企业和各类主体融通创新,推动科学技术成果服务全省经济社会发展需要。

第三条 重点研发计划的管理遵循"市场导向、科学布局、聚焦需求、规范高效"的原则。

第四条 重点研发计划管理包括项目全年常态化申报与受理、项目分批评审与立项、项目实施与管理、项目验收与报告、项目监督与保障等内容。

第二章 工作职责

第五条 项目主管部门的主要职责是:

(一)制定项目管理有关规定和办法;

(二)加强相关领域战略研究,组织编制项目申报指南;

(三)委托项目管理专业机构对项目进行过程管理,并按照有关规定对专业机构进行监督,协调处理项目执行中相关重大问题;

(四)提出项目计划和资金分配计划,会同专业机构签订计划任务书,会同省财政厅下达年度计划经费;

(五)组织对项目进行事前、事中和事后绩效管理、科技报告管理、信息化管理等。

第六条 项目管理专业机构的主要职责是：

（一）制定重点研发计划的管理工作方案，编制经费概算；

（二）参与编制申报指南；

（三）受理项目申请，组织项目评审，形成项目评审报告和现场考察报告；

（四）会同项目主管部门签订计划任务书；开展项目过程管理，对项目任务实施、经费和绩效进行动态监督、评估和管理；对参与项目立项、过程管理和验收等咨询评审专家履职尽责情况进行监督；

（五）对项目绩效自评估报告、验收材料等相关材料、物品等进行归档；跟踪项目验收后的成果转化等后续工作；

（六）在任务委托期间，项目出现重大变化导致任务无法正常实施时，接受项目承担单位提出的项目调整、延期、终止、撤销或结题验收申请。

（七）委托协议中约定的其他事项。

第七条 项目组织单位的主要职责是：

（一）组织和指导本部门（区域）项目的申报工作，配合项目主管部门开展项目管理工作；

（二）监督协调项目承担单位落实自筹经费及其他配套条件；

（三）跟踪项目的执行情况，按要求督促项目承担单位填报山西省科技计划（专项、基金等）科技报告等有关信息报表，协调并处理项目执行中出现的有关问题。

第八条 项目承担单位的主要职责是：

（一）组织高水平、目标清晰、责权利明确的产学研联合体共同申报项目，项目预算合理可行；

（二）组织进行国内外查新检索，避免低水平研究和重复研究；

（三）落实配套支撑条件，经费预算评审核定的投资额为最终确定的投资额，其中，政府引导经费外的经费，承担单位必须通过自筹保障；

（四）按照项目任务书要求，组织任务实施，完成既定目标；

（五）严格执行项目和经费有关管理规定，接受指导、检查，每年年终报告项目本年度实施进展情况，配合评估和验收等工作。

第三章 申报与受理

第九条 重点研发计划通过省级科技计划管理信息平台统一进行申报。牵头申报单位应当符合以下基本条件：

（一）为山西省行政区域内注册、具有独立法人资格的企事业单位（包括中央驻晋企事业单位），通过组建产学研联合体申报项目；国外、省外的单位可参与项目的揭榜招标；

（二）在相关研究领域和专业应具有一定的学术地位和技术优势；

（三）具有完成项目必备的人才条件和技术、装备条件；

（四）具有与项目相关的研究经历和研究积累；

（五）具有完成项目所需的组织管理和协调能力；

（六）具有良好信誉度，无失信行为。

第十条 网上申报项目应提供以下材料：

（一）重点研发计划项目申报书；

（二）重点研发计划项目可行性研究报告；

（三）重点研发计划项目经费预算申报书（申请财政资助金额80万元以上项目）；

（四）购置设备清单（含至少2家提供商报价及联系方式），20万元以上设备必须纳入"大型仪器管理单位在线服务平台"进行共享；

（五）按要求提供国内、国际查新检索报告等证明材料；

（六）提交资金自筹能力承诺书。

第十一条 项目组织单位对其所辖范围内法人单位提交的项目申报材料进行审查和推荐，重点审查项目申请单位、项目负责人及项目合作方的资质、科研能力，申报材料的真实性和完整性等内容。加强科研项目重复申报审查，避免同一项目负责人重复申报。

第十二条 项目管理专业机构按委托要求受理申报项目并对申报项目审查，审查包括形式审查和资格审查。项目审查结果向社会公示，公示期7天。

第四章 评审与立项

第十三条 项目管理专业机构组织进行项目技术评审和经费预算评审，一般可采取会议评审、网络评审、视频评审等方式；原则上现场考察全覆盖；参与项目评审的专家应当从科技专家库中抽取，因项目评审需要，需聘请省外专家的，要在项目评审前按照专家库管理办法将专家信息录入专家库。

第十四条 项目管理专业机构根据评审结果和现场考察情况，提出项目评审报告和现场考察报告。项目主管部门根据项目评审报告和考察报告，形成重点研发计划拟立项项目意见和资金分批下达计划意见，经办公会议、党组会议等程序后，向社会公示，公示期7天。公示无异议后，按程序下达项目资金文件。

第五章 实施与管理

第十五条 项目承担单位和项目负责人要按照计划任务书组织开展研究工作，按时完成项目任务。

第十六条 在项目执行期内，经费预算科目如需调整的，按以下程序调整。

直接经费中设备费的调整，由项目负责人提出申请，项目承担单位审批。

直接费用其他预算科目实行分类总额控制，其中各类之间的预算调剂，由项目负责人提出申请，项目承担单位审批；同一类预算额度内，项目承担单位可结合实际情况进行审批或授权项目负责人自行调剂使用。

第十七条 科研项目实施期间，项目负责人可以在不改变研究方向和不降低考核指标的前提下自主调整研究方案、技术路线、项目组成员，报项目承担单位备案。

第六章 验收与报告

第十八条 项目管理专业机构每年集中发布年度项目结题验收安排通知，项目负责人和承担单位按照通知要求和《山西省科技计划（专项、基金等）科技报告管理办法》要求，向项目管理专业机构提交科技报告收录证明、绩效自评价报告和项目结题验收报告，同时提交相关证明资料。研究目标任务提前完成的项目，可以提前验收。项目延期时间原则上不超过一年。

第十九条 项目管理专业机构收到结题验收资料后，按照项目计划任务书的要求对项目完成情况进行审查，编制年度项目结题验收工作方案，安排结题验收工作。

第二十条 项目结题验收结论分为通过验收、不通过验收和结题三种情况。

（一）按期保质完成项目任务书确定的目标和任务，自筹经费全部到位，为通过验收；

（二）因非不可抗拒因素未完成项目任务书确定的主要目标和任务，按不通过验收处理。未下达经费不再下达，已下达经费视情况予以收回；

（三）因不可抗拒因素未完成项目任务书确定的主要目标和任务，按结题处理，未下达经费不再下达，结余经费按原渠道退回。

第七章 监督与保障

第二十一条 项目管理专业机构应当严格执行科研信用管理机制，对项目承担单位、项目负责人和评审专家在实施项目管理中的信用情况进行评价和记录，并将相关情况及时报送项目主管部门。

第二十二条 承担单位有下列情形之一的，由项目主管部门给予警告，责令限期改正，逾期不改正的，撤销原资助决定，追回已拨付的资助经费；情节严重的，通报批评，将承担单位信息记入不诚信档案，3至5年内不得申报或参与申报省级科研项目：

（一）不履行保障项目研究条件职责的；

（二）未对项目申请（负责）人提交材料的真实性进行审查的；

（三）不依照本办法规定实施项目的；

（四）纵容、包庇项目申请（负责）人弄虚作假的；

（五）擅自变更项目负责人的；

（六）不配合项目主管部门和项目管理专业机构管理的。

（七）截留、挪用财政资助经费的。

第二十三条 项目负责人有下述情况之一的，由项目主管部门给予通报批评，并责令限期改正，逾期不改正的，撤销原资助决定，追回已拨付的资助经费；情节严重的，将项目负责人信息记入不诚信档案，3至5年内不得申报或者参与申报省级科研项目：

（一）不配合项目主管部门和项目管理专业机构管理的。

（二）不依照本办法规定实施项目的；

（三）提交虚假的报告、原始记录或者相关材料的；

（四）项目资助经费的使用违反有关财务制度规定的；

（五）违反法律法规的其他情形。

第二十四条 项目主管部门和项目管理专业机构对评审专家履行评审职责情况进行监督，建立评审专家诚信档案；评审专家有下列行为之一的，由省科技主管部门给予警告，责令限期改正；情节严重的，通报批评，并将其信息记入不诚信档案，项目管理专业机构不得再聘请其为评审专家：

（一）不履行评审职责的；

（二）未依照有关规定申请回避的；

（三）披露未公开的与评审有关信息的；

（四）对项目不公正评审的；

（五）利用工作便利谋取不正当利益的。

第八章 附则

第二十五条 本办法自印发之日起施行。

科技厅等七部门印发《关于进一步扩大高校和科研院所科研相关自主权的实施意见》的通知

(晋科发〔2020〕41号)

各市科技局、教育局、发展改革委、财政局、人力资源社会保障局、审计局、外事办,省直各部门,各有关单位:

《关于进一步扩大高校和科研院所科研相关自主权的实施意见》已经2020年8月28日中共山西省委全面深化改革委员会第二十三次会议审议通过,现印发给你们,请认真贯彻执行。落实过程中遇到的重要情况和问题,请及时向科技厅、教育厅反映。

附件:《关于进一步扩大高校和科研院所科研相关自主权的实施意见》

山西省科学技术厅 山西省教育厅
山西省发展和改革委员会 山西省财政厅
山西省人力资源社会保障厅 山西省审计厅
山西省人民政府外事办公室
2020年9月10日

关于进一步扩大高校和科研院所科研相关自主权的实施意见

为进一步扩大高校和科研院所科研领域自主权,建立体现创新质量、贡献、绩效的科研人员激励机制和以信任为前提的科研管理机制,打造一流创新生态,根据科技部等部门《关于扩大高校和科研院所科研相关自主权的若干意见》(国科发政〔2019〕260号)精神,现提出如下实施意见。

一、深化科研领域"放管服效"改革

(一)赋予科研项目负责人更大自主权。省级科研项目负责人可以在研究方向不变、不降低申报指标的前提下自主调整研究方案、技术路线,由项目牵头单位报科研项目管理部门备案。项目负责人可以根据项目需要,自主组建科研团队,除项目负责人以外的参与人员和协作单位调整,审批权下放到项目牵头单位,并报科研项目管理部门备案。在省级科技计划基础研究和软科学研究领域,试点科研经费"包干制",经费不再确定具体使用用途,由项目承担人根据项目具体情况据实使用,项目承担人所在单位应加强监督管理。落实公务卡管理自主权,项目承担单位应允许在不具备刷卡条件的情况下,如野外科考工作中发生的支出等由经办人附上相关说明后可不使用公务卡结算;允许项目临时聘用人员、研究生等不具备公务卡申请条件的人员因执行项目任务产生的差旅费不使用公务卡结算。探索依托重大科技创新基地、重大科研项目和工程项目加强博士研究生、硕士研究生培养,完善培养成本分摊机制。具有相应授权的高校和科研院所在研究生招

生计划分配中，向承担国家级、省级重大科技项目优秀团队和导师倾斜。

（二）优化科研项目和经费管理。在省应用基础研究计划中选择部分项目集中、管理规范、设有内部审计机构的高校和科研院所，试行自主验收和结题备案制，试点单位按照规定向项目管理单位报送验收情况综合报告并提交备案资料。改革省科技计划（专项、基金等）间接经费预算编制，不再由项目负责人编制间接经费预算，由项目管理部门直接核定。允许项目承担单位对国内差旅费中的伙食补助费、市内交通费和难以取得发票的住宿费实行包干制，包干经费标准及管理办法由单位依法依规制定。高校和科研院所可根据科研活动需要，自主选择固定岗位、短期聘用、第三方外包等多种形式，聘用科研行政（财务）助理为科研项目实施提供经费管理和使用服务，其服务费用可在单位业务费、相应科研项目劳务费或间接费用中列支。落实横向经费使用自主权，单位依法依规制定的横向经费管理办法可作为审计等检查依据。

（三）改进科研仪器设备耗材采购管理。高校和科研院所要简化科研仪器设备采购流程，对于科研急需的设备和耗材，采用特事特办、随到随办的采购机制，可不进行招投标程序，缩短采购周期。对于独家代理或生产的仪器设备，可按程序确定采取单一来源采购等方式增强采购灵活性和便利性。各单位要建立完善的科研设备耗材采购管理制度，对确需采用特事特办、随到随办方式的采购作出明确规定，确保放而不乱。

（四）完善科技成果转化制度。高校和科研院所对持有的科技成果，可以自主决定转让、许可或者作价投资，除涉及国家秘密、国家安全及关键核心技术外，不需报主管部门和财政部门审批或者备案。高校和科研院所将科技成果转让、许可或者作价投资，由单位自主决定是否进行资产评估；通过协议定价的，应当在本单位公示科技成果名称和拟交易价格。高校和科研院所转化科技成果所获得的收入全部留归本单位，纳入单位预算，不上缴国库，主要用于对完成和转化职务科技成果做出重要贡献人员的奖励和报酬、科学技术研发与成果转化等相关工作。

二、改革相关人事管理方式

（五）扩大单位用人自主权。高校和科研院所可在核定的编

制总量内，根据国家有关规定和开展科研活动需要自主决定岗位聘用人员，对本土培养人才和省外、海外引进人才一视同仁、平等对待。科研院所、高校要进一步健全完善绩效考核、竞聘上岗等内部人事管理制度，规范开展岗位自主聘用，实现"岗位能上能下、待遇能高能低、人员能进能出"。支持和鼓励高校、科研院所专业技术人员以参与项目合作、兼职、在职创业等方式从事创新活动。

（六）扩大岗位管理自主权。高校和科研院所可根据有关规定，在核定的编制总量内自主制订岗位设置方案和管理办法，自主确定三类岗位结构比例。高校、科研院所引进高层次人才和急需紧缺人才而无空缺岗位的，可按照《山西省事业单位特设岗位设置管理试行办法》设置特设岗位，不受单位岗位总量、最高等级和结构比例限制，完成相关任务后，按照管理权限予以核销。

（七）扩大职称评审自主权。高校和科研院所按照管理权限和有关规定，自主制定教师和科研人员职称评审标准条件和实施方案，自主开展职称评审，评审结果事后报主管部门和人力资源社会保障行政部门备案。部分条件不具备、尚不能独立组织评审的高校和科研院所，可自主采取联合评审、委托评审等方式。允许高校和科研院所在明确标准、程序和公示公开的前提下开辟绿色通道，对取得重大基础研究和前沿技术突破、解决重大工程技术难题、具有重大发明创造、转化科技成果取得显著成绩、做出重大贡献的专业技术人才、可直接申报评审高级职称。对引进的高

层次人才和急需紧缺人才，可根据其专业工作经历、学术技术贡献，直接认定相应职称。试点探索将技术经纪人纳入自然科学领域职称评审系列。

（八）优化教学科研人员因公临时出国（境）审批流程。教学科研人员出国开展学术交流合作，应持因公护照，出访次数、团组人数、在外停留天数根据实际工作需要合理安排。在严格管理的基础上加快办理进度，提高教学科研人员参与国际合作交流的便利性。教学科研人员出国开展学术交流合作应持因公护照，特殊情况需持普通护照出国，应说明理由并按组织人事管理权限报组织人事部门批准，省管干部按有关规定执行。学术交流合作主要包括开展教育教学活动、科学研究、学术访问、出席重要国际学术会议以及执行国际学术组织履职任务等。

三、完善绩效工资分配方式

（九）加大绩效工资分配向科研人员倾斜力度。高校和科研院所可在绩效工资总量内，按国家和省有关规定自主确定绩效工资结构、考核办法、分配方式、工资项目名称、标准和发放范围，绩效工资分配要向关键创新岗位、作出突出贡献的科研人员、承担财政科研项目的人员、创新团队和优秀青年人才倾斜。

（十）强化绩效工资对科技创新的激励作用。对全时承担国家关键领域核心技术攻关任务的团队负责人以及单位引进的急需紧缺高层次人才等可实行年薪制、协议工资、项目工资等灵活分配方式，其薪酬在所在单位绩效工资总量中单列，相应增加单位当年绩效工资总量。科研人员获得的职务科技成果转化现金奖励、符合有关规定的兼职或离岗创业收入，不受绩效工资总量限制，不纳入总量基数。

四、切实履行好高校、科研院所主体责任

（十一）落实主体责任。高校和科研院所党政主要负责同志是本单位抓落实的第一责任人，各高校、科研院所要高度重视并迅速采取行动，从切实可操作的角度，细化各项涉及扩大高校和科研机构、科研人员相关自主权的重要措施，半年内制定完善本单位科研、人事、财务、成果转化等具体管理办法，修改完善本单位的内部管理制度，确保打通政策落实的"堵点"和"最后一公里"。

（十二）强化内控管理。高校和科研院所要建立适合本单位实际情况的内部控制体系，强化内部流程控制，分析风险隐患，完善风险评估机制，实现内控体系全面、有效实施，确保自主权接得住、用得好、不出事，防止滋生腐败。相关管理制度的制定要广泛征求单位科研人员的意见，并经领导班子集体讨论决定。建立完善重大事项内部信息公开制度，科研项目经费收入与支出、科技成果转化收入及奖励、科研项目绩效分配、科研仪器设备耗材采购、科研人员兼职兼薪和离岗创业等情况要及时在内部公开公示，主动接受监督。

（十三）鼓励改革创新。高校、科研院所要按照"三个区分开来"的要求，在半年内建立科研管理容错纠错尽职免责机制。监督检查部门在工作中出现与工作对象理解相关政策不一致时，要与政策制定部门沟通，及时调查澄清。对在担当作为中发生无意过失的干部，要按照事业为上、实事求是、依法依纪、容纠并举等原则，结合动机态度、客观条件、程序方法、性质程度、后果影响以及挽回损失等情况，进行综合分析和妥善处理，该容的大胆容，不该容的坚决不容。鼓励干部敢于担当、主动作为，努力营造良好的创新生态，不断开创高质量转型发展新局面。

本意见适用于省属高校、科研院所，中央在晋科研院所和已完成企业化转制的科研院所可参照适用本政策执行。现行相关规定与本意见不一致的，以本意见为准。

第十三章 内蒙古自治区科研项目和资金管理法规政策

内蒙古自治区人民政府关于深化科技计划管理改革加强科技项目和资金管理的意见

（内政发电〔2015〕23号）

各盟行政公署、市人民政府，自治区各委、办、厅、局，各大企业、事业单位：

为规范和加强自治区科技计划项目和财政科技专项资金管理，提高科技计划项目管理效率和财政科技经费使用效益，根据《国务院关于改进加强中央财政科研项目和资金管理的若干意见》（国发〔2014〕11号）、《国务院印发关于深化中央财政科技计划（专项、基金等）管理改革方案的通知》（国发〔2014〕64号）、《中共中央国务院关于深化体制机制改革加快实施创新驱动发展战略的若干意见》（中发〔2015〕8号）精神和自治区科技发展实际，现就深化科技计划管理改革、改进和加强科技项目和资金管理提出如下意见。

一、总体目标

加快建立适应科技创新规律、统筹协调、职责清晰、科学规范、公开透明、监管有力的科技项目和资金管理体制，使科技项目和资金配置更加聚焦于全区经济社会发展重大需求，科技计划体系取向明确、分类科学，科技项目资金管理科学、使用规范，充分调动科研人员的积极性和创造性，最大程度发挥政府科技计划与财政资金推动创新创业的作用，增强科技对经济社会发展的支撑引领作用，为实施创新驱动发展战略提供有力保障。

二、基本原则

（一）遵循规律。

遵循科学研究、技术创新、成果转化、人才培养和科研平台载体建设规律，实行分类管理，提高科技项目和资金管理水平。

（二）适应区情。

立足我区经济社会发展和科技创新实际，围绕区域优势和特色领域，凝练重大需求，布局科技计划，集成科技资源，实现重大突破，促进科技与经济深度融合。按照分步推进原则，引导科技事业均衡发展，提升整体区域创新水平。

（三）改革创新。

推进政府职能转变，发挥好财政科技投入的引导激励作用和市场配置各类创新要素的导向作用。

加强管理创新和统筹协调，对科技项目和资金管理各环节进行系统化改革，以改革释放创新活力。

（四）规范公开。

明确科技项目、资金管理和执行各方的职责，实行科技计划项目全过程信息公开和痕迹管理，纳入统一的科技管理信息系统和科技报告系统；加强科研诚信建设和信用管理；深化科技管理制度改革，建立健全决策、执行、评价相对分开、互相监督的运行机制，除涉密项目外，所有信息向社会公开，接受社会监督。

三、项目布局

根据自治区创新驱动发展战略需求和科技创新规律，项目布局在以下六个方面。

（一）基础研究计划。

围绕自治区经济社会和科学自身发展的重大科学问题，开展基础性研究和前沿探索性科学研究，培养高素质、有创新能力的优秀人才和创新团队，提升自治区科技原始创新能力。

（二）重大专项计划。

围绕自治区经济结构调整和产业转型升级，集成创新资源开展联合攻关，完成重大战略产品开发和重大产业化目标建设。

（三）重点领域关键技术攻关计划。

围绕自治区重点领域技术需求，开展关键共性技术研究与开发，突破制约产业发展的技术瓶颈，提升产业技术水平和科技支撑能力。

（四）实用高新技术成果转化计划。

面向具有创新性、实用性的技术成果，健全鼓励创新创业的激励机制，创新以企业为主体、吸引社会各类资金多元投入的科技成果转化机制，推动科技成果商品化、资本化、产业化，带动产业结构调整和发展方式转变。

（五）科技创新平台（人才）体系建设计划。

重点建设完善以重点实验室、工程技术研究中心、孵化器等为主体的研发孵化体系；培育发展以各类产业化基地、开发区、示范园区等为主体的示范推广体系；着力构建以内蒙古科技信息服务平台、各领域专业性技术服务平台等为主体，以信息化为核心的科技服务体系。引进培养创新人才，构建创新创业团队。

（六）科技创新环境建设计划。

支持旨在优化创新环境的知识产权创造保护和运用、产业技术预测、创新资源共享、品牌培育、技术标准制定、科技政策研究与能力建设等工作。

四、项目管理

（一）项目储备库建设。

科技行政主管部门通过创新发展规划编制、产业技术发展预测研究、重点工作会商、科技需求调研及征集等途径，充分征求企业、科研单位、高等院校、相关部门、地方等社会各方意见，建立切合自治区经济社会发展需求和产业领域发展方向的科技项目储备库。科技项目储备库是编制自治区年度科技计划指南的基础，其运行遵循"公开征集、客观评价、动态管理，统筹安排"的基本原则。

（二）项目立项。

1.指南发布。科技行政主管部门根据年度科技资源配置情况，从项目储备库产生计划项目征集指南，从项目指南发布到项目申报受理截止原则上不少于 50 天，以保证科研人员有充足时间申报项目。

2. 网上公开。科技行政主管部门要规范项目管理制度，推行项目网上申报、网上公示，确保受理过程公开，实现"申报公开、过程受控、全程监督"。

3. 规范评审。完善公平竞争机制，通过公开择优、定向择优等方式确定项目承担者。推行科学合理的评审方式，逐步实行网络评审和视频答辩评审。建立评审档案管理制度，明示项目审批流程，实现立项过程可申诉、可查询、可追溯。从受理项目申请到反馈立项结果原则上不超过 120 个工作日。

（三）项目监管。

项目承担单位负责项目实施的具体管理；科技行政主管部门协调解决项目实施中出现的问题，针对不同科技计划项目管理特点组织开展巡视检查或抽查，对存在违规行为的要责成项目承担单位限期整改，对问题严重的要暂停项目实施，整改不合格的，撤销项目，并收回财政专项资金。

（四）项目验收。

项目完成后，项目承担单位应及时做好总结，编制项目决算，按时提出验收申请。项目主管部门应及时组织开展验收审查，并严把验收质量，项目执行期结束后半年内完成验收。

（五）项目评估。

科技行政主管部门对科技计划实施绩效和专业机构履职尽责情况等组织开展评估评价和监督检查。成果转化类项目，可根据项目评估评价结果，实施后补助奖励。完善项目后续管理，加强对通过验收项目的跟踪调查和统计研究工作。

五、资金管理

（一）项目预算编制。

项目申请单位应当按照规定科学合理、实事求是地编制项目预算，并对仪器设备购置、合作单位资质及拟外拨资金进行重点说明。科技重大专项承担单位与合作单位要签订委托协议，同时填报科技重大专项项目预算申报书。

（二）项目资金拨付。

财政部门要加快预算编制工作进度，加强项目立项和经费预算下达的衔接，及时批复和下达项目资金。对决定连续几年支持的科技项目，可分年度拨款。

（三）直接费用和预算调整管理。

科学界定与项目研究直接相关的支出范围，各类科技计划项目的支出科目和标准原则上应保持一致。调整劳务费开支范围，将项目临时聘用人员的社会保险补助纳入劳务费科目中列支；利用财政性资金设立的，为拥有自主知识产权或独特核心技术而开展的科学技术研究和开发创新项目，承担项目人员的人力资源成本费可以从项目经费中支出，最高不超过该项目经费的 30%；软科学研究项目和软件开发类项目，人力资源成本费最高不超过该项目经费的 50%。进一步下放预算调整审批权限，项目总预算不变的情况下，各预算科目应按照如下规定调整：设备费、材料费、测试化验加工费、燃料动力费、出版／文献／信息传播／知识产权事务费和其他支出可以调增也可以调减；劳务费和专家咨询费只能调减不能调增；差旅费、会议费、国际合作与交流费可以互相调剂使用，但不能突破三个科目的预算总额；间接费用只能调减不能调增。

（四）间接费用和管理费用管理。

间接费用用于补偿项目承担单位为项目实施所发生的间接成本和绩效支出，项目承担单位应当建立健全间接费用的内部管理办法，合规合理使用间接费用。应用技术研究与开发专项资金100万元以下的间接费用不超过项目财政资金的15%，100万元以上的不超过项目财政资金的10%；科技重大专项资金的间接费用不超过项目财政资金扣除用于购置设备费后的10%。项目承担单位不得在核定的间接费用或管理费用以外再以任何名义在项目资金中重复提取、列支相关费用。

（五）项目结转结余资金管理。

遵循科研活动规律，项目在执行期间年度剩余资金可以结转下一年度继续使用。项目完成任务目标并通过验收，且承担单位信用评价好的，项目结余资金可以按规定在一定期限内由承担单位统筹安排用于科研活动的直接支出，并将使用情况报项目主管部门；未通过验收和整改后通过验收的项目，或承担单位信用评价差的，结余资金按原渠道收回。

（六）项目承担单位法人责任。

项目承担单位是科技项目实施和资金管理使用的责任主体，要切实履行在项目申请、组织实施、验收和资金使用等方面的管理职责，强化责任意识，严格遵守科技项目和资金管理的各项规定，自觉接受有关方面的监督。项目承担单位要建立健全科研和财务管理等相结合的内部控制制度，规范项目资金管理，在职责范围内及时审批项目预算调整事项。对于从自治区财政以外渠道获得的项目资金，按照国家有关财务会计制度规定以及相关资金提供方的具体要求管理和使用。

六、保障措施

（一）建立信息公开制度。

建立自治区科技管理信息系统，对自治区本级财政科技计划项目的需求征集、指南发布、项目申报、立项和预算安排、跟踪问效、结题验收等全过程进行信息化管理，自治区本级财政科研项目数据库实现与国家科研项目数据库互联互通，向社会公开信息，接受公众监督。项目承担单位要在单位内部公开项目立项、主要研究人员、资金使用、大型仪器设备购置以及项目研究成果等情况，接受内部监督。

（二）建立厅际联席会议制度。

成立由自治区科技厅牵头，自治区财政厅、发展改革委等相关部门参加的科技计划管理厅际联席会议。厅际联席会议负责制定议事规则，审议科技发展战略规划、科技计划的布局与设置、重点任务的确定、专业机构遴选等事项。各相关部门提出本行业、本领域重大科技需求，并在任务组织实施和科技成果转化推广应用中发挥积极作用。

（三）依托专业机构管理项目。

按照转变职能的要求，项目具体管理工作逐步交由规范的专业机构负责，结合事业单位分类改革，将现有具备条件的科研管理类事业单位等逐步改造成规范的项目管理专业机构。加快制定专业机构管理制度和标准，加强对专业机构的监督、评价和动态调整，促进专业机构逐步市场化和社会化，并接受社会监督。

（四）组建战略咨询委员会。

自治区战略咨询委员会由科技界、产业界和经济界的高层次专家组成，对科技发展战略规划、科技计划布局、重大专项设置和任务分解等提出咨询意见，为联席会议提供决策参考。

（五）改进专家遴选制度。

充分发挥专家咨询作用，项目评估评审应当以同行专家为主，吸收区外高水平专家参与，评估评审专家中一线科研人员的比例应当达到75%左右。提高企业专家参与市场导向类项目评估评审的比重。建立专家数据库，定期对专家数据库进行动态更新，实行评估评审专家随机抽取和关联回避制度。对采用视频或会议方式评审的，公布专家名单，强化专家自律，接受同行质询和社会监督；对采用通信方式评审的，评审前专家名单严格保密，保证评审公正性。

（六）创新财政投入方式。

改变原来较为单一的计划式资金分配方式，发挥市场配置科技创新要素的导向作用。推进后补助支持方式，针对科技成果转化类、科技平台载体类项目和绩效评价突出的项目实行财政后补助和奖励支持。在财政科技投入中设立科技协同创新基金，大力吸引新型科研开发机构和企业等社会资本加入，不断发展壮大基金规模，以股权投资形式扶持科技型企业快速成长。

（七）建立科技报告制度。

自治区科技厅要会同有关部门按照国家要求，结合我区实际，制定科技报告标准和规范，建立我区科技报告共享服务平台，实现科技资源持续积累、完整保存和开放共享。对自治区本级财政资金支持的科技项目，项目承担者必须按规定提交科技报告，未按规定提交并纳入科技报告系统的，不得申请中央、自治区财政资助的科技计划项目。

（八）完善信用管理制度。

建立覆盖项目储备、指南编制、项目申请、评审、立项、执行、验收、评估全过程的科研信用记录制度，由项目主管部门委托专业机构对项目承担单位和科研人员、评估评审专家、中介机构等参与主体进行信用评级，并按信用评级实行分类管理。建立"黑名单"制度，将严重不良信用记录者记入"黑名单"，阶段性或永久取消其申请财政资助项目或参与项目评审、项目管理的资格。其他相关部门共享信用评价信息。

（九）建立考核问责制度。

建立完善覆盖项目决策、管理、实施主体的逐级考核问责机制。有关部门要加强科研项目和资金监管工作，严肃处理违规行为，按规定采取通报批评、暂停项目拨款、终止项目执行、追回已拨项目资金、取消项目承担者一定期限内项目申报资格等措施，涉及违法的移交司法机关处理，并将有关结果向社会公开。实施责任倒查，针对出现的问题倒查项目主管部门相关人员的履职尽责和廉洁自律情况，经查实存在问题的依法依规严肃处理。

各盟市要参照本意见，制定深化科技计划管理改革、改进和加强科技项目和资金管理的办法和措施。

内蒙古自治区人民政府
2015年9月30日

内蒙古自治区党委办公厅 自治区人民政府办公厅印发《关于进一步完善自治区财政科研项目资金管理等政策的意见》的通知

(内党办发〔2017〕30号)

为进一步完善自治区财政科研项目资金管理等政策，促进形成充满活力的科技管理和运行机制，根据《中共中央办公厅、国务院办公厅印发〈关于进一步完善中央财政科研项目资金管理等政策的若干意见〉的通知》(中办发〔2016〕50号)精神，提出如下意见。

一、总体要求

全面贯彻党的十八大和十八届三中、四中、五中、六中全会精神，深入贯彻习近平总书记系列重要讲话精神和治国理政新理念新思想新战略，全面落实习近平总书记考察内蒙古重要讲话精神，深入贯彻自治区第十次党代会精神，牢固树立和贯彻落实新发展理念，深入实施创新驱动发展战略，促进大众创业、万众创新，加快转变政府职能，进一步推进简政放权、放管结合、优化服务，改革和创新科研经费使用和管理方式，坚持以人为本，遵循科研规律，简化审批程序，下放管理权限，强化执行监督，切实提高财政科研项目资金管理效率和使用效益，为激发广大科研人员积极性创造性营造良好制度环境。

二、改进财政科研项目资金管理

（一）简化预算编制，下放预算调剂权限。根据科研活动规律和特点，改进预算编制方法，实行部门预算批复前项目资金预拨制度，保证科研人员及时使用项目资金。简化预算编制科目，合并会议费、差旅费、国际合作与交流费科目，由科研人员结合科研活动实际需要编制预算并按规定统筹安排使用，其中不超过直接费用10%的，不需要提供预算测算依据。下放预算调剂权限，在项目总预算不变的情况下，将直接费用中的材料费、测试化验加工费、燃料动力费、出版/文献/信息传播/知识产权事务费及其他支出预算调剂权限下放给项目承担单位。项目承担单位按照科研资金管理有关规定，建立科研项目资金预算调剂管理制度，由项目负责人和承担单位在项目执行中按照管理规定和实际情况进行自主调剂，调剂时可由项目负责人根据科研活动实际需要自主安排，由承担单位据实核准，验收时向项目主管部门备案。(自治区财政厅、项目主管部门、项目承担单位负责)

（二）提高间接费用比重，增列绩效支出。自治区财政科技计划(专项资金、基金等)中公开竞争性科研项目均要设立间接费用，间接费用采取分段超额累退比例法计算，核定比例可以提高到不超过直接费用扣除设备购置费的一定比例：500万元以下(包括500万元)的部分按20%核定；500万元至1000万元(包括1000万元)的部分按15%核定；1000万元以上的部分按13%核定。间接费用中绩效支出不设比例限制。项目承担单位要制定科研项目资金绩效支出管理制度，依法依规使用间接费用，处理好合理分摊间接成本和对科研人员激励的关系，绩效支出只能用于项目组成员，不得截留、挤占、挪用。项目通过验收后，项目承担单位和项目负责人要根据科研人员在项目工作中的实际贡献公开公正安排绩效支出,体现人才智力价值。项目承担单位中的国有企事业单位从科研经费中列支的编制内有工资性收入科研人员的绩效支出,一次性计入当年本单位工资总额,但不受当年本单位工资总额限制,不纳入本单位工资总额基数。(项目主管部门、项目承担单位负责)

（三）明确劳务费开支范围,不设比例限制。参与项目实施的硕士研究生、博士研究生、博士后、访问学者以及项目聘用的研究人员、科研辅助人员等,均可开支劳务费。项目聘用人员的劳务费开支标准,参照所在地科学研究和技术服务业从业人员平均工资水平,根据其在项目研究中承担的工作任务确定,其社会保险补助纳入劳务费科目列支。劳务费预算不设比例限制,由项目承担单位和科研人员据实编制。(项目主管部门、项目承担单位负责)

（四）改进项目结转结余资金留用处理方式。科研项目实施期间,年度剩余资金可结转下一年度继续使用。项目完成任务目标并通过验收后,结余资金按规定留归项目承担单位使用,在2年内由项目承担单位统筹安排用于科研活动的直接支出;2年后未使用完的,按规定收回。(项目主管部门、项目承担单位负责)

（五）自主规范管理横向经费。项目承担单位以市场委托方式取得的横向经费,纳入单位财务统一管理,由项目承担单位按照委托方要求或合同约定管理使用。(项目承担单位负责)

三、改革自治区高校、科研院所科研经费管理权限,改进科研人员因公出国（境）管理方式

（一）下放差旅费、会议费、咨询费管理权限。根据中央规定,结合自治区实际,完善自治区高校、科研院所差旅费、会议费、咨询费管理,自治区高校、科研院所可根据项目实施的实际需求,按照实事求是、精简高效、厉行节约的原则,自行研究并合理制定科研类差旅费、会议费、咨询费管理办法。合理确定科研人员乘坐交通工具等级和住宿费标准,会议次数、天数、人数和会议费开支范围、标准,以及咨询费开支标准。难以取得住宿费发票的,项目承担单位在确保真实性和附有说明的前提下,据实报销城市间交通费,并按规定标准发放伙食补助费和市内交通费。会议代表参加会议所发生的城市间交通费,原则上按差旅费管理规定由所在单位报销；邀请国内外专家、学者和有关人员参加会议,对确需负担的城市间交通费、国际旅费,可由项目主办单位从会议费等费用中报销。自治区高校、科研院所要制定符合科研实际需要的内部报销规定,切实解决野外考察、心理测试等科研活动中无法取得发票或财政性票据的报销问题。(自治区高校、科研院所负责)

（二）改进科研人员因公出国（境）管理方式。自治区外事办对科研人员出国（境）开展国际合作与交流实行导向明确的区别管理。科研人员为完成科研项目任务出国（境）开展国际合作与交流产生的费用,从科研经费中列支的,按业务类别单独管理。自治区高校、科研院所要研究制定科研人员出国（境）管理办法。(自治区外事办、高校、科研院所负责)

四、完善自治区高校、科研院所科研仪器设备采购管理

（一）改进高校、科研院所政府采购管理。自治区高校、科研院所购置教学科研仪器、仪表及设备属于政府集中采购目录中专用采购项目的,可实行部门集中采购。自治区高校、科研院所可自行采购科研仪器设备,自行选择科研仪器设备评审专家。自治区财政厅要简化政府采购项目预算调剂和变更政府采购方式审批流程。自治区高校、科研院所要切实做好设备采购的监督管理,做到全程公开、透明、可追溯。(自治区财政厅、高校、科研院所负责)

（二）优化进口仪器设备采购服务。对自治区高校、科研院所采购进口仪器设备实行备案制管

理。落实进口科研教学用品免税政策。(自治区财政厅、呼和浩特海关、满洲里海关负责)

五、完善高校、科研院所科研基本建设项目管理

(一)扩大自治区高校、科研院所科研基本建设项目管理权限。对自治区高校、科研院所利用自有资金、不申请政府投资建设的科研基本建设项目,由高校、科研院所自主决策,报主管部门备案,不再进行审批。自治区发展改革委和高校、科研院所主管部门要加强对自治区高校、科研院所科研基本建设项目的指导和监督检查。(自治区发展改革委、高校和科研院所主管部门负责)

(二)简化自治区高校、科研院所科研基本建设项目审批程序。自治区高校、科研院所主管部门要指导高校、科研院所编制五年建设规划,对列入规划的科研基本建设项目不再审批项目建议书。简化自治区高校、科研院所科研基本建设项目城乡规划、用地及环评、能评等审批手续,缩短审批周期。(自治区高校和科研院所主管部门负责)

六、规范管理、改进服务

(一)强化法人责任,规范资金管理。项目承担单位是科研项目实施和资金使用管理的责任主体,要切实履行项目组织实施、验收、资金和资产使用等方面的管理职责,严格遵守科研项目资金管理各项规定,切实做好国有资产管理工作。项目承担单位要建立健全内部管理制度,落实项目预算调剂、间接费用统筹使用、劳务费分配管理、结余资金的使用等管理权限;加强预算审核把关,规范财务支出行为,完善内部风险防控机制,强化资金使用绩效评价,保障资金使用安全和规范有效;实行内部公开制度,主动公开项目预算、预算调剂、资金使用(重点是间接费用、外拨资金、结余资金使用)、研究成果等情况。(项目承担单位负责)

(二)建立科研财务助理制度,为科研人员专心从事科研活动提供专业服务。项目承担单位要建立健全科研财务助理制度,为科研人员在项目预算编制和调剂、经费支出、财务决算和验收等方面提供专业化服务,科研财务助理所需费用可由项目承担单位根据情况通过科研项目资金等渠道解决。充分利用信息化手段,建立健全项目承担单位的内部科研、财务部门和项目负责人信息共享平台,提高科研管理效率和便利化程度。(项目承担单位负责)

(三)加强统筹协调,精简检查评审。自治区科技厅、财政厅、项目主管部门要加强对项目资金监督的统筹协调,建立职责明确、分工负责的协同工作机制。加快清理规范委托中介机构对科研项目开展的各种检查评审,推进检查结果共享,减少检查数量,改进检查方式,避免重复检查和多头检查。(自治区科技厅、财政厅、项目主管部门负责)

七、加强制度建设和工作指导,保证政策措施落地见效

(一)尽快出台操作性强的实施办法。项目主管部门要完善预算编制指南,指导项目承担单位和科研人员科学合理编制项目预算;制定预算评估评审工作细则,优化评估程序和方法,规范评估行为,建立健全与项目申请者及时沟通反馈机制;制定财务验收工作细则,规范委托中介机构开展的财务检查。2017年12月1日前,自治区各高校、科研院所要制定科研经费内部管理办法,其主管部门要加强工作指导和统筹;2017年年底前,项目主管部门要制定出台相关实施细则,项目承担单位要制定或修订科研项目资金内部管理办法和报销规定。以后年度承担科研项目的单位要于当年制定出台相关管理办法和规定。(项目主管部门、自治区高校和科研院所主管部门、高校和科研院所、项目承担单位负责)

(二)加强对政策措施落实情况的督查指导。自治区财政厅、科技厅要适时组织开展对项目承担单位科研项目资金等管理权限落实、内部管理办法制定、创新服务方式、内控机制建设、相关事项内部公开等情况的督查，督查情况以适当方式进行通报，并将督查结果纳入信用管理，与间接费用核定、结余资金留用等挂钩。审计机关要依法开展对政策措施落实情况和财政资金的审计监督。项目主管部门要督促指导所属项目承担单位完善内部管理，确保各项政策规定落到实处。（自治区财政厅、科技厅、审计厅、项目主管部门）

自治区财政厅、哲学社科类科研项目主管部门要结合哲学社会科学研究的规律和特点，参照本实施意见尽快修订哲学社科类科研项目资金管理办法。（自治区财政厅、哲学社科类科研项目主管部门负责）

本实施意见所称高校，包括高等职业学院；项目承担单位，指承担自治区财政科研项目并使用财政科研经费的高校、科研机构、企业和包括医疗机构在内的其他事业单位、社会组织等；项目主管部门，指立项支持项目承担单位开展科技研发活动的有关部门。

本实施意见印发后次月底前完成验收（结题）的科研项目适用本实施意见；2017年立项的科研项目适用本实施意见。

各盟市要参照本意见精神，结合实际，制定或完善本地区财政科研项目资金管理的具体办法。

内蒙古自治区应用技术研究与开发资金管理办法

(内财科规〔2018〕2号)

第一章 总则

第一条 为规范和加强自治区应用技术研究与开发资金管理，提高资金使用效益，根据《国务院关于改进加强中央财政科研项目和资金管理的若干意见》（国发〔2014〕11号）、《国务院印发关于深化中央财政科技计划（专项、基金等）管理改革方案的通知》（国发〔2014〕64号）、《中共中央办公厅 国务院办公厅印发关于进一步完善中央财政科研项目资金管理等政策的若干意见》（中办发〔2016〕50号）、《内蒙古自治区党委办公厅 自治区人民政府办公厅印发〈关于进一步完善自治区财政科研项目资金管理等政策的意见〉的通知》（内党办发〔2017〕30号）、《内蒙古自治区本级项目支出预算管理办法》（内政办发〔2016〕136号）和《内蒙古自治区对下专项转移支付管理办法》（内政办发〔2016〕134号）精神，结合自治区科技经费管理改革实际，制定本办法。

第二条 本办法适用于自治区本级财政安排的应用技术研究与开发资金。

第二章 支持方向与对象

第三条 应用技术研究与开发资金重点支持基础性和公益性研究，共性技术和关键技术研究开发与应用，以及为科技创新提供条件和服务的平台载体和环境建设等科技活动。

第四条 应用技术研究与开发资金支持对象主要是自治区具有独立法人资格的企业事业单位、高等院校、科研院所、社会团体、民办非企业单位以及在区外设立的京蒙高科企业孵化器等单位。

第五条 应用技术研究与开发资金的管理和使用遵循以下原则：

（一）集中财力，突出重点。重点支持市场机制不能有效配置资源的公共科技活动。集中财力，突出重点，避免资金安排分散重复。

（二）放管结合，权责对等。进一步转变政府职能，坚持做好"放管服"，充分发挥相关管理机构的作用，明确职责，强化担当，落实资金管理责任。

（三）遵循规律，注重绩效。遵循科研活动规律，强化事中和事后监管，完善信息公开公示制度，建立面向结果的绩效评价机制，提高资金使用效益。

（四）专款专用，单独核算。专项资金按照"专款专用、单独核算"的原则使用和管理，提高资金使用的规范性和安全性。

第三章 组织管理

第六条 应用技术研究与开发资金由自治区财政厅、科技厅和项目承担单位实行分级管理。其具体职责是：

（一）自治区财政厅职责

1.核定年度应用技术研究与开发资金预算；

2.会同自治区科技厅下达项目资金；

3.对项目资金管理使用情况进行监督检查和绩效评价；

4. 按照相关规定应当履行的其他职责。

（二）自治区科技厅职责

1. 依据年度科技工作计划和重点任务提出年度应用技术研究与开发资金预算；

2. 负责编制应用技术研究与开发资金项目申报指南会同自治区财政厅发布；

3. 负责项目受理、信用审查、评审立项、审批等管理；

4. 会同自治区财政厅下达项目资金；

5. 负责项目资金监督检查、项目验收及绩效评价；

6. 按照相关规定应当履行的其他职责。

（三）项目承担单位职责

1. 承担项目资金使用和管理的主体责任，组织项目实施；

2. 建立健全项目资金管理和使用制度，完善内部控制和监督制约机制；

3. 编审项目预算，并在规定权限范围内调整预算，调整时要有项目承担单位负责人主持的相关会议通过和书面记载；

4. 落实项目自筹资金及其他保障条件；

5. 负责项目资金的财务管理和会计核算；

6. 编制项目财务决算表和决算报告；

7. 接受有关职能部门对项目执行的监督检查、项目验收及绩效评价；

8. 按照相关规定应当履行的其他职责。

第七条 自治区财政厅、科技厅每年按照不超过当年应用技术研究与开发资金总额的3%提取管理工作经费。管理工作经费用于项目需求调研、项目征集、评审论证、监督检查、验收及绩效评价等工作发生的费用。盟市以下财政部门、科技部门和其他部门不得在自治区拨付的专项资金中重复提取管理工作经费。

第四章 支持方式

第八条 应用技术研究与开发资金采取无偿资助和有偿支持两种支持方式。

无偿资助根据项目的不同类型和特点采取事前资助和事后补助两种资助方式。

事前资助是指应用技术研究与开发资金对已立项项目的科研活动进行前期资助。

事后补助是指项目承担单位先行投入资金，进行成果转化、科研平台开放服务、科技中介服务取得绩效，经评审验收后给予资金补助。

有偿支持用于科技金融结合，以有偿方式支持科技型企业成长和科技成果转化。

第九条 事前资助资金由项目承担单位按相关规定单独核算，专款专用。

事后补助资金由项目承担单位自主安排用于科研活动。

有偿支持按照市场运作规定和要求执行。

第五章 支出范围

第十条 应用技术研究与开发资金开支范围为项目实施过程中所发生与研究活动相关的费用，分为直接费用和间接费用。

（一）直接费用具体包括：

1. 设备费，指在项目研究开发过程中购置或试制专用仪器设备、对现有仪器设备进行升级改造以及租赁外单位仪器设备而发生的费用。应当严格控制设备购置，鼓励开放共享、自主研制、租赁专用仪器设备以及对现有仪器设备进行升级改造，避免重复购置。

2.材料费，指在项目研究开发过程中消耗的各种原材料、辅助材料、低值易耗品等的采购及运输、装卸、整理等费用。

3.测试化验加工费，指在项目研究开发过程中支付给外单位（包括项目承担单位内部独立经济核算单位）的检验、测试、化验及加工等费用。

4.燃料动力费，指在项目研究开发过程中相关大型仪器设备、专用科学装置等运行发生的可以单独计量的水、电、气、燃料消耗等费用。

5.会议/差旅/国际合作与交流费：是指在项目研究开发过程中发生的差旅费、会议费和国际合作与交流费。

会议费指项目研究开发过程中组织召开学术研讨、咨询以及协调项目等活动而发生的费用；

差旅费指项目研究开发过程中开展或参加科学实验（试验）、科学考察、业务调研、学术交流等所发生的外埠差旅费、市内交通费等费用；

国际合作与交流费指项目研究开发过程中项目研究人员出国（境）参加学术交流活动及国（境）外专家来我区所需要的费用。

在编制项目预算时，本科目支出预算不超过直接费用10%的，不需要提供预算测算依据。承担单位和科研人员应当按照实事求是、精简高效、厉行节约的原则，严格执行国家和单位的有关规定，统筹安排使用。

6.出版/文献/信息传播/知识产权事务费，指在项目研究开发过程中，需要支付的出版费、资料费、专用软件购买费、专业技术购买费、文献检索费、专业通信费、专利申请及其他知识产权事务以及科普宣传等费用。

7.劳务费，指支付给参与项目实施的硕士研究生、博士生、访问学者以及项目聘用的研究人员、科研辅助人员等劳务费，以及临时聘用人员的社会保险补助费用。项目聘用人员的劳务费开支标准，参照所在地科学研究和技术服务业从业人员平均工资水平，根据其在项目研究中承担的工作任务确定。劳务费预算不设比例限制，由项目承担单位和科研人员据实编制。

8.咨询费，指在项目研究开发过程中支付给临时聘请的咨询专家的费用。咨询费发放标准参照财政部关于印发《中央财政科研项目专家咨询费管理办法》执行。

9.其他支出，指与项目研究开发相关且不能列入上述科目的其他必要费用。其他支出应当严格控制，加强审核和监督，在编制预算时单独列示，单独核定。

上述开支范围中，自治区高校、科研院所可根据项目实施的实际需求，以实事求是、精简高效和厉行节约为原则，自行研究并合理制定科技项目差旅费、会议费、咨询费标准和管理办法。合理确定科研人员乘坐交通工具等级和住宿费标准，会议次数、天数、人数和会议费开支范围、标准，以及咨询费开支标准。

（二）间接费用，是指承担项目承担单位在组织实施项目过程中发生的，无法在直接费用中列支的相关费用。主要包括项目承担单位为项目研究开发提供的现有仪器设备及房屋使用折旧，水、电、气、暖消耗，有关管理费用的补助支出，以及绩效支出等。

绩效支出指项目通过验收后，在项目研究开发过程中按相关规定支付给本单位项目组成员的补贴。

间接费用使用分段超额累退比例法计算并实行总额控制，按照不超过直接费用扣除设备购置费的一定比例核定：500万元以下（包括500万元）按20%核定；500万元至1000万元（包括1000万元）按15%核定；1000万元以上按13%核定。

间接费用中绩效支出不设比例限制，项目承担单位要制定科技项目资金绩效支出管理制度。

第六章 实施与管理

第十一条 自治区科技厅应当按照科技计划管理相关规定，会同财政厅发布项目申报指南，组织项目综合评审，确定财政资金资助额度。自治区财政厅按照国库集中支付制度规定，及时下达和拨付项目资金。

第十二条 项目承担单位应当严格执行国家有关财经法规和财务制度，切实履行法人责任，建立健全项目资金内部管理制度和报销规定，明确内部管理权限和审批程序，完善内控机制建设，强化资金使用绩效评价，确保资金使用安全规范有效。应当建立健全科研财务助理制度，为科研人员在项目预算编制和调剂、资金支出、财务决算和验收方面提供专业化服务。

第十三条 项目承担单位应当按照政策相符性、目标相关性和经济合理性的原则，结合项目实际情况，科学、合理、真实地编制项目资金预算。

项目资金预算编制包括资金来源预算和资金支出预算。资金来源预算包括财政专项资金和自筹资金。资金支出预算应当按照第十条开支范围进行编制。

第十四条 项目承担单位应当将项目资金纳入单位财务统一管理，对财政资金和其他来源的资金分别单独核算，确保专款专用。项目承担单位按照项目合同书或任务书约定，确保自筹资金及时足额到位，保障目标任务按期完成。

第十五条 项目实施需要项目合作单位的，项目承担单位应与合作单位签订任务书明确任务和资金。合作单位应按照第十条开支范围编制使用项目资金支出预算，经项目承担单位审核通过后支出项目资金。项目承担单位不得违规转包科研项目，变相转拨资金。

第十六条 项目承担单位应当建立信息公开制度，在单位内部公开项目立项、主要研究人员、资金使用（重点是间接费用、外拨资金、结余资金使用等）、大型仪器设备购置以及项目研究成果等情况，接受内部监督。

第十七条 项目承担单位应当严格执行国家和自治区有关支出管理制度。项目实施过程中发生的会议费、差旅费、小额材料费和测试化验加工费等，应当按规定实行"公务卡"或非现金方式结算。设备费、大宗材料费和测试化验加工费、劳务费、专家咨询费等，原则上应当通过银行转账方式结算。

第十八条 自治区高校、科研院所对项目实施过程中难以取得住宿费发票的，在确保真实性和附有说明的前提下，据实报销城市间交通费，并按规定标准发放伙食补助费和市内交通费。邀请国内外专家、学者和有关人员参加会议，对确需负担的城市间交通费、国际旅费，可从会议费等费用中报销。自治区高校、科研院所要制定符合科研实际需要的内部报销规定，对野外考察、心理测试等科研活动中无法取得发票或者财政性票据的，在确保真实性的前提下，可按实际发生额予以报销。

第十九条 项目承担单位要依法依规使用科技计划项目资金，不得利用虚假票据套取资金，不得通过编造虚假合同、虚构人员名单等方式虚报冒领劳务费和专家咨询费，不得通过虚构测试化验内容、提高测试化验支出标准等方式违规开支测试化验加工费，不得列支与项目无关的如日常办公、生产性设备、生产用材料、专利维护费等，不得分摊单位日常运行费用、违规列支招待费，不得以劳务费形式发放应由单位承担的其他人员工资，不得将专家咨询费发放给项目组成员或支付给参与项目管理的工作人员等。不得随意调账变动支出、随意修改记账凭证，严禁以任何方式使用项目资金列支应当由个人负担的有关费用和支付各种罚款、捐款、赞助、投资等。

项目承担单位和合作单位不得在核定的管理费用以外再以任何名义在项目资金中重复提取、列支相关费用，不得虚假承诺配套资金骗取财政专项资金。

第二十条 项目承担单位应当按照核准预算执行。项目在执行期间，年度剩余资金可结转下一年度继续使用。项目执行过程中预算确有必要调剂时，应当按照以下调剂范围和权限，履行相关程序：

（一）项目预算总额不变，直接费用中的材料费、测试化验加工费、燃料动力费、出版／文献／信息传播／知识产权事务费及其他支出预算调剂权限下放给项目承担单位。项目承担单位按照科技资金管理有关规定，建立科技项目资金预算调整管理制度，在项目执行中项目负责人和承担单位按照管理规定和实际情况进行自主调整，调整时可由项目负责人根据科研活动实际需要自主安排，由承担单位据实核准，并留有书面记录，验收时向项目主管部门备案。设备费、差旅／会议／国际合作交流费、劳务费、专家咨询费的预算一般不予调增，需调减用于项目其他直接支出的，可按上述程序办理调剂审批手续；如有特殊情况确需调增的，由项目负责人提出申请，经项目承担单位同意后，报项目主管部门批准。

（二）项目间接费用预算总额不得调增，经项目承担单位与项目负责人协商一致后，可以调减用于直接费用。

第二十一条 项目承担单位应当建立科研目标管理以及绩效考核制度，对科研工作进行绩效考核的基础上，结合科研人员实绩，由所在单位根据国家和自治区有关规定统筹安排项目组成员的劳务费和绩效支出。

第二十二条 项目承担单位应当严格执行国家和自治区有关政府采购、招投标等管理规定。自治区高校、科研院所购置教学科研仪器、仪表及设备属于政府集中采购目录中专用采购项目的，可实行部门集中采购。自治区高校、科研院所可自行采购科研仪器设备，自行选择科研仪器设备评审专家。自治区高校、科研院所要切实做好设备采购的监督管理，做到全程公开、透明、可追溯。

项目实施过程中，事业单位使用财政资金形成的固定资产属于国有资产，应当按照国家和自治区有关国有资产管理的规定执行。一般由单位进行使用和管理，政府资产管理部门有权进行调配和共享。企业使用财政资金形成的固定资产，按照《企业财务通则》等相关规章制度执行。

项目承担单位使用财政资金形成的知识产权等无形资产的管理，按照国家和自治区有关规定执行。使用财政资金形成的大型科学仪器设备、科学数据、自然科技资源等，按照规定开放共享。

第二十三条 项目因故撤销或终止，项目承担单位应当及时清理账目与资产，编制财务报告及资产清单，报送自治区财政厅、科技厅。自治区财政厅、科技厅结合项目预算并按照政策相符性、目标相关性和经济合理性的原则，组织财务审计并根据审计结果清算和收回财政结余资金及违规资金（含处理已购物资、材料及仪器设备的变价收入）。

第七章 财务验收与资金结余

第二十四条 项目执行期满后，项目承担单位应当及时清理账目与资产，如实编制项目资金决算，向自治区科技厅、财政厅提交申请，提供项目财务决算和决算报告书，并对报告的真实性、完整性负责。财政资金50万元以上（包括50万元）项目，项目承担单位自行选择会计事务所进行审计，按照科技项目结题财务验收审计报告模板和要求出具审计报告。未编报项目决算和决算报告书，一律不予通过项目验收。

财务验收会同项目结题验收应当在项目执行期满后的三个月内提出申请。

第二十五条 自治区科技厅、财政厅按照有关规定组织财务验收，出具项目财务验收意见。存在下列行为之一的，不得通过财务验收：

（一）编报虚假预算，套取自治区财政资金；

（二）未对自治区财政资金进行单独核算；

（三）截留、挤占、挪用自治区财政资金；

（四）违反规定转拨、转移自治区财政资金；

（五）提供虚假财务会计资料；

（六）未按规定执行和调剂预算；

（七）虚假承诺其他来源的资金；

（八）资金管理使用存在违规问题拒不整改；

（九）其他违反国家财经纪律的行为。

第二十六条 项目完成任务目标并通过验收，且承担单位信用评价好的，结余资金按规定留归项目承担单位使用，在2年内由项目承担单位统筹安排用于科研活动的直接支出；2年后未使用完的，按规定收回。

未通过财务验收或整改后通过财务验收的项目，或承担单位信用评价差的，结余资金按规定收回。

第八章 监督检查

第二十七条 自治区财政厅、科技厅各司其职，建立健全科技计划项目资金管理和使用绩效评估制度，确定考评项目，指导、监督、检查项目考评工作，建立守信联合激励机制和失信联合惩戒制度机制。

探索建立科研项目绩效评估和科研信用制度，绩效和信用评估结果作为专项计划设定、专项资金安排和项目滚动支持的重要依据，并在一定范围内公布，接受社会监督。

第二十八条 科技计划项目资金的管理和使用情况应当由项目承担单位建立公开制度予以公开，接受自治区财政厅、审计厅、科技厅等部门的监督。

第二十九条 任何组织或者个人不得虚报、套取、冒领、贪污、挪用、截留财政资金，不得提供虚假材料、数据和成果。对于违反规定的行为，将依照有关财政违法行为处罚处分的规定，采取责令改正、约谈项目（课题）承担单位法人、通报、停止项目（课题）拨款、终止项目（课题）并追回部分或全部拨款资金等措施进行处理处罚，将处罚结果纳入自治区科研信用管理系统，对项目（课题）负责人或项目（课题）承担单位被认定为严重失信的，将列入黑名单，并视其严重程度限制或永久取消其今后承担项目资格，限制年限最少为3年；构成犯罪的，依法追究刑事责任。

第九章 附则

第三十条 本办法自公布之日起三十日后实施。《内蒙古自治区应用技术研究与开发专项资金管理办法》(内财教〔2012〕1233号)同时废止。

第三十一条 本办法由自治区财政厅、科技厅负责解释。

第三十二条 各盟市可参照本办法,制定或完善本地区财政科技专项资金管理办法。

内蒙古自治区财政厅

内蒙古自治区科技厅

2018年3月28日

内蒙古自治区科技成果转化专项资金管理办法

(内财科规〔2018〕11号)

第一章 总则

第一条 为贯彻落实《中华人民共和国促进科技成果转化法》、《内蒙古自治区促进科技成果转化条例》和《内蒙古自治区促进科技成果转移转化八项措施》，促进科技成果向现实生产力转化，培育壮大高新技术产业，推动我区经济高质量发展，增强综合竞争力，自治区设立科技成果转化专项资金（简称成果转化资金）。为加强资金管理、提高资金使用效益，根据《内蒙古自治区党委办公厅 自治区人民政府办公厅印发〈关于进一步完善自治区财政科研项目资金管理等政策的意见〉的通知》(内党办发〔2017〕30号)、《内蒙古自治区本级项目支出预算管理办法》(内政办发〔2016〕136号)和《内蒙古自治区对下专项转移支付管理办法》(内政办发〔2016〕134号)精神，结合自治区科技经费管理改革实际，制定本办法。

第二条 成果转化资金由自治区财政厅、科技厅共同管理。成果转化资金的使用和管理严格执行国家和自治区有关财经法律、法规，按照"政府引导、社会参与，专款专用、注重效益"的原则，支持我区企业、高校、科研院所、科技服务机构等积极开展科技成果转移转化，促进科技创新。

第三条 成果转化资金主要用于支持能较快进入产业化开发、形成较大规模，显著提升相关产业技术水平和核心竞争力的科技成果转移转化活动，包括能够形成新技术、新工艺、新材料、新产品的科技成果后续试验、开发、应用、推广，普及等。

第二章 职责分工

第四条 自治区财政厅主要职责

（一）会同自治区科技厅共同研究制定成果转化资金管理办法及发布年度项目申报指南；

（二）核定成果转化资金年度资金预算；

（三）会同自治区科技厅下达资金；

（四）会同相关部门做好资金监管及绩效评价管理工作；

（五）其他管理事项。

第五条 自治区科技厅主要职责

（一）会同自治区财政厅共同研究制定成果转化资金管理办法，并于每年的11月发布下一年度项目申报指南；

（二）负责成果转化资金的申报受理、信用审查、组织项目评审，并于人大批复预算后四十五日内向自治区财政厅提出资金安排建议，会同自治区财政厅下达资金；

（三）组织专家验收；

（四）负责成果转化资金的绩效评价，会同审计，财政等部门对成果转化资金使用情况进行监督检查；

（五）其他管理事项。

第六条 成果转化资金使用单位主要职责

（一）承担资金使用和管理的主体责任；

（二）建立健全资金管理和使用制度，完善内部控制和监督制约机制；

（三）按照自治区财政厅、科技厅的要求报送阶段性资金使用情况和绩效报告。

第三章 支持方式

第七条 成果转化资金主要用于科技成果转化引导、技术交易后补助、风险投资补偿、知识产权质押融资补偿等。科技成果转化引导资金、知识产权质押融资补偿采取前立项的方式，经审核拨付的资金按照自治区科技计划及经费管理制度实施管理。技术交易后补助、风险投资补偿采取后补助的方式，经审核拨付的资金由受补助单位统筹安排使用。

第八条 科技成果转化引导资金主要支持自治区经济社会发展和产业转型升级重点领域，重点方向的科技成果转化示范项目。

对可有效推动自治区产业结构转型升级，加速形成新产业、新动能、新增长极的重大科技成果转化项目，可采取一事一议的方式按规定程序予以支持。

第九条 技术交易后补助是指对已在自治区实施的有偿技术转让转化交易及相关服务进行的激励性、普惠性补助。

（一）补助范围

对工商注册和纳税所在地均在我区的企事业单位承接技术转化以及购买相关服务，区内各类科研机构在自治区科技成果网上交易平台转让技术成果，按技术交易额给予后补助。对符合设立标准和资质的科技成果转化服务机构，在科技成果转移转化服务中绩效突出的，按其服务绩效给予后补助。

（二）补助标准

申请单位通过自治区科技成果网上交易平台购买技术成果，签订技术转让合同，实际技术交易额在100万元以下的按10%给予补助，100万元至500万元的按超额累进5%给予补助，500万元以上的按超额累进3%给予补助，最高补助限额为200万元。购买技术开发、技术咨询、技术服务、技术培训、技术承包、技术中介等服务，签订技术开发，技术咨询、技术服务合同，按实际技术交易额的10%给予后补助，最高补助限额为50万元。

申请单位通过自治区科技成果网上交易平台转让技术成果，签订技术转让合同，实际技术交易额在500万元以下的按10%给予卖方后补助，500万元以上的按超额累进5%给予补助，最高补助限额为100万元，同一项目多次转让不重复补助。

对经自治区科技行政管理部门考核评价合格的技术转移服务机构按照服务绩效分为一级，二级和三级，对一、二级服务机构分别给予50万元和20万元年度后补助。

第十条 风险投资补偿是指对各类投资机构以风险投资的形式投入或参与投入自治区科技成果转化项目，因项目失败造成投资损失的补偿。

（一）补助范围

工商注册和纳税所在地均在我区的科技型中小企业、高新技术企业实施科技成果转化项目，引进区内各类投资机构风险投资，因项目失败造成投资损失的，投资机构可申请风险投资补偿。

（二）补助标准

按照投资机构风险投资总额10%给予补偿，单个项目最高补偿额不超过50万元。

第十一条 知识产权质押融资补偿主要用于为企业知识产权质押融资提供风险准备金资金，并对知识产权质押融资过程中的服务进行补贴和贴息，有效降低企业融资成本。

（一）补助范围

工商注册和纳税所在地均在我区且具有自主知识产权、从事科技成果转移转化活动的科技型中小企业和区内合作金融方。

（二）补助内容

1. 知识产权质押融资风险准备金。风险补偿资金按照一定比例存入金融机构的准备金账户，用于弥补可能发生的贷款风险。

2. 知识产权质押融资补偿资金，包括服务费补贴及知识产权融资贴息。补贴资金用于降低科技型企业的融资成本，补贴知识产权服务费和知识产权质押贷款利息等。

第四章 绩效评价与资金监管

第十二条 成果转化资金专款专用，自治区各级财政、科技部门应全面履行监督管理职责，按照国库集中支付制度的要求，确保资金及时足额拨付到位。

第十三条 经核定拨付的资金，要严格执行国家和自治区有关财经政策和财务制度，科学、合理、有效地安排和使用资金，加强资金核算和管理。建立专项资金绩效评价机制，对专项资金管理使用情况开展绩效评价，不断提高财政资金使用效益。绩效评价结果作为以后年度资金安排的依据。

第十四条 成果转化引导类项目承担单位应主动接受审计、财政等部门的监督检查和财务审计。建立经费使用监督管理机制，严格执行项目预算，单独核算、专款专用。资金不得用于支付各种罚款、捐款、赞助、投资等支出；不得用于人员工资性支出及各种福利性支出；不得用于国家和自治区规定禁止列入的其他支出。

第十五条 项目经费申报和管理中存在下列行为之一的，将采取终止项目、停止拨款、收回专项资金等措施，并按《财政违法行为处罚处分条例》和《内蒙古自治区促进科技成果转化条例》、《内蒙古自治区技术市场管理条例》等有关规定严肃处理。

（一）编报虚假预算，套取财政资金的；

（二）截留、挤占、挪用专项资金的；

（三）未按规定执行和调整预算的；

（四）因管理不善，造成国有资产损失和浪费的；

（五）弄虚作假，订立虚假技术合同的；

（六）其他违反国家和自治区财经纪律及相关法规、制度等行为，涉嫌违法的移交司法部门处理。

第五章 附则

第十六条 本办法由自治区财政厅、科技厅负责解释。

第十七条 本办法自公布之日起三十日后执行。

内蒙古自治区财政厅

内蒙古自治区科技厅

2018年7月16日

内蒙古自治区财政厅　内蒙古自治区科学技术厅关于印发《内蒙古自治区科技重大专项资金管理办法》的通知

(内财科规〔2018〕12号)

各盟市财政局、科技局，满洲里、二连浩特市财政局、科技局，自治区各有关厅局，自治区直属高校、科研院所，各有关单位：

为规范和加强自治区科技重大专项资金管理，提高资金使用效益，根据《中共中央办公厅　国务院办公厅印发关于深化项目评审、人才评价、机构评估改革的意见》(中办发〔2018〕37号)、《内蒙古自治区党委办公厅　自治区人民政府办公厅印发〈关于进一步完善自治区财政科研项目资金管理等政策的意见〉的通知》(内党办发〔2017〕30号)、《内蒙古自治区本级项目支出预算管理办法》(内政办发〔2016〕136号)和《内蒙古自治区对下专项转移支付管理办法》(内政办发〔2016〕134号)精神，结合自治区科技经费管理改革实际，我们重新修订了《内蒙古自治区科技重大专项资金管理办法》，现印发你们，请遵照执行。

内蒙古自治区财政厅　内蒙古自治区科学技术厅
2018年7月25日

内蒙古自治区科技重大专项资金管理办法

第一章　总则

第一条　为深化科技领域"放管服"改革，改革创新科研经费使用管理方式，规范和提高自治区科技重大专项资金管理效率和使用效益，激发广大科研人员积极性创造性，加快提升自治区自主创新能力和产业竞争力，根据《中共中央办公厅　国务院办公厅印发关于深化项目评审、人才评价、机构评估改革的意见》(中办发〔2018〕37号)、《内蒙古自治区党委办公厅　自治区人民政府办公厅印发〈关于进一步完善自治区财政科研项目资金管理等政策的意见〉的通知》(内党办发〔2017〕30号)、《内蒙古自治区本级项目支出预算管理办法》(内政办发〔2016〕136号)和《内蒙古自治区对下专项转移支付管理办法》(内政办发〔2016〕134号)精神，结合自治区科技经费管理改革实际，制定本办法。

第二条　本办法适用于自治区本级财政安排的科技重大专项资金。

第二章　支持方向与对象

第三条　科技重大专项资金支持现代农牧业、生物技术、民族医药、生态环境、节能环保、新能源、新材料、高端装备制造、新一代信息技术等重点产业、领域的重大关键共性技术、重大技术装备或产品研究开发以及科技成果产业化示范；支持重大专项设立及实施的前期规划、设计研究；支持国家级创新基地平台建设。

第四条 科技重大专项资金资助对象是自治区内具有独立法人资格的企事业单位、高等院校、科研院所、社会团体、民办非企业单位以及在区外设立的孵化器等单位。支持项目原则上资金额度在 500 万元以上。

第五条 科技重大专项资金的管理和使用遵循以下原则：

（一）集中财力，突出重点。重点支持以企业为主体、市场为导向、产学研结合的战略性、先导性的重大技术创新活动。集中财力，突出重点，避免资金安排小、散、重复。

（二）放管结合，分级管理。进一步明晰地区、部门职责，坚持做好"放管服"，充分发挥主管部门战略规划、宏观统筹作用，承担地区、部门组织推进、细化实施作用，强化责任担当，落实资金管理使用。

（三）遵循规律，注重绩效。遵循科研活动规律，强化事前、事中和事后全过程监管，完善信息公开公示制度，建立面向结果的绩效评价机制，提高资金使用效益。

（四）专款专用，单独核算。专项资金按照"专款专用、单独核算"的原则使用和管理，提高资金使用的规范性和安全性。

第三章 组织管理

第六条 科技重大专项资金由自治区财政厅、科技厅和项目（课题）承担单位分别按照其职能进行管理。具体如下：

（一）自治区财政厅职责

1. 核定年度科技重大专项资金预算；会同自治区科技厅下达资金；

2. 会同自治区科技厅发布年度项目申报指南；

3. 会同相关部门做好资金监管及绩效评价管理工作；

4. 按照相关规定应当履行的其他职责。

（二）自治区科技厅职责

1. 根据年度支持重点，会同自治区财政厅于每年的 10 月发布下一年度项目申报指南；

2. 负责重大专项资金项目的申报受理、信用审查，组织项目评审，并于人大批复预算后四十五日内向自治区财政厅提出年度支持项目名单及资金预算建议，会同自治区财政厅下达资金。

3. 负责组织项目（课题）资金监督检查、项目（课题）管理、验收及绩效评价；

4. 按照相关规定应当履行的其他职责。

（三）项目（课题）承担单位职责

1. 承担项目（课题）资金使用和管理的主体责任，组织项目（课题）实施；

2. 建立健全项目（课题）资金管理和使用制度，完善内部控制和监督制约机制；

3. 编审项目（课题）预算，并在规定权限范围内调整预算，调整时要由项目（课题）承担单位负责人主持召开相关会议通过，并有书面记载；

4. 落实项目（课题）自筹资金及其他保障条件；

5. 负责项目（课题）资金的财务管理和会计核算；

6. 编制项目（课题）财务决算表和决算报告；

7. 接受有关职能部门对项目（课题）执行的监督检查、项目验收及绩效评价；

8. 按照相关规定应当履行的其他职责。

第七条 自治区财政厅、科技厅每年按照不超过当年科技重大专项资金总额的 2% 提取管理工作经费。管理工作经费用于项目需求调研、项目征集、方案编制、评审论证、监督检查、验收及绩效评价等工作发生的费用。盟市以下财政部门、科技部门和其他部门不得在自治区拨付的专项资金中重复提取管理工作经费。

第四章 支持方式

第八条 科技重大专项资金采取无偿资助支持方式，根据项目（课题）的不同类型和特点采取资助和奖励两种方式。

资助是指对重大关键共性技术、重大装备等研究开发活动给予前期、事中的资助。项目资助采取分年度滚动支持，支持年度一般不超过3年。因项目研发需要，可适当延长支持年限和调整资金资助额度（需报科技厅、财政厅审批）。

奖励是指对承担单位自主投入并组织开展有关自治区经济社会发展全局的重大创新活动事后给予的一次性奖励。奖励金额按照不高于单个项目投资总额（不含征地拆迁费）的30%给予，单个项目最高奖励不超过2000万元。

第九条 资助资金由项目（课题）承担单位按相关规定单独核算，专款专用。

奖励资金由项目（课题）承担单位自主安排用于开展科研活动及设备购置等。

第五章 支出范围

第十条 科技重大专项资金开支范围为项目（课题）实施过程中所发生与研究活动相关的费用，分为直接费用和间接费用。

（一）直接费用具体包括：

1.设备费，指在项目（课题）研究开发过程中购置或试制专用仪器设备、对现有仪器设备进行升级改造以及租赁外单位仪器设备而发生的费用。应当严格控制设备购置，鼓励开放共享、自主研制、租赁专用仪器设备以及对现有仪器设备进行升级改造，避免重复购置。

2.材料费，指在项目（课题）研究开发过程中消耗的各种原材料、辅助材料、低值易耗品等的采购及运输、装卸、整理等费用。

3.测试化验加工费，指在项目（课题）研究开发过程中支付给外单位［包括项目（课题）承担单位内部独立经济核算单位］的检验、测试、化验及加工等费用。

4.燃料动力费，指在项目（课题）研究开发过程中相关大型仪器设备、专用科学装置等运行发生的可以单独计量的水、电、气、燃料消耗等费用。

5.会议/差旅/国际合作与交流费：是指在项目（课题）研究开发过程中发生的差旅费、会议费和国际合作与交流费。

会议费指项目（课题）研究开发过程中组织召开学术研讨、咨询以及协调项目（课题）等活动而发生的费用；

差旅费指项目（课题）研究开发过程中开展或参加科学实验（试验）、科学考察、业务调研、学术交流等所发生的外埠差旅费、市内交通费等费用；

国际合作与交流费指项目（课题）研究开发过程中项目（课题）研究人员出国（境）参加学术交流活动及国（境）外专家来我区所需要的费用。

在编制项目（课题）预算时，本科目支出预算不超过直接费用10%的，不需要提供预算测算依据。承担单位和科研人员应当按照实事求是、精简高效、厉行节约的原则，严格执行国家和单位的有关规定，统筹安排使用。

6. 出版/文献/信息传播/知识产权事务费，指在项目（课题）研究开发过程中，需要支付的出版费、资料费、专用软件购买费、专业技术购买费、文献检索费、专业通信费、专利申请及其他知识产权事务以及科普宣传等费用。

7. 劳务费，指支付给参与项目（课题）实施的硕士研究生、博士生、访问学者以及项目（课题）聘用的研究人员、科研辅助人员等劳务费，以及临时聘用人员的社会保险补助费用。项目（课题）聘用人员的劳务费开支标准，参照所在地科学研究和技术服务业从业人员平均工资水平，根据其在项目（课题）研究中承担的工作任务确定。劳务费预算不设比例限制，由项目（课题）承担单位和科研人员据实编制。

8. 咨询费，指在项目（课题）研究开发过程中支付给临时聘请的咨询专家的费用。咨询费发放标准参照财政部关于印发《中央财政科研项目专家咨询费管理办法》执行。

9. 其他支出，指与项目（课题）研究开发相关且不能列入上述科目的其他必要费用。其他支出应当严格控制，加强审核和监督，在编制预算时单独列示，单独核定。

上述开支范围中，自治区高校、科研院所可根据项目（课题）实际需求，以实事求是、精简高效和厉行节约为原则，自行研究并合理制定科技项目（课题）差旅费、会议费、咨询费标准和管理办法。合理确定科研人员乘坐交通工具等级和住宿费标准，会议次数、天数、人数和会议费开支范围、标准，以及咨询费开支标准等内部制度。

（二）间接费用，是指承担项目（课题）承担单位在组织实施项目（课题）过程中发生的，无法在直接费用中列支的相关费用。主要包括项目（课题）承担单位为项目（课题）研究开发提供的现有仪器设备及房屋使用折旧，水、电、气、暖消耗，有关管理费用的补助支出，以及绩效支出等。

绩效支出指项目（课题）通过验收后，在项目（课题）研究开发过程中按相关规定支付给本单位项目（课题）组成员的补贴。

间接费用使用分段超额累退比例法计算并实行总额控制，按照不超过直接费用扣除设备购置费的一定比例核定：500万元以下（包括500万元）按20%核定；500万元至1000万元（包括1000万元）按15%核定；1000万元以上按13%核定。

间接费用中绩效支出不设比例限制，由项目（课题）承担单位自行制定科技项目（课题）资金绩效支出管理制度。

第六章 实施与管理

第十一条 自治区科技厅根据自治区经济社会发展的重大科技需求和科技工作重点任务，会同自治区财政厅发布项目申报指南，组织项目评审，提出拟支持项目名单和资金支持额度。自治区财政厅依据重大专项年度预算、专家评审结果和科技厅资金分配建议，按照国库集中支付制度规定，及时下达项目资金。盟市财政局接到自治区财政厅下达科技重大专项资金预算文件30日内，按照相关程序将资金下达（拨付）项目承担单位。

第十二条 项目（课题）承担单位应当严格执行国家有关财经法规和财务制度，切实履行法人责任，建立健全项目（课题）资金内部管理制度和报销规定，明确内部管理权限和审批程序，完善内控机制建设，强化资金使用绩效评价，确保资金使用安全规范有效。应当建立健全科研财务助理制度，为科研人员在项目（课题）预算编制和调剂、资金支出、财务决算和验收方面提供专业化服务。

第十三条 项目（课题）承担单位应当按照政策相符性、目标相关性和经济合理性的原则，结合项目（课题）实际情况，科学、合理、真实地编制项目（课题）资金预算。

项目（课题）资金预算编制包括资金来源预算和资金支出预算。资金来源预算包括财政专项资金和其他资金。资金支出预算按照第十条开支范围进行编制。

第十四条 项目（课题）承担单位应当将项目（课题）资金纳入单位财务统一管理，对财政资金和其他来源的资金分别单独核算，确保专款专用。项目（课题）承担单位按照项目（课题）合同书或任务书约定，确保其他资金及时足额到位，保障目标任务按期完成。

第十五条 项目（课题）牵头承担单位应当根据审核通过的项目（课题）任务书和预算申报书，及时向项目（课题）参与单位拨付资金。课题参与单位不得再向外转拨资金。项目（课题）承担单位不得违规转包科研项目（课题），变相转拨资金。

第十六条 项目（课题）承担单位应当建立信息公开制度，在单位内部公开项目（课题）立项、主要研究人员、资金使用（重点是间接费用、外拨资金、结余资金使用等）、大型仪器设备购置以及项目（课题）研究成果等情况，接受内部监督。

第十七条 项目（课题）承担单位应当严格执行国家和自治区有关支出管理制度。项目（课题）实施过程中发生的会议费、差旅费、小额材料费和测试化验加工费等，应当按规定使用"公务卡"或非现金方式结算。设备费、大宗材料费和测试化验加工费、劳务费、专家咨询费等，原则上应当通过银行转账方式结算。

第十八条 自治区高校、科研院所对项目（课题）实施过程中难以取得住宿费发票的，在确保真实性和附有说明的前提下，据实报销住宿费和城市间交通费，并按规定标准发放伙食补助费和市内交通费。邀请国内外专家、学者和有关人员参加会议，对确需负担的城市间交通费、国际旅费，可从会议费等费用中报销。自治区高校、科研院所要制定符合科研实际需要的内部报销规定，对野外考察、心理测试等科研活动中无法取得发票或者财政性票据的，在确保真实性的前提下，可按实际发生额予以报销。

第十九条 项目（课题）承担单位要依法依规使用科技计划项目（课题）资金，不得利用虚假票据套取资金；不得通过编造虚假合同、虚构人员名单等方式虚报冒领劳务费和专家咨询费；不得通过虚构测试化验内容、提高测试化验支出标准等方式违规开支测试化验加工费；不得列支与项目（课题）无关的如日常办公、生产性设备、生产用材料、专利维护费等；不得分摊单位日常运行费用、违规列支招待费；不得以劳务费形式发放应由单位承担的其他人员工资；不得将专家咨询费发放给项目（课题）组成员或支付给参与项目（课题）管理的工作人员等；不得随意调账变动支出、随意修改记账凭证，严禁以任何方式使用项目（课题）资金列支应当由个人负担的有关费用和支付各种罚款、捐款、赞助、投资等。

项目（课题）承担单位和合作单位不得在核定的管理费用以外再以任何名义在项目（课题）资金中重复提取、列支相关费用，不得虚假承诺配套资金骗取财政专项资金。

第二十条 项目（课题）承担单位应当按照核准预算执行。项目（课题）在执行期间，年度剩余资金可结转下一年度继续使用。项目（课题）执行过程中预算确有必要调剂时，应当按照以下调剂范围和权限，履行相关程序：

（一）项目（课题）预算总额不变，直接费用中的材料费、测试化验加工费、燃料动力费、出版/文献/信息传播/知识产权事务费及其他支出预算调剂权限下放给项目（课题）承担单位。

项目（课题）承担单位按照科技资金管理有关规定，建立科技项目（课题）资金预算调整管理制度，在项目（课题）执行中项目（课题）负责人和承担单位按照管理规定和实际情况进行自主调整，调整时可由项目（课题）负责人根据科研活动实际需要自主安排，由承担单位据实核准，并留有书面记录，验收时向项目（课题）主管部门备案。设备费、差旅/会议/国际合作交流费、劳务费、专家咨询费的预算一般不予调增，需调减用于项目（课题）其他直接支出的，可按上述程序办理调剂审批手续；如有特殊情况确需调增的，由项目（课题）负责人提出申请，经项目（课题）承担单位同意后，报项目（课题）主管部门批准。

（二）项目（课题）间接费用预算总额不得调增，经项目（课题）承担单位与项目（课题）负责人协商一致后，可以调减用于直接费用。

第二十一条　项目（课题）承担单位应当建立科研目标管理以及绩效考核制度，对科研工作进行绩效考核的基础上，结合科研人员实绩，由所在单位根据国家和自治区有关规定统筹安排项目（课题）组成员的劳务费和绩效支出。

第二十二条　项目（课题）承担单位应当严格执行国家和自治区有关政府采购、招投标等管理规定。自治区高校、科研院所购置教学科研仪器、仪表及设备属于政府集中采购目录中专用采购项目（课题）的，可实行部门集中采购。自治区高校、科研院所可自行采购科研仪器设备，自行选择科研仪器设备评审专家。自治区高校、科研院所要切实做好设备采购的监督管理，做到全程公开、透明、可追溯。

项目（课题）实施过程中，事业单位使用财政资金形成的固定资产属于国有资产，应当按照国家和自治区有关国有资产管理的规定执行，一般由单位进行使用和管理，政府资产管理部门有权进行调配和共享。企业使用财政资金形成的固定资产，按照《企业财务通则》等相关规章制度执行。

项目（课题）承担单位使用财政资金形成的知识产权等无形资产的管理，按照国家和自治区有关规定执行。使用财政资金形成的大型科学仪器设备、科学数据、自然科技资源等，按照规定开放共享。

第二十三条　项目（课题）因故撤销或终止，项目（课题）承担单位应当及时清理账目与资产，编制财务报告及资产清单，报送自治区财政厅、科技厅。自治区财政厅、科技厅结合项目（课题）预算并按照政策相符性、目标相关性和经济合理性的原则，组织财务审计并根据审计结果清算和收回财政结余资金及违规资金（含处理已购物资、材料及仪器设备的变价收入）。

第七章　财务验收与资金结余

第二十四条　项目（课题）执行期满后，项目（课题）承担单位应当及时清理账目与资产，如实编制项目（课题）资金决算，向自治区科技厅、财政厅提交申请，提供项目（课题）财务决算和决算报告书，并对报告的真实性、完整性负责。项目（课题）承担单位自行选择会计事务所进行审计，按照科技项目（课题）结题财务验收审计报告模板和要求出具审计报告。未编报项目（课题）决算和决算报告书，一律不予通过项目（课题）验收。

财务验收会同项目（课题）结题验收应当在项目（课题）执行期满后的三个月内提出申请。

第二十五条　自治区科技厅、财政厅按照有关规定组织财务验收，出具项目（课题）财务验收意见。存在下列行为之一的，不得通过财务验收：

（一）编报虚假预算，套取自治区财政资金；

（二）未对自治区财政资金进行单独核算；

（三）截留、挤占、挪用自治区财政资金；

（四）违反规定转拨、转移自治区财政资金；

（五）提供虚假财务会计资料；

（六）未按规定执行和调剂预算；

（七）虚假承诺其他来源的资金；

（八）资金管理使用存在违规问题拒不整改；

（九）其他违反国家财经纪律的行为。

第二十六条 项目（课题）完成任务目标并通过验收，且承担单位信用评价好的，结余资金按规定留归项目（课题）承担单位使用，在2年内由项目（课题）承担单位统筹安排用于科研活动的直接支出；2年后未使用完的，按规定收回。

未通过财务验收或整改后通过财务验收的项目（课题），或承担单位信用评价差的，结余资金按规定收回。

第八章 监督检查

第二十七条 自治区财政厅、科技厅各司其职，建立健全科技计划项目（课题）资金管理和使用绩效评估制度，确定考评项目（课题），指导、监督、检查项目（课题）考评工作，推进实行守信联合激励机制和失信联合惩戒制度机制。

探索建立科研项目（课题）绩效评估和科技信用制度，绩效和信用评估结果作为专项计划设定、专项资金安排和项目（课题）滚动支持的重要依据，并在一定范围内公布，接受社会监督。

第二十八条 科技计划项目（课题）资金的管理和使用情况应当由项目（课题）承担单位建立公开制度予以公开，接受自治区财政厅、审计厅、科技厅等部门的监督。

第二十九条 任何组织或者个人不得虚报、套取、冒领、贪污、挪用、截留财政资金，不得提供虚假材料、数据和成果。对于违反规定的行为，采取责令改正、约谈项目（课题）承担单位法人、通报、停止项目（课题）拨款、终止项目（课题）并追回部分或全部拨款资金等措施进行处理处罚，将处罚结果纳入自治区科研信用管理系统，对项目（课题）负责人或项目（课题）承担单位被认定为严重失信的，将列入黑名单，并视其严重程度限制或永久取消其今后承担项目资格，限制年限最少为3年；构成犯罪的，依法追究刑事责任。

第九章 附则

第三十条 本办法自公布之日起三十日后实施。《内蒙古自治区科技重大专项资金管理暂行办法》（内财教〔2013〕151号）同时废止。

第三十一条 本办法由自治区财政厅、科技厅负责解释。

第三十二条 各盟市可参照本办法，制定或完善本地区财政科技专项资金管理办法。

关于印发《内蒙古自治区科技计划项目管理办法》的通知

(内科发〔2020〕32号)

自治区有关部门、各盟市科技局、各相关单位：

为进一步规范自治区科技计划项目管理，现将《内蒙古自治区科技计划项目管理办法》印发给你们，请认真遵照执行。

附件：内蒙古自治区科技计划项目管理办法

内蒙古自治区科学技术厅
2020年5月10日

内蒙古自治区科技计划项目管理办法

第一章 总则

第一条 为规范自治区科技计划项目管理，提高项目管理和实施成效，根据《国务院关于优化科研管理提升科研绩效若干措施的通知》（国发〔2018〕25号）、《中共中央办公厅 国务院办公厅关于进一步加强科研诚信建设的若干意见》（厅字〔2018〕23号）、《内蒙古自治区党委办公厅 自治区人民政府办公厅关于深化项目评审、人才评价、机构评估改革的实施方案》（内党办发〔2019〕16号）等有关规定和自治区相关政策，结合自治区实际，制定本办法。

第二条 内蒙古自治区科学技术厅（以下简称"自治区科技厅"）根据国家和自治区科技发展战略、科技创新发展规划，结合自治区经济和社会发展对科技的需求设立科技计划。

第三条 自治区科技计划遵循职责清晰、组织规范、监督有力、绩效导向的原则，以进一步优化科技资源配置，规范管理程序，充分调动科研人员的积极性和创造性，形成充满活力的科技管理和运行机制为目标。

第四条 本办法适用于自治区科技计划安排立项，并由自治区财政科技经费支持的项目和课题。课题是项目的组成部分，按照项目总体部署和要求完成相对独立的研究开发任务，服务于项目目标。

第五条 财政科技经费的支持方式主要包括：资助、后补助、补贴、奖励等。

第二章 设置与调整

第六条 自治区科技计划体系包括基础研究计划、科技重大专项计划、关键技术攻关计划、科技成果转化计划、科技创新平台（人才）体系建设计划和科技创新环境建设计划等。

第七条 自治区科技计划体系在保持相对连贯性与稳定性的基础上，根据监督与评估结果实行动态调整。

第三章 组织管理

第八条 项目组织管理的主体包括自治区科技厅、财政厅和项目归口管理部门。项目实施的主体包括项目承担单位和项目负责人。项目评审咨询专家和科技服务机构接受自治区科技厅或归口管理部门委托,参与项目管理服务工作。

第九条 自治区科技厅是科技计划项目的主管部门,主要职责是: 1.研究制定自治区科技计划项目相关管理制度;2.编制年度科技计划、申报指南,会同财政厅发布申报指南,组织项目评审并提出经费预算安排建议;3.组织项目任务(合同)书签订、过程管理、项目验收、绩效评价和监督检查;4.负责项目立项、调整、终止和撤销,协调解决执行过程中的重大问题; 5.组织对科技计划项目实施中产生的科技成果进行管理,建立科技报告制度;6.负责对项目相关责任主体进行科研信用管理;7.建立自治区科技咨询专家库,制定专家的遴选、使用、更新等管理制度;8.负责完善自治区科技计划管理信息系统(以下简称信息系统),优化整合科技管理流程,加强数据资源共享;9.按照相关规定应当履行的其他职责。

第十条 自治区财政厅主要职责是:1.会同自治区科技厅制订自治区财政科技专项资金管理办法;2.配合自治区科技厅发布申报指南,组织科技计划项目申报,核定经费预算安排建议,编制和下达专项资金预算;3.根据自治区科技厅意见,负责项目资金的调整、结转、收回等工作;4.会同自治区科技厅开展绩效评价和项目资金使用监督检查;5.按照相关规定应当履行的其他职责。

第十一条 项目归口管理部门包括:盟市科技管理部门、自治区直属有关部门、中央驻自治区有关单位,以及经自治区科技厅核准的其他单位(自治区直属高等院校和科研院所等),主要职责是:1.负责收集、整理本地区、本部门的科技需求,并推荐、报送自治区科技厅;2.负责本地区、本部门申报项目的审核、推荐及项目申报材料的报送工作;3.审核经本部门推荐立项的科技计划项目任务(合同)书;4.配合开展项目执行情况的监督检查,汇总和报送项目执行情况报告,督促项目承担单位按期完成项目任务(合同)书规定的任务;5.配合开展项目经费使用情况检查,督促项目承担单位配套资金按时到位、按照科技专项资金管理规定使用项目专项资金,按要求报送经费使用情况;6.审核项目的调整、终止等重大事项;7.审核并报送项目验收材料,协助验收工作或受自治区科技厅委托组织项目验收;8.按照规定应当履行的其他职责。

第十二条 各盟市财政管理部门配合同级科技管理部门开展相关工作,根据自治区财政厅意见,配合开展项目资金的调整、结转、收回等工作。

第十三条 项目承担单位主要包括项目主持单位、课题承担单位和合作单位。主要职责是:1.承担项目实施的法人责任,负责项目实施管理,对完成项目内容、实现目标任务负责;2.制定和规范科技计划项目管理内控制度;3.负责解决项目实施中的问题和困难;4.指导、督促项目承担人员及时、规范做好研究开发、试验等科研记录,确保原始记录客观、真实、完整; 5.按要求编报项目执行情况报告、信息报表、科技报告等;6.及时报告项目执行中出现的重大事项,按程序报批需要调整的事项;7.接受指导、检查并配合做好监督、评估和验收等工作;8.负责对项目执行过程中产生的知识产权的保护、管理和运用;9.按照规定应当履行的其他职责。

第十四条 项目主持单位按照批准的任务(合同)书向合作单位分配研究经费,对合作单位的研究进度、经费使用情况进行监督。项目下设课题的,课题承担单位应按照项目实施的总体要求完成课题任务目标,须接受项目主持单位的指导、协调和监督,对项目主持单位负责。

第十五条 项目负责人是项目组织实施的直接责任人,承担项目组织、协调、执行等具体工作,其主要职责是:1.负责项目申报、实施,按要求完成任务(合同)书规定的任务;2.按要求向项目承担单位报送项目执行情况、经费到位及使用情况，编制提交科技报告，及时报告项目实施中出现的重大事项；3.弘扬科学精神，恪守科研诚信，规范使用项目经费，自觉接受有关方面的监督。

第十六条 项目科技服务机构和评审咨询专家根据受委托权限，严格按照项目管理有关要求开展项目受理、评审论证、过程管理、评估和验收等工作，对工作结果的科学性、公正性负责。

第四章 申报与受理

第十七条 自治区科技厅根据自治区重大工作部署、科技发展规划和年度工作重点，发布科技计划项目申报指南或征集通知。

第十八条 建立科学合理的科技需求征集与项目形成机制，拓展项目来源。自治区科技厅建立科技需求库及项目储备库，科技需求长年征集、定期筛选，通过筛选的项目和需滚动支持的项目纳入项目储备库管理。自治区重大科技工作部署、科技重大专项、突发和应急的科技需求等可采取专项征集、定向征集或"一事一议"的方式，及时发布指南或征集通知予以组织实施。

第十九条 自治区科技计划项目实行网上申报和受理。

第二十条 项目申报单位及申报人，应当符合以下基本条件：1.项目申报单位是内蒙古自治区内设立、登记、注册并具有独立法人资格的企事业单位或其他机构，区外高等院校、科研院所、企业等可作为合作单位参与承担项目；2.项目申报单位具备与项目实施相匹配的基础条件和能力，具有健全的科研、财务等管理制度；3.项目负责人及项目团队具备相关研究领域的学术背景或技术优势，具有完成项目所需的组织管理和协调能力；4.项目承担单位、法人代表、项目组成员无不良信用记录和科研失信记录。

第二十一条 申报项目存在以下情况，不予受理、立项：1.项目不符合申报指南要求或项目征集要求的；2.同一项目在同一年度申报自治区不同类别科技计划的；3.重复研究的。

第二十二条 项目申报实行限项管理。项目负责人（项目第一承担者）同期主持自治区科技计划项目不得超过2项；项目主要参与人（项目第二至第五名承担者）参与自治区科技计划在研项目累计不超过3项；高校、科研院所和企业负责人作为项目负责人同期主持的项目不超过1项。

第五章 评审与立项

第二十三条 自治区科技计划项目一般采取公开择优方式选择承担单位。对于战略目标明确、技术路线清晰、组织程度较高、优势单位集中或典型应用示范区域特征明显的指南方向，可采取定向择优或定向委托等方式确定承担单位；对于突发、紧急的重大科技需求，可根据需要，采取定向委托的方式组织实施快速反应项目。

第二十四条 自治区科技厅组织或委托项目管理专业机构开展项目评审。公开择优和定向择优方式组织实施的项目，可采取通讯评审、会议评审、现场考察等方式进行评审，同一指南中同一研究方向的项目，应当实行同一种评审方法。

第二十五条 项目评审专家应具备良好的职业道德和行业操守，具有较高的专业技术水平。主要从活跃在科研一线、同行业同学科的专家中选取。自治区重大专项评审专家名单应当向社会公开。

第二十六条 立项评审重点评判项目的可行性、研究内容、技术路线、项目团队基础和优势、经费预算等综合性因素，以及项目负责人的业绩、具备组织实施该项目的能力等。

第二十七条 自治区科技厅对拟立项项目进行公示。在符合保密规定的前提下，向社会公示

5个工作日。依据公示结果，自治区科技厅通过信息系统发出立项通知，自治区财政厅按照国库集中支付制度规定，及时下达和拨付项目资金。

第二十八条　项目立项后，承担单位应当基于申报材料和专家评审意见填报项目任务（合同）书。由自治区科技厅、归口管理部门、项目承担单位共同签订任务（合同）书。项目下设课题的，项目承担单位须与课题承担单位签订课题任务（合同）书。各方在立项文件下达20个工作日内，完成项目任务（合同）书签订。

第二十九条　项目有下列情形之一的，应予撤销立项：1.在项目申请阶段伪造或者编造申请材料，骗取立项资格的；2.签订任务（合同）书阶段，项目承担单位申请撤销立项的。申请撤销单位应提出书面申请，陈述原因，经归口管理部门审核报自治区科技厅、财政厅批复后执行。无故不签订任务（合同）书的，纳入科研信用记录；3.不能按期签订项目任务（合同）书的。

第六章　实施管理

第三十条　项目实施以承担单位自我管理为主。项目承担单位根据项目（课题）任务（合同）书确定的目标任务和分工安排，履行各自的责任和义务，按照规定提交相关材料。

第三十一条　建立项目动态调整机制。项目执行期间发生以下情形之一的，项目承担单位应当通过信息系统及时逐级申请调整。1.因工作变动、出国（境）、伤病及其他原因导致项目负责人需要变更的；2.项目执行期限内因客观原因不能完成目标任务，需要延期的；3.技术、市场、政策等发生重大变化，及其他不可抗拒原因需变更项目研究方向或考核指标的。

第三十二条　建立项目终止机制。项目实施过程中有下列情形之一的，项目承担单位应当通过信息系统及时向管理部门申请终止项目，或由自治区科技厅直接终止项目：1.经实践证明，项目研究方向不可行，或项目无法实现任务（合同）书约定的进度且无改进办法的；2.完成项目任务所需的资金、原材料、人员、支撑条件等未落实或发生改变导致项目无法正常进行的；3.项目承担单位在项目实施中，出现严重违规违纪行为，不按规定进行整改或拒绝整改的；4.项目承担单位不接受项目监督检查，经催告后仍不配合的；5.项目承担单位在执行期结束6个月后，仍未提交验收申请的。

第三十三条　申请项目调整或终止的，承担单位应在项目执行期内及时提出书面申请，通过管理信息平台报归口管理部门审核并提出处理建议，由自治区科技厅批复后执行。承担单位不能主动申请的，由归口管理部门提出处理建议报自治区科技厅批复后执行。申请项目执行期变更的，应在到期前90天提出，原则上只能申请1次，延期时间原则上不超过1年；申请项目负责人变更的，新任负责人需具备相应的专业技术能力；申请变更项目研究方向或考核指标的，须由管理部门组织专家论证，并明确调整后的任务和安排。除上述情形之外，在项目执行期内，发生研究方案、技术路线、合作单位和项目参与人员变化的，项目主持单位在充分论证的基础上，在确保研究方向不变、不降低考核指标、与涉及调整的人员和合作单位协商一致的前提下，可以自主调整，并通过信息系统及时备案。

第三十四条　项目因故终止或撤销，项目承担单位应当对项目已开展的工作、阶段性成果等情况做出书面报告，并做出经费决算或审计报告、编制资产清单，经项目归口管理部门审核，报送自治区科技厅批复后执行。终止的项目，结余资金按有关规定处理；撤销的项目，专项经费按照自治区财政资金有关规定处理。项目承担单位、项目负责人及主要责任人因主观过错，导致项目终止或撤销的，纳入科研信用记录。

第三十五条 重大专项和实际执行周期在 3 年（含）以上的项目，由自治区科技厅组织或委托第三方开展项目执行情况监督检查。监督检查以"双随机，一公开"的方式开展，原则上项目执行期内只监督检查一次。自由探索类基础研究项目和实施周期 3 年以下的项目，一般不开展过程检查。

第七章 验收管理

第三十六条 项目执行期满后，必须进行验收。项目主持单位应在项目执行期满后 3 个月内提出验收申请，下设课题的由项目主持单位完成全部课题验收后方可提出项目验收申请。验收工作须在收到验收申请 6 个月内完成。在项目实施期已全面完成任务（合同）书所规定各项指标的，可申请提前验收，提前时间一般不超过 6 个月。

第三十七条 自治区科技厅组织或委托项目归口管理部门、科技服务机构开展验收。项目验收以科技计划项目任务（合同）书为基本依据，可采取同行评议、第三方评估、用户测评、现场测试等方式。验收结论分为通过验收、不通过验收、结题：1. 完成项目任务（合同）书规定的目标和任务且经费使用符合规定的，为通过验收；2. 凡具有下列情况之一的，不予通过验收：（1）项目目标和任务未完成；（2）所提供的验收文件、资料数据不真实，存在弄虚作假情况；（3）未按期按要求提交科技报告，未按相关要求报批重大事项；（4）经费使用存在严重问题。3. 因不可抗拒因素未完成项目任务书确定的主要目标和任务的，按照结题处理。

第三十八条 验收结论意见由自治区科技厅下达项目归口管理部门和承担单位。不通过验收的项目，自治区科技厅对项目承担单位和项目负责人进行通报，将责任单位和责任人纳入科研诚信记录。因提供文件资料不详、难以判断等导致验收意见争议较大，或研究过程及结果等存在纠纷尚未解决的项目，可暂缓通过验收。项目承担单位应在 90 天内完成整改并重新申请验收。暂缓验收最多 1 次，验收期限自暂缓之日顺延 6 个月，如再次验收仍未通过的，按照不通过处理。

第三十九条 项目（课题）通过验收且承担单位信用评价好的，结余资金按规定留归项目承担单位使用，在 2 年内由项目承担单位统筹安排用于科研活动的直接支出，其使用计划和实际使用情况通过信息系统报自治区科技厅备案，2 年后未使用完的，按规定收回。结题、未通过验收、整改后通过验收以及通过验收但承担单位信用评价差的项目（课题），结余资金按规定收回。

第四十条 项目形成的知识产权的归属、使用和转移，按照国家和自治区有关法律、法规和政策执行。

第四十一条 自治区科技厅对通过验收的项目进行跟踪调查和绩效评估。

第八章 管理制度

第四十二条 科技计划项目管理实行信息公开制度。科技计划项目征集、立项、验收、监督评估等信息应向社会公开或公示，接受社会监督。

第四十三条 科技计划项目管理实行信用管理制度。对项目管理全过程进行科研信用记录，严肃查处科研不端行为，将严重不良信用记录者记入"黑名单"，阶段性或永久取消其申请财政资助项目或参与项目评审、项目管理的资格，并实施联合惩戒。

第四十四条 科技计划项目管理实行回避制度。自治区科技厅以及委托的第三方有关人员与项目或争议处理相关存在利益关系的，当事人有义务主动提出声明，并实行回避；项目申请单位认为存在回避事由的，可提出回避申请，经科技厅审查后，决定是否回避。

第四十五条 科技计划项目管理实行科技报告制度。项目承担单位须建立科技报告工作机制，按规定提交科技报告。

第四十六条 科技计划项目管理实行监督评估与绩效评价制度。对科技计划项目指南编制、立项、专家选用、项目实施与验收等工作中相关主体的行为规范、工作纪律、履职尽责情况等进行监督，并对科技计划的实施成效进行评估和绩效评价。

第九章 责任追究

第四十七条 建立完善覆盖项目决策、管理、实施主体的逐级考核问责机制。加强科研项目和资金监管工作，对违反本办法的责任单位按规定采取通报批评、暂停项目（课题）拨款、终止项目（课题）执行、追回已拨项目（课题）资金或取消单位（个人）一定期限内项目（课题）申报资格等措施，涉及违法的移交司法机关处理。

第四十八条 建立责任倒查制度。针对出现的问题倒查相关人员的履职尽责和廉洁自律情况，经查实存在问题的依法依规严肃处理。

第四十九条 有关单位和个人对依本办法做出的有关处理决定不服的，可依据《中华人民共和国行政复议法》申请行政复议，或依据《中华人民共和国行政诉讼法》向人民法院提起行政诉讼。

第十章 附则

第五十条 自治区科技计划项目涉及保密的，按照国家相关保密规定执行。本办法的配套细则及相关管理办法由自治区科技厅另行制定，自治区自然科学基金项目按照相关规定执行。

第五十一条 本办法自发布之日起施行，此前相关管理规定与本办法要求不一致的，按照本办法执行。

第五十二条 本办法由自治区科技厅负责解释。

内蒙古自治区科学技术厅、内蒙古自治区财政厅
关于印发《内蒙古自治区科技创新券管理办法（试行）》的通知

（内科发〔2020〕37号）

各盟市科技局、财政局，满洲里市工信和科技局、财政局，二连浩特市教育科技局、财政局，各有关单位：

为加快实施创新驱动发展战略，落实"科技兴蒙"行动，促进科技资源开放共享，调动企业创新积极性，根据《国务院办公厅关于推广第三批支持创新相关改革举措的通知》（国办发〔2020〕3号）、《内蒙古自治区人民政府关于强化实施创新驱动发展战略进一步推进大众创业万众创新深入发展的实施意见》（内政发〔2018〕14号）等要求，自治区科技厅会同自治区财政厅研究制定了《内蒙古自治区科技创新券管理办法（试行）》，现印发给你们，请结合实际情况做好贯彻落实工作。

2020年5月25日

内蒙古自治区科技创新券管理办法（试行）

第一章 总则

第一条 为加快实施创新驱动发展战略，落实"科技兴蒙"行动，促进科技资源开放共享，调动企业创新积极性，根据《国务院办公厅关于推广第三批支持创新相关改革举措的通知》（国办发〔2020〕3号）、《内蒙古自治区人民政府关于强化实施创新驱动发展战略进一步推进大众创业万众创新深入发展的实施意见》（内政发〔2018〕14号）等文件精神，结合我区实际，制定本办法。

第二条 本办法所称科技创新券（以下简称"创新券"），是指利用现有自治区财政科技专项资金，采用电子券形式，以事前申请、事后补助的方式，支持科技型企业向科技创新服务机构购买科技创新服务的一种政策工具。

科技创新服务机构是指从事科技服务的企业、事业、民办非企业单位和社会团体等法人或者法人内设机构。

科技型企业和科技创新服务机构均须在自治区科技创新券服务管理平台（以下简称"管理平台"）进行分级注册，填写实名认证信息，实行分级审核。区外的科技服务机构按照自治区本级科技创新服务机构进行注册和审核。

第三条 创新券遵循科学管理、诚实申领、公开普惠、专款专用的原则。

第四条 创新券自发放之日起两年内有效，逾期自动作废。同年度同事项不能重复申领、使用、兑现。

第二章 机构与职责

第五条 自治区科技厅负责创新券的政策制定、监督审批与实施过程中的有关重大事项，根据创新券发放和兑现情况提出下一年度资金预算，组织开展监督检查和绩效评价，为创新券实施提供协调保障。

自治区财政厅负责创新券资金预算管理并下达年度资金预算，会同科技厅开展绩效再评价和经费使用监督检查。

第六条 自治区科技厅委托具有良好科技创新服务工作基础的机构作为日常管理机构，承担创新券的发放、兑现、考核等工作。

第七条 各盟市科技局作为推荐机构，负责创新券的政策宣传、组织申领、材料初审、业务统计等工作。

第八条 科技创新服务机构负责按照科技创新服务合同，为创新券持有对象提供科技创新服务。科技创新服务机构不是独立法人的，所依托的法人单位是科技创新服务机构的责任主体，履行工作监督、科技创新服务审核等职责，并承担相应的法律责任。

第三章 支持对象、范围和额度

第九条 创新券支持在自治区注册并具有独立法人资格，积极开展研发活动并有研发经费投入的以下企业：

1. 通过科技部科技型中小企业评价入库的企业；
2. 自治区盟市及以上科技管理部门主办的创新创业大赛获奖企业；
3. 众创空间（星创天地）、大学科技园、科技企业孵化器和高新区内符合国家、自治区重点支持的高新技术领域的在孵企业；
4. 高新技术企业。

第十条 创新券支持范围是指《国务院关于加快科技服务业发展的若干意见》（国发〔2014〕4号）中明确的研究开发服务、技术转移服务、检验检测认证服务、创业孵化服务、知识产权服务、科技咨询服务、科技金融服务、科学技术普及服务和综合科技服务等。

第十一条 下列情况不属于创新券支持范围：

（一）法定认定、法定检测、强制检测、执法检查、商业验货、医疗服务、大批量验货、商业性技术检测等非科技创新活动；

（二）外观造型设计、概念设计、商标设计、广告设计等工业设计类服务；

（三）同一服务内容或项目已获得自治区本级财政资金支持的；

（四）创新券申领对象与服务提供机构存在隶属、共建和产权纽带等关联关系的；

（五）列入经营异常名录或"黑名单"的。

（六）其他情形。

第十二条 支持额度

（一）创新券实行等额兑换。企业当年申领、兑现额度不低于2万元，可以多次申领、兑换，但总额不超过30万元。不得为提高兑付比例，将同一业务合同化整为零。

（二）申领使用的创新券后补助额度以分段超额累退比例法核定，结果四舍五入后取整。

每年度符合补助要求的项目合同金额在20万元及以下的部分按照60%的比例核定；

超过20万元到50万元的部分按照30%的比例核定；

超过 50 万元到 100 万元的部分按照 20% 的比例核定；

超过 100 万元以上的部分，不再予以创新券补贴。

第四章 申领、发放、使用及兑现

第十三条 创新券按照发布通知、登记注册、注册审核、提交申请、合同备案、受理申请、审核发放、申请兑现、审核兑现等流程管理，全程在管理平台办理。

第十四条 申领对象将创新券申请表、科研诚信承诺书、统一社会信用代码证等必要的申领材料提交至推荐机构。

第十五条 推荐机构对申领材料进行形式审查，提交至日常管理机构。日常管理机构组织复审和公示后，根据配比额度发放创新券并向自治区科技厅备案。

第十六条 申领对象领取创新券后，须在有效期内合理使用。鼓励申领对象购买区内科技创新服务机构的创新服务，也可以选择在区外购买。

第十七条 申领对象与科技创新服务机构履行合同完毕，由申领对象在线申请兑现，经科技创新服务机构进行确认，提交至日常管理机构。创新券兑现须提交兑现申请表、科技创新服务合同、专项审计报告、发票或行政事业性收费票据等费用支付证明及必要的佐证资料。日常管理机构组织审核，公示无异议报自治区科技厅批复后予以兑现。

第十八条 日常管理机构常年受理申领和兑现业务。创新券仅限申领对象自身使用，不得转让和买卖。创新券原则上每半年集中兑现一次，可根据实际情况增加兑现次数。当年已经使用但因年度创新券预算资金总量或兑现时间限制等原因未能兑现的，滚动到下一年度进行兑现。

第十九条 创新券兑现获得的收入视为企业科研项目补贴收入，列入营业外收入，主要用于支持企业创新发展。

第五章 绩效评价与监督管理

第二十条 自治区科技厅定期对创新券工作情况进行评估，指导创新券发放规模、额度及重点支持方向的调整，对日常管理机构进行绩效评价。

第二十一条 自治区科技厅根据日常管理机构的年度绩效评价结果，并按照不超过创新券年度兑现资金总额的 2% 核定日常管理机构下年度管理工作经费。不足部分，在既有的部门预算中统筹安排。

第二十二条 自治区科技厅定期或不定期对创新券资金使用情况进行监督检查，必要时可委托第三方机构进行审计或绩效评价。对创新券申领兑现材料不实、恶意串通、骗取财政资金的，停止兑现、依法追回创新券及已兑现资金，相关单位和个人纳入失信行为联合惩戒黑名单，不得再次申领使用创新券。构成违法犯罪的，依法移送有关部门处理。

第二十三条 日常管理机构应根据本办法建立健全创新券申领、受理、审核、发放和兑现的内部监控机制，每年对 5%~10% 的申领对象及科技创新服务机构开展随机检查。

第二十四条 推荐机构和日常管理机构定期向自治区科技厅提交创新券工作开展情况，及时报告创新券异常事项或违法违规事件等重大事项。不能有效履行职责、发生重大过失或违规行为等造成恶劣影响的，自治区科技厅视情况给予约谈、批评、警告直至取消其相应资格。构成违法犯罪的，依法移送有关部门处理。

第二十五条 科技创新服务机构对申领对象使用创新券购买的相应服务，须严格按照合同要求提供标准服务，对擅自降低科技创新服务标准、拒不配合创新券使用者合理需求的，取消其科技创新服务机构资格。

第二十六条 申领对象及科技创新服务机构应按照有关规定申领、使用、兑现创新券，保证申领和兑现材料的真实性、合规性和完整性，严格执行财务规章制度和会计核算办法，并自觉接受科技、财政、审计、纪检监察部门的监督检查。兑现主体在申请兑现创新券时，另一方须提供必要的支持。

第二十七条 为维护申领对象与科技创新服务机构的商业机

密及合法权益，参与创新券申领、使用、兑现及管理过程的单位和个人须对申领对象的注册资料、科研活动内容等信息严格保密。对违反保密规定的单位或个人，按照相关法律法规处理。

第六章 附则

第二十八条 自治区科技厅负责制定创新券实施细则。

第二十九条 本办法自发布之日起 30 日后实施，至 2022 年 5 月 24 日终止（2022 年当年预算安排资金如需滚存使用，仍可执行本办法规定）。

内蒙古自治区科学技术厅　内蒙古自治区财政厅　内蒙古自治区税务局关于印发《内蒙古自治区企业研究开发费用加计扣除项目鉴定办法》的通知

(内科发〔2020〕69号)

各盟市科技局、财政局、税务局，满洲里市工信和科技局、二连浩特市教育科技局、财政局、税务局：

为进一步落实好企业研究开发费用加计扣除优惠政策，鼓励企业开展研究开发活动，规范研究开发费用税前加计扣除项目鉴定工作，根据《财政部　国家税务总局　科技部关于完善研究开发费用税前加计扣除政策的通知》(财税〔2015〕119号)，自治区科技厅、财政厅、税务局研究修订了《内蒙古自治区企业研究开发费用加计扣除项目鉴定办法》现印发给你们，请各单位遵照执行。

2020年9月10日

内蒙古自治区企业研究开发费用加计扣除项目鉴定办法

第一条　为贯彻落实《财政部　国家税务总局　科技部关于完善研究开发费用税前加计扣除政策的通知》(财税〔2015〕119号，以下简称《通知》)、《国家税务总局关于企业研究开发费用税前加计扣除政策有关问题的公告》(国家税务总局公告2015年第97号)、《关于研发费用税前加计扣除归集范围有关问题的公告》(国家税务总局公告2017年第40号)、《科技部　财政部　国家税务总局关于进一步做好企业研发费用加计扣除政策落实工作的通知》(国科发政〔2017〕211号)等规定，进一步优化企业在享受加计扣除优惠政策时涉及的研发项目鉴定工作，结合自治区实际，制定本办法。

第二条　本办法适用于内蒙古自治区境内，会计核算健全、实行查账征收并能准确归集研究开发费用的居民企业(以下简称企业)。

第三条　鉴定工作范围：主管税务部门在对企业享受研发费用加计扣除优惠开展事后核查时，对企业研发项目有异议，按照本办法进行鉴定。

对企业承担的省部级(含)以上科研项目，以及以前年度已鉴定的跨年度研发项目，不再需要鉴定。对于企业承担的盟市级科研项目，可以不再进行鉴定，但需要盟市级科技管理部门出具认定意见。

主管税务部门转请鉴定的项目应是对财税〔2015〕119号文件规定的企业研发活动难以辨析、确实需要通过专家鉴定的异议项目，对企业申报研发费用加计扣除材料不全或者费用归集有异议的，不属于鉴定范围。

以下行业不适用税前加计扣除政策：

1. 烟草制造业；

2. 住宿和餐饮业；

3. 批发和零售业；

4. 房地产业；

5. 租赁和商务服务业；

6. 娱乐业；

7. 财政部和国家税务总局规定的其他行业。

第四条 项目鉴定工作按属地原则由盟市级以上科技管理部门组织专家或委托第三方评价机构组织实施，同级财政、税务部门协助参与。

第五条 鉴定内容：

（一）项目是否属于《通知》规定的研究开发活动。即项目的开展应是为获得科学与技术新知识，创造性运用科学技术新知识，或实质性改进技术、产品（服务）、工艺而持续进行的具有明确目标的系统性活动。

（二）项目是否为以下不适用税前加计扣除政策的活动：

1. 企业产品（服务）的常规性升级；

2. 对某项科研成果的直接应用，如直接采用公开的新工艺、材料、装置、产品、服务或知识等；

3. 企业在商品化后为顾客提供的技术支持活动；

4. 对现存产品、服务、技术、材料或工艺流程进行的重复或简单改变；

5. 市场调查研究、效率调查或管理研究；

6. 作为工业（服务）流程环节或常规的质量控制、测试分析、维修维护；

7. 社会科学、艺术或人文学方面的研究。

第六条 鉴定程序：

（一）转请鉴定。主管税务部门对企业享受加计扣除优惠的研发项目有异议的，通知企业在10个工作日内按要求提交材料，对材料进行初审后，及时出具《转请鉴定函》（见附件1-1）向企业提交材料和转请鉴定清单（见附件2-1）一并转交旗县（区）级科技管理部门，旗县（区）级科技管理部门审核后报属地盟市科技管理部门；无科技管理部门的开发区等，由主管税务部门出具《转请鉴定函》（见附件1-2），经盟市级税务部门审核后，同企业提交材料和转请鉴定清单（见附件2-2）一并报属地盟市科技管理部门。

（二）提交材料。企业应当填写《企业研究开发费用税前加计扣除项目鉴定材料清单》（见附件3）并提交以下材料：

1.《内蒙古自治区企业研究开发费用税前加计扣除项目鉴定申请表》（见附件4，申请表中包括企业承诺内容）；

2. 项目研发报告（含立项目的、研究内容、核心技术、技术创新点、项目研发过程、项目实施进展、阶段成果、对本行业、本地区的经济社会发展和技术进步具有的推动作用等内容），其中项目研发过程、阶段性成果、创新点需同时提交附件材料；

3. 自主、委托、合作研发项目计划书和企业（或内设部门）关于自主、委托、合作研发项目立项的决议文件；

4. 自主、委托、合作研发专门机构或项目组的编制情况及研发人员名单；

5. 经科技管理部门登记的委托、合作研发项目的合同或任务书；

6. 科技管理部门要求提供的其他资料。

企业应保证提供的研究开发活动资料的真实性、准确性和完整性，并承担相应责任。

（三）受理材料。盟市科技管理部门接到材料后，对鉴定材料进行形式审查，根据审查结果，可要求企业补充完善有关材料。

盟市科技管理部门依据实际情况，可选择定期集中受理、逐件受理等方式受理旗县（区）级科技管理部门、盟市级税务部门提交的转请鉴定材料。

（四）选取专家。科技管理部门在相关领域遴选具备高级职称，具有较高的专业知识水平和实践经验，熟悉相关领域发展状况的专家。专家在鉴定过程中应恪守职业道德，坚持独立、客观、公正、科学的原则。

（五）组织鉴定。科技管理部门牵头组织有关方面专家、有关部门进行鉴定。专家组应由3名以上相关领域的产业、技术、管理等专家组成。可采取会议、网络等多种鉴定方式，根据项目鉴定需要，专家组可要求企业追加提供材料、答辩或现场考察。专家组形成明确的鉴定意见，包括属于、不属于研发项目。

（六）出具和反馈鉴定意见。

专家组出具专家鉴定意见，负责鉴定的科技管理部门审核专家意见，出具《××盟（市）企业研究开发费用税前加计扣除项目鉴定意见书》（见附件5）并盖章。鉴定意见书除由科技管理部门留存外，一份由企业留存，一份与企业的鉴定资料封装后，通过原渠道反馈给主管税务部门。鉴定会议后7个工作日内出具鉴定意见。

第七条 主管税务部门对盟市科技管理部门鉴定意见存在异议的，应在收到《鉴定意见书》或鉴定结果后的7个工作日内填写《提请自治区科学技术厅鉴定申请表》（见附件6），由盟市税务部门归集并呈报国家税务总局内蒙古自治区税务局，再由自治区税务局转请自治区科学技术厅复核。自治区科学技术厅复核适用本办法第五、六条规定的鉴定内容和程序。

自治区科学技术厅复核结论为最终鉴定意见。

第八条 申请鉴定项目的知识产权在鉴定中受到保护，参与鉴定人员应按照有关保护知识产权的规定和办法执行。

第九条 开展企业研发项目鉴定时，不得向企业收取任何费用，所需要的工作经费应纳入部门经费预算给予保障。

第十条 各盟市科技管理部门在每年1月31日前向自治区科学技术厅提供本盟市上一年度鉴定的项目详细清单。自治区科学技术厅会同自治区财政厅、国家税务总局内蒙古自治区税务局等部门不定期对盟市鉴定情况进行抽查。

各盟市税务、科技部门按职责做好年度企业享受加计扣除税收优惠情况及研发项目鉴定情况的统计，在每年6月30日前相互通报统计结果，同时将统计情况报自治区级主管部门。

第十一条 积极采用信息化手段推进企业研究开发费用加计扣除政策的落实。

鼓励企业依托专家团队或科技中介服务机构，规范研发项目管理，确保精准享受加计扣除政策。

税务主管部门在履行对企业享受研发费用税前加计扣除政策后续管理过程中，要增强服务意识，简化管理方式，优化操作流程，依据相关政策及管理规定，强化有关事项的事前、事中、事后管理和服务，统筹做好转请项目鉴定和部门核查工作，避免增加企业负担。

第十二条 本办法自发布之日起施行，《内蒙古自治区科学技术厅、财政厅、国家税务局、地方税务局关于印发〈内蒙古自治区企业研究开发费用加计扣除项目鉴定办法（试行）〉的通知》（内科发〔2017〕24号）同时废止。各盟市科技、财政和税务部门可根据本办法，结合本地区工作实际，制定具体实施细则，进一步明确职责分工、工作程序、办理时限等。

附件：1.转请鉴定函（模板一、二）（略）

2.××盟（市）××主管税务部门研究开发费用税前加计扣除项目转请鉴定清单（模板一、二）（略）

3.企业研究开发费用税前加计扣除项目鉴定材料清单（略）

4.内蒙古自治区企业研究开发费用税前加计扣除项目鉴定申请表（略）

5.××盟（市）企业研究开发费用税前加计扣除项目鉴定意见书（略）

6.提请自治区科学技术厅鉴定申请表（略）

内蒙古自治区科学技术厅、内蒙古自治区发展和改革委员会、内蒙古自治区教育厅、内蒙古自治区工业和信息化厅、内蒙古自治区财政厅、内蒙古自治区人力资源和社会保障厅、内蒙古自治区商务厅、内蒙古自治区市场监督管理局（知识产权局）、国家税务总局内蒙古自治区税务局关于印发《内蒙古自治区赋予科研人员职务科技成果所有权或长期使用权试点工作方案》的通知

（内科发成字〔2020〕13号）

自治区有关部门、各有关单位：

为深入贯彻落实《科技部等9部门印发〈赋予科研人员职务科技成果所有权或长期使用权试点实施方案〉的通知》精神，我们制定了《内蒙古自治区赋予科研人员务科技成果所有权或长期使用权试点工作方案》，现印发你们，请结合实际，认真贯彻执行。

附件：《内蒙古自治区赋予科研人员职各科技成果所有权或长期使用权试点工作方案》

2020年12月7日

内蒙古自治区赋予科研人员职务科技成果所有权或长期使用权试点工作方案

为贯彻落实国家促进科技成果转化法和《内蒙古自治区促进科技成果转化条例》，深入实施"科技兴蒙"行动，深化科技成果使用权、处置权和收益权改革，进一步明确高校、科研院所和科研人员在科技成果转化中的自主权、决策权和实施权，保障科研人员在成果转化过程中直接获取经济利益，充分调动科研人员开展科技成果转移转化工作积极性，根据科技部等九部委《赋予科研人员职务科技成果所有权或长期使用权试点实施方案》，制定本工作方案。

一、指导思想

以习近平新时代中国特色社会主义思想为指导，深入贯彻落实自治区成果转移转化工作推进会和2020年全区科技创新工作会议精神，实行以增加知识价值为导向分配政策，激发科研人员创新创业的积极性，促进科技成果加速转化为先进生产力，推动经济高质量发展，加快建设创新型内蒙古。

二、主要目标

分工业和农业领域，在内蒙古工业大学和内蒙古农牧业科学院探索开展赋予科研人员职务科技成果所有权或长期使用权试点工作，试点时间为2020年12月至2023年12月，形成可复制、可推广的经验和做法，对发现的问题和偏差及时解决和纠正，进一步激发科研人员创新积极性，促进科技成果转移转化。同时强化转化过程中的管理和服务，做好风险防控。对可能影响国家安

全、国防安全、公共安全、经济安全、社会稳定等事关国家利益和重大社会公共利益的科技成果不纳入赋权范围。

三、改革任务

（一）赋予科研人员职务科技成果所有权。

试点单位科研人员完成的职务科技成果所有权属于单位。试点单位可以结合本单位实际，将本单位利用财政性资金形成或接受企业、其他社会组织委托形成的归单位所有的职务科技成果所有权赋予成果完成人（团队），试点单位与成果完成人（团队）成为共同所有权人。赋权的成果应具备权属清晰、应用前景明朗、承接对象明确、科研人员转化意愿强烈等条件。成果类型包括专利权、计算机软件著作权、集成电路布图设计专有权、动植物新品种权、生物医药新品种、中蒙兽药权、动物疫苗权和技术秘密等。科技成果完成人（团队）应在团队内部协商一致，书面约定内部收益分配比例等事项，指定代表向单位提出赋权申请，试点单位进行审批并在单位内公示，公示期不少于15日。试点单位与科技成果完成人（团队）应签署书面协议，合理约定转化科技成果收益分配比例、转化决策机制、转化费用分担以及知识产权维持费用等，明确转化科技成果各方的权利和义务，并及时办理相应的权属变更等手续。

（二）赋予科研人员职务科技成果长期使用权。

试点单位可赋予科研人员不低于10年的职务科技成果长期使用权。科技成果完成人（团队）应向单位申请并提交成果转化实施方案，由其单独或与其他单位共同实施该项科技成果转化，试点单位进行审批并在单位内公示，公示期不少于15日。试点单位与科技成果完成人（团队）应签署书面协议，合理约定成果的收益分配等事项，在科研人员履行协议、科技成果转化取得积极进展、收益情况良好的情况下，试点单位可进一步延长科研人员长期使用权期限。试点结束后，试点期内签署生效的长期使用权协议应当按照协议约定继续履行，不受人员调整、调动、退休、离职等影响。

（三）落实以增加知识价值为导向的分配政策。试点单位实施科技成果转化，包括开展技术转让、技术开发、技术咨询、技术服务等活动，按规定给个人的现金奖励，应在获得成果转化收入后及时足额发放给对科技成果转化做出重要贡献的人员，计入当年本单位绩效工资总量，不受单位总量限制，不纳入总量基数。积极落实国家完善股权激励和技术入股有关税收优惠政策，保障科研人员合法股权收益。

事业单位担任法人的正职领导作为科技成果主要完成人或对科技成果转化做出重要贡献的，可获得现金或股权奖励；试点单位要建立健全成果转化收入分配和奖励、公示、异议处置等工作流程，完善内控管理机制与制度。对担任法人的正职领导给予股权奖励的，需经单位主管部门批准，且任职期间不得进行股权交易。

（四）充分赋予试点单位管理科技成果自主权。试点单位对其持有的科技成果，可以自主决定转让、许可或者作价投资，不需报主管部门、财政部门审批。试点单位将科技成果转让、许可或者作价投资给国有全资企业的，可以不进行资产评估。试点单位将其持有的科技成果转让、许可或作价投资给非国有全资企业的，由单位自主决定是否进行资产评估。试点单位科技成果转化所得的收入全部留归本单位，纳入单位预算，不上缴国库，主要用于对完成和转化职务科技成果做出重要贡献人员的奖酬和报酬、科技研发与成果转化等相关工作。

（五）健全科技成果转移转化的内部管理制度。职务科技成果所有权单位应健全职务科技成果转化内部配套办法，制定职务科技成果产权归属和收益分配管理办法，明确职务科技成果产权共享的条件、程序、方式、份额、收益分配、成果处置和双方的权利、义务与责任等内容。单位应制定或完善本单位科研、人事、财务、成果转化、科研诚信、知识产权等具体管理办法，作为项目管理、绩效评价、收益分配、检查考核等工作的重要依据。

（六）规范职务科技成果产权改革操作流程。试点单位应设立专门机构或授权相关机构，负责职务科技成果产权制度改革具体工作，制定科学合理的实施方案，规范分割确权或赋予长期使用权、成果定价、公开公示、协议签订、作价投资、公司组建等操作流程，明确成果转化收益分配办法。要按照权利义务对等的原则，充分发挥产权奖励、费用分担等方式的作用，促进提升科技成果质量。

（七）完善职务科技成果评估作价机制。试点单位可通过协议定价、在技术交易市场挂牌交易、拍卖等方式，按照市场化原则将科技成果转让、许可或者作价投资，由单位自主决定是否进行资产评估。通过协议定价的，应当在本单位公示科技成果名称和拟交易价格等相关信息，公示期不少于15日。单位可根据需要设立相关科技成果评估评价机构或授权第三方机构，对科技成果交易估值、转化成本核算、转化受益人等独立进行审核、评估，审核、评估意见作为单位相关部门决策的参考。

（八）强化科技成果转化的过程管理。试点单位要坚持放管结合，通过年度报告制度、技术合同认定、科技成果登记等方式，及时掌握赋权科技成果转化情况。获得科技成果所有权或长期使用权的科技成果完成人（团队）应勤勉尽职，积极采取多种方式加快推动科技成果转化。对于赋权科技成果作价入股的，应完善相应的法人治理结构，维护各方权益。建立健全相关信息公开机制，加强全社会监督。

鼓励赋权科技成果首先在自治区境内转化和实施。科研人员将赋权科技成果向境外转移转化的，应遵守国家技术出口等相关法律法规。试点单位和成果完成人（团队）与企业、个人合作开展涉密成果转移转化的，要严格执行科学技术保密制度，依法依规进行审批，并签订保密协议，加强保密管理。加强对赋权科技成果的科技伦理管理，严格遵守科技伦理相关规定，确保科技成果的转化应用安全可控。

（九）建立赋权科技成果转化的免责机制。试点单位领导人员履行勤勉尽职义务，严格执行决策、公示等管理制度，在没有牟取非法利益的前提下，可以免除追究其在科技成果定价、自主决定资产评估以及成果赋权中的相关决策失误责任。各主管部门要建立相应容错和纠错机制，探索通过负面清单等方式，制定勤勉尽责的规范和细则，激发试点单位的转化积极性和科研人员干事创业的主动性、创造性。完善纪检监察、审计、财政等部门监督检查机制，以是否符合中央精神和改革方向、是否有利于科技成果转化作为对科技成果转化活动的定性判断标准，实行审慎包容监管。

（十）加强技术转移服务机构和技术转移人才队伍建设。支持试点单位在不增加单位编制的前提下设立技术转移服务机构，或者联合地方、企业设立从事技术开发、技术转移、中试熟化的独立机构，以及以全资拥有的技术转移公司、知识产权管理公司等方式建立技术转移机构。完善技术转移人才评聘体系，以成果质量和转化绩效为导向，在职称晋升、绩效考核、岗位聘任、人才评价等方面加大科技成果转化运用绩效的权重。支持试点单位申报建设国家技术转移人才培养基地、开展技术转移人才学历教育，探索开展技术转移专业技术人员职称评定工作。

（十一）加强概念验证中心、中试基地建设。支持试点单位建立概念验证中心，尽早识别具有商业化和社会化前景的项目，从源头提高资源配置的利用效率。鼓励试点单位建设具有一定规模、支撑产业化能力强的自治区级中试基地，创办领办以工程化放大和成果转化为主营业务的科技型企业。健全管理体制和运行机制，完善规范流程与运行管理制度，加强行业共性、关键技术研发和推广，提升科技成果系统化、配套化、工程化研究开发能力。

四、组织实施

（一）加强组织领导。

在自治区科技体制改革和创新体系建设领导小组指导下，科技厅会同发展改革委、教育厅、工信厅、财政厅、人力资源社会保障厅、商务厅、市场监管局、国家税务总局内蒙古自治区税务局等部门建立高效、精简的试点工作协调机制，编制赋权协议范本，加强风险防控，指导推进试点工作。

试点单位应高度重视，成立由主要领导负责的试点工作专班，充分发挥积极性和主动性，制定赋权工作实施方案，完善试点配套制度，认真做好试点启动和推进工作，及时分析查找问题、及时制定整改措施、及时总结实践经验，工作中遇到的困难和自身无法解决的问题及时报告。

（二）加强总结评估。

科技厅会同相关部门完善试点工作总结评估制度，试点单位应及时将本单位试点工作方案、年度试点执行情况和赋权成果名单报告主管部门和科技厅。对试点中的一些重点、难点、疑点事项，可组织科技、产业、法律、财务、知识产权等方面的专家，开展决策咨询服务。发挥第三方评估机构的作用，对试点进展情况开展监测和评估。对试点中发现的问题和偏差，及时予以解决和纠正。

（三）加强推广应用。

充分发挥试点示范作用，开展经验交流，编发典型案例，加强宣传引导。对形成的一些好的经验做法，通过扩大试点范围等方式进行复制推广，总结试点中形成的改革新举措，及时健全完善相关政策措施。

第十四章　辽宁省科研项目和资金管理法规政策

关于印发《辽宁省中央引导地方科技发展专项资金管理细则》的通知

(辽财教〔2016〕627号)

有关省直单位、各市（不含大连）财政局、科技局：

按照《财政部、科技部关于印发〈中央引导地方科技发展专项资金管理办法〉的通知》（财教〔2016〕81号）等有关规定，我们研究制定了《辽宁省中央引导地方科技发展专项资金管理细则》，现印发给你们，请贯彻执行。

省财政厅　省科技厅
2016年10月28日

辽宁省中央引导地方科技发展专项资金管理细则

第一章　总则

第一条　为加强对中央引导地方科技发展专项资金（以下简称"专项资金"）的管理工作，提高专项资金使用效益，依据《中华人民共和国预算法》、《中华人民共和国科技进步法》、《中央引导地方科技发展专项资金管理办法》等有关规定，结合我省管理工作实际，制定本细则。

第二条　专项资金是指中央财政通过专项转移支付安排的，经由财政部、科技部批准用于改善我省科研工作条件，优化科技创新环境，促进科技成果转化的资金。

第三条　专项资金的使用和管理遵守国家和我省有关法律、行政法规和相关规章制度，遵循广泛征集、诚实申请、科学管理、择优支持、公开透明、专款专用的原则。

第二章　资金使用重点方向和范围

第四条　专项资金支持以下四个方面：

（一）科研基础条件和能力建设。主要指省、市所属科研单位（不含转为企业或其他事业单位的单位）的科研仪器设备购置和科研基础设施维修改造。

（二）专业性技术创新平台。主要指依托大学、科研院所、企业、转制科研机构建立的，通过产学研协同创新机制为区域发展提供研究开发支撑的专业性平台，包括产业技术研究院、技术创新中心（实验室、研究中心）、新型研发组织等。

（三）科技创新创业服务机构。主要指为中小微企业技术创新、基层科技创新活动提供技术转移、检验检测认证、创业孵化、知识产权、科技咨询、科技金融、科技资源共享等专业或综合性服务机构，包括科技园区、众创空间、科技企业孵化器、生产力促进中心、分析测试中心、技术转移机构、科技特派员工作站、科技金融服务中心等。

（四）科技创新项目示范。主要指围绕国家和我省区域发展战略，结合科技惠民、县域科技、科技扶贫等任务，对政策目标明确、公益性属性明显、引导带动作用突出、惠及人民群众的科技成果进行转化应用的项目示范。

第五条 专项资金的开支范围。主要包括设备费、材料费、测试化验加工费、燃料动力费、差旅费、会议费、国际合作与交流费、出版/文献/信息传播/知识产权事务费、专家咨询费和其他支出等。专项资金不得用于支付各种罚款、捐款、赞助、投资、偿还债务等支出，不得用于编制内在职人员工资性支出和离退休人员离退休费，以及其他禁止列支的支出。

第三章 支持方式和标准

第六条 支持科研基础条件建设的资金一般采取直接补助的方式。支持专业性技术创新平台、科技创新创业服务机构和科技创新项目示范的资金，根据实际管理需要，综合采用直接补助、后补助、以奖代补、贷款贴息、发放创新券等多种投入方式。

第七条 省内科研院所、高等学校承担的专项资金项目可全额予以支持。企业承担专项资金项目支持额度原则上不超过项目研发总投入的30%。

第四章 三年滚动规划项目遴选标准和程序

第八条 三年滚动规划项目遴选标准：

（一）围绕辽宁创新重大需求和扶贫等任务进行项目组织，重点面向我省装备制造业等主导产业和惠及广大民众的优势特色领域的创新任务需求。

（二）将纳入省部会商议题的任务、项目作为专项资金支持的重点。

（三）重点支持我省比较优势明显，且有望争取国家各类产业技术创新平台、工程技术研究中心和重点实验室支持的项目。

（四）重点支持地方企业和科研机构承担的项目。

第九条 项目遴选程序：

（一）省科技厅、省财政厅全年面向社会公开征集专项资金备选项目。

（二）省科技厅、省财政厅在征集项目基础上，围绕全省经济、社会、科技发展战略和规划，以及区域创新的重点任务，提出专项资金重点支持方向。

（三）省内相关企业、科研院所、高等学校结合重点支持方向，按要求向省科技厅提交相关项目申报材料。

（四）省科技厅、省财政厅对上报项目进行初审，并提出拟列入三年滚动规划的项目建议清单。

（五）省科技厅、省财政厅委托第三方中介机构组织专家对拟列入三年滚动规划的项目进行评审论证。

（六）省科技厅、省财政厅结合专家意见，编制专项资金三年滚动规划，报科技部、财政部审核，并抄送专员办。

（七）省财政厅、省科技厅根据财政部、科技部下达的专项资金预算，编制专项资金实施方案,报省政府批准,并将拟立项项目进行公示,公示期为7个工作日。

第十条 公示无异议后,省财政厅、省科技厅将年度实施方案报财政部、科技部备案,同时抄送专员办。

第五章 专项资金的预算编制与执行

第十一条 专项立项计划由省科技厅会签省财政厅下达。省财政厅按照相关程序拨付专项资金。

第十二条 项目承担单位须在计划文件下达后30个工作日内签订《辽宁省中央引导地方科技发展专项合同书》。合同书的技术内容由省科技厅负责,预算内容由省财政厅或委托省科技厅财务管理部门负责。

第六章 绩效管理及信息公开

第十三条 项目承担单位须在计划文件下达后30个工作日内填报《中央对地方专项转移支付项目绩效目标申报表》,认真填报项目基本信息、总体目标和绩效指标。

第十四条 获得专项资金的单位,应当按照国家财务、会计制度的有关规定进行账务处理,严格按规定使用资金,并自觉接受监督检查。

第十五条 省财政厅、省科技厅按照职责分工,加强对项目组织实施的监督检查。

第七章 附则

第十六条 本管理细则自发布之日起施行。

第十七条 本管理细则由省科技厅会同省财政厅负责解释。

辽宁省人民政府办公厅关于印发《辽宁省产业（创业）投资引导基金直接投资科技创新项目管理办法》的通知

（辽政办发〔2016〕158号）

各市人民政府，省政府各厅委、各直属机构：

《辽宁省产业（创业）投资引导基金直接投资科技创新项目管理办法》已经省政府同意，现印发给你们，请认真贯彻执行。

辽宁省人民政府办公厅
2016年12月25日

辽宁省产业（创业）投资引导基金直接投资科技创新项目管理办法

第一条 为深入实施创新驱动发展战略，加快推动产业转型升级和企业技术创新发展，充分发挥我省产业（创业）投资引导基金直接投资（以下简称直投基金）作用，吸引和调动社会资源支持辽宁装备制造、冶金、石化、建材、纺织、轻工、医药、电子信息等重点产业科技创新项目，结合《辽宁省产业（创业）投资引导基金直投资金管理办法（试行）》有关规定，制定本办法。

第二条 直投基金支持的科技创新项目，是指利用直投基金，通过省政府授权出资人代表以直接或委托直接投资方式，围绕我省重点产业组织实施的科技攻关、产业技术创新平台、产学研合作、成果转化项目。

第三条 直投基金支持的科技创新项目单位应具备以下条件：

（一）在省内注册，且具有较强创新能力的骨干龙头企业、高新技术企业或科技型中小企业；

（二）具有自主知识产权的技术或产品；

（三）主导产品或技术具有国内领先或先进水平；

（四）拥有自主研发团队或产学研合作团队；

（五）资产和股权结构清晰，具备研发投入保障和债务偿还能力；

（六）具备实施项目管理的制度及能力。

第四条 直投基金支持的科技创新项目应属我省重点发展的传统优势产业或战略性新兴产业，主要面向我省重点产业和重点企业的技术创新，结合《辽宁省"十三五"科技发展规划》和《中国制造2025辽宁行动纲要》确定的产业创新链条，组织实施的科技攻关、产学研合作、成果转化项目。

第五条 直投基金支持的科技创新项目投资一般不超过项目研发总投入的50%，不超过企业净资产的50%。投资额度原则上控制在100万~2000万元，投资期限为2年。同等条件下，优先支持直投基金退出时间短的项目和产学研合作项目。暂不支持获得过各类科技资金支持的同一创新项目。

第六条 省科技厅会同省发展改革委、省工业和信息化委、省产业（创业）投资引导基金管理中心，围绕我省重点产业发展的重大任务和创新需求，研究制定直投基金支持科技创新项目的年度计划指南，并向全社会发布。

第七条 直投基金支持的科技创新项目，须按相应程序进行申请和审定。

（一）各市政府可指定科技主管部门，围绕指南组织项目申报。凡申请直投基金项目的企业需填写项目申报书，主要包括项目可行性研究报告、项目预算说明、企业基本情况，以及其他相关附件材料。

（二）各市须组织专家对本地区科技创新项目技术水平、创新绩效、研发投入预算、申报企业的创新能力、融资条件、财务能力进行评审。

（三）各市政府应结合专家评价意见和实际情况，确定本市推荐项目，形成推荐文件，并附申报项目排序汇总表、项目申报书、投资担保要件等上报省科技厅，同时抄送省发展改革委、省工业和信息化委、省产业（创业）投资引导基金管理中心。

第八条 省科技厅会同省发展改革委、省工业和信息化委、省产业（创业）投资引导基金管理中心，分别从技术创新、产业政策、投资内容等方面进行复核后，报省政府审定。

第九条 省政府审定后，由省产业（创业）投资引导基金管理中心履行股权投资的法律程序。

第十条 获批立项的企业应按照协议认真组织项目实施，按期履行回购程序。

第十一条 省产业（创业）投资引导基金管理中心负责对项目投资情况进行监督。省科技厅会同有关部门负责对项目的技术创新情况进行跟踪考核。

第十二条 项目直投基金到期后如不能按期退出，由省产业（创业）投资引导基金管理中心按照《辽宁省产业（创业）投资引导基金直接投资管理办法（试行）》执行。确因不可抗力，或因事关我省经济社会发展重大突破性创新的探索失败，致使项目无法完成的，由省科技厅会同省产业（创业）投资引导基金管理中心及有关部门制定方案，报省政府批准，可适当延长投资期限、减免或降低回购额度、缩减入股比例等。

第十三条 本办法暂不适用上市和拟上市企业的科技创新项目。

第十四条 本办法由省科技厅负责解释。

第十五条 本办法自发布之日起施行。

中共辽宁省委办公厅 辽宁省人民政府办公厅印发
《关于改进和完善省级财政科研项目资金管理的实施意见》的通知

(辽委办发〔2017〕5号)

各市委、市人民政府，省委各部委，省（中）直各单位，各人民团体：

《关于改进和完善省级财政科研项目资金管理的实施意见》已经省委、省政府同意，现印发给你们，请结合实际认真贯彻落实。

中共辽宁省委办公厅 辽宁省人民政府办公厅
2017年2月23日

关于改进和完善省级财政科研项目资金管理的实施意见

为深入贯彻《中共中央办公厅、国务院办公厅印发〈关于进一步完善中央财政科研项目资金管理等政策的若干意见〉的通知》（中办发〔2016〕50号）、《国务院关于改进加强中央财政科研项目和资金管理的若干意见》（国发〔2014〕11号）等文件精神，改进和完善省级财政科研项目资金管理，现提出以下实施意见。

一、改进省级财政科研项目资金管理

（一）调整科研经费开支范围。为适应科研活动规律的需要，将科研项目经费分为直接费用和间接费用。直接费用是指在科研项目研究开发过程中发生的与之直接相关的费用，主要包括设备费、材料费、测试化验加工费、燃料动力费、差旅费、会议费、国际合作与交流费、出版/文献/信息传播/知识产权事务费、劳务费、专家咨询费和其他支出等；间接费用是指承担科研任务的单位在组织实施科研项目过程中发生的无法在直接费用中列支的相关费用，主要包括项目承担单位为项目研究提供的现有仪器设备及房屋，水、电、气、暖消耗，有关管理费用的补助支出以及绩效支出等，其中绩效支出是指项目承担单位为提高科研工作绩效安排的相关支出。

（二）简化预算编制科目。根据科研活动规律和特点，在预算编制时，对各项费用只需编制到一级费用科目。同时，合并会议费、差旅费、国际合作与交流费科目，由科研人员结合科研活动实际需要编制预算并按规定统筹安排使用，合并后的总费用不超过直接费用10%的，不需要提供预算测算依据。

（三）改进科研资金管理方式。实行部门预算批复前的项目资金预拨制度，保证科研项目及时实施。将科研项目实施方案论证和预算评审合二为一。改进结转结余资金留用处理方式，在科研项目实施期间，年度剩余资金可结转下一年度继续使用。项目完成任务目标并通过验收后，结余资金按规定留归项目承担单位使用，在2年内由项目承担单位统筹安排用于科研活动的直接支出；2年后未使用完的，按规定收回。

二、强化财政政策支持力度

（一）绩效支出不设比例限制。竞争性研发类项目均要设立间接费用，并按照不超过直接费用扣除设备购置费后的一定比例核定：100万元以下的部分为20%，100万元至300万元的部分为15%，300万元以上的部分为13%。间接费用中的绩效支出不设比例限制。项目承担单位要处理好合理分摊间接成本和对科研人员激励的关系，绩效支出只能用于项目组成人员中的在职在编人员，支出安排与科研人员在项目工作中的实际贡献挂钩。

（二）劳务费预算不设比例限制。据实编制劳务费预算，不设比例限制。参与项目研究的研究生、博士后、访问学者以及项目聘用的研究人员、科研辅助人员等，均可开支劳务费。项目聘用人员的劳务费开支标准，参照当地科学研究和技术服务业从业人员平均工资水平，根据其在项目研究中承担的工作任务确定，其社会保险补助纳入劳务费科目列支。

（三）创新财政资金支持方式。鼓励在辽中央和省属高校、科研机构的科技成果在省内进行转化，对于在省内完成科技成果转化的，省财政给予相应的定额补助。鼓励省属高校、科研院所积极争取中央财政科研项目，对于承担中央财政科研项目的省属高校、科研院所，省财政视财力情况予以一定的奖励性补助。发挥财政资金杠杆作用，通过省级成果转化引导基金贷款风险补偿支持方式，引导银行业金融机构加大对科技型中小企业转化科技成果的信贷支持。

三、下放省属高校、科研院所管理权限

（一）下放预算调剂权限。在项目总预算不变的情况下，直接费用中的材料费、测试化验加工费、燃料动力费、出版/文献/信息传播/知识产权事务费、其他支出的预算，可由高校、科研院所等项目承担单位自行调剂使用；会议费/差旅费/国际合作与交流费、劳务费、专家咨询费和设备费支出预算可以调减，不得调增。项目预算总额变化、项目承担单位变更等应当按规定程序报省直主管部门审批。

（二）下放差旅费、会议费管理权限。省属高校、科研院所可根据科研工作实际需要，按照精简高效、厉行节约的原则，研究制定科研活动差旅费、会议费管理办法。合理确定科研人员乘坐交通工具等级和住宿费标准，举办会议次数、天数、人数和会议费开支范围、标准以及咨询费开支标准等。会议代表参加会议所发生的城市间交通费，原则上按差旅费管理规定由所在单位报销；因工作需要，邀请国内外专家、学者和有关人员参加会议，对确需负担的城市间交通费、国际旅费，可由主办单位在会议费等费用中报销。

（三）下放科研仪器设备采购权限。省属高校、科研院所可自行采购科研仪器设备，自行选择科研仪器设备评审专家。省财政厅要简化政府采购项目预算调剂和变更政府采购方式审批流程。省属高校、科研院所要切实做好设备采购的监督管理，做到全程公开、透明、可追溯。具体办法按照财政部的实施细则执行。对省属高校、科研院所采购进口仪器设备实行备案制管理。继续落实进口科研教学用品免税政策。

（四）自主规范管理横向经费。省属高校、科研院所以市场委托方式取得的横向经费，按照委托方要求或合同约定管理使用。横向课题经费要纳入省属高校、科研院所单位财务统一管理，并编入其部门预算、决算中，但不纳入财政收支两条线管理。

（五）完善科研经费内部报销规定。对于难以取得住宿费发票的，省属高校、科研院所在确保真实性的前提下，据实报销城市间交通费，并按规定标准发放伙食补助费和市内交通费。对于野外考察、调查问卷、心理测试等科研活动中，无法取得发票或财政性票据以及邀请国内知名专家

和外国专家来华参加学术交流发生的费用等，要制定符合实际需要的内部报销规定。

四、明确职责，依法理财

（一）强化项目承担单位法人主体责任，规范资金管理。项目承担单位要认真落实国家有关政策规定，按照权责一致的要求，强化自我约束和自我规范，确保接得住、管得好。及时制定内部管理办法，落实项目预算调剂、间接费用统筹使用、劳务费分配管理、结余资金使用等管理权限；制定科研活动差旅费、会议费内部管理办法；制定或修订科研项目资金内部管理办法和报销规定。加强预算审核把关，对政府拨款及自筹经费进行单独核算，规范财务支出行为；完善内部风险防控机制，强化资金使用绩效评价，保障资金使用安全规范有效；实行内部公开制度，主动公开项目预算、预算调剂、资金使用（重点是间接费用、外拨资金、结余资金使用）、研究成果等情况，项目负责人要对科研项目的预算编制、预算调剂、经费具体使用以及相关票据的真实性负责。建立健全科研财务助理制度，对于项目层面聘用的财务助理，所需费用可通过劳务费安排解决；对于单位统一聘用的财务助理，所需费用可通过科研项目间接经费、单位日常运转经费等渠道安排解决。充分利用信息化手段，建立健全单位内部科研、财务部门和项目负责人共享的信息平台，提高科研管理效率和便利化程度。

（二）明确主管部门工作职责，确保政策落地。省财政厅、省科技厅要会同有关部门，适时组织开展对项目承担单位科研项目资金等管理权限落实、内部管理办法制定、创新服务方式、内控机制建设、相关事项内部公开等情况的督查，对督查情况以适当方式进行通报，并将督查结果纳入信用管理，与间接费用核定、结余资金留用等挂钩。完善预算编制指南，指导项目承担单位和科研人员科学合理编制项目预算；制定预算评估评审工作细则，优化评估程序和方法，规范评估行为，建立健全与项目申请者及时沟通反馈机制；制定财务验收工作细则，规范委托中介机构开展的财务检查。加强对科研项目资金监督的制度规范、年度计划、结果运用等的统筹协调，建立职责明确、分工负责的协同工作机制。加快清理规范委托中介机构对科研项目开展的各种检查评审，加强对前期已经开展相关检查结果的使用，推进检查结果共享，减少检查数量，改进检查方式，避免重复检查、多头检查、过度检查。审计机关要依法开展对政策措施落实情况和财政资金的审计监督。有关部门要督促指导所属单位完善内部管理，确保国家政策规定落到实处。

本意见适用于省财政科技计划（专项、基金）。省属科研院所科研事业发展专项中的科研仪器设备采购，可参照本意见中相关政府采购管理要求执行。

本意见自 2017 年 2 月 23 日起实施，2014 年及以前年度获得省级科研经费支持的科研项目不适用本意见；2015 年以后获得省级科研经费支持的科研项目可适用本意见。

关于印发《辽宁省重点研发计划指导计划项目管理办法（试行）》的通知

(辽科发〔2017〕25号)

各有关单位：

为多渠道加大科技创新投入，充分发挥我省科技创新比较优势，进一步整合省内科研力量，按照全省科技工作会议关于推广实施科技指导计划的有关精神，省科技厅制定了《辽宁省重点研发计划指导计划项目管理办法（试行）》，现印发给你们，请遵照执行。

辽宁省科学技术厅

2017年8月10日

辽宁省重点研发计划指导计划项目管理办法（试行）

为深入实施创新驱动发展战略，加快推动产业转型升级和企业技术创新发展，充分吸引和调动社会资源支持辽宁装备制造、冶金、石化、建材、纺织、轻工、医药、电子信息、农业、社会发展等重点产业科技创新项目，结合《辽宁省科技计划项目管理办法》等有关规定，制定本办法。

第一章 总则

第一条 为深入实施创新驱动发展战略，加快推动产业转型升级和企业技术创新发展，充分吸引和调动社会资源支持辽宁装备制造、冶金、石化、建材、纺织、轻工、医药、电子信息、农业、社会发展等重点产业科技创新项目，结合《辽宁省科技计划项目管理办法》等有关规定，制定本办法。

第二条 辽宁省重点研发计划是围绕提升我省产业核心竞争力和整体自主创新能力组织的科技计划。重点研发计划通过项目实施，主要开展重大关键、共性技术攻关、重大成果转化和产业化，以及重大公益性科学问题研究和战略政策研究等。辽宁省重点研发计划指导计划（以下简称指导计划）属辽宁省重点研发计划类别。指导计划项目是指按照辽宁省科技计划项目管理的基本要求，由项目审定推荐单位按照相应程序予以审定推荐，并由省科技厅备案立项的重点研发计划项目。项目资金由依托单位负责安排。

第三条 指导计划旨在引导和调动社会资源加大对我省科技创新的投入，加快创新人才培养，全面提升自主创新能力，为辽宁经济社会发展提供科技支撑。

第四条 指导计划项目组织将坚持鼓励创新、服务产业、培养人才、面向未来的方针，按照开放管理、权责统一、公平公正、信用考核的工作原则组织实施指导计划。

第二章 组织与管理机制

第五条 省科技厅是指导计划的立项下达部门，是指导计划项目的宏观管理和监督检查部门。

各审定推荐单位为指导计划项目的组织和管理部门。各项目承担单位为项目的直接管理部门。

第六条 省科技厅负责指导计划的组织管理,重点面向我省八大产业的创新需求,充分结合各市、各部门、各科研机构、企业的实际情况,编制年度指导计划指南,组织实施年度指导计划。

第七条 省科技厅组织发布指导计划申报通知,由各项目审定推荐单位根据相关要求组织项目申报,并经过评审及公示程序,确定拟立项项目,以文件形式上报审定推荐项目名单和资金配置承诺。经科技厅备案后立项,下达年度指导计划。

第八条 指导计划由审定推荐单位负责审定和推荐拟立项项目。原则上,各市科技局、省直有关部门、省属以上高等院校、中省直科研机构(含中央转制院所)为项目审定推荐单位。其他未列示的一并由地方科技局负责审定推荐。

第九条 审定推荐单位为项目主管部门,负责项目的申报组织、评审论证、落实资金、项目管理等。原则上审定推荐单位每年要根据省科技厅发布的申报通知,在组织管理范围内提出年度计划重点指南方向,并实施申报、评审(议),按照立项指标确定拟审定推荐名单,经公示后报省科技厅。

第十条 审定推荐单位负责项目资金的落实,申报单位为审定推荐单位的,由申报单位对拟立项项目进行资金安排,并做出承诺。申报单位为非审定推荐单位的,审定推荐单位须与申报单位协调,由申报单位安排项目资金,并做出承诺。未落实资金的项目,不予以推荐备案立项。

第十一条 审定推荐单位负责项目的实施管理,要对项目进展、资金使用、项目处置、结题验收等进行监督,并负责将相关情况报省科技厅备案。同时,负责配合省科技厅等部门开展项目的抽查和检查工作。审定推荐单位应制定本单位的指导计划项目资金管理细则。

第十二条 审定推荐单位自行制定的指导计划项目管理细则,应在《辽宁省重点研发计划指导计划项目管理办法》等有关规定的基础上,在申报条件、组织程序、资金管理、评价机制等方面要予以进一步明确,突出体现省重点研发计划的内涵和特点,突出体现与产业技术创新的紧密结合,突出体现对创新人才的培养。

第三章 申报立项与评审要求

第十三条 项目申报单位应为具有较强科研能力和条件、运行管理规范、在辽宁省内注册的、具有独立法人资格的企业、科研院所、高等院校等。

第十四条 项目申报须具备如下条件:

(一)申报单位须是辽宁省内具有独立法人资格,研发基础条件和运行机制良好,资信度高,技术力量雄厚,财务状况良好,财务制度健全的单位。项目负责人及研发团队应在相关研究领域或专业具有一定的技术优势及研发工作基础。

(二)项目研发方向符合《辽宁省工业八大门类产业科技攻关重点方向》(辽政办发〔2016〕136号)及各市产业发展重点,优先支持省级以上高新区内对产业发展起牵动性作用的重大项目。

(三)以企业为主体申报的项目原则上要求企业上年销售收入在1000万元以上,项目研发经费一般为200万元以上,产学研合作和成果转化项目予以优先支持;以高校、科研院所为主体申报的项目,须面向省内重点产业和领域开展的科学研究和技术开发,鼓励与省内相关企业开展合作,项目研发经费一般不低于50万元。重大的软科学研究项目一般不少于5万元。项目研发周期一般为2年。

（四）项目申报人一般应为项目的实际主持人，具有副高级以上专业技术职务（职称）或具有博士学位，历年获省科技计划支持的项目均已按计划任务合同书实施，并已通过结题验收，且学风严谨，没有学术不端等失信行为。

第十五条 申报与立项遵照以下程序：

（一）按照通知要求，申报人通过辽宁省科技计划管理信息系统进行网上申报并保存提交；

（二）项目审定推荐单位在规定的时限内，委托具有项目评审能力的第三方机构或自行组织专家评审会的方式完成项目评审，拟定推荐备案立项项目。凡报送省科技厅的项目必须履行单位公示程序；

（三）项目审定推荐单位将推荐项目汇总表和资金配置承诺及相关附件正式行文报送至省科技厅，同时在申报系统中完成必要操作。

（四）省科技厅主管处室负责对审定推荐单位文件进行受理，按照要求，相关业务处室对推荐备案项目进行核查，履行程序后予以备案确认，科技厅下达指导项目计划。

第十六条 指导计划项目评审专家应具有较高的学术水平和科学道德水准，具有自然科学领域副高级以上专业技术职务或具有博士学位。建议各审定推荐单位利用省科技计划管理信息系统在线开展评审评议。评审专家组原则上不少于5人。

第十七条 指导计划项目评审实行内部回避制度，同一研究团队参加评审的专家应主动提出回避。受聘评审专家如因未履行回避制度确定的推荐项目，一经发现将取消立项资格，并列入专家的信用考核。

第四章 项目实施与过程管理

第十八条 审定推荐单位为立项项目的管理部门，指导计划下达后，各审定推荐单位须组织各单位项目负责人在科技计划管理信息系统中统一填写项目合同，并由审定推荐单位审核后于计划下达3个月内在计划信息管理平台操作确认，同时审定推荐单位将合同以文本形式一式三份，加盖单位公章和申请人名章后由单位、单位科研管理部门及申请人三方留存，作为项目管理和检查的依据。省科技厅将以审定推荐单位上传的合同作为备案留存。无故不按时上传项目合同的，经核查，将取消其项目立项。

第十九条 项目申请人是项目的直接责任人，负责按项目合同组织开展科研活动，并对项目进展和资金使用负责。项目依托单位为项目的直接管理单位，负责跟踪项目进展，及时拨付资金，监督和保障项目实施，并根据项目情况提出处置意见。

第二十条 指导计划项目的执行期一般为2年，从指导计划下达的次月算起。项目实施过程中，审定推荐单位应及时跟踪掌握项目进展，并按合同要求，根据项目情况适时做出项目的处置和调整。

第二十一条 项目执行期满后，审定推荐单位负责组织结题验收，如项目不能按时完成，应由项目负责人或依托单位提出延期申请，由审定推荐单位审定，并报省科技厅备案。项目结题验收延长期限一般不超过1年。

第二十二条 审定推荐单位每年须对指导计划项目的执行做出总结评价，并将总结评价报告报省科技厅。

第二十三条 省科技厅通过开展年度检查或抽查方式，加强指导计划的管理，将各审定推荐单位的立项和管理过程、资金配置情况、项目执行和结题验收情况纳入绩效考核，并将其作为今后财政资金后奖补支持的依据。

第二十四条 省科技厅有权根据相关要求，对重大失信行为的申请人、项目依托单位、审定推荐单位以及评审专家等给予相应处罚，一般视其情节，给予 2~3 年内不得申报省科技计划项目，减少或取消立项申报和审定推荐资格以及记入专家黑名单等。

第五章 项目变更与处置

第二十五条 指导计划建立项目处置和调整机制。在项目实施过程中，审定推荐单位发现有下列情形之一的，可形成项目处置调整和项目终止意见，报省科技厅备案，省科技厅视情况进行计划调整。

（一）立项年度内项目未启动、未实施，审定推荐单位决定终止项目的，由审定推荐单位提出终止项目意见，报省科技厅备案，省科技厅按年度统一下达终止项目计划。

（二）具备适当理由，项目合同内容进行调整的，审定推荐单位可经过论证，自行调整，报省科技厅备案。

（三）审定推荐单位在过程管理中，发现项目实施和管理以及资金匹配方面存在问题，不能继续实施或通过验收的，可适时提出调整申请或撤销备案立项。

（四）省科技厅在项目的抽查和检查过程发现项目造假，资金承诺虚假，管理过程未按要求执行的项目，可直接取消指导计划项目，并形成信用记录，作为今后确定单位立项指标依据。

（五）项目资金的使用管理由审定推荐单位负责，按各单位指导计划项目管理细则执行，项目结余资金可自行处置，无须省科技厅备案。

第二十六条 指导计划项目实施过程中，依托单位不得擅自变更项目负责人。

项目负责人有下列情形之一的，依托单位可及时提出变更项目负责人或者终止项目，审定推荐单位报省科技厅备案后调整。

（一）调离本单位且不能再继续承担该项科研任务的人员；

（二）身体或其他原因不能继续开展研究工作的；

（三）有剽窃他人科学研究成果或者在科学研究中有弄虚作假等重大失信行为的。

第二十七条 指导计划项目执行过程中确需在研究内容、经费预算支出、合作方等方面进行调整和处置的，由依托单位申请，报请审定推荐部门变更合同并上传省科技厅备案。审定推荐部门进行调整后须按新合同进行项目管理。省科技厅一般于年终集中受理调整项目备案。

第二十八条 省科技厅在抽查检查中发现须调整的问题项目，按照处置调整程序进行，发现须终止的项目可直接予以项目终止或取消。

第六章 附则

第二十九条 暂不实施涉及国家安全和秘密的指导计划项目立项。

第三十条 本办法由省科技厅负责解释，自公布之日起执行。

关于印发省级科技计划专项资金后补助管理暂行规定的通知

(辽财教〔2017〕602号)

省直有关部门，各市财政局、科技局：

经省政府同意，现将《省级科技计划专项资金后补助管理暂行规定》印发给你们，请认真贯彻执行。

省财政厅　省科技厅
2017年12月29日

辽宁省级科技计划专项资金后补助管理暂行规定

第一章　总则

第一条　为充分发挥财政科技资金的引导作用，提高财政资金的使用效益，推动科技和经济紧密结合，提升科技创新对我省产业供给侧结构性改革的促进作用，根据《国家科技计划及专项资金后补助管理规定》(财教〔2013〕433号)、《关于改进和完善省级财政科研项目资金管理的实施意见》(辽委办发〔2017〕5号)等文件精神，制定本规定。

第二条　省级科技计划专项资金后补助，是指从事研究开发和科技服务活动的单位先行投入资金，取得成果或者服务绩效，通过验收或绩效考核后，省财政给予经费补助的财政资助方式。

本条所称的单位，是指在辽宁省境内的科研院所、高等院校或在辽宁省内注册的具有独立法人资格的企业、技术转移示范机构、孵化器（众创空间、星创天地等）以及高新技术企业培育机构等。

第三条　后补助包括事前立项事后补助、奖励性后补助及共享服务后补助等方式。

第二章　事前立项事后补助

第四条　事前立项事后补助是指单位根据省科技厅发布的省科技计划项目指南，结合自身研发需要提出申请，按照规定的程序立项后，单位先行投入资金组织开展研究开发活动，取得成果并通过验收后省财政给予相应补助。

第五条　省级科技计划中，以解决辽宁经济社会发展中急需的重大公益性研究、关键共性技术研究问题和发展战略性新兴产业为目标任务，具有量化考核指标的研究开发类项目，应当实施事前立项事后补助。

第六条　事前立项事后补助按照以下程序管理：

（一）项目申报。省科技厅会同有关部门根据全省科技发展规划和省政府确定的年度工作重点制定并下发项目指南，明确支持方向和申报要求。各单位根据申报指南的要求，编制并提交项目申请材料。项目申请材料应当包括项目总体目标、主要任务、考核指标、配套条件、验收方式方法、项目预算、项目实施期限等内容，并附近两年经审计或主管部门批复的财务报表。申报项目由项目审定推荐单位予以审核推荐，由省科技厅牵头受理。

（二）论证立项。省科技厅、省财政厅会同有关部门组织专家对项目申请材料进行技术评审和预算评审，择优确定项目承担单位，明确项目的研究内容、经费预算、考核指标、验收方式方法、项目实施期限等重点内容。根据项目技术和预算评审情况，省科技厅会同省财政厅提出项目后补助预算方案，经省政府审定后，省科技厅、省财政厅下达立项计划并进行预算备案。补助额度一般不超过该项目研发总投入预算的30%，重大公益性、共性技术研发，可适度放宽补助比例。项目立项由省科技厅负责批复下达。

（三）组织实施。省科技厅批复立项的项目，由省科技厅与项目承担单位签订项目合同书。项目合同书应当包括项目目标任务、考核指标、验收方式方法、项目预算、拟补助经费额、项目实施期限等。项目承担单位按照项目合同书中的规定实施管理。项目实施终止的，应当按照省科技计划管理的要求履行相关手续，终止的项目不再享受后补助政策。

（四）验收考核。项目承担单位在完成任务或实施期满后，应当及时向省科技厅提出验收申请。省科技厅按照项目合同书约定的程序和方法及时组织验收，不再进行财务验收检查。省科技厅将项目验收结果及事先确定的后补助预算方案向社会公示。

（五）经费补助。公示无异议后，省科技厅按照事先备案的预算方案，提出项目后补助预算安排建议，报省财政厅，按程序纳入部门预算。预算批复下达后，资金按照财政国库管理制度有关规定，支付至项目承担单位。省财政厅会同省科技厅及有关部门按照相关规定做好后补助资金绩效评价工作。

第七条 事前立项事后补助采用公开、竞争、择优方式确定项目承担单位。属于政府采购范围的，执行政府采购的有关规定。

第八条 同一项目原则上只委托一家单位承担。当出现多家单位竞争，研究方法和技术路线各不相同，难以判断优劣时，可以同时委托不超过3家单位承担研究任务，并在项目任务书中明确择优支持的原则和方法，综合各家单位的预算评估结果，形成统一的后补助经费额，仅对取得最优成果的单位予以资助。

第九条 项目合同书是项目执行、项目验收和经费拨付的依据。省科技厅和项目承担单位签订项目合同书时应当协商一致，并细化考核指标，明确验收的方式方法。项目验收可以采用专家判定、第三方检测、用户评价等方法。具体验收办法另行制定。

第三章 奖励性后补助

第十条 奖励性后补助是指单位根据市场需求及自身发展需要先行投入资金，取得了有助于解决我省经济社会发展问题的科技成果，或实现了具有重大经济和社会效益的科技成果转化，以及对成果转化和创新创业提供重要支撑服务且成绩突出的技术转移示范机构、孵化器（众创空间、星创天地等）以及高新技术企业培育机构，经项目评价后，给予相应的补助。主要包括：

（一）单位先行投入，取得或落地转化的有助于解决重大经济社会发展问题，提升产业竞争力的重大科技成果和转化项目。

（二）对促成高校和科研院所科技成果在省内转化，贡献突出的技术转移示范机构，根据贡献情况给予奖励性后补助，最高不超过100万元。

（三）对科技型企业孵化器（众创空间、星创天地等）以及高新技术企业培育机构等，取得明显工作成效的，给予奖励性后补助，最高不超过200万元。

（四）引导激励企业加大研发投入。从 2018 年起，结合企业年度 R&D 经费支出增长幅度，对企业年度 R&D 经费投入增量在 200 万元以上，给予 2%~10% 的奖励后补助，最高不超过 500 万元。

（五）对从企业分离出的研发机构，根据成果转化及孵化科技型企业的成效，给予奖励性后补助，最高不超过 300 万元。对贡献突出的适当提高奖励额度。

第十一条 奖励性后补助按以下程序管理：

（一）发布通知。省科技厅面向社会发布通知，明确提出奖励性后补助项目和单位的申请标准和有关指标要求。征集解决重大问题的技术成果或转化项目，以及相关企业、技术转移示范机构、孵化器（众创空间、星创天地等）以及高新技术企业培育机构等。

（二）提交申请。单位根据公告要求提交相关申请材料。

（三）项目评价。省科技厅、省财政厅会同有关部门对重大科技成果和转化项目以及科技服务成效进行项目评价，重点评价其是否符合通知要求，是否满足相关评价指标，对辽宁经济社会发展和科技创新是否具有重要贡献，并形成项目评价结论，向社会公示后，省科技厅会同省财政厅提出奖励性后补助的预算建议，报省政府同意后，按程序纳入部门预算。

（四）奖励实施。预算批复下达后，资金按照财政国库管理制度有关规定，支付至项目承担单位。省财政厅会同省科技厅及有关部门按照相关规定做好后补助资金绩效评价工作。

第四章　共享服务后补助

第十二条　共享服务后补助是指对面向社会开放共享服务并取得绩效的省科技基础条件平台、省产业技术创新平台、省级工程技术研究中心、省级重点实验室、省级工程研究中心（工程实验室）、省级临床医学研究中心等，经省科技厅、省财政厅会同有关部门绩效考核通过后，给予相应补助。

第十三条　共享服务后补助的绩效考核主要包括以下内容：

（一）服务情况。包括资源服务数量和质量、服务对象数量及范围、资源深度挖掘与集成、提供科技支撑取得的效果、平台服务带来的经济和社会效益等。

（二）运行管理情况。包括组织机构运行、平台管理制度落实以及运行机制保障等。

（三）资源整合情况。包括资源增量与质量、资源维护与更新等。

第十四条　共享服务后补助按照以下程序管理：

（一）发布公告。省科技厅、省财政厅向参与省科技基础条件平台、省产业技术创新平台、省级工程技术研究中心、省级重点实验室、省级工程研究中心（工程实验室）等建设的单位发布绩效考核评估通知，单位根据通知要求进行申报。申报材料包括资源服务总量、开放共享、运行管理等情况，以及提供技术支撑取得效果的相关内容和运行服务成本等。

（二）绩效考核。省科技厅、省财政厅会同有关部门对申报单位的运行情况、资源开放服务、共享共用情况进行考核，形成绩效考核结论，并向社会公示。

（三）实施补助。公示无异议后，省科技厅会同省财政厅提出共享服务后补助预算安排建议，报省政府同意后，按程序纳入部门预算。预算批复下达后，资金按照财政国库管理制度有关规定，支付至项目承担单位。省财政厅会同省科技厅及有关部门按照相关规定做好后补助资金绩效评价工作。

第十五条　连续两次绩效考核较差的单位，不得申请共享服务后补助。

第五章 管理监督

第十六条 单位获得的后补助财政资金，由单位统筹使用。组织后补助项目过程中所发生的技术验证费、价值评估费以及项目验收费等在承担单位管理费中列支。对省科技厅的后补助管理工作可安排相应的成本性支出。

第十七条 单位存在弄虚作假、伪造成果、重复申报立项、以不当方式唆使用户或第三方检测机构出具虚假评价或检测报告，骗取财政资金的，视情节轻重，采取警告、记入不良信用记录等处理措施，并将信用记录作为今后遴选辽宁科技计划项目承担单位的依据；已经获得后补助经费的，应当予以追回。

第十八条 专家、中介机构在后补助管理中存在弄虚作假等违规行为的，视情节轻重，可以采取宣布其出具的相关结果无效、通报批评、降低信用评级等处理措施，并将违规记录作为后补助管理遴选专家、中介机构的重要依据。

第十九条 各级财政部门、科技部门及相关主管部门及其工作人员在后补助资金项目资金分配等环节，如存在违反规定分配资金，向不符合条件的单位（或项目）分配资金，超出规定范围或标准分配、使用资金，以及其他滥用职权、玩忽职守、营私舞弊等违法违纪行为的，将按照《中华人民共和国预算法》《中华人民共和国公务员法》《中华人民共和国行政监察法》《财政违法行为处罚处分条例》等国家有关规定追究相应责任。

第六章 附则

第二十条 本办法所涉及公示期限为5个工作日。

第二十一条 法律法规另有规定的，从其规定。本规定未尽事宜，按照省科技计划项目管理实施细则执行。

第二十二条 本规定由省财政厅、省科技厅负责解释。

第二十三条 本规定自发布之日起施行。

关于优化科研管理提升科研绩效若干措施的通知

(辽科发〔2018〕31号)

省直、市直各有关部门，各高校、科研院所，各企事业单位，央属在辽有关单位：

为贯彻落实《国务院关于优化科研管理提升科研绩效若干措施的通知》(国发〔2018〕25号)，实施科技领域"放管服"改革，减轻科研人员负担，释放创新活力，激励科研人员多出高水平成果，提升经济发展新动能，为实现辽宁老工业基地全面振兴、建设科技强省作出更大贡献，现就有关事项通知如下：

一、优化科研项目和经费管理

(一)简化科研项目申报和过程管理。优化省级科技计划形成机制，实行年度指南定期发布和项目定期申报制度，申报时间不少于50天，增加科研人员申报准备时间。加快完善辽宁省科技管理信息平台，实现各类科技计划信息的互联互通、共享共用，避免重复申报，精简科研项目申报要求，减少不必要的申报材料。针对关键节点实行"里程碑"式管理，减少科研项目实施周期内的各类评估、检查、抽查、审计等活动；自由探索类基础研究项目和实施周期三年以下的项目以承担单位自我管理为主，一般不开展过程检查。

(二)推行"材料一次报送"制度。整合科技管理各项工作要求和计划管理的材料报送相关环节，实现一表多用。省科技管理信息平台按权限向项目承担单位、项目申请人等相关主体开放，加强数据的即时更新和共享，实现一表通关，省科技管理信息平台中已有的材料或已要求提供过的材料，不得要求承担单位重复提供。允许科研人员或团队聘请财务、人事、科研管理人员担任学术助理和财务助理，所需费用可以通过科研项目资金等渠道解决。经科研人员或团队聘请，单位批准，本单位的财务、人事、科研管理等管理岗位人员，允许作为科研助理，兼职兼薪为科研团队提供专业化服务，其兼职兼薪可以按照科研人员兼职兼薪相关规定管理。

(三)赋予科研人员更大技术路线决策权。允许科研人员自主选择和调整技术路线的权利。省级科技计划项目申报期间，以科研人员提出的技术路线为主进行论证；科研项目实施期间，科研人员可以在研究方向不变、不降低申报指标的前提下自主调整研究方案和技术路线，报省科技行政管理部门备案。科研项目负责人可以根据项目需要，自主组建或调整科研团队。

(四)赋予科研单位科研项目经费管理使用自主权。直接费用中除设备费外，其他科目费用调剂权全部下放给项目承担单位。项目承担单位应完善管理制度，及时为科研人员办理调剂手续。对于接受企业或其他社会组织委托取得的项目经费，纳入单位财务统一管理，由项目承担单位按照委托方要求或合同约定管理使用。允许高校、科研院所将管理费和国有资源(资产)有偿使用费以外的其余横向科研项目经费记为"暂存款"，按照科研项目进度拨付研发团队(公司)指定账户，冲减"暂存款"。高校、科研院所根据需要安排财务部门或聘请具备代理记账资质的社会中介机构为研发团队(公司)代理记账。横向科研项目结题验收后，结余经费由研发团队(公司)自主使用。高校和科研院所要简化科研仪器设备采购流程，对科研急需的设备和耗材，采用特事特办、随到随办的采购机制，可不进行招投标程序，缩短采购周期；对于独家代理或生产的仪器设备，可采取单一来源采购等方式增强采购灵活性和便利性。高校和科研院所研发团队（公司）使用横向科研项目经费购置的固定资产归研发团队（公司）所有。固定资产的采购由研发团队（公司）自行组织。鼓励研发团队（公司）在结题验收后将购置的固定资产捐赠给高校、科研院所。

（五）避免重复多头检查对科研活动的干扰。认真落实科技部、财政部加强科研项目监督检查工作统筹的相关制度，探索实行"双随机、一公开"检查方式，实行监督检查结果信息共享和互认，原则上避免在同一年度对同一项目重复检查、多头检查。

二、完善有利于创新的评价激励制度

（六）切实精简人才"帽子"。在省人才工作领导小组的领导下，对科技领域人才计划进行优化整合，一个人只能获得一项相同层次的人才计划支持，人才计划项目结束后不得再使用有关人才称号。主管部门、用人单位要逐步取消入选人才计划与薪酬待遇和职称评定等直接挂钩的做法。不允许将科研项目（基地、平台）负责人、项目评审专家等作为荣誉称号。

（七）按照国家对全时全职承担任务的团队负责人以及引进的高端人才实行年薪制的具体操作办法，加大对承担省级关键领域核心技术攻关任务科研人员的薪酬激励。

三、强化科研项目绩效评价

（八）推动项目管理从重数量、重过程向重质量、重结果转变。省级科技计划项目申报书和合同书要设有科学、合理、具体的项目绩效目标和适用于考核的结果指标，并按照关键节点设定明确、细化的阶段性目标；立项评审应审核绩效目标、结果指标与指南要求的相符性、创新性、可行性和可考核性，实现项目绩效目标的能力和条件等；要加强项目关键环节考核，项目实施进度严重滞后或难以达到预期绩效目标的，及时予以调整或取消后续支持。

（九）实行科研项目绩效分类评价。基础研究与应用基础研究类项目重点评价新发现新原理新方法新规律、解决经济社会发展和国家安全重大需求中关键科学问题的效能、支撑技术和产品开发的效果、代表性论文等科研成果的质量和水平，以国际国内同行评议为主。攻关类项目重点评价新技术、新方法、新产品、关键部件等的创新性、成熟度、稳定性、可靠性，突出成果转化应用情况及其在解决经济社会发展关键问题、支撑引领行业产业发展中发挥的作用。产业化类项目绩效评价以规模化应用、行业内推广为导向，重点评价集成性、先进性、经济适用性、辐射带动作用及产生的经济社会效益，更多采取应用推广相关方评价和市场评价方式。

（十）严格依据合同书开展综合绩效评价。严格按照合同书的约定逐项考核结果指标完成情况，对绩效目标实现程度作出明确结论，无正当理由不得延迟验收，严禁成果充抵等弄虚作假行为。突出代表性成果和项目实施效果评价，对提交评价的论文、专利等作出数量限制规定。目标导向类项目可在结束后2～3年内进行绩效跟踪评价，重点关注项目成果转移转化、应用推广以及产生的经济社会效益。有关单位和企业要如实客观开具科研项目经济社会效益证明，对虚开造假者严肃处理。

（十一）加强绩效评价结果的应用。绩效评价结果应作为项目调整、后续支持的重要依据，以及相关研发、管理人员和项目承担单位业绩考核的参考依据。项目承担单位在评定职称、制定收入分配制度等工作中，应更加注重科研项目绩效评价结果，避免简单计算获得科研项目的项目数和经费数。

四、完善分级责任担当机制

（十二）建立相关部门为高校和科研院所分担责任机制。项目管理部门应建立自由探索和颠覆性技术创新活动免责机制，对已履行勤勉尽责义务但因技术路线选择失误导致难以完成预定目标的单位和项目负责人予以免责，同时认真总结经验教训，为后续研究路径等提供借鉴。单位主管部门、项目管理部门和其他相关部门要支持高校和科研院所按照国家和省科技体制改革要求，遵循科技创新规律进行改革创新，合理区分改革创新、探索性试验、推动发展的无意过失与明知故犯、失职渎职、谋取私利等违纪违法行为。对科研活动的审计和财务检查要尊重科研规律，建立各级审计和财务检查结果互通互用机制，减少频次，避免重复。与工作对象对科研工作绩效和相关政策理解不一致时，要及时与相关领域专家和政策制定部门沟通，调查澄清。

（十三）强化高校、科研院所和科研人员的主体责任。主管部门要在岗位设置、人员聘用、内部机构调整、绩效工资分配、评价考核、科研组织等方面充分尊重高校和科研院所管理权限。高校和科研院所要根据国家和省科技体制改革要求，加强科研诚信体系建设，制定完善本单位科研、人事、财务、成果转化、科研诚信等具体管理办法，强化服务意识，推行一站式服务，让科研人员少跑腿。强化科研人员主体地位，在充分信任基础上赋予更大的人财物支配权，强化责任和诚信意识，对严重违背科研诚信要求的，实行终身追究、联合惩戒。

（十四）完善鼓励法人担当负责的考核激励机制。加快推进项目评审、人才评价、机构评估改革政策落实，压实项目承担单位对科研项目和人才的管理责任。主管部门在对所属高校、科研院所开展考核时，应当将落实国家和省科技体制改革政策情况作为重要内容。对于落实国家和省科技体制改革政策到位、科技创新绩效突出的高校、科研院所，在申请省科技计划和人才项目、核定绩效工资总量、布局建设省科技创新基地、核定研究生招生指标等方面给予倾斜支持。

五、跟踪落实国家开展的基于绩效、诚信和能力的科研管理改革试点，对证明行之有效的经验和做法，及时在全省推广。

中共辽宁省委组织部　辽宁省科学技术厅　辽宁省教育厅
辽宁省人力资源和社会保障厅　辽宁省财政厅
2018 年 9 月 29 日

关于抓好赋予科研机构和人员更大自主权有关文件贯彻落实的通知

(辽科发〔2019〕9号)

省直、市直各有关部门，各高校、科研院所，各企事业单位，央属在辽有关单位：

近期，国务院办公厅印发了《关于抓好赋予科研机构和人员更大自主权有关文件贯彻落实的通知》(国办发〔2018〕127号)。为做好贯彻落实工作，现就有关事项通知如下。

一、高度重视，充分认识赋予科研机构和人员自主权的重要意义

近年来，党中央、国务院和省委、省政府高度重视科技创新工作，为激发科研人员创新积极性，围绕促进科技成果转化、优化科研管理、完善科研项目资金管理、优化分配机制、支持股权和分红激励等方面出台了一系列政策文件，赋予了科研机构和科研人员更大的自主权，受到了各科研单位和广大科研人员的普遍欢迎。但在调研、督查中也发现，相关文件在省内部分地区和单位还不同程度存在落实不到位的问题，突出表现为部分单位推进政策落实的力度还不够大，没有及时修订本部门、本地区和本单位的科研管理相关制度规定，科技成果转化、薪酬激励、人员流动、科研经费报销等还受到其他相关规定的约束，对政策的理解和把握不到位、不准确等，影响了政策落实效果。

省内各地区、各部门、各单位要进一步提高认识，坚持以习近平新时代中国特色社会主义思想为指导，深入学习贯彻习近平总书记关于科技创新的重要论述，和习近平总书记在辽宁考察和深入推进东北振兴座谈会上的重要讲话精神，围绕全省科技创新大会及全省科技工作会议部署，按照国办发〔2018〕127号文件要求，真抓实干，务求实效，切实解决相关文件执行中的堵点和难点问题，进一步调动科研人员积极性，推动释放更多创新创造活力，为培育壮大新动能、推动高质量发展、建设创新型省份贡献力量。

二、切实推进各项政策举措的落实

(一)全面开展落实情况自查。省内各地区、各部门、各单位要按照《国务院关于优化科研管理提升科研绩效若干措施的通知》(国发〔2018〕25号)、我省《关于优化科研管理提升科研绩效若干举措的通知》(辽科创发〔2018〕31号)等重点文件(详细清单见附件)要求，逐条逐段全面自查是否落实落细，分析本地区、本部门、本单位制定的政策中是否存在与上级文件要求不符的规定，系统梳理政策落实中存在的问题。

(二)尽快制定完善具体的实施细则。各单位要强化主体责任，针对自查中发现的问题，结合2018年开展的"落实全省科技创新大会精神和科技创新政策情况"督查活动中反映的问题，及时完善本单位具体的落实办法，对与现行政策精神不符的规定进行清理修改。进一步健全单位内部管理制度，对于政府部门已下放的管理权限要"接得住、管得好"，落实主体责任。要按照国办发〔2018〕127号文件规定的时间节点，尽快完成相关实施办法修订和制定工作。

(三)完善政策落实的协调推动机制。各级主管部门要充分尊重和保障科研机构和科研人员的自主权。要深入梳理、及时解决现行科技政策与相关政策规定不协调、不衔接的问题，采取切实有效措施解决"政策打架"、"相互掣肘"的问题，增加政策措施的可操作性和有效性。要根据国务院和省政府有关部署，适时开展督促检查，对好做法、好经验、好案例及时宣传推广，对落实不到位、严重失职的情况要严肃问责。

（四）探索建立有利于科技创新的容错免责机制。各级主管部门、项目管理部门和其他相关部门要支持科研机构按照国家、我省科技体制改革要求和科技创新规律进行改革创新，合理区分改革创新、探索性试验、推动发展的无意过失与明知故犯、失职渎职、谋取私利等违纪违法行为。对已履行勤勉尽责义务但因技术路线选择失误导致难以完成预定目标的单位和项目负责人予以免责，同时认真总结经验教训，为后续研究路径等提供借鉴。政策制定、发布部门要加强政策宣传解读，建立咨询热线，进行答疑解惑。对科研活动的相关检查如与工作对象对相关政策理解不一致时，要及时与政策制定、发布部门沟通，调查澄清。

三、在改革探索中进一步优化科研管理

（一）开展科技成果转化政策激励试点。在已开展的科技成果转化政策落实试点工作基础上，进一步扩充内存、扩大外延。支持中、省属相关科研机构在国家、我省现有政策的基础上寻求进一步突破，探索在科技成果所有权改革、无形资产评估，和科研相关的兼职兼薪、机构编制、干部人事、薪酬激励、担当容错等形成更多行之有效的改革举措，为我省乃至东北地区提供可复制推广的经验。

（二）及时调研了解改革探索进展情况。各级主管部门要通过政策宣讲、实地走访、现场座谈、网络互动、问卷调查等多种方式，主动深入科研机构开展调查研究，主动与一线科研人员进行深入沟通。及时了解掌握各科研机构改革探索的最新进展，及时分析把握科技政策落实的存在问题，更加有针对性的提供务实高效的科技政策供给，积极营造尊重科学、尊重人才的创新环境。

四、省直有关部门政策咨询方式

省科学技术厅：邹复勇，024-23983418
　　　　　　　陈嘉铂，024-23983101
省教育厅：李国华，024-86896329
省财政厅：魏铼，024-22831295
省国有资产监督管理委员会：刘东来，024-86893800
附件：重点政策文件清单（略）

辽宁省科学技术厅　辽宁省教育厅
辽宁省财政厅　辽宁省国有资产监督管理委员会
2019 年 2 月 14 日

关于印发《科技助力民营企业创新发展若干政策措施》的通知

(辽科发〔2019〕13号)

各市及沈抚新区管委会科技局，沈大国家自主创新示范区各片区管委会，各省级以上高新区管委会，各有关单位：

现将《科技助力民营企业创新发展若干政策措施》印发给你们，请结合实际认真贯彻落实。

辽宁省科学技术厅

2019年2月20日

科技助力民营企业创新发展若干政策措施

为认真贯彻落实习近平总书记在辽宁考察时和在深入推进东北振兴座谈会上，以及在民营企业座谈会上重要讲话精神，全面落实党中央、国务院科技创新重大决策以及省委、省政府关于加快民营经济发展工作部署，发挥科技创新对民营企业创新发展的支撑引领作用，通过政策引导、机制创新、项目实施、平台建设、人才培育、科技金融、军民融合、国际合作等方面增强民营企业科技创新能力，助力民营企业创新发展，推动全省民营经济高质量发展，现结合工作实际，制定如下政策措施。

一、大力支持民营企业深度参与科技计划项目

支持民营企业承担或参与国家和省重大科技专项、重点研发计划等科技计划项目，把民营企业的重大技术需求纳入省重大专项、重点研发计划指南，依据2019年度省科技计划工作安排，省重大专项单个项目支持强度1000万元左右，省重点研发计划单个项目支持强度30万~100万元。在项目评审、预算评估、结题验收等环节，更多吸收民营企业的管理专家和技术专家参与。通过科技计划项目实施，支持民营企业联合高校、科研院所协同攻关，切实提升民营企业核心竞争力和产品市场占有率。

二、积极支持民营企业建立高水平科技创新平台

支持民营企业与高校、科研单位共建重点实验室、技术创新中心以及新兴产业技术研究院等各类高水平科技创新平台，依据《关于推进人才集聚的若干政策》（辽委办发〔2018〕76号），对获批国家级平台的，视平台具体类别，一次性给予主持人或团队成员最高500万元奖励；依据《省级科技计划专项资金后补助管理暂行规定》（辽财教〔2017〕602号），对获批省级平台的，还将按照竞争择优的原则，通过项目资助、后补助奖励等多种方式给予引导扶持和合作共建，促进各类创新要素的有效集聚，有效提升民营企业综合创新实力。

三、大力促进民营企业进行科技成果转化

依据《省级科技计划专项资金后补助管理暂行规定》（辽财教〔2017〕602号），实施科技成果转化后补助奖励政策，支持民营企业加快科技成果落地转化，并支持民营企业与高校、科研院所开展联合攻关，完善产学研用协同创新机制，推动基础研究、应用研究与技术创新对接融通。充分发挥东北科技大市场的成果转化综合服务平台作用，通过举办成果对接会等活动，为民营企业的技术转移和成果转化提供精准化、一站式服务。

四、推动民营企业投身大众创业、万众创新

依据《省级科技计划专项资金后补助管理暂行规定》（辽财教〔2017〕602号），实施科技企业孵化器、众创空间、大学科技园、星创天地等各类孵化载体建设后补助奖励政策，帮助吸引优秀创新创业团队入驻，培育更多民营企业后备军。

依据《关于推进人才集聚的若干政策》（辽委办发〔2018〕76号），对近3年内年主营业务收入首次超过2000万元的民营企业，在辽宁创办企业或实施核心成果转化的各类创新创业人才，将按照其贡献程度一次性给予人才本人最高300万元奖励。鼓励更多初创民营企业参与辽宁创新创业大赛，并择优推荐参加全国行业总决赛，努力营造全社会良好创新创业氛围。

五、加强民营科技企业的梯度培育

实施辽宁省民营科技企业梯度培育工程，依据《辽宁省沈大自创区和高新区高质量发展"六大工程"实施方案》（辽自创办发〔2019〕1号），划分"科技型中小企业—高新技术企业—瞪羚独角兽企业"3级梯度进行体系化培育，优化我省民营科技企业发展梯队。力争到2021年，培育一批引领示范带动全省新旧动能转换的民营科技企业，民营科技型中小企业达到6000家、民营高新技术企业达到4000家、民营瞪羚独角兽企业达到150家，不断提升我省的自主创新能力及新兴产业发展水平。

六、鼓励民营企业落户高新技术产业开发区

鼓励民营科技企业到沈大国家自主创新示范区和省内高新区注册落户，享受《辽宁省加快高新区转型升级政策措施》（辽政发〔2017〕9号）有关政策。对落户企业实行行政事业"零收费"，对"能评""区域集中评估"，高端服务业和新业态的用水、用气、用电等要素价格按工业标准执行。扩大高新技术产业开发区内承担财政科技项目的民营企业财政科研资金使用自主权。

七、支持民营企业加强科技创新人才培育

支持有条件的民营企业建立博士后科研工作站、院士工作站，吸引院士、优秀博士到企业从事科技成果转化和科技创新活动。依据《辽宁省科技成果转化成绩优异人员专业技术资格评定暂行办法》（辽人社〔2016〕272号），开辟科技成果转化成绩优异人员专业技术资格评定"绿色通道"，激励更多创新人才针对民营企业和市场需求开展科技创新活动。加强民营企业创新人才培育，支持民营企业申报"兴辽英才计划"，推荐申报科技部创新人才推进计划，加大对民营企业中青年科技创新领军人才、重点领域创新团队的培育和支持。支持科技创新人才的双向流动，允许科技创新人才及其团队在科研院所和民营企业间的双向兼职流动。高校、科研院所研究人员、科研团队携带成果或项目创办科技型企业的，其离岗创业期限最长可达5年。

八、鼓励民营企业申报各类科技型企业资格

鼓励民营企业申报高新技术企业、科技型中小企业和技术先进型服务企业，除享受相应税收优惠及有关支持政策外，依据《关于延长高新技术企业和科技型中小企业亏损结转年限的通知》（财税〔2018〕76号），具备高新技术企业或科技型中小企业资格的，其具备资格年度之前5个年度发生的尚未弥补完的亏损，准予结转以后年度弥补，最长结转年限由5年延长至10年；依据《关于2018年退还部分行业增值税留抵税额有关税收政策的通知》（财税〔2018〕70号），具备高新技术企业、科技型中小企业或技术先进型服务企业资格的,其增值税期末留抵税额予以退还。

九、引导民营企业用好科技创新券

推广实施科技创新券政策,开展创新券跨区域应用试点并探索对接京津冀地区,依据《关于实施科技创新券制度的若干意见(试行)》(辽科发〔2015〕28号),支持民营企业利用创新券购买创新服务。同时推动重大科技基础设施、重大科研仪器设备、科学数据等科技资源向民营企业开放共享,在提高仪器设备等使用效率的同时,进一步降低民营企业的科技创新成本。

十、落实支持民营企业创新发展的各项政策

坚持民营企业与国有企业同等待遇和标准,依据《财政部税务总局科技部关于提高研究开发费用税前加计扣除比例的通知》(财税〔2018〕99号)等文件规定,切实推进企业研发费用税前加计扣除、高新技术企业所得税减免、无形资产税前摊销、职工教育经费税前扣除、知识产权质押融资等普惠性政策在民营企业中的充分落实。依据《辽宁省企业R&D经费投入后补助实施细则》(辽科发〔2018〕19号),实施民营企业研发投入后补助奖励政策,对企业先期研发投入按一定比例进行奖励性后补助。鼓励民营企业申报省科学技术奖励,省科技奖励三等奖将优先支持各市提名的项目。

十一、建立科技金融扶持民营企业发展新机制

发展完善科技金融,为各成长阶段的民营科技企业提供全生命周期的金融服务口依据《关于促进科技和金融结合加快实施自主创新战略的若干意见》(国科发财〔2011〕540号),依托中国出口信用保险公司辽宁分公司、辽宁股权交易中心、辽宁省银行业协会、辽宁省股权和创业投资协会以及各银行业等金融机构,构建完善我省科技金融服务体系,形成科技创新与创业投资、银行信贷、融资担保等各种金融工具深度结合的模式和机制。发挥政府引导基金作用,针对民营企业继续推进实施一批直接投资科技创新项目,推动设立天使基金、科技成果转化(科技创业)投资基金,打造活跃的科技创业投资市场环境。依据《国家科技成果转化引导基金管理暂行办法》(财教〔2011〕289号),设立省科技成果转化贷款风险补偿资金,切实为我省民营科技企业分担贷款风险。

十二、推动民营企业参与军民协同创新

鼓励民营企业参与军民协同创新,以项目建设推动产业发展,推动军民融合产业转型升级,协调推进辽宁省军民融合大型科研仪器共享平台建设,依据《关于以培育壮大新动能为重点激发创新驱动内生动力的实施意见》(辽委办发〔2018〕130号),通过建立完善各类军民协同创新公共服务平台,向民营企业提供信息检索、政策咨询、科技成果评价等服务,鼓励和引导民用技术参军和军用技术转民。

十三、鼓励民营企业开展国际科技合作

依据《关于深度融入共建一带一路建设开放合作新高地的实施意见》(辽委办发〔2018〕132号),支持民营企业与"一带一路"沿线等国家企业、高校、科研机构开展高层次、多形式、宽领域的科技合作。鼓励民营企业申报中东欧政府间国际科技创新合作重点专项、政府间科技例会交流项目,深耕日韩俄,狠抓中东欧,做大港澳台,鼓励民营企业并购重组海外高技术企业,设立海外研发中心。充分发挥"中德国际智能创新园"等国家国际科技合作基地作用,促进顶尖人才、先进技术及成果引进和转移转化,实现优势产业、优质企业和优秀产品"走出去",提升民营企业科技创新能力对外开放水平。

十四、支持民营企业引进外国高端人才

支持民营企业引进外国高端人才,为其办理工作许可提供便利。对外国高端专家采用承诺制和容缺受理。依据《外国人才签证制度实施办法》(外专发〔2017〕218号),为符合条件的外国专家签发《外国高端人才确认函》,可申请有效期5至10年、多次入境、每次停留180天人才签证。

办好中国海外学子创业周,吸引国内外创新创业资源汇聚,提高人才、技术、资本、信息等资源的全球配置能力,助力大连打造东北亚创新创业创投之都。依据《关于推进人才集聚的若干政策》(辽委办发〔2018〕76号),在沈抚新区、辽宁自贸试验区、沈大国家自主创新示范区等创新发展重点区域内从事创新创业活动1年以上的优秀海外留学人员,可比照高层次海外留学人员和科技专家,享受进境合理数量的科研、教学和个人生活用品等按规定予以海关免税放行优惠政策;其外籍配偶、未满18周岁子女可申请签发2至5年外国人居留许可或多次F签证。

十五、为民营企业创新发展做好服务保障

加强对支持民营企业创新发展相关政策的宣传和解读,开通政策咨询热线,及时解答民企关于科技创新政策方面的咨询,做好经常性政策服务。制订落实政策路线图,增强民营企业对政策的知晓度,增强政策获得感。加强对民营企业创新发展的服务,搭建成果展示、产学研合作等创新服务平台,开展项目培训、人才推荐与评价等工作。及时总结我省民营企业创新发展的新典型、新模式和新机制,及时调整完善相关政策措施,加强对我省民营企业创新发展成功经验和突出成果的宣传推广。

关于印发《关于进一步深化科技体制改革开展科技成果转化政策激励试点的工作方案》的通知

(辽科创发〔2019〕4号)

省科技创新工作领导小组各成员单位，各市人民政府，各有关单位：

《关于进一步深化科技体制改革开展科技成果转化政策激励试点的工作方案》已经省科技创新工作领导小组同意，现印发给你们，请结合实际推进落实。

辽宁省科技创新工作领导小组
2019年6月12日

关于进一步深化科技体制改革开展科技成果转化政策激励试点的工作方案

为落实习近平总书记在深入推进东北振兴座谈会上提出的"要支持在东北地区开展科技成果转化政策激励试点"的要求，率先在辽宁探索突破，按照一个阶段以来国家、省在促进科技成果转化、鼓励创新创业方面的相关法规与政策要求，在以往工作基础上，总结经验，改革探索，拟遴选一批单位开展科技成果转化政策激励试点。现制定如下方案：

一、总体要求

全面贯彻党的十九大和十九届二中、三中全会精神，深入贯彻落实习近平总书记在辽宁考察时和在深入推进东北振兴座谈会上的重要讲话精神，针对辽宁实现高质量发展的需要，按照国家和我省关于深化科技体制改革、加快实施创新驱动发展战略的要求，通过落实现有科技创新"放管服"改革举措和探索新的政策突破相结合，鼓励各试点单位大胆进行体制机制和管理方式创新，让广大科研人员充分享受改革红利，切实增强各类创新主体创新活力和服务经济社会发展能力，为我省乃至东北地区和全国提供可复制推广的经验。

试点工作坚持以下基本原则：

——问题导向。针对省内高校、科研院所等各类创新主体和科研人员实际工作中遇到的体制机制障碍问题，在统筹落实已出台政策的基础上，寻求新的政策突破点，精准发力，务求实效。

——分级联动。各类创新主体要切实履行主体责任，积极创造有利于创新创业的体制机制环境。省直相关部门要按照"放管服"改革要求，进一步简政放权，支持改革探索。根据我省试点需求，及时争取国家相关部委的政策支持。

——精准施策。遵循科技创新活动的内在规律，按照不同类型、不同特点创新主体的职责定位，分别确定有针对性的试点内容，实行不同程度的放权力度和范围，提高科学性和可操作性。

——权责一致。切实加强党的领导，实现充分放权与有效监管结合，尊重科研自主与加强诚信规范并重，以目标和结果为试点工作的出发点和立足点，确保各类创新主体高效完成试点任务，更好地服务我省振兴发展。

二、试点内容

（一）落实已出台改革举措

落实《国务院办公厅关于抓好赋予科研机构和人员更大自主权有关文件贯彻落实的通知》（国办发〔2018〕127号）要求，确保国家、我省关于完善科研管理、提升科研绩效、推进成果转化、优化分配机制等方面的改革举措落实落地。（附已出台重点改革举措清单）

（二）创新科技成果转化模式

1. 开展科研人员职务发明成果所有权及长期使用权改革。

2. 强化科技成果转化激励，鼓励科研人员以"技术股＋现金股"的方式，强化与科技成果转化相关方利益的捆绑机制。

3. 进一步优化科技成果的固有资产评估方式，探索建立更加合理的科技成果定价方式。

4. 探索在省内共性、行业性科技创新平台建立基于利益共享的科技成果中试熟化机制。

（三）优化科研管理组织模式

1. 探索实行科研经费包干制。在项目预算编制和调剂、直接费用和间接费支出、经费拨付和留用、项目财务审计、项目评价与验收等方面，寻求更多新的突破。

2. 探索省级重点科技创新基地实行新型管理体制和运营机制，在职称评审、项目组织、人才引进、创新创业方面赋予其人财物自主权。

3. 探索建立在开展科技创新活动、促进科技成果转化、推进创新创业过程中的容错机制。

4. 在高层次人才选聘、岗位设置、职称评定等方面，进一步落实和保障选人用人主体自主权。

（四）完善有利于科技创新的激励分配机制

1. 在科研事业单位绩效工资范围内探索实行年薪制、协议工资、项目工资等多种分配方式。探索合理适度突破绩效工资总额限制。

2. 探索科研人员兼职兼薪的新模式，切实加强对科研人员的政策激励。对科研型领导干部、一般科研人员、离退休科研人员兼职兼薪进行差异化的对待。

3. 探索通过年薪制等方式加大对承担重大科研任务领衔人员的薪酬激励。

4. 探索横向委托项目经费更加灵活的使用方式，试行企业横向项目结余经费可全部奖励项目组成员，横向项目给予科技人员的报酬和奖励支出在核定的单位绩效工资总量外单列等举措。

（五）加强创新创业新型载体建设

1. 推进以科技成果转化为目标，多元化投入、市场化运作、理事会管理、实体化运营的新型研发机构建设。试点实施事业单位性质的新型研发机构运营管理机制改革，允许新型研发机构设立多元投资的混合制运营公司。

2. 探索支持国家级、省级重点实验室建立新型研发机构的运行体制，实现实体化运作。

3. 探索突破现有体制，试点高校、科研院所独资设立的国有资产管理公司，受高校、科研院所委托，实行科技成果等固有无形资产自主作价投资，对科技人员实施股权激励，对投资风险建立免责机制。

4. 探索依托产业技术创新战略联盟建设独立法人实体，以股权利益为纽带，开展科技创新和成果转化活动。

5. 探索技术转移示范机构及技术经理人全程参与的科技成果转化服务模式。

6.探索在重点国有企业开展以技术创新为导向的混合所有制改革，建立由国有企业、科研团队、科技园区、社会资本等多方共同持股的新型研发机构，围绕企业、行业技术需求开展定向转化，培育孵化衍生企业。

（六）促进科技园区体制机制创新

1.探索高新区一区多园的建设发展模式，向国家和省级高新区下放更多的省级和市级经济管理权限。

2.探索设立高新区和高新技术企业发展基金，提升高新区产业集聚和公共服务能力，培育一批高新技术企业和高成长性科技型中小企业。

三、组织实施

（一）建立联合推进机制由省科技厅牵头，联合省科技创新工作领导小组成员单位共同研究试点工作方案，选择试点单位，推动试点任务落实，组织评估总结，研究制定推广经验的政策举措。

（二）遴选试点单位

在省科技厅等七部门已开展的科技成果转化政策落实试点工作基础上，按照自愿和引导相结合的原则，选择若干基础条件好、改革意愿强、先行先试效果突出的中省属高校、科研院所，技术转移示范机构，省属国有科技型企业和高新区开展试点，试点期限2年左右。根据工作实际需求，也可会同相关市选择符合条件的市属单位开展试点。

（三）编制试点实施方案

各试点单位要根据本方案部署，结合自身的改革探索基础，选择有代表性的试点方向，确定重点试点内容，按照有突破、可操作、可考核的原则，编制本单位试点实施方案，明确试点目标、试点内容、具体措施、进度安排等。方案要提出需相关部门支持、保障的体制机制创新需求，如国家现行政策暂未突破，可提出由相关部门向国家部委争取的政策突破需求。方案形成后报省科技厅，由省科技厅会同省科技创新工作领导小组相关成员单位共同批复后实施。

（四）协同推进试点实施

试点工作由省科技创新工作领导小组成员单位协调指导，试点单位具体组织实施。领导小组各成员单位要解放思想、加强配合、鼓励探索、宽容失败，共同为试点工作营造良好的政策环境。充分发挥自身职能优势，对试点工作中涉及本领域的内容加强指导，把握试点工作的方向和目标。要根据试点工作具体实际，及时与上级业务指导部门沟通，及时争取国家部委的政策支持。

试点单位要切实履行法人主体责任，树立担当意识，结合试点工作建立健全相关工作体系和配套制度，精心组织实施，强化服务保障，确保试点工作顺利推进，各项目标任务圆满完成。试点过程中的重要情况和问题，要及时向省科技创新工作领导小组报告。

（五）推广试点经验

试点过程中，各试点单位要总结工作进展，上报试点工作总结。省科技厅要做好牵头汇总工作，及时向省委、省政府汇报，适时向中办、国办报告。试点工作要定期进行评估，及时总结经验，复制推广，完善政策。

（六）试点工作保障

为确保试点工作顺利推进，省科技创新工作领导小组各成员单位对各试点单位在资金、项目、人才、平台、税收等方面予以必要的保障性支持。

附：已出台重点改革举措清单

1.《中华人民共和国促进科技成果转化法》，及辽宁省实施《中华人民共和国促进科技成果转化法》规定

2. 国务院关于印发实施《中华人民共和国促进科技成果转化法》若干规定的通知（国发〔2016〕16号），及辽宁省人民政府关于进一步促进科技成果转化和技术转移的意见（辽政发〔2015〕55号）、辽宁省人民政府关于进一步做好促进科技成果转化和技术转移工作的通知（辽政发〔2016〕34号）

3. 辽宁省财政厅辽宁省科技厅辽宁省国资委转发财政部科技部国资委关于印发固有科技型企业股权和分红激励暂行办法的通知（辽财企〔2016〕303号）

4. 中共中央办公厅国务院办公厅印发《关于进一步完善中央财政科研项目资金管理等政策的若干意见》的通知（中办发〔2016〕50号），及中共辽宁省委办公厅辽宁省人民政府办公厅印发《关于改进和完善省级财政科研项目资金管理的实施意见》的通知（辽委办发〔2017〕5号）

5. 中共中央办公厅国务院办公厅关于实行以增加知识价值为导向分配政策的若干意见（厅字〔2016〕35号），及中共辽宁省委办公厅辽宁省人民政府办公厅关于贯彻以增加知识价值为导向分配政策的实施意见（辽委办发〔2017〕25号）

6. 科技部财政部税务总局关于科技人员取得职务科技成果转化现金奖励信息公示办法的通知（国科发政〔2018〕103号）

7. 省科技厅等13部门关于推广科技成果转化政策落实试点有关政策措施和沈阳市全面创新改革试验科技创新典型经验的通知（辽科发〔2018〕23号）

8. 国务院关于优化科研管理提升科研绩效若干措施的通知（国发〔2018〕25号），及省科技厅等5部门关于优化科研管理提升科研绩效若干措施的通知（辽科发〔2018〕31号）

9. 国务院办公厅关于抓好赋予科研机构和人员更大自主权有关文件贯彻落实工作的通知（国办发〔2018〕127号）

10. 财政部办公厅关于抓好赋予科研机构和人员更大自主权有关文件贯彻落实的通知（财办发〔2019〕7号）

11. 省科技厅等4部门关于抓好赋予科研机构和人员更大自主权有关文件贯彻落实的通知（辽科发〔2019〕9号）

关于印发《辽宁省财政科研基金项目管理办法》和《辽宁省财政科研基金项目资金管理办法》的通知

(辽财专服〔2019〕202号)

各相关单位：

现将《辽宁省财政科研基金项目管理办法》和《辽宁省财政科研基金项目资金管理办法》印发给你们，请遵照执行。

辽宁省财政厅
2019年5月29日

辽宁省财政科研基金项目管理办法

第一章 总则

第一条 为推动辽宁省财政科研基金项目管理规范化、制度化和科学化，制定本办法。

第二条 辽宁省财政科研基金项目面向社会，公平竞争，择优立项。宗旨是强化对辽宁财政改革与发展重点、难点和热点问题的研究，促进科学理财、依法理财、民主理财，有效服务财政实践。

第三条 辽宁省财政科研基金管理办公室（设立在辽宁省财政科学研究所，简称"管理办公室"）负责管理基金项目。

第二章 规划与选题

第四条 辽宁省财政科研基金项目的选题，以辽宁财政改革与发展的重大理论和实践问题为主，积极探索地方政府理财规律，重点支持财经应用对策研究。

第五条 辽宁省财政科研基金项目的选题由管理办公室负责组织征集，在广泛征求各有关方面意见基础上，形成《课题指南》，向财政系统和有关高校、科研机构发布。

第六条 辽宁省财政科研基金项目分为立项资助和立项不资助两类，每年立项一次。其中，立项资助项目设立重大、重点、一般和财政科研观察点项目四个类别，根据项目类别和资金情况分别确定资助额度。立项不资助项目在结项评审时如果鉴定结果为良好以上，将以奖励的形式给予一定科研补助。项目的成果形式为研究报告、论文、专著、调查报告（限观察点项目）等。项目完成时间以当年的申报通知为准，完成时限一般为1年以内。

第七条 根据辽宁省经济社会发展的全局需要和重大工作部署，按照省财政中心工作的总体要求，在统一组织年度项目申报的同时，可针对一些重要的特定选题，面向全社会通过特别委托、询价、公开招标等方式进行单独立项，组织研究。

第三章 申报与评审

第八条 辽宁省财政科研基金项目的申请者应符合以下条件：

1. 一般应在财经科研、教学或实际部门工作，具有较丰富的研究能力和实践经验。
2. 申请人必须真正承担和负责组织、指导项目的实施，不能从事实质性研究工作的不得申请。
3. 申请人当年只能申报一个项目，项目课题组成员不得同时参加两个以上项目申请。

第九条 项目申请人可从指定网站下载《课题指南》《辽宁省财政科研基金项目申请书》（以下称《申请书》）及有关材料（http：//www.dfczyj.com），并根据《课题指南》及有关材料要求认真填写《申请书》，按规定时间送其所在单位审核。其所在单位按本办法和项目申报通知规定进行审查，签署意见，并承诺提供研究条件和承担项目的管理任务及信誉保证。在申报期内，将本单位审查合格的《申请书》及电子文件统一送交管理办公室审核。

第十条 辽宁省财政科研基金项目实行专家评审制。立项采取两轮评审，第一轮匿名评审，第二轮公开评审。通过专家审阅、部门参与、集体评议、投票表决等形式，确定年度拟资助项目。

第十一条 评审专家由科研基金管理办公室从高校科研单位和部分实际业务部门的优秀人才中选聘，充分体现理论与实际相结合的原则。评审专家聘期一般为三年。评审专家库根据形势变化和评审工作需要，每年可作动态优化调整。评审专家在项目评审工作中，应严格遵守保密规定，不得存留或透露《申请书》内容，保证评审工作不受干扰，如出现不严格执行评审程序、不公正评审等行为，将中止其评审资格。

项目评审专家评审费用（含立项、结项）依据评审工作量，按每人1000～3000元标准执行，所需费用在财政科研基金管理费中列支。

第十二条 经审批立项的辽宁省财政科研基金项目，自立项通知下达之日始，按审核通过的立项设计要求进行研究。项目未能按计划完成的，管理办公室有权按撤项处理，该项目负责人在此后两年内不得再申报新项目。

第四章 中期管理与检查

第十三条 辽宁省财政科研基金项目由管理办公室和项目负责人所在单位的科研管理机构共同管理。管理办公室负责基金项目的全面管理工作，项目负责人所在单位科研管理机构负责项目的日常管理工作，保证项目按时、按质、按设计要求完成。

第十四条 项目负责人接到立项通知后，应立即组织和认真实施立项课题研究工作。为提高课题项目研究的实用性，项目负责人应与相关业务部门密切联系对接，鼓励开展组合式研究，按时保质完成课题研究。项目负责人应在项目研究中期按要求提供阶段性成果，提高研究成果时效性。

第十五条 获准立项的辽宁省财政科研基金项目不得随意改变研究方向和立项设计、计划。确有特殊原因出现下列情形之一者，须由项目负责人填写《辽宁省财政科研基金项目重要事项变更审批表》，经所在单位同意，报管理办公室批复后，方可进行变更和调整：（1）变更项目负责人；（2）改变项目名称；（3）改变最终成果形式；（4）研究内容有重大调整；（5）变更项目管理单位；（6）项目执行过程中或成果出版等方面有涉及国家机密的；（7）项目延期；（8）其他重要事项的变更。

第十六条 凡有下列情形之一者，管理办公室有权做撤项处理：（1）研究成果有严重政治问题；（2）研究成果学术质量低劣；（3）剽窃他人成果；（4）与批准的课题设计严重不符；（5）逾期不提交延期申请，或延期到期仍不能完成；（6）严重违反财务制度。被撤项的项目负责人两年内不得申请新项目。

第五章 成果验收

第十七条 辽宁省财政科研基金项目最终成果完成后由管理办公室负责验收。项目负责人所在单位科研管理部门将最终研究成果（含电子文件）及《结项审批书》报管理办公室审核。

第十八条 项目成果在正式提交鉴定之前，管理办公室对项目成果的基本内容和形式的规范性等方面进行初步审核，并对项目成果进行学术不端检测，结项成果查重比例一般应限制在30%以内，自重复比例最高不超过50%。

第十九条 参加结项评审的项目应具有较高的学术水平、原创性、实用性和时效性。项目成果在深入分析现实问题的基础上，应着重突出政策建议部分。

第二十条 一般情况下，项目成果应在国内规范性财经期刊公开发表，或取得市厅级以上领导批示，或提交财政相关业务部门采用，或在辽宁省财政科学研究所、辽宁省财政学会主办的《科研要报》上采用。

第六章 成果鉴定与结项

第二十一条 项目最终成果由管理办公室负责组织鉴定。管理办公室从"专家库"中选择若干名专家组成鉴定组。鉴定组中项目负责人所在单位专家不得超过2人，课题组成员不得担任本次评审的鉴定专家。

第二十二条 成果鉴定形式分为两种：（1）召开鉴定会，由项目成果鉴定小组成员共同审阅成果；（2）书面鉴定，请项目成果鉴定小组成员分别审阅成果。《专家评分表》和《专家鉴定意见书》须由各鉴定组成员本人填写。

第二十三条 鉴定的主要内容：（1）项目研究成果是否坚持正确的政治方向，是否符合现行的法律、法规、政策；（2）项目实施是否达到了项目申请书中关于成果的设计要求；（3）项目成果是否符合通常的学术规范；（4）项目成果是否符合辽宁省情实际，对策建议是否具有可操作性，具有较大应用价值；（5）项目成果所使用的资料、数据是否准确、及时和完整；（6）项目成果的观点、方法和内容是否具有创新性、科学性。

第二十四条 辽宁省财政科研基金项目成果一次鉴定不合格者，撤销项目资格，对部分符合条件的项目可视情况允许项目负责人对成果进行修改完善，并重新参加鉴定。如再次鉴定不合格，则撤销其基金项目资格。

第二十五条 单独立项的重要财政科研基金项目完成后，由管理办公室统一组织成果验收和结项。

第二十六条 辽宁省财政科研基金管理办公室对项目成果具有优先使用权。公开发表和出版类成果，印刷时需在显著位置标明"辽宁省财政科研基金项目"字样。

第二十七条 经审核合格后，由管理办公室颁发《辽宁省财政科研基金项目结项证书》。

第七章 附则

第二十八条 本办法由辽宁省财政厅负责解释。

第二十九条 本办法自发布之日起施行。原《辽宁省财政科研基金项目管理办法》（辽财办〔2006〕472号）同时废止。

辽宁省财政科研基金项目资金管理办法

第一章 总则

第一条 为了规范辽宁省财政科研基金（以下简称财政科研基金）项目资金的使用和管理，提高资金使用效益，更好的服务财政中心工作，根据国家财政财务管理有关法律法规和《国家社会科学基金项目资金管理办法》《辽宁省哲学社会科学规划基金项目管理办法》，结合《辽宁省财政科研基金项目管理办法》有关规定，制定本办法。

第二条 辽宁省财政科研基金项目资金纳入省级财政预算安排，由辽宁省财政科研基金管理办公室（简称"管理办公室"）具体负责管理。

第三条 辽宁省财政科研基金项目具体资金分配，根据当年预算安排的总体额度、项目类别和难易程度等实际情况，按照公开公正、科学规范、安全高效的基本原则，由基金管理办公室合理确定。基金管理办公室向各项目负责人所在单位拨付资金并委托其管理。

第四条 项目负责人所在单位（简称"责任单位"）是该项目资金管理的责任主体，负责项目资金的日常管理和监督。项目负责人是项目资金使用的直接责任人，对资金使用的合规性、合理性、真实性和相关性承担法律责任。

第二章 项目资金支出范围

第五条 项目资金支出是指在项目组织实施过程中与研究活动相关的、由项目资金支付的各项费用支出。项目资金的使用分为直接费用和间接费用。

第六条 直接费用是指在项目研究过程中发生的与之直接相关的费用，具体包括：

（一）资料费。指开展项目研究所需的图书购置费，资料收集、整理、复印、翻拍、翻译费，专用软件购买费，文献检索费等。

（二）数据采集费。指开展项目研究过程中发生的调查、访谈、数据购买、数据分析及相应技术服务购买等支出的费用。

（三）会议费/差旅费。指开展项目研究过程中发生的学术研讨、咨询交流、考察调研等活动而发生的会议、交通、住宿等费用。

（四）设备费。指开展项目研究过程中购置设备和设备耗材、升级维护现有设备以及租用外单位设备而发生的费用。应当严格控制设备购置，鼓励共享、租赁以及对现有设备进行升级。

（五）专家咨询费。指开展项目研究支付给临时聘请的咨询专家的费用。专家咨询费支出标准按照国家有关规定执行。

（六）劳务费。指在项目研究过程中支付给参与项目研究的研究生、博士后、访问学者以及项目聘用的研究人员、科研辅助人员等的劳务费用。项目聘用人员的劳务费开支标准，参照当地科学研究和技术服务业人员平均工资水平以及在项目研究中承担的工作任务确定。

（七）印刷出版费。指开展项目所需的打印费、印刷费及成果出版费等。

（八）其他支出。指开展项目过程中发生的除上述费用之外的与项目直接相关的其他支出。

直接费用应当纳入责任单位财务统一管理，单独核算，专款专用。

第七条 间接费用是指责任单位在组织实施项目过程中发生的无法在直接费用中列支的相关费用。主要用于补偿责任单位为项目研究提供的现有仪器设备及房屋、水、电、气、暖消耗等间接成本，有关管理费用，以及激励科研人员的绩效支出等。间接费用中的绩效支出不设比例限制，以加大对科研人员的激励力度。

第八条 间接费用由责任单位统筹管理使用，一般不超过项目资金总额的30%。项目责任单位要处理好合理分摊间接成本和对科研人员激励的关系，绩效支出只能用于项目组成人员中的在职在编人员，支出安排与科研人员在项目工作中的实际贡献挂钩。

第三章 预算编制与执行

第九条 项目负责人应当按照目标相关性、政策相符性和经济合理性原则，根据项目研究需要和资金开支范围，科学合理、实事求是地编制项目预算。

第十条 项目负责人应当在收到立项通知之日起10日内完成预算编制，并由项目责任单位审核、签署意见，以立项回执的形式提交管理办公室。无特殊情况，逾期不提交的，视为自动放弃资助。

第十一条 项目资金实行一次核定、分期拨款、专项使用、超支不补的办法。项目立项后首次拨付项目资金总额50%，剩余50%部分待结项后进行拨付。为促进项目成果应用，建立部门采纳情况（成果被省市相关实际业务部门政策采纳或得到市厅级以上领导批示）与后续资金拨付挂钩机制。视成果被实际部门采用情况，对项目资金总额的30%部分给予全额拨付、部分拨付或者不拨付。

第十二条 责任单位应当严格执行国家和辽宁省有关科研资金支出管理制度规定。

第十三条 项目研究完成后，项目负责人应当会同所在单位科研、财务等管理部门及时清理账目与资产，如实编制项目决算表，不得随意调账变动支出、随意修改记账凭证。

第十四条 项目在研期间，年度剩余资金可以结转下一年度继续使用。项目研究成果完成并通过审核验收后，结余资金可用于项目最终成果出版及后续研究的直接支出。

第十五条 在条件允许的情况下，项目负责人所在单位应比照项目资金金额给予1∶1以上的配套资金支持。

第四章 管理与监督

第十六条 项目资金由项目负责人所在单位的财务部门具体管理，项目负责人按规定掌握使用，接受本单位科研管理机构和财务部门的管理和监督。项目资金使用要坚持节约原则，努力提高使用效益。

项目负责人应当依法依规使用项目资金。不得利用虚假票据套取资金，不得通过编造虚假劳务合同、虚构人员名单等方式虚报冒领劳务费和专家咨询费，不得使用项目资金支付各种罚款、捐款、赞助、投资等。

第十七条 责任单位应当加强项目预算审核把关，规范财务支出行为，妥善保管经费开支的各种凭据，完善内部风险防控机制，强化资金使用绩效评价，保障资金使用安全规范有效，如发现问题应及时予以纠正。责任单位项目资金管理和使用情况，要自觉接受财政、审计、监察部门和"管理办公室"的监督检查。

第十八条 项目资金必须专款专用，不得用于与该项目研究无关的开支。对违反财务制度和本规定者，"管理办公室"将视情况采取警告、停止拨款、撤销资助、追回经费、通报批评、不再受当事人或有关单位基金项目申请等办法予以处理。情节特别严重者依法追究有关人员的法律责任。

第五章 附则

第十九条 本办法由辽宁省财政厅负责解释。

第二十条 本办法自发布之日起施行。

关于深化省级科技计划项目和资金管理"放管服"改革若干措施的通知

(辽科发〔2019〕22号)

省直、市直各有关部门，各高校、科研院所，各企事业单位，央属在辽有关单位：

为贯彻落实《国务院关于优化科研管理提升科研绩效若干措施的通知》（国发〔2018〕25号）、《国务院办公厅关于抓好赋予科研机构和人员更大自主权有关文件贯彻落实工作的通知》（国办发〔2018〕127号）及我省有关文件精神，加快科技创新领域"放管服"改革进程，赋予科研机构和人员更大自主权，切实减轻科研人员负担，充分发挥科研人员的创新能动性，提高财政科研经费使用效率，现就有关事项通知如下。

一、精简项目申报评审程序

从项目申报、评审到立项各环节，全面推行信息化管理，简化项目评审程序。通过省科技创新综合信息平台填报材料，逐步实现项目"一次性申报，无纸化办理"。加快科技计划项目评审进度，实现评审过程网络化、立项审核便捷化。

二、简化省级科研项目预算编制内容，下放项目预算调剂权限

将省级科研预算分为直接费用、间接费用两大类。直接费用主要包括设备费、材料费、测试化验加工费、燃料动力费、差旅费、会议费、国际合作与交流费、出版／文献／信息传播／知识产权事务费、劳务费、专家咨询费和其他支出等。间接费用主要包括项目承担单位为项目研究提供的现有仪器设备及房屋，水、电、气、暖消耗，有关管理费用的补助支出以及绩效支出等。在预算编制时，对各项费用只需编制到一级费用科目。

直接费用中除新增单价50万元以上的设备费预算总额调增外，预算调整权限全部下放给项目承担单位；设备费预算总额调减、设备费内部预算结构调整、拟购置设备的明细发生变化，以及其他科目的预算调剂权下放给承担单位。直接费用中各类之间的预算调剂应履行承担单位内部审批程序；同一类预算额度内，承担单位可结合实际情况进行审批或授权项目负责人自行调剂使用；承担单位应按照国家和本省有关规定完善管理制度，及时为科研人员办理预算调剂手续。

三、落实提高项目间接费用比例政策

落实省委、省政府《关于改进和完善省级财政科研项目资金管理的实施意见》（辽委办发〔2017〕5号）要求，省内竞争性研发类项目均要设立间接费用，并按照不超过直接费用扣除设备购置费后的一定比例核定：100万元以下的部分为20%，100万元至300万元的部分为15%，300万元以上的部分为13%。间接费用中的绩效支出不设比例限制。

四、扩大科研人员技术路线决策权

科研项目申报期间，以科研人员提出的技术路线为主进行论证；科研项目实施期间，科研人员可以在研究方向不变、不降低考核指标的前提下自主调整研究方案和技术路线。

五、简化项目技术评价流程

按照科研项目合同约定，在关键节点开展里程碑式管理，减少科研项目实施周期内的各类评估、检查、抽查、审计等活动。自由探索类基础研究项目和实施周期3年以下的项目以承担单位自我管理为主，一般不开展过程检查。实施周期在3年及其3年以上的项目，原则上只开展一次现场监督检查。省科技厅、省财政厅会同相关部门加强科研项目监督检查协调工作，并在同一时间开展联合检查。充分利用大数据等信息技术提高监督检查效率，实行监督检查结果信息共享和互认。

六、简化项目财务绩效评价流程

不再单独组织技术验收、财务验收，合并有关验收程序，实施一次性综合绩效评价，提高验收效率。项目实施期满，根据有关要求，严格按照科研项目合同的约定，考核项目任务完成情况和项目资金管理使用情况，组织开展综合绩效评价。

七、优化项目资金拨付和结余资金处理方式

简化省级科研项目资金拨付流程，加快拨付进度，项目资金拨付进度可以根据科研工作需要申请一次性到款，由项目承担单位自行选择资金使用时间与方式。省级科研项目通过验收结题，结余资金在2年内可留归项目组用于后续科研活动的直接支出或由项目承担单位统筹用于科研活动的直接支出。

八、开展科研经费包干制试点

结合科研经费管理领域"放管服"改革工作和我省科技成果转化政策激励试点工作，选择部分科研管理规范、科研成效显著、科研信用较好的高校、科研院所，围绕科研经费包干使用、进一步提高间接费用比例、拓宽直接费用支出范围等方面开展先行先试，为全省总结可供复制推广的经验。

九、改进政府采购机制

简化政府采购项目预算调剂和变更政府采购方式的审批流程，高校、科研院所可自行采购科研仪器设备，自行选择科研仪器设备评审专家。充分利用政府采购电子信息化平台，简化科研仪器设备采购流程，对科研急需的设备和耗材，采用特事特办、随到随办的采购机制，可不进行招投标程序，缩短采购周期。对于独家代理或生产的仪器设备，按程序确定采取单一来源采购等方式增强采购灵活性和便利性。

十、加快推进科研诚信承诺制度建设

推进科研诚信制度建设，强化科研活动全流程诚信管理，在科研工作中全面推行科研诚信承诺制度，相关单位以及相关科技人员在签订科研项目合同的同时要签署科研诚信承诺书，对科研过程、科研成果等的真实性担负责任。项目承担单位应对本单位公布的研究成果的真实性进行审查。依法依规对违背科研诚信行为实行终身追究。

辽宁省科技厅　辽宁省财政厅

2019年6月26日

关于印发《辽宁省企业R&D经费投入后补助实施细则（修订）》的通知

(辽科发〔2019〕32号)

各市人民政府及沈抚新区管委会，各有关部门：

为引导企业持续增加研发经费（R&D经费）投入，省科技厅会同省财政厅、省税务局和省统计局制定了《辽宁省企业R&D经费投入后补助实施细则（修订）》，现印发给你们，请认真组织实施。

辽宁省科学技术厅　辽宁省财政厅

辽宁省税务局　辽宁省统计局

2019年8月26日

辽宁省企业R&D经费投入后补助实施细则（修订）

第一条 为引导企业持续增加研发经费（R&D经费）投入，成为技术创新、成果转化和研发投入的主体，根据《国家科技计划及专项资金后补助管理规定》（财教〔2013〕433号）、《关于改进和完善省级财政科研项目资金管理的实施意见》（辽委办发〔2017〕5号），制定本细则。

第二条 企业R&D经费投入后补助资金用于支持和激励企业增加R&D经费投入，由企业自主决定用于开展后续研发活动、科研平台建设、研发团队奖励、研发人员绩效、高层次人才引进等方面。

第三条 企业R&D经费投入后补助的对象为我省行政区域内（不含大连）设立、登记、注册，纳入国家统计局R&D经费统计调查范围的企业和按规定申报享受研发费用加计扣除优惠政策的规模以下科技型企业。

第四条 企业享受R&D经费投入后补助的认定依据。

（一）纳入国家统计局R&D经费统计调查范围的企业，以统计部门核定的企业R&D经费支出额度增幅作为后补助认定依据。

（二）规模以下科技型企业，以企业在年度所得税汇算清缴时向税务部门申报并实际享受研发费用税前加计扣除政策的研发经费数额增幅作为后补助认定依据。

第五条 按照企业规模大小，R&D经费投入后补助分为大型企业、中型企业、规模以上小微型企业、规模以下科技型企业四档发放。同一档内的企业，若R&D经费支出额度增幅相同，则总额高的企业排序在前。

第六条 企业R&D经费投入后补助资金在省本级财政预算中安排，由省科技厅会同省财政厅根据年度财力状况提出年度预算建议，确定享受后补助企业数量和资金额度。

第七条 R&D 经费投入后补助程序：

（一）由省统计局在最终核定企业上一年度 R&D 经费投入额的一个月内，整理纳入 R&D 统计的规模以上企业排序名单、企业研发经费支出额等相关资料数据，作为企业享受 R&D 经费投入后补助依据，反馈给省科技厅。

（二）由省税务局在企业所得税年度汇算清缴结束后一个月内，整理申报并实际享受研发费用税前加计扣除政策的规模以下科技型企业排序名单、企业研发经费支出额等相关资料数据，作为企业享受 R&D 经费投入后补助依据，反馈给省科技厅。

（三）省科技厅会同省财政厅根据 R&D 经费投入后补助条件和标准，核定年度企业 R&D 经费投入后补助名单及补助经费，并向社会公示 5 个工作日。

（四）根据经公示无异议的后补助名单，省科技厅会同省财政厅将后补助资金拨付有关企业。

第八条 本细则大中小微型企业的划分标准依据《国家统计局关于印发〈统计上大中小微型企业划分办法（2017）〉的通知》（国统字〔2017〕213 号）。

第九条 本细则规模以下科技型企业是指未纳入国家统计局 R&D 经费统计调查范围的高新技术企业或通过评价的科技型中小企业，且在年度所得税汇算清缴时向税务部门申报并实际享受研发费用税前加计扣除政策的企业。

第十条 本细则由省科技厅、省财政厅、省税务局和省统计局负责解释。

第十一条 本细则自印发之日起实施，此前发布的相关规定与本细则不一致的以本细则为准。《辽宁省科学技术厅辽宁省财政厅辽宁省统计局关于印发〈辽宁省企业 R&D 经费投入后补助实施细则〉的通知》（辽科发〔2018〕19 号）同时废止。

第十五章 吉林省科研项目和资金管理法规政策

关于印发《应用技术研究开发资金管理暂行办法》的通知

(吉财教〔2016〕498号)

各有关部门单位,各市(州)、县(市)财政局、科技局,长白山管委会财政局、社科管理办公室:

为进一步加强和规范应用技术研究开发资金管理,提高资金使用效益,省财政厅、省科技厅制定了《应用技术研究开发资金管理暂行办法》,现印发给你们,请遵照执行。

附件:应用技术研究开发资金管理暂行办法

吉林省财政厅 吉林省科技厅
2016年6月17日

吉林省应用技术研究开发资金管理暂行办法

第一章 总则

第一条 依据《吉林省科学技术进步条例》、《国务院关于改进加强中央财政科研项目和资金管理的若干意见》(国发〔2014〕11号)、《中共吉林省委 吉林省人民政府关于深化体制机制改革加快实施创新驱动发展战略的实施意见》(吉发〔2015〕23号)等设立。为规范和加强省应用技术研究与开发研发资金(以下简称研发资金)管理,提高资金使用绩效,根据《中华人民共和国预算法》和《吉林省财政厅关于印发省对市县专项转移支付管理办法的通知》(吉财预〔2016〕156号)等法律法规和文件精神,制定本办法。

第二条 研发资金是指省级财政预算安排的,用于支持经济社会发展中的前沿性问题开展的基础研究和应用研究,支持科技人才培养和科技平台建设。遵循点面结合、突出重点、择优支持的原则。

第二章 管理职责

第三条 研发资金由省财政厅会同省科技厅共同管理。

(一)省财政厅的主要职责

1.负责资金管理政策制度的制定与调整。

2.组织研发资金支出预算的编制和执行。按照政策规定测算资金需求，安排研发资金，年度预算及时分配下达。

3.会同省科技厅开展研发资金绩效管理工作。

4.负责参与项目立项评审、结题验收，以及预算评审和结题审计、评估。

5.法律、法规、规章等明确的其他职责。

（二）省科技厅的主要职责

1.负责会同省财政厅发布项目指南。

2.负责编制年度项目计划并提出年度资金支持重点和分配建议。

3.负责组织项目立项评审、结题验收，以及预算评审和结题审计、评估。

4.负责对项目资金预算及绩效目标进行审核。

5.负责资金管理使用情况的监督检查。

6.负责科技计划的执行和绩效考评情况的信息公开。

（三）市县相关部门的职责

1.建立健全研发资金管理的具体制度，落实地方扶持政策措施及应承担的研发资金。

2.做好研发资金申报、审核、筛选等工作，制定并明确项目的绩效目标，建立项目库，按要求提供相关材料，并对研发资金扶持项目的真实性、合规性和可行性负责。

3.按规定管理使用好研发资金，按时限要求及时拨付资金。对项目预算的执行情况进行监督检查，保证资金使用安全、有效。

4.做好项目验收和资金使用绩效考评、信息公开等工作。

第三章 支持对象、范围和方式

第四条 支持对象：省内各级各类高等学校、科研院所，在省内注册、具有独立法人资格的企事业等单位。

第五条 研发资金对四类科技计划（基金）给予支持。

（一）自然科学基金。主要支持基础研究和科学前沿类自由探索，注重交叉学科、支持研究人才和团队建设，增强我省源头创新能力。

（二）科技引导计划。包括市县科技进步推进项目、国际科技合作项目、专利转化与推进项目、软科学研究项目、科技扶贫项目、重点新产品后补助项目、技术服务体系建设与技术转移示范项目等。

（三）科技创新人才培育计划。包括中青年科技创新领军人才及团队项目、优秀青年人才基金项目、大学生创业资金项目。

（四）科技条件与平台建设计划。包括重点实验室、科技创新中心（工程技术研究中心）、科技企业孵化器建设。主要支持公共研发、成果转化、创新服务等科技条件平台建设与发展。

第六条 根据各领域项目的不同特点，研发资金的使用采取立项资助、后补助、专项奖励等方式。

第四章 资金申报、审核和分配

第七条 省科技厅会同省财政厅每年6月底前编制和发布下一年度项目指南。

第八条 申报单位向省科技厅、省财政厅报送的研发资金申报材料主要包括：绩效目标和指标；项目实施内容；项目实施方案；项目实施进度安排；项目预算编制；成果提供形式等内容。

第九条 研发资金应按现行财政管理体制逐级审核上报，由省直有关部门、市县主管部门会同市县财政部门在规定时限内将有关材料报送省科技厅和省财政厅，不得越级申报和受理。

第十条 省直有关部门和市县财政部门要对单位申报的项目进行认真审核，并对项目的真实性、可行性和合规性负责。申报项目须具备实施条件，当年无法实施的不得申报。以同一项目申报多项研发资金的，应当在申报材料中明确说明已申报其他研发资金情况，对获得其他财政性资金支持的原则上不予安排。

第十一条 研发资金采取项目法的方式进行分配。

研发资金采用项目法分配，具体依据项目的性质、绩效和准备工作等相关因素进行评审后择优分配。对重大项目需委托有资质的社会中介机构评审。

第十二条 省财政厅、省科技厅要根据评审研究确定项目和资金分配意见。

第五章 资金拨付和使用

第十三条 对经评审后符合条件的项目，属于省直的，编入年度省级部门预算；属于市（州）、县（市）的，每年10月31日前提前下达市（州）、县（市），属于中直等其他部分，在当年全省人民代表大会审查批准预算草案后60日内拨付下达。

第十四条 项目单位要建立健全内部管理制度，严格按照预算和国库管理有关规定，加快预算执行进度，确保项目如期完成，结余结转的研发资金，按国家和省结转结余资金管理的有关规定处理。对因情况发生变化导致短期内无法继续实施的项目，项目单位应当及时向同级政府财政部门报告，由同级政府财政部门按规定收回上交省财政。自觉接受财政、审计、监察等部门的监督检查。

第十五条 研发资金涉及政府采购的，按照政府采购有关法律制度执行。形成的固定资产，要按国有资产管理有关规定加强管理。

第六章 预算执行和管理监督

第十六条 省财政厅负责根据资金分配意见及时拨付下达资金。同时，省科技厅负责与项目承担单位及时签订科技计划项目合同。

第十七条 省财政厅在印发研发资金预算文件后20日内，将研发资金分配结果向社会公开，涉及国家秘密的内容除外。

第十八条 市（州）、县（市）财政部门在收到研发资金后，应当在30日内将资金下达到项目承担单位，并按照项目资金的使用和管理要求，督促项目承担单位严格组织实施。

第十九条 项目实施期限原则上为2年，一般不超过3年，项目实施期内的年度结余资金结转下一年度继续使用。项目实施期满后，通过结题验收且承担单位信用评价好的，结余资金由承担单位统筹安排用于科研活动的直接支出，并向省科技厅、省财政厅报告使用情况；项目终止实施、撤销变更、未通过结题验收、整改后才通过结题验收或承担单位信用评价差的，结余资金按原渠道收回。

第二十条 研发资金应按照下达预算的科目和项目执行，不得截留、挤占、挪用或擅自调整。

第二十一条 省科技厅会同省财政厅对项目实施和研发资金使用情况采取定期检查或不定期抽查的方式进行监督检查。

第二十二条 省财政厅建立健全研发资金绩效评价制度，牵头组织研发资金使用情况绩效评价，绩效评价结果作为今后安排研发资金的重要依据。

第二十三条 对申报单位、科研人员、评审专家、中介机构等项目评审立项环节的参与主体实行信用评价和记录,并按信用等级分类管理。依法建立黑名单制度,将严重不良信用记录者记入黑名单,按实际情况阶段性或永久性取消其申报或参与科技计划项目的资格。

第二十四条 资金使用单位应主动接受财政、审计等部门的审计与监督。对于虚报、截留、挪用、冒领、侵占或提供虚假资料骗取研发资金以及擅自改变研发资金用途等违法违规行为的,按照《中华人民共和国预算法》、《财政违法行为处罚处分条例》(国务院令第 427 号)等有关法律法规查处并追回研发资金。涉嫌犯罪的,依法移送司法机关追究刑事责任。

第七章 附则

第二十五条 本办法由省财政厅、省科技厅负责解释。

第二十六条 研发资金管理根据财政科技资金改革要求和实际工作需要,结合科技项目的类别、特点和支持方式,制定具体的实施细则和操作规程。

第二十七条 本办法自公布之日起施行。

关于印发《吉林省科技发展计划（项目）管理办法实施细则（修订稿）》的通知

(吉科发计〔2016〕259号)

各有关单位：

为全面贯彻落实《吉林省人民政府办公厅关于印发吉林省促进科技成果转移转化实施方案的通知》(吉政办发〔2016〕72号)、《中共吉林省委 吉林省人民政府关于深入实施创新驱动发展战略推动老工业基地全面振兴的若干意见》(吉发〔2016〕26号)、《吉林省人民政府关于建立健全市场导向机制促进技术创新加快科技成果产业化的实施意见》(吉政发〔2014〕48号)等文件，进一步强化省科技发展计划项目实施过程和经费使用的全程化、科学化、规范化管理，推进科技工作机制创新，提升项目实施成效，依据《吉林省科技发展计划（项目）管理办法（修订稿）》及相关规定，对《吉林省科技发展计划（项目）管理办法实施细则》(吉科办字〔2013〕107号)进行了修订，现印发给你们，请遵照执行。

吉林省科学技术厅
2016年12月12日

吉林省科技发展计划（项目）管理办法实施细则（修订稿）

为进一步加强科技发展计划（项目）的管理，明确工作职责和程序，提高管理工作的科学性、系统性、规范性，提升科技计划（项目）的管理水平和实施效果，依据《吉林省科技发展计划（项目）管理办法》及相关规定，修订本细则。

一、适用范围

本细则适用于由省科技厅列入吉林省科技发展计划、由省财政科技经费资助的各类计划（项目）的管理。委托我省管理的国家科技计划（项目），推荐参照本细则执行。

二、吉林省科技发展计划（项目）管理

吉林省科技发展计划（项目）管理（以下简称"项目管理"），是指对项目的指南编制、申报受理、评审论证、立项、实施、验收、成果跟踪与绩效评价的全过程，进行组织、管理、监督和指导。

建立和完善吉林省科技发展计划（项目）管理责任和监督机制。对立项、实施、验收、成果跟踪与绩效评价等科技计划项目管理全过程加强规范和监督。科技计划项目的过程管理由项目管理处室按照职能分工确定项目管理责任人，对项目的实施、验收、成果跟踪与绩效评价等工作负直接管理责任。

项目管理依托"吉林省科技计划（项目）管理信息系统"（以下简称"信息系统"）运行，运

行程序详见科技计划（项目）管理信息系统构成图。信息系统由计划指南谋划、确定、发布子系统；项目申报、受理、形式审查子系统；项目评审论证（考察）、立项子系统；项目实施过程管理子系统；项目验收子系统；成果跟踪、绩效评价子系统等6个子系统和项目数据库（包括项目申报数据库单元、备选立项数据库单元、实施过程数据库单元、验收数据库单元、成果跟踪与绩效评价数据库单元）、专家数据库、信用管理数据库等3个数据库构成。项目管理过程中所产生的项目信息分别记入各项目数据库单元；专家信息记入专家数据库；项目管理过程中产生的信用信息记入信用管理数据库。

信息系统服务器由厅机房统一管理，由纪检监察室负责监督。信息系统内容或功能的更改，每年调整一次。各项目管理处室提出变更事项后提交纪检监察室，由纪检监察室会同相关项目管理处室提交厅党组会审定通过后更改。

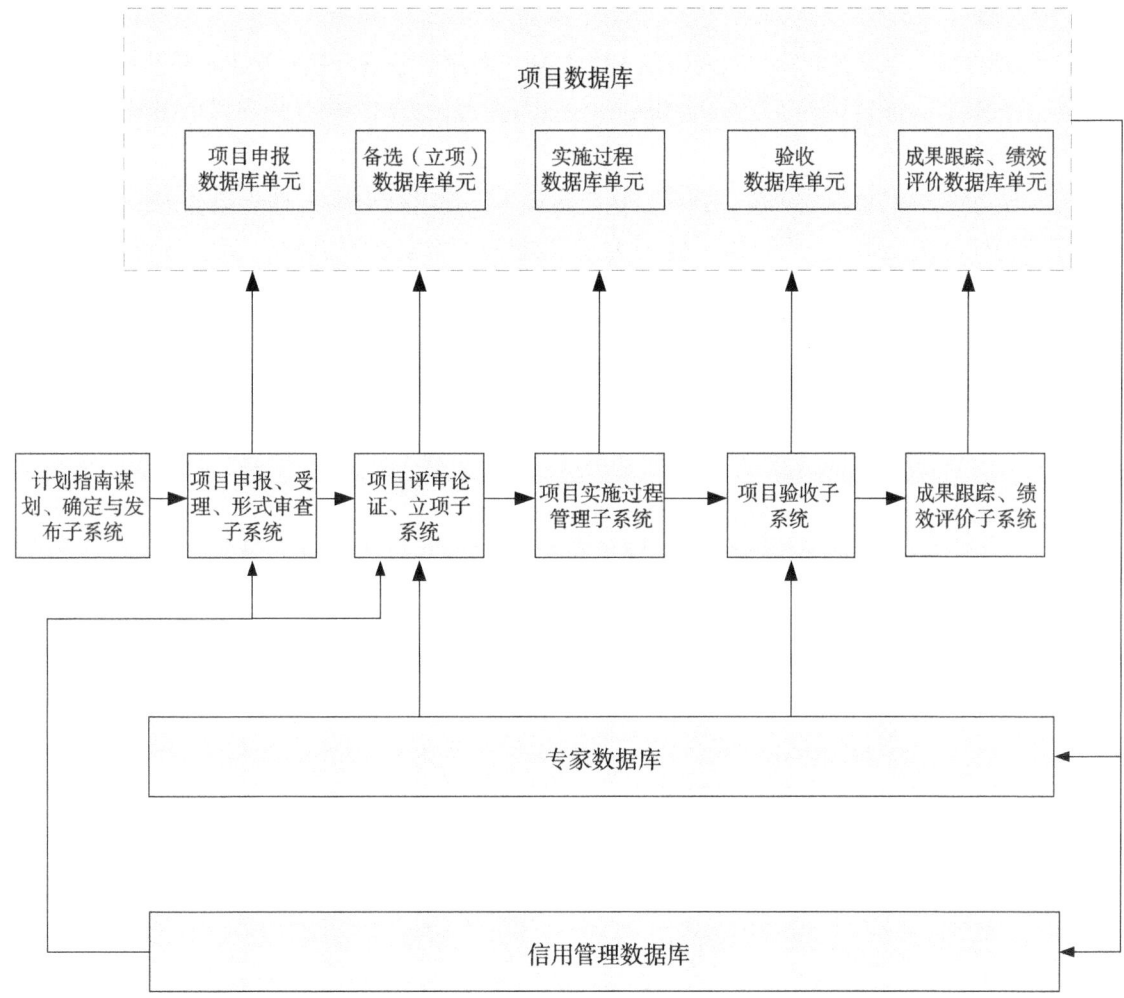

科技计划（项目）管理信息系统构成图

（一）项目立项方式和资金支持方式

根据不同计划项目类别特点，采取无偿投入与有偿投入相结合的资金支持方式。无偿投入方式除采取申报立项、委托立项、招标立项、后补助立项等立项方式，还采取奖励、补贴、滚动支持等资金支持方式；重大科技成果转化项目采取股权投入或债权投入等有偿投入方式进行资金支持。

（二）计划指南谋划、确定与发布

1. 工作流程：

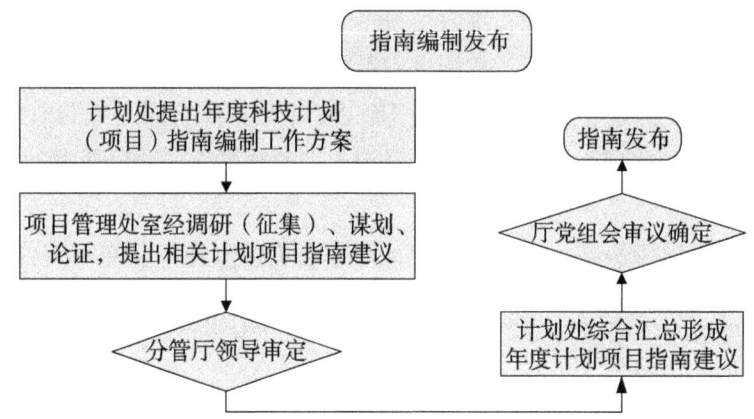

2. 管理规程：

（1）计划处提出年度计划项目指南编制工作方案。各项目管理处室根据吉林省科技发展规划、经济社会发展需求，通过调研（征集）、谋划、论证等过程，提出相关计划项目指南建议，经分管厅领导审定后报计划处。

（2）计划处综合汇总形成年度计划项目指南建议，报党组会审议。厅党组会审议计划处提交的年度计划项目指南建议，必要时听取各项目管理处室对指南建议的说明，确定年度科技发展计划项目指南，并向社会发布。

（三）项目申报、受理、形式审查

1. 工作流程：

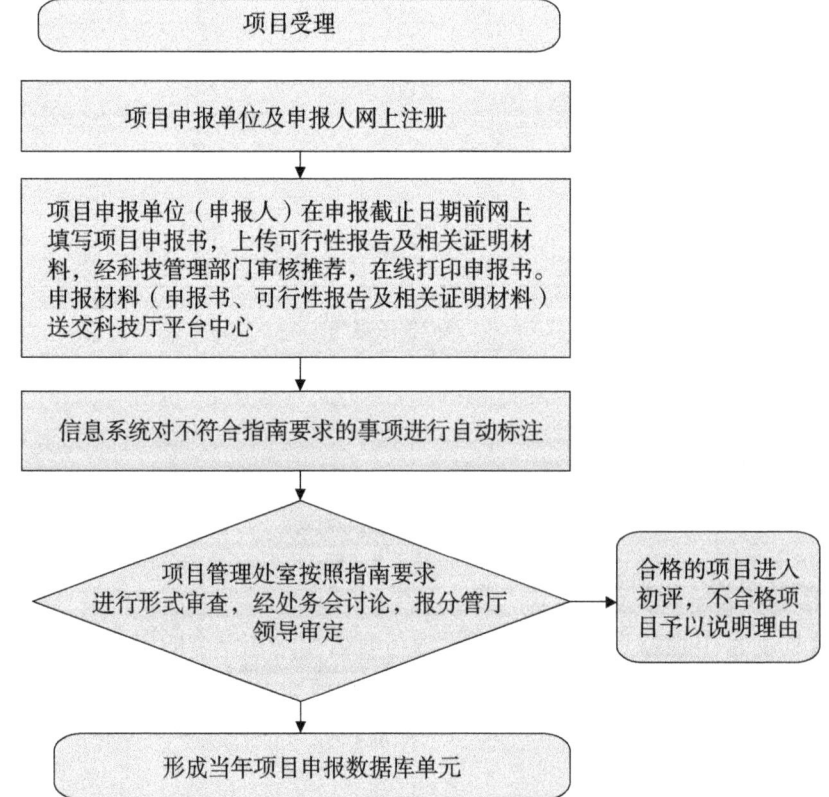

2.管理规程：

（1）项目申报采取网上申报和纸件申报并行的方式，网上申报材料与纸件申报材料应一致。

（2）项目申报人在申报截止日期前登录吉林省科技厅网站，进入吉林省科技计划项目管理信息系统或直接登录吉林省科技计划项目申报网站，网上填报、上传提交，并经审核推荐后下载打印纸件申报书及其他申报材料，装订成册，报送推荐单位盖章。

（3）中省直单位科研管理部门对本单位申报的项目进行网上审核推荐，在纸件申报书中盖章，并以公函形式出具本单位推荐项目的书面意见；市（州）或县（市、区）以及高新区科技管理部门会同财政管理部门对辖区内的企业和省直以下事业单位申报的项目进行项目真实性审核，由科技管理部门进行网上审核推荐，科技管理部门、财政管理部门共同在纸件申报书中盖章，并以联合公函形式出具本地区推荐项目的书面意见。推荐单位汇总所推荐项目的纸质申报材料，连同正式推荐公函统一报送至吉林省科技创新平台管理中心（以下简称"平台中心"）。

（4）各类计划项目申报和受理结束后，平台中心按照申报计划类别将有效的纸质申报材料分类，分送相关项目管理处室。

（5）各项目管理处室按照指南要求对申报材料严格进行形式审查。项目一经申报成功，原则上不能在各计划类别项目间调串。

（6）形式审查由项目管理人员按照岗位分工进行初审（对系统自动标记的事项要进行重点审查），处室负责人复审，处务会讨论后报分管厅领导审定。形式审查结果在信息系统上留存，合格的项目进入初评，不合格的项目予以说明理由。

（四）项目评审论证（考察）、立项

1.工作流程：

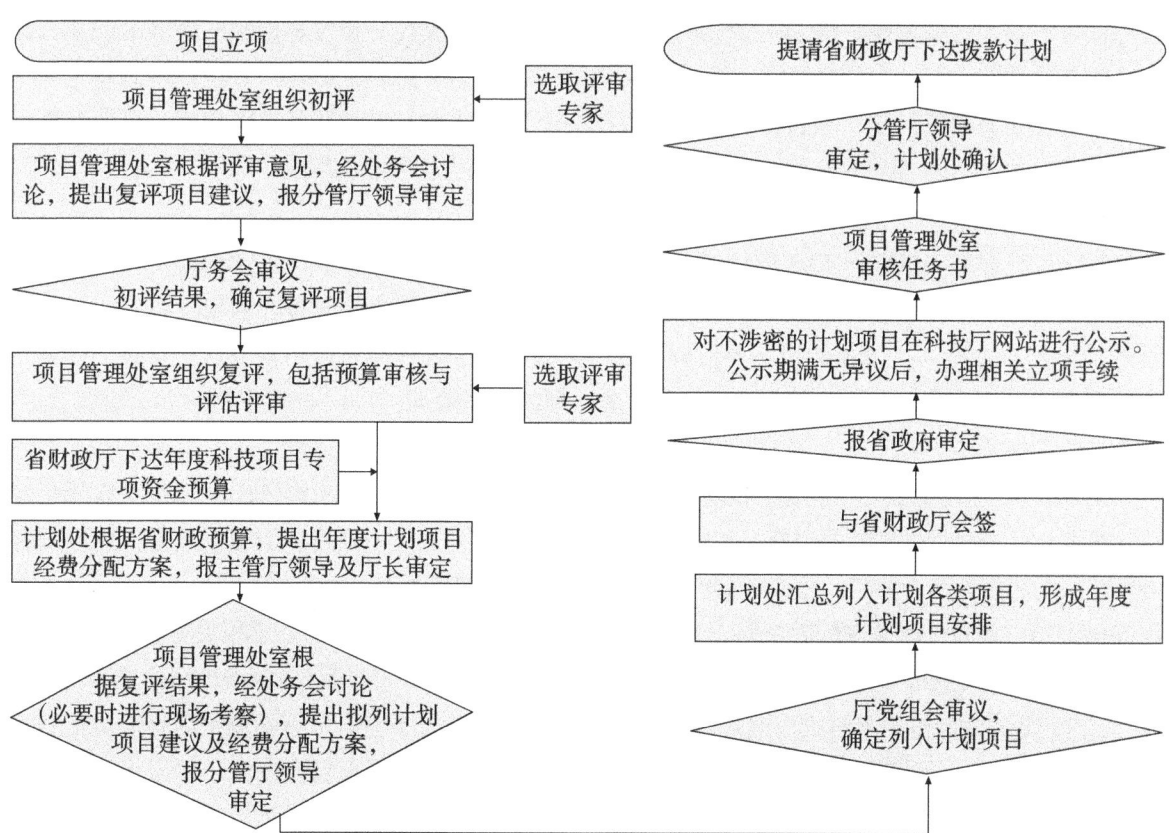

2. 管理规程：

（1）评审方式及评审专家的选取

各类项目评审原则上实行"初评＋复评"两轮评审制。评审专家由项目管理处室从专家库中抽选。初评专家选取方式全部为系统随机抽取（盲抽），复评专家选取方式采取系统随机抽取和选取相结合的方式，抽取比例不少于一半。实行各项目管理处室遴选专家专人专责制度，一个处室一人负责，由处室负责人直接负责，处室负责人因故不能抽选应经主管厅领导同意后，指定副处长或其他人员负责。

（2）初评

经形式审查合格的项目进入初评，初评由项目管理处室组织专家通过信息系统进行，采取"网上评审"或"会议集中网上评审"等形式，评审专家为5~7人。专家对每个项目进行评分并在规定时间内向信息系统提交评审结果，专家为5人时，信息系统对每个项目的专家评分取平均值；专家为5人以上时，信息系统对每个项目的专家评分去掉一个最高分和一个最低分取平均值；信息系统自动汇总生成初评排序结果。按照管理权限，相关人员可通过信息系统查询初评结果。项目管理处室根据初评结果，经处务会讨论，按照上年度立项数的一定比例，提出进入复评的项目建议及说明，经分管厅领导审定后，报厅务会审议，研究确定复评项目。

（3）复评

经厅务会审议通过的项目进入复评，复评由项目管理处室组织专家通过信息系统进行，主要采取"网络视频答辩评审"，评审专家不少于7人。项目评审过程全程录音录像，评审室安装手机和无线信号屏蔽器。项目评审由专家组组长主持，专家组重点对复评项目的研究（实施）内容是否必要、技术方案（路线、措施）是否可行、经济和技术指标是否合理等进行评审论证，同时进行预算审核与评估评审。根据专家组评审意见，对需要修改经济和技术指标的评审论证项目提出简要修改建议，并录入信息系统留存，为项目立项签订任务书提供依据。每位专家对每个项目独立评分，信息系统对每个项目的专家评分去掉一个最高分和一个最低分取平均值，自动汇总生成复评排序结果。按照管理权限，相关人员可通过信息系统查询复评结果。

（4）现场考察

各项目管理处室根据评审结果，经处务会讨论认为有必要考察的项目进行现场考察。现场考察要根据全厅重点工作，结合计划项目指南谋划、项目实施管理统筹安排，制定考察方案，经分管厅领导批准后实施。考察结束后要形成项目考察报告，经处务会讨论后报分管厅领导，作为当年计划项目立项、项目实施管理和下一年度指南谋划的参考依据。

（5）立项

1）项目管理处室根据评审结果和现场考察情况，经处务会讨论，提出拟列计划项目建议及经费分配方案，经分管厅领导审定，报厅党组会审议、确定年度列入计划项目。计划处汇总列入计划各类项目，与省财政厅会签后，报省政府审定。对不涉密的计划项目在厅网站进行公示，涉及业务方面问题由相应项目管理处室负责受理。公示期满无异议后，项目管理处室办理相关立项手续，审核任务书，报分管厅领导审定，计划处确认，项目进入立项数据库单元。提请省财政厅下达拨款计划。

2）为保证项目任务书与申报书内容的一致性，计划项目任务书由申报书相关内容通过信息系统自动转换生成。如确需对相关内容进行修改，由项目承担单位（项目负责人）提出申请，并提供相关证明材料。项目管理处室对所修改内容进行审核，报分管厅领导审批后进行修改，同时报计划处复核备案。

3）项目任务书需提交 6 份，计划处 1 份，条件财务处 2 份（含报送财政厅 1 份），项目管理处室 1 份，项目承担单位 2 份。

（五）项目实施过程管理

1. 工作流程：

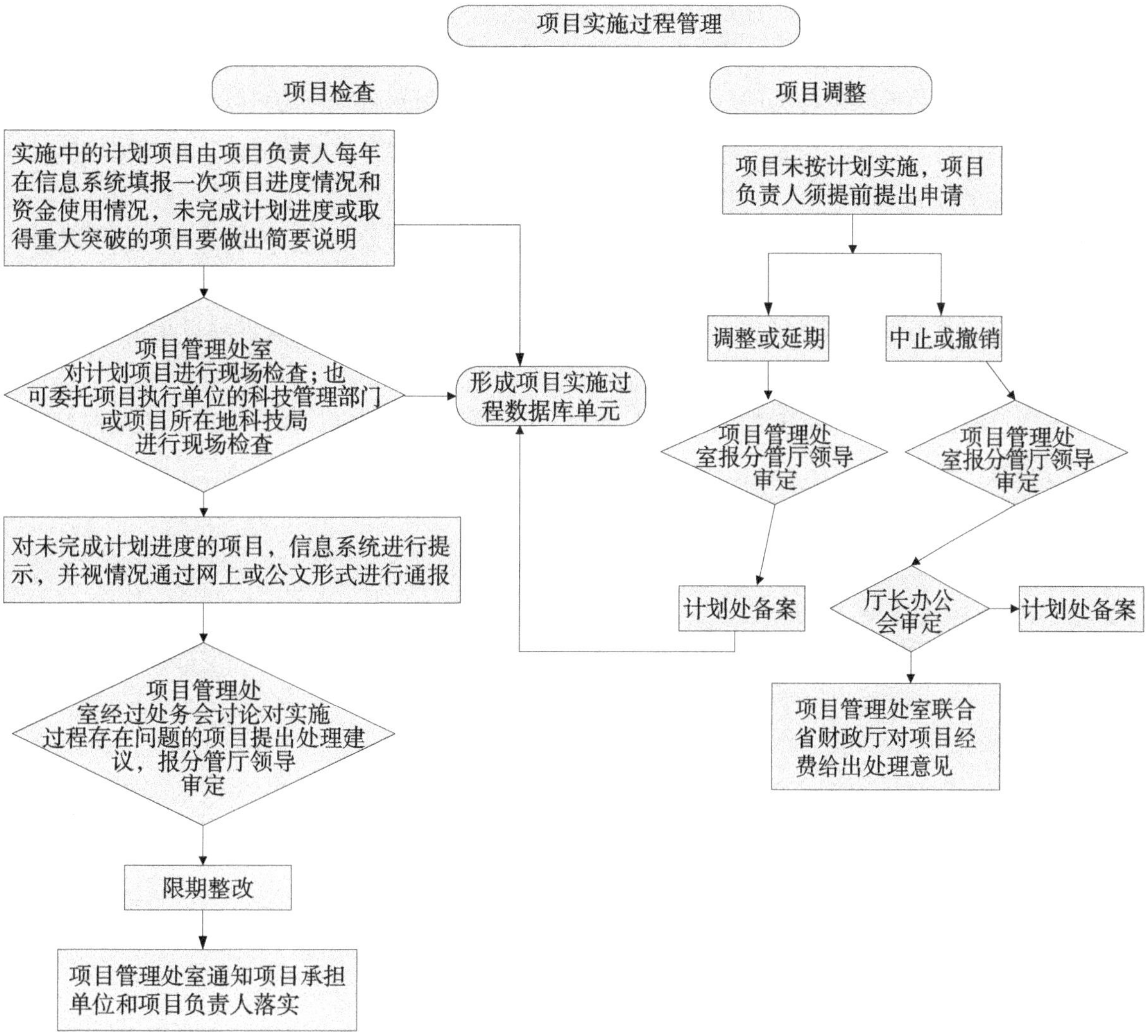

2. 管理规程：

（1）计划项目的实施过程管理由项目管理处室负责。各项目管理处室应及时了解掌握项目的进度和进展情况，协调解决项目执行过程中的问题，监督检查项目计划进度等情况。

（2）实行项目实施进度进展情况年度报告制度。项目负责人每年都要按照任务书规定的进度安排，在信息系统上填报项目的进度、进展（完成、未完成、取得重大突破）和项目经费（计划拨款、单位自筹）到位与支出情况，对未完成计划进度或取得重大突破的项目填报简要文字说明。项目负责人需在每年 1 月 15 日前完成上一年报告的填报。对不及时填报的，信息系统将给予提示、督促和警告。中省直单位科研管理部门对本单位在研的项目当期报告进行检查；市（州）或县（市、区）以及高新区科技管理部门对辖区企业和省直以下事业单位在研的项目进行检查。项目管理部门在信息系统上核查项目负责人填报的项目自查当期报告。检查结果上传省科技厅。

（3）项目未按计划实施，需调整或延期、中止或撤销的项目，应提前提出申请，经省科技厅审批后实施。需调整或延期的项目，项目承担单位填写《吉林省科技发展计划项目组成员变更审批表》、《吉林省科技发展计划项目延期审批表》，提交至相关项目管理处室，经分管厅领导审批后，报计划处备案；需中止或撤销的项目，项目承担单位填写《吉林省科技发展计划项目中止（撤销）审批表》，由项目管理处室提交厅长办公会审定后，联合省财政厅对项目经费给出处理意见，同时报计划处备案。

（4）加强对计划项目实施的现场检查。项目管理处室结合指南编制调研和项目立项现场考察情况，对所分管项目的实施情况进行现场检查，也可委托项目执行单位的科技管理部门或项目所在地科技管理部门进行现场检查，现场检查结果要及时录入信息系统，信息系统自动统计项目管理处室的检查率和委托检查率，用于厅领导督促、检查和指导工作。

（5）对未完成计划进度的项目视情况通过信息系统在内网上公示，必要时在外网公示并通知有关项目承担单位。对实施存在问题的项目经项目管理处室讨论，提出是否限期整改、中止或撤销的处理建议，报分管厅领导审定。需限期整改的项目由项目管理处室督促项目承担单位落实；需中止或撤销的项目按中止、撤销的程序处理。

（6）项目管理处室应于每年 2 月底前将上一年度所分管的计划项目执行情况形成报告，报分管厅领导审定，并报计划处。

（六）项目验收

工作流程：

（1）计划内项目验收工作流程：

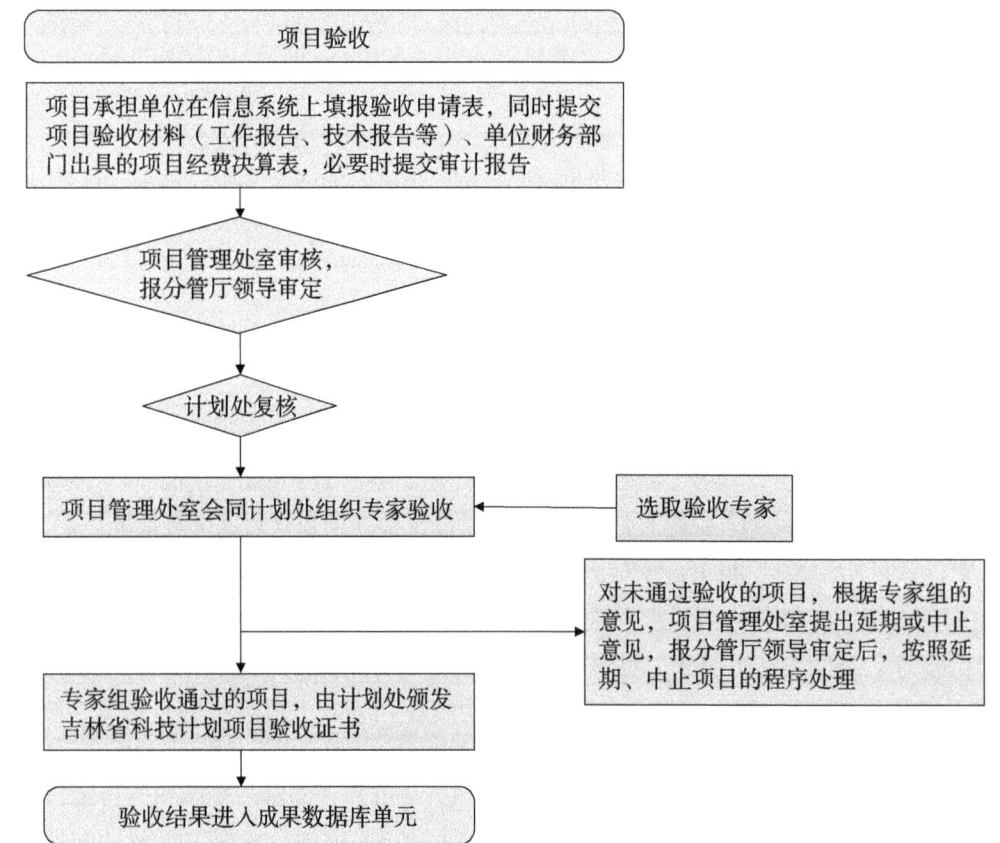

（2）计划内项目验收管理规程：

1）计划内项目原则上只进行验收，不再进行鉴定。

2）项目验收一般采取集中会议验收、现场验收两种方式。

3）项目承担单位在信息系统上填写验收申请表，同时提交项目验收所需的工作报告、技术报告和单位财务部门出具的项目经费决算表等材料。其中，重大科技攻关项目、重大科技成果转化项目（原"双十工程"项目）、高新技术特色产业基地（园区）建设项目及100万元以上的重大项目须提交会计师事务所出具的项目经费审计报告。经审批，对符合验收条件且验收资料齐全的项目，无特殊原因，省科技厅一般在20个工作日内完成项目验收。

4）项目验收由项目管理处室审核，同时提交验收方案，报分管厅领导审定后，项目管理处室会同计划处组织。

5）项目验收专家由项目管理处室从专家库中选取，专家组由5~7人组成。

6）验收专家组设组长、副组长各1名（专家库中的专业技术领域专家），组长兼任资料审查组组长，副组长兼任测试组组长（有现场测试时）。

7）验收会议有关程序和规定：

现场验收：

①项目组需提供验收大纲及如下验收材料：a.工作报告（需包含项目实际完成任务和指标与任务书规定任务和指标情况对比表）b.技术报告（必要时提供原始记录）c.国内外技术对比分析报告 d.技术指标测试（测产、检测）报告 e.经济和社会效益分析报告 f.用户使用报告（必要时）g.项目承担单位盖章的经费决算表。

②现场验收的程序：

● 组织验收会议的项目管理处室人员主持会议，宣布专家名单，指定专家组组长、副组长，说明验收程序和要求；

● 专家组组长主持验收会，宣布验收大纲；

● 专家组听取项目组的工作报告、技术报告；

● 资料审查组进行资料审查；测试组进行现场测试（测产、检测），或审核技术指标测试（测产、检测）报告、原始记录、相关证明材料等；财务专家进行资金使用情况审查；

● 进行质询、讨论，形成验收意见；

● 专家组组长宣布验收意见；

● 会议总结。

集中会议验收：

①项目组需提供验收大纲及如下验收材料：a.工作报告（需包含项目实际完成任务和指标与任务书规定任务和指标情况对比表）b.技术报告（必要时提供原始记录）c.国内外技术对比分析报告 d.技术指标测试（测产、检测）报告 e.经济和社会效益分析报告 f.用户使用报告（必要时）g.项目承担单位盖章的经费决算表。

②集中会议验收程序：

● 组织验收会议的项目管理处室人员主持会议，宣布专家名单，指定专家组组长，说明验收程序和要求；

● 专家组组长主持验收会，宣布验收大纲；

●专家组分别听取各项目组的工作报告、技术报告,审阅技术指标测试(测产、检测)报告、原始记录、相关证明材料等验收材料,进行质询、讨论;统一形成验收意见;

●专家组组长宣布验收意见;

●会议总结。

8)项目承担单位报送在线打印的《吉林省科技发展计划项目验收证书》一式4份。

9)由项目管理处室人员将《吉林省科技发展计划项目验收证书》内容录入信息系统,计划处确认后,加盖吉林省科技发展计划项目验收专用章,证书由计划处、项目管理处室各存档1份,返回项目组2份。验收成果在科技厅网站公开发布。

10)对未通过验收的项目,根据专家组的意见,项目管理处室提出延期或中止意见,报分管厅领导审定后,按照延期、中止项目的程序处理。

(3)计划外项目鉴定工作流程:

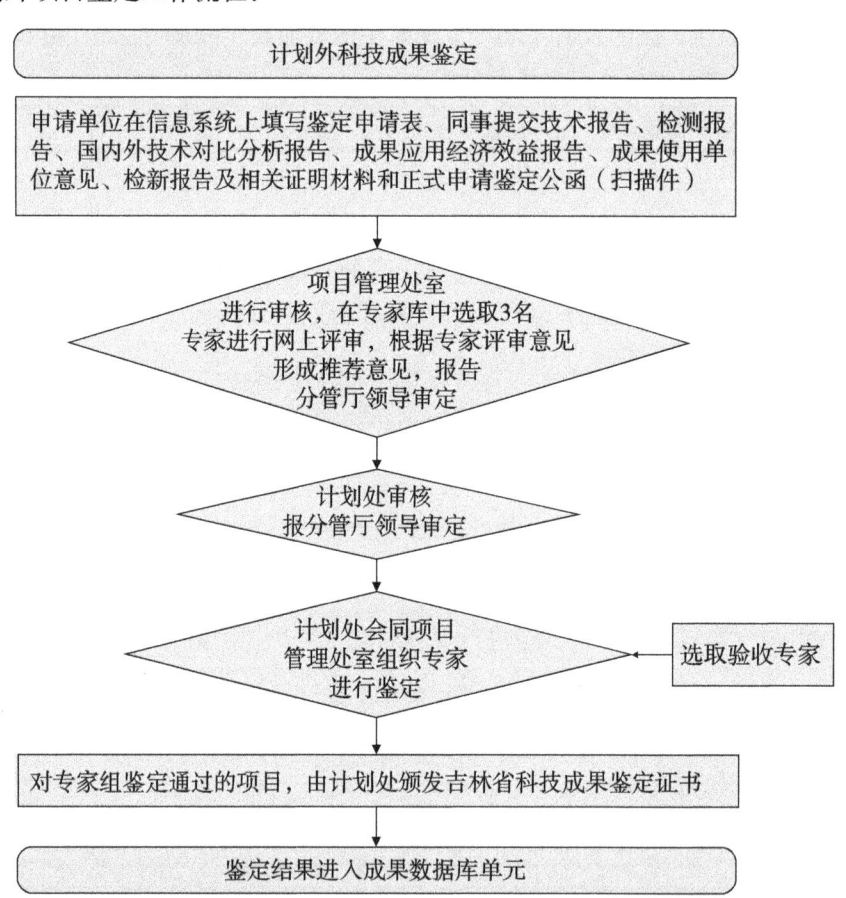

(4)计划外项目鉴定管理规程:

1)只受理未列入省科技发展计划,项目完成单位申请鉴定的重大应用技术开发成果。由项目完成单位投入经费自主研发或委托其他单位、科技人员研发,已取得新产品、新品种、新技术、新工艺和获得特殊行业产品生产许可证并取得重大技术突破的应用技术研发项目,可申请吉林省科技成果鉴定。

2)申请单位在信息系统上填写鉴定申请表、同时提交工作报告、技术报告、查新报告、国内外技术对比分析报告、成果应用经济效益分析报告、检测报告、用户使用报告、相关证明材料和正式申请鉴定公函(扫描件),报计划处。

3）计划处商项目管理处室对拟鉴定成果进行审核，项目管理处室在专家库中选取 3 名专家进行网上评审推荐，根据专家评审意见形成推荐意见。

4）计划处审核，报分管厅领导审定。计划处会同项目管理处室组织专家进行鉴定，鉴定程序参照计划内项目现场验收程序执行。对专家组鉴定通过的项目，由计划处颁发吉林省科技成果鉴定证书。鉴定结果进入成果数据库单元。

5）经过试点后，一般性的科技成果鉴定评价工作逐步交由社会中介机构办理。

（七）成果跟踪与绩效评价

1. 工作流程：

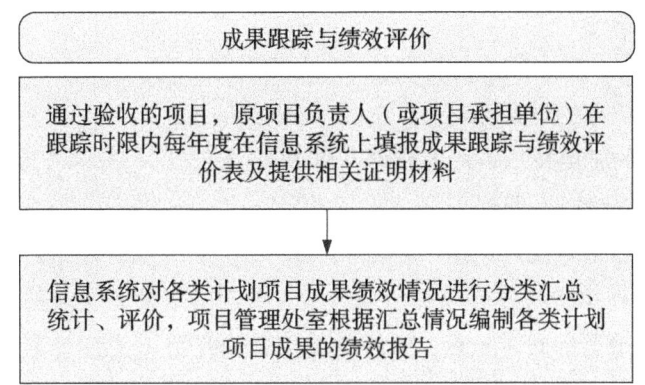

2. 管理规程：

（1）对各类计划项目验收成果，开展 3 年成果跟踪，并组织编制绩效评价报告。

（2）项目完成人须在项目跟踪时限内，于每年 1 月底前，通过网上提交成果去向、上年度绩效报告和相关证明材料。

（3）信息系统对各类计划项目成果绩效情况进行分类汇总、统计、评价，项目管理处室根据汇总情况编制各类计划项目成果的绩效报告，进入成果跟踪与绩效评价数据库单元，指导科技发展计划指南谋划、编制、项目立项等工作。

（4）项目管理处室结合每年调研、考察工作，对项目承担单位填报的成果跟踪与绩效情况的真实性进行检查（抽查）。

（八）专家数据库和信用管理数据库

1. 专家数据库

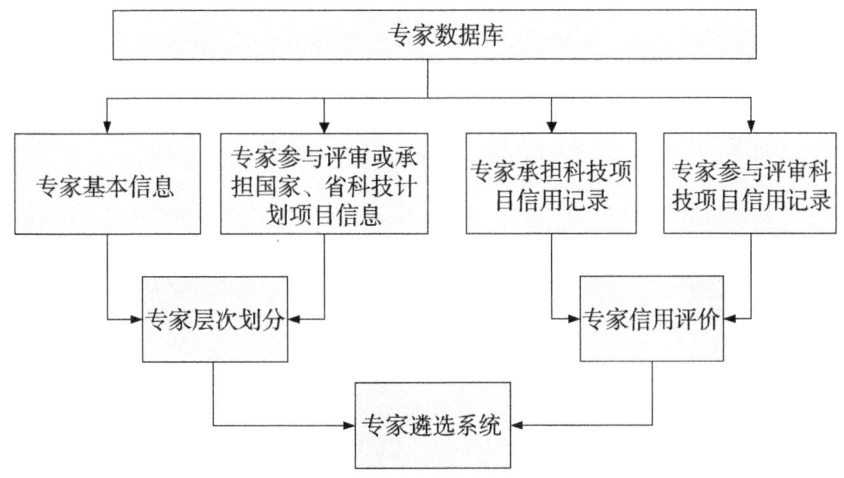

（1）项目评审专家数据库由省科技信息研究所负责管理、维护及更新，厅机关各处室可推荐与本处室业务相对应的评审专家入库，进一步扩充专家数量，保证专家质量。

（2）评审专家入库的基本要求：

1）具有较高的学术造诣、丰富的实践经验和较强的判断能力，熟悉国内外相关领域的科技发展状况，在本领域具有一定的知名度和学术权威；

2）具有良好的职业道德，严谨的工作作风，客观公正的工作态度；

3）在研究或管理一线工作，年龄不超过60周岁（博士生导师可放宽至65周岁，两院院士年龄不限），身体健康，能胜任工作；

4）符合下列条件之一：

①具有副高级以上专业技术职称并长期从事科研工作的人员（含工程技术人员）；

②具有高级会计师职称的财务管理人员；

③研究院所、企业的主要技术负责人或财务负责人；

④从事科技管理的处级以上干部。

（2）开放专家数据库信息录入系统，常年征集备选专家。申请入库的专家在系统进行申请并下载打印申请表，报所在单位科技管理部门和组织人事部门审核、加盖公章，由单位统一报送至相关项目管理处室，经分管厅长审定后，报省科技信息研究所。入库专家要及时在网上填报、更新个人信息。

（3）评审专家分为三级：

一级专家为院士及具有二级以上正高级专业技术职务的人员；

二级专家为具有三至四级正高级专业技术职务的人员；

三级专家为一、二级专家以外的人员。

（4）实行评审专家的动态管理，优先选用认真负责、公平公正、信誉优良的专家，淘汰违反评审纪律或规则的专家。

2.信用管理数据库

（1）建立信用管理数据库，对项目负责人、评审专家、中介服务机构的不良信用进行记录，有三条以上不良信用记录的，不允许相关负责人申报项目、不使用相关专家评审项目、不委托相关中介服务机构开展服务。

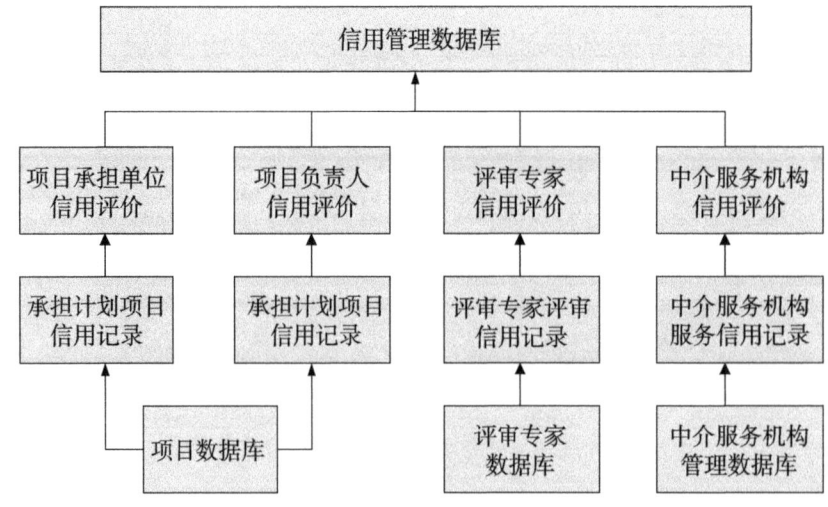

（2）项目负责人有下列行为之一列入不良信用记录：弄虚作假、重复申报，骗取项目立项或验收；项目进度和进展情况报告不及时、不如实报告、弄虚作假；不认真负责致使项目不能按期验收；项目完成不好、不能通过验收；违规使用项目经费；不按要求及时报告成果跟踪与绩效评价情况等。

（3）项目承担单位有下列行为之一列入不良信用记录：弄虚作假，骗取项目立项或验收；不按约定提供项目匹配资金和保障条件，造成项目无法正常实施；项目监督管理不力，导致项目严重拖期（1年以上）或不能验收；不履行有关科研成果、知识产权、国有资产等管理职责，造成严重后果和损失；挤占、挪用专款等违规使用项目经费；不按管理规定对项目经费单独核算、不按预算要求开支；不按要求及时监督检查项目进度、进展情况报告和成果跟踪与绩效评价情况报告等。

（4）评审专家有下列行为之一列入不良信用记录：专家在项目评审、验收、检查等环节中工作态度不认真；网上评审时，评审专家找他人代评、评审草率、不按时提交评审意见；评审意见不客观公正，偏亲厚友或帮助托人说情；其他形式不遵守评审纪律和规则等。

（5）中介机构有下列行为之一列入不良信用记录：弄虚作假、营私舞弊；违背科学道德和有失公正、出具不真实报告；违反约定、未能完成委托协议等。

（6）对项目承担单位、项目负责人、评审专家、中介机构的不良信用记录由项目管理处室提出，报分管厅领导审定后，存入信用管理数据库。

中共吉林省委办公厅　吉林省人民政府办公厅印发《关于进一步完善省财政科研项目资金管理等政策的若干实施意见》的通知

(吉办发〔2017〕3号)

各市、州党委和人民政府，长白山开发区、长春新区，扩权强县试点市党委和人民政府，省委各部、委，省政府各厅、委和各直属机构，各人民团体：

《关于进一步完善省财政科研项目资金管理等政策的若干实施意见》已经省委、省政府同意，现印发给你们，请结合实际认真贯彻落实。

中共吉林省委办公厅
吉林省人民政府办公厅
2017年2月28日

吉林省关于进一步完善省财政科研项目资金管理等政策的若干实施意见

按照中共中央办公厅、国务院办公厅《关于进一步完善中央财政科研项目资金管理等政策的若干意见》和《中共吉林省委、吉林省人民政府关于深入实施创新驱动发展战略推动老工业基地全面振兴的若干意见》要求，为进一步创新省财政科研项目和经费管理，形成充满生机活力的科技管理和运行机制，充分调动广大科研人员的积极性和创造性，助推吉林老工业基地新一轮振兴发展，现结合我省实际，提出如下实施意见。

一、简化财政科研项目预算编制和评审程序

（一）简化项目预算编制。根据科研活动规律和特点改进预算编制方法，对列入部门预算的科研项目，实行部门预算批复前预拨项目资金制度，保证科研人员及时使用项目资金。改进资金投入方式，采用事前立项资助方式支持的科研项目，承担单位在立项时按照科研经费与研究任务相匹配原则，根据实际需要编制财政科研项目预算。简化预算编制科目，合并会议费、差旅费、国际合作与交流费科目，由科研人员结合科研活动实际需要编制预算并按规定统筹安排使用，其中不超过直接费用10%的，不需提供预算测算依据。

（二）简化项目预算评审程序。改变过去科研项目和项目预算分别组织评审的做法，将两者"合二为一"。由项目主管部门会同有关部门遴选，并组织科技、财务、法律等方面的专家，对申报科研项目的目标相关性、技术创新性、路线可行性、政策相符性，以及项目承担单位的财务状况、项目经费预算编制的合理性等相关指标进行审核论证。

二、赋予科研项目承担单位和科研人员自主权

（三）下放预算调剂权限。在科研项目总预算不变的情况下，如直接费用中的材料费，测试化

验加工费，燃料动力费，出版/文献/信息传播/知识产权事务费及其他支出预算需要调整，可由项目负责人根据科研活动实际自主安排，承担单位据实核准后调整，并在验收（结题）时向项目主管部门备案。

（四）改进差旅费、会议费、咨询费管理。省属高校、科研院所可根据教学、科研、管理工作需要，按照实事求是、精简高效、厉行节约原则，研究制定差旅费、会议费、咨询费管理办法，合理确定教学科研人员乘坐交通工具等级和住宿费标准，会议次数、天数、人数和会议费开支范围、标准，以及咨询费开支标准。科研类差旅费、会议费不纳入行政经费统计范围，不受零增长限制。项目主管部门要强化措施，加强对差旅费、会议费、咨询费管理工作的指导。

（五）改进科研仪器设备采购管理。省属高校、科研院所可自行采购科研仪器设备，自行选择科研仪器设备评审专家。财政部门要简化政府采购项目预算调剂和变更政府采购方式审批流程。省属高校、科研院所要研究制定自行采购制度（办法），做好设备采购的监督管理，实行全程公开、透明、可追溯。政府采购管理部门和项目主管部门对省属高校、科研院所采购进口科研仪器设备实行备案制管理。继续落实进口科研教学用品免税政策。

（六）改进科研经费结转结余资金管理方式。科研项目实施期间，年度剩余资金可结转下年度继续使用。对按要求完成任务目标并通过验收的科研项目，结余资金按规定留归承担单位使用，在2年内由承担单位统筹安排用于科研活动的直接支出；2年后未使用完的，按规定收回。

（七）改进财务报销管理方式。省属高校、科研院所因科研活动实际需要，邀请国内外专家、学者和有关人员参加由其主办的会议，对确需负担的城市间交通费、国际旅费，可在其会议费等费用中报销。对难以取得住宿费发票的，承担单位在确保真实性的前提下，据实报销城市间交通费，并按规定标准发放伙食补助费和市内交通费。省属高校、科研院所要制定符合科研实际需要的内部报销制度规定，切实解决野外考察、心理测试等科研活动中，无法取得发票或财政票据，以及邀请外国专家来华参加学术交流发生费用等的报销问题。

（八）改进科研人员因公出国（境）管理方式。为完成科研项目任务目标，省属高校、科研院所科研人员从科研经费中列支的国际合作与交流费用，要按业务类别实行单独管理。省属高校、科研院所要研究制定改进和加强科研人员出国（境）的相关管理制定办法，项目主管部门要做好统筹指导。从科研经费中列支的国际合作与交流费用不纳入"因公出国人员"经费统计范围，不受零增长限制。

（九）加大绩效支出激励力度。竞争性研发类科研项目均要设立间接费用，核定比例不超过直接费用扣除设备购置费的20%。取消间接费用中绩效支出比例限制。项目承担单位要依法依规使用间接费用，妥善处理好合理分摊间接成本和对科研人员实施激励的关系，绩效支出只能用于项目组成员，不得截留、挪用、挤占。项目负责人要根据项目组成员实际贡献，公开、公正安排绩效支出，真正体现科研人员价值。省属高校、科研院所从科研经费中列支的编制内有工资性收入科研人员的绩效支出，一次性计入当年本单位工资总额，但不受当年本单位工资总额限制、不纳入工资总额基数。

（十）自主编制劳务费预算。参与科研项目研究的研究生、博士后、访问学者以及项目聘用的研究人员、科研辅助人员等，均可开支劳务费。项目聘用人员的劳务费开支标准，参照当地科学研究和技术服务业从业人员平均工资水平，根据项目研究中承担的工作任务确定，其社会保险补助纳入劳务费科目列支。劳务费预算不设比例限制，由项目承担单位和科研人员据实编制。

（十一）规范管理横向经费。项目承担单位以市场委托方式取得的横向经费，纳入单位财务统一管理，按委托方要求或合同约定管理使用。

（十二）扩大基本建设项目自主权。省属高校、科研院所利用自有资金、非政府投资建设的项目，可自主决策，但须报主管部门备案，不再进行审批。对省属高校、科研院所列入政府或主管部门规划，且建设规模、投资数额明确的建设项目，不再审批项目建议书，简化基本建设项目城乡规划、用地以及环评、能评等手续，缩短审批周期。省发展改革委和省属高校、科研院所主管部门要加强对基本建设项目的指导和监督检查。

三、提高科研项目资金的管理水平

（十三）强化项目承担单位法人责任。项目承担单位是科研项目实施和科研经费管理使用的责任主体，要按照国家和省有关政策规定，依据权责相符要求，强化自我约束和自我规范，确保接得住、管得好；要研究制定相关内部管理办法，落实项目预算调剂、间接费用统筹使用、劳务费分配管理、结余资金使用等管理权限；要加强预算审核把关，规范财务支出行为，完善内部风险防控机制，强化资金使用绩效评价，保障资金使用规范安全有效；要实行内部公开，主动公开项目预算、预算调剂、资金使用、研究成果等情况。

（十四）创新服务方式。项目承担单位根据实际需要建立健全科研财务助理制度，为科研人员在项目预算编制和调剂、经费支出、财务决算和验收等方面提供专业化服务。项目层面可聘用科研财务助理，所需费用可由项目承担单位根据情况，通过科研项目资金等渠道解决。要充分利用信息化手段，建立健全内部科研、财务部门和项目负责人共享的信息平台，提高科研管理效率和便利化程度。

四、加大财政科研项目资金投入力度与创新支持方式

（十五）加大财政资金投入力度。推进基本科研经费制度，赋予省属高校、科研院所自主权。积极支持省属公益性科研机构、高等学校依托优势学科、重点实验室等平台，引进国际、国内一流创新人才和学科带头人，以及争取中央财政科研项目资金。

（十六）创新财政资金投入方式。充分发挥财政资金的杠杆效应和导向作用，扩大产学研基金规模，引导民间资本开展科技创新创业。积极推进政府和社会资本合作（PPP）等模式在科技领域的应用。通过政府购买服务、实施贷款贴息和后补助等方式拓展财政科研经费投入渠道。

五、发挥相关部门职能作用

（十七）加强制度建设。项目主管部门要健全完善项目预算编制指南，指导项目承担单位和科研人员科学合理编制预算，优化评估程序和方法，规范评估行为。项目主管部门要制定财务验收工作细则。建立既符合预算绩效管理要求、又适应科技创新规律的项目绩效评价体系，并积极引入第三方和投资者评价。

（十八）强化统筹协调。省科技厅、项目主管部门和省财政厅要加强对科研项目资金监督管理的制度规范、年度计划、结果运用等统筹协调，建立职责明确、分工负责的协调机制。省科技厅、项目主管部门要清理规范委托中介机构对科研项目开展的各种检查评审。要注重加强前期相关检查结果的应用，推进信息共享，减少检查数量，避免重复、多头和过度检查。

（十九）细化完善相关措施。各有关部门要按本实施意见要求，加快推进科研项目资金管理等政策改革，切实增强广大科研人员的获得感。本实施意见发布后，省属高校、科研院所要研究制定差旅费、会议费内部管理办法；项目主管部门要制定相关实施细则；项目承担单位要建立健全

科研项目经费内部管理办法和报销制度规定。

（二十）做好督查指导。省科技厅、省财政厅要加强对科研项目经费管理权限的落实、内部管理办法的制定、创新服务方式、内控机制建设，以及相关事项内部公开等方面的专项检查。监督检查结果要纳入信用管理，并与间接费用核定、结余资金管理留用等挂钩。省审计厅要依法开展对政策措施落实情况和财政资金的审计监督。项目主管部门要督促指导项目承担单位完善内部管理，确保相关政策规定落到实处。

省财政厅、省级社科类科研项目主管部门要结合社会科学研究的规律和特点，参照本实施意见建立健全省级社科类科研项目资金管理办法。

各市（州）、县（市、区）要参照本实施意见精神，结合实际，加快推进科研项目资金管理改革等各项工作。

关于印发《吉林省省级科技风险投资基金管理办法》的通知

各市（州）、县（市）财政局、科技局，省直各有关单位，吉林省科技投资基金有限公司：

为进一步规范基金管理，切实发挥好政府基金的引导带动作用，现将重新制定的《吉林省省级科技风险投资基金管理办法》印发给你们，请遵照执行。

附件：吉林省省级科技风险投资基金管理办法

吉林省财政厅　吉林省科技厅
2018 年 5 月 15 日

吉林省省级科技风险投资基金管理办法
（吉林省财政厅吉林省科技厅 2014 年 7 月 30 日制定，2018 年 5 月 15 日修订）

第一章　总则

第一条　按照我省实施创新驱动发展战略要求，为有效扶持我省科技型中小企业加快发展，加速推进科技成果尽快转化与应用，提高企业自主创新能力，促进企业转型升级，省财政通过创新财政科技资金投入方式，自 2014 年起，设立了吉林省省级科技风险投资基金（以下简称"风险投资基金"），为进一步规范基金管理，制定本办法。

第二条　风险投资基金是经吉林省省委、省政府批准，吉林省财政厅出资设立并按照市场化方式运作的政策性引导基金，通过财政资金投入，积极引导社会资本参与，促进我省中小型科技企业加快发展。

第三条　风险投资基金坚持政府引导、市场化运作、不以盈利为目的原则，按照项目选择市场化、资金使用规范化、服务监管专业化的要求运营管理。风险投资基金以推动科技成果转化为核心，主要投资对象是在吉林省内注册的处于初创期、成长期等不同产业发展阶段的科技型中小企业，以及向科技型转化升级的中小型传统企业，尤其要对省内首创科技成果转化给予优先扶持；也可根据情况适度参与其他科技型基金的投资。

第四条　风险投资基金可以对企业直接投资（含股权投资和债权投资等），也可以参股的方式在我省设立子基金进行间接投资。

第二章　管理机构和职责

第五条　设立吉林省科技风险投资决策委员会（以下简称"委员会"），成员由省财政厅、省科技厅、省投资集团等部门和外聘专家组成。其中，由省财政厅和省科技厅各指派 1 人担任主任委员。委员会是风险投资基金的决策机构，主要职责是：

（一）负责风险投资基金对企业直接投资、参股其他基金等重大事项的决策、协调及风险防控。

（二）负责制定风险投资基金发展规划、运营方针和投资政策。

（三）负责对风险投资基金投资运营情况进行监督管理和检查指导。

（四）负责审定和决策风险投资基金规划内投资项目和收益分配、清算、基金退出等方案。

第六条 委员会下设办公室，设在吉林省投资集团有限公司所属的吉林省科技投资基金有限公司（简称科投基金公司），具体负责委员会日常工作，包括基金日常运行和监管、协调组织召开委员会成员议事和决策会议等。

第七条 风险投资基金委托科投基金公司管理，负责市场运营管理，代表政府行使出资人职能。科投基金公司主要职责：

（一）负责风险投资基金的运营和管理，有义务做好风险投资基金的政策宣传，扩大社会影响力和认知度。

（二）负责牵头制定和完善风险投资基金相关管理制度和委员会会议具体操作细则。要严明财经纪律，规范工作流程，量化评审标准，确保基金运营公平、公正、公开。

（三）负责组织风险投资基金项目的征集、申报和初选工作。

（四）负责对拟支持的项目开展尽职调查、投资谈判等工作，并向委员会提交投资的初步方案。

（五）负责组织召集召开委员会成员会议；负责聘请行业、技术、财务、法律等领域专家评审；负责落实委员会审定批准的投资方案，并具体签订投资协议等法律文本。

（六）负责代表风险投资基金以出资额为限，对参股企业或基金行使出资人权利并承担相应的义务。负责向投资企业或基金派遣董事、监事或重要管理人员，参与其重大决策事项等。

（七）负责对投资形成的股权和相关资产进行后续追踪和监督管理。作为风险投资基金出资人，负责办理基金出资、退出、处置等全过程的各项工作和相关手续。

（八）负责定期向委员会报告风险投资基金运营情况及相关重大事项。

（九）负责委员会委托的其他职责。

第八条 管理费用和绩效奖励的计提。科投基金公司每年可按实际管理风险投资基金（原始投入）资金总额2%的标准计提管理费用，用于风险投资基金管理运行开支。执行时要在风险投资基金运营形成的增值收益中支付，且支付数额不应高于当年风险投资基金运营形成的增值收益总额；为有效调动和激励管理团队工作积极性，风险投资基金运营形成的增值收益优先支付管理费用后的数额，每年可按不高于10%计提管理团队绩效奖励。

第三章 资金来源

第九条 风险投资基金来源主要包括：

（一）从省级财政一般公共预算中安排，形成原始投入基数。

（二）省科技创新专项资金重大科技成果转化有偿投入回收资金（包括所回收的本金和形成的增值收益）。

（三）风险投资基金运营所形成的增值收益。

（四）争取从中央财政科技成果转化引导基金或资金中安排支持一部分。

（五）可适度吸引社会资本参与。

第四章 投入、退出方式和资产处置管理

第十条 风险投资基金投入形式包括直接投入和间接投资两种：

（一）直接投资

主要投资对象是在吉林省内注册的处于初创期、成长期等不同发展阶段的科技型中小企业，

以及向科技型转型升级的中小型传统企业。

1. 投资方式：一是对拥有自主知识产权、具备较高创新水平（包括技术创新和商业模式创新）和具有较强市场竞争力，有较好潜在的经济效益和社会效益，或有望形成产业规模的初创期中小型科技企业，以股权投资形式为主；二是对于企业发展前景较好，但融资困难，确需扶持但受其他条件制约暂时无法以股权投入的项目，可采用债权方式投资。

2. 投资额度及比例：对于单个企业的投资（含股权投资及债权投资）不得超过风险投资基金当年规模的20%；在投资企业中参股但不控股，参股比例原则上不超过投资企业注册资本的30%，且不当第一大股东。风险投资基金与国家级、省级引导基金参股同一家投资企业时，合计参股比例不得超过50%。

（二）间接投资

间接投资是指风险投资基金以参股的形式，参与设立其他科技型基金，这类基金必须以投资于早中期科技成果转化项目为主，且该项目的投资总额度不得低于风险投资基金参股额的二倍。

1. 投资对象：以投资于早中期科技成果转化项目为主的省内基金或新设基金。子基金组织形式为公司制或有限合伙制，募集资金总额原则上不低于5000万元，且全部资金原则上在两年内到位，其中首期到位资金不低于认缴出资额的30%，且所有投资者均要以货币形式出资。

2. 投资方式：参股方式投资设立子基金。

3. 投资额度及比例：该风险投资基金对子基金的参股比例，原则上不超过子基金总额的30%，不得作为普通合伙人承担无限责任，且不能成为第一大股东或最大出资人。

4. 子基金的投资地域限制：设立的子基金应优先投资于吉林省范围内的科技型中小企业，而且投资于省内企业的资金比例，原则上不低于子基金总额的70%。

第十一条 退出方式

（一）风险投资基金对企业直接投资形成的股权，持有期限原则上不超过五年。采取多层次资本市场转让、按事先约定协议退出、股东回购及到期后清算等方式退出。

（二）对企业债权投资原则上不超过三年。采取按协议或合同约定到期收回本息的方式退出。

（三）投资于其他子基金形成的股权，子基金存续期一般不超过八年，在子基金股权资产转让或变现受限等特殊情况下，经子基金出资人协商一致，可延长两年。

第十二条 处置管理

（一）风险投资基金回收资金包括：所回收的本金和形成的增值收益（股权分红收益、股权退出溢价、债权利息收益、项目终止处置收益、发生的银行存款利息等）。增值收益可优先用于支付科投基金公司的管理费用和对管理团队的绩效奖励，当年支付管理费用不足的数额，可留待以后年度继续支付。增值收益余下部分和所回收的本金继续补充或滚动注入风险投资基金。

（二）项目单位因故终止项目，需对风险投资基金进行清算的，由科投基金公司按照国有资产处置相关程序，会同项目管理部门、项目单位，委托具有一定资质的第三方专业会计机构及时进行清算处置。

（三）投入的股权、债权到期后，对其中促进科技成果转化效果明显，持续经营能力较好，且无不良信用记录的企业，可考虑继续投资支持。

第五章 投资决策程序

第十三条 采取直接投资方式的工作程序是：

（一）项目的组织申报和初审。科投基金公司负责组建科技型中小企业科技成果转化项目库，并实行开放共享与动态调整。科投基金公司要对申报的项目初审（形式审查），不符合条件的不得入库；省科技厅、省工信厅等部门和高等院校、科研院所可直接推荐项目入库；被认定的高新技术企业、科技小巨人企业可自行申报，经确认后入库。

（二）尽职调查与风险评估。科投基金公司（或由其委托专业中介机构）组织科技、财务、法律等方面的相关专业人员，对拟支持申报企业和项目做尽职调查和风险评估。在此基础上，提出尽职调查报告及拟投资建议方案。

（三）专家集中评审。尽职调查与风险评估结束后，科投基金公司负责组织召集由政府有关部门、行业、技术、投资、财务、法律等领域的专业人员组成的评审专家组，对拟投资项目进行集中评审，并将形成的结果提交委员会。

（四）决策批准。通过召开委员会成员会议进行投资决策表决，并形成会议决议纪要。会议由主任委员主持，委员会三分之二以上的成员同意方可通过。其中，主任委员具有一票否决权。

第十四条 采取间接投资方式的工作程序是：通过公开征集和定向谈判的方式选择拟参股的基金公司，由科投基金公司依据风险投资基金的规划和引导要求，对合作对象做尽职调查，提出风险评估报告和拟投资建议方案，提交委员会集体决策批准。

第六章 监督管理

第十五条 风险控制

（一）建立运作监管制度体系。要建立健全完善的风险投资基金运作和监管机制，逐步形成决策科学、行为规范、监管到位的制度体系。风险投资基金应建立信息公开制度，重要运作环节应聘请律师事务所和会计师事务所等中介机构提供法律和财务咨询等服务。

（二）资金监管。科投基金公司应当对风险投资基金实行专户和专账管理，每年要向委员会报告资金管理使用和运行情况。

（三）法律责任。风险投资基金出资参与设立其他基金时，不得作为普通合伙人承担无限责任。风险投资基金以出资额为限对投资企业债务承担相关责任。

第十六条 委员会负责监管基金管理机构风险投资基金的运营，督促检查各项决议的落实情况，定期对相关政策目标、效果及资产情况进行评估。

第十七条 科投基金公司负责向委员会报告科技风险投资基金运作情况，以及运作过程中发生的重大事项。在每个会计年度结束后的四个月内，要向委员会提交经注册会计师审计的年度财务报告和基金运营情况报告。

第十八条 建立容错机制。容错机制是指委员会及科技投资基金公司在推进政府投资基金管理、投资、运作过程中，符合相关制度规定和工作必要程序，决策委员会按程序表决通过，且已履职尽责，非主观因素，但由于客观条件等不可预见因素发生变化，未能实现预期目标或出现偏差的情形，免除相关责任，不作负面评价，不影响绩效考核。容错机制适用于下列情形：

（一）在推进科技风险投资基金管理运营模式改革、调整、体制机制创新过程中，因缺乏经验、先行先试出现探索性失误或未到达预期效果的。

（二）因政策界限不明确，致使在开展工作中出现失误或造成负面影响和损失的。

（三）因市场环境变化等原因导致项目投资损失的。

（四）被投资企业因不可抗拒因素发生重大经营困难等变故，致使所承担项目不能继续实施的。

（五）其他符合容错机制相关情形和条件的事项。

除上述情况之外，对确有证据表明，委员会、基金管理公司及其相关工作人员存在不作为、失误、违规违法等行为，导致资金利用率不高或造成投资损失的，应追究纪律和法律责任。

第十九条 对擅自改变基金用途，或骗取、挪用专项资金等行为，依照《财政违法行为处罚处分条例》有关规定处理，涉嫌犯罪的移交司法机关处理。

该风险投资基金禁止参与或从事以下活动：

（一）不得从事股票、期货、房地产、企业债券、金融衍生品、非保本理财产品、保险计划等投资；

（二）不得进行承担无限连带责任的对外投资；不得从事担保、抵押等业务；

（三）不得向第三方提供资金非保本拆借及赞助、捐赠等；

（四）其他违反基金管理规定的行为。

第七章 附则

第二十条 本办法由省财政厅和省科技厅负责解释。

第二十一条 本办法自印发之日起执行。2014年7月30日省财政厅省科技厅制定的《吉林省省级科技风险投资基金管理暂行办法》（吉财教〔2014〕519号）同时废止。

关于印发《吉林省科技发展计划项目管理"双随机一公开"制度（试行）》的通知

(吉科发计〔2018〕198号)

厅机关各处室及各有关单位：

为进一步深化科技管理体制改革，优化服务、提高管理效能，经厅党组会研究通过，现将《吉林省科技发展计划项目管理"双随机一公开"制度（试行）》印发给你们，请遵照执行。

吉林省科学技术厅
2018年8月2日

吉林省科技发展计划项目管理"双随机一公开"制度（试行）

为进一步深化科技管理体制改革，加快政府职能转变，进一步推进简政放权、放管结合、优化服务，简化管理程序，提高管理效能，推动社会诚信体系建设，在省科技发展计划项目管理工作中，全面实施"双随机一公开"制度，随机选取检查对象、随机选取检查组成员，检查情况及时向社会公开，依据有关要求，制定本制度。

一、总体要求

以党的十九大精神为指导，以创新驱动老工业基地振兴为目标，以职能转变、科学管理为核心，全面实施"双随机一公开"工作制度，加强对省科技发展计划项目全过程监管，切实解决重立项、轻管理、过度管理、低效管理等问题，规范科技行政管理部门监管行为，提高管理效能，切实激发创新活力，激励创新活动，提高创新效率。

二、基本原则

1.公开原则。检查计划、检查清单、检查结果、处理决定应当依法依规公开。

2.效能原则。要科学安排检查数量和频次，以最少的检查达到最佳的管理效果。

3.包容原则。要尊重科技发展规律，鼓励创新，宽容失败。

4.激励、震慑原则。检查结果的运用要起到激励和震慑作用，对管理规范、取得重大成就的单位和个人要给予适当的激励，对违反学术道德、违反有关规定的行为要严厉惩戒。

三、工作内容

（一）建立"双随机一公开"管理体系。重点建立领导小组、信息管理系统、专家库。

1.成立"双随机一公开"工作领导小组。党组书记厅长任组长，副厅长和驻厅纪检组组长任副组长，机关有关处室主要负责人作为成员。领导小组办公室设在发展计划处。

2.建立"双随机一公开"信息管理系统。依托吉林省科技发展计划项目管理信息系统，建设"双随机一公开"子系统，实现对"双随机一公开"工作全程留痕、全面公开，责任可追溯。

3.建立"双随机一公开"学术专家库、财务专家库和管理专家库。

建立学术专家库。在吉林省科技发展计划项目管理信息系统专家库基础上，建立学术专家库，扩大专家入库范围，成绩突出的一线科技人员可以不受职称、年龄等限制。

建立财务专家库。在吉林省科技发展计划项目管理信息系统专家库基础上，建立财务专家库，扩大财务专家入库范围，保证数量和质量。

建立管理专家库，主要包括厅机关处级干部、厅纪委委员、驻厅纪检组工作人员，其他具有科技管理经验的处级以上干部（含退休干部）。

（二）制定年度检查计划。发展计划处每年1月底前提出年度检查计划，经领导小组审定后实施。年度检查计划，应当包括检查时间、检查内容、被检查对象的范围、抽查的比例、工作制度和纪律要求、检查小组成员的确定等。年度检查计划要及时在"双随机一公开"信息系统上公开发布。

（三）检查内容。主要针对项目在立项、执行、结题三个阶段，进行"双随机一公开"检查。

1.立项阶段。在上党组会审定前进行。主要核查项目申报材料的真实性和准确性，核查项目管理处室程序是否规范，把关是否严格，拟立项项目是否合规。

2.执行阶段。在项目执行的中期进行。主要审查项目进展情况，是否按预定计划进行及经费到位、使用情况，存在的问题。

3.结题阶段。在项目结题（含终止和撤项）后一年内进行。主要审查项目结题是否符合规定，项目完成指标是否客观真实以及绩效情况。

（四）检查程序。按照选取检查人员、选取被检查对象、确定及公开检查结果的程序开展"双随机一公开"检查工作。

1.组建检查组。

（1）检查组数量。根据当年需要检查的项目情况，确定检查组数量。

（2）检查组组成人员。每个检查组设检查人员6名，包括相关领域学术专家2人，财务专家1人，机关纪委委员1人（在工作时间允许情况下，邀请驻厅纪检组人员参加），管理专家1人，相关项目管理处室工作人员1人（主要负责联络，并做相关解释，具有表决权）。每个检查组设组长1人，由学术专家担任，副组长1人，管理专家担任。

（3）检查组成员的产生。学术、财务、管理专家由机关纪委分别在学术专家库、财务专家库、管理专家库里随机抽取产生，项目管理工作人员由相关处室委派。检查组人员名单确定后，及时在"双随机、一公开"系统上公开。

（4）检查组及成员职责。检查组接受领导小组领导，独立行使检查任务，拒绝其他干扰。组长全面负责；副组长协助组长负责检查组的日常工作；学术专家负责评估项目的研究内容、指标、成果等内容；财务专家负责审查项目经费预算和使用情况；项目管理处室工作人员负责协调及文秘工作，负责起草检查报告。

2.抽取被检查对象。按照立项、执行、结题三个阶段及项目数量确定适当的检查比例。检查项目名单确定后，在"双随机一公开"系统上公开。

（1）项目立项阶段。检查组在拟立项目名单中，以不低于拟立项数1%的比例随机选取检查项目，并报计划处和机关纪委汇总。

（2）项目执行阶段。每年对执行到中期的项目进行检查，一个项目最多只能检查一次。资助额度小、数量多的项目类别，抽检比例不低于3%，其他项目类别抽检比例不低于5%。由检查组在项目信息系统中随机抽取，并报计划处和机关纪委汇总。

（3）项目结题阶段。每年对已结题一年以内的项目进行检查。检查组在已结题一年以内的项目名单中，以不低于1%的比例随机抽取检查项目，并报计划处和机关纪委汇总。

3.实施检查。检查日程的安排应科学、合理，原则上对同一单位的项目检查应集中，减少被检查单位的工作负担。各检查组初步安排检查日程后，报领导小组办公室进行综合协调后实施。

（五）检查结果反馈及公开。

1.检查结束后，各检查组应当在检查工作结束后7个工作日内，完成检查报告。

2.检查报告应包括检查时间、检查内容、检查组成员、检查情况、对被检查项目的评价、结论、处理意见和建议等内容（三个阶段报告模板见附件）。

3.检查报告形成过程中，把握不准的重要问题要及时向领导小组报告。

4.各检查组向领导小组办公室提交纸质版和电子版检查报告，领导小组办公室集中报领导小组审定。

5.检查组向项目承担单位及项目负责人反馈。在"双随机一公开"系统上公示。

（六）检查结果的运用

1.项目立项阶段。对在检查过程中查出的项目申报人、申报单位弄虚作假等行为，记入不良信用记录；对申报人停止3年申报省科技发展计划项目资格。

2.项目执行阶段。对于在检查过程中被评为C类的项目负责人停止3年申报省科技发展计划项目资格；对B、C类项目占抽检项目总数达到5%的项目单位，对其次年申报省科技发展计划项目给予限项，并扩大该单位抽检项目比例。

3.项目结题阶段。对在检查过程中查出的项目负责人、承担单位弄虚作假等行为，记入不良信用记录，对负责人停止3年申报省科技发展计划项目资格。

4.对检查结果优秀的项目承担单位及项目负责人给予适当的激励。

5.对存在管理问题的项目管理处室主要负责人要进行约谈。

6.对发现的违纪违法行为线索，应当按规定移交相关部门处理。

四、纪律要求及责任追究

1.各检查组要严格遵守法律法规和各种规章制度，遵守工作纪律，廉洁纪律，客观公正，不得刁难检查对象，不得吃拿卡要。

2.对有失公正、徇私舞弊行为的专家，视情节，计入诚信记录或取消专家资格。

3.对有违纪违法行为的人员，按有关规定处理。

关于印发《吉林省科技小巨人企业 R&D 投入补贴和贷款担保管理工作实施细则》的通知

(吉科发高〔2018〕270号)

各市（州）、县（市、区）科技、财政管理部门，各高新开发区管委会，各有关企业：

为进一步做好科技小巨人企业扶持管理工作，根据《吉林省科技小巨人企业扶持管理办法》，省科学技术厅、省财政厅联合制定了《吉林省科技小巨人企业 R&D 投入补贴和贷款担保管理工作实施细则》，现印发给你们，望认真贯彻落实。

2018年10月15日

吉林省科技小巨人企业 R&D 投入补贴和贷款担保管理工作实施细则

为做好吉林省科技小巨人企业 R&D 投入补贴和贷款担保管理工作（简称扶持管理工作），根据《吉林省科技小巨人企业扶持管理办法》（吉科发高〔2017〕122号）精神，结合工作实际，制定本实施细则。

第一章　管理职责

第一条　科技小巨人企业扶持管理工作由省科技厅牵头会同省财政厅等部门共同组织实施，各负其责。采取先评审认定，再给予资金扶持的管理模式。

第二条　省科技厅负责 R&D 投入补贴工作；省财政厅负责贷款担保相关工作。

第三条　评审出科技小巨人企业名单要及时向社会公开公示，经最后认定的，颁发"吉林省科技小巨人企业"标牌和证书，并给予资金扶持。同时，对被认定的科技小巨人企业在申报吉林省科技发展计划项目时，给予倾斜支持。

第四条　确立协商会议制度。对科技小巨人企业扶持管理工作过程中，需集体明确的事项，由省科技厅牵头组织省财政厅等部门召开协商会共同研究决定，并形成协商会议纪要。所研究决定事项通过当年科技小巨人企业申报通知予以告知。

第二章　扶持标准

第五条　按照现有资金规模，2019年起，对当年认定的科技小巨人企业给予一次性 R&D 投入补贴和贷款担保扶持。

第六条　R&D 投入补贴。科技小巨人企业 R&D 投入补贴扶持标准为 $2万元 \times \sqrt{企业上年度R\&D投入}$，补贴总额最低10万元，最高不超过60万元。

第七条　贷款担保。具体委托吉林省科技融资担保有限公司对科技小巨人企业提供融资担保扶持。

1.由吉林省科技融资担保有限公司组织专家委员会对申请贷款担保的科技小巨人企业进行财

务评定，评定分为A、B两级。对科技小巨人企业财务评定为A级且无不良信用记录、无其他债务诉讼风险的科技小巨人企业建立融资担保绿色通道，结合金融机构的授信情况，考虑适合的反担保措施，由担保公司按程序提供贷款担保服务；对科技小巨人企业财务评定为B级的科技小巨人企业需由担保公司建立项目储备库，对企业进行定期跟踪，适时尽职调查，设计严格的风控方案，在风控等相关措施落实后，经专家评审委员会评审再确定是否给予融资担保支持。

2.担保费一律按不高于贷款担保额的1.5%收取。

3.对科技小巨人企业提供融资担保，单户企业担保额度原则上不超过500万元，对于规模较大发展态势良好的企业需增加额度的，要另行提交专家评审委员会审定。

第八条　申报和扶持要求：

1.每年6月10日前，由省科技厅会同省财政厅等部门印发科技小巨人企业扶持资金申报通知，组织做好申报工作。

2.科技小巨人企业扶持资金申报。只需报送纸质申报材料，由各市（州）、省管县、国家级高新区职能部门逐级统一报送。R&D投入补贴申请材料统一报送至省科技厅；贷款担保申请材料统一报送吉林省科技融资担保有限公司。

3.省科技厅和吉林省科技融资担保有限公司分别负责组织第三方评审机构（或专家）对申报材料进行评审，根据现有资金规模和相应的支持标准，科学、合理确定扶持资金额度和担保业务。扶持资金于每年9月30日前拨付完毕。

第三章　监督管理

第九条　科技小巨人企业要如实编写申报材料，对提供的材料真实性、有效性负责。同时，要积极配合接受相关部门的监督检查，发现问题及时整改和处理。

第十条　各级相关职能部门要严格执行管理规定，对违反国家和省有关规定的要追究相应责任，并视情况提请同级政府行政问责，涉嫌违法犯罪的，移送司法机关处理。

第四章　附则

第十一条　本细则由吉林省科学技术厅、吉林省财政厅按职责分工负责解释。

第十二条　本细则自印发之日起执行。

关于印发《吉林省科技发展计划项目终止、撤销管理办法（试行）》的通知

(吉科发计〔2018〕245号)

各有关单位：

为进一步加强科技发展计划项目管理，省科技厅、省财政厅研究制定了《吉林省科技发展计划项目终止、撤销管理办法（试行）》，现印发给你们，请遵照执行。

2018年11月23日

吉林省科技发展计划项目终止、撤销管理办法（试行）

为进一步加强和规范吉林省科技发展计划项目的管理，提高项目实施成效，依据《吉林省科技发展计划（项目）管理办法（修订稿）》（吉科计字〔2012〕153号）和《吉林省科技发展计划（项目）管理办法实施细则（修订稿）》（吉科发计〔2016〕259号），制定本办法。

一、终止和撤销的定义

1.终止。指按照签订的项目任务书，项目已实施且财政拨付的项目资金已使用，项目因故无法或无须继续实施的。终止分为申请终止和强制终止两种。申请终止的项目要上缴财政拨付的剩余资金；强制终止的项目要追缴财政拨付的剩余资金。

2.撤销。指已签订项目任务书，但项目未实施或部分实施，且财政拨付的项目资金没有使用的。撤销分为申请撤销和强制撤销两种。申请撤销的项目要上缴财政拨付的全部资金，强制撤销的项目要追缴财政拨付的全部资金。

二、终止和撤销的条件

（一）终止的条件

1.有下列情况之一的，项目承担单位应申请终止：

（1）现有的研究水平、关键技术和实施条件等发生变化，致使项目不能继续实施或难以完成任务书规定的任务和目标的；

（2）项目研究开发的关键技术已在国内公开、市场发生重大变化等原因，致使项目研究开发工作已无必要继续进行的；

（3）项目负责人死亡、伤病、出国（境）、工作调动、违法犯罪等原因，导致项目无法进行，且无合适的新的项目负责人可替代的；

（4）发生知识产权权属纠纷或者存在侵权行为，经调解等方式无法解决问题，导致项目无法进行的；

（5）项目承担单位发生重大经营困难、转产或经营方式调整等变故，不能继续履行项目任务的；

（6）上述之外的其他不可抗拒因素等情况。

2、有下列情况之一的，可实施强制终止：

（1）在"双随机、一公开"检查中存在问题较大，限期整改未达到要求的；

（2）经核实项目承担单位已停止经营活动或注销的；

（3）经核实项目承担单位在项目申报、项目实施过程中有违法、欺骗等事实的；

（4）在项目检查和财务审计过程中，发现存在骗取项目或资金支持的；

（5）除1中列举条件外，因项目承担单位主观原因造成项目不能继续实施或难以完成任务书规定的任务和目标的，或项目执行时间已到期（含延期）且超期1年无故不申请验收的；

（6）上述之外其他经认定的严重问题。

（二）撤销的条件

1.有下列情况之一的，项目承担单位应申请撤销：

（1）项目负责人死亡、伤病、出国（境）、工作调动、违法犯罪等原因，导致项目无法进行，且无合适的新的项目负责人可替代的；

（2）项目承担单位技术骨干变动，导致项目无法进行，且无适合的新技术骨干可替代的；

（3）因关键技术、市场前景、技术路线、产业政策发生重大变化等原因，不能或无法继续实施的；

（4）发生知识产权权属纠纷等重大纠纷，经调解等方式无法解决问题，导致项目无法进行的；

（5）项目承担单位发生重大经营困难、转产或经营方式调整等变故，不能履行项目任务的；

（6）上述之外的其他不可抗拒因素等情况。

2.有下列情况之一的，应实施强制撤销：

（1）项目组在提交相关数据、证明材料等方面严重弄虚作假的；

（2）非客观原因，项目拖延执行的；

（3）项目存在侵权行为、环保问题的；

（4）承担单位注销的；

（5）存在以虚假发票报销、支出与项目研究无关费用、未经审批对外转拨资金等资金使用严重违规的；

（6）上述之外的其他经认定的严重问题。

三、终止和撤销的程序

（一）关于终止（撤销）的提出

1.申请终止（撤销）的，由项目承担单位填写《吉林省科技发展计划项目终止（撤销）审批表》，报省科技厅。原承担单位因破产等原因已注销的，或无法找到项目负责人、企业负责人及相关联系人员，由所在地科技局、财政局联合发文，向省科技厅说明情况，提出终止（撤销）申请。

2.强制终止（撤销）的，由省科技厅根据在项目审计、"双随机、一公开"检查等工作中发现的问题，符合强制终止（撤销）条件的，提出强制终止（撤销）。

（二）关于审核评估程序

1.省科技厅组织专家组进行评估，专家组由技术专家2名和至少1名财务专家组成，主要评估项目执行情况和经费使用情况，审核是否符合申请（强制）终止（撤销）条件并提出评估意见，包括项目执行情况、终止（撤销）原因、责任判定、处理建议等内容（模版见附件）。

2. 对经专家组评估和厅务会审定同意终止（撤销）的项目，省科技厅委托有资质的会计师事务所进行项目资金的专项审计，并确定项目剩余资金数额和项目承担单位的缴还能力。

3. 对拟定终止（撤销）的项目，在省科技厅门户网站进行公示。

4. 由省科技厅向省财政厅正式行文，内容包括三方面：一是项目的基本情况。拨款指标文件（含文号）、项目资金、项目名称、承担单位名称、财政拨款属地、项目终止（撤销）的原因、项目资金使用情况（包括项目资金总额、剩余资金额度及所在位置）等。二是项目终止（撤销）意见。省科技厅对终止（撤销）的项目提出明确的意见；三是建议省财政厅收回终止（撤销）的项目资金具体额度。

5. 省财政厅根据省科技厅意见，审核并下达收回终止（撤销）项目资金指标文件。

6. 省科技厅向项目承担单位印发项目终止（撤销）通知书（市县申报的项目需抄送当地科技局、财政局），明确项目终止（撤销）原因及资金缴还额度等。

四、终止和撤销处理

终止、撤销的科技项目，项目承担单位应在接到通知书之日起一个月内上缴项目剩余资金或全部资金。

1. 对探索性强、风险性高的项目，因关键技术、市场前景、技术路线、产业政策发生重大变化或其他不可抗拒的原因造成项目无法完成，且原始记录证明承担项目单位和项目负责人已经履行了勤勉责任义务的，不影响项目承担单位及课题组成员在以后年度继续申报和承担科技项目的资格。

2. 因项目承担单位、项目组成员主观或人为因素导致项目强制终止或强制撤销的，项目承担单位和项目负责人将被记入不良信用记录。其中，项目负责人从项目强制终止或强制撤销当年（或次年）起3年内不允许申报（包括参与）省科技发展计划项目；项目承担单位在项目强制终止或强制撤销当年（或次年）申报省科技发展计划项目予以限项处理。

3. 对拒不上缴资金的单位或个人，除采取必要的追缴措施外，长期限制其申报各类科技计划项目。存在违反《预算法》、《财政违法行为处罚处分条例》等国家有关规定的，追究法律责任；涉嫌犯罪的，依法移送司法机关处理。

关于印发《吉林省科技发展计划项目调整管理办法（试行）》的通知

(吉科发计〔2018〕262号)

厅机关各处室及各有关单位：

为进一步完善对吉林省科技发展计划项目的管理，规范项目调整行为，现将《吉林省科技发展计划项目调整管理办法（试行）》印发给你们，请遵照执行。

2018年11月23日

吉林省科技发展计划项目调整管理办法（试行）

为进一步完善吉林省科技发展计划项目的管理机制，强化科研单位和科技人员主体责任，提高项目实施成效，依据《吉林省科技发展计划（项目）管理办法（修订稿）》（吉科计字〔2012〕153号）和《吉林省科技发展计划（项目）管理办法实施细则（修订稿）》（吉科发计〔2016〕259号），制定本办法。

一、项目调整的基本原则

1. 项目申报截止后，申报内容不得调整，申报材料不得增加或变更。

2. 任务书签订后一年内不可进行任何调整。一年后，可根据实际情况，进行必要的调整。

3. 项目研究内容不得调整，确因客观原因，项目难以进行或没必要进行，可采取终止措施，宽容失败。

4. 可以调整的内容：项目组成员、项目指标、项目单位、项目经费分配、项目完成时间。

二、项目调整的具体要求

1. 项目组成员调整。项目负责人由于身体、调出、其他客观原因不能履行负责人职责的，可以更换，但资历要相当。项目组其他成员由于身体、调出、其他客观原因需要调整的，可以调整。项目组成员调整比例不得超过20%，更换的人员应与该项目研究方向相当，或与该项目研究有互补性。

2. 项目指标调整。项目立项后，任务书签订前，如果项目资助经费与申请经费相差超过30%，项目经济、技术指标可按相应程序进行调整，其他内容不得调整。项目执行过程中，由于市场变化、难以克服的技术难题等客观原因，可以按程序调整经济、技术指标。

3. 项目单位调整。项目主持单位不得调整。项目协作单位因注销、倒闭、纠纷等客观原因无法完成相关任务的，可以调整。

4. 项目经费分配调整。项目总经费不得调整。有协作单位的，项目经费分配确因研究工作需要、市场原因，以及其他客观原因需调整的，经专家论证后可以进行调整。

5.项目完成时间调整。项目组须在任务书规定的完成时限提前半年提出延期申请,项目只允许延期1次,最长1年。

三、项目调整的程序

1.项目负责人提出申请,须经主持单位同意,并加盖主持单位公章。

2.专家组论证。对于项目指标和经费分配的调整应经专家组论证,其他调整不需要专家组论证。由项目管理处室组织专家论证,指标调整需要2位技术专家和1位财务专家,经费分配调整需要1位技术专家和2位财务专家,由专家组形成调整意见。

3.项目管理处室对项目调整提出意见。

4.分管厅长审定。

5.计划处备案。

6.项目管理系统调整。

四、项目调整的处理

1.项目组所有人员,除因工作调动离开原单位需要调整的,在申报限项处理上,依然视同为项目组人员。

2.项目指标和经费经专家论证后同意调整的,不影响项目承担单位及项目组成员继续申报和承担科技项目的资格。

3.因注销、倒闭、纠纷等客观原因无法完成相关任务而进行调整的项目协作单位,3年内不得作为项目承担单位或参加单位再次申报省科技发展计划项目。

4.有延期项目的负责人,在项目延期期间不得再次申报省科技发展计划项目,如超过规定延期时限仍没有完成项目验收且不主动提出终止的,项目负责人将被记入不良信用记录,3年内不得申报省科技发展计划项目。

5.同时有3项延期项目的企业,该时限内不得申报省科技发展计划项目,同时有3项超过规定延期时限仍未验收项目的企业,将被记入不良信用记录。

6.同期在研项目不足20项的高校和科研机构,如发生变更的项目数达到2项,按比例减少当年科技项目立项数量;同期在研项目达到或高于20项的高校和科研机构,如发生变更的项目数达到20%,按比例减少当年科技项目立项数量。

每年对在研项目存在10%及以上项目发生变更的高校,按比例减少当年度科技项目立项数量。

附件1　项目人员调整审批表(略)

附件2　项目指标调整审批表(略)

附件3　项目单位调整审批表(略)

附件4　项目经费调整审批表(略)

附件5　项目延期审批表(略)

关于印发《关于抓好赋予科研机构和人员更大自主权有关文件贯彻落实工作的实施方案》的通知

(吉科发政〔2019〕169号)

各有关单位：

省科技厅牵头起草的《关于抓好赋予科研机构和人员更大自主权有关文件贯彻落实工作的实施方案》，已经省政府常务会议讨论通过。现印发给你们，请认真贯彻执行。

吉林省科技厅　吉林省教育厅　吉林省工信厅
吉林省财政厅　吉林省人社厅　吉林省审计厅
吉林省外事办公室　吉林省国资委
2019年5月23日

关于抓好赋予科研机构和人员更大自主权有关文件贯彻落实工作的实施方案

为切实减轻科研人员负担，调动科研人员创新积极性，充分释放创新创造活力，推进创新型吉林建设，实现吉林省高质量发展，按照《国务院办公厅关于抓好赋予科研机构和人员更大自主权有关文件贯彻落实工作的通知》（国办发〔2018〕127号）要求，结合我省实际，制定本实施方案。

一、总体要求

充分认识赋予科研单位和科研人员自主权的重要意义，发挥市场在科技资源配置中的决定性作用，尊重规律，放活科研单位和人员，营造良好创新环境，为实施创新驱动发展战略和建设创新型吉林增添动力。

二、工作内容及方法

（一）深入推进科技管理权限下放

1.推动预算编制、调剂和仪器采购管理权落实到位。按照《国务院关于优化科研管理提升科研绩效若干措施的通知》和《吉林省人民政府关于优化科研管理提升科研绩效的实施意见》等文件精神，省科技厅、省财政厅等相关部门将对现行政策制度进行梳理和修订。

根据科研活动规律和特点，进一步完善预算编制。简化预算测算说明。会议费／差旅费／国际合作交流费预算不超过直接费用10%的，无须提供预算测算依据；超过10%的，按照会议、差旅、国际合作交流分类提供必要的测算依据，无需对每次会议、差旅做单独的测算和说明。

赋予科研单位项目经费管理自主权。直接费用中除设备费调增外，设备费预算总额调减、设备费内部预算结构调整、拟购置设备的明细发生变化，以及其他科目的预算调剂权下放给承担单位。直接费用实行分类总额控制，其中材料费、测试化验加工费、燃料动力费、出版／文献／信息传播／知识产权事务费等四个科目按同一类管理，劳务费、专家咨询费、会议费／差旅费／国际合作交流费、其他支出等四个科目按同一类管理。两类之间的预算调剂由承担单位履行内部审批程序；同一类预算额度内，承担单位可结合实际情况进行审批或授权课题负责人自行调剂使用。

高校和科研院所要简化科研仪器设备采购流程。对科研急需的设备和耗材，采用特事特办、随到随办的采购机制，可不进行招投标程序，缩短采购周期；对于独家代理或生产的仪器设备，按程序确定采取单一来源采购等方式增强采购灵活性和便利性。

2. 推进技术路线决策权和人员调配权落实到位。科研人员具有自主选择和调整技术路线的权利，项目实施期间，科研人员可根据实际需要在研究方向不变、成果指标不降低的前提下，自主调整研究方案和技术路线，在项目验收时予以说明。项目负责人可以根据项目需要，按规定自主组建科研团队，可结合项目实施进展情况进行相应调整，在承担单位科研管理部门备案，在项目验收时予以说明。

3. 推动项目过程管理权落实到位。各项目管理部门要由重过程管理向重目标和标志性成果转变，加强对项目结果及阶段性成果的考核，实施过程管理主要由承担单位负责。统筹项目监督检查工作，减少项目实施周期内的各项评估、检查、抽查、审计等活动。由省科技领导小组办公室牵头统一制定项目年度监督检查方案，每年2月末前公布年度集中联合检查项目目录，避免在同一年度对同一项目重复检查和多头检查。实行"双随机、一公开"检查方式，充分利用大数据等信息技术提高监督检查效率，省科技厅加强与省审计厅、省财政厅沟通，避免重复检查。自由探索类基础研究项目和实施周期三年以下的项目，以承担单位自我管理为主，一般不开展过程检查。精简信息和材料报送，从项目申报到验收各环节，全面推行信息化管理，通过科技管理信息系统填报材料，杜绝科研单位和人员基本信息、项目考核指标等各类信息的重复填报。有关单位不得随意要求承担单位填报各种信息或报送有关材料。

4. 健全完善科研单位内部管理制度。各地、各有关部门要根据有关规定，负责指导所属科研单位制定详细的、具有可操作性的科研管理制度和办法，确保在落实科研人员自主权的基础上，突出成果导向，提高科研资金使用绩效，完成科研目标任务。科研单位要加强内部政策宣传与培训，强化科研人员的责任和诚信意识，对违背承诺与诚信要求的加强责任追究，对严重失信行为实行联合惩戒。项目管理部门要通过随机抽查等方式加强事中事后监管，防止发生违规行为。

5. 扩大高校、科研院所薪酬分配自主权。在核定的绩效工资总量内，高校、科研院所可根据自身特点制定合理的科技创新人才收入分配激励办法，自主决定绩效考核和绩效分配办法。单位在进行内部分配时，应根据教学人员、科研人员、实验设计与开发人员、辅助人员和专门从事科技成果转化人员等承担的工作任务和取得的业绩，合理调节单位内部各类岗位的收入差距，不能简单地将个人收入与承担项目多少和获得经费高低直接挂钩。实绩突出的科研人员绩效工资水平，可明显高于本单位人均水平。

6. 改进科技人员因公临时出国管理。教学科研人员因公临时出国开展教育教学活动、科学研究、学术访问、参加重要国际学术会议等国际学术交流合作活动，实施导向明确的区别管理，单位和个人出国批次数、团组人数、在外停留天数根据实际需要安排，不纳入国家工作人员因公临时出国批次限量管理范围。对省级科研项目经费中列支的国际合作与交流费用，不纳入高校、科研院所等事业单位"三公"经费统计范围。

（二）进一步做好已出台法规文件中相关规定的衔接

1.明确科研人员兼职兼薪的操作办法。各地、各部门和科研单位要认真贯彻落实《国务院关于印发实施〈中华人民共和国促进科技成果转化法〉若干规定的通知》、《中共中央办公厅国务院办公厅印发〈关于实行以增加知识价值为导向分配政策的若干意见〉的通知》、《关于进一步放活事业单位人才交流的意见（试行）》和《吉林省事业单位专业技术人员离岗创业实施细则》等文件精神，支持高校、科研院所科研人员到企业兼职、离岗开展研发和成果转化，到企业兼职、离岗研发的科研人员可实行市场化薪酬。

各地、各有关部门和科研单位要进一步明确科研人员兼职兼薪的具体管理办法，明确审批程序，约定相关权利与义务。实行科研人员兼职、离岗公示制度，科研人员兼职、离岗按规定获取的合法报酬原则上归个人所有。科研人员在兼职、离岗期间的工作表现和业绩，作为参加本单位职称评审、岗位聘用、年度考核等的重要依据。对担任领导职务的科研人员兼职，按中央有关规定执行。

2.明确科研人员获得科技成果转化收益的具体办法。各高校、科研院所要依据《中华人民共和国促进科技成果转化法》和《吉林省促进科技成果转化股权和分红奖励的若干规定》等文件精神，制定本单位转化科技成果的专门管理办法，完善评价激励机制，对科技成果的主要完成人和其他对科技成果转化作出重要贡献的人员，根据实际情况，给予现金、股份或者出资比例等奖励和报酬，加大高校、科研院所和国有企业科研人员科技成果转化股权激励力度。省人社厅会同有关部门加快落实"科研人员获得的职务科技成果转化现金奖励计入当年本单位绩效工资总量，但不受总量限制，不纳入总量基数"等相关规定。

3.落实科技成果转化有关国有资产管理规定。主管部门、财政部门依据《中华人民共和国促进科技成果转化法》和财政部印发的《关于修改〈事业单位国有资产管理暂行办法〉的决定》（财政部令第100号），落实"国家设立的研究开发机构、高等院校对其持有的科技成果，可以自主决定转让、许可或者作价投资，不需报主管部门、财政部门审批或者备案，并通过协议定价、在技术交易市场挂牌交易、拍卖等方式确定价格。国家设立的研究开发机构、高等院校将其持有的科技成果转让、许可或者作价投资给国有全资企业的，可以不进行资产评估；转让、许可或者作价投资给非国有全资企业的，由单位自主决定是否进行资产评估"等相关规定，取消强制评估，简化管理程序，提高科技成果转化效率。

4.明确有关项目经费的细化管理制度。各地、各有关部门要进一步推进产学研结合，制定专门管理办法，对于接受企业或其他社会组织委托取得的项目经费，纳入单位财务统一管理，由承担单位按照委托方要求或合同约定管理使用。探索建立项目立项环节技术专家和财务专家共同审核机制，在项目评审的同时进行预算评审。项目验收时由项目管理部门严格依据任务书要求进行一次性综合验收评价。承担单位可自主选择具有资质的第三方中介机构进行财务审计。省财政厅需对现行项目经费使用管理相关规定做进一步修改完善，允许各科研单位根据科研工作特点，对科研需要的出差和会议按标准报销相关费用，并尽可能简化相关手续。

三、工作步骤

（一）第一阶段（2019年6月底前）

各地、各有关部门要对照党中央、国务院和省委省政府已出台的赋予科研单位和人员自主权的有关政策文件精神，跟踪国家有关部门相关文件制定、清理和修订情况，全面梳理我省现行的科研项目、科研资金、科研人员以及因公临时出国等政策管理文件，制定具体实施办法和管理制度，对与新出台政策不符的文件规定要进行清理和修订。

（二）第二阶段（2019年8月底前）

省内各高校、科研院所、国有企业和智库以及其他承担科研任务的单位要强化服务意识，要对照国家和省内文件全面梳理本单位科研、人事、财务、成果转化等管理办法，制定和修订相关实施办法和制度。

四、组织保障

（一）开展政策落实情况自查、督查

各地、各有关部门要加强对科研单位的业务指导和督查，坚持问题导向，对本地、本部门所属科研单位落实有关文件精神情况进行全面自查，逐一梳理、明确责任，深入分析堵点难点并加以纠正解决，确保政策全面落地落实。

（二）做好培训宣传

省科技厅、省财政厅、省人社厅等有关部门要加强对党中央、国务院和省委省政府以及各部门出台政策文件的宣传解读。对政策性比较强的管理问题和财务制度要开展培训，建立咨询渠道。选择一些科研单位结合实际情况先期开展试点，鼓励大胆探索、率先突破，对好做法、好经验、好案例，及时宣传推广。

（三）加强政策落实的监督

以是否符合中央精神和改革方向作为审计定性判断的标准，充分尊重科研规律，对符合中央精神和改革方向，但与地方、部门、单位现有管理规定不符的，要提出有针对性的修改调整建议。加强社会监督，建立举报投诉渠道，鼓励科研单位和科研人员对政策落实情况进行监督，发现严重失职失责和失信的要追究有关人员责任。

关于印发《吉林省科技发展计划项目管理惩戒处理实施办法》的通知

(吉科发规〔2019〕192号)

厅机关各处室：

《吉林省科技发展计划项目管理惩戒处理实施办法》已经厅党组会审议通过，现印发给你们，请遵照执行。

吉林省科学技术厅

2019年6月25日

吉林省科技发展计划项目管理惩戒处理实施办法

第一章 总则

第一条 为有效实施吉林省科技发展计划项目管理中的惩戒处理，规范惩戒处理程序、惩戒措施，保障科研人员的合法权益，根据吉林省科技发展计划项目有关管理办法及相关规定，制定本办法。

第二条 本办法适用于吉林省科技发展计划项目管理过程中出现的科研诚信及失职失责问题的惩戒处理。

第三条 惩戒处理的实施遵循合理合规、包容审慎、措施限定原则。

惩戒处理要严格按照程序和措施规范实施，保证惩戒条件和措施合理合规。惩戒措施要适度，防止过度惩戒。

审核确定惩戒条件和措施时，要认真区分主观、客观原因，对因科研不确定性等客观原因导致的项目失败、延期等情况，要采取包容审慎态度，根据具体情况可对有关项目单位和人员免责或减责。

在省科技发展计划项目管理过程中，除相关管理办法中明确规定的惩戒事项外，不得实施其他惩戒事项及自定惩戒措施。

第四条 厅务会负责惩戒处理意见以及相关行政复议决定的审议。

分管厅领导负责分管业务处室提交惩戒处理意见的审定。

业务处室负责本处室项目管理中惩戒处理事项的核实、提出惩戒处理建议。

科技监督与诚信建设处负责惩戒处理标准的核定、惩戒处理的综合协调、汇总、实施，并将处理名单纳入诚信记录。

发展规划处、资源配置与管理处、科学技术奖励处及相关业务处室配合惩戒处理的实施。

政策法规与创新体系建设处负责受理相关单位和个人对惩戒处理措施的行政复议申请。

第二章 惩戒措施

第五条 惩戒措施限定在以下范围内：

1. 限期整改。项目组织实施过程中出现的科研诚信及失职失责问题，情节轻微且理由充分的，可采取限期整改措施。

2. 取消资格。问题较严重的，视情节，可采取以下措施：

取消当次资格；

取消 1 个年度资格；

取消 2 个年度资格；

取消 3 个年度资格；

取消 5 个年度资格；

取消 5 个年度以上资格。

起始时间为惩戒处理决定通知书下发之日。

适用于项目申报（承担）人、评审专家、申报（承担）单位及参加单位、推荐单位或机构、中介服务机构。

适用于吉林省科技发展计划项目申报资格、科技奖励申报资格、吉林省科技发展计划项目评审资格、科技奖励评审资格、吉林省科技发展计划项目推荐资格、科技奖励推荐资格、中介服务资格、其他与省科技发展计划项目和科技奖励有关的资格。

3. 限制数量。项目承担单位及推荐单位（机构）在项目管理过程中出现的科研诚信及失职失责问题的，视情节，可采取一定期限的限制申报及推荐数量措施。期限及数量应根据问题严重程度及以往申报或推荐的项目数量确定。期限一般不超过 3 年，情节特别严重的，期限可延长至 5 年。

4. 收回（追缴）项目经费。项目执行出现严重问题或没有完成任务，符合项目终止或撤销条件的，采取项目终止或撤销处理，终止项目收回剩余经费，撤销项目追缴全部经费。

5. 通报批评。项目承担单位及参加单位、项目推荐机构在项目推荐、过程管理中出现的失职失责问题，可以采取通报批评措施；项目负责人诚信问题严重的，可以采取通报批评措施。

6. 存在违纪违法的，由相关部门依法依规处理。

第三章 处理程序

第六条 问题来源如下：

业务处室在项目管理过程中发现的问题；

"双随机一公开"检查中发现的问题；

审计中发现的问题；

举报的问题；

其他来源。

第七条 发现问题后，可采取以下方式对问题进行核实：

由项目推荐单位进行核实，核实结果报相关业务处室确认；

由项目承担单位的上级主管单位（机构）进行核实，核实结果报相关业务处室确认；

业务处室委托相关机构或组织专家进行核实，核实结果由业务处室确认。

第八条 业务处室根据问题核实的情况提出处理建议，送科技监督与诚信建设处审核。

第九条 科技监督与诚信建设处对业务处室提出的处理建议和依据进行审核，对处理建议有异议的，要和业务处室沟通协调。以确保各业务处室同类情况的惩戒处理的一致性。

第十条 业务处室将审核后的惩戒处理意见报分管厅领导审定后,送科技监督与诚信建设处汇总。由科技监督与诚信建设处提交厅务会审议。

第十一条 厅务会审议通过后,以通知形式送达相关单位和个人,并纳入诚信记录。

第四章 实施和复议

第十二条 相关业务处室及平台管理处室协同实施惩戒处理措施。

第十三条 受到惩戒处理的相关单位和个人对处理决定有异议的,可以自收到处理决定通知书之日起六十日内提出行政复议申请,省科技厅在收到行政复议申请六十日内作出行政复议决定。

第十四条 政策法规与创新体系建设处收到行政复议申请后,依据《中华人民共和国行政复议法》、《中华人民共和国行政复议法实施条例》进行调查处理,经处务会讨论形成处理意见后报分管厅领导审定,提交厅务会审议后形成行政复议决定。行政复议决定书送达行政复议申请人。复议结果告知相关业务处室。

第五章 附则

第十五条 本办法由吉林省科技厅负责解释。

第十六条 本办法自发布之日起执行。

关于印发《吉林省科技发展计划项目立项管理实施办法》的通知

(吉科发规〔2019〕197号)

厅机关各处室：

《吉林省科技发展计划项目立项管理实施办法》已经厅党组会审议通过，现印发给你们，请遵照执行。

吉林省科学技术厅
2019年6月25日

吉林省科技发展计划项目立项管理实施办法

第一章 总则

第一条 为进一步加强吉林省科技发展计划项目（以下简称"项目"）立项管理，明确工作职责和程序，提高管理工作的科学性、系统性、规范性，提升项目管理水平和实施效果，依据《吉林省科技发展计划项目管理办法》及相关规定，制定本办法。

第二条 项目立项管理遵循依规管理、规范权限、明确职责、管理公开、精简高效的原则。项目立项一般包括指南发布、申报、形式审查、评审论证、立项、签订任务书六个环节。

第三条 厅党组会负责年度项目审定，以及其他应由厅党组会审定的重大事项。

厅务会负责年度项目指南和项目初评意见审定，以及其他应由厅务会审定的事项。

分管厅领导负责分管业务处室年度项目指南建议、形式审查意见、初评项目名单建议、复评项目名单建议、立项项目名单建议、项目内容调整建议等事项的审定，以及其他应由分管厅领导审定的事项。

发展规划处负责项目立项过程中的信息综合、年度项目指南发布，会同资源配置与管理处协调预算与经费配置，与各业务处室、财政厅、省政府办公厅的总体沟通、协调等事项。

业务处室负责本处室相关领域项目立项过程中指南谋划、形式审查，组织项目初评、复评（必要时组织现场考察），项目内容调整、任务书签订，配合科技监督与诚信建设处处理诚信问题等事项。

科技监督与诚信建设处负责立项过程中"双随机一公开"监督检查、诚信问题处理综合协调等事项。

吉林省科技创新平台管理中心协助发展规划处进行"吉林省科技发展计划项目管理信息系统"（以下简称"信息系统"）管理，按照项目指南通知要求开展相关管理工作。

第二章 指南发布

第四条 发展规划处提出年度项目指南编制工作方案。各业务处室根据吉林省科技发展规划、经济社会发展需求，通过调研（征集）、谋划、论证等过程，提出相关领域项目指南建议，经分管厅领导审定后报发展规划处。

第五条 发展规划处综合汇总形成年度项目指南建议，报厅务会审议。厅务会审议年度项目指南建议，必要时听取各业务处室对指南建议的说明。年度项目指南审议通过后，由发展规划处向社会发布。

第三章 申报

第六条 项目申报要求在年度项目指南中发布时确定。

第七条 项目申报采取网上申报和纸件申报并行的方式，网上材料与纸件申报材料必须一致。

第八条 项目申报人在项目指南规定的申报截止日期前登录吉林省科技厅网站，进入信息系统或直接登录吉林省科技计划项目申报网站，网上填报、上传提交，并经申报单位或推荐单位审核后下载打印纸件申报书及其他申报材料，装订成册，加盖申报单位公章。

第九条 中省直单位科研管理部门对本单位申报的项目进行网上审核推荐，重点审核申报条件和申报材料真实性，在纸件申报书中盖章，并出具加盖本单位公章的推荐项目名单。

第十条 市（州）或县（市、区）以及省级以上高新区、国家各类开发区、工业园区科技管理部门会同同级财政管理部门对辖区内的企业和省直以下事业单位申报的项目真实性审核，由科技管理部门进行网上审核推荐，科技管理部门、财政管理部门共同在纸件申报书中盖章，并出具加盖科技管理部门、财政管理部门公章的本地区推荐项目名单。

第四章 形式审查

第十一条 项目申报材料提交后，原则上不能在各计划类别项目间调串，业务处室内同一类计划类别项目在不同领域间可调串。

第十二条 各业务处室按照指南要求对项目申报材料进行形式审查，主要审查申报材料是否齐全、完整，是否符合相关申报条件等。形式审查合格的项目经处务会讨论，形成初评项目建议名单，报分管厅领导审定。不合格的项目取消评审资格，并在信息系统中予以说明。

第五章 评审论证（考察）

第十三条 项目评审论证原则上实行"初评＋复评"两轮评审制，由业务处室组织专家通过信息系统进行。初评采取"网上评审"形式，评审专家不少于5名技术专家和1名财务专家。复评主要采取"网络视频答辩评审"或"会议集中网上评审"等形式，评审专家不少于7人（包括技术专家和1名财务专家）。

第十四条 评审专家由业务处室从专家库中抽（选）取，初评专家、复评专家采取随机抽取和选取相结合的方式，随机抽取比例不低于50%。

第十五条 专家对每个项目进行评分并在规定时间内向信息系统提交评审结果。专家评分采取百分制，信息系统采取对每个项目的专家评分去掉一个最高分和一个最低分取平均值的计分方式；财务专家评分结果单独留存。信息系统根据技术专家评分结果自动汇总生成初评和复评项目排序结果。

第十六条 业务处室根据专家初评项目排序结果，按照统一要求的比例，提出复评项目建议名单及说明，经处务会讨论和分管厅领导审定后，报送发展规划处汇总，提交厅务会审议。未进入复评的项目名单由信息系统自动备案。

第十七条 业务处室按照厅务会审议通过的复评项目名单组织专家进行复评，根据专家组评审意见，对需要修改相关技术指标、研究重点的论证项目提出修改建议并录入信息系统留存，为项目立项签订任务书提供依据。

第十八条 业务处室根据复评评审结果，经处务会讨论，对认为有必要进行现场考察的项目进行现场考察。现场考察要结合项目谋划、管理进行统筹安排，经分管厅领导批准后实施。考察结束后要形成项目考察报告，经处务会讨论后报分管厅领导，作为当年计划立项、项目管理的参考依据。

第六章 立项

第十九条 业务处室根据复评评审结果和现场考察情况，经处务会讨论，提出拟列项目及经费分配方案建议，经分管厅领导审定，发展规划处汇总，报厅党组会审议，确定年度列入计划项目名单。

第二十条 计划项目任务书由申报书相关内容通过信息系统自动生成。如确有专家组提出明确修改意见的，由项目负责人提出申请（项目承担单位加盖公章），业务处室对所修改内容进行审核，报分管厅长审定，发展规划处备案后，有关业务处室进行修改。项目负责人、项目承担单位、验收核心指标等项目内容有重大调整时，须报请厅务会审定。

第二十一条 发展规划处汇总各类计划项目，与省财政厅会签后，对不涉密的项目在省科技厅网站进行公示，涉及业务方面问题由相应业务处室负责受理。公示期满无异议后，报省政府审批。省政府批准后，业务处室审核任务书，报分管厅领导审定，办理相关立项手续，发展规划处备案。资源配置与管理处提请省财政厅下达拨款计划。

第七章 惩戒处理

第二十二条 项目负责人存在弄虚作假、违反学术道德行为的，按照相关管理办法给予惩戒处理，并纳入诚信记录。

第二十三条 项目申报单位和推荐单位在推荐项目申报材料过程中不认真审核项目申报书等相关材料，提供虚假信息及证明的，按照相关管理办法给予惩戒处理，并纳入诚信记录。

第二十四条 中介机构及其他参与单位，提供虚假信息及证明的，按照相关管理办法给予惩戒处理，并纳入诚信记录。

第二十五条 评审专家存在违反学术道德、不负责任评审行为的，按照相关管理办法给予惩戒处理，并纳入诚信记录。

第八章 附则

第二十六条 本办法未尽事宜由各业务处室报分管厅领导确定，重大事项须报请厅务会或厅党组会审定。

第二十七条 本办法由吉林省科技厅负责解释。

第二十八条 本办法自发布之日起实施。

关于印发《吉林省科技发展计划项目验收管理办法》的通知

（吉科发规〔2019〕254号）

厅机关各处室：

《吉林省科技发展计划项目验收管理办法》经厅务会审议通过，现印发给你们，请遵照执行。

吉林省科学技术厅
2019年8月22日

吉林省科技发展计划项目验收管理办法

第一章 总则

第一条 为进一步加强吉林省科技发展计划项目（以下简称"项目"）验收管理，明确工作职责和程序，提升管理工作的科学性、系统性、规范性，提高科技计划项目管理水平和实施效果，依据《吉林省科技发展计划项目管理办法》及相关规定，制定本办法。

第二条 项目验收管理遵循依规管理、规范权限、明确职责、管理公开、宽容失败、精简高效的原则。

第三条 厅党组会负责项目验收过程中项目终止、撤销等重大事项审议，以及其他应由厅党组会审议的重大事项。

厅务会负责项目结题事项审议，以及其他应由厅务会审议的事项。

分管厅领导负责分管业务处室项目验收审定，项目结题、终止、撤销等事项的初审，以及其他应由分管厅领导审定的事项。

发展规划处负责项目验收过程中的信息综合，与各业务处室、省财政厅的总体沟通、协调等事项。

资源配置与管理处负责会同各业务处室委托专业审计机构对终止、撤销项目进行审计、提出处理意见、会同省财政厅回收经费等事项。

业务处室负责本处室相关领域的项目验收、结题、终止、撤销等有关事项。

科技监督与诚信建设处负责科技计划项目验收"双随机、一公开"监督检查、诚信问题处理等事项。

吉林省科技创新平台管理中心（以下简称"平台中心"）协助发展规划处进行"吉林省科技发展计划项目管理信息系统"（以下简称"信息系统"）管理，按照科技计划项目实施过程中有关要求开展相关管理工作。

第二章 项目验收

第四条 项目验收原则上采取集中会议验收、函审验收两种方式。对于重大项目及特定领域项目，可先进行现场测试（测产、检测）后再组织验收。

第五条 重大专项项目验收资料审核由各业务处室审核,报分管厅领导审定后,会同发展规划处(重大项目处)组织验收。

第六条 除重大专项项目以外的项目验收资料由业务处室审核并组织验收,验收结果报分管厅领导审定。

第七条 验收时,项目组需提供如下验收资料:

1. 吉林省科技发展计划项目验收总结报告;

2. 视情况,提供技术指标测试(测产、检测)报告(具有检测资质部门出具的检测报告、专家现场检测报告、承担单位出具真实性证明的课题组实验数据记录、公开发表论文的指标数据等);

3. 对需要提交科技报告的特定类别项目,验收时需提交科技报告收录证书复印件或扫描件;

4. 项目承担单位出具的加盖财务章的资金使用情况报告;

5. 其他相关成果证明材料。

第八条 项目承担单位在信息系统上填写验收申请表,同时提交项目验收所需的吉林省科技发展计划项目验收总结报告、技术指标测试(测产、检测)报告、科技报告收录证书复印件或扫描件、单位财务部门出具的资金使用情况报告和其他相关成果证明材料等。其中,重大科技专项项目(课题)及100万元以上(含100万元)的项目需提交会计师事务所出具的项目经费审计报告。

第九条 项目验收专家组由不少于5人(包含1名财务专家)组成。验收专家组设组长1名。验收专家组对验收意见负责。

第十条 专家组就项目(课题)完成情况、勤勉尽责情况、经费使用情况给出验收、结题、终止、撤销结论,以及具体意见和建议。

项目验收。课题组完成了核心指标,项目经费使用符合有关规定。

项目结题。课题组基本完成核心指标,项目经费使用规范,且已勤勉尽责。

项目终止。课题组已勤勉尽责,但由于客观原因致使核心指标无法完成,项目经费部分或全部用完;承担单位存在废业、注销、破产、失联及其他需要终止等重大问题。

项目撤销。项目基本未开展或存在严重违规违纪行为的;承担单位存在废业、注销、破产、失联及其他需要撤销等重大问题。

第十一条 专家组意见为项目验收的,业务处室将项目验收名单汇总后报分管厅领导审定,业务处室录入信息系统,发放验收证书。

第十二条 专家组意见为项目结题的,业务处室将项目结题名单经分管厅领导审定,报厅务会审定,业务处室录入信息系统,发放验收证书。

第十三条 专家组意见为终止、撤销的,资源配置与管理处会同业务处室进行专项经费审计并提出处理意见,经业务处室分管厅领导审定,报厅党组会审议。

厅党组会决定撤销的,资源配置与管理处协调财政部门追缴全部经费。对不能追缴经费的,保留追缴权力。

厅党组会决定终止的,资源配置与管理处根据厅党组会审定的回收经费额度,协调财政部门追缴剩余经费和不合规经费。相关业务处室对经费追缴情况应及时录入信息系统。

第三章 惩戒处理

第十四条 对已履行勤勉尽责义务，但因技术路线选择失误等导致难以完成预定目标的科研人员及承担单位，予以减责或免责。

第十五条 项目负责人存在弄虚作假、违反学术道德行为的，将按照相关管理办法给予处理，并纳入诚信记录。

第十六条 项目承担单位、项目推荐单位在项目验收过程中不认真审核项目验收材料，提供虚假信息证明的，将按照相关管理办法给予处理。

第十七条 评审专家在验收过程中不认真履行评审职责，提供虚假验收意见的，将按照相关管理办法给予处理。

第四章 附则

第十八条 本办法未尽事宜由各业务处室报分管厅领导确定，重大事项须报厅务会或厅党组会审定。

第十九条 本办法由吉林省科技厅负责解释。

第二十条 本办法自发布之日起施行。

关于印发《吉林省科技发展计划项目实施过程管理办法》的通知

(吉科发规〔2019〕255号)

厅机关各处室：

《吉林省科技发展计划项目实施过程管理办法》经厅务会审议通过，现印发给你们，请遵照执行。

吉林省科学技术厅
2019年8月22日

吉林省科技发展计划项目实施过程管理办法

第一章 总则

第一条 为进一步加强吉林省科技发展计划项目（以下简称"项目"）过程管理，明确工作职责和程序，提升管理工作的科学性、系统性、规范性，提高项目管理水平和实施效果，依据《吉林省科技发展计划项目管理办法》及相关规定，制定本办法。

第二条 项目过程管理遵循依规管理、规范权限、明确职责、精简高效、减少干扰、强化服务的原则。

第三条 本办法适用于项目研究进展、内容调整、重大问题处理等过程管理。

第四条 规范过程检查。对项目执行过程检查主要采取"双随机、一公开"方式进行。每年针对过程管理最多开展一次"双随机、一公开"检查。对重大事项督查、专项审计等发现的重大问题，视情况，对相关中介机构、推荐机构开展专项检查。

第五条 厅党组会负责审议项目实施过程管理中发现的重大事项。

厅务会负责项目实施过程中项目负责人调整、项目承担单位调整、项目终止或撤销等事项审议，以及其他应由厅务会审议的事项。

分管厅领导负责分管业务处室项目实施过程中项目执行期调整、参加单位调整、项目参与单位间经费分配调整、整改处理意见的审定，项目负责人、承担单位调整意见初审，项目结题、终止、撤销意见初审，以及其他应由分管厅领导审定的事项。

发展规划处负责项目实施过程中的信息综合，与各业务处室、省财政厅的总体沟通、协调等事项。

资源配置与管理处负责委托专业审计机构审计，会同业务处室提出项目终止、撤销意见，配合省财政厅回收经费等事项。

业务处室负责本处室相关领域项目实施过程中项目负责人调整，项目执行期调整，项目承担单位（参加单位）调整，参与单位间经费分配调整，项目结题、终止、撤销，问题整改等有关事项。

科技监督与诚信建设处负责项目实施过程中"双随机、一公开"监督检查、诚信问题处理等事项。

吉林省科技创新平台管理中心（以下简称"平台中心"）协助发展规划处管理"吉林省科技发展计划项目管理信息系统"（以下简称"信息系统"），按照项目过程管理中有关要求开展相关工作。

第二章 项目进展管理

第六条 项目实施年度报告制度。按时填报年度进展报告是项目负责人应尽的职责。项目负责人每年应按照任务书规定的进度安排，在信息系统上填报项目的进度、进展（完成、未完成、取得重大突破）和项目经费（计划拨款、单位自筹）到位与支出情况，对未完成计划进度或取得重大突破的项目填报简要文字说明。项目负责人应在每年3月31日前完成上一年度报告的填报。

第七条 原则上，自由探索类基础研究项目和实施周期三年以下的科技计划项目，以承担单位自我管理为主，一般不开展普遍性过程检查，可采取"双随机、一公开"方式进行抽查。

第八条 重大科技专项项目在项目执行期内最多开展一次过程（现场）检查。禁止在项目执行期内对同一项目重复检查和多头检查。

第三章 项目调整管理

第九条 项目未按计划实施，需调整项目内容或延期、终止或撤销的项目，应由项目承担单位或项目推荐单位提出申请，经批准后实施。

第十条 项目执行期原则上最多延长1次1年，需调整项目执行期的，应由项目承担单位提出申请，业务处室提出处理意见，报分管厅领导审定。

第十一条 需调整项目参加单位、项目参与单位间分配经费的，应由项目承担单位提出申请，业务处室提出处理意见，报分管厅领导审定。

第十二条 需调整项目负责人的，应由项目承担单位提出申请，业务处室提出处理意见，经分管厅领导审定后，报厅务会审议。

第十三条 原则上，项目承担单位不能调整。需调整项目承担单位的，应由项目承担单位提出申请，业务处室提出处理意见，经分管厅领导审定后，报厅务会审议。

第四章 重大问题处理

第十四条 实施重大事项报告制度。项目经费未及时拨付到位、项目负责人发生重大变故、项目承担单位存在废业、注销、破产、失联等重大问题的，项目承担单位或推荐机构应及时向相关业务处室报告相关事项。

第十五条 对于项目经费未及时拨付到位的，业务处室报资源配置与管理处，资源配置与管理处协调财政部门督促相关地方管理部门及时拨付。

第十六条 对项目负责人发生重大变故的，可采取更换负责人，或终止、撤销项目等措施。

第十七条 对需终止或撤销项目的，应由项目承担单位或项目推荐单位提出申请，业务处室提出处理意见，经分管厅领导审定后，报厅务会审议。

厅务会决定撤销的，资源配置与管理处协调财政部门追缴全部经费。对不能追缴经费的，保留追缴权力。

厅务会决定终止的，资源配置与管理处会同相关业务处室委托专业审计机构，对项目经费支出情况进行专项审计并提出处理意见。报分管厅领导审定后，报厅党组会审议。资源配置与管理处根据厅党组会审定的回收经费额度，协调财政部门追缴剩余经费和不合规经费。

第五章 惩戒处理

第十八条 对已履行勤勉尽责义务，但因技术路线选择失误等导致难以完成预定目标的科研人员及项目承担单位，予以减责或免责。

第十九条 项目负责人存在弄虚作假、违反学术道德行为的，按有关管理办法处理，纳入诚信记录。

第二十条 项目承担单位、项目推荐单位在项目管理过程中不认真审核项目进展相关材料，提供虚假信息证明的，按有关管理办法处理，纳入诚信记录。

第二十一条 评审专家在评审论证过程中不认真履行评审职责，提供虚假评审意见的，按有关管理办法处理，纳入诚信记录。

第六章 附则

第二十二条 本办法未尽事宜由各业务处室报分管厅领导确定，重大事项应报厅务会或厅党组会审定。

第二十三条 本办法由吉林省科技厅负责解释。

第二十四条 本办法自发布之日起施行。

关于印发
《吉林省科技发展计划项目管理"双随机、一公开"工作实施办法（试行）》的通知

(吉科发监〔2019〕256号)

厅机关各处室：

《吉林省科技发展计划项目管理"双随机、一公开"工作实施办法（试行）》经厅务会审议通过，现印发给你们，请遵照执行。

吉林省科学技术厅
2019年8月23日

吉林省科技发展计划项目管理"双随机、一公开"工作实施办法（试行）

第一章 总则

第一条 为进一步创新吉林省科技发展计划项目（以下简称"项目"）管理方式，规范项目监督检查行为，减少对科研工作的干扰，营造良好科研环境，根据国家和省有关文件精神，结合我省科技工作实际，制定本办法。

第二条 本办法所称"双随机、一公开"，是指在项目管理过程中，随机选取检查对象、随机选取检查组成员，及时向社会公开检查结果的工作机制。

第三条 本办法适用于项目立项、执行、验收（含验收、结题、终止、撤销，下同）等项目管理环节。

第四条 "双随机、一公开"工作应当遵循依法实施、公开透明、公平公正、容错纠错、激励创新原则。

第五条 下列情形不采取"双随机、一公开"方式进行检查。

（一）重大项目。

（二）投诉举报的事项。

（三）上级部门交办的事项。

（四）其他部门移送的事项。

（五）其他不适用"双随机、一公开"方式开展的检查事项。

第六条 厅党组会对"双随机、一公开"检查报告进行审议。

厅"双随机、一公开"工作领导小组负责年度检查计划审定。

分管"双随机、一公开"工作厅领导负责年度检查计划及检查报告审定。

厅"双随机、一公开"工作领导小组办公室负责拟定年度检查计划并组织实施，汇总并形成总体检查报告。

第二章 机构与平台

第七条 成立由分管厅领导任组长，主管业务处室负责人任副组长，有关业务处室负责人为成员的厅"双随机、一公开"工作领导小组（简称领导小组），领导小组下设办公室，领导小组办公室设在科技监督与诚信建设处，领导小组办公室主任由科技监督与诚信建设处负责人兼任。

第八条 依托吉林省科技计划项目管理系统和吉林省科研诚信管理平台，开展"双随机、一公开"检查工作，实现对"双随机、一公开"工作全程留痕、全面公开，责任可追溯。

第九条 建立"双随机、一公开"专家库。专家库专家包括学术专家、财务专家和管理专家。

第三章 环节与内容

第十条 立项环节。主要检查项目申报材料是否真实完整，检查项目立项程序是否规范，把关是否严格，拟立项项目是否合规。

第十一条 执行环节。主要检查项目进展情况，是否按预定计划进行及经费到位、使用情况，存在的问题。

第十二条 验收环节。主要检查项目验收是否符合规定，项目完成指标是否客观真实。

验收环节检查在验收后下一年度进行。

第四章 程序与实施

第十三条 领导小组办公室根据项目工作实际及监管需要和有关要求，每年3月底前制定年度检查计划，包括检查时间、检查环节、检查内容、被检查对象的范围、抽查的比例、日程安排、工作要求，确定检查组及成员等，报分管"双随机、一公开"工作厅领导审定后报领导小组审议。

第十四条 检查组数量及检查组成员。检查组数量按检查项目数量确定。检查组组成人员应当包括相关领域学术专家、财务专家、管理专家等。每个检查组不少于5人，其中，设组长1人，副组长1人。

检查组专家从"双随机、一公开"专家库中随机抽取产生。

第十五条 检查组及成员职责。检查组接受领导小组领导，独立行使检查职责，拒绝其他干扰。组长全面负责，副组长协助组长负责检查组的日常工作；学术专家负责检查项目的研究内容、指标、成果等内容；财务专家负责检查项目经费预算和使用情况。

第十六条 检查对象。按照立项、执行、验收三个环节及项目数量确定检查比例，每个项目只检查一次。

项目立项环节。检查组在拟立项目名单中，以不低于拟立项数1%的比例随机选取检查项目。

项目执行环节。检查组对执行到中期的项目（不包括后补助项目）进行随机抽检，抽检比例不低于2%。

项目验收环节。对上年度验收项目，以不低于2%的比例随机抽取检查项目。

第十七条 检查日程。检查日程制定应科学、合理，原则上对同一单位的项目检查应集中，减少被检查单位的工作负担。

第十八条 领导小组办公室对检查小组成员、检查对象、日程安排等进行公示，公示时间为7天。公示结束后，领导小组办公室统筹各检查组实施。

第五章 报告与公开

第十九条 各检查组应当在检查工作结束后7个工作日内，完成检查报告。

第二十条 检查报告应包括检查时间、检查内容、检查组成员、检查情况、对被检查项目的评价、结论、处理建议等内容。

第二十一条 检查报告形成过程中，把握不准的重要问题要及时和项目承担单位及项目负责人沟通，与分管处室、领导小组办公室沟通，并向分管厅领导、分管"双随机、一公开"工作的厅领导和领导小组报告。

第二十二条 各检查组向领导小组办公室提交纸质版和电子版检查报告。

第二十三条 领导小组办公室形成总体检查报告后报分管"双随机、一公开"工作的厅领导审定后，提请厅党组会审议。

第二十四条 领导小组办公室将检查结果向项目承担单位及项目负责人反馈，并公开。

第六章 结果与运用

第二十五条 检查结果特别优秀的，按照有关规定给予激励。

第二十六条 检查结果存在问题的，按照有关规定给予惩戒处理。

第二十七条 存在违纪违法行为的，由相关部门处理。

第七章 附则

第二十八条 本办法由吉林省科学技术厅负责解释。

第二十九条 本办法自发布之日起施行。

吉林省科技发展计划项目立项环节检查表（模板）

项目名称			项目申请单位		
项目申请人			申请经费（万元）		
项目类别			项目管理处室		
检查组	姓名	工作单位	现从事专业	职称/职务	签字
组长					
副组长					
成员					
成员					
成员					
成员					

	续表
检查组意见	年　月　日，省科技厅组织检查组对××单位申报的××项目进行检查，经审查相关项目申报材料和充分讨论，形成意见如下： 　　1. 项目组提供的申报材料是否存在弄虚作假问题，是否符合吉林省科技计划项目申报指南要求。 　　2. 项目评审是否客观、符合规定。 　　3. 项目管理处室对该项目的推荐是否符合规定。 　　综上，检查组一致认为，该项目建议　是　否列入××年科技发展计划项目。 　　　　　　　　　　　　　　　　　　　　组长： 　　　　　　　　　　　　　　　　　　　　副组长： 　　　　　　　　　　　　　　　　　　　　年　月　日

注：此表加盖领导小组办公室公章后，与项目其他材料一并存入管理档案。

吉林省科技发展计划项目执行环节检查表（模板）

任务书编号			项目名称		
项目承担单位			项目负责人		
省财政投入经费（万元）			项目管理处室		
检查组	姓名	工作单位	现从事专业	职称/职务	签字
组长					
副组长					
成员					
成员					
成员					
成员					

续表

检查组意见	年 月 日，省科技厅组织检查组对××单位承担的××项目进行执行阶段检查，经审查项目组提供的相关材料和充分讨论，形成意见如下： 项目组提供的材料是否真实可靠，完成了发表论文、申报专利、实现销售收入等阶段性指标。 1. 项目是否按任务书规定进度执行。 2. 项目经费是否按时到位、使用支出是否合理。 3. 存在的问题 综上，检查组一致认为，该项目　继续　终止　撤项 组长： 副组长： 年　月　日

注：此表加盖领导小组办公室公章后，与项目其他材料一并存入管理档案。

吉林省科技发展计划项目验收环节检查表（模板）

证书编号					
任务书编号		项目名称			
项目承担单位		项目负责人			
省财政投入经费（万元）		项目管理处室			
检查组	姓名	工作单位	现从事专业	职称/职务	签字
组长					
副组长					
成员					
成员					
成员					
成员					

续表

检查组意见	年 月 日，省科技厅组织检查组对××单位承担的××项目进行验收阶段检查，经审查项目组提供的相关材料和充分讨论，形成意见如下： 1.项目验收是否符合规定。 2.项目指标是否客观真实。 3.项目验收评审是否客观、符合规定。 综上，检查组一致建议： 组长： 副组长： 年 月 日

注：此表加盖领导小组办公室公章后，与项目其他材料一并存入管理档案。

关于印发《吉林省科技发展计划项目科研诚信管理暂行办法》的通知

厅机关各处室：

《吉林省科技发展计划项目科研诚信管理暂行办法》经厅务会审议通过，现印发给你们，请遵照执行。

吉林省科学技术厅
2019 年 8 月 23 日

吉林省科技发展计划项目科研诚信管理暂行办法

第一章　总则

第一条　为进一步加强吉林省科技发展计划项目（以下简称"项目"）科研诚信管理，根据中共中央、国务院和省委、省政府科研诚信的有关规定，结合项目有关管理办法及规定，制定本办法。

第二条　本办法适用于项目申报与推荐、评审与立项、执行过程、验收（结题）、评审评估等项目管理过程中的诚信管理。

适用于项目管理过程中涉及的各类责任主体。包括项目申报（负责）人、评审评估专家，项目申报（承担）单位、参加单位，项目推荐单位（机构）、中介服务机构等。

第三条　本办法所述科研诚信行为包括项目管理过程中的科研履约行为和科研失信行为。

科研履约行为是指项目管理过程中相关责任主体的履职尽责行为。

科研失信行为是指项目管理过程中相关责任主体弄虚作假、违反学术道德规范、违反有关规定等行为。

第四条　科研诚信管理工作应当遵循客观公正、科学合理、鼓励创新、宽容失败、奖惩并举的原则。

第五条　厅党组会负责审议科研失信黄名单（简称"黄名单"）、科研失信黑名单（简称"黑名单"）及其他应当由厅党组会审议的事项。

厅务会负责审议科研履约行为的激励与制约措施、科研失信行为的确级、科研失信修复意见及其他应当由厅务会审议的事项。

分管厅领导负责审定科研履约行为的激励与制约措施的建议，审定"黄名单"、"黑名单"的建议，审定科研失信行为确级的建议、科研失信修复建议及其他应当由分管厅领导审定的事项。

科技监督与诚信建设处负责科研诚信体系建设工作及相关管理工作，负责考核科研履约情况，提出科研失信行为确级的建议，"黄名单"、"黑名单"的建议，科研失信修复意见的建议等。

发展规划处、资源配置与管理处及相关业务处室配合科技监督与诚信建设处做好相关管理工作。

第二章 科研履约管理

第六条 科研履约行为按责任主体分类设置考核指标进行评价。具体考核指标（指标解释及计算方法见附件）如下：

项目负责人项目执行履约情况。以项目完成质量评价其履约情况。项目完成质量综合考虑项目完成情况、勤勉尽责情况及诚信情况，按项目负责人所承担的项目评价记录。

项目承担单位及推荐单位项目推荐履约情况。以年度推荐项目形式审查合格率评价其履约情况。按年度评价记录。

项目承担单位（参加单位）保障项目执行履约情况。以承担单位年度验收（结题）率评价保障项目执行履约情况。按年度评价记录。

项目评审专家履约情况。以专家评审切合度评价专家在项目评审中的履约情况。按评审会次评价记录。

地方政府部门保障项目执行履约情况。以项目经费拨付滞拨率评价地方政府部门保障项目执行履约情况。按监督检查情况不定期进行评价记录。

第七条 履约考核情况适用以下激励措施：

项目负责人认真履职尽责，连续2个（含2个）以上项目完成质量优秀的，视情况对其相继承担的在研项目在"双随机一公开"检查中给予免检，申报项目时，同等条件下优先立项。

项目承担单位及推荐单位（机构）认真履职尽责，在项目审核把关、保障项目执行、督促项目验收（结题）等方面工作出色的给予通报表扬。

评审专家认真履职尽责，公平公正，评审切合度长期较高的，作为项目负责人申报项目时，同等条件下优先立项。

地方政府部门项目经费无滞拨问题，或滞拨率长期较低（2个及以上项目周期）的，视情况给予通报表扬。

第八条 科技监督与诚信建设处会同相关处室进行科研履约情况考核，提出激励建议，经分管厅领导审定后报厅务会审议。

第三章 科研失信管理

第九条 科研诚信问题惩戒处理的程序及措施按有关文件执行。

第十条 科技监督与诚信建设处依据科研失信行为处理决定拟定科研失信行为的级别，经分管厅领导审定后报厅务会审议，并纳入诚信记录。

第十一条 科研失信行为等级设定为1级至5级，数字越大，失信行为越严重，5级为特别严重。

第十二条 科研失信行为等级的确定。

原则上，给予1年期资格限制的，确定为1级失信；给予2年期资格限制的，确定为2级失信；给予3年期资格限制的，确定为3级失信；给予5年期资格限制的，确定为4级失信；给予5年期以上资格限制的，确定为5级失信。

给予其他惩戒措施的可参照上述标准确定。

第十三条 科研失信行为等级的运用。

失信行为级别为3级（含3级）以下，且出现连续失信行为的，视情节列入"黄名单"，给予公开通报处理。

失信行为级别为4级，5级的，视情节列入"黄名单"，给予公开通报处理。

失信行为级别为5级，情节严重且造成恶劣影响的，列入"黑名单"，按有关规定进行联合惩戒。

第十四条 科技监督与诚信建设处会同相关处室提出"黄名单"、"黑名单"的建议，经分管厅领导审定后报厅党组会审议。

第四章 制度保障

第十五条 实行科研诚信承诺制度，在项目申报时，相关责任主体应当做出诚信承诺。

第十六条 建立科研失信修复制度，被列入"黄名单"、"黑名单"的责任主体主动纠正其失信行为且消除不良影响后，由所在单位或推荐单位提出修复申请，科技监督与诚信建设处负责受理，并提出办理建议，经分管厅领导审定后报厅党组会审议。科技监督与诚信建设处按照有关规定要求从"黄名单"、"黑名单"中移出，并协调相关部门解除"黑名单"联合惩戒。

第十七条 建立科研失信行为举报制度，公布举报方式。

第十八条 建立科研诚信宣传培训制度。通过多种媒体加强科研诚信宣传教育，开展科研诚信宣传培训，营造科研诚实守信的良好氛围。

第五章 附则

第十九条 本办法由吉林省科学技术厅负责解释。

第二十条 本办法自发布之日起施行。

履约情况评价指标解释及计算方法

1.项目完成质量。科研失信行为采取一票否决。根据项目完成情况和项目负责人尽责情况确定级别。

优秀：AA

良好：AB，BA

中差：其他组合

项目完成情况	尽责情况
按期验收：A	全部尽责：A
结题或延期验收：B	基本尽责：B
终止：C	基本未尽责：C
撤销：D	未尽责：D

项目完成情况依据项目验收专家组验收意见确定。

项目负责人尽责情况由相关业务处室确定。要求项目负责人应尽的责任在任务书中明确。

2.年度推荐项目形式审查合格率计算方法：

（年度推荐项目形式审查合格数/年度推荐项目申报总数）×100%

3.承担单位年度验收（结题）率指标计算方法（延后一年计算）：

（承担单位年度实际验收（结题）数/承担单位年度应当验收（结题）数）×100%

4.评审切合度计算方法：

（专家当次评审进入合格范围内的项目数/当次评审合格项目总数）×100%

5.项目经费拨付滞拨率指标计算方法（延后一年统计）：

$\sum\{[$（单个项目滞拨经费数 × 滞拨天数）/（单个项目年度经费到位数 × 365）$]\times 100\%\}\div$ 项目数

滞拨天数从资金到达地方财政账户30日后计算。

关于印发《吉林省重点实验室管理办法》的通知

(吉科发基〔2019〕341号)

各有关单位：

为贯彻落实吉林省科技发展规划，进一步规范和加强省重点实验室的建设及运行管理，现将修订后的《吉林省重点实验室管理办法》印发给你们，请认真贯彻执行。

吉林省科学技术厅
2019年12月12日

吉林省重点实验室管理办法

第一章 总则

第一条 为规范和加强省重点实验室（以下简称：重点实验室）的建设与运行管理，参照《国家重点实验室建设与运行管理办法》，修订本办法。

第二条 重点实验室是省科技创新体系的重要组成部分，是省组织高水平基础研究和应用基础研究、聚集和培养优秀科技创新人才、开展高层次学术交流与合作的重要基地。其主要任务是针对我省国民经济、社会发展的战略需求，结合全省重要的科技发展方向和优势领域，开展创新性研究。

第三条 重点实验室的建设既注重站在学科发展前沿，抢占学术制高点的"学术竞争型"实验室，也注重发挥科研优势，服务地方发展的具有社会服务功能的"社会服务型"实验室。"学术竞争型"实验室以基础研究为主，能够站在国内外相关领域的学科前沿开展原创性研究，并具有较强的学术竞争力、公认的社会影响力和一定的发展潜力；"社会服务型"实验室以应用基础研究为主，能够为全省国民经济、社会发展和社会安全等重大（要）科技问题提供战略性、前瞻性、基础性的科研支撑。每类实验室既要各有侧重，又要有机融合，相互促进，相得益彰。

第四条 重点实验室依托大学、科研院所和具有相当规模、科技创新能力较强的企业建设。依托单位是重点实验室建设与运行管理的主体，重点实验室实行人财物相对独立的管理体制和"开放、流动、联合、竞争"的运行机制。

重点实验室管理实行合理布局、择优支持、定期评估和优胜劣汰的动态管理。

第五条 省科技发展计划设立专项资助计划，择优资助重点实验室的建设、开放运行、科研仪器设备更新和自主创新研究与开放课题的设立等。

省级其他各类科技计划应按照项目、人才、基地相结合的原则，优先委托有条件的重点实验室承担。

第二章 职责

第六条 省科学技术厅（以下简称科技厅）是重点实验室的宏观管理部门，主要职责是：

1. 制定重点实验室发展战略和政策，宏观指导重点实验室的建设和运行。
2. 编制和组织实施重点实验室总体规划和年度建设计划。
3. 定期组织开展对重点实验室的检查与评估，并根据检查评估结果对实验室进行适时调整。
4. 核准依托单位对重点实验室主任的聘任、对学术委员会及主任的聘任。

第七条 依托单位是重点实验室建设和运行管理的主体，主要职责是：

1. 提供必要的人财物等物质条件，保障重点实验室的建设与正常运转；
2. 将重点实验室确立为本单位平台建设的重点，优先支持重点实验室建设。为重点实验室营造良好的政策环境和宽松的学术氛围；
3. 聘任重点实验室主任、学术委员会委员及主任；根据主任提名聘任重点实验室副主任、聘用学术带头人及科研骨干人员等。
4. 对重点实验室进行年度考核，配合科技厅开展检查和评估工作。
5. 根据学术委员会的建议，研究确定重点实验室的名称、研究方向、发展目标、组织机构等重大事项及修改、调整意见。

第三章 建设

第八条 重点实验室根据规划和布局，有计划、有重点地遴选建设，并保持适度建设规模。建设指南由科技厅研究确定并公开发布。

第九条 申请新建重点实验室须满足下列条件：

1. 符合重点实验室建设指南要求，主要从事基础研究、应用基础研究（含竞争前高技术研究）和科技基础性工作等。
2. 在本领域具有一定的学术地位和影响力，承担过多项国家及部省级重点科研任务。
3. 拥有一支结构合理、相对稳定的高素质科研团队和知名度较高、有学术影响力的学科带头人。
4. 前期作为依托单位重点发展的实验室，已对实验室进行了重点投入和支持。科研基础条件优良，实验室用房及科研场所相对集中。

第十条 重点实验室建设必须符合建设条件，保证建设质量。依托单位通过"吉林省科技计划项目管理信息系统"提交重点实验室建设申请及建设方案，省科技厅通过初评、现场考察和复评结果，确定建设计划，报厅党组会审定后批准建设，纳入重点实验室序列统一管理。

第十一条 重点实验室自批准建设一年内，依托单位按照重点实验室建设要求进一步完成人财物整合。包括组织管理机构及相关人员选聘，科研基础设施条件优化，实验室用房及科研场所调配等。使之机构健全、人员精干、场所集中、自成一体。

第十二条 对依托单位未能按上条要求完成相关工作的，科技厅将收回并取消建设批复。

第四章 运行

第十三条 重点实验室实行依托单位领导下的主任负责制。

第十四条 重点实验室主任由依托单位聘任，报科技厅核准备案。重点实验室主任应是本领域具有一定学术地位的学科带头人，具有较强的组织管理和宏观决策能力。

第十五条 重点实验室主任其他聘用条件，以及任期和级别由依托单位根据本单位具体情况确定。重点实验室主任每年在重点实验室工作时间一般不少于八个月。

第十六条 学术委员会是重点实验室的学术指导机构，其职责是负责审议重点实验室发展战略、目标及研究方向定位，重大科研任务及重要学术活动以及年度工作计划和总结等。

学术委员会每年应至少召开一次全体会议，全体会议实到人数应不少于全体委员的三分之二。

第十七条　学术委员会由依托单位聘任，报科技厅核准备案。学术委员会委员应由国内外优秀专家组成，人数一般为9～13人，其中依托单位人员不得超过三分之一。委员会任期与实验室主任任期相同，期间委员因特殊原因不能履行职责的，应予以及时更换调整，调整后的学术委员会亦须报科技厅核准备案。

第十八条　学术委员会主任应聘请非依托单位人员担任，且为本领域具有较高学术地位和影响力的知名专家。

第十九条　重点实验室由固定人员和流动人员组成。固定人员包括本单位及正式聘（任）用的研究人员（含博士后）、试验人员和管理人员，流动人员包括客座研究人员、访问学者、研究生。重点实验室固定人员和流动人员名单须报科技厅备案，并根据变化情况适时更新。

第二十条　重点实验室应按研究领域和方向设置若干个研究单元，各研究单元应保持人员结构和规模的合理性，鼓励学科交叉与融合。

重点实验室应当注重学科领军人才的培育、优秀中青年队伍的建设、高级试验技术人员的稳定，以及高端人才的引进与聘用、研究生的培养等。鼓励不同学科、不同专业领域的人员交叉流动。

第二十一条　重点实验室每年应设立一定数量的探索性课题和开放性课题，用以组织开展长期、深入、持续的系统性研究，吸引和鼓励年轻学者开展探索性研究。

第二十二条　重点实验室要营造鼓励创新、宽容失败、甘于寂寞、潜心研究的良好学术氛围和政策环境。

第二十三条　重点实验室应重视科学道德和学风建设，营造科学严谨、民主宽松、思想活跃的科研环境。

第二十四条　重点实验室应加大开放力度，通过开展国际、国内科技合作和交流、建立访问学者制度、设立开放课题等，吸引国内外高水平研究人员来实验室开展合作研究。努力打造成为国内有影响、国际有往来的高层次科学研究与学术交流平台。

第二十五条　重点实验室应重视和加强内部管理。建立健全内部管理规章制度，建立科研工作资料档案，建立重要事件通报制度，每年编印实验室年度发展报告、实验室大事记等。

第二十六条　重点实验室应加强知识产权保护。在重点实验室完成的研究成果，在对外发表、发布、宣传、上报时均应标注重点实验室名称；同时加强实验室成果共享机制的建设。

第二十七条　重点实验室应结合自身优势和特点，积极参与全省科技创新和成果转化工作。积极为政府宏观决策提供有力的科学支撑，为经济、社会、生态及民生等领域的重大问题提出具有战略性、前瞻性和综合性的科学咨询报告或技术解决方案。

第二十八条　重点实验室应在传播知识和科学普及中发挥积极作用，努力成为全社会传播科学技术知识的重要阵地。除特殊情况外，一般都应建立面向社会公众特别是大中小学生的开放日活动，开放日每年不少于一周时间。

第二十九条　重点实验室需要更名、变更研究方向或进行结构调整、重组的，须由依托单位提出书面报告，经学术委员会论证，报科技厅核准备案。

第五章　考核与评估

第三十条　重点实验室建设期为3年。建设期满科技厅组织验收。通过验收的重点实验室应在每年年初报告实验室年报，包括上年度工作情况和下一年度工作计划，经依托单位审核后，报科技厅备案。

第三十一条 科技厅依据实验室年报对重点实验室进行年度考核，根据年度考核情况对重点实验室进行现场检查，发现、研究和解决重点实验室存在的问题。

第三十二条 科技厅对重点实验室进行定期评估。五年为一个评估周期。评估主要对重点实验室五年的整体运行状况进行综合评价，指标包括：研究水平与贡献、队伍建设与人才培养、产学研结合、服务地方经济建设及资源共享等。

第三十三条 科技厅根据重点实验室评估成绩，结合年度考核情况，确定重点实验室评估结果；对考核评估结果较差、连续2年或累计3年排名后10位的重点实验室，不再列入重点实验室序列。

第六章 附则

第三十四条 重点实验室统一命名为"×××吉林省重点实验室"，英文名称为"Jilin Provincial Key Laboratory of ×××"。

第三十五条 本办法自发布之日起施行。原"吉林省重点实验室管理暂行办法"（吉科基字〔2015〕3号）同时废止。

省科技厅　省教育厅　省财政厅关于印发《吉林省科研基础设施和大型科研仪器开放共享管理办法》的通知

(吉科发资〔2020〕285号)

各有关单位：

按照2020年省政府重点工作任务关于大型仪器设备方面的要求，经过省内调研，借鉴外省经验，征求相关部门意见，现将省科技厅、省教育厅、省财政厅联合制定的《吉林省科研基础设施和大型科研仪器开放共享管理办法》印发给你们，请根据各自实际遵照执行。

附件：《吉林省科研基础设施和大型科研仪器开放共享管理办法》

吉林省科学技术厅　吉林省教育厅　吉林省财政厅
2020年12月30日

吉林省科研基础设施和大型科研仪器开放共享管理办法

第一章　总则

第一条　为推动科研基础设施和大型科研仪器开放共享，充分释放潜能，提高使用效率，根据《国家重大科研基础设施和大型科研仪器开放共享管理办法》（国科发基〔2017〕289号）、《吉林省人民政府关于进一步推进科研基础设施和大型科研仪器向社会开放的若干意见》（吉政发〔2015〕25号），制定本办法。

第二条　本办法所指的科研基础设施和大型科研仪器（以下简称科研设施与仪器）包括政府预算资金投入建设和购置的用于科学研究和技术开发活动的各类科研基础设施和单台套价值在50万元及以上的科学仪器设备。

对于单台套价值在50万元以下的科学仪器设备，由管理单位自愿申报，省科技厅会同省教育厅等主管部门择优纳入吉林省科研基础设施和大型科研仪器共享服务平台（以下简称共享服务平台）。

第三条　本办法所称的管理单位是指科研设施与仪器所依托管理的法人单位。

本办法适用于省级研究开发机构、高等院校以及其他机构。

第四条　本办法所称的开放共享是指各管理单位在基于科研设施与仪器充分使用的前提下，将符合条件的科研设施和仪器通过共享服务平台向社会开放，供其他单位、个人用于科学研究和技术开发的行为。不包括国家或地方强制性检测、计量、检定、认证等。

第五条　科研设施与仪器原则上都应当对社会开放共享，为其他高校、科研院所、企业、社会研发组织以及个人等社会用户提供服务，尤其要为创新创业、中小微企业、民营企业发展提供支撑保障。法律法规另有特殊规定的除外。

第六条 免税进口仪器设备纳入共享服务平台对外开放，应符合国家的有关规定。对于纳入共享服务平台统一管理、符合支持科技创新进口税收政策规定的免税进口的科学仪器设备，在符合监管的条件下准予用于其他单位的科学研究、科技开发和教学活动，未经海关审核同意不得擅自转让、移作他用或者进行其他处置。

第二章 管理职责

第七条 省科技厅牵头负责全省科研设施与仪器开放共享的宏观管理与综合协调，主要职责是：

（1）协调、推动和监督全省科研设施与仪器开放共享工作；

（2）研究制定科研设施与仪器开放共享的政策措施和标准规范；

（3）会同省教育厅等有关部门管理共享服务平台，指导管理单位建立在线服务平台；

（4）会同省教育厅、省财政厅等有关部门建立评价考核制度，组织开展科研设施与仪器开放共享评价考核工作。

第八条 省财政厅协同推动全省科研设施与仪器的开放共享工作，主要职责是：

（1）会同省科技厅、省教育厅等有关部门开展科研设施与仪器开放共享的评价考核工作；

（2）依据评价考核结果对相关管理单位通过后补助予以支持；

（3）会同省科技厅、省教育厅等有关部门，根据评价考核结果，推动科研设施与仪器优化配置。

第九条 省科技厅、省教育厅等有关部门（以下简称主管部门）在推动科研设施与仪器开放共享的主要职责是：

（1）建立健全本部门科研设施与仪器开放共享的政策和规章制度，鼓励直属研究机构、高等院校及其他单位分享仪器设备、试验平台等创新资源；

（2）审核所属管理单位报送至共享服务平台的科研设施与仪器相关信息，监督指导本部门所属管理单位的开放共享工作；

（3）组织做好本部门所属管理单位开放共享的评价考核相关工作。

第十条 吉林省科技创新平台管理中心受省科技厅委托，协助做好科研设施与仪器开放共享管理相关工作。

第十一条 管理单位是科研设施与仪器开放共享的责任主体，主要职责是：

（1）落实国家、吉林省有关政策要求，制定本单位科研设施与仪器开放共享规章制度；

（2）建立健全本单位科研设施与仪器开放共享的激励和约束机制；

（3）加强实验技术人才队伍建设；

（4）积极配合开放共享评价考核工作，并接受社会监督；

（5）管理单位应设有信息联络员，能够对本单位的仪器设备更新维护、共享使用等情况进行实时更新，并确保信息的完整性、真实性和时效性，不得漏报、虚报。

（6）有条件的管理单位，可结合本单位实际，建设科研设施与仪器开放共享在线服务平台。

第三章 开放共享

第十二条 管理单位应当自科研设施与仪器完成安装使用验收之日起30个工作日内，将符合开放条件的科研设施与仪器的有关信息按照统一标准及要求报送至共享服务平台。报送采取网络上传方式，需经主管部门审核。

第十三条 管理单位应按照统一的标准规范建立在线服务平台，把科研设施与仪器纳入共享服务平台统一管理，公布研设施与仪器目录、开放共享管理制度、服务方式、服务内容、服务流程、收费标准等信息，实时提供在线服务。

科研设施与仪器不纳入共享服务平台应有正当理由，由管理单位提出申请，经主管部门审核同意后，报省科技厅备案。

根据科技部发布的"不适用于开放共享的大型科学仪器设备类别"内容，管理单位不需要将该类别内大型科学仪器填报至共享服务平台。

第十四条 管理单位提供开放共享服务，应当与用户订立合同，约定服务内容、知识产权归属、保密要求、损害赔偿、违约责任、争议处理等事项。

第十五条 管理单位提供开放共享服务可按照成本补偿和非盈利原则收取费用，开放服务收费标准应采取适当方式向社会公布。行政事业单位相关收入按国有资产有偿使用收入有关规定执行。

第十六条 管理单位要建立完善的科研设施与仪器运行和开放情况记录，及时补充完善开放共享数据，确保数据完整、准确、真实。

第十七条 管理单位应建立和稳定高水平专业化的实验技术队伍，在岗位设置、业务培训、薪酬待遇、职称晋升和评价考核等方面实行富有激励性的政策措施。

第十八条 管理单位应当建立知识产权管理工作机制，保护科研设施与仪器用户身份信息及在使用过程中形成的知识产权和科学数据。

用户独立开展科学实验形成的知识产权由用户自主拥有；用户与管理单位联合开展科学实验形成的知识产权，双方应事先约定知识产权归属或比例。

用户使用科研设施与仪器形成的著作、论文等发表时，应明确标注利用科研设施与仪器情况。

第四章 考核和奖惩

第十九条 省科技厅会同省教育厅、省财政厅等相关部门按照分类、分级的原则，制定考核标准和办法，组织实施科研设施与仪器开放共享评价考核工作，在共享服务平台上公布考核结果。

第二十条 参加评价考核的管理单位应为共享服务平台入网用户，通过共享服务平台开展共享服务、在线预约等工作，并在共享服务完成后90个工作日内进行网络登记。

第二十一条 评价考核每年一次，主要考核上一个会计年度对外共享服务工作，评价考核时间为每年度4—5月。

第二十二条 评价考核内容包括运行使用情况、共享服务成效和组织管理情况，由管理单位提供自评报告。

（1）运行使用情况。大型科研仪器基本信息，包括仪器名称、原值和经费来源等；年度有效运行使用情况，支撑科技创新主要成效等。科研基础设施信息，技术支撑团队建设情况，运行效率等。

（2）共享服务成效。大型科研仪器对管理单位以外的单位提供共享服务的机时和收入情况（需提供服务收入记录及相关佐证材料），服务支撑外单位科技创新及产生的重要成果等。科研基础设施对法人单位以外的单位提供共享服务和收入情况，支撑科研创新和重大工程项目重要成果等。

（3）组织管理情况。开放共享管理制度建设情况，科研设施与仪器新建和新购统筹管理情况，应开放仪器数量（提供大型科研仪器资产清单），纳入共享服务平台开放仪器数量，在线服务平台与共享服务平台对接情况，实验队伍建设情况等。

第二十三条　省财政厅会同省科技厅建立开放共享后补助机制，根据评价考核结果和财政预算管理的要求，对开放服务效果好、用户评价高的管理单位，通过省科技创新专项资金予以后补助支持，调动管理单位开放共享积极性。

具体按管理单位实际对外服务成交金额的20%进行补助，单台套补助不超过5万元，每个管理单位每年度补助总额最高不超过50万元。

鼓励管理单位将后补助资金优先用于科研设施与仪器开放共享，以及开展科研仪器的应用技术、升级改造、检测方法等功能开发研究与应用创新研究等。

第二十四条　评价考核结果应作为科研设施与仪器建设和配置的依据。有关部门将结合评价考核结果和仪器设备资产存量情况，对拟新建设施和新购置仪器开展查重评议工作，避免资源重复建设。

第二十五条　评价考核结果将作为省级重点实验室、创新中心和国际科技合作重点实验室（基地）等创新平台申报与考核的重要指标，引导管理单位推进科研设施与仪器的开放共享。

第二十六条　利用政府预算资金购置大型科学仪器、设备后，不履行大型科学仪器、设备等科学技术资源共享使用义务的，由有关主管部门责令改正，对直接负责的主要人员和其他直接责任人员依规给予处理。

第二十七条　对于使用效率低、开放效果差、考核结果较差的管理单位，省科技厅会同省教育厅、省财政厅等有关部门将给予警示、公开通报并责令其限期整改；并视情节采取核减管理单位修缮购置资金、在申报科技计划（专项、基金）项目时限制购置仪器设备等措施予以约束。

第二十八条　对于通用性强但使用率比较低、开放共享差的科研设施与仪器，可以按规定在部门内或跨部门无偿划拨，管理单位也可以在单位内部调配。

第二十九条　管理单位提供开放共享服务应基于诚信的要求，对虚报数据、材料获得后补助、奖励的管理单位，将失信行为列入诚信记录系统，视情节采取停拨或追回，3-5年内不再安排科技领域相关财政扶持资金；已拨付的后补助资金由省财政追回。

第三十条　省教育厅等有关部门按照本办法结合实际制定或修订相关管理规定和实施细则。市县可参照本办法执行。

第五章　附则

第三十一条　本办法由省科技厅负责解释。

第三十二条　本办法自公布之日起施行。2015年12月30日发布的《吉林省科研基础设施和大型科研仪器开放共享管理暂行办法》（吉科发财〔2015〕203号）同时作废。

第十六章　黑龙江省科研项目和资金管理法规政策

关于印发《黑龙江省科技成果使用、处置、收益管理改革的实施细则》的通知

(黑科联发〔2015〕40号)

各市(行署)科技局、财政局、国资委、教育局、人社局、知识产权局，绥芬河、抚远县科技局、财政局、国资委、教育局、人社局、知识产权局，各市(地)委组织部、省直管试点县(市)委组织部：

为加快实施创新驱动发展战略，营造大众创业、万众创新的政策环境和制度环境，依据新修订的《中华人民共和国促进科技成果转化法》、《中共中央、国务院关于深化体制机制改革加快实施创新驱动发展战略的若干意见》(中发〔2015〕8号)和《中共黑龙江省委　黑龙江省人民政府关于建立集聚人才体制机制激励人才创新创业若干政策的意见》(黑发〔2015〕6号)相关规定，省科技厅、省委组织部、省财政厅、省国资委、省教育厅、省人社厅、省知识产权局等七个部门联合制定了《黑龙江省科技成果使用、处置、收益管理改革的实施细则》，现印发给你们，请结合各地、各部门实际，认真贯彻执行。

黑龙江省科学技术厅　黑龙江省委组织部
黑龙江省财政厅　黑龙江省人民政府国有资产监督管理委员会
黑龙江省教育厅　黑龙江省人力资源和社会保障厅
黑龙江省知识产权局
2015年11月25日

黑龙江省科技成果使用、处置、收益管理改革的实施细则

第一章　总则

第一条　为加快实施创新驱动发展战略，营造大众创业、万众创新的政策环境和制度环境，依据新修订的《中华人民共和国促进科技成果转化法》、《中共中央、国务院关于深化体制机制改革加快实施创新驱动发展战略的若干意见》(中发〔2015〕8号)和《中共黑龙江省委　黑龙江省

人民政府关于建立集聚人才体制机制激励人才创新创业若干政策的意见》(黑发〔2015〕6号)相关规定,制定本实施细则。

第二条 赋予国有企事业单位科技成果的使用权、处置权和收益权。以尊重知识、尊重创新,充分体现智力劳动价值为分配导向,以促进科技成果就地转化、加快转化,提升区域发展核心竞争力为目标,按照权责统一、利益共享、激励与约束并重的原则开展科技成果转化管理工作。

第三条 本实施细则适用于本省高等学校、科研院所和国有企业。驻我省中直企事业单位可以参照执行。

第二章 科技成果的使用与处置

第四条 事业单位对其持有的科技成果可自主决定通过自行投资、转让、许可、合作实施、作价(作股)投资等方式开展科技成果转化活动。

第五条 鼓励事业单位科技成果优先在省内转化,科技成果使用、处置不再经单位主管部门和财政部门审批或备案。涉及国家安全、国家利益和重大社会公共利益的科技成果,以及科技成果向境外实施转化的,依据有关法律法规执行。

第六条 事业单位科技成果可通过技术市场挂牌交易、拍卖、协议定价等方式确定科技成果转让、许可、作价入股的价格。实行协议定价的,按照本单位内部管理章程及规定程序决定,并在本单位公示科技成果名称、拟交易价格和技术入股方案等信息。

第七条 国有企业科技成果转化涉及的定价、交易按照国有资产管理办法的有关规定执行。

第三章 科技成果的收益与分配

第八条 事业单位科技成果转化所得收入全部留归本单位,纳入本单位预算,实行统一管理,处置收入不上缴财政,不冲抵财政经费拨款。

第九条 科技成果转化收益首先用于对科技成果完成人、为科技成果转化做出重要贡献人员的奖励和报酬,其余部分用于科学技术研究开发、知识产权管理及技术成果转化等工作。

第十条 企事业单位可以规定或与科技人员约定奖励和报酬的方式、数额和时限。单位制定相关规定应充分听取本单位科技人员意见,并在本单位公开相关规定。

第十一条 科技成果完成单位未规定、也未与科技人员约定奖励和报酬的方式、数额和时限的,按照下列标准对成果完成人、转化有贡献人员进行奖励:

(一)将该项科技成果转让、许可给他人实施的,从该项科技成果转让净收入或者许可净收入中提取不低于50%的比例;

(二)利用该项科技成果作价投资的,从该项科技成果形成的股份或者出资比例中提取不低于50%的比例;

(三)将该项职务科技成果自行实施或者与他人合作实施的,应当在实施转化成功投产后连续3至5年,每年从实施该项科技成果的营业利润中提取不低于5%的比例。

国有及国有控股企业对自行投资研发所产生的成果在省内实施转化的,自开始盈利年度起3至5年内,每年提取该成果净收益的30%用于奖励有突出贡献的科技人员。

国有企事业单位取得的科技成果一年以上未启动转化的,成果完成人和参加人在不变更职务科技成果权属的前提下,可以根据与成果所有单位的协议进行该项科技成果的转化,并享有协议规定的权益,转化收益的70%~90%归其所有。

政府资金以股权投资方式支持企业转化科技成果,在约定期满退出时,可将股权以成本价格优先转让给成果完成人和团队。

第十二条 对科技成果完成人、科技成果转化做出重要贡献人员和团队的奖励和报酬,计入当年本单位工资总额,不受当年本单位工资总额限制,但不纳入本单位工资总额基数。

第四章 管理与监督

第十三条 有关行政主管部门要指导企事业单位加强科技成果管理,公开、规范地开展科技成果转化工作。企事业单位要建立健全科技成果转化规章制度、工作体系和管理机制,明确内部科技成果管理部门、转移转化机构、资产管理部门和成果完成人的各自职责,建立符合科技成果转化特点的岗位管理、考核评价和公开奖励制度,优化内部管理流程和决策机制。

第十四条 规范高等学校和科研院所担任管理职务的科技人员参与技术入股。成立由分管省领导为召集人,相关部门参加的黑龙江省技术入股改革联席会议(以下简称联席会议);担任处级以下(含处级)管理职务的科技人员参与技术入股事宜,由高等学校和科研院所领导班子集体研究决定;担任厅级以上(含厅级)管理职务的科技人员参与技术入股报联席会议审批。严禁未作贡献人员利用职务便利获取科技成果转化相关权益。对领导干部违规获取科技成果转化相关权益的行为,按有关规定严肃处理。

第十五条 企事业单位要建立科技成果转化报告制度,每半年向主管部门提交科技成果转化情况报告,说明本单位依法取得的科技成果数量、科技成果处置、收益及分配等情况。主管部门将科技成果转化情况报告汇总后报送科技、财政部门。

第十六条 财政、国有资产管理、知识产权等行政主管部门应当对高等学校和科研院所技术入股方案中明确给予个人奖励的股份或出资比例等股权予以承认,并落实国有资产确权、国有资产变更、知识产权作价量化奖励个人等相关事项。

第十七条 企事业单位未按本办法规定兑现科技成果完成及转化人员奖励的,主管部门应当根据本实施细则规定,责令有关单位限期整改。

第十八条 在科技成果转化活动中弄虚作假、玩忽职守、非法牟利的单位和个人,由政府相关部门依照国家和我省有关法律和规章规定,责令改正,没收非法所得,给予相关主体行政处分和行政处罚;给他人造成经济损失的,依法承担民事赔偿责任;构成犯罪的,依法追究刑事责任。

第五章 附则

第十九条 本办法由省级行政主管部门按照职责分工负责解释。

第二十条 本办法自发布之日起施行。

关于印发《黑龙江省大型科研仪器和科研基础设施共享实施细则》的通知

(黑科联发〔2015〕43号)

各有关单位：

为进一步促进我省大型科研仪器和科研基础设施共享，盘活科技存量资源，提高科技资源使用效率，增强科技创新能力，根据《国务院关于国家重大科研基础设施和大型科研仪器向社会开放的意见》（国发〔2014〕70号）和《黑龙江省科技进步条例》有关规定，省科技厅、省财政厅、省教育厅、省发改委、省工信委、省质监局、省知识产权局、省物价局等八个部门联合制定了《黑龙江省大型科研仪器和科研基础设施共享实施细则》，现印发给你们，请遵照执行。

附件：黑龙江省大型科研仪器和科研基础设施共享实施细则

黑龙江省科学技术厅　黑龙江省财政厅
黑龙江省教育厅　黑龙江省发展和改革委员会
黑龙江省工业和信息化委员会　黑龙江省质量技术监督局
黑龙江省知识产权局　黑龙江省物价监督管理局
2015年12月21日

黑龙江省大型科研仪器和科研基础设施共享实施细则

第一章 总则

第一条 为进一步促进我省大型科研仪器和科研基础设施共享（以下简称科研仪器与设施），盘活科技存量资源，提高科技资源使用效率，增强科技创新能力，根据《国务院关于国家重大科研基础设施和大型科研仪器向社会开放的意见》（国发〔2014〕70号）和《黑龙江省科技进步条例》的有关规定，制定本实施细则。

第二条 本省行政区域内的科研仪器与设施共享，适用本实施细则。

本实施细则所称的科研仪器与设施，是指大型科学装置、科学仪器中心、科学仪器服务单元和单台套价值在20万元及以上的科学仪器设备等，主要分布在高校、科研院所和企事业等单位的各类重点（工程）实验室、工程（技术）研究中心、企业技术中心、分析测试中心、野外科学观测研究站及大型科学设施中心等研究实验基地。

本实施细则所称的共享，是指本省行政区域内的高等学校、科研院所、企事业等科研仪器与设施产权所有单位将科研仪器与设施向社会开放，由其他单位、个人（以下统称用户）用于科学研究和技术开发的行为。

第二章 组织管理

第三条 由省科技厅、省财政厅、省教育厅、省发改委、省工信委、省质监局、省知识产权局、省物价局等单位联合成立科研仪器与设施共享工作领导小组（以下简称共享工作领导小组），负责对科研仪器与设施共享工作进行统筹协调，并依托专门的服务机构负责黑龙江省科技创新创业共享服务平台（以下简称省共享平台）的建设、运行、管理评估及相关的共享服务工作。

本省其他有关行政管理部门按照各自职责，依据本实施细则开展科研仪器与设施共享的相关工作。

第三章 共享管理

第四条 本省行政区域内各类由公共财政资金全额或部分出资新购、新建的科研仪器与设施，其产权所有单位应当在完成安装、调试验收之日起三十日内，向省科技行政管理部门报送其名称、类别、型号、应用范围等基本信息。省科技行政管理部门汇总整理后，每年统一报送省共享工作领导小组成员单位。

本省行政区域内已由公共财政资金全额或者部分出资购置、建设的科研仪器与设施，其产权所有单位应当在本办法施行之日起三个月内，向省科技行政管理部门报送上述基本信息。省科技行政管理部门汇总整理后，每年统一报送省共享工作领导小组成员单位。

上述两类科研仪器与设施纳入共享平台统一管理，并签订共享合作协议，履行相关义务。

鼓励有关单位将非公共财政出资购置、新建的以及20万元以下的科研仪器与设施的基本信息，报送省科技行政管理部门，积极参与开放共享。

鼓励中直单位及国防科研单位在不涉密条件下开展科研仪器与设施向社会开放服务。

对于纳入省共享平台统一管理、享受科教用品和科技开发用品进口免税政策的科学仪器设备，在符合监管条件的前提下，准予用于其他单位的科技开发、科学研究和教学活动。

第五条 对新购、新建的科研仪器与设施，相关行政管理部门应当在项目合同或者项目批准文件中，明确该科研仪器与设施在满足本单位科学研究和技术开发活动需要的同时，向社会提供共享服务的相关义务。

申请以公共财政资金全额或者部分出资新购、新建科研仪器与设施的，申请报告或者项目可行性研究报告中应当包括提供共享服务的承诺。共享服务承诺应当包括共享服务可行性论证以及共享时间、范围、方式等内容。

第四章 考核评估

第六条 建立科研仪器与设施共享的考核评估制度。省科技行政管理部门组织有关专家，并引入第三方专业评估机构，在共享服务时间、开放程度、服务质量、收费情况、开放效果等方面对加入省共享平台的科研仪器与设施共享单位进行评估，形成共享评估报告，并将评估结果向社会公布。评估结果作为共享服务资金补贴和科研仪器与设施更新的主要依据。考核评估工作每年进行一次。

第五章 共享补贴

第七条 省科技行政管理部门根据专家共享服务考核评估结果对省共享平台加盟单位给予共享补贴。补贴资金在省科技专项资金中解决，纳入省级财政国库集中支付范围，通过国库支付系统拨付。

第八条 凡已签订大型仪器设备共享合作协议并在考核评估中取得优异成绩的共享加盟单位，可给予一次性资金补贴。

第九条 省科技行政管理部门每年根据科研仪器及设施共享情况，制定共享补贴具体方案，明确共享补贴的依据、范围、数量、标准、额度等内容，经省财政厅审核后执行。

第六章　激励引导

第十条　科研仪器与设施共享单位对外提供开放共享服务，可以按照成本补偿和非盈利性原则收取材料消耗费和水、电等运行费，还可以根据人力成本收取服务费，服务收入纳入单位预算，由单位统一管理。共享单位对各类科研设施与仪器向社会开放服务建立公开透明的成本核算和服务收费标准，行政主管部门要加强管理和监督。

共享单位提供共享服务获得的收入及获得的补贴，应该用于共享的科研仪器与设施的运行维护、管理和操作人员劳务费等相关费用支出。

第十一条　仪器设施共享服务效果突出单位申请财政资金新购、新建科研仪器与设施的，有关行政管理部门应当在同等条件下优先批准其申请。

第十二条　省科技、教育、人事等行政管理部门应当有计划地组织科研仪器与设施的管理和操作相关人员开展业务培训，不断提高其服务能力。

第七章　运行管理

第十三条　在省共享平台建设与运行方面，应以政府公益服务为基础，探索市场化运营服务模式，尝试引入社会资本参与科技资源共享服务。

根据国家平台总体布局的需要，省共享平台应当适时纳入国家平台服务体系。

第十四条　各科研仪器与设施产权所有单位应当积极促进科研仪器与设施开放共享。对于通用科研仪器与设施，鼓励通过建设仪器中心、分析测试中心等方式，集中集约管理运营。鼓励实行资产所有权与经营权相分离，由产权单位委托专业服务机构开展市场化运营服务。

省科技行政管理部门对仪器中心、分析测试中心等专业共享服务机构进行定期绩效考核，作为支持发展的重要依据。

第十五条　对于通用性强但开放共享差或闲置的科研仪器与设施，结合共享结果，单位主管部门和财政部门可以按资产管理规定在部门内或跨部门有偿或无偿划拨。

第八章　知识产权管理

第十六条　科研仪器与设施用户独立开展科学实验形成的知识产权由用户自主拥有，所完成的著作、论文等发表时，应明确标注利用科研仪器与设施情况。科研仪器与设施管理单位应加强网络防护和网络环境下数据安全管理，保护用户身份信息以及在使用过程中形成的知识产权、科学数据和技术秘密。

科研仪器与设施共享单位应与用户订立合同，约定服务内容和收费标准、知识产权归属、保密要求、损害赔偿、违约责任、争议处理等事项。

第九章　附则

第十七条　对有弄虚作假、骗取补贴的单位，将依法追回运行补贴经费，并视情节轻重，追究其法律责任。

第十八条　本省行政区域内接受联合国、国际组织或者外国政府无偿援助购置、建设的科研仪器与设施的共享，可参照本实施细则执行。

第十九条　各相关单位应当依据本实施细则，结合本单位实际，制定科研仪器与设施共享具体管理方案。

第二十条　本实施细则自公布之日起施行。

中共黑龙江省委办公厅　黑龙江省人民政府办公厅印发《关于进一步改进和完善省级财政科研项目资金管理等政策的实施意见》的通知

(黑办发〔2017〕1号)

各市(地)委和人民政府(行署)，省委各部委，省直各单位：

《关于进一步改进和完善省级财政科研项目资金管理等政策的实施意见》已经省委、省政府领导同志同意，现印发给你们，请结合实际认真贯彻执行。

2017年1月10日

关于进一步改进和完善省级财政科研项目资金管理等政策的实施意见

为贯彻落实《中共中央办公厅、国务院办公厅印发〈关于进一步完善中央财政科研项目资金管理等政策的若干意见〉的通知》和《中共黑龙江省委、黑龙江省人民政府印发〈贯彻落实《关于深化人才发展体制机制改革的意见》的实施意见〉的通知》精神，进一步推进简政放权、放管结合、优化服务，改革和创新科研经费使用和管理方式，促进形成充满活力的科技管理和运行机制，激发科研人员积极性和创造性，现就进一步改进和完善省级财政科研项目资金管理等政策提出如下实施意见。

一、改进财政科研项目资金管理

（一）下放科研项目预算调剂权限。根据科研活动规律和特点，改进科研项目预算编制方法，下放省级科研项目预算调剂权限，在项目总预算不变的情况下，将直接费用中的材料费、测试化验加工费、燃料动力费、出版/文献/信息传播/知识产权事务费及其他支出预算调剂权下放给项目承担单位。将会议费、差旅费、国际合作与交流费预算科目合并，由科研人员结合科研活动实际需要编制预算，不超过直接费用10%的，不需要提供预算测算依据，在不突破三项支出预算总额的前提下统筹安排使用。设备费、专家咨询费、劳务费预算原则上不予调增，需调减的，可由项目承担单位根据实际需要用于项目其他直接费用支出。（省财政厅、项目主管部门、项目承担单位负责）

（二）加大对科研人员的激励力度。省级财政专项资金用于全省和省级部门实行公开竞争方式的研发类项目，均要设立间接费用；对于稳定支持的科研项目，不设立间接费用。间接费用用于补偿项目承担单位间接成本和绩效支出，按照不超过直接费用扣除设备购置费后的30%比例核定（决策咨询与管理创新研究、软件开发等智力密集型项目可按照不超过项目资金总额70%的比例核定）。其中，绩效支出不设比例限制。项目承担单位应当建立科研目标管理和绩效考核制度，在合理确定间接成本的前提下，按照科研人员在项目工作中的实际贡献，公开、公正安排绩效支出，真正体现科研人员价值。绩效支出计入当年本单位工资总额，但不受当年本单位工资总额限制，不纳入本单位工资总额基数。（项目主管部门、项目承担单位、省人社厅负责）

（三）劳务费支出不设比例限制。参与项目研究的研究生、博士后、访问学者以及项目聘用的研究人员、科研辅助人员等，均可列入劳务费开支范围，由项目承担单位和科研人员据实编制预算，不设比例限制。项目聘用人员的劳务费开支标准，参照当地科学研究和技术服务业从业人员平均工资水平，根据其在项目研究中承担的工作任务确定，其社会保险补助在劳务费科目中列支。（项目承担单位、项目主管部门负责）

（四）改进结转结余资金管理。实行部门预算批复前项目资金预拨制度，保证科研人员及时使用项目资金。在项目任务规定的项目实施期间，年度剩余资金可结转下一年度继续使用。项目完成任务目标并通过验收后，结余资金在2年内留归项目承担单位，统筹安排用于科研活动的直接支出。2年以上的结余资金按规定收回。（项目承担单位、项目主管部门、省财政厅负责）

（五）自主规范管理横向科研经费。项目承担单位以市场委托方式取得的横向科研项目经费，包括通过合作研究、委托研究、技术开发、技术咨询、技术服务、技术转让等合作方式，从境内外行政机关、企事业单位、社会团体或个人获得的科研项目经费，纳入单位财务统一管理，由项目承担单位按照委托方要求或合同约定管理使用。（项目承担单位负责）

（六）改进科研项目出国经费管理。省属高校、科研院所使用省级科研项目资金出国开展交流合作，按照教学科研人员因公临时出国管理有关规定执行。省属高校、科研院所应根据省级科研项目交流合作的实际需要，编制出国计划和科研项目预算，并在项目任务书中说明。使用省级科研项目资金出国开展交流合作，不纳入"三公经费"统计范围，不受因公出国（境）经费额度限制。（省属高校、科研院所、省外办、省财政厅负责）

尚在项目执行期，2016年12月31日以后验收（结题）的省级科研项目，在项目预算总额不变的前提下，可执行预算科目调剂、间接费用提取和绩效支出安排等有关规定。

二、完善高校、科研院所公务卡结算管理

省属高校、科研院所承担科研项目所发生的、属于《黑龙江省省级公务卡结算方式支付目录》范围的支出以及小额材料费和测试化验加工费等，要按规定实行公务卡结算。对上述支出中，因不具备刷卡条件而无法采用公务卡结算，但科研工作实际需要发生的支出，如市内交通费、野外科考工作发生的支出等，经项目承担单位批准可以暂不使用公务卡结算。（项目承担单位负责）

三、完善高校、科研院所差旅会议管理

（一）改进差旅费管理。省属高校、科研院所可根据教学、科研管理工作实际需要，按照精简高效、厉行节约的原则，研究制定差旅费管理办法，合理确定教学科研人员乘坐交通工具等级和住宿费标准。对于难以取得住宿费发票的，在确保真实性的前提下，据实报销城市间交通费，并按规定标准发放伙食补助费和市内交通费。（省属高校、科研院所负责）

（二）完善会议管理。省属高校、科研院所因教学、科研需要举办的学术会议、研讨会、评审会、座谈会、答辩会等业务性会议，会议次数、天数、人数以及会议费开支范围、标准等，由高校、科研院所按照实事求是、精简高效、厉行节约的原则确定。会议代表参加会议所发生的城市间交通费，原则上按差旅费管理规定由所在单位报销。因工作需要，邀请国内外专家、学者和有关人员参加会议，对确需负担的城市间交通费、国际旅费，可由主办单位在会议费等费用中报销。（省属高校、科研院所负责）

省属高校、科研院所差旅费、业务性会议费不纳入行政经费统计范围，不受"零增长"限制。（省属高校、科研院所及其主管部门、省财政厅负责）

四、完善高校、科研院所科研仪器设备采购管理

（一）改进科研仪器设备政府采购管理。省属高校、科研院所要制定科研仪器设备采购管理办法，合理确定科研仪器设备的范围，规范科研仪器设备采购程序，可自行采购科研仪器设备，自行选择科研仪器设备评审专家。省财政厅要简化政府采购项目预算调剂和变更政府采购方式审批流程。省属高校、科研院所要切实做好科研仪器设备采购的规范运作和监督管理，做到全程公开、透明、可追溯。（省属高校、科研院所、省财政厅负责）

（二）优化进口仪器设备采购服务。对省属高校、科研院所采购进口仪器设备实行备案制管理。继续落实进口科研教学用品免税政策，对以教学、科研为目的，在合理数量范围内进口国内不能生产或者性能无法满足需要的教学、科研用品，按照《免税进口科学研究和教学用品清单》免征进口关税和进口环节增值税、消费税。（省财政厅、省国税局、哈尔滨海关负责）

五、完善高校、科研院所基本建设项目管理

（一）扩大基本建设项目管理权限。对省属高校、科研院所利用自有资金、不申请政府投资建设的项目，由省属高校、科研院所自主决策，报主管部门备案，不再进行审批。省发改委和省属高校、科研院所主管部门要加强对高校、科研院所基本建设项目的指导和监督检查。（省发改委、省属高校和科研院所主管部门负责）

（二）简化基本建设项目审批程序。省属高校、科研院所主管部门要指导省属高校、科研院所编制五年建设规划，对列入规划的基本建设项目不再审批项目建议书。简化省属高校、科研院所基本建设项目城乡规划、用地以及环评、能评等审批手续，缩短审批周期。（省属高校、科研院所主管部门负责）

（三）规范使用基本建设资金。省属高校、科研院所利用行政事业性收费、国有资源（资产）有偿使用等非税收入安排的建设项目资金，按照有关资金管理规定执行。省属高校利用银行贷款的建设项目，按照《黑龙江省财政厅、黑龙江省教育厅关于印发〈黑龙江省化解省属本科高校债务专项资金管理办法〉的通知》执行。（省财政厅、省属高校和科研院所主管部门负责）

六、坚持放管结合，建立规范的科技管理和运行机制

（一）明确责任分工。项目承担单位要强化法人责任，认真落实国家有关政策规定，按照权责一致的要求，强化自我约束和自我规范。科研项目负责人是科研资金使用和管理的直接负责人，对资金使用的合规性、合理性、真实性和相关性承担法律责任。科研、财务、人事、资产（设备）、审计和监察等有关部门，要履行职责，完善内部风险防控机制，有效行使管理权和监督权，强化资金使用绩效评价，保障资金使用安全规范有效。要实行内部公开制度，主动公开项目预算、预算调剂、资金使用（重点是间接费用、外拨资金、结余资金使用）、研究成果等情况，确保对赋予的管理权限接得住、管得好。科技部门、项目主管部门、财政部门要加强统筹协调，建立健全诚信管理机制、项目资金监督机制、绩效考核机制、责任倒查机制，形成职责明确、分工负责的协同工作机制。（项目承担单位、省科技厅、项目主管部门、省财政厅负责）

（二）加强制度建设。2017年2月底前，省财政厅、省科技厅要制定出台财政科研项目资金管理办法；省财政厅要制定出台关于高校、科研院所科研仪器采购有关问题的通知；省属高校、科研院所要制定出台差旅费、会议费、公务卡结算、科研仪器采购等内部管理办法，其主管部门要加强工作指导和统筹。项目主管部门要制定出台相关实施细则，完善预算编制指南，指导项目承担单位和科研人员科学合理编制项目预算；制定预算评估评审工作细则，优化评估程序和方法，规范评估行为，建立健全与项目申请者及时沟通反馈机制；建立完善绩效评估结果与资金安排挂钩的激励机制，将绩效评估结果作为以后项目和资金安排的重要依据；制定财务验收工作细则，规范委托中介机构开展的财务检查。项目承担单位要制定或修订科研项目资金内部管理办法和报销规定。以后年度承担科研项目的单位要于当年制定相关管理办法和规定。（省财政厅、省科技厅、省属高校、科研院所、项目主管部门、项目承担单位负责）

七、优化服务方式，为科研人员营造良好的科研环境

科技部门、项目主管部门要精简检查评审，推进检查结果共享，减少检查数量，改进检查方式，避免重复检查、多头检查、过度检查。项目承担单位要建立健全科研财务助理制度，为科研人员在项目预算编制和调剂、经费支出、财务决算和验收等方面提供专业化服务，科研财务助理所需费用可由项目承担单位根据情况通过科研项目资金等渠道解决。充分利用信息化手段，建立健全单位内部科研、财务部门和项目负责人共享的信息平台，提高科研管理效率和便利化程度。制定符合科研实际需要的内部报销规定，切实解决野外考察、心理测试等科研活动中无法取得发票或财政性票据，以及邀请外国专家来华参加学术交流发生费用等的报销问题，让科研人员潜心从事科学研究。（省科技厅、项目主管部门、项目承担单位负责）

八、加强工作督查，确保各项政策措施落地见效

财政部门、科技部门要适时组织开展对项目承担单位科研项目资金等管理权限落实、内部管理办法制定、创新服务方式、内控机制建设、相关事项内部公开等情况的督查，对督查情况以适当方式进行通报，并将督查结果纳入信用管理，与科技资金安排、间接费用核定、结余资金留用等挂钩。审计机关要依法开展对政策措施落实情况和财政资金使用情况的审计监督，严肃查处违法违纪问题。项目主管部门要督促指导所属单位完善内部管理，加快推进科研项目资金管理改革等各项工作，打通政策执行中的"堵点"，确保相关政策规定落到实处，增强科研人员改革的成就感和获得感。（省财政厅、省科技厅、省审计厅、项目主管部门负责）社科类科研项目根据国家有关要求，参照本意见另行制定资金管理办法。

各市（地）可参照本实施意见执行。

黑龙江省科学技术厅　黑龙江省财政厅关于印发《黑龙江省扶持科技企业孵化器和众创空间发展政策实施细则》的通知

(黑科联发〔2017〕56号)

各市（地）、县（市）科技局、财政局，各科技企业孵化器、众创空间：

现将《黑龙江省扶持科技企业孵化器和众创空间发展政策实施细则》印发给你们，请遵照执行。

黑龙江省科学技术厅　黑龙江省财政厅
2017年11月10日

黑龙江省扶持科技企业孵化器和众创空间发展政策实施细则

为贯彻落实《国务院关于强化实施创新驱动发展战略，进一步推进大众创业万众创新深入发展的意见》（国发〔2017〕37号），有效推动大众创业、万众创新，促进我省双创工作发展，根据《黑龙江省人民政府关于促进科技企业孵化器和众创空间发展的指导意见》（黑政发〔2016〕33号）精神，结合我省实际，制定本实施细则。

一、支持重点

（一）上年度内孵化服务绩效突出的孵化器和众创空间项目。

（二）重点示范大型孵化器和众创空间建设项目。

二、申报条件

（一）申请服务绩效后补助的孵化器和众创空间应具备以下条件：

1. 申请主体及在孵科技型企业是在黑龙江省行政区内注册、并在我省依法纳税的独立企业法人或事业法人。

2. 孵化器和众创空间已在省级科技行政部门备案。

3. 孵化器可自主支配孵化场地应不少于1000平方米，众创空间可自主支配孵化场地应不少于300平方米。

4. 有专业服务团队，并为入孵企业提供工商、法律、财务、创业培训、技术研发、市场开发、融资对接等创新创业孵化服务。

5. 孵化器内的在孵科技型企业应不少于10家，众创空间的在孵科技型企业应不少于5家。

6. 诚信、守法、合规经营，无不良征信记录。

7. 符合国家相关财务、会计制度规定，有健全的内部财务管理制度和会计核算办法，具有明确的资金投入。

（二）申请重点孵化器和众创空间建设补助的孵化器和众创空间应具备以下条件：

1. 申请主体及在孵科技型企业是在黑龙江省行政区内注册、并在我省依法纳税的独立企业法人或事业法人。

2. 孵化器可自主支配孵化场地应不少于5000平方米，众创空间可自主支配孵化场地应不少于3000平方米。

3. 具有良好的孵化服务模式，能够为入孵企业提供工商、法律、财务、创业培训、技术研发、市场开发、融资对接等创新创业孵化的配套服务。

4. 已形成基本物业服务、增值服务和股权投资收益等相结合的盈利模式。

5. 在重点细分产业领域具备一定资源整合和供给能力，具备专业领域的公共服务平台，能够为在孵企业提供专业化的服务。

6. 诚信、守法、合规经营，无不良征信记录。

7. 符合国家企业财务、会计制度规定，有健全的内部财务管理制度和会计核算办法，具有明确的资金投入。

三、支持方式

（一）服务绩效后补助方式。为了鼓励社会力量参与孵化器、众创空间建设，综合考核孵化器和众创空间上一年度新孵化科技型企业的数量、质量及孵化器服务成本投入情况给予后补助。孵化绩效后补助资金分为20万、40万、60万、80万、100万元5档，综合考核孵化器和众创空间评价总分及运营成本支出情况给予补贴，主要用于补充孵化器和众创空间建设及运营。

（二）重点孵化器和众创空间建设补助方式。为了鼓励孵化器和众创空间向专业化、精细化方向发展，推动我省孵化器和众创空间不断提升功能，完善模式，对新建或改建的重点孵化器和众创空间给予一次性补助。对依托我省龙头企业、大专院校、科研院所新建或改建的专业孵化器和众创空间、依托省内外专业孵化机构新建或改建的重点孵化器和众创空间，按其建设投入的30%，最低不少于100万元，最高不超过200万元，择优给予一次性补助；对上年度新认定的国家级孵化器给予一次性200万元补助；上年度新通过国家专业化众创空间备案的众创空间给予一次性100万元补助。经省政府批准引进国内外专业机构合作共建孵化器，相关补助以合作协议内容为准。

四、申报、评审及资金拨付

（一）省科技厅、财政厅根据国家相关政策及我省实际，联合印发专项补助申报通知，明确年度项目申报具体要求。

（二）各市（地）、县科技局、财政局依据申报通知要求，组织属地孵化器、众创空间进行项目申报，并由各市（地）科技局、财政局汇总所辖县、区项目，联合行文报送省科技厅、省财政厅。

（三）省科技厅、财政厅联合组织聘请第三方中介机构，分别对项目技术指标、财务指标相关情况进行审核。所需评审费用在省产业结构调整专项资金中列支。

（四）省科技厅根据孵化器和众创空间项目技术指标审核情况、省财政厅根据项目财务指标等审核情况，共同研究提出拟扶持孵化器和众创空间项目资金意见。

（五）拟支持的项目由省科技厅在门户网站公示5个工作日。公示无异议后，省财政厅会同省科技厅向省政府呈报项目资金安排意见请示，待省政府批复后，省财政厅下达资金指标文件，并按程序拨付资金。

五、监督与管理

（一）孵化器和众创空间在收到扶持资金后，应当专款专用，按照有关财务管理规定进行单独核算。

（二）任何单位和个人不得以任何理由截留、挤占或挪用专项资金。对以提供虚假材料、虚报指标等行为获取财政扶持资金的孵化器、众创空间，除追回专项资金外，还将依据有关法律、法规追究项目单位及相关人员责任。

六、附则

（一）本细则由省科技厅、财政厅负责解释。

（二）本细则自发布之日起实施。

关于印发《省属科研院所免税进口科学研究、科技开发和教学用品管理实施细则》的通知

(黑科联发〔2017〕60号)

省直有关部门、省属科研院所、属地化管理中直科研院所:

根据《科技部 财政部 海关总署 国家税务总局关于印发科研院所、转制科研院所、国家重点实验室、企业国家重点实验室和国家工程技术研究中心免税进口科学研究、科技开发和教学用品管理办法的通知》(国科政函〔2017〕280号)要求,为加强对省属科研院所免税进口科学研究、科技开发和教学用品的管理,省科技厅、财政厅、机构编制委员会办公室和省国家税务局、哈尔滨海关研究制定了《省属科研院所免税进口科学研究、科技开发和教学用品管理实施细则》,现印发给你们,请认真遵照执行。

黑龙江省科学技术厅
黑龙江省财政厅
黑龙江省国家税务局
黑龙江省机构编制委员会办公室
中华人民共和国哈尔滨海关
2017年12月13日

省属科研院所免税进口科学研究、科技开发和教学用品管理实施细则

第一条 为加强对省属科研院所免税进口科学研究、科技开发和教学用品的管理,根据《财政部 海关总署 国家税务总局关于"十三五"期间支持科技创新进口税收政策的通知》(财关税〔2016〕70号)、《财政部 教育部 国家发展改革委 科技部 工业和信息化部 民政部 商务部 海关总署 国家税务总局 国家新闻出版广电总局关于支持科技创新进口税收政策管理办法》(财关税〔2016〕71号)、《科技部 财政部 海关总署 国家税务总局关于印发科研院所、转制科研院所、国家重点实验室、企业国家重点实验室和国家工程技术研究中心免税进口科学研究、科技开发和教学用品管理办法的通知》(国科政函〔2017〕280号)要求,制定本实施细则。

第二条 省属科研院所是指由省政府及省政府各部门举办,由省机构编制部门批复成立,主要从事基础和前沿技术研究、公益研究、应用研究和技术开发的事业单位。

第三条 拟申请免税资格的省属科研院所,应向主管部门提出免税资格申请,提交省机构编制部门批复其成立文件、《事业单位法人证书》等申报材料。科研院所主管部门初步审核后,提交省科技厅进行核定。省科技厅根据《关于进一步完善科研事业单位机构设置审批的通知》(中央编办发〔2014〕3号)等相关文件要求,核定符合免税资格的科研院所名单。省科技厅将核定

符合条件的科研院所名单函告哈尔滨海关，注明享受政策起始时间，并抄送财政部门、税务部门和科研院所主管部门。

第四条 经核定符合免税资格条件的科研院所可持省机构编制部门批准其成立的文件、《事业单位法人证书》，按规定向主管海关申请办理进口科学研究、科技开发和教学用品的减免税手续。

第五条 2016年1月1日前成立的省属科研院所自2016年1月1日起享受支持科技创新进口税收政策。2016年1月1日后成立的省属科研院所自《事业单位法人证书》有效期起始之日起享受支持科技创新进口税收政策。

第六条 省属科研院所发生分立、合并、撤销和更名等情形的，省科技厅将按照本办法规定的程序重新审核相关单位的免税资格。

经审核符合免税资格的单位，继续享受支持科技创新进口税收政策。经审核不符合免税资格的单位，自变更之日起，停止其享受支持科技创新进口税收政策。

省科技厅及时将重新审核的结果函告哈尔滨海关，对停止享受支持科技创新进口税收政策的单位应在函告中明确停止享受政策日期。

在停止享受政策之日（含）后，有关单位向海关申报进口并已享受支持科技创新进口税收政策的科学研究、科技开发和教学用品，应补缴税款。

第七条 经核定符合免税资格的上述单位免税进口范围，按照进口科学研究、科技开发和教学用品免税清单执行。

第八条 上述单位在资格确认过程中有弄虚作假行为的，经省科技厅查实后，撤销其免税资格，及时将有关情况通报哈尔滨海关，明确停止享受支持科技创新进口税收政策的日期。在停止享受政策之日（含）以后，有关单位向海关申报进口并已享受支持科技创新进口税收政策的科学研究、科技开发和教学用品，应补缴税款。

第九条 上述单位因违反税收征管法及有关法律、行政法规，构成偷税、骗取出口退税等严重税收违法行为的，撤销其免税资格。

第十条 本实施细则自2016年1月1日起实施。

黑龙江省科学技术厅　黑龙江省财政厅
关于印发《黑龙江省技术转移示范机构奖励实施细则》的通知

(黑科规〔2018〕2号)

各市(地)科技、财政主管部门:

现将《黑龙江省技术转移示范机构奖励实施细则》印发给你们,请遵照执行。

2018年4月9日

黑龙江省技术转移示范机构奖励实施细则

为贯彻落实《国务院关于印发国家技术转移体系建设方案的通知》(国发〔2017〕44号)和《中共黑龙江省委　黑龙江省人民政府关于大力促进高新技术成果产业化的意见》(黑发〔2016〕23号)和《黑龙江省人民政府关于印发黑龙江省技术转移体系建设实施方案的通知》(黑政发〔2017〕16号)文件精神,推动我省技术转移示范机构体系建设,培育一批具有示范带动作用的技术转移机构,促进科技成果转移转化,结合我省实际,制定本细则。

一、支持重点

(一)年度绩效考核优秀的国家级技术转移示范机构。

(二)年度绩效考核优秀的省级技术转移示范机构。

二、支持条件

申请支持的技术转移示范机构应当同时满足下列条件:

(一)必须是在黑龙江省行政区域内注册、具有独立法人资格,无不良信用记录。

(二)必须是按照《国家技术转移示范机构管理办法》和《黑龙江省技术转移示范机构管理办法》,经国家和省级科技工作主管部门认定的国家级和省级技术转移示范机构。

(三)在促成技术交易、完成技术合同登记、服务企业数量等指标上业绩突出。

(四)财务管理和会计核算制度健全,管理规范、核算准确,能按规定向财政部门报送财务会计报表,无违法违规记录,且连续两年无投诉。

三、支持方式

对年度绩效考核优秀的国家级技术转移示范机构,给予200万元奖励资金;对年度绩效考核优秀的省级技术转移示范机构,给予100万元奖励资金。

四、申报程序及资金拨付

(一)国家级和省级技术转移示范机构按照年度申报通知要求,向所在市(地)科技、财政部门提交上一年度的绩效评价材料,作为考核评定基础。绩效评价材料包括:

1. 黑龙江省技术转移示范机构年度绩效考核表(见附件);

2.财务情况说明（非独立法人）或财务审计报告（独立法人）；

3.技术合同登记情况及技术合同登记机构认定的四技合同复印件；

4.其他反映技术转移服务业绩及单位资质的证明材料。

（二）各市（地）科技局、财政部门对技术转移示范机构上报材料进行核实后，联合报送省科技厅、财政厅。

（三）省科技厅和省财政厅分别组织专家对技术转移示范机构绩效评价材料、工作业绩和财务指标相关情况进行现场考核，根据考核结果，确定优秀、合格、不合格三个等级。

（四）省科技厅、财政厅根据考核情况，研究提出拟支持技术转移示范机构名单。

（五）拟支持的技术转移示范机构名单由省科技厅在门户网站公示5个工作日。公示无异议后，省科技厅会同省财政厅向省政府呈报资金请示，待省政府批复后，省科技厅、财政厅联合下达支持计划；省财政厅下达资金指标文件，并按程序拨付资金。

五、监督与管理

（一）奖励资金应主要用于技术转移示范机构开展技术转移业务和成果展示、成果推介、政策宣传、业务培训、人才培养、合作交流、信息化建设、统计分析及信息加工整理等活动所发生的支出。

（二）对以提供虚假材料等行为获取财政奖励资金的技术转移示范机构，除追回奖励资金、将该机构列入诚信单位黑名单外，还将依据有关法律、法规追究项目单位及企业相关人员责任。任何单位和个人不得以任何理由截留、挤占或挪用奖励资金。

六、附则

（一）本细则由省科技厅、省财政厅负责解释。

（二）本细则自发布之日起实施。

黑龙江省科学技术厅　黑龙江省财政厅关于印发《黑龙江省技术交易补助、奖励实施细则》的通知

(黑科规〔2018〕3号)

各市（地）科技、财政部门：

现将《黑龙江省技术交易补助、奖励实施细则》印发给你们，请遵照执行。

2018年4月9日

黑龙江省技术交易补助、奖励实施细则

为贯彻落实《中共黑龙江省委　黑龙江省人民政府关于大力促进高新技术成果产业化的意见》（黑发〔2016〕23号）和《黑龙江省人民政府关于印发黑龙江省技术转移体系建设实施方案的通知》（黑政发〔2017〕16号）文件精神，加快科技成果转化和产业化，深化产学研用协同创新，活跃技术交易，促进我省科技成果向现实生产力转化，结合我省实际，制定本细则。

一、支持重点

技术交易合同符合我省重点产业及战略性新兴产业等产业发展方向的企业、高等院校和研究开发机构。优先支持高新技术企业、科技型中小企业和知识产权示范企业。

二、支持条件

支持的技术交易买方或卖方应当同时满足下列条件：

（一）必须是在黑龙江省行政区域内注册，具有独立法人资格的企业、高校或研究开发机构，无不良信用记录。

（二）技术交易合同须在省级技术合同登记机构认定登记；技术交易买卖双方不得存在隶属或关联关系。

（三）购买的专利成果，须在国家知识产权局完成专利权转移著录项目变更。

三、支持方式

技术交易支持资金采取后补助、奖励方式。

（一）对购买省内外科技成果的我省企业，其技术交易实际到账金额在200万元以上的（不含200万元），给予其技术交易实际到账金额的30%、最高不超过100万元补助。

（二）对将科技成果在省内进行技术转让（出售）的我省企业、高等院校和科研院所，其技术交易实际到账金额在50万元以上（含50万元）、200万元以下（含200万元）的，给予其技术交易实际到账金额的30%的奖励。

（三）同一项目多次转让不重复补助。同一年度，同一单位获补助、奖励的金额不超过100万元。

四、申报程序及资金拨付

（一）申报技术交易支持资金的企业、高等院校和研究开发机构需按照年度申报通知要求提交以下材料：

1. 经省级技术合同登记机构认定登记并录入全国技术合同网上登记系统的技术交易合同复印件；

2. 技术交易费用银行实际到账单复印件；

3. 企业营业执照副本、组织机构代码证、税务登记证复印件（如三证合一的，仅需提供加盖单位公章的企业营业执照副本复印件）；

4. 属于专利成果转让的，需提供专利权转移著录项目变更手续合格通知书复印件。

（二）省科技厅和省财政厅按照各自职责分别对申报材料进行审定，根据审定情况，提出拟补助、奖励名单。

（三）拟补助、奖励名单由省科技厅在门户网站公示5个工作日。公示无异议后，省科技厅会同省财政厅向省政府呈报资金请示，待省政府批复后，省科技厅、省财政厅联合下达支持计划；省财政厅下达资金指标文件，并按程序拨付资金。

五、监督与管理

（一）补助、奖励资金主要用于开展技术研发、技术购买、成果转化、人才培养和引进、技术转移服务活动所发生的相关支出。

（二）对以提供虚假材料等行为获取财政扶持资金的单位，除追回奖补资金外，还将依据有关法律、法规追究项目单位及相关人员责任。任何单位和个人不得以任何理由截留、挤占或挪用奖补资金。

六、附则

（一）本细则由省科技厅、省财政厅负责解释。

（二）本细则自发布之日起实施。

黑龙江省科学技术厅 黑龙江省财政厅关于印发《黑龙江省科技型企业研发费用投入后补助实施细则》的通知

(黑科规发〔2018〕6号)

各市(地)科技局、财政局:

现将《黑龙江省科技型企业研发费用投入后补助实施细则》印发给你们,请遵照执行。

黑龙江省科学技术厅　黑龙江省财政厅
2018年7月3日

黑龙江省科技型企业研发费用投入后补助实施细则

为贯彻落实《中共黑龙江省委 黑龙江省人民政府关于大力促进高新技术成果产业化的意见》(黑发〔2016〕23号),鼓励我省科技型企业(以下简称企业)持续加大研发(R&D)费用投入,促进企业技术创新能力快速提升,推动企业成为技术创新、研发投入、成果转化的主体,特制定本细则。

一、支持范围及支持条件

对实现成果产业化、产生经济效益较好的我省企业,给予企业研发费用投入后补助支持,重点支持我省高新技术企业和进入"全国科技型中小企业信息库"的企业。

(一)必须是在黑龙江省行政区域内设立、登记、注册,具有独立法人资格的企业,无不良信用记录。

(二)按照《高新技术企业认定管理办法》(国科发火〔2016〕32号)规定,获得高新技术企业资格的我省企业,且高新技术企业资格证书尚在有效期内。

(三)按照《科技型中小企业评价办法》(国科发政〔2017〕115号)规定,纳入"全国科技型中小企业信息库",入库登记编号在有效期内且未被省级科技管理部门撤销资格的我省企业。

支持的企业需符合条件(一),并符合条件(二)或条件(三)其中一项。

二、核算依据及支持方式

采取后补助方式对科技型企业研发费用投入进行支持。

(一)企业研发费用是指企业研发活动中发生的相关费用,具体按照《财政部国家税务总局科技部关于完善研究开发费用税前加计扣除政策的通知》(财税〔2015〕119号)有关规定进行归集。

(二)研发费用投入额度按照开展研发费用税前加计扣除备案工作时,税务部门核定企业年度纳税可享受加计扣除的研发经费支出数额为准。

(三)企业上一年度研发费用投入额在200万元以上的(含200万元),按照研发费用投入的

10%、最高不超过 300 万元给予研发费用投入后补助。

（四）企业上一年度研发费用投入额在 50 万元以上（含 50 万元）、200 万元以下（不含 200 万元），但满足研发费用投入总额占同期销售收入比重高于 5% 或近三年销售收入增长率不低于 25% 条件的，按照 20 万给予研发费用投入后补助。

（五）后补助资金由省、市（地）联合出资，各占 50%。

三、工作程序及资金拨付

（一）省科技厅、财政厅联合向市（地）发布拟支持企业名单及经税务部门核定的企业研发经费支出数额清单。

（二）各市（地）科技部门会同财政部门对清单进行核实和确认，联合报送省科技厅、财政厅，对存有异议、不予支持企业需附说明材料。

（三）省科技厅会同省财政厅，对市（地）报送的清单再次进行核定，提出拟支持企业名单和资金支持意见。

（四）拟支持企业名单由省科技厅在门户网站公示 5 个工作日。公示无异议后，省科技厅会同省财政厅向省政府呈报资金安排意见，待省政府批复后，省科技厅下达支持计划，省财政厅按程序拨付省级补助资金。

四、监督与管理

（一）后补助资金由企业统筹安排主要用于企业研究开发活动支出，实行专账管理、单独核算。

（二）对以弄虚作假手段获取财政扶持资金的企业，省、市（地）科技和财政部门将收回补助资金，并将该企业记入省科技诚信记录"黑名单"，涉及违法行为的，依法追究法律责任。任何单位和个人不得以任何理由截留、挤占或挪用后补助资金。

五、附则

（一）本细则由省科技厅、财政厅负责解释。

（二）本细则自发布之日起实施。

黑龙江省科学技术厅　黑龙江省财政厅关于印发《黑龙江省科技创新基地奖励实施细则》的通知

(黑科规发〔2018〕7号)

各有关单位：现将《黑龙江省科技创新基地奖励实施细则》印发给你们，请遵照执行。

黑龙江省科学技术厅　黑龙江省财政厅
2018年7月3日

黑龙江省科技创新基地奖励实施细则

为贯彻落实《中共黑龙江省委　黑龙江省人民政府关于大力促进高新技术成果产业化的意见》（黑发〔2016〕23号）精神，发挥我省科技创新基地优势，支持关键共性技术和产品研发、科技成果工程化，推动科技成果转化及产业化进程，制定本实施细则。

一、支持重点

省科技创新基地奖励资金重点支持我省建设和运行良好、研发能力较强、在科技成果转化中发挥突出作用的科技创新基地。

二、支持条件和方式

（一）本细则所称科技创新基地应为已通过认定或备案的省级工程技术研究中心（技术创新中心）、省级重点实验室和企业院士工作站。

（二）对省级工程技术研究中心（技术创新中心）、省级重点实验室和企业院士工作站按照研发成果产出、成果转化情况等分别建立评价指标体系。每年按照各类科技创新基地10%~20%的比例择优遴选，每个给予50万元资金支持。

（三）对已获得省科技创新基地奖励资金支持的科技创新基地，三年内不重复支持。对同一依托单位同一研究领域的不同类别的科技创新基地，仅支持一类。

三、申报程序及资金拨付

（一）省科技厅会同省财政厅通过省科技厅门户网站发布省科技创新基地奖励资金年度申报通知，明确奖励资金申报有关事项。

（二）科技创新基地的依托单位按照年度申报通知要求提交奖励资金申请。依托单位为企业的，向市（地）级科技主管部门提交申请，各市（地）科技主管部门审核同意后，统一上报省科技厅；依托单位为省属高校、科研院所的，经省级主管部门审核同意后，向省科技厅提交申请；依托单位为中直高校、科研院所的，直接向省科技厅提交申请。

（三）省科技厅会同省财政厅对申请材料进行形式审查，并组织独立专家组或委托第三方专业机构进行审核、评估，根据评估得分结果及排序提出拟支持科技创新基地名单，按照不低于10%

实地核查。

（四）拟支持科技创新基地名单由省科技厅在门户网站公示 5 个工作日。公示无异议后，省科技厅会同省财政厅向省政府呈报资金安排意见，待省政府批复后，省科技厅下达支持计划，省财政厅按程序拨付资金。

四、监督与管理

（一）奖励资金纳入依托单位财务统一管理，单独核算，专款专用。奖励资金主要用于科技创新基地的开放运行费、基本科研业务费和仪器设备费，不得用于有工资性收入的人员工资、奖金、津补贴和福利支出，不得用于各种罚款、捐款、赞助、投资、偿还债务等支出。依托单位不得以任何名义提取管理费。

（二）依托单位应确保申请材料的真实性和准确性，一经发现通过弄虚作假手段获取省科技创新基地奖励资金的，除收回奖励资金外，还将取消其科技创新基地资格。情节严重的，记入省科技诚信档案"黑名单"，涉及违法行为的，依法追究法律责任。

五、附则

（一）本细则由省科技厅、省财政厅负责解释。

（二）本细则自发布之日起实施。

黑龙江省科学技术厅　黑龙江省财政厅
关于印发《黑龙江省自然科学基金管理办法》的通知

(黑科规发〔2018〕8号)

各市(行署)科技局、财政局,省直有关部门:

现将《黑龙江省自然科学基金管理办法》印发给你们,请遵照执行。

2018年9月27日

黑龙江省自然科学基金管理办法

第一章　总则

第一条　为规范黑龙江省自然科学基金(以下简称省自然科学基金)的使用与管理,提高省自然科学基金使用效益,根据《中华人民共和国科学技术进步法》《黑龙江省科学技术进步条例》,制定本办法。

第二条　省自然科学基金主要用于资助自然科学、工程科学等领域中的基础研究和应用基础研究,支持研究团队建设,培养、稳定和引进科技人才,提升原始创新能力,为全省经济社会发展提供科技支撑。

第三条　省自然科学基金主要来源于省级财政拨款。鼓励自然人、法人或其他组织向省自然科学基金捐资或合作设立联合专项。

第四条　省自然科学基金资助工作遵循尊重科学、激励创新、公开公正、提倡竞争、强化绩效的原则。

第五条　省自然科学基金项目(以下简称基金项目)包括:省自然科学基金研究团队项目、省自然科学基金重点项目、省自然科学基金杰出青年项目、省自然科学基金优秀青年项目和省自然科学基金联合引导项目。

基金项目类别可根据我省实际需要进行调整。

第六条　省自然科学基金由省科技厅和省财政厅共同管理。

(一)省科技厅主要职责

1. 编制并发布年度基金项目申报指南;

2. 组织基金项目的申报、评审、编报项目资金预算和结题验收;

3. 对基金项目实施情况进行监督检查和综合绩效评价。

(二)省财政厅主要职责

1. 审核并批复年度基金项目资金预算;

2. 按计划拨付基金项目资金;

3.对基金项目预算执行情况开展监督检查和项目资金财政绩效管理。

第二章 规划与组织

第七条 省科技厅根据黑龙江省国民经济和社会发展规划和黑龙江省科技创新规划制定基金项目申报指南,明确优先发展领域和重点支持范围。

第八条 基金项目通过依托单位组织实施。黑龙江省行政区域内的高等院校、科研院所、企业和其他从事科学研究的单位,可通过省科技厅申请注册为依托单位。依托单位应具备下列条件:

(一)具有独立法人资格,并有完善的财务和资产管理制度;

(二)有专门的科学研究管理机构和科学研究管理制度;

(三)具备为科技人员从事科学研究提供相应条件和服务的能力。

第九条 依托单位是基金项目实施和资金管理使用的责任主体,履行下列职责:

(一)组织基金项目申请;

(二)审核申请人所提交材料的真实性;

(三)提供基金项目实施的必要条件,保障项目负责人和参与人实施基金项目的时间;

(四)跟踪基金项目的实施,保证基金项目经费专款专用,为科技人员使用经费提供便利服务;

(五)配合省自然科学基金管理部门对基金项目的实施进行监督、检查、结题和综合绩效评价。

第三章 申请与评审

第十条 省自然科学基金资助申请每年集中受理一次,依托单位的科技人员申请基金项目应当具备下列基本条件:

(一)具有良好的政治品行、科学道德和科研信用,有从事基础研究工作的经历;

(二)需是基金项目的实际主持人,正式受聘于依托单位,每年在依托单位工作时间应不少于六个月;

(三)曾主持的省级科技计划项目均已通过结题验收,当年申请(含参加)基金项目总数不超过2项,其中只能主持1项;

(四)参与人与申请人不是同一单位的,参与人所在单位视为合作研究单位,合作研究单位的数目不超过3个。

第十一条 申请不同类别基金项目除符合第十条基本条件外,还应具备以下相应条件:

(一)省自然科学基金研究团队项目

1.研究团队应是在长期合作基础上形成的研究队伍,具有合理的专业、年龄和梯队结构,包括团队带头人1人,研究骨干不多于5人;

2.团队带头人作为项目申请人,应具有正高级专业技术职务(职称),有较高的学术造诣、较强的组织协调能力和合作精神;

3.研究骨干应具有高级专业技术职务(职称)或博士学位,其中50周岁以下者不低于研究骨干总数的五分之二;

4.项目研究内容应突出我省重点产业发展需求,其科技成果的转化能够产生较大经济和社会效益。

（二）省自然科学基金重点项目。申请人应具有高级专业技术职务（职称）或博士学位。不具有高级专业技术职务（职称）和博士学位的申请人，必须由两名与其研究领域相同、具有正高级专业技术职务（职称）的科技人员推荐。

（三）省自然科学基金杰出青年项目。申请人年龄未满45周岁，高等院校、科研院所申请人应具有高级专业技术职务（职称）或博士学位，企业申请人应具有高级专业技术职务（职称）或硕士及以上学位。

（四）省自然科学基金优秀青年项目。申请人年龄未满38周岁，具有中级及以上专业技术职务（职称）或博士学位。

（五）省自然科学基金联合引导项目。申请人应具有中级及以上专业技术职务（职称）或硕士及以上学位。

第十二条　基金项目采取网上申请、限额推荐的方式申报。经依托单位审核同意后，申请人通过黑龙江省科技计划综合管理系统在线提交申请。提交的材料以年度申报通知为准。申请人应当对所提交申请材料的真实性负责。

第十三条　省科技厅应当或委托项目管理专业机构自基金项目申请截止之日起30日内，完成对申请材料的形式审查。符合本办法规定的，予以受理。有下列情形之一的，不予受理，通过依托单位通知申请人，并说明理由：

（一）申请人不符合本办法第十条、第十一条规定条件的；

（二）申请材料不符合年度基金项目指南要求的；

（三）申请人申请基金项目超过规定数量的。

第十四条　基金项目评审实行专家评审制度。评审方式包括网络评审和会议评审，其中省自然科学基金优秀青年项目和省自然科学基金联合引导项目采取网络评审方式。省自然科学基金研究团队项目、省自然科学基金杰出青年项目和省自然科学基金重点项目采取网络评审和会议评审两轮评审方式。网络评审从同行专家库中随机选择5名专家进行评审，有效评审意见应不少于3份。会议评审专家由学术造诣深、知识面广、客观公正、有一定名望的专家组成，评审专家数量不少于9人。会议评审采取现场或视频答辩方式。

第十五条　评审专家应本着科学、客观、公正、负责的态度，综合考虑申请人的研究经历、资助经费使用计划的合理性、研究内容获得其他资助的情况等因素，对申请基金项目从科学价值、创新性、经济和社会效益以及研究方案的可行性等方面进行独立判断和评价，提出评审意见。

第十六条　对网络评审中专家评审意见分歧较大，但创新性强、可能产生原创性成果的基金项目（即非共识项目），可以进一步进行会议评审。提交会议评审的非共识项目不高于年度拟立项总数的5%。

第十七条　省科技厅根据本办法的规定和专家评审意见，提出年度基金项目资助计划，提交省财政厅对经费预算进行审核，并按规定履行审批程序。

基金项目资助计划应适当考虑区域、单位和学科平衡，同等条件下优先资助艰苦边远地区科技人员。

第十八条　在基金项目评审工作中，省科技厅或受委托的项目管理专业机构工作人员和评审专家是申请人、参与人近亲属或可能影响公正评审的，应当申请回避。

第十九条　省科技厅或受委托的项目管理专业机构工作人员不得申请或者参与申请基金项目，

不得干预评审专家的评审工作。

省科技厅或受委托的项目管理专业机构工作人员和评审专家不得披露未公开的评审专家的基本情况、评审意见、评审结果等与评审有关的信息。

第四章 资助与实施

第二十条 省科技厅应当对拟资助基金项目的名单予以公示,公示期为5个工作日。公示无异议的基金项目组织签订《黑龙江省自然科学基金项目计划任务书》(以下简称项目计划书)。

第二十一条 依托单位和项目负责人自收到资助通知10个工作日内完成项目计划书填写,省科技厅应当或委托项目管理专业机构自收到项目计划书之日起20个工作日内完成审核。

逾期未提交项目计划书且在规定期限内未说明理由的,视为自动放弃接受资助。

第二十二条 基金项目资金开支范围按照《省级财政科研项目资金管理办法》的有关规定执行。

第二十三条 基金项目实施中,省自然科学基金杰出青年项目和省自然科学基金优秀青年项目负责人不得变更。其他类别项目负责人有下列情形之一的,依托单位应当及时提出变更项目负责人或者终止基金项目实施的申请,报省科技厅批准;省科技厅可以直接作出终止基金项目实施的决定。

(一)不再是依托单位科技人员的;

(二)因故不能继续开展研究工作的;

(三)有剽窃他人科学研究成果或者在科学研究中有弄虚作假等学术不端行为的。

项目负责人调入另一依托单位工作的,经所在依托单位与原依托单位协商一致,由原依托单位提出变更依托单位的申请,报省科技厅批准。协商不一致的,省科技厅将终止基金项目实施。

第二十四条 项目负责人应保证项目参与人的稳定,未经批准不得擅自变更。由于客观原因确实需要增加或者退出的,由项目负责人提出申请,经依托单位审核后报省科技厅批准。距执行期满不足半年的基金项目不得变更参与人。

第二十五条 基金项目实施中,项目负责人可以在研究方向不变、不降低申报指标的前提下自主调整研究方案和技术路线,研究内容需要作出重大调整的,项目负责人应及时提出申请,经依托单位审核后报省科技厅批准。

第二十六条 基金项目执行期一般为3年。项目负责人应当在项目执行期满后60日内通过依托单位提交验收申请,依托单位应对其验收申请材料进行真实性审查。

第二十七条 省科技厅应当或委托项目管理专业机构依据项目计划书对基金项目验收申请进行一次性综合绩效评价,不再分别开展单独的财务验收和技术验收。对资助经费50万元(含50万元)以上的基金项目,依托单位自主选择具有资质的第三方中介机构进行结题财务审计,报省科技厅备案审查;对资助经费不足50万元的基金项目,项目负责人应编制基金项目资金决算表,经依托单位财务部门审核验收后,报省科技厅备案审查。

第二十八条 基金项目实施期间,年度剩余资金可结转下一年度继续使用。完成项目任务目标并通过结题验收,结余资金在2年内由依托单位统筹安排用于科研活动的直接支出,2年后的结余资金收回省级财政。

第二十九条 基金项目结题验收实行先提交科技报告和汇交科学数据,再验收项目的制度,未提交科技报告和汇交科学数据的项目不予验收。

第三十条 由于客观原因或特殊情况不能按期结题验收的，项目负责人应当于基金项目执行期满后 30 日内提出延期或终止申请，经依托单位审核后报省科技厅批准。项目负责人只可申请延期 1 次，期限不得超过 1 年。

第三十一条 超过规定期限无故不办理结题验收或延期后仍不能完成项目计划任务的，省科技厅将终止该项目执行。基金项目因故终止，依托单位应当及时清理账目与资产，编制财务报告及资产清单，并向省科技厅提交终止报告，其结余资金上缴省级财政。对省财政资助 50 万元（含50 万元）以上的基金项目，省科技厅应组织清查，对已购物资、材料及仪器提出处理意见，设备变价收入、结余资金上缴省级财政。

第三十二条 省科技厅应当或委托项目管理专业机构在 15 日内完成对申请结题验收项目的审查，对不符合结题验收要求的，应当提出处理意见，并通知依托单位和项目负责人。

第三十三条 基金项目研究中取得的研究成果报告及基础性数据，应按照《国家科技计划科技报告管理办法》《黑龙江省贯彻落实〈科学数据管理办法〉实施细则》有关要求向社会公开，实行共享（按照规定应当保密的除外）。

依托单位、项目负责人应当积极开展科学技术普及工作，宣传基金项目取得的研究成果，推进研究成果的应用和转化。

第三十四条 基金项目研究形成的专著、论文、专利等成果，均应标注"黑龙江省自然科学基金资助项目"（英文：Supported by Heilongjiang Provincial Natural Science Foundation of China）和项目编号，且同一研究成果不能标注 1 个以上省自然科学基金项目编号。未按要求进行标注的研究成果，不得作为项目结题验收和成果评价统计内容。

第五章 管理与监督

第三十五条 省科技厅应当或委托项目管理专业机构对基金项目实施情况、依托单位履行职责情况进行抽查，抽查时应当查看基金项目实施情况的原始记录，建立项目负责人和依托单位的诚信档案。

第三十六条 省科技厅应当或委托项目管理专业机构对评审专家履行评审职责情况进行评估，根据评估结果，建立评审专家诚信档案。

第三十七条 省科技厅应当或委托项目管理专业机构对基金资助工作进行评估，并将评估报告作为制定基金发展规划和年度基金项目指南的依据。

第三十八条 依托单位应当依法履行基金项目管理职责，对项目负责人使用基金资助经费的情况进行监督，跟踪项目实施情况，检查或抽查项目原始资料。

第三十九条 任何单位或者个人发现省科技厅或受委托的项目管理专业机构及其工作人员、评审专家、依托单位及负责基金项目管理工作的人员、申请人或者项目负责人、参与人有违反本办法规定行为的，可以检举或者控告。

第四十条 项目申请人、参与人伪造或者编造申请材料的，由省科技厅给予警告；其申请项目已决定资助的，撤销原资助决定，追回已拨付的基金资助经费；情节严重的，列入科研诚信黑名单，3 至 5 年不得申请或者参与申请基金项目。

第四十一条 项目负责人、参与人违反本办法规定，有下列行为之一的，由省科技厅给予书面警告，暂缓拨付基金资助经费，并责令限期改正；逾期不改正的，撤销原资助决定，追回已拨付的基金资助经费；情节严重的，列入科研诚信黑名单，5 至 7 年不得申请或者参与申请基金项目：

（一）不按照项目计划书研究方向开展研究的；

（二）不依照本办法规定提交项目科技报告、结题报告或者其他按规定应提交的重要材料的；

（三）违背科学道德，提交弄虚作假的报告、原始记录或者相关材料的；

（四）侵占、挪用基金资助经费的。

第四十二条 依托单位有下列情形之一的，由省科技厅给予书面警告，责令限期改正；情节严重的，给予通报批评或3至5年不得作为依托单位：

（一）不履行保障基金项目研究条件职责的；

（二）不对申请人或者项目负责人提交的材料或者报告的真实性进行审查的；

（三）纵容和包庇申请人、项目负责人弄虚作假的；

（四）擅自变更项目负责人的；

（五）不配合省科技厅或委托的项目管理专业机构监督、检查基金资助项目实施的；

（六）截留、挪用基金资助经费的。

第六章 附则

第四十三条 本办法自公布之日起施行，《黑龙江省科学基金资助项目及资金管理暂行办法》（黑科联发〔2011〕96号）同时废止。

第四十四条 本办法由省科技厅和省财政厅负责解释。

黑龙江省科学技术厅
关于印发《省科技计划项目绩效评价和验收工作规程（试行）》的通知

(黑科规〔2019〕5号)

各市（地）科技局，各有关单位：

现将《省科技计划项目绩效评价和验收工作规程（试行）》印发给你们，请遵照执行。

2019年8月21日

省科技计划项目绩效评价和验收工作规程（试行）

为进一步加强省科技计划项目管理，规范省科技计划项目的绩效评价和验收工作，保障绩效评价和验收工作的进度和质量，依据《国务院关于优化科研管理提升科研绩效若干措施的通知》（国发〔2018〕25号）精神，制定本工作规程。

第一条 适用范围

本工作规程适用于列入省科技计划（归口管理）的包括省科技重大专项、省应用技术研究与开发、省自然科学基金、省院科技合作、重大科技成果转化、中央引导地方专项等项目。按省财政科技立项资助金额大小，项目的类型分为重点项目和一般项目。其中，重点项目是指资助额度50万元（含）以上的项目；一般项目是指资助额度50万元以下的项目。重点项目进行绩效评价，评价结论视同验收结论，一般项目进行验收。

第二条 绩效评价和验收原则

坚持实事求是、科学规范、客观公正、注重质量、讲求实效的原则，突出代表性成果和项目实施效果评价，不唯"人才项目""头衔""帽子""论文数量""获得奖励"等评价指标，依据项目实施方案和考核目标，对项目的完成情况进行总体评价。基础研究与应用基础研究类项目重点评价新发现、新原理、新方法、新规律的重大原创性和科学价值、解决经济社会发展和国家安全重大需求中关键科学问题的效能、支撑技术和产品开发的效果、代表性论文等科研成果的质量和水平。技术和产品开发类项目重点评价新技术、新方法、新产品、关键部件等的创新性、成熟度、稳定性、可靠性，突出成果转化应用情况及其在解决经济社会发展关键问题、支撑引领行业产业发展中发挥的作用。应用示范类项目绩效评价以规模化应用、行业内推广为导向，重点评价集成性、先进性、经济适用性、辐射带动作用及产生的经济社会效益。

第三条 绩效评价和验收内容

绩效评价和验收以《黑龙江省科技计划项目合同书（任务书）》（以下简称合同书）为基础，重点包括项目任务完成情况和经费管理使用情况等方面，对合同书中的研发内容、任务指标、经费使用等情况进行评价和验收，并综合考察项目承担单位和项目组的项目管理、科研信用等情况。

第四条 工作分工

科技监督与诚信建设处（以下简称监督处）统筹管理省科技计划项目专项层面和项目层面绩效评价工作及项目层面验收工作，监督考核项目绩效评价和验收的进度、质量；根据绩效评价和验收结论进行科研诚信管理。普惠类、平台类和不签订合同书的竞争类项目绩效评价工作由各有关处室负责，并将项目绩效评价结论及时抄送监督处。

监督处委托省成果转化中心作为绩效评价和验收的组织单位，负责绩效评价和验收的日常组织工作，包括绩效评价和验收纸质材料的受理、形式审查、会议（现场）评价的组织、专家咨询费的支付、绩效评价和验收材料归档等事项。

各有关处室负责督促项目承担单位按时提交绩效评价或验收申请，审核项目承担单位提交的绩效评价或验收材料；各有关处室委托项目管理专业机构（以下简称专业机构）具体管理项目的，专业机构负责督促项目承担单位按时提交绩效评价或验收申请，审核项目承担单位提交的绩效评价或验收材料。

项目推荐单位负责对项目承担单位提出的申请及材料进行初审、提出初审意见，组织本单位实施期满项目按时提交绩效评价或验收申请。

项目承担单位或项目负责人（以下简称项目承担单位）在项目实施期满后，应及时启动绩效评价或验收工作。

第五条 绩效评价和验收形式

项目绩效评价和验收组织形式分为会议（现场）绩效评价和材料验收两种，重点项目原则上采用会议（现场）绩效评价方式；一般项目采用材料验收方式。

第六条 绩效评价和验收流程

（一）绩效评价和验收申请

项目承担单位应按相应的《办法》规定，通过黑龙江省科技创新服务平台提交绩效评价或验收申请，材料如下。

（1）项目绩效评价（验收）报告（见附件1）。

（2）项目实施过程中形成的知识产权和技术标准情况，包括专利、商标、著作权等知识产权的取得、使用、管理、保护等情况，国际标准、国家标准、行业标准等研制完成情况。

（3）与项目任务相关的第三方检测报告或用户使用报告。

（4）成果管理，说明研究过程中公开发表论文和宣传报道、对外合作交流、接受外方资助等情况。

（5）审计报告和相关补充说明材料等。

（二）延期申请及申请提前验收事宜

因故不能按期完成须申请延期的项目，项目承担单位应按相应的《办法》规定提出延期申请，由各有关处室或专业机构审核批复。项目延期只能申请1次，延期时间不超过1年；申请提前验收的，项目承担单位提交绩效评价或验收申请原则上不能早于合同到期6个月。

（三）推荐单位初审

项目推荐单位在20个工作日内对申请材料进行初审，提出初审意见。符合绩效评价或验收条件的项目，审核通过提交至省科技厅；不符合绩效评价或验收条件的项目，审核不通过退回项目承担单位。

（四）科技厅审核

计划管理方（省科技厅各有关处室）负责对项目绩效评价或验收材料的完整性，以及合同考核指标完成情况进行形式审查，应当自绩效评价或验收申请提交到省科技厅之日起15个工作日内完成。形式审查通过的，提交到监督处；形式审查不通过的，一次性告知，退回项目承担单位。监督处自收到之日起10个工作日内完成审核。审核通过的，发绩效评价或验收通知；审核不通过的，一次性告知，退回项目承担单位。

（五）组织绩效评价和验收

项目承担单位接到绩效评价或验收通知后，应按要求做好项目绩效评价或验收准备工作，项目绩效评价或验收工作应在绩效评价或验收通知下发2个月内完成。

1. 专家产生

项目绩效评价或验收专家组实行回避制度和诚信承诺。项目绩效评价或验收组织单位根据项目的类型、专业领域来选取专家，专家名单原则上来自黑龙江省科技计划专家库。会议（现场）评价原则上需要5名或以上的单数专家组成专家组（含1名财务专家），其中1名技术专家担任专家组组长。

材料验收可由监督处委托省科技成果转化中心开展。

2. 项目绩效评价和验收

开展项目绩效评价或验收时，专家组在审阅资料、听取汇报和质询等基础上，结合项目年度、中期执行情况等信息，进行审核评议。重点项目需根据财务审计报告进行财务评价；一般项目可不出具财务审计报告，根据专项经费支出决算表（见附件2）进行财务验收。

——在项目任务方面，根据科研项目绩效分类评价的要求，重点对项目目标和考核指标完成情况、研究成果的水平及创新性、成果示范推广及应用前景、项目组织管理和内部协作配合、人才培养等情况进行评价。

——在资金方面，重点对资金到位与拨付情况、会计核算与资金使用情况、预算执行与调整等情况进行评议，在此基础上确定专项资金结余，并由财务专家填写项目资金专家评议打分表（见附件3）。

技术专家填写项目绩效评价（验收）专家个人意见表（见附件4），专家组出具项目绩效评价（验收）专家组意见表（见附件5）。项目绩效评价或验收结论分为通过、不通过和结题三类。

（1）按期保质完成项目任务书确定的目标和任务的，为通过。

（2）因非不可抗拒因素未完成项目任务书确定的主要目标和任务的，为不通过。

（3）因不可抗拒因素未完成项目任务书确定的主要目标和任务的，按结题处理。

（4）未按任务书约定按期提交绩效评价或验收申请及相关材料的，提供的文件、资料、数据存在弄虚作假的，未按相关要求报告重大调整事项的，项目承担单位、参与单位或个人存在严重失信行为并造成重大影响的，拒不配合绩效评价或验收工作或逾期不开展项目绩效评价或验收的，均按结题处理，强行终止。

（六）绩效评价和验收结论下达及其他事宜

1. 绩效评价或验收后，结论为通过或结题的，在结论形成之日起的20个工作日内，通过省科技厅网站发布结论；结论为不通过的，在结论形成之日起的15个工作日内，省科技厅向项目承担单位发出《绩效评价（验收）整改通知书》（见附件6），整改期限不超过6个月。整改完毕后，项目承担单位可重新提交申请，再次申请组织绩效评价或验收工作。第二次仍不通过的，或者整改通知之日起6个月内未重新提交申请的，与首次绩效评价或验收结论为结题的项目共同转入终止程序处理。终止的项目绩效评价和验收结论按结题处理。

2. 结论为通过的，项目承担单位在收到项目绩效评价或验收结论后1个月内，按照专家意见修改完善有关材料，并按要求将材料一式4份报送至省科技厅，由各有关处室（专业机构）审核盖章后，1份留各有关处室（专业机构）备案，1份由省成果转化中心归档，1份由项目推荐单位保管，1份由项目承担单位留存，在黑龙江省科技创新服务平台办结项目绩效评价或验收有关事宜且纸质材料盖章归档后，项目才算正式绩效评价或验收完毕。将项目绩效评价验收材料与相关技术文件归档管理。

3. 项目绩效评价或验收实行100分满分制，平均得分80分以上（含80分）通过，80分以下为不通过。90分以上（含90分）为优，80分（含80分）至90分为良，60分（含60分）至80分为差，60分以下为劣。绩效评价或验收得分将记入项目承担单位和项目负责人科研诚信档案。

第七条 绩效评价和验收结果应用

1. 省科技厅每年形成报告对绩效评价和验收结果进行综合分析，对各市地、各有关单位、各有关处室项目组织情况、执行情况、工作质量和成效等进行通报。将绩效评价和验收成果导入成果库，促进绩效评价和验收中成熟度高的成果进行转化。

2. 省科技厅根据专项绩效评价结果，调整完善相关专项经费安排，改进项目实施管理，提高项目管理水平和经费使用效益。对绩效优良的专项或专题计划在下一年度的专项经费安排上给予适度倾斜；对绩效差劣的专项或专题计划在下一年度予以减少经费安排甚至取消经费安排。

3. 省科技厅根据项目绩效评价或验收结果，对结果优良的项目承担单位在后续科技计划项目安排上予以优先支持，对结果差劣的项目承担单位在后续科技计划项目申报中予以一定年限限制申报处理。

第八条 工作责任与纪律

（一）项目绩效评价或验收不通过的，或项目承担单位和参与单位或个人涉及科研诚信问题的，依照相关规定和程序记入信用记录；项目承担单位和参与单位在科研资金使用中有重大违规行为，或整改不到位，或未及时足额上交结余资金的，视情节轻重，给予通报批评、停拨单位在研项目省财政资金、取消单位或有关人员项目申报资格等处理，并记入信用记录；情节严重的，列入科研信用"黑名单"；涉嫌犯罪的，移送司法机关处理。

（二）省科技厅对参与绩效评价和验收工作的组织单位、有关专家、专业机构和中介机构按一定比例进行抽查，对由项目承担单位委托会计师事务所出具的审计报告，以及项目承担单位出具的专项经费支出决算表开展一定比例的抽查核实，进行监督评估，相关结果将作为对相关责任主体进行信用记录的重要依据。

（三）参与绩效评价和验收工作的专家应恪尽职业操守，按照独立、客观、公正的原则进行审核评议。建立对专家的责任追究制度，存在明显不合理、不正当、不作为等倾向的，或谋取不正当利益等行为的，其出具的相关意见无效，记入专家个人信用记录，情节严重的给予通报批评、取消专家资格、列入科研信用"黑名单"等处理；涉嫌犯罪的，移送司法机关处理。

（四）对项目承担单位及相关人员、会计师事务所及从业人员、有关专家等的处理结果，以适当方式向社会公布。

（五）省科技厅负责制定绩效评价和验收工作规程，统筹协调组织开展科技计划项目的评价和验收实施工作，对参与绩效评价和验收工作的组织单位、有关专家、专业机构等进行随机抽查。严格遵守《黑龙江省科学技术厅机关工作人员行为规范》。

第九条 附则

本规程由省科技厅负责解释。本规程自发布之日起施行。本规程适用于发布之日以后立项的省科技计划项目绩效评价和验收工作。

黑龙江省科学技术厅　黑龙江省财政厅
关于印发《黑龙江省科技创新券管理办法（试行）》的通知

（黑科规〔2019〕7号）

各市（地）科技局、财政局，各有关单位：

为推进科技资源开放共享，扩大科技服务供给，进一步优化创新创业生态环境，激发中小企业创新活力和发展动力，省科技厅、省财政厅联合制定了《黑龙江省科技创新券管理办法（试行）》，现印发给你们，请认真贯彻执行。

黑龙江省科学技术厅
黑龙江省财政厅
2019年8月28日

黑龙江省科技创新券管理办法（试行）

第一章　总则

第一条　为贯彻落实《国务院关于强化实施创新驱动发展战略进一步推进大众创业万众创新深入发展的意见》《中共中央办公厅　国务院办公厅关于促进中小企业健康发展的指导意见》和《中共黑龙江省委　黑龙江省人民政府关于大力促进高新技术成果产业化的意见》精神，促进中小企业创新创业，推进科技资源开放共享，扩大科技服务供给，加速科技成果转移转化，进一步优化创新创业生态环境，激发中小企业创新活力和发展动力，更好地发挥黑龙江省科技创新券（以下简称创新券）作用，制定本办法。

第二条　创新券是政府向中小微企业免费发放，鼓励其购买科技资源和创新服务的一项普惠性政策。旨在鼓励企业开展科技创新创业活动，推动科技资源开放共享，引导企业加大科技研发投入。

第三条　省级以上重点（工程）实验室、技术创新（工程技术研究）中心、科学数据中心、科技资源库等科研基地平台，以及财政投入形成的科研设施仪器等条件资源，应积极面向社会开放共享，主动为中小微企业服务。

第四条　创新券的使用和管理应遵守国家有关法律法规和财务规章制度，遵循公开普惠、自主申领、鼓励创新、资源共享、专款专用、据实列支的原则。

第二章　组织方式

第五条　创新券由黑龙江省科学技术厅（以下简称省科技厅）和省财政厅共同管理和组织实施，负责创新券的政策制定、监督和管理，研究确定创新券实施过程中有关重大事项，开展创新券工作的绩效评价。

第六条 各市（地）科技管理部门、财政部门是本地区行政区域内创新券工作管理部门，应建立相关工作机制和保障措施，负责推荐创新券服务机构，负责组织当地企业利用创新券开展创新活动。

第七条 省科技厅和省财政厅委托黑龙江省科技资源共享服务中心（以下简称省共享中心）负责创新券的申请受理、资格审查、发放及兑现等工作。

各市（地）科技资源共享服务子平台负责做好创新券的具体落实和服务对接。

第三章 创新券服务平台和机构

第八条 省科技厅依托现有黑龙江省科技创新创业共享服务平台（以下简称省共享平台），建立黑龙江省科技创新券信息服务平台（以下简称服务平台）和黑龙江省科技创新券服务机构库（以下简称服务机构库）。通过服务平台和服务机构库建设，汇集信誉较好、服务水平较高的科技服务机构信息，为创新券的组织实施、数据统计和考核评价提供支撑。服务机构库中的科技服务机构和服务内容通过服务平台向社会公开。

第九条 科技服务机构开展创新券服务须先申请登记入库，成为创新券服务机构。申请入库的科技服务机构应先加盟到省共享平台，再注册登记入库。各市（地）科技管理部门应积极组织当地优质科技服务机构申请注册登记入库。省内高等院校、科研院所、企业应组织所依托的重点（工程）实验室、技术创新（工程技术研究）中心、科学数据中心、科技资源库等科研基地平台注册登记入库。

第十条 申请登记入库的科技服务机构须满足以下条件：

（一）省内具有独立法人资格的科技服务机构，或具有独立对外提供服务资质和能力的非独立法人机构［如二级学院、重点（工程）实验室、技术创新（工程技术研究）中心、科学数据中心、科技资源库、大科学装置等］。

（二）应当具备科技服务能力，有一定数量的专业人员，并具有从事科技服务一年以上的业务基础，近三年无不良信用记录。

（三）应当具备与服务内容相应的资质。

1. 开展研究开发服务的，应是拥有市（地）级以上认定或备案的重点（工程）实验室、技术创新（工程技术研究）中心、公共技术服务等平台机构。

2. 开展云计算服务的，应当具备工信部颁发的增值电信业务经营许可证及IDC/ISP，并且建立了完善的信息安全保护措施及制度，获国际云安全联盟CSA的C-STAR安全认证、ISCCC信息安全管理体系认证或者国际信息安全标准体系ISO 27001认证等。

3. 开展检验检测服务的，应具有CMA、CNAS等资质。

4. 开展科研基础设施和大型科研仪器开放共享服务的，应是已加盟到市（地）级以上科研设施与仪器共享服务平台的服务机构。

5. 开展科研试剂、实验动物、科学数据、科技文献、科技报告、生物种质等科研条件资源服务的，应是具有相应资质或市（地）级以上科技管理部门认定的机构。

第十一条 科技服务机构可通过省共享平台网站登录省创新券服务系统，在线填写入库申请表，并上传如下附件：

（一）入库申请表（加盖公章）、营业执照/法人证书扫描件（非独立法人服务机构，提供依托法人单位的相关执照）。

（二）单位取得由国家或省市批准的资质证明、有完善的大型科研仪器开放共享使用制度（大型科研仪器开放共享服务机构须提供）。

（三）上年度完税证明（仅限企业提供）。

（四）上年度财务审计报告或事业单位财务决算报表复印件，审计工作尚未完成的，可暂由财务决算报表代替。

（五）符合创新券支持领域的服务产品及收费标准（由物价部门核定的收费项目及市场指导价格，鼓励服务机构对创新券使用企业给予优惠价格）清单。

第十二条 省科技厅负责对申请的服务机构组织开展认定，依据服务机构的资质、服务产品类别、服务产品价格、历史服务业绩等综合评分，形成省科技创新券服务机构拟入库名单。

第十三条 拟入库机构在省科技厅网站和服务平台网站进行5个工作日的公示。公示无异议的服务机构列入黑龙江省科技创新券服务机构入库名单，并向社会发布。

第十四条 入库的创新券服务机构应按要求在创新券管理系统上统一发布服务产品、价格、合同样式等。

第四章 支持对象与范围

第十五条 创新券支持对象是中小微企业。企业划型按照《统计上大中小微型企业划分办法》（国统字〔2017〕213号）执行。企业应当符合以下条件：

（一）依法在本省行政区域内设立、登记、注册，具有独立法人资格，从事符合国家政策的研究、开发、生产和经营业务。资产状况和知识产权清晰，会计核算健全，有纳税申报。

（二）上一年度R&D经费支出占销售收入比重≥1%（不含当年成立的企业），且R&D经费支出不超过50万元。

（三）有一定数量的R&D人员，其中：中型企业当年R&D人员数占从业人员总数比例≥3%；小型企业当年R&D人员数占从业人员总数比例≥5%；微型企业当年R&D人员数占从业人员总数比例≥10%。

（四）与提供技术服务单位无任何隶属、共建、产权纽带等关联关系。

（五）企业近三年内无不良诚信记录。

第十六条 对入驻省级以上科技企业孵化器和众创空间的企业，以及科技人员、大学生、农民、城镇转移就业职工创办的中小微企业给予优先支持。

第十七条 不受理主营业务为以下行业的企业申请创新券：

（一）烟草制造业。

（二）住宿和餐饮业。

（三）批发和零售业。

（四）房地产业。

（五）租赁和商务服务业。

（六）娱乐业。

上述行业以《国民经济行业分类与代码（GB/4754—2011）》为准，并随之更新。

第十八条 创新券重点支持企业购买创新所需的科技条件资源，以及科技服务机构为中小微企业提供与科技创新活动相关的研究开发、检验检测、大型科研仪器开放共享等服务。创新券支持服务范围为：

（一）研究开发服务。主要包括工业（产品）设计与服务、工艺设计与服务、集成电路设计、新产品与工艺合作研发、新技术委托开发、技术解决方案、中试及工程化开发服务、云计算服务等。

（二）检验检测认证服务。主要包括产品检验、指标测试、产品性能测试、标准全文传递、标准系统定制、软件测评、集成电路封装测试等。

（三）大型科研仪器开放共享服务。主要包括委托分析服务、委托测试服务、委托实验服务、委托验证服务、机时共享服务等。

（四）购买科技资源服务。主要包括购买科研试剂、实验动物、科学数据、科技文献、科技报告、生物种质等科技条件资源。

第十九条　创新券不支持以下服务：

（一）按照法律法规或者强制性标准要求必须开展的强制检测和法定检测服务。

（二）与自身研发和科技创新无关的服务。

（三）质量管理体系等认证、商标服务、财务审计、企业上市辅导等商事服务。

（四）专利转让与购买服务。

（五）一般性的市场数据分析和商务法律咨询服务。

（六）工程项目等非研发类项目可行性报告、高新技术企业、科技型企业申报咨询服务等。

（七）已获取其他财政资金支持的创新活动。

第五章　申领、补贴形式与额度

第二十条　创新券按照"少量多次，按事申领"的发放机制，促进有限的资金实现最广泛的激励。创新券自领取之日起，有效期3个月，逾期未登记使用的创新券自动失效。企业应在有效期内按申报计划使用，创新券失效后，企业如有需求可重新申请。严禁创新券的转让、赠送和买卖行为。

第二十一条　省科技厅每年在省科技厅网站和服务平台网站同时发布创新券申请通知。凡有意愿使用创新券的企业，须通过省创新券服务系统在线填写申请信息，享受优先支持的企业须同时提交有关资质证明。市（地）科技管理部门和省共享中心按照职责分别对企业提交申请材料进行审核。通过后，企业即可获得创新券使用资格。

相关事项可通过"科技114（400-897-0114）"进行咨询。

第二十二条　在同一个申报周期内，申请创新券使用额度累计不超过20万元，具体补贴金额按不高于使用创新券购买服务实际发生金额的50%比例核定，其中，购买研究开发类服务最高补贴资金不超过10万元；购买科技条件资源、检验检测服务和大型仪器开放共享服务最高补贴资金不超过3万元。

第六章　使用与兑现

第二十三条　企业用创新券购买相关科技服务或使用科技资源，须签订正式合同。

第二十四条　省科技厅于每年兑现期在省科技厅网站和服务平台网站同时发布创新券兑现通知。企业与创新券服务机构完成合同规定的全部服务活动后，应及时将服务合同、增值税发票等相关证明材料扫描上传至省创新券服务系统。

第二十五条　省共享中心负责组织对企业提交的服务合同内容是否符合创新券支持范围，以及服务合同与增值税发票的一致性和真实性进行审核。

第二十六条　通过审核的企业根据省财政资金年度安排排队兑现。兑现顺序按企业向省创新券服务系统提交兑现材料的时间先后排序。对同一日提交兑现材料企业，省创新券服务系统对符合优先支持范围的企业给予优先排队。

第二十七条　省共享中心依据当年创新券经费总数和申领兑现企业实际发生费用情况，按照"先提交、先兑付、兑完为止"的原则，提出本年度创新券兑现方案草案（含拟兑现企业名单）。

第二十八条　省科技厅按不高于10%的比例组织对拟兑现企业和服务机构开展核查。核查无误后，会同省财政厅确定本年度创新券兑现方案和兑现企业名单。

第二十九条　兑现企业名单在省科技厅网站进行5个工作日的公示。公示无异议后，履行审核报批程序，拨付兑现资金。

第七章　监督管理

第三十条　省财政厅会同省科技厅定期组织开展对创新券工作情况的评价，评价结果用于指导创新券工作。

第三十一条　切实维护企业商业机密和合法权益，参与创新券申请、兑现及管理的相关机构和工作人员不得泄露用户身份信息、科研活动信息，以及形成的知识产权、科学数据和技术秘密等。对在创新券申请受理、资格审查、发放及兑现等工作中存在违规或泄露信息行为的，以及滥用职权、玩忽职守、徇私舞弊等违法违纪行为的，按照国家有关法律法规规定追究相应责任；涉嫌犯罪的，移送司法机关处理。

第三十二条　加强创新券的风险防控，对于违规乃至恶意骗取财政资金的企业和机构，根据情节严重程度，将通过约谈、通报批评、暂停或取消服务资格、追回已拨资金、3～5年内或永久性取消申报资格等措施予以惩戒。

第三十三条　建立创新券负面清单制度。有下列行为的企业和机构，一经查实，按上述条款作出处理，并将其记入严重失信行为记录数据库。

（一）有进行创新券转让、赠送和买卖行为的。

（二）在创新券申请、使用和兑现过程中提供虚假信息的。

（三）创新券服务机构隐瞒与企业产权隶属关系的。

（四）虚构创新券合同或提高合同金额等方式，套取创新券资金的。

第八章　附则

第三十四条　本办法由省科技厅、省财政厅按照职责分工负责解释。

第三十五条　本办法自2019年8月28日起施行。《黑龙江省科技创新券管理办法（试行）》（黑科规发〔2017〕1号）同时废止。

黑龙江省科学技术厅　黑龙江省财政厅关于印发《黑龙江省科技重大专项管理暂行办法》的通知

(黑科规〔2020〕2号)

各市(地)科技局、财政局，各有关单位：

为保障黑龙江省科技重大专项的组织实施，规范项目管理，省科技厅、省财政厅制订了《黑龙江省科技重大专项管理暂行办法》。现印发给你们，请遵照执行。

黑龙江省科学技术厅　黑龙江省财政厅
2020年6月8日

黑龙江省科技重大专项管理暂行办法

第一章　总则

第一条　为深入贯彻落实《中共黑龙江省委　黑龙江省人民政府关于深入实施创新驱动发展战略推进科技强省建设的若干意见》和《黑龙江省人民政府办公厅关于印发黑龙江省百亿级企业成长行动计划等7个文件的通知》要求，推进实施"百千万"工程科技重大专项支撑行动计划，参照《科技部　财政部关于印发〈国家重点研发计划管理暂行办法〉的通知》，明确科技重大专项（以下简称重大专项）的组织管理和工作流程，充分发挥重大专项对经济高质量发展的支撑和引领作用，特制定本办法。

第二条　重大专项由省级财政资金设立，是着力解决我省重点产业发展关键核心技术的重大科技项目。目标是突破一批产业转型升级的瓶颈技术，解决一批产业发展的实际问题，研究开发一批具有较强竞争力的重大新产品，发展壮大一批具有行业核心竞争力的创新型领军企业，建设形成高水平的重大工程，发挥对支柱产业的带动作用，产生显著的经济效益，提升科技创新对产业发展的持续支撑能力。

第三条　重大专项重点支持对我省产业技术升级和经济转型发展带动性强、覆盖面广、关联度高的关键核心技术研究开发及示范推广。要面向我省比较优势强、市场空间大、发展前景好的重点产业需求，以目标为导向，围绕产业链部署设计创新链，一体化组织实施。专项下设重点任务和研究方向。重点任务通过指南的方式提出，由若干项目体现。项目是重大专项组织实施的基本单元，可根据需要下设课题，作为服务于项目目标的独立任务。

第四条　重大专项组织实施坚持以下原则：

明确目标、聚焦重点。突出重大产品和产业化目标，聚焦省委、省政府部署的重大战略关键领域和重点任务。

创新机制、统筹资源。建立以企业为主体的产学研协同创新机制，集成和优化配置全社会科技资源。

动态调整、分步实施。根据我省战略需求和发展形势变化进行动态调整，逐项论证，成熟一项启动一项。

加强监督，突出绩效。建立权责明确的监管制度和机制，加强预算绩效管理，科学评估评价，提高资金使用效益。

第五条 重大专项采取直接补助的支持方式，资金坚持多元化筹措，以省级财政资金引导企业，鼓励市（地）政府、金融资本及社会资本共同投入，科学合理配置专项资金。突出企业研发投入主体作用，鼓励和支持企业加大研发投入力度。

第二章 组织管理与职责

第六条 重大专项由省科技厅和省财政厅共同管理。省科技厅是重大专项的牵头组织部门，负责重大专项组织谋划与部署实施；研究制订重大专项管理制度；编报重大专项年度预算；组织实施项目的过程管理、监督检查、总结验收、绩效管理和财务审计；承担重大专项沟通协调工作，解决项目执行中的重大问题；汇总重大专项各类信息，推动项目成果转化应用和信息共享。省财政厅参与研究制订重大专项管理制度，审核重大专项年度预算，预算草案经省人民代表大会批复后，按计划拨付项目资金，指导预算绩效管理和监督工作。

第七条 项目推荐单位是各市（地）科技主管部门、中省直行业主管部门。主要职责包括：负责权属项目申报推荐工作；配合省科技厅开展项目过程管理，组织推动并督促项目实施，及时报告进展；受省科技厅委托，参与或组织项目中期评估、验收；协调推动项目成果转化应用。

第八条 专家组是项目管理的决策咨询机构，由相关领域技术、行业管理及财务专家组成。主要职责包括：负责重大专项项目申报指南的编制和评估论证；参与重大专项项目立项评审、过程管理、项目验收等工作；对重大专项项目优化管理和重大事项调整等提出咨询意见。

第九条 项目承担单位是项目申请和实施的主体。主要职责包括：负责协调资源分配和任务分工，督促完成项目目标；执行重大专项管理规定，建立健全科研、财务等内部管理制度，加强单位间监督制约，落实相关诚信管理要求；及时审核、报告相关事项，并对相关材料真实性负责；配合项目监督检查，实施绩效管理等工作；负责项目资金使用、科技成果等管理工作。

第十条 项目负责人是项目实施任务的具体承担者与组织者。主要职责包括：组织项目工作组严格执行合同书规定任务；恪守科研道德准则，认真落实项目报告制度，对数据和材料真实性负责；配合项目监督检查等工作；负责项目资金使用、科技成果等管理工作；遵守相关保密规定。

第三章 项目申报与立项

第十一条 重大专项立项程序包括指南编制、指南论证发布、项目受理、项目审查、项目评审、厅会议审定、项目公示、项目合同书签订等基本环节。项目审查采取形式审查和业务审查方式，项目评审采取专家评审和综合复审方式。

第十二条 重大专项总体布局作为指南编制和项目实施的基本依据。省科技厅每年根据产业发展需求和专项实施成熟度，组织专家组进行项目申报指南的编制、评估论证和修改完善工作。按照"成熟一项启动一项"原则，启动项目申报。

第十三条 申报指南应遵循专项总体布局和任务设置，相对独立完整，体量适度，设立可考核评价指标；不得直接或变相限定项目技术路线和研究方案。对于同一指南下不同技术路线的申报项目，必要时可择优同时支持。项目承担单位原则上采取公开竞争择优方式遴选，采取定向委托需有充分依据。申报指南经公开征求意见后，发布申报通知，明确申报条件。

第十四条 申报单位原则以企业为主体，上一年度研发投入不低于 200 万元，满足自筹经费条件。鼓励产学研联合申报项目，优先支持高新技术企业、规模以上企业。多个单位联合申报的，应约定成果和知识产权的归属及权益分配，签订联合申报协议，由一家企业牵头作为项目承担单位，并提供相应自筹资金。非企业牵头申报的项目，须有企业参与合作，提供配套资金。项目承担单位应在黑龙江省境内注册，省外单位可与省内企业联合申报。

第十五条 项目负责人应按申报通知和指南要求，通过省科技创新服务平台（以下简称"平台"）在线注册、填报项目申报材料。申报材料在通知规定日期内随时申报、随时受理。经项目承担单位、推荐单位审核同意后，申报工作完成。省科技厅组织对项目承担单位、合作单位、项目申请人的申报资格、学术诚信状况、申请材料的完整性与规范性等进行形式审查，对申报内容与指南契合度等进行业务审查。

第十六条 严格执行评审程序和规则，保证评审过程科学性、公正性、合理性。对审查通过的项目，省科技厅按照选用分离及回避原则从专家库中抽取专家组成专家组，采取会议答辩方式进行技术和资金预算评审，并协调省直有关部门组成综合评议委员会，进行综合复审。省科技厅根据综合复审结果确定年度项目，会同省财政厅报省政府批准后，向社会公示。

第十七条 公示无异议后，省科技厅与项目推荐单位、项目承担单位签订项目合同书，履行拨款手续。项目合同书应以项目申报书和专家评审意见为依据，突出绩效管理，明确考核目标、指标和方式。项目下设课题的，项目承担单位应与合作单位签订课题合同书。

第十八条 重大专项项目资金支付应按照国库集中支付制度有关规定执行。涉及政府采购的，应当按照政府采购法律法规和有关制度执行。

第十九条 重大专项管理在平台全程留痕，确保信息可申诉、可查询、可追溯。形式审查、业务审查和专家评审结果通过平台及时反馈项目申报单位。省科技厅按规定受理项目相关申诉意见和建议，开展申诉调查，及时反馈处理意见。

第四章　项目实施

第二十条 项目承担单位和项目负责人应切实履行牵头责任，根据项目目标任务和分工制定一体化组织实施方案，明确定期调度、节点控制、协同推进方式，加强任务间的沟通、衔接与集成，全面掌握项目进展情况，及时分配和拨付财政资金，确保合作单位按进度高质量完成相关任务。项目合作单位应积极配合项目督导、协调和调度工作，支持项目承担单位对研究成果的集成应用。

第二十一条 实行项目实施情况报告制度。主要包括：

（一）执行情况报告。项目执行期内，执行超过半年的项目承担单位应于每（次）年 1 月底前通过平台填报项目年度执行情况，按照合同书时间节点填报中期报告与科技报告。省科技厅对项目实施情况进行抽查，或向社会公布项目实施情况。

（二）统计监测报告。根据统计监测工作相关要求，由项目负责人通过平台按时填报本单位及合作单位相关数据。其中，季报数据于每季度次月 10 日前填报；年报数据每（次）年 1 月底前填报，项目验收后数据跟踪监测 3 年。

（三）重大事项报告。项目取得重大进展、重大突破或出现重大问题，项目承担单位应及时向省科技厅和项目推荐单位提交书面报告。项目若发生变更，无法实施或无法完成目标的，参照项目管理相关规程执行。

第二十二条 重大专项资金包括财政拨款和其他来源资金，应由项目承担单位纳入单位财务统一管理，对省级财政资金和其他来源资金分别单独核算、专款专用、注重绩效，保证其他来源资金及时、足额到位。加强课题资金监管，确保项目资金合理合规使用。资金使用管理按照《黑龙江省财政厅黑龙江省科学技术厅关于印发〈省级财政科研项目资金管理办法〉的通知》《黑龙江省科学技术厅黑龙江省财政厅关于进一步优化省级财政科研项目和资金管理的通知》等文件执行。

第二十三条 加强项目结转、结余资金管理。在项目实施期间，年度剩余资金可结转下一年度继续使用。完成项目任务目标并通过财务验收，且承担单位信用评价好的，结余资金在2年内由承担单位统筹安排用于科研活动的直接支出，2年后的结余资金收回省级财政。逾期未提出财务验收申请、未通过财务验收、整改后通过财务验收的项目，或承担单位信用评价差的，结余资金收回省级财政。

第二十四条 项目主要研发活动应在黑龙江省境内开展。项目实施过程中，省科技厅将对项目进行整体监管、检查与服务，采取双随机一公开方式进行必要抽查，并适时组织对资金使用情况开展第三方评价。发现项目绩效目标偏离、低下等问题应及时纠正；项目存在严重问题、无法实现绩效目标的，由省科技厅督促及时整改，并可暂缓或停止拨款、收回资金。项目推荐单位和项目承担单位应充分配合，确保项目按照既定目标实施。

第五章 项目验收与成果管理

第二十五条 项目承担单位在项目执行期中及实施期满后，应通过平台及时提交绩效自评价与评价申请。申请材料经项目推荐单位审核通过后，按照《省科技计划项目绩效评价和验收工作规程（试行）》相关规定，由省科技厅实施审查、会议（现场）验收和绩效评价。项目下设课题的，项目承担单位应在项目绩效评价前完成课题验收。

第二十六条 项目承担单位要按照相关法律法规进行知识产权全过程管理，保护创新成果。项目形成的论文、专著、样机、样品等研究成果，应标注"黑龙江省科技重大专项资助"字样及项目编号。第一标注的成果作为绩效评价的确认依据。项目经费购置的大型仪器设备、项目研究中取得的研究成果报告及基础性数据，按相关规定实行公开和共享，面向社会服务。

第二十七条 项目承担单位要认真落实激励科技人员创新创业的相关政策，采取切实措施保障科技人员在创新创业活动中的各项权益。完善以科技成果为纽带的产学研深度融合机制，积极吸引成果转化基金、金融资本和社会资本向科技成果转化集聚，促进知识产权和成果的应用、扩散、共享、转化和产业化。重大专项档案材料须按有关规定整理归档。相关科技成果的保密、登记、奖励按有关规定和办法执行。

第六章 监督与绩效管理

第二十八条 建立全过程嵌入式监督机制，加强对事前、事中、事后关键环节的监督，重点对指南形成、专家选用、评审立项、项目实施与绩效评价等环节中相关主体行为规范、工作纪律、科研诚信和履职尽责情况等进行监督，形成监督结论和意见。对于需要进一步改进完善项目管理工作的，提出明确建议和要求，采取措施进行整改。

第二十九条 管理人员、科研人员应提升责任意识、自律意识和诚信意识，加强风险预警和重点防控，创造公平公正的科研环境。省科技厅加强项目立项、绩效评价、资金安排和专家选用等信息公开，建立关系人回避机制，主动接受公众和舆论监督，改进相关工作。项目承担单位应在单位内部公开项目立项、主要研究人员、科研资金使用及研究成果情况等信息，加强内部监督。对于收到投诉举报的情况，有关单位应按规定登记、报告和反馈。

第三十条 重大专项实施全过程预算绩效管理。根据《中共黑龙江省委黑龙江省人民政府关于全面实施预算绩效管理的实施意见》，省科技厅、省财政厅及项目承担单位根据项目目标合理设定重大专项总体绩效目标，细化分解绩效目标任务，对绩效目标实现程度和资金使用情况实施"双监控"。及时开展绩效评价，绩效评价结果作为省科技厅、省财政厅调整、终止项目，安排年度预算、完善政策和改进管理的重要依据。

第三十一条 建立责任追究机制。对相关部门及人员在专项资金分配、使用、管理等相关工作中存在失职、渎职、弄虚作假等行为的，按有关规定追究相应责任。对项目承担单位及相关人员违反项目合同书及有关规定，发生截留、挪用、挤占、骗取项目资金等各类违法违规行行为的，按有关规定追究相应责任；省科技厅将视情况列入科研诚信黑名单，省科技厅、省财政厅根据项目和资金管理相关规定采取终止项目执行、追回已拨资金、取消项目申报资格、实施社会信用联合惩戒等措施。

第七章 附则

第三十二条 本办法自公布之日起 30 日后实施，有效期 5 年。由省科技厅和省财政厅负责解释。

关于印发《黑龙江省科技计划项目科研诚信管理暂行办法》的通知

(黑科规〔2020〕6号)

各市(地)科技局,各有关单位:

为切实加强我省科研诚信体系建设,营造诚实守信的科研环境,省科技厅依据《中共中央办公厅 国务院办公厅关于进一步加强科研诚信建设的若干意见》等有关文件精神,制定《黑龙江省科技计划项目科研诚信管理暂行办法》,现印发给你们,请认真抓好贯彻落实。

黑龙江省科学技术厅
2020年7月30日

黑龙江省科技计划项目科研诚信管理暂行办法

第一章 总则

第一条 为进一步加强我省科研诚信体系建设,健全预防与惩治并举的工作机制,营造诚实守信的科研环境,强化黑龙江省科技计划项目(以下简称"项目")科研诚信管理,根据《中共中央办公厅 国务院办公厅关于进一步加强科研诚信建设的若干意见》《中共中央办公厅 国务院办公厅关于进一步弘扬科学家精神加强作风和学风建设的意见》《科技部等印发科研诚信案件调查处理规则(试行)的通知》《黑龙江省科学技术进步条例》等有关文件规定,结合科技计划项目有关管理办法及规定,制定本办法。

第二条 本办法所述科研诚信行为包括项目管理过程中的科研履约行为和科研失信行为。

科研履约行为是指项目管理过程中相关责任主体的履职尽责行为。

科研失信行为是指项目管理过程中相关责任主体弄虚作假、违反科学研究行为准则与规范以及其他有关规定的行为。

第三条 本办法适用于省级财政资金资助的各类科技计划(专项、基金等)项目及其他行权事项管理过程中涉及的各类责任主体的科研诚信行为管理。各类责任主体包括项目申报人、评审评估专家、项目申报(承担)单位、参加单位、项目推荐单位(机构)、中介服务机构等。

第四条 本办法适用于科技计划管理中开展守信激励和失信惩戒对象名单的认定、发布、奖惩、修复和移除等管理活动。

采取"红黄黑"名单制,对科研履约情况考核优秀的相关责任主体列入"红名单";对存在特别严重科研失信行为的相关责任主体列入"黑名单";对存在科研失信行为但情节不是特别严重、未造成重大影响的相关责任主体列入"黄名单"。

第五条 科研诚信管理工作应当遵循依法依规、审慎认定、客观公正、鼓励创新、宽容失败、奖惩并举、鼓励修复的原则。

第二章 职责分工

第六条 黑龙江省科学技术厅（以下简称"省科技厅"）负责项目科研诚信行为投诉举报的受理、调查和处理工作，或委托相关主管部门、项目承担单位组织调查处理；涉及多个部门或单位的重大科研失信行为，可组织开展联合调查，协调各有关部门开展调查。

第七条 各市（地）科技管理部门及各类责任人所在单位（主管部门）负责本区域（单位、系统）科技计划项目科研诚信行为的检查、指导和监督工作，建立健全重大科研诚信行为信息报送机制，配合或受省科技厅委托开展科技计划项目科研诚信行为的调查处理。

第三章 考核评价

第八条 科研履约行为按科技计划项目类别分类设置考核指标进行评价，项目检查验收的程序及措施按有关文件执行。根据责任主体科研履约情况，分为优秀、良好、及格与不及格4个级别。

项目承担单位（参加单位）保障项目执行履约情况，以承担单位年度验收（结题）率评价保障项目执行履约情况。按年度评价记录。

项目负责人（承担单位及参加单位）项目执行履约情况，以项目完成质量进行评价。按项目负责人（单位及参加单位）所承担的项目评价等级记录。

项目评审（评估）专家履约情况，以专家评审意见契合度、科学性、严谨性与合理性评价专家在项目评审中的履约情况。按评审会议评价记录。

第九条 科研履约考核评价情况适用以下措施：

项目负责人及承担单位认真履责尽职，连续2个（含2个）以上项目完成质量优秀的，视情况对其相继承担的在研项目在"双随机、一公开"检查中给予免检；申报项目时，同等条件下优先立项；

评审专家认真履职尽责，公平公正，评审契合度长期较高的，作为项目负责人申报项目时，同等条件下优先立项；

项目负责人及承担单位存在不履行结题手续、结题不通过、科研履约不及格或被动中止结题的，取消1~3年以内承担财政资金支持项目资格及其他资格，并依情节轻重，分别列入"黄名单"与"黑名单"；对大专院校及科研院所等单位，按同等数量减少限额申报科技计划类的项目申报数。

第十条 科研诚信问题惩戒处理的程序及措施按《科研诚信案件调查处理规则（试行）》（国科发监〔2019〕323号）执行。经调查认定存在科研失信行为的，视情节轻重与处理结果拟定科研失信行为级别。设定1级至4级，4级为特别严重。

1级失信行为：情节较轻的，暂停财政资助科研项目和科研活动，限期整改；或取消1年以内承担财政资金支持项目资格及其他资格，列入"黄名单"；

2级失信行为：情节较重的，取消3年以内承担财政资金支持项目资格及其他资格，列入"黄名单"；

3级失信行为：情节严重的，取消3~5年承担财政资金支持项目资格及其他资格，列入"黄名单"，给予公开通报处理；

4级失信行为：情节特别严重的，取消5年以上直至永久取消其申报（承担）财政资金支持项目资格及其他资格，列入"黑名单"，将黑名单信息纳入省信用信息共享平台，依托省联合奖惩信用信息管理系统，依法依规实施失信联合惩戒。

第四章　制度保障

第十一条　实行科研诚信承诺制度。在项目评审、验收及绩效评价等环节，相关责任主体签署诚信承诺书。

第十二条　建立科研失信修复制度。被列入"黄名单"、"黑名单"的责任主体主动纠正其失信行为且消除不良影响后，由所在单位或推荐单位提出修复申请，报省科技厅进行审议，根据审议结果从"黄名单"和"黑名单"中移出。

第十三条　加强"红黄黑"名单信息档案管理，对相关信息进行录入、删除、更改，并进行修复和移除处理。如实记录系统操作日志信息。

第十四条　建立科研失信行为举报制度，公布举报方式。

第十五条　建立科研诚信宣传培训制度。通过多种方式加强科研诚信宣传教育与培训，营造科研诚实守信的良好氛围。

第五章　附则

第十六条　本办法自印发之日起施行，由黑龙江省科学技术厅负责解释。

第十七章 上海市科研项目和资金管理法规政策

关于发布《上海市促进人才发展专项资金管理办法（试行）》的通知

(沪人社财〔2015〕716号)

各有关单位：

为贯彻落实市委、市政府文件精神，规范和加强促进人才发展专项资金的管理和使用，上海市人力资源和社会保障局和上海市财政局制定了《上海市促进人才发展专项资金管理办法（试行）》，现印发给你们，请认真贯彻执行。

特此通知。

上海市人力资源和社会保障局 上海市财政局
2015年12月25日

上海市促进人才发展专项资金管理办法（试行）

第一章 总则

第一条 为认真贯彻落实《中共上海市委、上海市人民政府关于加快建设具有全球影响力的科技创新中心的意见》（沪委发〔2015〕7号）和市委办公厅、市政府办公厅《关于深化人才工作体制机制改革促进人才创新创业的实施意见》（沪委办发〔2015〕32号）以及上海市财政局《关于印发〈上海市市本级项目支出预算管理办法〉的通知》（沪财预〔2012〕72号），规范和加强人才发展专项资金（以下简称"专项资金"）的管理，充分发挥专项资金在促进各类人才发展、促进科技创新中心建设中的作用，按照国家和本市有关财政资金管理的法律法规，制定本办法。

第二条 本办法适用于市级公共财政预算安排并纳入市人力资源和社会保障局部门预算管理，用于引导和促进本市各类人才发展的专项资金。

第三条 专项资金按照国家和本市相关财政资金管理规定管理，实行独立核算、专款专用，任何单位和个人不得截留、挤占和挪用，接受相关机构和社会监督。

第四条 专项资金分配和使用管理应遵循以下原则：

（一）促进人才发展原则。加大财政资金对高层次人才队伍建设的投入力度，保证资金对人才发展的支持，促进高层次人才及其团队在科技创新中心建设和经济社会发展中作出贡献。

（二）择优资助原则。对符合申请条件，通过个人申请、组织（行业）推荐、专家评审，并按规定程序入选培养计划的人才，择优给予资金支持，并推动其他资金进入人才培养和人才队伍建设。

（三）统筹平衡原则。完善专项资金的预算管理制度，按照部门预算管理的要求，做好各项人才发展项目之间资金预算的统筹平衡。

（四）注重绩效原则。以绩效为导向，建立健全专项资金的绩效管理机制，加强事前绩效目标设定，事中绩效跟踪监控，事后绩效评价及评价结果运用的全过程管理，强化项目预算支出责任和管理责任，逐步建立项目支出绩效问责制度。

（五）公开公正原则。通过门户网站等方式，公开专项资金申报标准、补助标准等信息，按规定程序确定受助对象并予以公示，接受社会监督，确保政策执行和资金管理全过程公正、公开、透明。

第五条 各相关部门应当根据职责分工，加强协调配合，共同做好专项资金申请、审核、发放、监督检查等工作。

市人力资源社会保障局负责加强对专项资金分配使用的全过程管理，应根据项目支出范围，分类制定相应的项目支出管理实施细则，保证资金使用的规范有效。

市财政局负责审核和安排专项资金预算，加强对专项资金使用绩效的考核和监督管理。

项目经费接受单位的上级主管部门负责监督资金的专款专用和具体使用情况，各项目执行单位应落实项目支出使用、管理责任，建立健全相应的内控制度和监督管理机制。

第二章 专项资金支出范围

第六条 专项资金主要用于本市各类高层次人才的选拔和培养，支持出人才、出成果，确保上海高层次人才队伍的发展并推动上海具有全球影响力的科技创新中心的建设。专项资金向在沪发展的各类高层次人才开放。具体包括：

（一）上海市浦江人才计划（C类、D类）。对近期回国来沪工作和创业，入选该计划的海外留学人员及其团队提供资金资助。主要用于资助其在上海开展工作，设备购置、材料购买、分析测试、人员费用、出版物（文献等信息传播）费用、知识产权事务费、申请者部分生活补贴、国际交流与合作差旅费、其他特殊需求的相关费用等。

（二）上海领军人才培养计划。对上海领军人才及其团队提供培养资金资助。主要用于支持入选领军人才及其团队的自身建设、国内外交流合作与研修培训、文献资料、处理知识产权事务、学术休假、改善工作、生活和医疗保健条件、解决特殊困难等。

（三）上海市人才发展资金资助计划。对入选该计划的优秀青年专业技术人才提供资金资助。主要用于支持入选者的科研创新和科技成果转化，支持其开展国内外交流合作与研修培训、文献资料费用、处理知识产权事务，以及适当改善工作生活条件。

（四）青年英才开发计划。对入选上海市青年英才开发计划中的青年拔尖人才和青年创业英才提供培养资金资助。主要用于支持青年拔尖人才的科研创新和科技成果转化工作、人才培养和交流合作，以及青年创业英才的创新创业等。

（五）博士后专项补贴计划。对经批准进站的博士后科研流动站在站博士后人员的生活费用和日常公用经费给予补贴。

（六）其他面向全市的高层次人才选拔和培养计划。

专项资金的具体资助标准在各人才项目的实施办法和经费管理办法中予以明确。

第三章 专项资金的使用管理

第七条 项目申请。市人力资源社会保障局是本专项资金和支持项目的预算管理部门，按照财政预算管理的要求，指导本市各级各类人才使用和培养单位，根据各人才项目的具体实施办法和经费管理办法，组织相应人员进行项目申报，并提出经费申请。对实行项目申报的，按年度发布人才选拔申报通知。

第八条 项目评审。对浦江人才计划（C类、D类）、领军人才选拔、人才发展资金计划、青年拔尖人才等申报人选，市人力资源社会保障局在组织专家进行评审、择优提出入选人员名单并公示后，按规定程序批准入选，并确定经费支持计划，由专项资金向入选人员提供培养或资助经费。各项目执行单位按规定制定项目支出计划。

专项资金中用于在站博士后人员生活费用和日常公用经费补贴部分，根据各单位在站博士后人员数或博士后项目数和有关规定给予补贴。

第九条 预算核定和执行。市财政局按照促进建设具有全球影响力的科技创新中心建设和支持优秀人才发展的原则，以及国家和市委市政府对高层次人才队伍建设的有关要求和规定，核定专项资金，并列入市级财政年度预算。

项目支出预算一经批准，市人力资源社会保障局和项目执行单位不得自行调整。项目支出必须专款专用。预算执行中如发生培养对象或项目发生变更、终止，需调整预算的，必须按预算管理的规定程序报批。

第四章 专项资金的监督管理

第十条 各项目经费接受单位和项目执行人，应当规范使用资金，定期向市人力资源社会保障局报送预算执行、项目进度、人才培养和财政资金使用情况。经费支出中属于政府采购的项目，应同时编制政府采购预算，并按政府采购的有关规定执行。

第十一条 根据本市财政资金绩效管理的要求，各项目执行单位在编制相应预算时，应按要求制定项目的绩效目标，并且建立相应的跟踪问效机制。

第十二条 项目经费接受单位的上级主管部门要加强对各人才项目人选及专项经费支出情况的绩效评价管理，按规定做好绩效的自我评价工作。

第十三条 项目执行单位应按会计制度的要求，完善项目支出的内控制度，规范财务管理，加强资金监督，提高资金效益。市人力资源社会保障局要加强对受款单位的财务监督，确保专项资金的安全和规范使用。

第十四条 市财政局、市人力资源社会保障局根据整体工作部署，组织对重点项目的绩效评价和监督检查，将绩效评价作为下一年度预算安排的重要依据。

第五章 附则

第十五条 本办法由市人力资源社会保障局、市财政局负责解释。各相关单位应根据本办法规定，制定具体资金管理使用实施细则。

第十六条 本文件自发布之日起30日后施行。

关于修订《上海市自然科学基金管理办法》的通知

(沪科〔2016〕394号)

各有关单位：

为加强上海市基础研究和应用基础研究工作，鼓励自由探索，培育科技创新人才，使本市科学技术的发展具有稳固的基础和充足的技术储备，根据市委市政府关于人才工作的最新精神，现对《上海市自然科学基金管理办法》（沪科〔2015〕227号）进行修订，现予以发布，请遵照执行。原文件同时废止。

特此通知。

附件：上海市自然科学基金管理办法

上海市科学技术委员会

2016年9月13日

上海市自然科学基金管理办法

第一章 总则

第一条 为加强上海市基础研究和应用基础研究工作，鼓励自由探索，培育科技创新人才，使本市科学技术的发展具有巩固的基础和足够的技术储备，特设立上海市自然科学基金（以下简称基金）。

第二条 为规范和加强基金管理，根据《科技进步法》和《上海市科学技术进步条例》，制定本办法。

第三条 基金是上海市科技发展基金的组成部分，由上海市科学技术委员会（以下简称市科委）进行管理和组织实施、上海市财政局进行监督。

第四条 基金经费来源主要由上海市科技发展基金中划出一定额度的专项资金，以及国内外个人和团体的捐赠。

第五条 基金主要用以资助本市自然科学方面的基础研究和应用基础研究工作。

第六条 基金优先支持具备以下条件的研究项目：

（一）具有科学前沿性、应用重要性以及长远战略意义的研究项目，特别是对促进本市科技进步和经济、社会发展有重要作用的研究项目；

（二）学术思想新颖，理论根据充足，研究内容和目标明确具体，研究方法和技术路线先进、合理、可行，有望取得国际水平或国内领先水平的预期成果的研究项目；

（三）项目主要研究人员具备相应的基础理论知识和独立的研究能力，研究工作有一定的积累，基本研究条件和时间有可靠保证；

（四）经费预算，切合实际。

第二章 申请和评审

第七条 基金项目每年集中受理一次，征集通知以申报指南形式公开发布，资助项目的研究期限一般为三年。

第八条 为保证申报项目质量，上海市自然科学基金实行单位遴选、择优推荐申报的原则。

第九条 项目申报单位应为在沪注册的、具有独立法人资格且具有较好基础研究能力的机构。

第十条 申请人应具备相关的基础理论知识和独立研究能力的在岗科研人员，具有硕士及以上学位或有承担基础研究课题的经历。

第十一条 申请人应当是项目的实际负责人，限为1人。一位科研人员不能同时参与两个以上（含两个）基金项目的申报。连续两年作为项目负责人申请基金未获资助的，暂停申请1年。

第十二条 申请人应根据基金年度项目指南要求，通过依托单位提出书面申请。申请人应当对所提交的申请材料的真实性负责。

依托单位应公平、公正、公开择优遴选，对申请资助项目的必要性、申请内容的真实性、实现研究方案的可能性、经费预算的合理性、基本工作条件的可靠性等进行审核，签署意见并加盖公章，集中报送市科委。

第十三条 市科委收到申报材料后进行形式审查，对符合申报要求的有效申请，组织同行专家进行评审。评审专家对项目申请应当从科学价值、创新性、社会影响以及研究方案的可行性等方面进行独立判断和评价，提出评审意见。

第十四条 市科委根据专家评议意见，对资助项目和资助资金进行分析研究和综合平衡，然后根据择优原则进行审定，经审定的项目，正式列入上海市自然科学基金资助名单。

第三章 实施与管理

第十五条 基金项目核准后，资助经费一次性核拨，市科委与依托单位签订合同，对经费资助项目进行跟踪管理。依托单位对项目经费应单独核算、专款专用；不得截留、挪用。项目经费的开支标准必须严格按照上海市有关科研经费管理规定的经费开支范围执行。

第十六条 项目依托单位应提供基金资助项目实施的条件，提供从事项目研究必需的实验装备和人员等科研支撑保障条件，保证主要精力和时间从事资助项目的研究工作，支持并督促项目负责人认真开展科研工作，按合同要求及时提交总结报告和验收材料。

第十七条 项目实施过程中，依托单位不得擅自变更项目负责人。

项目负责人有下列情形之一的，依托单位应当及时提出变更项目负责人或者终止项目实施的申请，报市科委批准：

（一）不再是依托单位科学技术人员的；

（二）不能继续开展研究工作的；

（三）有剽窃他人科学研究成果或者在科学研究中有弄虚作假等行为的。

第十八条 依托单位和项目负责人应当保证参与者的稳定。参与者不得擅自增加或者退出。由于客观原因确实需要增加或者退出的，由项目负责人提出申请，经依托单位审核后报市科委批准。

第十九条 项目实施过程中，研究内容或者研究计划需要作出重大调整的，项目负责人应当及时提出申请，经依托单位审核后报市科委批准。

第二十条 由于客观原因不能按期完成研究计划的，项目负责人可以申请延期1次，申请延长的期限不得超过 1 年。

第二十一条 项目负责人应当于项目资助期限届满 3 个月前提出合同变更申请，经依托单位审核后报市科委批准，逾期不再受理。

第二十二条 资助期结束后，项目负责人应按规定时间和要求提交项目总结报告和预算执行情况表等验收资料，经依托单位审核后，报送市科委验收，由市科委组织专家进行结题考评。

第二十三条 如发现项目负责人弄虚作假骗取资助，经市科委核实后，将撤销其资格，追回资助经费，情节严重者给予通报批评。

第二十四条 上海市自然科学基金项目所取得的成果或发表的文章等，均应注明"上海市自然科学基金资助项目"，英文为"Sponsored by Natural Science Foundation of Shanghai"。

第四章 附则

第二十五条 本办法自发布之日起施行。

第二十六条 本办法由上海市科学技术委员会负责解释。

关于印发《上海市市级科技重大专项管理办法》的通知

(沪发改规范〔2017〕2号)

各相关单位：

根据市政府关于《本市加强财政科技投入联动与统筹管理实施方案》（沪府发〔2016〕29号）的规定和相关工作要求，市发展改革委会同市科委、市财政局研究制订了《上海市市级科技重大专项管理办法》。现将该办法印发给你们，请按照执行。

特此通知。

附件：《上海市市级科技重大专项管理办法》

上海市发展和改革委员会
上海市科学技术委员会
上海市财政局
2017 年 1 月 23 日

上海市市级科技重大专项管理办法

第一章 总则

第一条 （依据）

为深入贯彻上海市委、市政府《关于加快建设具有全球影响力的科技创新中心的意见》，落实市政府《关于印发〈本市加强财政科技投入联动与统筹管理实施方案〉的通知》，科学布局实施上海市市级科技重大专项（以下简称"重大专项"），特制定本办法。

第二条 （定位）

重大专项聚焦基础研究、核心技术攻关，在国家有需求、上海有基础的重点领域，组织实施一批具有重大引领作用、资金投入量大、协同效应突出、支撑作用明显的科技重大专项，与本市其他科技创新和产业发展专项实现错位联动，对国家重大科技专项形成有效补充，对市战略性新兴产业发展提供支撑，推动实现科技创新能力和产业核心竞争力的全面提升。

第三条 （原则）

（一）重大专项按照"主动布局、聚焦重点、联动协同、开放合作"的原则实施，成熟一个，启动一个。

（二）紧紧围绕建设具有全球影响力的科技创新中心的重点领域和方向，统筹财政科技专项投入，鼓励国内外有条件和影响力的产学研用单位共同参与。

（三）重大专项资金的筹措坚持多元化的原则，实行年度预算管理，可根据推进需要动态调整。市级财政部分在市战略性新兴产业发展专项资金统筹安排，并引导和鼓励区县、企业、金融机构等投入。

第四条 （分工）

（一）重大专项由市战略性新兴产业领导小组办公室（以下简称"市战新办"）牵头组织实施。

（二）市科委、市经济信息化委、市国资委、市教委、市卫计委，为分管领域的重大专项推进部门（以下简称"推进部门"）。对于部分战略意义重大、涉及单位多、跨领域、综合性强的专项，可由市战新办明确具体牵头推进部门。

第二章 重大专项的立项

第五条 （重大专项方案提出）

（一）推进部门组织会同有关单位，研究提出重大专项建议实施方案，包括实施领域、总体目标、主要任务、主要项目、项目内容、承担单位、保障措施等。

（二）重大专项实施周期原则上不超过5年。

第六条 （重大专项项目提出）

（一）重大专项可包含多个重大专项项目，每个项目可由不同的项目承担单位组织实施。

（二）重大专项项目承担单位（以下简称"承担单位"）组织编制项目资金申请报告，经推进部门初审后，由推进部门将重大专项建议实施方案一并转报市战新办。

（三）对部分研究周期长的重大专项项目，可采取分期支持方式，由承担单位分阶段组织实施，专项资金给予持续支持。一期项目与重大专项方案一并报批，后续项目按照独立的重大专项项目申报立项。

（四）重大专项项目新增总投资或项目预算原则不低于1亿元。对于部分意义特别重大，或由市委市政府明确的项目，可不受项目总投资限制。

第七条 （审核立项）

（一）市发展改革委委托第三方评估机构，对重大专项建议实施方案和项目资金申请报告进行评估，会同市财政局、推进部门，向市战新办提出重大专项实施方案和项目建议支持方案。

（二）对于分阶段实施的重大专项项目，后续项目审核立项过程中，应把前期执行情况作为重要参考和依据。

（三）市战新办审核重大专项实施方案和项目建议支持方案后，上报市政府审定。

（四）经市政府审核同意后，由市发展改革委批复重大专项建议实施方案和项目资金申请报告，并会同推进部门，与承担单位签订项目实施框架协议。

第三章 重大专项的实施

第八条 （专项和项目管理）

（一）推进部门负责重大专项组织实施，对重大专项项目进行协调、管理和服务，并对重大专项实施过程中的重大问题提出建议解决方案，及时报送市战新办审议。对于由多个项目组成的重大专项，由推进部门负责协调联络，推动各个项目间对接与合作。

（二）承担单位负责重大专项项目的具体实施，应落实项目实施的必要条件，确保项目实施进度，严格按照重大专项有关管理规定，认真履行协议条款，接受指导、检查和监督，并配合做好评估和验收工作。

第九条 （专项资金的管理）

（一）市发展改革委汇总审核各推进部门提出的下一年度重大专项支持方案及预算，于每年三季度前经市战新办审核后报市财政局。

（二）对已按程序批复的项目，由市财政局根据市发展改革委提交的请款报告，按财政支付管理的有关规定，将专项资金直接拨付到项目单位。

（三）项目按程序获批后，先行拨付核定金额的40%；中期评估通过后，拨付核定金额的40%；核定金额的20%尾款，由项目承担单位根据实施情况编制预算，推进部门报战新办审议通过后拨付。

（四）重大专项项目资金管理试点科研经费管理改革创新。经市政府审核同意后，对于高校和科研院所承担的项目，可视情由财政资金进行全额支持。除设备等硬件投入外，劳务费管理参照本市科研经费的相关规定执行；对部分意义特别重大且需要对劳务费比例突破的项目，可由项目承担单位提出申请，由市战新办组织研究解决。

（五）重大专项项目纳入市级财政科技投入信息平台管理。

（六）专项资金严格执行预算管理和财政资金管理的规定，实行单独核算、专账管理、专款专用。

第十条　（专项资金的监督）

（一）承担单位和专项资金国有出资主体应按国家有关规定和本办法的要求，建立专项资金管理制度，严禁截留、挤占或挪用专项资金，严格遵守国家招投标有关规定，保证项目安全建设和运行。

（二）市发展改革委、市财政局会同有关项目推进部门根据需要，对项目专项资金的管理和使用情况进行监督管理和专项审计。审计、监察等部门依据职能分工，对专项资金的管理和使用情况进行监督检查。对因弄虚作假、冒领、挪用等违反规定使用专项补助资金，以及抽逃资金、因管理混乱导致项目失败和资产流失的，追回已拨付的专项补助资金，并取消承担单位申报专项资金的资格；情节严重的，依法追究其法律责任。

（三）市财政局、市发展改革委会同项目推进部门按本市有关规定，对专项资金进行绩效评价。

第四章　重大专项的调整和评估

第十一条　（调整）

（一）对于重大专项总体目标发生巨大变化、总体投资额减少或增加40%以上等特别重大的调整，由市战新办审议后报送市政府审定。市政府同意后，由市发展改革委批复调整。

（二）重大专项项目的调整，由承担单位提出申请。对于总投资额减少或增加20%（含）~40%（含）的，申请延期两年以上，或建设内容、目标、技术路线有较大变化，或承担单位变更等重大调整，由推进部门提出初步意见并转报市战新办，由市战新办审定。

（三）其他一般调整，由承担单位报推进部门、市战新办备案，并由评估机构在中期评估及后评估时予以确认。

第十二条　（年度总结和中期评估）

（一）推进部门应每年对重大专项实施情况进行年度总结，并报送市战新办。

（二）推进部门根据实施进度，适时会同市发展改革委、市财政局，对重大专项项目进行中期评估，并由市发展改革委、市财政局审定。

第十三条　（验收）

承担单位根据任务完成情况及时提出验收申请。推进部门负责会同市发展改革委、市财政局，对重大专项和重大专项项目进行验收，形成验收报告，对重大专项和重大专项项目实施情况和问题进行总结并提出改进建议。市战新办听取验收情况汇报，并将审议后的验收结果上报市政府。

第五章 附则

第十四条 （施行年限）

本办法自 2017 年 3 月 15 日起施行，有效期至 2021 年 12 月 31 日。

关于印发《市级财政科技投入基础前沿类专项联动管理实施细则》的通知

(沪科合〔2017〕2号)

各有关单位：

为了深入贯彻落实国务院《关于深化中央财政科技计划（专项、基金等）管理改革的方案》和《中共上海市委 上海市人民政府关于加快建设具有全球影响力的科技创新中心的意见》的精神，按照《本市加强财政科技投入联动与统筹管理实施方案》确定的任务分工要求，市科委会同市发展改革委、市财政局等部门制定了《市级财政科技投入基础前沿类专项联动管理实施细则》，现印发你们，请遵照执行。

特此通知。

附件：市级财政科技投入基础前沿类专项联动管理实施细则

上海市科学技术委员会
上海市发展和改革委员会
上海市财政局
2017年1月23日

市级财政科技投入基础前沿类专项联动管理实施细则

为了深入贯彻落实国务院《关于深化中央财政科技计划（专项、基金等）管理改革的方案》和《中共上海市委 上海市人民政府关于加快建设具有全球影响力的科技创新中心的意见》的精神，根据《本市加强财政科技投入联动与统筹管理实施方案》的要求，为进一步推动本市财政科技投入管理改革，提高财政科技专项资金的使用效率与效益，制定本实施细则。

一、实施目标

遵循"顶层设计、分步实施"的原则，依托全市统一的财政科技投入信息管理平台，在布局合理、功能清晰、信息公开、绩效导向的财政科技投入管理体系下，建立基础前沿类专项跨部门联动管理机制，加强各部门管理流程中的工作协同，进一步提高基础前沿类专项整体管理水平，夯实创新基础，营造鼓励创新、宽容失败、自由探索的创新环境，为上海创新发展源源不断注入新的活力。

二、实施原则

（一）顶层设计、统筹联动

按照夯实科技基础，在重要科技领域跻身世界领先行列的目标，力争在重要科技领域实现跨越式发展的定位，实施财政科技投入基础前沿类专项统筹决策，对接科技发展战略与规划，围绕市委市政府年度重点工作,强化部门科技投入联动协同,统筹布局专项年度重点任务。

(二)功能清晰、聚焦重点

围绕各有侧重、相互协同的财政科技投入分类管理格局和基础前沿类专项的功能定位,聚焦重点任务,严格按照财政预算管理规定和科研目标任务,科学合理地配置专项科技投入,形成工作导向和绩效导向为重点的资源配置方式。

(三)分类管理、信息公开

尊重基础研究发展规律,依托项目管理专业机构,实行项目分类管理,不断提升专项项目管理的科学化、精细化、规范化水平,充分发挥专业决策咨询作用,简化管理流程,加强信息公开和信用管理,强化关键节点的监督管理。

(四)绩效导向、动态调整

按照需求导向、目标导向、绩效导向的要求,明确基础前沿类专项的总体目标和各子专项的实施目标,落实各部门管理职责,建立促进专项目标和绩效实现的评估监管机制,并在评估问效基础上实施各子专项优化整合和动态调整。

三、专项定位和支持范围

(一)专项定位

基础前沿类专项重点支持对经济社会发展和科技进步具有前瞻性、战略性、全局性、带动性等基础研究和科学前沿探索项目,夯实科技创新基础,为上海创新发展源源不断注入新的活力。

(二)支持范围

以科技、教育、卫生领域为主体,基础前沿类专项包括市科委的基础前沿专项、承接国家任务资金,市教委的协同创新建设专项、科技创新计划,市卫计委的医疗卫生学科建设,市委市政府明确的重点任务及其他需要新设专项等应当纳入本专项的支持范围。

基础前沿类专项分类表

序号	专项名称	子专项名称	责任部门
1	基础前沿专项	基础研究类	市科委
		前瞻性重大技术研究	
2	承接国家任务资金	国家项目匹配	
3	协同创新建设专项资金	协同创新中心	市教委
4	科研创新计划	科研创新计划	
5	医疗卫生学科建设资金	医疗卫生学科建设资金	市卫计委

四、专项支持重点和方式

(一)支持重点

基础前沿专项:服务创新驱动发展战略,解决重大战略需求溯及的重要科学问题。重点支持基础研究、前瞻性重大技术研究,支持承接国家任务。

承接国家任务资金:重点支持服务国家战略,推进在沪单位承接国家科技计划(专项、基金等),促进项目顺利实施。

协同创新建设专项资金:面向国家重大需求,结合上海转变经济发展方式需求,优化调整高校学科专业结构布局,建设各级资源共享、开放合作的协同创新中心。

科研创新计划：进一步提升上海高校知识创新能力，鼓励教师自由探索，增强高校教师创新活力，重点关注基础研究和前沿、新兴交叉领域研究。

医疗卫生学科建设资金：以内涵建设为重点，保持并发展优势学科，加强重要薄弱学科，拓展新兴交叉学科，培植领先学科新的增长点；以需求为导向，加快公共卫生学科发展，提升本市公共卫生服务和保障能力；以特色树品牌，根据区域特点和水平，培育特色专科，促进本市医学学科体系的进一步完善。

（二）支持方式

政府先导投入为主，采取竞争择优和机构式资助的方式予以支持，资助方式上以事前资助为主，强化投入的持续性与稳定性，具体支持方式和标准由各专项资金管理办法或细则确定。

五、管理机制

（一）建立分级联动管理架构

建立由市科委、市教委、市卫计委、市发展改革委、市财政局等部门组成的基础前沿类专项工作推进工作组（以下简称"推进工作组"），负责基础前沿类专项的统筹联动管理工作。

推进工作组开展联动管理，加强专项指南研究、项目支持等工作协同，通过召开联席会议，确定专项年度支持方向和重点，审议专项年度实施计划和相关重大事项，总结专项联动管理年度实施情况。完成市推进科技创新中心建设领导小组办公室（以下简称"领导小组办公室"）交办的其他任务。

各部门计划新设或调整的专项资金属于基础前沿类专项的，应当通过联席会议商议其新设或调整的必要性和合理性，推进工作组根据会商结果，报领导小组办公室审议。

市科委作为基础前沿类专项的联动牵头部门，负责落实专项联动管理的日常组织协调、沟通联络，牵头编制专项联动管理情况年度报告。

市科委、市教委、市卫计委等子专项责任部门负责按照联动管理要求，完善各子专项管理办法，制定子专项规划、凝练重点任务、编制子专项年度实施方案和子专项管理年度报告、组织专项实施和专项评价监督，并配合实施专项的联动管理与跨部门会商以及专项信息向统一平台的归集。

（二）规范专业机构项目管理服务

推进工作组制定统一的基础前沿类专项项目管理专业机构遴选及考核规则。市科委、市教委、市卫计委等子专项责任部门根据专项特点，充分依托具备一定条件的项目管理专业机构开展专项项目管理工作，确保其按照委托协议要求和相关制度规定进行项目管理工作。项目管理专业机构受托开展项目管理工作，对实现管理任务目标负责，通过统一的科技管理信息平台进行管理。

（三）依托统一平台协同管理

依托全市统一的财政科技投入信息平台，实现基础前沿类专项指南的集中发布、一站式网上申报受理、统一编码和信息公开，以及专项信息跨部门共享，逐步实现覆盖专项指南发布、项目申报、立项、实施、验收等全过程的统一信息管理。通过管理平台的信息联动，建立起管理链、资金链、创新链一体化运作的工作机制。

六、实施流程

（一）制定年度实施方案

各子专项责任部门根据部门职能和专项定位，凝练形成目标明确的子专项年度重点任务。推进工作组根据各子专项年度重点任务和市委市政府明确的其他重点任务，组织专项年度实施方案联动会商，加强重点任务协同衔接，形成的会商结果应报领导小组办公室备案。各部门可在会商会议提出需相关子专项或者基础前沿、科技创新支撑、科技人才与环境和市级重大专项支持的重点项目。

（二）项目征集

各子专项责任部门按照各自职能和分工，结合专项年度实施方案，每年第三季度或适时启动编制下一年度子专项指南或申报通知等项目征集文件。推进工作组根据专项实施方案，优化项目发现机制，组织专项项目征集文件的联动会商。经审定的专项项目征集文件在统一平台对社会公开发布，实施项目征集。

（三）评审立项

各子专项责任部门组织实施项目评审，确定拟立项项目清单。推进工作组组织专项项目的立项联动会商，形成的会商结果应报领导小组办公室备案。各子专项应根据会商结果，按照相应资金管理办法实施管理。

（四）项目实施

各子专项责任部门负责项目实施管理，协调项目推进过程中的有关事项，并按照要求实施项目绩效评价、监督评估等。子专项责任部门委托的项目管理专业机构按照项目管理规范，具体实施项目管理。

（五）项目监管

各子专项责任部门负责统一组织开展专项的绩效评价和监督检查，对子专项实施情况追踪问效，对资金管理使用开展审计监督，并按要求对承担子专项项目管理的专业机构的履职情况进行日常监管。子专项责任部门结合信用信息，引入信用管理手段，建立专项信用管理制度。

（六）年度报告

各子专项责任部门总结各子专项的实施、管理、监管情况及相关重大事项，编制子专项管理年度报告提交市科委。市科委负责总结基础前沿类专项联动管理情况，形成联动管理年度报告，并于下年度一季度末前报送市发展改革委。

关于印发《市级财政科技投入科技创新支撑类专项联动管理实施细则》的通知

(沪科合〔2017〕3号)

各有关单位：

为了深入贯彻落实国务院《关于深化中央财政科技计划（专项、基金等）管理改革的方案》和《中共上海市委 上海市人民政府关于加快建设具有全球影响力的科技创新中心的意见》的精神，按照《本市加强财政科技投入联动与统筹管理实施方案》确定的任务分工要求，市科委会同市发展改革委、市财政局等部门制定了《市级财政科技投入科技创新支撑类专项联动管理实施细则》，现印发你们，请遵照执行。

特此通知。

附件：市级财政科技投入科技创新支撑类专项联动管理实施细则

上海市科学技术委员会

上海市发展和改革委员会

上海市财政局

2017年1月23日

市级财政科技投入科技创新支撑类专项联动管理实施细则

为了深入贯彻落实国务院《关于深化中央财政科技计划（专项、基金等）管理改革的方案》和《中共上海市委 上海市人民政府关于加快建设具有全球影响力的科技创新中心的意见》的精神，根据《本市加强财政科技投入联动与统筹管理实施方案》的要求，为进一步推动本市财政科技投入管理改革，提高财政科技专项资金的使用效率与效益，制定市级财政科技投入科技创新支撑类专项的联动与统筹管理实施细则。

一、实施目标

遵循"顶层设计、分步实施"的原则，依托统一的财政科技投入信息管理平台，在布局合理、功能清晰、信息公开、绩效导向的财政科技投入管理体系下，开展科技创新支撑类专项跨部门联动管理，加强各部门管理流程中的工作协同，提高科技创新支撑类专项整体管理水平，强化科技战略导向，着力攻破关键核心技术，抢占事关长远和全局的科技战略制高点。

二、管理原则

（一）顶层设计、统筹联动

按照加强科技供给、服务经济社会发展的原则，以推动科技创新、增加公共科技供给、服务社会民生为目标，实施财政科技投入科技创新支撑类专项统筹决策，对接科技发展战略与规划，围绕市委市政府年度重点工作，强化部门科技投入联动协同，统筹布局专项年度重点任务。

（二）功能清晰、聚焦重点

围绕各有侧重、相互协同的财政科技投入分类管理格局和科技创新支撑类专项的功能定位，聚焦重点任务，严格按照财政预算管理规定和科研目标任务，科学合理地配置专项科技投入，形成工作导向和绩效导向为重点的资源配置方式。

（三）分类管理、信息公开

尊重科技创新发展规律，依托项目管理专业机构，实行项目分类管理，不断提升专项项目管理的科学化、精细化、规范化水平，充分发挥专业决策咨询作用，简化管理流程，加强信息公开和信用管理，强化关键节点的监督管理。

（四）绩效导向、动态调整

按照需求导向、目标导向、绩效导向的要求，明确科技创新支撑类专项的总体目标和各子专项的实施目标，落实各部门管理职责，建立促进专项目标和绩效实现的统一评估监管机制，在评估问效基础上实施各子专项优化整合和动态调整。

三、专项定位和支持范围

（一）专项定位

科技创新支撑类专项聚焦科技创新对经济社会发展的关键支撑点，重点围绕本市产业集群发展和战略性新兴产业培育的技术需求、制约民生改善与社会进步的技术瓶颈问题以及促进共性技术研发服务和创新创业等科技服务发展的重要需求，进行技术创新链布局，增强科技创新对经济社会发展的支撑能力。

（二）支持范围

科技创新支撑类专项涵盖本市经济社会发展的各重点领域，以科技、卫生、农业领域为主体，包括市科委的功能型平台建设与发展、关键技术研究、国家科技重大专项地方配套专项，市卫计委的医学临床研究专项，市农委的科技兴农专项资金（重点攻关项目），市委市政府明确的重点任务及其他需要新设专项等应当纳入本专项的支持范围。

科技创新支撑类专项分类表

序号	专项名称	子专项名称	责任部门
1	科技创新支撑类专项	研究平台建设与发展	市科委
		关键技术研究	
2	国家科技重大专项地方配套专项资金	国家科技重大专项地方配套专项资金	
3	医学临床研究专项资金	医学临床研究专项资金	市卫计委
4	科技兴农专项资金	重点攻关项目	市农委

四、专项支持重点和方式

（一）支持重点

科技创新支撑类专项：对标制约经济社会发展的技术瓶颈问题，以及促进共性技术研发服务和创新创业等科技服务发展的重要需求，进行技术创新链布局，增强科技创新对经济社会发展的支撑能力。重点支持社会发展、高新技术、生物医药、农业等领域的关键技术研究和技术标准研制；支持功能型平台、重点实验室、上海工程技术研究中心等平台建设与发展。

国家科技重大专项地方配套专项资金：支持承担国家科技重大专项任务且已获得由市财政部门出具的地方政府资金配套承诺的项目，顺利落沪实施。

医学临床研究专项资金：聚焦高发病率、高患病率、高致残率和高死亡率的重大疾病，以临床实际问题为核心，加强医学临床研究。促进医学临床科技资源的综合集成、高效利用和开放共享，充分发挥科技支撑行业发展的作用，进一步突破防病治病的关键技术，增强卫生科技的核心竞争力，提高重要疾病的防治水平。

科技兴农专项资金：围绕农业产业链部署科技创新，着力解决都市现代农业发展的突出难题。重点支持农业生物育种，着力突破良种良法配套重大关键技术，提升种源农业发展水平；支持生态农业技术创新，突破低碳循环等环境友好关键技术，提升农业可持续发展水平；支持智能农业装备创新，突破农机农艺融合重大关键技术，提升农业机械化水平；支持农业信息技术集成创新，突破农业物联网应用关键技术，推进"互联网+"现代农业，加快农业产业链升级；支持农产品深加工与质量安全控制技术创新，提升农产品的质量安全水平，提高农业综合效益。

（二）支持方式

政府引导投入为主，加强社会资源协同投入。资助方式上研发类项目以事前补助为主，部分领域采用事前补助和事后补助相结合的资助方式，研究平台类项目按绩效分档定额补助的资助方式，强化科技投入与任务目标的匹配性。具体支持方式和标准由各专项资金管理办法或细则确定。

五、管理机制

（一）建立分级联动管理架构

建立由市科委、市卫计委、市农委、市发展改革委、市财政局、市经济信息化委等部门组成的科技创新支撑类专项工作推进工作组（以下简称"推进工作组"），负责科技创新支撑类专项的统筹联动管理工作。

推进工作组开展联动管理，加强专项指南研究、项目支持等工作协同，通过召开联席会议，确定专项年度支持方向和重点，审议专项年度实施计划和相关重大事项，总结专项联动管理年度实施情况。完成市推进科技创新中心建设领导小组办公室（以下简称"领导小组办公室"）交办的其他任务。

各部门计划新设或调整的专项资金属于科技创新支撑类专项的，应当通过联席会议商议其新设或调整的必要性和合理性，推进工作组根据会商结果，报领导小组办公室审议。

市科委作为科技创新支撑类专项的联动牵头部门，负责落实专项联动管理的日常组织协调、沟通联络，牵头编制专项联动管理情况年度报告。

市科委、市卫计委、市农委等子专项责任部门负责按照联动管理要求，完善各子专项管理办法，制定子专项规划、凝练重点任务、编制子专项年度实施方案和子专项管理年度报告、组织专项实施和专项评价监督，并配合实施专项的联动管理与跨部门会商以及专项信息向统一平台的归集。

（二）规范专业机构项目管理服务

推进工作组制定统一的科技创新支撑类专项项目管理专业机构遴选及考核规则。市科委、市卫计委、市农委等子专项责任部门根据专项特点，充分依托具备一定条件的项目管理专业机构开展专项项目管理工作，确保其按照委托协议要求和相关制度规定进行项目管理工作。项目管理专业机构受托开展项目管理工作，对实现管理任务目标负责，通过统一的科技管理信息平台管理。

（三）依托统一平台协同管理

依托全市统一的财政科技投入信息平台，实现科技创新支撑类专项指南的集中发布、一站式网上申报受理、统一编码和信息公开，以及专项信息跨部门共享，逐步实现覆盖专项指南发布、项目申报、立项、实施、验收等全过程的统一信息管理。通过管理平台的信息联动，建立起管理链、资金链、创新链一体化运作的工作机制。

六、实施流程

（一）制定年度实施方案

各子专项责任部门根据部门职能和专项定位，凝练形成目标明确的子专项年度重点任务。推进工作组根据各子专项年度重点任务和市委市政府明确的重点任务，组织专项年度实施方案联动会商，加强重点任务协同衔接，形成的会商结果应报领导小组办公室备案。各部门可在会商会议提出需相关子专项或者基础前沿、科技创新支撑、科技人才与环境和市级重大专项支持的重点项目。

（二）项目征集

各子专项责任部门按照各自职能和分工，结合专项年度实施方案，每年第三季度或适时启动编制下一年度子专项指南或申报通知等项目征集文件。推进工作组根据专项实施方案，优化项目发现机制，组织专项项目征集文件的联动会商。经审定的专项项目征集文件在统一平台对社会公开发布，实施项目征集。

（三）评审立项

各子专项责任部门组织实施项目评审，确定拟立项项目清单。推进工作组组织专项项目的立项联动会商，形成的会商结果应报领导小组办公室备案。各子专项应根据会商结果，按照相应资金管理办法实施管理。

（四）项目实施

各子专项责任部门负责项目实施管理，协调项目推进过程中的有关事项，并按照要求实施项目绩效评价、监督评估等。子专项责任部门委托的项目管理专业机构按照项目管理规范，具体实施项目管理。

（五）项目监管

各子专项责任部门负责统一组织开展专项的绩效评价和监督检查，对子专项实施情况追踪问效，对资金管理使用开展审计监督，并按要求对承担子专项项目管理的专业机构的履职情况进行日常监管。子专项责任部门结合信用信息，引入信用管理手段，建立专项信用管理制度。

（六）年度报告

各子专项责任部门总结各子专项的实施、管理、监管情况及相关重大事项，编制子专项管理年度报告提交市科委。市科委负责总结科技创新支撑类专项联动管理情况，形成联动管理年度报告，并于下年度一季度末前报送市发展改革委。

关于印发《市级财政科技投入科技人才与环境类专项联动管理实施细则》的通知

(沪科合〔2017〕4号)

各有关单位：

为了深入贯彻落实国务院《关于深化中央财政科技计划（专项、基金等）管理改革的方案》和《中共上海市委 上海市人民政府关于加快建设具有全球影响力的科技创新中心的意见》的精神，按照《本市加强财政科技投入联动与统筹管理实施方案》确定的任务分工要求，市科委会同市发展改革委、市财政局等部门制定了《市级财政科技投入科技人才与环境类专项联动管理实施细则》，现印发你们，请遵照执行。

特此通知。

附件：市级财政科技投入科技人才与环境类专项联动管理实施细则

上海市科学技术委员会
上海市发展和改革委员会
上海市财政局
2017年1月23日

市级财政科技投入科技人才与环境类专项联动管理实施细则

为了深入贯彻落实国务院《关于深化中央财政科技计划（专项、基金等）管理改革的方案》和《中共上海市委 上海市人民政府关于加快建设具有全球影响力的科技创新中心的意见》的精神，根据《本市加强财政科技投入联动与统筹管理实施方案》的要求，为进一步推动本市财政科技投入管理改革，提高财政科技专项资金的使用效率与效益，制定市级财政科技投入科技人才与环境类专项的联动与统筹管理实施细则。

一、实施目标

遵循"顶层设计、分步实施"的原则，依托统一的财政科技投入信息管理平台，在布局合理、功能清晰、信息公开、绩效导向的财政科技投入管理体系下，开展科技人才与环境类专项跨部门联动管理，加强各部门管理流程中的工作协同，加快培育和汇聚科技创新创业人才，推动和建设完善创新创业服务体系，提升区域科技创新能力，构建支撑创新驱动发展的良好环境，激发全社会创造活力，形成大众创业、万众创新的生动局面。

二、实施原则

（一）顶层设计、统筹联动

按照人才驱动、资源驱动、环境驱动的原则，以营造尊重知识、崇尚创新、开放多元的创新创业环境、最大限度释放各类创新主体的创新活力为目标，实施财政科技投入科技人才与环境类专项统筹决策，对接科技发展战略与规划，围绕市委市政府年度重点工作，强化部门科技投入联动协同，统筹布局专项年度重点任务。

（二）功能清晰、聚焦重点

围绕各有侧重、相互协同的财政科技投入分类管理格局和科技人才与环境类专项的功能定位，聚焦重点任务，严格按照财政预算管理规定和科研目标任务，科学合理地配置专项科技投入，形成工作导向和绩效导向为重点的资源配置方式。

（三）分类管理、信息公开

尊重科技人才及环境发展规律，依托项目管理专业机构，实行项目分类管理，不断提升专项项目管理的科学化、精细化、规范化水平，充分发挥专业决策咨询作用，简化管理流程，加强信息公开和信用管理，强化关键节点的监督管理。

（四）绩效导向、动态调整

按照需求导向、目标导向、绩效导向的要求，明确科技人才与环境类专项的总体目标和各子专项的实施目标，落实各部门管理职责，建立促进专项目标和绩效实现的评估监管机制，并在评估问效基础上实施各子专项优化整合和动态调整。

三、专项定位和支持范围

（一）专项定位

科技人才与环境类专项围绕创新创业发展和建设具有全球影响力的科技创新中心对人才和创新创业环境的要求，完善扶持创新创业人才发展的政策体系、建立更加完善的创新服务体系、建设各类创新主体协同互动和创新要素顺畅流动、高效配置的生态系统，形成创新人才大量涌现、创新体系协同高效、创新文化氛围浓厚、创新环境更加优化的科技创新新局面，为创新驱动发展战略的实施提供人才和环境保障。

（二）支持范围

科技人才与环境类专项涵盖本市科技、信息、卫生领域人才资助计划和科研环境、高新区建设相关，包括市科委的人才培养、环境建设，市张江高新区管委会的张江国家自主创新示范区专项发展资金（人才与环境类），市经济信息化委的软件和集成电路产业发展专项（人才部分），市卫计委的创新医学人才发展，市委市政府明确的重点任务及其他需要新设专项等应当纳入本专项的支持范围。

科技人才与环境类专项分类表

序号	专项名称	子专项名称	责任部门
1	科技人才与环境专项	科技人才计划	市科委
		研发环境建设	
2	张江国家自主创新示范区专项发展资金	人才与环境类	市张江管委会
3	软件和集成电路产业发展专项资金	人才部分	市经信委
4	创新医学人才发展资金	创新医学人才发展资金	市卫计委

四、专项支持重点和方式

（一）支持重点

科技人才与环境专项：重点支持科技创新创业服务能力建设、科技人才发展等项目，促进科技资源开放共享，推进创新创业服务平台建设和创新创业文化发展，为创新创业人才提供良好的发展条件和有效激励，提高科技创新创业的条件保障能力。

张江国家自主创新示范区专项发展资金人才与环境专项：一是优化公共服务环境。支持建设新型便捷的"双创"空间、创新创业孵化平台、科技金融服务平台、共性技术服务平台、知识产权服务平台、企业信用服务平台等；支持创建生态园区、智慧园区和生产性服务环境建设，打造宜居宜业的高科技园区。二是集聚培育高端人才。支持国家级人才改革试验区建设；支持创设新型人才培育和服务机构；支持培育和引进急需人才；支持产学研人才流动，鼓励高层次人才创新创业；支持人才公寓以及为园区高层次人才提供子女教育、医疗保障等配套服务的平台项目。

软件和集成电路产业发展专项资金人才部分：为加快推动本市软件和集成电路产业发展，激励企业设计人员开发具有自主知识产权的软件和集成电路产品，重点支持软件产品设计人员当年度研发出软件产品、集成电路设计人员当年度研发出集成电路产品、集成电路高端装备制造人员当年度研发出集成电路高端装备或关键部件和材料的人员予以专项奖励。

创新医学人才发展资金：优化人才集聚与培养的支撑体系，采用资助、引进、培训、交流、团队建设等多种形式，实施一系列人才培养工程，并依托国家和本市高层次人才培养计划，打造层次分明、结构合理、充满活力的医学科技创新人才队伍。

（二）支持方式

政府主导投入为主，人才类子专项项目采用事前或事后补助的方式，创新服务和环境建设类项目采取绩效分档定额补助、政府购买服务、奖励等方式，强化投入的公益性和保障性。具体支持方式和标准由各专项资金管理办法或细则确定。

五、管理机制

（一）建立分级联动管理架构

建立由市科委、市张江高新区管委会、市经济信息化委、市卫计委、市发展改革委、市财政局等部门组成的科技人才与环境类专项工作推进工作组（以下简称"推进工作组"），负责科技人才与环境类专项的统筹联动管理工作。

推进工作组开展联动管理，加强专项指南研究、项目支持等工作协同，通过召开联席会议，确定专项年度支持方向和重点，审议专项年度实施计划和相关重大事项，总结专项联动管理年度实施情况。完成市推进科技创新中心建设领导小组办公室（以下简称"领导小组办公室"）交办的其他任务。

各部门计划新设或调整的专项资金属于科技人才与环境类专项的，应当通过联席会议商议其新设或调整的必要性和合理性，推进工作组根据会商结果，报领导小组办公室审议。

市科委作为科技人才与环境类专项的联动牵头部门，负责落实专项联动管理的日常组织协调、沟通联络，牵头编制专项联动管理情况年度报告。

市科委、市张江高新区管委会、市经济信息化委、市卫计委等子专项责任部门负责按照联动管理要求，完善各子专项管理办法，制定子专项规划、凝练重点任务、编制子专项年度实施方案和子专项管理年度报告、组织专项实施和专项评价监督，并配合实施专项的联动管理与跨部门会商以及专项信息向统一平台的归集。

(二)规范专业机构项目管理服务

推进工作组制定统一的科技人才与环境类专项项目管理专业机构遴选及考核规则。市科委、市张江高新区管委会、市经济信息化委、市卫计委等子专项责任部门根据专项特点,充分依托具备一定条件的项目管理专业机构开展专项项目管理工作,确保其按照委托协议要求和相关制度规定进行项目管理工作。项目管理专业机构受托开展项目管理工作,对实现管理任务目标负责,通过统一的科技管理信息平台管理。

(三)依托统一平台协同管理

依托全市统一的财政科技投入信息平台,实现科技人才与环境类专项指南的集中发布、一站式网上申报受理、统一编码和信息公开,以及专项信息跨部门共享,逐步实现覆盖专项指南发布、项目申报、立项、实施、验收等全过程的统一信息管理。通过管理平台的信息联动,建立起管理链、资金链、创新链一体化运作的工作机制。

六、实施流程

(一)制定年度实施方案

各子专项责任部门根据部门职能和专项定位,凝练形成目标明确的子专项年度重点任务。推进工作组根据各子专项年度重点任务和市委市政府明确的其他重点任务,组织专项年度实施方案联动会商,加强重点任务协同衔接,形成的会商结果应报领导小组办公室备案。各部门可在会商会议提出需相关子专项或者基础前沿、科技创新支撑、科技人才与环境和市级重大专项支持的重点项目。

(二)项目征集

各子专项责任部门按照各自职能和分工,结合专项年度实施方案,每年第三季度或适时启动编制下一年度子专项指南或申报通知等项目征集文件。推进工作组根据专项实施方案,优化项目发现机制,组织专项项目征集文件的联动会商。经审定的专项项目征集文件在统一平台对社会公开发布,实施项目征集。

(三)评审立项

各子专项责任部门组织实施项目评审,确定拟立项项目清单。推进工作组组织专项项目的立项联动会商,形成的会商结果应报领导小组办公室备案。各子专项应根据会商结果,按照相应资金管理办法实施管理。

(四)项目实施

各子专项责任部门负责项目实施管理,协调项目推进过程中的有关事项,并按照要求实施项目绩效评价、监督评估等。子专项责任部门委托的项目管理专业机构按照项目管理规范,具体实施项目管理。

(五)项目监管

各子专项责任部门负责统一组织开展专项的绩效评价和监督检查,对子专项实施情况追踪问效,对资金管理使用开展审计监督,并按要求对承担子专项项目管理的专业机构的履职情况进行日常监管。子专项责任部门结合信用信息,引入信用管理手段,建立专项信用管理制度。

(六)年度报告

各子专项责任部门总结各子专项的实施、管理、监管情况及相关重大事项,编制子专项管理年度报告提交市科委。市科委负责总结科技人才与环境类专项联动管理情况,形成联动管理年度报告,并于下年度一季度末前报送市发展改革委。

关于印发《上海市科技创新计划专项资金管理办法》的通知

(沪科合〔2017〕11号)

各有关单位：

为实施创新驱动发展战略，加快建设具有全球影响力的科技创新中心，根据《本市加强财政科技投入联动与统筹管理实施方案》要求，市科委会同财政局制定了《上海市科技创新计划专项资金管理办法》。现印发给你们，请遵照执行。

附件：上海市科技创新计划专项资金管理办法

上海市科学技术委员会
上海市财政局
2017年6月9日

上海市科技创新计划专项资金管理办法

第一条 （目的依据）

为实施创新驱动发展战略，加快建设具有全球影响力的科技创新中心，根据《国务院关于改进加强中央财政科研项目和资金管理的若干意见》（国发〔2014〕11号）、《关于深化中央财政科技计划（专项、基金等）管理改革的方案》（国发〔2014〕64号）和《本市加强财政科技投入联动与统筹管理实施方案》（沪府发〔2016〕29号），将由市级财政预算安排，纳入上海市科学技术委员会（以下简称"市科委"）部门预算管理的科技创新相关资金优化整合为"上海市科技创新计划专项资金"（以下简称"专项资金"），为规范专项资金管理，提高使用效益，制定本办法。

第二条 （使用和管理原则）

专项资金的使用应当符合国家及本市科技发展的政策导向，符合财政预算管理的有关规定。具体使用原则如下：

（一）聚焦重点，合理配置。按照上海建设具有全球影响力的科技创新中心的总体部署和有关要求，聚焦科技发展需求，完善创新创业体系，围绕创新链完善资金链，科学合理配置资源。

（二）统筹投入、加强联动。专项资金纳入财政科技投入联动与统筹管理范围，强化专项资金与其他财政科技投入资金的协同，围绕科技创新中心建设形成财政科技投入合力。

（三）规范使用、加强监管。严格按照预算管理和财政资金使用规定规范使用专项资金，实行单独核算、专款专用，强化预算管理，加强执行监督和信息公开，切实提高专项资金使用效益。

第三条 （资金用途）

专项资金主要用于以下五个方面：

（一）基础前沿研究。鼓励科技人员开展基础研究和科学前沿探索，解决重大战略需求溯及的重要科学问题，力争在重要领域实现跨越发展。重点支持基础研究、前瞻性重大技术研究，支持承接国家任务。

（二）科技创新支撑。构建和完善具有国际竞争力的现代产业技术体系、城市可持续和包容性发展的技术体系。重点支持社会民生、高新技术产业和生物医药产业等领域的关键技术研究及技术标准研制；支持功能型平台、重点实验室、工程技术研究中心等平台建设与发展。

（三）科技人才与环境建设。完善创新创业人才发展政策体系、建立更加完善的创新创业服务体系、营造良好的创新创业环境。重点支持学术／技术带头人、启明星、浦江人才、扬帆等各类科技人才培养；支持创业服务体系建设，促进科技型中小企业创新能力提升；支持科技与金融结合，改善科技型中小企业融资环境；支持科技资源共享和科技成果转化，鼓励中小微企业和创业团队使用科技创新券，促进国内外科技合作与交流。

（四）技术创新引导。发挥财政资金的引导作用，鼓励企业加大技术创新投入力度，支持科技型中小企业打造具有国内外行业竞争优势的科技小巨人企业，加强高新技术、生物医药等领域成果转化与应用。

（五）市委、市政府明确支持的其他科技项目。

第四条 （支持方式）

专项资金主要采用无偿资助的支持方式，并探索采用政府购买服务、政府奖励、贷款贴息等方式，专项资金资助项目原则上只采取一种支持方式。

第五条 （预算编制与执行）

市科委根据部门预算编制的有关要求，结合本市财政科技投入联动管理会商情况，确定下一年度支持重点，编制年度专项资金的初步分配方案，纳入市科委部门预算，按规定程序报送市财政局。

专项资金年度预算批复后，市科委结合联动会商审议结果，确定具体支持对象及项目，并将专项资金支持项目的信息录入财政专项管理平台。预算执行中确需调整年度预算的，按照市级部门预算动态调整管理的有关规定执行。

市科委根据年度预算批复，在批准的预算额度内向市财政局申请拨款。市财政局按规定审核后，按照国库集中支付的管理要求，拨付专项资金。

专项资金结转结余资金的使用，按照国家及本市有关规定执行。

第六条 （信息公开）

建立健全信息公开制度。除涉密及法律法规另有规定外，市科委按照国家和本市有关规定，向社会公开专项资金安排情况等信息，接受社会监督。

第七条 （绩效评价）

市科委、市财政局根据专项资金使用要求，对专项资金实施全过程绩效管理，确立绩效目标、实施绩效跟踪和绩效评价，并可将评价结果作为以后年度申报安排专项资金的重要参考依据。

第八条 （项目管理费用）

市科委可委托专业机构，开展项目管理、评估、审计等管理工作，相关管理费用在部门预算另行安排。

第九条 （审计监督）

市科委对专项资金使用和项目实施情况进行全程跟踪监管。

专项资金按规定接受市审计和监督部门审计检查，市科委、市财政局可聘请有资质的社会专业机构对专项资金进行审计,确保专项资金规范、安全、有效运行。

第十条 (责任追究)

专项资金必须专款专用,严禁截留、挪用。对弄虚作假、截留、挪用等违反国家法律法规的行为,将按照《财政违法行为处罚处分条例》(国务院令〔2005〕第427号)等相关法律法规进行处理,并按照规定收回已拨付的专项资金。

第十一条 (实施日期)

本办法自2017年7月10日起施行,有效期至2022年7月9日。

附件:上海市科技创新计划专项资金操作流程图(略)

上海市人民政府办公厅关于延长《上海市大型科学仪器设施共享服务评估与奖励办法》有效期的通知

(沪府办发〔2017〕81号)

各区人民政府，市政府各委、办、局：

经评估，2013年3月市政府办公厅转发的《上海市大型科学仪器设施共享服务评估与奖励办法》(沪府办发〔2013〕15号)需继续实施，其有效期延长至2022年12月31日。

特此通知。

上海市科学技术委员会
上海市财政局
2017年12月21日

上海市大型科学仪器设施共享服务评估与奖励办法

第一条 （目的）

为促进大型科学仪器设施的共享，提高其利用率，增强科技创新能力，调动本市大型科学仪器设施管理单位和相关人员提供共享服务的积极性，根据《上海市促进大型科学仪器设施共享规定》，制订本办法。

第二条 （适用范围）

本市行政区域内高等学校、科研院所、企事业等管理单位（以下统称"管理单位"）的大型科学仪器设施共享服务评估和奖励工作，适用本办法。

第三条 （定义）

本办法所称的大型科学仪器设施，是指单台（套）原值为30万元及以上、用于科学研究和技术开发活动的科学仪器和实验设施。

本办法所称的共享，是指本市行政区域内的管理单位将大型科学仪器设施向社会开放，由非关联单位、个人用于科学研究和技术开发的行为。

第四条 （奖励资金）

本市设立大型科学仪器设施共享服务奖励资金，所需经费列入市科委部门预算。

第五条 （评估与奖励原则）

本市大型科学仪器设施共享服务评估与奖励，按照"公开、公平、公正"的原则，每年度进行一次。

第六条 （评估与奖励对象）

凡以市或区县财政全额或者部分出资购置、建设的大型科学仪器设施的所在管理单位，都应接受仪器设施共享服务情况的评估。鼓励以其他资金，包括中央财政、社会资金等全额购置、建设的大型科学仪器设施的所在管理单位参加评估。

在大型科学仪器设施共享服务年度评估中，评估结果为合格及以上的管理单位，可申请共享服务奖励。

第七条 （评估内容）

对管理单位大型科学仪器设施共享服务情况的评估内容包括：大型科学仪器设施共享服务业绩、共享服务管理、服务队伍与能力、信息公开等情况。

第八条 （评估奖励程序）

每年由市科委会同市各有关主管部门组织实施大型科学仪器设施共享服务评估与奖励，评估期为上年7月1日到当年6月30日。

（一）市科委会同有关主管部门根据市级财政全额或者部分出资购置、建设的大型科学仪器设施情况及加盟研发公共服务平台的大型科学仪器设施管理单位，确定评估单位。

（二）纳入评估范围的管理单位通过上海研发公共服务平台的科学仪器共享服务系统，按照要求填报评估与奖励材料。

（三）市科委组织专家或委托中介机构进行评估。评估结果分为优秀、合格和不合格。其中，优秀名额不超过参加评估的管理单位数量的10%。实施评估时，应选择不低于10%的管理单位进行现场抽查和用户满意度调查。现场抽查包括共享服务相关原始记录和大型科学仪器设施运行管理情况的核实等。

（四）通过上海研发公共服务平台网站，向社会公布奖励结果。

（五）对获得奖励的单位和个人，其奖金在下一年度发放。

第九条 （奖励分类与条件）

大型仪器共享服务奖励分为管理单位共享服务奖和先进个人奖。

（一）管理单位共享服务奖授予当年度大型仪器共享服务评估合格及以上的管理单位。

（二）先进个人奖授予在共享服务工作量、服务质量、服务态度、功能开发等方面表现突出的操作人员，以及在共享管理制度建设、人才队伍建设、运行与服务管理等方面取得明显成效的管理人员。先进个人名额，原则上不超过共享大型仪器操作人员和管理人员的2%。

第十条 （奖励金额确定）

管理单位共享服务奖的奖励经费，根据管理单位通过上海研发公共服务平台公开基本信息且服务记录备案的大型科学仪器设施共享服务工作量，以及管理单位绩效评估等级确定。单台（套）大型科学仪器设施的年度奖励金额不超过5万元。

以非财政资金全额出资购置、建设的大型仪器，在同等条件下，上浮10%的奖励金额。

第十一条 （先进个人奖励）

对先进个人发放奖励资金2000元，并颁发荣誉证书。先进个人可优先参加上海市科技、教育、人事等有关主管部门组织的培训与交流活动。

第十二条 （优秀单位奖励）

对评估优秀的管理单位发放奖励资金，并颁发年度先进集体荣誉证书；先进集体申请以市或者区县级财政资金全额或部分出资新购、新建大型科学仪器设施的，有关主管部门应在同等条件下优先批准其申请购置。对连续3年评为先进集体的管理单位当年授予示范单位，次年免予现场抽查。

第十三条 （评估反馈）

对大型科学仪器设施共享服务评估与奖励情况，由市科委会同市财政局通报有关主管部门和管理单位。建立健全本市大型科学仪器设施共享信息库，为本市大型科学仪器设施的新购（新建）评议、科研基地建设等提供依据。

第十四条 （奖励资金用途）

管理单位的共享服务奖励资金，可用于共享大型科学仪器设施的运行维护、功能开发、升级改造、服务推广、信息管理与维护、操作（管理）人员的能力培训与补贴等。

第十五条 （资金管理与监督）

管理单位对奖励资金的开支行使管理和监督权，应做到手续完备、账目明晰、内容真实、核算准确，确保奖励资金的合理使用。管理单位有弄虚作假、截留、挪用、挤占奖励资金等行为的，由市科委、市财政局依法追回奖励资金；情节严重的，依法追究法律责任。

申报材料弄虚作假的，取消该单位当年及3年内的奖励资格。

第十六条 （区县配套政策）

区县政府可参照本办法，对区域内大型科学仪器设施共享服务情况给予相应激励。

第十七条 （施行日期）

本办法自印发之日起施行，有效期至2022年12月31日。原《上海市大型科学仪器设施共享服务评估与奖励暂行办法》（沪府办发〔2008〕2号）同时废止。

关于印发《上海市科研计划项目（课题）专项经费管理办法》的通知

（沪财发〔2017〕9号）

各有关单位：

为贯彻落实中共中央办公厅、国务院办公厅《关于进一步完善中央财政科研项目资金管理等政策的若干意见》、市政府办公厅《关于进一步加大财政支持力度加快建设具有全球影响力的科技创新中心的若干配套政策》精神，市财政局会同市科学技术委员会对原《上海市科研计划专项经费管理办法》进行了修订，自2018年1月1日起施行，原《上海市科研计划专项经费管理办法》（沪财教〔2015〕95号）同时废止。

上海市财政局
上海市科学技术委员会
2017年12月27日

上海市科研计划项目（课题）专项经费管理办法

第一章 总则

第一条 为了规范并加强本市科研计划项目（课题）专项经费的管理，提高资金使用效益，根据《国务院关于改进加强中央财政科研项目和资金管理的若干意见》（国发〔2014〕11号）、《关于进一步完善中央财政科研项目资金管理等政策的若干意见》（中办发〔2016〕50号）、《上海市人民政府办公厅关于印发〈关于进一步加大财政支持力度加快建设具有全球影响力的科技创新中心的若干配套政策〉的通知》（沪府办〔2015〕84号）精神，依据国家和本市有关法律法规及相关财务制度，结合本市科研经费管理的实际情况，制定本办法。

第二条 科研计划项目（课题）专项经费（以下简称"专项经费"）是指市级财政在上海市科学技术委员会（以下简称"市科委"）部门预算中安排的支持科技创新活动的专项资金，主要用于支持在本市注册登记的、具有独立法人资格的单位开展基础前沿类科技研发、科技创新支撑、技术创新引导、创新创业人才培育、创新环境建设等各类科研活动，以及市委、市政府确定的其他科技创新工作。

第三条 专项经费管理和使用原则：

（一）科学安排，合理配置。发挥市场配置各类创新要素的导向作用，优化资源配置。聚焦国家战略，围绕上海科技发展规划，保障重要科研活动的实施。严格按照科研活动的目标和任务，科学合理地编制和安排预算。

（二）公开公平，择优资助。完善公平竞争的项目遴选机制，通过公开择优、定向择优等方式确定项目承担者。

（三）单独核算，专款专用。被资助对象获得的专项经费纳入单位财务统一管理，实行单独核算，确保专款专用。

（四）明确责权，追踪问效。明晰专项经费管理和使用各方的权利和义务，加强评估监管体系建设，加强科研诚信建设和信用管理，推行面向结果的追踪问效机制。

第四条 部门职责：

（一）上海市财政局（以下简称"市财政局"）主要负责专项经费的预算审核、资金拨付及使用监督，与市科委共同制定专项经费管理办法等工作。

（二）市科委主要负责专项经费的预算编制、预算执行及决算编报等日常管理工作，加强监督检查和责任倒查，并探索对项目承担单位开展信用评价工作。

第二章 支持方式与支出内容

第五条 专项经费主要采取前补助、后补助的支持方式，并探索开展其他支持方式。具体支持方式，由市科委结合科研活动特点和承担单位性质在编制和发布项目指南时明确。

第六条 前补助是指项目（课题）立项后核定预算，并按照科研计划合同（以下简称"合同"）和科研计划任务书（以下简称"任务书"）确定的拨款计划及任务实际完成进度核拨专项经费的支持方式。

第七条 后补助是指从事研究开发和科技服务活动的单位先行投入资金，取得成果或者服务绩效，通过验收审查或绩效考核后，给予经费补助的财政资助方式。后补助包括事前立项事后补助、奖励性后补助及共享服务后补助等方式。本办法主要规范前补助和事前立项事后补助项目（课题）专项经费。

第八条 对于基础性和公益性研究，以及重大共性关键技术研究、开发、集成、示范和科技人才培育等科技活动，一般采取前补助方式支持。对于面向社会开展公共研发服务并取得绩效的各类科技基础条件基地等，积极探索后补助方式支持。

第九条 项目下设课题的，项目经费由课题经费组成。项目（课题）经费是指项目（课题）实施过程中发生的与科研活动相关的各项费用，包括直接费用和间接费用两部分。

第十条 直接费用是指在项目（课题）实施过程中发生的与之直接相关的费用。包括：

（一）设备费：是指在项目（课题）实施过程中购置或试制专用仪器设备，对现有仪器设备进行升级改造，以及租赁外单位仪器设备而发生的费用。对于使用专项经费购置的单台/套/件价格在50万元以上的设备，应当按照《上海市新购大型科学仪器设施联合评议实施办法》的有关规定执行。

（二）材料费：是指在项目（课题）实施过程中需要消耗的各种原材料、辅助材料、低值易耗品、元器件、试剂、实验动物、部件、外购件、包装物的采购、运输、装卸、整理等费用。

（三）测试化验加工费：是指在项目（课题）实施过程中由于承担单位自身的技术、工艺和设备等条件的限制，必须支付给外单位［包括项目（课题）承担单位内部独立经济核算单位］的检验、测试、设计、化验及加工等费用。

（四）燃料动力费：是指在项目（课题）实施过程中直接使用的相关仪器设备、科学装置等运行发生的水、电、气、燃料消耗费用等。

（五）差旅/会议/国际合作与交流费：是指在项目实施过程中发生的差旅费、会议费和国际合作与交流费。在编制预算时，本科目支出预算不超过直接费用预算10%的，不需要编制测算依据。承担单位和科研人员应当按照实事求是、精简高效、厉行节约的原则，严格执行国家和单位的有关规定，统筹安排使用。其中：

差旅费：是指在项目（课题）实施过程中开展科学实验（试验）、科学考察、业务调研、学术交流等所发生的外埠（国内）差旅费、市内交通费用等。高校、科研院所可根据教学、科研、管理工作实际需要，研究制定差旅费管理办法，合理确定教学科研人员乘坐交通工具等级和住宿费标准。

会议费：是指在项目（课题）实施过程中为组织开展学术研讨、咨询以及协调项目（课题）等活动而发生的会议费用。承担单位应当严格控制会议规模、会议数量、会议开支标准和会期。高校、科研院所因教学、科研需要举办的业务性会议（如学术会议、研讨会、评审会、座谈会、答辩会等），会议次数、天数、人数以及会议费开支范围、标准等，由高校、科研院所合理确定。会议代表参加会议所发生的城市间交通费，原则上按差旅费管理规定由所在单位报销；因工作需要，邀请国内外专家、学者和有关人员参加会议，对确需负担的城市间交通费、国际旅费，可由承担单位在会议费等费用中报销。

国际合作与交流费：是指在项目（课题）实施过程中项目（课题）研究人员出国及外国专家来华工作的费用。

（六）出版/文献/信息传播/知识产权事务费：是指在项目（课题）实施过程中需要支付的出版费、资料费、专用软件购买费、文献检索费、专业通信费、专利申请及其他知识产权事务等费用。

（七）劳务费：是指在项目（课题）实施过程中支付给项目（课题）组成员、因科研项目（课题）需要引进的人才以及临时聘用人员的劳务性费用。劳务费支出控制在申请专项经费支出总额的30%以内；对于基础研究类、软科学类和软件开发类等项目（课题），劳务费支出总额控制在申请专项经费支出总额的50%以内。其中劳务费支出标准应控制在8000元/人月以内。引进人才以及临时聘用人员的支出标准在不突破该项目（课题）劳务费支出总额的前提下，由项目（课题）承担单位编制确定。通过公开竞标获得的科研项目，劳务费不计入单位绩效工资总量。

（八）专家咨询费：是指在项目（课题）实施过程中支付给临时聘请的咨询专家的费用。专家咨询费不得支付给参与项目（课题）研究及其管理相关的工作人员。专家咨询费的开支标准应当按照国家及本市有关规定执行。

（九）其他费用：是指在项目（课题）实施过程中发生的除上述费用之外的其他支出，应当在申请预算时单独列示，单独核定。

第十一条 间接费用是指承担单位在组织实施项目（课题）过程中发生的无法在直接费用中列支的相关费用。主要包括承担单位为项目（课题）研究发生的现有仪器设备及房屋摊销费，水、电、气、暖消耗费，有关管理费用的补助支出以及绩效支出等。

申请资助的间接费用总额不得超过专项经费直接费用的12%。

间接费用应纳入单位财务统一管理，统筹安排使用。承担单位应当健全间接费用的内部管理办法，公开透明、合规合理使用间接费用，处理好分摊间接成本和对科研人员激励的关系，绩效支出安排应当与科研人员在项目工作中的实际贡献挂钩。承担单位不得在核定的间接费用以外再以任何名义在专项经费中重复提取、列支相关费用。

第三章 项目（课题）经费管理

第十二条 项目（课题）预算包括收入预算和支出预算，收入预算和支出预算应做到收支平衡。收入预算包括专项经费和自筹经费。自筹经费应为单位自有的货币资金。有自筹经费来源的，应当提供经费来源证明及其他相关财务资料。支出预算应当按照经费开支范围确定的支出科目和不同经费来源编列。同一支出内容一般不得同时列支专项经费和自筹经费。

第十三条 项目下设课题的，每个课题承担单位均需按预算编制的要求单独编制各自的课题预算，项目承担单位将所有课题预算审核汇总后形成项目预算。

第十四条 通过立项评审且申请专项经费达到一定金额的项目，在任务书填报完成后，市科委委托第三方评估机构或组织专家对该项目（含下设课题）进行预算评估评审。预算评估评审应当按照本市有关规定执行。

第十五条 项目（课题）预算按规定程序审核通过后，市科委与承担单位签订合同和任务书，项目（课题）预算作为合同和任务书的组成部分，是预算执行和监督检查的重要依据。

第十六条 市科委根据合同和任务书确定的拨款计划及任务实际完成进度向市财政局申请拨款，市财政局按照市级财政资金国库集中支付的有关规定拨付经费。

项目牵头承担单位应当根据合同和任务书确定的拨款计划及时向课题承担单位拨付经费。课题承担单位不得再向外转拨经费。

项目牵头单位不得擅自拖延经费拨付，对于出现上述情况的单位，市科委将采取约谈、暂停项目后续拨款等措施。

第十七条 承担单位应严格按合同和任务书规定的预算内容执行，确有必要调整时，应按以下程序办理：

（一）项目（课题）预算总额调整，承担单位变更等应当报市科委批准。

（二）项目（课题）总预算不变，设备费预算总额调增、新增且单台/套/件价格在50万元以上设备预算调整应当报市科委批准。因项目（课题）研究需要，其他设备费预算需要调整的，由项目（课题）责任人根据项目（课题）研究需要提出申请，由承担单位法定代表人或其授权的相关负责人负责审批。设备费预算如有调减的，调减的经费可调剂用于材料费、测试化验加工费、燃料动力费、出版/文献/信息传播/知识产权事务费方面的支出。差旅/会议/国际合作与交流费、劳务费、专家咨询费和间接费用预算不得调增，如有调减可按上述程序调剂用于项目（课题）其他方面支出。

（三）项目（课题）总预算不变，直接费用中的材料费、测试化验加工费、燃料动力费、出版/文献/信息传播/知识产权事务费、其他支出预算如需调整的，由项目（课题）责任人根据实施过程中科研活动的实际需要提出申请，由承担单位法定代表人或其授权的相关负责人负责审批。

第十八条 在研项目（课题）年度结存经费留由承担单位结转下一年度按规定继续使用。

第十九条 项目（课题）因故终止，承担单位财务部门应及时清理账目与资产，编制财务报告及资产清单，由承担单位向市科委提出申请，市科委组织进行清查处理，并停拨经费。

第二十条 项目完成后，对专项经费资助达到一定金额或影响重大的项目，市科委组织财务验收。项目通过财务验收，项目结余资金在2年内由承担单位统筹安排用于科研活动的直接支出，但不得用于有工资性收入人员的劳务费；2年后未使用完的，按原渠道收回；对未通过财务验收或整改后通过财务验收的项目，结余资金按原渠道收回，项目尾款不再拨付。财务验收应当按照本市有关规定执行。

第二十一条 项目确需延期验收的，承担单位一般应在合同和计划任务书规定的完成日 3 个月前向市科委提出书面申请，经市科委批准后方可延期。未经批准，仍以合同和计划任务书规定的完成日为项目（课题）终止日。

第四章 监督管理

第二十二条 市财政局、市科委负责对项目（课题）的预算编制、经费拨付和使用等情况进行审核，通过专项审计、财务验收、绩效评价等多种方式实施监督检查，并主动接受市人大和社会的监督。监督检查的结果，将作为核拨项目（课题）经费和今后立项支持的重要依据。

第二十三条 承担单位是项目（课题）经费管理和使用的责任主体，具体管理工作应按以下规定实施：

（一）建立健全项目（课题）经费管理制度，完善内部控制和监督制约机制，认真行使经费管理、审核和监督权，对本单位使用、外拨经费情况实行有效监管；按照国家和本市有关规定加强间接费用的管理；

（二）按照本办法的预算编制要求，完成项目（课题）经费的预算编报工作，认真做好预算编制阶段的咨询服务和审核把关，在经费管理和使用方面为科研人员提供必要的政策咨询、培训支撑等相关服务；采取有效措施为科研、财务、行政等管理部门对项目（课题）的实施提供全面支撑，积极推动本单位现有仪器设备等科研条件的开放共享；

（三）严格按照预算的开支标准和范围使用项目（课题）经费，严禁用于支付各种罚款、捐款、赞助和投资等，严禁以任何方式变相谋取私利；

（四）对专项经费和自筹经费分别进行单独核算，积极开展项目（课题）经费管理和使用情况的自查，制定并严格执行项目（课题）预算调整审批程序，配合做好预算评估评审、审计、验收与绩效评价等有关工作；

（五）认真审核验收材料，按时提出验收申请，及时制定和落实整改措施，按规定办理财务结账手续，按照国家和本市有关规定加强结余经费的管理等。

（六）要建立健全科研财务助理制度，为科研人员在项目（课题）预算编制和调剂、经费支出、财务决算和验收等方面提供专业化服务。

（七）应当严格执行国家有关支出管理制度，对应当实行"公务卡"结算的支出，按照上海市财政科研项目使用公务卡结算的有关规定执行。制定符合科研实际需要的内部报销规定，对野外考察、心理测试等科研活动中无法取得发票或者财政性票据的，在确保真实性的前提下，可按实际发生额予以报销。

第二十四条 承担单位在项目（课题）经费使用和管理中，存在下列行为之一的，不得通过财务验收：

（一）未对项目（课题）专项经费进行单独核算。

（二）编报虚假预算、套取国家财政资金。

（三）截留、挤占、挪用项目（课题）经费。

（四）违反规定转拨、转移项目（课题）经费。

（五）未获市科委批准擅自变更项目（课题）承担主体。

（六）提供虚假财务会计信息，虚列支出。

（七）虚假承诺、单位自筹资金不到位。

（八）未按规定执行和调整预算。

（九）经费管理使用存在违规问题拒不整改。

（十）其他违反国家财经纪律的行为。

第二十五条　承担单位存在第二十四条所述违规行为的，市科委、市财政局等部门将视情节轻重采取约谈、通报批评、暂停项目拨款、终止项目执行、追回已拨资金、阶段性或永久取消项目承担者项目申报资格等措施，并将有关结果向社会公开。对弄虚作假、截留、挪用等违反国家法律法规的行为，将按照《财政违法行为处罚处分条例》（国务院令〔2005〕第427号）等相关法律法规进行处理。涉嫌犯罪的，移送司法机关处理。

第二十六条　建立专项经费信用管理机制。市科委对承担单位、项目（课题）责任人、专业机构、专家等在专项经费使用和管理工作中的诚信进行记录，作为今后参加项目（课题）申报和管理等活动的重要依据。

第二十七条　建立专项经费信息公开机制。市科委积极推进项目（课题）的基本信息、监督检查和评估评审结果等与本市相关政府管理部门共享，并按本市信息公开的有关要求做好信息公开工作。

第五章　附则

第二十八条　专项经费使用中涉及政府采购的，按照政府采购有关规定执行。

第二十九条　行政事业单位使用专项经费形成的固定资产属国有资产，应当按照国家和本市有关国有资产管理的规定执行。企业使用专项经费形成的固定资产，按照《企业财务通则》等相关规章制度执行。专项经费形成的知识产权等无形资产的管理，按照国家和本市有关规定执行。

第三十条　专项经费形成的大型科学仪器设备、科学数据、自然科技资源等，在保障有关参与单位合法权益的基础上，按照国家和本市有关规定开放共享，以减少重复浪费，提高资源利用效率。

第三十一条　本办法由市财政局和市科委共同负责解释。

第三十二条　本办法自2018年1月1日起施行，有效期至2022年12月31日，原《上海市科研计划专项经费管理办法》（沪财教〔2015〕95号）同时废止。

关于印发《上海市科研计划项目（课题）财务验收管理办法》的通知

（沪科合〔2017〕38号）

各有关单位：

为全面落实《关于进一步完善中央财政科研项目资金管理等政策的若干意见》（中办发〔2016〕50号），做好上海市科研计划项目（课题）的财务验收工作，确保财务验收工作的科学性、公正性和规范性，市科委会同市财政局对原《上海市科研计划项目（课题）财务验收管理暂行办法》（沪科合〔2014〕25号）进行了修订。新修订的办法自2018年1月1日起施行，原办法同时废止。

附件：上海市科研计划项目（课题）财务验收管理办法

上海市科学技术委员会
上海市财政局
2017年12月28日

上海市科研计划项目（课题）财务验收管理办法

第一条 为做好上海市科研计划项目（课题）的财务验收工作，保证财务验收工作的科学性、公正性和规范性，根据《国务院关于改进加强中央财政科研项目和资金管理的若干意见》（国发〔2014〕11号）、《关于进一步完善中央财政科研项目资金管理等政策的若干意见》（中办发〔2016〕50号）（以下简称"50号文"）和《上海市科技创新计划专项资金管理办法》（沪科合〔2017〕11号）及国家和本市有关财务制度的规定，制定本办法。

第二条 财务验收是指根据国家和本市科研经费管理相关办法及规定、项目合同和计划任务书等，在项目结题前，对项目的预算执行情况和财务管理情况进行的监督检查。

财务验收的资金范围为纳入项目（课题）预算的全部资金，包括专项经费和单位自筹资金。

第三条 上海市科学技术委员会（以下简称"市科委"）、上海市财政局（以下简称"市财政局"）负责财务验收工作。其中：

市科委根据政府采购有关规定，明确开展项目（课题）财务审计工作的会计师事务所入围范围，并安排负责项目（课题）财务审计的会计师事务所，组织开展项目（课题）财务验收工作。

市财政局负责对项目（课题）的财务验收工作进行指导和监督。

第四条 对于专项经费资助达到100万元以上或影响重大的项目，市科委组织财务验收专家组开展财务验收工作；其他项目的资金使用情况在任务验收过程中进行检查。

第五条 财务验收专家组成员包括财务专家、技术专家等。验收专家组成员原则上不少于3人，其中财务专家不少于2人，专家组组长由财务专家担任。

项目（课题）承担单位的人员不得作为财务验收专家参加本单位承担的项目（课题）验收工作。

第六条 财务验收方式分为现场验收、非现场验收或者两者相结合。市科委视具体情况确定验收方式。

（一）现场验收是指通过到项目（课题）承担单位，现场查验会计凭证和相关财务资料、听取有关汇报等，形成财务验收意见；

（二）非现场验收是指通过非现场听取汇报、查阅资料等，形成财务验收意见。在开展验收工作过程中，对确需到项目（课题）现场核查有关资料的，可组织专家到现场查阅相关资料。

第七条 财务验收的主要内容有：财务管理及相关制度建设情况、经费拨付情况、会计核算和财务支出情况、经费预算执行情况和资产管理情况等。

（一）财务管理及相关制度建设情况，主要包括：预算管理、资金管理、合同管理、政府采购、报销审批、资金结算方式等制度的建立情况等；

（二）经费拨付情况，主要包括：专项经费、单位自筹经费到位情况，项目单位对课题单位经费拨付情况等；

（三）会计核算和财务支出情况，主要包括：按规定进行单独核算的情况，实际支出是否符合有关规定的支出范围和支出标准，支出与项目（课题）内容的相关性和合理性；会计核算的规范性、准确性和财务信息的真实性以及会计档案管理情况等；

（四）经费预算执行情况，主要包括：按照合同约定和项目进展专项及自筹经费预算执行情况，按规定程序和权限调整预算情况，应付未付和后续支出情况，以及专项经费结余情况等；

（五）资产管理情况，主要包括：资产购置、资产入账、资产使用和处置情况，开放共享情况，以及无形资产管理情况等。

财务验收评价采取定性与定量相结合的方式，依据规定的验收内容、验收指标及相应评价标准和分值，形成财务验收综合得分，同时对存在的问题提出整改意见。

第八条 项目承担单位应当根据合同的约定和计划任务书的规定，按时向市科委提交财务验收材料。财务验收材料主要包括：

（一）项目（课题）计划任务书和其他有关批复文件；

（二）项目（课题）财务收支执行情况报告；

（三）项目（课题）结余资金说明。

项目下设课题的，由项目单位牵头组织课题单位共同提交财务验收材料，项目（课题）财务验收材料须加盖承担单位公章。项目（课题）承担单位对提供的财务验收材料和相关数据的真实性、准确性和完整性负责。

第九条 市科委收到项目（课题）承担单位提交的财务验收材料后，进行形式审查。对通过形式审查的项目（课题），市科委安排会计师事务所对项目（课题）进行审计。

第十条 财务审计结束后，会计师事务所应当及时出具审计报告。市科委在收到审计报告后，根据审计报告披露的项目（课题）经费使用情况，确定财务验收方式，并通知项目（课题）承担单位。项目（课题）承担单位应按照通知要求，积极配合市科委开展财务验收工作。

第十一条 审计报告是财务验收的重要依据，财务验收专家在审阅审计报告的基础上，严格按照有关制度和政策开展验收工作，对于专项经费资助200万以上的项目，按照上海市科研计划项目财务验收专家意见（详见附件1-1《上海市科研计划项目财务验收专家意见》）要求对项目进行评分，综合得分高于80分为"通过财务验收"；综合得分低于80分（含80分）为"不通过财务验收"或"整改后重新财务验收",其中,"整改后重新财务验收"的项目按照本办法第十二条规定执行。最终形成财务验收专家组意见,由专家组组长签字(详见附件1-2《上海市科研计划项目财务验收专家组意见》)。

第十二条 对于需要整改的项目(课题),承担单位应当于接到财务验收意见后15日内完成整改工作并向市科委提交整改报告。市科委组织重新进行财务验收。一个项目(课题)仅有一次整改机会,整改到位的财务验收结论为"通过财务验收",整改不到位的财务验收结论为"不通过财务验收"。市科委根据财务验收意见和整改情况,形成"通过"、"不通过"的财务验收结论并下发项目(课题)承担单位。

第十三条 项目通过财务验收,项目结余资金在2年内由承担单位统筹安排用于科研活动的直接支出,但不得用于有工资性收入人员的劳务费;2年后未使用完的,按原渠道收回;对未通过财务验收或整改后通过财务验收的项目,结余资金按原渠道收回,项目尾款不再拨付。

第十四条 在财务验收过程中,发现项目(课题)单位存在下列行为之一的,不得通过财务验收:

(一)未对项目(课题)专项经费进行单独核算。

(二)编报虚假预算、套取国家财政资金。

(三)截留、挤占、挪用项目(课题)经费。

(四)违反规定转拨、转移项目(课题)经费。

(五)未获市科委批准擅自变更项目(课题)承担主体。

(六)提供虚假财务会计信息,虚列支出。

(七)虚假承诺、单位自筹资金不到位。

(八)未按规定执行和调整预算。

(九)经费管理使用存在违规问题拒不整改。

(十)其他违反国家财经纪律的行为。

项目(课题)未通过财务验收,市科委在一定期限内不受理项目(课题)承担者申报科研计划项目(课题)。

第十五条 市科委负责收集整理财务验收的相关资料,按照档案管理的有关要求进行归档。

第十六条 已依据《中华人民共和国保守国家秘密法》、《科学技术保密规定》等保密法律法规定密的项目(课题),其财务验收工作,按照相关法律法规执行。

第十七条 在财务验收工作中,会计师事务所和财务验收专家应当独立、客观、公正地开展财务验收工作,如有违规违纪行为,一经查实,市科委将视情节轻重,采取批评、通报、取消其参与财务验收工作的资格等处理措施。对违反国家法律的行为,按有关法律处理。

第十八条 市科委对在项目(课题)财务验收工作中发现违规违纪的单位和个人,记入科研信用记录,作为今后开展经费监管工作的重要依据。

第十九条 本办法由市科委、市财政局负责解释。

第二十条 本办法自2018年1月1日起施行,有效期至2022年12月31日。

关于印发《上海市大型科学仪器设施共享服务评估与奖励办法实施细则》的通知

(沪科规〔2018〕3号)

各有关单位：

为了贯彻落实《上海市促进大型科学仪器设施共享规定》，提高大型科学仪器设施的共享利用率，增强科技创新能力，根据《上海市促进大型科学仪器设施共享服务评估与奖励办法》(沪府办发〔2017〕81号)，结合本市共享服务工作的要求，特制订《上海市大型科学仪器设施共享服务评估与奖励办法实施细则》，现印发给你们，请遵照执行。

特此通知。

附件：上海市大型科学仪器设施共享服务评估与奖励办法实施细则

上海市科学技术委员会
2018年6月19日

上海市大型科学仪器设施共享服务评估与奖励办法实施细则

第一条（目的） 为了贯彻落实《上海市促进大型科学仪器设施共享规定》，提高大型科学仪器设施使用效率，增强科技创新能力，根据《上海市大型科学仪器设施共享服务评估与奖励办法》（沪府办发〔2017〕81号，以下简称《办法》），制订本实施细则。

第二条（适用对象） 本实施细则适用于本市行政区域内申请大型科学仪器设施共享服务评估和奖励的高等学校、科研院所、企事业等管理单位（以下统称"管理单位"）。

第三条（定义范围）《办法》第三条所称的"科学研究和技术开发的行为"包括新技术、新产品、新工艺和新材料的研制开发等科技创新活动，不包括法定认证、执法检查、商业验货、商业摄制、医疗服务、电信计费、大批量验货等。

第四条（申报条件） 申请共享服务奖励的大型科学仪器设施须完成信息报送并加盟上海研发公共服务平台，且自愿向社会开放提供共享服务。

第五条（评估内容）《办法》第七条所称的"共享服务业绩"包括：年度仪器开机机时达标率、年度共享服务机时数达标率、年度共享服务仪器的平均用户数、年度共享服务仪器的平均服务收入和年度共享服务取得的社会效益；所称的"共享服务管理"包括：单位的组织保障与激励措施、内部的服务质量管理和用户管理；所称的"服务队伍与能力"包括：技术人员配备情况、技术人员技能培训情况和单位的服务资质与服务水平；所称的"信息公开"包括：仪器信息填报的数量、完整性及信息的及时更新率、年度新增仪器信息报送及加盟仪器信息的年度增加量。

第六条（评估程序） 依据《办法》第八条，每年市科委会同各有关主管部门组织实施大型科学仪器设施共享服务评估与奖励工作。

（一）市科委在每年 5 月份发布年度评估与奖励申报通知。

（二）市科委委托受理机构收集申报材料并对材料的规范完整性进行审查，组织专家对管理单位的有效上报材料进行评估打分。

（三）随机选取每个评估管理单位的 5 家用户进行用户满意度调查。

（四）根据评估得分对管理单位的大型科学仪器设施共享服务情况进行排序，确定评估结果，低于 60 分的为不合格（满分 100 分）。

第七条（奖励条件）《办法》第九条所称的"先进个人奖"分为管理类和技术类，由管理单位自荐、主管部门推荐和专家建议相结合产生。

第八条（奖励金额确定） 根据各台（套）仪器共享服务的机时、收费、用户数量，并结合管理单位的大型仪器共享服务评估结果确定其服务成效值。计算公式为：

单台（套）仪器服务成效值 = 评估结果调整系数 ×［单台（套）仪器对外服务机时 / 所有仪器当年度平均服务机时 + 单台（套）仪器对外服务收费 / 所有仪器当年度平均服务收费 + 单台（套）仪器对外服务用户数 / 所有仪器当年度平均服务用户数］

评估结果调整系数根据各单位仪器共享服务评估结果确定，用以调整仪器服务成效值，仪器单位评估结果为优秀的，调整系数为 1.2，评估结果为合格的，调整系数为 1。

仪器根据单位性质分为高等院校科研院所组及其他组，根据评估合格仪器成效值从高到低分为 A 至 E 五个等级，各等级仪器所占比例及单台（套）仪器奖励金额为：A 级前 5%，50000 元；B 级 5%~15%，30000 元；C 级 15%~75%，10000 元；D 级 75%~95%，5000 元；E 级末 5%，1000 元。

第九条（资金管理与监督） 奖励资金列入市科委部门预算按照部门预算资金的有关规定管理和拨付。

管理单位应将奖励资金的实际使用情况报送受理机构；受理机构将资金使用情况汇总后报送市科委。

第十条（施行日期） 本细则自 2018 年 8 月 1 日起实施，有效期至 2022 年 12 月 31 日。

关于印发《上海市科研计划项目（课题）专项经费巡查管理办法》的通知

（沪科规〔2018〕4号）

各有关单位：

为了全面落实《关于进一步完善中央财政科研项目资金管理等政策的若干意见》（中办发〔2016〕50号）和《国务院关于改进加强中央财政科研项目和资金管理的若干意见》（国发〔2014〕11号），规范并加强科研经费管理，提高资金使用效益，根据《中央财政科技计划（专项、基金等）监督工作暂行规定》（国科发政〔2015〕471号）、《上海市科研计划项目（课题）专项经费管理办法》（沪财发〔2017〕9号）及国家和本市有关财务管理制度，市科委研究制订了《上海市科研计划项目（课题）专项经费巡查管理办法》，现印发给你们，请按照执行。

特此通知。

附件：上海市科研计划项目（课题）专项经费巡查管理办法

上海市科学技术委员会
2018年6月29日

上海市科研计划项目（课题）专项经费巡查管理办法

第一条 为了全面落实《关于进一步完善中央财政科研项目资金管理等政策的若干意见》（中办发〔2016〕50号）和《国务院关于改进加强中央财政科研项目和资金管理的若干意见》（国发〔2014〕11号），进一步加强上海市科研计划专项经费（以下简称"科研经费"）的管理，建立和完善科研经费管理与监督制度体系，提高财政资金使用效益，依据《中央财政科技计划（专项、基金等）监督工作暂行规定》（国科发政〔2015〕471号）、《上海市科研计划项目（课题）专项经费管理办法》（沪财发〔2017〕9号）及国家和上海市有关财务管理制度，制定本办法。

第二条 科研经费巡查是指上海市科学技术委员会（以下简称"市科委"）对归口管理的科研经费使用情况组织开展检查的工作。

第三条 科研经费巡查的主要对象是承担科研计划项目（课题）的单位（以下简称"承担单位"）。为了核实相关情况，巡查可延伸至其他相关单位。

第四条 科研经费巡查的主要任务是对巡查对象执行国家及本市有关财经法规和科研经费管理规定、管理和使用科研经费情况等进行指导督促；宣讲科研经费管理政策，为巡查对象提供政策咨询；围绕当年巡查工作关注的重点，深入了解情况，排查风险点，指导巡查对象规范使用科研经费；了解一线科研人员在实际工作中的困难和需求，为改进和完善科研经费管理工作提出意见和建议。

第五条 科研经费巡查工作在市财政局、市审计局等相关部门的指导下，根据国家和本市的有关规定，按照依法、客观、公正、透明的原则组织开展。

第六条 市科委制定年度科研经费巡查工作方案，确定当年巡查的对象和重点内容，向巡查对象下达《科研经费巡查通知书》，明确巡查的时间、目的、范围、程序、需要协助的具体事项及注意事项等。

第七条 巡查对象应根据《科研经费巡查通知书》的要求，对本单位法人责任落实情况和科研经费管理使用情况进行自查，按照规定格式编写自查报告，报送市科委。

第八条 市科委根据自查报告，选取部分项目（课题），组织巡查组进行现场检查，巡查组成员由财务、技术及科研管理等专家组成。巡查组通过听取汇报、召开座谈会、个别谈话、资料查验等多种方式，全面检查承担单位在贯彻科研经费管理制度、建立内部管理机制、执行科研经费预算等方面的情况。

第九条 巡查组开展现场检查之前应召开启动见面会，向巡查对象的相关人员通报巡查的内容、要求和工作纪律等，宣讲科研经费管理政策，听取相关人员对于科研经费管理工作的意见建议。巡查对象分管科研、财务的领导以及相关职能部门负责人和有关科研人员应当参会。

巡查对象的相关负责人汇报自查情况和被抽查的科研项目（课题）实施和预算执行情况，提交单位内部科研经费管理相关制度文件以及被抽查的科研项目（课题）的财务资料等，并签订承诺书，对相关资料的真实性负责。

第十条 巡查组开展现场检查工作期间应详细填写《巡查工作记录表》，作为出具《科研经费巡查监督意见书》的重要依据。现场检查的主要内容包括：

（一）法人责任落实情况，包括内部管理制度建设与国家及本市科研经费管理政策的衔接情况，内部审核监督、信息公开等内控制度的建立和执行情况等；

（二）贯彻落实有关间接费用、绩效支出的政策，调动科研人员积极性方面的情况；

（三）科研经费单独核算以及有关项目（课题）经费支出的真实性、相关性、合理性情况，重点关注预算调整及外拨经费、现金发放和大额采购、测试化验加工费管理使用、劳务费和专家咨询费发放等情况；

（四）科研经费购置固定资产的管理、使用和开放共享情况；

（五）核实巡查对象和被抽查项目（课题）的基本信息，查阅被抽查项目（课题）的财务支出明细账、会计凭证、合同等资料，了解巡查对象的各项制度是否得到有效执行，被抽查项目（课题）的经费支出和会计核算是否规范、有效；

（六）以前年度科研经费监督检查中发现问题的整改落实情况。

第十一条 巡查组在完成现场巡查工作程序和任务后，应将巡查的汇总情况与巡查对象进行当面沟通，并由巡查对象在《巡查工作记录表》上签字确认。

第十二条 巡查组应根据《巡查工作记录表》记录的检查情况，向巡查对象出具《科研经费巡查监督意见书》，作为巡查对象进行整改的依据。

现场检查遇有重大或特殊情况时，巡查组可作出暂不向巡查对象出具《科研经费巡查监督意见书》的决定，但应向市科委作出说明。

第十三条 巡查对象应在《科研经费巡查监督意见书》下达后30日内，向市科委报送书面整改报告。

第十四条 巡查组应在规定时间内整理、分析和总结巡查对象的自查报告、《巡查工作记录表》、《科研经费巡查监督意见书》及整改落实的情况，上报市科委，并对需要另行处理的问题提出处理建议和依据。

第十五条 巡查组在巡查中发现下列违规行为的，应在《巡查工作记录表》中详细记录并收集相关证据，在总结中向市科委报告：

（一）利用虚假项目骗取专项经费；

（二）提供虚假财务资料、挪用专项经费；

（三）利用虚假或不实合同、协议套取专项经费；

（四）使用虚假不实票据骗取专项经费或以虚假不实票据列支专项经费；

（五）向其下属具有法人资格的单位或存在关联关系单位违规转拨专项经费；

（六）自行增加预算外单位、违规外拨专项经费；

（七）虚报冒领劳务费、专家咨询费或劳务费、专家咨询费发放不规范；

（八）使用现金大额采购或现金发放数额较大；

（九）列支与科研任务无关的个人消费性支出；

（十）不执行《科研经费巡查查监督意见书》，逾期不提交整改报告、整改落实不到位或虚假整改；

（十一）其他违规行为。

第十六条 巡查组成员在巡查过程中应当客观、公正地发表意见，对现场检查过程中获得的未公开信息负有保密义务。

巡查组成员有弄虚作假、徇私舞弊等行为的，一经发现，取消其参与科研计划专项经费巡查工作资格；违反国家法律法规的，按有关法律法规处理。

第十七条 对于现场检查中发现的违规违纪疑点，巡查组因收集证据困难或不完整，暂时无法做出现场判断和结论的，应将客观情况在《巡查工作记录表》中如实记录，供市科委根据工作记录表及收集的相关材料进行分析、研究，确定是否组织力量进行深入核查。需要进行深入核查的，市科委按照科研经费违规违纪调查处理工作程序开展后续工作。

第十八条 对巡查中发现的违规行为，情节严重的，市科委依据有关管理规定，采取包括约谈单位法定代表人、通报批评、暂停项目（课题）拨款、不通过财务验收、终止项目（课题）执行、追回已拨项目（课题）经费、取消项目（课题）承担者一定期限内项目（课题）申报资格等处理措施，并可向社会公开处理结果。

对涉嫌违纪的行为，移送所在单位或主管单位纪检监察部门处理。

对涉嫌犯罪的行为，移交司法机关处理。

第十九条 市科委对在科研经费巡查工作中发现违规违纪的单位和个人，记入科研信用记录；严重不良信用记录者将记入"黑名单"，阶段性或永久取消其申请科研项目（课题）的资格。

第二十条 本办法由市科委负责解释。

第二十一条 本办法自 2018 年 8 月 1 日起施行，有效期至 2023 年 8 月 1 日。

关于修订《国家重要科技计划项目上海市地方匹配资金管理办法》的通知

(沪科规〔2018〕5号)

各有关单位：

为鼓励本市企业、高等院校、科研院所和其他社会组织积极承担国家重要科技计划项目，保障国家重要科技计划项目顺利实施，市科委会同市财政局根据国家要求和本市财政科技资金管理的有关规定，对《国家重要科技计划项目上海市地方匹配资金管理办法》(沪科合〔2009〕第007号)进行了修订，现予以发布，自2018年10月1日起施行。原办法同时废止。

特此通知。

附件：国家重要科技计划项目上海市地方匹配资金管理办法

上海市科学技术委员会

上海市财政局

2018年9月30日

国家重要科技计划项目上海市地方匹配资金管理办法

第一条 为鼓励本市企业、高等院校、科研院所和其他社会组织积极承担国家重要科技计划项目，保障国家重要科技计划项目顺利实施，根据国家要求和本市财政科技资金管理的有关规定，制定本办法。

第二条 "国家重要科技计划项目上海市地方匹配资金"（以下简称"匹配资金"），由市级财政预算安排，纳入上海市科学技术委员会（以下简称"市科委"）部门预算。

第三条 匹配资金主要用于配套支持牵头承担国家重要科技计划项目的本市法人单位（以下简称"项目牵头承担单位"）。

本办法所称的国家重要科技计划项目，包括：国家重点研发计划项目、国家自然科学基金（重大、重点）项目。

第四条 市科委负责编制匹配资金的年度预算，对项目牵头承担单位提出的匹配资金申请进行审定，对其资金使用的全过程进行监督。

上海市财政局（以下简称"市财政局"）负责匹配资金的预算管理，并对匹配资金的预算编制和执行情况进行监督检查。

第五条 项目牵头承担单位是经费使用和管理的责任主体，对经费使用的合规性和合理性负责。

第六条 匹配资金原则上按照国家实际拨付的项目经费（扣除转拨给非本市法人单位的部分）的10%计算，可由项目牵头承担单位主要用于项目实施过程中的劳务费支出。劳务费开支标准和范围，按照本市科研计划专项经费管理的相关规定执行。

第七条 项目牵头承担单位应当在国家相关机构正式受理项目申报材料后，将项目申报材料提交至市科委备案。

第八条 项目牵头承担单位在获得国家重要科技计划项目立项后，应当在每笔国拨经费到款后的30日内，向市科委申请匹配资金，提交立项批复、任务书或合同书（含经费预算表和支出预算明细）、拨款通知、银行到款凭证等相关材料。在首次申请时已提交过的材料，后续申请时无须重复提交。

2018年1月1日以后获得立项且在本办法施行前已到款的国家重要科技计划项目，项目牵头承担单位应当在本办法施行后的30日内，向市科委申请匹配资金，提交前款所述材料。

逾期申请的，市科委不予受理。

第九条 市科委受理申请后，对材料进行审核，对符合本办法规定的项目，确定拟匹配金额，并按程序进行公示；将公示无异议的项目纳入拨款计划，按期拨付匹配资金。

第十条 项目牵头承担单位应当对匹配资金实行独立核算、专款专用，接受市科委、市财政局对匹配资金使用情况的监督检查和专项审计。

第十一条 项目牵头承担单位在匹配资金申请、使用和管理中存在弄虚作假或违规行为的，一经查实，市科委终止经费拨付，并追回已拨付经费；情节严重的，按国家有关规定追究当事人的行政、法律责任。

第十二条 为提高财政资金使用效益，市科委、市财政局聘请第三方机构对匹配资金支出进行绩效评价，绩效评价结果作为改进预算管理和安排以后年度预算的重要依据。

第十三条 匹配资金的安排、拨付、使用和管理，依法接受审计机关的审计和监察部门的监督检查，并主动接受市人大和社会的监督。

第十四条 本办法自2018年10月1日起施行，有效期至2023年9月30日。

关于印发《上海市科研计划项目（课题）预算评估评审管理办法》的通知

(沪科规〔2018〕6号)

各有关单位：

为了全面落实《关于进一步完善中央财政科研项目资金管理等政策的若干意见》（中办发〔2016〕50号）和《国务院关于改进加强中央财政科研项目和资金管理的若干意见》（国发〔2014〕11号），提高上海市科研计划项目预算管理的科学性，推进和规范项目预算评估评审工作，提高预算评估评审的质量，根据《国家重点研发计划重点专项项目预算评估规范》（国科发资〔2017〕261号）和《上海市科研计划项目（课题）专项经费管理办法》（沪财发〔2017〕9号）及国家和本市相关制度的规定，市科委会同市财政局研究制订了《上海市科研计划项目（课题）预算评估评审管理办法》，现印发给你们，请按照执行。

特此通知。

附件：上海市科研计划项目（课题）预算评估评审管理办法

上海市科学技术委员会
上海市财政局
2018年7月30日

上海市科研计划项目（课题）预算评估评审管理办法

第一条 为了提高上海市科研计划项目预算管理的科学性，推进和规范项目预算评估评审工作，提高预算评估评审的质量，充分发挥评估评审活动对项目预算决策的咨询作用，保障科研经费的合理配置和有效利用，根据《关于进一步完善中央财政科研项目资金管理等政策的若干意见》（中办发〔2016〕50号）、《国务院关于改进加强中央财政科研项目和资金管理的若干意见》（国发〔2014〕11号）、《国家重点研发计划重点专项项目预算评估规范》（国科发资〔2017〕261号）和《上海市科研计划项目（课题）专项经费管理办法》（沪财发〔2017〕9号）及国家和本市相关制度的规定，制定本办法。

第二条 上海市科学技术委员会（以下简称"市科委"）、上海市财政局（以下简称"市财政局"）作为管理部门共同负责管理预算评估评审工作。市科委主要负责制定预算评估评审工作制度；委托评估机构或组织专家开展预算评估评审活动；建立和完善评估评审专家库，对专家进行培训；审核评估工作方案、评估手册和评审专家名单；审定预算评估评审结果；对评估机构和评估评审专家实施信用管理。市财政局主要负责对预算评估评审活动的全过程进行指导和监督。

第三条 预算评估是指市科委在审定项目预算前，委托评估机构对项目预算进行的专业化咨询和评判活动。

预算评审是指市科委在审定项目预算前，组织专家对项目预算进行的专业化咨询和评判活动。

第四条 市科委对受理的科研项目开展预算评审工作。其中，对通过预算评审且申请专项经费达到800万元以上或者影响重大的项目，开展预算评估工作。

第五条 预算评估评审工作的重点是对项目预算的目标相关性、政策相符性和经济合理性作出评价，为项目预算决策提供咨询。

（一）目标相关性。项目预算应以任务目标为依据，预算支出应与项目任务紧密相关，预算的总量、结构等应符合研究任务的规律和特点。

（二）政策相符性。项目预算科目的开支范围、开支标准等应符合国家和本市有关财务制度，以及科研经费管理制度的相关规定。

（三）经济合理性。参照国家和本市同类科研活动的状况，项目预算应与同类科研活动的支出水平相匹配，在考虑技术创新风险和不影响完成任务的前提下，提高资金的使用效率。

第六条 评估机构应为具有专业能力、成立三年以上的独立法人单位，有良好的信誉和预算评估工作经验，且在近三年内无重大违法记录。参与预算评估工作的人员应熟悉上海市科研计划专项经费的相关管理制度。

市科委对于预算评估机构的遴选按照政府采购的相关规定执行。

第七条 评估机构应在市科委和市财政局的指导和监督下，按照规范的评估程序，客观、公正、科学地开展预算评估工作，按时提交预算评估报告。评估报告主要包括评估方法与程序、项目概况、预算基本分析和总体结论等内容。

第八条 评估机构开展预算评估的工作程序如下：

（一）接受市科委的委托，编制预算评估工作方案和评估手册，报市科委审核；

（二）按照市科委审核通过的预算评估工作方案，采用专业、规范的程序和方法，组织评估专家开展预算评估工作；

（三）撰写评估报告，报市科委审查与确认；

（四）在预算评估工作结束后，将相关材料按照有关规定进行归档。

第九条 评估评审专家应为熟悉项目研究内容的技术专家、熟悉财政财务政策的财务专家及管理专家，每个项目的评估评审专家总人数不得少于5人。

评估评审专家应按照评估评审的工作要求，认真做好项目预算评估评审工作，独立、客观、公正地提出评估评审意见。

第十条 项目申请单位和项目负责人有义务配合评估评审工作，按要求及时提供项目有关材料和信息，并对材料和信息的真实性、有效性负责。

第十一条 评估机构及评估评审专家须遵守以下行为准则：

（一）当评估机构与被评估对象有利益关联关系时，评估机构须向市科委申明并回避。当评估评审专家与被评对象有利益关联关系时，专家须向市科委或评估机构申明并回避；

（二）对评估评审所涉及项目的研究内容、技术路线、预算方案等资料负有保密义务，不得擅自对外扩散项目申报材料；

（三）不得收取被评估评审对象的报酬、费用和礼品等；

（四）未经市科委同意，不得对外发布评估评审结果。

第十二条 在评估评审活动中，评估机构和评估评审专家如有违规违纪行为的，一经查实，市科委视情节轻重，给予批评、通报、取消其参与预算评估评审工作资格等处理。对违反国家法律的行为，按有关法律处理。

第十三条 市科委对在评估评审工作中发现违规违纪的单位和个人，记入其科研信用记录，作为今后开展经费监管工作的重要依据。

第十四条 本办法由市科委、市财政局负责解释。

第十五条 本办法自 2018 年 8 月 1 日起施行，有效期至 2023 年 8 月 1 日。

关于发布《上海市科技计划科技报告管理办法》的通知

(沪科规〔2018〕7号)

各有关单位：

为贯彻落实《科技部办公厅关于加快地方科技报告制度建设的通知》（国科办创〔2017〕47号），推动本市科技报告的统一提交、规范管理和共享使用，我委制定了《上海市科技计划科技报告管理办法》，现予以发布，自2018年12月1日起施行。

特此通知。

附件：上海市科技计划科技报告管理办法

上海市科学技术委员会
2018年10月17日

上海市科技计划科技报告管理办法

第一条 为贯彻落实《科技部办公厅关于加快地方科技报告制度建设的通知》（国科办创〔2017〕47号），推动本市科技报告的统一提交、规范管理和共享使用，制定本办法。

第二条 科技报告是描述科研活动的过程、进展和结果，并按照规定格式编写的特种科技文献，目的是促进科技知识的积累、传播交流和转化应用。科技报告是上海市基础性、战略性科技资源。

科技报告类型包括：

（一）最终报告。科研项目在结题时撰写的从技术层面报告项目的研究进展情况和重要成果的科技报告，是项目验收必备材料之一。

（二）进展报告。科研项目在执行过程中撰写的年度和中期技术进展报告。

（三）专题报告。科研项目实施过程中产生的实验（试验）报告、调研报告、技术考察报告、设计报告、测试报告等包含科研活动细节及基础数据的专题科技报告。

第三条 本办法适用于受上海市级财政资金资助的，由上海市科学技术委员会（以下简称"市科委"）组织实施的科技计划项目（含课题）。

第四条 市科委负责科技报告制度建设的总体部署、统筹规划、组织协调和监督检查，主要职责是：

（一）制定科技报告相关政策和标准规范；

（二）将科技报告工作纳入项目立项、过程管理、结题验收和监督检查等管理过程；

（三）与项目（含课题）承担单位签订项目（含课题）合同时，约定提交科技报告的类型、数量和时间，并作为项目验收的考核指标；

（四）组织开展科技报告宣传培训工作；

（五）按要求向科技部报送科技报告。

第五条 项目管理机构在项目过程管理、结题验收过程中执行科技报告工作的相关规定和要求，主要职责是：

（一）指导、督促项目（含课题）承担单位按要求开展科技报告工作；

（二）在项目过程管理、项目验收时，对照合同约定，审查科技报告撰写提交情况；

（三）协助开展科技报告宣传培训工作。

第六条 市科委委托第三方机构承担科技报告的收藏、管理和服务，主要职责是：

（一）收集、加工、保存、管理科技报告，对已收录的科技报告发放收录证书；

（二）运行和维护上海市科技报告服务管理平台；

（三）开展科技报告的共享服务；

（四）开展科技报告资源的深度开发利用。

第七条 项目（含课题）承担单位应充分履行法人责任，做好科技报告工作，主要职责是：

（一）建立本单位科技报告管理制度，将科技报告工作纳入本单位科研管理过程，指定专人负责本单位科技报告工作；

（二）组织本单位科研人员参加科技报告培训，督促项目（含课题）负责人按照合同要求以及科技报告相关规范撰写科技报告；

（三）审核科技报告格式、内容、密级及保密期限、延期公开时限，确保科技报告内容真实完整、格式规范，并按照规定的渠道和方式提交；

（四）建立本单位科技报告奖惩机制，为科技报告工作提供条件保障；

（五）项目承担单位负责协调各课题承担单位共同完成科技报告工作，统一提交科技报告。

第八条 项目（含课题）负责人应增强撰写科技报告的责任意识，按照合同要求按时保质完成科技报告，并对内容和数据的真实性负责。

（一）应按照合同要求和《科技报告编写规则》（GB/T 7713.3—2014）、《科技报告保密等级代码与标识》（GB/T 30534—2014）等相关国家标准，组织撰写科技报告；

（二）应按照合同要求按时提交科技报告，并就报告使用权限及数据信息真实性签署《科技报告承诺书》，提出科技报告密级、保密期限、延期公开时限的建议；

（三）在项目验收通过后，将最终报告根据专家意见进行修改完善并正式提交。

第九条 科技报告的公开方式分为公开和延期公开两种。

需要发表论文的，延期公开时限在 2 年（含 2 年）以内；需要申请专利、出版专著的，延期公开时限在 3 年（含 3 年）以内；涉及技术诀窍的，延期公开时限在 5 年（含 5 年）以内。论文发表或专利申请公开后，延期公开的科技报告应及时公开。

涉密项目（含课题）的科技报告可以确定为秘密级，如该项目（含课题）为机密或绝密级，科技报告应经降密或脱密处理后再行提交。保密期限应依据项目（含课题）合同及国家有关保密规定提出。

第十条 保密期限或延期公开时限届满的科技报告，将自动公开。

如需要延长保密期限或延期公开时限，应由项目（含课题）承担单位在到期 3 个月前，向市科委提出书面申请，获审核通过后方可延长。

第十一条 科技报告按照公开与受控使用相结合的原则向社会开放共享，与国家科技报告服务系统实行互联互通。向社会公众提供检索以及科技报告（含"公开"和"延期公开"科技报告）摘要信息浏览服务。向实名注册用户提供检索以及"公开"科技报告的全文浏览服务。"延期公开"科技报告的全文，实行授权受控使用，全文使用应得到科技报告完成单位许可。

第十二条 科技报告是项目验收的必备条件。对未按照合同要求提交科技报告的，责令限期整改。在规定时间内未完成整改的，按不通过验收处理。

第十三条 项目（含课题）负责人提交的科技报告存在抄袭、数据弄虚作假等情形的，按程序将相关负责人纳入诚信记录。

对未履行法人责任以致出现前述科研不端行为的项目（含课题）承担单位，责令限期整改；整改后仍出现前述科研不端行为的，将单位纳入诚信记录。

第十四条 科技报告使用者应严格遵守知识产权管理的相关规定，在论文发表、专利申请、专著出版等工作中注明参考引用的科技报告（包括作者、名称及编号等信息），确保科技报告完成人的合法权益。

第十五条 本办法自2018年12月1日起施行，有效期至2023年11月30日。

关于印发《关于进一步扩大高校、科研院所、医疗卫生机构等科研事业单位科研活动自主权的实施办法（试行）》的通知

(沪科规〔2019〕2号)

各有关单位：

为深入贯彻落实《关于进一步深化科技体制机制改革增强科技创新中心策源能力的意见》，进一步扩大高校、科研院所、医疗卫生机构等科研事业单位科研活动自主权，经市委、市政府同意，现将《关于进一步扩大高校、科研院所、医疗卫生机构等科研事业单位科研活动自主权的实施办法（试行）》印发给你们，请结合实际认真贯彻执行。

特此通知。

上海市科学技术委员会　中共上海市委组织部　中共上海市委机构编制委员会办公室
上海市教育委员会　上海市财政局　上海市人力资源和社会保障局
上海市卫生健康委员会　上海市政府外事办公室
2019年4月20日

关于进一步扩大高校、科研院所、医疗卫生机构等科研事业单位科研活动自主权的实施办法（试行）

第一条　为深入贯彻落实《关于进一步深化科技体制机制改革增强科技创新中心策源能力的意见》，深化高校、科研院所和医疗卫生机构等科研事业单位（以下简称"科研事业单位"）科研体制改革，制定本实施办法。

第二条　实施章程管理

按照政事分开、管办分离的原则，组织推动科研事业单位制定完善具有可操作性的事业单位章程。章程要紧紧围绕国家和本市经济社会与科技创新事业发展目标，明确规定单位的宗旨目标、功能定位、业务范围、领导体制、运行管理机制等，确保机构运行各项事务有章可循。科研事业单位要按照章程规定的职能和业务范围开展科研活动，完善内部治理结构，建立高效运行管理机制。

主管部门要建立以创新绩效为核心的综合评价与年度抽查评价相结合的绩效评价长效机制，综合评价涵盖职责定位、科技产出、创新效益等方面，评估结果作为经费预算、绩效工资、领导干部考核等事项的重要依据。

第三条　内部机构设置管理自主权

按照功能定位清晰、布局合理、精简高效的原则，科研事业单位在章程规定的职能范围内，根据国家和本市战略需求、行业发展需要和科技发展趋势，可自主设置、变更和取消专业技术内

设机构。

第四条 人事管理自主权

（一）自主招录工作人员

科研事业单位可根据国家有关规定和开展科研活动需要，在编制范围内，自主决定使用编制，制定招聘方案，设置岗位条件，发布招聘信息，组织公开招聘。科研事业单位可根据干部选拔任用条件和岗位需求，自主聘用专业技术内设机构负责人。

（二）自主设置岗位

科研事业单位可结合科技创新事业发展需要，在编制或岗位总量内自主制订专业技术岗位设置方案和管理办法。对科研实力突出、高层次人才集中、管理制度健全的单位，可在编制内适当增加高级专业技术岗位比例。通过各区或行业主管部门统筹周转使用事业编制，允许科研事业单位设置创新型岗位和流动性岗位，在本单位编制外引进优秀人才从事创新活动。对单位引进的急需紧缺高层次人才，通过调整岗位设置难以满足需求的，经本市人力资源行政管理部门审批同意，设置一定数量的特设岗位，不受岗位总量、最高等级和结构比例限制，涉及编制事宜报机构编制管理部门按程序专项审批。

（三）岗位自主聘任

科研事业单位经主管部门同意，开展岗位自主聘任，科研人员职称作为岗位招聘的要素之一，不与岗位聘用直接挂钩，打破专业技术职务聘任终身制，引入竞争激励机制，促进事业单位用人机制由身份管理向岗位管理转化。对科研实力突出、高层次人才集中、管理制度健全的单位，经人力资源行政管理部门和科研事业单位主管部门同意，试点科研人员职称申报不受岗位缺额限制，单位在岗位设置内开展自主聘任。支持科研事业单位建立健全学术休假制度。

（四）优化教学科研人员因公临时出国（境）审批流程

教学科研人员出国开展学术交流合作，应持因公护照，出访次数、团组人数、在外停留天数根据实际工作需要合理安排。

经主管部门推荐，选择管理制度健全、国际合作交流活跃的本市科研单位，对其开展学术交流合作所需的因公临时出国（境）管理实行优化审批流程试点，在严格管理的基础上加快办理进度，提高教学科研人员参与国际合作交流的便利性；对科研人员，确因教学科研和学术交流工作需要，按本单位规定程序批准后，可持普通护照出国；其中对"双肩挑"科研人员，在确因工作急需并按干部管理权限报批后，可持普通护照出国；市管干部按有关规定执行。

学术交流合作主要包括开展教育教学活动、科学研究、学术访问、出席重要国际学术会议以及执行国际学术组织履职任务等。

第五条 薪酬管理自主权

（一）竞争性科研项目中用于科研人员的劳务费用、间接费用中绩效支出，经过技术合同认定登记的技术开发、技术咨询、技术服务等活动的奖酬金提取，职务科技成果转化奖酬支出，均不纳入事业单位核定的绩效工资总量。

（二）科研人员经所在单位同意，可到企业和其他科研机构、高校、社会组织等兼职并取得合法报酬，可离岗从事科技成果转化等创新创业活动，兼职或离岗创业获得的收入不受本单位绩效工资总量限制。

（三）对高校、科研院所等事业单位按照人数一定比例确定的高层次人才，单位可以自筹经费，自定薪酬，其超过单位核定绩效工资总量的部分，不计入绩效工资总量。

（四）对全时全职承担重大战略任务的团队负责人以及引进的高端人才，实行一项一策、清单式管理和年薪制，年薪所需经费在项目经费中单独核定。

第六条 科研项目与经费管理自主权

（一）对基础前沿类研究机构，按照机构式资助方式进行经费投入试点，由试点机构自主立项、自主管理。科技主管部门会同相关部门适时开展评估抽查，评估结果作为后期拨款的依据。

（二）对于承担财政科研项目的科研人员，赋予其技术路线决策权，在不改变研究方向和降低考核指标的前提下，允许项目负责人调整研究方案和技术路线。

（三）完善科研经费管理。竞争性科研项目直接费用中除新增单价50万元以上的设备和劳务费总额调增外，预算调整权限全部下放给项目（课题）承担单位。在基础研究领域，选择部分科研管理规范、科研成效显著、科研信用较好的单位，开展科研项目经费使用"包干制"试点。以市场委托方式取得的横向委托项目经费，纳入单位财务统一管理，按照委托方要求或合同约定管理使用，单位内部管理办法可作为审计检查依据。

第七条 科研仪器设备采购管理自主权

对于科研仪器设备的采购，科研事业单位可以直接在本市政府采购平台电子招投标系统进行采购。对于独家代理或生产的仪器设备，可按程序确定采用单一来源采购等方式增强采购的灵活性和便利性；采购进口科研仪器设备，由政府采购进口产品审核改为备案制管理。科研事业单位应当通过内控管理优化科研仪器设备采购流程，主动公开采购信息，做到采购全程公开、透明、可追溯。

第八条 科技成果转化自主权

科研事业单位自主转移转化本单位科技成果。

（一）在不影响国家安全、国家利益和社会公共利益的前提下，探索开展赋予科研人员职务科技成果所有权或长期使用权的改革试点。科研人员执行本单位的任务所完成的科技成果归单位所有，根据本单位内部规定或者与科研人员的约定，允许科研事业单位以奖励方式将科技成果的所有权与科研人员共有，或者给予长期使用权。科研人员主要利用本单位的物质技术条件所完成的科技成果，单位应当通过内部规定或者与科研人员的约定，明确科技成果的归属。

（二）可以通过协议定价、在技术交易市场挂牌交易、拍卖等方式确定科技成果交易价格，自主决定成果转化方式。

（三）根据国家和本市科技成果转化相关法律法规，自主决定科技成果转化收益的奖励方案。

（四）科研事业单位结合本单位实际情况，设立技术转移专职机构，落实岗位数量、专职人员和专项经费。设置科技成果转化岗位，将科技成果转化专职服务人员纳入专技岗位；对其中科技成果转化业绩突出的优秀团队，可适当增加高级专业技术岗位职数；将促成科技成果转化的绩效，作为科技成果转化专职服务人员职称评定、职务晋升等的重要依据。专职机构完成科技成果转化后，可在科技成果转化收益中提取不低于10%的比例，用于单位技术转移专职机构的能力建设和人员奖励。

第九条 单位内控制度建设

科研事业单位要根据章程所赋予的职能权限，建立完善的内控制度和容错机制，确保自主权落实到位。

有关职能部门和行业主管部门要对科研事业单位的内控制度制定和执行情况，进行监督检查，对制度执行不力的单位，及时督促整改。对于承担试点任务的单位，视情况督促整改、暂停或取消试点单位资格。

第十条 本办法自 2019 年 4 月 20 日起施行，有效期至 2021 年 4 月 19 日。

关于印发《上海市科技计划项目管理办法（试行）》的通知

（沪科规〔2019〕5号）

各有关单位：

为了深入贯彻落实中共中央、国务院《关于深化项目评审、人才评价、机构评估改革的意见》（中办发〔2018〕37号）和上海市委、市政府《关于进一步深化科技体制机制改革增强科技创新中心策源能力的意见》（沪委办发〔2019〕78号）的精神，提升本市科技计划项目管理效率和服务能力，市科委制定了《上海市科技计划项目管理办法（试行）》，现印发你们，请遵照执行。

特此通知。

附件：上海市科技计划项目管理办法（试行）

上海市科学技术委员会
2019年5月21日

上海市科技计划项目管理办法（试行）

第一章 总则

第一条 为了规范并加强本市科技计划项目管理，根据《关于深化项目评审、人才评价、机构评估改革的意见》（中办发〔2018〕37号）、《关于优化科研管理提升科研绩效若干措施》（国发〔2018〕25号）、《上海市科学技术进步条例》等国家和本市有关制度规定，结合本市科技计划项目管理实际，制定本办法。

第二条 本办法适用于上海市科学技术委员会（以下简称"市科委"）利用市级财政资金资助并组织实施的上海市科技计划项目的管理。

第三条 项目管理应当遵循权责清晰、程序规范、监督有力、绩效导向的原则，以激发科研人员的积极性创造性为核心，以构建科学、规范、高效、诚信的科技管理体系为目标，持续优化配置科技资源。

第二章 组织管理和职责

第四条 市科委是科技计划项目的主管部门，主要职责是：

（一）研究制定科技计划管理政策制度；

（二）根据国家和本市科技创新规划，提出科技计划总体布局；

（三）编制科技计划项目年度申报指南，审定立项项目，签订项目合同；

（四）确定承接项目具体管理工作的项目管理机构，并对其履职尽责情况进行监督检查；

（五）开展项目监督检查和绩效评估；

（六）开展项目科技报告管理工作，推动项目成果的转化应用和信息共享；

（七）开展项目参与主体的科研诚信管理。

第五条 项目管理机构受市科委委托，开展项目管理具体工作，主要职责是：

（一）参与编制项目申报指南；

（二）开展项目申报受理、评审、立项、过程管理、验收等具体工作；

（三）跟踪项目任务实施和经费使用情况，协调推进项目实施中的重要事项，客观及时地向市科委反映具体管理工作中发现的重大问题；审查科技报告撰写提交情况，参与组织项目验收，对项目相关资料进行归档保存；

（四）开展项目绩效跟踪管理，促进项目成果信息共享；

（五）协助开展相关科技领域调研和发展战略研究；组织开展项目管理、技术研发等相关研讨、培训、科普工作。

第六条 项目承担单位是项目具体组织实施的责任主体，应当强化法人责任。项目承担单位应当是在本市注册的独立法人单位，主要职责是：

（一）恪守科学道德，遵守有关法律法规和伦理准则，对相关科研活动加强审查和监管；

（二）严格执行上海市科技计划各项管理规定，建立健全科研、财务、诚信等内部管理制度；

（三）按照项目合同组织实施项目，落实项目实施配套条件，履行合同各项条款，完成主要目标和任务；

（四）按要求及时报告项目实施情况，编报科技报告等；

（五）报告项目实施中出现的重大事项，按程序报批需调整的事项；

（六）接受市科委等相关部门的指导、检查并配合做好监督、评估和验收等工作；

（七）项目下设课题的，课题承担单位须接受项目承担单位的指导、协调和监督，对项目承担单位负责。

第三章 项目征集

第七条 市科委应当围绕国家和本市科技创新规划的发展目标和任务部署，编制项目申报指南。

项目申报指南编制工作应当邀请相关部门、产业界、科技社团、社会公众等共同参与，广泛吸纳各方意见，提高指南的科学性。

第八条 项目申报指南应当明确项目的组织实施方式。一般采取公开竞争的方式择优遴选项目承担单位。对具有明确战略目标、技术路线清晰、组织程度较高、优势单位集中的项目，在明确申报单位资质、与项目相关的研究基础、技术创新能力以及项目实施的保障条件等要求下，可采取定向择优或定向委托等方式确定项目承担单位。

第九条 项目申报指南通过市科委官方网站公开发布。

第十条 申报项目应当明确项目负责人。项目负责人应当符合申报指南要求，具有领导和组织开展创新性研究的能力，科研信用记录良好，确保足够时间投入项目研究。对项目负责人实行限项管理，申报项目时，已作为项目负责人承担市科委科技计划在研项目2项及以上者，不得再申请。

项目申报单位应当符合申报指南要求，科研信用记录良好，并通过上海市科技管理信息系统（以下简称"信息系统"）提交申报材料。项目申报单位可根据需要，在项目下设置一定数量的课题，作为项目的组成部分，完成相对独立的研究开发任务。

第四章 评审立项

第十一条 市科委对申报材料进行形式审查后，运用通讯评审、会议评审、现场考察等方法进行评审。评审方法应当在评审前公布。同一指南中同一研究方向的项目，应当实行同一种评审方法。

开展会议评审的，实行全过程录音录像；开展通讯评审的，依托信息系统、全程留痕。

第十二条 项目评审所需专家应当按照上海市科技专家库管理的相关规定选取和使用，评审专家名单应当向社会公开，接受社会监督。

第十三条 专家评审意见是项目立项决策的重要参考依据。

建立对重大原创性、颠覆性、交叉学科创新项目的非常规评审机制和支持机制。

第十四条 市科委通过信息系统公示拟立项项目，公示期不得少于5个工作日。依据公示结果，发出立项通知和不予立项通知。

对于公示期间有异议且经核实异议成立的项目，发出不予立项通知。

第十五条 项目申报单位收到立项通知后，应当基于申报材料和专家评审意见，通过信息系统填报项目任务书。

市科委与项目承担单位签订项目合同，项目任务书作为合同组成部分，需明确考核目标、考核指标、考核方式方法等要求。

第十六条 市科委建立项目申诉处理机制。项目申报单位对市科委作出的不予受理或者不予立项的决定有异议的，可以自收到通知之日起15日内，向市科委提出申诉。

具有以下情形之一的，申诉申请不予受理：

（一）非项目申报单位提出申诉申请的；

（二）提交申诉申请的时间超过规定截止日期的；

（三）申诉申请内容或者手续不全的；

（四）对评审专家的评审意见等学术判断有不同意见的。

对市科委在项目立项管理过程产生的其他行政行为不服的，依照《中华人民共和国行政复议法》等有关法律、行政法规的规定执行。

第五章 实施管理

第十七条 项目承担单位应当根据项目合同约定的目标和分工安排，履行责任和义务，按进度完成主要目标和任务。

对执行期较长、资助金额较大或节点目标清晰的项目，项目承担单位应当按照合同约定提交实施情况报告。对项目取得的重大进展，以及可能影响项目实施的重大事项或问题，项目承担单位应当及时报告市科委。

市科委应当为项目实施提供协调与服务，必要时可引入外部专家或第三方机构，对项目实施提出建议。

第十八条 项目承担单位应当按照本市科技报告管理的相关规定，撰写和提交科技报告。

市科委对未按照合同要求提交科技报告的，责令限期整改。

第十九条 项目实施中，在研究方向不变、不降低考核指标且符合原申报指南要求的前提下，项目承担单位可以自主调整技术路线、项目合作单位、项目参与人员，并通过信息系统向市科委备案。

涉及变更项目承担单位、课题承担单位、项目负责人、课题负责人等可能影响项目实施的重大事项，项目承担单位应当及时提出申请，报市科委审核同意。

项目因故不能按期完成须申请延期的,项目承担单位应当在项目执行期结束前3个月提出延期申请,报市科委审核同意。项目延期原则上只能申请1次,延期时间原则上不超过1年。

涉及经费预算调整的,按照本市科研计划项目经费管理的相关规定执行。

第二十条 项目有下列情形之一的,市科委可以撤销立项:

(一)项目承担单位在项目申请阶段伪造或者编造申请材料,骗取立项;

(二)项目承担单位不能按期签订项目合同;

(三)市科委规范性文件规定的其他情形。

第二十一条 项目实施过程中有下列情形之一的,项目承担单位可以向市科委申请项目终止或由市科委直接终止项目:

(一)经实践证明,项目技术路线不合理、不可行,或项目无法实现合同约定的进度且无改进办法;

(二)完成项目任务所需的资金、原材料、人员、支撑条件等未落实或发生改变导致项目无法正常进行;

(三)项目承担单位在项目实施中,出现严重违规违纪行为,不按规定进行整改或拒绝整改;

(四)项目承担单位未按项目合同约定的计划进度实施项目,经催告后在规定期限内仍迟延实施的;

(五)项目承担单位不接受市科委的项目监督检查,经催告后仍不配合的;

(六)项目承担单位在执行期结束6个月后,仍未提交验收材料的;

(七)市科委规范性文件规定的其他情形,以及项目合同约定的其他情形。

第二十二条 撤销项目的,项目承担单位应当返还全部项目经费。

终止项目的,项目承担单位应当对项目已开展的工作、经费使用、已购置设备仪器、阶段性成果、知识产权等情况做出书面报告,经市科委核查批准后,完成返还项目经费等后续相关工作。

项目承担单位和项目负责人因主观过错,导致项目撤销或终止的,纳入科研信用记录。

第六章 项目验收与成果管理

第二十三条 项目执行期满后,市科委采取项目综合绩效评价等方法,评价项目任务完成情况和经费管理使用情况,开展项目验收工作。

第二十四条 项目承担单位应当在项目实施周期结束后,围绕项目任务完成情况和项目经费管理使用情况等撰写项目综合绩效自评价报告,并根据要求,委托具有本市科研计划经费审计资格的会计师事务所开展经费决算审计。

项目承担单位应当在项目执行期结束后3个月内提交以下验收材料:

(一)项目验收申请;

(二)项目综合绩效自评价报告;

(三)合同约定提交的科技报告;

(四)会计师事务所出具的审计报告;

(五)项目承担单位认为需要补充的说明材料。

第二十五条 项目管理机构在受理验收申请后,应当在15个工作日内开展评前审查并出具审查意见。对经费管理存在问题的,提出整改意见。

项目承担单位应当在收到整改意见后的15个工作日内,提交整改材料。项目管理机构应当在收到整改材料后的 15 个工作日内出具评前审查意见。

第二十六条 市科委对通过评前审查的项目，采用同行评议、第三方评估和测试、用户评价、现场核查等方式开展项目综合绩效评价。项目综合绩效评价工作应当在通过评前审查后的 3 个月内完成。

项目综合绩效评价所需专家应当按照上海市科技专家库管理的相关规定选取和使用。

第二十七条 项目验收结论分为通过、未通过和结题三类。

（一）按期保质完成项目合同约定的目标和任务，为通过。

（二）因非不可抗拒因素未完成项目合同约定的主要目标和任务，为未通过。项目未按合同约定提交科技报告或未按期提交验收材料的，提供的文件、资料、数据存在弄虚作假的，未按相关要求报批调整事项的，项目承担单位或人员存在严重失信行为并造成重大影响的，拒不配合验收工作的，均按未通过处理。

（三）因不可抗拒因素未完成项目合同约定的主要目标和任务的，按结题处理。

项目验收结论为通过且项目承担单位经费使用规范、信用评价好的，结余资金在项目验收完成起两年内由项目承担单位统筹安排用于科研活动的直接支出；两年后结余资金未使用完的，按原渠道返还。

第二十八条 项目验收结论，应当及时向社会公布。

第二十九条 项目形成的研究成果，包括论文、专著、样机、样品、视频等，应当根据合同要求，标注受上海市科技计划资助。标注的成果作为项目综合绩效评价的重要依据。

第三十条 项目形成的知识产权的归属、使用和转移，按照国家知识产权法律、法规执行。市科委在项目合同中明确知识产权的归属，按照下列原则分配：

（一）涉及国家安全、国家利益和重大社会公共利益的，知识产权归国家所有。项目承担单位拥有免费使用的权利。

（二）除前项规定的情况外，知识产权归项目承担单位所有。为了国家安全、国家利益和重大社会公共利益的需要，市科委可以无偿实施，也可以许可他人有偿实施或者无偿实施。

第三十一条 依法取得知识产权的单位应当积极应用和有序扩散项目成果，促进技术交易和成果转化，并落实支持成果转化的科研人员激励政策。

第三十二条 项目通过验收后，项目承担单位可通过信息系统提交项目的知识产权取得情况和成果转化应用情况等，市科委将项目的后续情况作为项目持续支持的重要依据。

第七章 监督与评估

第三十三条 市科委建立全过程嵌入式的监督评估机制，对科技计划及其项目管理和实施中指南编制、立项、专家选用、项目实施等工作中相关主体的行为规范、工作纪律、履职尽责情况等进行监督，并对上海市科技计划的总体实施和资金使用情况及效果进行评估。

第三十四条 加强项目监督，监督的主要内容包括但不限于以下方面：

（一）项目管理机构管理工作的科学性、规范性，及其在项目管理过程中的履职尽责情况；

（二）专家在项目评审、咨询、验收等工作中的履职尽责情况；

（三）项目承担单位法人责任制落实情况、项目执行情况及资金的管理使用情况；

（四）科研人员在项目申报、实施和资金管理使用中的科研诚信和履职尽责情况。

第三十五条 对监督中发现的违规行为，予以以下处理：

（一）对有违规行为的项目管理相关机构，予以约谈、通报批评、解除委托协议、阶段性或永久性取消项目管理资格等处理；

（二）对有违规行为的咨询评审专家，予以警告、通报批评、阶段性或永久性取消咨询评审和申报参与项目资格等处理；

（三）对有违规行为的项目承担单位和科研人员，予以约谈、通报批评、暂停项目拨款、追回已拨项目资金、终止项目、阶段性或永久性取消申报参与项目资格等处理。

处理结果应当以适当方式向社会公布，并纳入科研信用记录。有违法、违纪行为的，应当及时移交司法机关和纪检部门。

第三十六条 市科委按照责权一致原则和放管服要求，在合同中约定监督检查的节点和内容。

监督检查应当在不影响项目承担单位正常科研活动的情况下开展，避免在同一年度对同一项目重复检查、多头检查。执行期3年以下的项目，一般不开展过程检查。

第八章 附则

第三十七条 项目涉及保密的，按照国家相关保密规定执行。

第三十八条 本办法自2019年7月1日起施行，有效期至2021年6月30日。本办法施行前，已立项并签订合同的项目，继续按照原合同约定管理。

关于印发《上海市科技计划项目综合绩效评价工作规范（试行）》的通知

（沪科规〔2019〕11号）

各有关单位：

为贯彻落实《关于深化项目评审、人才评价、机构评估改革的意见》（中办发〔2018〕37号）、《国务院关于优化科研管理提升科研绩效若干措施的通知》（国发〔2018〕25号）等文件精神，根据《上海市科技计划项目管理办法（试行）》（沪科规〔2019〕5号），我们制定了《上海市科技计划项目综合绩效评价工作规范（试行）》。现印发给你们，请遵照执行。

附件：上海市科技计划项目综合绩效评价工作规范（试行）

上海市科学技术委员会
2019年9月26日

上海市科技计划项目综合绩效评价工作规范（试行）

为贯彻落实《关于深化项目评审、人才评价、机构评估改革的意见》（中办发〔2018〕37号）、《国务院关于优化科研管理提升科研绩效若干措施的通知》（国发〔2018〕25号）和《关于进一步深化科技体制机制改革　增强科技创新中心策源能力的意见》（沪委办发〔2019〕78号）等文件精神，根据《上海市科技计划项目管理办法（试行）》（沪科规〔2019〕5号），在上海市科技计划项目（以下简称"项目"）执行期满后，上海市科学技术委员会（以下简称"市科委"）采用项目综合绩效评价方法，开展项目验收工作。为规范开展好项目综合绩效评价，制定本工作规范。

一、总体要求

1. 项目综合绩效评价是指项目执行期满后，根据合同的约定，从项目任务完成情况和经费管理使用情况对项目实施情况进行综合评价。其中，任务完成方面，主要评价项目目标和考核指标的完成情况、成果效益、人才培养和组织管理等；经费管理使用方面，主要评价承担单位项目资金拨付及自筹资金到位、预算执行、科研经费管理制度执行情况和经费开支合规性等。

2. 项目综合绩效评价侧重对代表性成果和项目实施效果的评价，不将"人才项目""头衔""帽子""论文数量""获得奖励"等作为评价指标。

3. 项目综合绩效评价实行分类评价。根据不同计划类别特点，建立符合科学发现和人才成长规律、突出质量贡献绩效导向的项目分类绩效评价指标体系。

基础研究与应用基础研究类项目以国际国内同行评价为主，重点评价新发现、新原理、新方法、新规律的原创性和科学价值、解决经济社会发展和国家安全重大需求中关键科学问题的效能、支撑技术和产品开发的效果、代表性论文等科研成果的质量和水平。

技术研发类项目以用户评价、第三方评价和市场评价为主，重点评价新技术、新方法、新产品、关键部件等的创新性、成熟度、稳定性、可靠性,突出成果转化应用情况及其在解决经济社会发展关键问题、支撑引领产业发展中发挥的作用。

应用示范类项目以应用推广相关方、行业用户和社会评价为主,以规模化应用、行业内推广为导向,重点评价集成性、先进性、经济适用性、辐射带动作用及产生的经济社会效益。

二、工作流程和方法

项目综合绩效评价的流程主要包括经费决算及审计、验收申请、评前审查和评价实施等主要阶段。

（一）经费决算及审计

市级财政资助资金总额在100万元以下的项目,由项目承担单位对项目总经费进行决算,项目下设课题的,由课题承担单位对课题经费进行决算;市级财政资助资金总额在100万元（含）以上的项目,应委托会计师事务所开展经费决算审计。经费决算审计要求如下。

1.项目承担单位应在项目执行期结束后1个月内协同课题承担单位,委托1家具有本市科技计划项目经费审计资格的会计师事务所实施审计工作。审计费用在双方协商、公允透明、经济合理的原则下确定,从项目（课题）资金列支。

2.会计师事务所应严格按照《上海市科研计划项目（课题）专项经费管理办法》等文件精神,对项目资金（包括市级财政资助资金和单位自筹资金）的管理使用情况,进行审计,在接受审计委托1个月内出具项目审计报告。项目下设课题的,应出具课题审计报告。

（二）评价申请

项目承担单位应当在项目执行期结束后3个月内,向项目管理机构提交以下材料:

1.项目验收申请表;

2.项目综合绩效自评价报告;

3.合同约定提交的科技报告;

4.审计报告[市级财政资助资金总额在100万元（含）以上项目];

5.项目承担单位认为需要补充的其他说明材料。

（三）评前审查

项目管理机构负责对项目承担单位提交的材料进行评前审查,审查内容主要包括材料的完整性、合规性,并在受理后15个工作日内,出具审查意见。对存在问题的,提出整改意见,由项目承担单位进行整改。项目管理机构在收到整改材料后的15个工作日内出具复审意见。

项目承担单位应在收到整改意见后15个工作日内提交整改材料。

（四）评价实施

项目综合绩效评价应当在通过评前审查后的3个月内完成。项目管理机构可采用同行评议、第三方评估和测试、用户评价、现场核查等开展项目综合绩效评价。

1.组织实施

对于市级财政资助资金总额在100万元（含）以上的项目,一般采用会议评价方式,邀请技术专家和财务专家参加,总人数不少于5人,专家组组长由技术专家担任,财务专家担任副组长。专家组在审阅资料、听取汇报和质询等基础上,对任务完成情况和经费使用管理情况进行评价,并形成项目综合绩效评价专家组意见和项目经费评议得分,确定项目专项经费结余。如项目下设课题的,形成各课题经费评议得分,确定各课题的经费结余。

采用通讯评价方式开展项目综合绩效评价时，一般邀请不少于3名的技术专家，并可视情邀请财务专家。由专家独立形成综合绩效评价意见，项目管理机构形成经费评议得分，并结合专家意见和经费评议得分形成综合绩效评价结论。

2. 评价结论

项目综合绩效评价结论分为通过、未通过和结题三类。

（1）按期保质完成项目合同约定的目标和任务，并合规合理管理和使用项目（课题）经费，为通过。

（2）项目（课题）在综合绩效评价中，存在下列行为之一的，为未通过。

①因非不可抗拒因素未完成项目合同约定的主要目标和任务。

②拒不配合综合绩效评价的，按未通过处理。

③未对项目（课题）专项经费进行单独核算。

④提供虚假财务会计信息，虚列支出，套取国家财政资金。

⑤违反规定截留、挤占、挪用、转拨、转移项目（课题）经费。

⑥其他违反国家财经纪律或项目管理有关规定的行为。

（3）因不可抗拒因素未完成项目合同约定的主要目标和任务的，为结题。

三、结论下达及应用

1. 项目管理机构在项目综合绩效评价实施完成1个月内，形成综合绩效评价档案，并向市科委提交评价结论书建议。市科委审核通过后，向项目承担单位发出综合绩效评价结论书。

2. 加强对综合绩效评价结果的应用，综合绩效评价结果作为项目后续支持的重要依据。

项目综合绩效评价结论为通过且项目（课题）承担单位经费使用规范、信用评价好的，结余资金在项目验收完成起两年内（自发出综合绩效评价结论书后次年的1月1日起计算）由承担单位统筹安排用于科研活动的直接支出；两年后结余资金未使用完的，承担单位应主动按原渠道返还。

3. 项目综合绩效评价结论为结题或未通过，项目下所有课题结余资金按原渠道返还；项目（课题）经费评议得分80分及以下，项目（课题）结余资金按原渠道返还。项目（课题）承担单位应在收到综合绩效评价结论书后1个月内返还结余资金。

四、责任与监督

1. 市科委委托项目管理机构开展综合绩效评价，并向社会公布项目综合绩效评价结论（保密项目除外）。按照不高于当年完成综合绩效评价项目数5%的比例，通过专家评价、现场考察等方式对项目经费使用情况、审计报告质量等情况进行随机抽查，相关抽查结果按规定向社会公布，作为对相关责任主体进行信用记录的重要依据。

2. 项目管理机构负责开展综合绩效评价，客观真实评价项目综合绩效，并向市科委报送项目综合绩效评价结果。如在综合绩效评价过程中，发现相关责任主体存在重大问题、失信行为，应客观及时报送市科委。

3. 会计师事务所应客观、完整反映科研项目经费使用情况，无正当理由不按时提交审计报告，或出具的决算审计报告未能按要求如实反映被审课题资金管理和使用情况，或出现协助承担单位弄虚作假、重大稽核失误以及其他虚假陈述，或未勤勉尽责行为，或在市科委组织的审计监督评估不及格的，市科委给予通报批评或取消上海市科技计划项目审计资格等处理，同时按照《中华人民共和国注册会计师法》及国家有关法律法规追究相应责任。会计师事务所涉嫌犯罪的,市科委将移送司法机关处理。

4.项目承担单位应配合项目管理机构、会计师事务所等完成综合绩效评价,提供的材料应真实、完整、准确,不得把项目任务之外的成果和经费,纳入相关材料。对应返还的结余资金,按期返还;对于留作使用的结余资金,按照相关规定管理使用。项目下设课题的,可参照本规范要求开展课题综合绩效评价。

5.参与综合绩效评价的专家应恪尽职业操守,按照独立、客观、公正的原则进行评价。

五、其他事项

本文件自2019年10月1日起施行,有效期至2021年6月30日。

附件:(略)

关于印发《国家科技重大专项资金配套管理办法实施细则》的通知

(沪科合〔2020〕15号)

各重大专项牵头责任部门、各有关单位：

为规范和加强国家科技重大专项资金管理，保证项目任务完成，提高资金使用效益，根据《财政部、科技部、发展改革委关于印发〈国家科技重大专项（民口）资金管理办法〉的通知》（财科教〔2017〕74号）和《上海市人民政府办公厅关于转发市科委等三部门制订的〈国家科技重大专项资金配套管理办法〉的通知》（沪府办发〔2013〕38号）等文件中关于地方配套资金管理的相关要求，结合本市实际，市科委会同市发展改革委、市财政局研究修订了《国家科技重大专项资金配套管理办法实施细则》，现予印发，请遵照执行。

特此通知。

附件：国家科技重大专项资金配套管理办法实施细则

上海市科学技术委员会
上海市发展和改革委员会
上海市财政局
2020年6月17日

国家科技重大专项资金配套管理办法实施细则

第一章 总则

第一条 （目的依据） 为规范和加强国家科技重大专项地方配套资金的管理，提高资金使用效益，根据《国家科技重大专项资金配套管理办法》（沪府办发〔2013〕38号）和《上海市人民政府办公厅关于延长〈国家科技重大专项资金配套管理办法〉有效期的通知》（沪府办规〔2018〕19号）（以下简称《办法》）等相关要求，制订本实施细则。

第二条 （适用范围） 本实施细则适用于国家科技重大专项项目（课题）本市地方配套资金的申请、使用及相关管理活动。

第三条 （申请条件） 凡承担国家科技重大专项任务的在沪单位，可向国家科技重大专项本市牵头责任部门（以下简称"市责任部门"）申请地方配套资金资助。

1.项目（课题）牵头单位申请地方配套资金，应当同时满足以下条件：

（1）项目（课题）已获得国家科技重大专项实施管理办公室的立项批复，牵头单位与国家科技重大专项实施管理办公室已签订任务合同书。

（2）项目（课题）任务合同书中明确了项目（课题）牵头单位、负责人、研究目标与内容、考核指标、任务分工和时间节点等内容；任务合同书和预算书中明确了中央财政资金预算和地方配套资金预算。

2.项目（课题）参与单位申请地方配套资金，应当同时满足以下条件：

（1）项目（课题）牵头单位与国家科技重大专项实施管理办公室签订的任务合同书中明确了项目（课题）参与单位、负责人、研究目标与内容、考核指标、任务分工和时间节点、中央财政资金预算额度和地方配套资金预算额度等内容。

（2）参与单位承担的任务有独立的预算，即明确了中央财政资金预算和地方配套资金预算。

第二章 支持方式及开支范围

第四条 （支持方式） 地方配套资金根据项目（课题）立项时确定的性质，采取前补助、后补助等财政支持方式，并按照实际留沪中央财政资金的预算额度，以及《办法》明确的分类配套原则，分别确定地方配套资金支持额度。

第五条 （开支范围） 重大专项项目（课题）地方配套经费由直接费用和间接费用组成。

1.直接费用是指在项目（课题）实施过程（包括研究、中间试验试制等阶段）中发生的与之直接相关的费用。主要包括设备费、材料费、测试化验加工费、燃料动力费、差旅/会议/国际合作与交流费、出版/文献/信息传播/知识产权事务费、劳务费、专家咨询费、基本建设费和其他费用等。

上述各费用支出按照上海市科研计划项目（课题）专项经费管理的相关规定执行。其中，劳务费的支出，最高不超过实际国家拨付经费（留沪中央财政资金）的10%。

2.间接费用是指项目（课题）承担单位在组织实施重大专项过程中发生的无法在直接费用中列支的相关费用。主要包括承担单位为项目（课题）研究提供的现有仪器设备及房屋摊销费，水、电、气、暖消耗费，有关管理费用的补助支出以及绩效支出等。

间接费用采用分段超额累退比例法计算并实行总额控制，按照不超过地方配套资金资助总额的一定比例核定，具体比例如下：

（1）100万元及以下的部分为8%；

（2）超过100万元至500万元的部分为5%；

（3）超过500万元至1000万元的部分为2%；

（4）超过1000万元以上的部分为1%。

间接费用应纳入单位财务统一管理，统筹安排使用。承担单位应当健全间接费用的内部管理办法，公开透明、合规合理使用间接费用，处理好分摊间接成本和对科研人员激励的关系，绩效支出安排应当与科研人员在项目工作中的实际贡献挂钩。承担单位不得在核定的间接费用以外再以任何名义在地方配套资金中重复提取、列支相关费用。

第三章 经费管理

第六条 （预算申报） 市责任部门应按实编报下一年度地方配套资金预算，报上海市国家科技重大专项上海配套资金审核小组（以下简称"市审核小组"）。

第七条 （编制预算） 项目（课题）承担单位应根据立项批复和财政部投资评审中心出具的预算评审报告的结果，按实编制项目（课题）地方配套资金预算。

第八条 （配套备案） 项目（课题）承担单位应在获得正式立项批复后的2个月内，及时将以下材料（各材料均须加盖公章，如材料为复印件，需对照原件，审核无误后注明与原件一致并加盖公章）报送至相关市责任部门备案，并申请地方配套资金预算评估。逾期不申报者，视为自动放弃。

1. 国家科技重大专项申报指南；
2. 国家科技重大专项立项批复；
3. 国家科技重大专项项目（课题）任务合同书；
4. 国家科技重大专项项目（课题）预算书；
5. 财政部投资评审中心出具的预算评审报告，预算评审申诉报告及复审意见等资料。

第九条 （预算评估） 市责任部门应指派专人常年受理地方配套资金的申请，按要求进行形式审查，确保申请材料的完整性、合规性和准确性。

对通过形式审查的，市责任部门委托第三方评估机构进行预算评估。受托评估机构应依据目标相关性、政策相符性和经济合理性的原则，对各预算科目的开支范围、开支标准、测算依据等内容进行重点评估，出具预算评估报告并加盖公章。

市责任部门应及时通知承担单位根据预算评估报告修改预算。预算经市责任部门审核确认后，报市审核小组进行预算审核。

第十条 （预算复核） 市审核小组委托相关机构对市责任部门审核通过的预算书进行复核。受托机构出具有关预算复核意见并反馈给市责任部门。市责任部门督促承担单位根据复核意见进行预算调整，并将修改后的预算书和预算评估报告报市审核小组。

第十一条 （预算审核） 预算复核完成后，市责任部门应于当年9月30日前提请市审核小组召开地方配套资金审核会，并提交以下材料：

1. 承担单位提交的各项申请材料；
2. 由第三方评估机构出具的《国家科技重大专项上海市地方配套资金预算评估报告》；
3. 受市审核小组委托的相关机构出具的预算复核意见；
4. 市责任部门的地方配套资金建议方案。

市审核小组审核上述材料，提出审核意见并形成市审核小组会议纪要，按规定程序报批后，向市责任部门下达预算批复。

第十二条 （分期核拨） 项目（课题）承担单位应在获得中央财政资金（以中央财政资金到款凭证日期为准）后的1个月内报送下列材料至市责任部门，申请拨付地方配套资金。

1.《国家科技重大专项上海市地方配套资金申请表》（见附件1）；
2. 中央财政资金到款凭证；
3.《国家科技重大专项项目（课题）进展情况表》（见附件2）（首次申请时无须提交）。

市责任部门审核上述材料后，填写《国家科技重大专项地方配套资金历次申请情况表》（见附件3），连同市审核小组出具的预算批复和上述材料一并提交市审核小组委托的相关机构复核。市责任部门将受市审核小组委托的相关机构出具的资金申请复核意见和用款申请提交市财政局，市财政局按照市级财政资金国库集中支付的有关规定拨付地方配套资金。

第十三条 （预算调整） 项目（课题）承担单位应严格按照批复的预算执行。确需调整预算的，按照以下程序办理：

1. 项目（课题）地方配套资金总预算发生调整，由市责任部门按照规定程序报市审核小组核批。
2. 项目（课题）地方配套资金总预算不变，项目（课题）承担单位变更引起的预算调整以及项目（课题）承担单位之间的预算调整，由项目（课题）承担单位提出申请，市责任部门按照规定程序报市审核小组核批。

3. 项目（课题）地方配套资金总预算不变，直接费用中新增单价 50 万元以上的设备和劳务费预算总额调增，由项目（课题）承担单位提出申请，市责任部门按照规定程序报市审核小组核批，其余预算调整权限全部由项目（课题）承担单位内部审批。

直接费用实行分类总额控制，其中，材料费，测试化验加工费，燃料动力费，出版/文献/信息传播/知识产权事务费等四个科目在实施中归一类管理；劳务费，专家咨询费，差旅/会议/国际合作与交流费、其他支出等在实施中归一类管理。两类之间的预算调剂由承担单位内部审批程序；同一类预算额度内，承担单位可结合实际情况进行审批或授权课题负责人自行调剂使用。

第十四条 （审计核查） 项目（课题）承担单位应在收到国家综合绩效评价结论后的 1 个月内向市责任部门报送综合绩效评价结果，及地方配套资金财务审计报告。

在项目（课题）财务审计结束后，市责任部门组织财务核查，对地方配套资金的使用和管理、预算调整以及净结余等情况进行严格审查和确认；对存在问题需要整改的，通知和督促承担单位在规定期限内完成整改并提交整改落实情况的书面报告。

项目（课题）通过财务核查后，市责任部门应在 3 个月内整理汇总项目（课题）审计核查等情况及相关材料，编写项目（课题）地方配套资金审计核查等情况报告，报市审核小组备案。市审核小组通过抽查方式进行监督检查。

第十五条 （结余资金） 对于经国家综合绩效评价以及市责任部门审计核查结果确定需上交的结余资金，应由承担单位在收到综合绩效评价结论后 1 个月内按原渠道返还，并将结余资金的返还情况报市责任部门，由市责任部门报送市审核小组备案。

对于经国家综合绩效评价以及市责任部门审计核查确定留用的结余资金，由承担单位在 2 年内（自综合绩效评价结论下达后次年的 1 月 1 日起计算）统筹安排用于科研活动的直接支出，但不得用于有工资性收入人员的劳务费；2 年后未使用完的，按原渠道返还。

第十六条 （资金归垫） 对于确因项目（课题）任务需要，承担单位在预算执行中出现垫付地方配套资金的，应参照国家有关资金垫付与归垫的规定执行。

第十七条 （后补助方式） 后补助项目（课题）经费参照国家和本市有关规定执行。

第十八条 （政府采购） 地方配套资金使用中涉及政府采购的，按照本市政府采购有关规定执行。

第十九条 （设备采购） 承担单位要简化购买科研仪器设备的采购流程，对科研急需的设备、耗材，可不进行招投标程序，采用特事特办、随到随办的采购机制，缩短采购周期。采购独家代理或生产的仪器设备，可采用单一来源等方式予以确定。采购进口科研仪器设备，由政府采购进口产品审核改为备案制管理。

第二十条 （资产管理） 行政事业单位使用地方配套资金形成的固定资产属国有资产，一般由承担单位使用和管理，国家有权进行调配。企业使用地方配套资金形成的固定资产，按照《企业财务通则》等相关规章制度执行。地方配套资金形成的知识产权等无形资产的管理，按照国家和本市有关规定执行。

第二十一条 （开放共享） 地方配套资金形成的大型科学仪器设备、科学数据、自然科技资源等，在保障有关参与单位合法权益的基础上，按照国家和本市有关规定开放共享，以减少重复浪费，提高资源利用效率。

第四章 监督管理

第二十二条 （监督检查） 市审核小组及市责任部门通过预算评估、财务审计、财务核查、绩效评价、财政专项监督等多种方式实施监督检查，并主动接受市人大和社会的监督。

第二十三条 （法人负责制） 地方配套资金实行项目（课题）承担单位法人负责制。承担单位应按照《办法》及本实施细则和国家以及本市财政财务管理的相关规定，结合本单位实际，建立健全地方配套资金内部控制、会计核算及财务管理制度，做好预算管理、资金管理、合同管理、政府采购、审批报销、会计核算和资产管理等，加强对地方配套资金的使用和管理。

第二十四条 （年度检查） 实行地方配套资金年度检查制度。市责任部门结合日常监管工作组织开展年度检查工作，对项目（课题）的实施和管理情况、地方配套资金到位和使用情况等进行监督检查，形成年度检查报告，报市审核小组备案。对于存在重大问题的，由市审核小组会同责任部门组织抽查。

第二十五条 （信息报送） 实行地方配套资金信息报送制度。市责任部门负责组织承担单位在规定时间内报送项目（课题）立项、中期执行和验收、资金预算申报及到位，以及重要成果的应用及其经济社会效益等各类信息，由市责任部门汇总整理后报市审核小组。

第二十六条 （信用管理） 实行地方配套资金信用管理制度。市责任部门对项目（课题）承担单位、项目（课题）负责人、中介机构、评估评审专家等在地方配套资金使用和管理工作中的相关信用信息进行记录，作为今后审核相关单位和个人申请地方配套资金和参加评估评审等活动的重要依据。

第五章 附则

第二十七条 （解释权） 本实施细则由市科学技术委员会会同市发展改革委员会、市财政局负责解释。

第二十八条 （实施） 本实施细则自发布之日起30日后施行，有效期至2023年6月30日。此前相关管理规定与本实施细则相抵触的，以本实施细则为准。

【相关附件】

1. 国家科技重大专项上海市地方配套资金申请表（略）

2. 国家科技重大专项项目（课题）进展情况表（略）

3. 地方配套资金历次申请情况表（略）

关于印发《上海市科技计划专项经费后补助管理办法》的通知

(沪科规〔2020〕4号)

各有关单位：

为贯彻落实《关于进一步完善中央财政科研项目资金管理等政策的若干意见》（中办发〔2016〕50号）、《国务院关于优化科研管理提升科研绩效若干措施的通知》（国发〔2018〕25号）和《关于进一步深化科技体制机制改革增强科技创新中心策源能力的意见》（沪委办发〔2019〕78号）等文件精神，根据《上海市科研计划项目（课题）专项经费管理办法》（沪财发〔2017〕9号），我们制定了《上海市科技计划专项经费后补助管理办法》。现印发给你们，请遵照执行。

附件：上海市科技计划专项经费后补助管理办法

上海市科学技术委员会
上海市财政局
2020年9月2日

上海市科技计划专项经费后补助管理办法

第一章　总则

第一条　为进一步发挥上海市财政科技资金的引导作用，规范上海市财政科技计划后补助资金管理，根据《国务院关于优化科研管理提升科研绩效若干措施的通知》（国发〔2018〕25号）、《上海市科研计划项目（课题）专项经费管理办法》（沪财发〔2017〕9号）等文件要求，制定本办法。

第二条　本办法所称后补助，是指单位先行投入资金开展研发活动、提供科技创新服务，或贯彻落实推动中小企业培育发展政策，市科委根据实施结果、绩效等，事后给予补助资金的财政支持方式。后补助包括研发活动后补助、服务运行后补助和科技创新政策后补助。

本办法所称的单位，是指本市范围内具有独立法人资格的企业、事业单位以及其他各类从事科技创新活动的主体。

第三条　后补助资金由单位统筹使用，不得用于与科技创新无关的支出。

第二章　研发活动后补助

第四条　研发活动后补助是指市科委科技计划中以实现科技成果产品化、工程化、产业化为目标任务，并且具有量化考核指标的项目，由项目承担单位先行投入资金组织开展研发活动及应用示范，项目结束并通过综合绩效评价后，给予适当补助资金的财政支持方式。

第五条　研发活动后补助按照以下程序组织实施：

（一）市科委在发布年度项目申报通知时，确定拟采用后补助支持方式的项目，对项目拟达到的目标任务提出明确要求,并明确科学、合理、具体的考核评价指标,以及相应的考核评价方式。

(二)单位根据申报通知的要求,编制并提交项目申请材料。市科委组织对项目申请材料进行评审,择优确定支持单位,并对拟支持项目进行预算评估后确定后补助项目预算方案,后补助资金比例原则上不超过项目预算的50%。

(三)项目承担单位在完成任务后,市科委按照上海市科技计划项目综合绩效评价工作要求,组织完成对项目的综合绩效评价。通过综合绩效评价的项目,市科委根据综合绩效评价情况,确定项目后补助金额,并按规定以适当方式向社会公示后,拨付后补助资金。

第六条 单位自行投入资金组织开展研发活动,取得有助于解决国家和本市急需或影响经济社会发展问题的技术成果,可以给予奖励性后补助。

奖励性后补助项目由市科委组织对技术成果进行审核,综合考虑单位前期投入成本、同类项目资助强度等因素确定补助金额,并以适当方式向社会公示。完成规定程序的项目,市科委按照财政预算管理和国库集中支付制度有关规定拨付后补助资金。

第三章 服务运行后补助

第七条 服务运行后补助是指对本市面向社会开展公共研发服务或面向社会公众普及科学知识的各类科技创新基地和科普基地开放运行、为降低创新创业成本企业(团队)向服务机构购买专业服务以及大型科学仪器设施开放共享等,由市科委组织考核评估,并根据考核评估结果,给予适当补助资金的财政支持方式。

第八条 本市科技创新基地、大型科学仪器设施以及科普基地的依托单位应当切实履行职责,按照有关规定开放科技资源、开展科技创新服务及科学普及宣传,并提供相应的支撑保障。

第九条 市科委定期组织对依托单位服务运行情况开展考核评估,形成考核评估结果,并将考核评估结果以适当方式向社会公示。

第十条 市科委根据考核评估结果和补助标准,按照财政预算管理和国库集中支付制度有关规定向依托单位支付后补助资金。

第四章 科技创新政策后补助

第十一条 科技创新政策后补助是指为促进中小企业培育和促进中小企业科技创新工作,市科委组织实施的科技型中小企业技术创新资金、科技小巨人工程、科技金融、创新创业载体、科学普及等科技创新政策,并按照相关政策给予补助的财政支持方式。

第十二条 市科委发布科技创新政策补助申报通知,相关单位按照通知要求向市科委提交申报材料,市科委组织对申报材料进行审核评审后,择优确定补助单位,并按要求进行公示。

第十三条 科技创新政策补助项目到期需要进行考核的,按照申报通知的考核评估要求对补助单位科技创新政策的实施情况进行综合绩效评价,考核通过后根据评价情况给予相应的财政资金支持。

第五章 法律责任

第十四条 后补助涉及的项目管理部门、项目管理机构、项目承担单位、依托单位、专家、第三方机构、用户及其相关工作人员、科研人员等各类主体,存在违规违纪违法行为和违背科研诚信要求的,应当按照《财政违法行为处罚处分条例》、科研诚信管理制度以及国家其他有关法律法规等进行处理。涉嫌犯罪的,依法移送司法机关处理。

第十五条 对于不涉及国家秘密、商业秘密和个人隐私的后补助资金违规行为及处理结果等,市科委将以适当方式向社会公开,接受社会监督。

第六章 附则

第十六条 本办法中服务运行后补助和科技创新政策后补助的补助标准由市科委会同市财政局分类分档确定,并可根据有关要求和实际情况适时调整。

第十七条 本办法未尽事宜,按照上海市科技计划有关管理规定执行。本办法由市科委、市财政局负责解释。

第十八条 本办法自 2020 年 10 月 8 日起施行,有效期到 2025 年 10 月 7 日。

关于进一步支持和鼓励本市事业单位科研人员创新创业的实施意见

(沪人社规〔2020〕22号)

市政府各委、办、局,各区人力资源和社会保障局,各有关单位:

为贯彻落实《人力资源社会保障部关于进一步支持和鼓励事业单位科研人员创新创业的指导意见》(人社部发〔2019〕137号)和《上海市推进科技创新中心建设条例》有关要求,深入实施创新驱动发展战略,强化科技创新策源功能,进一步支持和鼓励高校、科研院所等事业单位聘用在专业技术岗位上的科研人员创新创业(以下简称"双创"活动),激发市场活力和社会创造力,现就进一步推动科研人员创新创业,促进科技成果研发和转化,制定本实施意见。

一、进一步支持和鼓励科研人员离岗创业

(一)科研人员开展"双创"活动可申请离岗创业,职称、年龄、资历、科技成果形式、获奖层次、获得专利与否均不作为限制离岗创业的条件。科研人员书面提出离岗创业申请的,经所在单位同意,可带着科研项目和成果离岗创业。科研人员离岗创业期限不超过3年,期满后创办企业尚未实现盈利的可以申请延长一次,延长期限不超过3年。离岗创业期限最长不超过离岗创业人员达到法定退休年龄的年限。在同一事业单位申请离岗创业的期限累计不超过6年。

(二)事业单位、离岗创业人员及所在创办企业应当及时订立离岗协议,明确离岗创业期限、工资福利待遇、人事岗位管理、科研成果归属、收益分配、保密义务、知识产权保护等事项,同时相应变更聘用合同。聘用合同变更后,未执行的合同期限应与离岗协议期限一致。事业单位不得以离岗创业为由解除其人事关系。

(三)离岗创业期内,由原事业单位发放国家规定的基本工资;年度考核意见由创办企业出具,除受行政处分、行政处罚、刑事处罚等以外,视作考核合格,正常晋升薪级工资。社会保险费、职业年金由原事业单位代为缴纳,所需费用由离岗创业人员和创办企业共同承担,缴费基数按照原事业单位同类人员确定。创办企业应当同时依法为离岗创业人员在本企业缴纳工伤保险费,缴费基数按其工资性收入确定。离岗创业人员发生事故伤害或患职业病的,由创办企业提出认定申请并承担相应的工伤保险责任。工伤保险待遇按有关政策规定执行。离岗创业人员病故的,由原事业单位按照事业单位的相关规定发放事业单位死亡一次性抚恤金和丧葬费。离岗创业人员工伤后返回原事业单位的,经与原事业单位协商一致,可以至本市社会保险经办机构办理工伤保险责任转移手续,享受原事业单位工伤人员同等的工伤保险待遇。离岗创业人员工伤后依法由工伤保险基金支付的待遇费用不纳入创办企业和原事业单位的工伤保险支缴率考核范围。其他福利待遇由原事业单位与离岗创业人员协商确定。

(四)离岗创业人员与原事业单位其他在岗人员同等享有参加专业技术职务评聘和岗位等级晋升的权利,并可不占原事业单位专业技术岗位结构比例,也可在创办企业申报职称。所获得的职称可以作为其返回原事业单位后参加岗位竞聘、重新订立聘用合同的参考。离岗创办企业业绩突出,其年度考核被确定为优秀档次的,不占原事业单位考核优秀比例,经济效益或社会效益显著

的，可按国家和本市有关规定给予表彰奖励。

（五）离岗创业人员创业期间空出的岗位，可按有关规定用于急需或者紧缺人才。离岗创业人员根据实际情况，终止离岗创业提出提前返回原事业单位的，应提前30日书面报告原事业单位，原事业单位应在30日内为其安排相应专业技术职务等级的岗位，双方恢复履行变更前的聘用合同。离岗创业人员提前返回或离岗创业期满返回续订聘用合同时，如无相应岗位空缺，原事业单位可暂时突破岗位总量和结构比例，将其聘用在相应专业技术职务等级的岗位上，并在3年内逐步消化。科研人员离岗创业期间，原事业单位工作年限连续计算。按规定缴纳社会保险费和职业年金的，离岗创业年限视作连续工龄。离岗创业人员提出解除聘用合同的，原事业单位应及时依法解除聘用合同。离岗创业期满，离岗创业人员未回原事业单位工作的，原事业单位应当及时终止人事关系。

（六）在事业单位中担任职能部门管理6级（含）以上领导职务的，辞去领导职务后，可以科研人员身份离岗创业。涉及承担国防、国家安全等工程和项目的科研人员离岗创业的，按照国家和本市相关规定执行。

二、进一步支持和鼓励科研人员兼职创新、在职创办企业

（一）科研人员开展"双创"活动，在履行人事关系所在单位岗位职责、保质保量完成本职工作的前提下，书面提出兼职申请的，经所在单位同意，可以兼职创新、在职创办企业。兼职创新、在职创办企业人员，人事关系所在单位及兼职单位应当及时订立兼职协议，明确兼职期限、工作时间、报酬、保密义务、科研成果归属、收益分配等事项。

（二）到企业兼职创新人员，与企业职工同等享有获取报酬、奖金、股权激励的权利；到企业兼职，为实现高新技术成果转化、技术攻关提供有偿服务，可获取兼职报酬，国家和本市另有规定的从其规定。兼职单位或创办企业应当依法为兼职创新、在职创办企业人员缴纳工伤保险费，缴费基数按其工资性收入确定。科研人员在人事关系所在单位外工作期间发生事故伤害或者患职业病的，工伤认定、待遇享受及工伤保险支缴率考核等参照离岗创业人员处理。鼓励企业为兼职创新人员参加个人储蓄性养老保险提供补贴。

（三）兼职创新、在职创办企业人员，继续享有在人事关系所在单位参加职称评审、项目申报、岗位竞聘、培训、考核、奖励等各方面权利，工资、社会保险等各项福利待遇不受影响。同时，也可在兼职单位或者创办企业申报职称。经与人事关系所在单位协商一致，科研人员兼职创新或在职创办企业期间，可以实行相对灵活、弹性的工作时间。兼职人员在兼职单位或者创办企业参加的培训，其培训时间计入人事关系所在单位累计培训时间。

（四）国家和本市对事业单位领导干部兼职另有规定的，按照相关规定执行。

（五）兼职人员与兼职单位发生争议的，按照民事法律法规处理。

三、进一步支持和鼓励事业单位选派科研人员到企业工作或者参与项目合作

（一）事业单位根据开展"双创"活动需要，选派科研人员到企业工作或者参与项目合作的，应与科研人员变更聘用合同，约定岗位职责、工作标准、考核、工资待遇等，除双方协商一致外，不得变更未执行的聘用合同期限。派出单位、选派人员、派驻企业应当订立三方协议，约定选派人员的工作内容、期限、报酬、培训、奖励等权利义务以及成果转让、开发收益等权益分配内容。约定的选派期限应不超过事业单位聘用合同期限。

（二）选派人员在选派期间，与派出单位在岗同类人员享有同等权益，并与派驻企业职工同等享有获取报酬、奖金的权利，国家和本市有规定的从其规定。事业单位转化科技成果依法获得的收入全部留归本单位，可按国家和本市有关规定对完成或者转化职务科技成果做出贡献的人员给予奖励和报酬，相关支出计入当年本单位绩效工资总量，但不受总量限制，不纳入总量基数。

（三）选派人员在派驻企业的工作业绩应作为其职称评审、岗位竞聘、考核奖励等的主要依据，派出单位可以按照有关规定对业绩突出人员在岗位竞聘时予以倾斜。选派人员的年度考核由派驻企业提供情况，派出单位进行考核，并按规定实施奖励。在派驻企业参加的培训，其培训时间计入派出单位累计培训时间。

（四）提前完成合作任务或选派期满，仍在派出单位聘用合同期限内的，选派人员应当返回派出单位原岗位工作，或者由派出单位安排相应等级岗位；聘用合同到期未续签的，派出单位应当及时终止聘用合同；选派期满但所从事工作确未结束的，三方协商一致可以续签三方协议，并相应变更或续签聘用合同。

（五）选派人员在选派期间执行事业单位人事管理政策规定和派出单位的内部人事管理办法，同时遵守派驻企业的规章制度。选派人员与派驻企业发生争议的，按照民事法律法规处理。

四、进一步支持和鼓励事业单位设置创新型岗位

（一）事业单位根据开展"双创"活动需要，可根据人事综合管理部门备案后的岗位设置方案，在专业技术岗位中自主设置创新岗位。现有岗位设置方案难以满足创新工作需求的，可以按规定申请调整岗位设置方案，也可以按规定申请设置特设岗位，不受岗位总量和结构比例限制。创新岗位人选可以通过内部竞聘上岗或者面向社会公开招聘等方式产生，任职条件要求具有与履行岗位职责相符的科技研发、科技创新、科技成果推广能力和水平。其中，高层次紧缺人才可通过直接考察的方式引进。

（二）事业单位根据创新工作实际，可探索在创新岗位实行相对灵活、弹性的工作时间，便于科研人员合理安排利用时间开展创新工作。在创新岗位工作期间，取得的技术项目开发、科技成果推广和转化、科研社会服务成果，应作为科研人员职称评审、项目申报、岗位竞聘、考核、奖励的主要依据。事业单位绩效工资分配应向在创新岗位做出突出成绩的科研人员倾斜。对创新岗位科研人员按照国家有关规定，经有关部门批准可实行协议工资、项目工资等灵活多样的分配方法。创新岗位科研人员依法取得的职务科技成果转化现金奖励，计入当年本单位绩效工资总量，但不受总量限制，不纳入总量基数。

（三）事业单位可以根据开展"双创"活动需要自主设置流动岗位，不纳入人事综合管理部门备案后的岗位设置方案，用于引进高层次紧缺人才。流动岗位人员由事业单位自主引进，不与事业单位建立人事关系，其薪酬由双方协商确定。事业单位应与流动岗位人员订立协议，明确工作期限、工作内容、工作时间、工作要求、工作条件、工作报酬、保密纪律、成果归属等内容。流动岗位人员被高等院校、科研院所等事业单位录用的，在流动岗位期间的工作业绩以及在企业聘任的专业技术职务的资历，可以作为岗位聘用和职称评审的重要依据。

五、加强监督管理

（一）进一步强化参加"双创"活动的科研人员人事关系所在单位领导把关责任，加强事中事后监管，完善对违反政策要求的惩戒措施。事业单位要按照国家和本市有关要求，对新技术、新产业、新业态、新模式，充分给予支持和鼓励，同时健全监管规则，创新监管方式，完善监管措施，坚守质量和安全底线，严禁简单封杀或放任不管。对掌握国家秘密和关系国家安全、社会经济发展的关键核心技术、重要信息情报等的科研人员，要引导他们到诚信记录良好、具有保密资质的国有企业、民营企业从事"双创"活动，既要适当支持，更要有效规范，并严格落实保密纪律。

（二）事业单位要切实提高政治站位，从深入贯彻实施创新驱动发展战略的高度出发，支持符合条件的科研人员以各种形式参与"双创"活动。要简化审核流程，对科研人员兼职创新、在职创办企业的申请，在不影响完成本职工作的情况下，一般应予同意，且不应随意撤销或变更；对审核同意的离岗创办企业申请，应当自审核手续完成15个工作日内与其订立离岗协议。鼓励事业单位在"双创"活动中赋予科研人员职务科技成果所有权或长期使用权。要建立健全事业单位内部人事管理制度，完善聘用合同、岗位聘用、考核奖励等各项制度，规范人事管理，不得擅自扩大离岗创办企业政策实施范围、违规设置创新岗位，坚决杜绝不符合条件的人员违规"搭便车"，出现新的"吃空饷"问题。

（三）科研人员应当严格遵守国家有关规定，不得损害或侵占本单位合法权益，不得通过交叉兼职等手段规避国家收入分配政策。对离岗创办企业或者到企业工作期满无正当理由未返回的人员，按旷工处理。事业单位主管部门、事业单位要加强监管，对欺骗组织从事非"双创"活动等各类违纪违规行为予以记录，按照干部人事管理权限予以纠正，并报告同级人力资源社会保障部门；对拒不改正的，终止其"双创"活动；情节严重的，依法依规给予组织处理或处分。同时，对违规获取的资金、项目、荣誉等，按国家和本市有关规定取消或撤销。

事业单位主管部门、事业单位可根据本实施意见的精神，制定具体操作细则。事业单位应及时对科研人员创新创业情况做好登记并向主管部门报告。

中央在沪高等院校、科研院所等事业单位经主管部门同意，可参照本实施意见执行。

本实施意见自2020年9月20日起施行，有效期至2025年9月19日。原《关于完善本市科研人员双向流动的实施意见》（沪人社专发〔2015〕40号）同时废止。

上海市人力资源和社会保障局
2020年8月20日

关于印发《上海市高新技术成果转化专项扶持资金管理办法》的通知

(沪科规〔2020〕10号)

各有关单位：

为加快建设具有全球影响力的科技创新中心，充分发挥财政资金的引导带动作用，切实推进科技成果转化和产业化，培育创新发展新动能，根据《上海市促进科技成果转化条例》、《上海市推进科技创新中心建设条例》等法规政策的精神，以及财政资金管理的有关规定，现制定并印发《上海市高新技术成果转化专项扶持资金管理办法》，请按照执行。

特此通知。

上海市科学技术委员会
上海市财政局
国家税务总局上海市税务局
2020年11月13日

上海市高新技术成果转化专项扶持资金管理办法

第一条 （目的和依据）

为加快建设具有全球影响力的科技创新中心，充分发挥财政资金的引导带动作用，切实推进科技成果转化和产业化，培育创新发展新动能，根据《上海市促进科技成果转化条例》、《上海市推进科技创新中心建设条例》等法规政策的精神，以及财政资金管理的有关规定，制定本办法。

第二条 （资金来源）

上海市高新技术成果转化专项扶持资金（以下简称扶持资金）是由地方财政预算安排，专项用于本市企业开展后续研发活动，推动高新技术成果转化的补助性资金。

第三条 （支持对象）

扶持资金支持对象为本市注册的企业经认定的高新技术成果转化项目（以下简称转化项目），并且该项目近三年未获得过其他市级专项资金支持。

第四条 （管理部门）

市科委会同市财政局负责扶持资金的审核拨付等工作，市税务局负责提供相关数据支持。各区财政局负责受理审核所属区内企业的扶持资金申请，各区科技、税务部门根据管理需要予以协助。

第五条 （扶持政策）

本市注册的企业经认定的转化项目，可按照经确认的销售项目自身所产生的直接销售收入的一定比例乘以技术贡献系数、核心技术价值占比，在政策享受有效期内申请财政扶持资金。财政扶持资金的确定，将统筹考虑项目的地区财力贡献等因素，且单个项目当年度扶持金额最高不超过500万元。具体如下：

（一）转化项目上年度实现销售收入在500万元（含）以下的部分，按2.5%计算；销售收入在500万元至1500万元（含）的部分，按2%计算；销售收入1500万元以上的部分，按1.5%计算。取得有效期内科技型中小企业入库登记编号的科技型中小企业，可在原扶持金额基础上加计30%。

（二）创新贡献系数和核心技术价值占比按照《上海市高新技术成果转化项目认定办法》的规定，在项目认定时审定。

（三）经认定的转化项目，在项目认定有效期内全额扶持。

第六条（项目管理）

市科委负责建立高新技术成果转化项目库，对入库项目进行跟踪管理，向各区科技、财政和税务部门开放有关信息，方便市区科技、财政和税务部门协同做好扶持资金管理工作。

第七条（资金申请）

符合本办法规定的企业应在规定时间内通过成果转化专项资金申请平台填报以下申请材料，向主管财政部门提出专项扶持资金申请，同时应对所提供材料的真实性、完整性、有效性和合法性负责，接受有关部门的监督检查。

（一）《年度财政专项扶持资金申请表》；

（二）转化项目年度和分月销售明细表；

（三）经审计的企业年度会计报表；

（四）转化项目实现销售收入的相关发票信息汇总表；

（五）审核部门需要的其他有关材料。

第八条（资金审核与拨付）

（一）平台对转化项目资金申请信息进行比对；

（二）各区财政部门进行在线审核，根据实际需要可请区科技、税务部门协助；

（三）经区财政部门审核通过的项目资金申请信息，由市财政局和市科委联合审定；

（四）市财政局按照最终审定金额，将扶持资金拨付至企业。

本市属地管理企业，扶持资金中40%部分由市级财政承担，60%部分由其所属区级财政承担。中央在沪企业，扶持资金由市级财政全额承担。应由各区财政负担的部分，每年通过市与区财力清算，由区财政向市财政上解。

第九条（监督管理）

扶持资金按照本市财政科技投入联动与统筹管理要求进行管理。市科委会同市财政局、市税务局共同建立扶持资金使用监督检查和项目绩效评价机制。各区科技、财政和税务部门要加强协作配合，确保政策执行到位。

企业应对转化项目的销售收入进行单独核算，准确核算项目产生的直接销售收入，开票名称应与项目名称保持一致。相关部门对申请扶持资金的项目情况进行定期或不定期跟踪检查，对弄虚作假等违反法律法规或有关纪律的行为，除按照国家规定对项目单位和有关负责人给予相关处罚外，限期收回已拨付的扶持资金，取消项目法人三年内申报本扶持资金的资格，并纳入科研信用记录。

第十条 （过渡期规定）

对本办法实施之前认定，目前尚在政策执行期的高新技术成果转化项目（以下简称过渡期项目），从 2020 年起（即兑付 2019 年度政策）统一按本办法第五条第一款的规定执行。对按原政策规定 5 年有效的过渡期项目，政策享受期到自项目认定次月起 5 年期满为止，前三年全额扶持，后两年减半扶持。对按原政策规定 8 年有效的过渡期项目，政策享受期到自项目认定次月起 8 年期满为止，前五年全额扶持，后三年减半扶持。

第十一条 （应用解释）

本办法由市科委会同市财政局、市税务局负责解释。

第十二条 （施行日期）

本办法自 2020 年 11 月 18 日起施行，有效期至 2025 年 11 月 17 日。

关于印发《上海市科技信用信息管理办法（试行）》的通知

(沪科规〔2020〕9号)

各有关单位：

为了深入贯彻落实中共中央办公厅、国务院办公厅《关于进一步加强科研诚信建设的若干意见》（厅字〔2018〕23号）、《上海市社会信用条例》《上海市推进科技创新中心建设条例》、《科学技术活动违规行为处理暂行规定》（科技部令第19号）等的精神和要求，进一步规范本市科技信用信息的归集和使用，提升科研诚信水平，营造诚实守信的科技创新环境，市科委制定了《上海市科技信用信息管理办法（试行）》，现予以印发，请遵照执行。

附件：上海市科技信用信息管理办法（试行）

上海市科学技术委员会

2020年11月17日

上海市科技信用信息管理办法（试行）

第一章 总则

第一条 （目的依据）

为规范科技信用信息的归集和使用，提升科研诚信水平，营造诚实守信的科技创新环境，根据《关于进一步加强科研诚信建设的若干意见》《上海市社会信用条例》《上海市推进科技创新中心建设条例》《科学技术活动违规行为处理暂行规定》等，制定本办法。

第二条 （适用范围）

本市行政区域内科技信用信息的归集、使用和相关管理活动，适用本办法。

本办法所称科技信用信息，是指用以识别、分析、判断自然人、法人和非法人组织（以下统称信息主体）在科技活动以及相关管理服务活动中守法履约状况的数据和资料。

信息主体一般包括科技活动实施单位、科技人员、科技活动咨询评审专家、受托管理机构及其工作人员、第三方科技服务机构及其工作人员等。

第三条 （基本原则）

科技信用信息的归集和使用应当遵循"合法、安全、及时、准确"的原则，维护信息主体的合法权益，不得泄露国家秘密，不得侵犯商业秘密和个人隐私。

第四条 （部门职责）

市科委负责本市科技信用信息管理工作，组织实施本办法，履行下列职责：

（一）制定、发布与科技信用信息归集和使用有关的管理制度；

（二）建设、运行和维护市科技信用信息平台，提供科技信用信息查询等公共服务；

（三）协调推进本市各区科技行政部门、企事业单位、社会组织等开展科技信用信息的归集和使用。

第二章 信息归集

第五条 （信息来源）

本市科技信用信息通过下列方式归集：

（一）市科委在财政科技计划（专项、基金等）项目管理、科技奖励、行政审批等工作中产生的科技信用信息，自信息形成之日起 10 个工作日内汇交至市科技信用信息平台；

（二）本市各区科技行政部门、科研事业单位（本市行政区域内的高等院校、科研院所、医疗卫生机构以及其他从事科研活动的事业单位）在日常管理中产生的科技信用信息，自信息形成之日起 20 个工作日内汇交至市科技信用信息平台。

鼓励其他企事业单位、社会组织等将日常管理中产生的科技信用信息，及时汇交至市科技信用信息平台。

信息提供单位对所提供信息的合法性、真实性、完整性负责。

第六条 （信息分类）

科技信用信息的记录范围包括信息主体的基本信息、良好信息和失信信息。

第七条 （基本信息）

基本信息是反映信息主体基本情况的信息。包括信息主体名称（自然人为姓名）、统一社会信用代码（自然人为身份证号码或者其他证件号码）、所参与的财政科技计划（专项、基金等）的类别、项目名称、项目编号、实施期限、参与方式、财政资助金额、项目主管部门等信息。

第八条 （良好信息）

良好信息是反映信息主体在科技活动以及相关管理服务活动中奉行科技界公认的科研行为准则、遵守科研道德和科技伦理规范、遵守科技管理规章制度，履行承诺义务，受到认可、表彰、奖励的信息。包括获得国家和本市科技奖（获奖年度、奖励类别、等级、项目名称、主要完成单位、主要完成人）、在中央和本市财政科技计划（专项、基金等）项目综合绩效评价中获得优秀（项目名称、项目牵头单位、项目负责人）等信息。

第九条 （失信信息）

失信信息是指经有关部门或者机构查处认定，对信息主体失信行为和处理结果的记录。包括责任主体、失信行为、处理结果、处理单位、处理依据、处理生效时间、惩戒期限等信息。

根据行为情节和造成的后果，失信行为分为一般失信行为和严重失信行为。

第十条 （一般失信行为）

一般失信行为是指情节轻微且未造成严重后果的行为，主要包括：

（一）违反研究成果署名、论文发表规范；

（二）违反项目管理规定或者合同约定，逾期履行相关义务；

（三）无正当理由逾期返还财政资助经费；

（四）在科技活动咨询评审中，未按规定履行专家职责；

（五）其他违反相关管理规定或者合同约定的行为。

第十一条 （严重失信行为）

严重失信行为是指情节严重或者造成严重后果的行为，主要包括：

（一）截留、挤占、挪用、套取、转移、私分财政资助经费；

（二）在项目申报、评审、实施、验收，以及监督检查、评估评价等活动中提供虚假材料，组织、实施"打招呼""走关系"等请托行为；

（三）抄袭、剽窃、侵占、篡改他人科技成果，编造科技成果，侵犯他人知识产权等；

（四）索取、收受利益相关方财物或者其他不正当利益，出具明显不当的咨询、评审、评估、评价、监督检查意见；

（五）不配合监督检查或者评估评价工作，不整改、虚假整改或者整改未达到要求；

（六）从事学术论文买卖、代写代投或者伪造、虚构、篡改研究数据等；

（七）因主观故意导致项目撤销或者终止；

（八）不配合财政资助经费审计工作，或者拒不返还财政资助经费；

（九）因实施科研失信行为而受到行政处罚、刑事处罚；

（十）其他违反相关管理规定或者合同约定的行为。

第三章　信息使用

第十二条　（信息查询）

市科技信用信息平台面向社会提供查询服务。信息主体可以通过提供有效身份证明，查询自身科技信用信息。需查询其他信息主体科技信用信息的，应当提供该信息主体的有效授权证明。

市科技信用信息平台建立以应用场景为基础的授权共享机制。本市各级行政机关以及有关管理机构的应用需求符合具体应用场景的，可以直接获得授权，使用共享数据。

第十三条　（查询期限）

向市科技信用信息平台申请查询良好信息、失信信息的期限为：

（一）良好信息的查询期限为5年，自表彰、奖励等确定之日起计算；

（二）一般失信行为信息的查询期限根据相关科技活动管理规定确定。如无明确规定，则为3年，自一般失信行为信息汇交至市科技信用信息平台之日起计算；

（三）严重失信行为信息的查询期限为5年，自严重失信行为信息汇交至市科技信用信息平台之日起计算。

相关惩戒措施的截止日如晚于查询期限的截止日的，查询期限延至相关惩戒措施的截止日。

法律、法规、规章以及国家有关规定对查询期限另有规定的，从其规定。

第十四条　（信息共享）

推动与科技部科研诚信信息系统对接，实现互联互通。

推动建立区域科技信用工作合作机制，实现与其他省（自治区、直辖市）的科技信用信息共享，率先实现长三角区域内科技信用共认共用。

第十五条　（守信激励）

对有良好信息且无失信信息的信息主体，市科委可以依法采取下列激励措施：

（一）在项目管理和行政审批过程中，给予简化程序、优先办理等便利；

（二）在项目评审、政府购买服务、咨询评审专家遴选等工作中，在同等条件下列为优先对象；

（三）国家和本市规定的其他激励措施。

第十六条　（失信惩戒）

对有一般失信行为信息的信息主体，市科委依法采取下列约束措施：

（一）列为项目管理的重点监督对象，增加监督检查频次；

（二）列为信用风险警示对象，在项目评审、行政审批、政府购买服务等工作中加强诚信考量。

对有严重失信行为信息的信息主体，市科委除采取前款措施外，还应当依法在职权范围内采取下列惩戒措施：

（一）取消其申报本市财政科技计划（专项、基金等）的资格，不推荐其申报中央财政科技计划（专项、基金等）；

（二）取消其市科技奖的被提名资格，不提名其国家科技奖；

（三）取消其担任咨询评审专家、市科技奖提名者的资格；

（四）国家和本市规定的其他惩戒措施。

第十七条 （社会应用）

鼓励第三方专业机构依托市科技信用信息平台，为社会提供科技信用评价服务。

鼓励自然人、法人和非法人组织在开展科研合作、技术交易、人才引进等活动中应用科技信用信息，将科研诚信状况作为重要参考。

第四章 权益保护

第十八条 （信息安全）

市科委应当建立科技信用信息安全管理制度，明确工作人员的岗位职责、工作权限和程序，保障市科技信用信息平台正常运行和信息安全。

参与市科技信用信息平台建设、运行和维护的相关单位及其工作人员应当依法履行保密义务，不得实施下列行为：

（一）越权查询信用信息；

（二）篡改、虚构、违规删除信用信息；

（三）泄露未经授权公开的信用信息；

（四）泄露涉及国家秘密、商业秘密、个人隐私的信用信息。

第十九条 （信息删除）

信息主体可以申请删除自身的良好信息。市科技信用信息平台应当在收到申请之日起2个工作日内删除相关信息，并告知信息提供单位。

第二十条 （提出异议）

信息主体认为相关信息存在错误、遗漏等情形或者侵犯其商业秘密、个人隐私等合法权益的，可以向市科技信用信息平台提出异议。

第二十一条 （异议处理）

信息可能存在错误、遗漏等情形的，市科技信用信息平台应当进行异议标注，并交由信息提供单位及时处理。

信息可能侵犯商业秘密、个人隐私等合法权益的，市科技信用信息平台应当中止提供针对该信息的查询服务，并交由信息提供单位及时处理。

第二十二条 （申请信用修复）

存在失信信息的信息主体同时满足以下条件的，信息主体可以向信息提供单位或者市科技信用信息平台申请信用修复：

（一）失信行为已纠正，相关法定责任和义务履行完毕，社会不良影响基本消除；

（二）一般失信行为信息汇交至市科技信用信息平台已满1年，严重失信行为信息汇交已满3年；

（三）自失信信息汇交之日起至申请信用修复期间，未汇交新的失信信息；

（四）信息主体在市科技信用信息平台作出守信承诺。

第二十三条 （对信用修复申请的答复）

信息提供单位收到申请后，应当在受理后的5个工作日内决定是否同意修复。

市科技信用信息平台收到申请后，应当作出以下处理：

（一）相关信用信息来源于市科委的，由市科委在受理后的5个工作日内决定是否同意修复；

（二）相关信用信息来源于其他渠道的，应当将申请材料转交信用信息提供单位，由其在受理后的5个工作日内决定是否同意修复。

第五章 附则

第二十四条 （施行日期）

本办法自2021年1月1日起施行，有效期至2022年12月31日。

第十八章 江苏省科研项目和资金管理法规政策

省政府关于深化省级财政科研项目和资金管理改革的意见

(苏政发〔2015〕15号)

各市、县(市、区)人民政府,省各委办厅局,省各直属单位:

为深入实施创新驱动发展战略,深化科技管理体制改革,根据《国务院关于改进加强中央财政科研项目和资金管理的若干意见》(国发〔2014〕11号)及中央关于深化中央财政科技计划(专项、基金等)管理改革方案要求,结合我省实际,现就深化省级财政科研项目和资金管理改革提出如下意见。

一、总体要求

(一)基本思路。

发挥市场对技术研发方向、路线选择、要素价格、各类创新要素配置的导向作用,更好发挥政府财政的激励作用,遵循科技创新规律,系统推进科技计划管理改革,建立健全统筹协调、职责清晰、规范高效、公开透明、监管有力的科研项目和资金管理体制,显著提升财政资金使用效益,充分激发科研人员的积极性和创造性,为实施创新驱动发展战略、建设创新型省份提供有力保障。

(二)基本原则。

——促进科技与经济深度融合。面向科技和经济社会发展重大需求,明确主攻方向,优化科技计划(专项、基金等)布局,加强科研项目与资金统筹配置,集中力量突破关键核心技术,进一步发挥科技对经济社会发展的支撑引领作用。

——明晰政府与市场的关系。发挥市场配置资源的决定性作用和更好地发挥政府作用,围绕产业链部署创新链,围绕创新链完善资金链,对科研项目和资金管理实施全方位、系统化配套改革,加强分类管理,创新资助方式,提高财政科研资金使用效益。

——坚持公开透明和社会监督。建立以目标和绩效为导向的科技计划(专项、基金等)管理体制,加强全过程的信息公开和痕迹管理,建立健全科技决策机制,强化科研诚信建设和信用管理,切实做到公平公正公开。

——提升政府科技管理效能。转变政府科技职能,将管理重点转向制定完善规划和政策、优化创新布局、加强监督管理等,建立健全决策、执行、评价相对分开、互相监督的运行机制,提高科技管理的科学化、规范化、精细化水平。

二、重点改革任务

（一）加强科研项目和资金配置的统筹协调。

1.建立健全统筹协调与决策机制。发挥省科技创新工作领导小组的作用，加强对科技创新工作的顶层设计和整体部署。建立科技部门牵头，财政、发展改革等部门参加的科技计划（专项、基金等）管理联席会议制度，扎口管理各类科技计划（专项、基金等）。财政部门根据省科技创新工作领导小组批准的年度科技计划和重点科技工作，统筹安排省级财政科技预算，做好各类科技计划（专项、基金等）年度预算的综合平衡，并积极探索财政项目跨年度滚动预算。

2.建设省科技项目管理平台。按照中央、省、县（市、区）政府间合理划分事权的要求，进一步优化整合省级各类科技计划（专项、基金等），完善科技计划体系，明确各自功能定位、目标和时限，避免重复交叉。科技部门要会同有关部门加快建设省级科技项目管理平台，建立科技管理信息系统，将优化整合后的省级科技计划（专项、基金等）纳入平台集中管理。建立统一的评估和监管机制、动态调整和终止机制、信息发布和公开机制，切实提高科技资源配置效率。探索管办分离的管理机制，培育专业的项目管理机构，委托其承担纳入省级科技管理平台项目的申请、评审、立项和过程管理等具体事项。

（二）实行科研项目分类管理。

1.基础前瞻科研项目突出创新导向。坚持稳定性与竞争性相结合，完善政府对基础性、前瞻性科学研究的支持机制，探索适应人才培养的经费使用方式。加强对重点实验室等基础研究基地的稳定支持，支持优秀科技人才和创新团队承担国家基础研究任务。着眼原始创新，通过同行评议、竞争择优的方式确定基础前瞻科研项目任务和承担者，引导企业增加基础前瞻性研究投入。基础前瞻科研项目采取政府提出需求、承担单位竞争择优确定、财政无偿拨款投入的方式组织实施。

2.产业技术研发项目突出企业主体。对政府支持企业开展的公共科技活动，立项时将企业研发机构建设及研发能力、研发投入强度和科技创新政策落实情况作为重要依据，鼓励产学研协同攻关，并采用无偿拨款和后补助等方式给予资金支持。对政府引导企业开展的产业科技活动，由企业提出需求、先行投入和组织研发，政府采用后补助和间接投入等方式给予支持，形成主要由市场决定技术创新项目和资金分配、成果评价的机制及企业主导项目组织实施的机制。

3.公益性科研项目聚焦重大需求。强化需求和应用导向，着力解决制约公益性行业发展的重大科技问题。行业主管部门要充分发挥组织协调作用，提高公益性科研项目的系统性、针对性和实用性。加强科技公共服务平台和科技基础设施建设，加大对基础数据、基础标准、文献信息、实验动物、种质资源、产学研等方面的稳定支持。公益性科研项目采取无偿拨款、后补助、政府购买服务等支持方式。

（三）完善科技资金管理。

1.规范项目预算编制和评审。项目主管部门要会同财政部门完善科研项目预算编制指南，制定相对规范统一的预算编制标准样式并随年度申报指南印发。项目申请单位在编制项目申报书时，应同步编制项目预算。进一步健全项目预算评审机制，不得简单按比例核减预算，除以定额补助方式资助的项目外，应根据科研任务实际需要和财力可能核定项目预算。项目主管部门要制定项目评估评审细则，健全重大项目预算评审沟通反馈机制。

2.创新财政科技资金投入和使用方式。在采用无偿拨款、后补助和政府购买服务等支持方式的同时，充分发挥财政杠杆作用，探索科技专项资金转基金使用方式改革。建立健全风险补偿代偿决策机制及专项资金管理体系，整合"苏科贷""苏科保"和"苏科投"等科技金融专项资金，设立省科技创新风险补偿资金（基金），并综合运用发展子基金、贷款风险补偿、天使基金和创投基金风险补偿、股权投资等间接政策，通过市场化方式支持社会资本参与科技成果转化。

3.完善项目资金支出管理。财政部门和项目主管部门要按照财政国库管理制度和相关规定，结合项目实施情况及时拨付资金，探索由银行等金融专业机构托管重大项目经费使用。项目承担单位要对项目资金使用实行单独核算，在单位会计核算系统中单独设置会计科目或设辅助明细账，对政府拨款及自筹经费进行单独核算。进一步下放预算调整审批权限，同时严格控制会议费、差旅费、国际合作与交流费支出，项目实施中发生的上述三项支出之间可以调剂使用。调整劳务费开支范围，将项目临时聘用人员的社会保险补助纳入劳务费科目中列支。项目承担单位应建立健全间接费用的内部管理办法，结合一线科研人员实际贡献公开公正地安排绩效支出，充分发挥绩效支出的激励作用。

4.改进科研项目资金结算方式。科研院所、高等学校等事业单位承担项目所发生的会议费、差旅费、小额材料费和测试化验加工费等，要按规定实行"公务卡"结算；企业承担的项目，上述支出也应采用非现金方式结算。项目承担单位对设备费、大宗材料费及测试化验加工费、劳务费、专家咨询费等支出，原则上应通过银行转账方式结算。

5.改进项目结转结余资金管理办法。项目在研期间，年度剩余资金可以结转下一年度继续使用。项目任务目标完成并通过验收，且承担单位信用评价好的，项目结余资金按规定在一定期限内由单位统筹安排用于科研活动的直接支出，并将使用情况报项目主管部门；未通过验收和整改后通过验收的项目，或承担单位信用评价差的，结余资金按原渠道收回。

（四）强化科研项目和资金监管。

1.规范科研项目资金使用行为。科研人员和项目承担单位要依法依规使用项目资金，不得擅自调整外拨资金，不得利用虚假票据套取资金，不得通过编造虚假合同、虚构人员名单等方式虚报冒领劳务费和专家咨询费，不得通过虚构测试化验内容、提高测试化验支出标准等方式违规开支测试化验加工费，不得随意调账变动支出、随意修改记账凭证、以表代账应付财务审计和检查。项目承担单位要建立健全科研和财务管理等相结合的内部控制制度，规范项目资金管理。

2.完善科研信用管理。科技部门要加强科技信用体系建设，建立覆盖指南编制、项目申请、评估评审、立项、执行、验收全过程的科研信用记录制度，委托专业机构对项目承担单位和科研人员、评估评审专家、中介机构等参与主体进行信用评级，并按信用评级实行分类管理。建立黑名单制度，将严重不良信用记录者列入黑名单，永久取消其申请省财政资助项目或参与项目管理的资格。

3.加大对违规行为的查处力度。建立完善覆盖项目决策、管理、实施主体的追踪问责机制。科技部门等要加强科研项目和资金监管工作，严肃处理违规行为，按规定采取通报批评、暂停项目拨款、终止项目执行、追回已拨项目资金、取消项目承担者一定期限内项目申报资格等措施，涉及违法的移交司法机关处理，并将有关结果向社会公开。建立责任倒查制度，针对出现的问题倒查项目主管部门相关人员的履职尽责和廉洁自律情况，经查实存在问题的依法依规严肃处理。

（五）加强科技管理制度建设。

1.建立项目指南制定和发布制度。项目主管部门要会同财政部门编制科技计划（专项、基金等）项目指南，按程序审定后统一在省级科技项目管理平台上发布。项目指南发布前要充分征求科研单位、企业、相关部门、地方、协会、学会等有关方面意见，并建立由各方参与的项目指南论证机制。项目主管部门要每年定期发布项目指南，并通过多种方式扩大项目指南知晓范围，引导鼓励符合条件的科研单位和人员申报项目。

2.完善科研项目立项制度。健全公平竞争的项目遴选机制，进一步精简评审数量，改进评审方法，优化评审流程。规范评审专家行为，推行网络评审和视频答辩评审，提高项目评审质量。健全立项管理内部控制制度，加强项目查重，避免一题多报或重复资助，杜绝项目打包和"拉郎配"。公开项目审批流程，使项目申请者能够及时查询立项工作进展情况，实现立项过程"可申诉、可查询、可追溯"。

3.改进专家遴选制度。完善评审专家数据库，优化评审专家结构，进一步增加高层次专家数量，扩大中青年专家比例。提高企业专家参与产业技术研发类项目评估评审的比重，推动学术咨询机构、协会、学会等更多地参与项目评估评审工作。专家评审严格执行回避制度、保密制度和轮换制度。对采用视频或会议方式评审的，以适当方式公布专家名单，强化专家自律，接受同行质询和社会监督；对采用通讯方式评审的，评审前专家名单严格保密，保证评审的公正性。

4.改革科研项目验收管理制度。项目完成后，项目承担单位应及时做好总结工作，编制项目决算，按时提交验收或结题申请。项目主管部门应及时组织开展验收或结题审查，并严把验收和质量审查关。改进省科技计划项目验收管理，根据不同类型项目，可采取同行评议、第三方评估、用户测评、研发目标实现程度比对等方式进行验收。

5.健全信息公开制度。抓住科技项目管理关键节点，及时向社会发布申报受理、专家评审、拟立项项目及立项进度安排等情况。除涉密及法律法规另有规定外，项目主管部门应按规定向社会公开科研项目的立项、验收结果和资金安排等信息，接受社会监督。项目承担单位应在单位内部公开项目立项、主要研究人员、资金使用、大型仪器设备购置以及项目研究成果等信息，接受内部监督。

6.建立省科技报告制度。科技部门要会同有关部门研究制定科技报告的标准和规范，建立衔接国家、覆盖全省的科技报告共享服务平台，实现科技资源持续积累、完整保存和开放共享。对省财政资金支持的科研项目，项目承担单位应建立科技报告工作机制，按规定撰写和提交科技报告，科技报告提交和共享情况作为对其后续支持的重要依据。

三、保障机制

（一）强化项目承担单位的法人责任。项目承担单位是科研项目实施和资金管理使用的责任主体，要切实履行在项目申请、组织实施、验收和资金使用等方面的管理职责，加强支撑服务条件建设，建立常态化的自查自纠机制，严肃处理本单位出现的违规行为。科研人员要弘扬科学精神，恪守科研诚信，强化责任意识，严格遵守科研项目和资金管理的各项规定，自觉接受有关方面的监督。

（二）强化有关部门的管理服务责任。科技部门要会同有关部门根据本意见精神，研究制定科技工作重大问题会商与沟通规则。财政部门要会同项目主管部门，制定或修订各类科技专项资金管理办法，重点明确项目主管部门、财政部门、项目承担单位等在项目管理中的职责，并建立健全责任追究机制。项目主管部门要完善内部控制和监管体系，加强对所属单位科研项目和资金管理内部制度的审查；督促指导项目承担单位和科研人员依法合规开展科研活动，做好常态化的政策宣传、培训和科研项目实施中的服务工作。

（三）强化财政部门对预算执行情况的监督检查责任。财政部门要组织开展绩效评价工作，对重点项目资金组织开展重点评价或引入第三方评价。项目主管部门要会同财政部门结合各类科技计划（专项、基金等）的不同特点，建立健全定性和定量相结合的科研经费绩效评价指标体系，切实做到科研项目申报预算有绩效目标、项目实施有绩效跟踪、项目结题有绩效考核、考核结果有反馈运用。

（四）强化监察机构的监督责任。纪检监察机关派驻机构要协助所在部门，针对关键岗位、重点环节廉政风险点，建立健全相应的规章制度，开展制度廉洁性评估，加强对科研项目资金管理全过程的监督。

各地要参照本意见，制定加强本地财政科研项目和资金管理的办法。

附件：重点任务分工及进度安排表（略）

江苏省人民政府
2015 年 2 月 6 日

关于印发《江苏省企业研究开发费用省级财政奖励资金管理办法(试行)》的通知

(苏财规〔2017〕21号)

各设区市、县(市)财政局、科技局(科委):

为充分发挥财政资金对企业研发投入的引导和扶持作用,根据《省政府关于加快推进产业科技创新中心和创新型省份建设的若干政策措施》(苏政发〔2016〕107号)等有关要求,省财政厅设立江苏省企业研究开发费用省级财政奖励资金。为规范和加强资金的使用管理,我们制定了《江苏省企业研究开发费用省级财政奖励资金管理办法(试行)》,现印发给你们,请遵照执行。

江苏省财政厅   江苏省科学技术厅
江苏省国家税务局   江苏省地方税务局
2017年9月21日

江苏省企业研究开发费用省级财政奖励资金管理办法(试行)

第一条 为充分发挥财政资金对企业研发投入的引导和扶持作用,根据《省政府关于加快推进产业科技创新中心和创新型省份建设的若干政策措施》(苏政发〔2016〕107号)等有关要求,省财政厅设立江苏省企业研究开发费用省级财政奖励资金(以下简称"省企业研发奖励资金")。为规范和加强省企业研发奖励资金的使用管理,制定本办法。

第二条 本办法所称省企业研发奖励资金,是指由省级财政安排用于引导全省企业研究开发经费投入的奖励资金。

第三条 省企业研发奖励资金的使用和管理遵照以下原则:

——注重引导。鼓励企业增加研发投入,加强研发管理,不断提升自主创新能力,进一步强化企业创新主体地位。

——公平普惠。根据税务部门提供的当年企业自主申报享受研发费用加计扣除政策情况进行奖励,公平覆盖符合规定的企业。

——高效管理。加强部门之间的协调会商,建立高效科学的管理机制,提高财政资金的使用效益。

第四条 省企业研发奖励资金采用事后奖励的方式。

第五条 获得省企业研发奖励资金的基本条件:

(一)在江苏省内注册,具有独立法人资格的企业。

(二)企业开展的研究开发活动符合国家研发费用税前加计扣除政策所属范畴,且当年享受研发费用加计扣除优惠。

（三）企业当年未享受高新技术企业所得税税收优惠。

第六条 建立跨部门的工作协商机制，各部门主要职责为：

（一）省财政厅负责省企业研发奖励资金的预算安排，核定省科技厅编制的省企业研发奖励资金分配方案，下达奖励资金。

（二）省科技厅负责省企业研发奖励资金的具体管理工作，根据省国税局、省地税局提供的企业研发投入情况，编制奖励分配方案，并将奖励企业名单向社会公示。

（三）省国税局、省地税局负责向省科技厅提供当年自主申报享受研发费用加计扣除政策和高新技术企业所得税税收优惠的企业名单等资料。

第七条 企业研发奖励工作主要流程为：

（一）确定名单。当年所得税汇算清缴结束后两个月内，省科技厅根据省国税局、省地税局提供当年企业自主申报享受研发费用加计扣除政策和高新技术企业所得税税收优惠的企业名单，确定获得当年省企业研发奖励资金的企业名单。

（二）编制方案。省科技厅根据省国税局、省地税局提供的企业研发投入数据和省级奖励资金规模进行测算，计算奖励金额，编制奖励分配方案。

（三）公示名单。省科技厅会同省财政厅向社会公示拟奖励企业名单。有异议的，由省科技厅、省国税局、省地税局共同组织进行核实，必要时根据实际情况可以组织专家或委托第三方中介机构进行核实。

（四）资金划拨。公示无异议后，由省财政厅会同省科技厅下达奖励资金，并将奖励名单抄送省国税局、省地税局。

（五）各设区市、县（市）财政局按规定拨付省企业研发奖励资金。

第八条 企业获得的省企业研发奖励资金应用于科技创新活动，并按会计核算要求实行单独核算，切实加强使用管理。

第九条 企业获得的省企业研发奖励资金，符合条件的可以作为不征税收入，在计算应纳税所得额时从收入总额中减除。

第十条 各地税务机关按照国家税务总局要求对享受研发费用加计扣除政策的企业开展后续管理。如涉及当年取得省企业研发奖励资金不符合研发费用加计扣除政策的，应及时上报省级税务部门，由省级财政部门会同科技部门追回已下拨的企业研发奖励资金。各地科技部门对税务机关转请的研发项目出具鉴定意见为"不符合规定"，且该项目当年取得了省企业研发奖励资金的，应及时上报省级科技部门，由省级财政部门会同科技部门追回已下拨的企业研发奖励资金。

第十一条 企业应当对数据的真实性负责，并承担不实申报的相关责任。

第十二条 企业取得省企业研发奖励资金后被有关部门核查确定所属年度不符合研发费用加计扣除政策的，应主动向当地财政部门和科技部门报告，并依法依规接受相关处理。

第十三条 对违反财经纪律，弄虚作假、截留、挪用、挤占资金等行为，依照《中华人民共和国预算法》、《财政违法行为处罚处分条例》等有关法律、法规和规章，对相应的违法违规行为予以处理、处罚，依法追究有关单位及其相关人员责任，并视情况提请同级政府进行行政问责。

第十四条 本办法由省财政厅、省科技厅负责解释。

第十五条 本办法自 2017 年 10 月 12 日起施行。

关于印发《江苏省科技成果转化贷款风险补偿资金管理办法（试行）》的通知

(苏财规〔2017〕19号)

各设区市、县（市）财政局、科技局（科委）：

为更好引导金融资源服务创新创业、助力科技成果转化，根据《省政府印发关于加快推进产业科技创新中心和创新型省份建设若干政策措施的通知》（苏政发〔2016〕107号）要求，省财政厅安排资金对符合条件的金融机构开展省科技成果转化贷款的风险予以补偿。为规范和加强资金的使用管理，我们制定了《江苏省科技成果转化贷款风险补偿资金管理办法（试行）》，现印发给你们，请遵照执行。

附件：江苏省科技成果转化贷款风险补偿资金管理办法（试行）

中共江苏省委　江苏省人民政府
2017年9月28日

江苏省科技成果转化贷款风险补偿资金管理办法（试行）

第一章　总则

第一条　为更好引导金融资源服务创新创业、助力科技成果转化，根据《省政府印发关于加快推进产业科技创新中心和创新型省份建设若干政策措施的通知》（苏政发〔2016〕107号）要求，省财政厅安排资金对符合条件的金融机构开展省科技成果转化贷款（以下简称"苏科贷"）的风险予以补偿（以下简称"省风险补偿资金"）。为规范和加强省风险补偿资金的使用管理，制定本办法。

第二条　本办法所称省风险补偿资金，是指用于补偿合作金融机构以"苏科贷"形式支持科技型中小微企业科技成果产业化过程中所发生贷款损失的资金。

第三条　省合作金融机构对省科技金融风险补偿资金备选企业库内企业发放"苏科贷"，适用本办法。

第四条　省风险补偿资金的使用和管理遵循"市场运作、政府引导、风险共担"的原则，其风险责任由省、合作市县（区）、合作金融机构及贷款企业共同承担。

第二章　管理机构及职责

第五条　省财政厅主要职责是：会同省科技厅制定完善省风险补偿资金管理办法；确定省风险补偿资金补偿金额，下拨资金并监督管理。

省科技厅主要职责是：配合省财政厅制定省风险补偿资金管理办法；建立管理省科技金融风

险补偿资金备选企业库；会同省财政厅择优确定合作金融机构；委托省生产力促进中心具体做好"苏科贷"日常管理服务工作，提出省风险补偿资金补偿建议。

第六条 鼓励各市、县（区）、省级以上高新区开展"苏科贷"风险补偿工作。有意愿参与的地区可以向省科技厅提出申请，经省生产力促进中心审核后提出相关建议，省科技厅择优确定参与地区，并委托省生产力促进中心与合作地区签署合作协议。

第七条 鼓励各类金融机构参与"苏科贷"工作。有合作意向的金融机构可以提出合作申请，由省科技厅、省财政厅择优确定合作金融机构，并委托省生产力促进中心与合作金融机构签署合作协议。

第三章 支持对象

第八条 省科技厅会同地方科技主管部门共同建设江苏省科技金融风险补偿资金备选企业库。原则上"苏科贷"主要支持库内企业，入库企业同时满足以下条件：

（一）在江苏省内注册的具有独立法人资格的企业；

（二）拥有专利、软件著作权、集成电路布图设计专有权、植物新品种、新药证书等自主知识产权，对科技服务业及模式创新企业具备科技服务相关资质证书、参与制定相关技术或服务标准、拥有支撑其科技服务或模式创新的技术诀窍等；

（三）上一年营业收入4亿元以下或从业人员1000人以下；

（四）从事研发和技术创新的科技人员占企业职工总数的比例不低于10%；

（五）上一年度企业研发投入占销售收入比例不低于3%。

第九条 企业库由省科技厅统一管理。地方科技部门负责入库企业的审核，省生产力促进中心对各地企业入库审核情况进行抽查，对不符合入库条件的企业，报省科技厅调整出库。

第十条 "苏科贷"优先支持符合下列条件的科技型中小微企业：

（一）省级以上高新区、科技企业孵化器、众创空间等科技园区内的企业；

（二）国家、省及地方各类高层次人才引进计划资助对象所创办的企业；

（三）高校院所在苏创办的新型研发机构内的企业；

（四）符合《科技型中小企业评价办法》（国科发政〔2017〕115号）要求被纳入"全国科技型中小企业信息库"的江苏企业。

第四章 运作方式

第十一条 省风险补偿资金根据企业规模和创新水平，建立差别化的风险分担机制，支持科技型中小微企业创新发展。省风险补偿资金、地方风险补偿资金、合作金融机构各自分担的具体风险比例、贷款利率、贷款期限及贷款额度等内容，由"苏科贷"业务合作协议予以明确。

第十二条 省科技金融风险补偿资金备选企业库库内有融资需求的企业可通过备选企业库管理信息系统在线申请贷款。合作金融机构在线对接企业、审批发放贷款、申请贷款项目入库，负责贷后监管等日常管理工作。

第十三条 省生产力促进中心负责省科技金融风险补偿资金备选企业库信息管理系统的建设和维护，统计每月贷款入库情况并报省科技厅。

第十四条 贷款企业因经营失败等原因造成贷款无法归还的，由发放贷款的金融机构负责追偿，欠贷企业承担相应的法律责任。在司法机构受理企业借款合同纠纷诉讼后，合作金融机构可向省生产力促进中心提出不良贷款省资金风险补偿申请，并做好不良贷款追偿工作。

第十五条 省生产力促进中心受省科技厅委托每年定期对风险补偿申请进行集中审核，将审核结果和风险补偿建议报省科技厅、省财政厅，省财政厅会同省科技厅审核后拨付资金。

因地震等自然灾害导致的贷款风险，按国家相关金融政策办理，财政不予补偿。

第十六条 省生产力促进中心建立合作地区信用管理制度。合作地区在省资金完成风险补偿后三个月内未完成地方资金风险补偿工作的，将列入不良信用记录。

第十七条 完成风险补偿后，合作金融机构追偿企业贷款所得净收入，按照"苏科贷"业务合作协议约定比例由省风险补偿资金、地方风险补偿资金与合作金融机构进行分配，收回的省风险补偿资金部分，经省生产力促进中心确认后，由合作金融机构划入省财政厅指定账户。

第五章　考核奖惩

第十八条 省生产力促进中心每年对参与地区和合作金融机构进行考核。对组织管理工作好、支持科技型中小微企业数量和贷款额度多、首贷率高、风险补偿率低的参与地区和合作金融机构，给予表彰；对支持科技型中小微企业数量少、风险补偿率高、有不良信用记录的参与地区和合作金融机构，提高其风险补偿责任分担比例，直至取消合作。

第十九条 对申请"苏科贷"的企业实施信用承诺制度。企业须对申请材料的真实性作出承诺，如存在恶意骗取信贷资金或故意不归还贷款等不良道德行为将列入不良信用记录，合作金融机构根据有关规定记录企业和企业法定代表人或主要管理者个人的不良信用。

第二十条 对违反财经纪律，弄虚作假、截留、挪用、挤占资金等行为，依照《中华人民共和国预算法》、《财政违法行为处罚处分条例》等有关法律、法规和规章，对相应的违法违规行为予以处理、处罚，依法追究有关单位及其相关人员责任，并视情况提请同级政府进行行政问责。

第六章　附则

第二十一条 本办法由省财政厅会同省科技厅负责解释。

第二十二条 本办法自 2017 年 10 月 11 日起施行，2014 年 12 月 4 日省财政厅、省科技厅发布的《江苏省科技成果转化风险补偿专项资金管理办法》（苏财规〔2014〕36 号）同时废止。

印发《关于深化科技体制机制改革推动高质量发展若干政策》的通知

(苏发〔2018〕18号)

各市、县(市、区)党委和人民政府,省委各部委,省各委办厅局,省各直属单位:

《关于深化科技体制机制改革推动高质量发展若干政策》已经省委常委会会议审议通过,现印发给你们,请结合实际认真贯彻落实。

中共江苏省委 江苏省人民政府
2018年8月26日

为认真贯彻习近平新时代中国特色社会主义思想和党的十九大精神,深入践行新发展理念,大力实施创新驱动发展战略,紧紧围绕高质量发展走在全国前列的目标要求,遵循创新规律,强化创新引领,着力破解制约科技创新的体制性障碍、结构性矛盾和政策性问题,充分激发科技人员创新创业活力,更好地将我省科教人才优势转化为创新优势、发展优势,根据《国务院关于优化科研管理提升科研绩效若干措施的通知》(国发〔2018〕25号)等文件精神并结合江苏实际,制定以下政策措施。

一、改革科研管理机制

(一)改革项目经费预算编制方式。遵循科研活动规律和特点,精简管理流程,实行综合预算编制管理,优化省级科研项目直接费用和间接费用预算编制科目。将直接费用中的预算科目缩减归并为设备费、材料费/测试化验加工费/燃料动力费、差旅费/会议费/国际合作与交流费、劳务费/专家咨询费以及其他支出等五类,将间接费用中的预算科目调整为管理费和绩效支出两类。编制上述科目预算只需测算总额。

(二)扩大预算调剂权、经费使用自主权和技术路线决策权。在省级科研项目总预算不变的情况下,项目负责人可根据科研活动实际需要自主调整直接费用全部科目的经费支出,不受比例限制,由项目承担单位办理调剂手续;项目实施期间,项目负责人可按规定自主组建科研团队,并结合项目实施进展情况进行相应调整;可在预算范围内自主安排经费开支,项目承担单位应改进管理方式、优化审查程序;在不降低研究目标的前提下可自主调整研究方案和技术路线,报项目承担单位备案。上述安排和调整均可作为项目验收(结题)、评估评审或审计检查等依据。

(三)拓宽项目直接费用列支范围。与科研院所、高等学校等事业单位签订劳动合同的编制外人员工资性支出、参与科研项目的退休返聘人员费用可在省级科研项目劳务费中列支;软件、集成电路设计等特定领域的省级科研项目,可列支固定岗位或事业编制人员劳务费。项目承担单位因科研活动需要,邀请国内外专家、学者和有关人员参加由其主办的会议,对确需负担的城市间交通费、国际旅费,可在会议费等费用中列支。

(四)提高项目间接费用核定比例。对于省级自然科学类科研项目,500万元以下部分的间接费用不超过30%,500万元至1000万元部分不超过25%,1000万元以上部分不超过20%,间接费用的绩效支出不计入项目承担单位绩效工资总额基数，纳入项目承担单位绩效工资总量管理。间接费用的绩效支出中，给予35周岁以下青年科技人员的比例原则上不低于30%。

（五）加大对承担重大科研任务领衔人员的薪酬激励。对全时全职承担重大技术攻关、成果转化或平台建设任务的项目负责人实行年薪制，年薪所需经费允许在项目经费中列支并单独核算，在本单位绩效工资总量中单列，单位当年绩效工资总量相应增加。项目承担单位应在项目立项时与省有关部门确定人员名单和年薪标准，并报省财政、人力资源社会保障部门备案。

（六）创新政府采购机制。科研院所、高等学校等事业单位使用省级科研项目经费购买仪器设备或科研服务，按有关规定采购；购买通用货物与服务，可不受自行采购限额标准限制，采购结束后报省财政部门备案。对科研院所、高等学校等事业单位科研急需的设备和耗材，采用特事特办、随到随办的采购机制，可不进行招投标程序，缩短采购周期；对于独家代理或生产的仪器设备，按程序确定采取单一来源采购等方式增强采购灵活性和便利性。对首购首用重大创新产品与服务，可按实际需要组织采购，采购结束后报同级财政部门备案。完善首台（套）重大装备保险试点财政支持政策，对符合条件的首台（套）重大装备投保给予适当的保费补助。

（七）健全科研财务助理制度。科研院所、高等学校等事业单位可根据科研活动需要，自主选择固定岗位、短期聘用、第三方外包等多种形式，聘用科研财务助理为科研项目实施提供经费管理和使用服务，其服务费用可在单位日常运转经费、相应科研项目劳务费或间接费用中列支。

（八）改进项目资金拨付和留用处理方式。加快省级科研项目资金拨付进度，简化拨付程序，非省级预算单位项目资金直接拨付到项目承担单位基本户；省级预算单位项目资金可一次性申请全部用款计划，由项目承担单位自行选择支付方式并随时支付。省级科研项目完成任务目标并通过验收（结题）后，结余资金可留归项目组用于后续科研活动直接支出或由项目承担单位统筹用于科研活动直接支出。

（九）优化项目财务审计规程。发布省级科研项目结题财务验收审计指引，制定会计师事务所从事省级科研项目财务审计工作要求和技术规范，将省级科研项目财务审计纳入执业质量检查范围。对会计师事务所出具的省级科研项目财务审计报告或结论，省有关部门可以直接使用。

（十）完善项目过程管理和评价验收。推动从过程管理向效果管理转变，自由探索类基础研究项目和实施周期三年以下的项目，以项目承担单位自我管理为主，一般不开展过程检查；实施周期三年以上的项目，原则上只开展一次现场监督检查；实施周期内，项目承担单位按规定将项目年度执行情况报省有关部门备案。突出代表性成果和项目实施效果的评价，对提交评价或验收的论文、专利等作数量限制规定。

（十一）建立以研发质量为导向的科研投入综合评价制度。研究制定考核评价细则，采取同行评议为主的评价方法，注重中长期创新绩效，主要评价省级财政科技专项资金投入对创新能力提升、标志性成果产出、人才培养、产业升级产生的长远影响，适当降低论文、专利数量以及经济效益等短期量化指标的权重，原则上在专项资金项目完成后的3至5年内开展综合评价工作。

（十二）全面实施科研诚信承诺制。推进科研诚信建设，加强科研活动全流程诚信管理，在科技计划项目、科研经费使用、创新载体平台、科技奖励、重大人才工程等工作中全面推行科研诚信承诺制度，相关承担单位以及参与实施的科技人员应签署科研诚信承诺书，对科研过程、科研成果等的真实性、完整性负主体责任。项目承担单位应对本单位拟公布的成果进行真实性审查。依法依规对违背科研诚信行为实行终身追究，一经发现，随时调查处理。

二、扩大科研院所、高等学校科研自主权

（十三）自主规范管理横向委托项目经费。科研院所、高等学校等事业单位以市场委托方式取得的横向委托项目经费，实行有别于财政科研经费的分类管理方式。科研院所、高等学校等事业单位可根据科研活动实际需要，研究制定横向委托项目经费管理办法，不纳入单位预算，自主确定使用范围和标准以及分配方式，并作为评估评审或审计检查等依据。开展横向委托项目所发生的差旅费、出国费、会议费不纳入单位行政经费统计范围，不受零增长限制。横向委托项目合同双方可自主约定成果归属和使用等事项，在不影响国家安全、国家利益和公共利益的前提下，成果可归委托方或科技人员所有。横向委托项目完成后获得的净收入，如合同约定分配事项，则按合同约定提取报酬；如无合同约定，允许全部留归项目组成员自主分配并依法缴纳所得税。科技人员承担横向委托项目与承担政府科技计划项目，在业绩考核、职称评定中同等对待。

（十四）扩大科研项目基本建设自主权。省有关主管部门指导科研院所、高等学校编制五年基本建设规划，对列入规划的科研及其辅助用房等基本建设项目，不再审批项目建议书，加快审批项目可行性研究报告；在省和设区市政务服务中心设立高校院所基建项目并联审批综合窗口或委托代办中心，实施"一门受理、分送相关、限时办结、一窗发证"的并联审批机制。

（十五）改进科技人员因公临时出国管理。教学科研人员因公临时出国开展教育教学活动、科学研究、学术访问、出席重要国际学术会议以及执行国际学术组织履职任务等国际学术交流合作，实施导向明确的区别管理，单位和个人出国批次数、团组人数、在外停留天数根据实际需要安排，不纳入国家工作人员因公临时出国批次限量管理范围。对省级科研项目经费中列支的国际合作与交流费用，不纳入科研院所、高等学校等事业单位"三公"经费统计范围。

（十六）保障和落实用人主体自主权。省属科研院所、高等学校等事业单位引进博士等高层次人才或急需紧缺人才，可采用直接考核方式公开招聘。建立省属事业单位人事管理信息系统，进一步优化流程。建立事业编制统筹使用机制，省属科研院所、高等学校等事业单位引进高层次人才或急需紧缺人才，可根据需要由省里调剂事业编制供其周转使用。建立岗位结构比例动态调整机制，对符合条件的省属科研院所、高等学校，正高级岗位结构比例不低于同类型在苏部属科研院所、高等学校，增量部分向我省重点发展学科和科技成果转化岗位倾斜。省属高等学校新聘工程类教师时，应将企业任职经历作为必要条件。

三、推进科技与产业融合发展

（十七）鼓励企业自主创新。企业自主研发并实施转化的具有自主知识产权的重大科技创新成果，由省科技成果转化专项资金给予同等力度资助。企业开展研发活动实际发生的研发费用，未形成无形资产计入当期损益的，按规定据实扣除后，一定期限内再按照实际发生额的75%税前加计扣除；形成无形资产的，按照无形资产成本的175%在税前摊销。企业委托境外机构研发所发生的费用，按照费用实际发生额的80%计入委托方的委托境外研发费用，委托境外研发费用不超过境内符合条件研发费用三分之二的部分，可按规定在企业所得税前加计扣除。企业引进具有高级技术职称或博士、博士后等高层次人才支付的一次性住房补贴、安家费及科研启动经费，可按规定在税前扣除。对持续进行研究开发与技术成果转化、提供技术服务或整体解决方案的研发型企业开展认定。各地可根据研发型企业上年度研发经费支出总额给予一定奖补；对研发型企业年收入超过50万元的技术和管理人才，可同时给予奖补。

（十八）加强重大基础研究和原始创新。聚焦未来可能产生变革性技术的基础科学领域，对重

大科学前沿或重大产业前瞻问题进行超前部署，遴选顶尖的领衔科学家，每年组织若干重大原创性研究项目，并给予稳定的专项科研经费支持。在确定的目标任务范围内，由领衔科学家自主确定研究方向，自主设置研究课题，自主选聘科研团队，自主安排经费使用。大幅增加省属高等学校基本科研业务费，支持更多青年科技人员持续开展基础科学研究；允许省属高等学校从基本科研业务费中提取不超过20%作为奖励经费，鼓励科技人员围绕我省产业技术需求开展原始创新，奖励经费的使用范围和标准由单位在绩效工资总量内自主决定，并在单位内部公示。

（十九）推进重大科研设施建设。聚焦国家目标和战略需求，对符合未来国家规划布局的国家实验室、国家重大科技基础设施、国家技术（产业或制造业）创新中心、综合性国家科学中心等创建项目，采取"一事一议"方式，省市按一定比例给予财政资助，支持开展预研建设；国家批准立项后，省市再按一定比例给予必要配套支持。对通过国家认定或评估的国家重大科技基础设施、省部共建国家重点实验室，建设运行期内省财政给予专项支持。统筹建设重点创新平台，鼓励建设符合我省科技创新布局的重点实验室、行业技术创新平台、技术创新联盟等，促进基础研究、应用研究与产业化对接融通。坚持开放合作创新，扩大科技领域对外开放。

（二十）强化成果转化激励。利用财政资金设立的科研院所、高等学校等事业单位，职务发明成果在省内转化获得的转让收益用于奖励研发团队的比例提高到不低于70%，在省外转化获得的转让收益用于奖励研发团队的比例不低于50%，对按规定给予科研负责人、重要贡献人员和团队的奖励，不纳入单位绩效工资总量管理范畴。由财政资金支持的科研项目形成的科技成果，具有明确市场应用前景但两年内未转化的，在省技术产权交易市场采取挂牌交易、拍卖等方式实施转化，转让收益80%用于奖励研发团队。对非营利性科研机构、高等学校等单位的科技人员，通过科研与技术开发所创造的专利技术、计算机软件著作权、生物医药新品种等职务创新成果，采取转让、许可方式进行成果转化的，在相关单位取得转化收入后三年内发放的现金奖励，减半计入科技人员当月个人工资薪金所得征收个人所得税。扩大省科技成果转化专项资金规模，主要支持科研院所、高等学校到我省企业转化科技成果。企业引进省内外先进技术成果转移转化的，各地可按技术合同实际成交额的5%左右给予奖补。省财政依据技术合同数量、实际成交额及技术转移工作情况等，按因素法对各地予以补助。省理工农医类高校的科研评价，在省内开展科技成果转化或承担省内企事业单位委托项目的权重原则上不低于30%，并与省高水平大学建设综合奖补资金分配以及省高校优势学科建设工程、特聘教授计划、协同创新计划、品牌专业建设挂钩。

（二十一）推进大型科学仪器等科技公共资源开放共享。建设省科技资源统筹服务中心，按照遵循规律、聚焦重点、目标导向原则，完善科技资源统筹服务体系。事业单位性质的资源管理单位提供开放共享获取的服务收入可作为实施绩效工资的经费来源。单位申报绩效工资总量时，可根据服务收入和服务质量予以增核，单位内部绩效工资分配时应向从事资源服务的人员倾斜。省有关部门定期对资源管理单位服务绩效进行评估，并根据评估结果给予奖励，同一资源管理单位每年获得的奖励总额不超过100万元。对中小企业使用科技公共资源支出的成本，省市财政给予适当补贴。

（二十二）发挥院士创新引领作用。围绕我省先进制造业集群创新需求，支持企业院士在我省高等学校设立工作站，联合开展前瞻技术研发、研究生培养等，由相关专项资金给予经费支持；科研院所、高等学校院士在企业或园区设立工作站，其业绩突出的，根据绩效评估结果由省财政给予奖励。

（二十三）支持引进培养顶尖人才。科研院所、高等学校等事业单位引进国内外院士、国家杰出青年基金获得者、长江学者、国家"千人计划"专家、国家"万人计划"专家等顶尖人才，以及"百千万人才工程"国家级人选、享受国务院政府特殊津贴人员、中华技能大奖获得者支付的薪酬，实行单独分配管理，不纳入所在单位绩效工资核定范围。

（二十四）激励知识产权创造运用。对上年度国内授权发明专利每件给予定额补贴。对发明专利维持年费给予适当补贴。对国（境）外专利按上年度各市、县（市、区）PCT国际专利申请量给予补贴，由各地统筹用于奖励进入外国国家（地区）公布阶段或获得授权的专利。对在省内注册、具有专利代理资质的机构，代理省内发明专利并获得授权的，每件给予定额代理补贴，每家每年最高不超过50万元。将知识产权质押融资贷款纳入省"苏科贷"风险补偿体系。探索建立市、县（市、区）知识产权发展考核体系，并按因素法给予奖补。

（二十五）加大财政科技投入力度。建立健全财政科技投入增长机制，2019-2021年省本级财政科技拨款保持年均10%以上增幅，苏南国家自主创新示范区内的设区市财政科技拨款保持年均12%以上增幅，2020年省市县三级财政科技总投入达500亿元。

四、营造激励创新宽容失败的浓厚氛围

（二十六）建立重大原创成果奖励机制。对重大基础研究和原始创新成果，经专家认定，可直接提名参与国家科学技术奖评审，成果完成团队可享有该成果转让100%收益，主要完成人可直接推荐进入"江苏省333高层次人才培养工程"第一层次培养对象评审。在省科学技术奖中增设基础研究重大贡献奖和青年科技杰出贡献奖，专门表彰在基础研究和应用基础研究领域作出杰出贡献的优秀科技人员。

（二十七）建立重大创新补偿机制。对因技术路线选择有误、未实现预期目标或失败的省级重大产业技术研发项目，项目承担人员已尽到勤勉和忠实义务的，经组织专家评议，确有重大探索价值的，继续支持其选择不同技术路线开展相关研究。

（二十八）建立创新创业援助机制。对受市场风险影响、未实现预期目标或失败的省级重大科技成果转化项目，项目承担单位已尽到勤勉和忠实义务的，经组织专家评议，确有重大应用价值的，可采取财政补助、风险补偿、社会资本引入等多种途径，继续支持其开展产业化开发。对创业失败但主要负责人已尽到勤勉和忠实义务且有继续创业意愿和能力的科技型中小企业，可由地方政府向企业主要负责人发放创业补助，鼓励其持续开展创新创业活动。

（二十九）建立创新尽职免责机制。对在科技体制改革和科技创新过程中出现的一些偏差失误，只要不违反党的纪律和国家法律法规，勤勉尽责、未谋私利，能够及时纠错改正的，不作负面评价，免除相关责任或从轻减轻处理。科研院所、高等学校等事业单位通过省技术产权交易市场挂牌交易、拍卖科技成果，或协议定价成交并在本单位和省技术产权交易市场公示拟交易价格的，单位领导和部门在勤勉尽责、没有牟取非法利益的前提下，免除其在科技成果定价中因科技成果转化后续价值变化产生的决策责任。采取作价入股方式转移转化科技成果，对已勤勉尽责、但发生投资损失的，经审计确认后，主管部门不将其纳入资产增值保值考核范围。对已勤勉尽责、但因技术路线选择失误或其他不可预见原因，导致难以完成省级科研项目预定目标的单位和项目负责人予以免责。对创新创业项目进行经费资助或风险投资，符合规定条件、标准和程序，但资助项目未达到预期发展效果，相关领导干部和部门在勤勉尽责、没有牟取非法利益的前提下，免除其决策责任。

（三十）建立科研项目监督、检查、审计信息共享机制。建立科研项目监督、检查、审计等信息共享平台，省有关部门应将相关信息及时在平台上共享。对同一科研项目，实行监督、检查、审计结果互认，省有关部门可直接运用相关监督、检查、审计结果。减少对科研活动的审计和财务检查频次，出现对相关政策理解不一致的，应及时与政策制定部门沟通并调查澄清。

省有关部门应在本规定出台后三个月内制定实施细则，对政策落实过程中遇到的深层次体制机制性问题，可采取试点的方式进一步探索。省属科研院所、高等学校应在本规定出台后六个月内制定本单位的操作办法，并参照有关条款建立完善单位财务管理和内部控制制度。各市、县（市、区）要结合实际制定配套政策措施。中央在苏单位可参照本规定执行。

关于印发《江苏省政策引导类计划（国际科技合作）项目管理办法（试行）》的通知

（苏科技规〔2018〕359号）

各设区市、县（市）科技局（科委）、财政局，国家和省级高新区管委会，省有关部门，各有关单位：

为贯彻落实《中共中央办公厅　国务院办公厅印发〈关于深化项目评审、人才评价、机构评估改革的意见〉的通知》（中办发〔2018〕37号）、《国务院关于优化科研管理提升科研绩效若干措施的通知》（国发〔2018〕25号）和省委、省政府《关于深化科技体制机制改革推动高质量发展若干政策》（苏发〔2018〕18号）等有关文件精神，建立健全符合科技创新规律的科研项目管理机制，进一步规范和加强省政策引导类计划（国际科技合作）项目管理，省科技厅会同省财政厅制定了《江苏省政策引导类计划（国际科技合作）项目管理办法（试行）》，现印发给你们，请遵照执行。

附件：江苏省政策引导类计划（国际科技合作）项目管理办法（试行）

江苏省科学技术厅　江苏省财政厅
2018年11月30日

江苏省政策引导类计划（国际科技合作）项目管理办法（试行）

第一章　总则

第一条　为进一步规范和加强省政策引导类计划（国际科技合作）项目管理，建立完善以信任为前提、符合科技创新规律的科研项目管理机制，保证省政策引导类计划（国际科技合作）计划项目顺利实施，按照中共中央办公厅、国务院办公厅《关于深化项目评审、人才评价、机构评估改革的意见》（中办发〔2018〕37号）、国务院《关于优化科研管理提升科研绩效若干措施的通知》（国发〔2018〕25号）和省委、省政府《关于深化科技体制机制改革推动高质量发展若干政策》（苏发〔2018〕18号）等有关规定，结合我省实际，制定本办法。

第二条　省政策引导类计划（国际科技合作）围绕全省创新驱动发展战略实施，有效集聚和利用全球科技资源，重点支持国际产学研合作，提升我省开放创新水平和产业国际竞争力；服务全省开放创新大局，在更大范围、更广领域、更高层次参与国际科技合作与交流，发挥国际科技合作在新时期对外开放中的重要作用，为加快建设高水平创新型省份，推动高质量发展走在全国前列提供有力支撑。

第三条　省政策引导类计划（国际科技合作）设立重点国别产业技术研发合作、政府间双边创新合作、"一带一路"创新合作、创新国际化服务体系建设等项目类别；优先支持与我省签署双边合作联合资助机制协议的政府间双边创新合作项目。

第四条 凡列入本计划，并获政府财政资金支持的项目，均适用本办法。

第二章　管理职责

第五条 省科技厅、项目主管部门和省科技计划项目管理专业机构负责项目的全过程管理，切实加强项目管理过程中的廉政风险防控。省财政厅负责组织专项资金预算编制、项目资金下达、经费使用监管。项目承担单位及项目负责人具体负责项目的实施。省评审（咨询）专家及其他科技服务中介机构接受省科技厅委托，参与项目管理及服务等工作。

第六条 省科技厅的主要职责：

（一）研究制订有关计划项目管理制度和规定；

（二）发布年度项目申报通知或项目指南，确定年度支持重点领域和方向；

（三）组织开展或委托开展项目受理、评审（论证）、评估、检查、验收及绩效评价等，负责项目立项、调整、终止和撤销；

（四）对项目进度执行与经费使用情况进行监督检查；

（五）研究解决项目执行过程中需要协调处理的重大问题；

（六）组织实施项目执行和经费使用情况统计工作；

（七）对项目主管部门、项目承担单位、项目负责人以及受委托的专业机构、咨询专家、中介机构等参与项目实施的各类责任主体开展信用评价。

第七条 项目主管部门的主要职责：

（一）负责本地区、本单位的项目审核、推荐和管理工作；

（二）审核项目申报单位的申报资格、项目申报材料的真实性、完整性和有效性；

（三）及时协调划拨省科技计划项目经费，监督项目的实施和经费使用，督促项目承担单位或负责人按期实施和完成项目；

（四）协助或受省科技厅委托开展项目检查、评估、验收和绩效评价等；

（五）协调项目的实施推进，及时向省科技厅报告项目实施中难以协调和解决的问题；

（六）实施项目执行情况和经费使用统计工作；

（七）配合省科技厅对项目承担单位及项目负责人进行信用评价。

第八条 项目承担单位及项目负责人的主要职责：

（一）项目承担单位是项目实施的责任主体，负责项目实施管理，对项目申报、完成项目内容、实现目标任务负主体责任；项目负责人是项目组织实施的直接责任人，承担项目组织、协调、执行等具体工作；

（二）履行科研诚信承诺制度，对恪守科研诚信、具备必要科研基础、如实提交项目材料、严格执行项目管理规定、按合同约定推进项目实施、规范使用科研经费等作出信用承诺，并在项目实施过程中严格遵守。

（三）如实填写项目申报书、总结报告、验收材料、科技报告等，并对上述材料的真实性和合法性负主体责任；

（四）严格执行项目合同，依法依规使用项目经费，按期完成项目目标任务；

（五）落实项目相关保障条件，解决项目实施中的问题和困难；

（六）如实报告项目年度执行和经费使用情况，及时报告项实施中出现的重要事项；

（七）接受并配合省科技厅、项目主管部门及受委托的专业机构等中介机构对项目执行和经费使用情况的监督检查，如实提供相关数据和资料。

第九条 省科技计划项目管理专业机构受省科技厅委托，根据受委托权限，严格按照项目管理有关要求开展项目受理、项目评审、过程管理和结题验收等工作。受委托的评审（咨询）专家及其他科技服务中介机构，根据受委托事项，客观公正地履行相应的职责。

第三章 项目申报

第十条 省科技厅根据全省科技创新规划和省委、省政府年度工作部署，围绕全省科技、经济社会发展的国际科技合作需求，每年编制发布省政策引导类计划（国际科技合作）项目申报通知。

第十一条 申报通知编制工作采取需求征集、调研座谈等形式，广泛听取企业、高校院所、地方、国际科技合作基地等各方意见及建议，经会省财政厅后，向社会正式公开发布。

第十二条 项目申报原则上实行属地化管理，实施期一般二至四年。对符合申报条件的项目，由项目申报单位按要求向所属项目主管部门申报，项目主管部门审核后向省科技厅推荐。部省属本科高校项目由高校直接审核推荐。

第十三条 在江苏省境内注册、具有独立法人资格的企业、高校、科研院所等科技创新组织，可根据项目申报要求申报国际科技合作项目。多个单位联合申报的，应明确一家单位作为牵头单位，其余作为国内合作单位。

第十四条 省国际科技合作项目主要通过公开竞争择优确定项目承担单位。对于政府间双边创新合作项目采取择优推荐双边协商确定；对于国家或我省政府推动的探索性、示范性国际创新合作项目，可在我省合作优势独特的单位或地区定向委托实施。

第十五条 政府间双边创新合作类项目的申报依据省科技厅与外方主管部门具体商定的征集方式实施项目申报。

第四章 项目立项

第十六条 省科技厅委托项目管理专业机构负责国际科技合作项目申报材料的受理工作。对通过形式审查的项目，由省科技厅直接或委托项目管理专业机构组织专家采取网络评审或会议评审等形式进行咨询（论证）。专家一般应从省科技咨询专家库中遴选，并实行回避、随机遴选、保密和轮换制度。项目评审中要注意克服唯论文、唯职称、唯学历、唯奖励等倾向，注重标志性成果的质量、贡献和影响。

第十七条 省科技厅根据专家咨询（论证）意见，结合年度专项资金预算，研究提出年度项目安排建议及专项资金使用方案，并将拟立项项目清单向全社会公示。经公示无异议后，由省财政厅、科技厅正式立项。

第十八条 项目立项后，由省科技厅、项目主管部门与项目承担单位三方共同签订省科技项目合同；项目合同中的研究目标、研究内容、考核指标等关键内容，原则上应与项目申报书中保持一致。

第十九条 实施科研诚信承诺制度。项目申报单位和项目负责人对项目的真实性和合法性负主体责任，项目申报书经项目负责人和参与人员签字确认后方可报送。在申报、评审、立项过程中，项目申报单位、项目负责人、受委托的专业机构、咨询专家、中介机构等须签署科研诚信承诺书，明确各自承诺事项和违背相关承诺的责任。

第五章 项目实施

第二十条 项目承担单位应会同外方合作单位，根据项目合同书确定的目标任务和分工安排，履行各自的责任和义务，按进度高质量完成相关研发任务。中外合作方应按照项目组织进度要求，加强项目合作期间的沟通、互动、衔接与集成，共同完成项目总体目标。

第二十一条 项目承担单位和项目负责人应切实承担项目实施和管理责任，履行合同义务，制定项目组织实施工作方案，掌握项目实施进度，并为项目研究任务的顺利推进提供支持；项目承担单位应安排专人负责国际科技合作项目的管理、服务和协调保障工作，通过全程跟进、集中汇报等方式全面了解项目进展和组织实施情况，及时判断项目执行、项目承担单位和项目组人员的履约能力等情况。对实施过程中可能出现的有关影响项目正常实施的重大事项和重大问题，项目负责人和项目承担单位应及时研究，提出对策建议。

第二十二条 项目实施过程中，对中方合作单位、一般研发人员、研究方案、技术路线等进行变更，但不降低研究目标和任务完成的，由项目负责人自行提出调整建议，报项目承担单位备案后实施，相关手续作为项目结题验收、评估评价或审计检查等依据。

第二十三条 项目实施过程中，合同约定的项目主要负责人、项目承担单位、外方合作单位、项目主要研究目标或关键考核指标调整等发生变化的，项目承担单位须及时提出书面报告，经主管部门审查并签署意见后报省科技厅。因客观原因不能在合同期内完成研发任务的项目，承担单位应在合同规定的实施结束期前三个月提出延期申请，经主管部门审核后，报省科技厅批复。一般允许延期一次，延期期限最长不超过两年。

第二十四条 项目实施过程中，主管部门应做好项目实施过程中的跟踪监管工作，在承担单位出现破产倒闭或其他影响项目正常实施的重大突发情况，不能履行报告职责的，主管部门应及时了解情况并以书面形式向省科技厅报告，同时提出重大事项变更、项目终止、撤销等相关处理意见。

第二十五条 省科技厅对项目实施周期三年以下（含三年）的项目一般不进行过程检查，由项目承担单位自我管理为主。对实施周期三年以上的重点项目、分年度拨款项目，由省科技厅直接或委托专业机构开展中期检查，原则上在项目实施期内只实施一次现场检查，并在合同中予以约定。

第二十六条 项目实施过程中，由项目承担单位按年度在省科计划管理信息系统中填报执行情况信息表，项目执行情况信息表作为绩效评估的重要依据。

第六章 经费管理

第二十七条 项目承担单位应当按照国家和省相关财经法规及财务管理规定，完善内部控制和监督制约机制，加强对项目经费的监督和管理，保证经费专款专用，并对项目经费实行单独核算。

第二十八条 实行综合预算编制管理，在省级科研项目总预算不变的情况下，项目负责人可根据科研活动实际需要自主调整直接费用全部科目的经费支出，不受比例限制，相关调剂手续由项目承担单位办理，并可作为项目验收（结题）、评估评审或审计检查等依据。

第二十九条 项目负责人可在预算范围内自主安排经费开支，项目承担单位应改进管理方式、优化审查程序。

第三十条 项目承担单位为科研院所、高等学校等事业单位的，应当建立健全科研财务助理制度，可根据科研活动需要，自主选择固定岗位、短期聘用、第三方外包等多种形式，聘用科研财务助理为项目实施提供经费管理和使用服务，其服务费用可在单位日常运转经费、相应科研项目劳务费或间接费用中列支。

第三十一条 省财政厅负责省级科研项目资金拨付，应简化拨付程序，加快拨付进度，非省级预算单位项目资金直接拨付到项目承担单位基本户；省级预算单位项目资金可一次性申请全部用款计划，由项目承担单位自行选择支付方式并随时支付。

第三十二条 省科技厅会同省财政厅负责省级科研项目的结题财务验收审计管理工作。省财政厅负责完善结题财务验收审计管理工作指引，建立健全会计师事务所从事省级科研项目财务审计工作要求和技术规范，将省级科研项目财务审计纳入会计师事务所的执业质量检查范围。对会计师事务所出具的省级科研项目财务审计报告或结论，省科技厅、省财政厅、项目主管部门、专业机构可以直接使用。

第三十三条 省科技厅、财政厅、项目主管部门、专业机构根据国家、省和本办法的有关规定，按照职责分工对项目实施和经费使用情况进行监督检查。

第三十四条 对违反财经纪律，弄虚作假、截留、挪用或挤占项目经费的行为，省科技厅、财政厅将视情况轻重采取约谈、通报批评、强制终止或撤销项目，追回已拨资金、阶段性或永久取消申报资格等措施予以处理，并将其纳入科研信用记录。涉嫌犯罪的，移送司法机关处理，并将依法追究刑事责任。

第七章 验收管理和绩效评价

第三十五条 项目实施期满应进行验收。验收工作原则上应在合同到期后6个月内开展。项目承担单位在项目完成后，应主动向项目主管部门提出验收申请，并按规定提交科技报告和项目验收材料，经主管部门审核后报省科技厅。项目验收的具体组织工作一般委托项目主管部门实施，必要时由省科技厅直接实施或委托项目管理专业机构实施。

第三十六条 验收以项目合同为主要依据，验收专家组应严格按照合同约定的考核指标进行逐项评判，对主要考核指标和研发目标实现程度作出明确判断，严禁成果冲抵等弄虚作假行为；验收工作应突出对代表性成果和实施效果的评价，克服唯论文、唯职称、唯学历、唯奖励等倾向；由承担单位筛选提交不超过3项代表性成果，经验收专家组评议，属合同约定的关键性指标，且成果创新性强、技术水平高的，其数量考核指标完成率可仅作参考。除特别规定外，经济指标一般不作为验收考核内容。

第三十七条 项目验收专家组一般由技术专家、财务专家等共同组成，专家组人数一般不少于5人，其中财务专家一般不少于1人。验收专家执行回避制度。

第三十八条 验收专家组在审阅资料的基础上，可采取听取汇报、提问质询、实地考察、评议等方式，形成明确验收结论（通过或不通过）。经验收专家组综合评议，达到以下条件的项目为通过验收。

（一）提供的验收材料真实完整；

（二）完成合同约定的全部考核目标，或完成合同约定的大多数考核目标且在关键创新目标上形成高水平、代表性成果；

（三）经费使用合规。

第三十九条 未达到合同约定的验收条件，但开展了实质性研发活动并取得了一定的研究进展和成果，且经费使用基本合规的项目，由承担单位向项目主管部门提出总结结题申请，经项目主管部门审核并报省科技厅同意后，予以总结结题处理，不记入信用记录。

第四十条 项目实施过程中遇到下列情况之一的，由承担单位提出申请终止项目的报告，并附已做工作的书面总结，按规定对项目经费进行审计后，经项目主管部门审核同意，报省科技厅。对于因客观原因导致申请终止的，不记入信用记录。

（一）因外方合作单位在合作过程中退出或不履行合作协议导致项目无法正常实施；

（二）经实践证明，项目继续实施已无意义；

（三）项目执行中出现严重的知识产权纠纷；

（四）完成项目任务所需的资金、原材料、人员、支撑条件等未落实或发生改变导致项目无法正常实施；

（五）因其他不可抗因素导致项目无法正常实施。

第四十一条 项目实施过程中遇到下列情况之一的，由主管部门提出申请并经省科技厅审核后，视情给予强制终止或撤销项目等处理，并记入信用记录。

（一）项目实施期间未开展实质性研发工作，且经督促后仍未改进的；

（二）存在弄虚作假等严重科研不端行为；

（三）项目经费使用存在故意违规行为，不按要求或无法进行整改，严重影响项目实施的；

（四）无故不接受省科技厅、专业机构或主管部门对项目实施情况的检查、监督、审计与评估的；

（五）其他导致项目无法实施的情形。

第四十二条 项目承担单位因停产倒闭破产等客观原因，无法配合主管部门正常履行项目验收程序的，由地方主管部门向省科技厅提出申请终止项目的报告，不记入信用记录。

第四十三条 项目通过验收的，结余经费可留归项目承担单位统筹用于后续科研活动直接支出。总结、申请终止、强制终止或撤销的项目，结余经费按有关规定予以处理。

第四十四条 项目实施中存在弄虚作假、瞒报谎报重大事项、经费使用严重违规、强制终止或撤销项目、验收不通过等失信行为的，相关项目承担单位、负责人记入不良信用记录，并按规定给予相应处理。

第四十五条 省科技厅对项目主管部门组织验收的项目，不定期进行复核和抽查。项目验收核查结果纳入对项目主管部门信用评估范围；对项目验收组织不规范、存在问题较多的项目主管部门，省科技厅将其记入不良科研信用记录，并按相关规定予以处理。

第四十六条 项目承担单位对省科技计划项目成果负主体责任，应组织本单位科研人员对拟公布的成果进行真实性审查。非涉密的省科技计划项目验收前，应在遵守知识产权保护法律法规的前提下，纳入省科技报告系统，向社会公开。项目承担单位应充分履行职责，将科技报告纳入本单位科研管理，督促科研人员撰写科技报告，认真做好本单位科技报告的审查和呈交工作。项目负责人应将撰写科技报告作为科研工作的重要组成部分，根据项目合同书要求，按时完成科技报告。省科技厅负责全省科技报告工作的总体部署和统筹协调，牵头拟定相关政策措施，对各地、各有关部门科技报告工作进行业务指导。

第四十七条 省财政厅会同省科技厅建立健全以研发质量为导向的绩效评价制度，完善绩效考核细则，注重中长期创新绩效，主要考核评价省级财政科技专项资金投入对创新能力提升、标志性成果产出、人才培养、产业升级产生的长远影响；适当降低论文、专利数量以及经济效益等短期量化指标的权重，原则上在专项资金项目完成后的3至5年内开展绩效综合评价工作。

第四十八条 建立创新尽职免责机制。对已勤勉尽职、因技术路线选择失误、合作外方退出、合作外方不履行合作协议、或其他不可预见且目前不能克服的原因,导致难以完成项目预定目标的,经专家审议、双边联委会认可或主管部门审核确认,报省科技厅批准后可对单位和项目负责人予以免责,不作负面评价;对项目进行立项支持或经费资助,符合规定条件、标准和程序,但支持或资助项目未达到预期发展效果,相关领导干部和部门在勤勉尽责、没有牟取非法利益的前提下,免除其决策等责任。

第八章 附则

第四十九条 本办法由省科技厅、财政厅负责解释。

第五十条 本办法自发布之日起施行,省科技厅、财政厅联合发布的《江苏省科技计划项目实施管理办法》(苏科计〔2005〕393号)同时废止。

江苏省科学技术厅　江苏省财政厅　国家税务总局江苏省税务局关于印发《江苏省企业研究开发费用税前加计扣除核查异议项目鉴定处理办法》的通知

各市、县科技局（科委）、财政局，国家税务总局各市、县税务局，苏州工业园区、张家港保税区税务局：

为进一步做好企业研发费用加计扣除政策落实工作，我们制定了《江苏省企业研究开发费用税前加计扣除核查异议项目鉴定处理办法》，现印发给你们，请遵照执行。

附件：江苏省企业研究开发费用税前加计扣除核查异议项目鉴定处理办法

江苏省科学技术厅　江苏省财政厅

国家税务总局江苏省税务局

2018年12月29日

江苏省企业研究开发费用税前加计扣除核查异议项目鉴定处理办法

根据《中华人民共和国企业所得税法》及其实施条例、《财政部　国家税务总局　科技部关于完善研究开发费用税前加计扣除政策的通知》（财税〔2015〕119号，以下简称119号文件）、《国家税务总局关于企业研究开发费用税前加计扣除政策有关问题的公告》（国家税务总局公告2015年第97号）、《科技部　财政部　国家税务总局关于进一步做好企业研究开发费用加计扣除政策落实工作的通知》（国科发政〔2017〕211号）、《财政部　税务总局　科技部关于企业委托境外研究开发费用税前加计扣除有关政策问题的通知》（财税〔2018〕64号）等有关规定，特制定本办法。

一、本办法适用于本省申报享受研究开发费用税前加计扣除优惠的居民企业（以下简称企业）。

二、企业研究开发费用税前加计扣除核查异议项目鉴定处理（以下简称研发项目鉴定），是指税务机关在开展研发费用加计扣除优惠核查时对企业享受加计扣除优惠的研发项目是否属于119号文件规定的研究开发活动有异议的，可转请设区市科技部门出具鉴定意见。

企业承担省部级（含）以上科研项目的，以及以前年度已鉴定的跨年度研发项目，不再需要鉴定。

三、研发项目鉴定流程：

（一）转请鉴定

1.主管税务机关对核查过程中有异议的研发项目，应及时报送县（市、区）税务机关，由县

（市、区）税务机关函告同级科技部门（附件1），同时将《企业研究开发项目报送资料告知书》（附件2）送达企业，并保留送达回执。

2.企业应在收到《企业研究开发项目报送资料告知书》之日起10个工作日内，将研发项目鉴定所需资料报送指定县（市、区）科技部门。逾期未报送的，科技部门可提请税务部门再次告知，对再次告知仍未报送的，视为放弃异议鉴定，按不符合119号文件规定的研究开发活动处理。因不可抗力等特殊情况，无法在规定期限内提供的，应在不可抗力消除后5个工作日内，经企业向县（市、区）科技部门申请，可适当延长，但最长不得超过30个工作日。县（市、区）科技部门应当在受理申请后5个工作日内作出是否延长的决定，同时函告同级税务机关。

3.县（市、区）科技部门应于收齐项目鉴定资料之日起10个工作日内送设区市科技部门进行鉴定。

（二）组织鉴定

1.设区市科技部门可以组织有关专家或委托第三方专业机构进行项目鉴定。每个季度初集中组织鉴定上一季度收集的项目。开展研发项目鉴定，不得向企业收取任何费用，所需工作经费由同级财政部门纳入部门经费预算给予保障。

2.负责组织项目鉴定的科技部门，应分领域选择专家组成

评审专家组，原则上每个专家组由技术、管理、财务等专家组成。鉴定专家应具备中、高级职称，具有较高的专业知识水平和实践经验，熟悉相关领域发展状况。专家在鉴定过程中应恪守职业道德，坚持独立、客观、公正、科学的原则开展项目鉴定工作。参与鉴定人员应保守鉴定项目及所涉企业的商业秘密。

3.项目鉴定一般采取会议或网络鉴定方式进行，必要时可前往企业现场考察。专家组也可根据项目实际情况，提出要求企业补充相关资料、答辩的建议，经设区市科技部门同意后通知企业。

4.设区市科技部门根据专家出具的鉴定意见形成《企业研究开发费用税前加计扣除项目鉴定意见书》（以下简称《鉴定意见书》）（附件3），于每季度第一个月20日前书面反馈给主管税务机关，并抄送县（市、区）科技部门及同级税务机关。主管税务机关收到鉴定意见书之日起10个工作日内向企业告知鉴定结果。对鉴定不属于研发活动的，税务机关应将鉴定结果书面告知企业，并按规定追补已享受的减免税。

（三）对鉴定结果有异议的复核程序

1.税务机关或企业对设区市科技部门出具的《鉴定意见书》有异议的，应在收到《鉴定意见书》或鉴定结果之日起7个工作日内向省级税务部门提出复核申请再由省级税务部门转请省级科技部门出具复核意见。在规定的时间内未提出复核申请的，前述鉴定意见将作为主管税务机关核查结论的依据。

2.省级科技部门组织专家对鉴定结果进行复核，其复核结论为最终裁定意见。

四、主管税务机关转请鉴定的项目应是对119号文件规定的企业研发活动难以辨析、确实需要通过专家鉴定的异议项目。转请鉴定文书应当列明异议理由，未列明异议理由的，科技部门可不予受理。

五、各设区市税务、科技部门应按职责做好研发项目鉴定情况的汇总统计，在每年12月20日前将统计结果分别报省级主管部门。

六、各级科技、财政和税务部门要建立工作协调机制，通过各种方式为企业提供研发项目管

理和研发费用归集等政策宣传、辅导服务，切实加强企业研发费用加计扣除政策的事前事中事后管理和服务，引导企业规范研发项目管理和费用归集，确保政策落到实处。有条件的地方可建立信息化服务平台，为企业提供自我评价、材料提交、工作流转与信息传递等服务，提高工作效率，降低企业成本。

七、各设区市科技部门在落实企业研发费用加计扣除政策过程中出现的问题以及意见和建议，及时报省科技厅政策法规处、国家税务总局江苏省税务局企业所得税处。

八、本办法自印发之日起执行。原《江苏省企业研究开发费用税前加计扣除核查异议项目鉴定处理办法》（苏科政发〔2018〕390号）同时废止。

九、各设区市科技、财政和税务部门要加强沟通协调，可结合本地区工作实际，制定具体实施细则。各地已出台的相关规定与本办法不一致的，以本办法为准。

附件：（略）

关于修订印发《江苏省高新技术企业培育资金管理办法》的通知

(苏财规〔2019〕9号)

各设区市财政局、科技局：

为加强高新技术企业培育工作，量质并举壮大高新技术企业集群，根据省政府印发的《江苏省推进高新技术企业高质量发展的若干政策》（苏政发〔2019〕41号）有关要求，省财政厅、省科技厅对《江苏省高新技术企业培育资金管理办法（试行）》（苏财规〔2018〕12号）进行了修订。现将新修订的《江苏省高新技术企业培育资金管理办法》印发给你们，请遵照执行。

附件：江苏省高新技术企业培育资金管理办法

江苏省财政厅 江苏省科学技术厅
2019年11月8日

江苏省高新技术企业培育资金管理办法

第一章 总则

第一条 为加强高新技术企业培育工作，量质并举壮大高新技术企业集群，根据《江苏省推进高新技术企业高质量发展的若干政策》（苏政发〔2019〕41号）要求，省财政厅安排资金对高新技术企业培育给予支持（以下简称"省培育资金"）。结合《高新技术企业认定管理办法》（国科发火〔2016〕32号）、《高新技术企业认定管理工作指引》（国科发火〔2016〕195号）要求，为规范和加强省培育资金的使用管理，制定本办法。

第二条 本办法所称省培育资金，是指用于支持省高新技术企业培育库内企业（以下简称"入库企业"）加快成长为高新技术企业的资金。

第三条 省科技厅、省财政厅联合建立省高新技术企业培育库。申请纳入省高新技术企业培育库的企业，适用本办法。

第四条 省培育资金的使用和管理遵循"企业自愿、政府引导、省地联动、公平公正"的原则。

第二章 职责分工

第五条 省财政厅主要职责：负责省培育资金年度预算安排，确定省培育资金使用方案，下达资金并进行监督；会同省科技厅制定省培育资金管理办法。

省科技厅主要职责：负责建立省高新技术企业培育库及培育库日常管理和服务工作，提出省培育资金使用方案；指导各地区高新技术企业培育工作。

第六条 各设区市科技部门会同财政部门，根据本办法制定本地区高新技术企业培育政策及工作方案。科技部门主要负责本地区入库培育企业的组织申报、专家评审、提出入库意见、入库企业公示，财政部门主要负责培育资金分配以及资金使用的日常监督等。

第三章 入库企业条件与程序

第七条 入库企业须同时满足以下条件：

（一）企业为在江苏省注册成立一年以上的居民企业，2008年至今未被认定为高新技术企业；

（二）企业通过自主研发、受让、受赠、并购等方式，获得对其主要产品（服务）在技术上发挥核心支持作用的知识产权的所有权；

（三）对企业主要产品（服务）发挥核心支持作用的技术属于《国家重点支持的高新技术领域》规定的范围；

（四）企业从事研发和相关技术创新活动的科技人员占企业当年职工总数的比例不低于5%；

（五）企业近两个会计年度（实际年限不足两年的按实际经营时间计算，下同）的研究开发费用总额占同期销售收入总额的比例不低于3%，其中：企业在中国境内发生的研究开发费用总额占全部研究开发费用总额的比例不低于60%；

（六）近一个会计年度高新技术产品（服务）收入占企业同期总收入的比例不低于50%；

（七）企业创新能力评价应达到相应要求；

（八）企业申请入库前一年内未发生重大安全、重大质量事故或严重环境违法行为。

第八条 入库流程：

（一）企业申报。企业本着自愿的原则，向所在设区市科技部门提出入库申请，并提交如下材料：

1. 江苏省高新技术企业培育库入库申请书；

2. 知识产权相关材料、科研项目立项证明、科技成果转化、研究开发的组织管理等相关材料；

3. 企业高新技术产品（服务）的关键技术和技术指标、生产批文、认证认可和相关资质证书、产品质量检验报告等相关材料；

4. 企业职工和科技人员情况说明材料；

5. 经具有符合《高新技术企业认定管理工作指引》相关规定的中介机构出具的企业近两个会计年度研究开发费用和近一个会计年度高新技术产品（服务）收入专项审计或鉴证报告，并附研究开发活动说明材料；

6. 经具有资质的中介机构鉴证的企业近两个会计年度的财务会计报告（包括会计报表、会计报表附注和财务情况说明书）；

7. 近两个会计年度企业所得税年度纳税申报表（包括主表和附表）。

对于涉密企业，须将申请入库的申报材料做脱密处理，确保涉密信息安全。

（二）专家评审及公示。各设区市科技部门组织专家，对企业提交的申报材料进行评审，结合专家评审意见，对申请企业进行综合审查，提出入库推荐名单，并在设区市科技部门官网上进行公示。

（三）省级入库。各设区市科技部门会同同级财政部门将符合条件的入库企业推荐上报省科技厅、省财政厅，省科技厅会同省财政厅将各设区市推荐入库的企业纳入省高新技术企业培育库。

第九条 入库企业发生与入库条件有关的重大变化（如分立、合并、重组以及经营业务发生变化等），应在1个月内，向所在设区市科技部门报告。设区市科技部门对企业变化后的相关条件进行审核，不符合入库条件的，报请省科技厅予以出库，并自当年起终止其高新技术企业培育资格。

第十条 入库企业培育期为三年。在培育期内通过高新技术企业认定的，予以出库；三年期满后，未通过高新技术企业认定的，调整出库且不再受理入库申请。

第四章 培育资金支持方式

第十一条 入库培育奖励。推动各设区市、县（市、区）、省级以上高新区设立培育资金（以下简称"地方培育资金"），根据地方培育资金兑现情况，对于当年度入库企业地方培育资金已按每家不低于5万元（含）奖励的，省培育资金按每家5万元给予奖励。

第十二条 培育期贡献奖励。省培育资金对处于培育期的入库企业，根据其对经济社会发展的实际贡献，对企业实际贡献在20万元（含）以上的，按实际贡献5%比例给予奖励，最高不超过30万元。

第十三条 认定培育奖励。省培育资金与各设区市、县（市）、省级以上高新区按照联动的原则，给予上年度首次获得高新技术企业认定的入库企业不低于30万元培育奖励，其中省培育资金不低于15万元，且不高于地方培育资金奖励额度。

第十四条 培育资金下达。省财政厅、省科技厅根据入库培育情况及年度预算安排情况下达省培育资金指标，各设区市、县财政部门会同科技部门根据省培育资金指标，确定本地区入库企业的奖励方案（含省级培育资金奖励金额和地方培育资金奖励金额），据此下达培育资金，并抄送省财政厅、省科技厅备案。

第十五条 培育资金使用。企业获得的培育资金须用于高新技术企业要求的技术创新，重点用于开展新产品、新技术、新工艺、新业态创新及有关人才奖励。

第五章 监督管理与服务

第十六条 加大高新技术企业培育工作指导培训。省科技厅负责对各设区市科技部门具体工作人员的业务培训，各设区市科技部门对入库企业进行培训，重点包括研发费用辅助账设置、自主知识产权的挖掘与保护、高企相关政策解读等内容，提升企业家的创新意识，使企业在科技创新、成果转化、团队建设等方面得到提升。各设区市加强高新技术企业认定申报政策、入库培育政策的宣传，扩大政策知晓度和影响力。

第十七条 省科技厅建立并完善高新技术企业培育库信息管理系统，加强对入库企业的动态管理，及时分析和完善高新技术企业培育工作。

第十八条 各设区市科技部门要加强对入库企业的跟踪与监督，对不符合入库条件的，及时报请省科技厅予以出库；对有下列情况之一的，取消其培育资格，按规定收回培育资金，并报省科技厅、省财政厅：

（一）在入库申请过程中存在严重弄虚作假行为的；

（二）培育期间发生重大安全、重大质量事故或有严重环境违法行为的；

（三）培育期间发生严重科研失信或严重社会失信行为的。

第十九条 参与省高新技术企业培育库入库评选、管理工作的各类机构和人员对所承担工作负有诚信以及合规义务，并对申报入库企业的有关资料信息负有保密责任。对违反者，将参照国家《高新技术企业认定管理办法》及《高新技术企业认定管理工作指引》等有关规定进行处理。

第二十条 对申请纳入省高新技术企业培育库的企业实施信用承诺制度。企业须对申报材料的真实性以及资金使用管理做出承诺，做出虚假承诺的将记入不良信用记录；同时，企业要自觉接受科技、财政、审计、监察等部门的监督监察，严格执行财务规章制度和会计核算办法。

第二十一条 对违反财经纪律，弄虚作假、截留、挪用、挤占资金等行为，依照《中华人民共和国预算法》、《财政违法行为处罚处分条例》、《江苏省财政监督条例》等有关法律、法规和规章，对相应的违法违规行为予以处理、处罚，依法追究有关单位及其相关人员责任，并视情况提请同级政府进行行政问责。

第六章 附则

第二十二条 本办法由省财政厅会同省科技厅负责解释。

第二十三条 本办法自 2019 年 12 月 9 日起施行，有效期至 2021 年 12 月 31 日。原《江苏省高新技术企业培育资金管理办法（试行）》（苏财规〔2018〕12 号）同时废止。

省科技厅关于印发《江苏省科技计划项目信用管理办法》的通知

(苏科技规〔2019〕329号)

各设区市、县(市)科技局，省有关部门，各有关单位：

为进一步加强科研诚信建设，营造诚实守信的良好科研环境，提高省科技计划项目相关责任主体的信用意识与信用水平，根据《中华人民共和国科学技术进步法》《江苏省科学技术进步条例》《关于加快推进社会信用体系建设构建以信用为基础的新型监管机制的指导意见》(国办发〔2019〕35号)、《国家科技计划(专项、基金等)严重失信行为记录暂行规定》(国科发政〔2016〕97号)、《科研诚信案件调查处理规则(试行)》(国科发监〔2019〕323号)、《关于进一步加强全省科研诚信建设的实施意见》(苏办〔2019〕39号)等规定，省科技厅修订了《江苏省科技计划项目信用管理办法》。现印发给你们，请遵照执行。

附件：江苏省科技计划项目信用管理办法

江苏省科学技术厅
2019年12月10日

江苏省科技计划项目信用管理办法

第一章 总则

第一条 为进一步加强科研诚信建设，营造诚实守信的良好科研环境，提高省科技计划项目相关责任主体的信用意识与信用水平，根据《中华人民共和国科学技术进步法》《江苏省科学技术进步条例》《关于加快推进社会信用体系建设构建以信用为基础的新型监管机制的指导意见》(国办发〔2019〕35号)、《国家科技计划(专项、基金等)严重失信行为记录暂行规定》(国科发政〔2016〕97号)、《科研诚信案件调查处理规则(试行)》(国科发监〔2019〕323号)、《关于进一步加强全省科研诚信建设的实施意见》(苏办〔2019〕39号)等规定，制定本办法。

第二条 本办法适用于参与省科技计划项目的相关责任主体，包括省科技计划项目承担(申请)单位、项目承担(申请)人员、项目咨询评审专家、第三方中介服务机构，以及受省科技厅委托履行相关管理职能的项目主管部门及项目管理专业机构。

第三条 省科技计划项目科研诚信管理是省科技厅对相关责任主体在参与省科技计划项目过程中践行承诺、履行义务、奉行准则的诚信程度进行客观记录、公正评价，并据此进行相关管理和决策的工作。

第二章 信用管理内容

第四条 省科技计划项目科研诚信管理内容涵盖与省科技计划项目实施相关的各环节和全过程。

第五条 省科技计划项目科研诚信管理工作主要内容包括：

（一）项目组织与申报管理。对项目主管部门、项目管理专业机构在项目组织、审核以及推荐等行为中的信用情况进行记录和评价；对项目申请单位和申请人员遵守项目申报有关规定、履行信用承诺等行为中的信用情况进行记录和评价；对第三方中介服务机构出具相关证明材料等行为中的信用情况进行记录和评价。

（二）立项管理。对项目主管部门、项目管理专业机构、项目申请单位及申请人员、咨询评审专家、第三方中介服务机构在项目的立项咨询、评审、论证和现场考察等工作中的信用情况进行记录和评价。

（三）实施管理。对项目承担单位和项目承担人员在项目组织实施、经费落实和使用、信息报送等主体责任落实行为中的信用情况，以及项目主管部门、项目管理专业机构在项目实施管理和监督工作中的信用情况进行记录和评价。

（四）验收管理。对项目承担单位和项目承担人员在提交项目验收材料、项目经费决算或审计报告等行为中的信用情况，以及项目主管部门、项目管理专业机构、咨询评审专家、第三方中介服务机构等在项目验收工作中的信用情况进行记录和评价。

（五）绩效管理。对项目主管部门、项目管理专业机构、项目承担单位（人员）、第三方中介服务机构和咨询评审专家在绩效评价、评估工作过程中的信用情况进行记录和评价。

（六）其他。对省科技计划项目相关责任主体在实施和参与项目过程中与项目相关的其他信用情况进行记录和评价。

第三章 信用记录与评价

第六条 省科技厅对相关责任主体的信用情况进行记录。记录内容包括基本信息、良好信用及不良信用行为。

第七条 基本信息指相关责任主体的身份信息和与省科技计划项目相关的信息，包括单位统一社会信用代码、个人身份证号码，以及省科技计划项目的计划类别、项目编号、项目名称、实施期限等。

第八条 良好信用行为是指相关责任主体在参与省科技计划项目过程中，遵守省科技计划管理有关规定和要求、项目合同，奉行科研行为准则和科技管理工作准则，恪守科研伦理和职业道德、履行科研诚信承诺等守信行为。

第九条 不良信用行为是指相关责任主体在参与省科技计划项目过程中，存在有关人员职称、简历以及研究基础等方面提供虚假信息，抄袭、剽窃他人科研成果，捏造或篡改科研数据、编报虚假预算或项目材料、单位财务数据，违反告知承诺等承诺事项，编报虚假项目验收材料、知识产权证明、项目经费决算和项目绩效数据，采取贿赂或变相贿赂、造假、故意重复申报等不正当手段获取省科技计划项目承担资格，恶意串通，截留、挤占、挪用、转移科技经费，违反国家相关法律法规、违反财经纪律、违反项目任务书（合同、协议书）的约定等违反省科技计划项目管理规定要求、违反科研伦理、违反职业道德，以及违法违纪的行为。

第十条 不良信用行为分为一般失信行为和严重失信行为。

第十一条 省科技厅依据不同责任主体参与省科技计划项目活动的情况，对项目承担（申请）单位、项目承担（申请）人员、咨询评审专家、第三方中介服务机构和项目主管部门、项目管理专业机构分别进行信用评价，归入相应责任主体信用档案。

第十二条 在省科技计划项目实施过程中出现以下情况，根据宽容失败原则，经省科技厅审核后,不记入不良信用行为记录。

(一)未达到合同约定的验收条件,但开展了实质性研发活动并取得了一定的研究进展和成果,且经费使用基本合规的项目,予以总结结题处理的;

(二)对已勤勉尽责、但因技术路线选择失误导致难以完成预定目标而终止项目的;

(三)完成项目任务所需的资金、原材料、人员、支撑条件等因客观原因未落实或发生改变导致项目无法正常实施的;

(四)政策或市场发生重大变化等客观原因导致项目终止或无法实施的;

(五)项目为事前立项事后补助类建设项目,因客观原因在规定时间内未完成目标建设任务的;

(六)因外方合作单位在合作过程中退出或不履行合作协议导致项目无法正常实施的;

(七)因其他不可抗因素导致项目无法正常实施的。

第四章 信用评价结果应用

第十三条 信用评价为良好信用,且如期完成省科技计划项目和取得显著成效的,省科技厅在省科技计划项目立项、组织申报国家科技计划项目时同等条件下对相关主体予以优先。

第十四条 信用评价为一般失信和严重失信,根据情节轻重对相关责任主体采取以下处理措施:

(一)项目承担(申请)单位。采取诫勉谈话、责令限期整改、一定范围或公开通报批评、暂停省科技计划项目执行和财政性资金拨款、终止省科技计划项目执行并追回已拨付财政性资金、阶段性或永久取消承担省科技计划项目资格等处理措施;情节较重的,取消3年以内资格;情节严重的,取消3到5年资格;情节特别严重的,取消5年以上直至永久资格。上述处理措施可合并使用。

(二)项目承担(申请)人员。采取诫勉谈话、责令限期整改、一定范围或公开通报批评、暂停或撤销省科技计划项目承担资格、阶段性或永久取消承担或参与省科技计划项目资格等处理措施;情节较重的,取消3年以内资格;情节严重的,取消3到5年资格;情节特别严重的,取消5年以上直至永久资格。上述处理措施可合并使用。

(三)咨询评审专家。采取诫勉谈话、一定范围或公开通报批评、阶段性或永久取消参与省科技计划项目咨询评审资格等处理措施;情节较重的,取消3年以内资格;情节严重的,取消3到5年资格;情节特别严重的,取消5年以上直至永久资格。上述处理措施可合并使用。

(四)第三方中介服务机构。采取诫勉谈话、责令限期整改、一定范围或公开通报批评、阶段性或永久取消参与省科技计划项目服务资格等处理措施;情节较重的,取消3年以内资格处理措施;情节严重的,取消3到5年资格;情节特别严重的,取消5年以上直至永久资格。上述处理措施可合并使用。

(五)项目主管部门。采取诫勉谈话、责令限期整改、一定范围或公开通报批评,限制相关类别省科技计划项目申报名额、取消3年内申报相关类别省科技计划项目资格等处理措施。追究相关项目主管部门直接负责的主管人员和其他直接责任人员责任,取消其一定期限内省科技计划项目的管理资格,具体年限与被处理项目主管部门保持一致。上述处理措施可合并使用。

(六)项目管理专业机构。采取诫勉谈话、责令限期整改、一定范围或公开通报批评、暂停拨付管理资金、阶段性或永久取消省科技计划项目管理资格等处理措施;情节较重的,取消3年以内资格；情节严重的，取消 3 到 5 年资格；情节特别严重的，取消 5 年以上直至永久资格。追究相关项目管理专业机构直接负责的主管人员和其他直接责任人员责任，取消其一定期限内省科技计划项目的管理资格，具体年限与被处理项目管理机构保持一致。上述处理措施可合并使用。

第十五条 给予有关责任主体一定期限取消相关资格处理的，对其在单位内部或系统通报批评，并记入科研诚信严重失信行为数据库，按照国家有关规定纳入信用信息系统，并提供相关部门依法依规对有关责任主体实施失信联合惩戒。

第五章　信用管理工作机制

第十六条 省科技计划项目科研诚信管理的依据主要包括项目指南、项目合同、计划任务书与委托协议书、项目预算书、省级科技专项资金管理办法、科技计划相关管理制度与政策法规等。

第十七条 实行信用承诺制度。在组织申报、评审、立项、验收、绩效评价以及评估过程中，项目承担（申请）单位、项目承担（申请）人员、咨询评审专家以及第三方中介服务机构和项目主管部门、项目管理专业机构应签署信用承诺书，明确各自承诺事项和违背相关承诺的责任。

第十八条 作出处理决定前，省科技厅书面告知有关责任主体拟作出处理决定的事实、理由及依据，并告知其依法享有陈述与申辩的权利。有关责任主体没有进行陈述或申辩的，视为放弃陈述与申辩的权利。有关责任主体作出陈述或申辩的，充分听取其意见。

第十九条 有关责任主体对处理决定不服的，可按照有关程序书面提出申诉和复查申请，写明理由并提供相关证据或线索，省科技厅按相关规定进行复查，并反馈复查决定。

第二十条 实行信用记录名单动态调整机制，对处理处罚期限届满的相关责任主体，及时移出失信记录名单。

第二十一条 项目主管部门和项目管理专业机构受省科技厅委托，在职责范围内配合省科技厅开展科技信用情况的收集、记录和失信行为的调查处理。

第六章　附则

第二十二条 省其他科技专项资金、科学技术奖励、高新技术企业认定等科技行政管理工作中的信用管理结合实际参照本管理办法执行。

第二十三条 本办法由省科技厅负责解释。

第二十四条 本办法自 2020 年 1 月 10 日起执行，原《江苏省科技计划项目相关责任主体信用管理办法（试行）》（苏科计发〔2013〕297 号）同时废止。

关于印发《江苏省科技创新券试点方案》的通知

(苏科机发〔2020〕206号)

各设区市、县（市）科技局、财政局，国家和省级高新区管委会，省有关部门，高等学校、科研院所，各有关单位：

为深入贯彻落实《国务院办公厅关于推广第三批支持创新相关改革举措的通知》（国办发〔2020〕3号）和江苏省委、省政府《关于深化科技体制机制改革推动高质量发展若干政策》（苏发〔2018〕18号）精神，充分发挥科技创新券政策引导作用，促进科技资源开放共享，激发中小企业创新活力，营造良好创新创业生态，省科技厅、省财政厅共同研究制定了《江苏省科技创新券试点方案》。现印发给你们，请认真组织贯彻执行。

附件：江苏省科技创新券试点方案

江苏省科学技术厅　江苏省财政厅
2020年7月28日

江苏省科技创新券试点方案

为贯彻落实《国务院办公厅关于推广第三批支持创新相关改革举措的通知》（国办发〔2020〕3号）关于科技创新券跨区域"通用通兑"政策协同机制的要求，加强对长三角一体化发展和苏南国家自主创新示范区等国家战略的服务支撑，充分发挥科技创新券政策引导作用，促进省内外优质科技创新资源对我省中小企业和创新创业团队开放共享服务，进一步降低创新创业成本，激发中小企业创新活力，营造良好创新创业生态，特制定本方案。

本方案所称江苏省科技创新券（简称省创新券）主要指利用省级财政资金后补助方式，引导国家和省级科技创新基地、高等学校、科研院所、专业化机构等科技服务机构开放创新资源，为本省科技型中小企业［符合《科技型中小企业评价办法》（国科发政〔2017〕115号）备案要求，并取得相应年度入库登记编号，简称企业］的创新创业活动提供大型科学仪器共享和检验检测等科技服务，对企业购买科技服务给予相应补助。

一、工作思路、基本原则及主要目标

（一）工作思路以习近平新时代中国特色社会主义思想为指导，以促进中小企业创新创业、强化科技资源共享服务为核心，按照"服务优先、统一平台、省市联动、试点先行"的原则，协同构建省、市联动的创新券政策体系，充分激发创新券政策效力和中小企业创新活力，为建设高质量创新型省份提供环境支撑。

（二）基本原则

1.服务优先、简化流程。按照省创新券企业申领、机构兑付，地方直接资助本地企业的方式执行，简化操作流程，为各类主体提供便捷服务，让企业和机构有实实在在的获得感。

2.统一平台、科学管理。采取电子券形式实施创新券,依托江苏省科技资源统筹服务云平台(简称云平台)统一提供全流程线上管理与服务。

3.多级联动、协同支持。充分调动地方积极性,鼓励有条件的设区市、县(市)、省级以上高新区,特别是苏南自创区内国家高新区(园)设立本级创新券,与省创新券开展协同支持。

4.试点先行、逐步推广。按照自愿原则,在支持对象、支持范围、联动地区等方面开展分步试点,总结经验,逐步推广。

(三)主要目标

省创新券重点与苏南自主创新示范区内国家高新区(园)开展联动,以大型科学仪器共享、检验检测服务为试点,面向长三角地区汇聚一批服务水平和社会信誉度高的科技服务机构,惠及省内一批科技型中小企业,进一步降低企业研发创新成本,科技创新要素流动和技术交易更趋活跃。

二、主要流程

省科技资源统筹服务中心(简称省统筹中心)具体负责创新券全流程管理与服务工作。主要流程如下:

(一)服务机构入库。按照"全国使用,江苏兑付"要求,建立江苏省科技创新券服务机构(简称服务机构)库,入库的服务机构注册地无地域限制。高等学校(含二级学院)、科研院所、重大科研基础设施、国家和省级(重点)实验室、大型科学仪器中心、分析测试中心、国家和省级科技资源共享服务平台可优先入库,其他具备专业服务能力和相应服务资质的服务机构,经审核通过后入库。入库的服务机构在云平台发布相关科技服务。

(二)地区联动承诺。有意愿参加联动的设区市、县(市)、省级以上高新区(简称联动地区)科技主管部门向省统筹中心提供1:1资助联动承诺。

(三)企业注册。符合条件的企业登录云平台进行一次性注册,按要求上传相关证明材料,联动地区科技主管部门进行审核。

(四)省创新券申领。注册通过的企业登录云平台,领取省创新券。每家企业每年领取省创新券的额度不超过10万元,省创新券额度当年有效,可分多次使用。

(五)省创新券使用。企业接受服务机构科技资源服务,在线确认服务合同后,在订单支付环节直接使用省创新券抵扣支付实际服务金额的25%,仅需向服务机构支付扣除省创新券后的余款。省创新券使用以本年度预算资金总额为限、先用先得。

(六)省创新券兑付。服务机构完成对企业的服务后,在线提交兑付申请,上传服务合同、交易发票、银行流水等相关证明材料。原则上,省创新券按季度进行集中兑付。

(七)审核及公示。省统筹中心定期对兑付申请材料进行核准,并在云平台公示省创新券兑付清单(含受惠企业),公示期为5个工作日。

(八)资金拨付。在公示无异议后,省统筹中心将省创新券补助资金拨付至服务机构;联动地区将地方资助经费拨付至相应企业,原则上,应在省创新券资金兑付之后的3个月内完成拨付。

(九)绩效奖励。每年底,省统筹中心对参与省创新券政策服务的省内优秀服务机构,依据其年度累计涉及创新券服务实际总额和服务效益给予最高不超过5%的奖励,同一法人单位年度累计奖励金额不超过50万元。

三、保障措施

（一）组织领导。省科技厅、省财政厅共同组织实施省创新券工作。省科技厅负责创新券制度设计、执行经费预算、管理和监督创新券的使用、开展绩效评价等；省财政厅负责从省级科技计划专项资金中统筹落实省创新券相关资金、对资金执行情况进行监督、开展绩效管理等；省科技厅、财政厅委托省科技资源统筹服务中心负责创新券全流程管理与服务工作。联动地区科技主管部门负责企业的审核，按照一定比例与省创新券联动支持本区域企业，并指定专门机构负责配合开展地方联动资金的审核发放工作。

（二）技术与数据支撑。云平台应充分利用互联网、大数据、区块链等技术，实现创新券的发放、申领、使用、审核、兑付、监管等全流程线上管理与服务；创新券服务数据应作为大型科学仪器等开放服务绩效考核的重要依据，对省级科技创新平台、科技服务机构的绩效评估，应将创新券服务业绩作为重要考核指标。

（三）监管保障。强化信用管理，对于联动地区科技主管部门、企业和服务机构均实行信用承诺制度，建立随机抽查机制，提高监管处罚力度。对利用创新券骗取财政资金的企业和服务机构，省财政厅将根据《财政违法行为处罚处分条例》，视情节轻重给予相应处罚；对服务机构存在被企业多次（三次及以上）投诉服务质量和违规等行为的，以及被列入失信黑名单的，将按照有关程序撤销其入库的资格；对不履行联动承诺的联动地区，将其撤出联动地区名单，并按照省科技计划项目信用管理相关规定执行。

第十九章 浙江省科研项目和资金管理法规政策

浙江省人民政府办公厅转发省科技厅、省财政厅《关于改进加强省级财政科研项目和资金管理若干意见》的通知

（浙政办发〔2014〕148号）

各市、县（市、区）人民政府，省政府直属各单位：

省科技厅、省财政厅制定的《关于改进加强省级财政科研项目和资金管理的若干意见》已经省政府同意，现转发给你们，请遵照执行。

浙江省人民政府办公厅

2014年12月16日

关于改进加强省级财政科研项目和资金管理的若干意见

省科技厅　省财政厅

为贯彻落实党的十八大和省委十三届历次全会精神，深入实施创新驱动发展战略，建立适应科技创新规律和市场机制的科技管理体制，形成统筹协调、科学规范、公开透明、监管有力的科研项目和资金管理机制，参照《国务院关于改进加强中央财政科研项目和资金管理的若干意见》（国发〔2014〕11号），提出如下意见。

一、加强科技管理和资金配置的统筹协调

（一）建立健全统筹协调的科技管理机制。省科技行政主管部门要发挥对全省科技工作的规划引领和统筹协调作用，根据我省经济社会发展的需求、科技创新工作基础和产业发展布局，提出引领未来的科技发展规划和优先发展领域，加强全省科技政策、科研项目安排和管理的顶层设计，对科技重大问题、重大事项、重点工作与有关行业主管部门充分沟通、协商，统筹形成年度科技计划（专项、基金）重点工作安排和部门分工建议方案，经省科技体制改革和创新体系建设领导小组审议通过后，分工落实、协同推进。

（二）优化整合省级科技计划（专项、基金）。根据我省经济社会发展的战略需求和深化科技体制机制改革、提高财政科技资金绩效等各项要求，科学设置并梳理整合省级科技计划（专项、基金），明确各类科技计划（专项、基金）的功能定位、实现目标和实施期限。对支持领域较窄、

实施目标重合、实施绩效不明显的，通过撤、并、转、退等方式进行整合、优化。对面向社会、面向企业、面向高等院校和科研院所的科学探索、公益技术与关键共性技术、研发成果转移转化和科研载体、科研人才类科技计划（专项、基金），一般采用竞争性分配方式；对面向市县的引导类、激励性、奖励性科技计划（专项、基金）以及定项、定额类营造环境为主的科技计划（专项、基金），原则上按因素法分配。在完善各类科技计划（专项、基金）管理办法的基础上，建立绩效评估、动态调整和终止机制。

二、实行科研项目分类管理

（三）基础前沿科研项目突出创新导向。基础、前沿类科研项目要立足原始创新，鼓励自由探索，尊重专家意见，充分发挥科研人才的积极性和创造性，通过同行评议、公开择优的方式确定研究任务和承担者。高等院校、科研院所要利用自身的资源、特点、优势，结合学科发展，积极开展基础研究，划出部分资金自主确定科研项目。加大对青年科研人员的支持力度。引导支持企业增加基础研究投入，与高等院校、科研院所联合开展基础研究，推动基础研究与应用研究的紧密结合。

（四）公益性科研项目聚焦重大需求。公益性科研项目要重点解决制约公益性行业发展的科技问题和产业发展的共性技术问题，突出需求导向和应用导向。重点围绕农业新品种选育、病虫害防治、大气雾霾治理、人口健康、自然灾害预警、公共安全、"五水共治"、智慧城市建设等公益性行业重大科技问题，行业主管部门要充分发挥组织协调作用，提高项目的系统性、针对性和实用性，促进科技成果惠及民生，服务社会公益事业的发展。

（五）市场导向类项目突出企业主体。明晰政府与市场的边界，通过制定政策、营造环境，引导企业成为技术创新决策、投入、组织和成果转化应用的主体。政府引导或支持企业开展的创新活动和实施的创新项目，由企业提出技术需求、确定研发方向、组织要素配置。明确申报省级财政科研项目的企业资质及科研能力、科研投入、科研人才等方面的要求，引导企业加大投入，提升自主创新能力，促进企业自主研发和转化科研成果，形成主要由市场决定技术创新项目、资金分配、评价结果的机制和企业主导项目组织实施的机制。

（六）重大项目突出战略导向。省科技行政主管部门要会同有关部门围绕经济社会发展的重大技术需求，跟踪技术发展前沿，加强主动设计，聚焦攻关重点，明确攻关目标，组织优势资源联合攻关，并在任务书中明确考核指标，合力解决新兴产业和高新技术产业发展的关键核心问题，为经济转型升级提供技术支撑。深入实施产业技术创新综合试点，围绕做强产业链、部署创新链，突破核心关键技术，开发战略性产品和标志性产品。

三、改进科研项目管理流程

（七）改进项目指南制定和发布机制。项目主管部门要结合各类科技计划（专项、基金）的特点，编制实施方案和项目指南。要充分吸收科研单位、企业、相关部门、高等院校、地方政府、协会、学会等有关方面意见和建议，并建立由各方参与的项目指南论证机制。每年固定时间向社会公开发布下一年度项目指南，并广泛宣传，自项目指南发布日至项目申报受理截止日，原则上不少于50天，以保证科研人员有充足时间申报项目。市场导向类项目指南要充分体现产业需求，大力拓展利用市场机制选择项目的途径，善于从风险资本、创业资本投资的项目及创新大赛项目和引进人才团队携带的技术成果中发现值得支持的优秀项目。

（八）完善项目立项评审程序。建立科研项目立项检索制度，避免重复立项、重复支持或重复投入，并与市、县（市、区）政府及行业主管部门形成联动。建立公开透明、公平公正、科学评价的项目立项评审机制，全面推行科研项目网上申报、网上与网下评审结合、网上公示等制度，逐步实现项目立项全程在线化、规范化、公开化管理，做到可申诉、可查询、可追溯。科学安排各类科技计划（专项、基金）项目的评审节奏，从受理项目申请到反馈立项结果原则上不超过120个工作日，并按规定建立下一年度项目库；注重项目绩效管理，在项目申报和评审过程中关注项目绩效目标的编制及其可行性、合理性和有效性。规范评审专家队伍管理和评审专家行为。应对突发公共事件应急启动的科研项目，可按照省政府统一工作部署，由省科技行政主管部门会同行业主管部门、财政部门采取简易程序安排项目立项。

（九）明确项目过程管理职责。强化项目实施的过程监管。项目承担单位要强化法人责任意识，负责抓好项目实施，规范科技经费管理和使用；要主动做好自查工作，及时通过项目管理系统提交中期实施报告，明示项目的实施进展、阶段性研究成果、经费使用等情况。对稳定性支持的科技项目，项目主管部门和依托单位要加强对项目的动态评估，根据实施进展和绩效情况及时调整支持强度和方向。要充分发挥市、县（市、区）有关部门和项目归口管理部门在项目过程管理中的作用，协调解决实施中出现的新情况新问题，认真做好放权管理的相关事项，履行好项目执行统计、绩效评估等工作。省科技行政主管部门要会同省财政部门组织开展项目实施和经费使用的巡视检查或抽查，构建常态化监督检查机制，对实施不力的要加强督导，对存在违规行为的要责成项目承担单位限期整改，对问题严重的要暂停项目实施。

（十）加强项目验收和结题管理。项目完成后，项目承担单位要按照省科技计划项目验收管理、省级科技计划项目验收财务审计管理等有关规定，做好项目验收或结题的准备工作，编制项目决算，完成财务审计，由省科技行政主管部门组织验收。对支持强度较小或通过专项性一般转移支付由市、县（市、区）安排的科研项目，可委托项目归口管理部门或市、县（市、区）科技行政主管部门组织验收。项目验收可采用同行评议、第三方评估和用户测评方式进行，探索科技项目标准化评价替代部分科技项目验收工作。项目验收结果纳入省级科技报告。无特殊原因逾期6个月未提出验收申请的，按不通过验收处理。省科技行政主管部门、项目归口管理部门应当加强验收和结题审查，严把验收和审查质量。省科技行政主管部门应当对委托实施的项目验收工作，提出质量标准要求并进行抽查，验收质量不高的，取消其委托验收资格。

四、改进科研项目资金管理

（十一）规范项目预算编制。科研项目申请单位要根据项目研究计划、任务需求和自身财力，实事求是地编制项目预算，并按照省级科技研发和成果转化项目经费管理、省科技计划项目经费预算评审等规定的科研项目开支范围和支出标准，精确细化项目预算。项目预算编制要体现项目绩效目标的相关性、政策相符性、经济合理性，对跨年度科研项目要编制项目总预算和分年度经费预算，并说明资金来源。建立仪器设备资源共用共享机制，严格专用设备的采购预算审核，通用共用设备、常规办公设备和本单位或本地友邻单位已有专用设备不得进入采购预算。合作研发的项目，应对合作单位资质及拟外拨资金进行重点说明。

（十二）严格直接费用支出管理。按照省级科技研发和成果转化项目经费管理等有关规定和项目研究需要，科学界定直接费用中各科目支出的范围。严格控制会议费、差旅费、合作协作与交流费中的出国（境）费等三项支出，项目实施中发生的三项支出之间允许调剂使用，但不得突破三项支出预算总额。直接费用中人员劳务费不设比率限定，发放对象为直接参加项目研究、没有工资性收入的相关人员及临时聘用人员等，发放标准应当结合当地实际以及相关人员参与项目的全时工作时间等因素合理确定。劳务费开支范围包括项目临时聘用人员社会保险补助。

（十三）完善间接费用支出管理。项目承担单位应当按照省级科技研发和成果转化项目经费管理等有关规定，建立健全间接费用的内部管理办法，合规合理使用间接费用，结合一线科研人员实际贡献公开公正安排激励支出，充分体现对科研人员脑力劳动价值的认可和激励。项目承担单位不得在核定的间接费用以外再以任何名义在项目资金中重复提取、列支相关费用。

（十四）改进项目结转结余资金管理。加快科技资金使用和科研项目执行进度。项目在研期间，年度剩余资金结转下一年度继续使用，超过预算确定期限1年以上的剩余资金原则上由财政部门收回，对因客观原因导致或合同期限未满的项目，由项目承担单位的财务主管部门向财政部门申请返还。科研项目实施完成、项目终止或撤销形成的结余资金，收归财政部门统筹安排。其中项目完成任务目标并通过验收，且项目承担单位信用评价好的，项目结余资金可申请返还，在一定期限内由项目承担单位统筹安排用于科研活动或奖励给项目组进行持续研究，并将使用情况报项目主管部门备案；未通过验收或整改后通过验收的项目，或项目承担单位信用差的，结余资金不再返还。上级专项转移支付安排形成的结转、结余资金，按上级资金管理办法的规定执行。

（十五）创新支持市、县（市、区）科技专项资金管理。由省科技行政主管部门统筹全省科技资源，按规定程序立项，在市、县（市、区）企业实施的项目，通过专项转移支付形式下达科技专项资金，由市、县（市、区）财政及时拨付给项目承担单位。对可由放权市、县（市、区）为主实施的项目，通过专项性一般转移支付形式下达科技专项资金，给予市、县（市、区）在项目立项等方面更大的自主权，同时承担项目管理和资金及绩效管理的责任。各市、县（市、区）科技、财政部门要加强对上述资金的管理，按照省级科技计划实施目标和专项资金管理要求，建立项目储备库，加强资金拨付（分配）管理，做好管理信息公开工作。各市、县（市、区）财政部门要按照"谁用款、谁担责"的原则，加强对项目实施绩效的评估考核，不得截留、挪用、挤占省级下达的科技专项资金。省科技、财政部门要加强对下达市、县（市、区）专项资金使用的监督检查，发现截留、挪用、挤占等情况的，要及时追回资金，并取消其下一年度相关省级资金安排。

五、加强项目执行和资金监管

（十六）规范科研项目资金使用行为。项目承担单位、项目负责人和科研人员要依法依规使用项目资金，不得擅自调整外拨资金，不得利用虚假票据套取资金，不得通过编造虚假合同、虚构人员名单等方式虚报冒领劳务费和专家咨询费，不得通过虚构测试化验内容、提高测试化验支出标准等方式违规开支测试化验加工费，不得随意调账变动支出、随意修改记账凭证、以表代账应付财务审计和检查。项目承担单位要建立健全科研和财务管理等相结合的内部控制制度，规范项目资金管理，在职责范围内及时审批项目预算调整事项。对于从省级财政以外渠道获得的项目资金，按照有关财务会计制度规定以及相关资金提供方的具体要求管理和使用。

（十七）改进科研项目资金结算方式。高等院校、科研院所等事业单位及学会、协会等社会团体承担项目所发生的会议费、差旅费、小额材料费和测试化验加工费等，要按规定实行"公务卡"结算，不具备"公务卡"结算条件的要实行转账结算；企业承担的项目，上述支出也应当采用非现金方式结算。项目承担单位对设备费、大宗材料费和测试化验加工费、劳务费、专家咨询费等支出，原则上应当通过银行转账方式结算。因国际科技合作需要，在项目实施期间发生的出国（境）经费，应按规定履行报批手续。

（十八）完善科研信用管理。建立覆盖指南编制、项目申请、评估评审、立项、执行、验收全过程的科研信用记录制度。由项目主管部门委托专业机构对项目承担单位和科研人员、评估评审专家、中介机构等参与主体进行信用评级，并按信用评级实行分类管理。各项目主管部门应当共享信用评价信息。建立"黑名单"制度，将严重不良信用记录者记入"黑名单"，阶段性或永久取消其申请省级财政资助项目或参与项目管理的资格。

（十九）加大对违规行为的惩处力度。建立完善覆盖项目决策、管理、实施主体的逐级考核问责机制。省科技、财政部门要加强科研项目和资金监管工作，严肃处理违规行为，按规定采取通报批评、暂停项目拨款、终止项目执行、追回已拨项目资金、取消项目承担者一定期限内项目申报资格等措施，并将有关结果向社会公开，对涉及违法的移交司法机关处理。建立责任倒查制度，针对出现的问题倒查项目主管部门相关人员的履职尽责和廉洁自律情况，经查实存在问题的依法依规严肃处理。

六、加强相关制度和信息平台建设

（二十）建立健全科研项目信息公开制度。除涉密及法律法规另有规定外，省科技行政主管部门、项目归口管理部门要按规定向社会公开科研项目的立项信息、验收结果和资金安排情况等，接受社会监督。项目承担单位要在单位内部公开项目立项、主要研究人员、资金使用、大型仪器设备购置以及项目研究成果等情况，接受内部监督。根据省科技项目经费使用信息公开管理的规定，高等院校、科研院所在项目立项、执行中期和项目验收等环节，对项目执行及经费使用信息进行公开，接受社会监督；承担省级财政资助科技项目的企业实行主动报告制度，要求每半年向所属市县科技行政主管部门报告项目执行及经费落实和使用情况。

（二十一）建立省级科技报告制度。省科技行政主管部门要会同有关部门对接国家科技报告，制订科技报告的标准和规范，建立全省科技报告共享服务平台，实现科技资源持续积累、完整保存和开放共享。对省级财政资金支持的科研项目，项目承担者必须按规定提交科技报告，科技报告提交和共享情况作为对其后续支持的重要依据。在各类省级科技计划（专项、基金）设立周期结束后，由省科技行政主管部门会同省财政部门进行阶段性、整体性绩效评价，形成科技报告报省政府，并提出对该科技计划（专项、基金）继续执行或终止执行的评估结论和建议，作为下一年度部门预算科技专项资金安排依据。

（二十二）改进专家遴选制度。充分发挥专家在项目评审中的作用，提高项目评审结果的客观性、公正性和科学性。项目评估评审要以同行专家为主，吸收省外专家参与，评估评审专家中一线科研人员的比例应当达到75%左右。扩大企业专家、风险投资人参与市场导向类项目评估评审的比重。探索建立项目省际交叉评审机制，完善重大科技专项专家组制度。建立省级专家数据库，实行评估评审专家轮换、调整机制和回避制度，面向市县开放共享。对采用视频或会议方式评审的，公布专家名单，强化专家自律，接受同行质询和社会监督；对采用通讯方式评审的，评审前专家名单严格保密，保证评审公正性。

（二十三）完善激发创新创造活力的相关制度和政策。完善科研人员收入分配政策，健全与岗位职责、工作业绩、实际贡献紧密联系的分配激励机制。健全科技人才流动机制，鼓励高等院校、科研院所与企业创新人才双向交流，完善兼职兼薪管理政策。加快推进事业单位科技成果使用、处置和收益管理改革，完善和落实促进科研人员成果转化的收益分配政策。加强知识产权运用和保护，落实激励科技创新的税收政策，推进科技评价和奖励制度改革，制订导向明确、激励约束并重的评价标准，充分调动项目承担单位和科研人员的积极性、创造性。

（二十四）建设覆盖全省的科技管理信息系统。省科技行政主管部门要进一步完善现有省级各类科技计划（专项、基金）科研项目数据库，建设科技云平台，按照统一的数据结构、接口标准和信息安全规范，对接市县、省级部门科技项目数据库，逐步对接国家科技管理信息系统，实现互联互通，形成上下贯通、覆盖全省的科技计划（专项、基金）项目数据管理信息系统，并向社会开放服务。

七、明确和落实管理职责

（二十五）项目承担单位要强化法人责任。项目承担单位是科研项目实施和资金管理使用的责任主体，要切实履行在项目申请、组织实施、验收和资金使用等方面的管理职责，加强支撑服务条件建设，提高对科研人员的服务水平，建立常态化的自查自纠机制，严肃处理本单位出现的违规行为。科研人员要弘扬科学精神，恪守科研诚信，强化责任意识，严格遵守科研项目和资金管理的各项规定，自觉接受有关方面的监督。

（二十六）有关部门要落实管理和服务责任。省科技行政主管部门要充分发挥牵头抓总的作用，加强与相关部门的沟通协调，根据科技体制机制改革要求，完善科技计划体系，统筹管理好各类科技计划（专项、基金）和科研项目，监督项目实施和资金使用行为，并加强对市县科技工作的指导和服务。省财政部门要会同有关部门根据财税改革要求，尽快制订或修订各类科技专项资金管理制度，完善省级科技专项资金竞争性分配、对市县补助资金因素法分配等管理方式，督促预算执行进度，强化项目资金的事中、事后管理，评估资金使用绩效。各项目归口管理部门要建立健全本部门内部控制和监管体系，加强对所属单位科研项目实施和资金管理内部制度的审查，督促指导项目承担单位和科研人员依法合规开展科研活动，做好经常性的政策宣传、培训和科研项目实施中的服务工作。

浙江省科学技术厅关于印发《浙江省科技计划专项、基金项目实施及经费管理使用监督检查办法》的通知

（浙科发计〔2017〕95号）

各市、县（市、区）科技局（委），各高等学校、科研院所、有关单位：

为了加强对我省科技计划（专项、基金）项目实施及其经费管理使用的监督检查，提高科技计划项目实施质量和科技经费使用效益，根据国家、省有关科技经费管理办法、相关财经法律法规和全面推行"双随机"监管工作的要求，我厅对《浙江省科技计划项目实施及经费管理使用监督检查办法试行》进行了修订并经厅务会审议通过，现印发给你们，请严格遵照执行。

2017年6月28日

浙江省科技计划（专项、基金）项目实施及经费管理使用监督检查办法

第一条 为了加强对我省科技计划（专项、基金）（以下简称科技计划）项目实施及其经费管理使用的监督检查，提高科技计划项目实施质量和科技经费使用效益，根据国家、省科技计划项目与经费管理有关规定和《关于严肃财经纪律规范科技经费使用和加强监管的若干意见》（浙财教〔2012〕29号），制定本办法。

第二条 全省各级科技管理部门要高度重视科技计划项目实施和经费管理使用的监督检查工作。通过对科技项目的监督检查，督促项目实施单位遵守有关法律法规和规章制度；研究提出合理配置科技资源、提高科技经费使用绩效的改革措施；规范使用科技经费，及时发现并纠正存在的问题，协调实施遇到的困难，总结推广好的做法和经验。

第三条 监督检查范围包括：用财政资金支持的国家和省市县各类科技计划项目。重点范围包括：支持强度超过100万元的各类科技计划项目、创新平台和载体建设项目和网上技术市场成交补助项目。

第四条 监督检查的主要对象为项目承担单位和项目负责人，必要时延伸至项目实施的相关合作单位。

第五条 监督检查的主要内容：

（一）法人责任落实情况。项目承担单位是否认真落实国家和省有关政策规定，按照权责一致的要求强化自我约束和自我规范，制定完善内部管理办法，落实项目预算调剂、劳务费分配管理、结余资金使用等管理权限。是否加强审核把关，规范财务支出行为，完善内部风险防控机制，强

化资金使用绩效评价。

（二）经费管理使用情况。项目承担单位经费内控制度是否健全完善、措施是否得力；会计核算是否按国家和省级有关规定和《浙江省财政科技经费企业会计核算的指导性意见》（浙科发计〔2009〕159号）单独建账、独立核算，账务处理是否真实。承诺的自筹配套资金是否及时足额到位。经费使用是否按照规定，预算调整是否符合规定，科技经费开支审批程序和手续是否完备，有无与项目实施无关的不合理支出，有无滞留、挤占、截留、挪用等情况。

（三）项目实施进展情况。承担单位和项目负责人是否按照项目合同（任务、计划）书约定开展研发和成果转化工作，项目是否按要求进行中期检查和结题验收，是否按计划完成目标任务或履行合同义务。

（四）项目实施取得绩效。项目实施有无取得关键技术突破，有无获得重大标志性技术成果；新产品开发、市场拓展、人才队伍培养、经济效益提升等情况；成果的转化应用对加快转变经济发展方式和经济社会发展产生影响和作用情况。

（五）项目监督管理情况。市、县（市、区）科技管理部门和归口管理部门是否按照要求明示项目的实施进展、阶段性研究成果、经费使用等情况。是否及时协调解决实施中出现的新情况新问题，认真做好放权管理的相关事项，履行好项目执行统计、绩效评估等工作。

第六条 把财政科技经费管理和使用情况作为项目监督检查的重中之重，认真贯彻落实《关于严肃财经纪律规范科技经费使用和加强监管的若干意见》（浙财教〔2012〕29号）、《关于进一步完善省财政科研项目资金管理等政策的实施意见》（浙委办发〔2017〕21号），加强媒体宣传和教育引导，确保科技经费合理合规使用。禁止编制虚假预算骗取项目经费；禁止虚报、冒领套取项目经费谋取私利；禁止截留、挪用、违规转拨项目经费，脱离依托单位财务部门监管；禁止将项目经费用于与研发无关的支出；禁止在项目经费中超预算、超范围、超标准列支会议费、差旅费、国际合作交流费、劳务费、专家咨询费等。

杜绝以同一项目向不同部门重复申请项目立项；杜绝高校、科研院所以产学研合作名义套取科技经费；杜绝中介机构与企业串通包装甚至虚假骗取项目并从项目补助经费中提成；杜绝串通评审专家和相关人员，为利益相关方获得项目立项等提供便利。

充分发挥中介机构的作用，帮助做好科技计划项目监督检查的财务审计工作。各级科技管理部门要加强对参与监督检查工作。中介机构的培训和指导，帮助监督中介机构严格执行国家和省有关科技经费管理使用规定和要求。

第七条 各市、县（市、区）科技管理部门、归口管理单位应当按照职责分工建立相应的监督检查管理制度，做到年初有计划、年中抓落实、年末有总结。采取日常管理和监督检查相结合的方式，对自行安排和国家、省级计划落户地方（单位）实施的科技计划项目进行检查，掌握和了解项目实施进展和经费使用情况。在检查过程中发现存在重大问题，应及时报告省科技管理部门。

配合做好省科技管理部门对本区域、本单位科技计划项目的监督检查工作。

第八条 监督检查工作可采取项目承担单位自查自纠、组织进行实地抽查相结合的方式。

自查自纠要求项目承担单位根据国家和省有关管理规定和要求，对照本办法第五条规定的有关内容认真自查，发现存在的问题，并自行进行整改。在自查自纠的基础上，省、市、县（市、区）科技管理部门每年应当按照"双随机"的方式，组成监督检查组，对项目实施和经费使用情况进行实地抽查。实地抽查的项目一般应从项目库或重点检查项目范围中随机抽取，也可根据工作实际对部分项目进行有针对性的检查；参与抽查的技术专家、财务专家等应从专家库中随机抽取；参与抽查的行政管理人员应随机分配，确保检查的公正、公平、透明。

实地抽查可采取文本查阅、听取汇报、座谈交流、实地考察、查阅会计资料和原始凭证等方式进行，必要时延伸检查相关单位，抽查项目实施进展、管理情况和经费使用情况。对存在问题的项目，下达整改通知书，限期整改。

第九条 被检查单位应根据监督检查组提出的整改意见，采取切实有效措施，及时进行整改，并按要求将整改结果报科技管理部门。科技管理部门必要时对被检查单位的整改落实情况进行再次检查。

对发现的违法违规行为，依法依规提请有关部门处理。涉嫌犯罪的，移交司法机关处理。

第十条 建立监督检查结果公示制度和信用制度。监督检查结果纳入科技信用管理体系，并在一定范围内通报。

建立监督检查制度与项目申报挂钩制度。检查结果作为被检查单位下一轮项目限额申报数量增减的重要依据。如发现项目在实施过程中，存在管理松懈、违规使用科技经费现象严重、整改措施不到位的市县和归口管理单位，核减下一轮项目申报数量，督促相关单位认真整改。

第十一条 建立监督检查工作报告制度。各市县科技部门、归口管理单位应当在每年年底前向省科技厅计划财务处提交年度科技项目监督检查汇总报告。

第十二条 充分发挥项目承担单位的主动性和自觉性，做好项目监督检查工作，建立健全项目内部管理制度，完善内部控制和监督制约机制，加强对项目实施和经费使用的日常检查工作，跟踪了解项目实施进展和经费管理使用情况，及时协调解决存在的问题，确保科技经费的规范使用，促进科技计划项目的顺利实施。

第十三条 本办法由浙江省科学技术厅负责解释。

第十四条 本办法自2017年7月31日起施行。原《浙江省科技计划项目实施及经费管理使用监督检查办法（试行）》（浙科发监〔2012〕164号）同时废止。

浙江省科学技术厅关于印发
《浙江省科技计划（专项、基金）项目验收管理办法》的通知

(浙科发计〔2017〕146号)

各市、县（市、区）科技局（委），各高等学校、科研院所，有关单位：

为了加强对我省科技计划（专项、基金）项目验收工作的管理，规范项目验收程序，根据国家和省科技计划（专项、基金）管理相关规定，我厅对《浙江省科技计划项目验收管理办法》（浙科发计〔2015〕31号）进行了修订，现将修订后的《浙江省科技计划（专项、基金）项目验收管理办法》印发给你们，请严格遵照执行。

附件：浙江省科技计划（专项、基金）项目验收管理办法

2017年9月27日

浙江省科技计划（专项、基金）项目验收管理办法

第一章　总则

第一条　为了进一步加强科技计划（专项、基金）项目管理，规范项目验收程序，根据国家和省科技计划（专项、基金）管理相关规定，制定本办法。

第二条　项目验收的范围。凡经省科技管理部门批准立项，签订合同或计划任务书（以下简称"合同书"），并获得省级科技经费资助的各类科技计划（专项、基金）（以下简称"科技计划"）项目。各项目承担（依托）单位均应按本办法规定做好项目验收工作，履行项目承担（依托）单位的法人责任和义务。

相关科技专项计划项目另有验收管理办法的，按专项管理办法规定组织验收。

第三条　项目验收的依据。科技计划项目验收以相关管理规定和合同书为依据，对项目研发内容、任务指标、经费管理和使用等情况进行评价。

第四条　项目验收的原则。项目验收应当坚持实事求是、客观公正的原则，确保科技计划项目验收的严肃性和科学性。

提交的验收资料、实验数据和提供的试验示范基地的真实性，由项目负责人和项目承担（依托）单位负责，验收组织单位和验收专家组只依据所提供验收资料以及验收现场作出相应验收结论。因提供验收资料不真实或编造相关科研数据等原因导致出具的验收结论不客观，验收组织单位和验收专家组不承担相应责任。

第五条　项目验收的主要内容包括：

（一）提供的验收资料是否齐全、规范；

（二）合同书约定的研发任务和相应技术指标完成情况；

（三）项目获得的自主知识产权及经济社会效益情况；

（四）项目配套经费到位情况和财政经费、自筹经费管理使用情况。

第二章 验收申请

第六条 验收申请程序。项目负责人通过浙江省科技项目管理系统填写验收申请书并提交验收资料，经项目承担（依托）单位，市、县（市、区）科技管理部门或归口管理部门审核同意后，提交验收组织单位。报请省科技管理部门组织验收的项目，需由市、县（市、区）科技管理部门或归口管理部门审核签署意见。

省基础公益研究计划项目验收申请程序采取由项目依托单位统一组织、集中上报的方式。

第七条 项目验收期限。项目承担（依托）单位应在项目合同书规定的实施期内或实施期满6个月内向验收组织单位提出验收申请。无特殊原因逾期6个月未提出验收申请，或提出验收申请后6个月内未完成验收工作的，终止项目实施，按验收不通过处理。省基础公益研究计划项目应按要求在规定时间期限内提出验收申请。

预计项目在合同书执行期内不能完成研发任务需要延长实施期限的，项目承担（依托）单位应在执行期内采用网上申请或与书面申请相结合的方式提出延期申请，经市、县（市、区）科技管理部门或归口管理部门签署意见后，报省科技管理部门审核，网上申请实行痕迹化管理。每个项目申请延期一般不超过1次，每次不超过12个月。省基础公益研究计划项目可申请延期2次，每次不超过12个月，延期申请经依托单位签署意见后，报省自然科学基金委员会办公室批准。

第八条 项目验收资料。申请项目验收，需通过浙江省科技项目管理系统向项目验收组织单位提交以下资料：

1. 验收申请书。

2. 项目实施工作总结报告。

3. 项目科技报告（技术报告）。

4. 项目经费审计报告或项目经费决算报告。

5. 项目实施绩效资料：

（1）项目研究成果（专利、论文、人才培养、操作规程、相关标准、获奖证书、可转化成果登记表等）。应标注资助计划名称及编号；

（2）涉及技术、经济指标的有关证明资料，包括具有法定资质单位出具的技术检测报告、用户报告和相关的经济社会效益等。

6. 根据项目验收要求需提供的其他相关资料。

第九条 验收资料审核。市、县（市、区）科技管理部门或归口管理部门负责审核资料是否齐全、真实、符合要求；省科技报告管理中心负责审核科技报告（技术报告）的规范性，出具科技报告预收录证书，并将科技报告学术不端查证结果提供给省科技管理部门；省科技管理部门负责审核资料的规范性、经费使用合理合规性、研发的主要内容及技术经济指标完成情况。

第十条 项目经费审计。财政经费补助50万元以上（含50万元）的科技计划项目，项目承担（依托）单位应委托具有资质的中介机构出具项目经费审计报告。20万~50万元（含20万元）的项目可由项目承担（依托）单位内审机构出具项目经费审计报告，无内审机构的应委托具有资质的中介机构出具项目经费审计报告。20万元以下的项目由项目承担（依托）单位的财务部门出具项目经费决算报告。

项目验收专项审计报告或者决算报告，应客观反映该项目总经费以及财政科技经费，市、县配套经费，自筹经费到位的情况；项目经费是否按经费来源实行单独建账、独立核算情况。根据项目合同书经费预算，客观反映财政科技经费市、县配套经费，自筹经费的实际支出情况；经费是否结余；经费使用的合理性等；披露经费管理使用上存在的问题。

受托审计的中介机构必须依法审计，严格执行审计准则，对出具的审计报告和审计结论承担法定的相关责任。同时，受托审计的中介机构要加强审计业务的学习和培训，熟悉科技经费审计的程序和要求，提高业务水平。省科技管理部门加强对参与审计中介机构的监督与评价，根据审计信用和质量，实行动态管理。对严重违反财经纪律、出具虚假报告的会计师事务所，停止省级科技计划项目审计资格，并移交有关部门处理。

第三章　项目验收

第十一条　项目验收形式。项目验收一般以会议验收方式组织进行，经验收组织单位批准也可采取网络评审验收方式。财政经费补助20万元以上（含20万元）的科技计划项目应采用会议验收方式。

会议验收的程序主要包括听取项目执行情况介绍、讨论质询、专家评议、验收专家组形成验收意见等。必要时可组织专家考察现场。

网络评审验收的程序参照省自然科学基金项目的验收办法，主要包括按项目领域由网络系统进行分组、从领域专家库中随机抽取技术专家和财务专家、专家参与网络评审、形成验收意见。

根据不同类型项目，还可以采取第三方评估、用户测评等方式，依据项目合同书组织验收。

科技示范和产业化项目一般应当在试验、产业化现场进行验收，或由验收组织单位事先委派2名以上行内技术专家和财务专家到现场考察，核实产业化情况及经费使用情况后，再组织会议验收。现场考察也可以委托属地科技管理部门进行。

第十二条　验收组织单位。财政经费补助50万元以上（含50万元）的科技计划项目，由省科技管理部门组织验收。20万~50万元（含20万元）的，由省科技管理部门组织验收，经批准，也可委托市、县（市、区）科技管理部门，省级归口管理部门或项目管理专业机构组织验收。20万元以下的项目和新产品试制计划项目可按项目承担（依托）单位属地或项目管理归口，委托市、县（市、区）科技管理部门，省级归口管理部门或项目管理专业机构组织验收。

第十三条　验收专家。科技计划项目验收实行专家负责制。项目组织验收应成立验收专家组，由相关领域技术和财务专家组成。财政经费补助20万元（含20万元）以上的科技计划项目，验收专家组成员一般不少于7人，其中财务专家不少于1人；财政经费补助20万元以下的项目，验收专家组成员一般不少于5人，其中财务专家不少于1人。验收专家组成员由验收组织单位或者项目主管部门根据项目所属技术领域和要求，在浙江省科技系统专家库中选取确定。严格控制同一专家参加省级科技计划项目验收的频次。

第十四条　验收专家职责。项目验收技术专家要依据项目合同书以及提交的验收资料，对项目的研发内容和技术指标的完成情况进行综合评价。财务专家要依据项目财务预算，对项目实施中的经费到位情况、财政经费管理使用情况和项目实施的经济效益进行评价。对于事后补助项目，验收专家组除依据项目合同书提出验收结论外，还应当依据具有资质的中介机构出具的项目审计报告，核定该项目研发投入总费用，出具项目决算审核报告。验收专家组同时还应当对被验收项目的组织实施、获取自主知识产权和人才培养情况进行评价，并对存在问题提出意见建议。

验收专家要以科学的态度和方法，严格依照项目验收的程序和办法，实事求是，独立、客观、公正地对项目作出验收评价意见。如发现在项目验收过程中存在徇私舞弊、违背科学道德、有失公允等现象的，省科技管理部门给予专家出库、责令改正、记录不良信用、宣布验收意见无效等处罚。

项目验收专家对被验收项目的技术内容负有保密责任，对被审查的技术资料，不得擅自使用或对外公开。项目承担（依托）单位对研究内容有保密要求的，可向验收组织单位提出申请，有必要的，验收组织单位应当与验收专家组成员签订保密协议，规定保密期限和内容。

第十五条 项目验收会场所的选定、会议标准及验收专家咨询费，严格依据省财政厅有关文件规定执行。经费支出纳入项目经费预算，专家咨询费应由验收专家签收或直接汇入专家本人银行账号。

验收组织单位组织会议验收时应当精简参会人员，相关行政管理人员不得领取专家咨询费。

第十六条 验收意见。验收的结论意见分为通过、不通过和结题三类。

验收通过。项目合同书涉及的约束性指标全面完成，预期性指标基本完成。经费使用基本合理合规的，认定为通过。其中，省基础公益研究计划项目按绩效评分指标体系得分达到及格分且半数以上专家意见为合格，财政经费执行率达75%以上且使用基本合理合规的，认定为通过。

验收不通过。有下列情况之一的，认定为不通过：

1. 未按合同书约定，未经省科技管理部门批准，擅自变更考核目标或研发内容的；

2. 经费管理使用混乱，未按经费来源实行单独建账、独立核算，用台账进行核算的。财政资金存在虚构财务会计资料、虚假票据、大额现金交易、擅自挪作他用等重大问题的；

3. 所提供的验收资料存在内容抄袭、数据造假等重大问题，或项目承担（依托）单位无法提供验收指标完成情况有效证明资料的；

4. 省基础公益研究计划项目按绩效评分指标体系得分未达到及格分或半数以上专家意见为不合格的；

5. 违反规定转拨、转移财政资金，未按规定执行和调剂预算，虚假承诺其他来源资金，且情节严重的；

6. 资金管理使用存在违规问题拒不整改的；

7. 无特殊原因未按期完成项目验收的。

验收结题。不符合验收通过条件，且不属于验收不通过情况的，认定为结题。

科技计划项目的约束性指标是指项目研发应当获取的技术经济指标、符合相关标准或检测的样品、样机等目标产品，或约定的技术应用示范工程等。预期性指标是指项目实施预期能够获得的成果，包括申请专利数量、发表论文数量、预期的经济效益指标等。约束性指标和预期性指标在合同书中没有明确的，由验收专家组在项目验收时商议确定。

第十七条 项目通过验收的，项目结余经费按规定在2年内由项目承担单位统筹安排用于科研活动的直接支出；认定为结题和不通过的，财政结余经费和经审计使用不合规经费按原拨付渠道予以收回。

第十八条 有下列情况之一的，可申请终止：

1. 因不可抗拒因素，或因现有水平和条件难以克服或实现的技术，致使项目不能继续或不能完成研究开发内容和目标的；

2. 项目研发的关键技术已由他人公开，致使本研究开发工作成为不必要的；

3. 项目研发取得了目标产品，但由于市场变化进一步产业化应用没有意义的；

4. 导致项目不能继续实施的其他原因。

申请终止结题的项目，由项目承担单位采用网上申请或与书面申请相结合的方式提出，同时提交第八条第3、4、5项的相关资料，经市、县（市、区）科技管理部门或归口管理部门签署意见后，报省科技管理部门审核批准。

同意终止实施的分期补助项目，财政结余经费和经审计使用不合规经费退回财政。

第十九条 科技计划项目验收实行回避制度。项目承担（依托）单位和参与单位及其他与项目有利益关系的人员（由项目验收组织单位确认），均不能作为验收专家组成员参加验收工作。项目验收专家如与被验收项目存在利益关系，应主动向验收组织单位提出回避申请。项目负责人或项目承担（依托）单位可申请要求验收专家进行回避。

第二十条 科技计划项目验收实行回执制度。回执内容包括项目负责人对提交验收资料的真实性作出承诺，对验收组织单位的验收组织程序是否合规进行监督，对组织验收行政人员有无领取专家咨询费给予说明。

第四章 验收公示

第二十一条 科技计划项目验收结果实行网上公示制度。验收后15天内，根据验收会专家意见，通过浙江省科技项目管理系统修改验收资料，上传验收意见和验收组成员名单扫描件，填写公示内容。公示内容包括验收项目的名称、计划编号、承担（依托）单位、完成人员、验收意见、验收结论等，经验收组织单位、省科技管理部门审核后，在省科技管理部门门户网站上公示。省基础公益研究计划项目验收公示由省自然科学基金委员会办公室采取统一公示的方式进行。公示时间为10天，接受社会监督。

省科技管理部门收到异议书面资料，应当对异议内容进行审核，必要时，可组织专家进行调查，提出处理意见。

第二十二条 验收证书和科技报告收录证书的办理。经公示无异议，可登录浙江省科技项目管理系统打印验收证书和科技报告收录证书。在省科技管理部门办理验收证书签章、存档手续时，需递交验收证书、项目经费审计报告或经费决算报告、验收回执等纸质资料。验收其他资料以电子版的形式存档。其中，省基础公益研究计划项目验收证书由各依托单位在省自然科学基金委员会办公室领取。

第二十三条 项目验收后3年内，项目负责人应当将与该项目相关的论文、专利、获奖和应用情况等成果通过浙江省科技项目管理系统予以补充填报。

第五章 其他

第二十四条 省科技管理部门要加强对市、县（市、区）科技管理部门、归口管理部门科技计划项目验收工作的指导，视情对委托验收项目进行抽查，督促提高验收质量，并与此年的省级科技计划项目申报限额数挂钩。验收质量不符合要求的，下达整改意见书并暂停省级科技计划项目验收工作。

市、县（市、区）科技管理部门、省级归口管理部门应担负属地、归口管理省级科技计划项目实施的管理责任，做好项目验收指导和服务工作。受托开展验收工作的，应当严格按规定程序和要求做好项目验收。

第二十五条 建立科技计划项目承担（依托）单位、项目负责人的科研信用制度。科技项目管理系统适时记录项目承担（依托）单位和项目负责人的项目执行情况，作为再次申报项目时的参考。对未通过验收，但不涉及抄袭、弄虚作假等科研不端行为的，在项目合同到期开始计算，2年内暂停项目负责人申报省级科技计划项目及推荐其申报国家级各类科技计划项目。涉嫌抄袭、弄虚作假等行为，情节严重的，自该行为被记入科研信用不良记录之日起5年内不得申报科技计划项目。

第二十六条 市、县（市、区）科技管理部门立项获得财政经费资助并签订合同书的科技计划项目，可参照本办法组织验收。

第二十七条 本办法自2017年10月30日起施行。2015年6月1日起施行的《浙江省科技计划项目验收管理办法》（浙科发计〔2015〕31号）同时废止。

浙江省科学技术厅关于印发《浙江省科技计划(专项、基金)信用管理和科研不端行为处理办法》的通知

(浙科发计〔2017〕172号)

各市、县(市、区)科技局(委),省级有关部门,有关高等学校、科研院所,各有关单位:

为规范科技计划(专项、基金)信用管理,提高我省科技计划(专项、基金)管理相关责任主体的信用意识与信用水平,营造诚实守信的科技创新环境,根据《国务院办公厅关于优化学术环境的指导意见》(国办发〔2015〕94号)、《国家科技计划(专项、基金等)严重失信行为记录暂行规定》(国科发政〔2016〕97号)、《浙江省科学技术进步条例》等有关法律法规和我省信用体系建设的相关要求,我厅研究制订了《浙江省科技计划(专项、基金)信用管理和科研不端行为处理办法》,现印发给你们,请参照执行。

附件:浙江省科技计划(专项、基金)信用管理和科研不端行为处理办法

2017年10月26日

浙江省科技计划(专项、基金)信用管理和科研不端行为处理办法

第一条 为规范科技计划(专项、基金)(以下简称"科技计划")信用管理,提高我省科技计划管理相关责任主体的信用意识与信用水平,营造诚实守信的科技创新环境,根据《国务院办公厅关于优化学术环境的指导意见》(国办发〔2015〕94号)、《国家科技计划(专项、基金等)严重失信行为记录暂行规定》(国科发政〔2016〕97号)、《浙江省科学技术进步条例》和有关法律法规,制定本办法。

第二条 科技计划信用管理和科研不端行为处理,是浙江省科学技术厅(以下简称"省科技厅")对计划和项目相关责任主体在项目申报、立项、实施、管理、验收、绩效评价和咨询评审评估等过程中践行承诺、履行义务、奉行准则的诚信程度进行客观记录、公正评价,并以此进行相关的管理和决策。

第三条 科技计划信用管理和科研不端行为处理的对象是在参与科技计划项目组织管理和实施中存在失信或科研不端行为的相关责任主体,主要包括省科技计划和项目的申请者、执行者、评价者和管理者。

政府工作人员在科技计划和项目管理工作中存在严重失信行为的,依据公务员法及其相关规定进行处理。

第四条 科技计划信用管理和科研不端行为处理的目的是提高科技计划管理水平,构筑诚实守信的科技创新环境氛围,提高相关责任主体的诚信水平,在机制上约束和规范科技计划相关责

任主体的行为，提高政府科技资源配置的公正性和有效性，从源头上预防和遏制科研和学术腐败。

省科技厅加强与相关部门的合作与信息共享，形成"一处失信、处处受限"的信用联合惩戒机制。

第五条 实行科技计划和项目相关责任主体的诚信承诺制度，在申请科技计划项目及参与科技计划项目管理和实施前，相关责任主体应当按要求签署诚信承诺书。

第六条 省科技厅负责科技计划信用管理及科研不端行为处理的日常工作，记录和评价相关责任主体在参与科技计划、项目管理和实施中的信用情况，调查和处理科研不端行为。

第七条 有关行业管理部门和市、县（市、区）科技行政管理部门在职责范围内配合省科技厅开展科技计划信用情况的收集记录和科研不端行为的调查处理。

第八条 科技计划信用管理的依据包括项目申报材料、项目合同或任务书、委托协议书、项目预算申报书、自查报告、科技报告、验收材料等正式报告及承诺，科技计划相关管理制度与政策法规，以及科技界公认行为准则等。

第九条 省科技计划信用管理贯穿于科技计划和项目管理的全过程，主要内容包括：

（一）申报推荐。对项目申请者按照申报指南和相关规定进行项目申报、保证申报内容真实性和有效性等行为中的信用状况，以及项目依托单位、归口管理部门在项目审核、择优推荐等行为中的信用情况进行记录和评价。

（二）评审立项。对项目评审专家、第三方专业机构在项目立项评审、咨询等工作中的信用状况进行记录和评价。

（三）项目实施。对项目执行者在项目实施、经费落实和使用、中期检查和跟踪管理、信息公开和绩效评价、主体责任落实等行为中的信用状况，以及项目管理者在项目管理和监督工作中的信用状况进行记录和评价。

（四）结题验收和绩效评价。对项目执行者在研究开发工作总结、产品技术指标检测、项目经费决算或审计、经济和社会效益证明、提交科技报告等行为中的信用情况，以及相关审计机构、检测机构、产品用户、验收或评审评估专家、第三方专业机构等在项目验收工作中的信用状况进行记录和评价。

（五）其他。对科技计划和项目相关责任主体在实施和参与项目过程中与项目相关的其他信用情况，以及遵纪守法情况进行记录和评价。

第十条 省科技厅会同有关单位或部门，结合省科技计划项目库和专家库建设，建立省科研信用数据库和信用信息管理系统，记录相关责任主体科技计划信用信息。

第十一条 科技计划信用信息包括责任主体的基础信息、不良行为信息和良好行为信息三类。

基本信息是指相关责任主体的身份信息和参与科技计划的相关信息。主要包括：自然人责任主体的姓名和身份证号码、法人和机构责任主体的名称和统一社会信用代码、所涉及的项目名称和编号、实施期限、目标任务、项目经费等。

不良行为信息是指相关责任主体在参与科技计划、项目管理和实施中的科研不端行为以及因违反有关规定受到各级科技行政管理部门处理的情况及相关信息。不良行为信息除记载相关基本信息外，还包括违规违纪情形、处理结果、处理依据和做出处理决定的时间等。责任主体为法人和机构的，不良行为信息还应包括直接责任人员。

良好行为信息是指相关责任主体在参与科技计划、项目管理和实施全过程履行工作职责和承诺义务、遵守规章制度、奉行科技界公认的科研行为准则、遵守科研道德规范，以及通过科技计划活动获得的成果或奖励等信息。

第十二条 参与科技计划、项目管理和实施的相关项目承担人员、咨询评审专家等自然人、法人和机构责任主体，应当加强自律、规范管理，按照有关管理规定履职尽责。以下行为属于科研信用不良行为：

（一）采取贿赂或变相贿赂、造假、故意重复申报等不正当手段获取科技计划项目的管理、承担资格或中介服务资格。

（二）项目申报、实施或验收过程中抄袭他人科研成果，故意侵犯他人知识产权，捏造或篡改科研数据、图表，夸大或虚构项目取得成果等，违反科研伦理规范。

（三）违反科技计划和项目管理规定，无正当理由不按项目合同或任务书约定执行；擅自超权限调整项目任务或预算安排，造成不良影响。

（四）利用管理职能，设租寻租，为本单位、项目申请者、项目执行者谋取不正当利益。

（五）受委托履行管理职能的机构违反委托合同约定，不按制度执行或违反制度规定；采取造假、串通等不正当竞争手段谋取利益；管理严重失职，所管理的科技计划和项目或相关工作人员存在重大问题。

（六）违反科研资金管理规定，套取、转移、挪用、贪污科研经费，谋取私利。

（七）利用管理、咨询、评审或评估专家身份索贿、受贿；故意违反回避原则；与相关单位或人员恶意串通。

（八）泄露相关秘密或咨询评审信息。

（九）不配合监督检查和评估工作，提供虚假材料，对相关处理意见拒不整改或虚假整改。

（十）其他违法、违反财经纪律、违反项目合同或任务书约定等情况。

第十三条 对具有上述行为的责任主体，且受到以下处理的，纳入严重失信行为记录。

（一）受到刑事处罚或行政处罚并正式公告。

（二）受审计、纪检监察等部门查处并正式通报。

（三）受相关部门和单位在科技计划、项目管理或监督检查中查处并以正式文件发布。

（四）因伪造、篡改、抄袭等严重科研不端行为被国内外公开发行的学术出版刊物撤稿，或被国内外政府奖励评审主办方取消评审和获奖资格并正式通报。

（五）经核实并履行告知程序的其他严重违规违纪行为。

对纪检监察、监督检查等部门已掌握确凿违规违纪问题线索和证据，因客观原因尚未形成正式处理决定的相关责任主体，参照本条款执行。

第十四条 对于具有科研信用不良行为的责任主体，按照科技计划和项目管理办法的相关规定，省科技厅和有关主管部门将根据情节轻重给予通报、中止项目并责令限期改正、终止项目并追缴已拨付项目经费、2年内取消其申请国家和省级各类科技计划和科技奖励资格或参与项目实施与管理资格；情节严重的，5年内取消其申请国家和省级各类科技计划和科技奖励资格或参与项目实施与管理资格。

对造成不良后果的，建议其上级主管部门或相关法人单位根据权限和科研不端行为的情节轻重，对科研不端行为的相关机构责任人或自然人作出相应处理。

第十五条 对于列入严重失信行为记录的责任主体，省科技厅可阶段性或永久取消其申报国家和省级各类科技计划项目或参与项目管理和实施的资格。对行为恶劣、影响较大的严重失信行为，由省科技厅会同省有关部门对失信主体实施联合惩戒，并向社会公布。

涉嫌违法违纪的移交有关部门处理。

第十六条 科研信用不良行为记录应当及时书面告知责任主体，对于责任主体为自然人的还应向其所在法人单位通报。

第十七条 相关责任主体对省科技厅认定的科研信用不良行为记录和相关处理有异议的，可向省科技厅提出复核。省科技厅应当自受理异议20个工作日内，组织核查，出具核查意见。

第十八条 省科技厅应当充分利用科技计划信用信息，加强科技计划和项目管理工作。

（一）在参与科技计划、项目管理或实施中认真履行责任义务，严格遵守相关管理规定，坚持奉行科技界公认行为准则的，在同等情况下优先支持。

（二）在科研立项、评审专家遴选、受托管理机构确定、科研项目评估、科技奖励评审、间接费用核定、结余资金留用以及基地人才遴选中，将科技计划信用信息作为重要依据。

（三）一年内有2个及以上相关责任主体被纳入科研信用不良行为记录的法人单位，为项目实施监督重要对象，采取减少限额申报指标或限制申报等方式加强监督和管理。

第十九条 实行科研信用行为记录名单动态调整机制，对处理处罚期限届满的相关责任主体，及时移出记录名单。

第二十条 加强科研道德建设和科研信用宣传，通过宣传、培训等各种诚信文化教育活动，促进相关责任主体信用意识与信用水平的提高。

第二十一条 省科技厅可以委托省级科技伦理审查与评估专家委员会或中介机构承担与科研信用管理相关的技术性与事务性工作，提供科研信用服务。

第二十二条 各市、县（市、区）科技计划信用管理和科研不端行为处理可参照本办法执行。

第二十三条 本办法由省科技厅负责解释。

第二十四条 本办法自2017年11月30日起实施。《浙江省科技计划信用管理和科研不端行为处理办法（试行）》（浙科发计〔2007〕306号）同时废止。

中共浙江省委办公厅　浙江省人民政府办公厅印发《关于实行以增加知识价值为导向分配政策的实施意见》的通知

(浙委办发〔2018〕45号)

各市、县(市、区)党委和人民政府,省直属各单位:

《关于实行以增加知识价值为导向分配政策的实施意见》已经省委、省政府同意,现印发给你们,请结合实际认真贯彻落实。

中共浙江省委办公厅
浙江省人民政府办公厅
2018年7月12日

关于实行以增加知识价值为导向分配政策的实施意见

为全面贯彻党的十九大精神和习近平新时代中国特色社会主义思想,深入实施创新驱动发展战略,加快推进"四个强省"建设,进一步激发科研人员的积极性、主动性和创造性,促进科技成果产出和转化,根据中共中央办公厅、国务院办公厅印发的《关于实行以增加知识价值为导向分配政策的若干意见》精神,结合我省实际,现提出如下实施意见。

一、规范和逐步提高科研人员收入。高校、科研院所要按照国家规定实行岗位绩效工资制度,使科研人员收入与岗位职责、工作业绩、实际贡献等紧密联系,稳定提高基本工资,加大绩效工资分配激励力度,落实科技成果转化奖励等激励措施。完善高校、科研院所等事业单位预算拨款制度,加大基本支出保障力度,增加科研事业费的财政投入。深化科技奖励制度改革,加大对作出突出贡献科研人员、创新团队的奖励力度,按有关规定提高省科学技术奖、省哲学社会科学优秀成果奖等奖励标准。进一步落实科技特派员制度,鼓励科研人员服务基层和加快发展地区。

二、完善优绩优酬的绩效工资激励机制。将"双一流"建设高校、省重点建设高校的核心建设目标任务完成情况作为绩效工资总量调整的重要依据。其他高校和科研院所由其主管部门制定绩效考核和绩效工资总量挂钩的调整办法,对考核合格及以上的单位,按规定增加一定比例的绩效工资总量。绩效工资总量调整按隶属关系报人力社保部门和财政部门备案后实施。经备案同意的绩效工资新增额度由单位自主分配,原则上主要用于突出贡献科研人员和高层次人才的分配。

三、完善高层次人才薪酬政策。高校、科研院所依据我省高层次人才标准及相关政策引进高层次人才,可自主探索实行年薪工资、协议工资、项目工资等多种薪酬分配制度,其薪酬待遇水平可由单位自主确定。鼓励国有企业根据发展需要,按照上年度销售额的一定比例,设立人才发展专项资金，主要用于地方政府或相关主管部门支持引进的高层次人才、急需紧缺人才的科研经费、生活补贴和绩效奖励。国有企业当年研究开发投入以及引进高层次人才经费可以在经营业绩考核中视同利润。

四、建立科学合理的人才评价机制。完善以市场委托方式获得经费的科研项目（横向项目）和列入财政科技计划的科研项目（纵向项目）等效评价制度，对转化应用的发明专利与公开发表的学术期刊论文同等对待，对到位经费达到一定规模的横向项目与纵向项目同等对待，探索将新型产学研合作项目纳入省级科技计划体系。提高科技成果转化在专业技术职务评聘中的权重，从事科技成果转移转化科研人员参加职称评审，不将论文指标作为评审的限制性条件。对科技工作成绩突出、科技成果转化成效显著的科研院所，可适当提高高级专业技术岗位结构比例。

五、扩大高校、科研院所薪酬分配自主权。在核定的绩效工资总量内，高校、科研院所可根据自身特点制定合理的科技创新人才收入分配激励办法，自主决定绩效考核和绩效分配办法。单位在进行内部分配时，应根据教学人员、科研人员、实验设计与开发人员、辅助人员和专门从事科技成果转化人员等承担的工作任务和取得的业绩，合理调节单位内部各类岗位的收入差距，不得将个人收入与承担项目多少、获得经费高低直接挂钩；实绩突出的科研人员绩效工资水平可明显高于本单位人均水平。

六、建立高校、科研院所中长期目标考核机制。在重点考核高校、科研院所公益目标任务完成情况的基础上，将科研成果转化取得的经济效益和社会效益作为对单位绩效评价的重要内容。建立与考核评价结果挂钩的经费拨款制度、员工收入和科研项目申报调整机制，对评价优秀的加大经费、项目支持和绩效激励力度。开展合同管理制度试点，对有条件的科研院所探索按绩效考核挂钩方式给予财政支持。

七、发挥财政科研项目资金的激励引导作用。高校、科研院所要建立健全符合自身特点的劳务费、间接经费管理方式。利用本省财政性资金设立的科研项目，间接费用的核定比例按照省委办公厅、省政府办公厅印发的《关于进一步完善省财政科研项目资金管理等政策的实施意见》的规定执行。项目承担单位在统筹安排间接经费时，取消绩效支出比例限制，绩效支出安排与科研人员在项目工作中的实际贡献挂钩。赋予人才更大的经费支配权，按有关规定下放科研项目直接费用预算经费调整审批权。项目实施期间，年度剩余资金可结转下一年度继续使用。项目完成任务目标并通过验收后，结余资金按规定留归项目承担单位使用，在2年内由项目承担单位统筹安排用于科研活动的直接支出；2年后未使用完的，由财政部门按规定收回。

八、完善哲学社会科学研究领域项目经费管理。对符合条件的智库项目推行政府购买服务制度。修订哲学社会科学研究领域项目资金管理办法，推进咨询类、服务类研究项目经费按合同约定管理使用。逐步提高个人智力劳务报酬、稿费和版税等付酬标准。探索实行哲学社会科学研究成果后期资助和事后奖励制度。

九、扩大横向项目经费等收入使用自主权。高校、科研院所等从事科研活动的事业单位以市场委托或者政府采购方式取得的技术开发以及在科技成果转化工作中开展的技术咨询、技术服务、技术培训等技术活动收入，纳入单位财务管理，按照合同约定扣除经费支出后，可以根据本单位规定对完成项目的科技人员给予奖励。横向项目研发团队可按合同约定获得劳务报酬，没有合同约定的按单位内部管理办法获得劳务报酬，并依法缴纳个人所得税。

十、提高科研人员的科技成果转化收益。根据《浙江省促进科技成果转化条例》的规定，高校、科研院所应当依法对职务科技成果完成人和为成果转化作出重要贡献的其他人员给予奖励，其中承担科技成果转化的技术转移机构工作人员和管理人员获得奖励的份额不低于奖励总额的5%。以职务科技成果作价入股作为对科技人员的奖励涉及股权注册登记及变更的，无须报高校、科研院所的主管部门审批。高校、科研院所对其持有的科技成果的转化，未与科技成果完成人签订实施协议，且在专利授权后或者其他科技成果登记备案后超过1年未组织实施、转让或者作价投资的，科技成果完成人可以自行实施或者与他人合作实施该项科技成果，所得收益归科技成果完成人所有。

十一、允许担任领导职务科研人员获得成果转化奖励。担任高校、科研院所及其他从事科技活动的事业单位（不含内设机构）正职领导职务人员，是科技成果主要完成人或对科技成果转化作出重要贡献的，可按规定获得现金奖励，原则上不得获取股权奖励。担任其他领导职务的科研人员，是科技成果主要完成人或对科技成果转化作出重要贡献的，可依法获得现金、股份或出资比例等奖励和报酬。担任领导职务的科技人员科技成果转化收益分配实行公开公示制度。

十二、允许单位与科研人员约定科技成果权属。支持高校、科研院所开展职务科技成果权属改革试点并制定相关操作细则，单位依照科技成果转化有关法律法规及各项政策规定对作出重要贡献的科研人员实施奖励，可以给予一定比例的权属份额。对于接受企业、其他社会组织委托的横向项目，项目委托单位、承担单位和科研人员可以通过合同约定科技成果归属，允许赋予科研人员科技成果所有权或长期使用权。

十三、完善国有企业科研人员激励机制。按照财政部、科技部、国资委制定的《国有科技型企业股权和分红激励暂行办法》的规定，支持国有科技型企业提高职务科技成果转化或转让收益分红比例，鼓励企业采取项目收益分红、岗位分红等激励方式。国有科技型企业在符合相关规定的情况下，可按不超过近3年税后利润累计形成的净资产增值额的15%，以股权奖励方式奖励在本企业连续工作3年以上的重要技术人员。支持有条件的国有企业开展经营管理者、核心技术人员和业务骨干持股试点，建立创新项目跟投机制，鼓励项目负责人、骨干员工出资参与企业创新项目投资，形成收益共享、风险共担机制。

十四、落实创新创业财税激励政策。认真贯彻《财政部国家税务总局关于完善股权激励和技术入股有关所得税政策的通知》和《财政部税务总局科技部关于科技人员取得职务科技成果转化现金奖励有关个人所得税政策的通知》精神，落实职务科技成果转化现金和股份奖励的个人所得税激励政策，非上市公司奖励本公司科技人员职务科技成果而授予的股权奖励，符合规定条件的，经向主管税务机关备案，可实行递延纳税政策，即员工在取得股权激励时可暂不纳税，递延至转让该股权时纳税；股权转让时，按照股权转让收入减除股权取得成本以及合理税费后的差额，适用"财产转让所得"项目，按照20%的税率计算缴纳个人所得税；依法批准设立的非营利性高校和科研机构根据《中华人民共和国促进科技成果转化法》规定，从职务科技成果转化收入中给予科技人员的现金奖励，可减按50%计入科技人员当月工资、薪金所得，依法缴纳个人所得税。进一步做好高层次人才税收服务工作，有条件的市、县（市、区）应当对本地产业发展有特殊贡献的科研人员予以奖补。

十五、允许科研人员兼职取酬。科研人员在履行好岗位职责、完成本职工作的前提下，经所在单位同意，可以到企业和其他科研机构、高校、社会组织等从事科学研究、技术创新和科技成果转化工作，并按照合同约定取得报酬。科研人员与兼职单位应当订立协议，明确服务期限、工作报酬、保密义务、成果归属等事项。实行科研人员兼职公示制度，科研人员兼职按规定获取的合法报酬原则上归个人所有。科研人员在兼职单位的工作表现和业绩作为参加本单位职称评审、岗位聘用、年度考核等的重要依据。

本实施意见适用于国家设立的高校、科研机构和国有独资企业（公司）。其他单位对知识型、技术型、创新型劳动者可参照本实施意见精神，结合各自实际，制定具体收入分配办法。

浙江省科学技术厅关于印发
《浙江省科技计划（专项、基金）科技报告管理暂行办法》的通知

(浙科发计〔2018〕130号)

各市、县（市、区）科技局（委），省级有关部门，有关高等学校、科研院所，各有关单位：

为推动省级科技计划（专项、基金）科技报告的统一呈交、集中收藏、规范管理和共享使用，我厅研究制定了《浙江省科技计划（专项、基金）科技报告管理暂行办法》。现印发给你们，请遵照执行。

2018年7月26日

浙江省科技计划（专项、基金）科技报告管理暂行办法

第一章　总则

第一条　为贯彻落实《关于加快建立国家科技报告制度的指导意见》（国办发〔2014〕43号）、《关于深化项目评审、人才评价、机构评估改革的意见》（中办发〔2018〕37号），按照《中央财政科技计划（专项、基金等）科技报告管理暂行办法》（国科发创〔2016〕419号）等有关规定，推动省级科技计划（专项、基金）科技报告的统一呈交、集中收藏、规范管理和共享使用，制定本办法。

第二条　科技报告是按照标准化规范，对科研活动的过程、进展和结果进行翔实记载的重要科技成果资源。建立我省科技计划（专项、基金）（以下简称"科技计划"）报告制度，将科技报告纳入科研管理程序，有利于实现浙江自主创新战略性科技资源的积累、传播交流和转化应用。

第三条　本办法适用于财政资金资助的省级科技计划项目。

第二章　职责分工

第四条　建立由省科技行政管理部门、科技报告管理中心、项目承担单位、项目负责人组成的科技报告组织管理体系，明确职责分工，健全工作机制。

科技报告管理中心由省科技行政管理部门委托第三方专业机构负责组建，履行相关职责。

第五条　省科技行政管理部门负责全省科技报告制度建设的总体部署、统筹规划、组织协调和监督检查，主要职责是：

（一）牵头拟订科技报告制度建设的相关政策，制定科技报告标准和规范；

（二）规划、部署、指导和监督检查科技报告制度建设工作；

（三）将科技报告工作纳入省级科技计划的项目立项、年度或中期检查、结题验收及监督检查和评估等管理过程；

（四）组织开展科技报告宣传培训工作。

第六条 科技报告管理中心承担全省科技报告收藏、管理和服务工作，主要职责是：

（一）接收、审核、保存和管理科技计划项目科技报告；

（二）建设、运行和维护浙江科技报告共享服务系统；

（三）做好与国家科技报告服务系统的数据对接，定期汇交公开科技报告和解密解限的科技报告；

（四）开展科技报告共享服务，以及立项查重、过程监管、产出分析等增值服务，推动科技报告深度开发和交流利用；

（五）协助开展科技报告宣传培训工作。

第七条 省级科技计划项目承担单位应充分履行法人责任，做好科技报告工作，主要职责是：

（一）建立本单位科技报告管理制度，将科技报告工作纳入本单位科研管理过程，指定专人负责本单位科技报告工作；

（二）组织本单位科研人员参加科技报告培训，督促项目负责人按照合同或计划任务书要求以及科技报告相关规范撰写科技报告；

（三）审核科技报告编号、格式、内容、密级和保密期限、延期公开和延期公开时限；

（四）按照规定的渠道和方式呈交科技报告；

（五）建立本单位科技报告奖惩机制，为科技报告工作提供条件保障；

（六）项目牵头单位负责协调参加单位共同完成科技报告工作，并由项目牵头单位统一呈交科技报告。

第八条 省级科技计划项目负责人要增强撰写科技报告的责任意识，按照合同或计划任务书要求以及科技报告相关规范，按时保质完成科技报告，并对内容和数据的真实性负责。

第三章 工作要求

第九条 科技报告呈交情况作为省级科技计划项目实施和验收的考核指标。最终科技报告在项目验收时作为验收必要材料之一呈交。年度或中期技术进展报告，以及实验（试验）报告、调研报告、技术考察报告、设计报告、测试报告等专题科技报告，根据需要在合同或计划任务书中约定。

第十条 项目负责人应按照合同或计划任务书的要求和《科技报告编写规则》（GB/T 7713.3—2014）、《科技报告编号规则》（GB/T 15416—2014）、《科技报告保密等级代码与标识》（GB/T 30534—2014）等相关国家标准撰写科技报告，提出科技报告密级和保密期限、延期公开及延期公开时限。

（一）科技报告使用范围原则上应标注"公开"，需要发表论文、申请专利、出版专著或涉及技术秘密的，可标注为"延期公开"。需要发表论文的，延期公开时限原则上在2年（含2年）以内；需要申请专利、出版专著的，延期公开时限原则上在3年（含3年）以内；涉及技术诀窍的，延期公开时限原则上在5年（含5年）以内。论文发表或专利申请公开后，延期公开科技报告应及时公开。

（二）非涉密项目科技报告如涉及国家安全和重大利益等相关内容，应进行脱密处理。涉密项目科技报告按照国家和省相关规定另行处理。

第十一条 项目承担单位按照相关要求审核并呈交科技报告，确保科技报告内容真实完整、格式规范。

第十二条 市、县（市、区）科技行政管理部门和归口管理部门督促、指导项目承担单位和负责人按要求开展科技报告工作，并统一提交科技报告管理中心。

第十三条 科技报告管理中心对呈交的科技报告进行规范性审核，对未获通过的报告退回修改，直至审核通过；对通过审核的科技报告进行统一编码、分类编目、主题标引和全文保存，通过浙江科技报告共享服务系统向社会发布共享，并定期对科技报告完成情况进行统计分析。

第十四条 省科技行政管理部门在组织项目结题验收时，将科技报告完成情况作为结题验收的必备条件。对未按要求呈交科技报告的，不予通过项目验收申请或按不通过验收处理，并责令改正。项目负责人应根据验收专家组的意见如实对科技报告内容进行修改完善。对科技报告存在抄袭、数据弄虚作假等科研不端行为的，省科技行政管理部门将相关项目负责人和承担单位纳入科研信用不良记录。

第四章 开放共享与权益保护

第十五条 科技报告按照公开与受控使用相结合的原则，通过浙江科技报告共享服务系统向社会开放共享。向社会公众提供检索以及公开和延期公开科技报告摘要信息浏览服务。向实名注册用户提供检索以及公开科技报告全文浏览等服务。延期公开科技报告全文实行专门管理和受控使用。

第十六条 按照国家相关保密规定，切实做好科技报告的安全保密管理和知识产权保护工作，严格执行科技报告延期公开时限，实时跟踪科技报告的使用日志，保障科研人员和项目承担单位的合法权益。

第十七条 涉密和延期公开科技报告的保密期限或延期公开时限到期后，将自动公开。如需要延长保密期限或延期公开时限，应由项目承担单位于到期前15个工作日通过浙江省科技项目管理系统提出申请，由科技报告管理中心进行审核。

第十八条 在保密期限内的涉密科技报告的使用按照国家有关保密规定执行，解密后按公开科技报告管理和使用。

第十九条 科技报告使用者应严格遵守知识产权管理的相关规定，在论文发表、专利申请、专著出版等工作中须注明参考引用的科技报告，确保科技报告完成人的合法权益。

第五章 附则

第二十条 其他省级财政支持的科技项目和地方各级政府组织实施的科技项目参照本办法执行。

第二十一条 本办法自2018年9月1日起施行。

第二十二条 本办法由浙江省科学技术厅负责解释。

浙江省科学技术厅　浙江省财政厅关于印发《浙江省中央引导地方科技发展计划管理细则》的通知

(浙科发计〔2018〕198号)

为规范中央引导地方科技发展计划管理，根据《财政部　科技部关于印发〈中央引导地方科技发展专项资金管理办法〉的通知》(财教〔2016〕81号)，结合我省实际，我们制定了《浙江省中央引导地方科技发展计划管理细则》。现印发给你们，请遵照执行。

附件：《浙江省中央引导地方科技发展计划管理细则》

浙江省科学技术厅
浙江省财政厅
2019年1月7日

浙江省中央引导地方科技发展计划管理细则

第一章　总则

第一条　为规范中央引导地方科技发展计划(以下简称"计划")管理，根据《财政部　科技部关于印发〈中央引导地方科技发展专项资金管理办法〉的通知》(财教〔2016〕81号，以下简称《管理办法》)有关规定，结合我省实际，进一步明确计划重点支持方向和范围、遴选标准和程序、支持方式和标准、过程监管和绩效评价等，特制定本细则。

第二条　本计划主要用于支持浙江围绕国家科技发展战略和全省经济社会发展目标，改善科研基础条件，优化科技创新环境，促进科技成果转移转化，提升区域科技创新能力。

第三条　计划实施和管理遵循"上下联动、突出重点、有效监管、强化绩效"的原则。

第二章　重点支持方向和范围

第四条　计划主要支持以下四个方面：

(一)科研基础条件和能力建设。重点支持市级以上政府所属科研单位(不含转为企业或其他事业单位)的科研仪器设备购置和科研基础设施维修改造。

(二)专业性技术创新平台。重点支持我省国家和省级科技创新基地、重点实验室、公共科技创新服务平台、新型研发机构、技术创新中心、临床医学研究中心、国际科技合作基地、农业科技园区、县域创新县(市、区)等通过产学研协同创新机制为区域发展提供研究开发支撑的专业性平台。

(三)科技创新创业服务机构。重点支持为中小微企业技术创新、基层科技创新活动提供技术外包、技术转移、检验检测认证、创业孵化、科技咨询、科技金融、科技资源共享等提供综合性或专业服务的机构，包括高新技术产业园区、众创空间、科技企业孵化器、科技大市场、技术转移机构、科技特派员工作站和星创天地等。

（四）科技创新项目示范。重点围绕浙江发展战略，结合科技惠民、科技扶贫等工作任务，对政策目标明确、引导带动作用突出、惠及人民群众的科技成果进行转化应用示范。

四个方面的支持以下统称项目。

第三章 项目遴选程序

第五条 项目初选。紧紧围绕浙江"四个强省"工作导向、富民强省十大行动计划，突出数字经济"一号工程"和生命健康等省委、省政府明确的重点发展领域，由省科技厅在各类专项资金项目库中筛选提出推荐的项目建议清单；没有项目储备的，应当按照省科技发展专项资金管理办法组织科学论证后提出项目安排建议。

第六条 专家评审。省科技厅牵头组织专家成立评审小组，召开专家评审会，对推荐项目的实施方案和绩效目标等进行评审，并根据科技部和财政部的资金使用原则和专项资金年度预算，提出拟支持的项目和补助金额。

第七条 对拟由企业承担的项目，应按照《管理办法》等文件要求向社会公示，公示期为7天。

第八条 编报三年滚动规划。省科技厅根据评审小组提出的项目清单和补助资金，提出当年度专项资金分配建议方案，编制形成专项资金三年滚动规划初稿。三年滚动规划应当包括工作目标、重点任务、项目内容、组织管理、保障措施等。项目内容应包括实施主体、目标任务、绩效目标、资金规模及结构、支持方式、实施期限等信息。

三年滚动规划由省科技厅会同省财政厅报科技部、财政部审核，并抄送财政部驻浙江专员办（以下简称"专员办"）。根据科技部、财政部审核意见，省科技厅会同省财政厅对三年滚动规划进行修改完善，按程序联合审定后正式报科技部、财政部，并抄送专员办。

第九条 编报实施方案。财政部、科技部下达预算数后30日内，按要求编制实施方案报财政部、科技部备案，并抄送专员办。实施方案应包括项目安排、支持内容、支持方式、项目绩效目标、组织实施能力与条件、预期社会经济效益等。

第四章 支持方式和标准

第十条 本计划支持方式和标准按照《管理办法》和《浙江省科技发展专项资金管理办法》，可通过直接补助、后补助、以奖代补、贷款贴息、发放创新券等多种方式，对不同的项目类型给予支持，科技创新创业服务机构原则上每家补助不超过200万元，其他支持项目原则上每项补助不超过500万元，符合国家规定支持范围和条件的国家级重大创新载体，建设运行期内给予定向滚动支持，补助标准可以"一事一议"。

第十一条 项目实施应符合国家和省相关科研项目管理办法，项目预算科目调整、资金结算方式、结余资金管理等按照《管理办法》和《浙江省科技发展专项资金管理办法》等有关规定执行。

第十二条 直接补助的项目实行合同制管理，项目承担单位应根据相应项目管理办法要求，及时签订合同书（任务书、责任书），并作为项目实施、结题验收、责任期考核和绩效评价的依据。

第五章 监管与绩效评价

第十三条 各市科技行政部门和有关单位按要求做好项目推荐审查、项目实施和资金使用监督管理等工作。项目承担单位应切实履行好主体责任，按照合同书（任务书、责任书）推进实施，并自觉接受监督检查和绩效评价。

第十四条 省科技厅牵头做好项目实施和经费使用监督管理，采取定期检查、不定期抽查或委托项目所在地科技行政部门和财政部门检查等方式，对项目实施和专项资金使用情况进行监督检查，监督检查结果作为滚动支持的重要依据。

第十五条 省科技厅会同省财政厅建立健全中央引导地方科技发展专项资金预算绩效管理制度，完善绩效目标管理，组织实施专项资金绩效评价。各市、县（市、区）科技部门和财政部门根据中央引导地方科技发展专项资金管理和实施情况组织实施绩效目标申报、绩效监控和绩效评价等工作，绩效评价结果作为项目滚动支持的重要依据，切实提高财政资金使用效益。

第十六条 省科技厅参照相关管理规定，牵头组织专家进行结题验收。项目实施变更等事项调整参照省级科技计划项目管理相关办法执行。

第十七条 省科技厅可委托第三方专业机构承担专项组织管理的事务性工作，建立健全监管、评价机制。

第十八条 资金管理使用接受审计、纪检监察、财政等部门的监督检查，一旦发现截留、挤占、挪用或骗取资金等违法违纪行为，或存在违反规定审批、分配、拨付、使用和管理资金的，按规定纳入科研失信行为记录，并依照有关法律法规的规定追究相应责任。

第六章 附则

第十九条 本办法由省科技厅、省财政厅负责解释。

第二十条 本实施细则自2019年2月10日起实施。

浙江省科学技术厅关于印发《浙江省重点研发计划暂行管理办法》《关于进一步完善省级科技计划体系创新科技资源配置机制的改革方案（试行）》的通知

（浙科发规〔2019〕110号）

各市、县（市、区）科技局，各有关高校、科研院所，省级有关单位：

按照"放管服"和"三评"改革的要求，为加快完善以诚信为基础、以绩效为目标、以激励为导向、以规范为保障的科技计划体系和资源配置机制，进一步规范和加强省重点研发计划管理，经商省财政厅同意，我们制定了《浙江省重点研发计划暂行管理办法》《关于进一步完善省级科技计划体系创新科技资源配置机制的改革方案（试行）》，现印发给你们，请遵照执行。

附件：《浙江省重点研发计划暂行管理办法》《关于进一步完善省级科技计划体系创新科技资源配置机制的改革方案（试行）》

2019年12月18日

浙江省重点研发计划暂行管理办法

为规范和加强省重点研发计划管理，保障计划顺利、高效实施，按照《中共中央办公厅　国务院办公厅关于深化项目评审、人才评价、机构评估改革的意见》（中办发〔2018〕37号）、《中共浙江省委办公厅　浙江省人民政府办公厅关于深化项目评审人才评价机构评估改革提升科研绩效的实施意见》（浙委办发〔2019〕51号）、《浙江省科学技术厅　浙江省财政厅关于印发深化省级财政科技计划（专项、基金）管理改革方案的通知》（浙科发计〔2016〕144号）等有关规定，制定本办法。

第一章　总则

第一条　省重点研发计划是开展重点技术领域的前沿科学问题研究、重大社会公益性研究、重大关键核心技术攻关、重大科技成果示范应用和重大国际科技合作等研究活动的科技计划。通过项目实施，加快取得一批标志性成果和战略性产品，解决一批关键核心技术和科技瓶颈问题，为我省经济社会高质量发展和"两个高水平"建设提供战略支撑。

第二条　省重点研发计划由若干个重点专项组成。重点专项突出数字经济、生命健康等重点领域，在五年规划或实施方案中确定，可根据实际情况及时增补、调整。重点专项从基础研究、技术攻关到应用示范进行全链条创新设计，一体化组织实施若干个项目。

省重点研发计划实行以公开竞争性分配为主，择优委托方式分配为辅进行科学遴选。

第三条　省重点研发计划由省科技厅牵头组织实施，由省级有关单位和市、县（市、区）协同联动、分级担当，由项目管理专业机构（以下简称"专业机构"）提供全流程、专业化、规范化管理。

省科技厅负责培育并委托专业机构开展工作。3年培育期内，专业机构在省科技厅指导下开展项目受理、评审、过程管理，培育期满后独立开展工作。

第四条 建立多元化的投入体系，鼓励市县、高校院所、新型研发机构、社会资本共同出资，围绕企业和产业发展的关键技术攻关重大需求，共同组织实施重大科技项目。建立由出资各方协同推进的组织实施模式，提高实施绩效。探索跟进风险投资、偿还性资助等财政补助方式，充分发挥财政资金引导作用，带动社会资金参与科技项目的实施。

第二章　组织申报

第五条 编制发布指南。省科技厅会同相关领域的优势企业、行业专家、主管部门等围绕重大战略需求和产业发展的核心技术需求，广泛听取各方意见及建议，组织专家论证确定重点领域，凝练形成目标明确的主攻方向，并组织编制申报指南。

申报指南应当明确拟解决的技术、可量化考核的任务和绩效目标、项目组织申报要求、项目遴选方式、申报程序、限额申报数和财政补助经费等，于每年4月前公开发布。限额推荐名额根据各地方和归口管理部门项目推荐质量、实施绩效和科研诚信情况确定。

第六条 项目推荐申报。项目申报实行直接申报与择优推荐相结合。各设区市科技行政主管部门、省级有关部门（省属大型集团）、高等学校、科研机构和其他归口管理部门应做好项目申报的服务指导，并对申报项目进行审核，在择优遴选的基础上按规定通过省科技项目管理系统限额推荐。

择优委托项目应当围绕国家战略需求和省委省政府中心工作，突出"两大高地"建设，瞄准突破"卡脖子"关键核心技术、提升高新技术产业竞争力迫切需要解决的关键核心技术或实现前沿技术突破走入"无人区"的颠覆性技术，且预期能够取得标志性成果、战略性产品或成功实现商业化应用的项目。择优推荐项目由各设区市科技行政主管部门、省级有关部门、有关高校院所、新型研发机构等发函推荐或专家组、院士等著名专家署名推荐。

第七条 申报条件。省重大科技项目申报应当同时符合以下条件：

（一）申报单位有较强的研究基础、人才队伍和创新实力，已有的研究成果和转化应用实绩良好。企业为主体申报高新技术产业类项目的，其上年研究开发费占主营业务收入比重应不低于2.0%；申报传统产业类和农业类项目的，其上年研究开发费占主营业务收入比重应不低于1.0%。

（二）申报项目实施方案的合理性、技术先进性、技术路线可行性和预期取得的绩效明确，科研成果的应用前景较好。

（三）项目实施后，项目绩效目标中可量化考核的技术、经济或社会效益指标提升明显。

（四）申报单位和项目负责人以往科研项目实施执行情况、验收结题、资金筹措、经费管理、科研诚信、知识产权保护和接受监督检查方面情况良好。

第八条 重大科技专项单个项目财政资助额度一般不低于100万元，不超过1000万元；申请财政资助额度低于100万元的，按不高于申请数给予资助。

第九条 强化财政资金的引导作用，引导市县和企业、高校院所等创新主体加大投入。竞争性项目中，对企业承担的应用示范类项目，财政补助比例不高于项目总经费的20%。

第三章 评审立项

第十条 重大前沿技术研究、技术攻关和成果转化类项目一般通过公开竞争方式遴选，瞄准突破产业发展"卡脖子"技术和重大关键核心技术攻关的项目可通过择优委托方式遴选。

项目评审采取专家评审与行政决策相结合的方式，既充分发挥专家的专业咨询作用，又体现行政部门的战略引导和综合统筹作用，确保评审过程的公平公正、评审结果的科学精准。

第十一条 形式审查。由专业机构对申报单位和项目申请人是否具有良好的信用、是否符合指南的基本要求、相关证明材料及附件是否齐全和符合规范等进行形式审查，并对拟新购50万元以上的大型科研仪器设备开展查重评议。进行择优委托项目形式审查时，对明显不符合本办法第六条基本条件的项目可直接提出否决意见。通过形式审查的项目，进入专业评审。省科技厅规划处根据项目申报受理情况和当年工作安排，提出拟立项项目数建议。

审查过程中，依托"科技大脑"，利用社会公开信息，运用大数据、模糊检索等技术手段开展信息辅助核查。重点核实申报单位法人信息、项目组成员身份证信息，对比申报单位法人、项目申请人社会信用记录，排查一题多报现象。对存在科研信用不良行为的，不予通过形式审查。

第十二条 竞争性分配项目评审由专业机构按以下程序开展，并在实践中不断完善。

（一）专业评审。专业评审由专家网络评审和会议论证评审并行开展，并各自打分，总分为100分，其中专家网络评审和会议论证评审各50分。

1. 专家网络评审。由专业机构组织5名专家，其中省外专家不少于2名，进行网络评审，评审专家主要围绕申报项目指南响应度、实施方案的合理性、技术先进性、技术路线可行性以及项目绩效目标的有效性、合理性和可实现性等对项目进行评分。

2. 会议论证评审。会议由省科技厅相关业务处主持，由专业机构组织不少于5名专家围绕承担单位研发能力和研发投入、项目实施是否符合目标要求、是否具备相应的创新条件和能力、经费预算是否合理、技术路线是否切实可行、突破关键核心技术的可行性等对项目进行评分，并对项目实施总经费提出建议。

（二）提出入库建议。专业机构会同省科技厅相关处室，以专业评审为基础，围绕科技创新战略任务契合度、产业发展对项目的需求度、项目实施的紧迫性等对项目进行综合评价，提出拟立项项目建议，并按照不高于10%的比例按优先顺序提出备选项目，一并列入项目储备库，报厅务会、党组会决策。

（三）省科技厅决策。省科技厅厅务会、党组会从拟立项项目与省委省政府中心工作的一致性、评审程序的规范性等方面，对拟立项项目进行审议，作出是否立项的决策。有拟立项项目被否决的，选择相应数量的储备项目予以立项。

第十三条 择优委托项目的确定由专业机构按以下程序开展，并在实践中不断完善。

（一）专业评审。由专业机构组织专家在形式审查的基础上进行会议论证。论证会议由省科技厅相关业务处主持，由不少于5名专家组成专家组，在听取项目申请单位或项目负责人陈述后，围绕项目是否满足择优委托条件、突破关键核心技术的可行性、承担单位和科研团队是否具备相应的创新条件和能力、经费预算是否合理、技术路线是否切实可行等对项目进行质询、论证，提出是否推荐立项和项目总经费建议。有多家单位参与项目竞争的，通过专家答辩评议的方式，择优遴选承担单位，符合条件的可由多家单位并行实施，一年后开展评估考核，并择优给予持续支持。

（二）处室联审。由专业机构汇总专业评审结果，由省科技厅相关处室开展处室联审，在专业评审的基础上，对照"两大高地"建设和重点产业发展需求，提出拟立项项目建议。必要时可再次组织专家进行论证。

（三）省科技厅决策。省科技厅厅务会、党组会对拟立项项目与省委省政府中心工作的一致性、前期项目评审程序的规范性等进行审议，作出项目立项决策。

第十四条 省科技厅厅务会、党组会作出立项决策后，相关项目通过门户网站进行公示，公示期为7天。对公示有异议的项目，由专业机构邀请专家进行调查，核实有关情况并提出调查处理意见。根据公示和复议结果，确定立项项目并由省科技厅下达立项文件。

第十五条 充分发挥专家作用。参加网络评审的专家应根据项目评审要求，从省科技专家库中随机抽取；参加会议论证评审的专家应根据项目评审要求，从省科技专家库抽取或选取。选取的专家探索在项目评审前予以公布。评审专家应选择专业领域匹配，且活跃在科研和生产一线、真懂此行此项的原则，专家履职应严格遵守相关制度，省科技厅和专业机构对专家履职情况开展事后评价，并对专家库实行动态调整。

第十六条 省（农业）重点企业研究院、省临床医学研究中心按管理办法规定申报的项目，可由专业机构进行形式审查后直接进行会议论证评审，符合条件的由专业机构提出拟立项项目建议，报省科技厅厅务会、党组会决策。

第十七条 企业和高校院所自主实施重大科技项目形成国际一流、国内领先的核心技术或重大标志性产品，并直接产生明显效益的，经省科技厅规划处会同业务处审核后可纳入省重点研发计划。高校院所和新型研发机构承担单个横向项目实际到账总金额300万元及以上的，通过自主验收合格，并经省科技厅规划处会同业务处审核的，可视同省重点研发计划项目。

第十八条 特别重大或紧急的项目，按《关于拓宽科技项目发现渠道建立绿色立项机制的试行意见》要求，通过"绿色立项"方式组织实施。

第十九条 项目评审实行全过程痕迹管理。评审结果及评审意见等信息在"科技大脑"中如实记录，实现项目申报、评审、立项全过程可申诉、可查询、可追溯。

第四章 实施与验收

第二十条 省重点研发计划项目实行合同制管理。实施期限根据项目实施实际需求在合同（任务）书中约定，一般不超过4年。择优委托项目由省科技厅与项目承担单位、首席专家和相关地方或单位共同签订责任状。无正当理由未在规定时间内签订合同（任务）书的视为自动放弃项目承担资格。

第二十一条 项目承担单位、参与单位、项目负责人应根据项目合同（任务）书约定的目标任务，履行责任和义务，按进度高质量完成相关研发任务。

第二十二条 推行项目首席专家负责制，赋予科研人员在技术路线选择、资金使用、团队组建、成果转化等方面的自主权。在研究方向不变、不降低考核指标的前提下，项目负责人可自主调整研究方案和技术路线，并按规定自主调整项目组成员。上述调整由项目负责人通过省科技项目管理系统事先报备。

第二十三条 建立重要事件报告制度。项目承担单位、项目负责人、目标任务、绩效指标等原则上不得变更，如确需修改，应及时通过省科技项目管理系统报批。

第二十四条　完善项目中期检查制度。实施周期三年以下（不含三年）的项目由承担单位自主开展监督检查并按时提交自查报告。实施周期三年及以上的项目应在实施中期由省科技厅相关业务处负责开展检查工作，及时了解项目执行进展情况和绩效目标任务实现程度，发现和解决项目实施中的重大问题，对项目能否完成任务目标做出判断。中期检查方式包括会议或现场检查等，探索实行同行评议、第三方评估和测试、用户评价等不同形式。检查情况由业务处及时报送规划处、监督处，未通过中期检查的项目，暂停拨付后续财政补助资金。省科技厅监督处对项目实施和经费使用情况进行抽查，对未按要求实施项目或使用经费的，按规定作出限期整改、终止项目实施、收回补助资金等相应处理。

第二十五条　项目补助资金一般采用分期拨款的方式。实施期为3年的，首期拨付60%，中期检查后拨付40%；实施期4年及以上的，首期拨付40%，第二、三年检查后分别拨付30%、30%。为加大"卡脖子"技术攻关力度，择优委托项目可适当提高首期拨付比例。

第二十六条　项目验收以合同（任务）书为主要依据，由相关业务处负责组织技术、财务、管理等领域专家对约定的考核指标、绩效指标、财务执行情况等进行一次性综合评价。具体要求和方式按照项目验收管理办法执行。

第五章　监督与评估

第二十七条　建立全过程嵌入式的监督评估机制。由省科技厅会同有关部门对指南编制、专家选用、项目立项、项目实施与验收等工作中相关主体的行为规范、工作纪律、履职尽责情况等进行监督，并作出相应处理决定。

第二十八条　实施科研诚信承诺制度，从事申报组织、推荐、评审、评估评价等工作的相关人员应当签署科研诚信承诺书，明确承诺事项和违背承诺的处理要求。归口管理部门要对项目申请人或申报单位开展科研诚信审核，将具备良好的科研诚信状况作为必备条件，对严重违背科研诚信要求的责任者，实行"一票否决"。

第二十九条　完善项目承担单位内部控制和监督制约机制。项目资金的使用和管理严格按照《浙江省科技发展专项资金管理办法》（浙财科教〔2019〕7号）及相关规定执行，确保项目经费专款专用、单独核算，合理合规使用，确保自筹资金足额到位，并自觉接受财政、审计、纪检监察和科技等部门的审计和监督。

第三十条　建立项目申诉处理机制。省科技厅按规定受理项目形式审查、评审立项、中期评估、项目验收过程中的异议并及时反馈异议处理意见。

第三十一条　建立健全内控制度和常态化自查自纠机制。接受监督评估的单位应认真履行相关责任，加强风险防控，强化管理人员、科研人员的责任意识、绩效意识、自律意识和科研诚信，积极配合监督评估工作。

第三十二条　建立逐级问责和责任倒查机制。对存在违规现象的责任主体，按照国家和省科研信用管理相关规定处理。处理结果应以适当方式向社会公布，并纳入科研信用记录。违法、违纪的，应及时移交司法机关和纪检部门处理。

第三十三条　建立健全绩效评估评价机制。重点专项实施前，省科技厅委托第三方机构开展事先必要性评估和绩效预评估，明确专项预期目标、产出、效果、影响等。实施过程中，以3～5年为一个周期，对专项实施总体情况进行绩效评价。加强项目绩效评价，评价结果作为项目立项、项目调整、后续支持、资源分配、职称评定、收入分配等的重要依据。

第三十四条 建立和完善尽职免责机制。对已勤勉尽责，因受技术路线选择失误、市场风险影响或其他不可预见原因，未实现项目预定目标的，经评议认可，不予追究科研失败责任，不纳入科研信用不良记录。确有重大探索价值和应用价值的，可继续支持其选择不同技术路线开展相关研究。

第六章 附则

第三十五条 本办法由省科技厅负责解释。

第三十六条 本办法自2019年10月17日起施行。农业新品种选育管理办法另行制定。此前发布的相关管理办法中规定与本办法不一致的，以本办法规定为准。

关于进一步完善省级科技计划体系创新科技资源配置机制的改革方案（试行）

为贯彻落实习近平总书记关于"全面深化科技体制改革、提升创新体系效能、着力激发创新活力"的重要指示精神，按照"放管服"和"三评"改革的要求，加快完善以诚信为基础、以绩效为目标、以激励为导向、以规范为保障的科技计划体系和资源配置机制，提升科技创新对高质量发展和"两个高水平"建设的战略支撑作用，现提出如下改革方案（试行）：

一、目标与原则

在《深化省级财政科技计划（专项、基金）管理改革方案》（浙科发计〔2016〕144号）的基础上，通过改革完善，实现资源配置由相对分散向聚焦重点转变、由资金引导为主向资金引导和政策激励并举转变、由省级补助为主向省市县三级联动转变、由竞争性评审为主向竞争性评审和择优委托相结合转变、由重立项管理向重绩效管理转变、由重行政监督向重主体责任转变。

——聚焦重点。紧紧围绕省委、省政府中心工作，聚焦重大目标任务、重大政策落地、重要创新领域、重点平台载体、重大科技专项、重大创新团队，进一步聚焦聚力，配置科技创新资源。

——凸显绩效。始终把提升绩效作为根本，以取得原创性、标志性、引领性成果为导向，加强顶层设计，强化超前布局，紧扣创新链部署资金链，努力实现科技资源配置效益最大化。

——强化引导。更加注重引导激励各方积极性，充分发挥省级创新资源的杠杆作用，更好地撬动市、县（市、区）和各类创新主体加大科技投入，进一步激发全社会创新动能。

——压实责任。按照"授权与尽责"并举的要求，以诚信为基础，充分赋予各类创新主体自主权，进一步压实项目单位法人、市县和归口单位的监管责任，营造规范有序的创新生态。

二、内容与任务

（一）突出资源配置重点，优化科技计划体系

1.突出重点领域实施科研计划。突出数字经济"一号工程"和"互联网+"、生命健康两大科技创新高地建设，围绕超常规实施"一强三高新十联动"科技新政、实现"五倍增、五提高"目标任务，围绕凝练形成的重大专项和"卡脖子"关键核心技术攻关，围绕"产学研用金、才政介美云"十联动创新创业生态打造，系统组织项目实施、平台建设、人才引育、科技评奖等各项工作。

2. 突出重点平台推进战略任务。以信用制为前提，强化重点创新平台的主体作用，集中力量支持优势单位围绕重点领域开展研究，凝聚战略科技力量。实施非对称战略，在浙江大学、西湖大学、之江实验室、清华长三角研究院、中科院宁波材料所、北航杭州研究院、阿里达摩院等优势高校院所、新型研发机构开展创新资源配置改革试点，整合各类创新资源，落实"一揽子"扶持方案，促进重大平台做强做优，加速科技成果到市、县（市、区）和重点企业转化应用。

3. 整合优化科技计划（专项、基金）体系。设置一级科目4个，即研发攻关计划、创新平台计划、创新人才计划、创新引导计划；对应设置二级科目10个，即基础公益研究专项、重点研发专项、产业创新平台、研发支撑平台、国际合作平台、领军型创新创业团队、万人计划、海外工程师引进计划（外国专家工作站）、省科学技术奖、产学研合作与成果转化；对三级科目进行整合归并，具体为：取消省科创基地（科技城）计划，划转新苗人才、院士工作推进计划；整合"一带一路"国际科技合作项目、联合产业研发项目、对口扶贫项目，统一纳入省重点研发项目组织实施；将软科学项目并入公益研究项目实施；整合重点企业研究院、重点农业企业研究院、高新技术企业研究中心，统一归并为"企业研发机构建设"；整合星创天地、众创空间，归并为"双创服务平台"；整合发明专利产业化奖励、网上技术市场成交项目补助，纳入创新券推广应用计划；整合省级重点技术中介服务机构、中国浙江网上技术市场活动周、创新挑战赛等，调整为"技术市场服务体系建设"；将国际精准对接合作、STS中心配套等一并纳入"大院名校合作"专项。（详见附件）

（二）优化资源配置方式，放大引导激励作用

4. 科研项目优化遴选方式。省重点研发项目采用竞争性分配和择优委托相结合的方式确定承担单位。

优化项目竞争性评审流程。为统筹发挥专家咨询和行政决策作用，提高项目评审效率，省重点研发计划项目评审中，专家网评和处室评审并行开展，按照1∶1的比例各自打分并汇总，处室评审应组织专家进行会议评审论证，根据项目得分高低提出项目入库建议，报厅务会、党组会审议后立项实施。

探索择优委托机制。瞄准突破"卡脖子"技术问题、制约产业提升发展的重大关键核心技术问题、引领科技发展进入"无人区"的技术问题和省委省政府高度关注的重大、紧急科研任务，可通过择优委托的方式确定项目承担者。择优委托的项目来源可包括：市、县（市、区）和高校院所、新型研发机构推荐，专家组、院士等著名专家推荐，处室主动设计等。择优委托项目由承担单位提交申报材料，经评审论证，并报厅务会、党组会审议通过后立项实施。

特别重大或紧急的项目，可按《关于拓宽科技项目发现渠道建立绿色立项机制的试行意见》（浙科办发〔2017〕2号）要求，通过"绿色立项"、"一事一议"方式组织实施。

5. 平台载体建设探索信用制。省级重点实验室、技术创新中心、临床医学研究中心、企业研发机构、海外孵化中心、国际合作基地、公共基础条件平台等平台载体从认定制转为信用制，原则上不再给予一次性认定补助，符合创建条件的依托单位可申请挂牌，创建期满后通过验收的予以确认，并根据绩效情况给予补助或优先支持依托企业承担省级科技计划项目，不符合条件的摘牌，对存在不端行为的计入科研信用不良。

6. 优化基于绩效的奖励和补助。探索整合部分引导类资金，对市县党政领导科技进步目标责

任制考核优秀、研发经费投入排名前列和提升明显、科技新政目标任务完成良好的市、县（市、区）给予奖励；调整院所扶持专项资金支持方式，根据院所的研发投入和创新绩效给予奖励。奖励资金由市、县（市、区）、科研院所统筹用于科研项目实施和科研基础条件建设。

7. 探索并规范会商联动和"一揽子"扶持方式。围绕市县、部门、高校院所等的重大创新发展需求，以调动多方积极性为目的，采取择优会商的方式，在会商单位先行投入的基础上，按一定比例给予补助。对省委、省政府高度关注，对我省创新发展具有重大影响的重点单位、重点平台，在信用制的基础上可在科研项目、平台载体、奖励补助、人才引进等方面采取"一揽子"扶持方案给予重点支持。会商和"一揽子"确定的事项，由承担单位提交申报材料，经评审论证后，报厅务会、党组会审议。

8. 完善国家项目配套制度。根据科技新政"支持企业承担国家科技重大专项、重点研发计划等，按国家规定予以配套，项目申报前明确配套资金"的要求，建立国家项目配套制度。对获得科技部批准的国家重点实验室、技术创新中心、临床医学研究中心等国家级创新平台的，按国家要求给予支持。同时，切实组织实施好区域创新发展联合基金，探索推动部省联动组织实施国家重点研发计划，更好地争取国家科技资源。

（三）完善组织管理机制，提升管理服务效能

9. 深化"放管服"改革。推进简政放权，科学界定权责，主动将具备下放条件的职能下放市、县（市、区）科技管理部门和中介服务机构承担，赋予市、县（市、区）在科研项目、平台载体、创新人才等方面更大的择优推荐权限；建立"以需求为导向"的科研项目形成机制，在"科技大脑"中设置"创新技术需求征集"模块，常年向省内外征集创新技术需求和优秀项目，形成"需求征集—梳理凝练—智能分析—精准对接—精准实施"的项目组织路径。完善受理评审机制，对采取信用制、认定制的事项和"卡脖子"关键核心技术的重大项目，采取"常年受理、定期评审、分批下达"的方法，切实提高服务效能。

10. 完善预算管理制度。每年2月，由各处室提出相关科技计划（专项、基金）的实施目标、预期绩效以及当年需安排的专项资金额度，明确重点领域的分配比例。规划处汇总后，根据上年绩效评价情况和本年度绩效目标，汇总平衡后提出年度专项资金分配建议方案，报厅党组会、厅务会审议通过后，由各处室组织实施。年度预算分配过程中，预留一定的机动资金用于不可预见的重大任务和应急性任务落实。

11. 完善项目过程监督管理。创新项目监管模式，从重"经费使用"管理向重"项目设计、研发绩效"管理转变。按照"谁主管、谁负责"的原则，项目实施过程中的中期检查、结题验收、项目变更及督促履约等由相关业务处室具体负责；审计监督、随机抽查、绩效评价等工作由监督处牵头负责。积极培育第三方专业机构，充分发挥其在项目评审、过程管理、绩效评估等工作中的作用。

12. 压实创新主体法人责任。创新主体要落实法人监管和科研诚信责任，全面完善内部控制和监督制约机制，切实加强对管理权限范围内调整事项的审批及备案、项目实施和经费使用的日常监督检查工作，全程跟踪了解项目实施进展和经费管理使用情况，及时协调解决存在的问题，确保科技经费的规范使用，促进科技计划项目的顺利实施。

13. 明确属地和归口单位监管责任。市、县（市、区）科技管理部门和归口单位按照"属地管理"的原则，完善相关管理办法与细则，确保推荐项目和事项的真实性、精准性、有效性，切实

做好各类放权事项的全过程监管和绩效评估，管好底线与秩序，确保科研活动规范有序。对履行职责不到位的单位，视情扣减项目限额推荐数、收回下放的管理权限，并在年度督查激励考核中作相应扣分处理；对严重失职的，将依法依规追究有关单位和个人的责任。

（四）完善信用和绩效评价机制，提升资源配置效益

14. 完善信用评价体系。强化科研诚信评价结果的应用，形成以信用为基础的科研管理服务机制。对信用评价等级 A 级的单位和个人，在项目立项、经费包干制等方面予以优先支持；对列入黑名单或信用评价等级为 E 级的单位和个人，予以"一票否决"。

15. 强化绩效评价工作。科技计划（专项、基金）设立或实施前，就立项必要性、投入经济性、绩效目标合理性、实施方案可行性和筹资合规性进行事前绩效评估。实施过程中，建立短期、中期相结合的绩效评价制度，对目标完成、管理、产出、效果、影响等开展绩效评价。短期评价于每年 2 月前完成，由监督处会同规划处对上年度专项资金的绩效完成情况进行评价。中期评价以 3~5 年为一个周期，由监督处牵头对专项实施总体情况进行绩效评价。

16. 建立动态调整机制。短期绩效评价结果作为下一年度资金安排的重要依据，中期绩效评价结果作为科技计划（专项、基金）动态调整的重要依据。绩效评价好的，持续实施或加大支持力度；绩效评价一般的，减小支持力度或暂停实施；没有明显绩效的及时进行调整。

三、工作要求

（一）统一思想、提高认识。完善科技计划体系和资源配置机制是优化创新服务、激发创新活力的关键所在。各单位和厅机关各处室要以习近平新时代中国特色社会主义思想为指引，坚持与时俱进、勇于突破禁锢，切实提高工作站位、主动理解支持，推进科技创新事业的持续健康发展。

（二）明确责任、狠抓落实。厅机关各处室要主动承担起改革创新的主体责任，从各自职能出发，围绕确定的目标和任务，提出具体的可操作的工作细则和配套制度，明确时间表、路线图，以"钉钉子"的精神确保各项举措真正落地见效。

（三）统筹兼顾、有序衔接。各单位和厅机关各处室要着眼长远，立足实际，按照年度重点工作任务和"十三五"科技发展规划设定目标，在改革调整过程中统筹好相关工作，确保原定的目标任务全面完成。

（四）强化协同、形成合力。厅机关各处室要主动加强与科技部、省级有关单位的沟通对接，争取更大支持，确保各项举措顺利实施；要促进省市县科技部门的协同联动和厅机关各处室的整体推进，切实形成目标一致、协作配合的工作合力。

省级科技计划（专项、基金）布局

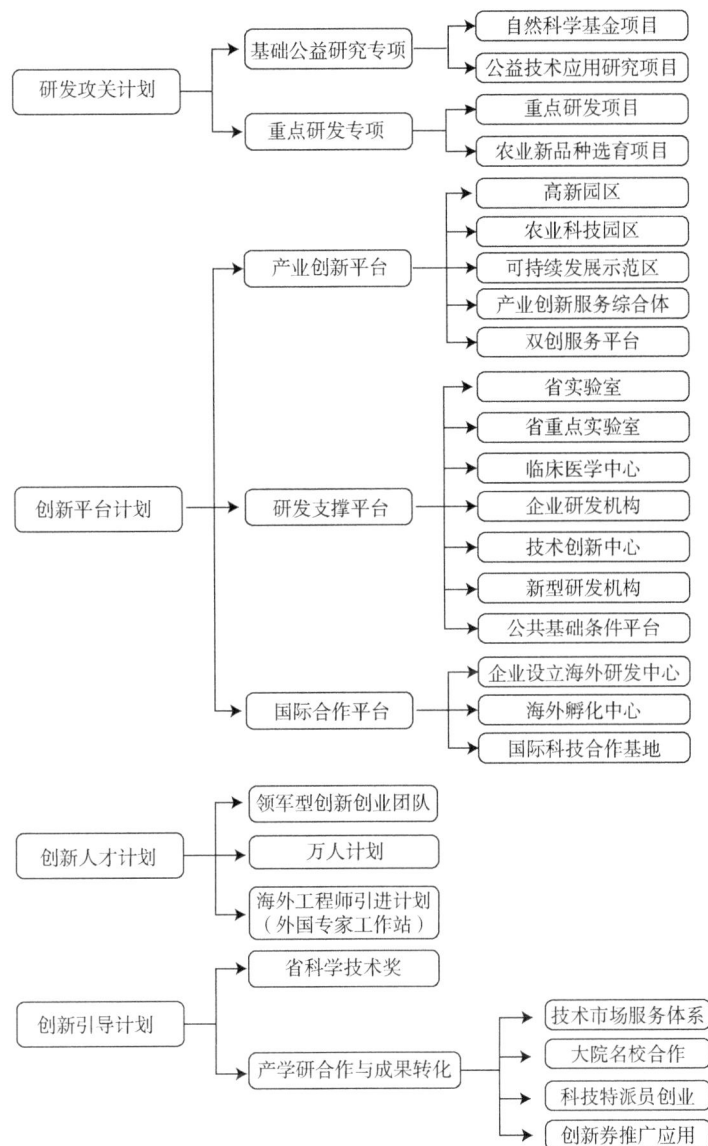

浙江省科学技术厅关于印发《浙江省科研诚信信息管理办法（试行）》的通知

(浙科发监〔2020〕28号)

各市、县（市、区）科技局，各有关高校、科研院所：

为加快推进我省科研诚信体系建设，规范科研诚信信息管理，营造诚实守信的科技创新环境，省科技厅研究制定《浙江省科研诚信信息管理办法（试行）》，现印发你们，请认真贯彻实施。

附件：浙江省科研诚信信息管理办法（试行）

浙江省科学技术厅

2020年6月11日

浙江省科研诚信信息管理办法（试行）

第一章 总则

第一条 为规范科研诚信信息管理，根据中共中央办公厅、国务院办公厅《关于进一步加强科研诚信建设的若干意见》《浙江省公共信用信息管理条例》，省委办公厅、省政府办公厅《关于进一步加强科研诚信建设弘扬科学家精神的实施意见》，科技部等20家单位《科研诚信案件调查处理规则（试行）》和《国家科技计划（专项、基金等）严重失信行为记录暂行规定》等规定，结合我省实际，制定本办法。

第二条 我省行政区域内科研诚信主体诚信信息的采（归）集、评价、披露和应用及其管理等，适用本办法。

本办法所称科研诚信主体，包括从事或参与科技活动的承担人员、咨询评审专家、其他科研人员等自然人，以及承担单位、合作单位、项目管理专业机构、中介服务机构等法人机构。

本办法所称诚信信息，是指科研诚信主体科研诚信状况的数据和资料，包括基础信息、失信信息和守信激励信息。

第三条 省科技厅负责全省科研诚信信息管理工作，健全信息采集、记录、评价、应用、安全、督查和通报等管理制度；推进科研诚信信息化建设；开展科研诚信信息动态监测、评估和分析，定期发布浙江科研诚信状况报告。

第四条 高等学校、科研院所和市、县（市、区）科学技术行政部门（以下简称信息提供单位）负责本单位、本行政区域内科研诚信信息的记录、归集、维护、异议处理、修复以及信息安全等工作。

第五条 省科技厅结合深化"最多跑一次"改革和政府数字化转型要求，建立全省统一的浙江省科研诚信信息管理系统。

省科技厅委托第三方专业机构负责浙江省科研诚信信息管理系统的日常运行维护工作。

第二章　信息采（归）集

第六条　省科技厅制定并定期更新省科研信用信息目录，明确诚信信息的归集内容、标准、属性等事项。

第七条　省科研诚信信息管理系统通过以下方式获取科研诚信信息：

（一）信息提供单位依据省科研信用信息目录，自信息形成之日起30日内将本单位、本行政区域内诚信信息汇交至省科研诚信信息管理系统，并对信息的真实性、完整性负责。

（二）从"浙江科技大脑"平台中定期采集。

（三）按照信息共享机制，由相关单位和部门及时汇交科研失信信息；或从科技部科研诚信管理信息系统、相关部门官方网站等渠道中定期采集。

第八条　基础信息包括下列信息：

（一）法人的名称、法定代表人或者负责人、统一社会信用代码等；自然人的姓名、身份证号码、出入境证件号码等身份识别信息。

（二）所涉及科技活动的名称和编号、实施期限、目标任务、经费额度等。

（三）应当作为基础信息予以归集的其他信息。

第九条　失信信息是经相关部门或单位认定为科研失信行为的相关信息，根据严重程度，分为一般失信信息和严重失信信息。

第十条　一般失信行为，是指诚信主体违反科技活动管理规定或合同书约定，并造成一定不良影响的行为。包括：

（一）无特殊原因未在规定时限内提交考核评估材料、提出项目验收申请，或提出验收申请后未在规定时限内完成验收工作；

（二）企业、创新平台载体等经认定后，或项目立项公示后无正当理由放弃；

（三）企业、创新平台载体等被撤销相关资格；

（四）信息提供单位责任履行不到位，未建立健全科研诚信建设相关配套制度和办事机构，未按要求开展科研诚信案件的调查处理和报送处理决定书、调查报告，或在调查处理中阻挠干扰、推诿包庇、隐匿销毁证据材料、打击报复举报人、泄露相关信息等；

（五）捏造事实，恶意举报；

（六）未按规定履行专家职责，接受邀请后无正当理由不参加科技评审（咨询）活动的；无故迟到或在评审过程中擅离职守，严重影响科技评审（咨询）工作开展的；自行其是，未按照相关政策规定、科技评审（咨询）规则进行评判，或连续3次与评审结果存在严重偏离的；存在明显倾向性评价，且拒不说明理由或经核实无正当理由的；

（七）科技系统行政执法检查、科技监督工作中发现的一般违规问题；

（八）其他一般失信行为。

第十一条　严重失信行为，是指诚信主体科研不端、违规、违纪或违法且造成严重后果或恶劣影响的行为，包括：

（一）抄袭、剽窃、侵占他人研究成果或项目申请书；

（二）编造研究过程，伪造、篡改研究数据、图表、结论、检测报告或用户使用报告；

（三）买卖、代写论文或项目申请书，虚构同行评议专家及评议意见；

（四）以故意提供虚假信息等弄虚作假的方式或采取贿赂、利益交换等不正当手段获得科研活动审批，获取科技计划项目（专项、基金等）、科研经费、奖励、荣誉、职务职称、承担资格或中介服务资格等；

（五）违反科技伦理规范；

（六）违反奖励、专利等研究成果署名及论文发表规范；

（七）违反科技计划和项目管理规定，擅自超权限调整项目任务或预算安排，造成不良影响；违反科研资金管理规定，套取、转移、挪用、贪污科研经费，谋取私利；

（八）利用管理职能，设租寻租，为本单位、项目申请者、项目执行者谋取不正当利益；管理严重失职，所管理的科技计划和项目或相关工作人员存在重大问题；

（九）利用管理、咨询、评审或评估专家等身份或职务便利，索贿、受贿，故意违反回避原则，为他人谋取利益；泄露相关秘密或咨询评审信息；

（十）不配合监督检查和评估工作，提供虚假材料，对相关处理意见拒不整改或虚假整改；

（十一）其他严重科研失信行为。

第十二条 守信激励信息是诚信主体在参与科技活动中履行职责和承诺义务、遵守规章制度、奉行科技界公认的科研行为准则、遵守科研道德规范，以及通过科技活动获得的表彰或奖励等信息，包括：

（一）设区市以上人民政府及省级以上科技部门授予（给予）的有关科技活动的表彰、奖励信息；

（二）社会力量设立的全国性科学技术奖信息；

（三）其他可以作为守信激励信息予以归集的信息。

第三章　信用评价

第十三条 科研诚信评价采取评价指标得分和经程序判定列入严重失信名单（黑名单）相结合的方式。评价指标得分采用加减分方式，评价结果区间为 0～1000 分。评价指标包括失信信息和守信激励信息。

科研诚信评价指标体系由省科技厅另行规定。

第十四条 科研诚信级别设 A、B、C、D、E 五级。A 级科研诚信主体纳入科研诚信红名单；E 级科研诚信为评价指标得分不满设定分值或者经判定列入严重失信名单的诚信主体。

第十五条 对具有本办法第十一条行为的诚信主体，且受到以下处之一的，纳入严重失信名单（黑名单）：

（一）受到刑事处罚或行政处罚并正式公告；

（二）受审计、纪检监察等部门查处并正式通报；

（三）受设区市以上政府和行业主管部门在科技活动或监督检查中查处并以正式文件发布；

（四）因伪造、篡改、抄袭等严重科研不端行为被国内外公开发行的学术出版刊物撤稿，或被国内外政府奖励评审主办方取消评审和获奖资格并正式通报；

（五）根据《科研诚信案件调查处理规则（试行）》作出处理决定并正式通报；

（六）经核实并履行告知程序的其他严重违规违纪行为。

对纪检监察、监督检查等部门已掌握确凿违规违纪问题线索和证据，因客观原因尚未形成正式处理决定的科研诚信主体，参照本条款执行。

省科技厅决定将科研诚信主体列入严重失信名单的，应当制作决定书并由本机关负责人签发。严重失信名单及时向责任主体通报，对于责任主体为自然人的还应向其所在法人单位通报。

第十六条 省科技厅将科研诚信主体列入严重失信名单前，应当书面告知其列入严重失信名单的理由和依据；对列入严重失信名单的科研诚信主体采取惩戒措施的，应当告知理由、依据和救济途径以及解除惩戒措施的条件，并向社会公布。科研诚信主体有权进行陈述和申辩。

第十七条 对具有本办法第十、十一条行为的科研诚信主体，不得评为 A 级（纳入科研诚信红名单）。

第四章 信息公开

第十八条 科研诚信信息保存和披露期限为：

（一）守信激励信息的保存和披露期限为 5 年，自表彰（奖励）授予之日起计算。

（二）一般失信信息的保存和披露期限根据相关科技活动管理规定确定，自一般失信行为认定之日起计算。如无明确规定，则为 3 年。

（三）严重失信信息的保存和披露期限为 5 年，自严重失信行为认定之日起计算，但依法被判处剥夺人身自由的刑罚的，自该刑罚执行完毕之日起计算。科研诚信主体依照本办法规定被列入严重失信名单，其严重失信信息保存和披露期限届满时尚未被移出严重失信名单的，严重失信信息保存和披露期限延至被移出严重失信名单之日。

法律、法规和国家有关规定对保存和披露期限另有规定的，从其规定。

第十九条 严重失信名单（黑名单）披露期限，为自被列入名单之日起 5 年。

第二十条 对列入严重失信名单（黑名单）的科研诚信主体，满足以下条件的，移出严重失信名单，并及时予以公布：

（一）严重失信名单披露期届满；

（二）严重失信名单披露期届满后，行政处罚期限未满的将延长至行政处罚期满；

（三）列入严重失信名单期内，未发生其他严重失信行为或严重违法违规违纪行为。

第二十一条 省科技厅通过省公共信用信息平台向社会公开依法应当公开的科研诚信信息和信用评价结果。

第五章 结果应用

第二十二条 各级科学技术行政部门、项目管理专业机构应当利用省科研诚信信息管理系统对科研诚信主体进行科研诚信审核，将具备良好的科研诚信状况作为实施或参与科学技术研究、荣誉推荐（提名）、科技奖励、科技人才等各类科技活动的必备条件，对具有失信信息的主体严格审查，对严重失信行为责任主体实行"一票否决"。

第二十三条 省科技厅构建科研诚信分级分类监管体系，将科研诚信评价结果应用到"双随机、一公开"监管，依据诚信主体的诚信级别，在监管方式、抽查比例和频次等方面采取差异化措施。

第二十四条 对 A 级诚信主体，各级科学技术行政部门可以采取以下激励性措施：

（一）同等条件下优先考虑推荐国家科技项目，申报、参与和承担各类科技活动，予以经费包干制等"一揽子"支持；

（二）国家或者地方规定的其他激励性措施。

第二十五条 对列入严重失信名单的 E 级诚信主体，各级科学技术行政部门视情节严重程度，在作出处理决定时可采取以下惩戒措施：

（一）科研诚信诫勉谈话，通报批评，暂停（暂缓）相关项目、活动、资格、称号，限期整改；

（二）终止或撤销财政资助的相关科研项目，按原渠道收回拨付的资助经费、结余经费；

（三）取消已获得的相关奖励、称号、资格等，收回奖金；

（四）一定期限直至永久取消申请、参与科技活动的相关资格；

（五）国家或者地方规定的其他惩戒措施。

第二十六条 各级科学技术行政部门应在相关科技活动管理办法中明确对守信行为和科研失信行为的激励惩戒措施。

第二十七条 省科技厅按要求将诚信信息及评价结果汇交至省公共信用信息平台及科技部科研诚信管理信息系统，会同省级有关部门对科研诚信主体实行守信联合激励和失信联合惩戒措施，推动建立长三角地区科研诚信信息共享应用和信用奖惩联动机制，优化区域信用环境。

第六章　权益保护

第二十八条 科研诚信主体对信息采（归）集、信息披露、严重失信名单认定等存在异议的，可在收到处理决定之日起 15 日内，向信息提供单位和认定单位提出异议申请，并提交相关证明材料。信息提供单位和认定单位应当按照程序进行核查并作出处理。

对异议处理结果不服的，可以向省科技厅申请复核。

第二十九条 省科技厅、信息提供单位应当建立受理异议与复核申请制度，公布受理部门及电话、电子邮箱、网站等联系方式，并自受理异议或者复核申请之日起 5 个工作日内处理完毕；情况复杂的，经省科技厅、部门负责人批准，可以适当延长处理期限，但累计不得超过 20 个工作日。

第三十条 本办法所称信用修复是指依申请修复。严重失信主体移出严重失信名单前，属于该主体的失信信息不予修复。

信息提供单位根据以下条件对科研诚信主体的失信信息进行修复：

（一）行政处理决定和司法裁决等明确的法定责任和义务履行完毕，社会不良影响基本消除。

（二）失信信息认定之日起修复期限满 1 年及以上。

（三）自失信信息认定之日起至申请信用修复期间未产生新的同类失信信息。

（四）失信信息主体作出书面信用承诺，建立防范措施且确有实效等行为。经核查符合条件的，可以缩短其失信信息的披露期限，但最多不得超过 6 个月。

信用修复程序依照《浙江省公共信用修复管理暂行办法》执行。

第三十一条 鼓励社会公众、新闻媒体参与科研诚信体系建设，形成社会监督机制。任何单位和个人可以对科研诚信信息管理工作中违反法律、法规、规章及本办法的行为，向省科技厅投诉、举报。

第七章　附则

第三十二条 本办法自 2020 年 7 月 11 日起施行，由省科技厅负责解释。

浙江省科学技术厅关于印发《浙江省自然科学基金委员会章程》的通知

(浙科发金〔2020〕31号)

各市科技局，各有关高校、科研院所，省级有关单位：

为进一步推动我省自然科学基金事业健康发展，根据《中华人民共和国科学技术进步法》《浙江省科学技术进步条例》等法律、法规，结合我省实际情况，对《浙江省自然科学基金章程》(浙科发〔2015〕164号)进行了修订。经浙江省自然科学基金委员会全体委员会审议通过，浙江省科技厅同意，并报省政府批准，现将修订后的《浙江省自然科学基金委员会章程》予以印发，请认真遵照执行。

附件：浙江省自然科学基金委员会章程

浙江省科学技术厅
2020年6月29日

浙江省自然科学基金委员会章程

第一章 总则

第一条 为确立浙江省自然科学基金委员会工作规范和行为准则，保障浙江省自然科学基金事业健康发展，根据《中华人民共和国科学技术进步法》《浙江省科学技术进步条例》等有关法律、法规制定本章程。

第二条 浙江省自然科学基金由浙江省人民政府设立，受浙江省自然科学基金委员会管理。浙江省自然科学基金委员会相对独立运行，负责浙江省自然科学基金资助计划、项目设置和评审、立项、监督等组织实施工作。浙江省科学技术行政部门受省政府委托管理浙江省自然科学基金委员会，依法对浙江省自然科学基金工作进行宏观管理、统筹协调和监督评估。

第三条 浙江省自然科学基金的资金主要来自浙江省财政拨款，同时吸纳地方政府、相关行业和企业等多元投入，引导带动企业加大基础研究投入，并依法接受国内外自然人、法人或者其他组织的捐赠。

第四条 浙江省自然科学基金委员会坚持中国共产党的领导，深入贯彻落实浙江省委、省政府的决策部署，坚持自由探索和重大需求结合，围绕关键核心技术重大科学问题开展战略前瞻部署，有效运用浙江省自然科学基金，支持基础研究、应用基础研究、战略性前沿技术研究，支持学术交流与合作，推动学科交叉融合，注重发现和培养青年科技人才，增强源头创新能力，促进科学技术进步和经济社会高质量发展。其职责是：

（一）营造激励创新的良好环境，建立有效的资源配置机制，制定支持基础研究、应用基础研究、战略性前沿技术研究和科学技术人才培养的资助计划；

（二）协同浙江省科学技术行政部门制定浙江省发展基础研究的方针、政策和规划，对浙江省发展科学技术的重大问题提供咨询；

（三）促进学术交流与合作，做好与国家基础研究计划和浙江省级科技计划的衔接，促进研究成果推广和应用；

（四）接受浙江省科学技术行政部门和有关部门委托开展相关工作，联合有关机构开展资助活动；

（五）承办浙江省人民政府交办的其他事项。

第五条 浙江省自然科学基金委员会坚持尊重科学、发扬民主、提倡竞争、促进合作、激励创新、服务地方的工作方针，倡导公正、奉献、团结、创新的工作作风，弘扬科学家精神，加强作风学风和科研诚信与伦理建设，建设有利于自主创新的科学基金文化。

第二章　组织结构

第六条 浙江省自然科学基金委员会设主任1人，副主任若干人；由浙江省人民政府任命。浙江省自然科学基金委员会主任主持全面工作，对浙江省人民政府负责。

第七条 浙江省自然科学基金委员会设委员二十五至二十九人，由浙江省科学技术行政部门负责人和相关研究领域的科学家、工程技术专家、管理专家组成。浙江省自然科学基金委员会委员实行任期制，每届任期5年，任期一般不超过两届，委员受聘时年龄不超过65周岁，续聘时年龄不超过70周岁。

浙江省自然科学基金委员会主任和副主任为当然委员，其他委员由主任提名，报浙江省人民政府审批。

浙江省自然科学基金委员会设秘书长1人；必要时，可设副秘书长1人。秘书长和副秘书长报浙江省科学技术行政部门批准。

第八条 浙江省自然科学基金委员会设立全体委员会议（以下简称全委会），采用会议或书面通讯方式对重要事项进行审议、决策。

第九条 全委会由全体委员组成，由浙江省自然科学基金委员会主任或主任委托的副主任主持。全委会对浙江省自然科学基金工作进行审议、监督和咨询。全委会每年举行一至二次会议，三分之二以上委员出席为有效，书面通讯方式以回收三分之二以上委员意见为有效。提请全委会审议的事项须表决形成决议，由半数以上委员同意通过。遇有重要事项，浙江省自然科学基金委员会主任有权召开全委会。

全委会行使下列职权：

（一）审议、修订浙江省自然科学基金委员会章程及相关管理制度；

（二）审议浙江省自然科学基金发展规划和年度计划；

（三）审议浙江省自然科学基金年度工作报告；

（四）审议浙江省自然科学基金管理工作中的重大事项。

第十条 浙江省自然科学基金委员会下设办公室，承担浙江省自然科学基金委员会的日常工作，负责自然科学基金的具体实施和管理。

第十一条 浙江省自然科学基金委员会办公室负责资助并参与协调全省基础研究和应用基础研究，为全省重大科学技术问题提供咨询。承担社会力量捐赠资金管理工作；协助拟订全省基础研究规划、政策和标准并贯彻落实，组织实施省公益技术研究项目；拟订省自然科学基金发展规划，编制优先资助领域和项目指南；负责省自然科学基金的具体实施，承担资助计划、项目设置和评审、立项、绩效评价等组织实施工作；制定支持科学技术人才的资助计划，发现和培养科技人才；促进基础研究和应用基础研究成果应用转化，开展国际合作研究和学术交流；加强对参与浙江省自然科学基金工作各方主体、浙江省自然科学基金项目全流程的科研诚信管理。

第三章 资助管理

第十二条 浙江省自然科学基金委员会遵循公开、公平、公正的资助原则，采取宏观引导、自主申请、平等竞争、同行评审、择优支持的资助机制，资助浙江省内高等学校、科学研究机构、企业和其他具有独立法人资格、开展基础研究的相关机构的科学技术人员开展基础研究、应用基础研究和科学前沿探索。

第十三条 浙江省自然科学基金通过设立浙江省杰出青年科学基金项目等，构建发现和培养青年科学技术人才的资助体系。深化青年科技人才创新激励机制，对优秀青年科技人才优先给予支持，培养造就一批进入国内外科学技术前沿的优秀学术带头人。

第十四条 浙江省自然科学基金充分发挥导向作用，通过与政府部门、事业单位、企业或其他法人组织等联合资助方共同设立联合基金，引导社会资源投入基础研究。支持与企业建立创新发展联合基金，围绕关键共性技术领域中的核心科学问题开展基础研究、应用基础研究、前沿技术研究。

联合基金是浙江省自然科学基金的组成部分，按浙江省自然科学基金管理方式管理。

第十五条 浙江省自然科学基金委员会根据科学技术发展态势，结合浙江经济、社会和科学技术发展需求，确定资助类型和资助方式。浙江省自然科学基金委员会确定资助类型和资助方式的原则是：

（一）有利于实现浙江省科学技术和经济社会发展目标；

（二）有利于支持科学技术人员自由探索和创新研究；

（三）有利于培养青年科学技术人才；

（四）有利于促进基础研究与教育结合；

（五）有利于促进高等学校、研究机构和企业之间的合作；

（六）有利于促进区域科学技术事业协调发展。

第十六条 浙江省自然科学基金委员会应当围绕省委省政府中心工作，根据浙江省经济社会发展重大需求编制发展规划和项目指南，广泛听取高等学校、科学研究机构、学术团体和有关行政机关、企业的意见，组织有关专家进行科学论证。

第十七条 浙江省自然科学基金委员会公开发布资助范围、申请条件、受理程序与期限等信息，建立资助信息查询系统，为申请者提供高效和便利的服务。

第十八条 浙江省自然科学基金委员会遵循面向需求、依靠专家、发扬民主、择优支持、公正合理的评审原则，制定评审标准和管理办法，组织对申请项目的评审。

第十九条 浙江省自然科学基金评审工作一般按照浙江省自然科学基金委员会办公室初审、同行评议和专家组评审、浙江省自然科学基金委员会决策的程序进行，评审结果报浙江省科学技术行政部门审定。特殊紧急情况下，设立应急攻关项目，应坚持急用先行原则，强化动态管理；启动应急攻关项目或调整相关程序，应当按照浙江省科学技术行政部门应急研发项目组织实施方案执行。

第二十条 浙江省自然科学基金委员会按照代表性与多样性相结合、动态调整与专家自愿等原则，遴选具有较高学术水平、良好职业道德的专家作为基础研究评审专家，并建立完善专家评价与信用制度。

第二十一条 浙江省自然科学基金委员会组织评审专家对申请项目从科学价值、创新性、需求重要性、社会影响以及研究方案的可行性等方面做出独立判断和评价，提出评审意见。

第二十二条 浙江省自然科学基金评审工作实行回避和保密制度，采用自动抽取和择优选取等方式选用专家。采用会议评审方式的，可择优选取专家，专家名单一般应在评审前公布。

浙江省自然科学基金委员会工作人员不得申请或参加申请浙江省自然科学基金项目。

第二十三条 浙江省自然科学基金委员会强化资助管理工作，规范资金使用，管理资助成果，加强验收管理和监督评估。对重大优秀成果予以持续支持，推动成果共享和应用等。建立以质量和贡献为导向的绩效评价体系，实行代表作和标志性成果评价制度。

第二十四条 浙江省自然科学基金实行年度报告制度，每年向浙江省人民政府报告并向全社会公布申请、资助、结题情况，宣传资助成果。

第二十五条 浙江省自然科学基金委员会应当建立信息公开制度，依法开展资助管理信息公开工作。

第二十六条 浙江省自然科学基金委员会通过资助合作研究、学术会议、人员交流等多种形式，吸引省外科学家参与浙江省基础研究，支持浙江省科学家广泛参与国际合作与竞争。

第四章 财务与资产管理

第二十七条 浙江省自然科学基金委员会执行国家和浙江省财政和财务制度，建立健全资金分配和管理办法，完善财务内部控制制度，推进财务管理信息化建设，保障资金安全合理使用。

第二十八条 浙江省自然科学基金委员会根据浙江省科学技术和基础研究发展规划，按照量入为出、讲求绩效、收支平衡的原则编制年度预算草案，明确绩效目标和核心绩效指标，严格执行预算编制程序。年度预算经浙江省人代会审议批准、财政部门批复后执行。

第二十九条 每一预算年度终了后，浙江省自然科学基金委员会编制年度决算草案，在规定的期限内报浙江省科学技术行政部门审核，开展年度绩效自评并向浙江省人民政府报告。

第三十条 浙江省自然科学基金委员会对资助项目经费预算执行情况进行监督，并对资金使用情况开展全过程预算绩效管理。

第三十一条 接受捐赠的资金和联合基金资金的管理和使用按相关协议执行。

第三十二条 浙江省自然科学基金委员会建立健全国有资产管理制度，防止国有资产流失。

第五章 人员管理

第三十三条 浙江省自然科学基金委员会坚持以人为本，营造有利于发挥工作人员积极性和创造性的和谐环境，以能力建设为重点，加强浙江省自然科学基金管理队伍建设。

第三十四条 浙江省自然科学基金委员会会同浙江省科学技术行政部门建立适合科学基金特点的岗位管理制度，科学设岗，按岗选人，实行轮岗和交流制度。

第三十五条 浙江省自然科学基金委员会结合工作需要，有计划地开展岗位培训和继续教育，不断提高工作人员素质。

第三十六条 浙江省自然科学基金委员会工作人员须恪守职业道德，密切联系科学家，真心依靠科学家，热情服务科学家，自觉维护浙江省自然科学基金的声誉。

第六章　监督

第三十七条　浙江省自然科学基金委员会接受浙江省财政、审计、科学技术等行政部门和浙江省监察机关的监督检查，接受科技界和社会公众的监督。

第三十八条　浙江省自然科学基金委员会建立对参与浙江省自然科学基金工作各方主体全覆盖、对浙江省自然科学基金项目全流程监督体系，全面实施科研诚信承诺制，加强全过程的诚信管理，营造公平公正、诚实守信、恪守伦理的良好氛围。

浙江省自然科学基金项目申请人及参与者、资助项目负责人及参与者、评审专家等科学技术人员和依托单位应就浙江省自然科学基金资助活动及其管理中的履行职责与科研诚信、科研伦理情况主动接受监督。

第三十九条　浙江省自然科学基金委员会建立健全内部监督制约机制和责任追究制度，加强对工作人员履行职责的监督。

第四十条　浙江省自然科学基金委员会依据有关规定督促依托单位落实监督管理主体责任。

第七章　附则

第四十一条　浙江省自然科学基金委员会印章为圆形，中心置五角星，周围环绕"浙江省自然科学基金委员会"字样。

第四十二条　浙江省自然科学基金委员会简称省自然科学基金委。英文名称为 Zhejiang Provincial Natural Science Foundation，缩写为 ZJNSF。

第四十三条　浙江省自然科学基金委员会依据本章程制定管理制度和工作规则。

第四十四条　本章程经全委会审议通过，浙江省科学技术行政部门研究同意后，报浙江省人民政府批准生效。

第四十五条　本章程自 2020 年 7 月 29 日起施行，原《关于印发〈浙江省自然科学基金委员会章程〉的通知》（浙科发基〔2015〕164 号）同时废止。

第二十章 安徽省科研项目和资金管理法规政策

关于印发《安徽省科技计划管理改革实施方案》的通知

（科计〔2015〕63号）

各市科技局，有关单位：

为贯彻落实《国务院关于深化中央财政科技计划（专项、基金等）管理改革的方案》和省委、省政府《加快调结构转方式促升级行动计划》等文件精神，结合我省实际，经研究制定安徽省科技计划管理改革实施方案。本方案自2016年1月1日起施行。

特此通知。

安徽省科技厅
2015年12月21日

安徽省科技计划管理改革实施方案

为贯彻落实《国务院关于深化中央财政科技计划（专项、基金等）管理改革的方案》和省委省政府《加快调结构转方式促升级行动计划》等文件精神，结合我省实际，现就实施省科技计划（含专项、基金，下同）管理改革，提出方案如下。

一、总体要求

建立公开统一的安徽省科技管理信息平台，构建布局合理、定位清晰的省级科技计划体系，建立目标明确和绩效导向的管理制度，形成职责规范、科学高效、公开透明的组织管理机制，使之更加符合科技创新规律，更加高效配置科技资源，更加强化科技与经济紧密结合，最大限度激发科研人员创新热情，充分发挥科技计划在促进我省经济社会发展中的战略支撑作用。

二、基本原则

聚焦经济社会需求。根据我省经济社会发展需求，围绕产业链部署创新链，围绕创新链完善资金链，科学设置科技计划体系，有效服务调结构、转方式、促增长，建立聚焦创新任务、推动科技计划管理改革的新机制。

明晰政府市场关系。发挥市场在配置创新资源中的决定性作用和更好发挥政府作用。突出企业主体，突出成果导向，突出创新第一动力；科技计划重点支持基础前沿、社会公益、重大共性关键技术研究等公共科技活动，形成科技计划引导与政府创新政策普惠性支持的联动机制。

完善项目管理机制。切实转变政府职能，简政放权，推进科研管理向创新服务转变。政府部门从直接管理具体项目逐步转为主要负责科技发展战略、规划、政策、布局、评估和监督。充分发挥专家和专业机构在科技计划项目管理中的作用，完善项目形成和成果产出机制，推动省级科技计划项目信息共享、经费监管和诚信体系建设。实行计划项目管理流程公开透明，并接受社会监督。

三、主要任务

（一）优化整合现有科技计划体系

根据科技创新规律和科技管理改革需求，对现有科技计划优化整合形成六类。

1.创新型省份建设专项。重点围绕创新能力、成果转化、平台载体、资源共享、科技金融、人才团队等需求，制定实施创新型省份建设配套政策，构建创新驱动发展政策体系。创新型省份建设专项以兑现配套政策为主，推动成果转化、科技培育和科技资源的统筹均衡。

该专项每年度审核兑现，通过后补助、奖励、绩效补助、股权投资或无偿资助等多种方式支持。

2.省自然科学基金。资助基础研究和科学前沿探索，支持学科人才和团队建设，加强我省优势学科建设和提升源头创新能力。

该基金在原自然科学基金基础上适度扩大规模和支持面。

3.省科技重大专项。聚焦我省战略性新兴产业、高新技术产业和市首位产业，围绕重大战略产品和重大产业化目标，集中优势科技资源，在一定时限内进行集成协同攻关。

按照省科技重大专项实施细则规定组织实施，突出企业主体和产学研协同创新；重大专项纳入科技发展规划，动态调整；与其他计划错位支持，避免重复投入。

4.省重点研究与开发计划。突出问题和应用导向，解决产业共性关键技术，开展新产品、新工艺、新装备研究开发及提供高端服务；支持农业、资源环境、公共卫生、公共安全等公益领域研究；整合国内外科技资源，开展对外科技合作。通过每年度凝练重点研究开发的领域和方向，组织科技攻关，为经济和社会发展提供持续性科技支撑。

该计划整合科技攻关、对外科技合作、科学仪器开发、科技惠民、科技强警、区域科技合作、科技富民强县、科技扶贫和公益性技术研究等。

5.省平台和人才专项。通过创新平台基地建设，促进科技资源开放共享，培育创新人才和团队，确保我省科技创新条件保障和创新能力持续提升。

该专项整合重点实验室、科技企业孵化器、高新技术产业基地集群、生产力促进中心、工程技术研究中心、技术转移服务机构、院士工作站等专业性科技创新平台、服务机构及人才专项；大型仪器协作网等通用性基础条件平台。

6.省创新环境建设专项。支持技术转移示范、成果转化、知识产权管理、军民科技融合、科技金融结合、科技服务能力提升等，营造良好创新环境，引导更多资源进入创新领域。

该专项整合技术转移，中小企业技术创新、知识产权以及火炬、星火和重点新产品计划等。

（二）建立统一科技管理信息平台

按照统一的数据结构、接口标准和信息安全规范，开发建设统一的省级科技管理信息平台，对科技计划的需求征集、指南发布、项目申报、立项和预算安排、监督检查、结题验收等过程进行信息管理，实现立项过程"可申诉、可查询、可追溯"，并主动向社会公开非涉密信息，接受公众监督。省级科技管理信息平台建立科技信用数据库并提供实时查询服务。省级科技管理信息平台逐步吸纳各市科技项目信息，并对接国家科技管理信息平台和省财政涉企项目系统。

（三）建立科技报告制度

建立省科技报告制度，构建与国家科技报告制度相衔接的科技报告呈交、收藏、管理、共享工作体系，形成科学、规范、高效的科技报告管理模式和运行机制。制订省科技报告管理办法和实施方案，完成省级科技报告服务系统建设，设定试点先行到全面铺开时间表，逐步实现各类科技计划项目科技报告全覆盖，健全科技报告共享服务机制，开展科技报告资源增值服务。

（四）引导规范专业机构项目管理服务

支持省科技厅系统现有科技服务机构建成规范化的项目管理专业机构，接受委托开展工作，提升项目管理能力。逐步建立由委托的专业机构通过统一的省科技管理信息平台，受理项目申请、组织项目评审、立项、过程管理和结题验收等事项的运行机制，并对实现管理任务目标负责。加强对专业机构监督、评价和动态调整，评价结果作为省财政资金委托或购买服务的重要依据，确保其按照委托协议要求和相关制度规定进行项目管理工作。

探索建立市场化、社会化科技项目管理新机制，培育具备条件的社会科技服务机构承接科技计划项目管理，推进专业机构的市场化和社会化建设。建立统一的科技项目管理专家库，项目评审验收专家从专家库中选取。

（五）建立统一动态协调监管机制

建立由省科技厅牵头的科技计划管理改革工作协商机制，对科技计划管理改革涉及的重点领域和任务以及科技计划的实施提供咨询建议。按照省财政预算管理有关规定，统筹配置科技专项资金预算；完善科技项目资金扶持方式，提高财政科技资金使用效益。

省科技厅对科技计划的实施绩效和专业机构的履职尽责等情况组织评价考核和监督检查。根据科技计划绩效评价和监督检查结果，提出资金预算调整意见；对符合计划功能定位，有必要设立新的资金专项，由省科技厅会财政厅组织论证，提出建议确定。

四、实施时间及内容

加强省科技计划管理改革工作的组织领导，按照省科技厅统一部署，制定工作计划，细化工作任务，明确责任分工；总体设计、分步实施、统筹推进。

（一）2015年底，按照"统一指南、统一发布、统一受理、统一评审、统一公布、统一平台"的"六统一"原则，加强分类指导，完善年度计划项目管理机制；健全科技项目数据库，联通省财政涉企项目信息系统，完善科技项目查重预警机制。

（二）2016年，启动省科技管理信息平台建设。按照新的六个类别计划，编制项目指南，统筹对外发布。根据"十三五"科技发展重点任务，扩展和调整科技重大专项。完善各类科技计划项目立项验收等制度。提出省科技厅系统的科技服务机构承接科技计划项目管理意见，加强专业机构能力建设。

（三）2017年，指导各项目承担单位和专业机构建立健全内控制度，依法合规开展科研活动和具体管理业务。

（四）2018年，建成公开统一的省科技管理信息平台，形成各类科技计划有效管理机制和组织实施方式；建成省科技报告系统，实现科技计划报告全覆盖，并向社会开放。

安徽省科技厅、安徽省财政厅关于印发《关于整合优化省级财政科技项目和资金管理的实施意见》的通知

(科财〔2016〕39号)

为落实创新驱动发展战略，促进科技与经济紧密结合，根据《国务院关于改进加强中央财政科研项目和资金管理的若干意见》(国发〔2014〕11号)、《国务院印发关于深化中央财政科技计划(专项、基金等)管理改革的方案的通知》(国发〔2014〕64号)、《关于进一步完善中央财政科研项目资金管理等政策的若干意见》(中办发〔2016〕50号)等有关规定，结合我省实际，现就整合优化省级财政科技项目和资金管理提出如下实施意见。

一、整合优化科技项目和资金管理的总体要求

(一)总体目标。

通过深化改革，加快建立适应科技创新规律、统筹协调、职责清晰、科学规范、公开透明、监管有力的科技项目和资金管理机制，有效提升财政资金使用效益，充分发挥科研人员的积极性和创造性，推进建立以企业为主体、市场为导向、产学研相结合的技术创新体系，充分发挥科技创新在全面创新中的引领作用，不断增强科技对经济社会发展的支撑引领作用，为实施创新驱动发展战略提供有力保障。

(二)基本要求。

面向创新型省份建设和系统推进全面创新改革试验任务，坚持"遵循规律、改革创新、简政放权、公正公开、规范高效"的基本原则，按照"问题导向、需求导向、市场导向、绩效导向"的思路，做好统筹协调，激活企业主体，创新科技管理，规范资金监管，实现资源配置合理化、项目管理科学化、决策流程规范化、经费使用绩效化、管理手段信息化，以改革释放创新活力。

二、加强科技项目和资金配置的统筹协调

(三)优化整合科技计划类别。根据全省经济社会发展的战略需求和深化科技体制机制改革要求，科学构建省级科技计划(含专项、基金等，下同)体系，明确各类科技计划的功能定位、目标。建立各类科技计划的绩效评估、动态调整和中止机制。省科技厅会同相关部门根据科技活动特点，围绕科技计划功能定位，优化整合现有科技计划，形成创新型省份建设专项、自然科学基金、科技重大专项、重点研发计划、平台与人才专项、科技创新环境专项等六大类科技计划。

(四)建立健全统筹协调机制。省科技厅充分发挥对全省科技工作的规划引领和统筹协调作用，加强科技发展优先领域、重点任务、重大项目等的统筹协调。省财政厅加强科技预算安排的统筹，做好各类科技计划年度预算方案的综合平衡。

(五)完善科技管理信息系统。省科技厅在现有省各类科技计划信息管理系统的基础上，建立省级科技管理信息系统，逐步实现中央、省、市科技项目信息互联互通。通过省级科技管理信息系统，对省级科技计划的需求征集、指南发布、项目申报、立项和资金安排、监督检查、结题验

收等过程进行信息管理。按照政务公开相关要求，主动向社会公开非涉密信息，接受公众监督，并向社会开放服务。

三、实行科技项目分类管理和差异化扶持

（六）创新型省份建设类项目突出市场政府联动。强化市场在创新资源配置中的决定性作用和更好发挥政府引导作用，围绕创新链部署资金链，实施支持自主创新能力建设、扶持高层次人才团队创新创业、促进科技成果转化、大型仪器开放共享、科技保险试点、重点实验室建设等财政奖补政策，形成"企业愿意干、政府再支持，市县愿意干、省里再支持"的推进机制。

（七）自然科学基金类项目突出原始创新。资助科学技术人员开展基础研究和科学前沿探索，支持学科人才和团队建设，推动我省优势学科建设和提升源头创新能力。鼓励科研院所、高等学校结合学科发展和自身优势，积极开展应用基础研究，加强中青年人才培养和技术储备；鼓励企业开展应用基础研究。

（八）科技重大专项类项目突出企业创新主体。聚焦全省战略性新兴产业集聚发展基地、各市首位产业和高新技术产业，围绕重大战略产品和重大产业化目标，集中优势科技资源，开展协同攻关。重点支持企业创新主体和产学研协同创新，引导企业成为技术创新决策、投入、组织和成果转化的主体。

（九）重点研发计划类项目突出需求和应用导向。着力解决制约经济和社会发展中的共性技术问题，突出需求和应用导向，支持产业共性关键技术及新产品、新工艺、新装备研发，支持开展农业、资源环境、公共卫生、公共安全等领域公益性研究，为经济和社会发展提供持续性的科技支撑。

（十）平台与人才专项类项目突出科技资源开放共享。整合科技基础条件资源和相关产业领域技术创新资源，支持科研院所、高等学校和企业研发机构以及院士工作站、新型研发机构等科技创新平台建设；支持大型仪器协作网等通用性基础条件平台建设；支持孵化器、众创空间、生产力促进中心、高新技术产业基地和技术转移服务机构等科技服务平台建设，推进科技资源开放共享。支持企业引进人才、高层次人才团队来皖创新创业等，提高全省科技创新的条件保障能力。

（十一）科技创新环境类项目突出创新创业环境营造。立足营造创新政策环境，引导更多资源进入创新领域，鼓励专利发展、技术转移示范、军民融合、科技金融结合、科技服务能力提升等。

四、改进科技项目管理流程

（十二）改革项目指南制定和发布机制。省科技厅结合科技计划的特点，针对不同项目类别和要求，通过自上而下的顶层设计、自下而上的需求征集，科学编制项目指南。项目指南发布前充分征求科研单位、企业、相关部门等意见，建立由各方参与的项目指南论证机制。统一发布项目指南，通过网站等多种方式扩大项目指南知晓范围，指南发布到项目申报受理原则上不少于30天。创新型省份建设类项目按照相关文件及时兑现财政奖补政策。

（十三）规范项目立项。项目申请单位应当认真组织项目申报，如实填报项目申报信息。省科技厅将建立公开透明、公平公正、科学评价的项目立项评审机制。健全立项管理的内部控制制度，规范立项审查行为，重点审核项目申请者及其合作方的资质和科研能力，加强项目查重，避免一题多报、重复立项和人为干预。探索实行重大项目预算评估评审，对通过技术评审的重大项目，由省科技厅委托第三方科技服务机构组织专家开展项目经费预算评估评审，对不符合预算评估评审相关要求的项目不予立项。积极推行项目网上申报、网上与网下评审结合、会议答辩评

审、网上公示制度。明确项目立项审批时限，从受理项目申请到反馈立项结果不超过公开承诺期限。明示项目审批流程，建立完善科技项目档案管理制度，使项目申请者能够及时查询立项工作进展，实现立项过程"可申诉、可查询、可追溯"。

（十四）明确项目过程管理职责。科技项目管理实行分层管理责任制。项目承担单位负责项目实施的具体管理。项目推荐单位切实履行项目推荐审查、日常管理职责。省科技厅积极协调解决项目实施中出现的新情况新问题，针对不同科技项目管理特点组织开展检查或抽查，对项目实施不力的加强督导，对存在违规行为的责成项目承担单位限期整改，对问题严重的暂停项目实施或终止项目实施。

（十五）加强项目验收和结题审查。项目完成后，项目承担单位应当及时做好总结，编制项目经费决算，按时提交验收或结题申请，无特殊原因未按时提出验收申请的，按不通过验收处理。省科技厅根据不同类型项目，可以采取同行评议、第三方评估评审、用户测评等方式，依据项目任务书组织验收，项目验收结束后，按要求提交科技报告。实施分类结题验收，获得省级财政资助 200 万元以上（含 200 万元）的项目，省科技厅负责组织或委托第三方机构开展财务验收，财务验收不合格的项目按不通过验收处理；省级财政资助 30 万元（含 30 万元）至 200 万元之间的项目，项目承担单位提交财务审计报告；获得省级财政资助 30 万元以下的项目，项目承担单位提交财务决算报告；后补助项目，不再组织项目验收。

五、改进科技项目资金管理

（十六）规范项目预算编制。项目申请单位应当按规定科学合理、实事求是地编制项目预算，并对重大仪器设备购置、合作单位资质及拟外拨资金进行重点说明。省科技厅适时编写和制订预算编制指南、评估评审工作细则，建立健全预算评估评审的沟通反馈机制。评估评审工作的重点是项目预算的目标相关性、政策相符性、经济合理性，在评估评审中不简单按比例核减预算。

（十七）及时拨付项目资金。省财政厅按照预算管理和国库管理相关规定，及时批复预算。省科技厅按照预算管理要求，提前细化科技项目资金，在接到年度部门预算批复后，加快预算执行，加强项目和预算下达的衔接。跨年度实施的项目，逐步实行分年度拨付。相关部门要按照财政国库管理制度相关规定，结合项目实施和资金使用进度，及时合规办理资金支付，保证科研任务顺利实施。

（十八）明晰项目资金开支范围。建立科技项目间接成本补偿机制，将项目资金分为直接费用和间接费用。科技项目资金纳入项目承担单位财务统一管理，单独核算，专款专用。

直接费用列支项目实施过程中发生的与之直接相关的费用，具体包括设备费、材料费、测试化验加工费、燃料动力费、出版/信息传播/知识产权事务费、差旅会议费、劳务费、专家咨询费、其他支出。劳务费主要用于参与项目研究的研究生、博士后、访问学者以及项目聘用的研究人员、科研辅助人员等，其社会保险补助纳入劳务费科目列支。劳务费预算不设比例限制，由项目承担单位和科研人员据实编制。

间接费用列支项目实施过程中发生的无法在直接费用中列支的相关费用，具体包括承担项目任务的单位为项目研究提供的现有仪器设备及房屋，水、电、气、暖消耗，有关管理费用，以及绩效支出等。间接费用按相关科技计划资金管理办法核定的比例设定。其中绩效支出是指项目承担单位为提高科研工作绩效安排的相关支出。项目承担单位要制定间接费用内部管理办法，要处理好合理分摊间接成本和对科研人员绩效激励的关系，绩效支出安排要与科研人员在项目工作中实际贡献挂钩；加大对科研人员的激励力度，取消绩效支出比例限制。项目承担单位不得在核定的间接费用以外再以任何名义在项目资金中重复提取、列支相关费用。

（十九）简化预算调整程序。项目承担单位变更、项目合作单位之间预算调整及预算总额调整，应当按照原程序报省科技厅批准。其中，直接费用中的材料费、测试化验加工费、燃料动力费、出版/文献/信息传播/知识产权事务费、其他支出，在项目预算总额不变的情况下，可以调剂使用。间接费用总额不得调整。

（二十）改进项目结转结余资金管理。项目实施期间，年度剩余资金可以结转下一年度继续使用。项目完成任务目标并通过验收，结余资金在2年内由项目承担单位按规定统筹安排用于科研活动的直接支出；2年后未使用完的，按规定收回。未通过验收、整改后通过验收、项目承担单位信用评价差的项目，结余资金按原渠道收回。

（二十一）自主规范管理绩效评价后补助项目资金和横向经费。绩效评价后补助项目资金由项目承担单位自主用于科技研发、科技成果转化、专利发展、科技服务机构运行等工作。项目承担单位以市场委托方式取得的横向经费，纳入单位财务统一管理，由项目承担单位按照委托方要求或合同约定管理使用。

六、加强科技项目和资金监管

（二十二）加强省级科技经费监管。省科技厅、省财政厅牵头建立科研项目资金监管的协同工作机制。省科技厅加快清理规范委托中介机构开展的相关检查评审事项，改进检查方式，避免重复、多头、过度检查；并依托第三方科技服务机构实施省级科技经费监管，负责组织项目预算评估评审、绩效评价、财务验收，以及项目经费使用培训、监督检查等，切实提高科技经费使用管理的科学化、规范化水平。

（二十三）规范科技项目资金使用行为。科研人员和项目承担单位要依法依规使用项目资金，不得擅自调整外拨资金，不得利用虚假票据套取资金，不得通过编造虚假合同、虚构人员名单等方式虚报冒领劳务费和专家咨询费，不得通过虚构测试化验内容、提高测试化验支出标准等方式违规开支测试化验加工费，不得随意调账变动支出、随意修改记账凭证、以表代账应付财务审计和检查。项目承担单位要建立健全科研和财务管理等相结合的内部控制制度，规范项目资金管理，在职责范围内及时审批项目预算调整事项。

（二十四）改进科技项目资金结算方式。项目承担单位承担项目所发生的会议费、差旅费、小额材料费、测试化验加工费和专家咨询费等，原则上采用"公务卡"或非现金方式结算。确因需要临时聘用人员报销劳务费，野外考察、心理测试等科研活动中无法取得发票或财政性票据，以及邀请外国专家来华参加学术交流发生费用等的报销问题，项目承担单位要制定符合科研实际需求的内部报销规定。

（二十五）加大对违规行为的惩处力度。建立完善覆盖项目决策、管理、实施主体的逐级考核问责机制。省科技厅等部门要加强科技项目和资金监管工作，严肃处理违规行为，按规定采取通报批评、暂停项目拨款、终止项目执行、追回已拨项目资金、取消项目承担者一定期限内项目申报资格等措施，涉及违法的移交司法机关处理，并将有关结果向社会公开。建立责任倒查制度，针对出现的问题倒查项目主管部门相关人员的履职尽责和廉洁自律情况，经查实存在问题的依法依规严肃处理。

七、加强相关制度建设

（二十六）完善信息公开制度。除涉密及法律法规另有规定外，省科技厅按规定向社会公开省级科技项目立项信息、验收结果和资金安排情况等，省财政厅按规定向社会公开省级资金分配结果，接受社会监督。项目承担单位应当在单位内部公开项目立项、主要研究人员、资金使用、大型仪器设备购置以及项目研究成果等情况，接受内部监督。

（二十七）建立省级科技报告制度。省科技厅会同有关部门建立省级科技报告制度，制定科技报告的标准和规范，建设科技报告共享服务平台，对接国家科技报告，实现科技资源持续积累、完整保存和开放共享。省级财政资金支持的科技项目，项目承担者必须按规定提交科技报告，科技报告提交和共享情况作为对其后续支持的重要依据。

（二十八）改进专家遴选制度。充分发挥专家咨询作用，项目评估评审应当以同行一线专家为主，吸收省外高水平专家参与。扩大企业家、风险投资人、金融机构专家等参与市场导向类项目评估评审的比重。探索建立省际交叉开展项目评审机制，建立完善专家数据库，向市县开放共享。实行评估评审专家轮换、调整机制和回避制度。强化专家自律，接受同行质询和社会监督，保证评审公正性。

（二十九）建立科研信用管理制度。省科技厅依托专业机构建立健全覆盖指南编制、项目申请、评估评审、立项、执行、验收、科技报告全过程的科研信用记录制度。建立健全科研诚信数据库，从项目立项、预算、实施到结题验收全过程，对项目执行者、评价者和管理者进行信用评级并实行分类管理。建立"黑名单"制度，将严重不良信用记录者记入"黑名单"，阶段性或永久取消其申请省级以上财政资助项目或参与项目管理的资格。

八、明确和落实各方管理责任

（三十）强化项目承担单位法人责任。项目承担单位是科技项目实施和资金管理使用的责任主体，要切实履行在项目申请、组织实施、验收和资金使用等方面的管理职责，加强支撑服务条件建设，提高对科研人员的服务水平，建立常态化的自查自纠机制，严肃处理本单位出现的违规行为。科研人员要弘扬科学精神，恪守科研诚信，强化责任意识，严格遵守科技项目和资金管理的各项规定，自觉接受有关方面的监督。

（三十一）落实相关单位管理和服务责任。省科技厅加强对科技项目和资金管理的审查，及时对涉及的权力事项实行监管，督促指导项目承担单位和科研人员依法合规开展科研活动，做好经常性的政策宣传、培训和科技项目实施中的服务工作。省财政厅要加强与省科技厅的协调配合，根据财政专项资金管理改革要求，制定或修订各类科技计划资金管理制度。

（三十二）明确高校院所内部控制责任。高校、科研院所应依据国家有关法律、法规和财务规章制度，建立健全单位财务管理和内部控制制度。对财政资金和非财政资金支持的科研项目，实行分类管理。

各市要参照本实施意见，制定加强本级财政科技项目和资金管理的办法。

中共安徽省委办公厅 安徽省人民政府办公厅印发《关于改革完善省级财政科研项目资金管理等政策的实施意见》的通知

(皖办发〔2016〕73号)

各市、县委，各市、县人民政府，省直各单位，各人民团体：

《关于改革完善省级财政科研项目资金管理等政策的实施意见》已经省委、省政府同意，现印发给你们，请结合实际认真贯彻执行。

中共安徽省委办公厅

安徽省人民政府办公厅

2016年12月26日

为深入实施创新驱动发展战略，系统推进全面创新改革试验，激发创新创造活力，根据《中共中央办公厅、国务院办公厅印发〈关于进一步完善中央财政科研项目资金管理等政策的若干意见〉的通知》（中办发〔2016〕50号）精神，结合我省实际，现就改革完善省级财政科研项目资金管理等政策提出如下实施意见。

一、总体要求

全面贯彻党的十八大和十八届三中、四中、五中、六中全会精神，深入学习贯彻习近平总书记系列重要讲话特别是视察安徽重要讲话精神，以新发展理念为引领，按照省第十次党代会及实施五大发展行动计划的总体部署，紧紧对接全省创新需求，进一步推进简政放权、放管结合、优化服务，改革和创新科研项目资金使用和管理方式，促进形成充满活力的科技管理和运行机制，更好激发广大科研人员积极性和创造性，加快建设创新协调绿色开放共享的美好安徽。

二、基本原则

（一）坚持以人为本。充分认识人才作为支撑创新发展第一资源的作用，以调动科研人员积极性和创造性为出发点和落脚点，在科研项目经费使用和管理中体现科研人员智力价值，让科研项目资金为科研人员的创造性活动服务。

（二）坚持遵循规律。遵循科研活动规律，尊重科研人员创新创造，按照财政预算管理要求，适应科研活动实际需要，完善管理政策，优化管理流程，改进管理方式，提高管理效率。

（三）坚持问题导向。聚焦科研投入"重物轻人"，科研项目经费管理"过细过繁"，以及高校、科研院所财务自主权少、科技改革措施落实不到位等问题，从创新体制机制入手，改进完善科研项目资金管理制度，增强科研人员改革的成就感和获得感。

（四）坚持公开透明。强化制度顶层设计、统筹规划，突出公开透明、动态完善，健全设立审批、分配审核、内部决策、公开公示等配套制度，提高财政科研项目资金管理透明度。

（五）坚持"放管服"结合。推进简政放权，扩大省属高校、科研院所在科研项目资金、差旅会议、基本建设、科研仪器设备采购等方面的管理权限;依法依规监管,强化事中事后监督,严肃查处违法违纪问题;优化提升服务,确保高校、科研院所接得住、管得好。

(六)坚持政策落实落地。细化实化政策规定,明晰部门单位职责,健全工作协调机制,强化督查指导,打通政策执行中的"堵点",确保落地见效。

三、改进省级财政科研项目资金管理

(一)公开资金目录,实施科研项目分类管理。按照建立功能定位清晰、绩效目标明确的省级科技计划(专项、基金)体系要求,制定省级财政科研项目资金目录,公开公示项目资金的主管部门、资金额度、分配方式、项目类别、项目承担单位类型等信息。编制部门预算时,同步编制省级财政科研项目资金目录,并根据省级财政科技计划整合优化实际,对科研项目资金目录实行动态调整。在财政一体化管理信息系统中,省级财政科研项目资金单列管理,允许项目承担单位预算执行中,按规定据实调剂相应经济科目。

按照财政资金支持方式,省级财政科研项目分为公开竞争研发项目、后补助科研项目、稳定支持科研项目等三类管理。其中,公开竞争研发项目系项目主管部门发布项目指南,项目单位公开竞争立项,省级预算拨款支持的科研项目。后补助科研项目系项目单位先行投入并组织开展研究开发、成果转化等科研活动,省级财政按政策奖补支持的科研项目。稳定支持科研项目系省级部门预算安排,专项用于项目承担单位自主开展科研活动的科研项目。(省财政厅、项目主管部门负责)

(二)简化预算编制,下放预算调剂权限。项目主管部门改进预算编制方法,跨年度实施的财政科研项目,逐步实行分年编制预算,分年度拨付财政资金。公开竞争研发项目实行部门预算批复前项目资金预拨制度,保证科研人员及时使用项目资金。下放预算调剂权限,在项目总预算不变的情况下,将直接费用中的材料费、测试化验加工费、燃料动力费、出版/文献/信息传播/知识产权事务费及其他支出预算调剂权下放给项目承担单位;专家咨询费由项目承担单位参照国家规定据实编制。简化预算编制科目,合并会议费、差旅费、国际合作与交流费科目,由科研人员结合科研活动实际需要编制预算并按规定统筹安排使用,其中不超过直接费用10%的,不需要提供预算测算依据。(省财政厅、项目主管部门、项目承担单位负责)

(三)提高间接费用比重,加大绩效激励力度。公开竞争研发项目,均要设立间接费用,核定比例可以提高到不超过直接费用扣除设备购置费的一定比例:100万元以下的部分为30%,100万元(含100万元)至300万元的部分为25%,300万元(含300万元)至500万元的部分为20%,500万元(含500万元)以上的部分为15%。加大对科研人员的激励力度,取消绩效支出比例限制。项目承担单位在统筹安排间接费用时,要处理好合理分摊间接成本和对科研人员激励的关系,建立项目法人单位间接经费动态管理机制,绩效支出安排与科研人员在项目工作中的实际贡献挂钩。绩效支出不作为单位工资总额基数,不纳入单位绩效工资总额。(项目主管部门、项目承担单位、省人力资源社会保障厅负责)

(四)明确劳务费开支范围,不设比例限制。参与项目研究的研究生、博士后、访问学者以及项目聘用的研究人员、科研辅助人员等,均可开支劳务费。项目聘用人员的劳务费开支标准,参照当地科学研究和技术服务业从业人员平均工资水平,根据其在项目研究中承担的工作任务确定,其社会保险补助纳入劳务费科目列支。劳务费预算不设比例限制,由项目承担单位和科研人员据实编制。项目承担单位不得对本单位在职在编人员发放劳务费,不得变相以劳务费形式列支专家

咨询费、绩效支出等。(项目主管部门、项目承担单位负责)

(五)改进结转结余资金留用处理方式。项目实施期间,年度剩余资金可结转下一年度继续使用。项目完成任务目标并通过验收后,结余资金按规定留归项目承担单位使用,在2年内由项目承担单位统筹安排用于科研活动的直接支出;2年后未使用完的,按规定收回。未通过验收、整改后通过验收、项目承担单位信用评价差的项目,结余资金按规定收回。(项目主管部门、项目承担单位负责)

(六)自主规范管理横向科研经费和后补助科研项目资金。鼓励项目承担单位与企业、其他社会组织开展科研合作,其通过合作研究、技术开发、技术咨询、技术服务、技术转让等市场委托方式取得的非财政拨款性质的横向经费,纳入单位财务统一管理,由项目承担单位按照委托方要求、合同约定或单位内部横向经费管理制度规范使用。后补助科研项目资金由项目承担单位统筹安排用于科研活动的直接支出。(项目承担单位负责)

四、扩大省属高校、科研院所财务自主管理权限

(一)改进省属高校、科研院所教学科研人员差旅费管理。省属高校、科研院所可根据教学、科研、管理工作实际需要,按照精简高效、厉行节约的原则,研究制定差旅费管理办法,合理确定教学科研人员乘坐交通工具等级和住宿费标准。对于难以取得住宿费发票的,省属高校、科研院所在确保真实性的前提下,据实报销城市间交通费,并按规定标准发放伙食补助费和市内交通费。(省属高校、科研院所负责)

(二)完善省属高校、科研院所会议管理。省属高校、科研院所因教学、科研需要举办的业务性会议(如学术会议、研讨会、评审会、座谈会、答辩会、论证会等),会议次数、天数、人数以及会议费开支范围、标准等,由省属高校、科研院所按照实事求是、精简高效、厉行节约的原则确定。会议代表参加会议所发生的城市间交通费,原则上按差旅费管理规定由所在单位报销;因工作需要,邀请国内外专家、学者和有关人员参加会议,对确需负担的城市间交通费、国际旅费,可由主办单位在会议费等费用中报销。(省属高校、科研院所负责)

(三)完善省属高校、科研院所参与国际交流合作管理。鼓励省属高校、科研院所参与国际学术交流合作,其直接从事科研任务人员,以及在省属高校、科研院所及其二级单位中担任领导职务的专家学者,使用省级财政科研项目经费开展科学研究、学术访问、出席重要国际学术会议以及执行国际学术组织履职任务等,按照有关规定,不纳入国家工作人员因公临时出国批次限量管理范围,相关经费支出不列入"因公出国(境)费用"科目,列支"差旅费"或"会议费"科目。(省属高校、科研院所负责)

(四)完善省属高校、科研院所科研仪器设备采购管理。改进省属高校、科研院所政府采购管理。省属高校、科研院所可自行采购科研仪器设备,自行选择科研仪器设备评审专家。省财政厅要简化政府采购项目预算调剂和变更政府采购方式的审批流程。省教育厅、省科技厅、省属高校、科研院所要充分利用政府采购电子信息化平台,切实加强科研仪器设备采购的监督管理,做到全程公开、透明、可追溯。优化进口仪器设备采购服务,对省属高校、科研院所采购进口仪器设备实行备案制管理。继续落实进口科研教学用品免税政策。(省财政厅、省教育厅、省科技厅、合肥海关、省国税局、省属高校、科研院所负责)

(五)完善省属高校、科研院所基本建设项目管理。扩大省属高校、科研院所基本建设项目管理权限,对省属高校、科研院所利用自有资金、不申请政府投资建设的项目,由省属高校、科研院所自主决策，报主管部门备案，不再进行审批。省发展改革委和省属高校、科研院所主管部门要加强对省属高校、科研院所基本建设项目的指导和监督检查。（省发展改革委、省属高校和科研院所主管部门负责）

简化省属高校、科研院所基本建设项目审批程序。省属高校、科研院所主管部门要指导省属高校、科研院所编制五年建设规划，对列入规划的基本建设项目不再审批项目建议书。简化省属高校、科研院所基本建设项目城乡规划、用地以及环评、能评等审批手续，缩短审批周期。（省属高校和科研院所主管部门、省住房城乡建设厅、省国土资源厅、省环保厅、省发展改革委负责）

五、明晰财政科研项目管理和服务职责

（一）强化项目法人单位资金管理责任。项目承担单位要认真落实国家及省有关政策规定，按照权责一致的要求，强化自我约束、自我规范，确保接得住、管得好。制定内部管理办法，细化明确项目预算调剂、间接费用统筹使用、劳务费分配管理、专家咨询费支出、结余资金使用等管理权限；加强预算审核把关，规范财务支出行为，完善内部风险防控机制，强化资金使用绩效评价，保障资金使用安全规范有效；实行内部公开制度，主动公开项目预算、预算调剂、资金使用（重点是间接费用、外拨资金、结余资金使用）、研究成果等情况。（项目承担单位负责）

（二）加强主管部门科研项目管理责任。省科技厅会同相关项目主管部门，建立健全省级科技计划（专项、基金）体系，建立省级科技报告制度，制定科技报告的标准和规范，建设科技报告共享服务平台和大型科研仪器设备共享服务平台，实现科技资源持续积累、完整保存和开放共享。除涉密及法律法规另有规定外，公开竞争研发项目主管部门按规定向社会公开项目指南、立项信息、验收结果和资金安排情况等；后补助科研项目主管部门向社会公开政策奖补标准、绩效评价指标体系等；稳定支持科研项目主管部门统筹规划科研项目，指导监管规划执行。建立科研项目资金统筹协调机制，避免科研项目低水平重复建设、交叉支持。（省科技厅、项目主管部门负责）

（三）构建监督检查工作统筹协调机制。省科技厅、项目主管部门、省财政厅要加强对科研项目资金监督的制度规范、年度计划、结果运用等的统筹协调，建立职责明确、分工负责的协同工作机制。省科技厅、项目主管部门要加快清理规范委托中介机构对科研项目开展的各种检查评审，加强对前期已经开展相关检查结果的使用，推进检查结果共享，减少检查数量，改进检查方式，避免重复检查、多头检查、过度检查。（省科技厅、项目主管部门、省财政厅负责）

（四）创新项目单位服务科研人员方式。项目承担单位要建立健全科研财务助理制度，为科研人员在项目预算编制和调剂、经费支出、财务决算和验收等方面提供专业化服务。对于项目层面聘用的财务助理，所需费用可通过劳务费安排解决；对于单位统一聘用的财务助理，所需费用可通过科研项目间接费用、单位日常运转经费等渠道安排解决。充分利用信息化手段，建立健全单位内部科研、财务部门和项目负责人共享的信息平台，提高科研管理效率和便利化程度。制定符合科研实际需要的内部报销规定，切实解决野外考察、心理测试等科研活动中无法取得发票或财政性票据，以及邀请外国专家来华参加学术交流发生费用等的报销问题。（项目承担单位负责）

六、加强制度建设和工作督查

（一）尽快出台操作性强的实施细则。省财政厅、省科技厅、项目主管部门要科学界定科研项目，明确项目分配方式、管理分类、承担单位类型等信息，支持高校、科研院所与企业联合申报项目，修订完善项目资金管理办法。项目主管部门要完善预算编制指南，指导项目承担单位和科研人员科学合理编制项目预算；制定预算评估评审工作细则，优化评估程序和方法，规范评估行为,建立健全与项目申请者及时沟通反馈机制;制定财务验收工作细则,规范委托中介机构开展的财务检查。2017年5月31日前,省属高校、科研院所要制定出台差旅费、会议费内部管理办法,依法依规建立健全科研仪器设备自行采购内部控制管理制度,其主管部门要加强工作指导和统筹规范;2017年6月30日前,项目主管部门要制定出台相关实施细则,项目承担单位要制定或修订科研项目资金内部管理办法和报销规定。以后年度承担科研项目的单位要于当年制定出台相关管理办法和规定。(省财政厅、省科技厅、项目主管部门、省属高校和科研院所主管部门、省属高校、科研院所、项目承担单位负责)

(二)加强政策措施落实情况督查指导。省财政厅、省科技厅要适时组织开展对项目承担单位科研项目资金等管理权限落实、内部管理办法制定、服务方式创新、内控机制建设、相关事项内部公开等情况的督查,对督查情况以适当方式进行通报,并将督查结果纳入信用管理,与间接费用核定、结余资金留用等挂钩。审计机关要依法开展对政策措施落实情况和财政资金的审计监督。项目主管部门要督促指导所属单位完善内部管理,确保国家和省相关政策规定落到实处。(省财政厅、省科技厅、省审计厅、项目主管部门负责)

省财政厅、省级社科类项目主管部门要结合社会科学研究的规律和特点,参照国家相关政策规定,制订或修订省级社科类科研项目资金管理办法。(省财政厅、省级社科类科研项目主管部门负责)

各市、县(市、区)要参照本意见精神,结合实际,加快推进科研项目资金管理改革等各项工作。

安徽省财政厅　安徽省科学技术厅
关于印发《安徽省重点研究与开发计划资金管理办法》的通知

(财教〔2016〕2150号)

各市、县(区)财政局、科技局，省直有关单位：

为规范省重点研究与开发计划资金使用支出和项目管理，提高财政资金使用效益，根据《中华人民共和国预算法》《国务院关于改进加强中央财政科研项目和资金管理的若干意见》《中共安徽省委办公厅　安徽省人民政府办公厅关于改革完善省级财政科研项目资金管理等政策的实施意见》等法律法规及相关规定，结合实际，省财政厅、省科学技术厅研究制定了《安徽省重点研究与开发计划资金管理办法》，现印发给你们，请遵照执行。

安徽省财政厅　安徽省科学技术厅
2016年12月30日

安徽省重点研究与开发计划资金管理办法

第一章　总则

第一条　为规范省重点研究与开发计划资金(以下简称"重点研发资金")使用支出和项目管理，提高财政资金使用效益，根据《中华人民共和国预算法》《国务院关于改进加强中央财政科研项目和资金管理的若干意见》《中共安徽省委办公厅　安徽省人民政府办公厅关于改革完善省级财政科研项目资金管理等政策的实施意见》《安徽省省级财政科技专项资金分配管理办法》等国家和省财政财务有关法律法规，制定本办法。

第二条　重点研发资金支持全省经济和社会发展中共性、关键性、公益性技术研发活动；自主知识产权的新产品、新技术、新工艺研究开发。通过凝练重点研发领域和方向，组织每年度科技项目攻关，为经济和社会发展提供持续性科技支撑。

第三条　资金来源于省级财政预算拨款，省财政厅根据省级科技发展规划和计划任务，将重点研发资金列入省级财政预算。

第四条　重点研发资金补助对象是在安徽省范围内注册，具有独立法人资格的企事业单位，优先支持具有较强自主研发能力，具备较好科研基础条件的企业、高校院所、公益科研机构和新型研发机构。

第五条　重点研发资金使用管理，坚持聚焦创新、突出重点、科学合理、公开透明、绩效导向的原则。

第二章　资金管理职责

第六条　按照职责明晰、权责匹配、全程监督、责任追究的原则，明确重点研发资金管理职责。(一)省财政厅根据科技计划总体布局与设置,统筹安排重点研发计划年度预算,负责项目资金审核拨付、绩效监管和监督检查等。(二)省科技厅对项目实施具体管理,负责预算申请、发布指南、立项确定、项目验收、项目绩效、监督检查等。(三)市、县科技局或中央驻皖单位、省有关部门及单位等归口管理部门负责项目日常监管,按项目实施进度,监督落实项目经费使用及其他配套条件的落实或承担省科技厅委托的管理相关事宜。(四)项目承担单位是重点研发资金管理的责任主体,负责建立"统一领导、分级管理、责任到人"的项目资金管理体制和制度,完善内部控制和监督约束机制,合理确定科研、财务、人事、资产等部门的责任和权限,加强对项目资金的管理和监督。严格项目预算管理,落实项目承诺的自筹资金及其他配套条件,对项目组织实施提供条件保障。按时提出项目验收申请,配合做好财务审计、财务验收等工作,及时按规定办理财务结账手续。(五)项目负责人是重点研发资金使用的直接责任人,对资金使用的合规性、合理性、真实性承担法律责任。负责依法据实组织编制项目预算和决算,并按照项目批复预算、计划合同书(或任务书,下同)和相关管理制度使用资金。(六)项目合作单位对财政资金和自筹资金单独核算,自觉接受有关监督检查。

第三章 资金开支范围

第七条 重点研发资金支出是指在项目组织实施过程中与研究活动相关的、由重点研发资金支付的各项费用支出。重点研发资金分为直接费用和间接费用。

第八条 直接费用是指在项目研究过程中发生的与之直接相关的费用,具体包括:(一)设备费:指在项目研究过程中购置或试制专用仪器设备,对现有仪器设备进行升级改造,以及租赁外单位仪器设备而发生的费用。应当严格控制设备购置,鼓励共享、试制、租赁专用仪器设备以及对现有仪器设备进行升级改造,避免重复购置。(二)材料费:指在项目研究过程中消耗的各种原材料、辅助材料、低值易耗品等的采购及运输、装卸、整理等费用。(三)测试化验加工费:指在项目研究过程中支付给外单位(包括项目承担单位内部独立经济核算单位)的检验、测试、化验及加工等费用。(四)燃料动力费:指在项目研究开发过程中直接使用的相关仪器设备、科学装置等运行发生的水、电、气、燃料消耗费用等。(五)会议/差旅/国际合作交流费:是指在项目研究开发过程中发生的差旅费、会议费和国际合作交流费。在编制预算时,本科目支出预算不超过直接费用预算10%的,不需要编制测算依据。承担单位和科研人员应当按照实事求是、精简高效、厉行节约的原则,严格执行国家和单位的有关规定,统筹安排使用。(六)出版/文献/信息传播/知识产权事务费:指在项目研究过程中,需要支付的出版费、资料费、专用软件购买费、文献检索费、专业通信费、专利申请及其他知识产权事务等费用。(七)劳务费:指在项目研究过程中支付给参与项目研究的研究生、博士后、访问学者以及项目聘用的研究人员、科研辅助人员等的劳务费用。项目聘用人员的劳务费开支标准,参照当地科学研究和技术服务业人员平均工资水平以及在项目研究中承担的工作任务确定,其社会保险补助费用纳入劳务费科目列支。劳务费预算应据实编制,不设比例限制。(八)专家咨询费:指在项目研究过程中支付给临时聘请的咨询专家的费用。专家咨询费不得支付给参与项目、课题研究和管理的相关工作人员。专家咨询费标准按照国家有关规定执行。(九)其他支出:指在项目研究开发过程中除上述支出范围之外的其他相关支出。其他支出应当在申请预算时详细说明。

第九条 间接费用是指项目承担单位在组织实施项目过程中发生的无法在直接费用中列支的相关费用。主要包括:承担单位为项目研究提供的房屋占用,日常水、电、气、暖消耗,有关管理费用的补助支出，以及激励科研人员的绩效支出等。

第十条 间接费用一般不超过直接费用扣除设备购置费后的一定比例，结合承担单位信用情况，实行总额控制，具体比例如下：（一）100万元以下的部分为30%；（二）100万元（含100万元）至300万元的部分为25%；（三）300万元（含300万元）至500万元的部分为20%；（四）500万元（含500万元）以上的部分为15%。

第十一条 间接费用由项目承担单位统一管理使用。项目承担单位应当制定间接费用管理办法，处理好合理分摊间接成本和对科研人员激励的关系，建立项目法人单位间接费用动态管理机制，根据科研人员在项目工作中的实际贡献，结合项目研究进度和完成质量，在核定的间接费用范围内，公开公正安排绩效支出，充分发挥绩效支出的激励作用。项目中有多个单位的，间接费用在总额范围内由课题牵头单位与参与单位协商分配。项目承担单位不得在核定的间接费用以外以任何名义在重点研发资金中重复提取、列支相关费用。

第四章 预算编制与审批

第十二条 省科技厅每年按省财政厅关于部门预算编制要求，在编制部门预算时，编制并及时发布项目申报指南（通知），提前细化下年度重点研发资金预算。

第十三条 项目负责人根据目标相关性、政策相符性和经济合理性原则，编制项目预算。支出预算按照重点研发资金支出范围编列，并对直接费用支出的主要用途和测算理由作出说明。对仪器设备鼓励共享、试制、租赁，以及对现有仪器设备进行升级改造，确有必要购置的，应当对拟购置设备的理由及开放共享进行必要说明。合作研究经费应当对项目合作单位资质及拟外拨重点研发资金进行说明。

第十四条 项目承担单位在申请项目时，应当组织其科研和财务部门对项目预算进行审核。有多个单位共同承担一个项目的，项目承担单位的项目负责人和项目合作单位参与者应当根据各自承担的研究任务编报资金预算，经所在单位科研、财务部门审核，由项目负责人汇总编制，经项目承担单位审签后，逐级申报至省科技厅。

第十五条 省科技厅建立科技计划项目管理信息平台，加强对重点研发资金信息化管理。项目申报必须进入科技计划项目管理系统和省财政涉企项目资金管理信息系统运行审核。

第十六条 项目承担单位应当组织项目负责人根据批准的项目资助额度，与项目合同书或任务书一同报省科技厅核准。

第十七条 省科技厅将核准后的预算细化方案提交省财政涉企项目资金管理信息系统，由归口业务处室对预警项目复核确认。对确认通过的项目，由省科技厅将预算细化方案提交省财政厅，省财政厅按规定程序批复下达资金。

第五章 预算执行与决算

第十八条 重点研发资金可实行分年度拨付，项目实施期间，年度剩余资金可结转下一年度继续使用。

第十九条 项目预算总额一般不予调整，项目实施过程中，由于研究内容或者研究计划做出重大调整等原因需要对预算总额进行调整的，应当由项目承担单位提出申请，经项目归口管理部门同意，省科技厅审核后，报省财政厅审批。

第二十条 项目预算总额不变的情况下，材料费、测试化验加工费、燃料动力费、出版/文献/信息传播/知识产权事务费、其他支出等项目直接费用预算需调整的，由项目负责人提出申请，报项目承担单位审批。设备费、差旅/会议/国际合作交流费、劳务费、专家咨询费的预算一般不予调增，需调减用于课题其他直接支出的，可按上述程序办理调剂审批手续；如有特殊情况确需调增的，由项目负责人提出申请，经项目承担单位同意后，报省科技厅批准。

第二十一条 项目承担单位变更、项目合作单位之间预算调整，应当按照原程序报省科技厅批准。

第二十二条 项目间接费用预算不得调增，经项目承担单位与项目负责人协商一致后，可以调减用于直接费用。

第二十三条 项目承担单位应当执行国家有关科研资金支出管理制度，按支出范围和标准办理支出。科研院所、高等学校等事业单位承担项目所发生的会议费、差旅费、小额材料费和测试化验加工费等，要按规定实行公务卡结算；企业承担的项目，上述支出也应当采用非现金方式结算。项目承担单位对设备费、大宗材料费和测试化验加工费、劳务费、专家咨询费等，原则上应当通过银行转账方式结算。对野外考察、心理测试等科研活动中无法取得发票或者财政性票据的，在确保真实性的前提下，可按实际发生额予以报销。

第二十四条 项目完成后，按照要求进行项目验收。项目承担单位和项目合作单位除提供必备的技术验收材料外，按要求提供经费使用情况审计报告或决算报告。省财政资助30万元（含30万元）以上的项目，需提供会计师事务所出具的审计报告。

第二十五条 项目完成任务目标并通过验收后，结余资金按规定留归项目承担单位使用，在2年内由项目承担单位统筹安排用于科研活动的直接支出；2年后未使用完的，按规定收回。未通过验收、整改后通过验收、项目承担单位信用评价差的项目，结余资金应当在验收结论下达后30个工作日内按规定收回。

第二十六条 项目实施过程中，因故终止执行的项目，其结余资金退回省财政。因故被依法撤销的项目，已拨付的资金应当全部退回省财政。

第二十七条 项目承担单位应当将项目资金纳入单位财务统一管理，对省财政资金和自筹资金分别单独核算，确保专款专用。按照承诺保证自筹资金及时足额到位。

第二十八条 项目承担单位应当严格执行国家有关政府采购、资产管理等规定。行政事业单位使用重点研发资金形成的固定资产属于国有资产，一般由项目承担单位进行使用和管理，国家有权进行调配。企业使用资金形成的固定资产，按照《企业财务通则》等相关规章制度执行。对外科技合作项目中需明确外方投入的主要用途、使用方案，以及双方合作研发成果、知识产权分享关系。重点研发资金形成的知识产权等无形资产的管理，按照国家有关规定执行。

第六章 监督检查

第二十九条 项目承担单位应制定重点研发资金内部管理办法，明确审批程序、管理要求和报销规定，落实项目预算调剂、间接费用统筹使用、劳务费分配管理、结余资金使用等管理权限；加强项目预算审核把关，规范财务支出行为，完善内部风险控制机制，强化资金使用绩效评价，保障资金使用安全规范有效。并接受省审计厅、省财政厅、省科技厅等部门的检查与监督。

项目承担单位应当建立健全科研财务助理制度，为科研人员在项目预算编制和调剂、经费支出、项目资金决算和验收等方面提供专业化服务。项目承担单位应当充分利用信息化手段，建立健全单位内部科研、财务、项目负责人共享的信息平台，提高科研管理效率和便利化程序。

第三十条 省科技厅应建立重点研发资金绩效管理和督查制度，组织或委托开展重点研发资金管理使用效益绩效评价和监督检查，评价和检查结果作为对项目承担单位和项目负责人绩效考评以及连续资助的依据。

第三十一条 建立专项经费管理承诺机制。项目承担单位法定代表人、项目负责人在编报预算时应共同签署承诺书，保证所提供信息的真实性，并对信息虚假导致的后果承担责任。

第三十二条 建立覆盖指南编制、项目申请、评估评审、立项、执行、验收全过程的科研信用记录制度，由省科技厅或委托专业机构对项目承担单位和科研人员、评估评审专家、中介机构等参与主体进行信用记录。省科技厅建立"黑名单"制度，将严重不良信用记录记入"黑名单"。

第三十三条 重点研发资金管理建立信息公开机制，省科技厅及时公开非涉密项目安排情况，接受社会监督。项目承担单位和项目负责人应当在单位内部公开项目预算、预算调剂、决算、项目组人员构成、设备购置、外拨资金、劳务费发放以及间接费用和结余资金使用等情况，自觉接受监督。

第三十四条 对违反财经纪律，弄虚作假、截留、挪用、挤占重点研发资金的行为，按照《预算法》《财政违法行为处罚处分条例》等法律法规处理。涉嫌犯罪的，移送司法机关处理。

第七章 附则

第三十五条 本办法由省财政厅、省科学技术厅负责解释。

第三十六条 本办法自印发之日起施行。2004年颁布的《安徽省应用技术研究与开发资金管理暂行办法》（财教〔2004〕247号）同时废止。

安徽省财政厅 安徽省科学技术厅关于印发《安徽省自然科学基金资助项目资金管理办法》的通知

(财教〔2016〕2151号)

各市、县（区）财政局、科技局，省直有关部门：

为规范省自然科学基金资助项目资金的支出和项目管理，提高财政资金使用效益，根据《中华人民共和国预算法》《国务院关于改进加强中央财政科研项目和资金管理的若干意见》《中共安徽省委办公厅 安徽省人民政府办公厅关于改革完善省级财政科研项目资金管理等政策的实施意见》等法律法规及相关规定，结合实际，省财政厅、省科学技术厅研究制定了《安徽省自然科学基金资助项目资金管理办法》，现印发给你们，请遵照执行。

安徽省财政厅 安徽省科学技术厅
2016年12月30日

安徽省自然科学基金资助项目资金管理办法

第一章 总则

第一条 为规范省自然科学基金资助项目资金（以下简称"项目资金"）的支出和项目管理，提高财政资金使用效益，根据《中华人民共和国预算法》《国务院关于改进加强中央财政科研项目和资金管理的若干意见》《中共安徽省委办公厅 安徽省人民政府办公厅关于改革完善省级财政科研项目资金管理等政策的实施意见》《安徽省省级财政科技专项资金分配管理办法》等国家和省财政财务有关法律法规，制定本办法。

第二条 本办法所称项目资金，是指用于资助科学技术人员开展基础研究和科学前沿探索，支持人才和团队建设的专项资金。

第三条 资金来源于省级财政预算拨款，省财政厅根据省级科技发展规划和计划任务，将项目资金列入省级财政预算。同时依法接受国内外社会团体、机构和个人的捐赠。

第四条 省科技厅依法负责项目的立项、审批和管理，建立符合科研规律的绩效管理、评价机制，发挥引导和监督作用。

第五条 项目承担单位是项目资金管理的责任主体，应当建立健全"统一领导、分级管理、责任到人"的项目资金管理体制和制度，依规审批项目负责人对于特定预算的调整申请，并统筹安排规定期限内的项目结余资金，用于基础研究的直接投入。项目承担单位应当落实项目承诺的自筹资金及其他配套条件，对项目组织实施提供条件保障。

第六条 项目负责人是项目资金使用的直接责任人，对资金使用的合规性、合理性、真实性和相关性承担法律责任。项目负责人应当依法据实编制项目预算和决算，并按照项目批复预算、计划书和相关管理制度使用资金，接受上级和本级相关部门的监督检查。

第七条 项目资金主要包括面上项目、青年科学基金项目和杰出青年科学基金项目资金。项目资金实行定额补助资助方式。

第二章 资金开支范围

第八条 项目资金支出是指在项目组织实施过程中与研究活动相关的、由项目资金支付的各项费用支出。项目资金分为直接费用和间接费用。

第九条 直接费用是指在项目研究过程中发生的与之直接相关的费用，具体包括：（一）设备费：指在项目研究过程中购置或试制专用仪器设备，对现有仪器设备进行升级改造，以及租赁外单位仪器设备而发生的费用。应当严格控制设备购置，鼓励共享、试制、租赁专用仪器设备以及对现有仪器设备进行升级改造，避免重复购置。（二）材料费：指在项目研究过程中消耗的各种原材料、辅助材料、低值易耗品等的采购及运输、装卸、整理等费用。（三）测试化验加工费：指在项目研究过程中支付给外单位（包括项目承担单位内部独立经济核算单位）的检验、测试、化验及加工等费用。（四）燃料动力费：指在项目研究开发过程中直接使用的相关仪器设备、科学装置等运行发生的水、电、气、燃料消耗费用等。（五）会议/差旅/国际合作交流费：是指在项目研究开发过程中发生的差旅费、会议费和国际合作交流费。在编制预算时，本科目支出预算不超过直接费用预算10%的，不需要编制测算依据。承担单位和科研人员应当按照实事求是、精简高效、厉行节约的原则，严格执行国家和单位的有关规定，统筹安排使用。（六）出版/文献/信息传播/知识产权事务费：指在项目研究过程中，需要支付的出版费、资料费、专用软件购买费、文献检索费、专业通信费、专利申请及其他知识产权事务等费用。（七）劳务费：指在项目研究过程中支付给参与项目研究的研究生、博士后、访问学者以及项目聘用的研究人员、科研辅助人员等的劳务费用。项目聘用人员的劳务费开支标准，参照当地科学研究和技术服务业人员平均工资水平以及在项目研究中承担的工作任务确定，其社会保险补助费用纳入劳务费科目列支。劳务费预算应据实编制，不设比例限制。（八）专家咨询费：指在项目研究过程中支付给临时聘请的咨询专家的费用。专家咨询费不得支付给参与项目、课题研究和管理的相关工作人员。专家咨询费标准按照国家有关规定执行。（九）其他支出：指在项目研究开发过程中除上述支出范围之外的其他相关支出。其他支出应当在申请预算时详细说明。

第十条 间接费用是指项目承担单位在组织实施项目过程中发生的无法在直接费用中列支的相关费用。主要包括：承担单位为项目研究提供的房屋占用，日常水、电、气、暖消耗，有关管理费用的补助支出，以及激励科研人员的绩效支出等。

第十一条 间接费用一般不超过直接费用扣除设备购置费后的一定比例，结合承担单位信用情况，实行总额控制，具体比例如下：

（一）100万元以下的部分为30%；（二）100万元（含100万元）至300万元的部分为25%；（三）300万元（含300万元）至500万元的部分为20%；（四）500万元（含500万元）以上的部分为15%。

第十二条 间接费用由项目承担单位统一管理使用。项目承担单位应当制定间接费用管理办法，处理好合理分摊间接成本和对科研人员激励的关系，建立项目法人单位间接费用动态管理机制，根据科研人员在项目工作中的实际贡献，结合项目研究进度和完成质量，在核定的间接费用范围内，公开公正安排绩效支出，充分发挥绩效支出的激励作用。项目中有多个单位的，间接费用在总额范围内由课题牵头单位与参与单位协商分配。项目承担单位不得在核定的间接费用以外以任何名义在项目资金中重复提取、列支相关费用。

第三章 预算编制与审批

第十三条 省科技厅每年按照省财政厅关于部门预算编制要求，在编制部门预算时，编制并及时发布项目申报指南（通知），提前细化下年度项目资金预算。

第十四条 项目负责人根据目标相关性、政策相符性和经济合理性原则，编制项目预算。支出预算按照项目资金支出范围编列，并对直接费用支出的主要用途和测算理由作出说明。对仪器设备鼓励共享、试制、租赁，以及对现有仪器设备进行升级改造，确有必要购置的，应当对拟购置设备的理由及开放共享进行必要说明。合作研究经费应当对项目合作单位资质及拟外拨项目资金进行说明。

第十五条 项目承担单位在申请项目时，应当组织其科研和财务部门对项目预算进行审核。有多个单位共同承担一个项目的，项目承担单位的项目负责人和项目合作单位参与者应当根据各自承担的研究任务编报资金预算，经所在单位科研、财务部门审核，由项目负责人汇总编制，经项目承担单位审签后，逐级申报至省科技厅。

第十六条 省科技厅建立科技计划项目管理信息平台，加强对项目资金信息化管理。项目申报必须进入科技计划项目管理系统和省财政涉企项目资金管理信息系统运行。省科技厅组织专家或遴选科技中介机构，对组织申报的项目和资金预算进行评审，按定额标准给予资助。

第十七条 项目承担单位应当组织项目负责人根据批准的项目资助额度，按程序确定或调整项目预算，与项目合同书或任务书一同报省科技厅核准。

第十八条 省科技厅将核准后的预算细化方案提交省财政涉企项目资金管理信息系统，对预警项目复核确认。对确认通过的项目，由省科技厅将预算细化方案提交省财政厅，省财政厅按规定程序批复下达资金。

第四章 预算执行与决算

第十九条 跨年度实施的项目，项目实施期间，年度剩余资金可结转下一年度继续使用。

第二十条 项目预算总额一般不予调整，由于研究内容或者研究计划做出重大调整等原因需要对预算总额进行调整的，应当经项目承担单位申请，经省科技厅审核后，报省财政厅审批。

第二十一条 项目预算总额不变的情况下，材料费、测试化验加工费、燃料动力费、出版/文献/信息传播/知识产权事务费、其他支出等项目直接费用预算需调整的，由项目负责人提出申请，报项目承担单位审批。设备费、差旅/会议/国际合作交流费、劳务费、专家咨询费的预算一般不予调增，需调减用于课题其他直接支出的，可按上述程序办理调剂审批手续；如有特殊情况确需调增的，由项目负责人提出申请，经项目承担单位同意后，报省科技厅批准。

第二十二条 项目承担单位变更、项目合作单位之间预算调整，应当按照原程序报省科技厅批准。

第二十三条 项目间接费用预算不得调增，经项目承担单位与项目负责人协商一致后，可以调减用于直接费用。

第二十四条 项目承担单位应当执行国家有关科研资金支出管理制度，按支出范围和标准办理支出。科研院所、高等学校等事业单位承担项目所发生的会议费、差旅费、小额材料费和测试化验加工费等，要按规定实行公务卡结算；企业承担的项目，上述支出也应当采用非现金方式结算。项目承担单位对设备费、大宗材料费和测试化验加工费、劳务费、专家咨询费等，原则上应当通过银行转账方式结算。对野外考察、心理测试等科研活动中无法取得发票或者财政性票据的，在确保真实性的前提下，可按实际发生额予以报销。

第二十五条　项目完成后，按照要求进行项目验收。项目承担单位和项目合作单位除提供必备的技术验收材料外，按要求提供经费使用决算报告。

第二十六条　项目完成任务目标并通过验收后，结余资金按规定留归项目承担单位使用，在2年内由项目承担单位统筹安排用于科研活动的直接支出；2年后未使用完的，按规定收回。未通过验收、整改后通过验收、项目承担单位信用评价差的项目，结余资金应当在验收结论下达后30个工作日内按规定收回。

第二十七条　项目实施过程中，因故终止执行的项目，其结余资金退回省财政。因故被依法撤销的项目，已拨付的资金应当全部退回省财政。

第二十八条　项目承担单位应当将项目资金纳入单位财务统一管理，对省财政资金和自筹资金分别单独核算，确保专款专用。按照承诺保证自筹资金及时足额到位。

第二十九条　项目承担单位应当严格执行国家有关政府采购、资产管理等规定。行政事业单位使用项目资金形成的固定资产属于国有资产，一般由项目承担单位进行使用和管理，国家有权进行调配。企业使用资金形成的固定资产，按照《企业财务通则》等相关规章制度执行。项目资金形成的知识产权等无形资产的管理，按照国家有关规定执行。

第五章　监督检查

第三十条　项目承担单位应制定项目资金内部管理办法，明确审批程序、管理要求和报销规定，落实项目预算调剂、间接费用统筹使用、劳务费分配管理、结余资金使用等管理权限；加强项目预算审核把关，规范财务支出行为，完善内部风险控制机制，强化资金使用绩效评价，保障资金使用安全规范有效。并接受省审计厅、省财政厅、省科技厅等部门的检查与监督。

项目承担单位应当建立健全科研财务助理制度，为科研人员在项目预算编制和调剂、经费支出、项目资金决算和验收等方面提供专业化服务。项目承担单位应当充分利用信息化手段，建立健全单位内部科研、财务、项目负责人共享的信息平台，提高科研管理效率和便利化程序。

第三十一条　省科技厅应建立项目资金绩效管理和督查制度，组织或委托开展项目资金管理使用效益绩效评价和监督检查，评价和检查结果作为对项目承担单位和项目负责人绩效考评以及连续资助的依据。

第三十二条　建立项目资金管理承诺机制。项目承担单位法定代表人、项目负责人在编报预算时应共同签署承诺书，保证所提供信息的真实性，并对信息虚假导致的后果承担责任。

第三十三条　建立覆盖指南编制、项目申请、评估评审、立项、执行、验收全过程的科研信用记录制度，由省科技厅或委托专业机构对项目承担单位和科研人员、评估评审专家、中介机构等参与主体进行信用管理。省科技厅建立"黑名单"制度，将严重不良信用记录记入"黑名单"。

第三十四条　项目资金管理建立信息公开机制，省科技厅及时公开非涉密项目安排情况，接受社会监督。项目承担单位和项目负责人应当在单位内部公开项目预算、预算调剂、决算、项目组人员构成、设备购置、外拨资金、劳务费发放以及间接费用和结余资金使用等情况，自觉接受监督。

第三十五条　对于预算执行过程中，不按规定管理和使用项目资金、不按时报送年度收支报告、不按时编报项目决算、不按规定进行会计核算，截留、挪用、侵占项目资金的项目承担单位和项目负责人，按照《预算法》《财政违法行为处罚处分条例》等法律法规处理。涉嫌犯罪的，移送司法机关处理。项目负责人严禁以下行为：1.不得擅自调整外拨资金；2.不得利用虚假票据套取资金；3.不得通过编造虚假劳务合同、虚构人员名单等方式虚报冒领劳务费和专家咨询费；4.不得通过虚构测试化验内容、提高测试化验支出标准等方式违规开支测试化验加工费，5.严禁使用项目资金支付各种罚款、捐款、赞助、投资等。

第六章 附则

第三十六条 本办法由省财政厅、省科学技术厅负责解释。

第三十七条 本办法自印发之日起施行。2010年8月11日颁布的《安徽省自然科学基金项目资助经费管理办法》（财教〔2010〕1158号）同时废止。

安徽省财政厅 安徽省科学技术厅关于印发《安徽省科技重大专项资金管理办法》的通知

(财教〔2016〕2152号)

各市、县(区)财政局、科技局,省直有关部门:

为规范省科技重大专项资金使用支出和项目管理,提高财政资金使用效益,根据《中华人民共和国预算法》《国务院关于改进加强中央财政科研项目和资金管理的若干意见》《中共安徽省委办公厅 安徽省人民政府办公厅关于改革完善省级财政科研项目资金管理等政策的实施意见》等法律法规及相关规定,结合实际,省财政厅、省科学技术厅研究制定了《安徽省科技重大专项资金管理办法》,现印发给你们,请遵照执行。

安徽省财政厅 安徽省科学技术厅
2016年12月30日

安徽省科技重大专项资金管理办法

第一章 总则

第一条 为规范省科技重大专项资金使用支出和项目管理(以下简称"重大专项资金"),提高财政资金使用效益,根据《中华人民共和国预算法》《国务院关于改进加强中央财政科研项目和资金管理的若干意见》《中共安徽省委办公厅 安徽省人民政府办公厅关于改革完善省级财政科研项目资金管理等政策的实施意见》《安徽省省级财政科技专项资金分配管理办法》等国家和省财政财务有关法律法规,制定本办法。

第二条 重大专项资金聚焦全省战略性新兴产业、各市首位产业和高新技术产业,凝练支持重点领域和方向,集中优势科技资源,进行集成协同攻关,推进科技成果转化产业化,开展科技应用示范服务,增加科技供给,为构建创新型现代产业体系提供科技支撑,推动全省经济结构调整升级和社会发展科技进步。

第三条 重大专项资金来源于省级财政预算拨款,省财政厅根据省级科技发展规划和计划任务,将重大专项资金列入省级财政预算。

第四条 重大专项资金支持对象是在安徽省内注册、具有独立法人资格的企事业单位,注册时间一年以上,有较强的研发能力和基础条件,运行管理规范。

第五条 重大专项资金使用管理,坚持聚焦创新、突出重点、科学合理、公开透明、绩效导向的原则。

第二章 资金管理职责

第六条 按照职责明晰、权责匹配、全程监督、责任追究的原则,明确省科技重大专项资金管理职责。(一)省财政厅根据省科技计划总体布局与设置,统筹安排重大专项资金年度预算,负责项目资金审核拨付、绩效监管和监督检查等。(二)省科技厅对专项项目实施具体管理,负责预算申请、发布指南、立项确定、项目验收、资金绩效、监督检查等。(三)市、县科技局和中央驻皖单位、省有关部门及单位等归口管理部门负责落实重大专项资金项目先行补助,加强项目日常监管,按项目实施进度,监督落实项目资金使用及其他配套条件的落实或承担省科技厅委托的管理相关事宜。(四)项目承担单位是重大专项资金管理的责任主体,负责建立"统一领导、分级管理、责任到人"的项目资金管理体制和制度,完善内部控制和监督约束机制,合理确定科研、财务、人事、资产等部门的责任和权限,加强对项目资金的管理和监督。严格项目预算调整审批程序,落实项目承诺的自筹资金及其他配套条件,对项目组织实施提供条件保障。按时提出项目验收申请,配合做好财务审计和验收等工作,及时按规定办理财务结账手续。(五)项目负责人(或主持人,下同)是省科技重大专项资金使用的直接责任人,对资金使用的合规性、合理性、真实性承担法律责任。负责依法据实组织编制项目预算和决算,并按照项目批复预算、计划合同书(或任务书,下同)和相关管理制度使用资金。(六)项目经费单独核算,专款专用,纳入单位研发统计,自觉接受有关监督检查。

第三章 资金支出范围

第七条 重大专项资金支出是指在项目组织实施过程中与研究开发活动相关的、由重大专项资金支付的各项费用支出。重大专项资金分为直接费用和间接费用。

第八条 直接费用是指在项目研究过程中发生的与之直接相关的费用,具体包括:(一)设备费:指在项目研究过程中购置或试制专用仪器设备,对现有仪器设备进行升级改造,以及租赁外单位仪器设备而发生的费用。应当严格控制设备购置,鼓励共享、试制、租赁专用仪器设备以及对现有仪器设备进行升级改造,避免重复购置。(二)材料费:指在项目研究过程中消耗的各种原材料、辅助材料、低值易耗品等的采购及运输、装卸、整理等费用。(三)测试化验加工费:指在项目研究过程中支付给外单位(包括项目承担单位内部独立经济核算单位)的检验、测试、化验及加工等费用。(四)燃料动力费:指在项目研究开发过程中直接使用的相关仪器设备、科学装置等运行发生的水、电、气、燃料消耗费用等。(五)会议/差旅/国际合作交流费:是指在项目研究开发过程中发生的差旅费、会议费和国际合作交流费。在编制预算时,本科目支出预算不超过直接费用预算10%的,不需要编制测算依据。承担单位和科研人员应当按照实事求是、精简高效、厉行节约的原则,严格执行国家和单位的有关规定,统筹安排使用。(六)出版/文献/信息传播/知识产权事务费:指在项目研究过程中,需要支付的出版费、资料费、专用软件购买费、文献检索费、专业通信费、专利申请及其他知识产权事务等费用。(七)劳务费:指在项目研究过程中支付给参与项目研究的研究生、博士后、访问学者以及项目聘用的研究人员、科研辅助人员等的劳务费用。项目聘用人员的劳务费开支标准,参照当地科学研究和技术服务业人员平均工资水平以及在项目研究中承担的工作任务确定,其社会保险补助费用纳入劳务费科目列支。劳务费预算应据实编制,不设比例限制。(八)专家咨询费:指在项目研究过程中支付给临时聘请的咨询专家的费用。专家咨询费不得支付给参与项目、课题研究和管理的相关工作人员。专家咨询费标准按照国家有关规定执行。(九)其他支出:指在项目研究开发过程中除上述支出范围之外的其他相关支出。其他支出应当在申请预算时详细说明。

第九条 间接费用是指项目承担单位在组织实施项目过程中发生的无法在直接费用中列支的

相关费用。主要包括：承担单位为项目研究提供的房屋占用，日常水、电、气、暖消耗，有关管理费用的补助支出，以及激励科研人员的绩效支出等。

第十条 间接费用一般不超过直接费用扣除设备购置费后的一定比例，结合承担单位信用情况，实行总额控制，具体比例如下：（一）100万元以下的部分为30%；（二）100万元（含100万元）至300万元的部分为25%；（三）300万元（含300万元）至500万元的部分为20%；（四）500万元（含500万元）以上的部分为15%。

第十一条 间接费用由项目承担单位统一管理使用。项目承担单位应当制定间接费用管理办法，处理好合理分摊间接成本和对科研人员激励的关系，建立项目法人单位间接费用动态管理机制，根据科研人员在项目工作中的实际贡献，结合项目研究进度和完成质量，在核定的间接费用范围内，公开公正安排绩效支出，充分发挥绩效支出的激励作用。项目中有多个单位的，间接费用在总额范围内由课题牵头单位与参与单位协商分配。项目承担单位不得在核定的间接费用以外以任何名义在重大专项资金中重复提取、列支相关费用。

第四章 预算编制与审批

第十二条 省科技厅每年按照省财政厅关于部门预算编制要求，编制并及时发布重大专项资金项目申报指南（通知），细化项目资金预算。

第十三条 项目负责人根据目标相关性、政策相符性和经济合理性原则，编制项目预算。支出预算按照重大专项资金支出范围编列，并对直接费用支出的主要用途和测算理由作出说明。对仪器设备鼓励共享、试制、租赁，以及对现有仪器设备进行升级改造，确有必要购置的，应当对拟购置设备的理由及开放共享进行必要说明。合作研究经费应当对项目合作单位资质及拟外拨重大专项资金进行说明。

第十四条 项目承担单位在申请项目时，应当组织其科研和财务部门对项目预算进行审核。有多个单位共同承担一个项目的，项目承担单位的项目负责人和项目合作单位参与者应当根据各自承担的研究任务编报资金预算，经所在单位科研、财务部门审核，由项目负责人汇总编制，经项目归口管理部门审核同意后，报至省科技厅。

第十五条 建立省科技计划项目管理信息平台，加强对重大专项资金信息化管理。项目申报必须进入省科技计划项目管理系统和省财政涉企项目资金管理信息系统运行审核。

第十六条 项目归口管理部门应当组织项目负责人根据批准的项目资助额度，与项目合同书或任务书一同报省科技厅核准。申报项目预算总额原则上不予变动，财政资助不足部分由承担单位自筹解决。

第十七条 省科技厅将核准后的预算细化方案提交省财政涉企项目资金管理信息系统，由归口业务处室对预警项目复核确认。对确认通过的项目，由省科技厅将预算细化方案提交省财政厅，省财政厅按规定程序批复下达资金。

第五章 预算执行与决算

第十八条 重大专项资金可实行分年度拨付，项目实施期间，年度剩余资金可以结转下一年度继续使用。

第十九条 项目预算总额一般不予调整，由于研究开发内容做出重大调整等原因需要对预算总额进行调整的，应当由项目承担单位提出申请，经项目归口管理部门同意，省科技厅审核后，报省财政厅审批。

第二十条 项目预算总额不变的情况下，材料费、测试化验加工费、燃料动力费、出版/文献/信息传播/知识产权事务费、其他支出项目直接费用预算需调整的，由项目负责人提出申请，报项目承担单位审批。设备费、差旅/会议/国际合作交流费、劳务费、专家咨询费的预算一般不予调增，需调减用于课题其他直接支出的，可按上述程序办理调剂审批手续；如有特殊情况确需调增的，由项目负责人提出申请，经项目承担单位同意后，报省科技厅批准。

第二十一条 项目承担单位变更、项目合作单位之间预算调整，应当按照原程序报省科技厅批准。

第二十二条 项目间接费用预算不得调增，经项目承担单位与项目负责人协商一致后，可以调减用于直接费用。

第二十三条 项目承担单位应当执行国家有关科研资金支出管理制度，按支出范围和标准办理支出。科研院所、高等学校等事业单位承担项目所发生的会议费、差旅费、小额材料费和测试化验加工费等，要按规定实行公务卡结算；企业承担的项目，上述支出也应当采用非现金方式结算。项目承担单位对设备费、大宗材料费和测试化验加工费、劳务费、专家咨询费等，原则上应当通过银行转账方式结算。对野外考察、心理测试等科研活动中无法取得发票或者财政性票据的，在确保真实性的前提下，可按实际发生额予以报销。

第二十四条 项目完成后，按照要求进行项目验收。项目承担单位和项目合作单位除提供要求的相关技术材料外，按要求提供经费使用情况报告和经具有资质的会计师事务所出具的审计报告。

第二十五条 项目完成任务目标并通过验收后，结余资金按规定留归项目承担单位使用，在2年内由项目承担单位统筹安排用于科研活动的直接支出；2年后未使用完的，按规定收回。未通过验收、整改后通过验收、项目承担单位信用评价差的项目，结余资金应当在验收结论下达后30个工作日内按规定收回。

第二十六条 项目实施过程中，因故终止执行的项目，其结余资金由省科技厅和归口管理部门及时督促办理退回省财政。因故被依法撤销的项目，已拨付的资金应当全部退回省财政。

第二十七条 项目承担单位应当将项目资金纳入单位财务统一管理，对省财政资金和自筹资金分别单独核算，确保专款专用。按照承诺保证自筹资金及时足额到位。

第二十八条 项目承担单位应当严格执行国家有关政府采购、资产管理等规定。行政事业单位使用重大专项资金形成的固定资产属于国有资产，一般由项目承担单位进行使用和管理，国家有权进行调配。企业使用资金形成的固定资产，按照《企业财务通则》等相关规章制度执行。重大专项资金形成的知识产权等无形资产的管理，按照国家有关规定执行。

第六章 监督检查

第二十九条 项目承担单位应制定专项资金资金内部管理办法，明确审批程序、管理要求和报销规定，落实项目预算调剂、间接费用统筹使用、劳务费分配管理、结余资金使用等管理权限；加强项目预算审核把关，规范财务支出行为，完善内部风险控制机制，强化资金使用绩效评价，保障资金使用安全规范有效。并接受省审计厅、省财政厅、省科技厅等部门的检查与监督。

项目承担单位应当建立健全科研财务助理制度，为科研人员在项目预算编制和调剂、经费支出、项目资金决算和验收等方面提供专业化服务。项目承担单位应当充分利用信息化手段，建立健全单位内部科研、财务、项目负责人共享的信息平台，提高科研管理效率和便利化程序。

第三十条 省科技厅应建立重大专项资金绩效管理和督查制度,组织或委托开展重大专项资金管理使用效益绩效评价和监督检查,评价和检查结果作为对项目承担单位和项目负责人绩效考评以及连续资助的依据。

第三十一条 建立专项经费管理承诺机制。项目承担单位法定代表人、项目负责人在申报项目预算时应共同签署承诺书,保证所提供信息的真实性,并对信息虚假导致的后果承担责任。

第三十二条 建立覆盖指南编制、项目申请、评估评审、立项、执行、验收全过程的科研信用记录制度,由省科技厅或委托专业机构对项目承担单位和科研人员、评估评审专家、中介机构等参与主体进行信用管理。省科技厅建立"黑名单"制度,将严重不良信用记录记入"黑名单"。

第三十三条 重大专项资金管理建立信息公开机制,省科技厅及时公开非涉密项目安排情况,接受社会监督。项目承担单位和项目负责人应当在单位内部公开项目预算、预算调剂、决算、项目组人员构成、设备购置、外拨资金、劳务费发放以及间接费用和结余资金使用等情况,自觉接受监督。

第三十四条 对违反财经纪律,弄虚作假、截留、挪用、挤占重大专项资金的行为,按照《预算法》《财政违法行为处罚处分条例》等法律法规处理。涉嫌犯罪的,移送司法机关处理。

第七章 附则

第三十五条 本办法由省财政厅、省科学技术厅负责解释。

第三十六条 本办法自印发之日起施行。

安徽省教育厅　安徽省科技厅　安徽省财政厅　安徽省审计厅
关于进一步改革完善省属高校科研经费管理的若干意见

(皖教科〔2017〕5号)

省属各高等学校：

为深入推进"放、管、服"改革，有效落地落实国家科研经费管理新政策，进一步完善《关于改革完善省级财政科研项目资金管理等政策的实施意见》(皖办发〔2016〕73号)，加快建立健全符合科研活动规律的高校科研经费管理体制机制，激发高校科研人员创新创造活力，营造良好的科研环境，促进高校科研工作健康发展，提出如下意见。

一、进一步扩大高校科研经费管理权限

（一）自主规范管理横向经费和政府购买服务项目经费。横向经费的使用不受纵向科研项目经费使用范围和比例的限制，按照"谁投入、谁负责"的原则，根据委托单位与项目承担方签订的合同进行管理并纳入监管。在合同中有明确约定的，从其约定；在合同中没有约定的，根据学校制定的横向经费管理制度和办法，由项目组自主规范使用。在完成合同任务、经委托单位验收同意的前提下，横向经费的结余部分可由高校科研团队根据工作内容和合同约定自主安排。各高校应制定完善横向经费管理办法推进管理规范化。

高校通过政府部门购买服务并以合同方式获得的技术咨询、技术服务、规划设计、委托开发等项目经费，按照"谁购买、谁负责"的原则，根据委托单位与项目承担方签订的合同进行管理并纳入监管。

（二）下放高校科研仪器设备政府采购自主权。高校应根据政府采购法律法规等相关规定，制定符合学校实际的科研仪器设备采购办法，切实加强政府采购内控。高校使用财政科研经费购置的仪器设备（包括专用设备和高性能计算机），经学校认定为科研仪器设备的，根据科研工作实际需要可动态调整政府采购预算。其中，动态调整政府采购预算幅度较大的，实行备案制管理；高校自行采购科研仪器设备，财政根据高校采购结果安排国库集中支付。高校应切实做好科研仪器设备采购的监督管理，做到依规采购、全程公开、透明、可追溯，并建立采购数据信息化共享机制，切实减少重复、多头采购。

（三）进一步推进科研项目间接费用自主规范管理。高校承担的省级财政竞争性科研项目的间接经费，应按规定比例计提设立，由高校统筹用于成本补偿和科研人员绩效激励。高校应建立健全科研项目间接费用内部管理办法，坚持绩效支出安排与科研人员在项目中的实际贡献挂钩，合理、合规地使用间接费用。

（四）合理界定劳务费和专家咨询费的开支范围。劳务费和专家咨询费预算不设比例限制，由各高校和科研人员按照相关规定和标准据实编制。

根据实际需要，经学校职能部门审核后，劳务费、专家咨询费支出预算可调剂使用，专家咨询费可向项目组以外的相关专家发放（含本校的非项目组人员）。专家咨询费标准，参照《中央财政科研项目专家咨询费管理办法》（财教科〔2017〕128号）执行。

（五）区别管理科研经费支出的国际交流和交通费用。科研经费支出的国际旅费、国外城市间交通费、住宿费、伙食费、培训费、公杂费等支出属于项目成本，按政府收支分类科目规定计入"因公出国（境）费用"，与一般国家工作人员因公临时出国区别管理，实行单独核算反映，列入学校"三公"经费统计范围，不纳入省本级"三公"经费预算限额。经高校职能部门审核后，高校学生持因私护照出国参加学术和国际交流活动发生的费用可以从项目经费中支出。

二、进一步完善科研经费管理体系

（一）严格落实高校科研经费管理法人责任。学校是科研经费管理的责任主体，校（院）长对学校科研经费管理承担领导责任。学校要建立健全"统一领导、分级管理、责任到人"的科研经费管理体制，合理确定职能部门、院系所、项目负责人的职责和权限，完善内部控制和监督约束机制，确保经费使用权、管理权和监督权的有效行使。

（二）切实加强科研经费预算编制和管理。高校承担的各类科研项目负责人应按规定科学合理、实事求是的编制项目预算，并对仪器设备购置、合作单位资质及拟外拨资金进行重点说明，要遵从项目上级主管部门预算编制指南和预算评审评估规则、办法，建立健全预算评估评审的沟通反馈机制，合理用好上级主管部门下放的预算调整权限。

（三）规范科研经费核算管理。纵向科研经费和横向科研经费不论其资金来源渠道，应当全部纳入学校财务统一管理，按照相关科研经费管理办法、委托方或科研合同的要求，有别于高校行政事业经费等预算内经费，合理使用和监管。学校财务部门应加强科研经费的核算管理，分项设账，分类管理，确保核算内容及财务信息的合规、真实、准确和完整。

（四）规范科研项目资金结算管理。劳务费、专家咨询费原则上都要通过个人银行卡发放；在科研活动过程中发生的印刷费、会议费、差旅费、设备费、材料费或测试化验加工费等支出，原则上以银行转账、公务卡支付等非现金方式结算；直接参与科研项目的研究生、临时聘用人员参加学术活动，以及邀请国内外专家学者来校合作交流等发生的费用，不具备公务卡结算条件的，原则上通过银行转账支付结算，确需使用现金的，可根据实际需要调整单位现金额度办理现金支付。

（五）完善科研经费的财务审计制度。高校要将科研经费使用管理纳入内部审计部门的重点审计范围，对全部科研经费和外拨协作费实施审计，对重大、重点科研项目开展全过程跟踪审计。学校财务、科研管理部门等相关部门密切配合内部审计工作，及时发现存在的新情况、新问题，不断完善科研经费管理制度。学校科研经费管理使用应接受政府审计机关审计监督。

（六）落实科研经费责任追究制度。高校要将专项审计、财务检查、课题验收和绩效评价等结果作为项目申请和科研经费预算分配的重要依据。对规范、科学、有效使用科研经费并做出突出成果的项目、单位或个人，学校应给予表彰。对发生违纪违法问题的单位和个人，按照《财政违法行为处罚处分条例》、《事业单位工作人员处分暂行规定》等规定进行严肃处理，依情节轻重给予行政处罚或处分。涉嫌犯罪的，依法移送司法机关追究法律责任。

三、积极创新科研经费管理机制

（一）加强科研经费管理机构和服务队伍建设。科研管理任务重、科研经费规模较大的高校，可在财务部门或科研部门内部统一设置科研经费管理机构。加强科研管理队伍建设，切实做好对项目执行人员经费使用的指导。要根据实际需要，配备专业的财务、科研管理人员，建立科研财务助理制度，为科研人员提供预算编制和调剂、经费支出、财务决算和验收等专业化服务。建立科研经费管理业务培训制度，对科研项目负责人、财务管理人员、科研管理人员定期组织开展科研经费预算、使用、管理等方面的专项培训。

（二）创新科研财务服务方式。加强科研经费报销、管理等信息平台建设，推进网络报账、预约报账等服务，鼓励高校结合自身特点创新服务机制。加强统筹规划，整合学校现有信息资源，完善科研信息系统，建立健全学校内部科研、财务部门和项目负责人共享的信息平台，提高科研管理效率和便利化程度。推进科研财务信息公开，建立非涉密项目信息公开和回访制度，在学校内部公开项目组人员构成、协作单位及人员组成、预算调整、经费支出、转拨经费、资产购置等情况。探索建立科研项目经费支出明细、报销票据分级公开制度。实行科研经费审计报告公开，整改情况公开，处理结果公开。

安徽省教育厅　安徽省科技厅
安徽省财政厅　安徽省审计厅
2017年11月22日

安徽省人民政府关于印发《安徽省进一步优化科研管理提升科研绩效实施细则》的通知

(皖政〔2018〕108号)

各市、县人民政府，省政府各部门、各直属机构：

现将《安徽省进一步优化科研管理提升科研绩效实施细则》印发给你们，请结合实际认真贯彻落实。

安徽省人民政府
2018年12月29日

安徽省进一步优化科研管理提升科研绩效实施细则

为推进我省科技领域"放管服"改革，建立完善以信任为前提的科研管理机制，赋予科研人员更大的人财物自主支配权，充分释放创新活力，调动科研人员积极性，产生更多创新成果，扎实推进"四个一"创新主平台和创新型省份建设，加快建设现代化五大发展美好安徽，现根据《国务院关于优化科研管理提升科研绩效若干措施的通知》（国发〔2018〕25号）等文件精神，结合安徽实际，制定我省进一步优化科研管理提升科研绩效实施细则。

一、进一步优化完善科研项目和经费管理

（一）优化整合科技计划体系。根据国家、省战略需求和科技发展需要，加强顶层设计，进一步优化整合省级科技计划（含专项、基金，下同）体系，科学设置省级科技计划功能定位、目标和时限，优化配置科技资源。完善财政资金支持方式，省级财政支持的科研项目按公开竞争、后补助、稳定支持等实施分类管理。

（二）完善项目指南编制和信息化管理。按科技计划类别分类编制项目指南，建立由科研单位、企业、部门等各方参与的项目指南论证机制，实行年度定期发布制度，扩大项目指南知晓度，提高科研人员参与度，增加科研人员申报项目准备时间。依托现有省科技计划项目和财政涉企科研项目数据库，在2018年底前建成公开统一的省级科技管理信息平台，2020年底前基本实现与国家科技管理信息系统和市有关科研项目数据资源的互联互通。省科研项目纳入管理信息系统运行，精简申报要求，减少申报材料，加强项目查重，避免重复申报立项、交叉支持，管理过程实现"可申诉、可查询、可追溯"。

（三）简化项目过程管理和验收管理。自由探索类基础研究项目和后补助方式支持的科研项目以承担单位自我管理为主，一般不开展过程检查或评估，项目实施到期后，依据项目合同书在6个月内完成项目验收或一次性综合绩效评价。绩效评价类和政策兑现类补助或奖励项目不组织验收。根据不同计划项目特点和资助强度，可采取现场验收、会议验收、通信验收、网评验收等，

验收结果同步纳入省级科技报告；简化验收形式，合并财务和技术验收。提升项目经费编制和管理服务水平，制定项目经费预算和财务验收工作指引，发布科研财务审计第三方中介机构目录，项目承担单位自主选择具有资质的第三方中介机构进行项目预算编报和财务审计，利用好单位内外部审计结果。

（四）实行科研项目"最多跑一次"便民服务。常态化开展"四送一服"活动，主动服务科技企业。科研项目的受理纳入"最多跑一次"服务清单事项，整合管理环节，简化报表和材料报送流程，对科研项目申报立项、结题验收、科技报告、成果登记等关键节点，实现一表多用和"材料一次报送"。凡是省科技管理信息系统已有的材料或已要求提供过的材料，不再重复提供。加快建立健全学术助理和财务助理制度，允许项目承担单位通过购买财会审计等专业服务，把科研人员从报表、报销等具体事务中解脱出来。

（五）赋予科研人员更大技术路线（方案）决策权。科研人员具有自主选择和调整技术路线（方案）的权利，项目申报期间，以科研人员提出的技术路线（方案）为主进行评审或论证；项目实施期间，科研人员可以在研究方向不变、不降低申报指标的前提下自主调整研究方案和技术路线，报项目归口管理部门备案。科研项目负责人可以根据项目需要，按规定自主组建科研团队或合作对象，并结合项目实施进展情况进行相应调整。

（六）扩大科研项目经费管理使用自主权。直接费用中除设备费外，其他科目费用调剂权全部下放给项目承担单位。项目承担单位应完善管理制度，及时为科研人员办理调剂手续。财政部门要简化政府采购项目预算调剂和变更政府采购方式的审批流程，高校、科研院所可自行采购科研仪器设备，自行选择科研仪器设备评审专家，充分利用政府采购电子信息化平台，简化科研仪器设备采购流程，对科研急需的设备和耗材，采用特事特办、随到随办的采购机制，可不进行招投标程序，缩短采购周期；对于独家代理或生产的仪器设备，按程序确定采取单一来源采购等方式增强采购灵活性和便利性。

（七）压减频次改进科研项目检查方式。省科技厅、省财政厅要会同相关部门加强科研项目监督检查评估工作统筹，制定统一的年度监督检查计划，在相对集中时间开展联合检查，减少在项目实施周期内重复、多头开展评估、检查、抽查等活动，切实减轻项目承担单位负担。探索实行"双随机、一公开"检查方式，充分利用科技管理系统、互联网大数据等手段提高监督检查效率，实行监督检查结果信息共享和互认，加强对前期已经开展相关检查结果的使用，最大限度降低对科研活动的干扰。

二、进一步完善创新人才评价激励制度

（八）切实精简各类人才"帽子"。加强统筹协调，优化整合科技人才计划的布局与设置，推动国家、省人才工程和各类科研、基地计划相衔接。省重点人才工程项目适当向艰苦地区倾斜，对因政策倾斜获得人才计划支持的科研人员，在支持周期内离开相关岗位的，取消对其相应支持。建立省人才项目申报查重及处理机制，避免一个人同时获得同一层次类似人才项目资助。科技人才计划突出人才培养和使用导向，明确支持周期，人才计划项目结束后不得再使用有关人才称号。主管部门、用人单位要逐步取消入选人才计划与薪酬待遇和职称评定等直接挂钩的做法。科研项目申报书中不得设置填写人才"帽子"等称号的栏目。不得将科研项目（基地、平台）负责人、项目评审专家等作为荣誉称号加以使用、宣传。

（九）开展"唯论文、唯职称、唯学历"问题清理。省科技厅、省教育厅、省人力资源社会

保障厅等部门要统一对项目、人才、学科、基地等科技评价活动中涉及简单量化的做法开展集中清理，克服科技评价活动中"唯论文、唯职称、唯学历"倾向，建立健全以创新质量和贡献为导向的绩效评价体系，准确评价科研成果的科学价值、技术价值、经济价值、社会价值、文化价值。省级科研项目和基地申报评审要综合考虑负责人和团队实际能力以及项目要求，不把发表论文、荣誉性头衔、承担项目、获奖等情况作为限制性条件；应用型人才评价应根据职业特点突出能力和业绩导向，不将论文作为限制性条件；完善高校教师、自然科学研究等系列专业技术职称评价标准。减少评价频次，对于评价结果连续优秀的，实行一定期限免评制度。

（十）加大对高层次科研人才的激励。实行以增加知识价值为导向的分配政策，建立健全与岗位职责、工作业绩、实际贡献等紧密联系，充分体现人才价值、激发人才活力、鼓励创新创造的分配激励机制。对全时全职承担省重点研究与开发计划、科技重大专项等科研项目的主持人或团队负责人以及引进的高层次领军人才，实行一项一策、清单式管理和年薪制。项目承担单位应在项目立项时与项目管理机构协商确定人员名单和年薪标准，并报省科技厅、省教育厅、省人力资源社会保障厅备案。年薪所需经费在项目经费中单独核定，在本单位绩效工资总量中单列，相应增加单位当年绩效工资总量。项目范围、年薪制具体操作办法由省科技厅、省教育厅、省人力资源社会保障厅细化制定。项目承担单位从项目间接费用中提取的绩效支出，应向承担任务的中青年科研骨干倾斜。完善以科技成果为纽带的产学研深度融合机制，建立科研机构和企业等各方参与的多形式、紧密型的创新联盟和新型研发机构，落实相关激励政策，支持高校、科研院所科研人员到国有企业或民营企业兼职开展研发和成果转化，加大高校、科研院所和国有企业科研人员科技成果转化股权激励力度，科研人员获得的职务科技成果转化现金奖励计入当年本单位绩效工资总量，但不受总量限制，不纳入总量基数。定期开展安徽省突出贡献人才奖等人才奖项评选表彰活动，对为我省科技创新和成果转化做出重大贡献的个人给予奖励。

三、进一步改进科研项目绩效评价工作

（十一）加强对科研项目绩效评价工作的统筹。省财政厅、省科技厅要结合科研项目的类型、特点和经费支持方式等情况，建立和完善符合科研活动规律的科研项目绩效评价办法和指标体系，简化和规范绩效评价工作。

（十二）坚持科研项目以创新质量和贡献为导向。坚持以项目创新质量和贡献为导向的绩效评价体系，合理控制项目数量，提升项目层次和质量，推动项目管理从重数量、重过程向重质量、重结果转变。自然科学基金项目要突出自由探索创新导向，突出对青年科研人员的支持，推动基础研究与应用研究的紧密结合；重点研究与开发计划、科技重大专项等科研项目要强化需求导向和应用导向。科研项目申报书和合同书要有科学、合理、具体的项目绩效目标和适用于考核的结果指标，并按照关键节点设定明确、细化的阶段性目标，用于判断实质性进展；立项评审应审核绩效目标、结果指标与指南要求的相符性，以及创新性、可行性、可考核性，实现项目绩效目标的能力和条件等。项目承担单位要加强项目关键环节自我管理，对项目实施进度严重滞后或难以达到预期绩效目标的，及时报备项目管理部门，调整或取消后续支持。

（十三）实施科研项目绩效分类评价。科学编制评价指标，优化分类评价流程。绩效评价要突出自主知识产权，突出项目成果对经济社会发展贡献，突出财政经费的支出绩效。公开竞争研发项目评价指标按三类编制，在项目实施结束后开展一次性综合绩效评价，不开展过程评价。基础研究与应用基础研究类项目重点评价新发现新原理新方法新规律的重大原创性和科学价值、解

决经济社会发展和国家安全重大需求中关键科学问题的效能、支撑技术和产品开发的效果、代表性论文等科研成果的质量和水平。技术和产品开发类项目重点评价新技术、新方法、新产品、关键部件等的创新性、成熟度、稳定性、可靠性，突出成果转化应用情况及其在解决经济社会发展关键问题、支撑引领行业产业发展中发挥的作用。应用示范类项目绩效评价以规模化应用、行业内推广为导向，重点评价集成性、先进性、经济适用性、辐射带动作用及产生的经济社会效益。后补助科研项目在项目申报时开展绩效评价，将现有的项目主管部门项目评审与财政资金绩效评价合二为一，统一指标体系，根据评价结果，择优给予支持。评价指标突出其贡献度、成果效益等内容。稳定支持科研项目评价指标参照公开竞争研发项目和后补助科研项目评价指标，根据项目自身特点，纳入部门预算整体绩效评价。

（十四）严格依据合同书开展综合绩效评价。强化契约精神，凡经项目主管部门立项、获得财政科技专项经费资助的项目，需下达科技计划或签订项目合同书，验收或绩效评价严格按照合同书的约定逐项考核结果指标完成情况，对绩效目标实现程度作出明确结论，组织专家评审或咨询论证不得"走过场"，无正当理由不得延迟验收。基础研究和应用技术开发项目要突出科学技术指标的刚性要求，严禁成果充抵等弄虚作假行为。突出代表性成果和项目实施效果评价，对提交评价的论文、专利等作出数量限制规定。项目可在验收结束后2~3年内进行绩效跟踪评价，重点关注项目成果转移转化、应用推广以及产生的经济社会效益。有关单位和企业要如实客观开具科研项目经济社会效益证明，对虚开造假者严肃处理，列入诚信黑名单，3年内不得申报承担财政科技计划项目。

（十五）加强绩效评价结果的应用。绩效评价结果应作为项目调整、后续支持的重要依据，以及相关研发、管理人员和项目承担单位、项目管理部门业绩考核的参考依据。对绩效评价优秀的，在后续项目支持、表彰奖励等工作中给予倾斜，并实行一定期限免评的制度。要区分因科研不确定性未能完成项目目标和因科研态度不端导致的项目失败。项目确因不可抗拒因素（如政策风险、市场风险等，或因现有水平和条件难以攻克或实现的技术）导致未完成绩效指标；或为了鼓励科研人员大胆探索、宽容失败，对探索性强、风险高的科研项目，原始记录证明承担项目的科研人员已经履行勤勉尽责义务，没有弄虚作假，可允许终止或申请结题。项目承担单位在评定职称、制定收入分配制度等工作中，应更加注重科研项目绩效评价结果，不得简单计算获得科研项目的数量和经费规模。

四、建立健全科研项目管理分级责任担当机制

（十六）建立相关部门为高校和科研院所分担责任机制。省科技厅、省教育厅、省财政厅、省审计厅等相关部门要加强对科研项目资金使用管理监督的制度规范，建立职责明确、分工负责的协同工作机制。项目管理部门应建立自由探索和颠覆性技术创新活动免责机制，对已履行勤勉尽责义务但因技术路线选择失误导致难以完成预定目标的单位和项目负责人予以免责，同时认真总结经验教训，为后续研究路径等提供借鉴。项目管理部门和其他相关部门要支持高校和科研院所按照国家、省科技体制改革要求和科技创新规律进行改革创新，合理区分改革创新、探索性试验、推动发展的无意过失与明知故犯、失职渎职、谋取私利等违纪违法行为。对科研活动的审计和财务检查要尊重科研规律，减少频次，与工作对象对相关政策理解不一致时，要及时与政策制定部门沟通，调查澄清。

（十七）强化高校、科研院所和科研人员的主体责任。主管部门要在岗位设置、人员聘用、内

部机构调整、绩效工资分配、评价考核、科研组织等方面充分尊重高校和科研院所管理权限；推进简政放权，进一步扩大高校、科研院所在基本建设项目、科研仪器设备采购、差旅会议等方面财务自主管理权限。高校和科研院所要根据国家和省科技体制改革要求，制定完善本单位科研、人事、财务、成果转化、科研诚信等具体管理办法，强化服务意识，强化科研人员主体地位，在充分信任基础上赋予更大的人财物支配权，强化责任和诚信意识。制定进一步加强科研诚信建设实施意见，明确具体操作办法，完善以信用为核心的事中事后科研监管制度化建设。

（十八）完善鼓励项目法人担当负责的考核激励机制。按照省项目评审、人才评价、机构评估"三评"改革实施方案，以科研机构评估为统领，协调推进"三评"相关工作，形成合力，压实项目承担单位对科研项目和人才的管理责任。项目承担单位要在认真落实国家及省有关政策规定基础上，按照权责一致的要求，强化自我约束、自我规范，确保科技改革措施接得住、管得好。主管部门在对所属高校、科研院所开展考核时，应当将落实国家和省科技体制改革政策情况作为重要内容。对于落实国家和省科技体制改革政策到位、科技创新绩效突出的高校、科研院所，在推荐和申请国家、省级科技计划、中央引导地方科技发展专项和人才工程项目，以及核定绩效工资总量、布局建设省科技创新基地、核定研究生招生指标等方面给予倾斜支持。五、开展基于绩效、诚信和能力的科研管理改革试点积极争取国家相关部委支持中国科学技术大学、中科院合肥物质科学研究院、合肥工业大学等中央驻皖单位开展基于绩效、诚信和能力的科研管理改革试点。发挥我省全创改政策效应和合肥综合性国家科学中心示范带动作用，进一步深化省级财政科研项目资金管理改革。省科技厅、省财政厅要会同有关部门选择若干创新能力和潜力突出、创新绩效显著、科研诚信状况良好的高校、科研院所在科研经费管理、科研人员激励、科研机构评价、知识产权运用等领域开展支持力度更大的先行先试。

（十九）开展简化科研项目经费预算编制试点。项目直接费用中除设备费外，其他费用只提供基本测算说明，不提供明细。进一步精简合并其他直接费用科目，由科研人员结合科研活动实际需要编制预算并按规定统筹安排使用。项目管理部门要简化相关科研项目预算编制要求，精简说明和报表。

（二十）开展扩大科研经费使用自主权试点。省级财政公开竞争研发项目和后补助科研项目资金，由科研项目主管部门直接拨付到项目承担单位，项目承担单位按照国家和省科研项目资金管理规定，制定内部管理制度自主规范使用。加大对基础研究支持力度，完善对高校、科研院所、科研人员的长期稳定支持机制，支持省属本科高校、科研院所安排基本科研业务费。允许试点单位从基本科研业务费等稳定支持科研经费中提取不超过20%作为奖励经费，由单位探索完善科研项目资金的激励引导机制。奖励经费的使用范围和标准由试点单位在绩效工资总量内自主决定，并在单位内部公示。对试验设备依赖程度低和实验材料耗费少的基础研究、软件开发、集成电路设计等智力密集型项目，提高间接经费比例，500万元以下的部分为不超过30%，500万元至1000万元的部分为不超过25%，1000万元以上的部分为不超过20%。对数学等纯理论基础研究项目，可进一步根据实际情况适当调整间接经费比例。间接经费的使用应向创新绩效突出的团队和个人倾斜。

（二十一）开展科研机构分类支持试点。对从事基础前沿研究、公益性研究、应用技术研究开发等不同类型的科研机构实施差别化的经费保障机制，结合科研机构职责定位，完善稳定支持和公开竞争经费支持相协调的保障机制。对基础前沿研究类机构，加大经常性经费等稳定支持力度，适当提高人员经费补助标准，保障合理的薪酬待遇，使科研人员潜心长期从事基础研究，让经费为人的创造性活动服务。

（二十二）开展赋予科研人员职务科技成果所有权或长期使用权试点。对于接受企业、其他社会组织委托项目形成的职务科技成果，允许合同双方自主约定成果归属和使用、收益分配等事项；合同未约定的，职务科技成果由项目承担单位自主处置，允许赋予科研人员所有权或长期使用权。允许项目承担单位通过协议定价、技术市场挂牌交易、拍卖等方式确定科技成果价格。积极争取国家授权，对利用财政资金形成的职务科技成果，由单位按照权利与责任对等、贡献与回报匹配的原则，在不影响国家安全、国家利益、社会公共利益的前提下，探索赋予科研人员所有权或长期使用权。

省科技厅、省财政厅、省教育厅等相关部门和单位要深化科技管理体制改革，加快职能转变，优化管理与服务，适时组织开展对科研人员、项目承担单位科研项目资金管理简政放权等政策落实情况的督查推进。对开展试点的单位要加强跟踪服务，指导落实相关改革措施。对推进试点工作不力、无法达到预期目标的，及时取消试点资格、终止支持；对证明行之有效的经验和做法，及时总结示范推广。

关于推进赋予科研机构和人员更大自主权有关文件贯彻落实的通知

(皖科政〔2019〕18号)

各市、县人民政府，省政府各部门、各直属机构：

近年来，党中央、国务院及国家有关部委、省委、省政府为激发科研机构和人员创新活力、赋予科研机构和人员更大自主权，先后制定出台一系列政策文件。为进一步推动上述政策落实到位，经省政府同意，现就有关事项通知如下：

一、全面开展政策梳理排查

各地、各部门，各高校、科研院所、国有企业以及其他承担科研任务的单位，要按照党中央、国务院及国家部委、省委、省政府近年出台的赋予科研机构和人员自主权的有关政策，对现行的科研项目、科研资金、科研人员以及因公临时出国等方面政策文件进行全面梳理排查，对与党中央、国务院及国家部委、省委、省政府政策精神不符的规定，要及时进行清理和修改，并将排查和清理修改情况报省科技厅，由省科技厅统一汇总后报省政府。此项工作要在2019年4月底前完成。

二、深入推进下放科技管理权限工作

各地、各科技项目管理部门要按照党中央、国务院及我省有关进一步完善财政科研项目资金管理和优化科研管理提升科研绩效等政策意见，修订项目和经费管理相关办法，将预算调剂、科研仪器采购等事项交由项目承担单位自主决定，由单位主管部门报项目管理部门备案。在制定相关规定和具体办法时，要明确"赋予科研人员更大技术路线决策权"、"科研项目负责人可以根据项目需要，按规定自主组建科研团队，并结合项目实施进展情况进行相应调整"。要推动科研项目管理，由重过程向重项目目标和标志性成果转变，加强对科研项目结果及阶段性成果的考核，实施过程中的管理主要由项目承担单位负责。要精简信息和材料报送，有关单位不得随意要求项目承担单位填报各种信息或报送有关材料。

三、深入开展实行以增加知识价值为导向分配政策试点

省有关部门要在已经开展的实行以增加知识价值试点为导向分配政策试点的基础上，支持相关试点单位进一步扩充内存、扩大外延，在国家及我省现有政策的基础上寻求进一步突破，探索在无形资产管理使用、成果转化收益分配、兼职兼薪、机构编制、担当容错等方面形成更多行之有效的改革举措，落实薪酬激励制度，为我省范围内高校院所提供更多可复制推广的成功经验。

四、深化对科技成果管理改革

各地、各部门、各单位要积极探索开展科技成果所有权改革，完善科技成果利益分享机制，支持相关企业、投资机构在科技成果研发阶段与高校院所、研发团队协商，按社会资本、财政资金、智力资本投入的不同比例，确定研发的科技成果所有权份额，共享成果转化和产业化收益。

省有关部门要修订完善相关规章制度，支持包括公益一类事业单位在内的单位贯彻落实《促进科技成果转化法》《安徽省促进科技成果转化条例》等法律法规，采取科技成果作价入股等投资方式转化科技成果。

五、加强政策贯彻落实工作督查指导

各地、各部门要加强对政策文件的宣传解读，对政策性比较强的管理问题和财务制度要开展培训，建立咨询渠道。要加强审计监督，以是否符合中央精神和改革方向作为审计定性判断的标准，充分尊重科研规律，对于符合中央精神和改革方向，但不符合部门、地方、单位现有管理规定的行为，要有针对性地提出对具体规定修改调整的建议。要加强社会监督，建立举报投诉渠道（省科技厅举报电话是：0551-62655281），鼓励科研单位和科研人员对政策落实情况进行监督，发现严重失职失责的要追究有关人员责任。省政府办公厅将根据国务院办公厅要求及省委、省政府部署，适时开展督促检查。

特此通知。

安徽省科学技术厅　安徽省教育厅
安徽省财政厅　安徽省人民政府国有资产委员会
2019年3月28日

安徽省财政厅 安徽省科学技术厅关于优化省重点研究与开发计划、省科技重大专项、省自然科学基金资助项目等科研资金管理的通知

(皖财教〔2019〕839号)

各市、县(区)财政局、科技局，有关单位：

为贯彻落实《安徽省人民政府关于印发安徽省进一步优化科研管理提升科研绩效实施细则的通知》(皖政〔2018〕108号)、《安徽省科学技术厅 安徽省教育厅 安徽省财政厅 安徽省人民政府国有资产监督管理委员会关于推进赋予科研机构和人员更大自主权有关文件贯彻落实的通知》(皖科政〔2019〕18号)的要求，充分激发科研人员创新活力，切实减轻科研人员负担，现就省重点研究与开发计划、省科技重大专项、省自然科学基金资助项目等三项科研资金(以下简称"专项资金")管理有关问题修订补充通知如下。

1.简化预算编制要求。根据科研活动规律和特点，进一步完善预算编制。简化省科技重大专项、省重点研究与开发计划预算测算说明，除设备费外，其他开支科目不需提供明细。会议费/差旅费/国际合作交流费预算不超过直接费用15%的，无须提供预算测算依据；超过15%的，按照会议、差旅、国际合作交流分类提供必要的测算依据，无须对每次会议、差旅做单独的测算和说明。编制省自然科学基金资助项目预算时，只需提供基本测算说明，不需提供明细。

2.扩大承担单位预算调剂权限。专项资金直接费用中设备费预算总额一般不予调增，确需调增的应报省科技厅审批；设备费预算总额调减、设备费内部预算结构调整、拟购置设备的明细发生变化的，以及其他科目预算调剂权下放给项目承担单位。省自然科学基金项目直接费用中除设备费以外科目预算调剂由项目承担单位自主决定。省科技重大专项、省重点研究与开发计划项目中直接费用除设备费以外科目实行分类总额控制，其中，材料费、测试化验加工费、燃料动力费、出版/文献/信息传播/知识产权事务费等四个科目在实施中按一类管理；劳务费、专家咨询费、会议费/差旅费/国际合作交流费、其他支出等四个科目在实施中按一类管理。两类之间的预算调剂应履行项目承担单位内部审批程序；同一类预算额度内，项目承担单位可结合实际情况进行审批或授权课题负责人自行调剂使用。项目承担单位应按照国家有关规定完善管理制度，及时为科研人员办理预算调剂手续；相关管理制度作为科研项目预算执行、验收、监督检查、绩效评价的重要依据。

3.加强结余资金统筹管理。项目完成任务目标并一次性通过验收后，结余资金全部留归项目承担单位，统筹用于单位科研活动的直接支出；2年后(自验收结论下达后次年的1月1日起计算)结余资金未用完的，按规定原渠道收回。未一次性通过验收、项目承担单位信用评价差的项目，结余资金按规定原渠道收回。项目承担单位要认真落实结余资金使用管理权限，加强结余资金统筹管理，在内部管理办法中明确具体统筹方式和管理要求，提高科研项目资金使用效益，激

发科研人员创新创造活力。

4.改革资金拨付方式。专项资金由省科技厅直接拨付到项目承担单位，项目承担单位按照国家和省科研项目资金管理有关规定，制定内部管理制度并自主规范使用。

5.强化项目承担单位责任。项目承担单位应发挥科研项目资金管理主体责任，结合单位实际，修订完善内部科研项目资金管理制度，严格按照任务书的承诺，做好组织实施和支撑服务；省属高校、科研院所要根据科研工作的特点，对科研需要的出差和会议按标准报销相关费用，进一步简化优化报销管理，建立科学合理、便捷高效的报销管理机制；加强单位内部政策宣传与培训，强化科研人员责任和诚信意识，对违背承诺与诚信要求的，加强责任追究，对严重失信行为实行联合惩戒。

6.做好政策衔接。对于执行周期结束且已开展结题验收的项目，继续按照原政策执行；项目执行周期结束但尚未开展结题验收以及仍在执行中的项目，参照本通知执行。

本通知自发布之日起施行，《安徽省重点研究与开发计划资金管理办法》（财教〔2016〕2150号）、《安徽省自然科学基金资助项目资金管理办法》（财教〔2016〕2151号）、《安徽省科技重大专项资金管理办法》（财教〔2016〕2152号）等相关规定与本通知要求不一致的，以本通知为准。

安徽省财政厅　安徽省科学技术厅
2019年8月6日

关于印发《安徽省科技创新战略与软科学研究专项管理办法》的通知

(皖科规秘〔2019〕357号)

各市科技局，各有关单位：

为进一步加强安徽省科技创新战略与软科学研究专项的实施管理，提升专项的研究水平和服务决策效能，现修订出台《安徽省科技创新战略与软科学研究专项管理办法》，望结合实际认真组织实施。

安徽省科学技术厅
2019年8月19日

第一章 总则

第一条 为进一步加强安徽省科技创新战略与软科学研究专项（以下简称专项）的实施管理，提升专项的研究水平和服务决策效能，根据《中共中央办公厅 国务院办公厅印发〈关于深化项目评审、人才评价、机构评估改革的意见〉的通知》、《国务院关于优化科研管理提升科研绩效若干措施的通知》和《安徽省进一步优化科研管理提升科研绩效实施细则》等相关规定，结合安徽实际，制定本办法。

第二条 专项是安徽省科技计划的重要组成部分，以实现决策科学化、民主化为目标，组织开展支撑科技、经济和社会发展重大决策的多学科、多层次的研究活动。

第三条 省科技厅是专项组织实施的管理部门。省科技厅创新发展规划处负责统筹专项管理工作。

第二章 任务和分类

第四条 专项主要任务包括专项项目研究和安徽省科技创新智库建设。

专项项目主要资助与科技创新相关的战略规划、政策法规、体制改革、产业创新、技术预测、科技金融、科技治理等研究。纯技术性理论、纯自然科学理论、纯社会科学理论、日常行政管理工作办法与制度等不属于专项研究范畴。

安徽省科技创新智库是指具有较为丰富的科技创新决策咨询研究经验、拥有稳定且结构合理的人才队伍、在具体领域具有较强研究实力、能够高质量完成各类调研以及相关研究任务的科技创新决策咨询研究平台，相关管理文件另行制定。

第五条 专项项目分为重点项目、一般项目和定向委托项目三类。

重点项目是指根据全省科技创新工作重大决策需求，由省科技厅在当年申报指南中明确研究方向和主要内容的研究任务。

一般项目是指围绕全省经济和社会发展中涉及科技创新的重要问题，由项目负责人根据当年申报指南自主提出的研究任务。

定向委托项目是指因编制全省科技创新发展规划、制定重大科技政策、预测产业技术以及为完成省委、省政府提出的涉及全省科技创新全局的重大研究任务需要，由省科技厅提出并定向委托具备相应研究能力的科技创新智库或团队承担的研究任务。

第三章 组织管理

第六条 专项项目管理职责如下：

（一）省科技厅负责专项预算编制、指南发布、项目立项、资金安排、监督检查、组织验收等。

（二）各市科技局、有关主管部门（单位）为专项项目归口管理部门，负责归口管理的项目初审推荐、组织实施推动，对项目的实施情况和资金使用进行监督检查。

高等学校、科研院所、企业、新型研发机构等独立法人单位和安徽省科技创新智库均可按照规定申报专项，项目申报时在归口管理部门指导下组建相应的项目研究课题组。不受理公民个人申报。

（三）项目承担单位是项目实施和资金管理使用的责任主体，对项目申请、组织实施、资金使用、项目验收、条件保障等方面承担法人责任。

（四）项目负责人是项目实施和资金使用的直接责任人，对项目的具体实施和经费使用承担相应法律责任。

第七条 专项项目合同书是各管理方履行项目管理职责的主要依据。省科技厅与项目承担单位签订专项项目合同书，明确各方的责任、权利和义务，按合同规定组织实施管理。项目合同签订后，原则上不能变更。因不可抗力或其他原因，不能执行确需变更或终止合同的项目，由项目承担单位提出书面申请，经其归口管理部门审核并提出意见后送省科技厅创新发展规划处，参照省科技计划项目管理有关规定办理。

项目由多家单位合作实施的，项目承担单位要与合作单位签订合作协议，明确各方权利义务、资金安排、知识产权归属、法律责任等。

第四章 项目立项

第八条 省科技厅根据全省科创新工作发展需求，按年度编制专项指南，向社会公开发布。

第九条 专项重点项目和一般项目采取专家评审制，评价指标主要包括：研究问题的现实性，研究内容的完备性和科学性，研究方法的先进性和研究方案的可行性，研究能力的适应性，费用预算、时间和人力投入的合理性，预期成果对决策的支撑性等。

定向委托项目由省科技厅根据工作需要提出定向委托研究任务，经厅务会或党组会审定后，与有关科技创新智库或团队签订委托任务合同书，约定委托任务和项目经费等事项。

第十条 省科技厅创新发展规划处提出拟支持和预算安排建议等，经厅务会或党组会审定后，下达年度专项研究计划。

第五章 项目执行与验收

第十一条 专项项目负责人在立项文件下达后填写专项项目合同书，按照要求组织项目实施，并按时提交相关研究成果。

第十二条 专项项目按年度实施，完成时间原则上在1年以内，最长不超过2年，需长期研究的可分年度安排。

第十三条 专项项目执行期满，按照省科技计划项目验收要求，及时做好结题验收工作。验收评价实行专家评审制，主要包括网上通讯评审、集中现场评议两种形式。

第十四条 专项项目出现以下情况，将采取限期整改、终止合同、追回资金、向所在单位通报等措施，并计入信用记录。

（一）不按期开展研究，不配合管理工作，未经同意终止项目研究；

（二）研究成果出现弄虚作假、抄袭剽窃等学术不诚信行为；

（三）经费使用严重违反财政规定；

（四）其他违反本办法、严重影响专项实施的行为。

第六章 成果管理

第十五条 加强研究成果的汇集、梳理和应用。项目执行期满需提交研究报告和5000字左右的决策咨询报告。省科技厅加强重点项目进展跟踪，及时凝练研究成果和汇编报告，推动研究成果在实际工作中的应用。

第十六条 专项成果产出的知识产权按国家科研成果知识产权管理规定管理。研究形成的报告和成果，需注明"安徽省科技创新战略与软科学研究专项资助"和相应编号。

第十七条 专项项目实施过程中，应按国家科技保密有关管理规定，做好项目科技保密工作。

第七章 绩效监督

第十八条 省科技厅会同有关单位根据专项实施进展情况在一定时期内对项目实施绩效开展评估。绩效评估工作可委托评估机构或专家评估组开展。评估内容一般包括任务部署、组织管理、成果产出、人才队伍、经费使用、目标完成情况、效果与影响等。

第十九条 省科技厅负责对项目实施情况、承担单位履职尽责情况进行监督和抽查。监督检查结果作为今后项目立项的重要依据。相关单位和人员应自觉接受监察、巡视、审计、财政等部门的监督检查。

第八章 附则

第二十条 本办法由安徽省科学技术厅负责解释，自发布之日起施行。原《安徽省科技创新战略与软科学研究专项管理办法（试行）》同时废止。

关于印发《安徽省科技重大专项项目管理办法》等三个管理办法的通知

(皖科资〔2019〕33号)

各市科技局、各有关单位:

为贯彻落实国务院《关于进一步优化科研管理提升科研绩效若干措施》(国发〔2018〕25号)及《安徽省进一步优化科研管理提升科研绩效实施细则》(皖政〔2018〕108号)等文件精神,进一步减轻科研人员负担,赋予科研人员更大自主权,省科技厅修订(制定)了《安徽省科技重大专项项目管理办法》、《安徽省重点研究与开发计划项目管理办法》、《安徽省科技计划项目验收管理办法》。现将三个管理办法印发给你们,请结合工作实际遵照执行。

安徽省科学技术厅
2019年10月17日

安徽省科技重大专项项目管理办法

第一章 总则

第一条 为优化省科技重大专项项目(以下简称"项目")管理,根据安徽省人民政府《关于印发安徽省进一步优化科研管理提升科研绩效实施细则的通知》(皖政〔2018〕108号)以及国家和省有关科技计划项目管理规定,制定本办法。

第二条 省科技重大专项的主要任务是:围绕我省经济社会发展重大需求,聚焦高新技术产业、战略性新兴产业(领域),坚持目标导向、系统部署、集中资源、协同创新,重点支持产业关键核心技术攻关,支持公益性共性技术、前沿引领和颠覆性技术、科技成果工程化研发及应用基础研究,推动事关国家安全及我省经济社会发展重大利益的关键核心技术突破,开发重大创新产品,转化重大科技成果,培养科技创新创业领军人才和团队,为加快提升我省科技创新和产业核心竞争力,全面建设现代化五大发展美好安徽提供科技支撑。

第三条 省科技重大专项项目实施周期一般不超过三年,重大关键核心技术攻关项目可下设课题,根据需要可实行滚动支持。注重与国家科技计划对接,为承担国家科技计划项目培育后备项目。优先支持产学研合作承担实施项目,优先支持依托国家重点实验室、省"一室一中心"等国家级、省级创新平台承担实施项目。注重基础研究、应用基础研究和技术研发、成果转化的有机衔接。

第二章 管理职责

第四条 省科技重大专项实行项目主持人负责制,省科技厅、项目归口管理单位、项目承担单位按职责分级管理。

省科技厅是专项组织实施的主管部门，各市科技局、有关主管部门（单位）是项目归口管理单位，项目承担单位是项目实施和资金管理使用责任主体，项目主持人是项目实施的主要组织承担者和资金使用的直接责任人。

第五条 省科技厅的主要职责：

（一）研究制定省科技重大专项相关管理办法；

（二）组织编制和发布项目申报指南；

（三）组织编制省科技重大专项年度资金预算，研究确定年度项目立项和资金分配方案；

（四）组织开展项目受理、形式审查、评审论证、实施过程管理、监督检查、绩效评价、验收等工作，批准项目立项，与项目承担单位签订项目任务书；

（五）协调解决项目实施中的重大问题；

（六）组织开展项目实施和资金使用情况统计，负责科技报告管理，协调推动项目成果转化应用和信息共享；

（七）负责科研诚信管理。

第六条 项目归口管理单位的主要职责：

（一）负责本地区、本单位项目申报、初审和推荐工作；

（二）与项目承担单位、省科技厅共同签订项目任务书；

（三）负责落实地方政府支持资金先行到位，督促项目承担单位落实自筹资金、按计划组织项目实施，监督资金使用，及时报告项目实施过程中重大进展或出现的重大问题等；

（四）受省科技厅委托，参与或协助组织项目监督检查、绩效评价和验收等工作；

（五）推动项目成果转化应用和信息共享。

第七条 项目承担单位的主要职责：

（一）按指南要求组织申报项目，与项目归口管理单位、省科技厅签订项目任务书；

（二）负责落实项目自筹资金、项目实施必需的设备、场地和人员等保障条件；

（三）建立健全科研、财务、诚信等内部管理制度；

（四）落实激励科研人员相关政策措施，开展项目成果应用和信息共享；

（五）按项目任务书约定，及时申请验收，对项目实施形成的科技成果及时进行登记；

（六）履行科技保密、科研诚信等责任和义务，对项目实施形成的知识产权和固定资产按规定进行管理，做好项目资料的档案管理等工作。

第八条 项目主持人的主要职责：

（一）确保项目申报材料的真实性、有效性，据实编制项目预算和绩效目标；

（二）按照项目任务书约定组织实施项目，依法依规使用项目资金，按期完成项目目标任务；

（三）及时报告项目实施中的重大进展和出现的重大问题，按程序报批需要调整的重大事项；

（四）建立项目日志制度，据实记录、真实反映科研项目研究过程及资金使用情况；按要求编报科技报告以及资金使用报告，并确保报告的真实性、准确性和完整性；

（五）接受并配合省科技厅、项目归口管理单位对项目实施和资金使用情况进行监督检查、绩效评价；

（六）履行知识产权保护、科技保密、科研诚信等责任和义务，促进项目成果转化应用和信息共享。

第九条 省科技厅可委托第三方专业机构承担项目受理、评审、实施过程管理、绩效评价和验收等具体工作。受委托的第三方专业机构应根据受委托权限，客观公正地履行相应职责，并为项目承担单位保守技术秘密。

第十条 项目下设课题的，项目牵头单位对整体项目实施承担主体责任。课题归口管理单位、课题承担单位及课题负责人的职责参照本办法第六条、第七条、第八条的规定。课题承担单位接受课题归口管理单位和项目牵头单位的双重管理、监督。课题申报、立项、监督检查、绩效评价和验收等管理参照项目管理有关要求。

第三章 申报立项

第十一条 根据全省科技发展规划和省委、省政府重点工作部署，省科技厅负责组织编制省科技重大专项项目申报指南。指南编制应广泛听取企业、高校院所、相关部门和科研人员的意见建议。

第十二条 省科技重大专项一般采取公开竞争方式择优遴选项目和承担单位。对于战略目标明确、技术路线清晰、组织程度要求较高的重大关键核心技术攻关项目，可在明确申报单位资质、研究基础、技术创新能力和项目实施保障条件等要求的前提下，采取定向委托或征集揭榜等方式确定项目承担单位。

第十三条 省科技重大专项实行限额推荐。申报单位通过省科技管理信息系统提交申报材料，由归口管理单位对申报项目进行初审后，按下达指标数向省科技厅推荐。

第十四条 项目申报单位应为安徽省内注册、具有独立法人资格的单位，有较强的创新能力、人才和科研基础条件保障，运行管理规范，科研信用记录良好。项目主持人应为申报单位在职或为项目实施而正式聘用的人员，具有领导和组织开展创新性研究的能力，保证有足够的时间投入研究工作，科研信用记录良好，截至申报时没有主持在研省级（含省级）以上科技计划项目（课题）（不包括自然科学基金和后补助、绩效奖励类项目，下同）。项目由两个及以上单位合作申报的，牵头单位应与合作单位签订协议，明晰各方责任、任务及项目资金额度，项目实施形成的固定资产及科技成果权益归属等。同一项目已获省财政资金资助或已通过其他渠道申请财政资助的，不得重复申报。

第十五条 省科技厅或委托的专业机构负责受理项目申报，对申报材料进行形式审查。对通过形式审查的项目，采取网络评审、会议评审、专题论证等形式组织专家评审（论证），必要时组织现场答辩或考察。评审（论证）专家原则上从安徽省科技专家库中抽取。评审（论证）应克服唯论文、唯职称、唯学历、唯奖项倾向，重点审核项目的创新性、可行性、绩效目标与指南的相符性以及申报单位实施项目的能力条件等。

第十六条 根据专家评审（论证）意见和项目查重、信用记录比对等情况，科技厅相关处室研究提出年度项目立项和资金安排建议，经厅务会议审议并予以公示。对公示无异议的项目提交厅党组会议审定后下达立项计划。

第十七条 省科技重大专项采取无偿资助的支持方式。公开竞争类项目，单个项目省财政资助最高可达 500 万元；定向委托或征集揭榜类项目，单个项目省财政资助最高可达 1000 万元。省财政资助可实行分期拨款、滚动支持，其中首年度拨款不低于资助总额的 50%。由企业承担的项目，由所在地市（县）财政先行予以资助。项目总投入中企业投入不低于 60%，省、市（县）投入不超过 40%。

第十八条 项目总经费原则上不予调整,省财政资助资金少于项目承担单位申请额度时,差额部分由项目承担单位自筹解决;若项目承担单位不能或不愿补足差额,取消项目立项资格。

第四章 项目实施

第十九条 项目立项后,由省科技厅与归口管理单位、项目承担单位在规定时间内签订项目任务书,明确各方责任、权利义务和目标任务等。任务书签订后原则上不能变更,因不可抗力或其他原因确需变更或终止的,由项目承担单位提出书面申请,经归口管理单位审核同意后报省科技厅批准。

第二十条 项目承担单位应认真履行任务书约定的责任和义务,按时按质按量完成研究内容和目标任务。项目实施过程中,取得的阶段性重大进展或有需要调整的重大事项,承担单位应及时向归口管理单位和省科技厅报告或报批。

第二十一条 项目承担单位应规范项目资金的管理使用,实行单独核算、专款专用,项目资金应纳入单位研发投入统计。项目资金预决算和使用管理按照国家和省有关规定执行。

第二十二条 赋予科研人员更大技术路线(方案)决策调整权。项目申报时,以申报单位提出的技术路线(方案)为主进行评审(论证);项目实施中,在研究方向不变、不降低研究目标的前提下,项目主持人可自主调整研究方案、技术路线,可根据项目实施需要对科研团队或合作单位进行相应调整,报项目归口管理单位备案。

第二十三条 项目实施过程中出现以下情形之一的,省科技厅可对项目予以撤销,并追回已拨付省财政资金,3年之内不得申报省级科技计划项目。情节严重的,列入科研失信名单。

(一)项目承担单位在项目申请阶段伪造或者编造申请材料,骗取立项;

(二)项目承担单位不能按期签订项目任务书;

(三)项目实施中发生严重违规违纪行为,严重违背科研诚信行为,且不按规定进行整改或拒绝整改;

(四)项目承担单位在项目实施期满6个月后未申请验收或拒不参加验收的。

(五)严重违反项目任务书约定的重要事项。

第二十四条 项目实施过程中出现以下情形之一的,项目承担单位可以申请终止项目或由省科技厅直接终止项目,并追回结余省财政资金。

(一)经实践证明,项目技术路线不合理、不可行,或项目无法按任务书约定的计划实施,进度严重滞后,或项目难以达到预期目标;

(二)资金、人员、支撑条件等未落实或发生改变导致项目无法正常实施;

(三)项目承担单位出现破产倒闭、撤销注销或其他导致项目无法实施的重大突发情况。

第二十五条 项目纳入省科技管理信息系统,实现全程"可申诉、可查询、可追溯",信息共享。按照减量不减质、满足管理要求的原则,整合精简项目有关信息填报、数据报送和佐证材料,实现"信息一次填报、材料一次报送"。

第五章 评价验收

第二十六条 项目实施过程中一般不开展过程检查或评价,项目承担单位通过省科技管理信息系统提交项目年度实施情况报告。项目实施结束后由省科技厅或委托的专业机构开展一次性综合绩效评价。绩效评价可结合项目验收一并开展。

第二十七条 项目承担单位应在任务书到期后6个月内申请组织验收。因故不能在规定期限内完成任务书约定目标任务的项目，项目承担单位应在任务书期满前3个月内提出延期验收申请，经项目归口管理单位审核同意后报省科技厅审批。一般允许延期一次，期限最长不超过一年。

第二十八条 项目实施形成的科技成果应及时在安徽省科技成果登记系统登记，并标注"安徽省科技计划资助项目"，其知识产权归属和使用、转让收益分配等，按照国家有关法律法规执行。项目实施形成的非涉密科技成果应当纳入安徽省科技报告系统向社会公开。项目承担单位或依法取得项目科技成果知识产权的单位应当采取措施促进科技成果转移转化和产业化，认真落实科研人员转化科技成果激励政策。

第二十九条 因不可抗拒因素（如政策风险、市场风险等，或因现有水平和条件难以攻克或实现的技术或目标）导致未完成项目任务书约定的任务、达到任务书约定的指标，但原始记录证明承担项目的科研人员已经履行勤勉尽责义务，没有弄虚作假，项目承担单位可申请终止项目或在验收中按结题处理。

第六章 附则

第三十条 项目承担单位和负责人、参与人员应严格遵守有关科研诚信、科技保密规定，做好技术保密工作。项目承担单位应依法依规接受纪检监察和审计等监督，对在项目实施中发生失职、渎职、弄虚作假、截留、挪用、挤占、骗取项目资金等行为，按照有关规定追究相关责任人和单位的责任；情节严重的，移交纪检监察或司法机关处理。

第三十一条 本办法自印发之日起实行，原《安徽省科技重大专项项目管理办法（暂行）》（科计〔2016〕19号）同时废止。在本办法印发前立项但尚未结题验收的项目，参照本办法执行。

第三十二条 本办法由省科技厅负责解释。

安徽省重点研究与开发计划项目管理办法

第一章 总则

第一条 为优化省重点研究与开发计划项目（以下简称"项目"）管理，根据安徽省人民政府《关于印发安徽省进一步优化科研管理提升科研绩效实施细则的通知》（皖政〔2018〕108号）以及中央和省有关科技计划项目管理规定，制定本办法。

第二条 省重点研究与开发计划的主要任务是：突出需求和应用导向，聚焦产业发展和民生改善，支持产业技术攻关和应用基础研究，支持先进技术成果推广应用示范，为我省经济高质量发展和社会进步提供科技支撑。

（一）高新技术领域：支持新技术、新产品、新工艺、新材料以及科研仪器设备等研发和应用，提升产业技术创新能力和核心竞争力。

（二）农业农村领域：支持农业新品种选育、农业技术创新和示范推广应用，引领支撑农业绿色发展、转型发展、可持续发展。

（三）社会发展领域：支持人口健康、资源环境、生物医药、防灾减灾、城市发展、公共安全等社会民生领域技术研发，支持开展技术创新和示范推广应用，提升科技惠民能力和水平。

（四）对外合作领域：支持与境外以及长三角地区等单位联合开展技术攻关，开展科技援藏援疆援青工作，提升我省科技创新开放度。

（五）科技扶贫领域：面向大别山等贫困革命老区、皖北地区和省级以上贫困县，通过产学研合作方式开展技术成果示范推广应用，支持当地特色产业发展。

第三条 省重点研究与开发计划采取公开竞争方式择优支持项目。项目实施周期一般不超过三年。优先支持企业、高校、科研院所、新型研发机构等合作承担实施项目。

第二章 管理职责

第四条 省重点研究与开发计划实行项目主持人负责制，省科技厅、项目归口管理单位、项目承担单位按职责分级管理。

省科技厅是计划组织实施主管部门，各市科技局、有关主管部门（单位）是项目归口管理单位，项目承担单位是项目实施和资金管理使用责任主体，项目主持人是项目实施的主要组织承担者和资金使用的直接责任人。

第五条 省科技厅的主要职责：

（一）研究制定省重点研究与开发计划相关管理办法；

（二）组织编制和发布项目申报指南；

（三）组织编制年度项目资金预算，研究确定年度项目立项及资金分配方案；

（四）组织开展项目受理、形式审查、评审论证、实施过程管理、监督检查、绩效评价、验收等工作，批准项目立项，与项目承担单位签订项目任务书；

（五）协调解决项目实施中的重大问题；

（六）组织开展项目实施和资金使用情况统计，负责项目科技报告管理，协调推动项目成果转化应用和信息共享；

（七）负责项目管理、实施和参与主体的科研诚信管理。

第六条 项目归口管理单位的主要职责：

（一）负责本地区、本单位项目申报、初审和推荐工作；

（二）与项目承担单位、省科技厅共同签订项目任务书；

（三）督促项目承担单位落实自筹资金，按计划组织项目实施，监督资金使用，及时报告项目实施过程中重大进展或出现的重大问题等；

（四）受省科技厅委托，参与或协助组织项目监督检查、绩效评价和验收等工作；

（五）推动项目成果转化应用和信息共享。

第七条 项目承担单位的主要职责：

（一）按指南要求组织申报项目，与项目归口管理单位、省科技厅签订项目任务书；

（二）负责落实项目自筹资金、项目实施必需的设备、场地和人员支持等保障条件；

（三）建立健全科研、财务、诚信等内部管理制度；

（四）落实激励科研人员相关政策措施，开展项目成果应用和信息共享；

（五）按项目任务书约定，及时申请验收，对项目实施形成的科技成果及时进行登记；

（六）履行科技保密、科研诚信等责任和义务，对项目实施形成的知识产权和固定资产按规定进行管理，做好项目资料的档案管理等工作。

第八条 项目主持人的主要职责：

（一）确保项目申报材料的真实性、有效性，据实编制项目预算和绩效目标；

（二）按照项目任务书约定组织实施项目，依法依规使用项目资金，按期完成项目目标任务；

（三）及时报告项目实施中的重大进展和出现的重大问题，按程序报批需要调整的重大事项；

（四）建立项目日志管理制度，据实记录、真实反映科研项目研究过程及资金使用情况；按要求编报科技报告以及资金使用报告，并确保报告的真实性、准确性和完整性；

（五）接受并配合省科技厅、项目归口管理单位对项目实施和资金使用情况进行监督检查、绩效评价；

（六）履行知识产权保护、科技保密、科研诚信等责任和义务，促进项目成果转化应用和信息共享。

第九条 省科技厅可委托第三方专业机构承担项目受理、评审、实施过程管理、绩效评价和验收等具体工作。受委托的第三方专业机构应根据受委托权限，客观公正地履行相应职责，并为项目承担单位保守技术秘密。

第三章 申报立项

第十条 根据全省科技发展规划和省委、省政府重点工作部署，省科技厅负责组织编制发布项目申报指南。指南编制应广泛听取企业、高校院所、相关部门和科研人员的意见建议。

第十一条 省重点研究与开发计划实行限额推荐。项目申报单位通过省科技管理信息系统提交申报材料，由归口管理单位对申报项目进行初审后，按下达指标数向省科技厅推荐。

第十二条 项目申报单位应为安徽省内注册、具有独立法人资格的单位，有较强的创新能力、人才和科研基础条件保障，运行管理规范，科研信用记录良好。项目主持人应为申报单位在职或为项目实施而正式聘用的人员，具有领导和组织开展创新性研究的能力，保证有足够的时间投入研究工作，科研信用记录良好，截至申报时没有主持在研省级（含省级）以上科技计划项目（课题）（不包括自然科学基金和后补助、绩效奖励类项目）。项目由两个及以上单位合作申报的，牵头单位应与各合作单位签订协议，明晰各方责任、承担的工作任务及项目资金额度，项目实施形成的固定资产及科技成果权益归属等。同一项目已获取省财政资金资助或已通过其他渠道申请财政资助的，不得重复申报。

第十三条 省科技厅或其委托的专业机构负责受理项目申报，对申报材料进行形式审查。对通过形式审查的项目，采取网络评审、会议评审等形式组织专家评审。评审专家原则上从安徽省科技专家库中抽取。评审应克服唯论文、唯职称、唯学历、唯奖项倾向，重点审核项目创新性、可行性、绩效目标与指南要求的相符性以及申报单位实施项目的能力条件等。

第十四条 根据专家评审（论证）意见和项目查重、信用记录比对等情况，省科技厅相关处室研究提出年度项目立项和资金安排建议，经厅务会议审议并予以公示。对公示无异议的项目提交厅党组会议审定后下达立项计划。

第十五条 省重点研究与开发计划实行无偿资助、分档支持的方式，省分别给予每个项目最高200万元的资助，具体分档支持额度在申报通知中明确。其中由企业承担的项目，承担单位投入应不低于项目资金总投入的60%。

第十六条 项目总经费原则上不予调整，省财政资助少于申请单位申请额度时，差额部分由申请单位自筹解决；若申请单位不能或不愿补足差额，取消项目立项资格。

第四章 项目实施

第十七条 项目立项后，由省科技厅与归口管理单位、项目承担单位在规定的时间内签订项目任务书，明确各方责任、权利义务和目标任务等。任务书签订后原则上不能变更，因不可抗力或其他原因确需变更或终止的，由项目承担单位提出书面申请，经归口管理单位审核同意后报省科技厅批准。

第十八条 项目承担单位应认真履行任务书约定责任和义务，按时按质按量完成研究内容和目标任务。项目实施过程中，取得的阶段性重大进展或有需要调整的重大事项，承担单位应及时向归口管理单位和省科技厅报告或报批。

第十九条 项目承担单位应规范项目资金的管理使用，实行单独核算、专款专用，项目资金应纳入单位研发投入统计。项目资金预决算和使用管理按照国家和省有关规定实施。

第二十条 赋予科研人员更大技术路线（方案）决策调整权。项目申报时，以申报单位提出的技术路线（方案）为主进行评审。项目实施中，在研究方向不变、不降低研究目标的前提下，项目主持人可自主调整研究方案、技术路线，可根据项目实施需要对科研团队或合作单位进行相应调整，报项目归口管理单位备案。

第二十一条 项目实施过程中出现以下情形之一的，省科技厅可对项目予以撤销，并追回已拨付省财政资金，3年之内不得申报省级科技计划项目。情节严重的，列入科研失信名单。

（一）项目承担单位在项目申请阶段伪造或者编造申请材料，骗取立项；

（二）项目承担单位不能按期签订项目任务书；

（三）项目实施中发生严重违规违纪行为，严重违背科研诚信行为，且不按规定进行整改或拒绝整改；

（四）项目承担单位在项目实施期结束6个月后未申请验收或拒不参加验收的。

（五）严重违反项目任务书约定的重要事项。

第二十二条 项目实施过程中出现以下情形之一的，项目承担单位可以申请终止项目或由省科技厅直接终止项目，并追回结余财政资金。

（一）经实践证明，项目技术路线不合理、不可行，或项目无法按任务书约定的计划实施，进度严重滞后，或项目难以达到预期目标；

（二）资金、人员、支撑条件等未落实或发生改变导致项目无法正常实施；

（三）项目承担单位出现破产倒闭、撤销注销或其他导致项目无法实施的重大突发情况。

第二十三条 项目纳入安徽省科技管理信息系统运行，实现全程"可申诉、可查询、可追溯"，信息共享。按照减量不减质、满足管理要求的原则，整合精简项目有关信息填报、数据报送和佐证材料，实现"信息一次填报、材料一次报送"。

第五章 评价验收

第二十四条 项目实施过程中一般不开展过程检查或评价，项目承担单位按要求通过科技管理信息系统填报项目实施情况。项目实施结束后由省科技厅或委托的专业机构开展一次性综合绩效评价。项目绩效评价可结合验收一并开展。

第二十五条 项目承担单位应在任务书到期后6个月内申请组织验收。因故不能在规定期限内完成任务书约定目标任务的项目，项目承担单位应在任务书期满前3个月内提出延期验收申请，经项目归口管理单位审核同意后报省科技厅审批。一般允许延期一次，期限最长不超过一年。

第二十六条 项目实施形成的科技成果应及时在安徽省科技成果登记系统登记，并标注"安徽省科技计划资助项目"，其知识产权归属和使用、转让收益分配等，按照国家有关法律法规执行。项目实施形成的非涉密科技成果应当纳入安徽省科技报告系统向社会公开。项目承担单位或依法取得项目科技成果知识产权的单位应当采取措施促进科技成果转移转化和产业化，认真落实科研人员转化科技成果激励政策。

第二十七条 因不可抗拒因素（如政策风险、市场风险等，或因现有水平和条件难以攻克或实现的技术或目标）导致未完成项目任务书约定的任务、达到任务书约定的指标，但原始记录证明承担项目的科研人员已经履行勤勉尽责义务，没有弄虚作假，项目承担单位可申请终止项目或在验收中按结题处理。

第六章 附则

第二十八条 项目承担单位和负责人、参与人员应严格遵守有关科研诚信、科技保密规定，做好技术保密工作。项目承担单位应依法依规接受纪检监察和审计等监督，对在项目实施中发生失职、渎职，弄虚作假，截留、挪用、挤占、骗取项目资金等行为，按照有关规定追究相关责任人和单位的责任；情节严重的，移交纪检监察机关或司法机关处理。

第二十九条 本办法自印发之日起实行。在本办法印发前立项但尚未结题验收的项目，参照本办法执行。

第三十条 本办法由省科技厅负责解释。

安徽省科技计划项目验收管理办法

第一章 总则

第一条 为进一步规范省科技计划项目验收工作，加强项目跟踪问效，根据安徽省人民政府《关于印发安徽省进一步优化科研管理提升科研绩效实施细则的通知》（皖政〔2018〕108号）以及国家和省有关科技计划项目管理规定，制定本办法。

第二条 本办法适用于经省科技厅批准立项、获省财政资金资助的省级科技计划项目（以下简称"项目"）验收工作，项目下设的课题验收参照本办法执行。省自然科学基金项目以及以后补助、奖励、绩效补助、股权（债权）投资等方式支持的项目按相关管理规定执行。省级资金支持的国家科技计划项目，由国家有关机构组织项目验收。

第三条 项目验收应坚持创新质量和贡献导向，以项目任务书为依据，突出自主知识产权，突出项目成果对经济社会发展贡献，突出财政资金的支出绩效。验收的主要内容包括：

（一）任务书约定的目标任务完成情况；

（二）项目实施产生的科技成果、知识产权及科技人才队伍培养等情况；

（三）项目产生的经济和社会效益；

（四）项目实施的组织管理情况；

（五）项目资金到位和实际支出情况以及使用的合理性、合规性、合法性。

第四条 项目验收坚持实事求是、客观公正、公平公开、严肃认真的原则。项目验收可结合绩效评价一并开展。

第二章 验收组织

第五条 项目验收工作由省科技厅相关处室组织实施，也可委托项目管理专业机构或归口管理单位组织实施（以下简称"验收组织单位"）。

第六条 项目承担单位应在任务书到期后 6 个月内申请组织验收。项目因故不能按期完成的，应在项目实施期满前 3 个月内提出延期验收申请，报经项目归口管理单位审核同意后报省科技厅审批。一般允许延期一次，期限最长不超过一年。提前完成的项目，可提前申请验收。

第七条 项目验收程序如下：

（一）提交申请。项目承担单位在线填报项目验收申请表，并按要求提交验收材料。

（二）审核材料。项目归口管理单位对验收材料进行审核，提出审核意见。不符合要求的，退回项目承担单位修改完善；符合要求的，签署审核意见后提交验收组织单位。

（三）组织验收。验收组织单位对验收材料进行审查，明确验收方式并组织验收。

（四）成果登记。项目承担单位按照科技成果登记相关规程进行项目成果网上登记，并提交科技报告。除涉密项目和成果外，项目验收结论和成果信息需主动公开。

（五）证书发放。项目承担单位在线填报项目验收证书，报经归口管理单位和省科技厅归口管理处室审定签署意见，加盖验收专用章后发放给项目承担单位。

（六）材料归档。验收结束后，按照科技项目档案管理相关要求，项目资料及时归档。

第八条 验收材料包括：

（一）验收申请表。

（二）项目总结和技术报告，包括目标任务完成情况概述，取得成果情况，成果转化、产业化和取得的直接、间接效益情况，成果推广应用前景评价，组织管理经验、产学研联合机制与模式，存在问题及对策等。以研发为主的项目需提交技术报告，内容包括：研究方法、过程和结果等；采取的技术路线、技术方案、实现途径和示范推广等。

（三）经项目承担单位财务部门审核的财务收支决算报告等财务资料。省财政支持 50 万元及以上的项目还需提交具有资质的中介机构出具的项目资金支出专项审计报告。

（四）项目实施绩效材料，包括专利证书、新药证书、审（认）定的品种（系）证书、软件产品登记与著作权登记证书、备案标准、专著和核心刊物发表论文、科技报告收录证书；产品测试或检测报告、产品鉴定证书；项目产品销售收入证明、纳税证明、用户意见；其他能证明项目实施经济社会效益的资料等。

上述材料可根据项目实际情况提供。

（五）根据项目验收要求需提供的其他相关资料。

第九条 项目验收包括技术验收和财务验收两部分。技术验收与财务验收合并进行，省财政支持 50 万元及以上的项目由财务专家单独出具财务验收意见（包括相关管理制度建设情况、资金到位和拨付情况、会计核算和支出情况、预算执行情况和资产管理情况等）。

第十条 根据不同项目特点和资助强度，项目验收可采取现场验收、会议验收、通信验收、网评验收等形式。

（一）省财政资助 50 万元以下的项目，可采取通信验收、网评验收或会议验收的形式；

（二）省财政资助 50 万元至 200 万元的项目可采取会议验收形式。

（三）省财政资助 200 万元以上的项目可采取现场验收形式，也可先委派专家现场考察后再组织会议验收，或在会议验收时通过视频材料或远程视频方式进行现场考察。

（四）对项目类别、技术领域相近、省财政资助 200 万元以下的项目，可采取集中会议验收方式。

第十一条 项目验收实行专家负责制。验收专家组由相关领域技术、财务和管理专家组成。验收专家组成员一般不少于5人，其中财务专家不少于1人。验收专家原则上从省科技专家库中抽取，其中委托给归口管理单位组织验收的项目由归口管理单位负责选取验收专家。验收专家应严格依照项目验收的程序和办法，实事求是、独立、客观、公正地提出项目验收意见。

第十二条 项目验收发生的费用，按照国家和省有关规定执行。

第三章 验收结论和处理

第十三条 项目验收意见分为"通过验收"、"不通过验收"、"结题"三种结论。

（一）凡验收材料齐全，数据真实，资金到位且使用合理、合规，完成项目任务书约定目标主要任务的项目，给予"通过验收"结论；采取通信验收、网评验收的项目须有三分之二以上专家同意，方可给予"通过验收"结论。

（二）有下列情况之一者，给予"不通过验收"结论：

1. 因主观原因未完成任务书约定主要目标任务的；
2. 所提供验收文件、资料、数据不真实，存在弄虚作假行为，或项目承担单位无法提供目标任务完成有效证明资料的；
3. 未经批准，擅自变更项目承担单位、项目主持人、主要绩效目标等重大事项的；
4. 项目财务验收存在严重问题，且拒不整改的；
5. 采取通信验收、网评验收的项目三分之二以上验收专家意见为不合格的。

（三）项目因不可抗拒因素（如政策风险、市场风险等，或因现有水平和条件难以攻克或实现的技术或目标）导致未完成考核指标；或为鼓励科研人员大胆探索、宽容失败，对探索性强、风险高的科研项目，原始记录证明承担项目的科研人员已经履行勤勉尽责义务，没有弄虚作假的，可给予"结题"结论。

第十四条 对验收专家组认为暂不具备"通过验收"条件或财务验收存在严重问题的项目，可给予一次整改机会。项目承担单位应当在接到整改通知后2个月内完成整改，并提请按首次验收方式重新组织验收。整改到位的验收结论为"通过验收"，整改不到位的验收结论为"不通过验收"。

第十五条 项目验收过程中，参与项目验收的专家及有关单位、人员应严格遵守国家和省有关规定，做好知识产权保护、科技保密和科研诚信管理工作。

第十六条 对不通过验收的项目，由省科技厅采取通报批评、追回已拨付省财政资金等处理措施；项目主持人3年之内不得申报省级科技计划项目。对存在验收资料不真实、挪用财政资金等严重问题的，项目主持人列入科研失信记录。

对未尽职尽责或有其他违规行为的验收专家、相关工作人员，给予通报批评；情节严重的，列入科研失信记录，3年内不得参与省级科技计划项目验收。涉及违法的，移交司法机关处理。

第四章 附则

第十七条 本办法自印发之日起实施，原《安徽省科技计划项目验收实施细则》（科计〔2017〕45号）、《安徽省科技计划项目财务验收工作细则（试行）》（科财〔2018〕3号）废止。在本办法印发前立项尚未验收的项目，参照本办法执行。

第十八条 本办法由省科技厅负责解释。

安徽省财政厅关于进一步完善省级财政科技和教育资金预算执行管理有关事宜的通知

(皖财教〔2019〕1109号)

省直有关部门，各省属高校、科研院所：

根据《中华人民共和国预算法》和财政预算执行管理制度有关规定，现就进一步完善省级财政科技和教育资金预算执行管理有关事宜通知如下：

一、优化资金支付管理，提高预算单位用款自主权

（一）落实科研项目主管部门和项目承担单位主体责任，省级财政公开竞争研发项目和后补助科研项目资金，由科研项目主管部门直接拨付到项目承担单位，项目承担单位按照国家和省科研项目资金管理规定，制定内部管理制度自主规范使用。

（二）进一步提高预算执行效率，允许部分科研项目和教育资金通过国库集中支付向本单位或其他预算单位实有资金账户划转。具体包括：按照有关制度规定由预算单位与科研项目承担单位签订委托协议或合同，按约定确需将资金支付到科研项目承担单位的；省属高校、科研单位之间按照合作协议等确定的合理的结算支出以及省属高校、科研单位内部机构之间合理的结算支出，如测试化验加工费用、成本分摊费用等；由于零余额账户开户行外币种类不全等原因，确需先转入可提供该币种银行现有实有资金账户的购汇资金；经教育等主管部门核准的省属高校联合办学资金。各相关部门单位在预算执行中，应提前对上述资金做好支付计划安排。

（三）推进省科协所属学会有序承接政府转移职能，提升学会科技创新和服务能力，允许省科协、省属高校及科研院所通过国库集中支付向省科协所属学会支付服务合作和发展扶持资金。

二、完善公务卡管理，放宽科研项目中公务卡结算要求

（四）省属高校、科研院所等单位承担省级财政科研项目，所发生支出中属于省级预算单位公务卡强制结算目录范围的，在不具备刷卡条件的情况下，如市内交通费、野外科考工作中发生的支出等，按照单位内部管理规定经批准后，可不使用公务卡结算。

（五）对于参与省级财政科研项目1年以上，并负责科研经费支出报销业务的项目聘用人员，经项目管理部门和财务部门批准后，可以办理并使用公务卡。

（六）省级财政科研项目中的临时聘用人员、研究生等不具备公务卡办卡资格的参与人员，因执行项目任务产生的差旅费等费用，按照单位内部管理规定经批准后，可不使用公务卡结算。

三、简化科研仪器设备采购管理，提高政府采购效率

（七）简化科研仪器设备进口产品备案。2020年1月1日起，省属高校、科研院所进口科研仪器设备，采购单位可单次或批量通过安徽省政府采购网"省监管服务平台"系统备案，备案事项不再填报主要性能指标、性能等内容。

（八）优化科研仪器设备变更采购方式审批程序。省属高校、科研院所达到公开招标数额标准

的科研仪器设备采购项目需要变更采购方式的，省财政厅将开通科研仪器设备审批"绿色通道"，预算单位通过安徽省政府采购网"省监管服务平台"系统进行项目变更方式申请，并标注"科研仪器设备"，省财政厅实行特事特办、急事急办。

本通知自 2020 年 1 月 1 日起施行。其他有关规定与本通知不符的，以本通知为准。

2019 年 11 月 22 日

关于印发《安徽省科技成果转化引导基金投资管理暂行办法》的通知

(皖科资〔2019〕41号)

各市科技局、财政局，各有关单位：

根据《政府投资基金暂行管理办法》（财预〔2015〕210号）等规定，按照《安徽省科技成果转化引导基金组建方案》（皖政办复〔2018〕341号）要求，为规范安徽省科技成果转化引导基金投资管理，省科技厅、省财政厅联合制定了《安徽省科技成果转化引导基金投资管理暂行办法》。现印发给你们，请结合工作实际遵照执行。

安徽省科学技术厅　安徽省财政厅
2019年12月31日

安徽省科技成果转化引导基金投资管理暂行办法

第一章　总则

第一条　根据《政府投资基金暂行管理办法》（财预〔2015〕210号）等规定，按照《安徽省科技成果转化引导基金组建方案》（皖政办复〔2018〕341号）要求，为规范安徽省科技成果转化引导基金（以下简称"省引导基金"）投资管理，制定本办法。

第二条　省引导基金按照"政府引导，社会参与，重点培育、多级联动，市场运作、专业管理，放管结合、强化监督"的原则，通过设立科技成果转化投资子基金（以下简称"子基金"）和直接股权投资方式投资国内外在皖转化的各类先进科技成果。

第二章　职责分工

第三条　根据省政府授权省财政厅代行省引导基金出资人职责。省科技厅、省财政厅对省引导基金省级财政出资的所有权、收益权、处置权行使最终决定权。

第四条　省科技厅、省财政厅负责省引导基金的管理和协调，确定省引导基金的发展方向和目标；研究制定省引导基金相关监管配套制度；组织成立省引导基金专家咨询委员会；审定省引导基金年度工作计划、工作报告以及重大事项等；批准子基金设立方案；对省引导基金运行情况进行监督评价等。

第五条　省引导基金专家咨询委员会（以下简称"专家咨询委员会"）负责对省引导基金子基金设立方案、直接股权投资和重大事项等进行决策咨询，并出具意见。专家咨询委员会委员由省内外知名科技、管理、法律、投资、财务、金融等领域专家担任，每届任期为三年，并根据履职尽责情况进行动态调整。专家咨询委员会下设办公室，办公室设在省科技厅，承担专家咨询委员会日常办事职能，组织召开专家咨询委员会会议。

第六条　省国有资本运营控股集团有限公司（以下简称"省国控集团"）受省科技厅、省财政厅委托，负责设立安徽省科技成果转化引导基金有限责任公司（以下简称"省引导基金公司"），履行省引导基金出资人义务，制定相关制度和考核办法，监督省引导基金运行；行使省级财政出资的投资、退出、清算、收益等出资人权利；通过公开招标方式，确定省引导基金管理机构。

第七条 省引导基金管理机构负责受理子基金的设立申请、尽职调查、运行管理、退出回收等以及直接股权投资项目的形式审查、尽职调查、投资决策、投后管理及投资退出等。

第三章 省科技成果库建设

第八条 省科技厅负责省科技成果转化项目库（以下简称"省科技成果库"）建设。

第九条 我省企业、高校、科研院所承担国家和省重大科技专项、重点研发计划等产生的科技成果，获国家和省科技奖励的科技成果，创新创业大赛获奖项目，通过专家评审的省高层次科技人才团队创新创业项目，省区域性股权交易市场科创板挂牌企业成果转化项目等，直接进入省科技成果库。其他各类科技成果（项目）经市县科技部门、有关归口管理单位推荐，省科技厅组织专家进行评估，筛选优秀项目进入省科技成果库。

第十条 省科技成果库入库项目向省引导基金和子基金管理机构开放，供其从中择优遴选投资项目。

第四章 子基金的设立

第十一条 子基金设立方式包括与社会资本，国家科技成果转化引导基金，市、县（市、区）、高新区（开发区）财政性资金以及其他投资者共同发起设立，或对已有的创新创业投资基金增资设立等。

第十二条 子基金分为区域科技成果转化投资类子基金和高新技术领域科技成果转化投资类子基金两类。

区域科技成果转化投资类子基金，主要投资区域内具有比较竞争优势领域的科技型中小企业和科技成果转化项目，形成省市（县、区）共同支持科技成果转化和产业化的合力。一般由市、县（市、区）、高新区（开发区）财政性出资平台提出申请。

高新技术领域科技成果转化投资类子基金，聚焦1~2个专业技术领域，支持领域内科技成果转化及产业链上下游企业做大做强。

第十三条 子基金设立应通过公开征集或竞争性谈判等方式进行。子基金应当在安徽省内注册，经营范围为科技创业投资，组织形式为公司制或有限合伙制。

第十四条 子基金申请者为投资企业的，其注册资本或净资产应不低于5000万元；申请者为创业投资管理企业的，其实收注册资本应不低于1000万元。

第十五条 子基金申请者应当确定一家创业投资管理企业作为拟设立的子基金管理机构，并具备以下条件：

（一）在中国大陆境内注册，主要从事创业投资业务，有较强的募资能力；

（二）在中国证券投资基金业协会或全国创业投资企业备案管理系统中备案；

（三）具有完善的创业投资管理和风险控制流程，规范的项目遴选和投资决策机制，健全的内部财务管理制度，能够为所投资企业提供相关增值服务；

（四）至少有2名具备5年以上创业投资或相关业务经验的专职高级管理人员，管理机构团队核心成员在国家重点支持的高新技术领域内，至少有2个创业投资成功案例；

（五）有切实可行的募资方案和投资计划；

（六）子基金管理机构的董监高人员（或合伙人）、核心投资团队成员未受到法律法规禁止任职的刑事或行政处罚；

（七）子基金管理机构对子基金认缴出资额不低于基金规模的1%。

第十六条 子基金申请者应向省引导基金管理机构提交以下申请材料：

（一）子基金组建或增资方案；

（二）主要出资人的出资承诺书或出资证明；

（三）会计师事务所出具的投资企业近期的审计报告；

（四）子基金管理机构的有关材料；

（五）其他应当提交的资料。

第十七条 与省引导基金共同发起设立子基金的，申请者除符合第十四、十五条规定外，还应满足以下条件：

（一）主要发起人、子基金管理机构已确定，其他出资人（或合伙人）已落实，并保证资金按约定及时足额到位；已草签发起人协议、子基金章程或合伙协议。

（二）单支子基金规模不低于1亿元，其中省引导基金对单支子基金出资比例原则上不超过子基金总额的30%，且不作为子基金第一大股东或最大出资人，子基金其余资金应依法募集。

第十八条 已设立的创业投资基金申请省引导基金增资的，除需符合第十四条规定条件外，还应满足以下条件：

（一）基金已按有关法律、法规设立，并开始投资运作，按规定在有关部门备案；

（二）基金全体出资人首期出资比例不低于注册资本或承诺出资额的20%；

（三）基金全体出资人同意省引导基金入股（或入伙），且增资价格在不高于基金评估值的基础上协商确定。

第十九条 子基金可采取一次募集或分期方式出资，省引导基金与其他出资人按照同等比例出资，并在其他出资人出资后再行出资。出资人应于子基金完成工商注册登记后3个月内完成首期实缴出资，首期出资不低于总规模的30%。

第二十条 子基金存续期一般不超过6年。在子基金股权资产转让或变现受限等情况下，经子基金出资人协商一致，最多可延长2年。

第二十一条 子基金设立流程：

（一）设立申请。拟与省引导基金合作设立子基金的主发起人，向省引导基金管理机构提出设立申请。

（二）形式审查。省引导基金管理机构受理子基金设立申请并进行形式审查。

（三）尽职调查。省引导基金管理机构对通过形式审查的子基金开展尽职调查，向专家咨询委员会出具尽职调查报告。

（四）投资审核。专家咨询委员会对省引导基金管理机构提交的尽职调查报告进行审核，出具审核意见。

（五）社会公示。省科技厅根据专家咨询委员会审核意见，对子基金设立方案进行审议，对符合设立条件的子基金向社会公示。

（六）批准设立。对公示无异议的，省科技厅、省财政厅批准出资设立子基金，并向社会公告。

（七）签署协议。省引导基金公司与子基金出资人签署合作（合伙）协议。协议应明确约定资金到位序时进度。

第二十二条　子基金应按照规定做好备案工作，并按照证监会相关法律法规运作。

第五章　直接股权投资

第二十三条　直接股权投资的决策流程：

（一）项目遴选。省引导基金管理机构从省科技成果库入库项目中择优遴选拟投资项目，或符合条件的企业直接向省引导基金管理机构提出投资申请。

（二）形式审查。省引导基金管理机构对从省科技成果库中择优挑选的项目或受理的企业申请的投资项目进行形式审查。

（三）尽职调查。省引导基金管理机构对通过形式审查的项目开展尽职调查，向专家咨询委员会办公室出具尽职调查报告。

（四）投资审核。专家咨询委员会对省引导基金管理机构提交的尽职调查报告进行审核，出具审核意见。

（五）投资决策。省引导基金管理机构根据专家咨询委员会审核意见，进行最终投资决策。

（六）备案公示。省引导基金管理机构将拟投资的项目，由省国控集团报省科技厅、省财政厅备案，并向社会公示。

第二十四条　省引导基金用于直接股权投资的资金原则上不超过省引导基金实缴资本的25%。单个项目投资总额原则上不超过2000万元。

第二十五条　省引导基金管理机构按照相关法律法规和政策规定，与被投企业及其他投资主体共同签订投资协议和相关法律文件。投资期限一般不超过6年，最长可延长2年。

第六章　投资管理

第二十六条　省引导基金管理机构负责管理省引导基金直接股权投资项目，依据法律法规和子基金章程（合伙协议）等规定，参与子基金增资、章程（合伙协议）修改、管理机构变更、退出清算等重大事项决策，监督子基金的投资和运作，但原则上不参与子基金的日常管理。子基金管理机构做出投资决定后，应在实施投资前3个工作日报告省引导基金管理机构。

第二十七条　省引导基金及子基金应主要投向国内外在皖转化的先进科技成果及高新技术企业、科技型中小企业。

省引导基金直接股权投资须全部投向省内项目（系指项目实际落户安徽境内，下同），且不低于80%的资金须投向省科技成果库入库项目。子基金投资省内项目和资金应不低于80%，且投资省科技成果库入库项目资金应不低于省引导基金出资额的2倍，对单个企业累计投资原则上不超过子基金规模的20%。

第二十八条　省引导基金及子基金待投资金应存放托管银行或购买国债等风险低、流动性强的符合国家有关规定的金融产品。不得开展从事以下业务：

（一）投资于已上市企业（所投资企业上市后，子基金所持股份未转让及其配售部分除外）；

（二）从事担保、抵押、委托贷款、房地产（包括购买自用房地产）等业务；

（三）投资于股票、期货、企业债券、信托产品、理财产品、保险计划及其他金融衍生品；

（四）进行承担无限连带责任的对外投资；

（五）吸收或变相吸收存款，以及发行信托或集合理财产品的形式募集资金；

（六）向任何第三方提供资金拆借、赞助、捐赠等；

（七）其他国家法律法规禁止从事的业务。

第二十九条 子基金管理机构在完成子基金 70% 的资金投资进度之前，不得再次申请发起增资。

第三十条 省引导基金以出资额为限对子基金和直接股权投资债务承担责任。

第三十一条 出现下列情况之一时，省引导基金可选择退出，且无须经由其他出资人同意：

（一）合作协议签署后超过 6 个月子基金未完成备案登记手续的；

（二）子基金其他出资人未按协议约定出资且逾期超过 6 个月的；

（三）子基金设立后超过 6 个月未开展投资业务的；

（四）子基金设立后 1 年内投资进度低于投资预期目标 20% 的；

（五）子基金设立后 2 年内投资额低于子基金总规模 30% 的，设立后在 4 年内投资额低于子基金总规模 60% 的；

（六）子基金投资领域和方向不符合政策目标的；

（七）子基金管理机构发生实质性变化的；

（八）基金未按章程约定投资的；

（九）其他不符合章程约定情形的。

第三十二条 省引导基金年度委托管理费（固定部分）与省引导基金管理机构年度管理费原则上不超过基金年度实缴规模的 1%。并根据年度绩效评价情况给予省引导基金受托管理机构最高 100 万元奖励。子基金管理机构年度管理费原则上不得超过子基金实缴规模的 2%，具体比例根据市场及行业惯例确定。

第七章 风险管控

第三十三条 省引导基金与其他出资人同股同权，不分优先劣后，不得明股实债。省引导基金管理机构应遵照国家有关财政预算和财务管理制度等规定，建立健全内部控制和外部监管制度，建立投资决策和风险约束机制，切实防范基金运作过程中可能出现的风险。

第三十四条 建立资金托管制度。省引导基金和子基金应在省科技主管部门公开招标确定的银行或国家科技成果转化基金招标确定的银行中选择一家银行作为基金托管银行，开设托管账户，存放资金。托管银行负责托管子基金资产，按照托管协议和投资指令负责子基金的资金往来，定期向省引导基金管理机构报告资金情况。省引导基金管理机构负责对托管银行履行职责情况进行考核。子基金存续期内产生的股权转让、分红、清算等资金应进入托管账户，不得循环投资。

第三十五条 建立风险容忍机制。省引导基金投资损失率原则上不超过投资的 40%。对投资项目数和资金损失率均超过 40% 的，由省科技厅、省财政厅约谈，核实投资行为合法合规情况，必要时可重新组建基金专家咨询委员会、调整基金管理机构，对存在违法违规违纪行为的，移交有关部门查处。

按照鼓励创新、宽容失败、尽职免责的原则，省引导基金运营管理虽未实现预期目标，但有关单位和个人认真履行职责，未牟取私利且无重大过失的，不追究相关单位和个人的责任。

第三十六条 建立定期报告制度。省国控集团每季度向省财政厅、省科技厅报送省引导基金运行情况、资产负债情况、投资损益情况及其他可能影响投资者权益的重大情况，以及资产负债表、损益表及现金流量表等报表。子基金管理机构每季度向省引导基金管理机构提交运行报告和会计报表，并于每个会计年度结束后 4 个月内向省引导基金管理机构提交年度运行情况报告和经审计的年度会计报告。

第八章 投资退出

第三十七条 子基金通过基金份额转让或股权转让、清算等方式实现退出。直接股权投资通过被投企业首次公开发行股票并上市、借壳上市、新三板挂牌以及控股股东、实际控制人回购或第三方收购、股权置换、诉诸司法途径等方式实现退出。

第三十八条 鼓励子基金其他股东和直接股权投资被投企业以及其他投资者购买省引导基金出资份额，同等条件下，子基金其他股东和被投企业股东具有优先购买权。在子基金设立或直接股权投资后3年内（含3年）购买的，省引导基金出资部分以原始出资额转让；在3年至5年内（含5年）购买的，以省引导基金原始出资额及从子基金成立或直接股权投资之日起按照转让时中国人民银行公布的1年期贷款基准利率计算的利息之和转让（不足半年的，按半年计算；超过半年不足1年的，按1年计算）；5年以上仍未退出的，子基金中省引导基金出资部分将与其他出资人同股同权在存续期满后清算退出，直接股权投资中省引导基金出资部分按照政府投资基金有关规定适时退出。对于增资设立的子基金，上述年限从子基金完成变更登记手续之日起计算。

第三十九条 子基金清算完毕后，省引导基金在子基金中出资额年平均收益率超出子基金出资时中国人民银行公布的1年期贷款基准利率的，将其收益超出基准利率部分的10%奖励给省引导基金管理机构、20%奖励给子基金管理机构、20%奖励给被投企业，其余50%作为省引导基金收益。省引导基金直接股权投资退出后，其出资额年平均收益率超出投资时中国人民银行公布的1年期贷款基准利率的，将其收益超出基准利率部分的20%奖励给省引导基金管理机构、20%奖励给被投企业，其余60%作为省引导基金收益。

第九章 收入收缴

第四十条 省引导基金收入包括省引导基金退出时应收回的原始投资及应取得的收益、子基金和直接投资项目清算时省引导基金取得的剩余财产清偿收入等。

上述原始投资及取得的收益按照省引导基金的实际出资额以及省引导基金股权或份额转让协议等确定；应取得的剩余财产清偿收入根据有关法律程序确定。

第四十一条 省引导基金的收入上缴省级国库，纳入省级财政预算管理。收入收缴工作由省国控集团负责，按照国库集中收缴有关规定执行。

第四十二条 省引导基金的收入按以下程序上缴：

（一）省引导基金管理机构与子基金其他出资人、被投企业股东等商议股权或份额退出、收益分配及清算等事宜，并对子基金实施情况和被投企业经营情况的专项审计报告、受让省引导基金股权或份额申请以及确认收入所依据的相关资料等进行审核；

（二）省引导基金管理机构根据商议及审核结果，提出省引导基金退出及收入收缴实施方案，经省国控集团审核后，报省科技厅、省财政厅审定；

（三）省引导基金管理机构根据省科技厅、省财政厅的审定意见，办理股权或份额转让、收入收缴等手续，向有关缴款单位发送缴款通知；

（四）缴款单位在收到缴款通知后的30日内，将应缴的省引导基金收入缴入省引导基金托管账户，托管账户收到资金后的15个工作日内，由省国控集团缴入省级国库。

第十章 监督考核

第四十三条 省科技厅建立统一开放的基金投资管理信息系统，向基金管理机构提供项目投资管理服务，实施"募、投、管、退"全链条系统管理，推动项目与资金的对接，加强对子基金的监督。

第四十四条 省国控集团应及时向省科技厅、省财政厅报告省引导基金和子基金法律文件变更、资本增减、违法违规事件、管理机构变动、清算与解散等重大事项。

第四十五条 省科技厅、省财政厅建立基金考核评价制度，按年度对省引导基金管理机构政策目标实现程度、投资运营情况等开展考核评价，对年度考核不合格的相应扣减管理机构管理费，对连续两年考核不合格的，取消基金管理资格。

第四十六条 省引导基金管理机构应当接受省财政厅、省审计厅对基金运行情况的审计、监督。

第四十七条 省引导基金管理机构和相关个人不能有效履行职责、发生重大过失或违规行为等造成恶劣影响的，视情况给予约谈、批评、警告直至取消资格等处理；触犯法律法规的，将按国家有关法律法规处理。

第四十八条 任何单位和个人不得隐瞒、滞留、截留、挤占、挪用省引导基金的收入。一经发现和查实前述行为，除收回资金外，按照《财政违法行为处罚处分条例》（国务院令第427号）的规定处理。

第十一章　附则

第四十九条 本办法规定的相关事项应在子基金章程和投资人协议中载明。

第五十条 本办法自发布之日起施行，由省科技厅、省财政厅负责解释。

关于印发《安徽省科技计划项目档案管理办法》的通知

(皖科办〔2020〕4号)

机关各处室、直属各单位：

为规范安徽省科技计划项目管理，进一步强化省科技计划项目搜索、查询、运用及跟踪问责问效，更好地服务创新驱动发展战略，现将2020年第3次厅务会审议通过的《安徽省科技计划项目档案管理办法》印发给你们，请结合实际，认真贯彻执行。

附件：安徽省科技计划项目档案管理办法

安徽省科学技术厅
2020年3月16日

安徽省科技计划项目档案管理办法

第一章 总则

第一条 为规范安徽省科技计划项目（含专项、基金，下同）档案工作，进一步强化省科技计划项目跟踪问责问效，有效保护和利用科技信息资源，依据《中华人民共和国档案法》《科学技术档案工作条例》，以及中央、省关于加强和改进新形势档案工作意见及其实施意见等文件精神，结合《安徽省科学技术厅档案管理办法》《安徽省科技计划管理改革实施方案》《安徽省科技计划项目验收管理办法》等有关规定，特制定本办法。

第二条 安徽省科技计划项目档案（以下简称项目档案），是指相关单位或个人在项目申请、立项、实施和验收过程中形成的，具有保存价值的各种类型及载体的原始记录。项目档案是国家和本省重要的科技信息资源，应按照集中统一管理的原则做好项目档案工作，确保其真实、完整、准确、安全和有效利用。

第三条 本办法适用于安徽省科学技术厅（以下简称省科技厅）或科技部立项，有省级财政拨款支持的各类科技计划项目档案的形成与管理。省科技厅其他各类有省级财政拨款支持的项目或专项工作材料的归档参照本办法执行。

第四条 省科技厅资源配置与管理处统筹协调项目档案工作，并将项目档案的完整性准确性作为后续立项和监督计划执行的重要依据及调控手段。厅各职能处室指定专人负责本处室项目档案管理，具体职责包括归口管理项目档案的收集、整理、移交，确保其真实、准确、完整。

第五条 安徽省科学技术档案馆（以下简称档案馆）负责项目档案业务指导和集中统一管理。具体职责包括：指导各职能处室对归档项目档案进行规范整理，接收移交项目档案的保管、保密与利用，同时编制目录、简介、文摘等各种检索工具，组织开展数字化加工，建立项目档案数据库，便于及时查询、统计与利用。

第二章 项目档案的形成与归档

第六条 归档范围：经省科技厅或科技部立项，有省级财政拨款支持的各类科技计划项目。

第七条 归档内容：各类科技计划项目的申请书、任务书或合同书、验收（结题）材料，其中验收（结题）材料包括验收或结题申请表、验收证书、项目总结（报告）、技术报告、成果相关证明资料、财务报告（其中省财政资助金额50万元及以上的提交资金支出专项审计报告；50万元以下的提交财务收支决算报告）等。项目档案必须是原件和定稿，其载体与记录材料具有耐久性、字迹工整、图样清晰，签署手续完备。

第八条 归档时间：每年1月初，档案馆主动协助机关各职能处室，清理和汇总上年下达、验收的科技计划，并于3月底完成上年度归档计划项目档案的接收工作。对于未能按期归档的项目，归口职能处室需书面说明原因并落实具体归档安排，相关单位或个人依法不得拒绝移交项目档案或者将档案据为己有。

第九条 归档要求：

（一）归档的文件应为原件，完整、准确、系统，其制成材料应有利于长久保存。

（二）非纸质文件应与其文字说明一并归档。

（三）各职能处室应于每年3月底前完成上年度下达的科技计划项目的申请书、任务书（合同书）的移交，以及上年度已完成的项目的验收（结题）材料的移交。

（四）申请书、任务书（合同书）及验收（结题）材料的纸质材料均要按照科技计划项目下达批次和项目表顺序排列，同时移交一份电子目录。

（五）涉密的科技计划项目材料需标明密级，单独移交。

（六）材料移交必须办理交接手续，填写移交清册表，经移交、接收双方确认无误后，方可归档。

（七）对于各类该批次科技计划项目的评审、评估或评标结果的专家原始记录，由厅各职能处室整理，根据需要移交档案馆。

第三章 项目档案的整理、保管、利用与保密

第十条 项目档案按项目组卷，一个项目为一卷，每卷由申请书、任务书（合同书）、验收（结题）材料（详见本办法第七条）组成。按年度分类并编号，使用"KX"代表科技计划项目档案。档案馆保管一套完整的纸质档案。

第十一条 各职能处室因工作需要可按相关管理制度借阅，档案馆有义务提供便利条件。

第十二条 项目完成单位及完成人可持单位介绍信或居民身份证进行查询；涉及公检法、纪检监察、巡视巡察等特殊情况查档，可以持相关证明文件按规定程序查询。

第十三条 涉密的科技计划项目档案查阅，档案馆经报资管处审核、分管厅负责同志批准后，方可提供利用。

第十四条 如工作需要查询评审、评估和评标结果的专家原始记录，各职能处室经请示分管厅负责同志批准后，档案馆方可提供利用。

第四章 附则

第十五条 本办法由省科技档案馆负责解释。

第十六条 本办法自发布之日起施行，原《安徽省科技计划项目档案管理实施细则》（科计〔2008〕28号）同时废止。

安徽省财政厅 安徽省科学技术厅关于印发《安徽省中央引导地方科技发展资金管理实施细则》的通知

(皖财教〔2020〕678号)

各市、县(区)财政局、科技局,省直有关单位:

为规范安徽省中央引导地方科技发展资金管理和使用,提高资金使用效益,根据《财政部 科技部关于印发中央引导地方科技发展资金管理办法的通知》《中共安徽省委办公厅 安徽省人民政府办公厅关于改革完善省级财政科研项目资金管理等政策的实施意见》《安徽省财政厅关于印发安徽省科技领域财政事权和支出责任划分改革实施方案的通知》等有关规定,结合我省实际,我们修订了《安徽省中央引导地方科技发展资金管理实施细则》,现印发给你们,请遵照执行。

2020年7月8日

安徽省中央引导地方科技发展资金管理实施细则

第一章 总则

第一条 为规范安徽省中央引导地方科技发展资金(以下简称"引导资金")的使用和管理,提高资金使用效益,根据《财政部 科技部关于印发〈中央引导地方科技发展资金管理办法〉的通知》(财教〔2019〕129号)、《安徽省财政厅关于印发安徽省科技领域财政事权和支出责任划分改革实施方案的通知》(皖财教〔2019〕1139号)等有关规定,结合我省实际,制定本细则。

第二条 本细则所称引导资金是指中央财政通过转移支付安排的,支持地方政府落实国家创新驱动发展战略和科技改革发展政策、优化区域科技创新环境、提升区域科技创新能力的资金。

第三条 引导资金管理遵循"中央引导、省级统筹,简政放权、激发活力,聚焦重点、突出绩效"的原则。

第二章 管理机构及职责分工

第四条 省财政厅主要负责引导资金管理制度制定、预算下达、绩效管理等。具体是:

(一)会同省科技厅制定中央引导地方科技发展资金实施细则,确定引导资金支持方向;

(二)根据中央财政安排的年度预算资金,审核下达资金;

(三)会同省科技厅开展引导资金绩效评价、监督检查。

第五条 省科技厅主要负责引导资金项目管理、绩效管理工作。具体是:

(一)配合省财政厅制定中央引导地方科技发展资金实施细则,确定引导资金支持方向;

(二)组织开展项目受理、形式审核、评审论证和立项;

(三)提出项目资金预算安排建议;

(四)与项目承担单位签订项目任务书(包括绩效目标表,下同);

（五）组织实施项目过程管理、绩效评价、监督检查和验收等工作。

第六条 项目归口管理单位职责：

（一）负责项目的初审和推荐；

（二）负责立项项目的日常管理；

（三）配合省财政厅、省科技厅开展引导资金绩效评价、监督检查和验收等工作。

第七条 项目承担单位职责：

（一）根据引导资金支持方向，组织凝练项目，据实、完整编报项目立项申请材料（包括绩效目标表）；

（二）组织项目实施，落实项目实施条件和配套资金；

（三）规范项目资金支出管理，对项目资金专款专用、单独核算；

（四）按要求开展绩效自评，报送绩效自评材料；

（五）主动配合有关部门监督检查和审计。

第三章 支持范围与方式

第八条 引导资金支持以下四个方面：

（一）自由探索类基础研究。主要指聚焦探索未知的科学问题，结合基础研究区域布局，自主设立的旨在开展自由探索类基础研究的科技计划，如自然科学基金等。

（二）科技创新基地建设。主要指根据本地相关规划等建设的各类省级以上科技创新基地，包括依托大学、科研院所、企业、转制科研机构设立的科技创新基地（含省部共建国家重点实验室、临床医学研究中心等），以及具有独立法人资格的产业技术研究院、技术创新中心、新型研发机构等。

（三）科技成果转移转化。主要指结合本地实际，针对区域重点产业等开展科技成果转移转化活动，包括技术转移机构、人才队伍和技术市场建设，以及公益属性明显、引导带动作用突出、惠及人民群众广泛的科技成果转化示范及科技扶贫项目等。

（四）区域创新体系建设。主要指国家自主创新示范区、国家科技创新中心、综合性国家科学中心、可持续发展议程创新示范区、国家农业高新技术产业示范区、创新型县（市）等区域创新体系建设，重点支持跨区域研发合作和区域内科技型中小企业科技研发活动。

第九条 支持自由探索类基础研究资金采取公开竞争立项投入方式。支持科技创新基地建设、区域创新体系建设资金采取后补助投入方式。支持科技成果转移转化资金，采取公开竞争立项、后补助、创投引导等投入方式。

第十条 引导资金不得用于支付各种罚款、捐款、赞助、投资、偿还债务等支出，不得用于行政事业单位编制内在职人员工资性支出和离退休人员离退休费，以及国家规定禁止列支的其他支出。

第四章 项目和预算管理

第十一条 省科技厅、省财政厅按照科技部、财政部的要求，结合国家区域发展战略任务、省科技创新发展规划和年度重点工作发布项目申报通知，征集项目。

第十二条 符合条件的单位经项目归口管理单位推荐，向省科技厅报送项目申请材料，包括项目基本情况、目标任务、绩效目标、资金预算及结构、支持方式、实施期限等内容。

第十三条 省科技厅组织或委托第三方专业机构开展项目评审、绩效评价等工作，确定拟支持项目；将拟支持项目通过官方网站等媒介向社会公示，公示期不少于7日；根据公示结果，提出项目资金预算安排建议。省财政厅按照国库集中支付制度和转移支付等有关规定下达资金，并抄送财政部安徽监管局。

第十四条 省科技厅会同省财政厅编制年度引导资金实施方案，包括当年引导资金总体目标和思路、重点任务、项目及资金安排计划、区域绩效目标等，其中重点任务、项目及资金安排计划要加强与国家区域发展战略任务相结合。实施方案随资金分配情况抄送财政部安徽监管局，并报科技部、财政部备案。

第十五条 省财政厅、省科技厅在财政部、科技部资金预算下达后30日内，细化下达资金。省科技厅同步下达项目立项计划通知。

第十六条 项目立项计划通知下达后30日内，公开竞争立项资金和区域创新体系建设资金的项目承担单位与省科技厅签订项目任务书，其他资金的项目承担单位填报绩效目标表，任务书和绩效目标表作为项目实施、绩效管理、监督检查和验收的依据。涉及政府采购的，按照政府采购法律法规和有关制度执行。

第十七条 涉及项目和预算管理、科研设备采购、结转结余资金管理等事项，按以下规定办理：

（一）自由探索类基础研究项目和资金，按照《安徽省自然科学基金资助项目资金管理办法》（财教〔2016〕2151号）、《关于优化省重点研究与开发计划、省科技重大专项、省自然科学基金资助项目等科研资金管理的通知》（皖财教〔2019〕839号）执行。

（二）科技成果转移转化中科技成果转化示范、科技扶贫项目资金，以及区域创新体系建设资金的管理按照《安徽省科技厅关于印发〈安徽省科技重大专项项目管理办法〉等三个管理办法的通知》（皖科资〔2019〕33号）中的《安徽省重点研究与开发计划项目管理办法》执行，引导资金统筹用于研发活动的直接费用支出。

（三）其他资金按照《中共安徽省委办公厅 安徽省人民政府办公厅关于改革完善省级财政科研项目资金管理等政策的实施意见》（皖办发〔2016〕73号）和《安徽省人民政府关于印发安徽省进一步优化科研管理提升科研绩效实施细则的通知》（皖政〔2018〕108号）执行，引导资金统筹用于研发活动的直接费用支出。

第十八条 引导资金项目执行期结束后，按以下方式实施验收管理：采取公开竞争立项和区域创新体系建设资金支持项目需组织验收。其中，自由探索类基础研究项目，按照安徽省自然科学基金有关项目验收管理规定执行；其他公开竞争立项和区域创新体系建设资金支持的项目验收，参照安徽省科技计划项目验收管理规定执行。其他项目不再组织项目验收。

第五章 绩效评价和监督检查

第十九条 按照全面实施预算绩效管理的要求，建立健全全过程预算绩效管理机制，按照规定科学合理设定绩效目标，开展绩效评价，强化绩效结果应用，按规定做好绩效信息公开，提高引导资金使用效益。省科技厅每年牵头组织或委托第三方专业机构开展引导资金绩效评价，重点考量项目承担单位科技创新能力提升情况、目标任务落实情况以及资金使用绩效等情况，省财政厅根据工作需要适时组织重点绩效评价。省科技厅、省财政厅于每年12月31日前向科技部、财政部报送绩效自评报告，并抄送财政部安徽监管局。

第二十条 获得引导资金支持的项目承担单位，应当切实履行法人责任，严格执行国家会计法律法规制度和财政科研项目资金管理规定，规范管理使用资金，自觉接受绩效评价和监督检查。

第二十一条 建立专项资金管理承诺机制。项目承担单位法定代表人、项目负责人在项目申报时应共同签署承诺书，保证所提供信息的真实性，并对信息虚假导致的后果承担责任。

第二十二条 建立信息公开机制，省科技厅及时公开非涉密项目安排情况，接受社会监督。

第二十三条 资金使用单位和个人在引导资金使用过程中存在各类违法违规行为的，按照《中华人民共和国预算法》《财政违法行为处罚处分条例》等国家有关规定追究相应责任。对严重违规、违纪、违法犯罪的相关责任主体，按程序纳入科研严重失信行为记录。

第二十四条 各级科技、财政部门及其工作人员在引导资金分配、使用、管理等相关工作中，存在违反本细则规定以及其他滥用职权、玩忽职守、徇私舞弊等违法违纪行为的，按照《中华人民共和国预算法》、《中华人民共和国公务员法》、《中华人民共和国监察法》、《财政违法行为处罚处分条例》等国家有关规定追究相应责任；涉嫌职务违法或者职务犯罪的，移送监察机关处理。

第六章　附则

第二十五条 本细则由省财政厅、省科技厅负责解释。

第二十六条 本细则自印发之日起施行。原《安徽省中央引导地方科技发展专项资金管理实施细则》（财教〔2017〕1012号）同时废止。

关于印发《安徽省自然科学基金管理办法（修订）》的通知

(皖科基奖〔2020〕16号)

各有关单位：

为规范安徽省自然科学基金管理，提高省自然科学基金使用效益，依据《国家自然科学基金条例》，结合我省实际，省科技厅修订了《安徽省自然科学基金管理办法》。现予印发，请遵照执行。

特此通知。

安徽省科学技术厅
2020年7月24日

安徽省自然科学基金管理办法（修订）

第一章 总则

第一条 为规范安徽省自然科学基金（以下简称"省自然科学基金"）管理，提高省自然科学基金使用效益，依据《国家自然科学基金条例》，结合我省实际，制定本办法。

第二条 省自然科学基金面向全省，重点资助自然科学领域的基础研究和应用基础研究，培养科学技术人才，为提升我省自主创新能力提供知识基础、人才储备和发展动力。

第三条 省自然科学基金主要来源于省财政拨款。鼓励自然人、法人或其他组织向省自然科学基金捐资。引导鼓励设区的市人民政府、省直相关部门、高等学校、科研院所以及有条件的企业、社会组织等出资共同设立联合基金，开展基础研究和应用基础研究。

第四条 省自然科学基金资助工作，遵循激励创新、公开透明、公平公正、统筹兼顾的原则。

第五条 确定省自然科学基金资助项目（以下简称"省基金项目"），应当充分发挥专家作用，采取宏观引导、自主申请、同行评审、择优支持的机制。省基金项目采取定额资助方式，资助经费核拨至项目负责人所在依托单位。

第二章 组织管理

第六条 省科技厅管理省自然科学基金，负责拟订相关支持政策，审议决定重大事项，组织开展省基金项目申请、评审、立项、结题等工作。省自然科学基金委员会对省自然科学基金管理运行中的重大事项提供咨询指导。设立省自然科学基金委员会办公室（以下简称"省基金办"），负责省自然科学基金资助工作的具体实施和日常管理。

第七条 安徽省境内的高等学校、科研机构以及其他公益性机构申请注册为省自然科学基金依托单位，应当具备下列条件：

（一）具有从事基础研究或应用基础研究的能力和条件；
（二）具有专门的科研管理机构和制度；

（三）具有专门的财务管理机构和制度；

（四）具有必要的资产管理机构和制度。

第八条 依托单位负责本单位的项目申请、推荐和管理等工作，应当履行下列职责：

（一）组织并推荐申请人申请省基金项目；

（二）审核申请人或者项目负责人所提交材料的真实性、完整性、有效性以及社会信用记录情况；

（三）提供省基金项目实施的条件，保障项目负责人和参与者实施省基金项目的时间；

（四）跟踪省基金项目的实施，监督管理资助经费的使用，有条件的单位可以给予经费配套；

（五）配合省科技厅对省基金项目的实施进行监督、检查。

省科技厅对依托单位资助管理工作进行指导、监督。

第九条 项目负责人是省基金项目实施的直接责任人，承担项目组织、协调、执行等具体工作，应当履行下列职责：

（一）严格遵守科研诚信管理要求；

（二）按要求提交项目申请、总结报告、结题材料、科技报告等，并对其真实性负责；

（三）严格履行计划任务书约定的各项任务，承担违约责任。

第三章 资助体系

第十条 省自然科学基金包括杰出青年科学基金项目（以下简称"杰青项目"）、优秀青年科学基金项目（以下简称"优青项目"）、青年科学基金项目（以下简称"青年项目"）和重点项目、面上项目以及联合基金项目等项目类型。

杰青项目主要支持在基础研究与应用基础研究方面已取得突出成绩且有望获得国家级科技人才计划或科技重大项目资助的青年学者，自主选择研究方向开展高水平研究，培养一批进入国家和世界科技前沿的优秀学术带头人。

优青项目主要支持省属单位在基础研究与应用基础研究方面已取得较好成绩且发展潜力较大的青年学者，自主选择研究方向开展创新研究，培养一批有望进入国家和世界科技前沿的优秀青年学术骨干。

青年项目主要支持青年科技人员，自主选题独立开展创新性基础研究与应用基础研究，培养青年科技人才。

重点项目主要支持研究基础好、创新能力强的科技人员及团队，围绕基础前沿领域和经济社会发展重大需求，开展深入系统的创新性研究，努力取得重大原创成果突破。

面上项目主要支持科技人员，围绕学科发展前沿和我省经济社会发展重要需求，自主选题开展创新研究。

联合基金项目旨在发挥省自然科学基金的导向作用，引导鼓励社会资源投入基础研究，促进有关部门、企业、地区与高等学校和科学研究机构的合作，培养科学与技术人才，推动相关领域、行业、区域自主创新能力的提升。联合基金项目的实施，按照合作协议约定执行。

第十一条 省科技厅根据需要，可对项目类型进行调整。

第四章 申请与评审

第十二条 省科技厅根据年度工作安排，组织开展省基金项目申请，发布年度申报通知。

第十三条 省基金项目申请人，应当具备下列条件：

（一）社会信用记录良好；

（二）是依托单位正式受聘的科学技术人员，具有履行项目负责人责任的能力，在项目执行期间每年在依托单位工作时间不少于六个月；

（三）是所申请项目的实际负责人，具有承担基础研究课题或其他从事基础研究的经历。

在读研究生、离退休以及兼职科学技术人员不得作为项目负责人提出申请。

第十四条 省基金项目申请数量，应当符合下列要求：

（一）作为项目负责人同年申请省基金项目限1项；

（二）作为项目负责人和参与人同年申请省基金项目合计限2项；

（三）正在承担省基金项目的负责人不得作为项目负责人申请；

（四）年度申报通知中对申请数量的限制。

参与人与申请人不是同一单位的，参与人所在单位视为合作研究单位，合作研究单位的数量不得超过2个。

联合基金项目的限项要求，按合作协议执行。

第十五条 杰青项目申请人除了符合第十三条、第十四条规定外，还应当同时具备以下条件：

（一）申请当年1月1日未满45周岁；

（二）具有博士学位或高级专业技术职称；

（三）作为项目负责人未承担过杰青项目；

（四）作为项目负责人承担过国家级基础研究项目（课题），且取得突出基础研究或应用基础研究成果；

（五）未曾获得国家级人才培养计划的资助。

第十六条 优青项目申请人除了符合第十三条、第十四条规定外，还应当同时具备以下条件：

（一）申请当年1月1日未满40周岁；

（二）具有博士学位或高级专业技术职称；

（三）作为项目负责人未承担过杰青项目、优青项目；

（四）作为项目负责人或主要参与人承担过国家级基础研究项目（课题），且取得较好基础研究或应用基础研究成果；

（五）未曾获得国家级人才培养计划的资助。

第十七条 青年项目申请人除了符合第十三条、第十四条规定外，还应当同时具备以下条件：

（一）申请当年1月1日男性未满35周岁，女性未满38周岁；

（二）具有中级及以上专业技术职务（职称）或博士学位，或者有2名与其研究领域相同、具有高级专业技术职务（职称）的科学技术人员推荐；

（三）作为项目负责人未承担过省基金项目。

第十八条 重点项目申请人除了符合第十三条、第十四条规定外，还应当同时具备以下条件：

（一）申请当年1月1日未满57周岁；

（二）具有高级专业技术职务（职称）或博士学位；

（三）具有从事所申报领域的研究经历；

（四）作为项目负责人承担的重点项目合计限2项。

第十九条 面上项目申请人除了符合第十三条、第十四条规定外，还应当同时具备以下条件：

（一）申请当年1月1日未满55周岁；

（二）具有高级专业技术职务（职称）或博士学位，或者有2名与其研究领域相同、具有高级专业技术职务（职称）的科学技术人员推荐；

（三）具有从事所申报领域的研究经历；

（四）作为项目负责人承担的面上项目合计限2项；

（五）作为项目负责人承担过杰青项目但未承担过面上项目的，可再申请并承担面上项目1次；作为项目负责人承担过杰青项目且已承担过面上项目的，不得再次申请面上项目。

第二十条 申请人应当按照年度申报通知要求，通过依托单位提出书面申请。

依托单位应当对申请材料进行审核，统一推荐并提交至省科技厅。

申请人可以申请回避函的形式提供2名以内不适宜评审其项目申请的评审专家名单。

第二十一条 省科技厅一般依照以下程序受理、遴选和确定省基金项目：

（一）初步审查项目申请；

（二）同行专家通讯评审；

（三）会议评审专家组会议评审；

（四）厅会议批准。

省科技厅根据经济、社会发展特殊需要或者其他特殊情况，可以只进行通讯评审或者会议评审。

第二十二条 省科技厅组织对申请材料进行初步审查。符合本办法规定的，予以受理并公示申请人基本情况和依托单位名称、申请项目名称，公示期为5日。有下列情况之一者，不予受理，并通过依托单位通知申请人：

（一）申请人不符合本办法规定条件；

（二）申请材料不符合项目指南和当年申报通知要求；

（三）申请材料不齐全；

（四）申请经费预算不符合相关的经费管理规定；

（五）存在严重违背科研诚信要求的行为。

第二十三条 省科技厅组织具有较高的学术水平、良好的职业道德的同行专家对受理的项目申请进行评审。对内容相近的项目申请应当选择同一组专家评审。

评审专家对项目申请应当从科学价值、创新性、社会影响以及研究方案的可行性等方面进行独立判断和评价，注重代表作对项目申请的支撑作用及其相关性，并提出评审意见。

评审专家提出评审意见时，还应当考虑以下几个方面：

（一）申请人和参与人的研究经历；

（二）研究队伍构成、研究基础和相关的研究条件；

（三）项目申请经费使用计划的合理性。

第二十四条 省科技厅应当先进行通讯评审，再组织专家进行会议评审。提交会议评审的项目，应当根据通讯评审结果择优遴选。会议评审，应当充分考虑通讯评审情况，并结合学科发展和预算情况，提出资助项目建议。

第二十五条 省科技厅根据本办法规定和专家会议评审结果，确定拟资助项目，经公示后确定立项计划，公示期为7日。

第二十六条 省基金办负责处理异议项目。申请人对拟资助项目存在异议，应当通过所在依托单位提出异议。对评审专家的学术判断有不同意见，不得作为提出异议的理由。

第二十七条 在省基金项目评审工作中，评审专家是申请人、参与人近亲属，以及其他可能影响公正评审的，应当申请回避。

第二十八条 参加评审及相关工作的所有人员应当对项目评审信息进行保密，不得披露未公开的评审专家的基本情况、评审意见、评审结果等与评审有关的信息。

第五章 资助与实施

第二十九条 立项计划下达后，依托单位应当按要求组织项目负责人填写《安徽省自然科学基金项目计划任务书》（以下简称"计划任务书"），审核通过后提交省科技厅。计划任务书主要内容应当与申请材料一致，不得擅自变更项目负责人、依托单位、项目主要研究目标及关键考核指标。

省基金办负责审核计划任务书，并在核准后返还依托单位和项目负责人。核准后的计划任务书作为项目实施、经费拨付、检查和结题的依据。

逾期未提交计划任务书且在规定期限内未说明理由的，视为放弃接受资助。

第三十条 项目负责人应当按照计划任务书开展研究工作，做好省基金项目实施情况的原始记录，填报项目年度进展报告。

依托单位应当于每年6月底前审定项目上一年度进展报告，建立省基金项目实施（电子）档案。

第三十一条 优化过程管理，在项目实施周期内，省科技厅一般不开展评估、评价、检查、审计等过程性检查，以依托单位自我管理为主。杰青项目、优青项目、重点项目过程检查不超过一次。

第三十二条 赋予项目负责人更大技术路线自主权，在不降低主要研究目标的前提下可自主调整研究方案和技术路线，报依托单位批准备案，相应备案手续可作为项目结题或审计检查等依据。

第三十三条 项目实施过程中，项目负责人和参与人应当保持稳定，不得擅自变更，如确需变更，应当经依托单位审核后报省科技厅批准。杰青项目、优青项目和青年项目不得变更项目负责人。

项目负责人有下列情形之一的，依托单位应当及时提出变更项目负责人、变更依托单位或者终止项目实施的申请，并报省科技厅批准；省科技厅也可以直接作出终止项目实施的决定。

（一）不再是依托单位的科学技术人员；

（二）不能继续开展研究工作；

（三）存在严重违背科研诚信要求的行为。

项目负责人调入另一依托单位工作的，经所在依托单位与原依托单位协商一致，由原依托单位提出变更依托单位的申请，报省科技厅批准。协商不一致的，省科技厅作出终止该项目负责人所负责的省基金项目实施的决定。

第三十四条 项目负责人由于客观原因不能按期完成研究计划，可以申请延期1次，申请延长的期限不得超过1年。

项目负责人应当于项目资助期限届满60日前提出延期申请，经依托单位审核后报省科技厅批准。批准延期的项目应当按时提交年度进展报告。

第六章 结题

第三十五条 省科技厅在项目资助期满之日起3个月内组织结题。

项目负责人应当撰写结题报告、编制经费决算、提交科技报告，经依托单位审核后，统一提交省科技厅。

联合基金项目结题按合作协议执行。

第三十六条 省科技厅组织同行专家通过通讯评审或会议评审方式进行结题审查。

评审专家应当从以下方面审查项目完成情况，并注重研究工作质量和标志性成果的质量、贡献和影响，提供评价意见：

（一）项目计划执行情况；

（二）研究成果情况；

（三）人才培养情况；

（四）资助经费的使用情况。

第三十七条 省科技厅根据结题材料提交的情况和评审专家的意见，作出"优秀（A）"、"合格（B）"、"通过（C）"和"不通过（D）"结题结果，并书面通知依托单位和项目负责人。

考虑到基础研究工作的探索性和不确定性，对于未取得预期研究成果或整个研究以失败告终的项目，项目实施（电子）档案或原始记录能够证明其已经履行了勤勉尽责义务，作出"通过（C）"的结题结果，不影响其再次申请省基金项目。

结题评审专家评审意见为不合格或有下列情况之一且逾期不改正的，给予撤销或终止处理，作出"不通过（D）"的结题结果：

（一）提交的结题报告材料不齐全或者手续不完备的；

（二）提交的资助经费决算手续不全或者不符合填报要求的；

（三）其他不符合要求的情况。

第三十八条 省基金项目研究形成的知识产权的归属、使用和转移，按照国家有关法律、法规执行。发表省基金项目取得的研究成果，应当注明得到安徽省自然科学基金资助。标注内容"安徽省自然科学基金资助项目"（英文：supported by Anhui Provincial Natural Science Foundation）和项目编号。

第七章 监督与管理

第三十九条 省基金项目实施过程及经费使用等情况，应当自觉接受省财政、审计等有关部门的检查、监督、绩效评估和信用监管等。

第四十条 任何单位和个人有权对省基金项目申请、评审、立项和实施过程以及结题中存在的违背科研诚信要求以及违反本办法规定的行为，向省科技厅实名举报。项目申请人或负责人、评审专家以及依托单位等相关责任主体在省自然科学基金资助相关活动中发生的违反科学研究行为准则与规范的行为，参照《国家科技计划（专项、基金等）严重失信行为记录暂行规定》《科研诚信案件调查处理规则（试行）》等处理。

第四十一条 项目申请涉嫌抄袭、剽窃他人研究成果或有其他弄虚造假等科研失信行为的，经查实，取消其参加本年度项目评审和承担项目的资格；情节严重的，项目申请人三年以内不得申请省基金项目。

第四十二条 项目负责人有下列行为之一的，省科技厅视情节轻重，分别作出暂缓拨付资助经费，限期改正；终止项目实施；撤销项目以至五年以内不得申请或者参与省自然基金项目的处理意见。

（一）未按照计划任务书开展实质性研究工作，且未经依托单位批准备案；

（二）未按照规定提交项目进展报告和结题报告；

（三）存在抄袭或剽窃他人研究成果、提交弄虚作假的报告、原始记录或者相关材料等科研失信行为；

（四）侵占、挪用资助经费。

因故终止实施的，收回结余已拨付资金；因故撤销的，追回已拨付资金。

第四十三条 依托单位有下列情形之一的，省科技厅将责成其限期改正；情节严重的，取消其三年以内作为依托单位的资格。

（一）未履行保障省基金项目研究条件或者监督管理资助经费使用职责；

（二）对项目申请人提交的材料或者报告的真实性审查不严，造成不良影响；

（三）纵容、包庇项目申请人弄虚作假；

（四）未经批准擅自变更项目负责人；

（五）截留、挪用、侵占资助经费。

第四十四条 评审专家有下列行为之一的，省科技厅应当督促其改正；情节严重的，取消其评审资格。

（一）未按照规定履行评审职责或不尽责评审；

（二）不遵守诚信承诺，擅自披露未公开的评审信息；

（三）利用工作便利谋取不正当利益。

第八章 附则

第四十五条 本办法由省科技厅负责解释。

第四十六条 本办法自 2020 年 7 月 24 日起实施，2010 年公布的《安徽省自然科学基金管理办法》同时废止。

关于印发《安徽省科技成果转化引导基金项目库管理办法（试行）》的通知

(皖科区〔2020〕27号)

各市科技局，各有关单位：

现将《安徽省科技成果转化引导基金项目库管理办法（试行）》印发给你们，请认真贯彻执行。

安徽省科学技术厅
2020年10月14日

安徽省科技成果转化引导基金项目库管理办法（试行）

第一条 根据《安徽省科技成果转化引导基金组建方案》（皖政办复〔2018〕341号）、《安徽省科技成果转化引导基金投资管理暂行办法》（皖科资〔2019〕41号）要求，为规范安徽省科技成果转化引导基金项目库（以下简称"省科技成果库"）管理，更好推进省科技成果库建设，特制定本管理办法。

第二条 省科技成果库主要汇聚国内外各类先进科技成果形成的以企业为实施主体的成果转化项目（以下简称"成果转化项目"）。实行自愿申请、分类入库、动态管理、开放共享的基本原则。

第三条 成果转化项目申请入库的主体为在安徽省境内登记注册具有独立法人资格的科技型企业，公司治理结构基本健全，无不良信用记录。

第四条 分类入库

1. 直接入库类：我省企业、高校、科研院所承担国家和省重大科技专项、重点研发计划等产生的科技成果，获国家和省科技奖励的科技成果，创新创业大赛获奖项目，通过专家评审的省高层次科技人才团队创新创业项目，省区域性股权交易市场科创板挂牌企业成果转化项目等，直接进入省科技成果库。

2. 择优入库类：其他各类科技成果（项目）由设区市科技部门、有关归口管理单位推荐，经省科技厅组织专家进行评估，筛选优秀项目进入省科技成果库。

第五条 省科技成果库入库的成果转化项目（以下简称"入库项目"）在库期限原则上为5年。

第六条 入库项目向省引导基金及其子基金管理机构开放，供其从中择优遴选投资项目，同时向社会开放，鼓励引导社会资本投资入库项目。

第七条 省科技厅定期（原则上每年两次）以文件形式向全社会公布新入库项目名单。

第八条 入库程序

1. 符合条件的企业可常年自愿申请，按要求填报成果转化项目入库相关申请信息并填写信用承诺书；

2. 设区市科技部门、有关归口管理单位定期（最长不超过半年）对各企业填报申请信息的真实性、完整性及相关责任主体信用记录等进行审核，并将审核通过的直接入库和择优入库成果转化项目分别报送、推荐到省科技厅；

3. 省科技厅对经设区市科技部门、有关归口管理单位审核报送的直接入库成果转化项目随时进行形式审查和信用记录核查，将审核无问题的直接纳入省科技成果库，确定唯一入库项目编号，完成入库。

省科技厅对经设区市科技部门、有关归口管理单位审核推荐的择优入库成果转化项目定期组织专家进行评估，择优纳入省科技成果库，确定唯一入库项目编号，完成入库。

第九条 择优入库成果转化项目条件

1. 技术水平先进。成果转化项目应具有较高的技术含量，该科技成果研发成功原则上不超过六年。

2. 成果权属明确。成果转化项目应成果权属明确或有确定的确权计划或方案，无知识产权纠纷；该科技成果的基本信息（不涉及关键核心技术）可向社会公开，不涉及国家秘密和敏感信息。

3. 符合产业政策。成果转化项目应符合国家和安徽省科技发展规划和产业政策，符合安全、环保、节能等有关标准、规定。

4. 市场可以预期。成果转化项目应商业计划合理可行，预期市场前景好、竞争能力强，具有显著的经济、社会效益。

5. 团队结构合理。成果转化项目产业化研发与市场营销的团队结构合理，具有开拓进取精神和务实经营理念，诚实守信。

第十条 申请入库成果转化项目主要信息

1. 企业基础信息：企业名称、成立日期、注册资本、股东情况、所属行业、高管情况等；

2. 企业业务情况：企业主营业务、核心技术、技术团队、竞争优势等；

3. 项目基本情况：项目技术成果情况、项目实施计划、项目投资计划等；

4. 项目市场预期：主要客户、主要供应商、主要业务区域情况说明等；

5. 其他相关情况。

第十一条 各企业在申请成果转化项目入库过程中及入库后，存在违背科研诚信要求及其他因失信行为被联合惩戒情形的，取消其成果转化项目入库资格，3年内不接该受企业成果转化项目入库申请，并将其失信行为纳入科研信用记录；各市级科技部门在审核推荐过程中，存在把关不严等未履职尽责的，视情给予约谈、通报批评等处理；评估专家、评估工作人员等在评估过程中存在徇私舞弊、有违公平公正等行为的，按照有关规定追究相应责任。

对入库项目质量好、数量多，获省引导基金及其子基金等投资比例高的设区市科技部门、有关归口管理单位予以表扬。

第十二条 本办法2021年1月1日起实行，由省科技厅负责解释。

附件：省科技成果库入库项目编码规则（略）

第二十一章 福建省科研项目和资金管理法规政策

关于印发《福建省科技成果购买补助项目管理实施细则》的通知

(闽科计〔2015〕39号)

各设区市科技局、知识产权局、财政局，平潭综合实验区社会事业局、市场监督管理局、财政金融局，各有关单位：

为细化落实《福建省重大科技成果企业落地转化资助办法（暂行）》和《福建省专利运用行动计划实施方案（2015—2017年）》，加强和规范我省科技成果购买补助项目管理，省科技厅、省知识产权局、省财政厅制定了《福建省科技成果购买补助项目管理实施细则》，现印发给你们，请遵照执行。

福建省科学技术厅　福建省知识产权局
福建省财政厅
2015年7月9日

福建省科技成果购买补助项目管理实施细则

第一条 为细化落实《福建省重大科技成果企业落地转化资助办法（暂行）》和《福建省专利运用行动计划实施方案（2015—2017年）》，加强和规范我省科技成果购买补助项目（以下简称成果购买补助项目）管理，特制定本实施细则。

第二条 本实施细则所称成果购买补助项目是指支持省内企业购买国（境）内外符合我省产业发展要求、市场前景好、产业带动性强、环境友好、有望形成较大规模和较强竞争能力的科技成果，并在福建实施转化的技术转移类科技计划项目。

本实施细则所称成果购买是指企业出资通过委托或合作开发、技术转让获得技术成果（含专利技术）的活动。

本实施细则所称技术交易费用，是指成果购买过程中所产生的技术开发（包括委托开发、合作开发）和技术转让（包括专利权转让、专利申请权转让、专利实施许可、技术秘密转让）费用（不含仪器、设备、设施费）。

第三条 企业在成果购买过程中所产生的技术交易费用，符合本实施细则规定条件的，可以申请补助。补助经费用于支持企业开展成果转化后续研发活动。

第四条 成果购买补助项目类型与补助标准

（一）Ⅰ类成果购买补助项目：指技术交易总额为 200 万元（不含）以上的项目。

补助标准：申请补助额度不超过企业对该项目支付的技术交易额的 30%，补助额一般不超过 200 万元。对个别特别重大成果购买补助项目，经企业另行提出书面申请，按"一事一议"程序办理，最高补助额度不超过 500 万元。

（二）Ⅱ类成果购买补助项目：指项目技术交易总额为 50 万元（不含）以上、200 万元（含）以下的项目。

补助标准：申请补助额度不超过企业对该项目支付的技术交易额的 10%。

（三）Ⅲ类成果购买补助项目：指购买高等学校、科研单位中国职务发明专利，单项技术交易额为 20 万元（含）以上，50 万元（含）以下的项目。

补助标准：申请补助额度不超过企业对该项目支付的技术交易额的 10%，每个企业当年最高补助额度不超过 50 万元。

第五条 福建省科学技术厅（以下简称省科技厅）、福建省知识产权局（以下简称省知识产权局）是成果购买补助项目的主管部门。

第六条 成果购买补助项目实行常年申报、定期受理，省科技厅、省知识产权局在每年 6 月 30 日前发布下一年度成果购买补助项目申报指南，明确项目支持方向、申报要求和申报程序。

第七条 申请成果购买补助项目应具备以下条件：

（一）申报的成果购买时间应符合年度申报指南时限要求，优先资助企业购买专利技术。

（二）申报企业应是我省境内（计划单列市除外）注册的具有法人资格的企业。优先支持高新技术企业、省级以上创新型企业、战略性新兴产业企业和知识产权优势企业。其中，申请Ⅰ类项目企业应是规模以上工业企业（软件企业规模参照工业企业），或省级以上农业产业化龙头企业；除政策规定免税企业外，申报企业上年度纳税总额应不少于 100 万元。

（三）申报企业上一年度研究开发费用占销售收入总额的比例应达到年度申报指南要求。

（四）申报企业与成果转让方或委托合作方不得是隶属企业或关联企业。

（五）申请Ⅰ、Ⅱ类项目应是在福建省创新创业企业股权融资与交易市场进行交易见证的项目，或经福建省创新创业企业股权融资与交易市场复核备案的项目。

（六）申请Ⅲ类项目，如属专利转让，应在国家知识产权局完成专利权转移著录项目变更；如属专利实施许可，应在国家知识产权局或其代办处完成专利实施许可合同备案。

第八条 成果购买补助项目的申报程序

（一）Ⅰ、Ⅱ类项目申报程序

1. 申报企业按照年度申报指南要求，注册登录福建省科技计划项目管理信息系统（以下简称项目管理信息系统），网上填报提交《福建省科技成果购买补助项目申请书》并扫描上传有关附件材料，包括：

（1）技术产权和成果交易材料、实际支付的技术交易费用凭证及交易见证证明，其中，对申请购买专利补助的项目，应提供专利实施许可合同备案证明或专利权转移著录项目变更手续合格通知书复印件；

（2）企业纳税证明、财务报表和年度研发费用结构明细表，以及有关中介机构出具的年度研发费用专项审计报告（高新技术企业只需提供有效的高新技术企业证书作为申请书附件，不要求对研发投入进行专项审计）；

（3）企业营业执照（副本）扫描件，如是高新技术企业，需提供有效的高新技术企业证书扫描件；

（4）与成果转让方或委托合作方不属于隶属或关联企业及不存在关联交易的承诺书。

2.各设区市、平潭综合实验区科技行政管理部门、省直有关部门作为项目推荐单位，应在考察核实的基础上，负责对申报项目进行归口审核推荐。

3.各推荐单位应按项目申报指南时限要求，报送项目推荐函、项目汇总表和项目申请书等材料。

（二）Ⅲ类项目申报程序

1.申请单位根据当年通知向所在设区市知识产权局提交以下材料：

（1）《福建省企业购买高等学校、科研单位专利技术补助资金申请表》；

（2）企业组织机构代码证、企业工商登记章程、专利转让或许可合同、专利实施许可合同备案证明或专利权转移著录项目变更手续合格通知书；

（3）企业上年度研究开发费用财务报告及专利转让费或许可费的银行支付账单复印件（需加盖公章）；

（4）与受让方或被许可方不属于关联交易的承诺书；

（5）企业购买的专利已经进行转化运用的佐证材料。

2.设区市知识产权局对申报材料进行审查，并对申请单位购买专利技术的实施转化情况进行核查，审查合格的上报省知识产权局。

第九条 省科技厅对受理的Ⅰ、Ⅱ类项目进行形式审查。对符合申报条件并通过形式审查的Ⅰ、Ⅱ类项目，由省科技厅负责组织技术专家和财务专家进行评审。其中，Ⅰ类项目采取现场核实评审和专项审计的评审方式；Ⅱ类项目采取会议评审方式，并根据需要进行现场核实。

评审过程中，除核查申报项目是否符合上述第七条规定外，还要核查申报单位所购买成果是否已落地转化，并评价项目实施成效。

省知识产权局对受理的Ⅲ类项目进行形式审查和评审，并根据需要对申报项目的专利实施转化情况进行核查。

第十条 省科技厅根据现场核实评审、专项审计和会议评审等结果，对Ⅰ、Ⅱ类项目进行综合排名，在年度专项经费预算额度内按照排名顺序择优予以审定立项，并会同省财政厅下达年度立项项目计划和经费。省科技厅可根据年度经费预算，当年或分年度下达补助经费。

省知识产权局会同省财政厅对通过评审立项的Ⅲ类项目下达年度立项项目计划和经费。

第十一条 成果购买补助项目实行资信管理，不需签订科技计划项目任务书。省科技厅、省知识产权局将跟踪项目成果转化过程，两年后根据项目申请书中提出的预期效益开展项目实施成效评价。

第十二条 本实施细则由省科技厅、省知识产权局、省财政厅负责解释。

第十三条 本实施细则自印发之日起施行。

福建省科学技术厅 福建省财政厅关于印发《省属公益类科研院所基本科研项目及专项资金管理办法》的通知

(闽科政〔2015〕6号)

各有关单位：

为进一步规范和加强省属公益类科研院所基本科研专项资金使用和管理，提高专项成效，现将修订的《省属公益类科研院所基本科研项目及专项资金管理办法》印发给你们，请遵照执行。

2015年8月20日

省属公益类科研院所基本科研项目及专项资金管理办法

第一章 总则

第一条 为规范省属公益类科研院所基本科研专项（以下简称"基本科研专项"）管理，提高资金使用效益，根据《福建省人民政府关于进一步支持省属科研机构加快创新发展的若干意见》（闽政〔2013〕28号），制定本办法。

第二条 基本科研专项资金重点支持以下内容：

（一）具有一定技术优势或积累、能推动科研院所加快形成优势研究领域的应用研究和应用基础研究；

（二）围绕我省经济和社会发展需求，有重要应用前景或重大公益意义，有望取得较大突破的技术研究与开发；

（三）有利于科技创新团队和青年创新人才培养，推动协同创新的科研项目；

（四）支撑和服务于科研院所研究开发、成果转化和技术服务的科技创新平台建设。

第三条 基本科研专项管理和使用应当遵循以下原则：

（一）稳定支持，重在持续。以稳定科研院所基本研发方向、稳定科研人才队伍建设、稳定经费支持方式，支持科研院所持续开展优势领域基本科研活动和创新平台建设，进一步提升创新能力和核心竞争力。

（二）自主选题，规范管理。科研院所依托已有的科研资源和优势，围绕自身职能定位和基本研发方向开展自主选题研究，并建立健全基本科研专项项目选题和经费使用管理制度，实行规范、公开、透明管理。

（三）定期评估，滚动调整。规范并加强对科研院所基本科研
专项使用的绩效评估，根据科研院所创新发展情况和绩效评估结果，定期动态调整专项经费分配，实行有差别的经费支持。

（四）专款专用，跟踪问效。基本科研专项资金应当纳入科研院所财务统一管理，严格按照

国家的有关规定和《福建省科技计划项目经费管理办法》，实行项目台账管理，专款专用，提升绩效。

第二章 职责分工

第四条 基本科研专项由省科技厅会同省财政厅统筹管理，科研院所主管部门监督指导，科研院所具体实施。

第五条 省科技厅、省财政厅履行下列管理职责：

（一）确定基本科研专项资金年度经费及分配方案，稳定支持科研院所开展研发活动和创新平台建设；

（二）审核科研院所基本科研专项项目，下达基本科研专项资金和项目计划；

（三）组织或委托有关机构对基本科研专项的实施进行绩效评估；

（四）组织编制省属科研院所科技创新发展年度报告，汇总推介基本科研专项科研成果；

（五）指导并督促科研院所加强科研管理制度建设，监督基本科研专项项目实施及经费合理使用。

第六条 科研院所主管部门履行下列管理职责：

（一）指导、监督科研院所开展自主选题和科技创新平台建设工作；

（二）审核科研院所基本科研专项相关的科研发展规划和科技创新平台建设规划；

（三）监督、检查科研院所基本科研专项项目执行和经费使用情况。

第七条 科研院所履行下列管理职责：

（一）组织编制科研院所科研发展五年规划和科技创新平台建设五年规划，并经科研院所主管部门审核同意后，报省科技厅、财政厅备案；

（二）负责基本科研专项的项目遴选和经费使用，做好基本科研专项项目的组织实施和验收结题工作；

（三）接受并配合省科技厅、省财政厅和主管部门对基本科研专项资金使用绩效评估和监督检查；

（四）建立健全基本科研专项内部管理制度，加强内部监督检查，确保项目和资金的合理安排和有效使用；

（五）建立基本科研专项网络展示平台，网上及时展示基本科研专项组织实施情况、获取的科研成果和成果转化应用情况。

第八条 科研院所根据实际情况设立学术（科技）委员会。

学术委员会履行下列管理职责：

（一）审议确立科研院所优势研究开发方向和创新平台建设重点；

（二）审议科研院所科研发展五年规划和科技创新平台建设五年规划；

（三）评议和遴选基本科研专项资金年度资助项目。学术（科技）委员会应由五人以上的科技、经济和管理等方面的单数专家组成。出现涉及自己承担或参与项目，或其他可能影响公正评议的情形，委员会成员应当主动申请回避。

第三章 项目类别

第九条 基本科研专项设优势领域重点项目、一般科研项目和科研成果后补助等三类项目。

第十条 优势领域重点项目稳定支持科研院所开展其优势和特色方向的研究与开发。科研院所根据《科研发展五年规划》，凝练若干个优势领域重点项目，着力推动科研院所形成具有自身特色的研发领域或优势的技术积累。

优势领域研发项目由科技创新团队承担，团队负责人为具有高级职称的学术方向带头人，团队成员组成结构合理，具有若干名研究骨干。

鼓励和支持科研院所外聘中高级职称以上科研人员参与优势领域重点项目研究或与高校或企业开展协作研究。

第十一条 一般科研项目重点支持科研院所根据《科研发展五年规划》开展应用基础研究和青年人才培养。鼓励青年科研人员承担。

第十二条 科研成果后补助项目资助科研院所开展基本科研活动而获得的科技成果，资助经费用于支持项目持续研究和成果转化应用或科研院所《科技创新平台建设五年规划》提出需要购置的科研仪器设备。

补助的科研成果主要包括：

（一）获得省级以上政府科技奖，包括国家、省自然科学奖、技术发明奖、科学技术奖、专利奖、省社会科学优秀成果奖等；

（二）主导或参与制（修）订国际标准，主持制（修）订国家、地方或行业技术标准；

（三）获得授权发明专利；

（四）获得植物新品种权，或省级以上审（认）定品种，或软件著作权，或集成电路布图设计权；

（五）获得农药登记证、兽药证书或新药证书、临床研究批件、药品注册批件、三类新型医疗器械注册证书。

从基本科研专项经费总额中安排适当比例用于资助科研成果后补助项目。补助成果类别和标准根据科研发展需要进行动态调整。已获得科研成果后补助的成果，不得重复申报后补助项目。

第四章 申报审批

第十三条 科研院所应根据省科技厅年度计划指南要求和财政厅确定的经费预算额度内，合理安排并组织申报基本科研专项三类项目。其中优势领域重点项目应占年度经费额度50%以上。基本科研专项项目原则上每年申报一次。每人每次限申请一项，已获支持尚未结题的项目负责人不能申请新的项目。

第十四条 申请基本科研专项项目及资助额度，应经科研院所学术（科技）委员会集体审议推荐，并在科研院所范围内公示（涉密项目除外）。

第十五条 学术（科技）委员会根据公示结果拟定基本科研专项项目、项目负责人和资助额度，报科研院所法定代表人审核。根据法定代表人的审核意见，科研院所填写年度基本科研专项项目汇总表，报经主管部门审核并签注意见后，通过省科技计划项目信息管理系统报省科技厅审查。

第十六条 省科技厅、省财政厅对科研院所基本科研专项项目进行审查。对不符合科研院所《科研发展五年规划》或《科技创新平台建设五年规划》的，科研院所应在十五个工作日内进行调整，逾期或二次审查不合格的，取消该项目，并不再递补，相应减少专项经费。审核立项工作原则在预算执行前一年的9月份前完成。

第十七条 基本科研专项项目预算由省科技厅会同省财政厅下达。科研院所应在计划下达后的二十个工作日内与项目负责人签订项目任务书，并通过省科技计划项目信息管理系统报省科技厅备案。任务书一经备案，原则上不再变更。

第五章　绩效评估

第十八条　基本科研专项管理实行绩效评估制度。省科技厅会同有关部门每三年对科研院所使用基本科研专项资金从事科研活动成效进行一次评估，重点评估科研院所科研绩效、成果转化、带动效应和管理水平等内容。

第十九条　省科技厅会同省财政厅根据科研院所基本科研专项使用绩效评估结果，调整科研院所基本科研专项经费预算额度。对于技术研发活跃、创新绩效明显、人才持续培养、项目管理规范的科研院所，加大经费支持力度；对于技术研发水平停滞不前、基本科研专项成果产出率低的科研院所，相应削减专项经费额度。

第二十条　基本科研专项使用绩效评估引入专家咨询制度。

专家咨询意见作为绩效评估的重要参考。

第六章　执行与验收

第二十一条　基本科研专项实行年度执行情况报告制度。科研院所负责审查基本科研专项各项目年度执行情况和经费使用情况，组织或委托学术（科技）委员会进行项目的监督检查或评估监理，并汇总形成院所基本科研专项年度执行情况报告。

科研院所于每年12月31日前向省科技厅报送基本科研专项年度执行情况报告（具体格式与要求另文印发）。

科研院所基本科研专项年度执行情况报告是基本科研专项绩效评估的重要依据。

第二十二条　基本科研专项项目承担人应按任务书及时完成项目任务，并向科研院所提交项目验收材料和财务决算，由科研院所组织验收。

科研院所应当在基本科研专项项目结题后一个月内，将项目验收材料通过省科技计划项目信息管理系统报省科技厅备案。

第二十三条　确因不可抗力因素或其他合理情形无法继续实施的项目，可以申请中止或撤销，由科研院所组织学术（科技）委员会审定，由科研院所送主管部门核准签章，报省科技厅备案。

中止或撤销的项目，剩余项目经费上缴省财政，用于安排其他基本科研专项项目。

第二十四条　非因不可抗力因素或其他合理情形造成验收不通过、中止或撤销的项目负责人，两年内不得再申报基本科研专项项目，但项目负责人能证明已经尽了勤勉之责的除外。

第七章　附则

第二十五条　本办法未尽事宜按《福建省科技计划项目管理办法》和《福建省科技计划项目经费管理办法》执行。科研院所应根据两个《管理办法》和本办法，制定基本科研专项项目与经费使用管理制度、科研院所学术（科技）委员会工作制度等，并报省科技厅备案。

第二十六条　本办法由省科技厅会同省财政厅负责解释，自印发之日起施行。

福建省科学技术厅关于印发
《福建省自然科学基金计划项目管理实施细则》的通知

(闽科基〔2016〕7号)

各有关单位：

为加强和规范福建省自然科学基金计划项目的管理，推进福建省基础研究和应用基础研究工作，根据《福建省科技计划项目管理办法》的有关规定，我厅研究制订了《福建省自然科学基金计划项目管理实施细则》，现印发给你们，请遵照执行。

福建省科学技术厅
2016年10月25日

福建省自然科学基金计划项目管理实施细则

第一条 为加强和规范福建省自然科学基金计划项目（以下简称省基金项目）的管理，推进福建省基础研究和应用基础研究工作，根据《福建省科技计划项目管理办法》的有关规定，制订本实施细则。

第二条 省基金项目重点支持以下基础研究和应用基础研究：

（一）具有科学前沿性、应用重要性以及长远战略意义，特别是对促进我省科技进步和经济、社会发展有重要作用的研究；

（二）有助于推动我省优势特色学科建设和发展的研究；

（三）有利于我省科技人才和创新团队培养的研究。

第三条 省科学技术厅（以下简称省科技厅）负责省基金项目的组织实施。

第四条 省基金经费主要来源于省财政拨款。

鼓励与政府部门、事业单位、企业或其他法人组织共同设立省基金联合资助资金。

省基金联合资助资金为省基金的重要组成部分。各参与单位出资额度由省科技厅与各单位共同商定后签订联合资助协议或由参与单位出具承诺函。各参与单位的出资资金应于每年规定期限内拨付到省科技厅专用存款账户。

第五条 省基金项目类型分为：面上项目、青年创新项目、杰出青年（简称杰青）项目和杰青滚动资助项目。省科技厅可根据需要，设立、调整项目类型。项目实施期限一般为三年。

省科技厅与参与单位可根据需要，商定省基金联合资助资金所资助的项目类型，所资助的项目依照本管理实施细则管理。

第六条 省科技厅每年发布下一年度省基金项目申报指南。申报指南包括项目支持方向、申报要求和申报程序等内容。

第七条 申请省基金项目必须同时具备以下基本条件：

（一）项目应符合年度申报指南要求；

（二）项目申请者应在我省有固定的受聘单位且聘期覆盖该基金项目实施期限，项目实施期内每年在我省从事研究工作的时间应在六个月以上；

（三）项目申请者必须是项目的实际主持人，且项目完成时间不超过项目负责人法定退休年龄，另有规定除外；

（四）申请者所在单位能够对省基金资助不足部分提供必要的经费保障。

第八条 青年创新项目申请者除满足上述第七条要求外，还应同时具备以下条件：

（一）尚未主持过省级各类科技计划项目；

（二）截至申请立项年度1月1日时的年龄，男性不超过35周岁，女性不超过38周岁；

（三）具有博士学位。

第九条 杰青项目申请者除满足上述第七条要求外，还应同时具备以下条件：

（一）已主持过国家级科技计划项目；

（二）尚未主持过省杰青及国家杰青和优青项目；

（三）截至申请立项年度1月1日时的年龄不超过35周岁，其中企业杰青申请者不超过40周岁。

（四）具有博士学位或高级专业技术职称；

（五）未入选国家级各类人才项目。

企业杰青项目申请者在主持科技项目、学位、职称等方面不受上述条件限制。

第十条 杰青滚动资助项目申请者除满足上述第七条要求外，还应同时具备以下条件：

（一）申请人承担过省杰青项目且已通过验收；

（二）截至申请立项年度1月1日时的年龄不超过42周岁；

（三）申请人没有在研（包括拟立项）的省级各类科技计划项目；

（四）已入选国家级各类人才计划，或已成为长江学者，或主持过国家杰出青年科学基金项目、国家优秀青年科学基金项目，或已承担过省杰青滚动资助项目的人员不在支持之列。

第十一条 省基金项目的申请者按申报指南的要求，网上填报提交《福建省自然科学基金计划项目申请书》，并扫描上传有关附件材料，项目推荐部门负责归口在线审核推荐，并按要求寄送推荐函等材料。

第十二条 省基金项目的立项程序如下：

（一）对受理项目进行形式审查。有下列情形之一的，即为形式审查不合格：

1. 申请的项目不具备上述第七条规定的基本条件；

2. 项目申请或推荐手续、材料不完备，或申请书填写不符合要求；

3. 申请项目主要研究内容不符合省基金年度指南资助范围；

4. 申请经费超出省基金项目资助范围。

（二）形式审查通过的项目，原则上由省外同行专家进行网络评审，有效同行专家评审意见不得少于三份。

（三）面上项目和青年创新项目根据专家网络评审意见择优推荐立项。杰青项目、杰青滚动资助项目在专家网络评审的基础上择优进入会议答辩评审，由会议评审专家投票产生推荐立项项目。

（四）省科技厅根据专家评审意见提出立项意见，并会同省财政厅下达年度立项计划和经费。

第十三条 项目实施管理机构接到省基金项目立项通知后，应及时通知项目承担单位组织项目负责人登录项目管理信息系统，提交《福建省自然科学基金资助项目任务书》，并经省科技厅审核通过后打印一式三份，在30个工作日内报送省科技厅。项目实施期间不得更换项目负责人。

第十四条 发表省基金项目取得的研究成果，包括专著、论文、软件、数据库、专利，以及成果报道等，必须注明得到福建省自然科学基金项目资助及项目编号。未按规定进行标注的研究成果，不得作为省基金资助项目成果参与结题验收。

第十五条 省基金项目验收结题管理原则上按照《福建省科技计划项目验收管理办法》执行。验收材料中项目负责人为第一作者或通讯作者的论文不得少于1篇。面上项目和青年创新项目采取简易验收方式结题；杰青项目、杰青滚动资助项目采用会议验收方式结题。

第十六条 本实施细则未尽事宜按照《福建省科技计划项目管理办法》、《福建省级科技计划项目经费管理办法》等执行。

第十七条 本实施细则由福建省科学技术厅负责解释，自公布之日起执行。原《福建省自然科学基金管理办法》（闽科计〔2008〕85号）同时废止。

福建省财政厅 福建省哲学社会科学规划领导小组关于印发《福建省社会科学规划项目资金管理办法》的通知

(闽财教〔2017〕32号)

省直各相关单位，各设区市财政局、平潭综合实验区财税金融局，各高校、党校、社科研究机构，省哲学社会科学规划领导小组办公室：

为了规范福建省社会科学规划项目资金的使用和管理，提高资金使用效益，更好推动福建省哲学社会科学繁荣发展，省财政厅、省哲学社会科学规划领导小组联合修订了《福建省社会科学规划项目资金管理办法》。现印发给你们，请遵照执行。

附件：福建省社会科学规划项目资金管理办法

2017年5月23日

福建省社会科学规划项目资金管理办法

第一章 总则

第一条 为了规范福建省社会科学规划项目资金（以下简称省社科项目资金）的使用和管理，提高资金使用效益，更好推动福建省哲学社会科学繁荣发展，参照《国家社会科学基金项目资金管理办法》(财教〔2016〕304号)，根据《福建省人民政府关于改进加强省级财政科研项目和资金管理的若干意见》(闽政〔2014〕53号)有关规定，制定本办法。

第二条 省社科项目资金来源于省财政拨款，是用于资助福建省哲学社会科学研究，促进哲学社会科学学科发展、人才培养和队伍建设的专项资金。

第三条 省社科项目资金管理，应当以出成果、出人才为目标，坚持以人为本、遵循规律、依法规范、公正合理和安全高效的原则，突出理论创新和实际贡献，在简政放权的同时，注重规范管理、改进服务，为科研人员潜心研究创造良好条件和宽松环境，充分激发科研人员的积极性和创造性。

第四条 项目责任单位是项目资金管理的责任主体，负责项目资金的日常管理和监督。

第五条 项目负责人是项目资金使用的直接责任人，对资金使用的合规性、合理性、真实性和相关性承担法律责任。

第六条 项目资金应当纳入项目承担单位财务统一管理，单独核算，专款专用。

第二章 项目资金开支范围

第七条 项目资金支出是指在项目组织实施过程中与研究活动相关的、由项目资金支付的各项费用支出。项目资金支出分为直接费用和间接费用。

第八条 直接费用是指在项目研究过程中发生的与之直接相关的费用，具体包括：（一）资料费：指在项目研究过程中需要支付的图书（包括外文图书）购置费，资料收集、整理、复印、翻拍、翻译费，专用软件购买费，文献检索费等。（二）数据采集费：指在项目研究过程中发生的调查、访谈、数据购买、数据分析及相应技术服务购买等支出的费用。（三）会议费/差旅费/国际合作与交流费：指在项目研究过程中开展学术研讨、咨询交流、考察调研等活动而发生的会议、交通、食宿等费用，以及项目研究人员出国及赴港澳台、外国专家来华及港澳台专家来内地开展学术合作与交流的费用。其中，不超过直接费用20%的，不需要提供预算测算依据。（四）设备费：指在项目研究过程中购置设备和设备耗材、升级维护现有设备以及租用外单位设备而发生的费用。应当严格控制设备购置，鼓励共享、租赁以及对现有设备进行升级。（五）专家咨询费：指在项目研究过程中支付给临时聘请的咨询专家的费用。专家咨询费预算由项目负责人按照项目研究实际需要编制，支出标准按照国家有关规定执行。（六）劳务费：指在项目研究过程中支付给参与项目研究的研究生、博士后、访问学者以及项目聘用的研究人员、科研辅助人员等的劳务费用。项目聘用人员的劳务费开支标准，参照当地科学研究和技术服务业人员平均工资水平以及在项目研究中承担的工作任务确定，其社会保险补助费用纳入劳务费列支。劳务费预算应根据项目研究实际需要编制。（七）印刷出版费：指在项目研究过程中支付的打印费、印刷费及阶段性成果出版费等。（八）其他支出：项目研究过程中发生的除上述费用之外的其他支出，应当在编制预算时单独列示，单独核定。直接费用应当纳入责任单位财务统一管理，单独核算，专款专用。

第九条 间接费用是指责任单位在组织实施项目过程中发生的无法在直接费用中列支的相关费用，主要用于补偿责任单位为项目研究提供的现有仪器设备及房屋、水、电、气、暖消耗等间接成本，有关管理费用，以及激励科研人员的绩效支出等。间接费用一般按照不超过项目资助总额的一定比例核定。具体比例如下：20万元及以下部分为40%；超过20万元至50万元的部分30%；超过50万元至500万元的部分为20%；超过500万元的部分为13%。对于科研规模较小的应用研究项目（经费不超过2万元），原则上可采取后补助方式，经验收合格后拨付项目资金，全部作为间接费用使用。间接费用核定应当与责任单位信用等级挂钩，具体管理规定由责任单位另行制定。

第十条 间接费用由责任单位统筹管理使用，并取消绩效支出比例限制。责任单位应当处理好合理分摊间接成本和对科研人员激励的关系，根据科研人员在项目工作中的实际贡献，结合项目研究进度和完成质量，在核定的间接费用范围内，公开公正安排绩效支出，充分发挥绩效支出的激励作用。责任单位不得在核定的间接费用以外再以任何名义在项目资金中重复提取、列支相关费用。

第三章　预算的编制与审核

第十一条 项目负责人应当按照目标相关性、政策相符性和经济合理性原则，根据项目研究需要和资金开支范围，科学合理、实事求是地编制项目预算，并对直接费用支出的主要用途和测算理由等作出说明。项目负责人应当在收到立项通知之日起30日内完成预算编制。无特殊情况，逾期不提交的，视为自动放弃资助。

第十二条 项目预算经责任单位审核并签署意见后，提交福建省哲学社会科学规划办公室（以下简称省社科规划办）审核。未通过审核的，应当按要求调整后重新上报。

第十三条 跨单位合作的项目，确需外拨资金的，应当在项目预算中单独列示，并附外拨资金直接费用支出预算。间接费用外拨金额，由责任单位和合作研究单位协商确定。责任单位应当及时按照合作研究协议和审核通过的项目预算转拨合作研究单位资金。

第四章 预算执行与决算

第十四条 项目负责人应当严格执行批准后的项目预算。确需调剂的，应当按规定报批。

第十五条 项目预算有以下情况需要调剂的，由项目负责人提出申请，经责任单位审核同意后，报省社科规划办审批。（一）由于研究内容或者研究计划作出重大调整等原因，需要增加或减少项目预算总额。（二）原项目预算未列示外拨资金，需要增列。

第十六条 项目直接费用预算确需调剂的，按以下规定予以调整：（一）资料费、数据采集费、设备费、印刷出版费和其他支出预算需要调剂，由项目负责人提出申请，报责任单位审批。（二）会议费/差旅费/国际合作与交流费、专家咨询费、劳务费预算一般不予调增，需要调减用于项目其他方面支出，由项目负责人提出申请，报责任单位审批；如有特殊情况确需调增的，由项目负责人提出申请，经责任单位审核同意后，报省社科规划办审批。项目间接费用预算不得调剂。责任单位应当按规定及时审批项目预算调剂事项申请。

第十七条 省社科项目资金的支付执行国库集中支付制度。项目资金实行预留资金制度，预留部分资金在项目成果通过审核验收后支付。未通过审核验收的项目，预留资金不予支付。项目资金属于政府采购范围的，应当按照政府采购有关规定执行。

第十八条 责任单位应当严格执行国家及福建省有关科研资金支出管理制度。对应当实行"公务卡"结算的支出，按照福建省财政科研项目使用公务卡结算的有关规定执行。专家咨询费、劳务费等支出，原则上应当通过银行转账方式结算，从严控制现金支出事项。对于野外考察、数据采集等科研活动中无法取得发票或财政性票据的支出，在确保真实性的前提下，责任单位可按实际发生额予以报销。

第十九条 项目研究完成后，项目负责人应当会同科研、财务、资产等管理部门及时清理账目与资产，如实编制《福建省社会科学规划项目结项审批书》中的项目决算表，不得随意调账变动支出、随意修改记账凭证。有外拨资金的项目，外拨资金决算经合作研究单位财务、审计部门审核并签署意见后，由项目负责人汇总编制项目资金决算。

第二十条 项目研究成果鉴定的费用由省社科规划办从项目预留资金中扣除。

第二十一条 项目在研期间，年度剩余资金可以结转下一年度继续使用。项目研究成果完成并通过审核验收后，结余资金可用于项目最终成果出版及后续研究的直接支出。若项目研究成果通过审核验收2年后结余资金仍有剩余的，应当按原渠道退回省社科项目资金，结转下年统筹用于资助项目研究。对于因故被终止执行的项目的结余资金，以及因故被撤销的项目的已拨资金，责任单位应当在接到有关通知后30日内按原渠道退回省社科项目资金。

第二十二条 项目实施过程中，使用项目资金形成的固定资产、无形资产等属于国有资产，应当按照国有资产管理的有关规定执行。

第二十三条 对由事业单位承担的项目经费在10万元及以下的基础性研究小额资助项目，项目承担单位在提取间接费用后，直接费用的结余部分实行"包干使用"，在项目通过验收后，由项目负责人提供项目组全体成员签字的经费使用清单及说明，经项目所在单位财务部门审核，报单位领导审批后报销。各单位应根据本单位实际制定实施细则。

第五章 管理与监督

第二十四条 省社科规划办应履行以下管理职责：（一）加强项目资金预决算管理。

（二）建立项目资金绩效评价和结果应用制度，加强项目资金使用绩效评估，强化项目结果应用。
（三）建立项目资金使用管理的信用机制，对项目承担单位和项目负责人在项目资金使用管理方面的信誉度进行评价和记录，并作为对项目承担单位信用评级和对项目负责人绩效考评及今后资助的重要依据。（四）对项目承担单位和项目负责人资金使用管理情况进行不定期检查或专项审计。

第二十五条 项目承担单位应履行以下职责：（一）制定项目资金内部管理办法，明确审批程序、管理要求和报销规定，落实项目预算调剂、间接费用统筹使用、劳务费分配管理、结余资金使用等管理权限。（二）加强项目预算审核把关，规范财务支出行为，完善内部风险防控机制，强化资金使用绩效评价，保障资金使用安全规范有效。（三）建立健全单位内部科研、财务、项目负责人共享的信息平台，提高科研管理效率和便利化程度。（四）建立健全科研财务助理制度，为科研人员在项目预算编制和调剂、经费支出、项目资金决算和验收等方面提供专业化服务。（五）建立项目资金使用管理的信息公开机制，在单位内部公开项目预算、预算调剂、决算、项目组人员构成、设备购置、外拨资金、劳务费发放以及间接费用和结余资金使用等情况，自觉接受监督。（六）自觉接受财政、审计、监察部门和主管部门的监督检查，如实反映情况，提供有关资料。

第二十六条 项目责任人应履行以下职责：（一）依法依规使用项目资金，不得擅自调整外拨资金，不得利用虚假票据套取资金，不得通过编造虚假劳务合同、虚构人员名单等方式虚报冒领劳务费和专家咨询费，不得使用项目资金支付各种罚款、捐款、赞助、投资等。（二）承诺提供真实项目信息并认真遵守项目资金管理有关规定，自觉接受有关部门的监督检查。

第二十七条 违反本办法规定的，依照《中华人民共和国预算法》、《财政违法行为处罚处分条例》等有关规定追究法律责任。涉嫌犯罪的，依法移送司法机关处理。

第六章 附则

第二十八条 本办法适用于省社科各类项目资金，省社科其他资助项目资金，未制定有关办法的，适用本办法。

第二十九条 本办法由福建省财政厅会同福建省哲学社会科学规划领导小组负责解释。

第三十条 本办法自印发之日起施行。2007年10月22日省财政厅、省哲学社会科学规划领导小组印发的《福建省社会科学研究项目经费管理办法》（闽财教〔2007〕83号）同时废止。

关于印发《福建省级科技计划项目经费管理办法》的通知

(闽财教〔2017〕41号)

各设区市财政局、科技局,平潭综合实验区财税金融局、社会事业局,省政府有关部门、有关直属机构,各大企业,各高等院校:

为规范省级科技计划项目经费管理,提高资金使用效益,促进改革创新,根据《中共中央办公厅 国务院办公厅关于进一步完善中央财政科研项目和资金管理等政策的若干意见》(中办发〔2016〕50号)和《福建省人民政府关于促进高校科技创新能力提升的若干意见》(闽政〔2016〕37号)等文件精神和我省省级财政专项资金管理办法以及有关财务制度的规定,结合我省实际,省财政厅和省科技厅修订了《福建省级科技计划项目经费管理办法》,现印发给你们,请遵照执行。执行中如有问题,请及时反馈省财政厅和省科技厅。

福建省财政厅 福建省科学技术厅
2017年7月7日

福建省级科技计划项目经费管理办法

第一章 总则

第一条 为规范省级科技计划项目经费管理,提高资金使用效益,促进改革创新,形成充满活力的科技管理和运行机制,根据《中共中央办公厅 国务院办公厅关于进一步完善中央财政科研项目和资金管理等政策的若干意见》(中办发〔2016〕50号)和《福建省人民政府关于促进高校科技创新能力提升的若干意见》(闽政〔2016〕37号)等文件精神,依据我省省级财政专项资金管理办法和有关财务管理制度,结合我省实际,制订本办法。

第二条 省级科技计划项目经费(以下简称项目经费)是指省级财政预算安排的支持开展科学技术活动的专项资金。

第三条 项目经费管理和使用原则如下:

(一)突出重点,分类支持。根据国家和省委、省政府方针政策和科技发展需求,确定项目经费重点支持方向。遵循科技活动规律,实行分类管理,创新财政科技经费支持方式。

(二)科学安排,合理配置。发挥市场对科技资源配置的导向作用,坚持简政放权、放管结合、优化服务。

(三)专款专用,单独核算。项目经费纳入项目承担单位(以下简称承担单位)财务统一管理,实行单独核算,确保专款专用。

(四)公正公开,追踪问效。强化项目经费信息公开,加强科研诚信建设,推行面向目标和结果的追踪问效机制。

第四条 部门、单位和项目负责人职责如下:

（一）省财政厅职责：根据财政预算编制要求，会同省科技厅制定项目经费总体投向。负责审核并批复年度项目经费预算和决算。对项目经费进行财政绩效考评和监督检查等。

（二）省科技厅职责：根据国家和省委、省政府方针政策制定省科技计划项目管理办法和年度项目申报指南。组织项目申报、预决算编制，组织重大项目预算评审。开展绩效考评和监督检查等。

（三）实施管理机构（含主管部门，即项目任务书中的丙方，下同）职责：落实项目经费以外资金及相关配套条件。组织项目经费使用情况自查、绩效考评和监督检查等。

（四）承担单位职责：履行项目申请、组织实施、验收和经费管理等方面职责。完善项目经费管理制度，根据实际需要建立科研财务助理制度。接受有关部门的绩效考评和监督检查等。

（五）项目负责人职责：负责组织项目的有效实施和成果应用推广。配合承担单位履行项目申请、验收和经费管理等职责。接受有关部门的绩效考评和监督检查等。

第二章 项目经费支持方向和方式

第五条 项目经费用于支持在我省（计划单列市除外，另有规定的从其规定）注册、具有独立法人资格的单位开展各类科学技术活动，主要包括基础研究、研发投入、前沿和重大关键技术研究开发、社会公益研究开发、产业共性技术研究开发、创新平台建设、科技成果转化等。

承担单位以同一项目申报多项财政资金支持的，应在申报材料中说明，依托同一核心内容或同一关键技术编制的不同项目视为同一项目。

第六条 项目经费采取包括事前直接补助、后补助、贴息、风险补偿金、股权投资（含资本金注入）、基金等多种支持方式。省科技厅会同省财政厅根据项目的特点及绩效目标，确定具体支持方式。

采用事前直接补助方式支持的项目经费按以下规定管理。其他支持方式应另外制定经费管理办法。

第三章 项目经费支出范围

第七条 项目经费由直接费用和间接费用组成。承担单位履行本职工作的经费和其他与项目相关的经费不在该列支范围。

第八条 直接费用是指在项目研究开发过程中发生的与之直接相关的费用。主要包括：

（一）设备费：指研究开发项目过程中所发生的仪器、设备、样机购置和自行试制，以及对现有仪器设备进行升级改造和租赁外单位仪器设备而发生的费用。

（二）材料费：指在项目研究开发过程中消耗的各种原材料、辅助材料等低值易耗品的采购及运输、装卸、整理等费用。

（三）测试化验加工费：指在项目研究开发过程中支付给外单位（包括承担单位内部独立经济核算单位）的检验、测试、化验及加工等费用。

（四）燃料动力费：指在项目研究开发过程中相关大型仪器设备、专用科学装置等运行发生的可以单独计量的水、电、气、燃料消耗费用等。

（五）差旅费/会议费/国际合作交流费：差旅费指在项目研究开发过程中开展科学实验（试验）、科学考察、业务调研、学术交流等所发生的外埠差旅费、市内交通费；会议费指在项目研究开发过程中为组织开展研讨、咨询、协调项目等活动而发生的会议费；国际合作交流费指项目研究开发过程中项目组人员与国外科研机构合作、培训及邀请有关专家来闽工作等各项费用。

差旅费/会议费/国际合作交流费由项目负责人结合科研活动实际需要编制预算并按规定统筹安排使用，其中不超过直接费用10%的，不需要提供预算测算依据。

（六）出版/文献/信息传播/知识产权事务费：指项目研究开发过程中需要支付的出版费、书籍购买费、资料费、文献检索费、专用软件购置费、专业通信费、专利申请与维护费，以及知识产权顾问费等各项费用。

（七）劳务费：指参与项目的研究生、博士后、访问学者以及项目聘用的研究人员、科研辅助人员等的劳务性支出和社会保险补助。

参与项目的研究生、博士后、访问学者以及项目聘用的研究人员、科研辅助人员可在劳务费中列支劳务性支出，项目聘用的非工资性收入人员可在劳务费中列支劳务性支出和社会保险补助。劳务费预算由承担单位和项目负责人、科研人员据实编制，不设比例限制。

（八）专家咨询费：指在项目研究开发过程中按标准支付给临时聘请的咨询专家的费用。专家咨询费不得支付给参与项目管理的相关人员。

（九）其他支出：指与项目研究开发相关且不能列入上述费用的其他必要费用，其他支出应当严格控制，加强审核和监督，在申请项目经费预算时单独列示并注明开支的具体内容，单独核定。

第九条 间接费用是指承担单位在组织实施项目过程中发生的无法在直接费用中列支的相关费用。主要包括：

（一）承担单位为项目实施提供的仪器设备及房屋，水、电、气、暖消耗。

（二）有关管理费用的补助支出。

（三）绩效支出。绩效支出是指承担项目任务的单位为提高科研工作绩效安排的相关支出，取消项目经费中绩效支出比例限制，其支出不纳入承担单位绩效工资总额。

承担单位在统筹安排间接费用时，要处理好合理分摊成本和对科研人员激励的关系，绩效支出安排与科研人员在项目中的实际贡献挂钩。

间接费用实行总额控制，按照项目经费扣除设备购置费后的一定比例核定：扣除后500万元以下的部分为20%；500万元至1000万元的部分为15%；1000万元以上的部分为13%。

第四章 项目经费预算编制与审批

第十条 承担单位、项目负责人在编报预算时应当保证所提供信息的真实性，不得虚列预算，并对信息虚假导致的后果承担责任。

第十一条 项目经费预算的编制要求如下：

（一）承担单位在提交项目申报材料的同时，应当编制项目经费的来源预算与支出预算，支出预算应当严格执行第八条的经费支出范围。

（二）项目负责人配合承担单位科研管理部门、财务部门共同编制项目经费预算。有合作单位的项目，应当根据合作协议同时编列各单位承担的主要任务、经费预算。

以上有关预算编制要求具体按附件中的项目经费预算编制要求和表格执行。

第十二条 承担单位利用"福建省科研设施仪器网络管理服务平台"科技资源能够满足项目实施需要的，省科技厅不再批准利用项目经费重复购置。凡是项目经费全额或部分出资新购置单台价格50万元（含50万元）或成套价格在100万元（含100万元）以上的科研仪器设备，按照"谁审批、谁负责"的原则，由省科技厅或省科技厅委托的第三方中介机构进行查重和评议。评议结果作为新购置科研仪器设备预算编制审核的依据。

第十三条 项目经费预算的评审和审批程序如下：

（一）省科技厅和省财政厅组织专家或委托中介机构对重大项目的经费预算进行评审。

（二）在听取专家或中介机构评审意见的基础上，由省科技厅和省财政厅对经费预算进行审核。对特别重大的项目还可对经费预算组织专门论证。

（三）项目立项和经费审定后，由省科技厅会同省财政厅下达项目计划和经费。

（四）原则上在预算执行前一年的9月份前完成项目申报、评审和立项工作，项目经费编入年度预算。

（五）实行部门预算批复前项目经费预拨制度。省科技厅会同省财政厅，于每年10月31日前，将下一年度项目计划和经费转移支付预计数提前下达到市县，并于本级人大批准预算后的60日内将项目经费转移支付全部正式下达。

第十四条 对批准立项并分年度实施的项目，由省科技厅根据项目执行情况，将分年度经费直接列入年度预算，会同省财政厅下达。

第五章 项目经费执行

第十五条 省科技厅与实施管理机构、承担单位签订项目任务书，任务书中经费预算作为预算执行、绩效考评和监督检查的重要依据。

第十六条 项目经费的拨付，按照财政资金支付管理的有关规定执行；项目经费的结算票据按照行政事业单位资金往来决算票据的有关规定执行。

第十七条 项目经费使用中涉及政府采购的，采购活动应按照政府采购法律法规和有关规定执行。高校、科研院所按以下规定执行：

（一）高校、科研院所可自行组织或委托采购代理机构采购各类科研仪器设备。

（二）对高校、科研院所采购进口科研仪器设备实行备案制。属于《福建省省级政府采购进口产品清单》内的产品还可免于组织进口产品专家论证，只要通过福建省政府采购网上公开信息系统中"省属高校、科研院所科研仪器设备进口"模块对采购进口仪器设备进行备案。继续实行进口科研教学用品免税政策。

（三）高校、科研院所可在福建省政府采购评审专家库外自行选择科研仪器设备评审专家，但应当在采购文件公告中予以注明。

（四）高校、科研院所采购通用类零星小额货物可通过全省统一的"网上超市"实施政府采购。

第十八条 项目经费中的差旅/会议/国际合作交流费使用应结合科研活动实际需要按规定统筹安排使用。高校、科研院所按以下规定执行：

（一）高校、科研院所可根据科研活动实际需要，按照实事求是、精简高效、厉行节约的原则，研究制定科研类差旅费、会议费管理办法，合理确定科研人员乘坐交通工具等级和住宿费标准，会议次数、天数、人数和会议费开支范围、标准。对野外考察、心理测试等科研活动中无法取得发票或财政性票据的，承担单位在确保真实性的前提下，可按实际发生额予以报销费用，并按规定标准发放伙食补助和市内交通费。会议代表参加会议所发生的城市间交通费，原则上按差旅费管理规定由所在单位报销。因工作需要，邀请国内外专家、学者和有关人员参加会议，对确需负担的城市间交通费、国际旅费，可由主办单位在项目经费的会议费中报销。

（二）高校、科研院所为完成项目任务目标的出国（境）参加学术交流活动的次数、天数，可根据科研活动实际需要予以安排。

（三）其他项目承担单位发生的差旅费、会议费、国际合作交流费的开支标准应当按照国家、省内有关规定执行。

第十九条 项目经费使用原则上采用公务卡和银行转账方式结算。

第二十条 对由事业单位承担的项目经费在10万元及以下的基础性研究小额资助项目，承担单位在提取间接费用后，直接费用的结余部分实行"包干使用"。在项目通过验收后，由项目负责人提供项目组全体成员签字的经费使用清单及说明，经项目所在单位科研、财务管理部门审核，报单位领导审批后报销。承担单位根据本单位实际制定实施细则。

第二十一条 项目签订任务书后，项目经费使用原则不得调整，确有必要调整的按以下规定执行。

（一）在项目总预算不变情况下，调整子项目间预算或项目合作单位间预算，由项目承担单位审批。

（二）在项目总预算不变情况下，直接费用中的科目间预算调整，由项目承担单位审批。

（三）在项目总预算不变情况下，间接费用预算总额不得调增。

（四）在项目总预算不变情况下，项目合作单位的增加或减少所涉及的预算调整，应由项目负责人和承担单位及时报告项目实施管理机构审核后，报省科技厅审批。

第二十二条 在研项目的年度结转经费，结转下一年度按规定继续使用。项目验收通过后，允许项目结余经费由承担单位在2年内统筹安排使用，用于科研活动的直接支出，并将使用方案在《科技项目经费总决算表》中予以说明。对项目验收后的结余经费，2年后未使用完的，全部予以收回。

第二十三条 未通过验收的项目或因承担单位科研诚信评价差决定不再支持的项目，未拨付的项目经费，不予拨付，已拨付未使用完的项目经费全部予以收回。撤销的项目，剩余经费全部收回。中止的项目，在省科技厅下达正式决定后一个月内，承担单位必须编制经费决算，连同固定资产购置情况经实施管理机构审核后一并报送省科技厅批准，剩余经费应全部收回。

第二十四条 项目经费执行过程中实行重大事项报告制度。在项目实施期间出现任务重大调整和变更，以及不可抗拒因素造成意外损失等原因使项目中止或撤销而影响预算执行的重大事项，项目负责人和承担单位应及时报告项目实施管理机构审核后，报省科技厅审批。

第六章 监督与管理

第二十五条 省科技厅和财政厅负责对项目经费使用和管理进行专项绩效考评和监督检查。绩效评价和检查结果作为项目经费预算调整及以后年度项目申报立项的重要依据。

第二十六条 实施管理机构应加强对项目实施过程的管理监督。

第二十七条 承担单位应为项目实施做好跟踪服务和支撑条件建设，按项目实施进度执行预算，对所承担的项目正确实施会计核算，做到单独设账、独立核算、专款专用。承担单位申请项目结题验收时，必须向省科技厅提交《科技项目经费总决算表》。

第二十八条 项目负责人和科研人员应严格按规定使用项目经费，遵守项目和经费管理的各项规定，自觉接受有关方面的监督和检查。

第二十九条 项目验收结题时，承担单位应办理项目经费决算，除提供有关技术资料外，应当同时提交《科技项目经费总决算表》，经承担单位财务审核后，上报省科技厅，作为项目验收结题的必备材料。

第三十条 承担单位在审核《科技项目经费总决算表》时，对存在虚编预算、虚构人员冒领项目经费、重复提取列支间接费、变相转拨项目经费和违反国家财经纪律等行为的不得通过审核。

第三十一条 项目经费使用管理中存在虚报、截留、挪用等违法行为的，除暂停项目拨款、中止项目执行、追回已拨经费、取消承担单位和项目负责人三年内申报资格外，应当按照《中华人民共和国预算法》、《财政违法行为处罚处分条例》等有关规定对相关部门和单位予以处理，并依法追究相关责任人的责任。构成犯罪的，依法移送司法机关。

第三十二条 行政事业单位使用项目经费形成的固定资产，一般由承担单位使用和管理。企业使用项目经费形成的固定资产，按《企业财务通则》等相关规章制度执行。项目经费形成的知识产权等无形资产，按国家和我省有关规定执行。

项目经费形成的大型科学仪器设备、科学数据、自然科技资源等，在保障有关参与单位合法权益的基础上，按规定开发共享，以减少重复浪费，提高资源利用效率。

项目经费形成的科技成果应主动转化，科技成果使用、处置和收益等按科技成果转化有关规定执行。

第七章 附则

第三十三条 本办法自印发之日起施行。2015年制定的《福建省级科技计划项目经费管理办法》（闽财教〔2015〕56号）同时废止。

附件：（略）

福建省财政厅 福建省科学技术厅关于印发《福厦泉国家自主创新示范区建设专项资金管理办法》的通知

(闽科财〔2017〕14号)(闽财教〔2017〕43号)

福州、厦门、泉州市科技局、财政局,省直有关部门:

根据《中共福建省委 福建省人民政府关于印发〈福厦泉国家自主创新示范区建设实施方案〉的通知》(闽委发〔2016〕19号)精神,省财政设立福厦泉国家自主创新示范区建设专项资金。为规范专项资金的使用和管理,提高资金使用效益,省财政厅和省科技厅联合制定了《福厦泉国家自主创新示范区建设专项资金管理办法》,现印发给你们,请遵照执行。

2017年7月27日

福厦泉国家自主创新示范区建设专项资金管理办法

第一章 总则

第一条 为贯彻落实《国务院关于同意福厦泉国家高新区建设国家自主创新示范区的批复》(国函〔2016〕106号)和《中共福建省委福建省人民政府关于印发〈福厦泉国家自主创新示范区建设实施方案〉的通知》(闽委发〔2016〕19号)精神,加快推进福厦泉国家自主创新示范区建设,规范福厦泉国家自主创新示范区建设专项资金的使用和管理,制定本办法。

第二条 本办法所称福厦泉国家自主创新示范区建设专项资金(以下简称"专项资金")是指省委省政府批准,用于福厦泉国家自主创新示范区(以下简称"自创区")福州、厦门、泉州三市片区创新建设的专项资金。

第三条 由省、市和高新区三级每年统筹12亿元设立专项资金,资金筹措以福州、厦门、泉州三市为主,省级财政和省直有关部门统筹支持。福厦泉三市(包括高新区)每年各安排3亿元,省级财政每年安排2亿元,省直部门每年统筹1亿元,其中,省科技厅、省发改委、省经信委、省教育厅每年各安排2000万元,省商务厅、省人才办每年各安排1000万元。各部门统筹资金按原渠道下达。

第四条 专项资金设立期限为3年。

第二章 职责分工

第五条 省财政厅职责如下:

(一)牵头会同省直有关部门共同负责筹措年度省级财政专项资金;

(二)负责审核并批复年度项目经费预算和决算;

(三)对项目经费进行财政绩效考评和监督检查等。

第六条 省科技厅职责如下:

（一）牵头负责专项资金的使用和管理，科学规划专项资金使用方向，合理确定资金分配因素权重；

（二）制定专项资金项目绩效评估方案，根据绩效评估结果，调整省级财政专项资金年度分配方案；

（三）负责年度专项资金和项目实施情况的总结和监督检查。

第七条 省发改委、省经信委、省教育厅、省商务厅和省人才办职责如下：

（一）按照本办法第三条资金规模要求和第十二条规定的资金支持范围，研究确定并下达年度部门专项资金；

（二）负责制定本部门年度专项资金实施方案，并在5月底前向省科技厅备案；

（三）负责组织实施专项资金项目，形成年度项目实施报告和绩效评价，并在次年6月底前报送省科技厅。

第八条 福厦泉三市财政部门职责如下：

（一）会同有关部门按照本办法第三条资金规模要求筹措本市资金；

（二）负责审核并批复年度项目经费预算和决算；

（三）对项目经费进行财政绩效考评和监督检查等。

第九条 福厦泉三市科技部门职责如下：

（一）按照本办法第三条资金规模要求和第十二条规定的资金支持范围，研究确定并安排年度项目资金；

（二）协助做好省发改委、省经信委、省教育厅、省科技厅、省商务厅和省人才办统筹资金项目的组织实施；

（三）负责制定本市年度专项资金实施方案，并在5月底前向省科技厅备案；

（四）负责组织实施专项资金项目，形成年度项目实施报告和绩效评价，并在次年6月底前报送省科技厅；

（五）建立健全项目监管制度，加强对所实施项目和资金的监督审查。

第十条 福厦泉三片区是资金和项目管理的责任主体，应严格按照专项资金支持范围，完善项目遴选标准和程序，优化支持方式，放大资金使用效应，强化项目绩效管理，加大项目信息公开力度，自觉接受社会监督。

第十一条 项目承担单位是自创区项目实施和资金使用的责任主体，应当强化法人责任，切实履行在项目申请、实施和结题及资金使用中的职责，自觉接受有关方面的监督检查和绩效考评。

第三章 支持范围与方式

第十二条 专项资金支持范围如下：

（一）技术研发创新。用于推动自创区内产业重大关键核心技术攻关、重大创新产品开发和重要产业技术改造，支持带动园区产业发展的重大科技成果应用或示范项目的落地。扶持规模以上企业、高新技术企业以及经省科技部门评估命名的新型研发机构和牵头认定的科技小巨人领军企业开展研发活动。

（二）创新平台建设。用于支持和引导自创区主导产业上布局建设一批产业技术研究院、公共技术服务平台、电子商务研究和应用平台，支持自创区与高校、科研机构合作，扶持共建产业技术研究院、技术创新中心、重点实验室、工程（技术）研究中心、新型研发组织等专业性技术创新平台的建设和运行。支持"数字福建"创新平台建设，推动大数据建设应用。支持引进国内外高端研发平台，培育具有较强专业化服务能力的众创空间、科技企业孵化器、双创基地等创新创业公共服务平台。

（三）科技大市场建设。用于支持建立海峡科技大市场，搭建全省技术转移公共服务平台。在自创区设立海峡技术转移分中心，并支持自创区内企业与高校、科研机构联合设立技术转移机构。

（四）促进优秀人才快速集聚。用于自创区引进海内外优秀科技人才和团队到自创区创新创业。

（五）拓展对外交流和闽台产业深度融合。用于支持自创区企业开展技术交流和科技合作活动，设立研发中心、共建联合实验室。对企业进口先进技术、设备和资源性产品符合条件的按规定给予补助。支持自创区扩大利用外资，拓展闽台合作，促进高新技术产品出口和服务贸易出口。支持自创区开展闽台产业技术联合攻关，拓展对台科技合作交流领域。

（六）创新改革先行先试。用于支持自创区内开展推进全面创新改革试验，对完成国务院赋予我省自创区改革任务方面做出突出贡献的片区给予奖励。

（七）省委省政府和福厦泉国家自主创新示范区建设工作领导小组确定支持的其他工作事项。

第十三条 专项资金采用直接补助、后补助、以奖代补、股权投资等支持方式。

第四章 使用管理

第十四条 申报专项资金的项目应具备以下条件：

（一）符合国家法律、法规、方针政策和财政资金支持的方向、范围；

（二）符合自创区实施方案和发展规划纲要的规定要求；

（三）符合本办法规定的支持范围；

（四）申报单位应具备承担项目的必要基础和实施条件。

第十五条 省级财政安排2亿元，其中30%的专项资金用于绩效奖励，与福厦泉三片区工业总产值，福厦泉三市全社会研究与试验发展经费投入占地区生产总值的比重、每万人口发明专利拥有量、科技进步贡献率、高技术产业增加值占地区生产总值比重等创新指标挂钩。其余部分按当年核定的相关工作任务和年度考核结果下拨经费，由三片区结合地区专项资金预算负责统筹使用。

第十六条 福厦泉三市人民政府、省科技厅、省发改委、省经信委、省教育厅、省商务厅、省人才办根据本专项资金规模及第十二条规定的用途，按照各地区或部门职能和资金管理权限，自行审定支持项目并按有关规定下达资金，及时抄送省科技厅。

第五章 监督与绩效

第十七条 项目承担单位应当按照国家财务、会计制度的有关规定进行账务处理，严格按规定使用资金，并自觉接受监督检查。

第十八条 省直有关部门和福厦泉三市负责对各自安排的项目实施和专项资金使用情况进行监督管理。

第十九条 省科技厅会同省财政厅，建立绩效考核评价体系，定期对第十五条规定的指标和专项资金使用情况组织开展绩效评价。

第二十条 凡有下列行为之一的，专项资金管理部门将采取通报批评、停止拨款、收回专项资金等措施，并按照《财政违法行为处罚处分条例》规定处理。对严重违规、违纪、违法的相关责任主体，按程序纳入科研严重失信行为记录。构成犯罪的，依法移送司法机关。

（一）编报虚假预算，套取专项资金的；

（二）挤占、截留、挪用专项资金的；

（三）未按照专项资金支持范围使用的；

（四）其他违反国家财经纪律的行为。

第六章 附则

第二十一条 福厦泉三市科技和财政部门可根据本办法，结合本地工作实际，制定具体的项目管理实施方案和资金管理办法，切实加强对项目的组织实施和资金使用管理。

第二十二条 本办法自印发之日起施行。

福建省财政厅 福建省科学技术厅关于印发《福建省省级新型研发机构非财政资金购买科研仪器设备软件后补助专项资金管理办法》的通知

(闽科政〔2017〕20号)

各设区市科技局、财政局,平潭综合实验区社会事业局、财政金融局,省直有关部门:

根据《福建省人民政府办公厅关于鼓励社会资本建设和发展新型研发机构若干措施的通知》(闽政办〔2016〕145号)精神,省财政设立福建省省级新型研发机构非财政资金购买科研仪器设备软件后补助专项资金。为规范专项资金的使用和管理,提高资金使用效益,省财政厅和省科技厅联合制定了《福建省省级新型研发机构非财政资金购买科研仪器设备软件后补助专项资金管理办法》,现印发给你们,请遵照执行。

2017年10月12日

福建省省级新型研发机构非财政资金购买科研仪器设备软件后补助专项资金管理办法

第一条 为规范福建省省级新型研发机构非财政资金购买科研仪器设备后补助专项资金使用和管理,提高专项资金使用效益,根据《中华人民共和国预算法》《中华人民共和国科学技术进步法》和《福建省人民政府办公厅关于鼓励社会资本建设和发展新型研发机构若干措施的通知》(闽政办〔2016〕145号)等有关规定,制定本办法。

第二条 本办法所称福建省省级新型研发机构非财政资金购买科研仪器设备软件后补助专项资金(以下简称"专项资金")是指由省级财政设立的专门支持省级新型研发机构建设和发展的专项资金。

第三条 专项资金用于补助经评估命名的省级新型研发机构利用非财政资金购买的科研仪器、设备和软件。

第四条 专项资金管理遵循"省级引导、完善体系、专款专用、绩效导向"的原则。

第五条 省财政厅职责如下:

(一)负责年度专项资金预算和安排;

(二)负责审核并批复年度项目经费预决算;

(三)开展专项资金绩效考评和监督管理。

第六条 省科技厅职责如下:

(一)负责评估命名省级新型研发机构;

(二)发布专项资金年度申报指南和通知;

(三)从省财政厅年度优选库名单选择有资质的会计师事务所对省级新型研发机构后补助申报

金额进行核查；

（四）会同省财政厅对会计师事务所核查结果进行审核，确认补助经费；

（五）开展专项资金绩效考评和监督管理。

第七条 设区市、县级财政部门职责如下：

（一）负责及时下拨专项资金；

（二）开展专项资金绩效考评和监督管理。

第八条 设区市科技行政主管部门职责如下：

（一）负责对申报材料的真实性进行核查，审核汇总后报省科技厅；

（二）会同同级财政部门及时下拨专项资金，开展专项资金绩效考评和监督管理。

第九条 县级科技行政主管部门职责如下：

（一）负责对申报材料的真实性进行核查，审核汇总后报设区市科技行政主管部门；

（二）会同同级财政部门及时下拨专项资金，开展专项资金绩效考评和监督管理。

第十条 专项资金采用后补助方式。

专项资金的补助标准按照补助对象在规定期限内以非财政资金购入的用于研发活动的仪器、设备、软件的发票总额12.5%核定后补助金额。发票上的购货方名称需与补助对象名称一致。

补助对象应当在以下两种方式中自主选择一种获得后补助：

（一）自评估命名起五年内按年度获得后补助，每年度的省级后补助金额上限不超过250万元。补助对象每年进行后补助申报，第一年按照命名时的上一年度的非财政资金购入用于研发活动的仪器、设备和软件经费总额的12.5%比例进行申报，以此类推，连续补助五年。

（二）按照经评估命名近5年的非财政资金购入研发活动的仪器、设备和软件经费总额的12.5%申报，一次性给予最高不超过500万元的后补助。

第十一条 省科技厅应当根据本办法规定制定年度申报文件，明确专项资金支持重点及有关具体要求，并按照政府信息公开的有关要求公开申报条件、申报时限、补助标准等有关内容。实行网上申报方式，具体申报流程在年度申报文件中明确。

第十二条 专项资金申报需填写申报书，经县（市、区）科技主管部门、设区市科技主管部门签章后（不超过2个月）报送省科技厅。

第十三条 省科技厅、省财政厅依据专项资金申报材料和会计师事务所出具的专项审计报告确定后补助金额，并于1个月内下达专项资金。

专项资金后补助不需签订科技计划项目任务书，补助经费拨至项目承担单位，由承担单位统筹安排用于后续研发活动。

第十四条 各级财政和科技部门应在收到专项资金预算指标1个月内将资金下达到有关单位。

第十五条 各设区市应按照《福建省人民政府办公厅关于鼓励社会资本建设和发展新型研发机构若干措施的通知》规定比例落实后补助配套经费。

第十六条 经评估命名为省级新型研发机构的省属企事业单位申请专项资金后补助的，由其主管单位审核推荐。资金拨付按照财政资金支付管理的有关规定执行。

第十七条 专项资金后补助过程中出现需要解决的问题，可以按照一事一议的原则处理。

第十八条 获得专项资金补助的单位，应当主动接受财政、审计等部门的监督检查，严格执行财务规章制度和会计核算办法。

第十九条 专项资金使用管理中存在虚报、冒领、截留、挪用等违法行为的,除责令将资金按原渠道收回财政外,应当按照《预算法》《财政违法行为处罚处分条例》等有关规定对相关部门和单位予以处理,并依法追究相关责任人的责任。构成犯罪的,依法移送司法机关。

补助对象应如实填报申报材料,如发现弄虚作假行为,将取消省级新型研发机构资格,五年内不得再申报,并列入《福建省失信被执行人联合惩戒系统》。

第二十条 本办法自印发之日起施行。

附件:1.福建省科技创新平台认定资助申请书(计划类别:科技创新平台建设计划—新型研发机构后补助)(略)

2.福建省省级新型研发机构非财政资金购买仪器设备软件后补助汇总表(略)

福建省财政厅　福建省科学技术厅关于印发《福建省高水平科技研发创新平台专项资金管理办法》的通知

(闽财教〔2018〕49号)

各设区市科技局、财政局，平潭综合实验区社会事业局、财政金融局，各有关单位：

根据《福建省人民政府办公厅关于加快高水平科技研发创新平台建设发展六条措施的通知》（闽政办〔2016〕19号）精神，省财政厅和省科技厅制定了《福建省高水平科技研发创新平台专项资金管理办法》，现印发给你们，请遵照执行。

2018年12月25日

福建省高水平科技研发创新平台专项资金管理办法

第一条 为规范高水平科技研发创新平台专项资金的使用和管理，根据《福建省人民政府办公厅关于加快高水平科技研发创新平台建设发展六条措施的通知》精神和我省省级财政专项资金管理办法及有关财务管理制度，制定本办法。

第二条 本办法所称福建省高水平科技研发创新平台专项资金（以下简称"专项资金"）是指由省级财政预算安排的专项资金。

第三条 专项资金用于安排国家级科技研发创新平台运行经费、首席科学家工作经费、国家级和省级平台合作开放资金配套经费等。

第四条 建立省科技研发创新平台工作联席会议制度，省政府办公厅、科技厅、发改委、经信委、教育厅、财政厅、人社厅、人才办（简称"六部门"）等单位参与，负责研究和部署我省科技研发创新平台发展中的重大事项。

省财政厅职责如下：

（一）负责年度专项资金预算筹集和安排；

（二）负责审核并批复年度经费预算；

（三）开展专项资金绩效考评和监督管理。

省科技厅职责如下：

（一）联合六部门牵头发布专项资金申报指南和通知；

（二）牵头召开六部门联席会议，对各部门按归口管理推荐的国家级科技研发创新平台运行经费、首席科学家工作经费和平台合作开放资金配套经费进行审核，确认补助经费；

（三）负责设置专项资金年度绩效目标，进行绩效监控，并开展绩效自评；开展监督管理。

第五条 专项资金采用后补助的补助方式，主要用于以下方面：

（一）对已认定的国家级科技研发创新平台运行和首席科学家工作经费补助；

（二）对已建国家级、省级科技研发创新平台促进开放发展的经费补助。

前款第一项的补助标准如下：

（1）第一类：国家重点实验室、工程实验室、工程（技术）研究中心。从2016—2020年连续5年，每年补助100万元；首席科学家工作经费，连续5年，每年补助50万元；

（2）第二类：省部共建重点（工程）实验室和工程（技术）研究中心、国家企业重点实验室。连续5年，每年补助50万元；

（3）第三类：国家企业技术中心和教育部重点实验室、工程研究中心。连续5年，每年补助30万元。

前款第一项申请程序：平台依托单位提出申请，附上批准文件和通过国家评估的文件（处于建设期内的无须提供），其中第一类设立首席科学家的，附上聘书、首席科学家简历及首席科学家在平台的工作简介及绩效，报平台推荐部门审核汇总，由省科技研发创新平台联席会议统一审定批准。

前款第二项规定的设立合作开放资金的配套经费申请，由平台依托单位提出，附上一年度开放资金项目的征集通知、立项文件和经财务盖章确认的实际支出情况等材料，根据合作开放资金实际支出额度的50%补助。平台推荐部门负责受理并报联席会议统一审定。

平台按照现代企业制度组建专业化研发公司（实体法人），需公司成立满一年后，由该公司提出经费补助申请，并附上该公司成立的证明材料（营业执照、公司章程等）、近一年的运行情况、平台批准文件等，按注册公司资本金的20%补助，最高不超过300万元。经设区市科技局审核后上报省科技厅。

第六条 省科技厅根据本办法规定，牵头六部门制定年度申报文件，明确专项资金支持方向及有关具体要求，并按照政府信息公开的有关要求公开申报条件、申报时限、补助标准等有关内容。具体申报流程在年度申报文件中明确，申报时间一般不超过2个月。

第七条 专项资金由平台依托单位统筹使用，获得专项资金补助的单位，应当主动接受财政、审计等部门的监督检查，严格执行财务规章制度和会计核算办法。

第八条 专项资金使用管理中存在虚报、冒领、截留、挪用等行为的，除责令将资金归还原有渠道或收回财政外，应当按照《预算法》《财政违法行为处罚处分条例》等有关规定对相关部门和单位予以处理，并依纪依规依法追究相关责任人的责任。构成犯罪的，依法移送司法机关。

福建省财政厅 福建省科学技术厅
关于《福建省级科技计划项目经费管理办法》的补充通知

(闽财教〔2019〕12号)

各设区市财政局、科技局，平潭综合实验区财税金融局、社会事业局，省政府有关部门、有关直属机构，各大企业，各高等院校：

为贯彻落实《中共福建省委办公厅 福建省人民政府办公厅印发〈关于深化项目评审、人才评价、机构评估改革的实施意见〉的通知》(闽委办发〔2018〕30号)精神，切实减轻科研人员负担，充分激发科研人员创新活力，现就《福建省级科技计划项目经费管理办法》(闽财教〔2017〕41号)(以下简称《管理办法》)有关问题补充通知如下：

一、年度项目申报指南发布

《管理办法》第四条省财政厅职责修改为"根据财政预算编制要求，会同省科技厅确定项目经费总体投向、制定年度项目申报指南和组织重大项目预算评审等。负责审核并批复年度项目经费预算和决算。对项目经费进行财政绩效考评和监督检查等。"

《管理办法》第四条省科技厅职责修改为"根据国家和省委、省政府方针政策会同省财政厅制定年度项目申报指南，组织项目申报、评审和预决算编制，组织重大项目预算评审。同时，根据党中央、国务院和省委、省政府科技领域'放管服'改革要求，会同省财政厅优化科技项目形成机制。开展绩效考评和监督检查等。"

二、提高间接费用提取比例

(一)《管理办法》第九条间接费用提取比例修改为"对试验设备依赖程度低和实验材料耗费少的基础研究、软件开发、集成电路设计等智力密集型项目，提高间接经费比例。按照项目资助经费扣除设备购置费后的一定比例核定：扣除后500万元以下的部分为30%；500万元至1000万元的部分为25%；1000万元以上的部分为20%。其他项目仍执行《管理办法》第九条规定"

(二)删除《管理办法》第二十一条第三项："在项目总预算不变情况下，间接费用预算总额不得调增"。

三、简化科研项目经费预算编制

直接费用科目中除设备费、劳务费外，其他科目不需提供测算依据。直接费用科目间预算调剂权全部下放给项目承担单位。项目承担单位应完善内部控制管理制度，及时为科研人员办理调剂手续。

(一)删除《管理办法》第二十一条第四项："在项目总预算不变情况下，项目合作单位的增加或减少所涉及的预算调整，应由项目负责人和承担单位及时报告项目实施管理机构审核后，报省科技厅审批。"

(二)《管理办法》的附件1《项目经费预算编制要求》除"直接费用—设备费"、"直接费

用—劳务费"的预算编制注意事项条款保留外,其余条款全部废止。(《管理办法》附件1修改后见《补充通知》附件1)

(三)修改《管理办法》附件5。取消科技项目经费总决算表中的承担单位财务审核意见及签章。(修改后总决算表见《补充通知》附件2)

(四)《管理办法》第十三条第四项修改为:"原则上在预算执行前一年度进行项目的前期准备工作,根据年度"一下"预算指标开始项目申报、评审、立项工作。"

四、提高专家咨询费标准

《管理办法》附件1第十一条第八项"专家咨询费"标准进行调整,具体为

(一)高级专业技术职称人员的专家咨询标准为1500元/人天(税后);其他专业人员的专家咨询费标准为900元/人天(税后)。

(二)院士、全国知名专家咨询费标准为3600元/人天(税后)。

(三)以会议、现场访谈或者勘察形式组织专家咨询活动的,会期为半天的,按以上标准60%执行;会期不超过两天的,按以上标准执行;会期超过三天的,第三天及以后按以上标准50%执行;邀请省外专家参加活动的,可给予往返补贴1000元/人次。

以通讯方式(包括网评)形式组织专家咨询活动的,按次计算,每次按不高于以上标准的20%执行。

五、加大科研人员薪酬奖励力度

(一)对全时全职承担省科技计划项目任务的负责人及引进的高端人才,实行一项一策、清单式管理和年薪制。项目承担单位应在项目立项签订任务书时,与省科技厅商定人员名单和年薪标准,并报省财政厅、人社厅备案。年薪所需经费在项目经费中单独核定,在本单位绩效工资总量中单列,相应增加单位当年绩效工资总量。

(二)对列入"绿色通道"改革试点单位,允许在项目验收通过后,从省属公益类科研院所基本科研专项、基础研究项目经费的直接费用中,提取不超过20%的费用作为奖励经费,奖励经费的使用范围和标准由试点单位在绩效工资总量内自主决定,在单位内部公示。

六、优化资金支付和使用管理

(一)允许部分省级科技计划项目经费从本单位零余额账户向本单位或本部门其他预算单位实有资金账户划转。具体包括:按照有关制度规定由预算单位与科研项目承担单位签订委托协议或合同,按约定确需将资金支付到科研项目承担单位的;高校、科研单位内部机构之间合理的结算支出,如测试化验加工费用、成本分摊费用等;由于零余额账户开户行外币种类不全等原因,确需先转入可提供该币种银行现有实有资金账户的购汇资金等。

(二)项目验收通过后,允许项目结余经费由承担单位在2年内(从项目验收后第二年1月1日开始计算)统筹安排使用,用于科研活动的直接支出。

七、完善公务卡管理

(一)支出中按我省公务卡相关制度规定需要刷卡结算的,在不具备刷卡条件的情况下,如市内交通费、野外科考工作中发生的支出等,经单位同意可不使用公务卡结算。

(二)对于参与科研项目1年以上,并负责科研经费支出报销业务的项目聘用人员,经项目负责人和单位批准后,可以办理并使用公务卡。

(三)科研项目中的临时聘用人员、研究生等不具备公务卡办卡资格的参与人员,因执行项目

任务产生的差旅费等费用，经项目负责人和单位批准后，可不使用公务卡结算，但原则上不得使用现金。

八、省级科技计划项目承担单位应根据《福建省级科技计划项目经费管理办法》（闽财教〔2017〕41号）及本《补充通知》相关规定制订本单位的实施办法，规范管理，合理设置审批流程，提高资金使用效率。

承担单位配套的项目经费管理由承担单位根据实际情况自行确定。

九、本通知由福建省财政厅、福建省科技厅负责解释。

十、本通知自发布之日起施行。

附件：1.项目经费中设备费与劳务费预算编制要求
      2.科技项目经费总决算表（略）

2019年2月28日

附件1：

项目经费中设备费与劳务费预算编制要求

一、设备费：预算编制中严格控制设备购置费支出。规模化生产专用设备购置费不得列入。单台价值达到或超过10万元的仪器设备应单独列示。

（一）购置、试制单台仪器设备价值在10万元以下时，需要在设备费预算明细表中填写预算总数，并在预算说明中简要说明仪器设备的名称、数量及单价。

（二）购置、试制升级改造或租赁单台仪器设备价值达到或超过10万元时，需要在设备费预算明细表中填写预算总数，并在预算说明书中说明：购置、试制、升级改造或租赁该仪器设备的必要性，现有同样设备的利用情况、设备用途、设备与现有设备的配套情况、设备使用率。其中，购置或试制仪器设备的，还需在预算说明书中说明设备拟安置单位、购置设备的开放共享方案、试制设备的方案中成本构成等；对原有设备升级改造的，还需在预算说明书中说明改造前后仪器设备的主要技术指标及功能的区别；租赁仪器设备的还需在预算说明书中说明租赁设备的次数、期限、支付标准等的测算依据。

二、劳务费：应当结合科研实际和相关人员参与项目的全时工作时间等因素合理编制劳务费。参与项目的研究生、博士后、访问学者以及项目聘用的研究人员、科研辅助人员可在劳务费中列支劳务性支出，项目聘用的非工资性收入人员可在劳务费中列支劳务性支出和社会保险补助。编制的劳务费中还需说明各类人员在项目中的责任分工、投入时间、支付标准等测算依据。劳务费预算由项目承担单位和项目负责人、科研人员据实编制，不设比例限制。

福建省科学技术厅关于印发
《福建省科技计划项目管理办法》的通知

(闽科计〔2019〕9号)

各有关单位：

为营造有利于创新创业创造的良好发展环境，贯彻落实《中共福建省委办公厅、福建省人民政府办公厅印发〈关于深化项目评审、人才评价、机构评估改革的实施意见〉的通知》（闽委办发〔2018〕30号）等文件精神，我厅修订了《福建省科技计划项目管理办法》，现印发给你们，请遵照执行。

福建省科学技术厅

2019年4月1日

福建省科技计划项目管理办法

第一章 总则

第一条 为营造有利于创新创业创造的良好发展环境，加强我省科技计划项目的规范化和科学化管理，提高项目管理效率和实施成效，根据《国务院关于优化科研管理提升科研绩效若干措施的通知》、《中共中央办公厅、国务院办公厅印发〈关于进一步加强科研诚信建设的若干意见〉的通知》、《中共中央办公厅、国务院办公厅印发〈关于深化项目评审、人才评价、机构评估改革的意见〉的通知》、《中共福建省委办公厅、福建省人民政府办公厅印发〈关于深化项目评审、人才评价、机构评估改革的实施意见〉的通知》，以及《福建省人民政府关于改进加强省级财政科研项目和资金管理的若干意见》等精神，结合我省实际，特制订本办法。

第二条 本办法所称省科技计划项目，是指根据福建省科技和经济社会发展需求，以省科学技术发展规划纲要为指导，列入省科技计划，在一定期限内进行的科学技术研究开发及相关活动。

第三条 福建省科学技术厅（以下简称省科技厅）设立的各类科技计划项目的管理活动适用本办法。

第四条 省科技计划项目管理包括指南发布与申报受理、立项管理、实施过程管理、验收结题管理等环节。

第五条 省科技计划项目按科技计划类别进行分类管理，省科技厅负责综合管理，项目实施管理单位和项目承担单位按各自职责进行分级管理。

第六条 所有省科技计划项目应按照电子政务建设的相关要求，纳入到"福建省科技计划项目管理信息系统"（以下简称项目管理信息系统），实现省科技计划项目管理网上公开和信息共享。

第二章 指南发布与申报受理

第七条 省科技计划项目指南发布与申报受理应当按照征集指南建议、指南编制与发布、申报推荐与受理等工作程序进行。

第八条 省科技厅根据省委、省政府工作部署、省科学技术发展规划纲要,以问题为导向,以需求为牵引,广泛吸纳各方意见,体现创新驱动战略,反映产业技术需求,按不同科技计划项目类型,在征集年度省科技计划项目申报指南建议工作基础上,编制年度省科技计划项目申报指南。科技计划项目指南内容可根据需要在网上公开征求意见,提高指南的科学性。

第九条 指南应包括各类科技计划项目支持方向、重点领域、申报条件、要求及申报时限等内容。项目指南应关注重大原创性、颠覆性、交叉学科创新等方向与领域,深入实施军民融合发展战略。逐步实行省级科技计划年度指南定期发布制度,按规定向社会主动公开,并确保申报指南从发布日到项目受理截止日期不少于70天。

省级科技计划项目一般采取公开竞争的方式择优遴选承担单位。对具有明确任务目标、技术路线清晰、组织程度较高、优势承担单位集中的科技项目,可采取定向申报。采取定向申报的项目,应明确项目研发内容、任务指标和申报单位等要求,择时对外发布申报指南并确定项目申报时限。对于企业牵头的项目,指南应对企业资质等情况提出明确要求,鼓励企业共同投入并组织实施。鼓励支持军民融合技术研发,加快推动军民协同创新和成果转化,支持军民融合产业发展。

第十条 省科技计划项目实行归口推荐申报。项目推荐单位按照省科技计划项目申报要求,归口组织、推荐有关单位申报省科技计划项目,并负责审核项目申报材料。

第十一条 项目推荐单位包括设区市科技行政管理部门(包括平潭综合实验区职能部门,以下相同)、中央驻闽科研单位、省直部门、本科高校等。推荐单位即为立项后的项目实施管理单位。

县级单位申报的项目经县级科技行政管理部门审核后上报设区市科技行政管理部门,再汇总统一推荐。企业按属地管理原则逐级由地方科技行政管理部门上报推荐。具有行政隶属关系的省属企业也可由其省直主管部门推荐。

第十二条 项目申报单位与项目负责人应具备以下基本条件:

(一)在闽具有独立法人资格的企事业单位(大学以学院为项目申报单位,具有独立法人资格的学院以系或二级学院为项目申报单位)。

(二)具有完成项目必备的人才条件和基本技术装备与设施。

(三)具有与项目相关的研究经历和研发能力。

(四)具有完成项目所需的组织管理和协调能力。

(五)具有良好的科研诚信状况。

(六)项目负责人在项目结束时年龄原则上不超过60周岁。项目负责人为院士的,项目申报、结束时年龄要求按有关规定执行。由企业牵头申报的项目,项目结束时负责人年龄原则上不超过65周岁。

第十三条 省科技计划项目推行"材料一次报送"和电子文档管理,精简申报要求、报表及流程等,项目申报单位和项目组成员应注册、登录项目管理信息系统,网上填报提交项目申请材料。项目推荐单位负责在线审查、推荐。

第三章 立项管理

第十四条 省科技计划项目立项管理包括项目形式审查、评审、审核审批、签订任务书等。

第十五条 省科技厅或其委托的有关单位负责对申报项目进行形式审查，符合申报条件并通过形式审查的项目，由省科技厅负责组织或委托有关单位进行项目评审。

评审可包括技术评审、管理评审、预算评审等，根据项目特点采取一种或多种方式开展，同一轮次实行同一种评审方式，避免评审结果出现歧义。项目评审应克服唯论文、唯职称、唯学历、唯奖项倾向，综合考虑申报单位、负责人和团队的实际能力、研发需求和项目经济社会效益。

第十六条 项目技术评审可采取会议、网络或视频等形式。评审过程和评审结果通过项目管理信息系统进行记录或留档，逐步实现评审结果反馈，立项信息公开，实现"可申诉、可查询、可追溯"。对项目研究内容、项目经费预算一般采取合并评审。允许申报单位与项目负责人在评审前提出回避单位及个人。

项目评审以同行专家为主，并视需求邀请省内外技术专家、财务专家参与评审。推动建设集中统一、标准规范、安全可靠、开放共享的省科技专家库。评审专家必须是项目管理信息系统专家库的专家，原则上应主要选取活跃在科研一线、熟悉相关技术的专家参与评审。与产业应用结合紧密的项目，在条件允许时还应选取活跃在生产一线的专家参与评审。

需会议评审的，应在会议前及时组织专家审阅申报材料，确保专家充分了解申报项目情况；需汇报答辩的，项目负责人原则上应亲自汇报答辩，除财务人员外，不在项目申报团队内的人员不得参与答辩。

第十七条 省科技厅根据需要组织开展项目管理评审，可在评审前采取会议汇报、现场调研等方式了解项目具体情况。

第十八条 省科技厅根据年度科技工作重点，综合评审结果提出立项意见，会同省财政厅等相关部门下达年度立项计划和资助经费。

对技术评审或管理评审分数不及格的项目，不予立项。

第十九条 省科技厅、项目承担单位、项目实施管理单位依据项目申请书、评审意见和下达的科技项目计划，商议签订项目任务书（文本格式由省科技厅制订），确定项目各方的权利和义务。经签约各方商议审核后，一般应在科技项目计划下达后的50个工作日内完成项目任务书签订手续。奖励性后补助和事后立项后补助项目不需签订科技计划项目任务书。

各类科技计划项目实施期限一般不超过三年，个别项目确实需要延长实施时间的，承担单位可在任务书商议过程中提出，由省科技厅予以确认，但最长不得超过五年。

第四章 实施过程管理

第二十条 省科技厅、项目实施管理单位、项目承担单位和科研人员按照相应职责开展项目实施过程管理。

第二十一条 省科技厅主要职责

（一）确定项目组织实施的管理单位。

（二）开展项目绩效考评和监督管理。

（三）做好项目实施过程的服务和监督，组织开展必要的检查或抽查，及时协调解决项目实施中出现的相关问题。

（四）实施过程管理中发现违规行为应责成整改或中止、撤销项目。涉及违法行为的移交相关部门处理。

第二十二条 项目实施管理单位主要职责

（一）做好项目的组织实施管理和服务工作，督促项目承担单位和科研人员依法依规开展科研活动。

（二）建立健全科研项目监管制度，加强对所主管的单位科技项目和经费管理的监督检查，发现违规问题，督促项目承担单位整改，或向省科技厅提出中止、撤销项目的建议意见。

（三）督促项目承担单位及时做好结题和档案整理工作。

（四）做好实施项目的统计调查及其他有关工作。

第二十三条 项目承担单位主要职责

（一）项目承担单位是科技计划项目实施和经费管理使用的责任主体，应切实履行法人责任，营造良好的科研环境和条件，激发科技人员创造力。

（二）支持项目负责人带领项目组按时完成有关研究开发任务，填报相关统计调查表，做好科研档案管理工作。

（三）建立常态化的自查自纠机制，接受并配合省科技厅和项目实施管理单位对项目执行情况进行必要的监督检查、考评。

（四）及时报告项目执行中出现的重大事项及建议解决办法。

第二十四条 项目组成员主要职责

项目负责人是项目实施的牵头人和责任人，要做好项目实施的组织协调工作，项目组成员要在项目负责人的带领下，弘扬科学精神，恪守科研诚信，强化责任意识，严格遵守科技项目和经费管理的各项规定，自觉接受有关方面的监督和检查。

第二十五条 项目实施过程中，赋予科研人员技术路线决策权。科研人员可以在研究方向和内容不变、不降低任务书指标的前提下，自主调整技术路线，无须报备。项目实施过程中，实行重大事项报告制度。对项目实施期间出现的重大变更和影响项目执行的重大问题等，项目负责人和项目承担单位应及时报告项目实施管理单位，由项目实施管理单位报省科技厅审核。其中，由于不可抗力因素或其他合理情形，需对项目的研究目标、内容、计划进度、合作单位、研究人员等变更时，原则上由项目承担单位在任务书到期前提出任务变更申请，项目实施管理单位提出审查意见，省科技厅审核同意后变更任务书。

第二十六条 健全完善"双随机"抽查制度，减少项目实施周期内的各类评估、检查、抽查、审计等活动，避免重复多头检查，除科技重大专项与重大科技创新平台外，省科技计划项目以项目承担单位自我管理为主，一般不开展过程检查（评估）。推行科技重大专项中期绩效评估，针对专项实施过程关键节点实行"里程碑"式管理，对项目实施进度严重滞后，或难以达到预期绩效目标的，及时予以调整或取消后续支持。

第五章 验收结题管理

第二十七条 省科技计划项目的结题工作由省科技厅或其委托的相关单位组织进行。

第二十八条 项目结题方式包括项目验收、项目中止和项目撤销等三类。

正常实施的项目申请验收结题。无法继续实施的项目采取项目中止或项目撤销的方式结题。

奖励性后补助和事后立项后补助项目不需开展验收，省科技厅对重大科技成果购买补助项目、引进重大研发机构资助项目在资助经费下达后一定期限内组织开展项目实施成效评价，重点评估成果转移转化、应用推广及产生的经济社会效益。

第二十九条 项目验收由项目承担单位提交项目验收材料，经项目实施管理单位审核后提交省科技厅。项目验收以项目任务书为基本依据，对是否完成任务书约定的内容和目标、项目经费使用的合理性等进行客观、公正的评价。项目验收具体要求按照《福建省科技计划项目验收管理办法》执行。

第三十条 项目已开始实施且项目经费已使用，由于不可抗力因素、市场重大变化等原因使项目无法或无必要进行的，由项目承担单位提出项目中止申请，经项目实施管理单位审核后，报送省科技厅批准项目中止，项目余下经费回收。项目承担单位已注销或无法联系的或被列入失信被执行人且不主动作为，由项目实施管理单位及时核实并提出申请，报送省科技厅批准。

第三十一条 项目计划已下达但项目经费尚未使用，由于立题不当、技术骨干变动、承担单位不能按时签订任务书等原因使项目无法或无必要进行的，由项目承担单位提出申请，经项目实施管理机构审核后，报送省科技厅批准项目撤销，项目经费回收。项目承担单位已注销或无法联系或被列入失信被执行人且不主动作为的，由项目实施管理单位及时核实并提出项目撤销申请，报送省科技厅批准。

第三十二条 在任务书规定期限内不能完成任务而无法提交验收的，项目承担单位原则上应提前三个月提出项目延期申请，经项目实施管理单位审核后，在任务书到期前报送省科技厅批准项目延期。项目实施期只可以延期一次，延期时间原则上不超过一年。

第三十三条 因项目承担单位存在严重违反项目管理规定的行为，或任务书到期二年后仍无法结题的，省科技厅可以对项目予以强制中止或强制撤销。

第三十四条 项目产生的科技成果及其形成的知识产权归属，任务书有约定的从其约定；任务书未约定的，按照国家有关规定执行。

项目承担单位对本单位科研成果管理负主体责任，应加强对本单位科研人员拟公布项目成果的真实性审查。项目实施管理机构督促指导项目承担单位积极开展项目成果的应用和转化，并按照科技成果登记、科学技术保密、知识产权保护等有关规定做好相关工作。

省科技厅在相关科技计划项目中建立科技报告制度，项目验收后科技报告纳入福建科技报告服务系统，根据分级分类原则向社会公开，实现科技资源持续积累、完整保存和开放共享。

第六章　诚信管理

第三十五条 省科技厅按照权力运行网上公开的要求，将科技计划项目和经费管理相关制度、规定固化到项目管理信息系统中，实现全过程网上公开运行，自觉接受社会公众和纪检监察机关等的监督。

第三十六条 建立覆盖项目管理全过程的资信管理制度，对项目承担单位、项目负责人和有关专家参与科技活动的行为信用进行实时记录，可对项目承担单位与项目负责人开展科研诚信资历审核、项目查重等，确保符合项目管理要求。强化责任追究，对严重违背科研诚信要求的行为依法依规终身追责。充分尊重科学研究灵感瞬间性、方式多样性、路径不确定性的特点，重视科研试错探索的价值，建立鼓励创新、宽容失败的容错纠错机制，形成敢为人先、勇于探索的科研氛围。

第三十七条 科技计划项目实行承诺管理制度。项目承担单位、项目负责人应承诺遵守科研诚信要求，保证所提供申报项目信息的真实性，在签订项目任务书时，共同签署承诺意见，保证按计划开展研究工作，按时报送有关材料，按要求做好验收结题工作，并保证提供的项目信息真实性，对信息虚假导致的后果承担责任。

第三十八条 科研人员要恪守科学道德准则，遵守科研活动规范，践行科研诚信要求，不得抄袭、剽窃他人科研成果或者伪造、篡改研究数据、研究结论；不得购买、代写、代投论文，虚构同行评议专家及评议意见；不得违反论文署名规范，擅自标注或虚假标注获得科技计划资助；不得弄虚作假，骗取科技计划项目、科技经费等。

第三十九条 项目承担单位是科研诚信建设第一责任主体，要加强对科研人员的科研诚信教育，建立完善学术管理制度，对本单位员工遵守科研诚信要求及责任追究作出明确规定或约定，将科研诚信工作纳入常态化管理，逐步建立科研领域守信激励机制。

第四十条 对发现的违规行为区分不同情况，采取科研诚信诫勉谈话、通报批评、取消项目申报或评审资格、终止项目执行、追回项目经费、列入"黑名单"等措施予以处理，涉嫌犯罪的移交监察、司法机关处理。其中：

（一）对存在到期未结题项目的承担单位和项目负责人，取消其项目结题前申报省级各类科技计划项目资格。

（二）对任务书到期二年后仍无法结题，项目承担单位不予说明或整改措施不到位的，省科技厅对项目予以强制中止或强制撤销。

（三）对强制中止和强制撤销的项目，根据严重失信行为责任，将相关项目承担单位和负责人列入"黑名单"予以处理，取消项目承担单位三年申报省级各类科技计划项目的资格；取消项目负责人三年申报或参与申报省级各类科技计划项目的资格。

第四十一条 参与项目管理的人员必须遵循保密和回避原则，妥善保管申报材料，严禁外传非公开的项目和评审信息；不得向评审专家施加或暗示项目评审倾向性意见，在涉及近亲属申报的项目时应主动回避，不得伪造专家评审意见，不得擅自透露专家个人信息。

第四十二条 评审专家应当遵守以下要求：

（一）坚持实事求是的原则，严格遵守科研诚信要求，独立、客观、公正地提供个人意见，按时保质地完成评审任务。

（二）保护评审对象的知识产权和技术秘密，妥善保存评审材料，并在评审活动结束后将其全部退还，不得复制与评审有关的材料，不得擅自传播、扩散有关评审内部情况。

（三）与评审事项有利害关系时，应当主动申请回避。

（四）在评审期间，未经许可，评审专家个人不得就评审事项与评审对象及相关人员进行接触，严禁收取评审对象的报酬。

第四十三条 以下人员不得选作评审专家：

（一）与评审对象有利害关系的人员。

（二）评审对象因正当理由而事先正式书面申请希望回避的人员。

（三）资信管理记录不良的人员。

第四十四条 在项目评审过程，评审专家若存在违规行为，省科技厅视情节轻重，采取记录其个人不良资信、取消评审专家资格、通报违规事实等方式处理；若存在违法行为，评审专家须承担相应法律责任。

第七章 附则

第四十五条 项目经费管理按照《福建省级科技计划项目经费管理办法》执行。

第四十六条 各类科技计划项目在实施过程中,可结合工作需要,根据本办法制定具体管理办法或实施细则。

第四十七条 本办法自印发之日起施行。原《福建省科技计划项目管理办法》(闽科计〔2015〕54号)同时废止。

第四十八条 本办法由省科技厅负责解释。

福建省科学技术厅关于印发《福建省科技计划项目验收管理办法》的通知

(闽科计〔2019〕10号)

各有关单位:

为进一步加强和规范我省科技计划项目的验收管理,客观评价项目的实施成效,根据新修订的《福建省科技计划项目管理办法》,我厅修订了《福建省科技计划项目验收管理办法》,现印发给你们,请遵照执行。

福建省科学技术厅

2019年4月1日

福建省科技计划项目验收管理办法

第一章 总则

第一条 为进一步加强和规范我省科技计划项目的验收管理,客观评价项目的实施成效,充分发挥各级科技行政管理部门的职能作用,保证验收工作的科学性和严肃性,根据《福建省科技计划项目管理办法》,制定本管理办法。

第二条 凡经福建省科学技术厅(以下简称省科技厅)批准立项并签订项目任务书的各类省级科技计划项目,依本管理办法进行验收。

第三条 项目验收主要对项目任务书的任务完成情况、经费使用情况进行考核和评价。对任务完成情况做出明确结论,不得"走过场",严禁成果充抵等弄虚作假行为。

第四条 项目验收工作必须坚持客观、公平、公正的原则,鼓励创新,宽容失败。项目承担单位、项目负责人应承诺遵守科研诚信要求,保证提供的项目信息真实性,对信息虚假导致的后果承担责任。

第二章 项目验收的组织

第五条 项目验收工作由省科技厅主持或委托有关单位(部门)主持验收。项目验收采用会议验收和简易验收两种方式。

(一)会议验收是指主持验收单位通过组织验收专家召开会议的方式,经项目承担单位汇报、必要的现场考察、专家质询、讨论等程序形成专家组验收意见。

(二)简易验收是指由省科技厅审核项目承担单位提供的验收材料,必要时咨询有关专家或进行实地核查,判断其是否完成任务书规定的各项任务指标、项目经费使用是否合理,形成验收结论。

第六条 会议验收实行分类管理,并执行"谁主持,谁负责"的原则,对验收会议合规性负责：

（一）省科技重大专项（专题）项目和重大科技创新平台建设项目由省科技厅牵头主持验收。

（二）除上述（一）规定的项目外，设区市科技行政管理部门（包括平潭综合实验区职能部门，以下相同）推荐的，且需采用会议验收的省级科技计划项目可委托设区市科技行政管理部门主持验收。省科技厅可根据需要参会。

（三）设区市科技行政管理部门推荐的，且需采用会议验收的"事前立项、事后补助"省级科技计划项目，抽取30%以上（按预计数进行测算）采取省市联合验收的方式，由省科技厅和设区市科技行政管理部门共同主持验收，其余项目可委托设区市行政管理部门主持验收。

（四）其他科技计划项目的验收由省科技厅主持或委托厅直属事业单位主持项目验收。

第七条 对于项目经费在20万元以上的项目，采用会议验收的方式进行验收。项目经费在20万元及以下的项目，以及公益性政策扶持项目（包括科技扶贫、对口帮扶、科技拥军等），原则上采取简易验收的方式进行验收。对于项目经费在10万元以上的省软科学研究计划项目，或项目任务内容指标复杂，需要现场核实的项目，可采取会议验收方式。

第八条 项目验收应对项目技术完成和项目经费使用情况合并进行评估，不再单独开展。项目承担单位可根据需要，在项目验收前自主选择具有资质的第三方对有关项目经费使用情况进行专项审计。省科技厅根据需要，可组织或委托有资质的第三方对有关项目经费使用情况进行核查。

第九条 会议验收应成立验收专家组，验收专家组人数原则上不少于5人，由同行技术专家和至少1名财务专家组成，其中技术专家人数应在半数以上。参加"事前立项、事后补助"项目验收的财务专家至少2人（含）以上。

第十条 项目验收专家组职责

（一）认真审查项目验收材料是否齐全、完整，是否符合验收要求。

（二）对照项目任务书，核实任务书指标完成情况和项目经费投入使用情况。

（三）听取项目承担单位汇报，必要时进行现场考察、核实。

（四）独立、客观、公正地提出验收意见，完成验收工作。

（五）项目验收专家对项目的研究内容负有保密责任，不得擅自使用或对外公开项目的验收资料。必要时，项目承担单位可向主持验收单位提出申请，与验收专家组成员签订保密协议。

第十一条 项目验收专家应是福建省科技计划项目管理信息系统（以下简称项目管理信息系统）专家库的注册专家。项目承担单位所在县（市、区）的专家一般不超过2人，项目承担单位、合作单位及其他与项目有利益关系的人员不能作为验收专家。项目验收专家如与被验收项目存在利益关系，应主动向主持验收单位提出回避申请。

第十二条 省科技厅每年1月和7月通报到期未结题项目名单，各项目实施管理单位应根据名单和项目系统提醒，采取措施督促有关项目承担单位及时做好项目结题工作。

第三章 项目验收程序

第十三条 项目承担单位通过项目管理信息系统填写《福建省科技计划项目验收表》（以下简称《项目验收表》），并上传相关验收材料，经逐级审核后，由设区市科技行政管理部门、高校院所、省直有关单位等项目实施管理单位网上审核后提交省科技厅。

第十四条 项目承担单位申请项目验收，应同时提供以下材料（有关表格等材料格式可在项目管理信息系统下载）：

（一）项目验收表；

（二）项目任务书；

（三）项目总结（或科技报告）；

（四）项目经费使用等相关材料：

1.各类科技计划项目均应提供《科技项目经费总决算表》。会议验收现场需提供会计明细账、凭证和相关财务佐证材料备查。

2.使用项目经费购置在30万元以上的仪器设备，须提供"福建省科研设施仪器管理服务平台"登记表。

（五）项目实施期内取得的各类成果证明材料，如有资质的第三方提供的产品测试或检测报告、专利证书、产品鉴定证书、新药证书、审（认、鉴）定的品种（系）证书、软件产品登记与著作权登记证书、备案标准、专著和核心刊物发表的论文等。

（六）项目实施期内取得的有关经济效益证明材料，如项目产品销售明细账、纳税证明等佐证材料。

（七）部分项目须按要求提供科技报告。

第十五条 省科技厅在收到验收申请的10个工作日内对验收申请材料进行审查，对符合验收条件的项目，在项目管理信息系统签署任务下达单位意见，明确验收方式和主持验收单位，并授予项目验收编号；对不符合验收条件的项目及时予以退回，并将审查意见一次性告知项目承担单位，由项目承担单位重新办理验收申请。

第十六条 项目验收实施的基本程序

（一）会议验收

1.主持验收单位组织专家召开项目验收会，验收会程序包括：

（1）由验收专家推荐或主持验收单位提名，确定验收专家组组长；

（2）专家组组长主持验收会议，听取项目承担单位的项目执行情况汇报；

（3）专家组在审阅验收材料和听取汇报的基础上，对有关问题进行质询，对项目经费预算执行和单独核算的情况进行审查，核定后补助项目的经费额度，必要时开展项目现场考察核实；

（4）专家组讨论形成专家组综合验收意见。

2.主持验收单位应及时登录项目管理信息系统提交专家组验收意见和专家组成员签字名单，督促项目承担单位补充完善验收材料，并在线打印《项目验收表》；

3.主持验收单位依据专家组验收意见及有关验收材料，进行综合评价，做出验收结论予以结题，委托验收项目验收表需经主持验收单位签章后，再报送省科技厅审核。

（二）简易验收

项目承担单位登录项目管理信息系统提交项目验收材料，省科技厅根据项目任务书，对验收申请材料进行审核，必要时咨询有关专家或技术人员，或组织实地核查，做出验收结论。

第四章 项目验收结论与后续管理

第十七条 项目验收结论分为"验收合格"、"验收基本合格"、"验收不合格"，具体如下：

（一）验收合格

提供的验收材料齐全，数据真实，项目经费使用（基本）合理，完成任务书规定的关键性指标，且非关键性指标（基本）完成（关键性指标由科技厅或验收专家组根据项目任务书及相关专业领域背景予以确定）。

会议验收时，定性指标（包括有若干标准值的定性指标）是否"基本完成"由专家组判断；定量指标"基本完成"标准一般不低于原指标的 50% 或由专家组判断。简易验收时，定性指标是否"基本完成"由科技厅判定；定量指标"基本完成"标准一般不低于原指标的 50% 或由科技厅判定。以下"基本完成"标准与此相同。

（二）验收基本合格

提供的验收材料齐全，数据真实，项目经费使用（基本）合理，基本完成项目任务书规定的关键性指标。

（三）验收不合格

验收项目存在下列情况之一者，视为验收不合格：

1.未按项目任务书要求完成关键性指标，或擅自调整研发目标任务的；

2.项目经费使用不合理，或实施过程中出现重大财务违法违规问题；

3.项目实施过程中存在造假行为，如提供的研究数据、验收资料不真实；或项目承担单位无法提供验收指标完成情况有效证明材料。

第十八条 对验收合格的项目，下达结转项目经费；"事前立项、事后补助"项目在计划经费额度内，按项目核定的实际经费下达。对验收基本合格的项目，不再下达结转经费；"事前立项、事后补助"项目在计划经费额度内，按项目验收核定实际经费 80% 下达。验收不合格的项目，不再下达结转经费，并收回项目结余的项目经费，"事前立项、事后补助"项目不下达项目经费。

第十九条 项目无法验收或无必要继续进行的，应按照《福建省科技计划项目管理办法》有关规定，办理项目中止或撤销手续。

第二十条 项目验收实行资信管理制度。项目管理信息系统将适时记录项目承担单位和项目负责人的项目执行情况，对申请延期验收、到期未验收，项目管理信息系统将自动形成资信记录，成为再次申报项目时的参考。不得抄袭、剽窃他人科研成果或者伪造、篡改研究数据、研究结论，对项目验收严重违背科研诚信要求的行为依法依规终身追责，将相关项目承担单位和负责人列入"黑名单"予以处理。对未能尽职尽责或有违规行为的验收专家，也将进行资信记录。列入资信记录"黑名单"的专家不再邀请其参与项目验收等科技评价活动。

第二十一条 充分尊重科学研究灵感瞬间性、方式多样性、路径不确定性的特点，重视科研试错探索的价值，建立鼓励创新、宽容失败的容错纠错机制，形成敢为人先、勇于探索的科研氛围。对探索性强的科研项目，经项目主管部门确认科研人员已经勤勉尽职仍不能按期完成任务的，可以不列入资信记录。

第二十二条 主持验收单位应加强管理，规范验收行为，切实履行有关职责。省科技厅将对项目验收工作实行不定期抽查，核查项目承担单位任务完成情况，检查受委托单位验收工作是否规范。项目抽查结果与项目实施管理单位年度申报限项数挂钩，并对项目执行和监管较差的项目实施管理单位进行通报。对严重违反项目管理规定的，将提请有关部门进行问责和处罚。项目实施管理单位和承担单位应积极配合省科技厅对验收项目的跟踪抽查和评估统计，及时提供有关材料。

第二十三条 项目单位应积极推动项目成果的应用和转化，并按照科技成果登记、科技报告制度、科学技术保密等有关规定做好相关工作。

第五章 附则

第二十四条 上述验收工作涉及项目经费管理的，按照《福建省级科技计划项目经费管理办法》规定执行。

第二十五条 省科技厅提供配套经费的国家科技计划项目，按国家有关规定验收。

第二十六条 本管理办法未尽事宜按《福建省科技计划项目管理办法》执行。

第二十七条 本管理办法由省科技厅负责解释，自印发之日起实施，原《福建省科技计划项目验收管理办法》（闽科计〔2015〕55号）作废。

福建省科学技术厅等四部门关于印发《关于进一步促进高校和省属科研院所创新发展政策贯彻落实的七条措施》的通知

(闽科综〔2019〕7号)

省人民政府有关部门、有关直属机构，各高等院校，省属各科研院所及主管部门：

《关于进一步促进高校和省属科研院所创新发展政策贯彻落实的七条措施》已经省政府同意，现印发给你们。

各有关单位要严格按照《关于营造有利于创新创业创造良好发展环境的实施意见》和《七条措施》的责任分工，认真抓好贯彻执行。

牵头单位要制定落实方案，细化责任分工，确保目标的顺利完成，推动出台的科技创新政策落地见效。

福建省科学技术厅　福建省教育厅

福建省财政厅　福建省人力资源和社会保障厅

2019年9月10日

关于进一步促进高校和省属科研院所创新发展政策贯彻落实的七条措施

坚持以习近平新时代中国特色社会主义思想为指导，深入贯彻习近平总书记在参加十三届全国人大二次会议福建代表团审议时的重要讲话和对福建工作的重要指示批示精神，认真落实省委十届八次全会的部署和《关于营造有利于创新创业创造良好发展环境的实施意见》，促进高校和省属科研院所持续创新发展，在落实好赋予科研机构和人员更大自主权已有政策的基础上，提出如下措施。

一、完善科技成果转移转化激励措施

（一）高校、省属科研院所将其持有的科技成果转让、许可或者作价投资给国有全资企业的，可以不进行资产评估；给非国有全资企业的，由单位自主决定是否进行资产评估。高校、省属科研院所通过协议定价方式确定成果转让价格的，应当在本单位公示科技成果名称和拟交易价格。已完成企业化转制的科研院所，按企业国有资产监管相关规定执行。

（二）支持高校、省属科研院所建立技术转移服务机构，科技成果转移转化后，可在科技成果转化净收入中提取不低于10%的比例，用于机构能力建设和人员奖励。

（三）支持高校、省属科研院所试点开展科技成果权属改革，以市场委托方式取得的横向项目，单位可与科技人员约定其成果权属归科技人员所有或部分拥有；对利用财政资金形成的新增职务科技成果，单位可与科技人员共同申请知识产权，赋予科技人员成果所有权。

（四）高校、省属科研院所开展技术开发、技术咨询、技术服务、技术培训等活动取得的净收入视同科技成果转化收入，可留归本单位自主使用，并按照促进科技成果转化政策规定实施奖励。

本条款所指科技成果主要包括：经鉴定或评审（价）的科技成果、专利权、品种权、商标权、新（兽）药证书、著作权（包含计算机软件著作权、科技书刊版权、设计图纸、科技报告、规划设计等）及其邻接权等受知识产权法律法规保护的产权类成果，动植物育种材料、技术秘密、技术标准、试验数据等属于单位科技秘密的专有类成果，以及信息咨询、检验检测等可以通过技术服务取得收益的技术类成果。

责任单位：省科技厅、教育厅、财政厅、人社厅、国资委、市场监督管理局，省属科研院所主管部门

二、放活科技项目经费管理使用

（一）高校、省属科研院所及其二级单位直接从事教学和科研任务的人员（含退离休返聘人员），以及在高校和省属科研院所及其二级单位中担任领导职务的专家学者，其出国（境）开展学术交流合作列支的国际合作与交流费用，同一般性的出访实施导向明确的区别管理。

（二）改进高校、省属科研院所会议管理，只要符合预算要求，决算在报销范围内，会议地点不强制限定在政府指定采购酒店。

（三）对于高校、省属科研院所承担国家和省级科技计划项目配套自筹经费的管理使用，由单位根据实际情况自主确定。

（四）高校、省属科研院所可根据科研活动需要，自主选择固定岗位、短期聘用、第三方外包等多种形式，聘用科研财务助理为科研项目实施提供经费管理和使用服务，其服务费用可在单位业务费、相应科研项目劳务费或间接费用中列支。

责任单位：省财政厅、教育厅、科技厅，省属科研院所主管部门

三、实行横向项目经费自主规范管理

（一）高校、省属科研院所根据科研活动需要，研究制定横向项目经费管理办法，自主确定使用范围、标准和分配方式，并作为评估、检查、审计等依据，实行有别于财政科研经费的分类管理方式。横向项目结余经费可全部奖励项目组成员，或由单位统筹用于开展研发活动。

（二）科技人员承担横向项目与承担政府科技计划项目，在业绩考核、职称评定中同等对待。

（三）符合政府购买服务条件或社会委托获取的财政性规划类、专题调研类、科技服务与管理类项目，按横向项目管理。

责任单位：省财政厅、科技厅、教育厅、人社厅、审计厅，省属科研院所主管部门

四、优化职称评聘和人员招聘机制

（一）高校、省属科研院所无论自主培养或引进的科研人员，对获得国家科学技术奖二等奖及以上（排名前3）、中国发明专利金奖（排名前2）、中国标准创新贡献奖（排名前2）及福建省高层次人才中的特级人才和杰出人才（A类人才）和领军人才（B类人才），聘任时可申请设置特设岗位，不受岗位总量、最高等级和结构比例限制。

（二）高校、省属科研院所引进博士等高层次人才或符合我省年度紧缺急需人才引进指导目录的人才，可采用直接考核方式公开招聘。对于高技能人才和急需的专业技术人员、科辅人员可适当放宽学历等条件限制。

责任单位：省人社厅、人才办、教育厅，省属科研院所主管部门

五、规范单位科研绩效工资管理

（一）省级及以上科学技术奖、专利奖、标准贡献奖奖金不纳入绩效工资总量管理；单位按照不超过主办单位奖励额度给予获奖人员的配套奖励，计入当年本单位绩效工资总量，但不受总量

限制，不纳入总量基数。

（二）按照《福建省促进科技成果转化条例》及有关规定给予完成、转化职务科技成果的科研人员的奖励和报酬，通过财政科研项目资金安排用于科研人员的绩效支出，横向委托项目外来经费按单位规定或合同约定给予科研人员的奖励和报酬，计入当年本单位绩效工资总量，但不受总量限制，不纳入总量基数。

（三）对中国科学院院士、中国工程院院士、国家人才计划引进人才、全时全职承担国家关键领域核心技术攻关任务的团队负责人，以及单位聘用的急需紧缺、业内认可、业绩突出的极少数高级专业技术人才、高级管理人才和高端技能人才，可参考人才市场价格合理确定薪酬水平，所需绩效工资总量单列，相应增加单位绩效工资总量。

（四）符合规定的兼职收入和在职创业、离岗创业收入不受本单位绩效工资总量限制，不计入本单位绩效工资总量。

责任单位：省人社厅、财政厅，省属科研院所主管部门

六、支持更加灵活的仪器设备采购

（一）高校、省属科研院所使用省级科研项目经费购买仪器设备或科研服务，按有关规定采购；根据科研工作实际需要，通过政府采购网上超市购买通用货物与服务，可不受网上超市采购限额标准限制。

（二）对高校、省属科研院所科研急需的设备和耗材，单项或批量采购金额不超过50万元的，可以自行采购；同一预算年度内同一品目设备或耗材自行采购金额累计不超过公开招标数额标准。高校、省属科研院所应规范对急需情形以及科研用途的设备和耗材的认定。

（三）建立"科研仪器设备"政府采购绿色通道。福建省政府采购网上公开信息系统设置"科研仪器设备采购"专区，高校、科研院所自行组织或委托代理机构采购科研仪器设备的，通过该专区实行网上办理。专区功能支持推荐供应商参与竞争性谈判、自行选定单一来源方式论证专家、自行选定进口产品论证专家。

责任单位：省财政厅、省工信厅、教育厅、科技厅，省属科研院所主管部门

七、健全完善内部科研管理制度

（一）支持高校、省属科研院所在科研活动中的选人用人、科研立项、经费使用、成果处置及其收益分配、职称评聘、薪酬分配、出国（境）交流、设备采购、建设项目审批等方面，实行区别于一般事业单位的管理运行模式，提升科研绩效，释放创新创业创造活力。

（二）探索建立科研项目监督、检查、审计等信息共享机制，对同一科研项目，实行监督、检查、审计结果互认，省有关部门可直接运用。在监督、检查、审计过程中出现对相关政策理解不一致的，应及时与政策牵头研究制定部门沟通并调查澄清。

（三）高校、省属科研院所要健全完善内部管理制度，对照党中央、国务院和省里已出台的新政策新要求，认真修订和制定详细可操作的管理制度和办法，确保落实科研人员自主权。高校、省属科研院所主管部门要通过随机抽查等方式加强事中事后监管，防止发生违规行为。

责任单位：省科技厅、教育厅、财政厅、人社厅、人才办、编办、外办、审计厅，高校、省属科研院所及其主管部门

《福建省人民政府关于促进高校科技创新能力提升的若干意见》（闽政〔2016〕37号）和本通知适用于高校和省属科研院所在内的省级科研事业单位。

福建省财政厅　福建省科学技术厅
关于省属公益类科研院所基本科研项目及专项资金管理办法的补充通知

(闽财教〔2019〕26号)

各有关单位：

为贯彻落实中央关于扩大高校和科研院所科研相关自主权精神和《中共福建省委办公厅　福建省人民政府办公厅印发〈关于深化项目评审、人才评价、机构评估改革的实施意见〉的通知》(闽委办发〔2018〕30号)要求，进一步扩大科研院所自主权，激发科研院所创新活力，现就《省属公益类科研院所基本科研项目及专项资金管理办法》(闽科政〔2015〕6号)(以下简称《管理办法》)有关问题补充通知如下：

一、进一步明确职责分工

《管理办法》第五条修改为：

省财政厅职责：安排专项资金年度预算；审核专项资金分配方案；会同省科技厅下达专项资金；加强专项资金绩效目标管理，必要时对绩效目标完成情况进行重点绩效监控、评价，将绩效评价结果作为改进预算管理、编制以后年度专项资金预算的重要依据。

省科技厅职责：发布基本科研专项资金年度申报指南通知和立项计划；开展基本科研专项绩效评估，研究提出基本科研专项经费分配方案；审核科研院所基本科研专项申报项目；指导并监督科研院所加强科研管理制度建设，监督基本科研专项项目实施及经费合理使用。

二、取消省属公益类科研院基本科研专项项目类别限制

删除《管理办法》第三章"项目类别"，删除第九条、第十条、第十一条和第十二条。

修改《管理办法》第十三条内容为：省科技厅会同省财政厅发布基本科研专项年度申报指南通知。科研院所根据基本科研专项申报指南组织申报基本科研专项选题项目。鼓励青年科研人员和一线科研人员承担项目。鼓励科研院所与高校、企业合作开展项目研究。

基本科研专项选题项目原则上每年申报一次。每人每次限申报一项，未结题的项目负责人不能申请新的省科技计划项目。

三、进一步规范省属公益类科研院所基本科研专项立项管理，赋予科研人员技术路线决策权

《管理办法》第十六条修改为：省科技厅对科研院所申报的基本科研专项选题项目进行审查。对不符合科研院所《科研发展五年规划》方向或重复研究的项目予以取消，并相应减少专项经费。

第十七条修改为：基本科研专项选题项目立项计划由省科技厅会同省财政厅下达。科研院所应在立项计划下达后的三十个工作日内与项目负责人签订项目任务书，并通过省科技计划项目信息管理系统报省科技厅备案。在项目实施期间，科研人员可以在研究方向和内容不变、不降低任务书指标的前提下，通过科研院所自主调整研究方案和技术路线。

四、加强省属公益类科研院所基本科研专项科技成果转化绩效评估工作

《管理办法》第十九条修改为：省科技厅会同省财政厅根据科研院所基本科研专项绩效评估结果，调整科研院所基本科研专项经费预算额度。对于技术研发和成果转化活跃、人才持续培养、项目管理规范等绩效显著的科研院所，加大专项经费支持力度。对于技术研发停滞不前、基本科研专项成果产出率低的科研院所，减少专项经费额度。

五、简化省属公益类科研院所基本科研专项执行管理根据省科技计划项目管理相关规定，取消《管理办法》第二十一条，项目承担单位不再报告项目年度执行情况。第二十二条第二款修改为：基本科研专项项目验收材料应当通过省科技计划项目管理信息系统报送省科技厅备案。

六、开展省属公益类科研院所基本科研专项"绿色通道"改革试点

根据《福建省财政厅福建省科学技术厅关于福建省级科技计划项目经费管理办法的补充通知》（闽财教〔2019〕12号）相关规定，将省属公益类科研院所全部纳入"绿色通道"改革试点单位。项目验收通过后，省属公益类科研院所可以从基本科研专项经费的直接费用中，提取不超过20%的费用作为奖励经费。奖励经费的使用范围和标准由科研院所在绩效工资总量内自主决定，在单位内部公示。

七、本通知由福建省财政厅、福建省科技厅负责解释。

八、本通知自发布之日起施行，执行期限至2021年12月31日止。

2019年9月19日

福建省科学技术厅关于修订《福建省自然科学基金计划项目管理实施细则》的通知

(闽科基〔2020〕3号)

各有关单位：

为规范福建省自然科学基金计划项目管理，根据《福建省科技计划项目管理办法》等有关规定，结合工作实际，现就《福建省自然科学基金计划项目管理实施细则》（闽科基〔2016〕7号）有关内容修订通知如下：

一、删除杰青滚动资助项目并新增重点项目

1. 将第五条、第十二条第（三）点、第十五条中"杰青滚动资助项目"，修改为"重点项目"。同时废止《福建省杰出青年科学基金项目滚动资助计划实施细则（试行）》（闽科基〔2014〕5号）。

2. 将第十条修改为：

"重点项目申请者除满足上述第七条要求外，还应同时具备以下条件：

（一）申请者没有在研（包括拟立项）的省级各类科技计划项目；

（二）已承担过省杰青滚动资助项目、省基金重点项目，或已主持过国家自然科学基金'促进海峡两岸科技合作联合基金'项目的人员不在支持之列。"

二、修改杰青项目申请条件

1. 删去第九条第（一）点"已主持过国家级科技计划项目"。

2. 将第九条第（三）点"截至申请立项年度1月1日时的年龄不超过35周岁，其中企业杰青申请者不超过40周岁"，修改为"截至申请立项年度1月1日时的年龄不超过40周岁"。

3. 将第九条最后一段"企业杰青项目申请者在主持科技项目、学位、职称等方面不受上述条件限制"，修改为"企业杰青项目申请者在学位、职称等方面不受上述条件限制"。

福建省科学技术厅

2020年2月26日

福建省科学技术厅 福建省财政厅关于印发《福建省企业研发经费投入分段补助实施细则（2020—2022年）》的通知

(闽科资〔2020〕14号)

各市、县（区）科技、财政部门，平潭综合实验区社会事业局、财政金融局：

根据《关于进一步推进创新驱动发展七条措施的通知》（闽政〔2018〕19号）和《关于强化科技支撑，服务疫情防控与经济社会发展的若干措施》（闽委办明电〔2020〕29号）文件精神，现将《福建省企业研发经费投入分段补助实施细则（2020—2022年）》，印发给你们，请遵照执行。

福建省科学技术厅 福建省财政厅
2020年5月20日

福建省企业研发经费投入分段补助实施细则（2020—2022年）

第一条 根据福建省人民政府《关于进一步推进创新驱动发展七条措施的通知》（闽政〔2018〕19号）和省委办公厅 省政府办公厅印发《关于强化科技支撑，服务疫情防控与经济社会发展的若干措施》（闽委办明电〔2020〕29号）文件精神，为鼓励和支持企业加大研发经费投入，推进供给侧结构性改革，结合两年来我省企业研发经费投入分段补助政策实施情况，修订本实施细则。

第二条 本细则规定仅适用于企业研发经费投入分段补助，不含新型研发机构和科技小巨人领军企业补助，三种补助方式同一年度同一标的物不能重复申请补助。

第三条 企业研发经费投入分段补助对象及资金使用范围为在我省设立的当年度研发经费内部支出应达50万元（含）以上的规模以上企业和规模以下高新技术企业。

第四条 企业研发经费投入分段补助资金用于资助企业的后续研发、平台建设、研发团队和科研管理人员奖励等，采用后补助的支持方式。

第五条 企业研发经费投入分段补助的测算依据是企业上年度研发经费支出额（扣除政府部门投入研发经费），及同口径较前一年度研发费用支出的增长额。分为预补助和年度研发经费补助（清算）两种。

（一）预补助分为年中研发经费预补助和高研发经费预补助。年中研发经费预补助仅限于上一年度研发经费投入1亿元（含）以上的企业申报，按上年度核定补助额实行预补助，由省级财政预拨经费全额垫付。高研发经费预补助，仅限于本年度单项研发经费投入1000万元以上的企业申报，采用"一事一议"方式，随时申请补助。

（二）年度研发经费补助（清算）分为基础补助、增长额补助和激励补助。

1. 基础补助：年度研发经费支出额不足1000万元的，按研发经费支出额的5%计算补助经费。年度研发经费支出额超过1000万元（含）、不足2000万元的，对其中1000万元给予50万元补助，超出1000万元的部分，按超出部分的4%给予补助经费。年度研发经费支出额超过2000万元（含）以上的，对其中2000万元给予90万元补助，超出2000万元的部分，按超出部分的2%给予补助经费。

2. 增长额补助：按照企业年度研发经费支出较上一年度增加额的6%给予补助经费。对上年度未申报研发费用分段补助或上年度上报地方统计局（或经统计局核定）研发投入统计归集为零的申报企业，不能申请增长额补助。

3. 激励补助：对企业年产值在5000万元以上、税收1000万元以上且研发经费内部支出占主营业务收入比重超过5%的高研发投入企业，在享受已有研发经费分段补助政策基础上，按其研发经费内部支出超出上一年度的增量部分，再给予10%的奖励，最高奖励500万元。

第六条 根据补助类型，申请企业需通过申报系统填报《福建省企业研发经费投入年度补助申请表（清算）》（附件1）、《福建省企业研发经费投入年中预补助申请表》（附件2）和《福建省高研发经费投入企业预补助申请表》（附件3）。

第七条 企业补助清算审核由各设区市与平潭综合实验区科技部门通过政府购买服务方式，确定有资质的会计师事务所等第三方机构对申请企业研发经费投入补助佐证材料进行核实，以国家统计部门公布的研究与试验发展（简称R&D）投入统计规范为依据，有疑义的可进行现场查证。

第八条 研发经费投入分段补助清算申报企业可根据实际情况提供含有研发支出科目的年度审计报告或研发费用专项审计报告为佐证材料，直接申报年度补助额度。无研发费用相关内容审计报告的企业必须提供研发费用支出相关账目等相关佐证材料供第三方机构进行核实审计，未纳入统计局统计范围的规模以上企业和未设立研发支出科目的企业，不予以申报分段补助。

（一）已纳入国家统计局企业（单位）研发活动统计报表制度的规模以上企业必须提供上一年度核定报国家统计部门的《企业研发活动及相关情况表》，如统计数据少于审计报告时，以统计数据为准进行补助。

（二）规模以下高新技术企业可提供清算当年度企业申报高新技术企业时专项审计报告出具的年度研发经费支出额为佐证材料。

第九条 年中研发经费预补助申报企业需提供上一年度核定研发补助经费及核定补助金额；高研发经费投入预补助申报企业以所得税归属地科技部门认定意见作为佐证材料。

第十条 研发经费投入分段补助审核工作由申请企业所得税归属地科技部门负责。企业通过"福建省科技创新平台及机构管理系统"提交申请，经所在地科技主管部门初审后，由企业所在地市级科技部门通过政务购买服务聘请第三方机构对参与申报清算的企业进行审核，并将审核结果进行公示，设区市科技部门（省属企业由省级科技部门）会同财政部门将清算审核汇总表上报省科技厅和财政厅审批。

第十一条 补助资金由省、设区市（含平潭综合实验区）、县（市、区）按3∶3∶4比例分级承担，其中23个省级扶贫开发重点县补助经费按4∶4∶2比例分级承担；企业所得税归属地在省级的企业所需补助资金全部由省级承担，在设区市的由省级和设区市按3∶7比例分级承担。

第十二条 省科技厅会同省财政厅根据设区市科技局和财政局年度清算具体情况下达上年度

省级承担的清算资金。设区市、县（市、区）财政部门收到清算文件后，应尽快完成拨付企业补助资金程序，各设区市，县（市、区）财政部门可先将本级财政配套资金拨付企业。

第十三条 已获得年度预补助资金但未参加清算的企业，省科技厅、财政厅统一安排第三方进行审计，对已预补助的资金超出全年应补助的部分予以收回。申请预补助企业在清算前倒闭的，清算资金直接按预补助资金额度进行清算。

第十四条 加大对地方政府考核奖励，全国百强县研发投入增速力争达到25%，非基本财力保障县研发投入增速力争达到22%，基本财力保障县研发投入增速力争达到20%，23个扶贫开发工作重点县研发投入增速力争达到18%。对上述四类县（市、区）在研发投入水平（R&D/GDP）位居前全省1~3位且达到相应增速的，分别给予当地政府500万元、400万元、300万元奖励。

第十五条 受助企业和第三方机构，应主动自觉接受政府、监察等有关部门的监督检查。研发经费补助资金的使用与管理中存在虚报、截留、挪用等违法行为的，除暂停项目拨款、中止项目执行、追回已拨经费、取消申报补助企业和相关负责人三年内申报科技项目资格外，将按照《中华人民共和国预算法》《财政违法行为处罚处分条例》等有关规定追究相关责任人的责任。构成犯罪的，依法移送司法机关处理。

第十六条 本实施细则从印发之日起实施，执行期为三年。原《福建省企业研发经费分段补助实施细则（修订）》（闽科计〔2018〕14号）同时废止。

附件：1. 福建省企业研发经费投入补助清算表（略）
　　　2. 福建省企业研发经费投入年中预补助申请表（略）
　　　3. 福建省高研发经费投入企业预补助申请表（略）

福建省科学技术厅印发《福建省科技计划项目监督工作暂行办法》的通知

(闽科监〔2020〕2号)

各设区市科技局、平潭综合实验区经济发展局，省人民政府各部门、各直属机构，各大企业，各高等院校：

为贯彻落实《福建省委办公厅 福建省人民政府办公厅印发〈关于深化项目评审、人才评价、机构评估改革的实施意见〉的通知》（闽委办发〔2018〕30号）、《福建省人民政府关于改进加强省级财政科研项目和资金管理的若干意见》（闽政〔2014〕53号）和我省科技计划项目管理等有关规定，进一步加强和规范我省科技计划项目监督工作，提高科技计划项目实施质量和财政资金使用效益，经研究制定《福建省科技计划项目监督工作暂行办法》。现予印发，请遵照执行。

福建省科学技术厅
2020年6月29日

福建省科技计划项目监督工作暂行办法

第一章 总则

第一条 为加强和规范我省科技计划项目监督工作，提高科技计划项目实施质量和财政资金使用效益，根据《福建省委办公厅 福建省人民政府办公厅印发〈关于深化项目评审、人才评价、机构评估改革的实施意见〉的通知》（闽委办发〔2018〕30号）、《福建省人民政府关于改进加强省级财政科研项目和资金管理的若干意见》（闽政〔2014〕53号）和我省科技计划项目管理等有关规定，制定本办法。

第二条 本办法适用于对福建省科学技术厅（以下简称省科技厅）主管的各类省级科技计划项目的申报、立项、实施、验收等活动的监督检查。

第三条 本办法监督的对象为省科技计划项目管理部门、项目承担单位、科研人员、咨询（评审）专家、提供科技服务的第三方机构等。

省科技计划项目管理部门是指负责省科技厅各类科技计划项目管理职责的业务处（室、局），包括承担部分省级科技计划项目管理的直属事业单位（以下简称项目管理部门）。

第四条 省科技厅科技监督与诚信建设处（以下简称监督部门）负责科技计划项目的监督工作，主要监督职责是：

（一）研究制定科技计划项目监督相关政策措施；

（二）对科技计划项目的组织管理工作进行监督；

（三）对科技计划项目和经费执行情况开展检查监督，牵头组织开展省级科技重大专项检查；

（四）对科技咨询专家履职的独立、客观、公正性，以及保密制度、回避规则和诚信要求等执行情况进行监督；

（五）承担财政科技投入绩效评价工作。

第五条 科技计划项目监督应遵循权责对等、科学规范、放管结合的原则，坚持重点监督和日常监督相结合、内部管理和外部监督相结合、专项检查和随机抽查相结合。

第六条 监督部门可根据工作需要，将资金核查、绩效评估（评价）等工作委托第三方服务机构实施。

第七条 建立科技监督员制度。监督部门负责选聘科技监督员，对科技计划项目的组织实施情况进行监督。科技监督员应具备相应专业知识和业务能力，独立、客观、公正开展监督工作。

第八条 监督部门应根据科技工作需要，制定年度检查监督计划。

第九条 项目管理部门应认真履行项目日常管理职责，配合监督部门开展监督工作。

第二章 监督内容

第十条 项目申报受理环节主要监督内容：

（一）项目申报指南的形成是否科学规范、论证充分；

（二）项目申报条件是否公开、公平、公正；

（三）项目申报时限是否符合规定；

（四）网上申报渠道是否通畅。

第十一条 项目立项管理环节主要监督内容：

（一）评审立项工作方案是否符合管理规定；

（二）评审组织工作是否符合规定；

（三）项目申报单位、项目负责人、评审专家是否存在违反项目管理规定或违背科研诚信要求的行为；

（四）立项结果是否公开；

（五）立项决策是否按照规定的程序和要求。

第十二条 项目实施环节主要监督内容：

（一）项目承担单位的项目组织管理责任落实情况；

（二）任务书规定的科研进度完成情况；

（三）项目资金的到位、管理和使用情况。

第十三条 项目验收结题环节主要监督内容：

（一）项目是否存在到期未验收；

（二）项目验收程序和组织工作是否符合规定；

（三）任务书规定的任务是否完成；

（四）项目资金的使用和管理是否符合规定；

（五）项目承担单位、负责人、验收专家是否存在违反项目管理规定或违背科研诚信要求的行为；

（六）项目验收结果的运用是否按规定执行。

第十四条 专家选取和使用的监督：

（一）网络评审专家选取应在项目管理系统专家库中随机匹配，因工作需要采取非随机选取或随机匹配后又进行人工调整的，应作出书面说明；

（二）会议评审（验收）专家的使用应与抽取相分离，项目管理部门根据工作需要提出专家使用需求，专家库管理部门负责抽取专家，监督部门监督。

（三）专家保密制度、回避规则和诚信要求等执行情况。

第三章 监督方式

第十五条 科技计划项目的监督方式主要有现场监督、随机抽查、专项检查、资金核查、绩效评估（评价）、受理投诉举报等。

监督部门还可采取网上巡查、系统抽查和统计、发布征求意见书等其他方式开展检查监督工作。

第十六条 现场监督适用于对重要科技活动组织实施过程的监督，监督部门派驻科技监督员进行现场监督，出具监督意见。

第十七条 随机抽查适用于按照一定比率随机抽取检查项目，对抽取项目的组织和实施情况开展实地检查。对执行期内项目的检查原则上不得超过1次。

第十八条 专项检查适用于对项目承担单位的项目组织管理责任落实、内部管理制度建设、执行财政资金管理规定等情况的检查。

第十九条 资金核查适用于对财政资助100万元及以上科技项目资金使用的合规性、合法性和财务收支信息的真实性、完整性进行核实检查，一般委托第三方服务机构实施。

对涉嫌存在违规行为的项目，监督部门可根据工作需要对其开展资金核查。

第二十条 绩效评价（评估）适用于对科技计划项目的目标定位、组织管理、实施进展、财政资金使用情况、成果产出、效果和影响等情况的评估评价。

第二十一条 现场监督的范围：

（一）财政资助超过50万元科研项目（含后补助项目）的立项评审和结题验收会议；

（二）各类科技创新平台项目的立项评审和验收会议；

（三）其他需要现场监督的科技活动。

第二十二条 随机抽查的范围：

（一）立项满1年的在研项目；

（二）当年度验收结题项目；

（三）其他需要检查监督的项目。

第二十三条 项目管理部门一般应提前2个工作日将相关工作方案和科技活动通知等材料送监督部门备案，并配合监督部门开展相关监督工作。

第二十四条 监督部门应当建立公众参与监督机制，受理投诉举报，并按照有关规定进行登记和分类处理。

投诉举报事项不在权限范围内的，应当按照规定移交有关部门处理。

第四章 结果运用

第二十五条 监督部门对监督中发现的问题，应下达监督结果和整改意见。相关单位和个人应当在规定的时限内完成整改，并以书面形式报告整改情况。

第二十六条 项目承担单位和个人在相关科技活动中存在违规和失信行为，或者不配合监督工作的，视情节轻重分别给予诚信诫勉谈话、通报批评、限期整改等处理。对造成严重后果和影响的，中止或撤销相关项目、追回已资助的财政资金、阶段性取消申报省科技计划项目的资格。

第二十七条 项目管理部门及其工作人员违反科技计划项目管理规定的，按照有关规定处理。涉嫌违纪违法的，按干部人事管理权限移送有关单位或纪检监察部门处理。

第二十八条 第三方服务机构存在违约行为的，终止协议执行，追究违约责任，取消其一至三年承担省科技厅科技服务资格。

第二十九条 咨询专家在科技活动中违反相关管理规定的，视情节轻重分别给予诚信诫勉谈话、通报批评、降低专家信用等级、阶段性取消其省科技厅咨询专家资格等处理。

第三十条 项目管理部门应当根据科技监督和绩效评价（评估）结果，优化科技计划项目和资金的管理。

第三十一条 开展科研失信联合惩戒。对科研活动中发生严重科研失信的单位和个人，监督部门应按照有关规定及时将失信单位和个人信息报送录入科技部科研诚信管理信息系统和信用中国（福建）平台，对科研失信行为实施跨地区、跨行业、跨领域联合惩戒。

第五章 附则

第三十二条 其他需要监督的科技活动，可参照本办法执行。

第三十三条 本办法由省科技厅负责解释。

第三十四条 本办法自印发之日起实施。

第二十二章 江西省科研项目和资金管理法规政策

江西省人民政府关于深化省级财政科技计划（专项、基金等）管理改革的实施意见

（赣府发〔2016〕2号）

各市、县（区）人民政府，省政府各部门：

为深入实施创新驱动发展战略，深化科技管理体制改革，促进科技与经济紧密结合，着力解决科技计划管理中存在的突出问题，提高我省科技创新能力，根据《国务院关于改进加强中央财政科研项目和资金管理的若干意见》（国发〔2014〕11号）和《国务院印发关于深化中央财政科技计划（专项、基金等）管理改革方案的通知》（国发〔2014〕64号）精神，现就深化省级财政科技计划（专项、基金等）管理改革提出如下实施意见。

一、总体要求和基本原则

（一）总体要求。

按照国家总体部署，通过深化改革，强化顶层设计，打破条块分割，统筹科技资源，建立健全公开统一的省级科技计划管理平台，构建总体布局合理、功能定位清晰、具有江西特色的科技计划体系，形成职责清晰、科学规范、公开透明、监管有力的科技计划和资金管理机制。使之更加符合科技创新规律，更加聚焦全省经济社会发展的重大科技需求，更加高效配置科技资源，更加密切科技与经济的结合。显著提升财政科技资金使用效益，充分激发科技人员的积极性和创造性，不断增强科技对经济社会发展的支撑引领作用，为实施创新驱动发展战略提供有力保障。

（二）基本原则。

转变政府科技管理职能。省政府各有关部门要简政放权，主要负责科技发展战略、规划、政策、布局、评估、监管，对省级财政各类科技计划（专项、基金等）实行统一管理，建立统一的评估监管体系，加强事中、事后的监督检查和责任倒查。省政府各有关部门不再直接管理具体项目，充分发挥专家和专业机构在科技计划（专项、基金等）具体管理中的作用。

促进科技与经济深度融合。加强科技与经济在规划、政策等方面的相互衔接。科技计划（专项、基金等）要围绕产业链部署创新链，围绕创新链完善资金链，统筹衔接基础研究、应用开发、成果转化、产业发展等各环节工作，更加主动有效地服务于经济结构调整和提质增效升级，进一步发挥科技对经济社会发展的支撑引领作用。

明晰政府与市场的关系。政府重点支持市场不能有效配置资源的基础前沿、社会公益、重大共性关键技术研究等公共科技活动，积极营造激励创新的环境，解决好"越位"和"缺位"问题。发挥好市场配置技术创新资源的决定性作用和企业技术创新主体作用，突出成果导向，以税收优惠、政府采购等普惠性政策和引导性为主的方式，支持企业技术创新和科技成果转化活动。

坚持公开透明和社会监督。省级财政科技计划（专项、基金等）项目全部纳入统一的省级科技管理信息系统和科技报告系统，加强项目实施全过程的信息公开和痕迹管理，强化科研诚信建设和信用管理，切实做到公平公正公开。除涉密项目外，所有信息向社会公开，接受社会监督。营造遵循科学规律、鼓励探索、宽容失败的氛围。

二、建立公开统一的省级科技管理平台

（三）建立健全统筹协调决策机制。建立科技部门牵头，财政、发展改革、工信等部门参加的科技计划（专项、基金等）管理部门联席会议制度，对科技计划（专项、基金等）进行顶层设计和整体部署，统筹管理全省各类科技计划（专项、基金等）。在此基础上，财政部门按照预算管理的有关规定统筹配置科技计划（专项、基金等）预算。各相关部门做好产业和行业政策、规划、标准与科研工作的衔接。

（四）建设省级科技计划管理平台。通过统一的科技管理信息系统，将优化整合后的省级科技计划（专项、基金等）纳入平台集中管理，对科技计划（专项、基金等）的需求征集、指南发布、项目申报、立项和预算安排、监督检查、结题验收等全过程进行信息化管理，主动向社会公开非涉密信息。分散在各相关部门、尚未纳入省级科技管理信息系统的项目信息要尽快纳入，已结题的项目要及时纳入统一的省级科技报告系统。未按规定提交并纳入的，不得申请省级财政资助的科技计划（专项、基金等）项目。

（五）依托专业机构管理项目。将现有具备条件的科研管理类事业单位等改造成规范化的项目管理专业机构，由专业机构通过统一的省级科技管理信息系统受理各方面提出的项目申请，组织项目评审、立项、过程管理和结题验收等，对实现任务目标负责。加快制定专业机构管理制度和标准，明确规定专业机构应当具备相关科技领域的项目管理能力，建立完善的法人治理结构，设立理事会、监事会，制定章程，按照联席会议确定的任务，接受委托，开展工作。加强对专业机构的监督、评价和动态调整，确保其按照委托协议的要求和相关制度的规定进行项目管理工作。项目评审专家应当从省科技项目评审专家库中选取。鼓励具备条件的社会化科技服务机构参与竞争，推进专业机构的市场化和社会化。

（六）建立统一的评估和监管机制。科技、财政部门要对科技计划（专项、基金等）的实施绩效统一组织评估评价和监督检查。进一步完善科研信用体系建设，实行"黑名单"制度和责任倒查机制。对科技计划（专项、基金等）的绩效评估，通过公开竞争等方式择优委托第三方机构开展，评估结果作为省级财政予以支持的重要依据。各有关部门要加强对所属单位承担科技计划（专项、基金等）任务实施和资金使用情况的管理监督。建立科研成果评价监督制度，强化责任；加强对财政科技资金管理使用的审计监督，对违法违规行为坚决予以查处，查处结果向社会公开，发挥警示教育作用。

（七）建立动态调整机制。科技、财政部门要根据绩效评估和监督检查结果以及相关部门的建议，提出科技计划（专项、基金等）动态调整意见。完成预期目标或达到设定时限的，应当自动终止；确有必要延续实施的，或新设立科技计划（专项、基金等）以及重点专项的，由科技、财政部门会同有关部门组织论证，提出建议，按程序报批。

三、优化科技计划（专项、基金等）布局

根据全省经济社会发展战略需求和科技发展需要，优化整合形成基础研究等五类科技计划（专项、基金等）。

（八）基础研究计划（自然科学基金）。

突出原始创新导向，主要资助应用基础研究和科学前沿探索，培养人才和团队，增强源头创新能力；完善管理，加强与其他类科技计划的有效对接；通过公开择优的方式确定研究任务和承担者。

（九）科技重大专项。

面向全省经济社会发展战略需求和长远发展，聚焦全省重大战略产品和产业化目标，以协同创新为核心，开展重点攻关；突出重点，加强与其他科技计划的分工与衔接，避免重复投入。

（十）重点研发计划。

瞄准国民经济和社会发展主要产业的重大、核心、关键技术问题，以及事关国计民生的社会公益性研究，以重点项目的方式，从应用基础、重大共性关键技术到应用示范进行全链条设计，一体化组织实施，使其中的应用基础研发活动具有更明确的需求导向和产业化方向，加速基础前沿最新成果对创新下游的渗透引领。

（十一）技术创新引导类计划。

突出企业技术创新主体地位，充分发挥市场对技术研发方向、路线选择、要素价格、各类创新要素配置的导向作用。通过风险补偿、后补助、创投引导等方式发挥财政资金的杠杆作用，运用市场机制引导支持技术创新活动，促进科技成果转移转化和资本化、产业化。

（十二）基地和人才计划。

加强顶层设计，对现有的基地合理归并，进一步优化布局，按功能定位分类整合。加强相关人才计划的顶层设计和相互衔接，支持创新人才和优秀团队的科研工作。

上述五类科技计划（专项、基金等）全部纳入统一的省级科技计划管理平台管理，加强项目查重，避免重复申报和重复资助。省级财政要加大对科技计划（专项、基金等）的支持力度，加强对省级科研机构和高校自主开展科研活动的稳定支持。

四、整合现有科技计划（专项、基金等）

整合工作针对所有实行公开竞争方式的科技计划（专项、基金等），将各部门管理的财政科技计划（专项、基金等），通过撤、并、转等方式，按照上述五大类别对现有科技计划（专项、基金等）进行整合，在保证资金量不减少的基础上，大幅压缩科技计划（专项、基金等）数量。

（十三）保留基础研究计划（自然科学基金）。

将各类涉及资助基础研究的计划整合归并至自然科学基金，突出应用基础研究和科学前沿，注重交叉学科，加大资助力度，增加源头创新，向全省重点研究领域输送创新知识和人才团队。

（十四）整合形成重点研发计划。

聚焦全省重大战略任务，遵循研发和创新活动的规律和特点，将科技部门管理的科技支撑计划、对外科技合作计划以及其他有关部门管理的行业科研专项计划等，进行整合归并，形成省级重点研发计划。该计划根据全省国民经济和社会发展重大需求及科技发展优先领域，凝练形成若干目标明确、边界清晰的重大重点项目，实施从基础研发到应用示范的全过程创新。

（十五）强化科技重大专项。

围绕先进装备制造与航空、电子信息、生物医药、新材料和新能源等十大战略性新兴产业，凝练和主动设计一批科技重大专项。着力解决制约产业发展的重大关键核心技术问题，研究开发出一批技术领先、市场前景广阔、经济效益好、产业带动性强的重大战略产品。科技重大专项按照"面向社会征集需求、部门遴选主动设计、专家论证实地考察"的方式进行运作。要加大聚焦力度，进一步集中资金，控制重大专项数量；要更加注重与其他科技计划的分工和衔接，增强互补性和合力。

（十六）分类整合技术创新引导类计划（专项、基金）。

按照企业技术创新活动不同阶段的需求，将省科技部门和其他有关部门管理的协同创新体、火炬计划、星火计划、重点科技成果转移转化计划、科技型中小企业创新基金、发明专利产业化、重点新产品计划等，进一步明确功能定位并进行分类整合，避免交叉重复，并切实发挥杠杆作用，通过市场机制引导社会资金和金融资本进入技术创新领域，形成天使投资、创业投资、风险补偿等多种支持引导方式。要通过间接措施加大支持力度，完善落实税收优惠、政府采购等支持科技创新的普惠性政策，激励企业加大自身的科技投入，真正发展成为技术创新的主体。

（十七）调整优化基地和人才专项。

对科技部门管理的重点实验室、工程技术研究中心、科技基础条件平台，发改部门管理的工程实验室、工程研究中心，工信部门管理的企业技术中心等合理归并，进一步优化布局，按功能定位分类整合，完善评价机制，加强与国家、省级科技基础设施的相互衔接。提高高校、科研院所科研设施开放共享程度，盘活存量资源，鼓励全省科技基础条件平台对外开放共享和提供技术服务，促进重大科研基础设施和大型科研仪器向社会开放，实现跨机构、跨地区的开放运行和共享。加大人才团队的投入和建设，相关人才计划要加强顶层设计和相互之间的衔接。整合科技部门和其他有关部门管理的人才资金，形成人才专项。

五、实施进度和工作要求

（十八）明确时间节点，积极稳妥推进实施。

按照整体设计、试点先行、逐步推进的原则开展。

在2015年启动省级科技计划管理平台建设、初步建成省级财政科研项目数据库、基本建成省级科技报告系统的基础上，选择若干具备条件的科技计划（专项、基金等）按照新的五个类别进行优化整合，在2016年财政预算中体现。

2016年，按照"十三五"科技发展的重点任务，基本完成各类科技计划（专项、基金等）的优化整合，改革形成新的管理机制和组织实施方式；基本建成公开统一的省级科技管理平台，实现科技计划（专项、基金等）安排和预算配置的统筹协调，建成统一的省级科技管理信息系统，向社会开放。

2016—2017年，建成省级科技计划管理平台（二期），实现省、市、县（区）三级科研项目及省内相关部门科研项目联动和全省科研业务管理信息化、一体化、规范化，实现跨部门查重功能，实现相关信息与数据共享，与国家科技管理信息系统的互联互通。

2017—2018年，全面按照优化整合后的五类科技计划（专项、基金等）运行，不再保留优化整合之前的科技计划（专项、基金等），并在实践中不断深化改革，修订或制定科技计划（专项、基金等）和资金管理制度，营造良好的创新环境。各项目承担单位和专业机构建立健全内控度，依法合规开展科研活动和管理业务。

（十九）协同推进，狠抓落实。

探索做好事业单位科技成果使用、处置和收益管理改革，落实科技成果转化激励机制；加强科技政策与财税、金融、经济、政府采购、考核等政策的相互衔接，落实好研发费用加计扣除等激励创新的普惠性政策；加快推进科研事业单位分类改革和收入分配制度改革，完善科研人员评价制度，创造鼓励潜心科研的环境条件；促进科技和金融结合，推动符合科技创新特点的金融产品创新；将技术标准纳入产业和经济政策中，对产业结构调整和经济转型升级形成创新的倒逼机制；将科技创新活动政府采购纳入科技计划，积极利用首购、订购等政府采购政策支持科技创新产品的推广应用；积极推动军工和民口科技资源的互动共享，促进军民融合式发展。

科技计划（专项、基金等）管理改革工作是实施创新驱动发展战略、深化科技体制改革的突破口，任务重，难度大。各有关部门要统一思想，强化大局意识、责任意识，积极配合，主动改革，共同做好本意见的落实工作。各市、县（区）要按照本意见精神，深化地方科技计划（专项、基金等）管理改革，优化整合资源，提高资金使用效益，为地方经济和社会发展提供强大的科技支撑。

江西省科技专项资金管理暂行办法

(赣财文〔2017〕38号)

第一章 总则

第一条 为贯彻落实《中共江西省委 江西省人民政府关于深入实施创新驱动发展战略推进创新型省份建设的意见》(赣发〔2016〕5号)和创新引领基本方略,加强科技专项资金管理,提高资金使用效益,依据《中华人民共和国预算法》、《江西省财政专项资金管理办法》(赣府发〔2016〕35号)、《江西省财政厅关于规范财政专项资金分配管理的通知》(赣财预〔2017〕11号)、《省委办公厅、省政府办公厅印发〈关于进一步完善财政科研项目资金管理等政策的实施意见〉的通知》(赣办字〔2016〕97号)等法律、法规和有关文件的规定,制定本办法。

第二条 本办法所称科技专项资金,是指由省财政通过一般公共预算安排的,由省科技厅、省农业厅、省科协分别归口管理的,支持我省科技创新活动、提高科技创新能力、建设现代农业产业技术体系和开展科学普及的专项资金。

第三条 科技专项资金的使用要紧密围绕省委、省政府的重大战略决策和部署,深入实施创新驱动工程,大力推进科技协同创新,努力提升我省科技创新的能力和水平,改善科研基础条件,优化科技创新环境,促进科技成果转移转化,开展重大科技活动和基层科学普及等工作。

第四条 专项资金管理和使用原则:

(一)分类安排,合理配置。对引导市县科技发展专项、现代农业产业技术体系建设专项和科普专项按照因素法切块下达,增强市县自主性,激励基层主动作为。对科技计划,按照竞争性评审的方式,分五大类予以资助;对重点科技工作,将资金安排到特定项目,科学合理地分配资金。

(二)公开公平,绩效优先。资金政策文件、管理制度、项目申报指南、项目立项结果、资金分配方案和资金分配结果等信息及时向社会公开,接受社会监督。项目主管部门每年开展绩效考评,考评结果作为预算分配、项目安排和资金调整的重要依据。

(三)及时下达,专款专用。各级收到省财政下达的科技资金后,要按《预算法》的要求及时下达拨付至项目实施单位。项目实施单位要将专项经费纳入单位财务统一管理,实行单独核算,确保专款专用。

(四)加强监管,追踪问效。各部门协作配合,齐抓共管,加强评估监管体系建设,加强科研诚信建设和信用管理,明晰专项经费管理和使用各方的权利和义务,实行"黑名单"制度和责任倒查机制。

第二章 预算安排与资金分配

第五条 省财政根据科技创新、现代农业产业技术体系建设、科普工作的需要和财力情况,在年度预算中统筹安排科技专项资金。

各市、县财政根据相关法律法规的要求,结合本地科技、科普工作需要和财力情况,将科技投入纳入财政预算。

第六条 科技专项资金按照因素法和竞争性分配相结合的方式分配下达。

因素法分配是指根据与科技支出相关的因素并赋予相应的权重或标准，对引导市县科技发展专项资金，根据市、县（区）科研综合能力（权重20%）、创新综合能力（权重20%）、市县本级财政科技支出（权重30%）、科技管理（权重30%）等因素，进行资金分配。现代农业产业技术体系建设专项，按照各产业技术体系建设任务，首席专家（权重22.5%）、岗位专家（权重58.5%）、综合推广试验站数量（权重19%）等因素。科普专项按照常住人口数（权重20%）、国土面积数（权重20%）、科学普及工作因素（权重40%）、助力地方经济建设工作（权重20%）等因素。资金测算的因素和权重，可根据工作重点适当调整。

竞争性分配是指根据《江西省"十三五"科技创新升级规划》和年度科技计划申报指南要求，由科技主管部门以竞争性评审的方式，通过发布公告、项目申报、第三方评审、集体决策、批准立项等程序实行竞争性分配资金的方法。科技计划的五大类计划按照此方式分配资金，其中需上报省政府批准的项目，由项目主管部门按程序报批，并建立健全各类科技计划评审管理办法。各级各类单位按照项目申报指南的要求申报项目。对第三方评审机构应具备的资质、选择程序、评审内容等，由省科技厅另行研究制定办法，与本办法配套实施。对于具体项目的资金安排，要综合考虑该项目的年度实施进度并分年安排；对科研部门的科研资金安排，要综合考虑其上年的资金总体使用情况，防止资金在单位的大量结余。

第七条 实行竞争性分配的科研项目资金，主要采取前补助、后补助的支持方式，具体支持方式，由省科技厅依据计划类别特点在编制和发布项目申报指南时明确。

前补助是指项目立项同时核定补助额度，按照科研计划合同和科研任务及时拨付专项资金的支持方式。

后补助是指项目立项后，项目承担单位自筹资金开展科研活动取得成果并通过验收，或经过绩效考评后，获得专项经费奖励的支持方式。

第八条 积极探索其他支持方式。其他支持方式，主要包括财政贴息补助、科技协同创新体有偿借款、科技成果转化基金等科技金融类和对中小企业科技创新、科技特派团、大型科研仪器设备共享等采取发放科技创新券等方式。相关科技计划项目、其他科技金融类种科技创新券等管理办法另行制定。

第九条 对拟分配的专项资金，项目主管部门应当通过官方网站等媒介向社会公示，公示期不少于7日，公示无异议后方可经部门"三重一大"程序研究，通过后由部门出具正式书面意见，提交财政部门下达资金。

第三章 项目资金支出范围

第十条 项目资金支出包括直接费用和间接费用两部分。

直接费用是指在项目实施过程中发生的与之直接相关的费用。包括：设备费、材料费、测试化验加工费、燃料动力费、会议／差旅／国际合作与交流费、出版／文献／信息传播／知识产权事务费、委托业务费、劳务费、专家咨询费和其他费用。

间接费用是指承担单位在组织实施项目过程中发生的无法在直接费用中列支的相关费用。主要包括承担单位为项目研究发生的现有仪器设备及房屋摊销费，水、电、气、暖消耗费，有关管理费用的补助支出以及绩效支出等。

第十一条 实行公开竞争方式的研发类项目，项目承担单位在编制预算时，会议／差旅／国际合作与交流费支出预算不超过直接费用10%的，不需要提供预算测算依据。研发类项目均要设立间接费用，核定比例为不超过直接费用扣除设备购置费的一定比例：500万元以下的部分为20%，500万元至1000万元的部分为15%，1000万元以上的部分为13%。软科学（管理科学）项目的间接费用比例提高至30%。加大对科研人员的激励力度，取消绩效支出比例限制。项目承担单位在统筹安排间接费用时，要处理好合理分摊间接成本和对科研人员激励的关系，绩效支出安排与科研人员在项目工作中的实际贡献挂钩，各科研单位可自行制定办法。

第四章 资金下达与预算执行

第十二条 科技专项资金应当在省人民代表大会审查批准预算后60日内下达。对主管部门未及时提出资金分配方案的，省财政厅在到期后20日内可按因素法先预拨后清算。

第十三条 为加快执行进度和提高资金使用效益，加强对现代农业产业技术体系和科普专项的使用管理，省农业厅和省科协提前对相关工作进行考核，根据考核情况，由省财政厅将资金提前下达给相关部门（单位）和市、县（市、区）。各级财政财务部门应根据要求，将提前下达的资金编入下一年度本部门（单位）和本级财政预算。

第十四条 为提前开展下一年度科技项目的申报、评审和资金下达，省科技厅于每年5月底前研究下发下一年度科技计划项目申报指南，于每年11月底前完成申报项目的受理、评审、立项等工作，在省人民代表大会审查批准预算后在规定时间内提出专项资金分配方案，省财政厅根据分配方案及时下达资金。

第十五条 加快预算执行。资金分配下达后，市县政府财政部门应当及时与主管部门沟通协调，分解下达资金，尽快形成实物量支出。项目承担单位应当按照下达的预算执行，在项目总预算不变的情况下，直接费用中的材料费、测试化验加工费、燃料动力费、出版／文献／信息传播／知识产权事务费及其他支出预算如需调整，由项目负责人根据科研活动的实际需要提出申请，由项目承担单位批准。科研项目实施期间，年度剩余资金可结转下一年度继续使用。项目完成任务目标并通过验收后，结余资金按规定留归项目承担单位使用，在2年内由项目承担单位统筹安排用于科研活动的直接支出；2年后未使用完的，按规定收回。

第十六条 省科技厅、省农业厅、省科协等主管部门在省财政厅下达资金的同时下达工作任务清单，督促项目实施单位及时完成工作任务，加快项目资金的使用进度，提高资金使用效益。主管部门应采取有效措施，指导市县建立健全项目库管理制度。做到专项资金一经下达，即可进行项目对接并组织实施，促进"钱等项目"向"项目等钱"转变。

第五章 资金管理与监督

第十七条 科技专项资金由省财政厅会同省科技厅、省农业厅和省科协负责管理，各级各部门按照职能分工，分别履行以下管理职责：

（一）省科技厅、省农业厅和省科协等部门依照本规定和年初预算数，商省财政厅分别提出引导市县科技发展专项和科技计划专项、现代农业产业技术体系和科普专项的资金分配方案，分别下达各专项的任务清单，制定绩效评价办法，对项目实施情况开展监督检查和绩效考核。

（二）省财政厅负责预算安排、审核部门提出的资金分配方案、下达和拨付资金，按照国库集中支付和政府采购制度的有关规定支付资金，依法开展资金使用情况监管检查。

（三）各项目承担单位主管部门负责督促项目承担单位，按照要求制定科研、科普项目资金管理办法，及时开展项目实施，按照规定用途使用资金，加强资金监督管理，及时统计所属单位的科研、科普结余结转资金，审核、汇总所属单位年度预（决）算。

（四）市、县科技、农业和科协等部门负责资金和项目具体使用管理、建立项目库、开展绩效评价、监督检查等工作，按照权责对等原则落实监管责任。

（五）市、县财政部门负责将科技投入纳入财政预算，按照《预算法》要求及时下达和拨付科技专项资金，按照国库集中支付和政府采购制度的有关规定支付资金，依法开展资金使用情况监管检查。

第十八条 省直项目承担单位主管部门和各市、县（区）应当加强对资金和项目的监督检查，及时掌握资金使用管理和项目进展情况，并按要求上报监督检查结果。项目主管部门和省财政厅不定期对重大项目组织开展监督检查。

第十九条 全面推行公开公示制度。推进政务公开，各项目主管部门应将资金政策文件、管理制度、项目申报指南、项目立项结果、资金分配方案和资金分配结果等信息及时向社会公开，接受社会监督。

第二十条 全面推行绩效管理制度。各级科技、农业、科协和财政主管部门应该结合检查验收工作，对项目完成质量、实施成效、政策落实、组织管理等进行绩效考评，完善绩效评价制度，合理确定绩效目标。

第二十一条 省直项目承担单位主管部门和各市、县（区）财政、科技、农业、科协等部门要配合纪检监察、人大、检察机关、审计等部门依法开展对资金和项目的监督、检查和审计工作，对发现的问题应当及时制定整改措施并落实。

第二十二条 在专项资金分配、使用、管理等环节中，存在违反规定安排资金以及其他滥用职权、玩忽职守、徇私舞弊等违法违纪行为的，按照《中华人民共和国预算法》、《中华人民共和国公务员法》、《中华人民共和国行政监察法》、《财政违法行为处罚处分条例》等有关规定追究有关责任单位和人员的责任；涉嫌犯罪的，移送司法机关处理。

第六章 附则

第二十三条 本办法自印发之日起施行。《江西省财政厅 江西省科技厅关于印发〈江西省科技计划项目经费管理办法（试行）〉的通知》（赣财教〔2013〕84号）同时废止。原制定的《江西省财政厅 江西省农业厅关于印发〈江西省现代农业产业技术体系建设专项资金管理办法（试行）〉的通知》（赣财教〔2014〕84号）、《江西省财政厅 江西省科学技术协会关于印发〈江西省"银会合作"奖补资金管理办法（试行）〉的通知》（赣财文〔2016〕21号）中有关规定与本办法不符的，执行本办法。

第二十四条 本办法由省财政厅会同省科技厅、省农业厅和省科协负责解释。

江西省人民政府办公厅关于印发
《加快新型研发机构发展办法》的通知

(赣府厅发〔2018〕19号)

各市、县（区）人民政府，省政府各部门：

《加快新型研发机构发展办法》已经省政府同意，现印发给你们，请认真贯彻落实。

江西省人民政府办公厅
2018年6月6日

加快新型研发机构发展办法

为深入实施创新驱动发展战略，加快培育发展新经济，鼓励引导我省新型研发机构健康有序发展，充分发挥其在创新发展中的生力军作用，制定如下办法：

一、本办法所指的新型研发机构是指在我省按规定登记、审批，从事自然科学研究与开发以及技术转移转化、衍生孵化、科技服务等活动，采用多元化投资，按照营利性和非营利性规则运作，无行政级别、无固定编制，研发经费稳定、自负盈亏的独立法人和其他组织。

二、新型研发机构主要类型：

（一）研发企业类。由个人、企业和其他社会组织以多种形式创办，主要从事科研开发、成果转化、技术服务、科技企业孵化等活动并经工商注册的企业法人。科技协同创新体为研发企业类新型研发机构的主要类型。

（二）不核定机构编制事业单位类。引进国内外知名高等学校和科研院所与地方政府及各类产业园区、开发区等合作共建，由机构编制部门按照有关规定办理。

（三）社会服务机构类。从事自然科学研究、技术开发、技术转移转化、技术咨询服务等活动，在民政部门登记注册的社会组织法人。

（四）以市场机制配置资源的其他类型研发机构。

三、支持新型研发机构围绕我省重点发展产业和地方优势特色产业，开展关键和共性技术研究开发和成果转化，承接国家重大科技基础设施和重大科学装置落户江西，支撑产业技术创新与转型升级。

四、新型研发机构申报遵循自愿原则。省科技行政主管部门负责省新型研发机构的核定、管理、服务和监督（具体细则另行制定），组织开展新型研发机构的评审、评估、绩效考核等工作。各设区市科技行政主管部门负责本区域省新型研发机构的申报和初审。

五、省科技行政主管部门会同相关部门加强对新型研发机构的发展规划和引导服务，及时帮助解决新型研发机构发展中的问题。鼓励各地政府和省直相关部门出台优惠政策培育新型研发机构。支持各地政府采取"一院一策、一事一议"等方式择优扶持新型研发机构建设。

六、新型研发机构采用引导资金资助与后补助相结合的资助方式。在省级财政科技专项中统筹安排资金,实行竞争性分配,对新型研发机构列入年度科技计划的项目予以支持。将新型研发机构纳入省科技创新平台载体后补助范围,视绩效评估结果对新型研发机构进行后补助支持。

七、鼓励新型研发机构重点围绕我省及地方优势特色产业,面向海内外引进中高端研发人才和团队,优化配置创新资源,自主评聘职称,并与国有科研院所、高等院校同等享受相应的人才激励政策。

八、省科技行政主管部门加快制定科技创新券管理办法。支持新型研发机构以科技创新券的方式使用国有科研院所、高等学校科技创新资源,并利用科技创新券为企业等市场主体提供创新服务。

九、支持新型研发机构独立或联合申报国家和省、市、县级科技计划、成果转化、技术改造、人才团队等项目。支持企业类新型研发机构申报高新技术企业。鼓励新型研发机构申报组建国家和省及市重点实验室、工程研究中心、技术创新中心、制造业创新中心、院士工作站、博士后工作站、海智工作站等研发平台。

十、对符合国家科技创新进口税收政策的新型研发机构进口科研用仪器设备按规定免征进口关税和进口环节增值税、消费税,具体名单由省科技行政主管部门报南昌海关备案支持新型研发机构扩大先进技术、重要装备和关键零部件进口,按规定享受进口贴息项目支持。

十一、建立完善科技金融风险补偿、贴息等配套机制,鼓励各类金融机构为新型研发机构提供知识产权质押贷款、股权质押贷款、科技企业贷款、科技保险等科技金融服务;支持发展各类科技投资机构,鼓励社会资本投资新型研发机构;通过风险补偿、后补助、创投引导等方式,运用市场机制,引导风险投资机构投资新型研发机构。

江西省人民政府办公厅印发《关于加快科技创新平台高质量发展十二条措施》的通知

(赣府厅字〔2018〕59号)

各市、县(区)人民政府,省政府各部门:

《关于加快科技创新平台高质量发展十二条措施》已经省政府同意,现印发给你们,请认真贯彻落实。

江西省人民政府办公厅
2018年6月6日

关于加快科技创新平台高质量发展十二条措施

为进一步贯彻落实创新驱动发展战略,加快推动科技创新平台高质量发展,构建高效创新体系,提升区域创新能力,支撑引领江西经济高质量发展,现提出如下措施。

一、提升国家级科技创新平台建设水平

1. 大力支持创建国家级科技创新平台。对新认定的国家重点实验室、国家工程研究中心、国家技术创新中心、国家临床医学研究中心、国家科技资源共享服务平台、国家野外科学观测研究站给予补助500万~1000万元;对首次认定的省部共建国家重点实验室按省部议定数额每年拨付实验室建设与运行经费,并在中央引导地方科技发展专项资金中重点支持实验室科研能力和科研基础条件建设。(责任单位:省科技厅、省发改委、省财政厅)

2. 稳定支持国家级科技创新平台建设。对通过验收的国家级科技创新平台,根据验收或运行评估结果,以及实际运行情况每年给予奖励性补助100万~300万元,并在中央引导地方科技发展专项资金中予以重点支持,主要用于创新平台设施设备更新、科研业务和运行管理。鼓励设立首席科学家,在支持经费中每年安排30万~50万元科研工作经费。(责任单位:省科技厅、省发改委、省财政厅)

3. 探索完善国家级科技创新平台管理体制机制。严格实行管委会领导下的主任负责制,统筹创新平台人、财、物管理,完善创新平台绩效评价与激励机制,以及日常管理制度。依托单位要确保国家级科技创新平台的人才队伍数量,形成以研究、技术类为主,管理、教学类为辅的合理人才梯次结构。向国家级科技创新平台下放职称评审权,鼓励建立符合科研人员岗位特点的分类评价机制,对从事基础研究和前沿技术研究的科研人员,弱化中短期、强化中长期目标考核,增加技术创新、专利发明、成果转化、技术推广、标准制定等评价指标的权重。(责任单位:省科技厅、省发改委、省人社厅、省教育厅、省国资委、省卫生计生委,有关设区市政府、有关依托单位)

4.切实简化科研仪器设备采购管理流程。国家级科技创新平台实行政府采购绿色通道,鼓励国家级科技创新平台购置先进科研设施设备,对集中采购目录内的项目可自行采购和选择评审专家,对进口仪器设备采购实行备案制管理。对符合国家规定的科技创新平台进口仪器设备、重大技术装备进口关键原材料和零部件按规定实施免征进口关税及进口环节增值税等优惠政策。(责任单位:省财政厅、省科技厅、省教育厅、省国税局、省地税局、南昌海关)

二、培育国家级科技创新平台预备队

5.重点支持国家级科技创新平台预备队建设。遴选30家左右国家级科技创新平台预备队进行培育。对新认定的国家级科技创新平台预备队予以支持,公益类补助130万元,企业类补助100万元。同时对国家级科技创新平台预备队中我省十大产业重点科技创新平台再予以重点支持。对通过验收,在国家层面具有比较优势,且初步符合国家布局的科技创新平台预备队,每年给予差异化奖励性补助50万~100万元。择优支持国家级科技创新平台预备队申报中央引导地方科技发展专项资金,用于改善科研基础条件,优化科技创新环境。(责任单位:省科技厅、省发改委、省财政厅)

三、增强省级科技创新平台持续创新能力

6.优化省级科技创新平台布局。根据国家科技创新基地优化整合方案,以及我省战略需求和不同类型创新平台功能定位,对现有省级科技创新平台进行分类梳理,归并整合为科学与工程研究(重点实验室)、技术创新与成果转化(工程研究中心、技术创新中心、临床医学研究中心)和基础支撑与条件保障(科技资源共享服务平台、野外科学观测研究站)三类进行布局建设。根据整合重构后各类省级科技创新平台功能定位和建设运行标准,对现有省级科技创新平台进行考核评估,通过撤、并、转等方式,进行优化整合,符合条件的纳入相关平台序列管理。(责任单位:省科技厅省发改委、省财政厅)

7.推进省级科技创新平台建设。优化省级科技创新平台布局,按照"少而精"的原则,择优部署新建一批高水平省级科技创新平台。对新认定的省级科技创新平台给予补助50万元;对验收和考核评估优秀的高水平科技创新平台予以差异化奖励性补助50万~100万元。(责任单位:省科技厅、省发改委、省财政厅)

8.支持省内外重点共建科技创新平台建设。加强与省外优势科技资源合作,积极引进国内外著名高等院校、国家级研发机构来赣与我省相关单位共建分支机构或新型研发机构。对省内外重点共建科技创新平台予以重点支持。(责任单位:省科技厅、省发改委、省财政厅、省工信委、省教育厅、省卫生计生委、省国资委,有关设区市政府)

四、建立稳定的科技创新平台投入机制

9.加大财政资金支持创新平台建设力度。统筹安排科技创新平台资金,持续稳定支持国家级和省级科技创新平台组建、验收与运行评估成绩优异者。中央引导地方科技发展专项资金重点支持国家级科技创新平台预备队和省级基础支撑与条件保障类科技创新平台科研能力和科研基础条件建设。依托单位主管部门要加大资金支持力度。(责任单位:省科技厅、省发改委、省财政厅、省教育厅、省工信委、省卫生计生委、省国资委,有关设区市政府)

10.建立创新平台依托单位投资主体机制。依托单位是创新平台的投资主体,要确保科技创新平台建设与运行经费保障,企业类依托单位按财政资金3倍以上投入建设与运行经费,公益类按财政资金1倍以上投入建设与运行经费。同时,企业类依托单位要认真落实研发费用加计扣除优

惠政策，加大科技创新平台建设与运行投入力度。（责任单位：有关依托单位，省教育厅、省国资委、省卫生计生委、省科技厅、省发改委、省国税局、省地税局，有关设区市政府）

五、打造适应科技创新平台发展的人才队伍

11. 重点支持科技创新平台引进和集聚高层次科技人才。各级政府人才优惠政策要优先支持科技创新平台引进领军人才、高层次人才和紧缺人才。有关部门和单位要构建优厚的人才待遇、人才培育、人才激励和人才服务政策，重点支持科技创新平台人才梯队建设。同时，制定引进人才与本土培养人才在同等条件下待遇相近的人才政策，支持按照市场化标准为人才计薪，避免高层次创新人才二次流失，通过引培并举建设科技创新平台稳定的高水平人才梯次队伍，增强核心竞争力。（责任单位：省委组织部、省人社厅、省科技厅、省科协、省教育厅，有关设区市政府、有关依托单位）

六、加强科技创新平台建设管理

12. 健全完善科技创新平台运行管理。鼓励科技创新平台创新体制机制，完善绩效评价机制，规范管理制度，激发创新潜能，增强创新能力。对科技创新平台实行动态管理，通过以评促建、优胜劣汰，择优支持高水平科技创新平台建设，淘汰或改造建设停滞不前、缺乏科技创新动力的低水平省级创新平台。同时，鼓励科技创新平台的大型科研设施设备加入省大型仪器开放共享服务平台，向全社会开展共享服务。（责任单位：省科技厅、省发改委、省财政厅、省教育厅、省工信委、省卫生计生委、省国资委）

江西省科技厅关于印发《江西省"科贷通"贷款贴息资金管理细则（试行）》的通知

（赣科发计字〔2018〕95号）

各设区市科技局、各有关单位：

现将《江西省"科贷通"贷款贴息资金管理细则（试行）》印发给你们，请遵照执行。

江西省科技厅
2018年7月27日

江西省"科贷通"贷款贴息资金管理细则（试行）

第一条 为规范江西省"科贷通"贷款贴息资金管理，发挥财政资金对技术创新的引导作用，降低企业融资成本，制定本细则。

第二条 江西省"科贷通"贷款贴息资金（以下简称贴息资金）用于补助我省科技型中小企业"科贷通"贷款利息支出。

第三条 申报贴息资金企业应为江西省内注册的具有独立企业法人资格的中小企业，企业信誉良好，获得省"科贷通"贷款支持并已及时偿还贷款本息。

第四条 贴息资金采用总额控制和后补助方式。单一企业年度贴息为上一年度实际贷款额的1%，且最高贴息资助额不超过10万元，单一企业连续享受贷款贴息不超过3年。

第五条 企业应在贷款还款后起60个工作日内，填写并向所在地方科技主管部门报送贴息资金申报材料。地方科技主管部门对科贷通贷款企业的贴息申请进行审核，并汇总向省科技厅推荐。

第六条 贴息资金申报需提供以下材料：

1. 江西省"科贷通"贷款贴息资金申请表；
2. "科贷通"贷款合同、贷款到账凭证和还款凭证，以及付息凭证（复印件并加盖企业公章）；
3. 企业营业执照（复印件并加盖企业公章）；
4. 其他相关证明材料。

第七条 江西省科技厅对各地贴息资金申请汇总向社会公示，公示期7天。公示结束无异议的，纳入年度省财政预算安排，由省财政厅下达资金。

第八条 企业应当对其申报内容的真实性负责，如通过弄虚作假等不正当手段骗取贴息资金的，一经查实，将在国家企业信用信息公示系统（江西）中进行公示，省财政厅将收回资金，并按《财政违法行为处罚条例》（国务院令第427号）等有关法律法规追究有关单位和人员的责任，三年内不得享受贷款贴息资金。

第九条 本管理细则由江西省科技厅负责解释。

第十条 本管理细则自发布之日起执行。

江西省科学技术厅 江西省民政厅关于印发《江西省科技类民办非企业单位进口科学研究和教学用品免税资格认定管理办法》的通知

(赣科发政字〔2019〕81号)

各设区市、省直管试点县(市)科技局、民政局,赣江新区管委会创新发展局、社会事务局,有关单位:

为贯彻落实省委、省政府关于深化科技体制改革的精神,进一步支持科技类民办非企业单位增强科研创新能力和水平,根据《财政部 教育部 国家发展改革委 科技部 工业和信息化部 民政部 商务部 海关总署 国家税务总局 国家新闻出版广电总局关于支持科技创新进口税收政策管理办法的通知》(财关税〔2016〕71号),我们制定了《江西省科技类民办非企业单位进口科学研究和教学用品免税资格认定管理办法》。现印发给你们,请认真贯彻执行。

附件:江西省科技类民办非企业单位进口科学研究和教学用品免税资格认定管理办法

江西省科学技术厅 江西省民政厅
2019年6月17日

江西省科技类民办非企业单位进口科学研究和教学用品免税资格认定管理办法

为贯彻落实省委、省政府关于深化科技体制改革的精神,进一步支持科技类民办非企业单位开展科技创新,加快提高科研能力和水平,根据《财政部 教育部 国家发展改革委 科技部 工业和信息化部 民政部 商务部 海关总署 国家税务总局 国家新闻出版广电总局关于支持科技创新进口税收政策管理办法的通知》(财关税〔2016〕71号),制定本办法。

第一条 本办法所指的科技类民办非企业单位,是指在江西省民政厅依法登记,主要利用非国有资产举办,不以营利为目的,专门从事科学研究与技术开发、成果转让、科技咨询与服务、科技成果评估以及科学技术知识传播和普及等业务的民办非企业单位。

第二条 申请免税资格的单位应同时具备下列条件:

(一)依照《民办非企业单位登记管理暂行条例》、《民办非企业单位登记暂行办法》的要求,在省民政厅登记注册的、具有法人资格且年检合格的民办非企业单位;

(二)资产总额在300万元(含)以上;

(三)从事科学研究的专业技术人员(大专以上学历或中级以上技术职称专业技术人员)在20人以上,且占全部人员的比例不低于60%;

(四)兼职的科研人员不超过25%。

第三条 免税资格认定程序：

（一）在省民政厅登记注册的具有法人资格的科技类民办非企业单位，应在每年6月底前向省科技厅提出免税资格申请，省科技厅会同省民政厅按照本办法第二条所列条件进行审核认定，对符合免税资格条件的科技类民办非企业单位颁发免税资格证书，同时将免税单位名单向社会公告并函告南昌海关。

（二）获得免税资格证书的科技类民办非企业单位可持免税资格证书和其他材料，按规定到南昌海关办理相关手续。

第四条 申请单位应当向省科技厅提交以下材料：

（一）《科技类民办非企业单位进口科学研究和教学用品免税资格审核表》；

（二）盖有上一年度年检合格的登记证书副本；

（三）上年度审计报告原件及复印件；

（四）上一年年末专职和兼职人员名册（包括姓名、学历、职称、工作岗位、劳动合同期限、联系方式等）。

第五条 已获得免税资格的科技类民办非企业单位，如存在弄虚作假获得免税资格的，经省科技厅会同省民政厅查实后，撤销其免税资格，注明撤销日期，并函告南昌海关，自撤销之日起，取消其免税资格，并追缴应交税款，列入社会组织活动异常名录。

第六条 省科技厅会同省民政厅每2年对科技类民办非企业单位的免税资格复审一次；复审时重点对已获得免税资格单位的依法纳税和免税进口物品使用情况等进行实质性审查，申请复审的科技类民办非企业单位除提供本办法第四条所规定的材料外，还应当提供已享受进口科教用品免税政策执行情况的报告。

第七条 通过复审的单位，继续拥有2年的免税资格，对通过复审的单位，以公告形式公布名单，注明复审通过日期，并函告南昌海关。未通过的单位，撤销其免税资格，注明撤销日期，并函告南昌海关，自撤销之日起，取消其免税资格。

第八条 经认定符合免税资格条件的科技类民办非企业单位免税进口与本单位承担的科研任务直接相关的科学研究、科技开发和教学用品的范围，按照进口科学研究、科技开发和教学用品免税清单执行。

第九条 省科技厅会同省民政厅根据实际需要，对科技类民办非企业单位免税进口科学研究和教学用品的使用情况进行检查和监督。

第十条 各设区市科技局可参照本办法，会同同级民政部门制定相应的管理办法。

关于印发《江西省关于加强科研诚信建设的实施办法》的通知

(赣科发监字〔2019〕105号)

各市委组织部、宣传部，市科学技术局、教育局、人力资源和社会保障局、卫生健康委员会、社会科学界联合会、科学技术协会，省直有关单位：

现将《江西省关于加强科研诚信建设的实施办法》印发给你们，请遵照执行。

中共江西省委组织部　中共江西省委宣传部
江西省科学技术厅　江西省教育厅
江西省人力资源和社会保障厅　江西省卫生健康委员会
江西省社会科学界联合会　江西省科学技术协会
2019年8月21日

江西省关于加强科研诚信建设的实施办法

第一章　总则

第一条　为加强我省科研诚信建设、营造诚实守信的良好科研环境，根据中共中央办公厅、国务院办公厅《关于进一步加强科研诚信建设的若干意见》，制定本办法。

第二条　本办法适用于全省科研活动即科研项目（专项、基金等）、人才计划、平台基地、科研奖励的指南编制与咨询、申报与受理、评审与立项、执行与验收、监督与评价以及成果发表等有关活动管理与实施的全过程。办法中所称科研活动管理机构是指各级科研活动行政管理部门或受其委托负责相关科研活动具体组织实施的管理主体；科研活动实施单位是指承担或参与相关科研活动的科研院所、高等学校、企业、社会组织等；第三方科研服务机构是指为相关科研活动提供审计、测试化验加工、结题验收、咨询等服务的独立第三方机构。

第三条　本办法所称责任主体包括本办法第二条所列事项的申报人员、承担人员、评审评估咨询专家等自然人，以及科研活动申报单位、承担单位、第三方科研服务机构等法人机构。

第四条　本办法所称科研诚信管理，是指相关责任主体遵守承诺、履行约定义务、遵守科学界公认行为准则的能力和表现的客观记录和公正评价，并据此对失信责任主体进行的教育、惩戒等相关工作。

第二章　责任体系

第五条　省科技厅、省社联分别负责自然科学领域和哲学社会科学领域科研诚信管理工作的统筹协调和宏观指导，按照有关要求会同相关部门完善教育宣传、诚信案件调查处理、信息采集、分类评价等制度，建立情况督查和通报制度。

第六条　科研活动管理机构要建立以诚信为基础的监管机制，将科研诚信要求融入科研活动管理全过程，负责受其管理或委托的科研活动组织管理和实施责任主体的科研诚信宣传教育、信息记录、失信行为调查和信用结果应用等。

第七条 省委宣传部、省教育厅、省卫生健康委、省社联、省科协等部门负责学术期刊、出版、教育、卫生等单位科研诚信理论研究、内控制度完善及诚信审核。学会、协会、研究会等社会团体负责各自领域科研活动行为规范制定、诚信教育引导、诚信案件调查认定、科研诚信理论研究等工作。从事科技评估、科技咨询、科技成果转化、科技企业孵化和科研经费审计等科技中介服务机构要严格遵守行业规范，强化诚信管理，自觉接受监督。

第八条 科研活动实施单位是科研诚信建设第一责任主体，要将科研诚信工作纳入常态化管理，对本单位科研诚信建设作出具体安排，建立健全教育预防、科研活动记录、科研档案保存、责任追究等制度，并通过单位章程、员工行为规范、岗位说明书等内部规章制度及聘用合同，对本单位员工遵守科研诚信要求及责任追究作出明确规定或约定。

第九条 科研机构、高等学校要通过单位章程或制定学术委员会章程，明确规定学术委员会科研诚信工作任务、职责权限，并在工作经费、办事机构、专职人员等方面提供必要保障。学术委员会要发挥在审议、评定、受理、调查、咨询等方面的作用，查处违背科研诚信要求的行为，定期组织开展或委托基层学术组织、第三方专业机构对本单位科研人员的学术论文、技术研发等科研成果进行全覆盖核查，核查工作以3至5年为周期持续开展，必要时可采取针对性核查。

第十条 从事科研活动和参与科研管理服务的人员要坚守底线、严格自律。科研人员要恪守科学道德准则，遵守科研活动规范、践行科研诚信要求。项目（课题）负责人、研究生导师等应当发挥言传身教作用，加强对项目（课题）组成员、学生的科研诚信管理，对重要论文等科研成果的署名、研究数据真实性、实验可重复性等进行诚信审核和学术把关。评审专家、咨询专家、评估人员、经费审计人员应当忠于职守，严格遵守科研诚信要求和职业道德，独立、客观、公正开展工作，提供负责任、高质量的咨询评审意见。科研管理人员要正确履行管理、指导、监督职责，全面规范科研诚信要求。

第三章 管理机制

第十一条 科研活动管理机构要完善各级各类科研活动管理制度，将科研诚信建设要求落实到项目指南编制、立项评审、过程管理、结题验收和监督评估等科研活动管理全过程，要在各类科研合同（任务书、协议等）中约定科研诚信义务和违约责任追究条款，加强科研诚信综合管理，完善科研活动监督检查机制，加强相关责任主体科研诚信履责情况的经常性检查。

第十二条 相关行业主管部门应当在科研活动中全面实施科研诚信承诺制度，要求参与科研项目推荐、申报、评审、评估等工作的相关人员签署诚信承诺书，明确承诺事项和违背承诺的处理要求。

第十三条 省委组织部、省科技厅、省教育厅、省人力资源社会保障厅、省社联、省科协等有关部门在科研表彰奖励、人才计划资格评选、职称评定、学位授予、项目评审等工作中，将科研诚信审核作为必经程序。科研活动管理机构要对科研项目申请人开展科研诚信审核，将具备良好的科研诚信状况作为参与科研活动的必备条件，作为各类评价的重要指标，对严重失信行为责任主体实行"一票否决"。

第十四条 科研活动管理机构要加强科研活动成果质量、效益、影响的评估。科研活动实施单位应当加强科研成果管理，建立学术论文发表诚信承诺制度、科研过程可追溯制度、科研成果检查和报告制度等成果管理制度。学术论文等科研成果存在违背科研诚信要求的，应对相关责任人作出严肃处理并采取措施消除不良影响，其中自然科学论文造假监管由省科技厅负责，哲学社会科学论文造假监管由省社联负责。

第十五条 省委宣传部负责加强学术期刊管理，发挥学术期刊在科研诚信建设中的作用。学术期刊要切实提高审稿质量，加强对学术论文的审核把关。对罔顾学术质量、管理混乱、商业利益至上，造成恶劣影响的学术期刊，要列入黑名单；对在列入黑名单的学术期刊上发表的论文，在评审评价中不予认可，不得报销论文发表的相关费用。

第十六条 省科技厅会同省社联负责推进科研诚信信息系统或数据库建设，建立覆盖科研项目指南编制、申报、评审、立项、实施、评估评价、结题验收等全过程以及成果应用情况的诚信记录，对科研人员、相关机构、组织等的科研诚信状况进行记录，对各类科研活动的承担人员、咨询评审专家以及项目管理专业机构、项目承担单位、科研服务机构等相关责任主体开展诚信评价，逐步推行与科研诚信登记挂钩的科研项目和经费分类管理模式。

第十七条 科研活动管理机构要规范科研诚信信息管理，建立信息采集、记录、评价、应用等管理制度。科研诚信采集记录信息包括基本信息、守信记录和失信记录，其中基本信息包括相关责任主体的身份信息、与科研活动任务关联的项目名称、参与方式等。

第十八条 加强科研诚信信息共享应用，推动全省科研信息系统与国家科研诚信信息系统、社会信用信息共享平台、设区市及有关部门科研诚信信息系统互联互通，分阶段分权限实现信息共享，为实现跨部门、跨地区联合惩戒提供支撑。

第十九条 科研活动实施单位应当将科研诚信工作纳入日常管理，在入学入职、职称晋升、参与科研项目等重要节点，对科研人员、教师、青年学生等开展科研诚信教育。对存在倾向性、苗头性问题的人员，要及时开展科研诚信诫勉谈话。科研活动管理机构、科研活动承担单位应当结合科研活动组织实施的特点，对承担或参与科研活动的科研人员有效开展科研诚信教育。学会、协会、研究会等社会团体要主动加强科研诚信教育培训工作，引导科研人员自觉抵制弄虚作假、欺诈剽窃等行为，开展负责任的科学研究。

第二十条 省委宣传部负责指导开展科研诚信宣传教育，充分利用广播电视、报纸杂志等传统媒体及微博、微信、手机客户端等新媒体，大力宣传科研诚信典范榜样，曝光违背科研诚信要求的典型案例，开展警示教育。

第四章 失信行为认定

第二十一条 科研项目或课题负责人、首席专家、财务助理等参与科研活动的科研人员有下列情况的，应当认定为违背科研诚信行为：

（一）采取弄虚作假、贿赂或变相贿赂、利益交换、故意重复申报以及打招呼、请托、游说等方式，骗取科研项目、科研经费、职务职称以及奖励、荣誉等；

（二）抄袭、剽窃、侵占他人科研成果，伪造、篡改科研数据、研究结论、资料文献、图标、注释或捏造事实、编造虚假研究成果，购买、代写、代投论文，虚构同行评议专家及评议意见，侵犯他人知识产权，违反科研伦理及实验动物管理有关要求等；

（三）违反科研计划管理规定，未及时签署项目任务书、报告项目实施情况、经费到位及使用情况以及重大变更事项等，无正当理由不执行项目任务书经费管理、验收等约定，科研报告、项目成果等造假；

（四）违反署名规范，未参加研究或创作而在研究成果、学术论文上署名，未经他人许可而不当使用他人署名，虚构合作者共同署名，或者多人共同完成研究而在成果中未注明他人工作、贡献，擅自标注或虚假标注获得科技活动资格；

（五）违反科研资金管理规定，截留、私分、套取、转移、挪用、贪污科研经费，谋取私利；

（六）未及时制止甚至包庇纵容违背科研诚信的行为，提供虚假材料，不配合监督检查或日常管理，对相关处理意见拒不整改或虚假整改；

（七）违反合同约定的保密规定，泄露与研究内容有关的技术、商业秘密；

（八）其他违背科研诚信要求的行为。

第二十二条 科研活动实施单位有下列情况的，应当认定为违背科研诚信行为：

（一）采取贿赂或变相贿赂、造假、故意重复申报等不正当手段获取科研活动承担、参与资格和财政性资金；

（二）擅自超权限调整科研活动任务或预算安排，违反财经纪律截留、挤占、挪用、转移科研经费；

（三）提供虚假材料，不配合监督检查和评估工作，对相关处理意见拒不整改或虚假整改，对失信行为调查处理不力甚至隐瞒、迁就、包庇、纵容所属科研人员违背科研诚信行为；

（四）未履行法人管理和服务职责，审核把关不严，导致出现报送材料造假、违反科研伦理规范、项目无法验收或结题等严重问题；

（五）违反合同约定的保密规定，泄露与研究内容有关的技术、商业秘密；

（六）其他违反科研活动管理规定及财经纪律的行为。

第二十三条 科研活动管理受托机构、第三方科研服务机构有下列情况的，应当认定为违背科研诚信行为：

（一）通过恶意串通或弄虚作假等不正当手段，违规获取科研活动相关咨询、评审、审计、验收、测试化验加工等服务资格或业务；

（二）擅自委托他方开展科技相关咨询、评审、审计、验收等工作；

（三）违反相关规定或制度及委托合同约定，管理工作失职，导致管理项目无法验收或发生严重违规违纪问题；

（四）违反有关规定，对与项目承担单位或相关人员之间存在利害关系而未实行回避，或利用管理职能设租寻租，为本单位、科研活动申报或承担单位及人员谋取不正当利益；

（五）内部管理失职，所属工作人员存在主动索取或接受项目承担单位好处、受利益关联方影响向评审专家输送利益来干预评审或施加倾向性意见；

（六）违反合同约定的保密规定，泄露与研究内容有关的技术、商业秘密以及项目管理过程中咨询评审专家名单、专家意见、评审结论和立项安排等相关信息等行为；

（七）违反独立、客观、公正原则，出具不当第三方结论；

（八）提供虚假材料，不配合监督检查和评估工作，对相关处理意见拒不整改或虚假整改；

（九）其他违反科研活动管理规定的行为。

第二十四条 参与科研活动咨询评审专家、评估及经费审计人员等有下列情况的，应当认定为违背科研诚信行为：

（一）无正当理由缺席或擅自委托他人顶替，未遵守现场规则擅自离席或与项目单位接触，与参评项目单位或与评审结果存在利害关系而未申请回避；

（二）履责过程中，对其他专家施加影响或发表倾向性言论影响其他专家独立发表意见，利用管理、咨询、评估评价专家等身份或职务便利为科研活动申报者谋取不当利益，或利用参与评估评审获得的非公开技术、商业信息为本人或第三方谋取私利；

（三）未在规定时间提交咨询评审意见，或评估、评价意见内容简单雷同或严重失实；

（四）索取或收受申报单位及相关人员的礼品、礼金、有价证券、支付凭证等财物，以及接受可能影响公正性的宴请或其他好处；

（五）违反保密规定，擅自向外界泄露评审内容、评审专家评价或意见、项目信息、评审结果等保密信息；

（六）违反独立、客观、公正原则，出具不当咨询评审意见，严重影响咨询评审结果；

（七）其他违背评估评审工作纪律的行为。

第五章 调查处理

第二十五条 省科技厅、省社联要明确相关机构负责科研诚信工作，配备专（兼）职工作人员，保障正常工作经费和办公场所，负责做好受理举报、核查事实、日常监管等工作，建立跨部门联合调查机制，组织开展对科研诚信重大案件联合调查。违背科研诚信要求行为人所在单位是调查处理第一责任主体，要明确本单位科研诚信机构和监察审计机构等调查处理职责分工，确定调查程序、处理规则、处理措施等，积极主动、公正公平开展调查处理。相关行业主管部门要按照职责权限和隶属关系，加强指导和督促。市场监督管理、公安等部门负责对从事学术论文买卖、代写代投以及伪造、虚构、篡改研究数据等违法违规活动的中介服务机构的调查与惩处。

第二十六条 建立科研诚信举报的受理、调查、处理、公布机制，在受理举报、发现问题线索、上级或其他部门通报等情况下，启动调查处理程序。

鼓励对违背科研诚信要求的行为进行负责任实名举报，举报应当有明确的举报对象、有明确的违规事实、有客观的证据材料或者查证线索。以匿名方式举报但事实清楚、证据充分或线索明确的，应当予以处理。接触举报材料和参与调查处理的人员，不得向无关人员透露举报人、被举报人个人信息及调查情况。

第二十七条 按照谁主管、谁调查原则，对引发社会普遍关注，或涉及多个部门和单位的科研诚信案件，科研活动管理机构、相关行业主管部门应当组成联合调查组，采取诚信调查和学术鉴定相结合的方法，对违背科研诚信行为开展调查。调查可通过查询资料、现场查看、实验检验以及询问证人、举报人和被举报人等方式进行，也可委托无利害关系的专家或第三方专业机构独立调查或验证。

第二十八条 调查结束后，调查组应当在查清事实的基础上形成调查报告，写明违背科研诚信行为责任人的确认、调查过程、事实认定及理由、调查结论等。事实认定和处理决定应履行对当事人的告知义务，依法依规及时公布处理结果。科研活动实施单位、第三方科研服务机构、科研人员等应当积极配合调查，及时提供完整有效的实施科研活动的相关记录，对拒不配合调查、隐匿销毁记录的，要从重处理；对举报不实、给被举报单位和个人造成严重影响的，要及时澄清、消除影响。

第二十九条 相关行业主管部门或严重违背科研诚信要求责任人所在单位要区分不同情况，对责任人给予科研诚信诫勉谈话；取消项目立项资格，撤销已获资助项目或终止项目合同，追回科研项目经费，并在两年内停止申报各类计划；撤销获得的奖励、荣誉称号，追回奖金；依法开除学籍，撤销学位、教师资格，收回医师执业证书等；一定期限直至终身取消晋升职务职称、担任评审评估专家、被提名为院士候选人等资格；依法依规解除劳动合同、聘用合同；终身禁止在政府举办的学校、医院、科研机构等从事教学、科研工作等处罚，以及记入科研诚信严重失信行为数据库或列入观察名单等其他处理。

严重违背科研诚信要求责任人属于公职人员的，依法依规给予处分；属于党员的，依纪依规给予党纪处分。涉嫌存在诈骗、贪污科研经费等违法犯罪行为的，依法移交监察、司法机关处理。

对包庇、纵容甚至骗取各类财政资助项目或奖励的单位，有关主管部门要给予约谈主要负责人、停拨或核减经费、记入科研诚信严重失信行为数据库、移送司法机关等处理。

第三十条 建立科研诚信终身追究制度，对性质恶劣、情节严重、造成一定后果或负面影响的，由科研活动行政管理部门、相关行业主管部门按照各自管理权限作出。对性质较轻、情节轻微、未造成明显后果或负面影响的行为，由科研活动管理机构按照有关规定作出。在科研领域严重失信的，将处理结果提请具有相应管理职能的主管部门，按程序记入科研诚信严重失信行为数据库，依规进行联合惩戒。

第三十一条 推动科研诚信信息跨部门跨区域共享共用，对严重违背科研诚信要求责任人采取联合惩戒措施。科研活动管理机构按本办法对失信责任主体进行记录与处理的，对相关处理结果互认。积极推动将科研诚信状况与学籍管理、学历学位授予、科研项目立项、专业技术职务评聘、岗位聘用、评选表彰、院士增选、人才基地评审等挂钩。在公共采购、评先创优、资质等级评定、纳税信用评价等工作中将科研诚信状况作为重要参考。

第三十二条 保障相关责任主体申诉权等合法权利，当事人对处理决定不服的，可以以书面形式向调查处理责任单位提出异议或复核申请。调查处理责任单位决定受理的，应另行组织调查组重新展开调查；决定不予受理的，应书面告知当事人，并说明不予复核的原因。当事人对复核决定不服，仍以同一事实和理由提出异议或申请复核的，不予受理。

第六章 附则

第三十三条 违背科研诚信行为的调查处理程序及具体处理办法以国家完善出台的调查处理规则为准。

第三十四条 各市、省直有关部门科研诚信管理参照本办法执行。

第三十五条 科研活动行政管理部门、有关行业主管部门依据本办法，修订与科研活动管理相关的各类制度、合同（任务书、委托协议、承诺书）约定等文本，细化明确科研诚信违规行为处理规定。

第三十六条 本办法自发布之日起实施。

第三十七条 本办法由江西省科学技术厅、江西省社会科学界联合会共同负责解释。

省委办公厅　省政府办公厅
印发〈关于深化科技体制机制改革加快高质量发展的实施意见〉的通知

(赣办字〔2019〕40号)

各市委、市人民政府，省委各部门，省直各单位，各人民团体：

《关于深化科技体制机制改革加快高质量发展的实施意见》已经省委、省政府领导同志同意，现印发给你们，请结合实际贯彻落实。

2019年12月19日

关于深化科技体制机制改革加快高质量发展的实施意见

为深入贯彻落实习近平新时代中国特色社会主义思想和习近平总书记视察江西重要讲话精神，全面深化科技体制机制改革，加快江西高质量发展，根据中央有关文件精神，结合江西实际，现提出如下意见实施。

一、深化科技管理体制机制改革

（一）简化科研项目申报和过程管理。科学制定省级科技计划项目指南，通过多种方式扩大项目指南知晓范围，加深科研人员对指南的理解度。精简、优化科研项目申报程序，推行"材料一次报送"制度。完善科研项目全过程管理流程和监督检查机制，实行科研项目全过程"无纸化""里程碑"式管理和"双随机、一公开"的检查方式。简化省级科技计划项目验收流程，实现验收"最多跑一次"、材料"最多改一次"。

（二）建立科研项目分类实施机制。省级科技计划项目一般采取公开竞争的方式择优遴选承担单位。对具有明确目标、技术路线清晰、组织程度较高、优势承担单位集中，解决省内重点产业共性关键技术问题的重大科技项目，可采取定向择优或定向委托等方式确定承担单位。充分发挥省级财政资金的杠杆作用，在部分省级科技计划中实施省、市、县联动支持，高校、科研院所联合资助机制。探索建立企业、高校、科研院所和科技创新基地联合研发攻关机制。

（三）建立科学合理的项目评审机制。建立公正、科学、明确的项目评审程序和工作规则。推行视频评审、评审结果反馈、立项公示等措施，实现评审全过程的可申诉、可查询、可追溯。完善评审专家轮换、随机抽取、回避、公示、诚信和责任追究等相关制度。不同类别科技计划应根据实际情况，在项目评审中，综合考虑负责人和团队实际能力以及项目要求，不把发表论文、获得专利、荣誉性头衔、承担项目、获奖等作为限制性条件。

（四）提高科研项目间接费用核定比例。对试验设备依赖程度低和实验材料耗费少的基础研究、软件开发、集成电路设计以及软科学研究等智力密集型项目，提高间接经费比例，500万元以下的部分不超过30%，500万元至1000万元的部分不超过25%，1000万元以上的部分不超过

20%。

（五）改进科技人才评价方式。树立以品德、能力和业绩为主要标准的评价导向，克服唯论文、唯职称、唯学历、唯奖项倾向，推行以代表性成果为主的人才分类评价机制。科研人员承担横向委托项目与承担政府科技计划项目，在业绩考核、职称评定中同等对待。

（六）建立科研机构中长期绩效评估制度。建立周期综合评价与年度抽查评价相结合的科研机构绩效评价长效机制。科研事业单位以 5 年、省级新型研发机构以 3 年为评价周期，开展综合评价，涵盖职责定位、科技产出、创新效益等方面。期间，每年按一定比例，聚焦年度绩效完成情况等重点方面，开展年度抽查评价，绩效评价结果作为项目调整、后续支持，以及相关研发、管理人员和项目承担单位业绩考核的重要依据。

（七）完善科研成果管理。建立省级科技成果网上登记系统，优化登记渠道。引导和规范省级学会、行业协会（联合会）及其他组织机构开展市场化、专业化、标准化的科技成果评价，评价报告可申请科技成果登记，可作为申报科技奖励的项目成果依据。省级科技计划项目在验收（结题）后同步进行科技成果登记，科技计划项目以外科技成果经评价后可申请科技成果登记。允许成果主要完成单位和第一完成人根据贡献程度自主决定成果完成人及排序。

（八）落实国家科技奖励改革政策。改革科技奖励提名方式，实行由专家学者、组织机构、相关部门提名的制度。提名者承担推荐、答辩、异议答复等责任，对相关材料的真实性和准确性负责。实行定标定额评审制度，分类制定自然科学奖、技术发明奖、科技进步奖的评价指标体系，增加奖励项目总数，单项授奖人数和授奖单位实行限额制。加大科技奖励力度，对获得国家科学技术奖的主要完成单位和完成人给予配套奖励。

二、赋予科研单位和人员更大自主权

（九）赋予科研单位科研经费更大管理权。简化预算编制科目，由科研人员结合科研活动实际需要编制预算并按规定统筹安排使用，其中对不超过直接费用 10% 的，不需提供预算测算依据。在省级科技计划项目总预算不变的情况下，直接费用中除设备购置费外，其他科目费用调剂权全部下放给项目承担单位。项目承担单位因科研活动需要，邀请国内外专家、学者和有关人员参加由其主办的会议，对确需负担的城市间交通费、国际旅费，可在会议费等费用中列支。进一步下放科技服务专项计划经费的管理权，各选派单位根据实际制定专门的科研人员到基层服务费用报销办法，允许科研人员按规定报销到服务单位（农村、企业等）的个人自有车辆燃油、交通等费用。

（十）赋予科研单位横向经费自主管理权。科研单位可自主制定横向委托项目经费使用管理办法，并作为评估评审或审计监督等依据。横向委托项目完成后获得的净收入，如合同约定分配事项，则按合同约定提取报酬；如无合同约定，允许全部留归项目组成员自主分配并依法缴纳所得税。以市场委托方式取得的横向委托项目合同双方可自主约定成果归属和使用等事项，在不影响国家安全和利益、公共利益的前提下，成果可归委托方或科研人员所有。

（十一）赋予科研单位政府采购更大自主权。科研事业单位使用省级科技计划项目经费购买仪器设备或科研服务，按有关规定自主采购。购买通用货物和服务，可依据《中华人民共和国政府采购法》自行组织采购或委托采购代理机构采购。对购买进口科研仪器设备的，可自主选定参与论证的专家，相关材料提交财政部门备案；对科研急需的设备和耗材，可采用"特事特办、急事急办"的采购机制，由科研单位根据项目情形选择采用非招标采购方式进行采购，缩短采购周期；

对于独家代理或生产的仪器设备，按程序确定采取单一来源采购等方式。

（十二）赋予科研人员更大技术路线决策权。科研项目申报期间，以科研人员提出的技术路线为主进行论证。科研项目实施期间，项目负责人可以在研究方向不变、不降低申报指标的前提下，自主调整研究方案和技术路线，按规定自主组建、调整科研团队，由项目承担单位报项目管理单位备案。

（十三）改进科研人员因公临时出国管理。科学制定科研人员出国年度计划，开展国际学术交流合作的科研单位和人员出国批次数、团组人数、在外停留天数根据实际需要安排，不纳入国家工作人员因公临时出国批次限量管理范围。科研人员执行国际交流合作任务所发生的"三公"经费可以不计入当年"三公"经费增长额度中，超出的原因在其部门决算中作出情况说明。

三、加快提升科技创新水平

（十四）谋划重大科技基础设施建设。面向国家战略布局和我省经济社会发展需求，加强与中国科学院对接，对中药大科学装置（重大科技基础设施）等创建项目，采取"一事一议"方式，省市按一定比例给予财政资助，支持开展预研建设，国家批准立项后，省市再按一定比例给予必要配套支持。

（十五）推进高水平科技创新平台载体建设。聚焦国家目标和战略需求以及我省学科技术优势，积极推进国家（重点）实验室、国家技术创新中心、国家制造业创新中心、国家临床医学研究中心等高水平科技创新平台建设。实施国家级重大创新平台、省内外重点共建创新平台、产业重点创新平台提升行动。

（十六）推进大型科学仪器等科技创新资源开放共享。推进大型科研仪器开放共享服务平台等建设，探索实施科技创新券政策，通过支持中小微企业购买技术创新服务等方式共享科研仪器设施。事业单位性质的资源管理单位提供开放共享获取的服务收入可作为实施绩效工资的经费来源。单位申报绩效工资总量时，可根据服务收入和服务质量予以增核，单位内部绩效工资分配时应向从事资源服务的人员倾斜。

（十七）加快新型研发机构发展。围绕重点领域，引进中科院、清华、北大等科研机构、国内外知名高校合作共建新型研发机构。支持运行模式和运行机制创新，培育发展一批体制机制活、研发能力强、示范效应明显的新型研发机构。鼓励企业组建以科技协同创新体为主要类型的研发企业类新型研发机构。对新型研发机构采取引导资金与后补助相结合方式予以资助。

（十八）突破产业关键核心技术。紧扣新兴产业培育发展和传统产业改造提升的技术需求，在有色金属、电子信息、装备制造、石化、建材、纺织、食品、汽车、航空、中医药、移动物联网、半导体照明、虚拟现实（VR）、节能环保等领域，对我省产业发展"卡脖子"技术问题给予更多倾斜。以企业为主体，每年实施一批重大科技研发专项项目，掌握一批关键核心技术，开发一批战略创新产品，推动产业转型升级。

（十九）提升企业自主创新能力。支持规模以上工业企业与高校、科研院所共建研发机构，鼓励行业龙头企业、骨干企业建设重点实验室、技术创新中心、科技协同创新体、制造业创新中心等科技创新平台载体。聚焦新经济以及未来产业，实施独角兽和瞪羚企业培育行动，对于首次入选的，省财政科技资金分别给予金额不等的一次性入选奖励。实施高新技术企业培育行动，壮大高新技术企业规模实力，提升发展质量。实施科技型中小微企业培育行动，建设一批高质量的科技企业孵化载体。

（二十）推动科技成果转移转化。建立健全网上常设技术市场，提升技术转移队伍职业化、市场化水平，推进各类创新主体开展线上线下相结合的技术交易活动，针对技术交易探索实施后补助机制。推进 03 专项等国家重大科技成果在江西转移转化和示范应用。

（二十一）促进高新区提档升级。推动高新区体制机制改革先行先试，推进国家自主创新示范区建设。支持省级高新区以升促建，创建国家级高新区。完善高新区创新发展综合评价体系，对国家级高新区在全国排位中实现进位的予以奖励，位置后移的予以约谈；对省级高新区在综合评价中排名在 50% 以内的予以奖励，排名在末位的予以约谈。

（二十二）构建创新区域体系。深入推进"一廊两区五城多点"创新区域建设，推进赣江两岸科创大走廊建设；推进江西鄱阳湖国家自主创新示范区和井冈山国家农业高新技术产业示范区建设；推进南昌航空科创城、赣州稀金科创城、中国（南昌）中医药科创城、上饶大数据科创城和鹰潭智慧科创城等五城建设；推进创新型市县建设。

四、优化科技创新保障体系

（二十三）完善科技创新人才培育与引进机制。对高层次人才通过项目资助、创新创业支持、配套服务以及荣誉激励等方式给予综合资助，实施好省"双千计划"、院士后备人选、主要学科学术和技术带头人等支持计划。实施好省"青年井冈学者""杰出青年人才资助计划""青年俊才开发计划""远航工程"等青年人才培育计划。落实人才签证制度，为外籍人才来赣创新创业提供便利，完善高层次人才医疗保健、子女入学以及住房等生活保障措施，实施有利于激励高端人才的收入分配政策。

（二十四）构建有利于产业升级的科技投入体系。稳定增长财政科技投入，引导带动全社会科技投入持续增加，研究制定研发投入后补助政策，全面落实企业研发费用税前加计扣除等普惠性财税政策，探索建立企业研发准备金财政补助制度，对研发经费支出占主营业务收入比重排名前 100 位的规模以上工业企业给予奖励，固有企业当年研发投入可以在经营业绩考核中视同利润。

（二十五）强化创新创业金融服务。引导金融机构积极运用江西省小微客户融资服务平台和江西省一站式金融综合服务平台服务创新创业融资需求。完善科技金融担保体系，扩大"科贷通"覆盖面和规模，引导银行增加对科技型中小企业的信贷支持。实施科技型企业梯次培育行动，成立江西省科技创新基金，培育独角兽和瞪羚企业。成立江西省物联网产业发展基金，支持物联网产业发展。发展天使投资、风险投资，引导金融机构办理知识产权（包含专利权、商标权等）质押贷款，推动科技企业上市融资。

（二十六）实施有利于科研人员创新的绩效激励机制。竞争性科研项目中间接费用的绩效支出，经过技术合同认定登记的技术开发、技术咨询、技术服务等活动的奖酬金提取，职务科技成果转化奖酬支出，均不计入科研单位绩效工资总量，纳入科研单位绩效工资管理。对按照事业单位人数一定比例确定的高层次人才，单位可自筹经费，自定薪酬，其超过单位核定绩效工资总量的部分，不计入绩效工资总量。

（二十七）加大对核心科研人员的薪酬激励。对全时全职承担国家关键领域核心技术攻关任务和省级重大科技专项的团队负责人以及引进的高端人才，按照国家和我省有关规定实行一项一策、清单式管理和年薪制，年薪所需经费可在项目经费中列支并单独核算，在本单位绩效工资总量中单列，相应增加单位当年绩效工资总量。

（二十八）全面推进科研诚信建设。加强科研活动全流程诚信管理，建立健全科研诚信信息系统，在科技计划项目、创新基地、科技奖励、重大人才工程等工作中实施科研诚信承诺制度和科研成果诚信管理制度，在各类科研项目合同（任务书、协议等）中约定科研诚信义务和违约责任追究条款。加强失信行为调查与惩戒，并将失信的单位及相关人员纳入失信记录，开展联合惩戒。

（二十九）建立鼓励创新宽容失败的机制。建立重大创新支持机制。对已履行勤勉尽责义务，但因技术路线选择失误或遇不可抗力因素导致自由探索和颠覆性技术创新活动难以完成预定目标，经项目承担单位和负责人报告说明，组织专家评议认为符合客观实际，项目承担单位和负责人予以免责。同时，经组织专家评议，确有重大探索价值的，继续支持其选择不同技术路线开展相关研究。建立创新援助机制。对已尽到勤勉和忠实义务，但受市场风险影响、未实现预期目标或失败的省级重大科技成果转化项目，经组织专家评议，确有重大应用价值的，可采取多种途径，继续支持其开展产业化开发。建立创新尽职免责机制。对在科技体制改革和科技创新过程中出现的偏差失误，只要不违反党的纪律和国家法律法规，勤勉尽责、未谋私利，能够及时纠错改正的，不作负面评价，免除相关责任或从轻减轻处理。

（三十）建立科研项目监督、检查、审计信息共享机制。建立科研项目监督、检查、审计等信息共享平台，对同一科研项目，省有关部门实行监督、检查、审计结果互认。减少对科研活动的审计和财务检查频次，出现对相关政策理解不一致的，应及时与政策制定部门沟通并调查澄清。

关于印发《江西省网上常设技术市场技术交易专项补助办法（试行）》的通知

（赣科发成字〔2020〕39号）

各设区市、省直管县（市）科技局，赣江新区创发局，省属高校、科研院所：

为进一步加强技术转移服务体系建设，大力培育和发展江西省网上常设技术市场，我厅制定了《江西省网上常设技术市场技术交易专项补助办法（试行）》，现予印发，请遵照执行。

江西省科技厅

2020年3月23日

江西省网上常设技术市场技术交易专项补助办法（试行）

为深入贯彻创新驱动发展战略，大力落实《江西省人民政府办公厅关于印发江西省技术转移体系建设实施方案的通知》（赣府厅字〔2019〕4号）工作部署，加强技术转移服务体系建设，大力培育和发展江西省网上常设技术市场，激发创新主体从事技术转移和成果转化的主动性和积极性，推动科技成果转化为现实生产力，促进企业创新能力提升和产业转型升级，加快推进创新型省份建设，根据《江西省科技创新促进条例》，特制定本专项补助办法。

第一条 鼓励科技成果转让方、受让方、技术转移服务机构等各类主体，以实名制的方式，参与"江西省网上常设技术市场"的科技成果在线对接和技术交易等活动。从2020年起，对线上完成的技术交易试行专项补助。

第二条 技术交易专项补助主要是对"江西省网上常设技术市场"线上技术交易的科技成果转让方、受让方、技术转移服务机构等进行政策性后补助。

第三条 科技成果转让方、受让方是指在我省实施科技成果转化和落地的企业、高校、科研院所等企事业独立法人单位，受让方必须是省内注册企事业单位；技术转移服务机构是指促成省内外科技成果在我省转移转化和网上交易的科技中介服务机构。

第四条 技术交易须符合以下条件：

（一）技术交易按照《合同法》依法订立合同，且交易内容属于《技术合同认定登记管理办法》（国科发政字〔2000〕65号）及《技术合同认定规则》（国科发政字〔2001〕253号）界定的技术开发、技术转让、技术咨询和技术服务等范围。

（二）技术交易须在"江西省网上常设技术市场"线上技术交易平台进行签约，并在平台上完成资金交易，实际技术交易额低于50万元的，暂不予补助。

（三）在签订技术交易合同之后，转让方须在"江西省技术合同在线认定登记系统"中注册登记合同信息，并将相关资料提交所在地技术合同登记部门进行认定登记、盖章。

（四）技术交易买卖双方不得是上下级公司之间百分之百控股的关联交易。技术交易买卖双方、中介方及技术合同登记机构，近三年无不良信用记录。

（五）技术交易涉及购买专利成果的，须在知识产权行政主管部门完成专利权转移的著录项目变更；技术交易涉及技术境外进出口的，须经商务行政主管部门审核备案。

第五条 技术交易额是指技术合同中与技术转移转化直接相关、体现技术与知识价值的那部分金额，按照《技术合同认定登记管理办法》及《技术合同认定规则》据实核定的技术性收入。其计算方法为，从技术合同成交总额中扣除购置设备、仪器、零部件、原材料等非技术性费用后的剩余金额。

第六条 对利用"江西省网上常设技术市场"线上技术交易平台完成科技成果交易和技术服务的技术受让方，经审核符合条件的，按线上实际技术交易额的 2.5% 进行补助，单个项目补助最高不超过 15 万元；每家单位每年度补助总额最高不超过 100 万元。

第七条 对利用"江西省网上常设技术市场"线上技术交易平台向本省企事业单位出让科技成果和技术服务的技术转让方，经审核符合条件的，按线上实际技术交易额的 1.5% 进行补助，单个项目补助最高不超过 10 万元；每家单位每一年度补助总额最高不超过 50 万元。

第八条 对帮助企事业单位利用"江西省网上常设技术市场"线上技术交易平台进行交易，提供服务，促成省内外科技成果在本省转移转化的技术转移服务机构，按促成的年度实际技术交易额的 1% 进行补助，单个项目补助额度最高不超过 10 万元；每家机构每一年度补助总额最高不超过 30 万元。

第九条 申请单位须提供的材料：

（一）技术交易的转让方和受让方，应提供：

1. 技术交易补助申请表 1 份；
2. 技术交易合同、支付到账凭证、交易发票复印件各 1 份；
3. 技术合同认定登记证明及登记信息表复印件 1 份，并提交原件验证；
4. 相关技术运用的产品销售合同、台账及票据复印件 1 份，以及其他相关佐证材料。

（二）技术转移服务机构应提供：

1. 技术交易补助申请表 1 份；
2. 技术交易中介服务合同及收费发票复印件 1 份，以及其他相关佐证材料。

第十条 省科技厅长年受理网上技术交易专项补助申请，定期审定，审定结果在省科技厅门户网站公示。

第十一条 省技术交易专项补助资金主要用于交易项目相关的后续技术研发和科技成果转移转化，使用应符合国家、省相关资金管理要求，不得用于支付罚款、捐款、赞助、投资等，不得用于国家规定禁止列入的其他支出。

第十二条 申请奖补的单位应对所提交材料的真实性、合法性、有效性负责。技术交易活动必须遵守国家法律、法规和政策，有利于促进科技成果在我省的转化、应用和推广，禁止冒充专利技术，窃取、泄露国家或者他人技术秘密，提供虚假技术信息，采用欺诈、胁迫、贿赂等手段订立技术合同，以及法律、法规禁止的其他行为。技术转移涉及国家安全、国家秘密的，按照有关规定办理。

第十三条 在技术交易和奖补申报过程中有弄虚作假、关联交易、拒绝配合监督检查的，取消其申请政策扶持资格,追回已拨付的扶持资金,并将该单位录入诚信黑名单,情节严重的,依法追究相关责任。

第十四条 本办法自发布之日起试行,试行1年。

第十五条 本办法由江西省科学技术厅负责解释。

关于印发《江西省科技型中小企业信贷风险补偿资金管理办法》的通知

(赣科发计字〔2020〕50号)

各设区市科技局、赣江新区管委会创新发展局、各有关单位：

现将《江西省科技型中小企业信贷风险补偿资金管理办法》印发给你们，请遵照执行。

江西省科技厅

2020年4月27日

江西省科技型中小企业信贷风险补偿资金管理办法

第一章 总则

第一条 为落实《江西省创新驱动发展纲要》（赣发〔2017〕21号），引导银行增加对企业的信贷支持，促进科技成果转化，推进科技型企业梯次培育行动，助力创新型省份建设，保障省科技型中小企业信贷风险补偿资金（以下简称"省科贷补偿金"）的规范管理和高效运作，制定本办法。

第二条 省科贷补偿金的使用遵循"政府引导、省市（县）联动、市场运作、风险分担"的原则，为科技型中小企业贷款业务（以下简称"科贷通"）的贷款提供风险补偿。合作银行为科技型中小企业贷款余额的总规模应在签署合作协议后2年内达到省市（县）联动科贷补偿金额度的10倍及以上。

第三条 省科贷补偿金从省财政现有资金渠道中安排，滚存使用。鼓励有条件的市县区及开发区设立科贷补偿金。省、市县区科技主管部门及开发区管委会等与合作银行签署"江西省科贷通业务合作协议"，联动开展"科贷通"业务。省科贷补偿金与市县区及开发区科贷补偿金分别存入合作银行对应的资金池，专门用于"科贷通"贷款风险补偿。有条件的市县区及开发区也可自行与合作银行签署"科贷通"业务合作协议，开展"科贷通"业务。

第四条 省科技厅是省科贷补偿金的主管部门，主要职责是：

1. 负责省科贷补偿金的筹集和监管；
2. 研究确定合作银行并审定合作协议，督促协议执行；
3. 审定省科贷补偿金的补偿支出。

第五条 省科技厅委托省科技型中小企业创新基金管理中心（以下简称省创新基金中心）作为"科贷通"管理机构，负责"科贷通"的日常管理与投资运作等事务。委托管理费每年按当年管理的省科贷补偿金总额1%提取，金额不超过80万元，用于开展科贷通业务的相关支出。

第二章 支持范围与条件

第六条 省科贷补偿金支持的科技型中小企业应在我省境内注册，经营 1 年以上，企业职工人数 1000 人以下，年营业收入不超过 4 亿元，具备正常经营条件，无安全、质量、环保、科研诚信等方面的重大问题，无不良信用记录，属高新技术产业或战略性新兴产业的企业优先扶持。同时，具备以下条件之一：

1. 科技型企业梯次培育行动支持的企业包括：属有效期内的国家高新技术企业、国家科技型中小企业、省高新技术培育企业、省科技型中小微企业、省独角兽企业、省潜在独角兽企业、省种子独角兽企业、省瞪羚企业、省潜在瞪羚企业；

2. 拥有发明专利、实用新型专利、软件著作权、新药证书等知识产权的企业，拥有外观专利的创新型创意设计类企业。参与制定国际标准、国家标准和行业标准的企业；

3. 国家级、省级高层次人才引进计划支持对象为法人或主要股东创办的企业；

4. 近三年承担过省级（含）以上科技计划项目或获得省级（含）以上科技奖励的企业。

第七条 参与"科贷通"业务合作的银行需符合以下条件：

1. 认可本管理办法，内部管理机制有利于为科技型中小企业提供信贷融资服务；

2. 有较强的实力和贴近企业的服务网点；

3. 有较强的服务科技型中小企业创新发展的意愿和工作计划；

4. 能提供较优惠的合作条件。

第八条 市县区及开发区自行设立科贷补偿金与合作银行开展科贷通业务的，符合以下条件可以纳入省科贷通范围：

1. 与合作银行签署的合作协议原则上符合本办法，并报省创新基金中心备案；

2. "科贷通"贷款企业符合本办法规定的条件，并报省创新基金中心纳入"科贷通贷款企业库"；

3. 及时报送"科贷通"统计数据和工作进展情况。

第三章 征集推荐与审查入库

第九条 "科贷通"备选企业征集推荐程序：

1. 相关市县区科技主管部门及开发区管委会自行或会同合作银行征集遴选并推荐符合条件的科技型中小企业；

2. 省创新基金中心受理审查后，提出"科贷通"备选企业名单（有效期两年）并通知相关市县区科技主管部门、开发区管委会及合作银行；

3. 已获"科贷通"贷款的企业贷款到期如继续满足支持范围和条件，可以申请续贷。合作银行根据贷款企业实际情况及银行有关规定确定续贷类型。

第十条 "科贷通"备选企业自行提出贷款申请，与合作银行洽谈。由合作银行进行独立审贷或会同市县区科技主管部门及开发区管委会共同协商审查并做出决策，审批通过后原则上 5 个工作日内发放贷款；对审贷不通过的，需说明理由。

第十一条 合作银行的贷款业务符合以下条件，可向省创新基金中心提出列入"科贷通"贷款企业库：

1. 贷款企业已列入"科贷通"备选企业名单；

2. 贷款为一年期，额度原则上不超过 500 万元。贷款利率不超过同期贷款市场报价利率

（LPR）加130个基点；

3.合作银行若要求企业为贷款提供自身或第三方不动产进行抵押，该不动产评估价值不得超过贷款额的50%。合作银行不得收取贷款利息、罚息及按照贷款合同及相关协议约定以外的任何贷款费用。不得设置贷款附加条件，加大企业贷款成本。不得违反银保监局"七不准"和"四公开"，小微企业"两禁两限"相关规定和国家有关政策规定；

4.合作银行不得将已发现还款风险的贷款转为"科贷通"贷款。

第十二条 "科贷通"贷款企业库入库材料与受理：

1.合作银行提供以下材料：

（1）省科贷通贷款企业入库申请表；

（2）贷款合同（复印件）；

（3）抵、质押合同（复印件，如有）；

（4）保证合同（复印件，如有）；

（5）抵押物评估报告（复印件，如有）。

2.合作银行放款后应在15个工作日内提交入库材料，否则视作不在省科贷补偿金支持范围。省创新基金中心全年受理入库，在受理后10个工作日内反馈入库意见，并向市县区科技主管部门、开发区管委会及合作银行公开。

第四章　风险补偿

第十三条　省市县区科技主管部门、开发区管委会、合作银行、担保机构和保险机构各自分担的风险比例由"科贷通"业务合作协议予以具体明确。其中合作银行承担的风险责任不得低于贷款未结清余额的50%；如引入担保机构或保险机构，担保机构或保险机构承担的风险责任不得低于40%，合作银行承担的风险责任不得低于20%。

第十四条　已入库的"科贷通"贷款，发生企业不能偿还贷款时，合作银行应及时进行催收和追偿起诉，尽可能减少贷款本息损失。

第十五条　合作银行按第十四条处置以后，对于欠息或逾期超过1个月仍未清偿的贷款本金及利息的，可向省科投公司、相关市县区科技主管部门及开发区管委会送达《补偿通知书》要求以科贷补偿金予以补偿。

第十六条　合作银行申请省科贷补偿金须向省科投公司提供以下材料：

1.省科贷补偿金补偿申请表；

2.贷款发生不良的情况说明材料；

3.法院受理通知书或公安机关立案决定书及其他相关证明材料。

第十七条　省科投公司对补偿申请审查核实后及时向省创新基金中心提交补偿建议，经省科技厅批复同意后完成补偿金支付。

第十八条　省科贷补偿金以合作银行在当年实际贷款余额最高值的1/20为限，并最终以存入的科贷补偿金承担有限责任，一年一期，补偿完为止。

第五章　财务管理

第十九条　省科贷补偿金由省创新基金中心单独核算。

第二十条　存入合作银行的科贷补偿金，按中国人民银行同期一年定期存款利率计算利息收益。省科贷补偿金利息收益按照财政相关管理规定上缴同级财政。

第二十一条 省创新基金中心凭省科技厅的补偿批复和有关材料及凭证进行相应的财务核销处理。

第二十二条 合作银行获科贷补偿金补偿后,应继续依法进行追偿,追回企业欠款扣除诉讼费等相关费用后,按合作协议承担补偿比例返还省科贷补偿金账户。

第二十三条 省科贷补偿金操作中出现违反财经法规的行为,按相关财经法规处理。

第六章 监督管理

第二十四条 贷款发放后,省、市县区科技主管部门、开发区管委会、合作银行、担保机构及保险机构等各方均有义务对贷款进行后期跟踪,多渠道了解、掌握企业的信用风险变化情况。应建立信息沟通工作机制,定期召开联席会议。任何一方获知贷款企业出现违反贷款用途、挪用贷款或其他严重影响其还款可能等违约情况时,应尽快书面通知对方,协商解决出现的问题,并采取制止、挽救措施。

第二十五条 对合作银行存在严重失职或伙同企业采取欺骗手段获取科贷补偿金的,经核实后,不予补偿;已获补偿的,收回补偿资金;构成违法的,依法追究其法律责任。

第二十六条 发生追偿的企业以及该企业的法定代表人、主要股东投资控股的其他关联企业,视为严重失信责任主体,列入信用中国(江西)失信名单,上报国家科研诚信信息系统,且在偿还贷款前将不能获得科技政策资金支持。若存在恶意骗取信贷资金或故意不归还贷款等不良行为将列入不良信用记录,构成违法的,依法追究其法律责任。

第七章 附则

第二十七条 本办法由省科技厅负责解释。

第二十八条 本办法自印发之日起施行。原《江西省科技型中小企业信贷风险补偿资金管理办法》(赣科发计字〔2019〕51号)同时废止。

关于印发《江西省大型科研仪器向社会开放共享双向支持试行办法》的通知

(赣科发财字〔2020〕147号)

各有关单位：

为加快推进全省大型科研仪器向社会开放，进一步提高科研仪器使用效率，根据国家及省有关文件精神，特制定《江西省大型科研仪器向社会开放共享双向支持试行办法》，现印发给你们，请遵照执行。

江西省科学技术厅
2020年11月11日

江西省大型科研仪器向社会开放共享双向支持试行办法

第一章 总则

第一条 为贯彻落实《国务院关于国家重大科研基础设施和大型科研仪器向社会开放的意见》（国发〔2014〕70号）和《江西省人民政府关于推进重大科研基础设施和大型科研仪器向社会开放的实施意见》（赣府发〔2015〕42号）等文件精神，加快创新型省份建设，推进我省大型科研仪器向社会开放共享，特制定本办法。

第二条 省科技厅、省财政厅通过江西省大型科研仪器开放共享服务平台（以下简称"省大仪服务平台"）推进全省大型科研仪器向社会开放共享工作，对全省加入省大仪服务平台的大型科研仪器向社会开放共享实行双向支持，双向支持工作的申请、受理等均依托省大仪服务平台进行。

第三条 本办法所指的双向支持是指大型科研仪器管理单位开放共享服务后补助、大型科研仪器用户使用补贴。双向支持经费由省级财政科技专项资金统筹安排。

第四条 本办法所指的大型科研仪器是指本省行政区域内单台（套）原值在20万元（含）以上、加入省大仪服务平台的可用于开展科学研究和技术开发等科技创新活动的各类大型科研仪器。

第五条 本办法所称的大型科研仪器管理单位是指大型科研仪器所依托管理的法人单位，包括高等学校、科研院所以及其他机构。

第六条 本办法所称的用户是指利用省大仪服务平台上的大型科研仪器进行科学研究和技术开发等科技创新活动的中小企业、创新创业团队以及高校、科研院所等。

第七条 本办法所称的开放共享是指大型科研仪器管理单位将加入省大仪服务平台的大型科研仪器向社会开放共享，由省内非关联法人单位、创新创业团队等用于科学研究和技术开发等科技创新活动的行为。按照法律法规或者强制性标准要求必须开展的强制检测和法定检测等非科技创新活动，不在支持范围。

第二章 职责

第八条 省科技厅负责组织推进全省大型科研仪器向社会开放共享双向支持工作。会同省财政厅研究制定本省大型科研仪器双向支持的政策措施；组织实施本省大型科研仪器双向支持工作；按照相关规定委托第三方专业机构承担大型科研仪器开放共享双向支持具体业务工作，对第三方专业机构提出的申报材料等进行严格审核，按规定对第三方机构进行管理；对加入省大仪服务平台的大型科研仪器管理单位和用户进行资格审查；按程序对外公示大型科研仪器向社会开放共享双向支持计划。

第九条 省科技厅审核本省大型科研仪器双向支持计划，组织对大型科研仪器管理单位、大型科研仪器用户、第三方专业机构开展绩效评估，对评估结果进行通报，作为次年开展双向支持的重要参考依据。省财政厅在省级科技专项资金中下达资金。

第十条 各设区市科技局、赣江新区创新发展局负责推进本区域内大型科研仪器开放共享双向支持工作，加大支持力度，落实开放共享激励政策。

第十一条 第三方专业机构负责承担大型科研仪器开放共享双向支持的具体业务工作，包括受理申报材料、组织申报材料核查、协助提出支持计划建议等，每半年集中报省科技厅审核。第三方专业机构应认真履行职责，如出现违反本办法行为，以及其他玩忽职守、徇私舞弊等违法违纪行为的，取消其承担双向支持业务工作资格，涉嫌犯罪的，依法移送司法机关处理。

第十二条 大型科研仪器管理单位作为开放共享责任主体，负责制定本单位的开放共享管理办法，制定开放共享服务价格目录并在省大仪服务平台公开发布，组织实施本单位科研设施和仪器向社会开放共享工作。配合开展绩效评估工作，于每年3月底前对上一年度开放共享工作开展全面自查，并提交自查报告。

第十三条 申请单位（个人）应保证申报材料及凭证的真实性、有效性、合法性，如弄虚作假，一经发现将取消贴补资格，计入科技诚信不良记录，并在3年内不得在省大仪服务平台上申请补助。

第三章 大型科研仪器管理单位开放共享服务后补助

第十四条 大型科研仪器管理单位开放共享服务后补助对象为加入省大仪服务平台并对外提供开放共享服务的大型科研仪器管理单位。

第十五条 大型科研仪器管理单位开放共享服务后补助流程：

（一）大型科研仪器管理单位在线申请加入省大仪服务平台，审核通过后将本单位符合条件的大型科研仪器加入省大仪服务平台，对外提供开放共享服务并留存在线服务记录。

（二）大型科研仪器管理单位通过省大仪服务平台在线提交《江西省大型科研仪器管理单位开放共享服务后补助申请书》，共享服务记录以省大仪服务平台留存的记录为准。后补助申请全年受理，最少每半年集中审核一次。

（三）省科技厅对第三方专业机构审核提出的后补助计划建议进行严格审核后报省财政厅，在省科技厅网站对审定的后补助计划按程序公示七天，公示无异议后，由省财政厅下达后补助资金。

第十六条 大型科研仪器管理单位开放共享服务后补助金额，按照提供开放共享服务金额不超过15%的比例进行支持。

第十七条 大型科研仪器管理单位获得的开放共享服务后补助资金，可用于开放共享的科研设施和仪器的运行维护、升级改造、日常管理等相关费用支出。

第十八条 鼓励各主管部门、设区市科技局等根据实际情况对大型科研仪器管理单位开放共享服务在政策、资金等方面给予支持。

第四章 大型科研仪器用户使用补贴

第十九条 大型科研仪器用户使用补贴对象为：

（一）中小微企业：指在我省登记注册并在我省纳税的具有独立法人资格的中小微企业，与开展合作的单位无任何隶属、共建、产权纽带等关联关系。

（二）创新创业团队（个人）：指尚未注册企业，不具备独立法人资格，入驻省内科技企业孵化器、大学科技园、众创空间等创业平台，企业项目具有产品研发及转化所需的测试研发工作。创新创业团队（个人）申请补贴由所入驻的科技企业孵化器等创业平台统一组织。

（三）高校、科研院所：指本单位暂无此类大型科研仪器，须购买使用省内其他单位在省大仪服务平台的大型科研仪器等提供的检验检测服务。使用本单位的大型科研仪器不列入补贴范围。

第二十条 大型科研仪器用户使用补贴流程：

（一）用户登入省大仪服务平台注册账户，在线提交服务需求，与大型科研仪器管理单位达成服务意向后线下开展合作并签订技术合同。

（二）用户在线填写并提交《江西省大型科研仪器用户使用补贴兑现申请表》、其他证明材料，经各设区市、赣江新区科技行政主管部门审核后提交至省科技厅。其中用户申请补贴的实际金额以省大仪服务平台留存的记录为准。

（三）省科技厅对第三方专业机构审核提出的支持计划建议进行严格审核后报省财政厅，在省科技厅网站对审定的后补助计划按程序公示七天，公示无异议后，由省财政厅下达后补助资金。

（四）用户补贴可全年随时申请，每半年集中审核。

第二十一条 中小企业、高校科研院所等用户购买服务金额在5万元以下的按不超过30%的比例进行支持，超过5万元的部分按不超过20%的比例进行支持，创新创业团队支持比例不超过购买服务金额的30%进行支持。

第二十二条 大型科研仪器用户支持金额可用于各社会用户使用省大仪服务平台的大型科研仪器提供的检验检测服务等产生的费用（不包含法定认证、执法检查、强制检测、商业验货、大批量验货、医疗服务等非科技创新活动）及其他科技创新活动。

第二十三条 鼓励各市、县（区）根据实际情况对中小企业、高校科研院所、创新创业团队使用大型科研仪器方面在政策、资金等方面给予支持。

第五章 附则

第二十四条 省科技厅建立投诉渠道，接受社会对大型科研仪器共享双向支持工作的意见和监督，并对本办法负责解释。

此办法于2021年1月1日起试行，有效期两年。

第二十三章 山东省科研项目和资金管理法规政策

中共山东省委办公厅 山东省人民政府办公厅印发《关于完善财政科研项目资金管理政策的实施意见》的通知

(鲁办发〔2016〕71号)

各市党委和人民政府,省委和省政府各部门(单位),各人民团体,各高等院校:

《关于完善财政科研项目资金管理政策的实施意见》已经省委、省政府同意,现印发给你们,请结合实际认真贯彻执行。

中共山东省委办公厅
山东省人民政府办公厅
2016年12月28日

关于完善财政科研项目资金管理政策的实施意见

为认真贯彻落实《中共中央办公厅、国务院办公厅印发〈关于进一步完善中央财政科研项目资金管理等政策的若干意见〉的通知》(中办发〔2016〕50号)精神,完善财政科研项目资金管理政策,现结合我省实际,提出如下实施意见。

一、总体要求和基本原则

(一)总体要求

全面贯彻党的十八大和十八届三中、四中、五中、六中全会及全国科技创新大会精神,深入贯彻习近平总书记系列重要讲话精神,认真落实省委、省政府关于深化科技体制改革加快创新发展的战略部署,进一步推进简政放权、放管结合、优化服务,改革和创新科研项目资金使用和管理方式,充分激发广大科研人员的积极性、创造性,加快形成充满活力的科技管理和运行机制,为我省加快实施创新驱动发展战略提供有力保障。

(二)基本原则

坚持以人为本。以调动科研人员积极性和创造性为出发点和落脚点,强化激励机制,加大激励力度,激发创新创造活力。

坚持遵循规律。按照科研活动规律和财政预算管理要求,完善管理政策,优化管理流程,改进管理方式，适应科研活动实际需要。

坚持"放管服"结合。进一步简政放权、放管结合、优化服务，赋予高等院校、科研院所更大自主权，为科研人员潜心研究营造良好环境。同时，加强事中事后监管，严肃查处违纪违法问题。

坚持政策落实落地。细化实化政策规定，加强督查，狠抓落实，打通政策执行中的"堵点"，增强科研人员改革的成就感和获得感。

二、改进科研项目资金管理

（一）简化项目预算编制。根据科研活动规律和特点，改进预算编制方法，对符合条件的科研项目，可实行部门预算批复前资金预拨。简化预算编制科目，合并会议费、差旅费、国际合作与交流费科目，由科研人员结合科研活动实际需要编制预算并按规定统筹安排使用，其中不超过直接费用10%的，不需提供预算测算依据。

（二）下放预算调剂权限。在项目总预算不变的情况下，直接费用中的材料费、测试化验加工费、燃料动力费、出版/文献/信息传播/知识产权事务费及其他支出的预算调剂由项目承担单位负责。

（三）改变项目资金支付方式。科技部门要做好项目立项和预算执行的衔接，会同财政部门及时批复项目和预算。取消科研项目资金财政直接支付管理方式，实行财政授权支付。项目主管部门和单位结合项目实施和资金使用进度，及时办理资金支付。

（四）改进项目结转结余资金留用处理方式。项目实施期间，年度剩余资金可结转下一年度继续使用。项目完成任务目标并通过验收后，结余资金按规定留归项目承担单位继续使用，在2年内由项目承担单位统筹安排用于科研活动的直接支出；2年后仍未使用完的，按规定收回。

（五）扩大劳务费开支范围。劳务费预算不设比例限制，由项目承担单位和科研人员据实编制。参与项目研究的研究生、博士后、访问学者以及项目聘用的研究人员、科研辅助人员等的劳务费，均可在项目经费中开支。项目聘用人员劳务费开支标准，可根据当地科学研究、技术服务业从业人员平均工资水平和其在项目研究中承担的工作任务确定，其社会保险补助纳入劳务费科目列支。

（六）提高间接费用比重。间接费用核定比例可以提高到不超过直接费用扣除设备购置费的一定比例：500万元以下的部分为20%，500万元至1000万元的部分为15%，1000万元以上的部分为13%。

（七）取消绩效支出比例限制。加大对科研人员的激励力度，取消绩效支出占间接费用比例限制。项目承担单位在统筹安排间接费用时，应处理好合理分摊间接成本和对科研人员激励的关系，绩效支出安排与科研人员在项目工作中的实际贡献挂钩。

（八）自主规范管理横向经费。项目承担单位以接受委托、利用社会资金开展技术攻关、提供科技服务等市场委托方式取得的横向经费，签订委托合同，纳入单位财务统一管理，由项目承担单位按照委托方要求或合同约定管理使用。

三、赋予高等院校、科研院所更大自主权

（一）下放差旅费、会议费、咨询费管理权限。高等院校、科研院所可根据教学、科研等活动实际需要，按照精简高效、厉行节约的原则，研究制定差旅费、会议费、咨询费管理办法，合理确定教学科研人员乘坐交通工具等级和住宿费标准，会议次数、天数、人数和会议费开支范围、标准，以及咨询费开支标准。对于难以取得住宿费发票的，在确保真实性的前提下，据实报销城市间交通费，并按规定标准发放伙食补助费和市内交通费。对于因工作需要，邀请国内外专家、学者和有关人员参加会议，确需负担的城市间交通费、国际旅费，可由主办单位在会议费等费用中报销。

（二）对教学科研人员因公临时出国实行区别管理。高等院校、科研院所教学科研人员因公临时出国开展教育教学活动、科学研究、学术访问、出席重要国际学术会议以及执行国际学术组织履职任务等学术交流合作任务，单位与个人的出国批次数、团组人数、在外停留天数根据实际需要安排。教学科研人员出国开展学术交流合作年度计划由各高等院校、科研院所负责管理，并按外事审批权限报备，不列入国家工作人员因公临时出国批次限量管理范围。对科研经费中列支的国际学术交流费用管理区别于一般出国经费，可根据预算据实安排。

（三）简化科研仪器设备政府采购管理。高等院校、科研院所可自行采购科研仪器设备，自行选择科研仪器设备评审专家。在政府采购预算内，高等院校、科研院所可根据需要自主调整采购项目。采购进口仪器设备由审批制改为备案制管理，落实进口科研教学用品免税政策。项目承担单位应制定科研仪器设备采购管理规范，切实做到公开透明、便捷高效、可追溯。

（四）扩大基本建设项目自主权。对于利用自有资金、不申请政府投资的科研基本建设项目，由高等院校、科研院所自主决策，报投资主管部门备案，不再进行审批。高等院校、科研院所主管部门应指导高等院校、科研院所编制五年建设规划，对列入规划的基本建设项目不再审批项目建议书。简化基本建设项目城乡规划、用地以及环评、能评等审批手续，缩短审批周期。

（五）鼓励科技成果转移转化。落实高等院校、科研院所科技成果转化收益自主处置有关政策。对高等院校、科研院所建立的科技成果转移转化机构，各级政府应给予政策和资金支持。鼓励高等院校、科研院所对科研仪器设备购置、科技成果转移转化开展社会融资。

四、提升科研项目资金管理服务水平

（一）健全政府科技决策工作机制。完善科技工作重大问题沟通机制，科技部门要加强科技发展优先领域、重点任务、重大项目等方面的统筹协调。建设高水平科技智库，健全由技术专家、企业家、科研人员和政府部门共同参与的科技决策及论证机制，提升重大科技决策的科学性。

（二）拓展财政科研经费投入渠道。发挥财政政策的杠杆效应和导向作用，引导民间资本开展科技创新创业。积极推广政府和社会资本合作（PPP）、科技贷款风险补偿等模式在科技领域的应用。加大政府股权引导基金支持科技创新力度，推动更多具有重大价值的科技成果转化应用。创新自然科学基金管理机制，通过接受社会捐赠、与社会机构共同设立联合基金等方式，拓宽基础研究投入渠道。

（三）优化财政科技资金投入结构与方式。对需要长期投入的基础研究、原始创新和公益性科技事业以及共性关键技术研究，注重定向委托和竞争性选择相结合，以无偿资助方式给予持续稳定支持。对市场导向明确的技术创新项目，注重发挥市场配置技术创新资源的导向作用，综合运用股权投资、风险补偿、贷款贴息等资助方式予以支持。对符合条件的科研项目，鼓励通过自主选题，开展前瞻性、储备性研究。

（四）创新财务服务方式。建立健全科研财务助理制度，为科研人员在项目预算编制和调剂、经费支出、财务决算和验收等方面提供专业化服务。聘请科研财务助理所需费用，可由项目承担单位根据情况通过科研项目资金等渠道解决。充分利用信息化手段，建立单位内部科研、财务部门和项目负责人共享的信息平台，提高科研管理效率。制定符合科研实际需要的内部报销规定，切实解决野外考察、心理测试等科研活动中无法取得发票或财政性票据,以及邀请外国专家来华参加学术交流发生费用等报销问题。

(五)强化项目法人责任。项目承担单位是科研项目实施和科研经费管理使用的责任主体,应切实履行在项目申请、组织实施、验收和资金使用等方面的管理职责,强化自我约束和自我规范,确保接得住、管得好。加强预算审核把关,规范财务支出行为,完善内部风险防控机制,强化项目绩效目标管理和资金使用绩效评价,保障资金使用安全规范有效。落实科技报告制度,按规定及时向项目主管部门提交科技报告。实行内部公开制度,主动公开项目预算、预算调剂、资金使用(重点是间接费用、外拨资金、结余资金使用)、研究成果等情况,让项目单位和科研人员取得放心、用得安心。

(六)加强督查指导。财政部门、科技部门要对本意见贯彻落实情况适时组织督促检查,并将督查结果纳入信用管理,与间接费用核定、结余资金留用等挂钩。科技部门、项目主管部门要加快清理规范与科研项目有关的各种检查评审,推进检查结果共享,减少检查数量,避免重复检查、多头检查、过度检查。审计机关要依法开展对政策措施落实情况和科研项目资金的审计监督。对发现的违规违纪违法问题,有关部门要按照有关规定严肃查处。

本意见发布之日起3个月内,项目主管部门应制定出台相关实施方案,并督促指导所属单位完善内部管理。高等院校、科研院所应制定出台差旅费、会议费、咨询费等相关内部管理制度,项目承担单位应制定或修订科研项目资金内部管理制度。

省财政厅、省社科类科研项目主管部门要根据中央级社科类科研项目资金管理办法规定,结合社会科学研究的规律和特点,参照本意见另行制定我省社科类科研项目资金管理办法。

各地要结合实际,加快推进科研项目资金管理改革等各项工作。

此前有关文件规定与本意见不一致的,以本意见为准。

山东省科学技术厅　山东省财政厅
关于印发《山东省重点研发计划管理办法》的通知

(鲁科字〔2017〕185号)

各市科技局、财政局，省直有关部门、单位：

为深入贯彻落实《中共山东省委　山东省人民政府关于深化科技体制改革加快创新发展的实施意见》(鲁发〔2016〕28号)精神，进一步加强山东省重点研发计划管理，我们制定了《山东省重点研发计划管理办法》。现印发给你们，请遵照执行。

2017年12月12日

山东省重点研发计划管理办法

第一章　总则

第一条　为深入贯彻落实《中共山东省委　山东省人民政府关于深化科技体制改革加快创新发展的实施意见》(鲁发〔2016〕28号)精神，进一步加强山东省重点研发计划(以下简称省重点研发计划)管理，助力新旧动能转换，参照《国家重点研发计划管理暂行办法》，制定本办法。

第二条　省重点研发计划是省级科技计划的重要组成部分，面向全省经济社会发展及新旧动能转换的重大科技需求，按照"技术引领、公益优先、培养人才、服务创新"的原则，重点支持基础性、公益性的科学研究，推动重点领域关键核心技术实现新突破，培育科技人才队伍后备力量，支持科技领军人才开展深度研究，推进创新创业深入开展，培育发展新动能，为建设现代化经济体系提供科技创新支撑。

第三条　省重点研发计划以项目为载体组织实施，按支持领域分为重大科技创新类项目、公益性科技攻关类项目、创新创业扶持类项目、科技合作类项目和科技人才(团队)创新类项目等。根据实际需要，省科技厅可对项目类别进行适当调整。

第四条　省重点研发计划项目(以下简称项目)采取竞争择优和定向委托的方式立项，综合运用无偿资助、验收后补助、奖励性后补助等方式给予支持。采用股权投资、风险补偿、贷款贴息等形式，支持开展市场导向明确的技术创新活动。鼓励地方、行业、企业共同出资，采取定向择优方式组织实施重大科技创新类项目。

第二章　组织管理与职责

第五条　省科技厅是省重点研发计划管理及组织实施的主体，主要职责是：

(一)制定省重点研发计划管理办法；

(二)制定、发布年度计划指南并组织实施；

(三)负责项目的立项、调整、终止和撤销；

（四）确定第三方专业机构，实施项目过程监管，签署委托协议，监督协议执行；

（五）负责项目实施情况年度和中期检查调度、绩效评估和期末验收；

（六）推动项目取得成果转化应用和信息共享科技报告；

（七）完善省重点研发计划内容，优化任务布局。

第六条 省直有关部门（单位）、各市科技局、国家级高新区管委会以及中央驻鲁单位可作为项目主管部门，主要职责是：

（一）择优推荐本系统、本区域符合条件的项目申请立项；

（二）签署项目执行任务书并落实约定责任事项；

（三）监督项目执行，协调解决项目实施过程中出现的问题，视情况提出项目调整、终止及撤销建议；

（四）按约定报送项目执行情况及相关材料；

（五）受省科技厅委托，协助做好与项目有关的其他工作。

第七条 项目承担单位是项目实施的责任主体，主要职责是：

（一）按照签订的项目任务书实施项目，实现既定目标；

（二）实行项目法人制，建立新型科研项目实施机制；

（三）严格执行省重点研发计划各项管理规定，建立健全科研、财务、诚信等内部管理制度，落实激励科研人员的政策措施；

（四）按要求提报项目执行情况报告、信息报表、科技报告等；

（五）配合做好项目监督、评估和验收等工作；

（六）履行保密、知识产权保护等责任和义务，推动项目成果转化应用。

第八条 项目管理专业机构是指由省科技厅根据《山东省人民政府办公厅关于印发政府向社会力量购买服务办法的通知》（鲁政办发〔2013〕35号）、《关于印发山东省政府购买服务管理实施办法的通知》（鲁财购〔2015〕11号）等文件规定，采取定向委托或公开购买服务方式确定的第三方专业机构，主要职责是：

（一）接受委托并严格履行委托协议事项；

（二）提供项目申报受理、形式审查、评审组织、签订项目任务书等服务；

（三）提供年度和中期检查、期末验收、绩效评估服务；

（四）项目验收后的后续服务，包括项目资料归档，促进项目成果的转化应用和信息共享等；

（五）履行保密、知识产权保护等责任和义务。

第九条 省科技厅建立科技计划管理信息系统（以下简称信息系统），实现项目全过程网络信息化管理。完善科技智库和项目专家库。积极推进项目信息公开。

第三章 项目指南

第十条 重大科技创新类项目须依据五年科技创新规划编制并发布年度项目指南。省科技厅根据需要组织科技智库专家，按照项目指南征集和发现机制要求，邀请相关方面参与项目指南论证，广泛征求政府管理部门、高等学校、科研院所、企业、行业协会等意见，达成一致后，形成年度项目指南。

第十一条 省科技厅根据各分类项目的重点任务，发布年度项目申报通知和项目指南，明确项目申报要求、重点支持领域、研究方向和考核目标等内容。

第四章 申报条件和程序

第十二条 凡在山东境内注册、具有独立法人资格的高等学校、科研院所、企业、事业单位及新型研发机构均可申报。

第十三条 申报项目须明确项目负责人。项目负责人应具有领导和组织开展创新性研究的能力，科研信用记录良好，年龄、工作时间等符合要求。

第十四条 项目负责人承担项目且未完成验收的，原则上不得再作为项目负责人申报新项目。

第十五条 项目主管部门指导本部门或本地区项目申请单位和项目申请者填报申报材料，审核后推荐提交省科技厅。省科技厅按照项目管理渠道分别受理申请材料。

第五章 评审与立项

第十六条 省科技厅自主组织或委托项目管理专业机构组织专家对形式审查合格的项目采取网络评审、会议评审、专家论证、综合评审等方式进行评审。

第十七条 项目评审专家从科技项目专家库中随机确定，实行回避制度和轮换机制。所有参评项目的评审结果按照相关规定向社会公布。

第十八条 根据专家评审结果，按照择优支持原则提出年度项目安排及经费配置意见，经厅长办公会议审议通过后，对拟立项项目在省科技厅官方网站上公示。

第十九条 公示期间有异议的项目，省科技厅邀请有关专家、行业代表等进行复议，复议程序及结论按照相关规定及时公开反馈项目主管部门、项目承担单位和异议提出人。根据公示和复议结果，确定立项结论并下达立项文件。

第二十条 项目承担单位在接到立项通知之日起30个工作日内与项目主管部门、省科技厅签订三方项目任务书，逾期不签订项目任务书的，视为放弃承担项目资格。

第二十一条 项目任务书以项目申报书为依据，任务书指标原则上不得变更和调整。

第二十二条 对于突发、紧急或省重大战略部署的重大科技项目，省科技厅可采取定向委托等方式组织实施。

第二十三条 建立项目申诉处理机制，按规定受理形式审查、评审结果和项目立项过程中的异议并及时反馈异议处理意见。

第六章 项目实施

第二十四条 项目承担单位和项目负责人根据项目任务书确定的目标任务，按进度高质量完成相关研发任务。项目实施期限一般不超过三年。

第二十五条 项目执行期间实行年度报告制度。项目承担单位通过信息系统于每年11月底前向项目主管部门报送项目年度执行情况。项目主管部门汇总本部门、本区域项目年度执行情况报送省科技厅。省科技厅不定期委托项目管理专业机构对项目执行情况进行检查。

第二十六条 项目实施期内变更项目承担单位、项目负责人、项目参与单位、项目实施周期、项目主要研究目标和考核指标等重大事项的，由项目承担单位提出书面申请，项目主管部门研究形成意见，报省科技厅审核批复。

第二十七条 项目实施期内遇到下列情况之一的，项目任务书签署各方均可提出撤销或终止项目的建议，报省科技厅审核批准。

（一）经实践证明，项目技术路线不合理、不可行，或项目无法实现任务书规定的进度且无改进办法；

(二)项目执行中出现严重的知识产权纠纷;

(三)完成项目任务所需的资金、原材料、人员、支撑条件等未落实或发生改变导致研究无法正常进行;

(四)组织管理不力或者发生重大问题导致项目无法进行;

(五)项目实施过程中出现严重违规违纪行为,严重科研不端行为,不按规定进行整改或拒绝整改;

(六)其他规定的可以撤销或终止的情况。

第二十八条 撤销或终止项目,由项目主管部门指导项目承担单位对已开展工作、经费使用、已购置设备仪器、阶段性成果、知识产权等情况形成书面报告,提交省科技厅核查,做出处理决定并依法依规完成后续相关工作。项目经费按照《山东省重点研发计划资金管理办法》规定处理。

第七章 验收与成果管理

第二十九条 项目执行期满后,项目承担单位需提交科技报告,并在3个月内完成验收。奖励性后补助项目不再验收。

第三十条 项目因故不能按期完成须申请延期的,项目承担单位应于项目执行期结束前1个月提出延期申请,由项目主管部门提出意见报省科技厅审核批准。项目延期原则上只能申请1次,延期时间原则上不超过1年。

第三十一条 项目验收由省科技厅直接组织或委托项目主管部门、项目管理专业机构进行,其中,公益性科技攻关类项目委托项目主管部门组织,报省科技厅备案。各类项目可根据需要分别制定验收工作细则。

第三十二条 根据项目验收需要,组成验收专家组,采取会议验收、函审验收、实地考核评价等方式,依据项目任务书确定的任务目标和考核指标进行。验收专家组由技术、管理、产业和财务等方面的专家共同组成,成员实行回避制度。

第三十三条 项目验收结束后,由省科技厅审核并形成验收结论,分为通过验收、结题、不予通过三种结论。

(一)按期保质完成项目任务书确定的目标和任务,或个别指标经整改达到要求的,为通过验收;

(二)因不可抗拒因素已完成项目任务书确定的主要目标和任务,部分其他规定指标未能完成的,按照结题处理;

(三)因非不可抗拒因素未完成项目任务书确定的主要目标和任务,按不通过验收处理。

第三十四条 提供的验收文件、资料、数据存在弄虚作假,或未按要求报批重大调整事项,或不配合验收工作的,按不通过验收处理。

第三十五条 验收工作结束10个工作日内,项目承担单位应将项目验收材料送省科技厅备案,并按相关规定填写科技报告、科技成果转化年度报告和成果登记信息,纳入科技报告系统。

第三十六条 项目形成的知识产权的归属、使用和转移,按照国家、省有关法律、法规和政策执行。

第三十七条 依法取得知识产权的项目承担单位应当积极应用和有序扩散项目成果,传播和普及科学知识,促进技术交易和成果转化,并落实支持成果转化的科研人员激励政策。

第三十八条 建立绩效评价和跟踪调查制度,对项目执行情况和实施结果开展绩效评价,根据需要对项目验收进行跟踪调查。

第八章 监督管理

第三十九条 建立省重点研发计划监督机制，由省科技厅、财政厅会同有关部门对项目指南编制、立项、专家选用、项目实施与验收等工作中相关主体的行为规范、工作纪律、履职尽责情况等进行监督，并作出相应处理决定。

第四十条 接受监督的对象应认真履行相关责任，建立健全内控制度和常态化的自查自纠机制，加强风险防控，强化管理人员、科研人员的责任意识、绩效意识、自律意识和科研诚信，积极配合监督工作。

第四十一条 对在项目管理过程中存在行政管理缺位、监督检查不力、不如实报告重大事项以及有违规行为的项目主管部门，视情节作出限期整改、通报批评、阶段性取消推荐项目资格等处理。

第四十二条 项目承担单位和项目负责人有下列情形之一的视情节作出通报批评、取消项目立项、暂停项目拨款、责成项目主管部门追回已拨项目资金、终止项目执行、3年内取消项目承担单位和项目负责人申报项目资格等处理。

（一）项目材料弄虚作假，有违规套取、骗取财政经费行为；

（二）在项目评审、实施和验收等环节，存在弄虚作假、徇私舞弊等科研不端行为，或存在操纵专家、项目管理专业机构等行为；

（三）项目财政科技经费使用不符合规定要求，存在截留、挪用、挤占、私分等行为；

（四）不按要求接受监督检查，或对检查反馈意见整改不及时、不到位；

（五）对于因非正当理由致使项目撤销或终止的；

（六）未按要求提出延期申请又不按照正常进度组织验收，或再次验收仍未通过的；

（七）不按要求进行提交年度执行情况、科技报告的；

（八）其他应予追究的行为。

第四十三条 对存在违规现象的项目管理专业机构，视情节作出通报批评、解除委托协议、阶段性或永久性取消参与项目管理资格等处理。

第四十四条 对存在违规行为的咨询评审专家，视情节作出警告、责令限期改正、通报批评、阶段性或永久性取消咨询评审和申报参与项目资格等处理。

第四十五条 建立信用管理制度，对项目管理和实施中的相关主体在项目申报、评审、立项、实施、验收与监督等全过程进行信用记录和信用评价，建立"黑名单"制度，相关信息作为省科技计划管理的重要决策依据。

第九章 附则

第四十六条 本办法由省科技厅、省财政厅负责解释。

第四十七条 本办法自2018年1月1日起施行，有效期至2023年12月31日。

山东省财政厅　山东省科学技术厅关于印发《山东省重点研发计划资金管理办法》的通知

(鲁财教〔2019〕2号)

各市财政局、科技局，省财政直接管理县（市）财政局、科技局，省直有关部门，各高等院校、科研院所，各有关单位：

现将《山东省重点研发计划资金管理办法》印发给你们，请遵照执行。

山东省财政厅
山东省科学技术厅
2019年1月22日

山东省重点研发计划资金管理办法

第一章　总则

第一条　为规范山东省重点研发计划资金（以下简称重点研发计划资金）管理和使用，提高资金使用效益，根据《省委办公厅　省政府办公厅印发〈关于完善财政科研项目资金管理政策的实施意见〉的通知》（鲁办发〔2016〕71号），以及国家和省有关财经法规和财务管理制度规定，制定本办法。

第二条　重点研发计划资金由省级财政设立，面向全省经济社会发展及新旧动能转换的重大科技需求，重点支持基础性、公益性的科学研究及成果转化，推动重点领域关键核心技术实现新突破，培育科技人才队伍后备力量，支持科技领军人才开展深度研究，推进创新创业深入开展，为建设现代化经济体系提供科技创新支撑。

第三条　重点研发计划资金的使用和管理，遵循"突出重点、分类支持、科学安排、注重绩效"的原则。

第四条　重点研发计划资金实行分级管理、分级负责。省财政厅负责资金预算编制、下达拨付和绩效监管。省科技厅负责项目评审立项、资金分配和组织验收，对资金支出进度、绩效、安全性和规范性等负责。省直有关部门（单位）、各市（含黄河三角洲农业高新技术产业示范区）科技局、国家级高新区管委会以及中央驻鲁单位作为项目主管部门，负责项目资金日常监管。项目承担单位是项目资金管理使用的责任主体，负责项目资金的日常管理和监督。项目管理专业机构接受委托为项目预算申报、评估和项目验收等提供服务。

第二章　项目资金支持方式

第五条　重点研发计划资金采取多种支持方式，包括无偿资助、后补助、股权投资、风险补偿、贷款贴息等，具体支持方式在制发年度项目申报通知和项目指南时予以明确。

第六条 无偿资助，是指对科研项目等活动所需成本，在开展前直接给予部分或全部补助的财政资助方式。

后补助，是指从事研究开发和科技服务活动的单位先行投入资金，取得成果或服务绩效，通过验收或绩效考核后，给予资金补助的财政资助方式。

股权投资（含资本金注入），是指财政资金对开展重大科技成果转化和产业化的项目相关的科技企业以股权形式进行权益性投资的财政支持方式。

风险补偿，是指用于对金融机构给予科技创新和成果转化过程中银行、担保、创业投资、保险等支持活动产生的风险，给予一定比例补偿的财政支持方式。

贷款贴息，是指对科技创新和科技成果转化过程中在一定时期内按照一定比例给予的银行贷款利息补贴。

本办法主要规范无偿资助支持方式的资金，后补助支持方式参照执行。

第三章 项目资金开支范围

第七条 无偿资助项目资金，由直接费用和间接费用组成。

第八条 直接费用，是指在项目研究过程中发生的与之直接相关的费用，主要包括：

（一）设备费。是指在项目研究过程中购置或试制专用仪器设备，对现有仪器设备进行升级改造，以及租赁外单位仪器设备而发生的费用。应当严格控制设备购置，鼓励开放共享、自主研制、租赁专用仪器设备以及对现有仪器设备进行升级改造，避免重复购置。

（二）材料费。是指在项目研究过程中消耗的各种原材料、辅助材料等低值易耗品的采购及运输、装卸、整理等费用。

（三）测试化验加工费。是指在项目研究过程中支付给外单位（包括项目承担单位内部独立经济核算单位）的检验、测试、化验及加工等费用。

（四）燃料动力费。是指在项目研究开发过程中直接使用的相关仪器设备、科学装置等运行发生的水、电、气、燃料消耗费用等。

（五）会议、差旅、国际合作交流费。是指在项目实施过程中发生的会议费、差旅费和国际合作交流费。在编制预算时，本科目支出预算不超过直接费用预算10%的，不需要编制测算依据。项目承担单位和科研人员应当按照实事求是、精简高效、厉行节约的原则，严格执行有关规定，统筹安排使用。

（六）出版、文献、信息传播、知识产权事务费。是指在项目实施过程中，需要支付的出版费、资料费、专用软件购买费、文献检索费、专业通信费、专利申请及其他知识产权事务等费用。

（七）劳务费。是指在项目实施过程中支付给参与项目研究的研究生、博士后、访问学者以及项目聘用的研究人员、科研辅助人员等的劳务费用。项目聘用人员的劳务费开支标准，参照当地科学研究和技术服务业人员平均工资水平以及在项目研究中承担的工作任务确定，其社会保险补助费用纳入劳务费科目列支。劳务费预算应据实编制，不设比例限制。

（八）专家咨询费。是指在项目实施过程中支付给临时聘请的咨询、论证、绩效评价等专家的费用。专家咨询费不得支付给参与项目、课题研究和管理的相关工作人员。

（九）其他支出。是指在项目实施过程中除上述支出范围之外的项目专项审计、绩效评价等其他相关支出。其他支出应当在申请预算时详细说明。

第九条 间接费用，是指项目承担单位在组织实施项目过程中发生的无法在直接费用中列支的相关费用。主要包括：承担单位为项目研究提供的房屋占用，日常水、电、气、暖消耗，有关管理费用的补助支出，以及激励科研人员的绩效支出等。

第十条 结合承担单位信用情况，间接费用实行总额控制，按照不超过直接费用扣除设备购置费后的一定比例核定，具体比例如下：

（一）500万元及以下部分，为30%。

（二）超过500万元至1000万元的部分，为25%。

（三）超过1000万元以上的部分，为20%。

对数学等纯理论基础研究项目，根据实际情况适当调整间接费用比例。

第十一条 间接费用由项目承担单位统一管理使用。项目承担单位应当制定间接费用内部管理办法，公开透明、合规合理使用间接费用，处理好合理分摊间接成本和对科研人员激励的关系。间接经费的使用，应向创新绩效突出的团队和个人倾斜。项目中有多个单位的，间接费用在总额范围内由项目牵头单位与参与单位协商分配。项目承担单位不得在核定的间接费用以外，再以任何名义在项目资金中重复提取、列支相关费用。

第十二条 后补助项目资金由项目承担单位统筹使用，用于研发人员及团队奖励的项目资金最高可达50%。

第四章 预算编制与审批

第十三条 省科技厅按照部门预算编制要求，编制重点研发计划资金中期财政规划和年度预算建议，提前细化下年度重点研发计划资金项目预算，并及时将项目及实施单位等相关信息纳入财政项目库。

第十四条 项目负责人根据目标相关性、政策相符性和经济合理性原则，科学、合理、真实地编制项目预算。支出预算按照重点研发计划资金支出范围编列，项目直接费用中除设备费外，其他费用只提供基本测算说明，不提供明细。对仪器设备鼓励共享、试制、租赁，以及对现有仪器设备进行升级改造，确有必要购置的，应当对拟购置设备的理由及开放共享进行说明。涉及合作研究经费的，应当对项目合作单位资质及拟外拨资金进行说明。

第十五条 项目承担单位在申请项目时，应当组织其科研和财务部门对项目预算进行审核。对跨单位合作项目，项目承担单位的项目负责人和项目合作单位参与者，应当根据合作协议和各自承担的研究任务编报资金预算，由项目负责人汇总编制项目总预算。

项目确需外拨资金的，应当在项目预算中单独列示，并附外拨资金直接费用支出预算。间接费用外拨金额，由项目承担单位和合作单位协商确定。项目承担单位应当按照合作协议和审核通过的项目预算，及时转拨合作单位资金。

第十六条 项目承担单位组织项目负责人与项目主管部门、省科技厅签订三方项目任务书，应将项目预算、资助额度等纳入任务书内容。

第五章 预算执行与决算

第十七条 重点研发计划资金要按照国库集中支付制度规定，及时拨付。逐级转拨资金时，不得无故拖延。

第十八条 项目承担单位应当严格执行国家、省有关财经法规和财务制度，切实履行法人责任，建立健全项目资金内部管理制度和报销规定，明确内部管理权限和审批程序，完善内控机制建设，强化资金使用绩效评价，确保资金使用安全规范高效。

第十九条 项目承担单位应当建立健全科研财务助理制度，为科研人员在项目预算编制和调剂、资金支出、财务决算和验收等方面提供专业化服务。

第二十条 项目承担单位应当将项目资金纳入单位财务统一管理，对省级财政资金和其他来源的资金分别单独核算，确保专款专用。按照承诺保证其他来源的资金及时足额到位。

第二十一条 项目承担单位应当建立信息公开制度，在单位内部公开项目立项、主要研究人员、资金使用（重点是间接费用、外拨资金、结余资金使用等）、大型仪器设备购置以及项目研究成果等情况，接受内部监督。

第二十二条 项目承担单位应当严格执行国家、省有关支出管理制度。对应当实行"公务卡"结算的支出，按照公务卡结算有关规定执行。对于设备费、大宗材料费和测试化验加工费、劳务费、专家咨询费等，原则上应当通过银行转账方式结算，从严控制现金支出事项。对野外考察、心理测试等科研活动中无法取得发票或财政票据的，在确保真实性的前提下，可按实际发生额予以报销。

第二十三条 项目承担单位应当严格按照资金开支范围和标准办理支出，不得擅自调整外拨资金，不得利用虚假票据套取资金，不得通过编造虚假劳务合同、虚构人员名单等方式虚报冒领劳务费和专家咨询费，不得通过虚构测试化验内容、提高测试化验支出标准等方式违规开支测试化验加工费，不得随意调账变动支出、随意修改记账凭证，严禁以任何方式使用项目资金列支应当由个人负担的有关费用和支付各种罚款、捐款、赞助、投资等。

第二十四条 项目承担单位应当按照下达的预算执行。项目在研期间，年度剩余资金结转下一年度继续使用。项目预算总额不变，项目直接费用中除设备费外，其他科目费用调剂权全部下放给项目承担单位；项目预算总额不变、项目参与单位之间预算调剂以及增减参与单位的，由项目承担单位逐级向省科技厅提出申请，省科技厅审核评估后，按有关规定批准。间接费用预算总额不得调增，经项目承担单位与项目负责人协商一致后，可以调减用于直接费用。

第二十五条 项目承担单位应当于每年11月底前形成项目资金使用情况，与项目年度执行情况一起报送项目主管部门，由项目主管部门汇总后报送省科技厅、省财政厅。

第二十六条 项目资金使用管理中涉及的政府采购、政府购买服务、国有资产管理等事项，严格按照相关规定执行。使用省级财政资金形成的大型科学仪器设备、科学数据、自然科技资源等，按照规定开放共享。

第二十七条 项目因故撤销或终止，项目承担单位应当及时清理账目与资产，编制财务报告及资产清单，逐级报送省科技厅、省财政厅。省科技厅、省财政厅组织清查处理，确认并回收结余资金（含处理已购物资、材料及仪器设备的变价收入），统筹用于重点研发计划后续支出。

第二十八条 项目执行期满后，项目承担单位应当及时组织清理账目与资产，如实编制项目资金决算，不得随意调账变动支出、随意修改记账凭证。有外拨资金的项目，合作单位应编制外拨资金决算，按规定汇总编制项目资金决算。

第二十九条 项目完成任务目标并通过验收后，结余资金按规定留归项目承担单位使用，在2年内由项目承担单位统筹安排用于科研活动的直接支出；2年后未使用完的，按规定收回。未通过验收、整改后通过验收的项目，结余资金按规定收回。

第六章 绩效与监督管理

第三十条 重点研发计划资金实行绩效目标管理，省科技厅、项目主管部门、项目承担单位按照各自职责，对项目实施及经费使用情况开展绩效监控、绩效评价。绩效评价结果作为今后省级财政经费支持的重要依据。

第三十一条 省科技厅、项目主管部门和承担单位等相关主体应当按照各自职责，建立覆盖资金管理使用全过程的资金监督检查机制，确保资金安全、规范使用。

第三十二条 省科技厅组织或委托项目专业机构，定期或不定期对项目承担单位法人责任和内部控制、项目资金拨付的及时性、项目资金管理使用的规范性、安全性和有效性等进行抽查。

第三十三条 项目主管部门应当督促所属项目承担单位加强内控制度和监督制约机制建设，落实项目资金管理责任。

第三十四条 项目承担单位应当按照本办法和相关财经法规及财务管理规定，完善内部控制和监督制约机制，加强支撑服务条件建设，提高对科研人员的服务水平，建立常态化的自查自纠机制，保证项目资金安全。

第三十五条 项目承担单位在预算编报、资金拨付、资金管理使用、财务验收等环节存在违规行为的，应当严肃处理。省科技厅、省财政厅视情节轻重采取约谈、暂停项目拨款、终止项目执行、追回已拨资金、5年内取消项目承担单位或项目主要负责人和参与人员项目申报资格等措施，并将有关结果向社会公开。

第三十六条 重点研发计划资金使用管理实行责任追究机制，对资金使用管理过程中出现的弄虚作假、截留、挪用、挤占资金等行为，按照《中华人民共和国预算法》《财政违法行为处罚处分条例》（国务院令第427号）等有关规定严肃予以处理，并依法追究责任。

第三十七条 省科技厅、省财政厅按照科研信用管理相关规定，对相关主体参与项目资金管理使用的行为进行记录和信用评价，相关信息作为省科技计划管理的重要决策依据。

第七章　附则

第三十八条 本办法由省财政厅、省科技厅负责解释。

第三十九条 本办法自2019年2月21日起施行，有效期至2022年2月20日。

山东省科学技术厅 山东省财政厅关于印发《国家重点科研项目补助资金管理实施细则》和《国家重点科研项目奖励资金管理实施细则》的通知

(鲁科字〔2019〕36号)

各市科技局、财政局，省直有关部门，各有关单位：

现将《国家重点科研项目补助资金管理实施细则》和《国家重点科研项目奖励资金管理实施细则》印发给你们，请遵照执行。

2019年4月30日

国家重点科研项目补助资金管理实施细则

第一章 总则

第一条 为贯彻落实省委办公厅、省政府办公厅《关于支持新旧动能转换重大工程的若干财政政策》(鲁办发〔2018〕37号)、省政府《关于进一步扩内需补短板促发展的若干意见》(鲁政发〔2018〕24号)、《关于支持民营经济高质量发展的若干意见》(鲁政发〔2018〕26号)等文件精神，鼓励我省企事业单位积极承担国家重点科研项目，保障国家重点科研项目顺利实施，促进重大科技成果转化和产业化，结合我省实际，制定本实施细则。

第二条 本细则所称国家重点科研项目补助资金(以下简称"补助资金")是对省内实施的国家科技重大专项和国家重点研发计划项目(课题)(以下简称"国家重点科研项目")的承担单位给予的项目配套资助经费。

第三条 补助资金从省科技创新发展资金安排，列入省财政科技经费年度预算。

第四条 本细则适用于2018年及以后年度获得立项批复的国家重点科研项目。省财政科技资金已配套支持且配套资金超过本细则补助金额的国家重点科研项目，不再予以补助。

第二章 补助对象和标准

第五条 补助对象为国家重点科研项目的承担单位，须为山东省内注册的独立法人单位，包括牵头单位和参与单位两类。

第六条 按照国家重点科研项目上年国拨经费实际到账额的15%对承担单位给予经费资助，单个国家重点科研项目资助金额不超过1000万元。牵头单位和参与单位分别核算、分别资助，对牵头单位的核算中不包括牵头单位转拨参与单位部分。

第三章 补助程序

第七条 省科技厅每年发布通知，项目承担单位根据通知要求向主管部门提出申请，主管部门审核补助对象及金额，汇总后报送省科技厅。提出申请需同时提交以下材料：

（一）国家重点科研项目补助资金申请表；

（二）国家重点科研项目立项批文、项目合同书和任务书的复印件；

（三）国拨经费银行到账凭证复印件；

（四）补助资金支出预算；

（五）其他需提交的证明材料。

第八条 省科技厅对申请材料、项目国拨经费实际到账额和补助金额进行复核，复核结果在省科技厅网站向社会公示7个工作日。

第九条 公示期满且无异议后，省科技厅与获得补助资金的单位签订任务合同书，下达国家重点科研项目补助资金计划。

第四章　资金使用和管理

第十条 补助资金用于国家重点科研项目相关的研究、开发和成果转化，使用按《关于完善财政科研项目资金管理政策的实施意见》（鲁办发〔2016〕71号）、《山东省重点研发计划资金管理办法》（鲁财教〔2019〕2号）有关规定执行。

第十一条 补助资金绩效评价与国家重点科研项目绩效评价相结合，国家重点科研项目绩效评价结果视为补助资金绩效评价结果。项目承担单位完成研究任务，向国家资助部门提交绩效评价相关材料时，应一并向省科技厅提交。

第十二条 国家重点科研项目承担单位负责补助资金的监督管理，对补助资金使用情况的真实性负责。

第十三条 国家重点科研项目发生变更、中止、撤销等情况时，应及时调整、取消或追回资助资金。对弄虚作假、截留、挪用、挤占、骗取补助资金等行为，按照有关规定处理并依法追究相关单位和人员的责任。

第五章　附则

第十四条 补助资金按年度执行，自省科技厅发布申请通知之日起，上推一年为本年度执行期。年度执行期之后的项目列入下一年度执行，以国家重点科研项目国拨经费实际到账时间为准。

第十五条 本细则由省科技厅负责解释。

第十六条 本细则自发布之日起实施，有效期至2021年4月30日。

国家重点科研项目奖励资金管理实施细则

第一章　总则

第一条 为贯彻落实省政府《关于印发支持实体经济高质量发展的若干政策的通知》（鲁政发〔2018〕21号）文件精神，激励科研人员积极承担国家重点科研项目、持续开展重大关键技术攻关，结合我省实际，制定本实施细则。

第二条 本细则所称国家重点科研项目奖励资金（以下简称"奖励资金"）是对省内实施的国家科技重大专项和国家重点研发计划项目（课题）（以下简称"国家重点科研项目"）的承担单位给予的奖励经费。

第三条 奖励资金从省科技创新发展资金安排，列入省财政科技经费年度预算。

第四条 本细则适用于2018年及以后年度立项的国家重点科研项目的奖励。

第二章 奖励对象和标准

第五条 奖励对象为国家重点科研项目的承担单位，须为山东省内注册的独立法人单位，包括牵头单位和参与单位两类。

第六条 按照国家重点科研项目上年国拨经费实际到账额核算承担单位奖励金额，牵头单位按5%、参与单位按3%的比例分别核算，分别奖励，单个国家重点科研项目最高奖励60万元，同一承担单位合计奖励金额不超过400万元。对牵头单位核算金额中不包括牵头单位转拨参与单位部分。

第三章 奖励程序

第七条 省科技厅每年发布通知，国家重点科研项目承担单位根据通知要求向主管部门提出申请，主管部门审核奖励对象及金额，汇总后报送省科技厅。项目承担单位提出申请需同时提交以下材料：

（一）国家重点科研项目奖励资金申请表；

（二）国家重点科研项目立项批文、项目合同书和任务书的复印件；

（三）上年度国拨经费银行到账凭证复印件；

（四）奖励资金支出预算；

（五）其他需提交的证明材料。

第八条 省科技厅对申请材料、项目实际到账资金和奖励金额进行复核，复核结果在省科技厅网站向社会公示7个工作日。

第九条 公示期满且无异议后，省科技厅下达国家重点科研项目奖励资金计划。

第四章 资金使用和管理

第十条 奖励资金用于支持承担国家重点科研项目的研发团队进行自选项目研发和绩效奖励。自选研发项目执行期一般不超过两年，资金使用按《山东省重点研发计划资金管理办法》（鲁财教〔2019〕2号）有关规定执行。绩效奖励最高可提取国家重点科研项目奖励资金的50%，用于项目研发团队和个人激励，具体分配办法由项目负责人制定。

第十一条 奖励资金实行绩效目标管理。自选研发项目执行期满后，项目承担单位需向省科技厅提交国家重点科研项目奖励资金绩效报告。

第十二条 国家重点科研项目承担单位负责奖励资金的监督管理，对奖励资金使用情况的真实性负责。

第十三条 国家重点科研项目发生变更、中止、撤销等情况时，应及时调整、取消或追回奖励资金。对弄虚作假、截留、挪用、挤占、骗取奖励资金等行为，按照有关规定处理并依法追究相关单位和人员的责任。

第五章 附则

第十四条 奖励资金按年度执行，自省科技厅发布申请通知之日起，上推一年为本年度执行期。年度执行期之后的项目列入下一年度执行，以国家重点科研项目国拨经费到账时间为准。

第十五条 本细则由省科技厅负责解释。

第十六条 本细则自发布之日起实施，有效期至2021年4月30日。

山东省科学技术厅　山东省财政厅关于印发《山东省自然科学基金管理办法》的通知

(鲁科字〔2019〕40号)

各市科技局、财政局，省直有关部门，各有关单位：

现将《山东省自然科学基金管理办法》印发给你们，请认真贯彻执行。

2019年5月15日

山东省自然科学基金管理办法

第一章　总则

第一条　为规范山东省自然科学基金管理，充分发挥省自然科学基金在推动学科建设、加强人才培养、强化基础研究、提升源头创新能力等方面的重要作用，依据有关法律法规和政策文件，制定本办法。

第二条　山东省自然科学基金（以下简称"省自然基金"）是省级科技计划体系的重要组成部分，主要用于支持开展基础研究、应用基础研究和科学前沿探索，实现前沿引领技术、关键共性技术、现代工程技术、颠覆性技术创新，为加快全省经济社会高质量发展夯实科学技术基础支撑。

第三条　省自然基金资金主要来源为省级财政资金。完善基础研究多元化投入机制，引导鼓励设区的市人民政府、省直相关部门、高等学校、科研院所以及有条件的企业、社会组织等出资设立联合基金，加大基础研究投入。

第四条　省自然基金按照"聚焦前沿，鼓励探索，需求牵引，交叉融通"的思路，坚持自愿申请、公开透明、竞争择优、公平公正原则，鼓励自由探索，突出目标导向，强化绩效评价。

第二章　资助体系

第五条　建立完善新时代省自然基金资助体系。省自然基金按照青年基金、面上项目、重大基础研究、优秀青年基金、杰出青年基金、联合基金、应急管理等专项组织实施，根据需要适时作出必要调整。

（一）青年基金主要支持35周岁以下青年科技人员自主选题，独立开展创新性的基础研究与应用基础研究，促进青年科技人才快速成长。

（二）面上项目主要支持具有一定科研基础和发展潜力的科研人员，在省自然基金资助范围内，瞄准学科发展前沿自主选题，开展具有前瞻性、创新性和较为深入的科学研究，促进各学科均衡、协调和可持续发展。

（三）重大基础研究主要支持研究基础好、创新实力强的领军科技人才及科研团队，围绕学科发展前沿、全省经济社会发展的重大需求，提炼重大科学问题及关键共性技术难题，深入系统的开展引领性、战略性和原创性研究，推动实现前瞻性基础研究、引领性原创成果重大突破。

（四）优秀青年基金主要支持在基础研究方面已取得较好成绩、发展潜力较大的 38 周岁以下优秀青年科研人员，促进创新型青年人才的快速成长，为培育有望冲击省自然科学基金杰出青年基金或更高层次人才做准备。

（五）杰出青年基金主要支持 40 周岁以下、在相关研究领域已取得突出成绩，有望获得国家杰出青年基金或国家自然科学基金重点项目等资助的优秀青年科研人员，组成科研团队开展高水平的基础研究与应用基础研究，培养学术骨干或学科带头人。

（六）联合基金旨在发挥省自然基金的导向作用，引导与整合社会资源投入基础研究和应用基础研究，促进协同创新，培养壮大人才队伍，推动相关领域、行业、区域提升自主创新能力。

联合基金的设立由设区的市人民政府、省直相关部门、高等学校、科研院所以及有条件的企业、社会组织等出资方提出申请，经协商一致后，与省科技厅签署设立联合基金的合作协议，明确各方出资额度、资助领域方向、合作期限、运行方式等。

（七）应急管理主要用于资助具有重要科学意义、需要及时给予支持的创新研究，科技改革与发展重大问题研究，学术合作交流研究，非共识项目以及其他特殊需要支持的项目。

第六条 青年基金、面上项目、优秀青年基金、杰出青年基金、联合基金项目执行期限一般为 3 年；重大基础研究项目一般为 5 年；应急管理项目不超过 3 年。

第三章 组织管理

第七条 省科技厅负责省自然基金的组织管理工作，负责拟订相关支持政策，审议决定重大事项，组织开展省自然基金项目申请、评审、立项、结题等工作。

第八条 省自然科学基金委员会（以下简称"省基金委"）负责对省自然基金管理中的重大决策、重大事项进行咨询指导。省基金委委员实行任期制，任期一般为 3 年。

省基金委办公室设在省科技厅，与省科技厅基础研究处合署办公，负责省基金委的日常工作。

第九条 我省境内注册的高等学校、科研机构、企业以及社会组织等法人单位作为依托单位，应履行以下职责：

（一）组织开展本单位的省自然基金申报工作；

（二）提供省自然基金资助项目实施所需的条件，保障项目申请人和参与人有足够的时间实施项目；

（三）对省自然基金资助项目实施和经费使用进行协调、监督和指导检查。

第十条 设区的市科技局、省直部门和单位、中央驻鲁单位和省属高等院校等作为推荐部门，负责所属依托单位省自然基金资助项目实施的过程管理，及时反映项目实施中的重大事项，协调解决项目实施中遇到的问题。

第十一条 省科技厅建立山东省自然科学基金管理系统，实现项目全过程网络信息化管理。

第四章 申报与评审

第十二条 省科技厅根据年度科技计划总体部署，分批次发布省自然基金项目申报通知，明确申报条件和时间要求等。

第十三条 省自然基金项目申请人应具备下列条件：

（一）是所申请项目的主要研究人员，具有履行项目负责人责任的能力；

（二）是山东省境内注册、具有独立法人资格单位从事科学技术研究的正式人员或长期工作人员；

（三）具有所申请项目必需的组织开展创新性研究的能力和基本条件；

（四）具有良好的科研信用记录。

第十四条 省自然基金实行推荐申报制。项目申请人按照省自然基金申报通知要求，在规定期限内提报项目申请书。申请书经依托单位审查通过后，由推荐部门统一推荐至省科技厅。项目申请人、依托单位应当对所提交材料的真实性负责。

第十五条 省基金委办公室负责对推荐的项目进行形式审查，一般在申请截止之日起10个工作日内完成，并公布形式审查结果。

有下列情形之一的，申请项目不予受理，并通过推荐部门将不予受理的理由反馈给依托单位和项目申请人。

（一）申请人不符合项目申报条件；

（二）申请材料不符合申报指南要求；

（三）申请材料不齐全或存在不属实的内容；

（四）因项目终止、无故不结题或连续不能按期结题暂停申请省自然基金资格。

第十六条 省基金委办公室邀请具有较高学术水平、良好信誉的同行专家组成评审组，对受理的项目进行网络评审。每个项目至少3名专家参与评审。

第十七条 网络评审专家对申请项目的创新性、科学价值、学术影响以及研究方案的可行性、经费预算的合理性等方面进行独立判断和评价，在综合考虑申请人条件的基础上提出评审意见。

第十八条 根据网络评审专家的意见，省基金委办公室综合平衡、择优提出进入学科组会议复评的项目名单并进行公示，公示期5个工作日。

第十九条 省基金委办公室根据年度预算安排，提出不同专项资助项目分配指标，组织召开学科组会议复评。学科组专家在网络评审专家建议基础上，根据当年资助重点和分配指标对项目进行复评，提出立项资助建议。

第二十条 省基金委办公室将通过学科组会议复评的资助建议项目提请省基金委进行审议。省基金委到会委员三分之二以上的多数同意资助的项目视为通过审议。

第二十一条 省基金委办公室根据省基金委的审议意见，提出年度省自然基金立项项目及资助经费分配建议，提请省科技厅办公会议审定。

第二十二条 根据工作需要，重大基础研究、应急管理项目也可直接采取定向委托或会议评审方式，提出立项项目和资助经费建议，提请省科技厅办公会议审定。具体办法另行制定。

第五章 立项实施

第二十三条 省科技厅与省财政厅会商后，省科技厅发文下达年度省自然基金项目计划；省财政厅下达相应的资金指标文件并拨付资金。

第二十四条 依托单位和项目申请人，自收到项目立项通知之日起20日内填写项目立项任务书，报省科技厅核准。逾期不提报的，视为自动放弃项目实施资格。

项目立项任务书应与申请材料相一致，除评审专家有明确调整意见外，不得进行实质性变更。若有实质性变更，应按申报渠道报省科技厅审核。

第二十五条 省自然基金项目资助经费一般采取一次核定，数额较大的按实施进度分年度拨款的方式下达。经费使用按照《山东省自然科学基金项目资助经费管理办法》执行。

资助经费拨至项目依托单位,由项目申请人根据项目进展需要自主支配使用。依托单位负责对项目经费使用进行监督管理,做到专款专用。

第二十六条 项目申请人应当按照立项任务书组织开展研究工作,做好省自然基金资助项目实施情况的原始记录,每年12月底前向省科技厅提交项目进展报告。依托单位应审核项目进展报告、项目实施情况的原始记录等。推荐部门应于1月20日前向省科技厅提交上一年度省自然基金资助项目执行情况报告。

第二十七条 项目实施过程中,一般不得变更项目申请人。项目申请人发生下列变化的,依托单位应及时提出变更项目申请人或者终止项目实施的申请,经推荐部门审查同意后,报省科技厅核准。省科技厅也可视情况直接作出终止项目实施的决定。

(一)不再是依托单位的科学技术人员;

(二)不再具备继续开展研究工作所需的条件;

(三)有剽窃他人科学研究成果或者在科学研究中有弄虚作假等行为。

项目申请人调离原依托单位,现工作单位在我省境内的,经现工作单位与原依托单位协商,可由原依托单位提出变更依托单位的申请,经原推荐部门审查同意后报省科技厅批准;协商不一致的,终止该项目。现工作单位不在我省境内的,由原依托单位提出项目终止、撤项、继续实施申请,经原推荐部门审查同意后报省科技厅批准。

第二十八条 项目实施过程中,主要研究方法或者技术路线需要调整的,由项目申请人自行调整并报依托单位同意后,由推荐部门报省科技厅备案。

第二十九条 项目申请人应自项目资助期满之日起30日内办理项目结题手续。提前完成立项任务书目标任务的项目可申请提前结题。

(一)青年基金和面上项目结题程序:

1.撰写结题报告。项目申请人应实事求是、客观全面地总结提炼所完成的工作,在规定期限内向依托单位提交项目结题报告。

2.财务审核。依托单位财务和审计部门对项目经费决算进行审核并加盖公章。

3.审核提交。依托单位对本单位项目结题报告进行审核,审核通过后按申报渠道提交到省科技厅。

4.形式审查。省基金委办公室对提交的结题报告进行形式审查。有下列情况之一的予以退回,由项目申请人修改完善后重新提交:

(1)提交的结题报告材料不齐全;

(2)提交的结题报告材料不符合要求。

5.专家评议。项目结题采取同行专家评议方式,对项目完成立项任务书规定的各项工作情况进行评价,着重评价成果科学价值、学术水平和影响力以及研究工作质量。每个项目至少由3位同行专家进行评议,超过三分之二的专家同意结题的视为通过结题,否则视为结题不通过。对未通过结题的项目,省基金委办公室根据专家建议,作出完善工作后重新提交或终止项目的处理意见。

(二)优秀青年基金、杰出青年基金、重大基础研究和应急管理项目结题一般采取会议评议或函评方式。

(三)联合基金项目结题按合作协议执行。

第三十条 对于因故不能按期结题的项目，项目申请人应对项目实施情况进行全面总结，说明项目执行过程和不能结题的原因，经依托单位、推荐部门审查后于项目资助期满前30日内向省科技厅提出延期或终止申请。项目延期一般不超过一次，延长期不超过12个月。对于超出项目执行期一年以上或不具备研究时效性项目，省科技厅视情况直接作出终止项目实施的决定。

第三十一条 项目申请人、依托单位发表省自然基金资助项目取得的研究成果，应当注明得到山东省自然科学基金资助。标注内容"山东省自然科学基金资助项目×××（立项编号）"，英文为"project ××× supported by Shandong Provincial Natural Science Foundation。"

第三十二条 项目结题工作结束10个工作日内，项目申请人、依托单位应按相关规定填写科技报告、科技成果转化年度报告和成果登记信息，纳入省科技报告系统。

第三十三条 项目形成的知识产权的归属、使用和转移，按照国家、省有关法律、法规和政策执行。

依法取得知识产权的项目，依托单位应当积极应用和有序扩散项目成果，传播和普及科学知识，促进技术交易和成果转化，落实支持科技成果转化的激励政策。

第六章 监督与管理

第三十四条 省科技厅、省财政厅将根据需要对省自然基金项目执行情况和资金使用情况进行调度、检查和绩效评估。

省财政厅根据需要对省自然科学基金预算绩效运行情况进行重点监控，发现问题及时通报部门单位进行整改；问题严重的，暂缓或停止拨款。

第三十五条 建立信用管理制度。省科技厅对项目管理和实施中的相关主体在项目申报、评审、立项、实施、结题与监督等全过程进行信用记录和信用评价，分别建立信用档案。

第三十六条 省自然基金管理全过程向社会公开，接受监督。对省自然基金在形式审查、网络评审、会议复评和推荐立项等过程中有异议的，均可向省科技厅书面提出。省科技厅将对异议按程序核查处理，不受理涉及对专家评审专业方面所提出的异议。

第三十七条 省科技厅对项目申请人、依托单位项目完成质量和结题数量进行评价，并定期通报。

对按期结题且完成质量高、取得重大原创成果的项目申请人，遴选部分发展前景较好的在下一年度给予连续资助；对于项目终止、无故不结题或连续不能按期结题的项目申请人，暂停一次省自然基金的申请资格。

第三十八条 申请项目涉嫌抄袭、剽窃他人研究成果或有其他弄虚造假行为的，经查实，取消其参加本年度评审的资格；情节严重的，项目申请人五年内不得申请省自然基金项目。

第三十九条 项目申请人有下列行为之一的，省科技厅视情节轻重，分别作出暂缓拨付资助经费，限期改正；撤销资助，追回已拨付的资助经费；五年内不得申请或者参与省自然基金项目的处理意见。

（一）未按照立项任务书开展研究工作；

（二）未按照规定提交项目进展报告和结题报告；

（三）抄袭、剽窃他人研究成果，提交弄虚作假的报告、原始记录或者相关材料；

（四）侵占、挪用资助经费。

第四十条 依托单位有下列情形之一的，省科技厅将责成推荐部门督促其限期改正；情节严重的，取消其五年内作为依托单位的资格。

（一）未履行保障省自然基金资助项目研究条件或者监督管理资助经费使用职责；

（二）对项目申请人提交的材料或者报告的真实性审查不严，造成不良影响；

（三）纵容、包庇项目申请人弄虚作假；

（四）未经批准擅自变更项目申请人；

（五）截留、挪用、侵占资助经费。

第四十一条 推荐部门未按照规定提交资助项目执行情况报告、履行项目监管责任的，省科技厅应当督促其限期改正；情节严重的，取消其下一年度推荐资格。

第四十二条 评审专家有下列行为之一的，省科技厅应当督促其改正；情节严重的，取消其评审资格。

（一）未按照规定履行评审职责或不尽责评审；

（二）不遵守诚信承诺，擅自披露未公开的评审信息；

（三）利用工作便利谋取不正当利益。

第七章 附则

第四十三条 原省自然基金中的培养基金、博士基金纳入青年基金管理；原省自然基金中的省属高校优秀青年人才联合基金纳入优秀青年基金管理；原省自然基金支持的科技领军人才创新工作室项目纳入重大基础研究管理。

第四十四条 本办法由省科技厅、省财政厅负责解释。

第四十五条 本办法自 2019 年 6 月 1 日起施行，有效期至 2024 年 5 月 31 日。原《山东省自然科学基金管理办法》同时废止。

山东省人民政府办公厅
印发《关于进一步完善财政科研项目资金管理的若干措施》的通知

(鲁政办字〔2019〕120号)

各市人民政府,各县(市、区)人民政府,省政府各部门、各直属机构,各大企业,各高等院校:

《关于进一步完善财政科研项目资金管理的若干措施》已经省政府同意,现印发给你们,请结合实际认真贯彻执行。

山东省人民政府办公厅
2019年7月3日

关于进一步完善财政科研项目资金管理的若干措施

为贯彻落实《国务院关于优化科研管理提升科研绩效若干措施的通知》(国发〔2018〕25号)、《国务院办公厅关于抓好赋予科研机构和人员更大自主权有关文件贯彻落实工作的通知》(国办发〔2018〕127号)、《省委办公厅 省政府办公厅印发〈关于完善财政科研项目资金管理政策的实施意见〉的通知》等文件精神,切实解决当前我省财政科研项目资金管理中存在的"难点""痛点""堵点"问题,赋予科研人员更大的自主支配权,充分释放创新活力,现制定以下措施。

一、简化财政科研项目预算编制管理

(一)简化财政科研项目预算编制内容。科研人员按照科研活动只需测算项目预算科目总额,直接费用只需填列设备费、材料费/测试化验加工费/燃料动力费、差旅费/会议费/国际合作与交流费、劳务费/专家咨询费以及其他支出等五类预算科目。间接费用只填列管理费和绩效支出两类预算科目。

(二)下放财政科研项目预算调整权限。在项目预算总额不变的情况下,科研人员可根据科研活动实际需要在项目实施过程中自主调整直接费用,不受预算科目和比例限制,由项目承担单位据实审核。

(三)提高科研项目间接费用比例。自然科学类科研项目,扣除设备费后,500万元以下部分的间接费用不超过30%,500万元至1000万元部分不超过25%,1000万元以上部分不超过20%。哲学社会科学类科研项目,20万元及以下部分的间接费用不超过50%,20万元至50万元的部分不超过40%,50万元至500万元的部分不超过20%,500万元以上部分不超过13%。对数学等纯理论基础研究项目,可进一步根据实际情况适当调整间接经费比例。间接经费的使用应向创新绩效突出的团队和个人倾斜。财政资金安排的科研项目中,项目承担单位提取的管理费比例最高不超过5%。

二、改进财政科研项目资金支出管理

（四）优化财政科研项目资金拨付程序。加快省级各类科研项目资金拨付进度，简化拨付程序，省级非预算单位项目资金直接拨付到项目承担单位基本户；省级预算单位项目资金全部实行授权支付，预算单位收到项目资金指标后，即可自行开具资金支付凭证。

（五）简化科研经费内部审批流程。优化报销程序，减少财务、采购、资产、科研等多部门多环节审批，制定符合科研实际需要的内部报销规定，明确统一、规范的报销流程及标准。项目承担单位制定的相关内部制度、办法以及科研项目组成员、项目完成时限、预算规模、设备购置、经费使用、研究成果等应在相应范围内公开。

（六）扩大单位零余额账户资金划转范围。允许部分科研项目资金从本单位零余额账户向本单位或本部门其他预算单位实有资金账户划转。具体包括：按照有关制度规定由预算单位与科研项目承担单位签订委托协议或合同，按约定确需将资金支付到科研项目承担单位的；高校科研院所内部机构之间合理的结算支出，含测试化验加工费用、成本分摊费用等；由于零余额账户开户行外币种类不全等原因，确需先转入可提供该币种银行现有实有资金账户的购汇资金。

（七）扩大财政科研项目劳务费开支范围。科研项目组成员以外，参与项目研究的研究生、博士后、访问学者、编制外人员以及聘用的在职研究人员、退休返聘人员、科研辅助人员等的劳务费，均可在项目经费中列支。对科研项目长期聘用、无其他固定收入来源的科研人员，其劳务合同中的工资、社会保险补助等纳入劳务费科目列支。

（八）放宽公务卡结算限制。高校科研院所承担的纵向和横向课题经费，只要符合主管部门或委托单位的要求，在确保真实的前提下，有相关依据凭证即可报销，不受公务卡结算限制。

三、扩大高校科研院所科研项目管理自主权

（九）完善项目科研人员薪酬激励制度。全时全职承担重大技术攻关、成果转化或平台建设任务的项目负责人以及高层次人才，实行一项一策、清单式管理，用人单位可按规定对高层次人才实行绩效工资分配倾斜、年薪制、协议工资制和项目工资制，所需经费允许在项目经费中列支并单独核定。科研绩效支出及年薪和协议工资纳入项目承担单位绩效工资总量管理，但不作为项目承担单位绩效工资调控基数。

（十）增加科研人员在收入分配中的比重。落实科研人员对科技成果转化的收益权、分配权、处置权。支持高校科研院所科研人员到国有企业或民营企业兼职研发和成果转化，加大高校科研院所和国有企业科研人员科技成果转化股权激励力度。

（十一）鼓励承担横向科研项目。鼓励高校科研院所承担地方政府、企业或其他社会组织横向科研项目，并确定科研人员承担横向科研项目在业绩考核、职称评聘中的比重。横向委托项目完成后获得的净收入，按合同约定进行分配和提取报酬，合同中无约定的，全部留归项目组成员自主分配。

（十二）明确获取横向课题票据使用。高校科研院所获得横向科研项目经费，其来源为行政事业单位财政资金的只需开具普通收据，无须开具税务发票；内部往来结算的，可使用财政部门统一印制的行政事业单位内部资金往来结算票据。开具的普通收据和内部往来结算票据随同资金拨付银行回执作为会计核算原始凭证。

（十三）增强科研项目政府采购的灵活性、便利性。大力推行"预采购""直通车"和合同续签等政府采购模式。在科研项目资金预算额度内，高校科研院所可在政府采购管理系统中自行调

整，财政部门不再审核，年终统一汇总确认，一次性下达调整文件。政府采购结余资金不再收回财政，由项目单位自主用于科研支出。

（十四）放宽科研项目政府采购的限制。科研仪器设备及耗材可自行采购，自行选择科研仪器设备评审专家。科研急需的设备和耗材，采用特事特办原则，由项目承担单位或团队自行采购，并报单位采购管理部门备案。对于独家代理或生产的仪器设备，按程序确定采取单一来源采购等方式。

四、完善科研项目相关科研服务机制

（十五）建立健全科研财务助理制度。高校科研院所可根据科研活动需要，自主选择固定岗位、短期聘用、第三方外包等多种形式，由单位统一聘用或项目自主聘用科研财务助理，为科研项目提供经费管理服务，其服务费用可在单位日常运转经费、相应科研项目劳务费或间接费用中列支。

（十六）精简科研项目申报和过程管理。明确科研项目申报要求，减少申报材料并推行"材料一次报送"制度。建立省级科技信息管理平台，加强项目查重，避免重复申报和重复安排。

（十七）落实税收优惠政策。对非营利性研究开发机构、高等学校，从职务科技成果转化收入中给予科技人员的现金奖励，可减按50%计入科技人员当月"工资、薪金所得"，按国家规定依法缴纳个人所得税。企业或个人以技术成果投资入股到境内居民企业，被投资企业支付的对价全部为股票（权）的，企业或个人可选择适用递延纳税政策。

（十八）科学设置科研项目绩效目标和开展绩效评价。明确设定科研项目绩效目标，项目指南要按照分类评价要求提出项目绩效目标。目标导向类项目可按照关键节点设定明确、细化的阶段性目标。对基础研究与应用基础研究类项目、技术和产品开发类项目、应用示范类项目等实行分类绩效评价。强化契约精神，严格按照任务书的约定逐项考核结果指标完成情况，对绩效目标实现程度作出明确结论。

（十九）加强绩效评价结果的应用。绩效评价结果作为项目调整、后续支持，以及相关研发、管理人员和项目承担单位、项目管理专业机构任务完成的重要参考依据。要客观公正、实事求是地开展科研项目绩效评价，认真甄别项目失败原因，形成宽容失败、容错纠错的科研环境。加强事中事后监管，对严重违背科研诚信要求的，实行终身追责、联合惩戒，倒逼资金发挥最大效应。

（二十）有效开展监督检查。有关部门统筹安排协调各种监督检查和抽查评估，减少科研项目实施周期内的各类评估、检查、抽查活动，实行监督检查结果各部门信息共享和互认，避免在同一年度对同一事项的重复检查。

本通知发布之日起2个月内，高校科研院所要按照中央和省相关科研项目资金管理和本通知要求，结合本部门（单位）实际和不同科研项目资金特点，制定或修订相关内部管理办法和审批制度，报省科技厅、省教育厅等项目主管部门备案。高校科研院所按规定制定的各项制度、内部管理办法应当作为预算编制、评估评审、经费管理、审计检查、财务验收的工作依据。

山东省科学技术厅　山东省财政厅
关于印发《山东省自然科学基金项目资助经费管理办法》的通知

各市科技局、财政局，省直有关部门，各有关单位：

现将《山东省自然科学基金项目资助经费管理办法》印发给你们，请认真贯彻执行。

2019 年 7 月 12 日

山东省自然科学基金项目资助经费管理办法

第一章　总则

第一条　为规范山东省自然科学基金项目资助经费（以下简称项目经费）的使用和管理，提高项目经费使用效益，根据《中共山东省委办公厅　山东省人民政府办公厅印发〈关于完善财政科研项目资金管理政策的实施意见〉》（鲁办发〔2016〕71 号），结合山东省自然科学基金（以下简称省自然基金）资助项目特点，制定本办法。

第二条　项目经费是指用于资助开展基础研究和应用基础研究、培育科技人才与团队等省自然基金项目的专项资金。

第三条　项目经费来源主要为省财政拨款，同时接受各种形式的社会捐赠和联合资助。联合基金项目经费以吸纳联合方等社会单位投入为主。

第二章　管理职责

第四条　项目经费由省财政厅和省科技厅按照职责分工进行管理。省财政厅负责组织省财政拨款项目经费的预算编制，对支出政策进行审核，牵头预算绩效管理。省科技厅负责预算编制和具体执行，研究制定项目经费分配使用方案和任务清单，对支出进度、使用绩效以及安全性、规范性负责。

第五条　设区的市科技局、省直部门和单位、中央驻鲁单位和省属高等院校等作为推荐部门，负责对所属项目承担单位项目经费使用和管理进行监督。

第六条　项目承担单位是项目经费管理的责任主体，应当建立健全"统一领导、分级管理、责任到人"的项目经费管理体制和制度，完善内部控制和监督约束机制，加强对项目经费的管理和监督。项目承担单位应当落实承诺的项目自筹资金及其他配套条件，对项目组织实施提供条件保障。

第七条　项目负责人是项目经费使用的直接责任人，应当依法据实编制项目预算和决算，并按照项目批复预算、立项任务书和相关管理制度使用经费，接受相关部门的监督检查，对项目经费使用的合规性、合理性、真实性承担法律责任。

第三章　项目经费开支范围

第八条　项目经费支出是指在项目组织实施过程中发生的与研究活动相关的、由项目经费支付的各项费用支出。项目经费分为直接费用和间接费用。

第九条 直接费用是指在项目研究过程中发生的与之直接相关的费用，按照设备费、材料费/测试化验加工费/燃料动力费、差旅费/会议费/国际合作与交流费、劳务费/专家咨询费以及其他支出等五类列写预算科目，具体包括：

（一）设备费：指在项目研究过程中购置或试制专用仪器设备，对现有仪器设备进行升级改造以及租赁设备等发生的费用。设备购置应当严格控制，鼓励共享、租赁以及对现有设备进行升级，避免重复购置；

（二）材料费/测试化验加工费/燃料动力费：材料费指在项目研究过程中消耗的各种原材料、辅助材料、低值易耗品等的采购及运输、装卸、整理等费用；测试化验加工费指在项目研究过程中支付给外单位（包括项目承担单位内部独立经济核算单位）的检验、测试、化验及加工等费用；燃料动力费指在项目研究开发过程中直接使用的相关仪器设备、科学装置等运行发生的水、电、气、燃料消耗费用等；

（三）会议/差旅/国际合作交流费：是指在项目研究开发过程中发生的差旅费、会议费和国际合作交流费。在编制预算时，本科目支出预算不超过直接费用预算10%的，不需要编制测算依据；超过10%的，按照分类填写必要的测算依据；

（四）劳务费/专家咨询费：劳务费指在项目研究过程中支付给参与项目研究的研究生、博士后、访问学者以及项目聘用的研究人员、科研辅助人员等的劳务费用；项目聘用人员的劳务费开支标准，参照当地科学研究和技术服务业人员平均工资水平以及在项目研究中承担的工作任务确定，其社会保险补助费用纳入劳务费科目列支。劳务费预算应据实编制，不设比例限制；专家咨询费指在项目研究过程中支付给临时聘请的咨询、论证、绩效评价等专家的费用；专家咨询费不得支付给参与项目、课题研究和管理的相关工作人员；

（五）其他支出：指在项目研究开发过程中除上述支出范围之外的其他相关支出。其他支出应当在申请预算时详细说明。

第十条 间接费用是指项目承担单位在组织实施项目过程中发生的无法在直接费用中列支的相关费用，按照管理费和绩效支出列写预算科目，主要包括：项目承担单位为项目研究提供的房屋占用，日常水、电、气、暖消耗；有关管理费用的支出；激励科研人员的绩效支出。

第十一条 间接费用按照不超过直接费用扣除设备购置费后的一定比例核定，具体比例如下：

（一）500万元及以下部分为30%；

（二）超过500万元至1000万元的部分为25%；

（三）超过1000万元以上的部分为20%；

项目承担单位在上述范围内可自行设定间接费用比例。财政资金安排的科研项目中，项目承担单位提取的管理费比例最高不超过5%。

第十二条 间接费用由项目承担单位统一管理使用，绩效支出不设比例限制。项目承担单位应当建立健全间接费用内部管理办法，公开透明、合规合理使用间接费用，处理好分摊间接成本和对科研人员激励的关系，绩效支出应当与科研人员在项目工作中的实际贡献挂钩。项目承担单位不得在核定的间接费用以外以任何名义在项目经费中重复提取、列支相关费用。

项目实施中有多个单位参与的，间接费用在总额范围内由项目牵头单位与参与单位协商分配。

第四章 预算编制与审批

第十三条 项目负责人应根据目标相关性、政策相符性和经济合理性原则，科学合理、实事求是编制项目预算，经项目承担单位、推荐部门审核后提交。

第十四条 省科技厅依据省自然基金项目经费情况和评审专家的意见，按照规定程序审核确定项目资助额度。省财政厅按规定下达财政经费拨款。省财政厅、省科技厅按照"谁主管、谁负责、谁公开"的原则，及时公开有关信息，自觉接受监督。

第十五条 项目负责人根据批准的项目资助额度，按程序确定或调整项目预算，随立项任务书报省科技厅核准备案。

第十六条 项目承担单位首次申报省自然基金项目时，应将单位银行账户信息报省科技厅备案。项目承担单位银行账户等信息发生变更，应及时函告省科技厅。因银行账户信息变更未及时告知导致经费无法下达的，相关责任由项目承担单位承担。

第五章 预算执行与决算

第十七条 项目承担单位应当将项目经费纳入单位财务统一管理，单独核算，专款专用。

使用管理中涉及政府采购、政府购买服务、国有资产管理、国库集中支付的，严格按照相关规定执行。

第十八条 项目负责人应当严格执行核准的项目预算。项目预算总额一般不予调整，由于研究内容或者研究计划做出重大调整等原因需要对预算总额进行调整的，应当由项目承担单位提出申请，经推荐部门审核后报省科技厅审批。

第十九条 项目直接经费中除设备费外，其他科目预算调剂由项目承担单位负责审批。设备费预算一般不予调增，如有特殊情况确需调增的，由项目负责人提出申请，经项目承担单位、推荐部门审核后，报省科技厅批准。设备费调减及设备费内部预算结构调整的，由项目承担单位审批。项目承担单位应按照有关规定完善管理制度，切实履行审批职责。

第二十条 项目承担单位变更或项目合作单位之间预算调整，应当按照原程序报省科技厅批准。

第二十一条 项目承担单位应当严格执行有关科研经费支出管理制度。对应当实行公务卡结算的支出，按照公务卡结算有关规定执行。专家咨询费、劳务费等支出，原则上应当通过银行转账方式结算，从严控制现金支出事项。

对于野外考察、数据采集等科研活动中无法取得发票或财政性票据的支出，在确保真实性的前提下，项目承担单位可按实际发生额予以报销。

第二十二条 项目完成后，项目负责人应会同科研、财务、审计、资产等管理部门及时清理账目与资产，如实编制项目决算表，经所在单位财务部门、审计部门审核通过后，与项目结题报告等材料一起报送省科技厅。

第二十三条 项目实施期间，年度剩余经费可结转下一年度继续使用。项目完成任务目标并通过结题的，结余经费中的财政经费拨款按规定留归项目承担单位继续使用，在 2 年内由项目承担单位统筹安排用于科研活动的直接支出；2 年后仍未使用完的，按规定收回。

第二十四条 对未通过结题验收、整改后通过验收、项目承担单位信用评价差的项目结余经费，对于因故被终止执行项目的结余经费，以及因故被撤销项目的已拨经费，项目承担单位应当按原渠道退回。

第六章 监督检查

第二十五条 省自然科学基金项目资金实行绩效目标管理,省科技厅、推荐部门、项目承担单位按照各自职责,对项目实施及经费使用情况开展绩效监控、绩效评价。绩效评价结果作为今后省级财政经费支持的重要依据。

第二十六条 省科技厅会同项目推荐部门对预算执行进度和绩效目标完成情况开展"双监控",发现问题及时采取措施予以纠正。年度预算执行结束后,省科技厅组织项目承担单位对照绩效目标进行自评,撰写绩效自评报告报省财政厅。省财政厅结合单位自评情况,根据工作需要进行重点绩效评价,对自评情况进行抽查复核。

第二十七条 项目承担单位应当建立实施项目经费绩效管理制度,落实绩效监控主体责任,按要求定期采集项目绩效信息,分析项目进展、经费使用、绩效目标完成等情况。预算执行结束后,对项目经费管理使用效益进行绩效评价,并将自评结果报送省科技厅、省财政厅。

第二十八条 项目承担单位依法履行项目经费管理职责,严格按照项目经费管理办法及财务管理规定使用项目经费,应将项目经费使用等情况在一定范围内公开,自觉接受监督。项目负责人应当承诺提供真实的项目信息,认真遵守项目经费管理有关规定。项目承担单位和项目负责人应对提供或使用信息虚假导致的后果承担相应责任。

第二十九条 项目承担单位和项目负责人在项目经费管理方面的信誉度作为对项目承担单位和项目负责人信用评级、绩效考评以及后续资助的依据。

第三十条 各级财政、科技部门、推荐部门、项目承担单位主动接受人大、纪检监察、审计等方面的监督。对在各项审计和监督检查中发现的违规违纪问题,按照有关规定追究相应责任。

第七章 附则

第三十一条 联合基金项目资助经费管理参照本办法执行,由联合方按照协议规定落实有关经费。

第三十二条 本办法由省科技厅、省财政厅负责解释。

第三十三条 本办法自 2019 年 8 月 1 日起施行,有效期至 2024 年 7 月 31 日。此前有关山东省自然科学基金项目资助经费管理规定与本办法不一致的,以本办法为准。

山东省科学技术厅 山东省财政厅关于印发《山东省创新券使用管理办法》的通知

(鲁科字〔2019〕66号)

各市科技局、财政局，各有关单位：

为进一步促进科研设施和科研仪器等科技资源开放共享，增强创新活力，激发创新潜能，提高科技创新水平，支撑经济高质量发展，省科技厅、省财政厅联合制定了《山东省创新券使用管理办法》。现印发给你们，请认真贯彻执行。

山东省科学技术厅
山东省财政厅
2019年7月15日

山东省创新券使用管理办法

第一章 总则

第一条 为深入贯彻落实《中共山东省委 山东省人民政府关于深化科技体制改革加快创新发展的实施意见》《中共山东省委 山东省人民政府关于推进新旧动能转换重大工程的实施意见》《山东省人民政府关于印发支持实体经济高质量发展的若干政策的通知》和《科技部 发展改革委 财政部关于印发〈国家重大科研基础设施和大型科研仪器开放共享管理办法〉的通知》等精神，进一步促进科研设施和科研仪器（以下简称科研设施与仪器）等科技资源开放共享，增强创新活力，激发创新潜能，提高科技创新水平，支撑经济高质量发展，制定本办法。

第二条 创新券是面向山东省行政区域内中小微企业和创业（创客）团队（以下简称使用方）无偿发放，用于补助其使用共享科研设施与仪器开展科技创新活动、购买科技创新服务的制度安排，是促进科技资源开放共享、支撑创新创业的普惠性激励政策。

第三条 创新券资金从省科技创新发展资金中安排，列入年度财政预算。

创新券资金的使用和管理遵守国家有关法律法规和财务规章制度，遵循广泛引导、公开普惠、科学管理与专款专用的原则。

第二章 组织管理

第四条 省科技厅会同省财政厅组织实施创新券工作。省科技厅负责创新券的政策制定、决策指导、资金拨付、监督检查和绩效评价工作，研究确定创新券实施过程中的重大事项；省财政厅负责创新券资金保障等工作。

第五条 省科技厅依托"山东省大型科学仪器设备协作共用网"（以下简称"省仪器设备网"）建设山东省创新券管理服务平台，实现创新券网上在线发放、审核、统计分析和日常管理等工作。

创新券使用管理的具体事务性工作，可由省科技厅委托第三方机构协助完成。

第六条 设区市科技局负责本市中小微企业、创业（创客）团队及科技服务机构的入网审核、政策宣传、创新券审核、统计等工作；市财政局负责协助开展经费使用监督等工作。

第七条 省级以上科技企业孵化器、众创空间、专业化众创空间和大学科技园等创新创业孵化载体，负责为入驻企业和创业（创客）团队提供政策咨询服务，协助申请和兑付创新券等工作。

第三章 支持对象、范围和补助标准

第八条 本办法所支持的中小微企业应满足以下条件：

（一）注册地在山东省行政区域内，具有独立企业法人资格，职工总数不超过500人、年销售收入不超过2亿元，具有健全的财务机构，管理规范，无不良诚信记录；

（二）与开展合作的科技服务机构之间无任何隶属、共建、相互参股等关联关系。

第九条 本办法所支持的创业（创客）团队应满足以下条件：

（一）不具备法人资格，还未注册企业；

（二）入驻省级以上科技企业孵化器、众创空间、专业化众创空间和大学科技园等创新创业孵化载体；

（三）创新项目需具有产品研发及成果转化所需的检测、试验、分析等研发工作。

第十条 山东省行政区域内高等院校、科研院所以及国家和省重点实验室、技术创新中心、工程技术研究中心、临床医学研究中心、新型研发机构等创新创业载体作为科技创新服务供给方（以下简称供给方），必须按规定在省仪器设备网注册成为会员，对外开展相关科技创新服务。

鼓励企业等其他科技资源集中的单位在省仪器设备网注册成为会员，使用创新券对外开展科技创新服务。

第十一条 创新券的支持范围是供给方依托科研设施与仪器为使用方提供的检测、试验、分析、合作研发、委托研发、研发设计、标准制定等科技创新服务。

按照法律法规或者强制性标准要求开展的强制检测、法定检测以及生产性常规检测、批量检测、产品质量抽检、环境检测等非科技创新活动，或已列入各级各类科技计划（基金、专项）或其他财政性资金支持的科技创新活动不纳入创新券支持范围。

第十二条 创新券的补助标准：对符合本办法第十一条规定的科技创新活动发生的费用，给予枣庄、临沂、德州、聊城、滨州、菏泽等6市和省财政直管县的使用方60%的补助，其他地区40%的补助；同一企业或团队每年最高补助50万元。

第四章 使用与兑付

第十三条 以财政性资金为主建设的供给方依托省仪器设备网对外提供科技创新服务，可以根据人力成本等收取服务费，并按照成本补偿和非盈利性原则收取材料消耗费和水、电等运行费。

供给方开展科技创新服务所得收入用于弥补上述人力成本、材料消耗费和水、电等运行费后仍有盈余的，可按单位横向课题经费进行管理，或参照单位科技成果转化收益相关分配政策，用于奖励提供科技创新服务的科技人员及团队。

第十四条 供给方是提供科技创新服务的责任主体，要健全完善创新券使用服务管理制度，安排专职人员负责服务工作，并在省仪器设备网公开科技创新服务内容、服务流程、收费标准、服务电话等信息，保证服务质量；在服务过程中，保护使用方形成的知识产权、科学数据和技术秘密。

第十五条 符合本办法规定的使用方登录省仪器设备网并注册成为会员，即可获得创新券使用资格。

第十六条 使用方通过省仪器设备网预约使用科研设施与仪器开展科技创新服务，与供给方协商在线下完成服务后，在网上提交服务合同、发票、服务结果证明（检测试验分析活动还需提供科技创新相关性证明）等材料，在线打印创新券。创业（创客）团队由入驻的创新创业孵化载体统一提交材料。

第十七条 创新券资金列入省科技厅部门预算，按规定及时拨付下达。

第十八条 创新券实行实名制，不得转让、买卖，不得重复使用。创新券每月兑付一次，自科技创新服务完成之日起6个月内有效，在山东省行政区域内实行通用通兑。创新券兑付程序是：

1. 使用方应于每月前7个工作日内向所在设区市科技局提交前期已经使用的、加盖单位公章的创新券。

2. 设区市科技局应在每月的第8至12个工作日内审核兑付申请材料，在线提交兑付审核意见和兑付申请表。

3. 省科技厅应在每月的第13至17个工作日内将兑付资金拨付到使用方。

第十九条 设区市科技局每月将审核后的创新券进行汇总，连同兑付申请表，加盖公章后寄（送）到省科技厅。省科技厅按各市审核上报情况拨付补助资金，并向社会公开。

第二十条 省科技厅对服务制度健全、提供服务量大、用户评价高、综合效益突出的供给方，按其上年度实际服务的创新券总额的10%~30%给予奖励补助。根据综合评价结果，按10%、20%、30%三个档次进行补助。同一供给方每年最高补助200万元。

奖励补助资金主要用于奖励提供科技创新服务的科技人员及团队，也可用于科研设施与仪器的运行维修维护、升级改造、分析测试技术及方法研究、临时聘用人员补助及实验技术人员的学习培训等。

第五章 监督管理

第二十一条 供给方和使用方应按照诚实守信的原则申请、使用创新券，如实填写网上信息、提供相关资料，并自觉接受相关部门的监督检查。

第二十二条 省科技厅将对各市和供给方创新券工作情况进行评价，评价结果向社会公布。对不按规定公开开放信息、提供科技创新服务、创新券使用效率低的供给方予以通报，并在新购仪器设备、申请省级科技计划项目及创新平台等方面予以约束。

第二十三条 省、市科技部门会同财政部门对创新券使用情况进行监督检查和飞行抽查。对创新券使用中有弄虚作假、以不正当手段套取补助资金或奖励资金等违规行为，给予以下处理：

（一）追回被套取的资金，将不良记录纳入科研诚信管理，并向社会公布；

（二）3年内，取消使用方使用创新券资格或供给方享受创新券奖励资格；

（三）对违规的省级重点实验室、技术创新中心、工程技术研究中心、临床医学研究中心、新型研发机构、科技企业孵化器、众创空间、专业化众创空间、大学科技园等给予一年黄牌警告，停止经费支持，限期整改；整改不到位的给予摘牌。

（四）对严重违反财经纪律的责任人，按有关规定依法依规予以处理。

第六章 附则

第二十四条 本办法由省科技厅、省财政厅负责解释。

第二十五条 本办法自2019年10月1日起施行，有效期至2022年9月30日。原《山东省创新券管理使用办法》（鲁科字〔2018〕122号）同时废止。

山东省人民政府办公厅
关于推进省级财政科技创新资金整合的实施意见

（鲁政办字〔2020〕64号）

各市人民政府，各县（市、区）人民政府，省政府各部门、各直属机构，各大企业，各高等院校：

为贯彻落实省委、省政府关于科技改革攻坚决策部署，集中财力支持重大科技创新，进一步优化科技资源配置，加快创新型省份建设，根据《山东省人民政府关于深化省级预算管理改革的意见》（鲁政发〔2019〕1号）等文件要求，经省政府同意，现就推进省级财政科技创新资金整合提出以下实施意见。

一、总体目标

聚焦科技改革攻坚新形势新任务，坚持问题导向、集中统一、权责明晰、绩效优先基本原则，通过推进省级财政科技创新资金整合，加快建立"统一集中、统一决策、统一分配、统一管理、统一考核"的资金项目管理新模式，以资金整合带动政策集成，以流程再造提高管理效能，有效破解部门分割、结构固化、投向分散、效率不高等突出问题，推动创新资源布局优化和体制运行效率提升，促进科技与经济深度融合，为高质量发展提供强大科技支撑。

二、主要任务

（一）整合设立省级科技创新发展资金。整合科技、发展改革、工业和信息化、市场监管等部门管理的科技创新类资金、农业科技资金、省属科研机构发展资金、科学技术普及资金以及中央科技资金，每年设立规模不低于120亿元的"省级科技创新发展资金"。

（二）突出支持重大科技创新项目。省级科技创新发展资金集中用于以下重点创新领域：

1.重大关键技术攻关项目。立足"十强"产业发展、生态环境保护、公共安全保障等领域需求和重大创新任务，以大科学计划和大科学工程等为重点，采取竞争立项、定向委托、组阁揭榜等方式，支持实施若干在行业领域具有重大影响力的引领性、系统集成性和产业链协同创新项目，争取联合组织国家重大科技专项，加快推动关键核心技术、现代工程技术和颠覆性技术取得突破，支撑产业高质量发展。

2.重大原始创新项目。充分发挥省自然科学基金的支撑作用，结合我省科技创新优势和产业发展源头创新需求，通过稳定和竞争性支持相结合的方式，推动实施一批重大基础研究项目，组织开展应用基础研究和前瞻性技术研究，储备一批国际国内先进原创技术成果，加快塑成产业发展先发优势。

3.重大技术创新引导及产业化项目。强化财政政策前端引导，灵活运用综合奖补、股权投资、贷款贴息、风险补偿、科研资助等多种手段，重点支持5G应用场景、人工智能、工业互联网和新技术迭代升级技改项目，以及创新型领军企业、高新技术企业、科技型中小企业和各类创新孵化载体发展壮大，助力企业开展科技研发、成果转移转化和产业化，推动科技企业数量和质量双提升。

4. 重大创新平台项目。激励重大创新平台发挥聚集人才、引领创新作用，支持若干大科学装置落地，加快"四级"实验室梯次培育和高能级（含国家级）创新平台建设。以项目竞争方式推动各类科技创新平台重组优化和加快发展，支持企业境外科创中心建设，打造引领全省创新驱动发展的核心引擎和攻关平台。

按照有关法律法规和省委、省政府要求，对省属科研院所、科学技术普及、科技奖励和知识产权等支出事项，继续予以稳定支持。

（三）统一规范资金管理流程。根据省委、省政府确定的全省科技创新规划和重点产业发展规划总体布局、年度目标，省级科技创新发展资金由省科技领导小组（以下简称领导小组）按照"领导小组把方向、职能部门报项目、专家评审提建议、领导小组定项目、财政部门下资金、分工联动抓绩效"的方式进行统一管理。

1. 领导小组把方向。领导小组办公室在广泛征集企业、高校、科研院所、智库专家、职能部门等各方面科技研发及产业化需求基础上，按照省委、省政府科技创新决策部署，汇总提出分领域分行业重大科研攻关总体布局，及年度科技创新发展资金框架配置建议，于每年6月底前报领导小组研究审定。

2. 职能部门报项目。领导小组办公室按照领导小组审定意见，统一向社会发布申报通知、项目指南，明确申报标准、技术标准。职能部门汇总本领域企业及其他有关方面申报的重大创新项目，经专家论证后于每年8月底前报领导小组办公室。

3. 专家评审提建议。领导小组办公室组织省科技创新战略咨询专家委员会或分领域咨询专家委员会，采取会议论证、现场考核等方式，对各职能部门提报的项目进行评审论证，就项目的合理性、可行性等提出建议。

4. 领导小组定项目。领导小组办公室结合专家论证结果，综合考虑技术先进程度、产业发展布局、年度工作重点等因素，提出年度项目清单、资金额度、实施主体等建议，于每年10月底前报领导小组研究审定，明确项目清单、资金额度和实施主体。

5. 财政部门下资金。省财政厅根据领导小组确定的项目清单、资金额度和职能部门年度预算建议，综合考虑项目性质、产出效益等情况，提出包括无偿资助、股权投资、贷款贴息、风险补偿等支持方式的预算安排意见，经法定程序批准后按规定拨付下达资金。

6. 分工联动抓绩效。职能部门对项目实施开展过程管理和绩效监控，组织项目政策绩效自评。领导小组办公室、省财政厅联合对项目和资金政策开展综合绩效评价，评价结果与政策调整和以后年度预算安排挂钩。

应急项目或特别重大项目，可采取"一事一议"方式，由领导小组办公室提出申请，经领导小组同意后立即组织实施。

三、工作要求

（一）提高思想认识。推进省级财政科技创新资金整合事关全省科技创新和高质量发展大局，各有关部门要加强协作配合，确保工作扎实有序推进。领导小组办公室、省财政厅要发挥牵头抓总和统筹协调作用，及时解决工作推进中的重大问题，确保省委、省政府部署要求落实到位。

（二）加强一体化管理。领导小组办公室依托统一的科技综合管理平台，对指南发布、项目预算、项目申报、评审立项、合同签订、绩效评价等实行信息化管理，实现项目可查询、责任可追溯的全程"留痕"管理。省财政厅统一实行资金由财政国库到项目、到实施单位的"直通车"拨付管理，提升资金政策落实效率。

（三）严格监督问责。领导小组办公室建立定期调度制度，及时将有关情况上报领导小组。职能部门强化项目过程管理，加强项目执行督导，对发现的问题责成项目承担单位进行整改，重大问题及时报送领导小组办公室。领导小组办公室会同省财政厅可视情况终止项目执行、暂停拨款和追回已拨资金。省审计厅要加大资金整合使用的审计监督力度，对不按规定管理使用资金的单位和个人，按照相关规定严肃处理。

山东省人民政府办公厅

2020 年 5 月 12 日

关于印发《山东省重大科技创新工程项目管理暂行办法》的通知

(鲁科字〔2020〕44号)

各市科技局、财政局,省直有关部门:

现将《山东省重大科技创新工程项目管理暂行办法》印发给你们,请认真贯彻执行。

山东省科学技术厅
山东省财政厅
2020年5月26日

山东省重大科技创新工程项目管理暂行办法

第一条 为进一步深化科技计划管理改革,组织实施好省重大科技创新工程(以下简称重大工程),充分发挥科技支撑引领作用,依据《山东省重点研发计划管理办法》(鲁科字〔2017〕185号)等有关规定,制定本办法。

第二条 重大工程是山东省重点研发计划的重要组成部分,聚焦山东省"十强"产业重点发展领域,以产业重大共性关键技术突破、重大创新产品研发和重大创新成果转化示范为重点,支持实施若干在行业领域具有重大影响力的引领性、系统集成性和产业链协同创新项目,加快推动关键核心技术、现代工程技术和颠覆性技术取得突破,支撑产业高质量发展。

第三条 重大工程资金来源于整合设立的省级财政科技创新发展资金。

第四条 重大工程项目采取竞争立项、定向委托、组阁揭榜等方式予以支持,根据需要适时调整支持方式。

第五条 重大工程项目管理遵循公开公正、竞争择优、诚实信用的原则,自觉接受有关部门和社会的监督。

第六条 揭榜制项目是指为调动全社会力量攻克我省产业发展急需解决的技术难题,加快推动重大科技成果转化,通过公开征集需求,组织社会力量揭榜的方式实施的重大工程项目。

揭榜制项目资金以企业自筹和吸引社会资本投入为主,省财政给予适当资助。

第七条 揭榜制项目分技术攻关和成果转化两大类,发榜方为省科技厅。

(一)技术攻关类。主要由省内龙头、骨干企业提出技术难题或重大需求,经省科技厅发榜后,由省内外有研究开发能力的高校、科研单位、企业或各类创新平台进行揭榜攻关。

(二)成果转化类。主要由省内外高校、科研单位、企业或各类创新平台提供比较成熟且符合我省产业需求的重大科技成果,经省科技厅发榜后,由有技术需求、应用场景且符合应用条件的省内企业进行揭榜转化。

第八条 揭榜制项目的需求方应具备以下条件：

（一）技术攻关类

1.聚焦企业、产业发展"卡脖子"的前沿技术、核心技术、关键零部件、重要材料及工艺等，通过项目实施能显著提升企业核心竞争力，带动全省乃至国家相关产业技术水平提升；

2.具有保障项目实施的资金投入，能够提供项目实施的配套条件；

3.应明确项目指标参数、时限要求、产权归属、资金投入及其他对揭榜方的条件要求等内容。

（二）成果转化类

1.具有承担国家或省部级科研任务的基础条件和成功案例，在卡脖子的关键核心技术攻关中已取得重大突破，拟转化成果具备产业化和推广应用条件，且符合我省企业和产业创新发展需求，优先支持产业共性技术和首台（套）重大装备，以及公益性、辐射带动效应显著的重大成果；

2.拟转化的成果知识产权清晰，市场用户和应用范围明确，对我省产业转型升级能够发挥关键推动作用；

3.拥有成果转化的支撑队伍，能主动参与和协助推广转化应用方案的实施。

第九条 省直有关部门（单位）、设区市科技局及中央驻鲁单位作为项目主管部门，负责指导本地区、本行业需求方，聚焦新旧动能转换重点产业，围绕区域、行业特色化发展，凝练提出重大科技攻关和科技成果转化需求，提出揭榜制项目建议，审核后推荐提交到省科技厅。

第十条 省科技厅统筹考虑全省经济社会发展重大需求，综合考虑揭榜制项目需求和条件，牵头研究编制《山东省重大科技创新工程项目指南》，按照"成熟一批、发布一批"的原则依法依规推进。

第十一条 揭榜制项目的揭榜方应具备以下条件：

（一）技术攻关类

1.有较强的研发实力、科研条件和稳定的人员队伍等，有能力完成发榜任务；

2.能对发榜项目需求提出攻克关键核心技术的可行方案，掌握自主知识产权；

3.优先支持具有良好科研业绩的单位和团队，鼓励产学研合作揭榜攻关。

（二）成果转化类

1.拥有较强的成果推广应用队伍，能够提出科学合理的成果转化方案；

2.能够提供成果转化所需的资金、场地、市场等配套条件；

3.鼓励开展示范应用，努力扩大社会应用效益，优先支持行业龙头、骨干企业。

两个或两个以上法人组织可以组成一个联合体进行揭榜。同一项目需求方不能作为揭榜方进行揭榜。

第十二条 项目主管部门负责指导本部门、本地区项目揭榜单位填写申报材料，通过山东省科技云平台审核提交省科技厅。

第十三条 省科技厅采取网络或会议评审、答辩评审、现场考察等方式，对揭榜方的资质条件、揭榜方案可行性、需求方满意度等进行评审，提出重大工程立项建议，按程序报批后，面向全社会公示。

第十四条 省科技厅负责公示异议的受理和处置，并根据公示和异议处理情况，按程序履行项目立项程序、下达立项文件。

第十五条 省科技厅按照有关规定以《山东省重大科技创新工程项目申报书》为依据，组织签署项目任务书。项目任务书的任务指标原则上不得变更和调整。逾期不签订项目任务书的，视为放弃承担项目资格。

第十六条 组阁制项目是指由多个法人单位共同揭榜进行联合攻关的项目，实行首席专家负责制。

此类项目在发布《山东省重大科技创新工程项目指南》中予以明确。

第十七条 首席专家经项目承担单位同意，组建项目专家组，采取民主决策方式组织实施项目。

第十八条 首席专家应具备以下条件：

（一）具有较高的学术水平和开拓创新意识；

（二）具有较强的组织、协调能力；

（三）具有良好的信誉，作风民主、严谨；

（四）主要时间和精力用于项目的组织、协调与研究工作；

（五）在项目立项当年一般不超过55周岁。

第十九条 首席专家的主要职责是：

（一）选聘项目组成员，组织研究队伍；

（二）制定项目研究计划和实施方案；

（三）制定项目资金使用方案；

（四）接受项目承担单位和主管部门的监督。

第二十条 实行组阁制的项目立项后，由承担单位在规定的期限内制定组阁制项目实施方案，经主管部门审核后报省科技厅。逾期不报送的，视为自动放弃，取消已立项项目并暂停一年承担单位申报省重大科技创新工程资格。

项目任务书由省科技厅与承担单位、主管部门和首席专家共同签订。

第二十一条 项目实施过程中，涉及研究计划、研究经费等方面的重大调整，由项目专家组民主决策，由首席专家负责，报项目承担单位、主管部门和省科技厅备案实施。

第二十二条 首席专家是科研经费使用的直接责任人，应当恪守诚信原则，对经费的来源和使用的合规性、合理性、真实性和相关性承担经济和法律责任。

第二十三条 加强对揭榜制项目的诚信管理，强化需求方和揭榜方的诚信意识以及主管部门的审核责任，对弄虚作假的纳入诚信记录等处理。

第二十四条 以组阁揭榜方式组织实施的重大工程项目按照本办法第六条至第二十三条执行。

以竞争立项方式组织实施的重大工程项目按照《山东省重点研发计划管理办法》（鲁科字〔2017〕185号）执行。

以定向委托方式组织实施的重大工程项目按照《省科技计划定向委托项目组织实施办法》（鲁科办发〔2019〕40号）执行。

第二十五条 重大工程项目过程管理、结题验收、绩效评价等按照《山东省重点研发计划管理办法》（鲁科字〔2017〕185号）及有关规定执行。

第二十六条 本办法由省科技厅、省财政厅负责解释。

第二十七条 本办法自2020年5月31日起施行，有效期至2023年12月31日。

关于印发《山东省"政产学研金服用"创新创业共同体补助资金管理办法》的通知

（鲁科字〔2020〕69号）

各市科技局、财政局，省直有关部门，各有关单位：

为规范和加强山东省"政产学研金服用"创新创业共同体财政补助资金使用管理，提高财政资金使用效益，省科技厅、省财政厅研究制定了《山东省"政产学研金服用"创新创业共同体补助资金管理办法》。现印发给你们，请遵照执行。

山东省科学技术厅　山东省财政厅
2020 年 8 月 31 日

山东省"政产学研金服用"创新创业共同体补助资金管理办法

第一章　总则

第一条　为规范和加强山东省"政产学研金服用"创新创业共同体（以下简称"共同体"）财政补助资金使用管理，提高财政资金使用效益，根据《山东省人民政府关于深化省级预算管理改革的意见》《山东省人民政府关于打造"政产学研金服用"创新创业共同体的实施意见》等有关规定，制定本办法。

第二条　本办法所称补助资金，是指省级财政预算安排的用于共同体建设的专项经费（以下简称"补助资金"）。受补助的共同体应符合以下要求：

（一）共同体围绕山东省新旧动能转换"十强产业"及战略新兴产业有效集聚创新要素，达到预定建设目标，运行绩效良好。

（二）共同体建设牵头单位应在山东省境内注册，具有独立法人资格，财务状况良好。

（三）共同体及其成员单位最近一年内未发生重大安全、重大质量事故或严重环境违法行为，未发生严重的科研失信行为。

第三条　补助资金管理和使用应遵循以下原则：

（一）政府批准，合理配置。遵循科技发展规律，发挥政府主导作用，严格按照共同体建设目标任务和绩效，由省科技厅、省财政厅科学合理地安排资金，杜绝随意性。

（二）放权赋能，责权明确。坚持简政放权，赋予共同体更多决策权。按照"谁支出，谁负责"的原则，强化经费管理，补助资金使用情况报省科技厅、省财政厅备案。

（三）成果导向，追踪问效。以任务为核心，以成果和目标为导向，按照共同体建设内容和目标任务，建立绩效评价制度，对共同体定期评价和动态调整，以绩效定资金，提高资金使用效益。

第四条　部门职责：

（一）省科技厅负责提出补助资金预算安排建议，具体组织预算执行，提出资金分配方案；制定共同体绩效考核办法，对资金的支出进度、使用绩效及安全性、规范性负责。

（二）省财政厅负责组织补助资金的预算编制及审核、资金指标下达，牵头组织预算绩效管理等工作。

（三）共同体推荐部门（市）主要负责筹集配套资金，并指导和监督补助资金使用；协助开展绩效评价、监督检查等工作。

第二章 资金支出范围

第五条 补助资金主要用于共同体设立的发展基金、公共研发服务平台建设及重大技术项目研发、科研成果转化及产业化、科技服务等创新活动。

（一）重大技术项目研发。围绕产业创新发展，为解决"卡脖子"等重大技术难题，由共同体研究确定实施的重大技术项目研发，可参考国家和山东省有关财政科研项目经费使用管理办法支出补助资金。

（二）科研成果转化及产业化。共同体承担实施国家、地方和企业项目形成的科研成果或从国内外引进的先进科研成果转移转化活动，以及共同体实施的高新技术产业化项目。

（三）科技服务。共同体开展的技术评估、技术集成与转化，技术转移中介等专业技术服务、科技信息交流、科技培训、技术咨询、技术孵化、知识产权服务等科技服务活动。

（四）公共研发服务平台建设。共同体建设的特别为中小企业创新研发提供服务的平台，包括孵化器、成果转化基地、检测测试公共技术服务平台等。

（五）高层次人才引进。共同体引进国家和山东省急需紧缺、掌握关键核心技术的高层次创新创业人才及其团队的经费补助。

（六）投资共同体设立的发展基金。以股权投资方式参股共同体设立的发展基金。

第六条 补助资金不得开支基建、罚款、捐赠、赞助、对外投资等，不得变相用于发放职工福利和补贴，严禁以任何方式牟取私利。

第七条 共同体创业活动、运行管理等所发生的费用，在共同体自筹资金中列支。

第三章 资金拨付

第八条 补助资金按照共同体建设计划任务书、建设进度及绩效分次拨付，直接拨付至共同体牵头单位。

第九条 共同体经批准建设，由省科技厅、共同体推荐部门（市）、牵头单位联合签订建设计划任务书，明确各方责任，确定补助资金使用概算。每个共同体最多补助5000万元，根据签订的建设计划任务书先期拨付补助资金的40%。

第十条 省科技厅组织开展共同体建设中期绩效评价，共同体向推荐部门（市）提交绩效评价材料的同时，按不高于补助资金的40%提出补助资金使用申请。推荐部门（市）对申请材料审核后，汇总报送省科技厅。申请材料包括：

（一）共同体补助资金申请表；

（二）补助资金支出预算及绩效目标表；

（三）先期拨付的补助资金绩效目标自评表和自评报告；

（四）其他需要提交的材料。

第十一条 省科技厅对申请材料进行复核，根据共同体建设任务目标和绩效目标完成情况，合理调整补助资金额度，确定补助资金分配方案。补助资金分配方案报省财政厅同意后，给予共同体最多40%补助。

第十二条 共同体建设期满，省科技厅组织开展总体绩效评价，达到预期绩效目标的再给予20%补助；未达到绩效目标的相应收回前期投入资金。

第四章 资金使用与管理

第十三条 共同体牵头单位对补助资金使用管理的安全性、规范性承担直接责任。

共同体成员单位按照有关财政科研经费管理办法、共同体建设方案、计划任务书、资金分配方案等要求使用和管理，不得擅自变更支出范围或调整投资，确需变更或调整的，应按规定程序上报审批。

第十四条 共同体应当建立健全补助资金内部管理机制，制定内部管理办法，实行单独核算，专款专用。

第十五条 补助资金支出属于政府采购范围的，应按照《政府采购法》及政府采购的有关规定执行。

第十六条 使用补助资金购置的大型科学仪器设备、科学数据等，按照规定开放共享，提高资源使用效率。

第十七条 由其他渠道投入共同体的经费应与补助资金支持内容有效衔接，形成合力。

第十八条 共同体发生变更、撤销等情况，省科技厅、省财政厅应及时调整、取消或追回补助资金。

第十九条 补助资金的结余经费，按照国家和山东省有关规定执行。

第五章 绩效评价

第二十条 省科技厅、省财政厅设置可测量、可比较、可追踪的差别化评价指标，建立和完善科学合理的绩效评价体系。

第二十一条 省科技厅组织共同体推荐部门（市）会同各共同体制定补助资金绩效目标，准确反映预期实现的产出和效果。绩效目标表纳入建设任务计划书，作为绩效评价的重要依据。

第二十二条 共同体建设中期或建设期满后，省科技厅组织进行绩效自评，并将绩效自评报告报省财政厅。

第二十三条 省科技厅、省财政厅择机进行重点绩效评价。绩效评价可采取第三方评价方式，提高绩效评价的质量和公信力。

第二十四条 强化评价结果应用，评价结果作为资金安排的重要依据。

第六章 监督检查

第二十五条 省科技厅会同推荐部门（市）对预算执行进度和绩效目标完成情况开展"双监控"，对监控中发现的管理漏洞和绩效目标偏差，及时采取措施予以纠正。

第二十六条 共同体存在下列行为之一的，取消补助资格，并收回前期投入资金，列入"黑名单"，并向社会公告。

（一）弄虚作假，套取补助资金；

（二）将补助资金用于与共同体建设任务书无关的支出；

（三）提供虚假财务会计资料；

（四）未按规定执行和调整预算；

（五）虚假承诺、自筹经费不到位；

（六）其他违反国家财经纪律的行为。

第二十七条 省财政厅、省科技厅、共同体推荐部门（市）及共同体主动接受人大、纪检监察、审计等方面的监督。对在各项审计和监督检查中发现的违规违纪问题，按照《中华人民共和国预算法》《中华人民共和国公务员法》《中华人民共和国监察法》《财政违法行为处罚处分条例》（国务院令第427号）等有关规定追究相应责任。

第七章 附则

第二十八条 本管理办法由省科技厅、省财政厅负责解释。

第二十九条 本管理办法自发布之日起实施，有效期至2024年12月31日。

关于印发《山东省重点研发计划（软科学项目）实施细则》的通知

(鲁科字〔2020〕77号)

各市科技局，各有关单位：

现将《山东省重点研发计划（软科学项目）实施细则》印发给你们，请认真遵照执行。

山东省科学技术厅
2020年9月22日

山东省重点研发计划（软科学项目）实施细则

第一条 为规范山东省重点研发计划（软科学项目）（以下简称项目）管理，根据《山东省重点研发计划管理办法》（鲁科字〔2017〕185号，以下简称《办法》）等规定，制定本实施细则。

第二条 项目围绕省委、省政府重大决策部署，重点对事关全省科技创新发展的决策、组织和管理等问题，开展前瞻性对策分析和实证研究，为实施创新驱动发展战略和推进科技治理现代化提供科学的决策支撑。

第三条 省科技厅是省重点研发计划管理及组织实施的主体，直接组织或委托专业管理机构开展项目申报受理、评审、立项、过程监督、结题验收和绩效评估等工作。各市科技局、省属高校和科研院所及省科技厅确定的其他单位是项目的主管部门，项目承担单位是项目组织实施的责任主体，项目负责人是项目实施的直接责任人，按照《办法》规定组织实施项目。

第四条 项目一般分为重大项目、重点项目和一般项目。根据需要，可调整项目类别设置。

重大项目主要围绕全省科技创新发展的顶层设计、宏观研究、战略规划等全局性和长期性问题开展研究。

重点项目主要围绕全省科技创新发展的某一行业、领域或区域创新发展的关键核心问题开展研究。

一般项目主要围绕全省科技创新发展的重点、热点和难点问题，由项目负责人根据当年项目指南自主开展研究。

第五条 项目一般采取公开竞争的方式立项。对有重大或紧急任务需求、组织程度较高、优势承担单位集中的项目，可采取定向择优或定向委托方式立项。

第六条 项目补助资金从省科技创新发展资金列支，综合运用无偿资助、验收后补助、奖励性后补助等方式给予支持。鼓励引导设区市人民政府、省直有关部门、企业和社会组织出资设立联合研究项目，加大软科学研究投入。

第七条 省科技厅根据工作需要，不定期编制和发布项目指南。

第八条 项目申报单位和负责人根据项目指南，通过省科技云平台管理系统向主管部门提交申报材料，主管部门审核通过后向省科技厅推荐。

第九条 项目申报条件：

（一）项目申报单位原则上为省内注册，具备独立法人资格，具有软科学研究能力的高校、科研院所、企事业单位和社会组织等。根据需要，重大项目、重点项目可由省外注册的单位和社会组织申报。

（二）申报项目负责人为申报单位的全职人员，或为与申报单位签订工作合同人员，具备完成项目所需的研究能力和组织管理能力。

（三）申报一般项目的负责人原则上不受学历、职称、资历等限制。申报重大项目、重点项目的负责人一般应具备副高级（含）以上专业技术职称或博士学位；或学术水平较高，在项目研究领域取得同行公认的重大成果；或实践经验丰富，在项目应用领域具有10年（含）以上省级决策部门工作经历等。

（四）申报项目负责人和项目组成员在同一年度仅能申报一项项目，且在申报时无未结题项目。

第十条 定向择优或定向委托项目由专家论证并经省科技厅党组会议审议通过后确定立项。公开竞争项目经过形式审查、专家评审、行政决策、社会公示等环节确定立项。

第十一条 专家评审遵循同行评价、注重实效原则，综合运用会议、网络、函审等方式。鼓励成果应用单位推荐具有较高理论水平和丰富实践经验的相关人员参加项目评审。

第十二条 项目评审要克服唯论文、唯职称、唯学历、唯奖项的不良导向，综合参考项目负责人的研究经历、研究基础和前期相关研究成果等，注重对预期标志性研究成果的质量、贡献和影响进行评价。

第十三条 根据专家评审意见，按照择优支持原则提出项目拟立项意见，经省科技厅党组会议审议通过后，在省科技厅网站公示5个工作日。公示期间有异议的项目，省科技厅按照《办法》规定进行复议。

第十四条 省科技厅根据项目公示和复议结果，确定立项结论并下达立项通知。

第十五条 项目承担单位在接到立项通知之日起30个工作日内，与项目主管部门、省科技厅共同签订项目任务书。项目任务书要明确项目的实施内容、实施进度、经费预算和考核指标等。

考核指标以项目申报书为依据，原则上不得低于申报书提出的指标。重大项目、重点项目的考核指标还应明确标志性研究成果必须纳入省科技厅《软科学研究》。

第十六条 由多家单位合作实施的项目，项目承担单位要与合作单位签订合作协议，明确各方的权利义务、资金安排、知识产权归属、法律责任等，作为项目任务书的附件。

第十七条 项目实施期间，项目负责人可自主组建科研团队并适情调整；在研究方向不变、考核指标不降低的前提下，可以自主调整研究方案和技术路线，报项目承担单位备案。

第十八条 项目的承担单位、负责人、实施周期、考核指标等重大事项原则上不得变更。如有特殊情况确需调整，由项目承担单位提出书面申请，主管部门研究形成意见，报省科技厅审核批复。

第十九条 项目原则上不开展过程检查，以项目承担单位自我管理为主。重大项目、重点项目承担单位应召开项目开题论证会和中期报告会，邀请成果应用部门参加，定期交流共享信息。

第二十条 因故撤销或终止的项目，由项目主管部门指导项目承担单位对已开展工作、经费使用、阶段性成果、知识产权等情况形成书面报告报省科技厅，并按照省科技厅核查处理决定依法依规完成后续工作。

第二十一条 项目经费按照《山东省人民政府办公厅印发关于进一步完善财政科研项目资金管理的若干措施的通知》（鲁政办字〔2019〕120号）和《山东省重点研发计划资金管理办法》（鲁财教〔2019〕2号）规定管理和使用。根据项目实际情况调整间接费用比例，具体为：20万元及以下部分的间接费用不超过50%，20万元至50万元的部分不超过40%，50万元至500万元的部分不超过20%。

第二十二条 项目实施期一般不超过1年。项目承担单位应在项目实施期内或实施期满3个月内，提交结题申请和材料，经主管部门审核通过后报省科技厅。结题材料主要包括项目研究报告、决策咨询建议、研究成果应用证明等。

第二十三条 项目结题分为直接结题和专家验收结题两种。

第二十四条 项目的研究成果获得党中央、国务院和省委、省政府、科技部领导肯定性批示（需标注山东省软科学研究项目成果字样），或被省直有关部门、设区市人民政府作为制定地方性规章、政策性文件的主要依据，可直接结题。一般项目的研究成果纳入省科技厅《软科学研究》，也可直接结题。

第二十五条 专家验收结题由省科技厅直接或委托专业管理机构组织项目同行专家和成果应用单位相关人员成立结题验收专家组，依据项目任务书确定的任务目标和考核指标进行结题验收。

（一）按期保质完成项目任务书确定的考核目标和工作任务，予以结题。

（二）非因不可抗拒因素，未按期完成项目任务书确定的考核目标和工作任务，或经专家评审，项目研究成果没有决策咨询价值，或验收文件、资料、数据存在弄虚作假；或研究成果出现抄袭、剽窃等科研不诚信行为等，不予结题。

第二十六条 本年度直接结题或经结题验收专家评审获得优秀等次的项目，给予资金奖励。得到不予结题结论的项目负责人，自下一年度起，5个年度内不得申请项目。

第二十七条 按照工作需要，省科技厅可遴选若干成熟稳定、具有较高软科学研究水平的团队作为软科学研究基地，给予中长期目标导向的持续稳定经费支持，培育科技创新智库。

第二十八条 在项目申报、评审、立项、结题过程中，项目的申报单位、负责人、评审（结题）专家等须签署科研诚信承诺书。对违反科研诚信要求的，按照《办法》相关规定处理。

第二十九条 本细则由省科技厅负责解释。

第三十条 本细则自发布之日起施行，有效期至2023年12月31日。原《山东省软科学研究计划管理办法》（鲁科规字〔2011〕262号）同时废止。

关于印发《山东省科技计划项目科研诚信管理办法》的通知

(鲁科字〔2020〕105号)

各市科技局，各有关单位：

现将《山东省科技计划项目科研诚信管理办法》印发给你们，请认真遵照执行。

山东省科学技术厅
2020年11月24日

山东省科技计划项目科研诚信管理办法

第一章 总则

第一条 为加强和规范省级科技计划项目（以下简称项目）科研诚信管理，营造诚实守信的良好科研环境，根据《中共中央办公厅 国务院办公厅印发〈关于进一步加强科研诚信建设的若干意见〉的通知》《中共山东省委办公厅 山东省人民政府办公厅印发〈关于弘扬科学家精神加强科研诚信建设的若干措施〉的通知》和《科学技术活动违规行为处理暂行规定》（科学技术部令第19号）等文件精神，制定本办法。

第二条 项目科研诚信管理是省科技厅对参与项目的相关责任主体在项目推荐、申报、立项、实施、管理、验收、绩效评价和咨询评审评估等全过程中，遵守学术规范、恪守科学道德、履行约定义务的诚信状况进行公正评价和客观记录，并据此进行守信激励、失信惩戒等相关工作。

第三条 参与项目的相关责任主体，主要包括项目承担（申报）人员、项目咨询评审专家（以下简称专家）等自然人，以及受省科技厅委托开展项目管理工作的专业机构（以下简称管理机构）、项目承担（申报）单位、第三方科学技术服务机构（以下简称服务机构）等法人机构。

第四条 全面实施科研诚信承诺制。省科技厅负责组织相关责任主体在项目申报管理实施前签署科研诚信承诺书，明确承诺事项和违背承诺的处理要求。

第五条 建立完善科研诚信审核机制。省科技厅负责对相关责任主体开展科研诚信审核，将具备良好科研诚信状况作为参与项目的必备条件。对严重违背科研诚信要求的责任主体，实行"一票否决"。

第二章 行为评价

第六条 守信行为主要包括：

（一）项目承担（申报）单位、承担（申报）人员遵守项目管理办法和相关规定，履行诚信承诺，如期完成项目任务书约定内容等行为。

（二）管理机构、专家、服务机构遵守行业规范和职业道德，履行诚信承诺，实事求是、客观、公正完成相关合同约定等行为。

第七条 失信行为分为一般失信行为和严重失信行为。

（一）一般失信行为主要包括：

1.项目承担（申报）单位、承担（申报）人员违反项目申报实施规定，未按规定签订项目任务书；未按项目任务书要求报送项目执行情况、资金到位和使用情况、科技报告、重大变更事项等；无正当理由拒不按约定配套自筹资金；因自身原因被终止或无正当理由未能完成项目考核指标、未能通过项目验收；无正当理由逾期3个月未提交验收申请材料；将项目实施周期外或不相关成果充抵交差等行为。

2.管理机构、服务机构的管理与服务制度不健全，人员管理不规范，影响受托管理或服务工作开展；与项目承担单位或人员存在利益关系，未主动声明并实行回避；向专家施加倾向性影响等行为。

3.专家无正当理由缺席或擅自委托他人顶替；对其他专家施加影响或发表倾向性言论，影响其他专家独立发表意见；未在规定时间内提交咨询评审意见；参加不熟悉领域咨询评审活动；在情况不掌握、内容不了解的意见建议上署名签字等行为。

4.其他违规违纪并造成一定不良影响的行为。

（二）严重失信行为主要包括：

1.相关责任主体采取贿赂或变相贿赂、造假、故意重复申报等不正当手段，获取管理、承担项目或中介服务资格；违反项目管理规定，无正当理由不按任务书（合同、协议书等）约定执行；不配合监督检查和评估工作，提供虚假材料，对相关处理意见拒不整改或虚假整改；发生第七条（一）行为3次以上等。

2.项目承担（申报）单位未履行法人管理和服务职责；隐瞒、迁就、包庇、纵容项目承担（申报）人员严重失信行为；截留、挤占、挪用、套取、转移、私分财政科研资金等行为。

3.承担（申报）人员在项目申报或实施中抄袭、剽窃、侵占他人科研成果或项目申请书，故意侵犯他人知识产权；买卖、代写论文或项目申请书，虚构同行评议专家及评议意见；捏造或篡改科研数据和图表，对科技报告、项目成果等造假；违反科研资金管理规定，虚报、冒领、挪用、套取财政科研资金；擅自超权限调整项目任务或预算安排；违反科研伦理规范等行为。

4.专家利用身份索贿、受贿；故意违反回避原则；与相关单位或人员恶意串通；泄露相关秘密或咨询评审信息等行为。

5.项目管理机构利用管理职能，设租寻租，为本单位、项目承担（申报）单位、项目承担（申报）人员谋取不正当利益；管理严重失职，所管理的项目或相关工作人员存在重大问题等行为。

6.服务机构违反合同或协议约定，采取造假、串通及其他不正当竞争手段谋取利益等行为。

7.其他违法违纪并造成严重不良影响的行为。

第三章　失信记录

第八条　对具有本办法第七条（一）行为，且经省级以上相关部门认定的责任主体，纳入一般科研失信行为记录。

第九条　对具有本办法第七条（二）行为的相关责任主体，按照《国家科技计划（专项、基金等）严重失信行为记录暂行规定》（国科发政〔2016〕97号）相关规定，纳入严重科研失信行为记录。

第十条　科研失信行为记录信息主要包括相关责任主体的名称、统一社会信用代码（身份证号码）、所涉项目名称和编号、违规违纪情形、处理处罚结果及主要责任人、处理单位、处理依据和做出处理决定的时间等。对于法人机构责任主体，根据处理决定，记录信息还应包括直接责任人员。

第十一条 科研失信行为记录名单实行动态管理，对失信处理惩戒期限届满的相关责任主体，移出失信行为记录名单。

第十二条 纳入科研失信行为记录的相关责任主体在惩戒期内获得省级以上相关部门表彰、嘉奖的，或对国家、省经济社会发展做出重大贡献的，可以申请信用修复。经省科技厅审定，可减少惩戒期限或移出失信行为记录名单。

第四章 评价结果应用

第十三条 守信责任主体可以正常参与项目管理实施。省科技厅对长期信用良好的管理机构和专家，在同等条件下优先使用；对信用良好的项目承担单位和人员，授权更多项目过程管理权限。

第十四条 对纳入失信行为记录的责任主体，省科技厅根据行为性质和情节轻重，单独或合并采取以下惩戒措施：

（一）警告、诫勉谈话；

（二）责令限期整改；

（三）在一定范围内或公开通报批评；

（四）暂停项目执行或取消项目立项，核减、停拨或追回项目经费；

（五）阶段性或永久取消参与项目和省科学技术奖励的资格；

（六）记入严重失信名单的，推送至国家科研诚信信息系统和"信用山东"平台，按规定实施联合惩戒；

（七）对涉嫌违反党纪政纪、违法犯罪的，依法依规移交有关机关处理。

第十五条 本办法第十四条（五）项惩戒措施按照以下标准执行：

（一）发生一般失信行为的，对法人机构责任主体取消2年以内（含2年）相关资格，对自然人责任主体取消3年以内（含3年）相关资格；

（二）发生严重失信行为情节严重的，对法人机构责任主体取消2至5年相关资格，对自然人责任主体取消3至5年相关资格；

（三）发生严重失信行为情节特别严重的，对法人机构和自然人责任主体取消5年以上直至永久资格。

第十六条 对相关责任主体的科研失信行为记录及据此进行的惩戒措施，省科技厅应及时向责任主体通报，对于责任主体为自然人的还应向其所在的法人单位通报。

第十七条 相关责任主体对科研失信行为记录、惩戒措施等有异议的，可自收到通报之日起15个工作日内，向省科技厅提出复查申请，提供相关证据或线索。

第十八条 省科技厅应自收到复查申请后15个工作日内作出是否受理的决定。决定受理的，应自受理之日起90个工作日内，将复查结果告知申请人。不予受理的，要将相关依据和理由告知申请人。

第五章 附则

第十九条 省科学技术奖励、高新技术企业认定等科技行政管理工作中的科研诚信管理结合实际参照本办法执行。

第二十条 本办法由省科技厅负责解释。

第二十一条 本办法自2021年1月1日起施行，有效期至2025年12月31日。

山东省科学技术厅 山东省财政厅关于印发《山东省中央引导地方科技发展资金管理实施细则》的通知

(鲁科字〔2020〕138号)

各市科技局、财政局，省直有关部门，各有关单位：

现将《山东省中央引导地方科技发展资金管理实施细则》印发给你们，请遵照执行。

2020年12月23日

山东省中央引导地方科技发展资金管理实施细则

第一章 总则

第一条 为规范山东省中央引导地方科技发展资金（以下简称"引导资金"）管理和使用，提高资金使用效益，根据《国务院办公厅关于印发科技领域中央与地方财政事权和支出责任划分改革方案的通知》（国办发〔2019〕26号）、《财政部 科技部关于印发〈中央引导地方科技发展资金管理办法〉的通知》（财教〔2019〕129号）等文件精神，结合我省实际，制定本细则。

第二条 本细则所称引导资金是指中央财政用于支持我省落实国家创新驱动发展战略和科技改革发展政策、优化区域科技创新环境、提升区域科技创新能力的共同财政事权转移支付资金。

第三条 引导资金的管理和使用遵循"中央引导、省级统筹、聚焦重点、科学分配、突出绩效"的原则。

第二章 组织管理与职责分工

第四条 引导资金由省财政厅、省科技厅共同管理。省财政厅负责组织引导资金预算编制，对支出政策进行审核，牵头预算绩效管理，拨付下达资金等。省科技厅负责年度实施方案制定、项目征集、评审立项、资金分配等；会同省财政厅组织开展绩效评价和资金监管，制定项目资金管理细则。

第五条 各市科技局、省直有关部门（单位）及中央驻鲁单位可作为项目主管部门，负责引导资金项目的初审和推荐、立项项目的日常管理，配合省财政厅、省科技厅对资金使用情况开展绩效评价和监督。

第六条 项目承担单位负责据实编报项目申请材料，组织项目实施，落实项目实施条件和配套资金；严格执行财务规章制度和会计核算办法，对项目资金专款专用、专账核算；按要求开展绩效自评，报送项目进展、资金使用等有关情况；主动配合有关部门的监督和审计。

第三章 支持范围与方式

第七条 引导资金主要用于支持以下方面：

（一）自由探索类基础研究。结合全省基础研究布局，聚焦探索未知的科学问题，支持开展自由探索类基础研究。可统筹用于省自然科学基金、重大基础研究计划及省内联合基金等省级科技计划（基金）。

（二）科技创新基地建设。结合全省科技创新基地（平台）布局，支持省级及以上科技创新基地（平台），包括重点实验室、技术创新中心、工程技术研究中心、临床医学研究中心等；支持省内具有独立法人资格的新型研发机构。

（三）科技成果转移转化。结合我省实际，支持针对区域重点产业等开展科技成果转移转化活动，包括技术转移机构、人才队伍和技术市场建设，以及公益属性明显、引导带动作用突出、惠及人民群众广泛的科技成果转化示范及科技扶贫项目等。

（四）区域创新体系建设。结合创新型省份建设，支持国家批复我省建设的国家自主创新示范区、国家科技创新中心、综合性国家科学中心、可持续发展议程创新示范区、国家农业高新技术产业示范区、创新型县（市）等区域创新体系，重点支持跨区域研发合作和区域内科技型中小企业科技研发活动。

第八条 支持自由探索类基础研究、科技创新基地建设和区域创新体系建设的资金，可综合采用直接补助、后补助、以奖代补等多种投入方式。支持科技成果转移转化的资金，可综合采用风险补偿、后补助、创投引导等财政投入方式。

第九条 项目承担单位不得将引导资金用于支付各种罚款、捐款、赞助、投资、偿还债务等支出，不得用于人员工资性支出和离退休人员离退休费，以及国家规定禁止列支的其他支出。

第四章 立项和资金管理

第十条 省科技厅按照财政部、科技部的要求，结合国家科技创新战略部署、省委省政府年度重点工作以及省科技创新发展规划，编制并发布项目申报通知。

第十一条 项目申报单位按照申报要求进行申报，并对申报项目及相关资料的合法性、真实性和可行性负责。项目主管单位按照申报要求对项目进行审核和推荐。

第十二条 省科技厅组织或委托第三方机构对申报项目进行评审论证，根据需要开展现场考察。综合专家评审论证意见和现场考察结果，提出年度立项和资金支持建议。对拟分配到企业的引导资金通过官方网站向社会公示，公示期不少于5个工作日。

第十三条 省科技厅会同省财政厅根据确定的项目和资金分配情况，编制引导资金年度实施方案，及时报科技部、财政部备案，同时抄送财政部山东监管局。实施方案包括总体目标和思路、重点任务、资金安排计划、区域绩效目标等内容。

第十四条 省科技厅下达立项文件，会同省财政厅按程序及时拨付资金。引导资金支付按照国库集中支付制度有关规定执行。涉及政府采购的，应当按照政府采购法律法规和有关制度执行。

第十五条 项目立项通知下达后30日内，项目承担单位与省科技厅、项目主管部门签订项目任务书，任务书作为项目执行、检查和验收的依据。任务书的技术内容和考核指标等应与申报书保持一致。

第十六条 项目的过程管理、结题验收、绩效评价等事项参照《山东省重点研发计划管理办法》（鲁科字〔2017〕185号）等有关规定执行。

第十七条 项目涉及预算管理、预算调整、结转结余等，参照《关于完善财政科研项目资金管理政策的实施意见》（鲁办发〔2016〕71号）、《关于进一步完善财政科研项目资金管理的若干措施》(鲁政办字〔2019〕120号)等有关规定执行。

第五章 监督与绩效

第十八条 省科技厅会同省财政厅按照全面实施预算绩效管理的要求,建立全过程预算绩效管理机制;对照科技部、财政部审核备案的绩效目标做好绩效监控、绩效评价和绩效信息公开;根据实际情况,适时开展项目进展和引导资金使用监督核查。

第十九条 引导资金须单独核算、专款专用。项目承担单位要严格执行国家会计法律法规制度,规范资金使用,自觉接受监督和绩效评价。原则上每年12月底前,须按要求向省科技厅、省财政厅报送项目进展成效、绩效自评等材料。

第二十条 引导资金项目承担单位和个人在引导资金使用过程中存在各类违法违规行为的,按照《中华人民共和国预算法》《财政违法行为处罚处分条例》《科学技术活动违规行为处理暂行规定》等国家有关规定追究相应责任,按程序纳入科研失信行为记录。

第六章 附则

第二十一条 本细则由省科技厅、省财政厅负责解释。

第二十二条 本细则自2021年1月1日起执行,有效期至2023年12月31日。

第二十四章 河南省科研项目和资金管理法规政策

河南省人民政府关于深化省级财政科技计划和资金管理改革的意见

(豫政〔2015〕2号)

各市、县人民政府，省人民政府各部门：

为贯彻落实《国务院关于改进加强中央财政科研项目和资金管理的若干意见》(国发〔2014〕11号)和《国务院印发关于深化中央财政科技计划(专项、资金等)管理改革方案的通知》(国发〔2014〕64号)精神，实施创新驱动发展战略，促进科技与经济紧密结合，现就深化省级财政科技计划和资金管理改革提出如下意见，请认真贯彻落实。

一、总体目标和原则

（一）总体目标。按照国家总体部署，通过深化改革，强化顶层设计，打破条块分割，构建总体布局合理、功能定位清晰、具有河南特色的科技计划体系，建立目标明确和绩效导向的管理制度，加快建立适应科技创新规律、统筹协调、职责清晰、科学规范、公开透明、监管有力的科技计划和资金管理机制，使之更加符合科技创新规律，更加高效配置科技资源，更加聚焦全省经济社会发展的重大科技需求，基础前沿研究、重大共性关键技术研究、社会公益研究、高新技术研究显著加强，财政资金使用效益明显提升，科研人员的积极性和创造性充分发挥，科技对经济社会发展的支撑引领作用不断增强，为实施创新驱动发展战略提供有力保障。

（二）基本原则。

——遵循科学规律。把握全球科技和产业变革趋势，立足我省经济社会发展和科技创新实际，遵循科学研究、技术创新和成果转化规律，实行分类管理，健全鼓励原始创新、集成创新和引进消化吸收再创新的机制。

——坚持改革创新。面向科技创新呈现出的新态势、新特征，推进政府职能转变，加强管理创新和统筹协调，优化整合资源，对省级财政各类科技计划项目和资金管理各环节进行系统化改革，实行统一管理，并建立统一的评估监管体系，以改革释放创新活力。

——聚焦重大需求。面向科技前沿、面向我省国民经济主战场、面向经济社会发展的重大科技任务，科学布局省级财政科技计划，坚持有所为有所不为，需求导向，分类指导，超前部署，瞄准突破口和主攻方向，不断加大财政科技投入，建立健全围绕重大任务推动科技创新的新机制。

——坚持市场导向。加强科技与经济在规划、政策等方面的相互衔接，健全技术创新市场导向机制，科技计划要围绕产业链部署创新链，围绕创新链完善资金链，政府以税收优惠、政府采购等普惠性政策和引导性为主的方式支持企业技术创新活动和成果转化，发挥财政科技投入的引导激励作用和市场配置各类创新要素的导向作用，建设具有核心竞争力的创新型经济。

——坚持规范高效。明确科技计划、资金管理和执行各方的职责，实行科技计划项目全过程信息公开和痕迹管理，纳入统一的省科技管理信息系统和省科技报告系统；加强科研诚信建设和信用管理；建立健全科技计划、资金管理和执行各方决策、执行、评价相对分开、互相监督的运行机制，除涉密项目外，所有信息向社会公开，接受社会监督。

二、优化财政科技计划布局和分类管理

（三）优化整合各类科技计划。根据我省经济社会发展战略需求和科技发展自身需要，按照政府职能转变要求，优化整合实行公开竞争方式的省级财政科技计划，对定位不清、重复交叉、实施效果不好的，通过撤、并、转等方式进行必要调整和优化。围绕科技计划功能定位，整合形成科技重大专项、重点研发与推广专项、技术创新引导专项和创新体系建设专项、基础前沿研究专项五大类科技计划。省级科技计划要提升项目层次和质量，合理控制项目数量；建立各类科技计划的绩效评估、动态调整和终止机制。

（四）科技重大专项突出政府目标导向。聚焦事关我省重大战略需求和产业化目标，发挥集中力量办大事的体制优势，在设定时期内进行集成式协同攻关。要坚持有所为有所不为，准确把握技术路线和方向，聚焦攻关重点，设定明确的项目目标和关键节点目标并明确考核指标，采取定向择优方式遴选优势单位承担项目，鼓励产学研协同创新，加强项目实施全过程管理和节点目标考核，探索实行项目专员制和监理制；项目承担单位上级主管部门要切实履行项目推荐、组织实施和验收等环节的相应职责；项目承担单位要强化主体责任，组织有关单位协同创新，保证项目目标实现。要加大聚焦力度，进一步集中资金，提高决策层次，控制重大专项数量；要更加注重与其他科技计划的分工和衔接，避免重复部署、重复投入。

（五）重点研发与推广专项聚焦公共服务及民生需求。聚焦我省国民经济与社会发展的重点公共需求和民生科技优先领域，遵循研发和创新活动的规律和特点，凝练形成若干目标明确、边界清晰的重点专题，从基础前沿、重大共性关键技术到应用示范进行全链条创新设计、一体化组织实施，重点解决制约公益性行业发展的重大科技问题，强化需求导向和应用导向，增强项目系统性、针对性和实用性，服务社会公益事业发展。

（六）技术创新引导专项突出企业主体。明晰政府与市场的边界，充分发挥市场对技术研发方向、路线选择、要素价格、各类创新要素配置的导向作用，政府主要通过制定政策、营造环境，引导企业成为技术创新决策、投入、组织和成果转化的主体。对政府支持企业开展的产业重大共性关键技术研究等公共科技活动，在立项时要加强对企业资质、研发能力的审核，鼓励产学研协同攻关。积极推进涉企科技资金基金化改革，对政府引导企业开展的科研项目，主要由企业提出需求、先行投入和组织研发，通过风险补偿、后补助、创投引导等方式发挥财政资金的杠杆作用，形成主要由市场决定技术创新项目和资金分配、评价成果的机制以及企业主导项目组织实施的机制。

（七）创新体系建设专项突出载体完善、平台（基地）建设和人才培育。围绕我省重点产业和重点社会发展领域，着重加强公共技术服务、孵化培育、成果转化服务、科技中介、科技投融资等各类技术创新服务平台建设；着力支持构建以企业为主体，技术创新战略联盟、产业技术研

究院、企业研发中心、科技企业孵化器各类服务平台有机结合的产业（集群）技术创新体系，支持创新基地建设和能力提升；促进高校、科研院所科研设施开放共享；支持人才和团队建设，构建人才创新发展平台，引导和激励科技人员创新创业。人才计划要加强顶层设计和相互之间的衔接。

（八）基础前沿研究专项突出原始创新。资助基础研究和科学前沿探索，支持人才和团队建设，增强原始创新能力。充分尊重专家意见，通过同行评议或公开择优的方式确定研究任务和承担者，激发科研人员的积极性和创造性。对优秀人才和团队给予持续支持，加大对青年科研人员的支持力度，减少项目执行中的检查评价，充分发挥学术咨询机构、协会、学会的咨询作用，营造"鼓励探索、宽容失败"的实施环境。加强对基础数据、基础标准、种质资源等工作的稳定支持，为科研提供基础性支撑。

三、强化项目过程管理

（九）改革项目指南制定和发布机制。建立产学研用各方参与的项目指南论证机制，扩大项目指南编制工作的参与范围，项目指南发布前要充分征求科研单位、企业、相关部门和地方、协会、学会等有关方面意见。项目主管部门要结合科技计划的特点，针对不同项目类别和要求编制项目指南，市场导向类项目指南要充分体现产业需求。每年固定时间发布项目指南，并通过多种方式扩大项目指南知晓范围，鼓励符合条件的科研人员申报项目。从项目指南发布到项目申报受理截止原则上不少于50天，以保证科研人员有充足时间申报项目。

（十）规范项目立项。项目申请单位要认真组织项目申报，根据科研工作实际需要选择项目合作单位。项目主管部门要健全项目受理内部控制制度，推行项目网上申报、网上公示，受理过程公开，实现"申报公开、过程受控、全程监督"；要完善公平竞争的项目遴选机制，通过公开择优、定向择优等方式确定项目承担者；要规范立项审查行为，健全立项管理内部控制制度，重点审核项目申请单位、申请者及其合作方的资质和科研能力，加强项目查重和监督，避免一题多报或重复资助；要推行科学合理的评审方式，逐步实行网络评审和视频答辩评审，合理安排会议答辩评审，建立评审档案管理制度。要明示项目审批流程，实现立项过程可申诉、可查询、可追溯。从受理项目申请到反馈立项结果原则上不超过120个工作日。

（十一）明确项目过程管理职责。建立项目分层管理和问责机制。项目承担单位负责项目实施的具体管理；项目推荐单位负责项目的真实性和督导；项目主管部门要健全服务机制，积极协调解决项目实施中出现的问题，针对不同科研项目管理特点组织开展巡视检查或抽查，对存在违规行为的要责成项目承担单位限期整改，对问题严重的要暂停项目实施。

（十二）加强项目验收和结题审查。项目完成后，项目承担单位要及时总结，编制项目决算，按时提出验收或结题申请，无特殊原因未按时提出验收申请的，按不通过验收处理。项目主管部门要及时组织开展验收或结题审查，并严把验收和审查质量。根据不同类型项目，可以采取同行评议、第三方评估、用户测评等方式，依据项目任务书组织验收，将项目验收结果纳入科技报告。探索开展重大项目决策、实施、成果转化后评价。

四、加强项目资金管理

（十三）规范项目预算编制。项目申请单位要科学合理、实事求是地编制项目预算，坚持目标相关性、政策相符性和经济合理性的原则，并对合作单位资质、拟外拨资金及仪器设备购置进行重点说明。相关部门要完善预算编制方法和评估评审工作细则，健全预算评估评审沟通反馈机制，在评估评审中不得简单按比例核减预算，除以定额补助方式资助的项目外，要依据科研任务实际需要和财力可能核定项目预算。对跨年度实施的项目，要根据项目进度编制分年度预算。劳务费预算应当结合项目承担单位实际以及相关人员参与项目的全时工作时间等因素合理编制。

（十四）及时拨付项目资金。项目主管部门要合理控制项目和预算评估评审时间，对已通过预算评估评审的项目尽快下达项目总预算及分年度预算，及时批复相关部门和单位。相关部门和单位要按照财政国库管理制度有关规定，结合项目实施和资金使用进度，及时合规办理资金支付手续。实行部门预算批复前项目资金预拨制度，保证科研项目顺利实施。对有明确目标的重大项目，按照关键节点任务完成情况进行拨款。

（十五）规范直接费用支出管理。要科学界定与项目研究直接相关的支出范围，各类科技计划的支出科目和标准原则上保持一致。进一步下放预算调整审批权限，从严控制会议费、差旅费、国际合作与交流费，项目实施中发生的三项支出之间可以调剂使用，但不得突破三项支出预算总额。适当调整劳务费开支范围，将项目临时聘用人员的社会保险补助纳入劳务费科目中列支；预算科目中"其他支出"要密切结合项目科研任务实际需要。

（十六）完善间接费用管理办法。要核定间接费用并与项目承担单位信用等级挂钩。间接费用一经核定，由财政部门直接拨付到项目承担单位。间接费用主要用于补偿项目承担单位为项目实施发生的间接成本和绩效支出。项目承担单位要建立健全间接费用的内部管理办法，合理合规使用，并结合一线科研人员实际贡献公开公正安排绩效支出，充分体现科研人员价值，发挥绩效支出的激励作用。项目承担单位不得在核定的间接费用以外再以任何名义在项目资金中重复提取、列支相关费用。

（十七）改进项目结转结余资金管理办法。项目在研期间，年度剩余资金可以结转下一年度继续使用。项目完成并通过验收，且承担单位信用评价好的，项目结余资金由单位统筹安排用于科研活动支出，并将使用情况报项目主管部门；未通过验收和整改后通过验收的项目，或承担单位信用评价差的，结余资金按原渠道收回。

（十八）加强科研项目资金统一管理。对财政及相关部门和单位用财政资金安排的基本科研费、预研经费、行业（产业）科研发展等科研专项经费，要统一执行财政科研项目资金管理规定，规范资金使用。相关部门使用财政资金支持重大科研项目，参照本意见有关要求严格立项和过程管理并报省科技厅备案，纳入省级科技计划和资金管理信息系统。

五、加强项目资金监管

（十九）规范科研项目资金使用行为。科研人员和项目承担单位要依法依规使用项目资金，不得有下列行为：擅自调整外拨资金，利用虚假票据套取资金，通过编造虚假合同、虚构人员名单等方式虚报冒领劳务费和专家咨询费，通过虚构测试化验内容、提高测试化验支出标准等方式违规开支测试化验加工费，随意调账变动支出、随意修改记账凭证、以表代账应付财务审计和检查以及其他违规行为等。对从省级财政以外渠道获得的项目资金，按照国家、省有关财务会计制度规定以及相关资金提供方的具体要求管理和使用。

（二十）改进科研项目资金结算方式。科研院所、高等学校等事业单位承担项目发生的会议费、差旅费、小额材料费和测试化验加工费等，要按照《河南省省级预算单位公务卡管理暂行办法》规定实行公务卡结算；企业承担的项目，上述支出应当采用非现金方式结算。项目承担单位对设备费、大宗材料费和测试化验加工费、劳务费、专家咨询费等支出，原则上通过银行转账方式结算。

（二十一）强化项目承担单位法人责任。项目承担单位是科研项目实施和资金管理使用的责任主体，必须做到诚实守信，切实履行项目申请、组织实施、验收和资金使用等方面的管理职责，加强支撑服务条件建设，提高对科研人员的服务水平；要建立健全科研和财务管理等相结合的内部控制制度，规范项目资金管理，在职责范围内及时审批项目预算调整事项；要建立常态化的自查自纠机制，严肃处理本单位出现的违规行为。科研人员要弘扬科学精神，恪守科研诚信，强化责任意识，严格遵守科研项目和资金管理各项规定，自觉接受有关方面的监督。

六、加强制度和机制建设

（二十二）建立健全信息公开制度。除涉密及法律、法规另有规定外，省科技厅和项目主管部门要向社会公开科研项目的立项信息、验收结果和资金安排情况等，接受社会监督。项目承担单位要在单位内部公开项目立项、主要研究人员、资金使用、大型仪器设备购置以及项目研究成果等情况，接受内部监督。

（二十三）建立健全科技报告制度。省科技厅要会同有关部门按照国家有关要求，结合我省实际，制定科技报告标准和规范，建立我省科技报告共享服务平台，实现科技资源持续积累、完整保存和开放共享。对省级财政资金支持的科研项目，项目承担者必须按规定提交科技报告，未按规定提交并纳入省科技报告系统的，不得申请中央、省财政资助的科技计划项目。

（二十四）改进专家遴选制度。充分发挥专家咨询作用，项目评估评审应当以同行专家为主，吸收省外高水平专家参与，评估评审专家中一线科研人员的比例应当达到75%左右。提高企业专家参与市场导向类项目评估评审的比重。推动学术咨询机构、协会、学会和著名科技期刊编委等更多参与项目评估评审工作。建立专家数据库，实行评估评审专家随机抽取和关联回避制度。对采用视频或会议方式评审的，公布专家名单，强化专家自律，接受同行质询和社会监督；对采用通信方式评审的，评审前专家名单严格保密，保证评审公正性。

（二十五）完善科研信用管理制度。建立覆盖指南编制、项目申请、评估评审、立项、执行、验收全过程的科研信用记录制度，由项目主管部门委托专业机构对项目承担单位和科研人员、评估评审专家、中介机构等参与主体进行信用评级，并按信用评级实行分类管理。建立"黑名单"制度，将严重不良信用记录者记入"黑名单"，阶段性或永久取消其申请财政资助项目或参与项目评审、项目管理的资格。其他相关部门共享信用评价信息。

（二十六）建立考核问责倒查制度。建立完善覆盖项目决策、管理、实施主体的逐级考核问责机制。有关部门要加强科研项目和资金监管工作，严肃处理违规行为，按规定采取通报批评、暂停项目拨款、终止项目执行、追回已拨项目资金、取消项目承担者一定期限内项目申报资格等措施，涉及违法的移交司法机关处理，并将有关结果向社会公开。建立责任倒查制度，针对出现的问题倒查项目主管部门相关人员的履职尽责和廉洁自律情况，经查实存在问题的依法依规严肃处理。

（二十七）建立统一的评估和监管机制。省科技厅、财政厅要对科技计划实施绩效和专业机构履职尽责情况等统一组织评估和监督检查。对科技计划的绩效评估，通过公开竞争等方式择优委托第三方机构开展，评估结果作为省财政给予支持的重要依据。

（二十八）建立动态调整机制。省科技厅、财政厅要根据绩效评估和监督检查的结果以及相关部门的建议，提出科技计划动态调整意见。实现预期目标或达到设定时限的，应当自动终止；确有必要延续的，由省科技厅、财政厅会同有关部门组织论证，提出建议。上述意见和建议经厅际科技计划和资金管理联席会议审议，按程序报批。

（二十九）完善激发创新创造活力的相关制度和政策。完善科研人员收入分配政策，健全与岗位职责、工作业绩、实际贡献紧密联系的分配激励机制。健全科技人才流动机制，鼓励科研院所、高等学校与企业创新人才双向交流，完善兼职兼薪管理政策。加快推进事业单位科技成果使用、处置和收益管理改革，完善和落实促进科研人员成果转化的收益分配政策。加强知识产权运用和保护，落实激励科技创新的税收政策，推进科技评价和奖励制度改革，制定导向明确、激励约束并重的评价标准，充分调动项目承担单位和科研人员的积极性和创造性。

七、强化统筹协调和责任落实

（三十）建立健全统筹协调与决策机制。充分发挥省科教领导小组、科技体制改革和自主创新体系建设领导小组作用，建立由省科技厅牵头，省财政厅、发展改革委等相关部门参加的厅际科技计划和资金管理联席会议制度，制定议事规则，负责审议科技发展战略规划、科技计划布局与设置、重点任务和项目指南等事项。涉及国民经济、社会发展的重大科技事项，按程序报省政府决策。

（三十一）建立科技项目资金公共管理平台，逐步实现依托专业机构管理项目。按照转变职能的要求，把政府部门从资金的具体分配和项目的日常管理中解放出来，具体项目管理工作逐步交由规范的专业机构负责，结合事业单位分类改革，将现有具备条件的科研管理类事业单位等逐步改造成规范的项目管理专业机构，加快制定专业机构管理制度和标准，加强对专业机构的监督、评价和动态调整，促进专业机构逐步市场化和社会化，并接受社会监督。技术创新引导专项委托现有具备条件的科研管理类事业单位进行管理。

（三十二）建设科技计划和资金管理信息系统。省科技厅、财政厅会同有关部门和地方在现有各类科技计划科研项目数据库基础上，根据统一的数据结构、接口标准和信息安全规范，按照信息共享、体系共建、主体明确的原则，在2015年年底前基本建成省科技管理信息系统，通过科技管理信息系统，对省级财政科技计划的需求征集、指南发布、项目申报、立项和预算安排、跟踪问效、结题验收等全过程进行信息管理，省级财政科研项目数据库实现与国家和省辖市科研项目数据库互联互通，并主动向社会公开信息，接受公众监督。省级各部门管理的科研项目和资金要尽快纳入省科技管理信息系统，已结题的项目要及时纳入省科技报告系统。

（三十三）落实管理和服务责任。省科技厅要会同有关部门根据本意见精神制定科技工作重大问题会商与沟通工作规则；要坚持上下联动、部门协同，按照国民经济和社会发展规划部署，加强对科技发展优先领域、重点任务、重大项目等的统筹协调，形成年度科技专项资金重点工作安排，分工落实、协同推进。项目主管部门要会同省财政厅制定或修订各类科技计划和资金管理制度。省财政厅要加强科技预算安排统筹，做好各类科技计划年度预算方案的综合平衡工作。省人力资源社会保障厅、编办、教育厅等部门要积极推进人事制度改革，推动广大科技人才创新创业。省审计厅、监察厅要加强审计和监督。各有关部门要建立健全本部门内部控制和监管体系，加强对所属单位科研项目和资金管理内部制度的审查；督促指导项目承担单位和科研人员依法合规开展科研活动，做好经常性政策宣传、培训和科研项目实施中的服务工作。

各省辖市要参照本意见，制定加强本地财政科技计划和资金管理的办法。

河南省人民政府

2015年1月15日

河南省财政厅 河南省科学技术厅关于印发
《河南省省级科技基础条件专项资金管理办法》的通知

(豫财科〔2016〕52号)

各省辖市财政厅、科技局，有关县（市）财政局、科技局，省直有关部门（单位）：

为了规范和加强我省省级科技基础条件专项资金的管理，提高财政资金使用效益，我们制定了《河南省省级科技基础条件专项资金管理办法》，现印发给你们，请遵照执行。

2016年4月8日

河南省省级科技基础条件专项资金管理办法

第一章 总则

第一条 为贯彻落实《河南省人民政府关于深化省级财政科技计划和资金管理改革的意见》（豫政〔2015〕2号）精神，加强科研单位的科技基础条件建设，提升科技创新能力，省财政整合设立"省级科技基础条件专项资金"（以下简称"专项资金"）。为规范和加强专项资金的管理，提高资金使用效益，根据《河南省省级财政专项资金管理办法》（豫政〔2014〕16号）规定，制定本办法。

第二条 专项资金重点支持省级科研单位改善科研条件与创新发展，促进科技资源开放共享，对省辖市、直管县的重点科技基础条件建设项目可给予一定补助。专项资金分配方式，原则上以因素法分配为主，以项目法分配为辅。

第三条 专项资金的支持范围：

（一）科研设施改善。包括科研仪器设备购置、科研设施维修改造和科研用房修缮等。

（二）共享平台建设。是指经省级以上主管部门批准建设或认定并实行开放共享的科研设施与仪器、自然种质资源库、科学数据库、科技文献等科技资源共享平台建设和运行维护。

（三）科研单位绩效奖励。是指对转制科研单位、科研基地入驻单位的运行发展情况和科研设施与仪器的开放共享服务情况等进行绩效考核，采取后补助方式给予支持。

第四条 专项资金的安排使用原则：

（一）统筹规划。省级科研单位应当围绕我省科技发展中长期规划、本单位事业发展的合理需求和现有科技资源布局，编制本单位科技基础条件建设三年规划（以下简称"建设规划"），经主管部门审核后报省科技厅、财政厅备案。市县申报的项目应当是纳入当地经济社会科技事业发展规划的项目。建立统一的专项资金备选项目库，实行动态管理．

（二）突出重点。以提高单位或区域科技创新能力为核心，解决科技基础条件"瓶颈"问题为重点，区分轻重缓急，科学配置资金。优先支持存量资源整合力度大、集成度高、能实现开放和共享、预期效益好的项目。

（三）奖惩激励。项目实行追踪问效和绩效评价制度，根据项目实施效果给予奖惩。对项目实施成效好的单位在下一年度给予优先支持，对项目实施进度慢、成效差的单位，暂不支持新的项目。

第五条 专项资金实施期限暂定为 2016—2018 年。

第二章 开支范围

第六条 科研设施改善资金主要用于科研仪器设备购置、科研设施维修改造和科研用房修缮费，一般包括设计费、材料费、劳务费、水电动力费、购置费以及与其相关的运输、安装调试等费用。

第七条 共享平台建设资金主要用于科技资源共享服务平台建设、运行过程中发生的直接费用，一般包括购置费（试制费）、建设费和运行维护费以及其他在项目执行中所发生的必要费用。

第八条 科研单位绩效奖励资金由单位统筹安排使用，主要用于科研单位开展科研活动和科研设施与仪器开放共享所需经费，具体开支范围按照财政专项资金后补助有关规定执行。

第三章 管理机构及职责

第九条 省科技厅的主要职责：

（一）负责专项整体规划、组织协调、监督检查和绩效评价，研究制定绩效目标和考评指标等相关政策措施，开展或委托专业机构开展项目日常管理工作；

（二）负责编制专项资金项目申报指南和评审方案，组织项目申报和评审考核，提出专项资金安排建议，批准项目变更和终止的申请；

（三）建设专项资金信息化管理平台，对项目经费逐步实行预算编报审批、编报执行、检查验收等全过程、信息化管理，实施项目管理全流程公开、公示制度；

（四）指导和监督专业机构开展项目的受理、评审、结项验收、绩效评价等工作。

第十条 省财政厅的主要职责：

（一）负责绩效目标审核和安排专项资金年度预算；

（二）负责审核专项资金安排建议，按程序下达资金；

（三）负责组织开展专项资金监督检查和绩效评价。

第十一条 主管部门的职责：

（一）对所属单位建设规划、申报项目进行审核；

（二）配合省科技厅、省财政厅开展专项资金项目过程管理、监督检查、结项验收和绩效评价。

第十二条 项目承担单位的职责：

（一）项目承担单位是项目实施和资金管理使用的责任主体，负责编制本单位科技基础条件建设规划，依据年度项目申报指南，进行项目申报，按计划组织项目实施，严格项目验收；

（二）制定和完善科研管理、财务管理、资产管理等内部控制制度，按照国家及省有关规章制度的要求，对专项资金实行专账核算、专款专用，规范经费管理和使用；

（三）严格遵守各项规定，自觉接受有关方面的监督检查，配合做好绩效评价等工作。

第十三条 专业机构的职责：

（一）根据省科技厅、省财政厅的委托和自身法定职责，按时按质完成项目受理、评审、中期检查、验收等组织工作；

（二）客观、及时地向省科技厅和省财政厅反映在项目管理服务过程中发现的问题并提出建议；

（三）主动接受省科技厅和省财政厅的指导和监督；

（四）遵守"公开、公平、公正"的原则，确保所提供的服务优质和高效。

第四章 科研设施改善和共享平台建设项目申报管理

第十四条 每年6月底前，省科技厅会同省财政厅发布下年度专项资金申报指南。从项目指南发布到项目申报受理截止原则上不少于50天。项目实施期原则上不超过一年，实施期超过一年的项目实行一次申报立项、按项目进度分年实施。

第十五条 项目申报单位应当根据申报指南，结合本单位科技基础条件建设规划，按规定填写项目申报书并附相关材料，经主管部门审核后，报省科技厅、省财政厅委托的专业机构统一受理。项目申报材料中应包含项目建设的可行性、必要性分析，具体实施内容、资金预算、进度安排、绩效考核指标等内容。拟申报项目应为单位建设规划内项目，建设规划确需调整的，单位应当及时按原报备程序备案。项目单位和主管部门要对申报和推荐项目的真实性、合理性和可行性负责。

第十六条 省科技厅、省财政厅组织或委托专业机构组织项目评审工作，制定具体工作方案，组成技术和财务专家组进行评审。

第十七条 省科技厅、省财政厅根据专项资金安排使用原则，结合专家评审结果及年度专项资金预算，确定拟支持项目和金额，并进行公示，公示期7天。从受理项目申请到公示立项结果，原则上不超过120天。

第十八条 项目经公示无异议后，按确定的项目承担单位和金额，列入下年度部门预算。

第十九条 专项资金项目执行过程中实行重大事项报告制度。执行过程中，项目预算因项目实施环境和条件与项目申报时发生重大变化确需调整的，应当按照申报程序通过信息管理平台履行报批手续。

第二十条 项目完成后，应当在三个月内，向省科技厅提出结项验收申请，省科技厅、省财政厅组织或委托专业机构进行结项验收。

第二十一条 项目因故终止，项目承担单位应当及时清查账目与资产，编制财务报告及资产清单，报省科技厅审核，结转资金、结余资金（含已处理的仪器设备、物资材料的变价收入）按照我省财政存量资金管理相关规定执行。

第二十二条 建立省级购置大型科学仪器设备联合评议制度。对于使用省级财政科技资金新购单台或成套价值在200万元以上的大型科学仪器设备的，应进行联合评议，逐步解决省级大型科学仪器设备建设和管理中存在的条块分割、自我封闭、使用效率低下等问题。

第五章 科研单位绩效项目申报管理

第二十三条 每年3月底前，有关单位按照本办法规定，向省科技厅分别提交大型仪器设备上年度运行和共享情况、单位绩效自评报告，并提供相关附件，申请相应奖补资金。

第二十四条 省科技厅、省财政厅共同制订评审考核方案，组织或委托专业机构组织评审考核工作，必要时进行现场抽查。

第二十五条 省科技厅、省财政厅根据专项资金安排使用原则，结合专家评审考核结果及年度专项资金预算，提出奖补建议，并进行公示，公示期7天。公示无异议后，下达预算批复。

第二十六条 建立健全科研设施与仪器共享机制。逐步将符合条件的科研设施与仪器纳入省级开放共享平台管理，按照科研设施与仪器功能实行分类开放共享，建立科研设施与仪器开放共享评价体系和奖惩制度。

第六章 监督检查与绩效管理

第二十七条 专项资金的拨付和使用按照国库集中支付管理的有关规定执行，对专项资金不得计提管理费。

第二十八条 需要进行政府采购和投资评审的，按照有关规定执行。

第二十九条 专项资金使用过程中形成的科研设施与仪器、自然种质、科学数据、科技文献等科技资源，在保障单位合法权益的基础上，按照国家和省有关规定对社会开放共享。

第三十条 省科技厅、省财政厅负责专项资金的监督检查、结项验收和绩效评价，并编制年度绩效报告。检查、验收、评价结果将作为以后年度专项资金预算安排的重要依据。

第三十一条 存在下列行为之一的，省科技厅、省财政厅将督促其限期整改；情节严重的，按照《财政违法行为处罚处分条例》等规定处理；涉嫌犯罪的，依法移送司法机关处理：

（一）编报虚假预算，套取财政资金；

（二）截留、挤占、挪用专项资金；

（三）违反规定转拨、转移专项资金；

（四）提供虚假财务会计资料；

（五）未按规定执行和调整预算；

（六）其他违反国家财经纪律的行为。

第三十二条 项目通过结项验收后，项目承担单位应在三个月内办理财务结账手续。专项资金如有结余，按照我省财政存量资金管理相关规定执行。

第三十三条 省科技厅、省财政厅根据财政预算管理要求，逐步建立专项资金的绩效评价制度，并组织实施绩效评价。对绩效评价不合格的，督促项目承担单位限期整改，整改后仍不合格的，取消该单位下年度申报专项资金的资格。

第七章 附则

第三十四条 本办法由省财政厅会同省科技厅负责解释。

第三十五条 本办法自发布之日起施行。《河南省地方科技基础条件专项资金管理办法》（豫财办教〔2006〕23号）同时废止。此前相关规定与本办法相抵触的，以本办法为准。

关于印发《河南省科技计划项目管理办法（试行）》、《河南省科技创新平台建设与管理办法（试行）》的通知

（豫科〔2016〕83号）

各省辖市、省直管县（市）科技局，郑州航空港经济综合实验区、国家高新区、国家郑州经济技术开发区管委会，省直有关部门，各有关单位：

为进一步规范和加强省级科技计划项目管理，提高科技计划项目实施质量，推进全省科技创新平台建设与发展，提升平台建设和管理的科学化、规范化、制度化水平，我们制定了《河南省科技计划项目管理办法（试行）》、《河南省科技创新平台建设与管理办法（试行）》，现印发给你们，请遵照执行。

2016年4月15日

河南省科技计划项目管理办法（试行）

第一章 总则

第一条 为贯彻落实《中共河南省委 河南省人民政府关于深化科技体制改革推进创新驱动发展若干实施意见》（豫发〔2015〕13号）、《河南省人民政府关于深化省级财政科技计划和资金管理改革的意见》（豫政〔2015〕2号），进一步规范和加强省级科技计划项目管理，提高科技计划项目实施质量，特制定本办法（以下简称"办法"）。

第二条 本办法主要适用于使用省财政资金投入的重大科技专项、重点研发与推广专项、技术创新引导专项、创新体系建设专项和基础前沿研究专项等各类科技计划项目的申报立项、组织实施、结项（验收）等全过程管理，其中采用后补助支持方式的计划项目参照有关要求执行。

第三条 省级科技计划项目（以下简称"项目"）管理坚持依法管理、规范权限、明确职责、管理公开、精简高效的原则，确保科技计划全过程管理的严肃性和科学性。

第二章 组织分工

第四条 项目管理中的责任主体分为四类：（一）河南省科学技术厅（以下简称"省科技厅"）。（二）主管部门，包括各省辖市、省直管县（市）科技局，国家高新区、郑州航空港区管委会，以及省直有关部门的科技主管单位等。（三）申请（承担）单位。（四）申请（承担）者。

第五条 省科技厅的主要职责是：统筹安排部署和组织项目管理工作；加强对项目主管部门、申请（承担）单位、申请（承担）者的分类指导；做好项目管理的监督和跟踪服务；协调解决项目管理中的其他相关事项。

第六条 主管部门的主要职责是：协助省科技厅及其授权或委托机构组织开展本地区或本部门（单位）项目管理工作；对本地区或本部门（单位）项目申请（承担）单位和项目申请（承担）

者进行指导和监督，负责相关材料的初审和组织上报，做好跟踪服务，积极协调项目实施中出现的问题。

第七条 项目申请（承担）单位的主要职责是：对项目相关材料进行审核把关，并为项目全过程管理提供必要的支撑服务条件；接受省科技厅及主管部门的指导和监督，负责项目组织实施的有序开展，加强对项目申请（承担）者的管理。

第八条 项目申请（承担）者的主要职责是：恪守科研诚信，强化责任意识，认真组织项目申请和实施，按时开展结项（验收）；完整、真实的填报项目管理相关材料，及时向省科技厅和主管部门报告项目实施过程中的重要事项和问题；自觉接受监督和检查。

第三章 申报立项

第九条 规范项目立项。省科技厅推行项目网上申报、网上公示，受理、立项过程公开，实现"申报公开、过程受控、全程监督"；规范立项审查行为，加强项目查重和监督，避免一题多报或重复资助；同时建立评审档案管理制度，明示项目审批流程，实现立项过程"可申诉、可查询、可追溯"。

第十条 省科技厅根据科技发展规划和战略部署，在充分征求高校、企业、科研单位、地方和相关部门等方面意见的基础上，编制项目指南和申请指南，鼓励符合条件的单位和科研人员申报。每年固定时间发布项目指南，从指南发布到申报受理截止原则上不少于50天。

第十一条 各主管部门指导本地区或本部门（单位）申请单位和申请者，通过"河南省科技业务综合管理系统"在线填报申请材料，初审后推荐提交省科技厅。

第十二条 省科技厅按照主管部门网上推荐情况，按照计划管理渠道分别受理纸质申请材料，不直接受理项目申请单位和申请者的申请材料，并对受理确认后的项目清单进行公示。

第十三条 省科技厅对受理公示无异议的项目组织或委托符合条件的机构开展评审工作，由技术和财务专家采取通讯咨询或会议咨询等方式对申报项目进行评审（论证），提出评审（论证）意见。

第十四条 省科技厅根据专家评审（论证）意见，确定拟立项支持的项目并向社会进行公示，经公示无异议后予以立项，列入河南省年度科技发展计划。从受理项目申请到反馈立项结果原则上不超过120个工作日。

第四章 过程管理

第十五条 明确项目过程管理职责。建立项目分层管理和问责机制，项目承担单位负责项目实施的具体管理；项目主管部门负责项目的跟踪和督导，协调解决项目实施中出现的问题；省科技厅组织或委托具备相应资格的机构开展年度检查、考核或中期评估工作。

第十六条 在立项文件下达后，省科技厅与项目主管部门、承担单位共同就项目实施目标、工作任务、关键节点目标和绩效考核指标等内容，以项目申报书内容或签订计划合同书（任务书）的形式进行约定。

第十七条 年度检查、考核或中期评估的结论视计划合同书（任务书）目标任务和相关指标完成情况，以及经费落实和使用情况，分为"合格"、"不合格"、"终止实施"三类。

第十八条 结论为"不合格"的，省科技厅责成项目承担单位限期整改，项目主管部门负责督导；对整改后仍不合格和"终止实施"的项目，经主管部门审核，报省科技厅及相关部门后，视情节严重程度采取通报批评、追回经费等措施，并将有关结果向社会公告。

第五章　结项（验收）

第十九条　加强项目结项（验收）审查。结项（验收）以项目申请书或计划合同书（任务书）、项目总结报告为依据，对项目实施的组织管理、目标任务完成和经费使用情况等进行综合考核评价。

第二十条　实行科技报告制度，按照《河南省科技报告制度建设实施方案》（豫科〔2015〕156号）有关要求，列入试点范围的计划项目，必须提交科技报告，并将科技报告完成情况作为结项（验收）的必要条件。

第二十一条　项目承担单位必须在计划实施期满3个月内向主管部门提出结项（验收）申请，并提交结项（验收）材料。无特殊原因未按时提出结项（验收）申请的，按不通过处理。主管部门对项目承担单位的结项（验收）材料进行审核后，符合要求的报省科技厅。

第二十二条　省科技厅组织或委托项目主管部门、具备相应资格的机构开展结项（验收）工作。结项（验收）的结论视项目实施管理、目标任务和相关指标完成情况，以及经费落实和使用情况，分为"通过"、"暂缓"、"不通过"三类。

第二十三条　结项（验收）结论为"暂缓"的，省科技厅根据专家意见提出整改要求，项目主管部门督导承担单位进行限期整改；对整改后仍不能达到结项（验收）要求和"不通过"的项目，通报批评项目承担单位、取消项目承担者今后三年内申报资格，并向社会公告。

第二十四条　项目承担单位或承担者对研究内容有保密要求的，可向省科技厅提出申请，经审核确有必要的，按有关保密规定执行。

第六章　制度保障

第二十五条　建立并执行报告制度，包括统计报告制度、调整报告制度、重要事项报告制度。（一）统计报告制度。项目承担单位和承担者、被委托机构按要求定期向省科技厅报告计划执行情况；并如实填报由省科技厅制发的各类统计调查表。（二）调整报告制度。项目实施过程中对项目内容、技术经济指标、工作进度、经费、承担单位及承担者等进行调整或变更的，需及时提出书面申请，按照项目申请渠道分别报主管部门和省科技厅，经批准后方可调整。（三）重要事项报告制度。项目实施过程中取得重大进展，或发生可能影响项目实施进度的事项，以及发生难以协调的重大问题，项目承担单位应向及时主管部门和省科技厅报告。

第二十六条　信息公开制度。按照《河南省科技计划项目信息公开管理办法》（豫科〔2014〕137号）要求，项目立项信息、结项（验收）结果和资金安排情况等相关信息及时向社会公开，接受社会监督。

第二十七条　专家选用制度。按照《河南省科学技术厅科学技术评价专家管理办法（试行）》（豫科〔2009〕174号）要求，规范项目评审、评估或结项（验收）中的专家行为。

第二十八条　加强绩效管理。按照《河南省科学技术厅关于进一步加强科技项目立项和绩效管理的意见》（豫科〔2013〕190号）要求，制定合理规范、可操作、易衡量的绩效评价指标，进一步提升项目实施的整体效率和效益。

第二十九条　内部控制制度。省科技厅的监督检查机构负责对项目的评审立项、过程管理、结项（验收）等全过程进行监督检查。

第七章　附则

第三十条　本办法自发布之日起实施，《河南省科技厅关于印发〈关于省级科技计划项目立项规范和程序〉等规范和程序的通知》（豫科〔2014〕138号）、《河南省重大科技攻关计划管理办法》(豫科计〔2001〕15号)、《河南省科技攻关计划管理办法》(豫科计〔2001〕16号)、《河南省科技成果转化计划管理办法》(豫科计〔2006〕20号)、《河南省国际科技合作重点项目管理办法》(豫科计〔2002〕15号)、《河南省基础与前沿技术研究计划管理办法》(豫科计〔2006〕21号)、《河南省软科学研究计划管理办法》(豫科计〔2001〕20号)、《河南省科技型中小企业技术创新资金项目管理办法》(豫科〔2006〕20号)、《河南省科学技术普及活动专项管理办法》(豫科计〔2001〕24号)同时废止。

第三十一条 本办法由省科技厅负责解释。

河南省科技创新平台建设与管理办法（试行）

第一章 总则

第一条 为贯彻落实《中共河南省委 河南省人民政府关于深化科技体制改革推进创新驱动发展若干实施意见》(豫发〔2015〕13号)、《河南省人民政府关于深化省级财政科技计划和资金管理改革的意见》(豫政〔2015〕2号)，推进河南省科技创新平台（以下简称"平台"）建设与发展，提升平台建设和管理的科学化、规范化、制度化水平，特制定本办法。

第二条 平台是我省技术创新体系的重要组成部分，主要包括工程技术研究中心、重点实验室、产业技术创新平台、科技金融服务平台和国际联合实验室等。

工程技术研究中心是依托省内某一行业或领域内具有较高技术水平的科研机构、高校或企业组建的研发中心，其任务是针对行业发展中的重大关键、共性技术问题，开展研发和成果的工程化、产业化，推动相关行业、领域的技术进步和产业发展。

重点实验室是全省科技创新体系与创新平台建设的重要组成部分，以应用基础研究为主，结合应用开发研究，构建知识创新体系和科技实验研究体系，是全省开展高水平应用基础研究和基础研究的科技创新基地。

产业技术创新平台是指具有较高的技术研发、技术转移等技术创新公共服务能力，围绕我省传统优势产业、高成长性产业、战略性新兴产业的技术创新需求，提供关键共性技术和前瞻性技术研发、技术转移等公共服务的创新型实体机构。

科技金融服务平台是指具备一定场地、设施、专业服务人员等基础条件和服务能力，以开展科技金融结合为核心业务的服务载体，主要分为综合平台和专业平台两类，以开展科技金融信息服务为主。

国际联合实验室是开展国际科技合作的平台，是聚集和培养高层次国际科技人才和开展国际科技交流的窗口，是依托我省高校、科研院所、企业等机构建立的国际科技合作基地，对本领域或本地区开展国际科技合作具有引导和示范作用。

第三条 平台建设按照公开、公平、公正的原则，坚持市场导向，凝聚创新资源，根据我省产业发展需要，促进产、学、研协同创新，开展关键共性技术和前瞻性技术研究，为提升产业技术创新能力提供科技支撑。

第二章 管理机构及其职责

第四条 河南省科学技术厅（以下简称"省科技厅"）统筹安排平台的规划布局，组织开展相关建设和运行管理工作，加强对主管部门、建设（依托）单位的分类指导。

第五条 各省辖市科技局、省直管县（市）科技局、省直有关部门、国家高新区管委会、郑州经开区管委会、郑州航空港经济综合实验区管委会等主管部门（以下简称"主管部门"）协助省科技厅做好平台建设和运行中的相关事项。

第六条 平台建设（依托）单位负责平台的日常管理工作，提供平台建设和运行所必需的资金、物资、人才和政策保障。

第三章　申报与建设

第七条 省科技厅根据全省科技创新发展规划及技术创新需要，发布平台建设的申报指南，明确申报流程、支持领域和方向。从指南发布到平台申报受理截止原则上不少于50天，并对受理确认后的平台申报情况进行公示。

第八条 主管部门指导本地区或本部门申请单位填报申请材料，对申请材料进行初审，并按要求统一集中报省科技厅。省科技厅不直接受理平台申请单位的申请材料。

第九条 由省科技厅组织或委托相关专业机构组织专家开展平台建设论证工作。论证工作采取专家综合评议和现场考核相结合的方式，在综合评议的基础上，必要时进行现场实地考察核实。

第十条 省科技厅根据专家论证意见，确定拟同意建设的平台并向社会进行公示，经公示无异议后发文确认。从受理申请到反馈结果原则上不超过120个工作日。

第十一条 建设方式分为直接认定、组建验收和审核备案等，其中工程技术研究中心、国际联合实验室采用直接认定的方式，科技金融服务平台采用审核备案的方式，重点实验室、产业技术创新平台采用组建验收的方式，建设期不超过两年，两年建设期满，有合理理由未能完成建设任务的，经省科技厅批准后，可以延长一年。

第十二条 鼓励产学研协同创新，支持地方政府、企业、高校、科研机构等单独或联合建设，特别是引进省外优势科研力量联合建设。联合建设的平台必须有联合建设协议书，明确主要依托单位，以及各个建设单位在平台建设和运行中的权利、义务和责任。

第四章　运行与管理

第十三条 平台应采取独立的管理体制，建成独立法人或独立核算的科研实体，成立管理委员会，实行管理委员会领导下的主任负责制，组织制定相应的发展规划、年度计划和配套的内部管理制度。

第十四条 平台需设立技术委员会、学术委员会或专家咨询委员会，由国内同行业及相关领域知名专家，以及依托单位主要工程技术骨干组成，为平台的发展提供咨询服务。

第十五条 平台实行重大事项报告制度，及时向主管部门报告日常运行中的重大事项，技术研发、成果转化等方面的重大突破和进展，以及对外科技合作等方面的重大事项。平台撤销、更名，以及依托单位更名等重大事项须由主管部门报请省科技厅批准。

第十六条 鼓励平台建立健全创新激励机制和分配机制，采用科技成果入股、科技成果收益分成、科技成果折股等激励方式，对做出突出贡献的科技人员和主要经营管理人员进行奖励。

第五章　验收与考核

第十七条 采取组建验收方式建设的平台建设期满后，建设（依托）单位应提出验收申请，经主管部门初审后报省科技厅。由省科技厅组织或委托相关专业机构组织专家进行验收，验收通过后正式批准运行。

第十八条 平台实施动态管理，加强绩效考核。由省科技厅组织或委托主管部门、具备相应资格的相关单位开展考核工作。

考核结果分为优秀、良好、合格、不合格等4个等级，考核结果为不合格的，限期1年进行整改。整改期间不再享受相关扶持政策。对整改后仍不符合要求的，给予撤销；被撤销的平台及其依托单位2年内不得申报省科技计划项目。

第十九条 平台有下列情况之一的，省科技厅有权要求限期整改，并视情节轻重予以通报批评或撤销：

（一）建设（依托）单位发生重大事项，致使平台不能正常运行的。

（二）因客观原因或其他不可抗拒原因不能继续实施正常运行的。

（三）无故不接受省科技厅或主管部门的检查、监督、审计和考核，逾期不按要求上报考核材料的。

（四）主管部门、建设（依托）单位有弄虚作假，截留、挪用、挤占项目经费等行为的。

（五）发生重大产品质量、安全事故和涉嫌违法犯罪被立案侦查的。

第六章　支持措施

第二十条 考核结果为优秀和良好的平台，以后补助方式给予经费资助。具备创建国家平台条件的平台，作为重点扶持的科技创新平台，优先推荐申报国家级平台和牵头承担国家科技计划项目。其中省级实验室三年为一个评估周期，对优秀、良好的省级实验室连续支持三年；通过科技部验收的国家重点实验室、省部共建国家重点实验室及国家重点实验室培育基地视情况给予一定的奖励或后补助。

第二十一条 平台作为独立法人的，可视为省级科研机构直接申报省级科技计划项目。产业化导向明确的省级重点以上科技计划项目，申报单位原则上应建有省级及以上的平台。

第二十二条 鼓励平台将可开放共享的仪器、设备及成套试验装备加入河南省科研设施与仪器开放共享服务平台，平台优先、优惠使用全省科技基础条件平台入网仪器设备。

第二十三条 按照公开、公平、公正原则，以政府购买服务的方式引导科技金融服务平台开展相关服务工作。

第七章　附则

第二十四条 本办法自发布之日起施行。《河南省工程技术研究平台管理办法》（豫科计〔2006〕23号）、《河南省省级重点实验室管理办法》（豫科计〔2006〕24号）、《河南省产业技术创新平台建设管理办法》（豫科〔2013〕147号）同时废止。

第二十五条 本办法由省科技厅负责解释。

河南省财政厅　河南省科学技术厅
关于印发《河南省科技金融引导专项资金管理办法（试行）》的通知

（豫财科〔2016〕75号）

各省辖市财政局、科技局，有关县（市）财政局、科技局，省直有关部门（单位）：

为了规范和加强河南省科技金融引导专项资金的管理，提高财政资金使用效益，我们制定了《河南省科技金融引导专项资金管理办法（试行）》，现印发给你们，请遵照执行。

附件：河南省科技金融引导专项资金管理办法（试行）

2016年7月29日

河南省科技金融引导专项资金管理办法（试行）

第一章　总则

第一条　为规范和加强河南省科技金融引导专项资金的管理，提高资金使用效益，根据《河南省省级财政专项资金管理办法》（豫政〔2014〕16号）等规定，结合我省科技金融工作实际，制定本办法。

第二条　本办法所称的河南省科技金融引导专项资金（以下简称"引导资金"）是指由省级财政预算安排，用于引导和带动金融资本等支持科技企业融资的奖补资金。

第三条　省科技厅、财政厅委托专职服务机构（简称"受托机构"）负责引导资金的日常管理。

第四条　引导资金管理坚持依法依规、公开透明、市场导向、注重绩效的原则，接受社会监督。

第二章　支持范围和方式

第五条　引导资金主要支持为河南省境内科技企业提供融资服务的机构，包括银行、担保机构等。

本办法所称的科技企业是指在河南省科技型中小企业库内备案，主要开展技术开发、技术转让、技术咨询、技术服务、技术检测、高新技术产品（服务）的研发生产等创新活动，且符合《中小企业划型标准》（工信部联企业〔2011〕300号）的企业。

第六条　引导资金主要采取科技信贷损失补偿等支持方式。银行或担保机构为科技企业提供贷款或贷款担保业务发生实际损失的，引导资金给予不超过损失金额60%比例的损失补偿，单笔补偿金额最高不超过500万元。

第三章　预算编制与资金拨付

第七条　省科技厅应在每年7月底前，根据科技信贷业务开展情况，合理测算引导资金规模并提出下年度预算安排建议。省财政厅审核后编入科技厅下年度部门预算。

第八条 部门预算批复后，省财政厅及时将引导资金拨付受托机构，由受托机构按本办法管理使用。

第四章 资金管理与使用

第九条 引导资金支持的银行应具备以下基本条件：

1. 建立服务科技企业信贷的专门机构，有专人负责科技金融结合工作。

2. 建立科技企业贷款绿色通道，贷款利率不超过同期人民银行基准贷款利率的 1.3 倍。

3. 科技企业实物资产抵押比例要求应不超过贷款额的 30%。

第十条 引导资金支持的担保机构应具备以下基本条件：

1. 实收资本不低于 1 亿元，信誉良好，持有有效融资性担保机构经营许可证，与 3 家以上银行签订了合作协议。

2. 合规经营，年担保费率不超过 2.5%。

3. 科技企业提供的实物资产抵押不超过担保额度的 30%。

第十一条 有合作意向的银行、担保机构向省科技厅提出申请，省科技厅采取专家评审等方式，确定合作银行、担保机构，并向社会公示。

第十二条 银行或担保机构开展科技信贷业务，发生损失后，可向受托机构提出损失补偿申请。受托机构组织专家或委托第三方专业机构审核后，提出损失补偿建议，经省科技厅审核批准并公示后，受托机构办理损失补偿的具体拨付手续。

因银行或担保机构违反中国人民银行和银监会相关规定形成的损失不属于本补偿范围。

第十三条 受托机构应做好科技企业融资的申请受理、评估、对接等服务工作，每季度向省科技厅报告业务开展情况；每年向省科技厅、省财政厅报告引导资金使用情况和工作开展计划。

第十四条 市县科技主管部门负责组织当地科技企业纳入河南省科技型中小企业库备案管理，协助当地科技企业与银行、担保机构开展业务对接服务。

第五章 监督检查与绩效评价

第十五条 引导资金管理和使用应当严格执行有关法律法规、财务规章制度和本办法的规定，接受财政、审计、监察等部门的监督检查。

第十六条 引导资金实行绩效管理。省科技厅、省财政厅每年对引导资金使用进行绩效评价，绩效评价结果作为以后年度资金安排的重要依据。

第十七条 对存在弄虚作假，骗取财政资金等违反财经纪律行为的，依照《预算法》、《财政违法行为处罚处分条例》（国务院 427 号令）等有关规定追究相关单位和个人的责任。同时，省科技厅、财政厅取消相关单位或个人今后三年内申请省级科技项目的资格，列入相关信用档案，并向社会公告。

第六章 附则

第十八条 本办法从 2016 年度起实施。

第十九条 本办法由省财政厅、省科技厅负责解释。

中共河南省委办公厅 河南省人民政府办公厅
关于进一步完善省级财政科研项目资金管理等政策的若干意见

(豫办〔2017〕7号)

为贯彻落实《中共中央办公厅、国务院办公厅印发〈关于进一步完善中央财政科研项目资金管理等政策的若干意见〉的通知》（中办发〔2016〕50号）精神，进一步完善省级财政科研项目资金管理等政策，结合我省实际，现提出以下意见。

一、改进省级财政科研项目资金管理

1. 简化预算编制，下放预算调剂权限。根据科研活动规律和特点，实行部门预算批复前项目资金预拨制度，保证科研人员及时使用项目资金。简化预算编制科目，合并会议费、差旅费、国际合作与交流费科目，由科研人员结合科研活动实际需要编制预算并按规定统筹安排使用。进一步下放预算调剂权限，在项目总预算不变的情况下，直接费用中各支出预算调剂权下放给项目承担单位，其中不超过直接费用10%的，不需要提供预算调整测算依据。省属高校、科研院所科研经费中出国经费不受机关"三公"经费政策约束。（责任单位：省财政厅、项目主管部门、项目承担单位）

2. 明确劳务费开支范围，不设比例限制。参与项目研究的研究生、博士后、访问学者以及项目聘用的研究人员、科研辅助人员等，均可开支劳务费。项目聘用人员的劳务费开支标准，参照当地科学研究和技术服务业从业人员平均工资水平，根据其在项目研究中承担的工作任务确定，其社会保险补助纳入劳务费科目列支。劳务费预算不设比例限制，由项目承担单位和科研人员据实编制。（责任单位：项目承担单位、项目主管部门）

3. 提高间接费用比重，加大绩效激励力度。省级竞争性研发项目均要设立间接费用，核定比例可以提高到不超过直接费用扣除设备购置费后的20%（软件开发类、社科类科研项目比例提高至40%）。加大对科研人员的激励力度，取消绩效支出比例限制。经费绩效支出可以突破核定的单位绩效工资总额，不纳入绩效工资总额基数，计入当年单位工资总额，绩效支出安排与科研人员在项目工作中的实际贡献挂钩。（责任单位：项目主管部门、项目承担单位）

4. 改进结转结余资金留用处理方式。跨年度实施的项目在申报项目预算时，应当根据工作进度合理编制分年度预算，减少科研经费年度结转。项目实施期间，年度剩余资金可结转下一年度继续使用，结转期不超过2年。项目完成任务目标并通过结项、验收后，结余资金按规定留归项目承担单位使用，在2年内由项目承担单位统筹安排用于科研活动的直接支出；2年后未使用完的，按规定收回。（责任单位：省财政厅、项目承担单位、项目主管部门）

5. 自主规范管理横向经费。对于横向科研项目经费，由省属高校、科研院所在纳入单位财务统一管理的前提下，实行有别于纵向科研项目经费的自主管理，项目负责人可以根据工作内容和合同约定自主安排经费支出，自行确定结余资金的使用。研发团队使用横向科研项目经费购置的

固定资产，纳入单位财务统一管理；研发形成的无形资产，按照技术合同约定处理。（责任单位：省属高校、科研院所）

二、完善省属高校、科研院所差旅、会议和出国经费管理

6. 改进省属高校、科研院所教学科研人员差旅费和因公临时出国经费管理。省属高校、科研院所可根据教学、科研、管理工作实际需要，按照精简高效、厉行节约的原则，研究制定差旅费和因公临时出国经费管理办法，合理确定教学科研人员乘坐交通工具等级和住宿费标准。对于国内出差难以取得住宿费发票的，省属高校、科研院所在确保真实性的前提下，据实报销城市间交通费，并按规定标准发放伙食补助费和公杂费。（责任单位：省属高校、科研院所）

7. 完善省属高校、科研院所会议管理。省属高校、科研院所因教学、科研需要举办的业务性会议（如学术会议、研讨会、评审会、座谈会、答辩会等），会议次数、天数、人数以及会议费开支范围、标准等，由省属高校、科研院所按照实事求是、精简高效、厉行节约的原则确定。会议代表参加会议所发生的城市间交通费，原则上按差旅费管理规定由所在单位报销；因工作需要，邀请国内外专家、学者和有关人员参加会议，对确需负担的城市间交通费、国际旅费，可由主办单位在会议费等费用中报销。（责任单位：省属高校、科研院所）

三、完善省属高校、科研院所科研仪器设备采购管理

8. 改进省属高校、科研院所政府采购管理。省属高校、科研院所可自行采购科研仪器设备，自行选择科研仪器设备评审专家。省财政厅要简化政府采购项目预算调剂和变更政府采购方式审批流程。省属高校、科研院所要切实做好设备采购的监督管理，做到全程公开、透明、可追溯。（责任单位：省财政厅、省属高校、省属科研院所）

9. 优化进口仪器设备采购服务。对省属高校、科研院所采购进口仪器设备实行备案制管理。继续落实进口科研教学用品免税政策。（责任单位：省财政厅、郑州海关、省国税局）

四、完善省属科研院所基本建设项目管理

10. 扩大省属科研院所基本建设项目管理权限。对省属科研院所利用自有资金、不申请政府投资建设的项目，由省属科研院所报投资主管部门核准或备案，不再进行审批。省发展改革委和科研院所主管部门要加强对省属科研院所基本建设项目的指导和监督检查。（责任单位：省发展改革委、省属科研院所主管部门）

11. 简化省属科研院所基本建设项目审批程序。省属科研院所主管部门要指导省属科研院所编制五年建设规划，对列入规划的基本建设项目不再审批项目建议书。简化省属科研院所基本建设项目城乡规划、用地以及环评、能评等审批手续，缩短审批周期。（责任单位：省属科研院所主管部门、省住房城乡建设厅、省国土资源厅、省环保厅等）

五、创新财政科研经费投入方式

12. 建立省级以上研发平台的稳定支持机制。对省属高校、科研院所组建的省级以上重点实验室、工程技术研究中心等研发平台，根据其承担的横向科研项目经费规模、对外共享服务、研发成效等绩效评价情况给予研发经费后补助和持续稳定支持。（责任单位：省财政厅、省科技厅、省教育厅）

13. 实施基本科研业务费制度。在省属科研院所和部分高校实施基本科研费制度，按照45岁以下青年科研人员人数等因素给予经费支持，建立稳定与竞争相结合的科研经费保障机制。（责任单位：省财政厅、省科技厅、省教育厅）

14. 完善应用基础研究投入机制。整合设立"河南省自然科学基金",借鉴国家自然科学基金项目评审方式,提高项目评审质量和管理水平,引导和支持开展基础前沿和应用研究。(责任单位:省科技厅、省财政厅)

15. 完善高层次人才引进经费管理。支持省属科研院所、省级以上重点实验室和协同创新中心、河南省优势特色学科,采用协议工资制、年薪制、项目工资等方式引进高层次科研人才、团队。对高层次人才引进相关经费支出,不计入绩效工资总额基数。(责任单位:省属高校、科研院所)

六、改进管理服务方式

16. 强化主体责任,规范资金管理。项目承担单位要强化主体责任意识,认真落实国家和省有关政策规定,按照权责一致的要求,加强自我约束和自我规范,确保接得住、管得好。制定内部管理办法,落实项目预算调剂、间接费用统筹使用、劳务费分配管理、结余资金使用等管理权限;加强预算审核把关,规范财务支出行为,完善内部风险防控机制,强化资金使用绩效评价,保障资金使用安全规范有效;实行内部公开制度,主动公开项目预算、预算调剂、资金使用(重点是间接费用、外拨资金、结余资金使用)、研究成果等情况。

17. 加强统筹协调,精简检查评审。省财政厅、省科技厅、项目主管部门要加强对科研项目资金监督的制度规范、年度计划、结果运用等的统筹协调,建立职责明确、分工负责的协同工作机制。省科技厅、项目主管部门要加快清理规范委托中介机构对科研项目开展的各种检查评审,加强对前期已经开展相关检查结果的使用。建立健全巡视、审计、财政监督检查结果信息共享、协同互认机制,减少检查数量,改进检查方式,避免重复检查、多头检查、过度检查。省审计厅要依法开展对国家、省创新政策措施落实情况和财政资金的审计监督。纪检监察等部门要建立健全鼓励创新、允许失误、宽容失败、尽职免责的容错机制。

18. 创新服务方式,让科研人员潜心从事科学研究。项目承担单位要建立健全科研财务助理制度,为科研人员在项目预算编制和调剂、经费支出、财务决算和验收等方面提供专业化服务,科研财务助理所需费用可由项目承担单位根据情况通过科研项目资金等渠道解决。充分利用信息化手段,完善省财政科研项目经费管理平台,建立单位内部科研、财务部门和项目负责人共享的信息平台,提高科研管理效率和便利化程度。制定符合科研实际需要的内部报销规定,切实解决野外考察、心理测试等科研活动中无法取得发票或财政性票据,以及邀请外国专家来华参加学术交流发生费用等的报销问题。

七、加强制度建设和工作督查

19. 尽快出台配套措施和实施细则。项目主管部门要完善预算编制指南,指导项目承担单位和科研人员科学合理编制项目预算;制定预算评估评审工作细则,优化评估程序和方法,规范评估行为,建立健全与项目申请者及时沟通反馈机制;制定财务验收工作细则,规范委托中介机构开展的财务检查。2017年6月前,省属高校、科研院所要制定出台差旅费、会议费及出国经费内部管理办法,其主管部门要加强工作指导和统筹;省财政厅牵头修订省级财政科研项目经费资金管理办法;项目主管部门要制定出台相关实施细则,项目承担单位要制定或修订科研项目资金内部管理办法和报销规定。以后年度承担科研项目的单位要于当年制定出台相关管理办法和规定。

20. 加大督促检查力度。省财政厅、省科技厅要适时组织开展对项目承担单位科研项目资金等管理权限落实、内部管理办法制定、创新服务方式、内控机制建设、相关事项内部公开等情况的督查，对督查情况以适当方式进行通报，并将督查结果纳入信用管理，与间接费用核定、结余资金留用等挂钩。项目主管部门要督促指导所属单位完善内部管理，确保国家、省激励创新的政策规定落到实处。

各市县要参照本意见精神，结合实际，加快推进科研项目资金管理改革等各项工作。我省承担中央财政资金安排科研项目的经费管理按照《中共中央办公厅、国务院办公厅印发〈关于进一步完善中央财政科研项目资金管理等政策的若干意见〉的通知》（中办发〔2016〕50号）执行。

中共河南省委办公厅　河南省人民政府办公厅
2017年3月17日

河南省财政厅 河南省科学技术厅
关于印发《河南省省级重大科技专项资金管理办法》的通知

(豫财科〔2017〕120号)

各省辖市、省直管县(市)财政局、科技局,省直有关部门:

为规范和加强省级重大科技专项资金的管理,提高财政资金使用效益,我们制定了《河南省省级重大科技专项资金管理办法》,现印发给你们,请遵照执行。

附件:河南省省级重大科技专项资金管理办法

2017年8月31日

河南省省级重大科技专项资金管理办法

第一章 总则

第一条 为规范省级重大科技专项资金(以下简称"专项资金")管理,提高资金使用效益,根据《河南省人民政府关于深化省级财政科技计划和资金管理改革的意见》(豫政〔2015〕2号)和《河南省省级财政专项资金管理办法》(豫政〔2014〕16号)及国家、省有关财经法规和财务管理制度,结合省级重大科技专项(以下简称"重大专项")管理特点,制定本办法。

第二条 专项资金重点支持河南省内具有独立法人资格、承担重大专项任务的企事业单位开展基础性研究,共性技术和重大关键技术研究开发等科技活动。

第三条 重大专项申请单位应建有相关领域省级及以上重点实验室、工程技术研究中心、企业技术中心等研发平台,或被认定为高新技术企业、省知识产权优势企业等,具备相应的研发条件和能力。

第四条 重大专项资金的使用和管理遵循以下原则:

(一)集中财力、聚焦重点。聚焦我省重大关键共性技术、重大战略产品和重大产业化目标,发挥集中力量办大事的体制优势,集中财力,突出重点,避免资金安排分散重复。

(二)多元投入,注重绩效。坚持多元化投入原则,鼓励市县财政资金、单位自筹资金以及其他渠道获得的资金共同支持重大专项实施,积极发挥市场配置技术创新资源的决定性作用和企业技术创新的主体作用,建立面向结果的绩效评价机制,提高资金使用效益。

(三)专款专用、单独核算。各种渠道获得的资金都应当按照"专款专用、单独核算"的原则使用和管理。

第五条 专项资金管理的职责分工:

省财政厅会同省科技厅研究制定重大专项资金管理办法;组织编制重大专项资金中期财政规划和年度预算,审核绩效目标和分配方案,会同省科技厅分配下达资金;对专项资金管理、使用和财务验收情况进行抽查；指导监督专项资金使用管理。

省科技厅负责重大专项实施方案编制论证、指南编制、提出资金分配方案，统筹协调重大专项与省级其他科技计划的关系；会同省财政厅研究制定重大专项项目管理办法；委托第三方机构组织重大专项申报、评审、评估等工作。

项目承担单位是资金使用和管理的责任主体，应当严格执行国家有关财经法规和财务制度，切实履行法人责任，建立健全项目资金内部管理制度，明确内部管理权限和审批程序，明确科研、财务等部门和项目负责人在资金使用管理中的职责，完善内控机制建设，确保资金使用安全规范有效。

第二章 支持方式和经费开支范围

第六条 重大专项按项目法进行分配，支持方式包括前补助和后补助。

对于科研院所、高等院校及其他具有研发能力的事业单位承担项目，主要采取前补助方式，并根据项目实施计划分年度拨付项目经费。

对于企业承担的项目，主要采取后补助方式。项目立项后，核定财政补助经费总额。项目单位先行组织实施，取得预期成果并按规定程序通过评估验收后，给予相应补助。对于研发经费需求量大、风险程度高、承担单位经济实力较弱的项目，可事先按照财政补助经费总额的一定比例拨付启动经费。

第七条 前补助经费开支由直接费用和间接费用组成。

直接费用是指在项目研发过程中发生的与之直接相关的费用，主要包括：

（一）设备费：指在项目实施过程中购置或试制专用仪器设备，对现有仪器设备进行升级改造，以及租赁外单位仪器设备而发生的费用。应当严格控制设备购置费支出，鼓励开放共享、试制、自主研制、租赁专用仪器设备以及对现有仪器设备进行升级改造，避免重复购置。

（二）材料费：指在项目实施过程中消耗的各种原材料、辅助材料等低值易耗品的采购以及运输、装卸、整理、仓储等费用。

（三）测试化验加工费：指在项目实施过程中支付给外单位（包括承担单位内部独立经济核算单位）的检验、测试、化验及加工等费用。

（四）燃料动力费：指在项目实施过程中直接使用的相关仪器设备、科学装置等运行发生的水、电、气、燃料消耗费用等。

（五）出版/文献/信息传播/知识产权事务费：指在项目实施过程中，需要支付的出版费、资料费、专用软件购买费、文献检索费、专业通信费、专利申请及其他知识产权事务等费用。

（六）差旅费/会议费/国际合作与交流费：是指在项目实施过程中发生的差旅费、会议费和国际合作交流费。在编制预算时，本科目支出预算不超过直接费用预算10%的，不需要编制测算依据。承担单位和科研人员应当按照实事求是、精简高效、厉行节约的原则，严格执行国家和省有关规定，统筹安排使用。

（七）劳务费：是指在项目实施过程中支付给参与项目的研究生、博士后、访问学者以及项目聘用的研究人员、科研辅助人员等的劳务性费用。

项目聘用人员的劳务费开支标准，参照当地科学研究和技术服务业从业人员平均工资水平，根据其在项目研究中承担的工作任务确定，其社会保险补助纳入劳务费科目列支。劳务费预算应据实编制，不设比例限制。

（八）专家咨询费：是指在项目实施过程中支付给临时聘请的咨询专家的费用。专家咨询费不得支付给参与本项目研究和管理的相关工作人员。专家咨询费的标准按照有关规定执行。

（九）其他支出：是指在项目实施过程中除上述支出范围之外的其他相关支出。其他支出应当在申请预算时详细说明。

间接费用是指项目承担单位在组织实施项目过程中发生的无法在直接费用中列支的相关费用。主要包括：项目承担单位为项目研究提供的房屋占用，日常水、电、气、暖消耗，有关管理费用的补助支出，以及激励科研人员的绩效支出等。间接费用结合项目承担单位信用情况，按照不超过项目资金中直接费用扣除设备购置费后的20%核定（软件开发类、社科类科研项目不超过40%；国家自主创新示范区试点单位按照试点文件执行）。

启动经费的拨付和使用管理，参照前补助项目经费管理有关规定执行。后补助经费由企业统筹用于其研发活动。

第三章 预算管理和考核验收

第八条 省科技厅按照预算编制要求，提前做好下一年度重大专项的申报指南编制、项目申报、预算评审、项目预算编制、公开公示、备选项目确定等前期工作，经费分配和专项资金细化建议应按规定时间要求报送省财政厅。

第九条 省财政厅按照财政中期规划及预算编制年度要求提出审核意见。省科技厅根据审核意见细化专项资金项目，编入年度部门预算草案，按程序批复后，在下一年度执行。

第十条 申报单位在报送项目立项申请材料的同时，应当按规定报送项目预算申报书。由多个单位共同承担一个项目的，应当根据合同、协议分别编制单项预算，并由项目牵头承担单位汇总编制项目总预算。

项目预算包括收入预算和支出预算，应当做到收支平衡。

（一）收入预算包括省级专项资金和其他来源资金。有自筹资金等其他资金来源的，应当提供资金提供方的出资承诺，不得使用货币资金之外的资产或其他省级财政资金作为资金来源。

（二）支出预算应当按照资金开支范围确定的支出科目和不同资金来源分别编列，并对各项支出的主要用途和测算理由等进行详细说明。

第十一条 项目申报时，应明确项目实施期限，设定明确的项目实施目标和关键节点目标，细化考核指标和验收方法。项目预算总额和考核指标确定后，一般不予调整。

验收考核方式方法应当明确、可操作，具体包括专家判定、用户评价、第三方评测等。

第十二条 项目预算编制、审批、预算执行、预算调整以及补助经费使用、资产管理等参照省级科技研发专项资金管理办法实施。项目承担单位应当对财政专项资金和单位自筹等其他来源资金分别单独核算，确保专款专用。

第十三条 同一项目已获得省级财政资金支持的，严禁重复或变相重复申请专项资金立项支持。企业（事业单位项目申请人）已承担省财政支持的科研项目逾期尚未结项或验收的，不得申请新的项目资金。同一项目负责人原则上每年只能承担一个省财政资金支持的项目。

第十四条 省直单位的科技管理机构及市县科技主管部门应当对项目认真审核把关，择优推荐，确保项目的真实性，提高项目质量。省直单位的财务管理机构、市县财政部门按规定审核报送项目预算、及时拨付资金。

第十五条 项目承担单位应当在项目实施期满3个月之内提出验收申请，开展项目经费决算和目标考核工作。重大专项项目经费决算应选择符合要求的会计师事务所进行财务审计。

因故不能按期结项或验收的，应在项目到期前按原申报程序向省科技厅申请延期，经批准后按新方案执行；如未能批准，仍需按原定期限进行验收。

第十六条 存在下列行为之一的，不得通过财务验收：

（一）编报虚假预算，套取财政资金；

（二）未对专项资金进行单独核算；

（三）截留、挤占、挪用专项资金；

（四）违反规定转拨、转移专项资金；

（五）提供虚假财务会计资料；

（六）未按规定执行和调整预算；

（七）虚假承诺、单位自筹资金不到位；

（八）专项资金管理使用存在违规问题拒不整改；

（九）其他违反财经纪律的行为。

第十七条 强化验收和考核结果应用，及时拨付后补助资金。

事业单位承担的前补助项目，通过验收且绩效考核结果较好的，结余资金在财务验收完成起2年内由项目承担单位统筹安排用于科研活动的直接支出；未通过财务验收或绩效考核结果较差的，收回结余资金。

企业承担的后补助项目，通过验收且绩效考核结果为优秀的，可适当增加财政后补助金额；对于通过验收但绩效考核结果较好的，按照核定的财政补助总额拨付后补助资金；对于未通过验收或绩效考核结果较差的，不再拨付后补助资金或适当调减后补助金额。

第四章 绩效评价和监督检查

第十八条 省科技厅负责拟定重大专项资金绩效目标，并按要求编制绩效报告。绩效目标能清晰反映专项资金的预期产出和效果，包括组织管理、进度等共性评价指标以及依据专项资金保障引导方向确定合适的产出、效益和满意度指标。省财政厅负责对绩效评价结果进行抽查和再评价，并加强绩效评价结果运用。

第十九条 省财政厅、科技厅及相关主管部门应当按照职责和分工，建立覆盖资金管理使用全过程的资金监督检查机制。监督检查应当加强统筹协调、信息共享，避免交叉重复。

第二十条 建立信息公开和内控制度。项目承担单位应当在单位内部公开项目立项、主要研究人员、资金使用（重点是间接费用、外拨资金、结余资金使用等）、大型仪器设备购置以及项目研究成果等情况，完善内部控制和监督制约机制。

第二十一条 建立健全信用管理机制。省科技厅、财政厅对项目承担单位和合作单位、项目负责人、相关会计师事务所、咨询评审专家在资金管理使用、考核评审等方面的行为进行记录和信用评价。相关信用记录是科技项目预算核定、结余资金管理、监督检查的重要依据。

第二十二条 严肃查处专项资金管理和使用中的各类违规违法行为。

项目承担单位和项目负责人在预算编报、资金拨付、资金管理和使用、财务验收、监督检查等环节存在违规行为的，省财政厅、科技厅将视情况轻重，采取约谈、通报批评、暂停项目拨款、终止项目执行、追回已拨资金、阶段性或永久取消项目承担者申报项目资格等措施，并将有关结果向社会公开。涉嫌犯罪的，移送司法机关处理。

财政、科技等部门及其相关工作人员在项目立项、预算审核、资金分配等环节，存在违反规定安排资金以及其他滥用职权、玩忽职守、徇私舞弊等违法违纪行为的，按照《预算法》《公务员法》《财政违法行为处罚处分条例》等相关规定追究有关责任单位和人员的责任，涉嫌犯罪的，移送司法机关处理。

第五章　附则

第二十三条　本办法由省财政厅负责解释。

第二十四条　专项资金设立期限为2017年至2020年。本办法自发布之日起施行。

河南省财政厅　河南省科学技术厅关于印发
《河南省省级科技研发专项资金管理办法》的通知

(豫财科〔2017〕184号)

各省辖市、有关县(市)财政局、科技局,省直有关部门:

为规范和加强省级科技研发专项资金的管理,提高财政资金使用效益,我们制定了《河南省省级科技研发专项资金管理办法》。经省政府同意,现印发给你们,请认真贯彻执行。

2017年9月27日

河南省省级科技研发专项资金管理办法

第一章　总则

第一条　为规范省级科技研发专项资金(以下简称"专项资金")管理,提高资金使用效益,根据《河南省人民政府关于深化省级财政科技计划和资金管理改革的意见》(豫政〔2015〕2号)、《中共河南省委办公厅　河南省人民政府办公厅关于进一步完善省级财政科研项目资金管理等政策的若干意见》(豫办〔2017〕7号)、《河南省省级财政专项资金管理办法》(豫政〔2014〕16号)及国家和我省有关财经法规和财务管理制度,制定本办法。

第二条　本办法所指的专项资金是省级财政安排的科技研究开发类专项资金。其支持方向主要包括以下部分:

(一)国家自然科学基金委员会-河南省人民政府联合基金、河南省自然科学基金等基础前沿研究类项目。

(二)农业、工业、社会发展等自然科学、社会科学领域开展的重点研发类项目。

第三条　专项资金支持对象是河南省内具有独立法人资格的科研院所、高等院校以及其他具有研发能力的事业单位。

第四条　省级科技研发专项资金按项目法确定,支持方式以前补助为主,具体支持方式在编制年度项目申报指南时予以明确。

第五条　专项资金管理和使用的基本原则:

(一)统筹整合,突出重点。专项资金聚焦我省经济社会发展的重大科技任务,重点支持市场机制不能有效配置资源的公共科技活动,注重加强统筹规划,避免资金安排分散重复。

(二)明晰权责,放管结合。财政、科技主管部门原则上不再直接管理具体项目,重点是政策引导和资金监管。充分发挥承担单位资金管理的法人责任,完善内控机制建设,提高管理服务水平。

(三)遵循规律,注重绩效。专项资金的管理和使用,应当体现科技研发专项组织实施的特点，遵循科研活动规律和依法理财的要求。强化过程监管，完善信息公开公示制度，建立面向结果的绩效评价机制，提高资金使用效益。

第六条 专项资金管理的职责分工：

省财政厅会同省科技厅研究制定专项资金管理办法；组织编制专项资金中期财政规划和年度预算，审核省科技厅提出的绩效目标和分配方案，会同省科技厅分配下达资金；对绩效评价结果进行抽查和再评价，指导监督专项资金使用管理。

省科技厅会同省财政厅研究制定项目管理办法；负责拟定专项绩效目标，建立项目库，制定项目实施计划，提出资金分配方案，跟踪项目指导实施，开展绩效评价和监督检查；组织或委托第三方机构开展专项资金项目申报、评审和立项项目日常管理等工作。

接受委托的第三方机构，按照委托要求受理专项资金项目申报，组织项目评审，开展项目过程管理和结项验收等工作。

项目承担单位是资金使用和管理的责任主体，负责专项资金的具体管理和监督。

第七条 提高专项资金管理的透明度。在符合国家保密规定的前提下，项目预算通过河南省财政科研项目经费管理服务平台进行网上申报，对项目资金实行预算编报审批、预算执行调整、财务决算全过程信息化管理，对项目申报、立项及资金安排等相关信息进行公开，逐步探索建立专项资金绩效评价结果公示制度，接受社会监督。

第二章　专项资金概预算管理

第八条 专项资金概算是指保障我省经济社会发展科技需求而开展的科技研发活动所需费用的事前估算，是研发专项预算安排的重要依据，包括三年规划总概算和年度概算。省科技厅应在每年6月底前将下一年度专项资金总概算和年度概算（包括各支持方向经费概算）情况提交财政厅审核。

第九条 省财政厅结合财力可能和绩效评价情况，核定省级科技研发专项资金总概算和年度概算。

第十条 省科技厅要按照核定概算，提前做好下一年度专项资金的项目申报、预算评审、项目预算编制、公开公示、备选项目确定等前期工作，提前研究确定下年支出事项，经费分配和专项资金细化建议按规定时间要求报送省财政厅。

第十一条 省财政厅按照财政中期规划及预算编制年度要求提出审核意见。省科技厅根据审核意见细化专项资金项目，编入年度部门预算草案，按程序批复后，在下一年度执行。

第三章　项目资金开支范围

第十二条 省科技研发专项资金开支由直接费用和间接费用组成。

第十三条 直接费用是指在项目研发过程中发生的与之直接相关的费用，主要包括：

（一）设备费：指在项目实施过程中购置或试制专用仪器设备，对现有仪器设备进行升级改造，以及租赁外单位仪器设备而发生的费用。应当严格控制设备购置费支出，鼓励开放共享、试制、自主研制、租赁专用仪器设备以及对现有仪器设备进行升级改造，避免重复购置。

（二）材料费：指在项目实施过程中消耗的各种原材料、辅助材料等低值易耗品的采购以及运输、装卸、整理、仓储等费用。

（三）测试化验加工费：指在项目实施过程中支付给外单位（包括承担单位内部独立经济核算单位）的检验、测试、化验及加工等费用。

（四）燃料动力费：指在项目实施过程中直接使用的相关仪器设备、科学装置等运行发生的水、电、气、燃料消耗费用等。

（五）出版/文献/信息传播/知识产权事务费：指在项目实施过程中，需要支付的出版费、资料费、专用软件购买费、文献检索费、专业通信费、专利申请及其他知识产权事务等费用。

（六）差旅费/会议费/国际合作与交流费：是指在项目实施过程中发生的差旅费、会议费和国际合作交流费。在编制预算时，本科目支出预算不超过直接费用预算10%的，不需要编制测算依据。承担单位和科研人员应当按照实事求是、精简高效、厉行节约的原则，严格执行国家和省有关规定，统筹安排使用。

（七）劳务费：是指在项目实施过程中支付给参与项目的研究生、博士后、访问学者以及项目聘用的研究人员、科研辅助人员等的劳务性费用。

项目聘用人员的劳务费开支标准，参照当地科学研究和技术服务业从业人员平均工资水平，根据其在项目研究中承担的工作任务确定，其社会保险补助纳入劳务费科目列支。劳务费预算应据实编制，不设比例限制。

（八）专家咨询费：是指在项目实施过程中支付给临时聘请的咨询专家的费用。专家咨询费不得支付给参与本项目研究和管理的相关工作人员。专家咨询费的标准按照有关规定执行。

（九）其他支出：是指在项目实施过程中除上述支出范围之外的其他相关支出。其他支出应当在申请预算时详细说明。

第十四条 间接费用是指项目承担单位在组织实施项目过程中发生的无法在直接费用中列支的相关费用。主要包括：项目承担单位为项目研究提供的房屋占用，日常水、电、气、暖消耗，有关管理费用的补助支出，以及激励科研人员的绩效支出等。

间接费用结合项目承担单位信用情况，按照不超过项目资金中直接费用扣除设备购置费后的20%核定（软件开发类、社科类科研项目不超过40%；国家自主创新示范区试点单位按照试点文件执行）。

第十五条 间接费用由项目承担单位统筹安排使用。项目承担单位应当建立健全间接费用的内部管理办法，公开透明、合规合理使用间接费用，处理好分摊间接成本和对科研人员激励的关系。绩效支出应当与科研人员在项目工作中的实际贡献挂钩，在出台单位内部制度文件、任务目标完成、资金使用和研究成果公示的基础上，单位可以用于该支出。间接费用中绩效工资不纳入单位绩效工资总额基数，计入当年单位工资总额。

项目中有多个单位的，间接费用在总额范围内由项目承担单位与参与单位协商分配。项目承担单位不得在核定的间接费用以外，再以任何名义在项目资金中重复提取、列支相关费用。

第十六条 项目承担单位要根据国家和我省相关规定，结合本单位实际情况，制定科研项目资金管理等内部管理制度。差旅费/会议费/国际合作与交流费、劳务费、绩效支出等按照项目承担单位内部管理制度执行。

第四章 项目预算编报和审批

第十七条 专项资金支持项目的项目预算由收入预算和支出预算构成。

收入预算包括省级专项资金和其他来源资金。有自筹资金等其他资金来源的，应当提供资金提供方的出资承诺，不得使用货币资金之外的资产或其他省级财政资金作为资金来源。

支出预算应当按照资金开支范围确定的支出科目和不同资金来源分别编列，并对各项支出的主要用途和测算理由等进行详细说明。

第十八条 项目申报单位应当按照政策相符性、目标相关性和经济合理性原则，科学、合理、真实地编制预算，对仪器设备购置、参与单位资质及拟外拨资金进行重点说明。项目申报单位对直接费用各项支出不得简单按比例编列。

由多个单位共同承担一个项目的，应当根据合同、协议分别编制单项预算，并由项目牵头承担单位汇总编制项目总预算。

第十九条 同一项目已获得省级财政资金支持的，严禁重复或变相重复申请专项资金立项支持。项目申请人已承担省财政支持的科研项目尚未结项或验收的，不得申请新的项目资金。同一项目负责人原则上每年只能承担一个省财政资金支持的项目。

第二十条 申报单位在报送项目立项申请材料的同时，应当按规定报送项目预算申报书，并附相关证明材料。申报的项目应当有明确的实施期限和具体、可考核的绩效目标。跨年度实施的项目应当编列年度工作计划和目标，并根据工作进度编制分年度预算。

第二十一条 按照财政预算管理关系申报项目预算和下拨资金。省直单位通过主管部门申报项目预算，中央驻豫科研院所、市县相关单位通过所在地省辖市、财政直管县财政和科技主管部门逐级申报。

省直单位的科技管理处及市县科技主管部门应当对项目进行认真审核把关，确保项目的真实性，择优推荐，提高项目质量。省直单位的财务处、市县财政部门按规定报送项目预算、及时拨付资金，保障项目实施。

第二十二条 项目资金预算编审依托经费管理服务平台进行，结合年度部门预算编制，实行"两上两下"的管理方式。

一上：项目承担单位填报项目预算申报书，经主管部门审核后，报省财政、科技主管部门。

一下：省财政、科技主管部门根据评审结果和财政预算安排，将确定的拟支持项目及资金额度反馈给项目承担单位。

二上：项目承担单位根据核定的资金支持额度对预算进行调整，上报项目预算书。

二下：省财政会同科技主管部门下达项目资金预算。

项目承担单位的项目预算书和省财政厅、科技厅的资金预算下达文件是项目预算执行、监督检查、项目验收和绩效评价的基本依据。

第五章 项目预算执行与调整

第二十三条 项目资金应按照财政国库集中支付有关规定执行，符合政府采购条件的支出，应当按政府采购有关规定执行。根据部门申请，对有实际需求的科研项目，实行部门预算批复前项目资金预拨制度。

第二十四条 项目承担单位应当严格执行国家有关财经法规和财务制度，切实履行法人责任，建立健全项目资金内部管理制度，明确内部管理权限和审批程序，明确科研、财务等部门和项目负责人在资金使用管理中的职责，完善内控机制建设，强化资金使用绩效评价，确保资金使用安全规范有效。

项目承担单位应当建立健全科研财务助理制度，为科研人员在项目预算编制和调整、资金支出、财务决算和验收方面提供专业化服务。

第二十五条 项目承担单位应当将项目资金纳入单位财务统一管理，对财政专项资金和单位自筹等其他来源资金分别单独核算，确保专款专用。

第二十六条 项目承担单位应当及时按预算核拨项目合作单位资金，并加强对外拨资金的监督管理。项目合作单位应当按照本办法的规定管理和使用项目资金，自觉接受有关监督检查。

项目承担单位应当严格按照资金开支范围和标准办理支出，不得擅自调整外拨资金，不得利用虚假票据套取资金，不得通过编造虚假劳务合同、虚构人员名单等方式虚报冒领劳务费和专家咨询费，不得通过虚构测试化验内容、提高测试化验支出标准等方式违规开支测试化验加工费，不得随意调账变动支出、随意修改记账凭证，严禁以任何方式使用项目资金列支应当由个人负担的有关费用和支付各种罚款、捐款、赞助、投资等。

第二十七条 项目承担单位应当严格执行有关支出管理制度。对应当实行"公务卡"结算的支出，按照公务卡结算有关规定执行。对于设备费、大宗材料费和测试化验加工费、劳务费、专家咨询费等，原则上应当通过银行转账方式结算。对野外考察、心理测试等科研活动中无法取得发票或者财政性票据的，在确保真实性的前提下，可按实际发生额报销。

第二十八条 项目承担单位应当按照下达的预算执行。项目在研期间，年度剩余资金结转下一年度继续使用，结转期不超过2年。预算确有必要调整时，应当按照以下调整范围和权限，履行相关程序：

（一）项目名称、项目承担单位、项目负责人和项目预算总额的调整，应当按原程序报省财政厅和科技厅批准。

（二）项目总预算不变，项目合作单位之间预算调整以及增加或减少项目合作单位的预算调整；项目实施期间出现项目计划任务及绩效目标、项目实施期调整，应当按原程序报省科技主管部门或专业机构批准。

（三）项目总预算不变的情况下，直接费用中材料费、测试化验加工费、燃料动力费、出版/文献/信息传播/知识产权事务费、其他支出预算如需调整，项目负责人根据实施过程中科研活动的实际需要，由项目承担单位批准。设备费、差旅/会议/国际合作交流费、劳务费、专家咨询费的预算一般不予调增，如有特殊情况确需调增的，需说明调整原因，报经项目承担单位批准。不超过直接费用10%的预算调整，不需要提供调整测算依据。

（四）间接费用预算总额不得调增，经项目承担单位与项目负责人协商一致后，可以调减用于直接费用。

第二十九条 省财政支持额度在10万元（含）以上的项目，承担单位应当在每年4月20日前审核项目上年度收支情况，汇总形成项目年度财务决算报告，并通过信息管理服务平台报备。决算报告应当真实、完整，账表一致。

第三十条 项目实施过程中，项目承担单位使用项目资金形成的固定资产属于国有资产，应当按照有关国有资产管理的规定执行。

项目承担单位使用项目资金形成的知识产权等无形资产的管理，按照有关规定执行。

使用项目资金形成的大型科学仪器设备、科学数据、自然科技资源等，在保障有关参与单位合法权益的基础上，应当按照有关规定开放共享。

第三十一条 项目因故撤销或终止，项目承担单位财务部门应当按要求及时清理账目与资产，编制财务报告及资产清单，科技主管部门组织清查处理，并由省财政收回结余资金。

第六章 项目财务验收

第三十二条 项目承担单位应当在项目实施期满 3 个月之内提出结项或验收申请，并及时组织清理账目与资产，如实编制项目（课题）资金决算。因故不能按期结项或验收的，应在到期前按原申报程序向省科技主管部门申请延期，经批准后按新方案执行；如未能批准，仍需按原定期限进行验收。

第三十三条 财务验收工作由科技主管部门组织或委托相关单位实施，并在项目承担单位提出验收申请后的 6 个月内完成。财政补助项目资金在 100 万元以上（含 100 万元）的，应当选择符合要求的会计师事务所进行财务审计，财务审计是财务验收的重要依据。

第三十四条 存在下列行为之一的，不得通过财务验收：

（一）编报虚假预算，套取财政资金；

（二）未对专项资金进行单独核算；

（三）截留、挤占、挪用专项资金；

（四）违反规定转拨、转移专项资金；

（五）提供虚假财务会计资料；

（六）未按规定执行和调整预算；

（七）虚假承诺其他来源资金、自筹资金不到位；

（八）专项资金管理使用存在违规问题拒不整改；

（九）其他违反财经纪律的行为。

第三十五条 项目经批准结项或通过验收后，承担单位应当在 1 个月内办理财务结账手续，并按规定编制项目决算报告，在信息管理服务平台上报备。

完成项目任务目标并通过验收，且承担单位信用评价好的，结余资金在财务验收完成起 2 年内由项目承担单位统筹安排用于科研活动的直接支出；2 年后结余资金未使用完的，由省财政收回。未通过财务验收的项目，或项目承担单位信用评价差的，收回结余资金，统筹使用。

第七章 绩效评价

第三十六条 省科技厅负责拟定专项资金绩效目标，省财政厅审核后批复。绩效目标能清晰反映专项资金的预期产出和效果，包括组织管理、进度等共性评价指标以及依据专项资金保障引导方向确定合适的产出、效益和满意度指标，绩效指标应尽量细化和量化。省科技厅应当加强对专项资金的动态绩效监控，并按要求编制绩效报告报省财政厅备案。绩效报告内容包括专项使用情况、绩效目标完成情况、绩效成果、项目承担单位信用情况等。

第三十七条 省财政厅负责绩效评价结果进行抽查和再评价，将绩效评价结果作为对被评价单位改进预算管理和安排以后年度预算的重要依据。对绩效评价结果较好的方向领域，适当加大支持力度；对实际执行效果与预期效益目标差距较大，或绩效评价结果较差的，相应扣减直至取消以后年度资金额度。

第三十八条 省科技厅、省财政厅探索委托第三方机构开展专项绩效评价工作。

第八章 监督检查

第三十九条 省财政厅、科技厅及相关主管部门应当按照职责和分工，建立覆盖资金管理使用全过程的资金监督检查机制。监督检查应当加强统筹协调、信息共享，避免交叉重复。

省科技厅、财政厅可通过专项检查、专项审计、举报核查、绩效评价等多种方式，对专业机构履职尽责情况实施监督检查。

第四十条 建立信息公开和内控制度。项目承担单位应当在单位内部公开项目立项、主要研究人员、资金使用（重点是间接费用、外拨资金、结余资金使用等）、大型仪器设备购置以及项目研究成果等情况，完善内部控制和监督制约机制。

第四十一条 建立健全信用管理机制。省科技厅、财政厅对专业机构、项目承担单位和合作单位、项目负责人、会计师事务所、咨询评审专家在资金管理使用、评估评审等方面的行为进行记录和信用评价。

相关信用记录是科技项目预算核定、结余资金管理、监督检查、专业机构遴选和调整等的重要依据。信用记录与资金监督频次挂钩，对于信用好的机构和人员，可减少或在一定时期内免除监督检查；对于信用差的，应当作为监督检查的重点，加大监查频次。

第四十二条 严肃查处项目资金管理和使用中的各类违规违法行为。

项目承担单位和项目负责人在预算编报、资金拨付、资金管理和使用、财务验收、监督检查等环节存在违规行为的，省财政厅、科技厅将视情况轻重采取约谈、通报批评、暂停项目拨款、终止项目执行、追回已拨资金、阶段性或永久取消项目承担者申报项目资格等措施，并将有关结果向社会公开。涉嫌犯罪的，移送司法机关处理。

财政、科技部门及其相关工作人员在项目立项、预算审核、资金分配等环节，存在违反规定安排资金以及其他滥用职权、玩忽职守、徇私舞弊等违法违纪行为的，按照《预算法》《公务员法》《财政违法行为处罚处分条例》等相关规定追究有关责任单位和人员的责任；涉嫌犯罪的，移送司法机关处理。

第九章 附则

第四十三条 本办法由省财政厅负责解释。

第四十四条 国家自然科学基金委员会－河南省人民政府联合基金、河南省自然科学基金参照国家自然基金管理办法执行；采用后补助支持方式的，奖补对象自主确定后续科研项目，经费使用参照本办法有关规定执行。

第四十五条 专项资金设立期限为2017年至2021年。本办法自印发之日实施，《河南省科技计划项目经费管理暂行办法》（豫财教〔2012〕434号）同时废止。其他部门或单位预算安排的科研经费开支范围参照本办法实施。

河南省财政厅关于印发《河南省省级科技创新体系（平台）建设专项资金管理办法》的通知

(豫财科〔2018〕101号)

各省辖市、省直管县（市）财政局，省直有关部门：

为规范和加强省级科技创新体系（平台）建设专项资金的管理，提高财政资金使用效益，我们制定了《河南省省级科技创新体系（平台）建设专项资金管理办法》，现印发给你们，请遵照执行。

附件：河南省省级科技创新体系（平台）建设专项资金管理办法

2018年7月30日

河南省省级科技创新体系（平台）建设专项资金管理办法

第一章 总则

第一条 按照深化预算管理制度改革、推进财政资金统筹使用的要求，省财政统筹整合基本科研业务费、省现代农业产业技术体系专项、科技研究开发与服务平台专项、科技应用推广专项等资金，设立省科技创新体系（平台）建设专项资金（以下简称"专项资金"），期限为2018—2022年。

为规范专项资金管理，提高资金使用效益，根据《河南省人民政府关于深化省级财政科技计划和资金管理改革的意见》(豫政〔2015〕2号)、《河南省省级财政专项资金管理办法》(豫政〔2014〕16号)及有关财政政策和财务管理规定，制定本办法。

第二条 专项资金支持对象是河南省内开展稳定科研、成果转化、平台建设等科技活动的具有独立法人资格的科研院所、高等院校、企业和其他单位。

第三条 专项资金管理和使用遵循"统筹整合，突出重点，遵循规律，注重绩效"的基本原则。

第四条 专项资金管理的职责分工：

省财政厅研究制定专项资金管理办法；审核省科技厅、省农业厅、省发改委等管理部门（以下简称"管理部门"）、科研单位提出的绩效目标和经费分配方案，分配下达资金；指导监督专项资金使用管理，对部门绩效评价结果进行再评价。

管理部门会同省财政厅研究制定项目管理办法或具体实施细则；负责拟定专项绩效目标，建立项目库，制定项目实施计划，提出资金分配建议，跟踪项目指导实施，开展绩效管理和监督检查，年度结束后编制绩效评价报告报省财政厅。

项目承担单位是资金使用和管理的责任主体，负责专项资金的具体管理和监督，进行绩效自评。

第五条 在符合国家保密规定的前提下，项目预算和绩效情况通过"河南省财政科研项目经费管理服务平台"进行全过程信息化管理，对项目预算安排、预算执行、财务验收等相关信息进行公开，逐步探索建立专项资金绩效评价结果公示制度，接受社会监督。

第二章 资金支持方向

第六条 资金支持方向。专项资金以跨部门、跨阶段的公共事务为支持重点，用于科技创新体系中稳定性科研经费、科技研发和技术创新公共服务平台建设与运行维护、科技应用推广与转化、公共事务组织与管理及其他省级科技经费管理改革重点工作，主要包括：

1. 稳定科研经费。对省现代农业产业技术体系的首席专家、岗位专家、综合试验站站长的基本研发和平台运行稳定经费；省属科研院所青年科研人员的基本科研业务费。采用因素法分配。

其中，省现代农业产业技术体系按照专家类别、体系类别、工作任务、绩效考核结果等因素确定；基本科研业务费按照各单位 45 岁以下正高、副高、中级及以下青年科研人员人数、定额标准、绩效考核结果等合理确定。

2. 科技研发和服务平台建设资金。主要支持和引导重点实验室、工程研究中心、技术创新中心、临床医学研究中心等省级以上科技研发平台建设，大学科技园、众创空间、科技企业孵化器等省级以上技术创新公共服务平台建设，引导平台加强管理、提质增效。其中：对国家级科技研发平台给予 300 万元一次性补助（郑洛新国家自主创新示范区范围内依托省属高校、科研院所建设的，一次性补助标准为 500 万元）；结合国家和省级科技研发平台运行等绩效考核情况，对考核或评估优秀、良好的给予稳定支持；对考核或评估为优秀、良好的省级以上技术创新公共服务平台，给予一定奖补支持。

支持方式为后补助，包括新认定奖补和绩效考核后补助。采用项目法分配。

3. 公共事务组织与管理资金。主要用于开展科技成果应用推广等科技活动支出；省级科技资金管理部门、省属科研院所开展的管理改革有关的科技研发、设备购置、维修改造及其他相关公共事务组织与管理支出。支持方式以前补助为主，采用项目法分配。

第七条 经费开支范围：

1. 科研经费支出。包括设备费、材料费、测试化验加工费、燃料动力费、出版/文献/信息传播/知识产权事务费、差旅费/会议费/国际合作与交流费、劳务费、专家咨询费等直接费用和管理费、绩效支出等间接费用支出。

2. 科技应用推广、服务、活动等支出。包括技术引进费、技术开发费、技术应用示范费、科技服务活动费、开展孵化服务活动等支出。

3. 其他支出。省属科研院所、科技管理部门开展突发性活动有关的科技研发、设备购置、维修改造及其他相关公共事务组织与管理支出。与开展科技活动直接相关的经费支出。

其中，稳定科研经费、科技研发平台后补助经费，由项目承担单位（科研平台）自主选题开展项目研发或仪器设备购置，其中间接费用比重不得超过补助额度总额的 8%。科技公共服务平台补助经费，用于补充孵化资金，开展孵化、培训等服务活动支出，平台运行支出，科研、检验检测设备购置支出。

专项资金不得用于支付各种罚款、捐款、赞助、投资等支出，不得用于偿还债务，不得用于国家规定禁止列支的其他支出。

第三章 预算资金管理

第八条 采用项目法分配的，管理部门按照预算编制要求，提前一个年度做好项目申报、预算评审、项目预算编制、公开公示等备选项目确定和平台绩效考核工作，经费分配和专项资金细化建议应按规定时间要求报送省财政厅。

需要对上年度工作开展情况进行绩效考核，并根据考核结果确定后补助资金的，应在预算编制时提出初步分配建议，并在2月底前完成上年度绩效考核工作，并将经费分配建议报送省财政厅。

管理部门可委托第三方机构承担专项资金项目申报、项目评审、立项项目过程管理、结项验收等日常管理工作。

第九条 新认定的国家级及省级有关研发平台、技术创新公共服务平台，其奖补资金由管理部门向省财政厅提出建议，并提供有关文件和资料，省财政厅按规定给予奖补。对已认定的国家级及省级有关研发平台、技术创新公共服务平台，由管理部门按要求组织年度考核，向省财政厅提出经费奖补建议，并提供相关依据，省财政厅根据量化考核结果等核定奖补资金额度。

第十条 采用因素法分配的，管理部门组织开展相关因素数据核实等前期工作，并按照预算编制要求在上一年度提出专项资金细化建议。

第十一条 项目承担单位应当按照管理单位年度项目申报、绩效管理通知要求，及时报送相关资料。并对申报材料的真实性、完整性、准确性负责。

第十二条 按照财政预算管理关系申报项目预算和下拨资金。对跨年度实施的项目，应按项目进度分期下达预算。

第十三条 省财政厅按照财政中期规划及预算编制年度要求和程序，对管理部门的经费分配和专项资金细化建议提出审核意见。管理部门根据审核意见细化专项资金项目，编入年度部门预算草案，按程序批复后，在下一年度执行。

第十四条 预算调剂和资金管理：

因素法分配的稳定科研经费，由项目承担单位按要求开展自主选题和经费预算调剂等管理工作。

采用项目法分配的前补助资金，项目承担单位应当按照申报的项目预算和本办法规定组织实施项目，不得擅自调整项目内容和资金用途；确需调整的，应按程序报批。

采用项目法分配的后补助资金，由项目承担单位按照有关文件要求，在经费开支范围内统筹使用。

第十五条 结转结余资金按国家和我省盘活财政存量资金政策及科研经费结转结余管理有关规定执行。

第十六条 项目单位应当加强资金使用管理，严格执行有关财政政策和财务管理制度，将项目资金纳入单位财务统一管理，单独核算，确保专款专用。应当实行"公务卡"结算的支出，按照公务卡结算规定执行；属于政府采购范围的，应当按政府采购管理程序办理；使用项目资金形成的固定资产属于国有资产，应当按照有关国有资产管理的规定执行。

第四章 绩效管理

第十七条 业务主管部门负责拟定专项资金绩效目标，预算执行中实施绩效监控，年度结束后开展专项资金绩效评价，形成绩效评价报告报省财政厅备案；督促项目承担单位加强预算绩效管理，拟定具体绩效目标，实施预算执行绩效监控，按要求开展绩效自评，年度预算结束后将自评报告报业务主管部门。

第十八条 省财政厅在部门绩效评价基础上适时开展绩效再评价，将绩效评价结果与改进预算管理和安排年度预算经费相衔接，实现预算和绩效管理一体化。对绩效评价结果较好的方向领域，适当加大支持力度；对实际执行效果与预期效益目标差距较大，或绩效评价结果较差的，相应扣减直至取消以后年度资金额度。指导督促部门切实做好预算绩效管理工作，建立以绩效为导向的预算安排机制，不断提高财政资金使用效益。

第十九条 省财政厅、管理部门可探索委托第三方机构开展专项资金绩效评价工作。

第五章 监督检查

第二十条 省财政厅、省科技厅、省农业厅、省发改委等相关部门应当按照职责和分工，建立覆盖资金管理使用全过程的资金监督检查机制。监督检查应当加强统筹协调、信息共享，避免交叉重复。

第二十一条 建立信息公开和内控制度。项目承担单位应完善内部控制和监督制约机制。稳定科研经费应在单位或体系内部公开项目立项、经费分配管理等情况。探索建立健全信用管理机制。

第二十二条 严肃查处专项资金管理和使用中的各类违规违法行为。

项目承担单位和项目负责人在预算编报、资金拨付、资金管理和使用、财务验收、监督检查等环节存在违规行为的，管理部门将视情况轻重，采取约谈、通报批评、暂停项目拨款、终止项目执行、追回已拨资金、阶段性取消项目承担者申报项目资格等措施，并将有关结果向社会公开。涉嫌犯罪的，移送司法机关处理。

管理部门及其相关工作人员在项目立项、预算审核、资金分配等环节，存在违反规定安排资金以及其他滥用职权、玩忽职守、徇私舞弊等违法违纪行为的，按照《预算法》、《公务员法》、《监察法》、《财政违法行为处罚处分条例》等相关规定追究有关责任单位和人员的责任，涉嫌犯罪的，移送司法机关处理。

第六章 附则

第二十三条 本办法自印发之日起施行。《河南省现代农业产业技术体系建设专项资金管理试行办法》（豫财教〔2010〕312号）、《河南省科技惠民计划专项经费管理办法》（豫财教〔2013〕157号）、《河南省产业集聚区科技研发服务平台以奖代补资金管理办法》（豫财教〔2014〕287号）同时废止。

第二十四条 本办法由省财政厅负责解释。

河南省财政厅 河南省科学技术厅关于印发《河南省国家自主创新示范区建设省级专项资金管理办法》的通知

(豫财科〔2018〕109号)

各省辖市财政局、科技局，有关县（市）财政局、科技局，省直有关部门（单位）：

为规范和加强郑洛新国家自主创新示范区建设省级专项资金管理，提高资金使用效益，我们制定了《河南省国家自主创新示范区建设省级专项资金管理办法》，经省政府同意，现印发给你们，请遵照执行。

附件：河南省国家自主创新示范区建设省级专项资金管理办法

2018年8月13日

河南省国家自主创新示范区建设省级专项资金管理办法

第一章 总则

第一条 为规范和加强郑洛新国家自主创新示范区建设省级专项资金（以下简称专项资金）管理，提高资金使用绩效，根据《中共河南省委 河南省人民政府关于加快推进郑洛新国家自主创新示范区建设的若干意见》（豫发〔2016〕27号）和《河南省省级财政专项资金管理办法》（豫政〔2014〕16号）等法律法规和文件精神，制定本办法。

第二条 本办法所称专项资金是指省级财政预算安排，专项用于支持郑洛新国家自主创新示范区（以下简称自创区）发挥先行先试、辐射带动作用，构建科技创新体系能力建设，提升自主创新能力的专项资金，实施期为2018—2021年。

第三条 专项资金管理使用遵循"权责匹配、创新机制、省级引导、市区建设、注重绩效、激励先进"的原则。

第四条 专项资金管理的职责分工：

省财政厅会同省科技厅（自创办）研究制定专项资金管理办法；组织编制专项资金中期财政规划和年度预算，审核省科技厅（自创办）提出的绩效目标和经费分配方案，分配下达资金；指导监督专项资金使用管理。

省科技厅（自创办）会同省财政厅研究确立年度目标任务；负责拟定专项绩效目标，建立项目库，提出资金分配方案，开展绩效管理和监督检查。

项目承担单位是资金使用和管理的责任主体，负责专项资金的具体管理和监督。

第二章 支持范围和方式

第五条 支持范围：

（一）加快培育"四个一批"。培育打造一批创新引领型企业，培育建设一批创新型引领平台，集聚培育一批高端创新创业人才，引进培育建设一批创新引领型机构。

（二）推进"四个融合"创新。支持科技军民融合创新机构与综合服务平台建设；支持中央驻豫院所科技成果产业化；支持引进省外高水平技术成果在我省落地转化；支持科技金融结合服务。

（三）实施创新引领型产业集群专项等省级重大创新项目。支持围绕优势主导产业和战略性先导产业实施创新引领型产业集群专项，支持具有"突破性""前沿性"重大创新性项目。

（四）优化创新创业生态环境。支持自创区落实普惠性财政政策和推动体制机制改革先行先试；支持重大公共创新服务平台、成果转化展览展示建设；支持开放合作、重大创新项目推介活动；支持园区优化创新生态环境；支持开展省委省政府确定的其他事项。

专项资金主要支持自创区核心区建设，可以扩展到自创区的辐射区、辐射点。

第六条 专项资金使用可采取事前资助、后补助、购买服务、贷款贴息、风险补偿、基金投入等支持方式。

第三章 预算管理与资金下达

第七条 专项资金综合采取因素法和项目法相结合的分配方式。

采取因素法分配的具体因素是：自创区建设重大任务完成情况，普惠政策落实情况，绩效评价等。根据自创区建设推进情况适时调整。资金拨付市（区）后，由市（区）在专项资金支持范围内统筹使用。

对于省级重点推动的省级有关单位承担的重大科研项目、公共服务平台和重大基础条件建设等，采取项目法分配。

第八条 省科技厅（自创办）负责按照年度预算编制要求提出资金申请，并依据相关数据和因素，提出经费安排和分配建议报省财政厅审核。省财政厅负责审核专项资金预算和省科技厅（自创办）提出的经费安排建议。经费分配建议报郑洛新国家自主创新示范区领导小组审定后，由省财政厅下达至项目承担单位和郑洛新三市。

第九条 省财政按规定提前下达下一个年度专项资金，提前下达比例不低于当年预算的80%。专项资金下达可采取先预拨后清算方式，省科技厅（自创办）在预算法规定下达时限10日前未将分配意见报省财政厅的，省财政可按上年度分配比例预拨三市，待经费分配建议报郑洛新国家自主创新示范区领导小组审定后，在当年或下一年度清算。

第四章 绩效评价

第十条 省科技厅（自创办）负责拟定专项资金绩效目标，对专项资金进行动态绩效监控，开展绩效评价，形成绩效评价报告报省财政厅备案。绩效报告内容包括专项资金使用情况、绩效目标完成情况、绩效成果等。

第十一条 省财政厅负责在部门绩效评价的基础上适时开展再评价，会同主管部门将绩效评价结果作为对被评价单位改进预算管理和安排年度经费预算的重要依据，实现预算和绩效管理一体化。对绩效评价结果较好的方向领域，适当加大支持力度；对实际执行效果与预期效益目标差距较大，或绩效评价结果较差的方向领域，相应扣减直至取消以后年度资金额度。

第十二条 郑州、洛阳、新乡三市要按照要求加强项目绩效管理，细化资金具体绩效目标，实施预算执行中绩效监控，年度预算执行结束后按要求开展绩效自评，形成自评报告报省科技厅（自创办）、财政厅备案。

第十三条 省科技厅（自创办）、省财政厅探索委托第三方机构开展专项资金绩效评价工作。

第五章　监督检查

第十四条　专项资金管理和使用应当严格执行有关法律法规、财务规章制度和本办法的规定，接受财政、审计、监察等部门的监督检查。

第十五条　专项资金不得用于支付各种罚款、捐款、偿还债务等支出，不得用于国家规定禁止列支的其他支出。

第十六条　建立专项资金使用管理公开公示制度。相关制度文件、实施细则、经费安排情况在网上公示，接受社会监督。

第十七条　严肃查处违纪违法行为。

项目承担单位和个人存在弄虚作假骗取奖补资金，截留、挪用、挤占资金等违反财经纪律行为的，计入信用负面清单，向社会公告，并依照《预算法》《财政违法行为处罚处分条例》等规定追究相关单位和个人的责任。涉嫌犯罪的，移送司法机关处理。

负责专项资金审核、分配、管理工作的各级财政部门、科技部门及其工作人员，存在违反规定分配资金，以及其他滥用职权、玩忽职守、徇私舞弊等违法违纪行为的，按照《预算法》《公务员法》《监察法》《财政违法行为处罚处分条例》等国家有关规定追究相应责任；涉嫌犯罪的，移送司法机关处理。

第六章　附则

第十八条　本办法由省财政厅、省科技厅（自创办）负责解释。

第十九条　本办法自印发之日起实施。《河南省国家自主创新示范区建设专项资金管理暂行办法》（豫财科〔2016〕153号）同时废止。

河南省社科联关于印发《河南省社科联财政科研项目经费管理办法》《河南省社科联横向科研项目经费管理办法》和《河南省社科联国家社会科学基金项目资金管理办法》的通知

(豫社科联字〔2018〕32号)

各处室、各单位：

《河南省社科联财政科研项目经费管理办法》《河南省社科联横向科研项目经费管理办法》和《河南省社科联国家社会科学基金项目资金管理办法》已经研究通过，现印发给你们，请结合实际工作，遵照执行。

附件：1. 河南省社科联财政科研项目经费管理办法
2. 河南省社科联横向科研项目经费管理办法
3. 河南省社科联国家社会科学基金项目资金管理办法

2018年9月13日

河南省社科联财政科研项目经费管理办法

为加强和完善河南省社科联财政科研项目经费管理，提高科研经费使用效益，根据中共河南省委办公厅、河南省人民政府办公厅《关于进一步完善省级财政科研项目资金管理等政策的若干意见》（豫办〔2017〕7号）、《河南省省级科技研发专项资金管理办法》（豫财科〔2017〕184号）等有关制度规定，结合省社科联实际，特制定本办法。

第一条 财政科研项目是指经费来源于省级财政直接拨款及省社科联使用省级财政拨款安排的、经领导班子研究确定的科研项目。科研项目下达时应同时设置明确的绩效目标。项目经费纳入机关财务统一管理，单独核算，专款专用。

第二条 创新科研项目服务方式雪建立健全科研财务助理制度，为科研人员在项目预算编制和调剂、经费支出、财务决算和验收等方面提供专业化服务。

第三条 项目负责人是项目资金使用的直接责任人，对资金使用的合规性、合理性、真实性和相关性承担法律责任。

第四条 项目经费预算必须遵守财经法规和制度，按照执行项目主管部门的规定和要求，根据研究进度分年度编制。简化预算编制科目，合并会议费、差旅费、国际合作与交流费科目，由项目负责人结合科研活动实际需要编制预算并按规定统筹安排使用。

第五条 在项目总预算不变的情况下，直接费用中各支出预算调剂权下放给项目负责人，其中不超过直接费用10%的，不需要提供依据。

第六条 规范经费报账程序：报销单及相关票据由项目负责人审核签字后，经项目组织处室负责人审核签字，机关财务科对票据审核验收后，报分管财务工作的领导签批。

第七条 财政科研项目经费支出使用公务卡或银行转账方式进行结算，严格限制现金使用。

第八条 财政科研项目经费支出由直接费用和间接费用组成。直接费用是指科研项目实施过程中，发生的与之直接相关的费用，主要包括：

1. 资料费。指在项目研究过程中需要支付的图书（包括外文图书）购置费，资料收集、整理、复印、翻拍、翻译费，专用软件购买、文献检索费等。

2. 数据采集费。指在项目研究过程中发生的调查、访谈、数据购买、数据分析及相应技术服务购买等支出的费用。

3. 会议费/差旅费/国际合作与交流费。指在项目研究过程中开展学术研讨、咨询交流、考察调研等活动而发生的会议、交通、食宿等费用，以及项目研究人员出国及赴港澳台开展学术合作与交流的费用。该项支出若超过直接费用的20%，需提供预算测算依据。会议费原则上按照《河南省省级会议费管理办法》执行。差旅费原则上按照《河南省省直机关差旅费管理办法》执行。

4. 办公费。指在项目实施过程中购买的办公用品、耗材、文具等费用，发票内容据实列示或附明细清单。

5. 专家咨询费。是指在项目实施过程中支付给临时聘请的咨询专家进行学术指导所发生的费用。专家咨询费按照《河南省省级财政科研项目专家咨询费管理办法》执行。

6. 劳务费。是指项目实施过程中支付给临时聘用的相关人员。劳务费预算不设比例限制，支出报销时须据实编制，并按要求扣缴个人所得税。

7. 出版费/印刷费。指在项目研究过程中支付的打印费、印刷费及阶段性成果出版费等。

8. 其他支出。项目研究过程中发生的除上述费用之外的其他支出，在编制预算时单独列示，单独核定。

第九条 间接费用是财政科研项目在组织实施过程中发生的无法在直接费用中列支的相关费用、管理费用以及绩效支出等。绩效支出须在财政科研项目考核的基础上发放，发放对象为直接参与本项目的人员，绩效支出比例按照不超过项目资助总额的一定比例核定。

具体比例如下：10万元（含）及以下部分为40%；10万元至50万元（含）部分为30%；50万元以上部分为20%。

第十条 项目组织处室负责组织实施和监管其财政科研项目绩效考核工作。

第十一条 绩效支出的发放流程为：项目实施过程中（或结项后）由项目负责人根据绩效目标完成情况向项目组织处室提出绩效支出的发放申请（见附件），项目组织处室对该项目的绩效目标进行审核、评估后，由项目组织处室负责人、分管财务工作的领导在绩效支出发放申请表上进行审批签字，项目负责人按报销流程进行报账处理。绩效支出发放次数原则上不得超过两次。

第十二条 项目实施过程中，使用项目资金形成的固定资产、无形资产等属于国有资产，应当按照国有资产管理的有关规定执行。

第十三条 财政科研项目应当年结项完成，项目经费不结转使用。

第十四条 财政科研项目经费应按照规定的开支范围和标准支出，不得支付各种罚款、捐款、赞助、投资等。

第十五条 科研项目未按进度执行、未完成绩效目标的，不得报支项目经费和发放绩效支出，已经报支或发放的，省社科联有权追回。

第十六条 本办法自发布之日起施行。

附件：科研项目绩效支出申请表（略）

河南省社科联横向科研项目经费管理办法

为提升河南省社科联服务社会能力，进一步规范和完善横向科研经费管理，根据中共河南省委办公厅、河南省人民政府办公厅《关于进一步完善省级财政科研项目资金管理等政策的若干意见》（豫办〔2017〕7号）、《河南省省级科技研发专项资金管理办法》（豫财科〔2017〕184号）等有关制度规定，结合省社科联实际，特制定本办法。

第一条 横向科研经费是指省社科联受党政机关、社会团体等委托或与其协作的科研项目经费。

第二条 项目负责人是横向科研项目研究和经费使用的直接责任人，负责按照协议约定使用经费。项目结项以委托方出具证明材料或相关部门验收为准。

第三条 横向科研经费分为直接费用和间接费用。其中直接费用包括资料费、数据采集费、会议费/差旅费/国际合作与交流费、办公费、专家咨询费、劳务费、出版/印刷费、其他费用等；间接费用包括绩效费用、管理费及无法在直接费用中列支的相关费用。

第四条 横向科研经费到账后，机关可根据情况按每次实到经费的10%提取管理费。

第五条 科研项目的经费开支手续必须完整，票据必须合法。项目结项后应及时到财务部门办理结账手续。

第六条 直接经费的报销内容必须与课题研究活动有关。

1. 资料费：开展项目研究所需要支付的图书（包括外文图书）购置费、资料收集、整理、复印、翻拍、翻译费，专用软件购买、文献检索费等。

2. 数据采集费：开展项目研究过程中发生的调查、访谈、数据购买、数据分析及相应技术服务购买等支出的费用。

3. 会议费/差旅费/国际合作与交流费：指为完成项目研究而进行的学术研讨、咨询交流、考察调研等活动而发生的会议、交通、食宿等费用，以及项目研究人员出国及赴港澳台开展学术合作与交流的费用。会议费原则上按照《河南省省级会议费管理办法》执行。差旅费原则上按照《河南省省直机关差旅费管理办法》执行。差旅费报销票据主要包括飞机票、火车票、汽车票、汽油票及市内交通票等。外出调研活动按规定应以公共交通为主，特殊情况确需自驾车进行调研时，风险自担。报销自驾车油费时，须出具真实有效的出差证明材料。

4. 办公用品费：围绕项目研究而购置的必需的办公、耗材、文具等费用，发票内容据实列示或附明细清单。

5. 专家咨询费：指在项目实施过程中支付给临时聘请的专家咨询费用。专家咨询费按照《河南省省级财政科研项目专家咨询费管理办法》执行。

6. 劳务费：项目实施过程中支付给临时聘用相关人员的报酬。劳务费预算不设比例限制，支出报销时须据实编制，并按要求扣缴个人所得税。

7.出版费/印刷费：指在项目研究过程中支付的打印费、印刷费及阶段性成果出版费等。

8.其他支出：指在项目研究过程中发生的除上述费用之外的其他支出，在编制预算时单独列示，单独核定。

第七条 间接费用是横向科研项目在实施过程中发生的无法在直接费用中列支的相关费用、管理费用以及绩效支出等。间接费用由横向科研项目负责人统筹使用。

第八条 项目负责人可根据参与人员的实际贡献和完成质量合理安排绩效支出。绩效支出的比例不得超过项目经费总额的60%，并按规定扣缴相应的个人所得税。

第九条 绩效支出的发放流程为：项目实施过程中（或结项后）由项目负责人根据绩效目标完成情况提出绩效支出的发放申请（见附件），经分管财务工作的领导审批同意后，项目负责人按报销流程进行报账处理。绩效支出发放原则上不得超过两次。

第十条 项目实施过程中，使用项目资金形成的固定资产、无形资产等属于国有资产，应当按照国有资产管理的有关规定执行。

第十一条 横向科研经费的报销流程：报销单及相关票据由项目负责人签字同意后，经财务科审核验收，报分管财务工作的领导签批。

第十二条 本办法自发布之日起施行。

附件：科研项目绩效支出申请表（略）

河南省社科联国家社会科学基金项目资金管理办法

为了规范国家社会科学基金（以下简称国家社科基金）项目资金的使用和管理，提高资金使用效益，更好地推动省社科联科研事业繁荣发展，根据中共中央办公厅、国务院办公厅《关于进一步完善中央财政科研项目资金管理等政策的若干意见》及《国家社会科学基金项目资金管理办法》有关规定，结合省社科联实际，特制定本办法。

第一章 总则

第一条 国家社科基金项目资金来源于中央财政拨款，是用于资助省社科联哲学社会科学研究，促进哲学社会科学学科发展、人才培养和队伍建设的专项资金。

第二条 国家社科基金项目资金管理以出成果、出人才为目标，坚持以人为本、遵循规律、依法规范、公正合理和安全高效的原则。

第三条 省社科联作为项目资金管理的责任主体，负责项目资金的日常管理和监督。

第四条 项目负责人是项目资金使用的直接责任人，对资金使用的合规性、合理性、真实性和相关性承担法律责任。

第二章 项目资金支出范围

第五条 国家社科项目资金支出是指在项目组织实施过程中与研究活动相关的、由项目资金支付的各项费用支出。项目资金分为直接费用和间接费用。

第六条 直接费用是指在项目研究过程中发生的与之直接相关的费用，具体包括：

1.资料费：指在项目研究过程中需要支付的图书（包括外文图书）购置费，资料收集、整理、复印、翻拍、翻译费，专用软件购买费，文献检索费等。

2. 数据采集费：指在项目研究过程中发生的调查、访谈、数据购买、数据分析及相应技术服务购买等支出的费用。

3. 会议费／差旅费／国际合作与交流费：指在项目研究过程中开展学术研讨、咨询交流、考察调研等活动而发生的会议、交通、食宿等费用，以及项目研究人员出国及赴港澳台、外国专家来华及港澳台专家来内地开展学术合作与交流的费用。其中，不超过直接费用20%的，不需要提供预算测算依据。

4. 设备费：指在项目研究过程中购置设备和设备耗材、升级维护现有设备以及租用外单位设备而发生的费用。

应当严格控制设备购置，鼓励共享、租赁以及对现有设备进行升级。

5. 专家咨询费：指在项目研究过程中支付给咨询专家的费用。

专家咨询费预算由项目负责人按照项目研究实际需要编制，支出标准按照国家有关规定执行。

6. 劳务费：指在项目研究过程中支付给参与项目研究的研究生、博士后、访问学者以及项目聘用的研究人员、科研辅助人员等的劳务费用。

项目聘用人员的劳务费开支标准，参照我省科学研究和技术服务业人员平均工资水平以及在项目研究中承担的工作任务确定，其社会保险补助费用纳入劳务费列支。劳务费预算应根据项目研究实际需要编制。

7. 印刷出版费：指在项目研究过程中支付的打印费、印刷费及阶段性成果出版费等。

8. 其他支出：项目研究过程中发生的除上述费用之外的其他支出，应当在编制预算时单独列示，单独核定。

直接费用应当纳入责任单位财务统一管理，单独核算，专款专用。

第七条 间接费用是指责任单位在组织实施项目过程中发生的无法在直接费用中列支的相关费用，主要用于补偿责任单位为项目研究提供的现有仪器设备及房屋、水、电、气、暖消耗等间接成本，有关管理费用，以及绩效支出等。

第八条 绩效支出遵循公开、公平、公正的原则，由相关部门对结项后的课题项目进行绩效审核评估，按照不超过项目资助总额的一定比例进行发放。具体比例如下：50万元及以下部分为30%；超过50万元至500万元的部分为20%；超过500万元的部分为13%。

第九条 绩效支出的发放流程为：项目实施过程中由项目负责人提出绩效支出的发放申请（见附件），由分管财务工作的领导在绩效支出发放申请表上进行审批签字，项目承担人按报销流程进行报账处理。

第十条 绩效支出需结合项目研究进度和完成质量，充分发挥绩效支出的激励作用，原则上每个项目的绩效支出发放不超过3次。由绩效支出发放产生的个人所得税由领取人承担。

第十一条 项目负责人不得在预算核定的间接费用以外再以任何名义在项目资金中重复提取、列支相关费用。

第三章 预算的编制与审核

第十二条 项目负责人应当按照目标相关性、政策相符性和经济合理性原则，根据项目研究需要和资金开支范围，科学合理、实事求是地编制项目预算，并对直接费用支出的主要用途和测算理由等作出说明。

项目负责人应当在收到立项通知之日起30日内完成预算编制。无特殊情况，逾期不提交的，视为自动放弃资助。

第十三条 项目预算经我省社科规划办审核并签署意见后，提交全国哲学社会科学规划办公室（以下简称全国社科规划办）审核。未通过审核的，应当按要求调整后重新上报。

第十四条 跨单位合作的项目，确需外拨资金的，须在项目预算中单独列示，并附外拨资金支出预算。项目资金到账后，项目负责人应当及时按照合作研究协议和审核通过的项目预算到机关财务科办理转拨合作研究单位资金的报账手续。

第四章 预算执行与决算

第十五条 项目负责人应当严格执行批准后的项目预算。确需调剂的，应当按规定报批。

第十六条 项目预算有以下情况需要调剂的，由项目负责人提出申请，经省社科规划办审核同意后，报全国社科规划办审批。

（一）由于研究内容或者研究计划作出重大调整等原因，需要增加或减少项目预算总额。

（二）原项目预算未列示外拨资金，需要增列。

第十七条 项目直接费用预算确需调剂的，按以下规定予以调整：

（一）资料费、数据采集费、设备费、印刷出版费和其他支出预算需要调剂，由项目负责人提出申请，报分管财务工作领导审批。

（二）会议费/差旅费/国际合作与交流费、专家咨询费、劳务费预算一般不予调增，需要调减用于项目其他方面支出，由项目负责人提出申请，报分管财务工作领导审批；如有特殊情况确需调增的，由项目负责人提出申请，经省社科规划办审核同意后，报全国社科规划办审批。

第十八条 国家社科基金项目资金的支付执行国库集中支付制度。项目资金实行预留资金制度，预留部分资金在项目成果通过审核验收后支付。未通过审核验收的项目j预留资金不予支付。

项目资金属于政府采购范围的，应当按照政府采购有关规定执行。

第十九条 项目负责人应当严格执行国家有关科研资金支出管理制度。对应当实行"公务卡"结算的支出，按照中央财政科研项目使用公务卡结算的有关规定执行。专家咨询费、劳务费等支出，原则上应当通过银行转账方式结算，从严控制现金支出事项。

对于野外考察、数据采集等科研活动中无法取得发票或财政性票据的支出，在确保真实性的前提下，由项目负责人签字同意，机关财务科可按实际发生额予以报销。

第二十条 项目研究完成后，项目负责人应当会同省社科联财务等相关部门及时清理账目与资产，如实编制《国家社会科学基金项目结项审批书》中的项目决算表，不得随意调账变动支出、随意修改记账凭证。

有外拨资金的项目，外拨资金决算经合作研究单位财务、审计部门审核并签署意见后，由项目负责人汇总编制项目资金决算。

第二十一条 项目研究成果首次鉴定的费用由全国社科规划办另行支付。首次鉴定未通过并组织第二次鉴定的，鉴定费从项目预留资金中扣除。

第二十二条 项目在研期间，年度剩余资金可以结转下一年度继续使用。项目研究成果完成并通过审核验收后，结余资金可用于项目最终成果出版及后续研究的直接支出。若项目研究成果通过审核验收2年后结余资金仍有剩余的，按原渠道退回国家社科基金。

项目成果未通过审核验收的项目，结余资金在接到有关通知后30日内按原渠道退回国家社科基金。

第二十三条 对于因故被终止执行的项目的结余资金,以及因故被撤销的项目的已拨资金,项目负责人应当在接到有关通知后 30 日内通知机关财务科按原渠道退回国家社科基金。

第二十四条 项目实施过程中,使用项目资金形成的固定资产、无形资产等属于国有资产,应当按照国有资产管理的有关规定执行。

第五章　管理与监督

第二十五条 项目负责人应当依法依规使用项目资金,不得擅自调整外拨资金,不得利用虚假票据套取资金,不得通过编造虚假劳务合同、虚构人员名单等方式虚报冒领劳务费和专家咨询费,不得使用项目资金支付各种罚款、捐款、赞助、投资等。

项目负责人使用项目资金情况应当自觉接受有关部门的监督检查。

第二十六条 机关财务科应当规范财务支出行为,完善内部风险防控机制,强化资金使用绩效评价,保障资金使用安全规范有效。项目资金管理和使用情况,要自觉接受国家财政、审计、监察部门和全国社科规划办的监督检查。

第二十七条 建立项目资金使用和管理的信息公开机制,项目负责人应当配合财务部门在单位内部公开项目预算、预算调剂、决算、项目组人员构成、设备购置、外拨资金、劳务费发放以及间接费用和结余资金使用等情况,自觉接受监督。

第二十八条 违反本办法规定的,依照《预算法》《财政违法行为处罚处分条例》等国家有关规定追究法律责任。涉嫌犯罪的,依法移送司法机关处理。

第二十九条 本办法自发布之日起施行。

附件:科研项目绩效支出申请表(略)

河南省科学技术厅　河南省财政厅
关于印发《河南省科研设施和仪器向社会开放共享双向补贴实施细则》的通知

(豫科〔2018〕137号)

各省辖市、省直管县（市）科技局、财政局，省直有关部门，各有关单位：

为进一步促进全省科研设施和仪器面向社会开放共享，全面激发开放共享动力和活力，更好的服务大众创业、万众创新，根据《河南省人民政府关于促进重大科研基础设施和大型科研仪器向社会开放的意见》（豫政〔2016〕56号）、《河南省科研设施和仪器向社会开放共享管理办法》（豫科〔2018〕136号）等有关制度规定，我们制定了《河南省科研设施和仪器向社会开放共享双向补贴实施细则》，现印发你们，请认真贯彻执行。

附件：河南省科研设施和仪器向社会开放共享双向补贴实施细则

2018年9月18日

河南省科研设施和仪器向社会开放共享双向补贴实施细则

第一章　总则

第一条　为贯彻落实《国务院关于国家重大科研基础设施和大型科研仪器向社会开放的意见》（国发〔2014〕70号）、《河南省人民政府关于促进重大科研基础设施和大型科研仪器向社会开放的意见》（豫政〔2016〕56号）、《河南省科研设施和仪器向社会开放共享管理办法》（豫科〔2018〕136号）等文件精神，促进全省科研设施和科研仪器向社会开放共享，服务大众创新创业，特制定本细则。

第二条　本细则所称的科研设施和仪器主要是指本省行政区域内加入河南省科研设施和仪器共享服务平台（以下简称"省共享服务平台"，网址：http://www.hniss.cn）的可用于开展科学研究和技术开发等科技创新活动的科研设施和仪器等。

第三条　本细则所称的管理单位是指对科研设施和仪器拥有所有权的法人单位，包括高等学校、科研院所、新型研发机构、企事业单位等。

第四条　本细则所称的用户主要是指在省共享服务平台注册并利用省共享服务平台上的科研设施和仪器进行科学研究和技术开发等科技创新活动的高新技术企业、科技型中小企业、创新创业团队。

第五条　本细则所称的开放共享是指管理单位将本单位的科研设施和仪器纳入省共享服务平台向社会开放共享，为非关联单位、创新创业团队等用于开展科学研究和技术开发等科技创新活动的行为。按照法律法规或者强制性标准要求必须开展的强制检测和法定检测等非科技创新活动，不在支持范围。

第六条 本细则所称的双向补贴主要是指对管理单位科研设施和仪器开放共享服务绩效进行奖补及对用户使用科研设施和仪器服务支出进行补贴。

第二章 管理职责

第七条 省科技厅、财政厅负责研究制定本省科研设施和仪器双向补贴的政策措施，组织实施本省科研设施和仪器开放共享双向补贴工作。

第八条 各省直部门、省辖市、省直管县（市）科技、财政行政主管部门负责协调推进本部门、本地区科研设施和仪器开放共享双向补贴工作，落实开放共享的激励政策。鼓励对本部门、本地区双向补贴进行配套支持。

第九条 管理单位作为开放共享责任主体，负责制定本单位的开放共享管理办法，制定并公开发布开放共享服务价格目录，组织实施本单位科研设施和仪器向社会开放共享工作。

第十条 省科技厅、财政厅委托省共享服务平台开展全省科研设施和仪器开放共享绩效评价，组织实施双向补贴工作。

第三章 管理单位开放共享绩效奖补

第十一条 管理单位开放共享服务绩效奖补对象为纳入省共享服务平台且开放共享绩效评价结果为合格及以上的管理单位。

第十二条 管理单位开放共享服务绩效奖补流程

（一）管理单位通过省共享服务平台对外提供开放共享服务并留存完整服务记录。

（二）管理单位通过省共享服务平台在线提交绩效评价申请，连同其他证明材料一起提交至主管部门，主管部门审核后提交至省科技厅、财政厅。

（三）省科技厅、财政厅委托省共享服务平台对管理单位年度开放共享情况进行绩效评价，结果向社会公示，作为管理单位绩效奖补的重要依据。

（四）省科技厅、财政厅依据评价结果提出补贴计划建议，按相关程序审批后向社会公示，公示无异议拨付奖补经费。

第十三条 管理单位开放共享服务绩效奖补金额

（一）管理单位开放共享服务绩效奖补金额等于单台（套）科研设施和仪器后补助金额的总和；单台（套）科研设施和仪器后补助金额等于其开放共享服务收入乘以补贴系数。

（二）根据对管理单位的绩效评价结果，优秀单位补贴系数为20%；合格单位补贴系数为10%；不合格单位不予奖补。

（三）同一年度，单台（套）科研设施和仪器补贴金额不高于10万元，单个单位奖补总额不高于100万元。

第十四条 管理单位获得的开放共享服务绩效奖补资金，可用于科研设施和仪器的运行维护、耗材成本、人员绩效、服务平台建设等与开放共享工作相关费用支出。

第四章 用户科研设施和仪器使用补贴

第十五条 用户补贴对象需符合以下条件之一：

（一）在我省登记注册，具有独立法人资格，符合《高新技术企业认定管理办法》（国科发火〔2016〕32号）规定条件，通过省科技厅、财政厅、税务局审核认定且在有效期内的高新技术企业。

（二）在我省登记注册，具有独立法人资格，符合《科技型中小企业评价办法》（国科发政〔2017〕115号）规定条件，在科技型中小企业评价系统取得有效编号的企业。

（三）入驻省级及以上科技企业孵化器、大学科技园、众创空间、星创天地等创新创业孵化载体的创新创业团队。

第十六条　用户补贴采用科技创新券形式发放，形式为电子券，通过省共享服务平台进行申领、审核、使用及兑现。

第十七条　用户使用省共享服务平台科研设施和仪器提供的服务，可根据其相关证明材料给予30%的补助。

第十八条　用户在省共享服务平台注册并通过资格审查后即拥有一定额度的科技创新券。高新技术企业、科技型中小企业每年额度为20万元；创新创业团队每年额度为10万元；额度当年用完为止，逾期失效。

第十九条　科技创新券的使用遵循先申用先兑付原则。省科技厅、财政厅根据财政预算发布年度总额度，当年用户申请用券总金额达到预算控制数后停止申用。

第二十条　科技创新券的使用流程

（一）用户在线搜索所需服务资源，与管理单位沟通达成一致后，在线签订或上传服务合同（协议），递交用券申请。

（二）省科技厅委托省共享服务平台对用券申请进行审核。审核通过后，用户即可在结算时凭券抵扣相应补助金额，管理单位无正当理由不得拒绝接收科技创新券。用户对审核结果有异议的可发起复议申请，由省科技厅组织专家复议。

（三）完成服务后，管理单位上传服务结果。

（四）用户按约定完成支付，查收结果，评价本次服务。

第二十一条　科技创新券的兑现

（一）管理单位凭持有的科技创新券及相关服务证明材料提出兑现申请。

（二）省科技厅、财政厅对兑现申请材料进行审核，审核结果经公示无异议后予以兑现。

（三）用户使用国家平台其他省（区、市）科研设施和仪器资源的，由用户自行支付，并收集全部证明材料，向省科技厅、财政厅提出兑现申请。经审核通过后，可获取与使用省内开放共享服务同等补贴待遇。

第五章　附则

第二十二条　管理单位和用户应保证申报材料及凭证的真实性、有效性、合法性，如有弄虚作假，一经发现将取消补贴资格，追回补助资金，记入科技诚信档案，并向社会公布，在购置仪器、申请科技计划等方面予以约束。情节严重的将追究相关法律责任。

第二十三条　省科技厅、财政厅会同相关主管部门建立投诉渠道，接受社会对科研设施和仪器开放共享双向补贴工作的意见和监督。

第二十四条　本细则由省科技厅、财政厅负责解释。

第二十五条　本细则自印发之日起执行，有效期三年。

河南省科学技术厅 河南省财政厅
关于印发《河南省省级财政科研项目预算编制规范》《河南省省级财政科研项目预算评估工作细则》《河南省省级财政科研项目财务验收工作细则》的通知

(豫科条〔2018〕33号)

各有关单位：

为进一步规范省级财政科研项目的预算编制、评估和财务验收工作，提高财政科研资金使用效益，根据《国务院关于优化科研管理提升科研绩效若干措施的通知》(国发〔2018〕25号)和《中共河南省委办公厅、河南省人民政府办公厅关于进一步完善省级财政科研项目资金管理等政策的若干意见》(豫办〔2017〕7号)及国家和本省相关制度的规定，省科技厅会同省财政厅研究制订了《河南省省级财政科研项目预算编制规范》、《河南省省级财政科研项目预算评估工作细则》、《河南省省级财政科研项目财务验收工作细则》，现印发给你们，请遵照执行。

2018年10月17日

河南省省级财政科研项目预算编制规范

第一条 为进一步规范省级财政科研项目预算编制，根据《国务院关于优化科研管理提升科研绩效若干措施的通知》(国发〔2018〕25号)、《关于进一步完善省级财政科研项目资金管理等政策的若干意见》(豫办〔2017〕7号)及国家和省有关制度规定，制定本规范。

第二条 本规范适用于省级财政支持的科研项目主要指科技计划(专项、基金等)项目的预算编制。

第三条 预算编制的原则：

(一)政策相符性。符合国家的财政政策、财务制度、政府采购制度、海关进口审批、环境保护、消防安全等有关规定。

(二)目标相关性。预算的支出内容要紧紧围绕项目的总体目标，不能安排和项目目标不相关或关系不紧密的支出内容。

(三)经济合理性。科研设备购置(品种、价格、台件)、国际学术交流、会议、原材料、劳务费等有关支出应符合节约节俭、适度合理原则。

第四条 部门职责：

(一)省科技厅主要负责科研项目预算编制的指导、审核等工作。

(二)省财政厅主要负责科研项目预算审批、资金拨付及监管等工作。

（三）主管部门主要负责科研项目预算编制指导、初审以及上报等工作。

（四）承担单位主要负责科研项目的预算申报、预算执行和内控制度建设等工作，承担预算管理的主体责任。

第五条 科研项目预算是指科研项目实施过程中发生的与科研活动相关的各项财务收支。项目预算编制时应当同时编制收入预算和支出预算，收入预算和支出预算应做到收支平衡。

第六条 收入预算包括财政资金和其他来源资金。对于其他来源资金应提供出资承诺，不得使用货币资金之外的资产或其他省级财政资金作为资金来源。

第七条 支出预算包括直接费用和间接费用两部分，支出预算应当按照资金开支范围确定的支出科目和不同资金来源分别编列，并对各项支出的主要用途和测算理由等进行详细说明。

第八条 直接费用是指在项目实施过程中发生的与之直接相关的费用。包括：

（一）设备费：指在项目实施过程中购置或试制专用仪器设备，对现有仪器设备进行升级改造，以及租赁外单位仪器设备而发生的费用。应当严格控制设备购置费支出，鼓励开放共享、试制、自主研制、租赁专用仪器设备以及对现有仪器设备进行升级改造，避免不必要的重复购置。

（二）材料费：指在项目实施过程中消耗的各种原材料、辅助材料等低值易耗品的采购及运输、装卸、整理、仓储等费用。

（三）测试化验加工费：指在项目实施过程中支付给外单位（包括承担单位内部独立经济核算单位）的检验、测试、化验及加工等费用。

（四）燃料动力费：指在项目实施过程中直接使用的相关仪器设备、科学装置等运行发生的水、电、气、燃料消耗费用等。

（五）出版/文献/信息传播/知识产权事务费：指在项目实施过程中，需要支付的出版费、资料费、专用软件购买费、文献检索费、专业通信费、专利申请及其他知识产权事务等费用。

（六）会议/差旅/国际合作与交流费：指在项目实施过程中发生的差旅费、会议费和国际合作交流费。

（七）劳务费：指在项目实施过程中支付给参与项目的研究生、博士后、访问学者以及项目聘用的研究人员、科研辅助人员等的劳务性费用。

项目聘用人员的劳务费开支标准，参照当地科学研究和技术服务业从业人员平均工资水平，根据其在项目研究中承担的工作任务确定，其社会保险补助纳入劳务费科目列支。劳务费预算应据实编制，不设比例限制。

（八）专家咨询费：指在项目实施过程中支付给临时聘请的咨询专家的费用。专家咨询费不得支付给参与本项目及所属课题研究和管理的相关工作人员。专家咨询费的标准按照国家有关规定执行。

（九）其他支出：指在项目实施过程中除上述支出范围之外的其他相关支出。其他支出应当在申请预算时详细说明。

第九条 间接费用是指承担单位在组织实施项目过程中发生的无法在直接费用中列支的相关费用。主要包括：项目承担单位为项目研究提供的房屋占用，日常水、电、气、暖消耗，有关管理费用的补助支出，以及激励科研人员的绩效支出等。

第十条 间接费用由承担单位统筹安排使用，间接费用实行总额控制，结合项目承担单位信用情况，按照不超过项目资金中直接费用扣除设备购置费后的20%比例核定，软件开发类、社科类不超过40%，国家自主创新示范区试点单位按照试点文件执行。

第十一条 由多个单位共同承担一个项目的，应当根据合同、协议分别编制单项预算，由项目牵头承担单位负责汇总编制项目总预算。

第十二条 申报单位应当明确项目实施期限，制定科学、合理、具体的项目绩效目标和适用于考核的结果指标。跨年度实施的项目根据项目进度编制分年度预算。

第十三条 建立项目预算信息公开机制。在符合国家保密规定的前提下，项目预算登录管理平台申报。对项目预算申报、资助等相关信息进行公开，主动接受社会监督。

第十四条 承担单位和项目负责人在项目预算编制中，不得编报虚假预算、不得提供虚假财务会计信息，出现上述违规违纪行为的，省科技厅、省财政厅将视情节轻重予以限期整改、通报批评等惩处措施。

第十五条 本规范由省科技厅和省财政厅共同负责解释。

河南省省级财政科研项目预算评估工作细则

第一条 为进一步规范省级财政科研项目预算管理，保障省级财政科研经费的合理配置和有效利用，根据《国务院关于优化科研管理提升科研绩效若干措施的通知》（国发〔2018〕25号）、《关于进一步完善省级财政科研项目资金管理等政策的若干意见》（豫办〔2017〕7号）及国家和省有关规定，制定本细则。

第二条 对拟立项并给予省级财政资金支持的项目，省科技厅会同省财政厅组织专家或委托第三方对项目预算进行评估，未通过评估的项目，省级财政资金不予支持。

第三条 预算评估工作是对项目预算的政策相符性、目标相关性和经济合理性等重要事项做出评价，为项目预算决策提供咨询意见。

（一）政策相符性。项目预算的支出范围、支出标准等应符合国家和省有关财政政策、财务制度，以及科研经费管理的相关规定。

（二）目标相关性。项目预算应以任务目标为依据，预算支出应与项目任务紧密相关，预算的总量、结构等应符合研究任务的规律和特点。绩效目标、结果指标应与项目申报指南要求相符，并具有创新性、可行性、可考核性及实现项目绩效目标的能力和条件等。

（三）经济合理性。参照国家和省内同类科研活动的状况，项目预算应与同类科研活动的支出水平相匹配，在考虑技术创新风险和不影响完成任务的前提下，提高资金的使用效率。

第四条 项目预算评估程序主要包括项目预算申报书和其他相关申报材料受理、形式审查、评估等工作。

第五条 预算评估形式审查主要对项目预算编制的完整性、规范性进行审查，避免重复支持。

第六条 预算评估专家遴选应根据项目所属领域和研究内容，从财务专家库中随机抽取。

（一）预算评估专家应熟悉科研项目资金管理的相关政策和预算管理制度，在相关的科技经济管理和财务会计等领域具有较丰富的经验和较高的权威性，一般应具有高级专业技术职称。

（二）预算评估专家组人数一般为5~7人，预算评估专家组的人员组成应具有针对性和互补性，同一单位的专家参加同一评估组不得超过1人，预算评估专家组设立组长1名。

第七条 预算评估专家组应按照科学、客观、公正的原则，通过科技信息管理系统开展网上预算评估工作并出具独立的预算评估意见，预算评估结果报省科技厅和省财政厅。

第八条 评估专家须遵守以下行为准则：

（一）当评估专家与被评估对象有利益关联关系时，评估专家须向省科技厅、省财政厅申明并回避。

（二）对评估所涉及项目的研究内容、技术路线、预算方案等资料负有保密义务，不得擅自对外扩散项目申报材料；

（三）不得收取被评估对象的报酬、费用和礼品等；

（四）未经省科技厅、省财政厅同意，不得对外发布评估结果。

第九条 在评估活动中，评估专家和工作人员如有违规违纪行为的，一经查实，视情节轻重，给予批评、通报、取消其参与预算评估工作资格等处理，对违反国家法律的行为，按有关法律处理。

第十条 本办法由省科技厅、省财政厅负责解释。

河南省省级财政科研项目财务验收工作细则

第一条 为做好河南省省级财政科研项目的财务验收工作，根据《国务院关于优化科研管理提升科研绩效若干措施的通知》（国发〔2018〕25号）、《关于进一步完善省级财政科研项目资金管理等政策的若干意见》（豫办〔2017〕7号）及国家和省有关规定，结合实际，制定本细则。

第二条 项目财务验收是项目验收的重要组成部分，以批复的项目预算、项目合同、计划任务书以及相关经费管理制度为依据，对项目预算执行情况、经费管理和使用情况进行的考核和评价。

第三条 所有省级财政资金支持的科研项目均应当进行财务验收，财务验收资金包括省级财政资金和其他来源资金。

第四条 省科技厅负责财务验收管理工作，省财政厅负责对财务验收工作进行指导和监督。

第五条 科研项目财务验收与技术验收实行统一组织、同步实施。项目承担单位向省科技厅提出项目验收申请，省科技厅会同省财政厅共同组织开展财务验收工作。

第六条 财务验收工作采取分类分档组织实施。财政资金100万元及以上的项目财务验收工作由省科技厅、财政厅负责组织或委托第三方机构组织实施；财政资金50（含）万元至100万元的项目财务验收工作由省科技厅和财政厅委托项目承担单位的主管部门负责组织实施；财政资金50万元以下的项目财务验收工作由省科技厅和财政厅委托项目承担单位负责组织实施。

第七条 主管部门和项目承担单位在完成财务验收工作后2个月内，报省科技厅、省财政厅备案。省科技厅、省财政厅对备案项目的财务验收工作进行抽查。

第八条 财务验收的主要内容有：财务管理及相关制度建设情况、经费拨付情况、会计核算和财务支出情况、经费预算执行情况和资产管理情况等。申请财务验收需提供以下材料：

（一）单位财务部门出具的项目经费决算报告书；

（二）单位财务部门出具的项目支出明细账；

（三）设备购置、租赁、外协等协议合同；

（四）财政资金100万元及以上的项目，由承担单位自主选择的具有资质的第三方中介机构出具的项目经费审计报告；

（五）其他验收需要的资料。

第九条 财务验收专家不少于2人，从财务专家库中按照不低于1∶3的比例随机抽取，财务验收专家应熟悉科研项目资金管理的相关政策和预算管理制度，在相关的科技经济管理和财务会计等领域具有较丰富的经验和较高的权威性，一般应具有高级技术职称。

第十条 财务验收专家出具独立的财务验收意见，财务验收结果分为通过验收、整改后重新财务验收和不通过验收。财务验收不通过的项目不得通过项目验收，并按照项目管理办法执行。

财务验收综合得分总分值为100分，综合得分高于60分（含60分）为"通过财务验收"；综合得分低于60分为"不通过财务验收"或"整改后重新财务验收"。

凡有下列情况之一的，不得通过财务验收：

（一）利用虚假项目或编报虚假预算套取财政资金；

（二）截留、挤占、挪用专项资金；

（三）违反规定转拨、转移项目资金的；

（四）提供虚假财务会计资料；

（五）未对专项资金进行单独核算；

（六）不按要求整改或拒不整改；

（七）其他严重违反国家财经纪律的行为。

第十一条 对整改后重新财务验收的项目，项目承担单位应当于接到财务验收结论后1个月内，根据财务验收结论的要求整改完毕，原负责组织实施财务验收的单位按照本细则第六条规定重新进行财务验收，一个项目仅有一次整改机会。整改到位的财务验收结论为"整改后通过财务验收"，整改不到位的财务验收结论为"不通过财务验收"。

第十二条 财务通过验收后1个月内，项目承担单位应当办理完毕财务结账手续。

项目通过验收，且承担单位信用评价好的，结余资金在财务验收完成起两年内由承担单位统筹安排用于科研活动的直接支出；两年后结余资金未使用完的，由省财政收回。未通过验收的项目，或项目承担单位信用评价差的，收回结余资金，统筹使用。

第十三条 在财务验收过程中，验收专家组成员、第三方机构和项目组成员以及相关管理人员有弄虚作假、徇私舞弊等行为的，记入科研诚信档案，若违反国家法律法规行为的，按有关法律法规处理。

第十四条 已依据《中华人民共和国保守国家秘密法》《科学技术保密规定》等保密法律法规定涉密的项目，其财务验收工作，按照相关法律法规执行。

第十五条 本细则由省科技厅、省财政厅负责解释，自发布之日起实行。

河南省财政厅 河南省科学技术协会关于印发《河南省省级科普与学会服务能力提升专项资金管理办法》的通知

(豫财科〔2019〕1号)

各省辖市财政局、科学技术协会，有关县（市）财政局、科学技术协会，省直有关部门（单位）：

为规范和加强省级科普与学会服务能力提升专项资金管理，提高资金使用效益，我们制定了《河南省省级科普与学会服务能力提升专项资金管理办法》，现印发给你们，请遵照执行。

附件：河南省省级科普与学会服务能力提升专项资金管理办法

2019年1月22日

河南省省级科普与学会服务能力提升专项资金管理办法

第一章 总则

第一条 为规范省级科普与学会服务能力提升专项资金（以下简称专项资金）管理，提高财政资金使用效益，根据《河南省委办公厅关于印发河南省科协系统深化改革实施方案的通知》（厅文〔2017〕22号）、《河南省省级财政专项资金管理办法》（豫政〔2014〕16号）以及有关财经法规和管理制度，并结合我省科协事业发展的实际需要，制定本办法。

第二条 专项资金由省财政预算安排，主要用于省科协组织开展服务科技工作者、服务创新驱动发展、服务全民科学素质提升、服务党委和政府科学决策等方面的专项工作。中央下达我省基层科普行动计划资金与本专项资金统筹整合使用，纳入本办法进行管理。

第三条 专项资金的支持对象主要是承担省科协专项工作实施任务的全省学会（协会、研究会，以下简称全省学会），省辖市、省直管县市科协，以及省内具有独立法人资格的相关企事业单位。

第四条 专项资金的使用和管理遵循下列原则：

（一）统筹规划。围绕省委、省政府关于我省科协组织深化改革工作的目标及主要任务，加强专项资金使用的统筹规划，避免资金安排分散重复。

（二）明晰权责。省财政厅、省科协通过政策引导和资金监管，强化项目承担单位的法人责任，完善内控机制建设，不断提升专项资金管理水平。

（三）注重绩效。专项资金的使用和管理充分遵循依法理财的要求，通过建立面向结果的绩效评价机制，切实提高专项资金使用效益，提升公民科学素质和学会能力水平。

第五条 专项资金管理的职责分工：

（一）省财政厅会同省科协研究制定专项资金管理办法；审核省科协提出的绩效目标和资金分配方案并按规定程序批复下达；配合省科协开展监督检查，指导省科协组织开展绩效管理；健全评价结果反馈制度，加强评价结果运用；督促整改绩效评价中发现问题。

（二）省科协会同省财政厅研究制定项目管理办法；拟定绩效目标，制定项目实施计划，组织项目申报和评审，审核基础材料数据，建立备选项目库，提出年度预算分配方案并及时报送省财政厅；跟踪指导项目实施，监督规范资金使用管理，开展绩效评价和监督检查；组织整改绩效评价和监督检查中发现问题并向省财政厅报送整改结果；提出绩效评价结果运用建议。

（三）项目承担单位是资金使用和管理的责任主体，负责专项资金的具体使用和管理，对项目绩效目标实现程度开展自评。

第二章 资金支持方向和支出范围

第六条 专项资金支持方向主要包括落实全民科学素质建设科普任务和搭建科技工作者联络服务平台。

（一）落实全民科学素质建设科普任务。主要包括：支持科普信息化工程、科普资源创作、基层科普基地建设、科普人才队伍建设等公民科学素质建设活动；实施中学生英才计划、科技活动特色学校培育、流动科技馆进校园等青少年科普活动；推动科技馆免费开放、开展主题科普活动等。

（二）搭建科技工作者联络服务平台。主要包括：支持学会及基层科协组织建设，搭建学会服务地方创新驱动发展平台，支持学术交流、论坛等活动，开展科技工作者举荐培养工作，组织决策咨询课题研究等。

第七条 专项资金采取项目法和因素法相结合的支持方式。支持基层科协开展活动采取因素法分配，其他采用项目法分配。

第八条 专项资金支出范围包括：

（一）设备费：指项目实施工作所需科普专用设备、展品展具的购置、研制及维修改造费用。

（二）租赁费：指开展科普及学术活动等项目实施过程中，所需租赁的场地、设备、展品及车辆等费用。

（三）出版印刷/信息传播/知识产权事务费：指在项目实施过程中需要支付的出版费、资料费、印刷费、文献检索费、新技术新产品及专用软件购买费、知识产权事务等费用。

（四）培训讲座费/差旅会议费：指项目承担单位在开展科普及学术活动等项目实施过程中发生的培训、师资、差旅、会议等费用。不得列支科协日常工作经费。

（五）劳务费：指在项目实施过程中支付给临时聘用人员的劳务性费用。劳务费开支标准根据其在项目中承担的工作任务确定。

（六）专家咨询费：指在项目实施过程中支付给聘请专家的费用。专家咨询费的标准按照有关规定执行，不得支付给参与项目的工作人员。

（七）其他支出：指与项目直接相关的其他支出。其他支出应当在申请预算时详细说明。

第三章 预算资金管理

第九条 省科协应当按照预算编制要求，提前确定下一年度支出事项和专项资金分配建议，并按规定的时间和要求报送省财政厅。

采取项目法分配的，省科协应当提前做好项目申报评审、项目预算编制、公开公示等工作；采取因素法分配的，省科协应当提供相关因素数据并负责数据核实等工作。

第十条 省财政厅根据省科协专项资金分配建议，审核专项资金年度预算，并按照预算管理的有关规定批复下达专项资金。

第十一条 项目承担单位应当切实履行法人职责，将专项资金纳入单位财务统一管理，明确内部管理权限和审批程序，并对专项资金进行单独核算，确保资金使用安全、规范、有效。

第十二条 项目资金应按照财政国库集中支付有关规定执行。符合政府采购条件的支出，应当按政府采购有关规定执行。

项目承担单位应当严格执行有关支出管理制度。对应当实行"公务卡"结算的支出，按照公务卡结算有关规定执行。设备费、劳务费、专家咨询费原则上应当通过银行转账方式结算。

项目资金形成的资产，按规定属于国有资产的，应当按照国有资产管理的有关规定执行。

第十三条 项目承担单位应当及时按预算核拨项目合作单位的项目资金，并加强资金监督管理。项目合作单位应当按照本办法的规定管理和使用项目资金，自觉接受有关的监督检查。

第十四条 项目承担单位应当按照下达的预算执行。如确有必要调整时，应当按照以下调整范围和权限，履行相关程序：

（一）项目名称、项目承担单位、项目负责人和项目预算总额的调整，应当按原程序报省财政厅和省科协批准。

（二）项目总预算不变，项目合作单位之间预算调整以及增加或减少项目合作单位的预算调整；项目实施期间出现计划任务、绩效目标、实施周期调整，应当按原程序报省科协批准。

（三）项目总预算不变，具体支出预算如需调整，由项目负责人根据工作的实际需要报项目承担单位批准。

第十五条 项目结转结余资金按国家和省级盘活财政存量资金政策有关规定执行。

第四章 绩效管理

第十六条 省科协应当将绩效管理融入预算编制、执行、监督全过程，构建事前事中事后绩效管理闭环系统，从数量、质量、时效、成本、效益等方面，综合衡量专项资金使用效果，实现预算和绩效管理一体化，提高财政资金配置效率和使用效益。

第十七条 省科协负责拟定专项资金绩效目标，绩效目标的设定应当定性和定量相结合，清晰反映项目的预期产出和效果，相应的绩效指标应当细化、量化、可衡量，省财政厅审核后批复。

第十八条 年度预算执行中，省科协应对项目预算执行情况和绩效目标预期实现程度开展绩效监控，及时纠正发现的问题，确保绩效目标如期实现。年度预算执行结束或项目完成后，省科协应督促项目承担单位对绩效目标实现程度开展自评，并在项目承担单位自评的基础上开展专项资金绩效评价，同时按要求向省财政厅报送绩效评价报告。

第十九条 每年3月份，省科协依据年度绩效目标对上年专项资金使用情况进行总体绩效评价，形成评价报告报省财政厅。省财政厅在省科协绩效评价的基础上适时开展财政重点评价，评价结果作为政策调整、改进管理和预算安排的重要依据。

第二十条 省财政厅、省科协可探索委托第三方机构开展专项绩效评价工作。

第五章 监督检查

第二十一条 专项资金管理、项目管理的单位接受所在党组巡察、驻在部门派驻纪检组、内外部审计的监督；项目承担单位应当按规定公开资金使用和绩效管理等情况，接受财政、审计等部门监督检查。

第二十二条 专项资金不得用于人员工资及福利性支出，不得用于出国和业务招待支出，不得用于罚款、捐款、赞助、对外投资支出，不得用于与项目实施工作无关的支出。

第二十三条 严肃查处项目资金管理和使用中的各类违规违法行为。

项目承担单位和项目负责人在预算编报、资金拨付、资金管理和使用、绩效评价、监督检查等环节存在违规行为的,省财政厅、省科协将视情况轻重采取约谈、通报批评、终止项目执行追回已拨资金、阶段性或永久取消项目承担单位或项目负责人申报项目资格等措施,并将有关结果向社会公开。涉嫌犯罪的,移送监察机关和司法机关处理。

财政、科协系统及相关工作人员在项目立项、预算审核、资金分配等环节,存在违反规定安排资金以及其他滥用职权、玩忽职守、徇私舞弊等违法违纪行为的,按照《预算法》《公务员法》《监察法》《财政违法行为处罚处分条例》等相关规定追究有关责任单位和人员的责任;涉嫌犯罪的,移送监察机关和司法机关处理。

第六章 附则

第二十四条 本办法由省财政厅负责解释。

第二十五条 本办法自印发之日起施行,执行期限为2019—2022年。《河南省基层科普行动计划专项资金管理办法》(豫财教〔2015〕43号)同时废止。

河南省科技厅　河南省财政厅
关于进一步优化省级科技计划项目和资金管理的通知

(豫科〔2019〕32号)

各有关单位：

为贯彻落实习近平总书记在两院院士大会上的重要讲话精神和《国务院关于优化科研管理提升科研绩效若干措施的通知》(国发〔2018〕25号)、《中共中央办公厅、国务院办公厅关于进一步加强科研诚信建设的若干意见》、《国务院办公厅关于抓好赋予科研机构和人员更大自主权有关文件贯彻落实工作的通知》(国办发〔2018〕127号)，充分激发科研人员创新活力，切实减轻科研人员负担，根据《河南省人民政府办公厅关于做好赋予科研机构和人员更大自主权有关政策文件落实工作的通知》(豫政办明电〔2019〕2号)要求，现就省级科技计划项目组织实施有关问题补充通知如下。

一、整合精简各类报表。系统梳理项目申报、立项、过程管理和综合绩效评价等环节，优化管理流程，整合项目申报书、任务书、年度（中期）报告、综合绩效自评价报告等材料中的各类报表，按照减量不减质、满足管理基本需求的原则，对现有项目层面填报表格进行整合精简，实现一表多用、一表多能，不再重复填报相关信息，项目申报书中单位基本情况表由单位管理员一次填报，各项目申报人不再分别填报。完善省科技计划管理信息系统，加强全省政务信息系统数据共享，逐步采取自行调取申请人登记、许可类信息方式，对申请材料进行精简，减轻申请人负担。

二、推行"材料一次报送"制度。减少信息填报和材料报送，从项目申报到综合绩效评价各环节，全面推行信息化方式，通过省科技计划管理信息系统填报材料。实现项目全周期"信息一次填报、材料一次报送"，杜绝科研单位基本信息、科研人员基本信息、项目目标和考核指标等各类信息的重复填报，项目在拟立项公示前不再报送纸质材料，逐步实现科研人员"一趟都不用跑"，不得随意要求项目承担单位填报各种信息或报送有关材料。减少纸质材料报送，一般情况下，项目单位报送的纸质材料（除任务书外）不超过2套。

三、改进项目遴选机制。省级科技计划项目一般采取公开竞争的方式择优遴选承担单位。探索建立对重大原创性、颠覆性、交叉学科创新项目等的非常规评审机制。对目标导向明确、技术路线清晰、组织程度较高、优势承担单位集中的重大科技项目，可采取定向择优或定向委托等方式确定承担单位。在项目申报和评审中，对涉及"唯论文、唯职称、唯学历、唯奖项"等简单量化的做法进行清理，建立以创新质量和贡献为导向的评价体系。

四、简化项目过程管理。针对关键节点实行"里程碑"式管理，减少项目实施周期内的各类评估、检查、抽查等活动，自由探索类基础研究项目和实施周期三年以下的项目以承担单位自我管理为主，一般不开展过程检查。加强科研项目监督检查工作统筹，实行统一的年度监督检查计划，相对集中时间联合检查，充分利用大数据等信息技术提高监督检查效率，监督检查结果信息共享和互认，避免对同一项目同一年度重复检查、多头检查。探索实行"双随机、一公开"检查方式。

五、赋予科研人员更大技术路线决策权。项目申报期间，以科研人员提出的技术路线为主进行论证；项目实施期间，项目负责人具有自主选择和调整技术路线的权利，可以在研究方向不变、不降低申报指标的前提下自主调整研究方案和技术路线；项目负责人可根据项目需要，在申报期间按规定自主组建科研团队；结合项目进展情况，在实施期间按规定进行相应调整，并在遵守科研人员限项规定及符合诚信要求的前提下自主调整项目骨干、一般参与人员，报主管部门、省科技厅备案。

六、简化预算编制要求。根据科研活动规律和特点，进一步完善预算编制。简化预算编制科目，合并会议费、差旅费、国际合作与交流费科目，由科研人员结合科研活动实际需要编制预算并按规定统筹安排使用。会议费/差旅费/国际合作交流费预算不超过直接费用10%的，无需提供预算测算依据；超过10%的，按照会议、差旅、国际合作交流分类提供必要的测算依据，无需对每次会议、差旅做单独的测算和说明。对于纳入"科研经费管理绿色通道"改革试点单位的科研项目预算编制要求，按照改革试点相关规定执行。

七、进一步下放预算调剂权限。在项目总预算不变的情况下，直接费用中各支出预算调剂权下放给项目承担单位，其中不超过直接费用10%的，不需要提供预算调整测算依据。直接费用中材料费、测试化验加工费、燃料动力费、出版/文献/信息传播/知识产权事务费等预算如需调整，项目负责人根据实施过程中科研活动的实际需要，由项目承担单位批准。设备费、差旅/会议/国际合作交流费、劳务费、专家咨询费的预算如有特殊情况确需调增的，需说明调整原因，报经项目承担单位批准。承担单位应按照国家有关规定完善管理制度，及时为科研人员办理预算调剂手续；相关管理制度由单位主管部门报项目管理部门备案。

八、实施一次性项目综合绩效评价。合并项目技术验收、财务验收等程序，逐步试点实施一次性综合绩效评价。项目实施期满后，应严格按照任务书的约定，考核项目任务完成情况和项目资金管理使用情况，组织开展综合绩效评价，重视相关项目间的协同和项目对重点专项目标实现的支撑作用。加强绩效评价结果的应用，将绩效评价结果作为政策调整、改进管理和预算安排的重要依据。结余经费的认定、留用与收回等按照综合绩效评价相关要求执行。

九、突出代表性成果和项目实施效果评价。按照分类评价的要求，基础研究与应用基础研究类项目重点评价新发现、新原理、新方法、新规律的重大原创性和科学价值、解决经济社会发展和国家安全重大需求中关键科学问题的效能、支撑技术和产品开发的效果、代表性论文等科研成果的质量和水平；技术和产品开发类项目重点评价新技术、新方法、新产品、关键部件等的创新性、成熟度、稳定性、可靠性，突出成果转化应用情况及其在解决经济社会发展关键问题、支撑引领行业产业高质量发展中发挥的作用；应用示范类项目绩效评价以规模化应用、行业内推广为导向，重点评价集成性、先进性、经济适用性、辐射带动作用及产生的经济社会效益。对提交评价的论文、专利等作出数量限制规定，不将"头衔""帽子""论文数量""获得奖励"等作为评价指标。

十、强化项目承担单位和科研人员责任。承担单位应发挥科研项目和资金管理主体责任，结合单位实际，修订完善内部科研项目和资金管理制度，严格按照任务书的承诺，做好组织实施和支撑服务。加强科学伦理审查和监管，有关项目承担单位和科研人员须恪守科学道德，遵守有关法律法规和伦理准则。相关单位建立资质合格的伦理审查委员会，须对相关科研活动加强审查和监管；相关科研人员应自觉接受伦理审查和监管。

十一、加强信息公开。省科技计划管理信息系统按权限向项目承担单位、项目管理委托机构、行业主管部门等相关主体开放。建立"四公示"制度，即项目申报单位推荐项目前需在单位内部进行公示，省科技主管部门在项目受理、立项、结项等三个环节信息实行网上公开公示，公示时间不少于5个工作日。

十二、建立重大创新免责机制。对受市场风险影响、技术路线选择失误或其他不可预见原因，未实现预期目标或失败的省重大创新项目，项目承担人已尽到勤勉和忠实义务的，经组织专家评议，确有重大探索价值的和应用价值的，可继续支持其选择不同技术路线开展相关研究。对于探索性强、失败风险高的项目，原始记录证明项目负责人已经履行了勤勉尽责义务仍不能完成目标任务的，不予追究科研失败责任，不影响科研信用记录。

十三、加强科研诚信建设。对项目承担单位、项目负责人及项目组其他成员、评审专家及实施过程中相关中介机构及个人开展科研诚信管理。项目申报时要对企业社会信用情况进行查询，依法依规开展守信联合激励和失信联合惩戒。对于违反科研诚信要求的，将其列入省科研不良信用记录；情节严重的，按照国家规定处理；涉嫌犯罪的，依法移送司法机关处理。

十四、做好项目政策衔接。对于执行周期结束且已开展结题验收的项目，继续按照原政策执行；项目执行周期结束但尚未开展结题验收以及仍在执行中的项目，参照本通知执行。

本通知自发布之日起施行，《河南省科技计划项目管理办法（试行）》（豫科〔2016〕83号）和各类计划项目管理办法、实施细则等相关规定与本通知要求不一致的，以本通知为准。

2019年2月28日

河南省财政厅关于进一步推动改革政策落实优化科研项目资金管理的通知

(豫财科〔2019〕18号)

省直有关单位，省属高校、科研院所：

为贯彻落实《关于抓好赋予科研机构和人员更大自主权有关文件贯彻落实的通知》（财办发〔2019〕7号）、《关于进一步完善中央财政科技和教育资金预算执行管理有关事宜的通知》（财库〔2018〕96号）、《河南省人民政府办公厅关于做好赋予科研机构和人员更大自主权有关政策文件落实工作的通知》（豫政办明电〔2019〕2号）文件精神，认真做好2018年国务院督查问题整改工作，现就有关事项通知如下：

一、抓好科研项目资金管理改革政策落实

（一）认真开展自查整改

2018年10—11月，省财政厅、省科技厅、省教育厅组织开展了省属71家高校、科研院所财政科研项目资金管理等政策落实情况督察工作。依据督察方案，现将各单位政策落实量化评分情况在省财政科研经费管理云平台予以通报，请查看并结合本单位评分情况，认真查找不足，切实履行法人责任，及时整改到位。各单位要根据科研工作的特点，对科研需要的出差和会议按标准报销相关费用并简化相关手续；对以市场委托方式取得的横向经费，由项目承担单位按照委托方要求或合同约定管理使用。确保下放的管理权限"接得住、管得好"。

（二）加快制定内部制度

对照中央和我省已经出台的赋予科研单位和科研人员自主权的有关政策，省属高校、科研院所等相关单位要修订完善财政科研项目资金预算调剂、差旅费管理、绩效等间接费用管理、内部公开公示等内部管理办法。对与新出台政策精神不符的内部管理制度规定要进行清理和修改。上述内部管理制度文件修订等工作应于2019年3月底前完成并在省财政科研经费管理云平台备案。

（三）加强制度宣传培训

各单位要进一步加强对中央和我省已制定出台文件及修订后内部管理制度的宣传培训力度，有计划、分层次地开展培训，做好制度文件内部公示和政策解读。要加大对本单位重大科研项目承担者、科研及财务管理人员、科研财务助理等培训力度，切实提高单位管理水平。要注重收集、总结政策执行中的好做法、好经验、好案例，及时向省财政厅报送，加强宣传推广，推动政策落地生效。

（四）继续实施自创区绩效支出政策试点

为落实豫发〔2016〕27号文件精神，支持双一流大学建设，郑州大学、河南大学、河南工业大学、郑州轻工业学院作为国家自主创新示范区内试点单位，承担省重大科技专项、科技研发专项、省教育厅重点科研计划等省科研项目经费中列支的间接费用比例，可提高至不超过直接费用

扣减设备费后的40%（基础研究、社科研究、软件开发类60%）。科研经费中列支的绩效支出，计入当年单位工资总额，不纳入核定的单位绩效工资总额基数内。该项试点政策截至2020年12月31日。

二、进一步提高预算单位用款自主权

为落实科研项目主管部门和管理专业机构主体责任，提高预算执行效率，结合单位财务管理水平，将河南省科学院、河南省农业科学院、河南大学、信阳师范大学等科研院所、高校列入"科研经费管理绿色通道"改革试点单位，先行试点下列优化科研资金支付管理政策措施：

（一）在单位内部已建立完备内部控制体系的条件下，省重大科技专项、省级科技研发专项、省教育厅重点科研计划等专项资金，全部实行财政授权支付。

（二）允许部分科研项目资金从本单位零余额账户向本单位或本部门其他预算单位实有资金账户划转。具体包括：按照有关制度规定由预算单位与科研项目承担单位签订委托协议或合同，按约定确需将资金支付到科研项目承担单位的；省属高校、科研院所单位内部机构之间测试化验加工费用等结算支出。

其他高校、院所结合工作实际，在建立完备内部制度体系和内控制度基础上，经申请审核后，可列入试点范围。

三、放宽科研项目中公务卡结算要求

省属高校、科研院所等相关单位承担省级财政科研项目，所发生支出中属于省级预算单位公务卡强制结算目录范围的，在不具备刷卡条件的情况下，如野外科考工作中发生的支出等，经单位财务部门批准后可不使用公务卡结算。

对于参与省级财政科研项目1年以上，并负责科研经费支出报销业务的项目聘用人员，经项目管理部门和财务部门批准后，可以办理并使用公务卡。

省级财政科研项目中的临时聘用人员、研究生等不具备公务卡办卡资格的参与人员，因执行项目任务产生的差旅费等费用，经项目负责人和单位财务部门批准后，可不使用公务卡结算，但原则上不得使用现金。

2019年3月22日

河南省科学技术厅 河南省财政厅
关于印发《河南省省级重大科技专项管理办法（试行）》的通知

(豫科〔2019〕96号)

各省辖市、省直管县（市）科技局、财政局，各国家高新区、郑州航空港经济综合实验区管委会，省直有关部门，各有关单位：

为进一步规范提升省级重大科技专项实施管理，按照国家和省有关文件精神，结合我省实际，省科技厅、财政厅制定了《河南省省级重大科技专项管理办法（试行）》。现印发给你们，请遵照执行。

河南省科学技术厅 河南省财政厅
2019年7月8日

河南省省级重大科技专项管理办法（试行）

第一章 总则

第一条 根据《中共中央办公厅 国务院办公厅关于深化项目评审、人才评价、机构评估改革的意见》要求，以及国务院《关于优化科研管理提升科研绩效若干措施的通知》精神，为深入贯彻落实《中共河南省委 河南省人民政府关于深化科技体制改革推进创新驱动发展若干实施意见》（豫发〔2015〕13号）、《河南省人民政府关于深化省级财政科技计划和资金管理改革的意见》（豫政〔2015〕2号），科学布局、统筹实施河南省省级重大科技专项（以下简称"专项"），制定本办法。

第二条 专项实施突出目标导向，聚焦事关我省重大战略的科技创新需求，发挥集中力量办大事的体制优势，多方联动进行集成式协同攻关；突出系统布局，坚持产业链与创新链的深度融合，瞄准重点优势产业上下游的关键节点，进行全链条一体化布局，集成资源系统推动专项的组织实施；突出分类实施，尊重科研规律，针对企业、科研机构、高等院校等各类主体不同的创新需求、研发定位和目标导向，在项目的产生途径、组织流程、支持方式、绩效考评等方面因类施策、分类推进。

第三条 专项聚焦我省优势主导产业和战略性新兴产业重大创新需求，着力解决产业发展以及民生公益领域核心关键技术瓶颈，着力推动重大科技创新成果的示范推广应用，是引领作用突出、资金投入量大、协同效应明显、支撑作用显著的重大科研项目。

专项主要包括重大创新专项、重大公益专项、郑洛新国家自主创新示范区创新引领型产业集群专项三个二级专项。其中，重大创新专项包括《河南省"十百千"转型升级创新专项实施方案》（豫政办〔2019〕11号）中的创新引领专项和重大创新示范专项，主要围绕我省经济竞争力的核心关键，突出产业化，政府主动布局，企业牵头主导，力争解决相关领域核心技术缺乏、关键装备部件依赖进口等"卡脖子"问题，打造标杆、形成示范，突出产业化目标，引领带动产业转型发展；重大公益专项主要聚焦我省民生科技、社会公益、公共安全以及基础学科、新兴产业的重大关键技术需求，依托高等学校、科研机构等开展技术研发和应用示范，为经济社会可持续发展提供技术支撑；郑洛新国家自主创新示范区创新引领型产业集群专项主要瞄准自创区的优势主导产业和战略新兴产业，围绕产业链关键环节，依托创新骨干企业，突出共性关键技术，全链条创新设计、一体化组织实施，力争培育一批具有核心竞争力的优势产业。

第二章 管理职责

第四条 专项实施管理中的责任主体分为四类：

（一）省级管理部门，包括省科技厅、省财政厅。

（二）项目主管部门，包括各省辖市、省直管县（市）科技、财政管理部门，国家高新区管委会，郑州航空港经济综合实验区管委会，以及相关省直部门（单位）等。

（三）项目承担法人单位。

（四）项目负责人。

第五条 省科技厅负责统筹安排部署和组织专项实施管理工作，加强对项目主管部门、项目承担单位、项目负责人的分类指导，协调解决项目管理中的其他相关事项，会同省财政厅开展项目绩效目标审核、预算评估、绩效评价工作。省财政厅负责组织编制重大专项资金中期财政规划和年度预算，审核专项资金绩效目标和分配方案，会同省科技厅分配下达资金；指导监督专项资金使用管理，对专项资金绩效评价结果进行抽查和再评价，并加强绩效评价结果应用。

第六条 项目主管部门负责切实履行专项推荐、组织实施和过程管理等环节的相应职责；对本地区或本部门（单位）项目承担单位、项目负责人进行指导和监督，负责相关材料的初审和组织上报，做好跟踪服务，协调项目实施中出现的问题。

第七条 项目承担单位对专项实施承担法人主体责任，负责对项目相关材料进行审核把关，对项目资料的真实性、完整性负责；接受省级管理部门及项目主管部门的指导和监督，严格执行任务书规定的各项任务，提供项目实施的条件保障，确保项目目标实现，及时报告项目执行情况与存在问题，配合验收评价等工作。

第八条 项目负责人应恪守科研诚信，强化责任意识，认真组织专项申请和实施；完整、真实地提供专项实施相关材料，及时通过项目承担单位向省级管理部门和项目主管部门报告专项实施过程中的重要事项和问题；自觉接受监督和检查。

第三章 支持条件

第九条 专项项目应具备以下条件：

（一）符合国家和我省的产业、技术政策，拥有自主知识产权，创新性强，能够实现核心关键技术突破，技术水平处于国内领先以上。

（二）能够提升相关产业核心竞争力，具有良好的产业化前景，或能够在民生公益领域形成应用示范效应。

（三）应依托市级及以上重大建设工程或重点建设项目实施，对经济社会发展具有较强带动作用。

（四）实施周期一般不超过三年，投资规模合理，自筹资金到位，鼓励金融机构和投资机构等社会多元化投资。

第十条 项目承担单位应具备以下条件：

（一）在河南省境内注册，具有独立法人资格的企业、科研机构、高等院校，以及其他具有研发能力和条件的单位。

（二）应建有相关领域省级及以上重点实验室、工程技术研究中心、企业技术中心等研发平台，或经省级备案的新型研发机构等。

（三）拥有较强的技术创新意识和知识产权保护意识，具有较高的经营管理水平和市场开拓能力，拥有结构合理的研发团队，能够保证项目配套资金、设施的落实。

（四）项目承担单位为企业的，上年度经审计核准的研发投入占主营业务收入比例，大中型企业不低于1.5%，其他企业不低于3%；应有良好的信用记录，未被计入"信用中国（河南）"黑名单。

第四章　实施管理

第十一条 省科技厅根据年度重点工作部署，会同省财政厅采用自下而上、自上而下相结合的方式，进行专项项目的公开征集或定向组织实施；项目主管部门指导申报单位填报相关申报材料并按要求推荐上报。

第十二条 项目评审论证工作由省科技厅组织或委托第三方机构进行，实行专家负责制。探索建立对重大原创性、颠覆性、交叉学科等创新项目的非常规评审机制，对目标导向明确、技术路线清晰、组织程度较高、优势承担单位集中的项目，采取定向择优或定向委托等方式确定承担单位。

第十三条 省科技厅根据专家评审论证结果确定拟立项支持项目，并进行立项公示。公示期间有异议的项目，省科技厅进行复核，复核程序及结论按照相关规定及时公开反馈项目主管部门、项目承担单位和异议提出人。根据公示和复议情况，确定立项结果并下达立项文件，其中意义重大的创新项目需报经省政府同意后立项实施。

第十四条 实行任务书管理。省科技厅与项目主管部门、承担单位签订任务书，明确项目总体、阶段绩效目标及各方的责任、权利和义务。项目任务书以项目申报书为依据，任务书指标原则上不得变更和调整。省科技厅视情况组织开展关键节点的绩效评估。

第十五条 项目经费的管理、使用按照《河南省省级重大科技专项资金管理办法》等有关规定执行。项目支持方式包括前补助和后补助。对于科研院所、高等院校及其他具有研发能力的事业单位承担的项目，主要采取前补助方式，并根据项目实施计划分年度拨付经费。对于企业承担的项目，项目立项后核定财政补助资金总额，根据绩效评价情况或项目阶段目标完成情况给予后补助支持，可事先拨付一定比例启动经费，其中创新引领专项分年度按比例给予支持。

第十六条 项目实施期满后进行一次性综合绩效评价，由省科技厅、省财政厅组织或委托第三方机构或地方采取现场验收与会议验收相结合等方式进行，夯实专家责任。绩效评价结果实行网上公示，并作为确定项目后补助经费额度、连续滚动支持的重要因素。

第十七条 省财政厅、省科技厅强化绩效评价结果应用。对事业单位承担的前补助项目，绩效考核结果较好的，结余资金在财务验收完成起2年内由项目承担单位统筹安排用于科研活动的直接支出；绩效考核结果较差的，收回结余资金。对企业承担的后补助项目，绩效考核结果为优秀的，可适当增加财政后补助金额；绩效考核结果良好的，按照核定的财政补助总额拨付后补助资金；绩效考核结果中和差的，适当调减后补助金额或不再拨付后补助资金。

第十八条 项目因故不能按期完成任务的，项目承担单位需在执行期结束前3个月提出延期申请，延期时间原则上最多不超过1年。

项目因故无法继续实施的，项目承担单位应及时申请项目终止，由项目主管部门审核确认后报请省科技厅、省财政厅批准。省科技厅、省财政厅组织技术、财务专家对项目实施、经费使用情况进行核准后，符合相关规定的，确定项目终止并向社会公布。

第十九条 项目成果除有保密要求外，应及时纳入河南省科技报告共享服务系统向社会公开，加强项目实施成效和重大成果宣传。

第五章 监督保障

第二十条 强化监督管理。建立全流程监督工作机制，对项目的申报立项、资金分配及绩效评价等环节进行全程监督。

第二十一条 加强信息公开。除涉密及法律法规另有规定外，项目的申报受理、论证立项和绩效评价等全过程通过"河南省科技业务综合管理平台"进行，并按规定向社会公开相关信息，接受监督。

第二十二条 实行重大事项报告制度。项目主管部门及承担单位应及时报告项目实施取得的明显进展和重大成效，加强成果宣传；项目承担单位对项目实施中需要进行调整的重大问题，经主管部门同意后报请省科技厅、省财政厅批准。

第二十三条 强化科研诚信建设。参与申报、评审、评估等工作的相关申请单位、申请人员、评审专家要签署科研诚信承诺书，明确承诺事项和违背承诺的处理要求。对项目实施各类责任主体的不良信用行为如实记录，对于列入不良信用行为记录的责任主体，按照有关规定在一定期限内限制或取消其申请省科技计划项目或参与项目实施与管理的资格。

第二十四条 建立重大创新容错机制。对受市场风险影响、技术路线选择失误或其他不可预见原因，未实现预期目标或失败的项目，承担人已尽到勤勉和忠实义务的，经组织专家评议，确有重大探索价值和应用价值的，可继续支持其选择不同技术路线开展相关研究，对不可预见等因素造成的未实现预期目标的项目给予宽容认可。

第二十五条 建立风险防控机制。各级科技、财政部门及其工作人员在项目立项评审、绩效评价、资金分配方案的制定和复核过程中，存在违反规定安排资金以及其他滥用职权、玩忽职守、徇私舞弊等违法违纪行为的，按照《公务员法》《行政监察法》《财政违法行为处罚处分条例》等国家有关规定追究有关责任单位和人员的法律责任；涉嫌犯罪的，依法移送司法机关处理。

第六章 附则

第二十六条 本办法自印发之日起实施。

第二十七条 本办法由省科技厅、省财政厅负责解释。

河南省科学技术厅 河南省财政厅
关于印发《河南省自然科学基金项目管理办法（试行）》的通知

（豫科〔2019〕141号）

各有关单位：

为进一步规范和加强河南省自然科学基金项目实施管理，提高资金使用效益，增强我省原始创新能力，结合我省实际，省科技厅、财政厅制定了《河南省自然科学基金项目管理办法（试行）》。现印发给你们，请遵照执行。

附件：河南省自然科学基金项目管理办法（试行）

河南省科学技术厅 河南省财政厅
2019年10月11日

河南省自然科学基金项目管理办法（试行）

第一章 总则

第一条 为了规范和加强河南省自然科学基金（以下简称"省基金"）项目管理，提高省基金使用效益，增强我省原始创新能力，根据《河南省科技计划项目管理办法（试行）》，参照《国家自然科学基金条例》，制定本办法。

第二条 省基金面向全省组织实施，主要资助自然科学方面的基础研究（含应用基础研究，下同）、战略性前沿技术研究等工作。

第三条 省基金主要来源于省财政拨款。鼓励自然人、法人或者其他组织向省基金捐赠或合作设立联合基金。

第四条 省科学技术厅（以下简称"省科技厅"）是省基金项目主管部门，依法对省基金资助工作进行宏观管理、统筹协调，主要履行以下职责：

（一）研究制定省基金发展规划与政策；

（二）审定年度省基金项目指南；

（三）委托基金管理专业机构负责省基金日常管理工作；

（四）管理和监督基金管理专业机构日常工作；

（五）审核批准省基金资助项目；

（六）编制省基金项目年度预算，提交下一年度专项细化建议；

（七）负责省基金项目全过程绩效管理具体工作，向省财政厅提交项目绩效评价结果，并提出应用建议。

第五条 省财政厅依法对省基金项目的预算管理进行指导和监督，主要履行以下职责：

（一）审核省基金项目年度预算，根据预算编制程序要求审核下达专项资金；

（二）指导省基金项目绩效评价管理工作，督促开展全过程预算绩效管理，根据工作需要适时组织开展财政重点绩效评价；

（三）审核省基金项目绩效评价结果和结果应用方式，督促对绩效评价中发现的问题及时整改。

第六条 基金管理专业机构在省科技厅领导下工作，主要履行以下职责：

（一）建立省基金项目评审专家库、项目库；

（二）提出、发布年度省基金项目指南；

（三）受理省基金项目申请；

（四）组织专家进行省基金项目评审；

（五）管理和监督省基金项目实施，组织和指导项目依托单位开展绩效评价工作，研究提出下年度基金发展建议；

（六）受托管理省基金项目经费；

（七）受理省基金项目依托单位注册和备案申请。

第七条 省基金项目资助类别为：杰出青年科学基金项目、优秀青年科学基金项目、青年科学基金项目、面上科学基金项目和联合基金项目。

省科技厅、省财政厅可根据需要增设或调整项目类别。

第八条 省基金项目管理工作遵循"尊重科学、激励创新、促进合作、平等竞争"的原则。

第九条 确定省基金资助项目，应当充分发挥同行专家的作用，采取宏观引导、自主申请、平等竞争、同行评议、择优支持的机制。

第十条 省基金项目资助工作通过依托单位实施。本省行政区域内的高等院校、科研机构和有条件开展公益性基础研究的企业，以及其他开展基础研究的机构，符合下列条件的，可以申请注册为依托单位：

（一）具有独立法人资格；

（二）具有专门从事基础研究活动的能力和条件；

（三）具有专门的科学研究项目管理机构和制度；

（四）具有专门的财务机构和制度；

（五）没有社会信用黑名单记录。

基金管理专业机构应当自收到注册申请之日起30日内作出审查决定，并书面通知申请单位。不予注册的，应当说明理由。

国家自然科学基金在豫依托单位自然成为省基金依托单位，直接备案，不再审核注册。

第十一条 依托单位在省基金项目资助管理工作中，应当积极履行下列职责：

（一）组织本单位科技人员申请省基金项目；

（二）审核申请人所提交材料的真实性；

（三）提供省基金项目实施的条件，保障项目负责人和参与人实施省基金项目的时间；

（四）跟踪省基金项目的实施，监督基金资助经费的使用，配合基金管理专业机构开展项目绩效管理工作；

（五）及时向基金管理专业机构报送年度项目执行情况总结报告；

（六）受基金管理专业机构委托，组织对本单位部分类别省基金项目进行结题验收，并报基金管理专业机构备案；

（七）及时向基金管理专业机构反馈省基金项目实施过程中遇到的新情况及新问题，并提出意见及建议。

第二章　申请与受理

第十二条　省基金项目申请人需具备下列条件：

（一）所在单位是依托单位；

（二）申请人必须是项目的实际负责人，在我省境内工作并正式受聘于依托单位的在职在岗科技人员，每年在依托单位工作时间应不少于6个月，有足够的时间和精力从事申请项目的研究；

（三）具有从事基础研究工作的经历；

（四）具有良好的教育和科研工作经历；

（五）具有良好的学风和科学道德；

（六）所申请项目必须符合项目指南的资助范围。

第十三条　省基金项目申请程序和要求：

（一）申请人必须按规定的格式，实事求是填写省基金项目申请书，项目组所有成员应在申请书上亲自签名；

（二）申请人应自行将项目申请书、经费预算书通过网络申报系统进行录入提交；

（三）申请人所在依托单位应对本单位申请书、经费预算书内容进行严格审查，保证填报内容真实可靠，并授权其科研主管部门签署意见并加盖公章；

（四）参与者与申请人不是同一单位的，参与者所在单位视为合作研究单位，合作研究单位不超过2个。

第十四条　除杰出青年科学基金项目和优秀青年科学基金项目外，其他类别省基金项目评审工作一般按照基金管理专业机构形式审查、同行专家通讯评审、学科专家组会议评审、基金管理专业机构审核、省科技厅审议的程序进行。必要时，基金管理专业机构可视具体情况并经省科技厅批准，启动或调整相关程序。

第十五条　基金管理专业机构应当自省基金项目申请截止之日起30日内公示全部申请项目，并于申请截止之日起45日内完成对申请材料的形式审查。符合受理条件的，予以受理。有下列情形之一的，不予受理：

（一）申请人不符合本办法规定条件的；

（二）申请材料不符合年度项目指南要求的；

（三）申请人申请项目不符合限项规定的；

（四）申请人有科研不良信用行为记录的。

第十六条　基金管理专业机构决定不予受理的，应当通过依托单位告知申请人，并说明理由。申请人对不予受理决定有异议的，可以自收到通知之日起5日内，通过依托单位以书面形式向基金管理专业机构提出复审申请。基金管理专业机构应当自收到复审申请之日起15日内完成复审。经复审，认为项目申请属于不予受理情形的，予以维持，并通过依托单位书面告知申请人；认为项目申请符合受理条件的，撤销原决定。

第三章 评审与立项

第十七条 基金管理专业机构应当聘请具有较高学术水平、良好职业道德、主持过国家自然科学基金项目的同行专家进行省基金项目评审。

评审专家不能参加评审或对评审的项目难以作出学术判断的，应当及时告知基金管理专业机构予以更换。

第十八条 在评审工作中，基金管理专业机构工作人员、评审专家是项目申请人或者参与人近亲属，或者与其有其他关系，可能影响公正评审的，应当回避。项目申请人或参与人不得作为评审专家参加当年的项目评审，如果被安排参加当年的评审工作，应当主动申请回避。

申请人可以向基金管理专业机构提出评审专家回避申请，并提出回避理由，提出回避的评审专家不超过2名。基金管理专业机构在选择评审专家时可以根据实际情况予以考虑。

第十九条 评审专家应当认真履行评审职责，客观公正地对申请项目从科学价值、创新性、社会影响以及研究方案的可行性等方面进行独立判断和评价，提出评审意见。

评审专家对申请项目提出评审意见，还应当考虑申请人和参与人的研究经历、基金资助经费使用计划的合理性、研究内容获得其他资助的情况等因素。

第二十条 省基金项目实行公示制度，接受社会监督。公示内容应包括：拟资助项目名称、申请人姓名、依托单位名称及拟资助的经费额等基本情况。公示期不少于5个工作日。

第二十一条 申请人对不予资助的决定有异议的，可以自公示之日起5日内，通过依托单位向基金管理专业机构提出书面复审请求。对评审专家的学术判断有不同意见，不得作为提出复审请求的理由。

基金管理专业机构对申请人提出的复审请求，应当自收到之日起30日内完成审查。认为原决定符合本办法的，予以维持，并书面通知申请人和依托单位；认为评审工作中存在程序性错误且影响评审结果的，应重新对申请人所申请项目组织专家进行评审，报省科技厅审批后重新作出是否予以资助的决定，并书面通知申请人和依托单位。

基金管理专业机构按复审程序组织专家进行评审时，可以选择进行通讯评审或会议评审。复审后确定的拟资助项目名称、申请人姓名、依托单位名称等基本情况予以公示，接受社会监督。公示期不少于5个工作日。

第二十二条 拟资助项目书面公示结束后，省科技厅、省财政厅下达省基金项目立项资助计划。

第二十三条 参加省基金项目评审及相关工作的所有人员应遵守以下保密规定，以切实保护申请者和评审专家的权益：

（一）不得剽窃申请书内容；

（二）不得泄露同行评审专家姓名和单位；

（三）不得泄露未经审批的评审结果。

第四章 实施与管理

第二十四条 省基金项目立项计划下达后，获得资助的项目负责人由依托单位组织在规定的时间内与基金管理专业机构签订项目任务书。项目任务书一式三份，分别由基金管理专业机构、依托单位、项目负责人保管，作为资助经费拨付和项目检查、结题验收的依据。无正当理由而逾期未签任务书者按自动放弃处理；如依托单位或项目负责人提出无法落实任务书确定的条款，则取消该项目。

第二十五条 省基金项目在实施过程中，出现项目负责人变更、终止项目实施等情形，应由依托单位签署意见后，报基金管理专业机构同意。

由于客观原因不能按期完成研究计划的，项目负责人可以申请延长研究期限。每个项目只能延期1次，申请延长的时间一般不超过1年，项目负责人应当于项目资助期限届满60日前提出延期申请，由依托单位签署意见后，报基金管理专业机构同意。在项目延展执行期内，项目负责人不能申请新的省基金项目。

第二十六条 省基金项目在实施过程中，项目负责人具有自主选择和调整技术路线的权利，可以在研究方向不变、不降低申报指标的前提下自主调整研究方案和技术路线，并在遵守科研人员限项规定及符合诚信要求的前提下自主调整项目骨干、一般参与人员，报依托单位、基金管理专业机构备案。

第二十七条 省基金项目负责人应按照项目任务书的要求使用基金资助经费。财政资助经费的使用应严格执行《河南省省级科技研发专项资金管理办法》和相关财经法律法规。

第二十八条 依托单位应当对省基金项目负责人使用基金资助经费的情况进行监督。项目负责人、依托单位不得以任何方式侵占、挪用基金资助经费。

第二十九条 项目实施过程中，依托单位应当对本单位项目的执行情况、重要进展和阶段性成果进行统计分析，形成总结报告，于每年12月底前报送基金管理专业机构。

第三十条 省基金项目依托单位、项目负责人对项目管理不善、违反规定、弄虚作假的，省科技厅、省财政厅视情节轻重，可以撤销对有关项目的资助、收回已拨经费，暂停受理有关人员或依托单位新项目申请，并进行科技计划项目不良信用行为记录。

第三十一条 项目研究形成的知识产权的归属、使用和转移，按照国家有关法律、法规执行。

第五章 结题与验收

第三十二条 省基金项目结题验收实行科技报告制度，科技报告完成情况作为结题验收的必要条件。

申请结题验收的省基金项目，项目负责人应自项目资助期满之日起60日内填写科技报告、结题报告，其中结题报告应包括研究成果、创新点及经费使用情况报告，研究成果形式包括：论文、软件、数据库、模型、专利等。

省基金项目的结题验收一般由基金管理专业机构直接组织，联合基金项目的结题验收可委托依托单位组织，组织单位应出具省基金项目验收意见书。项目结题验收时依托单位应对结题材料的真实性和完整性、项目任务完成情况进行审核，必要时应查阅项目实施情况的原始记录。通过审核验收的，及时予以结题；未通过审核验收的，应提出处理意见。对于结题项目，结题报告、研究成果报告、项目申请摘要应当按要求公布。

依托单位受委托组织省基金项目结题验收的，项目结题报告、验收意见书应报基金管理专业机构备案。基金管理专业机构视情况对依托单位结题情况进行抽查，抽查结果将作为依托单位科研信用管理的重要内容。

第三十三条 省基金项目经验收认定研究成果具有重大科学价值、重大创新突破或者重大应用前景，有必要继续资助深入研究的，应当报基金管理专业机构，并经批准后予以持续资助或者推荐申请其他科技计划项目。

第三十四条 原始记录能够证明承担探索性强、风险性高的省基金项目的负责人已经履行了勤勉尽责义务，但仍不能完成该项目的，依托单位应及时报基金管理专业机构，基金管理专业机构可以作出项目终止决定。

项目负责人有前款规定的情形不影响其今后继续申请省基金项目。

第三十五条 项目结题后，基金管理专业机构将对结题项目进行连续2年的跟踪。2年内，项目负责人应通过网络管理系统及时提交该项目最新研究成果。

第三十六条 省基金资助项目的有关论文、专著、成果评议鉴定资料等，均应按规定标注"河南省自然科学基金资助项目"（或英文标注"Sponsored by Natural Science Foundation of Henan"）及项目批准号，未标注的不能作为省基金项目验收材料。

第六章 附则

第三十七条 省基金各类资助项目可根据需要适时启动实施，并单独制定实施细则。

第三十八条 自然人、法人或者其他组织向省基金捐赠或合作设立联合基金的出资，应设专户管理。

第三十九条 其他未尽事宜，按照省科技计划项目及资金相关管理规定执行。

第四十条 本办法自发布之日起施行。

第四十一条 本办法由省科技厅、省财政厅负责解释。

附：1.河南省杰出青年科学基金项目管理实施细则
2.河南省优秀青年科学基金项目管理实施细则
3.河南省青年科学基金项目管理实施细则
4.河南省面上科学基金项目管理实施细则

附1

河南省杰出青年科学基金项目管理实施细则

第一条 为规范和加强河南省杰出青年科学基金项目（以下简称"杰青项目"）管理，根据《河南省自然科学基金项目管理办法（试行）》，制定本实施细则。

第二条 杰青项目主要支持在基础研究（含应用基础研究，下同）方面已取得国内外同行公认的突出创造性成果、具有创新发展潜力、有一定社会影响的优秀青年科技人员立足科学前沿，有效利用国内外科技资源开展创新研究，培养造就一批有望进入国内外科技前沿的优秀青年学术带头人。

第三条 杰青项目实施周期为3年，资助经费50万元/项，主要来源于省财政科技资金投入。

第四条 基金管理专业机构在杰青项目管理过程中主要履行以下职责：

（一）受理项目申请；

（二）组织专家评审；

（三）管理监督项目实施；

（四）组织开展项目绩效评价。

第五条 申请人应符合《河南省自然科学基金项目管理办法（试行）》的要求并同时具备以下条件：

（一）申请当年1月1日不超过45周岁；

（二）在基础研究工作中，已取得国内外同行公认的突出创新性成果，拟开展的研究工作创新性较强，且与我省经济社会发展结合较紧密；

（三）未获得过国家级和省级各类更高层次人才项目资助。

第六条 在豫两院院士可署名（单独或联合）推荐1名符合上述条件的本研究领域的优秀青年科技人员参与评审。

第七条 申请人若有上年度申请国家基金未获资助项目，可提供通讯评审专家意见供参考。

第八条 申请人限为1人。

第九条 杰青项目采取会议评审的方式进行，分为学科专家组初评和评审委员会复评。

经在豫两院院士署名推荐的申请人不参加学科专家组初评，直接进入评审委员会复评。

第十条 学科专家组初评。由获得过国家基金资助的小同行专家组成学科专家组，从申请人前期科研工作基础和拟开展的研究工作两个方面进行评审。在充分讨论、综合评议、独立评价的基础上，以投票表决的方式，按照得票数由高到低排序，按照年度资助计划1∶1.5左右的比例，择优确定进入评审委员会复评的初选项目。

评审委员会复评。由高层次专家组成评审委员会，对各学科专家组推荐的初选项目进行答辩评审。在获得三分之二以上（含三分之二）专家票数的项目中，按照得票数由高到低排序，提出建议资助项目。

第十一条 省科技厅根据基金管理专业机构评审结果，提出拟资助项目和资助金额并予公示，公示期不少于5个工作日。

第十二条 公示期满后，省科技厅会同省财政厅下达杰青项目立项资助计划。

第十三条 依托单位应当自收到项目立项计划下达之日起20日内，组织项目负责人按要求填写项目任务书（一式3份），提交基金管理专业机构核准。

项目负责人或依托单位逾期未上报项目任务书又未说明理由的，视为放弃资助。

第十四条 基金管理专业机构应当自收到项目任务书之日起30日内完成审核工作，并在核准后将其中2份返还依托单位和项目负责人。核准后的项目任务书作为经费拨付、项目实施和结题验收的依据。

第十五条 杰青项目在实施过程中，项目负责人不得变更。项目负责人有下列情形之一的，依托单位应当及时提出终止项目实施的申请并报基金管理专业机构同意：

（一）不能继续开展研究工作的；

（二）有学术不端行为的。

第十六条 由于客观原因或特殊情况不能按期完成研究计划的，项目负责人应当于资助期满前60日内提出延期申请，经依托单位审核后报基金管理专业机构批准。每个项目只能延期1次，申请延长的时间一般不超过1年。

第十七条 自项目资助期满之日起60日内，项目负责人应当撰写科技报告和结题报告，内容包括研究成果和经费使用情况。项目负责人应当对其真实性负责。

第十八条 依托单位对结题报告的真实性和完整性审核后，统一报送基金管理专业机构。基金管理专业机构组织5名（含）以上同行专家（依托单位专家实行回避）对项目进行会议验收，并出具验收意见书。

第十九条 本细则自发布之日起施行。

附 2

河南省优秀青年科学基金项目管理实施细则

第一条 为规范和加强河南省优秀青年科学基金项目（以下简称"优青项目"）管理，根据《河南省自然科学基金项目管理办法（试行）》，制定本实施细则。

第二条 优青项目主要支持在基础研究（含应用基础研究，下同）方面取得比较突出的创新性成果、具有进一步发展潜力的青年科技人员自主选择研究方向开展创新研究，促使我省青年科技人员的快速成长和脱颖而出，培养造就一批快速成长的优秀青年学术骨干。

第三条 优青项目实施周期为 3 年，资助经费 25 万元 / 项，主要来源于省财政科技资金投入。

第四条 基金管理专业机构在优青项目管理过程中主要履行以下职责：

（一）受理项目申请；

（二）组织专家评审；

（三）管理和监督项目实施；

（四）组织开展项目绩效评价。

第五条 申请人应符合《河南省自然科学基金项目管理办法（试行）》的要求并同时具备以下条件：

（一）申请当年 1 月 1 日男性不超过 38 周岁，女性不超过 40 周岁；

（二）在基础研究工作中，已取得比较突出的创新性成果，并对拟开展的研究工作有创新性构思；

（三）未获得过国家级和省级各类更高层次人才项目资助。

第六条 在豫两院院士可署名（单独或联合）推荐 1 名符合上述条件的本研究领域的青年科技人员参与评审。

第七条 申请人若有上年度申请国家基金未获资助项目，可提供通讯评审专家意见供参考。

第八条 申请人限为 1 人。

第九条 优青项目采取会议评审的方式进行，分为学科专家组初评和评审委员会复评。

经在豫两院院士署名推荐的申请人不参加学科专家组初评，直接进入评审委员会复评。

第十条 学科专家组初评。由获得过国家基金资助的小同行专家组成学科专家组，从申请者前期科研工作基础和拟开展的研究工作两个方面进行评审，在充分讨论、综合评议、独立评价的基础上，以投票表决的方式，按照得票数由高到低排序，按照年度资助计划 1∶1.3 左右的比例，择优确定进入评审委员会复评的初选项目。

评审委员会复评。由高层次专家组成评审委员会，对各学科专家组推荐的初选项目进行答辩评审。在获得三分之二以上（含三分之二）专家票数的项目中，按照得票数由高到低排序，提出建议资助项目。

第十一条 省科技厅根据基金管理专业机构评审结果，提出拟资助项目和资助金额并予公示，公示期不少于 5 个工作日。

第十二条 公示期满后,省科技厅会同省财政厅下达优青项目立项资助计划。

第十三条 依托单位应当自收到项目立项计划下达之日起 20 日内,组织项目负责人按要求填写项目任务书(一式 3 份),提交基金管理专业机构核准。

项目负责人或依托单位逾期未上报项目任务书又未说明理由的,视为放弃资助。

第十四条 基金管理专业机构应当自收到项目任务书之日起 30 日内完成审核工作,并在核准后将其中 2 份返还依托单位和项目负责人。核准后的项目任务书作为经费拨付、项目实施和结题验收的依据。

第十五条 优青项目在实施过程中,项目负责人不得变更。项目负责人有下列情形之一的,依托单位应当及时提出终止项目实施的申请并报基金管理专业机构同意:

(一)不能继续开展研究工作的;

(二)有学术不端行为的。

第十六条 由于客观原因或特殊情况不能按期完成研究计划的,项目负责人应当于资助期满前 60 日内提出延期申请,经依托单位审核后报基金管理专业机构批准。每个项目只能延期 1 次,申请延长的时间一般不超过 1 年。

第十七条 自项目资助期满之日起 60 日内,项目负责人应当撰写科技报告和结题报告,内容包括研究成果和经费使用情况。项目负责人应当对其真实性负责。

第十八条 依托单位对结题报告的真实性和完整性审核后,统一报送基金管理专业机构。基金管理专业机构组织 3 名以上同行专家(依托单位专家实行回避),对结题报告进行评价验收并出具验收意见书。

第十九条 本细则自发布之日起施行。

附 3

河南省青年科学基金项目管理实施细则

第一条 为规范和加强河南省青年科学基金项目(以下简称"青年项目")管理,根据《河南省自然科学基金项目管理办法(试行)》,制定本实施细则。

第二条 青年项目主要支持青年科技人员自主选题,自由探索,开展基础研究(含应用基础研究,下同)工作,培养其独立主持科研项目、进行创新研究的能力,激励青年科技人员的创新思维,培育基础研究后备队伍。

第三条 青年项目实施周期为 2 年,资助经费 5 万元/项,主要来源于省财政科技资金投入。

第四条 基金管理专业机构在青年项目管理过程中主要履行以下职责:

(一)受理项目申请;

(二)组织专家评审;

(三)批准资助项目;

(四)组织开展项目绩效评价。

第五条 申请人应符合《河南省自然科学基金项目管理办法（试行）》的要求并同时具备以下条件：

（一）申请当年1月1日男性不超过35周岁，女性不超过40周岁；

（二）申请上年度国家基金青年项目未获资助、但评审专家给予较好评价；

（三）未主持过省以上（含省级）有省财政资金支持的科研计划项目。

第六条 申请人限为1人。

第七条 申请项目名称和负责人原则上应与上年度申报国家基金项目时保持一致，其他内容可按照青年项目资助强度和要求进行相应调整。

未能申报上年度国家基金项目、新引进的优秀青年博士申报青年项目时，需依托单位出具相关情况的说明。

第八条 申请项目时需提供上年度国家基金青年项目评审过程中的通讯评审专家意见并经依托单位科研管理部门审核盖章。基金管理专业机构抽查比例不低于10%，发现弄虚作假的，取消该单位当年推荐项目资格。

第九条 青年项目的评审方式为会议评审。

基金管理专业机构聘请主持过国家基金项目的省内同行专家组成学科专家组，进行项目评审。

第十条 评审专家应在充分讨论、综合评议、独立评价的基础上，根据年度资助计划，以投票表决的方式，按照得票数由高到低排序，提出建议资助项目。建议资助项目得票数应当不低于所在学科专家组全体专家的半数以上（含半数）。

第十一条 省科技厅根据基金管理专业机构评审结果，提出拟资助项目和资助金额并予公示，公示期不少于5个工作日。

第十二条 公示期满后，省科技厅会同省财政厅下达青年项目立项资助计划。

第十三条 依托单位应当自收到立项计划下达之日起20日内，组织项目负责人按照要求填写项目任务书（一式3份），提交基金管理专业机构核准。

项目负责人或依托单位逾期未上报项目任务书又未说明理由的，视为放弃资助。

第十四条 基金管理专业机构应当自收到项目任务书之日起30日内完成审核工作，并在核准后将其中2份返还依托单位和项目负责人。核准后的项目任务书将作为经费拨付、项目实施和结题验收的依据。

第十五条 青年项目在实施过程中，项目负责人不得变更。项目负责人有下列情形之一的，依托单位应当及时提出终止项目实施的申请，并报基金管理专业机构同意：

（一）不能继续开展研究工作的；

（二）有学术不端行为的。

第十六条 由于客观原因或特殊情况不能按期完成研究计划的，项目负责人应当于项目资助期满60日前提出延期申请，经依托单位

审核后报基金管理专业机构批准。每个项目只能延期1次，申请延长的时间一般不超过1年。青年项目原则上不允许提前结题。

第十七条 自项目资助期满之日起60日内，项目负责人应当撰写科技报告和结题报告，内容包括研究成果和经费使用情况。项目负责人应当对其真实性负责。

第十八条 依托单位对结题报告的真实性和完整性审核后，统一报送基金管理专业机构。基

金管理专业机构组织3名以上同行专家（依托单位专家实行回避），对结题报告进行评价验收并出具验收意见书。

第十九条 本细则自发布之日起施行。

附4

河南省面上科学基金项目管理实施细则

第一条 为规范和加强河南省面上科学基金项目（以下简称"面上项目"）管理，根据《河南省自然科学基金项目管理办法（试行）》，制定本实施细则。

第二条 面上项目主要定位于着眼全省原始创新总体布局，凝聚优势力量，激励原始创新，促进相关学科均衡、协调和可持续发展，提升我省基础研究（含应用基础研究，下同）整体水平。

第三条 面上项目实施周期为2年，资助经费10万元／项，主要来源于省财政科技资金投入。

第四条 基金管理专业机构在面上项目管理过程中主要履行以下职责：

（一）受理项目申请；

（二）组织专家评审；

（三）批准资助项目；

（四）组织开展项目绩效评价。

第五条 申请项目应符合《河南省自然科学基金项目管理办法（试行）》的要求并同时具备以下条件：

（一）项目负责人申请当年1月1日不超过57周岁；

（二）申报上年度国家基金重点和面上项目（含联合基金）未获资助、但评审专家给予较好评价。

第六条 申请项目时需提供上年度国家基金重点和面上项目（含联合基金）评审过程中的通讯评审专家意见并经依托单位科研管理部门审核盖章。基金管理专业机构抽查比例不低于10%，发现弄虚作假的，取消该单位当年推荐项目资格。

第七条 申请项目名称和负责人原则上应与上年度申报国家基金项目时保持一致，其他内容可按照面上项目资助强度和要求进行相应调整。

第八条 面上项目的评审方式为会议评审。

基金管理专业机构聘请主持过国家基金项目的省内同行专家组成学科专家组，进行项目评审。

第九条 评审专家应在充分讨论、综合评议、独立评价的基础上，根据年度资助计划，以投票表决的方式，按照得票数由高到低排序，提出建议资助项目。建议资助项目得票数应当不低于所在学科专家组全体专家的半数以上（含半数）。

第十条 省科技厅根据基金管理专业机构评审结果，提出拟资助项目和资助金额并予公示，公示期不少于5个工作日。

第十一条 公示期满后，省科技厅会同省财政厅下达面上项目立项资助计划。

第十二条 依托单位应当自收到立项计划下达之日起20日内，组织项目负责人按照要求填写项目任务书（一式3份），提交基金管理专业机构核准。

项目负责人或依托单位逾期未上报项目任务书又未说明理由的，视为放弃资助。

第十三条 基金管理专业机构应当自收到项目任务书之日起30日内完成审核工作，并在核准后将其中2份返还依托单位和项目负责人。核准后的项目任务书作为经费拨付、项目实施和结题验收的依据。

第十四条 面上项目在实施过程中，项目负责人不得变更。项目负责人有下列情形之一的，依托单位应当及时提出终止项目实施的申请并报基金管理专业机构同意：

（一）不能继续开展研究工作的；

（二）有学术不端行为的。

第十五条 由于客观原因或特殊情况不能按期完成研究计划的，项目负责人应当于项目资助期满60日前提出延期申请，每个项目只能延期1次，申请延长的时间一般不超过1年。

第十六条 自项目资助期满之日起60日内，项目负责人应当撰写科技报告和结题报告，内容包括研究成果和经费使用情况。项目负责人应当对其真实性负责。

第十七条 依托单位对结题报告的真实性和完整性审核后，统一报送基金管理专业机构。基金管理专业机构组织3名以上同行专家（依托单位专家实行回避），对结题报告进行评价验收并出具验收意见书。

第十八条 本细则自发布之日起施行。

河南省财政厅 河南省科学技术厅 河南省发展和改革委员会 国家税务总局河南省税务局 河南省统计局关于印发《河南省企业研究开发财政补助实施方案》的通知

(豫财科〔2020〕30号)

各省辖市、济源示范区、有关县(市)财政局、科技局、发展改革委、税务局、统计局:

为深入学习贯彻习近平总书记视察河南时提出的"打好创新驱动发展牌"等重要讲话精神，认真落实省委省政府推动创新发展、转型升级的决策部署，进一步激励引导企业加大研发投入，2020年至2022年，省财政厅、省科技厅、省发展改革委、省税务局、省统计局继续联合实施企业研究开发财政补助工作。为推动该项工作顺利实施，现将修订完善的《河南省企业研究开发财政补助实施方案》印发给你们，请遵照执行。执行中遇到的问题，请向省财政厅、省科技厅反映。

附件：河南省企业研究开发财政补助实施方案

2020年6月28日

河南省企业研究开发财政补助实施方案

为深入学习贯彻习近平总书记视察河南时提出的"打好创新驱动发展牌"等重要讲话精神，认真落实省委省政府推动创新发展、转型升级的决策部署，进一步激励引导企业加大研发投入，省财政厅、省科技厅、省发展改革委、省税务局、省统计局联合开展企业研究开发财政补助工作。根据《河南省企业技术创新省级引导专项资金管理办法》(豫财科〔2017〕210号)，为规范工作开展，特制定本方案。

一、总体要求

(一)指导思想

深入贯彻落实党的十九大提出的坚定实施创新驱动发展战略，认真落实省委省政府深化科技体制改革推进创新驱动发展有关要求，发挥市场对各类创新资源配置的导向作用，创新决策和组织模式，促进企业真正成为技术创新和研发投入的主体，构建产业发展新体系，营造良好创新政策环境，引导支持我省经济高质量发展。

(二)基本原则

1.问题导向。围绕省委省政府加快增长动能转换等重大决策部署，加大财政科技投入力度，逐步改善企业研发投入强度低、高企数量与经济大省不相符等制约河南创新发展的瓶颈问题。

2.转变机制。转变涉企科技资金支持机制，由"普惠性政策"和"条件审核"调整为"普惠性政策"和"存量与增量并行",资金确定按标准补助,既保持政策的稳定性、持续性,又体现对高质量发展的激励性、引导性。

3.权责一致。明确财政事权与支出责任,引导企业加大研发投入属于省市共同事权范围,市县是推动该项工作的责任主体,省级给予一定资金支持。

4.规范公开。制定科学规范的门槛条件和补助标准,明确政策引导方向;同时,加强公开公示,规范资金管理使用。

(三)主要目标

通过政策实施,推动企业建立研发投入预算管理制度,引导企业有计划、持续地加大研发投入,逐步提升河南创新发展水平。同时,健全企业研发费用统计体系,推动我省研发投入强度和高新技术企业数量有较大的提升,助力打好转型发展攻坚战。

二、主要内容

2020—2022年,省财政预算安排专项资金,采取事后补助方式,对经核实的企业年度研发费用按一定比例进行补助。郑洛新国家自主创新示范区内的科技企业研发补助政策纳入本实施方案执行,不再单独由郑洛新国家自主创新示范区建设专项资金负担。申请企业报送上年度研发费用应与向税务部门申报研发费用加计扣除政策的研发费用数额一致,并对申报数据的真实性承担责任。

(一)申报条件

本方案所指的专项资金补助企业,应同时满足以下基本条件:

1.在河南省内注册,具有独立法人资格的企业(以下统称企业)。

2.建立研发经费投入预算管理制度。研发经费投入预算(也称"研发准备金")是指企业为保证内部研究开发项目的资金需求,通过一定程序提前安排专门用于研究开发项目支出的资金。企业应按征集通知要求报送研发经费投入预算制度文件及研发经费年度预算情况。

3.已先行投入自筹资金开展研究开发活动。

4.所在行业属于《财政部国家税务总局科技部关于完善研究开发费用税前加计扣除政策的通知》(财税〔2015〕119号)规定的适用税前加计扣除政策的范围。

5.近三年至少拥有1项与主要产品(服务)相关的发明专利、植物新品种、国家级农作物品种、国家新药、国家一级中药保护品种、集成电路布局设计专有权、实用新型专利、外观设计专利、软件著作权等知识产权。

6.按照国家统计局《企业研发活动统计报表制度》要求,及时报送《企业(单位)研发活动统计报表》。

(二)补助标准

按照企业年度研发费用一定比例进行分层级补助,其中:

2017年以来首次享受企业研发补助的企业,年度研发费用500万元以下部分,补助比例为不高于10%;500万元以上部分,补助比例为不高于5%。

非首次享受企业研发补助的企业,年度补助额度按存量补助和增量补助分别测算。将以前年度已享受财政补助的研发费用最大值作为基数,基数内的研发费用继续享受存量补助,补助标准:年度研发费用500万元以下部分,补助比例为不高于5%;500万元以上部分,补助比例为不高于3%。超基数部分给予增量补助,补助标准:500万元以下部分,补助比例为20%;500万元以上部分，补助比例为10%。

对符合基本条件的不同类型企业采用最高限额管理，最高限额不累加，具体为：

1. 对符合申报条件的一般企业，补助额最高100万元。

2. 对国家科技型中小企业、高新技术（后备）企业、省节能减排科技创新示范企业，建有省级研发平台的企业，以及企业类省新型研发机构，补助额最高200万元。

3. 对省瞪羚企业（省科技小巨人企业），建有国家级研发平台或省级研发平台考核优秀的企业，以及企业类省重大新型研发机构，补助额最高300万元。

4. 对省创新龙头企业，补助额最高400万元。

承担省委、省政府重点任务的企业，可适当提高补助限额，具体分年度确定。

（三）资金负担

补助资金由省、市、县（市、区）财政按一定比例分担，省级负担比例不超过50%，具体补助比例，根据省级年度预算安排资金规模和省委、省政府确定的科技领域重点任务、市县上年度补助情况等因素，分年度确定，其中，企业注册地在原53个国家级和省级贫困县的，省级负担比例可以适当倾斜支持。市与县（市、区）负担比例由各地自行确定。

三、组织实施

（一）职责分工

1. 省级相关部门主要负责政策指导、监督评价等统筹组织协调工作。

省财政厅负责省级补助资金预算管理；在《预算法》规定时限内进行资金拨付、清算。组织实施监督检查、重点绩效评价等。

省科技厅负责全省企业研究开发财政补助工作的牵头组织和监督检查等工作，牵头拟定政策具体操作指引；会同省财政厅编制省补助资金年度安排建议和清算建议；负责组织绩效评价、信息公开等；负责相关平台管理及信息共享。

省发展改革委、省税务局、省统计局负责相关数据共享和监督评价等组织管理工作。

2. 市（县）相关部门负责补助工作具体组织实施，是资料审核、资金拨付管理等工作的主体。

根据《河南省科技领域省与市县财政事权和支出责任划分改革方案》（豫财科〔2020〕2号）精神，市（县）承担鼓励企业加大研发投入的主要支出责任。

市（县）财政部门负责研发费用预算情况测算和安排专项资金；审核补助资金拨付建议，及时拨付补助资金；组织实施绩效评价等。

市（县）科技主管部门牵头组织企业研发补助申报工作，牵头开展企业申报资料完整性、合规性审核，对企业研发准备金制度建立及落实情况、知识产权拥有情况进行审核；根据企业研发费用申报情况和补助标准提出补助资金拨付建议；具体负责组织绩效评价、信息公开等。

市（县）税务部门会同科技部门指导和帮助企业用好研发费用加计扣除政策，负责研发费用加计扣除政策申报数据和核查结果的共享使用等。

市（县）发展改革、统计部门负责配合科技部门做好资料审核、研发费用统计等工作。

（二）申报审核流程

1. 企业所得税年度汇算清缴完成后，符合条件的企业按照申报通知要求，填写申报表及相关材料，其中，应包含企业所得税年度申报表中《研发费用加计扣除优惠明细表》相关表格并加盖单位公章。企业在网上提交的同时报送相关书面材料到所在地科技主管部门。符合条件的企业

（含中央驻豫企业、省属企业）直接向其注册地科技主管部门申报。

涉及企业商业秘密的，企业应向当地科技部门报告，并按《保密法》相关规定办理。

2. 申报受理截止后，各市（县）科技主管部门会同财政、发改、税务、统计部门对当地企业申报补助资金情况进行审核，符合条件应予以公示（包括企业名称、补助档次等）。公示无异议后上报，省级清算文件下达5个工作日内拨付省级补助资金。对审核未通过的企业，由各市（县）科技主管部门在网上退回并说明原因。

3. 补助资金拨付至企业后，由企业统筹用于开展后续研发活动。企业应按照研发项目设置补助资金使用辅助账，并接受统计部门研发费用统计。

4. 在税务核查等过程中，研发费用发生变化的，企业应及时将调整后的研发费用告知当地科技、财政部门，由其引起的后补助额度调整的，在以后年度予以清算。

（三）备案管理

各市（县）研发费用补助情况应由市（县）财政、科技部门上报省财政厅、科技厅等有关部门备案。

四、保障措施

（一）建立跨部门联席会议制度。联席会议由科技、财政、发展改革、税务、统计等部门组成。省级联席会议由省科技厅会同省财政厅负责召集，及时通报情况，解决工作中遇到的问题等。

（二）建立监督检查和绩效评价机制。省科技厅、省财政厅根据实际情况，应对市（县）补助资金安排情况、市县财政应负担资金足额落实情况、及时拨付情况等进行监督检查或绩效评价，并将结果作为以后年度安排资金的重要依据。

（三）建立明确的责任追究机制。对发现企业提供虚假材料骗取补助资金的，收回财政补助资金，计入企业信用档案，在一定年度内不得申报财政补助项目，并按《税收征管法》《财政违法行为处罚处分条例》（国务院令427号）等相关法规依法追究有关单位及其相关人员责任。

河南省财政厅关于印发《河南省省属科研院所基本科研业务费实施办法》的通知

(豫财科〔2020〕33号)

省直有关部门、省属科研院所：

为落实中央和省科技经费管理改革有关精神，进一步加大对省属公益性科研院所的稳定支持力度，激发科研人员自主创新活力，根据《河南省省级科技创新体系（平台）建设专项资金管理办法》（豫财科〔2018〕101号）等有关要求，我们制定了《河南省省属科研院所基本科研业务费实施办法》，现印发给你们，请遵照执行。

附件：河南省省属科研院所基本科研业务费实施办法

2020年6月30日

河南省省属科研院所基本科研业务费实施办法

第一章 总则

第一条 为贯彻落实《国务院关于全面加强基础科学研究的若干意见》（国发〔2018〕4号）、《中共河南省委办公厅 河南省人民政府办公厅关于进一步完善省级财政科研项目资金管理等政策的若干意见》、《河南省省级科技创新体系（平台）建设专项资金管理办法》（豫财科〔2018〕101号）等有关要求，进一步激发科研人员自主创新活力，促进科研院所持续创新能力提升，省财政统筹省科技创新平台（体系）专项资金，在省属公益性科研院所（以下简称科研院所）实施基本科研业务费制度。

第二条 基本科研业务费用于支持具有独立法人资格的科研院所，开展符合公益职能定位、代表学科发展方向、体现前瞻布局的自主选题科学研究工作。

第三条 基本科研业务费的管理和使用原则包括：

（一）稳定支持，长效机制。基本科研业务费稳定支持科研院所开展基础性研究，培养优秀科研人才和团队，为科研院所形成有益于持续发展、不断创新的长效机制提供经费支持。

（二）分类分档，动态调整。省财政根据科研院所规模、学科特点等，确定分类分档支持标准，并结合财力情况、科研院所绩效评价结果和预算执行情况等因素对经费进行动态调整。

（三）自主安排，统筹规划。科研院所是基本科研业务费具体使用管理的主体，根据本单位基本科研需求统筹规划，自主选题、自主立项、自主安排使用；经费使用应当依托科研院所已有的科研条件、设施和环境，符合科研院所事业发展方向。

（四）公开公正，严格管理。基本科研业务费自主选题项目和项目负责人由科研院所按照科学民主的原则，通过内部公开评议、公示等方式进行遴选，确保公正、透明。基本科研业务费应纳入科研院所财务统一管理，单独核算，专款专用，不得截留、挪用。

第二章 职责分工

第四条 省财政厅负责根据财力状况、科研院所科研人员数量、支持标准、绩效评价结果、经费管理等因素，综合测算确定基本科研业务费分单位额度，按年度下达预算；对资金使用和管理情况进行监督指导；定期组织开展绩效评价。

第五条 科研院所是基本科研业务费管理和使用的责任主体，负责拟定各单位《具体实施方案》并向省财政报备，做好经费和项目全过程管理；负责组建基本科研业务费管理咨询委员会（或学术委员会）；负责开展基本科研业务费使用的年度监管；具体承担基本科研业务费绩效管理相关工作。

主管部门应当按照部门预算管理要求加强对基本科研业务费的管理。

第六条 项目负责人是基本科研业务费使用管理的直接责任人，对资金使用和项目实施的规范性、合理性和有效性负责。

第三章 项目管理

第七条 科研院所应结合中期财政规划，依托省科研项目经费管理信息平台，自行组织项目遴选和立项，建立单位内部基本科研业务费项目库，并实行动态调整。

每年11月底前，科研院所应结合下一年度"一下"预算控制数、当年预算执行情况等，根据本单位《具体实施方案》，自行组织并完成下一年度的项目申报、评审、遴选排序等工作，落实年度预算安排。

第八条 科研院所应设立包括科研、财务、管理等专家组成的管理咨询委员会（或学术委员会）。根据实际需要，可以邀请来自行业协会、其他科研院所以及高等院校的专家参加管理咨询委员会。管理咨询委员会（或学术委员会）设主任委员一名，负责主持管理咨询委员会工作，一般由科研院所负责人担任。管理咨询委员会应根据实际工作定期或不定期调整。

第九条 管理咨询委员会（或学术委员会）具体负责评议和遴选基本科研业务费支持的项目和项目负责人等工作。管理咨询委员会（或学术委员会）提出立项项目、项目负责人候选提名和资助金额等具体建议，并在院（所）范围内公示（涉密项目除外）后，由院（所）的法定代表人与项目负责人签订项目任务书，明确约定双方的权责关系。

第十条 基本科研业务费支持的项目，原则上同一负责人同一时期只能牵头负责一个项目，作为团队成员参加者合计不得超过三个项目。

基本科研业务费重点支持45岁以下的在岗科研人员开展科研工作，所支持科研项目必须有45岁以下青年科研人员参与，其中青年科研人员作为项目牵头负责人的项目数，一般不低于当年立项项目总数的60%。

第十一条 基本科研业务费支持的项目在到期后两个月内，项目负责人应提交结项申请、项目总结及绩效自评报告和经费决算等相关资料（依托省财政科研经费管理服务平台报送，单位保留纸质材料一份），由科研院所组织验收。验收情况应提交管理咨询委员会（或学术委员会）审议。

第四章 支出预算管理

第十二条 基本科研业务费使用方向包括：自主选题开展的科研工作、科研团队建设及人才培养、国际科技合作与交流等。主要用于科研人员开展科研业务发生的设备费、材料费、测试化验加工费、燃料动力费、出版/文献/信息传播/知识产权事务费、差旅费/会议费/国际合作与交流费、劳务费、专家咨询费等直接费用和管理费、绩效支出等间接费用支出，具体按《河南省省级科技创新体系（平台）建设专项资金管理办法》（豫财科〔2018〕101号）规定执行。

基本科研业务费中间接费用比重不超过项目总预算的8%，设备设施费购置不得超过项目总预算的30%且不超过10万元，科研院所要规范支出审批程序，切实加强管理。

第十三条 基本科研业务费不得分摊公共管理和运行经费，不得作为财政已支持科研项目的配套资金，不得开支罚款、捐赠、赞助、投资等，不得用于偿还债务，不得用于国家规定禁止列支的其他支出。

第十四条 科研院所根据项目立项情况，科学合理安排年度预算，对实施期限为一年以上的研究项目，应当分年度安排预算。允许整合单位内部经费，与财政基本科研业务费统筹安排，提高经费支持额度。

第十五条 基本科研业务费所发生的会议费、差旅费、小额材料费和测试化验加工费等，应当按照资金管理办法规定实行"公务卡"结算。劳务费、专家咨询费等支出，原则上应当通过银行转账方式结算，从严控制现金支付。属于政府采购范围的，应当按政府采购管理程序办理。使用项目资金形成的固定资产属于国有资产，应当按照有关国有资产管理的规定执行。

第十六条 基本科研业务费结转结余资金按国家和我省盘活财政存量资金政策及科研经费结转结余管理有关规定执行。

第五章 绩效管理

第十七条 科研院所负责拟定基本科研业务费绩效目标（包括年度目标和实施期目标，具体见附件），对基本科研业务费进行绩效监控，年度结束后开展绩效自评，形成绩效自评报告报省财政厅备案。绩效自评报告内容包括项目支出基本情况、绩效自评工作开展情况、绩效自评结果及分析、自评发现的问题及整改措施等。

第十八条 省财政厅负责在科研院所绩效自评基础上定期开展中期绩效评价。绩效评价结果作为对被评价单位改进预算管理和安排年度经费预算的重要依据，推动实现预算和绩效管理一体化。

第十九条 强化绩效评价结果应用。对绩效评价结果较好的单位，适当加大支持力度；对预算执行进度缓慢、年度结转资金规模较大的单位，或绩效评价结果较差的单位，相应扣减直至取消以后年度资金额度。

第六章 监督检查

第二十条 基本科研业务费管理和使用应当严格执行有关法律法规、财务规章制度和本办法的规定，接受财政、审计、监察等部门的监督检查。

第二十一条 科研院所应当按照国家和我省科研信用制度的有关要求，建立基本科研业务费的科研信用制度，并按照统一要求纳入科研信用体系。

第二十二条 严肃查处基本科研业务费管理和使用中的各类违规违法行为。科研院所和项目负责人存在违规行为的，管理部门将视情况轻重给予相应处理，并将有关结果向社会公开。涉嫌犯罪的，移送司法机关处理。

管理部门及其相关工作人员存在违法违纪行为的，按照《预算法》、《公务员法》、《监察法》、

《财政违法行为处罚处分条例》等相关规定追究有关责任单位和人员的责任，涉嫌犯罪的，移送司法机关处理。

第七章　附则

第二十三条　本实施办法自印发之日起施行。《省属科研院所基本科研业务费制度试点实施方案》（豫财教〔2014〕105号）同时废止。

第二十四条　本实施办法由省财政厅负责解释。

附件：河南省基本科研业务费绩效目标表（略）

河南省财政厅　河南省科学技术厅
关于印发《河南省国家自主创新示范区省级财政资金奖补实施细则》的通知

(豫财科〔2020〕86号)

郑州市、洛阳市、新乡市财政局、科技局：

为贯彻落实省委省政府推动郑洛新国家自主创新示范区高质量发展有关部署，根据省委、省政府《关于促进郑洛新国家自主创新示范区高质量发展的若干政策措施》（豫发〔2020〕21号）和《河南省国家自主创新示范区建设省级专项资金管理办法》（豫财科〔2018〕109号），我们制定了《河南省国家自主创新示范区省级财政资金奖补实施细则》，报经省政府同意，现印发给你们，并提出如下要求，请遵照实施：

一、加快预算执行

财政奖补经费补助由"年度申报、下年清算"调整为"随时申报、按季清算"，当年拨付资金，缩短政策到位时间。各市要根据专项资金管理办法和本实施细则程序要求，组织确定拟奖补项目，加快资金拨付，尽早发挥财政资金使用效益。

二、确保政策落实

《实施细则》中明确的政策属于省自创区专项资金支持范围，实施范围为自创区核心区。各市应加强政策宣传，确保相关普惠性政策落实到位。政策落实和绩效评价情况作为当年自创区评价的重要因素之一。政策执行过程中存在的具体问题，请及时与省科技厅、财政厅相关业务处联系。

三、加强政策评估

鼓励各市围绕示范区科技创新发展需求，探索实施其他能够有效促进示范区发展的政策措施，对于可在自创区或全省范围内推广的政策措施请及时总结上报，作为后续省级政策调整储备。政策实施期间，郑洛新三市要按照要求加强项目绩效管理，年度预算执行结束后按要求开展绩效自评和政策评估，形成自评报告报省科技厅、省财政厅备案。

附件：河南省国家自主创新示范区省级财政资金奖补实施细则

2020年12月28日

河南省国家自主创新示范区省级财政资金奖补实施细则

为贯彻落实省委、省政府《关于促进郑洛新国家自主创新示范区高质量发展的若干政策措施》（豫发〔2020〕21号）和《河南省国家自主创新示范区建设省级专项资金管理办法》（豫财科

〔2018〕109号），进一步加快和推动郑洛新国家自主创新示范区（以下简称自创区）政策先行先试和体制机制改革，现对河南省国家自主创新示范区建设省级专项资金（以下简称省级专项资金）中普惠性奖补政策实施细则进行调整完善，具体内容如下。

一、支持培育高新技术企业。对自创区内首次认定为高新技术企业和连续三次通过认定的高新技术企业，在市（区）奖补基础上省级给予一次性奖补10万元。对整体迁入的省外高新技术企业，根据企业规模给予奖补。对上年度销售收入2亿元以上的企业给予一次性奖励150万元；销售收入5000万至2亿元（含）的企业给予一次性奖励50万元；销售收入5000万元（含）以下的企业给予一次性奖励20万元。鼓励高新技术企业进一步建立完善现代企业制度，对当年完成规范化股份改制并建立首席技术官（总工程师）制度的高新技术企业给予一次性奖励3万元。

二、支持承担国家重大科研项目。对自创区内牵头承担国家科技重大专项、国家重点研发计划项目、自然科学基金重大项目的单位，根据项目（课题）合同实施进展情况，按项目上年度国家拨付经费实际到账额的5%奖励研发团队，每个项目年度奖励额不超过60万元，每家单位年度奖励额不超过500万元。

三、支持科技成果转移转化。对自创区内产业发展重大技术需求，面向境内外开展揭榜挂帅，攻克产业发展技术难题的项目，经省科技厅立项后，省财政按照项目合同资金总额的20%确定项目经费补助预算，并根据实际到账额给予后补助，单个项目资助额度最高1000万元。

四、支持高层次研发平台建设。对自创区内新获批的国家科技创新基地一次性给予研发经费500万元奖补。对新认定的省实验室、省技术创新中心、产业共性关键技术创新与转化平台一次性给予研发经费300万元奖补。科技部门对产业共性关键技术创新与转化平台开展年度考核，根据工作绩效给予运行费用奖补。

五、支持创新平台探索新型运行机制。对积极推进改革创新并取得明显成效且首次形成可复制推广方案的创新平台，方案经科技部门发文推广后，一次性给予最高100万元奖励。

六、促进科技开放合作。支持高等学校、科研院所和企业合作建设国际联合实验室等国际科技合作基地，对新认定的国家级、省级国际科技合作基地分别给予研发经费100万元、50万元一次性奖补。支持自创区各类单位在境内外举办科技合作交流活动，对于省级以上科技部门审核备案的活动，按照主办单位发生的非财政支出费用的10%，给予最高不超过100万元奖补。

七、支持国际专利创造。对企业通过专利合作条约或巴黎公约向国外申请专利并正式获得授权的给予2万元资助，同一专利项目最多支持向5个国家申请。

八、加强政策宣传培训。依托省政府"一网通办"系统，整合省市区财税政策，建设自创区"畅创中原·财知道"政策宣传执行平台，实现科技企业财税政策一键查询、一网知悉、一窗办理。市、区应加强政策宣传培训，每半年将新出台的财政科技政策报省财政厅备案。

九、完善政策执行流程。郑洛新三市负责通过信息平台对企业报送资料进行评审，提出符合支持条件的清单，报省财政厅、省科技厅备案。省科技厅根据备案情况提出经费补助建议，省财政厅对经费补助建议审核后，每季度开展清算，并下发清算文件。郑洛新三市接到清算文件起30日内，依照清算结果将补助资金拨付到位。

十、探索试行财政科技税式支出管理改革。在郑州、洛阳、新乡国家高新区试点将高新技术企业税收优惠及企业研发费用加计扣除等税收减免额作为财政科技税式支出事项，在年度预算报告中公布税式支出规模。将科技领域财政投入及税式支出规模作为自创区投入考核指标及省级专项资金分配因素，推动减税政策落实到位。

十一、加强绩效管理。郑洛新三市要按照要求加强项目绩效管理，细化资金具体绩效目标，实施预算执行中绩效监控，年度预算执行结束后按要求开展绩效自评，形成自评报告报省科技厅、省财政厅备案。省财政厅、省科技厅将上述政策落实情况、落实效率、绩效管理等作为省级专项资金下年度清算因素，对政策落实差、资金拨付慢的地方，扣减省级考核奖补资金。

十二、试点区域和实施期限。政策适用范围为郑州、洛阳、新乡国家高新区。实施期限为2021—2023年。《河南省国家自主创新示范区财政资金奖补具体实施细则》（豫财科〔2017〕53号）停止实施。

十三、本实施细则由省财政厅、省科技厅负责解释。

项资金分配因素,推动减税政策落实到位。

十一、加强绩效管理。郑洛新三市要按照要求加强项目绩效管理,细化资金具体绩效目标,实施预算执行中绩效监控,年度预算执行结束后按要求开展绩效自评,形成自评报告报省科技厅、省财政厅备案。省财政厅、省科技厅将上述政策落实情况、落实效率、绩效管理等作为省级专项资金下年度清算因素,对政策落实差、资金拨付慢的地方,扣减省级考核奖补资金。

十二、试点区域和实施期限。政策适用范围为郑州、洛阳、新乡国家高新区。实施期限为2021—2023年。《河南省国家自主创新示范区财政资金奖补具体实施细则》(豫财科〔2017〕53号)停止实施。

十三、本实施细则由省财政厅、省科技厅负责解释。

科研人员及科研财务助理项目与资金管理工作手册（全三册）

（下册）

科技日报社 编

科学技术文献出版社

·北京·

第二十五章　湖北省科研项目和资金管理法规政策

关于印发《湖北省省属高校院所自然科学应用研发及成果转化财务管理暂行办法》的通知

(鄂财教发〔2015〕104号)

各省属高校、省属科研院所:

《湖北省省属高校院所自然科学应用研发及成果转化财务管理暂行办法》已经省政府第58次常务会议审议通过,并经省委同意,现印发你们,请认真执行。执行中如遇问题,请及时反馈省财政厅。

湖北省财政厅
2015年5月20日

湖北省省属高校院所自然科学应用研发及成果转化财务管理暂行办法

第一条 为推动实施创新驱动战略,支持我省省属高校、科研院所(以下简称"高校院所")及其研发团队开展自然科学应用研发及成果转化,根据国家相关法律法规,特制定本办法。

第二条 本办法所称自然科学应用研发及成果转化项目(以下简称"科研项目")包括高校院所的纵向科研项目、横向科研项目和自主安排的科研项目。

纵向科研项目是指中央部委和地方政府部门安排的科研项目。横向科研项目是指企业、事业单位、社会团体和个人委托的科研项目。

科研项目经费包括中央部委项目补助经费、地方财政补助经费、高校院所自主安排经费、社会资本投入及各类捐赠等。

第三条 高校院所应按规定申报科研项目,组织专家对申报文件进行审核,确保科研项目申报的针对性和竞争力。

鼓励高校院所积极申报中央部委科研项目,对于高校院所获得的中央部委科研项目,省财政按实际到位的科研项目经费的6%给予高校院所奖励。对于高校院所获得的其它重大科研项目,省财政按实际到位的科研项目经费的1%给予高校院所奖励。

第四条 高校院所所属研发团队需成立有限责任公司（以下简称"研发团队公司"），承担科研项目的科研工作。研发团队公司法人代表必须由研发团队负责人担任，研发团队成员必须在研发团队公司占有股权。研发团队公司实行独立核算，自负盈亏。

研发团队公司应由高校院所委托合格的会计代理记账机构代理记账。

高校院所应在省财政通过政府采购方式确定的会计代理记账机构范围内，选取会计代理记账机构，所需代理记账费用由省财政厅核支。代理记账费用管理使用办法另行制定。

第五条 省财政设立省属高校院所自然科学应用研发及成果转化资金，用于对中央部委的纵向科研项目补助经费进行1:1的替代（以下简称"替代经费"），以及对高校院所获得科研项目的奖励和会计代理记账费用。

高校院所研发团队公司使用省财政替代经费开展相关研发及成果转化活动。

第六条 中央部委的纵向科研项目经费，通过省财政拨付的，省财政按规定拨付高校院所，高校院所将此经费暂存，省财政直接将替代经费拨付高校院所；中央部委将经费直接拨付高校院所或采用先立项后补助方式的，高校院所将此经费暂存，由高校院所向省财政提出申请，省财政审核同意后，将替代经费拨付高校院所。

第七条 高校院所获得科研项目后，必须与研发团队公司签订研发合同，明确双方的权利和义务。

研发合同主要包括科研项目名称、高校院所名称、研发团队公司名称、会计代理记账机构名称、研发团队负责人及成员组成、科研项目完成时间及绩效目标、科研项目经费预算及构成、经费拨付时间和方式、资产所有权归属、科研成果处置和转化收益分配比例等。

研发团队公司使用高校院所资产和资源的付费标准和方式，应在合同中予以明确。

第八条 高校院所收到替代经费和地方财政补助经费，以及企业等单位安排的科研项目经费后，应按合同及时拨付研发团队公司。收到时，作其他应付款处理。拨付时，冲减其他应付款。

中央部委安排的科研项目验收或结题后，高校院所应将替代经费归还省财政，相应调减其他应付款。

第九条 研发团队公司按照企业财务会计制度和会计准则进行财务管理和会计核算。

研发团队公司应按科研项目进行明细分类核算。

第十条 高校院所应对研发团队公司的科研项目研发工作给予支持和保障，提供必要的科研条件，及时组织验收或结题审查。

第十一条 研发团队公司应向科研项目立项部门和高校院所及时报告科研项目研发情况。项目完成后，应及时做好总结，编制项目决算，按时提交验收或结题申请。

第十二条 科研项目完成任务目标，并通过验收的，除另有合同或协议约定外，其科研项目经费结余由研发团队公司自主使用。

第十三条 科研项目验收或结题后，高校院所应及时将省财政安排的替代经费归还省财政。对于没有通过验收的科研项目，属于中央部委的科研项目经费，中央部委同意核销的，由中央部委核销。中央部委不同意核销、需要收回的科研项目经费，经验收专家组认定为客观的或不可抗的原因造成的部分，由高校院所申请，省财政厅审核，报省政府同意后，在省财政替代经费中予以核销；属于省财政安排的科研项目经费，经验收专家组认定为客观的或不可抗的原因造成的部分，在省财政安排的科研项目经费中予以核销。

省财政科研项目经费和替代经费核销后的剩余部分，由省财政予以收回。

第十四条 研发团队公司科研项目形成的科研成果，高校院所享有荣誉权。除另有合同或协议约定外，研发团队公司享有知识产权。

第十五条 研发团队公司处置和转化科研成果时，科研成果处置和转化获得现金收益的，研发团队公司享有70%~99%的收益，高校院所享有1%~30%的收益；科研成果处置和转化为股权的，研发团队公司享有95%的股权，高校院所享有5%的股权。

第十六条 科研项目经费拨付和批复部门可以委托会计师事务所等中介机构，对高校院所和研发团队公司的科研项目经费使用情况进行监督检查。

高校院所和研发团队公司应积极配合，如实提供相关资料。

第十七条 本办法由省财政厅负责解释。

第十八条 本办法自发布之日起执行。

湖北省人民政府关于改进加强省级财政科技项目和资金管理的实施意见

(鄂政发〔2015〕40号)

各市、州、县人民政府,省政府各部门:

根据《国务院关于改进加强中央财政科研项目和资金管理的若干意见》(国发〔2014〕11号)精神,结合我省实际,现就改进加强省级财政科技项目和资金管理提出如下实施意见。

一、总体要求

(一)总体目标。通过深化改革,加快建立适应科技创新规律、职责清晰、科学规范、公开透明、监管有力的科技项目和资金管理机制,有效提升财政资金使用效益,充分发挥科研人员的积极性和创造性,推进建立以企业为主体、市场为导向、平台为基础、产学研相结合的技术创新体系。

(二)基本原则。

坚持需求导向。面向我省经济社会发展重大科技需求,实行科技项目分类管理,提高科技项目和资金管理水平,健全鼓励原始创新、集成创新和引进消化吸收再创新的机制。

坚持改革创新。加强管理创新和统筹协调,对科技项目和资金管理各环节进行系统化改革,以改革释放创新活力。

坚持科学管理。推进科技创新管理的科学化、规范化、精细化,优化管理流程,强化风险防控和权力监督,切实提高科技创新管理水平和服务能力。

坚持公开透明。健全科研诚信制度,着力营造以人为本、公平竞争的良好环境,充分激发科研人员的创新热情。

二、加强科技项目和资金配置的统筹协调

(三)优化整合各类科技计划(专项、基金等)。科技计划的设立,应该根据全省战略需求和科技发展需要,明确各类计划的功能定位、目标和时限。建立各类科技计划的绩效评估、动态调整和中止机制。优化整合省直各部门管理的科技计划(专项、基金等),对定位不清、实施效果不好的,通过撤、并、转等方式进行必要的调整和优化。省级科技行政主管部门根据科技活动特点,构建科学合理的科技计划体系,减少计划类别、层次和细分类别,科学组织安排科技项目,提升项目层次和质量。

(四)建立健全统筹协调机制。省级科技行政主管部门会同有关部门建立科技项目部门协商机制,按照科技工作重点分工落实、协同推进。省财政部门要加强科技预算安排的统筹,做好各类科技计划年度预算方案的综合平衡;省相关部门按照要求加大统筹力度,主动对本部门性质相同或相近的专项进行整合;对跨部门使用的财政科技资金由牵头部门会同相关单位,建立联席会议制度,统筹安排,避免资金交叉分配和重复安排。

（五）建立完善科技管理信息系统。按照国家统一的科技计划（专项、基金等）科研项目的数据结构、接口标准和信息安全规范，力争在2015年底前基本实现与国家科研项目数据资源的互联互通。推动建设面向全省的统一科技计划信息化管理平台，推进科技管理全流程信息化、网络化、智能化。

三、实行科技项目分类管理

（六）基础研究项目突出创新导向。基础研究项目立足人才培养、原始创新，对优秀人才和团队给予持续稳定支持，重点开展具有前瞻性、原创性的应用基础研究，为产业可持续发展、突破性发展、跨域式发展提供创新性技术成果。

（七）重大关键技术研发项目聚焦产业发展需求。重大关键技术研发项目应面向产业发展需求，突出企业创新主体地位，以促进产业结构战略性调整和产业技术升级为主攻方向，突出企业创新主体地位，支持新技术、新工艺、新产品开发和创新示范工程、示范基地建设，重点支持产业创新链建设，解决产业链发展的核心、关键和共性技术问题。

（八）成果转化项目突出市场导向。成果转化项目面向市场需求，立足产业发展核心，实现规模生产。突出转化环节的研发创新，以企业为实施主体，重点支持创新水平高、产业带动性强、具有自主知识产权的重大科技成果转化。

（九）平台与环境建设项目突出共享机制。平台与环境建设项目面向科学研究、产业技术创新、中小企业创新创业的基础性和公共性需求，通过整合科技基础条件资源和相关产业领域技术创新资源，提供开放、持续、高效的科技研发公共服务。大力营造加速创新创业的良好环境，重点建立符合市场规律、多方协同创新的资源整合、开放共享、利益分配等机制。

（十）转变财政科技资金投入结构与方式。基础研究项目主要采用前资助、无偿支持、持续稳定支持等方式。重大关键技术研发项目主要鼓励产学研结合，加强协同创新，采取前资助、后补助相结合的支持方式。成果转化项目侧重发挥市场导向作用，建立主要由市场评价成果、转化成果的机制，采用定向、间接投入的方式进行支持。平台与环境建设项目主要通过政府购买服务、绩效评价后补助等方式予以支持。

四、改进科技项目管理流程

（十一）改革项目指南制定和发布机制。扩大项目指南编制工作的参与范围，项目指南发布前要充分征求高校、科研院所、企业、相关地方和部门、协会、学会等有关方面意见，建立由各方参与的项目指南论证机制。项目指南须明确重点领域、项目绩效目标、申报条件和要求等内容。项目主管部门要通过多种方式扩大项目指南的社会知晓范围，鼓励符合条件的科研人员申报项目。自指南发布日到项目申报受理截止日，原则上不少于50天，以保证科研人员有充足时间申报项目。

（十二）规范项目立项。面向全社会受理项目申报，全面推进实施科技专项资金竞争性分配，完善公平竞争的项目遴选机制，通过同行专家评议、绩效目标考核（含技术、经济、知识产权等相关目标）等方式确定项目承担者；加强部门间的项目查重，杜绝一题重复申报、多头申报和项目打包。积极推行网络评审和视频答辩评审，合理安排会议答辩评审，配合采用函评、现场考察评审等方式；视频与会议答辩评审应当录音录像。明确项目审批流程，从受理项目申请到反馈立项结果原则上不超过120个工作日。在符合保密规定的前提下，项目立项情况应向全社会公示，接受社会监督和意见反馈，公示期间对有异议的项目，经调查属实并需调整的，项目主管部门要重新审定。

（十三）实施项目全过程痕迹管理。将各类科技项目纳入统一的信息化平台进行集中管理，建立完善项目申报、评审、立项、评估、结题验收、绩效评价等全过程档案管理（纸质档案与电子档案管理）制度，使项目申请者能够及时查询项目管理工作进展，实现项目管理过程"可申诉、可查询、可追溯"。

（十四）加强项目检查验收。加强项目过程管理，强化项目年度绩效评价、中期检查和验收（结题）。对科技计划项目采取听取汇报、查阅材料、实地调研等方式实施中期检查。项目完成后，项目承担单位应按时提交评审验收申请和项目执行情况报告，无特殊原因未按时提出验收申请的，按不通过验收处理。项目主管部门应当及时组织开展验收，严把验收质量关。通过验收的项目可视同为成果评价，经认定后可直接进行成果登记。探索开展科技项目决策、实施、成果转化的后评价试点。未通过验收的项目，项目承担者3年内不得再申请省科技计划项目，科技管理部门不再推荐其申报国家科技计划项目，并对任务未完成的项目收回剩余经费或追回已拨付的项目资金。

五、改进科技项目资金管理

（十五）规范项目预算编制。项目申请单位应当按规定科学合理、实事求是地编制项目预算，并对仪器设备购置、合作单位资质及拟外拨资金进行重点说明。劳务费预算应当结合当地实际以及相关人员参与项目的全时工作时间等因素合理编制。预算评估评审工作的重点是项目预算的目标相关性、政策相符性、经济合理性，在评估评审中不得简单按比例核减预算。

（十六）及时拨付项目资金。项目主管部门合理控制项目和预算评估评审时间，加强项目立项和预算下达的衔接，及时批复项目和预算。相关部门和单位要根据省政府批准的项目资金安排，按照财政国库管理制度相关规定，结合项目实施和资金使用进度，及时合规办理资金支付。实行部门预算批复前项目资金预拨制度，保证科研任务顺利实施。单位（企业）收到财政部门拨付的科技专项资金，应严格按照财政部门相关规定进行会计处理。

（十七）规范直接费用支出管理。科学界定与项目研究直接相关的支出范围，各类科技专项资金的支出科目和标准原则上应保持一致。调整劳务费开支范围，将项目临时聘用人员的社会保险补助纳入劳务费科目中列支。进一步下放对同一项目预算调整的审批权限，并严格控制会议费、差旅费、国际合作与交流费，项目实施中发生的三项支出之间可以调剂使用，但不得突破三项支出预算总额。

（十八）完善间接费用管理。间接费用用于补偿项目承担单位为项目实施所发生的间接成本和绩效支出。项目承担单位应当建立健全间接费用的内部管理办法，合规合理使用间接费用，结合一线科研人员实际贡献，公开公正安排绩效支出，科技项目人力资源费支出占项目财政科技经费总投入的比例最高可达30%。项目承担单位不得在核定的间接费用以外再以任何名义在项目资金中重复提取、列支相关费用。

（十九）改进项目结转结余资金管理办法。项目当年未完成，经费可结转下年度继续使用。项目完成任务目标并通过验收或鉴定且承担单位信用评价好的，项目结余经费按规定在一定期限内由单位统筹安排用于科研活动的直接支出，使用情况报项目主管部门。未通过验收和整改后通过验收的项目，或承担单位信用评价差的，结余资金按原渠道收回。特殊原因需要中止或撤销的项目，项目经费按原渠道收回，统筹使用。

（二十）加强协作单位管理。项目申报时，应明确协作单位，并提交合作协议；编制项目预算时，应明确协作单位承担内容的经费预算，并明确资金使用范围；项目实施过程中，需增加或减少协作单位的经费时，承担单位和协作单位应提交书面申请，项目主管部门审批后再行调整。

（二十一）推动科学仪器的开放共享。加强科学仪器资源的优化配置和开放共享，完善财政科技资金购置科研仪器设备的查重机制和联合评议机制，防止重复购置和闲置浪费。省级财政科技资金支持购置的科学仪器，应按规定纳入省科学仪器协作共用网，统一面向社会提供开放服务。

（二十二）完善绩效管理。建立健全科技项目资金绩效评价制度和绩效评价指标体系，及时组织开展绩效评价，将评价结果作为下一年度资金分配的基本依据。继续完善第三方中介机构绩效评价工作机制，提高评价结果的权威性和公正性。

六、加强科技项目和资金的监管

（二十三）规范科技项目资金使用行为。科研人员和项目承担单位要依法依规使用项目资金，不得擅自调整外拨资金，不得利用虚假票据套取资金，不得通过编造虚假合同、虚构人员名单等方式虚报冒领劳务费和专家咨询费，不得通过虚构测试化验内容、提高测试化验支出标准等方式违规开支测试化验加工费，不得随意调账变动支出、随意修改记账凭证、以表代账应付财务审计和检查等。项目承担单位要建立健全科研和财务管理相结合的内部防控制度，规范项目资金管理，在职责范围内及时审批项目预算调整事项。

（二十四）改进科技项目资金结算方式。项目实施单位须对项目资金进行单独核算，并接受相关部门的监督和检查。科研院所、高等学校等事业单位承担项目所发生的会议费、差旅费、小额材料费和测试化验加工费等，要按规定实行"公务卡"结算；由企业承担的科研项目，上述支出也应当采用非现金方式结算。项目承担单位对设备费、大宗材料费和测试化验加工费、劳务费、专家咨询费等支出，原则上应当通过银行转账方式结算。

（二十五）完善科研信用管理。建立覆盖指南编制、项目申请、评估评审、立项、执行、验收全过程的科研信用记录制度，由项目主管部门委托专业机构对项目承担单位和科研人员、评估评审专家、中介机构等参与主体进行信用评级，并按信用评级实行分类管理。各项目主管部门应共享信用评价信息。项目检查验收专家要遵从利益回避的原则，原则上同一专家组中专家所在单位不得重复。建立"黑名单"制度，将严重不良信用记录者记入"黑名单"予以通报，并阶段性或永久取消其申请省财政科技项目或参与科技项目管理的资格。

（二十六）加大对违规行为的惩处力度。建立完善覆盖项目决策、管理、实施主体的逐级考核问责机制。有关部门要加强科研项目和资金监管工作，严肃处理违规行为，按规定采取通报批评、暂停项目拨款、终止项目执行、追回已拨项目资金、取消项目承担者3年内项目申报资格等措施，涉及违法的要移交司法机关处理，并将有关结果向社会公开。建立责任倒查制度，针对出现的问题倒查项目主管部门及相关人员的履职尽责和廉洁自律情况，经查实存在问题的依法依规严肃处理。科技管理人员不作为、利用职务之便谋取私利或为他人谋取不正当利益的，要依法依规严肃处理。

七、加强相关制度建设

（二十七）建立健全信息公开制度。除涉密及法律法规另有规定外，项目主管部门应当按规定向社会公开科研项目的立项信息、验收结果等，接受社会监督。项目承担单位应当在单位内部公开项目立项、主要研究人员、资金使用、大型仪器设备购置以及项目研究成果等情况，接受内部监督。

（二十八）建立科技报告制度。省科技行政主管部门要会同有关部门建立省级科技报告制度，制定科技报告的标准和规范，完善国家和省级科技报告的共享服务，实现科技资源持续积累、完整保存和开放共享。省级财政资金支持的科研项目，项目承担者必须按规定提交科技报告，科技报告提交和共享情况作为对其后续支持的重要依据。

（二十九）改进专家遴选制度。完善评审专家库，专家库应包含高校、科研院所、企业、技术推广机构的专家，专家领域必须涉及自然科学、经济、社会、管理、财务等多个领域。评估评审专家中一线科研人员的比例应当达到75%左右。扩大企业专家参与科技成果和产业化类项目评估评审的比重。推动学术咨询机构、协会、学会等更多参与项目评估评审工作。实行评估评审专家轮换、调整机制和回避制度。公布评审专家名单，强化专家自律，接受同行质询和社会监督，保证评审公正性。

（三十）完善激发创新创造活力的配套制度和政策。推进落实省政府关于促进高校、院所科技成果转化的相关政策及实施细则。改革科技成果类无形资产处置方式，将职务科技成果的使用权、经营权、收益权授予高校与科研院所的研发团队，科技成果处置后仅需报所在单位和国有资产管理部门备案。改革科技成果转化收益分配，高校、科研院所研发团队在鄂实施科技成果转化、转让的收益，其所得不得低于70%，最高可达99%。改革科技人员创新创业人事管理政策，离岗在鄂转化科技成果、创办科技型企业的科技人员，可以保留编制、身份、人事关系，档案工资正常晋升，5年内可回原单位。改革科技人员职称评审指标体系，高校、科研院所高级技术职称评聘，参与技术转移、科技成果转化的科技人员必须占有一定比例。将科技成果转化作为重要指标纳入科技人员考评体系。

八、明确和落实各方管理责任

（三十一）项目承担单位要强化法人责任。项目承担单位是科技项目实施和资金管理使用的责任主体，要切实履行在项目申请、组织实施和资金使用等方面的管理职责，加强支撑服务条件建设，提高对科研人员的服务水平，建立常态化的自查自纠机制，严肃处理本单位出现的违规行为。科研人员要弘扬科学精神，恪守科研诚信，强化责任意识，严格遵守科研项目和资金管理的各项规定，自觉接受有关方面的监督。

（三十二）有关部门要落实管理和服务责任。科技行政主管部门要会同有关部门根据本意见精神制定科技工作重大问题会商与沟通的工作规则；项目主管部门和财政部门要制定或修订各类科技计划（专项、基金等）管理制度。各有关部门要建立健全本部门内部控制和监管体系，加强对所属单位科技项目和资金管理内部制度的审查；督促指导项目承担单位和科研人员依法合规开展科研活动，做好经常性的政策宣传、培训和科技项目实施中的服务工作。

各市、州、县可参照本实施意见，制订加强本地财政科技项目和资金管理的具体办法。

2015年6月24日

关于印发《湖北省自然科学基金管理办法》的通知

(鄂科技规〔2015〕6号)

各有关单位：

为进一步规范湖北省自然科学基金计划的规划、组织和管理，省科技厅对原《湖北省自然科学基金计划项目管理办法》进行了修订，现将修订后的《湖北省自然科学基金管理办法》予以印发，请各有关单位遵照执行。

湖北省科技厅
2015年10月27日

湖北省自然科学基金管理办法

第一章 总则

第一条 为促进基础研究事业发展，培养科技创新人才，增强湖北持续自主创新能力，依据《湖北省科学技术进步条例》设立湖北省自然科学基金（以下简称省基金）。

第二条 省基金以"强化优势、彰显特色、重点突破、服务发展"为总体原则，立足人才培养、学科建设和源头创新，支持优秀人才、团队和实验室围绕我省经济建设和社会发展开展具有前瞻性、原创性的基础研究和应用基础研究，为我省创新驱动发展战略提供创新性人才和基础研究成果。

第三条 省基金经费主要来源于省财政预算拨款。鼓励自然人、法人或者其他组织向省基金捐资或合作设立联合专项。

第四条 省基金主管部门为湖北省科学技术厅（以下简称省科技厅），省科技厅基础研究处为省基金日常工作归口管理处室。

第五条 省基金管理工作遵循"尊重科学、激励创新、依靠专家、公正合理"的原则。

第六条 省基金项目资助体系包括面上类项目（青年项目、一般面上项目）、杰出青年项目、重点类项目（创新群体项目、重点实验室项目），视实际情况设立专项基金项目。

面上类项目中青年项目用于培育科研储备人才，支持青年科技人员在科研起步阶段独立开展基础研究和应用基础研究；一般面上项目用于稳定基础研究队伍，支持广大科学技术人员开展创新性应用基础研究。

杰出青年项目用于培育青年学术带头人，支持优秀青年人才开展科学前沿探索、高新技术和学科交叉研究。

重点类项目中创新群体项目用于培养造就具有创新能力的人才团队，持续支持以优秀中青年科学家为学术带头人和骨干的研究群体，围绕某一重要研究方向开展前瞻性、交叉性的应用基础研究；重点实验室项目用于推动湖北省重点实验室在若干科学前沿或具有带动性的研究方向取得突破，支持重点实验室学术带头人围绕稳定的研究方向开展持续应用基础研究。

第七条 遴选省基金项目采取指南引导、自主选题、同行评议、择优支持的机制。

第二章 规划与组织

第八条 省科技厅依据湖北省国民经济发展需要和科学技术发展规划，发布年度申请指南，负责组织管理省基金项目的受理、评审和资助，对省基金项目实施情况进行检查、监督。

第九条 省基金项目通过依托单位实施，湖北省内的高等院校、科学研究机构以及从事科学研究的其他单位具备下列条件的，可以向省科技厅申请注册为依托单位：

（一）在本省行政区域内依法成立，具有法人资格，并具备完善的财务和资产管理制度；

（二）有专门的科研管理机构和科研管理制度；

（三）具备能力为科学技术人员从事基础研究工作提供相应条件；

（四）单位科学技术人员承担过省级或国家级基础研究科技项目，且在CSCD（中国科学引文数据库）期刊发表过基础研究类学术论文；

（五）已建有省级以上科技行政部门批准的重点实验室的企业。

第十条 依托单位是省基金项目实施和资金管理使用的责任主体，在省基金资助管理工作中履行下列职责：

（一）组织申请人申请省基金项目；

（二）负责审核申请人所提交材料的真实性；

（三）推荐符合申请条件的项目申请省基金资助；

（四）提供省基金项目实施的条件，保障项目负责人和参与人实施基金项目的时间；

（五）跟踪省基金项目的实施，监督省基金资助经费的使用，配合省科技厅对省基金项目的实施和经费使用进行监督、检查；

（六）配合省科技厅完成省基金项目的日常管理、绩效评估、结题验收和总结工作。

第三章 申请与评审

第十一条 省基金申请由依托单位统一组织实施，省科技厅不受理无依托单位的个人申请。

第十二条 申请省基金青年项目的申请人须具备下列条件：

（一）依托单位全职固定研究人员；

（二）年龄在35周岁以下（年龄计算时间以申报项目当年12月31日为截止日）；

（三）具有博士学位（不含在读博士生）；

（四）未主持过省部级及以上科研项目。

第十三条 申请省基金一般面上项目的申请人须具备下列条件：

（一）依托单位全职固定研究人员；

（二）年龄在50周岁以下；

（三）具有副高级专业技术职务（职称）或者具有博士学位，或者有2名与其研究领域相同、具有正高级专业技术职务（职称）的科学技术人员推荐；

（四）副高级专业技术职务（职称）申请人往年已获省基金资助次数不超过1次。

第十四条 申请省基金杰出青年项目的申请人须具备下列条件：

（一）依托单位全职固定研究人员；

（二）男性年龄在40周岁以下，女性年龄在42周岁以下；

（三）副高级专业技术职务（职称）及以上，具有博士学位；

（四）主持过国家自然科学基金面上项目。

第十五条 申请省基金创新群体项目的申请人及研究团队须具备下列条件：

（一）依托单位全职固定研究人员；

（二）申请人具有正高级专业技术职务（职称）；

（三）研究团队平均年龄在45周岁以下；

（四）研究团队中至少有2名省部级以上人才计划获得者；

（五）近5年内研究团队成员2人以上在同一研究方向上共同承担过2项以上省部级科研课题；

（六）研究团队成员2人以上共同获得过省部级三等以上科技奖励。

第十六条 申请省基金重点实验室项目的申请人须具备下列条件：

（一）省重点实验室固定研究人员；

（二）省重点实验室内设研究方向的学术带头人；

（三）所在实验室为经省科技厅立项审批，验收合格的省重点实验室；

（四）申请项目研究内容与所在实验室内设研究方向一致。

第十七条 省基金资助申请采取网上申请、限额推荐的方式进行，申请人依据年度申请指南要求在网上提交申请材料，经依托单位在线审核推荐后，进入省科技厅计划项目系统管理流程。

申请人申请省基金资助，应当提交年度申请指南中要求的申请材料及相关证明材料，并对所提交资料真实性负责。

第十八条 省科技厅每年定期发布年度基金项目申请指南，自指南发布日到项目申请受理截止日，原则上不少于50天。

第十九条 省基金项目评审实行同行专家评审制度，评审方式包括网络评审和会议评审，其中面上项目采取网络评审的方式，杰出青年项目和重点项目采取网络评审和会议评审两轮评审制。网络评审专家为3~5人，会议评审专家不少于9人。会议评审采取视频答辩方式，评审意见实行票决制。

第二十条 评审专家对申请省基金资助的项目应当从科学价值、创新性、社会影响以及研究方案可行性等方面进行独立判断和评价，提出评审意见。

第二十一条 为保证省基金项目评审工作的公正性，须遵守以下回避原则：

（一）当年申请省基金资助的申请人（含项目参与人）不得作为当年度的项目评审专家；

（二）参加评审的专家和工作人员须回避可能影响公正性的申请项目评审。

第二十二条 为切实保护申请者和评审者的权益。组织和参加评审工作的所有人员均须遵守以下保密规定：

（一）不得擅自复制、泄露或以任何形式剽窃申请者的研究内容；

（二）不得泄露未公开的同行评审专家基本情况、评审意见等与评审有关的信息；

（三）不得泄露未经批准的评审结果。

第二十三条 省科技厅依照省级财政科技项目管理流程确定资助项目并以规定形式向社会公示。公示无异议的项目采用定额资助方式，其中面上类项目、杰出青年项目资助经费立项当年一次性划拨，重点类项目资助经费在项目实施期内依据年度考核情况分年度划拨。

第二十四条　省基金其他专项基金的规划与组织根据专项设置实际情况另行确定。

第四章　资助与实施

第二十五条　省基金项目负责人负责省基金项目研究计划的具体实施。项目负责人在省基金项目实施中履行下列职责：

（一）及时按资助批准通知的要求编写和在线填报项目计划任务书，除根据确定的资助额度对项目经费预算进行适当调整外，原则上不得对申请书的其他内容进行变更，确需调整的须经依托单位审核后书面报请省科技厅批准；

（二）按照项目计划任务书使用基金资助经费，组织开展研究工作，作好基金项目实施情况的原始记录，通过依托单位向省科技厅提交项目年度绩效报告；

（三）分年度拨款项目负责人须提交项目中期考核评估报告；

（四）项目实施期内接受省科技厅、依托单位对项目实施的监督和检查；

（五）项目实施结束后在依托单位的统一组织下完成项目结题或验收工作。

第二十六条　省基金项目实施中，原则上不允许调整研究计划和研究内容，确需作出调整的，项目负责人应当及时提出书面申请，经依托单位审核报省科技厅批准。

第二十七条　省基金项目实施期满3个月内，项目负责人应当按照《湖北省科技计划项目检查验收实施细则》中规定的要求，通过依托单位在线提交结题或者验收报告。由于客观原因或特殊情况不能按期结题验收的，项目负责人应当于项目实施期届满之日起1个月内提出延期申请，经依托单位审核后报省科技厅批准。

超过规定期限无故不办理结题验收或延期2次仍不能完成项目的，由省科技厅通知项目依托单位终止该项目的实施并办理相关手续，项目依托单位须协助省科技厅追回已拨付的项目资金。

对承担探索性强、风险高的省基金项目的科学技术人员，原始记录能够证明其已经履行了勤勉尽责义务仍不能完成项目的，经专家评议和省科技厅同意后可以依照相关规定给予项目结题，不影响其再申请省基金资助。

第二十八条　项目负责人、参与人违反本办法，有下列第一或第二种情形的，由省科技厅提出警告，暂缓拨付资助经费，并责令限期改正；逾期不改正的，撤销原资助决定，终止基金资助项目实施并追回已拨付的资助经费；有第三到第五种情形之一的，由省科技厅直接撤销原资助决定，终止基金资助项目实施并追回已拨付的资助经费，项目负责人3~5年内不得申请或者参与申请省基金资助项目。项目负责人、参与人所有违反本办法的行为均计入省基金申报个人信用评价档案：

（一）擅自变更研究内容或者研究计划的；

（二）不依照本办法规定提交项目年度进展报告、结题报告或者其他按规定应提交的重要材料的；

（三）伪造或者变造申请材料的；

（四）提交弄虚作假的报告、原始记录或者相关材料的；

（五）侵占、挪用基金资助经费的。

第二十九条　省基金项目研究中取得的研究成果报告及基础性数据，应按照《湖北省科学技术报告制度》要求向社会公开，实行共享（按照规定应当保密的除外）。

依托单位、项目负责人应当积极开展科学技术普及工作，宣传基金资助项目取得的研究成果，推进研究成果的应用和转化。

第三十条 省基金项目研究形成的论文、专著等成果，可标注资助来源的须按项目类型分别标注"湖北省自然科学基金计划项目资助"（Supported by Hubei Provincial Natural Science Foundation of China）并明示项目编号，可标注而未注明资助来源的研究成果，不得作为项目结题验收考核评价统计内容。

第五章 管理与监督

第三十一条 省基金项目管理建立承诺机制，依托单位应当依法履行项目管理职责。项目实施期间，依托单位应当对项目负责人使用基金资助经费的情况进行监督，跟踪项目实施情况，审核项目年度绩效报告，检查或抽查项目原始资料，配合省科技厅对分年度拨款项目实施中期检查和考核评估，负责向省科技厅提交年度项目管理报告。

第三十二条 省基金项目实施期结束，依托单位应当及时督促和组织项目负责人完成项目结题验收工作，负责相关结题材料的审核，建立基金资助项目档案。

第三十三条 省基金项目实施中，依托单位不得擅自变更项目负责人。项目负责人有下列情形之一的，依托单位应当及时提出变更项目负责人或者终止基金项目实施的申请，报省科技厅批准；省科技厅也可以根据项目审查结果，直接作出终止基金资助项目实施的决定：

（一）不再是依托单位科学技术人员的；

（二）不能继续开展研究工作的；

（三）有剽窃他人科学研究成果或者在科学研究中有弄虚作假等学术不端行为的。

项目负责人调入另一依托单位工作的，经所在依托单位与原依托单位协商一致，项目负责人有义务通过原依托单位提出变更依托单位的申请，报省科技厅批准；协商不一致的，省科技厅有权作出终止该项目负责人所负责的基金资助项目实施的决定。

第三十四条 依托单位违反本办法，有下列第一到第五种情形之一的，由省科技厅提出警告，责令限期改正，逾期不改正的，视情节轻重核减次年省基金申报推荐名额；有第六或第七种情形的，由省科技厅直接取消依托单位申报推荐资格。依托单位所有违反本办法的行为均计入省基金申报单位信用评价档案：

（一）不履行保障基金资助项目研究条件的职责的；

（二）不对申请人或者项目负责人提交的材料或者报告的真实性进行审查的；

（三）擅自变更项目负责人的；

（四）不配合省科技厅监督、检查基金资助项目实施的；

（五）不依照本办法规定按时提交项目年度进展报告、年度基金资助项目管理报告、结题报告和研究成果报告的；

（六）纵容、包庇申请人、项目负责人弄虚作假的；

（七）截留、挪用基金资助经费的。

第三十五条 省科技厅对基金资助项目实施情况、依托单位履行职责情况实行抽查制度，依托单位应当协助提供基金资助项目实施情况的原始记录。

第三十六条 省科技厅组织中期检查和考核评估，以定性、定量相结合的方法对分年度拨款项目实施情况和绩效目标进行中期评估，对一次性拨款项目实施情况和绩效目标进行抽查。

第三十七条 中期检查评估结果作为后期项目资助经费拨付依据。未通过中期检查的项目，暂停拨付后期项目补助经费，由项目依托单位整改到位后在下一年度再拨付。若整改后仍不能通过的,停止拨付后期项目资助经费。

第三十八条 省科技厅只受理依托单位统一组织的结题和验收申请,对不符合要求的结题和验收申请提出处理意见,通知依托单位和项目负责人。

第三十九条 省科技厅应当建立信用管理机制和绩效管理制度,对评审专家的评审工作情况、依托单位履行法人责任制的情况、项目负责人的项目实施情况进行记录,建立评审专家、依托单位和项目负责人的信用评价和绩效管理档案。年度信用评价和绩效考核结果作为下一年度立项资助的参考依据。

第六章 附则

第四十条 省基金项目资助经费管理按照《关于改进加强湖北省省级财政科技项目和资金管理的实施意见》(鄂政发〔2015〕40号文件)执行,同时接受省财政和审计部门的检查与监督,项目负责人和依托单位必须积极配合并提供有关资料。

第四十一条 本办法自公布之日起施行。省科技厅此前公布的《湖北省自然科学基金计划项目管理办法》同时废止。

第四十二条 本办法解释权属于省科技厅。

湖北省人民政府关于推动高校院所科技人员服务企业研发活动的意见

(鄂政发〔2015〕66号)

各市、州、县人民政府，省政府各部门：

为贯彻落实《中共中央国务院关于深化体制机制改革加快实施创新驱动发展战略的若干意见》（中发〔2015〕8号），加快我省科技资源优势转化为经济发展优势，进一步调动中央在鄂和省属高等院校、省级以上公立科研院所（以下简称高校院所）科技人员直接服务我省企业研发活动的积极性，现提出以下意见：

一、改革企业委托研发项目经费管理方式。对于省内企业委托高校院所研发项目经费，高校院所在收取管理费、国有资源（资产）有偿使用费等相关费用后，剩余经费由研发团队在保证合同任务完成的前提下，根据工作内容和合同约定自主安排，实行有别于财政科研经费的分类管理。

二、提高科研人员科研劳务收入比重。承担省内企业委托研发项目的高校院所研发团队和科技人员，可在项目经费中获得科研劳务收入，其中软件开发类、设计类、规划类和咨询类项目的比例最高可达团队使用经费部分的70%，其他项目比例最高可达50%。高校院所科研人员的科研劳务收入按照单项劳务报酬计缴个人所得税，不纳入调控的绩效工资总额。

三、实行高校院所部分职称评定与服务企业挂钩。将任省内企业技术职务经历作为高校院所理、工、农、管学科人员晋升高一级职称的重要条件。申报高一级职称者在任现职期间到省内企业或新型农业市场主体累计服务满一年的，予以优先评聘。科技人员参与职称评审时，其主持研发的技术在省内企业成功实现转化和产业化的，技术转让成交额与纵向课题指标要求同等对待。对发明专利和成果转化应用成效突出的，可降低或免去相应论文要求。

四、鼓励高校院所科技人员到企业开展研发服务。高校院所科技人员在完成本职工作、履行聘用合同、不损害本单位利益的前提下，可自主到省内企业兼职从事研发活动，获得报酬按照规定计缴个人所得税后归个人所有。

五、鼓励高校大力承接省内企业研发项目。省政府相关部门分配高校财政资金时，应参考高校承接省内企业委托的研发项目及其经费收入、完成成果情况。对承担有省内企业委托研发项目的高校，省级科技部门按照项目实际到位资金的5%至10%给予科技项目奖励支持，省级教育部门相应提高生均经费拨款系数。

六、积极落实技术性服务增值税减免政策。税务机关积极支持、引导高校为省内企业提供技术转让、技术开发和与之相关的技术咨询、技术服务，对高校提供的符合法定条件的技术转让、技术开发和与之相关的技术咨询、技术服务，依法免征增值税。

七、从简落实企业研发费加计扣除政策。省内企业委托高校院所开展研究开发项目的费用支出，主管税务机关应依据省技术合同登记机构认定登记的技术合同及研发项目费用付款凭证，落实国家企业研究开发费用税前加计扣除的鼓励政策。

八、营造高校院所科技人员服务企业的良好社会氛围。总结和推广高校院所科技人员服务省内企业、促进产业发展的先进典型,对作出突出贡献的单位、个人按照国家有关规定给予表彰奖励,并在全社会积极宣传。

九、建立落实保障机制。各相关部门、各中央在鄂和省属高等院校、省级以上公立科研院所要结合实际,认真抓好贯彻落实。高校院所科技人员服务企业研发活动,适用《省人民政府关于印发促进高校院所科技成果转化暂行办法的通知》(鄂政发〔2013〕60号)及其实施细则的有关规定。

2015 年 10 月 31 日

湖北省财政厅 湖北省科技厅关于印发《湖北省科技计划及专项资金后补助管理暂行办法》的通知

(鄂财企规〔2016〕3号)

各市(州)、直管市、神农架林区、县(市区)财政局、科技局：

为贯彻落实《国家中长期科学和技术发展规划纲要（2006—2020）》和《关于深化科技体制改革加快国家创新体系建设的意见》，充分发挥财政科技经费的引导作用，推动科技和经济紧密结合，提高财政资金的使用效益，根据财政部、科技部《国家科技计划及专项资金后补助管理规定》精神，结合我省实际，省财政厅、省科技厅制定了《湖北省科技计划及专项资金后补助管理暂行办法》。报经省政府同意，现印发你们，请遵照执行。

附件：湖北省科技计划及专项资金后补助管理暂行办法

湖北省财政厅 湖北省科学技术厅
2016年8月26日

湖北省科技计划及专项资金后补助管理暂行办法

第一章 总则

第一条 为规范省科技计划及专项资金后补助机制的实施，充分发挥省级财政科技资金的引导作用，提高资金使用效益，根据《国家科技计划及专项资金后补助管理规定》等规定，制定本办法。

第二条 省科技厅归口管理的省科技计划及专项资金实施后补助机制适用本办法。

本办法所称后补助，是指从事研究开发和科技服务活动的单位承担省科技计划项目时先行筹资实施，项目成果或服务绩效通过验收审查或绩效考核后，给予经费补助的财政资助方式。

前款所称的单位，是指在我省境内注册、具有独立法人资格的企业、科研院所、高等院校、科技中介服务机构等。

第三条 省科技计划专项资金后补助包括：事前立项事后补助、奖励性后补助、科技创新平台后补助及共享服务后补助等方式。省科技厅按四种后补助方式分别设立绩效目标。

第二章 事前立项事后补助

第四条 事前立项事后补助是指项目承担单位根据省科技厅发布的省科技计划或省科技专项资金项目指南，结合自身研发需要提出申请。依照省级科技专项资金竞争性分配方式获得立项后，项目承担单位先行投入资金组织研究开发活动。项目实施完成后，省科技厅组织项目验收合格，给予相应专项资金补助。

第五条 省级科技计划中以科技成果商业化、产业化为目标任务，具有量化考核指标的项目，应当实施事前立项事后补助支持方式。

第六条 事前立项事后补助按照以下程序管理：

（一）发布指南。省科技厅发布事前立项事后补助的项目申报指南，并对项目拟达到的目标任务提出明确要求，制定结果可考核的指标体系。

（二）提交申请。申报单位根据指南的要求，编制、提交项目申请材料。

提交的项目申请材料应包括项目总体目标、主要任务、考核指标、配套条件、验收方式方法、参与单位、项目经费预算等内容，并附近三年经中介机构审计的财务报告。

项目预算由申请单位根据其基础条件和项目需要自行编制，预算应真实反映与项目研究内容直接相关的各项研发支出。

（三）立项评审。省科技厅按照省级财政科技专项资金竞争性分配管理办法规定确定项目承担单位，制定项目的考核指标、验收方式方法等。

（四）预算方案。省科技厅根据评审结果提出项目后补助预算方案，向项目申请单位反馈。拟补助经费原则上不超过项目预算的50%。

（五）签订任务书。经省科技厅批复立项的项目，由省科技厅与项目承担单位签订项目任务书。项目任务书应当包括项目目标任务、考核指标、参与单位、验收方式、项目预算、拟补助经费额、项目实施期限等内容。

（六）项目实施。项目承担单位按照项目任务书的规定自行组织项目实施和管理，省科技厅不具体组织项目实施过程管理。项目终止实施的，项目实施单位应及时报省科技厅办理项目终止的审批手续。

（七）组织验收。项目承担单位在完成目标任务或实施期满后，应在项目任务书约定完成时间的半年内向省科技厅提出验收申请，省科技厅按照项目任务书的约定组织验收。如半年内不提出验收申请的，视为自动放弃，任务书终止。

（八）验收结果公示。省科技厅将验收合格项目和拟补助金额向社会公示。

（九）经费拨付。已通过验收的项目公示无异议，省科技厅向省政府提出项目后补助资金安排方案，经批准后，按照财政国库管理制度的有关规定及时办理资金拨付。

第七条 事前立项事后补助项目任务书是项目执行、监督检查、项目验收和经费拨付的依据。省科技厅和项目承担单位在签订项目任务书时应当协商一致，并详细载明考核指标和验收的方式，考核指标应当科学合理，并且具体、细化，验收方式应明确和可操作。

第八条 省科技厅组织专家验收，根据项目任务书明确的项目验收方法，对考核指标的完成情况进行现场验收，由专家出具验收报告。

第九条 项目成果有明确用户的，验收应当包括用户评价。省科技厅和项目承担单位共同选择确定用户，并在项目任务书中事先明确。

项目承担单位应与用户签订协议书，约定双方权责，确保用户出具客观公正的评价意见。

项目成果交付用户后，经过至少一个完整的使用周期，由用户按照项目任务书及协议的约定，提供成果使用情况的评价报告。

第十条 项目验收需要进行第三方检测的，省科技厅和项目承担单位协商确定具备资质的第三方机构，并在项目任务书中事先明确。

第三方机构应当根据相关规定和标准独立完成项目成果检测，提供相关成果的技术指标、性能等检测报告。

第三章 奖励性后补助

第十一条 奖励性后补助是指单位根据市场需求及自身发展需要先行投入资金组织开展研发活动，按程序经审查验收通过后给予相应补助，包括奖励性后补助和产学研后补助。

第十二条 申请奖励性后补助的技术成果应当满足以下条件：

（一）对解决我省急需的、影响经济和社会发展重大公共利益或重大产业技术问题等发挥关键作用；

（二）属于申请单位的原创成果，研发记录完备；

（三）项目前期未得到财政专项资金立项资助。

第十三条 单位奖励性后补助按照以下程序管理：

（一）发布公告。省科技厅面向全省发布公告，征集解决重大问题的技术成果，并明确提出技术成果对解决问题应当达到的具体要求和奖励额度建议数。

（二）提交申请。单位根据公告要求提交申请材料。申请材料应当包括完整的技术报告和实施效果等。

（三）审查验收。省科技厅组织对技术成果进行审查验收，重点审查其是否符合公告要求，验证其能否解决相关问题，并形成审查验收结论。审查验收按照本规定第八、九、十条执行。

（四）审查结果公示。省科技厅将项目审查验收结论及补助金额向社会公示。

（五）经费拨付。公示无异议后，省科技厅向省政府提出项目后补助专项资金安排方案，经批准后，按照财政国库管理制度的有关规定及时办理资金拨付。

第十四条 产学研后补助是指省内具有正式办学资格且具备一定科研能力的高校与省内企业联合开展合作且已取得阶段性成果的技术研发项目，按程序核查后给予相应补助。

第十五条 申报产学研后补助应当满足以下条件：

（一）申报单位应为在鄂且具备一定科研能力的高校，合作企业应为省内企业；

（二）高校与企业签订有规范的项目合作研发合同，且按照合同约定执行良好；

（三）企业当年已支付给高校研发经费。

第十六条 产学研后补助按照以下程序管理：

（一）发布通知。省科技厅发布年度产学研后补助申报通知。

（二）提交申报材料。申报单位按照申报通知要求提交申报材料。

（三）项目核查。省科技厅组织技术和财务专家对申报材料进行核查，重点核查产学研合作的真实性。

（四）项目公示。省科技厅将项目核查结果及补助金额向社会公示。

（五）经费拨付。项目公示无异议后，省科技厅向省政府提出项目后补助专项资金安排方案，经批准后，按照财政国库管理制度的有关规定及时办理资金拨付。

第四章 科技创新平台后补助

第十七条 科技创新平台后补助包括：省级重点实验室后补助、省级工程技术研究中心后补助和省级校企共建研发中心后补助、科技成果转化中介服务后补助。

第十八条 省级重点实验室后补助是指由省科技厅批准建设的省重点实验室（以下简称实验室），围绕设立的研究方向组织开展基础和应用基础研究，并参加省科技厅组织的绩效评估，由省科技厅依据其评估结果给予的相应运行补助。

重点实验室后补助按以下程序管理：

（一）发布评估通知。省科技厅确定拟评估领域及实验室名单，通过公告方式通知实验室依托单位。

（二）提交申请。实验室依托单位按照通知要求负责组织所属实验室参加评估，实验室根据评估期内研究工作提交自评估报告，自评估报告中列举的论文、专著、数据库、专利、软件著作权、奖励、技术成果转让必须是评估期内取得。

（三）委托评估机构。省科技厅择优委托第三方评估机构开展具体评估工作。评估机构根据省科技厅委托，拟定评估方案，受理评估材料，组织专家开展实验室评估，向省科技厅提交评估报告，评估报告应包含重点实验室评估排序、评估结果分析等内容。

（四）经费拨付。省科技厅依据评估结果提出重点实验室后补助资金安排方案，经公示无异议并报经省政府批准后，按照财政国库管理制度的有关规定及时办理资金拨付。

（五）重点实验后补助经费主要用于支持实验室开放运行、自主创新研究和仪器设备更新改造等。

第十九条 工程技术研究中心后补助和校企共建研发中心后补助是指由省科技厅批准的湖北工程技术研究中心和校企共建研发中心，三年有效期到期时，参加省科技厅组织的绩效评价，由省科技厅依据其评估成绩给予的相应运行补助。工程技术研究中心后补助和校企共建研发中心后补助主要用于科研条件建设。

工程技术研究中心后补助和校企共建研发中心后补助按以下程序管理：

（一）评估通知：省科技厅制订工程技术研究中心和校企共建研发中心年度绩效评价计划，通知到期的工程技术研究中心和校企共建研发中心。

（二）工程技术研究中心和校企共建研发中心根据绩效评价通知要求，认真做好绩效自评工作，并向省科技厅提交绩效评价材料。

（三）省科技厅委托有资质的评估机构开展绩效评价工作。评估机构独立开展绩效评价工作，评价内容为各中心的科研基础条件、科研成果、成果转化以及对外服务等方面，并向省科技厅提交绩效评价报告。绩效评价报告应包含工程技术研究中心和校企共建研发中心评分排序、评价等次等内容。

（四）省科技厅依照绩效评价报告提出年工程技术研究中心补助和校企共建研发中心后补助方案，经公示无异议后报省政府批准，按照财政国库管理制度的有关规定及时办理资金拨付。

第二十条 科技成果转化中介服务后补助是指对开展技术转移、成果转化及围绕技术转移进行二次开发与技术熟化等促成科技成果与技术在我省转移转化的各类中介服务活动（单纯提供信息、法律、咨询、金融等咨询的中介服务除外），依据《湖北省技术转移服务补贴实施办法（试行）》，按程序核查后给予相应补助。

第二十一条 申请科技成果转化中介服务后补助的中介服务机构应当满足以下条件：

（一）在湖北省内注册、具有独立法人资格，并主要从事技术转移、成果转化的服务机构；或国家级、省级技术转移示范机构、省级重点培育技术转移中介服务机构。

（二）有固定的经营场所，有满足经营要求的办公设备和条件。

（三）建立了规范的财务、管理制度。

（四）从事科技成果转化工作的专职人员3人以上。

（五）具有良好的信誉，无投诉、无诉讼，或有投诉但机构自身无责任。

外地中介机构在湖北设立的独立法人机构，若符合上述有关要求，可享受本地中介服务机构同等待遇。

第二十二条 成功转化项目，需经技术合同认定登记并全额付款，且能提供相应的付款凭证和免税证明。

第二十三条 科技成果转化中介服务后补助按照以下程序管理：

（一）发布通知。省科技厅发布年度科技成果转化后补助申报通知和指南。

（二）提交申报材料。中介服务机构根据通知要求提交申报材料，申报材料包括完整、规范、真实的技术性收入专项审计报告，经登记处认定登记的相关技术合同原件，交易凭证和减免税证明等。

（三）专业核查。省科技厅组织技术转移专家、会计师事务所财务专家及相关领域的专家对申报材料进行核查，并组织专家组随机现场抽查，对机构原始材料及相关业务进行实地核查，形成核查结论。

（四）拟定补贴方案。省科技厅根据核查结论拟定科技成果转化后补助建议方案。

（五）省科技厅办公会审定。厅长办公会议对科技成果转化后补助建议方案进行审定。

（六）公示公告。后补助方案通过厅办公会审定后，向社会进行公示。

（七）经费拨付。公示无异议，省科技厅向省政府提出后补助专项资金安排方案，经批准后，按照财政国库管理制度的有关规定及时办理资金拨付。

第五章 共享服务后补助

第二十四条 共享服务后补助是指对面向省内社会开展公共服务并取得绩效的我省范围内科技基础条件平台，经省科技厅绩效考核通过后，给予相应补助。

第二十五条 省科技厅根据科技创新和经济社会发展需求，充分尊重市场规律，运用政策、资金杠杆对我省范围内科技基础条件平台合理规划、整合，推动资源社会共享，提高资源利用效率。

第二十六条 省科技专项资金共享服务后补助的绩效考核主要包括以下内容：

（一）服务情况。包括资源服务数量和质量、服务对象数量及范围、资源深度挖掘与集成、提供科技支撑取得的效果、平台服务带来的经济和社会效益等。

（二）运行管理情况。包括组织机构运行、平台管理制度落实以及运行机制保障等。

（三）资源整合情况。包括资源增量与质量、资源维护与更新等。

第二十七条 共享服务后补助按照以下程序管理：

（一）发布通知。省科技厅向全省范围内科技基础条件平台所在单位发布绩效考核通知，平台单位根据通知要求进行申报。申报材料应包括平台运行管理、开放共享等情况，以及反映服务绩效的相关内容和运行服务成本等。

（二）绩效考核。省科技厅组织专家或委托第三方机构，对申报单位的资源共享服务绩效进行考核，形成绩效考核结论。

（三）绩效考核结果公示。省科技厅将申报单位的共享服务绩效考核结果及拟补助金额向社会进行公示。

（四）经费拨付。公示无异议，省科技厅向省政府提出后补助专项资金安排方案，经批准后，按照财政国库管理制度的有关规定及时办理资金拨付。

共享服务后补助经费主要用于科技基础条件平台的运行服务。

第二十八条 不参加绩效考核或连续两次绩效考核较差的科技基础条件平台，不再纳入省科技专项资金共享服务后补助范围。

第六章　监督检查

第二十九条　后补助经费管理应当接受财政、审计等部门的监督和检查。对检查中发现的违法违纪行为，依照相关法律法规规定予以处理。

第三十条　单位存在弄虚作假、伪造成果、重复申报立项、唆使用户或第三方检测机构出具虚假评价或检测报告，骗取财政资金的，将采取警告、记入不良信用记录等处理措施，不再承担省科技计划及专项资金项目；已获得的后补助经费，由省科技厅按原渠道予以追回。

第三十一条　专家、第三方机构等在后补助管理中存在弄虚作假等违规行为的，其出具的相关结果证明无效，并采取通报批评等处理措施，今后不再纳入省级科技项目备选专家库、中介机构备选库。

第三十二条　省科技厅实施省科技专项资金后补助的全过程应做到公开、公平、公正，并及时公开后补助经费支持单位、补助情况、违规行为及处理结果等，接受社会监督。

第三十三条　省财政厅负责对后补助经费使用情况组织开展绩效评价工作，将绩效评价结果作为以后年度预算安排的重要依据。

第七章　附则

第三十四条　本办法由省财政厅、省科技厅负责解释。

第三十五条　本办法自发布之日起施行。

省人民政府办公厅关于印发湖北省激励企业开展研究开发活动暂行办法的通知

(鄂政办发〔2017〕6号)

各市、州、县人民政府，省政府各部门：

《湖北省激励企业开展研究开发活动暂行办法》已经省人民政府同意，现印发给你们，请认真贯彻执行。

2017年2月15日

湖北省激励企业开展研究开发活动暂行办法

企业是技术创新的主体，也是我省建设创新型省份的主要力量。为充分调动我省企业开展研发活动的积极性和主动性，全面提升企业技术创新能力，根据《湖北省创新型省份建设推进计划（2016—2020年）》《湖北省科技创新"十三五"规划》《湖北省深入推进科技体制改革实施方案》的要求，制定本办法。

第一条 支持中小企业积极开展自主创新，加大研发投入。对省内高新技术企业、国家创新型（试点）企业、国家技术创新示范企业、省级以上科技企业孵化器在孵科技型企业等国家重点支持的高新技术领域的企业，其研发投入在享受税前加计扣除政策基础上，再按如下标准予以补贴：

（一）年销售收入5000万元（含）以下的，企业研发投入占销售收入比重超过5%以上的部分，每年按实际支出的20%予以补贴，每个企业当年最高补贴金额不超过100万元；

（二）年销售收入5000万元至2亿元（含）的，企业研发投入占销售收入比重超过4%以上的部分，每年按实际支出的10%予以补贴，每个企业当年最高补贴金额不超过200万元。

第二条 支持企业加强技术标准研制创新。对省内企业在国家重点支持的高新技术领域主导制订出台国际标准、国家标准的，每项分别奖励100万元、50万元。

第三条 支持科技企业孵化器建设专业化技术服务平台。对省级以上科技企业孵化器建设专业化技术服务平台新购置通用、基础性仪器设备的费用，按照不超过30%的比例给予补贴，最高不超过100万元。

第四条 支持科技企业孵化器组建天使投资基金。对省级以上科技企业孵化器发起设立天使投资基金，并约定将60%以上资金投向孵化器内科技创业企业的，省创业投资引导基金按照不超过实际到位资金额30%的比例给予配套投资。发起设立的天使投资基金规模可降低至3000万元，投资期限可延长至7年。

第五条 支持企业承担国家科技计划项目。对企业独立或牵头承担国家重大科技专项、重点研发计划项目的，按年度到位资金额的10%予以奖励，最高不超过500万元。

第六条 支持企业建设国家级科技创新平台。对企业牵头组建国家实验室、国家制造业创新中心的，一次性补助建设经费1000万元；牵头组建国家重点实验室、国家技术创新中心、国家工程技术研究中心、国家工程实验室、国家工程研究中心、国家企业技术中心的，一次性补助建设经费500万元。

第七条 支持企业整合全球先进技术创新资源。对企业在境外并购与自身主营业务发展相关的国外研发机构、取得绝对控股地位并获得有效发明专利、软件著作权的，按照收购合同标的实际支付金额的10%予以奖励，最高不超过1000万元。

第八条 支持企业集聚创新创业人才。企业引进国家"千人计划"（正式聘用）人才的，企业主要负责人或技术带头人（正式聘用）入选国家"万人计划"或科技部"创新人才推进计划"的，企业建有博士后工作站、博士后流动站的，可以申报省级重大技术创新项目。

第九条 支持企业与省内高校开展研发合作。对省内企业委托给在鄂高校的技术开发项目并进行合同备案登记的，按照企业实际支付给高校研发费用的10%予以补贴，最高不超过100万元。

第十条 支持民口企业与军工单位开展研发合作。对省内承担军工科研项目的民口企业，按照合同实际到账金额的10%予以补贴，最高不超过300万元。

第十一条 支持重大装备研发企业与应用企业的创新与合作。在国家重点支持的高新技术领域，对企业首次使用省内企业研发的国内首台套或替代国外进口的重大装备的，按企业实际购入或建设装备投入资金的20%给予资助，最高不超过300万元。

本办法自发布之日起施行。所需奖补资金由省级财政和地方财政各承担50%，由相关主管部门按年度组织企业申报并负责解释。

湖北省科技厅关于印发《湖北省科技计划项目管理办法》的通知

(鄂科技规〔2017〕2号)

各市、州、县科技局，各有关单位：

为进一步改进和加强科技计划项目管理，充分发挥科技计划对科技创新的引导作用，促进我省科技进步和经济社会发展，省科技厅制定了《湖北省科技计划项目管理办法》。现予印发，自发布之日起施行。

2017年6月8日

湖北省科技计划项目管理办法

第一章 总则

第一条 为切实提升我省科技创新管理水平和服务能力，进一步规范科技计划项目管理，根据《省人民政府关于改进加强省级财政科技项目和资金管理的实施意见》（鄂政发〔2015〕40号）和科技部有关科技计划项目管理办法的精神，特制定本办法。

第二条 湖北省科技计划项目（以下简称项目）是指湖北省科技厅批准立项，由湖北省境内独立法人单位承担，且在一定时间周期内实施的项目。

第三条 本办法适用于湖北省各类省级科技计划项目的申报、立项、实施和验收等项目管理工作。

第四条 项目管理遵循职责清晰、科学规范、公开透明、监管有力的原则，充分调动科研人员的积极性和创造性，形成规范有序的科技管理和运行机制。

第二章 组织管理

第五条 项目管理责任主体包括省科技厅、项目推荐单位、项目管理受托机构。其中项目推荐单位包括市、州、直管市、神农架林区科技局，东湖高新区管委会，以及高校、科研院所、省直有关部门；项目管理受托机构是接受省科技厅委托开展项目评审、验收、绩效评价的机构。项目的参与主体包括项目承担单位、项目负责人和咨询专家。其中项目承担单位是项目实施的责任主体；项目负责人是项目实施的直接责任人；咨询专家是接受项目管理责任主体委托，对项目进行评审和论证的个人。

第六条 省科技厅的职责是：

1. 制定项目管理办法；
2. 建设、维护、完善湖北省科技计划项目管理系统；
3. 建设、维护专家库；
4. 发布项目申报、立项、检查通知；

5.组织或委托开展项目评审、检查、验收、绩效评价；

6.督促项目承担单位提交科技报告；

7.协调、处理项目实施中的有关问题；

8.做好项目档案管理。

第七条 项目推荐单位的职责是：

1.审核、推荐管理范围内的项目申报；

2.协助省科技厅推进项目资金落实和项目实施；

3.督促项目承担单位按要求填报项目任务书、科技报告、总结报告、验收材料，并对其真实性、完整性进行审查；

4.协调、处理、上报项目实施中的有关问题；

5.配合推进项目中期检查、验收、绩效评价。

第八条 项目管理受托机构的职责是：

1.按照省科技厅的委托，保证质量、按时完成项目的评审论证、验收、绩效评价等工作；

2.客观、及时地向省科技厅反映在项目管理环节中发现的问题；

3.严格保守申报项目和实施项目的技术秘密，严格遵守项目评审、验收、绩效评价等各环节的管理工作纪律。

第九条 咨询专家的职责是：

1.独立、客观、公正地提供个人意见；

2.在项目评审评估和验收过程中对涉及自身利益的事项主动回避；

3.严格保守项目承担单位的知识产权和技术秘密。

第十条 项目承担单位的职责是：

1.按期如实填写项目申报书、任务书、总结报告、验收材料、科技报告，并对上述材料的真实性负责；

2.严格执行项目任务书，完成项目目标任务；

3.保证项目经费专款专用；

4.按期配合开展项目中期检查、验收、绩效评价；

5.及时报告项目执行中出现的重大事项；

6.做好项目档案管理。

第三章 申报与受理

第十一条 申报与受理包括编制指南、发布通知、申报推荐、形式审查等4个环节。

第十二条 省科技厅对照中长期科技发展规划和年度重点工作，面向全省重点产业需求，广泛征求高校、科研院所、企业等有关方面意见，编制年度项目申报指南，明确各类计划重点支持领域。

第十三条 省科技厅发布申报指南，明确申报条件、申报方式、申报时间、资助方式等内容，其中指南发布日到项目申报受理截止日，原则上不少于50天。

第十四条 符合项目申报指南要求的项目申报单位按要求如实准备相关资料，并在线填报提交相关信息和材料。

第十五条 项目推荐单位认真审核项目申报材料，对项目材料的真实性进行核查，完成项目推荐。

第十六条 省科技厅受理项目申报资料，在规定时间内开展形式审查，面向申报单位提供形式审查结果在线查询。

第四章 评审与立项

第十七条 评审与立项包括评审论证、审批决定、项目公示、下达文件、签订任务书5个环节。

第十八条 省科技厅制定评审论证工作方案，对形式审查通过的项目委托受托机构开展评审论证。

第十九条 项目评审论证方式包括项目评审和项目论证两种方式。

项目评审由受托机构组织专家对项目的技术创新性、可行性、风险、预期效益、市场前景、经费预算，以及项目单位的研发团队、研发条件、财务状况等进行评审，并按要求出具书面评审意见。

项目论证由受托机构组织专家对项目的可行性、风险、预期效益等进行论证，提出方案修改意见，出具专家论证意见。

省科技厅根据需要对部分项目进行实地核查。

第二十条 省科技厅根据专家评审论证意见、项目实地核查结果，贯彻落实省委省政府年度重点工作、科技创新规划、地区发展平衡等要求，提出立项建议和经费安排计划。

第二十一条 在符合保密规定的前提下，省科技厅对拟立项项目向社会公示，公示时间不少于5个工作日，接受社会监督和意见反馈。对公示期间有异议的项目，经调查属实并需调整的，由省科技厅重新审定。公示期满后，省科技厅行文上报省政府，按省政府批示下达科技计划立项文件。

第二十二条 前资助类项目的承担单位须在立项文件下达后两个月内与省科技厅签订项目任务书，明确项目的研究内容和考核指标、经费安排以及实施各方的权利和义务，研究内容和考核指标应尽可能细化、量化。

第二十三条 项目实施期限以项目任务书签订之日为项目起始时间，重大项目不超过3年，一般项目不超过2年。

第五章 实施与检查

第二十四条 项目实施与检查采取日常沟通、中期检查、协调监督、绩效评价等形式。

第二十五条 省科技厅、项目推荐单位、项目承担单位按照各方职责，加强沟通协调，及时处理相关事项，共同推进项目的顺利实施、完成。

第二十六条 省科技厅对执行期限在两年及两年以上的部分项目开展中期检查。中期检查是以项目任务书约定的阶段指标、目标为基本依据，对项目阶段实施情况进行检查，对项目总体目标完成情况进行分析。

第二十七条 项目实施中如遇目标调整、内容更改、项目负责人及场地变更、合作单位变更、关键技术方案变更以及不可抗拒因素等对项目执行产生重大影响的情况，项目承担单位应及时通过项目推荐单位报告省科技厅，并提出项目调整及变更任务书的书面申请报告。

第二十八条 省科技厅对实施情况存在问题的项目及时提出调整项目资助等建议；对确需调整、变更项目任务书内容的，经审查批复后按新的任务书内容执行。

第二十九条 承担单位应按要求配合开展绩效评价，绩效评价报告将作为重要的参考指标纳入承担单位的信用体系。

第三十条 项目承担单位应按要求提交科技报告，至少要在湖北省科技报告系统上提交1份符合相关规定要求的科技报告。

第六章　验　收

第三十一条 项目验收以项目任务书确定的研究内容和考核指标为基本依据，对项目执行情况，做出客观的、实事求是的评价。

第三十二条 项目验收包括提交申请、审核材料、形式审查、开展验收、发放验收证书5个环节。

第三十三条 项目承担单位在项目任务书约定的完成时间后半年内须提出验收申请，并提交验收材料。半年内如不能进行验收的，项目承担单位应在项目截止前3个月内提出延迟验收申请，每个项目最多可申请延迟验收两次，每次不超过半年。

第三十四条 项目推荐单位对项目验收材料的真实性、完整性进行审核并出具审核意见。

第三十五条 省科技厅制定年度验收工作方案，受托机构按照工作方案要求开展项目验收。

第三十六条 受托机构对验收材料的完整性、规范性进行审查，对符合要求的项目开展验收。

第三十七条 项目验收可采取现场验收和结题验收两种方式，原则上重大项目应组织现场验收。

现场验收由受托机构组织专家赴项目实施现场召开验收会议，专家组提出"通过验收"、"需要复议"或"不通过验收"的结论。

结题验收由受托机构按计划类别、定期、分领域组织专家进行评审，根据专家组三分之二以上的专家意见提出"通过结题"、"需要复议"或"不通过结题"的结论。

第三十八条 需要复议的验收项目，项目承担单位应当在接到通知后30日内提出复议申请，并在3个月内补充提供相关验收材料，再次参加项目验收。

第三十九条 有以下情况之一者，视为验收不通过：

1. 所提供的验收材料有造假行为，或项目承担单位无法提供有效材料证明验收指标完成的真实性；
2. 未经批准，擅自变更项目承担单位、项目负责人、考核目标或者研究内容；
3. 超过项目任务书规定期限2年以上未完成任务；
4. 多次督促仍未按期提交验收材料。

第四十条 项目验收通过后，项目承担单位在网上填写验收（结题）证书申请，并上传项目执行情况报告或结题报告。在线审核通过后，由省科技厅统一印发验收（结题）证书。

第四十一条 每半年，省科技厅将项目验收结果在科技厅网站上进行一次公示，公示时间不少于10个工作日，接受社会监督。

第七章　监　督

第四十二条 建立科研信用管理制度。客观、规范地记录项目管理过程中的各类科研信用信息，包括项目承担单位和项目负责人在申报过程和实施过程中的信用状况、专家、评审机构、验收机构、中介机构等参与项目评审论证、绩效评价、检查、验收过程中的信用状况，并按照信用评级实行分类管理。建立黑名单制度，将无正当理由不完成科技计划项目和严重不良信用记录者记入黑名单，阶段性或永久性取消其申报项目或参与项目管理的资格，并追回已资助的财政资金。

第四十三条 建立科技报告制度。项目承担单位在实施期内，应按规定对项目实施的技术路线、研究方法、实验数据和研究结果等进行整理，形成科技报告并通过湖北省科技报告系统提交。科技报告是项目验收材料的重要组成部分，未提交科技报告的项目，不能开展项目验收。科技报告的撰写质量和提交情况将作为项目承担单位及项目负责人的信用记录内容之一，以及对其后续支持的重要依据。

第四十四条 建立健全档案管理和信息公开制度。省科技厅应根据《科技计划项目档案管理办法（试行）》，加强科技计划项目申报立项、组织实施、检查验收、绩效评价等各阶段形成的科技档案的收集整理、集中保存和开发利用；项目组织实施过程中有关立项、检查、验收、绩效评价等方面的信息，应按规定面向社会公开，接受社会监督。项目承担单位应积极做好项目档案管理工作，其相关工作情况将作为项目督查的重要内容之一。

第四十五条 在项目实施管理中发现有以下情况者，由省科技厅对项目承担单位或项目责任人视情节轻重予以通报批评、中止项目实施的处罚，严重者纳入科研信用黑名单。

1. 无正当理由，不按期如实填报项目执行情况报告；

2. 无正当理由，项目不能按任务书规定实施；

3. 擅自终止项目实施或变更项目任务书内容；

4. 项目完成后不按期申请验收；

5. 在项目申请、实施和验收等方面有弄虚作假行为；

6. 截留、挪用、挤占项目经费。

第四十六条 项目验收通过的承担者获得验收证书，可继续申报省级科技计划。验收未通过的承担者当年不得申报省级科技计划，半年后可再次申请验收，如再次验收未能通过，项目承担者3年内不得再申请湖北省科技计划项目，省科技厅不再推荐其申报国家科技计划项目。

第四十七条 参加项目评审论证、检查验收的专家对项目承担单位负有保密义务；若对外泄密，损害有关单位权益的，应负相应的法律责任。专家利用评审论证、检查验收的机会以权谋私或弄虚作假的，一经发现，取消专家资格，从专家库删除，并纳入科研信用黑名单；应追究责任的，按有关规定执行。

第四十八条 科技计划项目管理工作人员违反本办法，不认真履行职责、使工作出现失误，或与相关人员串通、弄虚作假，骗取财政科技专项资金，以及利用职务之便以权谋私，应追究责任的，按有关规定执行。

第八章 附 则

第四十九条 本办法自发布之日起执行，有效期为五年。《湖北省科技计划项目管理暂行办法（试行）》（鄂科技规计〔2011〕2号）同时废止。

第五十条 各市州县科技局可参照本办法，管理本级科技计划项目。

第五十一条 本办法由省科技厅负责解释。

省委办公厅 省政府办公厅印发《关于实行以增加知识价值为导向分配政策的实施意见》的通知

（鄂办文〔2017〕56号）

各市、州、县党委和人民政府，省军区党委，省委各部委，省级国家机关各委办厅局，各人民团体：

《关于实行以增加知识价值为导向分配政策的实施意见》已经省委、省政府领导同志同意，现印发给你们，请结合实际认真贯彻执行。

2017年10月9日

关于实行以增加知识价值为导向分配政策的实施意见

为贯彻落实《中共中央办公厅、国务院办公厅印发〈关于实行以增加知识价值为导向分配政策的若干意见〉的通知》（厅字〔2016〕35号）精神，充分运用市场机制，采取稳定提高基本工资、加大绩效工资分配激励力度、落实科技成果转化奖励等激励措施，使科研人员收入与岗位职责、工作业绩、实际贡献紧密联系，构建体现增加知识价值的收入分配机制，发挥收入分配政策的激励导向作用，激发科研人员创新创业积极性，加快推进创新型省份建设，结合湖北实际，提出如下意见。

一、基本原则

——强化激励引导。把人作为政策激励的出发点和落脚点，采用多种方式加大精神和物质双重激励，最大限度调动科研人员创新创业的积极性。

——力求精准易行。政策内容清晰易懂，具体措施翔实明了，具有较强的针对性和操作性，避免政策盲区和模糊地带，强化政策理解和执行的一致性，做到精准施策。

——体现改革精神。按照国家改革的基本思路，结合我省科技创新改革发展需要，在我省事权范围内进一步加大改革创新力度，围绕相关领域进行试点示范。

——尊重单位自主权。进一步简政放权，深化"放管服"改革，充分尊重并赋予用人单位在绩效工资、岗位设置、人员聘用等方面的自主权。

二、扩大高校、科研机构收入分配自主权

（一）推动高校、科研机构实行体现自身特点的分配办法。高校、科研机构自主决定绩效考核和绩效分配办法，在总量内灵活分配绩效工资，以实际贡献为评价标准，突出业绩导向，建立与岗位职责目标相统一的收入分配激励机制。对从事基础性研究、农业和社会公益研究等研发周期较长的人员，通过优化工资结构，稳步提高基本工资收入，加大对重大科技创新成果的绩效奖励力度，建立健全后续科技成果转化收益反馈机制，使科研人员能够潜心研究，激发其创造活力。

对从事应用研究和技术开发的人员，主要通过市场机制和科技成果转化业绩实现激励和奖励。对从事哲学社会科学研究的人员，以理论创新、决策咨询支撑和社会影响作为评价基本依据，形成合理的智力劳动补偿激励机制。完善相关管理制度，加大对科研辅助人员和科技成果转化人员的激励力度。（省人社厅、省教育厅、省财政厅，高校、科研机构主管部门负责）

（二）放宽高校、科研机构绩效工资管理。放宽对高校、科研机构等单位绩效工资总量的调控，并建立绩效工资稳定增长机制。高校、科研机构对科研人员的科技成果转化收益、科研劳务收入以及财政科技资金用于科研人员的绩效支出，不纳入绩效工资总量。对在我省工作的中国科学院院士、中国工程院院士，国家"千人计划"、国家"万人计划""长江学者奖励计划"、省"百人计划"入选者，以及高校、科研机构引进的当年全球排名前500位高校博士或副教授（副高）以上、国内985高校博士或副教授（副高）以上等高层次人才，可实行协议工资、项目工资或年薪制，薪酬不纳入绩效工资总量。（省人社厅、省教育厅，高校、科研机构主管部门负责）

（三）给予高校、科研机构在岗位设置、人员聘用等方面更大自主权。建立高校、科研机构岗位动态调整机制，按照国家有关规定落实岗位管理制度，根据发展实际逐步提高专业技术岗位较高等级比例。高校、科研机构可结合实际需要，实行差别化岗位结构和等级层次动态调整制度，在完善内部管理制度的基础上，实行高职低聘、低职高聘，开展高校、科研机构以聘代评试点。对于引进的高层次人才和急需紧缺人才，单位无相应空缺岗位的，可通过特设岗位予以聘用，不受岗位最高等级和结构比例限制。积极解决部分岗位青年科研人员和教师收入待遇低等问题，加强学术梯队建设。（省人社厅、省教育厅，高校、科研机构主管部门负责）

（四）完善适应高校教学岗位特点的内部激励机制。提高教师教学业绩和成果在校内绩效分配、职称（职务）评聘、岗位晋级考核中的比重。对专职从事教学的人员，适当提高基础性绩效工资在绩效工资中的比重，加大对省级教学名师的岗位激励力度。对高校教师开展的教学理论研究、教学方法探索、优质教学资源开发、教学手段创新等，在绩效工资分配中给予倾斜。（省教育厅、省人社厅负责）

三、进一步发挥科研项目资金的激励引导作用

（五）加大财政科研经费对科研人员的激励力度。利用本省财政性资金设立的科技创新项目，承担项目人员的绩效支出，比例可达项目经费扣除设备购置费后的40%；软科学研究项目、软件开发类和咨询服务类项目，绩效支出比例可达60%；绩效支出安排与科研人员在项目工作中的实际贡献挂钩。（省财政厅、省科技厅负责）

（六）完善高校、科研机构横向委托项目经费管理制度。鼓励高校、科研机构以市场委托方式开展横向科研活动，获得的横向科研经费、收入除收取的管理费和国有资源（资产）有偿使用费留归本单位，纳入部门预算管理，其余由研发团队按照委托方要求或合同约定管理使用，其中人员经费按照合同或协议约定执行。项目合同没有约定人员经费的，由单位自主决定。高校、科研机构承担横向委托项目的科研人员及辅助人员，可在项目经费中获得科研劳务收入，其中软件开发类、设计类、规划类和咨询类项目的比例可达团队使用经费部分的70%，其他项目比例可达50%。高校、科研机构应优先保证科研人员履行教学、科研等公益职能；科研人员承担横向委托项目，不得影响其履行岗位职责、完成本职工作。（省财政厅、省教育厅，高校、科研机构主管部门负责）

（七）完善哲学社会科学研究领域项目经费管理制度。对符合条件的省级智库项目，探索采用

政府购买服务制度，项目资金由项目承担单位按照服务合同约定管理使用。完善省社会科学基金等哲学社会科学领域项目资金管理办法，取消劳务费比例限制，明确劳务费开支范围，承担项目人员的绩效支出比例可达60%。（省财政厅、省委宣传部、省教育厅负责）

（八）加大相关税收政策的落实力度。对符合条件的股票期权、股权期权、限制性股票、股权奖励以及科技成果投资入股等实施递延纳税优惠政策。对按照政策签订合同、参与科研项目的在校学生，获得的稳定性科研收入，按照工资薪金所得项目缴纳个人所得税，其他人员取得的收入按劳务报酬所得项目缴纳个人所得税。税务部门应积极主动提供税收政策、纳税申报等方面的服务，帮助科研人员合法合规降低纳税额。（省地税局负责）

四、充分发挥科技成果转化政策的长期激励效果

（九）试行科技成果知识产权混合所有制。鼓励有条件的高校、科研机构实行科技成果转化事前知识产权激励和事后转化收益奖励的双重激励机制。高校、科研机构可以与发明人或设计人依法约定专利权属，共同申请专利，成为专利共同权利人。（省财政厅、省教育厅、省知识产权局，高校、科研机构主管部门负责）

（十）完善高校、科研机构领导人员科技成果转化股权奖励管理制度。高校、科研机构正职领导以及高校、科研机构所属具有独立法人资格单位的正职领导，是科技成果的主要完成人或为成果转化作出重要贡献的，可以按照科技成果转化政策获得现金奖励，在担任现职前因科技成果转化获得的股权，任职后应及时予以转让，逾期未转让的，任期内限制交易。限制股权交易的，在本人不担任上述职务一年后解除限制。对担任领导职务的科技人员的科技成果转化收益分配实行公开公示制度。（省委组织部、省教育厅、省财政厅、省审计厅，高校、科研机构主管部门负责）

（十一）完善国有企业对科研人员的中长期激励机制。健全国有企业科研人员岗位管理和绩效工资管理机制，完善国有企业科研人员收入与科技成果、创新绩效挂钩的奖励制度。探索对聘用的高层次科技人才、高端技能人才实行协议工资、项目工资等市场化薪酬制度。鼓励国有企业对实绩突出、作出重大贡献的人才给予奖励。探索实施国有企业管理、技术"双通道"晋升制度，鼓励设立首席研究员、首席科学家等高级技术岗位。积极推动符合条件的国有科技型企业通过股权、分红等方式，对科研人员进行激励。（省国资委、省人社厅负责）

五、支持科研人员和教师依法依规适度兼职兼薪

（十二）鼓励科研人员从事兼职工作获得合法收入。支持高校、科研机构科研人员在不影响本岗位职责且不损害本单位利益的前提下，经所在单位同意，到企业和其他科研机构、高校、社会组织等兼职从事技术开发、技术咨询、技术服务、新产品研制和科技成果转化等科研活动并取得合法报酬。鼓励科研人员公益性兼职，积极参与决策咨询、扶贫济困、科学普及、法律援助和学术组织等活动。科研机构、高校应当规定或与科研人员约定兼职的权利和义务，实行科研人员兼职公示制度，兼职行为不得泄露本单位技术秘密，损害或侵占本单位合法权益，违反承担的社会责任。兼职取得的报酬原则上归个人，担任领导职务的科研人员兼职及取酬，按中央有关规定执行。所在单位不得因科研人员的上述兼职行为，在其职称评聘、岗位晋升、绩效奖励等方面予以限制。（省人社厅、省教育厅，高校、科研机构主管部门负责）

（十三）允许高校教师从事多点教学获得合法收入。高校教师在完成本职工作且不损害本单位利益的前提下，经所在单位批准，可到其他教学单位执教讲学并获得报酬。鼓励利用网络平台等多种媒介，推动精品教材和课程等优质教学资源的社会共享，授课教师按照市场机制取得报酬。

在校外获得的合法收入不影响教师在校内的薪酬分配。(省教育厅、省人社厅负责)

各地各部门要按照本意见要求,进一步明确责任分工,深化"放管服"改革,充分赋予高校、科研机构自主权。省属高校、科研机构和国有企业要强化法人责任,按照本意见精神建立完善以增加知识价值为导向的绩效工资分配、科研项目经费管理、科技成果转移转化、科研人员兼职兼薪等相关制度,并作为预算编制、评估评审、经费管理、审计检查、财务验收等工作依据。其他单位对知识型、技术型、创新型劳动者可参照本意见执行。

湖北省省级科技计划项目监督与评估管理办法（试行）

（鄂科技规〔2020〕1号）

第一章 总则

第一条 为了构建统一、高效、透明、规范的科技监督和评估体系，促进科技管理的科学化、规范化，深化"放管服"，提高财政资金使用效益，根据《关于深化项目评审、人才评价、机构评估改革的意见》《关于优化科研管理提升科研绩效若干措施》《科技部关于印发〈科技监督和评估体系建设工作方案〉的通知》《湖北省科技计划项目管理办法》等文件规定，制定本办法。

第二条 本办法适用于湖北省内利用省级科技财政资金资助并组织实施的湖北省科技计划项目［包括省级自然科学基金、科技重大专项、重点研发计划、科技创新基地（平台）专项、科技创新服务及人才专项等］的事前、事中、事后全过程的监督与评估。

第三条 科技计划项目监督管理坚持日常监督和专项监督相结合、内部监督和社会监督相结合、重点岗位监督和关键环节监督相结合的原则，形成决策、执行、评估、监督相互制约又相互协调的科技监督与评估管理体系。

第二章 监督主体与职责

第四条 省级科技计划项目的组织实施要符合国家有关法律、法规、规章和政策的要求，按照"谁主责，谁接受监督"、权责对等的原则实施监督。

第五条 省科技厅科技监督与诚信建设处（以下简称监督处）负责制定统一的监督和评估工作制度规范和要求，统筹协调组织监督和评估工作；资源配置与管理处（以下简称资管处）牵头负责省级科技计划的宏观协调管理与资金统筹；各业务主管处室作为各类省级科技计划项目的组织者和管理者，负责相关领域科技计划项目的组织实施管理和内部监督评估。

第六条 项目推荐单位负责对推荐申请立项或者评估、检查、验收的项目进行必要的考察、论证，如实反映所推荐项目和申请承担者情况。对推荐立项的省级科技计划任务和科研资金使用情况进行指导监督；遇有重大事项或特殊情况，应当及时报告。

第七条 项目承担单位是省级科技计划项目管理的第一责任主体，负责所承担科技计划项目的执行及资金使用的日常管理和跟踪督查；遇有重大事项或特殊情况，应当及时报告。

第八条 项目管理专业受托机构依据委托工作内容及权限，具体开展科技计划项目的立项评审、绩效评估和验收等工作，对评审专家的行为进行规范，并自觉接受委托方的监督；遇有重大事项或特殊情况，应当及时报告。

第三章 监督与评估范围

第九条 建立全域全链条全过程嵌入式的监督评估机制，对省级科技计划及其项目管理和实施中指南编制、专家选用、立项评审、项目实施、结题验收等工作中相关主体的行为规范、工作纪律、履职尽责情况等进行监督检查，并对省级科技计划的总体实施和资金使用情况及效果进行评估。

第十条 强化对关键环节和重点岗位（人员）的监督检查，监督的主要内容包括但不限于以下方面：

（一）各业务主管处室在项目组织、实施工作中的科学性、规范性、公开性，及其在项目管理过程中的履职尽责情况；

（二）项目推荐单位在审核、推荐省级科技计划项目中的履职尽责情况；

（三）项目承担单位法人责任制落实情况、项目执行情况及资金的管理使用情况；

（四）项目研究团队（人员）在项目申报、实施和资金管理使用中的科研诚信和履职尽责情况；

（五）专家在项目评审、咨询、验收、评估等工作中的行为规范情况；

（六）项目管理专业受托机构工作的制度性、规范性、有效性及其履职尽责情况。

第十一条 省级科技计划项目的监督检查可以采取经常性督查和专项性督查的形式。经常性督查是指对省级科技计划项目组织全流程的监督检查；专项性督查是指对省级科技计划项目组织的关键环节或重要项目进行监督检查。对于省级科技重大专项的评估评审和验收活动应重点督查。

第十二条 省级科技计划项目的督查工作，可采取下列方式：

（一）听取评估评审活动各方当事人的汇报；

（二）查阅与评估评审有关的文件、合同、材料等；

（三）督查评估评审事项的有关会议；

（四）向有关单位和个人调查核实或委托第三方机构抽查取证；

（五）其他适当方式。

第十三条 实行全流程痕迹管理。依托湖北省科技计划项目管理公共服务平台实行全部省级科技计划项目线上管理，强化日常记录和关键环节在科技计划项目管理信息系统中"留痕"，实现可查询、可追溯、可问责。

第四章 项目组织事前监督

第十四条 实行项目指南编制与形成机制监督。建立前资助类科技计划项目指南论证机制。厅资管处负责统筹协调指南编制工作，对指南的方向性、战略性、协同性进行评估指导。监督处负责对指南编制过程的科学性、规范性、公开透明性进行监督，对指南论证工作方案予以事前备案。各业务主管处室负责对组织的项目与指南目标方向的匹配度和相关性进行论证评估。

第十五条 建立科学、公正、明晰的项目评审工作规则，并在评审前公布。同一类科技计划专项，同一指南中同一研究方向的项目，应当实行统一的评审方法和标准，采用一致的计分原则（算术平均法或截尾均值法）。

第十六条 评审专家选取监督。厅资管处明确专家库建设和咨询评审专家遴选的总体要求，完善专家轮换、随机抽取、回避、公示等相关制度。原则上项目评审阶段专家不应与同批项目指南论证专家相重复。按照"谁使用、谁监督"的原则，业务主管处室采用"三专原则"（专有空间、专用电脑、专人）自行（交叉）遴选和聘用专家。遴选过程原则上由相关处室纪检委员负责全程监督，特殊情况可委派处室其他人员监督。评审结束后三个工作日内，业务主管处室将评审专家遴选工作材料、评审方案（含项目分组情况）报监督处进行事后备案。

第十七条 实行诚信承诺制度。省级科技计划项目申报人员和单位、评审专家、工作人员均应签订科研诚信承诺书，明确承诺事项及违背承诺的处理意见。

第十八条 评审过程监督。厅监督处对评审活动进行随机抽查。对项目评审活动的组织者、承担者，工作人员和评审专家的行为规范、工作纪律、保密纪律、履职尽责等情况进行监督。建立专家失信行为记录制度。组织者（业务主管处室）和承担者（受托机构）在评审活动结束后要对存在异常情况的专家失信行为进行记录报备。

第十九条 根据需要，各业务主管处室在项目评审后，可组织实地核查。实地核查阶段的专家选取仍采用随机原则，且不能与同批次项目指南论证、项目评审阶段的专家重复。

第二十条 立项建议与监督审查。厅资管处会同业务主管处室按照立项原则提出立项项目及资金安排建议，厅监督处对参评主体的科研诚信和社会信用及程序合规性等方面进行监督核查，对严重失信行为责任主体实行"一票否决"。立项建议和诚信核查情况呈厅党组会或厅长办公会审议决策后，形成立项支持计划及资金配置。

第五章 项目实施事中监督

第二十一条 强化立项公示制度。厅资管处会同各业务主管处室通过省科技厅官网或指定媒体公示拟立项项目，公示期一般不少于5个工作日。厅监督处负责受理公示异议，并会同相关业务主管处室对实质性异议进行调查处理。厅资管处依据公示结果，确定立项方案和计划。

第二十二条 实行目标合同管理。厅资管处负责规范目标合同格式及相关要求。各业务主管处室根据立项方案编制专项总体绩效目标，组织项目承担单位在规定时间内签订项目任务书并加强审核，明确考核的任务目标和绩效指标。

第二十三条 实行单位法人和项目负责人双责制。项目承担单位要建立健全内部管理制度规范和风险防控体系，在单位内部公开项目立项、科研资金使用以及项目研究成果等情况，接受内部监督。

第二十四条 建立项目重大事项报告制度。按照"谁主管、谁负责，谁履职，谁尽责"原则，各业务主管处室负责相关领域计划项目的执行情况监督，及时向资管处、监督处书面报告项目重大事项或特殊情况（包括项目目标调整、内容更改、项目负责人及场地变更、合作单位变更、关键技术方案变更以及不可抗拒因素等对项目执行产生重大影响的情况），并提出处理意见。

第二十五条 规范应急科研攻关项目流程管理。建立应急科研攻关项目的信息公开制度，项目组织方应充分发挥一线同行专家的咨询评议作用，主动向社会公开应急攻关项目的指南征集、评审、立项及资金安排等信息。对已立项的应急攻关项目实施"立项候项目"管理模式，采用边实施边完善的方式，要求在立项后三个月的观察期内完成相关必备手续和程序，体现特事特办且严谨合规的应急原则。对于无法按期完善的，即时终止立项程序。

第二十六条 规范监督检查的时间和频率。监督处通过随机抽查、专项检查、专项审计、受理举报等方式，会同相关部门，对项目承担单位内部控制制度、项目执行和经费使用情况进行监督检查并及时反馈监督检查结果，各业务主管处室按职责分工配合实施并负责加强整改落实，进行"回头看"。充分利用大数据挖掘和电子督查等方式，严格控制年度项目现场监督检查频次，对正常科研活动降噪减扰。原则上一个项目一个年度最多只执行1次现场监督检查，执行期在3年以内的项目最多只开展1次现场监督检查。监督检查频次与信用等级挂钩，对于信用记录不良的单位和项目人员，可有针对性加大监督检查力度。

第六章 项目完成事后评估

第二十七条 组织实施项目验收并将验收情况和结果纳入相关主体科研诚信管理。厅监督处按照核定的机构职能统筹组织省级科技计划项目验收，负责制定科技计划项目验收管理制度、标准和工作流程，组织编制年度验收报告。

第二十八条 加强科技计划绩效评估。重点评估计划目标制定、完成、管理、产出、效果、影响等绩效情况。绩效评估结果作为省级科技计划专项优化调整的重要依据。

第二十九条 强化成果信息发布机制。省级科技计划项目科研成果信息，须经省级科技计划项目组织方审核后发布。对未按规定程序发布的虚假科技成果信息，造成严重社会影响者，要依法依规追究责任。

第三十条 强化监督和评估结果的应用。建立监督和评估结果年度报告制度，及时将结果反馈给相关责任主体优化管理，并作为财政持续滚动支持的重要依据。建立监督和评估结果与激励约束相结合的联动机制，将监督和评估结果作为建立信用等级评价的重要指标，并与计划项目承担、资金使用、督查频次直接挂钩。建立"红黑名单"制度，将项目执行情况优异，取得显著成效的承担单位和项目负责人列入"红名单"，将严重科研不端行为、严重违反财经纪律及违法的单位和个人列入"黑名单"，明确奖惩的具体办法和措施。建立问责机制和责任倒查机制，对责任主体及相关人员的履职尽责和廉洁自律情况，存在异议或问题的，依法依规追究责任。

第七章 附则

第三十一条 本办法自印发之日起施行。

第三十二条 各类园区、平台、机构及企业的认定等工作的监督评估参照本办法执行。军民融合类重点研发计划、科技奖励以及有保密要求的科技计划专项的监督评估依照相应管理办法执行。科技计划项目监督工作所需经费，列入单位年度预算。

本办法由湖北省科学技术厅负责解释。

2020年12月30日

湖北省科技计划（专项、基金）项目验收管理办法

(鄂科技规〔2020〕1号)

第一章 总则

第一条 为了进一步加强湖北省科技计划（专项、基金）项目管理，规范项目验收程序，根据省委办公厅、省政府办公厅《湖北省深化项目评审、人才评价、机构评估改革实施方案》的有关要求和省科技厅《关于印发〈湖北省科技计划体系优化调整方案〉的通知》相关规定，贯彻落实科技领域"放管服"改革要求，当好服务科研人员的"店小二"，营造良好创新环境，制定本办法。

第二条 项目验收的范围。凡经省科技厅批准立项、由湖北省境内独立法人单位承担、在一定时间周期内实施的、由省级科技专项资金支持且面向社会完全公开竞争的前资助项目，包括省科技计划类别中的自然科学基金、重点研发计划（军民融合类除外）以及科技创新服务及人才专项中的软科学研究类项目，以及签订任务书、具有量化考核指标的事前立项事后补助项目均应当按本办法实施项目验收，履行相应职责和义务。

第三条 项目验收的依据。科技计划项目验收以项目任务（合同）书和相关管理规定为依据，对项目目标任务完成、成果产出、经费管理使用及项目组织实施等情况进行评议。

第四条 项目验收的组织。项目验收应当坚持实事求是、科学规范、公开透明、分类评价、注重质量、精简高效的原则，确保科技计划项目验收的严肃性、规范性和科学性。

省科技厅科技监督与诚信建设处负责统筹组织验收工作；省科技厅各业务主管处室按业务领域范围对验收工作进行组织指导和业务监督；项目承担单位和项目负责人提出验收申请；项目推荐单位对验收项目进行审核并推荐、报送验收材料；验收受托机构或依托单位审查验收材料并实施验收。其中，省自然科学基金面上类项目由项目依托单位自行组织验收后报省科技厅备案，其他项目均由受托机构统一实施验收。

第五条 项目验收的主要内容包括：

（一）提供的验收材料是否齐全；

（二）任务书约定的技术指标和经济指标完成情况；

（三）项目实施过程中获得的专利、技术标准等成果产出情况；

（四）项目经费到位情况和财政支持经费使用情况；

（五）项目实施过程中的组织管理情况；

（六）项目完成后取得的经济和社会效益情况。

第六条 项目验收类别和方式。根据各类科技计划项目的特点及经费支持额度，项目验收一般分为结题验收、现场验收和依托单位验收等三种类别，可采取线上"无接触"评议或线下会议评议或通讯评议等形式。原则上财政经费资助100万元及以上的项目或相关领域重点计划项目应采取现场验收方式，自然科学基金面上类项目采取依托单位验收方式，其他项目采取结题验收方式。

第七条 项目验收的环节。项目验收的环节包括提交验收申请、材料审查、验收评议、验收

公示、发放证书及备案归档等。

第二章 验收申请及材料审查

第八条 验收申请程序。项目承担单位在线提交验收申请，经项目推荐单位、业务主管处室先后审核同意后，提交至受托机构或依托单位开展形式审查，形式审查通过后由受托机构或依托单位实施验收评议。

第九条 项目验收期限。鼓励项目按任务书编制目标节点实施验收。确需提前验收的，提前时间最多不得超过半年。项目承担单位或项目负责人最迟在项目到期后3个月内在线提出验收申请。对于省自然科学基金面上项目，项目依托单位应在项目到期后6个月内完成验收并报送验收评议资料。

预计项目不能按期开展验收，需要延长实施期限的，项目承担单位或项目负责人应在项目到期前至少60日提出申请，经项目推荐单位和业务主管处室审核盖章后，报省科技厅验收主管部门备案。若无不可抗力因素，项目延期一般最长不得超过一年。

第十条 科技报告原则上是项目验收的必备要件。项目申请验收前，项目负责人或承担单位应当在科技项目管理系统上呈交科技报告。

第十一条 项目承担单位须在提交验收申请前15日内自行登录"信用中国"或"信用湖北"网站查询生成信用信息报告，并下载后作为验收材料上传。

第十二条 项目验收材料。申请项目验收，需提交以下材料：

1. 诚信承诺书；

2. 信用信息报告；

3. 验收申请表（延迟验收申请表）；

4. 项目执行情况报告；

5. 第三方中介机构出具的项目资金专项审计报告和企业近三年年度财务审计报告（按计划类别相应提供）；

6. 项目实施绩效材料；

（1）项目研究成果（项目执行期内的专利、论文、人才培养、操作规程、相关标准、获奖证书、生产批文、研究报告、决策建议等）。未授权专利应提供专利最新的受理和审查状态证明材料。论文主要完成人应包含项目承担单位人员，或标注资助计划名称及编号。对于应用研究、技术开发类项目，论文材料的提交不作硬性要求。

（2）涉及技术、经济指标的有关资料，包括具有法定资质单位出具的技术检测报告、用户报告以及技术成果转化和推广产生的经济社会效益等。

7. 根据项目验收要求需提供的其他相关材料（如涉及重大事项调整的，须提供相关说明材料）。

第十三条 项目经费审计。项目承担单位应对财政补助经费实行专账核算管理，并严格按预算执行。采取现场验收的项目，项目承担单位一般需委托符合省级财政部门规定资质的专业机构出具项目经费专项审计报告。

项目验收专项审计报告应客观反映该项目总经费以及财政补助经费，相关配套及自筹经费到位的情况；项目经费是否按经费来源实行单独建账、独立核算情况。根据项目合同书经费预算，客观反映各项经费的实际支出情况；经费是否结余；经费使用的合理性等；披露经费管理使用上存在的问题。

受托审计的第三方中介机构必须依法审计，严格执行审计准则，熟悉科技经费审计的程序和要求，对出具的审计报告和审计结论承担法定责任。省科技主管部门加强对参与审计第三方中介机构的监督与评价，根据审计信用和质量，实行动态管理，对失信和违规行为，将按规定记入科研信用系统，并进行严肃处理。

第十四条 验收材料审核。项目推荐单位负责审核材料是否齐全、真实、符合要求；各业务主管处室依据日常掌握的信息负责对项目是否可验收提出意见；受托机构开展形式审查，必要时可组织专家对有关材料进行审查。

对于自然科学基金面上类项目，项目依托单位负责对材料的规范性、真实性和任务指标的完成情况等进行审核。

第三章　验收评议与意见结论

第十五条 验收评议程序。现场验收的程序主要包括听取项目介绍、考察现场、讨论质询、专家评议、形成验收意见等。其间，财务专家应对项目承担单位的有关账务情况进行核查。非现场验收由受托机构或依托单位按照项目计划类别，定期、分领域组织专家进行评议，根据专家组评议形成验收意见。

第十六条 验收专家。科技计划项目验收实行专家负责制。项目组织验收应成立验收专家组，由相关领域技术（管理）专家和财务专家组成，技术专家总数一般为不少于3人的奇数，财务专家一般不少于1人。原则上现场验收和结题验收项目验收专家应从省科技计划项目验收专家库中选取确定。选取专家应注意专业细分领域和资历层次的匹配度，严格控制同一专家同一年度内参加同类省级科技计划项目验收的频次。

第十七条 验收专家职责。项目验收技术（管理）专家依据项目任务书以及提交的验收资料，对项目的技术水平、执行情况和组织管理情况进行综合评价。财务专家依据项目财务预决算，对项目经济指标的完成情况、财务管理情况、经费到位和预算执行情况进行评价。对于项目研究产生的应用技术成果，验收专家可在验收意见中对其进行科技成果评价。

对于基础研究类项目，注重评价新发现、新观点、新原理、新机制等标志性成果的质量、贡献和影响；对论文评价采取代表作制度，重点考核评价代表作的质量和应用情况，不把代表作的数量多少、影响因子高低作为量化考核评价指标。

对于应用研究、技术开发类项目，注重评价新技术、新工艺、新产品、新材料、新设备，以及关键部件、实验装置/系统、应用解决方案、新诊疗方案、临床指南/规范、科学数据、科技报告、软件等标志性成果的质量、贡献和影响，不把论文作为主要的评价依据和考核指标。

项目验收专家对被验收项目的技术内容负有保密责任，对被审查的技术资料，未经授权不得擅自使用或对外公开。项目负责人或承担单位对研究内容有保密要求的，可向依托单位或受托机构提出申请，有必要的，依托单位或受托机构应当与验收专家组成员签订保密协议，规定保密期限和内容。

项目验收专家须持有效身份证件参加验收。验收专家要以科学的态度和方法，严格依照项目验收的程序和办法，实事求是，独立、客观、公正地对项目作出验收评议意见。如发现验收专家在项目验收过程中存在徇私舞弊、违背科学道德、有失公允等失信和违规行为的，省科技厅将进行严肃处理，并按规定记入科研信用系统。

第十八条 验收评议会议场所的选定及会议标准，严格依据有关文件规定及政府采购流程执行，验收专家咨询费须经本人签字，由验收受托机构或依托单位按规定标准从验收管理费中予以列支。专家咨询费等验收工作经费实行转账或公务卡结算，杜绝现金支付，验收专家不得接受其他任何以验收名义提供的咨询劳务费等。

受托机构或依托单位组织验收时应当精简参会人员，相关工作人员不得领取咨询劳务费。

第十九条 验收意见。依据专家评分，验收的结论意见分为通过、不通过两类。其中，90分（含）以上为优秀等次，80（含）至90分为良好等次，70（含）至80分为合格等次，70分以下为不合格等次，其中60（含）至70分可申请复议，60分以下不得复议。合格及以上等次为通过，不合格等次为不通过。

申请复议的项目，项目承担单位或项目负责人应针对存在的问题进行整改或补正，并在验收结束后3个月内再次申请验收。复议项目再次验收最高只能定"合格"等次。没有在规定时限内申请复议或再次验收仍未能通过者，以验收不通过作为最终结论。

第二十条 科技成果评价。对于项目研究产生的应用技术成果，验收专家可在验收意见中对其出具科技成果评价结论。科技成果评价主要包括创新性、先进性和实用性等三类指标，具体内容有：技术创新程度和技术指标先进程度、技术难度和复杂程度、成果的重现性和成熟程度、成果应用价值与效果、取得的经济效益与社会效益、进一步推广的条件和前景，存在的问题及改进意见等。

第二十一条 有下列情况之一的，以验收不通过终结，不得复议，并按规定计入科研信用系统：

1. 所提供的验收材料或验收现场存在造假，或项目承担单位无法提供有效材料证明验收指标完成的真实性。

2. 未经批准，擅自变更科技计划项目承担（依托）单位、项目主要负责人或核心技术人员、考核目标或者研究内容。

3. 验收过程中需要限期整改或者提交补充材料，逾期3个月未完成整改或者提交材料。

4. 逾期3个月以上无故未提交验收相关申请。

第二十二条 项目执行过程中，因项目执行相关事项发生重大调整或因不可抗拒因素导致项目无法进行的，项目承担单位或项目负责人应在项目截止日期前提交项目重大事项调整或终止申请，经项目推荐（依托）单位和业务主管处室审核盖章后，报省科技厅备案。

建立鼓励创新、宽容失败的科研容错机制。对于因不可抗力未达到验收条件，但开展了实质性研发活动并取得了一定研究进展和阶段性成果，且经费使用基本合规的项目，由承担单位向项目推荐单位提出总结申请并提交总结报告，经项目推荐单位审核并报省科技厅同意后，予以总结处理，不记入信用记录。

第二十三条 科技计划项目验收实行回避制度。项目验收专家如与被验收项目或项目方存在利益关系，应主动向验收组织单位提出回避申请。项目负责人或项目承担单位可申请要求验收专家进行回避。

第二十四条 项目验收实行诚信承诺和审核制度。项目负责人和项目承担单位要对提交验收材料和提供验收现场的准确性和真实性，以及履行项目监督管理职责的情况作出承诺；验收专家要对验收评议过程的公平公正性作出承诺；工作人员对遵守保密规定、严格履职尽责作出承诺；第三方财务中介机构对遵守执业规范、如实出具报告作出承诺。对于上述审核发现存在失信记录的单位或个人，各责任单位按照有关规定采取相应措施进行处理，并将处理结果报厅验收主管部门备案审核。

第四章 验收公示与备案归档

第二十五条 项目验收实行实时公示制度。省科技厅通过官方门户网站公示验收结果，公示内容包括立项编号、项目名称、承担单位、计划类别、验收方式、验收结论、验收等次等。公示时间不少于5个工作日，接受社会监督。

省科技厅收到异议书面资料，应当对异议内容进行审核，必要时，可组织专家进行调查，提出处理意见。

第二十六条 验收证书办理及资料归档。公示完成后，项目负责人或承担单位可自行在线打印验收证书，相关单位或人员可通过省科技厅门户网站查询验收结果。验收受托机构或依托单位及时将验收资料报经省科技厅确认后移交给相关部门存档。

第五章 监督与评估

第二十七条 验收未通过的项目，负责人3年内不得申报省级科技计划项目；若因抄袭、弄虚作假等科研不端行为或未尽到勤勉尽责义务等主观原因而导致验收未通过的，项目负责人和项目承担单位5年内不得申报省级科技计划项目。省科技厅在相应年限内不推荐其申报国家科技计划项目。

第二十八条 项目推荐单位、项目承担单位等应认真履行项目监督管理职责，项目业务主管处室和验收主管部门做好项目验收监督服务工作，受托机构或依托单位应当严格按规定程序和要求具体实施好项目验收。

验收主管部门将会同纪检监察部门开展对项目验收情况的监督检查，对受托机构或依托单位开展项目验收的情况进行抽查，对结题验收的项目按一定比例进行财务核查，确保验收工作质量。抽查项目中超过1/3及以上的项目验收质量不符合要求的，将对受托机构或依托单位下达整改意见书，情节严重的将暂停其承担省级科技计划项目验收工作的资格。

验收率、验收通过率和验收优秀率将作为项目承担单位下一年度省级科技计划项目申报指标分配的重要依据。其中，对于年度项目验收率未达到100%的单位，将对其下年度科技计划立项数量予以扣减；对于近三年项目验收优秀率均达到50%以上的单位，将酌情对其下年度科技计划立项数量予以适当倾斜。

第二十九条 建立科研诚信管理制度。实施科研诚信承诺和审核制度，项目负责人、项目承担单位、验收受托机构或依托单位、验收专家、第三方财务中介机构以及验收相关工作人员等责任主体须进行诚信承诺。对相关责任主体参与科研项目全流程中发生的失信或违规行为，省科技厅将按规定记入科研信用系统，并视情节轻重，按照规定给予其一定期限直至永久取消其申报或参与省级科技计划项目资格，列入科研信用"黑名单"，会同相关部门开展联合惩戒。

第三十条 建立项目后评估制度。目标导向类项目在验收完成后2~3年内进行绩效跟踪评价，重点关注项目成果转移转化、应用推广及产生的经济社会效益。绩效评价结果将作为项目调整、后续支持的重要依据，以及相关研发、管理人员和项目承担单位科研诚信和业绩考核的重要参考依据。

第三十一条 省科技重大专项、军民融合类项目以及部门预算支持的其他专项类项目遵照相关规定组织验收。国家委托地方的科技计划项目验收，以及市（州）、县（市、区）科技管理部门立项获得财政经费前资助并签订任务书的科技计划项目验收可参照本办法执行。

第三十二条 本办法由省科技厅负责解释。项目验收工作及线上验收系统运行维护所需经费原则上应从计划管理费列支，各部门应当在年度预算中予以安排。

第三十三条 本办法自印发之日起施行。

2020年12月30日

湖北省科技计划（专项、基金）项目验收工作规程（试行）

(鄂科技规〔2020〕1号)

为规范省级科技计划项目的验收工作，保障验收工作的效率和质量，根据《湖北省科技计划（专项、基金）项目验收管理办法》，制定本工作规程。

第一条 适用范围

本工作规程适用于经省科技厅批准立项、由湖北省境内独立法人单位承担、在一定时间周期内实施的、由省级科技专项资金支持且面向社会完全公开竞争的前资助项目，包括省科技计划类别中的自然科学基金、重点研发计划（军民融合类除外）以及科技创新服务及人才专项中的软科学研究类项目，以及签订任务书、具有量化考核指标的事前立项事后补助项目。

第二条 验收原则

验收工作坚持实事求是、科学规范、公开透明、分类评价、注重质量、精简高效的原则，充分发挥专家和中介机构的作用，依据项目实施方案及考核目标，对项目的完成情况进行总体评议。

第三条 验收依据

项目验收以《湖北省科技计划项目任务书》（以下简称"任务书"）和《湖北省科技计划（专项、基金）项目验收管理办法》等相关管理规定为依据，对项目目标任务完成、成果产出、经费管理使用及项目组织实施等情况进行评议。

第四条 验收方式

项目验收分为结题验收、现场验收和依托单位验收等三种方式。原则上财政经费资助100万元及以上的项目或相关领域重点计划项目应采取现场验收方式，自然科学基金面上类项目采取依托单位验收方式，其他项目采取结题验收方式。

第五条 验收分工

省科技厅科技监督与诚信建设处（简称"厅监督处"）负责统筹组织各类科技计划（专项、基金）项目验收工作，研究制定项目验收管理相关规定，加强项目验收工作监督检查和全流程科研诚信管理，组织开展统计分析反馈工作。

项目业务主管处室（简称"厅业务处室"）负责下达验收计划，督促项目承担单位或项目负责人按时提交验收申请。

项目推荐单位负责项目实施过程的监督管理，督促项目承担单位或项目负责人按时提交验收申请，并对有关材料是否符合要求进行初审，对验收材料和验收现场的真实性进行审查。其中，自然科学基金项目依托单位负责自然科学基金面上类项目验收的具体实施。

委托省高新技术发展促进中心等专业机构（简称"受托机构"）承担项目（除自然科学基金面上类项目外）验收申请受理、形式审查、验收评议、形成结论并上报公示名单等具体工作。依托部分在鄂高校院所等机构（简称"依托单位"）实施自然科学基金面上类项目验收申请受理、形式审查、验收评议、形成结论及上报公示名单等具体工作。受托机构或依托单位需具体负责验收统计实时分析及定期报告等。

委托湖北省科技信息研究院（简称"省信息院"）等机构具体负责验收平台系统的管理和技术支持等服务工作。

第六条 验收流程

（一）验收申请。

项目承担单位或项目负责人应在项目截止日期前6个月至项目到期后3个月内在线填写《验收申请表》《项目执行情况报告》等，提交验收申请，并上传相关附件。

（二）信用查询及诚信承诺。

项目承担单位自行登录"信用中国"网站（https://www.creditchina.gov.cn/）"信用信息"查询模块或"信用湖北"网站（http://www.hbcredit.gov.cn/）"信用查询"模块，输入单位名称进行查询，并将查询生成的信用信息报告下载后上传项目申报系统（信用信息报告生成日期需在申请提交前15日内）。

另外，项目承担单位和项目负责人在申请验收时须填写诚信承诺书，手写签名、盖章后扫描上传。

（三）推荐（依托）单位审核。

项目推荐（依托）单位在5个工作日内对验收申请材料进行审核，提出审核意见。不符合验收条件的项目，审核不通过并退回项目承担单位或项目负责人；符合验收条件的项目，审核通过后，自然科学基金面上类项目由依托单位实施验收，自然科学基金重点类项目提交至受托机构，其他项目提交至厅业务处室。

（四）厅业务处室下达验收计划。

厅业务处室收到验收申请后及时下达验收计划，后续由受托机构或依托单位进行形式审查。若不同意纳入验收计划的，则及时反馈给项目承担单位。

（五）形式审查。

受托机构或依托单位具体负责形式审查，主要包括技术审查和财务审查。对于现场验收项目，受托单位可抽取技术和财务专家各1名开展预审。对于未达到验收条件的，直接退回；对于已满足验收条件，但材料不够规范和完整的，要求及时补充完善并重新提交，经审查通过后进入专家评议环节（现场验收项目可由相关专家再次预审）。

（六）专家评议。

受托机构或依托单位可按照项目类别、专业领域和验收提交时间，分批次组织专家开展线上/线下评议。

1.专家遴选。验收专家组主要根据项目类型、细分领域和资历层次来选取搭配，人数一般为单数，原则上从省科技计划项目验收专家库中选取确定，同一专家1年内参加省级科技计划项目验收一般不超过3次。技术专家总数一般为不少于3人的奇数，财务专家一般不少于1人，原则上技术专家担任组长，财务专家担任副组长。也可视情况组织单独的技术验收和财务验收。验收专家应符合以下条件：

（1）具有良好的科研诚信和职业道德，具备客观、公正、实事求是的良好品质；

（2）具有副高及以上职称，原则上专家组组长的职称职级不低于项目负责人的职称职级；

（3）熟悉相关行业细分领域技术发展现状和趋势，能对项目技术作出准确判断；

（4）与项目承担单位、项目负责人之间没有利益攸关的关系。

2. 诚信承诺及评议流程。评议专家在参加项目验收形式审查和验收评议前，均须填写诚信承诺书。验收受托机构或依托单位应及时将验收材料发送给专家。评议时，验收专家和项目负责人须持有效身份证件参加评议，受托机构依托单位负责对有关证件进行核验。

现场验收项目的评议程序主要包括听取项目组汇报、考察现场、讨论质询、专家评议、形成验收意见等。其间，财务专家应对项目预算执行情况进行核查；技术专家和财务专家分别填写《湖北省科技计划项目验收专家评分表（技术）》、《湖北省科技计划项目验收专家评分表（财务）》，技术专家和财务专家平均分之和为评议最终得分。

结题验收项目评议程序一般包括审阅材料、专家合议、形成验收意见等。自然科学基金、软科学研究等类别中重点项目的会议评议程序包括听取项目执行情况介绍、专家质询评议、形成验收意见等。所有技术专家和财务专家分别填写《湖北省科技计划项目验收专家评分表》，并计算平均分为最终得分。

3. 验收意见。依据专家评分，验收的结论意见分为通过、不通过两类。其中，90分（含）以上为优秀等次，80（含）至90分为良好等次，70（含）至80分为合格等次，70分以下为不合格等次，其中60（含）至70分可申请复议，60分以下不可申请复议。"合格"及以上为通过，"不合格"为不通过。

项目存在下列情况之一的，可认定为不通过：

（1）所提供的验收材料或验收现场存在造假，或项目承担单位（项目负责人）无法提供有效材料证明验收指标完成的真实性。

（2）未经批准，擅自变更项目承担（依托）单位、项目负责人、考核目标或者研究内容。

（3）专家合议认为不应通过验收的其他情况。

对于依托单位验收项目，项目依托单位可酌情组织项目集中评议或答辩评议。具体流程可参照现场验收或结题验收项目的要求进行。

第七条 验收公示

受托机构或依托单位在线填报上传专家意见和验收评议材料后，项目负责人将最终的验收材料下载打印并加盖公章，胶装1套送交审核归档。受托机构或依托单位将建议公示内容提交，由厅监督处在省科技厅门户网站上进行公示。公示内容一般包括立项编号、项目名称、承担单位、计划类别、验收方式、验收结论、验收等次等，公示时间不少于5个工作日。若存在公示异议，由厅监督处会同机关纪委进行调查核实并提出处理意见。

第八条 证书办理

经公示无异议后，由厅监督处线上审核生成验收证书。项目负责人或承担单位可自行在线打印验收证书，其他相关人员可以通过省科技厅门户网站查询项目验收结果。

第九条 延期验收、项目总结和重大事项调整（含项目终止）

项目执行过程中因故需要申请延期的，延期时间不得超过一年。对于因不可抗力未达到验收条件，但开展了实质性研发活动并取得了一定研究进展和阶段性成果，且经费使用基本合规的项目，可申请项目总结。项目发生考核目标调整、研究内容更改、项目负责人或项目承担单位变更、场地或合作单位变更、关键技术方案变更等或项目因特殊情况无法继续进行的，可申请项目重大事项调整或终止。

需要申请延期验收或项目总结的，项目承担单位或项目负责人应在项目截止期满60日前在线填写《延期验收申请表》或《项目总结申请表》及有关材料，提交至项目推荐（依托）单位。需要申请项目重大事项调整或终止的，项目承担单位或项目负责人应在项目截止日期前填写《项目重大事项调整（终止）申请表》，提交至项目推荐（依托）单位。

项目推荐（依托）单位审查通过后提交厅业务处室，并同步将上述有关事项申请表下载打印盖章后扫描上传。厅业务处室审核同意后交厅监督处备案存档。

第十条 监督管理

受托机构或依托单位定期将归档整理后的材料经厅监督处确认后按规定移交相关部门统一保存。

（一）监督检查。

对于验收完成的省级科技计划项目的财务专项审计报告、项目承担单位出具的经费决算表等，厅监督处可定期委托第三方机构按照一定比例进行抽查，确保验收工作效率和质量。

出具验收工作报告。项目依托单位每季度首月10日之前将自然科学基金面上项目上季度验收情况、存在的问题和下一步工作计划交受托机构汇总后报厅监督处。受托机构每季度首月15日前将上季度验收总体情况、存在的问题和下一步工作计划报厅监督处；每年1月15日前上报前一年度验收工作总结。省科技厅可根据需要委托专业机构对验收情况进行系统总结分析。厅监督处在季末或年初及时将验收工作报告呈厅党组审阅，并适时将验收结果及进展情况反馈给厅资源配置与管理处和厅业务处室，作为省级科技计划项目绩效评价和计划更新调整及持续支持的重要依据。

（二）科研诚信管理。

厅监督处负责开展项目验收全过程的科研诚信管理，实施科研诚信承诺和审核制度。厅监督处对参与验收的主体发生的下列行为将按规定记入科研信用系统：

1. 无特殊原因，项目负责人或项目承担单位逾期3个月未提交验收申请、延期验收申请、项目总结申请、项目终止申请等。

2. 项目负责人、项目承担单位或第三方财务中介机构提供验收材料或验收现场存在造假或违规行为。

3. 未经批准，项目负责人或项目承担单位擅自变更项目承担（依托）单位、项目主要负责人及核心技术人员、考核目标或者研究内容等。

4. 无特殊原因，验收过程中需限期整改或提交补充材料，逾期3个月未完成整改或者提交材料。

5. 无特殊原因，项目延期验收1年以上仍无法验收。

6. 验收专家、第三方财务中介机构及有关工作人员在项目验收过程中存在徇私舞弊、违背科学道德、有失公允等失信和违规行为。

7. 其他失信或违规行为。

（三）纪检监督。

项目验收工作中若发现廉洁线索，由厅监督处按照干部管理权限及时移交给驻厅纪检监察组或厅机关纪委或相关单位纪检监察部门予以相应处理。

第十一条 本规程由省科技厅负责解释。

第十二条 本规程自印发之日起施行。

2020年12月30日

第二十六章　湖南省科研项目和资金管理法规政策

关于印发《湖南省自然科学基金联合基金项目管理办法》的通知

（湘科发〔2016〕21号）

各有关单位：

现将《湖南省自然科学基金联合基金项目管理办法》印发给你们，请遵照执行。

湖南省科学技术厅
2016年4月26日

湖南省自然科学基金联合基金项目管理办法

第一章　总则

第一条　为了规范和加强湖南省自然科学基金联合基金（以下简称联合基金）项目管理，根据《国家自然科学基金联合基金项目管理办法》《湖南省自然科学基金委员会章程》《湖南省科技计划项目管理办法》《湖南省自然科学基金项目管理办法》，并结合联合基金管理特点，制定本办法。

第二条　联合基金是指由湖南省自然科学基金委员会（以下简称省基金委）与联合资助方（以下简称联合单位）在商定的科学与技术领域内共同支持基础研究和应用基础研究的基金。资金由联合单位单独出资或者由省基金委和联合单位共同出资。

联合单位包括政府部门、事业单位、企业或其他法人组织。

第三条　联合基金旨在发挥省自然科学基金（以下简称省自科基金）的导向作用，引导与整合社会资源投入基础研究和应用基础研究，促进有关部门、企业、地区与高等学校和科学研究机构的合作，培养科学与技术人才，推动我省相关领域、行业、区域自主创新能力的提升。

第四条　省基金委应当与联合单位签订联合资助协议。联合基金实施中的重大问题由联合资助双方共同研究决定。必要时联合资助双方可以成立联合基金管理委员会（以下简称管委会）。管委会由双方共同组建，由省基金委部分委员、联合单位代表及专家组成。

管委会下设联合基金管理办公室（以下简称"联合办公室"），由双方共同组建，成员由湖南省自然科学基金委员会办公室（以下简称"省基金办"）、联合单位相关人员组成。联合办公室设在省基金办。管委会和联合办公室人员可根据联合基金工作需要进行调整。

第五条 省基金委与联合单位协商达成协议后相应设立各类联合基金（部门联合基金、省市联合基金、院校联合基金和企业联合基金等）。联合基金的出资方式和出资金额按双方签订的协议执行。

第六条 省基金委在联合基金项目管理过程中会同联合资助方履行下列职责：

（一）研究贯彻省自然科学基金联合基金战略、规划、目标和政策的重要举措；

（二）审议省自然科学基金联合基金协议；

（三）审议省自然科学基金联合基金发展规划与年度资助计划；

（四）审议省自然科学基金联合基金项目申报指南；

（五）审议其他重要事项。

第七条 省基金办或联合办公室在联合基金项目管理过程中履行下列职责：

（一）拟订省自然科学基金联合基金发展规划和政策，组织编制和发布省联合基金项目申报指南；

（二）拟订省自然科学基金联合基金协议；

（三）组织实施省自然科学基金联合基金项目计划；

（四）提出省自然科学基金联合基金项目资助建议；

（五）处理省自然科学基金联合基金管理过程中的日常事务。

第八条 联合基金是省自科基金的组成部分，按省自科基金管理方式，双方共同管理，统一纳入省级科技计划管理平台。联合基金项目的实施全程接受省科技厅相关职能处室的指导和监督，并按照相关规定在湖南省科技信息管理系统运行。

第二章 申请与受理

第九条 省基金委根据科技发展规划和需求，提出单年度或多年度项目申报指南，在受理项目申请起始之日 50 日前发布，根据实际情况，可与省自科基金申报通知同时发布，也可单独发布。

第十条 联合基金项目申请人的年龄、职称、学位等条件应符合省自科基金项目申报条件和联合基金申报指南及合作协议的有关规定。

第十一条 联合基金申请人应当按照项目申报指南要求，通过依托单位提出书面申请，申请人应对所提交的申请材料的真实性和有关保密要求负责。依托单位对申请材料的真实性、完整性和有关保密要求进行审核，在申报通知规定的时间内将申请材料报送至联合单位，由联合单位审核后报省基金办或联合办公室。

第三章 评审与批准

第十二条 省基金办或联合办公室负责组织项目形式审查工作。

第十三条 形式审查合格的项目，由省基金办或联合办公室根据申请书内容和有关评审要求从同行专家库中随机选择至少 3 名专家进行通讯网络评审。联合基金项目的评审一般与省自科基金其他项目一同开展，也可以根据需要单独组织进行。

评审专家对每份申请填写《湖南省自然科学基金项目专家评估（函审）意见表》。评议意见应客观、公正、明确、具体。内容相近的申请项目，应尽可能请同一组专家进行评议。

第十四条 通讯评审完成后，省基金办或联合办公室根据当年资助计划和通讯评审结果提出资助项目建议，经省科技厅厅务会审议通过后报省基金委审定，设有管委会的联合基金由管委会审定。由省基金委编制年度项目计划后下达立项批文。

联合基金项目立项程序中有特殊要求的，在联合基金协议中明确并执行。

第十五条 决定予以资助的项目，省基金办或联合办公室应当及时制作资助通知书，书面通知依托单位和申请人，并公布申请人基本情况以及依托单位名称、申请项目名称等；对不予资助的项目，省基金办或联合办公室应当及时书面通知申请人和依托单位，并向申请人反馈通讯网络评审专家意见。

第十六条 项目负责人接到立项批准通知后一个月内，在线填写《湖南省自然科学基金资助项目合同书》(以下简称"项目合同书")(一式四份)，经项目依托单位审核盖章后，按规定时间报送省基金办或联合办公室审查，作为拨款、检查和结题验收的依据。逾期不报且在规定期限内未说明理由的项目，视为自动放弃资助，由省基金办或联合办公室核准后予以撤销。

第四章 经费管理

第十七条 联合基金项目的经费开支范围、经费管理与监督，参照《湖南省科技发展计划专项资金管理办法》，按照协议双方签订合同的有关规定执行。

第十八条 联合基金资助项目经费一次核定资助总额，由联合单位或者由省基金委与联合单位分别拨付至申请人所在依托单位。

第十九条 项目主持人如有省内的工作调动，需把资助项目带到新单位继续开展研究的，应写出书面报告，获得调出、调入单位同意并签署意见，经省基金办或联合办公室审查批准后，可将结余经费划拨至新单位继续使用。

第二十条 资助项目因故终止或撤销，项目依托单位要及时清理账目，将余款和已购器材处理收入，悉数返回出资方。

第五章 实施与管理

第二十一条 省基金委应当公告予以资助项目的名称以及依托单位名称，公告期为5日。公告期满视为依托单位和项目负责人收到资助通知。

第二十二条 联合基金项目由省基金委和联合单位共同管理，项目负责人及依托单位应积极配合。

第二十三条 项目负责人应当按照项目合同书组织开展研究工作，做好资助项目实施情况的原始记录，按照要求填写相关科技报告，由依托单位审核后报送至省基金办或联合办公室。

第二十四条 依托单位和项目负责人应当保证参与者的稳定，项目负责人、项目重要组成人员如需更换或调整，均需申报单位书面报省基金办或联合办公室审核批准。

第二十五条 资助项目一经批准，一般不得无故中止。如确需调整、中止、撤销，按立项的程序，逐级申报、审查，经省基金委批准并正式行文后执行。

第二十六条 联合基金项目研究成果管理按照国家有关规定执行。项目研究形成的知识产权的归属、使用和转移，按照国家有关法律、法规执行。在联合基金协议中有特殊约定或年度项目指南中有明确规定的，按照约定和规定执行。

第二十七条 联合基金项目的研究成果，包括专著、论文、软件、数据库、专利以及成果报道等，均应标注"湖南省自然科学基金资助项目"（英文：supported by Hunan Provincial Natural Science Foundation of China）和项目编号。研究成果还可同时标注联合单位名称。未按规定进行标注的研究成果，不得以省自科基金资助的成果形式参与项目结题、成果汇报、登记与宣传。

第二十八条 联合基金项目执行期一般为三年以内，项目负责人在完成项目合同书规定的内容后，也可提前由依托单位提出结题验收申请。具体结题验收工作由省基金办或联合办公室牵头、会同科技厅相关职能处室负责，结题验收时间可与省自科基金其他项目相同，或者根据需求选择不同的时间。

第二十九条 省基金办或联合办公室根据结题材料或评审专家的意见，对通过验收的项目作出予以结题验收的决定并书面通知依托单位和项目负责人。

第三十条 由于客观原因不能按期完成研究计划的，项目负责人可以申请延期1次，申请延长的期限不得超过2年。项目负责人应当于项目资助期限届满60日前提出延期申请，经依托单位审核后报省基金委批准。批准延期的项目在延期届满之日起60日内提交项目结题报告。

第六章　附则

第三十一条 联合基金项目实施过程中应当遵守国家有关保密的法律法规。

第三十二条 本办法自公布之日起30日以后施行。

关于印发《湖南省工程技术研究中心管理办法》的通知

(湘科〔2016〕108号)

各有关单位：

为加强对湖南省工程技术研究中心的建设与管理，充分发挥工程技术研究中心在科技成果工程化与产业化方面的作用，现将修订后的《湖南省工程技术研究中心管理办法》印发给你们，请认真贯彻执行。

湖南省科学技术厅
2016年12月16日

湖南省工程技术研究中心管理办法

第一章 总则

第一条 为加强对湖南省工程技术研究中心（以下简称"工程中心"）的建设与管理，充分发挥工程中心在科技成果工程化与产业化方面的作用，特制定本办法。

第二条 工程中心是拥有一流的工程技术研究、开发、设计和试验的专业技术队伍、对本行业发展具有明显带动作用、具有自我良性发展机制的科研开发实体。组建工程中心旨在通过科研开发与科技成果转化平台的建设，进一步完善我省技术创新体系，加速科技成果转化，促进高新技术产业发展，探索科技与经济结合的新途径。

第三条 工程中心建设遵循"突出重点、有限目标、开放共用、优胜劣汰、滚动发展"原则，依托企业、科研院所、高等院校组建，以大中型骨干企业和重点高新技术企业为建设主体，其主要职责和任务是：

1. 围绕我省社会经济发展需要，立足企业，服务行业，通过共性技术和关键技术的研究与开发，提升行业整体技术水平；

2. 为企业、高等院校、科研院所合作提供研究开发平台，探索产学研结合创新的新模式，提高企业自主创新能力，加快科技成果转化，增强企业核心竞争力；

3. 通过成果辐射与扩散，推进企业技术创新，加快企业新产品开发，提高企业市场竞争能力，促进新兴产业形成和发展；

4. 培养一批高水平工程技术人员和管理人员，建立一批在行业领域具有高水平的技术创新、试验研究和产业化基地；

5. 建立开放服务和合作研究运行机制，全方位地开展国际与国内科技合作与交流。

第二章 职责

第四条 省科技厅对工程中心实行统一管理。其主要职责是：

1. 制定工程中心发展规划和建设申报指南；

2. 负责工程中心组建的申报受理、立项论证和审批；

3. 组织对工程中心进行验收、评估和监督管理。

第五条 工程中心推荐单位包括各市州科技行政主管部门、省直有关部门、国家高新区、中央在湘和省属的高校院所等，其主要职责是：

1. 组织、审查和推荐本地区、本系统和本单位工程中心的申报；

2. 指导和督促依托单位对工程中心进行管理；

3. 配合省科技厅开展工程中心评估和验收。

第六条 工程中心依托单位的主要职责是：

1. 负责组织实施工程中心组建计划合同书规定的各项目标任务；

2. 负责组建工程中心专家指导委员会，聘任工程中心主任，对工程中心资产及经费监督管理；

3. 负责提供工程中心建设和运行所必要的资金、物资、人才和政策保障。

第三章 立项

第七条 工程中心采用依托单位申请、推荐单位审核推荐、省科技厅审批立项方式组建。

第八条 省科技厅定期发布建设申报指南，确定支持领域和方向。

第九条 依托单位根据建设申报指南，向省科技厅提出申请。依托单位应具有以下基本条件：

1. 在省内注册具有独立法人资格的企业、事业单位；

2. 在行业领域的整体技术水平处于国内一流或领先地位；

3. 具有较强技术创新、成果转化意识和管理水平较高的领导班子；

4. 具有技术水平高、工程化实践经验丰富的学科带头人和工程技术研发队伍；

5. 具备科技成果工程化的试验条件和基础设施，拥有比较完备的检测、测试设备；

6. 拥有较强的经济实力，在组建过程中能保证资金的落实。

第十条 依托单位还应具备以下必要条件：

1. 规模要求：依托单位为企业的，在行业处于龙头地位，上年度固定资产规模不低于5000万元，近三年来每年年销售收入不低于1亿元；

2. 研发机构要求：具有专门的研究开发机构；

3. 研发人员要求：拥有30人以上的研发队伍，其中固定研发人员不低于70%，高中级技术职称人员比例不低于60%，有学术带头人梯队；

4. 经费投入要求：依托单位为企业的，研发经费不低于销售收入的3%，其中为高新技术企业的不低于5%。在组建过程中有筹措资金的能力和相应的匹配资金；

5. 研发能力要求：近五年承担省级以上重点科技计划项目5项以上，其中国家科技计划项目不少于1项，获得科技经费资助100万元以上，或者具有已获授权的发明专利和实用新型专利10项以上，具有2项以上发明专利并在世界相关国家注册者从优；

6. 研发成果要求：取得了准备进入中试或产业化的技术含量高的科技成果，或者近3年来获得国家或省认定的自主创新产品。

第十一条 工程中心的组建按以下程序申报：

1. 依托单位编制《湖南省工程技术研究中心建设申请表》、《湖南省工程技术研究中心建设可行性报告》及有关附件等申报材料；

2. 申报材料经推荐单位审核并签署推荐意见；

3. 向省科技厅提交申报材料。

第十二条 联合组建的工程中心必须有联合组建协议书。协议书必须明确主要依托单位，以及各个组建单位在工程中心组建与运行中的权利、义务和责任。

第十三条 组建独立法人资格的工程中心，应依据国家有关法律法规明确其产权关系，建立独立财务管理制度。

第十四条 省科技厅分领域对工程中心组织技术评审。技术评审主要包括技术专家现场考察和技术论证，技术论证的主要内容为：

1. 重要性评价。工程中心所在行业对我省经济和社会发展的作用，工程中心所处技术领域在行业发展中的地位和作用；

2. 必要性评价。组建工程中心的迫切性和意义；

3. 可行性评价。本行业、本技术领域组建工程中心的时机是否成熟，组建目标是否明确，研究方向是否属于产业发展共性技术或关键技术；

4. 依托单位实力评价。依托单位在行业的地位与能力。重点对依托单位在研究开发、成果转化与工程化、组织管理、人才队伍、对外开放等方面进行评价。

第十五条 省科技厅对通过技术评审的工程中心组织综合评审。综合评审的内容包括：

1. 组建目标评价。主要依据工程中心建设规划和建设申报指南，从全省整体布局、经济社会发展需求、行业技术和产业发展需求等方面进行评价；

2. 组建任务评价。组建任务是否明确具体，能否达到预期目标；

3. 运行机制评价。主要评价组建方式和管理体制、独立运行和对外开放机制、专家管理委员会的组织结构等是否符合工程中心建设标准；

4. 经费预算评价。主要对资产规模、财务运行状况、研发经费投入、组建经费预算等方面进行评价；

5. 成果效益评价。重点对工程中心发展前景和预期效益进行评价。

第十六条 省科技厅根据专家意见，研究决定工程中心立项。

第四章 实施管理

第十七条 批准立项的工程中心根据立项批复意见，编制《湖南省工程技术研究中心组建计划合同书》，报省科技厅审核。

第十八条 工程中心组建期限为2年，采取边组建、边运行的方式管理。

第十九条 工程中心在组建过程中，组织成立管理委员会，管理委员会为工程中心的决策机构，主要由依托单位和有关成员单位负责人、主管单位相关负责人共同组成，每届任期三年。管理委员会的主要职责是：

1. 确定工程中心发展方向，制定发展规划和年度计划；

2. 研究制定工程中心管理章程和各项管理制度；

3. 监督和审查工程中心财务预决算；

4. 协调成员单位及相关合作单位间的关系。

第二十条 工程中心成立专家指导委员会。专家指导委员会为工程中心的技术顾问机构，为工程中心的发展提供咨询服务。专家指导委员会由省内外在岗技术专家、工程专家和管理专家

10~15人组成，依托单位和本中心人员不超过三分之一，每届任期3年，每年至少召开一次专家指导委员会会议。专家指导委员会的主要职责是：

1. 指导工程中心确定研究发展方向；

2. 审定工程中心科技攻关、中试和成果产业化项目技术方案；

3. 督促检查研究进展，组织学术交流；

4. 提供技术经济咨询及市场信息等。

第二十一条 工程中心实行主任负责制，设主任1名、副主任1~2名。主任具体负责工程中心人、财、物管理，组织完成《湖南省工程技术研究中心组建计划合同书》的任务。

第二十二条 工程中心按照以下基本原则建立健全独立的内部管理制度和运行机制：

1. 对外实行设备资源开放、研究项目开放、学术交流开放、人才使用开放；

2. 在项目申报、中间实验和技术开发等方面，加强产学研结合，充分发挥各方优势；

3. 在内部人才管理方面，实行竞争上岗、优胜劣汰制度，建立良好的人才流动机制，吸引省内外优秀科技人员带项目、带经费来工程中心开展技术开发工作；工程中心固定人员不少于工程中心总人数的三分之二，固定人员每年在工程中心工作的时间不少于6个月；

4. 建立独立的财务管理制度，对于国有资产（包括国家投资新建房屋及配套设施、新添置的设备仪器等）按国家有关规定进行管理；

5. 加强工程中心知识产权管理、专利技术申请保护和实施，加强技术标准战略实施，对行业的国际相关技术标准进行跟踪研究。

第二十三条 工程中心管理实行年检制度。工程中心每年12月底前向省科技厅上报《湖南省工程技术研究中心年度报告》，省科技厅根据组建计划合同书执行情况进行年度考核。未按要求上报材料的视为未通过年度考核。

第五章 评估与验收

第二十四条 工程中心验收的主要依据是《湖南省工程技术研究中心组建计划合同书》。组建期满后，工程中心对照组建计划合同书规定目标进行自我评估，编写《湖南省工程技术研究中心组建总结报告》，向省科技厅提出验收申请。

第二十五条 验收的基本程序是：

1. 工程中心准备验收材料，主要包括：验收申请表、工程中心组建总结报告和有关附件；

2. 工程中心依托单位和推荐单位签署意见并盖章，上报省科技厅；

3. 省科技厅组织专家或委托中介评估机构组织专家对工程中心进行验收；

4. 专家小组提出评估意见或评估机构在综合专家意见基础上编写相应的评估报告，报省科技厅；

5. 省科技厅审查专家评估意见或评估报告，下达验收结论。

第二十六条 工程中心可根据《湖南省工程技术研究中心组建计划合同书》目标完成情况，申请提前验收或延期验收。申请提前验收的工程中心，组建时间不少于1年；申请延期验收的工程中心，须在组建期满前提出申请并经省科技厅批准，延期一般为6个月，最长不超过1年。

第二十七条 验收合格的工程中心，省科技厅正式授予"湖南省×××工程技术研究中心"称号。验收不合格者，延期6个月再进行验收，原已延长建设期一年者不再延期。仍不合格者取消组建省级工程中心资格。

第二十八条 省科技厅对验收合格、且正式对外开放两年以上的工程中心，每3年组织一次评估，评估由省科技厅委托科技评估中介机构承担。

第二十九条 定期评估的技术原则是比较优势和独特优势相结合、定量分析与定性评估相结合。主要内容是：

1. 在行业中的地位与影响；
2. 新技术新产品的研发进展；
3. 成果转化、工程化、产业化效果与效益；
4. 基础条件建设与发展；
5. 对外开放、技术转移与学术交流情况；
6. 人才队伍与人才培养情况；
7. 技术研究开发投入与整体经济收益等。

第三十条 定期评估结论分为优秀、良好和整改三类。对评为优秀类的给予重点支持，整改类的限期整改。整改期为6个月，期满后复评，复评仍为整改类的取消省工程技术研究中心资格。

第三十一条 承担工程中心评估的中介机构必须具有独立法人资格、获得科技评估资格并从事过省或国家科技项目评估。

第六章 保障措施

第三十二条 工程中心建设经费以依托单位自筹为主，省科技厅对通过立项组建的工程中心安排适当引导性补助经费，分年度支付。

第三十三条 依托单位必须依照《湖南省工程技术研究中心组建计划合同书》中承诺的条款，投入建设经费和必要的运行费用。同时，积极争取银行贷款和市场融资，支持工程中心提升科技创新能力。

第三十四条 工程中心必须建立单独账户或专项账号，实行单独核算。每年应按有关规定编制年度预决算报告，接受相关部门监督与审计。

第三十五条 省科技厅资助的工程中心建设经费，实行专款专用，主要用于购置工程技术研究开发、试验所必需的仪器、设备及引进必要的技术软件，任何部门、单位和个人均不得以任何形式截留、挪用和挤占。

第三十六条 省科技厅在科技计划立项时，优先支持工程中心申报的科技计划项目。

第三十七条 依托单位在人才引进，在职人员攻读硕士、博士学位，进修学习，参加国内外专业性学术会议，晋升职称，开展国际合作交流等方面，应优先考虑工程中心科技人员。

第三十八条 工程中心研制开发的新产品优先推荐列入省、国家级重点新产品计划和其他计划。

第三十九条 本办法自公布之日起施行。

关于印发《湖南省重点实验室建设与运行管理办法》的通知

(湘科〔2016〕109号)

各有关单位：

为加强和规范湖南省重点实验室的建设和运行管理，增强重点实验室科技创新能力，现将修订后的《湖南省重点实验室建设与运行管理办法》印发给你们，请认真贯彻执行。

湖南省科学技术厅
2016年12月16日

湖南省重点实验室建设与运行管理办法

第一章 总则

第一条 为了加强和规范湖南省重点实验室（以下简称"重点实验室"）管理，增强重点实验室科技创新能力，制定本办法。

第二条 重点实验室是我省科技创新体系的重要组成部分，是组织开展高水平基础研究和应用基础研究、聚集培养和稳定优秀科技人才、开展学术交流、促进科技成果转化的重要基地，是培育国家重点实验室的重要途径。

第三条 重点实验室以"出成果、出人才、出效益"为目标，坚持"突出重点、加强创新、开放共用、滚动发展"的建设原则，实行人财物相对独立的管理机制和"开放、流动、联合、竞争"的运行机制。

第四条 设立专项经费，支持重点实验室自主创新研究、运行管理和科研仪器设备更新。专项经费单独核算，专款专用。

第五条 省级各类科技计划项目，要按照项目、基地、人才相结合的原则，优先委托重点实验室承担。

第二章 职责

第六条 省科技厅是重点实验室的行政主管部门，主要职责是：

1. 制定全省重点实验室建设与发展的政策和方针，编制和组织实施重点实验室总体发展规划和建设计划；

2. 制定重点实验室建设与管理制度，宏观指导重点实验室的建设和运行；

3. 组织重点实验室建设的申报受理、立项论证、组建批准、验收和评估；

4. 指导重点实验室科技创新活动，为重点实验室对外交流与合作搭建平台，促进创新资源的共享。

第七条 重点实验室推荐单位包括各市州科技行政主管部门、省直有关部门、国家高新区、中央在湘和省属的高校院所等，其主要职责是：

1. 配合省科技厅制定重点实验室建设和发展规划；

2. 指导和督促依托单位对重点实验室进行管理；

3. 为重点实验室的日常运行、创新活动、科技交流与合作、设备维护与更新、人才培养等方面提供资金支持；

4. 配合省科技厅开展重点实验室评估和验收工作。

第八条 依托单位是重点实验室的具体管理部门和责任单位，主要职责是：

1. 组织重点实验室建设，指导、督促重点实验室运行和管理；

2. 组建重点实验室学术委员会，聘任重点实验室主任和学术委员会主任；

3. 为重点实验室提供成建制的编制、正常运行经费和其他条件；

4. 建立重点实验室研究开放基金，支持和鼓励重点实验室青年科技人员、外聘专家开展探索性的自选课题研究。

第三章 立项

第九条 重点实验室采用依托单位申请、推荐单位审核推荐、省科技厅审批立项方式组建。

第十条 重点实验室依托高等院校、科研机构和企业进行组建。依托单位应该具备以下条件：

1. 具有20人以上的固定科研人员，专业、年龄结构合理；

2. 实验室主任必须为在职在岗的固定人员，具有高级专业技术职称，在本领域内有较高的学术声誉，有较强的创新精神和管理协调能力，年龄不超过55岁；

3. 具有3~5个特色鲜明和在本省处于领先地位的研究领域，每个研究领域内的学术带头人不少于1人；

4. 实验室的场地面积1500平方米以上，科研仪器总价值（原值）在1000万元以上；

5. 近三年来承担国家或省科技计划10项以上（其中国家项目不少于3项），获得国家与省资助的科技项目经费500万元以上；或横向研发项目不少于5项，项目合同经费1000万元以上。

第十一条 重点实验室优先支持采取以下方式进行组建：

1. 高等院校、科研机构、企业间联合共建；

2. 部省联合共建；

3. 通过国内国际合作组建。

第十二条 组建重点实验室申报程序：

1. 省科技厅定期发布重点实验室建设申报指南；

2. 依托单位编制《湖南省重点实验室申报书》《湖南省重点实验室建设可行性研究报告》及附件等申报材料；

3. 申报材料经过推荐单位审核并签署推荐意见；

4. 向省科技厅提交申报材料。

第十三条 联合共建重点实验室必须有各方联合共建协议，明确主要依托单位及其职责与任务。

第十四条 省科技厅组织专家或委托中介机构组织专家进行立项可行性论证。

第十五条 重点实验室立项可行性论证的主要内容：

1. 申报材料的形式审查，主要对申报材料的完整性、真实性和规范性进行审查；

2.建设的必要性，要求符合重点实验室建设重点支持的研究领域；

3.组建条件的完备性，要求达到重点实验室建设的必要条件和有关要求；

4.组建方案的可行性，要求研究方向、建设目标和任务明确可行，管理和运行机制有利于重点实验室的发展。

第十六条 省科技厅依据专家论证意见，批复重点实验室立项。

第四章 建设与管理

第十七条 经批准组建的重点实验室根据立项批复意见，编制《湖南省重点实验室组建计划合同书》，报省科技厅审核。

第十八条 重点实验室组建期限一般为2年，采取边组建、边运行的方式管理。

第十九条 重点实验室实行主任负责制，设主任1名、副主任2~3名。实验室主任具体负责实验室人、财、物管理，组织完成《湖南省重点实验室组建计划合同书》所规定的任务。

第二十条 重点实验室成立学术委员会。学术委员会由7~9名国内外优秀专家组成，学术委员会主任由外单位人员担任，依托单位人员不超过三分之一，中青年专家不少于一半。学术委员会成员每届任期5年，每年至少召开一次学术委员会会议。

第二十一条 学术委员会的主要职责是：

1.确定重点实验室建设目标和研究方向；

2.指导重点实验室研究开发活动；

3.审定重点实验室开放基金资助项目；

4.组织或指导重点实验室学术交流、成果内部评审等。

第二十二条 重点实验室人员由固定人员和流动人员组成。固定人员包括研究人员、技术人员和管理人员，流动人员包括访问学者和博士后研究人员。

第二十三条 重点实验室要围绕确定的主要任务和研究方向，开展科学研究、学术交流、对外开放等活动。

第二十四条 重点实验室要通过课题开放、设备开放、国内外科技合作和学术会议等方式，提升自主创新能力，扩大社会影响力。

第二十五条 重点实验室要建立有利于开放的运行机制。建立健全科研项目、知识产权、开放交流与合作、人才培养、财务和设备使用等方面的管理制度，营造鼓励创新的学术文化氛围。

第二十六条 重点实验室要面向我省经济社会建设需求，探索和建立产学研结合的运行模式，推动科技成果转化。

第二十七条 重点实验室科技人员取得的论文、专著、软件等科技成果要标注该重点实验室名称。重点实验室开放研究基金资助取得的成果要标注"湖南省重点实验室开放研究基金项目"及项目立项号。

第二十八条 重点实验室需要更名、调整研究方向或进行重组的，由依托单位提出书面报告，经过学术委员会论证，推荐单位审核，报省科技厅审批。

第五章 评估与验收

第二十九条 重点实验室组建期满，完成《湖南省重点实验室组建计划合同书》规定的目标和任务后，由依托单位提交验收申请，经推荐单位审核，报省科技厅组织验收。

第三十条 重点实验室验收的基本程序是：

1. 推荐单位审核验收材料并签署意见，提交省科技厅；
2. 省科技厅组织专家或委托中介评估机构组织专家进行验收；
3. 专家小组或评估机构编制验收评估报告；
4. 省科技厅根据验收评估报告，研究决定验收结论。

验收材料主要包括：验收申请表、自评估报告、基本情况调查表和有关附件等。

第三十一条 重点实验室组建验收合格者，正式授予"×××湖南省重点实验室"称号。验收不合格者，6个月后可再进行一次验收，仍不合格者取消其组建资格。

重点实验室可申请提前验收或延期验收。申请提前验收的，组建时间不得少于一年；申请延期验收的，须在组建期满前提出申请并经省科技厅批准，但延期一般为6个月，最长不超过1年。

第三十二条 省科技厅对验收合格的重点实验室的管理实行年度考核和定期评估。定期评估委托科技评估中介机构承担。

第三十三条 重点实验室于每年12月15日前提交本年度运行报告和下年度工作计划，省科技厅对其进行年度考核。年度考核结果作为评估的重要依据。未按要求上报材料的视为未通过年度考核。

第三十四条 定期评估每3年进行一次。定期评估根据定量分析与定性评估相结合、现场考察与综合评估相结合的原则，主要对重点实验室的科学研究、人才队伍、对外开放、联合共建、研究条件和成果转化等方面进行评估。

定期评估结论分为优秀、合格和不合格三类。对评估为优秀的给予重点支持，不合格的限期整改。整改期一般为6个月，期满后进行复评，复评仍不合格的取消省重点实验室资格，不再纳入省重点实验室管理序列。

第三十五条 本办法自公布之日起施行。

关于印发《湖南省科技计划（专项、基金等）科研诚信管理办法》的通知

(湘科发〔2018〕172号)

各市（州）科技局、发改委、教育局、财政局、卫生计生委、科协，省直有关单位：

现将《湖南省科技计划（专项、基金等）科研诚信管理办法》印发给你们，请遵照执行。

湖南省科学技术厅　湖南省发展和改革委员会
湖南省教育厅　湖南省财政厅
湖南省卫生健康委员会　湖南省社会科学院　湖南省科学技术协会
2018年12月14日

湖南省科技计划（专项、基金等）科研诚信管理办法

第一章　总则

第一条　为进一步加强科研诚信建设、营造诚实守信的良好科研环境，规范湖南省科技计划（专项、基金等）（以下简称科技计划）科研诚信管理工作，保证科技计划目标实现及财政资金安全，根据《中华人民共和国科学技术进步法》、中共中央办公厅国务院办公厅《关于进一步加强科研诚信建设的若干意见》（厅字〔2018〕23号）、《国家科技计划（专项、基金等）严重失信行为记录暂行规定》（国科发政〔2016〕97号）等文件精神，制定本办法。

第二条　本办法适用于对省财政科技计划组织管理和项目实施责任主体，遵守承诺、履行约定义务，恪守科学道德准则、遵守科研活动规范的客观记录，并据此进行的守信激励、失信惩戒等相关工作。科研诚信管理对象包括项目承担人员、咨询评审专家等自然人，以及项目管理受托机构、项目承担单位、第三方科技服务机构等法人机构。

第三条　省科技厅负责全省自然科学领域科研诚信工作的统筹协调和宏观指导，会同相关单位加强科研诚信制度建设，完善教育宣传、诚信案件调查处理、信息采集、分类评价等管理制度。建立科研诚信建设情况督查和通报制度，建立跨部门联合调查机制，组织开展对科研诚信重大案件联合调查。

第四条　各级各类科技计划行政管理部门（以下简称科技计划管理部门）要加强科技计划的科研诚信管理，建立健全以诚信为基础的监管机制，将科研诚信要求融入科技计划管理全过程，负责受其管理或委托的科技计划组织管理和项目实施责任主体的科研诚信宣传教育、信息记录、失信行为调查和信用结果应用等。

第五条　参与科技计划的各类企业、事业单位、社会组织等是科研诚信建设第一责任主体，要对本单位加强科研诚信建设作出具体安排，将科研诚信工作纳入常态化管理，建立健全教育预

防、科研活动记录、科研档案保存、责任追究等制度，对失信行为责任人进行调查处理。

第二章　科技计划全流程诚信管理

第六条　加强科技计划科研诚信管理制度建设，将诚信要求落实到项目指南、立项评审、过程管理、结题验收和监督评估等科技计划管理全过程。在科技计划项目申报书、任务书、合同书、协议书等（以下统称"任务书"）中约定科研诚信义务和违约责任追究条款。完善科技计划监督检查机制，加强相关责任主体科研诚信履责情况检查。

第七条　全面实施科研诚信承诺制，参与科技计划项目推荐、申报、评审、评估等工作的相关人员应签署承诺书，明确承诺事项和违背承诺的处理要求。强化科研诚信审核制，对项目申报人开展科研诚信审核，将具备良好诚信状况作为通过审核的必备条件，对严重失信行为责任主体实行"一票否决"。

第八条　建立科研诚信信息系统或数据库，建立覆盖指南编制、项目申请、立项评审、过程管理、评估评价、评审咨询、结题验收等全过程以及成果应用情况的诚信记录。对相关责任主体科研诚信状况进行记录，并逐步推行与科研诚信等级挂钩的科技计划项目和经费分类管理模式。

第九条　规范科研诚信信息管理，建立健全信息采集、记录、评价、应用等管理制度，明确实施主体、程序、要求。科研诚信采集与记录信息包括基本信息、守信记录和失信记录，其中基本信息包括相关责任主体的身份信息，与科技计划任务关联的项目名称、参与方式等。

第十条　加强科研诚信信息归集、汇交和共享应用，逐步推动全省科研诚信信息系统与全省社会信用信息共享平台、市州及部门科研诚信信息系统互联互通，分阶段分权限实现信息共享，为实现跨部门跨地区联合惩戒提供支撑。

第三章　守信记录与激励

第十一条　项目承担单位及参与项目科研人员遵守诚信承诺、恪守科学道德准则、遵守科研活动规范，履行科研诚信教育与管理职责，规范项目管理，如期完成科技计划任务书约定内容的，列入守信记录。验收结果评定为优秀的，项目负责人列入守信"红名单"；科研诚信建设主体责任落实到位的，项目牵头承担单位经评定后列入守信"红名单"。

项目管理受托机构、第三方科技服务机构遵守科研诚信要求，严格履行管理委托合同约定的，规范项目管理与服务的，列入守信记录，管理服务职业水准高、服务对象评价好的列入守信"红名单"。

咨询评审专家、评估人员、经费审计人员等遵守科研诚信要求和职业道德，严格按照有关规定、程序和办法，独立、客观、公正开展工作的，列入守信记录，业务能力强、履职水平高的列入守信"红名单"。

上述科技计划组织管理和项目实施责任主体如发生失信行为的，自动移出守信记录。

第十二条　对列入守信"红名单"的责任主体，科技计划管理部门可采取以下激励措施：

（一）申报科技计划、参与评审咨询活动、承担科技服务事项等方面，在同等条件下优先支持。

（二）减少申报推荐审批程序，免除中期评估、监督检查。

（三）授权更多项目过程管理权限，下放更多重大事项调整和经费调剂权限。

（四）适当增加科技管理业务工作经费、咨询费。

（五）向"信用湖南"、全省社会信用信息共享平台等推送守信信息。

第四章　失信行为记录

第十三条　失信行为分为一般失信行为和严重失信行为，发生科研不端、违规、违纪或违法，且造成严重后果或恶劣影响的为严重失信行为，其他违反相关管理规定或任务书约定的为一般失信行为。

失信行为记录应包括违规违纪情形、处理处罚结果及主要责任人、处理单位、处理依据和做出处理决定时间。责任主体为法人机构的，记录信息还应包括处理决定中涉及的直接责任人员。

第十四条　项目和课题负责人、首席专家、财务助理等参与项目科研人员发生以下行为，应纳入失信记录：

（一）一般失信

1.科研诚信教育履行不到位，未将科研诚信工作纳入项目日常管理。

2.违反项目任务书约定，未及时报告项目实施情况、经费到位及使用情况，以及重大变更事项等。

3.其他违反项目任务书约定，并造成不良影响的行为。

（二）严重失信

1.采取贿赂或变相贿赂、造假、故意重复申报等不正当手段，骗取科技计划、科研经费以及奖励、荣誉等。

2.抄袭、剽窃他人科研成果，伪造、篡改研究数据、图表、研究结论等，故意侵犯他人知识产权，违反科研伦理。

3.违反科技计划管理规定，无正当理由不执行项目任务书经费管理、验收等约定；科技报告、项目成果等造假。

4.违反论文、专利等项目成果署名规范，擅自标注或虚假标注获得科技计划等资助。

5.违反科研资金管理规定，截留、私分、套取、转移、挪用、贪污科研经费，谋取私利。

6.不配合监督检查或日常管理，提供虚假材料，对相关处理意见拒不整改或虚假整改。

7.项目参与人员发生严重失信行为，未及时制止甚至包庇纵容；不配合失信行为调查处理。

8.其他违背科研诚信要求，且造成严重后果和恶劣影响的行为。

第十五条　项目承担和参与单位发生以下行为，应纳入失信记录：

（一）一般失信

1.科研诚信建设主体责任履行不到位，未将科研诚信工作纳入常态化管理。

2.未履行法人管理和服务职责，未制定本单位落实国家和省有关科技计划及资金管理的相关制度。

3.未按项目任务书约定足额落实配套资金，未及时报送绩效评价、审核科技报告，未组织项目事项变更调整等。

4.其他未履行职责，并造成不良影响的行为。

（二）严重失信

1.采取贿赂或变相贿赂、造假、故意重复申报等不正当手段获取管理、承担科技计划任务资格。

2.擅自超权限调整项目任务或预算安排；未内部公开事项变更、成果转化等信息；违反财经纪律，截留、挤占、挪用、转移科研经费。

3. 未履行项目管理法人责任，导致项目无法验收或结题；未履行科研诚信管理职责，导致所属科研人员发生3次以上严重失信行为。

4. 不配合监督检查和评估工作，提供虚假材料，对相关处理意见拒不整改或虚假整改。

5. 失信行为调查处理不力，包庇、纵容所属科研人员严重失信行为。

6. 其他违反科技计划管理规定及财经纪律，且造成严重后果和恶劣影响的行为。

第十六条 项目管理受托机构、第三方科技服务机构发生以下行为，应纳入失信记录：

（一）一般失信

1. 项目管理与服务制度不健全，内部管理混乱；发现项目存在重大违规违纪情况未及时报告。

2. 违反有关规定，对与项目承担单位或相关人员之间存在利益关系的，未主动声明并实行回避。

3. 其他违反项目管理服务工作要求，并造成不良影响的行为。

（二）严重失信

1. 采取贿赂或变相贿赂、造假等不正当手段获得项目管理服务事项。

2. 利用管理职能，设租寻租，为本单位、项目申报或承担单位及人员谋取不正当利益。

3. 严重违反相关规定或制度、违反委托合同约定，管理失职，导致管理项目无法验收或发生严重违规违纪问题。

4. 单位管理严重失职，2名以上工作人员存在以下行为：

（1）索取或者接受项目承担单位的宴请、礼品、礼金、购物卡、有价证券、支付凭证、旅游和娱乐健身活动；

（2）受利益相关方请托向评审专家输送利益，干预科技计划项目评审或向评审专家施加倾向性影响；

（3）泄漏管理过程中需保密的专家名单、专家意见、评审结论和立项安排等相关信息；

（4）索取、接受或者以借为名占用项目管理对象以及其他与行使职权有关系的单位或者个人的财物。

5. 采取造假、串通等不正当竞争手段谋取利益。

6. 其他违反科技计划管理规定，且造成严重后果和恶劣影响的行为。

第十七条 参与科技计划咨询评审专家、评估人员、经费审计人员等发生以下行为，应纳入失信记录：

（一）一般失信

1. 无正当理由缺席或擅自委托他人顶替，未遵守现场规则擅自离席或与项目单位接触。

2. 履责过程中，专家与答辩单位讨论与项目无关的内容；对其他专家施加影响或发表倾向性言论，影响其他专家独立发表意见。

3. 未在规定时间内提交咨询评审意见，或评价意见简单潦草、内容雷同。

4. 其他未按规定履行职责，对咨询、评估等过程或结果造成不良影响的行为。

（二）严重失信

1. 与参评项目单位或与评审结果存在利害关系，而未申请回避，且为项目申报者谋取不当利益。

2.索取或收受项目单位及相关人员的礼品、礼金、有价证券、支付凭证等财物,以及接受可能影响公正性的宴请或其他好处。

3.擅自向外界泄露评审内容、评审专家评价或意见、项目信息、评审结果等保密信息。

4.咨询或评审评价、评估意见严重失实。

5.利用参与评审工作获得的非公开技术、商业信息为本人或第三方谋取私利。

6.其他违背评审工作纪律,且造成严重后果和恶劣影响的行为。

第五章 失信行为调查与惩戒

第十八条 各级科技计划管理部门要明确相关机构负责科研诚信工作,负责受理举报、核查事实、日常监管等工作。

失信行为责任人所在单位是调查处理第一责任主体,应当明确本单位科研诚信机构和监察审计机构等调查处理职责分工,明确调查程序、处理规则、处理措施等,积极主动、公正公平开展调查处理。

第十九条 在受理举报、发现问题线索、上级或其他部门通报等情况下,科研诚信管理机构应启动调查处理程序。

受理举报需以书面方式实名提出,应有明确的举报对象、有失信行为的事实、有客观的证据材料或查证线索。以匿名方式举报,但事实清楚、证据充分或线索明确的,视情况予以受理。不予受理的,应当书面说明理由。接触举报材料和参与调查处理的人员,不得向无关人员透露举报人、被举报人个人信息及调查情况。

第二十条 失信行为调查应当组成不少于3人的调查组,可以邀请同行专家参与调查或者以咨询等方式提供学术判断。调查可通过查询资料、现场查看、实验检验、询问证人、询问举报人和被举报人等方式进行,也可以委托无利害关系的专家或者第三方专业机构就有关事项进行独立调查或者验证。

调查过程中应当认真听取被举报人的陈述、申辩,对有关事实、理由和证据进行核实;认为必要的,可以采取听证方式。调查结束后调查组应当在查清事实的基础上形成调查报告,写明失信行为责任人的确认、调查过程、事实认定及理由、调查结论等。

对事实清楚、证据确凿、情节简单失信行为的调查,可由科研诚信管理机构采用简易程序。

第二十一条 根据调查报告或简易调查程序意见,适用第十四条至第十七条中严重失信行为情形的,由科技计划管理部门予以认定并作出处理决定;适用一般失信行为情形的,由科研诚信管理机构予以认定,按程序作出处理决定。

同一失信责任主体产生3次以上一般失信行为记录的,自动列入严重失信行为记录,并采取相应处理措施。

对纪检监察、监督检查等部门已掌握确凿违规违纪问题线索和证据,因客观原因尚未形成正式处理决定的相关责任主体,参照本办法对其进行限制。

第二十二条 建立终身追究制度,依法依规对严重科研失信行为实行终身追究,一经发现,随时调查处理。对严重失信行为零容忍,严肃责任追究。

失信责任主体应当积极配合调查,及时提供完整有效的科学研究记录,对拒不配合调查、隐匿销毁研究记录,不上缴财政资金的,要从重处理;对非主观故意行为导致失信,积极配合调查、整改,努力消除不良影响的,可从轻处理。

第二十三条 科技计划管理部门区分失信行为发生原因、情形严重程度，采取以下惩戒措施：

（一）对一般失信行为责任主体，采取通报批评、责令限期改正，停拨或核减财政专项经费，或终止项目并追回结余经费；1~2年内限制申报或参与科技计划项目，担任评审评估专家资格等处理。

（二）对严重失信行为责任主体，采取通报批评、约谈，取消项目立项资格，或终止项目并追回财政专项经费；撤销获得的奖励、荣誉称号，追回奖金；3~5年内限制申报或推荐科技计划项目、科技奖励，担任评审评估专家资格等处理，面向社会公布。

（三）对发生2次及以上严重失信行为，或造成极其恶劣社会影响的失信责任主体，按程序认定并纳入"黑名单"管理，5~10年直至终身取消其承担或推荐科技计划项目、科技奖励，担任评审评估专家资格等处理，通报其主管部门，并实施跨部门联合惩戒。

（四）对所属科研人员一年内发生2次严重失信行为的法人单位，采取约谈、通报批评或责令限期整改等措施，并将其列为监督检查重点对象，增加监督检查频次。

（五）对涉嫌诈骗、贪污科研经费等违法犯罪行为的严重失信责任主体，依法移交监察、司法机关处理。

第二十四条 经调查核实、认定或被通报的失信行为直接或间接责任人，其所在单位应区分不同情况，采取以下相应惩戒措施：给予科研诚信诫勉谈话；依法开除学籍，撤销学位等；一定期限直至终身取消晋升职务职称、申报科技计划项目、被提名为院士候选人等资格；依法依规解除劳动合同、聘用合同等。

责任人属于公职人员的，依法依规给予行政处分；属于党员的，依纪依规给予党纪处分。科研诚信管理过程中发现存在倾向性、苗头性问题的人员，所在单位应当及时开展科研诚信诫勉谈话，加强教育。

第二十五条 加强科研诚信管理跨部门跨区域合作，依法依规对严重失信行为责任人采取联合惩戒措施。各级科技计划管理部门按本办法对失信责任主体进行记录与处理的，相关处理结果互认，相关信息汇交至全省科研诚信信息系统。

将科研诚信状况与学籍管理、学历学位授予、科研项目立项、专业技术职务评聘、岗位聘用、评选表彰、人才基地评审等挂钩，对严重失信行为实施联合惩戒。

推动在行政许可、公共采购、评先创优、金融支持、资质等级评定、纳税信用评价等工作中将科研诚信状况作为重要参考。

第二十六条 失信行为事实认定和处理决定应及时告知当事人，视情通报其所在单位或主管部门；面向社会公布的，通过政务门户网站公开相关信息；纳入"黑名单"管理的，通过"信用湖南"等媒介向社会公开。失信行为责任人所在单位应内部公开调查结果和处理决定。

第二十七条 失信行为责任人对处理决定不服的，可以在收到处理决定之日起30日内，以书面形式提出申诉或复核申请。申诉和复核不影响处理决定的执行。

当事人提出申诉或复核申请的，科研诚信管理机构应及时受理，另行组织调查组或者委托第三方机构进行调查，30日内出具复核意见。经复核属实的，应及时更正。

当事人对复核决定不服，仍以同一事实和理由提出异议或申请复核的，不予受理，应当书面通知当事人。

第二十八条 失信责任主体自失信行为被记录时间满 1 年后，可向科技计划管理部门申请信用修复。列入"黑名单"的，惩戒期满后方能申请修复。

科技计划管理部门受理信用修复后，对相应责任主体科研诚信管理或制度落实情况，以及失信行为整改情况进行复核。经核实问题整改到位，且无其他不良信用行为的，可按失信行为记录程序，提前 1~2 年将申请信用修复责任主体移出记录名单。失信行为惩戒限制期满的，自动移出失信记录名单。移出失信名单的失信责任主体，3 年内继续保留其记录信息。

第二十九条 畅通举报渠道，鼓励对失信行为进行负责任实名举报。对捏造事实、诬告陷害的，应当认定为举报不实或者虚假举报，举报人应当承担相应责任，由其所在单位按照有关规定给予处理。

对举报不实、给被举报单位和个人造成严重影响的，要及时澄清、消除影响。

第三十条 被处理人对有关科技计划管理部门的处罚决定不服的，可以依照《中华人民共和国行政复议法》的规定，申请复议。

第六章 附则

第三十一条 各市（州）、省直有关部门对科技计划（专项、基金等）等科研诚信管理参照本办法执行。

哲学社会科学领域科技计划的科研诚信管理参照本办法执行。

创新基地、人才工程、高新技术企业等认定，科技奖励等表彰工作中对相关责任主体的科研诚信管理参照本办法执行。

第三十二条 本办法自 2019 年 1 月 1 日起施行，由湖南省科技厅、省发改委负责解释。

关于印发《湖南省支持高校科研院所研发财政奖补实施办法》的通知

(湘科发〔2019〕49号)

各市州、省直管县市科技局、财政局、教育局、民政局、卫生健康委、统计局：

《湖南省支持高校科研院所研发财政奖补实施办法》已经省人民政府同意，现印发你们，请遵照执行。

湖南省科学技术厅　湖南省财政厅　湖南省教育厅
湖南省民政厅　湖南省卫生和健康委员会　湖南省统计局
2019年4月11日

湖南省支持高校科研院所研发财政奖补实施办法

第一章　总则

第一条　为贯彻落实党的十九大精神和我省实施的创新引领开放崛起战略，根据《湖南省人民政府办公厅关于印发〈湖南省加大全社会研发经费投入行动计划（2017—2020年）〉的通知》（湘政办发〔2017〕77号）文件要求，强化政府资金引导作用，营造鼓励全社会创新创业的政策环境，制定本办法。

第二条　本办法的实施，旨在强化科技创新普惠性财政政策支持，调动高校、科研院所等创新主体创新主动性、积极性，不断激发创新活力，不断优化科技创新供给，为建设创新型省份、支撑我省经济高质量发展、全面建成小康社会作出新的贡献。

第三条　本办法所称研发投入是指高校、科研院所在研发活动中，专项用于基础研究、应用研究和试验发展研发经费支出的总和。

第四条　本办法所称研发财政奖补资金（以下简称奖补资金）是指由省级财政预算安排，引导和激励高校、科研院所等创新主体增加研发投入的后补助资金，主要用于高校、科研院所等创新主体的后续研发活动等。

第五条　奖补资金实行管理办法、申报流程、评审结果、分配结果、绩效评价全过程公开。

第二章　支持范围和方式

第六条　奖补对象。在湖南省内设立、登记、注册并具有独立法人资格，执行国家统计规范的高校、科研院所、新型研发机构、民办非企业、医疗卫生机构以及其他事业单位等研发执行单位与机构（以下统称"研发单位"）。

第七条　奖补范围。研发单位年度非财政性研发投入资金增量。

第八条 奖补标准。研发单位当年度研发投入总量较上一年度有新增额的，按照当年度研发经费中非财政性资金较上一年度新增部分的10%予以奖补，年度最高奖补500万元。

第九条 奖补依据。执行国家统计规范的研发单位，根据年度上报的统计报表，经科技、教育、统计等部门审核，以国家统计部门核定的研发经费支出额为参考，以研发单位年度研发投入支出财务明细账为依据。

第十条 申报条件。各研发单位申报奖补资金必须具备以下条件：

（一）按照省科技厅、省教育厅、省统计局的年度统计工作部署，根据全国统计报表制度，在当年第一季度按规定途径、标准完成上年度研发经费统计上报。

（二）各研发单位无财政资金使用违纪、违规、违法行为。

第三章 奖补申报程序

第十一条 发布通知。省科技厅会同省财政厅、省教育厅、省民政厅、省卫生健康委、省统计局，于当年一季度联合印发奖补申报通知。

第十二条 自主申报。各研发单位按照属地原则自主申报，在湖南省科技管理信息系统公共服务平台填报《湖南省支持高校科研院所研发财政奖补资金申报表》（附后），提交至市州科技部门。中央驻湘及省属研发单位完成网上申报后提交至其注册地所属的市州科技部门。

第十三条 受理审核。市州科技部门负责受理本行政区域内研发单位申请，会同同级归口主管单位对研发单位申报材料进行审核后，会同同级财政部门联合行文推荐上报省科技厅。

第十四条 核查名单。省科技厅汇总市州上报材料，会同省教育厅、省统计局根据每年国家统计部门最终核定的年度研发经费总量，分别梳理出符合奖补条件的各类研发单位名单。省直各主管单位根据各自职责，对符合奖补条件的各类研发单位进行核查。

（一）省科技厅负责核查科研院所、在国民经济行业分类与代码中属于科学研究和技术服务业行业范围的事业单位、新型研发机构。

（二）省教育厅负责核查部属、省属高校（含附属医院）、军队院校。

（三）省民政厅负责核查民办非企业科研机构。

（四）省卫生健康委负责核查医疗卫生机构（不含高校附属医院）。

（五）省统计局负责核查其他事业单位。

第十五条 汇总核定。省科技厅会同省教育厅、省民政厅、省卫生健康委、省统计局召开联席会议，核定当年度拟兑现奖补资金研发单位名单和补助额度。

第十六条 审核公示。审核完成后，省科技厅会同省财政厅拟定奖补方案，并在省科技厅、省财政厅门户网站和相关媒体上公示5个工作日。

第十七条 审批兑现。奖补方案经公示无异议后，由省科技厅会同省财政厅联合行文报请省政府审批。奖补方案经省政府批准后，省财政厅会同省科技厅按程序下达奖补资金，各级财政部门按照相关规定办理资金拨付手续。

第四章 资金使用与监管

第十八条 申请奖补资金的研发单位为资金申报的责任主体，负责履行申报义务并承担主体责任，对所提供申报材料的真实性、合法性和完整性承担法律责任。负责审核的推荐单位对经其审核并推荐申报单位资料合法性、合规性负责。

第十九条 奖补资金由研发单位统筹主要用于开展后续研发活动，使用范围可由各研发单位结合实际确定。对科研活动作出重要贡献的科研人员，可按照科研和财务管理规定给予奖励，直接发放给个人，最高不超过奖补资金的30%。

第二十条 研发单位应按省级财政拨款有关规定直接记"补贴收入"科目，补贴收入发放给个人部分应按规定代扣代缴个人所得税，在本年度绩效工资总量中单列，不纳入总量基数。

第二十一条 研发单位是科研经费管理的直接责任主体，应建立健全科研和财务管理相结合的内部控制和监督约束机制，加强对奖补资金的使用管理，自觉接受财政、审计部门的监督检查，严格执行财务规章制度和会计核算办法。

第二十二条 研发单位自收到奖补资金2个月内，应将奖补资金使用情况在网上填报，并上报属地市州科技部门。市州科技部门根据研发单位上报情况，在20个工作日内形成奖补资金使用绩效评价报告，上报省科技厅、省财政厅备案。省财政厅根据绩效评价结果和工作需要，适时委托第三方中介机构对奖补资金总体使用情况进行重点绩效评价。绩效评价结果作为今后省财政安排专项资金的重要依据。

第二十三条 各市州科技、教育、民政、卫生健康、统计等部门应建立统筹协调管理机制，定期召开协调会议，做好各类研发单位奖补资金申请、审核上报及绩效评价工作，加强政策宣传，认真履行职责。

第二十四条 对弄虚作假套取、骗取奖补资金的研发单位，依照相关法律法规规定进行处理、处罚。套取、骗取资金的研发单位三年内不得申报财政资金，并按照《湖南省科技计划（专项、基金等）科研诚信管理办法》处理。

第二十五条 各级科技、财政、教育、民政、卫生健康、统计等部门涉及奖补资金管理事项的工作人员，存在以权谋私、滥用职权、玩忽职守、徇私舞弊等违法违纪行为的，根据相关法律法规规定追究相应责任；涉嫌犯罪的，依法移送司法机关处理。

第五章 附则

第二十六条 高校、科研院所研发奖补政策实施年限为2018年1月1日至2020年12月31日。在此期间，研发单位本年度（2018—2020年）研发投入总量较上一年度有新增额的，在相应的下一年度（2019—2021年）兑现奖补。

第二十七条 各市州可参照本办法出台相应的奖补政策。

第二十八条 本办法自2019年4月26日起施行，有效期3年。

附件：湖南省支持高校科研院所研发财政奖补资金申报表（略）

湖南省财政厅 湖南省科技厅关于印发《湖南省创新型省份建设专项资金管理办法》的通知

(湘财教〔2019〕22号)

省直有关单位，各市州财政局、科技局，各县市区财政局、科技局（部门）：

为规范和加强湖南省创新型省份建设专项资金管理，提高财政资金使用绩效，原《湖南省科技发展计划专项资金管理办法》（湘财教〔2015〕57号）、《湖南省产学研结合专项资金管理办法》（湘财教〔2016〕37号）、《长株潭国家自主创新示范区建设专项资金管理办法》（湘财教〔2017〕40号）已废止，我们制定了《湖南省创新型省份建设专项资金管理办法》，现印发你们，请遵照执行。执行中如有任何问题，请及时反馈。

附件：湖南省创新型省份建设专项资金管理办法

湖南省财政厅
湖南省科学技术厅
2019年11月7日

附件

湖南省创新型省份建设专项资金管理办法

第一章 总则

第一条 为规范和加强湖南省创新型省份建设专项资金（以下简称"专项资金"）管理，提高资金使用绩效，根据《国务院关于优化科研管理提升科研绩效若干措施的通知》（国发〔2018〕25号）、《湖南省省级财政专项资金分配审批管理办法》（湘政办发〔2015〕90号）、《湖南省创新型省份建设实施方案》（湘政发〔2018〕35号）和《湖南创新型省份建设若干财政政策措施》（湘政办发〔2019〕3号）等精神，制定本办法。

第二条 本办法所称专项资金是指省级财政预算安排，将原科技发展计划专项、产学研结合专项、长株潭国家自主创新示范区建设专项等统筹整合，专项用于支持科学研究、技术创新、科技成果转移转化、科技创新人才团队培养引进、重大科研基础设施与科技创新平台基地建设、全链条科技服务体系构建、科技奖励政策兑现及支持长株潭国家自主创新示范区、郴州国家可持续发展议程创新示范区建设等方面的专项资金。

第三条 专项资金的分配、使用和管理坚持统筹兼顾、突出重点，分类支持、全面绩效，科学规范、公开透明的原则。

第四条 除涉密事项外，专项资金应按照财政预算公开的要求，将管理办法、申报通知、评审公示、分配结果和绩效评价报告全过程向社会公开。

第二章 支持类别与方式

第五条 专项资金主要对自然科学基金、科技重大专项、重点领域研发、科技创新平台与人才、科技成果转化及产业化、区域创新能力提升、普惠性政策兑现与创新环境建设等方面进行分类支持。

（一）自然科学基金。主要支持自然科学及与自然科学相交叉学科领域的基础研究与应用基础研究、未知前沿领域自由探索等。原则上采取事前资助方式。

（二）科技重大专项。主要支持产业关键核心技术攻关、前沿性、颠覆性和非对称性技术研究，以及关系民生保障的重大公益性共性技术研发，区域性重大问题系统解决方案。原则上采取事前资助、事后补助等方式。

（三）重点领域研发。主要支持对接国家重点研发计划，面向制约我省产业发展、民生保障的关键核心共性技术领域，以及"卡脖子"技术领域。原则上采取事前资助、事后补助等方式。

（四）科技创新平台与人才。主要支持各类科技创新（服务）平台基地和重大科研基础设施的建设与运行，支持科技创新人才和创新团队的引进、培养和使用。原则上采取事前资助、事后补助、绩效奖励等方式。

（五）科技成果转化及产业化。主要支持各类创新主体承接国内外重大科技成果湘转化与产业化，以及支持军民融合科技创新和科技金融结合。原则上采取事后补助、基金投入、贷款贴息、风险补偿等方式。

（六）区域创新能力提升。主要支持长株潭国家自主创新示范区、郴州市国家可持续发展议程创新示范区建设，以及省委省政府确定的重大标志性工程，支持科技要素大市场、技术转移服务机构、科技中介服务机构等创新创业服务体系建设，支持高新技术产业园区、农业科技园区、可持续发展试验区、创新型城市、创新型县市建设。原则上采取事前资助、事后补助等方式。

（七）普惠性政策兑现与创新环境建设。主要支持科技奖励、创新创业大赛与创新挑战赛、技术合同交易、科研基础设施与科研仪器开放共享等普惠性政策兑现，支持科学普及、重大科技活动、科技对口支援及扶贫、科技创新产业人才国内外培训、科技创新重大决策咨询、科技信息化建设等政策性项目。原则上采取事前资助、事后补助、政府购买服务等方式。

第三章 项目申报与审查

第六条 省科技厅会同省财政厅按专项资金的不同类别，于每年第4季度前分别编制和发布下一年度项目申报通知。

第七条 项目申报按归口和属地管理原则申报。

（一）项目法配置资金的项目

中央在湘单位、省属单位项目由在湘一级单位和省直主管部门审核汇总后向省科技厅、省财政厅申报。

市州、省直管县（市）项目由同级科技主管部门、财政部门审核汇总后，联合行文推荐报送省科技厅、省财政厅。

负责项目审核的中央在湘单位，省直主管部门，市州、省直管县（市）科技部门等应对经其审查并推荐项目资料的真实性、合法性、合规性负责。

（二）因素法配置资金的项目

由省科技厅会同省财政厅设定分配因素权重和支持方向。其中，长株潭国家自主创新示范区和郴州国家可持续发展议程创新示范区建设试行任务清单式管理。根据省科技厅发布的中长期科技创新规划任务清单，省市共建备选项目库，除省重大项目外，省级专项按因素法测算下达控制数后，长株潭郴4市可在项目库内自主确定年度支持重点，拟定年度实施方案报省科技厅、省财政厅备案，并统筹配置区域内项目资金。

第八条 项目申报单位应具备以下条件：

（一）项目牵头申报单位应为湖南省内依法注册，具有独立法人资格的单位或企业，项目合作单位可为国内外依法注册，且具有独立法人资格的单位或企业；

（二）具有完成项目必备的组织能力、人才条件、基本技术装备和配套资金能力；

（三）涉及实验动物、安全及环保等有关特殊要求的科研项目，相关单位应具备相应的条件和资质；

（四）具有健全的财务管理机构和完善的财务管理制度，运行管理规范；

（五）具有良好的科研信用、会计信用和纳税信用，无在惩戒执行期内的科研失信行为记录和相关社会领域信用"黑名单"记录。

第九条 项目申报负责人应具备以下条件：

（一）具有与所申报项目相关的研究经历和积累，并符合有关年龄、学历和专业技术职称（职务）的规定；

（二）具有申报项目所需的组织协调能力和科研团队；

（三）具有良好的科研信用，无在惩戒执行期内的科研失信行为记录和相关社会领域信用"黑名单"记录；

（四）有足够的时间和精力用于科研项目的研究工作。

第十条 项目申报单位按项目申报通知要求提交申报材料，申报材料提交原则上采取网络在线提交的方式。项目申报单位必须保证所申报项目资料真实、合法、完整、有效，并承担相应法律责任。

第十一条 项目申报依托湖南省科技管理信息系统公共服务平台进行统一受理并纳入项目库，获批立项的项目分批统一出库，3年未出库立项的项目自动淘汰，严禁库外立项。

第十二条 省科技厅对上报的项目进行形式审查与实质审查，内容包括项目内容是否真实并符合专项资金支持范围、项目申报单位和项目申报负责人是否符合申报条件、绩效目标是否明确具体、申报材料是否符合要求、同一项目是否存在多头或重复申报等。

第十三条 对审查合格的项目，由省科技厅会同省财政厅牵头组织专家进行评审或咨询论证。对需要现场考察的项目，由省科技厅牵头组织现场考察。

第十四条 省科技厅会同省财政厅根据省委省政府年度工作重点、年度专项资金规模，结合专家评审意见、考察情况等，研究确定拟立项项目和资金分配方案，并按要求进行公示。

第四章　资金下达与使用

第十五条 经公示无异议的项目，由省财政厅会同省科技厅按照确定的资金分配方案下达专项资金。省科技厅负责与项目承担单位及时签订项目任务书。后补助类项目、风险补偿和奖励类项目可不签订项目任务书。因素法分配资金的项目，由所在市州科技部门负责与项目承担单位签订项目任务书，并报省科技厅备案。

第十六条 市州、县市区财政部门和相关单位在收到专项资金文件后，应当将资金在30天内下达到项目承担单位。

第十七条 项目资金由直接费用和间接费用组成。

（一）直接费用是指在项目实施过程中发生的与之直接相关的费用。实行基于绩效、诚信和能力的简化科研项目经费预算编制和扩大科研经费使用自主权试点单位，项目直接费用中除设备费外，其他费用只提供基本测算说明，不提供明细。

设备费：是指项目实施过程中购置或试制专用仪器设备，对现有仪器设备进行升级改造，以及租赁外单位仪器设备而发生的费用。应当严格控制设备购置，鼓励开放共享、自主研制、租赁专用仪器设备以及对现有仪器设备进行升级改造，避免重复购置。

材料费：是指在项目实施过程中消耗的各种原材料、辅助材料等低值易耗品的采购及运输、装卸、整理等费用。

测试化验加工费：是指在项目实施过程中支付给外单位（包括项目承担单位内部独立经济核算单位）的检验、测试、化验及加工等费用。

燃料动力费：是指在项目实施过程中直接使用的相关仪器设备、科学装置等运行发生的水、电、气、燃料消耗费用等。

出版费/文献/信息传播/知识产权事务费：是指在项目实施过程中，需要支付的出版费、资料费、专用软件购买费、文献检索费、专业通信费、专利申请及其他知识产权事务等费用。

会议费/差旅费/国际合作交流费：是指在项目实施过程中发生的会议费、差旅费、国际合作交流费。在编制预算时，本科目支出预算不超过直接费用预算10%的，不需要编制测算依据。

劳务费：是指在项目实施过程中支付给参与项目的研究生、博士后、访问学者以及项目聘用的研究人员、科研辅助人员等的劳务性费用。项目聘用人员的劳务费开支标准，参照当地科学研究和技术服务业从业人员平均工资水平，根据其在项目研究中承担的工作任务确定，其社会保险补助纳入劳务费科目开支。劳务费预算应据实编制，不设比例限制。

专家咨询费：是指在项目实施过程中支付给临时聘请的咨询专家的费用。专家咨询费不得支付给参与项目及所属课题研究和管理的相关工作人员。

其他支出：是指在项目实施过程中除上述支出范围之外的其他相关支出。其他支出应当在申请预算时详细说明。

（二）间接费用是指承担单位在组织实施项目过程中发生的无法在直接费用中列支的相关费用。主要包括：承担单位为项目研究提供的房屋占有，日常水、电、气、暖消耗，有关管理费用的补助支出，以及激励科研人员的绩效支出等。

间接费用实行总额控制，按照不超过直接费用扣除设备购置费后的一定比例核定，500万元以下的部分为20%，500万元至1000万元的部分为15%，1000万元以上的部分为13%。对试验设备依赖程度低和实验材料耗费少的基础研究、软件开发、集成电路设计等智力密集型项目，提高间接费用比例，500万元以下的部分为不超过30%，500万元至1000万元的部分为不超过25%，1000万元以上的部分为不超过20%。间接费用中绩效支出不设比例限制，不纳入本单位绩效工资总量管理。

第十八条 间接费用用于补偿项目承担单位为项目实施所发生的间接成本和绩效支出，项目承担单位应当建立健全间接费用的内部管理办法，处理好合理分摊间接成本和对科研人员激励的关系，绩效支出安排与科研人员在项目工作中的实际贡献挂钩，合理合规使用间接费用。不得在核定的间接费用以外再以任何名义在项目资金中重复提取、列支相关费用。间接费用的核定与项目承担单位的信用等级挂钩，由项目主管部门直接拨付到项目承担单位。

第十九条 项目承担单位和项目负责人要对专项资金进行单独核算，做到专款专用。在项目总预算不变的情况下，直接费用中除设备费外，其他科目费用调剂权全部下放给项目承担单位。项目承担单位应完善管理制度，及时为科研人员办理调剂手续。

第二十条 项目预算总额调整、项目承担单位变更、项目负责人变动，以及遇有不可抗拒的因素影响项目实施等重大事项，项目承担单位和负责人应当及时提出书面报告，经主管部门审查并签署意见后，报省科技厅、省财政厅办理调整手续。

第二十一条 科技创新人才项目经费除主要用于项目研究开发过程中所发生的费用外，可用于人才团队培养、引进、自主选题研究、改善科研条件、研修培训和对个人的专项补助或奖励等。

第二十二条 专项资金使用涉及政府采购的，应按照政府采购有关规定执行。高校和科研院所应当制定简化科研仪器设备采购流程及办法，对科研急需的设备和耗材，采取特事特办、随到随办的采购机制，可不进行招投标程序，缩短采购周期；对于独家代理或生产的仪器设备，按程序确定采取单一来源采购等方式，增强采购灵活性和便利性。

第二十三条 自然科学基金、科技重大专项、重点研发计划、科技创新人才项目资金，可全部实行财政授权支付。特定科研项目资金允许转拨至本单位或其他预算单位实有资金账户，具体包括：按照有关制度规定由科研项目牵头单位与科研项目承担单位签订委托协议或合同，按约定确需将资金支付到科研项目承担单位的；高校、科研院所内部机构之间合理的结算支出，如测试化验加工费用、成本分摊费用等；事后补助类项目资金。

第二十四条 高校、科研院所承担专项资金项目发生的会议费、差旅费、小额材料费和测试化验加工费等，应按规定实行银行转账、"公务卡"等非现金方式结算。企业承担的专项资金项目支出应当采用非现金方式结算，单次总计1000元以下的小额费用除外。项目承担单位对设备费、大宗材料费、大额测试化验加工费、劳务费、专家咨询费等支出，原则上应当通过银行转账方式结算。对于在基层偏远山区（林区）的季节性劳务用工费用，无法办理银行卡汇款业务的，可以不通过银行转账，按照审批程序据实报销。

第二十五条 高校、科研院所等单位承担的科研项目所发生支出中属于省级预算单位公务卡强制结算目录范围的，在不具备刷卡条件的情况下，如市内交通费、野外科考工作中发生的支出等，经单位财务部门批准后可不使用公务卡结算。对于参与省级科研项目1年以上，并负责科研经费支出报销业务的项目聘用人员，经项目管理部门和财务部门批准后，可以办理并使用公务卡。省级科研项目中的临时聘用人员、研究生等不具备公务卡办卡资格的参与人员，因执行项目任务产生的差旅费等费用，经项目负责人和单位财务部门批准后，可不使用公务卡结算，但原则上不得使用现金。

第二十六条 项目实施期内的年度结余资金结转下一年度继续使用。项目完成任务目标并通过验收后，结余资金按规定留归项目承担单位使用，在2年内统筹安排用于科研活动的直接支出，原则上项目负责人可优先使用；2年后未使用完的，按规定收回。项目终止实施、撤消变更、未通过验收、整改后才通过结题验收或承担单位信用评价差的，结余资金按原渠道收回。

第五章 监督管理与绩效评价

第二十七条 省科技厅对项目实施和专项资金使用情况，严格依据项目任务书确定的目标、指标和验收工作标准规范进行绩效评价，不开展单独的财务验收和技术验收。针对关键节点实行"里程碑"式管理，减少科研项目实施周期内的各类评估、检查、抽查、审计等活动；自由探索类基础研究项目和实施周期 3 年以下（不含 3 年）的项目，以承担单位自我管理为主，一般不开展过程检查，项目实施期届满验收时，组织一次性综合绩效评价。有明确应用要求的，在项目验收后不定期组织对成果应用情况的现场抽查、后评估。

第二十八条 省科技厅建立健全专项资金绩效评价制度，组织专项资金使用情况绩效自评，并将绩效评价结果报送省财政厅。省财政厅根据绩效评价结果和工作需要，适时委托第三方中介机构对项目资金使用情况进行重点绩效评价。绩效评价结果作为财政安排项目资金的重要依据。

第二十九条 按照《湖南省科技计划（专项、基金等）科研诚信管理办法》规定，对申报单位、科研人员、评审专家、项目管理专业机构等项目评审立项环节的参与主体实行科研诚信审核、评价和记录，并按信用等级分类管理。加强全流程诚信管理，建立完善守信激励、严重失信行为责任追究和联合惩戒机制，严肃查处严重失信行为。

第三十条 资金使用单位应主动接受财政、审计等部门的监督与审计。对于虚报、截留、挪用、冒领、侵占或骗取资金以及擅自改变专项资金用途等违法违规行为的，按照《中华人民共和国预算法》《财政违法行为处罚处分条例》等有关法律法规查处。涉嫌犯罪的，依法移送司法机关追究刑事责任。

第六章 附则

第三十一条 省科技厅会同省财政厅，根据科技创新工作需要和财政科技经费改革要求，结合各类科技创新计划项目的类别、特点和支持方式，制定实施细则或操作规程。

第三十二条 根据国家科技体制改革和国家科技计划项目与资金管理改革精神，以及省委省政府重点工作部署，创新型省份建设专项的支持重点及支持方式可实行动态调整，具体由省财政厅会同省科技厅按程序报省政府同意。

第三十三条 专项资金设置年限为 2019 年至 2021 年，到期自动终止；到期后确需延续的，在省财政厅对专项资金进行三年整体绩效评估后，报省人民政府批准。

第三十四条 本办法自 2019 年 12 月 9 日起施行，有效期 3 年。

湖南省科学技术厅　湖南省财政厅
关于印发《湖南省科技资源共享服务平台管理办法》的通知

（湘科发〔2019〕117号）

各市州、省直管县市科技行政主管部门、财政局，省直有关单位，国家级、省级高新技术产业开发区管委会：

现将《湖南省科技资源共享服务平台管理办法》印发给你们，请组织实施。本办法自2019年12月25日起施行，有效期5年。

湖南省科学技术厅　湖南省财政厅
2019年11月30日

湖南省科技资源共享服务平台管理办法

第一章　总则

第一条　为深入实施创新引领开放崛起战略，加强和规范湖南省科技资源共享服务平台（以下简称"资源平台"）建设，提高科技资源利用效率，充分发挥其对科技创新创业的服务和支撑作用，根据《国家科技资源共享服务平台管理办法》（国科发基〔2018〕48号），制定本办法。

第二条　资源平台主要是指围绕区域发展战略，利用科研基础设施和科研仪器、科学数据和科技信息、生物种质和实验材料、科技公共服务资源等在省级层面设立的专业化、综合性公共服务平台。

第三条　资源平台建设遵循合理布局、统筹规划、共建共享、资源整合、动态调整的基本原则，实行"互联网＋科技资源"建设模式，促进科技资源向社会开放共享。

第四条　利用财政性资金形成的科技资源，除保密要求和特殊规定外，均须对外开放共享。鼓励国防科研单位在非涉密条件下探索开展科技资源开放共享。鼓励社会资本投入形成的科技资源对外开放共享。

第五条　省级财政对资源平台的运行维护和开放共享服务等给予必要的支持。

第六条　在湖南省科研设施和科研仪器开放共享服务平台的基础上，升级建设"湖南省科技资源共享网"（以下简称"共享网"），作为资源平台的门户系统，按照统一标准接受和公布科技资源目录及相关服务信息，承担资源平台的组建、运行管理和评价考核等工作的在线管理功能。

第二章　管理职责

第七条　湖南省科学技术厅（以下简称"省科技厅"）、湖南省财政厅（以下简称"省财政厅"）负责资源平台的宏观管理工作，主要职责是：

（一）制定资源平台发展规划、管理政策和标准规范；

（二）确定资源平台总体布局，协调组建资源平台，批准资源平台的建立、调整和撤销；

（三）建设和管理共享网；

（四）组织开展资源平台运行服务评价考核工作，根据评价考核结果给予后补助经费支持；

（五）指导省直有关部门、市州科技管理部门开展资源平台建设及与共享网的对接工作。

第八条 省直有关部门和市州科技行政主管部门（以下简称"主管部门"）负责推进本部门或本地区科技资源开放共享，主要职责是：

（一）研究制定本部门或本地区的平台发展规划、管理政策，提出资源平台建设意见；

（二）推动本部门或本地区的平台建设，促进科技资源整合共享；

（三）组织推荐本部门或本地区拥有科技资源并具备服务条件的平台通过共享网公布科技资源目录及相关服务信息，开展开放共享服务；

（四）负责本部门或本地区资源平台的管理工作，支持和监督资源平台管理、运行与服务。

第九条 省科技厅、省财政厅按程序委托第三方机构承担资源平台的考核、评价等日常管理工作。

第十条 资源平台的依托单位主要是有条件的科研院所、高等院校、检验检测机构等，是资源平台建设和运行的责任主体，主要职责是：

（一）制定资源平台的规章制度和相关标准规范；

（二）编制资源平台的年度工作方案并组织实施；

（三）负责资源平台的科技资源整合、更新、整理和保存，确保资源质量；

（四）负责资源平台在线服务系统建设和运行，开展科技资源共享服务，做好服务记录；

（五）负责资源平台的建设、运行与管理并提供支撑保障，根据需要配备软硬件条件和专职人员队伍；

（六）配合完成相关部门组织的评价考核，接受社会监督；

（七）按照规定管理和使用资源平台的财政经费，保证经费的单独核算、专款专用。

第三章 平台认定

第十一条 省科技厅、省财政厅根据资源平台发展的总体规划和布局，结合我省科技发展战略和重大任务需求建设资源平台。资源平台建设采取认定模式，鼓励开展跨部门、跨地区的科技资源整合与共享。

第十二条 已建设完成并具备以下条件的平台可申请认定为资源平台：

（一）基本条件

1. 依托单位拥有较大体量的科技资源或特色资源，建立了符合资源特点的标准规范、质量控制体系和资源整合模式，在本专业领域或区域范围内具有一定影响力，具备较强的科技资源整合能力；

2. 已按照相关标准建成科技资源在线服务系统，发布的科技资源均按照国家和行业标准进行标识，能与共享网实现有效对接和互联互通，资源信息合格，更新及时；

3. 具备资源保存和共享服务所需要的软硬件条件，具有稳定的专职队伍，具有保障运行服务的组织机构、管理制度和共享服务机制；

4. 建立了符合资源特点的服务模式并取得良好服务成效。

（二）认定程序

1.依托单位按照相关要求编制《湖南省科技资源共享服务平台认定申请书》，经主管部门审核后报送省科技厅；

2.省科技厅会同省财政厅委托第三方机构对上报材料进行审查，组织专家评审，进行现场考察核实，并将评审结果报省科技厅、省财政厅；

3.省科技厅按程序审批后向社会公示，公示通过后会同省财政厅向社会发布认定的资源平台和依托单位名单。

第十三条 依托单位负责编制资源平台运行管理方案，推荐资源平台负责人并报省科技厅备案。

资源平台负责人应由依托单位正式在职、具有较高学术水平、熟悉本领域科技资源、管理协调能力较强的人员担任，由依托单位负责聘任。

第十四条 根据资源类型和平台的特点，资源平台统一规范命名为"湖南省××平台"、"湖南省××中心"、"湖南省××资源库（馆）"等并授牌，英文名称为 Hunan Provincial ×× Platform、Hunan Provincial ×× Center、Hunan Provincial ×× Resource Center 等。

第十五条 鼓励优秀的资源平台加强优化整合，省科技厅、省财政厅根据国家布局，遴选基础较好、资源优势明显的平台申报国家资源平台，省级财政对成功申报国家资源平台的给予一定的经费支持。

第四章 运行服务

第十六条 资源平台的主要任务包括：

（一）围绕国家和我省战略需求持续开展科技资源的收集、整理、保存工作；

（二）承接科技创新计划项目实施所形成的科技资源的汇交、整理和保存任务；

（三）开展科技资源的社会共享，面向各类科技创新活动提供公共服务，开展科学普及，根据创新需求整合资源开展定制服务；

（四）建设和维护在线服务系统，开展科技资源管理与共享服务应用技术研究；

（五）开展资源交流合作，参加相关学术组织，维护国家和我省利益与安全。

第十七条 依托单位要按照有关管理办法制定本单位资源平台运行管理和科技资源开放共享的管理制度，并报主管部门备案，保障资源平台日常运行，促进科技资源的开放共享。

依托单位应该配备规模合理的专职从事资源平台管理的人员队伍，在绩效收入、职称评定等方面采取有利于激发积极性、稳定实验技术队伍的政策措施。

依托单位要建立健全资源平台科技资源质量控制体系，保证科技资源的准确性和可用性。依托单位要按照相关安全要求，建立应急管理和容灾备份机制，健全网络安全保障体系，为资源保存提供所需要的软硬件条件。主管部门应定期对资源安全情况进行检查。

第十八条 依托单位可依据科技资源目录通过在线或者离线等方式向社会提供信息资源服务和实物资源服务。积极开展综合性、系统性、知识化的共享服务。鼓励组织开展科技资源加工整理，形成有价值的科技资源产品，向社会提供服务。

资源平台应建立符合知识产权保护和安全保密等有关规定的制度，保护科技资源提供者的知识产权和利益。用户使用资源平台科技资源形成的著作、论文等发表时，应明确标注科技资源标识和利用科技资源的情况，并应事先约定知识产权归属或比例。

第十九条 为政府决策、公共安全、国防建设、环境保护、防灾减灾、公益性科学研究等提供基本资源服务的，资源平台应当无偿提供，涉及国家安全、军事秘密等的除外。因经营性活动需要资源平台提供资源服务的，当事人双方应签订有偿服务合同，明确双方的权利和义务。有偿服务收费标准应当按成本补偿和非营利原则确定。

国家法律法规有特殊规定的，遵从其规定。

第五章 评价考核

第二十条 资源平台需每年进行年度自评，并将年度自评报告与下一年度工作计划于次年1月底前报省科技厅、省财政厅备案。

第二十一条 省科技厅、省财政厅委托第三方机构组织对资源平台进行分类评价考核，第三方机构根据经主管部门审核的各资源平台运行服务记录、服务成效等材料，组织专家进行评价考核，重点考核科技资源整合能力、服务成效、组织运行管理及专项经费使用情况等内容。评价考核采取用户评价、门户系统在线测评和专家综合评价等方式，原则每两年考核一次，考核结果报省科技厅、省财政厅。

第二十二条 省科技厅、省财政厅确定评价考核结果，并通过共享网予以公示和公布。根据资源平台科技资源整合和运行维护情况给予后补助经费支持，经费主要用于资源建设、仪器设备更新、日常运行维护、人员培训等方面。

第二十三条 省科技厅、省财政厅根据评价考核结果对资源平台进行动态调整。对于评价考核结果较差的责令其限期整改，仍不合格的不再纳入资源平台序列。

第二十四条 资源平台涉及内部管理重大变化、主要人员变动等重大事项或重要内容，由主管部门公示后确认，并报省科技厅备案。

第二十五条 依托单位应如实提供运行服务记录、服务成效及相关材料。凡弄虚作假、违反学术道德的，将取消申报和参加评价考核资格，情节严重的将撤销资源平台资格，在共享网予以公布，并记入科技诚信档案。构成违法的，将按照相关法律法规追究法律责任。

第二十六条 省科技厅及有关部门建立投诉渠道，接受社会对资源平台开放共享情况的意见和监督。

关于印发《湖南省科学技术厅关于进一步加强基础研究工作的措施》的通知

(湘科发〔2019〕130号)

各市州、省直管县市科技行政主管部门,省直有关单位,国家级、省级高新技术产业开发区管委会,有关高等院校、科研院所:

现将《湖南省科学技术厅关于进一步加强基础研究工作的措施》印发给你们。本通知自2019年12月27日起施行,有效期5年。在实施过程中出现的新情况、新问题请及时反馈。

湖南省科学技术厅
2019年12月10日

湖南省科学技术厅关于进一步加强基础研究工作的措施

根据中共中央办公厅国务院办公厅有关进一步加强基础研究、应用基础研究和技术创新工作的文件精神,现制定如下措施。

一、明确发展定位和研发布局

进一步优化学科布局。加强新材料、航空航天、生物技术、生态环境、网络信息、人工智能和国防相关学科建设,推动基础学科与应用学科均衡协调发展,鼓励开展跨学科研究,促进不同学科之间的交叉融合。进一步完善创新型省份建设专项各类科技计划创新链布局。重点围绕我省"十三五"科技创新规划明确的10大重点产业技术创新领域和20条新兴优势产业链及我省基础研究的短板组织实施,将基础研究和应用基础研究不同比重、不同层次渗透到计划体系中,注重基础研究、应用基础研究和技术创新一体化推进,集中力量攻克一批制约我省经济社会发展的重大科学难题,取得一批能够有效支撑产业技术创新和民生科技创新的原始创新成果,提升创新的原创能力。

二、进一步加强创新能力建设

加大财政投入力度,完善多元化投入机制。提高基础研究、应用基础研究、技术创新支出占社会研发支出的比重。通过建立联合基金等方式,加强与企业等创新主体合作。对我省优势学科和特色产业领域相关的基础研究和应用基础研究,建立长期稳定的支持机制。加强高水平平台建设,构建布局合理、梯次衔接、对接国家需求、特色突出的创新基地体系。瞄准国家实验室,依托岳麓山国家科技大学城探索高端实验室建设,重点培育建设岳麓山实验室。争取重大科技基础设施落户湖南。建设湖南应用数学中心。发挥我省种业创新的区域优势,整合我省龙头企业研发和产业优势资源,联合中信集团,依托隆平高科等种业领军企业,培育建设国家生物种业技术创新中心。充分发挥我省木本油料资源优势、人才优势、成果优势,培育建设省部共建木本油料资源利用国家重点实验室。推动条件成熟的野外站申报建设国家野外科学观测研究站。完善省级创新平台区域布局,加大对怀化、湘西、永州等湘西南偏远地区的支持。加强基础研究开放合作。鼓励和支持组建国际或跨省联合研究中心,积极争取中科院、清华大学等知名高校院所在湖南建立分支机构。促进高校院所间开展基础研究的跨省合作。依托国防科技大学等高校院所,推进军民融合,促进特种材料、高端装备等领域军民协同创新。推进我省科研基础设施和科研仪器向社会开放共享,进一步加强我省基础研究的部门协同和省地协同。深化"放管服"改革,通过大力培育高新技术企业和新型研发机构、深化科研院所改革、深入实施加大全社会研发经费投入行动计划等举措,建设一批市场化运作、效率更高、机制更活、开放包容的新型创新主体,壮大高质量发展生力军。

三、加强高水平人才和团队培育引进

加大人才培育引进支持力度。深入实施湘湖高层次人才聚集工程、国家高端外国专家引进项目,培养引进一批高端领军人才和专业技术人才。重点实施省科技领军人才计划、湖湘青年英才计划,启动院士带培计划,引导院士与优秀青年科技人才建立对接合作。深化人才管理"放管服"改革。在人才放权、松绑、激励、服务等方面加大政策创新力度。打破"四唯"倾向,完善以创新能力为导向、优胜劣汰的评价机制,不再将论文、职称、学历、奖励等作为申报省级科技人才项目和职称评审的限制条件,对不同性质的科技人才进行分类评价。鼓励高端人才向企业和湘西湘南流动。强化对承担国家重大任务人才和团队的激励,将人才引进培养与科研项目实施、创新平台建设有机结合,制定吸引、留住和保护高端人才措施,加大对青年人才的普惠性支持。对重点引进的人才团队和领军人才给予"一对一"服务和专项资金支持。整合人才服务政策,为引进人才做好配偶随迁、就业、子女就学、社保、医疗、住房等配套服务。

四、改革科研任务凝练机制

充分发挥科学家在基础研究选题中的作用。加强项目指南编制等顶层设计,通过多种形式,广泛征求和听取专家的意见建议,分学科凝练共性科学问题,在未来可能产生颠覆性技术的新兴学科和交叉学科方向凝练科学问题。注重从经济社会发展实践中凝练应用基础研究问题。面向国家和我省的重大需求,完善重大基础研究问题建议、咨询、立项和指南引导机制,分阶段部署一批重点方向领域。从国家和我省发展需求出发,聚焦当前和未来一段时期的"卡脖子"技术,关注可能产生引领性成果的重要领域,凝练提出战略性关键核心技术背后的基础科学问题。按照国家战略与安全、产业竞争力、重大民生需求确定技术创新任务优先顺序,加强各类任务的联动和连通。引导科学家将科学研究与服务国家战略需求紧密结合,把国家和我省经济、社会和科技发展中的重大需求作为科学基金资源配置的重要依据,引导和鼓励企业积极参与基础研究和应用基础研究,加强创新型省份建设专项中各类科技计划的协调衔接,推动项目立项、成果产出等信息共享和对接。

五、创新项目组织实施方式

根据不同任务类型优化组织实施方式。对自由探索类的基础研究项目,采用开放竞争方式,以支持非共识项目为突破口,择优遴选科研人员和研究团队组织实施。对重大前沿类基础研究和应用基础研究项目,实行首席技术专家负责制,通过择优支持或直接委托符合条件的国家、省级重点实验室等创新平台组织实施。对重大科技成果转化及产业化项目,建立企业牵头主导的研发攻关机制,支持龙头企业整合高校、科研院所等科研力量形成创新联合体,发挥国家级、省级科

技创新平台的协同作用,加强产学研联合攻关。对于产业发展涉及的科学问题,逐步建立"需求清单"制度,常年征集企业技术需求,组织高等院校、科研院所等创新主体联合进行研究。对社会民生类项目,市场化属性强的由企业牵头,通过竞争择优的方式组织实施,公益属性强的由高校、科研机构牵头,会同行业学会或协会、企业、用户等实施。根据不同任务类型建立与之匹配的分类评审标准。充分利用大数据、人工智能等现代科技手段,建立科学、公正、公平的项目评审机制,提升支持基础研究的精准度、公正性和绩效水平。

六、营造富有活力的开放创新生态

进一步完善和强化科研诚信体系建设。在创新型省份建设专项各类科技计划项目的评审工作中进一步强化四方公正性承诺制度,通过签署承诺书等方式,进一步加强评审工作的公正性,推动学风作风大转变。探索基础研究项目管理考核模式和方法。加大关注和重视未取得预期效果的项目的研究过程和失败原因,打造鼓励创新、宽容失败、容错纠错的创新生态,充分激发创新主体活力。

七、加强组织领导

省科技厅成立以主要负责人任组长的加强基础研究工作领导小组,负责党中央国务院、省委省政府有关基础研究决策部署的落实,协调统筹各方资源支持基础研究工作,提出基础研究工作重大任务,督促基础研究各项工作落实。

关于印发《湖南省新型研发机构管理办法》的通知

(湘科发〔2020〕67号)

各市州科技局,省直管试点县市科技行政主管部门,国家高新区管委会,中央驻湘高校和科研院所,省属本科院校,各有关单位:

促进新型研发机构发展,是深入实施创新驱动发展战略,提升国家创新体系整体效能的有力抓手;是加快创新型省份建设,推动湖南高质量发展的有效载体;是强化湖南产业技术核心竞争力,促进科技成果转化的重要举措。现将《湖南省新型研发机构管理办法》印发给你们,请认真组织实施,并做好相关工作:

一、坚持政治引领,强化政策引导保障

认真贯彻落实党的十九大和十九届二中、三中、四中全会精神,充分发挥党组织在新型研发机构发展中的战斗堡垒作用,自觉把新型研发机构发展工作放到创新型省份建设、提升创新整体效能中去谋划,为优化科研力量布局,强化产业技术供给,促进科技成果转移转化提供强劲动力。

二、聚集科技创新需求,注重激励约束并举

坚持问题导向和目标导向,坚持系统设计和分类指导,积极引导新型研发机构聚焦科学研究、技术创新和研发服务,建立激励机制和监督机制,加强科研诚信和科研伦理建设,建立分类评价体系,力争到2025年全省建成各类新型研发机构400家以上。

三、突出体制机制创新,调动社会各方参与

充分发挥市场机制在配置创新资源中的决定性作用,突出创新质量和贡献。加强政策宣传力度,组织和强化培育工作。积极调动社会各方建设积极性,及时研究解决发展过程中的困难和问题。

文件施行期间,各单位在执行过程中发现的有关问题,请及时向省科技厅反映。

湖南省科学技术厅
2020年8月25日

湖南省新型研发机构管理办法

第一条 为贯彻落实《关于促进新型研发机构发展的指导意见》(国科发政〔2019〕313号)、《湖南创新型省份建设实施方案》(湘政发〔2018〕35号)等文件精神,深入实施创新驱动发展战略,支持我省新型研发机构健康有序发展,提升我省产业核心竞争力,为湖南高质量发展提供强有力的科技创新支撑,特制定本办法。

第二条 新型研发机构是聚焦科技创新需求,主要从事科学研究、技术创新和研发服务,投资主体多元化、管理制度现代化、运行机制市场化、用人机制灵活的独立法人机构,可依法注册

为科技类民办非企业单位（社会服务机构）、事业单位和企业。

第三条 省科技厅负责研究和起草新型研发机构发展规划和政策；组织开展新型研发机构的备案、评价和动态管理工作；统筹协调解决新型研发机构发展过程中遇到的重大问题。

各市州科技局负责辖区内新型研发机构的培育、推荐和日常监督服务等工作。

第四条 省级新型研发机构包括以下类型：

（一）产业技术协同创新类，指由县级以上政府牵头或支持，依托高校、科研机构等，整合优质资源共同组建的独立法人机构；开展产业共性技术研究、中试熟化、企业技术研发服务、科技成果转化、科技企业孵化和股权投资等创新创业活动。

（二）产业联合创新类，指由行业龙头企业，联合院士等优秀科学家及其团队共同组建的独立法人机构；主要以自主创新为基础，以产业链产品创新为导向，围绕产业链部署创新链，开展基础研究、前沿技术、关键核心技术、共性技术的研发创新，重点解决产业"卡脖子"技术问题，推动理论成果向技术研发与应用，向产品化、商品化、市场化延伸。

（三）企校联合创新类，指由企业、高校、科研院所等以市场化方式联合组建的独立法人机构；主要服务于企业研发创新需求，开展产学研协同创新，重点聚焦重大技术研发，积极开展科研仪器开放共享和高级工程技术人才培养，鼓励开展对外技术服务。

（四）专业研究开发类，指以国家级、省级科技创新平台或境外高水平研发平台为基础，由骨干科研人员以股权为纽带，吸引政府资金、投资基金和社会资本等参股，共同组建民营或混合所有制的独立法人机构；主要开展企业技术研发服务、促进科技成果转化、推动先进技术成果产业化应用等创新创业活动。

（五）其他类型。

第五条 申请备案的省级新型研发机构应具备以下条件：

（一）在湖南省注册的，主要开展基础研究、应用基础研究，产业共性关键技术研发，科技成果转移转化，以及研发服务等，具有独立法人资格的科研实体；

（二）具备进行研究、开发和试验所需要的仪器、装备和固定场地等基础设施，办公和科研场所不少于150平方米；拥有必要的测试、分析手段和工艺设备，且用于研究开发的仪器设备原值不低于100万元；

（三）具有稳定的研发经费来源，年度研究开发经费支出不低于年收入总额的10%；

（四）具有稳定的研发队伍，研发人员不少于20人，其中高校、科研机构的研发人员不少于20%；

（五）机构应有健全的决策、经营和管理制度，成熟的技术转让许可和知识产权管理规范，并具有持续的盈利能力和纳税能力；

（六）其他应当具备的条件。

第六条 申请备案需提交的材料：

（一）湖南省新型研发机构申请书；

（二）最近一个年度的工作报告；

（三）申报机构的统一社会信用代码；

（四）申报机构的成立章程；

（五）申报机构的管理制度（包括人才引培、薪酬激励、成果转化、科研项目管理、研发经费核算等）；

（六）上一年度财务报表；

（七）经具有资质的中介机构鉴证的上一个会计年度研究开发费用情况表或出具专项审计报告；

（八）近3年（注册运营不足3年的提交从成立以来）立项的国家、省级科研项目清单（包括项目名称、合同金额、项目编号和资助单位情况等）；

（九）近3年（注册运营不足3年的提交从成立以来）科技成果转化项目清单，包括项目名称、转化方式、转化收入及相关证明材料；

（十）单价20万元以上科研仪器设备、基础软件清单，单价10万元以上的系统软件清单（包括设备名称、数量、型号、原价、购置年份等信息）；

（十一）研发人员（包括姓名、年龄、学历、专业、职称、工作岗位等信息）和全体职工人员清单；

（十二）其他必要的材料。

第七条 申请备案的程序：

（一）发布通知。省科技厅发布申报备案工作通知，实行常年申请，分批办理。

（二）机构申请。符合条件的机构登录湖南省科技管理信息系统公共服务平台提出申请，提交相关材料。

（三）审核推荐。各市州科技局按属地管理原则，负责审核推荐。

（四）资格核查。资格核查包括通讯（会议）评审、现场考察和组织论证等多种形式。省科技厅按照有关规定，提出资格核查标准和要求，委托第三方机构组织实施。

（五）结果公示。省科技厅根据资格核查意见，择优提出备案意见并对备案机构进行公示。

（六）公告。公示无异议的新型研发机构名单由省科技厅发文予以公告，有效期3年。

对省委省政府决定重点支持的机构或我省产业发展急需的机构，省科技厅可根据需要按照"一事一议"的原则，单独组织咨询论证，公示后予以公告备案。

第八条 新型研发机构的日常管理：

（一）新型研发机构应在每年3月底前，向省科技厅提交上一年度工作报告；内容包括上年度从事科学研究、技术创新、研发服务和成果转化等活动的基本信息，机构发展建设进展情况、主要数据指标及下年度重点计划等。

（二）新型研发机构发生名称变更、投资主体变更、重大人员变动等重大事项变化的，应在2个月内以书面形式向省科技厅报告并经核查同意。如不提出申请、未按期提出申请，或核查不通过的，可取消其湖南省新型研发机构备案资格。

（三）获得财政专项资金资助的新型研发机构须遵守财政、财务规章制度和财经纪律，自觉接受监督检查；确保相关经费规范使用，并将其纳入研发投入统计。

第九条 申请备案机构对申报材料的客观性、真实性、完整性负责；存在弄虚作假行为的，一经查实，相关责任主体纳入科研诚信失信行为处理。

第十条 省科技厅对新型研发机构实行动态管理；对有下列情况之一的，可视其情节，取消湖南省新型研发机构备案资格并予以公告：

（一）重大事项变更导致不符合申请备案条件的；

（二）提供虚假材料和数据的；

（三）逾期未报送年度工作报告等重要材料的；

（四）绩效评价结果为不合格且整改不到位的；

（五）因严重失信行为被纳入社会信用"黑名单"的；

（六）因严重违法行为受到刑事、行政处罚的；

（七）其他应予取消称号的。

被取消湖南省新型研发机构资格的，自取消之日起，3年内不得再次申请省级新型研发机构备案。

第十一条 有效期满后，省科技厅对湖南省新型研发机构开展绩效评价。建立分类评价体系，科学合理设置评价指标，突出创新质量和贡献，注重发挥用户评价作用。采取机构自评、专家咨询及重点抽查复核等形式，委托第三方机构组织实施。评价结论分为优秀、良好、合格和不合格，评价结论为合格以上的保留湖南省新型研发机构资格；评价结论不合格的，给予半年整改期，整改期后再次评价不合格的，备案资格自动失效，同时取消湖南省新型研发机构资格。

第十二条 湖南省新型研发机构可获得以下措施支持发展：

（一）新型研发机构可按照要求申报国家和省级科技重大专项、重点研发计划、自然科学基金等各类政府科技项目、科技创新基地和人才计划。

（二）省科技厅联合省财政厅，通过中央引导地方科技发展专项资金、省级财政科技经费，支持新型研发机构的建设运行。

（三）进一步完善和落实知识产权转化为股权、期权的激励政策，促进新型研发机构加快科研成果转化，对新型研发机构的科研成果在省内转化、产业化的，按有关规定给予奖励。

（四）支持新型研发机构开展研发创新活动，对机构上年度非财政经费支持的研发经费投入，符合相关条件的，给予研发经费奖补。

（五）对符合条件的民办非企业发起设立的新型研发机构进口科教用品可按规定享受支持科技创新进口税收政策。

（六）对加盟本省科研仪器开放共享平台并对外提供开放共享服务的新型研发机构，符合相关条件的，给予开放共享服务后补助资金。

（七）对开展技术交易和技术转移服务的新型研发机构，按照上一年度技术交易和技术转移服务交易额的一定比例给予后补助支持。

（八）新型研发机构可以按规定享受相应的研发费用税前加计扣除政策。

（九）依照有关规定可享受的其他优惠政策。

第十三条 本办法自2020年8月25日起施行，有效期5年。

湖南省科学技术厅关于印发《湖南省科技创新计划项目管理办法》的通知

(湘科发〔2020〕69号)

各有关单位：

为进一步加强省级科技创新计划项目管理，提高科技创新计划项目管理效率和服务能力，现将修订后的《湖南省科技创新计划项目管理办法》印发给你们，请遵照执行。

湖南省科学技术厅
2020年8月26日

湖南省科技创新计划项目管理办法

第一章 总则

第一条 为规范湖南省科技创新计划项目（以下简称"项目"）管理，根据国家和我省有关制度规定，结合实际情况，制定本办法。

第二条 本办法所称的项目是指由省级财政专项资金安排的，围绕湖南省科技、经济和社会发展重大战略，面向科技前沿、面向经济建设主战场、面向湖南省重大科技需求，专门用于支持基础研究、技术研发、成果转化以及其他创新能力提升的科技活动。

第三条 项目管理遵循权责清晰、程序规范、公正公开、监督有力、绩效导向的原则，充分激发科研人员的创新活力，以构建布局合理、定位清晰、管理科学、服务高效的科技创新计划体系为目标，持续优化科技资源配置。

第四条 本办法适用于湖南省科技创新计划各类项目的申报受理、评审立项、实施过程管理、验收及监督管理等项目管理工作。创新平台、服务机构等认定以及科技金融类项目管理工作另行规定。

第二章 组织管理和职责

第五条 项目组织和管理的责任主体包括湖南省科学技术厅（以下简称"省科技厅"）、项目管理专业机构（以下简称"专业机构"）、项目推荐单位、项目承担单位（含项目牵头单位、项目依托单位和项目参与单位）和项目负责人。评审与咨询专家、科技服务机构接受委托，参与有关咨询和服务工作。

第六条 省科技厅是项目的行政主管部门，主要职责是：

（一）研究制定有关项目管理政策制度，并加强政策宣讲；

（二）研究提出重大技术需求、总体任务及相关专项；

（三）组织编制和发布年度项目申报指南，负责项目立项、调整和终止，签订项目任务书；

（四）确定承接项目具体管理工作的专业机构，并对其履职尽责情况进行监督检查；

（五）组织开展项目监督检查和绩效评价；

（六）建立项目组织实施的协调保障机制，协调解决项目执行中的重要问题。开展项目科技报告管理工作，推动项目成果转化应用及信息共享；

（七）组织开展项目参与主体的科研诚信管理；

（八）其他与项目管理相关事项。

第七条 专业机构是具有独立法人资格，承担省级科技创新计划项目管理等事务性工作的事业单位或社会化科技服务机构，主要职责是：

（一）依据国家和省有关规定，建立完善的内控制度和工作机制，规范管理流程；

（二）依据省科技创新计划管理有关规定和管理任务委托协议，开展项目咨询、受理、形式审查、评审、中期评估、验收等事务性工作；

（三）实施过程管理，跟踪项目任务实施和经费使用情况，协调推进项目执行中的重要事项，客观及时地向省科技厅反映具体管理工作中发现的重大问题；

（四）开展项目绩效跟踪管理，促进项目成果的转化应用和信息共享；

（五）协助开展相关科技领域调研；组织开展项目管理、技术研发等相关研讨、培训工作。

第八条 项目推荐单位包括各市州科技局、省直管试点县市科技行政主管部门、国家高新区管委会、省属本科院校、省直部门、中央驻湘高校和科研院所等，主要职责是：

（一）组织、审核和推荐本地区、本部门、本单位的项目，主要审核所推荐项目是否符合申报条件，以及申报资料的真实性、完整性、合法性、合规性等；

（二）负责项目实施过程的组织协调服务与监督检查，为项目组织实施提供协调保障支撑，协调推动项目成果在行业和地方的转移转化与应用示范；

（三）与项目牵头单位、省科技厅签订项目任务书；

（四）受省科技厅委托，组织或参与本地区、本部门、本单位所推荐项目的中期评估、验收和绩效评价等；

（五）建立健全项目的推荐、实施过程管理等制度。

第九条 项目承担单位是项目具体组织实施的责任主体，应当强化法人主体责任，主要职责是：

（一）恪守科学道德，遵守有关法律法规和伦理准则，加强相关科研活动的审查和监管；

（二）严格执行项目及资金管理规定，建立健全科研、财务、诚信、成果转化等内部管理制度，落实国家、省各项科技政策；

（三）与推荐单位、省科技厅签订项目任务书，或按要求直接与市州科技局签订项目任务书；

（四）按照项目任务书组织项目实施，落实项目实施配套条件，履行任务书各项条款，完成项目目标任务，组织课题绩效评价和验收；

（五）按要求组织并及时编报项目执行情况报告、信息报表、科技报告等，并做好相关文件资料的档案管理等；

（六）报告项目执行中出现的重大事项，按程序报批需调整的事项；

（七）接受省科技厅等相关部门的指导、检查并配合做好监督、评估、验收和绩效评价等工作；

（八）积极做好项目成果的发布审查、转化应用和信息共享，配合做好与项目相关的科普和宣传工作，开展科研诚信教育。

第十条 项目负责人的主要职责是：

（一）恪守科学道德，遵守有关法律法规和伦理准则，承诺所申报项目未重复申报或多头申报；

（二）集中精力开展科技创新，对项目主攻方向、技术路线、研发进度、任务衔接、协同攻关、成果转化等方面提出意见并组织实施，确保各项任务目标按时足额完成；

（三）及时总结项目执行情况，协调解决项目执行过程中出现的问题；

（四）负责项目监督、评估、验收和绩效评价相关材料准备工作。

第三章 科技创新计划类别

第十一条 根据湖南省科技创新计划体系设置，省级科技创新计划包括科技创新重大项目、高新技术产业科技创新引领计划（科技成果转化及产业化计划）、重点研发计划、科技创新平台与人才计划、区域创新能力提升计划、普惠性政策兑现与创新环境建设计划和自然科学基金等七大类。

（一）科技创新重大项目。包含两类项目：一是科技重大专项，突出重大战略需求、重大技术瓶颈、重大经济社会生态效益，主要支持产业关键核心技术攻关、前沿性、颠覆性和非对称性技术研究，以及关系民生保障的重大公益性共性技术研发，区域性重大问题系统解决方案等。二是科技创新重点工程，突出系统化、集成化设计，主要支持以社会多元化方式投资，集平台、人才和项目建设于一体，通过核心技术和资源综合集成，推动关键核心技术、"卡脖子"技术突破的引领性、标志性工程项目。

（二）高新技术产业科技创新引领计划（科技成果转化及产业化计划）。聚焦我省重点产业关键核心技术和发展急需的科技成果，围绕制约我省高新技术产业发展、传统产业转型升级中的关键技术瓶颈问题，实施科技攻关和成果转化，推动创新链高效服务产业链，加快高新技术及其产业化发展。

（三）重点研发计划。突出技术支撑，面向制约我省高新技术、现代农业、社会发展等领域的关键核心共性技术，以及"卡脖子"技术，从基础前沿、技术攻关到应用示范进行全链条创新设计、一体化组织实施。

（四）科技创新平台与人才计划。突出能力提升，主要支持重点实验室、工程技术研究中心、临床医学研究中心（基地）、国际科技创新合作基地、新型研发机构、众创空间、星创天地、科技企业孵化器、产业技术创新战略联盟等各类科技创新（服务）平台（基地）和重大科研基础设施的建设与运行。支持科技创新人才和创新团队的引进、培养和使用，支持科技特派员、"三区"科技人才创新创业，建设全方位支撑高质量发展的人才梯队。

（五）区域创新能力提升计划。突出区域创新发展，主要支持长株潭国家自主创新示范区、郴州市国家可持续发展议程创新示范区、岳麓山大学科技城、马栏山视频文创产业园建设；支持科技要素大市场、技术转移服务机构、科技中介服务机构等创新创业服务体系建设；支持高新技术产业园区、农业科技园区、可持续发展实验区、创新型城市、创新型县（市、区）建设。

（六）普惠性政策兑现与创新环境建设计划。主要支持科技奖励、创新创业大赛与创新挑战赛、技术合同交易、科研基础设施与科研仪器开放共享等普惠性政策兑现，支持科学普及、重大科技活动、科技对口支援及帮扶、外国专家服务能力提升、科技创新产业人才国内外培训、科技创新重大决策咨询、科技创新智库、科技信息化建设等政策性项目。

（七）自然科学基金。突出原始创新，聚焦国际国内科学前沿，强化需求牵引，注重学科交叉，主要支持自然科学及与自然科学相交叉学科领域的基础研究与应用基础研究、未知前沿领域自由探索等。

第四章 项目申报

第十二条 指南编制。省科技厅围绕国家和我省科技创新规划目标，省委、省政府重大决策部署以及年度科技创新工作重点，编制项目申报指南（含申报通知，下同）。

第十三条 指南发布。实行年度指南定期发布制度，一般每年第四季度前发布下一年度指南。指南通过省科技厅门户网站、"科技湖南"微信公众号或相关媒体公开发布。指南发布日到项目受理截止日，原则上不低于30日。

第十四条 项目申报。

（一）项目申报可采取竞争择优、定向申报、定向委托、揭榜制等方式组织。落实省委、省政府重大决策部署项目、应急科技攻关项目，可采取"一事一议"、定向委托的方式组织申报。对符合招投标条件的项目，可进行公开招投标确定项目承担单位。

（二）项目申报由项目牵头单位通过"湖南省科技管理信息系统公共服务平台"（以下简称"科管系统"）在线申报，经推荐单位审核推荐、形式审查，受理进入项目备选库。

（三）项目申报单位和推荐单位必须按要求提供申报材料，保证所申报项目资料的真实性、完整性、合法性、合规性，并承担相应法律责任，对科管系统已有的材料或已要求提供过的材料，不再重复提供。

（四）项目牵头单位应在湖南省境内注册，符合申报指南要求，有较强科研能力和条件，运行管理规范，科研诚信良好，具有独立法人资格的高校、科研院所、企业、新型研发机构及其他社会组织等。

（五）申报项目应明确项目负责人。项目负责人应符合申报指南要求，为申报单位的正式在职科研人员或聘期能覆盖项目执行期的全职聘用人员，具有领导和组织开展创新性研究的能力，科研信用记录良好，确保足够时间投入项目研究。对项目负责人和项目参与人员按相关规定实行限项管理。

第五章 项目评审立项

第十五条 形式审查。省科技厅组织专业机构对推荐单位推荐的项目进行形式审查，内容包括申报材料是否符合申报指南要求、同一项目是否存在多头或重复申报、项目申报单位和项目负责人是否符合申报条件等。

第十六条 项目评审。

（一）对审查合格项目，省科技厅组织专业机构，运用通讯评审、会议评审、现场考察等方式进行评审或论证，主要审核绩效目标、结果指标与指南要求的相符性，以及创新性、可行性、可考核性，实现项目绩效目标能力和条件等。开展会议评审、通讯评审和现场考察的，应依托科管系统全程留痕，可采取文字、录音、录像或相片的形式进行记录。

（二）项目评审所需专家应当按照省科技专家库管理的相关规定选取和使用，会议评审专家名单应当向社会公开，接受社会监督。

第十七条 项目立项。

（一）省科技厅根据有关项目立项原则和评审情况，结合省委省政府中心工作和区域、行业、重点领域发展技术需求等，按程序决定项目立项。

（二）省科技厅对拟立项项目在省科技厅门户网站上进行公示（按照要求不能公示的项目除外），公示期不少于5个工作日。公示期间有异议的项目，由省科技厅组织调查处理。

（三）省科技厅制定项目立项文件并下达立项通知，提出项目资金分配建议方案，会同省财政厅下达资金计划。

第十八条 任务书签订。项目牵头单位收到立项通知之日起60日内，应完成与省科技厅、推荐单位项目任务书签订工作，同时与项目参与单位签订子项目任务书。其中，对应用类科技项目，应明确项目承担单位和项目负责人的科技成果转化义务。项目任务书应基于申报材料和专家评审意见，通过科管系统填报，约定项目的主要目标、研究内容、经费预算和使用计划、考核指标、验收方式方法等要求。

第六章 项目实施管理

第十九条 项目承担单位应根据项目任务书的各项约定组织项目实施，接受监督和评估检查，及时报告项目执行中出现的问题以及形成的重要成果等。明确目标和进度安排，履行责任和义务，按进度完成主要目标和任务。

第二十条 项目执行期内，项目任务书约定的项目承担单位、项目负责人、考核指标等重要事项一般不得变更。因不可抗力因素或其他客观原因确需调整的，按照项目动态调整的相关规定执行。涉及经费预算调整的，直接费用中除设备费外，其他科目费用调剂权全部下放给项目承担单位。

第二十一条 科研人员可自主选择和调整技术路线。项目申报期间，以科研人员提出的技术路线为主进行论证；项目实施期间，科研人员可以在研究方向不变、不降低考核指标的前提下自主调整研究方案和技术路线；项目负责人可以根据项目需要，按规定自主组建科研团队，并结合项目实施进展情况进行相应调整。以上调整由项目牵头单位审核后，经科管系统备案。

第二十二条 项目执行过程中，项目负责人要重视人才培养、知识产权保护和技术标准的制定，重视科技成果的转化和推广普及。

第二十三条 实行项目中期评估制度。对财政支持经费500万元（含）以上的重大科技项目，在项目实施中期，应对项目执行情况进行中期评估，对项目能否完成预定任务目标做出判断，并形成中期执行情况报告。具有明确应用示范目标的项目，应邀请有关部门共同开展中期评估工作。

第二十四条 实行科技报告制度。项目承担单位应按科技报告管理要求提交科技报告，实现我省科技资源持续积累、完整保存和开放共享。科技报告提交作为验收的必备条件，项目验收前，应呈交一份最终科技报告；项目执行期限超过2年的，一般应呈交年度或中期技术进展报告。项目执行不足3个月的，可在下一年度一并上报。

第二十五条 实行科研诚信管理制度。建立健全科研诚信管理评价机制，按照科研诚信管理相关规定，记录和评价项目管理全过程科研诚信情况。

第二十六条 项目立项后有以下情形之一的，省科技厅可直接终止项目：

（一）经实践证明，项目技术方向不合理、不可行，或无法实现项目任务书规定的进度且无改进办法；

（二）项目执行中出现严重的知识产权纠纷；

（三）完成项目任务所需的资金、原材料、人员、支撑条件等未落实或发生改变，导致项目研究无法正常进行的；

（四）项目实施过程中出现严重科研不端行为，严重违规违纪行为，不按规定进行整改或拒绝整改；

（五）项目承担单位不能按期签订项目任务书；

（六）项目执行期届满6个月后仍未提交验收材料，且未按要求提交延期申请的；

（七）省科技厅规范性文件规定的其他情形，以及项目任务书约定的其他情形。

以上情形若是由不可抗力因素或其他客观原因造成的，由项目承担单位提出书面申请，省科技厅审核后批复予以结题。

第二十七条 结题或终止的项目，项目承担单位应当对项目已开展的工作、经费使用、已购置设备仪器、阶段性成果、知识产权等情况做出书面报告，经省科技厅核查批准后，完成项目经费收回等后续相关工作。项目承担单位和项目负责人因主观过错，导致项目终止的，纳入科研失信行为记录。

第七章 项目验收与成果管理

第二十八条 项目执行期满后，科管系统自动调整项目为待验收状态，并自动通知项目推荐单位、项目牵头单位和项目负责人启动验收程序。

第二十九条 项目验收由省科技厅组织专业机构按程序进行。简化验收形式，合并财务和技术验收，在项目执行期满后，严格依据项目任务书要求，采用同行评议、第三方评估和测试、用户评价、现场核查等方式开展一次性综合绩效评价，评价项目任务完成情况，以及经费管理使用情况。

第三十条 综合绩效评价结论分为优秀、合格、不合格，其中综合绩效评价合格及以上的通过验收；综合绩效评价不合格的不通过验收。

凡具有下列情况之一的，为不通过验收：

（一）所提供的验收文件、资料、数据不真实的，或不配合验收工作的；

（二）未按相关要求报批重大调整事项的，或未经批准擅自修改项目任务书确定的目标和任务，或未经批准转包、分包科研任务的；

（三）抄袭、剽窃、侵占、篡改他人科学技术成果，或编造科学技术成果，或侵犯他人知识产权等；

（四）违反科技伦理规范，或未按规定进行科技伦理审查并监督执行的；

（五）截留、挤占、挪用、套取、转移、私分财政科研资金的；

（六）项目执行过程存在其他严重违规违纪行为的。

第三十一条 项目验收结论及成果除有保密要求外，应及时向社会公示，并由省科技厅下达给项目负责人和承担单位。未通过验收的，可在接到通知3个月内，针对存在的问题做出相应改进，再次提出验收申请，仍未合格的，按不通过验收处理。未通过验收的项目，收回结余资金。项目承担单位和项目负责人因主观过错，导致未通过验收或不参加验收的，纳入科研失信行为记录。

第三十二条 对探索性强、失败风险高或因不可抗力因素导致不能完成目标任务的项目，原始记录证明项目负责人已经履行了勤勉尽责义务的，可申请结题，已结题的项目不再进行综合绩效评价。

第三十三条 项目形成的研究成果,包括专利、专著、论文、样机、样品等,应进行科技成果登记,根据项目任务书要求,标注"湖南省科技创新计划资助"字样及项目编号,英文标注:"The science and technology innovation Program of Hunan Province"。标注的成果作为项目验收的重要依据。

第三十四条 项目形成的知识产权的归属、使用和转移,按照国家知识产权法律、法规执行。相关单位应事先签署正式协议,约定成果和知识产权的归属及权益分配。

第三十五条 依法取得知识产权的单位应当积极应用和有序扩散项目成果,促进技术交易和成果转化,并落实支持成果转化的科研人员激励政策。

第三十六条 对涉及秘密的项目及取得的科技成果,按照有关规定进行密级评定、确认和保密管理。

第八章 监督管理

第三十七条 建立公众参与监督的工作机制。加大项目立项、验收、专家选用等信息公开力度,主动接受公众和舆论监督,听取意见,推动和改进相关工作。收到投诉举报的,应当按有关规定登记、分类处理和反馈;投诉举报事项不在权限范围内的,应按有关规定移交相关部门和地方处理。

项目承担单位应当在单位内部公开项目立项、主要研究人员、科研资金使用、项目合作单位、大型仪器设备购置以及研究成果情况等信息,加强内部监督。

第三十八条 实施"双随机一公开"监管制度,加强计划管理和项目监督,监督的主要内容包括但不限于以下方面:

(一)专业机构管理工作的科学性、规范性,及其在项目管理过程中的履职尽责情况;

(二)专家在项目评审、咨询、验收、评估等工作中的履职尽责情况;

(三)项目承担单位法人主体责任制落实情况、项目执行情况及资金的管理使用情况;

(四)科研人员在项目申报、实施和资金管理使用中的科研诚信和履职尽责情况。

第三十九条 监督检查应当在不影响项目承担单位正常科研活动的情况下开展,避免在同一年度对同一项目重复检查、多头检查。自由探索类基础研究类项目和实施周期3年以下(不含3年)的项目以承担单位自我管理为主,一般不开展过程检查。

第四十条 项目管理中存在违规行为的,按照有关规定给予相应处理,处理结果应当以适当方式向社会公布,并纳入科研信用记录。有严重违法、违纪行为的,依法依规移送相关部门严肃处理。

第四十一条 建立健全档案管理制度。各级项目组织和管理的责任主体应做好项目管理过程中形成的纸质档案和电子档案资料的收集和管理工作,存档备查。

第九章 附则

第四十二条 涉及专项资金使用、管理等事项,按照专项资金相关管理办法及有关规定执行。

第四十三条 各类科技创新计划可依据本办法制定管理办法或实施细则。

第四十四条 本办法自2020年11月1日起施行,有效期5年。2016年12月16日湖南省科学技术厅发布的《湖南省科技计划项目管理办法》(湘科〔2016〕107号)同时废止。

关于印发《湖南省科技创新计划项目验收管理工作规范》的通知

(湘科计〔2020〕29号)

各市州科技局，厅机关各处室，厅属各单位，各有关项目承担单位：

现将《湖南省科技创新计划项目验收管理工作规范》印发给你们，请遵照执行。

湖南省科学技术厅

2020年9月3日

湖南省科技创新计划项目验收管理工作规范

为进一步加强和规范湖南省科技创新计划项目验收管理工作，根据《关于深化项目评审、人才评价、机构评估改革的意见》（中办发〔2018〕37号）、《关于优化科研管理提升科研绩效若干措施的通知》（国发〔2018〕25号）、《国家重点研发计划项目综合绩效评价工作规范（试行）》（国科办资〔2018〕107号）、《中央财政科技计划（专项、基金等）绩效评估规范（试行）》（国科发监〔2020〕165号）、《关于完善省级科研项目资金管理激发创新活力的若干政策措施》（湘办发〔2017〕9号）、《湖南省科技计划（专项、基金等）科研诚信管理办法》（湘科发〔2018〕172号）、《湖南省创新型省份建设专项资金管理办法》（湘财教〔2019〕22号）和《湖南省科技创新计划项目管理办法》（湘科发〔2020〕69号）等要求，特制定本工作规范。

一、总体要求

1. 省科技创新计划项目（以下统称"项目"）验收采取一次性综合绩效评价的方式组织，经批准立项目任务书约定验收的，均应按约定时间及内容，通过"湖南省科技管理信息系统公共服务平台"（以下简称"科管系统"）按期完成综合绩效评价。奖励性后补助等任务书另有约定不需验收的项目除外。

2. 省科技厅监督与诚信部门牵头负责项目验收管理工作，原则上由项目管理专业机构（以下统称"专业机构"）根据工作职责独立组织实施综合绩效评价，也可根据工作需要委托市州科技局或项目依托单位组织实施。项目推荐单位配合专业机构开展项目综合绩效评价工作。

3. 项目牵头单位和参与单位（以下统称"承担单位"）对本单位科研成果管理负主体责任，要组织对本单位科研人员的成果进行真实性审查，并按照分类分级管理的原则，对科研档案的完整性、准确性、系统性进行审查。项目牵头单位参照本规范，组织课题绩效评价并对评价结论负责。项目（课题）负责人要对本项目或课题的相关成果进行审核把关，检查科技报告完成情况和科技成果填报情况。

二、受理与审查

4. 科管系统于项目执行期满前3个月，将其调整为待验收状态，并自动通知承担单位和负责人启动验收程序。承担单位应在执行期届满3个月内，通过科管系统填写综合绩效评价内容，上传执行期内任务书约定的佐证材料（附件1、附件2），其中约定提交科技报告的需提交后方能填写综合绩效评价内容。

5. 专业机构及时受理项目综合绩效评价申请，并对以下内容进行形式审查：

（1）资料的完整性、合规性，所填内容是否与佐证材料相互对应且互为支撑，佐证材料是否具备效力；

（2）科技报告撰写是否规范，科技成果汇交信息是否完整，专利证书、技术标准、产品鉴定证书等证照是否属实；

（3）财务凭证的完整性、合理性、合规性。

不符合形式审查要求，或科技报告审查不合格的不予受理，并一次性告知原因及补充完善事项。

自承担单位提交综合绩效评价资料10个工作日内，专业机构应完成形式审查并受理，或反馈不受理意见。

三、验收评价内容

6. 综合绩效评价内容包括项目研究任务执行和资金管理使用情况。项目研究任务执行方面，重点对目标和考核指标完成情况、研究成果的水平及创新性、成果示范推广及应用前景、项目组织管理和内部协作配合、人才培养等情况进行评价。资金管理使用方面，重点对资金到位与拨付情况、会计核算与资金使用情况、预算执行与调整等情况进行评议，在此基础上确定结余资金。

7. 综合绩效评价坚持分类评价原则，区分项目特点参照《湖南省科技创新计划综合绩效评价专家评分表》（附件3）分别设置评价指标分值权重，其中技术和产品开发类突出成果转化应用情况及其在解决经济社会发展关键问题、支撑引领行业产业发展中发挥的作用评价；基础研究与应用基础研究类突出对科研成果的质量和水平，增加"成果水平与创新性"指标权重；应用示范类项目，突出评价集成性、先进性、经济适用性、辐射带动作用及产生的经济社会效益，增加"成果转移转化与推广应用、经济和社会效益"指标权重。

四、验收评价方式

8. 项目综合绩效评价采用现场评价和书面评价方式，原则上财政支持经费100万元（含）以上的项目采取现场评价方式，其他项目采取书面评价方式。

9. 现场评价是指进驻承担单位，通过现场查看或测试、质询讨论等进行评议并形成评价意见。评价会议由专家组组长主持，会议程序通常包括：

（1）承担单位报告项目及课题执行情况；

（2）专家组织现场查看或测试、质询讨论；

（3）专家组开展讨论和评议，形成综合绩效评价意见。

10. 书面评价是指专家通过科管系统审阅综合绩效评价资料，对项目任务指标和绩效目标等完成情况进行评议并独立形成评价意见。书面评价可采取集中会议评议和通讯评议两种方式，必要时可针对项目执行情况开展现场核查，通讯评议方式不需专家组评价意见。

11. 财政支持经费100万元（含）以上的项目需组织财务审计，由项目承担单位按程序委派会计师事务所独立开展审计，其中500万元（含）以上项目由专业机构委派会计师事务所开展审计。

项目推荐单位为高等学校的，可由其内部审计机构开展审计。

专业机构负责财务核查，对财务审计的依据充分性、结论可靠性、工作质量及重大违规问题披露等进行核查。

五、验收评价组织

12. 专业机构负责制定综合绩效评价工作方案，确定项目评价方式、时间安排等，报监督与诚信部门备案后实施。综合绩效评价时一般应邀请项目主管部门（省科技厅内设机构）和推荐单位参加。

专业机构结合项目综合绩效评价受理情况，原则上每季度可以组织一次以上综合绩效评价，自受理后3个月内完成综合绩效评价。集中评议需安排会议汇报的，原则上每天每组评议项目数量不超过20项。综合绩效评价资料一般应于评价前提交专家查阅。

13. 专业机构从科管系统专家库中抽取不少于3名专家组成综合绩效评价专家组，相关技术领域专家不少于三分之二，财务专家不少于1人。专家组组长由专家组成员推荐产生。

专家实行回避制度和诚信承诺，优先邀请项目立项评审和中期评估的专家。现场评价和集中会议评议专家提前向社会公示，通讯评议专家评价后3个工作日公布。

14. 专家评议坚持"客观公正、注重质量、鼓励创新、宽容失败"的原则，以任务书约定内容和综合绩效评价资料为依据，在审阅资料、听取汇报、现场查看和质询等基础上，对照评分表进行独立评价，需形成专家组意见的，由专家组组长汇总形成综合绩效评价意见（附件4）。

六、验收评价结论

15. 项目综合绩效评价结论分为优秀、合格、不合格，分数90分（含）以上的评定为优秀，评定为优秀的项目比例不超过同年度同类别项目的15%；分数90分（不含）以下、60分（含）以上的评定为合格；分数60分以下的评定为不合格。

评定为不合格的，项目承担单位自收到通知之日起3个月内进行整改，待整改完成后提出申请，仍未合格的按不合格处理。整改项目不得评定为优秀。

16. 综合绩效评价结论合格及以上的通过验收；综合绩效评价不合格的不通过验收。凡具有下列情况之一的，为不通过验收：

（1）所提供的验收文件、资料、数据不真实的，或不配合验收工作；

（2）未按相关要求报批重大调整事项的，或未经批准擅自修改任务书确定的目标和任务，或未经批准转包、分包科研任务；

（3）截留、挤占、挪用、套取、转移、私分财政科研资金；

（4）违反科技伦理规范，或未按规定进行科技伦理审查并监督执行；

（5）抄袭、剽窃、侵占、篡改他人科学技术成果，或编造科学技术成果，或侵犯他人知识产权等；

（6）项目执行过程存在其他严重违规违纪行为。

17. 专业机构依据专家绩效评价意见，提出项目绩效评价结论，汇总每类项目绩效产出情况，形成综合绩效评价报告，报监督与诚信部门审核，其中财政支持经费500万元（含）以上的重大科技项目报厅党组审定。

监督与诚信部门采取随机抽查等方式，对专业机构和委托评价单位组织开展的综合绩效评价工作情况进行监督检查。

七、验收结果运用

18. 综合绩效评价优秀的，项目承担单位相应提升科研诚信等级，申报项目时同等条件下优先立项支持，执行项目过程减少监督检查频次。有明确应用要求的，专业机构在项目综合绩效评价后2年内组织对成果应用情况的现场抽查和评估。

综合绩效评价不合格的，以及"项目资金管理与使用评价"指标为0分的项目，按规定收回结余专项资金或取消后补助资金。项目承担单位和负责人因主观原因致使综合绩效评价不合格的，纳入严重科研失信行为记录进行惩戒。

19. 项目综合绩效评价实行公示制度，评价结论审定后通过厅官网和科管系统进行公示，信息包括：项目名称、承担单位、参与单位、项目负责人、主要完成人员及评价结果等，公开时间为5个工作日。

对综合绩效评价结论有异议的申诉申请或投诉举报，2个月内核查并答复，必要时可组织专家进行复核。

20. 项目综合绩效评价结论公示无异议的，专业机构通过科管系统向推荐单位反馈结论，并按照厅档案管理办法和科研档案管理相关要求做好归档工作。

综合绩效评价结论优秀和合格的项目，科管系统自动生成证书，承担单位可自行下载。需留存《科技报告收录证书》和《科学技术研究成果登记证书》的，承担单位可向专业机构提出申请，由专业机构在5个工作日内分别制发并寄送。

21. 通过验收项目的结余资金，留归承担单位2年（自评价结论下达后次年的1月1日起计算）内统筹用于本单位科研活动的直接支出。2年后结余资金仍未使用完的部分，专业机构负责督促承担单位按规定上缴国库，逾期不上缴的按照法律途径追缴。

八、验收责任与监督

22. 项目提前6个月内申请验收的，承担单位不需提出书面申请，可按程序直接参加综合绩效评价。项目执行期过半，提前6个月以上申请验收的，经项目推荐单位审核提出意见后报省科技厅审核。

项目需要延期的，承担单位原则上应于项目执行期满前3个月内提出延期申请。项目延期一般只能申请一次，延期时间不超过一年。

23. 项目验收工作全过程按照《湖南省科技创新计划（专项、基金等）科研诚信管理办法》，对各参与责任主体进行科研诚信管理，涉及失信行为的责任主体，由专业机构提出处理意见，并报监督与诚信部门按程序纳入科研诚信管理。

项目执行期满前3个月内未提出延期申请，或执行期届满6个月后未填报综合绩效评价材料的，或因违法违规违纪行为未通过验收的，科管系统自动将承担单位和负责人纳入严重科研失信行为记录，项目主管部门按终止程序处理并收回资金。

24. 验收工作经费列年度预算开支，包括差旅费和专家咨询费等；财务审计费用列项目专项经费的"其他支出"科目开支；委托其他单位组织综合绩效评价的，应保障其相应工作经费。

25. 专业机构组织实施验收工作情况，处室主管项目的综合绩效评价合格率纳入年度绩效考核，列为年度评先评优的重要依据。

26. 项目主管部门有责任配合并督促项目承担单位参加验收，监督与诚信部门、纪检部门加强对专业机构的指导和监管，并全程接受驻厅纪检监察组监督。

27. 项目验收组织实施过程中发生严重违反工作规范，以及滥用职权、玩忽职守、徇私舞弊等违纪违法行为的，一经查实，视情节严重分别给予党纪政纪处理，涉嫌违法犯罪的，移送司法机关严肃查处。

28. 涉密项目不依托科管系统开展综合绩效评价。自然科学基金、创新平台、科技人才（团队）等，以及未纳入科管系统管理的项目验收，参照本规范执行。

九、附则

29. 本规范自 2020 年 11 月 1 日起施行，有效期 5 年。

附件 1

湖南省科技创新计划项目综合绩效评价提交材料清单

项目承担单位对照任务书约定的绩效考核目标及验收成果形式，通过系统提交项目执行期内的下列相关材料：

1. 科研诚信承诺书；
2. 项目综合绩效评价报告及课题综合绩效评价结论；
3. 项目实施过程中实验、测试、会议等科研活动记录清单，以及数据、图表等归档证明或存档清单；
4. 项目产出科研成果的清单及其复印件，包括专利证书、技术标准、产品鉴定证书、新药证书、审（认）定的品种（系）证书、软件产品登记与著作权登记证书、专著和核心刊物发表的论文等；
5. 成果技术水平与创新性证明材料，国际或国内同行评议材料，相关技术指标的第三方检测报告或用户使用报告；
6. 成果转移转化与推广应用，区域或国际科技合作，技术合同及其他成效证明材料；
7. 项目取得的有关经济社会效益证明材料，如项目产品销售明细账、纳税证明、用户意见反馈等；
8. 经费使用相关凭证：

（1）100 万元以下项目：项目承担单位财务部门出具的《湖南省科技计划项目经费使用决算表》，项目资金支出明细账；财政资金单笔 1 万元以上开支的记账凭证，审批手续、供货合同或协议，设备或物资明细、发票、银行转账凭证、入库或物流单等财务原始凭证复印件。

（2）100 万元（含）以上项目需提供财务审计报告。

上述材料，需加盖单位公章后彩色扫描。

附件 2

湖南省科技创新计划项目综合绩效评价报告（提纲）

一、项目实施情况

1. 项目总体实施情况

对照项目任务书的目标和各项主要考核指标，阐明项目总体进展情况，项目实施、重要产出和成果等对专项整体进展、完成专项目标的贡献。

2. 项目重要调整情况

对项目主要研究内容和考核指标调整、项目牵头单位／课题承担单位／课题参与单位变更、项目／课题负责人变更、项目骨干变更、项目（课题）执行期变更等调整情况进行说明（如无调整此项可不写）。

3. 监督检查管理情况

执行期内绩效评价、中期评估、专项审计或财务核查等存在问题及整改实施情况。

二、绩效自评

1. 产出成果水平与创新性

突出阐述产生的标志性成果、研究重要突破，项目的亮点、创新点，包括形成的专利、品种、产品、装备、标准、技术规范、规程、模式等知识产权，国际国内同行评议情况，以及国际标准、国家标准、行业标准等研制完成情况。

2. 成果转移转化与推广应用

项目产生成果的合作交流、转移转化和示范推广情况，人才、专利、技术标准等在项目中的实施情况等。

3. 经济社会效益

重点阐明项目研究对学科／行业产生的重要影响，所产生的经济、社会和生态效益情况，以及对促进本地区、本行业、本产业经济或社会发展的作用。

三、组织管理

1. 人员投入使用情况

对照项目任务书阐述项目的人员投入情况。

2. 项目组织管理情况

阐述项目内部管理机构和管理制度建立、运行情况和效果，以及项目牵头单位组织课题间交流、检查评估等方面的管理情况。

3. 课题间协作情况

阐述项目参与重点专项的相关管理活动，项目间资源与数据共享、协作研发以及成果转化应用情况，具有创新链上下游关系或关联性较强的相关项目实施中协调联动情况等。

4. 组织实施风险及应对情况

阐述项目在组织实施过程中，面对外部政策、组织管理、研发变化和知识产权等方面的风险以及应对措施。

5. 资金投入、拨付与支出情况

项目资金（包括专项资金、单位自筹资金和其他来源资金等）到位、拨付、调整、支出和资金使用监督管理情况等。

四、组织实施中的重大问题及建议

五、项目任务书中有特殊约定或其他需要说明的事项

附件 3

湖南省科技创新计划综合绩效评价专家评分表（技术和产品开发类项目样表）

重点专项名称			
项目编号		项目名称	
项目负责人		项目牵头单位	
一级评价指标	二级评价指标	评价标准	得 分
绩效目标完成评价（70分）	主要研究内容（20分）	任务书约定主要研究内容完成率100%（20分），完成率80%以上（10~19分），完成率60%以上（5~9分），完成率不足60%（0分）	
	成果水平与创新性（20分）	任务书技术指标全部完成（10分）；主要指标完成，个别非关键指标未完成（6~9分）；1项以上关键指标未完成，"成果水平与创新性"指标为0分	
		成果产出技术水平与创新性或同行评议属国际先进水平（10分）；国内先进，接近国际水平（5~9分）；国内领先（1~4分）	
	成果转移转化与推广应用（15分）	设立专门部门安排人员组织成果转化，开展，研究成果的合作交流、转移转化和示范推广情况，开展技术交易合同（1~5分）	
		专利、技术标准等知识产权已转化（8~10分），目前未转化，但有较好前景（5~7分），部分成果难以转化（1~4分）	
		说明：成果难以转化的"成果转移转化与推广应用"指标为0分	
	经济和社会效益指标（15分）	任务书经济和社会效益指标完成率100%（15分），完成率80%以上（11~14分），完成率60%以上（7~10分），完成率不足60%为0分	
		说明：经济和社会效益指标为主要考核指标，且完成率不足30%的，"绩效目标完成评价"为0分	
项目组织管理评价（10分）	牵头单位法人责任制落实（3分）	项目牵头单位法人责任落实到位，健全内控制度，严格执行变更事项审批程序，开展科研诚信教育等制度（1~3分）	
	任务书约定内容执行（3分）	技术路线、研究团队等变更履行内部审批程序（3分），未严格履行（1~2分）	
	项目单位和课题间组织协同情况（2分）	项目负责人（首席专家）统筹组织，参与单位与课题间交流、研发协同密切（2分），偶尔有合作（1分），未见实质性开展研究合作（0分）	
	项目主管部门管理情况（2分）	执行期内绩效评价、中期评估、专项审计、监督检查等存有问题整改到位的（2分），基本整改到位（1分）	

续表

一级评价指标	二级评价指标	评价标准	得 分
项目组织管理评价（10分）		说明：1.如擅自修改研究任务技术指标、考核指标，"项目组织管理评价"指标为0分；2.执行期内绩效评价、中期评估、专项审计、监督检查等存有问题未整改的，"项目组织管理评价"指标为0分	
项目资金管理与使用评价（20分）	资金到位和拨付情况（5分）	任务书签订且专项资金到位后，拨付项目组课题单位时间1个月内（2分），3个月内（1分），3个月以上（0分）	
		自筹经费到位率80%~100%（2~3分），不足80%"资金到位和拨付情况"指标为0分	
	会计核算和资金使用情况（10分）	开支范围和标准与研究任务相符，支出合理（1~5分）	
		会计独立核算且规范，财务档案管理规范（1~5分）	
		说明：如未独立核算"会计核算和资金使用情况"指标为0分	
	预算执行与调整情况（5分）	预算调整履行内部审批程序（1~2分），如未履行审批程序"预算执行与调整情况"指标为0分	
		经费预算执行率80%以上（3），60%以上（1~2），60%以下（0分）	
		说明：如项目已组织财务核查，则根据财务核查分值的20%进行换算	
总 分		100	

意见及建议：

签　名：

附件 4

湖南省科技创新计划综合绩效评价意见表

项目编号	
项目名称	
项目承担单位	
项目负责人	
综合绩效评价意见	

湖南省科技厅 *** 组织有关专家，于 20×× 年 ×× 月 ×× 日在 ×× 对 ***（项目编号）进行了会议综合绩效评价。综合绩效评价专家组认真听取了项目牵头承担单位及负责人的汇报，审阅了有关资料，经过质疑和充分讨论，形成如下综合绩效评价绩效评价意见（意见内容不做格式要求，但要求涵盖以下内容）：

一、重要项目研究任务及考核指标完成情况、成果转化推广及应用前景。

二、研究成果的水平及创新性，突出强调产生的标志性成果、研究重要突破，项目的亮点、创新点，包括形成的专利、品种、产品、装备、标准、技术规范、规程、模式，以及国际标准、国家标准、行业标准等研制完成情况。

三、成果转移转化与推广应用，项目产生成果的合作交流、转移转化和示范推广情况，人才、专利、技术标准等在项目中的实施情况等。

四、经济社会效益，重点阐明项目研究对学科/行业产生的重要影响，所产生的经济、社会和生态效益情况，以及对促进本地区、本行业、本产业经济或社会发展的作用。

五、经费管理及使用情况，或财务核查意见。

六、项目组织管理情况及后续实施建议。

综合专家评价，综合绩效评价平均得分 **，建议综合绩效评价结论为 ××。

专家组组长（签名）：
成员（签名）：
年 月 日

印发《关于进一步深化科研院所改革推动创新驱动发展的实施意见》的通知

(湘科发〔2020〕71号)

各市州、县市区党委组织部、编办和科技局、发改委、财政局、人力资源社会保障局，省直有关部门和科研院所：

深化科研院所改革、推动科研机构创新发展，是深入贯彻落实党中央创新驱动发展战略的内在要求，是建设创新型省份和推动高质量发展的重要举措，也是落实长株潭国家自主创新示范区建设"三区一极"战略目标的必然选择。《关于进一步深化科研院所改革推动创新驱动发展的实施意见》已经中共湖南省委全面深化改革委员会第六次会议审议同意，现印发给你们，请抓好组织实施。现将有关事项通知如下：

一、以习近平新时代中国特色社会主义思想为指引，在真抓实干中彰显担当作为

认真贯彻党的十九届四中全会精神，真正做到用习近平新时代中国特色社会主义思想为指引，指导实践，努力推动科研院所改革，自觉把科研院所改革工作放到创新型省份建设、高质量发展的大局中去谋划，加强协同创新和体系化布局，为建成创新型国家展现担当作为，提供强劲动能。

二、以激发科研院所和科研人员积极性创造性为核心，狠抓重点任务落实落地

各市州、县市区人民政府、省直有关部门要坚持分类指导，各科研院所要承担改革主体责任，共同落实各项改革任务。省直有关部门要切实理顺部门主管关系，解决转制类科研院所历史遗留问题，完善分配制度，加快发展新型研发机构，加强督导调度。

三、以深化科技体制机制改革为动力，加快有湖南特色的创新体系建设

要遵循规律、问题导向、系统设计、分类施策，切实解决转制类科研院所历史遗留问题。要进一步解放思想，大胆先行先试，逐步推广，强化激励，加快推进新一轮改革，打造一批"对接产业、要素集聚、开放共享"的科技创新平台，建设一批"功能强、组织新、机制活"的新型研发机构，培育一批"技术水平高、成长速度快、带动能力强"的创新型企业，成为湖南区域创新的重要力量。

湖南省科学技术厅　中共湖南省委组织部
中共湖南省委机构编制委员会办公室　湖南省发展和改革委员会
湖南省财政厅　湖南省人力资源和社会保障厅
2020年11月12日

关于进一步深化科研院所改革推动创新驱动发展的实施意见

为深入贯彻中央全面深化科技体制改革要求，落实省委、省政府创新引领开放崛起战略部署，进一步深化我省科研院所改革，激发创新主体活力，推动创新驱动发展，提出如下实施意见。

一、总体要求

（一）指导思想。全面贯彻党的十九大精神，以习近平新时代中国特色社会主义思想为指导，以激发科研院所和科研人员的积极性创造性为核心，以深化科技体制机制改革为动力，系统设计、分类指导、先行先试、逐步推广，深化科研院所改革，推动科研机构创新发展，充分释放人才、技术、资金等要素活力，加快有湖南特色的创新体系建设，为我省实施创新引领开放崛起战略、推动创新型省份建设和高质量发展提供有力支撑。

（二）基本原则。一是遵循规律。根据科学技术活动特点，把握好科学研究的探索发现规律和技术创新的市场规律，勇于突破、大胆创新，建立相适应的运行管理体制机制，增强科研院所创新创业活力。二是问题导向。找准制约科研院所创新发展的主要体制机制障碍，精准精细研究改革政策措施，提高改革的质量和效益。三是强化激励。完善科技创新人才政策和激励机制，推进科研人员创新劳动与其利益收入对接，激发科技人员创新创造活力。四是分类施策。根据基础前沿技术研究、公益性研究、技术开发等不同类型科研院所的目标定位和主要任务，有针对性地制定改革举措，有序推进。

（三）主要目标。到2021年4月底前，制定出台相关政策措施，在部分科研院所开展改革试点；到2021年底前，科研院所深化改革工作全面铺开，基本解决转制类科研院所改革不到位问题；到2025年，力争建立起更加合理的分类定位、分类管理体制机制，形成较为完善的激励政策体系，基本确立现代科研院所制度和现代企业制度，科研院所和科研人员的创新创造动力充分释放，打造一批"对接产业、要素集聚、开放共享"的科技创新平台，建设一批"功能强、组织新、机制活"的新型研发机构，培育一批"技术水平高、成长速度快、带动能力强"的创新型企业，成为湖南区域创新的重要力量。

二、重点任务

（一）明确发展定位，优化管理体制机制。

1. 理顺部门主管关系。按照人、财、物与权、责、利相统一的原则，对接新时代产业发展需要，优化机构设置，理顺科研院所与主管部门关系，统筹规划、稳妥推动，将科研院所人、财、物的上级管理权限统一调整至其行业主管（监管）部门，解决多头管理问题，提高管理效能。转制类科研机构理顺主管部门关系后，按照企业国有资产管理体制和法规规范管理。

2. 推动公益类科研院所实行章程管理。研究制定省级科研事业单位章程制定工作的指导意见。探索推进去行政化管理，推动公益类科研院所实行"一院（所）一章程"和依章程管理，明确单位的性质、财政拨款方式、宗旨目标、功能定位、业务范围、领导体制、决策机制、监督机制等，赋予和扩大科研院所在岗位设置、人员聘用、职称评定、绩效工资分配等方面的法人自主权。科研院所在章程规定的职能范围内，根据国家战略需求、行业发展需要和科技发展趋势，按照精简、效能的原则，在核定的内设机构和职数总额内，可自主设置、变更和取消单位的内设机构。

3. 引导转制类科研院所积极发展混合所有制。推动转制类科研院所深化市场化改革，进一步完善出资人管理体制和企业化运作机制,积极引入各类投资者实现股权多元化,根据实际情况进行股份制改造,符合条件的可实施员工持股。加强党的领导,构建以规范的党委会、董事会、经理层、监事会和职工代表大会为重点的法人治理结构,建立中国特色现代国有企业制度。转制类科研院所及所投资的科技企业可按规定实行股权和分红激励。

4. 破解转制类科研院所改革不到位问题。研究制定省属转制类科研院所历史遗留问题处理政策意见,明确相关转制政策内涵、适用范围和执行标准,完善配套政策及操作细则,加快推动身份性质、退休待遇、单位载体等历史遗留问题妥善解决。优化"事业费"管理使用机制,明确适用对象、适用程序、管理机制等内容,可用于统筹解决符合政策的转制离退休人员遗留问题。

5. 促进中央在湘科研院所成果就地转化。建立科技成果就地转化机制,支持中央在湘科研院所积极申请国家重大项目在湘落地。建立创新平台共建共享机制,支持中央在湘科研院所承担我省经济社会发展中重大科研任务,促进行业共性及关键技术的开发应用。建立联系服务机制,加强联系服务,落实和完善支持政策,组织开展中央在湘科研院所对接交流活动,实现供需对接、信息互通、资源共享。

6. 加快扶持新型研发机构发展。研究制定扶持新型研发机构发展管理办法,明确新型研发机构功能定位、基本条件、认定管理、扶持办法等内容,引导支持企业、省内外高校、科研院所和地方政府等多方投资主体共建新型研发机构,鼓励科研院所组建产业技术研究院、大型骨干企业组建企业研究院等新型研发机构,在能力建设、研发投入、人才引进、科研仪器设备配套等方面给予支持。新型研发机构在申报、承担各级科技计划项目时,与科研事业单位同等对待。支持新型研发机构参与重点实验室、工程实验室、工程技术(研究)中心等创新平台建设。

(二)完善激励政策,激发科研人员创新创业活力。

7. 扩大科研院所选人用人自主权。公益类科研院所在核定的编制和职数范围内,自主制定和执行人员配备、新进人员计划,自主组织公开招聘,对急需紧缺的高层次人才、专业人才、具有博士学位或高级职称的优秀青年人才,可采取直接考核的方式公开招聘,招聘方案及结果按程序报事业单位人事综合管理部门审核备案。推动公益类科研院所合理设置和使用特设岗位,根据事业发展特殊需要引进急需紧缺的高层次创新人才。允许科研院所通过设置创新型岗位和流动性岗位,引进优秀人才从事创新活动。科学设立人才评价指标,突出品德、能力、业绩导向,克服唯论文、唯职称、唯学历、唯奖项倾向。在人才提拔上,对特别优秀或工作特殊需要的,经组织审批可以适当放宽任职年限的限制,建立以科研业绩为主要评价指标的评价机制。推动建立首席专家(首席科学家)制度,赋予首席专家(首席科学家)对团队成员考核评价、收入分配的决定权以及解聘、续聘的建议权。赋予创新领军人才更大科研自主权,科研项目负责人可根据有关规定自主调整研究方案和技术路线,自主组织科研团队。

8. 改革考核评价制度。科研院所要制定中长期发展目标和规划,明确绩效目标及指标。根据公益类科研院所科研活动类型,分类建立相应的评价指标和评价方式,建立以5年为评价周期的综合评价与年度抽查评价相结合的中长期绩效评价制度,评价结果作为科技创新政策规划制定、项目承担、人才推荐、平台建设、科研事业单位领导人员考核评价、人事管理、绩效工资总量核定等方面的重要依据。简化科研项目管理流程,科研项目实施期间实行"里程碑"式管理,减少各类过程性评估、检查、抽查、审计等,营造潜心研究的环境。根据转制类科研院所的功能定位和发展需要,有区别地考核经营业绩指标和国有资产保值增值情况,重点考核技术创新、成果转化、服务质量、成本控制、营运效率等业绩，作为领导班子建设和领导人员选拔任用、激励表彰的重要依据。改革科技人才评价制度，建立健全以科研诚信为基础，以创新能力、质量、贡献、绩效为导向的科技人才评价体系。对主要从事基础研究的人才，着重评价其提出和解决重大科学问题的原创能力、成果的科学价值、学术水平和影响等。对主要从事应用研究和技术开发的人才，着重评价其技术创新与集成能力、取得的自主知识产权和重大技术突破、成果转化、对产业发展的实际贡献等。对从事社会公益研究、科技管理服务和实验技术的人才，重在评价考核工作绩效，引导其提高服务水平和技术支持能力。

9. 提高科研人员薪酬待遇。不断加大财政科技投入并形成合理增长机制，对主要开展公益性研究、提供公益性服务的公益一类科研院所，应保障科研院所基本运行经费和人员经费。加强人才引进和培育，长株潭国家自主创新示范区内的高等院校、研究开发机构可以自主公开招聘高层次人才和具有创新实践成果的科研人员。对高等院校、研究开发机构等单位急需紧缺的高层次人才，可以采取特设岗位方式引进，实行协议工资、项目工资或者年薪制，所需特殊薪酬单列，不受单位原核定绩效工资总量限制；长株潭国家自主创新示范区外的高等院校、研究开发机构经省人民政府确定参照执行。科研人员在履行好岗位职责、完成本职工作的前提下，经所在单位同意，可以到企业和其他科研机构、高校、社会组织等兼职并取得合法报酬。落实国家有关科研人员离岗创业的政策，鼓励科研人员创新创业。

10. 完善职称评聘机制。在部分有条件的科研院所开展职称自主评审试点。已转制为企业、不再实行岗位管理的科研院所实行职称评聘分离，取得专业技术资格人员实行岗位聘任制和聘用任期制，工资福利待遇以岗定薪、岗变薪变。实行岗位管理的科研院所无空余岗位时，对国家及省部级人才或者具有特殊贡献的人才，可申请单列评审职数。

11. 落实科技成果转化收益分配比例规定。推动各科研院所建立完善科技成果转化资金管理及收益分配细则，科研人员（包括担任领导职务的科研人员）职务科技成果转化收益（入股股权），按不低于50%的比例划归成果完成人及其团队所有，其余部分统筹用于科研、知识产权管理及相关技术转移工作。

12. 建立创新尽职免责机制。鼓励先行先试，对科技体制改革和科技创新过程中出现的偏差失误，只要不违反党的纪律和国家法律法规，符合国家大政方针政策和决策程序，勤勉尽责、未谋私利的，不作负面评价并免除相关责任或从轻、减轻处理；通过省技术产权交易市场挂牌交易的，免除因后续价值变化产生的决策责任。

（三）整合创新资源，加快发展新型研发机构。

13. 探索公益类科研院所转型为新型研发机构。探索依托公益类科研院所转型发展为新型研发机构，在保留其公益属性的基础上，赋予其灵活的体制机制开展科技研发、技术服务、成果转化与产业化、科技企业孵化、科技金融结合、高端人才引进培养等活动。

14. 建设湖南省产业技术研究平台。依托具备一定基础条件的现有省属科研院所，建设湖南省产业技术研究平台，创新体制机制，着力先行先试，吸纳高校、科研院所和企业等创新主体以加盟方式参与产业核心技术、共性关键技术和重大战略性前瞻性技术的研究与开发，建成需求引导、多元共建、统分结合、体系开放、接轨国际、水平一流的新型研发机制。

（四）服务对接产业，推动院所科技成果转化。

15. 引导国内外科研机构科技成果在湘转化。引导支持中央在湘科研院所和其他国内外科研机构承接建设国家重大创新工程、重大科学装置、重大科技项目等，与省内科研院所、高等学校、企业联合实施科技成果转化，服务地方发展。

16.规划建设科研院所成果转化基地。依托国家级高新园区建设科研院所成果转化基地，破解科研院所、新型研发机构等发展空间受限问题，为科技成果开发、中试、应用、推广等活动提供服务，对入驻单位给予土地、资金、人才等相关政策支持。

17.建立科研院所与市州、县市区合作对接机制。引导市州、县市区与科研院所建立合作机制，每个市州、县市区选择1至2家科研院所或高等院校进行对接，依托科研院所的人才和创新资源为产业发展提供科技支撑。

三、工作保障

（一）加强组织领导。加强对科研院所深化改革的组织领导，建立统筹协调推进工作机制。省直相关部门加大政策扶持、业务指导力度。各科研院所主管（监管）部门要根据职能职责和责任分工，细化落实改革举措，形成具体工作方案。各科研院所承担改革主体责任，落实各项改革任务。

（二）做好投入保障。支持中央在湘科研院所成果就地转化，支持公益类科研院所开展创新服务，支持转制类科研院所深化改革，支持新建新型研发机构。完善省级科研项目资金管理机制，对应用基础研究、前沿技术研究和社会服务科研项目按政策给予稳定的科研经费支持，给予国家级、省级科研创新平台项目竞争性资金支持，实行科研基础设施和仪器设备开放共享后补助机制。

（三）抓好试点示范。各科研院所主管（监管）部门要抓紧研究提出科研院所改革试点工作时间表、路线图，条件成熟的可率先改革，暂不具备条件的允许过渡，不搞"一刀切"。按照分类试点原则，力争在科研人员持股、产权制度改革、分配激励机制等方面有所突破。

（四）强化工作落实。将科研院所深化改革工作纳入各相关责任部门年度任务。加大对深化科研院所改革工作的督促指导力度，建立健全督促落实和信息反馈工作机制，推动相关责任部门落实责任。健全考核机制，明确考核目标任务，形成齐抓共管、协同推动深化科研院所改革的良好氛围。

附件：重点任务职责分工表（略）

关于印发《湖南省科技型企业知识价值信用贷款风险补偿试点实施办法》的通知

(湘科计〔2020〕57号)

各市州科技、财政、金融、市场监督管理部门，人民银行各市州中心支行、各直管支行，各银保监分局，湘江新区管委会，各国家高新区管委会，岳麓山大科城管委会，马栏山（长沙）视频文创园管委会，有关金融机构：

现将《湖南省科技型企业知识价值信用贷款风险补偿试点实施办法》印发给你们，请认真贯彻执行。

附件：湖南省科技型企业知识价值信用贷款风险补偿试点实施办法

湖南省科学技术厅　湖南省财政厅
湖南省地方金融监督管理局　湖南省市场监督管理局
中国人民银行长沙中心支行　中国银行保险监督管理委员会湖南监管局
2020年12月26日

附件

湖南省科技型企业知识价值信用贷款风险补偿试点实施办法

第一章 总则

第一条 为贯彻落实《国务院办公厅关于推广第三批支持创新相关改革举措的通知》（国办发〔2020〕3号）、《湖南省人民政府关于推进全省产业园区高质量发展的实施意见》（湘政发〔2020〕13号）精神，引导金融服务创新创业，着力缓解科技型企业融资难问题，助力科技成果转化、产业化，打造具有核心竞争力的科技创新高地，根据《中共湖南省委全面依法治省委员会关于〈优化法制化营商环境的工作方案〉的通知》（湘法委发〔2020〕4号）部署和要求，现就开展科技型企业知识价值信用贷款风险补偿试点工作（以下简称"试点工作"）制定以下实施办法。

第二条 试点工作由湖南省科技厅、市州人民政府（湘江新区管委会）科技主管部门或省级以上园区管委会（以下简称"试点区域"）、合作银行三方协同联动，按照"政银合作、上下联动、风险分担、企业受益"的原则积极稳妥开展。

本办法所指的科技型企业知识价值信用贷款（以下简称"知识价值信用贷款"），是合作银行依据科技型企业知识价值信用贷款评价指标体系，结合银行自身贷款评价指标体系形成授信结果，并向科技型企业发放为期一年（含）以内的信用贷款（不包含不动产、准货币等资产抵押或第三方担保的贷款）。

本办法所指的湖南省科技型企业知识价值信用贷款评价指标体系（以下简称"指标体系"），是根据高新技术企业和科技型中小企业科创属性所设计的，涵盖研发投入、知识产权、科技人才等创新要素并给予不同赋值的评价体系，是合作银行开展知识价值信用贷款的重要依据，合作银行在授信过程中运用指标体系是其获得知识价值信用贷款风险补偿的必要条件。

本办法所指的科技型企业是已认定的高新技术企业和纳入国家科技型中小企业评价库的科技型中小企业。

本办法所指的代偿是银行发放知识价值信用贷款发生风险后，其损失的贷款本金部分由风险补偿资金替企业代为偿还。其中，省级风险补偿资金根据本办法应承担的代偿部分资金，由试点区域先行垫付，再按本办法规定程序后补。

第二章 组织与实施

第三条 由省科技厅、省财政厅、省地方金融监督管理局牵头，联合省市场监督管理局、中国人民银行长沙中心支行、中国银行保险监督管理委员会湖南监管局共同组成试点工作联席会议，统筹在各试点区域开展试点工作，其主要职责为：

（一）指导试点区域开展试点相关工作，并根据各自职责研究制定督促落实推进试点工作的相应措施；

（二）审定试点区域实施方案；

（三）审定试点工作年度计划、贷款风险补偿方案及年度工作报告；

（四）审定贷款风险补偿申请；

（五）商议其他未尽相关事项。

第四条 联席会议成员单位职责分工：

（一）省科技厅负责试点工作牵头组织和统筹协调等工作，会同省财政厅编制省级风险补偿资金安排总体计划，提出预算建议；

（二）省财政厅负责省级风险补偿资金预算管理，对资金安排进行程序性审核，会同省科技厅下达省级风险补偿资金并按规定拨付资金，负责组织实施财政监督检查等工作；

（三）省地方金融监督管理局、省市场监督管理局、中国人民银行长沙中心支行、中国银行保险监督管理委员会湖南监管局根据职能对试点工作进行业务指导，并建立健全支持推进试点工作相关政策体系。

第五条 联席会议下设试点工作办公室（以下简称"办公室"），办公室设在省科技厅，由省科技厅负责日常事务工作。其主要职责为：

（一）指导试点区域编制科技型企业知识价值信用贷款实施方案并报联席会议审定；

（二）确定试点区域，遴选合作银行；

（三）审定省科技厅、试点区域、合作银行签订的三方协议，并进行备案；

（四）编制并落实省级风险补偿资金预算方案；

（五）受理、初步审核试点区域的贷款风险补偿申请，报联席会议审定；

（六）建设知识价值信用贷款信息管理系统，加强与"中小微企业金融信息综合服务平台"信息共享与衔接；

（七）定期向联席会议报告知识价值信用贷款试点工作年度计划、年度实施情况等；

（八）落实联席会议交办的其他工作。

第三章 试点区域

第六条 试点工作首先在长株潭省级以上园区、岳麓山大学科技城开展，在试点基础上，逐步在我省有条件的其他市州、省级以上园区和创新型县市区推进。

第七条 试点区域应具备以下基本条件：

（一）须落实信用贷款风险补偿资金来源；

（二）须制定信用贷款风险补偿实施办法及细则，具有与银行开展相关业务的基础；

（三）须有意向试点的银行机构，且有一定数量的科技型企业。

第八条 试点区域相关职责：

（一）支持和规范合作银行对辖区内的科技型企业发放知识价值信用贷款；

（二）对合作银行提交的纳入知识价值信用贷款风险补偿范围贷款申请材料进行审核并确认，将结果报办公室备案，并反馈至合作银行；

（三）对合作银行提交的贷款风险补偿申请进行审核，并及时向办公室报备，完成贷款风险补偿（含省级风险补偿资金承担部分）；

（四）协助合作银行依法对发生风险的贷款进行追偿；

（五）定期或不定期向办公室报告试点工作情况；

（六）每半年向办公室提交本区域的省级贷款风险补偿申请情况报告。

第四章 合作银行

第九条 合作银行应具备以下基本条件：

（一）在湖南省境内注册或试点区域内设有分支机构的银行；

（二）自身实力较强，服务网点较多，构建了针对科技型企业的专属信贷审批和信用评价机制，在试点区域内有科技贷款专营机构和科技信贷专属产品的优先；

（三）资产状况良好，管理机制完善，具有较强的风险控制能力和较好的经营业绩，无重大违规违法行为。

第十条 合作银行相关职责：

（一）合作银行应实行专门的科技信贷准入标准、信贷审批机制、风险控制政策、独立考核奖励机制和业务协同政策，对科技型企业有较高的不良贷款风险容忍度且建立相关容错纠错机制；

（二）向科技型企业加大信贷资源倾斜力度，加大对科技型企业首贷、信用贷和续贷的支持力度；

（三）向符合条件的科技型企业发放贷款，利率加点幅度最高不超过放款日最近一期相应期限贷款市场报价利率（LPR）基础上加120个基点；贷款期限一般为1年（含1年）以内；

（四）合作银行建立知识价值信用贷款指标体系，其中科技型企业知识价值信用贷款评价体系占指标体系权重不低于45%；

（五）综合评审，简化贷款审批流程，降低贷款成本，提高贷款效率；

（六）贷款发放后，合作银行在与试点区域约定时间内向试点区域报送贷款及发生风险需代偿的数据；

（七）合作银行在贷款到期经催收后依然无法全部收回时，按照试点区域相关管理办法或协议约定，向试点区域提交贷款风险补偿申请；

（八）风险补偿资金先行代偿后，合作银行依法进行追偿。

第五章 贷款企业

第十一条 贷款企业为注册地在试点区域内的科技型企业，优先支持符合国家战略性新兴产业中的科技型企业。

第十二条 知识价值信用贷款的单户额度不超过500万元。

第十三条 贷款企业须符合合作银行的准入要求及相关业务的办理条件，且贷款必须用于本企业生产经营，不得用于转贷、委托贷款、国家产业政策中明令禁止和限制的行业或领域贷款。

第十四条 获得知识价值信用贷款的企业应当按合同还本付息，及时向试点区域及贷款银行报备重大事项变更情况。企业应严格遵守信用，其在知识价值信用贷款合同的信用情况将纳入科技诚信记录。

第六章 风险补偿资金

第十五条 省级风险补偿资金从创新型省份建设专项资金中安排，试点区域风险补偿资金由试点区域自行确定；具体金额在省科技厅、试点区域与合作银行的三方协议中明确。

第十六条 试点区域风险补偿资金原则上承担不超过贷款本金损失的40%，省级风险补偿资金与试点区域风险补偿资金按照同比例进行补偿。

第十七条 省级风险补偿资金按三方协议应承担部分，先期由试点区域进行垫付；半年或一年向试点区域拨付。

第十八条 在一个合作年度内，单家银行在单个试点区域累计不良率达到3%时，试点区域应立即向该银行提出风险警示；不良率达到5%的，试点区域应暂停受理该银行该区域知识价值信用贷款新增业务，并对前期运行效果予以全面评估，将评估结果报办公室，办公室与试点区域共同视评估结果决定是否重启受理该区域工作。对于已经受理的业务，风险补偿资金继续履行风险补偿责任。

第十九条 同一企业同笔贷款，风险补偿资金只补偿一次。

第二十条 经风险补偿资金代偿的企业，如采取债转股方式其股权收益或补偿的贷款本金收回或部分收回的，在扣除追偿费用及银行承担风险比例后，按照省级、试点区域所承担风险比例进行分配，作为风险补偿资金的补充。

第七章 风险补偿程序

第二十一条 合作银行向科技型企业发放知识价值信用贷款前，向试点区域或其指定管理机构提交《纳入知识价值信用贷款申请表》，经审核确认后纳入风险补偿范围，并报办公室备案。合作银行依据确认结果正式授信放款。

第二十二条 办理程序与追偿

（一）合作银行在企业发生贷款逾期后应及时催收，并在逾期15个工作日内书面通知试点区域；

（二）贷款逾期满1个月，启动补偿程序，由合作银行向试点区域提交风险补偿资金申请报告、逾期贷款催收情况及贷款合同、贷款逾期证明材料及其他相关资料；

（三）试点区域对合作银行提交的风险补偿资金申请报告及相关资料进行审核确认，并在贷款逾期3个月内完成代偿。代偿资金包括试点区域风险补偿资金及省级风险补偿资金；

（四）试点区域及时向办公室提交省级风险补偿资金申请，办公室按程序审核确认，并拨付资金；

（五）贷款发生违约，用贷款风险补偿资金代偿后，各方应协商确认后续追偿方案，由合作银行牵头依法对贷款企业进行追偿，试点区域予以协助；

（六）在经诉讼或仲裁后且依法执行终结的情况下，贷款确实无法追回时，合作银行与试点区域提交终止追偿建议方案，报办公室确认，对该笔贷款终止追偿。

第八章　监督管理

第二十三条　办公室对试点区域与合作银行开展的知识价值信用贷款增长率、企业首贷率、服务能力及风险补偿资金使用等情况进行绩效评估；省科技厅会同省财政厅、省地方金融监管局对绩效结果进行核实并报试点工作联席会议审定，对于试点工作成绩突出的，给予适当奖励。

第二十四条　省财政厅将按照财政资金管理的相关规定，对风险补偿资金实行全面预算绩效管理，对资金使用情况进行绩效考核，确保财政资金安全高效使用。试点工作相关单位和企业要主动接受纪检监察、财政、审计等部门监督，不断提高风险补偿资金的使用绩效。

第二十五条　合作银行存在弄虚作假骗取补偿资金的，一经查实，除收回有关资金、取消合作资格外，金融监管部门按照有关规定进行处理，并向社会通报。

第二十六条　与试点工作相关单位串通骗取风险补偿资金或恶意逃避债务导致风险补偿资金损失的企业，相关部门根据实际情况将企业及责任人列入诚信黑名单。

第二十七条　在申请风险补偿资金过程中，政府行政部门、相关机构及其工作人员弄虚作假、隐瞒事实真相或串通作弊造成风险补偿资金损失的，依照有关规定，对相关单位和责任人进行处理。构成犯罪的，依法移交司法机关处理。

第九章　附则

第二十八条　本实施办法由省科技厅、省财政厅、省地方金融监管局负责解释。

第二十九条　本办法自 2021 年 1 月 12 日起施行，有效期 2 年。有关政策法律依据发生变化或有效期满，根据实施情况依法评估修订。

附件

湖南省科技型企业知识价值信用贷款评价指标体系

为探索适用于科技型企业特点的信用评价体系，推动科技型企业知识价值信用评价体系在债权融资领域的运用，提高科技型企业信用评价科学性，制定本科技型企业知识价值信用贷款评价指标体系。

一、科技型企业知识价值信用贷款评价指标体系为合作银行给科技型企业授信贷款的重要依据，且其权重占合作银行企业授信贷款评价指标体系中的45%。合作银行结合自身贷款评价体系得出企业综合得分。综合得分60分以上的纳入科技型企业知识价值信用贷款范围。

二、评价指标分为一般项与加分项，共包含9个指标。

科技型企业知识价值信用贷款评价指标体系

指标项	指标名称	指标权重	指标得分	备注
一般项 100分	企业R&D投入占主营业务收入的比重	40	1. 6%（含）以上得40分 2. 3%（含）至6%得分为16~39分 3. 3%以下得分为0~15分	反映企业研发投入强度和技术创新重视程度
	企业R&D投入占销售收入的比重			
	企业R&D投入占成本的比重		1. 30%（含）以上得40分 2. 15%（含）至29%得分为16~39分 3. 15%以下得分为0~15分	
	自主知识产权	30	1. 1项（含）Ⅰ类知识产权以上得30分 2. 2项（含）Ⅱ类知识产权得分为15分，每增加2项加5分 3. 2项Ⅱ类知识产权以下得分为0~14分	反映企业拥有核心技术和自主知识产权的掌握情况和创新绩效
	研发人员占企业当年职工总数比重	30	1. 占比达30%（含）以上得30分 2. 占比在15%（含）至29%得分为15~29分 3. 占比15%以下的得0~14分	反映企业研发人员投入相对力度
加分项（各项加分总和不超过15分）	经认定的技术合同	2	有经认定的技术开发或技术转让合同得2分；技术咨询、技术服务合同得1分	反映企业市场化产学研合作创新的活跃程度
	有国家、省、市级科技创新人才	3	拥有国家级、省级、市级科技创新人才分别得3分、2分、1分	反映企业研发创新团队实力水平
加分项（各项加分总和不超过15分）	企业拥有经认定的省部级以上创新平台	3	1. 作为平台依托单位得3分 2. 作为平台参与单位得1分	反映企业在行业技术创新的地位
	企业近五年内参与制定国际标准、国家标准或行业标准	3	1. 主导制定国际标准、国家标准得3分，参与得2分； 2. 主导制定行业标准、省级地方标准得2分，参与得1分	反映企业在行业标准、规范领域的权威性、引领性
	企业近五年内获得省级以上科技奖励	3	获得国家级得3分、省级得2分	反映企业在技术创新上的领先程度
	承担市级以上科技计划项目	3	1. 牵头承担国家级项目的得3分 2. 牵头承担省级项目的得2分 3. 牵头承担市级项目的得1分	反映企业技术创新能力

关于印发《湖南省自然科学基金项目管理办法》的通知

(湘科发〔2020〕126号)

各有关单位:

为进一步加强省自然科学基金项目管理,强化基础研究和应用基础研究,提升自主创新能力,促进科学技术进步和经济社会发展,现将修订后的《湖南省自然科学基金项目管理办法》印发给你们,请遵照执行。

湖南省科学技术厅
2020年12月31日

湖南省自然科学基金项目管理办法

第一章　总则

第一条　为了进一步加强湖南省自然科学基金项目(以下简称"省自科基金")管理,提高自主创新能力,培养科技人才,促进科学技术进步和经济社会发展,根据《湖南省创新型省份建设专项资金管理办法》《湖南省科技创新计划项目管理办法》《湖南省自然科学基金委员会章程》等相关规定,制订本办法。

第二条　省自科基金主要资助自然科学方面的基础研究和应用基础研究。

第三条　省自科基金项目经费主要来源于省财政拨款,鼓励自然人、法人或其他组织向省自科基金捐资或合作设立联合基金。

第四条　湖南省自然科学基金委员会(以下简称"省基金委")负责省自科基金项目的实施与管理,湖南省自然科学基金委员会办公室(以下简称"基金办")具体负责日常管理工作。

第五条　省自科基金项目是指省自科基金资助的各类项目,包括:重大项目、杰出青年基金项目、优秀青年基金项目、面上项目、青年基金项目、联合基金项目(部门联合基金、省市联合基金等)等。

第六条　省自科基金管理工作遵循"尊重科学、激励创新、促进合作、平等竞争"的原则。

第七条　省自科基金项目的经费使用与管理按照《湖南省创新型省份建设专项资金管理办法》执行。

第二章　申请与受理

第八条　基金办根据国家科学技术发展方针政策及国家基础研究与应用基础研究要点,结合湖南省科技创新发展规划战略需求及产业领域优势短板,提出省自科基金优先资助领域和重点研究方向,制定年度项目指南并发布申请通知,经省科技厅审定通过后予以发布,指导科技人员申请。

第九条　申请人应按照年度项目指南和当年申请通知的要求,由依托单位通过"湖南省科技管理信息系统公共服务平台"(以下简称"科管系统")在线提出书面申请。申请人应对所提交的申请材料的真实性负责。申请人可向基金办提出3名以内不适宜评审其项目的评审专家名单，并说明理由。

在湖南省境内注册，具备开展省自科基金项目研究所必要的条件，运行管理规范，科研诚信良好，具有独立法人资格的高校、科研院所、企业、新型研发机构及其他社会组织等均可通过科管系统申请注册为依托单位。依托单位应对省自科基金项目申请材料的真实性和完整性进行审核。

第十条 省自科基金项目实行限项申请，具体如下：

（一）申请人获得过省自科青年基金项目资助的，不得再申请青年基金项目；获得过省自科面上项目（含往年的重点项目、一般项目类别）2次资助的，不得再申请面上项目；获得过优秀青年基金项目资助的，不得再申请优秀青年基金、面上和青年基金项目；获得过杰出青年基金项目资助的，不得再申请杰出青年基金、优秀青年基金、面上和青年基金项目；获得过创新群体项目资助的，不得再申请杰出青年基金、优秀青年基金、面上和青年基金项目。联合基金项目不在此项限制范围内；

（二）获得过国家杰出青年或者优秀青年基金项目资助的，不得申请省杰出青年、优秀青年基金项目和青年基金项目；

（三）申请人当年申请（含参与）省自科基金各类项目总数不超过2项，且只能主持1项；申请（申请人）和正在主持（项目负责人）的项目总数合计限为1项；重大项目、杰出青年基金项目和优秀青年基金项目申请时不计入申请和承担总数范围；有逾期未验收省科技计划项目的负责人，不得申请省自科基金项目；

（四）在站博士后研究人员可以申请面上项目、青年基金项目和联合基金项目，不得申请其他类型项目。获资助后不得变更依托单位；

（五）在职攻读研究生学位的人员可以通过受聘单位申请面上项目、青年项目和联合基金项目；全日制在读研究生（项目申请截止日期时尚未获得学位）不得作为项目负责人申请各类项目，但可以作为项目成员参与申请；

（六）申请人不得将已获资助项目重复申请；不得将研究内容相同或相近的项目，申请不同类型项目，或以不同依托单位、不同申请人申请项目。上述所谓重复申请的范围，包括国家自然科学基金项目、湖南省自然科学基金项目、湖南省社会科学基金项目、湖南省社会科学成果评审委员会基金项目、湖南省科技创新计划其他项目等。

第十一条 凡在省基金委注册的依托单位的科技人员，均可申请省自科基金项目。申请人（项目负责人）应具备下列条件：

（一）申请人应当具有良好的科学道德和科研信用，具备一定的科研基础，必须是项目的实际主持人，限为1人；

（二）申请人应有足够的时间和精力从事申请项目的研究，其中正式受聘于依托单位的申请人，每年在依托单位工作时间应大于六个月。申请人在项目执行期内超过法定退休年龄的，应当由依托单位出具允许申请且能确保项目可履约实施的承诺函（如返聘、延迟退休等）；

（三）申请人曾主持的省自科基金项目均已按计划实施且通过了验收；有在正常执行期尚未验收的省自科基金面上项目、青年基金项目、联合基金项目的项目负责人，可以申请省杰出青年基金项目和优秀青年基金项目；

（四）参与人与申请人不是同一单位的，参与人所在单位视为合作研究单位，合作研究单位的数目原则上不超过 2 个（重大项目除外）；鼓励开展国际与区域合作，吸引国内外优秀人才联合申报省自然科学基金，提高科技创新对外开放能力和合作创新能力；

（五）国家机关在职的工作人员（含参照《公务员法》管理的事业人员）原则上不得作为申请人申报项目；有不良科研诚信记录、社会信用记录的不得申报项目；从事基础研究的科学技术人员符合前款规定的条件、无工作单位或者所在单位不是依托单位的，经与在基金办注册的依托单位协商，并取得该依托单位的同意，可以申请省自科基金资助。依托单位应当将其视为本单位科学技术人员实施有效管理。

第十二条 省杰出青年基金项目、优秀青年基金项目申请人须符合第十一条规定并具备以下条件：

（一）杰出青年基金项目申请当年 1 月 1 日未满 40 周岁；

（二）优秀青年基金项目申请当年 1 月 1 日男性未满 35 周岁，女性未满 37 周岁；

（三）具有高级专业技术职务（职称）或者具有博士学位；

（四）保证资助期内每年在依托单位从事研究工作的时间在 9 个月以上。

第十三条 面上项目、青年基金项目申请人须符合第十一条规定并具备以下条件：

（一）面上项目申请人年龄要求申请当年 1 月 1 日不超过 58 周岁的在职在岗人员。

（二）青年基金项目申请人年龄要求申请当年 1 月 1 日男性未满 35 周岁，女性未满 37 周岁。

（三）要求已获博士学位或具有高级专业技术职务，否则需要有 2 名与其研究领域相同、具有高级专业技术职务（职称）的科学技术人员推荐。

第十四条 重大项目申请人的年龄、职称、学位等条件应符合当年重大项目申报通知的有关规定；联合基金项目申请人的年龄、职称、学位等条件应符合联合基金项目指南、申报通知和联合基金协议的有关规定。

第三章　评审与审批

第十五条 省自科基金项目的评审、审批按照"依靠专家、发扬民主、择优支持、公正合理"的评审原则，程序包括形式审查、专家评审、省科技厅审议、省基金委审定。省自科基金联合基金项目的评审和审批按照《湖南省自然科学基金联合基金项目管理办法》执行。

第十六条 基金办应自项目申请截止之日起 45 个工作日内完成对申请项目的形式审查。有下列情况之一者，视为形式审查不合格。

（一）申请人不符合本办法规定条件；

（二）申请材料不符合年度项目指南和申请通知要求；

（三）手续不完备或申请书填写不符合要求。

第十七条 专家评审一般分为同行专家评审、学科专家组评审和非共识项目复评。基金办会根据情况拟定年度项目评审方案，确定各类项目的评审程序和方式，由项目管理专业机构负责组织专家评审。面上项目、青年基金项目和联合基金项目一般只开展同行专家评审，杰出青年基金项目和优秀青年基金项目原则上要开展同行专家评审和学科专家组评审。

凡形式审查不合格的项目不进入专家评审环节。

第十八条 同行专家评审一般采取通信网络评审方式。同行评审专家应本着科学、客观、公正、负责的精神，从申请项目的科学价值、创新性、社会影响以及研究方案的可行性等方面进行独立的判断和评价，提出评审意见。对于申请人提出的不适宜评审其项目的评审专家名单，在选择专家时应根据实际情况予以考虑。

第十九条 学科专家组评审一般采取会议集中评审方式，评审专家由相关领域学术造诣深、有较高知名度或者影响力的专家组成。必要时可以特邀有关专家参加学科专家组评审。

基金办按照确定的年度评审方案，对需要进行学科专家组评审的项目类别，根据同行专家评审意见等情况，择优提请学科专家组评审。

第二十条 面上项目、青年基金、联合基金项目中同行专家评审结果相差较大的项目列为非共识项目，组织专家进行复评。非共识项目立项数原则上不超过总立项项目数量的2%。

第二十一条 基金办根据有关项目立项原则和专家评审情况，结合省委省政府中心工作和行业、重点领域发展需求等，适当考虑地域、单位、学科等平衡，分学科提出资助项目建议，经省科技厅审议和省基金委审定后，在省科技厅网站公示5个工作日。公示无异议的，经省基金委主任审批同意后予以立项资助。对不予资助的项目，应当向申请人反馈同行专家评审意见。

第二十二条 为保证省自科基金评审工作的公正性和公平性，专家遴选严格按照《湖南省科技专家库建设与管理办法》执行。

第二十三条 参加评审及相关工作的所有人员应切实保护申请人和评审专家的权益，遵守以下保密规定：

（一）不得剽窃和泄露申请书内容；

（二）不得泄露同行评审专家姓名和单位；

（三）不得泄露未经允许公开的评审结果。

第四章 资助与实施

第二十四条 省基金委应当公开发布予以资助项目的名称以及依托单位名称，公开发布5个工作日后视为依托单位和项目负责人收到资助通知。

依托单位应组织项目负责人按照资助计划文件的要求填写项目任务书，并在收到资助通知之日起20个工作日内完成审核，提交基金办。

项目负责人除根据资助计划文件要求对申请书内容和经费进行调整外，不得对其他内容进行变更。

基金办应自收到项目任务书之日起30个工作日内审核项目任务书，核准后的项目任务书作为项目实施、经费拨付、检查和验收的依据。

逾期未提交项目任务书且在规定期限内未说明理由的，视为自动放弃接受资助。

第二十五条 项目负责人应按照项目任务书开展研究工作，做好资助项目实施情况的原始记录，按照湖南省科技报告的相关规定和规范要求撰写并提交相关报告。对未按时按规定要求提交的，责令其在30个工作日内改正。

第二十六条 省自科基金项目的执行期一般为3年，重大项目可根据实际情况延长至5年。杰出青年基金项目和优秀青年基金项目需要提交中期进展报告或专题报告。基金办应牵头组织对项目的实施情况进行检查。

第二十七条 省自科基金项目实施中，依托单位不得无故变更项目负责人。

项目负责人有下列情形之一的，依托单位应及时提出变更项目负责人或者终止项目实施的申请，报省基金委批准；省基金委也可根据实际情况终止项目的实施。

（一）不再是依托单位科学技术人员；

（二）不能继续开展研究工作；

（三）有剽窃他人科学研究成果或者在科学研究中有弄虚作假等行为；

（四）项目资助经费的使用不符合有关财务制度或违反《湖南省创新型省份建设专项资金管理办法》的；

（五）项目负责人调入另一依托单位工作的，经所在依托单位与原依托单位协商一致，由原依托单位提出变更依托单位申请，报省基金委批准。协商不一致的，省基金委可终止该项目负责人所负责项目的实施。

第二十八条 依托单位和项目负责人应保证参与者的稳定。由于客观原因确实需要调整项目参与者的，由项目负责人提出申请，由依托单位审核后，经科管系统备案。新增加的参与者应符合本办法的相关规定。

第二十九条 项目负责人、参与者和依托单位变更的，变更后合作研究单位的数目应符合本办法相关规定。

第三十条 省自科基金项目实施过程中，科研人员可以在研究目标不变、不降低考核指标的前提下自主调整研究方案和技术路线，由依托单位审核后，经科管系统备案；研究内容或研究计划需要作出重大调整的，项目负责人应及时提出申请，经依托单位审核后报省基金委批准。

第三十一条 省自科基金项目研究成果除经基金办或有关部门审定需要保密的外，一般予以公开。

项目在实施过程中，对能形成自主知识产权的发明创造、科学发现应及时以申请专利等形式进行保护。

项目完成后，项目负责人应积极开展后续研究，基金办、项目依托单位和项目负责人有责任宣传、展示基金项目研究成果，积极推进成果的应用与推广。

第三十二条 资助项目的研究成果，包括专著、论文、软件、数据库以及成果报道等，均应标注"湖南省自然科学基金资助项目"（英文：supported by Hunan Provincial Natural Science Foundation of China）和项目编号。联合资助项目的研究成果可同时标注联合资助单位名称。标注位置应在学术论著、证书、技术资料及其他材料的封面或书前扉页或论文首页等醒目处。未按规定进行标注的研究成果，不得以省自科基金资助的成果形式参与项目验收、成果汇报、登记与宣传。

项目研究成果管理按照国家有关规定执行。项目研究形成的知识产权的归属、使用和转移，按照国家有关法律、法规执行。

第三十三条 省自科基金资助项目均要求验收。

（一）重大项目的验收按照《湖南省科技创新计划项目验收管理工作规范》有关规定执行。

（二）杰出青年基金项目、优秀青年基金项目须按任务书要求，采用书面评价的方式进行验收。

（三）面上项目和青年基金项目完成任务书确定的目标，以书面评价的方式进行验收，委托依托单位执行，报基金办审核。

（四）联合基金项目的验收按照《湖南省自然科学基金联合基金项目管理办法》执行。

第三十四条 面上、青年基金和联合基金项目在实施期间未完成任务书确定目标的，但取得的成果符合下列条件之一者，也可申请验收：

（一）申请并授权了发明专利、实用新型专利；

（二）获国家自然科学基金、国家科技重大专项、国家重点研发计划、技术创新引导专项（基金）、基地和人才专项资助；

（三）在 SCIE、EI、CSSCI、CSCD 等高质量期刊发表论文至少 1 篇；

（四）撰写公开出版专著 1 部。

第三十五条 项目实施过程中，因研究方向不可行或其他客观原因，导致未完成预期研究成果或整个研究以失败告终的，详细写出分析报告，经依托单位学术委员会评定后，可申请结题。

第三十六条 项目资助期满之日起 30 个工作日内，项目负责人应填写验收报告，经依托单位审核后提交，取得研究成果的，应同时提交研究成果附件材料。项目负责人须对验收报告和研究成果附件的真实性负责。对未按时提交验收报告的，责令其在 15 个工作日内改正。

第三十七条 由于客观原因不能按期完成研究计划的，项目负责人可以申请延期一次，申请延长的期限不得超过一年。项目负责人应于项目资助期限届满 60 个工作日前提出延期申请，经依托单位审核后报基金办批准。

第三十八条 项目资助期内提前完成任务书约定的研究任务，达到验收要求的，项目负责人可以申请提前验收，最多可申请提前一年验收。

第三十九条 项目依托单位对本单位基金项目负有监督、管理和保证的责任，主要包括：保证项目的人员稳定、条件落实；监督项目的实施；按照《湖南省创新型省份建设专项资金管理办法》的相关规定，对专项资金进行单独核算，做到专款专用，不得截留或挪用项目经费，在经费上予以保障。凡涉及项目研究计划、项目负责人、经费使用及项目依托单位等确需作重要变更的，项目依托单位应及时按规定报基金委或基金办核准审批。

第五章 监督与管理

第四十条 省科技厅按规定职责有责任对省自科基金项目进行监督检查。项目负责人和依托单位应无条件配合监督检查，并提供财务、技术等相关资料。

第四十一条 任何单位和个人有权对省自科基金申请、评审、审批、实施等过程中存在的违背科研诚信、科研伦理和违反省自科基金管理有关规定的行为，向基金办和省科技厅相关职能部门进行举报反映。

第四十二条 对项目实施过程中弄虚作假、违背科研诚信和科研伦理、违反省自科基金管理有关规定的，将依法依规对相关单位和相关责任人进行严肃查处。

第六章 附则

第四十三条 基金办可根据实际情况和需要对项目类型、限项规定等提出调整建议，由省基金委同意后实施。

第四十四条 本办法自 2021 年 2 月 8 日起实施，有效期五年，原《湖南省自然科学基金项目管理办法》（湘科〔2016〕79 号）同时废止。

第二十七章　广东省科研项目和资金管理法规政策

关于进一步加强科研项目（课题）经费监管的暂行规定

（粤委办〔2014〕6号）

第一章　总则

第一条　为加快建立既能有效防范资金风险又能充分发挥资金效益的科研项目（课题，以下简称科研项目）经费管理制度，现根据《中华人民共和国科学技术进步法》《关于改进和加强中央财政科技经费管理的若干意见》《财政违法行为处罚处分条例》《广东省自主创新促进条例》《广东省省级财政专项资金管理办法》等，结合实际，制定本规定。

第二条　本规定适用于省内各级财政安排用于支持科研项目及与之相关的人才（团队）、条件与平台等的资金；行政事业单位承担社会资金委托的科研项目经费。所称科研是指科学（包含自然科学、社会科学及软科学）研究和技术研究开发及应用示范等活动。

第三条　加强科研项目经费管理应当遵循科研规律，坚持公正透明、择优扶持、专款专用、强化监管的原则，优化经费资源配置，按经费金额大小及学科性质等因素分一般、重点进行管理；坚持经费纳入单位财务统一管理，单独核算，专款专用；建立健全监督检查、追踪问效等机制，防止浪费与腐败。所称重点项目是指自然科学500万元、社会科学20万元以上的项目。

第二章　科研项目资金安排

第四条　财政部门应当按照财政科技投入主要用于维持市场机制不能有效配置资源的基础研究、前沿技术研究、社会公益研究、重大共性关键技术研究开发、科技创新基础条件建设等公共科技活动的原则，对新设立的科研专项资金先行制订资金使用管理办法，对已设立的专项资金修订完善管理办法，明确专项资金的绩效目标、使用范围、管理职责、执行期限、分配方法、分配方式、审批程序和监督评价、责任追究等，细化主体责任，并向社会公开。

第五条　立项部门应当按照廉政风险防控要求围绕科研项目立项审批、经费使用与绩效管理、验收等主要环节制订合理分权、规范用权的具体措施，建立健全审批联席制度，加强岗位之间、环节之间的互相制约和上下之间的互相监督，防止权力过度集中。特别是在立项环节应当建立立项决策和评审咨询相互分离的机制，引入第三方独立评估的制度，加大竞争性项目的招投标和绩效目标审核力度，实现立项的公开、公平、公正。

第六条　立项部门应当会同财政部门制订完善指南编制发布、申报、立项（预算评审）、合同书管理、执行监管、验收、绩效管理、信息公开等科研经费管理主要环节的操作规程（工作细则），建立健全回避、保密、责任管理及追究、信用管理等制度，并予以公开公示。完善信用管理制度，重点对违反有关规定的申报单位和个人、管理单位、中介机构、评审专家及有关工作人员等的行为进行诚信登记备案，并给予相应处罚。

第七条 立项部门应当按照权责一致要求，建立健全立项审批责任制度，明确各岗位办理业务的权限范围、审批程序和相关责任。加强关键岗位干部教育管理，健全轮岗交流机制，同一岗位任职超过5年的，一律进行轮岗交流。

第八条 立项部门会同财政部门编制申报指南应当严格按照发展规划、战略和计划任务定位、绩效目标及社会热点进行编制。申报指南征求意见应当公开征求社会各界的意见，并及时将指南编制依据、征集到的意见建议及采纳情况对社会公众公开，严禁为特定申报对象量身定做申报内容和设置条件，对企业主要支持共性技术和关键技术的研发，并运用以奖代补、贷款贴息、股权投资等间接补助及后补助方式，减少直接补助或无偿资助项目从指南发布到截止申报至少应当间隔一个月以上。

第九条 财政科研专项资金必须进行公开申报，立项部门应当明确申报条件、申报程序和支持标准，申报条件应当经过专家论证，具有一定的普遍适应性，符合竞争性选拔要求的，应接受符合条件的各单位自由申报，择优立项；因项目性质特殊等原因而采用定向委托（或组织申请）的，应当进行公开说明，做好方案论证工作，并将论证结果和经费开支预算评审情况对外公开。

第十条 立项部门应当建立科研项目管理分层责任制，要求科研项目组织单位切实履行项目推荐审查、日常管理职责，建立直接推荐（受理）部门责任制及问责机制，保证申报材料的真实性。

第十一条 立项部门开展专家评审应当根据需要组织资格审查、材料评审、会议评审（答辩）、现场考察等工作，充分发挥专家评审作用，应当根据专业知识水平、实践经验、良好的资信等标准开展专家资格审查，加大省外专家在专家库中比重，建立健全严格的回避、保密制度，建设高水平的评审专家库。

第十二条 立项部门开展评审工作时应当按照1:3以上比例建立专家库、专家遴选的工作人员库，建立工作人员随机抽取制度，严格按照随机、回避、更换等原则遴选评审专家，强化工作人员保密责任制，评审专家、工作人员终身留痕。应当逐步建立完善评审专家抽取、通知的自动化信息系统，避免人为干预。

第十三条 立项部门开展材料评审应当对申报材料进行严格的双向匿名评审，大力推行网络评审方式，通过与外省（市）共享专家数据库等措施，实现材料评审以采用省外专家随机双盲评审为主。投票制评审未达到半数同意的或评分制专家评审得分排名在同一评审组最后40%，原则上不得进入下一评审阶段（需要多轮评审的项目）或进行立项。

第十四条 立项部门应当减少会议答辩评审，确需组织会议评审的，根据评审需求邀请省外专家或国（境）外专家参与，按照集中、封闭原则组织；建立视频答辩制度，实现专家和评审对象"背靠背"；给予充足评审时间，采用无记名投票表决、独立打分等方式，保证评审的独立、客观、公正，严禁除监察及工作人员以外人员进入评审现场。

第十五条 立项部门应当规范和细化自由裁量权，基础、前沿类项目立项充分尊重专家意见；非基础前沿类项目以专家综合评审结果为主要立项依据，制订并公开项目立项选择的具体裁量标准。未按照专家评审结果的应当向社会公开说明理由；应当坚持民主集中制，完善重大决策事项议事规则，探索重大重点项目无记名投票表决。严禁在分数统计时作假或在分数及排名方面私自调整。

第十六条 立项部门应当按照过程留痕原则,建立完善项目档案管理制度,如实记录指南编制、专家评审、立项及资金安排、实施、评价等核心环节信息,对视频与会议评审等关键环节进行录音录像,实现项目管理全过程可申诉、可查询、可追溯的"痕迹管理"。立项资金较多的部门应当建立健全科技业务管理系统,实行全程信息化管理,实现过程留痕、实时监控。

第十七条 财政部门应当会同立项部门逐步将专项资金细化到具体项目,实施项目库管理。立项部门(内设机构)实行项目库管理权与资金分配权分离,割断审批评审与专项资金分配的直接联系。根据实际划分并公开不同类别科研项目资金档次标准,减少弹性空间。

第十八条 立项部门应当按照政务公开要求依托省网上办事大厅建立的专项资金管理统一平台,公开专项资金管理办法、公开指南编制依据及征集到的建议、发布申报指南、公开工作规程等规章制度、受理申请、组织专家评审、公布专家评审结果、公告立项信息和项目资金安排等信息,及时向申报单位及项目组织单位反馈专家评审意见,建立完善评估与回应机制,提高科研项目管理透明度。

第十九条 立项部门应当根据省专项资金管理有关规定按照金额大小及学科性质等,不断健全科研项目分类评审制度,组织开展专家评审、公众评议、主管部门内部集体研究、招投标、公开评审、联席审批、公开征询民意等工作,增强项目立项及资金安排的科学性、公开性、廉洁性。

第二十条 省财政资助开展的战略规划、政策法规、项目论证等方面研究的项目,需要向社会组织购买服务的,按照我省有关规定组织开展,属于政府采购范围的必须进行采购。

第二十一条 立项部门应当通过社会招标程序遴选科技中介服务机构,禁止指定固定机构、人员承担科研项目管理过程中产生的事务性及管理性工作。建立健全监管、评价机制。

第二十二条 财政部门应当牵头会同各立项部门结合信息公开工作建立联动协作机制,申报项目必须经过查重程序,防止重复、多头申报。立项部门应当建立申报项目数额限制制度,项目负责人(包括主要参与者)申请和承担的省级财政支持项目不超过 3 项。

第三章 科研项目资金使用管理

第二十三条 立项部门应当要求承担单位建立健全项目承担单位法人责任制、项目负责人责任制及相关领导连带责任制,切实加强科研项目经费的管理。

第二十四条 立项部门应当指导承担单位推行公务卡、成本核算、项目监理等制度;建立健全内部监督制约机构,完善项目经费使用分级审批、自查、奖惩等内控制度,发挥承担单位审计机构对科研经费事前、事中、事后全过程的实时监督作用。

第二十五条 对于事前资助企业的无偿资助类项目资金,财政部门与立项部门应当在细化科研项目经费预算的基础上探索委托授权商业银行等第三方机构按照资金使用合同对资金进行监管、代管等多种形式的管理措施,承担单位按要求自主选择监管银行并开设监管专户,加强对商业银行正确和负责地履行职责的监督。

第二十六条 立项部门应当建立健全上下联动内外结合的监管体系,强化外部监管,开展制度化督促检查,对 500 万元以上项目建立一定比例随机抽查审计制度,严格落实经费管理与使用行为监控。审计结果抄送财政、审计、监察部门。立项资金较多的立项部门应当建立健全内审机构。

第二十七条 行政事业单位承担财政资助的战略规划、政策法规等研究项目及社会资金委托项目,应当按照财务制度将项目经费纳入单位财务统一管理,经费支出严格执行项目负责人制,大额支出实行单位负责人连带责任制,完善内部控制和监督制约机制,应当建立项目档案管理制度与信息公示制度,与委托单位书面约定经费使用规则及信息公开义务,由承担单位负责公开,对公众开放查询。严禁以承担委托项目名义实施权钱交易，严禁以分包转包赚取项目经费。严禁公务员不按规定上缴因履行工作职责而获得科研项目的相关收入。

第二十八条 承租单位应当逐步建立以门户网站等为媒介公示本规定范围内科研经费使用信息的机制，如实公示项目组人员构成、预算与决算、管理费提取、设备购置、预算调整、经费外拨、人员费与间接费用开支等主要内容。加快实现经费支出明细、报销票据等详细信息在单位内部公开。

第四章 科研项目验收与资金使用绩效管理

第二十九条 立项部门应当明确项目验收标准及程序，将财务验收作为项目验收的重要内容，积极引入财务专家及专业中介组织参与验收。重点项目立项部门应当委托中介机构开展独立、客观的结题审计。对由承担单位委托会计事务所出具的重点项目审计报告和一般项目的经费使用情况开展一定比例的抽查核实。

第三十条 立项部门应当建立健全验收责任制，明确组织单位、验收技术专家、财务专家、管理专家和审计会计师事务所等主体的相关责任，并建立抽查制度。

第三十一条 立项部门应当建立结题验收的省外专家评审、专家联合评审、盲审等环节，切实把好项目质量关，提高财政资金使用效益。

第三十二条 立项部门应当建立科技成果报告公开制度，通过社会评价和同行评价规范约束项目承担人员的行为。

第三十三条 立项部门应当按照财政部门要求健全"经费申请有绩效目标审核、经费使用有绩效督查、支出结果有绩效评价和问责"的全过程绩效管理体系。立项部门在财政部门制定的共性指标体系框架下，分类制定具体评价规范与标准，针对项目经费管理效能与经费产出效益设置量化的、可操作的具体反映项目属性的评价指标；在立项申报环节设置科学、合理的绩效总目标及阶段性目标并报财政部门审核；配合财政部门开展绩效自评及重点评价等工作。

第三十四条 立项部门应当强化对立项项目的绩效评价结果应用，将评价结果作为项目承担单位今后申请项目经费的重要依据，对照经财政部门核定的绩效评价结果及时进行整改，并将整改情况报送财政部门。

第五章 科研项目资金监督

第三十五条 财政部门应当按照全程监控的原则，加强申报指南审查，开展对公开申报的检查，强化对立项项目的合规性审查，责成违规的立项部门进行整改。

第三十六条 财政部门应当采取委托中介机构以及横向联合、上下联动等方式，加大对科研项目经费管理和使用等情况的监督检查力度，将科研项目资金纳入到每年重点检查计划，扩大检查面，及时、严肃地查处违规行为。

第三十七条 财政部门应当部署立项部门和资金使用单位开展绩效自评，并报据需要实施重点评价，积极引入和开展第三方评价，提高绩效评价的科学性和公信力，绩效评价结果报人大，抄送人力资源和社会保障、审计、监察部门。建立专项资金使用情况绩效问责制度，对未能完成既定绩效目标、使用效益低下的专项资金建议收回安排或调整支出结构，并建议有关部门进行全过程的例查、追责，如有违规操作，严格追究相关人员的责任。

第三十八条 审计部门依法履行职能，结合部门预算收支、任期经济责任、专项资金、资金绩效等审计工作，对重点项目、一般项目随机抽取一定比例就经费使用及绩效进行专项审计，建立健全科研经费的"跟踪问效"机制。

第三十九条 监察部门应当按照职能对科研项目经费管理、监督的责任部门进行监督，受理违纪违规行为的检举并依法查处。纪检监察部门派驻立项部门机构（或立项部门内设纪检监察机构）应当推动所在部门针对廉政风险点建立健全规章制度，开展制度廉洁性审查，并对科研项目管理全过程特别是立项审批开展随机抽查，抽查比例不低于经费总额的3%。

第四十条 立项部门、监督部门对项目申请、立项、预算、成果、评价、审计、违规及处理等信息，承担单位对经费使用的情况，除涉及国家秘密和商业秘密的部分以外，均应当通过省网上办事大厅或单位门户网站等及时向社会公开，接受社会监督。

第六章 责任追究

第四十一条 有关部门及其工作人员在科研项目立项、管理和资金安排、使用等方面滥用职权、玩忽职守、徇私舞弊的，对直接负责的主管人员和其他直接责任人员依法给予处分。涉嫌犯罪的，移送司法机关依法处理。

第四十二条 政府部门工作人员在科研项目立项、管理和资金安排、使用等方面受贿、介绍贿赂、利用职务上的便利谋取不正当利益的，依照有关规定处理。涉嫌犯罪的，移送司法机关依法处理。

第四十三条 项目组人员骗取、贪污、挪用、截留用于科研的财政性资金，依照有关财政违法行为处罚处分的规定责令改正，追回有关财政性资金和违法所得，依法给予行政处罚，并视情节取消项目负责人及主要成员1~3年申报资格；对直接负责的主管人员和其他直接责任人员依法给予处分。涉嫌犯罪的，移送司法机关依法处理。

第四十四条 社会中介组织与申报单位、政府部门串通骗取财政科研资金的，除依照有关法律法规追究责任外，立项部门应当建立黑名单制度，向有关行政管理部门通报中介组织违规情况并向社会公布，取消项目申报单位五年内申报资格，项目组织单位未认真履行申报审查职责的，取消三年内申报资格。

第四十五条 评审专家利用评审权索取收取由报举位、人员财物的，立项部门应当建立黑名单制度，通报其所在单位和有关项目组织单位，依照有关人员处分规定进行处理，并在一定期限内取消其评审资格。涉嫌犯罪的，移送司法机关依法处理。

第四十六条 参与科研项目评审、评估、监督、成果评价与推广等管理工作的中介服务机构采用提供虚假的评估、检测结果或者鉴定结论等方式谋取不正当利益的，予以责令改正、列入黑名单、取消资格等处罚。未认真履行职责的，由立项部门等委托单位收回购买服务的资金。涉嫌犯罪的，移送司法机关依法处理。

第四十七条 因未能正确履行监管责任，发生重大违纪违法问题被依法处罚的，依照、参照《关于实行党政领导干部问责的暂行规定》，追究责任单位和有关领导等的责任。

第七章 附则

第四十八条 各级相关单位应当根据各自职责认真落实本规定各项要求，并完善有关资金、项目管理办法。

第四十九条 规定落实的监督检查工作由监察厅（预防腐败局）、财政厅、审计厅组织开展并负责解释。

第五十条 对国家科研项目省财政提供配套的财政资金，按照国家有关规定并参照本规定进行管理监督。

第五十一条 本规定自颁布之日起实施。

广东省人民政府关于加强广东省省级财政科研项目和资金管理的实施意见

(粤府〔2014〕31号)

各地级以上市人民政府,各县(市、区)人民政府,省政府各部门、各直属机构:

为深入贯彻党的十八届三中全会和省委十一届三次全会精神,落实创新驱动发展战略,促进科技与经济紧密结合,按照《中共中央国务院关于深化科技体制改革加快国家创新体系建设的意见》(中发〔2012〕6号)、《国务院关于改进加强中央财政科研项目和资金管理的若干意见》(国发〔2014〕11号)、《广东省省级财政专项资金管理办法》(粤府〔2013〕125号)的有关规定,结合广东科技事业发展实际,现就改进加强广东省省级科研项目和资金管理提出如下意见。

一、改进加强科研项目和资金管理的总体要求

(一)总体目标。

通过深化改革,加快建立适应科技创新规律、统筹协调、职责清晰、科学规范、公开透明、监管有力的科研项目和资金管理机制,使科研项目和资金配置更加聚焦我省经济社会发展重大需求,促使基础与应用研究能力稳步提高,公益性研究、前沿与关键技术创新、产业技术创新等取得明显进展,财政资金使用效益有效提升,科研人员的积极性和创造性充分发挥,科技对经济社会发展的支撑引领作用不断增强,为实施创新驱动发展战略提供有力保障。

(二)基本要求。

进一步强化科研项目和资金管理,按照"申报要公平、项目要公开、审批要制衡、去向要审计、绩效要评估、考核要问责"的工作要求和"顶层重构、流程再造、分权制衡、功能优化、权责统一、公开透明"的工作思路,坚持遵循规律、改革创新、公正公开和规范高效的原则,更加注重实效,把中央和省级科研项目和资金管理的各项要求落到实处。

二、加强科研项目和资金配置的统筹协调

(三)整合优化各类科技专项资金。

省级科技专项资金(包括科技计划、专项、基金等,下同)的设立,应根据我省经济社会发展需求和科技发展需要,按照政府职能转变和中央、省、市、县合理划分事权的要求,明确各自功能定位、绩效目标和时限。优化整合各部门管理的科技专项资金,对定位不清、重复交叉、实施效果不好的,要通过撤、并、转等方式进行必要调整和优化。项目主管部门要根据各自职责,围绕科技专项资金功能定位,突出重点,以点带面,优化提升项目层次和质量,合理控制项目数量。

(四)转变财政科技资金投入结构与方式。

加大省级财政科技资金对基础研究和公益性研究的投入力度,引导各方资源向基础研究和公益性研究领域倾斜;发挥科技金融对财政资金的杠杆放大作用和市场资源配置作用,加大对企业

和产业科技创新的投入力度。对需要长期投入的基础研究、原始创新和公益性科技事业以及重大关键共性技术研究，财政科技资金以无偿资助为主；对企业技术创新和产业化项目，财政科技投入以股权投资、产业基金等科技金融投入为主，并采取后补助、以奖代补、合同补贴等具有比较明确、客观标准的资助方式。

（五）实行科研项目分类管理。

基础、前沿类科研项目要突出原始创新导向，通过公开择优的方式确定研究任务和承担者。公益性科研项目要强化需求导向和应用导向，重点解决制约公益性行业发展的重大科技问题，行业主管部门要加强组织协调，保证项目成果服务社会公益事业发展。市场导向类项目要突出企业主体，充分发挥市场对技术研发方向、路线选择、要素价格、各类创新要素配置的导向作用，政府主要通过制定政策、营造环境，引导企业成为技术创新决策、投入、组织和成果转化的主体。项目主管部门要减少项目执行中的检查评价，营造"鼓励探索、宽容失败"的实施环境。重大科技专项应当面向全省战略需求和长远发展，集中力量办大事，聚焦攻关重点，采取定向择优方式遴选优势单位承担项目。

（六）建立健全统筹协调与决策机制。

省科技行政主管部门要充分发挥省部会商、部门协同和省市联动机制的作用，加强对科技工作重大问题的会商与沟通，加强科技发展优先领域、重点任务、重大项目等的统筹协调，形成年度科技专项资金重点工作安排和部门分工，协同推进。涉及国民经济、社会发展和国家安全的重大科技事项，按程序报省政府审定。

（七）建立科研项目和资金管理信息系统。

省科技行政主管部门、财政部门要会同有关部门和地方在现有各类科技专项资金科研项目数据库基础上，按照统一的数据结构、接口标准和信息安全规范建立省级科研项目数据库，打造有效连通国家、省、市各级科技管理部门和科研任务承担单位，充分实现信息共享、信用体系共建、责任主体明确的科技管理信息系统，并与省政府网上办事大厅专项资金管理平台互联互通。

三、改进科研项目管理流程

（八）改革项目指南制定和发布机制。

省项目主管部门要结合科技专项资金的特点，针对不同项目类别和要求编制项目指南。扩大项目指南编制工作的参与范围，项目指南发布前要充分征求科研单位、企业、相关部门、地方、协会、学会等有关方面意见，并建立各方共同参与的项目指南论证机制。项目主管部门每年相对固定时间发布项目指南，并通过多种方式扩大项目指南知晓范围，鼓励符合条件的科研人员申报项目。自指南发布日到项目申报受理截止日，原则上不少于30天，以保证科研人员有充足时间申报项目。

（九）规范项目立项。

项目申请单位应当认真组织项目申报以及绩效目标申报，如实填报项目申报信息，根据实际需要选择合作单位。项目主管部门要完善公平竞争的项目遴选机制，通过公开择优、定向择优等方式确定项目承担者；规范立项审查和审批，健全决策、执行、监督三方协作制约的项目管理机制，严格审核项目申请者及其合作方的资质和科研能力，加强项目查重，杜绝项目打包和人为干预。推行网络评审和视频答辩评审，减少会议答辩评审，评审意见应当及时反馈项目申请者。自项目申报受理截止日到项目立项公示原则上不超过120个工作日。

（十）实施项目全过程痕迹管理。

立项过程应该建立完善档案管理制度，如实记录指南编制、专家评审、立项及资金安排、实施、评价等核心环节信息，对视频与会议评审等关键环节进行录音录像，实现项目管理全过程可申诉、可查询、可追溯的痕迹管理。

（十一）明确项目过程管理职责。

加强对获得财政支持的科研项目全过程监督、检查。建立科研项目管理分层责任制，项目承担单位负责项目实施的具体管理，科研项目组织单位切实履行项目推荐审查、日常管理职责。建立直接推荐（受理）部门责任制及问责机制，保证申报材料的真实性。省项目主管部门要健全服务机制，积极协调解决项目实施中出现的新情况新问题，针对不同科研项目管理特点，结合绩效评估和财务审计组织开展巡视检查或抽查，对项目实施不力的要加强督导，对存在违规行为的要责成项目承担单位限期整改，对问题严重的要暂停项目实施。

（十二）加强项目验收和结题审查。

项目完成后，项目承担单位应及时做好总结，编制项目决算，按时提交验收或结题申请，无特殊原因未按时提出验收申请的，按不通过验收处理。省项目主管部门要及时组织开展验收或结题审查，并严把验收和审查质量，省财政资助100万元以上（含100万元）的项目要在结题验收前组织财务验收，财务验收不合格的项目按不通过验收处理。根据不同类型项目，可以采取同行评议、第三方评估、用户测评等方式，依据项目任务书组织验收，将项目验收结果纳入科技报告。探索开展重大项目决策、实施、成果转化的后评价。

四、改进科研项目资金管理

（十三）规范项目预算编制。

项目申请单位应当按规定科学合理、实事求是地编制项目预算，并对仪器设备购置、合作单位资质及拟外拨资金进行重点说明。省项目主管部门要完善预算编制指南和评估评审工作细则，健全预算评估评审的沟通反馈机制。评估评审工作的重点是项目预算的目标相关性、政策相符性、经济合理性，在评估评审中不得简单按比例核减预算。除以定额补助方式资助的项目外，应当依据科研任务实际需要和财力可能核定项目预算，按照科研项目重要程度分类，设定预算控制额度区间。劳务费预算应当结合当地实际以及相关人员参与项目的全时工作时间等因素合理编制。

（十四）及时拨付项目资金。

省项目主管部门和财政部门要合理控制项目和预算评估评审时间，加强项目立项和预算下达的衔接，及时批复项目和预算。相关部门和单位要按照财政国库管理制度相关规定，结合项目实施和资金使用进度，及时合规办理资金支付。对于有明确目标的重大项目，按照关键节点任务完成情况进行拨款。

（十五）规范科研项目经费的财务管理。

规范直接费用支出管理，科学界定与项目研究直接相关的支出范围，各类科技专项资金的支出科目和标准原则上应保持一致。调整劳务费开支范围，将项目临时聘用人员的社会保险补助和住房公积金纳入劳务费科目中列支。进一步下放省项目主管部门对同一项目预算调整审批权限，并严格控制会议费、差旅费、国际合作与交流费，项目实施中发生的三项支出之间可以调剂使用，但不得突破三项支出预算总额。完善间接费用管理，间接费用用于补偿项目承担单位为项目实施所发生的现有仪器设备、房屋、水、电、气、暖等消耗、管理费用和绩效支出，项目承担单位应当建立健全间接费用的内部管理办法，合规合理使用间接费用，结合一线科研人员实际贡献公开公正安排绩效支出，体现科研人员价值，充分发挥绩效支出的激励作用。项目承担单位不得在核定的间接费用以外再以任何名义在项目资金中重复提取、列支相关费用。

（十六）改进项目结转结余资金管理办法。

项目在研期间，年度剩余资金可以结转下一年度继续使用。项目完成任务目标并通过验收，且承担单位信用评价好的，项目结余资金按规定在一定期限内由单位统筹安排用于科研活动的直接支出，并将使用情况报项目主管部门；未通过验收和整改后通过验收的项目，或承担单位信用评价差的，结余资金按原渠道收回。财政资金按国库集中支付规定尚未拨付至用款单位的，年度结余按财政结余结转办法办理，结转超过一年予以收回。

五、加强科研项目和资金监管

（十七）规范科研项目资金使用行为。

项目承担单位及其科研人员要依法依规使用项目资金，不得擅自调整外拨资金，不得利用虚假票据套取资金，不得通过编造虚假合同、虚构人员名单等方式虚报冒领劳务费和专家咨询费，不得通过虚构测试化验内容、提高测试化验支出标准等方式违规开支测试化验加工费，不得修改记账凭证或随意调账变动支出、以表代账应付财务审计和检查。项目承担单位要建立健全科研和财务管理等相结合的内部控制制度，规范项目资金管理，在职责范围内及时审批项目预算调整事项。对于从省财政以外渠道获得的项目资金，按照有关财务会计制度和科研项目经费监管有关规定以及相关资金提供方的具体要求管理和使用。

（十八）改进科研项目资金结算方式。

科研院所、高等学校等事业单位承担项目所发生的会议费、差旅费、小额材料费和测试化验加工费等，要按规定实行银行转账、支票、"公务卡"等非现金方式结算；企业承担的项目，上述支出也应当采用非现金方式结算。项目承担单位对设备费、大宗材料费和测试化验加工费、劳务费、专家咨询费等支出，原则上应当通过银行转账方式结算。

（十九）健全信息公开制度。

除涉密及法律法规另有规定外，各类科技专项资金管理办法、申报指南、申报情况、分配程序、分配方式、分配结果、绩效评价、监督检查和审计结果、处理投诉情况等信息，应当在省政府网上办事大厅省级专项资金管理平台实时向社会公众进行公开公示，接受社会监督。项目承担单位应当在门户网站公开项目立项、主要研究人员、资金使用、大型仪器设备购置等情况，接受社会各方监督；在单位内部公开项目经费支出明细、报销单据等财务信息以及项目研究成果，接受内部监督。

（二十）完善科研信用管理制度。

建立覆盖指南编制、项目申请、评估评审、立项、执行、验收全过程的科研信用记录制度，由省项目主管部门委托专业机构对项目承担单位和科研人员、评估评审专家、中介机构等参与主体进行信用评级，按信用评级实行分类管理，并实现各项目主管部门共享信用评价信息。建立"黑名单"制度，将严重不良信用记录者记入"黑名单"，限制其申请财政资助项目或参与项目管理。

（二十一）加大对违规行为的惩处力度。

建立完善覆盖项目决策、管理、实施主体的逐级考核问责机制。有关部门要加强科研项目和资金监管工作,严肃处理违规行为,按规定采取通报批评、暂停项目拨款、终止项目执行、追回已拨项目资金、取消项目承担者一定期限内项目申报资格等措施,涉及违法的移交司法机关处理,并将有关结果向社会公开。建立责任倒查制度,针对出现的问题倒查项目主管部门相关人员的履职尽责和廉洁自律情况,经查实存在问题的依法依规严肃处理。

(二十二)改进专家遴选制度。

充分发挥专家咨询作用,项目评估评审应当以同行专家为主,吸收省外、国外高水平专家参与,评估评审专家中科研一线人员的比例应当达到75%左右。扩大企业专家参与市场导向类项目评估评审的比重。推动学术咨询机构、协会、学会等更多参与项目评估评审工作。建立专家库,实行评估评审专家轮换、调整机制和回避制度。项目评估评审从专家库中随机抽取同行业专家。

(二十三)建立省级科技报告制度。

省科技行政主管部门要会同有关部门建立省级科技报告制度,制定科技报告的标准和规范,完善国家和省级科技报告的共享服务,实现科技资源持续积累、完整保存和开放共享。省级财政资金支持的科研项目,项目承担者必须按规定提交科技报告。

(二十四)完善激发创新创造活力的配套制度。

完善科研人员收入分配政策,健全与岗位职责、工作业绩、实际贡献紧密联系的分配激励机制。健全科技人才流动机制,鼓励科研院所、高等学校与企业创新人才双向交流。加强知识产权运用和保护,推进科技评价和奖励制度改革,充分调动项目承担单位和科研人员的积极性和创造性。

六、明确和落实各方管理责任

(二十五)项目承担单位要强化法人责任。

项目承担单位是科研项目实施和资金管理使用的责任主体,要切实履行在项目申请、组织实施、验收和资金使用等方面的管理职责,加强支撑服务条件建设,提高对科研人员的服务水平,建立常态化的自查自纠机制,严肃处理本单位出现的违规行为。科研人员要弘扬科学精神,恪守科研诚信,强化责任意识,严格遵守科研项目和资金管理的各项规定,自觉接受有关方面的监督。项目承担单位内审和监督部门要建立抽查和核实制度。

(二十六)有关部门要落实管理和服务责任。

省科技行政主管部门要会同有关部门根据本意见精神制定科技工作重大问题会商与沟通的工作规则。项目主管部门要会同财政部门制定或修订各类科技专项资金管理制度。各有关部门要建立健全本部门内部控制和监管体系,加强对所属单位科研项目和资金管理内部制度的审查;督促指导项目承担单位和科研人员依法合规开展科研活动,做好常态化的政策宣传、培训和科研项目实施中的服务工作。

(二十七)财政部门要加强监督检查和绩效评价。

省财政部门和业务主管部门要制定或修订各类科技专项资金管理办法。省财政部门对专项资金预算执行、资金使用效益和财务管理实行监督检查,对重点项目资金实施重点检查;按照《广东省省级专项资金管理办法》等有关规定以及年度工作计划,组织开展重点评价或引入第三方评价。省业务主管部门按规定开展绩效自评,并配合省财政部门做好其他绩效评价工作。

(二十八)审计部门要加强审计监督。

省审计部门独立对各类科研项目资金使用管理情况实施审计,监督财政资金的分配、使用和效果；对审计发现的违规违纪线索，要及时移交省纪检监察机关。

（二十九）监察部门依法实施监督。

省纪检监察机关派驻（出）机构应协助所在部门针对关键岗位、重点环节廉政风险点建立健全规章制度，开展制度廉洁性审查，加强对科研项目资金管理全过程的监督，针对审批等重点环节建立抽查制度。

各地级以上市可参照本意见，制订加强本地财政科研项目和资金管理的具体办法。

广东省人民政府

2014年6月4日

关于印发《广东省产业技术创新与科技金融结合专项资金管理办法》的通知

(粤财工〔2014〕262号)

各地级以上市财政局、科技主管部门，顺德区财税局、经济和科技促进局，财政省直管县（市）财政局、科技主管部门：

为规范专项资金的管理，提高资金使用效益，根据《广东省人民政府关于印发广东省省级财政专项资金管理办法的通知》（粤府〔2013〕125号）的有关规定，省财政厅会同省科技厅制定了《广东省产业技术创新与科技金融结合专项资金管理办法》，现印发给你们，请遵照执行。执行中遇到的问题，请向省财政厅、省科技厅反映。

2014年8月4日印发

广东省产业技术创新与科技金融结合专项资金管理办法

第一章 总则

第一条 为加强和规范对省产业技术创新与科技金融结合专项资金的管理，提高资金使用效益，根据《广东省省级财政专项资金管理办法》（粤府〔2013〕125号）等规定，结合我省科技创新发展工作实际，制定本办法。

第二条 本办法所称广东省产业技术创新与科技金融结合专项资金（以下简称专项资金）是指由省级财政预算安排专项用于引导和带动社会资本参与科技创新、支持自主创新成果转化与产业化的资金。

第三条 专项资金管理坚持公开、公平、公正、依法依规、市场导向、杠杆带动、绩效管理、科学分配的原则。

第二章 部门职责

第四条 省财政厅负责专项资金预算管理，牵头制定专项资金管理办法；配合省科技厅印发申报指南、评审、编制、下达项目计划，审核拨付专项资金，组织实施专项资金财政监督检查和重点绩效评价等。

第五条 省科技厅负责专项资金的具体管理和项目管理工作，会同省财政厅编制专项资金年度安排总体计划、组织项目申报、评审、报批；负责组织项目实施、验收、信息公开、监督和绩效自评等工作。

第六条 市县科技主管部门负责组织当地项目审核及申报工作，负责组织当地项目实施、验收和绩效自评工作。省属企业集团（或主管部门）、中央驻粤单位负责组织本系统项目审核及申报工作，负责组织项目实施、验收和绩效自评等工作。

第七条 市县财政部门负责配合当地科技主管部门组织项目审核及申报工作，及时按规定拨付项目资金，对项目资金进行监督检查。

第三章 支持范围

第八条 专项资金的支持对象，为在广东省内注册，具有健全的财务管理机构和财务管理制度的企业及其他有关单位。

第九条 专项资金围绕全省重点领域、重点产业的重大科技需求，重点用于以下范围：

（一）调动全省信贷机构扩大科技项目和科技型中小企业信贷规模和提升科技项目和科技型中小企业信贷额度；

（二）调动全省风险投资机构对科技型中小企业的投资；

（三）科技型企业研发费用、科技保险费用补贴；

（四）全省科技金融服务体系建设；

（五）产业技术创新和产业化项目以及省委省政府指定需要支持的其他项目。

第四章 分配管理

第十条 专项资金主要采用竞争性评审方式进行分配。具体按照《广东省省级财政专项资金竞争性分配管理办法》（粤财预〔2014〕155号）规定办理。

其中采取股权投资方式扶持的按《广东省人民政府办公厅关于省财政经营性资金实施股权投资管理的意见（试行）》（粤府办〔2013〕16号）等有关规定执行。

第十一条 专项资金审批实行年度安排总体计划及具体实施项目复式审批制度。

（一）年度安排总体计划审批。省科技厅在收到省财政厅下达的预算执行通知后15个工作日内，提出年度安排总体计划（含专项资金安排额度、分配办法、支持方向和范围等），会同省财政厅按程序报省领导审批。

（二）年度具体实施项目审批。省科技厅会同省财政厅对年度申报项目提出专项资金分配计划（列至具体用款单位、项目、金额），按程序公示后报省领导审批。

第五章 资金申报

第十二条 省科技厅会同省财政厅联合下发年度专项资金申报通知，明确申报条件、扶持范围、扶持对象等内容，依托省政府网上办事大厅省级财政专项资金管理平台做好专项资金申请受理、前置审核和信息公开等工作。

第十三条 各地按照年度专项资金申报通知要求，组织审核后由各地科技部门会同财政部门将项目联合上报省科技厅和省财政厅。省属及中央驻粤单位的项目由省属企业集团（或主管部门）、中央驻粤单位参照各地要求直接向省科技厅、省财政厅申报。项目申报单位对上报项目的真实性和可行性负责。

第十四条 项目申报单位原则上不得以同一实施内容的项目重复申报或多头申报专项资金，同一实施内容的项目确因特殊情况已申报其他专项资金的，必须在申报材料中注明原因。

第六章 资金审核及拨付

第十五条 省科技厅会同省财政厅按规定通过省级财政专项资金管理平台受理项目申请，对各地上报项目按《广东省省级财政专项资金竞争性分配管理办法》规定进行竞争性评审。省科技厅会同省财政厅根据评审情况，形成专项资金分配计划，符合省级财政资金项目库管理要求的项目，逐步纳入项目库管理，实行滚动支持或分期实施，具体按照《广东省省级财政资金项目库管理办法》规定办理。

第十六条 专项资金分配计划按规定由省科技厅会同省财政厅按程序进行公示，并按规定报批。

第十七条 专项资金分配计划经批准后，由省科技厅会同省财政厅下达项目计划。省财政厅按资金管理规定下达资金，办理预算下达和资金拨付手续。

第十八条 专项资金采用无偿补助、融资补贴、股权投资、产业基金、引导性投资、风险补偿、创新联动等多种方式予以支持。支持方式在当年申报指南中一并予以明确，并按照有关配套的操作细则进行管理。

第七章 信息公开

第十九条 专项资金实行信息公开。省科技厅会同省财政厅按《广东省省级财政专项资金信息公开办法》规定在省级财政专项资金管理平台及省科技厅、省财政厅部门门户网站上公开如下信息：

（一）专项资金管理办法。

（二）专项资金申报通知，包括申报条件、扶持范围、扶持对象等内容。

（三）项目资金申报情况，包括申报单位、申报项目、申请金额等。

（四）资金分配程序和分配方式，包括资金分配各环节的审批内容和时间要求、资金分配办法、审批方式等。

（五）专项资金分配结果，包括资金分配项目及扶持金额，项目所属单位或企业的基本情况等。

（六）专项资金绩效评价、监督检查和审计结果，包括项目财务决算报告、项目验收情况、绩效评价自评和重点评价报告。第三方评价报告、财政财务监督检查报告、审计结果公告等。

（七）接受、处理投诉情况，包括投诉事项和原因、投诉处理情况等。

（八）其他按规定应公开的内容。

第八章 监督检查和绩效评价

第二十条 专项资金支持项目实行承诺函及合同制管理，项目单位提出资金申报时需向省科技厅、省财政厅提交承诺函，确保申报项目和材料的真实性、符合性及资金专款专用。项目立项时，由科技厅与项目承担单位签订项目合同书。项目完毕后，各项目承担单位应及时对项目经费使用情况进行财务决算。各地科技主管部门、财政部门根据资金使用情况进行检查抽查，并按规定对有关项目组织验收。

第二十一条 建立包括绩效目标申报审核、绩效跟踪督查、绩效评价和绩效问责的绩效管理机制。省财政厅负责组织开展绩效评价工作，并视工作需要组织开展重点绩效评价工作。省科技厅负责制定专项资金绩效目标，组织做好绩效自评工作，会同省财政厅落实绩效监测督查、绩效评价和绩效问责工作。

第二十二条 省科技厅、省财政厅根据实际情况，可采取定期检查、不定期抽查或委托项目所在地科技主管部门和财政部门（或评审机构）等方式，对资金的使用和项目实施情况进行督促检查。各地科技主管部门负责对项目实施情况进行管理和监督，各地财政部门负责对专项资金的使用情况进行管理和监督。

第二十三条 获得专项资金的单位要切实加强对专项资金的使用管理，自觉接受财政、审计、监察部门的监督检查，严格执行财务规章制度和会计核算办法。

第二十四条 专项资金管理实行责任追究机制。对弄虚作假、截留、挪用、挤占专项资金等行为，按《财政违法行为处罚处分条例》（国务院令427号）的相关规定进行处理，并依法追究有关单位及其相关人员责任。

第二十五条 实行重大事项报告审批制度。项目承担单位按照合同书的规定组织项目的实施和管理。项目在执行过程中因故变更或中止时，项目承担单位应逐级报科技主管部门、财政部门申请项目变更或中止。对省级科技部门、财政部门联合批复中止的项目，省财政厅将按规定收回专项资金。对擅自变更或中止项目的，除收回资金外，取消项目承担单位申报省级科技类财政资金资格，涉及本章第二十四条行为的，按照第二十四条规定处理。

第九章 附则

第二十六条 本办法由省财政厅、省科技厅负责解释。

第二十七条 本办法自印发之日起施行。

关于印发《广东省基础与应用基础研究专项资金（省自然科学基金）管理办法》的通知

（粤财教〔2014〕274号）

各地级以上市财政局（委）、科技局（委），顺德区财税局、经济和科技促进局，省直有关部门，中直驻粤有关单位：

为加强广东省基础与应用基础研究专项资金（省自然科学基金）的使用管理，提高资金使用效益，根据《广东省人民政府关于印发广东省省级财政专项资金管理办法的通知》（粤府〔2013〕125号）及有关制度规定，省财政厅和省科技厅制定了《广东省基础与应用基础研究专项资金（省自然科学基金）管理办法》，现予印发，请遵照执行。执行中如遇问题，请及时反馈省财政厅和省科技厅。

2014年9月3日印发

广东省基础与应用基础研究专项资金（省自然科学基金）管理办法

第一章 总则

第一条 为规范广东省基础与应用基础研究专项资金（省自然科学基金）管理，提高资金使用效益，根据省政府《广东省省级财政专项资金管理办法》、《关于加强广东省省级财政科研项目和资金管理的实施意见》（粤府〔2014〕31号）以及《关于进一步加强科研项目（课题）经费监管的暂行规定》（粤监发〔2014〕6号）等有关规定，制定本办法。

第二条 广东省基础与应用基础研究专项资金（省自然科学基金，以下简称"专项资金"）是指省财政预算安排的用于资助我省高校、研究院所与医院等科研机构围绕广东发展需求开展基础与应用基础研究和优秀科研人才培养的专项资金。

广东省基础与应用基础研究专项资金包括省自然科学基金和NSFC广东联合基金。其中，根据《国家自然科学基金委员会广东省人民政府关于设立联合基金的协议书》的规定，NSFC广东联合基金作为国家自然科学基金的组成部分，按照国家自然科学基金运作机制和有关项目管理办法执行。省自然科学基金适用本办法。

第三条 专项资金的使用和管理应遵循突出重点、竞争择优、强化监管、注重绩效的原则。

第二章 部门职责

第四条 省财政厅负责专项资金管理，牵头制订专项资金管理办法，共同发布申报指南，审核专项资金安排计划，办理专项资金拨付，组织实施专项资金监督检查和总体绩效评价。

第五条 省科技厅负责专项资金的具体管理，制订专项资金的年度安排总体计划，牵头编制并会同省财政厅发布专项资金申报指南，组织项目的申报、审核和评审，提出专项资金明细分配计划，负责公开专项资金有关信息，对专项资金项目实施情况进行监督检查和绩效自评，组织专项资金项目验收结题等。

第六条 市、县财政部门负责及时将省财政安排的资金下达至下一级财政部门或项目单位，严格按照国库集中支付规定及时审核拨付资金；加强对资金拨付、使用的监督，配合开展专项资金的财政监督检查和绩效评价。

第七条 项目主管部门（包括省直有关部门、各地级以上市科技行政管理部门和其他有关单位）承担项目推荐审查、项目实施和资金使用情况的监督管理等工作，加强对推荐项目申报材料的真实性审查。

第八条 项目承担单位应对申报项目及相关资料的合法性、真实性和可行性负责，严格按照经批准的项目申报计划、实施方案和绩效目标组织项目实施，按规定开展绩效自评，自觉接受和配合有关部门的监督管理。

第三章 扶持范围和分配办法

第九条 省自然科学基金主要资助广东省境内的高校、研究院所与医院等科研机构开展的基础与应用基础研究项目和优秀科研人才培养。资助项目包括研究团队、杰出青年项目、重点项目和面上项目（包括自由申请项目和博士科研启动项目），并视科研发展需要新增设立专题基金项目。

（一）省自然科学基金研究团队重点资助全省经济、社会发展的重大科技问题研究，鼓励跨部门和地区、多学科的合作研究。研究团队是团结协作、勇于创新的优秀科学家群体。研究期限为5年。支持方式为事前立项补助。

（二）省自然科学基金杰出青年项目目的在于促进我省优秀青年科技人才脱颖而出、加快成长，围绕落实创新驱动发展、推动转型升级的战略目标，培养一批具有重大原始创新能力的青年人才。研究期限为4年。支持方式为事前立项补助。

（三）省自然科学基金重点项目主要支持科研人员在面上项目前期成果基础上的纵深突破。研究期限为3年。支持方式为事前立项补助。

（四）省自然科学基金自由申请项目鼓励自由探索，突出自主创新，重点支持青年科学家开展创新研究。研究期限为3年。支持方式为事前立项补助。

（五）省自然科学基金博士科研启动项目资助具有博士学位的青年科研人员开展基础研究。研究期限为3年。支持方式为事前立项补助。

第十条 专项资金评审、后续管理、结题验收、绩效评价等工作经费由省科技厅提出申请，经省财政厅审核后在专项资金中列支。

第十一条 专项资金主要采取专家评审为主并结合集体研究等方式进行竞争性分配。

第四章 申报与审批

第十二条 专项资金审批实行年度安排总体计划及具体实施项目复式审批制度。

（一）年度安排总体计划审批。省科技厅在收到省财政厅下达的预算执行通知15个工作日内提出年度资金安排总体计划，会同省财政厅按程序报省领导审批。

（二）年度具体实施项目审批。省科技厅会同省财政厅对符合申报条件的项目进行审核，提出专项资金明细分配方案，按程序公示后报省领导审批。

第十三条 申报及审批程序

（一）省科技厅会同省财政厅通过省级财政专项资金管理平台（以下简称管理平台）发布专项

资金申报指南，提出申报程序和相关要求。

（二）专项资金项目采取推荐申报的方式。申报单位依据专项资金申报指南通过管理平台办理项目申报，同时提供纸质资料。

（三）省科技厅会同省财政厅对申报项目在管理平台上进行前置审核，并对符合申报条件的项目予以受理，对不符合申报条件的项目予以退回并说明原因。

（四）省科技厅会同省财政厅对通过前置审查的申报项目组织评审，严格执行内部制衡机制。

（五）省科技厅会同省财政厅提出专项资金明细分配方案，并在管理平台上公示无异议后，按规定程序报请省领导审批。

第十四条 省科技厅通过社会招标程序进选科技中介服务机构承担科研项目管理过程中产生的事务性及管理性工作，建立健全监管、评价机制。

第十五条 项目申报单位同一研究项目不得重复、多头申报。省财政厅会同省直有关部门结合信息公开工作建立联动协作机制，建立申报项目查重机制，申报项目必须经过查重程序，防止重复、多头申报。

第十六条 项目评审。投票制评审未达到半数同意的或评分制评审得分排名在同一评审组最后40%的项目，原则上不得进入下一评审阶段（需多轮评审的项目）或进行立项。

第十七条 专项资金逐步纳入省级财政资金项目库管理。实行项目库管理后，有关审批方式及程序具体按《广东省省级财政资金项目库管理办法》执行。

第五章 资金管理

第十八条 省财政厅对按规定批准使用的省自然科学基金经费按照预算及国库管理规定办理预算下达和资金拨付手续。

第十九条 财政资助项目经费可用于以下开支：

（一）科研业务费：计算、测试、分析费（使用本单位设备的只收消耗费），本项目所必需的国内调研和学术会议费，业务资料、报告、论文版面费和印刷费，文献检索、入网等信息通信费，学术刊物订阅费。

（二）实验材料费：原材料、试剂、药品等消耗性物品购置费，实验动物、植物的购置、种植、养殖费，标本、样品采集加工费和运杂包装费。

（三）仪器设备费：专用仪器设备的购置、运输、安装费和修理费，自制专用仪器设备的材料、配件购置费和外协加工费。但交通运输设备、声像录放设备、复制打印设备、空调冷藏设备、办公设备等费用不得列入。

（四）实验室改装费：根据资助项目研究工作需要，为改善资助项目研究的实验条件，对实验室进行的简单装修费用。实验室扩建、土建、房屋维修等费用不得列入。

（五）协作费：为项目合作单位以外的单位协作承担自然科学基金项目部分研究试验工作的费用。

（六）人员费：是指在项目研究开发过程中支付给项目组成员及项目组临时聘用人员的人力资源成本费。人员费最高不超过项目经费总额的30%，软科学研究项目和软件开发类项目人员费用列文比例不得超过项目经费总额的50%。

（七）专家咨询费：是指在项目研究开发过程中支付给临时聘请的咨询专家的费用，专家咨询费不得支付给参与项目管理相关工作人员。

（八）国际合作与交流费：是指用于与资助项目研究工作有直接关系的国际合作与交流费用，包括项目组人员出访及外国专家来访的部分费用，所需外汇额度由项目依托单位自行解决。其中：滚动资助项目国际合作与交流经费不得超过财政资助项目经费的10%，其他类别项目不得超过财政资助项目经费的15%。

（九）管理费：指项目依托单位为组织和支持项目研究而支出的费用，包括项目执行中公用仪器设备、房屋占用、水电等。管理费不得超过财政资助项目经费的5%（协作单位不得重复提取），不得层层重复提取或提高限额。有合作单位的项目按各自的研究经费提取管理费。

第二十条 经费使用单位必须加强对省自然科学基金经费使用的管理，严格执行财务规章制度和会计核算办法，各项支出必须严格控制在批准的范围及开支标准内，严格执行财政资金使用票据销账制度，严禁用"白头单"入账或套取现金。

第六章 信息公开

第二十一条 省科技厅、省财政厅应按照《广东省省级财政专项资金信息公开办法》的规定，通过管理平台以及省科技厅和省财政厅门户网站公开专项资金如下信息：

（一）专项资金管理办法；

（二）专项资金申报指南，包括申报条件、扶持范围、扶持对象、审批部门、经办部门、经办人员、查询电话等；

（三）项目资金申报情况，包括申报单位、申报项目、申请金额等；

（四）资金分配程序和分配方式，包括资金分配各环节的审批内容和时间要求、资金分配办法、审批方式等；

（五）专项资金分配结果，包括资金分配明细项目、金额、项目所属单位、项目负责人等；

（六）专项资金绩效评价、监督检查、审计结果和验收结果（结论），包括项目财务决算报告、项目验收情况、绩效自评、重点评价和第三方评价报告、财政财务监督检查报告、审计结果公告等；

（七）接受、处理投诉情况，包括投诉事项和原因、投诉处理情况等；

（八）其他按规定应公开的内容。

第二十二条 涉及国家秘密的，按照有关保密要求办理。

第二十三条 因项目性质特殊等原因采用定向委托（或组织申请）的项目，应当公开说明，做好方案论证工作，并将论证结果和经费开支预算审核情况对外公开。

第七章 监督管理和绩效评价

第二十四条 省财政厅、省审计厅、省纪检监察部门对专项资金预算执行、资金使用效益和财务管理等方面的情况进行监督检查。省科技厅驻厅纪检组应当推动省科技厅针对廉政风险点建立健全规章制度，开展制度廉洁性审查，并对科研项目管理全过程特别是立项审批开展随机抽查，抽查比例不低于经费总额的3%。

第二十五条 省科技厅会同省财政厅加强对专项资金的监督管理，及时组织结题验收。项目完成后，项目承担单位应当及时做好总结，编制项目决算，按时提交验收或结题申请，无特殊原因未按时提出验收申请的，按不通过验收处理。省财政资助100万元以上（含100万元）的项目应当在结题验收前组织财务验收，财务验收不合格的项目按不通过验收处理。验收不通过的，受资助人及其用人单位应在接到通知1个月内提出整改措施，在半年内整改完善并重新接受验收。

重新验收仍未通过的，视为结题验收不通过。结题验收不通过的，由省科技厅和省财政厅按合同约定并视情节轻重追回全部或部分已拨资金。

第二十六条 实施项目全过程痕迹管理。省科技厅按照过程留痕原则，建立完善档案管理制度，如实记录指南编制、专家评审、立项及资金安排、实施、评价等核心环节信息，对视频与会议评审等关键环节进行录音录像，实现项目管理全过程可申诉、可查询、可追溯的"痕迹管理"。

第二十七条 省科技厅按照《广东省人民政府关于印发广东省省级财政专项资金管理办法的通知》（粤府〔2013〕125号）和《广东省财政支出绩效评价试行方案》（粤财评〔2004〕1号）的规定，组织各地级以上市科技主管部门、项目承担单位开展专项资金绩效自评，并配合省财政厅做好其他评价工作；省财政厅将根据有关规定和年度工作计划组织专项资金绩效评价工作，评价结果作为专项经费安排、调整、撤销以及责任追究的重要依据。

第二十八条 专项资金实行责任追究制度。

（一）对各级财政、科技主管部门相关责任人在专项资金分配、审批过程中存在违法违纪行为的，依照有关规定处理。涉嫌犯罪的，移送司法机关依法处理。

（二）项目申报人（负责人）、参与人有伪造或者变造申请材料的，由省科技厅给予撤销当年申请省基金项目资格；其申请项目已决定资助的，撤销原资助决定，追回已拨付的基金资助经费；剽窃他人科学研究成果或者在科学研究中有弄虚作假等情节严重的行为，一经查实，由省科技厅直接作出终止基金资助项目实施的决定。有以上违法情形之一的，5年之内不得申请或者参与申请省自然科学基金项目，并向社会公开其不守信用信息。

（三）评审专家利用评审权索取、收受申报单位或个人财物的，省科技厅建立黑名单制度，登记其不良信用记录信息，通报其所在单位和有关项目组织单位，依照有关规定进行处理，并取消其评审资格。涉嫌犯罪的，移送司法机关依法处理。

（四）参与科研项目评审、评估、监督、成果评价与推广等管理工作的中介机构采用提供虚假的评估、检测结果或鉴定结论等方式谋取不正当利益的，给予责令改正、列入黑名单、取消资格等处罚。未认真履行职责的，由委托单位收回购买服务资金。涉嫌犯罪的，移送司法机关依法处理。

（五）市县有关部门未按规定将资金拨付到用款单位的，存在挤占、截留或挪用财政资金等违法违纪行为的，依照相应法律法规实施责任追究和处罚。

第八章 附则

第二十九条 本办法由省财政厅和省科技厅负责解释。第三十一条本办法自印发之日起执行，原《广东省自然科学基金项目管理办法》、《广东省自然科学基金项目资助经费管理办法》（粤科基办字〔2011〕1号）和《广东省自然科学杰出青年基金项目管理办法（试行）》（粤科基办字〔2012〕7号）同时废止。

关于印发《广东省公益研究与能力建设专项资金管理办法》的通知

(粤财教〔2014〕275号)

各地级以上市财政局（委）、科技局（委），顺德区财税局、经济和科技促进局，省直有关部门，中直驻粤有关单位：

为加强广东省公益研究与能力建设专项资金管理，提高资金使用效益，根据《广东省人民政府关于印发广东省省级财政专项资金管理办法的通知》（粤府〔2013〕125号）及有关制度规定，省财政厅和省科技厅制定了《广东省公益研究与能力建设专项资金管理办法》，现予印发，请遵照执行。执行中如遇问题，请及时反馈省财政厅和省科技厅。

2014年9月3日印发

广东省公益研究与能力建设专项资金管理办法

第一章 总则

第一条 为规范广东省公益研究与能力建设专项资金管理，提高资金使用效益，根据《关于改进加强中央财政科研项目和资金管理的若干意见》（国发〔2014〕11号）、《公益性行业科研专项经费管理试行办法》（财教〔2006〕219号）、《关于调整国家科技计划和公益性行业科研专项经费管理办法若干规定》（财教〔2011〕434号）、《广东省省级财政专项资金管理办法》、《关于加强广东省省级财政科研项目和资金管理的实施意见》（粤府〔2014〕31号）以及《关于进一步加强科研项目（课题）经费监管的暂行规定》（粤监发〔2014〕6号）等有关规定，制定本办法。

第二条 本办法所称公益研究与能力建设专项资金（以下简称专项资金），是指经省政府同意，由省级财政预算安排，用于支持面向产业和社会民生需求组织开展的公益研究与能力建设项目的专项资金。

第三条 专项资金的使用和安排应遵循突出重点、稳定支持、竞争择优、注重绩效的原则。

第二章 部门职责

第四条 省财政厅负责专项资金管理，牵头制订专项资金管理办法，共同发布申报指南，审核专项资金安排计划，办理专项资金拨付，组织实施专项资金监督检查和总体绩效评价。

第五条 省科技厅负责专项资金的具体管理，制订专项资金的年度安排总体计划，牵头编制并会同省财政厅发布专项资金申报指南，组织项目的申报、审核和评审，提出专项资金明细分配计划，负责公开专项资金有关信息，对专项资金项目实施情况进行监督检查和绩效自评，组织专项资金项目验收结题等。

第六条 市、县财政部门负责及时将省级财政安排的资金下达至下一级财政部门或项目单位，严格按照国库集中支付规定及时审核拨付资金；加强对资金拨付、使用的监督，配合开展专项资金的财政监督检查和绩效评价。

第七条 项目主管部门（包括省直有关部门、各地级以上市科技行政管理部门和其他有关单位）承担项目推荐审查、项目实施和资金使用情况的监督管理等工作，保证推荐项目申报材料的真实性。

第八条 项目承担单位应对申报项目及相关资料的合法性、真实性和可行性负责，严格按照经批准的项目申报计划、实施方案和绩效目标组织项目实施，按规定开展绩效自评，自觉接受和配合有关部门的监督管理。

第三章 扶持范围和分配方法

第九条 专项资金重点支持以下范围：

（一）省属科研机构改革创新。正确处理好省属科研机构稳定、改革与发展的关系，采用稳定扶持和竞争性支持相结合的方式，支持省属科研机构创新能力建设。支持方式为事前立项补助。

（二）科技基础条件建设。用于支持重点实验室等基础科研条件建设项目；支持省内科研院所、高校、医疗机构、新型科研机构等公益性科研单位开展的科研仪器设备研发、科学数据库、科技文献和科技期刊、生物种质资源、实验动物科学等科技基础条件建设项目。新建科技平台支持方式为事前立项补助，已建成的科技平台按照绩效给予后补助。

（三）大型仪器设备共享。引导省内高校、科研院所、新型科研机构等单位积极提供大型仪器设备共享服务，给予相应的共享服务后补助。

（四）国家部委在我省布局的大科学工程（如散裂中子源、中微子实验站、深圳和广州超算中心、国家基因库等）的基础研究项目。支持方式为事前立项补助。

（五）面向产业和社会民生的应用开发。支持省内高校、科研院所、医疗机构、新型科研机构等公益性研究单位开展第一、二、三次产业及社会民生领域中涉及的行业关键共性技术攻关及研究项目。支持方式为事前立项补助。

（六）软科学研究。支持开展技术预测、科技战略、技术规划、科技管理等软科学研究。支持方式为事前立项补助。

第十条 专项资金评审检查、审计验收、绩效评价等工作经费，由省科技厅提出，经省财政厅审核后在专项资金中列支。

第十一条 专项资金主要采取专家评审为主并结合集体研究等方式进行竞争性分配，具体分配方式按《广东省省级财政专项资金管理办法》（粤府〔2013〕125号）规定办理。

第四章 申报与审批

第十二条 专项资金项目申报单位应具备以下基本条件：

（一）高校、科研院所、新型科研机构等公益性研究单位。

（二）具有独立的法人资格。

（三）具有良好的诚信、社会信誉和综合实力，其中财务管理制度健全，会计信用和纳税信用好，能按期偿还银行贷款。

（四）项目申报指南要求具备的其他条件。

第十三条 专项资金审批实行年度安排总体计划及具体实施项目复式审批制度：

（一）年度安排总体计划审批。省科技厅在收到省财政厅下达的预算执行通知15个工作日内提出年度资金安排总体计划，会同省财政厅按程序报省领导审批。

（二）年度具体实施项目审批。省科技厅会同省财政厅对符合申报条件的项目进行审核，提出专项资金明细分配方案，按程序公示后报省领导审批。

第十四条 专项资金的申报及审批按以下程序进行：

（一）省科技厅会同省财政厅通过省级财政专项资金管理平台（以下简称管理平台）发布专项资金申报指南，提出申报程序和相关要求。

（二）专项资金项目采取逐级申报、择优推荐的方式。申报单位依据专项资金申报指南通过管理平台办理项目申报，同时提供纸质资料。申报单位应按隶属关系向省直有关部门、各地级以上市科技行政管理部门和其他有关单位申报，由省直有关部门、各地级以上市科技行政管理部门和其他有关单位审核汇总择优后，通过管理平台向省科技厅申报。

（三）省科技厅会同省财政厅对申报项目在管理平台上进行前置审查，并对符合申报条件的项目予以受理，对不符合申报条件的项目予以退回并说明原因。

（四）省科技厅会同省财政厅对通过前置审查的申报项目组织评审，严格执行内部制衡机制。

（五）省科技厅会同省财政厅提出专项资金明细分配方案，并在管理平台上公示无异议后，按规定程序报请省领导审批。

第十五条 省属科研机构改革创新竞争性项目、科研基础条件建设、大型仪器设备共享、面向产业和社会民生的应用开发、软科学研究专题以项目形式进行申报和管理；省属科研机构改革创新稳定性支持专题以非项目形式进行申报和管理。具体支持内容、方式在当年申报指南中予以明确。

第十六条 省科技厅通过社会招标程序遴选科技中介服务机构承担科研项目管理过程中产生的事务性及管理性工作，建立健全监管、评价机制。

第十七条 项目申报单位同一研究项目不得重复、多头申报。省财政厅会同省直有关部门结合信息公开工作建立联动协作机制，建立申报项目查重机制，申报项目必须经过查重程序，防止重复、多头申报。

第十八条 投票制评审未达到半数同意的或评分制评审得分排名在同一评审组最后40%的项目，原则上不得进入下一评审阶段（需多轮评审的项目）或进行立项。

第十九条 专项资金逐步纳入省级财政资金项目库管理。实行项目库管理后，有关审批方式及程序具体按《广东省省级财政资金项目库管理办法》执行。

第五章 资金管理

第二十条 省财政厅对按规定批准使用的专项资金按照预算及国库管理规定办理预算下达和资金拨付手续。

第二十一条 省科技厅根据专项资金安排文件与项目承担单位签订项目合同书。项目合同书应当包括项目目标任务、考核指标、验收方式方法、项目预算、补助经费额、项目实施期限等。

第二十二条 专项资金的开支范围包括直接费用和间接费用。

（一）直接费用是指在项目研究开发过程中发生的与之直接相关的费用，主要包括设备费、材料费、测试化验加工外协费、燃料动力费、差旅费、会议费、国际合作与交流费、出版/文献/信息传播/知识产权事务费、租赁费、人员费、专家咨询费和其他支出。

1.设备费：是指在项目研究开发过程中购置或试制专用仪器设备，以及对现有仪器设备进行升级改造的费用。项目经费要严格控制设备购置支出。

2. 材料费：是指在项目研究开发过程中消耗的各种原材料、辅助材料等低值易耗品的采购及运输、装卸、整理等费用。

3. 测试化验加工费：是指在项目研究过程中支付给外单位（包括项目承担单位内部独立经济核算单位）的检验、测试、化验及加工等费用。

4. 燃料动力费：是指在项目研究开发过程中相关大型仪器设备、专用科学装置等运行发生的可以单独计量的水、电、气、燃料消耗费用等。

5. 差旅费：是指在项目研究开发过程中开展科学实验（试验）、科学考察、业务调研、学术交流、业务培训等所发生的外埠差旅费、市内交通费用等。差旅费的开支标准应按照有关规定执行。

6. 会议费：是指项目在研究开发过程中为组织开展学术研讨、咨询以及协调项目等活动而发生的会议费用。项目承担单位应按照有关规定，严格控制会议规模、会议数量、会议开支标准和会期。

7. 国际合作与交流费：是指在项目研究开发过程中项目研究人员出国及外国专家来华工作的费用。国际合作与交流费应严格执行国家和省外事经费管理的有关规定。

8. 出版/文献/信息传播/知识产权事务费：是指在项目研究开发过程中，需要支付的出版费、资料费、专用软件购买费、文献检索费、专业通信费、专利申请及其他知识产权事务等费用。

9. 租赁费：是指在项目研究开发过程中租赁外单位的专用仪器、设备、车辆、场地、试验基地等发生的租金支出。

10. 人员费：是指在项目研究开发过程中支付给项目组成员及项目组临时聘用人员的人力资源成本费。人员费最高不超过项目经费总额的30%，软科学研究项目和软件开发类项目人员费用列支比例不得超过项目经费总额的50%。

11. 专家咨询费：是指在项目研究开发过程中支付给临时聘请的咨询专家的费用，专家咨询费不得支付给参与项目管理相关工作人员。

12. 其他支出：指在项目研究开发过程中发生的其他与项目相关的直接费用，如技术引进费等。

（二）间接费用是指项目承担单位在组织实施项目过程中发生的无法在直接费用中列支的相关费用。主要包括项目承担单位为项目研究提供的现有仪器设备及房屋，水、电、气、暖等方面的消耗，以及有关项目管理发生的支出。间接费用使用分段超额累退比例法计算并实行总额控制，按照不超过项目经费中直接费用扣除设备购置费后的一定比例核定，具体比例如下：

500万元及以下部分不超过15%；

超过500万元至1000万元的部分不超过8%；

超过1000万元的部分不超过5%。

间接费用按项目统一核定，由项目主承担单位和参与单位根据各自承担的研究任务和经费额度，协商提出分配方案，在项目申报书与合同书中明确，并分别纳入各自单位财务统一管理，统筹安排使用。项目主承担单位和参与单位不得在核定的间接费用以外再以任何名义在项目经费中重复提取、列支相关费用。

第二十三条 项目承担单位必须严格执行财务规章制度和会计核算办法，各项支出必须严格控制在批准的范围及开支标准内，保证按资金使用计划专款专用，并自觉接受财政、审计、监察和科技等部门对专项资金使用情况的监督检查。

第二十四条 项目承担单位应依法依规使用项目资金，严禁擅自转拨资金，严禁利用虚假票据套取资金，严禁通过编造虚假合同、虚构人员名单等方式虚报冒领人员费和专家咨询费，严禁通过虚构测试化验内容、提高测试化验支出标准等方式违规开支测试化验加工费，严禁随意调账变动支出、随意修改记账凭证、以表代账应付财务审计和检查。

第二十五条 项目承担单位应规范使用科研项目资金结算方式。科研院所、高等学校等事业单位承担项目所发生的会议费、差旅费、小额材料费和测试化验加工费等，应按规定实行"公务卡"结算；企业承担的项目，上述支出也应采用非现金方式结算。项目承担单位对设备费、大宗材料费和测试化验加工费、人员费、专家咨询费等支出，原则上应当通过银行转账方式结算。

第二十六条 实行重大事项报告审批制度。项目承担单位应按照合同书的规定组织项目的实施和管理。项目实施过程中确因不可抗力或其他特殊情况致使项目不能依约完成、需要调整的，按照规定程序报请省科技厅和省财政厅予以调整或变更。未经批准，不得随意调整变更实施项目和专项资金。

第二十七条 项目预算总额不变，合作单位之间以及增加或减少合作单位的预算调整，应当报省科技厅批准。项目预算总额不变，直接费用中材料费、测试化验加工费、燃料动力费、出版/文献/信息传播/知识产权事务费、其他支出预算如需调整，项目负责人根据实施过程中科研活动的实际需要提出申请，由项目承担单位审批，省科技厅在中期财务检查或财务验收时予以确认。设备费、差旅费、会议费、国际合作与交流费、劳务费、专家咨询费预算一般不予调增，如需调减可按上述程序调剂用于课题其他方面支出。间接费用不得调整。

第二十八条 项目实施期满，项目承担单位应对项目经费使用情况进行财务决算，并向省科技厅提出验收申请。省科技厅负责组织项目验收，分析总结项目执行情况。项目结余资金按财政结余结转有关规定处理。

第六章　信息公开

第二十九条 除因涉密要求外，省科技厅、省财政厅按照《广东省省级财政专项资金信息公开办法》有关规定在管理平台、省科技业务管理阳光政务平台、省财政厅门户网站向社会公开项目、资金管理的相关信息。公开信息包括：

（一）专项资金管理办法。

（二）专项资金申报指南，包括申报条件、扶持范围、扶持对象、审批部门、经办部门、经办人员、查询电话等。

（三）项目资金申报情况，包括申报单位、申报项目、申请金额等。

（四）资金分配程序和分配方式，包括资金分配各环节的审批内容和时间要求、资金分配办法、审批方式等。

（五）专项资金分配结果，包括资金分配明细项目、金额、项目所属单位、项目负责人等。

（六）专项资金绩效评价、监督检查、审计结果和验收结果（结论），包括项目财务决算报告、项目验收情况、绩效自评、重点评价和第三方评价报告、财政财务监督检查报告、审计结果公告等。

（七）接受、处理投诉情况，包括投诉事项和原因、投诉处理情况等。

（八）其他按规定应公开的内容。

第三十条 因项目性质特殊等原因采用定向委托（或组织申请）的项目，应当公开说明，做好方案论证工作，并将论证结果和经费开支预算审核情况对外公开。

第七章 监督管理和绩效评价

第三十一条 省财政厅、省审计厅、省纪检监察部门对专项资金预算执行、资金使用效益和财务管理等方面的情况进行监督检查。驻省科技厅纪检组应当推动省科技厅针对廉政风险点建立健全规章制度，开展制度廉洁性审查，并对科研项目管理全过程特别是立项审批开展随机抽查，抽查比例不低于经费总额的3%。

第三十二条 省科技厅会同省财政厅加强对专项资金的监督管理，及时组织结题验收。项目完成后，项目承担单位应当及时做好总结，编制项目决算，按时提交验收或结题申请，无特殊原因未按时提出验收申请的，按不通过验收处理。省财政资助100万元以上（含100万元）的项目应当在结题验收前组织财务验收，财务验收不合格的项目按不通过验收处理。验收不通过的，受资助人及其用人单位应在接到通知1个月内提出整改措施，在半年内整改完善并重新接受验收。第二次验收仍不通过的，或者整改通知发出之日起6个月内未重新提出申请的，自动转入终止结题程序处理。并对项目承担单位和负责人进行信用评价降级处理。由省科技厅和省财政厅按合同约定并视情节轻重追回全部或部分已拨资金。

第三十三条 实施项目全过程痕迹管理。省科技厅按照过程留痕原则，建立完善档案管理制度，如实记录指南编制、专家评审、立项及资金安排、实施、评价等核心环节信息，对视频与会议评审等关键环节进行录音录像，实现项目管理全过程可申诉、可查询、可追溯的"痕迹管理"。

第三十四条 省科技厅按照《广东省省级财政专项资金管理办法的通知》（粤府〔2013〕125号）和《广东省财政支出绩效评价试行方案》（粤财评〔2004〕1号）的规定，组织各地级以上市科技主管部门、项目承担单位开展专项资金绩效自评，并配合省财政厅做好其他评价工作；省财政厅将根据有关规定和年度工作计划组织专项资金绩效评价工作，评价结果作为专项经费安排、调整、撤销以及责任追究的重要依据。

第三十五条 实行专项资金管理责任追究机制。

（一）对各级财政、科技主管部门相关责任人在专项资金分配、审批过程中存在违法违纪行为的，依照有关规定处理。涉嫌犯罪的，移送司法机关依法处理。

（二）申报单位、组织或个人在专项资金申报、使用过程中存在弄虚作假骗取专项资金、擅自改变专项资金用途等违法违纪行为的，依照相应法律法规实施责任追究和处罚，追回财政专项资金，5年内停止其申报专项资金资格，并登记不良信用记录信息。

（三）评审专家利用评审权索取、收受申报单位或个人财物的，省科技厅建立黑名单制度，登记其不良信用记录信息，通报其所在单位和有关项目组织单位，依照有关规定进行处理，并取消其评审资格。涉嫌犯罪的，移送司法机关依法处理。

（四）参与科研项目评审、评估、监督、成果评价与推广等管理工作的中介机构采用提供虚假的评估、检测结果或鉴定结论等方式谋取不正当利益的，给予责令改正、列入黑名单、取消资格等处罚。未认真履行职责的，由委托单位收回购买服务资金。涉嫌犯罪的，移送司法机关依法处理。

（五）市县有关部门未按规定将资金拨付到用款单位的，存在挤占、截留或挪用财政资金等违法违纪行为的，依照相应法律法规实施责任追究和处罚。

第八章 附则

第三十六条 实施后补助管理的项目按照《广东省省级财政专项资金后补助管理规定》实施。《广东省省级财政专项资金后补助管理规定》由省财政厅会同有关部门另行制订。

第三十七条 本办法由省财政厅、省科技厅负责解释。第三十八条本办法自印发之日起执行。原《广东省科学事业费管理改革办法（试行）》（粤科财字〔1999〕131号）、《广东省实验室体系建设专项资金管理暂行办法》（粤财教〔2010〕214号）同时废止。

关于印发《广东省协同创新与平台环境建设专项资金管理办法》的通知

(粤财教〔2014〕280号)

各地级以上市财政局(委)、科技局(委),顺德区财税局、经济和科技促进局,省直有关部门,中直驻粤有关单位:

为加强广东省协同创新与平台环境建设专项资金管理,提高资金使用效益,根据《广东省人民政府关于印发广东省省级财政专项资金管理办法的通知》(粤府〔2013〕125号)及有关制度规定,省财政厅和省科技厅制定了《广东省协同创新与平台环境建设专项资金管理办法》,现予印发,请遵照执行。执行中如遇问题,请及时反馈省财政厅和省科技厅。

2014年9月5日印发

广东省协同创新与平台环境建设专项资金管理办法

第一章 总则

第一条 为规范协同创新与平台环境建设专项资金管理,提高资金使用效益,根据《关于改进加强中央财政科研项目和资金管理若干意见》(国发〔2014〕11号)、《广东省省级财政专项资金管理办法》、《关于加强广东省省级财政科研项目和资金管理的实施意见》(粤府〔2014〕31号)以及《关于进一步加强科研项目(课题)经费监管的暂行规定》(粤监发〔2014〕6号)等有关规定,制定本办法。

第二条 本办法所称的协同创新与平台环境建设专项资金(以下简称专项资金),是指经省政府同意,由省级财政预算安排,用于支持产学研协同创新和国际科技合作、创新载体和创新服务体系建设、营造创新创业环境的专项资金。

第三条 专项资金的使用和管理应遵循注重绩效、公平公正、杠杆引导、强化监管的原则。

第二章 部门职责

第四条 省财政厅负责专项资金管理,牵头制订专项资金管理办法,共同发布申报指南,审核专项资金安排计划,办理专项资金拨付,组织实施专项资金监督检查和总体绩效评价。

第五条 省科技厅负责专项资金的具体管理,制订专项资金的年度安排总体计划,牵头编制并会同省财政厅发布专项资金申报指南,组织项目的申报、审核和评审,提出专项资金明细分配计划,公开专项资金有关信息,对专项资金项目实施情况进行监督检查和绩效自评,组织专项资金项目验收结题等。

第六条 市、县财政部门负责及时将省级财政安排的资金下达至下一级财政部门或项目单位,严格按照国库集中支付规定及时审核拨付资金;加强对资金拨付、使用的监督,配合开展专项资金的财政监督检查和绩效评价。

第七条 项目主管部门（包括省直有关部门、各地级以上市科技行政管理部门和其他有关单位）承担项目推荐审查、项目实施和资金使用情况的监督管理等工作，加强推荐项目申报材料的真实性审查。

第八条 项目承担单位应对申报项目及相关资料的合法性、真实性和可行性负责，严格按照经批准的项目申报计划、实施方案和绩效目标组织项目实施，按规定开展绩效自评，自觉接受和配合有关部门的监督管理。

第三章 扶持范围和分配方法

第九条 专项资金重点支持范围如下：

（一）产学研协同创新与国际科技合作。重点支持省部院产学研结合形成的具有独立法人资格的新型研发机构，支持开展实质性产学研合作的企业研发机构、院士工作站、企业科技特派员工作站、产业技术创新联盟等公共创新平台建设，支持在我省实施重大科技成果落地转化及省际或国际科技合作产生的重大成果产业化项目。高校、科研院所等牵头承担的项目支持方式为事前立项补助，企业牵头承担的项目支出方式为后补助，有协议的涉外项目可按协议方式支持。

（二）重大科学工程创新与应用。重点支持国家部委在我省布局的大科学工程的产业化项目。支持方式为事前立项补助和后补助相结合。

（三）创新载体与创新服务体系建设。支持高新区、专业镇、孵化器、可持续发展试验区、民营科技园、农业科技园区等创新载体及具有辐射带动作用的各类专业镇中小微企业公共创新平台建设。支持科技服务体系建设，创新技术转移机制，完善技术交易体系，组织科技成果展览，知识产权转化应用和优秀科技成果产业化。支持方式为事前立项补助和后补助相结合。

（四）创新创业环境的营造。支持中小学举办科技竞赛等科普活动，支持建设省级青少年科技教育基地等科普载体，支持地方开展区域特色科普活动；支持企业或科技园区、高等学校、科研机构等开展人才培养和引进工作，支持开展广东省大学生创新创业大赛。支持方式为事前立项补助。

第十条 专项资金评审检查、审计验收、绩效评价等工作经费，由省科技厅提出，经省财政厅审核后在专项资金中列支。

第十一条 分配方法。专项资金主要采取专家评审为主并结合集体研究等方式进行竞争性分配，具体分配方式按《广东省省级财政专项资金管理办法》（粤府〔2013〕125号）规定办理。

第四章 申报与审批

第十二条 专项资金扶持项目应具备以下基本条件：

（一）符合国家和省国民经济发展规划、科学技术发展规划或其他有关规划要求。

（二）项目承担单位为省内注册的企业、高校、科研机构、事业单位或社会组织，具有独立的法人资格。

（三）项目承担单位具有良好的科研诚信、社会信誉和综合实力，其中企业财务管理制度健全、经济效益较好，会计信用和纳税信用好，具备项目经费单独核算管理的条件。

（四）项目研发及实施地在广东省境内。

（五）项目申报指南要求具备的其他条件。

第十三条 专项资金审批实行年度安排总体计划及具体实施项目复式审批制度。

（一）年度安排总体计划审批。省科技厅在收到省财政厅下达的预算执行通知15个工作日内提出年度资金安排总体计划，会同省财政厅按程序报省领导审批。

（二）年度具体实施项目审批。省科技厅会同省财政厅对符合申报条件的项目进行审核，提出专项资金明细分配方案，按程序公示后报省领导审批。

第十四条 申报及审批程序。

（一）省科技厅会同省财政厅通过省级财政专项资金管理平台（以下简称管理平台）发布专项资金申报指南，提出申报程序和相关要求。

（二）专项资金项目采取逐级申报、择优推荐的方式。申报单位依据专项资金申报指南通过管理平台办理项目申报，同时提供纸质资料。申报单位应按隶属关系向省直有关部门、各地级以上市科技行政管理部门和其他有关单位申报，省直有关部门、各地级以上市科技行政管理部门和其他有关单位对申报项目真实性审查后汇总择优，通过管理平台向省科技厅申报。

（三）省科技厅会同省财政厅对申报项目在管理平台上进行前置审查，并对符合申报条件的项目予以受理，对不符合申报条件的项目予以退回并说明原因。

（四）省科技厅会同省财政厅对通过前置审查的申报项目组织评审，严格执行内部制衡机制。

（五）省科技厅会同省财政厅提出专项资金明细分配方案，并在管理平台上公示无异议后，按规定程序报请省领导审批。

第十五条 具体各领域的支持方式在当年申报指南中予以明确，并按照有关配套的操作细则进行管理。

第十六条 省科技厅通过社会招标程序进选科技中介服务机构承担科研项目管理过程中产生的事务性及管理性工作，建立健全监管、评价机制。

第十七条 项目申报单位同一研究项目不得重复、多头申报。省财政厅会同省直有关部门结合信息公开工作建立联动协作机制，建立申报项目查重机制，申报项目必须经过查重程序，防止重复、多头申报。

第十八条 项目评审。投票制评审未达到半数同意的或评分制评审得分排名在同一评审组最后40%的项目，原则上不得进入下一评审阶段（需多轮评审的项目）或进行立项。

第十九条 专项资金逐步纳入省级财政资金项目库管理。实行项目库管理后，有关审批方式及程序具体按《广东省省级财政资金项目库管理办法》执行。

第五章 资金管理

第二十条 省财政厅对按规定批准使用的专项资金按照预算及国库管理规定办理预算下达和资金拨付手续。

第二十一条 省科技厅根据专项资金安排文件与项目承担单位签订项目合同书。项目合同书应当包括项目目标任务、考核指标、验收方式方法、项目预算、补助经费额、项目实施期限等。

第二十二条 专项资金的开支范围包括直接费用和间接费用。

（一）直接费用是指在项目研究开发过程中发生的与之直接相关的费用，主要包括设备费、材料费、测试化验加工外协费、燃料动力费、差旅费、会议费、国际合作与交流费、出版／文献／信息传播／知识产权事务费、租赁费、人员费、专家咨询费和其他支出。

1.设备费：是指在项目研究开发过程中购置或设置专用仪器设备，以及对现有仪器设备进行升级改造的费用。项目经费要严格控制设备购置支出。

2. 材料费：是指在项目研究开发过程中消耗的各种原材料、辅助材料等低值易耗品的采购及运输、装卸、整理等费用。

3. 测试化验加工外协费：是指在项目研究过程中支付给外单位（包括项目承担单位内部独立经济核算单位）的检验、测试、化验及加工等费用。

4. 燃料动力费：是指在项目研究开发过程中相关大型仪器设备、专用科学装置等运行发生的可以单独计量的水、电、气、燃料消耗费用等。

5. 差旅费：是指在项目研究开发过程中开展科学实验（试验）、科学考察、业务调研、学术交流、业务培训等所发生的外埠差旅费、市内交通费用等。差旅费的开支标准应按照有关规定执行。

6. 会议费：是指项目在研究开发过程中为组织开展学术研讨、咨询以及协调项目等活动而发生的会议费用。项目承担单位应按照有关规定，严格控制会议规模、会议数量、会议开支标准和会期。

7. 国际合作与交流费：是指在项目研究开发过程中项目研究人员出国及外国专家来华工作的费用。国际合作与交流费应严格执行国家和省外事经费管理的有关规定。

8. 出版/文献/信息传播/知识产权事务费：是指在项目研究开发过程中，需要支付的出版费、资料费、专用软件购买费、文献检索费、专业通信费、专利申请及其他知识产权事务等费用。

9. 租赁费：是指在项目研究开发过程中租赁外单位的专用仪器、设备、车辆、场地、试验基地等发生的租金支出。

10. 人员费：是指在项目研究开发过程中支付给项目组成员及项目组临时聘用人员的人力资源成本费。人员费最高不超过项目经费总额的30%，软科学研究项目和软件开发类项目人员费用列文比例不得超过项目经费总额的50%。

11. 专家咨询费：是指在项目研究开发过程中支付给临时聘请的咨询专家的费用，专家咨询费不得支付给参与项目管理相关工作人员。

12. 其他支出：指在项目研究开发过程中发生的其他与项目相关的直接费用，如技术引进费等。

（二）间接费用是指项目承担单位在组织实施项目过程中发生的无法在直接费用中列支的相关费用。主要包括项目承担单位为项目研究提供的现有仪器设备及房屋，水、电、气、暖等方面的消耗，以及有关项目管理发生的支出。间接费用使用分段超额累退比例法计算并实行总额控制，按照不超过项目经费中直接费用扣除设备购置费后的一定比例核定，具体比例如下：

500万元及以下部分不超过15%；

超过500万元至1000万元的部分不超过8%；

超过1000万元的部分不超过5%。

间接费用按项目统一核定，由项目主承担单位和参与单位根据各自承担的研究任务和经费额度，协商提出分配方案，在项目申报书与合同书中明确，并分别纳入各自单位财务统一管理，统筹安排使用。项目主承担单位和参与单位不得在核定的间接费用以外再以任何名义在项目经费中重复提取、列支相关费用。

第二十三条 项目承担单位必须严格执行财务规章制度和会计核算办法，各项支出必须严格控制在批准的范围及开支标准内，保证按资金使用计划专款专用，并自觉接受财政、审计、监察和科技等部门对专项资金使用情况的监督检查。

第二十四条 项目承担单位应依法依规使用项目资金，严禁擅自转拨资金，严禁利用虚假票据套取资金，严禁通过编造虚假合同、虚构人员名单等方式虚报冒领人员费和专家咨询费，严禁通过虚构测试化验内容、提高测试化验支出标准等方式违规开支测试化验加工费，严禁调账变动支出、修改记账凭证、以表代账应付财务审计和检查。

第二十五条 项目承担单位应规范使用科研项目资金结算方式。科研院所、高等学校等事业单位承担项目所发生的会议费、差旅费、小额材料费和测试化验加工费等，应按规定实行"公务卡"结算；企业承担的项目，上述支出也应当采用非现金方式结算。项目承担单位对设备费、大宗材料费和测试化验加工费、人员费、专家咨询费等支出，原则上应通过银行转账方式结算。

第二十六条 实行重大事项报告审批制度。项目承担单位应按照合同书的规定组织项目的实施和管理。项目实施过程中确因不可抗力或其他特殊情况致使项目不能依约完成、需要调整的，按照规定程序报请省科技厅和省财政厅予以调整或变更。未经批准，不得随意调整变更实施项目和专项资金。

第二十七条 项目预算总额不变，合作单位之间以及增加或减少合作单位的预算调整，应当报省科技厅批准。项目预算总额不变，直接费用中材料费、测试化验加工费、燃料动力费、出版/文献/信息传播/知识产权事务费、其他支出预算如需调整，项目负责人根据实施过程中科研活动的实际需要提出申请，由项目承担单位审批，省科技厅在中期财务检查或财务验收时予以确认。设备费、差旅费、会议费、国际合作与交流费、劳务费、专家咨询费预算一般不予调增，如需调减可按上述程序调剂用于课题其他方面支出。间接费用不得调整。

第二十八条 项目实施期满，项目承担单位应对项目经费使用情况进行财务决算，并向省科技厅提出验收申请。省科技厅负责组织项目验收，分析总结项目执行情况。项目结余资金按财政结余结转有关规定处理。

第六章　信息公开

第二十九条 除因涉密要求外，省科技厅、省财政厅按照《广东省省级财政专项资金信息公开办法》有关规定在管理平台、省科技业务管理阳光政务平台、省财政厅门户网站向社会公开项目、资金管理的相关信息。公开信息包括：

（一）专项资金管理办法。

（二）专项资金申报指南，包括申报条件、扶持范围、扶持对象、审批部门、经办部门、经办人员、查询电话等。

（三）项目资金申报情况，包括申报单位、申报项目、申请金额等。

（四）资金分配程序和分配方式，包括资金分配各环节的审批内容和时间要求、资金分配办法、审批方式等。

（五）专项资金分配结果，包括资金分配明细项目、金额、项目所属单位、项目负责人等。

（六）专项资金绩效评价、监督检查、审计结果和验收结果（结论），包括项目财务决算报告、项目验收情况、绩效自评、重点评价和第三方评价报告、财政财务监督检查报告、审计结果公告等。

（七）接受、处理投诉情况，包括投诉事项和原因、投诉处理情况等。

（八）其他按规定应公开的内容。

第三十条 因项目性质特殊等原因采用定向委托（或组织申请）的项目，应当公开说明，做好方案论证工作，并将论证结果和经费开支预算审核情况对外公开。

第七章 监督管理和绩效评价

第三十一条 省财政厅、省审计厅、省纪检监察部门对专项资金预算执行、资金使用效益和财务管理等方面的情况进行监督检查。驻省科技厅纪检组应当推动省科技厅针对廉政风险点建立健全规章制度，开展制度廉洁性审查，并对科研项目管理全过程特别是立项审批开展随机抽查，抽查比例不低于经费总额的3%。

第三十二条 省科技厅会同省财政厅加强对专项资金的监督管理，及时组织结题验收。项目完成后，项目承担单位应当及时做好总结，编制项目决算，按时提交验收或结题申请，无特殊原因未按时提出验收申请的，按不通过验收处理。省财政资助100万元以上（含100万元）的项目应当在结题验收前组织财务验收，财务验收不合格的项目按不通过验收处理。验收不通过的，受资助人及其用人单位应在接到通知1个月内提出整改措施，在半年内整改完善并重新接受验收。第二次验收仍不通过或者整改通知发出之日起6个月内未重新提出申请的，自动转入终止结题程序处理，由省科技厅和省财政厅按合同约定并视情节轻重追回全部或部分已拨资金，并对项目承担单位和负责人进行信用评价降级处理。

第三十三条 实施项目全过程痕迹管理。省科技厅按照过程留痕原则，建立完善档案管理制度，如实记录指南编制、专家评审、立项及资金安排、实施、评价等核心环节信息，对视频与会议评审等关键环节进行录音录像，实现项目管理全过程可申诉、可查询、可追溯的"痕迹管理"。

第三十四条 省科技厅按照《广东省省级财政专项资金管理办法的通知》（粤府〔2013〕125号）和《广东省财政支出绩效评价试行方案》（粤财评〔2004〕1号）的规定，组织各地级以上市科技主管部门、项目承担单位开展专项资金绩效自评，并配合省财政厅做好其他评价工作；省财政厅将根据有关规定和年度工作计划组织专项资金绩效评价工作，评价结果作为专项经费安排、调整、撤销以及责任追究的重要依据。

第三十五条 实行专项资金管理责任追究机制。

（一）对各级财政、科技主管部门相关责任人在专项资金分配、审批过程中存在违法违纪行为的，依照有关规定处理。涉嫌犯罪的，移送司法机关依法处理。

（二）申报单位、组织或个人在专项资金申报、使用过程中存在弄虚作假骗取专项资金、擅自改变专项资金用途等违法违纪行为的，依照相应法律法规实施责任追究和处罚，追回财政专项资金，5年内停止其申报专项资金资格，并登记不良信用记录信息。

（三）评审专家利用评审权索取、收受申报单位或个人财物的，省科技厅建立黑名单制度，登记其不良信用记录信息，通报其所在单位和有关项目组织单位，依照有关规定进行处理，并取消其评审资格。涉嫌犯罪的，移送司法机关依法处理。

（四）参与科研项目评审、评估、监督、成果评价与推广等管理工作的中介机构采用提供虚假的评估、检测结果或鉴定结论等方式谋取不正当利益的，给予责令改正、列入黑名单、取消资格等处罚。未认真履行职责的，由委托单位收回购买服务资金。涉嫌犯罪的，移送司法机关依法处理。

（五）市县有关部门未按规定将资金拨付到用款单位的，存在挤占、截留或挪用财政资金等违法违纪行为的，依照相应法律法规实施责任追究和处罚。

第八章 附则

第三十六条 实施后补助管理的项目按照《广东省省级财政专项资金后补助管理规定》实施。《广东省省级财政专项资金后补助管理规定》由省财政厅会同有关部门另行制订。

第三十七条 本办法由省财政厅、省科技厅负责解释。

第三十八条 本办法自印发之日起执行。原《广东省产学研省部合作专项资金管理暂行办法》（粤财教〔2006〕180号）、《广东省专业镇中小微企业服务平台建设专项资金管理办法》（粤财工〔2012〕499号）同时废止。

广东省人民政府办公厅关于深化高校科研体制机制改革的实施意见

(粤府办〔2015〕58号)

各地级以上市人民政府，各县（市、区）人民政府，省政府各部门、各直属机构：

为贯彻落实《中共中央国务院关于深化体制机制改革加快实施创新驱动发展战略的若干意见》（中发〔2015〕8号）和《广东省人民政府关于加快科技创新的若干政策意见》（粤府〔2015〕1号），深化我省高等院校（以下简称高校）科研体制机制改革，充分调动高校科研人员创新创业主动性、积极性和创造性，全面服务创新驱动发展战略，经省人民政府同意，现提出以下实施意见。

一、创新高校科研组织管理形式

（一）着力搭建校企产学研合作平台。建立教育、科技、财政、经济和信息化等相关部门定期会商联动机制，加强高校科研创新相关政策、规划和改革措施的统筹协调和有效衔接。省教育行政部门内部确定承担全省高校科研成果转移转化职能部门，并配备专门人员统筹指导和推进全省高校科研成果的转移转化、组织和指导高校开展科研成果推广展示洽谈交易等工作；利用现代信息技术，搭建面向全省高校和企事业单位科研创新信息对接平台，系统收集整理全省高校的科研平台、基地、人才、团队、成果等创新资源，主动征集省内企事业单位的科研创新需求信息，促进科研创新供需双方的有效交流与对接。鼓励有条件的高校以多种形式成立技术成果转移服务机构，允许其在技术成果转移转化收益中提取一定比例的管理费。将经省主管部门认定的高校技术转移服务机构纳入省科技孵化器管理范围并给予相应的政策和资金支持。鼓励有条件的高校将所属重点实验室等创新平台向市场和企业开放，完善有关开放共享的管理制度，积极吸纳校外科研人员进入创新平台开展创新研究。

（二）扩大和深化高校科研开放合作。鼓励和支持高校以项目研究、人才派出和引进、平台基地建设为载体，深度参与国际科研交流与合作，有效集聚国际创新资源。支持高校充分利用各类创新资源推进国际合作，积极参与或牵头组织国际和区域性重大科学计划和科学工程；完善访问学者制度，允许在不涉密的高校创新平台和重大科研项目中引进国（境）外优秀科研人员担任首席科学家；吸引国际知名科研机构来粤与高校联合组建国际科技研发中心，引导外资研发中心在粤开展高附加值原创性研发活动。支持高校积极参与国家重大科技基础设施建设，选派骨干教师和优秀学生进入国家重大科技基础设施协同开展面向国际前沿的科研探索和技术攻关。

（三）支持高校教师在岗离岗创业。允许高校科研人员在认真履行所聘任岗位职责的前提下，利用本人及其所在团队的科技成果在岗创业或到科技创新型企业兼职。担任学校处级以上（含处级）领导职务的科研人员在岗创业的，应辞去领导职务，按照干部管理权限报批后，可给予其三年期限在岗创业；三年期满后，根据《事业单位领导人员管理暂行规定》等规定及实际情况安排使用。

高校科研人员经学校同意，可离岗从事创业工作，双方应签订离岗协议，相应变更聘用合同。离岗创业期限以三年为一期，最多不超过两期。离岗期间，保留人事关系，工资及缴交社会保险费用返纳，人事档案由学校管理，工龄连续计算；离岗人员应每年度向学校报告创业情况，与学校其他在岗人员享有同等参加职称评审、专业技术岗位等级晋升和社会保险等方面的权利。到期后返回学校的，所聘专业技术岗位等级不降低；从批准回学校的次月起按所聘岗位核发工资待遇，执行国家和省的社会保险政策。到期后自愿与学校解除人事关系的，学校和个人双方按签订的合同协商解决。解除人事关系后，其人事档案交由人才服务机构管理，社会保险按照国家和省关于职工在事业单位与企业之间流动的有关规定处理。

（四）允许在读大学生休学创业。支持有条件的高校深化学分制管理改革，为大学生创新创业营造有利条件。放宽学生修业年限，允许在读大学生（含研究生）保留学籍，休学从事创业活动。高校应制定相应的规定，明确休学创业的学生免修课程的范围以及相应课程成绩考核评定方式。将学校支持在校大学生创新创业工作情况作为考核高校人才培养质量的重要指标。

二、激发高校科研创新活力

（五）建立开放高效的科研创新机制。引入创新需求方和成果使用方参与高校科研项目的申报、遴选和验收等关键环节。对于已与政府或企事业单位签订创新成果远期约定购买合同，或者形成了其他具有法律效力的需求约定的高校科研项目，在同类项目遴选立项中予以优先考虑。对于政产学研深度结合融合的高校科研创新平台、研发机构和新型智库，在省级财政专项资金综合奖补中予以重点支持。

（六）完善高校科研人员收入分配机制。高校科研团队在粤实施科技成果转化、转让的收益，其所得在重要贡献人员、所属单位之间合理分配，用于奖励科研负责人、骨干技术人员等成果转化重要贡献人员和团队的收益比例应不低于50%，具体比例额度及分配方式由高校与科研团队以合同形式予以明确，不纳入绩效工资管理。担任处级以下（含处级）领导职务的科研人员参与成果转化收益分配的，由高校领导班子集体研究决定；担任厅级以上（含厅级）领导职务的科研人员参与成果转化收益分配的，应从严把握，按规定报批。严禁未做贡献人员利用职务便利获取科研成果转化相关权益。对领导干部违规获取科研成果转化相关权益的行为，按有关规定严肃处理。高校采用协议工资制、年薪制、项目工资、特别补贴、一次性奖励等方式给予高层次人才的收入，不计入高校绩效工资总额基数。高层次人才具体包括两院院士、973计划首席科学家、千人计划（含青年千人计划）、国家杰青、国家优青、长江学者、省创新创业团队带头人、万人计划（含杰出人才、领军人才、青年拔尖人才）、百千万人才工程国家级人选、国务院政府特殊津贴人员、教育部新世纪优秀人才、广东特支计划的杰出人才、大型企业教授级高级工程师等。

（七）创新高校科研经费管理机制。支持设立高校科研成果孵化基金。支持高校利用财政资金或自有资金，引入社会资金共同成立科研成果孵化基金，资助公共技术服务平台和成果转化，并按照"风险共担、收益共享"的原则支持高校科研人员开展科研成果中试及科技型企业孵化工作，促进高校科研成果有效转化和产业化。规范科研项目劳务费管理。高校承担的各类省财政资助的科研项目，项目负责人可结合项目开展实际需要以及相关人员参与项目的全时工作时间等因素合理编制劳务费预算，用于支付项目组成员中没有工资性收入的在校研究生、博士后和临时聘用人员的劳务费用，以及临时聘用人员的社会保险补助费用。高校根据项目负责人提出的用人需求及劳务费预算，公开公正地落实项目研究人员的聘用和劳务费发放。

完善科研项目间接费用管理制度。高校承担的各类省财政资助的科研项目，可参照《国家自然科学基金资助项目资金管理办法》有关规定和标准设立、安排和使用间接费用。高校应当建立健全间接费用的内部管理办法，合法合理使用间接费用，结合一线科研人员实际贡献公开公正安排绩效支出，充分发挥绩效支出的激励作用。间接经费的绩效支出不计入高校绩效工资总额基数。明确横向项目经费管理方式。高校科研人员承担的非财政性资金来源的横向项目经费，按照"谁投入、谁负责"的原则，根据委托单位与项目承担方签订的合同进行管理并纳入监管。横向经费的使用不受纵向科研经费使用范围和比例的限制；在合同中有明确约定的，从其约定；在合同中没有约定，经高校同意后可由项目组自主支配。在完成合同任务、经委托单位验收同意的前提下，横向经费的结余部分可按高校制订的管理办法统筹用于科研直接支出，或按一定比例以科研绩效的形式直接奖励项目组成员。

三、创新高校科研评价考核机制

（八）建立健全科研诚信体系。对申请、实施、评审评估项目的高校和个人建立科研信用档案，作为审批其申请项目、承担评估评审工作的重要依据。对于存在学术不端行为或干扰项目评审评估的，应适当限制直至取消其承担科研项目或评估评审工作的资格。完善高校科研项目资助、评价等方面的信息公开制度，提高科研管理透明度，为社会公众有效参与监督创造条件。

（九）完善高校科研考核评价机制。加快建立高校自我评价与用户、市场、专家等第三方评价相结合的评价机制，形成开放、透明的评价环境。实行分类评价，建立基础研究、应用研究、技术开发以及成果转化等科研业绩等效评价机制；基础研究、应用研究的业绩评价更加注重科研创新的同行影响力，技术开发、成果转化的业绩评价更加注重市场需求和效益。按照国家及广东高校教师职称制度改革的精神和有关规定，下放高校教师专业技术资格评审权，允许有评审权的高校在不低于全省统一标准的前提下自定具体评审标准，自主制定评审办法，在岗位总量和结构比例内自主评聘，评聘标准、办法和结果按程序报备。高校应根据科研人员的不同岗位类型，合理设置相应的考核办法、考核标准与考核周期。根据不同类型科研活动的特点和不同类型科研项目管理要求，对符合条件的科研人员适当延长考核周期，为高校科研人员潜心研究、专注开发等创造条件、提供支持。本实施意见自公布之日起实施，此前有与本意见不符的，以本意见为准。各高校要结合自身定位和发展情况制定具体实施办法并抓好贯彻落实。实施过程中遇到的问题，请径向省教育厅反映。

广东省人民政府办公厅

2015 年 11 月 20 日

关于印发《关于进一步加强省级财政科研项目（课题）资金结转结余管理暂行规定》的通知

(粤财教〔2016〕27号)

各地级以上市财政局（委），顺德区财税局，财政省直管县（市）财政局，省直有关单位，中直驻粤有关单位：

为进一步深化省级财政科研项目（课题）资金管理改革，提高财政科研资金的使用效益，省财政厅制定了《关于进一步加强省级财政科研项目（课题）资金结转结余管理的暂行规定》，经省人民政府同意，现予印发，请遵照执行。执行中如遇问题，请及时反馈省财政厅和省级科研资金主管部门。

广东省财政厅
2016年2月2日

附件

关于进一步加强省级财政科研项目（课题）资金结转结余管理的暂行规定

第一章 总则

第一条 为进一步深化省级财政科研项目（课题，以下简称科研项目）资金管理改革，提高财政科研资金的使用效益，根据《中华人民共和国预算法》、《国务院关于改进加强中央财政科研项目和资金管理的若干意见》（国发〔2014〕11号）、《财政部关于进一步加强地方财政结余结转资金管理的通知》（财预〔2013〕372号）、《广东省人民政府关于加强广东省省级财政科研项目和资金管理的实施意见》（粤府〔2014〕31号）、《关于进一步加强科研项目（课题）经费监管的暂行规定》（粤监发〔2014〕6号）、《广东省省级财政专项资金管理办法》（2015年3月修订）、《广东省省级财政专项资金项目库管理办法》（粤财预〔2015〕188号）等有关规定，以及我省预算管理改革总体要求，结合省级科研项目特点，制定本规定。

第二条 本规定适用于省级财政安排用于支持科研项目及与之相关的人才（团队）、条件与平台等的资金。所称科研是指科学（包含自然科学、社会科学及软科学）研究和技术研究开发及应用示范等活动。所称结转资金是指当年或以前年度取得的省财政补助资金未使用完毕，而项目未完成需在下一年度继续使用的省财政补助资金。所称结余资金是当年或以前年度取得的省财政补助资金未使用完毕，而项目已经结题（含验收结题和终止结题），该项目不需要继续使用的省财政补助资金。

第三条 加强省级财政科研项目资金结转结余管理，坚持依法依规，严格遵守有关法律、法规和相关规章制度；遵循科研规律，兼顾当前和长远，通过改进科研项目资金从申报至结余资金的管理,压缩结转结余资金规模,提高财政资金使用效益,切实解决省级科研项目在研期间资金的持续使用问题。

第二章 项目立项管理和预算编制

第四条 省级财政科研项目资金实行"一次立项、分年安排",安排年限原则上不超过3年,确需超过3年的,应在立项时作出专门说明。基础研究类项目、"珠江人才计划"等省重点人才工程项目的实施年限不超过5年。其他已明确安排年限的项目,其安排年限按现行规定执行。

第五条 省级科研资金主管部门在发布申报指南时,根据具体支持方向明确资金安排年限,并要求申报项目根据项目实施计划填报分年度资金需求。

第六条 项目申报单位应本着科学合理、实事求是和节约的原则编制项目预算,每个项目应提出分年度资金使用计划。

第七条 省级科研资金主管部门对拟立项项目分年度资金使用计划的目标相关性、政策相符性、经济合理性进行评估审核,在立项审批时合理确定每个项目的分年度补助额度,汇总形成年度资金预算。

第三章 分年度拨付项目资金

第八条 省财政科研项目资金原则上实行项目库管理,在资金安排年度开始前完成项目库的申报、入库等工作。除突发性因素或临时性继续开支外,年初预算项目原则上应从项目库中按照排序筛选。

第九条 根据省级科研资金主管部门编制的年度资金预算,省财政在部门预算批复后及时下达拨付当年的科研项目资金;对于已完成项目入库的资金和继续安排的项目资金,在部门预算经人大批准前,确需拨款的,实行项目资金申请预安排制度。

第十条 实行分年度下达和拨付省级科研项目补助资金后,科研项目承担单位应最大限度地减少省财政资金结转结余规模,提高项目年度预算的执行效率。

第四章 项目结余资金使用管理

第十一条 项目完成任务目标并通过验收、而省财政补助项目资金仍有结余的,结余资金不超过该项目取得的省财政补助金额15%的部分,可在结题验收当年由单位统筹用于相关科研项目的直接支出或绩效支出。

第十二条 项目负责人在项目结题验收后如需继续使用结余资金,可向单位提出申请。

第十三条 各项目单位应将项目结余资金的使用情况报省级科研资金主管部门和省级财政部门备案。

第十四条 有以下情形的,结余资金应当按原渠道退回省级财政:(一)未通过结题验收的项目;(二)整改后通过结题验收的项目;(三)因故终止执行的项目;(四)项目结余资金超过该项目取得的省财政补助金额15%的部分;(五)结题验收当年未统筹使用完毕的项目结余资金。

第十五条 因故被依法撤销的项目,已拨付的资金应当全部退回省级财政。因特殊情况退回资金确有困难的,由单位提出申请报省级科研资金主管部门核准。

第五章 项目结转结余资金收回与再安排管理

第十六条 项目在研期间,年度剩余资金可以结转下一年度继续使用。连续两年未使用完毕的项目资金,按规定应视同结余资金由省财政预算收回统筹。

第十七条 因项目周期较长未到期或申请延期等特殊情况确需继续使用的,项目承担单位可在每年 1 月 10 日前对需按规定收回统筹的科技项目结余资金提出重新安排申请，由主管部门于 1 月 20 日前汇总报送省级科研资金主管部门，经省级科研资金主管部门汇总审核后，报省财政厅。

第十八条 重新安排的资金将作为新的预算项目，按照预算管理程序重新申请，在下一年度有关科研专项资金中安排。

第十九条 原则上同一项目申请重新安排不得超过 1 次。

第六章 会计核算

第二十条 科研项目资金按照预算单位财务管理相关规定进行会计核算，省财政安排下达到部门单位的科研项目资金预算额度结余，经省财政核定后，采用权责发生制核算，具体核算办法按照《关于对预算单位年终结余资金额度采用权责发生制核算的通知》（粤财库〔2013〕39 号）的规定执行。

第二十一条 每年省财政厅根据本办法将省级预算单位的科研项目资金列入权责发生制核算的范围，按现有规程办理上一年度权责发生制资金的确认手续。

第二十二条 列权责发生制的资金，按第十六条规定办理结转结余；在项目已完成任务目标并通过验收后仍有结余的，参照第四章的有关规定进行管理。

第七章 附则

第二十三条 省级相关部门应当根据各自职责认真落实各项要求，为我省落实创新驱动发展战略营造良好的环境。

第二十四条 本规定由省财政厅负责解释。

第二十五条 本规定自印发之日起施行。

广东省科学技术厅关于印发《广东省科学技术厅关于科技计划科技报告的管理办法》的通知

(粤科规划字〔2016〕39号)

各地级以上市科技局（委）、顺德区经济和科技促进局，省直有关部门，各有关单位：

现将《广东省科学技术厅关于科技计划科技报告的管理办法》印发你们，请结合本地区、本单位实际，认真贯彻执行。

附件：《广东省科学技术厅关于科技计划科技报告的管理办法》

2016年4月6日

附件

广东省科学技术厅关于科技计划科技报告的管理办法

第一章 总则

第一条 为贯彻落实《中共中央国务院关于深化科技体制改革加快国家创新体系建设的意见》（中发〔2012〕6号）和《中共广东省委广东省人民政府关于全面深化科技体制改革加快创新驱动发展的决定》（粤发〔2014〕12号），按照《国家科技计划科技报告管理办法》（国科发计〔2013〕613号）、《广东省人民政府关于加强广东省省级财政科研项目和资金管理的实施意见》（粤府〔2014〕31号）以及《广东省人民政府办公厅转发国务院办公厅转发科技部关于加快建设国家科技报告制度指导意见的通知》（粤府办〔2014〕49号）的有关规定，加快建立全省统一的科技报告制度，推动科技报告的呈交、保存、管理和服务等规范化管理，制定本办法。

第二条 科技报告是科技人员翔实记载项目研究工作的全过程，描述其从事的科研、设计、工程、试验和鉴定等有关活动，并按照标准化规范编写而成的特种文献。其目的是促进科技知识的积累、传播交流和转化应用。科技报告是广东省基础性、战略性科技资源，是全省科技创新实力与成果的重要体现。

第三条 项目呈交的科技报告类型包括：

（一）项目年度报告、中期报告及验收报告。分别在项目执行期的每年年底、中段和验收时，与项目业务管理的执行报告、验收报告同步提交，从技术层面报告项目的研究进展情况和重要成果。

（二）项目实施过程中产生的实验（试验）报告、调研报告、工程报告、测试报告、评估报告等蕴含科研活动细节及基础数据的报告。

第四条 本办法适用于受财政资金资助的省级科技项目。社会资金资助的科研项目可参照本办法执行。

第二章 职责分工

第五条 广东省科技厅负责全省科技报告工作的总体部署和统筹协调，研究制定相关政策，推进科技报告的规范管理、开放共享，对各地、各有关部门的科技报告工作进行业务指导。

（一）由广东省科技厅与广东省科学技术情报研究所共同成立"科技报告制度建设联合工作办公室"，负责规章制度制定、组织体系建设、系统平台开发等工作，并将科技报告纳入现有科技项目管理体系。

（二）将科技报告工作纳入"立项申报、过程管理、结题验收"全流程及绩效考核与信用评价体系，指导、督促项目承担单位按要求开展科技报告工作。

第六条 广东省科学技术情报研究所负责全省科技报告的接收、保存、管理和服务工作，主要职责是：

（一）接收、保存、管理科技报告，提供开放共享服务等；

（二）维护管理"广东省科技报告月服务平台"，定期向科技部报送科技报告；

（三）组织科技报告业务培训与宣传报道；

（四）开展科技报告资源的深度开发利用。

第七条 省级科技项目承担单位应充分履行法人责任，切实做好本单位的科技报告工作，主要职责是：

（一）将科技报告工作纳入本单位科研项目管理，统筹协调项目各参与单位，指定专人负责本单位科技报告管理工作，并提供必要的条件保障。

（二）督促项目负责人按照合同要求和相关规范撰写科技报告。

（三）负责本单位所承担项目的科技报告审查和呈交工作。

第三章 工作流程

第八条 项目承担单位签订项目《合同书》，承诺落实科技报告有关条款。

第九条 项目负责人撰写、呈交科技报告。

（一）按照合同要求和相关标准规范，组织科研人员撰写科技报告正文；

（二）填写《科技报告基本信息表》。其中，使用范围原则上应标注"公开"，涉及技术诀窍及需要进行论文发表、专利申请等知识产权保护的科技报告可标注"延期公开"，延期公开时限原则上为1~2年，最长不超过3年；

（三）签署《科技报告承诺书》。

第十条 项目承担单位按照相关标准，开展科技报告的形式审查、内容审查后，通过广东省科技业务管理阳光政务平台呈交非涉密项目的科技报告。涉密项目的科技报告按照国家、广东省相关保密规定另行处理。

第十一条 广东省科学技术情报研究所对呈交的科技报告进行收集，出具《科技报告呈交证明》，项目承担单位据此申请验收或终止结题。对收集的科技报告进行统一编码、改写修订、分类编目、主题标引和全文保存，在"广东省科技报告服务系统"上，面向社会发布共享、报送"国家科技报告服务系统"，并定期对科技报告完成情况进行统计分析、围绕科技重点领域及民生热点问题开展科技报告资源深度开发利用，形成专题研究报告予以发布。

第四章 权益共享

第十二条 科技报告按照"分类管理、受控使用"的原则，在"广东省科技报告服务平台"

上，面向社会开放共享，提供浏览、检索、分析等在线服务。科技报告摘要向社会公众提供检索查询服务。其中，"公开"科技报告全文向实名注册用户提供在线浏览和推送服务；"延期公开"科技报告全文实行专门管理和受控使用。

第十三条 科技报告用户应严格遵守知识产权管理的相关规定，在论文发表、专利申请、专著出版等工作中注明参考引用的科技报告，确保科技报告完成人的合法权益。对社会举报的科技报告撰写或使用中涉嫌学术抄袭等科研不端行为，按照国家相关规定进行处理。

第十四条 广东省科学技术情报研究所按照国家相关保密规定强化科技报告的安全管理，严格执行科技报告的延期公开时限，实时跟踪科技报告的使用日志，统计并发布科技报告共享使用情况。

第五章 保障条件

第十五条 科技报告撰写、呈交与管理所需费用统一纳入相应项目经费预算。

第十六条 对未按要求完成科技报告的，不允许提交验收或结题申请；对科技报告存在抄袭、弄虚作假等学术不端行为的，纳入科技信用记录。科技报告的共享使用情况将作为对项目承担单位申报成果奖励和后续滚动支持的重要依据之一。

第十七条 项目承担单位要积极参与科技报告培训，增强科研人员的责任感，提升科技报告的撰写能力和共享交流意识。

第六章 附则

第十八条 本办法自 2016 年 5 月 6 日起施行。

第十九条 本办法自施行之日起 5 年有效。

第二十条 本办法由广东省科技厅负责解释。

关于进一步完善省级财政科研项目资金管理等政策的实施意见（试行）

（粤委办〔2017〕13号）

为贯彻落实中央《关于进一步完善中央财政科研项目资金管理等政策的若干意见》精神，有力激发创新创造活力，推动形成我省充满活力的科技管理和运行机制，有效支撑创新驱动发展战略实施，进一步完善省级财政科研项目资金管理等政策，现提出如下意见。

一、总体要求

全面贯彻落实党的十八大和十八届三中、四中、五中、六中全会及全国科技创新大会精神，以邓小平理论、"三个代表"重要思想、科学发展观为指导，深入学习贯彻习近平总书记系列重要讲话精神，按照党中央、国务院决策部署，牢固树立和贯彻落实新发展理念，深入实施创新驱动发展战略，促进大众创业、万众创新，进一步推进简政放权、放管结合、优化服务，改革和创新科研经费使用和管理方式，促进形成充满活力的科技管理和运行机制，以深化改革更好激发广大科研人员积极性。

坚持以人为本。以调动科研人员积极性和创造性为出发点和落脚点，强化激励机制，加大激励力度，激发创新创造活力。

坚持遵循规律。按照科研活动规律和财政预算管理要求，完善管理政策，优化管理流程，改进管理方式，适应科研活动实际需要。

坚持"放管服"结合。进一步简政放权、放管结合、优化服务，扩大高校、科研院所在科研项目资金、差旅会议、基本建设、科研仪器设备采购等方面的管理权限，为科研人员潜心研究营造良好环境。同时，加强事中事后监管，严肃查处违法违纪问题。

坚持政策落实落地。细化实化政策规定，加强督查，狠抓落实，打通政策执行中的"堵点"，增强科研人员改革的成就感和获得感。

二、改进省级财政科研项目资金管理

（一）简化预算编制，下放预算调剂权限。遵循科研活动规律和特点，改进预算编制方法，实行部门预算批复前项目资金预拨、垫付制度，保证科研人员及时使用项目资金。下放预算调剂权限，在项目总预算不变的情况下，将直接费用中的材料费、测试化验加工费、燃料动力费、出版/文献/信息传播/知识产权事务费及其他支出预算调剂权下放给项目承担单位。项目负责人可根据科研活动实际自行调剂材料费支出明细。简化预算编制，合并会议费、差旅费、国际合作与交流费科目，由科研人员结合科研活动实际需要编制预算并按规定统筹安排使用，其中不超过直接费用10%的，不需要提供预算测算依据。（省财政厅、项目主管部门、项目承担单位负责）

（二）提高间接费用比重，加大绩效激励力度。实行公开竞争方式的研发类项目，均要设立间接费用，核定比例按不超过直接费用扣除设备购置费的一定比例执行：500万元以下的部分为20%，500万元至1000万元的部分为15%，1000万元以上的部分为13%。加大对科研人员的激励力度，不单设比例限制绩效支出。项目承担单位在统筹安排间接费用时，要处理好合理分摊间接成本和对科研及相关人员激励的关系，绩效支出安排与科研人员在项目工作中的实际贡献挂钩，适当向一线科研人员倾斜。绩效支出纳入单位奖励性绩效单列管理，不计入单位绩效工资总量调控基数。（项目承担单位、项目主管部门负责）

（三）明确劳务费开支范围，不设比例限制。参与项目研究的研究生、博士后、访问学者以及项目聘用的研究人员、科研辅助人员等，均可开支劳务费。项目聘用人员的劳务费开支标准，参照当地科学研究和技术服务业从业人员平均工资水平，根据其在项目研究中承担的工作任务确定，其社会保险补助纳入劳务费科目列支。劳务费预算不设比例限制，由项目承担单位和科研人员据实编制。（项目承担单位、项目主管部门负责）

（四）合理安排人员费。项目承担单位在编人员的人员费列入单位工资总额。项目承担单位属事业单位的，可从直接费用中开支在编人员的人员费，用于补足本单位参与本科研项目的在编人员工资性支出。参与科研项目并与项目承担单位签订劳动合同的编制外人员的工资性支出在劳务费中列支。（项目承担单位负责）

（五）改进结转结余资金留用处理方式。项目实施期间，年度剩余资金可结转下一年度继续使用。项目完成任务目标并通过验收后，结余资金按规定留归项目承担单位使用，在2年内由项目承担单位统筹安排用于科研活动的直接支出；2年后未使用完的，按规定收回。（省财政厅、项目主管部门、项目承担单位负责）

（六）自主规范管理横向经费。项目承担单位以市场委托方式取得的横向经费，纳入单位财务统一管理，由项目承担单位按照委托方要求或合同约定自主支配经费使用管理。（项目承担单位负责）

三、完善省属高校、科研院所差旅会议管理

（一）改进省属高校、科研院所教学科研人员差旅费管理。省属高校、科研院所可根据教学、科研、管理工作实际需要，按照精简高效、厉行节约的原则，制定差旅费管理办法，合理确定教学科研人员乘坐交通工具等级和住宿费标准。对于难以取得住宿费发票的，省属高校、科研院所在确保真实性的前提下，据实报销城市间交通费，并按规定标准发放伙食补助费和市内交通费。（省属高校、科研院所负责）

（二）完善省属高校、科研院所会议管理。省属高校、科研院所因教学、科研需要举办的业务性会议（如学术会议、研讨会、评审会、座谈会、答辩会等），会议次数、天数、人数以及会议费开支范围、标准等，由省属高校、科研院所按照实事求是、精简高效、厉行节约的原则确定。会议代表参加会议所发生的城市间交通费，原则上按差旅费管理规定由所在单位报销；因工作需要，邀请国内外专家、学者和有关人员参加会议，对确需负担的城市间交通费、国际旅费，可由主办单位在会议费等费用中报销。（省属高校、科研院所负责）

四、完善省属高校、科研院所科研仪器设备采购管理

（一）改进省属高校、科研院所政府采购管理。省属高校、科研院所可自行采购科研仪器设备，自行选择科研仪器设备评审专家。省财政厅要简化政府采购项目预算调剂和变更政府采购方式审批流程。省属高校、科研院所要切实做好设备采购的监督管理，规范科研仪器设备采购的内部审批和信息化管理，做到全程公开、透明、可追溯，并建立采购数据信息化共享机制，切实减少重复、多头采购。（省财政厅、省属高校、科研院所负责）

（二）优化进口仪器设备采购服务。对省属高校、科研院所采购进口仪器设备实行备案制管理。继续落实进口科研教学用品免税政策。（省财政厅、海关广东分署、省国税局负责）

五、完善省属高校、科研院所基本建设项目管理

（一）扩大省属高校、科研院所基本建设项目管理权限。对省属高校、科研院所利用自有资金、不申请政府投资建设的项目，由省属高校、科研院所自主决策，报主管部门备案，不再进行审批。省发展改革委和省属高校、科研院所主管部门要加强对高校、科研院所基本建设项目的指导和监督检查。（省发展改革委、省属高校和科研院所主管部门负责）

（二）简化省属高校、科研院所基本建设项目审批程序。省属高校、科研院所主管部门要指导省属高校、科研院所编制五年建设规划，对列入规划的基本建设项目不再审批项目建议书，直接审批项目可行性研究报告。省有关部门要采取并联审批方式，简化省属高校、科研院所基本建设项目城乡规划、用地以及环评、能评等审批手续，缩短审批周期。（省有关部门、省属高校和科研院所主管部门负责）

六、加强规范管理，切实改进服务

（一）强化法人责任，规范资金管理。项目承担单位是科研项目管理的责任主体，要认真落实国家和省有关政策规定，按照权责一致的要求，强化自我约束和自我规范，确保接得住、管得好。制定完善内部管理办法，落实项目预算调剂、间接费用统筹使用、劳务费分配管理、人员费用开支、绩效支出分配、结余资金使用等管理权限和审核流程；加强预算审核把关，规范财务支出行为，建立内部风险防控机制，完善岗位分离、内部审核制度，强化资金使用绩效评价，保障资金使用安全规范有效；实行内部公开制度，主动公开项目预算、预算调整、资金使用（重点是间接费用、外拨资金、结余资金使用）、研究成果等情况。（项目承担单位负责）

（二）加强统筹协调，精简检查评审。省科技、教育、财政部门和项目主管部门要加强对科研项目资金监督的制度规范、年度计划、结果运用等的统筹协调，建立职责明确、分工负责的协同工作机制，探索建立科研项目检查评审清单制度，切实精简检查评审。省科技厅、教育厅和项目主管部门要加快清理规范委托中介机构对科研项目开展的各种检查评审，加强对前期已经开展相关检查结果的使用，推进检查结果共享，减少检查数量，改进检查方式，避免重复检查、多头检查、过度检查。（省科技厅、省教育厅、省财政厅、项目主管部门负责）

（三）创新服务方式，让科研人员潜心从事科学研究。项目承担单位要建立健全科研财务助理制度，为科研人员在项目预算编制和调剂、经费支出、财务决算和验收等方面提供专业化服务，科研财务助理所需费用可由项目承担单位根据情况通过科研项目资金等渠道解决。充分利用信息化手段，建立健全单位内部科研、财务部门和项目负责人共享的信息平台，提高科研管理效率和便利化程度。制定符合科研实际需要的内部报销规定，完善科研特殊事项开支管理，切实解决野外考察、心理测试等科研活动中无法取得发票或财政性票据，以及邀请外国专家来华参加学术交流发生费用等的报销问题。（项目承担单位负责）

（四）建立科研项目资金拨付绿色通道。省财政厅、项目主管部门、项目承担单位要加强沟通协调，优化科研项目资金拨付程序，项目资金可直接拨付到项目承担单位基本户管理使用。省财政厅要及时安排下达财政科研项目资金，加快办理科研项目资金结转结余手续。项目主管部门要改进项目合同签订手续，加快科研项目资金转拨进度。项目承担单位要及时将科研项目资金到位情况通知科研人员。（省财政厅、项目主管部门、项目承担单位负责）

（五）加快推进科研诚信体系建设。省科技厅要结合我省社会信用体系建设和科研信用管理实际，牵头建立全省统一的科研信用管理体系。加快建立失信行为记录制度，对失信行为的责任主体予以客观记录；建立完善守信激励和失信惩戒机制，对科研失信行为，要会同有关部门对相关责任主体实施联合惩戒；加强与有关部门联动，逐步形成统一的科研信用体系和管理制度办法。（省科技厅负责）

七、切实加强制度建设和工作督查，确保政策措施落地见效

（一）尽快出台操作性强的实施细则。项目主管部门要完善预算编制指南，指导项目承担单位和科研人员科学合理编制项目预算；制定预算评估评审工作细则，优化评估程序和方法，规范评估行为，建立健全与项目申请者及时沟通反馈机制；制定财务验收工作细则，规范委托中介机构开展的财务检查。2017年3月底前，省属高校、科研院所要制定出台差旅费、会议费内部管理办法，其主管部门要加强工作指导和统筹；项目主管部门要制定出台相关实施细则；项目承担单位要制定或修订科研项目资金内部管理办法和报销规定；省财政厅要出台省级科研项目资金管理办法。以后年度承担科研项目的单位要于当年制定出台相关管理办法和规定。（项目主管部门、省属高校和科研院所主管部门、省属高校、科研院所、省财政厅、项目承担单位负责）

（二）建立健全事后监督机制。省直有关部门要遵循科研活动规律、结合科研活动实际，建立健全对项目承担单位开展科研活动和科研资金管理的事后监督机制，加强对科研项目和资金使用的监督管理。审计机关要依法开展对政策措施落实情况和财政资金使用的审计监督。（省纪委、省科技厅、省财政厅、省审计厅、项目主管部门负责）

（三）加强宣传督查指导。省财政厅、科技厅要加强对省级财政科研项目资金管理政策的宣传解读，适时组织开展对项目承担单位科研项目资金等管理权限落实、内部管理办法制定、创新服务方式、内控机制建设、相关事项内部公开等情况的督查，对督查情况以适当方式进行通报，并将督查结果纳入信用管理，与间接费用核定、结余资金留用等挂钩。项目主管部门要督促指导所属单位完善内部管理，确保国家和省政策规定落到实处。（省财政厅、省科技厅、项目主管部门负责）

省财政厅、省级社科类科研项目主管部门要结合社会科学研究的规律和特点，参照本意见尽快修订省级社科类科研项目资金管理办法。（省财政厅、省级社科类科研项目主管部门负责）各地区要参照本意见精神，结合实际，加快推进科研项目资金管理改革等各项工作。

中共广东省委办公厅 广东省人民政府办公厅
2017年3月1日

关于印发《关于省级财政科研项目资金拨付管理的暂行规定》的通知

(粤财教〔2017〕503号)

省直有关单位，各高校、科研院所：

为贯彻落实省委省政府《关于进一步完善省级财政科研项目资金管理等政策的实施意见（试行）》（粤委办〔2017〕13号），明确和规范省级财政科研项目资金拨付至基本户的有关管理，省财政厅研究制定了《关于省级财政科研项目资金拨付管理的暂行规定》，现予印发，请遵照执行。

广东省财政厅
2018年1月2日

附件

关于省级财政科研项目资金拨付管理的暂行规定

第一条 为贯彻落实《关于进一步完善省级财政科研项目资金管理等政策的实施意见（试行）》（粤委办〔2017〕13号），明确和规范省级财政科研项目资金拨付至基本户的有关管理，结合国库集中支付工作现行有关规定，制定本规定。

第二条 本规定所称省级财政科研项目资金，是指安排用于支持科学研究（含社会科学研究）、技术研究开发及应用示范以及与之相关的条件与平台建设，并实行项目合同制管理的省级财政资金。

省级科研项目应具有明确项目预算，项目实施期限、项目科研目标。

第三条 省级财政科研项目资金可按规定程序拨付至项目承担单位基本户。本规定适用的拨付至基本户的科研项目资金包括以下类型：

（一）省科技主管部门通过公开竞争程序择优立项的科技计划项目资金；

（二）高校、科研院所按照科研自主权立项的科研项目资；

（三）省级重点人才工程中用于科研项目的资金。

各部门专项资金中用于科研活动的项目资金，项目承担单位经报专项资金主管部门认定汇总，报省财政厅审核后，可参照本规定执行。

第四条 项目承担单位为预算单位的，未经过规范程序立项，不实行项目合同制管理的科研资金不得拨付项目承担单位基本户。

第五条 项目承担单位是科研项目资金管理的责任主体，应在基本户下设省级科研项目资金子账户，对拨付至基本户的科研项目资金实行专账管理，单独核算，专款专用，并对拨付科研项目资金支出的真实性、合法性、完整性负责。

第六条 省级科研项目资金拨付基本户按照以下方式分类办理支付：

（一）项目承担单位为省级单位的拨付方式。

1. 由项目主管部门审批立项的科研项目资金：省财政厅根据下达资金发文，将标识为科研项目资金的预算指标分配至项目承担单位；项目承担单位按规定程序完成项目立项，并与项目主管部门签订项目合同后，通过国库集中支付的"其他直接支付"方式申请将科研项目资金拨付至本单位基本户。

项目承担单位为非预算单位的，省财政厅根据下达资金发文，将标识为科研项目资金的预算指标分配至项目主管部门，项目承担单位按规定程序完成项目立项，并与项目主管部门签订项目合同后，由项目主管部门通过国库集中支付的"其他直接支付"方式申请将科研项目资金拨付至项目承担单位基本户。

2. 由高校、科研院所自主立项的科研项目资金：省财政厅根据下达资金发文，将预算指标分配至项目承担单位；项目承担单位按规定程序完成项目立项，并与项目承担人签订项目合同后，项目承担单位通过国库集中支付的"其他直接支付"方式申请将科研资金拨付至本单位基本户，同时标识为科研项回资金。项目承担单位按照本规定第七条，向省财政厅提供项目属于科研项目的文件依据和佐证材料；省财政厅根据单位申报信息进行审核，符合科研项目范畴的资金，在预算管理系统中同步审核确认为科研项目资金，并按程序办理资金拨付的审核、下达。

（二）项目承担单位为市县单位的拨付方式。

省财政厅根据下达资金发文，将预算指标分配至有关市县，并按现行对市县资金调度的规定将资金拨付至市县财政部门，市县财政部门在收到项目资金文件30日内按规定程序将科研项目资金拨付至项目承担单位基本户。

（三）项目承担单位变更的拨付方式。

项目负责人因工作调动导致项目承担单位交更的，经项目主管部门审批后，由原项目承担单位根据项目变更批复文件，将科研项目资金直接拨至现项目承担单位基本户。

第七条 项目承担单位在预算管理系统录入直接支付用款申请时应具备以下要素：

（一）在"资金用途"栏中标注该款项为省级财政科研项目资金，并列明资金发文文号；

（二）在"附件"栏中上传项目合同书和项目计划通知；

（三）在"附件"栏6上传省财政厅要求提供的其他佐证材。

第八条 每年2月份，项目承担单位应将上年基本户中科研项目资金情况编制统计报表报省财政厅和预算主管部门备案。备案内容包括科研项目资金安排文号、项目立项文件号、省财政厅经管业务处室、项目资金主管单位、项目名称、项目合同编号、项目起止日期（含经批准后变更的日期）、承担单位、资金拨入基本户日期资金拨入账户信息、资金预算总额、资金收支余情况等。

项目承担单位应将备案内容纳入内部信息公开范围，省财政厅每年将适时联合预算主管部门对备案情况进行公开，并开展实地抽查。涉密资金按保密有关规定办理。

第九条 科研项目完成任务目标并通过验收后，结余资金按规定留归项目承担单位使用，自通过验收之日起2年内由项目承担单位统筹安排用于科研活动的直接支出，并实行预算管理；2年后未使用完的，项目承担单位应在资金使用到期日后30日内按原渠道缴回资金，并在缴款摘要中注明"缴回存量省级科研项目资金"。

第十条 项目承担单位发生以下情况,情节严重的,省财政厅在核实后,可暂停向项目承担单位基本户拨付科研项目资金。核实结果将纳入科研信用管理,与项目申报立项、间接费用核定、结余资金留用等挂钩。

(一)未对拨付基本户的科研项目资金设立子账户并实行专账管理;

(二)未按规定及时缴回科研项目结余资金;

(三)任意扩大拨付基本户科研项目资金范围;

(四)挤占、挪用、套取科研项目资金;

(五)其他违反规定的拨付行为。

第十一条 2017年及以前年度安排且项目尚未完成的科研项目资金,可由项目承担单位通过其他直接支付方式拨付至基本户。以后年度科研项目资金拨付基本户的方式按本规定执行。

第十二条 本规定自印发之日起执行。

广东省财政厅办公室

2018年1月3日印发

关于印发《广东省财政厅关于省级财政社会科学研究项目资金的管理办法》的通知

(粤财规〔2018〕1号)

各地级以上市财政局(委),省直有关单位:

为贯彻落实省委省政府《关于进一步完善省级财政科研项目资金管理等政策的实施意见(试行)》(粤委办〔2017〕13号),省财政厅研究制定了《广东省财政厅关于省级财政社会科学研究项目资金的管理办法》,现予印发,请遵照执行。

广东省财政厅
2018年1月11日

附件

广东省财政厅关于省级财政社会科学研究项目资金的管理办法

第一章 总则

第一条 为了规范广东省省级财政社会科学研究项目资金(以下简称省社科项目资金)的使用和管理,提高资金使用效益,更好推动社会科学繁荣发展,根据省委办公厅、省府办公厅《关于进一步完善省级财政科研项目资金管理等政策的实施意见(试行)》(粤委办〔2017〕13号)有关规定,结合本省社会科学研究项目管理实际,制定本办法。

第二条 省社科项目资金是指省级财政安排用于资助社会科学研究,促进社会科学学科发展、人才培养和队伍建设的资金。

使用省社科项目资金的项目须经公开竞争程序择优立项,实行合同管理,具有明确项目预算、项目实施期限、项目科研目标,分为主管单位立项项目和项目承担单位自主立项项目。项目主管单位立项项目包括省社科规划项目、"理论粤军"中社科研究项目。新增项目资金是否纳入社会科学研究项目资金管理由项目主管单位和省财政厅共同确认;高校、科研院所自主立项需纳入社会科学研究项目资金管理的项目报主管单位和省财政厅备案。

第三条 省社科项目资金管理,应当以出成果、出人才为目标,坚持以人为本、遵循规律、依法规范、公正合理和安全高效的原则。

第四条 项目承担单位是项目资金管理的责任主体,负责项目资金的日常管理和监督。

项目负责人是项目资金使用的直接责任人,对资金使用的合规性、合理性、真实性和相关性承担法律责任。

第二章 项目资金开支范围

第五条 项目资金支出是指在项目组织实施过程中与研究活动相关的、由项目资金支付的各项费用支出。项目资金分为直接费用和间接费用。

第六条 直接费用是指在项目研究过程中发生的与之直接相关的费用，具体包括：

（一）资料费：指在项目研究过程中需要支付的图书（包括外文图书）购置费，资料收集、整理、复印、翻拍、翻译、邮递费，专用软件购买费，文献检索费等。

（二）数据采集费：指在项目研究过程中发生的调查、访谈、数据购买、数据分析及相应技术服务购买等支出的费用。

（三）会议费/差旅费/国际合作与交流费：指在项目研究过程中开展学术研讨、咨询交流、考察调研（包含调查、走访）等活动而发生的会议、交通、食宿等费用，以及项目研究人员出国及赴港澳台、外国专家来华及港澳台专家来内地开展学术合作与交流的费用。其中，不超过直接费用20%的，不需要提供预算测算依据。

（四）设备费：指在项目研究过程中购置设备和设备耗材、升级维护现有设备以及租用外单位设备而发生的费用。

项目承担单位和项目负责人应当严格控制设备购置，鼓励共享、租赁以及对现有设备进行升级。

（五）专家咨询费：指在项目研究过程中支付给临时聘请的咨询专家的费用。

专家咨询费预算由项目负责人按照项目研究实际需要编制，支出标准按照省有关规定执行。

（六）劳务费：指在项目研究过程中支付给参与项目研究的研究生、博士后、访问学者以及项目聘用的研究人员、科研辅助人员等的劳务费用。

项目聘用人员的劳务费开支标准，参照当地科学研究和技术服务业人员平均工资水平以及在项目研究中承担的工作任务确定，其社会保险补助费用纳入劳务费列支。劳务费预算应根据项目研究实际需要编制。

参与省社科项目并与项目承担单位签订劳动合同的编制外人员的工资性支出在劳务费中列支。

（七）人员费。项目承担单位属事业单位的，除实行生均拨款的学校和医院外，可从直接费用中开支在编人员的人员费，用于补足本单位参与本科研项目的在编人员工资性支出。项目承担单位在编人员的人员费列入单位工资总额。

（八）印刷出版费：指在项目研究过程中支付的打印费、印刷费、论文版面费及阶段性成果出版费等。

（九）其他支出：项目研究过程中发生的除上述费用之外的其他支出，应当在编制预算时单独列示，单独核定。

直接费用应当纳入承担单位财务统一管理，单独核算，专款专用。

第七条 间接费用是指承担单位在组织实施项目过程中发生的无法在直接费用中列支的相关费用，主要用于补偿承担单位为项目研究提供的现有仪器设备及房屋、水、电、气、暖消耗等间接成本，有关管理费用，以及激励科研及相关人员的绩效支出等。

间接费用一般按照不超过项目资助总额的一定比例核定。具体比例如下：50万元及以下部分为30%；超过50万元至500万元的部分为20%；超过500万元的部分为13%。

间接费用核定应当与项目承担单位信用等级挂钩，具体管理规定另行制定。

第八条 间接费用由项目承担单位统筹使用管理。项目承担单位应当处理好合理分摊间接成本和对科研人员激励的关系，根据科研人员及相关人员在项目工作中的实际贡献，结合项目研究进度和完成质量，在核定的间接费用范围内，公开公正安排绩效支出，充分发挥绩效支出的激励作用。

绩效支出纳入单位奖励性绩效单列管理，不计入单位绩效工资总量调控基数。

项目承担单位不得在核定的间接费用以外再以任何名义在项目资金中重复提取、列支相关费用。

第三章 预算的编制与审核

第九条 项目负责人应当按照目标相关性、政策相符性和经济合理性原则，根据项目研究需要和资金开支范围，科学合理、实事求是地编制项目预算，并对直接费用支出的主要用途和测算理由等作出说明。

项目负责人应当在收到立项通知之日起 30 日内完成预算编制并经项目承担单位审核后，提交主管部门。无特殊情况，逾期不提交的，视为自动放弃资助。

第十条 项目预算需经主管部门审核，未通过审核的，应当按要求调整后重新上报。

第十一条 跨单位合作的项目，确需外拨资金的，应当在项目预算中单独列示，并附外拨资金直接费用支出预算。间接费用外拨金额，由承担单位和合作研究单位协商确定。

承担单位应当及时按照合作研究协议和审核通过的项目预算转拨合作研究单位资金。

第四章 预算执行与决算

第十二条 项目负责人应当严格执行批准后的项目预算。确需调剂的，应当按规定报批。

第十三条 项目预算有以下情况需要调剂的，由项目负责人提出申请，经承担单位审核同意后，报项目主管部门和资金主管部门审批。

（一）由于研究内容或者研究计划作出重大调整等原因，需要增加或减少项目预算总额。

（二）原项目预算未列示外拨资金，需要增列。

第十四条 项目直接费用预算确需调剂的，按以下规定处理：

（一）资料费、数据采集费、设备费、印刷出版费和其他支出预算需要调剂，由项目负责人提出申请，报承担单位审批。

（二）会议费/差旅费/国际合作与交流费、专家咨询费、劳务费预算一般不予调增，需要调减用于项目其他方面支出，由项目负责人提出申请，报承担单位审批；如有特殊情况确需调增的，由项目负责人提出申请，经承担单位审核同意后，报项目主管部门和资金主管部门审批。

项目间接费用预算不得调剂。

项目承担单位应当按规定及时审批项目预算调剂事项申请。

第十五条 省社科项目资金可依据项目立项书和项目合同按规定直接拨付到项目承担单位基本户管理使用。

第十六条 科研资金支出原则上应当通过银行转账、公务卡、支票等非现金方式结算。

对于不具备非现金方式结算条件、但科研工作实际需要发生的支出，报经单位内部审核批准可以使用现金结算。项目承担单位应当明确不具备非现金方式结算条件情形下的财务审批程序和报销手续，从严控制现金支出事项，减少现金提取和使用。

对于野外考察、数据采集等科研活动中无法取得发票或财政性票据的支出，在确保真实性的前提下，项目承担单位可按实际发生额予以报销。

第十七条 项目研究完成后，项目负责人应当会同本单位科研、财务、审计、资产等管理部门及时清理账目与资产，如实编制项目决算表，不得随意调账变动支出、随意修改记账凭证。

有外拨资金的项目，外拨资金决算经合作研究单位财务、审计部门审核并签署意见后，由项目负责人汇总编制项目资金决算。

第十八条 项目在研期间，年度剩余资金可以结转下一年度继续使用。项目研究成果完成并通过审核验收后，结余资金可用于项目最终成果出版及后续研究的直接支出。若项目研究成果通过审核验收2年后结余资金仍有剩余的，应当按原渠道退回省财政。

项目成果未通过审核验收的项目，或承担单位信用评价差的，结余资金应当在接到有关通知后30日内按原渠道退回省财政。

第十九条 对于因故被终止执行的项目的结余资金，以及因故被撤销的项目的已拨资金，承担单位应当在接到有关通知后30日内按原渠道退回省财政。

第二十条 行政事业单位使用项目资金形成的固定资产属国有资产，一般由项目承担单位进行使用和管理，省有权进行调配。企业、社会组织使用项目资金形成的固定资产，按照相关财务规章制度执行。项目资金形成的知识产权等无形资产的管理，按照国家和省有关规定执行。

第五章 管理与监督

第二十一条 项目负责人应当依法依规使用项目资金，不得擅自调整外拨资金，不得利用虚假票据套取资金，不得通过编造虚假劳务合同、虚构人员名单等方式虚报冒领劳务费和专家咨询费，不得通过编制虚假技术服务合同套取委托业务费用，不得使用项目资金支付各种罚款、捐款、赞助、投资等。

项目负责人使用项目资金情况应当自觉接受有关部门的监督检查。

第二十二条 项目承担单位应当制定项目资金内部管理办法，明确审批程序、管理要求和报销规定，落实项目预算调剂、间接费用统筹使用、劳务费和绩效分配管理、结余资金使用等管理权限。

项目承担单位应当加强项目预算审核把关，规范财务支出行为，完善内部风险防控机制，强化资金使用绩效评价，保障资金使用安全规范有效。承担单位项目资金管理和使用情况，要自觉接受财政、审计、监察等部门的监督检查。项目承担单位应当积极配合，如实反映情况，提供有关资料。

项目承担单位应当建立健全科研财务助理制度，为科研人员在项目预算编制和调剂、经费支出、项目资金决算和验收等方面提供专业化服务。

项目承担单位应当充分利用信息化手段，建立健全单位内部科研、财务、项目负责人共享的信息平台，提高科研管理效率和便利化程度。

第二十三条 项目主管部门应当根据各自实际，对项目承担单位和项目负责人的资金使用和管理情况进行不定期检查或专项审计。发现问题的，应当及时督促整改，并向资金主管部门报告。

第二十四条 项目主管部门应当建立项目资金使用和管理情况的检查、审计、监督长效机制，建立项目资金绩效评价和结果应用制度，加强项目资金使用效益评估。

第二十五条 建立项目资金使用和管理的承诺机制，承担单位应当承诺依法依规履行项目资金管理的职责，项目负责人应当承诺提供真实的项目信息并认真遵守项目资金管理的有关规定。

第二十六条 建立项目资金使用和管理的信用机制，项目主管部门对承担单位和项目负责人在项目资金使用和管理方面的信誉度进行评价和记录,作为对承担单位信用评级和对项目负责人绩效考评以及今后资助的重要依据。

第二十七条 建立项目资金使用和管理的信息公开机制,项目承担单位和项目负责人应当在单位内部公开项目预算、预算调剂、决算、项目组人员构成、设备购置、外拨资金、劳务费发放、委托业务以及间接费用和结余资金使用等情况,自觉接受监督。

第二十八条 违反本办法规定的,依照《预算法》、《财政违法行为处罚处分条例》等有关规定追究法律责任。涉嫌犯罪的,依法移送司法机关处理。

第六章 附则

第二十九条 本办法由省财政厅会同项目主管部门负责解释。

第三十条 本办法自2018年3月1日起实施,有效期3年,至2021年2月28日自动废止。

本办法施行前立项,项目执行期已结束、进入结题验收环节的项目,按照原政策执行,不作调整。

本办法施行前立项,尚在执行期内的项目,由项目承担单位统筹考虑本单位实际情况,并与科研人员充分协商后,在项目预算总额不变的前提下,自主选择在研项目间接费用和绩效支出安排、预算科目调剂等是否执行新规定。如执行新规定,需履行单位内部有关调整审批程序,并符合预算调剂的有关规定。原未设立间接费用的在研项目,如要新增间接费用,承担单位要在逐一征求项目负责人意见的基础上,按照有关管理规定将项目资金分解为直接费用和间接费用。

关于省级财政社会科学研究项目科研仪器设备采购管理有关事项的通知

(粤财采购〔2018〕2号)

各地级以上市财政局（委），各省级预算单位：

为贯彻落实《中共广东省委办公厅广东省人民政府办公厅〈关于进一步完善省级财政科研项目资金管理等政策的实施意见（试行）〉的通知》（粤委办〔2017〕13号），根据《关于印发〈广东省财政厅关于省级财政社会科学研究项目资金的管理办法〉的通知》（粤财规〔2018〕1号）有关规定，现将进一步完善我省省级财政社会科学研究项目资金（以下简称省社科项目资金）政府采购管理有关事项通知如下：

一、使用省社科项目资金采购科研仪器设备的项目承担单位可自行采购科研仪器设备。项目承担单位可自行组织或委托采购代理机构采购各类科研仪器设备，采购活动应按照政府采购法律制度规定执行。

二、项目承担单位使用省社科项目资金采购进口科研仪器设备实行备案制管理。需采购进口科研仪器设备，应按规定做好专家论证工作，参与论证的专家可自行选定，专家论证意见随采购文件存档备查。项目承担单位通过广东省财政厅网上办事大厅政府采购系统上传专家论证意见及专家名单，直接备案政府采购计划。同一预算年度内同一进口产品已经备案的，项目承担单位再次采购无须重复组织专家论证，可附原专家论证意见直接备案政府采购计划。根据《广东省人民政府办公厅关于进一步深化政府采购管理制度改革的意见》（粤办函〔2015〕532号）实施进口产品清单管理的，项目承担单位采购进口产品清单所列举的产品无须再提供专家论证意见，直接备案政府采购计划。

三、加快省社科项目资金采购科研仪器设备变更政府采购方式审批。项目承担单位申请变更政府采购方式时可注明"科研仪器设备"，财政部门将予以优先审批。达到公开招标数额标准的货物、服务采购项目拟采用非招标采购方式的，采购单位应当依照《政府采购非招标方式管理办法》（财政部令第74号）的规定执行。

四、省社科项目资金采购科研仪器设备的，项目承担单位可自行选择科研仪器设备评审专家。项目承担单位使用省社科项目资金采购科研仪器设备，可在政府采购评审专家库外自行选择评审专家。自行选择的评审专家与供应商有利害关系的，应严格执行回避有关规定。评审活动完成后，项目承担单位应在评审专家名单中对自行选定的评审专家进行标注，并随同中标、成交结果一并公告。

五、根据《广东省人民政府办公厅关于进一步深化政府采购管理制度改革的意见》（粤办函〔2015〕532号），社会科学研究项目纳入广东省高水平大学科研仪器设备动态项目库管理的设备采购，继续按照我省高水平大学科研仪器设备动态项目库管理办法有关规定执行。

六、加强对科研仪器设备采购的内部控制管理。项目承担单位应按照《财政部关于加强政府采购活动内部管理的指导意见》(财库〔2016〕99号)的规定,进一步完善内部管理规定,加强科研仪器设备采购的内控管理,严格执行政府采购相关规定,主动公开政府采购相关信息,做到科研仪器设备采购的全程公开、透明、可追溯。

各地级以上市财政部门可参照本通知精神,结合本地实际,完善相关管理规定。

广东省财政厅
2018年5月21日

广东省财政厅 广东省科学技术厅关于印发《中央引导地方科技发展专项资金管理细则》的通知

(粤财教〔2018〕22号)

各地级以上市财政局（委），财政省直管县（市、区）财政（税）局，省直有关单位：

为规范中央引导地方科技发展专项资金管理，提高专项资金使用效益，根据《财政部 科技部关于印发〈中央引导地方科技发展专项资金管理办法〉的通知》（财教〔2016〕81号）的有关规定，结合我省实际，省财政厅、省科技厅制定了《广东省中央引导地方科技发展专项资金管理细则》，现予以印发，请遵照执行。执行中遇有问题，请及时向省财政厅、省科技厅反馈。

附件：广东省中央引导地方科技发展专项资金管理细则

2018年6月14日

广东省中央引导地方科技发展专项资金管理细则

第一章 总则

第一条 为规范我省中央引导地方科技发展专项资金（以下简称专项资金）管理，提高专项资金使用效益，根据《财政部科技部关于印发〈中央引导地方科技发展专项资金管理办法〉的通知》（财教〔2016〕81号，以下简称《管理办法》）的有关规定，结合我省实际，特制定本细则。

第二条 本细则所称专项资金是指中央财政通过专项转移支付安排的，用于支持广东围绕国家科技发展战略和全省经济社会发展目标，改善省内科研基础条件，优化科技创新环境，促进科技成果转移转化，提升区域科技创新能力的资金。

第三条 专项资金的使用和管理应遵循"中央引导、省级统筹、重点聚焦、强化监管、注重绩效"的原则。

第二章 资金使用重点方向和范围

第四条 专项资金支持以下四个方面：

（一）科研基础条件和能力建设。重点支持地级以上市政府所属科研单位（不含转为企业或其他事业单位）的科研仪器设备购置和科研基础设施维修改造。

（二）专业性技术创新平台。重点支持广东省重点实验室，省部共建国家重点实验室，新型研发机构，产业技术创新中心，临床医学中心等科技创新平台。

（三）科技创新创业服务机构。重点支持为中小微企业技术创新、基层科技创新活动提供技术外包、技术转移、检测认证、创业孵化、科技咨询、科技金融等服务的生产力促进机构、科技金融服务机构、众创众包平台等具有广东省特色的科技创新服务平台的建设和运营。

（四）科技创新项目示范。重点支持围绕粤东西北科技振兴发展战略，结合科技扶贫工作任务，对政策目标明确、公益性属性明显、引导带动作用突出、惠及人民群众的科技成果进行转化应用的项目示范。

第五条 每年根据省委、省政府重点工作部署和工作安排，围绕第四条所列的一到两个方面进行项目征集和资金安排。

第六条 专项资金一般采取直接补助的方式。支持专业性技术创新平台、科技创新创业服务机构和科技创新项目示范的资金，可综合采用直接补助、后补助、以奖代补、贷款贴息、发放创新券等多种投入方式。

第三章 规划编制及项目遴选程序

第七条 专项资金由省科技厅负责管理。项目主管单位（各地级以上市科技行政管理部门和其他有关单位）负责项目推荐审查、项目实施和资金使用情况的监督管理等工作。项目承担单位应严格按照经批准的项目申报计划、实施方案和绩效目标组织项目实施，按规定开展绩效自评和配合开展项目验收结题，并自觉接受和配合有关部门的监督管理。

第八条 项目申报及资金下达程序如下：

（一）省科技厅根据科技部、财政部申报要求，编制、发布专项资金项目申报指南。

（二）项目申报单位根据项目指南进行申报，并对申报项目及相关资料的合法性、真实性和可行性负责。项目主管单位按照指南要求对项目进行推荐和审查。

（三）省科技厅组织专家对申报项目进行形式审查，对审查通过的项目准予纳入专项资金三年滚动规划（入库），对审查不通过的项目不予纳入专项资金三年滚动规划（不予入库）。

（四）省科技厅组织专家对入库项目进行评审，根据专项资金年度预算，从已入库的项目中择优遴选项目编制形成专项资金三年滚动规划初稿（含当年度拟支持项目清单）。

专项资金分配采取因素法分配，分配因素主要包括体现创新能力的因素以及绩效评价、监督检查相关因素等。

（五）省科技厅参照省级财政资金报批程序将专项资金三年滚动规划初稿（含当年度拟支持项目清单）提交厅党组会（厅务会）审议通过后，会同省财政厅联合审定专项资金三年滚动规划（送审稿），报科技部、财政部审核，并抄送财政部驻广东省财政监察专员办。

（六）根据科技部、财政部审核意见，省科技厅会同省财政厅对三年滚动规划进行修改完善，按程序联合审定后报科技部、财政部备案，并抄送财政部驻广东省财政监察专员办。

（七）省科技厅，在经审核通过后的三年滚动规划重点任务及项目范围内，组织当年度支持项目承担单位填报专项资金年度实施方案项目申报表（视同项目合同书），经项目推荐主管部门审核后，汇总形成广东省专项资金年度实施方案。对拟分配到企业的专项资金，省科技厅应按照《管理办法》要求，通过官方网站等媒介向社会公示，公示期不少于7日。

在财政部、科技部下达预算数后30日内，省财政厅、省科技厅将广东省专项资金年度实施方案报财政部、科技部备案，并抄送财政部驻广东省财政监察专员办。

（八）根据年度实施方案，按程序正式下达项目资金并组织项目实施（出库）。

第九条 省科技厅可委托第三方服务机构承担专项资金的事务性工作，建立健全监管、评价机制。

第十条 市、县财政部门负责及时将专项资金下达至下一级财政部门或项目承担单位，严格按照国库集中支付规定及时审核拨付资金,加强对资金拨付、使用的监督,配合开展专项资金的财政监督检查和绩效评价。

第四章 资金支付方式及支出规定

第十一条 专项资金支付按照国库集中支付有关规定执行。涉及政府采购的,应当按照政府采购有关法律执行。

第十二条 事业单位不得将专项资金用于支付各种罚款、捐款、赞助、投资、偿还债务等支出,不得用于编制内在职人员工资性支出和离退休人员离退休费,以及国家规定禁止列支的其他支出。

第十三条 项目总预算上报科技部、财政部后原则上不予调整。项目预算科目调整、资金结算方式、结余资金管理等参照省级财政科研项目资金管理相关政策执行。

第十四条 经费使用单位必须加强对专项经费使用的管理,应当按照国家财务、会计制度有关规定进行账务处理,严格按规定使用资金,并自觉接受监督检查。

第五章 监督与绩效

第十五条 项目实施实行备案制管理,获准立项的项目承担单位不再另行填报专项资金项目合同书,专项资金年度实施方案项目申报表作为专项资金项目管理和绩效考核的依据。

第十六条 专项资金年度实施方案项目申报表备案后,有关实施主体、目标任务、绩效目标、资金用途、实施期限等不得随意调整。如需调整,项目承担单位应当将调整情况及原因经推荐主管部门向省科技厅书面报告,省科技厅根据实际情况进行处理,并将处理意见反馈项目推荐主管部门、项目承担单位;项目承担单位更名、项目负责人变更以及对项目实施产生重大影响的其他情况等事项调整参照省级科技计划项目管理相关办法执行。

第十七条 省科技厅根据实际情况,采取定期检查、不定期抽查或委托项目所在地科技主管部门和财政部门检查等方式,对项目实施和专项资金使用情况进行监督检查。项目监督检查结果作为项目滚动支持的重要依据之一。

第十八条 省科技厅负责组织对项目实施情况进行绩效评价,并会同省财政厅对专项资金的管理使用情况进行绩效评价。项目绩效评价结果作为项目滚动支持的重要依据之一。

第十九条 项目完成后,参照省级科技计划项目结题管理相关规定。

第二十条 项目承担单位应主动接受财政、审计等部门的审计与监督。有下列行为之一的,将按照《财政违法行为处罚处分条例》规定处理。对严重违规、违纪、违法犯罪的相关责任主体,按程序纳入科研严重失信行为记录。

(一)编报虚假预算,套取专项资金的;

(二)挤占、截留、挪用专项资金的;

(三)未按照专项资金支持范围使用的;

(四)其他违反国家财经纪律的行为。

第六章 附则

第二十一条 本实施细则由省财政厅和省科技厅负责解释。

第二十二条 本实施细则自印发之日起实施。

2018 年 8 月 30 日

关于优化财政科研资金管理提升科研资金绩效的通知

(粤财教〔2018〕394号)

各地级以上市财政局（委），省直有关单位：

为贯彻落实党中央、国务院关于推进科技领域"放管服"改革的要求，根据国务院《关于优化科研管理提升科研绩效若干措施的通知》（国发〔2018〕25号）和省委办公厅、省府办公厅《关于进一步完善省级财政科研项目资金管理等政策的实施意见（试行）》（粤委办〔2017〕13号）有关要求，不断优化财政科研资金管理，加快构建以信任为前提的财政科研管理机制，赋予科研项目机构和科研人员更大的人财物自主支配权，推动科技领域"放管服"改革，经省人民政府同意，现将有关事项通知如下：

一、改革财政科研经费投入方式

（一）探索实施差异化的财政保障机制。

开展财政经费保障与科研机构分类相配套改革，建立和完善财政稳定性支持与科研项目竞争性经费支持相协调的财政经费保障机制。对从事基础前沿研究、公益性研究的科研机构，加大经常性经费等稳定性支持力度。多渠道筹措资金保障合理的薪酬待遇，营造科研人员潜心长期从事基础研究的良好环境。

（二）加大对高层次科研人才的激励力度。

科研项目间接费用中提取的绩效支出，应向承担任务的中青年科研骨干倾斜。对全时全职承担重点领域研发计划等重大项目的团队带头人及引进的高层次人才，可实行年薪制管理；年薪所需经费在项目经费中单独核定，在本单位绩效工资总量中单列，相应增加单位当年绩效工资总量。

二、赋予科研项目立项和经费管理使用自主权

（三）探索下放科研项目立项权。

尊重高校和科研机构科研项目立项、技术路线决策自主权，推动科研项目主管部门探索将科研项目立项权下放到高校和科研机构，由高校和科研机构自主立项、自主管理。科研人员可在研究方向不变、不降低申报指标前提下自主调整技术路线。

（四）下放科研经费科目调剂权。

科研经费直接费用中所有科目费用调剂权全部下放给项目承担单位，由项目承担单位通过建立完善内部管理制度，及时为科研人员办理调剂手续，财政部门无须审核。

（五）自主管理横向科研经费。

对于以市场委托方式取得的横向科研经费，纳入单位财务统一管理，由项目承担单位按照委托协议或合同约定管理使用。

（六）直接费用可列支科研学术助理和财务助理服务支出。

支持项目承担单位建立健全学术助理和财务助理制度，为科研人员在项目编制和调剂、资金支出、

财务决算和验收方面提供专业化服务，购买财会等专业服务支出纳入科研项目经费直接费用开支。

三、建立科研资金绿色拨付通道

（七）科研经费可直接拨付至资金使用单位基本户或相关账户。

各级财政部门要简化科研经费拨付流程和佐证材料，提高资金拨付效率，将科研经费使用的自主权下放到项目承担单位。对于高校和科研机构承担的科研活动各项经费，各级财政部门均应根据资金使用单位的申请，按照国库集中支付有关规定将科研经费拨付到资金使用单位基本户（无基本户的可拨付至单位相关账户），由单位自主管理使用。

（八）符合条件的科研经费可拨付至境外机构。

科研项目承担单位为境外机构的，科研经费可通过国库集中支付方式拨付到主管部门基本户或相关账户转拨。

四、简化科研仪器设备政府采购流程

（九）赋予高校和科研机构科研仪器设备自主采购权。

简化科研领域政府采购审批流程，赋予高校和科研机构自行采购科研仪器设备、选择评审专家等采购自主权；对高校和科研机构采购进口仪器设备实行备案制管理，不得变相审批。

（十）简化高校和科研机构科研仪器设备采购流程。

对高校和科研机构科研急需的设备和耗材，采用特事特办、随到随办的采购机制，可不进行招投标程序，缩短采购周期。对于独家代理或生产的仪器设备，按程序确定单一来源采购等方式，切实增强采购灵活性和便利性。

五、简化科研成果及资产处置审批程序

（十一）赋予高校和科研机构科技成果自主处置权。

除涉及国家安全、国家利益和重大社会公共利益外，财政部门对高校和科研机构涉及的科技成果使用、处置和收益分配等事项不再进行审批或备案。高校和科研机构可自主决定科技成果的实施、转让、对外投资和实施许可等科技成果转化事项。高校和科研机构科技成果转化所获收益全部留归单位自主分配，纳入单位预算，实行统一管理，处置收入不上缴国库。

（十二）扩大高校和科研机构固定资产处置权限。

高校和科研机构固定资产达到或超过规定使用年限需要进行报废的，由高校和科研机构自行审批，上述资产产生的处置收入留归单位使用。

六、强化科研领域财政资金的绩效管理

（十三）明确科研领域财政资金绩效管理职责。

各级财政部门要认真把握国发〔2018〕25号文及中共中央办公厅、国务院办公厅《关于深化项目评审、人才评价、机构评估改革的意见》（中办发〔2018〕37号）文件精神，以结果为导向，加强绩效管理顶层制度设计，创新绩效管理模式，对科研项目实行全过程预算绩效管理；科研项目主管部门作为绩效管理的责任主体，要根据科研项目特点，分类做好绩效目标申报、绩效目标运行监控和绩效评价等工作。

（十四）加强绩效目标及运行管理。

科研项目主管部门要明确设定整体绩效目标和阶段性绩效目标，并选择可衡量的绩效指标；制定统一的定期跟踪监督计划并进行日常绩效目标运行跟踪。各级财政部门应审核绩效目标的完整性、相关性、合理性、可行性和可衡量性，确保绩效目标符合实际；选择重要项目有重点地对财政资金项目绩效情况进行问询、核查、督导等，对预算支出进度较低、项目实施进度严重滞后

或难以达到预期绩效目标的，要分类采取收回、撤销、压减、调整等措施。

（十五）实行科研项目绩效分类评价。

充分考虑科研项目的分类特点，对支持不同类型科研项目的财政资金分别设置科学、专业的绩效评价体系；优化科研领域财政资金绩效评价流程，简化绩效评价内容，按照科研项目的财政资金周期进行适当评价，减少重复评价，提高绩效评价的质量和效率；绩效评价结果应作为项目调整、后续安排的重要依据，以及有关单位和人员业绩考核的参考依据。

七、精简统筹科研人才项目资金财政检查

（十六）加强监督检查的统筹协调。

各级财政部门要加强对科研项目资金监督的制度规范、年度计划安排、结果运用等统筹协调，加强与审计、纪检监察及科研项目主管部门等的沟通联系，切实避免重复检查。

（十七）减少监督检查频次。

基础研究项目和实施周期三年（含）以下项目（科技口重点重大项目除外），以项目承担单位自我管理为主，一般不开展过程检查。对科研活动的审计和财务检查要尊重科研规律，减少频次，与工作对象对相关政策理解不一致时，要及时与政策制定部门沟通，调查澄清。

（十八）合并财务验收和技术验收。

由项目管理专业机构或项目主管部门委托的具有资质的第三方中介机构，严格依据任务书在项目实施期末进行一次性综合绩效评价，不再分别开展单独的财务验收和技术验收，项目承担单位自主选择具有资质的第三方中介机构进行结题财务审计，利用好单位内外部审计结果。

八、建立完善责任担当机制

（十九）强化科研项目单位和科研人员主体责任。

科研项目承担单位是本单位科研资金管理的责任主体，要根据国家科技体制改革要求，制定完善本单位科研、财务、政府采购、成果转化、科研诚信等具体管理办法，强化对科研人员的服务意识，对资金使用的真实性、合法性、规范性负责，并于每年底前将单位基本户科研资金使用情况报同级财政部门备案。强化科研人员主体地位，在充分信任的基础上赋予更大的人财物支配权，同时加强科研诚信信息跨部门跨区域共享共用，对严重违背科研诚信要求的，实行终身追究、联合惩戒。

（二十）建立创新尽职免责机制。

各级财政部门要深入贯彻落实国家和省科技创新体制机制改革意见，加快部门职能转变，优化管理和服务，支持创新主体按照科技创新规律进行改革创新。要合理区分改革创新、探索性试验、推动发展的无意过失与明知故犯、失职渎职、谋取私利等违纪违法行为。对已履行勤勉尽责义务但因技术路线选择失误导致未能完成预定目标的单位和项目负责人予以免责。

（二十一）加强科研伦理和道德建设。

在生命科学、医学、人工智能等前沿领域和对社会、环境具有潜在威胁的科研活动，应当在立项前实行科研伦理承诺制，对不签订科研伦理承诺书的项目不予立项。

各级财政部门要加快职能转变，优化管理服务，切实将科技领域"放管服"改革落实到位，有关贯彻落实情况于 2019 年 12 月底前报送省财政厅备案。

广东省财政厅
2018 年 12 月 25 日

广东省人民政府印发关于进一步促进科技创新若干政策措施的通知

(粤府〔2019〕1号)

各地级以上市人民政府，各县（市、区）人民政府，省政府各部门、各直属机构：

现将《关于进一步促进科技创新的若干政策措施》印发给你们，请认真组织实施。实施过程中遇到的问题，请径向省科技厅反映。

创新是引领发展的第一动力，是推动高质量发展的战略支撑。各地、各部门要深入贯彻落实习近平总书记视察广东重要讲话精神，继续发扬改革创新的优良传统，解放思想、真抓实干、锐意进取，全面深化科技体制机制改革，建立健全容错免责机制，强化协调联动和宣传引导，有效激发全社会创新创业活力，为奋力实现"四个走在全国前列"、当好"两个重要窗口"提供重要支撑。

广东省人民政府
2018年12月24日

关于进一步促进科技创新的若干政策措施

为深入贯彻习近平新时代中国特色社会主义思想和党的十九大精神，深入贯彻习近平总书记视察广东重要讲话精神，深入实施创新驱动发展战略，大力推进以科技创新为核心的全面创新，不断提升我省自主创新能力，充分发挥科技创新对经济社会发展的支撑引领作用，特制定以下政策措施。

一、推进粤港澳大湾区国际科技创新中心建设。构建更加灵活高效的粤港澳科技合作机制，启动实施粤港澳大湾区科技创新行动计划，共建重大创新平台和成果转化基地，共同开展基础研究和关键核心技术攻关；围绕创建综合性国家科学中心，完善重大科技基础设施共建机制，协同落实国家战略布局和支持政策，建设世界一流重大科技基础设施集群，省市在建设规划、用地审批、资金安排、人才政策等方面给予重点支持。推动重大科技基础设施、国家重点实验室、省实验室开放共享，建设面向港澳开放的散裂中子源谱仪，保障对港澳的专用机时和服务。支持港澳及世界知名高校、科研机构、企业来粤设立分支机构并享受相关优惠政策，促使重大科技成果落地转化。支持我省高校、科研机构、企业在国际创新人才密集区和"一带一路"沿线国家设立离岸科技孵化基地或研发机构，集聚全球高端创新资源。试行高校、科研机构和企业科技人员按需办理往来港澳有效期3年的多次商务签注，企业商务签注备案不受纳税额限制；允许持优粤卡A卡的港澳和外籍高层次人才，申办1副港澳入出内地商务车辆牌证。支持各市至少建设1家港澳青年创新创业基地，基地可直接认定为省级科技企业孵化器并享受相关优惠政策。减轻在粤工作的港澳人才和外籍高层次人才内地工资薪金所得税税负，珠三角九市可按内地与境外个人所得税税负差额给予补贴。

二、鼓励港澳高校和科研机构承担省科技计划项目。省科技计划项目向港澳开放，支持港澳高校、科研机构牵头或独立申报省科技计划项目。建立省财政科研资金跨境使用机制，允许项目资金直接拨付至港澳两地牵头或参与单位。完善符合港澳实际的财政科研资金管理机制，保障资金高效、规范使用。建立资金拨付绿色通道，省科技行政部门凭立项文件、立项合同到税务部门进行对外支付税务备案，即时办结后到相关银行办理拨款手续。港澳项目承担单位应提供人民币银行账户，港澳银行收取的管理费可从科研资金中列支。港澳项目承担单位获得的科技成果与知识产权原则上归其所有，依合同约定使用管理，并优先在我省产业化。鼓励有条件的地级以上市向港澳开放科技计划项目。

三、推进创新人才高地建设。调整优化省重大人才工程，加强省重大人才工程与重大科技计划、各级人才计划衔接协同；对于引进人才与本土人才，一视同仁。率先实施更优人才永久居留政策，在珠三角九市先行先试技术移民制度，缩短外籍人才申请永久居留的审批期限。优化人才签证制度，外籍高层次人才、急需紧缺人才可凭科技（外专）部门签发的确认函，直接向我国驻外签证机关申请办理有效期最高 10 年、每次停留时间最高 180 日的 R 字签证，上述人才的配偶及未成年子女亦可办理有效期相同、多次入境的相应种类签证；简化外籍人才短期（90 日以内）来粤工作的签证办理程序，外籍人才凭科技（外专）部门签发的邀请函，可直接向我国驻外签证机关申请 F 字签证，入境后免办工作许可和居留许可；对需紧急入境但未能在我国驻外签证机关办理 R 字或 F 字签证的外籍人才，可凭科技（外专）部门签发的确认函或邀请函，直接在我省口岸签证机关申请 R 字或 F 字临时签证入境（30 日以内），入境后如需延长停留时间按规定办理。对已获得来华工作许可和居留许可的外籍高层次人才，其外籍团队成员及科研助手可办理相应期限的工作许可和居留许可。试行港澳人才享受我省企业职工基本养老保险延缴政策，对达到法定退休年龄、累计缴费不足 15 年的可以延缴，对男性满 65 周岁、女性满 60 周岁时缴费年限仍不足 15 年的可予趸缴。对在粤工作、不能享受社会保险待遇的外籍人才，允许用人单位使用财政资金为其购买任期内商业养老保险和商业医疗保险。强化企业家在科技创新中的重要作用，实施企业家职称评审直通车制度，科技型企业家可直接申报高级（含正高级）专业技术职称。支持各地级以上市按照职住平衡、就近建设、定向供应的原则，在高校、科研机构、高新技术产业开发区（以下简称高新区）等人才密集区建设产权型或租赁型人才住房。

四、加快建设省实验室和新型研发机构。对标国家实验室，在重点领域建设 10 个左右省实验室。支持省实验室实行新型管理体制和运营机制，赋予其人财物自主权，可自主评审正高级职称，自主决策孵化企业投资，自主设立的科技项目视同省科技计划项目，重点引进的人才团队纳入省重大人才工程。支持省实验室与高校联合共建博士点、硕士点，培养高水平创新人才。支持国内外知名高校、科研机构、世界 500 强企业、中央企业等来粤设立研发总部或区域研发中心，在新一代通信与网络、量子科学、脑科学、人工智能等前沿科学领域布局建设高水平研究院，并直接认定为省新型研发机构，评估优秀的省财政最高给予 1000 万元奖补。符合条件的省实验室及所属科研机构、高水平研究院，经批准可作为省或市登记设立的事业单位，不纳入机构编制管理。对省市参与建设的事业单位性质新型研发机构，省或市可授予其自主审批下属创投公司最高 3000 万元的投资决策权。试点实施事业单位性质的新型研发机构运营管理机制改革，允许新型研发机构设立多元投资的混合制运营公司，其管理层和核心骨干可以货币出资方式持有 50% 以上股份，并经理事会批准授权，由运营公司负责新型研发机构经营管理；在实现国有资产保值增值的前提下，盈余的国有资产增值部分可按不低于50%的比例留归运营公司。稳步推进省属公益类科研机构改革，开展中长期绩效综合评价，对评价优秀的实行基本科研业务费制度。

五、加快高新区改革创新发展。推进国家级高新区地市全覆盖，并在三年内布局新建40个以上省级高新区。设立高新区和高新技术企业发展资金，提升高新区产业集聚和公共服务能力，培育一批高新技术企业和高成长性科技型中小企业。支持国家级高新区和发展水平高的省级高新区整合或托管区位相邻、产业相近、分布零散的产业园区。向国家和省级高新区下放更多的省级和市级经济管理权限。各地级以上市根据精简、效能原则，设立专业化、专职化的高新区管理机构，高新区内设机构可在核定的数额内根据需要动态调整并按程序报批。深化高新区干部人事制度改革，高新区管理机构主要领导由所在地党政领导成员兼任，所在地科技行政部门负责同志兼任高新区管理机构的领导班子成员，赋予高新区核定编制内选人用人自主权。理顺高新区财政管理体制，赋予国家级高新区和具备条件的省级高新区一级财政管理权限。鼓励各地级以上市按高新区上缴的财政贡献和土地出让收入，对高新区给予一定奖补。

六、加大企业创新普惠性支持。进一步降低企业研发成本，在全面执行国家研发费用税前加计扣除75%政策基础上，鼓励有条件的地级以上市对评价入库的科技型中小企业增按25%研发费用税前加计扣除标准给予奖补。调整优化企业研发财政补助政策，持续激励企业加大研发投入，并适当向粤东西北地区企业倾斜。鼓励有条件的地级以上市对设立时间不超过5年、经评价入库的科技型中小企业，按其形成的财政贡献给予一定奖励。对当年通过高新技术企业认定、入库培育、新建研发机构的企业，省市财政给予一定奖励。鼓励各地级以上市建立高成长性科技型企业种子库，提供分类施策和一企一策靶向服务，支持企业在境内外上市。改革省科技创新券使用管理，扩大创新券规模和适用范围，实现全国使用、广东兑付，重点支持科技型中小企业和创业者购买创新创业服务。支持企业联合高校、科研机构创建国家级和省级技术创新中心、产业创新中心和制造业创新中心。探索建立符合国际规则的创新产品政府首购制度，加大对首次投放国内市场、具有核心知识产权但暂不具备市场竞争力的重大创新产品采购力度。政府机关、事业单位和团体组织使用财政性资金采购同类型产品时，应合理设置首创性、先进性等评审因素和权重，不得对创新产品提出市场占有率、使用业绩等要求。国有企业利用国有资金采购创新产品的，应参照上述规定执行。实施重大创新产品示范应用工程，为重点领域研发计划等形成的重大创新产品提供应用场景。

七、打通科技成果转化"最后一公里"。构建国家重大科技项目接续支持机制，吸引一批国家项目在粤开展延展性研究和产业化应用，促使更多已结题、未转化的国家项目落地。提高科技成果转化积极性，高校独资设立的资产管理公司可将高校委托或划拨的科技成果自主作价投资，对科技人员实施股权激励，所持企业国有股份收益分配及退出由高校自主审批，收益可部分留归公司使用。高校资产管理公司开展科技成果作价投资，经履行勤勉尽责义务仍发生投资亏损的，由高校及其主管部门审核后，不纳入国有资产对外投资保值增值考核范围，免责办理亏损资产核销手续。高校、科研机构开展技术开发、技术咨询、技术服务等活动取得的净收入视同科技成果转化收入，可留归自主使用。试点开展科技成果权属改革，高校、科研机构以市场委托方式取得的横向项目，可约定其成果权属归科技人员所有；对利用财政资金形成的新增职务科技成果，按照有利于提高成果转化效率的原则，高校、科研机构可与科技人员共同申请知识产权，赋予科技人员成果所有权。支持专业化技术转移服务机构建设，省财政按其上年度促成高校、科研机构与企业签订的、除关联交易之外的登记技术合同交易额,以及引进境外技术交易额的一定比例给予奖补,重点用于引进培育技术经纪人或奖励机构人员绩效支出。

八、促进科技金融深度融合。建立企业创新融资需求与金融机构、创投机构信息对接机制,向金融机构、创投机构开放高新技术企业、科技型中小企业和承担省重点领域研发计划项目企业融资需求相关信息。鼓励银行开展科技信贷特色服务,创新外部投贷联动服务模式,加大对科技型中小企业的信贷支持力度,省财政按其实际投放金额予以一定奖补。省财政与有条件的地级以上市联动设立当地科技风险准备金池,对金融机构开展科技型中小企业贷款和知识产权质押投融资业务发生的损失,给予一定比例的风险补偿,促进解决民营科技型中小企业融资难、融资贵问题。鼓励有条件的地级以上市对新注册登记的私募股权和创业投资管理企业,从其形成财政贡献之日起,给予最多5年适当奖补;对新注册成立的创业投资企业、创业投资管理企业分别按实缴注册资金额、实际管理资金额的一定比例给予奖补,重点用于奖励其高管及骨干人员。发挥省创新创业基金引导作用,重点投向初创科技型企业,引导更多社会资金助推创新创业。改革省政策性引导基金的出资方式和管理模式,鼓励加大让利幅度,允许基金归属财政出资部分的收益全部让渡给社会资本出资方。对投资初创科技型企业的省内创业投资企业,省财政按其累计投资额的一定比例给予奖补。支持符合条件的创业投资企业及其股东、有限合伙人发行创投债,扩大创业投资企业资本规模。鼓励有条件的地级以上市大力发展金融科技产业,吸引金融科技企业和人才落户,对云计算、大数据、区块链、人工智能等新技术在金融领域的应用予以支持。

九、加强科研用地保障。优先保障重大科技项目用地,新增的非营利性科技项目用地计划指标由省统筹解决。国家下达的年度林地定额,优先用于重大科技基础设施、省实验室、省新型研发机构等重点科技创新项目建设,该类项目使用林地申请优先受理审核。对将"三旧"改造用地用于科技创新类项目的县(区),省按相关规定奖励新增建设用地计划指标。通过"三旧"改造建设重大科技基础设施、省实验室、高新技术企业,以及各市新型研发机构、科技企业孵化器和众创空间,在满足基础设施承载能力前提下,依法适当放宽地块容积率限制,缩短规划审批时间。对国家级、省级科技企业孵化器(含国家级科技企业孵化器培育单位)、大学科技园(含国家级大学科技园培育单位)和国家备案众创空间自用及提供给在孵对象使用的房产、土地,免征房产税和城镇土地使用税。在符合规划、不改变用途的前提下,国家级科技企业孵化器利用原有科研用地提高建筑密度和增加容积率的,可按一定优惠幅度征收土地价款差额。支持高校、科研机构围绕优势专业领域,利用自有物业、闲置楼宇建设众创空间、科技企业孵化器和加速器,选择若干高校、科研机构试点自主招租或授权运营机构公开招租,其租金收入财政全额返还,主要用于孵化器建设与运营、科技服务人员奖励等;其孵化服务收入全部归属为科技成果转化收入,留归高校、科研机构自主使用。支持广深科技创新走廊十大核心平台建设,简化"三旧"改造项目地块建设规划审批流程,按控制性详细规划法定程序编制并经所在市批准的"三旧"改造单元规划,可作为改造地块的控制性详细规划;符合产业准入条件的创新主体,在结构安全、外观良好、不影响周边建筑使用、不改变主体结构、不增加容积率的前提下,改变现有建筑使用功能用于创新活动的,无须进行规划报建。

十、提高区域创新发展平衡性协调性。着力构建以广州和深圳为主引擎、珠三角地区为核心、沿海经济带和北部生态区协调发展的区域创新格局,加强分类指导,实施差异化政策支持。在粤东西北地区采取省市共建等方式建设省实验室、省重点实验室,对创建国家级和新建省级高新区给予倾斜支持，布局新建一批农业高新技术产业示范区。对在粤东西北地区建设的高水平新型研发机构，省财政给予启动经费支持，经认定为省新型研发机构且评估优秀的，最高给予2000万元奖补。对在粤东西北地区设立分校、分院或分支机构的高校、科研机构、高水平医院、国家重点实验室，在规划用地、建设资金等方面优先予以保障。对整体搬迁至粤东西北地区的高新技术企业，执行国家税收优惠政策。实施乡村振兴科技计划，加快建设现代农业产业园，支持国家现代农业产业科技创新中心开展体制机制创新，先行先试创新政策；开展农村科技特派员行动，强化结果导向，重点考核派驻单位实现科技致富、农民增收目标情况，农村科技特派员承担重点派驻任务视同承担省级科技计划项目，纳入职称评价、职务晋升考核体系。鼓励省创新创业基金、农业供给侧结构性改革基金设立子基金，重点支持粤东西北地区科技型企业发展和现代农业产业科技创新中心建设。加大力度实施扬帆计划，加强粤东西北地区人才队伍建设。

十一、加强科研诚信和科研伦理建设。建立健全职责明确、高效协同的科研诚信管理体系，倡导良好学风，弘扬科学家精神，加强对科研人员的科研诚信和科研伦理教育。科研人员应当树立正确的学术价值观，克服浮躁、潜心科研、淡泊名利，恪守科研道德准则，不得挑战科研诚信与科研伦理底线。支持开展科研伦理和道德研究，不断完善相关规章制度，进一步强化科研伦理和道德的专家评估、审查、监督、调查处理和应急处置等工作。生命科学、医学、人工智能等前沿领域和对社会、环境具有潜在威胁的科研活动，应当在立项前实行科研伦理承诺制，对不签订科研伦理承诺书的项目不予立项。涉及人的生物医学科研和从事实验动物生产、使用的单位，应当按国家相关规定设立伦理委员会，增强科研伦理意识，履行管理主体责任，严格执行有关法律法规，遵循国际公认的科研伦理规范和生命伦理准则。加强科研诚信信息跨部门跨区域共享共用，对严重违背科研诚信和科研伦理要求的行为零容忍，实行终身追责、联合惩戒，涉嫌违法犯罪的及时移送司法机关依法处理。

十二、持续加大科技领域"放管服"改革力度。改革科研组织管理和项目形成机制，采用定向组织、并行支持、悬赏揭榜等新型科研组织模式，率先面向全国开放申报，常年受理、集中入库，吸引大机构、大团队落户。试行部分财政科研资金委托地市、高校、科研机构自主立项、自主管理。简化科研项目过程管理，减少项目实施周期内的各类评估、检查、抽查、审计等活动，对同一项目同一年度的监督、检查、评估等结果互通互认，避免重复多头检查。完善省财政科研项目资金管理办法，人力资源成本费不受比例限制，直接费用调剂权全部下放给项目承担单位。项目承担单位应当提高服务意识和水平，减少繁文缛节，便于科研人员按照规定报销科研经费；科研人员应当强化责任和诚信意识，严格按照资金开支范围和标准使用科研经费。高校、科研机构自主制订的横向项目经费管理办法，可作为评估、检查、审计等依据，实行有别于财政科研经费的分类管理方式；横向项目结余经费可全部奖励项目组成员，横向项目给予科技人员的报酬和奖励支出在核定的单位绩效工资总量外单列。高校、科研机构通过招投标或购买服务获取的财政性规划类、专题调研类、科技服务与管理类项目，可按横向项目管理。将更多省级科技创新行政管理职权事项下放或委托广州、深圳市，已经下放或委托给广州、深圳市的事项，逐步下放至其他具备条件的地市。

省有关部门及各地级以上市应于本通知下发之日起3个月内制定相关配套措施。鼓励驻粤中直高校、科研机构、央企及所属单位全面适用本政策。我省现有政策与本文件规定不一致的，按照本文件执行。

关于印发《广东省财政厅 广东省审计厅关于省级财政科研项目资金的管理监督办法》的通知

(粤财规〔2019〕5号)

省直各单位，中直驻粤各单位，省各人民团体：

为贯彻中央和省关于科技领域"放管服"改革精神，规范省级财政科研项目资金管理，落实科研机构和科研人员经费管理自主权，经省人民政府同意，现将《广东省财政厅 广东省审计厅关于省级财政科研项目资金的管理监督办法》印发给你们，请遵照执行。

广东省财政厅 广东省审计厅
2019年6月5日

广东省财政厅 广东省审计厅关于省级财政科研项目资金的管理监督办法

第一章 总则

第一条 根据党中央、国务院推进科技领域"放管服"改革精神和省委、省政府进一步促进科技创新的要求，依据《中共广东省委办公厅 广东省人民政府办公厅印发〈关于进一步完善省级财政科研项目资金管理等政策的实施意见（试行）〉的通知》（粤委办〔2017〕13号）、《广东省人民政府印发关于进一步促进科技创新若干政策措施的通知》（粤府〔2019〕1号）等规定，为规范省级财政科研项目资金管理，提升科研项目资金绩效，落实科研机构和科研人员经费管理自主权，激发创新活力，特制定本办法。

第二条 本办法适用于以科学研究为目的，涵盖基础研究、应用研究、技术研究与开发、科技条件与平台建设、科技交流与合作等活动，以项目制方式由省直部门立项或项目承担单位自主立项管理的省级财政科研项目资金。

以稳定性支持、后补助等非项目制方式安排的省级财政科研资金，由资金使用单位自主统筹管理使用（国家和省另有规定的除外）。

项目承担单位以市场委托方式取得的横向经费，纳入单位财务统一管理，由项目承担单位按照委托方要求或合同约定自主使用，不适用本办法。

第三条 科研项目资金管理遵循"尊重规律、优化流程，充分放权、明确职责，强化激励、突出绩效，专账核算、规范管理"原则。

第四条 科研项目资金使用应遵照实事求是、精简高效、厉行节约、倡导共享的原则。

第二章 职责分工

第五条 科研项目资金按照"谁使用、谁负责"原则，由项目承担单位和项目负责人自主管理使用。按照"谁立项、谁监管"原则，由省直部门承担政策指导和资金监管责任。

第六条 项目承担单位是科研项目资金管理的责任主体，自主管理使用本单位科研项目资金，具体职责包括：

（一）制定并完善本单位财务、资产、政府采购、绩效评价、成果转化及与此相关的科研、人事、科研诚信及科研伦理等内部管理制度和实施办法。明确本单位科研项目预算调剂、间接费用统筹、劳务费人员费开支管理、绩效支出分配、结题财务审计、结余资金使用、成果转化收益分配、急需科研设备耗材采购等管理权限和审核流程。

（二）负责预算审核把关，规范财务支出行为，建立岗位分离、内部约束的内部风险防控机制，完善项目资金使用监督检查和绩效评价。

（三）负责本单位科研项目资金监管，实行专账核算，定期向项目主管部门报告项目实施、资金使用情况。因故终止或撤销的项目须及时向项目主管部门报批，并按要求退回财政资金。

（四）实行内部公开制度，定期公开科研项目预算、预算调整、资金使用、资金结余、科研成果等项目信息。

（五）建立科研财务助理制度，为科研人员提供专业化服务。

第七条 项目负责人是科研项目资金使用的直接责任人，对项目资金使用的真实性、合法性、合规性和相关性负责，具体职责包括：

（一）据实编制项目预算和绩效目标，组织预算执行，真实编列项目决算。

（二）建立并落实科研项目日志管理制度，据实记录科研项目研究方向和技术路线调整、研究团队人员变动、预算调整、资金使用、设备和耗材使用情况等内容，真实反映科研项目研究过程及资金开支情况。

（三）对因故需终止实施的项目，须提出明确处理意见并及时报告项目承担单位。

第八条 省项目主管部门是本部门科研项目资金的分配和监管主体，具体职责包括：

（一）组织科研项目论证评审，编制资金分配方案和绩效目标。

（二）指导下属单位完善项目管理、内控制度，适时开展项目管理自主权落实情况核查。监督项目承担单位规范管理，提高科研项目绩效。

（三）组织开展项目实施期末综合绩效评价，完善评价结果应用。

（四）对因故需终止实施的项目，核定剩余项目资金并提出明确处理意见报送省财政部门。对需收回省财政统筹使用的，配合省财政部门收回项目财政资金。

（五）落实科研诚信管理和联合惩戒机制，对严重违背科研诚信和科研伦理要求的项目承担单位和科研人员，会同相关部门实施责任追究，联合惩戒。

第九条 省财政部门负责制订省级财政科研项目资金管理办法，根据项目主管部门编制的资金分配方案及时拨付项目资金，不直接参与科研项目审批、管理，具体职责包括：

（一）制订省级财政科研项目资金管理办法。

（二）建立科研项目资金拨付、政府采购绿色通道。

（三）开展资金使用管理情况抽查，指导单位完善资金管理制度。

（四）及时收回经省项目主管部门确认需终止实施的项目财政资金。

第十条 省审计机关依法对省级财政科研项目资金的管理使用和绩效情况进行审计监督，具体职责包括：

（一）依照《中华人民共和国审计法》及其实施条例，根据年度审计计划安排或审计工作需要，开展相关科技创新政策落实以及科研项目资金管理使用和绩效情况的审计或审计调查。

（二）对开展的审计或审计调查事项出具相应的审计结论文书，必要时进行公告。

（三）监督有关部门、项目承担单位或个人及时整改审计发现问题。

第三章 项目资金开支范围

第十一条 项目资金支出是指在项目组织实施过程中与研究活动相关的、由项目资金支付的各项费用支出。项目资金分为直接费用和间接费用。

第十二条 直接费用是指在项目研究过程中发生的与之直接相关的费用，具体包括：

（一）设备费。在项目研究过程中购置或试制专用仪器设备，对现有仪器设备进行升级改造，以及租赁外单位仪器设备而发生的费用。

（二）材料费。在项目研究过程中消耗的各种原材料、辅助材料、低值易耗品等的采购及运输、装卸、整理、回收处理等费用。

（三）测试化验加工费。在项目研究过程中支付给外单位或依托单位内部检测机构的检验、测试、化验及加工等费用，非独立核算的内部检测机构应按规定明确检测费用标准。

（四）燃料动力费。在项目研究过程中相关大型仪器设备、专用科学装置等运行发生的可以单独计量的水、电、气、燃料消耗费用等。

（五）差旅费/会议费/国际合作交流费。在项目研究过程中开展科学实验（试验）、科学考察、业务调研、学术交流、业务培训等所发生的外埠差旅费、市内交通费用；组织开展学术研讨、咨询以及协调项目研究工作等活动而发生的会议费用；项目研究人员出国、赴港澳台、外国专家来华、港澳台专家来内地工作以及开展学术交流的费用等。本科目预算不超过直接费用10%的，不需要提供预算测算依据，可统筹使用。

（六）出版/文献/信息传播/知识产权事务费。在项目研究过程中，需要支付的出版费、资料费、专用软件购买费、文献检索费、专业通信费、专利申请及其他知识产权事务等费用。

（七）劳务费。在项目研究过程中支付给参与项目研究的承担单位编制外研究生、博士后、访问学者、项目聘用的研究人员和科研辅助人员的劳务费用。

项目聘用人员的劳务费开支标准，参照当地科学研究和技术服务业从业人员平均工资水平，根据其在项目研究中承担的工作任务确定，其社会保险补助纳入劳务费科目列支。劳务费预算不单设比例限制，由项目承担单位和科研人员据实编制。

项目聘用的研究人员和科研辅助人员依法与项目承担单位签订合同（协议）。

参与项目研究并与项目承担单位签订劳动合同的编制外人员的工资性支出在劳务费中列支，确不具备签订合同或协议条件的，可按规定提供相关佐证材料。

（八）人员费。项目承担单位属科研事业单位的，可从直接费用中开支参与项目研究的在编人员工资性支出，用于补足财政补助标准与本单位实际发放水平之间的差额，并纳入单位工资总额限额管理。

（九）对全时全职承担我省重点领域研发计划的团队负责人（领衔科学家/首席科学家、技术总师、型号总师、总指挥、总负责人等）以及引进的高端人才，可实行年薪制管理。年薪所需经费在项目经费中单独核定，在本单位绩效工资总量中单列，相应增加单位当年绩效工资总量。

（十）专家咨询费。在项目研究过程中支付给临时聘请的咨询专家的费用。专家咨询费不得支付给参与项目管理相关工作人员。

（十一）其他支出。项目研究过程中发生的除上述费用之外的其他支出以及不可预见支出，在申请预算时应单独列示，单独核定。

第十三条 项目承担单位可按照本单位科研规律和项目特点，参照国家和省的有关规定，研究制定符合本单位科研活动实际的各类直接费用支出标准。

劳务费和人员费列支应结合相关人员参与项目的全时工作时间等因素合理确定。

对团队负责人、高端人才的年薪，项目承担单位应在项目申报时报项目主管部门确定人员名单和年薪标准，实行一项一策、清单式管理，并报省科技厅、人力资源社会保障厅、财政厅备案。

项目承担单位应按照实事求是、精简高效、厉行节约的原则，合理确定差旅会议与国际合作交流费、专家咨询费的开支范围、标准等，并简化相关手续。

第十四条 间接费用是指项目承担单位在组织实施项目过程中发生的无法直接列支的相关费用，主要用于补偿项目承担单位为了项目研究提供的现有仪器设备及房屋，水、电、气、暖消耗，有关提高科研管理、服务能力等费用，以及绩效支出等。

项目承担单位在统筹安排间接费用时，应合理分摊间接成本以及对科研及相关人员绩效支出。绩效支出安排与科研人员在项目工作中的实际贡献挂钩，适当向一线科研人员倾斜。绩效支出不单设比例限制，纳入单位奖励性绩效单列管理，不计入单位绩效工资总量调控基数。项目承担单位从我省重点领域研发计划项目间接费用中提取的绩效支出，应向承担任务的中青年科研骨干倾斜。

第十五条 间接费用按照不超过项目直接费用扣除设备购置费后的一定比例核定，与项目承担单位信用等级挂钩，并实行总额控制。具体比例如下：

（一）科技研究类项目。

1.500万元及以下的部分为不超过20%；

2.500万元至1000万元的部分为不超过15%；

3.1000万元以上的部分为不超过13%。

（二）试验设备依赖程度低和实验材料耗费少的基础研究、软件开发、集成电路设计、科研咨询、科技服务、软科学研究、智库等智力密集型项目。

1.500万元以下的部分为不超过30%；

2.500万元至1000万元的部分为不超过25%；

3.1000万元以上的部分为不超过20%。

对数学等纯理论基础研究项目，项目承担单位可进一步根据实际情况适当调整间接经费比例。

第十六条 间接费用由项目承担单位统筹管理使用，并向创新绩效突出的团队和个人倾斜。项目承担单位应在充分征求意见基础上研究制定间接费用管理办法，合规合理使用间接费用，并建立间接费用开支台账，进行单独核算。

科研项目由多个单位承担的，间接费用在总额范围内由牵头单位与参与单位协商分配。

项目承担单位不得在核定的间接费用以外再以任何名义在项目资金中重复提取、列支相关费用。

第四章 预算编制

第十七条 项目负责人根据目标相关性、政策相符性和经济合理性原则，编制项目收入预算和支出预算。收入预算按照从各种不同渠道获得的资金总额填列，包括省级财政资助的资金以及从项目承担单位和其他渠道获得的资金。

支出预算根据项目需求，按照资金开支范围和不同资金来源编列。项目直接费用中除设备费外，其他费用可只提供基本测算说明，不提供明细。仪器设备购置，应对拟购置设备的必要性、现有同类设备的利用情况以及购置设备的开放共享方案等进行单独说明。合作研究资金应对合作研究单位资质及拟外拨资金进行重点说明。

第十八条 项目承担单位组织科研和财务管理部门对项目预算进行审核。由多个单位共同承担同一项目的，项目承担单位的项目负责人和合作研究单位参与者根据各自承担的研究任务分别编报资金预算，经所在单位科研、财务部门审核并签署意见后，由项目负责人汇总编制。

第十九条 省项目主管部门组织专家或择优遴选第三方机构对项目和资金预算进行评审，根据项目实际需求，结合专家评审意见，参考同类项目确定项目资助额度。

第二十条 项目承担单位组织项目负责人根据批准的项目资助额度调整项目预算，并在收到资助通知之日起30日内完成审核，报省项目主管部门备案。

第五章 预算执行与决算

第二十一条 省级财政科研资金可根据项目承担单位申请，通过其他直接支付方式直接拨付至单位账户。

第二十二条 项目承担单位应在单位账户下设省级科研项目资金子账户，对拨付至单位账户的科研项目资金实行专账管理，单独核算，专款专用，并对科研项目资金支出的真实性、合法性、完整性负责。

由多个单位共同承担同一项目的，项目主承担单位应及时按预算和合同转拨合作研究单位资金，并加强对转拨资金的监督管理。

因项目负责人调动等因素导致项目主承担单位变更，原主承担单位应与变更后的主承担单位签订有关协议，明确责任义务，在报经省项目主管部门审批、省财政部门备案后，可由原主承担单位直接将经费拨付至变更后的主承担单位。

第二十三条 资助香港、澳门特区高校、科研机构的省科研项目经费，应按照国库集中支付的有关规定和向境外支付的有关要求，由项目主管部门及时组织拨付至港澳特区高校、科研机构。其中，港澳特区高校、科研机构与省内单位联合承担的项目，项目经费可分别拨付至港澳特区高校、科研机构和省内单位。

第二十四条 项目负责人应按项目预算执行。在科研项目实施期间，项目负责人可以在研究方向不变、不降低申报指标的前提下，自主调整研究方案、技术路线和科研团队人员。涉及重大调整事项，项目承担单位应及时报省项目主管部门备案。

第二十五条 项目承担单位应建立健全科研财务助理制度，为科研人员在项目预算编制和预算调整、资金开支、财务决算和验收方面提供专业化服务，有关费用纳入科研项目经费直接费用开支。

第二十六条 科研项目实施过程中，直接费用中各项费用的预算调整可由项目承担单位自主办理，提高办理效率。项目承担单位应制定本单位科研项目预算调整管理办法，规范预算调整行为。

（一）项目负责人根据科研活动的实际需要，经项目承担单位批准后对直接费用中各项费用进行调剂。

（二）项目间接费用不得调增。

（三）项目预算总额不变，合作研究单位之间发生预算调剂，或者由于合作研究单位增加（减少）发生预算调剂的，应协商一致并重新签订合作协议后办理，并报省项目主管部门备案。

（四）预算调整情况应在结题验收报告中予以说明，并在项目承担单位内部公开。

第二十七条 项目预算执行中有以下情况需要预算调整的，由项目负责人提出申请，经项目承担单位审核同意后，报省项目主管部门审批。

（一）由于研究内容或者研究计划作出重大调整等原因，需要增加或减少项目预算总额；

（二）原项目预算未列示外拨资金，需要增列。

第二十八条 科研资金支出原则上应当通过银行转账、公务卡、支票等非现金方式结算。

对于不具备非现金方式结算条件、但科研工作实际需要发生的支出，报经单位内部核准后，可以现金结算。

项目承担单位应制定相关实施细则，明确不具备非现金方式结算条件情形下的财务审批程序和报销手续，从严控制现金支出事项，减少现金提取和使用。

第二十九条 项目负责人应严格按照资金开支范围和标准开支项目经费。不得擅自调整外拨资金，不得利用虚假票据套取资金，不得通过编造虚假劳务合同、虚构人员名单等方式虚报冒领劳务费和专家咨询费，不得通过虚构测试化验内容、提高测试化验支出标准等方式违规开支测试化验加工费。严禁使用项目资金支付各种罚款、捐款、赞助、投资等。

第三十条 对因故被终止实施的项目，以及因故被撤销的项目，省项目主管部门应及时通知省财政部门收回项目财政资金。项目承担单位应在接到有关通知后 30 日内退回财政资金。

第三十一条 项目实施期间，年度剩余资金可结转下一年度继续使用。项目完成任务目标并通过验收后，结余资金留归项目承担单位使用，由项目承担单位统筹安排用于科研活动的直接支出。

第三十二条 项目研究结束后，项目负责人应会同科研、财务、资产等管理部门及时清理账目与资产，如实编制项目资金决算，不得随意调账变动支出、随意修改记账凭证。行政事业单位使用项目资金形成的资产，由项目承担单位按照国有资产管理规定管理使用。

有多个单位共同承担一个项目的，项目承担单位的项目负责人和合作研究单位的参与者应分别编报项目资金决算，经所在单位科研、财务管理部门审核并签署意见后，由项目承担单位的项目负责人汇总编制。

项目承担单位应组织其科研、财务等管理部门审核项目资金决算，并签署意见后报省项目主管部门。

第三十三条 项目承担单位属于高校和科研院所的，可自行采购科研仪器设备，自行选择科研仪器设备评审专家。高校和科研院所应简化科研仪器设备采购流程，对科研急需的设备和耗材，经项目承担单位负责人批准，采用特事特办、随到随办的采购机制，可不进行招投标程序，缩短采购周期。对于独家代理或生产的仪器设备，可按规定程序确定采取单一来源采购等方式，增强采购灵活性和便利性。

第六章 监督管理

第三十四条 省项目主管部门应建立健全对项目承担单位开展科研活动和科研资金管理的事中和事后监督机制，合理制定科研项目年度监督检查计划，在相对集中时间联合相关部门开展联合检查和抽查，避免重复检查、多头检查。

制定年度监督检查计划时，应统筹考虑其他部门的检查计划，充分利用大数据等信息技术提高监督检查效率，实行监督检查结果信息共享和互认。

项目承担单位和项目负责人应主动配合省有关部门的检查与监督，对于在项目实施期内已开展同类检查和审计活动的，及时提供检查结果和结论。对审计机关开展的各项审计项目，应及时提供相关数据资料（含电子数据资料）。

第三十五条 项目承担单位应监督项目负责人建立科研管理日志制度，据实记录科研活动和过程管理。科研项目管理日志的记录情况纳入项目承担单位对项目负责人的管理考评范围。

项目承担单位应在项目实施期末自主选择具有资质的第三方中介机构进行结题财务审计。

项目承担单位必须在单位内部实行项目公开制度，公开项目预算、预算调整、项目决算、资金使用（重点是间接费用中的绩效支出、外拨资金、委托服务、结余资金使用）、研究成果等项目信息，接受社会监督。

第三十六条 省财政部门对不按规定编制项目资金预算、不按规定使用资金、不按规定进行会计核算、不按规定报送年度收支报告、不按规定编报项目决算的，按照《中华人民共和国预算法》《广东省自主创新促进条例》《会计法》和《财政违法行为处罚处分条例》等法律法规处理。

对截留、挪用、侵占、虚报冒领项目资金的直接负责主管人员和其他直接责任人员，移送有关主管机关、单位处理；涉嫌犯罪的，依法移送司法机关处理。

第三十七条 省审计机关开展相关审计或审计调查时，可根据审计工作需要依法对社会审计机构出具的科研项目结题财务审计报告和其他相关审计报告进行核查或抽查，如发现社会审计机构存在违反法律、法规或者职业准则等情况的，移送有关主管机关依法追究责任。

对审计中发现的违反国家规定的财政收支、财务收支行为，在法定职权范围内作出处理、处罚决定或移送有关主管部门处理；涉嫌违纪违法的，移送有关机关、单位依纪依法追究责任。

第三十八条 严格执行省级财政科研项目严重失信行为记录与惩戒有关规定，省科技主管部门会同相关部门对严重违背科研诚信要求的行为实行终身追责。对严重违背科研诚信要求的相关科研人员、项目负责人及违反职业规范、职业道德的第三方中介机构采取联合惩戒措施，按照科研项目管理相关规定记入诚信档案，并纳入科研活动黑名单。

第三十九条 任何单位和个人发现科研项目资金在使用和管理过程中或第三方中介机构在开展财务审计、项目申报咨询等活动中有违法违规行为的，有权检举和举报。

第七章　绩效评价

第四十条 项目承担单位应建立项目资金的绩效管理制度，明确项目整体绩效目标和阶段性绩效目标，并选择可衡量的绩效指标，对项目负责人开展定期跟踪监督，以及日常绩效目标运行跟踪管理。

第四十一条 省项目主管部门可委托项目管理专业机构或具有资质的第三方中介机构，严格依据任务书在项目实施期末进行一次性综合绩效评价。

第四十二条 绩效评价结果作为项目调整、后续支持的重要依据，以及对相关研发、管理人员和项目承担单位、项目管理专业机构业绩考核的参考依据。

项目承担单位在评定职称、制定收入分配制度等工作中，应注重运用科研项目绩效评价结果。

合理区分因科研不确定性未能完成项目目标和因科研态度不端导致项目失败，鼓励大胆创新，严惩弄虚作假。

第八章 附则

第四十三条 本办法由省财政厅、审计厅负责解释。

第四十四条 在本办法印发前立项、尚在实施期内的科研项目,可按本办法执行。社会科学类科研项目按照《广东省财政厅关于省级财政社会科学研究项目资金的管理办法》(粤财规〔2018〕1号)执行。

第四十五条 本办法自2019年7月5日起实施,有效期3年。《广东省财政厅关于印发〈关于省级财政科研项目资金拨付管理的暂行规定〉的通知》(粤财教〔2017〕503号)同时废止。

广东省科技计划项目监督规定

[广东省人民政府令（271）号]

第一章 总则

第一条 为了提高科技计划项目组织实施质量和财政资金使用效益，完善和规范科技计划项目监督管理机制，强化科研学风作风建设，激发科研人员创新活力，营造求真务实的科研创新环境，根据《中华人民共和国科学技术进步法》《广东省自主创新促进条例》等有关法律法规，结合本省实际，制定本规定。

第二条 本规定适用于本省行政区域内，省人民政府科学技术主管部门和财政部门、项目主管部门（以下简称监督部门）对省级财政资金支持的科技计划项目组织实施、资金管理等情况，开展的检查、督导、评价和问责等监督活动。

本规定所称的项目主管部门，包括省直有关行业管理部门、地级以上市人民政府科学技术主管部门、高等院校、科学技术研究开发机构等具有协同管理或者项目推荐权的单位。

第三条 科技计划项目监督工作应当遵循权责对等、分级监管、全程监督的原则，落实放管结合、尊重规律、绩效导向、廉政风险防控的相关要求。

第四条 监督部门应当在科技计划项目组织实施中，对受其直接管理或者协同管理的相关单位和个人的履职尽责情况开展监督。被监督的单位和个人应当予以配合。

实施监督工作的人员应当具备相适应的专业知识和业务能力，独立、客观、公正开展工作。

第五条 监督部门应当保障科技计划项目监督工作所需经费，并列入本单位预算。

第六条 监督部门可以委托科技管理类事业单位或者其他科技服务机构作为项目管理专业机构，负责组织科技计划项目评审论证、过程管理、评估和评价等监督工作。

省人民政府科学技术主管部门和财政部门应当推动项目管理专业机构和科技咨询专家队伍专业化建设；项目主管部门应当加强内部监督机构和人员能力建设。

第七条 监督部门、项目管理专业机构应当依托广东省科技业务管理系统开展智能监督和风险预警，并运用信息化技术推动监督信息统一平台建设，加强监督信息共享与运用。

第二章 监督职责

第八条 省人民政府科学技术主管部门和财政部门牵头负责科技计划项目监督工作。

省人民政府科学技术主管部门的监督职责包括：

（一）研究制定科技计划项目监督工作相关制度，加强监督工作的统筹协调、综合指导和基础能力建设；

（二）对科技计划项目申报指南编制、项目评审论证、项目管理专业机构遴选和委托等重点环节的规范性、科学性进行监督；

（三）组织或者会同有关部门对科技计划项目实施情况开展随机抽查和专项检查；

（四）对项目主管部门协同管理工作进行监督或者指导；

（五）对项目管理专业机构法人治理结构、内部管理以及项目管理的规范性、有效性进行监督；

（六）对科技咨询专家履职的独立性、客观性、公正性，以及廉洁自律、保密制度和回避规则等执行情况进行监督；

（七）对科技计划项目相关财政法规、财政资金管理规定的执行以及财政资金的使用情况进行监督；

（八）对科技计划项目进行绩效评估和评价；

（九）加强监督结果运用，牵头建立科技计划项目诚信监督管理体系；

（十）法律法规规定的其他监督职责。

省人民政府财政部门的监督职责包括：

（一）对科技计划项目财政资金管理制度规范、预算编审、任务清单编制等重点环节的规范性、科学性进行监督；

（二）对科技计划项目财政资金使用绩效适时组织开展重点评价；

（三）法律法规规定的其他监督职责。

第九条 项目主管部门的监督职责包括：

（一）研究制定科技计划项目监督工作的相关制度或者措施；

（二）对所属或者所辖的项目承担单位进行协同管理和监督；

（三）参与省人民政府科学技术主管部门和财政部门组织开展的科技计划项目绩效评估和评价；

（四）配合省人民政府科学技术主管部门和财政部门开展相关监督工作。

第十条 项目管理专业机构应当依据委托管理协议，开展对科技计划项目组织实施、资金管理等情况的相关监督工作。

第十一条 监督部门应当建立健全与纪检监察、审计等机关的协作配合机制，加强监督工作内外衔接，形成监督合力。

第三章 监督方式

第十二条 监督部门、项目管理专业机构可以采取日常监督、专项检查、专项审计、绩效评估和评价等方式实施监督。

日常监督是指对科技计划项目组织实施、资金管理等情况进行的常规性、持续性监控，包括对有关投诉举报进行的核查。

专项检查是指对项目承担单位落实法人治理结构责任、建立健全内部管理制度、执行相关财政法规和财政资金管理规定、使用财政资金等情况进行的检查。

专项审计是指对科技计划项目财政资金使用的合规性和合理性，以及财务收支信息的真实性和完整性等进行的审计，一般委托社会审计力量开展。

绩效评估和评价是指对科技计划项目的整体目标定位、组织管理、实施进展、财政资金使用、成果产出、效果和影响等情况进行的评估和评价。

第十三条 省人民政府科学技术主管部门和财政部门应当根据各自职责建立健全科技计划项目组织实施、资金管理等相关制度。

省人民政府科学技术主管部门应当将监督内容和要求纳入有关实施方案或者工作规程，并明确项目申报指南编制、评审论证、绩效评估和评价、成果汇交等环节的具体流程、分工和监督职责。

省人民政府科学技术主管部门在科技计划项目组织实施过程中，涉及工作委托和任务下达的，应当按照要求在合同、任务书或者协议中明确工作任务、工作期限、考核目标和指标、监督考核方式、科研诚信义务等具体事项。

省人民政府科学技术主管部门应当建立健全科技咨询专家管理制度和工作规范，完善专家评价责任机制，实行专家随机抽取产生、动态调整管理和选任回避等制度。

省人民政府科学技术主管部门可以通过多种途径和形式选聘特邀监督员，对科技计划组织实施情况进行监督。

第十四条 项目主管部门应当对所属或者所辖单位的项目推荐流程和责任分工作出规范，并督促相关单位完善监督机制、加强内部管理、落实科技计划项目及财政资金管理责任。

第十五条 项目管理专业机构应当完善法人治理结构，建立健全机构管理和运行的规章制度，提高专业化监管水平。

第十六条 项目承担单位应当加强内部管理，完善内部控制和监督制约机制，保障项目资金使用的合法性和安全性。

第十七条 项目承担单位应当在科技计划项目实施中加强管理工作记录，将有关信息录入广东省科技业务管理系统，并按照国家档案技术规范要求整理归档和集中管理项目档案，使科技计划项目实施全过程可查询、可追溯。

第十八条 项目承担单位应当按照有关管理规定，定期向省人民政府科学技术主管部门和项目主管部门报告科技计划项目的实施进度、资金使用和组织管理等相关工作情况；遇有重大事项或者特殊情况，应当及时报告。

项目管理专业机构应当按照有关管理规定，定期向省人民政府科学技术主管部门报告科技业务服务工作的组织管理和经费使用管理等情况；遇有重大事项或者特殊情况，应当及时报告。

第十九条 项目主管部门、项目管理专业机构、项目承担单位应当按照有关规定和本单位实际，建立健全公开公示制度，明确公开公示的事项、范围、时限、方式等内容和要求，并及时向单位内部或者社会公开有关信息。

第四章 监督程序

第二十条 监督部门应当根据各自职责统筹制定年度监督检查计划，明确监督对象、内容、时间、方式和要求，并加强与项目管理专业机构的协调和衔接。

第二十一条 监督部门应当根据工作需要采用随机抽取和重点选取相结合的方式选择监督对象，合理确定对项目管理专业机构和项目承担单位开展现场监督的比例。

第二十二条 监督部门对于遵守项目合同、任务书或者协议约定义务的单位所承担的科技计划项目，执行期内现场监督原则上不得超过1次，并应当在项目立项满1年后进行；对于违反项目合同、任务书或者协议约定义务的单位所承担的科技计划项目，可以增加现场监督频次。

自由探索类基础研究和实施周期3年以下的科技计划项目以承担单位自我管理为主，一般不开展过程检查。

第二十三条 监督部门应当运用信息化管理技术，提高监督工作时效性和精准度。对于项目承担单位已经按照规定在广东省科技业务管理系统填报的材料和信息，或者已经按照规定要求提供的材料，不得要求重复提交。

第二十四条 监督部门应当对监督中发现的重要问题和线索的真实性、完整性进行核查。

第二十五条 监督部门应当建立公众参与监督机制，受理投诉举报，并按照有关规定进行登记和分类处理。投诉举报事项不在权限范围内的，应当按照有关规定移交有权部门处理，或者告知投诉举报人可以直接向有权受理的部门投诉举报。

第五章 结果运用

第二十六条 监督部门在实施监督中发现问题的，应当按照相关规定下达监督结果、整改建议。相关单位和个人应当在规定时限内完成整改，并以书面形式报告整改情况。

监督结果应当明确主体、对象、内容、时间、程序、结论和重要事项记录等内容。相关单位和个人对监督结果、整改建议有异议的，可以按照相关规定申请复核和申诉。

第二十七条 监督部门应当协作配合，建立健全监督信息共享、结果互认、情况通报、线索移送等协调机制。

第二十八条 监督部门应当根据监督结果、整改情况、绩效评估和评价以及诚信分级评价，优化科技计划项目管理。

第二十九条 监督部门应当建立宽容失败的机制，对于探索性强、风险性高的科技计划项目，原始记录证明项目承担单位和人员已经履行勤勉尽责义务仍不能完成的，可以按照有关规定允许结题，且不要求退缴已合法使用完毕的财政资金，不纳入严重失信记录，不限制项目承担人员再次申报科技计划项目。

第三十条 监督部门应当按照有关规定，及时向社会公布监督工作情况和监督结果等信息，自觉接受社会监督。

第六章 诚信管理

第三十一条 省人民政府科学技术主管部门、项目主管部门应当建立健全诚信信息采集和记录、分级评价、案件调查处理等管理制度，将相关单位和个人的严重失信行为记入其科研诚信档案。

第三十二条 省人民政府科学技术主管部门应当推动科研诚信记录信息跨部门、跨区域共享共用，建立健全失信联合惩戒机制。

第三十三条 省人民政府科学技术主管部门、项目主管部门应当对科技计划项目申报单位和个人开展诚信审核，发现其科研诚信档案中存在严重失信记录的，可以按照相关规定定期或者终身限制其申报科技计划项目。

第三十四条 项目管理专业机构应当加强科技计划项目评审论证、过程管理、绩效评估和评价等环节的诚信管理，配合查处严重失信行为。

第三十五条 项目承担单位应当建立健全本单位的科研诚信规章制度，明确科研人员的诚信责任和责任追究方式。

第三十六条 项目承担人员应当严格遵守科技计划管理的各项规定，恪守科学道德准则、诚信要求和科研伦理，树立科学家精神和责任意识，自觉接受有关方面的监督。

项目负责人应当加强对项目相关人员的监督管理，并对科研成果的署名、研究数据的真实性、实验的可重复性等进行诚信和学术审核。

第三十七条 科技咨询专家应当严格遵守诚信要求和职业道德，为科技计划项目组织实施提供公正、公平、客观、科学的咨询意见，自觉按照有关规定接受监督。

第七章 责任追究

第三十八条 项目承担单位和个人在科技计划项目申报、资金申请、资金使用、绩效评估和评价等环节存在不配合监督工作、违规行为或者严重失信行为的，监督部门应当根据情节轻重，采取约谈、通报批评、中止项目并责令整改、撤销相关项目并追回已资助的财政资金、定期或者终身限制申报科技计划项目等方式予以处理；发现重大违纪违法问题线索的，监督部门应当按照管辖权限及时移送有关国家机关依法处理；构成犯罪的，依法追究刑事责任。

第三十九条 项目管理专业机构及其工作人员在开展监督工作过程中存在违反委托管理协议约定或者严重失信行为的，监督部门应当根据情节轻重，采取约谈、通报批评、解除委托管理协议、追回已拨付经费、取消项目管理资格等方式予以处理；发现重大违纪违法问题线索的，监督部门应当按照管辖权限及时移送有关国家机关依法处理；构成犯罪的，依法追究刑事责任。

第四十条 科技咨询专家在咨询活动中存在违反相关管理规定或者严重失信行为的，监督部门应当视情节轻重，采取约谈、通报批评、降低专家信用等级、取消咨询资格等方式予以处理；构成犯罪的，依法追究刑事责任。

第四十一条 监督部门及其工作人员在科技计划项目组织实施和监督工作中，滥用职权、玩忽职守、徇私舞弊的，依法追究相关单位和人员的责任；构成犯罪的，依法追究刑事责任。

第八章 附则

第四十二条 本规定自 2020 年 5 月 1 日起施行。

2020 年 3 月 20 日

广东省科学技术厅 广东省财政厅 广东省审计厅关于印发《广东省重点领域研发计划管理办法（试行）》的通知

(粤科规范字〔2020〕1号)

各地级以上市人民政府，省政府各部门、各直属机构：

《广东省重点领域研发计划管理办法（试行）》已经省人民政府同意，现印发给你们，请认真组织实施。

广东省科学技术厅 广东省财政厅 广东省审计厅
2020年10月22日

广东省重点领域研发计划管理办法（试行）

第一章 总则

第一条 为进一步加强和规范对省重点领域研发计划的管理，根据《广东省人民政府关于印发广东省重点领域研发计划实施方案的通知》《广东省人民政府关于印发广东省省级财政专项资金管理办法（试行）的通知》等文件要求，制定本办法。

第二条 省重点领域研发计划由省人民政府批准设立，聚焦九大重点领域（新一代信息技术、高端装备制造、绿色低碳、生物医药、数字经济、新材料、海洋经济、现代种业和精准农业、现代工程技术等）开展关键核心技术攻关，力争突破一批前沿性、引领性和"卡脖子"技术，实现关键核心技术、关键零部件和重大装备的自主可控。

第三条 省重点领域研发计划分为重大专项与重点专项两个层次组织实施。立项项目可根据需要下设一定数量的课题，课题按照项目总体部署完成相对独立的研究开发任务，是下达立项计划、签订任务书、拨款和验收的基本单元。部分申报指南可根据需要设置开放性课题。

第四条 省科技厅、部门间联席会议（以下简称联席会议）、战略咨询评议委员会（以下简称咨评委）、项目管理专业机构（以下简称专业机构）、项目推荐（主管）单位按职责分工负责省重点领域研发计划管理工作。

（一）省科技厅牵头组织实施省重点领域研发计划，负责制定相关政策，优化任务布局，统筹项目全过程管理。

（二）联席会议负责研究审议省重点领域研发计划拟立项（入库）项目和资金安排建议及其他重要事项。

（三）咨评委负责对省重点领域研发计划的发展规划、任务布局等提供战略咨询，参与项目立项咨询评议工作。

（四）专业机构根据省重点领域研发计划相关规定和任务委托责任书承担具体项目管理工作。

（五）项目推荐（主管）单位按规定履行主管部门职责，做好项目的推荐审核与资金转拨，协助开展监督监管工作。

第二章　项目申报组织与立项

第五条　省科技厅会同有关部门凝练相关行业领域的技术需求，做好年度专项任务设计，多渠道多方式征集项目需求和申报指南建议，科学编制项目申报指南。申报指南应明确目标任务、考核指标以及拟立项项目数量、资助额度和实施周期等，合理界定项目和课题单元。

第六条　申报指南应明确项目遴选方式，主要通过竞争择优方式确定项目牵头单位。对战略性、紧急性、突发性任务，或目标清晰、研究力量相对明确的申报指南方向，可采取定向择优、定向委托等方式遴选项目牵头单位，确定立项项目。

第七条　申报指南编制过程中，应主动征求国家有关部委、省有关部门、高校、科研机构和专家建议，公开或定向征求社会意见，委托专业机构进行评议，并经省科技厅集体研究审定后向社会公开（或定向）发布。

第八条　科研能力和条件较强、运行管理规范、科研信用记录良好，并具有独立法人资格的省内外创新主体和港澳地区相关高等院校、科研机构，均可按要求申报项目。

第九条　项目牵头单位应按照申报指南要求，整合省内外优势资源，自主组建团队，组织编制申报书与项目预算，签署分工协议，明确资金分配，并通过省科技业务管理阳光政务平台（以下简称阳光政务平台）提交相关申报材料。项目牵头单位应拥有较强的研究开发实力或资源整合能力，须承担起项目核心研发或组织任务。

第十条　申报项目应明确项目负责人。项目负责人应具有领导和组织开展创新性科学研究的能力，拥有良好的科研信用记录，且能实质性参与具体项目的组织实施。

第十一条　项目申报截止后，省科技厅会同专业机构围绕项目牵头单位资质、负责人履职尽责条件、经费投入情况、申报材料完整性和有效性等开展形式审查，通过形式审查的项目进入答辩、论证和知识产权评价等评审评议环节。

第十二条　省科技厅综合分析评审评议结果，择优确定拟立项项目和资金安排建议。对同一申报指南方向下不同技术路线的申报项目，可择优同时立项，并行资助。对评审评议结果靠前但实施条件尚未成熟的项目，可先行纳入项目库管理；若两年内达到立项条件，可出库立项。

第十三条　拟立项项目和资金安排建议经省科技厅集体研究、联席会议审议后，报省政府审定，其中重大专项须提请省政府常务会议审定。

第十四条　项目立项后，省科技厅按程序向省财政厅报送项目资金分配方案（项目经费可分期拨付）并下达项目计划，省财政厅按规定下达项目资金，资金拨付按省级财政国库集中支付规程及科研项目资金拨付相关规定执行。相关单位按规定签订项目任务书。

第十五条　建立省重点领域研发计划多元化投入体系，鼓励地市、企业等与省共同出资、共同组织实施，建立由各出资方共同管理、协同推进的组织实施模式。

第十六条　为应对各类重大自然灾害、事故灾难、公共卫生事件、社会安全事件等启动的应急响应科研攻关，可适当简化立项程序和资金拨付方式。通过对接国家重大科技项目、揭榜制等方式实施的项目，可根据实际特点对工作流程进行优化调整。与科技部联动实施的重点研发计划专项，按照国家有关规定执行。

第三章 项目实施与验收

第十七条 项目牵头单位和项目负责人要尽职履行项目组织实施的主体责任，落实配套资金和其他条件，建立健全内部管理制度，推动项目研究顺利开展，及时向专业机构报告影响项目实施的重大事项与重大问题，对项目实施目标和财政资金绩效负责。项目参与单位、参与人员要积极配合项目牵头单位和项目负责人的协调、调度、督导等工作，按要求完成相关研究内容。

第十八条 专业机构协调项目启动活动，加强项目跟踪管理，全面了解项目进展和组织实施情况，研究处理项目牵头单位提出的重大事项和重大问题。在项目实施的关键节点，及时向项目牵头单位提出有关意见和建议，并按年度向省科技厅报告项目总体执行情况。

第十九条 项目启动实施后，专业机构要按管理要求及时开展动态评估，并根据评估结果提出后续拨款建议。省科技厅审核通过后，会同省财政厅按程序办理资金拨付。评估结果不通过的，根据项目执行情况进行延期评估或项目终止。

第二十条 省重点领域研发计划项目资金由直接费用和间接费用组成。直接费用可开支实行年薪制管理的团队负责人年薪，年薪所需经费在项目经费中单独核定，并在单位绩效工资总量中予以单列。间接费用由项目牵头单位统筹管理使用，向创新绩效突出的团队和个人倾斜。

第二十一条 项目实施过程中，赋予科研人员技术路线调整优化决策权、科研单位直接费用科目调剂权。如有相关事项发生变更，由项目牵头单位通过阳光政务平台提出申请并说明变更事项及原因；按照变更事项类型由相应管理主体审核批复。

第二十二条 项目实施中遇有重大执行风险，项目任务书签署各方均可提出项目终止申请或建议，经专业机构研究提出意见后，报省科技厅审核批复。

第二十三条 项目实施完成或基本达到预期目标时，项目牵头单位应在不晚于项目执行期满后3个月内通过阳光政务平台提交验收申请。申请验收须提交符合规定的财务审计报告。项目验收申请正式受理后，一般应在3个月内完成验收组织工作。

第二十四条 验收专家组以项目任务书和实际产出为主要依据，通过会议验收、现场验收等形式，对项目使用的科研经费、实施的技术路线、攻克的关键技术、取得的科技成果、获得的知识产权等作出客观评价，形成验收结论。

第二十五条 验收通过的项目，财政资金如有结余，可按规定由项目牵头单位继续统筹使用。验收不通过或执行终止的项目，项目牵头单位应对已开展工作、经费使用、已购置设备仪器、阶段性成果、知识产权等情况作出书面报告，未使用完毕的财政资金，应按规定退回。对于因非正当理由导致项目验收不通过或项目终止的，专业机构应调查核实并评估明确责任单位和责任人，报省科技厅审核后，纳入科研诚信记录，并追缴财政资金。

第四章 成果管理与监督评价

第二十六条 项目牵头单位和参与单位应落实国家与省级科技报告与成果登记制度，推广项目产生的重大创新产品，促进技术交易和成果转化，并落实支持成果转化的科研人员激励政策。省创新创业基金等政策性基金应优先投向省重点领域研发计划项目成果，推动关键核心技术成果在广东落地转化。

第二十七条 项目形成的知识产权归属、使用和转移，按照国家和广东省有关法律、法规和政策执行。相关单位应事先签署协议，约定科研项目知识产权归属、成果管理及合作权益分配等。

第二十八条 省科技厅、省财政厅和项目主管部门对项目的总体实施、经费使用及绩效目标等进行监督评估，减少重复检查，实行结果互认。省科技厅对项目执行情况进行跟踪管理，组织开展绩效自评，并将绩效自评报告报送省财政厅。省财政厅对预算执行和绩效目标实现情况进行监控通报，组织开展重点评价和抽查。省审计厅按规定对项目开展相关审计监督。牵头单位和参与单位应建立健全内控制度和常态化的自查自纠机制，加强风险防控和科研日志管理，强化管理人员和科研人员的责任意识、绩效意识、自律意识。

第二十九条 省科技厅按照科研信用管理相关规定，定期开展重点抽查检查工作。对专业机构、项目牵头单位、项目负责人、评估机构、会计师事务所、评审评议专家等参与项目资金管理的各类主体进行失信行为记录和信用评价。建立自由探索和颠覆性技术创新活动免责机制，对已履行勤勉尽责义务但因技术路线选择失误导致难以完成预定目标的单位和项目负责人予以免责。加强科研伦理、科技安全等风险防范工作。

第三十条 加强对关键岗位和重点环节的廉政监督，相关工作人员在组织实施省重点领域研发计划过程中存在滥用职权、玩忽职守、徇私舞弊等违规违纪违法行为的，依规依纪依法追究相关单位和人员的责任；涉嫌犯罪的，移交司法机关处理。

第五章 附则

第三十一条 本办法自印发之日起试行，有效期3年，由省科技厅会同省财政厅、省审计厅解释。对涉及国家秘密的项目及取得的成果，按照国家和省有关保密管理规定执行。

第二十八章 广西壮族自治区科研项目和资金管理法规政策

广西壮族自治区人民政府办公厅转发科技厅 财政厅关于调整自治区本级财政科研项目经费管理办法若干规定的通知

(桂政办发〔2015〕33号)

各市、县人民政府,自治区人民政府各组成部门、各直属机构:

科技厅、财政厅《关于调整自治区本级财政科研项目经费管理办法的若干规定》已经自治区人民政府同意,现转发给你们,请认真贯彻执行。

广西壮族自治区人民政府办公厅
2015年5月19日

关于调整自治区本级财政科研项目经费管理办法的若干规定

为改进自治区本级财政科研项目(以下简称科研项目)资金管理方式,解决财政厅、科技厅《广西壮族自治区本级技术研究与开发经费管理办法》在执行中存在的重大问题,根据《国务院关于改进加强中央财政科研项目和资金管理的若干意见》(国发〔2014〕11号)和《财政部科技部关于调整国家科技计划和公益性行业科研专项经费管理办法若干规定的通知》(财教〔2011〕434号)的有关精神,制定本规定。

一、明确科研项目经费支持对象

科研项目经费支持对象为在广西壮族自治区内注册的、具有独立法人资格的企事业单位等。

二、规范经费开支范围和预算编制评审

按照财政科学化精细化管理要求,建立科研项目间接成本补偿机制,将科研项目经费分为直接费用和间接费用。

(一)规范直接费用使用管理。直接费用是指在科研项目研究开发过程中发生,并与科研项目研究直接相关的费用。具体包括设备费、材料费、测试化验加工费、燃料动力费、差旅费、会议费、国际合作与交流费,出版、文献、信息传播和知识产权事务费,劳务费、专家咨询费和其他支出等。

科研项目申请单位根据科研项目研究开发任务的特点和实际需要，按照政策相符性、目标相关性和经济合理性的原则，科学、合理、真实地编制项目经费预算。直接费用各项支出不得简单按比例编列。其中：

劳务费是指支付给项目组成员中没有工资性收入的相关人员（如在校研究生、博士后等）和临时聘用人员等的劳务性费用。单位长期聘用的或者签有长期劳务合同的人员不属于劳务费支持范围。劳务费预算没有比例限制。项目申请单位应当结合单位实际和相关人员参与项目的全时工作时间，实事求是地编制劳务预算费，项目临时聘用人员的社会保险补助纳入劳务费科目中列支。

专家咨询费预算应当按照规定的标准据实编制。

设备费预算编制应严格控制设备购置费，鼓励共享、试制、租赁专用仪器设备以及对现有仪器设备进行升级改造。凡是广西大型科学仪器协作共用网能够满足项目研发需求的不予购买；确有必要购买的，在编制预算时必须详细列出品名、规格、数量及单价，并单独说明拟购置仪器设备的必要性、现有同样设备的利用情况以及购置设备的开放共享方案等情况。对单台/套价格在50万元以上的仪器设备，按照财政厅、科技厅、教育厅、广西科学院等部门《关于印发广西壮族自治区本级新购大型科学仪器设备联合评议试行办法的通知》（桂财教〔2014〕112号）要求，通过新购大型科学仪器设备联合评议后才能编入预算。

（二）规范间接费用使用管理。间接费用是指承担科研项目任务的单位在组织实施科研项目过程中发生的，无法在直接费用中列支的相关费用。具体包括为项目实施提供的现有仪器设备及房屋，水、电、气、暖消耗等，有关管理费用的补助支出以及绩效支出等。

间接费用按项目统一核定，由科研项目承担单位和科研项目合作单位根据各自承担的研究任务和经费额度，协商提出分配方案，在科研项目预算（书）中予以明确，并分别纳入各自单位财务统一管理，统筹安排使用。间接费用按照项目经费预算分段超额累退比例法计算，按不超过项目经费中直接费用扣除设备购置费后的一定比例核定。具体比例为：500万元及以下部分，不超过20%；500万元（不含本数）至1000万元的部分，不超过13%；超过1000万元的部分，不超过10%。间接费用中绩效支出不超过直接费用扣除设备购置费后的5%。

科研项目承担单位应当建立健全内部管理办法，合规合理使用间接费用。其中绩效支出，由所在单位根据国家有关规定在对科研工作进行绩效考核的基础上，结合一线科研人员实际贡献公开公正安排，充分体现科研人员价值，发挥绩效支出的激励作用。科研项目承担单位不得在核定的间接费用或管理费用之外再以任何名义在项目资金中重复提取、列支相关费用。

（三）规范经费预算评估评审。科研项目经费预算评审采取合并式评审和分离式评审两种方式进行。一般100万元以下项目采取合并式评审，100万元及以上项目采取分离式评审。在预算评估评审过程中，有关中介机构和咨询专家应当科学合理地提出预算审核建议，不得简单地按比例核减科研项目直接费用预算，同时建立健全预算评估评审的沟通反馈机制。

合并式评审是科研项目可行性论证与经费预算评审合并进行的评审方式。在科研项目可行性论证时，专家组中应当有1~2名财务专家，对经费预算进行评审。

分离式评审是科研项目可行性论证与经费预算评审分开进行的评审方式。在科研项目通过可行性论证并确定立项后，组织评审专家组对科研项目经费预算进行单独评审。评审专家组由3名财务专家、1名管理专家和参加过项目可行性论证的1名技术专家组成。实行分离式评审的科研项目，根据经费预算评审意见和建议，确定科研项目预算。

三、改进资金拨付结算方式

（一）加快科研项目资金拨付进度。科技厅等相关主管部门要按照部门预算管理的规定，在编制当年部门预算时细化科研项目预算，并按照部门预算编报时限要求及时将预算安排建议送达财政厅，提高年初预算到位率。财政厅要及时审核并通过部门预算下达科研项目经费预算。科技厅等相关主管部门要按照财政国库管理有关规定及时支付资金。科研项目承担单位要及时按预算核拨科研项目合作单位经费。部门预算正式批复前，从每年1月1日起，可以按不超过"二上"预算数四分之一的限额支付资金，保证科研任务顺利实施。

（二）改进科研项目资金结算方式。对会议费、差旅费、小额材料费和测试化验加工费等支出，科研项目承担单位为科研院所、高等学校等事业单位的，要按规定实行"公务卡"结算；科研项目承担单位为企业的，也应当采用非现金结算方式。对设备费、大宗材料费和测试化验加工费、劳务费、专家咨询费等支出，科研项目承担单位原则上应当通过银行转账方式结算。

四、改进结转结余经费管理

科研项目承担单位要本着勤俭节约的原则，根据科研项目年度实施的实际需要申请预算，合理安排支出，最大限度地减少资金的结转结余，提高科研项目年度预算的执行效率。

（一）科研项目结转经费管理要求。结转经费是指未完成科研项目的年度经费预算减去年度实际支出后的余额。科研项目实施期间，结转经费由科研项目承担单位结转下一年度按规定继续使用。

（二）科研项目结余经费管理要求。结余经费是指科研项目结束或因故终止时，科研项目经费总预算减去实际总支出后的余额。因故终止项目结余经费还包括处理已购物资、材料及仪器、设备的变价收入。科研项目完成并通过验收后，对信用评价较好的项目承担单位，可允许其在一定期限内按规定统筹安排结余资金，用于科研活动的直接支出，同时将使用情况报相关主管部门。对未通过验收和经过整改才予验收的科研项目，或信用评价较差的科研项目承担单位，结余资金按原渠道收回。

五、简化经费预算调整程序

（一）预算总额调整。由科研项目承担单位应当按程序将变更申请报科技厅审核后，再报财政厅批准。

（二）实施单位间的预算调整。对科研项目总预算不变，科研项目承担单位与合作单位之间的预算调整，以及增加或减少科研项目合作单位涉及的预算调整，按程序报科技厅批准。

（三）直接费用调整。对科研项目总预算不变，需调整直接费用中材料费、测试化验加工费、燃料动力费，出版、文献、信息传播、知识产权事务费及其他支出预算的，由科研项目组负责人提出申请，科研项目承担单位审批，科技厅在中期财务检查或财务验收时予以确认；设备费、差旅费、会议费、国际合作与交流费、劳务费、专家咨询费一般不予调增，如需调减可按上述程序调剂用于科研项目其他方面支出；严格控制会议费、差旅费、国际合作与交流费支出，项目实施中发生的3项支出之间可以调剂使用，但不得突破3项支出预算总额。间接费用不得调整。

六、加强科研项目资金管理监督

（一）明确项目单位职责分工。科研项目承担单位是经费使用和管理的责任主体，负责建立健全经费管理制度，完善内部控制和监督制约机制，严格预算调整审批程序；按规定提出财务验收申请，配合做好财务审计、财务验收等工作，办理财务结账手续；推动本单位现有仪器设备等科研条件对项目的开放共享。科研项目合作单位对经费使用管理负有共同责任，应当对科研项目经费和自筹经费分别单独核算，自觉接受监督检查。

（二）规范科研项目资金使用。科研项目承担单位与合作单位要依法依规使用科研项目资金，不得利用虚假票据套取资金；不得通过编造虚假合同、虚构人员名单等方式，虚报冒领劳务费和专家咨询费；不得通过虚构测试化验内容、提高测试化验支出标准等方式违规开支测试化验加工费；不得随意调账变动支出、随意修改记账凭证、以表代账应付财务审计和检查。要加强外拨经费的监督管理，科研项目承担单位与合作单位不得层层转拨、变相转拨经费。对从财政以外渠道获得的项目资金，要按照国家有关财务会计制度规定以及相关资金提供方的具体要求管理和使用。要按照国家有关规定强化间接费用管理，制定具体的管理办法，合理统筹安排绩效支出，提升科研人员工作绩效水平。要严格执行国家关于政府采购、招投标、资产管理等的规定，行政事业单位使用项目经费形成的固定资产属于国有资产，一般由单位进行使用和管理，自治区有权进行调配；企业使用项目经费形成的固定资产，按照《企业财务通则》等相关规章制度管理。

（三）加强科研项目资金监管。财政厅、科技厅按照职责分工，通过专项审计、中期财务检查、财务验收、绩效评价等方式，对科研项目经费进行监督检查。对各类违法违规使用经费的行为，要按规定采取通报批评、暂停项目拨款、终止项目执行、追回已拨项目资金、取消一定期限内科研项目申报资格等措施严肃处罚，涉嫌违法的移交司法机关处理，切实维护财经法规的严肃性。

（四）建立健全信用管理机制。科技厅要对科研项目承担单位、合作单位、项目负责人，以及参与科研项目的科研人员、中介机构和咨询专家，在经费管理使用、评估评审方面的信誉度进行评价和记录，建立"黑名单"制度，将严重不良信用记录者列入"黑名单"，阶段性或永久性取消其申报或参与科研项目的资格。

（五）积极推进信息公开。科技厅要及时公示非涉密项目预算安排情况，接受社会监督；逐步探索建立科研项目绩效公示制度；积极公开违规使用科研经费的行为。科研项目承担单位要逐步建立项目信息公开制度，在单位内部公示项目组人员构成、项目设备购置、预算调整、外拨经费、间接费用使用等情况。

经费管理的其他有关规定，仍按照财政厅、科技厅《广西壮族自治区本级技术研究与开发经费管理办法》执行。对于2015年1月1日后立项的科研项目，经费预算可按本规定第二条相应调整。

本规定自印发之日起施行，由财政厅、科技厅负责解释。

关于印发广西壮族自治区本级财政科技计划资金后补助管理暂行办法的通知

(桂财教〔2016〕52号)

各市、县财政局、科技局，区直各有关部门，各有关单位：

现将《广西壮族自治区本级财政科技计划资金后补助管理暂行办法》。现印发给你们，请遵照执行。执行过程中如有意见和建议，请及时函告财政厅、科技厅。

广西壮族自治区财政厅
广西壮族自治区科学技术厅
2016年4月23日

广西壮族自治区本级财政科技计划资金后补助管理暂行办法

第一章 总则

第一条 为充分发挥财政科技资金的引导作用，强化企业技术创新主体地位，推动科技和经济紧密结合，提高财政资金的使用效益，根据《财政部 科技部关于印发〈国家科技计划及专项资金后补助管理规定〉的通知》（财教〔2013〕433号）和《广西壮族自治区人民政府办公厅转发科技厅 财政厅关于调整自治区本级财政科研项目经费管理办法若干规定的通知》（桂政办发〔2015〕33号）、《广西壮族自治区人民政府印发关于深化自治区本级财政科技计划和科技项目管理改革实施方案的通知》（桂政发〔2015〕57号）有关精神，制定本办法。

第二条 自治区本级财政科技计划资金实施后补助机制适用本办法。

本办法所称后补助，是指从事研究开发和科技服务活动的单位先行投入资金，取得成果或者服务绩效，通过验收审查或绩效考核后，给予经费补助的财政资助方式。

前款所称的单位，是指在广西境内注册的、具有独立法人资格的企业以及高等院校、科研院所等。

第三条 后补助包括事前立项事后补助、奖励性后补助、共享服务后补助等三种方式。

第四条 后补助经费由单位统筹安排用于研究开发或科技服务活动。

第二章 事前立项事后补助

第五条 事前立项事后补助是指单位根据自治区发布的科技计划申报项目指南，提出项目申请，按照规定的程序立项后，单位先行投入资金组织开展研究开发活动，取得成果并通过验收后，给予相应补助。

第六条 自治区本级财政科技计划中具有明确的、可考核的产品目标和产业化目标的项目，应当实施事前立项事后补助。

第七条 事前立项事后补助按照以下程序管理：

（一）发布指南。发布机构对符合事前立项事后补助实施条件的项目，应当明确其实施后补助管理，并对项目拟达到的目标任务提出明确要求。

（二）提交申请。申报单位编制并提交项目申请材料。项目申请材料应当包括项目总体目标、主要任务、考核指标、配套条件、完成时限、验收方式方法、项目预算表等内容，并附近两年经审计或主管部门批复的财务报表。

项目预算表具体开支范围按照自治区本级财政科研项目经费管理的有关规定执行，无法纳入开支范围的其他开支，可单独列示。

（三）立项论证。科技项目管理专业机构（以下简称专业机构）对项目申请材料进行论证，按照公开、竞争、择优方式确定项目承担单位，明确项目的考核指标、完成时限、验收方式方法等重点内容。

（四）预算评估评审。专业机构组织专家或委托中介机构对项目预算进行评估评审，根据预算评估评审结果提出项目后补助预算方案，并向项目申请单位反馈，达成一致后，报自治区科技计划管理厅际联席会议办公室（以下简称联席办）备案。拟补助经费额不超过项目预算的50%。

（五）项目实施。项目承担单位根据下达的立项项目，1个月内与专业机构签订项目任务书，逾期不签订者视同放弃项目承担资格。

项目承担单位按照项目任务书的规定自行组织项目实施和管理。项目实施终止的，按照自治区科技计划管理的要求履行审批手续，终止的项目不再享受后补助资格。

（六）组织验收。项目实施期满后，项目承担单位应当及时提出验收申请。专业机构对项目技术研究工作按项目任务书的约定进行验收，不再进行财务验收检查。专业机构根据预算管理要求将项目后补助经费预算报主管部门，由主管部门按照预算管理相关规定将项目后补助经费列入部门预算。项目验收结束后，由专业机构将验收结果及拟补助金额向社会公示。

（七）经费拨付。项目通过验收后，由专业机构主管部门和财政部门根据自治区下达的部门预算，按照财政国库集中支付规定拨付后补助经费。

第八条 同一项目原则上只委托一家单位承担。当出现多家单位竞争，研究方法和技术路线不相同时，可以同时委托不超过3家单位承担研究任务，并在项目任务书中明确择优支持的原则和方法，综合各家单位的预算评估结果，形成统一的后补助经费额，仅对取得最优成果的单位予以资助。

第九条 项目任务书是项目执行、项目验收和经费拨付的依据。专业机构和项目承担单位签订项目任务书时，应当协商一致，并细化考核指标，明确验收的方式方法。项目验收可以采用第三方检测、专家判定、用户评价等方法，具体验收办法另行制定。

第十条 符合事前立项事后补助立项条件的项目，如已取得科技成果并且未得到财政资金资助，可申请奖励性后补助。

第三章 奖励性后补助

第十一条 奖励性后补助是指单位根据市场需求及自身发展需要，先行投入资金组织开展技术研发和科技成果转移转化活动，取得的有助于解决我区经济社会发展问题的技术成果或平台建设，经审查验收通过后，给予相应的补助。

第十二条 技术成果主要指通过自主研发或引进区内外且在广西境内实现转移转化的新产品、

新工艺、新材料、新系统等。"产品"包括各种仪器、设备、器械、工具、零部件以及生物新品种等。"工艺"包括工业、农业、社会发展等领域的各种技术方法。"材料"包括用各种技术方法获得的新物质等。"系统"是指产品、工艺和材料的技术集成。

第十三条　申请奖励性后补助的技术成果应当满足以下条件：

（一）对解决广西急需的、影响经济社会发展的重大公共利益或重大产业技术问题等发挥关键作用；

（二）属于申请单位的原创成果，研发记录完备；或引进区内外且在广西境内实现转移转化的科技成果；

（三）未得到财政专项资金资助。

平台建设的后补助，根据不同类别的平台建设要求另行规定。

第十四条　联席办根据需要解决的问题、技术成果的贡献以及平台建设需求，确定年度奖励性后补助预算额度。

第十五条　奖励性后补助按以下程序管理：

（一）发布公告。联席办向社会发布公告，公布年度奖励性后补助项目的指标要求和奖励额度，征集解决重大问题的技术成果或平台建设成果。

（二）提交申请。单位根据公告要求提交申请材料。

（三）审查验收。专业机构对技术或平台建设成果进行审查验收，形成审查验收结论，并向社会公示。

（四）实施奖励。联席办根据审查验收结论和公示结果，制定奖励性后补助经费安排方案，按照财政国库集中支付规定拨付经费。

第四章　共享服务后补助

第十六条　共享服务后补助是指对面向社会开放共享服务并取得绩效的大型科学仪器设备和研究实验基地、科技文献资源、自然科技资源等广西科技基础条件平台，经绩效考核通过后，给予相应补助。

第十七条　共享服务后补助的绩效考核主要包括以下内容：

（一）开放服务情况。包括资源服务数量和质量、服务对象数量及范围、资源的深度挖掘与加工、提供科技支撑取得的效果、服务带来的经济和社会效益等。

（二）共享共用情况。包括用于其他单位的科技开发活动、技术研究活动、实验试验活动的程度等。

（三）运行管理情况。包括组织机构运行、资源维护与更新、开放管理制度落实及运行机制保障等。

第十八条　共享服务后补助按照以下程序管理：

（一）发布公告。联席办向参与广西科技基础条件平台建设的单位发布绩效考核通知，单位根据通知要求进行申报。申报材料包括资源服务总量、开放共享、运行管理等情况，以及提供技术支撑取得效果的相关内容等。

（二）绩效考核。专业机构组织专家对申报单位的资源开放服务、共享共用绩效情况进行考核，形成绩效考核结论，并向社会公示。

（三）实施补助。专业机构根据绩效考核结论，按照财政资金分类分档补助原则，确定后补助方案报联席办备案，后补助经费按照财政预算和国库管理制度有关规定支付。

第十九条 不参加绩效考核或连续两次绩效考核较差的单位，不得纳入共享服务后补助范围。

第五章 管理监督

第二十条 后补助经费使用应当接受财政、审计等部门的检查和监督。对检查中发现的财政违法行为，应当按照《财政违法行为处罚处分条例》等有关规定予以处理。情节严重涉嫌犯罪的，依法移送司法机关处理。

第二十一条 单位存在弄虚作假、伪造成果、重复申报立项、以不当方式唆使用户或第三方检测机构出具虚假评价或检测报告，骗取财政资金的，视情节轻重，采取警告、记入不良信用记录等处理措施，并将信用记录作为今后遴选广西科技计划及专项项目承担单位的依据；已经获得后补助经费的，应当予以追回。

第二十二条 专家、专业机构和用户在后补助管理中存在弄虚作假等违规行为的，视情节轻重，可以采取宣布其出具的相关结果无效、通报批评、降低信用评级等处理措施，并将违规记录作为后补助管理遴选专家、专业机构和用户的重要依据。

第二十三条 联席办应当及时公开后补助经费支持单位、补助情况、违规行为及处理结果等，接受社会监督。

第六章 附则

第二十四条 广西大型科学仪器设备协作共用、科技文献科技服务后补助实施细则依据本办法另行制定。其他科技专项需要实行后补助管理的，可以参照本办法执行。

第二十五条 本办法由财政厅、科技厅负责解释。

第二十六条 本办法自发布之日起施行。

关于印发广西壮族自治区科技计划项目和科技经费监督管理暂行办法的通知

(桂科政字〔2016〕78号)

自治区有关部门，各市科技局，各有关单位：

为进一步加强自治区本级财政科技计划（专项、基金等）项目和科技经费的监督，建立和完善科技项目和科技经费监督管理体系，提高科技项目实施绩效和科技经费使用效益，根据《广西壮族自治区人民政府印发关于深化自治区本级财政科技计划和科技项目管理改革实施方案的通知》（桂政发〔2015〕57号）和《自治区本级财政科技计划监督工作暂行规定》（桂科政字〔2016〕53号）以及有关自治区本级财政科技计划项目及经费的管理办法，我们制定了《广西壮族自治区科技计划项目和科技经费监督管理暂行办法》。现予印发，请遵照执行。

广西壮族自治区科学技术厅

2016年6月24日

广西壮族自治区科技计划项目和科技经费监督管理暂行办法

第一章 总则

第一条 为进一步加强自治区本级财政科技计划（专项、基金等）项目（以下简称"科技项目"）和科技经费的监督，建立和完善科技项目和科技经费监督管理体系，提高科技项目实施绩效和科技经费使用效益，根据《广西壮族自治区人民政府印发关于深化自治区本级财政科技计划和科技项目管理改革实施方案的通知》（桂政发〔2015〕57号）和《自治区本级财政科技计划监督工作暂行规定》（桂科政字〔2016〕53号）以及有关自治区本级财政科技计划项目及经费的管理办法，制定本办法。

第二条 本办法所指的科技项目和科技经费监督，是指自治区科技厅作为监督主体组织实施，相关部门、单位协助配合开展的科技项目和科技经费监督工作。

第三条 科技项目监督是指对自治区本级财政科技计划（广西自然科学基金、广西科技重大专项、广西重点研发计划、广西技术创新引导专项、广西科技基地和人才专项）项目或课题（以下统称"项目"）从申报到结题验收等全过程组织开展的监督检查，并对违规违纪行为追究责任的工作。

第四条 科技经费监督是指对科技项目经费使用和管理情况组织开展的监督检查，并对违规违纪行为追究责任的工作。

第五条 科技项目和科技经费监督的主要对象是科技项目主管部门、科技项目管理专业机构（以下简称"专业机构"）、项目承担单位及合作单位（以下简称"承担单位"）、项目负责人和项目组成员等。

第六条 科技项目主管部门、专业机构和设区市、县科技行政管理部门要认真履行管理职责，配合自治区科技厅开展科技项目和科技经费监督检查工作。

第七条 承担单位是科技项目实施和科技经费使用及管理的责任主体，负责建立健全内部管理制度和监督制约机制，对科技项目要强化项目负责人责任，确保科技项目按计划进度实施；对科技经费要按规定单独设账、单独核算，确保专款专用。同时，自觉接受自治区科技厅或其委托的相关科技项目主管部门、设区市科技行政主管部门、第三方机构组织的监督检查。

第八条 第三方机构是指经自治区科技厅公开遴选确认并按公平竞争原则承担科技项目和科技经费监督业务工作的中介机构。

第九条 建立科技监督管理业务培训机制。承担单位的项目负责人和财务负责人、专业机构的相关人员，必须参加由自治区科技厅组织举办的包括科技政策、科技项目管理、科技经费管理等内容的科技监督管理业务培训，不断提高科技项目和科技经费管理水平。

第二章 监督内容和方式

第十条 科技项目监督的主要内容：

（一）科技项目申报情况。包括项目申报符合年度项目指南所规定的申报条件、研究开发内容、申报程序情况等内容。

（二）科技项目立项评估情况。包括项目评估程序合规性情况，评估专家遴选实行随机抽取原则和回避原则的情况，专家组成员结构合理性情况，评估结果公平公正性情况等内容。

（三）科技项目立项情况。包括签订专项委托协议书、项目合同书、项目合作协议书情况等内容。

（四）科技项目执行情况。包括专业机构按专项委托协议书规定履行职责情况，承担单位完成项目合同书计划进度任务情况，项目调整程序合规性情况，专业机构的相关人员、项目负责人参加科技监督管理业务培训情况等内容。

（五）科技项目验收情况。包括项目验收程序合规性情况，验收机构的资格条件合规性情况，验收专家组成员结构科学合理性情况，专家遴选实行随机抽取原则和回避制度的情况，验收意见和验收结论规范性、合理性情况等内容。

（六）科研成果管理情况。包括科技项目实施产生的科研成果按有关规定管理的情况，科技成果管理工作遵守科技保密规定情况，科研成果使用、处置和收益分配合规性情况等内容。

第十一条 科技经费监督的主要内容：

（一）承担单位内部财务管理制度建设及执行情况。包括对现行财经法规及各项科技经费管理制度的贯彻落实，结合本单位实际制定科技经费管理制度及其内部监督制约机制等。重点检查执行自治区本级财政科技经费管理制度以及单位内部科技经费管理制度的合法性、合规性和科学性。

（二）承担单位科技经费会计核算情况。包括财务负责人参加科技监督管理业务培训情况，对科技经费单独设账、单独核算情况，科技经费专款专用情况，会计科目设置的规范性，核算内容和财务报告信息的真实、准确和完整性，经费开支审批程序和手续的完备性，以及相关财务档案管理规范性等内容。

（三）承担单位和项目负责人执行预算情况。包括按照规定的支出范围和标准执行预算情况，预算调整的必要性和程序规范性，拨付合作单位预算资金规范性及监管情况，配套资金及时足额到位情况；资金使用效益情况；有无超预算、超范围、超标准支出，挤占、挪用、转移项目科技经费，自行分解、擅自转拨科技经费等问题。

（四）设备购置和管理情况。包括合同书约定的购置设备预算执行情况，执行自治区新购大型科学仪器设备联合评议和政府采购情况，购置设备加入广西大型仪器协作共用网及其开放共享情况，购置设备纳入单位固定资产管理情况等。

（五）承担单位对决算和财务验收制度的执行情况。包括编报决算和项目结题财务报告情况，及时清理账目、确定项目支出情况，结余经费的认定和上缴情况，以及有无拖延财务结账、长期挂账报销费用等问题。

第十二条 建立和完善科技项目和科技经费监督管理运行机制。根据需要，综合利用绩效评价、专项审计、财务验收、受理举报等多种方法，通过日常监督检查和专项监督检查相结合的方式，对科技项目和科技经费实施有效监督管理。日常监督检查工作由科技项目主管部门负责，专项监督检查工作由自治区科技厅组织实施，相关部门、单位协助配合。

（一）绩效评价。运用一定的考核方法、量化指标及评价标准，对科技项目从申报到结题验收等全过程进行跟踪检查，并对科技项目实施结果进行综合性考核与评价。绩效评价结果将作为单位和个人今后申报自治区本级财政科技计划项目的重要参考依据。

（二）专项审计。定期或不定期对科技经费使用的合法性、合规性和合理性，以及科技经费财务收支信息的真实性和完整性等进行专项审计检查。

（三）财务验收。对财政资助经费总额 80 万元以上的结题验收项目、所有逾期未结题验收或因故中止的项目进行财务审计。

（四）受理举报。自治区科技厅根据举报，对相关单位或个人在科技项目实施和科技经费使用中的问题组织开展调查处理工作。

第三章 组织实施

第十三条 科技项目和科技经费监督工作采用自治区科技厅直接组织检查组，或委托相关科技项目主管部门、设区市科技行政主管部门、第三方机构等方式进行。

第十四条 委托开展的科技项目和科技经费监督检查工作，需要履行规范的委托程序和手续。受委托单位在具体的监督工作实施中，承担委托人赋予的监督责任。

第十五条 科技项目和科技经费监督工作按照以下程序组织实施。

（一）制定监督计划。自治区科技厅根据管理工作需要，制定科技项目和科技经费年度监督计划，确定年度监督的重点和内容，部署开展监督工作。

（二）通知被检查单位。根据年度监督计划，遴选确定开展监督检查的单位和项目，并书面通知被检查单位。

（三）被检查单位准备资料。被检查单位根据监督检查工作的有关要求准备相关资料。

（四）现场检查。检查组或受委托单位根据需要对被检查单位进行现场检查，并就检查结果与被检查单位进行沟通和交流。

（五）出具监督检查报告。检查组或受委托单位按要求出具监督检查报告，并报送自治区科技厅。

（六）监督检查结果应用。自治区科技厅针对监督检查中发现的问题，按照相关制度规定，下达监督检查意见书。被检查单位应在监督检查意见书的规定时限内整改执行完毕，并将执行结果书面报告自治区科技厅。被检查单位对监督检查意见书中认定问题有异议的，可以申请重新核查确认。

第十六条 充分发挥专家的咨询作用，根据需要聘请专家参加监督检查工作。

第十七条 建立健全第三方机构的遴选、考核和评价制度。对履行监督检查职责不到位的第三方机构，自治区科技厅可采取责成其限期整改、停止其监督检查业务、终止委托等措施。

第十八条 科技项目和科技经费监督工作实行回避制度。被检查单位认为检查人员与本次检查有利害关系或者有其他关系可能影响检查的客观、公正的，有权申请检查人员回避；检查人员认为自己与本次检查有利害关系或者有其他关系的，应当申请回避。

第十九条 建立健全科技项目和科技经费监督管理信息数据库，记录监督计划、组织实施、监督检查结果以及整改落实等情况。

第四章 处理措施

第二十条 承担单位、项目负责人及项目组成员在项目实施管理过程中有下列行为之一的，视情节轻重分别给予限期整改、通报批评、撤销项目、收回资金、不通过项目验收、取消一定期限内项目申报资格等处理，记入诚信档案。

（一）编报虚假项目申报材料、验收材料的；

（二）套用他人名义申报项目的；

（三）违规更改项目负责人、课题承担单位和研究开发内容的；

（四）不按期申请项目结题验收的；

（五）其他违反科技项目管理规定的。

第二十一条 承担单位、项目负责人及项目组成员在科技经费使用、管理中有下列行为之一的，视情节轻重分别给予限期整改、通报批评、停拨经费、收回资金、不通过财务验收、取消一定期限内项目申报资格等处理，记入诚信档案。

（一）在科技经费内部管理制度和会计核算方面。

1.科技经费未纳入承担单位财务统一管理的；

2.科技经费不按项目单独设账、单独核算、专款专用的；

3.科技经费内部管理制度不健全，财务管理和会计基础性工作薄弱的；

4.科技经费购置的固定资产不入账形成账外资产的；

5.不按要求及时编报决算，或脱离财务部门编报决算，造成账表不符、账证不符、账实不符的。

（二）在预算申报方面。

1.编报虚假预算，套取自治区本级财政科技经费的；

2.提供虚假财务会计资料的；

3.提供虚假配套资金承诺的。

（三）在预算执行方面。

1.不严格执行预算的；

2.截留、挤占、挪用科技经费的；

3.违规开支人员费用的；

4.违规调整预算的；

5.违规转拨、转移经费、将科研任务外包的。

（四）在结题财务验收方面。

1. 结余资金不按规定处理的；

2. 不及时结账、长期挂账报销费用的；

3. 不配合监督检查工作，以及采取不正当手段，影响监督检查人员客观发表意见的。

（五）其他违反财经纪律的行为。

第二十二条 承担单位、项目负责人及项目组成员发生违反科技项目和科技经费管理规定行为、触犯财经纪律的，建议有关部门、单位给予相关责任人员纪律处分；涉嫌犯罪的，移送司法机关依法追究刑事责任。

第二十三条 相关科技项目主管部门、设区市科技行政管理部门、专业机构及其工作人员，在科技项目和科技经费管理过程中发生不履行职责、弄虚作假等违规违纪行为的，要依规严肃问责；涉嫌犯罪的，移交司法机关依法处理。

第二十四条 监督检查部门（包括受委托开展监督检查的部门、单位）和监督检查人员在监督检查过程中发生重大过失和违规违纪行为的，依照有关规定追究单位和有关责任人员的责任。

第五章 附则

第二十五条 自治区本级科学技术支出中安排的其他科技专项资金的监督管理，可参照本办法执行。

第二十六条 本办法由自治区科技厅负责解释。

第二十七条 本办法自发布之日起执行。

关于印发广西自然科学基金项目管理办法的通知

(桂科基字〔2016〕151号)

各市科技局、财政局，区直各有关部门，各有关单位：

为推动实施创新驱动发展战略，规范和加强广西自然科学基金项目管理，现将修订后的《广西自然科学基金项目管理办法》印发你们，请遵照执行。执行过程中如有意见和建议，请及时函告科技厅、财政厅。原发布的《广西自然科学基金项目管理办法》(桂科政字〔2011〕124号) 同时废止。

附件：广西自然科学基金项目管理办法

广西壮族自治区科学技术厅　广西壮族自治区财政厅
2016年11月28日

广西自然科学基金项目管理办法

第一章　总则

第一条　为规范和加强广西自然科学基金项目管理，根据《广西壮族自治区科学技术进步条例》，制定本办法。

第二条　广西自然科学基金项目（以下简称"项目"），是根据广西科技发展规划和经济社会发展需要，由广西财政科技计划管理厅际联席会议办公室（设在科技厅）组织管理，以广西自然科学基金资助为主的自然科学基础研究项目。

第三条　项目的宗旨是：贯彻落实国家和广西科技创新发展战略、方针、政策，加强广西自然科学基础研究，推动原始性创新；发现、培养高水平研究人才和研究团队，稳定基础研究队伍，提升科技创新能力，促进广西科技进步与经济社会可持续发展。

第四条　项目重点支持以下方面的研究工作：

（一）具有重要价值的科学前沿问题和面向重大战略需求的基础研究。

（二）有利于学科交叉与融合，促进战略性新兴产业培育和传统产业转型升级的应用基础研究。

（三）促进科技创新人才和研究团队培养，推动广西优势和特色学科建设的基础研究。

第五条　项目包括研究系列和人才培养系列两类。研究系列设立面上项目、重点项目和重大项目；人才培养系列设立青年科学基金项目、杰出青年科学基金项目和创新研究团队项目。

第六条　科技厅是项目的主管部门，负责项目管理的组织协调工作，组织提出广西自然科学基金优先资助领域和重点研究方向，编制项目指南，委托和指导第三方专业机构（以下简称"专业机构"）开展项目评审、评估和日常管理。

第七条 专业机构受科技厅委托，具体管理项目，通过自治区科技管理信息平台统一受理项目申请，组织项目评审（评估），提出立项建议，开展过程管理和结题验收等工作。

第二章 资助范围与条件

第八条 广西境内注册的高等学校、科学研究机构和其他具有独立法人资格的单位，可以向科技厅申请注册为依托单位。高等学校的下属单位和机构（如高等学校的二级学院、医学类高等学校的附属医院等）原则上不单独另行申请注册为依托单位。依托单位名称以科技厅公布注册的为准。

第九条 依托单位应当具备下列条件：

（一）具有从事基础研究活动的条件和能力；

（二）具有专门的科学研究项目管理机构和制度；

（三）具有专门的财务管理机构和制度；

（四）具有必要的资产管理机构和制度。

第十条 依托单位职责：

（一）组织本单位科技人员申请项目；

（二）审核申请人或项目负责人所提交材料的真实性；

（三）提供项目实施的条件，保障项目负责人和参与者实施项目的时间；

（四）跟踪项目的实施，监督项目经费的使用；

（五）配合科技厅做好项目的绩效评估和监督检查；

（六）配合专业机构做好项目的日常管理。

第十一条 各依托单位在职在岗的科技人员均可通过本单位申请项目。申请人应当具备下列基本条件：

（一）必须是项目的实际主持人，具有良好的科学精神和科学道德；

（二）具有较好的研究工作基础和相应的研究能力，研究工作时间有可靠的保障；

（三）非各级公务员（包括参照公务员管理的人员）；

（四）在职攻读研究生学位的人员须经导师同意。

第十二条 面上项目支持科技人员在广西自然科学基金资助范围内自主选题，开展创新性基础研究，促进各学科均衡、协调和可持续发展。研究期限一般不超过3年。项目申请人应当具备下列基本条件：

（一）符合本办法第十一条规定；

（二）具有从事基础研究的经历；

（三）具有高级专业技术职务（职称）或者具有博士学位，或者具有中级专业技术职务（职称）且有2名与其研究领域相同、具有高级专业技术职务（职称）的科技人员推荐；

（四）申请当年12月31日年龄未满57周岁（经依托单位书面同意申请的高层次人才，年龄可适当放宽）。

第十三条 重点项目支持科技人员针对已有较好研究基础、接近或达到国内乃至国际先进水平的研究方向或学科生长点开展深入、系统的创新性基础研究，促进学科发展，推动若干重要领域或科学前沿取得突破；支持科技人员瞄准广西重点产业、优势产业或广西社会发展关键共性科学问题开展的应用基础研究。研究期限一般不超过4年。项目申请人应当具备下列基本条件：

（一）符合本办法第十一条规定；

（二）具有主持国家基础研究类项目（课题）的经历；

（三）具有高级专业技术职务（职称）或者具有博士学位；

（四）申请当年12月31日年龄未满56周岁（经依托单位书面同意申请的高层次人才，年龄可适当放宽）。

第十四条 重大项目支持科技人员瞄准国家战略，围绕广西经济社会发展的特定科学技术领域重大科学问题开展将来有望列入国家级重大（或重点）项目的前期基础研究，取得高水平研究成果。研究期限一般不超过4年。项目申请人应当具备下列基本条件：

（一）符合本办法第十一条规定；

（二）具有主持2项以上（含2项）国家基础研究类项目（课题）的经历；

（三）具有高级专业技术职务（职称）；

（四）申请当年12月31日年龄未满56周岁（经依托单位书面同意申请的高层次人才，年龄可适当放宽）。

第十五条 青年科学基金项目支持青年科技人员在广西自然科学基金资助范围内自主选题，开展创新性基础研究，培养青年科技人员独立主持科研项目的能力，激励青年科技人员的创新思维，培育基础研究后继人才。研究期限一般不超过3年。项目申请人应当具备下列基本条件：

（一）符合本办法第十一条规定；

（二）申请人具有中级以上（含中级）专业技术职务（职称）或者具有博士学位；

（三）申请当年12月31日，男性申请人年龄未满35周岁，女性申请人年龄未满40周岁；

（四）申请人未主持过青年科学基金项目。

第十六条 杰出青年科学基金项目支持在基础研究方面已取得突出成绩的青年学者自主选择研究方向开展创新性基础研究，促进青年科技人才的成长，培养造就一批有潜力进入国家高层次人才队伍的优秀青年学术带头人。研究期限一般不超过4年。项目申请人应当具备下列基本条件：

（一）符合本办法第十一条规定；

（二）具有主持国家基础研究类项目（课题）的经历；

（三）具有高级专业技术职务（职称）或者具有博士学位；

（四）申请人当年12月31日年龄未满40周岁；

（五）未主持过杰出青年科学基金项目。

第十七条 创新研究团队项目支持以优秀中青年科技人员为核心成员（学术带头人和研究骨干）的研究团队，共同围绕国家和广西科技发展规划确定的重要研究方向开展创新性基础研究，培养和造就高水平的研究团队。研究期限一般不超过4年。项目申请人应当具备下列基本条件：

（一）符合本办法第十一条规定；

（二）具有主持2项以上（含2项）国家基础研究类项目（课题）的经历；

（三）具有高级专业技术职务（职称）或者具有博士学位；

（四）申请人当年12月31日年龄未满50周岁。

第三章 申请与评审

第十八条 科技厅负责组织项目指南需求征集和发布工作，并在指南公开发布50日之后受理项目申请。

第十九条 申请人应根据项目指南和申请程序要求，在规定期限内通过依托单位提交项目申请。

第二十条 专业机构负责申请项目的形式审查和初审，组织专家对受理的项目进行评审及按规定将评审意见反馈给申请人。

第二十一条 评审专家应本着科学、客观、公正、负责的精神，从科学价值、创新性、社会影响以及研究方案的科学性、合理性和项目实施的可行性等方面对项目申请进行独立判断和评价，提出评审意见。

第二十二条 评审专家有下列情形之一的，应当申请回避：

（一）评审专家是申请人、参与者的近亲属，或者是其导师，或者与其有其他可能影响公正评审关系；

（二）评审专家本人申请的项目与其他申请人申请的项目相同或者相近；

（三）评审专家与申请人、参与者属于同一法人单位；

（四）其他可能影响公平公正性的情况。

第二十三条 受聘参加项目评审工作的专家和组织评审专业机构的相关工作人员应遵守诚信、保密规定，不得违规与申请人、申请单位接触、受请，不得擅自复制、泄露或以任何形式剽窃申请人的研究内容。专业机构不得干预评审专家的评审工作，不得泄露评审过程中的情况和结果。

第二十四条 专业机构根据项目指南和专家评审意见，择优提出资助项目建议，报科技厅依据相关管理规定审核并向社会公示。

第四章 实施与管理

第二十五条 按照部门预算管理的要求，根据项目评审情况，财政厅联合科技厅下达项目立项及财政补助经费。

第二十六条 依托单位应当组织项目负责人按照立项通知要求填写项目任务书，并在规定时间内报专业机构办理签订手续。无正当理由逾期未报送项目任务书者视为自动放弃。

第二十七条 项目负责人应当按照项目任务书组织开展研究工作，做好项目实施情况的原始记录，按要求向依托单位提交《广西自然科学基金项目年度进展报告》，并作为项目资料归档备查。

重大项目和创新研究团队项目实施时间满2年，还需提交项目中期检查报告，由专业机构组织专家进行项目中期检查。

第二十八条 依托单位应加强项目管理，负责项目执行情况检查、经费使用情况监督、《广西自然科学基金项目年度进展报告》审核，向专业机构报送《广西自然科学基金项目年度管理工作报告》。

第二十九条 项目实施期间，项目负责人、研究内容、考核指标等项目任务书内容原则上不能调整。如有客观原因需要调整、延期和终止研究等变更情况，项目负责人应在项目实施期限内及时提出书面申请（附上项目任务书复印件、项目实施工作总结、证明材料），经依托单位审核后报专业机构，由专业机构提出意见报科技厅审定。

延期申请应当于项目研究期限截止日之前提出，且提出申请日期距截止日应不少于30日。每个项目只能延期1次，申请延长的期限一般不得超过1年。

第三十条 项目负责人有下列情形之一的，依托单位应当及时提出变更项目负责人或者终止项目实施的申请并报专业机构按第二十九条方式处理：

（一）不再是依托单位在职在岗科技人员；

（二）不能继续开展研究工作；

（三）有剽窃他人科学研究成果或者在科学研究中有弄虚作假等行为。

项目负责人调入另一依托单位工作且希望继续实施项目的，经所在依托单位与原依托单位协商一致，原依托单位可以提出变更依托单位的申请（附依托单位同意函），由专业机构提出审核意见报科技厅审定。协商不一致的，专业机构可以提出终止该项目建议报科技厅审定。

青年科学基金项目和杰出青年科学基金项目负责人有上述情形之一的，应由依托单位提出终止项目实施的申请，经专业机构提出审核意见后，报科技厅审定。

第三十一条 专业机构须不定期组织有关专家对项目实施及其依托单位的项目管理工作进行检查、评估。

第三十二条 依托单位及项目负责人须严格遵守国家有关知识产权的法律和法规，依法保护国家、单位和个人的合法权益。

第三十三条 发表项目所取得的研究成果，须标注"广西自然科学基金资助（项目任务书编号：×××）"（英文标注为 This research was supported by Guangxi Natural Science Foundation under Grant No. ×××）。未按规定标注的研究成果，不得作为项目资助的成果参与项目结题验收。

第五章 结题验收

第三十四条 自项目研究期满之日起6个月内，项目负责人应当通过依托单位向专业机构提交项目结题验收申请和相关结题验收材料。项目负责人应当对项目结题验收材料的真实性负责。

依托单位应当对申请结题验收的项目材料进行审核，查看项目实施情况的原始记录，建立项目档案。

第三十五条 专业机构负责组织项目结题验收。重大项目、重点项目、杰出青年科学基金项目和创新研究团队项目须按项目任务书要求组织会议验收；其他类型的项目按项目任务书要求组织书面结题验收，重点审查所提交项目资料完整性、项目负责人实施项目主动性及项目研究任务完成情况。

第三十六条 受委托负责项目过程管理的专业机构应在收到项目结题验收申请和相关结题验收材料后的10个工作日内决定是否受理项目结题验收申请。对于获同意受理的结题验收申请项目，受委托负责项目结题验收的专业机构应在1个月内组织项目审查或者项目结题验收。对符合项目结题验收要求的，准予项目通过结题验收并书面通知依托单位和项目负责人。

第三十七条 专业机构负责对已结题验收项目进行2年的跟踪调查，此期间由原项目后续研究获得的相关成果，应该补录入自治区科技管理信息平台相关数据库中。原项目负责人及其依托单位应主动配合做好跟踪调查工作。

第三十八条 项目实施中取得的研究成果，可按国家和自治区有关规定，分别办理项目奖励申报和专利申请等。

第六章 信用管理

第三十九条 项目建立项目信用管理制度。对项目申请、立项、实施、结题验收等过程中的相关依托单位和个人进行信用记录和信用评价。依托单位和个人信用状况作为今后项目资助的重要参考依据。

第四十条 项目负责人、参与者在项目申请、实施和结题验收过程中有下列行为之一的，由科技厅记入不良信用记录，视情节轻重给予暂停拨款、终止或撤销项目等处理，按规定追回已拨付的财政补助经费，在3~5年内取消相关人员的项目申请资格：

（一）不按规定报送《广西自然科学基金项目年度进展报告》等项目相关材料；

（二）项目负责人不按规定提交项目结题验收申请；

（三）因主观因素致使项目任务无法完成；

（四）提交弄虚作假的报告、原始记录或者相关材料；

（五）违规使用项目资助经费；

（六）存在违背科学精神和科学道德行为。

第四十一条 依托单位有下列情形之一的，由科技厅记入不良信用记录，在1~3年内取消作为依托单位资格：

（一）不履行保障项目研究条件的职责；

（二）不对申请人或者项目负责人提交的材料或者报告的真实性进行审查；

（三）不按规定提交《广西自然科学基金项目年度管理工作报告》等项目相关材料；

（四）纵容、包庇申请人、项目负责人弄虚作假；

（五）不按规定办理项目变更手续；

（六）不配合科技厅做好项目的绩效评估和监督检查；

（七）不配合专业机构做好项目日常管理；

（八）截留、挪用项目经费。

第四十二条 违反相关管理规定的评估评审专家和专业机构工作人员，由科技厅记入不良信用记录，并追究其相应责任，情节严重的终身取消其参与项目评审、管理工作资格。

第七章 附则

第四十三条 广西自然科学基金资助项目资金管理办法另行制定。

第四十四条 本办法自发布之日起施行，有效期5年。2011年6月28日发布的《广西自然科学基金项目管理办法》（桂科政字〔2011〕124号）同时废止。

第四十五条 本办法由广西财政科技计划管理厅际联席会议办公室负责解释。

关于印发广西自然科学基金项目资助经费管理办法的通知

(桂财教〔2016〕213号)

各市财政局、科技局，区直各有关单位：

为规范和加强广西自然科学基金项目资助经费管理和使用，根据自治区本级财政科技计划资金管理的有关要求，财政厅、科技厅对《广西自然科学基金项目资助经费管理暂行办法》(桂财教〔2009〕164号)进行了修订。现将修订后的《广西自然科学基金项目资助经费管理办法》印发给你们，请遵照执行。

附件：广西自然科学基金项目资助经费管理办法（修订稿）
广西自然科学基金项目资助经费决算表（略）

广西壮族自治区财政厅　广西壮族自治区科学技术厅
2016年12月30日

广西自然科学基金项目资助经费管理办法（修订稿）

第一章　总则

第一条　为规范和加强广西自然科学基金项目资助经费（以下简称"项目资金"）的使用和管理，提高经费使用效益，引导和激励科技创新，凝聚和培养科技人才，根据《广西壮族自治区人民政府办公厅转发科技厅财政厅关于调整自治区本级财政科研项目经费管理办法若干规定的通知》（桂政办发〔2015〕33号）、《广西壮族自治区人民政府印发关于深化自治区本级财政科技计划和科技项目管理改革实施方案的通知》（桂政发〔2015〕57号）以及《广西壮族自治区人民政府办公厅关于印发广西加大财政科技经费投入与改进财政科技经费管理实施办法的通知》（桂政办发〔2016〕115号）等文件规定，制定本办法。

第二条　本办法所称项目资金，是指广西自然科学基金按照《广西壮族自治区科学技术进步条例》规定，用于资助科技人员开展自然科学基础研究和科学前沿探索，支持人才和团队建设的专项资金。

第三条　项目资金支持对象为在广西境内注册的高等学校、科学研究机构或其他具有独立法人资格、开展基础研究与应用基础研究的创新主体工作，且符合基金项目申报条件的科技人员。申请资助的科技人员所在单位为项目依托单位。

第四条　项目资金主要来源于自治区本级财政预算拨款，同时依法接受社会团体、机构、个人以及各市、县财政等资金开展联合资助。

第五条　基金项目的组织实施和资金管理应遵循"尊重科学、依靠专家、择优扶持、公正合理"的原则，符合国家和自治区有关财政、财务制度和本办法的规定，同时要有利于开展科学研究工作。

第六条 财政厅根据自治区科技发展规划，结合广西自然科学基金资金需求和自治区财力可能，将项目资金列入自治区本级财政预算，负责宏观管理和监督。

第七条 科技厅依法负责项目申报、评审、立项的组织协调，函商财政厅后下达项目资金并监督管理，委托第三方专业机构对资助项目进行具体管理。

第八条 依托单位是项目资金管理的责任主体，应当建立健全项目资金相关管理制度，完善内部控制和监督约束机制，加强对项目资金的管理和监督。

依托单位应当落实项目承诺的自筹资金及其他配套条件，对项目组织实施提供条件保障。

第九条 项目负责人是项目资金使用的直接责任人，对资金使用的合规性、合理性、真实性和相关性承担法律责任。

项目负责人应当依法依规据实编制项目预算和决算，并按照项目批复预算、项目任务书和相关管理制度使用资金，接受上级和本级相关部门的监督检查。

第十条 基金项目一般实行定额补助资助方式。

第二章 项目资金开支范围

第十一条 项目资金支出是指在项目组织实施过程中与研究活动相关的、由项目资金支付的各项费用支出。项目资金分为直接费用和间接费用。

第十二条 直接费用是指在项目研究过程中发生的与之直接相关的费用，具体包括：

（一）设备费：是指在项目研究过程中购置或试制专用仪器设备，对现有仪器设备进行升级改造，以及租赁外单位仪器设备而发生的费用。

（二）材料费：是指在项目研究过程中消耗的各种原材料、辅助材料、低值易耗品等的采购及运输、装卸、整理等费用。

（三）测试化验加工费：是指在项目研究过程中支付给外单位（包括依托单位内部独立经济核算单位）的检验、测试、化验及加工等费用。

（四）燃料动力费：是指在项目研究过程中相关大型仪器设备、专用科学装置等运行发生的可以单独计量的水、电、气、燃料消耗费用等。

（五）差旅/会议/国际合作与交流费：差旅费是指在项目研究过程中开展科学实验（试验）、科学考察、业务调研、学术交流等所发生的外埠差旅费、市内交通费用等。差旅费的开支标准应当按照国家、自治区和依托单位法人有关规定执行。

会议费是指在项目研究过程中为了组织开展学术研讨、咨询以及协调项目研究工作等活动而发生的会议费用。会议费的支出应当按照国家、自治区和依托单位的有关规定执行，并按照实事求是、精简高效、厉行节约的原则控制好会议规模、会议数量和会期。

国际合作与交流费是指在项目研究过程中项目研究人员出国及赴港澳台、外国专家来华及港澳台专家来内地工作的费用。国际合作与交流费应当严格执行国家和自治区外事资金管理的有关规定。

（六）出版/文献/信息传播/知识产权事务费：是指在项目研究过程中，需要支付的出版费、资料费、专用软件购买费、文献检索费、专业通信费、专利申请及其他知识产权事务等费用。

（七）劳务费：是指在项目研究过程中支付给参与项目研究的研究生、博士后、访问学者和项目聘用的研究人员、科研辅助人员等的劳务费用，以及临时聘用人员的社会保险补助费用。

（八）专家咨询费：是指在项目研究过程中支付给临时聘请的咨询专家的费用。专家咨询费标准按照自治区有关规定执行。

（九）其他支出：项目研究过程中发生的除上述费用之外的其他支出，应当在申请预算时单独列示，单独核定。

直接费用应当纳入依托单位财务统一管理，单独建账、单独核算，专款专用。

第十三条 间接费用是指依托单位在组织实施项目过程中发生的无法在直接费用中列支的相关费用，具体包括为项目实施提供的现有仪器设备及房屋，水、电、气、暖消耗等费用，以及绩效支出等。绩效支出是指依托单位为了提高科研工作的绩效安排的相关支出。

第十四条 间接费用按不超过直接费用扣除设备购置费的一定比例进行核定，实行总额控制。具体比例如下：100万元以下的部分为20%，100万元至200万元的部分为15%，200万元以上的部分为13%。

第十五条 间接费用由依托单位统一管理使用。依托单位应当制定间接费用的管理办法，合规合理使用间接费用；要充分发挥绩效支出的激励作用，不限制其在间接费用中的比例，对其安排要与科研人员在项目工作中的实际贡献挂钩。依托单位不得在核定的间接费用以外再以任何名义在项目资金中重复提取、列支相关费用。

第三章 预算的编制与审批

第十六条 项目负责人（或申请人）应当按照政策相符性、目标相关性和经济合理性的原则，科学、合理、真实地编制项目收入预算和支出预算。

收入预算应当按照从各种不同渠道获得的资金总额填列，包括广西自然科学基金资助的资金以及从依托单位和其他渠道获得的资金。

支出预算应当根据项目需求，按照资金开支范围编列，并对直接费用支出的主要用途和测算理由等作出说明，其中：

（一）劳务费预算不设比例限制，应当结合单位实际和相关人员参与项目的全时工作时间，据实编制劳务预算费，项目临时聘用人员的社会保险补助纳入劳务费科目中列支。

（二）差旅/会议/国际合作与交流费的总费用超过直接费用10%的，应提供预算测算依据。

（三）鼓励仪器设备的共享、租赁以及对现有仪器设备进行升级改造，原则上不得购置单台/套在5万元以上（含5万元）的设备，确有必要购置的，应当对拟购置设备的必要性、现有同样设备的利用情况以及购置设备的开放共享方案等进行单独说明。

（四）合作研究资金应当对合作研究单位资质及拟外拨资金进行重点说明。

第十七条 依托单位应当组织其科研和财务管理部门按照有关规定对项目预算进行审核，签署意见后报送科技厅。

有多个单位共同承担一个项目的，依托单位的项目负责人（或申请人）和合作研究单位参与者应当根据各自承担的研究任务分别编报资金预算，经所在单位科研、财务部门审核并签署意见后，由项目负责人（或申请人）汇总编制。间接费用由依托单位和合作单位根据各自承担的任务和经费额度协商提出分配方案，在项目预算说明书中予以明确后，分别纳入各自单位财务统一管理，统筹安排使用。

第十八条 科技厅委托专业机构按相关规定组织专家对项目和资金预算进行评审，并根据评审意见和建议确定项目资助额度。对跨年实施的研究项目，按照"总量核定、分年安排"的原则安排经费。

第十九条 联合资助项目按本办法进行预算编制，分列自治区财政科技资金与联合资助方资金的用途。联合资助方不得虚假出资。

第二十条 科技厅根据项目评估、评审意见，综合平衡后，编制基金年度预算建议，并按预算编制要求送财政厅审核后，纳入自治区本级部门预算管理。

第四章 预算执行与决算

第二十一条 基金项目资助资金下达至项目依托单位，资金拨付按照国库集中支付管理规定执行。经费使用中涉及政府采购的，按照政府采购有关规定执行。

有多个单位共同承担一个项目的，依托单位应当及时按预算和合同转拨合作研究单位资金，并加强对转拨资金的监督管理。

第二十二条 项目负责人应当严格执行科技厅核准的项目预算。项目预算确有必要调整的，应当按照规定报批。项目的预算调整情况应当在项目年度进展报告和结题报告中予以说明。

第二十三条 项目直接费用预算确需调整的，按以下规定执行：

（一）项目预算总额不变的情况下，直接费用中的材料费、测试化验加工费、燃料动力费、出版/文献/信息传播/知识产权事务费、其他支出预算，根据科研需要可作调整，由项目负责人提出申请，依托单位自行审批确认。

（二）设备费、专家咨询费、劳务费预算一般不予调增，可按上述规定进行调减。

第二十四条 间接费用预算总额不得调整，不设绩效支出比例限制。

第二十五条 项目预算有以下情况确需调整的，应当经依托单位报科技厅审批。

（一）项目实施过程中，由于研究内容或者研究计划做出重大调整等原因需要对预算总额进行调整的；

（二）有多个单位共同承担一个项目的，实施单位间预算需要调整的。

第二十六条 项目实施期间出现项目任务调整、项目负责人调动单位等影响资金预算执行的重大事项，项目负责人、依托单位应当及时按程序报科技厅批准。对于项目负责人在自治区内的工作调动，需把资助项目带到新工作单位继续开展研究的，应书面征得调出、调入单位同意并签署意见，经科技厅同意后，可将结余资金划拨到新单位继续使用。同时，由科技厅报财政厅备案。

第二十七条 依托单位应当严格执行国家和自治区有关科研资金支出管理制度。对会议费、差旅费、小额材料费和测试化验加工费等支出，依托单位为科研院所、高等学校等事业单位的，要按规定实行"公务卡"结算；依托单位为企业等其他创新主体的，应当采用银行转账方式结算。对设备费、大宗材料费和测试化验加工费、劳务费、专家咨询费等支出，依托单位原则上应当通过银行转账方式结算。

对上述支出中，因不具备刷卡条件而无法采用公务卡结算，但科研工作实际需要发生的支出，如市内交通费、野外科考工作中发生的支出等，报经单位科研管理部门及财务部门批准可以暂不使用公务卡结算。依托单位应当制定相关实施细则，明确不具备刷卡条件情形下的财务审批程序和报销手续，从严控制现金支出事项，减少现金提取和使用。

第二十八条 项目负责人应当严格按照资金开支范围和标准办理支出，不得擅自调整外拨资金，不得利用虚假票据套取资金，不得通过编造虚假劳务合同、虚构人员名单等方式虚报冒领劳务费和专家咨询费，不得通过虚构测试化验内容、提高测试化验支出标准等方式违规开支测试化验加工费，严禁使用项目资金支付各种罚款、捐款、赞助、投资等。

第二十九条 项目研究结束后，项目负责人应当会同科研、财务、资产等管理部门及时清理账目与资产，如实编制项目资金决算，不得随意调账变动支出、随意修改记账凭证。

有多个单位共同承担一个项目的，依托单位的项目负责人和合作研究单位的参与者应当分别编报项目资金决算，经所在单位科研、财务管理部门审核并签署意见后，由依托单位项目负责人汇总编制。

依托单位应当组织其科研、财务管理部门审核项目资金决算，签署意见后报科技厅。

第三十条 项目实施期间，年度剩余资金可结转下一年度继续使用。项目通过结题验收并且依托单位信用评价好的，项目结余资金在2年内由依托单位统筹安排，专门用于基础研究的直接支出。若2年后结余资金仍有剩余的，应当按原渠道退回。

未通过结题验收和经整改后才通过结题验收的项目，或信用评价差的依托单位，结余资金应当在验收结论下达后30日内按原渠道退回。

项目负责人在项目结题验收后如需继续使用结余资金，可以向依托单位提出申请。

第三十一条 因故终止执行的项目，其结余资金应当按原渠道退回。

因故被依法撤销的项目，已拨付的资金应全部按原渠道退回，因特殊情况退回资金确有困难的，应当由依托单位提出申请报科技厅核准。

第三十二条 依托单位为自治区本级各科研院所、高校的，可自行采购科研仪器设备，自行选择科研仪器设备评审专家，并切实做好设备采购的监督管理。采购进口仪器设备按照财政部门有关规定实行备案制管理。行政事业单位使用项目资金形成的固定资产属于国有资产，一般由依托单位进行使用和管理，自治区有权进行调配。企业使用项目资金形成的固定资产，按照《企业财务通则》等相关规章制度执行。

项目资金形成的知识产权等无形资产的管理，按照国家和自治区有关规定执行。

第三十三条 项目实施结束后，项目依托单位将《广西自然科学基金项目资助经费决算表》作为结题报告附件，提交受科技厅委托管理项目的第三方专业机构办理结题验收手续。

第五章 监督检查

第三十四条 依托单位应建立健全项目经费内部管理制度，完善内部控制和监督制约机制；应加强预算审核把关，规范财务支出行为，完善内部风险防控机制；应当对项目资金的管理使用情况进行不定期审计或专项审计，对发现的问题，及时向科技厅报告。

第三十五条 依托单位项目资金管理和使用情况应当接受自治区财政部门、审计部门和科技厅组织的监督检查和绩效评价，检查和评价结果将作为项目结题验收意见及依托单位和个人今后申请立项的重要依据。

科技厅在向财政厅申请安排项目资金预算时，要按照预算绩效管理的相关规定设置可量化、可考核的预算绩效目标，要结合项目结题验收工作，对项目实施情况组织开展绩效评价，并将项目绩效评价相关材料报财政厅备案。绩效评价结果包括评价报告、指标评分表及有关佐证材料等。财政厅负责核审核和批复预算绩效目标，并根据实际情况，对科技厅报送的绩效评价结果进行确认或实施项目绩效再评价。确认或绩效再评价的结果将作为今后年度安排项目资金预算的重要依据。

第三十六条 建立项目资金信用管理机制。科技厅对依托单位和项目负责人在项目资金管理方面的信誉度进行评价和记录,作为对依托单位信用评级、绩效考评和对项目负责人后续资助的依据。

第三十七条 建立项目资金管理信息公开机制。科技厅应当及时公开非涉密项目预算安排情况,接受社会监督。依托单位应当在单位内部公开项目资金预算、预算调整、决算、项目组人员构成、设备购置、外拨资金、劳务费发放以及结余资金和间接费用使用等情况。

第三十八条 依托单位和项目负责人不按规定管理和使用项目资金以及截留、挪用、侵占项目资金的,按照相关法律法规处理。

第六章 附则

第三十九条 本办法自发布之日起施行,有效期5年。2009年12月颁布的《广西自然科学基金项目资助经费管理暂行办法》(桂财教〔2009〕164号)同时废止。

第四十条 本办法由财政厅、科技厅负责解释。

关于印发广西科技计划项目结题管理办法（试行）的通知

(桂科计字〔2016〕462号)

自治区有关部门，各市科技局，各有关单位：

为进一步规范广西科技计划项目（包括课题）的结题管理，根据《广西壮族自治区人民政府印发关于深化自治区本级财政科技计划和科技项目管理改革实施方案的通知》（桂政发〔2015〕57号）要求，我们制定了《广西科技计划项目结题管理办法（试行）》。现予印发，请遵照执行。

附件：广西科技计划项目结题管理办法（试行）

广西壮族自治区科学技术厅

2016年12月30日

广西科技计划项目结题管理办法（试行）

第一章 总则

第一条 为进一步规范广西科技计划项目（包括课题）的结题管理，根据《广西壮族自治区人民政府印发关于深化自治区本级财政科技计划和科技项目管理改革实施方案的通知》（桂政发〔2015〕57号）要求，结合我区科技计划管理改革需要，制定本办法。

第二条 经自治区科技计划主管部门批准立项，签订项目合同（课题任务书，下文略）的自治区各类科技计划项目（课题，以下统称项目），应按本办法规定做好项目结题工作。

自治区专项科技计划项目另有结题（或验收）管理办法的，按其专项管理办法规定进行结题（或验收）。

第三条 项目结题分为验收结题和终止结题两种方式。验收结题是指依据项目合同书，对项目完成等情况进行评议和确认的工作；终止结题是指对不达到验收结题条件的项目进行终止处理和确认的工作。

按照项目合同书规定正常实施的项目，按本办法进行项目验收结题；未能按项目合同书组织实施或无法完成合同任务目标的项目，按本办法进行终止结题。

第四条 项目结题以项目合同书为依据，对项目合同书中的任务指标、经费使用等情况进行考核评价，并综合考察项目承担单位和项目组的项目管理、科研诚信等情况。事前立项事后补助项目验收时只作技术验收，不作财务验收，具体方法另行规定。

第五条 项目结题工作必须坚持客观、公平、公正，以及鼓励创新、宽容失败的原则。

第六条 项目结题工作是考核评价项目管理、验收组织机构及项目承担单位工作绩效的重要内容。

第七条 自治区科技厅负责指导、协调管理和监督自治区科技计划项目结题工作；项目管理机构负责跟踪掌握项目到期和实施进展情况，及时指导督促承担单位提出结题申请；验收组织机构受委托承担自治区科技计划项目验收结题工作；项目承担单位是项目验收结题的责任主体，负责按本办法做好项目结题工作。

第八条 项目管理机构应跟踪掌握项目到期情况和实施进展情况，在项目到期（如同意申请延期，指经批复后的期限）前6个月通知到项目承担单位，并了解项目能否按期验收结题。

第九条 项目管理机构每年1月、7月对前6个月的项目结题率进行统计总结。经自治区科技厅核实后，对项目结题率在95%及以上的项目管理机构进行表扬，对项目结题率在75%~85%的，责成其进行认真总结和整改，项目结题率在75%（不含75%）以下的，取消其项目管理资格。

第二章 验收方式及准备

第十条 项目验收方式有会议验收、现场验收及通讯验收等方式。

会议验收采取会议形式，验收专家组听取项目执行情况介绍、观察演示、质询等程序，根据需要进行现场查定，专家评议形成验收意见。

现场验收采取在项目实施现场召开验收会，进行现场检测或查定，并形成验收意见。

通讯评议验收采取函审（或网评）的方式，由验收专家组评议形成验收意见。

根据不同类型项目，还可以采取第三方机构评价、用户测评等方式，依据项目合同书组织验收。

第十一条 财政经费资助金额100万元以上（含）的项目，原则上应采取现场验收；重大科技专项或财政经费资助金额在50万元以上（含）的项目，原则上应当采取会议或现场验收；其他项目可根据实际情况选择验收方式。

根据项目实际情况，项目可按项目的计划类别和所属技术领域，分批集中组织验收，以提高项目验收工作效率。

第十二条 受理验收申请时，项目管理机构根据项目实际情况，研究确定是否需要进行现场查定。科技示范和产业化项目原则上应当在试验示范、产业化现场进行验收，或由验收组织机构委派2名以上技术专家现场考察或查定，核实试验示范、产业化情况后，再组织会议验收。现场考察也可以委托属地科技部门进行。在国外实施的项目，可委托中国驻外同行专家，或由所在国专家（地区）进行现场考察或查定。

第三章 验收申请

第十三条 项目承担单位在项目合同书到期后6个月内向项目管理机构提出验收申请。需延期结题的项目，由项目承担单位在合同期内提出书面申请，经项目管理机构批准后执行。每个项目可以申请延期1次，延长期限不超过1年。

第十四条 申请项目验收应提供以下材料：

（一）项目验收申请表；

（二）项目合同书（或课题任务书）复印件（盖章）；

（三）项目实施工作总结；

（四）项目技术研究报告；

（五）项目经费决算表（加盖财务部门印章）和《财政资金支出明细表》；

（六）项目财政资助经费专项审计报告（自治区财政经费资助额50万元及以上的项目提供）；

（七）项目需要现场查定的，提供现场查定报告；

（八）项目实施期内取得的各类成果材料；

（九）其他与项目实施有关的项目材料。

采取会议验收的，项目承担单位应将以上证明材料原件和项目实施原始记录材料带到会场，供验收专家查验。

第十五条 项目承担单位对提交的验收材料的真实性负责。因提供不真实验收材料造成验收结论不客观、不真实的，验收组织机构和验收专家组不承担相应责任。

第十六条 项目管理机构收到项目验收申请后，15个工作日内完成项目验收申请材料的形式审查，对符合规定要求的，予以受理；对不符合规定要求的，一次性告知承担单位，并要求承担单位在10个工作日内进行补正。

第十七条 项目管理机构在10个工作日内将受理的项目验收申请材料移交给验收组织机构。

第四章 验收组织

第十八条 验收组织机构接到项目验收申请材料后，应当在20个工作日内组织项目验收。

第十九条 项目验收应当成立验收专家组，专家组成员由验收组织机构聘请技术、经济（财务）、管理等方面的专家组成，人数为5人及以上（单数组成）。同行技术专家应不少于3人，同一单位的专家，原则上只能聘请1人。

第二十条 验收专家必须具备以下基本条件：

（一）办事公道，为人正派，具有良好的科学道德和职业道德；

（二）热心科技工作，了解科技活动的特点与规律，熟悉科技项目管理办法和程序；

（三）了解掌握所在领域的科技经济发展状况，在本领域内有较高的权威性；

（四）一般应具有副高以上专业技术职称，财务类专家可适当放宽到中级以上专业技术职称，管理类专家具有六级及以上职务。

第二十一条 项目验收实行回避制度。项目承担单位、参加单位及其他与项目承担单位有利益关系的人员，不得作为验收专家组成员参与项目验收工作。

第二十二条 采取会议验收的，验收组织机构应当在验收会议日期前5天将项目验收材料送达验收专家组专家。

第二十三条 项目验收会议程序包括：

（一）由专家推荐或项目验收机构提名，确定验收专家组组长；

（二）专家组组长主持验收会议，专家查验审阅项目验收材料，听取项目承担单位的项目执行情况介绍；

（三）专家组对有关问题进行质询，财务专家进行财务审查，必要时到项目现场考察核实；

（四）专家组讨论并形成专家组验收意见，项目承担单位及相关人员应回避；

（五）项目验收机构宣布专家组验收意见，会议结束。

第二十四条 通讯评议验收程序包括：

（一）验收组织机构确定验收专家组成员及组长。

（二）验收组织机构将专家邀请函、验收材料、函审意见表送达专家组成员。专家成员填写好函审意见表并签名，连同验收材料返回验收组织机构。

（三）验收组织机构将专家成员的函审意见表寄送专家组组长。专家组组长汇总函审意见，形成"验收组意见"返回验收组织机构。

（四）验收组织机构将"验收组意见"送达验收组专家成员并签名并返回验收组织机构。

第二十五条 项目验收结论分为通过验收、暂缓验收、不通过验收三种。其中，暂缓验收为过渡性的结论，不作为最终结论。

完成项目合同书约定的考核指标任务，经费使用符合规定，技术资料和有关文件齐全并符合规定的项目，通过验收。

完成项目合同书约定的任务完成不足90%；或由于提供技术资料和有关文件不详难以判断等导致验收意见争议较大；或经费使用不符合有关规定的项目，暂缓验收。

具有下列情况之一的项目，不通过验收：

（一）完成任务不到85%，或主要考核指标没有达到；

（二）项目预定目标未能实现或已无科学性、实用价值；

（三）提供的技术资料和有关文件不真实；

（四）擅自修改研究开发任务及考核指标；

（五）经费使用严重违规。

第二十六条 验收结论为暂缓验收的，验收组织机构在结论形成之日起的20个工作日内，向项目承担单位发出整改通知，整改期一般为6个月。整改完毕后，项目承担单位第二次提交验收申请（仅限1次）。在整改期限满后2个月内未第二次提出申请的，转入无申请终止结题程序处理。

第二十七条 验收专家组应当独立地提出验收意见和验收结论，并对验收意见和验收结论的准确性负责。

第二十八条 在验收过程中，专家组成员及相关工作人员要保护验收项目的知识产权，保守项目技术秘密，不得擅自使用或对外公开与项目有关的内容和数据。必要时，项目验收机构可与专家签订保密协议。

第二十九条 项目管理机构依据专家组意见或第三方机构评价意见、用户测评结果，确定项目验收结论，并将验收结论进行公示，公示时间7天。公示无异议且验收结论为通过验收的，核发项目验收证书。

第三十条 项目产生科技成果的，项目验收时可作适当评价，承担单位及时进行科技成果登记。

第三十一条 根据项目验收结论分3种情形奖惩：

（一）通过验收的，项目结余资金按规定留归项目承担单位使用，在两年内由项目承担单位统筹安排用于科研活动的直接支出，并将使用情况报项目管理机构。两年后未使用完的项目结余资金，按规定收回。

（二）不通过验收的，收回未使用和违规使用的项目资金，由于第二十五条中（一）或（二）原因造成的，不影响项目负责人的申报资格；由于第二十五条中（三）或（四）原因造成的，取消项目负责人2~3年的申报项目资格。由于经费使用严重违规的，取消项目负责人5年以上（含）的申请项目资格。

（三）对弄虚作假通过验收的项目，追回已拨付的全部项目资金，将项目负责人记入不良科研信用档案，取消项目负责人5年以上申报和参加自治区科技计划项目资格。

第五章 终止结题组织

第三十二条 有下列情形之一的，承担单位应申请项目终止结题。

（一）暂缓验收项目无法完成整改任务的。

（二）因不可抗拒因素或现有水平和条件限制，致使项目不能继续实施或难以完成项目合同书约定的考核指标的。

（三）因项目研究开发的关键技术已由他人公开、市场发生重大变化等原因，致使项目研究开发活动成为无必要的。

（四）因项目负责人死亡、重大伤残、离职、违法犯罪等原因，导致项目无法进行的。

（五）因知识产权不清晰，有严重知识产权纠纷或者侵权行为，经调解等方式无法解决，导致项目无法进行的。

（六）项目承担单位发生重大经营困难、兼并重组等变故，不愿（或不能）继续实施项目且愿意退回全部或部分财政资助经费的。

（七）其他导致项目不能正常实施的。

第三十三条 承担单位申请终止结题，经推荐部门审核后，提交以下资料：

（一）项目终止结题申请书；

（二）项目合同书复印件（盖章）；

（三）项目实施工作总结报告；

（四）项目经费决算表和财政资金支出明细表，自治区财政经费资助额 50 万元及以上项目须同时提供项目财政资助经费专项审计报告。

（五）已取得的相关成果及证明材料。

第三十四条 项目管理机构组织专家、第三方机构对申请终止结题材料进行评估后出具评估意见，对拟终止的项目进行公示后，印发项目终止通知。专家或第三方机构出具的评估意见，应包括项目终止原因、责任判定、科研信用评价、处理建议等内容。

第三十五条 终止结题项目的剩余经费按原渠道退回。项目管理和经费使用规范合理，且无明显人为过错的，不记入不良科研信用档案；项目承担单位、参与单位和课题组成员存在弄虚作假、故意拖延、违规使用经费等情况的，须追回全部或部分已使用的财政资金，并记入不良科研信用档案，取消其 2~5 年申报自治区科技计划项目及推荐其申报国家级各类科技计划项目的资格。

第三十六条 有下列情形之一的，项目管理机构应终止项目，予以结题（即无申请终止结题）。

（一）项目立项后，因承担单位原因导致项目合同书签订或实施进度严重滞后，项目超过一年或项目实施周期过半仍没有使用财政资金的。

（二）合同到期后 6 个月内不提交结题申请的。

（三）项目在验收结题过程中存在推诿、弄虚作假等严重不当行为的。

（四）项目承担单位经核实已停止经营活动或注销的。

（五）项目承担单位或项目负责人在项目技术开发、经费使用、科研信用等方面出现重大违规违法行为，导致项目实施无法进行或面临重大风险的。

（六）按照本办法第三十二条规定应申请终止但故意拖延不办理的，或者有其他原因需要终止的。

第三十七条 项目管理机构按三十六条有关情形,及时对需要终止的有关项目,组织专家或第三方机构进行评估后出具评估意见,评估意见内容参照第三十四条。

项目管理机构因不及时终止而产生逾期未结题项目,科技主管部门约谈提醒其及时整改。

第三十八条 项目管理机构对拟终止结题的项目进行公示,公示时间7天,对实名反映的异议和申辩等情况进行处理。

第三十九条 无申请终止项目经公示无异议的,项目管理机构核发项目终止结题通知,并做出相应的处理。处理措施包括:追回剩余的财政资金;对项目承担单位、法人代表和项目负责人记入不良科研信用档案,取消其2~5年申报自治区科技计划项目及推荐其申报国家级各类科技计划项目的资格。

第四十条 无申请终止项目的参与单位有明显人为过错的,参照对项目承担单位的处理措施予以相应的处理。属于以下情况的,不追究参与单位的责任:

(一)已按照合同约定完成自己承担的目标任务,且财政资金使用合规合理的。

(二)因项目承担单位过错,导致其无法参与项目实施,且主动退回财政资金的。

(三)在终止结题前,及时向项目管理机构反映项目实施出现的有关问题,积极配合终止结题工作,且自身没有明显过错和违规违法行为的。

(四)其他合规合理原因的。

第六章 附则

第四十一条 为国家科技计划项目(课题)提供配套经费的项目,不单独进行验收结题,其结题结论参照国家科技计划项目(课题)的结题结论。

第四十二条 本办法由自治区科学技术厅负责解释。

第四十三条 本办法自2017年1月1日起施行,《广西科学研究与技术开发计划项目验收管理暂行办法》(桂科计字〔2007〕130号)同时废止。

关于印发《广西科技重大专项管理办法（试行）》的通知

（桂科计字〔2017〕113号）

自治区有关部门，各市科技局，各有关单位：

《广西科技重大专项管理办法（试行）》已经自治区人民政府和自治区科技教育发展工作领导小组同意，现予印发，请遵照执行。

广西壮族自治区科学技术厅
2017年5月22日

广西科技重大专项管理办法（试行）

第一章 总则

第一条 为加强和规范广西科技重大专项（以下简称"重大专项"）管理工作，根据《中共广西壮族自治区委员会广西壮族自治区人民政府关于实施创新驱动发展战略的决定》（桂发〔2016〕23号）及《广西壮族自治区人民政府印发关于深化自治区本级财政科技计划和科技项目管理改革实施方案的通知》（桂政发〔2015〕57号）等文件，制定本办法。

第二条 重大专项聚焦打造广西创新发展名片，主要支持重大科学研究、重大科技攻关和重大新产品开发及成果转化。优先支持产学研联合、集成度高、关联度大、带动性强的项目。

（一）重大科学研究。聚焦重点产业创新发展的重大科学问题，或对接国家战略部署，开展重大科学前沿问题研究。

（二）重大科技攻关。聚焦重点产业创新发展所需的核心技术，按产业链系统部署，强化关键技术集成，产生能填补国际或国内空白、替代进口且具有自主知识产权的成果，可直接应用或具有较强的应用前景，并产生良好的经济、社会和生态效益。

（三）重大新产品开发及成果转化。聚焦创新性强、技术含量高、拥有自主知识产权的重大新产品开发，以及重大科研成果在广西落地转化。

第三条 重大专项由项目和课题组成。项目一般为综合性、集成性的任务；课题是为完成项目的目标和任务分解设立，一般为关键核心技术研发等任务。项目和课题间建立有机集成和衔接的机制，保证课题对项目的支撑，最终实现项目目标。

第四条 重大专项的组织实施遵循以下原则：

（一）整合资源，聚焦目标。聚焦广西经济社会发展的关键领域和重大需求，统筹科技资源，加强跨部门、跨行业、跨区域科技创新布局，着力解决广西当前及未来发展面临的关键科技问题，打造在全国具有竞争力和影响力的创新发展名片。

（二）权责明确，规范管理。建立政府决策、专家咨询、专业机构具体管理相对分开、相互衔接的立项和管理制度。坚持公开、公平、公正原则，采取全程留痕管理，实现可申诉、可查询、可追溯。

（三）分类管理，精准实施。针对重大科学研究、重大科技攻关、重大新产品开发及成果转化类项目的不同特点，分别采用不同的资金资助、结题验收和成果评价方式，突出需求导向、应用导向、目标导向，加强全过程管理和节点目标考核。

（四）突出绩效，加强监督。建立统一的评估监管体系，明确项目立项、项目管理专业机构遴选和管理、专家遴选和使用、项目组织实施、验收和绩效评估评价、成果汇交等各个环节的具体流程、责任主体以及监督主体，强化管理的制度化、规范化。

第二章 管理职责

第五条 自治区人民政府负责审定重大专项实施方案和立项方案。

第六条 自治区科技教育发展工作领导小组（以下简称"科教领导小组"）负责组织整合全区创新资源，统筹协调相关部门及各市之间涉及科技创新的重大事项，审议重大专项的总体目标和实施方案等。

第七条 自治区科技计划管理厅际联席会议（以下简称"厅际联席会议"）负责审议自治区科技发展战略咨询与综合评审委员会（以下简称"综评委"）的组成、专业机构遴选委托，审议重大专项实施过程中的有关重大事项。

第八条 综评委负责对重大专项的主要目标和任务布局、实施方案等进行咨询评议，提供决策参考。

第九条 自治区科技创新发展办公室（以下简称"创新办"）负责研究编制重大专项规划和实施方案，组建领域专家组，组织项目实施管理等。

第十条 科技厅负责厅际联席会议和创新办的日常工作，提出重大专项经费预算分配建议方案，遴选并委托项目管理专业机构（以下简称"专业机构"）开展重大专项具体管理工作，会同相关部门开展监督检查和绩效评价，为项目实施提供协调保障。

第十一条 财政厅负责重大专项经费预算管理并下达年度经费预算，参与提出经费预算分配建议方案，会同科技厅和有关部门与单位开展绩效评价和经费使用监督检查。

第十二条 厅际联席会议和创新办其他成员单位负责提出重大专项项目需求，参与编制实施方案，参与监督检查和绩效评价，为项目实施提供协调保障。

第十三条 设立若干重大专项领域专家组。领域专家组由产业、科技和财经专家组成，专家人选由各有关部门和单位筛选推荐，经科技厅进行资格审查和专业评价，报厅际联席会议审议后产生。领域专家组主要为重大专项实施提供咨询和技术支撑，研究提出项目实施方案，编制项目申报指南，参加监督检查，对项目相关任务调整提出咨询意见等。

第十四条 遴选专业机构。专业机构面向社会公开征集，经科技厅组织专家评审遴选公示后报厅际联席会议审定。专业机构接受委托开展重大专项具体管理工作，受理项目申报，组织立项评审，开展过程管理，组织项目验收等；按要求报告项目实施情况及重大事项，接受监督。专业机构自管项目的结题验收工作，由科技厅委托其他专业机构进行。

第十五条 项目承担单位包括牵头单位和参与单位。牵头单位是项目实施的主要责任单位，对项目实施和目标实现负总体责任；参与单位按照项目要求完成相应任务，配合牵头单位实现项目目标。承担单位应建立健全内部管理制度，强化资金管理，配合做好监督、评估和验收等工作。

第三章 项目立项

第十六条 提出重大专项项目建议。创新办向部门、地方、行业公开征集重大专项需求，组织领域专家组凝练遴选，提出项目建议。

第十七条 编制重大专项实施方案。创新办根据项目建议组织编写重大专项实施方案。实施方案应明确重大专项的总体目标、任务布局、组织方式和实施周期等，作为项目申报指南编制、任务安排、组织实施、监督检查、绩效评价的基本依据。

第十八条 审议重大专项实施方案。综评委对重大专项实施方案进行咨询评议，提出咨询意见；创新办根据咨询意见修改完善，报科教领导小组审议后，报自治区人民政府审定。

第十九条 发布重大专项项目申报指南。创新办组织领域专家组根据重大专项实施方案编制项目申报指南，经厅际联席会议审议后，由科技厅向社会公开发布。

第二十条 重大专项通过公开择优、定向择优、定向委托三种方式确定项目承担单位，包括牵头单位和参与单位。具体方式应在重大专项实施方案中明确。

公开择优。通过发布项目申报指南向社会公开征集申请项目，由申报单位自主申报，专业机构按随机、回避、合理的原则，从广西科技专家库抽取专家评审择优形成立项建议。

定向择优。邀请符合项目申报指南提出条件的优势单位申报，经专业机构组织专家进行预申报评审，确定牵头单位和参与单位并提出整合建议，由牵头单位组织各参与单位编制正式申报书，专业机构按随机、回避、合理的原则，从广西科技专家库抽取专家评审后形成立项建议。

定向委托。对于组织强度要求较高、典型应用示范区域特征明显的项目和研发任务，委托行业内优势突出的单位牵头组织实施。牵头单位按照项目申报指南，组织集成优势单位，编制项目实施方案并填写正式申报书，经领域专家组多轮论证不断完善后形成立项建议。

第二十一条 申报项目的牵头单位须在广西区内注册、具有独立法人资格，并满足以下条件：

（一）具备开展高水平科研活动的基础条件；

（二）牵头单位是企业的，当年研究与试验发展（R&D）经费投入占主营业务收入的比重不低于3%，并按不低于1:1比例配套投入资金。

联合申报项目时，参与单位也应具有开展高水平科研活动的相应基础条件，切实参与项目的科研活动，能为项目完成提供必要的人财物支持。

第二十二条 项目申报包括预申报和正式申报两个环节。申报单位按照项目申报指南要求提交预申报材料，通过预申报评审后再提交正式申报材料。

第二十三条 科技厅委托专业机构受理项目申报、组织开展评审、提出拟立项建议。评审规则参照《广西科技计划项目评估评审管理办法（试行）》（桂科计字〔2016〕426号）执行。

第二十四条 科技厅会商财政厅提出拟立项方案，经厅际联席会议审议，公示5个工作日，报自治区人民政府审定。

公示期间有异议的，科技厅应对异议材料进行核查，对确实不符合立项规定、证据充分的异议项目不予立项。

第四章 实施管理

第二十五条 重大专项项目实行合同（任务书）管理。科技厅与牵头单位、专业机构签订项目合同，牵头单位与参与单位签订任务书，明确各方的责任、权利和义务。

第二十六条 重大专项项目实施期限一般不超过 5 年，具体期限根据项目实际情况在合同中约定。

第二十七条 重大专项项目实行首席专家负责制。首席专家主要负责项目实施技术方案设计；按照合同开展研究，把握总体进度和确保项目目标的完成，按期进行结题验收；按照有关规定使用经费，对项目科研成果的真实性承担责任，自觉接受检查、监督和评估；协调指导项目和课题研究工作；向科技厅提出任务调整或经费调整建议等。

首席专家由承担单位推荐，必须具有高级专业技术职称，在相关领域有较高科研水平。首席专家原则上不允许更换，确因身体健康、工作调动等原因不能履行工作职责的，应提出调整申请，报科技厅批准。

第二十八条 建立项目实施协调联络机制。创新办设立项目专员，负责组织协调项目实施，推进项目任务的衔接与集成，全程监督和信息反馈。牵头单位和参与单位之间要建立定期交流机制，设立项目联络员，负责牵头单位与参与单位之间的沟通联系，保障项目有序实施。

第二十九条 项目管理实行年度报告制度、中期检查制度。

（一）年度报告制度。项目牵头承担单位于每年 12 月底前，向专业机构报送项目年度执行情况报告，并由专业机构汇总后报送科技厅。项目执行不足三个月的可在下一年度一并上报。

（二）中期检查制度。执行期在三年及以上的项目，专业机构对项目实施情况进行中期检查，并将结果报送科技厅。中期检查结果作为项目调整或终止的重要依据。

第三十条 项目调整、变更、撤销或终止事项，由项目承担单位提出书面申请报专业机构，经科技厅研究批复。

第三十一条 有下列情形之一的，项目承担单位可申请撤销或终止项目：

（一）经实践证明技术路线不合理、不可行，或项目无法实现合同规定的进度且无改进办法的；

（二）出现严重的知识产权纠纷的；

（三）完成合同所需的资金、原材料、人员、支撑条件等未落实或发生改变导致研究无法正常进行的；

（四）组织管理不力或发生重大问题导致项目无法进行的；

（五）由于政策、市场发生重大变化，技术迅速发展造成项目实施已无意义的；

（六）其他可以撤销或终止的情况。

第三十二条 被撤销或终止的项目和课题，项目牵头单位和参与单位应对已开展工作、经费使用、已购置设备仪器、阶段性成果、知识产权等情况做出书面报告，经专业机构核查后，报科技厅备案。

第五章 结题验收

第三十三条 按照分级负责、逐层对标的原则，科技厅委托专业机构组织项目整体验收，牵头单位对参与单位承担的课题进行验收。

第三十四条 项目执行期满后，承担单位应及时申请项目验收，参照《广西科技计划项目结题管理办法（试行）》（桂科计字〔2016〕462 号）（以下简称"结题管理办法"）执行。

第三十五条 牵头单位应于项目执行期满后六个月内向专业机构提出验收申请。专业机构原则上在接受验收申请后的三个月内完成验收工作。

第三十六条 项目验收包括技术验收和财务验收。

技术验收应根据不同类型项目，可以综合运用同行评议、第三方评估和测试、用户评价等手段，组织项目验收专家组依据项目合同开展验收；验收形式采用会议验收、现场验收的方式进行，重大新产品开发及成果转化项目应当采用现场验收方式。

财务验收由专业机构按照有关规定组织。财务验收前，应当选择符合要求的会计师事务所进行财务审计，财务审计报告作为财务验收的重要依据。

第三十七条　专业机构应从广西科技专家库随机抽取技术、经济（财务）、管理等方面专家成立验收专家组，专家组人数为七位及以上的单数，其中同行技术专家应不少于三人，同一单位原则上只能聘请一人。

对有应用示范要求的重大科技攻关、重大新产品开发及成果转化类项目，验收专家组应包括管理部门、相关市县以及用户代表。

第三十八条　牵头单位根据项目任务书，参照结题管理办法对参与单位承担的课题组织验收。项目验收结论分为通过验收、不通过验收和终止结题三种。

第三十九条　项目承担单位因故不能按期验收的，应在项目执行期结束前向科技厅提出延期申请，经批准后执行。项目延期原则上不超过一年。无故不按时提出验收申请且未申请延期的项目不予验收，视为不通过验收。

第四十条　项目验收结论及成果除有保密要求外，应及时纳入自治区科技报告系统向社会公开。不通过验收的项目，科技厅将对有关单位和责任人进行通报，相关记录记入广西科研信用体系。

第四十一条　所有项目取得的科技成果应按《广西壮族自治区科技成果登记实施细则》（桂科成字〔2015〕72号）进行登记。

第六章　资金管理

第四十二条　重大专项经费主要来源于自治区创新驱动发展专项资金。鼓励资金来源多元化，包括自治区本级财政经费、市县财政经费、单位自筹经费以及科技金融等方式获取的资金。

第四十三条　统筹使用各方面的资金投入，提高资金使用效益。各级财政的专项经费应严格执行预算管理和财政资金管理的有关规定；其他来源的资金应当按照有关财务会计制度和相关资金提供方的具体使用管理要求，统筹安排和使用。

第四十四条　重大专项的财政资金使用要严格按照有关审计规定进行专项审计，保障经费使用规范、有效。重大专项财政经费管理办法由财政厅会同科技厅另行制订。

第七章　监督管理与绩效评估

第四十五条　按照决策、执行、监督既相对独立又相互制约的原则，构建重大专项项目及经费的全过程监督评估机制，突出对关键环节的监督。

第四十六条　财政厅、审计厅会同科技厅对重大专项的完成情况、经费管理和使用情况进行定期或不定期的监督检查。

第四十七条　专业机构应当对项目实施进度、经费的管理使用情况进行不定期督促和经费专项审计，及时向科技厅报告发现的重大问题。

第四十八条　项目承担单位应建立健全项目及经费内部管理制度，完善内部控制和监督制约机制；加强项目实施的全过程管理控制及经费预算审核把关，规范财务支出行为，完善内部风险防控机制。

第四十九条　科技厅委托第三方评估机构按照科研项目绩效管理要求，针对目标实现、成果产出、组织管理等绩效目标，以及重大专项的决策管理科学性和规范性开展评估。科技厅、财政厅根据绩效评估、监督检查结果以及相关部门建议，调整优化重大专项实施管理机制及任务部署。

第五十条　建立信息公开制度。及时公开重大专项项目立项、经费安排、实施进展、结题验收等信息，接受社会监督。

第五十一条　建立科研信用管理机制。科技厅对重大专项项目实施和经费管理方面的信誉度进行评价和记录，作为对专业机构、承担单位、项目负责人等进行信用评级、绩效考评的依据。

第五十二条　建立责任追究制度。对承担单位在重大专项实施过程中失职、渎职，弄虚作假，泄密，截留、挪用、挤占项目经费等行为，按照有关规定追究相关责任人和单位的责任；构成犯罪的，移交司法机关追究刑事责任。

第五十三条　建立风险防控机制。厅际联席会议和创新办成员单位及其工作人员、综评委成员、领域专家组成员、专业机构及其工作人员，在项目实施方案确定、立项评审、经费拨付、预算调整、结题验收、结转结余资金管理等环节，存在失职渎职、滥用职权、玩忽职守、徇私舞弊等违法违纪行为的，按照《公务员法》《行政监察法》《财政违法行为处罚处分条例》等国家有关规定追究相应责任；涉嫌犯罪的，移送司法机关处理。

第八章　成果、知识产权和资产管理

第五十四条　制定重大专项知识产权管理制度和保护措施。对涉密科技成果按国家、自治区有关规定进行密级确定，并按要求进行管理。

第五十五条　重大专项取得的相关知识产权的归属、使用、许可等事项，应在项目合同（任务书）中明确约定。重大专项成果转化及无形资产使用产生的经济效益按国家、自治区有关规定执行。

第五十六条　积极促进科技成果转化和应用。对未能及时进行转化应用的科技成果，按有关规定执行。

第五十七条　论文、专著、软件、数据库等研究成果应标注"广西科技重大专项经费资助"。

第五十八条　使用重大专项财政经费购置和试制的固定资产属于国有资产，资产管理按照国家、自治区有关规定执行。

第九章　附则

第五十九条　本办法由科技厅负责解释。

第六十条　本办法自发布之日起施行。2011年发布的《广西科技重大专项管理暂行办法》（桂科计字〔2011〕123号）同时废止。

关于印发广西科技重大专项经费管理办法（试行）的通知

(桂财教〔2017〕80号)

各市、县财政局、科技局，区直有关部门、单位：

为贯彻落实全区创新驱动发展大会精神，规范和加强广西科技重大专项资金管理，提高资金使用效益，我们研究制定了《广西科技重大专项经费管理办法（试行）》，现予以印发，请遵照执行。

广西壮族自治区财政厅
广西壮族自治区科学技术厅
2017年6月26日

广西科技重大专项经费管理办法（试行）

第一章 总则

第一条 为规范广西科技重大专项（以下简称"重大专项"）经费管理和使用，提高经费使用效益，根据《中共中央办公厅国务院办公厅印发〈关于进一步完善中央财政科研项目资金管理等政策的若干意见〉的通知》（中办发〔2016〕50号）、《广西壮族自治区人民政府印发关于深化自治区本级财政科技计划和科技项目管理改革实施方案的通知》（桂政发〔2015〕57号）和《广西壮族自治区人民政府办公厅关于印发广西加大财政科技经费投入与改进财政科技经费管理实施办法的通知》（桂政办发〔2016〕115号）等文件规定，以及国家、自治区有关财经法规和财务管理制度，结合重大专项管理特点，制定本办法。

第二条 重大专项经费来源鼓励多元化原则，包括自治区本级财政经费、市县财政经费、单位自筹经费以及从其他渠道获得的经费。各种渠道获得的经费都应按照"专款专用、单独核算、注重绩效"的原则使用和管理。

本办法主要规范自治区本级财政安排的重大专项经费的使用和管理。其他来源的经费应当按照国家、自治区有关财务管理制度和相关经费提供方的具体使用管理要求，统筹安排和使用。

第三条 重大专项经费由自治区科技创新发展办公室（以下简称"创新办"）统筹管理，财政厅、科技厅、第三方专业机构（以下简称"专业机构"）分级管理。

财政厅负责重大专项经费预算管理，及时审核批复用款计划，制定经费管理办法，配合科技厅对预算执行情况进行督查检查及开展绩效评价等工作。

科技厅负责重大专项的组织实施，编制项目申报指南，组织项目申报，对项目真实性、合规性进行审核，提出经费预算分配建议方案，申报用款计划、拨付经费，对预算执行情况进行督查检查以及绩效评价，会同财政厅制定经费管理办法等。

专业机构受创新办委托，负责开展重大专项立项评估评审、过程管理，对经费使用管理情况进行监督检查，参与项目绩效评价，负责组织项目验收工作。

第二章 支持范围和补助方式

第四条 重大专项主要支持关系广西经济社会发展的重大科学研究、重大科技攻关和重大新产品开发及成果转化类项目，经费主要由自治区创新驱动发展专项资金支持。

第五条 重大专项单个项目财政支持额度原则上不低于300万元，根据申报项目的组织方式、技术难度、研发成本、绩效目标等确定。

为加强财政经费的引导作用，强化企业创新主体地位，对企业承担的转化应用类项目，财政补助比例不高于项目总经费的25%。

第六条 对重大专项项目，财政经费一般采取直接补助、后补助等支持方式。直接补助主要用于支持重大科学研究、重大科技攻关项目；后补助主要用于支持重大新产品开发及成果转化类项目。

第三章 经费开支范围

第七条 重大专项经费由直接费用和间接费用组成。

直接费用是指在项目实施过程中发生的与之直接相关的费用。包括：

（一）设备费：是指在项目研究开发过程中购置或试制专用仪器设备，对现有仪器设备进行升级改造，以及租赁外单位仪器设备而发生的费用。

应当严格控制设备购置，鼓励共享、试制、租赁专用仪器设备以及对现有仪器设备进行升级改造。凡是广西大型科学仪器协作共用网能够满足项目研发需求的不予购买。确有必要购买的科研仪器设备，承担单位可自行采购，自行选择评审专家；财政部门对承担单位采购进口仪器设备实行备案制管理；继续落实进口科研教学用品免税政策。

对单台/套价格在50万元以上的仪器设备，按照财政厅、科技厅、教育厅、广西科学院、广西农科院等部门《关于印发广西壮族自治区本级新购大型科学仪器设备联合评议试行办法的通知》（桂财教〔2014〕112号）要求，通过新购大型科学仪器设备联合评议后才能编入预算。

（二）能源材料费：包括燃料动力费和材料费。

1.燃料动力费：是指在项目研究开发过程中相关大型仪器设备、专用科学装置等运行发生的可以单独计量的水、电、气、燃料消耗费用等。

2.材料费：是指在项目研究开发过程中消耗的各种原材料、辅助材料等低值易耗品的采购及运输、装卸、整理等费用。

（三）测试化验加工费：是指在项目实施过程中由于承担单位自身的技术、工艺和设备等条件的限制，委托或与外单位合作（包括承担单位内部独立经济核算单位）进行的检验、测试、化验及加工等费用。

（四）劳务费：是指在项目研究开发过程中支付给参与项目研究的研究生、博士后、访问学者以及项目聘用的研究人员、科研辅助人员等用于弥补其人力资源成本的费用，项目临时聘用人员的社会保险补助纳入劳务费科目中列支。

劳务费应参照当地科学研究和技术服务业从业人员近三年的平均工资水平，根据相关人员在项目研究中承担的工作任务确定。劳务费预算应据实编制，不设比例限制。

（五）专用业务费：包括差旅/会议/国际合作交流费、出版/文献/信息传播/知识产权事务费、专家咨询费以及其他支出等。

1.差旅/会议/国际合作交流费：是指在项目实施过程中发生的会议费、差旅费和国际合作交流费。在编制预算时，本科目支出预算不超过直接费用预算10%的，不需要提供测算依据。承担单位和科研人员应当按照实事求是、精简高效、厉行节约的原则，严格执行国家、自治区和本单位的有关规定，统筹安排使用。

2.出版/文献/信息传播/知识产权事务费：是指在项目研究开发过程中，需要支付的出版费、资料费、专用软件购买费、文献检索费、专业通信费、专利申请及其他知识产权事务等费用。

3.专家咨询费：是指在项目研究开发过程中支付给临时聘请的咨询专家的费用。专家咨询费不得支付给项目组成员及与本项目管理相关的工作人员。

4.其他支出：是指在项目研究开发过程中除上述支出范围之外的其他直接相关的支出。其他支出应当在申请预算时单独列示，单独核定。

第八条 间接费用是指承担单位在组织实施项目过程中发生的，无法在直接费用中列支的相关费用。主要包括：承担单位为项目研究提供的房屋占用，日常水、电、气、暖消耗，有关管理费用的补助支出，以及激励科研人员的绩效支出等。

第九条 间接费用实行总额控制，按照不超过项目直接费用扣除设备购置费后的一定比例核定。具体比例为：500万元及以下部分，不超过20%；超过500万元至1000万元的部分，不超过15%；超过1000万元以上的部分，不超过13%。

第十条 间接费用由承担单位统筹安排使用。承担单位应当建立健全间接费用的内部管理办法，公开透明、合规合理使用间接费用，处理好分摊间接成本和对科研人员激励的关系，绩效支出安排与科研人员在项目工作中的实际贡献挂钩。在对间接费用中用于人员激励的绩效支出进行分配时，科研人员由所在项目负责人根据国家和自治区的有关规定，对有关科研工作进行绩效考核，并在一定范围内公开。

项目中有多个单位的，间接费用在总额范围内由牵头单位与参与单位协商分配。承担单位不得在核定的间接费用以外，再以任何名义在项目资金中重复提取、列支相关费用。

第四章 项目预算管理

第十一条 重大专项项目预算由收入预算与支出预算构成，应当全面反映重大专项组织实施过程中的各项收入与支出，做到收支平衡。

（一）收入预算包括自治区本级财政经费、市县财政经费、单位自筹经费以及从其他渠道获得的经费。对于自筹经费，应充分考虑各渠道的情况，并提供经费提供方的出资证明，不得使用货币资金以外的资产或其他财政经费作为自筹经费来源。

（二）支出预算按照经费开支范围确定的支出科目和不同经费来源分别编列，并对各项支出的主要用途和测算理由等进行详细说明。支出预算的编制，应当围绕重大专项确定的项目目标，坚持目标相关性、政策相符性和经济合理性原则，有科学的测算依据并经过充分论证，以满足实施重大专项的合理需要。

（三）有多个单位联合申报一个项目的，应当同时编列各单位承担的主要任务、经费预算等。

第十二条 项目申报单位应科学、合理、真实地编制预算，对直接费用各项支出不得简单按比例编列。对仪器设备购置、参与单位资质及拟外拨经费进行重点说明，并申明现有的实施条件和从单位外部可能获得的共享服务。

第十三条 创新办委托专业机构按相关规定组织专家对项目经费预算进行评审。

预算评审应当按照规范的程序和要求，坚持独立、客观、公正、科学的原则，对项目申报预算的政策相符性、目标相关性和经济合理性进行评审。预算评审过程中不得简单按比例核减直接费用预算。

第十四条 科技厅根据项目评估评审意见，综合平衡后，编制重大专项预算建议，并按预算编制要求送财政厅审核后，纳入自治区本级部门预算管理。

第十五条 重大专项经费的拨付按照国库集中支付管理规定执行。经费使用中涉及政府采购的，按照政府采购有关规定执行。

第十六条 承担单位应当按照下达的预算执行。预算一般不予调整，确有必要调整时，应当按照以下调整范围和权限，履行相关程序：

（一）项目预算总额调剂，项目预算总额不变、课题间预算调剂，课题预算总额不变、课题参与单位之间预算调剂及增减参与单位的，应当按程序报科技厅审核、财政厅批准。

（二）课题预算总额不变，课题直接费用中能源材料费、测试化验加工费、出版/文献/信息传播/知识产权事务费、其他支出预算如需调剂，课题负责人根据实施过程中科研活动的实际需要提出申请，由牵头单位根据实际情况自主决定，报科技厅备案。

（三）设备费、差旅/会议/国际合作交流费、劳务费、专家咨询费预算一般不予调增，确需调增的，应当报科技厅批准。上述预算如需调减用于其他直接费用方面支出的，由课题负责人提出申请，牵头单位自主决定，报科技厅备案。

（四）项目间接费用预算不得调增，经承担单位与项目负责人协商一致后，可以调减用于直接费用。

第十七条 项目承担单位应当严格按照本办法规定的项目经费开支范围和标准办理支出。严禁使用项目经费支付各种罚款、捐款、赞助、投资等，严禁以任何方式变相谋取私利。

对会议费、差旅费、小额材料费和测试化验加工费等支出，项目承担单位为科研院所、高等学校等事业单位的，要按规定实行"公务卡"结算；项目承担单位为企业等其他创新主体的，应当采用银行转账方式结算。对设备费、大宗材料费和测试化验加工费、劳务费、专家咨询费等支出，项目承担单位原则上应当通过银行转账方式结算。

对上述支出中，因不具备刷卡条件而无法采用公务卡结算、但科研工作实际需要发生的支出，如市内交通费、野外科考工作中发生的支出等，报经单位科研管理部门及财务部门批准可以暂不使用公务卡结算。项目承担单位应当制定相关实施细则，明确不具备刷卡条件情形下的财务审批程序和报销手续，从严控制现金支出事项，减少现金提取和使用。

第十八条 项目实施期间，年度剩余经费可结转下一年度按规定继续使用。

第十九条 项目终止的，项目承担单位财务部门应当及时清理账目与资产，编制财务报告及资产清单，由项目牵头单位（或受委托管理单位）审核汇总后报送科技厅，由创新办委托专业机构组织进行清查处理，并停止拨付经费，结余经费按原渠道退回。项目结余经费包括处理已购物资、材料及仪器、设备的变价收入，统筹用于重大专项后续支出。项目被撤销的，追回全部项目经费，按原渠道退回。

第二十条 项目实施过程中，行政事业单位使用自治区财政经费形成的固定资产属于国有资产，一般由项目承担单位进行管理和使用，自治区有权调配用于相关科学研究。企业使用自治区财政经费形成的固定资产，按照《企业财务通则》等相关规章制度执行。

承担单位使用自治区财政经费形成的知识产权等无形资产的管理，按照国家和自治区有关规定执行。

承担单位使用自治区财政经费形成的大型科学仪器设备、科学数据、自然科技资源等，按照国家和自治区的有关规定开放共享，以减少重复浪费，提高资源利用效率。

第五章　项目财务验收

第二十一条　项目执行期满后，项目牵头单位应当及时组织参与单位清理账目与资产，如实编制项目决算。项目牵头单位审核汇总后提出财务验收申请。

财务验收申请应当在项目执行期满后的 3 个月内提出。

第二十二条　专业机构按照有关规定组织财务验收。财务验收前，应当选择符合要求的会计师事务所进行财务审计，财务审计报告是财务验收的重要依据。

财务验收工作应当在项目牵头单位提出财务验收申请后的 3 个月内完成。

第二十三条　财务验收应当按项目组织，以项目下设的课题为单元开展和出具财务验收结论，综合形成项目财务验收意见，并告知项目牵头单位。

第二十四条　存在下列行为之一的，不得通过财务验收：

（一）编报虚假预算，套取自治区财政经费；

（二）未对重大专项经费进行单独核算；

（三）截留、挤占、挪用重大专项经费；

（四）违反规定转拨、转移重大专项经费；

（五）提供虚假财务会计资料，虚列支出；

（六）未按规定执行和调剂预算；

（七）未获批准擅自变更项目承担主体；

（八）虚假承诺其他来源的经费；

（九）经费管理使用存在违规问题拒不整改；

（十）其他违反国家财经纪律的行为。

第二十五条　承担单位应当在财务验收完成后 2 个月之内及时办理财务结账手续。

完成项目任务目标并通过财务验收，且承担单位信用评价好的，结余经费在财务验收完成起两年内由承担单位统筹安排用于科研活动的直接支出，并将使用情况报科技厅。两年后结余经费未使用完的，按规定收回，统筹用于重大专项后续支出。

未通过财务验收或整改后通过财务验收的项目，或承担单位信用评价差的，结余经费按原渠道收回，统筹用于重大专项后续支出。

第二十六条　专业机构应当在财务验收完成后 1 个月内，将财务验收相关材料整理归档，并将验收结论报科技厅备案。验收结论应当按规定向社会公开。

第二十七条　科技厅对财务审计和财务验收进行随机抽查。对财务审计，重点抽查审计依据充分性、结论可靠性、审计工作质量及对重大违规问题的披露情况；对财务验收，重点抽查验收程序规范性、依据充分性、结论可靠性和项目结余资金管理情况。

第六章　监督检查与绩效评价

第二十八条　项目承担单位要严格按照本办法以及国家、自治区财政财务管理的相关规定，制定内部管理办法，建立健全内部控制制度，加强对重大专项经费的管理。落实项目预算调剂、间接费用统筹使用、结余资金使用等管理权限。承担项目经费监管的法人责任，落实项目自筹经费，规范项目经费支出，确保项目经费专账核算，专款专用，不得超范围使用，不得将项目经费用于与项目实施无关的支出。配合、接受科技厅、财政厅、专业机构及有关部门的监督检查和绩效评价等工作；强化经费使用绩效评价，确保经费使用安全规范有效。

第二十九条　项目承担单位应当建立健全科研财务助理制度，为科研人员在项目预算编制和调剂、经费支出、财务决算和验收方面提供专业化服务。

第三十条　按照《广西壮族自治区科技计划项目和科技经费监督管理暂行办法》（桂科政字〔2016〕78号）规定，相关部门和单位要认真履行管理职责，开展科技项目和科技经费监督检查工作。

第三十一条　重大专项经费实行年度报告制度。项目承担单位负责提交年度经费使用报告，于次年1月底前向创新办报送。

第三十二条　创新办委托专业机构组织中期检查，中期检查结果作为项目后续经费拨付依据。对未通过中期检查的项目，暂停拨付后续项目经费，由项目承担单位在6个月内整改到位后再拨付。若整改后仍不符合要求的，停止拨付项目后续经费。

第三十三条　科技厅、财政厅和审计厅等部门要加强对项目经费使用情况的监督检查，通过抽查、专项审计等多种方式，及时发现项目实施和经费使用中存在的问题，并督促做好整改，切实保障经费使用合法合规、项目按计划进度实施。

第三十四条　按照"全程留痕"原则，建立完善项目经费档案管理制度，实现项目经费管理全过程可申诉、可查询、可追溯的"痕迹管理"。

第三十五条　建立项目经费信用管理机制。科技厅对承担单位在项目经费管理方面的信誉度进行评价和记录，作为对项目承担单位信用评级、绩效评价和后续资助的依据。

第三十六条　建立项目经费管理信息公开机制。及时公开非涉密项目预算安排情况，接受社会监督。

第三十七条　科技厅会同财政厅对重大专项经费的分配与使用情况进行绩效评价，对已完成项目进行后续追踪，对形成的知识产权和科研成果督促转化应用，并联合向自治区科技教育发展工作领导小组和自治区人民政府报送重大专项计划实施和经费使用情况的绩效报告。

科技厅在向财政厅申请安排重大专项资金预算时，要按照预算绩效管理的相关规定设置可量化、可考核的预算绩效目标，要结合项目结题验收工作，对项目实施情况开展绩效评价，并报财政厅。绩效评价结果包括评价报告、指标评分表及有关佐证材料等。财政厅负责核审核和批复预算绩效目标，并视情况需要，对科技厅报送的绩效评价结果实施项目绩效再评价。绩效再评价的结果将作为今后年度安排重大专项资金预算的重要依据。

第三十八条　对违反本办法规定使用和管理经费的，将按照《中华人民共和国预算法》、《财政违法行为处罚处分条例》（国务院令第427号）等法律法规，视情节轻重依法依规对项目负责人、项目承担单位、项目合作与协作单位进行处罚处分；涉嫌犯罪的，依法移送司法机关处理。

第三十九条　财政厅、科技厅及其相关工作人员在预算审核、经费分配等环节中，存在违反规定分配经费、向不符合条件的单位（或项目）分配经费或者擅自超出规定的范围、标准分配或使用专项经费，以及其他滥用职权、玩忽职守、徇私舞弊等违法违纪行为的，按照《财政违法行为处罚处分条例》（国务院令第427号）等法律法规追究相应责任；涉嫌犯罪的，依法移送司法机关处理。

第七章 附则

第四十条 本办法由财政厅和科技厅负责解释。

第四十一条 本办法自发布之日起施行,至 2020 年 12 月 31 日终止(2020 年当年预算安排资金如需要滚存使用,本办法的截止时限最长可延至 2025 年 12 月 31 日),凡与本办法不一致的,以本办法为准。

关于印发《广西重点研发计划项目管理办法（试行）》的通知

(桂科计字〔2017〕155号)

自治区有关部门，各市科技局，各有关单位：

《广西重点研发计划项目管理办法》（试行）已经自治区人民政府和自治区科技教育发展工作领导小组同意，现予印发，请遵照执行。

广西壮族自治区科学技术厅
2017年7月30日

广西重点研发计划管理办法（试行）

第一章 总则

第一条 为深化科技计划管理改革，保障广西重点研发计划顺利实施，实现科学、规范、高效和公正的管理，根据《中共广西壮族自治区委员会广西壮族自治区人民政府关于实施创新驱动发展战略的决定》（桂发〔2016〕23号）、《广西壮族自治区人民政府印发关于深化自治区本级财政科技计划和科技项目管理改革的实施方案的通知》（桂政办〔2015〕57号）文件精神，制定本办法。

第二条 广西重点研发计划由自治区财政资金设立，聚焦广西国民经济与社会发展的重点公共需求和民生科技优先领域，凝练形成若干目标明确、边界清晰的重点专题，遵循研发和创新活动的规律特点，从基础研究、重大共性关键技术到应用示范进行全链条创新设计、一体化组织实施，为广西经济社会发展提供持续性的支撑和引领。

第三条 广西重点研发计划按照重点专项、项目、课题分层次进行管理。重点专项是广西重点研发计划组织实施的载体，是聚焦广西重大战略任务、围绕解决当前广西发展面临的主要科技瓶颈和突出问题、以目标为导向的重大项目群。重点专项下设项目，项目是计划任务组织实施的基本单元。根据项目不同特点可下设课题。

第四条 广西重点研发计划组织实施原则：

（一）整合资源，聚焦目标。聚焦广西重大需求，统筹科技资源，加强跨部门、跨行业、跨区域研发布局，着力解决当前及未来发展面临的科技瓶颈和突出问题。

（二）权责明确，规范管理。建立政府决策、专家咨询、专业机构具体管理相对分开、相互衔接的立项和管理制度。

（三）统筹协调，协同推进。按照产业链部署创新链，按照创新链部署创新资源，充分发挥部门、行业、地方、项目承担单位在一体化组织实施方面的作用。

（四）突出绩效，加强监督。建立统一的评估监管体系，对计划的组织实施、项目立项及管理、创新绩效、专业机构履职尽责情况等进行监督，嵌入计划管理全过程。

第五条 鼓励市县、行业、企业与自治区财政共同出资，组织实施广西重点研发计划，支持研发成果推广应用，促进重大成果转化。

第二章 组织管理与职责

第六条 自治区科技计划管理厅际联席会议（以下简称"厅际联席会议"）负责审议广西重点研发计划的实施方案、项目申报指南、项目管理专业机构遴选等重大事项。

第七条 自治区科技发展战略咨询与综合评审委员会（以下简称"综评委"）负责对广西重点研发计划的任务布局、重点专项设置等提出咨询意见，为厅际联席会议提供决策参考。

第八条 科技厅是广西重点研发计划的牵头组织部门，主要职责是：

（一）研究制定广西重点研发计划组织管理制度；

（二）开展科技发展趋势的战略研究，会同相关部门和市县研究提出重大研发需求、重点任务布局及重点专项建议，发布广西重点研发计划申报指南；

（三）提出遴选专业机构建议，代表厅际联席会议与专业机构签署任务委托协议，对专业机构进行动态管理；

（四）会同相关部门进行监督检查和绩效评估，提出重点专项动态调整建议。

第九条 各相关部门和市县是广西重点研发计划组织实施的参加单位，主要职责是：

（一）参与凝练形成重大研发需求，提出重点任务布局及重点专项建议；有条件的地方可与自治区财政联合出资、共同管理、协同推进重点专项的组织实施；

（二）参与广西重点研发计划指南编制；

（三）参与广西重点研发计划管理、监督检查和绩效评估等；

（四）加强协调保障，提供广西重点研发计划组织实施、成果产出、示范推广等行业政策、配套条件和创新环境；

（五）加强对所属单位承担广西重点研发计划项目的任务和资金使用情况的日常管理和监督。

第十条 项目管理专业机构（以下简称"专业机构"）根据任务委托协议，开展具体的项目管理工作。主要职责是：

（一）参与编制重点研发计划指南；

（二）负责项目申报受理、形式审查、立项评审、与项目承担单位签订项目合同或任务书（以下简称"合同"）等工作；

（三）负责项目过程管理，组织开展年度检查、中期检查、项目验收，以及项目绩效评价等；

（四）按程序对相关项目进行动态调整；

（五）按要求报告项目执行情况及重大事项，接受监督。

第十一条 项目牵头承担单位按照法人责任制的要求，对项目具体目标实现负责。主要职责是：

（一）为项目实施做好统筹协调和配套条件的落实工作，负责项目实施过程中的经费管理等工作；

（二）建立健全科研、财务、诚信管理等内部管理制度；

（三）按要求编报与项目实施有关的报告和信息报表等；

（四）及时报告项目执行中出现的重大事项；

（五）接受指导、检查并配合做好监督、评估和验收等工作；

（六）项目如下设课题，项目牵头承担单位要切实做好各课题间的统筹协调和监督检查，确保项目整体推进。

第三章 申请与立项

第十二条 编制实施方案。科技厅牵头组织征集部门和市县的重大研发需求，围绕自治区重大战略的贯彻落实，根据"自下而上"和"自上而下"相结合的原则，会同相关部门和单位研究提出重点研发计划实施方案。综评委对实施方案进行咨询评议，修改完善后报自治区科技教育发展工作领导小组。

第十三条 发布项目申报指南。科技厅组织专家组根据重点研发计划实施方案编制项目申报指南，经厅际联席会议审议通过后向社会公开发布。

第十四条 项目申报指南应明确公平竞争的项目遴选机制，原则上通过公开择优方式确定项目承担单位。项目申报指南不得直接或变相限定科研项目的技术路线和研究方案。

第十五条 在广西境内注册、具独立法人资格的科研院所、高等院校、企业等，可根据指南要求申报项目。鼓励对外开放与合作，区外（境外）的独立法人机构可根据指南要求牵头或参与项目申报。

项目的申报组织应整合集成相关领域优势创新团队，聚焦研发问题，强化各项任务间的统筹衔接，集中力量联合攻关。项目（含课题）负责人及主要参加人员按相关规定实行限项管理。

项目承担单位是企业的，须按不低于1∶1比例配套投入资金。

第十六条 项目通过广西科技管理信息平台统一申报，由科技厅委托专业机构受理，组织评审，提出立项建议。

第十七条 科技厅商财政厅审议提出拟立项项目，在科技厅官方网站上公示，公示期5个工作日。公示无异议后，下达立项通知。

公示期间有异议的，科技厅应对异议材料进行核查，对确实不符合立项规定、证据充分的异议项目不予立项。

第十八条 科技厅委托专业机构依据立项通知，与项目承担单位签订项目合同。

第十九条 对于突发、紧急的重大科技需求，科技厅可根据自治区党委、政府要求，对重点研发计划的任务进行及时调整，研究提出快速反应项目，采取定向择优的方式组织实施。涉及自治区财政资金预算调整的，按程序报财政厅审批。

第四章 实施管理

第二十条 项目实施期限一般为3年，也可根据项目实际情况在合同中约定。

第二十一条 项目管理实行年度报告制度、中期检查制度。

（一）年度报告制度。项目牵头承担单位于每年12月底前，向专业机构报送项目年度执行情况报告。项目执行不足3个月的可在下一年度一并上报。

（二）中期检查制度。执行周期在3年及以上的项目，在项目实施中期，专业机构负责对项目执行情况进行中期检查。对具有明确应用示范目标的项目，专业机构应邀请有关部门和市县共同开展中期检查工作。中期检查结果作为项目调整或撤销的重要依据。

第二十二条 项目合同（任务书）签订后，相关条款原则上不允许变更和调整。如确有调整必要，涉及项目（课题）牵头单位、项目（课题）负责人、研究目标、考核指标、技术路线等重大事项调整的，须提出书面申请，经专业机构报科技厅审批后执行。

第二十三条 项目在执行过程中，如遇下列情况之一，可提出撤销或终止项目建议，报科技厅批准后执行。

（一）经实践证明，项目技术路线不合理、不可行，或项目无法实现任务书规定的进度且无改进办法；

（二）项目执行中出现严重的知识产权纠纷；

（三）完成项目任务所需的资金、原材料、人员、支撑条件等未落实或发生改变导致研究无法正常进行；

（四）组织管理不力或者发生重大问题导致项目无法进行；

（五）由于政策、市场发生重大变化，技术迅速发展造成项目实施已无意义的；

（六）其他可以撤销或终止的情况。

第二十四条 撤销或终止的项目，项目牵头承担单位应当对已开展工作、经费使用、已购置设备仪器、阶段性成果、知识产权等情况做出书面报告，经专业机构委托具备相关资质的机构核查后，报科技厅批准。因违反有关政策法规或科技计划管理制度造成终止或撤销项目执行的，记入广西科技信用管理体系。

第二十五条 科技厅会同相关部门和市县，建立重点研发计划项目实施协调保障机制，充分发挥部门、市县在产业和行业政策研究、标准规范制定与推进、成果转移转化和应用示范等方面的作用。

（一）开展产业和区域创新政策研究，完善和推动相关政策出台，加强重点研发计划项目组织实施与产业政策、规范、标准等工作的衔接；

（二）协调促进重点研发计划项目成果在行业和市县的转移转化和应用示范；

（三）推进重点研发计划与其他科技计划的衔接和资源共享；

（四）推动地方科技投入、金融机构参与广西重点研发计划组织实施和成果转化及产业化。

第五章　验收与绩效评估

第二十六条 项目执行期满后，项目按照《广西科技计划项目结题验收管理办法（试行）》（桂科计字〔2016〕462号）结题验收。

第二十七条 项目验收由专业机构组织。承担单位应于项目执行期满后6个月内向科技厅提出验收申请，验收工作原则上应于提交验收申请后的2个月内完成。

第二十八条 项目验收结论及成果除有保密要求外，应及时向纳入自治区科技报告系统向社会公开。

第二十九条 每3年科技厅应委托第三方评估机构对广西重点研发计划目标实现、成果产出、资金使用、项目管理等情况开展绩效评估。

第三十条 科技厅、财政厅根据绩效评估、监督检查结果以及相关部门的建议，进一步调整优化广西重点研发计划实施管理机制。

第六章　知识产权和成果管理

第三十一条 加强知识产权的管理和保护，鼓励知识产权应用和有序扩散，促进技术交易和成果转化，具体按照《中华人民共和国科学技术进步法》《中华人民共和国科技成果转化法》《广西壮族自治区科学技术进步条例》等执行。

第三十二条 项目形成的研究成果，应进行成果登记。在论文发表、专著出版、产品宣传、技术推广时，应标注"广西重点研发计划资助"及项目编号，并作为评估或验收时的成果确认依据。

第三十三条 项目牵头承担单位应按照科技报告制度要求，及时报送相关科技报告，并将科技报告工作纳入本单位科研管理程序。项目负责人应按要求及时组织科研人员撰写并提交科技报告。科技报告的提交和共享情况作为对项目动态调整和后续支持的重要依据。

第七章 支撑保障与监督

第三十四条 建立和完善科研诚信体系，客观、规范地记录广西重点研发计划的各类信用信息，对相关主体进行信用评价，并按信用评价实行分类管理。对不良信用单位和个人，采取阶段性取消相关主体申请自治区财政资助项目或参与项目的资格。

第三十五条 建立和完善广西科技管理信息平台，将项目立项、资金安排、年度与中期管理、动态调整、验收与跟踪管理、科技报告等信息，统一纳入科技管理信息平台管理。加强信息公开，除涉密及法律法规另有规定外，及时将项目立项信息、资金安排和验收结果等按规定向社会公开，接受监督。

第三十六条 建立问责机制，对相关违规行为进行严肃处理，并将有关结果向社会公开，涉及违法的移交司法机关处理。

第三十七条 建立项目申诉处理机制，专业机构按规定受理项目相关申诉意见和建议，开展申诉调查并及时向申诉者反馈处理意见。重大申诉方与处理无法达成一致的申诉应及时报科技厅处理。

第三十八条 依据国家《科学技术保密规定》制定保密管理制度规范，对涉及国家秘密的项目及取得的成果，按要求进行密级评定、确认和保密管理。

第八章 附则

第三十九条 本办法由科技厅负责解释。

第四十条 本办法自发布之日起施行。

关于印发《广西科技计划科技报告管理暂行办法》的通知

(桂科计字〔2017〕167号)

各有关单位：

为深化科技体制改革，贯彻落实全区创新驱动发展大会以及《科技部办公厅关于加快地方科技报告制度建设的通知》（国科办创〔2017〕47号）、《广西壮族自治区人民政府办公厅转发科技厅关于广西科技报告制度建设实施方案的通知》（桂政办发〔2015〕96号）精神，加快广西科技报告制度建设，自治区科技厅研究制定了《广西科技计划科技报告管理暂行办法》，现印发给你们，请遵照执行。

广西壮族自治区科学技术厅

2017年8月24日

广西科技计划科技报告管理暂行办法

第一章 总则

第一条 根据《中华人民共和国促进科技成果转化法》、《科技部关于印发〈中央财政科技计划（专项、基金等）科技报告管理暂行办法〉的通知》（国科发创〔2016〕419号）、《广西壮族自治区人民政府关于深化自治区本级财政科技计划和科技项目管理改革实施方案的通知》（桂政发〔2015〕57号）和《广西壮族自治区人民政府办公厅转发科技厅关于广西科技报告制度建设实施方案的通知》（桂政办发〔2015〕96号）等文件精神，为推动广西科技计划（专项、基金等）科技报告的统一呈交、规范管理和共享使用，制定本办法。

第二条 科技报告是描述科研活动的过程、进展和结果，并按照规定格式撰写的特种科技文献，目的是促进科技知识的积累、传播交流和转化应用。科技报告是基础性、战略性科技资源。

第三条 本办法适用于自治区本级财政科技计划项目（或课题，以下统称"项目"）。各市、县（市、区）财政资金以及社会资金资助的科研项目科技报告工作可参照本办法执行。

第二章 职责分工

第四条 建立由自治区科技计划管理厅际联席会议办公室（自治区科技厅）、项目管理专业机构、项目承担单位组成的广西科技计划（专项、基金等）科技报告组织管理体系，明确职责分工，健全工作机制。

第五条 自治区科技计划管理厅际联席会议办公室（科技厅）负责科技报告制度建设的总体部署、统筹规划、组织协调和监督检查，主要职责是：

（一）牵头拟订科技报告制度建设的相关政策，制定科技报告标准和规范。

（二）规划、部署、指导和监督检查科技报告制度建设工作。

（三）将科技报告工作纳入自治区本级财政科技计划（专项、基金等）的项目立项、年度或中期检查、结题验收及监督检查和评估等管理过程。

（四）组织开展科技报告宣传培训工作。

第六条 自治区科技计划管理厅际联席会议办公室（科技厅）委托广西科学技术情报研究所承担科技报告收藏和管理工作，主要职责是：

（一）收集、形式审核、加工和收藏广西科技计划（专项、基金等）项目科技报告。

（二）收藏各市、县财政科技计划（专项、基金等）项目公开科技报告和已解限科技报告。

（三）建设、运行和维护广西科技报告服务系统。

（四）开展科技报告共享服务，以及产出分析、立项查重等增值服务，推动科技报告交流利用。

（五）协助开展科技报告宣传培训工作。

第七条 项目管理专业机构在项目立项、年度和中期检查、结题验收过程中执行科技报告工作的相关规定和要求，主要职责是：

（一）在与项目承担单位签订的项目合同或任务书时明确规定呈交科技报告的数量和时间。

（二）督促、检查科技报告撰写和呈交工作，在项目结题验收时审查科技报告呈交情况。

（三）确认科技报告延期公开和延期公开时限。

（四）及时将科技报告移交广西科学技术情报研究所。

第八条 项目承担单位应充分履行法人责任，做好科技报告工作，主要职责是：

（一）建立本单位科技报告管理制度，将科技报告工作纳入本单位科研管理过程，指定专人负责本单位科技报告工作。

（二）督促项目负责人组织科研人员撰写科技报告。

（三）审核科技报告编号、格式、内容、延期公开和延期公开时限。

（四）按照规定的渠道和方式呈交科技报告。

（五）建立本单位科技报告奖惩机制，为科技报告工作提供条件保障。

（六）项目牵头单位负责协调参加单位共同完成科技报告工作，并由项目牵头单位统一呈交项目（或课题）科技报告。

第九条 项目负责人要增强撰写科技报告的责任意识，根据项目合同或任务书的要求按时保质完成科技报告，并对内容和数据的真实性负责。

第三章 工作要求

第十条 项目申报单位应在申报书中明确提出呈交科技报告的类型、时间和数量。应呈交的科技报告包括：

（一）项目结题验收前，应呈交一份最终科技报告。

（二）项目研究期限超过2年（含2年）的，应根据广西科技计划（专项、基金等）项目管理部门的要求，呈交年度或中期技术进展报告。

（三）根据项目的研究内容、期限和经费强度，应呈交包含科研活动细节及基础数据的专题科技报告，如实验（试验）报告、调研报告、技术考察报告、设计报告、现场测产或查定报告、测试报告等。

第十一条 项目管理专业机构在签订项目合同或任务书时，应明确呈交科技报告的类型、时间和数量，作为结题验收的考核指标。

第十二条 项目负责人应按照合同或任务书的要求和《科技报告编写规则》（GB/T 7713.3—

2014）、《科技报告编号规则》（GB/T 15416—2014）等相关国家标准组织撰写科技报告，提出科技报告延期公开和延期公开时限。

（一）科技报告使用范围原则上标注为"公开"。涉及论文发表、专利申请或技术诀窍等需要知识产权保护的科技报告，可标注为"延期公开"，延期公开时限原则上为2~3年，最长不超过5年。需要发表论文的，延期公开时限原则上在2年（含2年）以内；需要申请专利、出版专著的，延期公开时限原则上在3年（含3年）以内；涉及技术诀窍的，延期公开时限原则上在5年（含5年）以内。论文发表或专利申请公开后，延期公开科技报告应及时公开。非涉密项目产生的科技报告如涉及国家安全和重大利益等相关内容，应先自行脱密处理。

（二）涉密项目按国家和自治区有关保密规定执行。

第十三条 项目承担单位按照相关要求对科技报告的编号、格式、内容、延期公开和延期公开时限等进行审核，确保科技报告内容真实完整，格式规范，并按时通过规定的渠道和方式呈交科技报告。

第十四条 项目管理专业机构在项目实施过程管理中同步指导和检查、监督项目承担单位完成科技报告撰写和呈交情况。依据有关规定对科技报告是否延期公开和延期公开时限等进行审查和确认，及时将科技报告移交广西科学技术情报研究所。

第十五条 项目管理专业机构在项目结题验收时，应按照合同或任务书的规定审查科技报告完成情况，作为结题验收的必备条件。对未按照项目合同或任务书呈交科技报告的，按不通过验收或不予结题处理，并责令改正。情节严重的，予以通报批评，禁止项目负责人在一定期限内申报自治区本级财政科技计划（专项、基金等）项目。

第十六条 将科技报告填写情况纳入到广西科技信用管理体系中，对科技报告填写质量高完成好的承担单位和项目负责人进行加分奖励，科技报告不填或者质量差的进行扣分处理。对科技报告存在抄袭、数据弄虚作假等科研不端行为的，按程序纳入失信行为记录管理。

第四章 共享使用

第十七条 通过广西科技报告服务系统实现科技报告的开放共享。广西科技报告服务系统和国家科技报告服务系统实行互联互通。

第十八条 科技报告按照公开与受控使用相结合的原则向社会开放共享。向社会公众提供检索以及公开和延期公开科技报告摘要信息浏览服务。向实名注册用户提供检索以及公开科技报告全文浏览、全文推送等服务。向科技管理人员提供检索以及全文浏览、全文推送、统计分析等服务。延期公开科技报告全文实行授权受控使用，全文使用应得到项目管理专业机构授权或科技报告完成单位许可。鼓励社会开展科技报告分析与深度利用。

第十九条 延期公开科技报告的延期公开时限到期后，将自动公开。如需要延长延期公开时限，应由项目承担单位向项目管理专业机构提出书面申请，获得批准后，于到期前15个工作日将批准材料提交广西科学技术情报研究所。

第二十条 科技报告使用者应严格遵守知识产权管理的相关规定，在论文发表、专利申请、专著出版等工作中注明参考引用的科技报告，确保科技报告完成人的合法权益。

第五章 附则

第二十一条 其他自治区财政支持的科技项目科技报告参照本办法执行。

第二十二条 本办法自发布之日起施行。

第二十三条 本办法由科技厅负责解释。

关于印发《广西科技发展专项资金管理办法（试行）》的通知

（桂科政字〔2018〕70号）

各有关单位：

为规范和指导自治区本级财政科技发展专项（以下简称"科技发展专项"）资金管理和使用，提高资金使用效率，根据《中共中央办公厅 国务院办公厅印发〈关于进一步完善中央财政科研项目资金管理等政策的若干意见〉的通知》（中办发〔2016〕50号）、《广西壮族自治区人民政府印发关于深化自治区本级财政科技计划和科研项目管理改革实施方案的通知》（桂政发〔2015〕57号）和《广西壮族自治区人民政府办公厅关于印发广西加大财政科技经费投入与改进财政科技经费管理实施办法的通知》（桂政办发〔2016〕115号）等文件规定，以及国家、自治区有关财经法规和财务管理制度，自治区科技厅研究制定了《广西科技发展专项资金管理办法（试行）》，现印发给你们，请遵照执行。

附件：广西科技发展专项资金管理办法（试行）

广西壮族自治区科学技术厅
2018年6月12日

广西科技发展专项资金管理办法（试行）

第一章 总则

第一条 为规范和指导自治区本级财政科技发展专项（以下简称"科技发展专项"）资金管理和使用，提高资金使用效益，根据《中共中央办公厅 国务院办公厅印发〈关于进一步完善中央财政科研项目资金管理等政策的若干意见〉的通知》（中办发〔2016〕50号）、《广西壮族自治区人民政府印发关于深化自治区本级财政科技计划和科技项目管理改革实施方案的通知》（桂政发〔2015〕57号）和《广西壮族自治区人民政府办公厅关于印发广西加大财政科技经费投入与改进财政科技经费管理实施办法的通知》（桂政办发〔2016〕115号）等文件规定，以及国家、自治区有关财经法规和财务管理制度，制定本办法。

第二条 科技发展专项资金是自治区人民政府为支持我区科技事业发展，加快提升自主创新能力，促进科技成果转化与产业化，充分发挥科技对经济社会发展的支撑引领作用设立的，支持和引导全区科技创新活动的专项资金。

第三条 科技发展专项资金来源鼓励多元化原则，包括自治区本级财政和市县财政安排、单位自筹以及从其他渠道获得的资金。各种渠道获得的资金都应按照"专款专用、单独核算、注重绩效"的原则使用和管理。

本办法主要规范自治区本级财政安排的科技发展专项资金的使用和管理。其他来源的资金应当按照国家、自治区有关财务管理制度和相关资金提供方的具体使用管理要求，统筹安排和使用。

第四条 科技发展专项资金由自治区财政科技计划管理厅际联席会议（以下简称"厅际联席会议"）统筹管理，自治区财政厅、科技厅、第三方专业机构（以下简称"专业机构"）、项目承担单位分级管理。

第五条 科技发展专项资金管理和使用原则：

（一）遵循规律，放管服结合。遵循科学研究、技术创新和成果转化的客观规律，完善管理政策，改进管理方式，进一步简政放权、放管结合、优化服务。

（二）突出重点，分类支持。根据自治区战略部署、重点工作和科技发展需求，确定专项资金重点支持方向。遵循科技创新发展规律，按研发、引导、基地、人才四类项目实行分类管理。创新财政科技资金支持方式。各类项目另行制定实施细则。

（三）单独核算，专款专用。科技发展专项资金应纳入项目承担单位财务统一管理，单独核算，确保专款专用。

（四）明确责权，追踪问效。明晰专项资金管理和使用各方的权利和义务，加强事中事后监督，推进评估监管体系建设，加强科研诚信建设和信用管理，推行目标导向的追踪问效机制，严肃查处违法违纪违规问题。

第二章 职责分工

第六条 自治区财政厅负责科技发展专项资金预算管理，共同制定资金管理办法，及时审核批复用款计划，配合自治区科技厅对预算执行情况进行督查检查以及开展绩效评价等工作。

第七条 自治区科技厅负责科技发展专项的组织实施，编制项目申报指南，组织项目申报，提出资金分配建议方案并函商财政厅，申报用款计划、拨付资金，对预算执行情况进行督查检查以及绩效评价，会同自治区财政厅制定资金管理办法等。

第八条 专业机构受厅际联席会议委托，负责开展科技发展专项立项评估评审、过程管理，对资金使用管理情况进行监督检查，参与项目绩效评价，负责组织项目结题验收工作。

第九条 项目承担单位（含项目合作单位）作为项目资金使用和管理的责任主体，认真做好项目申请、组织实施、验收和资金管理等方面工作；完善项目资金管理制度，根据实际需要建立科研财务助理制度；接受有关部门的绩效考评和监督检查等。

第三章 支持的对象、方向

第十条 科技发展专项资金的支持对象是承担广西科技发展专项项目的事业单位、企业等。

第十一条 科技发展专项资金的主要支持方向：

（一）研发类项目：主要包括科技重大专项、重点研发计划和自然科学基金等。

科技重大专项主要支持关系广西经济社会发展的重大科学研究、重大科技攻关和重大新产品开发及成果转化类项目。重点研发计划资金聚焦我区国民经济与社会发展的重点公共需求和民生科技优先领域，主要支持为全区经济社会发展提供持续性支撑和引领的基础前沿、技术开发和应用示范等项目。自然科学基金主要资助科技人员开展自然科学基础研究和科学前沿探索。

（二）引导类项目：主要是通过后补助的方式，充分发挥财政资金的杠杆作用，按照企业技术创新活动不同阶段的需求，激励企业加大自身科技投入，推动企业开展技术创新活动，促进科技成果转移转化和资本化、产业化。

（三）基地类项目：主要支持科技创新基地建设和能力提升，促进科技资源开放共享，提高我区科技创新的条件保障能力，包括科技基础条件平台与创新平台基地建设、科技创新园区建设、国际与国内区域创新合作平台建设等。

（四）人才类项目：主要支持人才和优秀团队的科研工作，提升我区科技创新的人才条件保障能力。主要包括人才及其科研创新团队的岗位津贴、科研补助资金，以及一次性安家费等。

第四章 补助方式

第十二条 科技发展专项资金主要采取以下补助方式：

（一）直接补助。直接补助是对项目活动所需成本给予部分或全部补助的财政资助方式。

（二）后补助。后补助是指从事研究开发和科技服务活动的单位先行投入资金，取得成果或者服务绩效，通过验收审查或绩效考核后，给予相应补助的财政资助方式。后补助包括事前立项事后补助、奖励性后补助及共享服务后补助等方式。

具体补助方式由自治区科技厅会同自治区财政厅根据项目的类别、特点和绩效目标等确定。

第五章 项目预算管理

第十三条 科技发展专项预算由收入预算与支出预算构成，应当全面反映科技发展专项组织实施过程中的各项收入与支出，做到收支平衡。

（一）收入预算包括自治区本级财政资金、市县财政资金、单位自筹资金以及从其他渠道获得的资金。对于自筹资金，应充分考虑各渠道的情况，并提供资金提供方的出资证明，不得使用货币资金以外的资产或其他财政资金作为自筹资金来源。

（二）支出预算按照资金开支范围确定的支出科目和不同资金来源分别编列，并对各项支出的主要用途和测算理由等进行详细说明。支出预算的编制，应当围绕科技发展专项确定的项目目标，坚持目标相关性、政策相符性和经济合理性原则，有科学的测算依据并经过充分论证，以满足实施项目的合理需要。

（三）有多个单位联合申报一个项目的，应当同时编列各单位承担的主要任务、资金预算等。

第十四条 项目申报单位应科学、合理、真实地编制预算，对直接费用各项支出不得简单按比例编列。对仪器设备购置、参与单位资质及拟外拨资金进行重点说明，并申明现有的实施条件和从单位外部可能获得的共享服务。

第十五条 自治区科技厅委托专业机构按相关规定组织专家对项目资金预算进行评审。

第十六条 预算评审应当按照规范的程序和要求，坚持独立、客观、公正、科学的原则，对项目申报预算的政策相符性、目标相关性和经济合理性进行评审。预算评审过程中不得简单按比例核减直接费用预算。

第十七条 自治区科技厅根据项目评估评审意见，送自治区财政厅审核、平衡，达成一致意见后，编制科技发展专项预算建议，并按预算编制要求送自治区财政厅再次审核确定后，纳入自治区本级部门预算管理。

第十八条 科技发展专项资金的拨付按照国库集中支付管理规定执行。资金使用中涉及政府采购的，按照政府采购有关规定执行。

第十九条 承担单位应当按照下达的预算执行。预算一般不予调整，确有必要调整时，应当按照有关规定，履行相关程序。

第二十条 项目承担单位应当严格按照本办法规定的项目资金开支范围和标准办理支出。严禁使用项目资金支付各种罚款、捐款、赞助、投资等，严禁以任何方式变相谋取私利。

第二十一条 对会议费、差旅费、小额材料费和测试化验加工费等支出，项目承担单位为科研院所、高等学校等事业单位的，要按规定实行"公务卡"结算；项目承担单位为企业等其他创新主体的，应当采用银行转账方式结算。对设备费、大宗材料费和测试化验加工费、劳务费、专家咨询费等支出，项目承担单位原则上应当通过银行转账方式结算。

第二十二条 对上述支出中，因不具备刷卡条件而无法采用公务卡结算、但科研工作实际需要发生的支出，如市内交通费、野外科考工作中发生的支出等，报经单位科研管理部门及财务部门批准可以暂不使用公务卡结算。项目承担单位应当制定相关实施细则，明确不具备刷卡条件情形下的财务审批程序和报销手续，从严控制现金支出事项，减少现金提取和使用。

第二十三条 项目终止的，项目承担单位财务部门应当及时清理账目与资产，编制财务报告及资产清单，由项目牵头单位（或受委托管理单位）审核汇总后报送自治区科技厅，由厅际联席会议委托专业机构组织进行清查处理，并停止拨付资金，结余资金按原渠道退回。项目结余资金包括处理已购物资、材料及仪器、设备的变价收入，统筹用于科技发展专项后续支出。项目被撤销的，追回全部项目资金，按原渠道退回。

第二十四条 项目实施过程中，行政事业单位使用自治区财政资金形成的固定资产属于国有资产，一般由项目承担单位进行管理和使用，自治区有权调配用于相关科学研究。企业使用自治区财政资金形成的固定资产，按照《企业财务通则》等相关规章制度执行。

第二十五条 承担单位使用自治区财政资金形成的大型科学仪器设备、科学数据、自然科技资源等，按照国家和自治区的有关规定开放共享，以减少重复浪费，提高资源利用效率。

第六章 项目资金开支范围

第二十六条 项目资金开支范围。

（一）研发类项目资金：项目资金由直接费用和间接费用组成。

直接费用是指在项目实施过程中发生的与之直接相关的费用。包括：设备费、燃料动力费、材料费、测试化验加工费、劳务费、差旅/会议/国际合作交流费、出版/文献/信息传播/知识产权事务费、专家咨询费、试验场地（土地）租金以及其他支出等。

间接费用是指承担单位在组织实施项目过程中发生的，无法在直接费用中列支的相关费用。主要包括：承担单位为项目研究提供的房屋占用，日常水、电、气、暖消耗，有关管理费用的补助支出，以及激励科研人员的绩效支出等。

间接费用实行总额控制，按照不超过项目直接费用扣除设备购置费后的一定比例核定。具体比例如下：

1. 科技重大专项项目：500万元及以下部分，不超过20%；500万元（不含本数）至1000万元的部分，不超过15%；超过1000万元的部分，不超过13%。

2. 其他类别项目：100万元及以下的部分，不超过20%；100万元（不含本数）至200万元的部分，不超过15%；超过200万元的部分，不超过13%。

间接费用由承担单位统筹安排使用。承担单位应当建立健全间接费用的内部管理办法，公开透明、合规合理使用间接费用，处理好分摊间接成本和对科研人员激励的关系，绩效支出安排与科研人员在项目工作中的实际贡献挂钩。在对间接费用中用于人员激励的绩效支出进行分配时，科研人员由所在项目负责人根据国家和自治区的有关规定，对有关科研工作进行绩效考核，并在一定范围内公开。

项目中有多个单位的，间接费用在总额范围内由牵头单位与参与单位协商分配。承担单位不得在核定的间接费用以外，再以任何名义在项目资金中重复提取、列支相关费用。

（二）引导类项目资金：引导类项目资金主要采取后补助等补助方式，补助资金由项目承担单位统筹安排用于研究开发或科技服务活动。

（三）基地类项目资金：重点实验室类主要用于开放运行、自主创新研究、仪器设备更新维护和科研基础设施建设等；工程中心类、医学中心类主要用于技术研究开发、仪器设备更新维护等。

1. 开放运行费为基地的日常运行维护费和对外开放共享费。

2. 自主创新研究费，主要包括重点实验室围绕主要任务和研究方向开展持续深入的系统性研究和探索性自主选题研究的费用。

3. 技术研究开发费，主要包括工程中心类和医学中心类基地围绕主要任务和行业需求开展持续新品开发、试验示范、新技术应用及对科研成果进行系统化、配套化和工程化研究开发及转化等发生的费用。

4. 仪器设备更新维护费，包括围绕基地主要任务和研究方向购置或试制专用仪器设备，以及对现有仪器设备进行维护、升级改造或租赁使用外单位仪器设备而发生的费用。

（四）人才类项目资金：

1. 岗位津贴包括各类人才岗位津贴和科研创新团队岗位津贴。

2. 科研补助资金，是指在各类人才聘期内发生的，用于实施本岗位创新发展计划，与开展本岗位重点科研项目研究、科技攻关项目、工程技术项目、学术技术交流及加强所带科研创新团队人才培养直接相关的费用，包括：设备费、燃料动力费、材料费、测试化验加工费、劳务费、差旅／会议／国际合作交流费、出版／文献／信息传播／知识产权事务费、专家咨询费以及除上述支出项目之外在各类人才聘期内发生的与其他履行人才职责直接相关的支出，含人才培养、职称晋升费用、中长期培训费用等。

3. 安家费，是指对从自治区外引进的人才一次性给予税后安家费（住房补贴）；对区内未享受房改优惠政策的给予税后安家费（住房补贴），已享受过房改优惠政策的不再给予安家费（住房补贴）。安家费主要用于其在岗位工作地购买或租赁住房。

第七章 监督检查与绩效评价

第二十七条 科技发展专项资金实行年度报告制度。项目承担单位负责提交年度资金使用报告，于次年1月底前向自治区科技厅报送。

第二十八条 自治区科技厅委托专业机构组织中期检查，中期检查结果作为项目后续资金拨付依据。对未通过中期检查的项目，暂停拨付后续项目资金，由项目承担单位在6个月内整改到位后再拨付。若整改后仍不符合要求的，停止拨付项目后续资金。

第二十九条 承担单位在项目资金使用和管理中，不得存在以下行为：

（一）编报虚假预算，套取自治区财政资金；

（二）未对科技发展专项资金进行单独核算；

（三）截留、挤占、挪用科技发展专项资金；

（四）违反规定转拨、转移科技发展专项资金；

（五）提供虚假财务会计资料，虚列支出；

（六）未按规定执行和调剂预算；

（七）未获批准擅自变更项目承担主体；

（八）虚假承诺其他来源的资金；

（九）资金管理使用存在违规问题拒不整改；

（十）其他违反国家财经纪律的行为。

第三十条 完成任务目标并通过验收，且承担单位信用评价好的项目，结余资金在验收完成起两年内由承担单位统筹安排用于科研活动的直接支出，并将使用情况报自治区科技厅。两年后结余资金未使用完的，按规定收回，统筹用于科技发展专项后续支出。

第三十一条 未通过验收或整改后通过验收的项目，或承担单位信用评价差的项目，结余资金按原渠道收回，统筹用于科技发展专项后续支出。

第三十二条 自治区科技厅、财政厅和审计厅等部门要加强对项目资金使用情况的监督检查，通过抽查、专项审计等多种方式，及时发现项目实施和资金使用中存在的问题，并督促做好整改，切实保障资金使用合法合规、项目按计划进度实施。

第三十三条 按照"全程留痕"原则，建立完善项目资金档案管理制度，实现项目资金管理全过程可申诉、可查询、可追溯的"痕迹管理"。

第三十四条 建立项目资金信用管理机制。自治区科技厅对承担单位在项目资金管理方面的信誉度进行评价和记录，作为对项目承担单位信用评级、绩效评价和后续资助的依据。

第三十五条 建立项目资金管理信息公开机制。及时公开非涉密项目预算安排情况，接受社会监督。

第三十六条 自治区科技厅会同自治区财政厅对科技发展专项资金的分配与使用情况进行绩效评价，对已完成项目进行后续追踪，对形成的知识产权和科研成果督促转化应用，并联合向自治区科技教育发展工作领导小组和自治区人民政府报送科技发展专项实施和资金使用情况的绩效报告。

第八章 责任追究

第三十七条 对违反本办法规定使用和管理项目资金的，将按照《中华人民共和国预算法》、《财政违法行为处罚处分条例》（国务院令第427号）等法律法规，依法依规对项目负责人、项目承担单位、项目合作与协作单位进行处罚处分；涉嫌犯罪的，依法移送司法机关处理。

第三十八条 自治区财政厅、科技厅及其相关工作人员在预算审核、资金分配等环节中，存在违反规定分配资金、向不符合条件的单位（或项目）分配资金或者擅自超出规定的范围、标准分配或使用专项资金，以及其他滥用职权、玩忽职守、徇私舞弊等违法违纪行为的，按照《财政违法行为处罚处分条例》（国务院令第427号）等法律法规追究相应责任；涉嫌犯罪的，依法移送司法机关处理。

第九章 附则

第三十九条 本办法由自治区财政厅和自治区科技厅负责解释。

第四十条 本办法自发布之日起施行，此前规定与本办法不一致的，按本办法执行。

广西壮族自治区科学技术厅关于印发《广西科技计划项目预算评估工作规范（试行）》的通知

（桂科政字〔2018〕173号）

各有关单位：

为了规范广西科技计划项目预算评估工作，顺利推进计划执行，保障科技经费的合理配置和有效利用，现将《广西科技计划项目预算评估工作规范（试行）》印发给你们，请认真遵照执行。

附件：1. 广西科技计划项目预算评估工作规范（试行）
　　　2. 广西科技计划项目预算评估表

广西壮族自治区科学技术厅
2018年11月12日

广西科技计划项目预算评估工作规范（试行）

第一章　总则

第一条　为规范和指导广西科技计划项目（以下简称"科技项目"）预算评估工作，保障科技经费的合理配置和有效利用，依据《国务院关于优化科研管理提升科研绩效若干措施的通知》（国发〔2018〕25号）、《关于深化项目评审、人才评价、机构评估改革的意见》（中办发〔2018〕37号）、《广西科技计划项目立项评审管理办法（试行）》等文件规定，制定本规范。

第二条　本规范适用于申请直接补助的广西科技计划项目预算评估，包括：广西科技重大专项、广西重点研发计划、广西科技基地和人才专项、广西自然科学基金、广西技术创新引导专项等。

第二章　评估组织管理

第三条　自治区科技厅负责指导、协调和监督科技项目预算评估工作，评估机构受委托承担自治区科技项目预算评估组织实施工作。

第四条　评估机构应按照规范的程序和要求，坚持独立、客观、公正、科学的原则，对项目进行预算评估。评估机构应当具有丰富的科技项目预算评估工作经验，熟悉国家和自治区科技计划和经费管理政策，拥有专业的评估人才队伍，建立了相关领域的科技专家支撑队伍。

第五条　评估机构根据项目实际情况，按项目的计划类别和所属技术领域，组织专家进行评估，并根据专家个人擅长的业务领域安排评估工作。

第六条　科技项目预算评估分为合并式评估和分离式评估两种方式。

（一）合并式评估是科技项目预算评估与技术可行性论证合并进行的评估方式，采用在线评估（网评）形式，适用于申请科技经费在100万元以下的项目。

（二）分离式评估是科技项目预算评估与技术可行性论证分开单独进行的评估方式，采用会议评估形式，适用于申请科技经费 100 万元及以上的项目。

第七条 评估专家组由技术、财务、管理等方面的专家组成。采取合并式评估的，评估专家组由 4 名技术专家、1 名财务专家组成，自然科学基金部分项目，专家组可不含财务专家；采取分离式评估的，评估专家组由 3 名财务专家和 2 名参加过项目技术可行性论证的技术专家组成。

第八条 评估专家必须满足以下基本条件：

（一）为人正派，办事公道，具有良好的职业道德；

（二）熟悉科技项目管理办法和程序，了解科技活动的特点和规律；

（三）熟悉所在领域的科技经济发展现状，在本领域内有较高的权威性；

（四）一般应具有副高以上专业技术职称，财务类专家可适当放宽到中级以上专业技术职称。

第九条 科技项目预算评估实行回避制度。项目申报单位人员或与项目申报单位有利害关系的人员，应当主动回避，不得作为项目评估专家成员参与评估工作。

第三章 评估总体要求

第十条 预算评估主要任务是评价项目预算的政策相符性、目标相关性和经济合理性，为项目预算的决策提供参考。

（一）政策相符性。预算开支范围和开支标准应符合国家、自治区财经法规和相关经费管理办法的规定。

（二）目标相关性。预算应与项目研究开发任务密切相关，预算的总量、结构等应与设定的项目任务目标、工作内容与工作量及技术路线相符。

（三）经济合理性。预算应综合考虑国内外同类研究开发活动的状况以及我区实际，与同类科研活动的支出水平相匹配，并结合项目研究开发的现有基础、前期投入和支撑条件，在考虑技术创新风险和不影响项目任务的前提下进行安排，并提高经费的使用效益。

第十一条 预算评估方法主要包括政策对比法、目标任务对比法、调查法、专家经验法、案例参照法和成果反推法等。在评估过程中，应在考虑不同领域、不同规模、不同研究阶段、不同类型项目特点的基础上，选择或组合运用合适的方法，不得简单按比例核减。

（一）政策对比法，指通过对比相关经费管理的政策规定、国家及自治区相关财务政策等，审核预算是否与政策相符的方法。

（二）目标任务对比法，指根据项目的研究开发任务，审核预算是否与项目任务目标相关的方法。

（三）调查法，指通过调查项目某项与特定科研活动相关的支出预算在领域内的常规支出标准，判断预算合理性的方法。

（四）专家经验法，指根据同行专家对科研支出规律和特点的经验，判断项目预算合理性的方法。

（五）案例参照法，指通过对照以往领域内同类项目的典型案例，判断项目预算支出合理性的方法。

（六）成果反推法，指根据项目申报书承诺的产出成果反推项目预算资金规模合理性的方法。

第十二条 采用合并式评估的项目，项目预算由财务专家评估并打分。非定额资助的项目，5 名专家均提出建议资助金额，取 5 名专家建议资助金额的算术平均数作为项目的建议资助金额。

第十三条 采用分离式评估的项目，由技术专家和财务专家协商一致后打分，并对非定额资助的项目提出建议资助金额。

第十四条 定额资助的项目，专家可以提出预算修改意见，由专业机构反馈申报单位进行修改。

第十五条 预算评估打分达到60分（含）以上的项目才予以资助。

第十六条 专家对项目申请的科技经费金额进行调整时，应严格按照相关规定，综合考虑研发任务目标要求、申报单位实际情况等，不得简单按比例随意调整。对申请金额进行调整的，应有充分的依据，并说明调整理由。专家建议金额应符合当年广西科技计划项目申报指南规定的资助额度范围。对于专家建议金额高于指南规定资助额度上限的，原则上以指南上限额度为立项资助意见；若专家建议金额低于指南规定资助额度下限的，可按规定在合理范围内调整，调整后仍低于额度下限的则不予立项。

第四章 评估行为规范

第十七条 评估机构应建立评估活动的内部质量控制体系，明确相关各方应遵守的行为准则，制定评估管理制度，规范地开展评估活动，以保证预算评估质量。

第十八条 评估机构制定工作方案和评估手册，采取包括评估培训、进度控制、行为控制、痕迹化管理、评估管理审查等措施，对评估活动进行质量控制。

第十九条 评估机构应组织咨询专家进行集中培训，使咨询专家了解评估活动的要求、评估原则，掌握评估的方法，统一认识、统一要求、统一标准。

第二十条 评估机构应按照评估方案的时间要求，对评估启动、项目分组与专家遴选、预算评估等关键环节开展进度控制，并对关键环节相关人员的阶段性工作结果进行检查，及时发现和解决问题，纠正偏差，以保证关键环节工作内容顺利完成。

第二十一条 评估机构的行为规范。在评估活动中评估机构应采取必要的措施，坚持第三方立场，保证独立、客观、公正地开展工作。

1. 当参与评估活动的相关人员与被评对象有直接利害关系时，评估机构应向委托方事先申明并采取相应的回避措施。

2. 维护被评对象的知识产权，不得向与预算评估活动无关的任何单位或个人扩散项目申报材料。

3. 应为评估专家创造有利于独立、客观、公正、充分发表意见的氛围，不得向被评单位及与预算评估活动无关的任何单位或个人透露专家咨询意见。

4. 不得以评估事项为由采取任何方式收取被评对象的报酬、费用和礼品等。

5. 不得篡改项目申报材料、专家咨询意见。

6. 评估机构是评估结果的责任者，应加强对项目预算评估申报材料的理解，提高对评估专家意见的分析和判断能力。

7. 评估机构应当与委托方进行必要的沟通，提示其合理理解并恰当使用评估报告。

8. 未经委托方同意，评估机构不得对外发布评估结果，不得向被评对象及与预算评估无关的任何单位或个人提供项目评估报告和评估结果。

第二十二条 评估专家的行为规范。评估机构应与评估专家签订工作协议，约束和规范评估专家的行为。

1. 维护被评对象的知识产权，专家不得向与预算评估活动无关的任何单位或个人扩散项目申报材料。专家有对评估所涉及项目的研究内容、技术路线、预算方案等进行保密的义务。

2. 专家不得向单位或个人泄露项目评估结果。

3. 专家有义务接受评估机构组织的专业培训。

4. 专家应独立、客观、实事求是地提供评估意见。

5. 专家不得以任何方式收取被评对象的报酬、费用和礼品等。

6. 评估机构应建立评估专家的信用管理制度，对专家的行为表现、工作质量等进行信用记录。

第二十三条 按照"全程留痕"原则，做好预算评估的痕迹化管理。预算评估组织过程中，建立对各个环节和每项工作内容的过程档案管理，对专家在评估过程中的关键信息进行记录。

第二十四条 评估机构应建立评估工作审查机制。审查内容包括组织程序的规范性、专家遴选与工作的合规性、过程档案管理的规范性、评估报告格式是否符合要求、结论是否明确和严谨、分析推理是否合乎逻辑、依据是否充分、文字表述是否清晰等。

第五章 监督检查

第二十五条 自治区科技厅应建立评估机构、专家、项目负责人和申报单位在预算评估活动中的信用记录和动态调整机制，实现对预算评估工作的有效监督。

第二十六条 评估机构应接受自治区科技厅、自治区财政厅等部门对项目预算评估工作的检查和监督。

第二十七条 预算评估流程结束后，若出现针对项目预算评估结果的申诉情况，自治区科技厅可根据申诉要求调取评估文档，评估机构有义务配合自治区科技厅了解相关评估文档。

第二十八条 评估机构应当遵守国家法律法规和评估行业规范，加强能力和条件建设，健全内部管理制度，规范评估业务流程，加强高素质人才队伍建设。评估机构存在违反评估行业规范行为的，自治区科技厅可视情节轻重，采取记录机构不良信用、批评、通报、相关项目预算评估结果无效，或取消该单位的项目预算评估资格等处理措施。

第二十九条 专家应当具备评估所需的专业能力，恪守职业道德，独立、客观、公正开展评估工作，遵守保密、回避等工作规定，不得利用评估谋取不当利益。专家存在向评估机构以外的单位或个人扩散评估结果、利用评估谋取不当利益等违规行为的，评估机构可视情节轻重，采取记录专家不良信用、专家意见无效、取消专家评估资格等处理措施，相关情况及信息应及时书面报告自治区科技厅，自治区科技厅视情节轻重，将专家不良信用信息计入严重失信行为数据库。涉嫌存在违纪行为的，移送其所在单位或主管单位的纪检监察部门调查核实处理。

第三十条 项目负责人或申报单位应当积极配合开展评估工作，及时提供真实、完整和有效的评估信息，不得以任何方式干预评估机构独立开展评估工作。项目负责人或申报单位存在干扰评估机构独立开展评估工作的违规行为的，自治区科技厅可视情节轻重，采取记录该项目负责人或申报单位不良信用、通报、暂缓甚至撤销项目及其预算、阶段性或永久取消其申请自治区科技项目或参与项目管理的资格等处理措施。涉嫌存在违纪行为的相关人员，移送其所在单位或主管单位纪检监察部门调查核实处理。

第六章 附则

第三十一条 本规范由自治区科技厅负责解释，自发布之日起实施。

广西壮族自治区科学技术厅关于印发广西科技计划项目立项评审管理办法（试行）的通知

(桂科政字〔2018〕174号)

自治区有关部门，各市科技局，各有关单位：

为进一步加强和规范广西科技计划项目（包括课题）的立项评审活动管理，进一步提高科研和财政绩效，根据《关于深化项目评审、人才评价、机构评估改革的意见》《国务院关于优化科研管理提升科研绩效若干措施的通知》《科技评估工作规定（试行）》精神与要求，我厅修订了《广西科技计划项目立项评审管理办法（试行）》，现予印发，请遵照执行。

广西壮族自治区科学技术厅
2018年11月27日

广西科技计划项目立项评审管理办法（试行）

第一章 总则

第一条 为加强和规范广西科技计划项目（课题）（以下简称"项目"）立项评估评审（以下简称"项目评审"）活动的管理，进一步提高科研和财政绩效，根据《关于深化项目评审、人才评价、机构评估改革的意见》（中办发〔2018〕37号）、《国务院关于优化科研管理提升科研绩效若干措施的通知》（国发〔2018〕25号）、《科技评估工作规定（试行）》（国科发政〔2016〕382号）有关精神，结合项目评审管理实际，修订本办法。

第二条 本办法适用于自治区科学技术厅（以下简称"自治区科技厅"）专业机构、项目申报（推荐）单位和评审专家的工作全过程管理。适用于广西科技重大专项、广西重点研发计划项目、广西科技基地和人才专项、广西技术创新引导专项（基金）及广西自然科学基金等类别项目评审（采用推荐论证制的科技计划项目除外）。

第三条 本办法中所指的评审，是指自治区科技厅委托专业机构或组织专家，运用合理、规范的程序和方法，对科技项目立项活动及其相关责任主体所进行的评价与咨询活动。

第四条 项目评审应当根据科技计划项目管理要求，科学设立评价目标、指标和方法，按照公平、公开、公正、标准、规范的原则组织开展。

第五条 评审活动可根据各类项目特点与要求，选择会议评审或网络评审等方式。专业机构及其专家的评审意见，是自治区科技厅管理决策的重要参考依据。

第六条 逐步建立专业机构对评审结果负责制和信用评价机制。

第二章 管理职责

第七条 自治区科技厅是项目评审的管理部门，负责制定评审制度、专业机构管理制度和组织遴选专业机构，统筹、协调、监督和优化评审工作管理。

第八条 自治区财政科技计划管理厅际联席会议委托专业机构管理科技计划项目，由自治区科技厅与其签订协议。专业机构根据职责分工和所承担的科技计划项目特点及项目申报指南等要求，制定项目立项评审工作方案、指标和工作规范，按有关规定遴选评审专家，独立组织开展评审活动，按要求在约定时间内提交评审结果，对提交项的评审结果负责。专业机构定期向科技厅汇报评审工作开展情况。

第九条 评审专家受专业机构委托，按照项目立项评审内容和指标等要求，独立开展项目立项评审评判，对提交的评审意见负责。

第十条 项目申报单位及项目负责人，对其提交的项目申报材料的真实性负责。

第三章 质量控制

第十一条 尊重科研规律，针对不同类型项目，专业机构制定项目分类评审评价指标体系、程序和工作规范。优化参评专家结构，在部分前沿与基础科学等领域、重大专项和重点研发等类型项目的评审活动中，逐步推选区外同行专家参评，评审专家组人数5-9人，其中区外专家占比三分之一以上；企业牵头承担或与产业应用结合紧密的项目，生产一线的专家占比应在三分之二以上。

第十二条 根据分类评审原则和科研规律，技术开发类项目评审严格按照项目指南明确的目标、考核指标，制定有针对性和细化的评审指标体系及方案，准确客观评审评判项目的可行性，注重项目下设子项目及其研究内容的有机联系和系统性。基础研究类项目的评审，要针对项目围绕科学理论假设、科学探索与理论创新开展的前期研究，培养学术带头人等，制订项目评审指标体系和评审方案。

第十三条 各类计划项目评审基本要求。

（一）广西科技重大专项项目评审要求。重点评审项目是否属于广西支持发展的重点产业、新兴产业或战略性产业；是否带动产学研联合，促进科技攻关新方法、新技术、新产品开发与成果转化应用，突破产业发展重大关键技术集成与应用，为广西重点产业、新兴产业或战略性产业起到支撑作用。

重大专项项目及子项目评审基本要求。主要评审项目实施方案的总体目标、任务布局、组织方式和实施周期，以及关键或核心技术研发任务；是否建立有机集成和衔接的机制，保证项目最终实现项目目标。

（二）广西重点研发计划项目评审要求。重点评审项目是否遵循研发和创新活动规律，全链条设计并一体化组织实施，其研究成果（新方法、新技术、新产品）是否成为培育特色优势产业发展、新兴产业发展和推动经济发展的支撑。

（三）广西科技基地和人才专项项目评审要求。重点评审项目能否优化科技资源布局、促进科技资源开放共享、有利于集聚和吸引高层次人才、培养创新人才和优秀团队，为提高广西科技创新能力提供保障。

（四）广西技术创新引导专项（基金）项目评审要求。重点评审项目能否围绕自治区经济社会发展重大科技领域，按照技术创新活动不同阶段，运用立项前后补助、创投风投等多种方式，支持企事业开展技术研发、技术集成创新与推广应用、促进科技成果转移转化和资本化、产业化，激励企事业加快自身科技投入，发挥技术创新的主体作用。

（五）广西自然科学基金项目评审要求。重点评审项目是否在科学前沿有新发现、新原理、新方法；是否能决经济社会发展和国家安全重大需求中的科学问题、应用开发前沿关键难题；是否有利于学科交叉与融合，促进战略性新兴产业培育和传统产业转型升级，促进科技创新人才和研究团队培养，推动广西优势和特色学科建设，为培育战略性新兴产业和传统产业转型升级提供技术及人才支持或贮备。

第十四条 规范专家遴选条件。根据分类评审原则，评审专家遴选应按不同类型项目及其特点，充分考虑专家的专业知识结构，专家现从事专业、能力和业绩。具体应具备以下基本条件。

（一）办事公道，为人正派，具有良好的科学和职业道德，无不端、违纪和其他不良行为记录。

（二）熟悉科技项目管理办法和程序，了解科技活动特点与规律，掌握相关领域科技经济发展现状和态势，并有较高的学术水平。

各类计划应根据项目目标、考核指标及其评审方案和规程要求，遴选专家参评。评审专家原则上从广西科技专家库中遴选抽取，专业机构对专家抽取和使用采取岗位分离。

第十五条 优化项目预算评估。其中：

对申请资助科技经费100万元及以上的科技项目，采用项目技术可行性论证和预算评估分开单独进行的分离式评估方式。技术可行性论证阶段，专家组由5名技术专家组成；预算评估阶段，专家组由3名财务专家和2名参加过技术可行性论证的技术专家组成。

对申请资助科技经费100万元以下的科技项目，简化评审流程，采用合并式评审。专家组由4名技术专家和1名财务专家组成。

基础研究类项目评审和可行性论证，专家组可不含财务专家，由同行技术专家对项目进行综合评审。

第十六条 立项评审不把发表论文、获得专利、荣誉性头衔、承担项目、获奖等情况作为限制性条件，重点评审评判项目负责人的业绩、具备承担和组织实施该项目的能力，以及项目组成员组成和实际能力。评审时项目负责人原则上应亲自汇报答辩，非项目申报课题组成员不得参与答辩。

第十七条 项目评审时，合理安排专家评审项目数量和工作时间，并提前告知参评专家。会议评审前及时组织专家审阅项目申报材料，确保专家充分了解申报项目情况，合理确定项目汇报和质询答辩时间，确保项目评审评判时间，以免影响评审质量。

第十八条 完善专家轮换、随机抽取、回避和公示等相关制度。对评审专家可能影响立项评审的行为，可开展相关调查核实，确保专家选取使用科学与公正。

第十九条 完善评审专家库管理制度。建立健全集中统一、标准规范和开放共享的专家库。健全专家入库标准、遴选规范和信息定期更新机制。

第二十条 专业机构建立健全评审全过程质量控制机制，确保评审方案合理、评审规范和信息真实准确。

第四章 纪律要求

第二十一条 项目评审组织者应当正确履行项目评审管理、指导和监督职能，忠于职守，廉洁自律，处理好与评审工作相关的质询、异议和举报，并遵守下列规定。

（一）不得干预评审活动，向评审机构或专家施加倾向性影响。

（二）不得委托不具备规定条件的评审机构，或者聘请不具备规定条件的评审专家承担项目评审。

（三）不得聘请应回避，或有信用问题限制的评审机构或专家参与项目评审。

（四）不得利用组织项目评审活动之便，谋取不正当利益、索取或者接受评审对象的礼品、礼金、证券、支付凭证、宴请或其他好处。

（五）不得在非公开期泄露评审组织人员、专家、评审报告、专家意见及其他保密评审信息资料。

（六）不得隐瞒、歪曲或不真实反映评审机构和专家意见。

（七）不得与申报项目负责人串通编造虚假报告，或对重大问题隐匿不报。

第二十二条 项目评审活动承担者，应当严格执行并正确履行项目评审职责，在受委托范围内组织开展项目评审活动，并遵守下列规定：

（一）不得向评审专家施加倾向性影响、违反保密规定擅自泄露评审组织人员和专家信息、评审报告和专家意见，以及其他应当保密的评估信息资料。

（二）不得利用评审活动之便，谋取、接受评审对象的礼品、评审费、有价证券、支付凭证、宴请或其他好处。

（三）不得伪造或涂改专家项目评审意见。

（四）不得向任何单位和个人扩散项目申报材料，或非法占有他人的科技成果。

第二十三条 评审专家应当严格执行并正确履行项目评审职责，实事求是做出评审意见建议，并遵守下列规定：

（一）不得利用项目评审专家的特殊身份和影响力，与评审对象及相关人员串通谋取便利。

（二）不得压制其他专家意见、为得出主观期望结论投机取巧和断章取义、片面做出与客观事实不符的评价。

（三）不得擅自披露、使用或许可使用被评审对象的技术、经济和商业秘密。

（四）不得单独与评审对象及相关人员接触、索取或接受礼品、礼金、证券、支付凭证、宴请或其他好处。

第二十四条 项目推荐和申请者在项目申报过程中，有义务配合项目评审工作，根据需要提供与项目有关的真实有效的资料和信息，同时遵守下列规定：

（一）不得以不正当手段获取有关项目评审信息。

（二）不得向项目立项评审相关人员馈赠，或许诺馈赠钱物、给其他好处及有妨碍项目评审活动的行为。

（三）不得编造不实信息、诋毁、侮辱、陷害项目管理者、评审活动承担者及人员、评审专家和其他申请者。

第二十五条 项目评审活动实行回避制度。

项目评审活动中的回避，是指组织项目评审活动工作人员、申报单位和评审专家，与参评项目有亲属或利害关系，可能影响该项目评审活动的公正性，需要回避。回避事项规定如下：

（一）有上述情况者，不适于参与该项目评审专家抽取、评审活动和争议处理等，应当回避。

（二）当事人在评审前或活动过程中了解到具有回避情形后，应主动提出回避申请。

（三）在评审活动中，申报单位和申报人有权提出回避申请的具体事项。

（四）在评审活动中，应当回避的单位及人员没有主动申请回避，评审机构及其评审小组有权决定并要求其回避。

第五章 监督检查

第二十六条 自治区科技厅依照本办法规定对项目评审活动进行监督检查。督查工作采取经常性和专项性督查的形式，要严格控制检查总量，注重内部控制与外部监督相结合，创新督查检查考核方式，充分运用信息化手段，实现信息资源共享，优化第三方评估，提高督查检查考核的质量和效率。

第二十七条 专业机构依照本办法要求，加强内部管理制度建设，建立评审工作档案，健全内部风险控制管理体系，实施"痕迹化"管理，并自觉接受有关方面的监督。

第二十八条 自治区科技厅建立项目评审守信激励和失信惩戒机制，构建评审信用体系。实行专业机构、人员和评审专家信用记录制度和责任追究制度。项目评审过程要对专业机构、工作人员和专家等主体，进行信用评级和分类管理。建立"黑名单"制度，将严重不良信用记录者记入"黑名单"，阶段或永久取消其组织或参与项目评审资格。评审机构应注意对组织评审人员及评审专家的责任、信用记录与问题责任追究。

第二十九条 逐步建立健全项目评审工作及信息公开共享机制。按照有关规定，建立评审全过程留痕迹、可查询、可追溯和可问责的监管信息记录档案。建立评审监督信息平台，按项目受理时间分批分类公开项目评审结果，提高透明度，接收社会监督。

第三十条 注重监督检查结果反馈和运用，促进科技项目立项科学决策、管理和整体绩效提升。

第三十一条 项目评审活动过程中，任何单位和个人发现存在问题都可以向自治区科技厅举报和投诉。

第六章 违规处理

第三十二条 自治区科技厅有关部门有下列情况之一：一是违反本办法第二十一条；二是弄虚作假，与项目申报单位串通编造虚假报告，或者对重大问题隐匿不报、徇私舞弊、滥用职权或玩忽职守，自治区科技厅视情况责令改正、给予警告、通报批评；对其非法收受财物的按国家有关规定没收所收受的财物；构成违纪违法的由有关部门依照相关纪律规定及法律法规处理。

第三十三条 专业机构有下列情况之一：一是违反本办法第二十二条；二是弄虚作假，与项目执行单位串通编造虚假报告，或者对重大问题隐匿不报、徇私舞弊、滥用职权或玩忽职守，自治区科技厅视情节可责令其改正、给予警告、通报批评或终止评审委托；对其非法收受财物的按国家有关规定没收所收受财物；构成违纪违法的由有关部门依照相关纪律规定及法律法规处理。

第三十四条 评审专家有下列情况之一：一是违反本办法第二十三条；二是弄虚作假，徇私舞弊，违背科学道德、有失公允，致使相关项目评审结果不客观、真实，自治区科技厅视情节可责令其改正、记录不良信用、通报批评、宣布评审意见无效，并取消其参加项目评审活动及承担科技计划项目资格；构成违纪违法的由有关部门依照相关纪律规定及法律法规处理。

第三十五条 项目推荐和申请者有下列情况之一：一是违反本办法第二十四条；二是弄虚作假，玩忽职守，徇私舞弊以及妨碍项目评审活动正常进行，骗取项目立项，自治区科技厅视情节责令其改正、通报批评、取消项目立项资格、终止项目、追回已拨经费、取消相关单位和人员一定周期内推荐、申报和承担科技计划项目资格；构成违纪违法的由有关部门依照相关纪律规定及法律法规处理。

第七章 附则

第三十六条 各市、县（市）科技行政主管部门可参考本办法组织开展科技计划项目评审工作。

第三十七条 项目申报单位可参照本办法，确定项目评审内容和考核指标开展自评。

第三十八条 本办法2019年1月1日施行，2016年9月20日印发的《广西科学研究与技术开发计划项目评估评审管理办法（试行）》（桂科计字〔2016〕426号）作废。

第三十九条 本办法由自治区科技厅负责解释。

广西壮族自治区人民政府办公厅关于印发广西加快落实赋予科研机构和人员更大自主权有关文件工作实施方案的通知

（桂政办发〔2019〕51号）

各市人民政府，自治区人民政府各组成部门、各直属机构：

《广西加快落实赋予科研机构和人员更大自主权有关文件工作实施方案》已经自治区人民政府同意，现印发给你们，请认真组织实施。

2019年5月13日

广西加快落实赋予科研机构和人员更大自主权有关文件工作实施方案

为贯彻落实《国务院办公厅关于抓好赋予科研机构和人员更大自主权有关文件贯彻落实工作的通知》（国办发〔2018〕127号）精神，进一步推动赋予科研单位和科研人员更大自主权有关文件精神落实到位，制定本方案。

一、总体要求

以习近平新时代中国特色社会主义思想为指导，全面贯彻党的十九大和十九届二中、三中全会精神，坚持价值导向、市场主导、改革创新、统筹协调的原则，对党中央、国务院和自治区党委、自治区人民政府已经出台的赋予科研单位和科研人员自主权的有关政策，制定具体的实施办法，对现行的科研项目管理、科研资金管理、激励机制等制度办法进行修订，对与新出台政策精神不符的规定要进行清理和修改，加快落实赋予科研机构和人员更大自主权有关文件精神，激发创新活力。

二、重点任务

（一）推动科研项目管理权限下放。

1.推动预算调剂权和仪器采购管理权落实到位。

（1）自治区科技厅、财政厅和区直其他有关项目管理部门要按照中共中央办公厅、国务院办公厅印发的《关于进一步完善中央财政科研项目资金管理等政策的若干意见》和《国务院关于优化科研管理提升科研绩效若干措施的通知》（国发〔2018〕25号）等精神，修订完善《广西壮族自治区人民政府办公厅关于印发广西加大财政科技经费投入与改进财政科技经费管理实施办法的通知》（桂政办发〔2016〕115号）、自治区财政厅《关于完善自治区本级单位政府采购预算管理和广西高校科研院所科研仪器设备采购管理有关事项的通知》（桂财采〔2017〕2号）等文件，将直接费用中除设备费外的其他科目费用调剂权全部下放给项目承担单位；简化高校和科研院所仪器设备采购流程，对科研急需的设备和耗材，可不进行招投标程序，采用特事特办、随到随办的采购机制，缩短采购周期；采购独家代理或生产的仪器设备，可采用单一来源采购等方式予以确定。（牵头单位：自治区科技厅，配合单位：自治区财政厅）

（2）全区各有关部门应指导所属科研单位，参照相关文件制定有关实施办法和制度，报项目管理部门备案。（牵头单位：自治区科技厅，配合单位：区直各有关项目管理部门）

2. 开展基础研究领域项目经费使用"包干制"改革试点。进一步简化项目预算编制，选择科研管理规范、科研成效突出的单位开展项目经费使用"包干制"改革试点，不设科目比例限制，由科研团队自主决定使用。（牵头单位：自治区科技厅，配合单位：自治区财政厅）

3. 推动科研人员的技术路线决策权落实到位。区直各有关部门修订科研项目管理有关规定和具体办法，明确"赋予科研人员更大技术路线决策权"、"科研项目负责人可以根据项目需要，按规定自主组建科研团队，并结合项目实施进展情况进行相应调整"。探索建立首席专家负责制，首席专家对科研项目的实施负全面责任。（牵头单位：自治区科技厅，配合单位：区直各有关项目管理部门）

4. 推动项目过程管理权落实到位。区直各有关项目管理部门对科研项目要由重过程管理向重项目目标和标志性成果管理转变，精简科研项目申报要求，简化科研项目申报和过程管理。加强对科研项目结果及阶段性成果的考核，针对关键节点实行"里程碑"式管理，实施过程中的管理主要由项目承担单位负责。自由探索类基础研究项目和实施周期3年以下的项目以承担单位自我管理为主，一般不开展过程检查。减少科研项目实施周期内的各类评估、检查、抽查、审计等活动。（牵头单位：自治区科技厅，配合单位：区直各有关项目管理部门）

5. 推行"材料一次报送"制度。整合科技管理和计划管理的材料报送环节，实现一表多用。科技管理信息系统按权限向项目承担单位、项目管理专业机构、行业主管部门等相关主体开放，加强数据共享，凡是科技管理信息系统已有的材料或已要求提供过的材料，不得要求重复提供。（牵头单位：自治区科技厅，配合单位：区直各有关项目管理部门）

6. 科研单位要健全完善内部管理制度。

（1）项目管理专业机构不再承担已明确下放给科研单位管理的有关事项。（牵头单位：自治区科技厅，配合单位：区直各有关项目管理部门）

（2）全区各有关部门负责指导所属科研单位，依照有关规定制定详细可操作的管理制度和办法，确保在落实科研人员自主权的基础上，突出成果导向，提高科研资金使用绩效，完成科研目标任务。项目管理部门要采取随机抽查等方式加强事中事后监管，防止发生违规行为。（牵头单位：自治区科技厅，配合单位：区直各有关项目管理部门）

7. 建立完善诚信监督管理机制。开发建立广西科研诚信信息系统，完善调查核实、公开公示、惩戒处理等制度，建立守信"红名单"和失信"黑名单"奖惩机制。（牵头单位：自治区科技厅，配合单位：区直各有关项目管理部门）

（二）完善科研人员以增加知识价值为导向的激励机制。

1. 明确科研人员兼职的操作办法。全区各有关部门指导所属科研单位按照《国务院关于印发实施〈中华人民共和国促进科技成果转化法〉若干规定的通知》（国发〔2016〕16号）和中共中央办公厅、国务院办公厅印发的《关于实行以增加知识价值为导向分配政策的若干意见》以及《广西壮族自治区促进科技成果转化条例》等有关规定，制定本单位有关实施办法和制度，明确审批程序，约定有关权利与义务。推动科研单位与企业通过股权合作、共同研发、互派人员、成果应用等多种方式建立紧密的合作关系，支持科研人员深入企业进行成果转化，落实"科研人员在履行好岗位职责、完成本职工作的前提下，经所在单位同意，可以到企业和其他科研机构、高校、社会组织等兼职并取得合法报酬"的规定。对担任领导职务的科研人员兼职，按照有关规定执行。（牵头单位：自治区科技厅，配合单位：区直各有关项目管理部门）

2. 明确科研人员以科技成果价值为导向的操作办法。

（1）全区各有关部门负责指导所属科研单位，按照《中华人民共和国促进科技成果转化法》和《广西壮族自治区促进科技成果转化条例》等有关规定，制定本单位转化科技成果的专门管理办法，完善评价激励机制，对科技成果的主要完成人和其他对科技成果转化作出重要贡献的人员，区分不同情况给予现金、股份或者出资比例等奖励和报酬。（牵头单位：自治区科技厅，配合单位：区直各有关项目管理部门）

（2）自治区人力资源社会保障厅要会同自治区有关部门按照优化科研管理提升科研绩效的有关规定，落实"科研人员获得的职务科技成果转化现金奖励计入当年本单位绩效工资总量，但不受总量限制，不纳入总量基数"的要求，制定出台具体操作办法，推动全区各部门和单位落实到位。（牵头单位：自治区人力资源社会保障厅，配合单位：自治区财政厅、科技厅）

3. 明确高校和科研院所高层次人才薪酬制度。自治区人力资源社会保障厅、财政厅要按照中共中央办公厅、国务院办公厅印发的《关于实行以增加知识价值为导向分配政策的若干意见》要求，总结提炼推广广西高校和科研院所高层次人才薪酬制度改革试点工作，建立完善以增加知识价值为导向的激励机制。（牵头单位：自治区人力资源社会保障厅，配合单位：自治区财政厅、科技厅）

（三）明确有关项目经费的细化管理制度。

1. 明确单位内部横向经费管理制度。全区各有关部门指导所属科研单位贯彻落实中共中央办公厅、国务院办公厅印发的《关于实行以增加知识价值为导向分配政策的若干意见》和自治区教育厅等四部门《关于印发〈广西壮族自治区高校科研院所横向科研项目经费管理暂行办法〉的通知》（桂教规范〔2018〕12号）有关规定，制定单位内部相关横向科研项目经费管理办法，进一步推进产学研结合，对以市场委托方式取得的横向经费，由项目承担单位按照委托方要求或合同约定管理使用。（牵头单位：自治区教育厅，配合单位：自治区科技厅、财政厅、人力资源社会保障厅）

2. 完善哲学社会科学研究领域项目经费管理制度。贯彻落实《中共广西壮族自治区委员会 广西壮族自治区人民政府关于实施创新驱动发展战略的决定》（桂发〔2016〕23号）中关于自主创新类项目人员费支出比例最高可达项目经费60%的规定，明确劳务费开支范围，加大对项目承担单位间接成本补偿和科研人员绩效激励力度。（牵头单位：广西社科联，配合单位：自治区财政厅、科技厅）

3. 落实出差、会议费用管理措施。全区各有关部门指导所属科研单位按照桂政办发〔2016〕115号文件有关规定，根据高校、科研院所科研工作的特点，对科研需要的出差和会议，按照标准报销有关费用并简化相关手续。（牵头单位：自治区科技厅，配合单位：自治区教育厅）

4. 落实科研人员出国经费审批措施。全区各有关部门指导所属科研单位按照《自治区党委办公厅 自治区人民政府办公厅转发自治区党委组织部、自治区外办等部门〈关于加强和改进教学科研人员因公临时出国管理工作的实施意见〉的通知》（厅发〔2017〕37号）精神，细化出国经费管理规定。在因公临时出国管理中，教学科研人员出国开展学术交流合作要与其他性质的出访有所区别。经费来源严格按照科研项目书、课题任务书以及专项经费的预算用途等进行审核，不再需要报财政部门审核经费来源。（牵头单位：自治区外事办，配合单位：自治区教育厅、科技厅）

5.建立项目立项环节技术专家和财务专家共同审核机制，在科研项目评审的同时进行预算评审。（牵头单位：自治区科技厅，配合单位：区直各有关项目管理部门）

三、保障措施

（一）加强政策落实的组织协调。各设区市、区直各有关部门要及时制定、清理、修订有关政策规定，并将贯彻落实赋予科研单位和科研人员自主权有关文件精神情况于2019年7月底前报自治区科技厅，由自治区科技厅汇总后报告自治区人民政府。

（二）开展政策落实情况的自查和督促检查。各设区市、区直各有关部门要按规定加强对科研单位的业务指导和督促检查，坚持问题导向，对本部门所属科研单位落实赋予科研单位和科研人员自主权有关文件精神情况进行全面自查，逐一梳理、明确责任，深入分析堵点难点问题并加以纠正解决，确保政策全面兑现。全区各科研单位要进一步压实主体责任，于2019年7月底前全面完成制定修订配套制度和具体实施办法的目标。自治区政府办公厅将按规定适时组织开展督促检查。

（三）做好培训宣传工作。自治区科技厅、财政厅等部门要加强对党中央、国务院有关文件的宣传解读，对政策性比较强的管理问题和财务制度要开展培训，建立咨询渠道，及时总结我区各地、各单位、各科研机构的好做法、好经验、好案例，做好宣传推广。

（四）加强政策落实的监督。要加强审计监督，以是否符合中央精神和改革方向作为审计定性判断的标准，充分尊重科研规律，对符合中央精神和改革方向，但不符合部门、地方、单位现有管理规定的行为，要有针对性地提出对具体规定修改调整的建议。加强社会监督，建立举报投诉渠道，鼓励科研单位和科研人员对政策落实情况进行监督，发现严重失职失责的要依法依规追究有关人员责任。

关于印发《广西壮族自治区激励企业加大研发经费投入财政奖补实施办法》的通知

(桂科政字〔2019〕69号)

各有关单位：

《广西壮族自治区激励企业加大研发经费投入财政奖补实施办法》已经自治区人民政府同意，现印发给你们，请认真贯彻执行。

附件：广西壮族自治区激励企业加大研发经费投入财政奖补实施办法

广西壮族自治区科学技术厅　广西壮族自治区财政厅
广西壮族自治区工业和信息化厅　国家税务总局广西壮族自治区税务局
2019年6月10日

广西壮族自治区激励企业加大研发经费投入财政奖补实施办法

第一章　总则

第一条　为贯彻落实《中共广西壮族自治区委员会 广西壮族自治区人民政府关于推动工业高质量发展的决定》（桂发〔2018〕11号）、《广西壮族自治区人民政府关于促进全社会加大研发经费投入的实施意见》（桂政发〔2018〕25号）、《广西壮族自治区人民政府关于印发广西科技创新支撑产业高质量发展三年行动方案（2018—2020年）的通知》（桂政发〔2018〕51号）等文件精神，激发企业作为创新主体的创新活力，培育壮大经济发展新动能，推动全区产业高质量发展，特制定本办法。

第二条　本办法所称"企业研发经费投入"是指企业享受研发费用加计扣除优惠的实际研发费用，以企业所得税汇算清缴申报、并经税务部门核实后的申报数据为准；本办法所称"研发经费投入强度"是指规上企业在统计局上报并核定的R&D经费支出占主营业务收入的比重；本办法所称"企业研发经费投入奖补资金"，是指由自治区财政从创新驱动发展专项资金中安排，对上一年度（为企业申报日所在年度的上一年度，下同）的企业研发经费投入给予后补助，支持企业开展研发活动的资金。

第二章　奖补范围和方式

第三条　本办法的奖补对象须具备以下条件：

（一）在广西区内注册，具有独立法人资格、健全的财务管理机构和财务管理制度，诚信经营、依法纳税的企业。企业无财政资金使用违纪、违规、违法行为。

（二）企业先行投入资金开展研发活动，且符合享受研发费用税前加计扣除政策和管理要求，并在科技部门网上备案。规上企业需完成研发投入报统工作。

（三）按规定申报享受了税务部门年度研发费用加计扣除优惠。

第四条 企业研发经费投入奖补资金采取事前备案、事后补助的方式，对企业研发经费投入的奖补包括增量奖补和特别奖补。同一企业可同时申请增量奖补和特别奖补。标准如下：

（一）增量奖补

1.符合本办法第三条规定的所有规模以上企业

根据企业上一年度研发经费投入强度进行分段，以企业上一年度研发经费投入的增量（以企业所得税汇算清缴申报数据为准）为基数进行奖补。单个企业每年奖补总额不超过500万元。

上一年度研发经费投入强度＜1%的企业，按企业上一年度研发经费投入增量的10%核算奖补。

上一年度研发经费投入强度≥1%但＜2%的企业，按企业上一年度研发经费投入增量的15%核算奖补。

上一年度研发经费投入强度≥2%但＜3%的企业，按企业上一年度研发经费投入增量的18%核算奖补。

上一年度研发经费投入强度≥3%的企业，按企业上一年度研发经费投入增量的20%核算奖补。

2.符合本办法第三条规定的所有规模以下企业

按企业上一年度研发经费投入增量的8%核算奖补。单个企业每年奖补总额不超过200万元。

（二）特别奖补

对上一年度研发经费投入强度≥3%且研发经费投入≥2000万的企业，且该企业上一年研发经费投入降幅不超过10%，按企业上一年度研发经费投入的2%的比例给予特别奖补。单个企业每年的特别奖补总额不超过300万元。

第五条 高新技术企业、瞪羚企业可以选择按桂政发〔2018〕51号文或桂政发〔2018〕25号文或本办法第四条规定申报研发经费投入财政奖补，不得叠加申报。

第三章 申报程序

第六条 发布通知。自治区科技厅会同自治区财政厅发布申报上年度研发经费投入奖补资金的通知。

第七条 企业申报。企业在所得税年度汇算清缴后，按照申报通知要求向其注册地科技主管部门网上申报。

第八条 初审推荐。设区市科技部门牵头联合工信、税务等部门对企业申报进行初审，推荐上报自治区科技厅。

第九条 汇总核定。自治区科技厅汇总所有申报后，联合自治区财政、工信和税务等部门对申报总表进行核定，核定后的奖补名单在自治区科技厅、财政厅网站公示5个工作日。

第十条 资金下达。奖补名单公示无异议后，由自治区科技厅商自治区财政厅按相关规定下达研发经费投入奖补资金。

第四章 部门职责

第十一条 科技部门主要职责：

自治区科技厅负责全区企业研发投入奖补工作的牵头组织和监督检查等工作；会同自治区财政厅编制研发经费投入奖补资金年度计划，提出预算建议，并按规定拨付研发经费投入奖补资金；指导并组织企业开展研发活动备案工作；组织研发经费投入奖补资金年度申报、会审、信息公开等；负责相关系统建设、运行管理及信息共享等。

设区市科技部门负责联合工信、税务等部门组织本行政区域内申报推荐工作，对企业申报信息完整性、真实性、合规性审核，并将审核后的推荐名单上报自治区科技厅。

第十二条 财政部门主要职责：

自治区财政厅负责落实研发经费投入奖补资金预算、绩效再评价等；负责配合审计部门开展预算监督检查，组织实施财政监督检查。

第十三条 工信部门主要职责：

自治区工业和信息化厅协助组织全区企业研发投入奖补申报工作和监督检查等工作；参与研发经费投入奖补资金申请材料核查审定。

设区市工信部门协助组织本行政区域内企业研发投入奖补申报工作和监督检查等工作；参与研发经费投入奖补资金申请材料审核。

第十四条 税务部门主要职责：

国家税务总局广西壮族自治区税务局参与研发经费投入奖补资金申请材料核查审定；负责提供申请企业的可税前加计扣除研发费用数据。

设区市税务部门参与审核本行政区域内企业研发经费投入奖补资金申请材料，核实企业基本信息及涉税情况。

第十五条 企业主要职责：

（一）企业应切实履行法人主体责任，建立健全研发活动管理制度，不断提高企业研发经费投入强度，提升产品核心竞争力和市场效益，按时、如实填报统计、税务报表，依法依规履行相关法律责任和义务。

（二）企业应如实申请，加强对研发经费投入奖补资金的使用管理，严格执行财务规章制度和会计核算办法，做好研发活动台账管理，自觉接受监督检查，配合开展相关创新监测统计工作。

第五章 奖补资金使用管理

第十六条 企业应对奖补资金使用涉及的研发项目单独建账、独立核算。奖补资金原则上用于企业自立研发项目或配套各级财政科技计划项目的研发支出。

第十七条 自治区科技厅、财政厅、工业和信息化厅、广西税务局建立企业研发经费投入信息共享机制，对各设区市企业研发经费投入和重点企业研发经费投入情况进行通报，并将市县研发经费投入强度、投入增量、财政对研发经费的投入和科技项目申报主体的研发经费投入作为自治区测算分配专项资金的重要因素及遴选厅市会商设区市的重要参考。

第十八条 对违反财经纪律，弄虚作假、截留、挪用、挤占资金等行为，依照《中华人民共和国预算法》《财政违法行为处罚处分条例》《中华人民共和国税收征收管理法》等有关法律、法规和规章，对相应的违法违规行为予以处理、处罚，依法追究有关单位及其相关人员责任，涉嫌犯罪的，依法移送司法机关处理。

第六章 附则

第十九条 本办法自发布之日实施，有效期至2023年12月31日，涉及奖补年度自2018年至2022年。

第二十条 本办法由自治区科技厅会同财政厅、工业和信息化厅、广西税务局负责解释。

第二十一条 各设区市可结合本地实际，制订相应奖补政策。

第二十二条 如有关法律政策依据发生变化，依法依规修订。

自治区科技厅关于印发《广西科技计划项目评审改革实施方案》的通知

(桂科计字〔2019〕162号)

各有关单位：

为贯彻落实自治区党委办公厅 自治区人民政府办公厅印发《关于深化项目评审、人才评价、机构评估改革的实施意见》，进一步优化科研项目评审管理机制，经自治区人民政府同意，现印发《广西科技计划项目评审改革实施方案》，请遵照执行。

广西壮族自治区科学技术厅
2019年8月15日

广西科技计划项目评审改革实施方案

为进一步优化科研项目评审管理机制，建立完善分类管理、科学规范、公开透明、监管有力的科研项目管理新机制，结合我区实际，制定本方案。

一、评审对象

广西科技重大专项项目、广西重点研发计划项目、广西科技基地和人才专项项目、广西技术创新引导专项项目、广西自然科学基金项目等五大类广西科技计划项目及自治区财政资助的其他项目。

二、改革重点

（一）完善科研项目指南形成和发布机制。

研究制定项目指南编制规程，不同计划类别采取差异化的指南形成机制。项目指南应根据分类原则明确不同类型项目的组织实施方式。对自治区重大工作部署确定的、技术路线清晰、组织程度较高、优势承担单位集中的重大科技项目，可采取定向择优或定向委托等方式确定承担单位；对于企业牵头的重大科技创新类项目，应对企业的资质、技术创新能力、财务情况、研发投入及项目资金配套等提出明确要求，鼓励企业共同投入并组织实施。在指南中明确消除产值、效益、技术人员总数等指标的潜在限制，鼓励中小微型科技企业积极参与科技创新活动。

项目指南中要明确支持范围、申报条件、资助标准及实施年限；提出集中明确的目标和可量化考核的任务，不把论文、专利、荣誉性头衔、承担项目、获奖等情况作为限制性条件。项目体量应大小适中，目标集中明确，要合理设置课题及参与单位数量，确保课题任务紧密关联形成有机整体，避免拼凑组团和执行中的碎片化。指南实行公开发布制度，通过官方网站、新闻媒体、微信公众号等多种渠道、多种方式让社会各界、科研人员充分知晓。

（二）完善项目评审机制。

1. 实行分类评审。根据不同项目类别，采取合理的评审程序和方法，有针对性地制订项目评审指标体系和评审方案，不同类别的科技计划项目应根据实际情况，在项目申报和评审中综合考虑项目承担单位、项目负责人和团队实际能力以及项目要求，不把发表论文、获得专利、荣誉性头衔、承担项目、获奖等情况作为限制性条件。同一轮次同一类别的项目实行同一种评审方法，避免评审结果出现差异。探索建立对重大原创性、颠覆性、交叉学科、自由探索创新项目等的非常规评审机制。完善全程监管的项目评审机制，实现评审全过程的可申诉、可查询、可追溯。

2.优化项目评审方式。项目评审主要包括会议评审、网络评审、答辩评审、通讯评审、专家咨询论证等方式。对自治区重大工作部署确定的项目和突发、应急项目，以及具有明确目标、技术路线清晰、组织程度较高、优势承担单位突出或集中的重大科技项目，可采取专家咨询论证方式。对特别重大、特别紧迫以及重大原创性、颠覆性、交叉学科、自由探索创新项目，可通过"一事一议"等途径立项支持。广西科技重大专项项目和申请财政资助100万元及以上的广西重点研发计划项目采用会议评审与答辩评审相结合的方式；广西科技基地和人才专项项目及广西技术创新引导专项项目以会议评审为主；广西自然科学基金项目以网络评审为主，杰出青年基金和创新团队项目采用网络评审与会议评审相结合的方式。合理确定专家的评审项目数、总时长等工作量，会议评审前及时组织专家审阅申报材料，确保专家充分了解申报项目情况；合理确定项目汇报和质询答辩时间。项目负责人原则上应亲自汇报答辩，除财务人员外，不在项目申报团队内的人员不得参与答辩。

3.优化项目预算评估。对申请资助科技经费100万元及以上的科技项目，采用项目技术可行性评审和预算评估分离的评估方式。技术可行性评审阶段，专家组由5名技术专家组成；预算评估阶段，专家组由3名财务专家和2名参加过技术可行性评审的技术专家组成。

对申请资助科技经费100万元以下的科技项目，简化评审流程，采用技术可行性评审和预算评估合并的评估方式。专家组由4名技术专家、1名财务专家组成。

基础研究类项目评审和可行性论证，专家组可不含财务专家，由同行技术专家对项目进行综合评审。

（三）完善评审专家选取使用机制。

1.完善广西科技专家库。围绕"选、评、聘、管"四个环节，完善广西科技专家库管理办法，并建设和完善集中统一、标准规范的广西科技专家库，以实现对专家的有效征集、规范管理，合理使用。不断完善专家入库标准，建立专家入库、出库机制，不定期维护更新专家信息，强化专家信息管理工作。建立更能反映专家专业特点的标签体系，细化专家专业领域信息，支撑科技计划项目评审过程准确快速遴选对口专家。加强专家入库、评前的培训服务，加强评审过程监督及评后评价。主动建立专家交换共享机制，推动与外省市专家库专家的共建、共享工作，积极争取国家科技专家库资源，有针对性征集和补充高层次专家及特定领域专家，解决广西科技专家库专业领域的结构性不平衡问题，不断加强广西科技专家库评审力量。

2.完善评审专家遴选机制。合理确定评审专家遴选条件和专家组组成原则，与产业应用结合紧密的项目，应选取活跃在生产经营一线的专家参与评审，占比三分之二及以上；对部分前沿与基础科学等领域、重大专项和重点项目，邀请区外高水平专家参与评审，占比三分之一及以上。完善专家轮换、随机抽取、回避、公示等制度。加强评审专家名单保密管理，项目评审前系统仅开放权限给评估机构的负责人及评估师查看项目选取的专家明细情况，不得以任何形式泄露专家名单，项目评审后原则上要公布评审专家名单，接受社会监督，对公示期存在异议的专家开展背景调查。

3. 规范专家评审行为。建立评审专家科研诚信档案，严格规范专家评审行为，对违反科研诚信的专家，按照《广西科研诚信管理暂行办法》进行处理。在开展评审工作之前要求专家签署科研诚信承诺书，明确承诺事项和违背承诺的处理措施。

（四）简化科研项目过程管理。

减少科研项目实施周期内的各类评估、检查、抽查、审计等活动。对项目实施周期三年及以上、财政资助资金100万元及以上的项目，以及重大专项、重点研发项目等的关键节点进行管理；对实施周期3年以内、财政资助资金100万元以下的项目，进一步优化过程管理及检查制度，原则上以承担单位自我管理为主，提交年度自查报告，一般不开展过程检查；对跨年度拨款项目，如检查发现未按照进度推进的，可考虑暂缓拨付下一阶段的资助资金。同时要充分发挥广西科技管理信息平台作用，加强项目过程管理子系统建设，项目承担单位需按要求实时填报关键节点任务进展完成情况，使项目管理部门及时掌握项目实施情况并作为项目验收的重要依据。

（五）严格项目结题验收。

优化项目结题验收工作流程。根据不同项目类型，完善相应结题验收办法。进一步优化项目验收工作流程，减轻科研人员负担。持续推行项目管理专业机构验收，提高项目验收质量和效率。自然科学基金面上项目和青年科学基金项目采用网络结题验收；杰出青年科学基金项目、重点项目和创新研究团队项目采用会议验收；非自然科学基金科技计划项目财政资助经费在20万元及以下的，主要采用网络函审验收。

（六）强化项目绩效评估。

1. 建立科研项目绩效评估制度。研究制定科研项目绩效评估细则，根据项目类型建立不同评价标准，探索建立以研发质量为导向的科研项目分类绩效评估制度，重点评估计划目标完成、组织管理、资源配置与使用、标志性成果产出、人才队伍、效果、影响等，降低论文、专利数量等指标的权重，推动科研项目管理从重数量、重过程向重质量、重结果转变。突出绩效指标的差异和难易程度，对体现有研究特色、社会贡献、产业需求等难点指标的项目，优先予以资助。

2. 推行专业管理机构绩效评估。绩效评估通过公开竞争等方式择优委托专业管理机构开展。建立评估全过程质量控制和评估报告审查机制，充分保证评估工作方案合理可行、信息真实有效、行为规范有序、过程可追溯、结果客观准确。对有明确应用要求及结题验收发现剩余经费较多的项目，由专业管理机构组织专家对项目成果应用情况及经费使用情况进行评估。同时加强对专业管理机构的规范管理和监督，逐步建立专业管理机构评估结果负责制和信用评价机制。

三、评审（评估）结果应用

（一）项目评审结果可作为新增项目立项、经费安排、遴选承担单位的重要参考依据。

（二）有关部门可根据项目绩效评估结果，及时总结项目管理经验，完善项目管理办法，提高项目管理水平和资金使用效益，改进和加强项目后续实施过程的管理。

（三）有关部门根据绩效评估中发现的问题，及时提出整改意见并督促项目实施单位落实。

（四）项目绩效评估结果是有关部门确定年度项目和安排项目支出预算的重要依据；不配合绩效评估工作、拒不提交考评材料的，项目责任单位（负责人）1~3年内不予申报自治区本级财政预算安排的科研项目。

四、保障措施

（一）强化组织领导。自治区科技厅负责指导、协调管理和监督广西科技计划项目评审工作，负责制定相关准则或制度，加强项目评审工作绩效评估；专业管理机构负责组织专家评审和日常管理工作。

（二）加强广西科技管理信息平台建设，完善项目评审、监督监管等系统功能，充分利用大数据技术进行各类数据比对分析，加强对重要管理节点的提前预警，提高项目管理规范性、透明度和监管力度。

（三）加强专业管理机构建设。择优委托专业管理机构开展科研项目管理。加强专业管理机构监督和信用管理，监督评估和信用评价结果作为专业管理机构遴选和动态调整的重要参考依据。

自治区科技厅关于印发《广西壮族自治区激励企业加大研发经费投入实施办法》的通知

(桂科政字〔2019〕111号)

各有关单位：

《广西壮族自治区激励企业加大研发经费投入实施办法》经自治区人民政府同意，现印发给你们，请认真贯彻执行。

广西壮族自治区科学技术厅
2019年11月1日

广西壮族自治区激励企业加大研发经费投入实施办法

第一章 总则

第一条 为贯彻落实《中共广西壮族自治区委员会广西壮族自治区人民政府关于推动工业高质量发展的决定》(桂发〔2018〕11号)、《广西壮族自治区人民政府关于印发广西科技创新支撑产业高质量发展三年行动方案（2018—2020年）的通知》(桂政发〔2018〕51号)精神，建立鼓励企业创新的普惠机制，激发企业作为创新主体的创新活力，提升企业科技创新能力，培育壮大经济发展新动能，推动全区工业高质量发展，特制定本办法。

第二条 本办法所称"企业研发经费投入"是指企业享受研发费用加计扣除优惠的实际研发费用，以企业所得税汇算清缴企业申报，并经税务部门核实后的申报数据为准；本办法所称"研发经费投入强度"是指企业核定的R&D经费支出占主营业务收入的比重。

第二章 激励范围和方式

第三条 本办法适用于在广西注册并缴纳税费，具有独立法人资格的企业。

第四条 全面落实研发费用税前加计扣除政策。指导企业建立研发投入独立核算制度，加强各部门间的协作，对企业进行研发活动发生的研究开发费用，按规定予以企业所得税前加计扣除。

第五条 设立"企业研发经费投入奖补资金"专项。自治区财政从创新驱动发展专项资金中安排，按照企业上年度研发投入强度及增量增幅，给予一定的奖励补助［具体按《广西壮族自治区激励企业加大研发经费投入财政奖补实施办法》(桂科政字〔2019〕69号)规定执行］。

第六条 引导各设区市政府出台激励企业加大研发经费投入的具体措施。引导地方提高财政科技支出用于企业R&D活动的比例，并参考自治区财政奖补办法设立"企业研发经费投入奖补资金"。鼓励有条件的设区市对高新技术企业、瞪羚企业、科技型中小企业、规模以上企业以及当地优势特色企业等采取多种方式给予奖补。鼓励有条件的设区市对设立时间不超过5年、经评价入库的科技型中小企业，按其研发经费投入强度给予一定奖励。

第七条 自治区本级科技计划项目优先支持研发投入强度大的企业，提高中小型企业承担研发任务的比例。对承担自治区重大专项、重点研发计划项目的企业，原则上销售收入小于 5000 万元的企业，研究开发费用总额占销售收入总额的比例不低于 3%；销售收入在 5000 万元至 20 亿元的企业，研究开发费用总额占销售收入总额的比例不低于 2.5%；销售收入在 20 亿至 100 亿元企业，研究开发费用总额占销售收入总额的比例不低于 2%，销售收入在 100 亿元至 200 亿元的企业，研究开发费用总额占销售收入总额的比例不低于 1.5%，销售收入在 200 亿元至 300 亿元的企业，研究开发费用总额占销售收入总额的比例不低于 1%，销售收入在 300 亿元以上的企业，研究开发费用总额占销售收入总额的比例不低于 0.5%，原则上对没有研发经费投入的企业不予支持。

第八条 优先支持研发投入大的企业建设研发机构。引导企业加大自主研发投入，对设有研发机构、开展研发活动、有一定的研发经费投入且从事研发和相关技术创新活动的科技人员占企业当年职工总数的比例不低于 10% 的企业，在申请自治区级院士工作站、工程技术研究中心、博士后工作站、企业技术中心、重点实验室等创新平台建设时给予优先支持。将企业研发投入作为原有各类创新平台考核指标和申报各类创新平台条件之一。原则上对没有研发经费投入的平台不予支持。

第九条 优先支持企业与企业、企业与高校、科研院所共建研发平台。支持企业与世界 500 强企业、国内外行业领军企业、国家重点科研院所、"双一流"高校、国家重点实验室、广西重点建设高校等机构在区内共建研发总部（含区域性研发总部）、技术研发平台、产业技术创新联盟，建立研发联合体。支持同类企业建立相关公共研发平台，鼓励大型企业向中小型企业开放共享创新资源。依托高新技术产业开发区引进、培育一批创新引领企业。针对广西区内新建设具有示范和带动作用的新技术、新产业、新业态的高新技术产业项目，可安排专项资金扶持。

第十条 支持企业牵头建立产学研一体化创新链。实施产学研协同创新行动计划和高校协同创新计划，建立产学研人才柔性流动机制，鼓励高等院校、研究院所等机构的科研人员到企业兼职。

第十一条 加大对企业"上规入统"工作的推动力度。培育一批拥有知识产权和核心技术、研发和成果转化能力强的高新技术企业，推动高新技术企业、瞪羚企业、科技型中小企业上规入统工作。

第十二条 推动科技创新券实施。加快推进科技创新券制度落实，扩大创新券使用规模和适用范围，实现全国使用、广西兑付，重点补助中小微创新企业购买科技创新服务，鼓励各设区市参照自治区相关规定开展科技创新券试点。

第十三条 优先支持研发投入大的企业引进人才和团队建设。鼓励研发投入大的企业共建院士工作站、博士后工作站和创新实践基地，激励更多的创新型人才和团队到企业开展创新研究。优先支持研发投入大的企业引进高层次人才，在同等条件下优先推荐入选"院士后备人选培养工程""八桂学者""自治区特聘专家""八桂青年学者""十百千人才工程"等；鼓励企业引进实干型急需高精尖技术人才，在人才评审方面向一线科研人员倾斜，在自治区科技项目中设立用于培养企业青年技术骨干项目。对企业引进高层次人才和团队到企业进行技术合作的工资和差旅支出计入企业成本，企业引进创新型人才支付符合规定的购房补贴、安家费、科研启动经费，准予在缴纳企业所得税前扣除。

第十四条 整合各类创新平台资源，搭建企业创新技术需求信息平台。优化整合各类创新平台资源，建立面向全国开放的企业创新技术需求信息平台，鼓励高校、科研院所和行业协会、学会等社会组织服务企业创新，满足产学研各方信息需求，促进企业和高校、科研院所等产学研各方信息、人才、技术多方面融合。

第十五条 加快打造金融综合服务平台。加强科技金融产品和服务创新，引导银行、保险、担保等金融资本与财政资金共同组建风险补偿资金池，设立企业科技研发贷款，鼓励金融机构开展"科技贷""科技保"和股权质押贷款等业务，通过开展投贷联动试点、贷款贴息等方式，对高研发投入的企业提供信贷支持。引导社会资金资助研发平台和重点实验室建设。发挥各类政府投资基金引导作用，按政府引导、市场化原则鼓励各类合格投资者发起设立广西科技创投基金群，为广大企业科技创新拓宽融资渠道和方式。

第十六条 完善国有企业绩效考核体系。充分释放国有企业的创新活力动力，将研发经费投入强度纳入国有企业领导人和各级各部门绩效考核范围。完善国有企业经营业绩考核办法，加大对研发投入和创新绩效的考核力度，把研究开发费用视同为业绩利润，对取得重大科技创新成果的予以奖励加分。

第三章 服务与管理

第十七条 进一步完善企业研发统计调查体系。应用全区部门综合统计数据管理平台，进一步完善企业研发活动调查机制，加强企业研发活动数据统计工作，促进企业研发活动的开展。

第十八条 建立各部门间信息数据互通共享机制。进一步加强各部门之间的协作、配合和工作衔接，相互及时通报企业享受研发费用税前加计扣除优惠政策情况，并将其作为有关部门研发项目立项及政策扶持的重要参考依据。

第十九条 联合开展政策辅导。将创新纳入各级各部门干部培训体系，积极引导企业应享尽享研发费用税前加计扣除政策，联合采取"点对点、面对面"等多种辅导形式，辅导企业财务、统计人员熟练掌握研发费用提取、归集、统计等相关内容，共同审核把关研发项目、严防虚报研发投入，促使企业及时、真实、准确地将研发费用汇总填报到企业财务报表中。

第二十条 在税务、科技等方面加强对企业创新研发的税务服务与监督。重点围绕研发费用税前加计扣除、高新技术企业所得税减免等激励政策，提供申报企业可享受有关优惠政策情况、科技创新技术信息的获取等服务，推动相关部门统计信息公开，实现信息资源共享。税务机关在研发费用加计抵扣事后核查过程中，如发现纳税人申报不实或申报不符合税收法规规定的，应当依法及时自行调整并补缴税款及滞纳金；对纳税人故意弄虚作假骗取研发费用税前加计抵扣的，税务机关将依法追缴其已享受的企业所得税优惠，并按照税收征管法等相关规定处理。

第二十一条 企业科研失信惩戒。对在申报研发投入经费补助、补贴、奖励的过程中存在弄虚作假行为，或者在申请过程中隐瞒真实情况、提供虚假信息或采取其他方法骗取奖补资金的，按《财政违法行为处罚处分条例》（国务院令第427号）规定进行处理，除追回已补助资金外，处该单位两年内不得享受财政补助，并将其纳入广西科研诚信失信"黑名单"。

第二十二条 调动社会组织服务企业创新。引导行业协会、学会等社会组织深入企业开展业务指导服务，除技术创新外，积极帮助企业建立内部研发管理制度，准确理解研发投入相关指标的内涵，明确会计核算、统计的范围，全面提高企业研发费用账务处理水平，重点指导企业建立以研发项目为基础的辅助账务核算体系，加强对企业财务人员的培训。

第二十三条 增强企业自主创新意识。鼓励企业知识产权创新创造，提高企业核心竞争力，加强企业对知识产权的管理、保护和运用,提升企业对知识产权保护的意识。

第二十四条 营造企业创新研发氛围。聚焦创新主战场,强化舆论宣传引导,深入开展全方位、多维度、立体式的宣传,加大对在外省工作的本省籍人员的人才政策宣传力度。以多种形式讲好企业创新研发故事,树立企业创新典型,弘扬企业家精神,加快创建创新型广西步伐。

第四章 附则

第二十五条 本办法由自治区科技厅会同自治区党委组织部、发展改革委、财政厅、人社厅、工业和信息化厅、统计局、国资委和广西税务局负责解释,并履行相应职责。原则上要求自治区各部门在对企业进行资格认定、考核评审、评优评先时,将企业研发投入强度作为基本指标,国家和上级部门有特殊要求的除外。

第二十六条 本办法自发布之日实施。

广西壮族自治区科学技术厅关于印发广西科研项目经费包干制改革实施方案的通知

(桂科政字〔2020〕37号)

各有关单位：

为了进一步优化科研管理、提升科研绩效，赋予科研单位和科研人员更大自主权，现将《广西科研项目经费"包干制"改革实施方案》印发给你们，请认真贯彻执行。

广西壮族自治区科学技术厅
2020年4月11日

广西科研项目经费包干制改革实施方案

为了进一步优化科研管理、提升科研绩效，赋予科研单位和科研人员更大自主权，更好地推动科研项目经费使用"包干制"改革工作，现制定如下实施方案。

一、总体要求和基本原则

（一）总体要求

贯彻落实党中央、国务院部署要求，尊重科研规律、尊重科研人员，切实减轻科研人员负担，调动科研人员积极性，深入推进科技体制改革，赋予科研单位和科研人员更大自主权，充分释放创新活力，激励科研人员锐意进取、开拓创新、潜心研究、攻坚克难，提升我区科技实力，为加快建设创新型广西提供有力科技支撑。

（二）基本原则

不编制经费预算科目。规定科研项目经费总预算，不编制经费预算科目，赋予科研单位和团队项目经费管理使用自主权。

简化项目过程管理。以承担单位自我管理为主，减少过程检查。

强化项目承担单位监管责任。项目承担单位应对项目经费进行独立核算、专款专用、不得挪用。优化项目经费内部管理制度，建立项目资金信用管理机制，项目承担单位和项目负责人履行监督管理职能并承担相应责任。

合并财务验收和技术验收。由项目管理专业机构严格依据任务书在项目实施期末进行一次性综合验收，不分别开展单独的财务验收和技术验收。

二、开展科研项目经费"包干制"改革

（一）科研项目经费"包干制"

科研项目经费包干制，是指在总预算不变的前提下，科研项目经费支出不设科目比例限制，在保证科研顺利进行的条件下，可根据项目研究实际需要自主决定各科目的经费支出，不得列支

基建费。

（二）实施项目

广西自然科学基金杰出青年科学基金项目、广西高端外国专家与国（境）外创新人才引进项目、东盟杰出青年科学家来华入桂工作计划项目和港澳台英才聚桂计划项目。

三、建立健全管理制度和工作机制

（一）工作分工

项目经费包干制工作由自治区科技厅发展规划与资源配置处牵头，基础研究处和外国专家服务与引进智力处配合实施。

各项目承担单位根据实际情况，制定本单位的工作方案。各承担单位是项目资金管理的责任主体，负责本单位科研项目资金的监管。

（二）经费管理

本方案涵盖的广西自然科学基金杰出青年科学基金项目经费管理以附件细则规定为准，未明确地按照广西自然科学基金项目和经费现行管理办法执行。

广西高端外国专家与国（境）外创新人才引进项目、东盟杰出青年科学家来华入桂工作计划项目和港澳台英才聚桂计划项目按照《广西引进国（境）外人才智力资助类项目经费"包干制"实施细则》执行。

四、附则

本方案由自治区科技厅负责解释。实施过程中，当出现不一致情况时，以本方案为准。

本方案自发布之日起实施。

附件：1. 广西自然科学基金杰出青年科学基金项目经费"包干制"实施细则

2. 广西引进国（境）外人才智力资助类项目经费"包干制"实施细则

附件1

广西自然科学基金杰出青年科学基金项目经费"包干制"实施细则

一、实施时间与范围

自2020年起批准资助的广西自然科学基金杰出青年科学基金项目。

二、实行项目负责人承诺制

项目负责人需签署承诺书，承诺尊重科研规律，弘扬科学家精神，遵守科研伦理道德和作风学风诚信要求，认真开展科学研究工作；承诺项目经费全部用于与本项目研究工作相关的支出，不得截留、挪用、侵占，不得用于与科学研究无关的支出；不得利用虚假票据套取资金，不得通过编造虚假劳务合同、虚构人员名单等方式虚报冒领劳务费和专家咨询费，不得通过虚构测试化验内容、提高测试化验支出标准等方式违规开支测试化验加工费，严禁使用项目资金支付各种罚款、捐款、赞助、投资等。

三、项目经费管理

1.项目经费不再分为直接费用和间接费用，项目资助强度为原直接费用强度和间接费用强度之和。

2.项目申请人提交项目申请书和获批项目负责人提交项目任务书时，规定项目总预算，均无须编制项目支出预算科目。

3. 经费支出不设科目比例限制，由项目负责人及其研究团队自主调剂使用。经费使用范围限于：设备费、材料费、测试化验加工费、燃料动力费、差旅/会议/国际合作与交流费、出版/文献/信息传播/知识产权事务费、劳务费、专家咨询费、依托单位（承担单位）管理费用、绩效支出以及其他合理支出。

4. 依托单位（承担单位）管理费由依托单位（承担单位）根据实际管理支出情况与项目负责人协商确定。

5. 绩效支出由项目负责人根据实际科研需要、研究团队贡献大小和相关薪酬标准自主确定，依托单位（承担单位）按照自治区人力资源社会保障厅、财政厅等部门颁发的现行相关文件规定执行。

6. 项目资助资金由科技厅下达至项目依托单位（承担单位），资金拨付按照国库集中支付管理规定执行。经费使用中涉及政府采购的，按照政府采购有关规定执行。

7. 项目实施期间出现项目目标调整、项目负责人调动单位等影响资金预算执行的重大事项，项目负责人、依托单位（承担单位）应当及时按程序报科技厅批准。对于项目负责人在自治区内进行工作调动，需把资助项目带到新工作单位继续开展研究的，应书面征得调出、调入单位同意并签署意见，经科技厅同意后，可将结余资金划拨到新单位继续使用。

8. 因不可抗力或现有水平和条件限制，致使项目不能继续实施或难以完成项目任务书约定考核指标的，项目依托单位（承担单位）应申请项目终止结题。项目依托单位（承担单位）申请终止结题，经推荐部门审核后，提交终止结题申请资料。项目管理机构组织专家或委托第三方专业机构对申请终止结题材料进行评估后出具评估意见，对拟终止的项目进行公示后，印发项目终止通知。终止结题评估意见，应包括项目终止原因、责任判定、科研信用评价、处理建议等内容。

9. 终止结题项目的剩余经费按原渠道退回。项目管理和经费使用规范合理，且无明显人为过错的，不记入不良科研信用档案；项目依托单位（承担单位）、参与单位和课题组成员存在弄虚作假、故意拖延、违规使用经费等情况的，须追回全部或部分已使用的财政资金，并记入不良科研信用档案，取消其2~5年申报自治区科技计划项目及推荐其申报国家级各类科技计划项目的资格。

10. 项目结题时，项目负责人根据实际使用情况编制项目经费决算，经项目依托单位（承担单位）财务、科研管理部门审核后，报科技厅。

四、项目监督检查

1. 依托单位（承担单位）应当对项目经费支出情况负管理主体责任，对经费支出情况进行认真审核。在项目结题前，依托单位（承担单位）应在单位公示项目经费决算和项目结题/成果报告，接受广大科研人员监督，并作为验收依据。

2. 科技厅结合项目过程管理，组织对经费使用情况和项目依托单位（承担单位）管理情况进行抽查。

3. 对于不按规定管理和使用项目经费，存在截留、挪用、侵占、违规使用项目经费等不合理行为的项目依托单位（承担单位）和相关人员，按照相关法律法规严肃处理。

五、其他

1. 广西自然科学基金杰出青年科学基金项目依托单位（承担单位），应制定经费使用"包干制"内部管理规定文件，并于获项目资助年份的12月31日前报科技厅备案。已经向科技厅报送过相关文件备案的，不需要每年重复报送。

2.其他与项目申请与评审、实施与管理、结题验收、信用管理等相关的工作，应依照广西自然科学基金项目和经费现行管理办法等文件规定执行。

附件2
广西引进国（境）外人才智力资助类项目经费"包干制"实施细则

一、广西高端外国专家与国（境）外创新人才引进

（一）高端外国专家引进开支范围

1.专家旅费：指专家来广西执行项目时，在国（境）外出发地（返程地）和中国的入（出）境口岸之间的国际机票费用，以及在中国境内城市之间乘坐飞机、轮船、火车等交通工具所发生的费用。

2.专家工薪：指项目单位根据聘用或合作协议（合同）支付给国（境）外专家的劳动报酬。

3.专家咨询费：指项目单位对国（境）外专家通过"网络办公"或前来广西等方式提供咨询、讲学、技术指导服务而支付的临时性酬劳。

4.专家补贴：指项目单位对国（境）外专家在广西工作期间按项目实际执行天数发放的生活补贴。

5.专家住宿费：指国（境）外专家在广西工作期间实际发生的住宿费用。

6.其他费用：指国（境）外专家在广西工作期间发生的与项目相关的其他费用。

（二）国（境）外创新人才引进开支范围

激励我区用人单位主动投入经费开展引才引智，以科技创新计点积分形式或充分发挥人才中介机构作用，引进国（境）外创新人才，以项目立项形式予以用人单位一次性经费补助。

（三）资助经费申请与使用流程

1.项目单位要充分履行主体责任，严格按照本细则的相关要求做好资助经费的开支和管理。根据项目实施计划，提出预算申请，并安排本单位配套经费，包括项目执行前、中、后产生的与项目相关的费用。如实、详细填写资助经费申请表，连同项目申报的其他相关材料一并申报。

2.自治区科技厅组织专家进行项目评审、核定资助金额后拨付经费至项目单位。

3.项目执行完毕，项目单位出具项目执行情况总结和收支明细单（加盖单位财务章），在本单位内部公示5个工作日，无异议则出具书面公示结果，一并提交自治区科技厅报请结题。

4.因故放弃或中止执行的项目，项目单位应在确定放弃或中止后的10个工作日内，向自治区科技厅提交书面说明情况和已发生经费的项目收支明细单（加盖单位财务章），经核定后，于20个工作日内将剩余资助金额退还自治区科技厅。

二、东盟杰出青年科学家来华入桂工作计划

（一）资助经费开支范围

资助经费开支科目包括生活补助经费和科研工作补助经费，具体范围如下：

1.生活补助经费：指东盟杰青在广西工作期间住房补贴、生活补贴和保险费（社会保险或商业保险）。

2.科研工作补助经费：指东盟杰青在广西工作期间，其本人参加中国境内学术会议和科研活

动所发生的相关费用、开展科研工作必要的耗材费，及项目单位管理东盟杰青所产生的必要开支。

(二）资助经费开支标准

1. 资助时段类别：6个月或12个月。

2. 生活补助经费标准为 1.25 万元 / 人 / 月；科研工作补助经费标准为 6 个月 2.5 万元 / 人，12 个月 5 万元 / 人。

(三）资助经费申请和使用流程

1. 项目单位要充分履行主体责任，严格按照本细则的相关要求做好资助经费的开支和管理，与东盟杰青充分沟通，就在广西工作时间达成一致意见，并相应安排单位配套经费，在申请材料予以说明。

2. 自治区科技厅核定资助金额后，一次性向项目单位拨付资助经费。项目单位在收到资助经费后的 10 个工作日内，应向自治区科技厅提交银行业务回单（加盖单位财务章）。

3. 项目单位应在东盟杰青工作到期后 20 个工作日内，出具项目执行情况总结和收支明细单（加盖单位财务章），在本单位内部公示 5 个工作日，无异议则出具书面公示结果，一并提交自治区科技厅报请结题。

4. 如因东盟杰青提前中止工作等特殊原因造成资助经费未能按计划支出，项目单位应及时向自治区科技厅提交书面说明情况和已发生经费的项目收支明细单（加盖单位财务章），经核定后，于 10 个工作日内将未使用的资助经费退还自治区科技厅。

三、港澳台英才聚桂计划

(一）资助经费开支范围

资助经费开支科目包括生活补助经费和科研工作补助经费。具体范围如下：

1. 生活补助经费：指港澳台英才在广西工作期间的住房补贴、生活补贴和保险费（社会保险或商业保险）。

2. 科研工作补助经费：指港澳台英才在广西工作期间，其本人参加中国境内学术会议和科研活动所发生的相关费用、开展科研工作必要的耗材费，及项目单位管理港澳台英才所产生的必要开支。

(二）资助经费开支标准

1. 资助时段类别：6个月、12个月或24个月。

2. 生活费补助经费标准为 1.5 万元 / 人 / 月；科研工作补助经费资助标准为 6 个月 2.5 万元 / 人，12 个月 5 万元 / 人，24 个月 10 万元 / 人。

(三）资助经费申请与使用流程

1. 项目单位要充分履行主体责任，严格按照本细则的相关要求做好资助经费的开支和管理，与港澳台英才充分沟通，就在广西工作时间达成一致意见，并相应安排单位配套经费，在申请材料予以说明。

2. 自治区科技厅核定资助金额后，一次性向项目单位拨付资助经费。项目单位在收到资助经费后的 10 个工作日内，提交银行业务回单（加盖单位财务章）。

3. 为了有效使用资助经费，项目单位如按 24 个月（两年）聘请英才，资助经费分年度拨付，待项目单位向自治区科技厅提交港澳台英才中期总结并通过执行效果中期评估后，第二年度资助经费方可拨付；如未通过执行效果中期评估，第二年度资助经费将不予拨付。

4. 项目单位在港澳台英才来广西工作到期后 20 个工作日内，出具项目执行情况总结和收支明细单（加盖单位财务章），在本单位内部公示 5 个工作日，无异议则出具书面公示结果，一并提交自治区科技厅报请结题。

5. 如因港澳台英才提前中止工作等特殊原因造成资助经费未能按计划支出，项目单位应及时向自治区科技厅提交书面说明情况和项目收支明细单（加盖单位财务章）等，经核定后，于 10 个工作日内将未使用的资助经费退回自治区科技厅。

附表

广西高端外国专家引进计划经费资助标准上限

序号	资助科目	资助标准
1	专家旅费	原则上为火车软席（软座、软卧）、高铁/动车一等座，全列软席列车一等座；轮船（不包括旅游船）二等舱；飞机经济舱。如有特殊情况，可在资助申请表中该科目的备注栏内说明
2	专家工薪	最高可按签订工薪协议或合同的 80% 资助
3	专家咨询费	原则上应参照中央国家机关培训费正高级技术职称专业人员讲课费标准（人民币 1000 元/学时或人民币 4000 元/半天）。如有特殊情况，可在资助申请表中该科目的备注栏内说明
4	专家补贴	原则上应参照中央财政科研项目专家咨询费正高级技术职称专业人员专家咨询费标准（人民币 1500~2400 元/天），不受会期限制。如有特殊情况，可在资助申请表中该科目的备注栏内说明
5	专家住宿费	原则上应按照自治区外宾接待标准予以资助。如有特殊情况，可在资助申请表中该科目的备注栏内说明
6	其他费用	不超过项目总资助金额的 15%
7	国（境）外创新人才引进项目补助经费	1. 引进 C 类以上高层次人才的一次性补助单位签订专家猎头服务费的 50%，最高不超过资助标准范围； 2. 在经费资助标准范围内，据实奖励科技创新引才引智计点计分取得 72 分以上的单位

备注：资助标准由科技厅根据国家和自治区有关财政规定适时进行调整。

自治区党委办公厅 自治区人民政府办公厅印发《关于进一步深化科技体制改革推动科技创新促进广西高质量发展的若干措施》的通知

(厅发〔2020〕29号)

各市、县党委和人民政府，自治区党委各部委，自治区各委办厅局，各人民团体，各高等学校：

《关于进一步深化科技体制改革推动科技创新促进广西高质量发展的若干措施》已经自治区党委、自治区人民政府同意，现印发给你们，请结合实际认真贯彻落实。

中共广西壮族自治区委员会办公厅
广西壮族自治区人民政府办公厅
2020年5月22日

关于进一步深化科技体制改革推动科技创新促进广西高质量发展的若干措施

为深入实施创新驱动发展战略，加强科技治理体系和能力建设，进一步深化科技体制改革，加快建设创新型广西，推动广西高质量发展，制定如下措施。

一、强化企业创新主体地位

（一）推动企业加大创新研发力度。推行创新项目企业牵头制，针对企业技术需求编制项目指南，支持企业牵头组织实施产业导向类创新项目。激励企业加大研发经费投入，按照企业上年度研发投入强度及增量增幅，采取事后奖补、分档补助的方式给予财政资金奖补，单个企业每年奖补总额最高不超过800万元。健全国有企业创新考核激励制度，将企业研发投入视同业绩利润，对重大科技创新给予考核奖励加分。

（二）高标准打造产学研用一体化产业创新链。加强产学研用协同创新体系建设，支持企业牵头联合区内外高校、科研院所共同组建产业技术创新联盟，对自治区新认定且运行情况良好的创新联盟给予倾斜支持。加强规模以上工业企业、高新技术企业研发机构建设，对企业联合科研单位建设的新型研发机构、联合实验室等给予倾斜支持。加大对独角兽企业、瞪羚企业、高新技术企业、科技型中小企业培育力度，遴选扶持更多科技型企业入库培育。

（三）推进"蛙跳"式产业快速发展。在生物医药、人工智能、智能制造等领域大力发展引领产业变革的颠覆性技术，推动相关战略性新兴产业和未来产业实现"蛙跳"式发展。广西科技重大专项优先支持"蛙跳"式产业发展，连续支持不少于3年。

（四）着力减轻科技型企业税费负担。在实行研发费用税前加计扣除75%政策基础上，鼓励有条件的设区市对自治区评价入库的科技型中小企业增按25%研发费用税前加计扣除标准给予奖补。对独角兽企业、瞪羚企业和"蛙跳"领域企业因引入投资、股权转让、股权稀释等产生的企业创始人（团队）应征个人所得税，在符合税收有关规定的情况下，执行分期缴税政策或递延纳税优惠政策。

（五）完善科技金融服务体系。开展科技和金融结合、投贷联动、金融科技应用等试点，推进各具特色的科技金融专营机构建设。对规模以上或成长性好的高新技术企业、在面临重大公共危机时勇于承担社会责任的科技型企业实施信贷利息贴息，企业可用创新券抵付银行同期贷款市场利率的40%。每年在自治区本级政府债券中设置一定额度的科技创新专项债券，用于支持政府投资的科技产业园区、新型研发机构、自治区实验室及大科学装置等基础设施建设。启动科技型企业上市培育计划，对在科创板实现首发上市的企业，自治区财政按规定分阶段给予300万元奖补和500万元科研经费后补助。

（六）积极引导科技人员服务企业。搭建企业技术需求信息与科技人才交互服务平台，支持高校、科研院所根据企业需求选派"科技专员"，推动自治区5类高层次人才及科研团队等率先服务企业，在广西科技基地和人才等专项中对"科技专员"给予支持。强化企业技术领军人才培养，推动我区科技型企业普遍设立首席技术官（CTO）。从广西计划培养的500名CTO中遴选100名拔尖人才，助力瞪羚企业、独角兽企业创新发展。扩大自治区科技创新券适用范围，建立科技创新券跨区域"通用通兑"政策协同机制，允许高校、科研院所科技人员个人申领使用科技创新券，服务企业科技成果转移转化。

二、深化科研机构体制改革

（七）推进科研院所去行政化改革。逐步取消科研院所的行政级别，今后不再明确新设科研事业单位的行政级别。完善科研院所内部治理结构，推动科研院所制定章程并按章程规定的职能、业务范围和财务制度等开展科研活动。在科研院所开展自主设置岗位结构比例试点，探索岗位设置管理"放管结合"的新模式。

（八）推进事业单位性质科研院所优化整合。按照"优化一批、整合一批、转制一批"的原则，重组自治区本级事业单位性质的科研院所。优化广西科学院、自治区农科院、广西林科院运行机制，提升院所创新能力，打造面向东盟、国内一流的地方科研院所。整合中医药、畜牧水产、海洋等研究资源，试点推进组建若干具有广西特色优势的主体科研院所。推动市场化程度较高的应用类科研院所逐步转制为科技型企业，按规定参与承接政府购买服务项目。设区市、县（市、区）要将有条件、科研内容相同或相近的科研事业单位进行整合，特别要整合设置分散、规模过小、职责相同相近、重复设置的科研事业单位，原则上一个研究领域只设一个科研机构。通过不断优化调整科研院所规模结构，促进科研创新能力提升。

（九）推动转制类科研院所市场化发展。有序推动转制类科研院所整体或局部实行市场化改革，发展混合所有制，全面建立健全现代企业制度。按照"一企一策"探索推进转制科研院所、科技人员、战略合作者共同持股的混合所有制改革，允许转制科研院所选择国有控股、职工控股或民营控股等模式。

（十）大力发展新型研发机构。对经认定的自治区新型研发机构给予财政经费支持，重点支持新型研发机构的培育与发展。鼓励各设区市列支相应财政资金，扶持本地新型研发机构建设。引进一批新型研发机构，对国内一流高校、大院大所、知名企业到广西建立的新型研发机构，给予最高不超过500万元的经费支持，对重点、特殊的新型研发机构，可通过"一事一议"方式给予支持。

三、激发科技人员创新活力

（十一）建立以增加知识价值为导向的激励机制。建立科研单位绩效工资总量动态调整机制，绩效工资分配向关键创新岗位或做出突出贡献的科研人员、创新团队和一线优秀人才倾斜。竞争性科研项目用于科研人员绩效支出，以及经过技术合同认定登记的技术开发、技术咨询、技术服务等活动的奖酬金提取，职务科技成果转化奖酬支出，均纳入事业单位绩效工资总量管理，不受单位绩效工资总量控高线限制，不纳入总量基数。引导国有企业完善内部科研人员收入与创新绩效挂钩的奖励制度。

（十二）赋予科研单位项目经费管理使用更大自主权。科技项目直接费用调剂权全部下放给项目承担单位，项目承担单位应完善管理制度，及时为科研人员办理调剂手续。项目承担单位在不降低研究目标的前提下可自主调整项目研究方案和技术路线，报项目主管单位备案。上述调整均可作为项目验收（结题）、评估评审或审计检查等依据。对全区高校、科研院所等事业单位科研急需的设备和耗材，允许其采用特事特办、随到随办的采购机制，不进行招投标程序，缩短采购周期。对于独家代理或生产的仪器设备，按程序确定采取单一来源采购等方式增强采购灵活性和便利性。

（十三）加大高层次人才的引进和培育力度。优化整合人才计划，完善评审管理考核，建立系统性、梯次化高层次人才项目体系。完善高层次人才认定机制，简化认定程序，强化主动引才功能，优化支持服务措施。下放人才评定自主权，事业单位可以本单位除工勤人员以外的在编人员数（含非实名编）为基数，按照一定比例自行确定本单位高层次人才范围，并可自主确定本单位高层次人才工资水平、分配形式，其薪酬单独核定、台账管理，列入单位成本支出项目，不列入、不占用单位绩效工资总量。对全时全职承担重大战略任务的团队负责人以及引进的高端人才，实行"一项一策"、清单式管理和年薪制，年薪所需经费在项目经费中单独核定。

（十四）构建科研诚信激励机制。弘扬科学家精神，加强科研伦理和学风作风建设。实施科研诚信承诺制度，在各类科技项目合同（任务书、协议书等）中约定科研诚信义务和违约责任条款。加强失信惩戒力度，将科研领域主管部门认定的科研领域相关失信责任主体信息纳入失信记录，依法依规开展联合惩戒。对已勤勉尽责，但因技术路线选择失误或其他不可预见原因，导致难以完成科研项目预定目标的，由项目承担单位和负责人报告说明情况，经专家评议认为符合客观实际，项目承担单位和负责人予以免责，不影响科研人员的职称评定、职务晋升和提拔使用。

四、加强科技成果转化激励

（十五）推行科技成果权属改革。建立市场化、社会化的科研成果评价制度，修订技术合同认定规则及科技成果登记管理办法。开展以事前产权激励为核心的职务科技成果权属改革试点，赋予科研人员职务科技成果所有权或长期使用权。支持试点单位与成果完成人之间通过约定权属比例的方式，对职务科技成果进行分割确权，以共同申请知识产权的方式分割新的职务科技成果权属，在不损害国家安全、国家利益、社会公共利益的情况下，最高可全部给予科技成果完成人，并同时约定双方科技成果转化收入分配方式。

（十六）加强科研人员成果转化激励。高校、科研机构接受企业、其他社会组织委托开展技术开发、技术咨询、技术服务等活动的奖酬金提取，参照科技成果转化股权和分红奖励有关规定执行。对科技成果在我区实现转化并形成税收收入的，前3年由企业注册所在地人民政府按产业化税收带来的地方财力分享部分的40%给予成果研发团队奖补。税收贡献特别大的，3年后可按

"一企一策"制定相关政策。

（十七）加大对高水平科技成果奖励力度。获得国家科学技术奖第一单位第一完成人均属我区的，其第一完成人直接授予广西科学技术奖特别贡献奖，并奖励相应的奖金。对参与获得国家科学技术奖的个人，按实际获得国家科学技术奖奖金额度的2倍给予奖励。

（十八）完善科研机构领导人股权奖励制度。具有独立法人资格的事业单位领导人员作为科技成果主要完成人或对科技成果转化作出重要贡献的，可获得现金、股权或出资比例奖励；对正职领导人员给予股权或出资比例奖励的，需经单位主管部门批准，且任职期间不得进行股权交易。

（十九）加强技术转移机构和人才队伍建设。支持专业化技术转移服务机构建设，自治区财政按其上年度促成高校、科研院所、企业、新型研发机构等签订登记技术合同交易额，以及引进境外技术交易额的一定比例给予奖补。鼓励各类技术人员兼职从事技术转移活动，支持技术经理人全程参与科技成果转化，对技术经理人按技术合同实际技术交易额的一定比例予以奖补。鼓励设区市、县（市、区）参照自治区奖补政策对技术转移机构、技术经理人进行奖补。

五、优化创新平台载体建设

（二十）优化自治区各类创新平台布局。对自治区各部门管理的创新平台进行优化整合，按照科学与工程研究、技术创新与成果转化、基础支撑与条件保障三类布局建设，对定位不清、交叉重复、运行效果差的创新平台进行撤并转。

（二十一）强化创新平台载体动态管理机制。加强对自治区重点实验室、工程研究中心、科技资源共享服务平台和高新技术产业开发区、农业科技园区等各类创新平台载体评估考核及结果运用，建立激励与退出机制，对评估考核优秀的，给予更大力度的支持；对评估考核不合格的，实行黄牌警告乃至摘牌的惩戒措施。

（二十二）加强高水平创新平台建设。以培育创建国家实验室和国家重点实验室为导向，加大财政投入，通过择优组建、内部整合、联合共建等模式，建设突破型、引领型的自治区实验室。支持符合条件的地方技术创新中心、工程技术研究中心、新型研发机构等培育建设国家技术创新中心，优先支持在国家级高新技术产业开发区、国家可持续发展议程创新示范区等创新功能区内的创新平台转建或创建国家技术创新中心。在人口健康、生物安全等领域布局建设一批自治区级创新平台，加强生命科学基础研究，突破医疗健康关键核心技术，提升科技应对突发公共卫生安全事件的支撑能力和技术储备。

（二十三）加快高新技术产业开发区改革创新发展。建立高新技术产业开发区奖惩机制，自治区对新获批国家级高新技术产业开发区给予最高不超过1000万元的经费支持，对首次进入全国排名前35名的国家级高新技术产业开发区给予最高不超过1000万元的经费支持；对年度全国排名提升10位以上且排名在前60名的国家级高新技术产业开发区给予最高不超过800万元的经费支持；对年度全国排名下降5位以上的国家级高新技术产业开发区进行约谈。鼓励高新技术产业开发区提供创业补贴、创业培训、就业见习补贴等，吸纳高校毕业生就业。

六、完善科研管理机制

（二十四）简化科研项目申报和过程管理。推行材料一次报送制度，减少科研项目实施周期内的各类评估、检查、抽查、审计等活动。对项目实施周期3年以上且财政资助资金100万元以上的科技重大专项、重点研发计划项目等实行关键节点"里程碑"式管理，除有特殊要求的外，其他项目以项目承担单位自我管理为主，提交年度自查报告，原则上一般不开展过程检查。探索项目申报直通车制度,在推行项目申报常态制的基础上,对有可能填补国内空白、对经济社会发展产生重大影响或涉及国家战略性技术的项目,可专项专议优化审批流程,加快项目立项。

(二十五)优化科研项目经费开支。对在课题开发研究过程中长期聘用、无其他固定收入来源的科研人员,其劳务合同中的工资、社会保险补助等纳入劳务费科目列支。软件开发、设计创新、战略管理研究、基础理论研究等类别项目的人员经费可达该项目经费的60%。对试验设备依赖程度低和实验材料耗费少的基础研究、集成电路设计等智力密集型项目,提高间接经费比例,500万元以下的部分为不超过35%,500万元至1000万元的部分为不超过30%,1000万元以上的部分为不超过25%。

(二十六)扩大科研项目经费使用"包干制"改革试点。进一步选择若干信用良好、管理制度完善的单位或由高端人才牵头的创新团队,实行项目经费使用"包干制"。经费不设科目比例限制,由科研团队自主决定使用。通过技术验收的项目不再进行财务验收,由项目承担单位进行监管。

(二十七)统一科研项目监管标准。探索建立以绩效为导向的科研项目经费使用负面清单制度,搭建项目监督审计共享信息平台,对同一科研项目,自治区科技、财政、审计等部门实行监督、检查、审计结果互认,减少对科研活动的审计和财务检查频次。科研项目承担法人单位依法依规制定的横向经费管理制度可作为审计检查依据。

七、加大科技开放合作力度

(二十八)扩大科技计划项目对外开放。制定关键核心技术攻关实施方案,综合运用择优委托、并行支持、揭榜挂帅、竞争性分配等新型科研组织方式,开放科技计划项目申报。支持与我区签订合作协议的国内外高校、科研机构牵头或参与申报自治区科技计划项目,重点加大抗病毒药物及疫苗研发等领域国际合作力度。建立自治区财政科研资金跨境使用机制,允许跨境联合项目资金拨付至国(境)外牵头或参与单位。开展创新要素跨境便利流动试点,探索外籍科学家领衔承担政府支持的科技项目。

(二十九)支持"创新飞地"试点建设。支持区内有条件的企业围绕自身产业发展需求,在先进省(区、市)或国(境)外建立"创新飞地"试点,依托国内外先进的科技、人才、平台优势,借力发展产业和吸纳人才,搭建综合性创新创业平台。

(三十)加快科技创新资源集聚。加大科技招商力度,重点围绕大健康、大数据、大物流、新制造、新材料、新能源等领域开展科技招商引智,构建一批新型研发机构、联合实验室、联合研究中心等协同创新平台,推动国内外一流科技创新资源向我区快速集聚。全面链接东盟国家科技创新合作需求,打造集技术供需、科技金融、知识产权、专业人才培育等多种技术转移服务为一体的离岸创新合作新模式,加快推进中国—东盟科技城建设。

八、强化科技体制改革保障

(三十一)加强组织领导。加强党对科技创新工作的全面领导,自治区党委常委会每年至少听取1次科技创新专题汇报,研究涉及科技创新的重大问题。充分发挥自治区科技领导小组的组织协调作用,强化创新资源的配置,加强对全区科技创新工作的统筹协调。全区各级党委和政府要建立相应组织协调机制,突出科技创新对产业发展的支撑引领作用。从自治区相关部门、高校、科研院所选派科技业务骨干到国有企业挂任科技副总经理,推进企业科技创新。

(三十二)加大科技投入。全区各级人民政府要将科技支出作为每年预算保障的重点,确保财政科技支出只增不减。新增预算原则上要重点向应用研究、技术研究与开发以及基础研究领域倾斜，不断加大对研发经费支出的支持力度。鼓励设区市、县（市、区）改进政府对科技投入的支持方式，对科技计划的支持多采用后补助的投入方式，对企业等创新主体的支持多采用贷款贴息、风险补偿等方式。

（三十三）加强督查落实。对科技改革措施落实情况开展跟踪评估和督查考核，将研发投入、创新平台建设、成果转化等科技创新指标纳入全区各级各部门领导班子绩效考核，将科技进步贡献率纳入绩效考核，作为干部选拔任用的重要参考。对一些关联度高、探索性强、暂时不具备全面推行条件的改革举措，可结合实际先行试点，并及时总结推广行之有效的做法和经验。

自治区有关单位和设区市应在本措施印发后及时制定相关配套措施。本措施执行期间，国家出台相关政策的遵照国家政策执行。我区现行相关政策与本措施规定不一致的，按照本措施执行。

关于印发《广西科技发展战略研究专项课题管理暂行办法（修订）》的通知

（桂科政字〔2020〕57号）

各有关单位：

为了加强和规范广西科技发展战略研究专项课题管理，提高课题研究水平，有效支撑广西科技创新治理，根据《广西壮族自治区人民政府关于实施创新驱动发展战略的决定》（桂发〔2016〕23号）、《国务院关于优化科研管理提升科研绩效若干措施的通知》（国发〔2018〕25号）等有关规定，结合我区实际情况，我厅制定了《广西科技发展战略研究专项课题管理暂行办法（修订）》，现予以印发，请遵照执行。

附件：广西科技发展战略研究专项课题管理暂行办法（修订）

广西壮族自治区科学技术厅
2020年6月1日

广西科技发展战略研究专项课题管理暂行办法（修订）

第一章 总则

第一条 为了加强和规范广西科技发展战略研究专项课题（以下简称课题）管理，落实科技"三评"各项要求，弘扬科学家精神，加强科研诚信建设，提升课题研究水平，有效支撑广西科技创新治理，根据《广西壮族自治区人民政府关于实施创新驱动发展战略的决定》（桂发〔2016〕23号）、《国务院关于优化科研管理提升科研绩效若干措施的通知》（国发〔2018〕25号）等有关规定，结合我区实际情况，制定本办法。

第二条 课题研究的主要任务：以解决广西科技发展的决策、组织和管理问题，实现科技决策科学化、民主化和治理现代化为宗旨，开展前瞻性、战略性和针对性研究，为广西创新驱动发展提供决策咨询与智力支持。

第三条 课题研究的主要范围：围绕广西实施创新驱动发展需要，建设创新型广西，开展科技发展战略、科技政策法规、科技体制机制改革、科技管理创新等方面的研究，为自治区科技发展决策提出可供选择的途径、方案、措施和对策。

第四条 自治区科技厅负责课题的组织统筹和管理工作，建立征集选题、公开遴选课题承担者等流程管理制度，委托第三方专业机构进行管理。课题管理应当遵循以人为本、遵循规律、公开公正、科学规范的原则。

第五条 成立广西科技发展战略研究专项课题专家委员会，指导课题选题确立、成果评审等相关工作，确保课题研究质量和水平。

第二章 课题立项

第六条 自治区科技厅负责编制和发布广西科技发展战略研究专项选题，明确研究课题、申报要求等事项。广西科技发展战略研究专项选题应当符合本办法第三条所规定的研究范围，选题依据要符合党和国家及自治区党委、自治区人民政府的重大科技部署和安排，突出在科技发展决策、组织和管理中亟须解决的重点、难点、热点、痛点问题。

第七条 选题发布后，申报课题承担者须提出书面申请，经所在单位审核后，报送自治区科技厅。申报课题承担者，必须同时具备以下条件：

（一）申报单位应当是在中华人民共和国境内注册的具有独立法人资格的企事业单位和机构，同等条件下，优先支持广西相关单位申报。

（二）申报单位和课题负责人应具有良好的社会信用。

（三）课题负责人应当具有高级专业技术职称或具备博士学位，从事工作和研究领域应当与课题研究相关。不具备以上条件的，须有两名高级专业技术职称的专业人员的书面推荐。

（四）课题组成员数量和专业结构符合申报课题研究的要求。

（五）课题负责人当年有在研或未完成本专项课题结题验收的，原则上不得参与本年度本专项课题申报。

第八条 鼓励自治区重点智库单位领衔申报课题。

第九条 申报课题承担者，需登录广西科技管理信息平台在线填报，并通过该系统打印申请书，同时提供课题研究水平证明材料复印件或扫描件。

第十条 自治区科技厅委托的第三方专业机构对收到的申报材料进行资格审查，对符合申报条件的，组织专家开展评估评审，并形成评审意见。

第十一条 自治区科技厅根据评审意见研究确定课题立项计划，通过自治区科技主管部门政府网站向社会公示，公示期为5个工作日。公示无异议的，自治区科技厅商财政厅正式下达课题立项计划。

第十二条 课题申报单位接到立项通知书后，会同受托第三方专业机构，在15个工作日内与自治区科技厅签订课题合同书。逾期不签订合同的，视为自动放弃。

第三章 课题管理

第十三条 课题承担者应当按期履行合同约定，于签订合同6个月内至少提交一份3500字左右的成果专报，向受委托的第三方专业机构报送课题研究进展情况。

第十四条 课题实施期限原则上不超过1年。除不可抗拒因素外，不得随意延长合同期限，确需延长合同期限的，应在课题实施期内报经自治区科技厅审批同意。

课题研究内容和课题负责人原则上不予以调整变更。确需调整的，课题研究内容在不涉及合同指标考核、主要技术路线调整情况下，承担单位可根据科研发展方向适当调整研究内容，不需要报批课题管理机构，但在课题验收时必须进行说明。研究内容发生重大调整或课题负责人调整的，应在课题实施期内报经自治区科技厅审批同意。

第十五条 课题承担者应当在合同到期后1个月内提交结题验收申请材料。受委托的第三方专业机构组织5~7名专家（单数）对课题进行验收，自治区科技厅根据验收结果出具验收报告。承担单位逾期不提交结题验收申请材料的，做无申请终止结题课题处理，收回资助经费并将其列入科研失信行为记录。

第十六条 承担单位提出结题验收申请的，应当提交以下材料：

（一）通过广西科技管理信息平台在线打印纸质的课题验收申请书；

（二）课题立项通知书及课题合同书；

（三）课题实施总结报告；

（四）不低于 3 万字的课题研究报告文本及 3000 字以内的成果摘要；

（五）课题经费决算表（经主管单位财务部门签字盖章）；

（六）课题所获成果及有关证书的复印件；

（七）有资质的专业机构出具的课题研究报告查重结果报告单，全文总文字复制比不能超过 20%，其中主要研究结论和对策措施的文字复制比不超过 10%；

（八）其他有关课题完成情况的证明材料。

验收结果分为优秀、通过、不通过，并通过自治区科技主管部门政府网站向社会公示。对课题验收优秀的研究团队再次申报本专项时给予优先支持。

第十七条 具备下列条件之一的，研究课题验收时可评为优秀：

（一）决策咨询研究报告获得省部级以上部门采用或提出的政策建议等获得省部级以上党政领导肯定性批示的；

（二）涉及党和国家机密不宜公开，而质量已得到有关部门认可并出具证明的。

第十八条 经评审验收通过的课题研究成果，根据《中华人民共和国著作权法》相关规定，除署名权以外的著作权归属自治区科技厅。未经批准，任何组织和个人不得引用、转载、扩散及公开发表。

第四章 经费管理

第十九条 统筹考虑各类项目比例，单项课题资助经费原则上不超过 30 万元，原则上采取竞争择优、定向委托方式立项资助，重大研究事项和特殊领域研究课题采取一事一议方式资助。

第二十条 课题经费实行总额预算、包干使用的原则。在课题总预算不变的情况下，课题负责人可根据科研活动实际需要自主调整经费支出，不受比例限制，由课题承担单位办理相关调剂手续。经费支出调整方案作为课题验收（结题）、评估评审或审计检查等依据。

经费开支包括以下方面：

（一）差旅费：在课题研究过程中开展调研、学术考究所发生的外埠差旅费、市内交通费等。差旅费的开支标准应当执行国家、自治区有关规定。

（二）会议费：在课题研究过程中为组织开展学术研讨、咨询以及协调课题等活动所发生的国内会议费用。会议费用应当按照国家、自治区有关规定执行。

（三）国际合作与交流费：课题研究过程中课题研究人员出国及外国专家来华工作的费用。合作交流费应当严格执行国家外事经费管理的有关规定。

（四）出版/文献/信息传播/知识产权事务费：在课题研究开发过程中，需要支付的印刷费、出版费、资料费、文献检索费以及必要的图书和专用软件购置费等。

（五）劳务费：在课题研究过程中支付给聘用的研究人员、科研辅助人员等的劳务费用以及临时聘用人员的劳务费用，聘用人员的社会保险补助费用可从劳务费中列支。

（六）专家咨询费：课题研究过程中支付给聘请的咨询专家的费用。

（七）绩效支出费：对课题负责人及成员绩效进行奖励而安排的经费支出，绩效支出计入当年本单位绩效工资总量，但不受总量限制且不纳入总量基数。

（八）其他费用：单位管理费等为研究工作服务的其他费用。

第二十一条　课题完成任务目标并通过验收后，结余资金按规定留归课题承担单位使用，由课题承担单位统筹安排用于科研活动的直接支出。

第二十二条　凡有下列情形之一者，终止课题并收回课题财政资助资金。

（一）研究成果存在严重政治问题和导向错误的。

（二）研究成果学术质量低劣，未达到合同约定的。

（三）有严重违约、违背科研诚信要求行为的。

第二十三条　课题承担单位是课题经费管理的责任主体，负责课题经费的日常管理和监督。课题负责人是课题经费使用的直接责任人，对经费使用的合规性、合理性、真实性和相关性承担法律责任。

第二十四条　加强科研诚信管理，强化承担单位主体责任，实施科研诚信承诺制度，对违背科研诚信要求的，列入科研失信行为记录。

第五章　附则

第二十五条　本办法自发布之日起执行。

第二十六条　本办法由自治区科技厅负责解释。

关于印发自治区本级自筹经费科技项目管理办法（试行）的通知

(桂科政字〔2020〕59号)

各有关单位：

为进一步激发创新主体活力，促进全社会加大研发经费投入，我们制定了《自治区本级自筹经费科技项目管理办法（试行）》。现予以印发，请遵照执行。

广西壮族自治区科学技术厅
2020年6月2日

自治区本级自筹经费科技项目管理办法（试行）

第一条 为进一步激发创新主体活力，激励促进全社会加大研发投入，按照《关于促进全社会加大研发经费投入的实施意见》（桂政发〔2019〕57号）等文件精神，结合我区科技创新和项目管理工作实际，制定本办法。

第二条 自治区本级自筹经费科技项目是指根据全区经济社会发展和科技创新需求，由项目申报单位提出申请，经自治区科技厅批准同意，参照自治区本级科技项目管理，项目承担单位负责落实自筹经费的科技项目。

第三条 自治区本级自筹经费科技项目主要支持为经济社会发展提供持续性支撑和引领的基础研究、应用研究和试验发展的科研项目，一般应具有新颖性、创造性、系统性和可转移性（可复制性）特征，获得成果可为论文、著作、原理模型、发明专利、专有技术、具有新颖性的产品原型、原始样机及装置等多种形式。

第四条 自治区本级自筹经费科技项目分为广西自然科学基金项目、广西重点研发计划项目、广西科技基地和人才专项项目、广西技术创新引导专项项目四个类别。

第五条 项目申报单位必须是在广西区内注册，财务状况良好，能自筹解决全部研发经费，并且具有独立法人资格的企事业单位。一般应为纳入自治区科技、统计、教育部门年度报统名录的自治区企事业单位。项目申报单位为企业的，一般应为规上企业，上年度研发投入占主营业务收入一般应达到2%以上（以统计局数据为准）；或为成长性较好的瞪羚企业、独角兽企业。

第六条 项目承担单位应具有良好的科技研发基础和条件。如有不良社会信用记录且不良记录尚未处理者、列入经营异常名录或严重违法失信企业名单者，不得申报。

第七条 自治区本级自筹经费科技项目按照以下程序确定：

（一）项目申请。项目承担单位向自治区科技厅提出项目立项申请。

（二）项目评审。自治区科技厅委托项目管理专业机构或相关主管部门按照自治区科技项目管理办法进行项目评审，评审结果报自治区科技厅。

（三）项目立项。自治区科技厅根据项目评审结果及有关规定，研究批准自筹经费立项项目，不超过本年度四类科技计划项目立项项目数的 20%。

（四）网上公示。公示 5 个工作日期间无异议的项目，正式予以立项。对公示期间有异议的项目进行核查，不符合立项规定的项目不予立项。

（五）项目承担单位应确保申请立项项目符合本办法第三条规定，并签订项目合同书和项目自筹经费承诺书。

第八条 项目承担单位负责项目组织、实施和管理工作。

第九条 项目实施期满，按规定提交验收材料后，自治区科技厅委托项目管理专业机构按照《广西科技计划项目结题管办法（试行）》（桂科计字〔2016〕462 号）组织验收，验收结论分为通过验收和不通过验收两种，验收结论公示 7 天。公示无异议的经自治区科技厅同意，出具项目验收报告。对公示期间有异议且验收结论为通过验收的项目要进行核查，情况属实，不符合相关规定的，确定为不通过验收。

第十条 项目实施期满后 3 个月内不提交验收申请的，项目管理专业机构应终止项目，按非正常终止项目处理，并纳入科研诚信管理。

第十一条 自筹经费参照《广西壮族自治区人民政府办公厅转发科技厅 财政厅关于调整自治区本级财政科研项目经费管理办法若干规定的通知》（桂政办发〔2015〕33 号），按照"专款专用、单独核算、规范建账、主动报备"的原则使用和管理。

第十二条 对项目自筹经费大、组织实施良好、研发成果突出的单位，在申报财政科技计划项目时，同等条件下予以优先支持。

第十三条 对项目申报、组织和实施等过程中有未足额落实项目自筹经费、未按承诺完成项目计划任务、项目被终止等失信行为的单位和个人，按照《广西壮族自治区人民政府办公厅关于转发自治区科技厅广西科研诚信管理暂行办法的通知》（桂政办发〔2018〕161 号）进行管理。

第十四条 自治区科技厅下文同意立项的自筹经费项目，标识为自筹经费科技项目，除经费来源不同外，其他方面与广西科技计划项目同等对待。

第十五条 本办法自发布之日起实施，有效期至 2023 年 12 月 31 日。

第十六条 本办法由自治区科技厅负责解释。

广西壮族自治区科学技术厅关于印发《广西科技项目揭榜制工作实施办法（试行）》的通知

（桂科政字〔2020〕81号）

各有关单位：

为进一步完善广西科技计划项目管理体系，创新科技管理组织模式，我们研究制定了《广西科技项目揭榜制工作实施办法（试行）》。现予以印发，请遵照执行。

广西壮族自治区科学技术厅
2020年6月23日

广西科技项目揭榜制工作实施办法（试行）

第一条 为进一步完善广西科技计划项目管理体系，创新科技管理组织模式，充分利用全国范围的优势资源解决我区关键核心技术难题，加快推动科技成果转化，本着"加大社会研发投入"和"助力科技供需对接"的原则，面向全国范围开展重大科技需求的揭榜攻关工作，特制定本办法。

第二条 揭榜制工作是指由企业提出实际研发需求、政府提供对接平台并予以立项认可及经费资助的新型科技计划项目立项方式，旨在调动企业、高校、科研机构、社团组织等社会创新力量，加强广西产业发展的技术攻关和成果转化，实现科技支撑产业高质量发展。

第三条 揭榜制项目聚焦自治区重点领域和产业发展的关键核心技术需求，围绕传统优势产业、先进制造业、新一代信息技术、互联网经济、高性能新材料、生态环保、优势特色农业、海洋资源开发利用、大健康产业等"九张名片"领域的关键核心技术攻关和科技成果转化，支持在重大专项中涉及"蛙跳"产业、战略性新兴产业的技术攻关和成果转化，支持行业共性技术攻关和成果转化。

第四条 揭榜制项目包括技术攻关类和成果转化类两类项目。

（一）技术攻关类项目主要由区内企业提出技术难题或重大需求，通过科技厅发榜后，由全国范围内的高校、科研机构、科技型企业或联合体（与需求方不能为同一单位或其下属子公司）进行揭榜攻关。

（二）成果转化类项目主要针对全国范围内拥有自主知识产权的高校、科研机构、科技型企业的重大科技成果，通过科技厅发榜后，由区内有技术需求和应用需求的企业或由其牵头的联合体（与需求方不能为同一单位或其下属子公司）进行揭榜转化。

第五条 技术攻关类需求方应是区内具有独立法人资格、有重大技术需求或技术难题的企业。

（一）一般应为行业或领域内有较大影响和规模的企业，通过揭榜的方式开展技术攻关。

（二）提出技术需求的企业须配套投入一定比例的研发经费，且上年度研发经费占主营收入比例一般要达到 1% 以上。

第六条 技术攻关类项目所提出的需求应聚焦我区企业、产业发展的关键核心技术、前沿技术、关键零部件、材料及工艺等，应有助提升企业核心竞争力，带动我区乃至国家相关产业的技术应用水平。

第七条 成果转化类需求方应是符合广西产业需求且拥有成熟科技成果的全国范围内的高校、科研机构、科技型企业或联合体（与需求方不能为同一单位或其下属子公司）。

（一）具有拟转化成果的自主知识产权，明确的市场用户和应用范围，能够对广西产业转型升级发挥关键推动作用。

（二）拥有成果转化的支撑队伍，能主动参与和协助转化。

第八条 成果转化类项目中成果须已处于中试阶段（或样机试制成功并通过鉴定），或已获得省部级以上奖项，具备产业化和转化应用条件，符合广西企业和产业创新发展需求。

第九条 技术攻关类揭榜方应是全国范围内研发能力强的高校、科研机构、科技型企业或联合体（与需求方不能为同一单位或其下属子公司）。

（一）积极响应技术攻关类需求方，提出攻克关键核心技术的可行性方案，掌握自主知识产权。

（二）具有成果转化的技术支撑队伍与相关经验，能协助需求方完成技术应用落地实施。

（三）鼓励与自治区人民政府签署了战略合作协议的高校、科研机构或企业参与揭榜攻关。

第十条 成果转化类揭榜方应是区内具有独立法人资格且拥有技术需求和应用场景的企业或其牵头的联合体（与需求方不能为同一单位或其下属子公司）。

（一）拥有较强的成果转化应用队伍，能够提出科学合理的成果转化方案。

（二）能够提供成果转化所需的资金、场地、市场等配套条件。

（三）积极开展示范应用，努力扩大社会效益。

第十一条 揭榜制项目管理主要包括需求征集、需求论证、发布榜单、揭榜申报、评审推荐、组织对接、揭榜公告、项目实施管理等关键环节。

（一）需求征集。需求方通过广西科技信息管理平台，填报揭榜制项目需求，主要包括：需求背景、需求内容、拟解决关键技术及其指标、成果转化内容与形式、时限要求、项目总投入及对揭榜方要求、产权归属、利益分配等内容。

（二）需求论证。针对需求方申报的揭榜制项目需求，初步筛选符合我区关键核心技术及急需科技成果的项目需求。科技厅委托第三方专业机构组织专家对项目需求进行论证，遴选出我区重点领域和产业发展急需的关键核心技术和重大科技成果。

（三）发布榜单。科技厅根据专家论证意见，研究确定有关需求，向社会公开发布榜单，招贤揭榜。

（四）揭榜申报。各有关单位可以结合技术需求实际及自身情况，采取单独或联合其他单位通过广西科技信息管理平台填报揭榜申报书申报，并按要求报送有关纸质材料。

（五）评审推荐。科技厅组织专家和需求方对揭榜方的资质条件、揭榜方案可行性等进行充分论证，根据专家论证意见提出拟推荐名单。

（六）组织对接。组织需求方、揭榜方对接，充分洽谈，细化落实相关内容要求。双方拟定揭榜协议。

（七）揭榜公告。需求方与揭榜方将揭榜协议报送科技厅审查备案通过后，科技厅向全社会进行公示，公示无异议的项目，由需求方、揭榜方正式签订揭榜协议（合同），并与科技厅签订任务书，发布揭榜公告。

（八）项目实施管理。揭榜制项目为广西科技重大专项或广西重点研发计划项目，纳入科技计划项目统一实施管理。

第十二条 揭榜制项目资金主要由需求方、揭榜方按揭榜协议落实。自治区财政资金按项目研发投入总额给予一定比例的资金支持。

第十三条 揭榜制技术攻关项目资助方式采取前资助与后补助相结合。技术攻关类项目采用20%前资助，80%后补助方式。需求方按任务书约定拨付第一笔资金给揭榜方后，前资助部分才予以拨付。

第十四条 自治区财政资金对揭榜制技术攻关项目给予研发补助比例如下：研发总投入500万以下的部分不超过40%，500万（含）以上至1000万以下的部分不超过35%，1000万（含）以上至1500万以下的部分不超过30%，1500万（含）以上至2000万以下的部分不超过25%，2000万（含）以上的部分不超过20%，最高补助不超过1000万。

第十五条 揭榜制成果转化项目资助方式一般采取后补助的方式。需求方在科技成果转化完成后实际投入使用，并经认定达到任务书预期的经济效益时才能给予补助，否则将不给予经费补助。

第十六条 自治区财政资金对揭榜制成果转化项目的补助金额，按任务书约定的成果转化实际到账金额计算，一般不超过50%，最高补助不超过500万。

第十七条 揭榜制项目研发资金保障以需求方提供配套资金为主，财政资金补助为辅。需求方的配套资金需按照任务书约定的日期按时足额到位。财政资金在需求方的配套资金到位后按程序给予补助。

第十八条 科技厅负责揭榜制项目的管理工作，并委托专业机构具体实施。

第十九条 揭榜制项目所涉及的需求方和揭榜方均需具有良好的科研道德和社会诚信，未列入联合惩戒名单或"黑名单"范围。需求方和揭榜方按照国家相关法律法规的规定，需在揭榜协议和任务书中约定知识产权的归属和分配，避免产生知识产权纠纷。

第二十条 揭榜制项目实施周期原则上不超过三年，揭榜方在实施项目过程中因不可抗力，导致任务无法按期完成或不能完成的，须与需求方达成一致意见，经科技厅审核同意后，可以延期实施或终止项目。项目终止的，收回已拨付的剩余财政资金。

第二十一条 对弄虚作假或故意串通骗取自治区财政资金的行为，科技厅会同相关部门按照有关规定给予严肃处理。

第二十二条 本办法由科技厅负责解释。

第二十三条 本办法自印发之日起施行。

广西壮族自治区科学技术厅　广西壮族自治区财政厅
广西壮族自治区审计厅关于印发《广西壮族自治区科技项目资金监督管理办法》的通知

(桂科政字〔2020〕114号)

各市、县科技局、财政局、审计局，区直有关部门、单位：

为了完善和规范科技计划项目资金监督管理机制，提高科技计划项目财政资金使用效益，激发科研人员创新活力，我们研究制定了《广西壮族自治区科技项目资金监督管理办法》。现予以印发，请遵照执行。

广西壮族自治区科学技术厅　广西壮族自治区财政厅　广西壮族自治区审计厅
2020年9月30日

广西壮族自治区科技项目资金监督管理办法

第一章　总则

第一条　为进一步加强和规范自治区本级财政科技计划（专项、基金等）项目（以下简称"科技项目"）资金的监督管理，根据《中共广西壮族自治区委员会关于进一步解放思想改革创新扩大开放担当实干加快建设壮美广西共圆复兴梦想的决定》和《自治区党委办公厅 自治区人民政府办公厅印发〈关于进一步深化科技体制改革推动科技创新促进广西高质量发展的若干措施〉的通知》(厅发〔2020〕29号)以及其他有关法律法规，制定本办法。

第二条　本办法所指科技项目资金监督管理是指自治区科技厅、财政厅、审计厅等有关部门按照国家和自治区有关规章制度，对自治区本级财政资金支持的科技项目资金使用情况的监督管理。

第三条　科技项目资金监督管理坚持"遵循规律、统筹监管、放管结合"的原则。

（一）坚持遵循规律。根据科技项目的性质和特点，开展资金监督管理工作，既要强化监督的刚性约束，又要充分发挥监督的服务和保障作用。

（二）坚持统筹监管。自治区科技、财政、审计、纪检监察等有关部门应加强统筹协调，统一标准，实行成果共享。

（三）坚持放管结合。既要充分尊重科研人员主体地位，精简优化监管流程，减轻科研人员负担，又要充分运用监督结果，完善考核问责机制。

第二章　职责

第四条　自治区科技厅、财政厅和审计厅依法履行对科技项目资金的监督职责，科技项目承担单位和项目负责人依法接受监督，社会审计机构依委托协助开展监督检查。

第五条 自治区科技厅负责科技项目资金的监督检查，具体职责包括：

（一）牵头制定科技项目资金监督管理计划，开展科技项目资金使用情况检查；

（二）核定因故需终止实施项目的剩余财政资金并配合自治区财政厅予以收回；

（三）加强科研诚信管理，会同相关部门实施责任追究，联合惩戒。

第六条 自治区审计厅依法依规开展对自治区本级财政科技项目资金的审计监督，督促被审计单位和个人对审计发现的问题及时进行整改。

第七条 自治区财政厅根据职责分工，对科技项目资金管理使用开展监督检查。具体职责包括：

（一）对科技项目资金的管理、使用和绩效情况进行检查监督；

（二）及时收回需退回的科技项目财政资金；

（三）加强对承担科技项目资金审计的社会审计机构的监督管理。

第八条 受相关部门委托的社会审计机构对自治区科技项目资金管理和使用情况进行审计应按行业规范、依法出具审计报告，并对审计报告负责。

第九条 项目承担单位和项目负责人应依法和依照合同（任务书）配合有关部门开展科技项目资金监督检查。

第三章 实施

第十条 科技项目资金监督重点检查项目资金到位情况、项目资金预算执行情况、项目资金单独核算情况、项目合同（任务书）要求的财务指标完成情况及项目单位财务管理制度建设及执行情况等。

第十一条 对科技项目资金的各类监督检查，自治区科技厅、财政厅和审计厅等部门应加强计划的协商、执行的协同、问题的沟通和成果的共享。在项目监督检查中出现依据的法律法规等标准不一致时，检查组依法开展其他事项的检查，并及时将标准不一致的情况反映给标准制定单位，由标准制定单位依法协商统一标准。协商达成一致前，检查组应暂不对相关情况进行定性、处理，待统一标准后再行处理。

第十二条 针对监督检查中发现的问题，项目承担单位应在规定时限内完成整改，并将整改结果书面报送有关监督部门。项目承担单位对监督检查结果有异议或对处理意见不服的可申请复核和申诉。

第十三条 自治区科技厅会同财政等有关部门探索建立以绩效为导向的科研项目经费使用负面清单制度，赋予科技项目承担单位和科研人员更大自主权。

第十四条 受相关部门委托的社会审计机构开展科技项目资金监督检查时，应按照国家和自治区有关规章制度，明确科技项目资金检查的工作要求和技术规范，加强对科技项目资金相关资料的审核，保证项目检查质量。自治区财政厅将社会审计机构开展科技项目资金审计纳入其执业质量检查范围。

第四章 责任

第十五条 项目承担单位和项目负责人在科技项目资金管理和使用中存在违反财经纪律和科技项目管理规定的，自治区科技厅将视情节轻重采取限期整改、通报批评、停拨经费、终止项目、追回已拨经费和阶段性取消其承担科技项目资格等处理措施。涉嫌违纪违法的，移交有关机关处理。

第十六条 受相关部门委托的社会审计机构必须依法审计,严格执行审计准则。自治区科技厅和自治区财政厅可根据管理监督工作需要对社会审计机构出具的科技项目资金审计报告进行核查或抽查,如发现社会审计机构存在违反法律、法规或者职业准则等情况的,将通报相关行业主管部门,并限其在一定期限内不得开展科技项目资金审计工作。涉嫌违纪违法的,移交有关机关处理。

第十七条 自治区科技厅建立统一的科研信用管理体系,依法依规对项目承担单位、社会审计机构等在科技项目资金审计中的信用情况进行评价和记录,并按规定对相关失信行为予以严肃处理。

第五章 附则

第十八条 各设区市、县(区、市)以及各有关单位参照本办法执行。

第十九条 本办法由自治区科技厅、财政厅、审计厅负责解释,自印发之日起施行。

自治区科技厅关于印发《广西新型研发机构奖励性财政补助实施办法（暂行）》的通知

(桂科政字〔2020〕121号)

各有关单位：

为落实《关于进一步深化科技体制改革推动科技创新促进广西高质量发展的若干措施》（厅发〔2020〕29号）、《广西新型产业技术研发机构管理办法（试行）》（桂科政字〔2019〕45号）等文件精神，进一步促进广西新型研发机构发展，现印发《广西新型研发机构奖励性财政补助实施办法（暂行）》，请遵照执行。

广西壮族自治区科学技术厅

2020年10月26日

广西新型研发机构奖励性财政补助实施办法（暂行）

第一章 总则

第一条 为贯彻科技部《关于促进新型研发机构发展的指导意见》（国科发政〔2019〕313号）精神，落实《关于进一步深化科技体制改革推动科技创新促进广西高质量发展的若干措施》（厅发〔2020〕29号）、《广西新型产业技术研发机构管理办法（试行）》（桂科政字〔2019〕45号）等文件精神，进一步促进广西新型研发机构发展，结合我区实际，特制定本办法。

第二条 本办法适用于广西区内经自治区科技厅认定的新型研发机构。

第二章 补助标准

第三条 自治区科技厅委托专业管理机构对新型研发机构进行年度考核评价。评价分为"优秀""良好""合格"3个等级，其中，"优秀"原则上不超过当年新型研发机构总数的15%；"良好"原则上不超过当年新型研发机构总数的35%。

第四条 对评价为"优秀"的新型研发机构，当年由自治区财政直接给予不超过200万元补助；对评价为"良好"的新型研发机构，当年由自治区财政直接给予不超过100万元补助。

第五条 单个机构获得自治区财政补助原则上不超过3次，总补助金额原则上不超过500万元。

第六条 对自治区党委、自治区政府重点扶持或广西产业发展急需的新型研发机构，可按照"一事一议"方式确定奖励性财政补助金额。

第三章 资金发放及使用范围

第七条 每年的新型研发机构奖励性财政补助方案在自治区科技厅官方网站向社会公示，公示期为 5 个工作日。公示无异议后，按相关规定下达补助资金。

第八条 新型研发机构奖励性财政补助资金由承担单位统筹安排用于研发平台建设、仪器设备购置、项目研发、研发人员经费等，不得用于与科技创新无关的支出。

第四章 部门职责

第九条 自治区科技厅主要职责：

自治区科技厅负责全区新型研发机构奖励性财政补助工作的牵头组织和监督检查等工作；会同自治区财政厅编制新型研发机构奖励性财政补助资金年度计划，提出预算建议，并按规定拨付新型研发机构奖励性财政补助资金；指导并组织新型研发机构开展研发活动备案工作；组织新型研发机构奖励性财政补助资金会审、信息公开等。

第十条 自治区财政厅主要职责：

自治区财政厅负责落实新型研发机构奖励性财政补助资金；组织实施财政监督检查。

第十一条 专业管理机构主要职责：

参与编制新型研发机构奖励性财政补助申报相关文件，受理新型研发机构奖励性财政补助申请，组织评审评估；对参与评估评审专家履职尽责情况进行监督并反馈。

第十二条 新型研发机构主要职责：

（一）新型研发机构应切实履行法人主体责任，建立健全研发活动管理制度，不断提高新型研发机构研发经费投入强度，提升产品核心竞争力和市场效益，按时、如实填报统计、税务报表，依法依规履行相关法律责任和义务。

（二）新型研发机构应加强对奖励性财政补助资金的使用管理，严格执行财务规章制度和会计核算办法，做好研发活动台账管理，自觉接受监督检查，配合开展相关创新监测统计工作。

第五章 监督管理

第十三条 新型研发机构奖励性财政补助资金的使用应符合国家和自治区科研项目资金管理要求，并自觉接受财政、审计、监察部门的监督检查，严格执行财务规章制度和会计核算办法。

第十四条 对违反财经纪律，弄虚作假、截留、挪用、挤占资金等行为，依照《中华人民共和国预算法》、《财政违法行为处罚处分条例》、《中华人民共和国税收征收管理法》等有关法律、法规和规章，对相应的违法违规行为予以处理、处罚，依法追究有关单位及其相关人员责任，纳入失信联合惩戒系统，涉嫌犯罪的，依法移送司法机关处理。

第六章 附则

第十五条 本办法由自治区科技厅、财政厅负责解释。

第十六条 各设区市可结合实际，制订相应奖补政策。

第十七条 本办法自发布之日起施行。

附表

广西新型研发机构奖励性财政补助评价指标体系

评价指标		评价内容
一级指标	二级指标	
工作基础和条件	投资主体	投资主体多元化情况。包括设立产业投资基金，开展产学研协同创新，财务情况等
工作基础和条件	研发投入	研发经费投入、研发经费投入占收入比重情况
	创新能力	申报单位的研发项目情况，包括承担政府和企业科技计划项目、自主立项研发项目、合作及委托研发项目等
	研发条件	申报单位具备开展研究、开发和试验所需要的科研仪器、设备、软件和固定场所等情况
	人才队伍	技术（学术）带头人及研究团队的数量、结构等情况，合作基础，核心成员研究水平及在相关领域的优势
发展战略及研究方向	依托（服务）的产业背景	产业在广西发展的基础和能力以及对技术创新的需求程度
	预期对产业的支撑水平	评价机构对该产业发展基础、能力和技术创新的支撑水平
管理体制机制	企业化科研管理体制	建立企业化科研管理体制与执行情况
	市场化的人员激励机制	建立市场化人员激励机制与执行情况
	高效的创新组织模式	建立高效创新组织模式与执行情况
	灵活的成果转化机制	建立成果转化机制与执行情况
	规范的财务制度	建立规范化财务制度与执行情况
创新效益	创新产出	创新成果产出情况，包括新产品、新专利、新标准、科技成果登记等情况
	社会效益	服务、创办、孵化企业情况，创办孵化科技企业估值；新引进高层次人才和创新团队情况、人才培养情况；对区域产业发展的促进作用
	经济效益	收入情况，包括研发服务（科学研究、技术研发、成果转化、产业孵化等）收入等情况；获得各种产业投资资（基）金情况；促成技术交易情况
开放协同	协同发展能力	国际交流情况、与研发机构、国内外知名企业、专业服务机构合作情况、与地方产业集群互动情况
	社会认知程度	区域或行业的认知度、举办（参与）重大创新活动情况

自治区科技厅关于印发《广西促进新型研发机构发展的若干措施》的通知

(桂科政字〔2020〕148号)

各有关单位：

为贯彻落实国家和自治区的有关决策部署，促进广西新型研发机构健康有序发展，经自治区人民政府同意，现印发《广西促进新型研发机构发展的若干措施》，请遵照执行。

广西壮族自治区科学技术厅
2020年12月25日

广西促进新型研发机构发展的若干措施

为深入实施创新驱动发展战略，促进广西新型研发机构健康有序发展，结合我区实际，提出如下措施。

一、设立新型研发机构专项资金

自治区科学技术行政部门通过部门预算安排专项资金，用于支持新型研发机构的建设运营、研发活动、成果转化、技术服务和孵化企业等工作。鼓励各设区市视财力状况安排专项资金，扶持本地新型研发机构建设发展。（牵头单位：自治区科技厅；配合单位：自治区财政厅，各设区市人民政府）

二、加大新型研发机构引育力度

中央企业、大型国有企业或世界500强企业、行业龙头企业，双一流高校或国家级科研机构在广西设立高端新型研发机构并达到国内一流水平、在行业领域内享有知名声誉的，自治区财政给予单个机构不超过500万元的奖补。对重点、特殊的新型研发机构，可通过"一事一议"方式给予支持。（牵头单位：自治区科技厅；配合单位：自治区发展改革委、教育厅、工业和信息化厅、财政厅，各设区市人民政府）

三、加强新型研发机构科技成果转化激励

支持新型研发机构承接高校、科研院所的科技成果进行二次开发并实施转化，对新型研发机构科技成果在本地转化或实现产业化并形成税收收入的，前三年由新型研发机构注册所在地人民政府按产业化税收带来的地方财力分享部分的40%给予成果研发团队奖补。区外新型研发机构科技成果在广西转移转化的，可享受广西科技成果转移转化的相关补助和奖励政策。（牵头单位：自治区科技厅；配合单位：自治区财政厅，广西税务局）

四、开展赋予职务科技成果所有权或长期使用权试点

在不影响国家安全、国家利益、社会公共利益的前提下，开展赋予事业单位性质的新型研发机构科研人员职务科技成果所有权或长期使用权的改革试点。试点单位结合实际，可将本单位利用财政性资金形成或接受企业、其他社会组织委托形成的归单位所有的职务科技成果所有权全部授予成果完成人（团队）。试点单位亦可赋予科研人员不低于10年的职务科技成果长期使用权。（牵头单位：自治区科技厅；配合单位：自治区教育厅、财政厅，广西税务局）

五、支持新型研发机构引育高层次人才

新型研发机构从国外引进世界知名学者率领的创新人才团队，或从区外引进中共中央组织部、教育部、科技部、人力资源社会保障部、中国科学院、中国工程院等部门和单位认定的国家级创新人才团队，每引进1个团队自治区财政奖励200万元，鼓励有条件的设区市视财力状况给予适当配套奖励。新型研发机构引进的各类高层次人才符合相关扶持激励政策的，按"就高不重复"的原则，享受住房安居、医疗保障、培训提升、子女入学和配偶安置等方面的优先待遇。对其引进的外籍高层次人才申办工作证件时，如确有原因无法提供工作资历、无犯罪记录、最高学历（学位）等证明材料的，可采用承诺制，直接予以"容缺办理"，不再需要补充相关材料。（牵头单位：自治区党委组织部；配合单位：自治区教育厅、科技厅、公安厅、财政厅、人力资源社会保障厅、住房城乡建设厅、卫生健康委、医保局）

六、支持条件成熟的新型研发机构开展职称自主评审试点

落实新型研发机构专业技术人员参加科学研究系列、工程技术系列高级职称评审倾斜政策，在专业领域取得重大突破、解决重大问题、做出突出贡献的人才可破格申报高级职称。新型研发机构科研人员参与职称评审与岗位考核时，探索将科技成果转化成效作为项目和人才评价的重要内容，将横向技术开发、技术转化项目、发明专利及转化应用情况、技术转让成交额等纳入评价指标。（牵头单位：自治区人力资源社会保障厅；配合单位：自治区工业和信息化厅，广西科学院，工程系列各行业主管部门）

七、支持科研人员到新型研发机构兼职创新或创业

支持高校、科研院所科研人员及创新团队依法依规到新型研发机构兼职从事成果转化、项目合作或协同创新工作，兼职期间与原单位在岗人员同等享有参加职称评审、项目申报、岗位竞聘、培训、考核、奖励等方面的权利。经原单位批准同意的，可脱岗到新型研发机构开展创新创业，5年内保留人事关系和基本工资，并享有参加职称评审、职级晋升、社会保险等方面的权利。5年内返回原单位的，单位按原聘专业技术职务做好岗位聘任工作。5年后仍继续脱岗到新型研发机构开展创新创业的需原单位批准同意。高校、科研院所中的自治区党委管理干部，其兼职应符合中共中央组织部关于改进和完善高校、科研院所领导人员兼职管理的有关政策规定。（牵头单位：自治区人力资源社会保障厅；配合单位：自治区党委组织部，自治区教育厅）

八、支持新型研发机构开展协同创新

鼓励新型研发机构联合高校、企业组建产业技术创新联盟，加强产学研一体化融合发展；鼓励新型研发机构与高校、科研院所及军工企业开展军民科技协同创新，共同开展自治区级及以上的国防重大专项、核心技术攻关等。企业委托新型研发机构进行技术研发所发生的支出，可按规定将费用实际发生额的80%计入委托方研发费用并计算加计扣除。（牵头单位：自治区科技厅；配合单位：自治区党委军民融合办，自治区财政厅，广西税务局，各设区市人民政府）

九、加大对新型研发机构的孵化服务激励

鼓励新型研发机构利用自有物业、闲置楼宇建设科技企业孵化器、加速器和众创空间，可自

主招租或授权运营机构公开招租；其孵化服务收入全部归属为科技成果转化收入，留归新型研发机构自主使用。（牵头单位：自治区科技厅；配合单位：自治区财政厅、自然资源厅，广西税务局）

十、在新型研发机构建设专项开展科技经费使用负面清单管理试点

在新型研发机构建设专项合同约定的框架下，列出经费使用负面清单，明确研发机构只要不违反禁止清单要求，可依实际情况使用财政资金，赋予新型研发机构自主支配使用经费的权限。（牵头单位：自治区科技厅；配合单位：自治区财政厅）

十一、对新型研发机构进口科研仪器设备免征进口关税和进口环节增值税、消费税

对符合国家科技创新进口税收政策的新型研发机构进口科研仪器设备免征进口关税和进口环节增值税、消费税。具体名单由自治区科学技术行政部门报南宁海关备案。（牵头单位：南宁海关；配合单位：自治区科技厅、财政厅，广西税务局）

十二、优先保障新型研发机构建设发展用地需求

对新型研发机构的科研建设发展项目，自治区各级自然资源行政部门依法依规优先办理建设用地行政审批业务。自治区确定的优先发展且用地集约（容积率和建筑系数超过国家规定标准40%以上、投资强度增加10%以上）的科研建设发展项目，属于工业项目的，其土地出让底价可按不低于所在地土地等别相对应《国土资源部关于调整工业用地出让最低价标准实施政策的通知》（国土资发〔2009〕56号）规定的70%执行；允许高校利用存量土地新建新型研发机构，土地性质不变；利用存量工业厂房的，可按原用途使用五年，五年过渡期满及涉及转让需办理相关用地手续的，可按新用途、新权利类型、市场价以协议方式办理。符合国家有关规定的非营利性科研机构自用的房产、土地，免征房产税、城镇土地使用税。（牵头单位：自治区自然资源厅；配合单位：自治区科技厅、工业和信息化厅，广西税务局）

十三、支持采用创新券向新型研发机构购买研发服务

鼓励各地采用创新券的方式支持企业和科研人员向新型研发机构购买研发创新等服务；支持新型研发机构以创新券的方式使用高校、科研院所科技创新资源和为市场主体提供创新服务。（牵头单位：自治区科技厅；配合单位：自治区财政厅）

十四、健全新型研发机构组织保障机制

自治区科学技术行政部门牵头推动新型研发机构建设发展，加强对新型研发机构的引导服务，帮助解决新型研发机构发展中的问题，开展新型研发机构跟踪评价，委托第三方专业机构组织开展新型研发机构的申报、评审、论证、管理和考核评估工作。各设区市科学技术行政部门负责本地新型研发机构的培育、申报和日常管理工作。自治区各有关部门和单位按照职责分工，优化服务，落实新型研发机构相关政策措施，共同推动新型研发机构的发展。（牵头单位：自治区科技厅；配合单位：自治区发展改革委、教育厅、工业和信息化厅、财政厅，各设区市人民政府）

十五、加强新型研发机构的规范管理

新型研发机构应每年向自治区科学技术行政部门报告机构发展、科技创新活动和科技成果转化等情况。自治区科学技术行政部门委托第三方机构对新型研发机构进行绩效评估，评估结果向社会公开并作为后续支持措施的重要依据。新型研发机构在申报评审、绩效评价、信息报送过程中应如实报送相关材料，对存在违背科研诚信行为的责任主体，依法依规依纪予以问责处理。（责

任单位：自治区科技厅）

本措施与自治区现行或今后出台的其他政策内容相重叠的，可选择最优惠政策执行，不得叠加享受。

本措施由自治区科学技术行政部门负责解释，自发布之日起施行。各设区市可参照本措施，立足实际、突出特色，制定促进本地新型研发机构发展的具体政策措施。

第二十九章 海南省科研项目和资金管理法规政策

海南省财政厅 海南省科学技术厅关于印发《海南省地方科技发展引导专项资金管理实施细则》的通知

(琼财教〔2017〕331号)

各市县科技管理部门、财政局，科研单位、高等院校及相关单位：

根据财政部、科技部《中央引导地方科技发展专项资金管理办法》(财教〔2016〕81号)和海南省科技厅、海南省财政厅《关于改进和加强省级财政科研项目和资金管理的意见》(琼科〔2015〕1号)等文件精神，为规范我省地方科技发展引导专项资金管理，提高专项资金使用效益，我们制定了《海南省地方科技发展引导专项资金管理实施细则》，现印发给你们，请遵照执行。

海南省财政厅 海南省科学技术厅
2017年3月28日

海南省地方科技发展引导专项资金管理实施细则

第一章 总则

第一条 为规范海南省地方科技发展专项资金（以下简称专项资金）使用和管理，提高专项资金使用效益，根据《中央引导地方科技发展专项资金管理办法》《海南省科技厅、海南省财政厅关于改进和加强省级财政科研项目和资金管理的意见》等规定，制定本实施细则。

第二条 本实施细则所称专项资金是指中央财政通过专项转移支付以及省财政配套安排的，用于支持海南省围绕国家科技发展战略和地方经济社会发展目标，改善科研基础条件，优化科技创新环境，支持基层科技工作，促进科技成果转移转化，提升区域科技创新能力的资金。

第三条 专项资金管理遵循"中央引导、省级统筹，整合资源、完善体系，绩效导向、激励相容"的原则。根据中央引导地方科技发展专项资金支持范围要求，按照国家科技创新工作部署，结合我省产业发展和三年滚动规划遴选项目。

第四条 科技计划项目的立项、实施、验收管理按照《海南省科技厅、海南省财政厅关于改进和加强省级财政科研项目和资金管理的意见》（琼科〔2015〕1号）及相关专项管理办法执行。

第二章 管理机构及其职责分工

第五条 省财政厅主要负责专项资金的预算下达、资金拨付、绩效评价和专项资金的监管工作。

（一）会同省科技厅制定中央引导地方科技发展专项资金相关实施细则；

（二）根据中央专项资金下达的通知，拨付项目经费；

（三）会同省科技厅对专项资金使用情况进行监督、检查和组织开展绩效评价。

第六条 省科技厅主要负责专项资金项目管理工作。

（一）制定并向社会公开发布申报通知；

（二）统一受理专项资金申请，进行形式审查，并组织专家评审；

（三）与项目承担单位签订计划项目任务书；

（四）负责项目的跟踪管理，组织项目验收、绩效评价及项目资金日常监管。

第七条 专项资金项目承担单位职责：

（一）据实编报项目立项申请材料；

（二）组织项目实施，落实项目实施条件和配套资金；

（三）根据签订的项目任务书要求使用项目资金；

（四）严格项目资金支出管理，对项目资金专款专用、专账核算；

（五）及时向省科技厅、省财政厅报送有关情况报告；

（六）接受有关部门的监督检查和审计。

第三章 支持范围与方式

第八条 专项资金支持以下四个方面：

（一）科研基础条件和能力建设。地市级以上地方政府所属科研单位（不含转制企业或其他事业单位的单位）的科研仪器设备购置和科研基础设施维修改造。

（二）专业性技术创新平台。主要指依托大学、科研院所、企业、转制科研机构建立的，通过产学研协同创新机制为全市发展提供研究开发支撑的专业性平台，包括产业技术研究院、技术创新中心（实验室、研究中心）、新型研发组织等。

（三）科技创新创业服务机构。主要指为中小微企业技术创新、基层科技创新活动提供技术转移、检验检测认证、创业孵化、知识产权、科技咨询、科技金融、科技资源共享等专业或综合性服务机构，包括科技园区、众创空间、科技企业孵化器、生产力促进中心、分析测试中心、技术转移机构、科技特派员工作站、科技金融服务中心等。

（四）科技创新项目示范。主要指围绕国家区域发展战略，结合科技惠民、县域科技、科技扶贫等任务，对政策目标明确、公益性属性明显、引导带动作用突出、惠及人民群众的科技成果进行转化应用的项目示范。

第九条 支持科研基础条件和能力建设的资金一般采取直接补助的方式。支持专业性技术创新平台、科技创新创业服务机构和科技创新项目示范的资金，可综合采用直接补助、后补助、以奖代补、贷款贴息、发放创新券等多种投入方式。

第十条 项目立项原则

（一）支持符合海南省中央引导地方科技发展专项资金三年滚动规划的项目。

（二）优先支持关系民生、受益人群多、技术集成度高、对全省可持续发展具有重要示范推广价值的项目，以及支持拥有自主知识产权、创新性强、技术含量高、显著增强企业竞争力的项目。

（三）专家评审不通过的项目不予立项。

（四）不符合项目申报指南支持方向和范围的项目不予立项。

（五）正在承担 2 项以上（含 2 项）省级科技计划项目的企业或项目负责人，在项目都未结题或验收之前不再支持。平台建设类项目不受正在承担项目数量限制。

第十一条 事业单位不得将专项资金用于支付各种罚款、捐款、赞助、投资、偿还债务等支出，不得用于编制内在职人员工资性支出和离退休人员离退休费，以及国家规定禁止列支的其他支出。

第四章　项目申报与遴选

第十二条 项目申报。项目申报单位根据省科技厅发布的申报通知要求，向省科技厅提出项目申请和提交相关材料。

第十三条 项目评审。由省科技厅组织专家进行项目评审，并根据评审意见提出资金分配方案，省科技厅在中央下达预算数后 20 日内将资金分配方案报省财政厅。经省财政厅审定后，下达资金预算。

第十四条 项目遴选。当年专项资金安排的项目应当在经科技部、财政部审核后的三年滚动规划重点任务及支持范围内。

第五章　资金使用与管理

第十五条 预算编制。按照《预算法》和预算编制的要求，结合国家科技创新战略部署、产业发展需求、海南省科技发展规划和年度工作重点，在中央下达的年度预算限额内，由省科技厅提报项目并编制年度专项资金及省级配套资金预算，报省财政厅审核。

第十六条 项目资金拨付。待中央预算指标下达后，省财政厅下达资金预算，按照国库集中支付有关规定执行，涉及政府采购的，应当按照政府采购有关法律法规规定执行。对拟分配到企业的专项资金，省财政厅、省科技厅通过官方网站向社会公示，公示期一般不少于 7 日，公示无异后方可拨付资金。

第十七条 项目预算调整。项目预算批复后原则上不予调整。如确需调整的，按下列规定执行：

（一）项目总预算调整。项目预算上报科技部、财政部备案后不予调整。

（二）项目预算总额不变，项目承担单位变更按相关规定报省科技厅、省财政厅批准，原则上不允许变更项目承担单位。项目负责人、项目申报单位、合作单位变更应按相关规定报省科技厅审批。

（三）项目间接费用预算总额不得调增，经项目承担单位与项目负责人协商一致后，可以调减用于直接费用，并由项目承担单位备案。

第十八条 项目经费管理。项目承担单位是项目经费使用和管理的责任主体，应当严格执行国家有关财经政策和财务制度，建立健全经费管理制度，完善内部控制和监督制约机制。加强经费管理和核算，实行专账核算、专款专用。严格执行项目预算及预算调整审批程序，确保资金规范、合理使用。项目承担单位应当及时按预算核拨项目合作单位经费，并加强对外拨经费的监督管理。

第十九条 资金结算方式。科研院所、高等学校等事业单位承担项目所发生的会议费、差旅费、小额材料费和测试化验加工费等，要按规定实行"公务卡"结算；企业承担的项目，上述支出也应当采用非现金方式结算。项目承担单位对设备费、大宗材料费和测试化验加工费、劳务费、专家咨询费等支出，原则上应当通过银行转账方式结算。

第六章 监督与绩效

第二十条 项目承担单位应主动接受财政、审计、科技等部门的监督检查和财务审计，建立专项资金使用效果的绩效考评和奖惩机制。

第二十一条 项目日常跟踪管理。采取如下方式对项目进行日常管理。

（一）定期报告。在项目执行期间，项目承担单位应于每年年底向省科技厅报告项目实施进展情况，提交年度总结报告。

（二）不定期报告。根据工作需要，省科技厅可要求项目承担单位不定期汇报项目实施情况。

（三）实地检查。省科技厅对项目的实施和完成情况进行管理和监督，组织有关人员对项目实施情况进行检查，督促项目承担单位按计划进度实施，同时帮助解决项目实施过程中存在的困难和问题。

第二十二条 项目验收。项目承担单位应当在项目任务书规定的实施期限届满后3个月内，向省科技厅提交书面验收申请，对项目支出绩效目标完成情况进行自评，提交绩效报告。使用财政科技资金50万元（含50万元）以上的项目，在项目验收时应提交具有资质的会计师事务所出具的经费审计报告，作为项目验收的重要内容。省科技厅、省财政厅应当对专项资金整体支出、项目支出绩效目标完成情况进行评价。

第二十三条 项目需延期验收的，项目承担单位应当在项目任务书规定的实施期限届满后3个月内向省科技厅提出书面报告，经批准后可延期验收，但只能延期一次，时间最长不超过一年。

第二十四条 由专项资金支持的项目经费管理中存在下列行为之一的，将追回专项资金，三年内不再受理其项目申请，省科技厅将项目承担单位及项目负责人记入科技严重失信行为记录，并依照《财政违法行为处罚处分条例》等规定予以处理处罚：

（一）编报虚假预算，套取专项资金的；

（二）截留、挤占、挪用专项资金的；

（三）未按照专项资金支持范围使用的；

（四）提供虚假会计资料的；

（五）其他违反国家财经纪律的行为。

第二十五条 项目因故不能按期完成的，项目承担单位应当在项目任务书规定的实施期限届满后3个月内，提出变更申请（延期/终止），报省科技厅核准。项目在执行期结束后三个月内仍未提出项目验收申请的，省科技厅将项目承担单位及项目负责人记入科技失信行为并按相关规定处理。

第七章 附则

第二十六条 本实施细则由省财政厅、省科技厅负责解释。

第二十七条 本实施细则自印发之日起实施。

海南省社会科学界联合会关于印发《海南省哲学社会科学规划课题资金管理办法》的通知

(琼财教〔2017〕1664号)

各市县财政局、社科联，省直有关部门：

为了规范海南省哲学社会科学规划课题（以下简称省社科课题）资金的使用和管理，提高资金使用效益，更好推动海南哲学社会科学繁荣发展，根据财政部、全国哲学社会科学规划领导小组印发的《国家社会科学基金项目资金管理办法》（财教〔2016〕304号）的有关规定，结合省社科课题研究的实际，省财政厅会同省社会科学界联合会制定了《海南省哲学社会科学规划课题资金管理办法》，现予印发，请遵照执行。执行中如有问题，请及时反馈给省财政厅、省社会科学界联合会。

海南省财政厅
海南省社会科学界联合会
2017年10月31日

海南省哲学社会科学规划课题资金管理办法

第一章 总则

第一条 为了规范海南省哲学社会科学规划课题（以下简称省社科课题）资金的使用和管理，提高资金使用效益，更好推动海南哲学社会科学繁荣发展，根据财政部、全国哲学社会科学规划领导小组印发的《国家社会科学基金项目资金管理办法》（财教〔2016〕304号）的有关规定，结合省社科课题研究的实际，制定本办法。

第二条 省社科课题资金是指省级财政安排的专项用于资助省社科课题研究的资金。具体由省社会科学界联合会（以下简称省社科联）实施管理，用于资助海南哲学社会科学研究，促进海南哲学社会科学学科发展、人才培养和队伍建设。

第三条 省社科课题经费管理与使用，应当以出成果、出人才为目标，坚持以人为本、尊重规律、依法规范、公正合理和安全高效的原则，必须符合有关财务管理制度规定，接受省财政、审计部门的监督检查和审计。

第四条 省社科课题负责人所在单位（以下简称"课题承担单位"）是省社科课题资金管理的责任单位，负责省社科课题资金的日常管理和监督，对资金使用的合规性、合理性进行审核把关。课题负责人是省社科课题资金使用的直接责任人，对资金使用的真实性和相关性承担法律责任。

第五条 省社科课题资金应当纳入课题承担单位财务统一管理，单独核算，专款专用。

第二章　资金开支范围

第六条　省社科课题资金支出是指在课题组织实施过程中与研究活动相关的、由课题资金支付的各项费用支出。省社科课题资金分为直接费用和间接费用。

第七条　直接费用是指在课题研究过程中发生的与之直接相关的费用，具体包括：

（一）资料费：指在课题研究过程中需要支付的图书（包括外文图书）购置费，资料收集、整理、复印、翻拍、翻译费，专用软件购买费，文献检索费等。

（二）数据采集费：指在课题研究过程中发生的调查、访谈、数据购买、数据分析及相应技术服务购买等支出的费用。

（三）会议费/差旅费/国际合作与交流费：指在课题研究过程中开展学术研讨、咨询交流、考察调研等活动而发生的会议、交通、食宿等费用，以及课题研究人员出国及赴港澳台、外国专家来华及港澳台专家来内地开展学术合作与交流的费用。其中，不超过直接费用 20% 的，不需要提供预算测算依据。

（四）设备费：指在课题研究过程中购置设备和设备耗材、升级维护现有设备以及租用外单位设备而发生的费用。

应当严格控制设备购置，鼓励共享、租赁以及对现有设备进行升级。

（五）专家咨询费：指在课题研究过程中支付给临时聘请的咨询专家的费用。专家咨询费预算由负责人按照课题研究实际需要编制，支出标准按照省内有关规定执行。

（六）劳务费：指在课题研究过程中支付给参与课题研究的研究生、博士后、访问学者以及课题聘用的研究人员、科研辅助人员等的劳务费用。课题聘用人员的劳务费开支标准，参照当地科学研究和技术服务业人员平均工资水平以及在课题研究中承担的工作任务确定，其社会保险补助费用纳入劳务费列支。劳务费预算应根据课题研究实际需要编制。

（七）印刷出版费：指在课题研究过程中支付的打印费、印刷费及阶段性成果出版费等。

（八）其他支出：课题研究过程中发生的除上述费用之外的其他支出，应当在编制预算时单独列示，单独核定。

第八条　间接费用是指课题承担单位在组织实施课题过程中发生的无法在直接费用中列支的相关费用，主要用于补偿承担单位为课题研究提供的现有仪器设备及房屋、水、电消耗等间接成本，有关管理费用，以及激励科研人员的绩效支出等。

间接费用一般按照不超过省社科课题资助总额的一定比例核定。具体比例如下：5 万元及以下部分为 40%；超过 5 万元至 10 万元的部分为 30%；超过 10 万元的部分为 20%。

第九条　间接费用由课题承担单位统筹管理使用。课题承担单位应当处理好合理分摊间接成本和对科研人员激励的关系，根据科研人员在省社科课题工作中的实际贡献，结合省社科课题研究进度和完成质量，在核定的间接费用范围内，公平公开公正安排绩效支出，充分发挥绩效支出的激励作用。

课题承担单位不得在核定的间接费用以外再以任何名义在省社科课题资金中重复提取、列支相关费用。

第三章　预算的编制与审核

第十条　省社科课题实行定额补助方式。课题资金预算由课题责任单位审定，并报省社科联备案。

第十一条 课题负责人应当遵照目标相关性、政策相符性和经济合理性原则，以省社科联确定的省社科课题资金资助额度为依据，服从课题研究的需要，以本办法第七条、第八条规定的开支范围（支出科目）编制课题资金预算。

第十二条 课题资金由省社科联拨付到课题承担单位。省社科重大课题资金一般分两次拨付，即第一次80%，第二次20%，省社科其他类型课题资金原则上一次性拨付。跨单位合作研究的省社科课题，确需外拨资金的，应当在省社科课题预算中单独列示，并附外拨资金直接费用支出预算。间接费用外拨金额，由课题承担单位和合作研究单位协商确定。课题承担单位应当及时按照合作研究协议和审核通过的资金预算转拨合作研究单位资金。

第四章 预算执行与决算

第十三条 课题负责人应当严格执行经审核批准后的省社科课题预算。确需调剂的，由课题负责人提出书面申请，课题承担单位重新审定后，报省社科联备案。

第十四条 省社科课题资金的支付实行国库集中支付制度。有资金预留的课题，在省社科课题成果通过审核验收后支付。未通过审核验收的省社科课题，预留资金不予支付。省社科课题资金属于政府采购范围的，应当按照政府采购有关规定执行。

第十五条 课题承担单位应当严格执行国家和省有关科研资金支出管理制度。对应当实行"公务卡"结算的支出，按照使用公务卡结算的有关规定执行。专家咨询费、劳务费等支出，原则上应当通过银行转账方式结算，从严控制现金支出事项。

对于野外考察、数据采集等无法取得发票或财政性票据的支出，在确保真实性的前提下，可按实际发生额予以报销。

第十六条 省社科课题完成后，课题负责人应当会同科研、财务、审计、资产等管理部门及时清理账目与资产，如实编制《海南省哲学社会科学规划课题结项审批表》中的省社科课题决算表，不得随意调账变动支出、随意修改记账凭证。

有外拨资金的省社科课题，外拨资金决算经合作研究单位财务、审计部门审核并签署意见后，由课题负责人汇总编制省社科课题资金决算。

第十七条 省社科课题成果首次鉴定的费用由省社科联另行支付。需要组织第二次鉴定的，鉴定费由省社科课题组承担，或从省社科课题预留资金中扣除。鉴定费支付标准按省财政有关规定执行。

第十八条 省社科课题在研期间，年度剩余资金可以结转下一年度继续使用。省社科课题成果完成并通过审核验收后，结余资金可用于课题最终成果出版及后续研究的直接支出。

第十九条 省社科课题结余资金有以下情况的，在接到通知后30日内按原渠道退回省社科联，省社科联按原渠道退回省财政：课题成果通过审核验收2年后，仍有剩余的；课题成果未通过审核验收的；课题承担单位信用评价差的；课题被终止执行的。被撤销的课题退回全部已拨课题资金。

第二十条 省社科课题研究过程中，使用课题资金形成的固定资产、无形资产等属于国有资产，课题承担单位应当按照国有资产管理的有关规定执行。

第五章 管理与监督

第二十一条 课题负责人应当依法依规使用省社科课题资金，不得擅自调整外拨资金，不得利用虚假票据套取资金，不得通过编造虚假劳务合同、虚构人员名单等方式虚报冒领劳务费和专家咨询费，不得用课题资金支付各种罚款、捐款、赞助、投资等。

第二十二条 课题承担单位应当制定本单位管理使用省社科课题资金的具体办法，明确审批程序、管理要求和报销规定，落实省社科课题预算调剂、间接费用统筹使用、劳务费分配管理、结余资金使用等管理权限。

第二十三条 课题承担单位应当加强省社科课题资金预算审核把关，规范财务支出行为，完善内部风险防控机制，强化资金使用绩效评价，保障资金使用安全规范有效。

第二十四条 省社科联应加强对各承担单位和课题负责人的资金使用和管理情况进行检查。发现问题及时督促整改，并向省财政部门报告。

第二十五条 建立省社科课题资金使用和管理的承诺机制。课题承担单位应当承诺依法依规履行省社科课题资金管理的职责，课题负责人应当承诺提供真实的财务票据信息，严格遵守省社科课题资金管理的有关规定。

第二十六条 建立省社科课题资金使用和管理的信用机制，省社科联对课题承担单位和课题负责人在省社科课题资金使用和管理方面的信誉度进行评价和记录，作为对课题承担单位信用评级和课题负责人绩效考评以及今后资助的重要依据。

第二十七条 建立省社科课题资金使用和管理的信息公开机制。课题承担单位和课题负责人应当在单位内部公开省社科课题预算、预算调剂、决算、课题组人员构成、设备购置、外拨资金、劳务费发放以及间接费用和结余资金使用等情况，自觉接受监督。

第二十八条 对存在弄虚作假骗取课题资金的，记入诚信记录档案，并按照《预算法》《财政违法行为处罚处分条例》等法规的有关规定处理，涉嫌犯罪的，依法移送司法机关处理。

省财政、省社科联、课题承担单位及其工作人员，在专项资金审批审核过程中，违反规定分配资金、向不符合条件的单位或项目分配资金、超出规定范围或标准分配专项资金，以及其他滥用职权、玩忽职守、徇私舞弊等违法违纪行为的，按照《预算法》《财政违法行为处罚处分条例》等法规的有关规定处理；涉嫌犯罪的，依法移送司法机关处理。

第六章 附则

第二十九条 本办法自发布之日起施行。本办法施行前的有关规定与本办法不符的，均以本办法为准。

第三十条 本办法由省财政厅、省社科联负责解释。

海南省科学技术厅关于印发《海南省科技计划科技报告管理办法》的通知

(琼科〔2018〕20号)

各有关单位：

为贯彻《关于加快建立国家科技报告制度的指导意见》（国办发〔2014〕43号），加快建立我省科技报告制度，推动我省科技报告的统一呈交、集中收藏、规范管理和共享使用，根据《中央财政科技计划（专项、基金等）科技报告管理暂行办法》（国科发创〔2016〕419号）的有关规定，我厅制定了《海南省科技计划科技报告管理办法》。现印发你们，请认真贯彻执行。

附件：海南省科技计划科技报告管理办法

海南省科学技术厅
2018年1月9日

海南省科技计划科技报告管理办法

第一章 总则

第一条 为贯彻《关于加快建立国家科技报告制度的指导意见》（国办发〔2014〕43号），加快建立我省科技报告制度，推动我省科技报告的统一呈交、集中收藏、规范管理和共享使用，根据《中央财政科技计划（专项、基金等）科技报告管理暂行办法》（国科发创〔2016〕419号）的有关规定，制订本办法。

第二条 科技报告是描述科研活动的过程、进展和结果，并按照规定格式编写的科技文献。科技计划项目（课题）〔以下简称项目（课题）〕呈交科技报告的类型包括：

（一）进展报告：主要描述项目（课题）合同书或任务书规定时间范围内研究工作的目的、内容、方法、过程以及取得的进展、经验教训等内容，包括项目（课题）年度进展报告或中期评估报告等。研究期限超过2年（含2年）的，应呈交此类型报告；

（二）专题报告：包括专题调研报告以及蕴含科研活动细节及基础数据的实验（试验）报告、测试报告、评估报告、分析（研究）报告、工程（生产、运行）报告等；

（三）最终报告：全面描述研究工作的全部过程、细节和结果（包括经验和教训），以数据、图表、照片等充分展示所做的工作，是项目（课题）验收的必备材料。项目（课题）验收前应呈交此类型报告。

第三条 科技报告撰写与管理严格按照国家《科技报告编写规则》（GB/T 7713.3—2014）、《科技报告编号规则》（GB/T 15416—2014）和《科技报告保密等级代码与标识》（GB/T 30534—2014）等相关国家标准以及海南省科技报告相关规定执行。

第四条 本办法适用于海南省科学技术厅（以下简称省科技厅）组织实施的省级各类科技计划、专项和基金等。

第二章 职责分工

第五条 省科技厅负责全省科技报告工作的总体部署、统筹协调和监督检查，主要职责是：

（一）规划、部署、指导和监督检查科技报告制度建设工作；

（二）将科技报告工作纳入省财政科技计划（专项、基金等）的项目（课题）立项、年度或中期检查、验收等管理过程；

（三）推进科技报告开放共享，开展科技报告制度宣传培训。

第六条 省科技厅委托海南省科学技术信息研究所（以下简称省信息所）承担全省科技报告收藏和管理工作，主要职责是：

（一）收集、加工和收藏省财政科技计划（专项、基金等）项目（课题）公开科技报告和已解密解限科技报告；

（二）建设、运行和维护省科技报告服务系统；

（三）开展科技报告共享服务，以及产出分析、立项查重等增值服务，推动科技报告交流利用；

（四）协助开展科技报告宣传培训工作。

第七条 省科技厅相关科技计划项目（课题）管理部门（以下简称省科技厅相关处室）或委托第三方专业机构在项目（课题）立项、年度和中期检查、验收过程中执行科技报告工作的相关规定和要求，主要职责是：

（一）在与项目（课题）承担单位签订的项目（课题）合同或任务书时明确规定呈交科技报告的数量和时间；

（二）督促、检查科技报告撰写和呈交工作，在项目（课题）验收时审查科技报告呈交情况；

（三）确认科技报告的密级和保密期限、延期公开和延期公开时限；

（四）及时将科技报告移交省信息所。

第八条 项目（课题）承担单位应充分履行法人责任，切实做好本单位的科技报告工作，主要职责是：

（一）将科技报告工作纳入本单位科研管理程序，指定专人负责本单位科技报告工作，并提供必要的条件保障；

（二）督促项目（课题）负责人按要求撰写科技报告，统筹协调项目（课题）各参与单位共同完成科技报告工作，并由项目（课题）牵头单位统一呈交项目（课题）科技报告；

（三）审核科技报告编号、格式、内容、密级和保密期限、延期公开和延期公开时限；

（四）负责本单位所承担项目（课题）的科技报告审查，并按照规定的渠道和方式呈交科技报告；

（五）建立本单位科技报告奖惩机制，为科技报告工作提供条件保障。

第九条 项目（课题）负责人应根据合同或任务书要求，牵头组织科研人员按时保质完成科技报告，并对内容和数据的真实性负责，将撰写合格的科技报告作为科研工作的重要组成部分。

第三章 工作流程

第十条 省科技厅相关处室在签订项目（课题）合同或任务书时，应根据项目（课题）的研究性质和资助强度，经签约各方共同审核后，明确项目（课题）承担单位须呈交的科技报告类型、时间节点和最低数量等，作为项目（课题）验收的考核指标。

第十一条 项目（课题）负责人应按照合同或任务书的要求和本办法第三条有关规定组织撰写科技报告，提出科技报告密级和保密期限、延期公开和延期公开时限。

（一）公开项目（课题）科技报告分为公开或延期公开。科技报告内容需要发表论文、申请专利、出版专著或涉及技术秘密的，可标注为"延期公开"。需要发表论文的，延期公开时限原则上在 2 年（含 2 年）以内；需要申请专利、出版专著的，延期公开时限原则上在 3 年（含 3 年）以内；涉及技术诀窍的，延期公开时限原则上在 5 年（含 5 年）以内。论文发表或专利申请公开后，延期公开科技报告应及时公开。

（二）涉密项目（课题）科技报告可以确定为秘密级，如该项目（课题）为机密或绝密级，科技报告应经降密或脱密处理后再行呈交。保密期限应依据项目（课题）合同书或任务书及国家有关保密规定提出。

第十二条 项目（课题）承担单位按照相关要求对科技报告的编号、格式、内容、密级和保密期限、延期公开和延期公开时限等进行审核，确保科技报告内容真实完整，格式规范，并按时通过规定的渠道和方式呈交科技报告。

第十三条 省科技厅相关处室或委托第三方专业机构在项目（课题）管理过程中，应及时检查科技报告撰写和呈交情况，依据有关规定对科技报告密级和保密期限、是否延期公开和延期公开时限等进行审查和确认，及时将科技报告移交省信息所；在项目（课题）验收时，应按照合同或任务书的规定审查科技报告完成情况，作为验收的必备条件。

第十四条 省信息所对收集的科技报告，应遵照相关科技报告国家标准进行统一编码、分类编目、主题标引和全文保存，并定期对各类计划科技报告任务完成情况进行统计分析。

第四章　开放共享与权益保护

第十五条 科技报告按照"分类管理、受控使用"的原则向社会开放共享。省信息所根据分级分类手段，通过省科技报告服务系统面向项目（课题）管理部门、项目（课题）承担单位、科研人员和社会公众提供开放共享服务。

"公开"和"延期公开"科技报告摘要向社会公众提供检索查询服务；"公开"科技报告全文向实名注册用户提供在线浏览和推送服务；"延期公开"科技报告全文实行专门管理和受控使用；涉密项目（课题）的科技报告严格按照国家相关保密规定进行管理。

第十六条 涉密和延期公开科技报告的保密期限或延期公开时限到期后，将自动公开。如需要延长保密期限或延期公开时限，应由项目（课题）承担单位向省科技厅相关处室提出书面申请，获得批准后，于到期前 15 个工作日将批准材料提交省信息所。

第十七条 科技报告用户应严格遵守知识产权管理的相关规定，在论文发表、专利申请、专著出版等工作中注明参考引用的科技报告，确保科技报告完成人的合法权益。对社会举报的科技报告撰写或使用中涉嫌学术抄袭等科研不端行为，按照国家相关规定进行处理。

第十八条 省信息所应按照国家相关保密规定，强化科技报告的安全保密管理和知识产权保护工作，严格执行科技报告的延期公开时限，实时跟踪科技报告的使用日志，统计并发布科技报告共享使用情况；同时积极开展科技报告资源的深度开发和增值利用，服务于我省立项查重、科技项目（课题）进展监控、研发产出跟踪、科技发展态势监测、技术预测和技术选择等，促进科技成果利用和转化。

第五章 保障条件

第十九条 科技报告撰写、呈交与管理所需费用应统一纳入经费预算予以保障。

第二十条 省科技厅对科技报告撰写和管理工作的先进单位和个人适时给予表彰。科技报告的呈交、共享和使用情况作为对项目（课题）承担单位项目（课题）立项、申报科技奖励和后续滚动支持的重要依据之一。

第二十一条 科技报告完成情况作为项目（课题）的考核指标和验收的基本条件。对未提出变更申请且未按照项目（课题）合同或任务书呈交科技报告的，责令其在30日内改正；拒不改正呈交的，按"不通过验收"处理。对科技报告存在抄袭、数据弄虚作假等科研不诚信的单位和个人，纳入"黑名单"管理，给予通报批评，并视情节轻重，阶段性或永久取消其申请省级各类科技计划项目（课题）的资格。

第二十二条 项目（课题）承担单位要积极参与科技报告培训活动，增强科研人员的责任感，提升科技报告的撰写能力和共享交流意识。

第六章 附则

第二十三条 本办法由省科技厅负责解释。

第二十四条 本办法自发布之日起施行。

海南省科学技术厅关于印发《海南省财政科技计划项目管理办法》的通知

(琼科〔2018〕48号)

各有关单位：

为规范我省财政科技计划项目管理，根据《国务院关于改进加强中央财政科研项目和资金管理的若干意见》（国发〔2014〕11号）和《海南省人民政府关于印发深化省级财政科技计划和资金管理改革方案的通知》（琼府〔2015〕108号），结合我省实际，我厅修订了《海南省科技计划项目管理办法》，现印发你们，请遵照执行。

海南省科学技术厅
2018年2月2日

海南省财政科技计划项目管理办法

第一章 总则

第一条 为规范海南省财政科技计划项目管理，建立完善的项目管理机制，提高项目实施成效，根据《国务院关于改进加强中央财政科研项目和资金管理的若干意见》（国发〔2014〕11号）和《海南省人民政府关于印发深化省级财政科技计划和资金管理改革方案的通知》（琼府〔2015〕108号），结合我省实际，制定本办法。

第二条 本办法所称海南省财政科技计划项目（以下简称项目）是指根据全省科技发展规划和社会发展需要，以省级财政科技经费支持或以科技政策调控、引导，由海南省科学技术厅组织具备条件的单位承担在一定时限内进行的科学研究、技术开发、成果转化及相关科技活动。

省财政科技计划包括基础与应用基础研究计划、重大科技计划、重点研发计划、技术创新引导计划、科技创新能力建设计划等五类财政科技计划。

第三条 项目是财政科技计划组织实施的基本单元。项目可根据需要下设一定数量的课题。课题是项目的组成部分，按照项目总体部署和要求完成相对独立的研究开发任务，服务于项目目标。

第四条 项目管理遵循依法行政、职责明确、程序公开、精简高效的原则。

第五条 本办法适用于海南省省级科技计划项目立项、项目实施、项目验收和项目保障等项目管理工作。各类科技计划管理上有其他要求的，在遵循本办法的基础上，依据项目类型、性质另行制定专项管理办法。

第二章 组织管理与职责

第六条 海南省科学技术厅是海南省财政科技计划的项目主管部门，其主要职责是：

（一）研究制定省财政科技计划项目管理制度；

（二）负责省财政科技计划项目的申报指南编制与发布、申报与立项、实施与管理、验收与评价、专家库建设等项目管理与监督工作；

（三）根据财政科技计划项目管理工作需要，遴选科技管理服务机构（简称服务机构），并对其履职情况进行监督检查；

（四）会同省财政厅开展省财政科技计划项目年度与中期管理、监督检查和绩效评估，提出优化调整建议；

（五）建立省财政科技计划项目组织实施的协调保障机制，推动科技成果的转化应用和信息共享；

（六）按照相关规定应当履行的其他职责。

第七条 项目承担单位包含牵头单位与参与单位，负责项目的具体组织实施工作，强化法人责任。其主要职责是：

（一）按照项目任务书组织实施项目，履行任务书各项条款，完成项目研发任务和目标；

（二）严格执行省财政科技计划各项管理规定，建立健全科研、财务、诚信等内部管理制度，落实激励科研人员的政策措施；

（三）按要求及时编报项目执行情况报告、信息报表、科技报告等；

（四）及时报告项目执行中出现的重大事项，按程序报批需要调整的事项；

（五）接受指导、检查并配合做好监督、评估和验收等工作；

（六）履行保密、知识产权保护等责任和义务，推动项目成果转化应用。

第八条 项目负责人作为项目实施的主要承担者，具有以下职责：

（一）客观、公正地编制项目申报材料、任务书内容、项目实施情况及验收报告；

（二）按要求参加省科技厅组织的评审会、项目实施进展汇报会、验收会等会议；

（三）项目负责人应统筹协调参与单位、项目组成员间的任务分工，保障项目顺利实施；

（四）牵头组织并提交项目实施进展情况、成果报告、验收报告等相关材料；

（五）全面掌握项目进展情况，对可能影响项目实施的重大事项和重大问题，及时报告并研究提出对策建议。

第九条 项目下设课题的，课题承担单位应强化法人责任，按照项目实施的总体要求完成课题任务目标；课题任务须接受项目牵头单位的指导、协调和监督，对项目牵头单位负责。

第十条 受省科技厅委托的服务机构参与项目管理，具有以下职责：

（一）遵守省财政科技计划项目管理的有关规定，按照省科技厅的委托，保证质量、按时完成受托的各项服务业务；

（二）遵守"公开、公平和公正"的原则，确保提供的服务工作公正、科学、优质和高效。

（三）客观、及时地向省科技厅反映在执行项目管理服务过程中发现的各类问题；

（四）建立符合项目管理需求的相关制度，自觉接受省科技厅的监督；

（五）严格保守服务对象在项目实施和管理过程中的各项管理、技术以及其他商业秘密。

第三章 指南编制与发布

第十一条 省科技厅根据全省经济、社会、科技发展规划和战略，结合年度工作重点编制各类科技计划项目申报指南，每年适时发布，项目征集时间不低于50个工作日。

第十二条 项目申报指南应明确项目遴选方式、支持方向和范围、资助方式、实施年限、资助额度等内容，并对申报单位的资质等有关条件提出明确要求。

第四章 申报与受理

第十三条 省科技厅按项目申报指南要求启动项目申报工作，项目申报单位通过海南省科技业务综合管理系统（以下简称业务系统）填报并提交项目申报书电子文档（特别要求不需要网上提交的专项除外）。项目申报纸质材料统一通过省科技厅业务受理窗口（以下简称受理窗口）办理。

第十四条 项目申报单位应当符合以下基本条件：

（一）在海南省行政区域内注册的企事业单位或中央在琼企事业单位；申报单位为企业的，须在海南省行政区域内注册一年以上且具有独立法人资格（重大科.技计划项目按其专项管理办法执行）；

（二）申报单位应以独立法人单位名义申请，原则上暂不受理个人名义申报；

（三）具有较强科研能力和条件、运行管理规范，在相关研究领域具有一定技术优势和工作基础；

（四）具有完成项目所必备的人才队伍、经济能力；

（五）具有完成项目所需的组织管理和协调能力；

（六）申报指南提出的其他要求。

第十五条 项目单位组织申报项目，可独立申报，也可联合相关单位申报。实行公开竞争方式的省级财政科技计划研发类项目，申报单位为企业法人的，当年申报项目一般不能超过1项，违反规定的，取消当年申报资格。

优先支持高新技术企业及技术创新能力较强的科技型企业申报省级科技计划项目，当年申报实行公开竞争方式的省级科技计划研发类项目一般不得超过2项，违反规定的，取消当年申报资格。

第十六条 申报项目应明确项目（课题）负责人。项目（课题）为联合申报的，应签订联合申报协议，项目负责人应具有领导和组织开展创新性研究的能力，科研信用记录良好，年龄、工作时间等符合申报指南要求。

已承担2项以上（含2项）实行公开竞争方式的省级科技计划研发类项目的项目负责人，在项目未验收前不得继续申报项目。当年申报公开竞争方式的研发类项目不能超过1项，违反规定的，取消当年申报资格。

第十七条 项目申报单位必须按照规定时限和规定渠道（书面申报或网上申报），将项目申报材料报送受理窗口。受理窗口对项目申报材料进行完整性审查和受理。

第五章 评审与立项

第十八条 省科技厅组织或委托服务机构开展项目评审工作。

第十九条 项目立项实行专家评审和行政决策相结合的方式。项目立项主要程序包括：形式审查、专家评审、行政决策、公示和项目下达。

第二十条 省科技厅组织或委托服务机构开展申报项目材料形式审查工作，重点对项目内容是否符合科技计划项目管理规定和申报指南要求，是否存在重复申报以及项目申报单位及项目负责人信用记录等进行审查。

第二十一条 专家评审可包括初审、复审；评审方式可包括网络评审、材料评审或会议评审等，具体方式根据各类科技计划专项申报情况确定。

项目评审专家原则上从海南省科技业务综合管理系统专家库中选取，实行回避制度和轮换机制。

第二十二条 省科技厅根据省委省政府的工作部署和工作重点，结合产业发展需求和专家意见按行政决策程序形成拟立项意见。

第二十三条 省科技厅对拟立项项目在省科技厅门户网站上进行公示，公示期7天，公示无异议，予以立项并下达立项文件。

第二十四条 对于突发、紧急的省重大科技需求，省科技厅可根据省委、省政府要求，研究提出快速反应项目，采取定向择优等方式组织立项实施。涉及财政资金预算调整的，按程序报批。

第六章 实施与管理

第二十五条 项目实行合同制管理。项目承担单位应在立项文件下达后1个月内与省科技厅签订项目任务书，项目实施起始时间为项目立项下达时间；无正当理由逾期未签订任务书的视为自动放弃。

第二十六条 项目（课题）任务书应以项目申报书和专家评审意见为依据，突出绩效管理，明确项目实施内容、考核指标等内容。

第二十七条 项目承担单位应根据项目（课题）任务书确定的目标任务和分工安排，履行各自的责任和义务，按进度完成相关任务。按照一体化组织实施的要求，加强不同任务间的沟通、互动、衔接与集成，共同完成项目总体目标。

第二十八条 项目牵头单位和项目负责人应切实履行责任，全面掌握项目进展情况，对可能影响项目实施的重大事项和重大问题，应及时报告并研究提出对策建议。

第二十九条 实行项目报告制度。项目承担单位应按照科技报告制度要求，通过信息系统或书面向省科技厅、专业机构报送项目执行情况报告。

（一）项目年度执行报告。项目承担单位须按要求于每年11月底前（项目立项不满3个月的，不提交科技报告）向省科技厅报告项目执行情况；

（二）项目不定期报告。根据工作需要，省科技厅可要求项目承担单位不定期汇报项目实施情况；

（三）项目重要事项调整报告。如遇目标调整、内容更改、项目负责人变更、关键技术方案变更、不可抗力因素等对项目执行产生重大影响的情况，应及时向省科技厅申请调整变更。省科技厅根据项目的实际情况进行处理，并将处理意见反馈申请单位；

（四）项目实施重要事件报告。如项目取得重大进展、突破，或发生可能影响合同按期完成的重大事件或难以协调的问题，项目承担单位须向省科技厅及时报告；

（五）项目验收报告。项目实施期限届满后3个月内，项目承担单位须主动向省科技厅或受委托服务机构提交项目验收申请报告。

第三十条 项目实施中须对以下事项作出必要调整的，应通过科技业务管理系统或按相关程序报批：

（一）项目负责人因工作调动、出国（境）、死亡伤病及其他重大原因导致无法履行工作职责时，项目承担单位可提出变更项目负责人申请，新任负责人需要与原负责人相当的专业技术能力和资格，具有完成项目实施的能力。项目负责人变更需由项目单位提出申请并报省科技厅批复；项目组成员变更经项目组成员同意签名后，由项目负责人和项目承担单位审核批复，在项目验收时向省科技厅报备；

（二）参与单位更换或增减的数量不得多于1家。变更参与单位，需经项目牵头单位与原各个参与单位协商一致后方可提出申请，并附相关书面协议。由省科技厅审核批复；

（三）因不可抗拒力或政策性因素导致项目无法按期完成的，项目承担单位应于项目执行期结束前3个月向省科技厅提出书面申请，经批准后可延期验收，但只能延期一次，时间最长不超过一年。

第三十一条　项目实施中因不可抗拒力或政策性因素，导致项目难以继续实施或不能完成项目任务指标的，项目承担单位可在项目实施期满前向省科技厅提出终止项目的申请，省科技厅审核后批复办理。

第三十二条　省科技厅对未经批准，擅自调整项目负责人、项目参与单位、实施期限的项目承担单位，责令其进行整改，对有严重过错并且整改不力的，强制终止其项目，并会同省财政厅追缴财政专项资金。

第三十三条　凡有下列情况之一的，省科技厅可强制执行项目终止。

（一）项目执行中出现严重的法律纠纷导致项目无法继续实施的；

（二）项目立项后，因项目承担单位或项目负责人原因导致项目进度严重滞后，项目超过1年或项目实施周期过半仍完全或基本没有使用财政资金的；

（三）项目组织管理不力，完成项目任务所需的资金、人员等支撑条件等未落实或发生重大问题导致项目无法进行的；

（四）经核实项目承担单位已停止经营活动或注销的；

（五）项目承担单位或负责人在项目实施过程中出现严重科研不端及严重违规违法等行为，不按规定进行整改或拒绝整改，导致项目实施无法进行或面临重大风险的。

第七章　项目验收

第三十四条　项目承担单位应当在项目实施期限届满后3个月内，主动提交书面验收申请并将相关验收材料报省科技厅，无故不得逾期。

第三十五条　省科技厅或服务机构应根据不同项目类型，组织项目验收专家组进行验收。

第三十六条　项目验收专家组一般由技术专家、财务专家等不少于5名的单数专家共同组成，验收专家执行回避制度。

第三十七条　项目验收专家组在审阅资料、听取汇报、实地核查、提问质询的基础上，按照通过验收、不通过验收两种情况形成验收结论。

（一）按期保质完成项目任务书确定的目标和任务，为通过验收；

（二）未完成项目任务书确定的主要目标和任务，按不通过验收处理。

第三十八条　项目承担单位提供的验收文件、资料、数据存在弄虚作假，或未按相关要求报批重大调整事项，或不配合验收工作的，按不通过验收处理。

第三十九条　验收时，应对项目承担单位的财政资金使用情况同时进行验收。出现项目重要财务资料缺失，违反相关财务管理规定，或未按相关要求报批经费调整等事项，按不通过验收处理。

第八章 成果管理

第四十条 项目产生的科技成果应当按照科技保密、科技成果评价登记、知识产权保护、技术合同认定登记、科学技术奖励等有关规定和办法执行。项目承担单位应在项目验收后6个月内完成项目科技成果登记。

第四十一条 项目形成的研究成果，包括论文、专著、样机、样品等，应标注"海南省财政科技计划资助"字样及项目编号，英文标注："Finance science and technology project of hainan province"。第一标注的成果作为验收或评估的确认依据。

第四十二条 项目形成的知识产权的归属、使用和转移，按照国家有关法律、法规和政策执行。相关单位应事先签署正式协议，约定成果和知识产权的归属及权益分配。

第四十三条 依法取得知识产权的单位应当积极应用和有序扩散项目成果，传播和普及科学知识，促进技术交易和成果转化，并落实支持成果转移转化的科研人员激励政策。

第九章 监督与处罚

第四十四条 省科技厅对项目的实施和完成情况进行监督检查，会同省财政厅加强项目经费管理与监督检查。

第四十五条 监督检查的主要对象是省级科技计划项目承担单位、项目负责人和项目组成员等，监督检查结果纳入省科技计划信用记录。

第四十六条 监督检查可采用定期报告、中期检查、巡视检查和专项审计等方式进行。

第四十七条 监督检查中发现的问题，省科技厅应下达书面整改通知书限期整改。项目承担单位按照要求及时整改，并将整改情况报省科技厅。

第四十八条 省科技计划项目的管理监督和惩戒贯穿项目管理全过程，省科技厅根据情况对违反项目管理规定的项目单位和项目负责人进行处理，处理结果予以通报或公布，并纳入省科技计划管理信用记录。涉嫌违法、违纪的，移交司法机关和纪检部门。

（一）项目申报材料内容出现弄虚作假的，取消项目当年评审资格，并纳入省科技计划管理信用记录。

（二）违反申报限项要求的项目单位或负责人，取消企业法人单位当年申报资格，取消项目负责人当年申报资格。

（三）对项目负责人无正当理由未经同意不参加项目评审的，取消项目立项资格，并纳入省科技计划管理信用记录。

（四）项目因不可抗拒或政策性因素，经省科技厅审核同意终止的，由项目单位对项目经费进行清算，财政经费结余部分退回财政。

（五）验收不通过或省科技厅强制终止的项目，省科技厅将对相关单位或责任人进行通报，由省科技厅对项目进行经费清算，财政经费结余部分和使用不合理经费按原渠道退回财政；取消项目承担单位（专指项目承担单位为企业法人的）、项目负责人三年内承担省级财政科技计划项目资格；对涉及违法的，移交司法机关处理。

（六）无正当理由、未经审批同意而逾期不提交验收申请的项目，按照验收不通过处理，纳入省科技计划管理信用记录，省科技厅对项目进行经费清算，追缴财政专项资金，取消项目单位（专指项目承担单位为企业法人的）和负责人五年内承担省级财政科技计划项目资格，对涉及违法、违纪的，移交司法机关和纪检部门。

第四十九条 对有违规行为的咨询评审专家，予以警告、责令限期改正、阶段性或永久性取消咨询评审和申报参与项目资格等处理；对有违规行为的服务机构，予以约谈、责令限期整改、解除委托协议、阶段性或永久性取消项目管理资格等处理。处理结果可进行通报或公布，并纳入省科技计划管理信用记录。涉嫌违法、违纪的，移交司法机关和纪检部门。

第五十条 项目和经费主管部门及其相关工作人员在项目管理过程中，应严格按照国家及省的法律法规履行工作职责，存在违法、违纪行为的，依法追究有关责任单位和人员的责任。涉嫌违法、违纪的，移交司法机关和纪检部门。

第十章 附则

第五十一条 本办法由海南省科学技术厅负责解释。

第五十二条 本办法自发布之日起施行。2012年6月7日海南省科学技术厅发布的《海南省科技计划项目管理办法》同时废止。

海南省财政厅 海南省科学技术厅关于印发《海南省重大科技计划项目和经费管理办法》的通知

(琼财教〔2018〕116号)

省直有关部门，各市县财政局、科技管理部门，洋浦财政局、社会发展局，各有关项目承担单位：

为规范和加强海南省重大科技计划项目和经费的管理，保障省重大科技计划专项的组织实施，提高经费使用效益，根据国家有关财经法规和财务管理制度，结合本省实际，我们制定了《海南省重大科技计划项目和经费管理办法》。现予印发，请遵照执行。

湖南省财政厅 海南省科学技术厅
2018年2月6日

海南省重大科技计划项目和经费管理办法

第一章 总则

第一条 为规范和加强海南省重大科技计划项目和经费的管理，保障省重大科技计划专项（以下简称重大科技专项）的组织实施，提高经费使用效益，根据《中共中央办公厅国务院办公厅关于进一步完善中央财政科研项目资金管理等政策的若干意见》（中办发〔2016〕50号），《中共海南省委办公厅海南省政府办公厅关于进一步完善海南省财政科研项目资金管理等政策的实施意见》（琼办发〔2017〕16号）的有关规定，结合本省实际，制定本办法。

第二条 本办法所称省重大科技计划项目是指以聚焦省重大战略产品和重大产业化为目标，针对本省经济社会发展的重大科技需求，充分发挥政府主导作用，加强产学研联合攻关，着力解决产业重大科技问题，培育战略性新兴产业，推动重点产业发展的项目。

第三条 重大科技专项的资金来源坚持多元化原则，包括省财政资金、市县财政资金、单位自筹资金以及从其他渠道获得的资金。

第二章 管理部门和职责分工

第四条 省重大科技计划项目管理由省科技厅负责，重大科技专项资金由省科技厅、省财政厅共同负责。

省科技厅负责编制年度重点任务计划，发布项目申报指南，对项目计划实施情况进行监督检查；组织项目申报、评审、招标、验收等工作，编制项目立项及专项资金安排建议方案，下达项目立项计划，对资金使用情况进行监督、检查，开展绩效评价工作。

省财政厅负责安排年度资金预算；对省科技厅提出的专项资金分配方案进行审核，下达专项资金分配方案，拨付项目资金；对资金使用情况进行监督、检查。

第五条 项目（课题）承担单位（以下简称承担单位）是项目（课题）实施、资金使用和管理的责任主体，应强化法人责任，规范资金管理，落实单位自筹资金及其他配套条件等。负责项目（课题）实施、编制和执行所承担的省重大科技专项项目（课题）预算；按规定程序履行相关预算调剂职责；严格执行各项财务规章制度，接受监督、检查和审计，并配合评估和验收。

第三章 支持重点和补助方式

第六条 重大科技专项围绕全省重点领域、重点产业的重大科技需求，重点支持以下项目：

（一）对我省产业发展具有重要支撑作用的关键核心和共性技术攻关；

（二）科技成果在海南省境内的转化和产业化以及创新产品的应用推广；

（三）核心装备及战略产品的研发和产业化示范；

（四）重大科技示范工程及重大科技创新平台建设；

（五）本省经济社会发展亟须解决的、影响本省经济社会发展的重大公共利益的技术攻关科研项目；

（六）落实全省经济社会发展和科技发展规划部署，实施省委省政府年度重点工作的项目；

（七）国家重大科技专项在海南省的配套项目；

（八）其他符合重大科技专项范围的项目。

第七条 重大科技专项主要用于支持在中国大陆境内注册，具有独立法人资格，承担重大专项任务的科研院所、高等院校、企业等。企业自筹资金不得低于财政补助资金支持额度。省重大科技项目（课题）实行预算管理（包括财政补助资金和承担单位自筹资金）。

第八条 重大科技专项的财政支持方式分为前补助、后补助。具体支持方式根据重大专项组织实施的要求和项目（课题）的特点，在年度指南予以明确。

（一）前补助是指项目（课题）立项后核定预算，并按照项目（课题）执行进度拨付资金的财政支持方式。前补助对象为承担省重大科技计划项目的国有高等院校、国有科研院所或其他事业单位。

（二）后补助是指事前立项事后补助，具体是指承担省重大科技计划项目的企业单位，项目预算经立项核定，签订任务书后，项目单位先自行投入资金组织开展研究开发和示范推广等活动，在项目（课题）完成并取得相应成果后，按规定程序通过审核验收、评估评审后，再根据项目（课题）完成和资金使用情况给予适当补助。省科技厅可按一定比例拨付部分财政补助启动资金。

第四章 资金使用和管理

第九条 重大科技专项资金管理和使用原则

（一）集中财力，聚焦重点。专项资金集中用于支持能承接重大技术研究开发与示范应用任务的科研单位、高等院校和企业，避免分散使用。

（二）科学安排，合理使用。专项资金要严格按照重大科技项目的目标和任务，科学分配资金，合理编制经费预算，杜绝随意性。

（三）单独核算，专款专用。专项资金要纳入承担单位财务统一管理，所有渠道获得的资金都要按照"单独核算，确保专款专用"原则使用和管理。注重绩效，并建立专项资金管理和使用的追踪问效制度。

（四）政府引导，多元投入。对省重大科技项目的投入，积极发挥市场配置技术资源的决定性作用和企业技术创新的主体作用，应以项目承担单位自有（筹）资金为主，财政资金安排要结合财力可能和重大科技项目的特点适当给予支持。

第十条　省科技厅、省财政厅要加强重大科技专项资金预算管理，省科技厅在统筹安排重大科技专项资金时，要结合财力可能，合理安排项目预算，当年安排省重大科技项目财政经费不得突破重大科技专项当年财政预算。

第十一条　重大科技专项资金由直接费用和间接费用组成。直接费用是指在项目实施过程中发生的与之直接相关的费用。主要包括：

（一）设备费：是指在项目实施过程中购置或试制专用仪器设备，对现有仪器设备进行升级改造，以及租赁外单位仪器设备而发生的费用。

（二）材料费：是指在项目实施过程中消耗的各种原材料、辅助材料等低值易耗品的采购及运输、装卸、整理等费用。

（三）测试化验加工费：是指在项目实施过程中支付给外单位（包括承担单位内部独立经济核算单位）的检验、测试、化验及加工等费用。

（四）燃料动力费：是指在项目实施过程中直接使用的相关仪器设备、科学装置等运行发生的水、电、气、燃料消耗费用等。

（五）出版／文献／信息传播／知识产权事务费：是指在项目实施过程中，需要支付的出版费、资料费、专用软件购买费、文献检索费、专业通信费、专利申请及其他知识产权事务等费用。

（六）会议／差旅／国际合作交流费：是指在项目实施过程中发生的会议费、差旅费和国际合作交流费。在编制预算时，本科目支出预算不超过直接费用预算10%的，不需要编制测算依据。承担单位和科研人员应当按照实事求是、精简高效、厉行节约的原则，严格执行国家和单位的有关规定，统筹安排使用。

（七）劳务费：是指在项目实施过程中支付给参与项目的研究生、博士后、访问学者以及项目聘用的研究人员、科研辅助人员等的劳务性费用。项目聘用人员的劳务费开支标准，参照当地科学研究和技术服务业从业人员平均工资水平，根据其在项目研究中承担的工作任务确定，其社会保险补助纳入劳务费科目开支。劳务费预算应据实编制，不设比例限制。

（八）专家咨询费：是指在项目实施过程中支付给临时聘请的咨询专家的费用。专家咨询费不得支付给参与本项目及所属课题研究和管理的相关工作人员。专家咨询费的管理按照本省有关规定执行。

（九）其他支出：是指在项目实施过程中除上述支出范围之外的其他相关支出。其他支出应当在申请预算时详细说明。

第十二条　间接费用是指承担单位在组织实施项目过程中发生的无法在直接费用中列支的相关费用。主要包括：承担单位为项目研究提供的房屋占用，日常水、电、气、暖消耗，有关管理费用的补助支出，以及激励科研人员的绩效支出等。

第十三条　间接费用实行总额控制，按照不超过项目（课题）直接费用扣除设备购置费后的20%比例核定。具体比例如下：

（一）500万元及以下部分为20%；

（二）超过500万元至1000万元的部分为15%；

（三）超过1000万元以上的部分为13%。

第十四条　间接费用由承担单位统筹安排使用。承担单位应当建立健全间接费用的内部管理办法，公开透明、合规合理使用间接费用，处理好分摊间接成本和对科研人员激励的关系，绩效支出安排与科研人员在项目工作中的实际贡献挂钩。根据项目实施进展情况分阶段支出，按项目任务书中核定项目绩效支出的总量、分配比例、数额，分年度计提。项目实施期内发放比例不超过50%，项目验收通过后支出剩余部分。项目终止、不通过验收的，不得继续安排绩效支出。非研发类省重大科技计划项目（如科技示范、平台类建设等项目）不予提取绩效支出。

第十五条 采用事前立项事后补助方式的项目（课题），可事先拨付一定比例的财政补助启动资金，启动资金列入立项当年预算。项目实施期满，根据项目的实施，经费使用和验收结果，提出其剩余省财政补助资金安排建议，列入重大科技计划年度预算中安排。承担单位可以统筹安排使用。验收不通过和终止的项目（课题）其剩余资金不予补助。

第十六条 财政安排的重大科技专项资金按照国库集中支付制度有关规定执行。

第十七条 承担单位应当按照本办法和国家相关财经法规及财务管理制度，完善内部控制和监督制约机制，加强支撑服务条件建设，提高对科研人员的服务水平，建立常态化的自查自纠机制，强化资金使用绩效评价，保证项目（课题）资金安全。

第十八条 承担单位应当强化预算约束，规范资金使用行为，严格按照本办法规定的开支范围和标准支出，严禁使用省重大科技专项资金支付各种罚款、捐款、赞助等，严禁以任何方式牟取私利。承担单位应当建立健全各种费用开支的原始资料登记和材料消耗、统计盘点制度，做好预算与财务管理的各项基础性工作。

第十九条 承担单位应当将项目资金纳入单位财务统一管理，对省财政资金和其他来源的资金分别单独核算，确保专款专用。按照承诺保证其他来源的资金及时足额到位。

第二十条 项目实施期间，年度剩余资金可以结转下一年度继续使用。项目完成任务目标并通过验收后，结余资金在2年内由承担单位统筹安排用于科研活动的直接支出，2年后未使用完的，按规定收回。

第二十一条 经批准的省重大科技计划项目（课题）经费在实施过程中原则上不作调整，如确需调整的，按下列规定执行：

（一）项目预算变更，项目（课题）承担单位之间预算调剂以及增减承担单位，报省科技厅、省财政厅审批；

（二）项目预算不变，项目负责人、项目牵头单位、课题承担单位变更，报省科技厅审批，省财政厅备案；

（三）项目（课题）预算总额不变，直接费用中材料费、测试化验加工费、燃料动力费、出版/文献/信息传播/知识产权事务费、会议/差旅/国际合作与交流费、其他费用等预算如需调剂，由项目（课题）负责人根据实施过程中科研活动的实际需要提出申请，由项目（课题）承担单位批准，报项目牵头承担单位备案。设备费、劳务费、专家咨询费预算一般不予调增，需调减用于课题其他直接支出的，可按上述程序办理调剂审批手持；如有特殊情况确需调增的，由项目（课题）负责人提出申请，经项目牵头单位同意后，报省科技厅审批。

（四）本办法关于项目变更、调整、终止等未尽事项遵照《海南省财政科技计划项目管理办法》和《海南省财政科技计划项目经费管理办法》相关规定执行。

第二十二条 未通过验收或因故终止的项目剩余财政补助资金，由省科技厅会同省财政厅按原渠道收回。

第二十三条 承担单位要切实做好设备采购的监督管理，做到全程公开、透明、可追溯。行政事业单位使用财政资助资金形成的固定资产属于国有资产，按照《海南省省直行政事业单位国有资产使用管理暂行办法》执行；企业使用财政补助资金形成的固定资产，按照《企业财务通则》等相关规章制度执行。项目实施中形成的大型科学仪器、科学数据、自然科技资源等，按有关规定开放共享。

第五章　项目申报和立项审核

第二十四条　根据海南省经济社会发展需求，省委、省政府产业发展决策部署，结合海南省科技发展规划，制定年度《海南省重大科技计划项目申报指南》，适时分批发布，明确年度重点支持范围和具体要求。

第二十五条　项目申报单位按照本办法和年度申报指南的要求，准备和提供相应的申请材料或投标文件，并保证申请材料真实可靠。申请项目须具备以下条件：

（一）项目符合国家、省产业政策及申报或招标指南的要求，实施地和成果转化地在海南省境内；

（二）申报单位两家以上的，须合作基础良好且签订了合作协议，明确各方权利义务、经费分配、知识产权归属、法律责任等；

（三）申报单位具有较强的技术实力或者较高的科研水平，并有一定人员、资金或设备投入；

（四）项目资金预算合理可行；

（五）申报企业承诺提供并落实足额自筹经费；

（六）项目实施应当具备的其他条件。

第二十六条　项目立项按照公开竞争的原则，采取主管部门推荐、项目单位自主申报、公开招标等方式择优确定。

（一）主管部门推荐，是指由主管部门根据省科技厅发布的项目申报指南，汇总审核符合本部门管理职能的项目申报材料后，向省科技厅提出立项申请。

（二）项目单位自主申报，是指项目单位根据省科技厅发布的项目申报指南，结合自身发展需要，向省科技厅提出立项申请。

（三）公开招标，是指省科技厅根据本省经济社会发展亟须解决的、影响本省经济社会发展的重大公共利益或重大产业的技术问题，选择若干个科研项目在全国范围内公开招标，择优确定项目承担单位。

第二十七条　省科技厅组织专家或委托中介机构组织专家（熟悉专业技术、经济、财务和管理等方面专家）对项目申请或投标材料进行评审或论证。评审或论证结果作为重大科技专项立项决策以及总预算控制的重要依据。

第二十八条　项目立项程序：

（一）申报受理。省科技厅受理项目申报材料。

（二）初审。省科技厅按照本办法和年度申报指南的要求对受理的项目进行审查。

（三）实地考察。省科技厅对初审通过需要现场核查的项目进行考察。

（四）评审。省科技厅组织专家从技术、经费预算等方面对项目进行评审、论证。

（五）综合评审。省科技厅组织省级财政科技计划战略咨询与综合评审委员会专家对评审通过的项目进行综合评审。

（六）厅务会议审议。省科技厅在综合评审的基础上，召开厅务会议，对拟立项项目及经费安排进行审议。

（七）公示。省科技厅对厅务会议议定的拟立项项目在省科技厅、省政府网站上进行公示，接受社会各界监督。

（八）报省政府审批。根据公示情况，省科技厅会同省财政厅编制项目立项及经费安排建议方案，上报省政府审批。

（九）项目下达。经省政府批准获得立项的项目，由省科技厅下达项目立项通知。

第六章　实施管理和考核验收

第二十九条　项目实施实行任务制管理。项目立项后，承担单位应当在规定的时间内与省科技厅签订项目任务书。项目任务书应包括项目研究内容、目标任务、考核指标、经费预算等内容。无正当理由逾期未签订项目任务书的视为自动放弃。项目实施起始时间为项目立项下达时间，实施年限以申报指南规定时间为准，按起始时间顺延。

第三十条　项目任务书甲方为省科技厅，乙方为项目承担单位，双方基本职责如下：

（一）甲方职责

1. 监督检查项目执行情况；

2. 跟踪服务和协调解决项目执行中的有关问题；

3. 组织项目验收。

（二）乙方职责

1. 按照任务书的内容组织项目实施；

2. 落实项目实施条件和配套经费；

3. 保证经费专款专用，项目资金独立核算；

4. 接受甲方对项目执行情况的监督检查，按甲方要求报送项目实施进展情况及相关材料，及时报告重大事项；

5. 提交项目验收所需的有关材料，按时进行项目验收。

第三十一条　项目任务书内容原则上不得变更，因客观原因需变更的，须由项目牵头承担单位提出书面申请报省科技厅审批。

第三十二条　项目跟踪管理。方式包括：

（一）定期报告。在项目执行期间，项目承担单位于每年3月30日前向省科技厅提交上一年度项目执行情况报告及具有相关资质的会计师事务所出具的年度资金审计报告。

（二）不定期报告。在项目执行期间，项目承担单位按照项目管理工作要求，向省科技厅不定期报告项目实施进展情况及资金使用情况。

（三）实地检查和跟踪服务。根据工作需要，省科技厅对项目的实施情况进行实地检查和跟踪服务，督促项目承担单位按计划进度实施，协调解决项目实施过程中存在的困难和问题。

（四）年度考核。每年省科技厅组织对上一年度项目任务完成情况进行考核，考核情况作为项目财政经费滚动支持或调整的依据。

第三十三条　项目验收由省科技厅或由省科技厅委托有关机构组织实施。

第三十四条　项目验收以项目任务书为依据，对项目是否完成任务书规定的研究内容及技术、经济考核指标等作出客观、实事求是的评价。

第三十五条　项目承担单位应当在任务书规定的项目执行期满后3个月内，按验收材料要求将具有相关资质的会计师事务所出具的项目经费审计报告等验收材料报省科技厅；项目因故不能按期完成须申请延期的，承担单位应于项目执行期结束前6个月提出延期申请，经省科技厅批准后方可延期验收，但只能延期一次，时间最长不超过一年。

第三十六条 因不可抗拒力或政策性因素未能完成项目任务书确定的主要目标和任务的，项目承担单位应于项目实施期满前，向省科技厅提出项目终止书面申请，经省科学技术厅组织专家核查并获得批准后，执行项目终止，依规定完成后续相关工作。

第三十七条 项目验收时应当组织项目验收专家组。验收专家组由熟悉专业技术、经济、财务和管理等方面专家组成，其中财务专家应具备专业资质。专家组设组长1名，同一个单位的专家一般不超过2人，财务专家不少于1人，专家总人数为不少于5人的单数。

验收专家组应认真审查验收材料，必要时可进行实地核查，核实或复测相关数据，独立、客观、公正地形成验收意见。

第三十八条 项目验收时，先对课题完成情况进行评价，再对项目整体完成情况进行评价。按照"通过验收"、"不通过验收"两种情况形成验收结论。

（一）按期保质完成项目任务书确定的目标和任务，资金使用合理，为通过验收；

（二）有下列情态之一的，按不通过验收处理：

1. 因非不可抗拒因素未完成项目任务书确定的主要目标和任务；
2. 编报虚假预算，套取财政资金；
3. 未对专项资金进行单独核算；
4. 截留、挤占、挪用专项资金；
5. 违反规定转拨、转移专项资金；
6. 提供虚假的财务会计资料、验收文件、资料、数据等；
7. 未按相关要求报批重大调整事项，未按规定执行和调剂预算；
8. 虚假承诺、单位自筹资金不到位；
9. 资金管理使用存在违规问题拒不整改；
10. 其他违反国家财经纪律的行为。

第三十九条 项目形成的研究成果，包括论文、专著、样机、样品等，应标注"海南省重大科技计划资助"字样及项目编号，第一标注的成果作为验收或评估的确认依据。

第四十条 项目产生的科技成果应按照科技保密、科技成果登记、知识产权保护、技术合同认定登记、科学技术奖励等有关规定和办法执行。

第七章 监督和检查

第四十一条 重大科技专项管理实行责任倒查和追究制度。对存在失职，渎职，弄虚作假，截留、挪用、挤占、骗取重大科技专项资金等违法违纪行为的，按照相关规定追究相关责任人和单位的责任；涉嫌犯罪的，移送司法机关处理。

相关工作人员在省重大科技项目和资金上，存在违反规定安排资金或其他滥用职权、玩忽职守、徇私舞弊等违法违纪行为的，按照《预算法》、《公务员法》、《行政监察法》、《财政违法行为处罚处分条例》等国家有关规定追究相关单位和人员的责任；涉嫌犯罪的，移送司法机关处理。

第四十二条 省重大科技专项组织管理过程中，相关机构和人员应严格遵守国家保密规定。对于违反保密规定的，给国家安全和利益造成损害的，应当依照有关法律、法规给予有关责任机构和人员处分,涉嫌犯罪的,移送司法机关处理。

第八章 附则

第四十三条 本办法由省财政厅、省科技厅负责解释。

第四十四条 本办法自印发之日起施行,适用于印发施行之后立项的海南省重大科技项目,本办法印发之前立项尚未验收的海南省重大科技项目,参照本办法执行。《海南省财政厅海南省科学技术厅关于印发〈海南省重大科技项目和经费管理暂行办法〉的通知》(琼财教〔2013〕1342号)同时废止。

海南省财政厅 海南省科学技术厅关于印发《海南省财政科技计划项目经费管理办法》的通知

(琼财教〔2018〕117号)

各科研机构、高等院校及有关企业事业单位：

为规范和加强海南省财政科技计划项目经费的管理，提高资金使用效益，根据国家有关财经法规和财务管理制度，结合本省实际，我们制定了《海南省财政科技计划项目经费管理办法》。现予印发，请遵照执行。

海南省财政厅 海南省科学技术厅
2018年2月6日

海南省财政科技计划项目经费管理办法

第一章 总则

第一条 为规范和加强海南省财政科技计划项目经费的管理，提高资金使用效益，根据《关于深化中央财政科技计划（专项、基金等）管理改革方案》（国发〔2014〕64号）、《关于进一步完善中央财政科研项目资金管理等政策的若干意见》（中办发〔2016〕50号）、《关于深化省级财政科技计划和资金管理改革方案》（琼府〔2015〕108号）和《关于进一步完善海南省财政科研项目资金管理等政策的实施意见》（琼办发〔2017〕16号）等文件精神，结合我省科技计划项目经费管理实际，制定本办法。

第二条 本办法所称海南省财政科技计划项目经费是指省级财政预算安排的用于支持我省科研活动的经费（以下简称"科技项目经费"）。

第三条 科技项目经费由省财政厅和省科技厅共同管理。省财政厅负责科技项目经费的预算管理和资金拨付；省科技厅负责项目管理，编制年度项目申报指南、组织项目评审、制定资金分配建议方案，组织开展项目实施管理、验收和监督检查。

第四条 科技项目经费的管理和使用遵循"科学安排、合理配置、专款专用、单独核算、公正公开、追踪问效"的原则。

第五条 项目承担单位是科技项目经费管理和使用的责任主体，应建立健全科技项目经费管理制度，加强科技项目经费使用管理，保障项目顺利实施完成。

第六条 技术创新引导计划、创新能力建设计划等其他专项资金的支持方式和开支范围按照相关管理办法执行。

第二章 支持方式和开支范围

第七条 科技项目经费主要采取前补助和后补助支持方式，根据科研活动特点及项目属性确定具体支持方式，在年度项目申报指南中予以明确。采取前补助方式支持的科技项目经费，主要采取公开竞争立项方式进行分配。采用后补助方式支持的科技项目经费，按照各科技计划（专项）资金管理办法分配管理。

第八条 研发类科技项目经费开支范围包括直接费用和间接费用。

（一）直接费用是指在项目研究开发过程中发生的与之直接相关的费用，主要包括设备费、材料费、测试化验加工费、燃料动力费、会议/差旅/国际合作交流费、出版/文献/信息传播/知识产权事务费、劳务费、专家咨询费和其他支出等。

1.设备费是指在项目实施过程中购置或试制专用仪器设备，对现有仪器设备进行升级改造，以及租赁外单位仪器设备而发生的费用。

2.材料费是指在项目实施过程中消耗的各种原材料、辅助材料、低值易耗品等的采购及运输、装卸、整理等费用。

3.测试化验加工费是指在项目实施过程中支付给外单位（包括承担单位内部独立经济核算单位）的检验、测试、化验及加工等费用。

4.燃料动力费是指在项目实施过程中直接使用的相关仪器设备、科学装置等运行发生的水、电、气、燃料消耗费用等。

5.会议/差旅/国际合作交流费是指在项目实施过程中发生的差旅费、会议费和国际合作交流费。承担单位和科研人员应当按照实事求是、精简高效、厉行节约的原则，严格执行国家和单位的有关规定，统筹安排使用。

（1）会议费：是指在项目实施过程中承担单位为组织开展学术研讨、咨询以及协调项目等活动而发生的会议费用。

（2）差旅费：是指在项目实施过程中开展科学实验（试验）、科学考察、业务调研、学术交流等所发生的外埠差旅费、市内交通费用等。

（3）国际合作交流费：是指项目实施过程中课题研究人员出国（境）及外国专家来华的费用。

6.出版/文献/信息传播/知识产权事务费是指在项目实施过程中，需要支付的出版费、资料费、专用软件购买费、文献检索费、查新费、专业通信费、专利申请及其他知识产权事务等费用。

7.劳务费是指在项目实施过程中支付给参与项目的研究生、博士后、访问学者以及项目聘用的研究人员、科研辅助人员等的劳务性费用。

项目聘用人员的劳务费开支标准，参照当地科学研究和技术服务业从业人员平均工资水平，根据其在项目研究中承担的工作任务确定，其社会保险补助纳入劳务费科目列支。劳务费预算不设比例限制，由项目承担单位和科研人员据实编制。

8.专家咨询费是指在项目实施过程中支付给临时聘请的咨询专家的费用。专家咨询费不得支付给参与本项目研究、项目管理的相关工作人员。

专家咨询费的开支，参照我省规定的标准执行。

9.其他支出是指在项目实施过程中除上述支出范围之外的其他相关支出。其他支出应当在申请预算时详细说明。

（二）间接费用是指承担单位在组织实施项目过程中发生的无法在直接费用中列支的相关费用。主要包括：承担单位为项目研究提供的房屋占用，日常水、电、气、暖消耗，有关管理费用的补助支出，以及激励科研人员的绩效支出等。

1. 省级财政科技计划（专项）中实行公开竞争方式的研发类项目，均要设立间接费用，核定比例为不超过直接费用扣除设备购置费的一定比例：500万元及以下的部分为20%，超过500万元至1000万元的部分为15%，超过1000万元以上的部分为13%。

2. 项目承担单位应当建立健全间接费用的内部管理办法，不得在核定的间接费用以外，再以任何名义在项目资金中重复提取、列支相关费用。

3. 项目承担单位在统筹安排间接费用时，要处理好合理分摊间接成本和对科研人员激励的关系，绩效支出安排与科研人员在项目工作中的实际贡献挂钩，不设比例限制。

4. 项目由多个单位承担的，间接费用在总额范围由项目牵头单位与参与单位协商分配。

5. 基础和应用基础研究计划、重大科技计划、重点研发计划等中的公开竞争研发类项目资金可以安排绩效支出。

第三章 编制与执行

第九条 项目经费预算编制要求：

（一）项目申报单位在提交项目申报材料的同时，应当编制项目经费的来源预算与支出预算，支出预算应当严格按开支范围编制。

（二）项目负责人协同项目承担单位科研管理部门、财务部门共同编制项目经费预算。项目承担单位应当根据协议同时编列各单位承担的主要任务、经费预算。

（三）项目申报单位为企业法人的，项目总预算中的企业自筹经费部分应不少于申请的财政资金。

（四）项目经费预算应按照项目实际需要编制，在项目预算评估评审中发现项目经费预算超过实际需要30%以上的项目，原则上不予立项。

第十条 采取定额补助方式支持的财政科技计划项目，由项目承担单位在立项时按照财政科技计划项目资金与研究任务相匹配原则，根据科研活动实际需要编制财政科技项目预算，只需编制一级费用科目，不需提供详细的测算依据，不进行预算评估评审。

第十一条 采取非定额补助方式支持的财政科技计划项目，由项目申报单位在申报时按照财政科技计划项目资金与研究任务相匹配原则，根据科研活动实际需要编制财政科技项目预算，并按照要求提供测算依据。

第十二条 采取非定额补助方式支持的财政科技计划项目，差旅费/会议费/国际合作与交流费科目由科研人员结合科研活动实际需要编制预算并按规定统筹安排使用，其中不超过直接费用10%的，不需要提供预算测算依据。

第十三条 在项目总预算不变的情况下，将直接费用中的材料费、测试化验加工费、燃料动力费、出版/文献/信息传播/知识产权事务费及其他支出预算调剂权下放给项目承担单位，确需调剂的，由项目承担单位据实核准，验收（结题）时向项目主管部门备案。设备费、差旅/会议/国际合作交流费、劳务费、专家咨询费的预算一般不予调增，需调减用于项目其他直接支出的，可按上述程序办理调剂审批手续；如有特殊情况确需调增的，由项目（课题）负责人提出申请，经项目承担单位同意后，报项目主管部门批准。

第十四条 科技计划（专项）项目资金按照国库集中支付制度有关规定执行。

第十五条 省科技厅与项目承担单位签订项目任务书，任务书中的经费预算作为预算执行、审计、专项财务监督检查等的重要依据。

第十六条 科技项目经费使用中涉及政府采购的，按照政府采购有关规定执行。

第十七条 省财政科技计划项目承担单位在统筹安排间接费用时，要处理好合理分摊间接成本和对科研人员激励的关系，绩效支出安排与科研人员在项目工作中的实际贡献挂钩，并根据项目实施进展情况分阶段支出，项目执行期内可安排绩效支出的50%，项目验收通过后支出剩余部分。项目终止、不通过验收的，不得继续安排绩效支出。项目承担单位中的国有企事业单位从财政科技计划项目资金中列支的编制内有工资性收入科研人员的绩效支出，在本单位绩效工资总量中单列，不作为绩效工资总量基数。

第十八条 项目经费形成的资产（含知识产权等无形资产），任务书有约定的，从其约定；任务书未约定的，按照国家、省内有关规定执行。项目经费形成的大型科学仪器设备、科学数据、自然科技资源等，按照国家以及省内有关规定开放共享。

第十九条 项目实施期间，年度剩余资金可结转下一年度继续使用。项目完成任务目标并通过验收后，结余资金按规定留归项目承担单位使用，在2年内由项目承担单位统筹安排用于科研活动的直接支出；2年后未使用完的，按规定收回。

第二十条 省财政科技计划项目因故终止，项目承担单位应当按照项目管理的有关程序报经省科技厅批准，由项目承担单位对项目进行清算并出具相关专项审计，剩余项目经费按有关规定收回。

省科技厅强制终止的财政科技计划项目，由省科技厅对项目组织清算，剩余项目经费按有关规定收回。

因项目终止形成的剩余资产，按我省国有资产有关规定进行管理。

第四章 监督与检查

第二十一条 项目承担单位是省财政科技计划项目实施和资金管理使用的责任主体。

（一）要认真落实国家和海南省有关政策规定和项目任务书的要求，按照权责一致的要求，强化自我约束和自我规范，对所承担的科技项目正确实施会计核算，做到单独设账、独立核算、专款专用。

（二）完善内控制度，严格落实项目预算调剂、间接费用统筹使用、劳务费分配管理、结余资金使用等管理权限。

（三）加强预算审核把关，规范财务支出行为，完善内部风险防控机制，强化资金使用绩效评价，保障资金使用安全规范有效。

（四）实行内部公开制度，主动公开项目预算、预算调剂、资金使用（重点是间接费用、外拨资金、结余资金使用）、研究成果等情况。

（五）要建立健全科研财务助理制度，为科研人员在项目预算编制和调剂、经费支出、财务决算和验收等方面提供专业化服务，科研财务助理所需费用可由项目承担单位根据情况通过科研项目资金等渠道解决。

（六）充分利用信息化手段，建立健全单位内部科研、财务部门和项目负责人共享的信息平台，提高科研管理效率和便利化程度。

（七）制定符合科研实际需要的内部报销规定，切实解决野外考察、心理测试等科研活动中无法取得发票或财政性票据，以及邀请外国专家来华参加学术交流发生费用等的报销问题。

（八）科研人员要严格按预算使用经费，遵守科技项目和经费管理的各项规定，接受有关方面的监督和检查。

第二十二条　省财政科技计划项目承担单位应当按照要求及时报送年度经费使用情况及财政科技计划项目完成情况报告。

第二十三条　省财政科技计划项目完成后，应当按照省财政科技计划项目管理相关要求进行验收，任务书约定有自筹经费配套的项目，在验收时应报告自筹经费到位、使用与财政拨款经费使用情况。

第二十四条　项目经费在50万元（不含50万元）以上的项目，在验收时应提交具有资质的会计师事务所出具的专项审计报告（含自筹经费到位及使用情况等）。

第二十五条　省财政厅、省科技厅要适时组织开展对项目承担单位科技项目经费等管理权限落实、内部管理办法制定、创新服务方式、内控机制建设、相关事项内部公开等情况的督查，对督查情况以适当方式进行通报，并将督查结果纳入信用管理，与间接费用核定、结余资金留用等挂钩。

第二十六条　对于违反财经纪律，弄虚作假、截留、挪用、挤占财政科技计划专项经费的行为，省财政厅、省科技厅将依照有关规定，追究个人责任，并根据情况采取通报批评、取消申报资格、停止拨款、终止财政科技计划项目等措施予以相应的处理，涉嫌犯罪的，移送司法机关处理。

第二十七条　省财政科技计划项目经费管理实行责任倒查和追究制度。相关工作人员存在违反规定安排项目经费或其他滥用职权、玩忽职守、徇私舞弊等违法违纪行为的，按照《预算法》《公务员法》《行政监察法》《财政违法行为处罚处分条例》等有关规定追究相关单位和人员的责任，涉嫌犯罪的，移送司法机关处理。

第五章　附则

第二十八条　本办法由省财政厅会同省科技厅负责解释。

第二十九条　本办法自印发之日起施行。2012年6月4日海南省财政厅发布的《海南省科技计划专项经费管理办法》（琼财教〔2012〕961号）同时废止。

海南省科学技术厅关于印发《海南省财政科技计划项目任务书管理实施细则》的通知

(琼科〔2018〕57号)

各有关单位：

为规范海南省财政科技计划项目任务书的签订、执行和管理，根据《海南省财政科技计划项目管理办法》、《海南省财政科技计划项目经费管理办法》及有关工作规程，我厅制定了《海南省财政科技计划项目任务书管理实施细则》。现印发你们，请遵照执行。

附件：海南省财政科技计划项目任务书管理实施细则.docx

海南省科学技术厅
2018年2月9日

海南省财政科技计划项目任务书管理实施细则

第一章 总则

第一条 为保障海南省财政科技计划项目（以下简称"项目"）的顺利实施、有效监管和按期验收，规范《海南省财政科技计划项目任务书》（以下简称"任务书"）的签订、执行和管理，根据《海南省财政科技计划项目管理办法》《海南省财政科技计划项目经费管理办法》及有关工作规程，制定本细则。

第二条 本细则主要针对省级财政科技计划中基础与应用基础研究计划、重大科技计划、重点研发计划、技术创新引导计划、科技创新能力建设计划等五类科技计划而制定。任务书用于规范和明确项目主管部门和项目（课题）（以下简称项目）承担单位、参与单位的权责利关系；以及项目的任务、目标、经费使用等内容，是项目经费安排、中期检查、绩效评价、审计检查、验收和终止等管理活动的基本依据。

各类科技计划（专项）管理上有其他要求的，可按计划（专项）管理办法执行。

第三条 项目在下达立项文件后，均应按本细则签订任务书，并认真执行和管理。

第四条 省科技厅是海南省财政科技计划组织实施的项目主管部门，作为任务书签订的甲方；项目承担单位（含参与单位）是海南省财政科技计划项目组织实施主体，作为任务书签订的乙方。

第二章 任务书内容和格式

第五条 任务书内容包括：

（一）签订任务书当事方的基本信息。当事方包括省科技厅、项目承担单位等；

（二）项目的实施内容、任务、目标、经费下达计划及项目经费预算、技术和经济指标、项目完成后提供的成果及形式等；

（三）任务书当事方的权利和义务；

（四）项目负责人及项目组成员情况；

（五）任务书起止时间及项目实施进度安排；

（六）其他必要条款及有关附件材料。

第六条 任务书封面信息包括项目名称、承担单位、所属专项、项目编号、项目负责人、项目联系人、联系方式、项目实施期限等信息。

（一）项目名称是指正式立项的项目名称；

（二）项目承担单位是指负有项目实施主要责任的单位和参与项目（课题）的单位；

（三）项目编号以省科技厅立项文件中项目编号为准；

（四）项目实施起始时间为项目立项文件下达时间，实施终止时间以相关专项规定的实施年限为准，按起始时间顺延。

第七条 任务书所列各项内容原则上应与项目申报书相一致。

（一）项目承担单位（含参与单位）是作为项目计划和财政资金下达对象以及项目实施和责任主体的单位，应明确项目承担单位、参与单位等各方的合作方式、任务分工、经费分配、成果归属等；

（二）任务书规定的项目考核指标应遵循明确、量化、可考核的原则，其中技术指标应明确项目完成时达到的关键技术参数；经济指标应明确项目完成时产生的产值、销售收入、利税等；项目成果应明确项目实施期间产生的专利、论文、软件著作权、版权、技术标准等；

（三）项目人员情况主要介绍项目负责人及参与人员年龄、学历、职务、职称、研究领域、所在单位等情况；

（四）项目经费预算或分配须按照《海南省财政科技计划项目经费管理办法》和各类科技计划（专项）管理办法有关要求进行编制，并充分吸纳评审专家提出的预算调整意见。

第八条 项目承担单位根据项目实施预期进展情况，制定项目计划进度，省科技厅将项目计划进度作为项目中期检查的重要依据。

第九条 项目承担单位、项目负责人应对项目实施必要条件、自筹经费等做出承诺，确保完成项目任务目标和内容。

第三章 任务书的审核和签订

第十条 省科技厅与项目承担单位在项目立项文件下达后一个月内签订任务书。多方参与的项目，项目承担单位间应另外签订协议，作为任务书附件一并提交省科技厅审核。

第十一条 任务书签订的流程：

（一）填报任务书。项目承担单位应在项目下达立项文件后启动任务书签订工作。主要通过海南省科技计划业务综合管理系统（以下简称业务系统）填报并提交任务书电子文档（特别要求不需要网上提交的专项除外）；

（二）审核并批复。省科技厅在业务管理系统上进行审核批复。主要审批意见包括"审核通过""退回修改"等；

（三）报送纸件任务书。项目承担单位打印经科技厅审核通过的任务书，经项目承担单位、参与单位及相关人员盖章签名后，在10个工作日内报送至省科技厅，无正当理由逾期未报送纸质版任务书的视为自动放弃；

（四）受理并签章。省科技厅受理任务书纸质材料，办理任务书签章后，任务书即为生效。

第四章 任务书管理

第十二条 省科技厅将依据项目任务书对项目实施进行指导和管理，负责对项目实施情况和经费使用情况进行监督，并定期做好项目检查。项目单位须严格按照任务书约定内容开展项目实施工作，主要职责如下：

（一）项目单位应严格按照任务书要求组织项目实施；

（二）项目单位应确保按照要求落实项目配套经费及项目有关实施条件，如期开展项目实施；

（三）项目承担单位应严格按照经费管理要求，做到专款专用，单独核算；

（四）多方参与的项目，项目牵头单位应与参与单位另外签订合作协议，明确各单位间任务分工、经费分配及产权归属等；

（五）严格按照《省级财政科技计划项目管理办法》及《省级财政科技计划经费管理办法》等规定执行管理项目。

第十三条 任务书原则上不作调整，因客观原因确需调整的，项目承担单位应按《海南省财政科技计划项目管理办法》规定进行办理。未按要求办理变更事项的，省科技厅将按有关规定处理。

第十四条 任务书变更内容经省科技厅批复同意后生效，作为项目合同书的有效部分。省科技厅审批同意文件、变更内容和原任务书是项目过程管理和验收的重要依据。

第五章 附则

第十五条 本细则未尽事宜，按照《海南省财政科技计划项目管理办法》《海南省财政科技计划项目经费管理办法》和各科技计划（专项）管理办法执行。

第十六条 本细则由省科技厅负责解释，自印发之日起施行。

海南省科学技术厅关于印发《海南省财政科技计划项目验收管理实施细则》的通知

(琼科〔2018〕58号)

各有关单位：

为进一步加强和规范我省财政科技计划项目验收程序和管理，根据《海南省财政科技计划项目管理办法》《海南省财政科技计划项目经费管理办法》的相关规定，结合我省实际，我厅制定了《海南省财政科技计划项目验收管理实施细则》。现印发你们，请遵照执行。

海南省科学技术厅
2018年2月9日

海南省财政科技计划项目验收管理实施细则

第一章 总则

第一条 为进一步加强和规范我省财政科技计划项目的管理，规范项目验收程序，根据《海南省财政科技计划项目管理办法》《海南省财政科技计划项目经费管理办法》的相关规定，结合我省省级科技计划管理改革的实际，制定本实施细则。

第二条 项目验收是科技计划项目管理的基本程序之一。凡经省科技厅批准立项，签订任务书（合同书）的各类省级科技计划项目，均应当按本细则规定做好项目验收；因故未能按任务书（合同书）组织实施，无法完成任务书（合同书）规定任务目标的项目，按照《海南省财政科技计划项目管理办法》有关规定进行办理。各科技计划（专项）另有项目验收相关规定的，按计划（专项）管理办法执行。

第三条 项目验收以省级财政科技计划项目任务书（合同书）为依据，主要对项目任务的实施情况、完成情况、经费使用等进行考核和评价。

第四条 项目验收工作必须坚持客观、公平、公正的原则，充分发挥各级科技管理部门的职能作用，保证工作的科学性和严肃性。

第二章 项目验收的组织

第五条 项目验收工作由省科技厅或委托科技管理服务机构（简称服务机构）主持验收。项目验收主要采用会议验收、现场验收、书面验收等三种方式。

（一）会议验收。指验收组织单位通过组织专家召开专门会议的方式，经项目承担单位汇报、专家质询、讨论等程序形成专家组验收意见；

（二）现场验收。指验收组织单位根据任务书要求，组织有关专家进行实地核查后，经项目承担单位汇报、专家质询、讨论等程序形成专家组验收意见；

（三）书面验收。指立项金额小于 10 万元（含）的省级财政科技计划项目由项目承担单位提交验收材料后，可不需项目单位汇报，由主持验收单位组织专家审核书面材料、讨论等程序形成专家组验收意见。如专家组审核后发现材料验收难以做出验收结论的，可转为会议或现场验收。

第六条 项目验收应成立验收专家组，实行专家组负责制。验收专家组人数原则上不少于 5 人，设专家组组长 1 名，由同行业的技术、管理专家和至少 1 名财务专家组成，其中技术专家人数应在半数以上。同一单位的专家原则上不能超过 2 人，项目承担单位、合作单位及其他与项目有利益关系的人员不能作为验收专家。项目验收专家如与被验收项目存在利益关系，应主动向验收组织单位提出回避申请。

第七条 项目验收专家主要是海南省科技业务综合管理系统（以下简称管理系统）专家库的注册专家，以一线科研人员为主。原则上主持项目验收单位应根据项目所属技术领域和要求在专家库中选取确定专家组成员，合理控制同一专家参加省级科技项目验收的频次。必要时，也可以选取专家库以外的专家或省外专家参与项目验收。

第八条 项目验收专家遴选条件

（一）具有良好的职业道德，坚持原则，办事公正；

（二）技术、管理类专家具有高级专业技术职称或具有同等专业技术水平，财务专家具有高级专业技术职称或注册会计师资格；

（三）具有该领域相关专业背景和实践经验，熟悉该领域或行业的科技活动、经济发展状况，了解国家和省的科技、经济及产业政策；

（四）具有中华人民共和国公民资格，身体健康，年龄一般不超过 70 周岁。

第九条 项目验收专家组职责

（一）严格对照项目任务书，核实任务书指标完成情况和经费使用情况；

（二）独立、客观、公正地提出验收意见，按时保质地完成验收工作；

（三）项目验收专家对项目的研究内容负有保密责任，不得擅自使用或对外公开项目的验收资料。必要时，项目承担单位可向主持验收单位提出申请，与验收专家组成员签订保密协议。

第三章　项目验收程序

第十条 项目承担单位应当在项目任务书规定的实施期限届满后 3 个月内，提交书面验收申请及相关验收材料报省科技厅；提前完成任务书约定指标的项目，可向省科技厅申请提前验收。项目需延期验收的，项目承担单位应于项目执行期结束前 3 个月向省科技厅提出书面申请，经批准后可延期验收，但只能延期一次，时间最长不超过一年。

第十一条 项目实施中因不可抗拒力或政策性因素，导致项目难以继续实施或不能完成项目任务指标的，项目承担单位可在项目实施期满前向省科技厅提出终止项目的申请，省科技厅审核后批复办理。不提交申请又无法完成任务书约定指标的，按不通过验收处理。

第十二条 省科技厅在收到验收申请后对验收申请材料进行形式审查，对符合验收条件的项目，主持或委托服务机构组织验收；对不符合验收条件的项目及时予以退回，并将审查意见告知项目承担单位，由项目承担单位重新办理验收申请。

第十三条 项目验收主要按以下程序进行：

（一）材料受理。项目承担单位在项目任务书规定的实施期限届满后 3 个月内，向省科技厅主动提交书面验收申请及验收材料申请验收；

（二）组织验收。省科技厅或服务机构对材料进行形式审查，根据专项验收要求，选取现场验收、会议验收或书面验收的方式，组织专家进行验收；委托服务机构验收的，服务机构应提交验收报告，报省科技厅；

（三）验收意见公示。省科技厅对验收项目的名称、承担单位、验收意见等情况在海南省科技厅门户网站上公示。任何单位和个人对验收意见有异议的，应当在公示之日起7日内，书面向省科技厅提出。异议的理由要有充分客观事实和依据，单位应采用书面形式并加盖公章，个人应采用实名提出异议。省科技厅在接受异议书面材料后，应当对异议内容进行审核，提出处理意见，必要时可组织专家进行再次论证；

（四）办理验收文件及证书。省科技厅对公示无异议的项目办理验收文件；

（五）整理归档。组织项目验收单位应将专家验收意见原件及项目材料留存并分类归档存放；委托验收的项目，服务机构应移交以上项目验收材料至省科技厅归档存放。

第十四条 省财政科技拨款50万元以上的项目（不含50万元），在项目验收时应提交具有资质的会计师事务所出具的专项经费审计报告。专项审计报告内容应包括但不限于以下内容：

（一）项目基本情况；

（二）项目资金收支情况（含财政拨款资金及企业自筹资金）；

（三）审计意见。

第十五条 项目承担单位申请项目验收，应同时提供以下材料（有关表格等材料可在省科技厅网站下载）：

（一）《项目验收申请表》；

（二）项目任务书；

（三）项目总结（报告）；

（四）经费使用决算表及支出明细账；

（五）附件：

1.完成项目任务书约定考核指标的佐证材料及项目实施期内取得的各类成果证明材料等；

2.提供专项审计报告（参看本办法第十四条）或项目经费专项支出明细账和主要发票等相关财务佐证材料；

3.部分项目须按要求提供科技报告；

4.其他需要补充的材料。

第四章　项目验收结论

第十六条 专家组通过材料验收、现场验收或会议验收后做出验收结论。

专家组在验收过程中，认为需要项目承担单位补充完善相关材料或现场核查的，可中止该项目验收工作，项目验收组织单位可视情再次组织验收。

第十七条 专家组在验收时，对项目形成的论文、专著、样机、样品等的研究成果审核时，应关注该成果与项目研究内容是否密切相关，论文、专著等是否标注专项资金字样及项目编号。第一标注的成果作为验收或评估的确认依据。

第十八条 项目验收结论分为：通过验收、不通过验收两种结论。

第十九条 通过验收。项目实施情况良好，经费使用合理，按期保质完成项目任务书确定的目标和任务，为通过验收。

第二十条 不通过验收。验收项目存在下列情况之一的，不予通过验收：

（一）完成项目任务书约定的任务不足 80%；自筹经费支出不足任务书约定的 80%；

（二）未经省科技厅审批同意，项目实施中因不可抗拒力或政策性因素，导致项目未完成任务指标的；

（三）提供的主要验收文件、资料、数据存在严重缺失或弄虚作假的；

（四）未按要求报批重大事项调整的；

（五）不配合验收工作的。

第二十一条 验收时，应对项目承担单位的财政资金使用情况同时进行验收。有下列情况之一的，不得通过验收：

（一）未对财政专项资金进行单独核算；

（二）截留、挤占、挪用财政专项资金；

（三）违反规定转拨、转移财政计划资金；

（四）提供虚假财务会计资料；

（五）未按规定执行和调剂预算；

（六）虚假承诺其他来源的资金；

（七）资金管理使用存在违规问题拒不整改或违反国家财经纪律的行为。

第二十二条 专家组验收意见应包括不限于以下内容：

（一）何时、何地、何单位组织；验收材料是否齐备、规范，是否符合要求；

（二）项目实施情况及技术及经济指标完成情况，有何依据（证书、鉴定、测试数据等）；

（三）项目成果取得情况，包括各类知识产权、示范推广效果；

（四）考核项目资金落实、支出及资金结余情况，资金使用是否规范合理；

（五）根据以上情况，判断项目多大程度完成任务书约定的考核指标，作出验收结论。

第五章 项目验收的后续管理

第二十三条 省科技厅要加强对科技计划项目验收工作的管理和指导，视情况对部分委托验收项目进行抽查，督促提高验收质量。

第二十四条 建立财政科技计划项目承担单位、项目负责人、验收专家的科技信用体系。对项目执行情况、延期验收、到期未验收、验收不通过、专家失职等情况实行信用管理，信用记录作为再次申报项目时的参考；列入"黑名单"的专家不再邀请其参与项目验收等科技评价活动。

第二十五条 验收不通过的项目，省科技厅将对有关单位或责任人进行通报，财政经费结余部分和使用不合理经费按原渠道退回财政；取消项目承担单位（专指项目承担单位为企业法人的）、项目负责人三年内承担省级及以上财政科技计划项目资格；对涉及违纪违法的，按照有关规定处理。

第二十六条 项目承担单位应在项目验收后 6 个月内完成项目科技成果的登记。省科技厅应加强项目验收后的成果转化跟踪管理。对任务指标完成良好且技术含量高、有产业化前景的项目，可积极推荐参展和宣传，切实提高科技成果转化率。

第六章 附则

第二十七条 上述项目验收工作涉及项目经费管理的，按《海南省财政科技计划项目经费管理办法》执行。

第二十八条 本实施细则未尽事宜按《海南省财政科技计划项目管理办法》执行。

第二十九条 本实施细则由省科技厅负责解释，自印发之日起实施。

海南省科学技术厅关于印发《海南省重点研发计划项目和经费管理办法》的通知

(琼科〔2018〕59号)

各有关单位：

为规范和加强海南省重点研发计划项目和经费管理，依据《海南省财政科技计划项目管理办法》和《海南省财政科技计划项目经费管理办法》，海南省科技厅制定了《海南省重点研发计划项目和经费管理办法》，现印发你们，请遵照执行。

海南省科学技术厅
2018年2月9日

海南省重点研发计划项目和经费管理办法

第一章 总则

第一条 为规范和加强海南省重点研发计划项目和经费管理，完善项目管理机制，提高项目实施成效和经费使用效率，依据《海南省财政科技计划项目管理办法》和《海南省财政科技计划项目经费管理办法》，制定本办法。

第二条 本办法所称海南省重点研发计划是我省财政科技计划的重要组成部分，主要针对事关民生的重点社会公益性研究，事关我省重点产业核心共性关键技术和产品研究等，充分发挥科研院所、高等院校等科研力量，加强行业、区域的协同创新，解决制约民生和公共服务的关键科技问题，为我省经济和社会发展提供持续性的支撑和引领。

第三条 海南省科学技术厅是海南重点研发计划的项目主管部门，负责组织海南省重点研发计划申报指南的编制和发布、立项评审、现场勘查、经费预算、监督检查、项目验收等工作。

第二章 申报与受理

第四条 省科学技术厅每年根据全省经济、社会、科技发展规划和战略，在调研相关行业领域需求的基础上编制省重点研发计划项目申报指南，并适时发布，明确年度支持方向和范围，确定申报的时间、渠道和支持方式等。

第五条 省科学技术厅按照项目申报指南组织项目申报工作。省重点研发计划实行网上申报，申报材料通过海南省科技业务综合管理系统网上填报。

第六条 项目申报应符合以下基本条件：

（一）项目申报单位应为企业或事业单位，在海南省行政区域内注册一年以上或者中央在琼企事业单位，且具有独立法人资格，可单独或联合申报；

（二）项目申报单位运行管理规范，具有与项目实施相匹配的基础条件，有研发经费投入，具有完成项目所必备的人才条件和技术装备；

（三）鼓励产、学、研联合申报。两家及两家以上单位联合申请的项目，应提交项目合作协议。合作协议应明确各方的研究内容、成果提交的时限、经费的来源及分配方式等主要内容，并经法人单位盖章；

（四）项目产业化生产及应用地点应在海南省内；

（五）项目负责人为在职人员，在相关技术领域具有较高的学术水平，熟悉本领域国内外技术和市场动态及发展趋势，具有完成项目所需的组织管理和协调能力；

（六）项目组成员、承担单位和参与单位具有良好的信誉；

（七）企业单位当年申报实行公开竞争方式的省级科技计划研发类项目不得超过1项，违反规定的，取消当年申报资格；

（八）已承担2项以上（含2项）实行公开竞争方式的省级科技计划研发类项目的项目负责人，在项目未验收前不得继续申报项目；

（九）作为项目负责人，当年申报实行公开竞争方式的省级科技计划研发类项目不能超过1项，违反规定的，取消当年申报资格；

（十）企业单位获得立项的，自筹经费不低于财政补助经费；

（十一）对高新技术企业及技术创新能力较强的科技型企业申报的项目，优先支持；

（十二）申报指南里明确的其他条件。

第七条 企业单位申报项目时，应提供以下材料：

（一）统一社会信用代码证、财务报表、完税证明材料等。

（二）研发人员学历、职称及社保部门出具的参加社保证明等，如属临时聘请或合作的研发人员，需提供临时聘请或合作的证明材料。

（三）项目实施需要试验和示范基地的，需提供自有产权或租赁、合作的科研基地的证明材料，包括产权证、租赁合同、合作协议及土地的红线图等。

第八条 申报受理。项目申报单位必须按照规定渠道和时限进行申报，在规定时限内将书面材料送省政府政务服务中心科学技术厅审批办窗口。

第三章 评审与立项

第九条 项目立项实行专家评审和行政决策相结合的方式。项目立项主要程序包括：形式审查、项目评审、行政决策、公示和项目下达。

（一）形式审查。省科学技术厅或委托第三方服务机构组织开展省重点研发计划项目申报材料形式审查工作，重点对项目申报单位资质、所申报项目是否符合申报指南要求和是否存在重复申报等进行审查；

（二）项目评审。项目评审可综合采取实地考察、网络评审、材料评审、会议评审和答辩评审等多种形式。项目评审专家主要从海南省科技专家库中选取，实行回避制度和轮换机制；

（三）行政决策。省科技厅根据省委省政府的工作部署和工作重点，结合产业发展和专家意见形成拟立项意见；

（四）公示。对拟立项的省重点研发计划项目通过省科学技术厅门户网站进行公示，接受社会公众监督；

（五）项目下达。经公示无异议后，省科学技术厅下达项目立项通知，并与项目承担单位签订项目任务书。项目任务书应以项目申报书和专家评审意见为依据，突出绩效管理，明确考核指标等。

第十条 项目立项原则：

（一）支持省委省政府高度关注的对我省经济社会协调可持续发展具有显著影响的项目；

（二）支持符合省科技发展规划纲要目标以及省科学技术厅重点工作，对我省经济社会发展具有重要支撑和引领作用的项目；

（三）支持关系民生、受益人群多、技术集成度高、对全省可持续发展具有重要示范推广价值的项目；

（四）支持具有较强技术力量、设备、资金等较好前期工作基础的项目；

（五）支持企业与高校、科研机构等单位联合实施的产学研结合的项目；

（六）支持拥有自主知识产权、创新性强、技术含量高、显著增强企业竞争力的项目；

（七）支持技术先进适用，成果能够迅速转化，实施后能形成规模经济社会效益的项目。

第十一条 项目不立项原则

（一）不符合项目申报指南支持方向和范围的项目；

（二）专家评审不通过的项目；

（三）已获得其他财政专项经费支持的重复申报项目；

（四）不同单位（负责人）申报内容相似或相同的项目；

（五）基础设施及配套设备较差的项目；

（六）其他不适宜立项的项目。

第十二条 项目立项综合平衡原则

（一）产业的综合平衡。综合平衡各产业的项目。

（二）区域的综合平衡。综合平衡各市县申报的项目。

（三）单位的综合平衡。综合平衡高校、科研机构和企业申报的项目。

（四）技术领域的综合平衡。综合平衡各技术领域，避免相同或类似的项目重复立项。

第十三条 省重点研发计划项目经费以单位自筹为主，省科学技术厅择优安排部分资助经费。资助经费的安排坚持有限目标、突出重点、兼顾一般、相对集中的原则。资助方式可综合采用直接补助、后补助等多种投入方式。

第四章 实施与管理

第十四条 项目实施实行合同制管理。项目立项后，项目承担单位应在项目下达后1个月内与省科学技术厅签订项目任务书；无正当理由逾期未签订任务书的视为自动放弃。

第十五条 项目任务书中要明确项目的实施内容、预期目标、经费预算、实施进度和考核指标等。考核指标必须细化、具体、可考核。多家单位联合实施的项目，项目牵头承担单位要与参与单位签订协议，明确各方权利义务、资金安排、知识产权归属、法律责任等。项目承担单位应在项目任务书中对自筹经费做出承诺并保障经费到位。

第十六条 项目任务书甲方为省科学技术厅，乙方为项目承担单位，双方基本职责如下：

（一）甲方职责

1. 会同省财政部门按规定拨付项目经费；

2. 监督检查项目执行情况；

3. 跟踪服务和协调解决项目执行中的有关问题；

4. 组织项目验收。

（二）乙方职责

1. 按任务书规定组织项目实施；

2. 落实项目实施条件和配套经费，保证专款专用；

3. 接受甲方对项目执行情况的监督检查，按甲方要求报告项目实施进展情况，及时报告重大事项，按要求填报甲方制发的有关调查表和统计表；

4. 提交项目验收所需的有关材料，按时进行项目验收。

第十七条 项目任务书内容一般不得变更，因客观原因确需变更的，须由项目承担单位提出书面申请报省科学技术厅审核同意。

第十八条 项目跟踪管理。省科学技术厅可根据工作需要，要求项目承担单位不定期报告项目实施进展情况；对项目的实施情况进行不定期实地检查和跟踪服务，督促项目承担单位按计划进度实施，协调解决项目实施过程中存在的困难和问题。

第十九条 实行项目年度报告制度。项目承担单位应按照科技报告制度要求，于每年11月底前，报送项目年度执行情况报告。

第二十条 项目未能正常实施或经费使用不合理的，省科学技术厅责令项目承担单位进行整改，对有严重过错并且整改不力的，可终止其项目实施，并收回财政经费。

第二十一条 项目变更、调整、终止按《海南省财政科技计划项目管理办法》和《海南省财政科技计划项目经费管理办法》相关规定执行。

第五章 验收组织

第二十二条 省科学技术厅或委托第三方服务机构组织省重点研发计划项目的验收工作，可综合选取会议验收、现场验收或材料验收等多种方式。

第二十三条 项目承担单位应在项目任务书规定的实施期限届满后3个月内，提交书面验收申请及相关验收材料报省科学技术厅组织验收。

（一）提前完成项目任务书考核指标的，项目承担单位可向省科学技术厅申请提前验收。

（二）因不可抗拒力或政策性因素导致项目需延期验收的，项目承担单位应于项目执行期结束前3个月向省科学技术厅提出书面申请，经批准后可延期验收，但只能延期一次，时间最长不超过一年；

（三）因不可抗拒力或政策性因素导致项目难以继续实施或不能完成项目任务书考核指标的，项目承担单位应及时向省科学技术厅报告，申请项目终止，经省科技厅审核同意后，可终止该项目，由项目单位对项目经费进行清算，财政经费结余部分退回财政。

第二十四条 项目验收以项目任务书为依据，对项目是否完成任务书规定的研发内容和技术经济指标等作出客观的、实事求是的评价。

第二十五条 省财政科技专项拨款50万元以上（不含50万元）的项目，在项目验收时应提交具有资质的会计师事务所出具的经费（含自筹经费）审计报告。

第二十六条 项目验收应成立验收专家组，实行专家负责制。验收专家组人数原则上不少于5人，且为单数，设专家组组长1名，由同行业的技术、经济、管理专家和至少1名财务专家组成，其中技术专家人数应在半数以上。同一单位的专家原则上不能超过2人，项目承担单位、参与单位及其他与项目有利益关系的人员不能作为验收专家。项目验收专家如与被验收项目存在利益关系，应主动向主持验收单位提出回避申请。

第二十七条 项目验收结论分为"验收通过"和"验收不通过"两种结论。

（一）验收通过。按期保质完成项目任务书确定的目标和任务，为通过验收；

（二）验收不通过。未完成项目任务书确定的主要目标和任务，按不通过验收处理。

第二十八条 验收不通过的项目，省科技厅将对相关单位或责任人进行通报，由省科技厅对项目进行经费清算，财政经费结余部分和使用不合理经费按原渠道退回财政；取消项目承担单位（专指项目承担单位为企业法人的）、项目负责人三年内承担省级财政科技计划项目资格；对涉及违法、违纪的，移交司法机关、纪检部门处理。

第二十九条 项目验收实行公示制度。验收结果在省科学技术厅门户网站上公示，公示时间不少于7日。任何单位和个人对验收意见有异议的，应当在公示期内，书面向省科学技术厅提出。单位应采用书面形式并加盖公章，个人应采用实名提出异议。省科学技术厅在接受异议书面材料后，应当对异议内容进行审核，必要时，可组织专家进行再次论证，提出处理意见。

第三十条 省科学技术厅对公示无异议的项目办理验收文件及证书等相关手续。

第三十一条 项目承担单位应在项目验收后六个月内完成项目科技成果的登记。省科学技术厅加强项目验收后的成果转化跟踪管理。对任务指标完成良好且技术含量高、有产业化前景的项目，可积极推荐参展和宣传，切实提高科技成果转化率。

第六章 经费管理与监督

第三十二条 省重点研发计划项目经费开支范围分为直接费用和间接费用。

（一）直接费用是指在项目研究开发过程中发生的与之直接相关的费用，主要包括设备费、材料费、测试化验加工费、燃料动力费、差旅费/会议费/国际合作与交流费、出版/文献/信息传播/知识产权事务费、劳务费、专家咨询费和其他支出等。

1.设备费是指在项目研究开发过程中购置或试制专用仪器设备，对现有仪器设备进行升级改造，以及租赁外单位仪器设备而发生的费用。

2.材料费是指在项目研究开发过程中消耗的各种原材料、辅助材料等低值易耗品的采购及运输、装卸、整理等费用。

3.测试化验加工费是指在项目研究开发过程中支付给外单位（包括项目承担单位内部独立经济核算单位）的检验、测试、化验及加工等费用。

4.燃料动力费是指在项目实施过程中直接使用的相关仪器设备、科学装置等运行发生的水、电、气、燃料消耗费用等"。

5.差旅费/会议费/国际合作与交流费是指合并差旅费、会议费、国际合作与交流费科目。其中：差旅费是指在项目研究开发过程中开展科学实验（试验）、科学考察、业务调研、学术交流等所发生的外埠差旅费、市内交通费用等；会议费是指在项目研究开发过程中为组织开展学术研讨、咨询、论证、评审以及协调项目等活动而发生的会议费用；国际合作与交流费是指在项目研究开发过程中项目研究人员出国（境）及外国专家来华及港澳专家来内地（大陆）工作的费用。

差旅费/会议费/国际合作与交流费科目由科研人员结合科研活动实际需要编制预算并按规定统筹安排使用，其中不超过直接费用10%的，不需要提供预算测算依据。

6.出版/文献/信息传播/知识产权事务费是指在项目研究开发过程中，需要支付的出版费、资料费、专用软件购买费、文献检索费、专业通信费、专利申请及其他知识产权事务等费用。

7.劳务费是指在项目研究开发过程中支付给项目组成员中没有工资性收入的相关人员（如在校研究生）和项目组临时聘用人员等劳务性费用。

参与项目研究的研究生、博士后、访问学者以及项目聘用的研究人员、科研辅助人员等，均可开支劳务费。项目聘用人员的劳务费开支标准，参照当地科学研究和技术服务业从业人员平均工资水平，根据其在项目研究中承担的工作任务确定，其社会保险补助纳入劳务费科目列支。劳务费预算不设比例限制，由项目承担单位和科研人员据实编制。

8.专家咨询费是指在项目研究开发过程中支付给临时聘请的咨询专家的费用。专家咨询费不得支付给参与本项目研究、项目管理的相关工作人员。专家咨询费的开支，参照我省规定的标准执行。

9.其他支出是指在项目实施过程中除上述支出范围之外的其他相关支出。其他支出应当在申请预算时详细说明。

（二）间接费用是指项目承担单位在组织实施项目过程中发生的无法在直接费用中列支的相关费用。主要包括：项目承担单位为项目实施提供的仪器设备及房屋，水、电、气、暖消耗，有关管理费用的补助支出，以及为激励科研人员而安排的绩效支出等。

省重点研发计划项目均可设立间接费用，核定比例为不超过直接费用扣除设备购置费的一定比例：500万元以下的部分为20%，500万元至1000万元的部分为15%，1000万元以上的部分为13%。

间接费用按项目统一核定，由项目承担单位和项目合作单位根据各自承担的研究任务和经费额度，协商提出分配方案，在项目预算中明确，并分别纳入各自单位财务统一管理，统筹安排使用。项目承担单位和项目合作单位不得在核定的间接费用以外再以任何名义在项目实施经费中重复提取、列支其他费用。

省重点研发计划项目承担单位在统筹安排间接费用时，要处理好合理分摊间接成本和对科研人员激励的关系，绩效支出安排与科研人员在项目工作中的实际贡献挂钩，不设比例限制。根据项目实施进展情况分阶段支出，项目实施期内发放比例不超过50%，项目验收通过后支出剩余部分。项目终止、不通过验收的，不得继续安排绩效支出。项目承担单位中的国有企事业单位从财政科技计划项目资金（含以市场委托方式取得的横向经费）中列支的编制内有工资性收入科研人员的绩效支出，在本单位绩效工资总量中单列，不作为绩效工资总量基数。

第三十三条 项目承担单位在申报项目和签订项目任务书时，均应当编制项目经费预算。省科学技术厅对项目经费预算进行审核，并会同省财政厅按有关规定拨付项目经费。

第三十四条 经批准的项目经费预算总额在实施过程中原则上不作调整，如确需调整的，报省科学技术厅审核后，由省财政厅批准。

项目预算总额不变，项目直接费用中材料费、测试化验加工费、燃料动力费、出版/文献/信息传播/知识产权事务费、其他支出预算如需调剂，项目负责人根据实施过程中科研活动的实际需要提出申请，由项目承担单位批准，验收（结题）时向省科学技术厅备案。设备费、差旅/会议/国际合作交流费、劳务费、专家咨询费的预算一般不予调增，需调减用于课题其他直接支出的，可按上述程序办理调剂审批手续；如有特殊情况确需调增的，由项目（课题）负责人提出申请，经项目承担单位同意后，报省科学技术厅批准。

第三十五条 项目经费使用中涉及政府采购的，按照政府采购有关规定执行。所形成的资产

（包括固定资产、无形资产和知识产权等），按本省国有资产有关规定进行管理。

第三十六条 项目实施期间，年度剩余资金可结转下一年度继续使用。项目完成任务目标并通过验收后，结余资金按规定留归项目承担单位使用，在2年内由项目承担单位统筹安排用于科研活动的直接支出；2年后未使用完的，按规定收回。

第三十七条 对于违反财经纪律，弄虚作假、截留、挪用、挤占科技专项经费的行为，省科学技术厅将追究个人责任，并根据情况采取通报批评、取消申报资格、停止拨款、终止项目等措施予以相应的处理，构成犯罪的，移交司法机关依法追究刑事责任。

第七章 附则

第三十八条 本办法由省科学技术厅负责解释。

第三十九条 本办法只适用于省重点研发计划高新技术、现代农业、社会发展三个支持方向，软科学和科技合作支持方向的项目和经费管理实施细则另行颁布。

第四十条 本办法自印发之日起施行，未尽事项遵照《海南省财政科技计划项目管理办法》和《海南省财政科技计划项目经费管理办法》执行。

海南省科学技术厅关于印发《海南省重点研发计划科技合作方向项目和经费管理细则》的通知

(琼科〔2018〕172号)

各有关单位：

为规范和加强海南省重点研发计划科技合作方向项目和经费管理，依据《海南省财政科技计划项目管理办法》《海南省财政科技计划项目经费管理办法》等科技计划管理有关规定，我厅制定了《海南省重点研发计划科技合作方向项目和资金管理细则》，现印发你们，请遵照执行。

海南省科学技术厅
2018年4月27日

海南省重点研发计划科技合作方向项目和经费管理细则

第一章 总则

第一条 为规范和加强海南省重点研发计划科技合作方向项目和经费管理，完善项目管理机制，提高项目实施成效和经费使用效率，依据《海南省财政科技计划项目管理办法》和《海南省财政科技计划项目经费管理办法》等有关规定，特制定本细则。

第二条 本细则所称海南省重点研发计划科技合作方向项目（以下简称"项目"）是省重点研发计划的组成部分，旨在利用国际国内科技资源，加强引进集成创新，促进创新资源集聚，推动我省"一带一路"科技合作。

第三条 海南省科学技术厅是项目的主管部门，负责组织项目申报指南的编制和发布、立项评审、现场勘查、监督检查、项目验收等。

第二章 申报与受理

第四条 省科学技术厅每年根据全省经济、社会、科技发展规划和战略，在调研相关科技合作需求的基础上编制项目申报指南，并适时发布，明确年度支持方向和范围，确定申报的时间、渠道和方式等。

第五条 省科学技术厅按照项目申报指南组织项目申报工作。项目实行网上申报，申报材料通过海南省科技业务综合管理系统网上填报。项目书面材料统一通过省政府政务服务中心省科学技术厅审批办窗口办理。

第六条 项目申报应符合以下基本条件：

（一）项目申报单位应为企业或事业单位，在海南省行政区域内注册或者中央在琼单位，且具有独立法人资格。合作方为国外机构（高校、科研院所、企业等）或省外高校、科研院所、新型研发机构等科技创新单位。

（二）项目申报单位运行管理规范，具有与项目实施相匹配的基础条件，有研发经费投入，具有完成项目所必备的人才条件和技术装备。国内科技合作、引进国外技术或资源方面的项目，合作单位及合作方负责人须在所研究领域具有较强的技术、人才、科研条件优势。对外技术转移方面的项目，合作单位要具备在项目合作所在国家开展合作的基本条件，在技术研发、科技成果转移转化及推广应用等方面具有优势。

（三）申报单位和申报人与合作方具有科技合作基础，针对本项目签订科技合作协议。合作协议应明确各方的研究内容、成果提交的形式及时限、经费的来源及分配方式、知识产权归属等主要内容，并经法人单位盖章、双方项目负责人签字（国际合作外方单位无法盖章的，以外方负责人签字为准，并提供其所在单位出具的在职证明）。合作协议须为联合申报项目协议，协议有效期涵盖申请项目执行期。

（四）国内科技合作、引进国外技术或资源方面的项目，项目产业化生产及应用地点应在海南省内；对外技术转移方面的项目，项目实施地点可在国外。

（五）项目负责人为工作关系在本省的在职人员。科研单位、高等院校的项目负责人须具有副高以上职称或博士学位；企业的项目负责人具有申报领域的相关研发能力和经验，具有项目组织实施的身体条件。

（六）项目承担单位、合作单位和项目组人员具有良好的信誉。因承担科技项目失信、项目验收不通过、未按规定完成科技成果登记等限制申报科技项目的单位和人员不能承担本方向项目。

（七）企业单位当年申报实行公开竞争方式的省级科技计划研发类项目不得超过1项，违反规定的，取消当年申报资格；

（八）作为项目负责人，承担达到2项在研省级科技计划研发类项目的，在项目未验收前不得申报本方向项目；当年申报实行公开竞争方式的省级科技计划研发类项目不能超过1项，违反规定的，取消当年申报资格。

（九）企业单位申请的财政资金不能高于自筹配套资金。

（十）对高新技术企业及技术创新能力较强的科技型企业申报的项目，优先支持。

（十一）申报指南明确的其他条件。

第七条 企业单位申报项目时，应提供以下材料：

（一）统一社会信用代码证、财务报表、完税证明材料等。

（二）研发人员学历、职称及社保部门出具的参加社保证明等，如属临时聘请或合作的研发人员，需提供临时聘请或合作的证明材料。

（三）项目实施需要试验和示范基地的，需提供自有产权或租赁、合作的科研基地的证明材料，包括产权证、租赁合同、合作协议及土地的红线图等。

第八条 申报受理。项目申报单位必须按照规定渠道和时限进行申报，并在规定时限内将书面材料送省政府政务服务中心科学技术厅审批办窗口。

第三章　评审与立项

第九条 项目立项采取专家评审和行政决策相结合的方式决定。项目立项主要程序包括形式审查、项目评审、行政决策、公示和项目下达。

（一）形式审查。省科学技术厅或委托第三方服务机构对项目申报材料进行形式审查，重点审查项目是否符合申报指南要求和是否存在重复申报。

（二）项目评审。项目评审可采取实地考察、网络评审、材料评审、会议评审和答辩评审等形式。项目评审专家主要从国家国际科技专家库、海南省科技专家库中选取，评审专家实行回避和轮换。根据实际情况邀请省外专家参与项目评审。

（三）行政决策。省科技厅根据省委省政府的工作部署和工作重点，结合产业发展和专家意见形成拟立项意见。

（四）公示。对拟立项的项目通过省科学技术厅门户网站进行公示，接受社会公众监督。

（五）项目下达。经公示无异议后，省科学技术厅下达项目立项通知，并与项目承担单位签订项目任务书。项目任务书应以项目申报书和专家评审意见为依据，突出绩效管理，明确考核指标、经费预算等内容。

第十条 项目立项原则

（一）支持省委、省政府和省科技厅重点工作任务需要，与我省签订长期科技合作协议下的重点项目。

（二）支持紧密结合我省重点产业需求，具有良好应用和转化前景的项目。

（三）支持依托国家国际科技合作基地、本省单位与国外建立的联合实验室等国际科技合作平台开展的国际合作项目。

（四）支持发挥我省技术优势，面向"一带一路"区域国家、非洲及拉美和加勒比地区的科技成果"走出去"项目。

（五）支持与国内著名高校、大院大所联合开展产学研的技术创新合作项目。

第十一条 项目不立项原则

（一）专家评审不通过的项目。

（二）不同单位（负责人）申报内容相似或相同的项目。

（三）基础设施及配套设备较差的项目。

（四）合作内容不明确、合作必要性不强的项目。

（五）创新性不强、预期目标不明确的项目。

（六）其他不适宜立项的项目。

第十二条 项目立项综合平衡原则

（一）产业的综合平衡。综合平衡各产业的项目。

（二）单位的综合平衡。综合平衡高校、科研机构和企业申报的项目。

（三）技术领域的综合平衡。综合平衡各技术领域，避免相同或类似的项目重复立项。

（四）合作类型的综合平衡。综合平衡国际合作与国内合作，引进开发、联合研究及"走出去"各类项目，重点合作工作需要的项目。

第四章 实施与管理

第十三条 项目实施实行合同制管理。项目立项后，项目承担单位应在项目下达后1个月内与省科学技术厅签订项目任务书；无正当理由逾期未签订任务书的视为自动放弃。

第十四条 项目任务书中要明确项目的实施内容、预期目标、经费预算、实施进度和考核指标等。任务书中明确承担单位与合作单位的分工、资金安排等。考核指标必须细化、具体、可考核。有自筹经费的项目，应在任务书中附提供自筹经费承诺书并保障经费到位。

第十五条 项目任务书甲方为省科学技术厅，乙方为项目承担单位，双方基本职责如下。

（一）甲方职责

1.会同省财政部门按规定拨付项目经费；

2.监督检查项目执行情况；

3.跟踪服务和协调解决项目执行中的有关问题；

4.组织项目验收。

（二）乙方职责

1.按任务书规定组织项目实施；

2.落实项目实施条件和配套经费，保证专款专用；

3.监督协调合作方按协议规定实施项目及使用经费；

4.接受甲方对项目执行情况的监督检查，按甲方要求报告项目实施进展情况，及时报告重大事项，按要求填报甲方制发的有关调查表和统计表；

5.提交项目验收所需的有关材料，按时进行项目验收。

第十六条 项目任务书内容一般不得变更，因客观原因确需变更的，须由项目承担单位提出书面申请报省科学技术厅审核同意，变更范围及办法按《海南省财政科技计划项目合同书（任务书）管理实施细则》执行。

第十七条 项目跟踪管理。省科学技术厅可根据工作需要，要求项目单位不定期报告项目实施进展情况；对项目的实施情况进行不定期实地检查和跟踪服务，督促项目承担单位按计划进度实施，协调解决项目实施过程中存在的困难和问题。

第十八条 实行项目年度报告制度。项目承担单位应按照科技报告制度要求，于每年11月底前，向省科技厅报送项目年度执行情况报告。

第十九条 项目未能正常实施或经费使用不合理的，省科学技术厅责令项目承担单位进行整改，对有严重过错并且整改不力的，可终止其项目实施，并收回财政经费。

第五章 验收组织

第二十条 省科学技术厅或委托第三方服务机构组织项目的验收工作，可选取会议验收、现场验收或材料验收等多种方式，组织专家进行验收。

第二十一条 项目承担单位应在项目任务书规定的实施期限届满后3个月内，提交书面验收申请及相关验收材料报省科学技术厅组织验收。

（一）提前完成项目任务书考核指标的，项目承担单位可向省科学技术厅申请提前验收。

（二）因不可抗拒力或政策性因素导致项目需延期验收的，项目承担单位应于项目执行期结束前3个月向省科学技术厅提出书面申请，经批准后可延期验收，但只能延期一次，时间最长不超过一年；

（三）因不可抗拒力或政策性因素对项目执行产生重大影响的事项，导致不能完成项目任务书考核指标的，项目承担单位应及时向省科学技术厅报告，申请项目终止，经省科技厅审核同意确认后，可终止该项目，由项目单位对项目经费进行清算，财政经费结余部分退回财政。

第二十二条 项目验收以项目任务书为依据，对项目是否完成任务书规定的研发内容和技术经济指标等作出客观的、实事求是的评价。

第二十三条 省财政科技专项拨款50万元以上（不含50万元）的项目，在项目验收时应提交具有资质的会计师事务所出具的经费（含自筹经费）审计报告。

第二十四条 项目验收应成立验收专家组，实行专家负责制。验收专家组人数原则上不少于5人，设专家组组长1名，由同行业的技术、经济、管理专家和至少1名财务专家组成，其中技术专家人数应在半数以上。同一单位的专家原则上不能超过2人，项目承担单位、合作单位及其他与项目有利益关系的人员不能作为验收专家。项目验收专家如与被验收项目存在利益关系，应主动向主持验收单位提出回避申请。

第二十五条 项目验收结论分为"通过验收"和"不通过验收"两种结论。

（一）验收通过。按期保质完成项目任务书确定的目标和任务，且经费使用合理的，为通过验收。

（二）验收不通过。未完成项目任务书确定的主要目标和任务；提供的主要验收文件资料、资料、数据存在弄虚作假；不配合验收工作的。

第二十六条 项目验收实行公示制度。验收结果在省科学技术厅门户网站上公示，公示时间不少于7日。任何单位和个人对验收意见有异议的，应当在公示期内，以单位名义书面向省科学技术厅提出。省科学技术厅在接受异议书面材料后，应当对异议内容进行审核，必要时，可组织专家进行再次论证，提出处理意见。

第二十七条 省科学技术厅对公示无异议的项目办理验收文件及证书等相关手续。

第二十八条 项目承担单位应在项目验收后6个月内完成项目科技成果的登记。各单位要加强项目验收后的成果转化跟踪管理，对任务指标完成良好且技术含量高、有产业化前景的项目，可积极推荐参展和宣传，切实提高科技成果转化率。

第六章 经费管理与罚则

第二十九条 项目经费开支范围分为直接费用和间接费用。

（一）直接费用是指在项目研究开发过程中发生的与之直接相关的费用，主要包括设备费、材料费、测试化验加工费、燃料动力费、差旅费/会议费/国际合作与交流费、出版/文献/信息传播/知识产权事务费、劳务费、专家咨询费和其他支出等。

1.设备费是指在项目实施过程中购置或试制专用仪器设备，对现有仪器设备进行升级改造，以及租赁外单位仪器设备而发生的费用。

2.材料费是指在项目实施过程中消耗的各种原材料、辅助材料等低值易耗品的采购及运输、装卸、整理等费用。

3.测试化验加工费是指在项目实施过程中支付给外单位（包括项目承担单位内部独立经济核算单位）的检验、测试、化验及加工等费用。

4.燃料动力费是指在项目实施过程中直接使用的相关仪器设备、科学装置等运行发生的水、电、气、燃料消耗费用等。

5.差旅费/会议费/国际合作与交流费是指合并会议费、差旅费、国际合作与交流费科目。其中：差旅费是指在项目实施过程中开展科学实验（试验）、科学考察、业务调研、学术交流等所发生的外埠差旅费、市内交通费用等；会议费是指在项目实施过程中为组织开展学术研讨、咨询、论证、评审以及协调项目等活动而发生的会议费用；国际合作与交流费是指在项目实施过程中项目研究人员出国（境）及外国专家来华及港澳专家来内地（大陆）工作的费用。

差旅费/会议费/国际合作与交流费科目由科研人员结合科研活动实际需要编制预算并按规定统筹安排使用，其中不超过直接费用10%的，不需要提供预算测算依据。

6.出版/文献/信息传播/知识产权事务费是指在项目研究开发过程中，需要支付的出版费、资料费、专用软件购买费、文献检索费、查新费、专业通信费、专利申请及其他知识产权事务等费用。

7.劳务费是指在项目实施过程中支付给项目组成员中没有工资性收入的相关人员（如在校研究生）和项目组临时聘用人员等劳务性费用。

参与项目研究的研究生、博士后、访问学者以及项目聘用的研究人员、科研辅助人员等，均可开支劳务费。项目聘用人员的劳务费开支标准，参照当地科学研究和技术服务业从业人员平均工资水平，根据其在项目研究中承担的工作任务确定，其社会保险补助纳入劳务费科目列支。劳务费预算不设比例限制，由项目承担单位和科研人员据实编制。

8.专家咨询费是指在项目实施过程中支付给临时聘请的咨询专家的费用。专家咨询费不得支付给参与本项目研究、项目管理的相关工作人员。专家咨询费的开支，参照我省规定的标准执行。

9.其他支出指在项目实施过程中除上述支出范围之外的其他相关支出。其他支出应当在申请预算时详细说明。

（二）间接费用是指项目承担单位在组织实施项目过程中发生的无法在直接费用中列支的相关费用。主要包括：项目承担单位为项目实施提供的仪器设备及房屋，水、电、气、暖消耗，有关管理费用的补助支出，以及为激励科研人员而安排的绩效支出等。

项目均可设立间接费用，核定比例为不超过直接费用扣除设备购置费的一定比例：500万元及以下的部分为20%，超过500万元至1000万元的部分为15%，超过1000万元以上的部分为13%。

间接费用按项目统一核定，由项目承担单位和项目合作单位根据各自承担的研究任务和经费额度，协商提出分配方案，在项目预算中明确，并分别纳入各自单位财务统一管理，统筹安排使用。项目承担单位和项目合作单位不得在核定的间接费用以外再以任何名义在项目实施经费中重复提取、列支其他费用。

项目承担单位在统筹安排间接费用时，要处理好合理分摊间接成本和对科研人员激励的关系，绩效支出安排与科研人员在项目工作中的实际贡献挂钩。根据项目实施进展情况分阶段支出，项目实施期内发放比例不超过50%，项目验收通过后支出剩余部分。项目终止、不通过验收的，不得继续安排绩效支出。项目承担单位中的国有企事业单位从财政科技计划项目资金（含以市场委托方式取得的横向经费）中列支的编制内有工资性收入科研人员的绩效支出，在本单位绩效工资总量中单列，不作为绩效工资总量基数。

第三十条 项目承担单位在申报项目和签订项目任务书时，均应当编制项目经费预算。省财政厅会同省科学技术厅对项目经费预算进行审核，并按有关规定拨付项目经费。

第三十一条 经批准的项目经费预算总额在实施过程中一般不作调整，如确需调整的，报省科学技术厅审核后，由省财政厅批准。

项目预算总额不变，项目直接费用中材料费、测试化验加工费、燃料动力费、出版/文献/信息传播/知识产权事务费、其他支出预算如需调剂，项目负责人根据实施过程中科研活动的实际需要提出申请，由项目承担单位批准，验收（结题）时向省科学技术厅备案。设备费、差旅/会议/国际合作交流费、劳务费、专家咨询费的预算一般不予调增，需调减用于课题其他直接支出的，可按上述程序办理调剂审批手续；如有特殊情况确需调增的，由项目（课题）负责人提出申请，经项目承担单位同意后，报省科学技术厅批准。

第三十二条 项目经费使用中涉及政府采购的，按照政府采购有关规定执行。所形成的资产（包括固定资产、无形资产和知识产权等），按本省国有资产有关规定进行管理。

第三十三条 项目实施期间，年度剩余资金可结转下一年度继续使用。项目完成任务目标并通过验收后，结余资金按规定留归项目单位使用，在2年内由项目单位统筹安排用于科研活动的直接支出，2年后未使用完的，按规定收回。

第三十四条 验收不通过的项目，省科技厅将对相关单位或责任人进行通报，由省科技厅对项目进行经费清算，财政经费结余部分和使用不合理经费按原渠道退回财政；取消项目负责人和承担单位（指企业法人）连续三个年度承担省级及以上财政科技计划项目资格；对涉及违法、违纪的，移交司法机关、纪检部门处理。

第三十五条 无正当理由、未经审批同意而逾期不提交验收申请的项目，按照验收不通过处理，纳入省科技计划管理信用记录，省科技厅对项目进行经费清算，追缴财政专项资金，取消项目单位（专指项目承担单位为企业法人的）和负责人连续五个年度承担省级财政科技计划项目资格，对涉及违法、违纪的，移交司法机关和纪检部门。

第三十六条 对于违反财经纪律，弄虚作假、截留、挪用、挤占科技专项经费的行为，省科学技术厅将追究个人责任，并根据情况采取通报批评、取消申报资格、停止拨款、终止项目等措施予以相应的处理，构成犯罪的，移交司法机关依法追究刑事责任。

第七章 附则

第三十七条 本细则适用于省重点研发计划科技合作方向，由省科学技术厅负责解释。

第三十八条 本细则自发布之日起施行，未尽事项遵照《海南省财政科技计划项目管理办法》和《海南省财政科技计划项目经费管理办法》执行。

海南省科学技术厅 海南省财政厅关于进一步优化省级财政科技计划项目和资金管理的通知

(琼科〔2019〕45号)

各有关单位：

为贯彻落实习近平总书记在两院院士大会上的重要讲话精神和《国务院关于优化科研管理提升科研绩效若干措施的通知》(国发〔2018〕25号，附件1)、《国务院办公厅关于抓好赋予科研机构和人员更大自主权有关文件贯彻落实工作的通知》(国办发〔2018〕127号，附件2)的要求，充分激发科研人员创新活力，切实减轻科研人员负担，现就海南省省级财政科技计划组织实施有关问题通知如下。

一、赋予科研人员更大技术路线决策权。赋予科研人员自主选择和调整技术路线的权利。科研项目申报期间，以科研人员提出的技术路线为主进行论证；科研项目实施期间，科研人员可以在研究方向不变、不降低考核指标的前提下自主调整研究方案和技术路线。科研项目负责人可以根据项目需要，在申报期间按规定自主组建科研团队；结合项目进展情况，在实施期间按规定进行相应调整，并在遵守科研人员限项规定及符合诚信要求的前提下自主调整项目骨干、一般参与人员。相关调整事项报项目承担单位审批，并在项目单位内部进行公开。上述调整可作为项目验收、评估评审等依据。

二、简化预算编制要求。采取定额补助方式支持的科研项目（50万元以下，不含50万元），简化预算编制管理，由项目承担单位在立项时按照科研项目资金与研究任务相匹配原则，根据科研活动实际需要编制财政科研项目预算，只需编制一级费用科目，不需提供详细的测算依据。

三、扩大承担单位预算调剂权限。在总预算不变的情况下，科研人员可根据科研活动实际需要自主调整直接费用除设备费以外的全部科目支出数额及比例，调整事项报项目承担单位审批。项目承担单位应完善管理制度，及时为科研人员办理调剂手续，并在单位内部进行公开。

四、拓宽直接费用列支范围。在省级财政科技计划项目中，劳务费不设比例限制，由项目承担单位和科研人员据实编制，参与项目研究的研究生、博士后、访问学者以及项目聘用的科研人员和科研辅助人员等，均可开支劳务费，其社会保险补助纳入劳务费科目列支。科研单位邀请国内外专家、学者和有关人员参加由其举办的与项目实施相关的会议，所发生的交通费、国际旅费等，可在差旅费/会议费/国际合作与交流费列支。

五、提高间接费用比例，拓宽间接费用使用范围。试点在对设备依赖程度低和实验材料耗费少的基础研究、软件开发、集成电路、软科学等智力密集型项目中，提高间接费用比例，500万元以下的部分不超过30%，500万元至1000万元的部分不超过25%，1000万元以上的部分不超过20%。对数学等纯理论研究项目，可根据实际情况适当调整间接费用比例。间接费用绩效支出在项目承担单位绩效工资总量中单列，不计入单位绩效工资总量基数，实际参与课题研究项目组成员，可据贡献量分配科研项目绩效。

六、下放财务管理权限。科研院所、高等院校等科研单位需根据科研工作实际需要，按照精简高效、厉行节约的原则，研究制定差旅费、会议费管理办法和内部报销制度，合理确定科研人员乘坐交通工具等级和住宿费用标准，以及按照会议次数、天数、人数设定会议费开支范围、标准。对野外考察、心理测试等科研活动中确实无法取得税务发票或财政票据的，在确保真实的前提下，可自制凭证据实报销并附上相关证明材料。

七、全面实行学术助理和科研财务助理制度。各科研院所、高等院校等科研单位应建立学术助理和科研财务助理制度，可自主选择固定岗位、短期聘用、第三方外包等方式，设立学术助理和科研财务助理，所需费用可在项目承担单位日常运转费用、相应科研项目劳务费或间接费用中列支。

八、精简过程检查。建立科研项目监督检查统筹协调制度，在相对集中时间开展联合监督检查，充分利用大数据等信息技术提高监督检查效率，避免在同一年度对同一项目重复、多头监督检查，对同一科研项目，实行监督检查结果互认，省有关部门可直接运用相关监督、检查结果，大幅度减少对科研项目实施周期内的各类评估、检查、抽查等。基础研究项目和实施周期三年以下（不含3年）的项目以承担单位自我管理为主，一般不开展过程检查，项目管理办法有具体规定的，按其规定执行。全面推行"双随机、一公开"检查，合理确定检查比例。

九、突出代表性成果和项目实施效果评价。建立以质量和贡献为导向的绩效评价体系，准确评价科研成果的科学价值、技术价值、经济价值、社会价值、文化价值。基础研究与应用基础研究类项目重点突出原创性和科学价值，技术和产品开发类项目重点突出技术价值和应用价值，应用示范类项目重点突出经济社会价值。

十、加强科学伦理审查和监管。有关承担单位和科研人员须恪守科学道德，遵守有关法律法规和伦理准则。相关单位建立资质合格的伦理审查委员会，须对相关科研活动加强审查和监管；相关科研人员应自觉接受伦理审查和监管。

十一、强化承担单位和科研人员主体责任。项目承担单位要落实管理主体作用，项目承担单位应对本单位科研管理负主体责任，强化内部监督管理机制，切实履行在项目申请、组织实施、验收和资金使用等方面的管理职责。要制定规范便捷的技术路线调整、直接费用调整、间接费用使用、结转结余资金留用处理、设备自主采购管理、成果转化、横向课题管理等制度。要落实科研管理改革政策，推进科研管理"一站式"服务。建立内部风险防控机制，强化资金使用绩效评价，保障资金使用安全规范高效。科研人员要落实承担主体作用，科研人员应勤勉尽责，强化责任和诚信意识，不弄虚作假，认真完成科研任务，对科研成果的真实性、完整性负责。科研人员应厉行节约，依法依规开展科研活动，出现新情况、新问题应及时与项目承担单位和行业主管部门沟通。

十二、有关要求。请各高校、科研院所、国有企业以及其他承担科研任务的单位根据国家和我省已经出台的赋予科研单位和科研人员自主权的有关政策，对照国务院办公厅《关于抓好赋予科研机构和人员更大自主权有关文件贯彻落实工作的通知》（国办发〔2018〕127号）和省委办、省府办印发《关于进一步完善海南省财政科研项目资金管理等政策的实施意见》的通知（琼办发〔2017〕16号，附件3）有关文件精神，修订和制定相关实施办法和制度，并健全完善内部管理制度，制定详细可操作的管理制度和办法，确保在落实科研人员自主权的基础上，突出成果导向，提高科研资金使用绩效，完成科研目标任务。

本通知自发布之日起施行，改革前海南省省级财政科技计划有关管理办法等相关规定与本通知要求不一致的，以本通知为准。

海南省科学技术厅
海南省财政厅
2019 年 2 月 21 日

海南省人民政府关于印发海南省优化科研管理提升科研绩效若干措施的通知

(琼府〔2019〕22号)

各市、县、自治县人民政府，省政府直属各单位：

《海南省优化科研管理提升科研绩效若干措施》已经七届省政府第26次常务会议审议通过，现印发给你们，请认真贯彻执行。

海南省人民政府
2019年4月22日

海南省优化科研管理提升科研绩效若干措施

为贯彻落实习近平新时代中国特色社会主义思想，深入践行创新发展理念，大力实施创新驱动战略，建立符合科研规律的科技创新管理制度，着力破除体制机制障碍，赋予科研人员更大自主权，最大程度释放科技创新活力，为海南自由贸易试验区和中国特色自由贸易港建设打下坚实的创新基础，根据《国务院关于优化科研管理提升科研绩效若干措施的通知》（国发〔2018〕25号）精神，结合海南实际，制定以下措施。

一、优化科研项目管理

（一）加强科研管理信息化建设。以省级科技业务综合管理系统为基础，完善全省统一的省级财政科技计划项目管理系统，将省级财政科技计划项目全部纳入管理；按管理权限向行业主管部门、项目管理专业机构、项目承担单位、科研人员等开放，实现全省财政科技计划项目全过程管理信息化。鼓励科研院所、高等院校等科研单位开发和应用科研和财务一体化的科研项目管理信息系统，实现科研资金预算、调整、报销、核算、绩效发放等全过程管理。（责任单位：省科技厅、省财政厅、省社科联，各科研院所、高等院校）

（二）优化项目形成机制。探索建立符合科研规律的项目分类形成机制，省级财政科技计划项目一般采取公开竞争方式立项；战略性、前瞻性、急需性的重大科技项目、重大政策研究项目，可采取定向择优或定向委托方式立项；对符合未来国家和海南省规划布局的重大科技基础设施、创新平台等项目，可采取"一事一议"的方式立项；对事关全省重点产业发展的重大共性关键技术难题，可试行采取招标方式立项；对公益类基础研究项目，可采用稳定支持方式立项；目标明确的应用型科研项目，可实行合同制管理和政府购买服务方式立项。（责任单位：省科技厅、省社科联）

（三）优化科研项目申报。精简申报要求，减少不必要的申报材料，凡在省政府共享大数据中能查找的资料，不重复要求项目单位提供。优化科研项目材料申报，可通过省级财政科技计划项目管理系统认证的材料，可不提供纸质材料，逐步推行无纸化不见面申报。对科研信用良好的单位和科研人员，实行容缺受理，先报后补。（责任单位：省科技厅、省社科联）

（四）优化检查方式。建立科研项目监督检查统筹协调制度，在相对集中时间开展联合监督检查，充分利用大数据等信息技术提高监督检查效率，避免在同一年度对同一项目重复、多头监督检查，对同一科研项目，实行监督检查结果互认，省有关部门可直接运用相关监督、检查结果，大幅度减少对科研项目实施周期内的各类评估、检查、抽查等。基础研究项目和实施周期3年以下（不含3年）的项目以承担单位自我管理为主，一般不开展过程检查，项目管理办法有具体规定的，按其规定执行。全面推行"双随机、一公开"检查，合理确定检查比例。（责任单位：省科技厅、省社科联）

（五）推广综合验收。在省级财政科技计划项目验收中合并财务验收和技术验收，由项目主管单位或委托项目管理专业机构依据任务书在项目实施期结束后进行综合验收。财政资助经费50万元（含50万元）以上的项目，项目承担单位可自主选择具有资质的会计师事务所进行项目财务验收审计；财政资助经费50万元以下的项目，鼓励项目承担单位自主选择具有资质的会计师事务所或利用本单位内部审计机构进行项目财务验收审计，其财务审计材料作为项目综合验收的重要依据。（责任单位：省科技厅、省社科联）

（六）规范科研项目财务审计。制定省级财政科技计划项目财务验收审计指引，明确注册会计师事务所开展省级财政科技计划项目财务审计工作要求和技术规范，加强对会计师事务所监督，提高科研项目财务审计质量。对会计师事务所出具的财务审计报告或结论，有关部门可以直接使用，原则上不再进行重复检查。（责任单位：省科技厅、省社科联）

（七）全面实行学术助理和科研财务助理制度。各科研院所、高等院校等科研单位应建立学术助理和科研财务助理制度，可自主选择固定岗位、短期聘用、第三方外包等方式，设立学术助理和科研财务助理，所需费用可在项目承担单位日常运转费用、相应科研项目劳务费或间接费用中列支。（责任单位：各科研院所、高等院校）

（八）探索国际化的科研项目合作管理制度。试行省级财政科技计划对外开放政策，允许符合条件的在国内注册外资机构和与我国有长期合作关系的境外科技人员承担除涉及国家安全以外的科研项目，充分利用好全球科技创新资源。在部分对外合作的科技专项试行科研经费、科研设备和材料跨境使用，探索开放的国际科技合作制度。（责任单位：省科技厅）

二、充分下放管理权限

（九）扩展技术路线决策权。赋予科研人员自主选择和调整技术路线的权利。科研项目申报期间，以科研人员提出的技术路线为主进行论证；科研项目实施期间，科研人员可以在研究方向不变、不降低考核指标的前提下自主调整研究方案和技术路线。科研项目负责人可以根据项目需要，在申报期间按规定自主组建科研团队；结合项目进展情况，在实施期间按规定进行相应调整，并在遵守科研人员限项规定及符合诚信要求的前提下自主调整项目骨干、一般参与人员。相关调整事项报项目承担单位审批，并在项目单位内部进行公开。上述调整可作为项目验收、评估评审等依据。（责任单位：省科技厅，各项目承担单位）

（十）优化预算管理。试行综合预算编制管理，优化科研项目直接费用和间接费用预算编制科目，将直接费用中的预算科目缩减归并为设备费、材料费/测试化验加工费/燃料动力费/出版/文献/信息传播/知识产权事务费、劳务费/专家咨询费、差旅费/会议费/国际合作与交流费以及其他费用，间接费用中的预算科目调整为管理费和绩效支出。简化预算编制管理，采取定额补助方式支持的科研项目（50万元以下，不含50万元），由项目承担单位在立项时按照科研项目资金与研究任务相匹配原则，根据科研活动实际需要编制财政科研项目预算，只需编制一级费用科目，不需提供详细的测算依据。在总预算不变的情况下，科研人员可根据科研活动实际需要自主调整直接费用除设备费以外的全部科目支出数额及比例，调整事项报项目承担单位审批。项目承担单位应完善管理制度，及时为科研人员办理调剂手续，并在单位内部进行公开。鼓励项目单位先行投入项目研发，可追溯确认前期预研和筹备的经费投入，作为项目单位自筹部分确定项目预算，追溯期从项目立项之日起至项目申报之日止，最长不超过6个月。（责任单位：省科技厅、省财政厅、省社科联，各项目承担单位）

（十一）拓宽直接费用列支范围。选择部分省级财政科技计划专项进行试点，对没有财政工资性拨款的科研院所等科研单位在承担科研项目时，可参照相关部门公布的同类人员工资水平，使用科研项目经费列支项目组人员工资，其他单位不得在财政科研项目经费中开支人员工资和福利。在省级财政科技计划项目中，劳务费不设比例限制，由项目承担单位和科研人员据实编制，参与项目研究的高校学生、博士后、访问学者以及项目聘用的科研人员和科研辅助人员等，均可开支劳务费，其"五险一金"纳入劳务费科目列支。科研单位邀请国内外专家、学者和有关人员参加由其举办的与项目实施相关的会议，所发生的交通费、住宿费、餐饮费、国际旅费等，可在差旅费/会议费/国际合作与交流费中列支。（责任单位：省科技厅、省财政厅）

（十二）提高间接费用比例，拓宽间接费用使用范围。试点在对设备依赖程度低和实验材料耗费少的基础研究、软件开发、集成电路、软科学、哲学社会科学等智力密集型项目中，提高间接费用比例，500万元以下的部分不超过30%，500万元至1000万元的部分不超过25%，1000万元以上的部分不超过20%。对数学等纯理论研究项目和哲学社会科学项目，可根据实际情况将间接费用比例再提高10%-20%。间接费用绩效支出在项目承担单位绩效工资总量中单列，不计入单位绩效工资总量基数，实际参与课题研究项目组成员，可据贡献量分配科研项目绩效。（责任单位：省科技厅、省财政厅、省人力资源社会保障厅、省社科联，各项目承担单位）

（十三）下放财务管理权限。科研院所、高等院校等科研单位需根据科研工作实际需要，按照精简高效、厉行节约的原则，研究制定差旅费、会议费管理办法和内部报销制度，合理确定科研人员乘坐交通工具等级和住宿费用标准，以及按照会议次数、天数、人数设定会议费开支范围和标准。对野外考察、心理测试等科研活动中确实无法取得税务发票或财政票据的，在确保真实的前提下，可自制凭证据实报销并附上相关证明材料。科研项目经费支出审批权限下放给项目负责人，确实需要项目承担单位审批的，精简审批层级。（责任单位：各科研院所、高等院校）

（十四）创新采购机制。对科研工作急需的设备和耗材，科研院所、高等院校等科研单位可不采用公开招标、邀请招标采购方式，自行选择竞争性谈判、询价、竞争性磋商方式采购。对于需要采取单一来源方式采购独家代理或生产的仪器设备、耗材的，由科研院所、高等院校按程序确定，不再报财政部门审批。所购限额标准以下的设备、耗材，不属于政府采购范围的，可按本单位内部管理规定自行购买。项目单位应切实做好设备采购的监督管理，按程序公开相关采购信息。（责任单位：省财政厅、省教育厅，各科研院所、高等院校）

（十五）自主规范管理横向委托项目。科研院所、高等院校等科研单位通过市场方式取得的横向委托项目，纳入单位财务统一管理。横向委托项目由项目承担单位按照合同约定实施，自主确定使用范围和标准以及分配方式，按合同约定或实际发放参与项目的科研人员绩效支出在本单位绩效工资总量中单列，不计入单位绩效工资总量基数。横向委托项目完成后获得的净收入，如合同约定分配事项，则按合同约定提取报酬；如无合同约定，允许归项目组成员自主分配并依法缴纳所得税。（责任单位：各科研院所、高等院校）

三、加大激励力度

（十六）试点实行承担重大科研攻关任务领衔人员年薪制。试点对全时全职承担重大技术攻关、科技成果转化或平台建设任务的项目负责人实行一项一策、清单式管理和年薪制。年薪所需经费允许在省级财政科技计划经费中列支并单独核算，在本单位绩效工资总量中单列，单位当年绩效工资总量相应增加。项目承担单位应在项目立项时确定人员名单和年薪标准，并列入预算，立项后报省人力资源社会保障厅、省财政厅备案。（责任单位：省人力资源社会保障厅、省财政厅，各科研院所、高等院校）

（十七）赋予科研人员职务科技成果所有权或使用权。对于接受企业、其他社会组织委托项目形成的职务科技成果，允许合同双方自主约定成果归属和使用、收益分配等事项；合同未约定的，在不影响国家安全、国家利益和公共利益的前提下，由单位按照权利与责任对等、贡献与回报匹配的原则，职务科技成果由项目承担单位自主处置，允许赋予科研人员所有权、长期使用权或收益权。对利用财政资金形成的职务科技成果，在不影响国家安全、国家利益、社会公共利益的前提下，赋予科研人员长期使用权和收益权。（责任单位：省科技厅，各科研院所、高等院校）

（十八）强化科技成果转化激励。科研院所、高等院校等科研单位，职务科技成果转化获得纯收益用于奖励研发团队的比例不低于70%，不超过95%。科研人员获得的现金激励，计入当年本单位绩效工资总量，但不受总量限制，不纳入绩效工资总量基数。其他转化收益不纳入单位绩效工资总量基数和工资总额基数管理范畴，国家另有规定的，从其规定。对非营利性科研院所、高等院校等单位的科研人员，通过科研与技术开发所创造的专利技术（含国防专利）、计算机软件著作权、集成电路布图设计专有权、植物新品种权、生物医药新品种等职务科技成果，在相关单位取得转化收入后3年内发放的现金奖励，减半计入科技人员当月个人工资薪金所得征收个人所得税。（责任单位：省人力资源社会保障厅、省税务局，各科研院所、高等院校）

（十九）建立法人担当激励机制。主管部门要把落实省级科研管理改革政策落实情况作为考核所属科研院所、高等院校等科研单位的重要内容。对于落实省级科研管理改革政策到位、创新绩效突出的科研院所、高等院校等科研单位，在省级财政科技计划和人才项目、科技创新基地建设等方面给予倾斜支持。对前沿基础研究类、公益性研究类机构加大经常性经费的稳定支持力度。（责任单位：省科技厅、省教育厅）

（二十）建立科研创新容错免责机制。建立激励科研创新宽容失败免责机制，区分科研创新、探索性试验中的无意过失与明知故犯、失职渎职、谋取私利等违纪违法行为。对在科技体制改革和科技创新过程中出现的偏差失误，只要不违反党的纪律和国家法律法规，勤勉尽责、未谋私利，能够及时纠错改正的科技管理部门、科研院所、高等院校等单位及从事科技管理和科研人员，不作负面评价，免除相关责任或从轻减轻处理。科研院所、高等院校等科研单位通过挂牌交易、拍卖或协议定价成交科技成果，单位领导和部门在勤勉尽责、没有牟取非法利益的前提下，免除其在科技成果定价中因科技成果转化后续价值变化产生的决策责任；采取作价入股方式转移转化科技成果，对已勤勉尽责的，主管部门不将其纳入资产增值保值考核范围。对勤勉尽责但因技术路线选择失误导致难以完成预定目标的单位和科研人员予以免责。（责任单位：省科技厅、省教育厅、省财政厅等，各科研院所、高等院校）

四、加强绩效管理

（二十一）推动项目管理从重数量、重过程向重质量、重结果转变。省级财政科技计划要按照分类评价要求提出项目绩效目标。目标导向类项目申报书和任务书要有科学、合理、具体的项目绩效目标和适用于考核的结果指标，并按照关键节点设定明确、细化的阶段性目标，用于判断实质性进展；立项评审应审核绩效目标、结果指标与指南要求的相符性，以及创新性、可行性、可考核性，实现项目绩效目标的能力和条件等；要加强项目关键环节考核，项目实施进度严重滞后或难以达到预期绩效目标的，及时予以调整或取消后续支持。（责任单位：省科技厅、省社科联）

（二十二）实行分类评价。建立以质量和贡献为导向的绩效评价体系，准确评价科研成果的科学价值、技术价值、经济价值、社会价值、文化价值。基础研究与应用基础研究类项目重点突出原创性和科学价值，技术和产品开发类项目重点突出技术价值和应用价值，应用示范类项目重点突出经济社会价值。开展"唯论文、唯职称、唯学历"问题集中清理，相关部门要对项目、人才、学科、基地等科技评价活动中涉及简单量化的做法进行清理。（责任单位：省科技厅、省教育厅、省财政厅，各科研院所、高等院校）

（二十三）强化结果应用。强化契约精神，严格依据项目合同书、协议等开展综合绩效评价，对绩效目标实现程度作出明确结论，不得"走过场"。把绩效评价结果作为项目调整、后续支持的重要依据，作为科研人员、管理人员和项目承担单位、项目管理专业机构业绩考核的参考依据。对绩效评价优秀的，在后续项目支持、表彰奖励等工作中给予倾斜。（责任单位：省科技厅、省教育厅）

（二十四）全面推行科研诚信制度。加强科研活动全流程诚信管理，在科研项目、创新载体平台、科技奖励、科技人才等管理工作中全面推行科研诚信承诺制度，建立覆盖项目负责人、项目组成员、评审专家等自然人，项目承担单位、项目管理专业机构、评估机构、科研服务机构等法人的科研诚信管理体系。建立守信激励和失信惩戒机制，实施科研诚信"黑名单"制度，对失信行为加大惩戒力度，对严重失信行为实行终身追究，一经发现，随时调查处理。（责任单位：省科技厅、省教育厅、省工业和信息化厅、省人力资源社会保障厅、省科协、省社科联）

（二十五）建立健全信息公开制度。除涉密及法律法规另有规定的，主管部门应按规定及时向社会公开科研项目的相关信息，接受社会监督。项目承担单位应建立信息公开制度，在单位内部公开科研项目立项、主要研究人员、财政资金使用情况、技术路线、直接费用、科研团队调整情况、项目终止和验收、仪器设备及材料采购、专家咨询及差旅费用、参与项目的科研人员绩效支出、学术和财务助理支出情况等，接受内部监督。（责任单位：省科技厅，各科研院所、高等院校）

五、明确各方责任

（二十六）行政部门要加强监督指导。省有关部门要督促和指导项目承担单位做好科研项目管理改革配套制度建设，对落实情况进行通报。探索常态化科研管理工作督查制度，针对科研项目管理、配套制度建设等进行重点督查。加强科研项目监督、检查等信息共享互认。（责任单位：省科技厅、省财政厅、省教育厅、省社科联）

（二十七）项目承担单位要落实管理主体责任。项目承担单位应对本单位科研管理负主体责任，强化内部监督管理机制，切实履行在项目申请、组织实施、验收和资金使用等方面的管理职责。要制定规范便捷的技术路线调整、直接费用调整、间接费用使用、结转结余资金留用处理、设备自主采购管理、成果转化、横向课题管理等制度。要落实科研管理改革政策，推进科研管理"一站式"服务。建立内部风险防控机制，强化资金使用绩效评价，确保资金使用安全规范高效。（责任单位：各项目承担单位）

（二十八）科研人员要落实承担主体责任。科研人员应勤勉尽责，强化责任和诚信意识，不弄虚作假，认真完成科研任务，对科研成果的真实性、完整性负责。科研人员应厉行节约，依法依规开展科研活动，出现新情况、新问题应及时与项目承担单位和行业主管部门沟通。（责任单位：各项目承担单位）

六、完善保障机制

（二十九）加强组织领导。定期召开省级财政科技计划管理厅际联席会议，协调解决科研管理中存在的突出问题。相关部门和单位要加快科研领域"放管服"改革，优化管理与服务，提升效率，加强事中事后监管，守好底线，营造良好的管理创新环境。（责任单位：省科技厅、省财政厅，各项目承担单位）

（三十）落实责任分工。相关主管部门应主动担当，大胆创新，督促检查相关改革事项落实情况。项目承担单位应根据文件要求，制定详细内部管理细则，打通科研创新"最后一公里"。（责任单位：省科技厅、省财政厅、省教育厅，各项目承担单位）

（三十一）营造良好氛围。加强科研创新政策宣传力度，大力开展政策解读和宣讲活动，把相关政策宣传好，营造科研创新的浓厚氛围和良好环境。（责任单位：省科技厅、省教育厅，各项目承担单位）

本措施自印发之日起执行，现行规定与本措施规定不一致的，按本措施规定执行。

海南省科学技术厅关于印发《海南省重点研发计划软科学方向项目和资金管理细则》的通知

(琼科规〔2019〕3号)

各有关单位：

为加强海南省重点研发计划软科学方向项目管理，提高软科学项目研究水平，根据《国务院关于优化科研管理提升科研绩效若干措施的通知》（国发〔2018〕25号），结合我省实际，重新修订的《海南省重点研发计划软科学方向项目和资金管理细则》已经2019年第6次厅务会、2019年第18次厅党组会审议通过，现予以公布，自2019年11月17日起施行，有效期至2024年11月16日止，原《海南省重点研发计划软科学方向项目和资金管理细则》（琼科〔2018〕100号）同时废止。

海南省科学技术厅
2019年10月17日

海南省重点研发计划软科学方向项目和资金管理细则

第一章 总则

第一条 为加强海南省重点研发计划软科学方向项目（简称软科学项目）管理，提高软科学项目研究水平，根据《国务院关于优化科研管理提升科研绩效若干措施的通知》（国发〔2018〕25号）、《海南省财政科技计划项目管理办法》、《海南省财政科技计划项目经费管理办法》和《海南省重点研发计划项目及经费管理办法》等科技计划管理有关规定，结合我省实际，制定本细则。

第二条 软科学项目是海南省财政科技计划的重要组成部分，采用定性分析与定量分析相结合的方法，对我省科技创新发展的决策、组织和管理等问题，开展综合性的研究活动。

第三条 软科学项目支持的范围主要包括事关我省科技创新的发展战略、发展规划、政策、体制改革、法规规章、科学普及等。

第四条 软科学项目分为重要项目和一般项目两类。

（一）重要项目：重点支持省委、省政府对重大科技创新工作部署、任务的专项研究。

（二）一般项目：主要支持对我省科技创新发展具有重大影响的科技战略、科技规划、科技政策、科技体制改革、科技法规和规章、科学普及等方面的研究。

第五条 软科学项目一般项目采用公开竞争的方式征集项目。对于下列情形可采取定向委托的方式征集项目：

（一）根据省委、省政府领导指示、批示要求开展研究的战略性课题；

（二）省委全会报告、省政府政府工作报告确定的重点工作研究；

（三）经厅党组会、厅务会研究确定的重大研究课题。

第六条 申报单位应当符合的基本条件。

（一）一般项目申报单位应具备如下条件：

1. 应在海南省行政区域内注册1年以上，且具有独立法人资格、具备从事软科学研究基础的中央在琼单位、高等院校、科研院所以及具有较好研究基础的其他单位。

2. 在本领域具有省内较高的软科学研究水平，有较强的科研人才队伍，具备良好的研究基础。

3. 运行管理规范，具有良好科研操守和信誉。

4. 项目参与单位应具有从事本领域软科学研究的工作基础。

（二）重要项目申报单位应具备如下条件：

1. 国内具有独立法人资格、具有从事软科学研究基础的高等院校、科研院所以及具有较好研究基础的其他单位。

2. 申报单位及参与单位在本领域具有国内著名的软科学科研人才队伍，有较强的研究基础。

第七条 项目负责人和项目组成员应当符合以下基本条件：

（一）项目负责人为项目申报单位在职人员，在相关领域具有较高的学术水平，熟悉本领域国内外动态及发展趋势，发表过相关的学术论文，拥有相关的研究成果，具有完成项目所需的组织管理和协调能力。

（二）项目负责人及项目组成员具有良好科研操守和信誉。

第八条 海南省科学技术厅（简称省科技厅）是软科学项目的主管部门，负责项目的管理工作。

第二章 指南编制和项目申报

第一节 公开竞争类项目

第九条 指南编制。省科技厅根据全省科技发展规划和省委、省政府工作部署，结合年度工作重点编制《申报指南》，明确重点支持方向、资助额度、支持范围等。

第十条 申报材料。项目申报单位必须按照《申报指南》规定的渠道和时限进行申报，并提交以下材料，对申报材料的真实性负责。

（一）《海南省重点研发计划软科学方向项目申报书》。

（二）《海南省重点研发计划软科学方向项目可行性报告》。

（三）申报单位为事业单位的，提供事业单位法人证书、开户许可证、发表相关论文、出版相关著作、相关研究报告等，如有参与单位，需提供协议。申报单位为非事业单位的，须提供社会团体法人登记证书/营业执照等单位法人法定证件、开户许可证、单位财务报表以及发表相关论文、出版相关著作、相关研究报告等，如有参与单位，需提供协议。

（四）申报单位可根据申报项目的实际需求，提供与所申报项目直接相关的其他说明材料。

（五）申报材料真实性承诺书。

第十一条 对科研信用良好的项目申报单位，实行容缺受理，先报后补。

第二节 定向委托类项目

第十二条 定向委托类项目不编制申报指南。一般由省科技厅相关处室根据工作需要，提出定向委托项目，经审批后，交由软科学项目管理处室组织开展立项工作。

定向委托项目需明确研究内容、研究成果、资助额度、资助方式、受委托单位等内容。

第十三条 申报材料。受委托单位按照定向委托项目提交以下材料：

1.《海南省重点研发计划软科学方向项目申报书》。

2.《海南省重点研发计划软科学方向项目可行性报告》。

3. 受委托单位为事业单位的，提供事业单位法人证书、开户许可证、发表相关论文、出版相关著作、相关研究报告等，如有参与单位，需提供协议。受委托单位为非事业单位的，须提供社会团体法人登记证书/营业执照等单位法人法定证件、开户许可证、单位财务报表以及发表相关论文、出版相关著作、相关研究报告等，如有参与单位，需提供协议。

4. 委托事项要求及其他相关材料。

5. 材料真实性承诺书。

第三章 立项管理

第一节 公开竞争类项目

第十四条 公开竞争类项目立项实行专家评审和行政决策相结合的方式。立项主要程序包括：形式审查、专家评审、行政决策、公示和项目下达等环节。

（一）形式审查。形式审查采取申报材料核实等方式，重点对项目申报单位资质、条件是否符合申报条件和是否存在重复申报等进行审查。

（二）项目评审。项目评审可综合采取实地考察、网络评审、材料评审、会议评审和答辩评审等多种形式。项目评审专家主要从海南省科技专家库中选取，实行回避制度和轮换机制。

（三）行政决策。省科技厅根据省委省政府的工作部署和工作重点及《申报指南》支持方向，结合专家评审意见形成拟立项意见。

（四）公示。对拟立项的项目通过省科学技术厅门户网站进行公示，接受社会公众监督。

（五）项目下达。经公示无异议后，省科学技术厅下达项目立项通知，并与项目承担单位签订项目任务书。项目任务书应以项目申报书和专家评审意见为依据，突出绩效管理，明确考核指标等。

第十五条 形式审查不予通过原则。

（一）项目申报单位为非事业单位（高等院校除外）的，同一年度申报的省级财政科技计划项目超过1项的项目。

（二）项目负责人在同一年度申报省级财政科技计划项目超过1项的项目。

（三）正在承担2项以上（含2项）省级财政科技计划项目且未验收的非事业单位（高等院校除外）或项目负责人申报的项目。

（四）申报单位为非事业单位（高等院校除外）或项目负责人正在承担软科学项目且未验收的项目。

（五）申报单位为非事业单位（高等院校除外）或项目负责人还在禁止申报省级财政科技计划项目期间。

第十六条 专家评审的内容主要包括：

（一）是否符合《申报指南》支持方向。

（二）研究内容的完整性。

（三）研究方案的创新性、科学性、先进性、可行性。

（四）研究能力的适应性，研究力量投入的合理性、可行性。

（五）研究成果的适用性。

（六）研究经费预算的合理性。

（七）研究计划、进度安排的合适性。

（八）申报单位具备本细则第六条规定的条件，项目负责人及项目参与人员具备本细则第七条规定的条件。

第十七条 优先给予立项的原则：

（一）符合项目申报指南要求。

（二）研究目标明确、重点突出、内容详实、方法科学。

（三）优先支持预期研究成果具有前瞻性、创新性、科学性和实用性，能为我省科技发展战略、重大决策提供战略性、综合性、全局性的建议意见。

（四）申报单位具有较好的软科学研究基础条件。

（五）项目组研究人员的搭配，须知识结构、学科合理，具备软科学研究的实践经验，有较强的研究能力和创新精神，工作责任心强。

第十八条 不予立项原则：

（一）不符合《申报指南》支持方向和范围的项目。

（二）专家评审不支持（推荐）的项目。

（三）已获得其他财政科技专项经费支持的重复申报的项目。

第二节 定向委托类项目

第十九条 定向委托类立项实行专家论证和行政决策相结合的方式。立项主要程序包括：专家论证、行政决策、公示和项目下达等环节。

（一）专家论证。省科技厅组织专家按照委托事项的要求，对定向委托项目论证，并提出论证意见。

（二）行政决策。省科技厅根据部署、任务和定向委托项目的要求及专家论证意见形成拟立项意见。

（三）公示。对拟立项的项目通过省科技厅门户网站进行公示，接受社会公众监督。

（四）项目下达。经公示无异议后，省科学技术厅下达项目立项通知，并与项目承担单位签订项目任务书。项目任务书应以委托需求和专家论证意见为依据，突出绩效管理，明确考核指标等。

第二十条 专家论证的内容主要包括：

（一）是否符合定向委托项目的要求。

（二）研究方案的创新性、科学性、先进性、可行性。

（三）研究经费预算的合理性。

（四）研究计划、进度安排的合适性。

（五）受委托单位具备本细则第六条第二款规定的条件，项目负责人及项目参与人员具备本细则第七条规定的条件。

第四章 实施管理

第二十一条 项目实施实行合同制管理。项目承担单位应在项目立项通知下达后30日内与省科技厅签订项目任务书；无正当理由逾期未签订任务书的视为自动放弃。

第二十二条 软科学项目实施期限原则上不超过1年。重要项目可双方约定实施期限。

第二十三条 项目任务书中要明确项目的实施内容、预期目标、经费预算、实施进度和考核指标等。考核指标必须细化、具体、可考核。多方参与的项目，项目承担单位间需签订协议，明确各方权利义务、资金安排、知识产权归属、法律责任等，作为项目任务书的附件。项目任务的管理具体按照《海南省财政科技计划项目任务书管理实施细则》要求实施。

第二十四条 重要项目任务书的考核指标还应明确对我省科技创新决策提供有价值的研究成果及被省委、省政府及省直部门、相关单位采纳或应用的途径。

第二十五条 项目任务书甲方为省科学技术厅，乙方为项目承担单位（含参与单位），双方基本职责如下：

（一）甲方职责

1. 会同省财政部门按规定拨付项目经费。

2. 监督检查项目执行情况。

3. 跟踪服务和协调解决项目执行中的有关问题。

4. 组织项目验收。

（二）乙方职责

1. 按任务书规定组织项目实施。

2. 落实项目实施条件，保证专款专用。

3. 监督协调合作方按协议规定实施项目及使用经费；

4. 接受甲方对项目执行情况的监督检查，按甲方要求报告项目实施进展情况，及时报告重大事项，按要求填报甲方制发的有关调查表和统计表。

5. 按时提交项目验收所需的有关材料，配合项目验收工作。

第二十六条 项目任务书中项目承担单位、项目负责人、项目研究方向、项目考核指标不得变更。

实施期间，项目负责人可在不改变研究方向、不降低考核指标的前提下自主调整研究方案和技术路线；可根据研究需要和进展情况自主调整科研团队。相关调整事项报项目承担单位审批，并在项目单位内部进行公开。上述调整可作为项目验收、评估评审等依据。

第五章 验收管理

第二十七条 省科技厅组织或委托第三方服务机构承担软科学项目的验收工作，可选取会议验收或书面验收等方式，组织专家进行验收。项目验收主要程序包括：材料受理、组织验收、验收意见公示、办理验收文件及证书和整理归档五个环节，具体按《海南省财政科技计划项目验收管理实施细则》要求实施。

第二十八条 属于前补助项目的，项目承担单位应在项目任务书规定的实施期限届满后3个月内，提交书面验收申请及相关验收材料报省科技厅组织验收。属于后补助项目的，一般不作验收，但项目经费应在2年内支出完毕，并在支出完毕3个月内将相关票据报省科技厅备案。

（一）提前完成项目任务书考核指标的，项目承担单位可向省科学技术厅申请提前验收。

（二）因不可抗拒力或政策性因素导致项目需延期验收的，项目承担单位应于项目执行期结束前3个月内向省科技厅提出书面申请，经批准后可延期验收，但只能延期1次，时间最长不超过

6个月。

（三）因不可抗力或政策性因素引起的项目负责人变更等对项目执行产生重大影响的事项，导致不能完成项目任务书考核指标的，项目承担单位应及时向省科学技术厅报告，并提出终止执行的申请。省科学技术厅根据项目的实际情况进行处理，并将处理意见反馈申请单位。终止的项目，项目承担单位应对项目进行专项财务清算，在省科技厅下达同意终止决定后将结余经费退回财政国库。

第二十九条　项目验收以项目任务书为依据，对项目是否完成任务书规定的研究内容等作出客观的、实事求是的评价。

第三十条　项目验收应成立验收专家组，实行专家负责制。验收专家组人数原则上不少于5人，设专家组组长1名。同一单位的专家原则上不能超过2人，项目承担单位、合作单位及其他与项目有利益关系的人员不能作为验收专家。项目验收专家如与被验收项目存在利益关系，应主动向主持验收单位提出回避申请。

第三十一条　项目验收结论分为"通过验收"和"不通过验收"2种结论。

（一）通过验收。按期保质完成项目任务书确定的目标和任务，且经费使用合理的，验收结论为通过验收。

（二）不通过验收。因非不可抗拒因素未完成项目任务书确定的主要目标和任务或提供的主要验收文件、资料、数据存在弄虚作假，验收结论为不通过验收；不配合验收工作的，无特殊原因到期3个月内未提交验收申请的项目，按"不通过验收"处理。不通过验收的项目，项目承担单位应将项目财政结余经费退回财政国库；情节严重的，可视情况追回已拨付的全部项目财政资金。

第三十二条　项目验收实行公示制度。验收结果在省科学技术厅门户网站上公示，任何单位和个人对验收意见有异议的，应当在公示之日起7日内，书面向省科技厅提出。单位应采用书面形式并加盖公章，个人应采用实名提出异议。省科技厅在接受异议书面材料后，应当对异议内容进行审核，必要时，可组织专家进行再次论证验收，提出处理意见。

第三十三条　省科技厅对公示无异议的项目办理验收文件及证书等相关手续。

第三十四条　项目承担单位应在项目验收后6个月内完成项目科技成果的登记。

第六章　经费管理

第三十五条　软科学项目可采取前补助和后补助的支持方式。经费实行专款专用、专项管理。

第三十六条　软科学项目经费一般采取定额方式资助。采取定额补助方式支持的项目（50万元以下，不含50万元），项目承担单位在立项时按照科研项目资金与研究任务相匹配原则，根据科研活动实际需要编制财政科研项目预算，只需编制一级费用科目，不需提供详细的测算依据。

第三十七条　软科学重要项目可需按实际要求，编制项目经费预算和详细的测算依据。

第三十八条　软科学项目经费开支范围包括直接费用和间接费用。

（一）直接费用是指在项目研究过程中发生的与之直接相关的费用，主要包括出版/文献/信息传播/知识产权事务费、劳务费/专家咨询费、会议/差旅/国际合作交流费和其他支出。

1.出版/文献/信息传播/知识产权事务费是指在项目实施过程中，需要支付的出版费、资料费、专用软件购买费、文献检索费、查新费、专业通信费、专利申请及其他知识产权事务等费用。

2.劳务费是指在项目实施过程中支付给参与项目研究的高校学生、博士后、访问学者及项目聘用的科研人员和科研辅助人员等项的劳务性费用，其"五险一金"纳入科目列支。劳务费不设比例限制。

3.专家咨询费是指在项目实施过程中支付给临时聘请的咨询专家的费用。专家咨询费不得支付给参与本项目研究、项目管理的相关工作人员。

专家咨询费的开支，参照我省规定的标准执行。

4.会议/差旅/国际合作交流费是指在项目实施过程中发生的差旅费、会议费和国际合作交流费。承担单位和科研人员应当按照实事求是、精简高效、厉行节约的原则，严格执行国家和单位的有关规定，统筹安排使用。

项目承担单位邀请国内外专家、学者和有关人员参加由其举办的与项目实施相关的会议，所发生的交通费、住宿费、餐饮费、国际旅费等，可在科目中列支。

5.其他支出是指在项目实施过程中除上述支出范围之外的其他相关支出。其他支出应当在申请预算时详细说明。

（二）间接费用是指承担单位在组织实施项目过程中发生的无法在直接费用中列支的相关费用，主要包括管理费和绩效支出。

间接费用比例，500万元以下的部分不超过30%，500万元至1000万元的部分不超过25%，1000万元以上的部分不超过20%。

第三十九条 在总预算不变的情况下，科研人员可根据科研活动实际需要自主调整直接费用除设备费以外的全部科目支出数额及比例，调整事项报项目承担单位审批。

第七章 附则

第四十条 涉密的软科学项目不适用本细则。

第四十一条 法律、法规及政策另有规定的，从其规定。

第四十二条 本细则由省科技厅负责解释，自2019年11月17日起施行，有效期至2024年11月16日止，原《海南省重点研发计划软科学方向项目和资金管理细则》（琼科〔2018〕100号）同时废止。本细则未尽事宜遵照《海南省财政科技计划项目管理办法》和《海南省财政科技计划项目经费管理办法》等科技计划管理有关规定执行。

海南省科学技术厅关于印发《海南省院士创新平台科研专项与经费管理暂行办法》的通知

(琼科规〔2019〕12号)

各市县科技管理部门,各高校、科研院所及有关企事业单位:

根据《海南省科学技术厅 中共海南省委人才发展局关于印发〈海南省院士创新平台管理暂行办法〉的通知》(琼科规〔2019〕9号)精神,我厅制定了《海南省院士创新平台科研专项与经费管理暂行办法》,现印发给你们,请认真贯彻执行。

海南省科学技术厅
2019年12月28日

海南省院士创新平台科研专项与经费管理暂行办法

第一章 总则

第一条 根据《海南省科学技术厅 中共海南省委人才发展局关于印发〈海南省院士创新平台管理暂行办法〉的通知》(琼科规〔2019〕9号),为规范和加强海南省院士创新平台科研专项管理,完善项目管理机制,提高项目实施成效和经费使用效率,依据《海南省人民政府关于印发〈海南省优化科研管理提升科研绩效若干措施〉的通知》(琼府〔2019〕22号)、《海南省科学技术厅关于印发〈海南省财政科技计划项目管理办法〉的通知》(琼科〔2018〕48号)和《海南省财政厅 海南省科学技术厅关于印发〈海南省财政科技计划项目经费管理办法〉的通知》(琼财教〔2018〕117号)等文件,制定本办法。

第二条 海南省院士创新平台科研专项(以下简称院士平台专项)是我省财政科技计划的组成部分,主要用于资助经我省认定的院士创新平台在重点产业和民生领域开展关键技术难题攻关、科技成果转移转化、技术开发应用等科研创新活动。

第三条 院士平台专项通过定向择优或定向委托的方式确定承担单位。

第四条 海南省科学技术厅(以下简称省科技厅)是院士平台专项的主管部门,负责院士平台专项的申报指南编制发布、组织申报、立项评审、现场核查、经费预算、监督检查、项目验收等工作。

第二章 申报与受理

第五条 省科技厅每年根据全省经济、社会、科技发展规划和战略,在调研相关行业、产业科研需求的基础上编制院士平台专项申报指南,明确支持范围、申报条件、资助标准和实施年限等。

第六条 院士平台专项实行网上申报,申报材料通过海南省科技业务综合管理系统填写,省科技厅负责审查、受理。

第七条 申报条件：

（一）申报单位为经我省认定的、与院士或院士团队核心成员签订有合作协议且合作协议有效期不低于院士平台专项实施期的海南省院士创新平台依托单位；

（二）申报单位运行管理规范，具有与项目实施相匹配的基础条件，有研发经费投入，具有完成项目所必备的人才条件和技术装备；

（三）鼓励产、学、研联合申报。两家及两家以上单位联合申请的项目，应提交项目合作协议。合作协议应明确各方的权利义务、研究内容、成果提交的时限、经费的来源及分配方式、知识产权归属、法律责任等主要内容，并经各方法人单位盖章；

（四）项目成果应用及产业化实施地点在海南省内；

（五）项目负责人为签订合作协议的院士或院士团队核心成员，在相关技术领域具有较高的学术水平，熟悉本领域国内外技术和市场动态及发展趋势，具有完成项目所需的组织管理和协调能力；

（六）项目组成员、承担单位和参与单位具有良好的信誉；

（七）申报指南里明确的其他条件。

第三章 评审与立项

第八条 项目立项实行专家评审和行政决策相结合的方式。立项程序包括：形式审查、专家评审、行政决策、公示和项目下达。

（一）形式审查。省科技厅组织或委托专业机构开展院士平台专项申报材料形式审查工作，重点对申报单位资质、所申报项目是否符合申报指南要求和是否存在重复申报等进行审查；

（二）专家评审。省科技厅按科研项目评审管理有关规定自行组织或委托专业机构组织专家进行会议评审。会议评审前，评审单位根据实际情况决定是否组织专家开展现场核查，评审专家按有关规定选取；

（三）行政决策。省科技厅依据省委省政府的工作部署和工作重点，结合产业发展需求和专家意见形成拟立项目意见；

（四）公示。对拟立项目的院士平台专项通过省科技厅门户网站进行公示，接受社会公众监督；

（五）项目下达。经公示无异议或异议不成立，省科技厅下达项目立项通知，并与项目承担单位签订项目任务书。项目任务书应以项目申报书和专家评审意见为依据，突出绩效管理，明确考核指标等。

第九条 项目立项原则：

（一）支持国家和省委省政府重大战略和创新驱动发展需求的科研项目；

（二）支持符合省科技发展规划纲要目标以及省委省政府重点工作，对我省经济社会发展具有重要支撑和引领作用的项目；

（三）支持关系民生、受益人群多、技术集成度高、对全省创新发展具有重要示范推广价值的项目；

（四）支持具有较强技术力量、设备、资金等较好前期工作基础的项目；

（五）支持科技成果转化产学研合作的项目；

（六）支持促进重点产业相关的学科建设和人才培养类的科研项目。

第十条 项目不立项原则：

（一）不符合项目申报指南支持方向和范围的项目；

（二）专家评审不通过的项目；

（三）已获得其他财政专项经费支持的重复申报项目；

（四）不同单位（负责人）申报内容相似或相同的项目；

（五）基础设施及配套设备较差的项目；

（六）负责人有2个及以上我省未验收项目的项目；

（七）其他不适宜立项的项目。

第十一条 综合平衡各技术领域，避免相同或类似的项目重复立项。

第十二条 省科技厅根据当年财政预算情况，统筹安排项目经费资助，立项后依经费规模情况一次性予以资助。

第四章 实施与管理

第十三条 院士平台专项实行合同制管理。项目立项后，项目承担单位应在通知下达后1个月内与省科技厅签订项目任务书；无正当理由逾期未签订任务书的视为自动放弃。

第十四条 项目任务书中要明确项目的实施内容、预期目标、经费预算、实施进度和考核指标等。考核指标必须细化、具体、可考核。多家单位联合实施的项目，项目牵头承担单位要与参与单位签订合作协议，协议作为项目任务书的附件一并提交。

第十五条 项目任务书甲方为省科技厅，乙方为项目承担单位，双方基本职责如下：

（一）甲方职责。

1. 会同省财政部门按规定拨付项目经费；

2. 监督检查项目执行情况；

3. 跟踪服务和协调解决项目执行中的有关问题；

4. 组织项目验收。

（二）乙方职责。

1. 按任务书组织项目实施，履行任务书各项条款，完成各项任务和目标；

2. 落实项目实施条件和配套经费，严格执行省财政科技计划各项管理规定，建立健全科研、财务、诚信等内部管理制度，保证专款专用；

3. 接受甲方对项目执行情况的监督检查，配合甲方做好监督、评估和验收工作，及时报告重大事项，配合甲方填报有关调查表和统计表；

4. 按规定提交项目验收申请和验收所需的有关材料。

第十六条 项目实施期间，科研人员可以在研究方向不变、不降低考核指标的前提下自主调整研究方案和技术路线。项目负责人可以根据项目需要，在实施期间按规定进行相应调整，并在遵守科研人员限项规定及符合诚信要求的前提下自主调整项目参与人员。相关调整事项报项目承担单位审批，在项目单位内部进行公开并报省科技厅备案。上述调整不影响项目的验收。

第十七条 实施周期3年以下（不含3年）的项目以承担单位自我管理为主。项目承担单位应按照科技报告制度要求，于规定时间内报送项目年度执行情况报告。

第十八条 项目未能正常实施或经费使用不合理的，省科技厅责令项目承担单位进行整改，对有严重过错并且整改不力的，可终止其项目实施，并按规定收回剩余财政资金和不合理经费。

第十九条 项目变更、调整、终止按《海南省财政科技计划项目管理办法》和《海南省财政科技计划项目经费管理办法》相关规定执行。

第二十条 省科技厅有权依据项目的实际情况，在项目任务书中明确其他相关事项。

第五章 验收组织

第二十一条 省科技厅根据项目评审管理有关规定组织或委托专业机构组织专家开展院士平台专项验收工作，验收方式可根据项目实际情况采取会议验收、现场验收等方式进行。

第二十二条 项目承担单位应在项目任务书规定的实施期限届满后3个月内，提交书面验收申请及相关验收材料报省科技厅组织验收。

（一）提前完成项目任务书考核指标的，项目承担单位可向省科技厅申请提前验收；

（二）因不可抗力或政策性因素导致项目需延期验收的，项目承担单位应于项目执行期结束前15个工作日向省科技厅提出书面申请，经批准后可延期验收，但只能延期一次，时间最长不超过一年；

（三）因不可抗力或政策性因素导致项目难以继续实施或不能完成项目任务书考核指标的，项目承担单位应向省科技厅报告，申请项目终止。经省科技厅审核同意后，可终止该项目，由项目单位对项目经费进行清算，未支出的财政资金按规定收回；

（四）项目承担单位以出现不可抗力或政策性因素主张项目延期验收，或难以继续实施，或不能完成项目合同书考核指标，但经省科技厅审查认为不属实的，项目承担单位应当继续按期完成项目的所有任务，否则，视同项目单位违约，省科技厅有权要求项目承担单位依据项目合同书的约定承担违约责任。

第二十三条 项目验收合并财务验收和技术验收，由项目承担单位或委托项目管理专业机构依据任务书在项目实施期结束后进行综合验收。财政资助经费50万元（含50万元）以上的项目，在验收时应提交具有资质的会计师事务所出具的专项审计报告；财政资助经费50万元（不含50万元）以下的项目，鼓励项目承担单位自主选择具有资质的会计师事务所或利用本单位内部审计机构进行项目财务验收审计，其财务审计材料作为项目综合验收的重要依据。

第二十四条 项目验收应成立验收专家组，实行专家负责制。验收专家组人数原则上不少于5人，且为单数，设专家组组长1名，由同行业的科技界、产业界专家和至少1名财务专家组成，其中技术专家人数应在半数以上。同一单位的专家原则上不能超过2人，项目承担单位、参与单位及其他与项目有利益关系的人员不能作为验收专家。项目验收专家如与被验收项目存在利益关系，应主动向主持验收单位提出回避申请。

第二十五条 项目验收分为"验收通过"和"验收不通过"两种结果。

（一）验收通过：按期保质完成项目任务书确定的目标和任务；

（二）验收不通过：未完成项目任务书确定的主要目标和任务。

第二十六条 验收不通过的项目，省科技厅将对相关单位或责任人进行通报，由省科技厅对项目进行经费清算，财政资金结余部分和使用不合理经费按规定收回；验收结果作为院士创新平台考核的重要依据；对涉及违法、违纪的，按有关规定处理。

第二十七条 项目验收结果在省科技厅门户网站上公示，公示时间7日（含法定节假日）。任何单位和个人对验收结果有异议的，应当在公示期内，书面向省科技厅提出。省科技厅对异议内容进行审核，提出处理意见。

第二十八条 省科技厅对公示无异议的项目办理验收文件等相关手续。

第六章 经费管理与监督

第二十九条 项目经费开支范围分为直接费用和间接费用。经费开支范围依据《海南省财政科技计划项目经费管理办法》编制和使用。

院士平台专项承担单位在统筹安排间接费用时，要处理好合理分摊间接成本和对科研人员激励的关系，绩效支出安排与科研人员在项目工作中的实际贡献挂钩，不设比例限制。根据项目实施进展情况分阶段支出，项目实施期内发放比例不超过50%，项目验收通过后支出剩余部分。项目终止、不通过验收的，不得继续安排绩效支出。项目承担单位中的国有企事业单位从院士创新平台科研项目经费中列支的编制内有工资性收入科研人员的绩效支出，在本单位绩效工资总量中单列，不作为绩效工资总量基数。

第三十条 项目承担单位在申报项目和签订项目任务书时，均应当编制项目经费预算。50万元以下（不含50万元）院士平台专项只需编制一级费用科目，不需提供详细的测算依据。省科技厅对项目经费预算进行审核，并会同省财政厅按有关规定拨付项目经费。

第三十一条 项目负责人在院士平台专项预算总额不变的前提下，可根据科研活动需要自主调整直接费用中除设备费以外的全部科目支出数据及比例，调整事项报院士平台依托单位审批，报省科技厅备案。

第三十二条 项目经费使用中涉及政府采购的，按照政府采购有关规定执行。所形成的资产（包括固定资产、无形资产和知识产权等），按本省国有资产有关规定进行管理。

第三十三条 项目实施期间，年度剩余资金可结转下一年度继续使用。项目完成任务目标并通过验收后，结余资金按规定留归项目承担单位使用，在2年内由项目承担单位统筹安排用于科研活动的直接支出；2年后未使用完的，由省科技厅按规定收回。

第三十四条 对于违反财经纪律，弄虚作假、截留、挪用、挤占科技项目经费的行为，省科技厅将追究个人责任，并根据情况采取通报批评、取消申报资格、停止拨款、终止项目等措施予以相应的处理，构成犯罪的，移交司法机关依法追究刑事责任。

第七章 附则

第三十五条 本办法由省科技厅负责解释。

第三十六条 本办法自2020年1月28日起实施，本办法未规定的按照《海南省财政科技计划项目管理办法》和《海南省财政科技计划项目经费管理办法》执行。

海南省科学技术厅 海南省财政厅关于调整《海南省重大科技计划项目和经费管理办法》有关规定的通知

(琼科〔2020〕94号)

各相关单位：

为贯彻落实国务院《关于优化科研管理提升科研绩效若干措施的通知》(国发〔2018〕25号)精神，推进科技领域"放管服"改革，结合我省重大科技计划项目实施管理实际，现就调整《海南省重大科技计划项目和经费管理办法》(琼财教〔2018〕116号)有关规定事项通知如下：

一、调整海南省重大科技计划项目实施期间管理方式

（一）项目实施情况第一年实行书面报告。项目承担单位根据省科技厅通知要求，提交年度项目实施情况报告及资金使用报告（附财务报表）。省科技厅根据经费安排计划和项目实施、资金使用情况拨付第二年度资助经费（不包括企业单位）。省科技厅可根据工作需要，组织专家对项目抽查、检查、核实相关情况。

（二）项目实施第二年实行中期评估。项目承担单位根据省科技厅通知要求，提交项目中期（项目立项至第二年实施期）项目实施情况报告及具有相关资质的会计师事务所出具的资金使用审计报告。省科技厅组织专家对项目进行检查、评估，督促项目承担单位按计划进度实施，协调解决项目实施过程中存在的困难和问题。评估结果作为项目财政经费年度滚动支持或调整的依据对存在重大问题和难于继续实施项目予以强制终止。

二、其他事项按照《海南省重大科技计划项目和经费管理办法》(琼财教〔2018〕116号)执行。

2020年6月2日

海南省科学技术厅　海南省财政厅关于印发《海南省省属科研院所技术创新专项管理办法》的通知

（琼科规〔2020〕3号）

各省属科研院所：

根据省政府关于进一步深化科技管理体制机制改革要求，为进一步规范我省省属科研院所技术创新专项项目管理，充分发挥财政资金使用效率，加大对省属科研院所基础性研究工作的稳定支持，提升我省技术创新能力，海南省科学技术厅与海南省财政厅研究制定了《海南省省属科研院所技术创新专项管理办法》，现予印发实施。

特此通知。

海南省科学技术厅　海南省财政厅
2020年6月24日

海南省省属科研院所技术创新专项管理办法

第一章　总则

第一条　为进一步规范我省省属科研院所技术创新专项项目管理，充分发挥财政资金使用效率，根据科技部等6部门印发《关于扩大高校和科研院所科研相关自主权的若干意见》（国科发政〔2019〕260号）、《海南省人民政府关于印发〈海南省优化科研管理提升科研绩效若干措施〉的通知》（琼府〔2019〕22号）等国家和省相关文件，结合本省实际情况，制定本办法。

第二条　省属科研院所技术创新专项（以下简称"院所专项"）用于支持和推进省属科研院所体制机制改革，支持省属科研院所技术创新水平提升和人才培养。院所专项实行分类支持和管理，分为基础性科研和技术创新科研两大类。

第三条　基础性科研是指各省属科研院所在各自领域，围绕我省经济与社会发展和科学研究的需求而开展的获取自然本底情况和基础科学数据、系统编研或共享科技资料和科学数据、采集保存自然科技资源、制定科学标准规范、研制标准物质等科学活动，以及在此工作基础上开展的基础研究工作。基础性科研具有基础性、前瞻性、公益性的特点。基础性科研以院所为单位，自主选题、整体立项，经费持续稳定支持。

第四条　技术创新科研是指围绕我省经济与社会发展，引进转化或研发新技术、新方法和新产品，解决我省产业或行业发展中技术难题。技术创新科研项目在省属科研院所范围内进行竞争性评审立项支持，按照研发类科研项目进行管理。

第五条　院所专项由海南省科学技术厅（以下简称省科技厅）和省财政厅按职能共同管理。

第二章 基础性科研

第六条 各省属科研院所根据职能定位明确基础性科研工作内容，制定基础性科研工作规划和年度实施方案报科技主管部门。

1. 基础性科研工作规划以三年为一个执行期进行规划；在执行期内，可根据科研需求及变化进行动态调整。

基础性科研工作规划应包含但不限于以下内容：项目单位概况、必要性和可行性、现有的工作基础、未来三年的总体目标、未来三年基础性科研工作方向、预期成效等。

2. 各省属科研院所根据基础性科研工作规划，按年度制定实施方案。

年度实施方案应包含但不限于以下内容：现有的工作基础、实施内容、实施单位（部门）与地点、工作计划进度、任务指标、预期成效和资金安排等。

第七条 各省属科研院所按照省科技厅申报通知组织申报工作，按通知要求和时限通过海南省科技业务综合管理系统申报。

第八条 基础性科研的支持实行专家论证评价与行政决策相结合的审批制度。

第九条 省科技厅或委托第三方专业服务机构组织专家对基础性科研工作规划（执行期内，如无调整则无须再次论证评价）和年度实施方案进行论证评价，评价方式可采取实地考察、通讯评价和会议评价等一种或多种结合形式。论证评价专家组一般由技术专家、财务专家等组成，专家人数不少于5人。

第十条 省科技厅根据省委、省政府的工作部署和工作重点，结合专家组意见审定各省属科研院所年度基础性科研工作任务和经费安排。

第十一条 省科技厅下达工作任务通知，并与各省属科研院所按年度签订任务书。任务书应以科技基础性工作规划（如有动态调整，按调整后的执行）、年度实施方案和专家论证意见为依据，突出绩效管理，明确任务内容和指标等。

第十二条 各省属科研院所要根据任务书确定的目标任务，按照一体化组织实施的要求，加强不同任务间的沟通、互动、衔接与集成，完成项目总体目标。基础性科研工作负责人原则上由各省属科研院所的分管科研工作的负责人担任，不列入省级科技计划项目负责人限项范围。

第十三条 基础性科研工作实行重要事件报告制度。基础性科研工作取得重大进展、突破，或发生可能影响任务按期完成的重大事件或难以协调的问题，各省属科研院所须向省科学技术厅及时报告。

在省相关规定已下放的调整权限事项，如技术路线决策权、项目经费预算调剂权限、项目研究团队组成等，由各省属科研院所按照程序自行调整；未下放的权限或项目重大调整，应向省科技厅报批，经批准的调整事项方可作为基础性科研工作实施情况评价的依据。

第十四条 基础性科研工作在保障年度工作任务完成的前提下，经费可用于从事科技基础性工作的人员费用（财政预算已安排工资性收入的科研人员除外）和设备购置费、材料费、测试化验加工费等基础性科研工作实施过程中直接费用和间接费用，但不得安排绩效支出，不得开支罚款、捐赠、赞助、投资等。人员费用及其"五险一金"的标准不得高于省属科研院所同类人员。具体使用由各省属科研院所自行统筹安排。

第十五条 基础性科研工作实施情况按年度进行评价。各省属科研院所须按年度提交科技基础性工作总结材料。

基础性科研工作总结材料应包含但不限于以下内容：科技基础性工作的目的和意义、组织管理情况、任务指标完成情况、具体科技基础性工作实施情况、取得成果、成效分析、经费决算表（附主要凭证票据等）、具有资质的会计师事务所出具的经费审计报告等。

第十六条 省科技厅或委托第三方专业服务机构组织专家对基础性科研工作实施情况进行评价。评价专家组一般由技术专家、财务专家等组成，专家人数为不少于5人的单数。

第十七条 基础性科研工作年度评价以任务书所约定的内容为依据，对基础性科研工作组织管理情况、实施情况、成果情况、任务指标完成情况、经费使用情况等，做出客观的评价。评价结论分为优、中、差三个等级。上年度的工作实施情况评价结论将作为本年度工作经费调整的依据之一。

第三章　技术创新科研

第十八条 各省属院所按照省科学技术厅申报通知组织项目申报工作，按通知的要求和时限通过海南省科技业务综合管理系统申报。

第十九条 技术创新科研项目实施期一般为2~3年，按照研发类省级财政科技计划项目和经费管理的办法和规定执行。

第四章　附则

第二十条 本办法由省科学技术厅会同省财政厅负责解释。

第二十一条 本办法自2020年8月1日起施行，有效期五年。未尽事项按照海南省财政科技计划项目和经费管理相关办法和规定执行。《海南省省级科研院所科研项目经费使用管理暂行办法》（琼科〔2000〕161号）同时废止。

海南省财政厅 海南省科学技术厅关于印发《海南省院士创新平台经费管理办法》的通知

(琼财教规〔2020〕9号)

各科研机构、高等院校及有关企事业单位：

为规范和加强海南省院士创新平台经费管理，提高资金使用效益，根据《海南省人民政府关于印发海南省优化科研管理提升科研绩效若干措施的通知》（琼府〔2019〕22号）和《海南省科学技术厅、中共海南省委人才发展局关于印发〈海南省院士创新平台管理暂行办法〉的通知》（琼科规〔2019〕9号）等文件要求，结合实际，我们制定了《海南省院士创新平台经费管理办法》，现予以印发，请遵照执行。

海南省财政厅 海南省科学技术厅
2020年7月17日

海南省院士创新平台经费管理办法

第一条 根据《海南省人民政府关于印发海南省优化科研管理提升科研绩效若干措施的通知》（琼府〔2019〕22号）和《海南省科学技术厅、中共海南省委人才发展局关于印发〈海南省院士创新平台管理暂行办法〉的通知》（琼科规〔2019〕9号）等文件精神，为规范和加强海南省院士创新平台经费（以下简称"院士创新平台经费"）管理，提高经费使用效率，制定本办法。

第二条 本办法主要规范省财政安排的院士创新平台经费。其他来源的资金应当按照国家有关财务会计制度和相关资金的管理要求，统筹安排和使用。

院士创新平台是指经我省认定的院士工作站和院士团队创新中心。依托单位是指设立院士创新平台的企事业单位。

第三条 院士创新平台经费包含院士创新平台建设与运营资助经费、绩效奖励经费。省财政补助的院士创新平台经费从省人才开发专项资金中安排。

第四条 院士创新平台经费要纳入依托单位的财务统一管理，单独核算，专款专用。

第五条 院士创新平台经费实行"包干制"，在各项支出范围内包干使用。用于院士创新平台自主创新研究、运营、仪器设备购置等。

建设与运营资助经费。院士创新平台经批准设立后，按平台类别一次性给予建设与运营资助经费。经费支出范围包括设备费、材料费、测试化验加工费、燃料动力费、出版/文献/信息传播/知识产权事务费、会议/差旅/国际合作与交流费、劳务费、专家咨询费以及其他支出。

绩效奖励经费。考核结果为"优秀"和"合格"的院士创新平台，按平台类别和考核等次给予一次性奖励补贴。其中，50%给予院士及其团队的核心成员；50%给予依托单位，参照建设与运营资助经费的支出范围和要求进行开支。

第六条 院士创新平台经费不得用于与院士创新平台建设与运营、科研活动无关的支出，不得用于各种罚款、捐款、赞助、投资、偿还债务等支出。

第七条 院士创新平台经费预算管理按省人才开发专项资金有关要求执行。资金支付按照财政预算管理和国库集中支付制度有关规定执行。

第八条 绩效考核结果为"不合格"或合作期未满停止合作的院士创新平台，海南省院士创新平台发展工作办公室按照有关规定收回院士创新平台未支出或支出不合理的财政资助经费。

第九条 院士创新平台管理部门及相关工作人员存在违反规定安排经费或滥用职权、玩忽职守、徇私舞弊等违法违纪行为的，依照《中华人民共和国预算法》《中华人民共和国公务员法》《中华人民共和国监察法》《财政违法行为处罚处分条例》等国家有关规定追究相关单位和人员的责任。涉嫌犯罪的，依法移送司法机关处理。

第十条 院士创新平台依托单位及经费涉及的相关科研人员、工作人员等，存在违规、违纪、违法行为和违背科研诚信要求的，应当按照《财政违法行为处罚处分条例》、科研诚信管理制度以及国家有关法律法规等进行处理。涉嫌犯罪的，依法移送司法机关处理。

第十一条 对于不涉及国家秘密、商业秘密和个人隐私的院士创新平台经费违规行为及处理结果等，院士创新平台管理部门应当以适当方式向社会公开，接受社会监督。

第十二条 本办法由省财政厅、省科技厅负责解释。

第十三条 本办法自印发之日起实施，有效期五年。

海南省科学技术厅关于修订《海南省财政科技计划项目管理办法》部分条款的通知

(琼科〔2020〕199号)

各有关单位：

为贯彻《海南省优化科研管理提升科研绩效若干措施》(琼府〔2019〕22号)精神和有关政策要求，结合有关管理规定和我省实际，我厅对《海南省财政科技计划项目管理办法》(琼科〔2018〕48号)进行了修订，有关条款修订如下：

一、第十一条"省科技厅根据全省经济、社会、科技发展规划和战略，结合年度工作重点编制各类科技计划项目申报指南，每年适时发布，项目征集时间不低于50个工作日。"

修订为"省科技厅根据全省经济、社会、科技发展规划和战略，结合年度工作重点编制各类科技计划项目申报指南，每年适时发布，项目公开征集时间不低于50天；申报指南明确是定向征集的项目和有具体研究内容、考核指标的项目，征集时间不低于30天；省委省政府决议以及省领导批示的应急任务，征集时间由省科技厅根据实际情况确定。"

二、第十三条"省科技厅按项目申报指南要求启动项目申报工作，项目申报单位通过海南省科技业务综合管理系统（以下简称业务系统）填报并提交项目申报书电子文档（特别要求不需要网上提交的专项除外）。项目申报纸质材料统一通过省科技厅业务受理窗口（以下简称受理窗口）办理。"

修订为"省科技厅按项目申报指南要求启动项目申报工作，项目申报单位通过海南省科技业务综合管理系统（以下简称业务系统）填报并提交项目申报材料电子文档，实行无纸化申报。"

三、第十七条"项目申报单位必须按照规定时限和规定渠道（书面申报或网上申报），将项目申报材料报送受理窗口。受理窗口对项目申报材料进行完整性审查和受理。"

修订为"项目申报单位必须按照申报通知和指南要求的规定时限、规定渠道和形式进行申报。"

四、第二十一条"专家评审可包括初审、复审；评审方式可包括网络评审、材料评审或会议评审等，具体方式根据各类科技计划专项申报情况确定。"

"项目评审专家原则上从海南省科技业务综合管理系统专家库中选取，实行回避制度和轮换机制。"

修订为"专家评审可包括初审、复审；评审方式根据专项类别和特点选择会议评审或通讯评审等，按照《海南省省级财政科技计划项目立项评审工作细则（试行）》（琼科规〔2020〕7号）开展立项评审工作。"

五、第三十四条"项目承担单位应当在项目实施期限届满后3个月内，主动提交书面验收申请并将相关验收材料报省科技厅，无故不得逾期。"

修订为"项目（课题）承担单位应在实施期限届满后 3 个月内，通过业务系统提交验收材料，无故不得逾期。"

六、第三十五条"省科技厅或服务机构应根据不同项目类型，组织项目验收专家组进行验收。"

修订为"省科技厅或专业机构应根据不同项目类型，按照《海南省省级财政科技计划项目验收管理工作细则（试行）》（琼科规〔2020〕6 号）组织专家验收。"

以上修订条款自发布之日起实施，其他条款仍按《海南省财政科技计划项目管理办法》（琼科〔2018〕48 号）执行。

海南省科学技术厅
2020 年 9 月 9 日

海南省科学技术厅关于印发《海南省自然科学基金项目和经费管理办法》的通知

(琼科规〔2020〕10号)

各有关单位：

为进一步加强基础科学研究，规范海南省自然科学基金项目和经费的管理，服务海南自由贸易港建设。根据《国家自然科学基金条例》《海南省人民政府〈关于印发海南省优化科研管理提升科研绩效若干措施的通知〉》（琼府〔2019〕22号）等有关规定，结合我省实际，我厅修订了《海南省自然科学基金项目和经费管理办法》。现印发给你们，请认真贯彻执行。

海南省科技技术厅
2020年9月9日

海南省自然科学基金项目和经费管理办法

第一章 总则

第一条 为规范海南省自然科学基金项目（以下简称省基金项目）和经费的管理，提高基础研究水平，发现和培养科技人才，增强我省自主创新能力，促进科学技术进步和经济社会发展，根据《国家自然科学基金条例》《海南省人民政府〈关于印发海南省优化科研管理提升科研绩效若干措施的通知〉》（琼府〔2019〕22号）等相关规定，结合我省实际，制订本办法。

第二条 省基金项目面向全省，主要资助自然科学方面的基础研究和应用基础研究。具体包括面上项目、青年基金项目、高层次人才项目和创新研究团队项目。海南省科学技术厅（以下简称省科技厅）是省基金项目的主管部门，负责项目的管理工作。省科技厅可根据需要对项目类型进行调整。

（一）面上项目主要支持科技人员在省基金项目资助范围内自由选题，开展创新性科学研究，促进各学科均衡、协调和可持续发展。

（二）青年基金项目主要支持青年科技人员在省基金项目资助范围内自由选题，培养青年科技人员独立主持科研项目、进行创新研究的能力。

（三）高层次人才项目支持已经中共海南省委人才发展局认定的高层次人才，在自然科学领域开展科学创新活动，推动各尽其用、各展其才，为我省社会经济发展做出更大的贡献。

（四）创新研究团队项目以培养科技人才为主要目标，支持优秀科技人员为学术带头人和骨干的研究团队，围绕国家和海南科技发展规划确定的重要研究方向开展创新性科学研究。

第三条 省基金项目管理工作坚持尊重科学、发扬民主、提倡竞争、促进合作、激励创新、引领未来的工作方针。

第四条 省基金项目经费主要来源于省财政预算，鼓励公民（自然人）、法人和其他组织捐资或联合资助。

第二章 依托单位与项目负责人

第五条 依托单位是省基金项目和经费管理的法人责任主体，为海南省行政区域内注册或中央在琼的具有独立法人资格的事业单位或公益性机构，向省科技厅申请注册为依托单位。依托单位的下属（如高等学校的二级学院等）不能单独另行申请注册为依托单位。

第六条 依托单位应履行以下职责：

（一）组织申报省基金项目。

（二）审核项目负责人所提交材料的真实性和完整性。

（三）落实项目承诺的自筹资金及其他配套条件，保障项目负责人和参与人实施省基金项目的时间，保证财政资金专款专用。

（四）管理和跟踪项目的实施，监督项目的经费使用。

（五）配合省科技厅对省基金项目实施监督、检查和验收。

（六）及时向省科技厅报告实施过程中项目负责人变更、项目依托单位变更、项目终止等重大事项，对省基金项目实施过程中遇到的新情况及新问题，及时向省科技厅反馈并提出意见或建议。

（七）建立健全"统一领导、分级管理、责任到人"的项目管理体制和具体办法，完善内部控制和监督约束机制。

第七条 项目负责人是省基金项目实施和经费使用的直接责任人，对项目提交材料的真实性和经费使用的合规性、合理性负责。

第八条 面上项目负责人应当符合以下基本条件：

（一）为依托单位在职人员，申请当年1月1日年龄未满55周岁。

（二）具有高级专业技术职务（职称）或者具有博士学位；中级以下（含中级）职称的需由2名与其研究领域相同、具有高级专业技术职务（职称）的科学技术人员推荐。

（三）具有良好的信用记录和科学道德，熟悉本领域国内外技术动态及发展趋势。

（四）具有足够的时间和精力从事申请项目的研究，具备完成项目所需的组织管理和协调能力，其中正式受聘于依托单位的申请者，每年在依托单位工作时间应不少于6个月。

（五）当年作为省科技计划项目负责人申请不超过1项，参与省基金项目不超过2项。

（六）已承担2次以上（含2次）省自然科学基金而至今未能牵头承担国家各类科技计划项目（含课题），不能再作为项目负责人申请省基金项目，但可作为项目组成员参与项目研究。

（七）项目负责人与项目参与人不是同一单位的，参与者所在单位视为合作研究单位，合作研究单位的数量不超过3个，项目总人数不超过10人（含负责人）。

（八）已承担2项以上（含2项）海南省各类科技计划项目的负责人，在项目未验收前不能作为项目负责人申请；阶段性取消省级财政科技计划申报资格的，不能作为项目负责人申请省基金项目。

第九条 青年基金项目负责人须符合第八条规定，同时要求：申报当年1月1日男性未满35周岁，女性未满40周岁。

第十条 高层次人才项目负责人须符合第八条规定，同时要求：项目负责人需经中共海南省委人才发展局认定并已取得海南省高层次人才证书。

第十一条 申请创新研究团队项目负责人须符合第八条规定,并同时具备以下条件:

(一)项目负责人具有主持国家自然科学基金项目的经历。

(二)团队核心成员不少于3人,核心成员应具有高级专业技术职务(职称)或博士学位,且近5年来曾主持省级及以上科技计划项目,团队总人数(含负责人)不超过10人。

(三)已获得立项的海南省创新研究团队项目的核心成员,项目验收前不能再作为申请人申请创新研究团队项目。

第十二条 项目负责人应当履行以下职责:

(一)组织填报项目申请书。

(二)依法据实编制项目经费决算。

(三)按照项目申请书和相关管理制度的规定开展研究和使用经费,自觉接受省科技厅和本单位科研管理部门的监督检查。

(四)做好项目实施情况的原始记录和归档,按时提交科技报告。

(五)按时提交验收材料,保证验收材料的真实性、完整性。

(六)及时向依托单位报告项目执行过程中有关成员、合作单位、预算等变更事项。

第三章 申请与立项

第十三条 省科技厅负责组织制定并公开发布省基金项目年度申报指南,明确项目遴选方式、支持范围、实施年限、资助额度,确定申报的时间、渠道、方式和限额。

第十四条 省科技厅根据各依托单位的省基金项目验收和执行情况确定年度申报限额,实行奖罚分明,动态管理。

第十五条 依托单位在规定期限和限额指标内,按申报指南要求向省科技厅提交项目申请书。项目负责人或者参与者有下列情况之一的,应当在申请时注明:

(一)当年申请或参与申请省级各类计划项目的单位不一致的。

(二)与正在实施的省级其他各类计划项目的单位不一致的。

第十六条 项目立项遵循公开、公平、公正的原则,采取公平竞争、同行评审、择优支持的资助机制。项目立项程序包括:

(一)受理。依托单位按照当年申报通知的要求在限额指标内进行遴选,在申报系统中上传依托单位推荐函,材料齐全的予以受理。

(二)形式审查。省科技厅组织或委托科技项目评审专业机构对受理的项目进行形式审查,并将审查结果在省科技厅门户网站予以公示,公示期7天。有下列情况之一者,视为形式审查不通过:

1. 项目负责人不符合本办法规定条件。

2. 申请材料不符合年度项目指南和申报通知要求。

3. 项目负责人在不良科研诚信纪录处罚期内。

4. 依托单位在不良科研诚信纪录处罚期内。

任何单位和个人对形式审查结果有异议的,可在公示期内,将加盖单位公章或签署个人真实姓名及联系方式的书面意见和相关材料提交实施形式审查的机构。实施形式审查的机构按照有关规定处理,并将结果反馈提出异议的单位或个人。

(三)专家评审。省科技厅委托科技项目评审专业机构聘请专家通过通讯评审或会议评审方式对形式审查通过的项目进行评审，出具评审意见。

基础研究项目重点评价新发现、新原理、新方法、新规律的原创性和科学价值；应用基础研究项目重点评价解决经济社会发展中关键科学问题的效能和应用价值。

（四）行政决策。省科技厅根据年度预算经费总额、专家评审意见、年度重点科技任务和单位承担数量等因素进行综合平衡，经厅务会议、厅党组会议审议，择优确定拟立项项目。

（五）公示。省科技厅对拟立项项目在厅门户网站上进行公示，公示期7天。公示期满无异议，视为依托单位和项目负责人同意年度立项。

任何单位和个人对公示内容有异议的，可在公示期内，将加盖单位公章或签署个人真实姓名及联系方式的书面意见和相关材料提交省科技厅项目主管处室。省科技厅项目主管处室按照有关规定处理，并将结果反馈提出异议的单位或个人。对评审专家的学术判断有不同意见的，不得作为提出复核申请的理由。

（六）项目下达。经省财政厅审核划拨年度项目经费后，省科技厅下达项目立项文件并与依托单位签订项目任务书。

第十七条 项目中有合作单位的，依托单位应当与合作单位签订合作协议，明确各方权利义务、经费分配、知识产权归属、法律责任等。

第四章 经费与开支

第十八条 省基金项目采取定额补助方式，经费按照国库集中支付的有关规定一次性全额拨付项目依托单位，统一纳入单位财务管理，实行分账核算、专款专用。

第十九条 省基金项目支出管理按照《海南省财政科技计划项目经费管理办法》和《海南省人民政府关于印发海南省优化科研管理提升科研绩效若干措施的通知》（琼府〔2019〕22号）执行。项目实施期满后，项目负责人会同科研、财务．资产等管理部门及时清理账目与资产，如实编制项目经费决算表，经依托单位财务部门审核并盖财务专用章，在项目验收时予以确认。

有2个以上单位共同完成涉及经费分配的项目，各单位应当分别编制经费决算表，经所在单位财务部门审核并签署意见后，交项目负责人汇总编制项目经费决算表。

第二十条 省基金项目的间接费用比例原则上不超过立项经费的30%，对数学、管理科学等纯理论基础研究的项目，可根据实际情况将间接费用比例提高到50%。

第二十一条 省基金项目试行经费"包干制"，试点单位经费支出及管理按照相关规定执行。

第五章 实施与管理

第二十二条 省基金项目执行期一般不超过三年。依托单位在项目验收前向省科技厅呈交科技报告。无正当理由未呈交的，省科技厅对项目实施情况进行重点检查，视检查结果情况可采取强制终止项目。

第二十三条 项目负责人应按照申请书内容开展研究工作，依托单位不得擅自变更项目负责人或者终止项目。

（一）有下列情形之一确需变更项目负责人的，由原项目负责人提出申请，拟接任的项目负责人同意，经依托单位审核后，由依托单位书面报省科技厅批准。

1. 不再是依托单位科技人员。
2. 不能继续开展研究工作。

拟接任的项目负责人应为项目组原参与人员，且符合本办法第二章的要求。

（二）实施期间内，项目负责人在遵守科研人员限额规定及符合诚信要求的前提下可自主调整项目参与人员，经依托单位审批，在项目验收中予以确认。

第二十四条 项目形成的知识产权的归属、使用和转移，按照国家有关法律、法规和政策执行。

第二十五条 省基金项目取得的成果，包括论文、专著样品等，应标注"海南省自然科学基金资助"（英文标注为 supported by Hainan Provincial Natural Science Foundation of China）字样及项目批准号。未按规定标注的研究成果，验收时不予认可。

第二十六条 省基金项目均要求验收，验收工作由省科技厅委托科技项目评审专业机构组织实施。

第二十七条 项目依托单位应在规定的实施期限届满后3个月内，组织并审查项目负责人撰写的验收材料，对其真实性和完整性进行审核。需延期验收的，依托单位应于项目实施期限届满前3个月内向省科技厅提交书面申请，经省科技厅批准后方可延期验收，但只能延期一次，时间最长不超过一年。

第二十八条 项目验收以任务书为依据，对项目是否完成任务书规定的研究内容及考核指标等作出客观、实事求是的评价。

推行代表作评价制度。对人和创新团队的评价，注重评价代表作的科学水平和学术贡献，让论文回归学术，避免唯论文、唯职称、唯学历、唯奖项倾向。

第二十九条 项目验收可采取通讯评审或会议评审方式进行。验收专家组由3名及以上单数的相关领域技术专家、2名及以上财务专家组成。验收专家从专家库中抽取，并执行回避制度和轮换制度。

验收专家组应认真审查验收材料，必要时可进行实地核查，核实或复测相关数据，独立、客观、公正地形成验收意见。

第三十条 验收意见结论分为"通过验收"、"不通过验收"。

第三十一条 完成或基本完成项目任务书确定的任务和考核指标，经费使用合理的项目，验收结论为"通过验收"。

第三十二条 验收项目存在下列情况之一的，不予通过验收：

（一）完成项目任务书约定的任务不足80%。

（二）提供的主要验收文件、资料、数据存在严重缺失或弄虚作假的。

（三）未按要求报批重大事项调整的。

（四）资金使用管理中，存在未对财政专项资金进行单独核算，截留、挤占、挪用财政专项资金，违反规定转拨、转移财政专项资金等情况的。

（五）不配合验收工作的。

第三十三条 项目实施中因不可抗拒力或政策性因素导致项目难以继续实施或不能完成项目任务书考核指标的，项目依托单位可在项目实施期满前向省科技厅提出终止项目的申请，省科技厅审核后批复办理。

第三十四条 项目凡有下列情况之一的，省科技厅可执行"强制终止"。

（一）项目实施过程中出现严重的法律纠纷导致项目无法继续实施的。

（二）项目组织管理不力，完成项目任务所需的资金、人员等支撑条件等未落实或发生重大问题导致项目无法进行的。

（三）经核实项目依托单位已停止科研活动或注销的。

（四）项目依托单位或负责人在项目实施过程中出现严重科研不端及严重违规违法等行为，导致项目实施无法进行或面临重大风险的。

第三十五条 受委托科技项目评审专业机构完成验收后，提交相关验收材料至省科技厅；省科技厅在门户网站公示 7 天后，对无异议项目下达验收结果的批复文件。

（一）在公示期内，项目依托单位对验收结论意见为"不通过验收"的项目，可提出二次验收申请，并在公示期届满后三个月内针对存在的问题作出改进或材料补充，提交二次验收的相关材料。

（二）在公示期内，项目依托单位未提出再次验收申请或未按时提交再次验收材料，按"不通过验收"结果处理。

（三）二次验收的结果为项目最终验收结论，不再进行公示。

（四）已获得批准的延期项目，不能提出二次验收申请。

第三十六条 "通过验收"的项目，结余经费在 2 年内由依托单位统筹安排用于科研活动的直接支出，2 年后未使用完的，按规定收回。

第三十七条 "终止"、"强制终止"和"不通过验收"的项目，结余财政经费经清算后由省科技厅会同省财政厅收回。

第六章 监督与处罚

第三十八条 省科技厅、省财政厅和依托单位管理部门根据职责和分工，各司其职。在日常监督检查过程中应加强信息共享，避免交叉重复。

第三十九条 依托单位应当按照本办法完善内部控制和监督制约机制，加强支撑服务条件建设，提高科研人员的服务水平，建立常态化的自查自纠机制，接受省科技、财政、审计等部门的检查与监督，配合并提供有关资料，保障项目顺利实施。

第四十条 "强制终止"和"不通过验收"的项目负责人，自下达验收结果起三年内不能作为项目负责人申请各类省科技计划项目。

无正当理由、未经审批同意而逾期不提交验收申请的项目，按照验收不通过处理，取消项目负责人五年内申请省财政科技计划项目资格。

第四十一条 依托单位或项目负责人在项目申报、经费使用、验收、监督检查等环节存在违规行为的，项目负责人有剽窃他人科学研究成果或者在科学研究中有弄虚作假等行为的，应当严肃处理。省科技厅视情况轻重采取约谈、通报批评、暂停项目拨款、强制终止项目执行、追回已拨资金、阶段性或永久取消申报资格等措施，并将有关结果向社会公开。

第四十二条 经本办法第四十一条规定作出正式处理，存在违规违纪和违法且造成严重后果或恶劣影响的责任主体，记入科研诚信严重失信行为记录，涉嫌犯罪的，移送司法机关处理。

第四十三条 省基金项目和经费管理实行责任倒查和追究制度。对有违规行为的咨询评审专家，予以警告、责令限期改正、阶段性或永久性取消咨询评审和申报参与项目资格等处理；对有违规行为的服务机构，予以约谈、责令限期整改、解除委托协议、阶段性或永久性取消项目管理资格等处理；省科技厅及其相关工作人员在评审立项、资金分配等环节，存在违反规定安排项目或其他滥用职权、玩忽职守、徇私舞弊等违法违纪行为的，按照《公务员法》有关规定追究相关人员的责任。处理结果可进行通报或公布，并纳入科研失信行为记录。涉嫌违法、违纪的，移交司法机关和纪检监察部门。

第七章 附则

第四十四条 本办法由省科技厅负责解释。

第四十五条 法律、法规及政策另有规定的，从其规定。

第四十六条 本办法自 2020 年 10 月 9 日起施行，有效期 5 年。原《海南省自然科学基金项目和经费管理办法》（琼科〔2018〕69 号）同时废止。

第三十章 重庆市科研项目和资金管理法规政策

关于进一步完善我市财政科研项目资金管理等政策的实施意见

(渝委办发〔2017〕31号)

各区县（自治县）党委和人民政府，市委各部委，市级国家机关各部门，各人民团体，大型企业和高等院校：

《关于进一步完善我市财政科研项目资金管理等政策的实施意见》已经市委、市政府同意，现印发给你们，请结合实际认真贯彻执行。

中共重庆市委办公厅 重庆市人民政府办公厅
2017年8月1日

为深入贯彻落实《中共中央办公厅、国务院办公厅印发〈关于进一步完善中央财政科研项目资金管理等政策的若干意见〉的通知》(中办发〔2016〕50号)《中共重庆市委、重庆市人民政府关于深化改革扩大开放加快实施创新驱动发展战略的意见》(渝委发〔2016〕29号)精神，进一步改革和创新科研经费使用与管理方式，促进形成充满活力的科技管理和运行机制，激发广大科研人员积极性和创造性，按照"以人为本、遵循规律、'放管服'结合、政策落地"的原则，结合我市科研项目资金管理改革实践，现提出以下实施意见。

一、改进财政科研项目资金管理

（一）简化预算编制，下放预算调剂权限

改进预算编制方法，根据科研活动规律和特点，市财政局、科研项目市级主管部门对符合条件的科研项目，可在部门预算批复前预拨科研经费，保证科研人员及时使用项目资金。科研项目承担单位应当在项目立项时按照政策相符性、目标相关性、经济合理性的原则，参照预算编制指南，科学合理地编制科研项目资金预算。科研项目资金预算分为直接费用和间接费用。

简化直接费用预算编制科目，合并会议费、差旅费、国际合作与交流费科目，由科研人员结合科研活动实际需要编制预算并按规定统筹安排使用，其不超过直接费用10%的，不需要提供预算测算依据。按照设备费、材料费、测试化验加工费、燃料动力费、出版/文献/信息传播/知识产权事务费、差旅会议国际合作与交流费、劳务费、专家咨询费、其他支出9类科目进行编制。

明确劳务费开支范围，不设比例限制。参与科研项目研究的研究生、博士后、访问学者以及项目聘用的研究人员、科研辅助人员等，均可开支劳务费。鼓励科研人才引进和高端人才共享，科研项目承担单位在项目中根据研发实际需要据实编制劳务费预算，不设比例限制。劳务费开支标准，参照我市科学研究和技术服务业从业人员平均工资水平，根据其在项目研究中承担的工作任务确定，其社会保险补助纳入劳务费科目列支。

下放预算调剂权限，在科研项目总预算不变的情况下，直接费用中的材料费、测试化验加工费、燃料动力费、出版/文献/信息传播/知识产权事务费及其他支出预算调剂权下放给项目承担单位；科研项目承担单位应当制定预算调整管理规定，根据项目任务书约定加强项目预算管理。

（二）设立间接费用，提高间接费用比重，加大绩效激励力度

在市级财政资金安排的科研项目中，对实行公开竞争方式的应用研发类项目，均要设立间接费用，间接费用包含管理费用和绩效支出，核定比例分为两类：一般项目的间接费用按不超过直接费用扣除设备费的一定比例核定，500万元以下的部分为20%，500万元至1000万元的部分为15%，1000万元以上的部分为13%；软科学研究项目、软件开发类和咨询服务类项目的间接费用最高不超过60%。科研项目承担单位应当避免重复购置科研仪器设备，鼓励共享共建，提高仪器设备使用效率。

加大对科研人员的激励力度，取消间接费用中绩效支出的比例限制，在扣除为项目研究提供的现有仪器设备、房屋及水、电、气等必要成本消耗后，可全部用于科研人员绩效支出。

统筹安排间接费用，处理好合理分摊间接成本和对科研人员激励的关系。科研项目承担单位应当建立目标管理和绩效考核制度，在对科研工作进行绩效考核的基础上，结合科研人员实绩，由科研项目承担单位按规定统筹安排项目组成员绩效支出，加大对科研人员的激励力度。

（三）改进结转结余资金管理

科研项目实施期间，年度剩余资金可结转下一年度继续使用。科研项目完成任务目标并通过验收后，结余资金按规定留归科研项目承担单位使用，在2年内由科研项目承担单位统筹安排用于科研活动的直接支出；2年后未使用完的，按规定收回。

（四）自主规范管理横向经费

科研项目承担单位取得的横向经费，纳入单位财务统一管理，由科研项目承担单位按照委托方要求或者合同约定管理使用。在职称评聘、业绩考核、科技奖励等方面，对科研人员承担的横向课题与纵向课题同等对待。

二、完善高校、科研院所差旅会议管理

（五）改进高校、科研院所教学科研人员差旅费管理

市财政局会同高校和科研院所主管部门，根据高校和科研院所教学、科研、管理工作的实际需要，按照精简高效、厉行节约的原则，指导高校和科研院所制定切实可行的差旅费管理办法。教学科研人员产生的与开展学术交流合作直接相关的出国费用不纳入"三公经费"统计。

（六）完善高校、科研院所会议管理

市财政局会同高校和科研院所主管部门，根据高校和科研院所教学、科研需要，指导高校、科研院所按照实事求是、精简高效、厉行节约的原则制定会议管理办法，合理明确各类业务性会

议的次数、天数、人数以及会议费开支范围、标准等。会议代表参加会议所发生的城市间交通费，原则上按差旅费管理规定由所在单位报销；因工作需要，邀请国内外专家、学者和有关人员参加会议，对确需负担的城市间交通费、国际旅费，可由主办单位在会议费等费用中报销。

三、完善高校、科研院所科研仪器设备采购管理

（七）改进高校、科研院所科研仪器设备采购管理

高校、科研院所按照《中华人民共和国政府采购法》及其实施条例的规定，申报政府采购计划后，可自行采购，也可自行委托政府采购代理机构代理采购；对于技术复杂、专业性强的科研仪器采购项目，通过随机方式难以选定合适评审专家的，可自行选定科研仪器设备评审专家。自行选定评审专家的，采购人应当在评审活动完成后，将评审专家名单以及自行选定评审专家情况的说明，随中标、成交结果一并公告。

市财政局要简化变更政府采购方式审批流程，实行变更政府采购方式限时办结制度，在5个工作日内完成采购方式变更审批工作。高校、科研院所应当认真履行政府采购主体责任，制定关于科研仪器设备采购的具体管理办法，切实做好设备采购的监督和内控管理，做到全程公开、透明、可追溯。

（八）优化进口仪器设备采购服务

高校、科研院所采购的进口仪器设备，实行备案制管理。备案内容应当包含产品所属行业主管部门（或行政主管部门）意见、专家论证意见以及是否属于国家限制进口的设备。继续落实进口科研教学设备免税政策。

四、完善高校、科研院所基本建设项目管理

（九）扩大高校、科研院所基本建设项目管理权限

对民办高校及科研院所不申请政府投资的建设项目，一律不再审批，由项目所在区县（自治县，以下简称区县）政府投资主管部门履行备案程序。除楼堂馆所项目外，公办高校及科研院所利用自有资金、不申请政府投资、且列入建设规划的基本建设项目，由高校、科研院所自主决策，一律不再审批，由项目所在区县政府投资主管部门履行备案程序。市发展改革委、市财政局及高校、科研院所主管部门要加强对高校和科研院所基本建设项目的指导和监督检查。

（十）简化高校、科研院所基本建设项目审批程序

公办高校及科研院所新建（含改扩建）楼堂馆所项目、申请政府投资的建设项目，实行投资审批管理。市政府投资主管部门要简化审批程序，不再审批项目建议书，只审批项目可行性研究报告和投资概算。简化高校、科研院所基本建设项目城乡规划、用地以及环评、能评等审批手续，缩短审批周期。

五、规范管理，改进服务

（十一）强化法人责任，规范资金管理

科研项目承担单位要认真落实国家有关政策规定，按照权责一致的要求，强化自我约束和自我规范，确保接得住、管得好。制定项目预算编制、预算调剂审核、间接费用统筹使用、绩效支出管理与考核、劳务费分配管理、结余资金使用以及科研成果转化等管理办法；加强预算审核把关，规范财务支出行为，完善内部风险防控机制，强化资金使用审计监督与绩效评价，保障资金使用安全规范高效；实行内部公开制度，主动公开项目预算、预算调剂、资金使用（重点是间接费用、外拨资金、结余资金使用）、研究成果及其转化等情况。

（十二）加强统筹协调，精简检查评审

市财政局和科研项目市级主管部门要加强对科研项目资金监督的制度规范、年度计划、结果运用等的统筹协调，建立职责明确、分工负责的协同工作机制，减少检查数量，改进检查方式，加强对已开展相关检查结果的运用，推进检查结果共享，避免重复检查、多头检查、过度检查。

（十三）创新服务方式，让科研人员潜心从事科学研究

科研项目承担单位可建立科研财务助理制度，为科研人员在项目预算编制和调剂、经费支出、财务决算和验收等方面提供专业化服务，科研财务助理所需费用可由科研项目承担单位在科研项目资金的管理费用中安排。科研项目承担单位须制定符合科研实际需要的内部报销规定，切实解决科研活动中无法取得发票或财政性票据，以及邀请外国专家来华参加学术交流发生费用等的报销问题。

六、加强制度建设和工作督查，确保政策措施落地见效

（十四）尽快出台操作性强的实施细则

科研项目市级主管部门要完善预算编制指南，指导科研项目承担单位和科研人员科学合理编制项目预算。2017年，高校、科研院所要制定出台差旅费、会议费内部管理办法，其市级主管部门加强相关工作指导和统筹；科研项目市级主管部门要制定出台相关实施细则，项目承担单位要制定或修订科研项目资金内部管理办法和报销规定。以后年度承担科研项目的单位要于当年制定出台相关管理办法和规定。

（十五）加强对政策措施落实情况的督查指导

市财政局、科研项目市级主管部门要适时组织开展对科研项目承担单位落实科研项目资金管理相关政策情况的督查，对督查情况以适当方式进行通报，并将督查结果纳入信用管理，与间接费用核定、结余资金留用等挂钩。审计部门要依法开展对政策措施落实情况和财政资金的审计监督。科研项目市级主管部门要督促指导所属单位完善内部管理，确保国家政策规定落到实处。

本实施意见自印发之日起施行。本实施意见施行之前相关规定，与本实施意见不符的，按本实施意见执行。同时，原《中共重庆市委办公厅、重庆市人民政府办公厅印发〈关于进一步完善我市财政科研项目资金管理等政策的实施意见〉的通知》（渝委办发〔2016〕56号）废止。

重庆市科学技术委员会关于印发《重庆市自然科学基金项目实施办法（试行）》的通知

(渝科委发〔2018〕111号)

各区县（自治县）科委（局），市级相关部门，在渝高等学校、科研院所，有关企事业单位：

《重庆市自然科学基金项目实施办法（试行）》已经2018年9月7日重庆市科学技术委员会主任办公会审议通过，现予以印发。

重庆市科学技术委员会
2018年9月28日

重庆市自然科学基金项目实施办法（试行）

第一章 总则

第一条 为贯彻落实《国务院关于全面加强基础科学研究的若干意见》，促进我市基础科学研究事业发展，培养科学技术人才，增强自主创新能力，根据《国家自然科学基金条例》有关规定，结合《重庆市科研项目管理办法》有关要求，制定本办法。

第二条 重庆市自然科学基金项目（以下简称"科学基金项目"）系基础研究与前沿探索专项计划，主要面向科技前沿，聚焦我市经济社会发展中的基础性、战略性、前瞻性科学问题，支持科研人员开展创新性基础研究与应用基础研究。

第三条 重庆市科学技术委员会（以下简称"市科委"）利用市财政科技发展资金，组织实施科学基金项目。

鼓励法人或者其他组织出资与市科委联合实施科学基金项目，市科委可采取"一事一议"的方式决定是否联合实施项目。

第四条 市科委依法对科学基金项目进行宏观管理、统筹协调，监督科学基金项目的有序实施。

科学基金项目的组织实施与管理由市科委、项目承担单位、项目组成员、科技咨询专家及第三方机构共同完成。

第五条 本办法适用于科学基金项目的申请、评审、立项、实施及结题等组织与管理工作。

第二章 项目设置

第六条 科学基金项目设立自然科学基金面上项目（含先锋科学基金项目）、博士后科学基金项目、杰出青年科学基金项目、自然科学基金重点项目、创新研究群体科学基金项目等项目类型。每年组织实施的项目类型以年度申报通知为准。

第七条 自然科学基金面上项目（以下简称"面上项目"）主要瞄准科技前沿，围绕全市经济社会发展中的前沿关键科学技术问题，支持科研人员开展原始创新和自由探索。重点支持青年科研人员开展基础科学研究，资助40岁以下青年科研人员作为负责人承担项目的比例一般不低于70%。

市科委可以在面上项目中探索实施先锋科学基金项目，支持科研人员挑战传统科学范式，开展创新性强、风险性高、实现难度大，具有不确定性和颠覆性的新理论、新方法和新技术的原创研究和探索研究。

面上项目资助强度一般为每项10万元，实施周期一般不超过3年。

第八条 博士后科学基金项目（以下简称"博士后项目"）以培养基础研究后备拔尖人才队伍为目标，支持博士后科研人员自主开展探索性、原创性研究。鼓励博士后科研人员潜心科研、在博士学位论文研究基础上开展延续和深化研究。

博士后项目资助强度一般为每项10万元，实施周期一般不超过2年。

第九条 杰出青年科学基金项目（以下简称"杰青项目"）以培育国家高层次科技人才为目标，支持在基础研究领域已取得突出成绩的青年学者，立足科学前沿，自主选择研究方向开展创新研究。

杰青项目资助强度一般为每项50万元，实施周期一般不超过3年。

第十条 自然科学基金重点项目（以下简称"重点项目"）主要面向大数据、人工智能、集成电路、智能制造、生物医药、现代农业、新材料、新能源等我市重点发展领域的重大需求，支持高校、院所、企业科研人员联合围绕关键科学技术问题开展具有颠覆性的重大原创性研究和系统、深入的应用基础研究，着力实现前瞻性基础研究、引领性原创成果重大突破。

重点项目资助强度一般为每项80万元，实施周期一般不超过3年。

第十一条 创新研究群体科学基金项目（以下简称"创新群体项目"）主要面向重大科技基础设施、国家重点实验室、省部级重点实验室、市级重点实验室等创新基地研究团队，聚焦重大原创性、交叉学科创新等研究，通过稳定支持培养和造就一批创新能力强，在国际独树一帜、在国内绝对领先的研究人才与群体。

创新群体项目资助强度一般为每项200万元，实施周期一般不超过4年。

第三章 组织与实施

第十二条 科学基金项目原则上采取竞争择优、事前资助的方式组织实施。

第十三条 市科委根据年度经费预算和工作重点，在广泛征求有关方面意见的基础上，编制年度科学基金项目申报指南。

第十四条 市科委每年发布项目申报通知及申报指南，明确重点支持方向和相关申报要求等内容。科学基金项目申报时间一般不少于1个月。

第十五条 面上项目申请人须具有从事基础科学研究的经历。

第十六条 博士后项目申请人须同时具备下列基本条件：

（一）近3年内获得博士学位；

（二）正在本市博士后流动站、工作站开展研究工作；

（三）未主持过省部级及以上科研项目。

第十七条 杰青项目申请人须同时具备下列基本条件：

（一）申请当年1月1日未满40周岁；

（二）具有高级专业技术职务（职称）或博士学位；

（三）具有独立从事国家级基础研究项目或者在国外研究机构专职从事6个月及以上基础研究的工作经历。

第十八条 重点项目申请人须同时具备下列基本条件：

（一）具有高级专业技术职务（职称）；

（二）已取得较好的科研业绩；

（三）在本研究领域具有较高的活跃度和学术影响力。

第十九条 创新群体项目申请人及研究团队须具备下列基本条件：

（一）申请人为市级及以上创新基地负责人或市级及以上重点学科学术负责人，申请当年1月1日未满55周岁，具有较高的学术影响力和较强的凝聚力；

（二）研究骨干3~7人；

（三）研究团队平均年龄在45周岁以下。

第二十条 同一年度每位项目申请人只能申报科学基金项目1项，且申请主持项目和主持在研项目的总数不超过2项。

连续两年申请科学基金面上项目未获资助的项目申请人暂停科学基金面上项目申请1年。

第二十一条 不支持将相同或基本相同的科学基金项目申请书在不同机构中以同一申请人或者不同申请人的名义进行多处申请。对于申请人已经获得市科委或其他机构（如科技部、国家自然科学基金委员会等）资助项目基础上提出的新项目，应明确阐述二者的异同、继承与发展关系。

第二十二条 科学基金项目评审根据项目类别定位分别确定评审标准，采取网络评审、会议评审等评审方式。

第二十三条 科学基金项目鼓励开放合作，支持与国内外著名大学、一流科研机构、知名企业开展合作研究。

第二十四条 科学基金项目实施期间，项目负责人可根据项目需要，按照项目承担单位相关规定自主组建科研团队，并结合项目实施进展情况进行相应调整。科研人员可以在研究方向不变、不降低项目任务指标的前提下，按照项目承担单位相关规定自主调整研究方案和技术路线。

第二十五条 科学基金项目承担单位对除设备费外的直接费用，可根据项目执行需要进行预算科目费用的自主调剂。

第二十六条 杰青项目、重点项目和创新群体项目在实施周期内开展一次中期绩效评价。面上项目、博士后项目在实施周期内以项目承担单位自我管理为主，一般不开展过程检查。

第四章 验收与结题

第二十七条 项目结题验收以项目任务书确定的目标任务和考核指标为基本依据。根据项目类别定位，分别采取审核验收和评审验收。面上项目、博士后项目一般采取审核验收，不片面追求论文数量，验收前应有一次围绕项目进展和成果的小同行学术交流研讨；杰青项目、重点项目、创新群体项目一般采取评审验收。

第二十八条 项目结题验收时应对项目"通过验收"或"不通过验收"做出明确结论，无正当理由不得延迟验收。因特殊原因在项目实施期限内未完成研究目标任务的，项目承担单位应提前3个月向市科委提出延期申请，延期一般不超过1年。

第二十九条 项目产生的科研成果（论文、专著及专利等）应当标注"重庆市自然科学基金项目资助"（英文：Sponsored by Natural Science Foundation of Chongqing, China）及项目编号。

第五章 绩效评价与诚信监督

第三十条 市科委委托第三方专业机构，严格依据任务书对科学基金项目开展综合绩效评价。

第三十一条 科学基金项目重点评价新发现新原理新方法新规律的重大原创性和科学价值、解决国家和我市经济社会发展重大需求中关键科学问题的效能、支撑技术和产品开发的效果、代表性论文等科研成果的质量和水平，以国际国内同行评议为主。

第三十二条 绩效评价结果作为项目调整、后续支持的重要依据，以及相关研发、管理人员和项目承担单位、项目管理专业机构业绩考核的参考依据。对评审验收时绩效评价优秀的创新群体项目，可予以连续滚动资助。

第三十三条 对已履行勤勉尽责义务但因技术路线选择失误导致难以完成预定目标的单位和项目负责人予以免责，同时认真总结经验教训，为后续研究路径等提供借鉴。

第三十四条 科学基金项目全过程实行科研诚信管理。参与项目管理和实施的相关责任主体，应当加强自律，遵守科研活动规范，践行科研诚信要求。科研人员应具有良好的科学道德，对于违背科研诚信要求的行为，依法依规区分不同情况予以处理，并实施信用记录和联合惩戒。

第六章 附则

第三十五条 本办法未作出规定的事项，按照《重庆市科研项目管理办法》执行。

第三十六条 本办法自公布之日起施行。

重庆市科学技术局关于印发《重庆市科研项目管理办法》的通知

(渝科局发〔2019〕11号)

各区县科技行政主管部门，在渝高等学校、科研院所，有关单位：

《重庆市科研项目管理办法》已经重庆市科学技术局2018年第5次局长办公会审议通过，现予印发。

重庆市科学技术局
2019年2月15日

重庆市科研项目管理办法

第一章 总则

第一条 为贯彻落实《国务院关于优化科研管理提升科研绩效若干措施的通知》（国发〔2018〕25号）文件精神，进一步规范科研项目管理，根据中共中央办公厅、国务院办公厅《关于进一步完善中央财政科研项目资金管理等政策的若干意见》和《关于深化项目评审、人才评价、机构评估改革的意见》，以及市委办公厅、市政府办公厅《关于进一步完善我市财政科研项目资金管理等政策的实施意见》有关要求，制定本办法。

第二条 本办法所称重庆市科研项目（以下简称项目）是指市科学技术局（以下简称市科技局）根据全市经济社会发展和科技创新需要，利用市级财政科技发展资金资助的科学技术研究开发活动。

第三条 本办法坚持"权责清晰、配置科学、管理透明、程序规范、监督有力"的原则，适用于项目申报、立项、实施、结题等组织与管理工作。

第二章 项目管理与实施主体

第四条 项目的组织实施与管理由市科技局、项目承担单位、项目组成员、科技咨询专家、第三方机构共同完成。

项目承担单位、项目组成员和科技咨询专家应当在"重庆市科技管理信息系统"（以下简称科技管理系统）中注册备案，且达到社会信用等级和科研信用等级的相关要求。申报项目的企业原则上应符合重庆市科技型企业标准，并在"重庆市科技型企业管理信息系统"中完成入库注册。

第五条 市科技局负责统筹制定项目管理制度规范，统筹发布项目指南、配置项目经费和下达立项计划，统筹组织第三方机构的遴选、管理、监督，统筹实施项目经费的使用监督、绩效评价等项目管理重大事项，统筹推进科研诚信、科技报告、科学数据等项目综合监管体系建设。

第六条 项目承担单位应当是具有独立法人资格的企业、高等学校、科研院所等单位或其他具有科研和科技服务能力的机构，分为项目牵头单位（含独立申报与实施项目的单位）和项目参与单位。

项目牵头单位须是重庆市行政区域内设立、登记、注册的法人组织，应当在相应研究领域具有技术优势和与项目相关的研究经历，具有必备的人才条件、技术装备、资金保障及组织管理、协调能力；应当制订和落实本单位项目管理和经费管理制度规范，落实项目实施的基本保障条件，协调管理项目任务的组织实施与重要事项，审核并提交真实、有效的项目资料及其证明材料，采集并上报科学数据和科技报告，依法依规调整项目预算。

项目参与单位可以是市内外的法人组织，通过与项目牵头单位签订协议，以合作方式联合申报和实施项目，并承担相应责任和义务。

第七条 项目组成员包括项目负责人和项目参与人。

项目负责人应当具有统筹组织开展项目研究的能力，须是项目牵头单位的在职人员，主要负责牵头制订具体项目实施方案并组织实施，按规定安排和使用项目经费，向项目牵头单位及时报告有关情况，协调解决项目实施中的相关问题，按要求撰写、提交和归档科技报告、科学数据等项目相关资料。

项目参与人是参与项目实施的相关人员，按照项目实施方案开展相关研究工作。

第八条 科技咨询专家是指接受政府部门委托或受托第三方机构邀请，对项目指南编制、受理审查、立项评审、过程管理、结题验收、经费审计、绩效评价等事项，提出咨询论证意见供项目管理与决策参考的专业技术人员或综合管理人员。

科技咨询专家应当具有良好的科学道德和职业道德，熟悉本领域或行业的科技经济发展状况，了解科技活动的特点与规律，能够独立、客观、公正地提供咨询论证意见，严守项目申报主体的技术秘密和商业秘密，并及时更新专家库个人真实信息。

与项目承担单位或项目组成员存在利害关系的，应主动声明并回避。存在不良科研诚信记录的，以及其他情况不宜提供咨询论证意见的，不得作为科技咨询专家选聘。

评审专家组由不少于3人且为奇数的成员构成，专家遴选应当兼顾领域、结构合理，选取活跃在生产、科研一线的专家参与评审。

第九条 第三方机构是指接受市科技局委托，并按相应要求开展项目管理、经费审计和绩效评价等服务工作的法人组织。

第三方机构应当公平、公正、客观的实施受托事项，制订受托管理事项的具体操作规则、工作纪律和服务规范，并负责相关资料的归档和管理工作。

第三章 项目设置

第十条 项目分为基础研究与前沿探索专项（自然科学基金）、技术预见与制度创新专项、技术创新与应用发展专项三个类别。

第十一条 基础研究与前沿探索专项（自然科学基金）主要面向科技前沿，聚焦全市经济社会发展的基础性、战略性、前瞻性科学问题，支持科研人员开展创新性基础研究与应用基础研究。

基础研究与前沿探索专项（自然科学基金）设置自然科学基金面上项目（含先锋科学基金项目，以下简称面上基金项目）、博士后科学基金项目（以下简称博士后基金项目）、杰出青年科学基金项目（以下简称杰青项目）、自然科学基金重点项目（以下简称重点基金项目）、创新研究群体科学基金项目（以下简称创新群体项目）。

基础研究与前沿探索专项（自然科学基金）申报主体一般为高等学校、科研院所和具备条件的企业。财政科研经费一般采取"事前资助"方式拨付。

（一）面上基金项目主要瞄准科技前沿，围绕全市经济社会发展中的前沿关键科学技术问题，支持科研人员开展原始创新和自由探索。重点支持40岁以下青年科研人员开展基础科学研究。

面上基金项目采取"择优推荐、竞争立项、审核验收"的方式组织实施；资助强度一般为10万元/项；实施周期一般不超过3年。

面上基金项目中可以探索实施先锋科学基金项目，支持科研人员挑战传统科学范式，开展创新性强、风险性高、实现难度大，具有不确定性和颠覆性的新理论、新方法和新技术的原创研究和探索研究。

（二）博士后基金项目以培养基础研究后备拔尖人才队伍为目标，支持在站博士后科研人员自主开展探索性、原创性研究，或者在博士学位论文研究基础上开展延续和深化研究。

博士后基金项目采取"进站申报、专家评议、审核验收"的方式组织实施，资助强度一般为10万元/项；同一申请人只能获得1次资助；实施周期一般不超过2年。

（三）杰青项目以培育国家高层次科技人才为目标，支持在基础研究领域已取得突出成绩的40岁以下青年学者，立足科学前沿，自主选择研究方向开展创新研究。

杰青项目采取"条件申报、竞争立项、评审验收"的方式组织实施，资助强度一般为50万元/项；实施周期一般不超过3年。

（四）重点基金项目须聚焦重点行业产业领域关键核心技术的应用基础研究和前沿探索，支持高等学校、科研院所、企业科研人员联合围绕关键科学技术问题开展具有颠覆性的重大原创性研究和系统、深入的应用基础研究，着力实现前瞻性基础研究、引领性原创成果重大突破。

重点基金项目采取"需求引导、条件申报、竞争立项、评审验收"的方式组织实施，资助强度一般为80万元/项；实施周期一般不超过3年。

（五）创新群体项目主要面向重大科技基础设施、国家重点实验室、省部级重点实验室、市级重点实验室等创新基地研究团队，聚焦重大原创性、交叉学科创新等研究，培养和造就某一领域内创新能力强，在国际独树一帜、在国内绝对领先的研究人才与群体。

创新群体项目采取"条件申报、竞争立项、稳定支持、绩效评价"的方式组织实施，实施周期一般不超过4年，资助强度不超过200万元/项。

第十二条 技术预见与制度创新专项主要聚焦全市国民经济和社会发展重点领域，开展技术动态及趋势、技术布局、技术选择、技术路径等技术预见研究，或重点围绕全面深化改革，开展与技术创新和科技管理紧密相关的公共服务、商业模式、科技金融、社会治理、司法保障体制机制等制度创新研究，着力强化决策咨询服务。

技术预见与制度创新专项申报主体一般为新型智库、专业研究机构、高等院校和科研院所，技术预见类项目原则上由技术战略联盟单位申报，制度创新类项目原则上须与决策部门联合申报。财政科研经费一般采取"事前资助"方式拨付。

技术预见与制度创新专项设置面上项目和重点项目。

（一）面上项目主要针对经济社会发展重点领域，开展技术预见和管理创新研究。按照"条件申报、竞争立项、审核验收"的方式组织实施，资助强度一般为10万元。

面上项目的考核目标以决策建议、技术规划、技术报告等为主；实施周期一般不超过半年。

（二）重点项目主要聚焦科技发展战略和深化改革重大问题，以及具有基础优势和科研特色的科技智库实施的研究项目，原则上采取公开招标、定向委托或定向择优的方式组织实施，资助强度一般为 20 万元。

重点项目的考核目标以决策建议、技术规划、技术报告等为主；实施周期一般不超过半年。

第十三条 技术创新与应用发展专项坚持应用导向和问题导向，强化企业的技术创新主体作用和产学研协同创新，促进科技成果转化应用，为推动高质量发展和创造高品质生活提供科技支撑。

技术创新与应用发展专项设置面上项目和重点项目。鼓励产学研单位联合申报。体现市场导向、由企业牵头或参与实施的项目，财政科研经费按照研发总投入的一定比例限额资助；体现政府目标导向的社会公益研究，财政科研经费全额资助。

（一）面上项目主要面向行业产业发展需求和社会公益需求开展技术研发与应用，突出方向引领，侧重面上培育和布局。

面上项目采取"自由申报、竞争立项、审核验收"的方式组织实施，资助强度为 10 万元 / 项或 20 万元 / 项，财政科研经费一般采取"事前资助"方式拨付。

面上项目的考核目标以主要技术指标、经济效益和社会效益等代表性成果为主；实施周期一般不超过 2 年。

（二）重点项目主要聚焦重点行业产业领域关键核心技术瓶颈问题和重大社会公益需求，开展产学研协同创新，强化技术集成和规模化应用，突出新技术、新工艺（方法）、新产品在行业产业发展中的支撑引领作用。

重点项目采取"需求引导、公开申报、竞争立项、评审验收"的方式组织实施，资助强度为 50 万元至 500 万元 / 项，财政科研经费采取"事前资助"与"验收后补助"相结合的方式拨付。

重点项目的考核目标以关键核心技术指标、经济效益和社会效益等代表性成果为主；实施周期一般不超过 3 年。

第十四条 按照"总体设计，分步实施"的原则，技术创新与应用发展专项重点项目根据需要可以采取重大主题专项的形式组织实施。重大主题专项应着眼于全市重点行业产业发展需求，聚焦新兴产业培育，突出重大共性关键技术研发和重大创新产品开发，针对某一重点行业产业领域单独发布申报指南并组织实施。

重大主题专项一般应当具有以下实施条件：

（一）全市国民经济和社会发展规划中确定的重点领域。

（二）对全市重点产业行业具有支撑引领和示范带动作用。

（三）实施内容应围绕主题目标，具有技术关联性或产业链上下游关系。

（四）项目牵头单位应当是全市行业龙头企业或关键技术支撑单位。

第四章 项目申报

第十五条 市科技局根据全市重大战略部署、中长期科技创新规划和年度科技工作重点，组织编制年度项目申报指南，广泛征求意见后按规定程序公开发布。

市科技局可以采取部门科技会商、市区（县、自治县）科技会商方式，形成项目申报指南，由市级行业主管部门或区（县、自治县）科技行政主管部门推荐申报；也可以根据年度重点工作任务，确定项目目标任务，采取公开招标的方式组织申报。

第十六条 市科技局每年按项目类别统一发布下一年度的项目申报指南。项目申报时间一般不少于 30 天。

第十七条 具有条件的高等学校、科研院所和企业，可以与市科技局联合实施项目，须按一定比例匹配项目研发经费。

第十八条 项目申报应当遵循以下要求：

（一）申报书的目标任务设定应当具有可考核性，符合项目定位和申报指南的要求。

（二）项目负责人申请项目和主持在研项目不超过1项，项目参与人参与申请项目和在研项目不超过2项。

（三）项目没有获得过财政资金资助。

（四）项目单位没有逾期一年以上未结题项目。

（五）没有因不良科研诚信记录涉及的限制申报情况。

第十九条 项目申报材料须经项目牵头单位审核后在线提交至科技管理系统。经审核后的纸质申报材料，在规定时间内签字盖章后报送。

第二十条 对完成系统网上申报的项目，市科技局根据项目申报通知及申报指南要求，对项目申报资料的完整性、规范性、与申报指南的相符性等内容进行形式审查，经形式审查合格的项目进入项目评审流程。

第二十一条 根据年度工作重点和财政预算安排，市科技局可以对项目申报单位和项目申报人的申报条件，以及项目申报单位的项目申报数量作出具体规定。

第五章　评审与立项

第二十二条 项目评审按照公平、公正、公开的基本原则，由市科技局组织或委托第三方机构具体实施。

项目评审根据项目的类别定位和实施要求分别制订评审方案，可以采取通讯评审、会议评审等评审组织形式。

第二十三条 专家评审可采取计分制、票决制、综合评议等方式。竞争立项的项目，原则上采取计分制或票决制的方式确定立项项目。定向择优或定向委托的项目，可采取综合评议的方式确定立项项目。

由政府主导、组织程度较高、优势承担单位集中的重点项目，可采取定向择优或定向委托的方式确定项目承担单位。

第二十四条 市科技局根据年度工作重点和财政预算安排，结合项目立项评审结果，确定当年拟立项项目。

第二十五条 项目承担单位和负责人可以通过科技管理系统对所申报项目的专家评审意见和评审结果进行查询。

对拟立项的项目，由市科技局在门户网站上进行公示，公示期为5个工作日。

第二十六条 通过公示的项目，项目牵头单位和项目负责人应当根据市科技局通知要求，在规定时间内提交项目任务书。逾期未提交的，视为自动放弃。

项目任务书是项目验收结题、绩效评价、终止实施、抽查检查等科技管理活动的基本依据。项目任务书内容以申报书内容为主要依据，应当明确项目实施内容、实施期限、任务分工、经费分配和成果权益等内容，要有科学、合理、具体的项目绩效目标和适用于考核的结果指标，明确约定科研诚信义务和违约责任追究条款，以及项目实施主体的各项权利义务。

第二十七条 对已签订任务书的项目，由市科技局会同市财政局下达立项计划。

第六章 过程管理

第二十八条 项目承担单位应当认真履行项目任务书的各项约定，按照"强化法人责任、规范资金管理、突出过程服务"的原则组织实施项目，切实履行项目管理主体职责，建立健全包括预算调剂、经费监管等在内的项目过程管理工作机制和制度体系，按照国家和我市有关规定提交科技报告和汇交科学数据。

项目实施过程中，由项目牵头单位在规定范围内审批和履行项目预算调整。

第二十九条 项目实施过程中，项目牵头单位原则上不得变更。出现下列情形之一的，项目牵头单位应当及时向市科技局提出书面申请，经审核同意后，在科技管理系统中填报并提交补充任务书：

（一）变更项目考核指标的。

（二）项目负责人、项目参与单位发生变更的。

（三）延长项目实施期限的可申请延期1次，延长时间最长不超过1年。

（四）遇有项目发生其他重大情形的。

第三十条 项目承担单位应当按规定制定本单位相应管理办法，落实项目预算调剂、间接费用统筹使用、结余资金使用、内部风险防控等管理责任，科研项目负责人可以根据项目需要，按规定自主组建科研团队，并结合项目实施进展情况进行相应调整。科研人员可以在研究方向不变、不调减考核指标的前提下自主调整研究方案和技术路线。对不属于市科技局审核的调整变更事项，由项目承担单位按照内部管理制度审批和处置后备查。

第三十一条 项目实施周期内，因故不能正常实施的项目，可以主动申请终止。

第三十二条 有下列情形之一的，项目单位应当主动申请终止项目：

（一）因不可抗拒因素或受现有水平和条件限制，致使项目不能继续实施或难以完成任务书目标任务的。

（二）因项目研究开发的关键技术已由他人公开、市场发生重大变化等原因，致使项目研究开发工作成为不必要的。

（三）因项目负责人死亡、重大伤残、出国（境）、工作调动、违法犯罪等原因，导致项目无法进行，且无合适的项目负责人可替代的。

（四）项目牵头单位发生重大经营困难、兼并重组等变故，不能继续实施项目的。

（五）遇有导致项目不能正常实施的其他情形。

第三十三条 属下列情形之一的，市科技局可强制终止项目，并对项目牵头单位和项目负责人进行科研信用记录：

（一）经核实项目牵头单位或项目负责人发生重大变故，导致项目目标任务无法实现或项目无法继续实施的。

（二）项目未通过验收，且经公示期满无异议的。

（三）项目逾期未结题时间超过6个月的。

（四）经核实在项目申报、项目实施过程中有违纪违规和弄虚作假行为的。

（五）因知识产权不清晰，有严重知识产权纠纷或者侵权行为，经调解等方式无法解决问题，导致项目无法进行的。

第三十四条 终止实施的项目，由市科技局在门户网站上进行公示，公示期为5个工作日。

对公示无异议的项目,由市科技局向项目牵头单位发出项目终止书面通知,同时委托第三方机构对项目经费进行财务审计与清算,并根据审计结果出具书面处理决定。

第七章 验收与结题

第三十五条 项目验收与结题包括财务验收和任务验收。财务验收由项目承担单位自行组织实施或者委托第三方机构实施。

第三十六条 任务验收以项目任务书确定的目标任务和考核指标为基本依据,根据项目类别可采取审核验收、评审验收等验收方式。审核验收由市科技局或者具备条件的项目承担单位组织实施,评审验收由市科技局委托第三方机构组织实施。

第三十七条 在项目任务书约定的完成时间内,项目负责人应当按相关要求通过科技管理系统提交验收材料,同时提交科技报告和科学数据。项目牵头单位应当对项目验收提交的所有材料的真实性、完整性进行审核。

提交的验收材料应包括:项目结题自评估报告(含经费决算表)、科学数据、科技报告、相关证明材料(如法定检测报告、用户意见、应用证明、第三方验证证明、经费决算证明等)。

第三十八条 对符合验收要求的项目直接进入验收流程;不符合验收要求的,项目牵头单位对采取审核验收的项目,由市科技局或者项目承担单位审核项目完成情况,并将审核验收结果告知项目负责人。

对采取评审验收方式的项目,由评审专家组将验收结果告知项目承担单位和项目负责人。

结题验收应重点考核评价项目代表性成果的质量、贡献和影响。

第三十九条 项目验收结果分为"通过验收"和"不通过验收"两种情况。

凡具有下列情形之一,为不通过验收:

(一)未完成项目任务书约定的考核指标的。

(二)提供的验收材料及其证明材料不真实的。

(三)项目任务变更未履行相关程序的。

(四)科技报告和科学数据不符合有关要求的。

项目承担单位及负责人可以通过科技管理系统查询所承担项目的专家验收意见和验收结果。

第四十条 项目验收结果由市科技局在门户网站上进行公示,公示期为5个工作日。

公示期内无异议的项目,验收结果为"通过验收"的,市科技局应当向项目牵头单位出具结题验收确认单并销号;验收结果为"不通过验收"的,强制终止项目,并由市科技局委托第三方机构进行财务审计与清算,并根据审计结果出具书面处理决定。

第八章 经费管理与绩效评价

第四十一条 项目承担单位应当切实履行项目管理主体责任,并建立和完善相应管理制度。项目实施过程中,在规定范围内,由项目牵头单位审批和履行项目预算调整。

第四十二条 根据项目类别,市科技局可采取"事前资助"或"验收后补助"等方式拨付项目科研经费;"验收后补助"经费由项目承担单位按照财政科研经费的相关管理规定统筹用于研发活动,原则上以科研项目形式实施。

以"事前资助"为主的科研项目,项目经费原则上事前一次性拨付;以"事前资助"和"验收后补助"相结合的科研项目,"事前资助"经费拨付比例根据年度工作重点和财政预算安排确定;涉及"验收后补助"项目但未通过验收的项目,不予拨付相应后补助经费。

第四十三条 通过验收的项目，结余资金在 2 年内由项目承担单位统筹安排用于科研活动的直接支出；2 年后未使用完的，按规定收回。

第四十四条 项目经费必须实行单独核算、专款专用。终止实施和验收结果为"不通过验收"的项目，由市科技局委托第三方机构进行财务审计与清算，并根据审计结果出具书面处理决定。

第四十五条 对目标任务完成好、绩效评价优秀的科研项目，可采取滚动支持的方式安排财政科研经费。

第四十六条 按照分类评价的原则，市科技局委托第三方机构对各类别项目的实施情况开展综合绩效评价。评价结果作为各类别项目财政预算安排的参考依据。

第四十七条 根据项目的类别特点，分别设置绩效评价指标体系，主要包括技术指标、经济指标或社会效益指标，重点评价财政资金的使用效率、使用效益和规范性。

第九章 综合监督

第四十八条 项目管理全流程实行信息化纪实管理，项目承担单位和项目负责人可以通过科技管理系统对项目执行进度与状态进行跟踪与查询。在项目组织实施的关键环节，科技管理系统自动推送相关管理与服务信息。

第四十九条 实行项目抽查监督。按照"双随机、一公开"的原则，市科技局或委托第三方机构，对各类科技计划项目进行抽查，抽查结果纳入科研诚信管理，并面向社会进行公开。

第五十条 建立项目争议处置机制。对拟立项项目、项目评审或者项目验收结果有异议的，可在公示期内实名向市科技局提出书面意见，市科技局经调查核实后依法依规处理。

第五十一条 建立项目容错机制。对探索性强、风险性高的项目，因关键技术、市场前景、产业政策等发生重大变化或其他不可抗拒的原因造成项目终止，且原始记录能够证明项目承担单位和项目负责人已经履行了勤勉责任义务的，不进行科研诚信记录。

第五十二条 建立社会监督机制。在项目立项评审和项目结题验收等重要环节，邀请人大代表、政协委员和科研人员代表参与监督，对立项和验收结果、专家评审意见等内容进行公开公示，广泛接受社会监督，实现评审全过程的可申诉、可查询、可追溯。

第五十三条 建立以信任为前提的科研管理机制。实行科研诚信承诺制度，强化科研诚信审核和责任追究，坚持自律与监督并重，严肃查处违背科研道德和伦理的不端行为，营造诚实守信、追求真理、崇尚创新、勇攀高峰的科研氛围。

实行科研诚信分类分级管理。对项目承担单位、项目组成员、科技咨询专家、第三方机构等项目管理与实施责任主体的不端与失信行为进行科研诚信记录，根据具体情况在一定期限、一定范围内限制其申请财政科技发展资金；严重失信的，实行联合惩戒，并依法依规终身追责。

第十章 附则

第五十四条 各专项可以根据本办法制定实施办法或实施细则。

第五十五条 市科技局根据全市科技创新需要设立的其他专项项目、区（县、自治县）科技行政管理部门组织实施的科研项目，可以参照本办法执行。

第五十六条 本办法自发布之日起施行。《重庆市科研项目管理办法》（渝科委发〔2018〕9号）同时废止。

重庆市科学技术局关于印发《重庆市科研机构绩效激励引导专项实施细则》的通知

(渝科局发〔2019〕57号)

有关科研机构：

为激励和引导科研机构加大研发投入，加强科技创新能力建设，我局制定了《重庆市科研机构绩效激励引导专项实施细则》，现予以印发。

重庆市科学技术局

2019年6月19日

重庆市科研机构绩效激励引导专项实施细则

第一条 为贯彻落实《中共重庆市委重庆市人民政府关于深化改革扩大开放加快实施创新驱动发展战略的意见》和《中央级科研事业单位绩效评价暂行办法》（国科发政〔2017〕330号）精神，建立健全创新绩效管理制度，深化科研院所管理改革，根据《中共重庆市委办公厅重庆市人民政府办公厅关于进一步完善我市财政科研项目资金管理等政策的实施意见》精神，结合《重庆市科研项目管理办法》（渝科局发〔2019〕11号）的有关规定，制定本细则。

第二条 市科学技术局（以下简称"市科技局"）利用财政科技发展资金设立重庆市科研机构绩效激励引导专项资金（以下简称"引导专项"），以后补助方式激励和引导科研机构加大研发投入，加强科技创新能力建设，促进科技成果转移转化，提升市场服务效益和水平，增强在区域创新体系中的骨干和引领作用。

第三条 引导专项坚持"总额控制、绩效导向、分类管理、自愿申报、稳定支持"的原则，分为研发投入激励资金和市场服务激励资金两个类别。

研发投入激励资金主要激励科研机构加大R&D经费支出，引导科研机构通过优化经费支出结构提高研发投入强度。

市场服务激励资金主要激励科研机构加强市场服务，引导科研机构开展符合产业发展方向、满足市场需求的科技创新、产品开发、成果转化和科技服务。

第四条 科研机构可根据引导专项的支持对象自愿申报相应的引导专项类别。

研发投入激励资金的支持对象为纳入全国科技统计调查范围的科学研究和技术服务业非企业法人组织。

市场服务激励资金的支持对象为市级科研机构，包括市级事业法人科研院所和由原市级事业法人科研院所转改制为企业法人的科研机构。

第五条 引导专项采取评审评价后一次拨付后补助资金的方式对科研机构进行绩效激励。

研发投入激励资金的额度根据年度 R&D 经费统计认定结果，实行分类测算、叠加计算，总额不超过 300 万元。其中：首次纳入全国科技统计调查范围的单位按照年度 R&D 经费支出认定额的 2% 计算，其他单位按照年度 R&D 经费支出新增额的 5% 计算，最高不超过 200 万元；统计单位统计调查年度 R&D 经费支出超过 5000 万元的，按当年 R&D 经费支出额的 0.5% 计算，最高不超过 100 万元。

市场服务激励资金的额度依据年度创新绩效评价结果计算，实行择优资助，原则上不低于 30 万元，最高不超过 300 万元。科研机构年度创新绩效评价兼顾单位性质、存量、相对水平和增长率等多个维度，采取功效系数法测算系数后计算得分。

第六条 市科技局每年集中组织实施一批引导专项，原则上 4 月底前受理申报、7 月底前完成评审评价工作。按照下列程序组织实施：

（一）通知。市科技局发布引导专项申报通知，明确申报时限、申报要求等内容。

（二）申报。科研机构自愿填写引导专项申报书，同时提供真实有效的证明材料，一并报送至市科技局。

（三）评审。市科技局组织专家组对引导专项申报材料进行审核，形成审核意见和评价结果。

（四）遴选。市科技局根据申报材料和评审评价结果，提出引导专项的拟支持方案。

研发投入激励资金根据统计单位 R&D 经费支出情况，据实提出激励对象和激励金额。

市场服务激励资金根据专家组评审评价结果，依序提出激励对象和激励金额。

（五）公示。市科技局将审定的引导专项激励名单面向社会公示。

（六）拨款。经公示无异议的，一次性拨付资金。

第七条 获得引导专项激励的科研机构应遵守中央和本市财政科研项目资金管理的规定，实行单独核算、专款专用，将引导专项用于组织实施科研项目和改善科研条件，其中实施科研项目的资金比例不低于 80%。

第八条 科研机构使用引导专项组织实施科研项目，应坚持自主选题、自主立项、自主结题的原则。

市级事业法人科研院所的项目选题方向应有助于学科布局和人才培养，有助于加强所属行业的基础性、支撑性、应急性科研。项目数量由学术委员会集体商定，原则上 40 岁以下青年科研人员牵头负责的项目数量不低于 50%。

市级企业法人科研机构的项目选题方向应有助于新产品新技术的研发与产业化，有助于增强科技创新能力和市场竞争力。单个项目的资金额度不低于 30 万元。

第九条 市级科研机构确定使用引导专项组织实施的科研项目后，应及时登陆重庆市科技计划项目管理系统提交项目资料，并切实加强过程管理。其他科研机构使用引导专项实施的科研项目，项目入库采取自愿原则。

市科技局对资金额度 10 万元以上的入库项目，组织专家进行评审后，择优遴选并下达年度重庆市科研机构绩效激励引导专项项目计划。

第十条 科研机构应建立健全引导专项管理的规章制度，明确管理主体、流程、方式、责任等相关内容，对引导专项的使用进行规范管理，提高使用绩效。

市科技局定期组织第三方机构对市级科研机构的引导专项使用绩效进行评价，评价结果纳入翌年创新绩效评价内容，并作为市场服务激励资金是否滚动支持的重要依据。

第十一条 科研机构申报和使用引导专项，应当接受科技、财政、审计、监察等部门的监督检查。

存在不端与失信行为的，根据中央和本市科研信用管理的相关规定进行处理。

涉嫌违纪违法的，依法追究相应的纪律和法律责任。

第十二条 本细则自发布之日起施行。原《重庆市市级科研院所绩效激励引导专项实施细则（试行）》（渝科委发〔2017〕37号）同时废止。

重庆市科学技术局关于印发《重庆市科技计划绩效评价暂行办法》的通知

(渝科局发〔2019〕130号)

各区县科技行政主管部门，在渝高等学校、科研院所，有关单位：

《重庆市科技计划绩效评价暂行办法》已经重庆市科学技术局2019年第15次局长办公会审议通过，现予印发。

附件：重庆市科技计划绩效评价暂行办法

重庆市科学技术局
2019年10月21日

附件

重庆市科技计划绩效评价暂行办法

第一章 总则

第一条 为有效支撑和服务重庆市创新驱动发展战略实施，优化科技资源配置，建立健全我市科技计划绩效评价制度体系，推动绩效评价工作科学化、规范化，根据中共中央、国务院印发《关于全面实施预算绩效管理的意见》（中发〔2018〕34号）、《关于优化科研管理提升科研绩效若干措施的通知》（国发〔2018〕25号）等文件规定，制定本办法。

第二条 本办法所称科技计划，是指聚焦国家和我市产业与社会经济发展重大战略任务，遵循研发和创新活动的规律和特点，利用市级财政科技发展资金资助，针对事关产业核心竞争力、整体自主创新能力和社会安全的战略性、基础性、前瞻性科学问题，由重庆市科学技术局（以下简称"市科技局"）组织实施的各类专项。

科技计划绩效评价（以下简称"绩效评价"）是指市科技局按照合理、规范的程序和方法，委托第三方服务机构或团队对科技计划组织管理与实施效果进行的专业化评价，旨在强化科技计划政策制定与实施的服务支撑，推动科技计划管理工作由粗放型向精细化转变，促进市级财政科技发展资金的经济社会效益最大化。

第三条 绩效评价遵循"放管结合、以评促管、激励引导"的原则，坚持以服务为宗旨，结合项目、成果、诚信等管理工作需要，分类构建评价指标体系，推动形成鼓励创新、预防纠错的动态管理机制。绩效评价工作应最大限度避免对正常科研活动造成干扰。

第四条 根据科技计划的组织实施与管理过程，绩效评价应涵盖科技计划（项目）的前期策划、过程执行、成果应用三个阶段。本办法重点规范成果应用阶段的绩效评价工作。

第五条 绩效评价的主要依据：

（一）国家相关法律、行政法规及部委规章；

（二）我市相关地方性法规、政府规章和科技、经济与社会发展规划；

（三）预算管理制度、资金及财务管理办法；

（四）评价对象职能职责，项目任务目标与绩效目标；

（五）相关行业政策、行业标准及专业技术规范；

（六）财务会计资料、绩效评价基础材料及其他相关资料；

（七）其他相关规定。

第二章 责任主体及职责

第六条 管理部门、评价对象、评价实施方是绩效评价的三类责任主体。

管理部门为市科技局，主要负责绩效评价工作的统筹协调，委托评价实施方开展绩效评价并进行指导、监督，提供经费与条件保障，督促结果运用等。在探索绩效评价工作期间，可按有关规定，定向委托具备相应工作基础和条件的专业机构开展试点。

评价对象包括各类科技计划及其组织实施与管理方，主要负责接受管理部门绩效评价，配合开展绩效评价工作并按要求提供相关资料和信息。

评价实施方为第三方评估评价机构或评价专家组，根据委托任务，制定绩效评价工作方案，独立开展评价活动，按要求向管理部门提交绩效评价报告，并对报告内容与结果负责。

第三章 评价内容和方法

第七条 科技计划成果应用阶段的绩效评价主要以已结题销号项目为载体，按照不同科技计划的内涵定位，对其项目完成情况，资金到位、使用与管理情况，成果登记、转化、应用，持续产出、效果与影响，政策落实情况等，重点针对项目结题以后的人才引进与培养、企业培育与孵化、社会经济效益、可持续发展能力、仪器共享及成效等，分别设置绩效评价内容和指标，实行分类评价。

第八条 绩效评价采取定量分析和定性分析相结合的方式，遵循定量优先、简便有效、"双随机、一公开"的基本原则，以抽样评价方法为主，结合工作需求与年度预算，综合政策引导方向、行业领域、项目层次、承担主体性质、资助方式与强度、社会关注度等要素实施评价。

根据评价工作实际情况，还可采用大数据统计分析、成本效益分析、承担单位调研、专题评价、典型案例征集、服务满意度调查等方法进行绩效评价。

第四章 组织实施

第九条 管理部门制订年度绩效评价工作计划，重点明确绩效评价需求与目的，提出实施评价的科技计划类别、项目抽取方式，形成项目清单，细化评价的流程、标准、方式方法，以及评价实施方委托要求，经市科技局局长办公会审定通过后具体组织实施。

绩效评价工作一般每年开展一次，每次重点评价2~3类科技计划，可根据工作需要调整计划类别与评价频次。

第十条 绩效评价工作主要分五个阶段：

（一）准备阶段：管理部门根据年度绩效评价工作计划，完成评价实施方委托，向评价对象下达绩效评价通知。

（二）自评阶段：评价对象按通知要求开展绩效自评工作，形成绩效自评报告，准备相关支撑材料，并在规定时间内完成系统提交。

（三）专家评价阶段：评价实施方按照委托内容及工作要求，针对评价对象提供的自评报告及相关材料进行分析，依据评价指标对评价对象的绩效进行全面评审，单独出具项目绩效评价子报告。根据工作需要，可采取现场评估的方式进一步获取相关资料。

（四）综合评价阶段：评价实施方根据已形成的项目绩效评价子报告，通过汇总分析、综合评价等方法，对科技计划整体目标的实现程度、实施效果进行全面评价，确定科技计划综合评价结果，并针对评价中发现的问题，提出改进措施，形成科技计划绩效评价综合情况报告报市科技局。同时，将评价工作资料整理归档备查。

（五）结果公示及运用阶段：绩效评价结果在一定范围内公开，接受社会监督。市科技局实施并督促评价结果运用。评价对象应根据绩效评价结果，总结分析科技计划与项目的组织实施经验，进一步完善工作、提高成效。

第五章　结果运用

第十一条　绩效评价实行等级评价制。科技计划的绩效评价以项目绩效评价结果为主要依据，从行业领域、实施地域、责任主体性质等多个维度进行综合分析，其结果分为优秀、合格、不合格三个等级；项目绩效评价结果分为A、B、C三个等级。

第十二条　科技计划绩效评价结果与下一年度市级科技发展资金财政支出预算编制挂钩。

计划评价等级为"优秀"的，可适当调增或维持预算；计划评价等级为"合格"的，可适当调减或维持预算；计划评价等级为"不合格"的，调减预算，直接列入下一年度绩效评价工作计划。

第十三条　项目绩效评价结果作为相关责任主体科研诚信评价的重要指标。市科技局将评价结果通过系统提醒、短信告知等方式告知评价对象。

项目评价等级为"A"或"B"的，不纳入下一年度绩效评价工作计划；项目评价等级为"C"的，直接列入下一年度绩效评价工作计划，对项目承担单位加强监督与检查频次。在绩效评价过程中发现项目存在失信行为的，按科研诚信管理相关规定进行处理。

第六章　综合管理与保障

第十四条　参与绩效评价的有关各方和人员必须遵守国家相关法律、法规和其他规定，保证绩效评价的公正性、客观性和权威性。

第十五条　设立绩效评价工作专项经费，并纳入管理部门年度经费预算。

第十六条　管理部门工作人员在评价工作中如有徇私舞弊、滥用职权、玩忽职守、收受贿赂或者干扰评价工作导致评价不公正的，视情节给予纪律处分。

评价对象在评价过程中存在提供虚假资料信息、不配合或干扰评价工作正常开展的，视为不诚信行为，按科研诚信管理相关规定进行处理。无正当理由逾期不提供相关绩效评价基础信息的评价对象，项目绩效评价结果直接评定为"C"。

评价实施方在绩效评价过程中存在严重违规行为的，强制终止委托关系，并予以通报。涉及失信行为的，按科研诚信管理相关规定进行处理。

第十七条　各方人员必须严格遵守相关保密规定，严禁泄露相关国家秘密、商业秘密、技术秘密。未经管理部门批准同意，不得擅自对外透露相关评价结果。

第十八条　各责任主体涉嫌违法违纪的，按照程序移送主管单位或党政主管机关处理；涉嫌犯罪的，按照程序移送司法机关处理。

第七章　附则

第十九条　本办法自2019年11月1日起施行。科技计划前期策划和过程执行阶段的绩效评价参照本办法执行。单位和部门预算、购买服务、政策落实等工作的绩效评价参照本办法执行。

重庆市科学技术局关于印发《重庆市科技计划项目诚信管理暂行办法》的通知

(渝科局发〔2020〕5号)

各区县（自治县）科技局，在渝高等学校、科研院所，有关单位：

《重庆市科技计划项目诚信管理暂行办法》已经重庆市科学技术局2019年第15次局长办公会审议通过，现予印发。

重庆市科学技术局
2020年1月10日

重庆市科技计划项目诚信管理暂行办法

第一章 总则

第一条 为进一步推进我市科研诚信建设，营造诚实守信的科技创新环境，规范科技计划项目责任主体的诚信管理，根据中共中央办公厅、国务院办公厅《关于进一步弘扬科学家精神加强作风和学风建设的意见》、《关于进一步加强科研诚信建设的若干意见》（厅字〔2018〕23号）、《科研诚信案件调查处理规则（试行）》（国科监〔2019〕323号）等规定，结合实际，制定本办法。

第二条 本办法所称科技计划项目诚信管理（以下简称"诚信管理"），是指对参与需求征集、指南编制、推荐申报、立项评审、过程执行、结题验收、监督检查、绩效评价以及成果转化等科技计划项目实施与管理各个环节的责任主体，通过科技计划项目诚信管理系统（以下简称"系统"）进行诚信承诺、信用记录、分类定级，并实施守信激励和失信惩戒的管理行为。

科技计划项目，是指利用市级财政科技发展资金资助，由重庆市科学技术局（以下简称"市科技局"）组织实施的各类专项项目。

第三条 诚信管理坚持以信任为前提，遵循客观公正、科学合理，鼓励创新、宽容失败，统一标准、分级分类，强化监督、奖惩并举的原则，着力培育诚信意识，营造诚信氛围，构建符合科研规律、适应创新需求的科研诚信体系。

第四条 本办法所称责任主体，是指参与科技计划项目实施和管理的法人和自然人，主要包括项目承担单位、项目组成员、科技专家和第三方机构。

项目承担单位包括项目牵头单位和项目参与单位。

项目组成员包括项目负责人和主要参与人。

科技专家是指接受市科技局及其他政府部门委托或受托第三方机构邀请，对科技计划项目组织实施与管理全过程相关事项提出评审、评估、咨询、论证意见，供管理部门决策参考的专业技术人员或综合管理人员。

第三方机构是指接受市科技局委托、指导和监督，制定项目管理、经费审计和绩效评价等工作方案，独立开展完成相应工作内容，向市科技局提交工作报告，并对报告内容与结果负责的独立法人组织。

第五条 市科技局负责科技计划项目的诚信管理日常工作，记录、评价和处理责任主体的信用情况。

第二章 诚信承诺与审核

第六条 全面实施科研诚信承诺制，各责任主体在科技计划项目组织实施与管理各环节需签订诚信承诺书，承诺尊重科研规律、弘扬科学家精神、遵守科研伦理道德和作风学风诚信要求，承诺数据材料真实、经费使用合规、廉洁公正履责、评估评价客观、严守保密纪律等规定，明确违背承诺的处理规则。

第七条 实行科研诚信审核制，对责任主体进行事前诚信审核，将具备良好诚信状况作为其参与科技计划项目实施与管理的必备条件，对严重失信行为责任主体实行"一票否决"。

第八条 接受社会监督，有实名举报责任主体存在严重失信行为且经核查属实的，对该责任主体实行"一票否决"，取消其参与科技计划项目实施与管理相关活动资格。

第三章 信用记录与评级

第九条 信用记录信息包括责任主体、失信行为、处理结果、处理单位、处理依据和处理决定时间等。

第十条 本办法所称失信行为是指责任主体在科学研究及相关活动中发生的，违反科学研究行为准则与规范的行为。

失信行为分为一般失信行为和严重失信行为。责任主体违反科研道德和学术伦理等科研不端、违纪或违法，且造成严重后果或恶劣影响的为严重失信行为，其他违反科技计划项目管理规定或任务书约定的为一般失信行为。责任主体在科学研究及相关活动中发生以下行为之一的，记录为严重失信行为：

（一）开展危害国家安全、损害社会公共利益、危害人体健康、违反伦理道德的科学技术研究开发活动。

（二）抄袭、剽窃、侵占他人研究成果或项目申请书；买卖、代写论文或项目申请书，虚构科技专家及评议意见。

（三）提供虚假材料，编造、篡改数据、图表，出具虚假结论或报告。

（四）采取贿赂、利益交换等不正当手段获得科研活动审批，获取科技计划项目、奖励、荣誉、管理服务事项等。

（五）故意违反回避制度、隐瞒利益冲突，接受"打招呼"、请托、游说等事项，索取或收受礼品、礼金、有价证券等财物，造成较大影响或损失。

（六）包庇、纵容相关人员严重失信行为；截留、挤占、挪用、转移科研经费等。

（七）其他违反科技计划项目管理规定及财经纪律，并造成严重后果和恶劣影响的行为。

第十一条 诚信评价实行信用记分等级评价制。各责任主体的初始信用分值为10分，当出现失信行为时，根据其失信行为扣减相应分值。一般失信行为每项失信记录扣减的基本分值范围为1~4分，严重失信行为每项失信记录扣减的基本分值范围为5~10分。具体失信行为与扣减分值标准于系统内发布。

同一责任主体有两种或以上身份的，对其多种身份独立记分；同一科技计划项目涉及多个责任主体的，分别对责任主体记分；在科技计划项目组织实施和管理的各个环节，对责任主体实施独立记分。

责任主体为项目承担单位或第三方机构的，每项失信行为扣分的有效期为自扣分之日起算24个月，期满则该项扣分自动移出；责任主体为项目组成员或科技专家的，每项失信行为扣分的有效期为自扣分之日起算36个月，期满则该项扣分自动移出。

第十二条 信用评级分A、B、C、D四个等级，各责任主体的评价等级由系统按照当前分值高低自动排序生成。10分为等级A，10~7（含7分）为等级B，7~2（含2分）为等级C，2分以下为等级D。

第十三条 信用记录以系统自动获取为主，对系统中已设置的失信行为，一经触发，由系统自动记录并扣减责任主体相应信用分值。系统无法自动记录的失信行为，由市科技局项目管理人员进行人工录入。

第十四条 各责任主体出现失信行为并被扣减分值，可通过系统短信、书面通知等方式告知。各责任主体应保证联系方式真实有效。

第四章 信用激励与惩戒

第十五条 诚信评价等级作为重要决策参考依据，运用于市级科技计划项目立项、评审评估委托、高新技术企业认定、科技奖励评定以及组织推荐国家科技计划项目等科技活动。诚信评价结果列入科技监督、绩效评价等工作的重要参考指标，并按规定纳入全市社会信用管理，实施联合惩戒。

第十六条 评价等级为"A"，且有承担项目或委托工作经历的责任主体，以项目管理系统提醒、定期短信告知等方式褒扬诚信，将其列入科研诚信守信行为数据库，同等条件下优先支持其参与相关科技活动，并将其推送至"信用中国（重庆）"等公共信用平台，依法依规有序公开。

第十七条 评价等级为"B"的责任主体，以项目管理系统提醒、定期短信告知等方式警示。责任主体为项目承担单位或第三方机构的，适当减少其承担市级科技计划（专项）项目或相关委托事项数量；责任主体为项目组成员或科技专家的，1年内取消其承担重点及以上市级科技计划（专项）项目资格或相关委托事项。

第十八条 评价等级为"C"的责任主体，以项目管理系统提醒、定期短信告知等方式警示，限制其参与有关市级财政科技发展资金支持的科技活动资格。责任主体为项目承担单位或第三方机构的，2年内取消其承担市级科技计划（专项）项目资格或相关委托事项；责任主体为项目组成员或科技专家的，3年内取消其承担申报市级科技计划（专项）项目资格或相关委托事项。

第十九条 评价等级为"D"的责任主体，即时纳入科研诚信严重失信行为数据库，以项目管理系统提醒、定期短信告知等方式警示，并发出书面警告。责任主体为项目承担单位或第三方机构的，2年内取消其参与有关市级财政科技发展资金支持的科技活动资格；责任主体为项目组成员或科技专家的，3年内取消其参与有关市级财政科技发展资金支持的科技活动资格。

信用分值为0分及以下的责任主体，按规定发送至"信用中国（重庆）"等信用平台，实施联合惩戒。

第二十条 在科技计划项目组织实施与管理过程中，责任主体因存在严重失信行为且受到以下处理的，终身追责。

（一）受到刑事处罚或行政处罚并正式公告；

（二）受审计、纪检监察等部门查处并正式通报；

（三）经核实并履行告知程序的其他严重违规违纪行为。

第二十一条 同一失信行为涉及多个责任主体的，应分清责任，主要责任主体从重处理，次要责任主体可视情节从轻处理；对确有实据证明无过错的，免于处理。

第五章 信用申诉与核查

第二十二条 责任主体对失信记录有异议，并经所在法人单位调查属实的，应在收到失信通知起30日内，由法人单位向市科技局提出书面申诉，并出具证明材料。

第二十三条 市科技局受理申诉材料后，应在15日完成材料审查。通过审查的，即时启动信用审核查诉程序，按"事实核查—提出处理意见与审签—信用维持/恢复—反馈处理结果"流程，60日内出具核查意见，必要时可邀请专家参加核查或组建专家鉴定组进行核查。经核查属实的，及时更正。未通过审查或重复提出的异议不予受理。

第六章 保障与监督

第二十四条 市科技局在履行职责过程中，可依法依规按程序成立科研诚信管理领导小组和科研诚信专家咨询委员会，协同相关单位和权威机构开展全市科研诚信监督、咨询、服务等组织管理工作。

第二十五条 市科技局可委托第三方机构实施诚信管理的具体事务性工作，开展系统建设、运维和管理工作，提高科研诚信管理水平和工作效率。第三方机构须严格按照保密要求开展管理和咨询服务工作。

第二十六条 企业、高等院校、科研院所等法人单位应建立健全科技计划项目诚信工作常态化管理机制，在入学入职、职称评定、参与科技计划项目等活动中，加强诚信教育，推行科研诚信承诺制；设置诚信监督员，强化责任主体单位自身诚信建设与管理。

第二十七条 弘扬科学家精神，加强作风学风建设和科研诚信宣传，树立基层一线科技工作者典型，营造科技报国、严谨求实、潜心钻研、理性质疑、学术民主的科研氛围。

第七章 附则

第二十八条 责任主体失信行为的举报以及科研诚信案件的调查处理，参照国家相关规定执行。

第二十九条 本办法自2020年1月10日起施行。《重庆市科学技术委员会科技计划信用管理办法（试行）》（渝科委发〔2014〕57号）于同时废止。

重庆市科学技术局　重庆市财政局关于印发《重庆市新型研发机构管理暂行办法》的通知

(渝科局发〔2020〕137号)

各有关单位：

为大力培育新型研发机构，弥补我市创新资源尤其是高端研发资源不足的短板，推动创新驱动发展，现将《重庆市新型研发机构管理暂行办法》印发给你们，请遵照执行。

重庆市科学技术局　重庆市财政局
2020年11月12日

重庆市新型研发机构管理暂行办法

第一章　总则

第一条　为深入贯彻习近平总书记在中央财经委第六次会议重要讲话精神，推动成渝地区双城经济圈建设，打造具有全国影响力的科技创新中心，依据科技部《关于促进新型研发机构发展的指导意见》(国科发政〔2019〕313号)等文件精神，加快培育和引进重庆市新型研发机构(以下简称"新型研发机构")，规范新型研发机构管理，保障新型研发机构健康发展，为全市经济高质量发展提供科技支撑，特制定本办法。

第二条　本办法所称新型研发机构是指聚焦重庆市科技创新需求，主要从事科学研究、技术创新、研发服务和成果转化，投资主体多元化、管理制度现代化、运行机制市场化、用人机制灵活的独立法人机构，可以是在渝依法注册的科技类民办非企业单位(社会服务机构)、事业单位和企业。

新型研发机构具有以下主要功能：

(一)开展基础研究和应用基础研究。着眼于我市优势特色产业及未来发展关键领域的实际应用主体，开展基础研究和应用基础研究，实现、推动前瞻性基础研究、引领性原创成果重大突破，提升我市科技创新能力。

(二)开展关键技术研发。围绕我市重点发展领域的前沿技术、战略性新兴产业关键共性技术、支柱产业核心技术等原型产品关键技术需求，开展技术研发，解决产业发展中的技术瓶颈。

(三)提供研发服务。根据市场主体技术需求，提供技术支撑、研发支持与科技服务等应用技术支持。

(四)开展科技成果转化。联合多元化投资主体，构建专业化转移体系，完善成果转化体制机制，积极开展科技型企业的孵化和育成，加快推动科技成果向市场转化。

第三条　贯彻国家创新驱动发展战略，着力围绕我市大数据智能化、电子信息、汽车摩托车、人工智能、大健康产业等重点领域，依托园区、企业、高校、科研院所等，大力培育引进新型研发机构，择优打造一批国内领先、国际一流的标杆型新型研发机构，为提升我市科技创新能力、推动我市经济高质量发展，建设具有全国影响力的科技创新中心提供支撑。

第四条　市科技局负责组织开展新型研发机构的申报、认定、评估、监督、管理等工作。

各区县（自治县）科技行政主管部门负责协助开展本地区新型研发机构的培育和管理工作。

第五条　本办法适用于我市本地培育的新型研发机构的申报、认定、评估、监督、管理等工作。引进的新型研发机构的申报、认定、评估、监督、管理等工作按照我市引进科技创新资源有关规定开展。

第二章　申报与认定

第六条　新型研发机构分为新型研发机构（初创型）、新型高端研发机构。

第七条　申请认定为新型研发机构（初创型）的单位应符合以下条件：

（一）在渝注册的独立法人机构，投资主体明确，内部控制制度健全完善；企业注册资金不低于500万元，事业单位与科技类民办非企业单位（社会服务机构）注册资金不低于50万元。

（二）拥有一支人员结构合理的专业人才队伍。在职研发人员不低于10人且占机构总人数的50%以上。

（三）拥有开展研发、试验、服务等所必需的条件和设施。科研用房建筑面积一般不低于500平方米，用于研究开发的仪器设备原值一般不低于100万元。

（四）能够持续运营，具有稳定的研究开发经费来源。上一年度研究开发经费投入不低于100万元。

（五）具有重大科研成果和市场服务能力。其技术转让、技术服务、技术咨询等上一年度市场化收入不低于200万元。

（六）申报单位应满足《重庆市科技计划项目诚信管理暂行办法》规定的科研诚信分值要求。

第八条　满足新型研发机构（初创型）申报条件的单位，进一步满足以下条件的可申请认定为新型高端研发机构：

（一）有清晰的发展定位。新型高端研发机构应按照高水平技术、高层次团队、全球化视野的要求，结合重点产业发展需求规划建设，有明确、聚焦的发展方向和任务。

（二）有固定的科研场所。拥有先进的仪器设备，在渝科研用房建筑面积一般不低于2000平方米。

（三）有稳定的人才团队。机构负责人和科研带头人一般应为市级及以上高层次人才。机构研发人员数量不少于50人，具有硕士、博士学位或高级职称人员的比例不低于50%，常驻研发人员（市外柔性引进人员每年为渝工作时间3个月及以上视同为常驻研发人员）不低于20人且占机构总人数的40%以上。

（四）上一年度研究开发经费投入一般不低于600万元。

（五）掌握核心技术，并具有较强市场服务能力。在上述重点产业领域取得1项以上可自主自控的重大原创性科研成果，市场化收入达到2000万元以上或已孵化2家及以上科技型企业。

第九条　市科技局定期接受单位申请，组织新型研发机构申报认定工作，申报认定程序如下：

（一）申报受理。符合申报条件的单位登录重庆市科技管理信息系统，根据申报指南、标准和要求，在规定时间内完成申报书填写、上传相关证明材料，并提交纸质申请至所在区县（自治县）

科技行政主管部门。

（二）区县推荐。受理申报材料的各区县（自治县）科技行政主管部门对申报单位的申报材料完整性进行审查，并对符合要求的申报单位出具推荐函，提交至市科技局。

（三）评审论证。评审论证包括会议评审、通信评审、网络评审和实地考察等多种形式。市科技局委托第三方机构根据实际情况选择评审方式、组织评审论证并得出评审论证意见。

（四）结果公示。市科技局对通过评审论证的申报单位提出认定意见，并公示。对同类行业申报主体，按照我市产业发展需求，以"总量控制、择优认定"的原则提出认定意见。

（五）审定发布。通过评审和公示的新型研发机构名单由市科技局审核确定后正式发布。

第十条 申请认定新型研发机构的单位须提交以下材料：

（一）重庆市新型研发机构申请表。

（二）诚信承诺书。

（三）上一年度的工作报告。

（四）申报单位的最新章程与管理制度。

（五）单价十万元以上的用于科研的主要仪器设备清单。

（六）其他必要的材料。

第三章　扶持政策

第十一条 经认定的新型研发机构有效期为3年。

第十二条 有效期内的新型研发机构，可享受以下扶持政策：

（一）对首次认定的新型研发机构，给予授牌。对首次认定的新型研发机构（初创型），一次性给予不超过20万元的经费支持；对首次认定的新型高端研发机构，一次性给予不超过100万元的经费支持。

（二）对符合相关规定的企业类型新型研发机构，入库"重庆市科技型企业信息管理系统"后，可享受《重庆市科技型企业入库培育实施细则》和《重庆市科技型企业技术创新与应用发展专项项目实施细则》等有关规定的扶持政策。

（三）对于符合相关规定的新型研发机构，可按照《重庆市科技创新券专项实施细则》等有关规定，纳入创新券接券机构，推动创新券资助对象向新型研发机构购买研发创新服务。

（四）新型研发机构引进的人才（团队），符合相关规定的优先支持其申报"重庆英才计划"和市级科技计划项目。在有条件的新型高端研发机构中按规定开展职称自主评定试点，对引进的海外高层次人才、博士后研究人员、特殊人才畅通职称认定"绿色通道"。

（五）符合相关条件的新型研发机构可依法享受研发费用加计扣除、研发仪器设备加速折旧费用加计扣除和进口科研仪器设备减免关税等优惠政策。

（六）符合相关规定的新型研发机构，参照《重庆市促进科技成果转化条例》享受相应扶持政策。

（七）新型研发机构申报重庆市市级科研项目可获得优先立项支持。

第四章　考评管理

第十三条 在新型研发机构有效期满前，市科技局委托第三方机构对新型研发机构进行绩效评估。

绩效评估主要考核新型研发机构的研究开发经费投入纳入国家、重庆市研究开发经费投入统计情况、科技研发条件、科技创新能力、人才团队建设、科技成果转化、科技成果效益、运行管理能力、孵化企业情况以及相应的财务经费使用、管理等情况。

第十四条 绩效评估工作主要分四个阶段：自评阶段，专家评价阶段，综合评价阶段，结果公示及运用阶段。评估结果分为合格、不合格两个等级：

（一）评估结果为合格的，继续获得3年新型研发机构资格。其中，评估结果在排名前30%，且三年研究开发经费投入逐年递增的新型研发机构（初创型），最高按三年研究开发经费投入增量的10%，一次性给予不超过200万元的经费支持；评估结果在排名前30%，且三年研究开发经费投入递增的新型高端研发机构，最高按三年研究开发经费投入增量的10%，一次性给予不超过500万元的经费支持。新型研发机构所获经费以科研项目形式予以支持。

（二）评估结果为不合格的，根据评估实际情况限期整改。整改后仍不合格的，取消其新型研发机构资格，对其中首次参加绩效评估的，视情况退回财政支持经费。

第十五条 已认定的新型研发机构如有名称变更、股权结构变更、重大人员变动等一系列变更行为，应提前以书面形式报至市科技局，重新进行资格审核；如有企业注销行为，应提前以书面形式报至市科技局并配合进行财政资助资金使用情况核算和审计。因未及时报备而产生的相关问题由有关部门依法追究相应责任。

第五章 综合监督

第十六条 本办法全流程按照《重庆市科技计划项目诚信管理暂行办法》实行科研诚信管理，申报、认定、绩效评估等环节各责任主体均需签订诚信承诺书。获得财政资金资助的新型研发机构，必须主动接受和配合监督。

第十七条 本办法中参与申报的单位和已认定的新型研发机构出现失信行为的，市科技局将视情节轻重，采取记录不良信用、警告、通报批评、取消新型研发机构资格等措施；同一失信行为涉及多个责任主体的，应分清责任，主要责任主体从重处理，次要责任主体可视情节从轻处理；对确有实据证明无过错的，免于处理。

因存在严重失信行为且受到以下处理的，终身追责：

（一）受到刑事处罚或行政处罚并正式公告。

（二）受审计、纪检监察等部门查处并正式通报。

（三）经核实并履行告知程序的其他严重违规违纪行为。

第六章 附则

第十八条 各区县（自治县）可参照本办法制定本地区培育管理、经费支持等促进新型研发机构发展的政策措施。

第十九条 本办法由市科技局负责解释。自颁布之日起30日后施行。《重庆市新型研发机构培育引进实施办法》（渝科委发〔2016〕129号）自本方法印发之日起废止。

第三十一章 四川省科研项目和资金管理法规政策

关于印发《关于加强和改进教学科研人员因公临时出国管理工作实施细则》的通知

(川外侨函〔2016〕227号)

各市(州)人民政府、省直各部门,各高等学校、科研单位:

为贯彻落实中央精神,进一步支持高等学校和科研院所在扩大对外交流合作中激发人才创新创造创业活力,现将《关于加强和改进教学科研人员因公临时出国管理工作实施细则》印发你们,请结合实际认真贯彻执行。

特此通知。

四川省人民政府外事侨务办公室　中共四川省委组织部
四川省教育厅　四川省科学技术厅　四川省财政厅
2016年8月10日

关于加强和改进教学科研人员因公临时出国管理工作的实施细则

近期,中共中央办公厅、国务院办公厅转发了中央组织部、中央外办等部门《关于加强和改进教学科研人员因公临时出国管理工作的指导意见》(厅字〔2016〕17号)(以下简称《指导意见》)。为鼓励和支持教学科研人员更广泛地参加国际学术交流与合作,进一步规范和管理我省教学科研人员因公临时出国,现根据《指导意见》制定如下实施细则。

一、指导思想

必须坚持党对外事工作的集中统一领导。各高等学校和科研院所党委对本单位外事工作负有领导责任,要按照党中央关于加强和规范外事管理工作的指示要求,健全领导机制,加强制度建设,强化服务大局意识,进一步完善包括对外学术交流合作在内的因公临时出国管理。

各高等学校和科研院所必须强化服务大局意识。对外学术交流合作要着眼国家及我省发展大局和实际需要,通过积极参与国际重大科学计划、科学工程和专业学术交流,实现国际协同创新,全面加强基础学科、国际前沿、薄弱和空白学科建设，造就培养人才，提升教育科研领域国家软实力、国际影响力和国际竞争力。

二、分类施策，实施区别管理

党的十八大以来，中央全面加强和规范国家工作人员因公临时出国管理，对加强党风廉政建设意义重大，必须严格贯彻，持之以恒。同时，按照中央要求，根据高等学校和科研院所对外学术交流合作的实际需求，对教学科研人员出国开展学术交流合作任务要与其他性质的出访有所区别，实施导向明确的区别管理。

（一）学术交流合作主要包括开展教育教学活动、科学研究、学术访问、出席重要国际学术会议以及执行国际学术组织履职任务等。其他出访主要指一般性中外校际和科研院所间的工作交流。

（二）教学科研人员指高等学校和科研院所直接从事教学和科研任务的人员（含退离休返聘人员），以及在高等学校和科研院所及其二级单位中担任领导职务的专家学者。

（三）上述教学科研人员出国开展学术交流合作任务，单位与个人的出国批次数、团组人数、在外停留天数根据实际需要从严安排。除此以外的因公临时出国，仍执行现行的国家工作人员因公临时出国管理政策。

三、科学统筹，优化审批程序

按照中央要求，结合我省对外开放实际，加强和改进高等学校和科研院所教学科研人员出国开展学术交流合作管理工作，提高管理和服务的针对性。

（一）由高等学校和科研院所按照"因事定人、人事相符"的原则，自行界定学术交流合作和其他性质因公临时出访。

（二）各高等学校和科研院所要科学制定教学科研人员出国开展学术交流合作年度计划，统筹规划和合理安排相关工作。年度计划由各高等学校和科研院所负责管理，经高等学校和科研院所主要负责人审签后，于每年6月和12月中旬前，按外事审批权限报备，不列入国家工作人员因公临时出国批次限量管理范围。对确有临时安排的学术交流合作任务，应按个案报批，并在报批时说明理由。

（三）教学科研人员出国开展学术交流合作，按行政隶属关系、组织人事管理权限和外事审批权限审批，各审批部门应各负其责，加强管理，强化责任担当，提高审批效率，为教学科研人员出国开展学术交流合作提供便利和服务。

（四）各高等学校和科研院所对包括对外学术交流合作在内的因公临时出国管理负有主要责任，主要负责人是第一责任人，要对报批材料和任务的真实性进行严格审核把关。

（五）教学科研人员出国开展学术交流合作，应持因公护照。特殊情况需持普通护照出国，应说明理由并按组织人事管理权限报组织人事部门批准。

（六）各高等学校和科研院所要建立因公出国专办员制度，指定政治可靠、熟悉政策、业务精湛的人员专门负责因公出国管理工作，指导和帮助教学科研人员履行相关手续，由专办员负责向外事审批部门报批。

（七）教学科研人员出国执行学术交流合作任务，应在报批件中注明"此团执行学术交流合作任务"。

四、加强经费管理

各高等学校和科研院所应切实加强教学科研人员出国开展学术交流合作经费的预算管理，认真执行因公临时出国经费先行审核制度，由经费审批部门和任务审批部门实行审批联动。

高等学校和科研院所教学科研人员使用国家级和省级科技计划（专项、基金）等经费出国开展学术交流合作，应按照有关经费管理办法和制度执行，体现既符合科研活动规律、又符合预算管理要求的原则。

教学科研人员如确需持普通护照出国开展学术交流合作，应凭本单位有关批件、出国证件及出入境记录报销与学术交流合作相关的费用。

五、进一步强化监督机制和责任追究机制

要从加强党风廉政建设的高度，进一步强化纪律意识和责任意识，按照权责一致的原则，建立监督机制和责任追究机制。

（一）教学科研人员出国开展学术交流合作，要事前和事后通过单位内部局域网或公示栏如实公示所执行的任务、涉及的国家（地区）、在外日程和活动内容、出访成果等相关信息，公示期限不少于5个工作日。回国后，应在1个月内提交总结报告，自觉接受群众监督。未按规定公示的不予审批，不予核销相关费用。

（二）各高等学校和科研院所要及时提交总结报告，建立相应的交流合作成果和经费使用绩效评估制度，根据教学科研人员公示情况、出访成果和总结报告，对出访情况进行绩效评估。

（三）加强监督检查和责任追究。各单位要按照"谁派出、谁负责""谁审批、谁负责""谁签字、谁负责"的原则，把好监督检查关。纪检监察机构的负责人要负起监督检查责任，对教学科研人员出国开展学术交流合作进行有效监管。对以对外交流合作名义变相公款出国旅游、不按规定报批，弄虚作假，不按报批内容、路线和日程出国（境），以及其他违反外事和财务纪律的违规违纪行为，要严肃追究责任，并依规依纪惩处。对因管理不善、滥用政策造成严重不良影响的单位，要追究有关领导和当事人的责任。每年12月底前，各高等学校、科研院所应对本单位年度因公出国情况进行总结，形成报告，由党委主要负责人签报外事审批部门及上级主管部门。

各高等学校和科研院所要根据本实施细则，结合本部门实际制定相应的管理办法，确保有关政策准确贯彻实施。

本实施细则自下发之日起实施。此前有关规定与本实施细则意见不一致的，按本实施细则执行。

四川省科学技术厅关于印发《四川省科技计划项目管理办法》的通知

(川科计〔2018〕4号)

各市(州)、扩权县科技行政主管部门,省级有关部门,有关产学研单位:

为进一步加强和规范四川省科技计划项目的管理,按照《四川省人民政府关于印发四川省深化省级财政科技计划管理改革方案的通知》(川府发〔2017〕5号)要求,科技厅制定了《四川省科技计划项目管理办法》。现印发给你们,请遵照执行。

四川省科学技术厅
2018年2月8日

四川省科技计划项目管理办法

第一章 总则

第一条 为保证四川省科技计划项目(以下简称"项目")的顺利实施,实现科学、规范、高效、公正管理,按照《四川省人民政府关于印发四川省深化省级财政科技计划管理改革方案的通知》(川府发〔2017〕5号)要求,制定本办法。

第二条 四川省科技计划根据我省经济社会发展和科技发展需要设立,由省级财政科技计划项目专项资金资助。重点资助面向科技前沿、面向经济建设主战场、面向四川省重大需求,提升自主创新能力、产业核心竞争力,解决事关国计民生的社会公益性科技问题等开展的科学技术研究开发、科技成果转化、科技创新能力建设等科技创新活动。

第三条 四川省科技计划项目是四川省科技计划组织实施的基本单元。重大科技专项项目可下设课题,课题是项目的组成部分,服务于项目目标。

第四条 项目专项资金主要采取前补助和后补助两种支持方式,根据科技创新活动及项目属性确定具体支持方式,在年度项目申报指南中予以明确。

第五条 项目组织实施遵循统筹布局、聚焦重点,科学规范、公开透明,目标明确、绩效导向,鼓励创新、宽容失败,职责清晰、监管有力的原则。

第二章 科技计划类别

第六条 本办法适用于四川省应用基础研究计划、重点研发计划(重大科技专项)、科技成果转移转化引导计划、科技创新基地(平台)和人才计划四大类科技计划。

(一)应用基础研究计划。突出原始创新,聚焦全省经济社会发展战略性、基础性、前瞻性重大科学问题,鼓励自由探索,支持科研人员开展基础研究和前沿技术研究,创新理论和方法,强化前期应用技术开发和原创成果储备,培养优秀科技人才,提升原始创新能力;

（二）重点研发计划（重大科技专项）。突出技术支撑，聚焦全省产业发展和公益民生等重点领域的技术需求，开展重大关键技术、共性技术攻关，推进现代工程技术、颠覆性技术创新和国际科技合作，着力解决制约产业创新、民生改善与社会进步的技术问题，提升自主创新能力，为经济社会发展提供强力科技支撑。突出引领产业发展，针对我省优势特色产业、高端成长型产业重大需求，注重与国家重点研发计划、科技重大专项等国家相关科技计划的衔接，聚焦产业化目标，集聚资源，在设定时限内进行集成式协同攻关，培育形成具有核心自主知识产权的重大创新产品和高端产业；

（三）科技成果转移转化引导计划。突出产业化导向，充分发挥政府财政资金的杠杆撬动作用，引导企业真正成为技术创新研发投入、科研组织和成果转化的主体，支持企业牵头实施科技成果转化项目、培育创新产品、开展产业化示范，强化科技金融结合，促进科技成果商品化、资本化、产业化。加强科技扶贫，重点支持贫困地区科技创新示范、成果推广和科技服务体系建设；

（四）科技创新基地（平台）和人才计划。突出能力提升，重点支持科研基础条件、科学研究、工程化开发、成果转移转化、企业孵化、产业园区、科学技术普及、国际科技合作等科技创新基地（平台）建设和能力提升，促进科技资源开放共享，提升科技创新的条件保障能力和产业化服务能力。重点培育杰出青年科技人才和青年科技创新研究团队，支持科技创新创业领军人才、青年大学生等开展创新创业，发展壮大高水平创新创业人才队伍。充分发挥院所发展专项作用，支持省属科研院所稳定发展。加强创新决策科学化等软科学研究。

第七条 根据我省国民经济和社会发展需要而新设立的科技计划以及省委、省政府确定的其他科技创新工作和任务适用本办法。

第三章　项目组织与管理职责

第八条 项目组织和管理的责任主体包括四川省科学技术厅（以下简称"科技厅"）、推荐单位、承担单位。

第九条 科技厅是项目的行政主管部门。其职责是：

（一）研究制定四川省科技计划相关管理制度；

（二）开展科技发展趋势的战略研究和政策研究，研究提出重大研发需求、总体任务布局；

（三）组织编制和发布项目申报指南，组织项目评审，提出项目及资金分配建议方案，项目立项；

（四）与承担单位、推荐单位签订项目任务合同书（以下简称"任务合同书"）；

（五）组织开展项目中期检查、监督检查、验收和绩效评价；

（六）审核和审批项目重大调整事项；

（七）对承担单位、项目负责人和项目评审专家实施信用管理；

（八）负责四川省科技管理信息系统的管理；

（九）其他与项目管理相关事项。

第十条 推荐单位指各市（州）及扩权县科技行政主管部门、省级有关部门以及经科技厅核准具有推荐权限的单位。其职责是：

（一）负责管辖范围内项目的申报、推荐工作；

（二）审核申报资格、项目申报材料的真实性；

（三）与承担单位、科技厅签订任务合同书；

（四）参与项目过程管理，督促承担单位按期实施和完成项目，监督经费的使用，协助核查并报告项目执行进展和出现的重大问题等；

（五）受科技厅委托，参与或组织项目的中期检查、监督检查、验收和绩效评价等工作；

（六）协调推动项目成果的转移转化与应用示范。

第十一条 承担单位指在四川省境内注册、具有独立法人资格的科研院所、高等学校、企业、医疗卫生机构，以及其他具备科研开发或科技服务能力的单位。其职责是：

（一）按申报指南要求申报项目，保证申报材料的真实性；

（二）与推荐单位、科技厅签订任务合同书；

（三）按照签订的任务合同书要求，履行合同条款，落实配套条件，组织实施项目，按时完成项目目标任务；

（四）建立健全科研、财务、诚信等内部管理制度，保证项目资金合法合规使用，落实激励科研人员的政策措施；

（五）按要求报送项目执行情况、报表、科技报告、成果登记等材料；

（六）及时报告项目执行中的重大进展和出现的重大问题，按程序报批需要调整的事项；

（七）完成项目验收和绩效报告，确保报送材料的真实性、准确性和完整性；

（八）接受指导、检查并配合做好监督、评估等工作；

（九）履行保密、知识产权保护等责任和义务，推动项目成果转化应用。

第四章 项目申报与立项

第十二条 指南编制。科技厅围绕科技创新规划，省委、省政府重大工作部署以及年度科技工作重点，征集重大科技需求，按照"自上而下"和"自下而上"相结合的方式，组织编制年度项目申报指南。

第十三条 指南发布。项目申报指南通过科技厅门户网站公开发布。

第十四条 项目申报。项目可采取公开择优、择优委托、定向委托三种方式组织申报，项目申报单位和项目负责人根据项目申报指南，通过四川省科技管理信息系统申报。自指南发布日到申报受理截止日，原则上不少于50天。

省委、省政府重大工作部署确定的项目、突发和应急的科技需求项目，采取定向委托的方式组织申报，申报时限根据实际情况确定。

（一）申报条件。项目申报单位和项目负责人应当符合以下基本条件：

1. 符合所申报计划类别申报指南对申报单位主体资格的要求；

2. 在所申报研究领域和专业具有一定的技术优势、知识产权成果，具有与项目相关的研究经历和研究积累；

3. 具有为完成项目所必备的人才条件、技术装备、资金保障及组织管理、协调能力；

4. 申报项目应明确项目负责人。项目负责人应具有领导和组织开展创新性研究的能力，科研信用记录良好，职称（职业资格）、年龄、工作时间等符合申报指南要求。

（二）申报限制。

1. 同一年度，同一项目不得重复申报不同类别的省级科技计划项目；

2. 同一年度，同一项目负责人只能申报一个项目；

3.已立项省级科技计划项目不得重复申报；

4.项目负责人有未验收项目不得申报；

5.有不良诚信记录的单位或项目负责人按相关规定限制申报；

6.申报指南提出明确申报限制的，按指南要求执行。

第十五条 审核推荐。推荐单位对本系统、本地区的申报项目进行审核、汇总后，统一将申报书报送科技厅。

第十六条 项目受理。科技厅或科技厅委托的第三方机构受理项目申报材料，对项目申报资料的完整性、规范性、与申报指南的相符性等进行形式审查，对形式审查合格的项目予以受理。

第十七条 项目评审。

（一）科技厅负责组织项目评审，也可委托第三方机构组织项目评审。项目评审以网络评审为主，也可采取会议评审、答辩评审、通讯评审。重大项目在网络评审基础上可采取会议评审、答辩评审、现场考察等方式进一步审核。根据省委、省政府重大工作部署确定的项目和突发、应急项目可采取专家咨询论证方式；

（二）科技厅组织对前补助方式支持的财政资金100万元及以上的项目进行资金预算评审，也可委托第三方机构组织项目资金预算评审。

第十八条 项目立项。科技厅根据重大科技创新任务和申报指南，结合评审情况，充分考虑区域、行业、重点发展领域等，按照择优支持原则，提出项目及资金分配建议方案。

第十九条 项目公示。科技厅对拟立项项目在科技厅门户网站上进行公示，公示期不少于5个工作日。公示期间有异议的项目，由科技厅组织调查处理。

第二十条 任务合同书提交。项目承担单位按要求填报任务合同书，经推荐单位审核后，在规定时间内上传电子版并将纸质任务合同书报科技厅。未按规定时限和要求将任务合同书报送科技厅的项目撤销立项。

第二十一条 项目审批和下达。科技厅将项目及资金分配建议方案按要求报批后下达项目计划。

第二十二条 任务合同书签订。项目承担单位、推荐单位、科技厅签订任务合同书。

后补助项目不需签订任务合同书，项目承担单位依据项目计划下达文件按相关规定办理经费拨付手续。

第二十三条 项目执行期限一般为1~3年。

第五章 项目实施管理

第二十四条 项目承担单位和项目负责人认真履行任务合同书的各项约定，制定项目组织实施方案，明确各项研究任务的具体落实方案和时间进度，为项目任务目标的完成提供条件保障和支撑，及时报告影响项目实施的重大事项和重大问题等。对项目经费进行单独核算，专款专用，并接受有关部门的监督检查。

第二十五条 项目中期检查。对执行期2年及以上的项目，在项目实施过程中，科技厅或科技厅委托推荐单位、第三方机构，采取抽查方式，对项目执行情况进行中期检查。中期检查情况可作为项目继续执行、调整执行、终止执行的依据。

第二十六条 项目事项变更（调整）。项目实施过程中，在任务合同书到期前（延期项目按批准的延期时间），可对以下事项提出变更（调整）申请，并按程序报批。

（一）因承担单位股权变更、工商更名、集团内部业务调整需变更项目承担单位，由变更前、后承担单位提出书面申请，经推荐单位审查后报科技厅审核变更；

（二）合作单位业务调整等情况，影响项目实施、需要变更合作单位的，项目牵头单位、原合作单位、新合作单位可共同书面申请变更项目合作单位，经推荐单位审查后报科技厅审核变更；

（三）项目负责人因工作调动、出国定居、重大疾病、死亡等原因不能主持该项目研究工作，在不影响项目实施的前提下，需要变更项目负责人的，由项目承担单位提出书面申请，经推荐单位审查后报科技厅审核变更。杰出青年科技人才、青年科技创新研究团队、科技创新创业人才等人才类项目，项目负责人不得更换；

（四）变更项目实施周期、主要研发人员、主要研究目标和考核指标等重大调整事项，由项目承担单位提出书面申请，经推荐单位审查后报科技厅审批变更；

（五）采取前补助资金方式支持的项目确需调整预算的，按照科技计划项目专项资金管理相关规定进行调整。

第二十七条 项目处置。在项目实施过程中，因故无法正常实施的项目，可按以下方式处置。

（一）项目结题。项目实施过程中遇到下列情况之一的，可在项目执行 1 年以后，任务合同书到期 3 个月以前（延期项目按批准的延期时间），申请项目结题。

1.因国家或我省的重点产业发展方向、产业政策、科技政策等发生重大变化，项目无法继续正常执行的；

2.市场、原材料、主要技术骨干等发生变化，或项目所依托的示范应用工程已撤销，导致项目无法继续正常进行的；

3.经过实践证明，项目技术路线不合理、不可行，无法实现任务合同书规定的进度且无改进办法，或无任何实用价值的，国内已有相当或更高水平同类科技成果的；

4.因不可抗拒因素（地震等自然灾害）不能完成任务合同书确定的主要目标和任务的；

5.其他原因要求结题的。

结题项目应对已开展工作、经费使用、已购置设备仪器、阶段性成果、知识产权等情况做出书面报告，提出项目结题申请，经推荐单位审核后报科技厅审批和公示。结题项目结余的财政资金按规定原渠道退回。

（二）项目终止。项目实施过程中遇到下列情况之一的，任务合同书签署方均可提出终止项目的建议，经科技厅组织审查并公示后向社会公告。

1.承担单位倒闭、破产或长期失联等；

2.通过项目中期检查、绩效评估、监督检查、举报反映等途径，发现项目承担单位或项目负责人在项目实施过程中弄虚作假、剽窃他人科技成果等严重科研不端行为，或项目组织管理不力、经费使用存在重大违规违纪等问题，不按规定整改或拒绝整改；

3.项目执行期到期 1 年以后，仍无故未完成项目验收或拒绝验收的。

终止项目依规完成后续相关工作。符合情况 1 的终止项目，其承担单位（含法定代表人）或项目负责人纳入科研诚信记录，10 年内不得申报省级科技计划项目。符合情况 2 的终止项目，其承担单位（含法定代表人）或项目负责人纳入科研诚信记录，10 年内不得申报省级科技计划项目，财政资金按原渠道全部收回。涉嫌违纪违法的移交纪检监察机关和司法机关处理。符合情况 3 的终止项目，对于非正当理由导致项目终止的，其承担单位（含法定代表人）或项目负责人纳入科研诚信记录，5年内不得申报省级科技计划项目，财政资金按规定退回。

第二十八条 项目执行期间，如项目取得重大进展、突破，或遇需协调解决的重要问题，项目承担单位、推荐单位须及时向科技厅书面报告。

第二十九条 实行科技报告制度。项目承担单位应按标准和规范提交科技报告，实现我省科技资源持续积累、完整保存和开放共享。科技报告提交作为验收的必备条件，项目验收前，应呈交一份最终科技报告；项目执行期限2年及以上的，应呈交年度或中期技术进展报告。

第六章 项目验收与成果管理

第三十条 前补助方式支持的项目应在任务合同书到期3个月内完成验收准备并主动提交验收材料，并在任务合同书到期后1年内完成项目验收。提前完成目标任务的项目，可申请提前验收。

第三十一条 项目因故不能按期完成需申请延期的，项目承担单位应于项目到期前提出延期申请，经项目推荐单位审核提出意见后报科技厅审批。项目延期一般只能申请1次，延期时间一般不超过1年。特殊情况可再次提出延期申请，延期时间合计不超过2年。

第三十二条 项目验收由科技厅或科技厅委托推荐单位、第三方机构组成验收专家组组织验收。验收专家组一般由技术专家、财务专家等组成，验收专家执行回避制度。

第三十三条 项目验收结论。验收专家组根据项目承担单位提交的验收材料，在审阅资料、听取汇报或实地考核、提问质询的基础上，按照通过验收（含整改后通过）、不通过验收两种情况形成验收结论。

（一）通过验收。按期保质完成任务合同书确定的主要目标和任务的，为通过验收（含整改后通过）；

（二）不通过验收。因非不可抗拒因素未完成任务合同书确定的主要目标和任务的，为不通过验收。

项目财务验收按有关规定执行。

第三十四条 项目验收结论及成果除有保密要求外，应及时向社会公开。

第三十五条 项目形成的研究成果，包括论文、专著、样机、样品等，应标注"四川省科技计划资助"（英文标注："Supported by Sichuan Science and Technology Program"）字样及项目立项编号。标注成果作为验收或评估的确认依据。

第三十六条 实行项目科技成果登记制度。项目验收后，项目承担单位将验收报告进行科技成果登记，获得成果登记号。成果登记号是完成项目验收必备条件，科技厅依据成果登记号完成验收手续。

第三十七条 项目形成的知识产权的归属、使用和转移，按照国家有关法律、法规和政策等执行。

第三十八条 依法取得知识产权的单位应当积极应用和有序扩散项目成果，传播和普及科学知识，促进技术交易和成果转化，并落实支持成果转化的科研人员激励政策。项目承担单位应在协调推动项目成果转移转化和应用示范方面给予支持。

第三十九条 对涉及国家秘密的项目及取得的成果，按有关规定进行密级评定、确认和保密管理。

第四十条 建立绩效评价机制。对科技计划项目总体实施和资金使用情况及效果进行评估评价，提高创新绩效。项目承担单位应当强化管理人员、科研人员的责任意识、绩效意识，积极配合绩效评价工作。

第七章 监督与保障

第四十一条 建立公众参与监督的工作机制。加大项目立项、验收等信息公开力度，主动接受公众和舆论监督。收到投诉举报的，应当按有关规定登记、分类处理和反馈；投诉举报事项不在权限范围内的，应按有关规定移交相关部门和地方处理。

项目承担单位应当在单位内部公开项目立项、主要研究人员、科研资金使用、项目合作单位、大型仪器设备购置以及研究成果情况等信息，加强内部监督。

第四十二条 严肃处理违规行为，实行逐级问责和责任倒查。违纪违法的，应移交纪检监察机关和司法机关处理。对有违规行为的评审专家，予以阶段性或永久性取消项目评审资格；对有违规行为的项目承担单位和科研人员，予以暂停项目拨款、追回已划拨项目资金、终止项目执行、阶段性或永久性取消项目申报资格等处理。处理结果以适当方式向社会公开，纳入科研诚信记录。

第四十三条 建立健全全覆盖的科技管理信息系统。项目申报、立项、动态调整、结题验收等过程管理完整纳入四川省科技管理信息系统，风险防控预警提示、责任倒查追究信息等全程留痕，实现可查询、可申诉、可追溯，为项目管理和监督提供保证。

第四十四条 各级项目组织和管理的责任主体必须规范在项目管理过程中所形成的纸质档案和电子档案资料的收集和管理，存档备查。

第四十五条 科技厅可依据本办法，制定和修订相关科技计划管理制度，建立项目验收管理、科研信用管理、专家库管理、监督管理等制度，规范项目全过程管理及监督工作。

第八章 附则

第四十六条 涉及项目专项资金使用、管理等事项，按照省科技计划项目专项资金相关管理办法及规定执行。

第四十七条 本办法自公布之日起 30 日后施行。

四川省科学技术厅关于印发《四川省科技计划项目验收管理办法》的通知

(川科计〔2018〕5号)

各市(州)、扩权县科技行政主管部门,省级有关部门,有关产学研单位:

为加强和规范四川省科技计划项目验收管理,按照《四川省人民政府关于印发四川省深化省级财政科技计划管理改革方案的通知》(川府发〔2017〕5号)的要求,根据《四川省科学技术厅关于印发〈四川省科技计划项目管理办法〉的通知》(川科计〔2018〕4号),科技厅制定了《四川省科技计划项目验收管理办法》。现印发给你们,请遵照执行。

四川省科学技术厅
2018年2月9日

四川省科技计划项目验收管理办法

第一条 为进一步加强和规范四川省科技计划项目(以下简称"项目")的验收管理,按照《四川省人民政府关于印发四川省深化省级财政科技计划管理改革方案的通知》(川府发〔2017〕5号)的要求,根据《四川省科学技术厅关于印发〈四川省科技计划项目管理办法〉的通知》(川科计〔2018〕4号),制定本办法。

第二条 验收范围。凡经四川省科学技术厅(以下简称"科技厅")批准立项,获得四川省科技计划项目专项资金前补助方式支持的项目须进行项目验收和财务验收。

第三条 验收原则。验收工作坚持实事求是、客观公正、注重质量、讲求实效的原则,做到公平、公正、公开,保证验收工作的严肃性和科学性。

第四条 组织机构。科技厅负责组织验收工作。科技厅也可委托项目推荐单位或第三方机构作为验收的组织机构进行验收。财政资金资助金额在100万元及以上的项目原则上由科技厅组织验收。

第五条 验收要求。项目验收和财务验收以任务合同书为依据。项目任务合同到期后,项目承担单位应在3个月内主动完成验收准备,在四川省科技管理信息系统提交验收申请,及时、真实、完整报送验收纸质材料,验收组织机构在此基础上3个月内组织验收。重大科技专项项目下设课题的,项目牵头单位应在项目验收前组织完成课题验收。提前完成的项目,可提前申请验收。

第六条 验收内容。主要包括:

(一)任务合同书约定的目标任务、考核指标等事项;

(二)项目实施的技术路线方案及应用效果,科技成果、知识产权的形成和管理,科技人才队伍培养;

（三）项目产生的经济和社会效益；

（四）项目实施的组织管理情况；

（五）项目经费到位和实际支出情况以及使用的合理性、合规性、合法性。

第七条 验收专家。验收工作实行专家负责制，验收专家须是四川省科技管理信息系统专家库的注册专家。组织验收应成立验收专家组，专家组不少于5人，由技术专家和财务专家等组成且为单数，100万元及以上的项目财务专家不少于2人。验收专家实行回避制度。

第八条 验收方式。可采取会议验收、现场验收、通讯评议验收等方式。根据项目特点和验收需要，可以选择其中一种或多种方式进行。

会议验收采取会议形式，验收专家组根据项目承担单位提交的验收材料，在审阅材料、听取汇报、观看演示、提问质询的基础上，形成验收意见。

现场验收采取在项目实施现场召开验收会，验收专家组进行现场检测或查定，审阅相关资料，形成验收意见。

通讯评议验收采取函审（或网评）的方式，验收专家组根据项目承担单位提交的验收材料进行评议，形成验收意见。

第九条 验收程序。

（一）项目验收按以下程序进行。

1. 申请及材料准备。项目负责人在四川省科技管理信息系统填报项目验收申请表，并按要求将相关纸质材料报送项目推荐单位；

2. 材料审核。项目推荐单位对验收材料进行审核，提出审核意见。不符合要求的，退回项目承担单位进行修改完善；符合要求的，由项目推荐单位签署意见后将验收申请表和验收材料一式一份报送验收组织机构；

3. 组织验收。验收组织机构对验收申请材料进行审查，明确验收方式并在收到验收材料后3个月内组织验收；

4. 材料完善。项目承担单位在验收后按要求完善验收资料，并在四川省科技管理信息系统中完成电子文档提交后将验收全套纸质材料一式两份报验收组织机构审核；

5. 科技成果登记。项目验收后，项目承担单位将验收报告进行科技成果登记，获得成果登记号。成果登记号是完成项目验收必备条件，科技厅依据成果登记号完成验收手续；

6. 验收签章。验收组织机构将全套纸件验收材料一式两份报送科技厅，科技厅验收工作相关责任人签注验收审批意见，加盖《四川省科学技术厅科研项目验收专用章》，最终完成验收手续；

7. 材料归档。验收工作结束后，科技厅对验收材料进行整理并归档。

（二）财务验收按财务验收相关规定执行，财务验收可先于项目验收单独开展，也可和项目验收一并进行（分别形成验收意见）。

第十条 验收材料。项目承担单位需按要求准备以下验收材料：

（一）验收申请表；

（二）项目任务合同书；

（三）项目自验收报告；

（四）与项目成果有关的科研数据、技术资料、知识产权（专利、商标、著作权、论文等）、技术标准等；

（五）涉及技术、经济指标的有关证明材料包括具有资质的第三方机构出具的有关产品测试报告、检测报告及用户报告，与项目产品相关的销售、服务的发票清单等；

（六）科技报告收录证书；

（七）有调整事项需提交调整相关文件资料；

（八）项目财务验收报告及财务验收所需资料。财政资金100万元及以上的项目，应提供财务审计报告；

（九）其他需要提供的验收材料。

第十一条 验收结论。验收专家组根据项目承担单位提交的验收材料，在审阅资料、听取汇报或实地考核、提问质询的基础上，按照通过验收（含整改后通过）、不通过验收两种情况形成验收结论。

（一）通过验收。按期保质完成任务合同书确定的主要目标和任务，为通过验收（含整改后通过）。

项目验收通过，且财务验收一次性通过的项目，结余资金按规定留归项目承担单位使用，在两年内由项目承担单位统筹安排用于科研活动的直接支出，两年后未使用完的项目结余资金，按规定退回。

财务验收整改后通过的项目，结余资金按规定原渠道退回。

（二）不通过验收。存在下列情况之一的，不通过验收：

1. 提供的验收材料弄虚作假；

2. 非不可抗拒因素未达到任务合同书约定的主要技术经济指标和目标任务；

3. 擅自修改任务合同书的考核目标、内容、技术路线等。

项目验收不通过或财务验收不通过的项目，项目结余资金按规定原渠道退回，项目负责人或承担单位3年内不得申报省级科技计划项目。

第十二条 整改后验收。每个项目原则上有一次整改机会，项目承担单位应于一个月内完成整改，将整改情况书面报告验收组织机构，并提请重新验收。整改到位的验收结论为"整改后通过"，整改不到位的验收结论为"不通过"。

第十三条 延期验收。项目因故不能按期完成须申请延期的，项目承担单位应于项目到期前提出延期申请，经项目推荐单位审核提出意见后报科技厅审批。项目延期一般只能申请1次，延期时间一般不超过1年。特殊情况可再次提出延期申请，延期时间合计不超过2年。

第十四条 逾期未验收。项目执行期到期1年以后，仍无故未完成验收或拒绝验收的按终止项目处置，其承担单位（含法定代表人）或项目负责人纳入科研诚信记录，5年内不得申报省级科技计划项目，财政资金按规定退回。

第十五条 结果公开。验收结果经审定后，在科技厅门户网站公开。信息公开须遵守国家有关政府信息公开和保密规定。

第十六条 成果管理。项目形成的研究成果，包括论文、专著、样机、样品等，应标注"四川省科技计划资助"（英文标注："Supported by Sichuan Science and Technology Program"）字样及项目立项编号，标注成果作为验收或评估的确认依据。

第十七条 过程监督。科技厅责任部门对验收工作进行全程监督管理。科技厅纪检机构按照职责进行监督检查。

第十八条 本办法自公布之日起30日后施行。

四川省科学技术厅关于印发《四川省重大科技专项管理暂行办法》的通知

(川科计〔2018〕59号)

各市(州)科技局,省级有关部门,各有关单位:

为贯彻落实《四川省"十三五"科技创新规划》,加强四川省重大科技专项科学、规范、高效管理,保证重大专项顺利实施,科技厅制定了《四川省重大科技专项管理暂行办法》,现印发你们,请结合工作实际贯彻实施。

四川省科学技术厅
2018年12月24日

四川省重大科技专项管理暂行办法

第一章 总则

第一条 为贯彻落实《四川省"十三五"科技创新规划》(川办函〔2017〕4号)(以下简称《规划》),加强四川省重大科技专项(以下简称"重大专项")科学、规范、高效管理,保证重大专项顺利实施,根据《国务院关于优化科研管理提升科研绩效若干措施的通知》(国发〔2018〕25号)、《四川省深化省级财政科技计划管理改革方案》(川府发〔2017〕5号)、《四川省科技计划项目管理办法》(川科计〔2018〕4号)及其他省级科技计划管理的相关规定,特制定本办法。

第二条 重大专项的主要任务:紧密围绕我省经济社会发展的重大需求,聚集资源、突出重点、集中时效,通过实施一批重大科技项目,加强重大关键核心共性技术攻关,突破产业转型升级的技术瓶颈,开发一批重大战略性创新产品,完成一批高水平重大工程,培养科技创新创业领军人才和团队,打造具有核心竞争力的创新型企业,培育发展高新技术产业和战略性新兴产业。

第三条 重大专项组织实施管理原则:

明确目标,突出重点。重大专项围绕我省经济和社会发展的关键领域和重大问题,坚持自主创新,突出重点,力争实现预期目标。

整合资源,协同创新。集成和优化配置全社会科技资源,充分发挥部门、市(州)、企业、研究机构和高等院校等各方面积极性,加强科技大协作和优势科技资源的有效整合,促进各类创新要素向企业集聚。

明确权责,规范管理。在重大专项实施方案制定、启动实施、监督管理、验收和成果应用等各个环节,坚持科学、民主决策,建立权责明确、管理规范的长效机制。

动态管理,注重绩效。对重大专项实行动态管理,对重大专项的执行情况与绩效进行跟踪和经验推广。

培养人才，营造环境。结合重大专项的实施，培养和凝聚一批高水平创新创业人才，形成一支产学研结合、创新能力强的科技人才队伍，落实有利于重大专项实施的相关政策。

第四条 重大专项资金坚持多元化筹措，省级财政科技资金支持重大专项组织实施，并引导和鼓励企业、金融机构等社会资金投入。针对重大专项任务实施，科学合理配置专项资金，提高经费使用效益。

第五条 重大专项按照"聚集资源、突出重点、集中时效"的原则，高标准高起点，成熟一个，启动一个，优先支持对我省产业技术升级和经济转型发展带动面大、覆盖面广、关联度高的关键技术及配套集成技术的研究开发及推广应用。

第六条 重大专项鼓励企业牵头、产学研联合，促进各类创新要素的集聚。集成创新链上所需的关键核心技术、基地或示范工程建设、人才团队、标准规范、知识产权等要素。

第二章　管理与职责

第七条 围绕重大专项目标任务，四川省科学技术厅（以下简称"科技厅"）牵头会同相关省级部门组织编制重大专项实施方案。重大专项实施方案应包括专项基础条件、技术路线、目标任务、研发进度、拟设置的项目（课题）、产业化前景分析等内容，经组织专家咨询评估通过后，启动实施。

第八条 重大专项项目（课题）采取科技厅、项目（课题）推荐单位、项目（课题）承担单位分级管理的方式进行管理。每个重大专项设立专家委员会。

第九条 科技厅是重大专项的行政主管部门，负责重大专项的整体布局、统筹协调和组织实施，主要职责是：

1. 研究制订重大专项管理相关办法；

2. 组织重大专项实施方案的编制、评估；

3. 组织编制和发布项目（课题）申报指南，组织项目评审，提出项目及资金分配建议方案，项目立项；

4. 与承担单位、推荐单位签订《四川省重大科技专项项目（课题）任务合同书》（以下简称"任务合同书"）；

5. 组织开展项目中期评估、验收和绩效评价。协调解决项目（课题）执行中的重大问题。

第十条 推荐单位是指各市（州）及扩权县科技行政主管部门、省级有关部门以及经科技厅核准具有推荐权限的单位。其职责是：

1. 负责管辖范围内项目（课题）的申报、推荐工作，组织审核申报资格、项目申报材料的真实性；

2. 与承担单位、科技厅签订任务合同书；

3. 负责项目（课题）过程管理，督促承担单位按期实施和完成项目（课题），组织推动并报告项目执行进展和出现的重大问题等；

4. 受科技厅委托，参与或组织项目（课题）的中期评估、验收和绩效评价等工作；

5. 协调推动项目（课题）成果的转移转化与应用示范。

第十一条 项目（课题）承担单位是指在四川省境内注册、具有独立法人资格的科研院所、高等学校、企业、医疗卫生机构，以及其他具备科研开发或科技服务能力的单位。其职责是：

1. 按申报指南要求申报项目（课题），保证申报材料的真实性。与推荐单位、科技厅签订任务合同书；

2. 负责项目（课题）实施的总协调和条件保障。承担单位要负责落实并确保配套经费，提供必需的设备、场地和人员支持等配套条件。

3. 严格执行任务合同书规定的各项工作任务，制定相应的运行管理规定和规范，完成重大专项项目（课题）预定的目标；

4. 建立健全科研、财务、诚信等内部管理制度，保证项目（课题）资金合法合规使用，落实激励科研人员的政策措施；

5. 按要求编制科技报告，总结报告项目（课题）年度执行情况及有关信息报表；

6. 及时报告项目（课题）执行中的重大进展和出现的重大问题，按程序报批需要调整的事项；

7. 完成项目（课题）验收和绩效报告，确保报送材料的真实性、准确性和完整性；

8. 履行保密、知识产权保护等责任和义务；

9. 推动项目（课题）成果转化应用。

第十二条 专家委员会由技术领域高层次高水平专家组成。专家委员会主要职责是：

1. 参与专项实施方案和年度申报指南的编制和咨询。

2. 参与重大专项项目（课题）立项评审、项目（课题）年度或中期评估、验收考察、绩效评估等工作；

3. 对重大专项项目（课题）的优化调整和重大事项调整等提出咨询意见。

第十三条 项目（课题）设置及实施期：

1. 重大专项任务一般由项目组成，根据目标任务设置，项目可下设课题。项目一般为综合性、集成性任务，如某一重大产品、重大（示范）工程或系统的研发和建设等；课题是为完成项目的目标和任务分解设立的，一般为关键核心技术研发等任务。同一项目设立的若干课题应是有机集成、相互衔接、相对集中、彼此关联，保证课题对项目的支撑，最终实现项目目标。

2. 重大专项项目实行首席专家负责制，课题设置课题负责人。首席专家应是项目牵头实施单位或其聘请的该领域高水平专家，须具有正高职称，并担任项目的负责人。首席专家要负责组织制定项目目标、技术路线、概算、经费管理、进度、组织实施方式等重大事项，负责各课题之间的相互衔接，对各课题年度计划任务和经费的调整提出建议意见。首席专家要具有开拓创新精神，较强的组织协调能力和良好的信誉，作风民主、严谨，能将主要精力用于重大专项项目（课题）的组织、协调与研究工作。课题负责人原则上应为本单位研究人员，也可聘请主要合作单位研究人员，须具有本领域副高级（含）以上专业职称，或已获得博士学位两年以上，能将主要精力用于重大专项课题的组织、协调与研究工作。

3. 重大专项项目（课题）实施周期为3~5年。

第三章 申报与立项

第十四条 在实施方案基础上，科技厅组织编制重大专项项目（课题）申报指南，适时向社会公开发布。按照公开、公平、公正的原则，重大专项项目（课题）采取公开择优、定向择优、定向委托等方式组织申报，并由推荐单位组织推荐。具体组织方式在申报指南中明确。

第十五条 咨询评审。科技厅对受理的项目组织专家咨询论证或评审，评审方式包括会议评审、会议答辩、网络评审等方式。根据项目特点和咨询、评审需要，可以选择其中一种或多种方式进行。立项评审应审核绩效目标、结果指标与指南要求的相符性，以及创新性、可行性、可考核性，实现项目绩效目标的能力和条件等。

第十六条 批准立项。科技厅根据重大科技专项目标任务,结合咨询评审和现场考察情况(必要时进行项目现场考察),按科技项目立项相关程序提出项目(课题)立项及资金分配建议方案。项目(课题)计划下达后,组织承担单位、推荐单位签订《四川省重大科技专项项目(课题)任务合同书》,正式启动项目(课题)实施。涉及国家秘密的项目(课题),需由推荐单位与项目(课题)承担单位签订保密协议。

第四章 组织与实施

第十七条 项目(课题)承担单位和项目首席专家及课题负责人应认真履行任务合同书的各项约定,制定项目组织实施方案,明确各项研究任务的具体落实方案和时间进度,为项目任务目标的完成提供条件保障和支撑,组织任务实施,及时报告影响项目实施的重大事项和重大问题等。规范使用资金,对项目经费进行单独核算,专款专用,并接受有关部门的监督检查。同一重大专项的不同项目承担单位之间、同一项目不同课题承担单位之间应当加强沟通、协调与配合。促进成果转化,完成既定目标。

第十八条 重大专项项目承担单位要规范使用资金,对项目经费进行单独核算,专款专用,并接受有关部门的监督检查。要及时总结年度任务完成情况、取得的主要成果,分析存在的主要问题,安排下一步工作计划,按要求编制年度执行情况报告等,经项目(课题)推荐单位审核后,于每年年底前报科技厅。

第十九条 项目(课题)在实施过程中,项目(课题)负责人可以在研究方向不变、不降低目标任务指标的前提下自主调整研究方案和技术路线,按程序报科技厅备案。科技厅要加强项目(课题)关键环节考核,项目实施进度严重滞后或难以达到预期绩效目标的,根据专家意见建议和相关规定,及时予以调整或取消后续支持。项目(课题)承担单位因故无法正常实施、需要申请结题或者终止的,或需调整、变更项目(课题)合作单位及经费、主要研发人员、项目实施周期、主要研究目标和考核指标等重大事项的,按照《四川省科技计划项目管理办法》(川科计〔2018〕4号)要求执行。

第二十条 项目执行期间,如项目(课题)取得重大进展、突破,或遇需协调解决的重要问题,项目(课题)承担单位、推荐单位须及时向科技厅书面报告。

第五章 评估与验收

第二十一条 科技厅组织或委托具备条件的第三方机构,对重大专项项目(课题)执行情况进行监督、检查和评估。

第二十二条 建立中期评估与绩效评估制度:

1.中期评估。科技厅组织专家在项目(课题)执行到中期阶段,根据项目(课题)任务合同书进行阶段性评估,针对存在困难和问题提出对策措施和意见建议。中期评估结果可作为项目(课题)目标、预算、进度等调整和后续支持的重要依据。

2.绩效评估。以创新质量和贡献为导向开展绩效评价,严格按照任务书的约定逐项考核任务指标完成情况,准确评价重大科技专项(课题)成果的价值,对绩效目标实现情况作出明确结论,突出代表性成果和项目实施效果评价。项目(课题)承担单位按照相关要求,提交项目(课题)实施绩效情况报告。绩效评估工作可结合项目验收工作开展。

第二十三条 项目(课题)验收要求:

1.验收工作按照《四川省科技计划项目验收管理办法》(川科计〔2018〕5号)相关规定进行,

坚持实事求是、客观公正、注重质量、讲求实效的原则，确保验收工作的严肃性和科学性。

2.项目（课题）承担单位在执行期满后，3个月内向科技厅提交项目（课题）验收材料。

3.科技厅在对验收资料进行初审后，组织验收专家组，严格依据任务书在项目实施期末进行一次性综合绩效评价，不再分别开展单独的财务验收和技术验收。验收专家组由相关领域技术专家、财务专家、管理专家组成，专家组人数应为奇数，并执行回避制度。

4.专项由课题形式组织的，直接对课题进行验收。专项由项目形式组织、下设课题的，应在项目验收前组织完成课题验收。可采取会议验收、现场验收等方式。根据项目特点和验收需要，可以选择其中一种或多种方式进行。

第二十四条 项目（课题）验收结论。验收专家组根据项目承担单位提交的验收材料，在审阅资料、听取汇报或实地考核、提问质询的基础上，按照通过验收、不通过验收两种情况形成验收结论。

1.通过验收。按期保质完成任务合同书确定的主要目标和任务的，为通过验收；

2.不通过验收。因非不可抗拒因素未完成任务合同书确定的主要目标和任务的，为不通过验收。

第二十五条 加强科研信用管理。要根据科研诚信建设相关规定，加强重大专项项目（课题）实施过程的科研诚信管理。对严重失信行为纳入科研诚信记录，阶段性或永久性取消具有严重失信行为相关责任主体申请重大专项项目（课题）和其他省级科技计划项目。

第二十六条 严肃处理违规行为。实行逐级问责和责任倒查，对在重大专项实施过程中失职、渎职，弄虚作假，截留、挪用、挤占、骗取重大专项资金等行为，按照有关规定追究相关责任人和单位的责任；违纪违法的，应移交纪检监察机关和司法机关处理。

第六章 成果和知识产权管理

第二十七条 承担重大专项的相关单位应按照相关法规条例进行知识产权的全过程管理，保护科技创新成果，促进知识产权和成果的应用、扩散和共享。使用财政资金形成的固定资产，按照国家和省有关规定执行。

第二十八条 各重大专项项目（课题）承担单位要认真落实四川省激励科技人员创新创业的相关政策，采取切实措施保障科技人员在创新创业活动中的各项权益，激发全社会创新创造活力，促进科技成果的转化和产业化。重大专项组织过程中涉及的保密技术或形成的涉密成果，按照相关保密规定执行。

第二十九条 各重大专项项目（课题）承担单位要按照促进科技成果转化相关法规条例要求，采取切实措施促进科技成果的转化和产业化，完善以科技成果为纽带的产学研深度融合机制，推进科研机构和企业等各方参与的创新合作。充分发挥国家和省科技成果转化投资引导基金、四川省创新创业投资引导基金等作用，发挥财政资金的杠杆和引导作用，创新财政科技投入方式，带动金融资本和民间投资向科技成果转化集聚，进一步完善多元化、多层次、多渠道的科技投融资体系。

第三十条 重大专项项目（课题）执行过程中有关信息按有关要求及时进行公示。重大专项的档案材料，必须按照有关规定及时进行整理归档。

第七章 附则

第三十一条 涉及项目专项资金使用、管理、科研诚信管理等事项，按照相关管理办法及规定执行。

第三十二条 本办法由科技厅负责解释，自发布之日30日后施行。

四川省科学技术厅 四川省财政厅关于赋予科研机构和人员更大自主权进一步优化省级科研项目和资金管理的通知

(川科资〔2019〕3号)

各市(州)、扩权县(市)科技、财政行政主管部门,省级有关部门,有关单位:

为贯彻落实习近平总书记在两院院士大会上的重要讲话精神和《国务院关于优化科研管理提升科研绩效若干措施的通知》(国发〔2018〕25号)、《中共中央办公厅 国务院办公厅〈关于深化项目评审、人才评价、机构评估改革的意见〉的通知》《国务院办公厅关于抓好赋予科研机构和人员更大自主权有关文件贯彻落实工作的通知》(国办发〔2018〕127号)、《科技部 财政部关于进一步优化国家重点研发计划项目和资金管理的通知》(国科发资〔2019〕45号)的要求,充分激发科研人员创新活力,赋予科研机构和人员更大自主权,切实减轻科研人员负担,现就四川省应用基础研究计划、重点研发计划(重大科技专项)和科技成果转移转化引导计划、科技创新基地(平台)和人才计划中的科研项目组织实施有关问题补充通知如下。

一、整合精简各类报表

系统梳理项目申报、立项、过程管理和综合绩效评价等环节,优化管理流程,按照减量不减质、满足管理基本需求的原则,整合精简项目申报书、预算申报书、任务合同书、中期报告、综合绩效自评价报告等材料中的各类报表,实现"一表多用、一表多能"。

二、减少信息填报和材料报送

从项目申报到综合绩效评价各环节,全面推行信息化方式,通过四川省科技管理信息系统填报材料。避免科研单位基本信息、科研人员基本信息等各类信息的重复填报,减少联合申报协议、诚信承诺书等材料的重复报送,实现项目全周期同一信息一次填报、相同材料一次报送。

三、精简过程检查

自由探索类应用基础研究项目和实施周期三年以下、经费支持100万元以下的科研项目以承担单位自我管理为主,一般不开展过程检查。对年度需要检查或抽查的项目制定年度检查工作方案,在相对集中时间开展检查,避免在同一年度对同一项目重复检查、多头检查。

四、赋予科研人员更大技术路线决策权

科研项目申报期间,以科研人员提出的技术路线和考核指标为主进行评审;科研项目实施期间,科研人员可以在研究方向不变、不降低考核指标的前提下自主调整研究方案和技术路线,由项目承担单位(牵头单位)报科研项目管理部门备案。

科研项目负责人可以根据项目需要,在申报期间按规定自主组建科研团队;结合项目进展情况,在实施期间按规定进行相应调整,并在遵守科研人员限项规定及符合诚信要求的前提下自主调整项目主要研究人员、一般参与人员,报项目承担单位(牵头单位)备案。

五、简化预算编制要求

根据科研活动规律和特点，进一步完善预算编制。简化预算测算说明和编报表格，除设备费外，其他开支科目无须单独填列明细表格。会议费/差旅费/国际合作交流费预算不超过直接费用10%的，无须提供预算测算依据；超过10%的，按照会议、差旅、国际合作交流分类提供必要的测算依据，无须对每次会议、差旅做单独的测算和说明。

六、扩大承担单位预算调剂权限

直接费用中设备费预算总额一般不予调增，确需调增的应报科技厅审批；设备费预算总额调减、设备费内部预算结构调整、拟购置设备的明细发生变化，以及其他科目的预算调剂权下放给承担单位。直接费用实行分类总额控制，其中，材料费、测试化验加工费、燃料动力费、出版/文献/信息传播/知识产权事务费等四个科目在实施中按一类管理；劳务费、专家咨询费、会议费/差旅费/国际合作交流费、其他支出等四个科目在实施中按一类管理。两类之间的预算调剂应履行承担单位内部审批程序；同一类预算额度内，承担单位可结合实际情况进行审批或授权项目（课题）负责人自行调剂使用；承担单位应按照国、省有关规定完善管理制度，及时为科研人员办理预算调剂手续。

七、完善科研项目资金预算执行管理

提高预算执行效率，按规定允许部分科研项目资金从本单位零余额账户向本单位或本部门其他预算单位实有资金账户划转，完善科研项目中公务卡结算要求，优化科研仪器设备采购管理。各地财政部门在收到上级财政资金预算下达文件后，要及时与科技部门对接，根据项目计划在30日内将资金拨付到项目承担单位。严格按照《关于进一步完善省级财政科研项目资金管理等政策的实施意见》（川委办〔2017〕2号）有关规定做好科研项目资金结转结余留用处理，确保科研项目正常实施。各级各部门要严格履行预算执行主体责任，加强对科研项目资金的监管，确保专款专用，任何组织或个人不得挪用截留。

八、规范验收财务审计

项目实施期满后，按规定需进行审计的项目，其承担单位应当及时清理账目与资产，按照相关规范组织实施验收审计工作，并做好与项目综合绩效评价工作的衔接。

九、实施一次性项目综合绩效评价

项目实施期满，不再单独组织技术验收、财务验收，合并有关验收程序，严格按照任务合同书的约定，考核项目任务完成情况和项目资金管理使用情况，实施一次性综合绩效评价。进一步完善科研项目绩效评价方法和指标体系，将评价结果作为项目调整、后续支持的重要依据，强化绩效评价结果应用。

十、突出代表性成果和项目实施效果评价

实行科研项目绩效分类评价。基础研究与应用基础研究类项目重点评价新发现、新原理、新方法、新规律的重大原创性和科学价值、解决经济社会发展和国家安全重大需求中关键科学问题的效能、支撑技术和产品开发的效果、代表性论文等科研成果的质量和水平；技术和产品开发类项目重点评价新技术、新方法、新产品、关键部件等的创新性、成熟度、稳定性、可靠性，突出成果转化应用情况及其在解决经济社会发展关键问题、支撑引领行业产业高质量发展中发挥的作用；应用示范类项目绩效评价以规模化应用、行业内推广为导向，重点评价集成性、先进性、经济适用性、辐射带动作用及产生的经济社会效益。对提交评价的论文、专利等作出数量限制规定，不将"头衔""帽子""论文数量""获得奖励"等作为评价指标。

十一、加强科学伦理审查和监管

有关承担单位和科研人员须恪守科学道德，遵守有关法律法规和伦理准则。相关单位建立资质合格的伦理审查委员会，须对相关科研活动加强审查和监管；相关科研人员应自觉接受伦理审查和监管。

十二、强化承担单位和管理单位责任

承担单位应发挥科研项目和资金管理主体责任，结合单位实际，修订完善内部科研项目和资金管理制度，严格按照任务合同书的承诺，做好组织实施和支撑服务；高校、科研院所要根据科研工作的特点，对科研需要的出差和会议按标准报销相关费用，进一步简化优化报销管理，建立起科学合理、便捷高效的报销管理机制；要健全完善内部管理制度，对下放的自主权要"接得住、用得好"。加强单位内部的政策宣传与培训，强化科研人员的责任和诚信意识，对违背承诺与诚信要求的，加强责任追究，对严重失信行为实行联合惩戒。各级科技部门、财政部门要深入落实下放科技管理权限工作，加强政策指导，不得额外增加承担单位的负担。

十三、做好项目政策衔接

对于执行周期结束且已开展验收的项目，继续按照原政策执行；项目执行周期结束但尚未开展验收以及仍在执行中的项目，参照本通知执行。

本通知自发布之日起施行，《四川省科技计划项目专项资金管理暂行办法》（川财教〔2017〕40号）、《四川省科技计划项目管理办法》（川科计〔2018〕4号）、《四川省科技计划项目验收管理办法》（川科计〔2018〕5号）、《四川省重大科技专项管理暂行办法》（川科计〔2018〕59号）、《四川省科技计划项目调整工作规程（试行）》（川科计〔2016〕13号）等相关管理办法、规程，以及改革前科技计划有关管理办法等相关规定与本通知要求不一致的，以本通知为准。

四川省科学技术厅　四川省财厅

2019年2月28日

四川省财政厅　四川省科学技术厅关于印发《四川省科技计划项目专项资金管理办法》的通知

(川财规〔2019〕10号)

各市(州)、扩权县财政、科技行政主管部门,省级有关部门(单位):

为进一步规范和加强我省科技计划项目专项资金的分配、使用管理,提高财政资金使用绩效,根据《中华人民共和国预算法》、《国务院关于优化科研管理提升科研绩效若干措施的通知》(国发〔2018〕25号)、《四川省深化省级财政科技计划管理改革方案》(川府发〔2017〕5号)、《省对下专项转移支付管理办法》(川财预〔2017〕41号)等规定,结合我省科技计划项目专项资金管理实际,财政厅、科技厅制定了《四川省科技计划项目专项资金管理办法》,现印发你们,请遵照执行。

附件:四川省科技计划项目专项资金管理办法

四川省财政厅　四川省科学技术厅
2019年8月28日

四川省科技计划项目专项资金管理办法

第一章　总则

第一条　为进一步规范和加强我省科技计划项目专项资金的分配、使用管理,提高财政资金使用绩效,根据《中华人民共和国预算法》、《国务院关于优化科研管理提升科研绩效若干措施的通知》(国发〔2018〕25号)、《四川省深化省级财政科技计划管理改革方案》(川府发〔2017〕5号)、《省对下专项转移支付管理办法》(川财预〔2017〕41号)等规定,结合我省科技计划项目专项资金管理实际,制定本办法。

第二条　四川省科技计划项目专项资金(以下简称"专项资金")是指由省级财政预算安排,财政厅、科技厅共同管理,用于支持我省各类科技创新主体开展科技研发、科技成果转移转化、区域创新体系建设、科技创新基地建设发展、科技能力建设、科技示范推广、科技服务、科技人才队伍建设、科学技术普及、科研机构改革和发展等科技活动的专项资金。专项资金根据国家和我省制定的中长期科技规划纲要、科技创新规划、年度科技重点工作部署和绩效评价及监督检查结果安排。

第三条　专项资金支持对象是在四川省境内注册或位于四川省境内,具有独立法人资格的科研院所、高等院校、企业、医疗卫生机构和其他具备科研开发、科技服务和决策咨询研究能力的单位,以及省委省政府确定的重大科技事项承担或合作的省内外具备独立法人资格的单位。

第四条　财政厅主要负责专项资金预算管理、资金下达等工作。科技厅主要负责拟订资金分配建议方案，专项资金项目管理，组织项目验收、绩效评价和监督等工作。

第五条 专项资金按照"集中财力，突出重点；分类支持，合理配置；公开透明，科学规范"的原则管理和使用。

第六条 专项资金主要支持：

（一）应用基础研究计划。突出原始创新，聚焦全省经济社会发展战略性、基础性、前瞻性重大科学问题，鼓励自由探索，支持科研人员开展基础研究和前沿技术研究，创新理论和方法，强化前期应用技术开发和原创成果储备，培养优秀科技人才，提升原始创新能力。

（二）重点研发计划（重大科技专项）。突出技术支撑，聚焦全省产业发展和公益民生等重点领域的技术需求，开展重大关键技术攻关和国际科技合作，着力解决制约产业创新、民生改善与社会进步的技术问题，提升自主创新能力，为经济社会发展提供强力科技支撑。突出引领产业发展，针对我省现代产业、优势特色产业、高端成长型产业、高新技术产业等产业发展重大需求，注重与国家重点研发计划的衔接，聚焦产业化目标，集聚资源，在设定时限内进行集成式协同攻关，培育形成具有核心自主知识产权的重大创新产品和高端产业。

（三）科技成果转移转化引导计划。突出产业化导向，充分发挥政府财政资金的杠杆撬动作用，引导企业真正成为技术创新研发投入、科研组织和成果转化的主体，支持企业研发投入、牵头实施科技成果转化项目、培育创新产品，开展产业化示范和科技金融支持，促进科技成果商品化、资本化、产业化。支持引进国外智力成果示范推广。加强科技扶贫，重点支持贫困地区科技创新示范、成果推广和科技服务体系建设。

（四）科技创新基地（平台）和人才培育计划。突出能力提升，重点支持科研基础条件、科学研究、工程化开发、转移转化、企业孵化、产业园区、科学技术普及、国际科技合作、引才引智等科技创新基地（平台）建设和能力提升，促进科技资源开放共享，提升科技创新的条件保障能力和产业化服务能力。重点培育杰出青年科技人才和创新团队，支持创新创业领军人才、青年大学生等开展创新创业，发展壮大高水平创新创业人才队伍，支持引进国（境）外高端人才。支持省属科研院所稳定发展。加强创新决策等软科学研究。

（五）省委、省政府确定的其他重大科技工作。

第二章 分配方式

第七条 专项资金采取项目法和因素法两种分配方式。

第八条 项目法适用于聚焦全省重大战略、重点领域、重点布局的项目，由科技厅牵头组织发布年度项目申报通知和指南，明确申报要求。项目单位申报项目，经推荐单位推荐审核后报科技厅。科技厅通过评审咨询拟订专项资金分配建议方案，与财政厅会商后，联合上报省政府审批确定。其中，市（州）、县（市）项目应由当地科技部门初步形成推荐意见后商财政部门，联合上报科技厅和财政厅。科技厅应根据国家和省制定的中长期科技规划纲要、科技创新规划、省委省政府确定的科技创新重点工作建立项目库。

第九条 因素法分配资金着眼支持地方政府围绕全省科技发展战略和地方经济社会发展目标，改善科研基础条件、优化科技创新环境、支持基层科技创新发展，促进科技成果转移转化、提升区域科技创新能力等组织实施项目，每年度由科技厅会同财政厅选取因素计算额度报省政府审批后，由市（州）自主确定项目并负责组织实施、验收检查、绩效评价和监督管理。市（州）科技部门会同财政部门结合本地实际制定项目和资金管理细则，建立项目库，择优选择确定项目，并将项目任务合同书报科技厅备案,作为省级抽查评价的依据。

(一)因素法分配主要因素

体现地方科技创新综合水平与能力的因素,主要包括:科技创新环境、科技活动投入、科技活动产出、高新技术产业发展等;绩效评价因素,主要根据绩效评价、审计、专项检查等情况以及地方落实国家和省级科技改革与发展重大政策等情况;地区财力因素;厅市(州)会商事项落实、区域创新平衡发展等其他因素。

(二)因素法计算分配公式

某地专项资金预算数=某地分配因素得分/∑各地分配因素得分×因素法专项资金总额。其中:某地分配因素得分=∑(某地分配因素值/全省该项分配因素总值×相应权重)×某地财政困难程度系数。

第十条 项目和资金分配结果由各级科技、财政部门向社会公示(涉密项目除外)。公示期一般不少于5个工作日,公示无异议后上报备案或审批。

第十一条 专项资金分配应聚集省委省政府确定的重大科技工作,集中财力,突出重点,避免资金安排分散重复。专项资金的50%以上应用于支持重大和重点项目。

第三章 支持方式和开支范围

第十二条 专项资金采取前补助和后补助两种支持方式。具体支持方式按照《四川省深化省级财政科技计划管理改革方案》(川府发〔2017〕5号)相关要求,在项目申报通知或指南中予以明确。前补助是指项目立项后核定预算的财政支持方式。后补助是指对项目单位先行投入的研发资金或取得的成果、绩效和提供的服务等给予相应补助的财政支持方式,包括贷款贴息、以奖代补、奖励性补助、风险补偿等。后补助支持范围和力度应逐步加大。

第十三条 各级科技部门发布项目指南应设定绩效目标。前补助项目任务合同书应具备科学、合理、具体可考核的项目绩效目标,作为验收检查和绩效评价的主要依据,绩效目标的科学性、合理性和细化程度应作为项目评审的重要内容。后补助项目应将绩效目标已实现情况作为主要评审评估、立项依据。

第十四条 前补助专项资金开支范围 前补助项目资金开支范围包括直接费用和间接费用。其中,应用基础研究计划,重点研发计划(重大科技专项),杰出青年科技人才和创新团队、创新创业领军人才、青年大学生苗子、软科学、研发类平台项目以及参与成果转化示范项目并承担再研发任务的高校、院所、医疗机构可开支直接费用和间接费用,其他项目只能开支直接费用。

(一)直接费用是指在项目实施过程中发生的与之直接相关的费用。包括:

1.设备费:是指在项目实施过程中购置或试制专用仪器设备,对现有仪器设备进行升级改造,以及租赁使用外单位仪器设备而发生的相关费用。应当严格控制设备购置费支出。财政科技经费形成的大型科学仪器设备、科学数据、自然科技资源等,在保障有关参与单位合法权益的基础上,按照国家和我省有关规定开放共享,避免重复购置,提高资源利用效率。

2.材料费:是指在项目实施过程中消耗的各种原材料、辅助材料、低值易耗品、元器件、试剂、实验动物、部件、外购件、包装物等的采购、运输、装卸、整理等费用。

3.测试化验加工费:是指在项目实施过程中支付给外单位(包括项目单位内部独立经济核算单位)进行的检验、测试、化验及加工等费用。委托测试化验加工需签订合同或协议等。

4.燃料动力费:是指在项目实施过程中直接使用的相关仪器设备、科学装置等运行发生的可以单独计量的水、电、气、燃料消耗等费用。

5. 会议/差旅/国际合作交流费：是指在项目实施过程中发生的差旅费、会议费和国际合作交流费。在编制预算时，本科目支出预算不超过直接费用预算10%的，不需要提供预算测算依据；超过10%的，按照会议、差旅、国际合作交流分类提供必要的测算依据，无需对每次会议、差旅做单独的测算和说明。

6. 出版/文献/信息传播/知识产权事务费：是指在项目实施过程中，需要支付的出版费、资料及印刷费、专用软件购买费、文献检索费、专业通信费、专利申请及其他知识产权事务等费用。

7. 劳务费：指支付给参与项目研究的研究生、博士后、访问学者和项目聘用的研究人员、科研辅助人员等的劳务性费用。劳务费开支标准参照当地科学研究和技术服务业从业人员平均工资水平，根据其在项目研究中承担的工作任务确定，其社会保险补助纳入劳务费科目中列支。劳务费预算不设比例限制，由项目单位和科研人员结合当地实际，以及相关人员参与项目的全时工作时间、承担任务等因素据实编制。

8. 专家咨询费：是指在项目实施过程中支付给临时聘请的咨询专家（含柔性引进境外专家）的费用。专家咨询费不得支付给参与项目研究及管理相关的工作人员。专家咨询费的开支标准按照国家或我省有关规定执行。

9. 其他费用：是指项目实施过程中除上述支出费用之外的其他支出。其他支出应当在申请预算时单独列示。

10. 创新基地（平台）、成果转化示范项目可在直接费用现有科目中（不包括"其他费用"）列支部分试生产、建设、运行等费用，应当单独列示，单独审核。

11. 高校、科研院所要根据科研工作实际需要，按照实事求是、精简高效、厉行节约的原则，研究制定内部差旅费、会议费、劳务费管理办法，确定开支范围和标准；对野外考察、心理测试等科研活动中无法取得发票或财政性票据，以及邀请国（境）外专家来华参加学术交流、开展技术指导发生的费用等的报销问题，可制定符合科研实际需要的内部报销规定。

（二）间接费用是指项目在组织实施过程中，单位发生的无法在直接费用中列支的相关费用。主要包括：项目单位为项目研究提供的现有仪器设备及房屋，日常水、电、气、暖消耗，有关管理费用的补助支出，以及激励科技人员的绩效支出等。

1. 间接费用实行总额控制，按照不超过直接费用扣除设备购置费后的一定比例核定，具体比例如下：500万元（含）以下的部分为20%；500万元至1000万元（含）的部分为15%；1000万元以上的部分为13%。

2. 软科学、应用基础研究、软件开发、集成电路设计等智力密集型项目，可按项目专项资金总额核定，500万元（含）以下的部分为不超过40%，500万元至1000万元（含）的部分为不超过35%，1000万元以上的部分为不超过30%。对数学等纯理论基础研究项目，可由科技厅根据实际情况按不超过项目专项资金总额的60%核定。

3. 项目单位应当建立健全间接费用的内部管理办法，不得在核定的间接费用以外，再以任何名义在项目资金中重复提取、列支相关费用。绩效支出主要用于对科研人员的激励，应向创新绩效突出的团队和个人倾斜，与科研人员在项目工作中的实际贡献挂钩，不设比例限制。项目单位在统筹安排间接费用时，要处理好合理分摊间接成本和对科研人员激励的关系。

4. 项目有多个项目单位的，间接费用在总额范围内由项目牵头单位与参与单位协商分配。

第十五条　后补助项目由科技厅在本办法原则下根据不同补助方式制定实施细则，项目单位自主安排用于与科技创新相关的活动，但不得用于支付各种罚款、捐款、赞助、投资、偿还债务等支出，不得用于编制内在职人员工资性支出和离退休人员离退休费，以及国家规定禁止列支的其他支出。

第十六条　应用基础研究计划、重点研发计划、软科学、研发类平台项目经批准可开展项目经费使用包干制改革试点，试点办法由科技厅商财政厅另行制定。

第十七条　科技扶贫专项行动、省属科研院所改革发展、天府高端引智计划支持方式和开支范围按照相关实施细则或办法执行。

第四章　预算编制和资金下达

第十八条　前补助项目应按照政策相关性、目标相符性和经济合理性原则，根据资金开支范围确定的支出科目和不同资金来源，科学、合理、真实地编制项目预算。

第十九条　根据《预算法》规定的预算审查和批准相关时间要求，科技厅分部门、分地区、分项目编制专项资金预算，财政厅分别通知部门和市（州）编入省级部门预算或市（州）预算。财政厅、科技厅根据经批准后的专项资金预算，按照财政预算、国库集中支付和项目管理的规定一并下达项目预算和专项资金总体绩效目标，科技厅在签订项目任务合同书时下达具体项目绩效目标。各级财政和科技部门在收到省级文件后，应在30日内将资金下达到项目单位。

第五章　预算执行及调整

第二十条　专项资金一经批复下达，各级财政部门不得滞留、截留、挪用。各级科技部门、财政部门及省级推荐单位按照"谁推荐、谁负责"的原则，应及时组织项目实施，并承担监督等管理职责。项目单位要强化法人主体责任，按照"谁使用、谁负责"的原则，负责项目实施的具体日常管理，建立健全项目资金管理和使用制度，完善内部控制和日常监督制约机制。专项资金应当纳入项目单位财务统一管理，实行单独核算，确保专款专用，并对专项资金的管理和使用情况予以公开。

第二十一条　项目资金支付管理、公务卡结算和政府采购事项按照《关于进一步完善省级财政科技和教育资金预算执行管理有关事项的通知》（川财库〔2019〕11号）等有关规定执行。

第二十二条　项目资金需调整的，按以下规定执行：

（一）项目资金变动，由科技厅审查后报财政厅进行调整。项目牵头单位因股权变更、单位名称变更、集团内部业务调整等涉及项目牵头单位变更的由项目单位提出申请，经推荐单位审核后报科技厅调整。

（二）项目资金不变，项目合作单位之间以及增加或减少项目合作单位的资金调整，由项目单位提出申请经推荐单位审核后报科技厅批准。

（三）项目资金不变，直接费用中设备费预算总额一般不予调增，确需调增的应报科技厅审批；设备费预算总额调减、设备费内部预算结构调整、拟购置设备的明细发生变化，以及其他科目的预算调剂权下放给项目单位。项目单位应完善管理制度，及时为项目人员办理调剂手续。相关管理制度由项目单位报推荐单位备案。

（四）应用基础研究计划，重点研发计划（重大科技专项），杰出青年科技人才和创新团队、创新创业领军人才、青年大学生苗子、软科学、研发类平台项目直接费用实行分类总额控制，其中，材料费、测试化验加工费、燃料动力费、出版/文献/信息传播/知识产权事务费等四个科目在实施中按同一类管理；劳务费、专家咨询费、会议费/差旅费/国际合作交流费、其他支出等四个科目在实施中按同一类管理。两类之间的预算调剂应履行项目单位内部审批程序；同一类预算额度内，项目单位可结合实际情况进行审批或授权项目负责人自行调剂使用。项目单位应完善管理制度，及时为科研人员办理预算调剂手续。

（五）间接费用预算原则上一般不予调增。经项目单位与项目负责人协商一致后，可以调减用于直接费用。

（六）由于项目资金调整，绩效目标发生变动的，项目单位按照项目管理有关程序申请调整绩效目标。

第二十三条 前补助项目实施期间，年度剩余资金可结转下一年度继续使用。项目完成任务目标并通过验收后，结余资金按规定留归项目单位使用，在两年内由项目单位统筹安排用于科技活动的直接支出；两年后未使用完的，按规定退回。终止实施、撤销变更等项目，相关资金按原渠道退回。

第六章　绩效评价与监督检查

第二十四条 各级科技、财政部门和省级推荐单位应当建立覆盖资金管理使用全过程的资金监督检查和绩效评价机制，加强统筹协调，推进信息共享。

第二十五条 各级科技部门、省级推荐单位是专项资金预算绩效管理责任主体。科技厅应制定项目绩效评价办法，分类构建核心绩效指标和标准体系。各级科技部门应会同财政部门开展预算执行情况及政策、项目实施效果的绩效评价。绩效评价结果作为项目调整的重要依据。

第二十六条 财政厅对资金绩效评价和项目实施情况适时进行抽查，抽查结果与专项资金预算安排挂钩。

第二十七条 前补助项目在项目期满后要及时组织验收和绩效评价，可同时开展工作，分别出具意见。对应用基础研究计划，重点研发计划（重大科技专项），杰出青年科技人才和创新团队、创新创业领军人才、青年大学生苗子、软科学、研发类平台项目精简过程检查，合并技术验收与财务验收，实施一次性综合绩效评价。凡验收或一次性综合绩效评价不合格的项目以及项目单位信用评价差的，科技厅根据项目管理有关规定，对项目负责人或项目单位进行阶段性限制申报项目。

第二十八条 前补助项目的项目单位按任务合同书确定的绩效目标开展项目绩效自评。科技厅对实施周期三年（含）以上且财政支持资金100万以上的前补助项目组织中期评估。前补助项目实施进度严重滞后、未完成任务、资金使用存在严重问题或难以达到预期绩效目标的，项目单位应及时予以调整、结题或终止，经报推荐单位审核汇总后报科技厅审批，相关资金按原渠道退回。

第二十九条 专项资金必须专款专用，任何部门、机构或个人不得虚报、套取、冒领、贪污、挪用、截留。依法主动接受有关职能部门的监督。对违规使用专项资金的，各级科技、财政部门和省级推荐单位要督促整改。对以弄虚作假等手段套取骗取专项资金以及挤占挪用专项资金等违法违规行为的，按照《中华人民共和国预算法》《财政违法行为处罚处分条例》等有关法律法规查处并追回专项资金。涉嫌犯罪的，依法移送司法机关处理。

第三十条 各级科技、财政以及相关省级推荐单位、项目单位、工作人员在专项资金管理工作中，存在滥用职权、玩忽职守、徇私舞弊等违法违纪行为的，按照《中华人民共和国预算法》

《中华人民共和国公务员法》《中华人民共和国行政监察法》《财政违法行为处罚处分条例》等有关规定追究有关责任单位和人员的责任；涉嫌违纪违法的，移送纪检监察机关和司法机关处理。

第七章　附则

第三十一条　专项资金用于省级产业发展投资引导基金出资和省委省政府确定的重大科技事项的，按照省级产业发展投资引导基金有关办法和省委省政府确定的方式予以支持。

第三十二条　本办法自印发之日起30日后施行，有效期五年。此前发布的相关管理办法中与本办法不一致的，以本办法为准。

第三十三条　已立项但项目资金尚未使用的项目，除涉及项目资金变动的调整按《四川省科技计划项目专项资金管理暂行办法》（川财教〔2017〕40号）相关规定执行外，其余按本办法执行；已立项且项目资金已使用的，按《四川省科技计划项目专项资金管理暂行办法》（川财教〔2017〕40号）和《关于四川省科技计划项目专项资金管理的补充通知》（川财教〔2019〕28号）执行。

四川省省级科研院所基本科研业务费项目管理实施细则

(川科规〔2019〕8号)

第一章 总则

第一条 为贯彻落实《关于优化科研管理提升科研绩效若干措施的通知》(国发〔2018〕25号)、《四川省深化省级财政科技计划管理改革方案》(川府发〔2017〕5号)、《四川省科学技术厅四川省财政厅关于赋予科研机构和人员更大自主权进一步优化省级科研项目和资金管理的通知》(川科资〔2019〕3号)有关要求,强化省级科研院所(以下简称科研院所)稳定支持,充分发挥科研院所在创新体系中的骨干和引领作用,推进科研院所改革发展,培养青年创新型科技人才队伍,规范和加强对省级科研院所基本科研业务费专项(以下简称基本科研业务费)的管理使用,依据有关规定制定本细则。

第二条 上述科研院所是指经科技厅确定、具有项目申报资格的科研院所(包括已转制的科研院所)。项目申报资格的调整由科技厅确定、并在每年申报指南中明确。

第三条 基本科研业务费用于支持科研院所开展符合公益职能定位,代表学科发展方向,体现前瞻布局的自主选题研究工作。基本科研业务费的支持方向包括:

(一)由科研院所自主选题开展的科研工作;

(二)所属行业基础性、支撑性、应急性科研工作;

(三)团队建设及年轻人才培养;

(四)科技基础性工作等其他工作。

第四条 基本科研业务费的管理和使用原则包括:

(一)稳定支持,长效机制。基本科研业务费稳定支持科研院所培育优秀年轻科研人才和团队,为科研院所形成有益于持续发展、不断创新的长效机制提供经费支持。

(二)注重绩效,动态调整。根据院所规模、绩效评价结果等,结合专项资金总额、科研院所预算执行情况等因素每年对经费进行动态调整。

(三)自主管理、突出重点。基本科研业务费由科研院所自主管理,应当依托科研院所已有的科研条件、设施和环境,优先支持符合科研院所职能定位、有助于实现学科布局与发展规划目标、有利于培育优秀年轻科研人才和团队的选题以及所属行业基础性、支撑性、应急性科研工作。

(四)专款专用,严格管理。科研院所应当充分发挥基本科研业务费管理的法人责任,建立健全基本科研业务费内部管理制度,将基本科研业务费纳入依托单位财务统一管理,单独核算,专款专用。

第二章 管理职责

第五条 科技厅负责科研院所基本科研业务费申报指南发布,根据科研院所科研人员数和45岁以下科研人员数、项目管理绩效等情况,结合年度专项资金总额,采用因素法制定基本科研业务费年度资金分配方案。由院所自主确定项目和项目实施方案,报院所行政主管部门审核后报科技厅备案,作为科技厅对项目执行绩效评价和抽查监督的依据。

第六条 科研院所的行政主管部门负责对科研院所基本科研业务费项目管理和经费使用情况进行监督。

第七条 科研院所是基本科研业务费具体项目的管理和使用主体。主要职责包括：

（一）履行本单位基本科研业务费项目申请、资金分配、项目使用、监督检查、考核验收等方面的全过程管理职责。

（二）制定本单位基本科研业务费管理实施细则，建立常态化的自查自纠机制。

（三）负责组建本单位基本科研业务费管理专家委员会（以下简称专家委员会）。

专家委员会负责对本单位基本科研业务费项目和实施方案进行评审评估。专家委员会由科研院所负责人、具有副高级及以上专业技术职称的科研人员以及财务管理专家等组成，人数不少于5人。科研院所学术委员会可以承担专家委员会职责。根据实际需要，可以邀请来自行业协会、其他科研院所以及高等院校的专家参加专家委员会。专家委员会设主任委员一名，负责主持委员会工作，一般由科研院所负责人担任。专家委员会应根据实际工作需要定期或不定期调整。

（四）负责开展本单位基本科研业务费使用监督和绩效评估（评价），主要包括科研进展、科研产出、人才团队建设、资金使用等方面。

第三章 项目管理

第八条 科研院所根据各年度基本科研业务费申报指南提出的工作任务以及拟自主开展的有关工作，结合科研院所自身发展实际，形成基本科研业务费年度支持项目实施方案（含预算方案），并确定项目负责人，提交专家委员会进行咨询审议。

第九条 科研院所基本科研业务费项目负责人应为年龄45周岁以下、在编在职科技人员。已获得基本科研业务费支持尚未结题的科研人员不能承担新项目。承担基本科研业务费的项目负责人可同时申报其他省级科技计划项目。

第十条 专家委员会在2/3以上委员到会时对项目实施方案和项目进行审议，审议组不少于5名专家，并至少有1名财务专家。审议意见是科研院所确定基本科研业务费分配结果的主要依据。

第十一条 科研院所党委（支部）根据科技厅下达基本科研业务费额度和专家委员会审议意见，确定拟资助项目并在内部公示。

第十二条 科研院所应与项目负责人签订项目任务书。项目任务书应当明确研究目标、研究内容、项目组人员、经费预算、考核指标、绩效目标等内容。

第十三条 科研院所确定年度立项项目清单经省级行政主管部门审核后，报科技厅备案。

第十四条 科研项目实施期间，项目负责人可以在研究方向不变、考核指标不变的前提下自主调整研究方案、技术路线、科研团队，报科研院所备案。

第十五条 资助项目应当在到期半年内，由科研院所负责组织验收。

第十六条 科研院所基本科研业务费实行备案管理，由科研院所将项目实施方案等在四川省科技管理信息系统进行备案。

第十七条 科研院所应当每年度形成上年基本科研业务费执行情况和项目管理情况报告，于3月底前报送省级行政主管部门和科技厅备案。

第四章 经费管理

第十八条 基本科研业务费具体开支范围由科研院所按照四川省科技计划项目专项资金管理有关规定执行。不得开支有财政工资性收入的人员工资、奖金、津补贴和福利支出，不得购置大型仪器设备，不得分摊院所公共管理和运行费用（含科研房屋占用费）等费用。

第十九条 基本科研业务费所发生的会议费、差旅费、小额材料费和测试化验加工费等，应当按照相关规定使用公务卡或转账结算。劳务费、专家咨询费等支出，原则上应当通过银行转账方式结算，从严控制现金支付。

第二十条 科研院所可以使用基本科研业务费联合院（所）外单位共同开展研究工作。合作研究经费一般不能拨至科研院所以外单位，确需外拨时应经专家委员会审议通过，并签订科研任务合同等。

第二十一条 使用基本科研业务费形成的固定资产属于国有资产，应当按照国家国有资产管理有关规定进行管理。

第二十二条 基本科研业务费项目申报、实施和资金使用依法接受各级审计、监察部门的监督。对违规使用专项资金的，按照有关法律法规规定处理。

第五章 附则

第二十三条 科研院所应当根据本细则制定基本科研业务费的管理实施细则，报送省级行政主管部门和科技厅备案。

第二十四条 本细则印发后30日起施行，由科技厅负责解释。

四川省省级科研院所设施设备修缮购置资金项目管理实施细则

(川科规〔2019〕8号)

第一章 总则

第一条 为贯彻落实《四川省深化省级财政科技计划管理改革方案》(川府发〔2017〕5号)、《四川省科学技术厅四川省财政厅关于赋予科研机构和人员更大自主权进一步优化省级科研项目和资金管理的通知》(川科资〔2019〕3号)有关要求,切实改善省级科研院所科研基础条件,推进科技创新能力建设,充分发挥科研院所在创新体系中的骨干和引领作用,推进科研院所改革发展,规范和加强对省级科研院所设施设备修缮购置专项资金(以下简称修购资金)的管理使用,提高资金使用效益,依据有关规定制定本办法。

第二条 本细则所指修购资金,是指省财政在年度预算中安排的用于科技厅预算管理的科研单位(包括已转制的科研院所,以下简称"项目单位")的房屋修缮、基础设施维修改造、仪器设备购置及升级改造等的专项资金。

第三条 科技厅负责修购资金的项目管理,包括项目的指南发布、论证筛选、计划审定、实施监督和检查等。

第四条 修购资金的安排使用原则:

(一)科学规划、突出重点。修购资金支持紧密围绕落实全省创新改革任务和科研院所科学研究事业发展的合理需要,以提高科研院所科技创新能力为核心,解决科技基础条件"瓶颈"问题为重点,区分轻重缓急,进行科学规划。

(二)统筹兼顾、效益优先。科研院所在摸清家底的基础上,按照整合、共享、完善、提高的要求,激活存量资源,最大限度地发挥存量资源的使用效益,通过项目实施,有效调控增量资源。修购资金优先支持整合力度大、集成度高、能实现开放和共享、预期效益高的项目。统筹兼顾省属科研院所面上整体发展,项目实行追踪问效和绩效考评。

第二章 项目管理

第五条 修购资金的支持范围包括:

(一)连续使用15年以上,且已不能适应科研工作需要的科研业务用房及科研辅助设施的维修改造;

(二)水、暖、电、气及环境保护等基础设施的维修改造;

(三)直接为科学研究工作服务的科学仪器设备购置;

(四)利用成熟技术对尚有较好利用价值、直接服务于科学研究的仪器设备所进行的功能扩展、技术升级等工作;

(五)信息网络建设等其他工作。

第六条 修购资金开支的范围:项目单位在项目执行中所发生的材料费、设备购置费、劳务费、燃料动力费、设计费、运输费、安装调试费以及其他在项目执行中所发生的必要费用。修购资金严禁用于本办法规定范围之外的支出。

第七条 项目单位根据科技厅发布项目申报指南要求，提前做好项目可行性研究及必要的勘察、设计、论证、询价等前期工作，经省级行政主管部门同意后组织项目申报。申报内容主要包括：项目单位基本情况，项目实施意义、目标，项目实施的保障条件等。申报50万元（含）以上维修改造、信息网络建设、单台（套）价格50万元（含）以上仪器设备购置等，项目单位需进行可行性论证。

第八条 项目单位是修购资金的责任主体，要对申报和推荐的项目真实性、合理性和可行性负责。项目负责人原则上为单位主要负责人。项目负责人可同时申报其他省级科技计划项目。

第九条 科技厅可采取网络评审、现场评审、会议评审等方式，根据情况组织专家或委托第三方机构对上报项目（含预算）进行评估，不再单独开展预算评审。

第十条 科技厅结合项目单位科学研究事业发展的需求，以及项目评估结论，根据年度财政专项资金情况和项目轻重缓急程度等因素确定项目安排。

第十一条 修购资金纳入项目单位财务统一管理，单独核算，确保专款专用。

第十二条 项目单位应按要求签订项目任务书，严格按照下达的专项资金计划执行，确因特殊情况需要进行调整的，经行政主管部门审核同意后，按程序报科技厅备案。

第十三条 修购资金支出属于政府采购范围的，应按照《政府采购法》及政府采购的相关规定执行。财政资金形成的资产为国有资产，按国有资产管理的有关规定进行管理和使用。

第十四条 项目执行完毕后，项目单位要开展自评，形成绩效综合评价自评报告，于每年3月底前上报科技厅。

第十五条 科技厅组织专家或委托中介机构对修购项目进行绩效综合评价验收，项目实施情况、实际效果和管理工作情况作为下一年度项目安排的重要参考。

第三章 管理监督

第十六条 项目单位应加强对项目实施的管理，实施全程图像视频留痕。省级行政主管部门要对项目实施情况开展监督检查。

第十七条 修购资金项目申报、实施和资金使用依法接受各级审计、监察部门的监督。

第十八条 对违规使用专项资金的，按照有关法律法规规定处理。

第四章 附则

第十九条 本细则自印发后30日起施行，由科技厅负责解释。原省科委《关于加强仪器设备更新和危房修缮专项资金的暂行规定》（川科委条〔1997〕18号）同时废止。

四川省科学技术厅等6部门印发《关于扩大高校和科研院所科研自主权的若干政策措施》的通知

(川科规〔2020〕2号)

各市(州)科技局、发展改革委、教育局、财政局、人力资源社会保障局、税务局,省直各部门,各有关单位:

现将《关于扩大高校和科研院所科研自主权的若干政策措施》印发给你们,请结合实际,认真贯彻执行。落实过程中遇到的情况和问题,请及时向科技厅、教育厅反映。

2020年1月21日

关于扩大高校和科研院所科研自主权的若干政策措施

为深入贯彻习近平总书记对四川工作系列重要指示精神和省委十一届三次全会精神,贯彻落实《国务院关于优化科研管理提升科研绩效若干措施的通知》(国发〔2018〕25号)和《科技部等6部门印发〈关于扩大高校和科研院所相关自主权的若干意见〉的通知》(国科发政〔2019〕260号),进一步扩大高校和科研院所科研自主权,建立完善以信任为前提的科研管理机制,充分激发创新创业活力,特制定以下政策措施。

一、建立体现创新质量、贡献、绩效的科研人员激励机制

(一)实施增加知识价值导向收入分配机制。探索建立符合高校和科研院所行业特点的工资制度。高校和科研院所可在绩效工资总量内,按有关规定自主确定绩效工资结构、考核办法、分配方式、工资项目名称、标准和发放范围,绩效工资分配要向关键创新岗位、高层次人才、做出突出贡献的科研人员、承担财政科研项目的人员、创新团队和优秀青年人才倾斜。对高校和科研院所全时全职承担国家和省级重大技术攻关、重大科技专项任务的项目负责人及单位引进的急需紧缺人才等可实行年薪制、协议工资、项目工资等灵活分配方式。对国家科学技术奖获得者按1:1进行配套奖励,按照省级科技奖励资金进行管理,符合条件的按规定享受税收优惠政策。(责任单位:人力资源社会保障厅、教育厅、科技厅、财政厅、省税务局、省级科研院所行政主管部门)

(二)强化绩效工资激励作用。对全时承担省级科研项目关键领域核心技术攻关任务的团队负责人以及单位引进的急需紧缺高层次人才等可实行年薪制、协议工资、项目工资等灵活分配方式,其薪酬在所在单位绩效工资总量中单列,相应增加单位当年绩效工资总量。加大高校和科研院所人员科技成果转化股权期权激励力度,科研人员获得的职务科技成果转化现金奖励、兼职或离岗创业收入不受绩效工资总量限制,不纳入总量基数。(责任单位:人力资源社会保障厅,财政厅,科技厅、教育厅、省级科研院所行政主管部门等)

二、持续加大科研领域"放管服"改革力度

（三）赋予科研项目负责人更大的科研自主权。推进以项目负责人为核心的科研组织管理模式，实行重大科技专项首席专家负责制。省级科研项目评审时，以科研人员提出的技术路线为主进行评审。省级科研项目实施期间，科研人员可以在研究方向不变、不降低申报指标的前提下自主调整研究方案、技术路线，由项目牵头单位报科研项目管理部门备案。具有相应授权的高校和科研院所在研究生招生计划分配中，要向承担国家级、省级重大科技专项、重点研发计划的优秀团队和导师倾斜。（责任单位：科技厅、教育厅、省级科研院所行政主管部门等）

（四）优化科研项目管理。优化省级科研项目形成机制，探索"定向委托""揭榜制"等科研组织模式，建立对重大原创性、颠覆性、交叉学科创新项目等的非常规评审机制。简化科研项目过程管理，实行申报阶段"无纸化"。完善科研项目验收和绩效评价办法，财政支持经费20万元及以下的省级科研项目验收，可依照项目任务书的考核指标，实行审核验收；项目集中、管理规范、设有内部审计机构的高校和科研院所可试点推行省级科技计划项目自主验收，每年定期报送备案单位项目验收情况综合报告。（责任单位：科技厅、教育厅、财政厅、省级科研院所行政主管部门等）

（五）简化科研项目经费管理。简化省级科技计划项目预算测算说明和编报表格，除设备费外，其他开支科目无须单列明细表格，会议费、差旅费、国际合作交流费预算不超过直接费用10%的无须提供预算测算依据。允许项目承担单位对国内差旅费中的伙食补助费、市内交通费和难以取得发票的住宿费实行包干制，包干经费标准及管理办法由单位依法依规制定。允许省级财政科技计划中的科研院所基本科研业务费提取不超过20%作为奖励经费，奖励经费的使用范围和标准由单位在绩效工资总量内自主决定，在单位内部公示。落实以市场委托方式取得的横向经费使用自主权，高校和科研院所应依法依规制定横向经费管理办法，在纳入本单位财务管理程序的前提下，按照委托方要求或者合同约定的方式使用。在省级财政科技计划基础研究和软科学研究等领域，适时选择部分高校和科研院所探索开展项目经费使用"包干制"改革试点，不设科目比例限制，由项目负责人自主决定使用。（责任单位：科技厅、教育厅、财政厅、省级科研院所行政主管部门等）

（六）改进科研仪器设备耗材采购管理。高校和科研院所要简化科研仪器设备采购流程，对于科研急需的设备和耗材，采用特事特办、随到随办的采购机制，可不进行招投标程序，缩短采购周期；对于独家代理或生产的仪器设备，可按程序确定采取单一来源采购等方式增强采购灵活性和便利性。各单位要建立完善的科研设备耗材采购管理制度，对确需采用特事特办、随到随办方式的采购作出明确规定，确保放而不乱。落实科学研究机构、技术开发机构、学校等单位免税进口相关科学研究、科技开发和教学用品等优惠政策。支持未享受科技创新进口税收政策的单位，通过开放共享方式使用其他单位免税进口的科学研究、科技开发和教学用品。（责任单位：财政厅、省发展改革委、教育厅、科技厅、省税务局等）

（七）完善科技成果转化制度。深化职务科技成果权属混合所有制改革，赋予科研人员职务科技成果所有权或长期使用权。高校和科研院所对持有的科技成果，可以自主决定转让、许可或者作价投资，除涉及国家秘密、国家安全及关键核心技术外，不需报主管部门和财政部门审批或者备案。高校和科研院所将科技成果转让、许可或者作价投资，由单位自主决定是否进行资产评估；通过协议定价的，应当在本单位公示科技成果名称和拟交易价格。高校和科研院所转化科技

成果所获得的收入全部留归本单位，纳入单位预算，不上缴国库，主要用于对完成和转化职务科技成果做出重要贡献人员的奖励和报酬、科学技术研发与成果转化等相关工作。支持高校和科研院所设立专业化技术转移机构，单位可在科技成果转化收益中提取不低于10%的比例，用于机构的能力建设和人员奖励。鼓励高校和科研院所设立研究院、产教融合基地和科研分支机构，推动科技成果转移转化。高新技术企业转化科技成果，给予本企业相关技术人员的股权奖励，符合条件的，可按规定在不超过5个公历年度（内）分期缴纳个人所得税。转制科研院所、非营利性研究开发机构和高等学校科技人员取得职务科技成果转化现金奖励，符合规定条件的可减按50%计入科技人员当月工资薪金所得缴纳个人所得税。（责任单位：科技厅、省发展改革委、教育厅、财政厅、省税务局、省级科研院所行政主管部门等）

三、改革相关人事管理方式

（八）扩大单位用人自主权。推进高校管理体制改革，探索开展省属高校二级学院取消行政级别改革试点。完善自主招聘机制，高校、科研院所在编制或人员总量内，根据国家有关规定和开展科研活动需要，可以自主聘用人员。允许科研院所完善内部用人制度，自主聘用内设机构负责人。支持和鼓励高校和科研院所专业技术人员以参与项目合作、兼职、在职创业等方式从事创新活动。支持高校和科研院所建立健全内部人事管理制度，规范开展岗位自主聘用，打破专业技术职务聘任终身制，引入竞争激励机制，促进事业单位用人机制由身份管理向岗位管理转变。（责任单位：人力资源社会保障厅、教育厅、省级科研院所行政主管部门等）

（九）扩大岗位管理自主权。高校和科研院所可根据有关规定，在编制或岗位总量内完善专业技术岗位管理措施。对科研实力突出、高层次人才集中、管理制度健全的高校和科研院所，可按规定适当提高高级专业技术岗位结构比例，调整情况按管理权限报相关部门审批。各市（州）和行业主管部门可以统筹周转使用事业编制，允许高校和科研院所设置创新型岗位和流动性岗位，在单位人员编制外引进优秀人才从事创新活动。对单位引进的急需紧缺高层次人才，通过调整岗位设置难以满足需求的，经相关部门审批同意，设置一定数量的特设岗位，不受岗位总量、最高等级和结构比例限制，涉及编制事宜报机构编制管理部门按程序专项审批。完成相关任务后，按照管理权限予以核销。（责任单位：人力资源社会保障厅、教育厅、省级科研院所行政主管部门等）

（十）扩大职称评审自主权。高校和科研院所可按照管理权限和有关规定，自主制定职称评审方案，自主开展职称评审，评审结果按照要求报主管部门备案。部分条件不具备、尚不能独立组织评审的高校和科研院所，可自主采取联合评审、委托评审等方式。对引进的急需紧缺高层次人才和有突出贡献的人才，允许符合条件的高校和科研院所在明确标准、程序和公示公开的前提下，开辟评审绿色通道，评审标准不设资历、年限等门槛。试点探索将技术经纪人纳入自然科学领域职称评审系列。（责任单位：人力资源社会保障厅、科技厅、教育厅、省级科研院所行政主管部门等）

四、完善机构运行管理机制

（十一）强化章程管理。高校和科研院所应制定或完善具有可操作性的章程，明确规定单位的宗旨目标、功能定位、业务范围、领导体制、运行管理机制等，并按照章程规定的职能和业务范围开展科研活动，完善内部治理结构，建立高效运行管理机制。高校和科研院所在章程规定的职能范围内，按照精简、效能的原则，可自主设置、变更和取消单位的内设机构。主管部门要加快推进政事分开、管办分离，对章程赋予高校和科研院所管理权限的事务不得干预。（责任单位：教育厅、科技厅、省级科研院所行政主管部门等）

（十二）强化绩效管理。高校和科研院所要制定中长期发展目标和规划，明确绩效目标及指标。主管部门要按照权责利相统一和分类评价原则，减少过程管理，突出创新导向、结果导向和实绩导向，建立以创新绩效为核心的综合评价与年度抽查评价相结合的长效绩效评价机制，评价结果以适当方式公开，并作为单位财政拨款、科技创新基地建设、领导人员考评奖励、绩效工资总量核定等的重要依据。机构编制部门按照程序办理科研事业单位编制调整事项时，参考评价结果。（责任单位：教育厅、科技厅、省级科研院所行政主管部门等）

（十三）强化内控管理。高校和科研院所要建立适合本单位实际情况的内部控制体系，强化内部流程控制，完善风险评估机制，实现内控体系全面、有效实施，确保自主权接得住、用得好、不出事，防止滋生腐败。主管部门要跟踪高校和科研院所履行职责、行使自主权情况，通过"双随机、一公开"抽查、督查、第三方绩效评估等方式，推动高校和科研院所加强内控制度建设。（责任单位：教育厅、科技厅、省级科研院所行政主管部门等）

五、改进科技创新保障服务工作

（十四）落实主体责任。高校和科研院所党政主要领导是本单位抓落实的第一责任人，要提高思想认识，强化责任担当，抓好组织实施，把自主权政策落实到科研一线。要制定完善本单位科研、人事、财务、成果转化、科研诚信等具体管理办法，建立健全相关工作体系、配套制度，积极推进重大决策、重大事项、重要制度等公开，自觉接受各方监督。（责任单位：教育厅、科技厅，省级科研院所行政主管部门等）

（十五）强化政策执行。省属高校和科研院所应在本文件下发之日起一年内制定本单位的操作办法，作为经费管理、审计检查、项目验收、绩效评价、评估评审、巡视督查以及纪律检查等工作的重要依据。鼓励中央在川高校和科研院所全面适用本政策。已完成企业化转制的科研院所可参照本政策执行。各市（州）有关部门可结合实际制定配套政策措施。（责任单位：科技厅、教育厅、省发展改革委、人力资源社会保障厅、财政厅、省级科研院所行政主管部门等）

（十六）健全创新失误免责机制。按照"三个区分开来"的要求，鼓励高校和科研院所改革创新，鼓励干部敢于担当、主动作为。对在科技体制改革和科技创新过程中出现的偏差失误的单位和个人，明辨"为公"与"为私"，分清"无心"与"有意"，判定"无禁"与"严禁"，严格区分"失误、错误"与"违纪、违法"的界线，努力形成支持大胆干、大胆闯，鼓励敢担当、敢作为的良好氛围。监督检查工作中出现与工作对象理解相关政策不一致的，监督检查部门要及时与政策制定部门沟通，及时调查澄清。（责任单位：科技厅、省发展改革委、人力资源社会保障厅、教育厅、财政厅、省级科研院所主管行政部门等）

（十七）健全科研诚信工作机制。加快建立职责明确、高效协同的科研诚信管理体系，加强作风和学风建设，强化科研人员的科研诚信和科研伦理教育。生命科学、医学、人工智能等前沿领域和对社会、环境具有潜在威胁的科研活动，应当在立项前实行科研伦理承诺制，对不签订科研伦理承诺书的项目不予立项。推进科研诚信信息跨部门跨区域共享共用，建立科研失信黑名单，对违反重要工程、重大科研项目协议或弄虚作假，或擅自离职造成重大损失的，纳入失信联合惩戒名单管理；对严重违背科研诚信和科研伦理要求的行为零容忍，实行终身追责、联合惩戒。（责任单位：科技厅、教育厅、省发展改革委等）

本文所指科研活动是指为增加知识存量（包括有关人类、文化和社会的知识）以及涉及已有知识的新应用而进行的创造性、系统性工作，包括基础研究、应用研究和试验发展等类型。本文所指省级科研项目是指直接接受省级财政资金资助开展上述活动，并接受检查、验收、绩效评价的项目。科研项目具体类型由各部门根据上述原则自行界定，并按规定进行研发统计。本文所指科研人员，是指直接承担上述科研项目的人员。我省现有政策与本文件规定不一致的，按照本文件执行。

四川省科学技术厅等10部门印发《关于深化赋予科研人员职务科技成果所有权或长期使用权改革的实施意见》的通知

(川科规〔2020〕6号)

各市(州)科技、知识产权、发展改革、经济和信息化、教育、财政、人力资源社会保障、商务、卫生健康等管理部门,省直各部门,各有关单位:

《关于深化赋予科研人员职务科技成果所有权或长期使用权改革的实施意见》已经省委全面深化改革委员会第七次会议审议通过。现印发给你们,请结合实际贯彻执行。

四川省科学技术厅　四川省知识产权服务促进中心
四川省发展和改革委员会　四川省经济和信息化厅
四川省教育厅　四川省财政厅
四川省人力资源和社会保障厅　四川省商务厅
四川省卫生健康委员会　四川省知识产权局
2020年8月12日

关于深化赋予科研人员职务科技成果所有权或长期使用权改革的实施意见

开展职务科技成果权属混合所有制改革,是我省探索"产权驱动创新"路径、打通科技与经济结合通道的创新举措。为深入贯彻落实中央有关部署要求和科技部等9部门《赋予科研人员职务科技成果所有权或长期使用权试点实施方案》(国科发区〔2020〕128号)有关精神,落实省委省政府关于推广职务科技成果权属混合所有制改革试点经验的工作安排,现就深化赋予科研人员职务科技成果所有权或长期使用权改革工作制定本实施意见。

一、总体要求

(一)指导思想。

深入贯彻习近平新时代中国特色社会主义思想,贯彻落实习近平总书记对四川工作系列重要指示精神,深入实施"一干多支、五区协同"发展战略和创新驱动发展战略,落实中央和省委、省政府关于职务科技成果所有权改革的工作部署,坚持把高质量发展的基点放在创新上,坚持以创新驱动转型发展,加强知识产权保护和产权激励,健全决策机制,规范操作流程,探索赋权形式、成果评价、收益分配等制度机制,加快促进科技成果转化和产业化,推动成渝地区双城经济圈建设,打造具有全国影响力的科技创新中心,加快建设国家创新驱动发展先行省。

(二)基本原则。

——坚持问题导向。把破解职务科技成果转化过程中的突出矛盾和问题作为出发点和落脚点,树立职务科技成果只有转化才能实现创新价值、不转化是最大损失的理念,突出转化应用导向。

——坚持创新导向。坚定不移把创新作为新时代治蜀兴川的根本动力，以科技创新为核心，聚焦建立"先确权、后转化"的赋权模式，以产权驱动创新，积极营造良好条件和宽松环境。

——坚持市场导向。聚焦转型发展、创新发展、跨越发展的现实需求，最大限度发挥市场配置创新资源的决定性作用，引导科研人员瞄准市场技术需求、前瞻性技术需求开展研究，创造新的增长点。

——坚持成果导向。强化科技同经济对接、创新成果同产业对接、创新项目同现实生产力对接、研发人员创新劳动同其利益收入对接，形成有利于创新成果产出和产业化的新机制。

（三）主要目标。

进一步完善科技成果转化体系，促进科技成果转化和产业化。到2022年，分级管理的决策机制初步健全，科技成果赋权形式基本成熟、操作流程更加规范，科技成果评价评估体系更加科学合理，科研人员收益分配制度和激励制度作用更加明显，引导科技成果质量明显提升，科技成果转化和产业化取得显著成效，培育一批企业为主体、市场化运作的科技成果转移转化机构，形成一批拥有自主知识产权的创新型产品和创新型产业。

二、改革内容和范围

（一）改革内容。

1. 对使用财政资金形成的职务科技成果，单位按照权利与责任对等、贡献与回报匹配的原则，在不影响国家安全、国家利益、重大社会公共利益的前提下，可赋予科研人员所有权或长期使用权。

2. 对于接受各类企业以及其他社会组织委托、非财政资金支持形成的职务科技成果，允许合同双方自主约定成果特别是专利、技术秘密等知识产权归属和使用、收益分配等事项；合同未约定的，职务科技成果由项目承担单位自主处置，可赋予科研人员所有权或长期使用权。

3. 加强赋权科技成果转化的科技安全和科技伦理管理，严格遵守科技伦理和保密相关规定，确保科技成果的转化应用安全可控。国家为了国家安全、国家利益和重大社会公共利益的需要，可以依法组织实施或者许可他人实施已赋权的相关科技成果。科研人员将已赋权科技成果向境外转移转化的，应遵守国家技术出口等相关法律法规。

（二）参加范围。

1. 成渝地区双城经济圈四川省内高等学校和科研院所。

2. 四川省全面创新改革试验区域内高等学校和科研院所。

3. 中央在川高等学校、科研院所、企业，依据国家发展改革委、教育部、科技部等7部门《关于支持中央单位深入参与所在区域全面创新改革试验的通知》（发改办高技〔2018〕29号），可以参照本意见执行。

4. 省内国有企业、具有科研活动能力的医疗卫生机构和农技推广服务机构经主管单位同意，可以参照本意见执行。

5. 鼓励有条件的科技型企业，参照本意见执行。

三、主要任务

（一）全面建立"先确权、后转化"的职务科技成果转化模式。支持成果所有权单位与成果完成人之间，通过约定权属比例的方式，对职务科技成果进行分割确权，赋予科研人员科技成果所有权。成果所有权单位与成果完成人约定不进行分割确权的，成果所有权单位可赋予科研人员不低于10年的职务科技成果长期使用权。

1.对于授权专利的既有职务科技成果，成果完成人提出申请，单位可与其签订协议，在国家相关职能部门进行专利权属变更。变更后专利维护费按照产权比例共同承担。

2.对于拟申请专利和已提交专利申请的职务科技成果，单位可以选择是否与成果完成人共同申请专利。选择与成果完成人共同申请的，单位与其签订协议后共同申请或变更专利申请权。

3.对于软件著作权、植物新品种权、集成电路布图设计专有权、生物医药新品种、技术秘密以及其他职务科技成果等，由单位与成果完成人之间，通过协议约定的方式，明确职务科技成果权属。

4.对于授权或申请的国外知识产权，可根据实际情况参照上述方式进行赋权和转化。

（二）建立健全职务科技成果所有权改革决策机制。健全职务科技成果产权改革统筹协调机制，职务科技成果所有权单位成立由科技成果管理、资产管理、财务、审计等组成的领导小组，坚持制度先行、程序公开、集体决策、不谋私利，修订、制定、出台配套实施文件，统筹科技创新、知识产权管理和科技成果转移转化。建立健全职务科技成果产权改革管理流程，将产权管理体现在项目的选题、立项、实施、验收、成果转移转化等各个环节。逐步建立职务科技成果披露制度，科研人员应主动、及时向所在单位报告持有和转化职务科技成果情况，依法开展科技成果转移转化活动。

（三）健全科技成果转移转化的内部管理制度。职务科技成果所有权单位应健全职务科技成果转化内部配套办法，制定职务科技成果产权归属和收益分配管理办法，明确职务科技成果产权共享的条件、程序、方式、份额、收益分配、成果处置和双方的权利、义务与责任等内容。单位应制定或完善本单位科研、人事、财务、成果转化、科研诚信、知识产权等具体管理办法，作为经费管理、审计检查、项目验收、绩效评价、评估评审、巡视督查以及纪律检查等工作的重要依据。

（四）规范职务科技成果产权改革操作流程。职务科技成果所有权单位应设立专门机构或授权相关机构，负责职务科技成果产权制度改革具体工作，制定科学合理的实施方案，规范分割确权或赋予长期使用权、成果定价、公开公示、协议签订、作价投资、公司组建等操作流程。单位要按照权利义务对等的原则，充分发挥产权奖励、费用分担等方式的作用，促进提升科技成果质量。单位与成果完成人进行所有权分割的，成果完成人应按照产权比例承担专利申请和维护等费用。成果完成人不得利用财政资金支付相关费用。不进行所有权分割的，单位要明确成果转化收益分配办法。

（五）优化科技成果转化国有资产管理方式。高等学校、科研院所对持有的科技成果，可以自主决定转让、许可或者作价投资，除涉及国家秘密、国家安全及关键核心技术外，不需报主管部门和财政部门审批或者备案。主管部门办理科技成果作价投资形成国有股权的转让、无偿划转或者对外投资等管理事项，办理科技成果作价投资成立企业的国有资产产权登记事项，不需报财政部门审批、备案或登记。高等学校、科研校院所转化科技成果所获得的收入全部留归本单位，纳入单位预算，不上缴国库。充分发挥国有资产在科技成果转移转化中的支撑作用，探索符合科技成果国有资产特点的管理模式，探索开展职务科技成果转化前非资产化管理改革试点，探索职务科技成果作价入股形成的国有股权减值以及公司破产清算时区别于有形资产形成的国有股权的管理办法。

（六）完善职务科技成果评估评价机制。高等学校、科研院所可通过协议定价、在技术交易市场挂牌交易、拍卖等方式，按照市场化原则将科技成果转让、许可或者作价投资，由单位自主决定是否进行资产评估。通过协议定价的，应当在本单位公示科技成果名称和拟交易价格等相关信息，公示期不少于15日。单位可根据需要设立相关科技成果评估评价机构或授权第三方机构，对科技成果交易估值、转化成本核算、转化受益人等独立进行审核、评估，审核、评估意见作为单位相关部门决策的参考。

（七）落实以增加知识价值为导向的分配政策。高等学校、科研院所应按照职能定位和发展方向，实行以增加知识价值为导向分配政策，加强科技成果产权或长期使用权对科研人员的长期激励。已实行所有权确权分割的，成果完成人按所有权权属比例享受相应的权益。未实行所有权确权分割的科技成果，应按照相关法律法规和规定对成果完成人予以奖励。

（八）探索建立对成果转化人的激励机制。支持高等学校、科研院所根据岗位设置管理有关规定，自主设置技术转移转化系列技术类和管理类岗位，激励科研人员和管理人员从事科技成果转移转化工作。将中试成果数量、转化成果数量、孵化企业数量、企业销售收入、吸引社会投资、带动就业等经济效益、社会效益指标纳入成果转化人职称评定体系。单位可从科技成果转化净收入中提取一定的比例用于奖励对转化科技成果做出重要贡献的工作人员和团队（含技术转移机构做出重大贡献的工作人员），奖励支出由主管部门专项据实核增，计入当年单位绩效工资总额，不作为绩效工资总额基数。高等学校、科研院所、成果完成人可通过协议约定方式与成果转化人共享职务科技成果所有权或使用权。

（九）培育科技成果转移转化服务机构。单位应加强专业化科技成果转移转化机构建设，按照市场导向开展科技成果筛选、技术评估、转移转化、企业孵化等全流程服务。支持从事科学研究、技术创新、中试研发和成果转化等新型研发机构发展，探索"实验室＋中试机构＋孵化器"全链条成果转化机制。从事转移转化服务的第三方机构和市场化聘用人员根据约定，可以从科技成果转化净收入中提取一定比例作为中介服务的报酬。

（十）建立成果转化绩效导向的人才评价和项目评审机制。高等学校、科研院所要完善人才评聘体系，以成果质量和转化绩效为导向，在职称晋升、绩效考核、岗位聘任、项目结题和人才评价等方面，杜绝简单以专利申请量、授权量、论文数量为考核内容，加大科技成果转化运用绩效的权重。改革省级科技计划项目分类评审体系，在项目申报评审中综合考虑负责人和团队实际能力以及项目要求，在项目验收中探索建立以研发成果质量和成果转化为导向的科研绩效评估制度，适当降低论文、专利数量等短期量化指标的权重。

四、组织实施

（一）强化组织领导。在省科技领导小组领导下推动实施改革工作，强化协调联动，形成工作合力，及时发现和解决问题。各成员单位和省直相关部门要积极研究支持改革的政策措施，细化有关操作办法，全面落实职务科技成果国有资产确权、国有资产变更、注册登记、知识产权权属及变更等相关事项。省创新创业、成果转化等基金要充分发挥引导作用，支持赋权科技成果转化。

（二）强化评估评价。建立改革报告制度，参与改革的高等学校和科研院所应对上一年度本单位科技成果转化改革进行自评，每年1月30日前将自评情况或总结（含转化产生的经济、社会效益等情况）向上级主管部门报告，同时向科技厅报备。科技厅会同教育、财政、知识产权等有关部门，要加强跟踪指导，定期开展评估。

（三）强化宣传引导。科技、财政、知识产权等有关部门要加强政策宣传解读，对政策性强的管理问题和财务制度问题要开展培训，建立咨询渠道。要及时总结提炼改革经验，加强对典型案例的宣传，进一步提升改革单位和科研人员的积极性。

（四）强化担当作为。建立改革容错纠错免责机制，按照"三个区分开来"的要求，鼓励高等学校、科研院所改革创新，鼓励干部敢于担当、主动作为。监督检查工作中出现与工作对象理解相关政策不一致的，监督检查部门要及时与政策制定部门沟通，及时调查澄清。单位通过挂牌交易、拍卖，或协议定价成交并进行公示拟交易价格的，单位领导和部门在勤勉尽责、没有牟取非法利益的前提下，免除其在科技成果定价中因科技成果转化后续价值变化产生的决策责任。

四川省科学技术厅关于印发《四川省科学技术厅科研失信记录实施细则（试行）》的通知

(川科监〔2020〕2号)

各市（州）科技局，各高等学校、科研院所、医疗卫生机构，有关单位：

现将《四川省科学技术厅科研失信记录实施细则（试行）》印发给你们，请结合实际，认真贯彻执行。

四川省科学技术厅
2020年9月30日

四川省科学技术厅科研失信记录实施细则（试行）

第一章 总则

第一条 为扎实推进我省科研诚信建设，营造诚实守信的科研环境，根据中共中央办公厅、国务院办公厅《关于进一步加强科研诚信建设的若干意见》（厅字〔2018〕23号）以及《国家科技计划（专项、基金等）严重失信行为记录暂行规定》（国科发政〔2016〕97号）等文件精神，结合我省实际，现制定本细则。

第二条 本细则所称科研失信记录，是指责任主体在省科技行政主管部门主管、主办的科技活动中存在失信行为，经省科技行政主管部门审核、认定或查处后，对责任主体的失信行为信息的客观记录。

第三条 本细则所称科技活动，包括省科技行政主管部门管理的省级财政科技计划项目申报、咨询评审、立项、实施、绩效评价等管理实施环节，以及科技创新基地（平台）建设、创新资质（含高新技术企业、瞪羚企业、科技型中小企业等）备案、科技奖励、职称评定、技术服务等。

第四条 本细则所称责任主体，包括本细则第三条所列科技活动的申报人、承担人、咨询评审评估专家等自然人，以及申报单位、承担单位、科技中介服务机构等法人机构。

政府工作人员在科技活动中存在失信行为的，按照《中华人民共和国公务员法》及相关规定进行处理。

第五条 省科技行政主管部门负责各类责任主体在科技活动中失信行为的认定、科研诚信记录与管理、失信行为记录的申述与处理等。失信行为调查处理，按照行政管理权限，采取"谁主管、谁负责"的原则进行。

第二章 失信行为界定

第六条 责任主体的失信行为分为一般失信行为和严重失信行为。一般失信行为是指责任主体违反相关科研诚信管理规定，并造成一定不良影响的行为。严重失信行为是指责任主体发生科研不端、违规、违纪、违法等,且造成严重后果或恶劣影响的行为。

第七条 一般失信行为包括:

(一)申报人、承担人等一般失信行为

1.未按科技计划项目管理规定签订项目任务书(合同书、协议书等),未按规定报送项目实施过程中重大问题或变更事项,未按任务书(合同书、协议书等)要求报送项目执行情况两次及以上。

2.项目无正当理由逾期1年以上,仍无故未完成验收或拒绝验收。

(二)咨询评审评估专家一般失信行为

1.擅自委托他人顶替或代评,不遵守咨询评审评估规则或办法的行为。

2.在不掌握情况、不了解内容的意见或建议上署名签字或出具证明,并造成一定不良影响。

3.评审咨询意见明显有违认知或出现严重偏差3次及以上。

(三)申报单位、承担单位等一般失信行为

1.未认真履行科研诚信建设的主体责任,并造成一定不良影响。

2.发现本单位科技人员在科研领域的失信行为,未及时制止、处理和上报。

3.无正当理由不按期退回应退财政科技专项经费。

(四)科技中介服务机构一般失信行为

1.未认真履行科技服务职责,并造成一定不良影响。

2.发现本机构监管的责任主体在科技活动存在违规违纪情况,未及时制止、处理和上报,并造成一定不良影响。

3.其他科技服务活动中未按规定履行职责并造成一定不良影响的行为。

第八条 严重失信行为包括:

(一)申报人、承担人严重失信行为

1.采取贿赂或变相贿赂、造假、故意重复申报等不正当手段获取科技活动的申报或承担资格。

2.抄袭或剽窃他人科研成果,故意侵犯他人知识产权,捏造或篡改科研数据和图表,利用无关成果充抵任务书(合同、协议书等)中的主要考核指标,科技报告、项目成果造假,造成负面影响或财政科技资金损失。

3.提供虚假材料,不配合监督检查或考核评估工作。

4.违反科研资金管理规定,转移、挪用、贪污、套取、私分财政科研经费。

5.违反科研伦理规范。

6.违反科学技术保密相关规定,并造成严重不良社会影响。

7.对省科技行政主管部门出具的整改意见拒不执行,在规定时间内整改不到位的。

(二)咨询评审评估专家严重失信行为

1.弄虚作假骗取科技咨询、评审、评估、监督检查资格。

2.接受"打招呼"、请托、游说等事项,并造成严重不良影响。

3.利用专家身份索贿、受贿;故意违反回避原则;与相关单位或人员恶意串通,出具虚假咨询评审评估意见。

(三)申报单位、承担单位等严重失信行为

1.拒不履行科研诚信建设的主体责任,管理失职,造成严重负面影响。

2. 在科技活动中采取贿赂或变相贿赂、弄虚作假等不正当手段，并造成恶劣影响。

3. 不配合监督检查或考核评估工作，提供虚假材料，对相关处理意见拒不整改或虚假整改。

4. 违反科研资金管理规定，私分、截留、挤占、挪用、转移、套取财政科研经费。

5. 超过规定期限6个月以上不退回财政科技专项经费。

（四）科技中介服务机构严重失信行为

1. 违反合同或协议约定，采取造假、串通等不正当竞争手段谋取利益。

2. 违反独立、客观、公正原则，出具虚假结论，并造成严重不良后果。

3. 提供虚假材料，不配合监督检查或考核评估工作，对相关处理意见拒不整改或虚假整改。

4. 其他违法、违反财经纪律、违反项目任务书（合同、协议书等）约定，并造成严重后果或恶劣影响的行为。

第九条 同一责任主体在一个自然年内产生两次及以上第七条所列的一般失信行为，界定为严重失信行为。

第三章 失信行为记录与管理

第十条 对具有失信行为的责任主体，按照四川省科技计划项目、科技创新基地（平台）建设、创新资质认定、科技奖励、职称评定、技术服务等相关管理办法进行处理。如管理办法中未明确失信行为记录惩戒期限的，则一般失信行为记录惩戒期限为1年，严重失信行为记录惩戒期限为3年。

第十一条 对具有本规定第七条所列一般失信行为的责任主体，其失信行为经相关科技管理部门或单位认定、查处并正式通报的，由省科技行政主管部门予以审核后，纳入一般失信行为记录。

第十二条 对具有本规定第八条、第九条所列严重失信行为的责任主体，且受到以下处理之一的，纳入严重失信行为记录：

（一）受到刑事处罚或行政处罚，并正式公告或公示的。

（二）受审计、纪检监察等部门查处，并正式通报的。

（三）由相关科技管理部门在科技活动管理或监督检查中予以认定查处的。

（四）根据《科研诚信案件调查处理规则（试行）》（国科发监〔2019〕323号）作出处理决定，并正式通报的。

（五）经核实并履行告知程序的其他严重违规违纪行为。

第十三条 四川省科研诚信信息管理平台对各相关责任主体的失信行为按程序进行客观记录。失信行为记录包括一般失信行为记录和严重失信行为记录。

失信行为记录信息应包括：责任主体名称、统一社会信用代码或自然人的身份证件号码、所涉及的项目名称和编号、违规违纪情形、处理处罚结果及处理依据、作出处理决定的单位及时间等。

责任主体为法人机构的，根据处理决定，记录信息还应包括直接责任人员相关信息。

第十四条 省科技行政主管部门对科研领域失信行为记录实行动态管理。对处理处罚期限届满的相关责任主体，及时移出失信记录名单。

第十五条 对列入严重失信行为记录的责任主体，按照科技计划项目、平台、奖励等管理办法的相关规定，阶段性或永久取消其申请省级科技计划项目、奖励、平台建设等的资格，同时应当充分利用失信行为记录信息，对相关责任主体采取如下措施：

（一）在科研立项、评审专家遴选、项目管理专业机构确定、科研项目评估、科技奖励评审以及基地人才等遴选中，将失信行为记录作为重要依据。

（二）对纳入严重失信行为记录的相关法人单位，以及违规违纪违法多发、频发，一年内有2个及以上相关责任主体被纳入严重失信行为记录管理的法人单位作为项目实施监督的重要对象，加强监督和管理。

第十六条 实行科研诚信信息共享应用制度。推动四川省科研诚信信息管理平台与各级公共信用信息平台互联互通，实现跨部门、跨区域的联合奖惩机制。

第十七条 各市（州）科技行政主管部门应将本市（州）级财政科技计划项目、创新基地（平台）建设、创新资质认定、职称评定、技术服务等各类科技活动中失信行为名单或失信行为相关信息及时报送省科技行政主管部门。

第十八条 失信行为记录名单为省科技行政主管部门掌握使用，严格执行信息发布、查询、获取和修改权限。

第十九条 对列入一般失信行为记录名单的，书面告知当事主体；对列入严重失信行为记录名单的，书面告知当事主体并通报其所在单位或主管部门，行为恶劣、影响较大的严重失信行为按程序向社会公布失信行为记录信息。

第二十条 相关责任主体对省科技行政主管部门认定的失信行为记录信息有异议的，可在收到处理决定后20个工作日内提出申诉。申诉必须以书面形式，写明申诉理由并提供证明材料。

省科技行政主管部门应当在收到申诉之日起20个工作日内作出复查决定。决定不予复查的，应当通知申诉人，并告知不予复查的原因。

第四章　附则

第二十一条 本细则由四川省科学技术厅负责解释。

第二十二条 本细则自2020年11月1日起施行，试行期两年。

四川省科学技术厅关于印发《四川省科技服务业发展专项项目管理办法》的通知

(川科高〔2020〕18号)

各市(州)、扩权县科技主管部门,省级有关部门(单位):

为进一步加强和规范四川省科技服务业发展专项项目管理,保证专项项目顺利实施,促进全省科技服务业高质量发展,现将修订后的《四川省科技服务业发展专项项目管理办法》印发给你们,请认真贯彻执行。

附件:四川省科技服务业发展专项项目管理办法

四川省科学技术厅
2020年12月2日

附件

四川省科技服务业发展专项项目管理办法

第一章 总则

第一条 为保证科技服务业发展专项项目的顺利实施,推进项目管理科学化和规范化,特制定本办法。

第二条 科技服务业发展专项项目根据我省科技服务业发展需要设立,由四川省科技服务业发展专项资金资助,旨在通过支持一批科技服务业发展项目,促进一批科技服务企业升规入统,打造一批科技服务业发展增速快、贡献大的产业集聚区,助推我省科技服务业高质量发展。

第三条 科技服务业发展专项项目主要包括科技服务业产业集聚区建设项目、科技服务业重点示范项目、科技服务业公共服务平台建设项目,以及省委省政府确定的其他重点项目。

第四条 四川省科技服务业发展专项资金主要采取定向财力转移支付、专项补助、以奖代补等方式予以支持,项目资金管理按照《四川省科技服务业发展专项资金管理办法》(川财建〔2019〕285号)执行。

第二章 管理职责

第五条 项目组织实施遵循四川省科学技术厅(以下简称:科技厅)、推荐单位、承担单位三级管理责任制,强化承担单位在项目全过程管理中的主体作用,且应明确项目管理负责人。

第六条 科技厅是项目的行政主管部门。其职责包括:

(一)贯彻落实国家和我省科技服务业发展政策,开展科技服务业发展趋势战略研究和政策研究,提出发展重点和任务;

(二)研究制定科技服务业发展专项项目相关管理制度;

（三）编制发布项目申报指南，组织项目评审，提出项目及资金分配建议方案；

（四）组织开展项目监督检查、验收和绩效评价；

（五）审核备案项目重大调整事项；

（六）对无法正常完成验收的项目予以处置，并对项目负责人和承担单位等实施信用管理；

（七）其他与项目管理相关事项。

第七条 推荐单位一般指各市（州）及扩权县科技行政主管部门、省级有关部门，以及经科技厅核准具有推荐权限的单位。其职责包括：

（一）落实四川省科技服务业发展专项项目相关管理制度；

（二）审核申报资格和项目申报材料的真实性、完整性、准确性等；

（三）参与项目过程管理，指导和督促承担单位按期实施项目、完成项目验收工作，监督项目资金使用，协助核查并报告项目执行中出现的重大问题，审核变更申请、提出处置意见等；

（四）受科技厅委托，参与或组织开展项目监督检查、验收和绩效评价等工作。

第八条 承担单位一般指承担和参与四川省科技服务业发展专项项目的企事业单位。其职责包括：

（一）按申报指南要求申报项目。保证资料的真实性、完整性、准确性；

（二）按照任务合同书要求，履行合同条款，落实配套条件，按时完成项目目标任务，按要求报送项目执行情况、绩效报告等材料；

（三）及时报告项目执行中的重大进展和出现的重大问题，按程序报批需要调整、处置和备案的事项；

（四）如期主动申请并完成项目验收工作；

（五）建立健全科研、财务、诚信等内部管理制度，保证项目资金合法合规使用；

（六）按照科技厅和推荐单位要求，配合做好检查、监督、评估等工作；

（七）履行项目管理相关支持配套、保密、安全环保、知识产权保护等责任和义务等。

第三章 项目类别管理

第九条 科技服务业产业集聚区建设项目。

（一）采取定向财力转移支付的支持方式。

（二）按照因素分配、目标考核、绩效评估、动态调整的原则，支持国、省级高新区建设科技服务业产业集聚区。

（三）项目资金全面实施绩效管理。由科技厅会同有关部门建立健全绩效评价制度、研究制定绩效评价方案、组织开展绩效评价工作。

（四）结果应用。绩效评价结果与项目资金安排挂钩：财政资金使用整体绩效较好的，科技厅会同财政厅足额下达下年度预算；财政资金使用整体绩效较差的，科技厅会同财政厅相应调减或取消下年度资金预算。

（五）具体项目的申报、立项、管理和验收工作由所在市（州）科技部门负责。

第十条 科技服务业重点示范项目。

（一）采取专项补助的支持方式。

（二）围绕科技服务业相关领域，主要支持在川企业、高校、科研院所在服务业态、服务内容、服务模式方面开展科技创新和产业项目建设，提升企业的创新发展能力，壮大产业发展规模。

（三）项目全过程管理须根据本办法明确的项目申报、立项、验收、变更、处置等要求执行。

第十一条 科技服务业公共服务平台建设项目。

（一）采取以奖代补的支持方式。

（二）对于新建（备案）的科技企业孵化器、众创空间、大学科技园、工程技术研究中心等公共服务平台，给予一次性的以奖代补支持。

（三）对于已建的科技企业孵化器、众创空间、大学科技园、工程技术研究中心等公共服务平台，根据考核评估结果，择优给予以奖代补支持。

（四）以奖代补项目不签订任务合同书、不验收。

第十二条 省委、省政府确定的其他重点项目。根据省委、省政府重大决策部署和重点工作安排确定的项目，组织管理和支持方式在项目申报指南中予以明确。

第四章 项目申报与立项

第十三条 项目立项包括指南发布、组织申报、评审遴选、公示立项等基本程序。

第十四条 指南发布。科技厅会同财政厅根据科技服务业发展规划和年度重点工作研究编制申报指南并在科技厅门户网站公开发布。

根据省委、省政府重大工作部署和突发应急工作，科技厅可按照"特事特办"的原则，启动开展申报工作。

第十五条 项目申报。项目申报单位和项目负责人根据年度申报指南的规定和要求，通过四川省科技管理信息系统申报。其中，项目申报应当符合申报指南明确的各项条件，且遵循以下申报限制条件：

1. 同一年度，同一项目不得重复申报；

2. 同一年度，同一项目负责人只能申报一个项目；

3. 已立项的科技服务业项目不得重复申报；

4. 项目负责人有未验收项目不得申报；

5. 项目单位有到期未验收项目不得申报；

6. 有不良诚信记录的单位或项目负责人按规定限制申报；

7. 除第6条外，转移支付、以奖代补项目不受上述申报限制。申报指南提出明确申报限制的，按指南要求执行。

第十六条 项目受理和评审。推荐单位对本系统、本地区的申报项目进行审核、汇总后，统一将申报书报送科技厅。对符合指南要求的项目，科技厅予以受理并组织专家进行评审。

项目评审以网络评审为主，也可采取或配合会议评审、现场考察等方式进一步审核。根据省委、省政府重大工作部署确定的项目和突发、应急项目可采取专家咨询论证方式。

第十七条 项目立项。科技厅根据重点工作安排和年度申报指南，结合评审情况，充分考虑区域、行业、重点发展领域等，按照择优支持原则，会同财政厅提出项目及资金分配建议方案。

（一）项目公示。对拟立项项目在科技厅门户网站上进行公示，公示期不少于5个工作日。公示期间有异议的项目，由科技厅组织调查处理。

（二）项目审批和下达。科技厅会同财政厅将项目及资金分配建议方案按要求报批后，正式下达立项文件。

（三）合同签署。项目承担单位按项目管理和申报指南要求填报任务合同书，经推荐单位审核后报科技厅审签。未按规定时限和要求将任务合同书报送科技厅的项目撤销立项。

第五章 项目过程管理

第十八条 项目执行。根据科技厅、推荐单位、承担单位三方签署的任务合同书要求，项目负责人应牵头项目团队认真履行各项约定、按时完成项目任务、规范使用财政资金、跟踪自筹资金等配套承诺落实情况、及时报告项目实施中存在的重大问题等。科技厅和推荐单位视情况可对项目执行全过程进行抽查。

第十九条 项目变更。

（一）科技服务业项目在签署任务合同书后原则上不得变更（调整）任务目标。确因重大变动需对项目承担单位、合作单位、项目负责人等重大事项变更（调整）的，由项目负责人提出书面申请并提供支撑证明材料，经承担单位、推荐单位审核后，报科技厅审批变更；

（二）项目因故确需延期执行的，项目承担单位应于任务合同书到期前提出申请，项目延期一般只能申请1次，延期时间一般不超过1年，特殊情况可再次提出延期申请，延期时间合计不超过2年；

（三）因项目实施需要、市场变化等原因，确需对项目财政资金使用科目进行调整的，一般不超过财政资金总额的20%。

第二十条 项目验收。

（一）项目承担单位应在任务合同书到期3个月内完成验收准备并主动提交验收材料，并在任务合同书到期后1年内完成项目验收。提前完成目标任务的项目，可申请提前验收。

（二）项目验收由科技厅或科技厅委托推荐单位、第三方机构组成验收专家组组织验收。验收专家组一般由技术专家、财务专家、管理专家等组成，专家人数原则上为单数，执行回避制度。

（三）验收工作实行专家负责制，验收专家组以任务合同书约定的目标任务为依据，在审阅资料、听取汇报或实地考核、提问质询的基础上，重点考察目标完成情况、资金使用情况、经济效益情况等，形成验收意见。

（四）项目验收结论分为通过验收、不通过验收两种情况。

1.按期保质完成任务合同书确定的主要目标和任务的，为通过验收。因非不抗拒因素未完成项目主要目标任务或资金使用不合格的，为不通过验收；对于提供的验收材料弄虚作假、资金使用存在重大问题、擅自调整任务合同书任务目标内容等情况按照不通过验收处理。

2.每个项目原则上可进行一次限期整改，项目承担单位应在限期内完成整改，提交整改材料并提请重新验收，由验收专家组作出最终验收结论。对于逾期未提交整改材料、再次验收仍无法通过的，按照不通过验收处理。

3.验收不通过的，退回违规使用和结余的财政资金，项目承担单位或项目负责人3年内不得再申请科技厅所有项目。

第二十一条 项目处置，指项目无法正常实施而采取的处理办法，主要包括结题、终止两类。项目执行期到期1年仍无法完成验收的，科技厅可视情况予以处置。

（一）项目结题。

1.因不可抗拒因素（如自然灾害等）或客观原因（市场政策重大变化、资金未下达等）导致项目无法执行或正常验收的，可申请项目结题；

2.结题项目承担单位应对已开展工作、资金使用等情况做出书面报告，一般应在任务合同书到期前3个月内主动提出结题申请，经推荐单位审核同意后报科技厅；

3.结题项目结余的财政资金按规定原渠道退回。

（二）项目终止。

1.因主观原因（单位经营不善倒闭破产失联、项目负责人学术不端或违规违纪、拒绝或不配合验收等）导致项目无法执行或正常验收的，可予以终止；

2.确须终止的项目，可由推荐单位核实情况后，向科技厅提出书面终止申请；

3.终止项目的承担单位（含法定代表人）或项目负责人纳入科研诚信记录，10年内不得申报科技服务业发展专项项目，涉嫌违纪违法的移交纪检监察机关和司法机关处理；

4.原则上终止项目全部的财政资金按规定原渠道退回。

第六章 成果运用

第二十二条 项目形成的知识产权的归属、使用和转移，按照国家有关法律、法规和政策等执行；对涉及国家秘密的项目及取得的成果，按有关规定进行密级评定、确认和保密管理。

第二十三条 依法取得知识产权的单位应当积极应用和有序扩散项目成果，传播和普及科学知识，促进技术交易和成果转化，并落实支持成果转化的科研人员激励政策。项目承担单位应在协调推动项目成果转移转化和应用示范方面给予支持。

第二十四条 建立绩效评价机制。对科技服务业发展项目总体实施和资金使用情况及效果进行评估评价，提高创新绩效。项目承担单位应当强化管理人员、科研人员的责任意识、绩效意识，积极配合绩效评价工作。

第七章 监督与保障

第二十五条 科技厅责任部门对项目立项、过程管理、验收工作进行全程监督管理。科技厅纪检监察机构、科技监督与诚信建设处按照职责进行监督检查。加大项目立项、验收等信息公开力度，接受公众和舆论监督。

第二十六条 建立公众参与监督的工作机制。加大项目立项、验收等信息公开力度，主动接受公众和舆论监督。鼓励和支持项目承担单位在单位内部对项目情况进行公开公示和内部监督。

第二十七条 严肃处理违规行为，实行逐级问责和责任倒查。涉嫌违纪违法的，移交纪检监察机关和司法机关处理。

第二十八条 严肃财政资金监管。对弄虚作假骗取财政资金、不按规定用途使用财政资金的项目承担单位，依照《财政违法行为处罚处分条例》有关规定进行处罚。

第八章 附则

第二十九条 本办法由科技厅负责解释。

第三十条 本办法自发布之日后30日起施行。

四川省科学技术厅　四川省财政厅　国家税务总局四川省税务局关于印发《四川省激励企业加大研发投入后补助实施暂行办法》的通知

省级有关部门，各市（州）科技局、财政局、税务局：

为深入实施创新驱动发展战略，激发创新主体活力，引导企业加大研发投入，增强企业自主创新能力，推动我省企业高质量发展，四川省科学技术厅等三部门联合研究制定了《四川省激励企业加大研发投入后补助实施暂行办法》，现印发给你们，请认真遵照执行。

四川省科学技术厅　四川省财政厅　国家税务总局四川省税务局
2020年12月9日

四川省激励企业加大研发投入后补助实施暂行办法

第一章　总则

第一条　为深入实施创新驱动发展战略，激发创新主体活力，引导企业加大研发投入，增强企业自主创新能力，推动我省企业高质量发展，根据《四川省科学技术厅等九部门关于促进全社会加大研发投入支撑高质量发展的意见》（川科规〔2019〕11号）、《四川省科技计划项目专项资金管理办法》（川财规〔2019〕10号）等相关文件精神，特制定本办法。

第二条　本办法所称企业研发是指企业为增加知识存量以及涉及已有知识的新应用而进行的创造性、系统性工作，包括基础研究、应用研究和试验发展三种类型。本办法所指企业研发投入是指企业为实施研发活动而实际发生的全部经费支出（不含财政科技投入）。本办法激励企业加大研发投入是指在四川省科技计划中统筹安排财政资金开展两类补助，一是对企业研发投入的增量部分直接给予后补助（以下简称"省级直补"），二是对各市（州）用于激励企业加大研发投入的财政经费投入给予后补助［以下简称"市（州）补助"］。

第三条　科技厅主要负责组织政策制度制定、资金申报、材料审核、拟订补助资金预算分配建议方案、指导各市（州）出台激励企业研发投入政策等工作。财政厅主要负责专项资金预算管理、资金下达等工作。省税务局主要负责指导市（州）、县（市、区）税务部门开展税前加计扣除研发投入审核等工作。各市（州）、县（市、区）科技、财政、税务部门是企业研发投入补助的实施、管理和监督部门，分别履行相应的管理职责。

第四条　企业研发投入补助管理应遵循依法依规、公开公正、简便操作的原则。

第二章　补助对象及条件

第五条　本办法补助对象包括企业和市（州）两类。

第六条　申请省级直补的企业应同时具备以下条件：

（一）核算周期内（具体年度以申报通知为准，通常为两年）按规定在汇算清缴期内申报享受了研发费用加计扣除企业所得税优惠政策，且研发投入增量超过1000万元（含）。

（二）在核算周期内向统计部门报送了研发活动数据，营业收入规模超过5000万元（含），且较上一年度研发投入增量超过1000万元（含）。

（三）在四川省行政区域内设立、登记、注册，具有独立法人资格，未被列入失信名单，未发生安全、环保等问题。

第七条 不满两年的企业，可以只提供核算周期末年报税务部门和统计部门的研发投入数据，核算周期首年研发投入按零测算。

第八条 申请补助的市（州）应同时满足以下条件：

（一）自行制定企业研发投入激励政策，包括补助条件、标准和程序等。享受市（州）研发投入补助的企业必须按要求向当地统计部门报送研发投入数据。

（二）市（州）在上一年度组织实施了企业研发投入激励政策，并有市级财政资金投入。

第九条 已经享受了市（州）上一年度企业研发投入财政补助政策的企业，不再重复申报当年省级直补。

第三章　补助计算依据及标准

第十条 省级直补采取奖励性后补助方式，以企业核算周期末年和核算周期首年所得税汇算清缴向税务部门申报的享受税前加计扣除的研发投入增量部分作为计算依据，补助额度采用分段超额累退比例法计算，具体补助比例根据申报通知当年财政预算情况在申报通知中予以明确。

第十一条 对市（州）的研发投入补助，以上一年度市（州）用于激励企业加大研发投入的财政经费投入总额作为计算依据，补助额度采取定额比例计算，具体补助比例根据申报通知当年财政预算情况在申报通知中予以明确。

第四章　申报受理程序

第十二条 发布通知。科技厅会同财政厅、省税务局发布年度申报通知，明确相关要求、具体流程等。

第十三条 组织申报。申报省级直补的企业按申报通知通过四川省科技管理信息系统提交补助申请表和相关材料。市（州）补助由各市（州）科技部门会同财政部门、税务部门按要求上报申报材料。

第十四条 审核汇总。申报省级直补的企业材料由四川省科技管理信息系统内推荐单位严格把关。省级部门作为推荐单位的，负责申报工作的审核、推荐与汇总，并将汇总表函报科技厅；地方科技部门作为推荐单位的，需会同同级税务部门进行审核，并与同级财政部门、税务部门会签后将汇总表函报科技厅。

申报市（州）补助的材料由科技厅会同财政厅、省税务局审核。

第十五条 核定公示。科技厅会同省税务局、财政厅核定拟直补企业名单及补助额度，提出对市（州）的补助方案，并向社会公示。

第十六条 资金下达。公示无异议后，由财政厅会同科技厅按程序报批后拨付下达。

第五章　申报材料

第十七条 申报省级直补的企业应通过四川省科技管理信息系统提供以下材料，并对所提供材料的真实性负责：

（一）《四川省企业研发投入补助申请表》（随当年申报指南下发）。

（二）报送给税务部门的企业核算周期内的《中华人民共和国企业所得税年度纳税申报表（A类）》主表及《研发投入加计扣除优惠明细表》附表。

（三）规模以上企业需提供核算周期内规上企业研发统计年报报表（含研究开发项目情况表、企业研究开发活动及相关情况表）。

第十八条 申报市（州）补助的应由市（州）科技部门会同同级财政部门、税务部门按要求提供上一年度市（州）财政用于激励企业加大研发投入的经费统计报告、资助明细表、资金下达文件等材料。

第六章 补助经费的使用及管理

第十九条 获得补助的企业和市（州）将省级财政补助经费用于开展科技创新相关活动，不得用于支付各种罚款、捐款、赞助及偿还债务等支出，不得用于编制内在职人员的工资性支出和离退休费用，以及国家规定禁止列支的其他支出，应严格执行《四川省科技计划项目专项资金管理办法》（川财规〔2019〕10号）等财务规章制度和会计核算方法，自觉接受审计、财政、监察等部门的监督检查。

第二十条 科技厅、财政厅、省税务局将会同市（州）相关管理部门对获得补助的企业开展不定期抽查，对以弄虚作假等手段套取骗取资金等违法违规行为的，按照有关法律法规处理并退回财政资金，将企业列入失信名单，企业十年内不得申请四川省科技计划项目。涉嫌犯罪的，依法移送有权机关处理。

第二十一条 各级科技、财政、统计部门以及相关省级推荐单位、工作人员在专项资金管理工作中，存在滥用职权、玩忽职守、徇私舞弊等违法违纪行为的，按照《中华人民共和国预算法》《中华人民共和国公务员法》《中华人民共和国监察法》《财政违法行为处罚处分条例》等有关规定追究有关责任单位和人员的责任；涉嫌违纪违法的，移送纪检监察机关和司法机关处理。

第二十二条 科技厅、财政厅、省税务局将适时对获得补助的市（州）开展监督检查和绩效评估，相关结果作为以后年度财政资金安排的重要参考。

第二十三条 各级科技、财政、税务、统计等部门应建立交流通报、监督检查和绩效评价机制，加强统筹协调，推进信息共享。

第七章 附则

第二十四条 本办法由科技厅、财政厅、省税务局负责解释。

第二十五条 本办法自2021年1月1日起实施，有效期两年。

第三十二章 贵州省科研项目和资金管理法规政策

关于印发《贵州省应用技术研究与开发资金后补助管理暂行规定》的通知

(黔科通〔2014〕154号)

各市(州)科技局、财政局,贵安新区社发局、财政局,仁怀市教育和科技局、财政局,威宁县科技办、财政局,各有关单位:

为进一步推进科研体制改革,充分发挥市场对技术研发方向、路线选择、各种创新要素配置的导向作用,创新财政科技资金投入方式,建立以企业为主体的技术创新体系,促进科技成果转化和产业化,规范以科技创新行为绩效为考核标准的研究与开发活动,参照《国家科技计划及专项资金后补助管理规定》(财教〔2013〕433号)和《关于改进加强中央财政科研项目和资金管理的若干意见》(国发〔2014〕11号),省科技厅(省知识产权局)、省财政厅共同制定了《贵州省应用技术研究与开发资金后补助管理暂行规定》。现印发给你们,请认真贯彻实施。

贵州省科技厅　贵州省财政厅
2014年10月24日

贵州省应用技术研究与开发资金后补助管理暂行规定

第一章　总则

第一条　为充分发挥市场对技术研发方向、路线选择、各种创新要素配置的导向作用,创新财政科技资金投入方式,建立以企业为主体的技术创新体系,促进科技成果转化和产业化,规范以科技创新行为绩效为考核标准的研究与开发活动,参照《国家科技计划及专项资金后补助管理规定》(财教〔2013〕433号)和《关于改进加强中央财政科研项目和资金管理的若干意见》(国发〔2014〕11号),制定本规定。

第二条　列入后补助管理的研究与开发活动适用本规定。后补助资金来源于省级应用技术研究与开发资金。

本规定所称后补助，是对贵州省内的单位，根据市场需求先行投入资金开展研究与开发、成果转化、产业化活动和科技服务，取得明显经济、社会效益或服务绩效，符合创新行为的相关标准，通过验收审核或绩效考核后，给予一定额度资金补助的财政资助方式。

第三条　申请后补助的单位必须同时具备以下条件：

（一）在贵州省内注册并具有独立法人资格的企业、科研院所、高等院校等；

（二）具有开展研究与开发活动或科技服务所需的工作条件和基础；

（三）所开展的研究与开发活动或科技服务符合国家、贵州省产业发展政策和科技发展规划；总体技术水平具有显著的创新性和先进性，且已产生一定的经济社会效益。

第四条　后补助分为先备案后补助、后审查后补助、科技服务后补助三种方式，并区分不同类型实行不同的管理方式。

第二章　先备案后补助

第五条　先备案后补助，是指单位围绕我省发展的重点领域，先行投入资金组织开展研究与开发活动取得预期成果登记并按相关程序备案后，开展成果转化，根据成果转化活动所处阶段，给予相应的补助。

第六条　先备案后补助方式按照下列流程管理：

（一）发布通知。省科技厅负责发布申报通知。

（二）成果登记。省科技厅对申请单位提交的科技成果进行登记。

（三）提交申请。申请单位按照通知要求，在省科技厅网站上填报《贵州省科技计划后补助备案事项申请表》及有关附件材料，并同时提交相应的纸质材料。

（四）审核备案。省科技厅组织审核备案申请，择优选择符合相关要求的单位予以备案。

（五）签订任务书。由省科技厅与备案单位签订任务书，任务书应包括目标任务、考核指标、拟补助金额、经费拨付计划、实施期限、验收方式方法等。

（六）公示。省科技厅对签订任务书的备案单位进行公示。

（七）经费拨付。经公示无异议的备案单位，按照程序拨付经费。

第三章　后审查后补助

第七条　后审查后补助是指单位根据市场需求及自身发展需要先行投入资金组织开展的研究与开发、成果转化、产业化活动取得显著经济社会效益，达到相关标准，经审查后给予相应补助。

第八条　后审查后补助方式按照下列流程管理：

（一）发布通知。省科技厅负责发布申报通知。

（二）提交申请。单位根据开展的研究与开发、成果转化、产业化活动实施进展情况，在省科技厅网站上填报《贵州省科技计划后审查后补助事项申请表》、总结报告、经费审计报告等有关附件证明材料，并同时提交相应的纸质材料。

（三）审核。省科技厅组织相关专家或委托第三方机构对事项绩效及经费开支进行审核。

（四）公示。对审核通过的备案单位进行公示。

（五）经费拨付。经公示无异议的备案单位，按照程序拨付经费。

第四章　科技服务后补助

第九条　科技服务后补助是指对省级科技资金构建的公益性科技资源平台及创新要素进行补助；面向社会开展公共服务的各类科技资源平台经绩效考核通过后给予相应补助。

第十条 科技服务后补助的绩效考核主要包括以下内容：

（一）服务情况。包括资源及创新要素的服务数量和质量、服务对象数量及范围、资源深度挖掘与集成、提供科技支撑取得的效果、平台及创新要素服务带来的经济和社会效益等。

（二）运行管理情况。包括组织机构运行、管理制度落实、运行机制保障及运行维护情况等。

（三）资源整合情况。包括资源增量与质量、资源维护与更新等。

第十一条 科技服务后补助按照下列流程管理：

（一）发布通知。省科技厅向科技资源平台和创新要素的依托单位发布绩效考核通知，单位根据通知要求进行申请。申请材料应当包括平台及创新要素的运行管理、开放共享等情况，以及反映服务绩效的相关内容和运行服务成本等。

（二）绩效考核。省科技厅组织专家或委托第三方机构，对申请单位资源共享服务绩效进行考核，形成绩效考核结论。

（三）结果公示。省科技厅将申报单位的科技服务绩效考核结论进行公示。

（四）实施补助。省科技厅对科技服务后补助实行分类分档定额补助，根据绩效考核结论，确定科技服务后补助方案。

不参加绩效考核或连续两次绩效考核较差的科技资源平台和创新要素的依托单位，不再纳入科技服务后补助范围。

第五章 管理和监督

第十二条 先备案后补助应当在事项完成后，按照相关规定，进行验收；后补助可采取一次性或分期拨款的方式给予资助。

第十三条 凡出现以下情况之一的，不予进行后补助：

（一）因单位研究与开发费用不落实，基本科研设备和条件不具备导致研究与开发活动不能实施的；

（二）因科研团队变动造成研究与开发活动不成功的；

（三）开展的研究与开发活动存在知识产权纠纷或侵犯他人知识产权的；

（四）研究成果申报不实，或自有经费投入申报存在弄虚作假或随意并入与研究与开发活动实施无关的其他费用造成研究与开发经费实际投入不实的；

（五）单位伪造成果、重复申报立项、以不当方式唆使用户或第三方检测机构出具虚假评价或检测报告，骗取财政资金的；

（六）其他非不可抗拒原因造成实施不成功的。

第十四条 获补助单位要严格执行有关财经法律法规、财政规章制度及相关政策，健全内部财务管理制度，加强对后补助资金的核算和管理，行使财务监督职责。

后补助经费专款专用，严格按照省应用技术与开发资金的规定使用。先备案后补助和后审查后补助经费主要用于补贴研究与开发活动支出；科技服务后补助经费主要用于科技资源服务平台及创新要素的运行服务补助。

第十五条 加强对后补助计划实施的监督和管理。获补助单位应配合省科技厅、省财政厅加强对项目实施情况的检查、监督和管理，如实反映情况。如发现弄虚作假、伪造成果、挪用挤占等违反财经纪律和有关规定的，可中止事项、停止拨款，并根据具体情况追回部分或全部财政补助经费，将不良信用记录纳入省科技信用管理体系，并视情节轻重，给予取消单位申报资格等相关处罚。

第十六条 专家和第三方机构在后补助管理中存在弄虚作假等违规行为的，视情节轻重，可采取宣布其出具的相关结果无效、通报批评、降低信用评级等处理措施，并将违规记录作为遴选专家和第三方机构的重要依据。

第六章 附则

第十七条 需要实行后补助管理的其他事项，应参照本规定制定具体的实施细则和管理流程。

第十八条 本规定未尽事宜，按相关科技计划和经费管理办法执行。

第十九条 本办法由省科技厅、省财政厅负责解释，自发布之日起施行。

附件1：贵州省科技计划先备案后补助项目申请表（略）

附件2：贵州省科技计划后审查后补助项目申请表（略）

附件3：贵州省科技服务后补助申请表（略）

关于印发《贵州省科技保险补助资金管理暂行办法》的通知

(黔科通〔2015〕22号)

各市（州）科技局，各保险行业协会、保险分公司，各有关单位：

为建立科技金融统筹合作机制，发挥科技保险对科技型企业自主创新的风险保障作用，有效分散、化解科技创新创业风险，推动全省的科技保险工作。根据中国保监会、科技部《关于进一步做好科技保险有关工作的通知》，省科技厅、省保监局制定了《贵州省科技保险补助资金管理暂行办法》，现印发给你们，请认真贯彻实施。

附件：贵州省科技保险补助资金管理暂行办法

贵州省科学技术厅　中国保险监督管理委员会贵州监管局
2015年2月6日

附件

贵州省科技保险补助资金管理暂行办法

第一章　总则

第一条　为扎实推进科技保险事业的发展，有效分散、化解科技创新创业风险，营造良好的创新创业环境，促进我省自主创新战略的实施，根据科技部、中国人民银行、中国银监会、中国证监会、中国保监会《关于印发促进科技和金融结合试点实施方案的通知》，中国保监会、科技部《关于进一步做好科技保险有关工作的通知》，制定本办法。

第二条　科技保险补助资金来源于省级应用技术研究与开发资金。科技保险补助资金实行专款专用，原则上实行先投保，后补助的方式。

第三条　科技保险补助资金由贵州省科学技术厅（以下简称"省科技厅"）管理，负责科技保险补助资金的申请受理、评审、拨付等管理工作。

第四条　科技保险补助资金的使用和管理遵守国家有关法律、行政法规和相关规章制度，遵循诚实申请、公正受理、科学管理、公开透明、专款专用的原则。

第二章　补贴条件和开支范围

第五条　科技保险补助资金补贴对象为参加科技保险的省内注册高新技术企业、科技型中小企业、科研院所、其他科研机构。

第六条　申请科技保险补助资金应具备以下条件：

（一）纳入补助险种范围的有效保险合同执行期满；

（二）纳入补助险种范围的保险期为一年的短期有效保险合同，保单生效三个月后；

（三）单位管理规范、财务制度健全；

（四）具有一定研究开发能力和条件，并具有研究开发活动，主业突出，有明确的研究开发方向；

（五）科技型中小企业资产总额不高于5000万元；年营业收入不超过5000万元；

（六）具有大专以上学历的科技人员占职工总数的比例不低于20%，直接从事研究开发的科技人员占职工总数的比例不低于10%。

第七条 科技保险补助险种包括：关键研发设备保险、产品研发保险、科技产品责任保险、出口信用保险、中小科技企业贷款保证保险、贷款担保责任保险、知识产权融资担保保险、一线研发危险性岗位人员健康保险和意外保险、环境污染责任保险等。

第八条 对参加科技保险单位按险种给予30%~70%保费补贴，具体补贴比例视险种、年度保费总额、科技保险补助资金总预算确定。每个企业每年最高补贴额度一般不超过15万元。

第九条 如果企业已享受其他财政出资的保险补贴，则本补贴资金与其他财政补贴资金之和应不得超过该企业科技保险补贴实际保费支出金额。如补贴资金超出保险支出金额的情况，则减少本科技保险补贴资金或企业应将多出的补贴资金退回省科技厅。

第十条 按照国家有关政策精神，企业科技保险保费计入高新技术企业研究与开发费用支出范围，享受国家规定的税收优惠政策。

第三章 补助资金申请和审定

第十一条 补助资金申请

（一）科技保险补助以项目申报的形式申报，申报单位于每年3月份登录省科技厅网站进行申报。

（二）申请补助资金需提交以下纸质材料：

1. 科技保险补助计划项目合同；

2. 保险合同、保险发票；

3. 营业执照；

4. 上一年年度决算报表及申报前一期月报表；

5. 其他有关证明材料。

第十二条 补助资金审定流程

（一）省科技厅对申请补助单位提交的申请要件进行形式审查，初审资料的完整性、合理性，对企业有关资料进行核实；

（二）省科技厅组织专家评审；

（三）省科技厅办公会开会决议；

（四）网上公示；

（五）签署合同；

（六）发放补助。

第四章 监督管理与检查

第十三条 省科技厅公开、公平、公正地对科技保险补助项目进行立项管理。

第十四条 加强补贴资金监督管理。获得保费补贴资金的高新技术企业需要退保的，应先将相应补贴资金退还给省科技主管部门。凭借省科技主管部门出具的证明材料方可到保险公司办理退保手续。

第十五条 申请单位和个人应自觉遵守财经纪律，对弄虚作假截留、挪用或骗取补助资金的，将视情节轻重，依法进行以下处理：

（一）责令限期改正；

（二）追回已取得的补助资金；

（三）取消申报资格；

（四）情节特别严重的，将依法追究法律责任。

第五章 附则

第十六条 本办法由省科技厅负责解释。

第十七条 本办法自发布之日起实施。2014年7月16日贵州省科学技术厅中国保险监督管理委员贵州监管局发布的《关于印发〈贵州省科技保险补助资金管理暂行办法〉的通知》（黔科通〔2014〕94号）同时废止。

省人民政府办公厅关于印发贵州省省级财政科研项目和资金管理办法（试行）的通知

（黔府办发〔2016〕4号）

各市、自治州人民政府、贵安新区管委会，各县（市、区、特区）人民政府，省政府各部门、各直属机构：

经省人民政府同意，现将《贵州省省级财政科研项目和资金管理办法（试行）》印发给你们，请结合实际认真贯彻执行。

贵州省人民政府办公厅
2016年1月23日

贵州省省级财政科研项目和资金管理办法（试行）

第一章　总则

第一条　为深入推进财政科研项目和资金管理改革，激发科研人员的积极性和创造性，根据《国务院关于改进加强中央财政科研项目和资金管理的若干意见》（国发〔2014〕11号），结合我省实际，制定本办法。

第二条　本办法所称省级财政科研项目是指根据省科技发展规划和战略安排，由省级财政资金予以资助、科技计划管理部门组织实施的各类科技计划（专项、基金）（以下简称科技计划）。省级财政科研资金是指列入省级财政预算的科技计划经费。

第三条　省科技厅应当加强与有关部门沟通，做好科技发展优先领域、重点任务和重大项目等统筹协调。省财政厅应当加强科技预算安排的统筹协调，做好各类科技计划资金年度预算方案的综合平衡。省级财政科研项目实施和资金使用中存在的重大问题，由省财政厅、省科技厅提交省科技创新领导小组研究。

第二章　科技计划的设立

第四条　科技计划应当明确功能定位、目标任务、时限要求、资金规模、资金来源和考核指标，建立健全绩效评价、动态调整和终止机制。科技计划管理部门应科学组织安排科研项目，提升项目层次和质量。

第五条　根据科学研究、技术创新和成果转化规律，调整设立五大科技计划体系。按照不同类型科技计划的特点，建立相应的组织管理方式和实施机制。

（一）基础研究计划。突出创新导向，以财政科技投入为主，重点支持制约经济社会发展的基础研究和重大应用基础研究，推动基础前沿、交叉特色和重点学科发展。

（二）科技支撑计划。聚焦公益需求，以财政科技投入引导企业和社会资金共同投入，支撑产业综合竞争力和可持续发展能力的提升。

（三）科技成果应用及产业化计划。突出企业主体，发挥政府财政资金的杠杆引导作用，通过市场机制引导社会资金和金融资本进入创新领域，形成后补助、投资入股、科技贷款相结合的资金支持方式，促进科技成果转移转化、资本化、产业化。

（四）科技重大专项。突出战略导向，以协同创新为核心，以企业投入为主、财政科技投入为引导，推动产业链延伸、产业联盟形成、产业辐射发展和产业板块技术进步。

（五）科技平台及人才团队建设计划。强化能力保障，优化功能布局，完善考核评价机制。

第三章 科研项目管理

第六条 科技计划管理部门应当结合经济社会发展需求编制年度科技计划项目指南并定期向社会发布。自指南发布日到项目申报受理截止日，原则上不少于50天。

第七条 科技计划管理部门应建立科研项目立项检索制度，通过项目库查重、科技查新、专利检索以及市场分析等方式，对科技计划项目申报材料进行初查，避免重复或指向不明立项。

第八条 科技计划管理部门应改进专家遴选制度。项目评估评审以同行专家为主，一线科研人员比例应达到75%左右，扩大企业专家参与项目评估评审的比重。完善专家数据库，实行评估评审专家随机抽取和回避制度。推动学术咨询机构、协会、学会等参与项目评估评审工作。对采用视频或会议方式评审的，强化专家自律，接受同行质询和社会监督。对采用通讯方式评审的，评审前专家名单严格保密，保证评审公正性。

第九条 科技计划管理部门应建立公平公正公开的项目承担单位遴选机制，全面推行科研项目网上申报、网上与网下评审结合、网上公示制度，积极引入招投标机制，实现立项过程"可申诉、可查询、可追溯"。自项目申报受理截止日到项目立项公示原则上不超过90个工作日。

第十条 科技计划管理部门应健全科研项目管理服务机制，积极协调解决项目实施中出现的新情况新问题。针对不同科研项目管理特点组织开展巡视检查或抽查。发现违规行为应责成项目承担单位限期整改或暂停、中止项目实施。

第十一条 项目承担单位应当自项目完成后2个月内向科技计划管理部门提出验收或结题申请，并于验收或结题后1个月内提交科技报告。由于客观原因不能按期完成项目计划的，项目负责人可以申请延期但延长期限不超过1年。无特殊原因未按时提出验收或结题申请的，按未通过验收或结题处理。科技计划管理部门自收到验收或结题申请之日起1个月内，组织有关专家依据项目计划任务书验收或结题。

第十二条 科技计划管理部门要严把验收审查质量关，项目验收可采用同行评议、第三方评估和用户测评方式进行，探索科技项目标准化评价替代部分科技项目验收工作。对部分探索性强的基础研究项目，经省科技厅确认科研人员已经勤勉尽职仍不能按期完成任务的，允许给予结题。

第四章 科研资金管理

第十三条 科研资金分为直接费用和间接费用。直接费用是指在项目研究过程中发生的与项目研究直接相关的费用，具体包括：

（一）设备费：是指在项目研究过程中购置或试制专用仪器设备，对现有仪器设备进行升级改造，以及租赁外单位仪器设备而发生的费用。鼓励通过共享、租赁、改造、试制专用仪器设备减少科研项目设备的购置预算。申请新购置单台套价值在20万元及以上科研仪器设备的，申请单位须同时提交本单位大型科研仪器设备共享情况自查报告。

（二）材料费：是指在项目研究过程中消耗的各种原材料、辅助材料、低值易耗品等的采购及运输、装卸、整理等费用。

（三）测试化验加工费：是指在项目研究过程中支付给外单位（包括项目承担单位内部独立经济核算单位）的检验、测试、化验及加工等费用。

（四）燃料动力费：是指在项目研究过程中相关大型仪器设备、专用科学装置等运行发生的可以单独计量的水、电、气、燃料消耗费用等。

（五）差旅费：是指在项目研究过程中开展科学实验（试验）、科学考察、业务调研、学术交流等所发生的外埠差旅费、市内交通费等。差旅费的开支标准应当按照国家有关规定执行。

（六）会议费：是指在项目研究过程中为了组织开展学术研讨、咨询以及协调项目研究工作等活动而发生的会议费用。会议费支出应当按照国家有关规定执行，并严格控制会议规模、会议数量和会期。

（七）国际合作与交流费：是指在项目研究过程中项目研究人员出国及赴港澳台、外国专家来华及港澳台专家来内地工作的费用。国际合作与交流费应当严格执行国家外事资金管理有关规定。

（八）出版/文献/信息传播/知识产权事务费：是指在项目研究过程中，需支付的出版费、资料费、专用软件购买费、文献检索费、专利申请及其他知识产权事务等费用。

（九）劳务费：是指在项目研究过程中支付给项目组成人员中没有工资性收入的在校研究生、博士后和临时聘用人员的劳务费用，以及临时聘用人员的社会保险补助费用。劳务费应当结合当地实际以及相关人员参与项目的全时工作时间等因素合理确定。

（十）专家咨询费：是指在项目研究过程中支付给临时聘请的咨询专家的费用。专家咨询费标准按国家有关规定执行。科技计划管理部门工作人员不得以任何方式，直接或间接向项目承担单位收取专家咨询费或劳务费。

（十一）其他支出：项目研究过程中发生的除上述费用以外的其他支出，应当在申请预算时单独列示，单独核定。直接费用应当纳入项目承担单位财务统一管理，单独核算，专款专用。

第十四条 间接费用是指项目承担单位在项目组织实施过程中发生的无法在直接费用中列支的相关费用，主要用于补偿项目承担单位为了项目研究提供的现有仪器设备及房屋，水、电、气、暖消耗，有关管理费用，以及绩效支出等。绩效支出是指项目承担单位为了提高科研工作绩效而安排的相关支出。

第十五条 结合不同学科特点，间接费用一般按照不超过项目直接费用扣除设备购置费后的一定比例核定，并实行总额控制，具体比例如下：

（一）500万元及以下部分为20%；

（二）超过500万元至1000万元的部分为13%；

（三）超过1000万元的部分为10%。

绩效支出不超过直接费用扣除设备购置费后的5%。

第十六条 项目申请单位要结合本单位的现有科研条件和设施，科学合理、实事求是编制项目总预算和年度预算，并对仪器设备购置、合作单位资质及拟外拨资金进行重点说明。有自筹经费来源的提供出资证明及其他相关财务资料。科技计划管理部门在项目预算评估评审中不得简单按比例核减预算。除以定额补助方式资助的项目外，依据科研任务实际需要和财力可能核定项目总预算和年度预算，不得在预算申请前先行设定预算控制额度。

第十七条 科技计划管理部门要合理控制项目和预算评估评审时间，按照财政国库管理有关规定及时批复项目和年度预算。省财政厅正式批复部门预算前，可以预拨部分预算资金。对有明确目标的重大项目，按照关键任务合同完成情况进行拨款。

第十八条 规范直接费用支出管理，各类科技计划的支出科目和标准原则上应保持一致。放宽直接费用预算调整权限。在项目经费总额不变的情况下，项目直接费用中材料费、测试化验加工费、燃料动力费、出版/文献/信息传播/知识产权事务费、其他支出如需调整预算，由项目负责人提出申请，报项目承担单位审批，科技计划管理部门在财务检查或验收时予以确认。严格控制直接费用中会议费、差旅费、国际合作与交流费等支出，项目实施中发生的该三项支出之间可以调剂使用，但不得突破三项支出预算总额。

第十九条 完善间接费用支出管理，项目承担单位应当建立健全间接费用的内部管理办法，结合一线科研人员实际贡献公开公正安排绩效支出，充分发挥绩效支出的激励作用。项目承担单位不得在核定的间接费用以外重复提取、列支管理费或其他相关费用。

第二十条 项目完成后项目承担单位应当编制项目经费决算报告。项目经费决算开支范围应当与项目经费预算的范围相一致，如实反映项目经费预算执行和项目实施的基本情况，不一致的应当说明理由。

第二十一条 改进项目结转结余资金管理。项目在研期间，年度剩余资金可以结转下一年度继续使用。项目完成任务目标并通过验收，且承担单位信用评价好的，项目结余资金按规定在一定期限内由单位统筹安排用于科研活动的直接费用支出，并将使用情况报科技计划管理部门；未通过验收和整改后通过验收的项目，或承担单位信用评价差的，结余资金按原渠道收回。

第二十二条 项目实施过程中，因故终止执行的项目，其结余资金应当原渠道退回。因故被依法撤销的项目，已拨付的资金应当全部退回。因特殊情况退回资金确有困难的，应当由项目承担单位提出申请报科技计划管理部门核准。

第五章 后补助

第二十三条 在我省注册、具有独立法人资格的企业、科研院所、高等学校，根据市场需求先行投入资金，从事研究开发、成果转化、产业化活动或科技服务，并取得明显成效的，通过审查或认定后，可享受后补助。

第二十四条 后补助分为先备案后补助、后审查后补助和科技服务后补助三种方式。

（一）企事业单位围绕我省发展重点领域，先行投入资金组织开展研究开发活动，取得预期成果登记，并按相关程序向省科技厅备案后，可根据成果转化活动所处阶段申请后补助。

（二）企事业单位根据市场需求及自身发展需要，先行投入资金组织开展研究开发、成果转化、产业化活动取得显著经济社会效益，达到相关标准，经省科技厅审查后可申请后补助。

（三）省级财政资金投资建设的公益性科技资源平台及科技服务机构，面向社会开展公共服务，经绩效考核后可申请后补助。

第二十五条 后补助所需资金由省科技厅从省应用技术研究与开发专项资金中列支，经省科技厅组织专家评审或委托具有相应资格的第三方机构认定后，拨付给项目承担单位，由项目承担单位统筹使用。省科技厅负责定期发布后补助项目申报通知并组织实施，省科技厅、省财政厅负责后补助项目经费使用情况监督。如发现弄虚作假、伪造成果、挪用挤占等行为，可中止事项、停止拨款，并根据具体情况追回部分或全部财政补助经费，将不良信用记录纳入省科技信用管理体系，并视情节轻重，给予取消单位申报资格等处理。

第六章 科研项目和资金监管

第二十六条 科技计划管理部门要切实履行项目监管主体责任,制定或修订科技计划管理制度,建立健全本部门内部控制和监管体系;督促指导项目承担单位和科研人员依法开展科研活动;做好政策宣传、培训等工作。

第二十七条 科技计划管理部门要加强科研信用管理,建立覆盖指南编制、项目申请、评估评审、立项、执行、验收全过程的科研信用记录制度,委托专业机构对项目承担单位和科研人员、评估评审专家、中介机构等参与主体进行信用评级。将有严重不良信用记录的项目承担单位、科研人员、评估评审专家和中介机构等记入"黑名单",阶段性或永久取消其申请财政资助项目或参与项目评审、管理的资格。各科技计划管理部门应共享信用评价信息。

第二十八条 科技计划管理部门应当建立责任倒查制度,针对出现的问题倒查科技计划管理部门相关人员的履职尽责和廉洁自律情况,经查实存在问题的依法依规严肃处理。

第二十九条 项目承担单位要强化在项目申请、组织实施、验收和资金使用等方面的法人主体责任。建立常态化的自查自纠机制,严格依法处理本单位出现的违法违规行为。科研人员要弘扬科学精神,恪守科研诚信,强化责任意识,严格遵守科研项目和资金管理的各项规定,自觉接受有关方面监督。

第三十条 项目承担单位应当改进科研项目资金结算方式,原则上采用非现金方式结算。科研院所、高等学校等事业单位承担项目所发生的会议费、差旅费、小额材料费和测试化验加工费等,原则上实行公务卡结算。企业承担的项目,上述支出也应当采用非现金方式结算。项目承担单位对设备费、大宗材料费和测试化验加工费、劳务费、专家咨询费等支出,原则上应当通过银行转账方式结算。

第三十一条 项目承担单位应当规范科研项目资金使用行为,依法使用项目资金。不得有下列行为:

(一)擅自调整外拨资金。

(二)利用虚假票据套取资金。

(三)编造虚假合同、虚构人员名单等方式虚报冒领劳务费和专家咨询费。

(四)虚构测试化验内容、提高测试化验支出标准等方式违规开支测试化验加工费。

(五)随意调账变动支出、随意修改记账凭证、以表代账应付财务审计和检查。

第三十二条 违反本办法规定违规使用项目资金的,科技计划管理部门和科技经费监管部门采取下列方式处理:

(一)通报批评。

(二)暂停项目拨款。

(三)终止项目执行。

(四)追回已拨项目资金。

(五)取消项目承担者一定期限内项目申报资格。涉及违法的移交司法机关依法处理,并将有关结果向社会公开。

第七章 附则

第三十三条 本办法由省科技厅、省财政厅负责解释。

第三十四条 本办法自印发之日起施行。此前相关规定与本办法相抵触的以本办法为准。

关于印发《贵州省大型科研仪器设备共享服务评估与补助暂行办法》的通知

(黔科通〔2016〕179号)

省内各高等院校、科研院所、行业检测机构、有关企事业单位、各类重点实验室、工程（技术）中心、分析测试中心、野外科学观测站及有关单位：

为贯彻落实《国务院关于国家重大科研基础设施和大型科研仪器向社会开放的意见》（国发〔2014〕70号）以及《省人民政府办公厅关于转发省科技厅重大科研基础设施和大型科研仪器向社会开放实施方案的通知》（黔府办函〔2015〕197号），合理科学评价管理单位仪器设备运行情况、开放共享制度的合理性、开放程度、服务质量和开放效果等，促进仪器设备管理单位对外提供开放共享服务，省科技厅、省财政厅联合制定了《贵州省大型科研仪器设备共享服务评估与补助暂行办法》，现印发给你们，请遵照执行。

附件：贵州省大型科研仪器设备共享服务评估与补助暂行办法

贵州省科学技术厅
贵州省财政厅
2016年12月13日

贵州省大型科研仪器设备共享服务评估与补助暂行办法

一、总则

第一条 为促进贵州省大型科研仪器设备的共用共享，提高仪器设备资源利用率，充分调动贵州省大型科研仪器设备管理单位和相关人员提供共享服务的积极性，更好地为我省科技创新创业服务，根据《国务院关于国家重大科研基础设施和大型科研仪器向社会开放的意见》（国发〔2014〕70号）、《省人民政府办公厅关于转发贵州省科技厅关于加强重大科研基础设施和大型科研仪器向社会开放的实施方案》（黔府办函〔2015〕197号），制定本办法。

第二条 本办法所称的大型科研仪器设备是指单台（套）原值为20万人民币及以上，用于科学研究、技术开发及其他科技活动的仪器和设备。

入网单位是指加入贵州省大型科学仪器共享服务平台的仪器管理单位。

本办法所称的共享，是指入网单位通过贵州省科研仪器共享服务平台将本单位的大型科学仪器设备向社会开放，供非关联单位、个人用于科学研究和技术开发的行为。

第三条 入网单位服务评估坚持"客观公正、科学合理"的原则，实行"统一组织、年度考核"的管理方式，每年进行一次。

二、评估范围及内容

第四条 贵州省省内科研院所、高等院校、企事业等单位的大型科学仪器设备共享服务评估和后补助工作，适用本办法。

第五条 凡以省级财政性资金购置、建设的大型科研仪器设备管理单位都应接受仪器设备共享服务评估。鼓励以其他资金，包括中央财政、社会资金等购置、建设的大型科研仪器设备的管理单位参加评估。

在大型科研仪器设备共享服务年度评估中，评估结果为合格及以上的入网单位，可申请年度仪器共享服务补助。

第六条 评估的主要内容包括：在线服务平台建设（共享信息网络建设）、仪器设备利用率、对外服务机时、共享服务效益、相关资质认证、共享管理制度建设、服务队伍与能力建设及信息公开等情况。

三、评估流程

第七条 每年由省科技厅会同各有关主管部门组织实施大型科研仪器设备共享服务评估与补助工作，评估期为上一年9月1日到当年8月31日。

第八条 纳入评估范围的仪器管理单位需通过贵州省科研仪器共享服务平台仪器共享服务评估及补助系统，按要求填报相关材料。结合公共在线服务平台系统中服务记录及用户评价信息，评估方式为省科技厅委托第三方评估机构进行评估。

第九条 对共享服务分平台和行业检测服务中心的评估，原则上按第八条和现场考察相结合的方式进行。现场随机抽查数不低于总数的10%。现场抽查包括共享服务相关原始记录和大型科学仪器设备运行管理情况、用户满意度的核实等。

第十条 评估结果分为优秀、良好、合格、不合格。

第十一条 评估结果由评估小组报主管单位审定后确定，并通过贵州省科技厅门户网站和贵州省科研仪器共享服务平台向社会公示。同时，建立健全本省大型科研仪器设备共享信息库，为本省新购（新建）大型科研仪器设备联合评议提供依据。

四、补助

第十二条 管理单位共享服务补助给予当年大型科研仪器共享服务评估合格及以上的入网单位。

第十三条 管理单位共享服务补助经费，根据管理单位通过贵州省科研仪器共享服务平台仪器服务备案系统备案的共享服务工作量，以及仪器管理单位年度绩效评估等级确定，最高补助金额不超过30万元，补助资金来源于省级应用技术研究与开发资金。

第十四条 对评估优秀的管理单位以省级财政性资金全额或部分出资购置、新建大型科研仪器设备的，有关主管部门应在同等条件下优先批准其申请。

五、补助资金用途

第十五条 管理单位的共享服务补助资金，可用于共享大型科学仪器设备的运行维护、功能开发、升级改造、服务推广、信息管理与维护、操作（管理）人员的能力培训等。

第十六条 管理单位对补助资金的开支行使管理和监督权，应做到账目清晰、内容真实、核算准确，确保补助资金的合理使用。如有弄虚作假、截留、挪用、挤占补助资金等行为，由省科技厅、省财政厅依法追回补助资金，情节严重的，依法追究法律责任。

申报材料弄虚作假的，取消该单位当年及3年内的补助资格。

六、附则

第十七条 本办法自印发之日起实施。

附件：贵州省大型科研仪器共享服务评估评分标准（试行）（略）

省人民政府办公厅印发《关于进一步改进完善省级财政科研项目资金管理等政策的实施意见》的通知

(黔府办发〔2017〕26号)

各市、自治州人民政府，贵安新区管委会，各县（市、区、特区）人民政府，省政府各部门、各直属机构：

经省人民政府同意，现将《关于进一步改进完善省级财政科研项目资金管理等政策的实施意见》印发给你们，请认真贯彻执行。

贵州省人民政府办公厅
2017年7月28日

关于进一步改进完善省级财政科研项目资金管理等政策的实施意见

为贯彻落实《中共中央办公厅国务院办公厅印发〈关于进一步完善中央财政科研项目资金管理等政策的若干意见〉的通知》（中办发〔2016〕50号）精神，改革和创新科研经费使用和管理方式，激发科研人员的积极性和创造性，进一步推进简政放权、放管结合、优化服务，提出以下实施意见。

一、改进省级财政科研项目资金管理

（一）简化预算编制，下放预算调剂权限。简化预算编制科目，将"会议费""差旅费""国际合作与交流费"三个科目合并为"会议费/差旅费/国际合作与交流费"科目，由科研人员结合科研活动实际编制预算并按规定统筹安排使用，其中不超过直接费用10%的，不需要提供预算测算依据。下放预算调剂权限，在项目经费总额不变的情况下，项目直接费用中的材料费、测试化验加工费、燃料动力费、出版/文献/信息传播/知识产权事务费及其他支出如需调剂预算，由项目负责人提出申请，报项目承担单位核准。改进预算编制方法，实行部门预算批复前项目资金预拨制度，保证科研人员及时使用项目资金。（省财政厅、省科技厅、项目承担单位、项目主管部门负责）

（二）提高间接费用比重，取消绩效支出比例限制。省级财政科技计划（专项、基金等）中实行公开竞争方式的研发类项目，均要设立间接费用。间接费用按照不超过项目直接费用扣除设备购置费后的一定比例核定：500万元以下（包括500万元）的部分按20%核定，500万元至1000万元（包括1000万元）的部分按15%核定，1000万元以上的部分按13%核定。间接费用中绩效支出不受比例限制。项目承担单位要制定科研项目资金绩效支出管理制度，依法依规使用间接费用，要处理好合理分摊间接成本和对科研人员激励的关系，绩效支出安排与科研人员在项目工作中的实际贡献挂钩。项目承担单位中的国有企事业单位从科研经费中列支的编制内有工资性收入

科研人员的绩效支出，一次性计入当年本单位工资总额，但不受当年本单位工资总额限制、不纳入本单位工资总额基数。（项目承担单位、项目主管部门负责）

（三）明确劳务费开支范围，劳务费不设比例限制。参与项目的在校生、博士后、访问学者以及聘用的研究人员、科研辅助人员等，均可按规定标准开支劳务费。劳务费预算不设比例限制，由项目承担单位和科研人员据实编制。项目聘用人员的劳务费开支标准参照项目所在地科学研究和技术服务业从业人员平均工资水平，根据其在项目研究中承担的工作任务确定，其社会保险补助纳入劳务费科目列支。（项目承担单位、项目主管部门负责）

（四）改进项目结转结余资金留用处理方式。项目实施期间，年度剩余资金可结转下一年度继续使用。项目完成任务目标并通过验收，且承担单位信用评价较好的，结余资金留归项目承担单位使用，在2年内由项目承担单位统筹安排用于科研活动的直接费用支出；2年后未使用完的，按规定收回。未通过验收和整改后通过验收的项目、承担单位信用评价或预算执行评价较差的项目，结余资金按原渠道收回。（项目承担单位、项目主管部门负责）

（五）自主规范管理横向经费。支持高校、科研院所通过签订合作研究、委托研究、技术开发、技术咨询、技术服务等方式，从企事业单位、社会团体或个人等获得非财政拨款性质的横向科研项目经费。项目承担单位以市场委托方式取得的横向经费，纳入单位财务统一管理，由项目承担单位按委托方要求或合同约定管理使用。项目承担单位要从横向经费结余部分提取一定比例用于科研人员劳务报酬，其中软件开发类、设计类、规划类、咨询类等主要依靠智力投入的科研项目不低于70%，其他项目不低于20%。科研劳务报酬一次性计入当年本单位工资总额，但不受当年本单位工资总额限制、不纳入本单位工资总额基数。科研劳务报酬计缴个人所得税。（项目承担单位负责）

二、改进高校、科研院所差旅会议、科研仪器设备采购和基本建设项目管理

（六）下放差旅费、会议费管理权限。高校、科研院所可根据教学、科研、管理工作实际需要，按照精简高效、厉行节约的原则，研究制定差旅费管理办法，合理确定教学科研人员乘坐交通工具等级和住宿费标准，会议次数、天数、人数和会议费开支范围、标准。难以取得住宿费发票的，以及省内出差地不能提供公共交通车船发票的，在确保真实性的前提下，据实报销城市间交通费，并按规定标准发放伙食补助费和市内交通费。会议代表参加会议所发生的城市间交通费，原则上按差旅费管理规定由所在单位报销；邀请国内外专家、学者和有关人员参加会议，对确需负担的城市间交通费、国际旅费，可由项目主办单位从会议费等费用中报销。科研类差旅费、会议费不纳入行政经费统计范围，不受零增长限制，从科研经费中列支的国际合作与交流费用不纳入"三公"经费统计范围，不受零增长限制。（高校、科研院所负责）

（七）完善高校、科研院所科研仪器设备采购管理。高校、科研院所可自行采购科研仪器设备，自行选择科研仪器设备评审专家组织开展新购仪器设备查重评议。省财政厅要简化政府采购项目预算调剂和变更政府采购方式审批流程。高校、科研院所应当控制设备购置费支出，鼓励使用贵州省大型科研仪器网络共享平台资源。高校、科研院所要切实做好设备采购的监督管理，做到全程公开、透明、可追溯。对高校、科研院所进口仪器设备继续实行备案制管理，落实进口科研教学用品免税政策。（省财政厅、贵阳海关、省国税局、省地税局、高校、科研院所负责）

（八）完善高校、科研院所科研基本建设项目管理。对高校、科研院所利用自有资金、不申请政府投资建设的项目，由高校、科研院所自主决策，报主管部门备案，不再进行审批。省内高校、科研院所主管部门要指导高校、科研院所编制五年建设规划，对列入规划的科研基本建设项目不再审批项目建议书。简化高校、科研院所科研基本建设项目城乡规划、用地及环评、能评等审批手续，缩短审批周期。（省发展改革委、省教育厅、省科技厅、省农委、省林业厅、省水利厅、省国土资源厅、省环境保护厅负责）

三、规范管理、改进服务

（九）强化法人责任。项目承担单位是科研项目实施和资金使用管理的责任主体，要切实履行项目组织实施、验收、资金和资产使用等方面的管理职责，严格遵守科研项目资金管理各项规定，健全内部管理制度，加强预算审核把关，主动公开项目预算、预算调剂、资金使用、研究成果等情况，切实做好国有资产管理。（项目承担单位负责）

（十）建立科研财务助理制度。项目承担单位要建立健全科研财务助理制度，为科研人员在项目预算编制和调剂、经费支出、财务决算和验收等方面提供专业化服务，科研财务助理所需费用可由项目承担单位根据情况通过科研项目资金等渠道解决。充分利用信息化手段，建立健全项目承担单位的内部科研、财务部门和项目负责人信息共享平台，提高科研管理效率和便利化程度。（项目承担单位负责）

（十一）改进财务报销管理。项目承担单位要制定符合科研实际需要的内部报销规定，科研项目在野外考察、心理测试以及社会调查、访谈等过程中支付给调查、访谈对象个人的数据采集费等，直接面向个人或偏远地区获得的样本采集费和从个人手中购买农副产品等特殊材料支付的材料费，确实无法取得发票或财政性票据的，在确保真实性的前提下据实报销。全面实行非现金方式结算，项目实施过程中发生的劳务费和专家咨询费应采用银行转账方式发放，由支付对象凭据报销。（项目承担单位负责）

（十二）精简检查评审。省科技厅、省财政厅、项目主管部门要加强对科研项目资金监督的制度规范、年度计划、结果运用等的统筹协调，建立职责明确、分工负责的协同工作机制。省科技厅、项目主管部门要加快清理规范委托中介机构对科研项目开展的各种检查评审，加强对前期已经开展相关检查的结果运用，推进检查结果共享，减少检查数量，改进检查方式，避免重复检查、多头检查、过度检查。（省科技厅、省财政厅、项目主管部门负责）

（十三）创新财政科研资金支持方式。省应用技术研究与开发资金主管部门要进一步创新财政科研资金支持方式，推动部分专项资金由无偿变有偿、拨款变投资、资金变股权，激发创新创业活力。有偿支持主要采取股权投资、研发领域PPP（政府和社会资本合作）、风险代偿、政府购买服务等方式。（省科技厅、省财政厅、省发展改革委、省农委负责）

四、加强制度建设和工作督查

（十四）尽快出台操作性强的实施办法。项目主管部门要完善预算编制指南，指导项目承担单位和科研人员科学合理编制项目预算；制定预算评估评审工作细则，优化评估程序和方法，规范评估行为，建立健全与项目申请者及时沟通反馈机制；制定财务验收工作细则，规范委托中介机构开展的财务检查。2017年10月1日前，各高校、科研院所要制定出台差旅费、会议费、公务卡结算、科研仪器采购等科研经费内部管理办法，其主管部门要加强工作指导和统筹；2017年年底前，项目主管部门要制定出台相关实施细则，项目承担单位要制定或修订科研项目资金内部管理办法和报销规定。2017年以后承担省级财政科研项目的单位，都要于当年制定出台相关管理办法和规定。（省科技厅、省农委、省发展改革委、高校和科研院所主管部门、高校和科研院所、项

目承担单位负责)

(十五)加强对政策措施落实情况的督查指导。省财政厅、省科技厅要适时组织开展对项目承担单位科研项目资金等管理权限落实、内部管理办法制定、创新服务方式、内控机制建设、相关事项内部公开等情况的督查,督查情况以适当方式进行通报,并将督查结果纳入信用管理,与间接费用核定、结余资金留用等挂钩。审计机关要依法开展对政策措施落实情况和政策资金的审计监督。项目主管部门要督促指导所属项目承担单位完善内部管理,确保各项政策规定落到实处。(省财政厅、省科技厅、省审计厅、项目主管部门负责)

本意见印发后,次月底前完成验收(结题)的科研项目适用本意见;2017年立项的科研项目适用本意见。

各市(州)、贵安新区要参照本实施意见精神,制定或完善本地区财政科研项目资金管理的具体办法。

省人民政府办公厅关于抓好赋予科研机构和人员更大自主权有关文件贯彻落实工作的通知

(黔府办函〔2019〕19号)

各市、自治州人民政府，贵安新区管委会，省直管试点县（市）人民政府，省政府各部门、各直属机构：

近年来，党中央、国务院和省委、省政府高度重视激发科研人员创新积极性，聚焦完善科研管理、提升科研绩效、推进成果转化、优化分配机制等方面出台了一系列政策文件，多措并举赋予了科研单位和科研人员更大自主权，受到科研单位和科研人员普遍欢迎。但部分地区和单位还不同程度存在贯彻落实进展缓慢、部分政策措施落实不到位等问题，影响了政策效果。为认真贯彻落实《国务院办公厅关于抓好赋予科研机构和人员更大自主权有关文件贯彻落实工作的通知》（国办发〔2018〕127号）精神，进一步推动赋予科研单位和科研人员更大自主权有关文件精神落实到位，经省人民政府同意，现将有关事项通知如下：

一、充分认识赋予科研机构和人员自主权的重要意义

深入推进科技体制改革、赋予科研单位和科研人员更大自主权、切实减轻科研人员负担，对于调动科研人员积极性、充分释放创新活力、推进建设创新型国家、实现经济高质量发展具有重要意义。各地、各部门要强化责任意识，坚持以习近平新时代中国特色社会主义思想为指导，深刻认识赋予科研单位和科研人员自主权是激发创新创造活力的重要举措，是实施创新驱动发展战略、加快实现经济高质量发展的必然要求，切实增强抓好文件贯彻落实的使命感、责任感和紧迫感，按照党中央、国务院和省委、省政府决策部署和要求，抓紧解决政策落实中存在的突出问题，着力为科研单位和人员营造良好创新环境，进一步调动科研人员积极性、激发更多创新创造活力，加快提升科技创新能力，为全省经济社会发展提供强大引擎。

二、制定政策落实的配套制度和具体实施办法

（一）对党中央、国务院和省委、省政府已经出台的赋予科研单位和科研人员自主权的有关政策，各地、各部门和各单位都要制定具体的实施办法，对现行的科研项目、科研资金、科研人员以及因公临时出国等管理办法进行修订，对与新出台政策精神不符的规定要进行清理和修改。各高校、科研院所、国有企业和智库以及其他承担科研任务的单位要按照上述原则修订和制定相关实施办法和制度。以上工作要在2019年2月底前完成。

（二）根据国家有关部委即将制定出台的关于赋予科研机构和人员更大自主权的相关办法措施，省有关部门要及时制定相应配套政策措施。

三、深入推进下放科技管理权限工作

（一）推动预算调剂和仪器采购管理权落实到位。省科技厅、省财政厅和其他省财政科研项目管理部门要按照《中共中央办公厅国务院办公厅印发〈关于进一步完善中央财政科研项目资金管理等政策的若干意见〉的通知》（中办发〔2016〕50号）、《国务院关于优化科研管理提升科研绩效若干措施的通知》（国发〔2018〕25号）、《省人民政府办公厅印发〈关于进一步改进完善省级财政科研项目资金管理等政策的实施意见〉的通知》（黔府办发〔2017〕26号）等精神，分别修订有关科技项目和经费管理办法，将文件规定的有关预算调剂、科研仪器采购等事项交由项目承担单位自主决定，由单位主管部门报项目管理部门备案。

（二）推动科研人员的技术路线决策权落实到位。各地、各部门在制定有关规定和具体办法时，要明确"赋予科研人员更大技术路线决策权"、"科研项目负责人可以根据项目需要，按规定自主组建科研团队，并结合项目实施进展情况进行相应调整"。

（三）推动项目过程管理权落实到位。各项目管理部门对科研项目要由重过程管理向重项目目标和标志性成果转变，加强对科研项目结果及阶段性成果的考核，实施过程中的管理主要由项目承担单位负责。要精简信息和材料报送，有关单位不得随意要求项目承担单位填报各种信息或报送有关材料。项目管理部门要通过随机抽查等方式加强事中事后监管，防止发生违规行为。

（四）科研单位要健全完善内部管理制度。项目管理专业机构不再承担已明确下放给科研单位管理的有关事项。各地、各有关部门要根据有关规定，负责指导所属科研单位制定详细可操作的管理制度和办法，确保在落实科研人员自主权的基础上，突出成果导向，提高科研资金使用绩效，完成科研目标任务。项目管理部门要采取随机抽查等方式加强事中事后监管，防止发生违规行为。

四、进一步做好已出台法规文件中相关规定的衔接

（一）明确科研人员兼职的操作办法。各有关部门和单位要认真执行《国务院关于印发实施〈中华人民共和国促进科技成果转化法〉若干规定的通知》（国发〔2016〕16号）、《中共中央办公厅国务院办公厅印发〈关于实行以增加知识价值为导向分配政策的若干意见〉的通知》（厅字〔2016〕35号）、《省人民政府办公厅关于印发贵州省促进科技成果转移转化实施方案的通知》（黔府办发〔2017〕41号）有关规定，与企业通过股权合作、共同研发、互派人员、成果应用等多种方式建立紧密的合作关系，支持科研人员深入企业进行成果转化，落实"科研人员在履行好岗位职责、完成本职工作的前提下，经所在单位同意，可以到企业和其他科研机构、高校、社会组织等兼职并取得合法报酬"的规定。各地、各有关部门和单位要进一步明确科研人员兼职兼薪问题的具体管理办法，明确审批程序，约定有关权利与义务。对担任领导职务的科研人员兼职，按照有关规定执行。

（二）明确科研人员获得科技成果转化收益的具体办法。各高校、科研院所要按照《中华人民共和国促进科技成果转化法》有关规定，制定本单位转化科技成果的专门管理办法，完善评价激励机制，对科技成果的主要完成人和其他对科技成果转化作出重要贡献的人员，区分不同情况给予现金、股份或者出资比例等奖励和报酬。省人力资源和社会保障厅要会同有关部门按照优化科研管理提升科研绩效的有关规定精神，落实"科研人员获得的职务科技成果转化现金奖励计入当年本单位绩效工资总量，但不受总量限制，不纳入总量基数"的要求，制定出台具体操作办法，推动各部门和单位落实到位。

（三）明确科技成果作为国有资产的管理程序。省财政厅要认真落实《中华人民共和国促进科技成果转化法》和财政部相关要求，按照对科技成果价值"通过协议定价、在技术市场挂牌交易、拍卖等方式确定价格"的规定，修订我省有关管理办法，简化科技成果的国有资产评估程序，缩短评估周期，改进对评估结果的使用方式，研究建立资产评估报告公示制度，同时探索利用市场化机制确定科技成果价值的多种方式。要进一步优化国有资产产权登记和变更程序，提高科技成果转化效率。

（四）明确有关项目经费的细化管理制度。各有关部门和单位要进一步推进产学研结合，并制定专门管理办法，对以市场委托方式取得的横向经费，由项目承担单位按照委托方要求或合同约定管理使用。省财政厅要在有关项目经费使用管理规定中要求高校、科研院所根据科研工作的特点，对科研需要的出差和会议按照标准报销有关费用并简化相关手续。探索建立项目立项环节技术专家和财务专家共同审核机制，在科研项目评审的同时进行预算评审。

五、加强对政策贯彻落实工作的督查指导

（一）加强政策落实的统筹协调。省科技厅（省科技创新领导小组办公室）要加强统筹协调，牵头会同有关部门和单位，认真对照国办发〔2018〕127号文件要求，不折不扣地逐项落实有关工作。各地、各有关部门要及时对有关配套政策的制定、有关规定的清理和修订提出意见，并认真研究起草有关文稿按程序报批。各地、各有关部门要将贯彻落实情况于2019年2月底前报省科技厅，由省科技厅汇总后报省人民政府。

（二）开展对政策落实情况的自查和督查。各地、各有关部门要加强对科研单位的业务指导和督查，坚持问题导向，对本部门所属科研单位落实赋予科研单位和科研人员自主权有关文件精神情况进行全面自查，逐一梳理、明确责任，深入分析堵点难点并加以纠正解决，确保政策全面兑现。省政府办公厅将适时开展督促检查。

（三）做好培训宣传工作。省科技厅、省财政厅等部门要加强对党中央、国务院出台文件的宣传解读，对政策性比较强的管理问题和财务制度要开展培训，建立咨询渠道，及时总结我省各地、各单位、各科研机构的好做法、好经验、好案例，做好宣传推广。

（四）加强对政策落实的监督。要加强审计监督，按照有关规定将各地、各部门贯彻落实情况纳入年度重大政策跟踪审计范围，以是否符合中央精神和改革方向作为审计定性判断的标准，充分尊重科研规律，对符合中央精神和改革方向，但不符合部门、地方、单位现有管理规定的行为，要有针对性地提出具体规定修改调整的建议。加强社会监督，建立举报投诉渠道，鼓励科研单位和科研人员对政策落实情况进行监督，发现严重失职失责的要追究有关人员责任。

贵州省人民政府办公厅

2019年2月3日

贵州省科学技术厅 贵州省财政厅关于印发《贵州省科技成果转化股权投资管理暂行办法》的通知

(黔科通〔2019〕66号)

各有关单位：

为促进科技成果转移转化，根据《关于创新财政专项资金支持产业发展使用方式的意见》(黔府办发〔2015〕35号)、《关于进一步改进完善省级财政科研项目资金管理等政策的实施意见》(黔府办发〔2017〕26号)和《贵州省省级应用技术研究与开发资金创新支持方式管理试行办法》(黔科领发〔2017〕1号)等文件精神，我们制定了《贵州省科技成果转化股权投资管理暂行办法》。现予印发，请遵照执行。

附件：《贵州省科技成果转化股权投资管理暂行办法》

贵州省科学技术厅
贵州省财政厅
2019年8月14日

贵州省科技成果转化股权投资管理暂行办法

第一章 总则

第一条 为促进科技成果转移转化，根据《关于创新财政专项资金支持产业发展使用方式的意见》(黔府办发〔2015〕35号)、《关于进一步改进完善省级财政科研项目资金管理等政策的实施意见》(黔府办发〔2017〕26号)和《贵州省省级应用技术研究与开发资金创新支持方式管理试行办法》(黔科领发〔2017〕1号)，制定本办法。

第二条 在省级科技成果应用及产业化计划中设立科技成果转化股权投资专项(简称"股权投资专项")，所需省级财政科技资金来源为省级应用技术研究与开发资金，年度预算不低于科技成果应用及产业化计划资金年度预算的40%。

第三条 股权投资专项坚持市场在资源配置中的决定性作用和更好发挥政府作用，为贵州省科技成果转化基金等省级基金跟投发挥先导作用。

第四条 省科技厅选定股权投资专项管理机构履行出资人职责，承担股权投资项目的立项评审、尽职调查、投资决策管理等工作。

经省科技厅同意，股权投资专项管理机构可协议委托科技项目管理专业机构、创业投资公司、基金公司、金融机构、社会中介机构等履行相关职责，实施专业化管理。

第二章 立项条件和支持方式

第五条 股权投资专项项目的任务来源及项目的组织形式主要包括：

（一）省委省政府纪要、省政府签订的协议；

（二）省科技厅签订的合作会商协议；

（三）省科技厅发布的技术榜单、股权投资专项申报指南。

第六条 股权投资专项立项的基本条件：

（一）首次在本省实施，预期能显著提升产业水平，创造显著的经济效益；

（二）拥有技术知识产权，且权属明确、无争议；

（三）属于引进科技成果实施转化的，申报单位与科技成果供给方签订技术合同或达成合作意向，取得或即将取得知识产权所有权或使用权。

第七条 股权投资专项优先支持以下科技成果：

（一）处于试验发展或者应用研究阶段，需要通过研发原型产品等方式进一步转换技术状态；

（二）获得省部级二等奖及其以上科学技术奖励、中国专利金奖和优秀奖的；

（三）各级地方政府已明确纳入支持计划的。

第八条 股权投资专项主要发挥天使投资功能，具体支持方式为：

（一）组建项目实体（SPV）。与合作方在贵州省内依法注册公司或农民专业合作社，作为股权投资项目的项目实体。

（二）委托研发。以获得专利权、集成电路布图设计权等技术知识产权，产品图、工艺文件、质量控制文件等整体技术解决方案，以及附带的首台（套、批）样品等方式购买研究开发与试验发展（R&D）服务。

（三）共享知识产权。通过与知识产权持有人约定产权的方式合作进行知识产权运营。

第九条 股权投资专项参股期限一般为3~5年，最长期限不超过7年。

第三章 项目申报

第十条 股权投资专项由企业向股权投资专项管理机构申报。企业可自行申报，也可牵头与其他单位联合申报。申报负责人一般为企业法定代表人，或者是由法定代表人授权的企业高层经营管理人员。

第十一条 申报单位必须具备以下基本条件：

（一）申报单位及其合作方有配套资金保障。配套现金须达到股权投资额度的4倍（含4倍）以上；配套现金全部由地方政府或其国有机构出资的，按有关协议执行。

（二）具有项目实施的基础条件和保障能力。

第十二条 申报单位需提交以下材料：

（一）《项目申报书》，包括组织机构代码或"五证合一"代码、法人代表身份证复印件（加盖单位公章）；

（二）《项目论证报告》，包括项目知识产权清单和项目知识产权分析报告、技术合同；

（三）《项目经费预算表》。

第四章 项目立项

第十三条 预先审查。股权投资专项管理机构受理项目申报后，对项目的知识产权情况、项目申报单位与科技成果供给方签订技术合同的情况、是否符合本办法的有关规定等进行审查。

第十四条 立项评审。通过预先审查的项目，股权投资专项管理机构或由其委托科技项目管理专业机构组织7~9名产业界、科技界、经济界和知识产权专家组成专家组进行立项论证和预算审查，对技术可行性、预算合理性等进行论证。

第十五条　尽职调查。立项论证和预算审查后专家组建议立项的，股权投资专项管理机构对项目申报单位的财务状况、团队能力、市场营销、配套经费落实和诚信情况等开展尽职调查，提出尽职调查报告和项目建议（包括占股比例等）。

第十六条　投资决策。股权投资专项设立投资决策委员会，拥有股权投资的最终决策权。投资决策委员会常设委员由省科技厅、省财政厅、股权投资专项管理机构推荐，非常设委员根据项目投资领域聘请产业界和经济界专家组成。投资决策委员会委员由股权投资专项管理机构聘任。

股权投资专项管理机构将立项评审结论、尽职调查报告和项目建议等提交投资决策委员会进行审议，形成投资决议。投资决议须经2/3（含2/3）以上委员表决通过。根据项目需要，投资决策委员会可聘请临时专家小组对项目决策提供专业咨询。

省科技厅对拟立项投资项目进行公示，公示期为7天。公示期结束无异议或异议不成立的，省科技厅依据投资决策委员会决议审定项目计划。

股权投资项目批准立项后，申报单位须牵头组建项目实体（SPV）作为项目实施单位。

第五章　项目管理

第十七条　省科技厅与选定的股权投资专项管理机构签订协议，委托其履行出资人职责，负责股权投资业务及项目退出等相关事务。股权投资专项管理机构向项目实体派出董事、监事或其他管理人员，依法行使出资人职责、参与重大决策、监督项目资金的使用和运作。

第十八条　投资形成的股权，在投资后4年内（含4年）可退出。退出方式包括通过证券市场、产权市场公开转让，以及破产清算等。

投资项目退出时，股权投资专项管理机构根据项目实际情况准备项目退出相关文件，报省科技厅决策。

第十九条　股权投资净收益和投资退出增值收益的分配、投资损失及清算损失的处置等，按照《关于创新财政专项资金支持产业发展使用方式的意见》（黔府办发〔2015〕35号）执行。

在股权投资未产生收益前，省科技厅会同省财政厅每年以政府购买服务的方式，按所委托管理资金0.5%的比例从省科技厅的管理经费中支付委托管理费。

第二十条　省科技厅对股权投资项目的运作进行监督，对资金使用情况进行检查，必要时可对运作情况进行专项审计。

每个会计年度结束后的4个月内，股权投资专项管理机构将经注册会计师审计的股权投资项目年度财务审计报告报送省科技厅。

股权投资项目运作过程中如发生重大或特殊事件，股权投资专项管理机构应当及时向省科技厅报告，并根据要求编制临时报告书。

第二十一条　股权投资专项管理机构的管理人员如因滥用职权、玩忽职守或因人为故意、重大过失造成股权投资不应有的损失的，依法追究法律责任。

第六章　附则

第二十二条　本办法由省科技厅、省财政厅发布并负责解释。

第二十三条　本办法自印发之日起施行。

省科学技术厅　省委宣传部　省发展和改革委员会
关于印发贵州省科研诚信管理暂行办法的通知

(黔科通〔2020〕9号)

省科技创新领导小组成员单位，省哲学社会科学工作领导小组成员单位，各市（州）党委宣传部、科技局、贵安新区党工委政治部、社会事务管理局，各高等院校、科研院所、企事业单位，有关单位：

《贵州省科研诚信管理暂行办法》已经省深化科技体制改革专题组2019年第二次会议审议通过，并经省委全面深化改革委员会同意，现印发给你们，请遵照执行。

贵州省科学技术厅
中共贵州省委宣传部
贵州省发展和改革委员会
2020年2月19日

贵州省科研诚信管理暂行办法

第一章　总则

第一条　为加强贵州省科研诚信体系建设，规范科研诚信管理，开展失信惩戒，根据中共中央办公厅 国务院办公厅印发《关于进一步加强科研诚信建设的若干意见》（厅字〔2018〕23号）、中宣部等7家单位印发《哲学社会科学科研诚信建设实施办法》（社科办字〔2019〕10号）和科技部等20家单位印发《科研诚信案件调查处理规则（试行）》（国科发监〔2019〕323号），结合我省实际，制定本办法。

第二条　本办法适用于全省自然科学和哲学社会科学领域的科研诚信管理。通过客观记录实施或参与科研活动的主体遵守承诺、履行约定义务，恪守科学道德准则、遵守科研活动行为准则和科研伦理规范的情况，并据此进行失信惩戒。

科研诚信的管理记录对象包括从事或参与科研活动的项目承担人员、咨询评审专家、其他科研人员等自然人，以及项目承担单位、项目管理受托机构、科技服务机构等法人机构。

第三条　科研诚信建设应坚持教育、预防、监督、惩戒相结合，教育优先、预防为主的原则。

第四条　科研失信信息来源于相关责任主体的失信行为。失信行为主要是指在科学研究及相关活动发生的违反科学技术研究活动行为准则与规范、违反科研项目管理规定的行为，主要包括：

（一）抄袭、剽窃、侵占他人研究成果或项目申请书；

（二）编造研究过程，伪造、篡改研究数据、资料、文献、注释、图表、结论、检测报告或用户使用报告，或者捏造事实，编造虚假研究成果；

（三）买卖、代写论文或项目申请书，虚构同行评议专家及评议意见；

（四）以故意提供虚假信息等弄虚作假的方式或采取贿赂、利益交换等不正当手段获取科研活动审批，获取科技计划项目（专项、基金等）、经费、奖励、荣誉、职务职称等；

（五）违反科研伦理规范；

（六）违反奖励、专利、论文等研究成果署名及论文发表规范；

（七）利用管理、咨询、评价专家等身份或职务便利，在科研活动中为他人谋取利益；

（八）其他科研失信行为。

第五条 对科研失信行为的投诉举报、调查处理、复查申诉、保障与监督等原则上按照科技部等20家单位印发的《科研诚信案件调查处理规则（试行）》（国科发监〔2019〕323号）进行。

第六条 全面实施科研诚信承诺制。各级科技、哲学社会科学、教育、卫生健康、新闻出版、科协等部门要在科技计划项目、创新平台、科技奖励、科技人才、文献发表、荣誉推荐（提名）等科研活动中实施科研诚信承诺制度，要求从事推荐（提名）、申报、评审、评估等工作的相关人员签署科研诚信承诺书，明确承诺事项和违背承诺的处理要求。

第七条 强化科研诚信审核，各级科技、哲学社会科学、教育、人力资源社会保障、卫生健康、新闻出版、科协等部门要将科研诚信审核作为实施或参与科学技术研究、荣誉推荐（提名）、科技奖励、科技人才、职称评定、文献发表、学位授予等的必经程序，对严重违背科研诚信要求的责任者实行"一票否决"。

第二章 职责分工

第八条 贵州省科学技术厅（以下简称省科技厅）负责全省自然科学领域科研诚信工作的统筹协调和宏观指导，加强覆盖自然科学领域科学技术研究活动全流程的科研诚信管理；负责建设和管理贵州省科研诚信信息系统，对全省自然科学和哲学社会科学领域产生的科研失信信息进行统一记录和管理，实时归集严重科研失信信息推送至全国信用信息共享平台（贵州）以及全国科研诚信信息系统，受理自然科学领域科研诚信案件的举报投诉、复核或申诉。

中共贵州省委宣传部（以下简称省委宣传部）负责全省哲学社会科学领域科研诚信工作的统筹协调和宏观指导，负责收集并推送全省哲学社会科学领域的科研失信信息至贵州省科研诚信信息系统，受理哲学社会科学科研诚信案件的举报投诉、复核或申诉。

第九条 各省级行业主管部门负责加强对本系统本领域科研诚信的教育、宣传和管理，督促指导本系统本领域各级各单位加强科研诚信管理，建立健全重大科研诚信案件应急处置机制，完善内部管理制度，受理本系统本领域科研诚信案件的举报投诉、复核或申诉，并可对本系统本领域重大科研失信行为问题独立组织开展调查。

第十条 从事科研活动及参与科技管理服务的各类事业单位、企业、社会组织等是科研诚信建设第一责任主体，要切实履行科研诚信建设的主体责任，将科研诚信工作纳入常态化管理，通过建立健全教育预防、科研活动记录、科研档案保存、责任追究等内部管理制度，对本单位遵守科研诚信要求及责任追究作出明确规定或约定。

第三章 调查处理责任分工

第十一条 被调查人是自然人的，其被调查时所在单位是调查处理第一责任主体，应当明确本单位负责科研诚信管理的机构，建立和完善本单位调查处理规则，积极主动、公平、公正进行调查处置。对于社会关注度高的或造成极其恶劣社会的影响的，要及时公开调查处理结果。

被调查人担任单位主要负责人或被调查人是法人单位的,由其上级主管部门负责调查。没有上级主管部门的,由省科技厅或省委宣传部负责组织调查,调查可采用自行调查或委托调查两种方式。

第十二条 财政资金资助的科研项目、基金等的申请、评审、实施、结题等活动中发现的科研失信行为,由项目、基金管理部门(单位)负责组织调查处理,调查可采用自行调查或委托调查两种方式。

第十三条 科技奖励、科技人才、荣誉推荐(提名)申请中发现的科研失信行为,由科技奖励、科技人才、荣誉推荐(提名)组织部门负责组织调查处理,调查可采用自行调查或委托调查两种方式,推荐单位和申报单位应积极配合。

第十四条 论文发表中的科研失信行为,由第一通讯作者或第一作者的第一署名单位负责牵头调查处理,论文其他作者所在单位应积极配合做好对本单位作者的调查处理并及时将调查处理情况送牵头单位。学位论文涉嫌科研失信行为的,学位授予单位负责调查处理。

第四章 科研失信信息管理

第十五条 科研失信信息分为一般失信和严重失信两个等级,分别视调查处理决定给予的处罚措施进行管理:

(一)给予被调查人警告,科研诚信诚勉谈话,暂停、暂缓有关资格、称号,限期整改等处理措施的,记为一般失信信息;

(二)给予被调查人一定期限或永久取消相关资格处理和取消已获得的相关称号、资格处理措施的,记为严重失信信息。

一般失信信息和严重失信信息纳入贵州省科研诚信信息系统管理,其中严重失信信息列入"黑名单"实施联合惩戒。

第十六条 对一年内产生2次以上严重失信信息,或者有迟报、漏报、故意隐瞒不处理、不报送本单位科研人员科研失信行为的法人单位,一经查实,由行业主管部门采取通报批评、科研诚信诚勉谈话或限期整改等措施,并将其列为监督检查重点对象,增加监督检查频次。

对单位有组织实施科研失信行为的,应该撤销该单位因此获得的相关利益、荣誉,并追究其主要负责人、直接负责人的责任。

第十七条 给予被调查人的处理决定由省政府部门及其所属单位作出的,由该部门在处理决定生效后30个工作日内将科研失信信息推送至省科技厅或省委宣传部。处理决定由市(州)、贵安新区及以下有关单位作出的,决定作出单位应在决定生效后20个工作日内将科研失信信息报送所在地市(州)、贵安新区科技行政部门或宣传部门以及上级行业主管部门,各市(州)、贵安新区科技行政部门或宣传部门应于10个工作日内将科研失信信息报送至省科技厅或省委宣传部。

第十八条 科研失信信息包括但不限于:责任主体名称、统一社会信用代码、所涉及的项目名称和编号、处理决定书、调查报告等。

第十九条 贵州省科研诚信信息系统实行失信信息记录动态调整机制,对处理处罚期限届满的相关责任主体,在查询系统屏蔽其失信信息。

第五章 保障与监督

第二十条 各省级科技、教育、卫生健康、新闻出版、哲学社会科学、科协等行业主管部门应当建立科研诚信问题举报的专门通道。鼓励对失信行为进行负责任的实名举报,举报不实、虚假举报或恶意诬告的，举报人要承担相应的责任，由其所在单位按照规定给予处理。

对举报不实、恶意诬告给被举报单位和个人造成严重影响的，要及时澄清消除影响。

第六章　附则

第二十一条　各市（州）、贵安新区科研诚信管理可参照本办法执行。

第二十二条　各省级行业主管部门可以根据本办法结合实际制定具体操作细则。

第二十三条　本办法由省科技厅、省委宣传部负责解释。

第二十四条　本办法自发布之日起实施，原《贵州省科技（知识产权）信用管理办法（试行）》（黔科通〔2018〕5号）同时废止。

第三十三章 云南省科研项目和资金管理法规政策

云南省科学技术厅 云南省财政厅关于印发《云南省科技型中小企业技术创新项目管理暂行办法》的通知

(云科高发〔2014〕5号)

各州(市)科技局、财政局,国家及省级高新区管委会,有关企业:

为贯彻落实《中共云南省委云南省人民政府关于加快实施创新驱动发展战略的意见》、《中共云南省委云南省人民政府关于实施建设创新型云南行动计划(2013—2017年)的决定》精神,鼓励和支持云南省科技型中小企业开展技术创新活动,云南省科学技术厅、云南省财政厅共同制定了《云南省科技型中小企业技术创新项目管理暂行办法》,请遵照执行。

2014年1月28日

云南省科技型中小企业技术创新项目管理暂行办法

第一章 总则

第一条 为贯彻落实《中共云南省委云南省人民政府关于加快实施创新驱动发展战略的意见》、《中共云南省委云南省人民政府关于实施建设创新型云南行动计划(2013—2017年)的决定》精神,鼓励和支持云南省科技型中小企业开展技术创新活动,省政府设立"云南省科技型中小企业技术创新资金"(以下简称"创新资金")。为规范技术创新项目管理,提高资金使用效益,根据《云南中小企业促进条例》,参照《国务院办公厅转发科学技术部财政部关于科技型中小企业技术创新基金的暂行规定》《科技部财政部关于印发〈科技型中小企业技术创新基金项目管理暂行办法〉的通知》等文件规定,结合本省实际,制定本办法。

第二条 创新资金是政府设立的专项资金,在创新型云南行动计划资金中统筹安排,省科技厅是专项资金的主管部门,省财政厅是专项资金的监管部门。创新资金主要用于推动云南省科技型中小企业开展技术创新活动,培育和配套科技部、财政部科技型中小企业技术创新基金(以下简称"国家创新基金")项目。

第三条 创新资金的使用和管理，必须遵守国家和省相关法律、法规和财务规章制度遵循"诚实申请，公平公正""公开透明，专款专用""科学管理，择优支持""加强监管，注重绩效"的原则。

第二章 支持范围和方式

第四条 申请创新资金的项目需符合以下条件：

（一）符合国家及云南省的产业、技术政策，具有较好的技术创新性和经济社会效益，无知识产权纠纷；

（二）申报单位必须是在云南省内注册、具有独立法人资格的科技型中小企业，技术含量较高，技术创新性较强，主要从事高新技术产品的研制、开发、生产和服务业务。

（三）企业负责人具有较强的创新能力、市场开拓能力和经营管理能力；企业规模、项目自有匹配资金符合当年度的申报要求；

（四）申报单位具有大专以上学历的科技人员占职工总数的比例不低于30%，直接从事研究开发的科技人员占职工总数的比例不低于10%；有良好的经营业绩，资产负债率合理；每年用于研究开发的经费不低于销售额的5%；有健全的财务管理机构，有严格的财务管理制度和合格的财务人员，近5年内没有重大违法行为。

（五）非科技型中小企业或与企业技术创新无关的项目，不纳入创新资金支持范围。

第五条 创新资金优先支持以下项目：

（一）符合国家和云南省战略性新兴产业发展规划要求，企业有较强创新实力，自主创新性强、技术含量高、市场前景好、能够培育成新的经济增长点的项目。

（二）拥有自主知识产权的科技成果转化、引进吸收再创新、利用高新技术改造传统产业的项目。

（三）以企业为主体的产、学、研联合创新项目，各类科技企业孵化器和产业化基地的创新创业项目。

（四）通过国家高新技术企业认定，或云南省科技小巨人企业、云南省科技型中小企业认定的企业申报项目。

第六条 根据中小企业和项目的不同特点，创新资金的使用主要采取无偿资助和贷款贴息两种方式，支持科技型中小企业的技术创新活动。

（一）无偿资助

1.主要用于科技型中小企业技术创新活动中新技术、新产品研究开发及中试放大等阶段的必要补助，以及为中小企业进行公共技术和公共资源共享服务导致的收入减少的补助；

2.项目新增投资一般在1000万元以下，资金来源确定，投资结构合理，项目实施周期不超过2年（生物、医药类的药品项目可放宽至3年）；

3.项目承担企业须承诺创新资金资助金额等额以上的自筹资金；创新资金原则上资助金额不超过50万元，对科技小巨人企业资助金额不超过100万元。

（二）贷款贴息

1.主要用于支持产品具有一定的技术创新性、需要中试或扩大规模、形成小批量生产、银行已经贷款或有贷款意向的项目；

2.项目新增投资在3000万元以下，资金来源确定，投资结构合理，项目实施周期不超过3年；

3.一般按贷款额年利息的50%~100%给予补贴，贴息总额一般不超过50万元，期限一般不超过两年。

第七条 同一年度内，同一企业只能申请一个项目和一种支持方式。申请企业应根据项目所处阶段，选择一种相应的支持方式，不得重复申报。已获得专项资金支持的企业，必须在已立项项目验收合格（包括财务验收）后方可申请新项目。

第八条 创新资金与云南省民营经济暨中小企业发展专项资金（技术创新）、云南省技术创新暨产业发展专项资金不重复支持同一项目（包括同一申报单位的同一项目，以及不同申报单位研发内容、预期经济指标相同的项目）。同一申报单位同一项目的同一阶段，不得重复申报各类省级财政支持资金。

第三章 支持类型和支持重点

第九条 创新资金的主要支持类型包括科技型中小企业技术创新项目、中小企业公共技术服务机构补助项目、科技型中小企业创业投资引导基金项目和重点企业技术创新项目等四类项目。

（一）科技型中小企业技术创新项目：对创业初期、商业性资金进入尚不具备条件、最需要由政府扶持的科技型中小企业、微型企业技术创新项目给予资助，鼓励优秀人才创新创业。优先支持符合科技部当年度科技型中小企业技术创新基金项目指南要求的项目。

1.无偿资助的创新项目

用于技术创新产品在研究开发及中试阶段的必要补助。申报的企业须同时具备以下条件：

（1）实收货币资本最低不少于30万元；

（2）职工人数不超过300人；

（3）资产总额不高于5000万元；

（4）年营业收入不超过5000万元；

（5）申报的项目，目前尚未形成销售规模；

（6）项目计划新增投资在1000万元以下，资金来源确定，投资结构合理。在项目计划新增投资中，企业必须有与申报地方资金、创新基金数额等额以上的自有资金匹配；一般情况下，企业申报资助数额应不大于企业的净资产数额。

项目执行期为2年，项目计划实现的技术、经济指标应按2年进行测算；一类新药项目的执行期可以适当放宽至3年，药品项目完成时可以没有营业收入等经济指标，但必须有明确、可以考核的目标，如：受理通知书、临床批文、新药证书等。

2.贷款贴息的创新项目

用于支持产品具有一定的创新性，需要中试或扩大规模，形成批量生产，银行已经给予贷款的技术创新项目。申报的企业须同时具备以下条件：

（1）实收货币资本最低不少于30万元；

（2）职工人数不超过500人；

（3）资产总额不高于8000万元；

（4）年营业收入不超过8000万元；

（5）项目计划新增投资额一般在3000万元以下，资金来源基本确定，投资结构合理，项目执行期不超过3年（执行期从项目申报之日起计）。

贷款贴息项目的贷款额度以上一年1月1日起至项目申报之日止，企业与银行签订的贷款合同和付息单据为准。

（二）中小企业公共技术服务机构补助资金项目：对符合条件的服务机构为科技型中小企业技术创新创业开展的基础性、公共性和开放性的专业技术服务给予资助。

1. 申报单位基本条件

具有独立的企业法人资格，并且已运行2年以上；具有明确的服务方向，持续性开展公共技术服务；具有开放的服务模式，具有不低于30家的科技型中小企业服务对象群体，较好的服务基础、服务能力和服务成效；具有不少于10人的专职服务团队，大学以上学历的从业人员占全体人员的60%以上，面向中小企业开展的公共技术服务收入须占营业总收入的60%以上。

2. 支持内容

（1）创新资源共享服务：上年度为不低于30家的科技型中小企业提供共享服务，服务场地在500 m²以上，设备种类不低于30种。

（2）专业技术服务：具有不低于30家科技型中小企业的明确服务对象；上年度用于为中小企业提供技术服务的运营费用不低于100万元；上年度为中小企业技术研发、产业升级、工艺改进等提供专业技术服务的成功案例不少于6项。

3. 服务机构申报项目所提供的信息和材料内容必须真实、完整和可靠。

（三）科技型中小企业创业投资引导基金项目：引导创投机构投资科技型中小企业，培育以中小企业为服务对象的创投机构。纳入云南省科技成果转化与创业投资基金统一管理，支持符合《财政部科技部关于印发〈科技型中小企业创业投资引导基金管理暂行办法〉的通知》（财企〔2007〕128号）规定条件的创业投资机构及中小企业，包括创业投资企业、创业投资管理企业、具有投资功能的中小企业服务机构和初创期科技型中小企业。

（四）重点企业技术创新项目：根据云南省科技厅的年度计划，择优支持科技小巨人等重点企业的科技创新项目。

第四章　项目申报和受理

第十条　省科技厅每年参照国家创新基金的当年申报要求，结合本省科技发展规划和产业发展重点，会同省财政厅发布创新资金申报通知，对申报要求、流程、期限等作出规定。

第十一条　申报企业应按创新资金当年度申报要求，填报真实可靠的申请材料。

第十二条　各州（市）科技局负责受理企业申请材料，会同州（市）财政局对项目及企业的申报资格进行审核，并联文向省科技厅、省财政厅提出推荐意见。

第五章　项目评审、立项

第十三条　省科技厅参照国家创新基金评审体系，结合云南省实际情况，会同省财政厅组织相关领域技术、财务、企业管理专家，或委托由科技、财政部门认定的中介评估机构，对申报项目进行评审，并结合云南省科技发展规划和区域经济社会建设重点，提出建议立项项目。

第十四条　拟立项项目，在云南省科技厅门户网站进行公示，公示期为7个工作日。经公示没有异议的，由省科技厅与项目承担单位、州（市）科技局3方签订《云南省科技计划项目任务书》，正式立项。对于存在重大异议的项目，按程序进行复核。

第十五条　省财政厅根据下达的项目资金计划，按财政预算、国库管理制度的有关规定办理资金下达、拨付手续，各级管理部门收到资金后，必须及时下拨到项目承担单位，不得截留、挪用。

第六章 监督管理及项目验收

第十六条 项目承担单位应认真按照项目申报材料和项目任务书的规定内容组织实施项目，科学、合理、有效地安排和使用创新资金，保证专款专用，并对项目资金建立专账管理，进行单独核算，接受有关部门的监督管理和检查。

第十七条 各州（市）科技局、财政局应建立创新资金项目承担企业诚信档案，定期实地检查项目执行情况，每年7月30日、1月30日之前向省科技厅报送区域创新资金项目发展评估报告。省科技厅、省财政厅采取重点抽查等方式，对企业项目执行情况和州（市）科技局、财政局的管理情况进行监督和检查。

第十八条 项目任务书一般不予调整，确有必要调整时，项目承担企业应向各州（市）科技局提出书面申请，由各州（市）科技局审核后，报省科技厅审批。

第十九条 省科技厅、省财政厅依据本办法，根据云南省科技计划相关管理规定，参照国家创新基金项目管理办法，制订《云南省创新资金项目监督管理和验收工作规范》。项目承担单位按《监理验收规范》，根据项目申请材料和项目任务书规定的各项技术、财务指标准备验收材料，在项目实施期到期3个月内向所属州（市）科技局提出验收申请，由州（市）科技局会同财政局按相关要求组织验收工作，并将全套验收材料报省科技厅，省科技厅会同省财政厅确认后向项目承担单位出具验收证书。

第二十条 省财政厅负责监督创新资金的使用，并参与项目的验收工作，重点负责项目财务验收工作，同时根据相关财政规定，对创新资金进行绩效考核。

第二十一条 企业在项目执行过程中如有不按合同执行、无故中止合同，不按计划用款、挪用经费等重大违约行为，省科技厅将终止合同并采取通报、停止拨款、追回资金等相关处理措施。凡违反创新资金有关管理办法及国家财经纪律、财务制度的违法行为，应当按照《财政违法行为处罚处分条例》等有关规定予以处理，涉嫌构成犯罪的，依法移送司法机关追究刑事责任。

第七章 附则

第二十二条 本办法自发布之日起实施，实施期与建设创新型云南行动计划同步。

云南省新认定国家高新技术产业开发区平台建设补助经费管理办法

(云南省科学技术厅公告第36号)

《云南省新认定国家高新技术产业开发区平台建设补助经费管理办法》已经2013年8月30日云南省科技厅厅长办公会议通过，现予公布，自2014年4月12日起施行。

2014年3月13日

云南省新认定国家高新技术产业开发区平台建设补助经费管理办法

第一条 为进一步提高本省新认定国家高新技术产业开发区（以下简称新认定国家高新区）平台建设发展水平，深化产学研用合作，提升产业技术创新能力，根据《中共云南省委云南省人民政府关于加快实施创新驱动发展战略的意见》（云发〔2013〕8号）精神，制定本办法。

第二条 本办法所指的新认定国家高新区是指2012年7月后经国务院批准认定的国家高新区。

第三条 本办法适用于本省行政区域内对新认定国家高新区平台建设补助的相关管理活动。

第四条 补助经费来源于省级财政科技经费。

第五条 云南省科学技术厅（以下简称省科技厅）负责新认定国家高新区平台建设补助经费的相关管理工作。

第六条 对符合条件的新认定国家高新区，一次性给予500万元平台建设经费补助，支持新认定国家高新区发展高新技术产业、战略性新兴产业，承载高新技术成果转化，开展技术合作，完善科技企业孵化器、生产力促进中心等创新创业公共服务机构，建立公共技术平台，实施技术转移，提升区域自主创新能力，引进高层次科技创业人才。

第七条 新认定国家高新区需申请平台建设经费补助的，应向省科技厅提交以下申请材料（一式三份）：

（一）新认定国家高新区平台建设补助经费申请表；

（二）国家高新区认定批准文件复印件；

（三）平台建设工作计划；

（四）平台建设工作目标；

（五）平台建设经费补助资金使用计划；

（六）云南省科技计划项目任务书。

第八条 省科技厅负责受理申请材料、审定补助经费并监管经费使用。通过审定的补助经费纳入年度财政资金预算安排，经费使用应当符合《云南省科技计划项目经费管理实施细则》（云科财发〔2008〕78号）、《云南省财政厅云南省科技厅关于调整省级科技计划项目经费管理办法若干规定的通知》(云财教〔2012〕306号)等的规定。

第九条 申请单位对提供申请材料的真实性承担责任。凡以虚报、冒领等手段骗取和滞留、截留、挤占、挪用补助经费的,省科技厅将全额追回补助资金,并依法追究责任。

第十条 本办法自2014年4月12日起施行。

附件:云南省新认定国家高新区平台建设补助经费申请表(略)

云南省科技金融结合专项补助资金管理暂行办法

(云南省科学技术厅公告第41号)

《云南省科技金融结合专项补助资金管理暂行办法》已经2014年8月15日云南省科技厅厅长办公会议通过，现予公布，自2015年1月10日起施行。

2014年12月10日

云南省科技金融结合专项补助资金管理暂行办法

第一章 总则

第一条 为充分发挥财政资金的杠杆作用，鼓励和引导民间资本进入科技创新领域，促进科技和金融结合，提升我省科技创新与金融创新水平，推动科技型中小企业成长，根据《关于印发促进科技和金融结合试点实施方案的通知》（国科发财〔2010〕720号）、《中共云南省委云南省人民政府关于加快实施创新驱动发展战略的意见》（云发〔2013〕8号）等文件精神，结合本省实际，制定本办法。

第二条 科技金融结合专项补助资金（以下简称"专项补助资金"）支持的重点产业领域和方向：

（一）重点支持领域包括云南省高新技术产业、战略性新兴产业、高原特色农业等；

（二）重点支持方向包括云南省生物医药、新能源、高端装备制造、新能源汽车、新材料、节能环保、高原特色农业等战略性新兴产业或高新技术产业。

第三条 省科技行政主管部门负责专项补助资金相关管理工作，对本省行政区域内符合条件的科技型中小企业、创业投资机构（包括创业投资企业、创业投资管理企业及具有投资功能的中小企业服务机构等）、担保机构、小额贷款公司及银行等给予专项资金补助，资金来源为省级财政科技经费。

本办法中的科技型中小企业是指按照《云南省民营科技型中小企业认定管理办法》认定的科技型中小企业。

第四条 专项补助资金实行后补助，主要用于以下四种补助类型：

（一）科技创业投资风险补助；

（二）科技贷款补助：包括科技型中小企业知识产权（特指专利权）质押贷款贴息和中间费用补助、小额贷款公司科技贷款风险补助、银行知识产权质押贷款风险补助；

（三）科技贷款担保补助：包括科技型中小企业贷款担保费补助、担保公司担保风险补助；

（四）科技型中小企业科技保险保费补助。

第二章 专项补助资金申报条件

第五条 科技创业投资风险补助申报条件：

符合以下条件的创业投资机构在向科技型中小企业完成股权投资后，可申请科技创业投资风险补助。

（一）具有融资和投资功能，主要从事创业投资活动，为投资者提供投资管理服务，或为科技型中小企业提供投资和孵化服务的公司制企业、有限合伙企业或民间资本管理公司；

（二）有至少3名具备2年以上创投经历的专职高级管理人员；

（三）管理和运作规范，具有严格合理的投资决策程序和风险控制机制；

（四）不投资于流动性证券、期货、房地产业以及国家政策限制类行业；

（五）创业投资企业注册资本应在人民币5000万元以上，且所有投资者以货币形式出资，有明确的投资领域，对我省科技型中小企业已投资资金超过注册资本的50%，或已投资金超过5000万元以上；

（六）创业投资管理企业注册资本应在人民币1000万元以上，管理的投资基金人民币1亿元以上，对我省科技型中小企业已投资的资金超过管理基金的50%；

（七）具有投资功能的中小企业服务机构注册资本应在人民币1000万元以上；正在辅导的科技型中小企业不低于10家（以签订的服务协议为准）；对我省科技型中小企业已投资或委托管理的投资累计超过人民币500万元。

第六条 科技贷款（知识产权质押贷款）补助申报条件：

（一）科技型中小企业知识产权质押贷款贴息和中间费用补助申报条件

1. 企业以知识产权（专利权）质押方式取得银行贷款；
2. 企业主要从事高新技术产品的研究、开发、生产或服务业务；
3. 企业领导班子具有持续的创新意识、较好的市场开拓能力和较强的经营管理水平；
4. 企业正常经营三年以上，有良好的经营业绩和银行信用，资产负债率不高于60%。

（二）小额贷款公司科技贷款风险补助申报条件

1. 为经省人民政府金融办公室批准设立，主要面向全省科技型中小企业，经营小额贷款的有限责任公司、股份有限公司或民间资本管理公司；
2. 公司正常运营二年以上（以营业执照时间为准）；
3. 申报专项补助时，公司贷款余额超过到位注册资本的60%，累计发放贷款额超过到位注册资本的80%（以贷款合同为计算依据）；
4. 贷款利率水平不超过国家及省相关规定（贷款平均年利率不超过15%）；
5. 用于支持科技型中小企业的小额贷款余额之和（单笔贷款额不超过500万元）占全部贷款余额的比重不低于70%；期限在3个月以上的经营性贷款余额之和占全部贷款余额的比重不低于70%；单户贷款的最高余额不超过资本净额的5%（以贷款合同为计算依据）；
6. 符合主管部门制定的各项监管标准，无违规经营行为和不良记录。

（三）银行知识产权质押贷款风险补助申报条件

1. 为已设立为科技型中小企业服务的专营机构且具备完善的管理制度，以知识产权质押方式向科技型中小企业发放贷款；
2. 有规范的业务流程、财务管理和风险控制体系，严格执行国家相关法律法规。

第七条 科技贷款担保补助申报条件：

（一）科技型中小企业贷款担保费补助申报条件

符合以下条件的科技型中小企业，通过担保方式获得银行贷款的，可申请贷款担保费补助：

1. 企业主要从事高新技术产品的研究、开发、生产或服务业务；
2. 企业领导班子具有持续的创新意识、较好的市场开拓能力及较强的经营管理水平；
3. 企业正常经营三年以上，有良好的经营业绩和银行信用，资产负债率不超过60%。

（二）担保公司担保风险补助申报条件

为科技型中小企业贷款提供担保的担保机构，符合以下条件的，可申报担保风险补助：

1. 注册资本1亿元人民币以上；
2. 担保费率不超过3%；
3. 接受同级财政部门的财务监督和管理，按规定定期报送财务季报、年报及其他相关数据、资料等；
4. 同一笔担保业务未获得省级以上财政部门给予的担保补贴资金；
5. 符合主管部门制定的各项监管标准，无违规经营行为和不良记录。

第三章 专项补助资金支持范围和标准

第八条 专项补助资金补助的时间范围为上年度的5月1日至申报年度的4月30日。

第九条 科技创业投资风险补助标准：

（一）对符合条件的创业投资机构，按其在补助时间范围内实际完成投资额的10%给予投资风险补助。单笔投资获得的补助金额最高不超过人民币100万元；对同一企业投资获得的补助金额累计不超过人民币200万元；同一家创业投资机构每年获得的补助金额累计不超过人民币500万元。

（二）鼓励国内外各类投资机构、投资基金在云南省设立创业投资机构，并在公司章程中明确主要投资于科技型中小企业。对新设立注册资金在5000万元以上且带动社会资金在云南省投资规模达2亿元以上的，在完成备案工作后，可申请一次性开办费补贴，补贴金额不超过人民币50万元。

第十条 科技贷款补助标准：

（一）科技型中小企业知识产权质押贷款贴息补助最高不超过同期人民银行贷款基准利率的70%；对同一科技型中小企业的补助三年累计最高不超过人民币150万元。对科技型中小企业通过知识产权质押贷款形成的中间费用按一定比例给予补助。

（二）小额贷款公司科技贷款风险补助资金主要用于支持科技小额贷款公司发展，充实风险准备金，对科技小额贷款公司发放给科技型中小企业的科技贷款，按不超过季均贷款余额的8‰给予风险补偿补助。

（三）银行专项风险准备金的补充。以知识产权质押方式，向我省科技型中小企业发放贷款的在滇银行，对每笔知识产权质押给予不超过该项贷款金额2%的补助。每家银行每年补助总额不超过人民币100万元。

第十一条 科技贷款担保补助标准：

（一）科技型中小企业通过担保方式，获得银行科技贷款所支付的担保费，每笔可申请不超过担保费50%的补助。每家科技型中小企业获取的补助连续三年累计不超过人民币50万元。已获其他担保费补助的项目，不得重复申报。

（二）担保机构科技担保风险补助，按当年新增科技型中小企业担保余额的1%以内给予补助，原则上每年每家担保机构获取的补助不超过人民币100万元。

第四章 专项补助资金申报程序和监督管理

第十二条 申报单位根据申报当年通知要求，按照属地管理原则，向所在州（市）科技行政主管部门或国家高新区（经开区）管委会提交专项资金补助申报材料，州（市）科技行政主管部门或国家高新区（经开区）管委会对申报材料进行初审后，将符合条件的材料报省科技行政主管部门。

第十三条 各州（市）科技行政主管部门及国家高新区（经开区）管委会应认真组织，做好推荐工作，坚决杜绝弄虚作假和不正当行为，凡发生违规行为的，取消其推荐申报资格。

第十四条 申请单位弄虚作假，骗取、套取财政资金的，省科技行政主管部门将按照相关法律法规规定，追究有关单位及个人的责任。审计机构出具失实审计报告的，省科技行政主管部门将依据《注册会计师法》的有关规定，报有关部门依法追究责任。

第十五条 省科技行政主管部门对申请材料进行形式审查，对符合形式要求的申请项目予以受理，组织有关专家进行评审，专家按照独立公正的原则对申请项目进行评价。省科技行政主管部门业务主管处室提出补助额度建议并向社会公示，提交省科技相关会议研究审定。

第十六条 经审定通过的补助申请，省科技行政主管部门向申请单位进行书面批复同意补助经费。经费管理及使用按照《云南省科技计划项目经费管理实施细则》（云科财发〔2008〕78号）、《云南省财政厅云南省科技厅关于调整省级科技计划项目经费管理办法若干规定的通知》（云财教〔2012〕306号）等文件执行。

第五章 备案管理

第十七条 专项补助资金实行预先备案管理。

第十八条 银行、创投机构、小额贷款公司及担保公司等金融机构发生符合本办法申报补助条件的业务后，应在业务发生后1个月内，向省科技行政主管部门提交业务发生的相关证明材料。

第十九条 省科技行政主管部门组织对补助单位发生的业务进行真实性核实，并及时向申报单位反馈意见。

第二十条 每年末，省科技行政主管部门对当年补助的补助单位再次进行业务真实性核实，并及时向补助单位反馈意见。

第二十一条 核实过程中，补助单位若存在弄虚作假等不符合本办法规定行为的，将全额收回已发放的补助资金。

第六章 附则

第二十二条 科技型中小企业科技保险保费补助按照《云南省科技保险保费补助资金管理暂行办法》（云科财发〔2011〕10号）执行。

第二十三条 本办法自2015年1月10日起施行。

云南省科技厅关于印发云南省财政科技支出绩效评价实施细则（试行）的通知

(云科监发〔2017〕1号)

有关单位：

《云南省财政科技支出绩效评价实施细则（试行）》已经2017年4月19日云南省科技厅深改领导小组会议通过，现印发给你们，请遵照执行。

云南省科学技术厅
2017年11月7日

云南省财政科技支出绩效评价实施细则（试行）

第一章 总则

第一条 为规范和加强对省级财政科技支出的管理，逐步探索和建立我省财政科技支出绩效评价制度，提高资金使用效益，按照科技部《科学技术评价办法》和《云南省财政科技计划（专项、基金等）管理改革方案》《云南省省级财政支出绩效自评暂行办法》《云南省财政厅财政支出绩效评价管理暂行办法》《云南省科技厅科技计划项目管理办法（试行）》以及有关科技经费管理规定等，结合我省科技计划项目实施管理的实际情况，制定本实施细则。

第二条 本办法所指财政科技支出绩效评价（以下简称"绩效评价"），是云南省科学技术厅（以下简称"省科技厅"）按照有关规定，对归口管理的财政科技资金既定目标实现程度、科技项目的完成结果、投入产出效率、资金投入与使用情况等组织开展的工作评价。

第三条 根据我省财政科技资金管理的实际情况，绩效评价分为科技计划、专项和项目3个层面。其中：科技计划根据全省科技发展需要设立，科技计划下设专项。

科技计划、专项绩效评价主要是针对省科技厅科技计划、专项的设立和实施效果进行评价。评价内容主要包括科技计划、专项的目标实现程度、完成效果与影响、经费投入的效益、组织管理的有效性等。

项目绩效评价主要针对省级财政科技经费资助的科技项目进行评价。评价内容主要包括项目的设计、投入、活动、产出和影响等。

第四条 绩效评价应遵循的原则：

（一）统一组织，分层次、分类别评价；

（二）评价重点为经济性、效率性、效果性和公平性；

（三）评价方法为定量分析与定性分析相结合；

（四）评价过程客观、公正、科学、规范；

（五）评价结果的使用实行奖优罚劣。

第五条 绩效评价的主要依据：

（一）国家相关法律、法规和规章制度；

（二）云南省有关的科技、经济与社会发展规划和方针政策；

（三）预算管理制度、资金及财务管理办法、财务会计资料；

（四）评价对象的职能职责、工作任务、绩效目标及其他绩效评价基础材料；

（五）有关行业政策、行业标准及专业技术规范；

（六）其他有关资料。

第二章 绩效评价主体及职责

第六条 绩效评价工作由省科技厅组织实施或委托有关科技中介机构组织实施。

第七条 省科技厅监督与绩效评价处是绩效评价组织工作的责任主体，负责统一组织全厅绩效评价工作，制定绩效评价工作计划，设计绩效评价指标体系，确定评价项目，对各科技计划、专项评价工作进行指导、监督和质量控制；组织专家或委托科技中介机构实施绩效评价，审核、确定各类绩效评价报告，推进绩效评价结果应用。

省科技厅业务管理处室作为科技计划、专项组织实施和管理的责任主体，既是被评价的对象，也是评价工作的主要协管部门。主要职责包括：一是按规定申报所涉及的科技计划、专项资金预期绩效目标；二是保障科技计划、专项目标的实现和达标；三是督促项目承担单位依法合规、按时保质完成项目工作和提交项目绩效评价有关材料；四是在项目开展过程中加强监督检查，及时完成并提交科技计划、专项绩效自评报告。

项目承担单位作为科技项目的实施主体，应积极配合绩效评价工作的开展，按要求提交项目绩效自评报告以及绩效评价基础材料。其中，绩效评价基础材料包括：项目立项合同书、项目经费支出明细账及经费审计报告等其他财务会计资料、项目执行情况报告或绩效自评报告；项目承担单位有关项目管理、经费管理规定；项目取得知识产权、项目成果登记和论文发表情况等有关材料、社会经济效益证明以及与绩效评价指标要求的其他有关资料数据等。

项目推荐部门要积极支持和配合绩效评价工作的开展；督促项目承担单位按要求接受绩效评价，报送相关材料；督促落实绩效评价报告提出的各项整改措施。

科技中介机构是绩效评价工作的被委托者，按照服务合同约定，独立、客观地开展绩效评价工作并出具绩效评价报告。

第三章 绩效评价的内容和指标体系

第八条 省科技厅按照《云南省省级部门财政支出绩效自评暂行办法》《云南省科技厅科技计划项目管理办法（试行）》等规定，组织开展科技计划、专项、项目的绩效评价工作。绩效评价以项目支出为重点进行评价。

第九条 绩效评价的主要内容：

（一）绩效目标评价。主要包括项目立项目标的合理性、项目目标完成程度等；

（二）项目资金评价。主要包括项目资金落实情况、项目资金支出情况、项目资金使用的合规性等；

（三）项目管理评价。主要包括项目管理制度的建立健全、落实程度和有效性、采取的措施等；

（四）项目效益评价。主要包括项目完成后所产生的经济效益、社会效益和生态效益及可持续发展能力等；

（五）绩效评价的其他内容。

第十条 绩效评价指标体系包括共性指标和个性指标。根据不同科技计划、专项的目标与特点，分类设置、分类组织评价。共性指标包括投入、过程、产出、效果4个一级指标，其中投入下设项目立项、资金落实2个二级指标，过程下设业务管理、财务管理2个二级指标，产出下设项目产出1个二级指标，效果下设项目效益、社会公众或服务对象满意度2个二级指标。另设三级、四级若干指标。一级、二级、三级指标为共性指标，四级指标为个性指标。具体指标按照省财政厅有关绩效指标体系的调整进行动态调整。

绩效评价采取百分制计分方式。绩效评价结果分为优秀、良好、合格、不合格4个等级，其中90分及以上为优秀，80~90分（含80分）为良好，60~80分（含60分）为合格，60分以下为不合格。

第四章 绩效评价标准和绩效评价方法

第十一条 绩效评价标准是衡量财政支出绩效目标完成程度的尺度。绩效评价标准具体包括：

（一）计划标准。是指以预先制定的目标、计划、预算、定额等数据作为评价的标准。

（二）行业标准。是指参照国家公布的行业指标数据制定的评价标准。

（三）历史标准。是指参照同类指标的历史数据制定的评价标准。

（四）其他标准。

第十二条 绩效评价采取定量分析和定性分析相结合的方式，坚持定量优先、简便有效的原则。根据评价对象的具体情况，可采用一种或多种方法进行绩效评价。主要方法为：

（一）比较法。是指通过对绩效目标与绩效结果、历史情况和实际执行情况、不同部门和地区同类支出的比较，综合分析绩效目标实现程度。比较法是绩效评价中最常用的方法。

（二）因素分析法。是指通过综合分析影响收益及成本的内外因素，评价绩效目标实现程度。

（三）成本效益分析法。是指将一定时期内的支出与效益进行对比分析，从而评价绩效目标实现程度。

（四）最低成本法。是指对效益确定却不易计量的多个同类对象的实施成本进行比较，评价绩效目标实现程度。

（五）公众评价法。是指通过专家评价、公众问卷及抽样调查等对财政支出效果进行评判，评价绩效目标实现程度。

（六）其他评价方法。

第五章 绩效评价的程序

第十三条 绩效评价工作实行全过程的绩效跟踪评价，项目承担单位按规定提交有关绩效基础信息表。在项目合同下达时，明确项目绩效评价工作执行方案。在实施阶段，通过中期检查评估、项目监理等方式，对项目绩效进行跟踪评价。在验收阶段对项目实施期内既定目标实现程度、科技项目的完成结果、投入产出效益、资金投入与使用情况等进行综合性评价。项目绩效评价的结果，是对科技计划、专项开展绩效评价的重要依据。

第十四条 绩效评价工作的主要程序：

（一）评价准备

省科技厅选定纳入绩效评价范围的科技计划、专项、项目，自行组织或委托科技中介机构组织，成立由技术专家、财务专家、专业评估人员组成的绩效评价工作组，制定评价工作方案，确定评价指标和评价方法，编制评价工作手册，下达项目绩效评价通知书。

（二）单位自评

项目承担单位根据绩效评价工作要求开展项目实施期自评工作，报送项目绩效自评报告。

科技计划、专项业务管理处室开展自评时，重点对过程管理进行自评，包括项目专家论证情况、项目检查监督情况、项目管理绩效（验收率、超期情况）等并提供佐证材料。

（三）专家评价

专家评价的主要内容：一是财政科技资金支出完整性、合理性及规范性；二是科技项目实施与管理情况；三是财政科技资金使用效果。评价专家组在接受委托任务时，须收集评价项目的有关信息资料文档，明确评价的目标、要求等。专家组根据评价项目的特点拟定具体评价方案，选择评价形式和方法，编制评价工作手册。

专家评价一般采取现场评价为主，非现场评价为辅的形式。现场评价是专家根据评价需要在现场进行勘察、问询、复核等，并对所掌握的有关信息资料进行分类、整理、分析和记录。现场评价的主要方法有实地考察、询问答辩和材料核实。现场评价的主要任务是通过对单位自评报告及佐证材料的完整性与真实性进行查验与质询，依据指标体系对所有指标进行量化评分，逐项指出扣分的原因（存在的问题），形成对现场评价对象的评价报告。

非现场评价是专家根据项目单位提交的资料进行整理和分析，根据评价指标对项目进行全面评审，并独立出具书面评价意见。

（四）综合评价

绩效评价工作组根据项目自评和专家评价结果进行分析评价，确定评价结果，形成项目绩效评价报告。

绩效评价工作组对项目基础资料和数据进行分析评价，确定科技专项评价结果，针对评价中发现的问题，提出改进措施，完善管理办法，提高项目管理水平，形成科技专项绩效评价报告报省科技厅审定。同时将评价工作资料整理归档备查。

绩效评价工作组根据各专项的绩效评价情况通过汇总分析、综合评价等方法，对科技计划整体目标的实现程度、实施效果进行全面评价，形成科技计划绩效评价报告。

第六章 绩效评价结果的应用

第十五条 项目绩效评价结果分别作为项目承担单位和项目负责人今后申请立项的重要依据。

第十六条 省科技厅根据科技计划、专项绩效评价结果，调整完善有关科技计划、专项经费预算安排，改进项目实施管理，提高项目管理水平和经费使用效益。

第十七条 省科技厅对项目绩效评价为优良的承担单位采取通报表扬、优先支持等方式给予鼓励；对项目绩效评价不合格承担单位采取通报批评、暂缓拨款、限制申报给予警示。绩效评价的结果作为项目推荐部门、项目承担单位和项目负责人科研信用评价的重要参考依据，列入科研信用档案。

第十八条 项目承担单位及项目推荐部门根据绩效评价结果，总结分析项目组织实施经验，根据绩效评价意见，加强项目组织落实整改和实施工作，提高项目组织工作质量。

第十九条 绩效评价结果在一定范围内公布，接受社会监督。

第七章 相关责任

第二十条 参与绩效评价活动的有关各方和人员必须严格遵守法律、法规和其他相关规定，保证绩效评价的公正性和客观性。

第二十一条 项目承担单位在评价过程中有提供虚假资料信息、不配合或干扰评价工作正常开展的，视同为不诚信行为，省科技厅将按有关规定进行处理。凡逾期不提供相关绩效评价基础信息的项目，项目绩效评价为不合格。

第二十二条 绩效评价专家或中介机构有违规行为的，省科技厅视其情节轻重，可以终止委托关系，并予以通报；对情节特别严重的列入科研信用"黑名单"，并追究其相关责任。

第二十三条 省科技厅工作人员在评价工作中如有徇私舞弊、滥用职权、玩忽职守或者干扰评价工作导致评价不公正的，省科技厅视情节给予纪律处分。

第二十四条 参与绩效评价活动的有关各方和人员需要保守与项目有关的商业秘密和技术秘密。未经评价工作组织单位批准同意，不得擅自对外透露评价结果；对滥用职权、徇私舞弊、玩忽职守或者泄露所知悉的国家秘密、商业秘密的，由有关部门依法给予行政处分；情节严重涉嫌犯罪的，依法移送司法机关追究其刑事责任。

第八章 附则

第二十五条 本细则由省科技厅负责解释。

第二十六条 本细则自2017年11月7日起施行，有效期至2020年11月7日。

云南省科技厅财政科技计划（专项、基金）监督工作暂行规定

(云南省科学技术厅公告第 50 号)

《云南省科技厅财政科技计划（专项、基金）监督工作暂行规定》已经 2017 年 4 月 19 日云南省科技厅深改领导小组会议通过，并经省、法制办登记备案（登记号：1450 号），现予以公布，自 2017 年 12 月 7 日起实施。

云南省科学技术厅
2017 年 11 月 7 日

云南省科技厅财政科技计划（专项、基金）监督工作暂行规定

第一章 总则

第一条 为加强和规范云南省科学技术厅（以下简称"省科技厅"）财政科技计划（专项、基金等）的项目和经费监督工作，根据《中央财政科技计划（专项、基金等）监督工作暂行规定》（国科发政〔2015〕471 号）、《云南省人民政府关于改进加强我省财政科研项目和资金管理的实施意见》（云政发〔2015〕45 号）、《云南省人民政府关于印发云南省财政科技计划（专项、基金等）管理改革方案的通知》（云政发〔2016〕21 号）和有关法律法规，制定本规定。

第二条 本规定所指监督是指省科技厅按照有关规章制度，对省科技厅各类科技计划（以下简称"省科技计划"）、项目、资金的管理和执行情况所开展的检查、督导和问责，以促进科技管理的科学规范、公平公开，提高财政科技资金使用效益。

第三条 监督的主要内容包括：

（一）省科技计划、项目相关管理部门管理科技计划及资源配置的科学性、规范性，科技计划的实施绩效；

（二）项目管理专业机构管理工作的科学性、规范性，及其在项目管理过程中的履职尽责和绩效情况；

（三）参与科技计划、项目咨询、评审、验收和监督工作的专家，以及支撑机构的履职尽责情况；

（四）项目承担单位法人责任制落实情况、项目执行情况及资金的管理使用情况；

（五）科研人员在项目实施和资金管理使用中的科研诚信和履职尽责情况。

第四条 监督工作应当遵循以下原则：

（一）坚持决策、执行、监督相互制约又相互协调。监督工作既要将有关内容和要求融入管理工作，又独立于管理工作，确保客观、公正。

（二）坚持遵循规律。根据省科技计划、项目的性质和特点，分类开展监督工作，既强化监督

的刚性要求，又要发挥监督的督导和服务功能。

（三）坚持分层分级监督。结合省科技计划管理层级，实行分层分级监督机制，强化事中、事后监督和事后绩效评价，加强责任倒查，突出对关键环节的监督。

（四）坚持内部管理与外部监督相结合。在完善有关规章制度的基础上，强化内部管理、法人负责和科研人员自律，加强公开公示和外部监督，减少对正常科技管理和科研活动的影响。

（五）坚持绩效导向。加强绩效评价，强化监督结果运用，完善考核问责机制，加大对违规行为的惩处力度，突出有力有效，构建科研信用体系，促进管理优化。

第二章 工作职责

第五条 省科技计划、项目组织实施的各个环节都应当明确责任主体。按照谁主责谁接受监督、权责对等的原则，各责任主体都要自觉接受监督。

第六条 明确各监督主体的责任，省科技厅、项目推荐部门、专业机构以及项目承担单位等各监督主体，对受其管理或委托的责任主体履职尽责情况进行监督、评价、问责。

第七条 省科技厅是监督工作的牵头部门，主要监督职责包括：

（一）研究制定监督相关管理制度规范；

（二）加强监督工作的统筹协调、综合指导和基础能力建设；

（三）组织开展对省科技计划、专项工作、项目管理专业机构等重点环节管理工作规范性和科学性的监督，开展对省科技计划、项目目标实现、结果产出、效果和影响等绩效评估评价；

（四）组织开展对战略咨询和综合评审委员会、技术和财务专家履职的独立、客观、公正性，以及廉洁自律、保密制度和回避规则遵守和执行情况等监督；

（五）组织开展对项目管理专业机构的内部管理、项目管理的规范性和有效性监督；

（六）组织开展对项目承担单位的省科技计划项目和资金管理使用情况开展随机抽查和专项检查；

（七）加强监督结果的反馈和运用，建立统一的科研信用体系。

第八条 项目推荐部门应当加强监督工作。项目推荐部门是指具有项目推荐和管理职能的部门（机构）。主要包括州市科技主管部门，省直委办厅局、省属事业单位、省属企业、中央驻滇单位、国家级开发区管委会等所属科技管理部门（机构）。主要监督职责包括：

（一）按照有关省科技计划、项目管理职责，加强对相关省科技计划、项目和资金的监督；

（二）负责组织对所属单位承担的省科技计划项目的日常管理和监督，配合相关监督主体对所属单位存在的重点问题和线索进行核查；

（三）加强对所属单位作为项目管理专业机构建设、日常运行的管理和监督；

（四）参与对相关领域省科技计划、项目的研发质量、成果转化应用以及绩效目标实现等绩效评估评价；

（五）配合省科技厅、省财政厅、省审计厅开展相关监督工作。

第九条 专业机构主要负责对省科技计划、项目的日常监督，主要监督职责包括：

（一）开展对相关项目和资金使用管理情况监督；

（二）开展对相关项目的绩效评估评价；

（三）开展对参与项目立项、过程管理和验收等咨询评审专家履职尽责情况的监督。

第十条 项目承担单位是项目实施主体，主要监督职责包括：

（一）负责对项目实施及资金使用情况的日常监督和管理；

（二）开展科研人员遵规守纪宣传和培训，强化科研人员自律意识和科研诚信。

第十一条 省科技厅建立与项目推荐部门的会商机制，加强监督制度、年度计划、结果运用等的统筹协调。

第十二条 省科技厅、项目推荐部门以及专业机构等各监督主体都应接受省审计、纪检等部门的监督。

第三章 内部管理和自律

第十三条 省科技计划、项目管理各责任主体应积极履行职责，将监督工作融于科技计划、项目管理工作中，通过制度规范建设、履行法人责任、强化内部控制和自律等，实现科学决策，规范管理。

第十四条 按照监督与省科技计划、项目管理同步部署的原则，省科技计划、项目管理应当建立健全计划、项目及资金管理制度，制定相关实施细则或工作规范，将监督内容和要求纳入其中，明确省科技计划和项目立项、专业机构遴选和管理、专家遴选和使用、项目组织实施、验收和绩效评估评价、成果汇交等各个环节的具体流程、责任主体以及监督主体，强化管理的制度化、规范化。

第十五条 在省科技计划、项目管理过程中，涉及工作委托和任务下达的，应按照有关要求，在项目合同（任务书、协议等）中约定工作任务、考核目标和指标、监督考核方式、违约责任等具体事项，明晰各方责、权、利，为监督工作提供依据。

第十六条 专业机构应当建立健全机构管理和运行的各类规章制度，提高专业化管理水平。

第十七条 项目承担单位要强化法人责任，切实履行在项目申请、组织实施、验收和科研资金使用等方面的管理职责，加强支撑服务条件建设，提高管理能力和服务水平。

第十八条 各责任主体应当按照国家有关规定，结合单位实际情况，建立健全内部风险防控和监管体系。建立监督制约机制，明确内部监督机构或专门人员的监督职责，确保不相容岗位相互分离。建立常态化的自查自纠机制，加强内部审查，督促依法合规开展工作，严肃查处违规行为。

第十九条 实施全过程"痕迹化"管理。各责任主体应当加强科技计划、项目管理工作的日常记录和资料归档，按科技计划管理要求将相关管理信息纳入省科技管理信息系统。

第二十条 省科技计划、项目管理实行报告制度。各责任主体应当按照相关管理规定，定期报告科技计划、项目实施进展、资金使用和组织管理等相关工作情况。遇有重大事项或特殊情况，应及时报告省科技厅。

第二十一条 省科技厅建立统一的科技和财务专家数据库，建立健全专家管理制度和工作规范。专家选择从统一的专家库中随机抽取，实行动态管理和回避制度，定期进行轮换、调整。

第二十二条 科研人员和专家要弘扬科学精神，恪守科研诚信，强化责任意识，严格遵守科技计划、项目和资金管理的各项规定，自觉接受有关方面的监督。

第四章 公开公示

第二十三条 按照"公开为常态，不公开为例外"的原则，各责任主体和监督主体都要建立公开公示制度，明确公开公示事项、渠道、时限等管理内容和要求。

第二十四条 省科技厅、项目推荐部门、专业机构根据相关规定，应当将相关管理制度和规范、项目立项和资金安排、验收结果、绩效评价和监督报告以及专家管理和使用等信息，在省科技管理信息系统或政府部门网站上，及时主动向全社会公开，接受各方监督。涉密及法律法规另有规定的除外。

第二十五条 项目承担单位应当在单位内部公开项目立项、主要研究人员、科研资金使用、项目合作单位、大型仪器设备购置、项目研究成果以及科技报告呈报情况等信息，接受内部监督。

第二十六条 公开公示应注重时效性。项目指南发布日到项目申报受理截止日，原则上不少于50天；各类事项公示时间一般不少于5个工作日。

第二十七条 各责任主体应重视公众和舆论监督，听取意见，推动和改进有关工作。

第五章 外部监督

第二十八条 在各责任主体强化内部管理的基础上，各监督主体根据职责和实际需要，开展外部监督。

第二十九条 监督对象的选择应当根据工作需要，采用随机抽取和对风险度高、受理举报等重点抽取相结合的方式，合理确定对专业机构和项目承担单位开展现场监督的比例。

第三十条 各监督主体应当根据职责分别制定年度监督工作计划方案，明确监督对象、内容、时间、方式、实施主体和结果要求等。

第三十一条 省科技厅、项目推荐部门加强各监督主体年度监督工作计划的衔接，避免重复开展监督。

第三十二条 现场监督一般应集中时间开展，加强项目执行情况和资金管理使用监督的协同。原则上，对一个项目执行情况现场监督一年内不超过1次，执行期3年以内的项目原则上执行情况现场监督只进行1次。对风险较高、信用等级差的项目承担单位及其承担的项目，可加大监督频次。

第三十三条 外部监督一般采取专项检查、专项审计、绩效评估评价等方式。

专项检查重点是对相关责任主体落实法人责任、建立健全内部管理机制、执行国家有关财经法规和科研资金管理规定、项目管理和科研资金使用情况等进行检查。

专项审计重点是对科研资金使用的合法性、合规性和合理性以及内部管理有效性进行审计。一般委托具备相应能力和条件的专业机构开展。

绩效评估评价重点是对科技计划和项目组织实施，以及项目管理专业机构履职尽责进行绩效评估评价。绩效评估评价内容一般包括目标实现、资源配置、管理与实施、效果与影响等。绩效评估评价一般通过公开竞争等方式择优委托第三方机构开展。

第三十四条 各监督主体应建立公众参与监督机制，受理投诉举报，并按有关规定登记、分类处理和反馈。投诉举报事项不在权限范围内的，应按有关规定移交相关部门或地方处理。

第三十五条 各监督主体应当对监督中发现重要问题和线索的真实性、完整性进行核实检查。核查工作可根据需要责成有关责任主体所在法人单位或上级项目推荐部门开展。

第三十六条 各监督主体根据工作需要，可形成联合监督工作组，集中开展监督。

第三十七条 各监督主体应当加强与审计、纪检监察等部门的协调配合，形成监督工作合力。

第六章 结果运用和信用管理

第三十八条 各监督主体针对监督中发现的问题，按照相关制度规定下达监督结果和整改建议。相关责任主体应在规定时限内完成整改，并将整改结果书面报送有关监督主体。

有关责任主体对监督结果有异议或对处理意见不服的，可按相关规定申请复核和申诉。

第三十九条 建立监督结果共享制度。各监督主体应按照统一要求，将有关监督结果汇总到省科技信息管理系统，并按规定向社会公开。

监督结果应包括监督主体、对象、内容、时间、程序、结论和重要事项记录等。

第四十条 省科技厅会同项目推荐部门，根据监督结果和有关责任主体整改情况，提出省科技计划和项目管理专业机构的动态调整意见，优化省科技计划和项目管理，并将监督结果作为省财政科技资金予以支持的重要依据；专业机构根据监督结果和项目承担单位整改情况，提出项目动态调整意见。

第四十一条 各监督主体应当严肃处理违规行为，处理结果向社会公开。对有违规行为的项目管理专业机构，由省科技厅采取约谈、通报批评、降低信用等级、解除委托合同、追回已拨付的管理工作资金、取消项目管理专业机构项目管理资格等处理措施；对有违规行为的项目承担单位和科研人员，责成项目推荐部门或地方采取约谈、通报批评、暂停项目拨款、追回已拨付的项目资金、终止项目执行、取消项目承担者一定期限内项目申报资格等处理措施。涉嫌违纪的移交纪检监察部门处理，涉嫌违法犯罪的移交司法机关处理。对有违规行为的专家，由省科技厅采取给予警告、责令限期改正、通报批评、取消一定期限内咨询评审和监督资格等处理措施。

建立责任倒查制度，针对出现的问题倒查各责任主体及相关人员的履职尽责和廉洁自律情况，经查实存在问题的，依法依规追究责任。

第四十二条 省科技厅建立统一的科研信用管理体系，各监督主体及时记录专业机构、项目承担单位、监督支撑机构、专家和科研人员信用信息，实施信用管理。

第四十三条 建立健全守信激励和失信惩戒机制。将信用等级作为项目管理专业机构遴选、项目立项及资金安排、专家遴选、监督支撑机构使用等管理决策重要参考。项目完成任务目标并通过验收，且项目承担单位信用评价好的，项目结余资金按规定在一定期限内由单位统筹安排用于科研活动的直接支出。

信用等级与监督频次挂钩。对于信用等级好的机构和人员，可减少或在一定时期内免除监督；对于信用等级差的，应作为监督重点，加大监督频次。

第四十四条 加强科研信用体系与其他社会领域信用体系的衔接，实施联合惩戒机制。

第四十五条 省科技厅会同项目推荐部门建立"黑名单"制度，将严重科研不端行为、严重违反财经纪律及违法的单位和个人列入"黑名单"，相关信息作为省科技计划、项目管理的重要决策依据。

第七章 条件保障

第四十六条 省科技厅积极培育专业化的监督支撑机构和专家队伍，严明工作规范和纪律，加强统一管理和培训交流。

第四十七条 各监督主体应加强内部监督机构和人员能力建设，并注重发挥监督支撑机构和专家队伍的作用。

第四十八条 实施监督的机构和人员，应当具备开展工作的基本条件以及与监督工作相适应的专业知识和业务能力，独立、客观、公正开展工作，按照相关要求保守秘密。涉及利益冲突的，应当回避。

第四十九条 监督工作所需费用应由各监督主体支付，并在年度部门预算中统筹安排，不得转嫁给被监督方。

第五十条 省科技厅依托省科技管理信息系统，建立统一的监督信息平台，加强监督信息共享。

第五十一条 各监督主体应当依托监督信息平台开展工作，积极运用互联网和大数据技术，开展智能监督和风险预警，提高监督工作精准化和针对性。

第八章 附则

第五十二条 各责任主体在相关管理制度规范中，应当依据本规定明确监督内容和要求；各监督主体应当依据本规定，结合工作实际制定监督工作实施细则。

第五十三条 其他科技管理活动的监督工作，可参照本规定执行。

第五十四条 本规定由省科技厅负责解释，自2017年12月7日起施行，有效期至2020年12月7日。

云南省科技厅科技计划项目严重失信行为记录暂行规定

(云南省科学技术厅公告第 51 号)

《云南省科技厅科技计划项目严重失信行为记录暂行规定》已经 2017 年 4 月 19 日云南省科技厅深改领导小组会议通过，并经省法制办登记备案（登记号：1455 号），现予以公布，自 2017 年 12 月 7 日起实施。

云南省科学技术厅
2017 年 11 月 7 日

云南省科技厅科技计划项目严重失信行为记录暂行规定

第一条 为加快云南省科技信用体系建设，净化科研风气，构筑诚实守信的科技创新环境氛围，规范云南省科技计划项目（以下简称科技计划项目）相关管理工作，保证科技计划项目目标实现及财政资金安全，推进依法行政，根据《中华人民共和国科学技术进步法》、《国家科技计划（专项、基金等）严重失信行为记录暂行规定》（国科发政〔2016〕97 号）、《云南省人民政府关于改进加强我省财政科研项目和资金管理的实施意见》（云政发〔2015〕45 号）、《云南省人民政府关于贯彻落实社会信用体系建设规划纲要（2014—2020 年）的实施意见》（云政发〔2014〕66 号）和有关法律法规，制定本规定。

第二条 本规定适用于省科技厅以省级财政科技经费予以支持的项目。

第三条 本规定所指严重失信行为是指科研不端、违规、违纪和违法且造成严重后果和恶劣影响的行为。本规定所指严重失信行为记录，是对经有关部门、机构查处认定的，科技计划项目相关责任主体在项目申报、立项、实施、管理、验收、奖励和咨询评审评估等全过程的严重失信行为，按程序进行的客观记录，是科研信用体系建设的重要组成部分。

第四条 严重失信行为记录应当覆盖科技计划项目管理和实施的相关责任主体，遵循客观公正、标准统一、分级分类的原则。

第五条 本规定的记录对象为在参与科技计划项目组织管理或实施中存在严重失信行为的相关责任主体，主要包括有关项目承担人员、咨询评审专家等自然人，以及项目推荐部门、项目承担单位、专业机构等法人机构。

政府工作人员在科技计划项目管理工作中存在严重失信行为的，依据公务员法及其相关规定进行处理。

第六条 云南省科技厅牵头制定严重失信行为记录相关制度规范，会同有关行业部门、项目推荐部门，根据科技计划项目管理职责，负责受其管理或委托的科技计划项目相关责任主体的严重失信行为记录管理和结果应用工作。

相关部门加强合作与信息共享，依托省信用信息共享交换平台，根据有关部门和单位签署的社会信用信息系统共建共享合作备忘录，建立守信联合激励和失信联合惩戒的信用信息管理系统，实施跨部门联合惩戒，形成工作合力。

第七条 实行科技计划项目相关责任主体的诚信承诺制度，在申请科技计划项目及参与科技计划项目管理和实施前，本规定第五条中所涉及的相关责任主体都应当签署诚信承诺书。

第八条 结合科技计划管理改革工作，逐步推行科研信用记录制度，加强科技计划项目相关责任主体科研信用管理。

第九条 参与科技计划项目管理和实施的相关项目承担人员、咨询评审专家等自然人，应当加强自律，按照相关管理规定履职尽责。以下行为属于严重失信行为：

（一）采取贿赂或变相贿赂、造假、故意重复申报等不正当手段获取科技计划项目承担资格。

（二）项目申报或实施中抄袭他人科研成果，故意侵犯他人知识产权，捏造或篡改科研数据和图表等，违反科研伦理规范。

（三）违反科技计划项目管理规定，无正当理由不按项目合同（任务书、协议等）约定执行；擅自超权限调整项目任务或预算安排；科技报告、项目成果等造假。

（四）违反科研资金管理规定，套取、转移、挪用、贪污科研经费，谋取私利。

（五）利用管理、咨询、评审或评估专家身份索贿、受贿；故意违反回避原则；与相关单位或人员恶意串通。

（六）泄露相关秘密或咨询评审信息。

（七）不配合监督检查和评估工作，提供虚假材料，对相关处理意见拒不整改或虚假整改。

（八）其他违法、违反财经纪律、违反项目合同（任务书、协议等）约定和科研不端行为等情况。

第十条 参与科技计划项目管理和实施相关项目推荐部门、项目承担单位、专业机构等法人和机构，应当履行法人管理职责，规范管理。以下行为属于严重失信行为：

（一）采取贿赂或变相贿赂、造假、故意重复申报等不正当手段获取管理、承担科技计划项目或中介服务资格。

（二）利用管理职能，设租寻租，为本单位、项目申报单位/项目承担单位或项目承担人员谋取不正当利益。

（三）项目推荐部门违反委托合同约定，不按制度执行或违反制度规定；管理严重失职，所管理的科技计划项目或相关工作人员存在重大问题。

（四）项目承担单位未履行法人管理和服务职责；包庇、纵容项目承担人员严重失信行为；截留、挤占、挪用、转移科研经费。

（五）专业机构违反合同或协议约定，采取造假、串通等不正当竞争手段谋取利益。

（六）不配合监督检查和评估工作，提供虚假材料，对相关处理意见拒不整改或虚假整改。

（七）其他违法、违反财经纪律、违反项目任务书（合同、协议书等）约定等情况。

第十一条 对具有本规定第九条、第十条行为的责任主体，且受到以下处理的，纳入严重失信行为记录。

（一）受到刑事处罚或行政处罚。

（二）受审计、纪检监察等部门查处并正式通报。

（三）受相关部门和单位在科技计划项目管理或监督检查中查处并以正式文件发布。

（四）因伪造、篡改、抄袭等严重科研不端行为被国内外公开发行的学术出版刊物撤稿，或被国内外政府奖励评审主办方取消评审和获奖资格并正式通报。

（五）经核实并履行告知程序的其他严重违规违纪行为。对纪检监察、监督检查等部门已掌握确凿违规违纪问题线索和证据，因客观原因尚未形成正式处理决定的相关责任主体，参照本条款执行。

第十二条　依托云南省科技计划项目管理信息系统建立云南省科技计划项目严重失信行为数据库。记录信息应当包括：责任主体名称、统一社会信用代码、所涉及的项目名称和编号、违规违纪情形、处理处罚结果及主要责任人、处理单位、处理依据和做出处理决定的时间。

对于责任主体为法人和机构，根据处理决定，记录信息还应包括直接责任人员。

第十三条　对于列入云南省科技计划项目严重失信行为记录的责任主体，按照科技计划项目管理办法的相关规定，阶段性或永久取消其申请云南省科技计划项目或参与项目实施与管理的资格。同时，在后续科技计划项目管理工作中，应当充分利用严重失信行为记录信息，对相关责任主体采取如下限制措施：

（一）在科研立项、评审专家遴选、项目推荐部门确定、科研项目评估、科技奖励评审、间接费用核定、结余资金留用以及基地人才遴选中，将严重失信行为记录作为重要依据。

（二）对纳入严重失信行为记录的相关法人单位，以及违规违纪违法多发、频发，一年内有2个及以上相关责任主体被纳入严重失信行为记录管理的法人单位作为项目实施监督的重要对象，加强监督和管理。

第十四条　实行记录名单动态调整机制，对处理处罚期限届满的相关责任主体，及时移出云南省科技计划项目严重失信记录名单。

第十五条　云南省科技计划项目严重失信行为记录名单为科技厅、相关部门、项目推荐部门、监督和评估专业化支撑机构掌握使用，严格执行信息发布、查询、获取和修改的权限。

严重失信行为记录名单及时向责任主体通报，对于责任主体为自然人的还应向其所在法人单位通报。

对行为恶劣、影响较大的严重失信行为按程序向社会公布失信行为记录信息。

第十六条　在本暂行规定的基础上，总结经验，完善守信联合激励、失信联合惩戒的跨部门联动工作体系，加强与其他社会信用记录衔接，逐步形成全省统一的科研信用制度和管理体系。

第十七条　对纳入严重失信行为记录有异议的，相关责任主体可申请复议。经核实有误的信息应及时更正及撤销。有损害有关主体合法权益的应积极采取措施恢复其名誉、消除不良影响。

第十八条　国家和省有关法律法规对国家和省级科技计划项目相关责任主体所涉及的严重失信行为另有规定的，依照其规定执行。各州（市）科技计划项目管理可参照本规定执行。

第十九条　本规定由省科技厅负责解释。

第二十条　本规定自2017年12月7日起施行，有效期至2020年12月7日。

云南省科技厅关于印发《云南省科技厅科技计划项目管理办法》的通知

(云科规〔2019〕3号)

各州、市科技局，有关企业、高校、科研院所，各项目推荐部门：

《云南省科技厅科技计划项目管理办法》已经2019年2月26日云南省科技厅2019年第2次厅务会审议通过，现印发给你们，请遵照执行。

云南省科学技术厅
2019年3月1日

云南省科技厅科技计划项目管理办法

第一章 总则

第一条 为规范云南省科学技术厅（以下简称省科技厅）科技计划项目（以下简称项目）管理，建立和完善科学的项目管理机制，提高项目管理和实施成效，根据《云南省人民政府关于印发云南省财政科技计划（专项、基金等）管理改革方案的通知》（云政发〔2016〕21号）等有关规定及科技体制改革精神，结合我省实际，制定本办法。

第二条 本办法适用于省科技厅以省级财政科技经费予以支持或以科技政策调控、引导，由符合条件的单位承担，在一定时限内实施的科学技术研究开发活动。

第三条 项目管理遵循依法行政、明确职责、管理公开、精简高效的原则，实行项目申报、管理、验收、评价、科技报告、科研诚信等全过程信息化管理。

第二章 责任主体与职责

第四条 项目管理中的责任主体分为六类：

（一）省科技厅

（二）项目推荐部门

（三）项目承担单位

（四）项目负责人

（五）专业机构

（六）项目评审专家

第五条 省科技厅的基本职责是：

（一）项目组织、实施、服务、监督和评价；

（二）对项目推荐部门、项目承担单位、项目负责人、专业机构、项目评审专家进行分类指导，并进行工作评估和监督；

（三）协调解决项目实施中的其他事项。

第六条 项目推荐部门是指具有项目推荐和管理职能的部门（机构）。主要包括州市科技主管部门，省直委办厅局、省属事业单位、省属企业、中央驻滇单位、国家级开发区管委会等所属科技管理部门（机构）。其他申请作为项目推荐部门的单位，向省科技厅提出申请，经省科技厅审核确认。

项目推荐部门的基本职责是：

（一）协助省科技厅或省科技厅委托的专业机构工作，负责本地区、本单位项目审核、推荐和管理工作；

（二）对项目承担单位和项目负责人进行指导、监督和服务；

（三）协调解决项目实施中的困难和问题。

第七条 项目承担单位是指承担省科技计划项目，具有独立法人资格的企业、高校、科研院所或其他机构。

项目承担单位的基本职责是：

（一）承担项目实施的法人责任，负责项目实施管理，对完成项目内容、实现目标任务负责；

（二）落实项目相关保障条件，解决项目实施中的问题和困难；

（三）对研发投入设置专账进行明细核算，并负责项目经费、科研成果、知识产权、项目形成的资产等管理工作；

（四）按要求提交验收申请及验收材料。完成科技报告、项目资料呈交等工作；

（五）接受省科技厅、项目推荐部门和省科技厅委托的专业机构的指导和监督。

第八条 项目负责人是项目组织实施的直接责任人，承担项目组织、协调、执行等具体工作。

项目负责人的基本职责是：

（一）拟定项目实施方案，安排研究任务分工，检查、督促项目执行进度和质量；

（二）按时组织完成项目合同书规定的阶段目标任务，及时报送阶段性成果、重要进展和科技报告等，报告影响项目实施的重大问题及事项；

（三）规范使用项目经费。

第九条 专业机构是受省科技厅委托，开展项目管理、科技评估、监督和服务工作的机构。

专业机构的基本职责是：

（一）接受省科技厅和有关部门的监督和检查，按照"公平、公正和公开"原则，开展项目管理工作，提供优质、高效的服务；

（二）建立健全项目管理、经费管理、监督评估、专家履职尽责、科研诚信等制度；

（三）落实科技报告制度，加强知识产权管理，开展项目成果汇交，负责项目资料归档；

（四）受理各方对项目过程管理中所涉及的单位、参与人员和专家的异议、申诉和投诉、举报，及时按相关规定处理反馈，并开展信用记录；

（五）及时向省科技厅报告项目过程管理中出现的项目合同调整、延期、终止等重大问题，提出处置的意见建议；

（六）开展相关领域科技发展动向跟踪调研和发展战略研究，提出科技发展意见建议，协同编制项目申报指南。

第十条 项目评审专家是受省科技厅或专业服务机构委托，开展项目咨询、评估、评价、评审，属于云南省科技人才专家库的专家。评审专家的基本职责是：

（一）独立、客观、公正地提出个人意见；

（二）保守项目涉及的知识产权和技术秘密；

（三）主动回避涉及自身利益及特定关系的项目评审评估等相关事项；

（四）遵守承诺书内容。

第三章　申报与立项

第十一条　省科技厅根据全省经济社会发展需要和科技创新规划部署，结合年度工作重点和财政经费预算，在广泛吸纳各方意见的基础上，组织研究、编制并发布项目申报指南，对项目类别、重点领域、项目数量、申请条件、申请材料、受理方式、审批程序等内容予以明确。

指南发布到项目申报受理截止，时间不少于50天。

第十二条　项目采用申报评审制方式立项；符合招标条件的，采用招标方式立项。对具有明确政府目标、技术路线清晰、组织程度较高、优势承担单位集中的重大科技计划项目或重大招商引资项目，可以采取定向择优、定向委托或一事一议等方式确定承担单位。

对先行投入资金开展工作的后补助项目，省科技厅按照相关办法给予财政资金支持。下放管理权限的项目，立项及管理由承接下放权限的单位独立决策，并报省科技厅备案，科技厅对项目实施总体绩效进行跟踪管理。

第十三条　申报项目应当符合以下基本条件：

（一）符合省科技计划项目申报指南要求；

（二）项目实施期限一般不超过3年。

第十四条　项目申报单位应当符合以下基本条件：

（一）项目申报单位在云南省行政区域内设立、登记、注册并具有独立法人资格的企事业单位或其他机构；

对于事关我省产业发展中的重大关键技术难题，允许省外高校、科研院所、企业等单位申报，但项目产业化应用及生产地点应在云南省行政区域内。

（二）上年度有研究与开发经费支出；

（三）在所申报项目领域，具有一定研发优势和工作基础；

（四）具有健全的内控制度、规范的会计核算制度和完成项目所需的组织管理能力；

（五）无不良信用记录；

（六）近一年内无重大责任事故和可能影响项目实施的法律纠纷。

第十五条　申请项目应当提供云南省科技计划项目申请书。申请材料有具体规定的，还应当提交符合该类别项目具体要求的申请材料。

第十六条　项目申报实行网络申报。

项目申报单位通过云南省科技计划项目管理信息系统，向其项目推荐部门逐级申报。

涉密项目按照省科技厅涉密科技计划项目管理规定执行，不通过网络申报和政务服务窗口受理。

第十七条　省科技厅政务服务窗口对项目申报材料进行完整性、规范性在线审查，合格的予以受理，不合格的退回申报单位。

第十八条　省科技厅根据科技计划项目类别，建立公正、科学的项目评审方式、工作规则和专家评审规范，建立全过程可申诉、可查询、可追溯的评审体系。

省科技厅建立科技评审专家入库信息定期更新机制,完善评审专家的诚信记录、责任追究制度,严格规范专家评审行为。

第十九条 申报评审制项目,按下列程序组织遴选。

(一)省科技厅分管业务部门或省科技厅委托的专业机构负责组织项目初审工作,初审结果通过科技计划项目管理信息系统进行在线查询;

(二)省科技厅综合计划管理部门或省科技厅委托的专业机构组织项目评审,在分管业务部门或专业机构提出立项建议或进行合规性审查后,提出进入项目库建议;

(三)省科技厅厅务会审定(审议)项目入库建议。资助额度超过500万元的项目,须经省科技厅党组会议审定。

(四)省科技厅通过科技信息管理平台,对审定项目进行公示后纳入项目库。

第二十条 下放管理权限的项目,由省科技厅分管部门审核提出进入项目库建议,经省科技厅厅务会(党组会)审定,通过科技信息管理平台公示后,纳入项目库。

第二十一条 省科技厅科学合理建立项目库,项目库实行动态管理。三年内没有纳入计划安排的项目,自动离库。

第二十二条 省科技厅按财政年度预算要求,从项目库中遴选项目编制年度预算,建立预算库。

第二十三条 省科技厅根据年度工作重点和财政年度预算执行要求,从预算库中分批编制年度科技计划,完成会签、报批等程序,正式下达立项通知。

第四章 实施与管理

第二十四条 项目及经费通知下达后2个月内,项目推荐部门、承担单位应与省科技厅或受省科技厅委托的管理部门或专业机构,就项目目标、研发内容、考核指标、绩效目标、经费预算、进度计划、实施期限、科技报告、验收方式、技术合同登记及实施各方的权利和义务等内容进行约定,正式签订项目合同书,并提交承诺书。

后补助项目不签订项目合同书。

第二十五条 省科技厅根据科技计划项目管理需要,建立项目年度执行情况报告制度,提交报告情况作为项目日常监管、评价、调整以及验收综合评价的重要依据。

第二十六条 项目执行期间,合同书内容原则上不得调整。

确需调整项目合同书内容的,由承担单位提出书面申请,经项目推荐部门审核,报省科技厅审批。委托专业机构管理的项目,由专业机构审核后报科技厅审批。合同书内容调整幅度较大的项目,须重新签订项目合同书。

在研究方向不变、不降低申报指标和绩效指标的前提下,项目承担单位在充分论证的基础上,可以自主调整研究方案和技术路线,并报省科技厅或专业机构备案。

第二十七条 发生以下情形之一的,可以调整项目合同书内容。

(一)技术、市场、政策等发生较大变化,项目原定目标需要适当修改的;

(二)项目负责人因工作变动、出国(境)、伤病及其他原因,导致需要变更的;

(三)项目执行期限内因客观原因不能完成目标任务,需要延期的;

(四)其他不可抗拒原因需变更合同书内容的。

第二十八条 项目执行期变更,应在到期前3个月提出,延长期限不得超过1年,最多延期1

次。项目负责人变更,新任负责人需具备相应的专业技术能力和资格。

第二十九条 出现下列情形之一的,项目承担单位应及时提出终止。

(一)因现有水平和条件限制,项目不能正常实施以致难以完成合同书考核指标的;

(二)因承担单位发生重大经营困难,或兼并、重组、改制等原因,不能继续实施的;

(三)因主观原因导致项目进度严重滞后,执行期过半基本没有实施项目的;

(四)因项目研究开发的关键技术已由他人公开、市场发生重大变化等,项目研究开发工作丧失必要性的;

(五)有知识产权纠纷或者侵权行为,存在知识产权风险的。

出现下列情形之一的,由省科技厅或项目推荐部门提出终止并作出处理。

(一)因承担单位、项目负责人在项目研究开发、经费使用等方面出现违纪违法行为或违反科研诚信及社会信用实施联合惩戒,项目面临重大风险的;

(二)承担单位未经批准,单方面变更合同书内容,或不按合同书要求组织实施项目的;

(三)项目执行期延期期满后仍未完成,或者执行期满,3个月后无故不申请验收或未提出延期申请的;

(四)依据抽查评估结果或其他按规定应予终止的。

第五章 验收与评价

第三十条 承担单位应当在项目执行期满3个月内,在线提出验收申请和提交验收材料。由项目推荐部门审查通过后,向省科技厅或专业机构申请验收。实施期内已全面完成项目合同书所规定各项指标的,可申请提前验收。

第三十一条 申请项目验收应提供以下基本材料:

(一)项目完成情况总结报告;

(二)项目经费决算报告、经费支出明细账,重大项目应当提供会计师事务所的审计报告;

(三)承诺书。

第三十二条 项目验收以合同书、实施过程中经省科技厅批准的调整内容为依据,对项目实施的组织管理、目标任务完成和经费使用情况等进行一次性综合绩效评价。验收评价的主要内容有:

(一)合同书规定的研究开发内容和技术经济指标的完成情况;

(二)项目知识产权(包括技术标准)的获得、保护和管理情况;

(三)项目经费使用的合理性、规范性;

(四)项目验收材料的完备性、规范性;

(五)项目组人员履职情况和人才培养情况;

(六)项目执行的总体质量和社会经济效益。

第三十三条 项目已按照合同书规定要求完成80%以上考核目标和任务,经费到位且使用合理合规,给予通过验收。凡具有下列情况之一,为不通过验收:

(一)任务指标完成程度低于50%,或者约束性指标任意一项未完成的;

(二)实施过程中出现重大问题,未能解决和做出说明,或研究开发过程及结果等存在纠纷尚未解决的;

(三)财政经费使用不符合规定要求的;

（四）提供虚假验收材料的；

（五）其他不符合通过验收情形的。

对基本完成合同书规定内容，经费使用合理，且有证据证明项目承担单位已按合同书或者其他要求开展研发工作，勤勉尽责，但部分考核指标确因实际情况，导致无法完成的，给予结题。

第三十四条 省科技厅对验收结果进行公示，通过验收的项目发放验收证书。项目承担单位在结果公示后 30 天内，应根据专家验收意见完善验收材料，申请办理科技成果登记备案。

第三十五条 项目实施形成的知识产权、技术标准和获奖成果、登记成果等，作为项目评价的重要依据。涉密成果按照省科技厅涉密科技计划项目管理规定管理。

省科技厅鼓励、支持采取多种方式进行科技成果的转移转化。

第三十六条 省科技厅分管业务部门或省科技厅委托的专业机构负责项目科技档案归档工作。

第六章 监督与处置

第三十七条 省科技厅分管业务部门和委托的专业机构负责项目的管理和监督工作，并进行全过程的指导服务。

第三十八条 省科技厅采取中期检查评估方式，对财政资助资金 200 万元以上的项目，最多开展 1 次过程检查。自由探索类基础研究项目及 200 万元以下的项目，不开展过程检查。检查对象随机抽取，检查评估结果对社会公开。

第三十九条 省科技厅按照财政专项资金管理规定要求，实行绩效分类评价制度。目标导向类项目在项目结束后 2~3 年内进行绩效跟踪综合评价。绩效评价结果作为后续支持的重要依据。

第四十条 省科技厅建立科技计划项目信用管理制度，对科技计划项目相关责任主体在项目申报、立项、实施、验收、奖励和咨询评审评估等全过程进行诚信承诺、信用审查、信用记录和信用评价，对项目承担单位开展信用评级，并将其信息作为相关工作的决策依据。

第四十一条 终止实施的项目，省科技厅向承担单位下达终止通知，委托相关机构进行经费审计，并根据审计结果收回尚未使用和使用不符合规定的财政经费。

对承担单位拒不退回经费的，省科技厅通过司法途径收回财政经费。

第四十二条 对不予通过验收的项目，按以下方式处置：

（一）项目承担单位已积极主动采取措施，但因客观原因，导致项目未能达到合同书规定的目标和技术经济指标的，按照工作量与经费使用相配比或资金筹措比例的原则，确认支出后收回项目结余的财政经费。

（二）因承担单位、项目负责人不积极主动实施项目，或弄虚作假企图验收的，全额收回所安排的财政经费。

第四十三条 省科技厅对项目承担单位予以结题的项目数进行记录，结题项目数累计数占承担单位在研省级科技计划项目数比例超过 10% 以上的，降低项目承担单位科技计划信用级别。

第四十四条 省科技厅严肃追究项目承担单位、项目负责人及项目参与人员的违规违纪行为。有违法行为的，依法移交司法机关追究法律责任。

有下列情形之一的，纳入省科技计划项目严重失信行为和一般失信行为记录名单，视情节轻重，对相关责任主体实施通报批评、终止项目实施、暂停或取消项目承担单位或项目负责人 3~5 年项目申报资格等惩戒，并推送相关部门实施联合惩戒。

（一）弄虚作假申报项目，有套取、骗取财政经费等行为；

（二）项目财政经费使用不符合规定要求，有截留、挪用、挤占、私分等行为；

（三）在项目评审、实施和验收等各工作环节，存在弄虚作假、徇私舞弊、剽窃他人科技成果等科研不端行为，或存在操纵专家、专业机构等行为；

（四）不按要求接受监督检查，或对检查反馈意见整改不及时、不到位；

（五）项目组织实施中，有失职、渎职等行为；

（六）终止项目或项目验收不通过后不按要求退回财政经费；

（七）项目执行期满3个月后无故不申请验收，或不按合同书要求提交科技报告；

（八）其他应予追究责任的违规、违纪和违法行为。

第四十五条 项目评审专家在项目评审、评估过程中对外泄密、损害有关单位权益的，应当依法承担法律责任，并列入科研诚信记录名单。专家利用评审、评估以权谋私或者弄虚作假的，一经发现，取消专家资格并依法追究法律责任。

第四十六条 专业机构以骗取财政科技资金为目的，故意伪造或者变造虚假证明材料，提供科技计划项目申请人虚假信息，使申请人获得财政资金资助的，或者与政府相关主管部门工作人员相互串通、牟取非法利益的，经省科技厅查证属实后，将该专业机构列入科研诚信记录名录；情节严重、涉嫌犯罪的，依法移送司法机关处理。

第四十七条 省科技厅、项目推荐部门及其工作人员违反本办法规定，不履行职责，或者与相关人员串通、弄虚作假，骗取省级财政科技资金，或者利用职务之便，吃拿卡要、收受他人财物的，依法追究行政责任，涉嫌犯罪的，依法移送司法机关处理。

第七章 附则

第四十八条 本办法由省科技厅负责解释。

第四十九条 本办法自2019年3月5日起施行，有效期至2022年3月5日。2017年7月20日发布的《云南省科技计划项目管理办法（试行）》（省科技厅公告第46号）同时废止。

云南省科技厅关于印发云南省基础研究计划项目管理实施细则的通知

(云科规〔2019〕7号)

各州(市)科技局、有关单位:

《云南省基础研究计划项目管理实施细则》已经2019年11月21日云南省科技厅第13次厅务会审议通过,现予公布,自2019年12月21日起施行。

云南省科学技术厅
2019年11月21日

云南省基础研究计划项目管理实施细则

第一章 总则

第一条 为规范和加强云南省基础研究计划(即"云南省自然科学基金",以下简称基础研究计划)项目管理,根据《云南省人民政府关于印发云南省财政科技计划(专项、基金等)管理改革方案的通知》(云政发〔2016〕21号)、《云南省人民政府关于进一步加强基础科学研究的实施意见》(云政发〔2019〕9号)、《云南省科技厅科技计划项目管理办法》(云科规〔2019〕3号),结合我省基础研究计划管理工作实际,制定本办法。

第二条 基础研究计划立足增强原始创新能力,着力培育和引进优秀科研人才和团队。围绕我省优势学科发展和经济社会发展的重大需求,开展具有原创性的理论、方法和技术的基础研究和应用基础研究,优先支持对我省发展具有引领作用的战略性、基础性、交叉前沿研究。推动自由探索和目标导向有机结合,促进基础研究与应用研究融通创新发展,构建基础研究多元化投入机制,为创新型云南建设和高质量跨越式发展提供源头创新和人才支撑。

第三条 本办法适用于基础研究计划重大专项、重点项目、面上项目、杰出青年项目、优秀青年项目、青年项目、应急项目,以及各类联合专项(基金)项目的实施管理。

(一)重大专项:支持符合条件的科研人员对我省具有突出优势,有望引领学科和产业发展领域的重大科学问题,开展多学科交叉研究和综合性研究,预期可产生重大突破和影响,对产业发展发挥支撑与引领作用,提升我省基础研究国际国内影响力。

(二)重点项目:支持已有较好基础的科研人员在我省经济社会发展重点领域以及综合交叉前沿学科,开展深入、系统的创新性研究,重点解决具有较强应用背景的科学问题。加强与重大科技专项计划、重点研发计划、科技人才平台计划等项目的衔接,推动领域或科学前沿取得突破。

(三)面上项目:支持青年科研人员在自然科学范畴内自主选题,开展创新性研究,促进优势特色学科发展和创新人才成长。

(四)杰出青年项目:支持在基础研究方面已取得国内外同行承认的、突出的创新性成绩,有望获得国家杰出青年科学基金项目资助的青年科研人员，自主选择研究方向开展创新研究，培养造就一批进入国内科技领先行列的优秀学术带头人。

（五）优秀青年项目：支持在基础研究方面已取得国内外同行承认的、较好的创新性成绩，有望获得国家自然科学基金优秀青年科学基金项目资助的青年科研人员，自主选择研究方向开展创新研究，培养造就一批进入国内科技先进行列的优秀学术骨干。

（六）青年项目：支持青年科研人员自由选题开展基础研究，培养青年科研人员独立主持项目、开展创新研究的能力，激励创新思维，培育创新后继人才。

（七）应急项目：旨在对我省突发公共事件或其他急需启动研究的科学问题开展研究，提供决策和解决的科学依据、技术方法和方案。

（八）联合专项（基金）项目：旨在发挥基础研究计划和财政科技经费的导向作用，引导、鼓励社会资源投入基础研究，培养优秀科研人员，推动我省相关领域、行业、区域自主创新能力的提升。根据各联合专项协议及其实施细则进行管理。

第二章 申报

第四条 云南省科学技术厅（以下简称省科技厅）根据我省经济社会发展需求、科技发展规划、年度工作重点和财政经费预算情况，在广泛调研听取意见的基础上制定基础研究计划年度项目申报指南。

第五条 重点项目、面上项目、杰出青年项目和优秀青年项目，采取限额择优推荐基础上的申报评审的方式立项。青年项目采取申报单位论证、推荐，省科技厅核准备案的方式立项。重大专项和应急项目，采取申报评审或定向委托论证的方式立项。

第六条 申报单位的科研人员符合下列条件的，可以申请基础研究计划项目：

（一）重点项目

1. 申报单位全职科研人员；

2. 申请当年1月1日未满55周岁；

3. 具有良好的科学道德；

4. 具有高级专业技术职务（职称）；

5. 具有主持基础研究项目的经历；

6. 主持过2项及以上重点项目的，不得作为项目负责人申请；

7. 符合年度项目申报指南中的相关规定。

（二）面上项目

1. 申报单位全职科研人员；

2. 申请当年1月1日未满40周岁；

3. 具有良好的科学道德；

4. 具有从事基础研究的经历；

5. 主持过重点项目或2项及以上面上项目的，不得作为项目负责人申请；

6. 符合年度项目申报指南中的相关规定。

（三）杰出青年项目

1. 申报单位全职科研人员；

2. 申请当年1月1日未满40周岁；

3. 具有良好的科学道德；

4. 具有高级专业技术职务（职称）或者博士学位；

5. 具有主持基础研究项目的经历；

6. 已获得过国家杰出青年基金项目和本办法中杰出青年项目资助的不能申请；

7. 符合年度项目申报指南中的其他规定。

（四）优秀青年项目

1. 申报单位全职科研人员；

2. 申请当年1月1日未满35周岁；

3. 具有良好的科学道德；

4. 具有高级专业技术职务（职称）或者博士学位；

5. 具有从事基础研究的经历；

6. 已获得过国家杰出青年基金项目、国家自然科学基金优秀青年科学基金项目，以及本办法中杰出青年项目和优秀青年项目资助的不能申请；

7. 符合年度项目申报指南中的其他规定。

（五）青年项目

1. 申报单位全职科研人员；

2. 申请当年1月1日未满35周岁；

3. 具有良好的科学道德；

4. 具有博士学位；

5. 已主持过云南省省级科技计划项目（含各类联合专项（基金）项目）的不能申请；

6. 符合年度项目申报指南中的相关规定。

（六）重大专项和应急项目

1. 申报单位全职科研人员；

2. 具有良好的科学道德；

3. 具有高级专业技术职务（职称）；

4. 具有主持基础研究项目的经历。

第七条 作为项目负责人的科研人员，同一年度只能申请1项基础研究计划项目［不含青年项目和各类联合专项（基金）项目］。

第八条 申请人应当是所申报项目的实际负责人，限为1人；项目组成员与申请人不是同一单位的，参与者所在单位视为合作单位，合作单位的数量不得超过2个。

第九条 申请人应当认真完整填报申请书，并对所提交申请材料的真实性负责，申报单位应当对申请材料的真实性和完整性进行审核。

第三章 评审与立项

第十条 省科技厅自项目申报截止之日起20个工作日内完成对申请材料的初步审查。有下列情形之一的，不予受理，告知申请人并说明理由：

（一）申请人不符合本办法及年度项目申报指南要求的；

（二）申请材料和学科领域不符合年度项目申报指南要求的；

（三）不符合省科技厅科技计划项目其他申报要求的。

第十一条 省科技厅委托专业机构组织对受理的项目进行评审,评审专家从云南省科技管理信息系统专家库中抽取。评审方式包括网络(通讯)评审和会议评审。

第十二条 评审专家应当从科学价值、创新性、社会影响、研究方案的可行性、申请人的研究经历、研究队伍构成、研究基础和相关的研究条件、项目申请经费使用计划的合理性等方面,对项目申请进行独立判断和评价,提出评审意见。

第十三条 网络(通讯)评审由省科技厅委托专业机构根据申请书内容和有关评审要求按学科领域分组,每份申请书不少于3名同行专家进行评审。

通过网络(通讯)评审的重点项目、杰出青年项目、优秀青年项目,省科技厅委托专业机构组织会议评审,每份申请书不少于5名同行专家进行评审。

第十四条 同一研究内容已获得过财政经费资助的,基础研究计划不再立项支持。同一研究内容同一年度获得2类及以上基础研究计划项目支持建议的,按财政经费资助较高的类别立项支持。

第十五条 基础研究计划项目采取定额资助方式。重点项目资助额度为50万元/项;面上项目资助额度为10万元/项;杰出青年项目资助额度为50万元/项;优秀青年项目资助额度为30万元/项;青年项目资助额度为5万元/项;重大专项和应急项目的资助额度,根据项目内容和年度经费情况,在专家评审(论证)基础上研究确定。

第四章 实施与管理

第十六条 实行项目年度执行情况报告制度。项目负责人应当按照项目合同书组织开展研究工作,做好项目实施情况的原始记录,填写项目年度执行情况报告。承担单位应当审核项目年度执行情况报告,并于每年10月30日前通过云南省科技管理信息系统提交。

第十七条 项目负责人调入省内其他单位工作的,经承担单位与调入单位协商一致,由原承担单位提出变更承担单位的申请,并附调入单位的意见证明,报省科技厅审批。协商不一致的,或项目负责人调入省外单位的,项目承担单位应及时提出终止项目的申请,省科技厅做出终止该项目的决定,并按规定收回项目经费。

第十八条 杰出青年项目、优秀青年项目、青年项目的项目负责人,不能继续开展研究工作的,项目承担单位应及时提出终止项目的申请,省科技厅做出终止该项目的决定,并按规定收回项目经费。

第五章 验收与归档

第十九条 重大专项、重点项目、杰出青年项目、优秀青年项目、应急项目,由省科技厅委托专业机构采取会议评议的方式进行验收;面上项目、青年项目由省科技厅委托承担单位进行验收;各类联合专项(基金)项目由省科技厅委托各联合专项(基金)办公室进行验收。

第二十条 项目负责人应当对验收材料的真实性负责,承担单位应当对验收材料的真实性和完整性进行审核。

第二十一条 项目取得的研究成果,应当注明得到"云南省基础研究计划项目×××(项目编号)"资助,英文为"supported by Yunnan Fundamental Research Projects(grant NO.×××)"。

项目研究形成的知识产权的归属、使用和转移转化,按照国家和我省有关法律、法规和政策执行。

第二十二条 省科技厅委托的专业机构应当自收到验收材料之日起15个工作日内进行审查,对符合要求的及时组织验收。

第二十三条 省科技厅统一进行验收公示,公示无异议办理验收证书,省科技厅根据实际情况抽查部分项目的验收情况。

第二十四条 重大专项、重点项目、杰出青年项目、优秀青年项目、应急项目，由省科技厅委托的专业机构负责项目科技档案归档工作；面上项目、青年项目，由项目承担单位负责项目科技档案归档工作；各类联合专项（基金）项目，由各联合专项（基金）办公室负责项目科技档案归档工作。

第六章 附则

第二十五条 本办法由省科技厅负责解释。

第二十六条 本办法自2019年12月21日起施行，有效期至2024年12月21日。2018年3月22日发布的《云南省基础研究计划项目管理实施细则》（云科规〔2018〕6号）同时废止。

云南省科技厅关于印发科技发展战略与政策研究专项管理实施细则的通知

(云科规〔2020〕1号)

有关单位:

《云南省科技厅科技发展战略与政策研究专项管理实施细则》已经2019年12月19日云南省科技厅厅务会审议通过,现予公布,自2020年2月6日起施行。

云南省科学技术厅
2020年1月6日

云南省科技厅科技发展战略与政策研究专项管理实施细则

第一章 总则

第一条 为规范云南省科技厅科技发展战略与政策研究专项(以下简称专项)管理,根据《云南省科技厅关于印发〈云南省科技厅科技计划项目管理办法〉的通知》(云科规〔2019〕3号)、《云南省科技计划项目资金管理办法(试行)》(云财教〔2017〕367号)、《云南省财政厅 中共云南省委宣传部关于印发〈云南省哲学社会科学研究项目资金管理办法〉的通知》(云财教〔2017〕412号)、《云南省财政厅 云南省科技厅关于进一步抓好赋予科研机构和人员更大自主权有关文件贯彻落实工作的通知》(云财教〔2019〕48号)等有关规定,结合专项特点,制定本实施细则。

第二条 专项旨在围绕创新驱动发展中前瞻性、基础性、关键性重大问题开展战略规划和政策措施研究,服务省委、省政府和省科技厅科技创新决策需要。专项研究重点包括:战略规划、政策法规、体制改革、产业创新、重大项目、创新管理等。

第三条 专项组织和管理遵循"支撑决策、分类管理、研以致用、鼓励协同"的原则。

第四条 省科技厅负责专项组织实施与管理,委托专业机构组织开展科技评估、监督和服务工作。

第二章 选题确定

第五条 专项项目分为委托项目、稳定支持项目和开放项目三类。

(一)委托项目是指根据科技创新重点工作决策需要,委托具备相应研究能力的机构(团队)进行研究的项目。重点研究科技政策、法规、战略、规划等,服务省委、省政府决策部署,支撑省科技厅中心工作。

(二)稳定支持项目是指根据省委、省政府在科技领域的重大决策需求、省科技厅年度重点工作需求和应急性、配套性、评价性、前瞻性、持续性研究需求,由云南省科技发展战略与政策研究专业化机构开展研究的项目。

（三）开放项目是指根据全省科技、经济和社会发展需求，择优立项支持的项目。旨在充分发挥社会各界研究力量作用，开展开放式、专业化研究，增强决策的科学性和可操作性。

第六条 委托项目由省科技厅结合工作需要提出选题建议。

第七条 稳定支持项目由省科技厅结合省委、省政府交办的研究任务，以及云南省科技发展战略与政策研究专业化机构收集整理的科技创新决策需求，提出年度选题建议。

第八条 开放项目由省科技厅根据全省经济社会发展需要和科技创新总体部署，结合年度工作重点，在深入调查研究基础上，面向云南科技创新智库成员单位征集选题建议，围绕科技创新和科学决策需求凝练选题，确定年度选题建议，公开择优遴选立项。

第九条 选题建议应包括建议研究的项目名称、主要研究内容、预期成果、经费需求、建议承担单位等。省科技厅专项管理处室负责汇总选题建议，进行总体协调，按程序报批审定。

第十条 省科技厅按照《云南省科技厅科技计划项目管理办法》（云科规〔2019〕3号）有关规定，适时发布开放项目申报指南。

第三章 立项管理

第十一条 项目承担单位应符合下列条件：

（一）在云南省行政区域内设立、登记、注册。

（二）为云南科技创新智库成员单位，或在有关专业研究领域具有明显特色和优势的机构。

第十二条 鼓励跨部门、跨学科合作研究，鼓励联合国内外研究机构共同开展研究。省内外高等学校、科研院所、企业等可作为合作单位，参与项目的申报和研究工作。项目承担单位可吸纳省内外高等学校、科研院所、企业的专业研究人员作为项目组成员。

第十三条 项目负责人应在有关研究领域具有较高的学术水平，研究成果具有一定影响力，具备独立开展研究和组织协调的能力，在项目研究全过程中承担实质性研究与协调组织工作。项目负责人原则上只能同时主持1个本专项项目，有在研或逾期未验收本专项项目的不得承担新项目。

第十四条 经省科技厅审定的委托项目和稳定支持项目选题，直接立项支持，省科技厅与受托单位协商确定具体研究内容并签订项目合同书。

第十五条 开放项目通过云南省科技计划项目管理信息系统进行网络申报。

第十六条 省科技厅委托专业机构对开放项目进行立项评审。项目评审内容包括：项目选题是否符合当年申报指南要求，研究内容是否具有时效性和针对性，研究成果是否具有应用价值，研究方案和进度安排是否合理，研究团队是否具备完成任务的条件和能力等。同一选题，原则上支持1个项目。同一单位申报的多个项目，原则上择优支持1个项目。通过立项评审择优选出的项目，提交省科技厅会议审定（审议）并公示后纳入项目库。

第十七条 项目经费采取事前资助的方式支持。省科技厅根据财政年度预算要求和实际情况确定项目金额。按照项目管理办法和项目库管理办法，统一在科技管理信息系统进行申报、立项及管理。

第四章 组织实施

第十八条 省科技厅专项管理处室按照《云南省科技厅科技计划项目管理办法》（云科规〔2019〕3号）有关规定，组织项目实施、服务、监督和评价，协调解决项目实施中的其他事项。

第十九条 项目由多家单位合作实施的,项目承担单位与合作单位须签订合作协议,明确各方权利义务、资金安排、知识产权归属、法律责任等。项目承担单位吸纳外单位人员作为项目组成员的,须明确外单位人员在项目组中的研究任务,可列支项目经费。

第二十条 项目合同书签订1个月内,项目承担单位必须组织同行专家开题。

第二十一条 项目实施期限不超过1年。如需变更执行期,项目承担单位应在实施期限到期3个月前提出书面申请,报省科技厅批准后方可变更。延长期限不得超过1年,最多延期1次。

第二十二条 项目负责人和主要成员原则上不得变更,如有特殊情况确需变更的,承担单位提出书面申请,报省科技厅批准后方可变更。

第二十三条 项目下达后,项目承担单位应按项目合同书约定期限完成任务,确因特殊情况逾期未完成者,应向省科技厅提交书面报告。省科技厅根据《云南省科技厅科技计划项目管理办法》(云科规〔2019〕3号)有关规定调整合同书内容,或进行终止处理。

第二十四条 项目因发生不可抗拒原因无法继续实施的,项目承担单位应及时向省科技厅提交项目终止申请,根据项目管理相关规定办理终止手续。

第二十五条 有下列情形之一的,省科技厅可作出终止项目的决定:

(一)项目实施情况表明,项目组不具备按项目合同书要求完成研究任务的条件和能力。

(二)未经批准擅自变更项目负责人或主要研究内容。

(三)除第二十三条和二十四条规定的情形外,在规定的研究期限内未能完成研究任务。

(四)超出项目实施期限3个月,项目承担单位未提出验收申请或终止申请。

(五)在项目实施过程中出现违法违规现象,造成不良后果。

被终止的项目,项目专项经费按照《云南省科技厅科技计划项目管理办法》(云科规〔2019〕3号)有关规定执行。

第五章 项目验收

第二十六条 项目承担单位应当在项目执行期满3个月内,提出验收申请,提交验收材料。

第二十七条 项目研究成果的主要形式为研究报告、咨询报告、调研报告、政策文件代拟稿、论文著作等。项目实施期限内,项目承担单位应提交阶段性成果2篇以上,作为项目验收评价的重要依据。

第二十八条 申请验收的项目,必须由省科技厅对其成果的应用价值提出认可意见,方可结题验收。

第二十九条 项目验收的形式采取专家评审验收,或经省科技厅批准直接验收两种形式。

(一)专家评审验收主要采取会议评价的方式。评价内容依据项目合同书规定,重点从研究材料的完备性、研究成果的创新性和应用情况、经费使用的规范性等方面进行评价,形成验收意见。

(二)直接验收主要针对调研类、总结类、政策起草类项目。项目承担单位在项目执行期内形成的调研报告、总结报告等成果,被省科技厅采纳、直接应用,或代起草的政策正式出台的,可向省科技厅申请批准直接验收,获批后直接办理验收证书。

第三十条 项目通过验收后,项目承担单位应及时办理成果登记手续,并在取得验收证书后5个工作日内将项目验收材料报省科技厅专项管理处室统一归档。

第三十一条 项目承担单位对外出版、发表和宣传研究成果(包括研究报告、论文和专著等),应标注"云南省科技厅科技发展战略与政策研究专项资助"字样。

第三十二条 研究成果主要采取以下方式应用：

（一）项目组向省科技厅上报研究成果，把具有决策参考价值的研究成果和相关信息，通过省科技厅渠道上报，供省委、省政府领导决策参考。

（二）省科技厅根据研究成果制订有关政策或采取有关工作措施。

（三）省科技厅将有决策支撑和有影响力的研究成果刊发在相关内刊，供省科技厅和有关部门决策参考。

（四）出版有关研究成果。

第六章　附则

第三十三条 本实施细则未尽事宜，按照《云南省科技厅关于印发〈云南省科技厅科技计划项目管理办法〉的通知》（云科规〔2019〕3号）等有关规定执行。

第三十四条 本实施细则由云南省科技厅负责解释。

第三十五条 本实施细则自2020年2月6日起施行，有效期至2025年2月5日。2018年7月6日发布的《云南省科技厅科技发展战略与政策研究专项管理实施细则（试行）》（云科规〔2018〕12号）同时废止。

云南省科技厅关于印发科技计划科研失信行为记录管理实施细则(试行)的通知

(云科规〔2020〕2号)

有关单位:

《云南省科技厅科技计划科研失信行为记录管理实施细则(试行)》已经2020年2月21日云南省科技厅厅务会议审议通过,现予公布,自2020年4月18日起施行。

云南省科学技术厅
2020年3月16日

云南省科技厅科技计划科研失信行为记录管理实施细则(试行)

第一章 总则

第一条 为加强我省自然科学领域科研诚信建设,完善科研信用监管措施,进一步强化和规范云南省科技厅科技计划(以下简称省科技计划)科研失信行为记录管理工作,根据《关于进一步加强科研诚信建设的若干意见》、《关于进一步加强科研诚信建设的实施意见》和《云南省科技厅科技计划项目严重失信行为记录暂行规定》等,制定本实施细则。

第二条 省科技计划科研失信责任主体(以下简称责任主体)包括省科技计划项目承担人员、评估人员、咨询评审专家,科研服务人员和科学技术奖候选、获奖、提名等自然人(以下简称自然人责任主体),以及项目推荐部门、项目承担单位、项目管理专业机构、科技中介服务机构、科学技术奖提名单位等单位或机构(以下简称单位或机构责任主体)。

第三条 科研失信行为分为科研严重失信行为和科研一般失信行为。

科研严重失信行为是指责任主体科研不端、违规、违纪和违法且造成严重后果或恶劣影响等行为。科研严重失信行为责任主体应予列入科研严重失信行为记录名单(以下简称黑名单)。

科研一般失信行为是指责任主体履职不力、管理不当、监管不严等违反省科技计划相关管理办法和规定或约定等行为。科研一般失信行为责任主体应予列入科研一般失信行为记录观察名单(以下简称观察名单)。

第四条 省科技计划科研失信行为记录管理责任部门为省科技厅,承担省科技计划黑名单和观察名单的列入和移出,向社会公布或向相关责任主体通报科研失信行为记录信息,以及对相关责任主体实施信用约束和惩戒等工作。

第五条 省科技计划项目推荐部门、项目管理专业机构等为省科技计划失信行为记录管理配合部门,按照科研诚信建设和省科技计划管理职责,提供相关责任主体科研失信行为线索、核实失信行为信息、协助失信行为线索查证、提出观察名单列入建议、协助黑名单责任主体惩戒期满科研诚信审查、审核观察名单移出申请，以及配合省科技厅对黑名单或观察名单责任主体实施约束、惩戒及督促整改等。

第六条 省科技厅依托云南省科技管理信息系统建立科研失信行为数据库和云南省科研诚信信息系统，对科研失信行为进行记录和对黑名单、观察名单实施信息化管理。记录信息应当包括责任主体名称、统一社会信用代码（身份证号码）、项目名称及编号、违规违纪情形、处理处罚结果及主要责任人、处理单位、处理依据和做出处理决定的时间等。

对单位或机构责任主体，根据处理决定，还应记录直接责任人员科研失信行为信息。

第二章 黑名单、观察名单列入

第七条 自然人责任主体具有以下《云南省科技厅科技计划项目严重失信行为记录暂行规定》第九条所列情形之一的，属科研严重失信行为。

（一）采取贿赂或变相贿赂、造假、故意重复申报等不正当手段获取承担科技计划项目资格。

（二）项目申报或实施中抄袭、剽窃他人科研成果，故意侵犯他人知识产权，捏造或篡改科研数据和图表等，违反科研伦理规范。

（三）违反科技计划项目管理规定，无正当理由不按项目合同（任务书、协议等）约定执行；擅自超权限调整项目任务或预算安排；项目经费使用违规并造成重大损失；科研论文、科技报告、项目成果等学术造假。

（四）违反科研资金管理规定，套取、转移、挪用、贪污科研经费，谋取私利。

（五）利用管理、咨询、评审或评估专家身份索贿、受贿；故意违反回避原则；与相关单位或人员恶意串通。

（六）违反保密规定，泄露相关秘密或咨询评审信息。

（七）不配合审计、监督检查和评估工作，提供虚假材料，对相关处理意见拒不整改或虚假整改。

（八）其他违法、违反财经纪律、违反项目合同（任务书、协议等）约定和科研不端行为等情形。

第八条 单位或机构责任主体具有以下《云南省科技厅科技计划项目严重失信行为记录暂行规定》第十条所列情形之一的，属科研严重失信行为。

（一）采取贿赂或变相贿赂、造假、故意重复申报等不正当手段获取管理、承担科技计划项目或中介服务资格。

（二）利用管理职能，设租寻租，为本单位、项目申报单位、项目承担单位或项目承担人员谋取不正当利益。

（三）项目推荐部门违反委托合同约定，不按制度执行或违反制度规定；管理严重失职，所管理的科技计划项目或相关工作人员存在重大问题。

（四）项目承担单位未履行法人管理和服务职责；包庇、纵容项目承担人员严重失信行为；截留、挤占、挪用、转移科研经费。

（五）专业机构违反合同或协议约定，采取造假、串通等不正当竞争手段谋取利益。

（六）不配合监督检查和评估工作，提供虚假材料，对相关处理意见拒不整改或虚假整改。

（七）其他违法、违反财经纪律、违反项目合同（任务书、协议书等）约定等情况。

第九条 具有本实施细则第七条、第八条所列科研严重失信行为情形责任主体，且受到以下处理的，应予列入黑名单。

（一）受到刑事处罚或行政处罚并正式公告。

（二）受审计、纪检监察等部门查处并正式通报。

（三）受相关部门或单位在省科技计划项目管理或监督检查中查处并以正式文件发布。

（四）因伪造、篡改、抄袭、买卖、科研论文代写代发等严重科研不端行为被调查核实或被国内外公开发行的学术出版刊物撤稿，或被国内外政府奖励评审主办方取消评审和获奖资格并正式通报。

（五）经调查核实并履行告知程序的其他严重违纪违规行为。

对纪检监察、审计、监督检查等部门已掌握确凿违纪违规问题线索和证据，因客观原因尚未形成正式处理决定的相关责任主体，参照本条款执行。

第十条 省实施失信联合惩戒"合作备忘录"成员单位推送的严重失信责任主体，应予列入黑名单。

第十一条 违反省科技计划管理规定，具有以下情形之一的科研一般失信行为责任主体，经省科技计划监督或项目业务主管部门、项目推荐部门及项目管理专业机构等提出建议，省科技厅审核后应予列入观察名单。

（一）不按项目合同（任务书、协议等）约定报送项目执行进展和经费预算执行情况、科技报告和项目执行中出现的重大事项等。

（二）无正当理由未能完成项目考核指标或擅自调整考核指标等。

（三）项目执行期满三个月后无故不申请验收；项目执行未按期完成，不按规定时限提出延期申请。

（四）项目终止后不按要求和时限退还财政科技经费。

（五）违反项目合同（任务书、协议等）约定，违规使用财政科技经费，造成不良影响或轻微损失。

（六）咨询评审专家和科技服务机构未遵循回避原则，咨询评审专家不按要求提供项目评审结论，科技服务机构隐瞒或发现项目存在问题未如实和及时报告省科技厅。

（七）科技中介服务机构未遵守科技计划相关规定、职业道德、行业准则及管理和服务协议（承诺），造成不良影响。

（八）项目承担单位或项目推荐部门年度承担或推荐逾期未验收及终止项目总和数超过三个（含三个），或年度承担或推荐逾期未验收及终止项目总和数在当年应验收项目数中占比超过50%的。延期项目验收时限以批复同意的项目完成日期为准。

（九）项目承担单位或项目推荐部门存在缓拨项目经费等现象、督促追回经费不力。

（十）项目承担单位或项目推荐部门未按要求报告绩效评价或有关统计数据。

（十一）其他应予追究责任的违纪违规行为。

第三章　科研失信责任主体惩戒

第十二条 省科技厅按照《云南省科技厅科技计划项目管理办法》、《云南省科技厅科技计划项目严重失信行为记录暂行规定》等省科技计划管理规定，阶段性或永久取消黑名单责任主体推荐或参与国家和省科技计划项目的申报、实施、管理和服务、申报国家和省科技奖励，以及给予表彰奖励、政策试点、政府采购、政策性资金及项目扶持等的资格。同时，在后续省科技计划项目实施和管理工作中，应当充分利用黑名单责任主体失信行为信息，对相关责任主体采取如下信用约束和惩戒措施：

（一）对黑名单自然人责任主体及其所在单位或机构，在省科技计划项目立项、评审专家遴选、项目管理专业机构确定、科研项目评估、科技奖励评审、间接费用核定、结余资金留用以及基地平台人才遴选工作中，将责任主体黑名单失信行为信息作为重要依据。

（二）对黑名单单位或机构责任主体，以及违纪违规违法多发、频发，一年内被记录两个及以上黑名单自然人责任主体所在的单位或机构，要作为项目实施监督的重要对象，实施严格监督和管理。

第十三条 省科技厅暂停观察名单责任主体推荐或参与国家和省科技计划项目的实施、管理和服务、申报国家和省科技奖励的资格。暂停对观察名单责任主体给予表彰奖励、政策试点、政府采购、政策性资金及项目扶持等。同时，在后续省科技计划项目实施和管理工作中，应当利用观察名单责任主体失信行为信息，对相关责任主体采取如下信用约束和惩戒措施：

（一）对观察名单自然人责任主体及其所在单位或机构，在科技计划项目立项、评审专家遴选、项目管理专业机构确定、科研项目评估、科技奖励评审、间接费用核定、结余资金留用以及基地平台人才遴选等工作中，应将观察名单责任主体失信行为信息作为参考依据。

（二）对观察名单单位或机构责任主体，以及违规违纪违法多发、频发，一年内被记录五个及以上观察名单自然人责任主体所在的单位或机构，要作为项目实施监督的重点对象，加强监督和管理。

第十四条 省科技厅责令观察名单责任主体限期整改。拒绝整改、虚假整改、消极整改和逾期整改等观察名单责任主体应予列入黑名单。验收项目逾期时限不得超过项目合同（任务书、协议等）规定时限一年，财政科技经费退还逾期时限不得超过项目终止通知规定时限一年。

第十五条 省科技厅鼓励社会组织和个人据实举报省科技计划科研失信行为，统筹全省自然科学领域科研诚信案件的调查处理工作。按照《科研诚信案件调查处理规则（试行）》调查核实的被举报科研失信责任主体应予列入相应的黑名单或观察名单。

第十六条 法律法规对科研严重失信行为责任主体实施惩戒另有相关规定的，依照其规定执行。

第十七条 省科技厅通过门户网站对拟列入黑名单的责任主体进行公示并书面告知责任主体。省科技厅书面告知拟列入观察名单的责任主体（责任主体为自然人的还应告知所在单位或机构）。

省科技厅及时向责任主体通报列入黑名单、观察名单失信行为记录信息，对自然人责任主体还应向其所在单位或机构通报。

第十八条 省科技厅通过门户网站及时向社会公布黑名单责任主体失信行为信息，并同步推送国家科研诚信信息系统、信用中国（云南）、国家企业信用信息公示系统（云南）及省实施失信联合惩戒"合作备忘录"成员单位，以共享失信行为信息和实施联合惩戒。

观察名单失信行为记录信息由省科技厅掌握使用，不向社会公布。

第四章 黑名单、观察名单移出

第十九条 黑名单、观察名单实行失信行为记录名单动态调整机制。黑名单责任主体处理处罚期限届满的，经省科技厅审查后应当从科研失信行为数据库中移出。观察名单责任主体按要求完成整改，经省科技计划监督或项目业务主管部门、项目推荐部门及项目管理专业机构审核，报省科技厅审查后应当从科研失信行为数据库中移出。

第二十条 由省实施失信联合惩戒"合作备忘录"成员单位推送列入黑名单的严重失信责任主体，应在相关实施失信联合惩戒"合作备忘录"成员单位取消惩戒后从科研失信行为数据库中移出。

第二十一条 省科技厅及时向责任主体通报移出黑名单、观察名单失信行为记录信息，责任主体为自然人的，还应向其所在单位或机构通报。

第二十二条 省科技厅通过门户网站向社会公布移出黑名单责任主体失信行为记录信息。移出黑名单责任主体失信行为记录信息同步推送国家科研诚信信息系统、信用中国（云南）、国家企业信用信息公示系统（云南）及省实施失信联合惩戒"合作备忘录"成员单位。

第五章　附则

第二十三条 相关责任主体对拟被列入黑名单或观察名单存有异议的，可自公示或书面告知之日起十五个工作日内向省科技厅提出书面复查申请并提供相关佐证材料。省科技厅在五个工作内决定是否受理。对决定受理的，自复查申请受理之日起六十日内完成复查。复查结果由省科技厅书面告知申请人，复查发现与事实不符的及时予以更正。

第二十四条 省科技厅对黑名单责任主体实施信用约束和惩戒的生效期限自行政或司法机关等做出处理处罚决定的生效日期算起；对观察名单责任主体实施信用约束和惩戒的生效时间以省科技厅做出审查决定的日期为准。

第二十五条 省科技计划科研失信行为记录管理责任部门及配合部门工作人员在科研失信行为记录管理过程中，须坚持实事求是的原则和认真负责的态度，依法依规履行工作职责。存在滥用职权、玩忽职守、徇私舞弊的行为，将按党纪政纪和法律法规有关规定追究相关部门和人员的责任。

第二十六条 本实施细则由省科技厅负责解释，自2020年4月18日起施行，有效期至2023年4月18日。

云南省科技厅关于印发科技信用评级管理办法(试行)的通知

(云科规〔2020〕3号)

有关单位:

《云南省科技厅科技信用评级管理办法(试行)》已经2020年2月21日云南省科技厅厅务会审议通过,现予公布,自2020年4月18日起施行。

云南省科学技术厅
2020年3月16日

云南省科技厅科技信用评级管理办法(试行)

第一章 总则

第一条 为推进云南省自然科学领域科研诚信体系建设,提高全省科技计划实施和管理各责任主体的信用意识与信用水平,根据《关于进一步加强科研诚信建设的若干意见》、《关于进一步加强科研诚信建设的实施意见》和《云南省科技厅科技计划项目严重失信行为记录暂行规定(试行)》,结合云南省科技厅科技计划(以下简称省科技计划)信用管理工作需要,制定本管理办法。

第二条 本管理办法适用于参与省科技计划项目申报、受理、评审、立项、执行、抽查、评估、验收等实施、管理和服务全过程各科技信用责任主体,包括省科技计划项目承担单位、项目负责人、咨询评审专家、项目推荐部门、项目专业管理及科技中介服务机构(以下统称科技服务机构)。

第三条 科技信用评级管理是指省科技厅对各科技信用责任主体在参与省科技计划项目实施、管理和服务过程中践行承诺、履行义务、奉行准则的诚信程度进行客观记录、公正评价,并据此开展相应管理和决策的工作。

第四条 科技信用评级管理主要包括对各科技信用责任主体开展以下五个方面的信用评价评级和激励惩戒工作:

(一)立项管理。对遵守省科技计划项目申报有关规定、履行信用承诺、保证申报内容真实性和有效性等行为中的诚信状况,以及项目立项评审中的诚信状况进行记录和评价。

(二)资金管理。对编制省科技计划项目资金预算、自筹资金筹集、财务情况报告,以及资金使用、核算等行为中的诚信状况进行记录和评价。

(三)实施管理。对省科技计划项目组织实施、日常跟踪管理、中期评估、随机抽查、重大事项和进展情况报告等行为中的诚信状况进行记录和评价。

(四)验收管理。对省科技计划项目总结、考核指标完成、资金决算、经济和社会效益证明等行为中的诚信情况，以及验收工作中的诚信状况进行记录和评价。

（五）其他。对省科技计划项目相关责任主体实施、管理和服务相关的其他诚信状况，以及纪律执行情况进行记录和评价。

第二章 信用记录

第五条 信用记录包括对科技信用责任主体的基本信息、良好信用行为及不良信用行为。

第六条 基本信息指科技信用责任主体的身份信息及项目相关信息，包括参与实施、管理和服务的省科技计划类别、项目编号、项目名称、项目承担单位、项目负责人、身份识别和实施期限等。

第七条 良好信用记录的内容包括以下两个方面：

（一）守信行为。指科技信用责任主体从省科技计划项目申报、受理、评审、立项、执行、抽查、评估、验收等实施、管理和服务全过程遵守相关规定，奉行科研行为准则和遵守科技管理工作规定，如期较好完成项目实施、管理和服务，履行相关承诺的行为。

（二）显著成效。指科技信用责任主体通过实施省科技计划项目获得与项目相关的国家、省科技成果奖励，以及对我省经济社会发展和科技进步作出重大贡献等客观事实。

第八条 不良信用记录的内容包括：科技信用责任主体主观故意违反省科技计划项目及经费管理规定、违反职业道德和行为准则等科研诚信要求，违反科研伦理规范，违法违纪，以及管理不力造成不良后果及影响的行为。

第三章 信用等级及评价标准

第九条 科技信用评定分为信用优秀、信用良好、一般失信、严重失信四个等级，分别用AA、A、B、C表示。信用优秀（AA级）和信用良好（A级）为良好信用，一般失信（B级）和严重失信（C级）为不良信用。

第十条 责任主体为项目承担单位的，科技信用评价标准和等级：

（一）项目承担单位和项目负责人同时具有通过实施省科技计划项目获得与项目相关的国家、省科技成果奖励，以及对我省经济社会发展和科技进步做出突出贡献等客观事实，评定为信用优秀（AA级）。

（二）项目承担单位和项目负责人同时具备以下情形的信用评定为信用良好（A级）：

1.项目经费专款专用，使用规范。

2.按项目合同书（任务书、协议等）约定报告项目执行进展和经费预算执行情况、科技报告和项目执行中出现的重大事项等。

3.按项目合同（任务书、协议等）要求通过验收。

4.按要求完成项目相关统计调查、报告绩效评价或有关统计数据。

5.项目抽查、评估、绩效考评结果良好，检查科研经费使用未发现违纪违规问题。

（三）具备以下情形之一，按照《云南省科技厅科技计划科研失信行为记录管理实施细则（试行）》，对已列入科研一般失信行为记录观察名单的省科技计划项目承担单位，信用评定为一般失信（B级）：

1.年度承担逾期未验收及终止项目总和数超过三个（含三个），或年度承担逾期未验收及终止项目总和数在当年应验收项目数中占比超过50%的。延期项目验收时限以批复同意的项目完成日期为准。

2. 存在缓拨项目经费等现象、督促追回经费不力。

3. 未按项目合同书（任务书、协议等）约定报告或督促项目负责人报告项目执行进展和经费预算执行情况、科技报告和项目执行中出现的重大事项等。

4. 未按要求完成或督促项目负责人完成项目相关统计调查、报告绩效评价或有关统计数据。

5. 其他应予追究责任的违纪违规行为。

（四）具备以下情形之一，按照《云南省科技厅科技计划科研失信行为记录管理实施细则（试行）》，对已列入科研严重失信行为记录黑名单的省科技计划项目承担单位，信用评定为严重失信（C级）：

1. 采取贿赂或变相贿赂、造假、故意重复申报等不正当手段获取管理项目资格。

2. 利用管理职能，设租寻租，为本单位、项目申报单位、项目承担单位或项目承担人员谋取不正当利益。

3. 未履行管理和服务职责；包庇、纵容项目承担人员严重失信行为；截留、挤占、挪用、转移科研经费。

4. 不配合审计、监督、检查和评估工作，提供虚假材料，对相关处理意见拒不整改或虚假整改。

5. 其他违法、违反财经纪律、违反项目合同（任务书、协议等）约定和科研不端行为等情形。

第十一条 责任主体为项目负责人的，科技信用评价标准和等级：

（一）项目负责人具有通过实施省科技计划项目获得与项目相关的国家、省科技成果奖励，以及对我省经济社会发展和科技进步做出突出贡献等客观事实，评定为信用优秀（AA级）。

（二）项目负责人同时具备以下情形的，信用评定为信用良好（A级）：

1. 项目经费专款专用，使用规范。

2. 按项目合同书（任务书、协议等）约定报告项目执行进展和经费预算执行情况、科技报告和项目执行中出现的重大事项等。

3. 按项目合同（任务书、协议等）要求通过验收。

4. 按要求完成项目相关统计调查、报告绩效评价或有关统计数据。

5. 项目抽查、评估、绩效考评结果良好，检查科研经费使用未发现违纪违规问题。

（三）具备以下情形之一，按照《云南省科技厅科技计划科研失信行为记录管理实施细则（试行）》，对已列入科研一般失信行为记录观察名单的省科技计划项目负责人，信用评定为一般失信（B级）：

1. 不按项目合同书（任务书、协议等）约定报告项目执行进展和经费预算执行情况、科技报告和项目执行中出现的重大事项等。

2. 未按要求完成项目相关统计调查、报告绩效评价或有关统计数据。

3. 无正当理由未能完成项目考核指标或擅自调整考核指标等。

4. 项目执行期满三个月后无故不申请验收；项目执行未按期完成，不按规定时限提出延期申请。

5. 项目终止后不按要求和时限退还财政科技经费。

6. 违反项目合同（任务书、协议等）约定，违规使用财政科技经费。

7. 其他应予追究责任的违纪违规行为。

（四）具备以下情形之一，按照《云南省科技厅科技计划科研失信行为记录管理实施细则（试行）》，对已列入科研严重失信行为记录黑名单的省科技计划项目负责人，信用评定为严重失信（C级）：

1.采取贿赂或变相贿赂、造假、故意重复申报等不正当手段获取承担项目资格。

2.项目申报或实施中抄袭、剽窃他人科研成果，故意侵犯他人知识产权，捏造或篡改科研数据和图表等，违反科研伦理规范。

3.无正当理由不按项目合同（任务书、协议等）约定实施项目；擅自超权限调整项目任务或预算安排；项目经费使用违规并造成重大损失；科研论文、科技报告、项目成果等学术造假。

4.套取、转移、挪用、贪污项目经费等，谋取私利。

5.不配合审计、监督、检查和评估工作，提供虚假材料，对相关处理意见拒不整改或虚假整改。

6.其他违法、违反财经纪律、违反项目合同（任务书、协议等）约定和科研不端行为等情形。

第十二条 责任主体为咨询评审专家的，科技信用评价标准和等级：

（一）咨询评审专家同时具备以下情形的，信用评定为信用优秀（AA级）：

1.在项目评审、咨询、抽查、评估和验收等过程中连续三年严格履行承诺义务，遵章守纪，客观公正，认真负责。

2.能够结合项目实际情况提出建设性意见或建议。

（二）咨询评审专家在评审、咨询、抽查、评估和验收等过程中认真履行和完成承诺义务，严格遵守相关工作规章制度和工作纪律，无不良行为发生的，信用评定为信用良好（A级）。

（三）具备以下情形之一，按照《云南省科技厅科技计划科研失信行为记录管理实施细则（试行）》，对已列入科研一般失信行为记录观察名单的省科技计划咨询评审专家，信用评定为一般失信（B级）：

1.不按要求提供项目评审结论。

2.未遵循回避原则。

3.其他应予追究责任的违纪违规行为。

（四）具备以下情形之一，按照《云南省科技厅科技计划科研失信行为记录管理实施细则（试行）》，对已列入科研严重失信行为记录黑名单的省科技计划咨询评审专家，信用评定为严重失信（C级）：

1.弄虚作假，不如实评价或提供咨询意见。

2.利用管理、咨询、评审或评估专家身份索贿受贿；故意违反回避原则；与相关单位或人员恶意串通。

3.违反保密规定，泄露相关秘密或咨询评审等信息。

4.其他应予追究责任的违纪违规行为。

第十三条 责任主体为项目推荐部门的，科技信用评价标准和等级：

（一）项目推荐部门连续三年同时具备以下情形的，信用评定为信用优秀（AA级）：

1.认真履行项目管理职责，及时向省科技厅报告项目执行中出现的问题并提出整改意见和建议等。

2.年度推荐项目承担单位无到期未验收项目、暂缓暂停项目及强制中止项目。

3. 协同省科技厅开展项目抽查、评估或审计等，协调项目的实施。

4. 督促项目承担单位和项目负责人按项目合同（任务书、协议等）约定报告项目执行进展和经费预算执行情况、科技报告和项目执行中出现的重大事项等。

5. 按要求协调实施项目统计调查，督促项目承担单位和项目负责人完成项目相关统计调查、报告绩效评价或有关统计数据。

6. 管理项目取得显著成效或获得项目相关的国家、省科技成果奖励，以及对我省经济社会发展和科技进步做出突出贡献等。

（二）项目推荐部门无不良信用行为发生的，信用评定为信用良好（A级）。

（三）具备以下情形之一，按照《云南省科技厅科技计划科研失信行为记录管理实施细则（试行）》，对已列入科研一般失信行为记录观察名单的省科技计划项目推荐部门，信用评定为一般失信（B级）：

1. 年度推荐逾期未验收及终止项目总和数超过三个（含三个），或年度推荐逾期未验收及终止项目总和数在当年应验收项目数中占比超过50%的。延期项目验收时限以批复同意的项目完成日期为准。

2. 存在缓拨项目经费等现象，督促追回经费不力。

3. 督促项目单位和项目负责人按项目合同书（任务书、协议等）约定报告项目执行进展和经费预算执行情况、科技报告和项目执行中出现的重大事项等不力。

4. 督促项目单位和项目负责人按要求完成项目相关统计调查、报告绩效评价或有关统计数据不力。

5. 其他应予追究责任的违纪违规行为。

（四）具备以下情形之一，按照《云南省科技厅科技计划科研失信行为记录管理实施细则（试行）》，对已列入科研严重失信行为记录黑名单的省科技计划项目推荐部门，信用评定为严重失信（C级）：

1. 采取贿赂或变相贿赂、造假、故意重复申报等不正当手段获取管理项目资格。

2. 利用管理职能，设租寻租，为项目申报单位、项目承担单位或项目承担人员谋取不正当利益。

3. 违反委托合同约定，不按制度执行或违反制度规定；管理严重失职，所管理的项目或相关工作人员存在重大问题。

4. 不配合审计、监督、检查和评估工作，提供虚假材料，对相关处理意见拒不整改或虚假整改。

5. 其他违法、违反财经纪律、违反项目合同（任务书、协议等）约定等情形。

第十四条 责任主体为科技服务机构的，科技信用评价标准和等级：

（一）科技服务机构无不良信用行为发生并同时具备以下情形的，信用评定为信用优秀（AA级）：

1. 在科技管理和服务过程中认真遵守省科技计划管理相关规定、职业道德、行业准则及管理和服务协议（承诺）。

2. 能够结合项目实际情况提出建设性意见或建议。

3. 在科技管理和服务工作中取得显著成效的。

（二）科技服务机构无不良信用行为发生的，信用评定为信用良好（A级）。

（三）具备以下情形之一，按照《云南省科技厅科技计划科研失信行为记录管理实施细则（试行）》列入科研一般失信行为记录观察名单的省科技计划科技服务机构，信用评定为一般失信（B级）：

1. 未遵守省科技计划管理相关规定、职业道德、行业准则及管理和服务协议（承诺），造成不良影响。

2. 未遵循回避原则。

3. 发现项目存在问题未如实和及时报告省科技厅。

4. 其他应予追究责任的违纪违规行为。

（四）具备以下情形之一的，按照《云南省科技厅科技计划科研失信行为记录管理实施细则（试行）》，对已列入科研严重失信行为记录黑名单的省科技计划科技服务机构，信用评定为严重失信（C级）：

1. 采取贿赂或变相贿赂、造假等不正当手段获取省科技计划项目管理和服务资格。

2. 利用管理和服务职能，设租寻租，为项目申报单位、项目承担单位和项目承担人员谋取不正当利益。

3. 违反委托合同或协议等约定，不按制度或违反制度规定履职；工作严重失职，所管理和服务的省科技计划项目存在重大问题或风险隐患，相关工作人员严重违纪违规，造成严重问题和恶劣影响。

4. 违反合同或协议等约定，采取造假、串通等不正当竞争手段谋取利益。

5. 不配合审计、监督、检查和评估等工作，提供虚假材料，对相关处理意见拒不整改或虚假整改等。

6. 违反保密规定，泄露相关秘密或咨询评审等信息。

7. 其他应予追究责任的违纪违规行为。

第四章 管理和评级结果使用

第十五条 省科技厅按照本管理办法规定的信用评价标准和《云南省科技厅科技计划科研失信行为记录管理实施细则（试行）》等，对省科技计划责任主体开展科技信用评价评级工作并实施动态管理。

第十六条 对信用评级为信用优秀（AA级）的科技信用责任主体，省科技厅在同等条件下优先推荐和支持其参与国家和省科技计划实施、管理和服务；对信用评级为信用良好（A级）的科技信用责任主体，省科技厅鼓励和支持其参与国家和省科技计划实施、管理和服务；对信用评级为一般失信（B级）和严重失信（C级）的科技信用责任主体，省科技厅按照《云南省科技厅科技计划项目管理办法》《云南省科技厅科技计划科研失信行为记录管理实施细则（试行）》等相关规定对其实施相应的信用约束和惩戒。

第十七条 科技信用评级结果应纳入省科技厅科研失信行为数据库和云南省科研诚信信息系统进行管理。

第五章 附则

第十八条 科技信用责任主体应配合省科技厅开展信用信息征集、记录、调查、告知及维护等工作。对科技信用评级结果有异议的，可按照《云南省科技厅科技计划科研失信行为记录管理实施细则（试行）》等相关规定和程序提出申述。科技信用评级信息按照规定和程序向相关责任主体通报或依申请公开。

第十九条 科技信用评级管理部门工作人员须坚持实事求是的原则和认真负责的态度，依法依规履行工作职责。存在滥用职权、玩忽职守、徇私舞弊等行为的，将按党纪政纪和法律法规有关规定追究相关部门和人员的责任。

第二十条 本管理办法由云南省科技厅负责解释，自 2020 年 4 月 18 日起施行，有效期至 2023 年 4 月 18 日。

云南省财政厅 云南省科技厅关于印发《云南省科技计划项目资金管理办法》的通知

(云财规〔2020〕5号)

各州市财政局、科技局，各高校、科研院所、企业：

为进一步规范和加强我省科技计划项目资金管理，提高财政资金使用效益，省财政厅、省科技厅对《云南省科技计划项目资金管理办法（试行）》（云财教〔2017〕367号）进行修订，制定了《云南省科技计划项目资金管理办法》。现印发你们，请遵照执行。

附件：云南省科技计划项目资金管理办法

2020年11月6日

云南省科技计划项目资金管理办法

第一章 总则

第一条 为进一步规范和加强我省科技计划项目资金的管理，提高财政资金使用效益，根据《中华人民共和国预算法》《中华人民共和国预算法实施条例》《中共云南省委办公厅云南省人民政府办公厅印发〈关于进一步落实和完善省级财政科研项目资金管理等政策的意见〉的通知》等有关规定，结合我省科技计划项目资金（以下简称项目资金）管理实际，制定本办法。

第二条 本办法适用于省级财政预算安排支持省级科技计划（专项、基金等）的项目，以及管理上述资金所需要的科技管理业务费；支持对象为高校、科研院所、企业、新型研发机构、事业单位等。

第三条 项目资金按照集中财力、突出重点，明晰权责、放管结合，遵循规律、科学规范，公开透明、注重绩效的原则进行管理。

第四条 项目资金原则上按照项目法进行分配。

第五条 根据科技创新规律和科技计划类别特点，项目资金采用：前资助、后补助、风险补偿等支持方式。

第六条 项目资金按照财政预算公开的要求，实行制度办法、申报流程、分配结果、绩效管理全过程面向社会公开。

第二章 管理职责及分工

第七条 省财政厅、省科技厅负责研究制定项目资金管理办法，组织项目资金预算编制和绩效管理，并对项目资金使用管理情况进行监督检查。

第八条 省财政厅具体负责以下工作：

（一）组织开展项目资金预决算、科技项目预算中期财政规划，统筹安排项目资金预算规模，做好项目资金整体调度；

（二）及时下达项目资金，强化预算执行，对资金的管理和使用情况进行监督检查；

（三）会同有关部门对主管部门和项目单位绩效自评及评价结果进行抽查复核，根据需要适时组织实施政策和重点项目绩效评价；

（四）职能范围内的其他工作事项。

第九条 省科技厅具体负责以下工作：

（一）规范项目立项流程和审批程序，建立健全内部管理和监督制度；

（二）编制项目资金中期财政规划和预算、建立预算项目库，提出项目资金调整意见、执行已批复的项目资金预算；

（三）在云南省科技管理信息系统发布项目资金管理相关信息，实行项目资金全周期管理，包括申报指南（通知）发布、项目申报、资金拨付、资金退出等环节的工作；

（四）强化项目跟踪管理，动态跟踪项目执行情况，检查项目资金的使用和项目实施情况，组织实施项目全过程绩效管理，组织开展绩效评估、绩效自评和部门评价，配合做好财政绩效评价；

（五）加强对第三方评审机构和有关科技服务机构的监督，依法制定相应惩戒措施；

（六）按照政府信息公开的要求，依法开展项目资金信息公开工作；

（七）职能范围内的其他工作事项。

第十条 项目承担单位是项目资金的使用单位和项目管理的责任主体，应当建立健全项目资金管理内部制度，明确职责分工、支出标准和工作流程，履行资金使用管理职责。项目承担单位履行以下责任：

（一）按照规定申报项目，编制项目资金预算，并对项目申报材料的真实性、完整性、有效性和合法性承担责任；

（二）建立健全内部风险防控机制和资金使用绩效管理制度，科学制定项目绩效目标，及时开展绩效自评，保障资金使用安全规范有效；

（三）按照规定和要求，落实项目自筹经费，将项目资金纳入单位财务系统管理，做到单独核算，专款专用；

（四）积极配合省科技、财政、审计、纪检监察部门以及其他监督机构（含授权委托机构）的监督检查评估，按照要求提供项目资金预算执行情况报告、有关报表等相关材料；

（五）负责将提前终止、未通过验收的项目财政资金原渠道退回；

（六）指导和监督项目参加单位规范预算执行；

（七）落实省财政厅、省科技厅的其他相关工作要求。

第三章 支持类别与方式

第十一条 基础研究计划以前资助方式支持为主；重大科技专项计划、重点研发计划采取前资助或前资助与后补助相结合的方式支持；创新引导与科技型企业培育计划采取前资助、后补助、风险补偿等多种方式支持；科技人才和平台计划采取前资助和后补助等方式支持。

第十二条 部分项目经费使用探索包干制改革试点，按照《关于开展部分省级科技计划项目经费使用"包干制"试点工作的通知》执行。

第四章 资金支出范围

第十三条 项目资金支出分为直接费用和间接费用。

（一）直接费用是指在项目实施过程中发生的直接相关费用，包括：设备费、材料费、燃料动力费、测试化验加工费、差旅费/会议费/国际合作交流费、劳务费、专家咨询费、出版/文献/信息传播/知识产权事务费、其他费用等。

（二）间接费用是指项目实施过程中发生的无法在直接费用中列支的相关费用。实行公开竞争方式的研发类项目，均要设立一定比例间接费用，要处理好合理分摊间接成本和对科研人员激励的关系。

第十四条 重大科技专项及项目较多的承担单位要探索建立科研财务助理、科研助理制度，为科研人员在项目实施过程中提供专业化服务。科研财务助理、科研助理所需费用由项目承担单位根据情况通过科研项目资金等渠道解决。对于项目专门聘用的科研财务助理、科研助理，所需费用可通过项目资金中的劳务费或间接费用中的绩效支出安排解决。对于单位统一聘用的科研财务助理、科研助理，除通过项目资金安排外，还可通过单位日常运转资金等渠道解决。

第十五条 科技管理业务费是指在项目组织实施过程中，承担项目管理职能且不直接承担项目（课题）的有关单位，开展与实施项目相关的研究、论证、招标、咨询、评估、评审、审计、监督、检查、培训等管理性工作所需的费用。

第十六条 科技管理业务费按照"分年核定、专款专用、勤俭节约、合理规范"的原则管理和使用。科技管理业务费不得用于弥补单位日常公用经费。

第五章 项目预算编制与评审

第十七条 项目预算按照目标相关性、政策相符性和经济合理性原则编制。

第十八条 项目预算编制包括资金预算编制和绩效目标编制。项目资金预算编制包括收入预算和支出预算，做到收支平衡。编制项目支出绩效目标时，应包含年度目标和具体指标，指标含产出、效益、满意度三类三级指标，指标和指标值的设置应尽量细化、量化、可衡量，便于评价考核。

第十九条 项目预算评审包括资金预算、绩效目标评审，与项目技术评审合并进行。项目资金预算评审应在考虑不同领域、不同规模、不同研究阶段、不同类型项目特点的基础上，选择或组合运用合适的方法，不得简单按比例核减预算。

第二十条 项目绩效目标评审主要包括项目绩效目标完整性、相关性、适当性、可行性评审等四个部分的内容。

第二十一条 项目预算评审结论作为安排项目资金的重要参考依据。

第六章 项目资金执行与调剂

第二十二条 项目承担单位、参加单位应加快财政科技资金的预算执行进度，提高资金使用效益。

第二十三条 实行公务卡结算的单位承担科研项目所发生的会议费、差旅费、小额材料费和测试化验加工费等，必须严格执行公务卡结算相关规定；未实行公务卡结算的单位，上述支出也必须采用非现金方式结算。允许项目临时聘用人员、研究生等不具备公务卡申请条件的人员因执行项目任务产生的差旅费不使用公务卡结算。允许在偏远山区等不具备刷公务卡条件的地方不使用公务卡结算。

项目单位对设备费、大宗材料费和测试化验加工费须通过银行转账方式结算。劳务费、专家咨询费等支出，原则上通过银行转账方式结算。

第二十四条　项目资金预算执行需要调剂的，按规定程序办理。

第二十五条　项目实施期原则上不超过3年，项目实施期内年度结余资金结转下一年度继续使用。项目实施期满后，通过结题验收且承担单位信用评价好的，结余资金在2年内（起止时间为自验收结论下达后次年的1月1日起计算）由项目单位统筹安排用于科研活动的直接费用支出，并向省科技厅、省财政厅报告使用情况；项目终止实施、撤销、验收结论为结题和不通过或承担信用评价差的，结余资金按原渠道收回财政。

第七章　绩效与监督管理

第二十六条　项目资金实行绩效目标管理，省科技厅、项目单位按照各自职责，对项目支出预算执行进度和绩效目标实现程度开展"双监控"，对绩效运行监控中发现的问题及时反馈、督促整改、及时纠偏，确保绩效目标如期实现。绩效评价结果作为今后省级财政科技资金支持的重要依据。

第二十七条　省财政厅、省科技厅要加强对项目资金申报、下达、使用、绩效管理、信息公开等情况的日常监管，每年选取一定量的项目资金开展监督检查，发现问题及时纠正。必要时聘请第三方中介机构进行专项核查。

第二十八条　建立重大科技项目定期报告制度。重大科技项目，通过书面报告、集中报告等方式，每年进行1次项目执行情况报告。报告内容主要包括项目执行进度、资金预算执行情况、取得的成效及存在问题等。

第二十九条　项目承担单位在项目资金管理和使用中，不得存在以下行为：

（一）未对项目资金进行单独核算；（二）编报虚假预算、套取财政资金；（三）截留、挤占、挪用项目资金；（四）违反规定转拨、转移项目资金；（五）擅自变更项目承担主体；（六）提供虚假财务会计信息或票据，虚列支出，以表代账应付财务审计和检查；（七）虚假承诺配套资金；（八）未按规定执行和调剂预算；（九）发生设备购置、租赁，测试、化验、加工，对外合作等事项未签订相关合同或协议；（十）其他禁止行为。

第三十条　对项目单位、科研人员、评审专家、中介机构等项目参与主体实行信用评价和记录，并按信用等级分类管理。对科研不端、违规、违纪和违法且造成严重后果或恶劣影响等行为的记入黑名单。对履职不力、管理不当、监管不严等违反省科技计划相关管理办法和规定或约定等行为列入科研一般失信行为记录观察名单。按实际情况阶段性或永久性取消其申报或参与科技计划项目的资格。

第三十一条　项目单位应主动接受审计、财政等部门的审计与监督。对于虚报、截留、挪用、冒领、侵占或提供虚假资料骗取项目资金以及擅自改变项目资金用途等违规违法行为的，依据《财政违法行为处罚处分条例》等有关法律法规处理并追回项目资金。涉嫌违纪违法犯罪的，移送纪检监察机关或司法机关处置。

第八章　附则

第三十二条　科技计划项目的申报、立项、实施、管理、验收等按照《云南省科技厅科技计划项目管理办法》（云科规〔2019〕3号）执行。

第三十三条　后补助、风险补偿方式支持的项目由省科技厅依据本办法制定实施细则。

第三十四条　本办法由省财政厅、省科技厅负责解释。

第三十五条　本办法自2020年12月10日起施行，有效期至2025年12月9日。《云南省科技计划项目资金管理办法（试行）》（云财教〔2017〕367号）同时废止。

附件：1.科技计划项目资金支出范围和调剂
　　　2.科技计划项目绩效目标表（略）
　　　3.科技计划项目资金预算编制说明与预算表（略）

附件1

科技计划项目资金支出范围和调剂

科技计划项目资金支出范围分为直接费用和间接费用支出两类。

一、直接费用

（一）设备费。指在项目研究开发过程中设备购置费，试制专用仪器设备运输、安装和修理费用，对现有仪器、设备进行升级改造发生的费用，自制专用仪器设备的材料、配件购置和加工费以及项目实施需租赁外单位的专用仪器、设备等发生的费用。省属高校和科研院所对急需采购的科研设备和耗材，可按照《云南省财政厅关于完善省属高校、科研院所科研仪器设备政府采购管理有关事项的通知》（云财采〔2017〕6号）的规定执行，提高采购效率性。应当严格控制设备购置，鼓励共享、租赁以及对现有设备进行升级。

（二）材料费。指在项目研究开发过程中消耗的各种原材料、辅助材料、低值易耗品的采购及发生的运输、装卸、整理等费用。

（三）燃料动力费。指在项目研究开发过程中相关仪器设备、专用科学装置等运行发生的水、电、气、燃料消耗等费用。

（四）测试化验加工费。指在项目研究开发过程中支付给外单位（包括项目承担单位内部独立经济核算单位）的检验、测试、化验及加工等费用。

（五）差旅费/会议费/国际合作交流费。由科研人员结合科研活动实际需要编制预算并按规定统筹安排使用。在编制预算时，该科目支出预算不超过直接费用预算10%的，不需要编制测算依据；超过10%的，按照分类填写必要的测算依据。

差旅费。指在项目实施过程中开展科学实验（试验）、科学考察、业务调研、学术交流等所发生的城市间交通费、住宿费、伙食补助费和市内交通费。

会议费。指在项目实施过程中为组织开展学术研讨、咨询论证，以及组织协调项目等活动而发生的会议费用。科研业务会议（如学术会议、研讨会、评审会、座谈会、答辩会等）的次数、天数、人数以及会议费开支范围、标准等，由项目承担单位自主确定。因工作需要，邀请国内外专家、学者和有关人员参加会议，对确需负担的城市间交通费、国际旅费，可由主办单位在会议费等费用中报销。

国际合作交流费。指在项目研究开发过程中，项目组研究人员出国开展科学技术交流及外国专家来华工作发生的费用。

项目承担单位应按照实事求是、精简高效、厉行节约的原则，参照云南省省级机关差旅费、会议费、因公临时出国经费、在华举办国际会议经费、科研人员因公出国等制度，结合科研工作实际自行制定差旅费、会议费和国际合作交流费管理办法，合理确定科研人员乘坐交通工具等级和住宿费标准。制订的管理办法向单位主管部门报备后，可作为审计、财务评审或检查的依据。

对于难以取得住宿发票的，在确保真实性的前提下，据实报销城市间交通费，并按规定标准发放伙食补助费和市内交通费。

省属高校、科研院所的科研类差旅费、会议费、国际合作交流费纳入行政事业单位资金统计范围，实行区别管理，不受零增长限制。

（六）劳务费。指在项目研究开发过程中支付给项目组临时聘用人员的人力资源成本费，聘用人员包括参与项目研究的研究生、博士后、访问学者以及其他科研辅助人员等。财政供养人员不得列支劳务费。

项目聘用人员的劳务费开支标准，参照我省科学研究和技术服务业从业人员平均工资水平，根据其在项目研究中承担的工作任务确定，其"五险两金"社会保险补助、职业年金纳入劳务费科目列支。

劳务费预算不设比例限制，由项目承担单位和科研人员据实编制。

（七）专家咨询费。指在项目研究开发过程中支付给临时聘请的咨询、论证及绩效评价等专家的费用，专家咨询费不得支付给参与项目、课题研究和管理的相关工作人员。专家咨询活动分为会议咨询、现场访谈或者勘察、通讯咨询、网络咨询等形式。

会议形式专家咨询费标准：高级专业技术职称人员的专家咨询费标准为1500~2400元/人天（税后）；其他专业人员的专家咨询费标准为900元/人天（税后）；院士、全国知名专家，可按照高级专业技术职称人员的专家咨询费标准上浮50%。全国知名专家咨询费标准上浮的条件为：由两院院士主持，邀请省内外全国知名专家人数占出席会议专家人数三分之二以上的咨询活动，全部专家可按高层次专家咨询费标准发放。

现场访谈或者勘察形式专家咨询费标准：除按照会议形式咨询的标准发放专家咨询费外，同时可按照相关规定报销差旅费。

通讯形式专家咨询费标准：高级专业技术职称人员一般每人次/每项不超过200元（税后），其他专业人员一般每人次/每项不超过150元（税后）。

网络形式专家咨询费标准：高级专业技术职称人员一般每人次/每项不超过300元（税后），其他专业人员费一般每人次/每项不超过200元（税后）。

（八）出版/文献/信息传播/知识产权事务费。指在项目研究开发过程中需要支付的出版费、资料费、专用软件和技术购买费、文献检索费、专业通信费、专利申请及其他知识产权事务等费用。其中出版费为支付论文支出的，须为该项目产生的代表作和高质量论文。对于单篇论文发表支出超过2万元人民币的，需经该论文通讯作者或第一作者所在单位学术委员会对论文发表的必要性审核通过后，方可在省科技计划项目资金中列支。在"黑名单"和预警名单学术期刊上的论文发表支出不得在省科技计划项目资金中列支。

（九）其他支出。指除上述费用之外的其他支出，在申请预算时单独列示，详细说明，单独核定。重大科技专项实施确实需要基础设施建设费，可在该科目中编列。项目实施过程中发生的审计费用等可在该科目中列支。其他支出预算比例原则上不得超过该项目预算总额的10%。

二、间接费用

（一）间接费用内涵。间接费用是指承担单位在组织实施项目过程中发生的无法在直接费用中列支的相关费用。主要包括：承担单位为项目研究提供的房屋占用，日常水、电、气、暖消耗，有关管理费用的补助支出，以及激励科研人员的绩效支出等。

（二）间接费用比例规定。项目间接费用实行总额控制，一般按照不超过直接费用扣除设备购置费后的一定比例核定。具体比例为：500万元以下的部分为20%，500万元至1000万元的部分为15%，1000万元以上的部分为13%。对试验设备依赖程度低和实验材料耗费少的基础研究、软件开发、集成电路设计等智力密集型项目，提高间接经费比例，500万元以下的部分为不超过30%，500万元至1000万元的部分为不超过25%，1000万元以上的部分为不超过20%。对数学等纯理论基础研究项目，间接费用可进一步根据实际情况适当调整，比例不超过40%。绩效支出在间接费用中无比例限制。

（三）间接费用使用要求。项目承担单位要建立健全符合自身特点的间接经费管理方式，依法依规使用间接费用。单位应统筹安排，处理好分摊间接成本和对科研人员激励的关系。绩效支出安排应当与科研人员在项目工作中的实际贡献挂钩。

三、项目资金调剂

项目资金预算执行需要调剂的，按规定程序办理。

（一）项目财政资金总预算不变，直接费用中除"设备费""其他支出"科目调增有20%的限制外，其他科目的调剂无比例限制，间接费用只能调减不能调增。项目资金预算需调剂时，由项目组根据实际情况向项目承担单位提出申请，项目承担单位进行公示并审批，省科技厅在中期财务评估或验收时予以确认。

（二）项目财政资金总预算变化、单位之间预算调剂、"设备费""其他支出"两个科目的调剂幅度超过20%等重大事项，应由项目承担单位提出书面申请，经项目推荐部门同意，报省科技厅审批。

云南省科技厅关于印发云南省科技金融结合专项资金管理办法和云南省科技保险险种保费补助资金实施细则的通知

(云科规〔2020〕7号)

各州（市）科技局、有关单位：

为充分发挥财政科技资金引导作用，激励社会资本加大力度支持创新创业，缓解科技型企业"融资难、融资贵"问题，构建科技创新与创业投资、银行信贷、融资担保、科技保险等各种金融方式深度结合的模式和机制，加速科技成果转化及产业化，推动科技型企业高质量发展，支撑现代化经济体系建设，根据《云南省促进科技成果转化条例》、《云南省人民政府办公厅关于财政支持和促进科技成果转化的实施意见》（云政办发〔2019〕86号）等文件精神及要求省科技厅制定了《云南省科技金融结合专项资金管理办法》《云南省科技保险险种保费补助资金实施细则》。现印发你们，请遵照执行。

云南省科学技术厅
2020年11月6日

云南省科技金融结合专项资金管理办法

第一章 总则

第一条 为充分发挥财政科技资金引导作用，激励社会资本加大力度支持创新创业，缓解科技型企业"融资难、融资贵"问题，构建科技创新与创业投资、银行信贷、融资担保、科技保险等各种金融方式深度结合的模式和机制，加速科技成果转化及产业化，推动科技型企业高质量发展，支撑现代化经济体系建设，根据《云南省促进科技成果转化条例》、《云南省人民政府办公厅关于财政支持和促进科技成果转化的实施意见》（云政办发〔2019〕86号）、《关于大力推进体制机制创新积极促进科技金融结合的意见》（云科资发〔2016〕3号）等文件精神，结合云南省实际，制定本办法。

第二条 科技金融结合专项资金（以下简称专项资金）来源为省级财政科技资金，实行后补助，分为以下5种补助类型：

（一）科技创业投资风险补助（补偿）：包括科技创业投资风险补助、投资损失补偿以及设立创业投资机构补助；

（二）科技贷款贴息及银行费用补助：包括科技型企业知识产权质押贷款贴息补助、科技创新融资贷款贴息补助以及银行费用补助；

（三）科技贷款担保费用收取减免及新增规模奖补：包括担保机构科技贷款担保费收取减免补助及科技贷款担保业务新增规模奖励；

（四）科技创新融资贷款风险补助；

（五）科技型企业科技保险险种保费补助。

第三条 省科技厅与各类金融机构共建省级科技投融资库、省级科技型企业创新融资贷款库及省级科技担保业务库，加强科技投融资信息互通共享；推动以企业创新能力为核心指标的科技型中小企业融资评价体系（以下简称科技创新融资评价体系）建设及试点工作。

第二章 支持对象及范围

第四条 科技创业投资风险补助（补偿）。

（一）创业投资机构投资云南省引进高层次人才及省内科研人员离岗创业在滇创办或领办的科技型企业。

（二）创业投资机构投资入驻高新技术开发区、大学科技园、众创空间、星创天地、科技孵化器以及双创示范基地等国家和省级创新创业平台的科技型企业。

（三）创业投资机构投资省内其他科技型企业。

（四）创业投资机构新设并发生上述投资行为。

第五条 科技贷款贴息及银行费用补助。

（一）科技型企业以专利权、计算机软件著作权、集成电路布图设计专有权、植物新品种权、新药证书等权利质押方式获得的银行知识产权质押贷款。

（二）科技型企业在科技创新融资评价体系下获得的科技创新融资贷款。

（三）银行为上述两项贷款承担的评估、评级以及保险等费用。

第六条 科技贷款担保费用收取减免及新增规模奖补。

（一）担保机构为科技型企业银行贷款提供担保，并在收取费用环节减免的部分应收担保费。

（二）担保机构年度新增科技贷款担保额。

第七条 科技创新融资贷款风险补助。银行业等金融机构在科技创新融资评价体系下年度新增科技贷款。

第八条 科技型企业科技保险险种保费补助。科技型企业购买省科技厅遴选出的科技保险险种。

第三章 科技创业投资风险补助（补偿）条件及标准

第九条 创业投资机构向省内注册登记的科技型企业以直接支付现金方式完成股权投资及确认股权投资损失时，可在实缴投资满2年后（以工商变更确认时间起），申请科技创业投资风险补助（补偿）。投资发生时，创业投资机构应及时将相关投资信息上传到省级科技投融资库以此作为补助（补偿）的依据。同一家创业投资机构投资风险补助（补偿）年度综合额度最高500万元。

（一）首次投资成立时间5年以下（含）非上市种子期、初创期科技型企业，所占股权比例不超过被投企业30%，可就实际投资额申请创业投资风险补助。

（二）投资成立时间5年以上（不含）非上市科技型企业（以下统称非上市科技型企业），所占股权比例不超过被投企业50%，可就实际投资额申请创业投资风险补助。

（三）首次投资非上市种子期、初创期科技型企业发生并确认投资损失，可就确认的投资损失额度申请创业投资损失补偿。

（四）投资非上市科技型企业发生并确认投资损失，可就确认的投资损失额度申请创业投资损失补偿。

第十条 科技创业投资风险补助（补偿）标准。

（一）首次投资种子期科技型企业的，按实际完成投资额10%给予创业投资风险补助，单笔投资获得的补助金额最高50万元；发生并确认损失时，按确认的投资损失额给予10%的创业投资损失补偿，单笔投资损失获得的补助金额最高50万元。

（二）首次投资初创期科技型企业的，按实际完成投资额8%给予投资风险补助，单笔投资获得的补助金额最高50万元；发生并确认损失时，按确认的投资损失额给予8%的创业投资损失补偿，单笔投资损失获得的补助金额最高50万元。

（三）投资非上市科技型企业的，按实际完成投资额5%给予投资风险补助，单笔投资获得的补助金额最高100万元，对同一企业投资获得的补助金额累计最高200万元；发生并确认损失时，按确认的投资损失额给予5%的创业投资损失补偿。单笔投资损失获得的补助金额最高100万元；对同一企业投资获得的损失补偿金额累计最高200万元。

（四）鼓励国内外各类创业投资企业、创业投资基金在云南省设立创业投资机构。对新设立注册资金（规模）在5000万元以上且带动社会资金在云南省投资规模达2亿元以上的，创业投资机构可申请一次性开办费补助，补助额度单笔最高50万元。与上述科技创业投资风险补助（补偿）年度综合额度最高500万元。

第四章 科技贷款类补助条件及标准

第十一条 科技贷款贴息及银行费用补助条件及标准。

（一）科技型企业以本办法所列的知识产权质押方式取得银行贷款，可申请科技型企业知识产权质押贷款贴息补助。每家企业补助标准按照贷款利率给予50%的贴息补助，贴息利率最高不超过5%（含5%），年度补助额度最高100万元，补助期限1年。

（二）科技型企业在科技创新融资评价体系下发生的贷款，可申请科技创新融资贷款贴息补助。每家企业补助标准按照贷款利率给予70%的贴息补助，贴息利率最高不超过5%（含5%），年度补助额度最高120万元，补助期限1年。

（三）银行为上述两项贷款实现承担的评估、评级以及保险等费用，可申请相应的银行费用补助。每家银行（一级法人机构）补助标准为按年度支出费用总额的50%给予补助，最高100万元。

第十二条 科技贷款担保费用收取减免及新增规模奖补条件及标准。

（一）担保机构科技贷款担保费收取减免补助

省级科技担保业务库中的担保机构为科技型企业银行贷款提供担保，鼓励其在收取担保费环节给予应收担保费50%减免，并按以下形式及标准补助：

1.一年期贷款担保一次性收取担保费或一年期以上贷款担保分年收取担保费形式。担保机构按年应收担保费的50%收取担保费。专项资金对担保机构年度减免的50%部分给予集中补助。每笔减免担保费补助最高30万元。担保费率超过3%的，按3%计算。

2.一年期以上贷款担保一次性收取担保费形式。担保机构按应收担保费的50%收取担保费。专项资金对担保机构减免的50%部分给予集中补助。每笔减免担保费补助年平均最高30万元。担保费率超过3%的，按3%计算。

3.鼓励担保机构通过收取省级科技创新券方式申请兑付所减免的应收科技型企业贷款担保费。

（二）担保机构科技贷款担保业务新增规模奖励

按省级科技担保业务库中的担保机构实现的年度新增科技贷款担保额0.5%给予奖励，每家担保机构（一级法人机构）年度补助总额最高 200 万元。

第十三条 科技创新融资贷款风险补助条件及标准。银行业等金融机构在科技创新融资评价体系下发生的贷款，对承担贷款风险的银行业等金融机构每笔按当年所承担的新增贷款风险额度 2% 给予风险补助资金，每家金融机构（一级法人机构）年度补助总额最高 150 万元。

第五章　科技型企业科技保险险种保费补助条件及标准

第十四条 省科技厅围绕科技型企业研发、生产、销售等环节，建立科技保险险种定期遴选机制。科技型企业购买科技保险险种，其支出的保费可申请保费补助。

第十五条 科技保险险种保费支出补助按险种类别分 3 个档次，补助比例依次为 50%、40%、20%。每家科技型企业年度补助总额最高 20 万元，具体操作细则另行制定。

第六章　专项资金申报、评审和下达

第十六条 专项资金补助时间范围为上年度的 5 月 1 日至申报年度的 4 月 30 日。

第十七条 省级科技投融资库、省级科技型企业创新融资贷款库及省级科技担保业务库常年受理投资、信贷、担保信息入库。创业投资机构发生本办法所列的投资行为时，应及时在省级科技投融资库中申报相关投资信息，以此作为以后年度确认投资及损失的依据。

第十八条 申报专项补助所需证明材料及需填报的各项表格以年度申报指南或通知方式明确。申报单位根据年度申报指南或通知要求，提供对应的金融业务合同等业务凭证，按照省级科技计划项目管理流程申报相关补助（补偿），并对申报资料提供真实性、完整性负责。

第十九条 省科技厅主管业务处室对申报资料进行形式审查，对符合形式要求的申请项目予以受理，并组织行业专家进行评审；参考行业专家评审意见，形成项目入省科技厅科技计划项目库（以下简称项目库）建议。

第二十条 按照省级科技计划项目管理流程，省科技厅厅务会审定（审议）项目入项目库建议。补助额度超过限额的项目，须经省科技厅党组会议审定；对审定项目进行公示，公示期不少于 7 天。公示无异议项目，纳入项目库，编入年度部门预算，按程序报批后组织拨付。

第二十一条 采用省级科技创新券方式的补助类别，按省级科技创新券相关管理办法申报及兑付。兑付基本流程为季度集中评审、公示及兑付。

第七章　专项资金绩效管理及监督

第二十二条 省科技厅按省级预算绩效管理相关要求，对专项资金开展全过程预算绩效管理，科学确定专项绩效目标和指标，对补助资金兑现使用情况开展运行监控。重点对专项实施，引导带动创业投资机构、银行、担保等金融机构支持科技型企业融资等进行评估，并将有关绩效管理情况作为部门安排预算、完善政策、改进管理的重要依据。

第二十三条 项目单位应主动接受审计、财政等部门的审计与监督，对于虚报、截留、挪用、冒领、侵占或提供虚假资料骗取专项资金等违法违规行为的，按照省级科技计划项目资金管理有关规定执行。

第二十四条 对申报单位、评审专家、中介机构等项目申报评审立项环节的参与主体实行信用评价和记录按省级科技信用等级分类管理。遵循云南省守信联合激励和失信联合惩戒制度要求，将严重不良信用记录者记入黑名单，按实际情况阶段性或永久性取消其申报或参与科技计划项目的资格。

第二十五条 省科技厅、项目推荐部门及其工作人员违反本办法规定，不履行职责，或者与

相关人员串通、弄虚作假，骗取专项资金；或者利用职务之便，吃拿卡要、收受他人财物的，依法追究行政责任。涉嫌犯罪的，依法移送司法机关处理。

第八章　附则

第二十六条　本办法所涉及的相关补助事项与省科技厅制定的科技金融政策、其他省直部门制定的同类扶持事项重叠的，按照从高、不重复的原则予以支持。

第二十七条　本办法由省科技厅负责解释。本办法自 2020 年 11 月 6 日起施行，有效期至 2025 年 11 月 5 日。《云南省科技金融结合专项补助资金管理暂行办法》（云南省科学技术厅公告第 41 号）、《云南省科技厅云南保监局关于推行科技保险的通知》（云科财发〔2011〕9 号）、《云南省科技厅关于印发云南省科技保险保费补助资金管理暂行办法》（云科财发〔2011〕10 号）自本办法实施之日起废止。

云南省科技保险险种保费补助资金实施细则

第一章 总则

第一条 为贯彻落实《云南省促进科技成果转化条例》、《云南省人民政府办公厅关于财政支持和促进科技成果转化的实施意见》（云政办发〔2019〕86号）、《关于大力推进体制机制创新积极促进科技金融结合的意见》（云科资发〔2016〕3号）等关于加强科技保险工作的文件精神及要求，充分运用科技保险手段，切实有效分散、分担科技型企业科研经营风险，鼓励科技创新，推动科技成果转化，提升科技型企业自主创新能力，实现高质量发展，根据《云南省科技金融结合专项资金管理办法》，结合本省实际，制定本细则。

第二条 建立科技保险险种遴选推广及补助机制。根据科技型企业创新发展需求及保险机构推广意愿，定期向社会遴选、公布纳入科技保险险种保费（以下简称保费）补助范围的科技保险险种，供科技型企业自愿选择。保费补助资金来源省级财政科技资金，实行后补助。

第三条 本细则中的科技型企业包括国家级科技型企业、高新技术企业以及经省科技厅认定或备案的各类省级科技型企业等（以下统称科技型企业）。

第二章 科技保险险种遴选

第四条 科技保险险种类别包括：产品研发责任保险、关键研发设备保险、营业中断保险、企业财产保险（包括基本险、一切险和综合险）、产品责任保险、产品质量保证保险、董事会监事会高级管理人员责任保险、雇主责任保险、高管人员和关键研发人员团队健康及意外保险、特殊人员团队意外伤害保险和重大疾病保险、环境污染责任保险、小额贷款保证保险、项目投资损失保险、企业信用险、知识产权运用以及出口信用险等16个类型。

第五条 鼓励省内保险机构开展科技保险业务，创新科技保险服务模式。针对科技领域风险特点积极推广上述科技保险险种，分散、分担科技型企业研发经营风险。

第六条 科技保险险种遴选基本条件。

（一）申报的险种已报经监管部门批准或备案，可对外销售；

（二）组建专门科技保险服务团队，有专项经营推广计划；

（三）申报的险种能有助于增强科技型企业产品竞争力，对科技型企业核心研发人员、技术人员人身意外、重大疾病、住院医疗等提供保障，切实降低或分散科技型企业等机构在科研、技术交易、成果转化、产品生产与销售、融资等环节中的风险。

第七条 建立科技保险险种推广成效跟踪机制。列入科技保险保费补助范围的，保险机构应做好相关险种各类数据、赔付案例日常统计整理工作，并在年度终了30个工作日内，向省科技厅报送年度科技保险工作总结，以此作为调整科技保险险种保费补助范围的重要依据。

第三章 科技保险保费补助标准

第八条 科技保险保费补助标准按险种类别分三类。科技型企业（独立法人作为投保人）年度最高补助额度为20万元。

（一）一类险种。属于产品研发责任保险、关键研发设备保险、小额贷款保证保险、项目投资损失保险类别的科技保险险种范围，按已缴纳保费的50%给予补助。

（二）二类险种。属于营业中断保险、企业财产保险（包括基本险、一切险和综合险）、产品责任保险、产品质量保证保险、董事会监事会高级管理人员责任保险、雇主责任保险、高管人员和关键研发人员团队健康及意外保险、特殊人员团队意外伤害保险和重大疾病保险、环境污染责任保险、企业信用险以及知识产权运用类别的科技保险险种范围，按已缴纳保费的 40% 给予补助。

（三）三类险种。属于出口信用险类别的科技保险险种范围，按已缴纳保费的 20% 给予补助。

第九条 补助险种实行一年一投，按年补助其保费支出。对采用一次趸交数年或分期付款方式的保险不予补助。同一保单不得重复申请补助。

第四章　申报与管理

第十条 科技型企业自愿投保、自主申报，并对申报资料提供真实性、完整性承诺。省科技厅对申报资料进行形式审查，对符合形式要求的申请项目予以受理；组织行业专家进行评审，按省级科技计划项目管理流程开展相关立项及资金下达工作。

第十一条 投保人（科技型企业）及保险机构在申请科技保险险种保费补助过程中，存在虚报、截留、挪用、冒领、侵占或提供虚假资料骗取专项资金等违法违规行为的，按照省级科技计划项目资金管理有关规定执行。

第十二条 投保人购买科技保险险种后，或获得专项资金后要求退保的，保险机构应在收到申请后 5 个工作日内书面通知省科技厅。因未及时通知省科技厅造成财政补助资金损失的，查实后，省科技厅不再将相关保险机构承保的科技保险险种列入财政资金补助范围。

第五章　附则

第十三条 本细则由省科技厅负责解释。补助资金管理未尽事项，参照《云南省科技金融结合专项资金管理办法》执行。

第十四条 本细则自 2020 年 11 月 6 日起施行，有效期至 2025 年 11 月 5 日。

云南省科技厅关于印发《云南省科技厅院士自由探索项目管理办法》的通知

(云科规〔2020〕8号)

各州(市)科技局,有关单位:

《云南省科技厅院士自由探索项目管理办法》于2020年10月19日经省科技厅第11次厅务会议、第23次厅党组(扩大)会议审议通过,现予以公布,请遵照执行。

云南省科学技术厅

2020年11月19日

云南省科技厅院士自由探索项目管理办法

第一条 为进一步发挥省级科技计划的导向作用,规范云南省科技厅院士自由探索项目(以下简称院士项目)管理,根据国家及省委、省人民政府关于深化人才发展体制机制改革的有关精神,结合项目特点,制定本办法。

第二条 院士项目旨在鼓励我省中国科学院、中国工程院院士(以下简称院士)发挥支撑引领作用,围绕我省重点产业的培育和优势特色学科打造开展自由探索研究。由院士在其研究领域自主选题,自行确定研究内容和预期成果,开展科学技术研究工作。

第三条 院士项目的组织管理遵循"服务发展、示范带动、简化高效"的原则。

第四条 院士项目实行备案制管理,包括项目申报、项目立项、项目结题3个基本程序。

第五条 项目申报。院士项目按照年度申报通知要求,通过云南省科技管理信息系统进行申报,由院士填写申请书,经项目依托单位审查后向省科技厅推荐。

第六条 项目立项。院士项目由省科技厅分管计划部门负责审核并提出是否同意推荐立项的建议,提交厅务会议审定后立项。

第七条 项目结题。院士项目研究内容完成后,进行项目结题。项目承担院士向省科技厅分管计划部门和项目依托单位提交研究期内科研工作及技术成果总结报告,并提供相关附件材料。

第八条 院士项目财政科技经费支持额度为每个项目每年100万元,由省科技厅分管计划部门提出预算建议,经厅务会议研究审定。经费使用和管理按省科技计划项目资金管理办法和省级科技计划项目经费使用"包干制"有关规定执行。

第九条 省科技厅负责院士项目的管理与服务,研究制定相关管理制度,指导相关单位履行人才服务保障和监督管理职责。项目依托单位是管理服务的责任主体,负责人才培养的日常管理,负责为院士的科学研究工作提供必要的科研条件和人才团队,安排专门人员负责院士项目的组织、协调和管理服务工作,确保项目顺利实施。承担项目院士须做好项目策划、组织、实施等工作，按照省科技计划项目管理的有关规定履行职责。

第十条 院士项目实行定期反馈制度。项目承担院士应按要求，每年向省科技厅分管计划部门提交经项目依托单位审核的项目结题报告等材料，项目实施的重大进展及存在问题适时向省科技厅分管计划部门反馈。

第十一条 本办法由云南省科学技术厅负责解释。

第十二条 本办法自 2020 年 12 月 25 日起施行，有效期至 2025 年 12 月 24 日。2014 年 2 月 24 日发布的《云南省科技厅院士自由探索项目管理暂行办法》同时废止。

第三十四章　西藏自治区科研项目和资金管理法规政策

西藏自治区财政厅关于印发《西藏自治区财政科研课题管理办法》的通知

(藏财研〔2017〕2号)

各地(市)财政局，厅属各部门：

为进一步提升我区财政科研课题的研究质量，加强科研课题管理，提高科研经费使用效益，现将《西藏自治区财政科研课题管理办法》印发给你们，请遵照执行。

西藏自治区财政厅
2017年3月9日

西藏自治区财政科研课题管理办法

第一章　总则

第一条　为切实加强西藏财政科研课题管理，提高财政科研质量和科研经费使用效益，推动财政科研课题管理的规范化、制度化和科学化，根据《中共中央 国务院关于进一步完善中央财政科研项目资金管理等政策的若干意见》(中办发〔2016〕50号)等有关规定，制定本办法。

第二条　本办法适用于由西藏自治区财政学会(以下简称"学会")组织管理的财政科研课题项目。

第三条　财政科研课题研究工作应围绕西藏财政改革与发展的中心工作，坚持实事求是和理论联系实际。坚持课题研究与财政工作实际相结合，研究应具有全局性、前瞻性、应用性、可操作性，并为制定财政政策和决策提供依据和参考。

第四条　财政科研课题以应用型研究为主，分为专项委托课题和资助型课题。其中资助型课题分为一般资助课题和重点资助课题。

专项委托课题采取"单独立项、委托研究、单独评审"方式管理。主要面向全国范围高等院校及科研单位，采取政府采购方式委托研究，课题成果单独鉴定评审。

资助型课题采取"择优立项、分散研究、集中评审"方式管理。主要面向学会会员〔西藏自治区财政厅各处（室）、各地（市）财政局］，公平竞争，择优立项，课题成果集中鉴定评审。

第五条 财政科研课题的组织运作坚持公平、规范、透明的原则，相关信息在学会主办的刊物和西藏自治区财政厅办公自动化系统中发布。

第六条 学会秘书处（以下简称"秘书处"）负责组织课题项目的各项事务工作。主要职责包括：

（一）负责组织制定和发布财政科研课题计划；

（二）负责科研课题项目的申报、立项、研究督促、成果评审和推广；

（三）负责管理财政科研课题经费；

（四）负责制定和完善财政科研课题管理制度；

（五）其他有关课题管理的事项。

第二章 课题的申报和立项

第七条 专项委托课题由学会会员根据工作实际以及改革热点难点，确定研究的方向和内容。经学会会长或副会长批准，单独立项，并面向全国高等院校及科研单位实行政府采购。

第八条 资助型课题采取集体申报制，即以学会会员集体名义申报，不接受个人申报。

第九条 资助型课题应在学会印发的《西藏自治区财政科研课题指南》基础上，结合西藏财政工作实际需要申报。

处（室）会员单位每年申报的资助型课题不得超过2篇；地（市）财政局会员单位不得超过5篇。

第十条 申报资助型课题时，须填写《西藏自治区财政资助型科研课题申报表》。

第十一条 资助型课题立项实行专家评审制。秘书处对《申报表》内容的完整性、格式的合规性以及重复率检测等进行审核筛选后，从学会专家库名单中选取5~7名成员，对筛选合格的申报课题进行立项评审。

第十二条 资助型课题立项评审的主要依据及权重为：

（一）课题组成员构成，权重20%。主要考察课题组成员的学科背景、实践及学术经历、研究能力等。

（二）论证，权重30%。主要考察课题的研究思路、研究内容、重点难点、研究方法、基本观点等。

（三）应用价值，权重50%。主要考察课题对西藏财政工作的针对性、指导性、实用性和意见建议的可操作性等。

第十三条 经立项评审后，按照"择优立项"的原则，依照专家评审打分排序，报经学会会长或副会长同意，予以立项，并下达《西藏自治区财政资助型课题立项通知书》。

根据当年度西藏财政学会的研究计划及课题申报质量，年度资助型课题总量控制在6~10篇。其中重点资助课题不超过3篇。

第十四条 以前年度已申报或应用、在公开刊物发表以及逾期申报的课题一律不予立项。

第三章 课题的研究和管理

第十五条 财政科研课题研究周期为：

（一）专项委托课题原则上自委托合同签订之日起1年。可根据研究需要且经学会会长或副会长批准，适当调整研究周期。

（二）资助型课题自立项通知下达之日起5个月。

第十六条 资助型课题实行课题指导制和课题组长负责制。处（室）会员的课题指导人由申报部门的分管领导担任；地（市）财政局会员的课题指导人由书记或局长担任。处（室）会员的课题组长由申报部门的主要领导担任；地（市）财政局会员的课题组长由副局长担任。

专项委托课题实行课题组长负责制。由秘书处定期督导。

第十七条 资助型课题可根据研究需要吸纳相关领域专家参与，但不得超过课题组成员的三分之二。

各课题组成员可以交叉。跨组的科研课题，采取双向选择、自由组合的方式组成，但同一成员在一年内不得同时参与两篇以上的课题研究。

第十八条 秘书处定期对课题受托或承担部门（单位）的研究情况进行检查，了解和掌握进展情况，发现问题及时沟通协调，对进展不力者进行督促。

第十九条 课题受托或承担部门（单位）应按照秘书处的要求按时提交中期研究报告和课题成果。秘书处对提交的中期报告和课题成果的重复率、课题完成质量等进行审核。

第二十条 具有下列情形之一的，课题承担部门（单位）提交书面申请，经秘书处同意后予以变更：

（一）客观原因致使课题失去研究价值，需要变更研究题目或内容的；

（二）课题组主要成员发生变动的。

第二十一条 课题研究期间，具有下列情形之一的，经秘书处研究，并报经学会会长或副会长同意，撤销课题任务：

（一）研究内容有重大政治问题；

（二）研究成果质量低劣或应用性不足；

（三）剽窃他人研究成果；

（四）逾期不提交中期报告或课题成果；

（五）课题成果经两次鉴定评审仍未能通过；

（六）经费开支及使用严重违反财务制度。

第二十二条 资助型课题的组织及管理期限为：

（一）下达课题申报通知：1月31前下达；

（二）申报截止日期：2月底；

（三）立项审核、组织立项评审及下达立项通知书：3月31日前；

（四）提交中期报告：6月30日前；

（五）提交课题成果：8月31日前；

（六）组织结项鉴定评审：9月30日前；

（七）修改和重新鉴定评审：10月31日前；

（八）下达结项通知：11月30日前。

第二十三条 专项委托课题的组织及管理期限，根据课题研究任务量大小、内容复杂程度以及时效要求等，经学会会长或副会长批准，单独设定。

第四章 课题结项

第二十四条 课题研究成果须进行鉴定评审后予以验收结项。

（一）资助型课题原则上采取函鉴的方式评审。

（二）专项委托课题视情况采取函鉴或会议鉴定的方式评审。

（三）鉴定专家不少于5人。

（四）鉴定未通过的，允许1个月内对研究成果进行修改，并申请重新鉴定。重新鉴定仍不能通过的，按撤项处理。

（五）鉴定通过后，由学会秘书处签署意见，报请学会会长或副会长批准后，下达《西藏财政学会科研课题结项通知》。

第二十五条 具备以下条件之一的，课题成果可免于鉴定评审：

（一）提出的理论观点、政策建议等被省部级以上党政机关完整采纳吸收的；

（二）涉及国家机密不宜公开，但科研成果已得到有关部门认可或应用的。

符合上述条件的，应当将有关证明材料连同课题成果一同提交学会秘书处。

第二十六条 验收合格的课题成果，在正式出版、公开发表、内部使用或向有关领导、决策部门报送时，均应在显著位置标明"西藏自治区财政学会科研课题"字样。

第五章 课题经费的管理和使用

第二十七条 财政科研课题经费，本着厉行节约、确保重点的原则，合理安排使用。

第二十八条 财政科研课题经费的支出范围包括：

（一）专项委托课题的研究经费；

（二）资助型课题的研究经费；

（三）课题的评审费、推广费、印制费；

（四）版面费及奖励费等。

第二十九条 资助型课题的经费额度为：一般资助课题每个3万元至5万元，重点资助课题每个6万元至8万元。

第三十条 专项委托课题的研究经费，根据课题研究的任务量、研究周期等因素，并按照政府采购结果确定经费数额。

第三十一条 课题经费分三次支付或报销，超支不补。其中专项委托课题及资助型课题承担单位为地（市）财政局的，采取支付制；资助型课题承担部门为处（室）的，采取报销制。

支付（报销）比例为：自委托合同签订后或立项后支付（报销）经费的40%，课题中期报告审核通过后支付（报销）40%，结项后支付（报销）20%。

第三十二条 资助型课题研究经费开支范围包括直接费用和间接费用。

（一）直接费用是指与课题研究活动直接相关的费用，主要包括：

1.资料费。包括课题研究用图书、杂志、报刊、声像资料等购置及订阅，文献检索等费用。

2.调研及会议费。包括与课题研究调研活动及学术研讨活动相关的油料费、差旅费、场地租赁等费用。该项开支不得超过研究经费总额的30%。

3.劳务费。包括专家咨询费、参与课题研究的人员的劳务费用。

4.其他费用。包括数据采集费、问卷调查费、资料印制等费用。

（二）间接费用是指在实施课题过程发生的，无法在直接费用中列支的相关费用，该项开支不得超过直接费用的10%。主要包括：

1.管理费用的补助支出。

2.科研人员绩效支出等。

第三十三条 课题评审费包括：评审专家劳务费、工作人员劳务补助、课题重复率检测费、评审稿印刷费、邮寄费及其他相关费用。

第三十四条 课题评审费的使用标准为：

（一）评审专家劳务费。标准为：立项评审每人每篇300元，结项鉴定评审每人每篇2000元。

（二）外聘专家食宿费和交通费。按照自治区有关规定和标准凭据报销。

（三）工作人员劳务补助。包括在课题评审中负责重复率检测、联系评审专家、为专家送取课题、取评审结果、统计评审结果、联系并布置评审场地、对评审过程进行监督等工作人员的劳务补助。

劳务补助分立项、中期审核和结项三个阶段进行补助，每阶段每人补助金额为800元。

（四）其他费用。包括重复率检测费、评审稿印刷费、邮寄费及其他相关费用，按照实际发生额报销。

第三十五条 印制和推广费主要用于结项课题的排版、印制和推广等。印制费按照采购合同支付价款。

第三十六条 课题支付（报销）程序为：

（一）专项委托课题按照合同约定支付研究经费；

（二）资助型课题承担部门为处（室）的，分阶段，将经费报销签送学会秘书处审核，并附有效发票、劳务费使用表及经费使用明细等；

（三）资助型课题承担单位为地（市）财政局的，按照单位财务制度报销，经费开展范围和比例依照本办法第三十二条执行。

第三十七条 资助型课题成果经结项鉴定评审不合格的，课题承担单位（部门）应按照学会的要求修改。拒不修改或修改后鉴定评审仍不合格的，收回已支付（报销）的课题研究经费。

专项委托课题结项鉴定评审不合格，受托单位应按照学会的要求修改。拒不修改或修改后鉴定评审仍不合格的，按照合同收取违约金。

第三十八条 科研成果存在下列情形的，按5000元/篇进行奖励：

（一）得到省部级以上部门或领导书面肯定的；

（二）提出的理论观点、政策建议等被省部级以上党政机关完整采纳吸收的；

（三）在CSSCI期刊上进行发表的。

符合第三项规定的，同时报销版面费。

第六章 附则

第三十九条 财政科研课题成果结项后，编制《××××年西藏财政科研论文汇编》，作为指导财政工作的参考书籍。

第四十条 西藏自治区财政学会对财政科研课题项目成果具有优先推荐和使用权。加强对课题成果的宣传、推广，不定期召开课题成果报告会，在其活动中注明"西藏自治区财政科研课题"字样。

第四十一条 本办法由西藏自治区财政学会解释。

第四十二条 本办法自2017年1月1日起执行。《西藏自治区财政厅关于印发〈财政科研课题管理办法〉的通知》（藏财研〔2014〕6号）、《西藏自治区财政厅关于印发〈财政科研课题经费管理办法（暂行）〉的通知》（藏财研〔2015〕10号）、《西藏自治区财政厅关于印发〈财政科研课题评审办法（暂行）〉的通知》（藏财研〔2016〕1号）同时废止。

附件：（略）

关于印发《西藏自治区自然科学基金管理办法（暂行）》的通知

（藏科发〔2018〕87号）

自治区各科技局、高校、科研院所及有关单位：

根据《国务院关于全面加强基础科学研究的若干意见》（国发〔2018〕4号）和《中共西藏自治区委员会 西藏自治区人民政府关于加快实施创新驱动发展战略的若干意见》（藏党发〔2017〕19号）、《关于完善和落实自治区财政科研项目资金管理等政策的实施意见》（藏党办发〔2017〕11号）的文件精神，为提高我区自然科学基金项目的管理水平，发挥其对我区科技人才的培养和稳定人才队伍的作用，提升我区在自然科学领域的基础研究和应用基础研究的自主创新能力。结合我区实际，特制定《西藏自治区自然科学基金管理办法（暂行）》，现将《西藏自治区自然科学基金管理办法（暂行）》印发给你们，请贯彻执行。

西藏自治区科学技术厅

2018年4月2日

西藏自治区自然科学基金管理办法（暂行）

第一章 总则

第一条 为提高我区自然科学基金项目（简称"自然基金"）的管理水平，发挥其对我区科技人才的培养和稳定人才队伍的作用，提升我区在自然科学领域的基础研究和应用基础研究的自主创新能力。根据《国务院关于全面加强基础科学研究的若干意见》（国发〔2018〕4号）和《中共西藏自治区委员会 西藏自治区人民政府关于加快实施创新驱动发展战略的若干意见》（藏党发〔2017〕19号）、《关于完善和落实自治区财政科研项目资金管理等政策的实施意见》（藏党办发〔2017〕11号）的文件精神，结合实际，制定本办法。

第二条 自治区科学技术厅将"自然基金"纳入到年度科技计划范围。设"自然基金"管理办公室（简称"基金办"），负责"自然基金"的受理、审查、立项和结题验收等工作。自治区财政厅对"自然基金"的预算、财务进行监管。项目实施的依托单位为各高等院校、科研院所、各地（市）科技局，负责项目的申报推荐与日常管理工作。

第二章 规划与组织

第三条 基金办根据我区经济社会和科学技术的规划与重大战略需求，编制"自然基金"规划和申报指南。"自然基金"优先资助与我区社会经济和科技发展重大需求紧密相关的战略性、前瞻性的基础或应用基础研究。

第四条 "自然基金"工作遵循"公开、公平、公正"的原则，坚持"尊重科学、发扬民主、激励创新、促进合作、凝聚资源、服务西藏"的方针，采取"自主申请、公平竞争、同行评审、择优支持"的机制实施。

第五条 "自然基金"依托单位履行下列职责:

1. 组织申请人申请自治区基金项目;

2. 审核所提交材料的真实性;

3. 提供项目实施的条件,保障项目团队的实施时间;

4. 配合基金办对项目实施和经费使用情况的监督、检查。

第三章 申请与评审

第六条 人事关系隶属自治区的且具备下列条件的研究人员均可申请"自然基金"。

1. 所在单位是依托单位,或与依托单位有相关关系的;

2. 具有基础研究或应用基础研究的能力或经历;

3. 申请人原则上应具有中级及以上专业技术职务(职称),年龄不超过50岁,且必须是申请项目的负责人;

4. 引进的硕士及以上人才应优先予以资助。

第七条 关于"自然基金"的限项或限制规定。

1. 有在研"自然基金"项目的申请人不能申请新的项目,已申请结题的除外。

2. 每人每年只能申请1项,并可同时参与申请2项,申请和参与申请总数限3项。

3. 每个申请项目的人员组成不超过5人。

4. 有在研国家级或自治区重点项目的负责人,原则上不能申请,当年应结题的除外。确需申请者,须做出如下说明与承诺:

(1) 申请本项目的充分理由(非立项依据),并由依托单位进行审批,并报基金办备案;

(2) 在任务书签订时限内保证按要求完成研究工作,且以"自然基金"研究内容为主开展研究所取得的成果须以"自然基金"为第一资助予以标注。

5. 其他有关限项规定的。

第八条 "自然基金"的评审原则为:申请项目必须具有一定的科学性和原创性,方案具有可行性,团队具备完成研究工作的能力,预期成果具有为进一步应用研究提供基础的属性。

第九条 鼓励高等院校、科研院所与企业的科技人员联合申请。联合申请时应确定1名申请人,联合申请单位不超过3个。

第十条 申请人应按项目指南在规定期限内向依托单位提交申请书,并对申请材料的真实性负责。与科技厅签订联合基金协议的依托单位,由依托单位组织项目的申请与评审工作,将拟资助项目报基金办备案;其他单位则负责将申请项目审核初评后统一报送至基金办,由基金办组织专家进行评审,确定拟立项项目。

第十一条 每年5月发布下一年度"自然基金"申报通知和指南,6月进行立项评审,7月进行网上公示,公示期15天,公示结束后下发立项通知,8月下旬签订项目任务书。

第四章 立项与实施

第十二条 经网上公示无异议的拟立项"自然基金"项目,项目申请人和依托单位自接到立项通知15天内,按要求签订任务书,凡填写不符合要求的,基金办将不予受理。任务书经依托单位审核后报基金办复审和备案。

第十三条 "自然基金"分为一般项目和重点项目,一般项目资助经费为5~10万元,重点项目资助经费为 15~20 万元。每年立项资助的重点项目不超过总项目数的 20%，经费不超过总经费的 30%。与科技厅签有联合基金协议的单位，可根据协议安排项目类别，单位自筹资金设立的重点项目不计入上述规定。

第十四条 基金办根据当年财政有关规定，及时拨付项目经费；依托单位须按规定和任务书进行项目管理、监管经费使用，但不能从"自然基金"项目中提取管理费；项目负责人须按规定和任务书要求使用经费。

第十五条 项目负责人须按任务书开展研究工作，做好原始记录，及时提交年度进展报告。依托单位应审核年度进展报告，查看项目原始记录，做好过程管理。

第十六条 "自然基金"项目实施中不得擅自变更负责人、依托单位及任务书内容。确因客观原因需变更的，需由负责人向依托单位提出申请，依托单位审核同意后以红头文件报基金办审核、备案或作出处理。项目实施中若因客观原因需中止或终止的，按上述程序解决。

第十七条 "自然基金"项目实施年限为 1~3 年，具体实施时间根据研究内容确定，自立项通知下达次月起执行。在实施过程中确因客观原因导致难以在任务书限定时期内完成研究工作的，负责人应在结项前 2 个月向依托单位提交延期申请（需写清缘由），依托单位审核批准后报基金办备案。项目延期一般为 6 个月，最长不超过 1 年，每个项目只能延期 1 次，延期 1 次仍无法完成研究任务的则按结题处理。按结题处理的项目负责人限其 3 年内不能申报自治区的任何科技项目。

第十八条 项目负责人应在任务书限定实施期满之日起 30 日内，向依托单位提交项目验收材料。与科技厅签订联合协议的单位，根据本管理办法和协议开展项目结题验收工作，验收完成后 30 日内向基金办报送验收材料和验收总结，基金办进行复审和备案，并印发"西藏自治区自然科学基金项目验收（结题）证书"。其他依托单位对验收材料审核后，向基金办提交验收申请，基金办将组织专家对项目进行验收，验收合格者发放验收（结题）证书。验收合格的项目，基金办将根据情况编写年度"自然基金"成果汇编，该汇编将发给各依托单位。

对未通过验收的项目，给予 3 个月的整改期，整改期后按上述程序组织再次验收。再次验收不合格的则予以终止，被终止的项目负责人和项目组成员分别限其 3 年和 1 年内不能申报自治区的任何科技项目。

第十九条 "自然基金"项目取得的研究成果，在发表时须予以标注，格式为"西藏自治区自然科学基金项目 XZ20××ZRJJ×××"。研究成果受多个项目资助的，需根据各项目对研究成果的贡献大小依次标注。每个"自然基金"项目原则上必须在验收时形成 1 篇论文或 1 项专利。在验收时尚未取得成果证明的项目，须在验收结束日起 2 年内向依托单位提交成果证明，依托单位审核后报送基金办复查备案。2 年内仍未取得成果证明的项目，其负责人和成员在今后 3 年内不得申报自治区的任何科技项目。

第二十条 依托单位应积极促进研究成果的知识产权保护和转化工作。涉及国家安全、国家利益和重大社会公共利益的除外，依托单位、负责人及项目组成员依法享有成果的使用权。成果转化所产生的效益按有关规定分配，确保研发人员通过转化获得正当收益。

第五章 监督与管理

第二十一条 基金办对项目评审、依托单位履职及负责人在项目实施等方面进行监管，建立科研诚信机制。依托单位对所管辖项目实施情况进行监管。

第二十二条 项目负责人及团队在申请"自然基金"时有弄虚作假的，或有抄袭、剽窃、侵吞他人研究成果等学术不端行为的，将列入科研诚信"黑名单"，取消申请人3年和团队成员1年的申请资格；已资助的项目则予以撤销资助并追回已拨付经费；情节严重的申请人和团队成员在4年内不得申报或参与申报自治区的任何科技项目。

第二十三条 项目负责人及团队成员在实施项目中有下列行为之一的，基金办联合依托单位督促其限期6个月的整改，暂缓拨付经费；整改不彻底的将终止项目，追回已拨付经费，并列入科研诚信"黑名单"：

1. 未按任务书开展研究工作的；
2. 未按要求提交年度进展报告和验收材料的；
3. 报告、原始记录等弄虚作假的；
4. 侵占、挪用经费的；
5. 在未提交延期申请情况下无法按时结项的。

第二十四条 依托单位有下列情形之一的，基金办督促其限期1年的整改，整改期满后仍存在下列问题的，则取消其1年的依托单位资格；情节严重的，取消其3年的依托单位资格，所属人员在4年内不得参与任何科技项目。

1. 未履行保障"自然基金"项目研究条件的；
2. 未履行经费使用监管职责的；
3. 未对项目申请人或负责人所提交材料真实性进行审查的；
4. 未按规定提交"自然基金"项目的年度进展报告和验收材料的；
5. 纵容、包庇项目申请人、负责人弄虚作假的；
6. 不配合基金办监督、检查"自然基金"项目实施情况的；
7. 截留、挪用、侵占基金资助经费的。

第二十五条 基金办建立基金资助项目成果管理信息系统，对研究成果进行跟踪和评价，并将项目取得的基础性数据、研究成果及相关信息向社会公开（保密项目除外）。依托单位、项目负责人应积极开展研究成果的宣传工作，以推进成果的应用和转化。

第二十六条 根据科学研究的规律，本着实事求是的原则，宽容失败。对在项目实施过程中因出现新问题，或有新发现（因为改变了研究思路而未能在短期内取得预期目标），或因其他原因导致未按期完成研究工作的，需在结题报告中详细分析原因，总结经验，为下一步工作的开展或他人研究工作的实施提供借鉴。

第二十七条 基金办每2年对已验收"自然基金"项目组织专家进行评选，对获得优秀的项目，基金办将予以持续支持，并优先推荐其申报自治区相关领域重大/重点研发项目。

第六章 附则

第二十八条 本办法自印发之日起实施，原办法同日终止。

第二十九条 与科技厅签订联合基金的单位，参照本办法和相关协议执行。

西藏自治区财政厅 西藏自治区科技厅关于印发《西藏自治区应用技术研究与开发专项资金管理办法》的通知

(藏财教〔2018〕76号)

自治区党委各部门,自治区各委、办、厅、局,自治区人大常委会办公厅,自治区政协办公厅,自治区高法院,自治区检察院,各人民团体,各地(市)财政局、科技局:

为加强我区应用技术研究与开发专项资金管理,规范资金导向,提升科技研发能力,鼓励和支持科技创新发展,加速科技成果转化,根据《中共中央办公厅 国务院办公厅关于进一步完善中央财政科研项目资金管理等政策的若干意见》(中办发〔2016〕50号)、《国务院关于优化科研管理提升科研绩效若干措施的通知》(国发〔2018〕25号)、《中共西藏自治区委员会办公厅 西藏自治区人民政府办公厅关于完善和落实自治区财政科研项目资金管理等政策的实施意见》(藏党办发〔2017〕11号)、《中共西藏自治区委员会办公厅 西藏自治区人民政府办公厅关于印发〈推进大众创业万众创新三年行动计划〉的通知》(藏委厅〔2017〕40号)、《西藏自治区科学技术奖励办法》(西藏自治区人民政府令第126号),自治区财政厅会同自治区科技厅修订了《西藏自治区应用技术研究与开发专项资金管理办法》。经请示自治区人民政府同意,现予以印发,请遵照执行。

西藏自治区财政厅 西藏自治区科技厅
2018年12月19日

西藏自治区应用技术研究与开发专项资金管理办法

第一章 总则

第一条 为规范和加强西藏自治区应用技术研究与开发专项资金(以下简称"专项资金")管理,提高资金使用效益,鼓励和支持我区科技创新发展,根据《中华人民共和国预算法》《中共中央办公厅 国务院办公厅关于进一步完善中央财政科研项目资金管理等政策的若干意见》(中办发〔2016〕50号)、《国务院关于优化科研管理提升科研绩效若干措施的通知》(国发〔2018〕25号)、《中共西藏自治区委员会办公厅 西藏自治区人民政府办公厅印发〈关于完善和落实自治区财政科研项目资金管理等政策的实施意见〉的通知》(藏党办发〔2017〕11号)、《中共西藏自治区委员会办公厅 西藏自治区人民政府办公厅关于印发〈推进大众创业万众创新三年行动计划〉的通知》(藏委厅〔2017〕40号)、《西藏自治区科学技术奖励办法》(西藏自治区人民政府令第126号)精神及财政部、科学技术部相关规定,结合我区实际,制定本办法。

第二条 专项资金由自治区财政设立,主要用于支持我区各类科技计划项目,推进大众创业万众创新,自治区科学技术奖励,以及自治区党委、政府确定的其他科技创新工作。

第三条 专项资金支出方式

（一）科技计划资金采取以奖代补、贷款贴息、项目补助、后补助等方式进行支持；实行"专账管理、专项核算、专款专用"。

（二）自治区科学技术奖励资金，按照西藏自治区人民政府令第126号相关规定和支持方式执行。

第四条 资金使用原则：

（一）集中财力，突出重点。专项资金主要面向我区社会经济发展重大科技需求、支持引领和支撑社会经济发展、能够明显提高自主创新能力的科技活动。

（二）公开透明，择优支持。强化科研项目和资金管理信息公开，加强科研诚信建设和信用管理，完善公平竞争的项目遴选机制，通过公开遴选、定向择优等方式确定项目及项目承担单位，实行制度办法、申报流程、评审结果、分配结果、绩效评价全过程面向社会公开（除涉密项目与成果外）。

（三）遵循规律，注重绩效。遵循科学研究、技术创新和成果转化规律，强化全过程监管，建立面向结果的绩效评价机制，提高资金使用效益。

（四）以人为本，激发创新。充分调动科研人员积极性和创造性，强化激励机制，加大激励力度，激发创新创造活力。

（五）简政放权，优化服务。进一步简政放权、放管结合、优化服务，扩大高校、科研院所在科研项目资金、差旅会议、科研仪器设备采购等方面的管理权限，为科研人员潜心研究营造良好环境。同时，加强事中事后监管。

第五条 资金安排分工

（一）科技计划资金。由自治区财政厅负责专项资金的统筹安排、预算管理工作。自治区科学技术厅负责编制年度项目计划和专项资金年度预算，组织实施项目申报单位资质审查、项目申报、评审、管理和验收、开展项目监督检查和绩效评价等工作。项目主管单位（包括一级预算单位、地市科学技术局）负责项目的初审和申报，监督项目承担单位经费预算管理和项目实施，做好项目的绩效管理与监督检查。项目承担单位负责项目的具体申报、预算编制、绩效目标和内控制度的制定，按照规定进行预算管理和实施项目，接受相关部门的绩效考评和监督检查。

（二）"双创"相关的科技创新项目资金。按照藏党发〔2017〕9号、藏委厅〔2017〕40号等文件规定执行。

（三）自治区科学技术奖励。按照评选程序，经自治区人民政府批准后，按照西藏自治区人民政府令第126号规定标准执行。

第二章 适用范围

第六条 资金支持的范围包括：

（一）在我区注册一年以上的从事生产经营、具有研发能力和独立法人资格的企业。

（二）承担我区科研任务的区内外科研院所、高等院校等事业单位。

（三）我区从事科研活动的其他单位。

（四）采用命题式研究方法，通过公开竞争方式确定的内地省（市）具有研发能力的企业。

（五）"双创"相关的科技创新项目。

（六）自治区科学技术奖励。

（七）自治区党委、政府确定的其他科技创新工作的承担单位。

第七条 专项资金支持农牧业、特色产业、生态环境、人口健康、公共安全、民生科技等领域，优先支持共性（关键）技术（产品）研发与产业化应用项目、自治区科学技术奖励、科技成果转化类项目、"双创"相关的科技创新项目以及自治区党委政府确定的重大（重要）科技项目。

对涉及我区社会经济领域发展的重大（重点）科技问题、基础前沿学科，可以采用命题式研究的方法，通过与内地省（市）科研院所、研究机构共同研究或公开竞争的方式进行。

第八条 专项资金支持方式：

以奖代补。我区企事业单位自主研发的科技项目，已取得重大关键技术突破和显著社会经济效益并获得国家和自治区相关部门认定的，可通过以奖代补方式进行支持。

贷款贴息。对通过银行贷款实施的能形成一定生产能力的科技成果转化项目，采取贷款贴息的方式进行支持。根据实际发生的利息给予补贴，补贴期限最长不超过2年，补贴金额不超过100万。

项目补助。对基础前沿科研项目、共性技术研发与产业化应用项目、科技成果转化类项目以及自治区党委政府确定的重大（重要）科技项目，科研院所、高等院校实施的成熟度高、经济效益好的应用技术研发项目，采取项目补助方式进行支持。

后补助。对科研开发和科技服务活动的单位取得成果，通过验收审查考核后，给予一定补助的财政资助方式。

第九条 专项资金不支持如下范围：

（一）引进区外较为成熟技术，且没有集成创新和显著（关键）突破或效益的。

（二）项目属于单位运转等日常公用经费或经常性项目支出的。

（三）与科学技术研究开发无关的。

（四）其他不属于专项资金支持范畴的。

第三章 申报及下达

第十条 申报流程

（一）科技计划专项资金申报、评审流程：

1. 自治区科学技术厅组织实施项目申报和评审。每年3月，由自治区科学技术厅围绕自治区经济社会发展工作重点拟定次年项目申报指南，明确专项资金支持方向和申报要求并发布信息。

2. 项目的申报按照属地原则，由项目承担单位向所在地（市）科学技术局申报，地（市）科学技术局汇总审核后上报至自治区科学技术厅；区直企事业单位由项目主管部门上报至自治区科学技术厅。自治区科学技术厅对项目进行初审后，列入项目库。

3. 对初审合格的企业类项目，由自治区科学技术厅委托第三方机构进行财务评估。

4. 对初审合格的（含企业类项目财务评估合格的）项目，自治区科学技术厅组织对项目及其预算进行评审，确定拟支持项目。

（二）"双创"相关的科技创新项目申报流程：按照藏党发〔2017〕9号、藏委厅〔2017〕40号等文件规定执行。

（三）自治区科学技术奖励，按照西藏自治区人民政府令第126号规定程序执行。

第十一条 对拟支持的项目，由自治区科学技术厅通过西藏自治区人民政府网和自治区科学技术厅门户网站向社会予以公示，公示期7个工作日。

第十二条 自治区财政厅将专项资金列入科技厅部门预算，由科技厅下达至项目主管部门、承担项目的下级预算单位、项目所在地（市）及承担项目的企业。

（一）以奖代补、贷款贴息类的项目，按规定全额拨付。

（二）项目补助类项目，由行政事业单位承担的，按项目实施周期分年度拨款；由企业承担的，预留项目财政补助经费的30%，待项目验收合格后予以拨付。

（三）后补助类项目，由自治区科技厅审核后，按规定全额拨付。

第四章 资金开支范围

第十三条 通过以奖代补方式进行支持的项目，奖补资金应当用于支持补助与科研活动相关的支出。

第十四条 通过贷款贴息方式进行支持的项目，支出应当符合财政、审计相关规定，不得用于与贷款利息无关的支出。

第十五条 通过项目补助方式进行支持的项目，其项目经费是指科技项目实施过程中发生的所有费用，包括直接费用和间接费用。

（一）直接费用是指在项目实施过程中发生的与之直接相关的费用。包括：

1. 设备费。指项目实施过程中购置或试制专用仪器设备，对现有仪器设备进行升级改造，以及租赁外单位仪器设备而发生的费用。应当严格控制设备购置，鼓励共享、试制、租赁专用仪器设备以及对现有仪器设备进行升级改造。科研仪器设备的采购和管理，按照自治区相关规定执行。

2. 材料费。指项目实施过程中消耗的各种原材料、辅助材料、低值易耗品以及采购及运输、装卸、整理等费用。

3. 测试化验加工费。指在项目实施过程中支付给外单位（包括承担单位内部独立经济核算单位）的检验、测试、化验及加工等费用。

4. 燃料动力费。指在项目实施过程中相关大型仪器设备、专用科学装置等运行发生的可以单独计量的水、电、气、燃料消耗费用等。

5. 差旅费/会议费/国际合作与交流费。指在项目实施过程中发生的会议费、差旅费和国际合作交流费。项目承担单位要参照国家及西藏自治区有关规定制定差旅费、会议费内部管理办法。项目实施过程中发生的三项支出之间可以调剂使用，但不得突破三项支出预算总额。在编制预算时，本科目支出预算不超过直接费用预算10%的，不需要编制测算依据。

6. 出版/文献/信息传播/知识产权事务费。指在项目实施过程中，需要支付的出版费、资料费、专用软件购买费、文献检索费、专业通信费、专利申请及其他知识产权事务等费用。

7. 劳务费。指在项目实施过程中支付给项目组成员中没有工资性收入的相关研发人员和项目组临时聘用人员等的劳务性费用。劳务费预算由项目承担单位参照当地科学研究和技术服务业人员平均工资水平确定开支标准，其社会保险补助可纳入劳务费科目列支。劳务费预算不设比例限制，由项目承担单位科研人员据实编制。

8. 专家咨询费。指在项目实施过程中支付给临时聘请的咨询专家的费用。专家咨询费不得支付给参与项目研究与管理的工作人员。专家咨询费的开支标准应按照国家及自治区相关规定执行。

9. 其他支出。指项目在实施过程中发生的除上述范围之外的其他支出，应在申请预算时单独列示，单独核定。

（二）间接费用是指用于补偿项目承担单位为项目实施所发生的间接成本和绩效支出，主要包括为项目研究提供的设备及房屋，水、电、气、暖消耗和有关管理费用的补助支出，以及激励科研人员的绩效支出等。

间接费用实行总额控制，按照不超过项目直接费用扣除设备购置费后的一定比例核定。具体比例参照中央科技项目有关规定执行。项目中有多个单位的，间接费用在总额范围内由项目承担单位与参与单位协商分配。

项目承担单位应建立健全间接费用的内部管理办法，合理合规使用间接费用，取消绩效支出比例限制，结合一线科研人员实际贡献安排绩效支出，体现科研人员价值，充分发挥绩效支出的激励作用。

第十六条 项目组织实施过程中，开展与实施科技计划专项相关的研究、论证、评审、评估、招标、公示、审计、监督检查、项目验收及绩效考评等管理性工作所需的计划管理费用，由自治区科学技术厅、财政厅根据国家和自治区相关规定，从专项资金中核定安排。

第五章 资金管理

第十七条 项目承担单位是项目预算执行和项目管理的责任主体，应严格执行国家及自治区有关财经法规和财务制度，切实履行法人责任，建立健全项目资金内部管理制度和报销规定，明确内部管理权限和审批程序，完善内控机制建设，强化资金使用绩效评价，确保资金使用安全规范有效。

第十八条 项目承担单位应建立信息公开制度，在单位内部公开项目预算、预算调剂、资金使用（重点是间接费用、外拨资金、结余资金使用）、大型仪器设备购置以及项目研究成果等情况，接受内部监督。

第十九条 赋予科研单位科研项目经费管理使用自主权。直接费用中除设备费外，其他科目费用调剂权全部下放给项目承担单位。项目承担单位应完善管理制度，及时为科研人员办理调剂手续。对于接受企业或其他社会组织委托取得的项目经费，纳入单位财务统一管理，由项目承担单位按照委托方要求或合同约定管理使用。

第二十条 项目承担单位应按照下达的预算执行。直接费用中材料费、测试化验加工费、燃料动力费、出版/文献/信息传播/知识产权事务费及其他支出预算如需调剂，在项目预算总额不变的前提下，由项目承担单位自行调剂，验收时向项目主管单位备案。

第二十一条 项目实施过程中，行政事业单位使用财政资金形成的固定资产属于国有资产，应按照《行政单位国有资产管理暂行办法》（财政部第35号令）、《事业单位国有资产管理暂行办法》（财政部第36号令）规定执行。企业取得专项资金的财务处理，按《企业财务通则》（财政部第41号令）规定执行。

项目承担单位使用财政资金形成的知识产权等无形资产的管理，按照国家有关规定执行。

使用财政资金形成的大型科学仪器设备、科学数据、自然科技资源等，按照规定开放共享。

第二十二条 项目因故撤销或终止（除不可抗因素外），项目承担单位财务部门应及时清理账目与资产，编制财务报告及资产清单，经项目主管单位组织清查处理后，报自治区科学技术厅确认，并向自治区财政厅申请收回结余资金（含处理已购物资、材料及仪器设备的变价收入）。

项目因故需延期的，应当由项目承担单位按原渠道提出延期申请，经自治区科学技术厅批复同意后方可继续执行；延期原则上只能申请一次，延期时间不得超过一年，超过时限的，按无故延期处理；无故延期的，应当收回项目结余资金，及时终止项目，并追扣前期已安排资金。

第二十三条 项目执行期间内，年度剩余资金可结转下一年度继续使用。项目完成任务目标并通过验收后，结余资金按规定留归项目承担单位使用，在 2 年内由项目承担单位统筹安排用于科研活动的直接支出；2 年后未使用完的，由自治区财政厅按规定收回。项目未一次性通过验收或承担单位信用评价差、存在风险隐患，结余资金按规定收回。

第六章 绩效管理

第二十四条 建立专项资金的绩效评价制度。各级科技主管部门、财政部门、项目主管部门、项目承担单位应当按照国家和自治区有关规定开展绩效评价工作。绩效评价结果作为项目和预算管理的重要依据。

第二十五条 建立绩效评价工作机制。各级科技主管部门、项目主管部门开展项目绩效自评，财政部门可组织实施再评价。自治区科学技术厅负责牵头建立专项资金的绩效评价制度。各级项目主管部门、项目承担单位应当按照国家和自治区有关规定开展绩效管理工作。绩效目标评审、绩效跟踪、绩效评价可委托第三方（机构或者专家）组织或参与实施。

第二十六条 加强绩效评价结果的应用。绩效评价结果应作为项目调整、后续支持的重要依据，以及相关研发、管理人员和项目承担单位、项目管理专业机构业绩考核的参考依据。对绩效评价优秀的，在后续项目支持、表彰奖励等工作中给予倾斜。要区分因科研不确定性未能完成项目目标和因科研态度不端导致项目失败，鼓励大胆创新，严惩弄虚作假。项目承担单位在评定职称、制定收入分配制度等工作中，应更加注重科研项目绩效评价结果，不得简单计算获得科研项目的数量和经费规模。

第二十七条 各单位应按照全过程预算绩效管理相关要求，履行以下职责：

（一）自治区科学技术厅制定专项资金绩效评价指标体系，组织实施项目绩效监管，开展年度绩效评价工作。

（二）自治区科学技术厅在编报专项资金年度预算时，同时编制预算绩效目标。

（三）项目主管单位指导、督促项目承担单位做好绩效目标申报、绩效中期检查及绩效自评价等工作。

（四）项目承担单位全程引入预算绩效管理，在项目申报、立项过程制定并调整绩效目标，在中期检查、验收等环节开展绩效自评价工作，并接受项目主管单位和自治区科学技术厅、财政厅的监督检查。

（五）自治区财政厅根据工作开展情况，可组织实施再评价。

第二十八条 绩效监督及评价结果运用。

对发现未按照要求开展绩效管理工作的项目承担单位，责令整改；未开展整改或整改不到位的，终止其项目承担资格，收回项目结余资金及前期已安排的经费，且 2 年内不得申报专项资金。

绩效评价结果不及格的项目，收回结余资金，且 2 年内不得申报专项资金。

第七章 附则

第二十九条 本办法由自治区财政厅、自治区科学技术厅负责解释。

第三十条 自治区哲学社会科学专项资金参照本办法执行。

第三十一条 本办法自发布之日起实施。《西藏自治区财政厅 西藏自治区科技厅关于印发〈西藏自治区应用技术研究与开发专项资金管理办法〉的通知》（藏财企字〔2014〕72 号）同时废止。

关于印发《西藏自治区科技计划项目管理办法》的通知

(藏科发〔2019〕132号)

各市(地)科技局、区直有关单位科技主管部门，科研院所、高等院校、企业：

为确保自治区科技计划的顺利实施，实现公正、科学、规范和高效管理，按照《国务院关于改进加强中央财政科研项目和资金管理的若干意见》(国发〔2014〕11号)、《国务院印发关于深化中央财政科技计划(专项、基金等)管理改革方案的通知》(国发〔2014〕64号)、《国务院关于优化科研管理提升科研绩效若干措施的通知》(国发〔2018〕25号)的要求，贯彻落实自治区科技创新大会和《关于加快实施创新驱动发展战略的若干意见》(藏党发〔2017〕19号)精神，特制订了《西藏自治区科技计划项目管理办法》。现予以印发，请遵照执行。

附件：西藏自治区科技计划项目管理办法

西藏自治区科学技术厅
2019年4月29日

西藏自治区科技计划项目管理办法

第一章 总则

第一条 为确保自治区科技计划的顺利实施，实现公正、科学、规范和高效管理，按照《国务院关于改进加强中央财政科研项目和资金管理的若干意见》(国发〔2014〕11号)、《国务院印发关于深化中央财政科技计划(专项、基金等)管理改革方案的通知》(国发〔2014〕64号)、《国务院关于优化科研管理提升科研绩效若干措施的通知》(国发〔2018〕25号)的要求，贯彻落实自治区科技创新大会和《关于加快实施创新驱动发展战略的若干意见》(藏党发〔2017〕19号)精神，结合实际，制定本办法。

第二条 本办法所称自治区科技计划是指根据全区科技、经济和社会发展需求而设立的、以财政资金支持实施的科学研究与技术创新活动。

自治区科技计划主要支持重大科技专项、重点研发及转化、技术创新引导、自然科学基金、基地与人才建设等。

第三条 自治区科技计划项目管理遵循职责规范、公开透明、科学高效、监管有力的原则，确保科技计划项目全过程管理的科学、规范。自治区科技计划项目管理包括申报、立项、实施、验收、成果管理、评价与监督等。

第四条 自治区科技计划项目资金的支出方式主要包括以奖代补、贷款贴息、项目补助、后补助等方式，实行"专账管理、专项核算、专款专用"。

第二章 组织管理

第五条 自治区科技计划项目管理中的责任主体包括：自治区科技厅、自治区财政厅，各市

（地）科技局、区直有关单位等项目主管部门，科研院所、高等院校、企业等项目承担单位和项目负责人。

第六条　自治区科技厅的主要职责是：开展科技发展战略趋势和政策研究，优化自治区科技计划总体布局；组织编制发布年度项目申报指南；组织开展科技计划项目立项、实施监督、过程管理、绩效评价、验收结题等工作。

第七条　自治区财政厅主要职责是：负责专项资金的统筹安排、预算管理。

第八条　项目主管部门的主要职责是：开展本地区、本单位项目的指导、审核、日常管理、监督检查等工作。

第九条　项目承担单位的主要职责是：提供项目实施的必要条件和服务保障；强化法人责任，加强项目管理；建立健全学术助理和财务助理制度，完善项目财务管理制度和绩效评价制度；及时报告项目执行中出现的重大事项；编报项目执行情况报告、信息报表、科技报告等；接受业务主管部门和上级管理部门的指导、检查、评估。

第十条　项目负责人的主要职责是：组织项目实施，执行项目研究任务；及时总结报送项目相关材料；及时向项目承担单位、项目主管部门报告项目实施中的重大事项；恪守科研诚信，自觉接受监督检查。

第三章　项目立项

第十一条　自治区科技厅根据国家、自治区科技创新发展战略部署，围绕自治区经济社会发展中的重大科技需求，在广泛征求科研院所、企业、地方和相关部门的意见基础上，组织编制年度项目申报指南并定期发布，鼓励符合条件的申报主体单独或联合申报项目。项目申报指南应明确申报程序、支持重点、申报条件和要求。指南发布日至项目受理截止日原则上不少于50天。

第十二条　项目主管部门组织指导本地区、本单位申报主体开展申报工作，申报主体应通过"西藏自治区科技计划项目管理系统"填报申报材料，经项目主管部门初审同意后向自治区科技厅出具推荐意见。

第十三条　自治区科技厅或由自治区科技厅委托的符合条件的专业管理机构，依据项目申报指南确定的申报程序、支持重点、申报条件和要求以及科技计划项目管理相关规定，对申报项目进行形式审查，形式审查结果反馈项目申报主体。

第十四条　通过形式审查的项目由自治区科技厅或委托的符合条件的专业管理机构，组织领域和行业专家、财务专家开展评审，评审采取会议、网络、函审等方式，评审重点为申报项目的必要性、创新性、可行性和预算合理性等。评审专家组提出的评审意见将作为项目立项的主要依据。评审专家组建议立项的项目，纳入自治区科技计划项目储备库。从受理项目申请日到反馈结果原则上不超过60个工作日。

第十五条　自治区科技厅根据评审专家组评审意见，综合考虑年度科技计划工作重点、年度预算安排等，将从项目储备库中择优筛选自治区年度科技计划拟立项项目，并向社会公示，公示期为7个工作日。对公示无异议的项目将列入自治区年度科技计划。

第十六条　项目承担单位应在自治区科技计划立项文件下达30天内与自治区科技厅签订项目任务书。逾期不签订的，作自动放弃处理，并纳入科研诚信记录。

第十七条　自治区科技计划项目实行网上申报、受理、评审、公示，实现"申报公开、过程受控、全程监督"；规范立项审查行为，加强项目查重和监督，避免一题多报或重复资助；建立评审档案管理制度，明示项目审批流程，实现立项过程"可申诉、可查询、可追溯"。

第四章　项目实施

第十八条　项目承担单位、项目负责人是项目实施的第一责任人，应按照任务书约定的项目研究计划和经费预算实施项目，确保完成项目目标任务和经费使用规范。

第十九条　项目实行年度报告和中期评估制度。项目承担单位按照年度报告要求上报执行情况。项目承担单位和项目负责人对年度报告真实性负责，项目主管部门应审核年度报告。项目执行期1年以上的，每年11月底前上报项目年度报告；项目执行不足3个月的可在下一年度一并报告。

中期评估由自治区科技厅或委托符合条件的专业管理机构组织专家开展。项目执行期2年以上（含2年）的，适时开展中期评估，中期评估可与年度报告同时开展。

年度报告和评估结果作为评价项目实施、经费使用情况的重要依据，自治区科技厅根据项目年度报告和评估结果给予继续实施、调整项目、终止项目、追回经费等处理意见，并将处理结果记入科研诚信记录。

第二十条　项目在实施中出现下列情况的，应及时调整或终止实施：

（一）项目承担单位、项目负责人发生变更的；

（二）目标任务、研究方向、执行进度需做重大调整的；

（三）经费使用调整超过项目承担单位可调整范畴的，自筹经费、实施条件不能落实的；

（四）技术引进、国内（际）合作等科研任务发生重大变故的；

（五）列入严重失信行为记录的项目承担单位和项目负责人；

（六）不可抗拒的因素或其他必须调整终止的事项。

第二十一条　需要调整或终止实施的项目，由项目承担单位或项目主管部门提出书面申请，报经自治区科技厅同意，必要时应组织专家评议提出调整或终止意见。自治区科技厅、自治区财政厅在项目监督检查、绩效评价中发现重大问题可直接调整或终止项目。

第二十二条　调整实施的项目由项目承担单位提出调整方案，经项目主管部门和自治区科技厅同意后实施。

终止实施的项目由项目承担单位和项目负责人编制项目终止总结报告（包括：已开展的研究工作、阶段性成果、项目终止原因、知识产权处置、经费使用情况、结余资金清退情况等内容）、由具有资质的第三方中介机构出具财务审计报告，项目终止总结报告、财务审计报告报自治区科技厅审核，并将上述材料上传至"西藏自治区科技计划项目管理系统"。

第五章　项目验收

第二十三条　项目承担单位应在执行期结束后3个月内提交项目验收材料，并在6个月内完成项目验收。

项目验收以任务书、总结报告（工作报告、技术报告、科技报告、佐证材料等）、项目经费决算报告（项目经费30万元及以上须由具有资质的第三方中介机构出具的财务审计报告）为依据。

第二十四条　项目验收由自治区科技厅或委托的符合条件的专业管理机构，组织专家组开展验收。项目验收严格依据任务书进行一次性综合绩效评价，不再分别开展财务验收和技术验收。验收可采取会议、网络、现场、函审等方式，并形成验收意见。项目承担单位验收完成后30日内将完整验收资料上传至"西藏自治区科技计划项目管理系统"。

第二十五条 项目执行期结束超过 6 个月无故未完成项目验收的，自治区科技厅将终止项目，并按照第二十二条执行，纳入科研诚信记录。

因故不能按期完成项目任务的，项目执行期满 3 个月前由项目承担单位提出延期申请，经自治区科技厅同意后延期执行；未同意延期的，按原定期限组织验收。项目延期时限不得超过 1 年，申请延期原则上不超过 1 次。

第二十六条 项目验收专家组一般由领域、行业专家和财务专家组成，项目验收专家组一般不少于 5 人，其中财务专家不少于 2 人。验收专家执行回避制度。

第二十七条 项目验收结论分为通过、结题、不通过。

（一）通过

按期完成项目任务书所规定的各项任务，经费使用合理，提供的验收资料齐全、数据真实，为通过验收。

（二）结题

因不可抗拒因素未完成项目任务书主要任务目标按照结题处理。

（三）不通过

验收项目存在下列情况之一，为不通过：

1. 未按任务书要求完成主要任务目标的；
2. 提供的验收资料、数据不翔实，材料、数据存在造假行为的；
3. 擅自修改任务书中的考核目标、研究内容、研究方向的；
4. 实施过程中出现重大问题，未及时反映作出说明的；
5. 经费使用违反相关规定，存在严重问题的。

第二十八条 项目目标或任务基本完成，但验收资料不全，验收结论争议较大或专家建议整改复验，项目承担单位应在 50 天内，补充验收材料并提出复验。复验原则上不超过 1 次。

第二十九条 不通过验收的项目承担单位和项目负责人记入科研诚信记录，项目负责人 2 年内不能申报自治区科技计划项目，不推荐国家科技计划项目。

第三十条 项目承担单位或项目负责人对研究内容有保密要求的，可向自治区科技厅提出申请，经审核确有必要保密的，按有关科技项目保密规定执行。

第三十一条 项目形成的研究成果，包括规程、标准、论文、专著、样品等资料，应标注"西藏自治区科技计划资助"字样及项目编号。

第三十二条 项目形成的知识产权归属、使用和转移，按照国家有关法律、法规和政策执行。依法取得知识产权的单位应当积极应用和有序推广项目成果，传播和普及科学知识，促进成果转化活动，并落实支持成果转化的科研人员激励政策。

第三十三条 通过自治区科技计划项目购置的大型科学仪器、装置（30 万元及以上）须纳入西藏大型科学仪器设备共享服务平台。

第六章 绩效评价

第三十四条 建立专项资金绩效评价制度。绩效评价工作由自治区科技厅或委托相关专业管理机构开展，项目承担单位应按要求开展绩效评价自查工作。绩效评价结果将作为项目承担单位后续申报科技计划项目的重要依据。绩效评价以相关制度规定、立项文件、项目任务书等为依据。

第三十五条 各单位应按照全过程预算绩效管理相关要求，履行以下职责：

自治区科技厅牵头制定专项资金绩效评价指标体系，组织实施项目绩效管理，开展年度绩效评价工作；在编报专项资金年度预算时，同时编制预算绩效目标；

项目主管部门指导、督促项目承担单位做好绩效目标申报、绩效中期检查及绩效自评价等工作；

项目承担单位全程引入预算绩效管理，在项目申报、立项过程，制定并调整绩效目标；在中期检查、验收等环节开展绩效自评价工作，并接受自治区科技厅、财政厅和项目主管部门的监督检查。

第三十六条 项目管理部门应切实运用好绩效评价结果，对未按照要求开展绩效管理工作的项目承担单位，责令整改；未开展整改或整改不到位的，终止其项目承担资格，收回项目结余资金及前期已安排的经费，且2年内不得申报自治区科技计划项目。

绩效评价结果不合格的项目，收回结余资金，项目负责人2年内不得申报自治区科技计划项目。

第七章 监督处置

第三十七条 建立自治区科技计划全过程监督机制，对项目管理和实施中指南编制、专家遴选、立项评审、过程管理、验收等工作中相关主体的行为规范、工作纪律、履职尽责情况等进行监督。

第三十八条 项目管理单位和项目承担单位应当建立健全内控制度和常态化的自查自纠机制，加强风险防控，强化管理人员、科研人员的责任意识、自律意识和科研诚信。

第三十九条 严格廉政纪律、财经纪律，对项目执行过程中存在的违规、违纪行为实行逐级问责和责任倒查。对有违规行为的项目管理部门、项目承担单位和项目负责人、项目组成员，予以约谈、通报批评、暂停项目拨款、追回已拨项目资金、终止项目执行、阶段性或永久性取消申报参与项目资格等处理；对有违规行为的委托专业管理机构、管理人员，予以约谈、责令限期改正、通报批评、解除委托协议、阶段性或永久性取消项目管理资格等处理；对有违规行为的评审评估专家，予以警告、通报批评、阶段性或永久性取消评审评估和申报参与项目资格等处理。处理结果以适当方式向社会公布，并纳入科研诚信记录。有违法、违纪情况的，将移交纪检部门和司法机关处理。

第八章 附则

第四十条 涉及资金使用、管理等事项按照《西藏自治区应用技术研究与开发专项资金管理办法》（藏财教〔2018〕76号）执行。

第四十一条 本办法自发布之日起实施，《西藏自治区科技计划项目管理暂行办法》（藏科发〔2008〕12号）同时废止。各计划类别可依据本办法制定实施细则。

第四十二条 本办法由自治区科技厅负责解释。

关于印发《西藏自治区科技计划科技报告管理暂行办法》的通知

各市（地）科技局、区直有关单位科技主管部门，科研院所、高等院校、企业：

为贯彻落实《中华人民共和国促进科技成果转化法》和《国务院办公厅转发科技部关于加快建立国家科技报告制度指导意见的通知》（国办发〔2014〕43号），按照《中央财政科技计划（专项、基金等）科技报告管理暂行办法》（国科发创〔2016〕419号）的相关要求，推动自治区科技计划科技报告的统一呈交、规范管理和共享使用，特制订了《西藏自治区科技计划科技报告管理暂行办法》。现予以印发，请遵照执行。

附件：西藏自治区科技计划科技报告管理暂行办法

西藏自治区科学技术厅
2019年4月29日

西藏自治区科技计划科技报告管理暂行办法

第一章 总则

第一条 为贯彻落实《中华人民共和国促进科技成果转化法》和《国务院办公厅转发科技部关于加快建立国家科技报告制度指导意见的通知》（国办发〔2014〕43号），按照《中央财政科技计划（专项、基金等）科技报告管理暂行办法》（国科发创〔2016〕419号）的相关要求，推动西藏自治区科技计划科技报告的统一呈交、规范管理和共享使用，制定本办法。

第二条 科技报告是描述科研活动过程、进展和结果，并按照规定格式编写的科技文献，是一种基础性、战略性科技资源，是国家或地区科技实力的重要体现。建立自治区科技报告制度，将科技报告纳入科研管理，进行科技知识的持续积累，有利于加强各级各类科技计划协调衔接、避免科技项目重复部署，有利于广大科研人员共享科研成果、提高科技投入效益，有利于社会公众了解科技进展、促进科技成果转化应用。

第三条 本办法适用于财政资金资助的自治区科技计划项目。涉密项目由项目管理部门按照国家有关保密规定进行管理。国有企事业单位、社会资金资助的科研项目可参照本办法呈交科技报告。

第二章 职责分工

第四条 自治区科技厅是全区科技报告工作的归口管理部门。

（一）负责全区科技报告工作的组织实施、协调管理和监督检查。

（二）对自治区级各有关部门、单位和各市（地）科技报告工作进行业务指导。

（三）研究制定相关政策措施，推进科技报告开放共享，负责全区科技报告制度宣传培训工作。

第五条 自治区科技厅委托自治区科技信息研究所作为科技报告管理机构，承担自治区科技报告管理具体工作，包括：

（一）负责科技报告的接收、保存和服务，开展科技报告的集中收藏、统一编码、加工处理和分类管理等日常工作。

（二）负责科技报告标准规范的制定；开展科技报告业务宣传培训工作。

（三）负责科技报告的审核，并出具科技报告收录证书。

（四）负责科技报告管理系统（呈交系统、审核系统、服务系统等）的建设和维护；与"西藏科技信息资源共享服务平台"有效对接，开展科技报告资源的共享服务。

（五）负责与国家科技报告管理工作的衔接，接受国家科技报告管理机构的业务指导。

第六条 自治区级各有关部门、单位和各市（地）的科技项目管理机构要高度重视科技报告工作，健全工作机制，

加强协调配合，抓好组织落实，积极推进科技报告的制度建设与管理工作。

（一）将科技报告工作纳入本部门、本地区科技计划（专项、基金等）的项目立项、过程管理、验收结题等管理程序。

（二）指导、督促项目承担单位撰写、呈交科技报告，组织开展本部门、本地区科技报告业务宣传培训工作。

（三）负责本部门、本地区主管项目的科技报告审查和呈交工作；将本部门、本地区各类科技计划产生的科技报告统一提交自治区科技报告管理机构。

第七条 项目承担单位应履行法人责任，建立科技报告工作机制，做好本单位的科技报告工作。

（一）将科技报告工作纳入本单位科研管理程序，指定专人负责，并提供必要的条件保障。

（二）组织科研人员撰写科技报告，督促项目负责人协调项目协作单位及时完成科技报告。

（三）对本单位拟呈交的科技报告进行审核，并及时向项目管理机构呈交。

第八条 项目负责人应根据项目合同或任务书要求按时保质完成科技报告，并对内容和数据的真实性负责。

科研人员应增强责任意识，将撰写合格的科技报告作为科研工作的重要组成部分。

第三章 报告类型与工作流程

第九条 科技报告类型包括：

（一）最终技术报告：项目技术总结报告。

（二）技术进展报告：项目年度进展报告及中期评估报告。

（三）专题技术报告：项目实施过程中产生的实验（试验）报告、调研报告、工程报告、测试报告、工作报告、评估报告等。

第十条 项目负责人、项目承担单位、项目管理机构、自治区科技信息研究所按以下流程进行科技报告和管理工作。

（一）在签订项目合同或任务书时，应根据项目的研究性质和资助强度，经签约各方共同审核，明确项目承担单位须呈交的科技报告类型、时间节点和最低数量等，作为项目的考核指标和验收结题的必要条件。

（二）项目负责人按照项目合同或计划任务书要求和《科技报告编写规则》（GB/T 7713.3—2014）、《科技报告编号规则》（GB/T 15416—2014）、《科技报告保密等级代码与标识》（GB/T 30534—2014）等相关标准规范，组织科研人员撰写科技报告，标注使用级别。

科技报告原则上标注"公开"。涉及技术诀窍及需要进行论文发表、专利申请、产业化等知识产权保护的科技报告可标注"延期公开"。延期公开时限最长为3年，超过3年或对原定延期公开时限进行延长的，须说明理由并报项目管理机构审核批准。

（三）项目承担单位按照相关标准对科技报告进行编号，开展科技报告的形式审查和内容审查，并通过指定渠道呈交。

（四）项目管理机构应在项目过程管理中同步检查科技报告完成情况。

（五）自治区科技信息研究所按照科技报告标准对收集的科技报告进行统一编码、分类编目、主题标引和全文保存，并定期对科技报告完成情况进行统计分析。

自治区科技信息研究所可针对已验收结题的科技项目开展科技报告的回溯工作。

第四章 开放共享与权益保护

第十一条 科技报告按照"分类管理、受控使用"的原则，通过"西藏自治区科技报告服务系统""西藏科技信息资源共享服务平台"等多种渠道向社会开放共享。标注"公开"和"延期公开"的科技报告，向社会公众提供摘要检索查询服务；标注"公开"的科技报告，向实名注册用户提供全文在线浏览和推送服务。

第十二条 科技报告用户应严格遵守知识产权管理的相关规定，在论文发表、专利申请、专著出版时注明参考引用的科技报告，确保科技报告完成人的合法权益。对科技报告使用中的学术抄袭、弄虚作假等科研不端行为，按照国家相关法律法规进行处理。

第十三条 自治区科技报告管理机构应建立科技报告、分级分类管理制度，严格执行科技报告的延期公开时限，实时跟踪科技报告的使用日志，统计科技报告共享使用情况。并积极开展科技报告资源的深度开发和增值利用，服务自治区科技项目立项查重和进展监控等工作。

第五章 保障措施

第十四条 项目承担单位应将科技报告撰写、呈交与管理所需费用统一纳入相应项目（或课题）的经费预算。

第十五条 科技项目在按时、按标准完成科技报告后，方能开展验收结题工作；科技报告的呈交及共享使用情况将作为对项目承担单位及项目负责人进行申报成果奖励和科技项目后续支持的重要依据。

第十六条 项目承担单位应将科技报告完成及共享使用情况作为对科研人员绩效考核、职称评定的重要依据，增强科研人员的责任感，提升科技报告的撰写能力和共享交流意识。

第六章 附则

第十七条 中央财政支持的科技项目（或课题）按照《中央财政科技计划（专项、基金等）科技报告管理暂行办法》（国科发创〔2016〕419号）执行。

第十八条 本办法自发布之日起施行。

第十九条 本办法由自治区科技厅负责解释。

关于印发《西藏自治区科技计划项目过程管理办法（试行）》的通知

（藏科发〔2019〕178号）

各市（地）科技局、区直有关单位科技主管部门，科研院所、高等院校、企业：

为规范专业机构开展科技计划项目过程管理，充分发挥专业管理机构职能优势，切实加强对科技计划项目的申报、立项、实施、验收、评价与监督等工作，保障科技计划项目的合理配置和有效利用，按照《中共西藏自治区委员会办公厅 西藏自治区人民政府办公厅关于印发〈西藏自治区科学技术厅职能配置、内设机构和人员编制规定〉》（藏委厅〔2019〕25号）、《西藏自治区应用技术研究与开发专项资金管理办法（藏财教〔2018〕76号）、《西藏自治区科技计划项目管理办法》（藏科发〔2019〕132号）文件要求，结合西藏实际，制定《西藏自治区科技计划项目过程管理办法（试行）》。现予以印发，请遵照执行。

自治区科学技术厅
2019年6月28日

西藏自治区科技计划项目过程管理办法（试行）

第一章 总则

第一条 为规范专业管理机构开展科技计划项目过程管理，充分发挥专业管理机构职能优势，切实加强对科技计划项目的申报、立项、实施、验收、评价与监督等工作，保障科技计划项目的合理配置和有效利用，按照《中共西藏自治区委员会办公厅 西藏自治区人民政府办公厅 关于印发》（藏委厅〔2019〕25号）、《西藏自治区应用技术研究与开发专项资金管理办法》（藏财教〔2018〕76号）、《西藏自治区科技计划项目管理办法》（藏科发〔2019〕132号）等要求，结合实际，制定本办法。

第二条 本办法所称科技计划项目过程管理是指自治区科学技术厅委托专业管理机构，对自治区科技计划项目进行受理、形式审查、评审、评估、验收、绩效评价等过程管理服务工作。

第三条 自治区科学技术厅负责专业管理机构的遴选和确定，并与专业管理机构签订委托协议，明确委托事项、委托职责、工作要求及工作经费，专业管理机构在受托范围内开展工作，接受自治区科学技术厅的指导、考核和监督检查。

第四条 专业管理机构主要职责包括建立健全受托过程管理事项的工作规范及流程；做好委托范围内的科技计划项目的受理、形式审查、评审、评估、验收、绩效评价等过程管理服务及项目档案管理等工作；及时向自治区科学技术厅报告项目过程管理中发生的重大问题；报送年度工作报告；完成自治区科学技术厅交办的其他事项。

第二章 受理立项

第五条 自治区科学技术厅根据国家、自治区科技创新发展战略部署，围绕自治区经济社会发展中的重大科技需求，编制发布科技计划项目申报指南，组织自治区科技计划项目申报工作，明确申报程序、支持重点、申报条件和要求。

第六条 专业管理机构负责受理科技计划项目申报，依据项目申报指南相关要求和科技计划项目管理规定，开展科技计划申报项目形式审查，形式审查结果报告报自治区科学技术厅审核确认后由专业管理机构反馈项目申报单位。

第七条 通过形式审查的项目由专业管理机构组织领域和行业专家、财务专家进行评审。专业管理机构应制定项目评审工作方案，明确评审组织形式、时间、地点、建议专家人选、项目清单、项目领域分组、工作程序等内容。项目评审工作方案报自治区科学技术厅审定。评审专家从"西藏自治区科技计划项目管理系统"专家库中遴选，并实行专家回避制度。评审专家组不少于5人，其中财务专家不少于2人，专家组组长由技术专家担任，副组长由一名技术专家和一名财务专家担任。在确定评审专家组名单后，因特殊情况需要变更专家组成员的，专业机构应及时提出更换专家人选，并报自治区科技厅审核确认。

第八条 项目评审可采取会议、网络、函审等方式。专业管理机构应提前准备评审材料、评审场所、设备等。评审材料应提前2天送达评审专家。评审重点为申报项目的必要性、创新性、可行性以及预算合理性等。评审专家组提出评审意见，评审意见作为项目立项的重要依据。

第九条 评审程序：

（一）会议、网络评审按照以下程序进行：

1. 专业管理机构工作人员介绍评审工作程序和专家组成员，宣读评审工作纪律；

2. 专家组成员推荐确定专家组组长、副组长；

3. 项目申报单位汇报项目及预算资金安排情况；

4. 质询答疑；

5. 技术专家和财务专家分别进行打分；

6. 专家组讨论，形成专家组意见。

（二）函审按照以下程序进行：

1. 专业管理机构将评审资料寄（送）或通过网络通信方式发送至评审专家，评审资料包括项目评审材料、评审意见撰写说明等。

2. 评审专家审查项目评审材料后，形成个人评审意见，寄（送）或通过网络通信方式发送至专业管理机构；

3. 专业管理机构汇总专家意见，按照评审专家三分之二以上（含三分之二）多数意见形成最终评审意见。

第十条 专业管理机构应指定专人如实记录评审过程。自治区科学技术厅可全程监督评审工作。

第十一条 专业管理机构根据专家评审结果，编报科技计划项目评审工作报告。评审工作报告内容包括评审组织情况、评审项目基本情况、评审结果等。评审工作报告报自治区科学技术厅。形式审查、专家评审不超过45天。

第十二条 专业管理机构将通过评审的项目纳入自治区科技计划项目储备库。自治区科学技术厅结合年度科技计划项目工作重点、年度预算安排等，从项目储备库中择优遴选自治区年度科技计划拟立项项目，向社会公示，公示期为7个工作日。公示无异议后，履行批准程序，下达项目立项通知。单位或个人对公示有异议的，由专业管理机构受理并提出处理建议报自治区科学技术厅。自治区科学技术厅根据专业管理机构处理建议、单位或个人举报材料等作出最终处理决定。

第十三条 项目承担单位依据项目立项通知填写"西藏自治区科技计划项目（课题）任务书"（以下简称：项目任务书），专业管理机构受理项目承担单位项目任务书，并依据项目立项通知对项目任务书进行审查，审查无误后报自治区科学技术厅审核签订。

第三章 项目实施

第十四条 项目负责人应按照项目任务书约定的研究计划和经费预算实施项目，及时总结报送项目相关材料。及时向项目承担单位、项目主管部门报告项目实施中的重大事项。恪守科研诚信，自觉接受监督检查。

第十五条 项目承担单位应强化法人责任，加强项目管理，提供项目实施的必要条件和服务保障，确保项目目标任务顺利完成和经费使用规范。要及时报告项目执行中出现的重大事项，编报项目执行情况、信息报表、科技报告等。接受业务主管部门和上级管理部门的指导、检查、评估。

第十六条 项目主管部门要加强对本地区、本单位项目的指导、审核、日常管理和监督检查等工作。

第十七条 专业管理机构要加强对项目承担单位项目实施和经费使用情况动态管理和监督评估。

第十八条 项目承担单位应按照编报年度报告要求，于每年11月底前报送科技计划项目年度报告，对项目执行期不足3个月的可在下一年度一并报告。年度报告由专业管理机构受理并进行审查，提出项目继续实施、调整、终止、追回经费等建议。专业管理机构每年12月底前完成年度报告审查工作，审查结果报自治区科学技术厅。

第十九条 执行期为3年及以上的项目应在实施中期由专业管理机构组织专家依据任务书开展评估。中期评估重点评价项目组织落实、任务执行、经费到位及使用等情况。评估采取现场评估方式。

第二十条 中期评估前由专业管理机构提出中期评估方案，明确评估方式、时间、地点、专家人选等。中期评估方案报自治区科学技术厅审定。

第二十一条 中期评估专家组人员从"西藏自治区科技计划项目管理系统"专家库中遴选，由领域、行业专家和财务专家组成，专家组成员不少于3人，其中领域、行业专家不少于2人，财务专家不少于1人，实行专家回避制度。在确定评估专家组名单后，因特殊情况需要变更专家组成员的，专业机构应及时提出更换专家人选，并报自治区科学技术厅审核确认。

第二十二条 专业管理机构应提前2天通知中期评估专家，提前7天通知项目承担单位，并提前准备项目材料、相关政策依据等资料，以备专家查阅。

第二十三条 评估程序：

（一）专业管理机构工作人员介绍评估工作程序和专家组成员情况，宣读评估工作纪律；

（二）专家组成员推荐确定专家组组长；

（三）项目负责人汇报项目执行情况；

（四）项目财务负责人汇报项目经费使用情况；

（五）查阅项目相关资料和财务资料，现场查看项目执行情况；

（六）专家组评估项目执行情况，形成评估意见；

第二十四条 项目现场评估专家意见等原始材料应由专家、项目负责人现场签字（盖章）确认。

第二十五条 专业管理机构应指定专人做好项目评估记录，妥善保存相关评估材料。自治区科学技术厅可全程监督项目中期评估工作。

第二十六条 专业管理机构应按照独立、客观、公正、专业的原则，以现场评估情况、专家意见和事实为依据，编报项目中期评估报告。报告内容包括评估组织情况、评估项目基本情况、项目执行情况、经费使用情况、现场评估专家意见、项目执行中存在的问题、调整建议、需要说明的其他事项及工作建议等报自治区科学技术厅。自治区科学技术厅根据专业管理机构中期评估报告中反应的问题作出处理决定。

第二十七条 项目实施中出现下列情况，影响项目正常实施的，项目承担单位或项目主管部门应提出书面申请，由专业管理机构受理。专业管理机构根据项目管理相关规定和项目实际情况提出处理建议，报自治区科学技术厅。必要时专业管理机构可组织专家评议提出调整或终止建议。自治区科学技术厅根据专业管理机构项目处理建议、项目承担单位申请等材料进行审核，作出处理决定：

（一）项目承担单位、项目负责人发生变更的；

（二）目标任务、研究方向、执行进度需做重大调整的；

（三）经费使用调整超过项目承担单位可调整范畴的，自筹经费、实施条件不能落实的；

（四）技术引进、国内（际）合作等科研任务发生重大变故的；

（五）列入严重失信行为记录的项目承担单位和项目负责人；

（六）不可抗拒的因素或其他必须调整终止的事项。

第二十八条 项目因故撤销或终止（除不可抗因素外），项目承担单位及时清理账目与资产，编制财务报告及资产清单，经项目主管单位组织清查处理后，报专业管理机构审查。专业管理机构提出处理建议报自治区科学技术厅作出处理决定，处理决定由专业管理机构反馈项目承担单位，并监督落实。

第二十九条 单位或个人对年度报告审查结果、中期评估报告处理结果、调整或终止处理决定有异议的，由专业管理机构受理并提出处理建议报自治区科学技术厅。自治区科学技术厅根据专业管理机构处理建议、单位或个人书面异议材料等作出最终处理决定。

第四章 项目验收

第三十条 专业管理机构在项目执行期结束后6个月内组织专家进行项目验收。项目验收以项目任务书、总结报告（工作报告、技术报告、科技报告、佐证材料等）、项目经费决算报告（项目经费30万元及以上须由具有资质的第三方中介机构出具的财务审计报告）为依据。

第三十一条 项目验收严格依据任务书进行一次性综合绩效评价（验收）。验收可采取会议、网络、现场、函验等形式，并形成验收意见。

第三十二条 专业管理机构应制定项目验收工作方案，明确验收组织形式、时间、地点、建议专家人选、项目清单、项目领域分组、工作程序等内容。项目验收工作方案报自治区科学技术厅审定。

第三十三条 验收专家从"西藏自治区科技计划项目管理系统"专家库中遴选，由领域、行业专家和财务专家组成，项目验收专家组不少于5人，其中财务专家不少于2人，专家组组长由技术专家担任，副组长由一名技术专家和一名财务专家担任。验收专家实行回避制度。在确定验收专家组名单后，因特殊情况需要变更专家组成员的，专业管理机构应及时提出更换专家人选，并报自治区科学技术厅审核确认。

第三十四条 专业管理机构在验收前应认真审查项目承担单位验收材料,编制验收项目清单、专家评分表、验收意见表等工作材料,并准备相关政策材料,以备专家查阅。验收材料应提前2天送达验收专家。

第三十五条 验收程序

(一)会议、网络验收按照以下程序进行:

1.专业管理机构工作人员介绍验收工作程序和专家组成员,宣读有关验收纪律要求;

2.专家组成员推荐确定专家组组长、副组长;

3.项目承担单位汇报项目执行情况;

4.质询答疑;

5.专家组讨论形成验收意见。

(二)现场验收按照以下程序进行:

1.专业管理机构工作人员介绍验收工作程序和专家组成员,宣读有关验收纪律要求;

2.专家组成员推荐确定专家组组长、副组长;

3.项目承担单位汇报项目执行情况;

4.专家组现场查看项目执行情况,查阅项目相关原始资料和财务资料;

5.专家组讨论形成验收意见。

(三)函验按照以下程序进行:

1.专业管理机构将验收资料寄(送)或通过网络通信方式发送至验收专家,验收资料包括项目验收材料、验收意见撰写说明等。

2.验收专家审查项目验收材料后,形成个人验收意见,寄(送)或通过网络通信方式发送至专业管理机构;

3.专业管理机构汇总专家意见,按照验收专家二分之一以上意见形成验收意见。

第三十六条 专家验收意见、专家人员名单、专家承诺书等验收资料,需专家现场签字确认。验收工作组应指定专人如实记录验收过程。自治区科学技术厅可全程监督验收工作。

第三十七条 专业管理机构应按照独立、客观、公正、专业的原则,以专家验收意见和事实为依据及时编报验收报告报自治区科学技术厅。验收情况报告包括:验收组织情况、验收项目基本情况、验收结果、需要说明的其他事项及工作建议等内容。

第三十八条 单位或个人对项目验收结果有异议的,由专业管理机构受理并提出处理建议报自治区科学技术厅。自治区科学技术厅根据专业管理机构处理建议、单位或个人书面异议材料等作出最终处理决定。

第五章 绩效评价

第三十九条 建立专项资金绩效评价制度。绩效评价工作由专业管理机构开展,项目承担单位应按要求开展绩效评价自查工作。绩效评价结果将作为项目承担单位后续申报科技计划项目的重要依据。绩效评价以相关制度规定、立项文件、项目任务书等为依据。

第四十条 专业管理机构适时组织专家依据相关制度规定、立项文件、项目任务书等开展绩效评价。绩效评价采取现场评价方式。

第四十一条 专业管理机构提出绩效评价方案,明确评价方式、时间、地点、建议专家人选等,并将绩效评价方案报自治区科学技术厅审定。

第四十二条 绩效评价专家组人员从"西藏自治区科技计划项目管理系统"专家库中遴选，由领域、行业专家和财务专家组成，专家组成员不少于3人，其中领域、行业专家不少于2人，财务专家不少于1人，实行专家回避制度。在确定绩效评价专家组名单后，因特殊情况需要变更专家组成员的，专业机构应及时提出更换专家人选，并报自治区科学技术厅审核确认。

第四十三条 专业管理机构应提前2天通知专家，提前7天通知项目承担单位。并提前准备项目材料、相关政策依据等资料，以备专家查阅。

第四十四条 绩效评价程序：

（一）专业管理机构工作人员介绍绩效评价工作程序和专家组成员情况，宣读绩效评价工作纪律；

（二）专家组成员推荐确定专家组组长；

（三）项目负责人汇报项目执行情况；

（四）项目财务负责人汇报项目经费使用情况；

（五）查阅项目相关资料和财务资料，现场查看项目执行情况；

（六）专家组评价项目执行情况，形成绩效评价意见。

第四十五条 项目现场评价专家意见等原始材料应由专家、项目负责人现场签字（盖章）确认。

第四十六条 专业管理机构应指定专人如实记录绩效评价过程，妥善保存相关绩效评价材料。自治区科学技术厅可全程监督绩效评价工作。

第四十七条 专业管理机构应按照独立、客观、公正、专业的原则，以绩效评价情况、专家意见和事实为依据，编报项目绩效评价情况报告。报告内容包括绩效评价组织情况、绩效评价项目基本情况、项目执行情况、经费使用情况、现场绩效评价专家意见、项目执行中存在的问题、需要说明的其他事项及工作建议等报自治区科学技术厅。自治区科学技术厅根据项目绩效评价情况报告和项目承担单位工作开展情况作出整改处理决定。

第四十八条 单位或个人对项目绩效评价结果有异议的，由专业管理机构受理并提出处理建议报自治区科学技术厅。自治区科学技术厅根据专业管理机构处理建议、单位或个人书面异议材料等作出最终处理决定。

第六章 档案管理

第四十九条 专业管理机构受托承担管理任务期间，负责项目的档案管理，建立档案管理制度，对项目管理进行全过程完整记录，确保项目档案管理完整、真实、准确、安全。纸质档案保存时限20年，电子档案永久保存。

第五十条 网络运维单位负责"西藏自治区科技计划项目管理系统"的运行与维护，配合专业管理机构做好科技计划项目电子档案的信息录入、收集、储存、整理等工作。

第五十一条 专业管理机构受托管理任务结束后应在6个月内将项目档案资料移交自治区科学技术厅指定的单位或部门。

第七章 专家条件

第五十二条 参与科技计划项目立项评审、中期评估、验收及绩效评价的专家应具备以下条件：

（一）掌握科技计划项目管理的基本原理、方法，熟悉科技计划项目立项评审、中期评估、验收及绩效评价等基本工作要求；

（二）熟悉有关科技、经济等方面的法律、法规和政策以及国家和自治区科技发展战略与态势；

（三）对科技计划项目所属领域有较丰富的理论知识和实践经验，熟知国内外技术发展现状。

（四）具有严谨的工作态度和良好的职业操守；

（五）财务专家应当具有财会相关资质；

（六）符合专家回避要求。

第八章 纪律监督

第五十三条 项目承担单位、项目负责人在项目实施、中期评估、验收、绩效评价过程中违反科研诚信管理有关规定的，由专业管理机构提出书面处理建议，报自治区科学技术厅审核，并纳入科研诚信记录。

第五十四条 项目过程管理中专业管理机构、评审评估专家、项目承担单位等相关人员应当严格遵守国家法律法规和廉政纪律，遵守国家和自治区相关科技计划项目管理规定。对违反法律法规和相关规定，在工作中存在弄虚作假、违反工作纪律、泄漏国家秘密、设租寻租、徇私舞弊、滥用职权等行为按照《西藏自治区科技计划项目管理办法》《西藏自治区应用技术研究与开发专项资金管理办法》《西藏自治区科技计划（专项、基金等）项目管理专业机构管理暂行办法》相关规定进行处理。有违纪、违法情况的，将移交纪检监察部门和司法机关处理。

第五十五条 专业管理机构违反相关管理规定，在管理工作中存在弄虚作假、管理混乱或发生重大事项未及时报告等影响管理工作正常开展的，对其提出整改意见并监督其整改。整改后仍未达到要求的，将终止委托协议。存在重大管理过失造成严重损失的，或存在泄漏国家秘密、设租寻租、徇私舞弊、滥用职权等行为造成恶劣影响的，将追究相关责任人责任，涉嫌违法的，移交司法机关处理。

第五十六条 项目过程管理组织活动接受上级管理部门、纪检监察部门及社会各界监督，对过程管理中反映的问题，应当及时核查和澄清，并妥善做好处理工作。

第九章 附则

第五十七条 本办法自颁布之日起执行。

第五十八条 本办法由自治区科学技术厅负责解释。

2019年7月2日

关于印发《西藏自治区企业研究开发费用加计扣除项目鉴定办法(暂行)》的通知

各地(市)科技局、财政局、税务局,各相关部门:

为规范研究开发费用税前加计扣除项目鉴定工作,落实好企业研究开发费用加计扣除优惠政策,鼓励企业开展研究开发活动,自治区科技厅、自治区财政厅、税务局制定了《西藏自治区企业研究开发费用加计扣除项目鉴定办法(暂行)》。现印发给你们,请遵照执行。

西藏自治区科学技术厅 西藏自治区财政厅
国家税务总局西藏自治区税务局
2020 年 4 月 16 日

西藏自治区企业研究开发费用加计扣除项目鉴定办法(暂行)

第一条 为贯彻落实《财政部 国家税务总局 科技部关于完善研究开发费用税前加计扣除政策的通知》(财税〔2015〕119 号)《科技部 财政部 国家税务总局关于进一步做好企业研发费用加计扣除政策落实工作的通知》(国科发政〔2017〕211 号)《财政部 国家税务总局 科技部关于提高研发费用税前加计扣除比例的通知》(财税〔2018〕99 号)等有关规定,结合我区实际,特制定本办法。

第二条 本办法适用于西藏自治区财务会计制度健全并能准确归集研究开发费用的居民企业(以下简称企业)。

第三条 企业研究开发费用加计扣除项目鉴定(以下简称研发项目鉴定)范围:税务机关对企业享受加计扣除优惠的研发项目有异议的,以及企业自愿申请鉴定的项目。承担省部级(含)以上科研项目的,以及以前年度已鉴定的跨年度研发项目,不再需要鉴定。

第四条 企业研发费用加计扣除项目的鉴定工作由科技管理部门牵头实施。

申请鉴定的项目中,单个项目研发金额在 100 万元(含)以下的,按属地原则提交所在地(市)科技管理部门进行鉴定;单个项目研发金额超过 100 万元的,由自治区科技厅进行鉴定。

第五条 地(市)科技管理部门收到鉴定材料后,应及时组织鉴定,因特殊原因不能对项目进行鉴定的,应填写《提请自治区科技厅鉴定申请表》(见附件 1),申请由自治区科技厅组织鉴定。

企业对地(市)科技管理部门鉴定意见存在异议的,可填写《提请自治区科技厅鉴定申请表》(见附件 1)申请自治区科技厅复核。自治区科技厅复核适用本办法第六、七条规定的鉴定内容和程序。自治区科技厅复核结论为最终鉴定意见。

第六条 研发费用加计扣除项目鉴定内容:

(一)企业是否属于以下不适用税前加计扣除政策的行业:

1.烟草制造业;

2. 住宿和餐饮业；

3. 批发和零售业；

4. 房地产；

5. 租赁和商务服务业；

6. 娱乐业；

7. 财政部和国家税务总局规定的其他行业。

（二）项目是否属于《财政部　国家税务总局　科技部关于完善研究开发费用税前加计扣除政策的通知》（财税〔2015〕119号）规定的研究开发活动。即项目应是为获得科学与技术新知识，创造性运用科学技术新知识，或实质性改进技术、产品（服务）、工艺而持续进行的具有明确目标的系统性活动。

（三）项目是否为以下不适用税前加计扣除政策的活动：

1. 企业产品（服务）的常规性升级；

2. 对某项科研成果的直接应用，如直接采用公开的新工艺、材料、装置、产品、服务或知识等；

3. 企业在商品化后为顾客提供的技术支持活动；

4. 对现存产品、服务、技术、材料或工艺流程进行的重复或简单改变；

5. 市场调查研究、效率调查或管理研究；

6. 作为工业（服务）流程环节或常规的质量控制、测试分析、维修维护；

7. 社会科学、艺术或人文学方面的研究。

（四）项目对本行业、地区的经济、社会发展和技术进步是否具有推动作用和取得成效。

（五）项目归集的研发费用是否合理。

第七条　研发费用加计扣除项目鉴定程序。

（一）转请鉴定或自愿申请鉴定。主管税务机关对企业享受加计扣除优惠的研发项目有异议的，出具《提请项目鉴定的函》，按第四条要求转请对应科技管理部门出具鉴定意见，科技管理部门应及时回复意见。企业亦可自愿向科技管理部门按第四条要求申请鉴定。

（二）提交资料。企业应当配合主管税务机关，向自治区或地（市）科技管理部门提交以下鉴定材料（一式五份）：

1.《西藏自治区企业研究开发费用税前加计扣除项目技术鉴定信息表》（见附件2，申请表中包括企业承诺内容）；

2. 项目研发报告（含立项目的，研究内容，核心技术，技术创新点，项目研发过程，项目实施进展，阶段成果，对本行业，地区的经济社会发展和技术进步具有的推动作用等内容），其中项目研发过程、阶段性成果、创新点需同时提交附件材料；

3. 自主、委托、合作研发项目计划书和企业有关部门关于自主、委托、合作研发项目立项的决议文件；

4. 自主、委托、合作研发专门机构或项目组的编制情况及研发人员名单；

5. 经国家有关部门登记的委托、合作研发项目的合同，与受托方无关联关系的说明；委托方与受托方存在关联关系的，委托方应提供受托方研发项目费用支出明细情况；

6. 研发项目《"研发支出"辅助账》《"研发支出"辅助账汇总表》；

7.《"研发支出"辅助账》《"研发支出"辅助账汇总表》及涉及的人员费用、材料、燃料、动力、仪器、设备、模具、专利、软件、设计、资料等各项目的详细清单及分配测算说明；

8.集中研发项目研发费决算表、集中研发项目费用分摊明细情况表和实际分享收益比例等资料；

9.科技管理部门要求提供的其他资料。

（三）专家选取及建立专家库。由自治区科技厅组织地（市）科技管理部门遴选具备高级职称，具有较高的专业知识水平和实践经验，熟悉相关领域发展状况的专家建立专家库。专家在鉴定过程中应恪守职业道德，坚持独立、客观、公正、科学的原则。

（四）组织鉴定。科技管理部门组织专家和有关部门进行鉴定。鉴定专家由负责鉴定的科技管理部门在其专家库中抽取，一般由5至7名技术、管理、财务专家组成，其中技术专家不少于3人。一般采取会议鉴定方式，根据项目鉴定需要，专家组可要求企业追加提供材料、答辩或现场考察。

（五）出具鉴定意见。专家组出具专家鉴定意见，负责鉴定的科技管理部门审核专家意见，出具《西藏自治区企业研究开发费用税前加计扣除项目鉴定意见书》（见附件3）并盖章。鉴定意见书一份由科技管理部门留存，一份由企业留存，一份与企业的鉴定资料封装后，转交主管税务机关。科技管理部门在收到主管税务机关转请鉴定的全部、有效材料后，应在30个工作日内完成鉴定工作并出具鉴定意见。对于企业自愿申请鉴定的项目，应在60日内完成鉴定。特殊情况，可适当延长鉴定时间。

第八条 申请鉴定项目的知识产权在鉴定中受到保护，参与鉴定人员应按照有关保护知识产权的规定和办法执行。

第九条 各地（市）科技管理部门在每年12月31日前向自治区科技厅提供本地（市）当年鉴定的项目详细清单。自治区科技厅不定期对地（市）鉴定情况进行抽查。

第十条 主管税务机关对企业享受加计扣除优惠的研发项目有异议转请对应科技管理部门鉴定的，专家咨询费由对应科技管理部门承担。企业自愿向科技管理部门申请鉴定的，专家咨询费由企业自行承担。

第十一条 本办法自发布之日施行。

第十二条 本办法由自治区科技厅负责解释。

附件1.提请自治区科技厅鉴定申请表（略）

附件2.西藏自治区企业研究开发费用税前加计扣除项目鉴定信息表（略）

附件3.西藏自治区企业研究开发费用税前加计扣除项目鉴定意见书（模板）（略）

附件4.企业研究开发费用加计扣除项目鉴定工作流程（略）

关于印发《关于深化自治区科技领域放管服改革优化创新服务环境的实施意见》的通知

(藏科发〔2020〕91号)

各有关单位：

为进一步深化我区科技体制及科技领域"放管服"改革，优化创新服务环境，按照党中央、国务院和自治区党委、政府关于深化科技体制及"放管服"改革、优化科技创新环境的部署要求，自治区科技领导小组办公室结合我区实际，起草形成了《关于深化自治区科技领域放管服改革优化创新服务环境的实施意见》，经自治区人民政府同意，现以自治区科技领导小组名义印发，请各有关单位遵照执行。

附件：《关于深化自治区科技领域放管服改革优化创新服务环境的实施意见》

西藏自治区科级领导小组办公室（代）
2020 年 4 月 24 日

附件

关于深化自治区科技领域放管服改革优化创新服务环境的实施意见

根据党中央、国务院和自治区党委、政府关于深化科技体制及"放管服"改革、优化科技创新环境的部署要求，为进一步深化我区科技体制改革，优化创新服务环境，深化科技领域"放管服"改革，充分调动科研人员、企业积极性，激发全社会创新活力，助推创新驱动发展战略，结合实际，提出如下实施意见。

一、总体要求

（一）指导思想。以习近平新时代中国特色社会主义思想为指导，坚决贯彻党的十九大和十九届二中、三中、四中全会和中央第六次西藏工作座谈会精神，深入贯彻落实习近平总书记治边稳藏重要论述，认真贯彻落实习近平总书记关于新时代科技创新重要论述，坚持问题导向、自标导向，聚焦科研人员和企业创新创业的痛点、难点、堵点，遵循创新发展规律、科技管理规律和人才成长规律，进一步发挥市场机制作用，着力破除制约创新驱动发展的体制机制瓶颈，赋予科研机构和科研人员更大的科研活动自主权，激发创新主体活力，提升创新体系效能，持续优化创新生态，为全区高质量发展提供有力支撑。

（二）基本原则。坚持简政放权，将具备下放条件的管理职能下放市（地）科技管理部门、科研院所、高等院校或专业管理机构承担，提高科研管理效能；坚持优化流程，全面梳理项目管理等政务服务环节，充分运用互联网和信息化发展成果，精简材料，压缩时限，减轻科研人员负担；坚持以人为本，调动科研人员积极性和创造性，强化激励机制，加大激励力度，激发创新创造活力。

通过两年努力，争取在我区科技领域全面推进"放管服"各项政策落实落地，打通政策执行中的"堵点"，增强科研人员改革的成就感和获得感。

二、改革项目形成机制

（三）精准征集技术需求。聚焦多数创新主体有技术需求、无研发能力，科技与经济结合不紧密，成果供给与产业需求不匹配等突出问题，全面开展技术需求征集工作。在需求征集基础上，科学分析，精准对接，精准立项，面向社会公开竞争择优遴选优势团队解决技术难题，逐步形成以市场为导向的自治区科技计划项目形成机制和创新支持体系。

（四）畅通需求征集途径。充分发挥科技管理信息平台在"放管服"改革中的载体作用，在"西藏自治区科技计划项目管理系统"中设置"需求征集"模块，常年受理和广泛征集各市（地）、各行业、各领域技术需求，推动自治区科技计划项目形成机制由征集项目向征集需求转变。

（五）创新需求征集方式。各市（地）科技管理部门、科研院所、高等院校、园区管委会、企业等是需求报送的主体。重点围绕各地特色产业、新型产业、企业发展实际凝练技术需求，或邀请专业机构、专家团队帮助设计技术需求，激发各类创新主体的创新积极性。各市（地）科技管理部门年度报送技术需求数量和质量，将作为自治区科技创新资源统筹布局的重要依据。

三、优化项目申报流程

（六）改革项目申报时限。在自治区科技厅门户网站、微信公众号定期发布自治区科技计划项目申报指南，通过西藏自治区科技计划项目管理系统常年受理项目申报，建立项目储备库，根据财政资金预算安排及执行进度，分批评审、立项、出库。

（七）拓宽项目申报渠道。自治区科技计划项目一律通过西藏自治区科技计划项目管理系统注册申报，企业由注册地所在市（地）科技管理部门逐级审核推荐。藏青工业园、拉萨高新区、拉萨经开区内的企业可由所在管委会直接推荐申报。

（八）放宽申报人员条件。除自治区科技重大专项外，其他各类自治区科技计划项目申报人员不受职称、学历限制，突出技术路线先进性和预期成果的应用价值判定，鼓励科研人员自由探索。项目申报人同期主持或参与项目数不超过3项，其中主持项目数不超过2项（同一计划类别同期只能主持1项）。基地与人才建设、科技创新战略研究（软科学）和科技创新券补贴项目不计入限项范围。

（九）整合精简项目材料。减少项目申报、评审、验收、绩效评价等环节需要提供的相关材料，实行项目全周期"信息一次填报、材料一次报送"制度。凡通过西藏自治区科技计划项目管理系统已提交的材料，不再要求重复提供，除项目计划任务书（合同书）、预算书外，不再要求提供纸质文本。联合申报项目的单位，采取承诺制，不要求合作单位在项目计划任务书（合同书）、预算书上盖章。

四、改革项目评审立项方式

（十）完善评审体系。自治区科技计划项目由自治区科技厅委托专业管理机构评审。自治区科技计划项目申请资金在30万元以下的以通讯评审为主，对申请资金30万元以上的项目以会议评审为主。根据自治区科技计划类别特点，制定科学合理的项目评分指标体系。既体现项目必要性、可行性、创新性的总体评价，又体现项目对自治区经济社会发展、产业技术进步、优势学科建设、创新能力提升的作用，促进评审工作公平公正。

（十一）下放管理权限。自治区科技厅主要负责管理重大、重点科技项目，自治区自然科学基金项目等其他一般科技项目管理职权下放市（地）科技管理部门或科研院所、高等院校科技管理部门。加快培育建设专业管理机构，委托开展项目受理、评审、立项、过程管理、验收、评价等具体事务性工作，逐步建立依托市（地）科技管理部门、科研院所、高等院校和专业管理机构评价项目新机制。

（十二）改革企业创新支持方式。在落实企业研发费用加计扣除和国家、自治区相关税收优惠政策基础上，对首次认定的高新技术企业和首次进入国家科技型中小企业备案数据库的科技型企业，从自治区应用技术研究与开发资金中给予最高一定配套奖补；对承担国家重点实验室和国家技术创新中心建设任务并在我区区域内实施的、承担国家重点研发计划等国家科技项目（课题）在我区区域内实施的企业，从自治区应用技术研究与开发资金中给予项目总经费一定比例的配套资金扶持，逐步扩大财政科技资金补助支持覆盖面，引导企业发挥创新主体作用。

五、精简项目管理验收环节

（十三）精减过程管理。对实施周期在3年以下的各类自治区科技计划项目以承担单位自我管理为主，一般不开展过程检查；对实施周期在3年及以上的项目应在实施中期由自治区科技厅委托专业管理机构组织专家依据任务书开展中期评估。

（十四）简化预算编制。合并会议费、差旅费、国际合作与交流费科目，由科研人员结合科研活动实际需要编制预算，并按规定统筹安排使用，其中不超过直接费用10%的，不需要提供预算测算依据。下放预算调剂权限，项目经费总额不变，直接费用中除设备费外，材料费、测试化验加工费、燃料动力费、差旅费/会议费/国际合作与交流费、出版/文献/信息传播/知识产权事务费、劳务费、专家咨询费及其他支出，由项目承担单位自行调剂，验收时向项目主管部门备案。

（十五）创新管理服务方式。项目承担单位要建立健全科研财务助理制度，为科研人员在项目预算编制和调剂、经费支出、财务决算和验收等方面提供专业化服务。项目层面聘用的财务助理，所需费用可通过劳务费安排解决；单位统一聘用的财务助理，所需费用可通过科研项目间接费用、单位日常运转经费等渠道安排解决。充分利用信息化手段，建立健全单位内部科研、财务部门和项目负责人共享的信息平台，提高科研管理效率和便利化程度。实行内部公开制度，主动公开项目预算、预算调剂、资金使用（重点是间接费用、外拨资金、结余资金使用）、科研成果等情况。

（十六）改革验收方式。合并财务验收和技术验收。由自治区科技厅委托专业管理机构严格依据任务书在项目实施期末进行一次性综合绩效评价，不再分别开展单独的财务验收和技术验收。项目资金30万元（含30万元）以上的自治区各类科技计划项目，项目承担单位自主选择具有资质的第三方中介机构进行专项财务审计；项目资金30万元以下的，项目承担单位须提供财务决算报告。

（十七）建立分类评价体系。实行以创新质量和贡献为导向的科技计划绩效分类评价。基础研究突出原创导向，以同行评议为主；社会公益性研究突出需求导向，以行业用户和社会评价为主；应用技术开发和成果转化评价突出企业主体、市场导向，以用户评价、第三方评价和市场绩效为主。

（十八）建立科研容错免责机制。建立自治区科技计划项目立项诚信承诺制度，加强科研资金廉政风险防范，强化科研失信行为监管。对已履行科研尽责义务，没有牟取非法利益，但因不可抗力或科研不确定性未能实现预期研究目标的项目承担单位和项目负责人予以减责或免责，且合理合规的已支出资金不予追缴。

六、扩大科研活动自主权

（十九）赋予科研人员更大技术路线决策权。自治区科技计划项目除负责人以外的参与人员、合作单位调整，审批权限下放到项目承担单位，报主管部门备案。项目负责人在研究方向不变和不降低研究指标的前提下，可自主调整研究方案和技术路线。

（二十）简化科研仪器设备采购流程。自治区科研院所、高等院校可自行采购科研仪器设备，自行选择科研仪器设备评审专家。科研仪器设备政府采购预算执行过程中，在政府采购预算总额不变的情况下，如采购需求发生变化，科研院所、高等院校可根据需要自行调整政府采购预算需求内容，同时报主管部门和财政部门备案。对科研院所、高等院校采购进口仪器设备实行备案制管理。要切实做好设备采购的监督管理，做到全程公开、透明、可追溯。落实进口科研教学设备免税政策。

（二十一）强化绩效支出管理。项目承担单位要依法依规使用间接费用，合理分摊间接成本和对科研人员激励的关系，建立绩效考核管理办法，取消绩效支出比例限制，加大对科研人员的激励力度。绩效支出安排要结合项目组成员的实际贡献，公开、公正地安排绩效支出，真正体现科研人员价值。

七、强化科技成果转化激励

（二十二）建立科技成果转化服务模式。自治区鼓励科研院所、高等院校与企业及其他组织采取联合建立研究开发平台、技术转移机构或者技术创新联盟等产学研合作方式，采取"定向研发、定向转化、定向服务"订单式研发和成果转化机制，共同开展研究开发、成果应用与推广、标准研究与制定等活动。

（二十三）鼓励科研人员参与科技成果转化。鼓励科研院所、高等院校与企业及其他组织开展科技人员交流，根据专业特点、行业领域技术发展需要，聘请企业及其他组织的科技人员兼职从事教学和科研工作，支持本单位的科研人员到企业及其他组织从事科技成果转化活动。科研人员在履行好岗位职责、完成本职工作的前提下，经所在单位同意，可以到企业和其他科研院所、高等院校、社会组织等兼职并取得合法报酬。

（二十四）推行技术股现金股组合激励机制，依照《西藏自治区实施〈中华人民共和国促进科技成果转化法〉办法》规定，职务科技成果转化后，由科技成果完成单位对完成、转化该项科技成果做出重要贡献的人员给予奖励和报酬。科技成果完成单位可以规定或者与科研人员约定奖励和报酬的方式、数额和时限。单位制定相关规定，应当充分听取本单位科技人员的意见，并在本单位公开相关规定。

科技成果完成单位未规定、也未与科技人员约定奖励和报酬的方式和数额的，按照下列标准对完成、转化职务科技成果做出重要贡献的人员给予奖励和报酬：将该项职务科技成果转让、许可给他人实施的，从该项科技成果转让净收入或者许可净收入中提取不低于百分之七十的比例；利用该项职务科技成果作价投资的，从该项科技成果形成的股份或者出资比例中提取不低于百分之七十的比例；将该项职务科技成果自行实施或者与他人合作实施的，应当在实施转化成功投产后连续五年，每年从实施该项科技成果的营业利润中提取不低于百分之七的比例。

利用财政资金设立的研究开发机构、高等院校规定或者与科技人员约定奖励和报酬的方式和数额应当符合有关规定。

国有企业、事业单位依照《西藏自治区实施〈中华人民共和国促进科技成果转化法〉办法》规定对完成、转化职务科技成果做出重要贡献的人员给予奖励和报酬的支出计入当年本单位工资总额，但不受当年本单位工资总额限制、不纳入本单位工资总额基数。

八、优化创新服务环境

（二十五）优化科技计划体系。坚持围绕产业链部署创新链、完善资金链，以整合资源、聚焦重点、高效管理、提升效益为目标，完善自治区科技计划体系，在自治区科技重大专项计划中设立区域科技创新发展专项，每年共同攻关各市（地）1~2项制约经济社会发展的技术瓶颈，解决我区区域科技创新发展不平衡、不充分的问题。突出自治区本级财政科技资金配置市场导向和企业创新主体地位，建立基于绩效评价的科技资源配置动态调整机制。

（二十六）强化科研诚信建设。推进科研活动全流程诚信管理，在自治区科技计划项目、科研经费使用、科技奖励等工作中推行科研诚信承诺制度，对科研不端行为零容忍，完善调查核实、公开公示、惩戒处理等制度。建设完备的失信行为记录信息系统，对严重失信行为责任主体实行"一票否决"，在一定期限、一定范围内禁止其获得政府奖励和申报自治区科技计划项目等。推进科研信用与其他社会领域诚信信息共享，实施联合惩戒。

（二十七）建立优秀创新团队和领军人才稳定支持机制。依托自治区各类科技计划，加大对优秀科技创新团队及领军人才的培养与支持力度。对公益性、基础性、长期性研发任务，可采取定向委托方式，支持优秀科技创新团队或领军人才承担实施，每年进行绩效评价，根据绩效评价结果决定是否继续支持，并记入科研人员诚信档案。

（二十八）全面推行创新券制度。落实自治区科技创新券支持政策，建立科技服务机构名录，开展创新券兑付与申领工作，支持各类创新主体应用科技创新券开展检验检测、实验分析、科技咨询、科技成果评价、知识产权法律服务等活动，激发全社会创新活力。

九、保障措施

（二十九）加强政策宣传。各级科技管理部门建立与科研院所、高等院校、企业、园区等各类主体的协同联动机制，因地制宜，采取多种方式，加强科技创新政策宣传。探索通过政府购买服务方式，委托专业机构每年定期到市（地）、科研院所、高等院校、园区开展政策宣传解读，提高政策知晓度和覆盖率，提升创新服务水平。

（三十）转变工作作风。各级科技管理部门要进一步转变工作作风，增强服务意识，把推进"放管服"改革与落实工作质量提升相关要求紧密结合，主动到科研院所、高等院校、园区、企业等了解创新需求，帮助科技人员解决实际问题，营造尊重科学、尊重人才的良好环境。

各市（地）科技管理部门、科研院所、高等院校、园区管委会等要充分认识推进"放管服"改革，优化创新环境的重要意义，把推进科技领域"放管服"改革作为深入实施创新驱动发展战略的重要任务，全面履行主体责任，细化工作举措，完善内控制度，突破难点瓶颈，确保各项改革措施落地见效。

西藏科技厅关于进一步明确自治区财政科研项目经费中绩效支出有关事项的通知

各市（地）科技局，科研院所，高等院校，相关单位：

为进一步激发科技创新活力，提高科研人员的积极性、创造性，国家、自治区先后制定出台一系列政策文件，在赋予科研单位和科研人员自主权等方面取得了显著成效。根据《关于进一步完善中央财政科研项目资金管理等政策的若干意见》（中办发〔2016〕50号）《关于完善和落实自治区财政科研项目资金管理等措施的实施意见》（藏党办发〔2017〕11号）《西藏自治区应用技术研究与开发专项资金管理办法》（藏财教〔2018〕76号）《西藏自治区科技计划项目管理办法》（藏科发〔2019〕132号）和《关于深化自治区科技领域放管服改革优化创新服务环境的实施意见》（藏科发〔2020〕91号）等文件要求，为确保政策落到实处，现就自治区财政科研项目中绩效支出有关事项进一步明确如下。

一、科研项目绩效支出的经费来源

设立的间接费用，主要用于补偿项目承担单位为项目实施所发生的间接成本和绩效支出。间接费用实行总额控制，按照不超过项目直接费用扣除设备购置费的一定比例核定，其中：500万元以下的部分为20%，500万元至1000万元的部分为15%，1000万元以上的部分为13%。同时，取消科研项目绩效支出比例限制。

二、有效发挥科研项目绩效支出的激励作用

项目承担单位要建立绩效考核管理办法，依法依规使用间接费用，处理好合理分摊间接成本和对科研人员激励的关系，绩效支出安排要结合项目组成员的实际贡献，公开、公正地安排绩效支出，真正体现科研人员价值。项目承担单位要建立健全间接费用的内部管理办法，合理合规使用间接费用，结合一线科研人员实际贡献安排绩效支出，体现科研人员价值，充分发挥绩效支出的激励作用。

三、规范科研项目绩效支出的管理

项目承担单位是科研项目实施的和科研经费管理使用的责任主体，要认真落实国家和自治区有关政策规定，按照权责一致的要求，强化自我约束和自我规范，确保接得住、管得好。赋予科研单位科研项目经费管理使用自主权。明确内部管理权限和审批程序，制定内部管理办法，落实项目预算调剂。加强预算审核把关，规范财务支出行为，完善内部风险防控机制，强化资金使用绩效评价。所有项目承担单位都要在当年制定或修订科研项目资金内部管理办法和报销规定。项目承担单位应建立信息公开制度，在单位内部公开项目预算、预算调剂、资金使用（重点是间接费用、外拨资金、结余资金使用）、大型仪器设备购置以及项目研究成果等情况，接受内部监督。

四、加强科研项目绩效支出的监督检查

自治区财政厅、科技厅将适时组织开展对项目承担单位科研项目资金等管理权限落实、内部

管理办法制定、创新服务方式、内控机制建设、相关事项内部公开等情况的督查,对督查情况以适当方式进行通报,并将督查结果纳入科研诚信管理,与间接费用核定、结余资金留用等挂钩。审计机关将依法开展对政策措施落实情况和财政资金的审计监督。项目主管部门要督促指导所属事业单位完善内部管理,确保相关政策规定落到实处。

自治区科技厅将各单位贯彻落实国家、自治区财政科研项目中绩效支出作为今年重点监督事项,请于 7 月 30 日前,将落实情况报自治区科技厅规划与监督处。

西藏自治区科学技术厅
2020 年 7 月 8 日

关于印发《西藏自治区科技计划项目综合绩效评价工作规范（试行）》的通知

各项目承担单位：

为规范科技计划项目综合绩效评价，结合我区科技计划项目管理实际，特制定《西藏自治区科技计划项目综合绩效评价工作规范（试行）》，现予以印发，请遵照执行。

附件：《西藏自治区科技计划项目综合绩效评价工作规范（试行）》

西藏自治区科学技术厅

2020年7月15日

附件

西藏自治区科技计划项目综合绩效评价工作规范（试行）

为贯彻落实《关于深化项目评审、人才评价、机构评估改革意见》（中办发〔2018〕37号）《国务院关于优化科研管理提升科研绩效若实施的通知》（国发〔2018〕25号）《国家重点研发计划项目综合绩效评价工作规范（试行）》（国科办资〔2018〕107号）等文件精神，按照《西藏自治区预算绩效评价指标体系框架》（藏财预〔2018〕174号）《西藏自治区应用技术研究与开发专项资金管理办法》（藏财教〔2018〕76号）《西藏自治区科技计划项目管理办法》（藏科发〔2019〕132号）《关于深化自治区科技领域放管服改革 优化创新服务环境的实施意见》（藏科发〔2020〕91号）等文件规定，自治区科技厅或委托相关专业管理机构，在自治区科技计划项目（以下简称"项目"）执行期满后，进行一次性综合绩效评价，不再分别开展单独的财务验收和技术验收。为做好此项工作，特制定本工作规范。

一、总体要求

（一）项目执行期满后，专业管理机构应在项目执行期结束后6个月内组织专家依据相关制度规定、立项文件、项目任务书等，围绕项目执行情况、专项资金使用情况等方面开展项目综合绩效评价。其中，项目执行情况主要评价项目目标和考核指标的完成情况、成果效益、人才培养和组织管理等；专项资金使用情况主要评价承担单位项目资金拨付及自筹资金到位、预算执行、科研专项资金管理制度执行情况和专项资金开支合规性等。对于项目下设有课题的，由项目承担单位按照本规范的要求自行组织开展课题综合绩效评价。

（二）项目承担单位和参与单位对本单位科研成果管理负主体责任，要对本单位科研人员的成果开展真实性审查，按照分类分级管理的原则，对科研档案的完整性、准确性、系统性进行审查；项目承担单位和项目负责人，要对本项目的相关成果进行审核把关，检查科技报告完成情况和科技成果填报情况，不得把项目任务之外成果，纳入综合绩效评价材料。

（三）项目综合绩效评价实行绩效分类评价，突出代表性成果和项目实施效果评价，不将"人才项目""头衔""帽子""论文数量""获得奖励"等作为硬性评价指标。

——基础研究与应用基础研究类项目重点评价新发现新原理新方法新规律的重大原创性和科学价值、解决国家及自治区经济社会发展和重大需求中关键科学问题的效能、支撑技术和产品开发的效果、代表性论文等科研成果的质量和水平，以同行评议为主。

——技术和产品开发类项目重点评价新技术、新方法、新产品、关键部件等的创新性、成熟度、稳定性、可靠性，突出成果转化应用情况及其在解决经济社会发展关键问题、支撑引领行业产业发展中发挥的作用。

——应用示范类项目绩效评价以规模化应用、行业类推广为导向，重点评价集成性、先进性、经济适用性、辐射带动作用及产生的经济社会效益，更多采取应用推广相关方评价和市场评价方式。

——软科学类项目绩效评价以学术价值、社会价值、经济价值、生态价值为导向，重点评价学术水平、创新性、人才培养、应用效益、被实际工作采纳和应用情况等方面。

——基地建设类项目以目标完成情况、效益完成情况（经济、社会、生态）、组织管理情况、财务管理情况、资产配置与使用情况（使用性、完好性、管理制度的完备性和执行的有效性）、可持续发展能力等方面作为绩效评价的个性化指标。

——人才类项目将科技人才划分为基础研究与应用基础类科技人才、技术研发与应用类科技人才，将创新知识、创新能力、创新技能、影响力、创新动力、管理能力等作为绩效评价指标。

——关键核心技术攻关项目，进一步发挥需求方、用户、产业界等的重要作用，需求方、用户、产业界代表应直接参与综合绩效评价工作，充分发表意见，并将需求方和用户对项目完成情况的评价意见，以及对项目成果的推广应用意见，作为绩效评价的核心指标。

——目标导向类项目可在结束后3年内进行绩效跟踪评价，重点关注项目成果转化、应用推广以及产生的经济社会效益。

（四）因故不能按期完成项目任务的，项目执行期结束前3个月由项目承担单位提出延期申请，由专业管理机构受理，提出建议报自治区科技厅同意后延期执行；未同意延期的，按原定期限组织综合绩效评价。项目延期时限不得超过1年，申请延期原则上不超过1次。项目结束后，不提交自评价材料，且未提交延期申请或说明的，按绩效评价不通过处理。

二、项目综合绩效评价流程

（一）综合绩效评价材料

项目承担单位和负责人应认真编制项目综合绩效自评价报告（格式见附1），财政支持专项资金30万元（含30万元）以上的项目，须由具有资质的第三方中介机构出具的财务审计报告，审计费用应在双方协商、公允透明、经济合理的原则下确定，可从项目专项资金列支。

项目承担单位和项目负责人应在项目执行期结束后3个月内完成项目综合绩效评价材料准备工作，通过西藏自治区科技计划项目管理系统（http://xmsb.tibetsti.cn）向专业管理机构提交如下材料。

1.项目综合绩效自评价报告。

2.项目所有下设课题相关绩效评价材料及绩效评价意见。

3.项目实施过程中形成的知识产权和技术标准情况，包括专利、商标、著作等知识产权的取得、使用、管理、保护等情况，国际标准、国家标准、行业标准等研制完成情况。项目形成的研究成果，包括规程、标准、论文、专著、样品等资料，应标注"西藏自治区科技计划资助"字样及项目编号。

4. 与项目任务相关的第三方检测报告或用户使用报告。

5. 成果管理和保密情况，说明研究过程中公开发表论文和宣传报道、对外合作交流、接受外方资助等情况；保密项目和拟对成果定密的非保密项目还需说明成果定密的密级和保密期限建议、研究过程中保密规定执行情况等。

6. 任务书中约定应呈交的科技报告。

7. 科技资源汇交凭证。根据《国务院办公厅关于印发科学数据管理办法的通知》要求和指南规定需要汇交的数据，应提交由有关方面认可的第三方科技服务机构出具的汇交凭证；对于项目实施过程中形成的科技文献、科学数据、具有宣传与保存价值的影视资料、照片图表、购置使用的大型科学仪器设备、实验生物等各类科技资源，应提出明确的处置、归属、保存、开放共享等方案。通过自治区科技计划项目购置的大型科学仪器、装置设备（30万元及以上）须纳入西藏大型科学仪器设备共享服务平台。

8. 项目（课题）专项资金审计报告和其他相关补充说明材料等。

（二）评前审查

专业管理机构在收到项目综合绩效评价材料后1个月内组织开展评前审查。

审查内容包括：

（1）资料的完整性、合规性。

（2）审核专项资金审计报告反映的问题是否准确、客观、全面。

（3）对综合绩效材料存在的问题提出整改意见，要求项目承担单位于15个工作日内提交整改材料，如未按时提交整改材料，且无正当理由的，按综合绩效评价不通过认定。

（三）专家评议

1. 按照科研项目绩效分类评价要求，根据不同项目类型，组织项目综合绩效评价专家组，采用同行评议、第三方评估和测试、用户评价等方式开展综合绩效评价工作，如有需要可现场核查。对于具有创新链上下游关系或关联性较强的相关项目，应有整体设计，强化对一体化实施绩效的考核。

为便于有关部门及时掌握自治区科技计划项目实施成效、推动后续成果的转化应用，项目综合绩效评价时可以邀请自治区科技厅业务处室和有关部门、市（地）参加。

2. 项目综合绩效评价专家组人员从"西藏自治区科技计划项目管理系统"专家库中遴选，由技术专家和财务专家组成，综合绩效评价专家组成员不少于5人，其中财务专家不少于2人，实行专家回避制度。在确定项目综合绩效评价专家组名单后，因特殊情况需要变更专家组成员的，专业管理机构应及时提出更换专家人选，并报自治区科技厅审核确认。

3. 开展项目综合绩效评价时，专家组在审阅资料、听取汇报和质询答疑等基础上，结合项目年度、中期执行情况等信息，进行审核评议。

在项目执行方面，根据科研项目绩效分类评价的要求，重点对项目目标和考核指标完成情况、研究成果的水平及创新性、成果示范推广及应用前景、项目组织管理和内部协作配合、人才培养等情况进行评价。技术专家填写专家个人技术评议打分表（格式见附2）。

在专项资金使用方面，重点对资金到位与拨付情况、会计核算与资金使用情况、预算执行与调整等情况进行评议，在此基础上确定项目（课题）专项资金结余，并由财务专家填写专家个人资金评议打分表（格式见附3）。

4.项目综合绩效评价结论分为通过、结题和不通过三类。对于通过综合绩效评价的项目，绩效等级分为优秀、合格两档。专家组出具项目综合绩效评价专家组意见表（格式见附4）。

（1）按期完成项目任务书所规定的各项任务，专项资金使用合理，提供的验收资料齐全、数据真实，为通过。对于通过综合绩效评价的项目，专业管理机构根据综合绩效评价情况，每年在得分90分以上的项目中确定不超过15%的项目为优秀等级，并在下一年度自治区重点科技计划项目中给予项目团队优先考虑。

（2）因不可抗拒因素未完成项目任务书主要任务目标按照结题处理。

（3）因非不可抗拒因素未完成项目任务书要求主要任务目标的；未按任务书要求完成主要任务目标的；提供的验收材料、数据不翔实，存在抄袭、剽窃和材料、数据造假行为的；擅自修改任务书中的考核目标、研究内容、研究方向的；实施过程中出现重大问题，未及时反映作出说明的；专项资金使用违反相关规定，存在严重问题的，为不通过。

（4）项目目标或任务基本完成，但综合绩效评价结论争议较大或专家建议整改复验，项目承担单位应在50天内，补充综合绩效评价材料并提出复验，复验原则上不超过1次。由专业管理机构受理并提出处理建议报自治区科技厅，自治区科技厅根据专业管理机构处理建议、单位或个人书面异议材料等作出最终处理决定。

（四）综合绩效评价结论下达及其他事宜

1.专业管理机构根据项目综合绩效评价情况，形成项目综合绩效评价结论。综合绩效评价工作结束后1个月内，专业管理机构应将项目综合绩效评价结论（格式见附5）通知项目承担单位，并抄报自治区科技厅和项目承担单位的主管部门。项目综合绩效评价结论及成果除有保密要求外，应及时向社会公示。

2.存在下列情况之一的，项目结余专项资金由专业管理机构提出建议，自治区科技厅原渠道收回：

（1）项目综合绩效评价结论为结题或未通过的。

（2）项目资金评议得分为80分（不含80分）以下的。

（3）项目承担单位科研诚信评价差的。

（4）复验项目。

3.对于需上交的项目资金结余，项目承担单位应及时汇总结余资金，并在收到项目综合绩效评价结论后1个月内，按照原渠道退回结余专项资金。

4.综合绩效评价为通过且项目专项资金评议得分为80分及以上的，结余专项资金按规定留归项目承担单位使用，在2年内（自综合绩效评价结论下达后次年的1月1日起计算）由项目承担单位统筹安排用于科研活动的直接支出；2年后未使用完成的，将按原渠道收回。

5.专业管理机构应按照独立、客观、公正、专业的原则，以绩效评价情况、专家意见和事实为依据，编写年度项目综合绩效评价情况报告，并报自治区科技厅审核确认。报告内容包括年度综合绩效评价组织情况、综合绩效评价项目基本情况、项目执行情况、经费使用情况、现场绩效评价专家意见、项目执行中存在的问题、需要说明的其他事项及工作建议等。

6.项目承担单位或项目负责人对研究内容有保密要求的，可向专业管理机构提出申请，自治区科技厅审核确认后，按有关科技项目保密规定执行。专业管理机构在项目管理中，严格遵守《中华人民共和国保守国家秘密法》《科学技术保密规定》等国家、自治区保密法律法规，负责所承担管理项目的保密工作。

三、责任与监督

（一）自治区科技厅将采取随机抽查等方式对项目综合绩效评价工作进行督促检查。项目承担单位和专业管理机构负责对受其管理或委托的项目相关责任主体的严重失信行为进行记录，并报送自治区科技厅进行管理和结果应用。

（二）项目综合绩效评价不通过的，项目承担单位、参与单位或个人涉及科研诚信问题的，依照相关规定纳入科研诚信记录，项目负责人2年内不能申报自治区科技计划项目，不推荐国家科技计划项目。

（三）自治区科技计划项目承担单位和参与单位有违规行为的，应视情节轻重，采取责令限期整改、约谈、警告、通报批评、暂停相关科技计划执行和财政性专项资金拨款、终止相关科技计划执行并追回已拨财政专项资金等处理措施。相关科技计划实施单位在整改期间，不得参与申请新的财政性专项资金支持科技计划。对于整改后仍不符合要求、拒绝整改或虚假整改，取消其2年以内自治区科技计划项目承担或参与资格；情节严重的，取消2年以上直至永久；同时追究单位直接负责的主管人员和其他直接责任人员责任，取消其一定期限管理有关财政性专项资金支持的科技计划资格，具体年限与被处理单位保持一致。

（四）自治区科技厅对专项资金审计报告和第三方评估测试或评价报告进行抽查监督评估，相关结果将作为对相关责任主体进行信用记录的重要依据。第三方科技服务机构有违规行为的，应视情节轻重，采取责令限期整改、约谈、警告、通报批评等处理措施。第三方科技服务机构在整改期间，不得承担新的财政专项资金支持科技计划服务工作。对于整改后仍不符合要求、拒绝整改或虚假整改的，取消其2年以内自治区科技计划项目服务资格；情节严重的，取消2年以上直至永久；同时，将违规行为处理情况通报相关主管部门或行业协会。

（五）专业管理机构是实施项目综合绩效评价的主体，对综合绩效评价结果负责。在综合绩效评价各环节出现审核疏漏、违反规则，以及滥用职权、玩忽职守、徇私舞弊等违法违纪行为的，一经查实，按照《中华人民共和国监察法》、《事业单位工作人员处分暂行规定》、《财政违法行为处罚处分条例》等国家有关法律法规追究相应责任；涉嫌犯罪的，移送司法机关处理。

（六）项目综合绩效评价专家有违规行为的，应视情节轻重，采取警告、通报批评等处理措施。对于造成一般损失或影响的，还应取消3年自治区科技计划项目咨询评审资格；造成较大损失或影响的，取消3至5年；造成严重损失或恶劣影响的，取消5年以上直至永久。将违规行为处理情况通报其所在单位。

（七）对自治区科技计划实施单位、第三方科技服务机构及从业人员、专业管理机构以及相关人员、科技计划咨询评审专家等的处理结果，以适当方式向社会公布。

本规范自印发之日起实施，由西藏自治区科学技术厅负责解释。

附件：1. 自治区科技计划项目（课题）综合绩效自评价报告（模板）（略）

2. 自治区科技计划项目综合绩效评价专家个人技术评议打分表（略）

3. 自治区科技计划项目综合绩效评价专家个人资金评议打分表（略）

4. 自治区科技计划项目综合绩效评价专家组意见表（略）

5. 关于下达自治区科技计划××项目（课题）综合绩效评价（验收）结论的通知（模板）（略）

第三十五章 陕西省科研项目和资金管理法规政策

关于印发《陕西省省属国有工业企业（集团）研发投入量化考核管理办法（试行）》的通知

（陕科产发〔2016〕128号）

各省属国有工业企业（集团）：

为深入实施创新驱动发展战略，全面推进创新型省份建设，引导推动省属国有工业企业（集团）加大研究开发投入，提升技术创新能力，增强核心竞争力，强化企业技术创新决策、研发投入、科研组织和成果应用的主体地位，加快产业结构调整和转型升级，参照财政部、国家税务总局、科技部《关于完善研究开发费用税前加计扣除政策的通知》（财税〔2015〕119号）和科技部、财政部、国家税务总局《关于修订印发高新技术企业认定管理办法》（国科发火〔2016〕32号）及其《工作指引》（国科发火〔2016〕195号）等最新文件规定，我们修订了《陕西省省属国有工业企业（集团）研发投入量化考核管理办法（试行）》。现印发你们，请遵照执行。

附件：陕西省省属国有工业企业（集团）研发投入量化考核管理办法（试行）

陕西省科学技术厅　陕西省财政厅　陕西省人民政府国有资产监督管理委员会
2016年8月18日

附件

陕西省省属国有工业企业（集团）研发投入量化考核管理办法（试行）

第一章 总则

第一条 为深入实施创新驱动发展战略，全面推进创新型省份建设，引导推动省属国有工业企业（集团）加大研究开发投入，提升技术创新能力，增强核心竞争力，强化企业技术创新决策、研发投入、科研组织和成果应用的主体地位，加快产业结构调整和转型升级，参照财政部、国家税务总局、科技部《关于完善研究开发费用税前加计扣除政策的通知》（财税〔2015〕119号）和科技部、财政部、国家税务总局《关于修订印发高新技术企业认定管理办法》(国科发火〔2016〕32号)及《工作指引》(国科发火〔2016〕195号)等文件，制定本办法。

第二条 本办法所称的研发投入，是指省属国有工业企业（集团）（以下简称企业）在科学与技术（不包括社会科学、艺术或人文学）新知识、新产品（服务）、新技术、新材料、新工艺、新标准的研究、开发过程中发生的各项费用（不包含企业对产品/服务的常规性升级或对某项科研成果直接应用等费用），包括研发人员人工费用、直接投入费用、折旧费用与长期待摊费用、无形资产摊销费用、设计费用、装备调试费用与试验费用、委托外部研究开发费用和其他费用等（详见附件1）。

企业年度研发投入以单个研究开发项目为基本单位分别进行核算并加总计算，其中研究开发项目是指不重复的、具有独立时间、财务安排和人员配置的研究开发活动。

第三条 对全省省属国有工业企业（集团）研发投入实行年度量化考核与奖惩制度，每年考核一次。凡按规定足额投入研发经费的企业，给予资金奖励，以奖代补；凡未按规定足额提取、使用研发经费的企业，实行以缴代罚。收缴资金缴入相应的省属国有工业企业集团设立的研发投入资金账户（以下简称研发投入资金账户），作为该集团企业技术创新能力提升专项经费，用于支持集团所属企业技术创新。

第四条 陕西省科学技术厅（以下简称省科技厅）、陕西省财政厅（以下简称省财政厅）和陕西省人民政府国有资产监督管理委员会（以下简称省国资委）共同设立考核工作办公室（以下简称办公室）。办公室设在省科技厅，负责开展具体工作，确定考核对象，制定考核标准，组织实施年度考核工作，认定并管理相关中介机构与受聘专家，发布考核结果，兑现奖惩措施等。

第二章 量化考核与奖惩标准

第五条 对量化考核达到本条所列相应标准的省属国有工业企业（集团），给予通报表彰；被考核年度研发投入超过规定标准的企业，按其超过标准部分发生额的2%，给予不超过100万元的奖励；被考核年度研发投入超过规定标准且实现正增长的企业，按照超过标准部分发生额的3%，给予不超过100万元的奖励。

（一）一般企业须同时达到以下标准：

1. 被考核年度研发投入强度（研发投入总额占同年主营业务收入总额的比例）达到3%以上；
2. 被考核年度研发投入增幅高于同年主营业务收入增幅2个百分点以上；
3. 被考核年度在中国境内发生的研发投入总额占全部研发投入总额的比例不低于60%。

（二）属于有效期内高新技术企业的，被考核年度须同时达到以下标准：

1. 被考核年度主营业务收入在20 000万元以上的企业，研发投入强度高于4%；

被考核年度主营业务收入在5000万元至20 000万元的企业，研发投入强度高于5%；

被考核年度主营业务收入小于5000万元的企业，研发投入强度高于6%。

2. 被考核年度研发投入增幅高于同年主营业务收入增幅2个百分点以上。
3. 被考核年度高新技术产品（服务）收入占企业同年总收入的60%以上。
4. 被考核年度在中国境内发生的研发投入总额占全部研发投入总额的比例不低于60%。

第六条 对被考核年度研发投入强度低于1%且增幅低于同年主营业务收入增幅的企业，给予通报，按该企业被考核年度主营业务收入的1‰、不超过100万元，缴入研发投入资金账户。

第七条 对量化考核未达到第五条所列奖励标准、但高于第六条所列惩戒标准的企业，不予奖惩。

第三章 量化考核与奖惩程序

第八条 企业研发投入量化考核程序如下：

（一）企业申报

省属国有工业企业（集团）应加强研究开发活动日常管理，建立研发费用账务核算体系，设置企业（集团）研发费用辅助核算账目，提供相关凭证及明细表，并按照本办法要求进行核算。按考核规定如实填报《省属国有工业企业（集团）研发投入量化考核申报表》（见附件2），按照年度考核通知规定的时间报送办公室。

（二）中介机构审计

办公室委托具有资质的中介机构，对被考核企业进行研发投入专项审计，并按规定出具专项审计报告。专项审计报告格式参见《省属国有工业企业（集团）研发投入量化考核专项审计报告（模板）》（陕科高发〔2013〕118号文件）。

（三）办公室组织确认

办公室聘请专家，结合被考核企业申报材料和中介机构出具的专项审计报告，对被考核企业研发投入情况进行综合审查，提出考核与奖惩意见。

（四）公示

考核与奖惩意见由办公室在省科技厅门户网站上公示10个工作日，没有异议的，由省科技厅会同财政厅和国资委审定批准。

（五）奖惩兑现

根据审定结果，办公室在省科技厅门户网站上发布公告，实施奖惩。

对受奖企业，由办公室发文通报表彰，明确奖励金额并拨付奖励资金；对受惩企业，由办公室发文通报，明确缴款金额，监督其在规定时限内将资金缴入研发投入资金账户。

第四章 罚则

第九条 对在考核过程中提供虚假信息和账目并骗取奖励的企业，追回奖励资金，给予通报批评，两年内不得申报省级科技计划项目。

第十条 参与考核与奖惩工作的各类机构和人员对所承担的工作负有诚信以及合规义务，并对被考核企业的有关资料信息负有保密义务。违反相关要求和纪律的，给予相应处分。

第五章 附则

第十一条 本办法自发布之日起施行，省科技厅、财政厅和国资委2014年颁布的《陕西省省属国有工业企业（集团）研发投入量化考核管理办法（试行）》同时废止。

附件：（略）

关于印发《陕西省科技创新券管理暂行办法》的通知

(陕科条发〔2016〕188号)

各设市（区）科技局，各相关单位：

为贯彻落实《陕西省人民政府关于促进科技资源开放共享的指导意见》（陕政发〔2015〕53号），创新财政科技投入方式，推进科技资源开放共享，激发全社会的创新创业活力，省科技厅制定了《陕西省科技创新券管理暂行办法》，现印发给你们，请遵照执行。

附件：陕西省科技创新券管理暂行办法

陕西省科学技术厅
2016年11月16日

附件

陕西省科技创新券管理暂行办法

第一章 总则

第一条 为贯彻落实《陕西省人民政府关于促进科技资源开放共享的指导意见》（陕政发〔2015〕53号），创新财政科技投入方式，推进科技资源开放共享，激发全社会创新创业活力，省科学技术厅组织实施科技创新券（以下简称"创新券"）。为切实加强创新券的管理，特制定本办法。

第二条 创新券主要用于鼓励本省中小微企业和创业团队购买相关科技服务或使用各类科技资源，开展创新创业活动。

第三条 创新券资金从省级财政科技专项中安排，列入年度财政预算。

第四条 创新券的使用和管理遵守国家有关法律、行政法规和财务规章制度，遵循公开透明、专款专用的原则。

第二章 发放对象

第五条 创新券发放对象包括：

（一）在省内注册的具有独立法人资格的中小微企业，符合工业和信息化部、国家统计局、发展和改革委员会、财政部《关于印发中小企业划型标准规定的通知》（工信部联企业〔2011〕300号）规定的企业划型标准。

（二）由经认定的省级以上科技企业孵化器、众创空间、星创天地统一申请，用于支持入孵企业或团队。

（三）陕西省大型科学仪器设备协作共用网成员单位及经省科技厅认定的新型研发机构。

（四）省科技厅支持市（区）建立的科技成果转移转化机构。

第三章 创新券形式与使用范围

第六条 创新券采用网络认证的电子票据模式，有效期1年，通过创新券管理信息系统在有效期内按规定使用。创新券不得转让、买卖、重复使用。在有效期内未能使用的创新券，逾期自动作废。

第七条 创新券每年发放一次。每个申请者申请的最高额度不超过20万元。

第八条 创新券用于支持开展以下活动：

（一）使用大型仪器设备、共性技术研发平台等设备（平台），或购买成果评价等技术创新服务，每个单位给予不超过20万元补贴。

本办法所称大型科学仪器设备是指省内高等院校、科研院所、企事业单位拥有的、在陕西大型科学仪器协作共用网登记备案，面向社会开展共享、共用的仪器设备。

本办法所称共性技术研发平台，是指省级以上重点实验室、工程（技术）研究中心、企业技术中心，及由民营科技企业联盟牵头组建并经省科技厅认定的技术创新服务平台。

（二）科技成果转移转化。对科技成果成功在省内完成转化的，对成果吸纳方按成果交易额不超过5%给予奖励，每家单位每年不超过10万元。

（三）支持省级孵化器、众创空间、星创天地入驻企业（团队）购买各类创业孵化服务或科技服务。

（四）科技金融服务。为科技型中小微企业（尤其是瞪羚企业）贷款或科技创新创业人员和团队融资提供的资产评估、担保、保险、法律、财务等服务业务。

（五）支持市（区）科技企业开展科技成果转移转化等科技活动，由市（区）成果转移转化机构统一领取、发放。

第四章 组织机构与职责

第九条 省科技厅成立创新券管理委员会，负责创新券的政策制定、决策指导、资金预算、年度计划、监督执行、绩效评价及研究确定创新券实施过程中的有关重大事项。创新券管理委员会主任由省科技厅主管领导担任。

第十条 创新券管理委员会委托专业机构具体负责建设并运营管理"陕西省科技创新券管理信息系统"（以下简称"创新券管理信息系统"），组织创新券的申请受理、审核发放、结算兑现、日常管理等工作。

第五章 申请与审核

第十一条 创新券管理委员会定期发布下一年度创新券申请通知，符合条件的申请者通过"创新券管理信息系统"提交申请。申请者需在系统提交的证明材料主要包括：

（一）营业执照副本（未领取加载统一社会信用代码营业执照的企业，还需提交税务登记证副本和组织机构代码证副本）；

（二）法定代表人身份证；

（三）近两年的财务报表（包括资产负债表、损益表）；

（四）计划使用创新券的科研活动简介或项目计划书等证明材料。

第十二条 申请者提交申请后，创新券管理委员会办公室组织专家对申请者提交的材料进行审核确认。

第十三条 创新券管理委员会办公室根据年度创新券申请总额和经费总额，按比例确定创新券发放额度。

第六章 使用与兑现

第十四条 创新券持有者购买相关科技服务或使用科技资源，须签订正式合同，并按规定比例支付相应的服务费用；承接创新券的机构必须开具制式发票。

第十五条 承接创新券的机构应由创新券管理委员会审核认证，具体以创新券管理委员会发布的创新券服务机构名录为准。

第十六条 承接创新券的机构凭持有的创新券向专业机构申请兑现。

第十七条 创新券每季度兑现一次，专业机构根据创新券承接机构收取的创新券及相关服务证明材料，经审核后予以兑现。

第七章 绩效评价和监督管理

第十八条 创新券管理委员会每年对创新券使用、管理等情况进行总结，并确定下一年度创新券发放规模、额度及重点支持方向等。

第十九条 创新券管理委员会对承接创新券的机构进行考核评价，评价结果向社会公布。对于考核结果合格的承接机构，按照考核结果给予一定的奖励。对于不按规定提供服务、服务效果差、服务效率低的机构，取消服务资格并予以通报。考核结果将作为其申请省级科技计划项目的重要依据。

第二十条 创新券实行实名制，使用和管理遵守国家有关法律、行政法规和财务规章制度，不得提供虚假信息。对于违反以上规定的单位停拨或追回财政资金，构成违法的按照相关法律法规处理。

第二十一条 对通过创新券骗取财政资金的申请者和承接机构，将视情节轻重对有关责任单位实行限期整改、给予警告、追回财政资金，列入信用"黑名单"，不再给予财政科技资金支持。构成违纪的，由有关部门对责任单位或责任人处以纪律处分。涉嫌犯罪的，依法处理。

第二十二条 为维护申请者的合法权益，参与创新券申请、兑现及管理的各单位和人员须严格遵守保密规定不得泄露申请者的商业信息。对违反有关规定的单位或个人按照相关法律法规处理。

第八章 附则

第二十三条 本办法自2016年11月16日起施行。

关于印发《陕西省杰出青年科学基金实施细则》的通知

(陕科基发〔2017〕28号)

各有关单位：

为贯彻落实《国家中长期科学和技术发展规划纲要（2006—2020年）》，培养造就一批国家层次的，具有重大原始创新能力的青年人才，现将《陕西省杰出青年科学基金实施细则》印发给你们，请认真贯彻执行。

附件：陕西省杰出青年科学基金实施细则

陕西省科学技术厅
2017年2月28日

附件

陕西省杰出青年科学基金实施细则

第一章 总则

第一条 为规范和加强陕西省杰出青年科学基金项目（以下简称"省杰青项目"）的实施与管理，根据《陕西省自然科学基础研究计划项目暂行管理办法》，制定本细则。

第二条 省杰青项目资助在我省从事基础研究和应用基础研究、并在理论或技术上已取得突出成绩的青年学者自主选择研究方向开展的创新研究，促进受资助者快速成长为学科领军人才并进入国家高层次人才计划行列。

第三条 省杰青项目坚持"依靠专家、科学透明、公平公正、择优支持"的原则。

第四条 陕西省科技厅具体负责省杰青项目的实施管理。

第二章 申请与受理

第五条 省杰青项目每年申报评审一次。

第六条 申请人应当是省杰青项目的实际负责人，资助期限为3年。申请人应同时具备下列条件：

（一）在我省境内工作并全职受聘于我省法人单位的在职在岗科技人员；

（二）具有良好的科研道德；

（三）申请人当年1月1日未满42周岁；

（四）具有副高及以上职称或者具有博士学位；

（五）必须主持过两项以上（含两项）国家级科技项目/课题或陕西省重大科技项目（其中须主持国家自然科学基金面上项目1项）。

（六）获资助后拟开展的研究工作有创新性构思，包括研究方向、研究内容、技术路线、研究工作方法等；

（七）从事研究所必需的主要实验条件以及人力、物力等有基本保证，并有充分的时间和精力从事本项目的研究工作；

第七条 省杰青项目不资助以下人员：

（一）国家杰出青年科学基金、国家优秀青年科学基金获得者；

（二）"长江学者（含青年长江学者）"、国家"科技人才"（含青年人才）、"三秦学者"获得者；

第八条 申请者须按规定的内容与要求认真编写《陕西省杰出青年科学基金申请书》（以下简称《申请书》），并提交有关附件材料，由项目依托单位审核后按要求报送省科技厅。

第九条 省科技厅负责对申请材料进行形式审查，有以下情况之一者，不予受理：

（一）不符合申请条件；

（二）不属于资助范围；

（三）不按规定要求编写《申请书》；

（四）提供的材料不齐全；

第三章　评审与批准

第十条 省杰青项目的评审程序包括同行专家评议和评审委员会评定。

第十一条 已受理的项目由科技厅组织专家进行同行评议。每位申请者的《申请书》至少要有5位专家的有效评议。

第十二条 同行评议后，科技厅根据评审结果，将候选项目差额提交至评审委员会，经申请人现场答辩后，由评审委员会提出拟资助人选。评审委员会由我省高层次专家，或已获得国家杰出青年科学基金资助的科学家组成。

第十三条 科技厅根据评审委员会提出拟资助人选确定获资助者名单并予以公布。

第十四条 为保证评审工作的公正性，评审的各个环节，必须严格执行有关评审工作的各项回避规定。

第四章　实施管理

第十五条 省杰出青年科学基金获资助者在接到批准资助通知后一个半月内，根据申请时提出的研究工作设想，确定具体的课题研究内容和目标，登陆"陕西省科技业务综合管理系统"，在线填写《陕西省杰出青年科学基金项目计划任务书》（以下简称《计划书》），经依托单位和科技厅审核后，纸质材料一式四份报送科技厅备案。

第十六条 获资助者依托单位应认真落实《申请书》所列的科研用房、设备、人力、物力等各方面条件，支持并督促获资助者认真进行研究工作，按规定报送有关材料。

第十七条 获资助者于资助计划实施的次年开始，按要求填写《年度进展报告》科技报告。在资助期内，科技厅将以一定的方式加强动态跟踪管理，不定期对获资助者的研究工作进行检查。

第十八条 资助期限结束后3个月内，获资助者应认真撰写《省杰出青年科学基金总结报告》，并附主要论文、专著，以及获科技奖励的研究成果等有关材料一式一份，经所在单位审核评议后报送科技厅。科技厅组织专家对其学术成绩进行评议。

第十九条 获资助者发表、出版与省杰出青年科学基金资助有关的论文、著作、学术报告，以及鉴定、上报成果等，均应标注"陕西省杰出青年科学基金资助"字样。

第二十条 资助结束后的3年内,由科技厅和获资助者所在单位每年对获资助者已发表的论文、著作的被引用和获奖等情况进行跟踪管理。

第二十一条 省杰青项目实施过程中,项目负责人不得变更。项目负责人有下列情形之一的,依托单位应当及时提出终止项目实施的申请,报省科技厅批准;省科技厅也可以直接做出终止项目实施的决定:

(一)不再是依托单位科学技术人员的;

(二)不能继续开展研究工作的;

(三)连续一年以上出国的;

(四)在研究中有学术不端行为的;

(五)调至省外工作单位的。

第二十二条 获资助者如有违反道德规范,或触犯刑律,或弄虚作假骗取资助的,经调查核实后,由科技厅核准撤销其资助,并予以公布。

第五章 经费财务管理

第二十三条 省杰青项目的资助期限一般为3年,资助经费根据研究工作性质和内容一次核定并拨款。

第二十四条 资助经费主要用于资助期内的科研工作。获资助者所在单位应严格执行科研经费的有关规定,对该项基金资助的经费单独建账,专款专用。在所在单位的管理监督下,资助经费由获资助者支配使用,任何单位、个人不得克扣或挪用。

第六章 附则

第二十五条 本细则自发布之日起施行。

第二十六条 本细则由省科技厅负责解释。

陕西省人民政府关于改进加强省级财政科技计划和项目资金管理的实施意见

（陕政发〔2017〕22号）

各市、县、区人民政府，省人民政府各工作部门、各直属机构：

为深入贯彻《中共中央国务院关于深化体制机制改革加快实施创新驱动发展战略的若干意见》（中发〔2015〕8号），按照《国务院关于改进加强中央财政科研项目和资金管理的若干意见》（国发〔2014〕11号）、《国务院印发关于深化中央财政科技计划（专项、基金等）管理改革方案的通知》（国发〔2014〕64号）以及《中共中央办公厅国务院办公厅关于进一步完善中央财政科研项目资金管理等政策的若干意见》（中办发〔2016〕50号）文件精神，结合我省实际，现就进一步改进和加强省级财政科技计划和项目资金管理提出如下实施意见。

一、总体思路

贯彻落实创新驱动发展战略，围绕全省经济社会发展重大需求，按照"遵循规律、改革创新、规范透明、突出绩效"的原则，坚持系统思维和问题导向，深化省级科技计划、科研项目和资金管理改革，建立健全决策、执行、评价相对独立、互相监督的运行机制，使科研项目和经费使用管理更加科学化、规范化、绩效化，进一步激发科研人员的积极性和创造性，提升我省应用基础研究、社会公益研究、共性关键技术研究水平，更好发挥科技对经济社会发展的支撑引领作用，促进经济结构优化和产业转型升级。

二、深化科技计划管理改革

（一）整合优化科技计划体系。

1.完善省级科技计划（专项、基金等）体系。构建由五大类科技计划组成的省级科技计划（专项、基金等）体系，即陕西省科技重大专项、陕西省重点研发计划、陕西省自然科学基础研究计划、陕西省技术创新引导计划（基金）、陕西省创新能力支撑计划。明确省级科技计划的定位和支持重点，建立科技计划绩效评价动态调整和终止机制，形成"权责明确、定位清晰、结构合理、运行高效"的科技计划管理机制。2017年启动整合优化省级科技计划、完善科技信息管理平台。到2018年底全面完成省级科技计划的优化整合，项目及经费管理渠道不变，加强科技计划项目和资金的统筹管理。

（1）陕西省科技重大专项。聚焦产品目标和产业化目标，主要围绕重点产业领域关键核心技术攻克、研发具有较强市场竞争力的重大战略产品（首台、套）、推动专项成果的应用及产业化、解决制约我省经济社会发展的重大科技问题等，由省政府决策实施部署，安排专项资金，成熟一项启动一项，整合和调动全社会优势资源，在设定时限内进行集成式协同攻关。

（2）陕西省重点研发计划。聚焦我省支柱产业转型升级、战略性新兴产业发展和区域经济结构调整重点领域，以及农业、能源资源、生态环境、健康等领域的重大社会公益性研究，围绕产业链部署创新链、围绕创新链培育产业链，全链条创新设计，一体化组织实施，开展共性关键技术研究、产品研发、实验示范及国际合作。鼓励采取"产学研用"合作方式实施，财政专项资金通过多种方式予以资助。

（3）陕西省自然科学基础研究计划。着眼原始创新，支持前沿科学基础研究与应用基础研究。鼓励科学研究与创新人才培养相结合，鼓励自由探索与支撑产业需求相结合，鼓励项目带动与科研基地建设相结合。围绕重点学科建设和交叉学科的发展，着力解决先导产业、新兴产业发展急需解决的重大基础科学问题，通过同行评议、竞争择优确定项目。

（4）陕西省技术创新引导计划（基金）。支持以企业为主体的"产学研用"联合协同创新活动，运用市场机制引导和支持技术创新活动，促进科技成果转移转化和资本化、产业化。通过制定政策、营造环境，引导企业加大科技投入，成为技术创新决策、投入、组织和成果转化的主体。发挥财政资金的杠杆作用，通过市场机制引导社会资金和金融资本支持技术创新和成果转化。财政资金通过成果转化引导基金、股权投入、风险补偿、后补助等方式给予支持。

（5）陕西省创新能力支撑计划。支持各类科技创新平台、基地建设，促进科技资源开放共享；支持市县科技创新和技术推广，提升区域创新能力和科技服务能力；支持创新人才和优秀团队的科研工作，增强科技创新创业的条件保障力度；支持科技政策和规划的前瞻性研究，为科技支撑引领经济社会发展提供决策依据；支持创新服务体系建设，加强创新创业载体建设和环境优化，激发我省创新活力。

（二）改革科技计划管理机制。

2.建立科技重大专项联席会议制度。建立省科技重大专项联席会议制度，由分管科技的副省长作为召集人，省政府有关副秘书长和省科技厅主要负责人为副召集人，省科技厅、省发展改革委、省财政厅等省级有关部门为成员单位，研究协调相关重大问题。在省科技厅设立省科技重大专项联席会议制度办公室，负责重大专项建章立制、实施方案制订、指南发布、监督服务、整体推进和日常管理等工作。组建科技重大专项专家综合评审委员会，负责省科技重大专项实施方案凝练论证、指南制订等工作。科技重大专项总体规划、任务设置等重大事项，按程序报省政府批准后实施。

3.完善陕西省科技管理信息系统。省科技厅负责通过统一的科技管理信息系统，对科技计划（专项、基金等）的需求征集、指南发布、项目申报、立项评审、预算编制、监督检查、结题验收、信息公开公示等全过程进行痕迹化管理，实现立项过程"可申诉、可查询、可追溯"。设立在省级各部门的科技计划项目须统一纳入信息管理系统，避免重复部署、重复投入；已结题的项目要及时纳入统一的科技报告管理系统。2017年基本完成省科技业务综合管理信息系统2.0版建设并试运行，2018年按照优化整合后的科技计划体系全面正式运行。

4.依托专业机构进行项目管理。将现有具备条件的科研管理类事业单位、社会组织、机构等逐步改造为规范化的项目管理专业机构，由专业机构负责受理项目申请、组织项目评审、立项项目过程管理等。制定专业机构管理制度和标准，加强对专业机构的监督、评价和动态调整。鼓励具备条件的社会化科技服务机构参与竞争，逐步推进专业机构的市场化和社会化。

5.建立统一的评估和监管机制。省科技厅、省财政厅加强对科技计划（专项、基金等）项目实施绩效、专业机构履职情况等的评估和监督检查；省级各有关部门要加强对所属单位承担科技计划（专项、基金等）项目的实施和资金使用情况进行日常管理和监督。

三、加强科研项目链条管理

6. 改进项目指南编制和申报工作。项目主管部门要结合科技计划（专项、基金等）的特点和产业需求，针对不同项目类别和要求编制项目申报指南。项目申报指南要充分征求科研单位、企业、行业协会和相关部门的意见，逐步建立项目指南论证机制。项目指南在每年6月底前发布，发布日到项目申报受理截止日，原则上不少于50天。重大应用型科研项目要逐步建立以企业为主导的项目申报机制。

7. 完善科研项目评审机制。规范项目审批流程，重大项目实行项目评审和经费预算评审分离。逐步推行网络盲评和视频答辩，合理安排会议答辩评审，从受理项目申请到反馈立项结果原则上不超过120个工作日；加强项目查重，对项目申请者及其合作方的资质、科研能力、财务管理等进行重点审核，对重大项目要加强核心内容与关键技术查新，避免一题多报或重复资助。

8. 强化项目过程管理。严格落实法人责任制，项目承担单位负责项目实施的具体管理，要完善内部控制和监督约束机制，切实履行在项目申请、组织实施、验收和资金使用等方面的管理职责。项目主管部门要切实履行项目推荐审查、监管职责，强化服务，加强督导。对重大项目要进行全过程监督，实行动态管理。对项目实施中存在的违规行为，要责成项目承担单位限期整改，对问题严重的要终止项目实施、收回项目经费。

9. 加强项目验收管理。按照不同类别项目，实行不同验收方式。项目完成后，项目承担单位要按相关要求及时提交验收或结题申请，无特殊原因未按时提出验收申请的，按不通过验收处理。因特殊原因需要延期的项目，经批准同意后延期。项目验收结果要作为以后年度省级财政科研项目和资金安排的重要依据。

四、改进和加强科研项目资金管理

10. 充分发挥财政资金引导作用。加大科技资金整合力度，改革资金投入方式，强化竞争机制，综合运用无偿资助、风险补偿、贷款贴息、股权投资、事后补助、政府购买等多种方式，充分发挥财政资金促进创新链和资金链形成的杠杆作用，努力撬动社会资金。推进科技金融结合，鼓励和引导金融资本、创投基金和民间资本等进入科技创新领域，激发企业创新主体活力。

11. 规范项目预算编制。项目申请单位应根据项目研究计划和任务需求，科学合理、实事求是地编制项目预算，制定绩效目标。项目主管部门应根据科研活动规律和特点，改进预算编制方法。除以定额补助方式资助的项目外，应依据有关预算编制的原则和要求，结合项目属性和科研任务实际需要以及财力核定项目预算。

12. 及时审批项目预算和拨付资金。项目主管部门要加强项目立项和预算下达的衔接，及时批复项目和预算。相关部门和单位要按照财政国库管理制度相关规定，结合项目实施进度，及时办理资金支付。对于有明确目标的重大项目，按照关键节点任务完成情况进行拨款。

13. 简化预算调整审批。各类科技计划的支出科目和标准原则上应保持一致，进一步下放预算调整审批权限。在项目总预算不变的情况下，直接费用中材料费、测试化验加工费、燃料动力费、出版、文献、信息传播、知识产权事务费及其他支出预算调剂权下放给项目承担单位。简化预算编制科目，合并会议费、差旅费、国际合作与交流费科目，由科研人员结合科研活动实际需要编制预算并按规定统筹安排使用，其中不超过直接费用10%的，不需要提供预算测算依据。

14. 明确劳务费开支范围。参与项目研究的研究生、博士后、访问学者以及项目聘用的研究人员、科研辅助人员等，均可开支劳务费。项目聘用人员的劳务费开支标准，参照当地科学研究和技术服务业从业人员平均工资水平，根据其在项目研究中承担的工作任务确定，其社会保险补助纳入劳务费科目列支。劳务费预算不设比例限制，由项目承担单位和科研人员据实编制。

15. 完善科研项目间接费用管理。间接费用用于补偿项目承担单位为项目实施所发生的间接成本和绩效支出，项目承担单位应当建立健全间接费用内部管理办法，结合一线科研人员的实际贡献公开公正安排绩效支出，充分发挥绩效支出的激励作用。省级财政科技计划（专项、基金等）中实行公开竞争方式的研发类项目，均要设立间接费用。间接费用的核定与项目承担单位信用等级挂钩，按照不超过直接费用扣除设备购置费的一定比例执行：500万元以下的部分为25%，500万元至1000万元的部分为15%，1000万元以上的部分为13%。加大对科研人员的激励力度，取消绩效支出比例限制。

16. 改进项目结转结余资金管理。项目承担单位要根据批复的项目预算，合理安排支出，减少资金的结转结余，提高项目经费预算的执行效率。项目在合同执行期间，年度剩余资金可以结转下一年度继续使用。项目完成任务目标并通过验收，项目结余资金由项目承担单位按规定在2年内用于科研活动的直接支出，2年后未使用完的，按规定收回。未通过验收或项目承担单位信用评价差的，结余资金按原渠道收回。

17. 完善科研项目资金结算方式。科研院所、高等学校等事业单位承担项目所发生的会议费、差旅费、小额材料费和测试化验加工费等支出，原则上实行"公务卡"结算，企业原则上也应采用非现金方式结算。项目承担单位对设备费、大宗材料费和测试化验加工费、劳务费、专家咨询费等支出，原则上通过银行转账方式结算。

18. 自主规范管理横向经费。项目承担单位以市场委托方式取得的横向科研项目经费，纳入单位财务统一管理，由项目承担单位按照委托方要求或合同约定管理使用。

五、加强制度建设

19. 建立健全信息公开制度。除涉密及法律法规另有规定的，要及时向社会公开科研项目的相关信息，接受社会监督。项目承担单位要在单位内部公开相关信息，接受内部监督。

20. 建立省级科技报告制度。制定陕西省科技报告标准和规范，2017年底以前建立全省统一的呈交、收藏、管理、共享体系，形成科学、规范、高效的科技报告管理模式和运行机制。财政资金资助的科研项目必须呈交科技报告，科技报告呈交和共享情况作为其后续支持的重要依据。

21. 改进专家遴选制度。调整充实全省科研项目评审专家数据库，完善专家遴选制度，实行评审专家轮换、调整机制和回避制度。要充分发挥专家咨询作用，项目评审应当以同行专家为主，一线科研人员专家的比例应当达到75%左右，确保科研项目的可行性、可用性。对采用视频方式评审的，公布专家名单，强化专家自律，接受同行质询和社会监督；对采用通讯方式评审的，评审前专家名单严格保密，保证评审公正性。

22. 建立科研信用管理制度。建立覆盖指南编制、项目申请、评估评审、立项、执行、验收全过程的科研信用记录制度，对项目承担单位和科研人员、评估评审专家、中介机构等参与主体进行信用评级，并按信用评级实行分类管理。建立"黑名单"制度，将严重不良信用记录者记入"黑名单"，视情节阶段性或永久取消其申请财政资助项目或参与项目管理的资格。

六、强化监管，落实责任

23. 落实监管和服务责任。省科技厅、省财政厅会同有关部门根据本意见，制定完善相关配套措施和管理办法；制定或修订各类科技专项资金管理办法；加快建立科研项目评估监督机制，对重点项目开展绩效评估，评估结果作为后续省财政科技资金支持的重要依据。各有关部门要建立健全本部门内部控制和监管机制，加强对所属单位科研项目和资金管理内部制度的审查及其执行的监督，对重大项目资金使用情况加强日常监督和重点抽查；督促指导项目承担单位和科研人员依法合规开展科研活动，做好经常性的政策宣传、培训和科研项目实施的服务工作。科研项目承担单位应接受审计等部门的专项审计。

24. 强化项目单位法人责任。项目单位主要负责人对本单位科研资金管理承担领导责任。项目承担单位要认真落实国家有关政策规定，按照放管服原则和权责一致的要求，制定内部管理办法，简化管理流程，强化自我约束和自我规范，完善内部风险防控机制，加强预算审核把关和项目资金使用管理，实行内部公开制度，开展绩效评价，提高项目资金使用效益。

25. 加大违规行为处罚力度。对存在违法违规行为的单位及个人，采取通报批评、暂停项目拨款、终止项目执行、追回已拨资金、取消项目申报资格等处罚措施，涉嫌违法的移交司法机关处理。建立责任倒查机制，针对出现的问题倒查项目主管部门相关人员的履职尽责和廉洁自律情况，经查实存在问题的依法依规严肃处理。

各市、县（区）参照本实施意见，研究制定本地区管理办法或按本实施意见执行。

陕西省人民政府
2017 年 6 月 19 日

陕西省科技厅 陕西省财政厅关于修订印发《陕西省科技成果转化引导基金管理暂行办法》的通知

(陕科发〔2017〕22号)

各设区市、杨凌示范区、韩城市、省管县科技局、财政局，有关单位：

为贯彻落实省委、省政府关于《陕西省促进科技成果转化若干规定（试行）》（陕发〔2016〕24号）文件精神，进一步规范转化基金管理，省科技厅、省财政厅对《陕西省科技成果转化引导基金管理暂行办法》进行了修订完善。现将新修订的《陕西省科技成果转化引导基金管理暂行办法》印发你们，请遵照执行。

附件：陕西省科技成果转化引导基金管理暂行办法

陕西省科学技术厅 陕西省财政厅
2017年10月27日

附件

陕西省科技成果转化引导基金管理暂行办法

第一章 总则

第一条 为改革财政科技投入方式，引导社会资金投资支持科技创新和成果转化，省政府于2012年设立陕西省科技成果转化引导基金（以下简称"引导基金"）。总结该基金设立以来运行经验，为进一步加强"十三五"期间引导基金管理，根据《中华人民共和国促进科技成果转化法》、《陕西省促进科技成果转化若干规定（试行）》（陕发〔2016〕24号）、陕西省产业发展基金管理办法及实施细则等法规制度，制定本办法。

第二条 引导基金的资金来源为省财政拨款、投资收益、社会捐赠。引导基金的子基金应当积极对接吸纳各类社会资本，实现财政出资的有效放大。

第三条 引导基金主要是吸引社会资本发起设立科技成果转化类子基金、科技众创微种子类子基金；对发放科技贷款的合作银行给予风险补偿；对省委省政府确定的科技成果转化等项目采取直接股权投资方式，支持在我省实施的科技成果转化，促进科技创业和科技型中小企业发展，为创新型省份建设提供科技金融支撑。

第四条 引导基金遵循"政府引导与市场运行相结合；投资管理与成果转化相结合；双创扶持与产业培育相结合；院所高校与企业地市相结合"的原则。

第二章 引导基金的管理与运行

第五条 引导基金由省科技厅会同省财政厅成立引导基金管理委员会（以下简称"管委会"），决策引导基金使用的重大事项；以陕西科技控股集团有限责任公司（以下简称"科控集团"）为出资人代表,负责日常管理、各支子基金方案论证和直接投资项目尽职调查等工作。

第六条 管委会设一名主任,三名副主任及五名委员。管委会主任由科学技术厅厅长担任;副主任和委员分别由省财政厅和省科学技术厅相关领导担任。管委会办公室设在省科学技术厅科技金融处,负责日常工作。

第七条 管委会的职能主要包括:

(一)审定由基金管委会办公室提出的引导基金年度工作方案;

(二)审议并批准由科控集团提出的年度科技成果转化类子基金投资计划;

(三)审定基金管委会办公室提出的设立科技众创微种子类子基金方案;

(四)审定基金管委会办公室提交的优先股投资和直接投资项目;

(五)审定基金管委会办公室提交的引导基金年度工作报告等;

(六)其他决策事项。

第八条 管委会决策采取会议讨论,投票表决形式。2/3 以上委员到会,会议表决结果方为有效。委员无法到场的,应到以书面形式委托其他出席委员代为决策或表决。赞同票数超过管委会总数 2/3 的视为通过。

第九条 科控集团主要职责包括:

(一)成立相应决策管理机构,具体执行管委会决议;

(二)按照管委会审定的投资方向指南、年度投资计划,自行决策并组织实施引导基金科技成果转化类子基金的设立和运行;

(三)受基金管理办公室委托,提出科技众创微种子类子基金设立方案;

(四)受基金管理办公室委托,负责引导基金直接投资项目的尽职调查和日常管理;

(五)承办管委会交办的其他事项。

第十条 科控集团每年按照引导基金到位资金总额的 1.5% 计提管理费用。管理费用用于开展尽职调查及已投资项目日常管理工作。如年度考核不合格,将调减提取比例。对子基金运行效益好的,清算时,可按政府出资应得收益的 20% 用于集团奖励。

第十一条 建立子基金管理团队信用体系。对于运作效益好的基金管理团队给予一定业绩奖励。对于存在违规和重大失信的管理团队核心成员,调减其管理费提取比例,通报各相关机构,不得再管理政府参与投资基金。

第十二条 子基金存续期满清算退出时,引导基金出资及应得收益全额交回至引导基金,并按照财政国库管理制度有关规定及时足额上缴省财政,省财政厅统一安排,继续用于基金滚动发展或收回陕西省产业发展投资基金。

第三章 科技成果转化类子基金

第十三条 科技成果转化类子基金是指引导基金发起或参与,由社会合格投资人募集成立,由合格专业管理机构管理,面向科技企业的私募股权投资基金。子基金应当依法完成相关审批、登记、备案等事项。

鼓励子基金向国家发展改革委员会、科技部、财政部等申请出资支持。

第十四条 子基金可以采取有限合伙制、公司制和其他合法形式。

第十五条 子基金申请者条件和要求。

我国境内注册的投资企业或创业投资管理企业可以申请设立子基金;各设区市、计划单列市科技管理部门、省级以上高新区管委会及建设新型研发平台的大学、科研院所，可委托所属投融资平台企业作为法人申请人提出子基金申请。

申请者为社会投资企业的，其注册资本或净资产原则上应不低于5000万元，且应出资子基金份额不低于子基金总额的20%；申请者为各设区市、计划单列市科技管理部门、省级以上高新区管委会及建设新型研发平台的大学、科研院所委托的投融资平台企业的，其注册资本或净资产原则上应不低于2000万元，且应出资子基金份额不低于子基金总额的20%；

申请者为创业投资管理企业的，其实收资本应不低于1000万元且至少有3名具备5年以上创业投资或相关业务经验的专职高级管理人员；在国家重点支持的高新技术领域内，至少有3个创业投资成功案例。

第十六条 子基金的全体投资人可一次或分次缴纳出资。引导基金按照子基金总规模比例同步到位。

第十七条 引导基金在单个子基金中的投入比例不高于子基金总额的20%，且投入金额最高不超过5000万元人民币。

第十八条 子基金投资于陕西省内科技企业的资金应不低于子基金总额的70%，具体金额由子基金合伙协议或章程予以约定。

第十九条 子基金对单一公司或单一实际控制人控制的公司的投资额原则上不超过子基金总额的20%。

第二十条 子基金的存续期一般不超过8年。

第二十一条 原则上引导基金与其他出资人按照同股同权，对子基金共享收益，共担损失。引导基金不承诺最低收益和固定回报，仅以出资额为限承担有限责任。

第二十二条 子基金存续期满清算退出时，引导基金应得增值收益的20%奖励给科控集团管理团队，80%返还至引导基金。

第四章　科技众创微种子类子基金

第二十三条 科技众创微种子类子基金（以下简称"微种子基金"）是支持我省高等院校、科研院所和社会的科技人员早期创新创业项目的科技股权投入新模式。科控集团代表引导基金行使出资人职责。微种子基金管理机构提出申请后，由省科技厅审定并以书面形式通知科控集团执行。

第二十四条 微种子基金的支持对象应满足以下条件：

（一）企业注册地或创业团队拟注册纳税关系在陕西省内；

（二）项目所处领域符合相关产业政策，创业团队人员无不良记录；

（三）具有有效激励机制和团队建设规划，业务发展规划和可预期的发展目标；

（四）管理机构要求的其他条件。

微种子基金优先支持获得全国或地方创新创业大赛奖项的初创期科技企业和团队。

第二十五条 微种子基金的发起设立遵循以下原则：

（一）省科技厅可以委托科控集团独立发起设立科技创业微种子基金，并加强管理，积极探索机制创新，示范带动全省早期创业投资发展。

（二）各高等院校、科研院所、企业和投资机构可以独立或者联合发起设立科技创业微种子基金，并申请引导基金出资支持。

（三）科技创业微种子基金可以采取设立公司制、合伙制企业等管理模式。

（四）每支科技创业微种子基金总额不低于500万元，不超过2000万元。最高可以按照基金总额的50%申请引导基金出资支持。支持企业依托高等院校建立产学研深度融合的新型研发中心（中试基地），设立联合基金，新型研发中心（中试基地）按照需求导向原则自行确定研发项目。

第二十六条　微种子基金管理机构应为独立公司制或合伙制独立法人，有具体的经营场所，完善的风险管理制度，注册及实缴资本应大于100万，具有3名以上基金从业资格，3年以上私募股权基金管理经验的专职高级管理人员。

第二十七条　微种子基金采取普通股和优先股方式投资。普通股投资可以与被投资企业协商溢价。优先股可以按照不超过银行同期贷款基准利率的股息率为标准，给予被投资企业资金支持。

第二十八条　引导基金出资设立的微种子基金每年可以提取不超过5%的管理费用。

第二十九条　微种子基金要充分体现财政资金的引导作用，积极支持高等院校的学生和科技人员创新创业。引导基金的出资体现让利原则，以股权出资方式不参与分红；如出现投资损失，引导基金以出资为限先行承担。

第五章　直接股权投资

第三十条　围绕我省"一院一所"模式推广、重大科技成果转化、"四主体一联合"新型研发平台建设，引导基金可采取优先股和普通股两种形式直接投资相关项目；拟投资项目由基金管委会办公室调研论证或委托科控集团组织调研论证，提交管委会审定；科控集团负责已投资项目的日常管理。

第三十一条　高等院校、研发机构成果完成人创办企业，可以按照企业现金出资额度的20%申请引导基金采取优先股给予支持。在3年内，引导基金按照银行同期贷款基准利率的50%收取股息。3年后，创业团队可选择原值回购或者转为普通股，同股同权。

第三十二条　管委会办公室负责组织专业团队对拟直接投资项目进行尽职调查，综合目标企业的行业特征、资产负债资金风险等因素，论证投资建议方案并提出建议。

第三十三条　采取优先股方式投资的项目，科控集团不参与被投资企业经营管理，但应跟踪项目和资金进展情况。被投资企业应按科控集团要求每半年向科控集团报送相关财务报表、项目进展情况和资金使用情况；每年12月31日前报送本年度企业经营总结及下年度经营计划。

第三十四条　采取普通股方式投资的项目，科控集团代表引导基金作为出资人按照《公司法》规定依法行使股东权利。

第六章　附则

第三十五条　本办法由省科学技术厅会同省财政厅解释。

第三十六条　本办法自2017年10月27日起实施。2013年2月25日由省财政厅会同省科学技术厅印发的《陕西省科技成果转化引导基金管理暂行办法》文件同时废止。

关于印发《陕西省科技型中小微企业贷款风险补偿资金使用管理细则》的通知

(陕科发〔2017〕23号)

各设区市、韩城市科技局、财政局，杨凌示范区科技局、财政局，各银监分局，各政策性银行陕西省分行、国有商业银行陕西省分行、股份制商业银行西安分行，长安银行、西安银行，各城市商业银行西安分行，各外资银行（中国）西安分行，各金融资产管理公司（陕西分公司），各信托公司，各财务公司，中国邮政储蓄银行陕西省分行，陕西省农村信用社联合社，秦农银行，西安辖内各村镇银行：

为进一步加快科技成果转化与产业化，改善科技企业的融资环境，鼓励金融机构加大对科技型中小微企业贷款的支持力度，更有效地使用和管理好我省科技型中小微企业贷款风险补偿资金，依据《陕西省促进科技成果转化若干规定（试行）》（陕发〔2016〕24号）及有关法规政策，结合我省实际，我们制定了《陕西省科技型中小微企业贷款风险补偿资金使用管理细则》，现印发给你们，请遵照执行。

附件：《陕西省科技型中小微企业贷款风险补偿资金使用管理细则》

陕西省财政厅
陕西省科学技术厅
中国银行业监督管理委员会陕西监管局
2017年11月3日

附件

陕西省科技型中小微企业贷款风险补偿资金使用管理细则

第一章 总则

第一条 为进一步加快科技成果转化与产业化，改善科技企业的融资环境，鼓励金融机构加大对科技型中小微企业贷款的支持力度，根据《陕西省促进科技成果转化若干规定（试行）》（陕发〔2016〕24号），制定本细则。

第二条 本细则所称的科技贷款风险补偿资金（以下简称风险补偿资金）指由省科学技术厅、财政厅专项用于鼓励和促进银行业金融机构开展科技贷款的扶持资金，资金由科技成果转化基金统筹安排。

第三条 本细则所称的风险补偿资金适用企业是指在陕西省行政区域范围内依法注册、依法纳税，并纳入全国科技型中小企业信息库的企业。

第四条 本细则所称的科技贷款是指支持风险补偿资金适用企业从事高新技术产品研制、

开发、生产和服务等业务所发放的贷款，即与上述业务相关的信用贷款和知识产权质押贷款。

第五条 本细则所称的风险补偿是指省科技厅、财政厅对合作的银行业金融机构（以下简称合作银行）为风险补偿资金适用企业提供科技贷款所产生的风险损失按一定比例进行的补偿。

第六条 本细则所称的合作银行是指与省科技厅签订科技和金融结合业务合作协议，并开展科技贷款业务的银行业金融机构。合作银行对风险补偿资金适用企业提供科技贷款是合作银行获得风险补偿的必要条件。

第二章 合作银行

第七条 对合作银行的基本要求：

（一）根据科技型中小微企业的特点，不断研发推出适用性好的科技贷款产品，提高业务办理效率，采取绿色通道的方式，保证科技贷款的优先投放；

（二）需指定其下设的相关部门或支行作为科技贷款及其风险补偿工作的受理机构，负责受理企业对该行科技贷款的申请，并向省科技厅报送相关资料；同时作为损失补偿、资金回流等风险补偿资金往来的经办机构。

第八条 合作银行对逾期贷款履行催收义务，并有权对经备案的科技贷款的本金损失向省科技厅申请风险补偿。

合作银行每半年（每年的6月底、11月底以前）以书面正式文件形式向省科技厅、省财政厅、陕西银监局同时提交相关业务开展情况的报告。

第三章 风险补偿资金使用

第九条 风险补偿资金的基本使用方向包括：损失补偿和共建资金池。

（一）损失补偿

科技贷款逾期90天以上，在合作银行履行应尽的催收义务并确定逾期贷款本金的最终损失后，给予合作银行按不超过最终本金损失的50%进行损失补偿。

（二）共建资金池

省科技贷款风险补偿资金与设区市科学技术局、国家和省级高新区管委会、经济技术开发区管委会所设的市、区级科技贷款风险补偿资金共同出资构建联合资金池，促进当地科技贷款及其风险补偿工作的发展。

联合资金池的具体使用管理办法由各联合方共同制定并执行，明确省、市、区各级科技贷款风险补偿资金的风险补偿分担比例。

联合资金池内的省科技贷款风险补偿资金部分的使用与管理应以本细则为前提，且联合资金池内省、市、区各级科技贷款风险补偿资金给予逾期贷款的实际补偿额累计，不应超过逾期贷款最终本金损失的50%。

第十条 风险补偿资金不得用于从事贷款或股票二级市场的买卖、期货、房地产、基金（指证券投资基金）、企业债券、金融衍生品等投资以及用于赞助、捐助等支出。

第四章 管理流程

第十一条 合作银行拟向风险补偿资金适用企业发放科技贷款的，由合作银行在实际发放贷款前10个工作日内向省科技厅提出科技贷款的备案申请。省科技厅于收到申请后的10个工作日内，商财政厅后向合作银行回复科技贷款的备案意见。

第十二条 合作银行已向风险补偿资金适用企业发放科技贷款的，应于实际发放贷款后的10

个工作日内，向省科技厅进行科技贷款的备案登记。完成备案登记是合作银行申请风险补偿的必要条件。

第十三条 合作银行应于科技贷款逾期 60 天以后，确认科技贷款的当期最终本金损失，对于符合损失补偿的部分，由合作银行向省科技厅、财政厅提出损失补偿申请。

省科技厅、财政厅于收到损失补偿申请后的 20 个工作日内，向合作银行回复损失补偿意见。对于符合损失补偿规定的，省科技厅、财政厅于出具该意见后的 10 个工作日内，向合作银行拨付损失补偿资金。

第十四条 合作银行在获得损失补偿资金后，须继续履行补偿后回收义务，后续回收的资金先行弥补逾期贷款中银行承担部分，剩余部分按前期动用省、市、区科技贷款风险补偿资金的比例进行相应的归还。

第五章　监督机制

第十五条 合作银行必须按规定如实报送有关资料，不得弄虚作假，不得骗取、套取省风险补偿资金；对于违反本细则规定的，除给予通报批评外，将全额收回已拨付的省风险补偿资金，取消其合作银行资格；对情节严重构成犯罪的有关责任人，依法移交司法机关追究刑事责任。

第六章　附则

第十六条 本细则由省财政厅、省科技厅、陕西银监局负责解释。

第十七条 本细则自 2017 年 11 月 3 日起实施。《陕西省科技型中小企业贷款风险补偿资金使用管理细则》(陕科产发〔2011〕224 号) 文件同时废止。

陕西省科学技术厅关于印发《陕西省科技计划项目经费监督管理办法》的通知

(陕科办发〔2018〕263号)

各有关单位:

为加强我省科技计划项目经费监督管理,建立、健全科技计划项目经费监管制度体系,提高资金使用效益,确保科技计划项目实现预期目标,根据国家科技经费管理相关规定,我厅对2013年制定的《陕西省科技计划经费监督管理办法》(陕科条发〔2013〕104号)进行了修订。现印发你们,请遵照执行。

附件:陕西省科技计划项目经费监督管理办法

陕西省科学技术厅

2018年12月11日

附件

陕西省科技计划项目经费监督管理办法

第一章 总则

第一条 为进一步加强我省科技计划项目经费管理,建立和完善项目经费管理与监督制度体系,提高资金使用效益,依据国家科技项目经费管理相关规定,以及《陕西省人民政府关于改进加强省级财政科技计划和项目资金管理的实施意见》(陕政发〔2017〕22号)的有关要求,制定本办法。

第二条 本办法所指科技计划项目经费(以下简称项目经费)监督是指省科技厅作为监督管理主体,对归口省科技厅管理的各类科技计划项目经费的申请、使用、验收等进行全过程监督管理的行政行为。国家安排我省的科技计划项目按照国家科技项目经费监督有关规定执行。

第三条 项目经费监督的主要对象是承担归口省科技厅管理的各类科技计划项目的承担单位及其合作(协作)单位(以下简称承担单位)、项目负责人及项目组成员等。

第四条 承担单位应落实单位法人责任,建立健全内部监督制约机制,加强财务审核和会计核算,规范科技计划经费支出,并自觉接受省科技厅或其委托的有关机构的监督。

第五条 项目推荐单位负责对其推荐的项目审核确认,并协助省科技厅开展相应的监督检查工作。

第六条 省科技厅按照依法、客观、公正、透明的原则,对项目经费进行管理和监督。同时开展项目经费监管有关的政策宣传和培训活动。

第二章 监督内容与方式

第七条 省科技厅根据有关规定,对项目经费管理使用情况进行全程监督,重点监督项目经费管理使用的合法性、合规性和合理性。主要内容包括：

（一）承担单位内部的项目经费管理制度建设及执行情况。包括对中、省项目经费管理制度的贯彻落实情况，针对本单位财务工作特点制定内部财务管理制度情况，以及单位内部控制制度建设情况等。

（二）承担单位的项目经费会计核算情况。包括单独核算情况，会计科目设置规范性，核算内容和财务报告信息的真实、准确和完整性，经费开支审批程序和手续的完备性，以及相关财务档案资料保存管理情况等。

（三）承担单位的项目经费预算执行情况。包括按照核定的支出范围和标准执行预算情况；预算调整的必要性和程序规范性；拨付合作、协作单位预算资金规范性及监管情况；配套资金及时足额到位情况；有无超预算、超范围、超标准支出，挤占、挪用、转移项目经费，自行分解、擅自转拨项目经费等问题。

（四）承担单位用项目经费购置的设备及管理情况。包括批复购置设备预算的执行情况，购置设备的开放共享情况，购置设备纳入单位固定资产管理情况等。

（五）承担单位的项目经费决算和财务验收制度执行情况。包括编报决算和结题财务报告情况，及时清理账目、确定项目支出情况，结余经费的认定和上缴情况，以及拖延财务结账、长期挂账费用问题等。

第八条 省科技厅综合运用预算评审（评估）、中期评估、财务验收、绩效评价、受理举报等方法，通过日常监督与专项检查相结合的方式，对科技经费实施监督管理。

（一）预算评审（评估）。科技计划项目立项前，对通过技术评审和现场考察的重大重点项目，省科技厅组织专家或委托第三方机构对申报项目经费预算的目标相关性、政策相符性和经济合理、合法性进行评审（评估），以确定项目最终支持经费额度。

（二）中期评估。重大项目实施期间，省科技厅对项目经费预算执行情况进行中期评估。主要包括：项目承担单位自评、委托第三方机构评估等。评估结果作为调整项目经费预算、项目结题财务验收的重要依据。

（三）结题审计。项目经费支持金额30万元以上（含30万元）的项目结题验收时，需由具有资质的第三方中介机构对项目经费管理使用情况、预算执行情况等进行专项审计。专项经费支持金额30万元以下的，承担单位应编制项目经费决算报告。

（四）绩效评价。省科技厅根据不同类型项目特点，对项目经费投入产出情况进行分类考核与评价。绩效评价结果作为承担单位和项目组负责人及其成员今后申请省级科技计划项目的重要参考依据。

（五）受理举报。省科技厅接受社会各方的举报投诉，并对涉及的单位或个人开展核实调查工作。

第三章 组织实施

第九条 项目经费监督检查工作由省科技厅直接组织检查组，或委托第三方机构、地方科技部门组成检查组等多种形式进行。

第十条 委托开展的项目经费监督检查工作，需要履行规范的委托程序和手续。受委托单位在具体的监督工作实施中，承担委托人赋予的监督责任。

第十一条 项目经费监督检查工作按以下程序组织实施：

（一）制定计划。根据管理工作需要，制定年度监督检查计划，确定年度监督检查的内容和重点，部署开展监督工作。

（二）通知单位。根据年度监督检查计划，遴选确定开展监督检查的单位和项目，并书面通知被检查单位。

（三）准备资料。被检查单位根据监督检查工作的有关要求准备相关资料。

（四）现场检查。检查组根据需要对被检查单位进行现场检查，并就检查结果与被检查单位进行沟通和交流。

（五）结果处理。针对监督检查中发现的问题，按照相关制度规定进行处理。

第十二条 项目推荐单位应积极督促承担单位及项目负责人按照要求提供科技经费监督检查所需的各种材料，保证其完整性、真实性，并对信息虚假导致的后果承担责任。

第十三条 充分发挥专家和第三方机构对监督工作的咨询作用，建立对专家和中介服务机构的遴选、考核和评价制度。

第四章 奖惩措施

第十四条 建立健全项目经费监督管理信息数据库，全面记录省级财政项目经费监督计划、组织实施情况、监督检查结果以及整改落实情况等。根据监督检查结果对相关单位和人员在经费监督管理方面的信用状况进行评价和记录，对长期信用良好、无重大违规行为的承担单位，纳入项目经费监督管理优秀单位名单，同等条件下申报省级科技计划项目优先考虑支持；对严重失信者，将其纳入科研诚信体系"黑名单"，一定期限内不得申请省级科技计划项目。

第十五条 承担单位是项目经费监督管理的责任主体，应切实加强项目经费的监督管理。对因内部管理制度不健全、监管责任落实不到位、会计核算不规范等造成重大损失的，省科技厅将通过限期整改、停拨经费、通报批评、追回经费、取消项目申报资格等措施进行处罚。

第十六条 项目负责人是项目经费管理的直接责任人，项目负责人及项目组成员在预算申报、预算执行、财务验收等方面存在违规、违纪、违法等情况，省科技厅将通过限期整改、通报批评、终止项目、追回经费、取消项目申报资格等措施进行处罚。

第十七条 项目推荐单位，未按要求履行科技经费监督责任造成重大损失的，将取消其项目推荐资格。

第十八条 省科技厅将进一步加强对参与项目经费监督检查工作的第三方机构的管理，建立规范的遴选、委托、管理机制，对发现的违规、违纪第三方机构，将通过限期整改、通报批评、取消资格等方式进行处罚。

第五章 附则

第十九条 本办法自2018年12月11日起实施，有效期至2023年12月11日。2013年8月1日印发的《陕西省科技计划经费监督管理办法》（陕科条发〔2013〕104号）文件同时废止。

陕西省科学技术厅关于印发《陕西省重点研发计划管理办法（暂行）》的通知

(陕科发〔2019〕3号)

各设区市、杨凌示范区、韩城市科技局，各有关单位：

为建立健全省级科技计划管理制度体系，规范省级重点研发计划的管理，根据《陕西省人民政府关于改进加强省级财政科技计划和项目资金管理的实施意见》（陕政发〔2017〕22号）精神，我厅制定了《陕西省重点研发计划管理办法（暂行）》，现印发给你们，请遵照执行。

附件：陕西省重点研发计划管理办法（暂行）

陕西省科学技术厅
2019年5月8日

陕西省重点研发计划管理办法（暂行）

第一章 总则

第一条 为规范陕西省重点研发计划的管理，根据《陕西省人民政府关于改进加强省级财政科技计划和项目资金管理的实施意见》（陕政发〔2017〕22号）及中省有关政策规定，制订本办法。

第二条 陕西省重点研发计划按照全面统筹科技资源、一体化组织实施思路，坚持"围绕产业链部署创新链、围绕创新链培育产业链"，重点支持市场不能有效配置资源的基础前沿、社会公益、重大共性关键技术研究、产品研发、试验推广及国际合作等公共科技活动。鼓励产学研用协同创新，为我省经济社会发展提供支撑。

第三条 陕西省重点研发计划主要包括：一般项目、重点项目、重点产业创新链、国际科技合作项目等。

第四条 陕西省重点研发计划的组织实施管理遵循下列原则：

（一）坚持需求导向、突出重点的原则。面向我省经济社会发展的战略需求，大力支持自主创新，着力解决当前及未来发展面临的科技瓶颈和突出问题，发挥全局性、综合性带动作用。

（二）坚持统筹规划、择优扶持的原则。强化顶层设计与统筹规划，发挥政产学研用各方作用，协同联动。坚持政府统一布局与自由申报相结合，坚持规范透明，竞争择优。

（三）坚持科学管理、目标导向的原则。围绕重点研发计划确定的各项目标，遵循规律、科学施策、精准管理，强化绩效考核和成果应用。

第五条 陕西省重点研发计划纳入"陕西省科技业务综合管理系统"进行全流程管理，实现申报、评审、立项、验收等过程"可申诉、可查询、可追溯"。

第二章　管理职责

第六条　省科技厅全面负责陕西省重点研发计划的组织实施，其主要职责是：

（一）研究制定陕西省重点研发计划管理制度；

（二）研究提出重点研发需求、总体任务布局及设置建议；

（三）组织编制并发布年度项目申报指南；

（四）负责或委托项目管理专业机构开展项目受理、项目评审、过程管理、结题验收等工作；

（五）编制并下达陕西省重点研发计划项目的年度科技计划，与项目承担单位签订项目合同（任务）书，拨付项目经费；

（六）依据项目批复要求和合同（任务）书对项目实施过程进行监督，处理项目执行中的重大问题；

（七）建立科研信用评价和管理制度，在项目申报、评审、执行、验收、绩效评价过程中，对项目申报单位、项目承担单位、项目负责人、项目参与人、评审咨询专家等的科研信用进行全程监管和记录；

（八）负责项目成果的登记管理工作。按照有关政策法规加强管理，推动重点研发计划项目的知识产权保护和转化应用。

第七条　项目推荐部门，包括市级科技管理部门以及其他符合条件的组织机构等，其主要职责是：

（一）负责对项目申报、合同签订、项目实施、项目调整、结题验收等进行审核审查；

（二）配合开展相关监督与评估工作。

第八条　项目承担单位负责项目的具体组织实施工作，需进一步强化法人责任。其主要职责是：

（一）按照签订的项目合同（任务）书组织实施项目，履行合同（任务）书各项条款，落实配套条件，完成项目研发任务和目标；

（二）严格执行国家及我省各项相关管理规定，建立健全科研、财务、诚信等内部管理制度，落实国家及我省激励科研人员的政策措施；

（三）按要求及时组织开展对项目执行情况的自查，并编报项目执行情况报告、信息报表、科技报告等；

（四）及时报告项目执行中出现的项目承担单位、项目负责人、项目实施周期、项目主要研究目标和考核指标等重大事项调整或变更申请，按程序报批需要调整的事项；

（五）接受指导、检查并配合做好监督、评估、验收和绩效评价等工作；

（六）履行保密、知识产权保护等责任和义务，推动项目成果转化应用。

第三章　项目申报与立项

第九条　省科技厅根据全省科技发展规划和省委省政府重大工作部署，围绕全省经济社会发展中的重大科技需求，每年编制发布陕西省重点研发计划项目申报指南。

第十条　项目申报指南编制工作采取需求征集、座谈调研、专家论证等形式，广泛听取高校、科研院所、企业、其他社会组织等各方意见及建议，并向社会正式公开发布。

第十一条　项目申报指南应明确项目遴选方式。重点研发计划一般采取公开竞争的方式择优遴选项目承担单位。对目标明确、技术路线清晰、优势集中的重大重点科技项目，可采取定向择优或定向委托等方式确定承担单位。

第十二条 陕西省境内具有较强科研能力和条件、运行管理规范、具有独立法人资格的高校、科研院所、企业、其他社会组织等，可根据项目申报指南，通过"陕西省科技业务综合管理系统"进行申报。多个单位组成申报团队联合申报的，应事先签订合作协议，并明确项目牵头单位，承担主体任务。

第十三条 申报项目应明确项目负责人。项目负责人应具有领导和组织开展创新性研究的能力，科研信用记录良好，年龄、工作时间、工作地点、职称等均符合要求。项目负责人按相关规定实行限项申报管理。

第十四条 项目申报单位和项目负责人在申报时须签署科研诚信承诺书，对材料的真实性和完整性等作出信用承诺。有严重不良科研、社会信用记录的单位和个人，不得申报项目。

第十五条 省科技厅或委托项目管理专业机构对申报的项目进行形式审查，主要包括申请计划类别是否准确，研发领域是否符合项目申报指南支持方向，项目负责人、申报单位是否符合规定条件，相关证明材料及附件是否齐全等。

第十六条 对通过形式审查的项目，省科技厅组织或委托项目管理专业机构通过网络评审、会议评审、答辩评审等方式进行评审论证。

一般项目组织专家通过网络评审或会议评审进行。

重大重点项目采用答辩评审，由同行专家根据项目的必要性、创新性、基础条件和研究能力等进行综合评审。

第十七条 项目评审专家从专家库中随机抽取，并遵循回避制度和轮换机制。重大重点项目评审专家组中外省专家比例原则上应超过50%。

第十八条 通过专家评审的重大重点项目须进行现场实地考察。主要察看项目申报单位是否具备项目实施的基本条件，有关实际情况是否与申报材料一致等。

第十九条 省科技厅依据专家评审、现场实地考察等情况，结合年度重点科技工作、专项经费预算等确定拟立项项目，经会商省财政厅后，下达正式立项文件。

第二十条 项目立项后，项目承担单位在规定时间签订"陕西省重点研发计划项目合同（任务）书"，合同（任务）书中的考核指标和目标任务等关键内容应与项目申报书中保持一致，无正当理由逾期未签订合同（任务）书的视为自动放弃立项。

第四章 项目实施

第二十一条 项目合同（任务）书正式签订后，项目承担单位、参加单位、项目负责人应围绕项目合同（任务）书约定的研究内容和目标任务，认真履行各自的责任和义务，在项目实施过程中加强工作协同配合，保证项目的顺利实施。

第二十二条 项目实施情况实行报告制度。

（一）实行项目年度报告制度。对于重大重点项目，项目承担单位应按照要求提交项目年度执行情况报告。对项目的实施情况、目标实现情况、成果产出情况、经费支出情况等进行报告。

（二）重要事件报告。原则上项目承担单位、负责人、目标任务、研究内容等不得变更，如遇不可抗力因素确需调整的，应及时向省科技厅报批。其他一般性事项的调整，由项目承担单位负责审批并报省科技厅备案。

（三）实行科技报告制度。项目负责人须按照《陕西省科技报告管理办法》的相关规定，在线填写并提交科技报告。项目产生的科学数据，须按照陕西省科学数据管理的有关规定，一并提交。

第二十三条 项目执行中出现严重的知识产权纠纷、组织管理不力或者发生重大问题导致项目无法进行、严重违规违纪行为和严重科研不端行为，并且不按规定进行整改或拒绝整改；完成项目任务所需的资金、原材料、人员、支撑条件等未落实或发生改变导致研究无法正常进行；或出现项目合同（任务）书规定其他可以撤销或终止的情况，项目合同（任务）书签署方均可提出撤销或终止项目的建议。

对于因人为因素等非正当理由致使项目撤销或终止的，省科技厅调查核实后，评估明确责任人和责任单位，并纳入科研诚信记录。

第二十四条 撤销或终止项目的，项目承担单位应对已开展工作、经费使用、已购置设备仪器、阶段性成果、知识产权等情况做出书面报告，经省科技厅或项目管理专业机构核查确认后，依规完成后续相关工作。

第二十五条 陕西省重点研发计划项目资金必须专款专用、单独核算、注重绩效，财政资金需严格执行中省科研经费管理的有关规定，项目承担单位需加强监管，确保专项资金合理合规使用。

第五章 项目验收

第二十六条 项目实施期满应进行结题验收，项目负责人需填写验收申请书，经项目承担单位审核后报省科技厅或项目管理专业机构。

第二十七条 项目承担单位申请验收时，须编制项目经费决算报告，财政资金支持30万元以上的须进行专项审计，具体要求按《陕西省科技计划项目经费监督管理办法》执行。

第二十八条 项目验收由省科技厅或省科技厅委托项目管理专业机构负责，以项目合同（任务）书为主要依据，组织技术、财务、管理、产业等领域专家对约定的考核指标、绩效指标、财务执行情况等进行一次性综合评价。

第二十九条 项目验收方式根据实际情况可采取现场考察、会议答辩、材料评定、函审等形式。专家组在审阅资料、听取汇报、实地考核、观看演示、提问质询等的基础上，按照通过验收、准予结题或不通过验收三种情况形成验收结论。

按期完成项目合同（任务）书确定的目标和任务80%以上的，为通过验收；

完成项目合同（任务）书确定任务的50%以上，但未达到80%的，且有正当理由的，按照准予结题处理；

未完成项目合同（任务）书确定任务50%以上，或有下列情形之一的，按照不通过验收处理：

（一）项目执行中出现严重知识产权纠纷的；
（二）项目实施过程中出现严重违规违纪行为的；
（三）出现严重科研不端行为的；
（四）出现问题不按规定要求进行整改或拒绝整改的；
（五）拒不配合项目考察检查或财务审计的；
（六）弄虚作假，提供虚假验收材料的；
（七）对重大报告事件未按要求履行报批程序的；
（八）不按要求提交科技报告的；
（九）项目合同（任务）书规定其他可以撤销或终止的情况。

未通过验收且超期不到1年的项目，给予半年整改时间后须重新申请验收；超期1年以上的，按不通过验收处理。

对项目执行期内由于不可抗力等特殊原因无法继续实施或完成目标任务的，按终止结题处理。

第三十条 项目承担单位应在项目合同（任务）书规定的项目执行期满前3个月内提交验收申请。由于客观原因需要延期验收的，项目承担单位应按照相关规定向省科技厅提出申请。

第三十一条 项目执行期满后6个月内未提交验收申请或延期申请的，省科技厅将有关单位或责任人纳入科研诚信记录。项目因故不能按期完成的，项目承担单位应提前3个月申请延期，最长延期时间为1年，经省科技厅批准后按新方案执行；如未能批准，项目仍需按原定期限进行验收。

第三十二条 经过验收的项目由省科技厅向项目承担单位出具项目验收意见。

第三十三条 省科技厅将进一步加强对通过验收项目的绩效评价，重点评价项目产出结果、经济社会效益、重大影响、典型案例等，并将绩效评价结果作为后续支持的重要依据。

第六章 成果管理

第三十四条 建立规范、健全的项目科学数据和科技报告档案。项目承担单位按照有关规定和要求，按时报送科学数据、科技报告等，并进行成果登记。

第三十五条 项目形成的研究成果包括论文、专著、专利、软件、数据库、样机、样品等，应标注"陕西省重点研发计划项目资助"及项目编号，作为验收或评估的确认依据。[英文标注："Key Research and Development Program of Shaanxi（Program No.********）"]

第三十六条 项目实施形成的知识产权的归属、使用和转移，按国家有关法规执行。项目协作相关单位应事先签署正式协议，约定成果和知识产权的归属及权益分配。

第七章 监督与评估

第三十七条 陕西省重点研发计划建立全过程嵌入式的监督评估机制。监督工作依据相关制度规定，对指南编制、专家遴选、项目立项、实施、验收等工作中相关主体的行为规范、工作纪律、履职尽责情况等进行监督，创造公平公开公正的科研环境，提高创新绩效。

第三十八条 监督评估工作应先行制订年度工作方案，明确当年监督评估的范围、重点、时间、方式等，避免交叉重复，加强各类监督结果的共用共享。监督工作不得干涉正常的具体项目管理工作，不得额外增加项目承担单位的负担。

第三十九条 建立公众参与监督的工作机制。除涉密及法律法规另有规定的，及时向社会公开科研项目的相关信息，接受社会监督，推动和改进相关工作。项目承担单位应当在单位内部公开项目立项、主要研究人员、科研资金使用、项目合作单位、大型仪器设备购置以及研究成果情况等信息，加强内部监督。

第四十条 结合我省社会信用体系建设和科研信用管理实际，逐步建立科研信用管理机制。在项目管理中发现有以下情况，由省科技厅视情况对项目承担单位或项目负责人予以通报批评、中止项目实施、撤销项目、追回已拨付项目资金等；情节严重者，3年内不再受理该项目负责人申报的项目。

（一）无正当理由，不按期如实填报项目年度执行报告；

（二）截留、挪用、挤占项目经费；

（三）擅自停止项目实施或变更项目合同（任务）书内容；

（四）项目完成后不按期申请验收；

（五）在项目申请、实施和验收等方面有弄虚作假行为；

（六）因主客观条件的变化，使项目不能按合同（任务）书规定实施。

第四十一条 推进陕西省科技活动中失信联合惩戒、守信联合激励机制建设，对于被"陕西信用"网列入"黑名单"的单位和个人，禁止申报陕西省重点研发计划项目。

第八章 附则

第四十二条 陕西省重点研发计划下的各类项目如需特殊规定的，可结合实际管理需要，制订相应的管理办法或实施细则。

第四十三条 本办法由省科学技术厅负责解释。

第四十四条 本办法自 2019 年 6 月 15 日实施，有效期至 2021 年 6 月 14 日。

陕西省科学技术厅关于印发《陕西省自然科学基础研究计划管理办法（暂行）》的通知

（陕科发〔2019〕4号）

各设区市、杨凌示范区、韩城市科技局，各有关单位：

为建立健全省级科技计划管理制度体系，规范省级自然科学基础研究计划的管理，根据《陕西省人民政府关于改进加强省级财政科技计划和项目资金管理的实施意见》（陕政发〔2017〕22号）精神，我厅制定了《陕西省自然科学基础研究计划管理办法（暂行）》，现印发给你们，请遵照执行。

附件：陕西省自然科学基础研究计划管理办法（暂行）

陕西省科学技术厅
2019年5月8日

附件

陕西省自然科学基础研究计划管理办法（暂行）

第一章 总则

第一条 为进一步规范和加强我省自然科学基础研究计划管理，提高自主创新能力，凝聚和培养科技人才，促进科学技术进步和经济社会发展，依据《陕西省人民政府关于改进加强省级财政科技计划和项目资金管理的实施意见》（陕政发〔2017〕22号）、《陕西省人民政府关于加强基础科学研究的实施意见》（陕政发〔2018〕38号）及中省有关政策和规定，制订本办法。

第二条 陕西省自然科学基础研究计划设立宗旨是：强化基础研究，瞄准科技前沿，推动原始性创新，培育自主知识产权，既出高水平成果，又出高层次创新人才；加强应用基础研究，提高科技持续创新能力，促进科学技术进步和经济社会可持续发展。

第三条 陕西省自然科学基础研究计划贯彻"尊重科学、发扬民主、促进合作、激励创新"的原则。主要任务是贯彻落实国家和陕西省科技创新发展战略，加强创新源头供给。

第四条 陕西省自然科学基础研究计划通过项目组织实施，主要包括：一般项目（含面上项目和青年人才项目）、重点项目、重大项目、杰出青年项目和企业联合基金项目。

第二章 管理职责

第五条 陕西省自然科学基础研究计划的组织由陕西省科学技术厅（以下简称"省科技厅"）和项目承担单位共同负责。

第六条 陕西省自然科学基础研究计划项目（以下简称"项目"）依托"陕西省科技业务综合管理系统"进行管理，采取"自由申报、单位推荐、专家评审、择优资助"的组织方式。

第七条 省科技厅是项目的组织管理部门，负责陕西省自然科学基础研究计划相关政策、战略、规划和指南的制定，选择委托项目管理专业机构协助开展项目管理工作。

第八条 项目承担单位负责项目实施的组织协调和保障工作，应落实单位法人主体责任，加强内部监管，对项目所有材料真实性负责。项目负责人负责项目的具体实施，向省科技厅按时提交年度报告，按规定进行项目结题，并及时报告项目执行中出现的重大事项。

第三章 项目申报与立项

第九条 指南发布。省科技厅围绕科学前沿及我省经济社会发展需求，根据专家建议，提出年度申报指南，并向社会公开发布。

第十条 项目申请。申请者须依托陕西省境内具有法人资格的单位提出项目申请，按要求在规定时间通过"陕西省科技业务综合管理系统"进行申报。不接收个人独立申请。按相关规定对项目负责人实行限项管理。

第十一条 一般项目研究期 2 年。面上项目申请者年龄当年 1 月 1 日未满 58 周岁，一般应具有副高及以上专业技术职称，中级专业技术职称申报者，须 2 名具有高级专业技术职称的同行专家推荐。青年人才项目支持青年科技人员独立主持科研项目进行创新研究，申请人须具有博士学位，男性年龄当年 1 月 1 日未满 35 周岁，女性年龄当年 1 月 1 日未满 38 周岁。

第十二条 重点项目研究期 3 年。支持具有陕西优势和特色的基础研究和应用基础研究，项目必须依托国家或陕西省重点实验室。申请者须具有副高及以上专业技术职称，年龄当年 1 月 1 日未满 57 周岁（院士除外）。

第十三条 重大项目研究期 3 年。依托科研平台，采用定向委托、定向择优相结合的方式，围绕我省重大产业，开展基础和应用基础研究。申请者须具有副高及以上专业技术职称，年龄当年 1 月 1 日未满 57 周岁（院士除外）。

第十四条 杰出青年项目研究期 3 年。主要资助在我省从事基础研究和应用基础研究，并在理论或技术上已取得突出成绩的青年学者。申请者年龄当年 1 月 1 日未满 42 周岁，须具有副高及以上专业技术职称或者具有博士学位，必须主持过两项以上（含两项）国家级科技项目/课题或陕西省重大重点科技项目（其中须有 1 项国家自然科学基金面上项目）。

第十五条 联合基金项目研究周期不超过 3 年。由省内有创新需求，且具备条件的骨干龙头企业提出需求建议，由省科技厅公开发布指南。

第十六条 项目评审。评审邀请同行专家，采用网络评审、会议评审、视频答辩等方式进行。

第十七条 项目立项。省科技厅根据评审结果，结合年度重点科技工作、专项经费预算等确定拟立项项目，经会商省财政厅后，下达正式立项文件。

第十八条 项目负责人接到立项批复后，在规定时间内填写《陕西省自然科学基础研究计划项目合同（任务）书》，经项目承担单位审定后与省科技厅签订合同，无正当理由逾期未签订的视为自动放弃。

第四章 项目实施

第十九条 项目承担单位应按合同（任务）书的各项约定，监督项目负责人认真履行并按时完成项目研究任务。

第二十条 项目负责人应按照项目合同（任务）书约定开展研究工作，合理安排研究进度，按照合同（任务）书约定时间提交结题验收申请。

第二十一条 项目实施情况实行报告制度。

（一）年度执行报告。重大项目、联合基金项目须按要求每年报告项目实施情况。

（二）重要事件报告。原则上项目承担单位、负责人、目标任务、研究内容等不得变更，如遇不可抗力因素确需调整的，应及时向省科技厅报批。

（三）科技报告。项目负责人须按照《陕西省科技报告管理办法》的相关规定，在线填写并提交科技报告，项目产生的科学数据，须按照陕西省科学数据管理的有关规定，一并提交。

第二十二条 项目资金必须专款专用、单独核算、注重绩效，财政专项资金需严格执行中省科研经费管理的有关规定，项目承担单位需加强监管，确保专项资金合理合规使用。

第五章 项目验收与成果管理

第二十三条 项目执行期满后必须办理结题验收，项目负责人填写验收申请书，经项目承担单位审核后，向省科技厅提出项目结题验收申请。

第二十四条 项目结题验收分为材料验收和会议验收两种形式。一般项目采取材料验收的形式进行；重点项目和杰出青年项目采取会议验收的形式进行；联合基金项目由省科技厅和联合单位共同组织或委托项目管理专业机构进行会议验收。

第二十五条 验收结论分为通过验收、准予结题或不通过验收三种情况。

按期完成项目合同（任务）书确定的目标和任务 80% 以上的，为通过验收；

完成项目合同（任务）书确定任务的 50% 以上，但未达到 80% 的，且有正当理由的，按照准予结题处理；

未完成项目任务书确定任务 50% 以上，或有下列情形之一的，按不通过验收处理；

（一）项目执行中出现严重知识产权纠纷的；

（二）项目实施过程中出现严重违规违纪行为的；

（三）出现严重科研不端行为的；

（四）出现问题不按规定要求进行整改或拒绝整改的；

（五）拒不配合项目考察检查或财务审计的；

（六）弄虚作假，提供虚假验收材料的；

（七）对重大报告事件未按要求履行报批程序的；

（八）不按要求提交科技报告的；

（九）项目合同（任务）书规定其他可以撤销或终止的情况。

未通过验收且超期不到 1 年的项目，给予半年整改时间后须重新申请验收；超期 1 年以上的，按照不通过验收处理。

对项目执行期内由于不可抗力等特殊原因无法继续实施或完成目标任务的，按终止结题处理。

第二十六条 项目除联合基金外，原则上不支持提前验收。需延期验收的项目，项目承担单位应提出书面报告，经批准后可延期验收，原则上延期不超过 1 年。

第二十七条 项目承担单位应按照省科技厅成果登记的规定，在项目结题验收之后及时进行成果登记。

第二十八条 项目形成的研究成果，包括发表论文、出版著作或有关报道，均须进行标注，作为项目结题审查、验收的重要依据。标注格式为："陕西省自然科学基础研究计划资助项目（项目编号×××××）"。英文标注为："Natural Science Basic Research Program of Shaanxi（Program

No.********)"。

第二十九条 项目实施形成的知识产权的归属、使用和转移，按国家有关法规执行。

第六章　监督与评估

第三十条 省科技厅对项目实行信用评价制度。对项目承担单位和项目负责人在项目管理、实施和资金使用方面的信誉度进行评价和记录，评价记录结果作为优先资助或纳入"黑名单"的依据。

第三十一条 省科技厅对通过验收的杰出青年项目和联合基金项目实行绩效评估。验收后进行3~5年绩效追踪，以反映项目实施绩效情况。

第三十二条 结合我省社会信用体系建设和科研信用管理实际，逐步建立科研信用管理机制。在项目管理中发现有以下情况，由省科技厅视情况对项目承担单位或项目负责人予以通报批评、中止项目实施、撤销项目、追回已拨付项目资金等；情节严重者，3年内不再受理该项目负责人申报的项目。

（一）重大项目（含联合基金）无正当理由，不按期如实填报项目年度执行报告；

（二）截留、挪用、挤占项目经费；

（三）擅自停止项目实施或变更项目合同（任务）书内容；

（四）项目完成后不按期申请验收；

（五）在项目申请、实施和验收等方面有弄虚作假行为；

（六）因主客观条件的变化，使项目不能按合同（任务）书规定实施。

第三十三条 推进陕西省科技活动中失信联合惩戒、守信联合激励机制建设，对于被"陕西信用"网列入"黑名单"的单位和个人，禁止申报陕西省自然科学基础研究计划项目。

第七章　附则

第三十四条 本办法由省科学技术厅负责解释。

第三十五条 本办法自2019年6月15日起实施，有效期至2021年6月14日。

陕西省科学技术厅关于印发《陕西省技术创新引导计划（基金）管理办法（暂行）》的通知

(陕科发〔2019〕5号)

各设区市、杨凌示范区、韩城市科技局，各有关单位：

为建立健全省级科技计划管理制度体系，规范省级技术创新引导计划（基金）的管理，根据《陕西省人民政府关于改进加强省级财政科技计划和项目资金管理的实施意见》（陕政发〔2017〕22号）精神，我厅制定了《陕西省技术创新引导计划（基金）管理办法（暂行）》，现印发给你们，请遵照执行。

附件：陕西省技术创新引导计划（基金）管理办法（暂行）

陕西省科学技术厅
2019年5月8日

陕西省技术创新引导计划（基金）管理办法（暂行）

第一章　总则

第一条　为加强陕西省技术创新引导计划（基金）的规范化管理，根据《陕西省人民政府关于改进加强省级财政科技计划和项目资金管理的实施意见》（陕政发〔2017〕22号）及中省有关政策和规定，制定本办法。

第二条　陕西省技术创新引导计划（基金）设立的主要任务是：培育和孵化科技型企业，支持以企业为主体的"产学研用"联合协同创新活动，促进科技成果转移转化和资本化、产业化。营造良好的创新创业环境，引导企业加大科技投入，成为技术创新决策、投入、组织和成果转化的主体。

第三条　陕西省技术创新引导计划（基金）下设四类子计划，包括科技企业培育计划、区域创新能力引导计划、科技成果转化计划、产学研协同计划；及陕西省科技成果转化引导基金。财政资金支持方式包括：无偿资助、股权投入、后补助等。陕西省科技成果转化引导基金依据相关管理办法组织实施。

第四条　陕西省技术创新引导计划（基金）的管理原则：

（一）坚持需求导向、目标导向。围绕全省产业发展和区域结构调整，重点培育和支持独角兽企业、瞪羚企业、高新技术企业、科技型中小企业。

（二）坚持统筹配置，多元投入。发挥财政资金的杠杆作用，探索多元投入方式，通过市场机制引导社会资金和金融资本支持技术创新和成果转化。

（三）坚持科学决策、规范管理的原则。围绕计划确定的各项目标，遵循规律、科学施策、精准管理，强化绩效考核和成果应用。

第五条 对于无偿资助类项目，纳入"陕西省科技业务综合管理系统"进行全流程管理，实现申报、评审、立项、验收等过程"可申诉、可查询、可追溯"。

第二章 管理职责

第六条 省科技厅全面负责陕西省技术创新引导计划（基金）项目的组织与实施。主要职责为：

（一）研究制定管理制度；

（二）研究提出总体任务布局及设置建议；

（三）组织编制并发布年度项目申报指南；

（四）负责或委托项目管理专业机构开展项目受理、项目评审、过程管理、结题验收等工作；

（五）编制并下达年度计划，与项目承担单位签订项目合同（任务）书，拨付项目经费；

（六）依据项目批复要求和合同（任务）书对项目实施过程进行监督，处理项目执行中的重大问题；

（七）建立科研信用评价和管理制度，在项目申报、评审、执行、验收、绩效评价过程中，对项目申报单位、项目承担单位、项目负责人、项目参与人、评审咨询专家等的科研信用进行全程监管和记录。

（八）负责项目成果的登记管理工作。按照有关政策法规加强管理，推动技术创新引导计划（基金）项目的知识产权保护和转化应用。

第七条 项目推荐部门，包括市（区）级科技管理部门及其他符合条件的组织机构等，其主要职责是：

（一）负责对项目申报、合同签订、项目实施、项目调整、结题验收等进行审核审查；

（二）配合开展相关监督与评估工作。

第八条 项目承担单位的主要职责是：

（一）按照签订的项目合同（任务）书组织实施项目，履行合同（任务）书各项条款，落实配套条件，完成项目研发任务和目标；

（二）严格执行国家及省上各项相关管理规定，建立健全科研、财务、诚信等内部管理制度，落实国家及我省激励科研人员的政策措施；

（三）按要求及时组织开展对项目执行情况的自查，并编报项目执行情况报告、信息报表、科技报告等；

（四）及时报告项目执行中出现的项目承担单位、项目负责人、项目实施周期、项目主要研究目标和考核指标等重大事项调整或变更，按程序报批需要调整的事项；

（五）接受指导、检查并配合做好监督、评估、验收和绩效评价等工作；

（六）履行保密、知识产权保护等责任和义务，推动项目成果转化应用。

第三章 项目组织与实施

第九条 科技企业培育计划。对于符合条件的科技型企业，实行后补助支持。

第十条 区域创新能力引导计划。参照重点产业创新链组织方式，由各市（区）科技部门具体组织实施。

（一）省科技厅在征集特色产业发展和区域科技创新需求的基础上，会同各市（区）科技管理部门，编制申报指南。

（二）各市（区）科技管理部门负责发布申报指南，并组织项目评审、立项、项目实施、结题验收等工作。

第十一条　科技成果转化计划。实行自由申报，参照《陕西省重点研发计划管理办法》执行。

第十二条　产学研协同计划。鼓励重点实验室、工程技术研究中心开放共享，为科技型中小企业服务，按企业实际支付研发费用给予研发项目后补助支持。

第四章　成果管理

第十三条　建立规范、健全的项目科学数据和科技报告档案。项目承担单位按照有关规定和要求，按时上报科学数据、科技报告等，并进行成果登记。

第十四条　项目实施形成的研究成果，包括论文、专著、专利、软件、数据库等，均应标注"陕西省技术创新引导计划（基金）资助项目"及项目编号，作为验收或评估的确认依据。［英文标注："Technology Innovation Leading Program of Shaanxi（Program No.********）"］。

第十五条　项目实施形成的知识产权的归属、使用和转移，按国家有关法规执行。

第五章　监督与评估

第十六条　陕西省技术创新引导计划（基金）建立全过程嵌入式的监督评估机制，规范相关主体行为，创造公平公正的科研环境，提高创新绩效。

第十七条　监督评估工作一般应先行制定年度工作方案，明确当年监督评估的范围、重点、时间、方式等，避免交叉重复，加强各类监督结果的共用共享。监督工作不得干涉正常的具体项目管理工作，不得额外增加项目承担单位的负担。

第十八条　监督评估工作应以陕西省技术创新引导计划（基金）的相关制度规定、项目申报指南、合同（任务）书、协议、诚信承诺书等为依据，由省科技厅会同其他项目参与部门组织开展，对指南编制、专家遴选，以及项目立项、实施、验收等工作中相关主体的行为规范、工作纪律、履职尽责情况等进行监督。

第十九条　建立公众参与监督的工作机制。除涉密及法律法规另有规定的，及时向社会公开科研项目的相关信息，接受社会监督，推动和改进相关工作。项目承担单位应当在单位内部公开项目立项、主要研究人员、科研资金使用、项目合作单位、大型仪器设备购置以及研究成果情况等信息，加强内部监督。

第二十条　结合我省社会信用体系建设和科研信用管理实际，逐步建立科研信用管理机制。在项目管理中发现有以下情况者，由省科技厅视情况对项目承担单位或项目负责人予以通报批评、中止项目实施、撤销项目、追回已拨付项目资金等。情节严重者，三年内不再受理该项目负责人申报的项目。

（一）无正当理由，不按期如实填报项目年度执行报告；

（二）截留、挪用、挤占项目经费；

（三）擅自停止项目实施或变更项目合同（任务）书内容；

（四）项目完成后不按期申请验收；

（五）在项目申请、实施和验收等方面有弄虚作假行为；

（六）因主客观条件的变化，使项目不能按合同（任务）书规定实施。

第二十一条　推进陕西省科技活动中失信联合惩戒、守信联合激励机制建设，对于被"陕西信用"网上列入黑名单的单位和个人，禁止申报陕西省技术创新引导计划（基金）项目。

第六章 附则

第二十二条 陕西省技术创新引导计划（基金）涉及的各类项目依据本办法执行。如需特殊规定的，可结合实际管理需要，制定相应的管理办法或实施细则。

第二十三条 本办法由省科技厅负责解释。

第二十四条 本办法自2019年6月15日起实施，有效期至2021年6月14日。

陕西省科学技术厅关于印发《陕西省创新能力支撑计划管理办法（暂行）》的通知

（陕科发〔2019〕6号）

各设区市、杨凌示范区、韩城市科技局，各有关单位：

为建立健全省级科技计划管理制度体系，规范省级创新能力支撑计划的管理，根据《陕西省人民政府关于改进加强省级财政科技计划和项目资金管理的实施意见》（陕政发〔2017〕22号）精神，我厅制定了《陕西省创新能力支撑计划管理办法（暂行）》，现印发给你们，请遵照执行。

附件：陕西省创新能力支撑计划管理办法（暂行）

陕西省科学技术厅
2019年5月8日

陕西省创新能力支撑计划管理办法（暂行）

第一章 总则

第一条 为加强陕西省创新能力支撑计划的管理，科学布局和实施陕西省创新能力支撑计划，依据《陕西省人民政府关于改进加强省级财政科技计划和项目资金管理的实施意见》（陕政发〔2017〕22号）和中省有关政策规定，制订本办法。

第二条 陕西省创新能力支撑计划旨在促进创新政策和科技规划前瞻性研究，支持搭建创新创业平台（基地）建设，培养和造就高水平创新人才和科研团队，为我省贯彻实施创新驱动发展战略提供支撑。

第三条 陕西省创新能力支撑计划通过项目方式组织实施。该计划下设项目（软科学研究计划）、人才（青年科技新星、科技创新团队）、平台（科技资源共享服务平台、重点实验室、工程技术研究中心）、基地（高新区、"双创"基地、农业科技园区、可持续发展创新示范区、产业技术创新战略联盟、临床医学研究中心、国际科技合作基地）等。主要支持方式包括无偿资助、后补助、奖励等。该计划下设项目可采取集中申报、统一评审方式确定，也可按照"成熟一个，论证一个"的方式分批认定。

第四条 陕西省创新能力支撑计划按照"统筹布局、择优支持、加强引导、动态调整"的原则组织实施。

第二章 管理职责

第五条 省科技厅全面负责陕西省创新能力支撑计划项目的组织与实施，其主要职责包括：

（一）组织编制并发布项目申报指南；

（二）组织或委托项目管理专业机构评审项目，提出立项建议；

（三）编制并下达年度计划，与项目承担单位签订项目合同（任务）书或后补助协议，拨付项目经费；

（四）依据项目合同（任务）书监督项目实施过程，处理项目执行中的重大问题；

（五）组织项目验收或平台（基地）组建、认定、评估、复核、绩效评价等；

（六）建立信用管理制度，对项目承担单位、项目负责人、平台依托单位、平台负责人、评审咨询专家等实施信用管理；

（七）负责项目成果的登记管理工作。按照有关政策法规加强管理，推动知识产权保护和转化应用。

第六条 项目推荐部门，包括市级科技管理部门及其他符合条件的组织机构，其主要职责是：

（一）负责对项目申报、合同签订、项目实施、项目调整、结题验收等进行审核审查；

（二）配合开展相关监督与评估工作。

第七条 项目承担单位负责项目的具体组织实施工作，需进一步强化法人责任。主要职责是：

（一）按照签订的项目合同（任务）书组织实施项目，履行任务书各项条款，落实配套条件，完成项目研发任务和目标；

（二）严格执行国家及省上各项相关管理规定，建立健全科研、财务、诚信等内部管理制度，落实国家及我省激励科研人员的政策措施；

（三）按要求及时组织开展对项目执行情况的自查，并编报项目执行情况报告、信息报表、科技报告等；

（四）及时报告项目执行中出现的项目承担单位、项目负责人、项目实施周期、项目主要研究目标和考核指标等重大事项调整或变更申请，按程序报批需要调整的事项；

（五）接受指导、检查并配合做好监督、评估、验收和绩效评价等工作；

（六）履行保密、知识产权保护等责任和义务，推动项目成果转化应用。

第三章 项目申报与立项

第八条 省科技厅围绕贯彻落实省委省政府的重大战略部署和相关战略规划，会同相关部门和单位，在组织专家进行咨询论证的基础上，研究提出年度总体任务及下设计划的支持方向，编制年度申报指南，公开发布。

第九条 项目申报指南应明确项目遴选方式。创新能力支撑计划以公开竞争择优为主要遴选方式。对于组织强度要求较高、行业内优势单位较为集中、典型应用示范区域特征明显的软科学研究计划重点项目，可采取定向委托方式确定项目承担单位。

平台（基地）类项目根据年度部署领域，采取公开征集、自由申报、逐一审核的方式，在符合组建（构建）条件的申报单位中择优确定依托单位。

第十条 项目申报指南应明确申报材料报送要求和形式审查条件。自发布项目申报指南到截止项目申报受理，原则上不少于 50 日。

第十一条 项目（平台）均实行网上申报，应符合以下要求：

（一）项目（平台）申报单位应为陕西省境内的高等院校、科研院所、产学研合作的联合体、企业，以及其他符合条件的组织机构。项目申报单位应具有项目实施的基础条件和人才技术条件。

（二）项目（平台）负责人应为项目申报单位的在职人员，具备完成项目研究任务的理论知识和工作基础，具有较强的组织科研活动的能力，科研信用记录良好。按相关规定对项目负责人实行限项管理。

第十二条 项目申报单位和项目负责人在申报时须签署科研诚信承诺书，对材料的真实性和完整性等作出信用承诺。有严重不良科研、社会信用记录的单位和个人，不得申报项目。

第十三条 省科技厅组织或委托专业机构对项目（平台）申报材料进行形式审查。对通过形式审查的项目，省科技厅组织专家进行技术评审。

第十四条 项目评审专家应从陕西省科技专家库中按照专业领域、研究方向随机选取，并实行回避制度和轮换机制。根据评审需要可邀请外省专家参与评审工作。

第十五条 项目评审方式包括网络评审、会议评审、答辩评审等。具体方式由省科技厅根据项目具体情况确定。

第十六条 省科技厅根据评审结果，结合年度重点科技工作、专项经费预算等确定拟立项项目，经会商省财政厅后，下达正式立项文件。对申请组建（认定、复核、评估）的省级平台出具相关批复意见。

第十七条 项目承担单位在收到立项通知后，于规定时间内在线填写项目合同（任务）书或后补助协议，无正当理由逾期未填写并签订的项目合同（任务）书的，视为自动放弃立项。

第四章　项目实施

第十八条 项目合同（任务）书正式签订后，项目承担单位、参加单位、项目负责人应围绕项目合同（任务）书约定的研究内容和目标任务，认真履行各自的责任和义务，在项目实施过程中加强工作协同配合，保证项目的顺利实施。

第十九条 项目实施情况实行报告制度。

（一）实行项目年度报告制度。对于重大重点项目，项目承担单位应按照要求提交项目年度执行情况报告。对项目的实施情况、目标实现情况、成果产出情况、经费支出情况等进行报告。

（二）重要事件报告。原则上项目承担单位、负责人、目标任务、研究内容等不得变更，如遇不可抗力因素确需调整的，应及时向省科技厅报批。其他一般性事项的调整，由项目承担单位负责审批并报省科技厅备案。

（三）实行科技报告制度。项目负责人须按照《陕西省科技报告管理办法》的相关规定，在线填写并提交科技报告。项目产生的科学数据，须按照陕西省科学数据管理的有关规定，一并提交科学数据。

第二十条 项目因故无法完成而需要提前中止时，项目承担单位应对已开展工作、经费使用、已购置设备仪器、阶段性成果、知识产权等情况做出书面报告，经省科技厅组织核查批准后，依据项目验收规定完成后续相关工作。因非正当理由致使项目终止的，省科技厅应通过调查核实后明确责任人和责任单位，纳入科研诚信记录。

第二十一条 陕西省创新能力支撑计划项目资金必须专款专用、单独核算、注重绩效，财政专项资金需严格执行中省科研经费管理的有关规定，项目承担单位需加强监管，确保专项资金合理合规使用。

第五章　项目验收

第二十二条 项目实施期满应进行结题验收，项目负责人应在线填写验收申请书，经项目承担单位审核后，向省科技厅提出项目结题验收申请。

第二十三条 项目承担单位申请验收时，须编制项目经费决算报告，财政资金支持30万元以上的须进行专项审计，具体要求按《陕西省科技计划项目经费监督管理办法》执行。

第二十四条 项目验收由省科技厅组织或委托项目管理专业机构负责，以项目合同（任务）书为主要依据，组织技术、财务、管理、产业等领域专家对约定的考核指标、绩效指标、财务执行情况等进行一次性综合评价。

平台（基地）、人才、团队验收依据相关管理办法执行。

第二十五条 项目验收方式根据实际情况可采取现场考察、会议答辩、材料评定、函审等形式。专家组在审阅资料、听取汇报、实地考核、观看演示、提问质询等的基础上，按照通过验收、准予结题或不通过验收三种情况形成验收结论。

按期完成项目合同（任务）书确定的目标和任务80%以上的，为通过验收；

完成项目合同（任务）书确定任务的50%以上，但未达到80%的，且有正当理由的，按照结题处理；

未完成项目合同（任务）书确定任务50%以上，或有下列情形之一的，按照不通过验收处理：

（一）项目执行中出现严重知识产权纠纷的；

（二）项目实施过程中出现严重违规违纪行为的；

（三）出现严重科研不端行为的；

（四）出现问题不按规定要求进行整改或拒绝整改的；

（五）拒不配合项目考察检查或财务审计的；

（六）弄虚作假，提供虚假验收材料的；

（七）对重大报告事件未按要求履行报批程序的；

（八）不按要求提交科技报告的；

（九）项目合同（任务）书规定其他可以撤销或终止的情况。

未通过验收且超期不到1年的，给予半年整改时间后须重新申请验收；超期1年以上的，按照不通过验收处理。

对项目执行期内由于不可抗力等特殊原因无法继续实施或完成目标任务的，按照终止结题处理。

第二十六条 项目承担单位应在项目合同（任务）书规定的项目执行期满前3个月内提交验收申请。由于客观原因需要延期验收的，项目承担单位应按照相关规定向省科技厅提出申请。

第二十七条 项目执行期满后6个月内未提交验收申请或延期申请的，省科技厅将有关单位或责任人纳入科研诚信记录。项目因故不能按期完成的，项目承担单位应提前3个月申请延期，最长延期时间为1年，经省科技厅批准后按新方案执行；如未能批准，项目仍需按原定期限进行验收。

第二十八条 经过验收的项目由省科技厅向项目承担单位出具项目验收意见。

第二十九条 省科技厅将进一步加强对通过验收项目的绩效评价，重点评价项目产出结果、经济社会效益、重大影响、典型案例等，并将绩效评价结果作为后续支持的重要依据。

第六章 成果管理

第三十条 建立规范、健全的项目科学数据和科技报告档案。项目承担单位按照有关规定和要求，按时报送科学数据、科技报告等，并进行成果登记。

第三十一条 项目形成的研究成果包括论文、专著、专利、软件、数据库、样机、样品等，应标注"陕西省创新能力支撑计划资助"及项目编号，作为验收或评估的确认依据。[英文标注："Innovation Capability Support Program of Shaanxi（Program No.********）"]

第三十二条 项目实施形成的知识产权的归属、使用和转移，按国家有关法规执行。相关单位应事先签署正式协议，约定成果和知识产权的归属及权益分配。

第七章 监督与评估

第三十三条 陕西省创新能力支撑计划建立全过程嵌入式的监督评估机制。监督工作依据相关制度规定，对指南编制、专家遴选、项目立项、实施、验收等工作中相关主体的行为规范、工作纪律、履职尽责情况等进行监督，创造公平公开公正的科研环境，提高创新绩效。

第三十四条 监督评估工作应先行制订年度工作方案，明确当年监督评估的范围、重点、时间、方式等，避免交叉重复，加强各类监督结果的共用共享。监督工作不得干涉正常的具体项目管理工作，不得额外增加项目承担单位的负担。

第三十五条 建立公众参与监督的工作机制。除涉密及法律法规另有规定的，及时向社会公开科研项目的相关信息，接受社会监督，推动和改进相关工作。项目承担单位应当在单位内部公开项目立项、主要研究人员、科研资金使用、项目合作单位、大型仪器设备购置以及研究成果情况等信息，加强内部监督。

第三十六条 结合我省社会信用体系建设和科研信用管理实际，逐步建立科研信用管理机制。在项目管理中发现有以下情况，由省科技厅视情况对项目承担单位或项目负责人予以通报批评、中止项目实施、撤销项目、追回已拨付项目资金等；情节严重者，3年内不再受理该项目负责人申报的项目。

（一）无正当理由，不按期如实填报项目年度执行报告；

（二）截留、挪用、挤占项目经费；

（三）擅自停止项目实施或变更项目合同（任务）书内容；

（四）项目完成后不按期申请验收；

（五）在项目申请、实施和验收等方面有弄虚作假行为；

（六）因主客观条件的变化，使项目不能按合同（任务）书规定实施。

第三十七条 推进陕西省科技活动中失信联合惩戒、守信联合激励机制建设，对于被"陕西信用"网列入"黑名单"的单位和个人，禁止申报陕西省创新能力支撑计划计划项目。

第八章 附则

第三十八条 陕西省创新能力支撑计划下设的子计划，可结合实际管理需要，制订相应的管理办法或实施细则。

第三十九条 本办法由省科学技术厅负责解释。

第四十条 本办法自2019年6月15日起实施，有效期至2021年6月14日。

陕西省科学技术厅关于印发《陕西省科技重大专项管理办法（暂行）》的通知

(陕科发〔2020〕1号)

各设区市、杨凌示范区、韩城市科技局，各有关单位：

《陕西省科技重大专项管理办法（暂行）》已经陕西省科技重大专项联席会议审议通过，现印发给你们，请认真贯彻执行。

陕西省科学技术厅
2020年1月10日

陕西省科技重大专项管理办法（暂行）

第一章 总则

第一条 为贯彻落实《陕西省人民政府关于改进加强省级财政科技计划和项目资金管理的实施意见》(陕政发〔2017〕22号)，规范陕西省科技重大专项（以下简称"重大专项"）管理，保证重大专项顺利实施，根据《陕西省科技重大专项组织实施工作规则》有关要求，及国家和我省有关政策规定，特制定本办法。

第二条 重大专项围绕制约我省经济社会发展的重点领域、重点产业的重大科技需求，进行重大关键共性技术攻关、重大产品开发、重大工程建设，推动重大科技成果应用及产业化。

第三条 重大专项由省政府统一领导，采取自上而下、上下结合的方式，经广泛研究论证提出，由省科技重大专项联席会议（以下简称"联席会议"）主导并组织实施。每个重大专项下设若干项目，项目由若干课题组成，各课题围绕项目总体目标承担部分研究任务。

第四条 重大专项的资金筹集坚持多元化原则，以企业投入为主。引导和鼓励金融资本和社会资金投入，产业基金同步跟进。根据重大专项工作任务，合理配置资金，加强审计与监管，提高资金使用效益。

第二章 管理职责

第五条 联席会议是重大专项的决策机构，省科技重大专项联席会议办公室（以下简称"联席会议办公室"）设在省科技厅。联席会议组建重大专项专家综合咨询评审委员会（以下简称"咨评委"）。每个重大专项成立推进工作组和总体专家组。

第六条 联席会议的主要职责包括：

（一）确定重大专项规划布局和年度启动专项；

（二）制定重大专项管理规定和配套政策；

（三）组建咨评委；

（四）听取重大专项年度实施计划及年度工作总结；

（五）对重大专项实施中的重大问题做出决策。

第七条 咨评委是联席会议的咨询机构，主要职责包括：对联席会议办公室起草的重大专项规划、实施方案、重大专项总概算和年度概算进行咨询评议，承担联席会议委托的其他咨询评议工作。

第八条 联席会议办公室负责重大专项综合协调、组织实施和整体推动，主要职责包括：

（一）组织编制重大专项总体规划和阶段性规划；

（二）起草重大专项实施管理的规章制度，研究提出重大专项组织管理、配套政策的建议；

（三）提出年度实施计划，组织起草重大专项实施方案（含总概算和阶段概算）、制定并发布申报指南。负责对各重大专项年度计划（含年度预算，下同）进行综合平衡；

（四）组织受理重大专项项目（课题）申请，组织专家评审。根据各推进工作组建议，统一下达立项通知，与项目（课题）承担单位签订合同（任务）书（含预算书，下同），落实资金安排；

（五）负责重大专项的统筹推进，督促重大专项推进工作组和总体专家组的工作；

（六）组织对专项及项目（课题）进行监测评估、总结验收和绩效评价，总结重大专项实施情况并上报联席会议；

（七）负责汇总重大专项各类信息，对重大专项实施中的重大问题，包括专项目标、技术路线、重大仪器设备概算、实施进度、组织方式等重大调整提出意见；

（八）承担与联席会议成员单位、咨评委成员的日常联络、组织、协调和沟通工作；

（九）负责联席会议日常工作及联席会议交办的其他工作。

第九条 推进工作组是某一重大专项具体实施的组织协调机构，由牵头部门组建，同时建立多部门协调机制。主要职责是：

（一）负责组建总体专家组，结合专家评审结果，提出本重大专项项目（课题）的立项建议；

（二）负责对本重大专项项目（课题）的执行情况进行监督检查，指导督促本重大专项的实施；

（三）研究提出本重大专项组织管理、配套政策等建议，协调落实配套政策和支撑条件，推动本重大专项成果转化和产业化；

（四）组织编制上报本重大专项年度执行情况报告、总结报告等，根据实际需要提出实施方案、年度计划、任务、预算等相关内容的调整建议；

（五）负责本重大专项保密工作的管理、监督和检查。

第十条 各重大专项总体专家组，是重大专项的技术管理机构。总体专家组由推进工作组提名组建，配合推进工作组做好专项的具体组织实施工作，主要职责包括：

（一）开展相关技术发展战略研究、把握重大专项技术路线和方向，参与起草重大专项发展规划、年度申报指南等；

（二）对重大专项方案集成设计、项目（课题）衔接和单位协同、成果转化应用提出咨询建议；

（三）参与对重大专项项目（课题）的检查、评估和验收等工作等。总体专家组设技术总师，全面负责重大专项总体专家组的工作，各专项可根据需要设技术副总师。技术总师、副总师应是本重大专项领域的战略科学家和领军人才，能够集中精力指导本重大专项组织实施。重大专项总体专家组成员应为本重大专项相关领域技术、产业、管理和金融等方面的复合型优秀人才。技术总师、副总师原则上不得承担重大专项项目（课题）。

第十一条 项目（课题）负责人负责统筹、协调、督促项目及下设课题（子课题）的实施和衔接，及时向推进工作组和总体专家组汇报项目（课题）进展情况或遇到的重大问题。

第十二条 项目（课题）牵头单位是课题及下设子课题的执行责任主体，应落实单位法人责任，强化内部控制与风险管理，按照项目（课题）合同（任务）书要求，落实配套支撑条件，组织任务实施，规范使用资金，促进成果转化，完成既定目标。接受指导、检查，配合做好评估和验收工作。

第三章 实施方案与指南编制

第十三条 实施方案是重大专项组织实施、监督检查、评估验收的重要依据。

第十四条 重大专项实施方案的编制。根据联席会议确定的重大专项规划布局，联席会议办公室拟定年度计划，通过深入调研论证，提出重大专项研究方向和目标任务，编写实施纲要，经联席会议审定后，组织成立专项实施方案编写组，起草重大专项实施方案，提交咨评委评议。

第十五条 专项实施方案通过咨评委评议后，委托专业机构进行技术查新和先进性评估，由联席会议审定并发布。联席会议办公室组织重大专项实施方案编写组、推进工作组、总体专家组编制重大专项年度申报指南，并统一对外发布。涉密或涉及敏感信息的项目（课题）申报指南依照相关保密管理规定在一定范围内发布。

第四章 项目申报与立项

第十六条 重大专项采取竞争择优和定向委托两种方式遴选项目（课题）承担单位。

第十七条 联席会议办公室负责受理项目（课题）申报。对公开择优的项目，自指南发布日到项目（课题）申报受理截止日，原则上不少于50天。

第十八条 联席会议办公室负责对项目（课题）申报书进行形式审查，采用答辩方式组织项目（课题）任务和预算评审。

第十九条 联席会议办公室将评审结果反馈给各专项推进工作组，推进工作组和总体专家组提出立项（含预算，下同）建议，联席会议办公室提出拟立项计划，并对外公示。根据公示反馈结果，确定立项计划，统一下达。

第五章 项目实施

第二十条 联席会议办公室与项目（课题）承担单位签订《重大专项项目（课题）合同（任务）书》。

第二十一条 各专项推进工作组和总体专家组按照项目（课题）合同（任务）书，检查、督促项目（课题）落实配套条件，开展日常管理，建立项目（课题）诚信档案。

第二十二条 项目实施情况实行报告制度。

（一）年度报告制度。项目（课题）承担单位应按要求向各专项推进工作组提交项目（课题）年度执行情况报告。各专项推进工作组总结本重大专项项目（课题）执行情况，结合总体专家组的意见，形成本重大专项年度执行情况报告。

（二）重要事件报告。原则上项目（课题）承担单位、负责人、目标任务、研究内容等不得变更，如遇不可抗力因素确需调整，或涉及重大专项实施方案目标、重大设备概算、实施进度、组织实施方式等重大事项确需调整的，应报专项推进工作组和总体专家组核准审批，联席会议办公室备案。

（三）科技报告制度。项目（课题）负责人须按照《陕西省科技报告管理办法》的相关规定，在线填写并提交科技报告。项目产生的科学数据，需按照陕西省科学数据管理的有关规定，一并提交。

第二十三条　需要调整或撤销的项目（课题），由各专项推进工作组和总体专家组共同提出书面意见，报联席会议办公室核准审批；课题牵头单位调整或撤销子课题时应及时向推进工作组和总体专家组报备，并说明理由。

第二十四条　重大专项项目（课题）资金包括财政拨付资金和自筹资金，必须专款专用、单独核算、注重绩效，财政专项资金需严格执行国家和我省科研经费管理的有关规定。项目（课题）牵头单位应保障自筹资金及时到位，加强对子课题资金的监管，确保项目（课题）资金合理合规使用。

第六章　项目（课题）验收

第二十五条　联席会议办公室牵头，推进工作组和总体专家组配合，共同组织项目验收工作。验收主要流程为：

（一）重大专项以课题为单位进行验收。项目（课题）执行期满后，项目（课题）牵头单位向专项推进工作组提交验收申请。原则上，应于重大专项执行期限结束后6个月内提出验收申请。组织实施顺利、提前完成任务目标的，可提前申请验收。

（二）各专项推进工作组和总体专家组了解项目（课题）任务完成情况，形成实施情况报告，向联席会议办公室提出验收建议。

（三）联席会议办公室按照重大专项有关管理要求，以项目（课题）合同（任务）书为主要依据，采取现场验收方式，对项目（课题）完成情况进行一次性综合验收，形成验收报告和综合性验收结论，并分年度上报联席会议。

第二十六条　按照通过验收、准予结题或不通过验收三种情况形成验收结论。

按期完成项目（课题）合同（任务）书确定的目标和任务的，为通过验收；

完成项目（课题）合同（任务）书确定任务50%以上，但未完全完成合同任务书全部考核指标，且有正当理由的，按照结题处理；

完成项目（课题）合同（任务）书确定任务不足50%（含50%），或有下列情形之一的，按不通过验收处理；

（一）项目（课题）执行中出现严重的知识产权纠纷的；

（二）项目（课题）实施过程中出现严重违规违纪行为的；

（三）出现严重科研不端行为的；

（四）出现问题不按规定要求进行整改或拒绝整改的；

（五）拒不配合项目（课题）考察检查或财务审计的；

（六）弄虚作假，提供虚假验收材料的；

（七）对重大报告事件未按要求履行报批程序的；

（八）不按要求提交科技报告的；

（九）项目（课题）合同（任务）书规定其他可以撤销或终止的情况。

未通过验收且延期不到1年的，给予半年整改时间后重新申请验收；未通过验收且延期1年以上的，按不通过验收处理。

对项目（课题）执行期内由于不可抗力等特殊原因无法继续实施或完成目标任务的，按终止结题处理。

第二十七条　项目（课题）如无法按期完成，应在项目（课题）执行期满前3个月内提出延期申请，最长延期 1 年。项目（课题）执行期满后 6 个月内未提交验收申请或延期申请的，由推进工作组根据具体情况确定是否纳入科研诚信记录，并报联席会议办公室。

第七章 成果、知识产权和资产管理

第二十八条 重大专项取得的相关知识产权的归属和使用，按照《陕西省科学技术进步条例》《陕西省促进科技成果转化条例》《陕西省知识产权战略纲要》的有关条款执行。对承担重大专项项目（课题）形成的知识产权，应优先向省内其他单位许可使用。

第二十九条 项目（课题）承担单位应建立知识产权保护和管理的长效机制，制定明确的知识产权目标，指定专人负责知识产权工作，跟踪国内外相关领域知识产权动态，委托专业机构进行知识产权评价。

第三十条 重大专项项目（课题）实施过程中形成的资产，按照国家和我省有关规定管理。项目（课题）承担单位应事先约定知识产权归属、使用、许可等事项，促进成果转化和应用，为实现重大专项总体目标提供保证。对取得的涉及国家秘密的成果，依照国家保密法律法规进行管理。

第八章 信息、档案和保密管理

第三十一条 重大专项信息内容主要包括重大专项实施方案、年度计划、申报指南、项目（课题）立项、资金预算、监督和评估、科技报告、科学数据、验收、成果及变更批复等有关信息。

第三十二条 重大专项各级管理机构及项目（课题）承担单位依据职责分工，做好档案的整理、保存、归档和移交工作。对移交档案实行多套备份，确保移交后本级仍保存完整档案。重大专项项目（课题）牵头承担单位在项目（课题）通过验收或终止、撤销后 3 个月内，将本项目（课题）档案移交至推进工作组。各重大专项推进工作组在每年 12 月 31 日前，将本专项项目（课题）及管理档案报送联席会议办公室汇总存档。

第三十三条 重大专项组织实施必须严格遵守国家相关保密法律法规和信息安全工作的规定和要求，确保责任落实到人。

第九章 评估与监督

第三十四条 联席会议办公室或委托专业机构对重大专项实施进行阶段绩效评估，中期评估结果作为阶段实施计划目标、技术路线、概算、进度、组织实施方式等调整的重要依据。项目（课题）综合性验收应对实施方案确定的各项目标任务完成情况给予结论性评价，对评估中发现的重大问题由推进工作组进行责任倒查。联席会议办公室按年度将阶段绩效评估和调整结果报告联席会议。

第三十五条 建立公众参与监督的工作机制。按照公开为常态，不公开为例外的原则，逐步加大信息公开力度，主动接受公众和舆论监督。项目（课题）承担单位应当在单位内部公开项目立项、主要研究人员、科研资金使用、项目合作单位、大型仪器设备购置以及研究成果等信息，加强内部监督。

第三十六条 建立科研信用管理机制。及时严肃处理违规行为，并实行逐级问责和责任倒查。对有违规行为的项目承担单位、项目管理专业机构、专项编写组、咨询评审专家、科研人员、工作人员等严格按照有关规定进行处理。处理结果应以适当方式向社会公布，并纳入科研诚信记录。

第十章 附则

第三十七条 本办法由省科技厅负责解释。

第三十八条 本办法自 2020 年 2 月 1 日起施行，有效期至 2022 年 1 月 31 日。

陕西省科学技术厅 陕西省财政厅关于在陕西省财政科技计划中试行项目经费"包干制"的通知

(陕科发〔2020〕21号)

各有关单位:

为深入贯彻落实党中央、国务院关于科研项目及经费管理的改革精神,省科技厅、省财政厅研究决定,在陕西省财政科技计划中试行项目经费"包干制"。现将有关事项通知如下:

一、试点目标

按照"充分放权、放管结合、协同推进"的原则,建立完善以信任为前提的科研管理机制,赋予科研单位更多的自主权和科研人员更大的人财物自主支配权,充分激发科研人员创新创造活力,切实减轻科研人员负担,让经费更好地为人的创造性活动服务,激励科研人员敬业报国、潜心研究、攻坚克难,为推进我省高质量发展做出更大贡献。

二、试点范围

(一)2020年起省财政资助的省自然科学基础研究计划:一般项目(面上项目、青年项目)、重点项目、杰出青年项目

(二)2020年起省财政资助的省创新能力支撑计划:软科学研究计划、青年科技新星计划

三、试点内容

(一)实行项目经费定额包干资助。在项目经费资助额度内,不再区分直接经费和间接经费。在填报项目申请书和项目合同书时,不再填写项目资金预算等方面内容。经费支出不再设置科目比例限制,由项目负责人和科研团队在规定范围内根据科研实际需要自主决定使用。项目经费使用范围限于设备费、材料费、测试化验加工费、燃料动力费、差旅/会议/国际合作与交流费、出版/文献/信息传播/知识产权事务费、劳务费、专家咨询费、依托单位管理费用、绩效支出以及其他合理支出。依托单位管理费按照依托单位相关管理规定执行。绩效支出由项目负责人根据实际科研需要和相关薪酬标准确定,按照单位现行工资制度进行管理。

(二)实行项目负责人承诺制。项目负责人应签订项目经费使用承诺书,承诺尊重科研规律,弘扬科学家精神,遵守科研伦理道德和作风学风诚信要求,认真开展科学研究工作;承诺项目经费全部用于与本项目研究工作相关的支出,厉行勤俭节约,不用于与科学研究无关的支出。

(三)实行项目负责人签字报销制。由项目负责人及研究团队根据科研活动需要据实开支报销,并对其真实性、合理性负责。

(四)据实编制项目经费决算。项目验收(结题)时,由项目负责人根据实际使用情况编制项目经费决算,项目依托单位财务、科研管理部门依据科研经费管理有关规定自行开展审核,报省科技厅备案。

四、相关要求

（一）推动改革落地。项目依托单位是经费管理的责任主体，应当严格执行国家有关财经政策和财务制度，完善内部风险防控机制，并制定经费使用"包干制"操作规范或操作流程等管理规定，于 2020 年 12 月 31 日前通过官方网站或其他方式向社会公开，接受社会监督。项目依托单位制定并公开的管理规定可作为经费管理、审计检查的依据。

（二）加强绩效管理。项目依托单位要按照绩效管理的相关要求，强化结果导向，严格依据合同书（任务书）开展综合绩效评价，评价结果将作为项目调整、后续支持的重要依据。在项目结题时，应在单位内部公开项目经费决算和项目结题/成果报告，接受科研人员及相关部门监督。

（三）开展监督检查。省科技厅、省财政厅将结合项目管理要求，对经费使用情况和依托单位管理情况开展抽查。对于超出规定范围使用项目经费，以及存在截留、挪用、侵占项目经费以及弄虚作假等违规违法行为的，将按照相关法律法规追究项目依托单位和相关人员的责任。情节严重涉嫌犯罪的，依法移送司法机关处理。

陕西省科学技术厅　陕西省财政厅
2020 年 9 月 11 日

第三十六章　甘肃省科研项目和资金管理法规政策

甘肃省人民政府关于印发改进加强省级财政科研项目和资金管理的办法的通知

（甘政发〔2015〕78号）

各市、自治州人民政府，兰州新区管委会，省政府各部门，中央在甘有关单位：

《关于改进加强省级财政科研项目和资金管理的办法》已经2015年8月7日省政府第89次常务会议审议通过，现予印发，请认真贯彻执行。

2015年8月26日

关于改进加强省级财政科研项目和资金管理的办法

为全面贯彻党的十八大、十八届三中、四中全会精神，进一步深化省级财政科研项目和资金管理改革，充分发挥财政科技投入引导激励和市场配置创新要素的导向作用，深入实施创新驱动发展战略，促进科技与经济紧密结合，根据《国务院关于改进加强中央财政科研项目和资金管理的若干意见》（国发〔2014〕11号）和《国务院关于深化中央财政科技计划（专项、基金等）管理改革方案》（国发〔2014〕64号），结合我省实际，制定本办法。

一、总体要求和基本原则

（一）总体要求。贯彻落实创新驱动发展战略，围绕全省经济社会发展重大需求，聚焦战略性新兴产业发展、兰白科技创新改革试验区建设和促进经济结构优化、产业转型升级，尊重科技创新规律，强化顶层设计，坚持问题导向，打破条块分割，加强省级科技计划与资金的优化整合，加快构建统筹协调、职责清晰、规范高效、公开透明、监管有力的科研项目和资金管理机制。

（二）基本原则。坚持"遵循规律、改革创新、规范透明、突出绩效"的原则，深化省级科研项目和资金管理改革，建立健全决策、执行、评价相对独立、互相监督的运行机制，以改革释放活力。强化资金监管，将绩效评价管理贯穿于科研经费分配使用全过程，体现目标和结果导向，实现科研项目和经费使用管理科学化、规范化、绩效化。

二、深化科技计划管理改革

（三）优化整合省级科技计划（专项、基金）。遵循中央科技计划管理改革总体要求，突出整体布局和重大需求顶层设计，通过撤、并、转等方式，优化整合省级各类科技计划（专项、基金等）设置，形成"4+2"的省级科技计划体系，即科技重大专项、重点研发与转化计划、技术创新引导专项（基金）、基地和人才专项等4项与国家对应的科技计划，战略性新兴产业科技专项、兰白科技创新改革试验区科技专项等2项突出我省特色的科技专项。明确省级科技计划的定位和支持重点，建立科技计划绩效评价动态调整和终止机制，构建"权责明确、定位清晰、结构合理、运行高效"的科技计划体系。制定整合优化省级科技计划总体方案，2016年底全面完成省级科技计划的优化整合，不再保留省政府部门管理的各类科技计划经费渠道，实现科技计划安排和预算配置的统筹协调。

（四）实施战略性新兴产业科技专项。优化整合财政资金，通过战略性新兴产业创业投资引导基金，采取股权投资方式，重点支持新材料、新能源、生物产业、信息技术、先进装备制造、节能环保、新型煤化工、现代服务业等8个领域产业共性关键技术研发、成果转化和产业化应用，推进战略性新兴产业提质增效。

（五）实施兰白科技创新改革试验区科技专项。省级财政和兰州市、白银市、兰州新区共同出资，设立20亿元兰白科技创新改革试验区技术创新驱动基金，组建基金管理公司，实行政府引导、市场运作、专业管理、开放运行，重点支持兰白科技创新改革试验区建设发展，吸引和集聚科技创新要素，促进技术与市场融合、创新与产业对接。调动其他市州参与投资的积极性，扩大基金的辐射面和使用范围，提高基金的社会影响力。

（六）建立联席会议制度。加强科技发展优先领域、重点任务、重大项目的统筹协调，建立省级部门科技工作联席会议制度，在省科教领导小组指导下开展工作，具体负责审议全省科技发展战略规划、科技计划（专项、基金等）的布局与设置、战略咨询与综合评审委员会的设立、专业机构的遴选等事项。全省科技发展战略规划、科技计划（专项、基金等）布局和重点专项设置等重大事项提请省科教领导小组审议，特别重大事项提请省政府审定。

（七）建设省级科技管理平台。省级科技管理平台将省级各类科技计划全面纳入，强化宏观统筹。建立科技管理信息系统，对科技计划（专项、基金等）的需求征集、指南发布、项目申报、立项和预算安排、监督检查、结题验收等全过程实行信息化管理。依托现有的科技服务机构，遴选、改造和组建一批符合要求的专业管理机构，承接政府职能转变，参与项目具体管理。鼓励具备条件的社会化科技服务机构参与市场竞争，推进专业机构的市场化和社会化。2015年启动省级科技管理平台建设，2016年基本建成公开、统一的全省科技管理平台，2017年按照优化整合后的科技计划体系全面运行。

三、实行科研项目分类管理

（八）基础研究项目突出人才培养。对基础类科研项目，立足原始创新、优秀人才和团队培育，通过同行专家评议、公开择优方式，引导并支持企业增加基础研究投入，与科研院所、高等学校联合开展基础研究，推动基础研究与应用研究的紧密结合。

（九）公益性项目聚焦重大需求。对公益性项目要强化需求导向和应用导向，重点解决制约公益性行业发展的重大科技问题。加强对基础数据、基础标准、种质资源等工作的稳定支持，为科研提供基础性支持。

（十）市场导向类项目突出企业主体。充分发挥市场对各类创新要素配置的导向作用，通过制定政策法规、战略规划、标准规范和营造环境，引导企业成为技术创新决策、投入、组织和成果转化的主体。对企业承担的产业重大共性关键技术研究活动，鼓励产学研协同攻关。对政府引导企业开展的科研项目，采用"后补助"及间接投入等方式给予支持，形成主要由市场决定技术创新项目和资金分配、评价成果的机制以及企业主导项目组织实施的机制。

（十一）重大项目突出目标导向。对事关创新驱动发展战略实施及战略性新兴产业发展等方面的重大科技项目，要集中力量，聚焦攻关，加强项目实施全过程管理和节点目标考核。

四、完善科研项目管理流程

（十二）改进项目编制和申报工作。项目主管部门要结合科技计划（专项、基金等）的特点和产业需求，针对不同项目类别和要求编制项目申报指南。编制项目申报指南要充分听取科研单位、企业、行业协会和相关部门的意见，并逐步建立项目指南论证机制。重大应用型科研项目要逐步建立以企业为主导的项目申报机制，项目指南发布日到项目申报受理截止日，原则上不少于50天。

（十三）规范项目立项程序。规范项目审批流程，重大项目实行项目评审和经费预算评审分离。逐步推行网络盲评和视频答辩，合理安排会议答辩评审，视频与会议答辩评审要录音录像，从受理项目申请到反馈立项结果原则上不超过120个工作日，实现立项过程"可申诉、可查询、可追溯"。加强项目查重，对重大项目要加强核心内容与关键技术查新，避免一题多报或重复资助。

（十四）强化项目过程管理。严格落实法人责任制，项目承担单位负责项目实施的具体管理。项目主管部门要切实履行项目推荐审查、监管职责，强化服务，加强督导。对重大项目要进行全过程监督，实行动态管理。对项目实施中存在的违规行为，要责成项目承担单位限期整改，对问题严重的要暂停项目实施、收回项目经费。

（十五）加强项目验收管理。项目完成后，项目承担单位要按时提交验收或结题申请，专业机构及时组织开展验收或结题审查。无特殊原因未按时提出验收申请的，按不通过验收处理。因特殊原因需要延期的项目，项目到期前2个月提出书面申请，经项目主管部门批准同意后延期，延期期限原则上不超过一年。项目验收结果要作为以后年度省级财政科研项目和资金安排的重要依据。

五、加强科研项目资金管理

（十六）充分发挥财政资金引导作用。加大科技资金整合力度，改革资金投入方式，综合运用风险补偿、贷款贴息、股权投资、事后补助、政府购买等多种方式，充分发挥财政资金对促进创新链和资金链形成的杠杆作用，努力撬动社会资金。推进科技金融结合，鼓励和引导金融资本、创投基金和民间资本等进入科技创新领域，激发企业创新主体活力。

（十七）合理编制项目预算。项目申请单位应当根据项目研究计划、任务需求和自身财力，科学合理、实事求是地编制项目预算，细化预算内容，制定绩效目标。对重大项目开展预算绩效评价，除以定额补助方式资助的项目外，应当依据科研任务实际需要和财力可能核定项目预算，不得在预算申请前先行设定预算控制额度。

（十八）及时审批项目预算和拨付资金。项目主管部门要加强项目立项和预算下达的衔接，及时批复项目和预算，加快项目支出进度。相关部门和单位要按照财政国库集中支付管理规定，结合项目实施进度，及时拨付资金。要严格实行项目资金预拨制度，保证科研任务顺利实施。对于有明确目标的重大项目，按照关键节点任务完成情况进行拨款。

（十九）明确项目直接费用支出范围。各类科技计划的支出科目和标准原则上应保持一致。在项目总预算不变的情况下，直接费用中材料费、测试化验加工费、燃料动力费和出版、文献、信息传播、知识产权事务费等其他支出预算，可根据项目实施过程中活动的实际需要进行调整。调整劳务费开支范围，将项目临时聘用人员的社会保险补助纳入劳务费科目中列支。严格控制会议费、差旅费、国际合作与交流费，项目实施中发生的三项支出之间可以调剂使用，但不得突破三项支出预算总额。

（二十）完善科研项目间接费用管理。间接费用用于补偿项目承担单位为项目实施所发生的间接成本和绩效支出，项目承担单位应当建立健全间接费用的内部管理办法，合理合规使用间接费用，结合一线科研人员实际贡献公开公正安排绩效支出，充分发挥绩效支出的激励作用。项目承担单位不得在核定的间接费用或管理费用之外以其他名义在项目资金中重复提取、列支相关费用。

（二十一）改进项目结转结余资金管理。项目承担单位要根据批复的项目预算，合理安排支出，减少资金的结转结余，提高项目预算的执行效率。项目在研期间，年度剩余资金可以结转下一年度继续使用。项目完成任务目标并通过验收，项目结余资金由项目承担单位按规定安排用于科研活动；未通过验收，或承担单位信用评价差的项目，结转资金由省财政收回统筹使用。

六、规范科研经费使用

（二十二）规范科研资金使用。科研项目负责人是科研经费使用的直接责任人，项目承担单位要建立健全科研和财务管理内部控制制度，依法依规使用项目资金，实行单独核算、专款专用，严禁以任何方式挪用、侵占、骗取科研经费；严禁虚构经济业务、使用虚假票据套取资金；严禁编造虚假合同、编制虚假预算、虚构人员名单等方式虚报冒领劳务费和专家咨询费；严禁通过虚构测试化验内容、提高测试化验支出标准等方式违规开支测试化验加工费；严禁在科研经费中报销个人及家庭消费支出；严禁设立小金库。对于从财政以外渠道获得的项目资金，按照专项资金管理规定和财务会计制度规定管理和使用。

（二十三）改进科研项目资金结算方式。科研院所、高等学校等事业单位承担项目所发生的会议费、差旅费、小额材料费和测试化验加工费等支出，按规定实行"公务卡"结算。项目承担单位对设备费、大宗材料费和测试化验加工费、劳务费、专家咨询费等支出，通过银行转账方式结算，省级单位的项目资金和重大科技专项资金，由省级财政直接拨付到项目承担单位。科研项目实施过程中发生的会议费、差旅费、国际合作与交流费、劳务费、专家咨询费等科目支出标准按照相关规定执行。

（二十四）加大科研项目和资金监管处罚力度。建立完善覆盖项目决策、管理、实施主体的逐级考核问责机制。加强科研项目和资金的监管工作，对重大项目资金使用情况进行全过程、动态化管理。对存在违法违规行为的单位及个人，采取通报批评、暂停项目拨款、终止项目执行、追回已拨资金、取消项目申报资格等处罚措施，涉嫌违法的移交司法机关依法处理。建立责任倒查机制，针对出现的问题倒查项目主管部门相关人员的履职尽责和廉洁自律情况，经查实存在问题的依法依规严肃处理。

七、加强制度建设，落实各方责任

（二十五）建立健全信息公开制度。除涉密及法律法规另有规定的，要及时向社会公开科研项目的相关信息，接受社会监督。项目承担单位要在单位内部公开相关信息，接受内部监督。

（二十六）建立省级科技报告制度。制定甘肃省科技报告标准和规范，2016年底以前建立全省统一的呈交、收藏、管理、共享体系，形成科学、规范、高效的科技报告管理模式和运行机制。对财政资金资助的科研项目，必须呈交科技报告，科技报告呈交和共享情况作为其后续支持的重要依据。

（二十七）完善科研项目评审模式。调整充实全省科研项目评审专家数据库，完善专家遴选制度，实行评审专家轮换、调整机制和回避制度。要充分发挥专家咨询作用，项目评审应当以同行专家为主，一线科研人员专家的比例应当达到75%左右，市场导向类项目的评审，企业专家比例应达到60%以上，确保科研项目的可研性、可用性。对采用视频或会议方式评审的，公布专家名单，强化专家自律，接受同行质询和社会监督；对采用通讯方式评审的，评审前专家名单严格保密，保证评审公正性。

（二十八）推行科研信用管理。建立覆盖指南编制、项目申请、评估评审、立项、执行、验收全过程的科研信用记录制度，对项目承担单位和科研人员、评估评审专家、中介机构等参与主体进行信用评级，并按信用评级实行分类管理。建立"黑名单"制度，将严重不良信用记录者记入"黑名单"，视情节阶段性或永久取消其申请财政资助项目或参与项目管理的资格。

（二十九）完善激发创新活力的配套政策。深化科技体制改革，完善科研人员收入分配机制，健全与岗位职责、工作业绩、实际贡献紧密联系的分配激励机制。在省级事业单位开展科研成果使用、处置和收益权改革试点。完善和落实促进科研人员成果转化的收益分配政策，落实激励科技创新的税收政策，推进科技评价和奖励制度改革，制定导向明确、激励约束并重的评价标准，充分调动项目承担单位和科研人员的积极性创造性。推进支撑兰白科技创新改革试验区建设的知识产权、科研院所、高等学校、人才激励等方面的改革，制定完善差别化政策，努力吸引各类创新要素向兰白试验区集聚。

（三十）落实项目承担单位主体责任。项目承担单位是科研项目实施和资金管理使用的责任主体，要完善内部控制和监督约束机制，切实履行在项目申请、组织实施、验收和资金使用等方面的管理职责，单位主要负责人对单位科研经费管理承担领导责任。科研人员要弘扬科学精神，恪守科研诚信，强化责任意识，严格遵守科研项目和资金管理的各项规定，自觉接受监督。

（三十一）强化管理和服务责任。省科技厅要会同有关部门根据本办法制定我省联席会议工作制度和议事规则，优化整合省级科技计划，制定完善相关配套措施。省财政厅要根据财政改革要求，会同有关部门制定或修订各类科技专项资金管理办法。对专项资金预算执行、资金使用实行监督检查，对重点项目资金开展绩效评价。项目主管部门要会同财政部门制定或修订各类科研项目管理制度，建立健全本部门内部控制和监管机制，加强对所属单位科研项目和资金管理内部制度的审查监督。督促指导项目承担单位和科研人员依法依规开展科研活动，加强政策宣传、培训和科研项目实施的服务工作。省审计厅要加强对各类科研项目资金使用管理情况审计监督，对审计发现的重大违规违纪线索，及时移交纪检监察机关。

中共甘肃省委办公厅 甘肃省人民政府办公厅印发《关于完善省级财政科研项目资金管理政策的实施意见（试行）》的通知

(甘办发〔2017〕5号)

各市、州党委和人民政府，兰州新区党工委和管委会，省委各部门，省级国家机关及各部门，省军区、武警甘肃省总队，各人民团体，中央在甘各单位：

《关于完善省级财政科研项目资金管理政策的实施意见（试行）》已经省委、省政府同意，现印发给你们，请结合实际认真贯彻落实。

中共甘肃省委办公厅
甘肃省人民政府办公厅
2017年2月9日

关于完善省级财政科研项目资金管理政策的实施意见（试行）

为了深入贯彻落实《中共中央办公厅、国务院办公厅印发〈关于进一步完善中央财政科研项目资金管理等政策的若干意见〉的通知》(中办发〔2016〕50号) 精神，进一步完善我省财政科研项目资金管理有关政策，切实激发广大科研人员创新创造活力，促进科技事业发展，结合实际，提出以下实施意见。

一、总体要求

全面贯彻党的十八大和十八届三中、四中、五中、六中全会精神，深入贯彻习近平总书记系列重要讲话精神，认真落实中央及省委省政府关于深入实施创新驱动发展战略、促进大众创业万众创新的决策部署，进一步推进简政放权、放管结合、优化服务，改革和创新科研经费使用和管理方式，促进形成充满活力的科技管理和运行机制，更好激发广大科研人员积极性。

二、放活科研项目资金管理

（一）简化预算编制科目。科研项目预算编制继续据实按直接支出和间接支出两大科目编制。直接支出中的会议费、差旅费、国际合作与交流费科目合并预算，由项目承担单位统筹安排，其中不超过直接费用10%的，不再提供预算测算依据。（项目主管单位、省财政厅、项目承担单位负责）

（二）下放预算调剂权。在项目经费预算总额不变的情况下，直接费用中的材料费、出版/文献/信息传播/知识产权事务费、测试化验加工费、燃料动力费及其他支出预算需要调剂的，可由项目承担单位或课题组根据实际活动自主调剂，项目管理部门不再审批。（项目主管单位、项目承担单位负责）

（三）试行资金预拨制度。结合财政预算改革，实行省级科研项目资金预拨制度，保证科研人员及时使用项目资金,加速科研经费使用进度。科技部门要在当年完成次年项目组织、评审、编制和预算,财政部门在项目执行年度预算批复前,根据需要拨付部分科研资金。(省科技厅、省财政厅负责)

(四)提高间接费用比重。实行公开竞争方式的省级研发类项目,均要设立间接费用,核定比例可以提高到不超过直接费用扣除设备购置费的一定比例:500万元(含500万元)以下的项目为20%,500万元以上至1000万元(含1000万元)的项目为15%,1000万元以上的项目为13%,用以补偿项目承担单位为项目实施所发生的间接成本和绩效支出。(项目主管单位、项目承担单位负责)

(五)取消绩效支出比例限制。加大对科研人员的激励力度,间接费用在扣除科研项目所需的水、电、暖、气、房租、场地、仪器设备使用费用和有关费用后,余额可全部用于科研人员绩效支出,不纳入单位绩效工资总量调节指标。绩效支出安排要与科研人员在项目工作中的实际贡献挂钩,并处理好合理分摊间接成本和对科研人员绩效支出的关系。(项目主管单位、项目承担单位负责)

(六)明确劳务费开支范围。参与项目研究的研究生、博士后、咨询与评估专家、访问学者以及项目聘用的研究人员、科研辅助人员(不包括本单位人员)等均可开支劳务费。(项目主管单位、项目承担单位负责)

(七)劳务费开支标准。劳务费开支标准要依据其在项目研究中承担的工作任务,参照我省科学研究和技术服务业从业人员平均工资水平确定,其社会保险补助纳入劳务费科目列支。劳务费预算不设比例限制,由项目承担单位或课题组据实编制。(项目主管单位、项目承担单位负责)

(八)改进项目结转结余资金留用处理方式。项目承担单位在项目实施期间,要合理安排支出,年度剩余资金可结转下一年度继续使用。项目按要求完成并通过验收,且承担单位信用评价好的,结余资金按规定留归项目承担单位使用,在3年内由项目承担单位统筹安排用于科研活动的直接支出;3年后仍未使用完的,按规定收回。确需继续安排使用的,按照预算管理程序重新安排用于相关科研活动。(项目主管单位、省财政厅、项目承担单位负责)

(九)自主规范管理横向经费。项目承担单位以市场委托方式取得的横向经费,纳入单位财务统一管理,由项目承担单位按照委托方要求或合同约定管理使用。横向经费纳入项目承担单位财务统一管理时,要设置横向经费备查簿专项登记,以避免横向经费使用时重复纳税。横向经费在项目承担单位收取管理费、资产占用费等相关费用后,剩余经费由项目研发团队根据合同约定自主分配。项目研发团队和科研人员获得的科研劳务收入,不纳入单位绩效工资总量调节指标。横向项目经委托方验收后的结余经费由项目负责人自主安排。(项目主管单位、省财政厅、项目承担单位负责)

(十)改进高校、科研院所教学科研人员差旅费管理办法。高校、科研院所要按照精简高效、厉行节约的原则,结合教学、科研、管理工作实际需要,以专业技术职务为主要标准,合理确定教学科研人员乘坐交通工具和住宿标准,自行制定本单位内部报销办法。对于难以取得住宿费和交通票据的科研活动,项目承担单位或课题组在确认科研人员差旅真实性的前提下,据实报销城市间交通费,并在项目经费中发放伙食补助费和市内交通费。在生活条件艰苦地区及高寒、风沙、阴湿、粉尘等环境恶劣区域从事野外科学研究、试验检测、技术考察的,可分类制定不超过现有伙食费补贴标准2倍的野外津贴。(项目主管单位、项目承担单位负责)

（十一）完善高校、科研院所会议管理。高校、科研院所要研究制定会议管理办法，因教学、科研需要举办的业务性会议（如学术会议、研讨论证会、评审答辩会、座谈会等），会议次数、天数、人数以及会议费开支范围、标准等，由高校和科研院所按照实事求是、精简高效、厉行节约的原则自行确定。科研人员参加会议所发生的城市间交通费，按差旅费管理规定由项目承担单位报销；邀请国内外专家、学者参加会议的，主办单位可在项目经费中报销其确需负担的城市间交通费、国际旅费等。（项目主管单位、项目承担单位负责）

三、完善科研仪器设备采购管理

（十二）改进高校、科研院所政府采购管理。高校、科研院所可自行采购科研仪器设备，自行选择科研仪器设备评审专家。财政部门要简化政府采购项目预算调剂和政府采购方式审批流程。高校、科研院所要制定科研仪器设备管理制度，做好科研仪器设备采购的监督管理，做到全程公开、透明、可追溯。（省财政厅、省属高校院所负责）

（十三）优化进口仪器设备采购服务。对高校、科研院所采购免税进口科教用品实施资格备案管理。以科学研究和教学为目的，在合理数量范围内进口国内不能生产或不能满足需要的仪器设备，除国家规定不予免税的20种商品外，免征进口关税和进口环节增值税、消费税。（省科技厅、兰州海关、省国税局负责）

（十四）实行大型科研仪器设施协作共享。采购的大型科研仪器设施进入科研设施与仪器统一管理平台。用科技创新券、后补助等措施鼓励仪器设施所在单位面向社会开放、协作、共享，提高利用率。（省科技厅、项目承担单位负责）

四、完善基本建设项目管理

（十五）扩大省属高校、科研院所基本建设项目管理权限。对省属高校、科研院所利用自有资金、自有土地用于科技创新的建设项目，在符合所在城市功能定位和总体规划以及非盈利性用地的前提下，由高等学校、科研院所自主决策，报主管部门备案，不再审批。各级行政主管部门要简化招标采购环节的核准备案手续。省发展改革委和主管部门要加强对高校、科研院所基本建设项目的指导和监督检查。（省发展改革委、省建设厅、省国土资源厅、省教育厅，省属科研院所主管部门负责）

（十六）简化省属高校、科研院所基本建设项目审批程序。省属高校、科研院所的主管部门要指导其编制五年建设规划，对列入规划的基本建设项目不再审批项目建议书。简化省属高校、科研院所基本建设项目城乡规划、用地以及环评、能评等审批手续，缩短审批周期。具体实施办法由相关部门另行制定。（省发展改革委、省建设厅、省国土资源厅、省环保厅、省教育厅，省属科研院所主管部门负责）

五、规范项目资金管理

（十七）强化项目承担单位法人责任。项目承担单位要建立健全内部控制制度，按照权责一致的要求，强化自我约束和自我规范，加强对科研项目资金内部管理制度的审查监督。制定内部管理办法，规范落实项目预算调剂、间接费用统筹使用、劳务费分配管理、结余资金使用等管理权限。突出预算审核作用，完善内部风险防控机制，对单位项目资金使用情况进行全过程、动态化管理。实行内部公开科技报告制度，主动公开项目预算、预算调剂、资金使用（包括间接费用、外拨资金、结余资金使用）、研究成果等情况。（项目承担单位负责）

（十八）加强资金的统筹协调，精简科研检查评审。要加强对科研项目资金监督的制度规范、年度计划、信用管理、经费核定、结余留用、结果运用等的统筹协调，建立职责明确、分工负责的协同工作机制。规范检查评审，强化检查结果运用，推进检查结果共享，减少检查数量，改进检查方式，避免重复检查、多头检查。(省科技厅、省财政厅，项目主管部门负责)

(十九)建立健全科研财务助理制度。项目承担单位要建立健全科研财务助理制度，为科研人员在项目预算编制和调剂、经费支出、财务决算和验收等方面提供专业化服务。科研财务助理所需费用由项目承担单位根据情况通过科研项目资金等渠道解决。(项目主管部门，项目承担单位负责)

(二十)严格规范科研资金使用。科研项目负责人是省级财政科研项目科研经费使用的直接责任人。项目经费实行单独核算，建立健全项目内控机制，依法依规使用资金。严禁以任何方式挪用、侵占、套取科研经费；严禁虚构经济业务、使用虚假票据骗取资金；严禁编造虚假合同、编制虚假预算、虚构人员名单等方式虚报冒领劳务费和专家咨询费；严禁通过虚构测试化验内容、提高测试化验支出标准等方式违规开支测试化验加工费；严禁在科研经费中报销个人及家庭消费支出；严禁设立小金库。对于从财政以外渠道获得的项目资金，按照专项资金管理规定和财务会计制度规定管理和使用。(项目承担单位负责)

(二十一)省科技厅、省财政厅要根据我省科技计划管理改革的部署要求，联合制定省级科技计划经费管理办法和省级各类科技专项经费管理办法。

省财政厅、省级社科类科研项目主管部门要结合人文社会科学研究的规律和特点，参照本实施意见尽快修订省级人文社科类科研项目资金管理办法。

省直各部门、各市州政府要积极协助加快推进科研项目资金管理改革等各项工作。

省属高校和科研院所、企业等创新主体要在本实施意见发布后2个月内制定或修订科研项目资金内部管理办法和报销规定。

中央在甘高校、科研院所承担省级财政科研项目的资金管理适用本实施意见。

本实施意见自发布之日起执行。

关于印发《甘肃省科技计划项目管理办法》的通知

(甘科计规〔2017〕10号)

各市(州)科技局,兰州新区科技发展局,省直有关部门,中央在甘有关单位,高等院校、科研院所,有关单位:

为全面做好甘肃省科技计划项目管理工作,依据《甘肃省深化科技体制改革实施方案》(甘办发〔2017〕14号)和《甘肃省科技计划管理改革实施方案》(甘政办发〔2016〕211号),省科技厅制定了《甘肃省科技计划项目管理办法》,现予印发,请遵照执行。

甘肃省科技厅
2017年11月1日

甘肃省科技计划项目管理办法

第一章 总则

第一条 为加强和规范省级科技计划项目(以下简称"项目")管理,提高省级财政科技资金使用效率,根据《甘肃省科技进步条例》、《甘肃省深化科技体制改革实施方案》(甘办发〔2017〕14号)、《甘肃省科技计划管理改革实施方案》(甘政办发〔2016〕211号)、《关于完善省级财政科研项目资金管理政策的实施意见》(甘办发〔2017〕5号)等法律法规和国家科技计划项目管理的有关精神,结合我省实际,制定本办法。

第二条 本办法所称的项目,是指根据全省科技发展规划和经济社会发展需要,以省级科技经费支持或以科技政策调控、引导,由具备条件的单位承担,在一定时限内进行的科学技术研究开发活动或者科技创新基地(平台)建设。

第三条 项目管理工作坚持开放创新、需求牵引、市场导向、统筹协调、规范高效的原则;项目评审评估遵循科学、公开、公平、公正的原则。

第四条 本办法适用于科技重大专项计划、重点研发计划、技术创新引导计划、创新基地和人才计划、知识产权计划等项目的立项、实施、监督、验收和专家咨询论证等项目管理工作。自筹资金项目依照本办法管理。

第五条 项目管理工作在指定的甘肃省科技管理信息系统公共服务平台运行,采取电子与纸质档案相结合的方式实施。

第二章 项目立项

第六条 项目立项一般应包括申报、评审论证、审核审批、签订任务书等基本程序。

第七条 项目的申报采取公开征集或定向组织等方式。

公开征集是指依据省科技创新规划和产业政策,发布项目申报指南,明确项目支持方向、范围及重点，确定项目申报的时间、渠道和方式，面向全社会征集项目。

定向组织是指依据省科技创新规划和产业政策，体现政府目标导向，通过调研、专家研讨等方式，凝练出经济、社会和科技发展的重大项目需求，并组织相关单位申报。

第八条 由多个单位合作申报的项目，项目牵头单位要与合作单位签订合作协议，明确各方权利义务、资金分配、知识产权归属、法律责任等。

第九条 申报项目应当符合以下条件：

（一）项目负责人应在相关领域和专业具有一定的学术造诣或者技术优势，具备实施项目所需的组织管理和协调能力；

（二）项目申请单位应是甘肃省具有独立法人资格的企业、高等院校、科研机构和社会组织等单位或者其他相关机构，具有项目实施的工作基础和条件、健全的科研管理制度、财务管理制度、资产管理制度和会计核算制度；

（三）申请项目应当具有在科学、技术方面的创新性与可行性，预期或者已经产生良好的经济社会效益或者科学价值；

（四）项目负责人和项目申请单位具有完成项目的良好信誉度；

（五）不同专项或申报指南（要求）规定的其他条件。

第十条 申报项目应当提供以下必要材料：

（一）项目申请书（电子版和纸质版）；

（二）企业营业执照、事业单位（社会团体）法人登记证等复印件；

（三）项目申报指南（要求）规定的其他附件。

第十一条 按项目申请单位的行政隶属或属地关系申报、初审并向项目主管部门推荐。县（市、区）、市（州）所属单位申报的项目由所在县（市、区）、市（州）科技局初审和推荐；省直单位申报的项目由其行政主管部门初审和推荐；中央驻甘单位申报的项目由本单位初审和推荐。

第十二条 项目主管部门或项目管理专业机构对项目进行形式审核，对符合条件的项目进行评审或咨询论证。根据需要进行现场考察和论证。

第十三条 根据省科技创新规划和产业政策，结合评审或咨询论证意见，对项目经费预算的合理性进行审核后，确定拟资助项目，应当公示的向社会公示。对经公示无异议或者异议经调查不属实的项目，下达项目资助计划。

第十四条 项目承担单位应在立项通知下达后60日内，与项目推荐单位、项目主管单位三方签订项目任务书。确定项目的主要目标、研究内容、量化考核的技术和经济指标、经费预算及使用计划等，并明确各方的权利和义务。

项目实施期限按项目立项文件下达月的下月起计，以月对月计算。

第三章 项目实施

第十五条 项目管理实行法人负责制。法人单位是项目实施的责任主体，对项目申请、组织实施、资金使用、结题验收、条件保障等方面承担法人责任。

第十六条 项目任务书甲方为项目主管部门或受委托的项目管理专业机构，乙方为项目承担单位。

（一）甲方的职责是：

1.按项目任务书规定拨付科技经费；

2. 监督、检查项目进展和项目经费使用情况；

3. 协调解决项目任务书执行中的重大问题；

4. 组织项目结题验收；

5. 实施项目绩效评估评价工作。

（二）乙方的职责是：

1. 按项目任务书实施项目；

2. 落实项目实施的配套条件，依法依规使用项目资金；

3. 按甲方要求报告项目进展情况、重大问题、资金使用情况等；

4. 接受甲方、丙方的监督；

5. 负责提交项目验收所需的有关材料及财务决算报告，按期完成项目结题验收。

（三）按照科学技术部令第5号《国家科技计划项目管理暂行办法》，项目任务书可增加有关科技行政管理部门作为第三方，第三方有保证任务完成的责任和监督项目实施的权力。本办法将第三方确定为丙方，丙方的职责是：

1. 督促、检查项目任务书执行情况及经费使用情况；

2. 协助甲方处理项目任务书执行中的问题；

3. 向甲方报告影响项目实施的重大事项；

4. 协助组织项目咨询论证、验收及其他有关管理服务工作；

5. 协助甲方实施项目绩效评估评价工作。

第十七条 项目执行期间，项目任务书内容原则上不得变更。确需变更项目任务书内容的，由乙方提出、丙方审核同意后向甲方提交变更申请，经甲、乙双方协商一致后方可变更。

第十八条 在研项目实行年度报告制度。乙方年度报告经丙方审核后向甲方提交。

第十九条 项目执行期间有下列情形之一者，应予以终止执行：

（一）因不可抗力或其他客观原因，项目无法继续执行的；

（二）项目无法按计划执行或预期目标不能实现的；

（三）乙方不按项目任务书执行、挪用科技经费、拒不接受监督检查的；

（四）不按规定按期结题验收的。

项目终止执行后，乙方应当就已开展工作、经费支出等情况向甲方提交书面报告，结余的或被挪用的经费应按程序退回，并对乙方予以通报批评。

第四章 项目结题验收

第二十条 项目执行期满后，乙方应在项目任务书规定的实施期限期满后的3个月内，经丙方同意后向甲方提出书面验收申请及相关材料，申请结题验收。

第二十一条 项目结题验收工作应在项目任务书规定的实施期限期满后的6个月内完成。不能按期进行结题验收的，乙方应在项目任务书规定的实施期限期满前30日提出延迟结题验收申请。

第二十二条 项目申请结题验收应提供以下基本材料：

（一）项目结题验收申请书；

（二）项目执行情况总结报告及技术报告；

（三）项目经费决算报告。财政科技专项资金50万元以上（含50万元）的项目应当提供会计师事务所出具的审计报告；

（四）项目成果、知识产权等证明材料；

（五）项目科技报告；

（六）项目仪器设备共享情况；

（七）其他相关附件。

第二十三条 项目结题验收应以项目任务书规定的内容和确定的考核指标为基本依据。项目结题验收的主要内容有：

（一）项目任务书规定的各项指标的完成情况；

（二）经费使用的合理性、规范性；

（三）专项项目管理办法规定的其他情况。

第二十四条 项目结题验收按照以下程序进行：

（一）乙方提交结题验收申请及相关材料；

（二）丙方对乙方提交的结题验收申请材料审查后，报甲方审核；

（三）甲方同意乙方提出的结题验收申请后组织结题验收，或委托丙方组织结题验收；

（四）结题验收结论分为"通过验收"或"需要复议"或"不通过验收"。需要复议的验收项目，乙方应在接到通知30日内提出复议申请。甲方出具项目验收结论证明。

第二十五条 项目存在下列情况之一的，不予通过结题验收：

（一）项目任务书规定的主要任务和技术经济指标没有完成的；

（二）提供的验收文件资料、数据不完备、不真实的；

（三）乙方擅自修改项目任务书考核指标内容的；

（四）乙方未按规定填报科技报告及相关资料的；

（五）超过项目任务书规定的执行期限6个月以上，且事先未办理延期申请的；

（六）影响项目结题验收的其他情形。

第二十六条 未通过验收的项目，承担者接到通知半年之内，经整改完善有关项目计划及文件资料后，可再次提出验收申请。如再次因主观原因造成项目未通过结题验收的，对项目负责人、项目承担单位和推荐单位采取以下惩戒措施：

（一）项目负责人在3年内不得申报省级项目、参与省级项目评审论证及结题验收等工作，属于专家库成员的移出专家库；

（二）核减项目推荐单位下一年度项目申报限额。

第二十七条 项目验收通过后30日内，由乙方将项目相关文档上传至甘肃省科技管理信息系统公共服务平台。项目文档包括：

（一）项目实施总结报告及技术报告；

（二）项目成果、知识产权等证明材料；

（三）项目验收或结题证明材料；

（四）其他附件材料。

第二十八条 项目完成验收后进行科技成果登记。项目实施所产生的成果，按照科技成果评价登记、知识产权保护、技术合同认定登记、科学技术奖励、专利奖励等有关规定和办法执行。

第二十九条 涉及保密的项目，按照科技保密有关规定和办法执行。

第五章 监督管理

第三十条 充分发挥专家和企业家在项目组织管理过程中的咨询作用，提高项目组织管理的科学性、公正性和社会参与度。专家咨询意见作为科技管理与决策的重要参考依据。

第三十一条 项目管理过程所需咨询专家的使用和遴选按科技专家库管理规定执行，实行咨询专家回避制度。

第三十二条 建立咨询专家信用管理制度，对咨询专家在项目评审、论证和结题验收中的咨询情况进行纪录。咨询论证专家应遵守科技评审评价专家行为规范。

第三十三条 建立完善科研信用管理制度，对项目组织和实施过程中的有关机构、主要承担单位和责任人以及咨询专家等进行信用记录和信用评价，并将其信息作为相关工作的决策依据。

第三十四条 实行项目绩效评估评价制度。项目主管部门会同财政部门，委托有资质的第三方机构，对项目实施绩效进行评估评价。

第六章 附则

第三十五条 项目的资金使用按照《关于完善省级财政科研项目资金管理政策的实施意见》（甘办发〔2017〕5号）和有关财务管理制度执行，确保经费使用规范、有效。

第三十六条 省科技计划下设的各类专项计划，可根据本办法和各自特点，制定或修订具体管理办法或实施细则。

第三十七条 本办法由省科技厅负责解释。

第三十八条 本办法自发布之日起实施，有效期至2022年11月6日止。

关于印发《甘肃省科技重大专项计划项目管理办法》的通知

(甘科计规〔2017〕11号)

各市(州)科技局,兰州新区科技发展局,省直有关部门,中央在甘有关单位,高等院校、科研院所,有关单位:

为全面做好甘肃省科技重大专项计划项目管理工作,依据《甘肃省科技计划项目管理办法》(甘科计规〔2017〕10号),省科技厅制定了《甘肃省科技重大专项计划项目管理办法》,现予印发,请遵照执行。

甘肃省科技厅

2017年11月1日

甘肃省科技重大专项计划项目管理办法

第一章 总则

第一条 为加强和规范甘肃省科技重大专项计划项目(以下简称"重大专项")管理,根据《甘肃省深化科技体制改革实施方案》(甘办发〔2017〕14号)、《甘肃省科技计划管理改革实施方案》(甘政办发〔2016〕211号)、《关于完善省级财政科研项目资金管理政策的实施意见》(甘办发〔2017〕5号)和《甘肃省科技计划项目管理办法》(甘科计规〔2017〕10号)等法律法规和国家科技重大专项管理的有关精神,结合我省实际,制定本办法。

第二条 重大专项围绕全省经济社会发展的重大战略需求,聚焦重点产业、特色产业和战略性新兴产业等不同发展阶段的重大共性、关键技术难题,开展带动作用大、覆盖面广、关联度高的重大新产品、成套设备、关键技术的集成研究开发及产业化。

第三条 重大专项鼓励自主创新、产学研结合、学科交叉创新,坚持自主研究开发与引进消化吸收再创新和集成创新并重,以自主创新推动产业化。重点支持以企业为主体、产学研联合的集成度高、关联度大、带动性强的重大科技项目。

第四条 省科技厅是重大专项组织实施的行政主管部门,负责重大专项年度重点工作安排,审议重大专项设置,会同项目管理专业机构组织重大专项需求征集、指南编发、经费预算、绩效评估、监督检查、评审立项及结题验收全过程。

第五条 根据年度安排部署,重大专项实行专家咨询论证、立项决策、综合协调、分工负责的管理原则,实施周期一般不超过三年。项目管理工作在指定的甘肃省科技管理信息系统公共服务平台运行,采取电子与纸质档案相结合的方式实施。

第六条 重大专项可根据需要下设课题,课题设置一般不得超过3个。项目牵头单位与课题牵头单位之间应签订合作协议,明确各方权利和义务。不同领域不同产品的技术研发不得在同一项目中进行设计。

第二章 项目立项

第七条 重大专项立项包括申报、评审论证、审核审批、签订任务书等基本程序。

第八条 重大专项的组织采取公开征集或定向组织等方式。

公开征集是依据省科技创新规划及产业政策，发布项目申报指南，明确项目支持方向、范围及重点，面向全社会征集项目。

定向组织是指依据省科技创新规划及产业政策，通过调研、专家研讨等方式，凝练出经济、社会和科技发展的重大项目需求，并组织相关单位申报。

第九条 重大专项的申报须符合以下条件：

（一）符合我省产业、技术政策和环境保护要求，创新性强，技术水平高；

（二）预期突破的重大关键技术及其具体技术指标清晰明确；

（三）有预期取得的知识产权（类型、数量）、技术标准以及人才培养等确切指标；

（四）有以研发的新产品为主的产业化规模以及经济效益等指标。

第十条 重大专项申报主体应是甘肃省具有独立法人资格的高等院校、科研机构、企业和社会组织等单位或者其他相关机构，其中产业类项目，应以企业为主体，构建产学研协同创新体系。承担单位应具备以下条件：

（一）在甘肃省内注册（招投标及需要委托省外单位承担的科技项目，遵照其他有关规定），成立一年以上，具有项目实施的工作基础和条件、健全的科研管理制度、财务管理制度、资产管理制度和会计核算制度。

（二）具有完成项目必备的人才条件、技术装备、资金等保障能力，有健全的科研、财务、知识产权管理等制度；项目负责人应当在相关领域和专业具有一定的学术地位或者技术优势，具有完成项目所需的组织管理和协调能力。

（三）同一项目或相近项目通过其他渠道已获财政性资金支持的，不得重复申报。相近项目正在实施重大专项，或者近五年来重大专项已经组织实施过相似项目的，不再组织安排新项目。

（四）同一单位不得在同一技术方向选择不同领域分头申报。

（五）具有资金匹配和落实能力，项目负责人和项目申请单位具有完成项目的良好信誉度。

第十一条 重大专项按申请单位的行政隶属或属地关系申报、初审并向省科技厅推荐，县（市、区）、市（州）所属单位申报的项目由所在县（市、区）、市（州）科技局初审和推荐；省直单位申报的项目由其主管部门初审和推荐，中央驻甘单位申报的项目由本单位初审和推荐。

第十二条 省科技厅根据全省国民经济和社会发展需求、科技创新规划、重大专项年度工作计划，编制发布重大专项申报指南，面向全社会公开征集项目。

第十三条 申报重大专项应当提供以下材料：

（一）重大科技专项项目申请书（保密项目按照有关规定执行）；

（二）项目可行性研究报告；

（三）企业营业执照、事业单位（社会团体）法人登记证等复印件；

（四）经有资质的社会中介机构出具的上年度会计报表，包括资产负债表、损益表和现金流量表；

（五）项目技术状况的证明文件，包括技术成果认定书、验收意见、查新报告、知识产权证明材料、技术合作协议等；

（六）申报指南（要求）规定的其他附件。

第十四条 重大专项评审前，应加强项目查重查新，重点对核心内容与关键技术查重查新。

第十五条 对重大专项实行技术评审和经费预算评审，省科技厅组织专家对备选项目进行技术论证、价值和风险评估、合规审查和财务审核，明确项目总体目标和关键节点目标，并对考核指标进行量化。

第十六条 根据省科技创新规划和产业政策，结合评审或咨询论证意见，对项目经费预算的合理性进行审核后，确定拟资助项目，向社会公示。对经公示无异议或者经调查异议不属实的项目，下达项目资助计划。

第十七条 项目承担单位应在接到立项通知之日起60日内，与项目推荐单位和省科技厅（或项目管理专业机构）三方签订重大专项任务书，确定项目主要目标、研究内容、技术和经济指标、经费预算及使用计划等，并明确实施各方的权利和义务。重大专项承担单位应在项目任务书中对自筹经费作出书面承诺并负责按期落实。

项目实施期限按项目立项文件下达月的下月起计，以月对月计算。

第十八条 项目由多家单位合作实施的，项目牵头承担单位要与合作单位签订合作协议，明确各方目标任务、资金安排、知识产权归属、权利义务、法律责任等，并作为任务书附件。

第三章 项目实施

第十九条 省科技厅会同项目管理专业机构按照项目任务书，检查、督促项目相关配套条件的落实，负责日常管理。

第二十条 重大专项的管理实行法人负责制，法人单位是项目实施的责任主体，对项目申请、组织实施、资金使用、结题验收、条件保障等方面承担法人责任。项目承担单位、推荐单位以及省科技厅（或项目管理专业机构）三方应切实履行相关职责，三方职责按照《甘肃省科技计划项目管理办法》的有关规定执行。

第二十一条 项目任务书内容或预算调整、承担单位或项目负责人变更等重大事项，按照《甘肃省科技计划项目管理办法》的有关规定执行。

第二十二条 重大专项实行年度报告制度，年度报告须经推荐单位审核后向省科技厅提交。

第二十三条 重大专项执行期间有下列情形之一者，应予以终止执行并停拨经费：

（一）因不可抗力或其他客观原因，项目无法继续执行的；

（二）项目无法按计划执行或预期目标不能实现的；

（三）承担单位不按项目任务书执行、挪用科技经费、拒不接受监督检查的；

项目终止执行后，项目承担单位应当就已开展工作、经费支出等情况向项目主管单位提交书面报告，结余的或被挪用的经费应按程序退回，并对项目承担单位予以通报批评；情节严重的，3年内不予受理项目承担单位的各类科技计划项目申请。

第二十四条 重大专项承担单位对已批准中止、撤销项目已做的研究工作、阶段性成果、知识产权、经费使用、已购置设备仪器及其处理情况做出书面报告，提交省科技厅研究处理。

第四章 项目结题验收

第二十五条 重大专项执行期满后，乙方应在项目任务书规定的实施期限期满后的3个月内，经丙方同意后向甲方提出书面验收申请及相关材料，申请结题验收。

第二十六条 项目结题验收工作应在项目任务书规定的实施期限期满后的6个月内完成。不能按期进行结题验收的，乙方应在项目任务书规定的实施期限期满前30日提出延迟结题验收申请。延期时间最多不超过一年。

第二十七条 省科技厅会同项目管理专业机构负责组织重大专项验收工作。验收需要提交的基本材料、验收程序、验收内容、验收结论均按照《甘肃省科技计划项目管理办法》相关规定严格执行。

第二十八条 重大专项验收包括任务验收和财务验收，任务验收和财务验收同步实施，根据项目任务验收和财务验收意见，形成验收结论。通过验收的项目应当进行省级科技成果登记。

第二十九条 存在下列情况之一的，不予通过验收：

（一）项目任务书规定的主要任务和技术经济指标没有完成的；

（二）提供的验收文件资料、数据不完备、不真实的；

（三）项目承担单位擅自修改项目任务书考核指标内容的；

（四）项目承担单位未按规定填报科技报告及相关资料的；

（五）超过项目任务书执行期限 6 个月以上，且事先未办理延期申请的；

（六）影响项目验收的其他情形。

第三十条 对因主观原因造成项目未通过验收的，按照《甘肃省科技项目管理办法》相关规定执行。

第三十一条 建立健全项目信息统一管理制度，项目验收通过后 60 日内，项目承担单位应将项目相关文档上传省科技计划管理信息系统。项目文档包括：

（一）项目实施总结报告及技术报告；

（二）项目成果、知识产权等证明材料；

（三）项目验收或结题证明材料；

（四）其他附件材料。

第五章 监督管理

第三十二条 重大专项实施的甲、乙、丙各方应严格按照《甘肃省科技项目管理办法》进行监督管理。

第三十三条 重大专项的论证评审以同行专家为主，吸收国内高水平专家参加，充分发挥专家咨询作用。参加项目评审的省内专家从甘肃省科技专家库中随机抽取。专家独立发表意见和建议，不受任何组织和个人干预。应当充分考虑专家组配置的专业性和合理性，吸收一定比例企业家参加。实行专家回避制度。

第三十四条 省科技厅委托第三方评估机构或专家对项目任务执行情况进行绩效评估，评估结果作为重大事项调整的重要依据。

第三十五条 重大专项资金包括省级财政投入、企事业单位自筹资金等，资金使用严格按照《关于完善省级财政科研项目资金管理政策的实施意见》（甘办发〔2017〕5 号）和有关财务管理制度执行，确保经费使用规范、有效。

第三十六条 重大专项产生的科技成果，按照科技保密、科技成果评价登记、知识产权保护、技术合同认定登记、科学技术奖励等有关规定和办法执行。

第六章 附则

第三十七条 本办法由省科技厅负责解释。

第三十八条 本办法自发布之日起实施，有效期至 2022 年 11 月 6 日止。

关于印发《甘肃省重点研发计划项目管理办法》的通知

(甘科计规〔2017〕12号)

各市(州)科技局,兰州新区科技发展局,省直有关部门,中央在甘有关单位,高等院校、科研院所,有关单位:

为全面做好甘肃省重点研发计划项目管理工作,依据《甘肃省科技计划项目管理办法》(甘科计规〔2017〕10号),省科技厅制定了《甘肃省重点研发计划项目管理办法》,现予印发,请遵照执行。

甘肃省科技厅
2017年11月1日

甘肃省重点研发计划项目管理办法

第一章 总则

第一条 依据《甘肃省科技计划管理改革实施方案》(甘政办发〔2016〕211号)和《甘肃省科技计划项目管理办法》(甘科计规〔2017〕10号)等有关规定,结合重点研发计划项目特点,制定本办法。

第二条 重点研发计划围绕解决全省经济和社会发展的共性关键技术瓶颈问题,开展各领域需要长期攻关的重大社会公益性研究,以及产业核心竞争力、整体自主创新能力的共性关键技术(产品)和国际科技合作等。

第三条 根据科技创新需求,重点研发计划分重点专项和普通项目,重点专项可设立若干个目标明确、边界清晰的课题。

第四条 项目坚持专家评价、管理决策、综合协调、分工负责、指导监理的管理原则。重点专项实施周期一般不超过3年,普通项目实施周期一般不超过2年。

第五条 省科技厅是重点研发计划组织实施的主管部门,会同项目管理专业机构负责重点研发计划论证、立项、监督、验收等管理工作。

第二章 申报和立项

第六条 省科技厅根据全省经济和社会发展需求、科技创新规划、重点研发计划年度工作计划,组织专家确定年度重点专项支持领域和方向,编制、发布重点专项和项目申报指南,面向社会征集项目。

第七条 重点专项充分体现从共性关键技术研发到典型应用示范的全链条部署,定向择优组织。普通项目突出技术攻关,竞争择优遴选。

第八条 项目申报单位应为甘肃省境内注册1年以上的科研院所、高等院校和企业等,具有独立法人资格，有较强科研能力和条件，运行管理规范。

第九条 经济社会发展急需，本省科研力量暂时无法解决的技术难题可采用招标方式，吸引省外科研力量开展技术攻关。此类项目申报单位不受第八条限制。

第十条 省科技厅会同项目管理专业机构按照项目评审程序，选择采取会议论证评审、网络评审、答辩论证评审等方式组织项目评审。根据需要对项目进行现场考察和预算评审。根据省科技创新规划和产业政策，结合评审意见，确认拟资助项目，并向社会公示。对经公示无异议或者调查异议不属实的项目，下达项目资助计划。

第十一条 项目评审所需咨询专家应按科技专家库管理要求遴选，实行咨询专家回避制度。

第十二条 项目承担单位应在接到立项通知之日起60日内，与项目推荐单位、省科技厅（或项目管理专业机构）三方签订重大专项任务书。重点专项设置课题的，项目牵头单位同时要与课题承担单位签订课题任务书。

第十三条 项目由多家单位合作实施的，项目牵头承担单位要与合作单位签订合作协议，明确各方目标任务、资金安排、知识产权归属、权利义务、法律责任等，并作为项目申报书附件。

第三章 实施管理

第十四条 省科技厅会同项目管理专业机构实施项目过程管理及监督检查。

第十五条 项目管理实行法人负责制，法人单位是项目实施的责任主体，对项目申请、组织实施、资金使用、结题验收、条件保障等承担法人责任。

第十六条 项目推荐单位应按照省级科技计划管理有关规定规范项目管理，保障项目实施取得预期成效。项目实施期间，发生影响项目实施的重大事项，要及时报告省科技厅，项目任务书规定执行期到期后，要按规定完成项目验收结题工作。

第十七条 项目实行年度报告制度，项目承担单位年度报告经项目推荐单位审核后提交省科技厅。

第十八条 项目实行信用管理，限制其申请省级科技计划项目或参与项目的资格。

第十九条 项目重大事项需要调整的，由项目承担单位提出申请，经项目推荐单位同意后报省科技厅审核批复。重大事项包括项目负责人变更、项目承担单位名称变更或主体变更、项目实施内容调整等。

第二十条 项目执行过程中，如遇下列情况之一，应予撤销或终止：

（一）经实践证明，研究路线不合理、不可行，或无法实现任务书规定进度，且无改进办法的；

（二）执行过程中出现严重的知识产权纠纷的；

（三）所需资金、原材料、人员、支撑条件等未落实导致无法完成任务的；

（四）任务书规定的其他需撤销或终止项目的情况。

项目承担单位可提出撤销或终止申请，经项目推荐单位同意后，由省科技厅会项目管理专业机构批准。

第二十一条 项目承担单位对已批准终止、撤销项目已做的研究工作、阶段性成果、知识产权、经费使用、已购置设备仪器及其处理情况做出书面报告报省科技厅。

第四章 监督管理

第二十二条 省科技厅根据需要委托专家或第三方评估机构不定期对项目任务执行情况进行

绩效评估。

第二十三条 项目纳入甘肃省科技计划项目管理信息系统公共服务平台，项目征集、申报、立项、验收、预算安排、监督检查、信息披露、结题验收等进行全过程管理和监督。

第五章 项目验收与成果管理

第二十四条 项目验收要客观评价项目目标任务的执行和产出情况、资金使用的总体情况，促进创新成果的推广应用及产业化，提高资金使用效率。

第二十五条 实行科技报告制度，推动科技成果完整保存、持续积累、开放共享和转化应用。项目承担单位的科技报告提交和共享情况作为后续支持的重要依据。

第二十六条 重点研发计划产生的科技成果，按照《科学技术保密规定》《省科技厅科技成果登记办法》等有关规定执行。

第六章 附则

第二十七条 项目的资金使用按照《关于完善省级财政科研项目资金管理政策的实施意见》（甘办发〔2017〕5号）和有关财务管理制度执行，确保经费使用规范、有效。

第二十八条 本办法由省科技厅负责解释。

第二十九条 本办法自发布之日起实施，有效期至2022年11月6日止。

关于印发《甘肃省技术创新引导计划项目管理办法》的通知

(甘科计规〔2017〕13号)

各市(州)科技局,兰州新区科技发展局,省直有关部门,中央在甘有关单位,高等院校、科研院所,有关单位:

为全面做好甘肃省技术创新引导计划项目管理工作,依据《甘肃省科技计划项目管理办法》(甘科计规〔2017〕10号),省科技厅制定了《甘肃省技术创新引导计划项目管理办法》,现予印发,请遵照执行。

甘肃省科技厅
2017年11月1日

甘肃省技术创新引导计划项目管理办法

(甘科计规〔2017〕13号)

第一章 总则

第一条 为规范甘肃省技术创新引导计划项目(以下简称"项目")管理,依据《甘肃省科技计划管理改革实施方案》(甘政办发〔2016〕211号)和《甘肃省科技计划项目管理办法》(甘科计规〔2017〕10号),制定本办法。

第二条 甘肃省技术创新引导计划旨在充分发挥市场对技术研发方向、路线选择、要素价格、各类创新要素配置的导向作用,围绕行业、企业、区域技术创新活动的需求,加强政策引导,为技术创新和科技成果转化与产业化、适用技术示范推广创造良好环境。

技术创新引导计划由科技型中小企业技术创新基金、科技小巨人企业培育计划、民生科技、软科学等专项动态组成。

第三条 项目管理坚持需求牵引、统筹协调、公平公正、规范高效的原则。

第四条 本办法适用于使用省级财政科技经费支持的技术创新引导计划项目的申报、评审、立项、实施、验收等项目管理工作。

第二章 项目申报

第五条 按照全省科技创新规划部署和年度工作任务,项目申报采取公开征集和定向组织相结合的方式。

第六条 项目申请单位和申请人应当符合以下条件:

(一)在甘肃省注册,具有独立法人资格;

(二)项目负责人应当在相关领域和专业具有一定的学术造诣或者技术优势,具有完成项目所需的组织管理、协调能力及良好信誉度;

（三）申请项目具有在科学、技术上的创新性与可行性，预期或者已经产生良好的经济社会效益或者科学价值；

（四）项目申请单位具有项目实施的基础条件和必备的人才、技术等保障能力，有健全的科研、财务、资产管理制度和会计核算制度；

（五）项目申请单位为企业的，应当是符合条件的科技型中小（微）企业。

（六）民生科技专项只受理由市州科技局推荐的项目。

（七）符合项目申报指南规定的其他条件。

第七条 申请项目应当提供以下材料：

（一）项目申请书电子版和相应纸质版；

（二）企业营业执照、事业单位（社会团体）法人登记证等复印件；

（三）申报指南（要求）规定的其他附件。

第八条 按项目申请单位的行政隶属或属地关系申报、初审并向项目主管部门推荐。县（市、区）、市（区）所属单位申报的项目由所在县（市、区）、市（州）科技局初审和推荐；省直单位申报的项目由其行政主管部门初审和推荐；中央驻甘单位申报的项目由本单位初审和推荐。

第三章 立项与实施

第九条 依据年度项目申报指南，符合条件单位通过甘肃省科技管理信息系统公共服务平台申报项目，省科技厅或项目管理专业机构对申报项目进行形式审核，符合条件的项目，由省科技厅负责组织或委托项目管理专业机构进行项目评审或咨询论证，根据需要进行现场考察或论证。

第十条 根据省科技创新规划及产业政策，结合评审或论证意见，对项目经费预算的合理性进行审核后，省科技厅确定拟资助项目，重点项目向社会公示。对经公示无异议或者异议经调查不属实的项目，下达项目资助计划。

第十一条 项目承担单位应在接到立项通知之日起60天内完成项目任务书签订，确定项目主要目标、研究内容、技术和经济指标、经费预算及使用计划等，明确实施各方的权利和义务。

第十二条 项目任务书内容原则上不得变更。确需变更项目任务书内容的，由承担单位提出申请，项目推荐单位同意后报省科技厅或项目管理专业机构，经协商一致后方可变更。

第十三条 项目实行年度报告制度。项目承担单位应于次年1月31日前向省科技厅或项目管理专业机构提交年度项目执行情况报告。如遇对项目执行产生重大影响的情况，应及时报告。年度报告应包括以下内容：

（一）项目资金到位与使用情况；

（二）项目任务书计划进度执行情况；

（三）项目达到的技术、经济、质量指标情况；

（四）项目存在的主要问题和解决措施。

第四章 结题验收

第十四条 项目承担单位应当在项目任务书规定的执行期限期满后3个月内向省科技厅提出书面验收申请及相关验收材料，申请验收。

第十五条 申请项目验收应提供以下基本材料：

（一）项目验收申请书；

（二）项目执行情况总结报告及技术报告；

（三）项目经费决算报告。财政专项资金50万元以上（含50万元）的科技计划项目应当提供会计师事务所出具的审计报告；

（四）项目成果、专利等证明材料；

（五）项目科技报告；

（六）项目仪器设备共享情况；

（七）其他相关附件。

第十六条 项目验收应以项目任务书规定的内容和确定的考核指标为基本依据，项目验收的主要内容有：

（一）项目任务书规定的各项指标的完成情况；

（二）经费使用的合理性、规范性；

（三）专项项目管理办法规定的其他情况。

第十七条 项目验收按以下程序进行：

（一）项目承担单位提交验收申请及相关材料，经项目推荐单位审核后，报省科技厅或受委托的项目管理专业机构进行审核，符合验收条件的项目由省科技厅或委托项目推荐单位组织验收；

（二）验收结论分为"通过验收"或"需要复议"或"不通过验收"。需要复议的验收项目，乙方应在接到通知30日内提出复议申请。省科技厅出具项目验收结论证明；

（三）项目验收工作需在项目任务书规定的执行期限到期后6个月内完成；不能如期进行验收的，项目承担单位应在项目任务书规定的执行期限到期前30天提出延迟验收申请；

（四）财政专项经费10万以下的项目，可根据需要进行验收或结题。

第十八条 项目存在下列情况之一的，不予通过验收或结题：

（一）项目任务书规定的主要任务和技术经济指标没有完成的；

（二）提供的验收文件资料、数据不完备、不真实的；

（三）擅自修改项目考核指标内容的；

（四）超过项目任务书执行期限6个月以上，且事先未作延期申请的。

第十九条 项目验收通过后，项目承担单位应按有关规定进行科技成果登记，并于60天内将相关项目文档上传至甘肃省科技管理信息系统公共服务平台。项目文档包括：

（一）项目实施总结报告；

（二）项目成果、专利等证明材料；

（三）项目验收或结题证明材料；

（四）其他附件材料。

第二十条 对由创新引导计划项目支持完成的专著、论文、软件、数据库等研究成果均应署项目名称，专利申请、技术成果转让、申报奖励等按国家及省上有关规定办理。

第五章 附则

第二十一条 项目的资金使用按照《关于完善省级财政科研项目资金管理政策的实施意见》（甘办发〔2017〕5号）和有关财务管理制度执行，确保经费使用规范、有效。

第二十二条 本办法由省科技厅负责解释。

第二十三条 本办法自发布之日起实施，有效期至2022年11月6日止。

关于印发《甘肃省创新基地和人才计划项目管理办法》的通知

(甘科计规〔2017〕14号)

各市(州)科技局,兰州新区科技发展局,省直有关部门,中央在甘有关单位,高等院校、科研院所,有关单位:

为全面做好甘肃省创新基地和人才计划项目管理工作,依据《甘肃省科技计划项目管理办法》(甘科计规〔2017〕10号),省科技厅制定了《甘肃省创新基地和人才计划项目管理办法》,现予印发,请遵照执行。

甘肃省科技厅
2017年11月1日

甘肃省创新基地和人才计划项目管理办法

(甘科计规〔2017〕14号)

第一章 总则

第一条 为贯彻落实《甘肃省科技计划管理改革实施方案》(甘政办发〔2016〕211号),规范创新基地和人才计划项目管理,根据《甘肃省科技计划项目管理办法》(甘科计规〔2017〕10号),制定本办法。

第二条 本办法所称省创新基地,包括甘肃省实验室、甘肃省重点实验室、甘肃省技术创新中心、甘肃省工程技术研究中心、甘肃省国际科技合作基地、甘肃省临床医学研究中心,以及省级科技园区、省级可持续发展实验区、省级科技企业孵化器、省级众创空间、省级星创天地等创新创业及科技成果转移转化基地。本办法所称人才计划,包括省杰出青年基金、基础研究创新群体、自然科学基金、青年基金等专项计划。

第三条 创新基地专项围绕全省重点产业和社会发展领域,支持各类创新创业基地的建设和能力提升,为提高科技持续创新能力提供条件保障。

第四条 人才计划专项支持科研人员和创新团队,引进、培养高水平科技领军人才、优秀团队和创新创业人才。

第五条 创新基地和人才计划项目组织管理的主体包括省科技厅、推荐单位和项目承担单位、项目专业管理机构。

第二章 申请与立项

第六条 省科技厅负责编制发布创新基地和人才计划项目申报指南。项目申请采取公开征集或定向组织等方式。

第七条 创新基地和人才计划项目通过甘肃省科技管理信息系统公共服务平台,按照申报指南组织申报，申报材料经依托单位和推荐单位审核同意后提交省科技厅或省科技厅委托的项目管理专业机构。

第八条 创新基地和人才计划项目评审环节包括形式审核、现场考察、专家评审论证等。

第九条 通过立项评审的创新基地专项和部分人才计划专项，重点项目向社会进行公示，公示有异议的，由省科技厅组织专家进行调查核实；公示无异议的，按科技计划管理程序立项下达。

第三章 实施与管理

第十条 创新基地和人才计划项目除涉密项目外，基本信息向社会公开，接受公众监督。

第十一条 创新基地和人才计划项目实施周期一般为2年，不超过3年。

第十二条 项目执行期间，项目任务书内容原则上不得变更。项目实施中对计划目标任务、执行进度、经费、承担单位及执行人员等内容进行调整以及延期、终止或撤销的，应当由项目承担单位（或依托单位）提出书面申请，经项目推荐单位审核同意后报省科技厅审核批准。

第十三条 项目实行科技报告制度，包括年度进展报告、结题报告等，建立覆盖指南编制、项目申报、评审立项、组织实施、验收评估全过程的科研信用记录制度，其报告的提交和共享情况作为后续支持的重要依据。

第四章 开放与交流

第十四条 创新基地应按照《国务院关于国家重大科研基础设施和大型科研仪器向社会开放的意见》及省有关规定，将符合条件的科研设施与仪器等科技资源按照标准和规范纳入全省统一的科技资源开放共享服务平台，面向社会提供开放共享服务，提高科技资源利用效率。

第十五条 创新基地依托单位作为责任主体，应强化法人责任，切实履行开放职责，根据开放类型和用户需求，建立专业技术人员队伍和相应管理制度，自觉接受相关部门的考核评估和社会监督，保障科研设施与仪器等科技资源的良好运行与开放共享。

第十六条 创新基地科技资源开放共享遵循"制度推动、信息共享、资源统筹、奖惩结合、分类管理"的基本原则，建立相应绩效考评体系和激励约束及后补助机制。

第十七条 创新基地在开放与共享使用中形成的成果及知识产权等，由双方事先进行约定，属用户独立开展科学实验形成的知识产权可由用户自主拥有。

第十八条 创新基地开放共享和服务情况纳入绩效考评体系。对开放共享程度高、服务效果好、用户评价高的，给予相应的"后补助"支持。对不按规定开放共享、服务水平低、用户评价差、设施与仪器使用效率低的，给予通报批评、限期整改或撤销资格等处理。

第十九条 人才计划应重视人才培养和团队建设，通过学者互访、合作研究、国际学术会议、联合实验等方式加强交流与合作，建立多渠道、多层次、全方位的开放合作格局。

第五章 绩效评估

第二十条 创新基地和人才计划项目绩效实行年度考核和定期评估。评估工作可委托第三方机构组织实施，年度考核和定期评估内容主要包括研究水平与贡献、队伍建设与人才培养、开放共享与交流合作、科研条件与平台建设、财务审计报告等。

第二十一条 省科技厅或项目专业管理机构发布年度考核或定期评估通知，依托单位按要求填报年度考核报告或定期评估报告。

第二十二条 创新基地专项年度考核和定期评估结果分为"优秀、良好、合格、不合格"四个档次。考核评估为优秀的创新基地，按《甘肃省支持科技创新若干措施》相关标准给予资金奖励补助；定期评估不合格的，限期整改，再次评估不合格的，不再列入省级科技创新基地名单。

第六章 验收结题

第二十三条 创新基地的建设（培育）期为2年。建设计划任务完成后，由依托单位在建设期满后3个月内提交验收申请。因特殊原因在建设期限内没有完成建设计划任务的，依托单位应提出延期申请，延期不超过1年。

第二十四条 人才计划专项按照下列程序结题或验收：

（一）项目验收结题工作必须在项目执行到期后6个月内完成，并进行科技成果登记；

（二）项目承担单位无特殊原因未按时完成验收或结题的，按《甘肃省科技计划项目管理办法》及相关规定按不通过验收处理。

（三）基础研究创新群体、杰出青年基金等具有明确考核要求的项目应组织专家或委托第三方专业机构进行项目验收。基础自由探索类人才计划项目（自然科学基金、青年基金）可采取结题方式验收。

第二十五条 加强项目执行中的知识产权保护，对由创新基地和人才计划项目支持完成的专著、论文、软件、数据库等研究成果均应署创新基地或项目名称，专利申请、技术成果转让、申报奖励等按国家及省上有关规定办理。

第七章 附则

第二十六条 项目在实施过程中，可结合工作需要及项目专项特点，根据本办法制定具体管理办法或实施细则。

第二十七条 项目的资金使用按照《关于完善省级财政科研项目资金管理政策的实施意见》（甘办发〔2017〕5号）和有关财务管理制度执行，确保经费使用规范、有效。

第二十八条 本办法由省科技厅负责解释。

第二十九条 本办法自发布之日起实施，有效期至2022年11月6日止。

中共甘肃省委办公厅　甘肃省人民政府办公厅印发《关于落实以增加知识价值为导向分配政策的实施意见》的通知

(甘办发〔2018〕12号)

各市、州党委和人民政府，兰州新区党工委和管委会，省委各部门，省级国家机关及各部门，省军区、武警甘肃省总队，各人民团体，中央在甘各单位：

《关于落实以增加知识价值为导向分配政策的实施意见》已经省委、省政府同意，现印发给你们，请结合实际认真贯彻落实。

中共甘肃省委办公厅
甘肃省人民政府办公厅
2018年2月12日

关于落实以增加知识价值为导向分配政策的实施意见

为激发科研人员创新创业积极性，在全社会营造尊重劳动、尊重知识、尊重人才、尊重创造的氛围，促进科技成果转移转化，加快创新型甘肃建设进程，根据《中共中央办公厅、国务院办公厅印发〈关于实行以增加知识价值为导向分配政策的若干意见〉的通知》(厅字〔2016〕35号)精神，结合我省实际，制定本实施意见。

一、总体要求

（一）指导思想。全面贯彻落实党的十九大精神，坚持以习近平新时代中国特色社会主义思想为指导，实行以增加知识价值为导向的分配政策，充分发挥市场机制作用，通过稳定提高基本工资、加大绩效工资分配激励力度、落实科技成果转化奖励等激励措施，使科研人员收入与岗位职责、工作业绩、实际贡献紧密联系，激发广大科研人员的积极性、主动性和创造性，力争多出成果、快出成果、出好成果，推动科技成果加快向现实生产力转化，在全社会形成知识创造价值、价值创造者得到合理回报的良性循环，构建体现增加知识价值的收入分配机制。

（二）主要原则

——坚持价值分配导向。针对我省科研人员实际贡献与收入分配不完全匹配、股权激励等对创新具有长期激励作用的政策缺位、内部分配激励机制不健全等问题，明确分配导向，完善分配机制，使科研人员收入与其创造的科学价值、经济价值、社会价值紧密联系。

——实行分类施策与统筹协调。根据不同创新主体、不同创新领域和不同创新环节的智力劳动特点，实行有针对性的分配政策。加强系统设计，统筹自然科学、哲学、社会科学等不同学科门类，统筹宏观调控和定向施策，探索知识价值实现的有效方式。

——激励与约束并重。把人作为政策激励的出发点和落脚点，强化产权等长期激励，加大物质收入激励的同时，注重发挥精神激励的作用，大力表彰创新业绩突出的科研、教学人员。健全中长期考核评价机制，突出业绩贡献。合理调控不同地区、同一地区不同类型单位收入水平差距，努力营造鼓励探索、激励创新的社会氛围。

二、构建科研人员"三元"薪酬体系

（一）稳步提高基本工资水平。根据国家关于工资调整机制和相关政策，基本工资标准比照当地物价上涨幅度每年或每两年调整一次，稳步提高基本工资比重。实施地区附加津贴制度，提高艰苦边远地区津贴标准，缩小与中东部地区差距。完善特殊岗位津贴政策。（责任单位：省人社厅、省教育厅、省科技厅、省财政厅）

（二）充分发挥绩效工资激励导向作用。在保障基本工资水平正常增长的基础上，逐步提高科研人员绩效工资水平。科研机构、高校要完善考核制度，制定考核细则，制定切实可行的分配制度，科学合理确定基础性绩效工资和奖励性绩效工资比例，充分体现知识价值分配导向。基础性绩效工资主要体现地区经济发展水平、物价水平、岗位职责和社会公益目标任务完成情况等因素，应占绩效工资总量的50%~70%，具体比例由主管部门根据所属其他事业单位的实际情况分别确定，一般按月发放；奖励性绩效工资主要体现工作量和实际贡献等因素，应占绩效工资总量的30%~50%，根据考核结果发放，奖励性绩效工资由单位根据考核结果适当拉开档次，体现优绩优酬。（责任单位：省人社厅、省教育厅、省科技厅、省财政厅）

（三）依法落实科技成果转化收入。各相关部门要下放科技成果使用权、处置权、收益权，鼓励科研人员创新创业，促进科技成果转化。要支持科研机构、高校自主决定科技成果转化收益分配和奖励办法，依法对职务科技成果完成人和为成果转化做出重要贡献的其他人员给予股权、期权、分红激励等产权激励和现金奖励。符合条件的股票期权、股权期权、限制性股票、股权奖励以及科技成果投资入股等实施递延纳税优惠政策。逐步提高稿费和版税等付酬标准，增加科研人员的成果性收入。（责任单位：省工信委、省发展改革委、省教育厅、省科技厅、省财政厅、省政府国资委、省工商局、省国税局、省地税局）

三、扩大科研机构、高校收入分配自主权

（一）自主制定收入分配激励办法。落实科研机构、高校在岗位设置、人员聘用、绩效工资分配、项目经费管理等方面自主权。科研机构、高校要按照职能定位和发展方向，突出业绩导向，制定以实际贡献为评价标准的科技创新人才收入分配激励办法，建立与岗位职责目标相统一的收入分配激励机制。（责任单位：省人社厅、省教育厅、省科技厅）

（二）合理调节收入分配结构。科研机构和高校要改变对科研人员的身份管理，实行岗位管理，分类管理，以岗定薪，同岗同薪，岗变薪变。合理确定单位内部岗位等级的结构比例，建立各级专业技术岗位动态调整机制，合理调节单位内部教学人员、科研人员、实验设计与开发人员、辅助人员和专门从事科技成果转化人员等各类岗位收入差距。除科技成果转化收入外，其他单位内部收入差距要保持在合理范围。（责任单位：省教育厅、省科技厅）

（三）加快推进分类管理制度。对从事基础性研究、农业和社会公益研究等研发周期较长的人员，收入分配实行分类调节，通过优化工资结构，稳步提高基本工资收入。对从事应用研究和技术开发的人员，主要通过市场机制和科技成果转化业绩实现激励和奖励。对从事哲学社会科学研究的人员，以理论创新、决策咨询支撑和社会影响作为评价基本依据，形成合理的智力劳动补偿激励机制。（责任单位：省人社厅、省教育厅、省科技厅、省财政厅）

（四）基础性绩效工资向教学人员倾斜。对专职从事教学的人员，适当提高基础性绩效工资在绩效工资中的比重，加大对教学型名师的岗位激励力度。对高校教师开展的教学理论研究、教学方法探索、优质教学资源开发、教学手段创新等，在绩效工资分配中给予倾斜。设立青年人才培养基金，提高青年科研人员和教师的收入待遇，加强学术梯队建设。（责任单位：省人社厅、省教育厅、省科技厅）

（五）加大科研辅助人员激励力度。完善用人制度、编制制度和科研项目经费管理办法，从制度上为科研辅助人员工资、福利待遇改善提供保障。重视技术性和高学历科研辅助人员需求，鼓励科研辅助人员承担和参与本职工作相关的科研项目，保障其知识产权权益。（责任单位：省人社厅、省教育厅、省科技厅）

（六）重视和规范中长期目标考核。科学设置考核周期，合理确定评价时限，避免短期频繁考核，形成长期激励导向。结合科研机构、高校分类改革和职责定位，加强对科研机构、高校中长期目标考核，建立与考核评价结果挂钩的经费拨款制度和员工收入调整机制，对评价优秀的加大绩效激励力度。探索实行合同管理制度，对有条件的科研机构，按合同约定的目标完成情况确定拨款、绩效工资水平和分配办法。完善科研机构、高校财政拨款支出、科研项目收入与支出、科研成果转化及收入情况等内部公开公示制度。（责任单位：省科技厅、省教育厅、省人社厅、省财政厅、省审计厅）

四、发挥科研项目资金激励引导作用

（一）完善科研项目资金管理制度。对不同功能和资金来源的科研项目实行分类管理。对目标明确的应用型科研项目逐步实行合同制管理。对社会科学研究机构和智库，推行政府购买服务制度，项目资金由项目承担单位按照服务合同约定管理使用。（责任单位：省科技厅、省人社厅、省财政厅、省审计厅）

（二）提高间接费用比重。财政科研项目承担单位可以统筹使用间接费用，合理安排间接费用中的绩效支出。对实行公开竞争方式的省级研发类项目，均要设立间接费用，间接费用按直接费用扣除设备购置费的一定比例确定，即500万元以下的项目为20%、500万元（含500万元）至1000万元的项目为15%、1000万元（含1000万元）以上的项目为13%。取消间接费用中绩效支出比例限制，其支出不计入项目承担单位绩效工资总额基数。（责任单位：省科技厅、省财政厅、省审计厅、省人社厅）

（三）取消劳务费用比例限制。对参与科研项目的研究生、博士后及聘用的研究人员、科研辅助人员等均可按规定开支劳务费。项目聘用人员的劳务费开支标准，参照当地科学研究和技术服务业从业人员平均工资水平，根据其在项目研究中承担的工作任务确定，其社会保险补助纳入劳务费科目列支。劳务费预算不设比例限制，由项目承担单位或课题组据实编制。（责任单位：省科技厅、省财政厅、省审计厅）

（四）完善横向项目经费自主使用。项目承担单位以市场委托方式取得的横向经费，纳入单位财务统一管理，由单位按照委托方要求或合同约定管理使用。没有约定的，由项目承担单位自主决定，单位可以依法依规提取技术开发、技术咨询、技术服务等活动的奖酬金。项目研发团队和科技人员获得的科研劳务收入，不纳入单位绩效工资总量调节指标。横向经费在项目承担单位收取管理费和资产占用费后，结余经费使用由项目研发团队根据合同约定自主分配决定。科研机构、高校应与研发团队约定管理费和资产占用费。管理费一般不超过到账科研项目经费的10%。资产占用费由科研机构、高校与研发团队按成本据实结算。科研机构、高校收取的管理费和资产占用费纳入部门预算管理。(责任单位：省科技厅、省教育厅、省财政厅、省审计厅、省人社厅)

(五)提高科研人员科研劳务收入比重。承担横向委托项目的科技人员和研发团队，其中软件开发类、设计类、规划类和咨询类项目的比例最高可达团队使用经费部分的70%，其他项目比例最高可达50%。经技术市场交易或登记的技术合同项目，在当事人履行技术合同，取得技术性收入后，单位应从技术性纯收入中提取一定比例的奖酬金，奖励对该项目有直接贡献的人员，此项奖励费用不计入单位奖金总额。(责任单位：省科技厅、省财政厅、省审计厅、省人社厅)

(六)知识密集型项目激励政策。对实验设备依赖程度低和实验材料耗费少的基础研究、软件开发和软科学研究等智力密集型项目，承担单位应在国家政策框架内，建立健全符合自身特点的劳务费、间接经费管理方式。项目承担单位可结合科研人员工作实绩，合理安排间接费用中绩效支出。个人收入可不与承担项目多少、获得经费高低直接挂钩。有关部门要修订哲学社会科学项目资金管理办法，建立健全间接成本补偿机制和科研激励机制，并明确劳务费开支范围和标准，同时下放预算调剂权限。(责任单位：省科技厅、省财政厅、省审计厅)

(七)探索实行负面清单管理。建立符合科技创新规律的财政科技经费监管制度，探索实行科研项目经费支出负面清单管理，对课题研究经费的使用列出"负面清单"，划定研究人员经费使用禁区，对违反规定者予以处罚。建立科研人员信用数据库，资助和管理部门在课题立项后，要对承担课题的研究机构及其研究团队、项目负责人使用经费情况，加强动态监测和评估。简化负面清单外的横向经费支出。(责任单位：省科技厅、省财政厅、省审计厅)

五、健全科技成果转移转化收入分配政策

(一)完善科技成果转化收益分配相关制度。鼓励科研机构、高校自主决定向企业转移科技成果，转移收入全部留归科研单位，主要用于奖励科技人员和开展科研、成果转化等工作。科研机构、高校应建立健全科技成果转化内部管理与奖励制度，科技成果转移转化的奖励和报酬支出，计入单位当年工资总额，但不受单位当年工资总额限制，不纳入单位工资总额基数，不计入绩效工资。建立健全后续科技成果转化收益反馈机制。(责任单位：省工信委、省发展改革委、省教育厅、省科技厅、省人社厅、省财政厅、省政府国资委、省工商局、省地税局)

(二)强化科技成果转化长期激励法人责任。坚持长期产权激励与现金激励并举，加大在专利权、著作权、植物新品种权、集成电路布图设计专有权等知识产权及科技成果转化形成的股权、岗位分红权等方面的激励力度。科技成果转化过程中，通过技术交易市场挂牌交易、拍卖等方式确定价格的，或者通过协议定价并在本单位及技术交易市场公示拟交易价格的，单位负责人在履行勤勉尽责义务、未牟取非法利益的前提下，免除其在科技成果定价中因科技成果转化后续价值变化产生的决策责任。(责任单位：省工信委、省发展改革委、省教育厅、省科技厅、省财政厅、省政府国资委、省工商局、省政府金融办、省地税局、省知识产权局)

(三)建立知识产权激励机制。高校、科研机构将知识产权转化成效作为考核体系和科研人员业绩评估的重要组成部分，创新收益分配机制，允许、鼓励科研人员利用自己作为发明人的知识产权进行创业，充分调动科研机构、高校科研人员将知识产权转化为现实生产力的积极性。国有企业应将科技人员列入激励对象，允许其分享出资人享有的部分知识产权实施应用收益，建立责任与管理者利益相结合的知识产权激励机制。建立以合同协商为主的发明人与出资人权益分配组合制度。（责任单位：省知识产权局、省人社厅、省教育厅、省科技厅、省政府国资委）

（四）提高科技成果转化收益。科研机构、高校中职务科技成果由成果完成人实施转化的，可将不低于60%的转化收益奖励给成果完成人和为成果转化做出贡献人员。科技成果在2年内未转化的，可采取挂牌交易、拍卖等方式实施转化，将不低于80%的转化净收益奖励给成果完成人和为成果转化做出贡献人员。支持国有企业提高研发团队及重要贡献人员分享科技成果转化或转让收益比例，具体由双方事先协商确定，骨干团队和主要发明人的收益比例不低于成果转化奖励金额的50%。（责任单位：省工信委、省发展改革委、省教育厅、省科技厅、省财政厅、省政府国资委、省工商局、省地税局）

（五）支持科技成果作价入股。鼓励符合条件的科研机构、高校等事业单位以科技成果作价入股形式与企业开展合作，合作企业以科技成果作价入股作为对科技人员的奖励，涉及股权注册登记及变更的无须报科研机构、高校的主管部门审批。对以股份或出资比例等股权形式给予个人的奖励约定，可进行股权确认。相关部门要根据职责权限落实国有资产确权和变更、知识产权、注册登记等相关事项。落实国家国有股转持豁免制度。（责任单位：省政府国资委、省发展改革委、省教育厅、省科技厅、省财政厅、省工商局、省知识产权局）

（六）鼓励企业采取股权期权分红激励。鼓励科技型企业采取股权奖励、股票期权、项目收益分红等方式，激励科技人员实施成果转化。鼓励符合条件的企业优先开展岗位分红激励。科技成果转化和项目收支明确的企业可选择项目分红激励，稳妥实施股权激励，在积累试点经验的基础上逐步推进。股权和分红激励起步阶段，同一企业原则上应当以一种方式为主，同一激励对象就同一职务科技成果或产业化项目，只能采取一种激励方式、给予一次激励。（责任单位：省工信委、省发展改革委、省教育厅、省科技厅、省财政厅、省政府国资委）

（七）落实股权激励有关所得税政策。对符合条件的股票期权、股权期权、限制性股票、股权奖励以及科技成果投资入股等实施递延纳税优惠政策。科技人员在取得股权激励时可暂不纳税，递延至转让该股权时纳税。依据《财政部税务总局关于完善股权激励和技术入股有关所得税政策的通知》（财税〔2016〕101号）相关要求，在股权转让时，股票（权）期权取得成本按行权价确定，限制性股票取得成本按实际出资额确定，股权奖励取得成本为零，股权转让收入减除股权取得成本以及合理税费后的差额，按照20%的税率计算缴纳个人所得税。（责任单位：省国税局、省地税局、省教育厅、省科技厅、省工信委）

（八）规范领导干部科技成果股权收益。省属科研机构、高校正职领导，是科技成果的主要完成人或者对科技成果转化做出重要贡献的，可以根据国家促进科技成果转化相关法规获得现金奖励，原则上不得获取股权激励。若在担任现职前因科技成果转化获得的股权，任职后应及时予以转让，逾期未转让的，任期内限制交易。限制股权交易的，在本人不担任上述职务一年后解除限制。对担任其他领导职务的科技人员，科技成果转化收益分配实行公开公示制度，不得利用职权侵占他人科技成果转化收益。（责任单位：省委组织部、省工信委、省教育厅、省科技厅）

（九）提高科技特派员成果转化收益。经选派的科技特派员从事创新创业和科技成果转化，可以取得技术服务报酬或者从企业获得股权、期权和分红。科研机构、高等院校通过许可、转让、技术入股等方式支持科技特派员转化科技成果，开展农村科技创业，提高科技特派员科技成果转化收益。（责任单位：省科技厅、省人社厅、省教育厅）

（十）完善国有企业科技人员长效激励机制。尊重企业作为市场经济主体在收入分配上的自主权，完善国有企业科研人员收入与科技成果、创新绩效挂钩的奖励制度。国有企业科研人员按照合同约定薪酬，探索对聘用的国际高端科技人才、高端技能人才实行协议工资、项目工资等市场化薪酬制度。符合条件的国有科技型企业，可采取股权出售、股权奖励、股权期权等股权方式，或项目收益分红、岗位分红等方式进行激励。（责任单位：省政府国资委、省教育厅、省科技厅、省工信委）

六、实施体现增加知识价值的人事制度改革

（一）允许科技人员依法依规适度兼职兼薪。科研机构、高校科技人员在履行岗位职责、完成本职工作的前提下，经本人申请，所在单位同意后，可以到企业和其他科研机构、高校、社会组织等兼职并取得合法报酬。鼓励高校科技人员公益性兼职，积极参与决策咨询、扶贫济困、科学普及、法律援助和学术组织等活动。担任领导职务的科技人员兼职及取酬，按中央有关规定执行。科研机构、高校应当规定或与科研人员约定兼职的权利和义务，实行科研人员兼职公示制度。兼职行为不得泄露本单位技术秘密，损害或侵占本单位合法权益，违反承担的社会责任。兼职取得的报酬原则上归个人所有，建立兼职获得股权及红利等收入的报告制度。鼓励科研机构、高校设立一定比例的流动岗位，聘请有创业实践经验的企事业单位科技人才兼职从事教学和科研工作。（责任单位：省人社厅、省教育厅、省科技厅）

（二）鼓励科技人员离岗创新创业。经所在单位批准，科研机构、高校非领导职务科技人员可以离岗从事科技成果转化等创新创业活动，离岗创业时间不超过3年，保留人事关系和基本待遇，并与原单位其他在岗人员同等享有参加职称评聘、岗位等级晋升和社会保险等方面的权利。离岗创业期间，科技人员所承担的科研项目原则上不得中止，确需中止的应当按照有关管理办法办理手续。离岗创业收入不受本单位绩效工资总量限制，个人须如实将兼职收入报单位备案，按有关规定缴纳个人所得税。（责任单位：省科技厅、省教育厅、省人社厅）

（三）规范科研辅助人员的职称评定制度。重视科研教辅人员队伍建设，规范科研辅助人员职称评定标准和程序，科研辅助人员应与科研人员有同等的晋升机会和平等的晋升渠道。鼓励优秀科研辅助人员参与并申报科研项目。强化"工作质量"、"服务水平"、"服务对象满意度"等激励性指标，将科研辅助人员评价体系与薪酬体系、奖励体系挂钩。（责任单位：省科技厅、省教育厅、省人社厅）

（四）建立科技成果转移转化绩效评价机制。科研机构、高等院校应当建立符合科技成果转化工作特点的职称评定、岗位管理和考核评价制度，完善收入分配激励约束机制。建立有利于促进科技成果转化的绩效考核评价体系，将科技成果转化情况作为对相关单位及人员评价、科研资金支持的重要内容和依据之一，对科技成果转化绩效突出的相关单位及人员加大科研资金支持。鼓励科研机构、高校设立专门的科技成果转化岗位，并建立相应的职称职务评聘制度。（责任单位：省人社厅、省教育厅、省科技厅）

各地各有关部门要认真落实本实施意见，有关部门要制定具体配套政策措施，明确责任单位、路线图、时间表，加快推动各项政策措施落实。要对政策落实情况适时组织督查，及时通报进展落实情况，深入推进政策落地。

本意见适用于我省省属科研机构、高校和国有独资企业（公司）。其他单位对知识型、技术型、创新型劳动者可参照本意见精神，结合各自实际，制定具体收入分配办法。

甘肃省财政厅　甘肃省科技厅关于印发《甘肃省省级科技计划专项资金管理办法》的通知

(甘财科〔2018〕105号)

各市(州)和省直管县(市、区)财政局、科技局,省直有关单位:

为规范和加强省级科技计划专项资金的管理,提高资金使用效益,根据《预算法》、《中共甘肃省委办公厅 甘肃省人民政府办公厅〈关于完善省级财政科研专项资金管理政策的实施意见(试行)〉的通知》(甘办发〔2017〕5号)和《甘肃省省级财政专项资金管理办法》(甘财办〔2014〕22号),我们制定了《甘肃省省级科技计划专项资金管理办法》,现予以印发,请遵照执行。

甘肃省财政厅　甘肃省科技厅
2018年8月6日

甘肃省省级科技计划专项资金管理办法

第一章　总则

第一条　为规范和加强甘肃省省级科技计划专项资金(以下简称"专项资金")管理,提高资金使用效益,根据《预算法》、《中共甘肃省委办公厅 甘肃省人民政府办公厅〈关于完善省级财政科研专项资金管理政策的实施意见(试行)〉的通知》(甘办发〔2017〕5号)和《甘肃省省级财政专项资金管理办法》(甘财办〔2014〕22号)等有关规定,结合实际,制定本办法。

第二条　本办法所称专项资金是指省级财政预算安排,专项用于支持我省科技创新、科技计划实施等方面的资金。

第三条　专项资金的管理和使用严格按照财政预算管理规定,遵循统筹兼顾、突出重点、分类支持、讲求绩效的原则。相关制度办法、申报流程、评审结果、分配方案、绩效评价等对外公开(涉密事项除外)。

第二章　支持范围和方式

第四条　专项资金主要支持以下方面:

(一)科技重大专项计划。依据全省经济社会发展重大战略需求,聚焦重点产业、特色产业和战略性新兴产业等关键产品目标和重大产业化目标,重点支持以企业为主体、产学研联合的集成度高、关联度大、带动性强的重大科技项目。

(二)重点研发计划。围绕解决全省经济社会发展的重点技术需求,以解决社会公益性技术创新和促进产业技术升级、培育新兴产业为目标,重点支持工业、农业、社会发展、国际科技合作领域新产品、新设备以及关键共性技术的研究开发与集成创新。

（三）技术创新引导计划。以市场为导向，根据行业、企业、区域技术创新活动需求，重点支持中小企业、民生领域技术创新和科技成果转化、产业化及适用技术示范推广。

（四）创新基地和人才计划。重点支持各类创新创业基地建设和能力提升，为提高科技持续创新能力提供条件保障；支持引进、培养高水平科技领军人才、优秀团队和创新创业人才。

（五）知识产权计划。重点支持知识产权创造、运用、保护、管理和服务等方面。

（六）省委省政府确定的其他事项。

第五条 专项资金支持方式主要包括前补助和后补助。根据科研活动及项目属性确定具体支持方式，在年度申报指南中予以明确。前补助是指按竞争方式立项并核定预算，按进度拨付资金；后补助是指单位先行投入资金组织开展研发、成果转化和产业化，在项目完成并取得相应成果，按规定程序通过审核验收、评估评审后，给予相应的补助。

第三章 职责分工

第六条 省财政厅负责审核省科技厅提出的专项资金年度预算，资金分配计划和绩效目标，并按规定程序安排预算、下达指标、拨付资金。会同省科技厅制定专项资金管理办法，对资金使用进行监督检查。对绩效评价结果进行抽查和再评价。

第七条 省科技厅负责组织项目申报、评审、验收，提出年度专项资金预算和资金分配计划，拟定专项资金绩效目标，开展绩效评价，监督检查项目实施。

第八条 项目承担单位是项目实施的责任主体，负责管理和使用项目资金，落实自筹资金，开展绩效自评，编制资金决算，接受监督检查。

第四章 资金分配和下达

第九条 省科技厅根据年度专项资金预算批复，确定支持项目，并按规定时间提出资金分配计划。

第十条 省财政厅根据省科技厅提交的资金分配计划下达专项资金指标，并按照国库集中支付制度规定办理资金拨付。

第十一条 市县财政部门和有关单位收到专项资金后，应及时拨付项目承担单位，并督促项目承担单位组织实施。

第十二条 项目承担单位和项目负责人要严格按照财政、财务相关规定，对专项资金单独核算、专款专用。

第十三条 专项资金涉及政府采购的，执行政府采购有关规定。

第十四条 项目承担单位在项目实施期间，要按照项目任务书和项目进度合理安排支出，年度剩余资金可结转下一年度继续使用。项目按要求完成并通过验收，且承担单位信用评价好的，结余资金在2年内由项目承担单位统筹安排用于科研活动的直接支出；2年后仍未使用完的，按规定收回。确需继续安排使用的，按照预算管理程序重新安排用于相关科研活动。

第十五条 项目承担单位使用专项资金形成的国有资产，按国有资产管理有关规定执行。

第五章 绩效评价与监督管理

第十六条 省科技厅对专项资金开展绩效评价，并将绩效评价结果报省财政厅备案。绩效评价结果作为安排以后年度专项资金预算和项目资金分配的重要依据。

第十七条 省科技厅、省财政厅按照职责分工，对项目组织实施和专项资金使用情况进行监督检查。

第十八条 项目承担单位应严格按照国家财务管理制度及有关规定进行账务处理，按规定使用资金，并自觉接受财政、科技和审计等部门的监督、审计。

第十九条 专项资金建立信用管理机制，省科技厅对项目推荐单位、项目承担单位、项目负责人、科技服务机构、评审和咨询专家在资金管理方面的信誉度进行记录，建立不良信用名单。

第二十条 在专项资金使用和管理过程中存在以下情形的，省科技厅、省财政厅将进行通报、限期整改、停止拨款或收回资金，并依据《财政违法行为处罚处分条例》有关规定处理。

（一）虚报经费预算套取专项资金；

（二）未按照专项资金支持范围使用；

（三）挤占、截留、挪用专项资金；

（四）其他违反国家财经纪律、政策及规定的行为。

第二十一条 各级财政、科技以及相关行政主管部门、单位、工作人员在项目预算审核、资金分配等管理工作中，存在滥用职权、玩忽职守、徇私舞弊等违法违纪行为的，按照《中华人民共和国预算法》《中华人民共和国公务员法》《中华人民共和国监察法》等有关法律法规追究相应责任；涉嫌犯罪的，移送司法机关处理。

第六章　附则

第二十二条 本办法由省财政厅、省科技厅负责解释。

第二十三条 本办法自发布之日起施行。

甘肃省人民政府关于进一步激发创新活力强化科技引领的意见

(甘政发〔2020〕46号)

各市、自治州人民政府，兰州新区管委会，省政府各部门，中央在甘有关单位：

为全面贯彻中央关于深化科技体制改革、加快实施创新驱动发展的决策部署，进一步激发全省各类创新主体活力，充分发挥科技创新对经济社会发展的支撑引领作用，加快创新型甘肃建设，现提出如下意见。

一、总体要求

（一）指导思想。

以习近平新时代中国特色社会主义思想为指导，全面贯彻党的十九大和十九届二中、三中、四中全会精神，深入落实习近平总书记对甘肃重要讲话和指示精神，牢固树立新发展理念，坚持把创新作为引领发展的第一动力，加强政策引导，进一步激发我省科技创新活力，完善区域科技创新体系，增强基础研究与应用基础研究能力，加快科技成果转移转化，提升全民科学素质，补齐科技创新短板，持续强化科技创新对建设幸福美好新甘肃的支撑作用。

（二）目标任务。

——到2025年，全省科技实力和创新能力明显提升，企业创新能力进一步增强，在重要产业领域和关键技术环节取得重大突破，科技体制改革取得实质性突破，科技资源配置更加优化，创新要素流动更加顺畅，科技对经济社会发展的支撑引领作用更加凸显，我省综合科技创新水平居全国第二梯队且位次前移。

——到2022、2025年，科技进步贡献率分别达到54.9%、56.6%，我省综合科技创新水平全国排位分别提升至前20位、18位。

——到2022、2025年，全省R&D（研究与试验发展）经费投入强度分别达到1.37%、1.5%，投入总量分别达到142亿元、189亿元；到2022年，省、市、县三级本级财政科技支出占一般公共预算支出比重分别达到2%、1.5%、0.5%以上，兰州新区及各类经济开发区、高新区、工业园区等，财政科技支出占一般公共预算支出比重达到3%以上；到2025年，省、市、县三级本级财政科技支出占一般公共预算支出比重力争达到2.5%、2%、1%以上，兰州新区及各类经济开发区、高新区、工业园区等，财政科技支出占一般公共预算支出比重达到5%以上。

——到2022年，万人发明专利拥有量达到3.8件以上，技术合同成交额达到276亿元以上。2025年，万人发明专利拥有量达到5件以上，技术合同成交额达到388亿元以上。

二、优化科技创新环境

1. 提升全社会科技创新意识。创新科学普及理念和模式，向公众弘扬科学精神、传播科学思想、倡导科学方法、普及科学知识。加强科普基地建设，鼓励各类创新主体面向公众开放研发机构、生产设施或者展览场所，提供更多的科普场所和载体。组织开展青少年科学普及活动，提高青少年创新意识和科学素养，力争"十四五"末全省公民科学素质提高到全国平均水平。（责任单位：省科技厅、省教育厅、省科协，各市州政府）

2. 高水平建设兰州白银国家自主创新示范区。充分发挥兰州、白银的区位优势、创新资源优势和产业基础优势，激发各类创新主体活力，将兰州榆中生态创新城纳入兰州白银国家自主创新示范区政策适用范畴，有效推动兰州榆中生态创新城的建设与发展。支持"一区多园"建设，做大做强国家高新区，推动高新区成为高新技术产业发展的核心载体。围绕我省优势支柱产业、创业创新资源，积极推动高等学校、科研院所、企业的示范区创新载体建设，着力培育良好的创新创业生态。引导市级经济开发区、工业园区向省级高新园区转型。（责任单位：省科技厅、省发展改革委、省财政厅，相关市州政府）

3. 积极引进培育高新技术企业。引进一批符合我省产业需求的高新技术企业，促进我省高新技术产业快速发展。对整体迁入我省的高新技术企业，在其高新技术企业资格有效期内完成迁移的，根据企业规模和企业所在行业等情况，优先给予省级科研项目支持。省外高新技术企业在我省设立的具有独立法人资格的企业，经所在园区或市县科技部门推荐、省科技厅审核，直接纳入高新技术企业培育库，列入"高新技术企业倍增计划"，实施跟踪辅导服务。（责任单位：省科技厅、省工信厅、省税务局，各市州政府）

4. 开展十大生态产业竞争力提升行动。实施十大生态产业关键技术攻关行动计划，在环保综合治理、农产品精深加工、中药大品种二次开发利用、生态农业、核能清洁利用、生物制药、先进装备制造、清洁能源等领域围绕产业链部署省级科技重大专项，集中各类创新要素，破解产业发展核心技术瓶颈，推动关键领域和重点产业实现新突破。依托中央在甘单位科研资源优势，发挥我省高等学校、科研院所主力军作用，重点在核技术、航空航天、中医中药、新材料、文物保护等优势产业领域开展重大基础研究，建立长期稳定的支持机制，提升承接国家重大科技计划项目能力。（责任单位：省科技厅、省工信厅、省财政厅）

5. 强化科技人才培养。加入国家自然科学基金区域创新发展联合基金，提升我省在原创成果、标志性成果、人才培养、产业应用等方面的能力。结合全省人才体系化布局，注重杰出青年科研人才培养，支持从事基础研究、应用基础研究的青年科研人员，给予博士、博士后省级科技计划项目优先支持，培育与"陇原人才"相衔接的高层次人才。所需经费在省级科技计划专项中安排。设立省级自筹资金科技计划，协同市州政府、高等学校、科研院所开展科技创新，培养适合地方产业发展的科技人才。（责任单位：省科技厅、省人社厅、省教育厅、省财政厅）

6. 大力引进和培养高端人才。对科研院所、高等学校等事业单位引进和本土培养的院士、国家杰出青年基金获得者、长江学者等高端人才、百千万人才工程及其他相当层次的国家级人才，给予不低于200万元的省级科技计划项目支持。（责任单位：省委组织部、省科技厅、省财政厅、省人社厅、省教育厅）

7. 加大科技特派员工作支持力度。进一步壮大我省科技特派员队伍，每年从省级科技计划专项中安排科技特派员专项经费2000万元，统筹用于科技特派员项目和基地建设。鼓励科技人员到企业工作，指导企业开展科技成果转化，推动企业与科研机构加强合作；鼓励我省科技人员聚焦脱贫攻坚和乡村振兴，瞄准"牛羊菜果薯药"等特色主导产业发展需求，深入农村一线创新创业和开展技术服务，引导农村实用科技成果入乡转化，推动我省特色优势产业发展；支持建立一批提供技术示范、成果转化、技能培训、人才培养、创新辅导的科技特派员创新创业示范基地，

夯实我省科技特派员工作基础。（责任单位：省科技厅）

8. 加大外国优秀人才激励力度。对获得"甘肃省外国专家敦煌奖"的优秀外国专家每人一次性发放奖金 2 万元，对获奖外国专家和团队申报引才引智项目可优先给予科研立项支持。允许在国内重点高等院校获得本科以上学历的外国优秀留学生，毕业后在我省从事创新创业活动的，可凭高校毕业证书和创新创业等证明材料，向公安机关出入境管理部门申办有效期 2 至 5 年的居留许可。外国人依法申请注册成立并认定为科技创新型企业的，可凭创办企业注册证明等材料向有关部门申请工作许可。由省科技厅核实后，所需资金列入部门预算。（责任单位：省科技厅、省教育厅、省人社厅、省财政厅、省公安厅、省政府外事办）

9. 激励科研人员围绕省级科技奖项进行成果转化。每 3 年对获得甘肃省科技奖的科技成果转化进行跟踪评估，对产生比上一评估周期经济效益总量增加 100% 以上，且每年产生高于 1000 万元利税的奖项，给予获奖团队 100 万元奖励；对产生比上一评估周期经济效益总量增加 100% 以上，且每年产生高于 100 万元利税的奖项，给予获奖团队 10 万元奖励；上述奖励累计可达 3 次。由省科技厅核实后，所需资金列入次年部门预算。（责任单位：省科技厅、省财政厅、省税务局）

10. 统一专家咨询费标准。参照中央财政科研项目管理相关标准，对高级专业技术职称人员的专家咨询费标准调整为 1500~2400 元 / 人天；其他专业人员、管理专家咨询费标准为 900~1500 元 / 人天；院士、全国知名专家咨询费标准为 2400~3600 元 / 人天。（责任单位：省科技厅、省人社厅、省财政厅）

11. 激励企业加大研发投入。建立资格认定与科研实绩相结合的综合奖补机制，对企业科技创新产出进行考核。对研发经费内部支出占主营业务收入比重超过 5% 的前 10 位企业单位，在享受已有研发经费政策基础上，按其研发经费内部支出超出上一年度的增量部分，再给予 10% 比例的奖励，最高可达 100 万元。鼓励大型企业加大研发投入，对年研发经费内部支出 1 亿元以上的企业，一次性奖励 500 万元；对年研发经费内部支出 10 亿元以上的企业，一次性奖励 1000 万元。由省科技厅核实后，所需资金列入次年部门预算。（责任单位：省科技厅、省财政厅、省政府国资委）

12. 引导县级政府加大科技投入。对县本级上一年度财政科技支出占一般公共预算支出达到 1%，且增速和增量综合位居前 3 名的，予以 300 万元、200 万元、100 万元的资金奖励，统筹用于当地科技创新工作。（责任单位：省科技厅、省财政厅）

三、创新科技体制机制

13. 优化科研项目管理机制。放宽项目申报时限，简化项目中期评估，严格项目结题验收。项目立项采用常年受理、定期评审、科学评价、分批下达的方式。对同一科研项目同一年度的监督、检查、评估等结果互通互认，实行审慎包容监管。完善咨询专家数据库，吸纳国内外高水平专家入库，建立咨询专家信誉等级评价体系，实行项目咨询专家网上自动匹配。（责任单位：省科技厅）

14. 开展揭榜制科研立项。探索揭榜挂帅立项方式，采用定向组织、悬赏揭榜等科研项目组织模式，围绕关键领域核心技术、产业发展卡脖子问题、社会应急突发问题，遴选出影响力大、带动性强、应用面广的科研项目，面向全社会揭榜招标。（责任单位：省科技厅）

15. 开展省级联合科研专项试点。引导创新投入多元化，试点开展省级科技行政管理部门与基础研究能力强的大中型企业、高等学校和科研机构共同出资设立联合科研基金，支持开展面向科技前沿、面向我省经济主战场、面向我省重大科技需求的关键技术攻关，全力提升行业产业竞争力和综合创新力，省级科技行政管理部门与联合单位出资比例不低于1∶3。所需经费在省级科技计划专项中安排。（责任单位：省科技厅、省财政厅）

16. 进一步提高省级科研项目间接经费比例。允许科研单位提高省级科研项目间接经费比例，500万元以下的部分可达到30%，500万元至1000万元的部分可达到25%，1000万元以上的部分可达到20%；省级纯理论研究、软件开发类以及哲学和社会科学等智力密集型项目，可根据实际情况适当放宽间接费用占比约束，可达到50%；间接费用的绩效支出中，给予40周岁以下青年科技人员的比例原则上不低于30%。（责任单位：省科技厅、省人社厅、省财政厅）

17. 赋予科研单位更大的经费自主权。允许科研单位从基本科研业务费等稳定支持科研经费中提取10%~20%作为奖励经费，奖励经费的使用范围和标准由科研单位在绩效工资总量内自主决定，在单位内部公示；允许科研单位根据不同项目设立科研助理岗位，在科研经费中不限定劳务费比例，可按规定在劳务费中开支"五险一金"；对全省自然科学基金项目和软科学项目实行经费包干制，经费包干项目只进行技术验收和绩效验收，不再进行财务验收；科研单位自行制定经费自主权实施办法。（责任单位：省科技厅、省人社厅、省财政厅）

18. 允许科研单位自主使用横向项目经费。科研院所、高等学校和科技服务机构自主制定的横向项目经费管理办法，可作为评估、检查、审计等依据，实行有别于财政科研经费的管理方式；横向项目结余经费可全部奖励项目组成员。（责任单位：省科技厅、省教育厅、省人社厅、省政府国资委）

19. 允许科研单位自主分配科技成果转化收入。放宽收入分配限制，科研单位开展技术开发、技术转让、技术咨询、技术服务等活动取得的净收入视同科研单位职务科技成果转化收入，可自行制定管理办法，自主使用、自主分配。具有独立法人资格的科研单位领导人员作为科技成果主要完成人或对科技成果转化作出重要贡献的，可以享受科技成果转化所得分成，获得现金、股权或出资比例奖励。（责任单位：省科技厅、省财政厅、省人社厅、省政府国资委）

20. 优化甘肃省科学技术奖励机制。进一步完善科学技术奖励奖项设置，增加科学技术奖励数量，设立科学技术奖励特等奖。提高甘肃省科学技术奖励奖金额度，建立根据科技和经济社会发展需要，优化调整科学技术奖励经费和奖金标准的工作机制。（责任单位：省科技厅、省财政厅、省人社厅）

21. 加强科技创新容错机制建设。对经审慎研究程序完备的省级科研项目，确因科研人员技术路线选择有误、受市场风险影响、经济形势发生重大变化，导致预期目标未能实现或项目失败，但项目承担人员已尽到勤勉和忠实义务的，由项目主管部门综合运用国际国内同行评议、市场评议、专家评议等方式确认后，予以容错，不纳入科研失信范畴。（责任单位：省科技领导小组成员单位）

四、打造高端创新平台

22. 支持创建高端创新平台。对新认定的国家实验室、国家科学中心、国家可持续发展议程创新示范区、国家级高新技术产业开发区、国家农业高新技术产业示范区，按照平台总投入、新增研发设备等实际投入15%比例给予资助，资助资金最高可达1亿元。对科技部新认定的国家重点实验室、国家技术创新中心、国家临床医学研究中心，按照平台总投入、新增研发设备等实际投入15%比例给予资助，资助资金最高可达5000万元。对科技部新认定的国家高新技术产业化基地、国家野外观测台站、国家农业科技园区，按照平台总投入、新增研发设备等实际投入15%比例给予资助，资助资金最高可达2000万元。资助事项采取一事一议方式，报省政府确定，所需

资金列入次年省级财政预算。（责任单位：省科技厅、省财政厅）

23. 鼓励新基建领域的技术创新平台建设。在信息基础设施、融合基础设施、创新基础设施等新基建领域，对新引进的全球顶尖数字技术企业、科研院所、高等学校或其在甘设立独立法人平台的，参考国家高端创新平台认定标准，最高按引进投资完成的固定资产投资总额的15%分3年给予奖励，单个项目奖励总额最高可达1亿元，采取一事一议的方式，报省政府确定，所需资金列入次年省级财政预算。鼓励数字经济标准化建设，对主导（含参与）国际标准制定、修订的国家级创新平台，分别给予最高可达100万元、50万元奖励。由省科技厅核实后，所需资金列入次年部门预算。（责任单位：省科技厅、省发展改革委、省教育厅、省工信厅、省财政厅、省政府国资委）

24. 支持创建新型研发机构和创新载体。支持世界企业500强、中国企业500强、民企500强、独角兽企业、国内外一流高等学校和科研院所等，到甘肃设立独立法人的研发分部（院所）、新型研发机构和创新载体，按其新增研发仪器设备的10%，给予最高可达2000万元资助建设经费。资助事项报省政府确定，所需资金列入次年省级财政预算。（责任单位：省科技厅、省发展改革委、省教育厅、省工信厅、省财政厅）

25. 推进省级科技创新平台建设。按照国家科技创新基地优化整合方案，结合我省战略需求和不同类型创新平台功能定位，对现有省级科技创新平台进行分类梳理，根据整合重构后各类省级科技创新平台功能定位和建设运行标准，对现有省级科技创新平台进行考核评估，通过撤、并、转等方式，进行优化整合，符合条件的纳入相关平台序列管理。择优部署新建一批高水平省级科技创新平台。对省内外重点共建科技创新平台予以支持。（责任单位：省科技厅、省发展改革委、省教育厅、省工信厅、省财政厅、省卫生健康委、省政府国资委，相关市州政府）

26. 支持专业化技术转移和成果转化平台建设。支持高等学校、科研院所设立和发展专业化技术转移机构，对申请通过并成为专业化国家技术转移中心的，一次性给予建设补助100万元。持续开展省级科技成果转移转化示范区培育建设工作，引导科技成果对接特色产业需求加速转移转化，对现有和新认定的省级科技成果转移转化示范区一次性给予建设补助100万元。由省科技厅核实后，所需资金列入次年部门预算。（责任单位：省科技厅、省教育厅、省财政厅）

27. 支持中小微企业开展科技创新。支持中小微企业开展新产品、新技术、新工艺开发研究，不断加大研发投入，支持和引导科技创新服务平台，为中小微企业科技创新提供管理指导、技能培训、标准咨询、检验检测、认证等服务，推动中小微企业科技创新的专业化、精细化、特色化发展。在享受其他科研创新政策的基础上，通过调整科技创新券的额度和范围支持中小微企业开展技术创新。省级科技型中小企业创新基金重点支持享受研发费用加计扣除税收优惠政策的中小微企业，对享受研发费用加计扣除税收优惠额度全省排前10名的，资金奖励20万元。对于年度销售收入在1000万元以下的中小微企业，按照研究开发费用总额占同期销售收入总额的比例进行奖补，对于连续3年达到3%的奖补5万元、达到4%的奖补10万元、达到5%以上的奖补20万元。由省科技厅核实后，所需资金列入次年部门预算。（责任单位：省科技厅、省税务局、省财政厅、省工信厅）

28. 支持民营企业开展科技创新。支持民营企业牵头或参与从源头创新到应用开发、从科技攻关到成果转化及产业化、从人才培养到科技服务能力建设的全链条创新活动。在科研项目评审、预算评估、结题验收等环节更多吸收民营企业的管理专家和技术专家参与。针对民营企业提出制约产业发展的关键共性问题，组织高等学校、科研单位与企业协同攻关，为民营企业牵头或参与国家科研项目的组织和申报做好服务。（责任单位：省科技厅、省发展改革委、省工信厅）

五、保障措施

29. 建立以高质量发展为导向的科研综合评价制度。研究制定考核评价细则，采取第三方机构组织、同行评议为主的评价方法，注重中长期创新绩效，主要评价省级财政科研投入对创新能力提升、标志性成果产出、人才培养、产业升级产生的长远影响，减轻"唯论文、唯学历、唯职称、唯奖项"权重，尤其适当降低论文、专利数量等短期量化指标的权重，定期对科研专项进行综合评价。（责任单位：省科技厅、省发展改革委）

30. 完善科技创新服务体系。加快社会化技术转移机构发展，取消技术贸易经营准入限制，鼓励各类科技创新服务机构为技术转移提供知识产权、法律咨询、资产评估、技术评价等专业服务。引导各类创新主体和技术转移机构联合成立技术转移联盟，强化信息共享和业务合作。大力发展技术经纪、知识产权、检验检测等科技创新服务，支持科技企业孵化器、大学科技园、众创空间等孵化机构到科研一线提供创新创业服务。加强创新服务人才培养，支持设置专职从事创新服务工作的创新型岗位，鼓励退休专业技术人员从事创新服务。（责任单位：省科技厅、省发展改革委、省工信厅、省市场监管局、省税务局）

31. 加强对省级科技创新平台的绩效考核。充分激发科技创新平台的创新活力，加强平台建设和运行的引导和监督。对省级科技创新平台，按照建设目标对平台每2年进行一次评估和绩效考核，对2次考核不合格的进行摘牌，对弄虚作假、涉嫌故意套取财政资金的追缴财政补助资金，列入科研诚信黑名单，按有关法律法规规定处理。（责任单位：省科技厅、省财政厅）

32. 完善科研诚信体系。建立健全科技创新守信激励和失信惩戒体系，实行科研信用在各社会领域诚信信息共享共用，实施联合激励与惩戒。对信用良好的创新主体，在科研申报和管理等方面依法给予便利，对科研不端行为零容忍，对存在失信行为的创新主体，在科研项目申报、政府采购、财政资金支持、融资授信、获得相关奖励等方面依法予以限制。实施科研诚信承诺和审核制度，将签订科研诚信承诺书作为申报科研项目、创新平台、科技奖励、重大人才工程的必要条件。（责任单位：省科技厅）

33. 加强科研伦理建设。支持开展科研伦理和道德研究，进一步强化科研伦理和道德的专家评估、审查、监督、调查处理和应急处置等工作。生命科学、医学、人工智能等前沿领域和对社会、环境具有潜在威胁的科研活动，在立项前实行科研伦理承诺制，对不签订科研伦理承诺书的项目不予立项。涉及人的生物医学科研和从事实验动物生产、使用的单位，应当按国家相关规定设立伦理委员会，严格执行有关法律法规，遵循国际公认的科研伦理规范和 生命伦理准则。（责任单位：省科技厅、省发展改革委、省教育厅、省工信厅、省卫生健康委）

甘肃省人民政府
2020年9月12日

关于印发《甘肃省科技揭榜挂帅制项目管理暂行办法》的通知

(甘科计规〔2020〕9号)

各市（州）科技局、兰州新区科技发展局，省直有关部门，中央在甘有关单位，高等院校、科研院所、企业，有关单位：

为攻克制约我省产业发展的"卡脖子"技术难题，加快推动科技成果转化，根据《关于进一步激发创新活力强化科技引领的意见》（甘政发〔2020〕46号）精神，省科技厅制定了《甘肃省科技揭榜挂帅制项目管理暂行办法》，已经省科技厅2020年第4次厅务会议审议通过，现印发你们，请遵照执行。

甘肃省科技厅
2020 年 11 月 20 日

甘肃省科技揭榜挂帅制项目管理暂行办法

第一章 总则

第一条 根据《关于进一步激发创新活力强化科技引领的意见》（甘政发〔2020〕46号），为攻克制约我省产业发展的"卡脖子"技术难题，加快推动科技成果转化，形成充满活力的科技创新投入管理运行机制，制定本办法。

第二条 科技揭榜挂帅制是一种科技重点项目组织管理方式，通过征集需求、论证遴选、对接揭榜等方式，组织调动全社会力量开展产业领域共性关键核心技术攻关，突破发展瓶颈，加快推动重大科技成果转化。

第三条 科技揭榜挂帅制项目管理遵循公开公正、竞争择优、诚实信用的原则。省科技厅统筹考虑全省经济社会发展重大需求，综合考虑揭榜挂帅制项目需求和条件，按照"成熟一批、发布一批"的原则依法依规推进。

第四条 科技揭榜挂帅制项目主要聚焦解决我省十大生态产业、优势传统产业升级改造和新基建重点建设领域的"卡脖子"关键核心技术及成果转化。以产业重大共性关键技术突破、重大创新产品研发和重大创新成果转化示范为重点，支持实施若干在行业领域具有重大影响力的引领性、系统集成性和产业链协同创新项目，加快推动关键核心技术、现代工程技术和颠覆性技术取得突破，支撑我省产业高质量发展。

第五条 省科技厅负责科技揭榜挂帅制项目征集、遴选立项、张榜发布和绩效管理等工作，自觉接受社会监督。

第二章 项目条件

第六条 科技揭榜挂帅制项目资金注重突出财政补助资金引导，以企业自筹和吸引社会资本投入为主。单个科技揭榜挂帅制项目科技投入总额不得低于 500 万元，项目实施周期一般不超过 3 年。省科技厅按不超过科技揭榜挂帅制项目科技投入总额的 20%~40% 给予资金补助，单个项目资金补助最高不超过 500 万元。

第七条 科技揭榜挂帅制项目分技术攻关和成果转化两大类。根据科技揭榜挂帅制项目实际需求情况，每年支持项目总数原则上不超过 30 个。

（一）技术攻关类。主要由省内龙头、骨干企业提出技术难题或重大需求，经省科技厅张榜后，凡符合条件且有研发能力的省内外高校、科研机构、科技型企业或各类创新平台及其他组织的联合体均可主动揭榜，经供需对接达成协议后，开展攻关任务，由发榜方和省科技厅提供相应的研发补助资金。

（二）成果转化类。主要由省内外拥有重大科技成果的高校、科研单位、科技型企业或各类创新平台提出，经省科技厅张榜后，由有技术需求、应用场景且符合应用条件的省内企业进行揭榜实施，经供需对接达成协议后，开展成果推广转化应用，获得相应省财政资金支持。

第八条 科技揭榜挂帅制项目包括发榜方和揭榜方。两个或两个以上法人组织可以组成一个联合体进行揭榜，同一项目发榜方不能作为揭榜方或项目合作单位进行揭榜。

第九条 科技揭榜挂帅制项目发榜方应具备以下条件：

（一）技术攻关类项目发榜方是提出技术需求的单位，主要为有技术难题或重大需求的省内具有独立法人资格的行业龙头、骨干企业，须符合下列条件：

1. 须承诺并有能力保障科技揭榜制项目科研投入，且能够提供项目研发实施的支持和配套条件，在项目研发攻关成功后能率先在本企业推动应用；

2. 应具备良好的社会信用，近三年内无不良信用记录或重大违法行为；

3. 需求内容应聚焦企业、产业发展"卡脖子"的前沿技术、关键核心技术、关键零部件、重要材料及工艺等，通过项目实施能显著提升企业核心竞争力，带动全省乃至国家相关产业技术水平提升；

4. 应明确项目指标参数、时限要求、产权归属、资金投入及其他对揭榜方的条件要求等需求内容。

（二）成果转化类发榜方，主要为拥有已经比较成熟且又符合我省产业需求的重大科技成果的省内外高校、科研机构、科技型企业，须符合下列条件：

1. 具有承担国家或省部级科研任务的基础条件和成功案例，在"卡脖子"的关键核心技术攻关中已取得重大突破，拟转化成果具备产业化和推广应用条件，且符合我省企业和产业创新发展需求；

2. 具有拟转化的成果知识产权明晰，市场用户和应用范围明确，对我省产业转型升级能够发挥关键推动作用；

3. 拥有成果转化的支撑队伍，能主动参与和协助推广转化应用方案的实施；

4. 优先支持产业共性技术和首台（套）重大装备，以及公益性、辐射带动效应显著的重大成果。

第十条 科技揭榜挂帅制项目揭榜方应具备以下条件：

（一）技术攻关类揭榜方，主要为省内外具有研发能力的高校、科研机构、科技型企业或各类创新平台及其他组织的联合体（关联交易方除外），须满足下列条件：

1. 有较强的研发实力、科研条件和稳定的人员队伍等，有能力完成发榜任务；
2. 具有良好的科研道德和社会诚信，近三年内无不良信用记录；
3. 能对发榜项目需求提出攻克关键核心技术的可行方案，掌握自主知识产权；
4. 优先支持具有良好科研业绩的单位和团队，鼓励产学研合作揭榜攻关。

（二）成果转化类揭榜方，主要为有技术需求、应用场景的甘肃省内具有独立法人资格的企业（关联交易方除外），须满足下列条件：
1. 拥有较强的成果推广转化应用队伍，能够提出科学合理的成果转化应用方案；
2. 能够提供成果转化所需的资金、场地、市场等配套条件；
3. 鼓励开展示范应用，努力扩大社会应用效益，优先支持行业龙头和骨干企业。

第三章　工作流程

第十一条　科技揭榜挂帅制项目列入省级科技计划，按照省级科技计划项目和资金管理办法进行管理。

第十二条　科技揭榜挂帅制项目按照以下工作流程管理：

1. 需求征集。省科技厅通过自上而下、自下而上相结合或"定向研发、定向转化、定向服务"等多种方式，面向社会公开征集技术需求。需求内容应明确拟解决的主要技术问题、核心指标、时限要求、产权归属、资金投入及揭榜方需具备的条件等。

2. 论证遴选。省科技厅（或委托第三方专业机构）组织行业专家对项目需求进行论证筛选，必要时组织专家进行实地考察，重点遴选出影响力大、带动性强、应用面广的关键核心技术或推广难度较大、辐射带动作用较好的重大科技成果，统筹确定后向社会张榜发布。

3. 对接揭榜。揭榜方按张榜项目要求主动与发榜方对接，细化落实相关具体内容。省科技厅（或委托第三方专业机构）组织专家对揭榜方的资质条件、揭榜方案可行性、发榜方满意度等进行论证，并根据专家论证意见提出拟中榜项目名单，张榜公示无异议的项目，由发榜方、揭榜方、省科技厅共同签订三方协议，各自履行职责，并及时发布揭榜公告。

4. 资金拨付。省科技厅核实揭榜挂帅制项目的总投入和技术合同后，给予技术合同的发榜方（技术攻关类）、揭榜方（成果转化类）省级财政补助资金支持。财政资金根据项目投入和进展情况分两期拨付，项目立项程序完成后即拨付拟补助资金的40%，其余60%的补助资金在项目通过验收或绩效评价后拨付。在首期财政资金拨付之前，技术攻关类项目发榜方支付揭榜方、成果转化类项目揭榜方支付发榜方的资金，原则上不低于项目科技投入总额的30%。发榜方（技术攻关类）、揭榜方（成果转化类）的资金拨付凭据作为财政科技资金拨付的凭证。

5. 项目管理。省科技厅（或委托第三方专业机构）对目标进展、阶段任务、资金使用等情况组织开展评估工作。对实施周期三年以下的项目以揭榜方自我管理为主，一般不开展过程检查。项目完成后，省科技厅（或委托第三方专业机构）组织对项目进行验收。

第四章　项目监管

第十三条　发榜方和揭榜方要按照国家相关法律法规规定，在技术合同中约定知识产权的归属和分配，避免产生知识产权纠纷。

第十四条　揭榜方已按技术合同内容开展技术攻关或成果转化工作，但因客观原因或不可抗力原因导致项目任务无法按期按质完成的，委托第三方出具审计报告并经省科技厅审核同意后，可以延期继续实施或终止项目；项目终止的，收回已拨付的剩余财政科技资金。

第十五条 因发榜方或揭榜方主观原因造成项目终止的,省科技厅委托第三方组织技术、财务、法律等专家进行审查论证,形成论证结论,明确相关责任,收回已拨付的财政科技资金。

第十六条 对故意串通作假等行为,将严肃追究相关责任。对科研不端行为零容忍,对存在失信行为的创新主体,在科研项目申报、财政资金支持、获得相关奖励等方面依法予以限制。

第五章 附则

第十七条 本办法由省科技厅负责解释。

第十八条 本办法自 2020 年 11 月 25 日起施行,有效期至 2021 年 11 月 25 日。

关于印发《甘肃省科技计划自筹经费项目管理办法》的通知

(甘科计规〔2020〕10号)

各市（州）科技局、兰州新区科技发展局，省直有关部门，中央在甘有关单位，高等院校、科研院所、企业，有关单位：

为充分调动各地创新资源，激发创新活力，积极发挥省级科技计划引导扶持作用，根据《关于进一步激发创新活力强化科技引领的意见》（甘政发〔2020〕46号）精神，省科技厅修订了《甘肃省科技计划自筹经费项目管理办法》，已经省科技厅2020年第4次厅务会议审议通过，现印发你们，请遵照执行。

甘肃省科技厅
2020年11月24日

甘肃省科技计划自筹经费项目管理办法

第一条 为充分调动各地创新资源，激发创新活力，积极发挥省级科技计划引导扶持作用，进一步引导科技计划项目承担单位加大经费自筹力度，结合全省科技创新和项目管理工作实际制定本办法。

第二条 省级科技计划自筹经费项目（以下简称"B类项目"）是指由项目组织单位或承担单位提出，依据全省经济社会发展和科技创新需求设立，按其功能定位分类，纳入省级科技计划体系，由项目组织单位或承担单位负责安排经费的省级科技计划项目。

B类项目的设立和组织管理对应于省级科技计划财政资金资助项目（以下简称"A类项目"）。

第三条 B类项目的设立坚持需求导向、统一管理、分类指导的原则。设立B类项目的主要目的是聚集科技资源，引导全省各行业、各地区科研力量共同推动科技创新和科技人才培养。

第四条 B类项目按照以下程序确定：

（一）由有需求的各项目承担单位，自愿以书面形式向省科技厅提出组织或承担B类项目申请。B类项目筛选范围为本年度已申报A类项目，但未立项的项目中选择。经省科技厅批准同意后，按照对应的省级科技计划体系组织项目。

（二）按照对应的省级科技计划管理办法评审论证，确定立项B类项目。

第五条 B类项目的立项评审、结题验收等管理由省科技厅会同项目组织单位或承担单位组织，省科技厅可委托项目管理专业机构承担B类项目管理工作。

第六条 B类项目按照管理办法要求进行公示公告，接受社会监督。

第七条 承担单位与省科技厅签订B类项目执行期合同，一般不得少于五年，B类项目自筹经费强度不得低于同一计划类别A类项目的平均资助强度，项目组织单位或承担单位要严格落实项目经费，并履行项目任务书规定的相关任务。

第八条 B 类项目应严格控制项目数量，立项数量不超过本单位本年度同类计划的二分之一。各类计划年度立项总量不得超过该计划类别 A 类项目总数。

第九条 省科技厅可根据省级科技计划管理需要，组织专家或委托专业机构对 B 类项目实施情况进行评估评价。评估评价结果可作为实施 B 类项目的重要依据。

第十条 对项目组织实施得力的单位和项目实施较好的项目负责人，可在 A 类项目中优先支持。

第十一条 在实施 B 类项目过程中，对项目验收通过率低于相应 A 类项目或项目组织、资金安排等不符合要求的项目承担单位，省科技厅有权对已立项 B 类项目予以终止，取消其承担或组织 B 类项目的资格，并视情况限制其组织或承担 A 类项目的资格。

第十二条 设立 B 类项目的组织单位或承担单位，应依照本办法和《甘肃省科技计划项目管理办法》，建立完善内部管理制度，规范项目管理。

第十三条 本办法由省科技厅负责解释。

第十四条 本办法自 2020 年 11 月 25 日起施行，有效期至 2025 年 11 月 25 日。

第三十七章 青海省科研项目和资金管理法规政策

青海省人民政府关于改革省级财政科技计划和资金管理的实施意见

(青政〔2015〕80号)

各市、自治州人民政府,省政府各委、办、厅、局:

为深入贯彻党的十八大和十八届二中、三中、四中全会及省委十二届七、八、九次会议精神,加快实施创新驱动发展战略,按照深化科技体制改革、财税体制改革的总体要求和《国务院关于改进加强中央财政科研项目和资金管理的若干意见》(国发〔2014〕11号)、《国务院关于深化中央财政科技计划(专项、基金等)管理改革的方案》(国发〔2014〕64号)精神,结合我省实际,特制定本意见。

一、总体目标和基本原则

(一)总体目标。

深化省级财政科技计划和资金管理改革,加快构建适应青海省情,符合科技创新规律,布局合理、功能定位清晰的科技计划管理体系。建立统筹协调、职责明确、科学规范、公开透明、绩效导向、监管有力的科技计划项目和资金管理机制,建设涵盖科技计划项目全流程的管理平台。通过改革,使科研项目和资金配置更加聚焦我省经济社会发展重大需求和基础前沿、社会公益、重大科技发展目标,进一步突出企业创新主体地位。依靠市场机制高效配置科技资源,强化科技与经济和金融工作的紧密结合,提高资金使用效益,调动科研人员积极性和创造性,最大限度释放全社会科技创新活力,充分发挥财政科技计划和资金对促进青海绿色发展的战略支撑作用。经过三年的改革过渡期,全面按照优化整合后的各类科技计划运行,不再保留优化整合之前的各类科技计划,并在实践中不断深化改革。

(二)基本原则。

——转变政府科技管理职能。政府相关管理部门要简政放权,主要负责科技发展战略、规划、政策、布局、评估、监管和重大科技项目的管理;对省级财政各类科技计划实行统一管理,建立统一的评价监管体系,加强科技计划实施全过程的监督检查和责任倒查;充分发挥专业机构、专家在科技计划具体项目管理中的作用。

——明晰政府市场关系定位。政府重点支持市场不能有效配置资源的基础前沿、社会公益、重大共性关键技术研究等公共科技活动，积极营造激励全民创新创业的良好环境，解决好"越位"和"缺位"问题。发挥好市场配置科技创新资源的决定性作用和企业技术创新主体作用，突出成果导向，以贯彻落实国家税收优惠、政府采购等普惠性政策和引导性为主的方式支持企业技术创新和科技成果转化活动。

——聚焦重大经济社会发展目标。面向全省经济社会发展主战场，科学布局省级财政科技计划和资金，完善项目形成机制，优化资源配置，需求导向，分类指导，超前部署科技工作，瞄准科技工作主攻方向，建立围绕重大任务推动科技创新的新机制。

——促进科技与经济深度融合。加强科技与经济在规划、政策等方面的相互衔接。以创新带动产品升级、企业升级、产业升级，培育壮大新兴业态，构建现代产业体系。财政科技计划要围绕产业链部署创新链，围绕创新链完善资金链，统筹衔接基础研究、应用开发、成果转化、产业发展等各环节科技工作，更加主动有效地服务于经济结构调整和提质增效升级，建设具有核心竞争力的创新型经济。

——健全机制规范高效管理。明确财政科技计划、资金管理和执行各方的职责，优化管理流程，建立健全决策、执行、评价相对分开、互相监督的运行机制，不断提高财政科技计划和资金管理的科学化、规范化、精细化水平。

——坚持公开透明社会监督。省级财政科技计划项目全部纳入统一的省级科技管理信息平台和科技报告服务系统，加强项目实施全过程的信息公开和痕迹管理。除涉密项目外，所有信息向社会公开，接受社会监督。

二、建立健全统筹协调和决策机制

（一）建立省级财政科技计划管理联席会议制度。

建立由省科技厅牵头，省财政厅、省发展改革委和省经济和信息化委等相关部门参加的省级财政科技计划管理联席会议制度，制定议事规则，负责审议科技发展战略规划、科技计划布局、年度资金预算方案的综合平衡等事项。省财政厅按照预算管理的有关规定统筹配置科技计划经费预算。省科技厅、省发展改革委、省经济和信息化委等相关部门加强协同配合，充分发挥部门功能性分工和其在科技计划管理等方面的议事协调和综合决策作用。

（二）加强科技工作重大问题的会商与沟通。

各地区、各部门加强沟通，通过会商做好产业和行业政策、规划、标准与科技工作的衔接。就科技发展战略规划、重大科技计划项目的布局、重点任务等事项进行协调，统筹推进重大科技项目和重点科技工作的实施。充分发挥各地区、各部门在提出基础前沿、社会公益、重大共性关键技术需求，以及任务组织实施和科技成果转化推广应用中的积极作用。

三、优化整合财政科技计划

根据我省经济社会发展战略需求和科技发展自身需要，优化整合省级财政科技计划，围绕科技计划功能定位，整合形成重大科技专项、重点研发与转化计划、企业技术创新引导资金、基础研究计划、创新平台建设专项五大类科技计划。省级科技计划要提升项目层次和质量，合理控制项目数量，建立各类科技计划的绩效评价、动态调整和终止机制。

（一）重大科技专项。

根据全省国民经济和社会发展重大科技需求及科技发展优先领域，加强重大科技专项实施。选择对我省经济和社会发展带动作用大、覆盖面广、关联度高的重大共性关键技术及其配套集成技术进行突破和示范。在项目选择上坚持有所为有所不为，聚焦重大产业发展、生态环境和社会发展目标，集中财力办大事。

（二）重点研发与转化计划。

对原科技支撑计划、科技促进新农村建设、基层科技专项、农牧区新能源专项、高新技术产业化促进、国际科技合作等计划进行整合。重点依托高新区、农业科技园区促进研发成果的熟化和转化，解决省内行业和地区发展中面临的公益性、共性科技问题。采取产学研联合、科技援助、国际合作等方式实施。

（三）企业技术创新引导资金。

利用省级财政科技资金引导社会资金和金融资本以建立天使投资基金、创业投资基金、科技型企业贷款担保基金等方式推动企业科技创新。联合科技部和相关省市推动建立科技援青基金，支持东部高新技术向我省转移。推进国家科技成果转化引导基金在青海落地。推进大学生科技创新创业工作，建立大学生科技创新创业资金。

（四）基础研究计划。

聚焦基础研究和科学前沿，注重交叉学科建设，加强培养优秀科研人才和团队，并给予其稳定支持，为全省科技创新输送创新知识和人才队伍。充分发挥盐湖化工等联合基金作用，提升我省重点领域基础研究水平。针对我省创新体系建设和青海国民经济社会发展中面临的重大科技政策和理论问题开展软科学研究工作。

（五）创新平台建设专项。

对全省重点实验室、工程技术研究中心、科技基础条件平台、科技企业孵化器等各类科技平台进行合理归并，进一步优化布局，按功能定位分类整合。推进各类创新平台向社会开放。依托高新区、大学科技园大力发展科技企业孵化器等新型创业服务机构。

四、转变科技计划管理方式

（一）实行科技计划分类管理。

重大科技专项：发挥政府的主导作用，加强管理力度，确保重大目标实现。聚焦省委、省政府重大发展目标，在项目的形成机制上要加强与规划的衔接，在项目的组织管理上要加强部门间的协调。项目承担单位要强化主体责任，组织有关单位协同创新。

建立首席科学家制度。重点研发与转化计划：以企业为主体的研发与转化项目，要充分发挥市场对技术研发方向、路线选择、各类创新要素配置的导向作用，引导企业成为技术创新决策、投入、组织和成果转化的主体，以后补助方式予以支持。对高等院校、科研院所、推广机构面向企业和农村科技创业或区域发展的成果研发与转化项目，要加强产学研结合，调动基层管理部门积极性，明确基层科技和财政部门管理责任。

企业技术创新引导资金：利用省级财政科技资金撬动社会资本，放大财政科技资金使用效应。充分发挥风险投资基金、天使投资基金等在项目和企业选择中的作用，以阶段参股等方式促进科技型企业、高新技术企业做大做强。在项目投资管理上发挥金融机构的作用，鼓励有条件的银行开展财政科技资金托管业务。

基础研究计划：充分发挥专业机构在项目组织、评审等方面的重要作用。从尊重和保护科学家的学术探索和创造精神出发，不断完善资助与管理模式，大力营造有利于自由探索的宽松环境。充分发挥科研人员在项目立项和实施过程中的主动性和积极性。推进项目立项和验收网络评审工作。

创新平台建设专项；加强不同类型创新平台的绩效评价，促进创新平台水平提升。以奖励和补助等方式促进创新平台向社会开放共享。用政府购买服务等方式支持科技计划管理、科技文献服务等公共科技工作。

（二）依托专业机构参与项目管理。

通过政府购买服务的方式，委托符合条件的专业机构开展科技计划项目的日常管理工作。加快制定专业机构管理项目的流程和规范，加强专业机构科技项目管理能力建设，加强对专业机构的监督、评价和动态调整。

（三）建立统一的评价和监管机制。

省科技厅、省财政厅要对科技计划的实施绩效、咨询评审专家和专业机构的履职尽责等情况，统一组织考核和监督检查。加强与工商、金融等部门信息沟通，完善科研信用体系建设，实行"红名单""黑名单"制度和责任倒查机制。对科技计划的绩效评估通过公开竞争或定向委托等方式择优委托第三方专业机构开展，评估结果作为财政予以支持的重要依据。

（四）建立动态调整机制。

省科技厅、省财政厅根据绩效评价和监督检查结果或相关部门的建议，提出科技计划动态调整意见。完成预期目标或达到设定时限的，应当自动终止；确有必要延续实施的，或新设立科技计划以及专项的，由省科技厅会同有关部门组织论证，按程序批准执行。对定位不清、重复交叉、实施效果不好的，通过撤、并、转等方式进行必要调整和优化。

（五）完善管理信息平台。

通过平台建设，建立涵盖科技计划项目全过程的透明化科技管理信息平台，对科技计划的需求征集、指南发布、项目申报、立项和预算安排、监督检查、结题验收、科技报告等进行统一信息化管理，与计划相关的非涉密信息将在信息平台及时发布，接受社会监督。

五、改进科技计划项目和资金管理

（一）完善项目指南制定和发布制度。

省科技厅会同省财政厅根据全省科技发展规划，充分征求各地区、各部门以及科研单位、企业、协会、学会等意见，按期编制发布科技计划项目指南，并通过多种方式扩大项目指南知晓范围，引导符合条件的科研单位、企业和人员参与科技计划项目实施。

（二）健全公平竞争的项目遴选机制。

改进评审方法，优化评审流程，健全公平竞争的项目遴选机制，将具体项目评审工作交由专业机构进行。科学制定指标体系，设定"硬门槛"，建立以绩效评价为基础的评审，控制评审数量。规范评审专家行为，推行网络评审和视频答辩评审，提高项目评审质量和效率。健全立项管理内部控制制度，加强项目核查，杜绝一题多报或重复资助。公开项目审批流程，使项目申请者能够及时查询立项工作进展情况，实现立项过程"可申诉、可查询、可追溯"。

（三）优化专家评审机制。

建设评审专家数据库，优化评审专家结构，扩大高层次专家规模及中青年专家比例，适当增加外省市专家数量，提高产业技术专家、知识产权专家、财务专家和投资专家参与产业化类项目评估评审的比重。专家评审严格执行回避制度、保密制度和轮换制度。对采用视频或会议方式评审的，在适当的时候以适当方式公布专家名单，强化专家自律，接受同行质询和社会监督；对采用通讯方式评审的，评审前专家名单严格保密，保证评审的公正性。

（四）规范项目预算编制和审查。

省科技厅、省财政厅进一步完善科技计划项目预算编制指南，制定规范统一的预算编制标准。项目申请单位在编制项目申报书时，应同步编制项目预算。进一步健全项目预算评审机制，除以定额补助方式资助的项目外，应根据科研任务实际需要和财力核定项目预算。省科技厅会同省财政厅制定项目经费预算评估评审细则，健全重大项目预算评审沟通反馈机制。

（五）规范资金支出管理。

省科技厅、省财政厅针对不同科技计划特点，制定科学化、差异化的支出管理制度，严格控制不必要经费支出，确保科研目标顺利实现。项目承担单位要严格按照相关财政制度和规定，建立健全科研经费管理内部控制制度，对财政拨款及自筹经费分别单独核算，严禁违规开支或以任何形式套取、虚报冒领科研资金。同时，加强预算绩效管理，合理设定省级财政科技计划项目资金绩效目标，对重大项目或跨年度项目支出实施阶段性绩效评价。

（六）改进科技计划项目验收管理制度。

根据不同类型科技计划项目，制定相应验收办法。可采取提交科技报告、同行评议、第三方评估、用户测评、研发目标实现程度比对等方式进行验收。项目完成后，项目承担单位应及时做好总结工作，编制项目决算，按时提交验收。项目主管部门应及时组织验收，并严把验收和质量审查关。

（七）改进科研项目资金结算方式。

科研院所、高等学校等事业单位承担项目所发生的会议费、差旅费、小额材料费和测试化验加工费等，要按规定实行"公务卡"结算；企业承担的项目，上述支出也应当采用非现金方式结算。项目承担单位对设备费、大宗材料费和测试化验加工费、劳务费、专家咨询费等支出，原则上应当通过银行转账方式结算。

（八）结余资金的使用。

项目在研期间，年度剩余资金可以结转下一年度继续使用。项目完成任务目标并通过验收，且承担单位信用评价好的，项目结余资金按规定在一定期限内由单位统筹安排用于科研活动的直接支出，并将使用情况报项目主管部门；未通过验收和整改后通过验收的项目，或承担单位信用评价差的，结余资金按原渠道收回。

（九）加强项目过程管理和监督。

各级财政部门和项目主管部门应结合项目实施情况及时拨付资金，并加强对省级财政科技计划项目和资金使用管理监督，针对不同计划项目特点组织开展监督检查。对发现的违法违规行为坚决予以查处，查处结果向社会公开，发挥警示教育作用。项目承担单位负责项目实施的具体管理，并按要求定期向项目主管部门报告项目实施情况及存在的问题。

（十）加大对违规行为的查处力度。

建立完善覆盖科技计划项目全流程的追踪问责和责任倒查机制。省科技厅和省财政厅加强科技计划项目和资金监管工作，针对出现的问题，严肃处理违规行为，按规定采取通报批评、暂停项目拨款、终止项目执行、追回已拨项目资金、取消项目承担者一定期限内项目申报资格等措施，并计入科研诚信档案。同时倒查项目主管部门相关人员的履职尽责情况，涉及违纪违法的移交相关部门处理。

六、保障措施

（一）加强宏观组织协调。

科技计划管理改革工作是实施创新驱动发展战略、深化科技体制改革的突破口。各部门、各地区要统一思想，强化大局意识和责任意识，积极做好统筹协调工作。加强科技政策与财税、金融、经济、政府采购、考核等政策的相互衔接，加强改革措施的落实。

（二）加强战略智库建设。

依托省内外科技界、产业界和经济界的高层次专家组成专业智库，对科技发展战略规划、科技计划布局、重点专项设置和任务分解等提出咨询意见，为决策提供参考。对特别重大的科技计划项目开展咨询、评审，对项目评审规则、规范专业机构建设等提出意见和建议。

（三）健全信息公开制度。

省科技厅在科技计划项目管理关键节点，及时向社会发布申报受理、专家评审、拟立项项目及立项进度安排等情况。除涉密及法律法规另有规定外，应按规定向社会公开相关信息，接受社会监督。项目承担单位应在单位内部公开项目立项、主要研究人员、资金使用、大型仪器设备购置以及项目研究成果等信息，接受内部监督。

（四）建立科技报告制度。

建立衔接国家、覆盖全省的科技报告共享服务平台，实现我省科技资源持续积累、完整保存和开放共享。对省级财政资金支持的科技计划项目，项目承担单位和负责人应按规定撰写和提交科技报告。科技管理部门将科技报告提交和共享情况作为项目承担单位科研诚信管理及对其进行后续支持的重要依据。

（五）加强科研信用体系建设。

建立覆盖指南编制、项目申请、评估评审、立项、执行、验收全过程的科研信用记录制度，委托专业机构对项目承担单位和科研人员、评估评审专家、中介机构等参与主体进行信用评级，并按信用评级实行分类管理。

七、时间安排

2015年，制定细化相关管理办法。

2015—2016年，启动省级科技管理平台建设，初步建成省级财政科技计划项目数据库，基本建成科技报告服务系统。推进各类科技计划的优化整合，基本建成公开统一的省级科技管理信息平台，向社会开放。

2017年，经过三年的改革过渡期，全面按照优化整合后的各类科技计划运行，不再保留优化整合之前的各类科技计划，并在实践中不断深化改革。建立相对完善的科技计划和资金管理制度体系，营造良好的创新环境。各项目承担单位和专业机构建立健全内控制度，依法合规开展科研活动和管理业务。

各市（州）要按照本实施意见，统筹考虑本地实际，深化地方科技计划和资金管理改革，优化整合资源，提高资金使用效益，为地方经济和社会发展提供强大的科技支撑。有关计划和经费管理相关办法及实施细则另行制定。

八、本实施意见自 2015 年 10 月 9 日起施行，有效期至 2020 年 12 月 31 日。

青海省人民政府
2015年9月8日

青海省财政厅 青海省科技厅关于印发青海省省级财政科技专项资金管理办法的通知

(青财教字〔2016〕2307号)

省级有关单位、各市州财政局、科技局：

为贯彻落实《青海省人民政府关于改革省级财政科技计划和资金管理的实施意见》（青政〔2015〕80号）及《青海省关于完善省级财政科研项目资金管理政策的实施意见》（青办发〔2016〕47号）精神，进一步规范省级财政科技专项资金的使用和管理，提高资金使用效益，结合我省实际，我们制定了《青海省省级财政科技专项资金管理办法》，现印发给你们，请遵照执行。

附件：青海省省级财政科技专项资金管理办法

青海省财政厅 青海省科技厅
2016年12月18日

青海省省级财政科技专项资金管理办法

第一章 总则

第一条 为贯彻落实《青海省人民政府关于改革省级财政科技计划和资金管理的实施意见》（青政〔2015〕80号）及《青海省关于完善省级财政科研项目资金管理政策的实施意见》（青办发〔2016〕47号）精神，进一步规范省级财政科技专项资金的使用和管理（以下简称科技专项资金），提高资金使用效益，结合我省实际，制定本办法。

第二条 科技专项资金由省财政设立，主要用于解决涉及社会经济发展的重大科技问题、促进科技成果转化、引导企业创新发展、支持基础前沿学科、培养科技人才队伍、建设完善科技创新平台、支撑引领经济社会发展。主要目标是提升全社会科技创新能力，促进创新驱动发展战略的落实。

第三条 科技专项资金的支持对象是具有独立法人资格，具备良好研究开发条件的科研院所、高等院校及企业等。

第四条 管理和使用原则。

（一）集中财力，突出重点。科技专项资金主要面向我省经济、社会发展重大科技需求，支持引领和支撑经济、社会发展，能够明显提高我省自主创新能力的科技活动。

（二）分类支持，多元投入。根据科技研发的特点和规律，科技专项资金分别采用事前资助、事后补助、股权投资、风险补偿、绩效奖励等资助方式。积极探索风险投资等方式，充分发挥财政资金的引导作用，带动社会资金参与科技项目的实施。

（三）遵循规律、注重绩效。遵循科研活动规律和依法理财的要求，强化事中和事后监管，建立面向结果的绩效评价机制，提高资金使用效益。

（四）公开透明，择优资助。完善公平竞争的项目遴选机制，通过公开择优、定向择优等方式确定项目承担者，并按照公开透明的原则，实行制度办法、申报流程、评审结果、分配结果、绩效评价全过程面向社会公开。

第二章 支持类别与方式

第五条 科技专项资金支持重大科技专项、重点研发与转化计划、企业技术创新引导资金、基础研究计划、创新平台建设专项等五类科技计划。

（一）重大科技专项。根据全省国民经济和社会发展重大科技需求及科技发展优先领域，选择对我省经济和社会发展带动作用大、覆盖面广、关联度高的重大共性关键技术及其配套集成技术进行突破和示范。在项目选择上坚持有所为有所不为，聚焦重大产业发展、生态环境和社会发展目标。主要以科研项目形式组织管理，原则上采取事前资助、事后补助等方式予以支持。

（二）重点研发与转化计划。重点依托高新区、农业科技园区促进研发成果的熟化和转化，解决省内行业和地区发展中面临的公益性、共性科技问题。主要以科研项目形式组织管理，原则上采取事前资助和事后补助方式予以支持。

（三）企业技术创新引导资金。充分发挥财政资金杠杆作用，运用市场机制引导社会资本和金融资本进入技术创新领域，支持技术创新活动，促进科技成果转移转化和资本化、产业化。主要以引导基金方式组织管理，主要采取风险补偿、事后补助、股权投资等方式予以支持。

（四）基础研究计划。聚焦基础研究和科学前沿，注重交叉学科建设，加强培养优秀科研人才和团队，为全省科技创新输送创新知识和人才队伍；提升我省重点领域基础研究水平；针对我省创新体系建设和青海国民经济社会发展中面临的重大科技政策和理论问题开展软科学研究工作。主要以科研项目形式组织管理，并采取事前资助方式予以支持。

（五）创新平台建设专项。主要支持重点实验室、工程技术研究中心、科技企业孵化器、科技基础条件平台等科技创新平台建设和运营服务，促进科技资源开放共享，提高科技创新的条件保障能力。主要采取根据定期绩效评估结果给予支持的组织管理形式，并采取事前资助、事后补助及绩效奖励方式予以支持。

第三章 资金开支范围

第六条 科技专项资金包括科研项目资金、企业技术创新引导资金、绩效奖励资金和计划管理费等。计划管理费是指省级科技管理部门为组织项目，开展项目评审或评估、招标、公示、监督检查、项目验收及绩效考评等工作所发生的费用，其比例控制在科技专项资金的1.5%以内。

第七条 科研项目资金开支范围包括直接费用和间接费用。

（一）直接费用是指在项目研究开发中发生的与之直接相关的费用。包括：

（1）设备费。指在项目实施过程中购置或试制专用仪器设备，对现有仪器设备进行升级改造，以及租赁外单位仪器设备而发生的费用。鼓励共享、试制、租赁专用仪器设备以及对现有仪器设备进行升级改造。其中设备购置费支出比例原则上应控制在项目专项经费总额的30%以内。符合政府采购条件的须按相关规定执行。基础研究计划项目专项资金原则上不得购置设备。高校和科研院所可自行采购科研仪器设备，自行选择仪器设备评审专家，同时要切实做好设备采购的监督管理，做到全程公开、透明、可追溯。高校和科研院所对进口仪器设备实行备案制管理，并继续落实进口科研用品免税政策。

（2）材料费。指在项目实施过程中消耗的各种原材料、辅助材料、低值易耗品以及采购及运输、装卸、整理等费用。生产性材料、基建材料、大宗工业化原料及办公材料不得从专项经费中列支。

（3）测试化验加工费。指在项目实施过程中由于承担单位自身技术、工艺和设备等条件限制，委托或与外单位合作（包括项目承担单位内部独立经济核算单位）进行检验、测试、化验、加工、计算、试验、设计等所支付的费用。委托测试化验加工须签订合同或协议。

（4）燃料动力费。指在项目实施过程中相关大型仪器设备、专用科学装置等运行发生的可以单独计量的水、电、气、燃料消耗等费用等。

（5）差旅费/会议费/国际合作与交流费。本科目差旅费、会议费、国际合作与交流费三项支出总额原则上应控制在项目专项经费总额的30%以内。由项目承担单位结合科研活动实际需要编制预算，统筹安排使用。其中不超过直接费用10%的，不再提供预算测算依据。

差旅费指在项目实施过程中开展科学实验（试验）、科学考察、业务调研、学术交流等所发生的外埠交通费、住宿费、伙食补助费和市内交通费等。差旅费的开支标准按照项目承担单位当地财政部门有关规定执行。高校和科研院所可根据科研活动的实际需求，按照厉行节约、精简高效的原则，参照青海省差旅费标准研究制定科研类差旅费管理办法，合理确定科研人员乘坐交通工具等级和住宿费标准。对于野外工作难以取得住宿费发票的，项目承担单位在确保真实性的前提下，按照"授权管理、包干使用"的原则，据实报销差旅费，解决无法取得发票但需要报销城市间交通费和住宿费等问题。

会议费指在项目实施过程中为组织开展学术研讨、咨询论证以及协调项目等活动而发生的会议费用。项目承担单位应当按照青海省有关规定，严格控制会议规模、数量、开支标准和会期。项目承担单位发起举办的与项目研究内容无关的会议，不得在专项经费中列支。高校和科研院所需要举办的业务性会议，会议的次数、天数、人数以及会议费开支范围、标准等，按照"实事求是，厉行节约"的原则由科研单位自主确定，因工作需要，邀请国内外专家、学者和有关人员参加会议，对确需负担的城市间交通费、国际旅费，可由主办单位在会议费等费用中报销。

国际合作与交流费指在项目实施过程中研究人员出国及外国专家来华开展科学技术交流与合作的费用。国际合作与交流费应当严格执行青海省外事经费管理的有关规定。高校和科研院所的科研人员因业务需要临时出国开展学术交流活动的出国批次数、团组人数、在外停留天数根据实际需要安排。出国开展学术交流合作的年度计划由所在单位负责管理，并按外事审批权限报备。项目承担单位应切实加强科研人员出国开展学术交流合作经费的预算管理，认真执行因公临时出国经费先行审核制度，由经费审批部门和任务审批部门实行审批联动。

（6）出版/文献/信息传播/知识产权事务费。指在项目实施过程中，需要支付的出版费、文献资料及印刷费、专用软件购买费、文献检索费、专业通信费、专利申请及其他知识产权事务等费用。不得用专项资金支付通用性操作系统、办公软件、日常通讯等费用。

（7）劳务费。指在项目实施过程中支付给项目组成员中没有工资性收入的相关研发人员和项目组临时聘用人员等（包括参与项目的研究生、博士生、访问学者以及项目聘用的研究人员、科研辅助人员等）的劳务性费用。劳务费预算由项目承担单位参照当地科学研究和技术服务业人员平均工资水平确定开支标准，其社会保险补助可纳入劳务费科目列支。

（8）专家咨询费。指在项目实施过程中支付给临时聘请的咨询专家的费用。专家咨询费不得支付给参与项目研究与管理的工作人员。

以会议形式组织的咨询，专家咨询费的开支参照以下标准执行：具有或相当于高级专业技术职称的人员，第1至第2天为500~800元/人天，第3天及以后为300~400元/人天；其他专业技术人员第1至第2天为300~500元/人天，第3天及以后为200~300元/人天。以通信形式组织的咨询，专家咨询费的开支参照以下标准执行：具有或相当于高级专业技术职称人员60~100元/人次、其他专业技术人员40~80元/人次。

（9）其他支出。指项目在实施过程中发生的除上述支出范围之外的其他支出。包括财务验收审计费、土地租赁费、临床试验费、入户调查费、青苗补偿费、与项目任务相关的培训费等。其他费用应当在申请预算时单独列示，单独核定，不得列支项目实施前发生的各项支出、奖励支出以及不可预见费。

（二）间接费用是指项目承担单位在组织实施项目过程中发生的无法在直接费用中列支的相关费用，主要包括项目承担单位科研人员绩效支出以及为项目研究提供的现有仪器设备及房屋，水、电、气、暖消耗，管理费用支出等。其中绩效支出是指承担单位为提高科研工作绩效安排的支出。

间接费用按照不超过直接费用扣除设备购置费的30%的比例计提使用。项目承担单位须研究制定项目间接费用及绩效支出管理办法，将间接费用纳入单位财务统一管理，合规合理使用间接费用，不得在核定的间接费用以外以任何名义在项目经费中重复提取、列支相关费用。在统筹安排间接费用时，要结合科研人员在项目工作中的实际贡献，公开、公平安排绩效支出。绩效支出的发放对象为直接参与项目的人员，项目承担单位不得截留、挪用、挤占。

第八条 企业技术创新引导资金主要支持青海省科技创新引导基金。对于青海省科技创新引导基金支持的创业投资企业、创业服务机构以及高新技术企业、科技型企业和参加青海省大学生创新创业大赛获得奖励的企业和团队，其资金开支范围按照相关管理办法执行。

第九条 绩效奖励资金，包括专利补助专项资金、重大科研设备专项资金、重点实验室、工程技术研究中心等，开支范围按照相关管理办法执行。

第十条 事后补助项目由实施单位按照科技专项资金开支范围先行投入资金，组织开展研究开发、成果转化和产业化活动，取得成效并按程序通过验收审查后，给予相应补助。具体管理按照相关管理办法执行。

第四章　经费预算编制与审批

第十一条 省级科技计划中科研项目预算由收入预算与支出预算构成。项目申报单位应当按照政策相符性、目标相关性和经济合理性原则，科学、合理、真实地编制预算。其中，对于基础研究、软科学计划实行概算管理，自然科学基金不再编制预算，由科研人员根据科研活动规律和特点，自主安排使用。

（一）收入预算包括财政科技专项资金和自筹资金。自筹资金须提供出资方的出资证明，不得使用货币资金之外的资产或其他财政资金作为自筹资金来源。承诺提供自筹资金的项目单位应履行合同约定，及时足额提供自筹资金，以保障项目正常实施。

（二）支出预算应当按照资金开支范围确定的支出科目和不同资金来源分别编列，并对各项支出的主要用途和测算依据等进行详细说明。

对于采取阶段参股、直接投资、无息贷款、贷款贴息、贷款风险补偿等方式支持，以及专利补助专项资金，重大科研设备专项资金，重点实验室、工程技术研究中心等绩效奖励资金不再编制预算，具体审批程序按照相关管理办法执行。

第十二条 对初审合格的项目，由省科技厅会同省财政厅组织第三方机构、专家进行评审，对需要现场考察的项目组织考察。采取阶段参股、直接投资、无息贷款、贷款贴息、贷款风险补偿、事后补助（事前立项事后补助的项目除外）、绩效奖励等方式支持的项目，可不参加评审。

第十三条 省科技厅会同省财政厅根据年度资金预算，结合专家评审意见、考察情况等，研究确定拟立项项目和资金分配方案，并进行公示。

第五章 经费管理

第十四条 经公示无异议的科研项目，由省科技厅制定项目资金分配方案并上报省财政厅，省财政厅经审核后下达项目资金，并按照国库集中支付制度的相关规定及时拨付。省科技厅负责与项目承担单位及时签订科技项目合同，多家单位共同承担项目的，牵头单位外拨资金不得超过专项资金的50%。

第十五条 市州财政部门或相关单位在收到专项资金文件后，应当将资金及时下达到项目承担单位，并按照项目资金的使用和管理要求，督促项目承担单位严格组织实施。

第十六条 项目承担单位和项目负责人要严格按照财政科技资金使用管理的有关规定，对专项资金、自筹资金分别单独核算，确保专款专用。凡涉及政府采购、招投标等事项的，严格按照有关规定执行。

第十七条 专项资金使用必须严格按预算执行。如果科研项目实施过程中确需调整预算的，应按以下程序核批：

（一）科研项目预算总额调整应报省科技厅、省财政厅批准；

（二）科研项目总预算不变，项目承担单位变更、项目合作单位之间以及增加或减少项目合作单位的预算调整，应报省科技厅批准；

（三）科研项目总预算不变，直接费用中材料费、测试化验加工费、燃料动力费、出版/文献/信息传播/知识产权事务费、其他费用预算如需调整，项目组和项目负责人根据实施过程中科研活动的实际需要提出申请，由项目承担单位审批，省科技厅在中期财务检查或财务验收时予以审核确认。设备费、差旅费/会议费/国际合作与交流费、劳务费、专家咨询费预算原则上一般不予调增，如需调减可按上述程序调剂用于项目其他方面支出。间接费用预算总额不得调增，经承担单位与项目负责人协商一致后，可以调减用于直接费用。

第十八条 改进科研项目资金结算方式。承担单位须严格执行国家有关支出管理制度，对应当使用"公务卡"结算的支出，按照"公务卡"结算的有关规定执行。对于有关设备费、材料费、测试化验加工费、燃料动力费、差旅费/会议费/国际合作与交流费、劳务费、专家咨询费等，原则上通过银行转账方式结算。

第十九条 行政事业单位使用财政资金形成的固定资产属于国有资产，由单位进行使用和管理，省科技厅、财政厅有权进行调配。企业使用财政资金形成的固定资产，按照《企业财务通则》等相关规章制度执行。

承担单位使用财政资金形成的知识产权等无形资产的管理，按照国家有关规定执行。

使用财政资金形成的大型科学仪器设备、科学数据、自然科技资源等，按照规定开放共享。

第六章 财务验收

第二十条 科研项目执行期满后,承担单位应当及时清理账目与资产,如实编制项目经费决算。须在项目执行期满后三个月内提出财务验收申请。省科技厅组织第三方机构、专家进行验收。财务验收结论分为通过验收、整改后通过验收、不通过验收三类。财务验收工作应当在承担单位提出财务验收申请后的一个月内完成。

第二十一条 科研项目资助资金总额在50万元(含50万元)以上的项目,须在财务验收时提交具有省级科技资金审计资质的中介机构出具的审计报告。省科技厅对财务审计依据充分性、结论可靠性、审计工作质量及对重大违规问题的披露等情况进行随机抽查。

对于自然科学基金、基础研究、软科学项目,由承担单位提交加盖单位公章和财务专用章的决算表备案,不再组织专家进行验收。

对于事后补助项目,须由具有相关资质的第三方机构出具研发费用加计扣除专项审计报告或经费支出鉴证报告。

第二十二条 存在下列行为之一的科研项目,不得通过财务验收:

(一)编报虚假预算,套取国家财政资金;
(二)未对财政专项资金进行单独核算;
(三)截留、挤占、挪用财政专项资金;
(四)违反规定层层转拨、转移财政专项资金;
(五)提供虚假财务会计资料;
(六)未按规定执行和调剂预算;
(七)虚假承诺自筹资金;
(八)资金管理使用存在重大违规问题拒不整改;
(九)其他违反国家财经纪律的行为。

第二十三条 科研项目实施期内的年度结余资金可结转下年继续使用。项目实施期满并通过验收,且承担单位信用评价好的,结余资金可按规定留归项目承担单位统筹安排,须在2年内用于科研活动直接支出,并向省科技厅、省财政厅报告使用情况;项目终止实施、撤销、未通过验收、整改后通过验收或承担单位信用评价差的,结余资金按原渠道收回。

第七章 监督管理与绩效评价

第二十四条 项目承担单位要按照权责一致的要求,强化自我约束和自我规范。科研项目承担单位要制定内部管理办法,落实项目预算调剂、间接费用和绩效支出统筹使用、劳务费分配管理、结余资金使用等管理权限;加强预算审核把关,规范财务支出行为,完善内部风险防控机制,强化资金使用绩效评价,保障资金使用安全规范有效;制定符合科研实际需要的内部报销规定。高校、科研院所要制定出台差旅费、会议费内部管理办法。

第二十五条 承担单位应当建立信息公开制度,在单位内部公开项目立项、主要研究人员、资金使用、大型仪器设备购置以及项目研究成果等情况,接受内部监督。

第二十六条 省科技厅会同省财政厅对项目实施和专项资金使用情况采取定期检查和不定期抽查的方式进行监督检查。监督检查应当加强统筹协调、信息共享,避免交叉重复。

第二十七条 建立健全科技专项资金绩效评价制度。省科技厅会同省财政厅组织或委托第三方进行专项资金绩效评价,评价结果作为以后年度安排专项资金的重要依据。青海省科技创新引导基金由基金管理机构委托第三方机构开展绩效评价。

第二十八条 对申报单位、科研人员、评审专家、中介机构等项目评审立项环节的参与主体实行信用评价和记录，并按信用等级分类管理。依法建立黑名单制度，将严重不良信用记录者记入黑名单，按实际情况阶段性或永久性取消其申报或参与科技计划项目的资格。

第二十九条 科研项目因故撤销或终止，承担单位财务部门应当及时清理账目与资产，编制财务报告及资产清单，报送项目主管部门。项目主管部门组织清查处理，确认并按原渠道上缴结余资金（含处理已购物资、材料及仪器、设备的变价收入）。

第三十条 项目单位要主动接受财政、审计等部门的审计与监督。对于虚报、截留、挪用、冒领、侵占或提供虚假资料骗取专项资金以及擅自改变专项资金用途等违法违规行为的，按照《中华人民共和国预算法》《财政违法行为处罚处分条例》等相关法律法规查处并追回专项资金。涉嫌犯罪的，依法移送司法机关追究刑事责任。

第八章 附则

第三十一条 本办法由青海省财政厅、青海省科学技术厅负责解释。

第三十二条 本办法自2017年1月1日起实施，有效期至2021年12月31日。

第三十三条 青海省财政厅、青海省科学技术厅、青海省经济委员会印发的《青海省科技专项资金管理暂行办法》（青财建字〔2013〕2275号）同时废止。我省出台的其他科技专项资金管理政策与本办法规定不一致的，以本办法为准。

青海省科学技术厅 青海省财政厅关于印发《青海省科技创新引导基金管理办法》的通知

(青科发办〔2017〕195号)

各有关单位：

为了规范青海省科技创新引导基金管理，提高政府出资基金的使用效率，发挥政府资金的引导和放大作用，根据《青海省十三五科技创新发展规划》和《青海省省级政府投资基金管理办法（试行）》（青政办〔2016〕212号）精神，我们制定了《青海省科技创新引导基金管理办法》，现印发给你们，请遵照执行。

青海省科学技术厅 青海省财政厅
2017年11月27日

青海省科技创新引导基金管理办法

第一章 总则

第一条 为规范青海省科技创新引导基金（以下简称"引导基金"）管理，提高引导基金的使用效益，根据《青海省省级政府投资基金管理办法（试行）》（青政办〔2016〕212号）精神，制定本办法。

第二条 引导基金是由政府设立并按市场化方式运作的政策性基金。主要目标是围绕省委省政府创新驱动发展战略要求及《青海省十三五科技创新发展规划》的任务部署，通过财政资金的引导和放大作用，加快构建产业技术体系，推进创新突破与产业发展深度融合，培育壮大创新主体，实施重大创新工程，优化区域创新布局，推动科技成果转化。

第三条 引导基金由省科技厅、财政厅联合设立。引导基金总规模20亿元人民币，其中财政出资7亿元，撬动社会资本13亿元。

第四条 引导基金运作遵循"政府引导、市场运作、科学决策、防范风险"的原则。

第五条 引导基金支持对象：在青海省境内从事创业投资的企业、为中小企业创新创业提供服务的机构，开展科技金融业务的银行等金融机构、保险机构，科技"小巨人"培育企业，高新技术企业、科技型企业，大学生领办的创业企业及其他科技型中小微企业。

第二章 运作模式及资金来源

第六条 引导基金的运作模式包括直接投资、母——子基金（风险投资）、风险补偿和经理事会批准的科技担保、科技保险、银行增信风险池等方式。

第七条 引导基金资金来源：

（一）省级财政安排的科技专项资金，及社会募集资金；

（二）从所支持的创业投资机构、大学生创新创业企业回收的资金、引导基金收益、闲置资金存放银行或购买国债所得利息收益分配后剩余资金；

（三）个人、企业或社会机构无偿捐赠的资金；

（四）其他资金。

第三章 组织构架

第八条 省科技厅、省财政厅组织设立引导基金理事会由省政府分管领导、省科技厅、省财政厅、省金融办、省经信委等部门负责人组成（委员由科技、管理、法律、金融、投资、财务等领域专家担任），理事会为引导基金的最高决策机构，负责主要开展行业分析、政策研究、提供政策性事项的建议，审议引导基金政策目标、投资计划、定期对基金管理机构支持的产业政策目标、政策效果等情况进行绩效考评。

第九条 理事会择优选取具有专业资质和投资团队的机构作为引导基金的运营管理机构，并对运营机构进行指导、监督和考核。

第十条 由理事会设立引导基金投资决策委员会，负责对引导基金投资方案、拟合作机构情况进行评审、做出决策；由理事会设立风险控制委员会，对引导基金重大事件及决策进行风险评估，制定引导基金风险管理战略和风险应对策略。

第四章 直接投资

第十一条 引导基金投资的项目应符合《青海省国民经济和社会发展第十三五规划纲要》及《青海省十三五科技创新发展规划》的重点支持方向。

第十二条 引导基金直接投资项目的，应当符合以下要求：

（一）投资注册于青海省域内项目的资金原则上不低于政府投资基金直投资金总规模的70%，确需低于此比例的，按照相关程序报批；

（二）对单一项目股权投资的资金总额原则上不超过被投资项目总股权的30%且不控股。

第十三条 引导基金投资的项目，原则上按照市场通行做法退出。以股权方式和阶段性持股方式投资的，采取公开上市、股权转让、股权回购、股权置换等方式退出；以优先股或夹层基金等方式投资的，应明确股权回购、股权转让等退出方式。基金应当按照有关规定和市场化原则，与被投资企业约定发生重大不利情形的退出方式，保障基金资产安全。

第十四条 引导基金投资期满后，基金管理公司（团队）应当在出资人监督下组织对基金进行清算，清算结果经股东大会或合伙人会议批准。省财政出资形成的清算收入，按照国库管理制度有关规定及时足额缴入国库。

第五章 母——子基金

第十五条 引导基金与符合条件的创业投资企业共同发起设立的创业投资子基金，为省内外科技企业提供股权投资，科技厅负责按照相关规定批准发起设立子基金。

第十六条 本办法所称的创业投资企业，是指具有融资和投资功能，主要从事创业投资活动的有限合伙制及公司制企业，即基金管理公司（团队）。申请引导基金支持的创业投资企业应当具备下列条件：

（一）必须获得从业资质并在主管部门备案，在青海省工商行政管理部门完成工商登记；

（二）基金管理公司（团队）注册资本（认缴出资）不低于5000万元，创业基金的基金管理公司（团队）注册资本（认缴出资）不低于3000万元，天使基金的基金管理公司（团队）注册资本（认缴出资）不低于1000万元，且实缴资本（实缴出资）比例都不低于30%，所有投资者以货币形式出资；

（三）须根据基金业协会对于基金管理人登记和基金备案的有关规定进行登记和备案；

（四）有至少3名具有从业资格，具备3年以上创业投资或相关业务经验，且具有不少于3个投资成功案例（投资收益率达20%以上的案例）的专职高级管理人员；

（五）具有严格合理的投资决策程序和风险控制机制，管理和运作规范；

（六）按照国家企业财务、会计制度规定，有健全的内部财务管理制度和会计核算办法，最近3年持续保持良好的财务状况，没有受过行政主管机关或司法机关重大处罚的不良记录；

（七）不投资于流动性证券、期货、房地产业以及国家相关政策限制的行业。

第十七条 子基金的设立应满足下列要求：

（一）子基金须在青海省注册，投资方向应符合青海省科技发展重点产业和领域，投资需要符合投资基金约定，投资于青海省境内项目的资金比例原则上不低于子基金总规模的70%，确需低于此比例的，按相关程序报批；

（二）引导基金对单一子基金的出资原则上不得超过引导基金总额的25%；

（三）子基金直接投资原则上不超过被投资项目总股权的30%且不控股；

（四）引导基金与其他出资人的资金应当同步到位，可以做优先劣后等结构化安排，按风险和收益相匹配的原则，享有收益，承担风险；

（五）子基金的存续期限原则上为5年，确需超过5年的，经引导基金批准，可适当延长，总存续期限不得超过10年。子基金投资项目的投资期限原则上不超过5年，确需超过5年的，经引导基金批准，可适当延长，总投资期限不得超过7年；

（六）子基金与引导基金之间应合理配置管理资源，建立有效风险隔离机制。

第十八条 子基金原则上采取有限合伙的运作模式，由基金公司通过公开征集或者招标方式选择若干专业化的基金管理公司，负责子基金的募集、设立、投资、管理和退出等事宜。

第六章 风险补偿

第十九条 科技厅、财政厅招标确定合作银行，对合作银行符合下列条件的贷款业务，可由引导基金给予一定的风险补偿：

（一）开展大学生创新创业专项贷款业务、专利权质押贷款业务、科技增信业务；

（二）贷款期限为1年（含1年）以上。

第二十条 贷款企业不能按期还本付息，银行启动追偿程序，追偿程序完成后，对核销坏账时所发生的本金实际损失，给予一定的补偿。贷款损失认定标准：（一）坏账损失两年以上；（二）债务人死亡；（三）法院判决；（四）依据相关财务制度。对认定后的金融机构贷款损失由风险补偿金给予30%的一次性风险补偿。贷款风险补偿单一企业此项补偿上限为100万元人民币。

第七章 收益分配

第二十一条 引导基金应按照不超过省财政当年实际到位资金的2%向引导基金的运营管理机构支付管理费用。引导基金清算时，引导基金的运营管理机构向财政退回所有本金及收益。

第二十二条 建立绩效评价机制，通过独立专业的第三方机构按年度对基金政策目标实现程度、投资运营情况等开展绩效评价，评价结果与政府出资让利幅度挂钩。

第八章　风险防控与监督管理

第二十三条　引导基金设立的子基金，可在符合相关法律法规的前提下，事先通过公司章程或有限合伙协议约定引导基金的优先分配权和优先清偿权。

第二十四条　引导基金不得用于从事贷款、股票、期货、房地产、基金、企业债券、金融衍生品等投资以及用于赞助、捐赠等支出。

第二十五条　基金管理公司应当将所管理的基金资产与自有资产严格分开核算，对所管不同基金分账核算。

第二十六条　引导基金运营机构应当建立适应引导基金管理和工作需要的人员队伍，内部组织机构、管理制度和风险控制机制等。

第二十七条　引导基金应建立公示制度。

第二十八条　引导基金运营机构向省财政厅、省科技厅每季度提交《青海省科技创新引导基金运行报告》，并于每个会计年度结束后4个月内提交经注册会计师审计的《青海省科技创新引导基金公司年度会计报告》和《青海省科技创新引导基金年度执行情况报告》。

第二十九条　引导基金接受审计、财政部门的监督检查。对引导基金运作中不按规定用途使用、截留、挪用、挥霍浪费引导基金等违法违规行为，按国家有关法律法规处理。

第九章　附则

第三十条　引导基金直接投资、设立创业投资子基金及风险补偿管理办法细则另行制订。

第三十一条　本办法自2018年1月1日起实施，有效期至2022年12月31日，原《青海省科技型中小企业创业投资引导基金管理暂行办法》同时废止。

青海省财政厅　青海省科技厅关于印发《青海省高校、科研机构等科技成果使用处置和收益分配管理办法》的通知

(青财教字〔2017〕1844号)

省级有关单位：

为贯彻落实科技创新驱动发展战略，鼓励高校、科研机构等事业单位科技人员创新创业的积极性，促进科技成果在省内转化应用，根据《中华人民共和国促进科技成果转化法》《青海省政府办公厅关于印发青海省促进科技成果转移转化行动方案的通知》（青政办〔2016〕218号）规定，我们制定了《青海省高校、科研机构等科技成果使用处置和收益分配管理办法》。现印发给你们，请遵照执行。

附件：青海省高校、科研机构等科技成果使用处置和收益分配管理办法

2017年10月19日

青海省高校、科研机构等科技成果使用处置和收益分配管理办法

第一条　为贯彻落实科技创新驱动发展战略，鼓励高校、科研机构等事业单位科技人员创新创业的积极性，促进科技成果在省内转化应用，根据《中华人民共和国促进科技成果转化法》《青海省政府办公厅关于印发青海省促进科技成果转移转化行动方案的通知》（青政办〔2016〕218号）规定，特制定本办法。

第二条　本办法所称的科技成果，是指通过科学研究与技术开发所产生的具有实用价值的成果。职务科技成果，是指执行研究开发机构、高等院校等单位的工作任务，或者主要是利用上述单位的物质技术条件所完成的科技成果。

第三条　本办法所称科技成果转化，是指为提高生产力水平而对科技成果所进行的后续试验、开发、应用、推广直至形成新技术、新工艺、新材料、新产品，发展新产业等活动。

第四条　科技成果转化主要有以下方式：

1. 自行投资实施转化；
2. 向他人转让该科技成果；
3. 许可他人使用该科技成果；
4. 以该科技成果作为合作条件，与他人共同实施转化；
5. 以该科技成果作价投资，折算股份或者出资比例；
6. 其他协商确定的方式。

第五条　支持高校、科研院所等事业单位对持有的财政资金形成的科技成果，自主决定采取转让、许可或者作价投资方式开展转移转化活动，不再审批或者备案。

涉及国家安全、国家利益和重大社会公共利益的科技成果转移转化，依照相关法律规定管理和实施。

第六条 科技成果转让、许可、合作和作价投资遵从市场定价，通过协议定价、技术交易市场挂牌交易、拍卖等市场化方式确定价格。协议定价的，科技成果持有单位应在本单位公示科技成果名称和拟交易价格，公示时间不少于15日，并明确、公开异议处理程序和办法。

第七条 职务科技成果完成单位一年内未实施转化的，成果完成人或团队拥有优先处置权。在不变更职务科技成果权属的前提下，科研成果完成人可创办企业自行转化或以技术入股方式进行转化。

第八条 高校、科研院所应将科技成果转移转化收益首先用于对科技成果完成人和为科技成果转化做出重要贡献的其他人员的奖励。对以技术转让或许可方式转化职务科技成果的，应从技术转让或许可所取得的净收入中提取不低于70%的比例用于奖励。对以职务科技成果作价投资实施转化的，应从作价投资取得的股份或出资比例中提取不低于70%的比例用于奖励。在研究开发和科技成果转化中做出主要贡献的人员，获得奖励的份额不低于奖励总额的70%。在科技成果转化工作中开展技术开发、技术咨询、技术服务等活动给予的奖励，可参照上述规定执行。科研人员创办的科技型企业，知识产权等无形资产最高可按70%的比例折算为技术股份。

第九条 在确定科技成果转移转化净收入时，单位可以根据成果特点作出规定，也可以采用合同收入扣除维护该项科技成果、完成转化交易所产生的费用而不计算前期研发投入的方式进行核算。

第十条 高校、科研院所科技成果转移转化收入不上缴国库，全部留归单位，纳入单位预算统一管理，扣除对完成和转化职务科技成果作出重要贡献人员的奖励和报酬后，应当主要用于科学技术研发与成果转化等相关工作。科技成果转化收入用于人员奖励的部分，不计入当年单位工资总额管理，不纳入工资总额基数。

第十一条 对于担任领导职务的科技人员获得科技成果转移转化奖励，按照分类管理的原则执行。对高校、科研院所具有独立法人资格单位的正职领导，是科技成果的主要完成人或对科技成果转化做出重要贡献的，可以按照促进科技成果转化法规定获得现金奖励，原则上不得获取股权激励。其他担任领导职务的科技人员，是科技成果的主要完成人或对科技成果转化做出重要贡献的，可以按照促进科技成果转化法的规定获得现金、股份或者出资比例等奖励和报酬。

第十二条 完善科技成果信息服务平台建设。科技主管部门会同有关部门建立财政资金资助产生的科技成果信息库，鼓励其他资金产生的成果自愿入库，构筑信息服务网络，完善信息传播利用服务体系，加强知识产权执法保护，面向社会提供科技成果信息查询、项目筛选等公益服务，面向产业部门和政府提供分析评议和预警保护等措施性意见建议。科技成果完成单位应主动做好科技成果登记备案和信息提供工作。

第十三条 改进科研管理和评价方式。科技主管部门要改进完善科研组织管理方式，明确应用类科研项目承担单位科技成果转移转化义务，将科技成果转移转化和知识产权创造、运用作为科研项目立项和验收的重要内容和依据。省属高校、科研院所及其主管部门将科技成果转移转化和知识产权创造、运用作为对机构及人员评价、资金支持的重要依据，建立有利于促进科技成果转移转化的绩效考核评价体系。

第十四条 省属高校、科研院所要建立科技成果转化年度报告制度。要于每年3月底前将上一年度科技成果转化情况，主要包括获得的科技成果情况、科技成果转化情况、收益及分配等上报省级业务主管部门，业务主管部门审核汇总后于每年4月30日前将科技成果转化报告，报送省科技厅、省财政厅，省科技厅会同省财政厅汇总全省科技成果转化报告，并于每年5月30日前报送科技部、财政部。同时，各相关主管部门等要加强对省属高校、科研院所科技成果转移转化的监督。

第十五条　省属高校、科研院所要建立健全有利于科技成果转化的管理制度，加强和规范科技成果转化工作。建立科技成果转化重大事项领导班子集体决策制度。优化科技成果转化流程，明确科技成果转化、科技成果报告、知识产权管理、资产管理、评价奖励等工作的责任主体，建立符合科技成果转化特点的岗位管理、考核评价和奖励制度。建立鼓励、规范科研人员创办企业的管理制度。建立科技成果转化内部控制制度。

第十六条　本办法自发布之日起实施，有效期至2022年10月18日。

青海省财政厅 青海省科技厅关于印发《青海省科研基础条件和能力建设专项资金管理办法》的通知

(青财教字〔2018〕1021号)

省级有关单位、各市（州）财政局、科技局：

为贯彻落实《青海省贯彻〈国家创新驱动发展战略纲要〉实施方案》精神，切实改善我省科研事业单位基础条件，提高科技创新能力，同时为规范和加强青海省科研基础条件和能力建设专项资金管理，提高使用效益，我们制定了《青海省科研基础条件和能力建设专项资金管理办法》，现印发给你们，请遵照执行。

青海省财政厅 青海省科技厅
2018年7月10日

青海省科研基础条件和能力建设专项资金管理办法

第一章 总则

第一条 为贯彻落实《青海省贯彻〈国家创新驱动发展战略纲要〉实施方案》精神，切实改善我省科研事业单位基础条件，提高科技创新能力，同时为规范和加强青海省科研基础条件和能力建设专项资金管理，提高使用效益，特制定本办法。

第二条 本办法所指青海省科研基础条件和能力建设专项资金（以下简称专项资金），由省级财政科技专项资金预算中安排，用于我省公益性科研事业单位改善科研基础条件、提升科研能力、促进科技资源开放共享。

第三条 专项资金的安排使用原则

（一）统筹规划。科研单位应当结合我省经济社会发展需要和现有科技资源布局情况，编制本单位科研基础条件和能力建设三年滚动规划经主管部门审核后报省科技厅、财政厅备案。建立统一的专项资金项目备选库，实行动态管理。

（二）重点突出。以改善科技基础条件为着力点，以提高科技创新能力为目标，区分轻重缓急，科学配置资金，优先支持存量资源整合力度大，集成度高，能够实现开放共享、预期效益好的项目。

（三）注重绩效。项目实行跟踪问效和绩效评价制度，对项目绩效评价好的单位择优扶持；对项目绩效评价差的单位，暂不支持新的项目。

第二章 专项资金支持范围

第四条 专项资金支持范围包括开展科研活动所需的房屋建筑物、辅助设施的维修改造及科研设备购置等。

第五条 专项资金开支范围：项目单位在项目执行中所发生的直接费用包括：材料费、设备购置费、劳务费（仅可用维修改造过程中涉及人工费用，不可用于发放研究生费用等）、水电动力费、设计费、运输费、安装调试费以及在项目执行中所发生的其他费用等。专项资金严禁用于本办法规定范围之外的支出。

第六条 专项资金须专款专用、单独核算。

第三章 申报和立项

第七条 项目申报程序：

（一）项目申报单位汇总编制本单位科研基础条件和能力建设专项资金三年滚动规划，并于每年 8 月底前报送省科技厅，原则上前两年规划内容不得调整。

（二）省科技厅和省财政厅于每年第四季度，按照《青海省贯彻〈国家创新驱动发展战略纲要〉实施方案》任务部署，根据调研结果和项目申报单位三年滚动规划，凝练并发布下一年度科技专项申报指南。

（三）项目单位按申报指南和规定填写年度《青海省科研事业单位科研基础条件和能力建设专项申报书》。

（四）项目单位按申报项目的轻重缓急进行排序后编制本单位年度《青海省科研事业单位科研基础条件和能力建设专项项目推荐表》，并根据项目填报《青海省科研事业单位科研基础条件和能力建设专项绩效目标申报表》。按照项目指南规定时间，将推荐表、《申报书》及申报文件报送省科技厅。

（五）省科技厅和省财政厅组织专家或委托中介机构对报送的项目内容、绩效目标等进行评审。

第八条 省科技厅和省财政厅结合项目单位的业务领域和科学研究事业发展需求，以及项目评审结论，根据年度财政专项资金情况确定支持并下达资金预算和绩效目标。

第九条 项目单位应根据省科技厅和省财政厅批复的年度专项资金预算，对项目申报建设内容进行调整，并与省科技厅签订《青海省科研事业单位科研基础条件和能力建设专项项目合同书》。

第十条 项目单位须根据批复预算和建设内容提供具有资质的第三方机构出具的相关报告。

第十一条 项目单位应严格按照批复的项目预算和签订的合同书执行，不得擅自变更项目建设和预算内容。确因特殊情况需要进行调整的，应正式文件上报省科技厅和省财政厅批准后方可执行。

第十二条 专项资金的拨付，按照财政国库集中支付制度的有关规定执行。

第四章 绩效考核和监督

第十三条 项目单位应根据《合同书》加强对项目的管理，并于项目合同到期后开展自评工作，将自评材料报送省科技厅。省科技厅会同省财政厅在项目合同到期 3 个月内组织相关领域专家或第三方服务机构进行项目验收，并将项目验收情况作为下一年度安排预算的重要依据。

第十四条 项目结余资金参照《青海省省级财政科技专项资金管理办法》中有关规定执行。

第十五条 使用专项资金形成的国有资产，应按国有资产管理有关规定执行。

第十六条 有下列行为之一的，经省科技厅和省财政厅确认后，应对项目单位做出收回专项资金并在 3 年内不予支持建设专项项目的处罚，将相关责任人列入科研失信名单，涉嫌犯罪的，依法移交司法机关处理。

（一）未按批准的项目预算使用专项资金，擅自改变项目内容，变更项目资金使用范围的。

（二）未对专项资金进行单独核算的。

（三）未按政府采购相关规定实施的。

（四）未按规定上报项目自评报告的。

（五）存在挤占、挪用经费等违反财经纪律现象的。

（六）对未能按期完成的项目，未能在规定整改时限内完成的。

第十七条 各项目单位须依据本办法制定实施细则，并报省科技厅和省财政厅备案。

第五章 附则

第十八条 本办法自 2018 年 7 月 15 日起施行，有效期至 2023 年 7 月 15 日。

中共青海省委办公厅 青海省人民政府办公厅印发《青海省关于实施以增加知识价值为导向分配政策的实施意见》的通知

(青办字〔2018〕33号)

各州市委和人民政府，省委各部委，省直各机关单位，各人民团体：

《青海省关于实行以增加知识价值为导向分配政策的实施意见》已经省委省政府同意，现印发给你们，请结合实际认真贯彻执行。

中共青海省委办公厅
青海省人民政府办公厅
2018年4月19日

青海省关于实行以增加知识价值为导向分配政策的实施意见

为深入贯彻落实中共中央办公厅国务院办公厅印发《关于实行以增加知识价值为导向分配政策的若干意见》精神，加快实行以增加知识价值为导向分配政策的落实，激发科研人员创新创业积极性，现结合青海实际，提出如下实施意见。

一、总体要求

全面贯彻党的十九大精神，以习近平新时代中国特色社会主义思想为指导，围绕以"四个转变"推动落实"四个扎扎实实"重大要求，深入实施"五四"战略，加快实施创新驱动发展战略和人才优先发展战略，遵循"坚持价值导向、实行分类施策、激励约束并重、精神物质激励结合"的原则，实行以增加知识价值为导向的分配政策，充分发挥收入分配政策的激励导向作用，激发广大科研人员的积极性、主动性和创造性，推动科技成果加快向现实生产力转化。统筹不同科学门类、创新链的不同环节，加强系统设计、分类管理。充分发挥市场机制作用，对收入分配机制进行系统的设计，使科研人员收入与岗位职责、工作业绩、实际贡献紧密结合，在全社会形成知识创造价值、价值创造者得到合理回报的良性循环。

二、建立体现知识价值的收入分配机制

（一）发挥工资性收入的激励作用。在保障基本工资水平正常增长基础上，逐步提高体现科研人员履行岗位职责、承担政府和社会委托任务等的基础性绩效工资水平，并建立绩效工资稳定增长机制。强化绩效评价与考核，使科研人员收入分配与考核评价结果挂钩，建立健全与岗位职责、工作业绩、实际贡献等紧密联系，充分体现人才价值、激发人才活力、鼓励创新创造的分配激励机制。（责任单位：省人力资源社会保障厅、省教育厅、省科技厅、省财政厅、省卫生计生委、省社科联）

（二）加大科研项目激励引导作用。对不同功能和资金来源的科研项目实行分类管理。省级科技计划项目在绩效评价基础上，加大对科研人员的绩效激励力度。完善科研项目资金管理制度，建立健全科技成果转移转化工作管理和报告等机制，对目标明确的应用型科研项目逐步实行合同制管理，对智库和社会科学研究机构，推行政府购买服务制度。（责任单位：省财政厅、省教育厅、省科技厅、省卫生计生委、省社科联）

（三）支持通过科技成果转化获得合理收入。支持科研人员通过技术开发、技术转让、技术咨询、技术服务等活动获得合理报酬，实现收入增长。对科技成果转移转化作出重要贡献人员给予奖励。科研机构、高校应当深化科技成果产权制度改革，积极开展职务科技成果权属混合所有制改革试点。单位依照科技成果转化有关法律法规及各项政策规定，对科技人员（团队）实施奖励的，可与成果完成人员（团队）事前约定权属比例。科技成果转移转化收入用于人员奖励部分，计入单位当年工资总额，不受总额限制，不纳入总额基数。对接受企业、其他社会组织委托的横向委托项目，允许项目承担单位和科研人员通过合同约定知识产权使用权和转化收益，探索赋予科研人员科技成果所有权或长期使用权。逐步提高稿费和版税等付酬标准，增加科研人员成果性收入。（责任单位：省人力资源社会保障厅、省教育厅、省科技厅、省财政厅、省卫生计生委、省社科联）

（四）完善体现知识价值的职称评价体系。分系列修订职称评价标准，突出创新能力评价，合理设置职称评审中论文和科研成果条件，不将论文作为评价应用型人才的限制性条件。注重考核专业技术人才履行岗位职责的工作绩效、创新成果，将科研成果取得的经济效益和社会效益作为职称评审的重要内容。取得重大基础研究和前沿技术突破、解决重大工程技术难题、在经济社会各项事业发展中作出重大贡献的专业技术人才，可直接申报评审高级职称。对引进的海内外高层次人才和急需紧缺人才，放宽资历、年限等条件限制，建立职称评审绿色通道。对长期在艰苦边远地区和基层一线工作的专业技术人才，提高履行岗位职责的实践能力、工作业绩、工作年限等权重。（责任单位：省人力资源社会保障厅、省教育厅、省科技厅、省卫生计生委）

三、扩大科研机构、高校收入分配自主权

（一）支持科研机构、高校建立符合自身特点的分配办法。强化科研机构、高校履行法人责任，按照职能定位和发展方向，制定以实际贡献为评价标准的科技创新人才收入分配激励办法，突出绩效导向，建立与岗位职责目标相统一的收入分配激励机制，合理调节教学人员、科研人员、实验设计与开发人员、辅助人员和专门从事科技成果转化人员等的收入分配关系。对从事基础性研究、农业和社会公益研究等研发周期较长人员的收入分配实行分类调节，通过优化工资结构，稳步提高基本工资收入，加大对重大科技创新成果的绩效奖励力度，建立健全后续科技成果转化收益反馈机制，使科研人员能够潜心研究。对从事应用研究和技术开发的人员，主要通过市场机制和科技成果转化业绩实现激励和奖励。对从事哲学社会科学研究的人员，以理论创新、决策咨询支撑和社会影响作为评价基本依据，形成合理的智力劳动补偿激励机制。用人单位要统筹考虑人才团队分配方案，完善科研辅助人员激励机制。科学设置考核周期，避免短期频繁考核，形成长期激励导向。（责任单位：省人力资源社会保障厅、省教育厅、省科技厅、省卫生计生委、省社科联）

（二）建立符合高校教学岗位特点的激励措施。支持高校建立符合本校办学水平和教师实际的绩效评价办法，健全以公益性为导向的绩效考核机制，把教学业绩和成果作为教师职称晋升、收入分配的重要依据。对专职从事教学的人员，适当提高基础性绩效工资在绩效工资中的比重，加大对教学型名师的岗位激励力度。对高校教师开展的教学理论研究、教学方法探索、优质教学资源开发、教学手段创新

等,在绩效工资分配中给予倾斜。(责任单位:省人力资源社会保障厅、省教育厅)

(三)落实岗位设置、人员聘用、绩效工资分配等方面自主权。完善科研人员岗位管理,用人单位根据国家有关规定,结合实际需要,合理确定岗位等级结构比例,建立各级专业技术岗位动态调整机制。支持科研机构、高校按照有关规定自主开展人员招聘和岗位聘用。科研机构、高校可设置特设岗位引进急需高层次人才,不受岗位总数、岗位等级、结构比例限制。支持科研机构、高校在核定绩效工资总量内,自主决定绩效工资结构和分配方式,可采取年薪制、协议工资、项目工资及股权、期权、分红等灵活多样的分配形式和分配办法。绩效工资分配要向关键岗位、高层次人才、业务骨干和作出突出成绩的工作人员倾斜。改进财政科研项目资金管理,下放预算调剂权限,赋予财政科研项目承担单位对间接经费的统筹使用权,加大绩效支出激励作用。合理调节单位内部岗位收入差距,除科技成果转移转化收入外,单位内部收入差距保持在合理范围。积极解决部分岗位青年科研人员和教师收入待遇低等问题。(责任单位:省编办、省教育厅、省科技厅、省财政厅、省人力资源社会保障厅、省卫生计生委)

(四)完善科研机构、高校中长期目标考核机制。结合科研机构、高校分类改革和职责定位,加强对科研机构、高校中长期目标考核,建立与考核评价结果挂钩的经费拨款制度和员工收入申报调整机制,对评价优秀的加大绩效激励力度。对符合创新绩效评价条件的省内科研机构,给予基本科研业务费,用于其自主选题开展研究、聘请研发人员等科研活动,使科研机构拥有更大科研自主权。(责任单位:省人力资源社会保障厅、省教育厅、省科技厅、省财政厅、省卫生计生委)

四、发挥科研项目资金的激励引导作用

(一)建立完善有利于知识价值分配的财政科研经费管理制度。科研机构、高校要建立健全符合自身特点的劳务费、间接经费管理方式。省级财政性资金设立的科技计划项目间接费用比例,最高可以提高到该项目直接费用扣除设备购置费的30%,取消绩效支出比例限制,绩效支出安排与科研人员在项目工作中的实际贡献挂钩,间接费用使用由项目承担单位统筹安排。简化预算编制,基础研究计划项目实行概算管理。科研院所及高校科研差旅会议费管理和科研仪器设备采购权,可根据相关管理办法和合同规定自主安排使用。劳务费不设比例限制,参与项目研究的研究生、博士后、访问学者以及项目聘用的研究人员、科研辅助人员等,均可开支劳务费,开支标准参照当地科学研究和技术服务业从业人员平均工资水平,根据其在项目研究中承担的工作任务确定,其社会保险补助纳入劳务费科目列支。(责任单位:省财政厅、省教育厅、省科技厅、省人力资源社会保障厅、省卫生计生委)

(二)自主规范横向委托项目经费管理。科研机构、高校等从事科研活动的事业单位,以市场委托或政府采购方式取得的技术开发以及技术咨询、技术服务、技术培训等横向经费收入,纳入项目承担单位财务管理,实行有别于财政拨款科研项目管理方式,由单位按照合同约定管理使用,委托方无明确要求的,按单位财务管理制度自行支配使用。技术开发、技术咨询、技术服务等活动的奖酬金提取,按照国家促进科技成果转移转化有关法律法规和我省有关实施政策执行;项目合同没有约定人员经费的,由单位自主决定。科研机构、高校应优先保证科研人员履行科研、教学等公益职能;科研人员承担横向委托项目,不得影响其履行岗位职责、完成本职工作。(责任单位:省财政厅、省教育厅、省科技厅)

(三)完善哲学社会科学研究领域项目经费管理。对符合条件的智库项目,探索采用政府购买服务制度,建立按需购买、以事定费、公开择优、合同管理的购买机制,项目资金由项目承担单位按照服务合同约定管理使用。修订我省哲学社会科学研究领域项目资金管理办法，取消劳务费比例限制，明确劳务费开支范围，加大对项目承担单位间接成本补偿和科研人员绩效激励力度。（责任单位：省社科联、省教育厅、省财政厅、省社科院）

五、加大对科研人员科技成果转化的奖励力度

（一）提高科研人员的科技成果转化收益。财政资助的科研项目所产生的科技成果转移转化收益，首先用于对科技成果完成人和为转化作出重要贡献的其他人员的奖励。对以技术转让或许可方式转化职务科技成果的，应从技术转让或许可所取得的净收入中提取不低于70%的比例用于奖励。对以职务科技成果作价投资实施转化的，应从作价投资取得的股份或出资比例中提取不低于70%的比例用于奖励。在研究开发和科技成果转化中作出主要贡献的人员，获得奖励的份额不低于奖励总额的70%。科研人员创办的科技型企业，知识产权等无形资产，最高可按70%的比例折算为技术股份。在确定科技成果转移转化净收入时，单位可以根据成果特点作出规定，也可以采用合同收入扣除维护该项科技成果、完成转化交易所产生的费用而不计算前期研发投入的方式进行核算。（责任单位：省科技厅、省教育厅、省财政厅、省人力资源社会保障厅、省卫生计生委）

（二）允许担任领导职务科研人员获得成果转化奖励。科研机构、高校正职领导和所属单位中担任法人代表的正职领导人员，原则上不获得股权激励，若在担任现职前因科技成果转化获得的股权，任职后应及时予以转让，逾期未转让的，任期内限制交易。限制股权交易的，在本人不担任上述职务一年后解除限制。其他担任领导职务的科研人员，科技成果的主要完成人或对科技成果转化作出重要贡献的，可依法获得现金、股份或出资比例等奖励和报酬。担任领导职务的科研人员科技成果转化收益分配实行公开公示制度。（责任单位：省科技厅、省教育厅、省财政厅、省人力资源社会保障厅、省卫生计生委、省委组织部）

（三）完善国有企业对科研人员的中长期激励机制。健全完善国有企业科研人员收入与科技成果、创新绩效挂钩的奖励制度，充分利用股权出售、股权奖励、股票期权、项目收益分红、岗位分红等方式激励科技人员开展科技成果转化。国有企业实施股权奖励的，奖励对象仅限于在本企业连续工作3年以上为科技成果转化作出主要贡献的人员，奖励额不超过近3年该科技成果转化税后利润累计形成的净资产增值额的20%，单个获得股权奖励的对象，必须以不低于1∶1的比例购买企业股权，且获得的股权奖励按实施时的评估价值折算，累计不超过300万元。国有企业实施岗位分红的，应按照岗位在科技成果转化中的重要性和贡献，确定不同岗位的分红标准，每次激励人数不超过企业在岗职工总数的30%，激励对象获得的岗位分红所得不高于其薪酬总额的2/3；岗位分红激励方案有效期原则上不超过3年，年度岗位分红激励总额不高于当年税后利润的15%。（责任单位：省国资委、省科技厅、省人力资源社会保障厅）

（四）落实技术入股和股权激励相关税收政策。企业或个人以技术成果投资入股到境内居民企业，被投资企业支付的对价全部为股票（权）的，企业或个人可选择继续按现行有关税收政策执行，也可选择适用递延纳税优惠政策。选择技术成果投资入股递延纳税政策的，经向主管税务机关备案，投资入股当期可暂不纳税，允许递延至转让股权时，按股权转让收入减去技术成果原值和合理税费后的差额计算缴纳所得税。非上市公司授予本公司员工的股票期权、股权期权、限制性股票和股权奖励实行递延纳税政策，员工在取得股权激励时，符合税法规定条件的，可暂不纳税，递延至转让该股权时纳税；股权转让时，按照股权转让收入减除股权取得成本以及合理税费后的差额，适用"财产转让所得"项目，按照20%的税率计算缴纳个人所得税。上市公司授予个人的股票期权、限制性股票和股权奖励，经向主管税务机关备案，个人可自股票期权行权、限制性股票解禁或取得股权奖励之日起，在不超过12个月的期限内缴纳个人所得税。鼓励科研人员创新创业，进一步促进科技成果转化。（责任单位：省国税局、省地税局、省财政厅）

六、支持科研人员和教师依法依规兼职兼薪

（一）建立健全科研人员兼职相关权利和义务制度。事业单位的科研人员在履行好岗位职责、完成本职工作的前提下，经所在单位同意，可以到企业和其他科研机构、高校、社会组织等兼职并取得合法报酬。鼓励科研人员公益性兼职，积极参与决策咨询、扶贫济困、科学普及、法律援助和学术组织等活动。科研人员在企业兼职的工作业绩可作为在原单位参加职称评审、岗位竞聘、考核等重要依据。科研机构、高校应当规定或积极地与科研人员约定兼职的权利和义务，兼职行为不得泄露本单位技术秘密、损害或侵占本单位合法权益、违反承担的社会责任。兼职取得的报酬和创业所得原则上归个人所有，不属于绩效工资范畴、不受绩效工资总量限制，个人须如实将兼职收入报单位备案，按有关规定缴纳个人所得税。担任领导职务的科研人员兼职及取酬，按省委有关规定执行。（责任单位：省人力资源社会保障厅、省教育厅、省委组织部）

（二）健全科技人员离岗创新创业激励机制。完善科研机构、高校和机关事业单位科技人员离岗创业政策，允许和鼓励其保留基本待遇到省内企业开展创新工作或离岗在青创办企业，3年内返回原单位的保留人事关系，工龄连续计算，与在岗人员同等享受职称评聘、岗位晋升、社会保险等待遇，创业所得归个人所有。（责任单位：省人力资源社会保障厅、省教育厅、省委组织部）

（三）规范高校教师从事多点教学获得合法收入。高校教师在履行好岗位职责、完成本职工作的前提下，经所在单位同意，可在其他普通高校和教育培训机构兼职开展多点教学并获得报酬，所获报酬不属于绩效工资范畴、不受绩效工资总量限制。鼓励利用网络平台等多种媒介，推动精品教材和课程等优质教学资源的社会共享，授课教师按照市场机制取得报酬。（责任单位：省教育厅、省人力资源社会保障厅）

七、强化组织实施力度

（一）加强组织领导。建立由省委组织部、省发展改革委、省经济和信息化委（省国资委）、省教育厅、省科技厅、省财政厅、省人力资源社会保障厅、省卫生计生委、省社科联等部门组成的工作协调机制。按照国家和我省改革部署要求，强化政策统筹，协同推进各项工作，确保任务落到实处。

（二）鼓励先行先试。有条件的地区和单位可结合实际情况先期开展试点，大胆探索、率先突破，及时形成可复制可推广的成功经验做法。对基层因地制宜的改革探索建立容错机制。

（三）做好宣传引导。各地区部门要做好政策宣传工作，正确引导社会舆论，确保实施工作平稳顺利进行，努力营造尊重劳动、尊重知识、尊重人才、尊重创造的良好氛围，激发科研人员创新创业积极性。

（四）加强评估考核。各地区各部门要抓紧制定以增加知识价值为导向的激励、考核和评价管理办法，建立第三方评估评价机制，规范相关激励措施，在全省形成既充满活力又规范有序的正向激励。

本意见所指的科研机构、高校、国有企业是指我省设立的科研机构、高校和国有独资企业（公司）。其他单位对知识型、技术型、创新型劳动者可参照本意见精神，结合各自实际，制定具体措施，抓好工作落实。

青海省人民政府办公厅转发省科技厅等部门关于青海省深化科技领域"放管服"改革二十条(暂行)的通知

(青政办〔2018〕155号)

各市、自治州人民政府,省政府各委、办、厅、局:

党的十八大以来,全省上下认真贯彻落实党中央、国务院和省委、省政府关于推进"放管服"改革的部署要求,群策群力,积极作为,不断完善政策体系和激励机制,出台了一系列科技领域"放管服"改革举措,减少了审批事项,激发了服务意识,提升了办事效率。为进一步贯彻落实省委、省政府"放管服"改革工作要求,深入推动我省科技领域"放管服"改革,省科技厅会同省发展改革委、省经济和信息化委、省教育厅、省财政厅、省国土资源厅、省交通运输厅、省水利厅、省农牧厅、省文化新闻出版厅、省卫生计生委等11部门,围绕解决制约科技创新的体制机制障碍、优化科研项目经费管理、建立完善科研管理机制、强化科研人员自主权等重点,联合制定了《青海省深化科技领域"放管服"改革二十条(暂行)》,并经省政府专题会议研究审议通过。

现将《青海省深化科技领域"放管服"改革二十条(暂行)》转发给你们,请认真组织实施,抓好贯彻落实。

青海省人民政府办公厅
2018年10月31日

青海省深化科技领域"放管服"改革二十条(暂行)

根据国务院和省委省政府关于推进科技领域"放管服"改革的部署及要求,为深化科技体制机制改革,进一步激发创新活力,调动科研人员积极性,全力推动实施"一优两高"战略部署,建设创新型省份,结合我省实际,提出如下改革举措。

一、项目申报

(一)放宽科研项目申报有关条件。

1. 改革项目申报时限。在省科技厅门户网站、青海日报等媒体定期发布项目指南,全年开放管理系统受理项目申报,建立项目储备库,每季度末集中办理项目出库。

2. 拓宽项目申报渠道。企业可通过单位注册地所在市(州)科技管理部门申报项目,省级以上产业园区企业可由所在园区管委会直接推荐申报科技项目。高新技术企业、省级科技型企业及培育企业在向主管部门、园区管委会备案后可直接申报。

3. 放宽项目申报人员职称条件。中小企业、市(州)及其以下单位具有相应中级职称的科研人员,由2名相关领域高级职称科研人员推荐即可申报重点研发与成果转化类科研项目。

4.调整科研项目资金配套要求。调整项目经费组成结构及科研项目资金配套比例。项目经费由专项经费和自筹科研经费组成，鼓励项目申报单位配套科研经费实施科研项目。企业申报项目时申请资助的专项经费与自筹科研经费比例不低于1∶1；事业单位申报的公益性科研项目不要求自筹科研经费配套。

5.放宽项目限项要求。项目申报人同期主持或参与项目数不超过3项，主持项目数不超过2项（同一计划类别同期只能主持1项）。重点实验室、工程技术研究中心、临床医学研究中心、大型科研仪器补助以及科技基础条件能力建设不计入限项范围。

6.减少科技查新要求。除申报自然科学基金和应用基础研究计划需提供科技查新报告外，其余计划无需提供查新报告。

（二）简化项目申报环节。

1.推行"材料一次报送"制度。凡在申报项目注册时已提交青海省科技管理信息系统的相关基础资料，不再要求重复提供。基本信息发生变更的需及时修改并上传印证资料。

2.不再要求提供"申报单位近一年的科研投入情况报告。申报单位为企业的，须提供企业享受研发费用加计扣除政策的税务部门备案凭证或证明文件，作为科研实际投入的验证"等资料。

3.联合申报项目的单位，不再要求提供前期合作证明。

二、项目评审立项

（三）完善科研项目评审体系。根据科技计划类别特点，制定科学合理的项目评分指标体系。既体现项目科学性、可行性、创新性的总体评价，又体现项目对我省产业技术进步、优势学科发展、创新能力建设的提升作用。

（四）扩展后补助项目支持方式。注重结果导向，对于实施单位根据市场需求和自身发展需要，先行投入资金组织开展的研发活动，符合全省产业政策和科技创新发展规划，取得相关领域的关键技术、核心技术，并形成销售，属于本单位原创成果，研发记录完备，在国家和省级科技计划项目中没有得到经费支持的研发成果，经申请并由省科技厅、省财政厅履行规定程序，可给予相应的专项经费支持。

三、项目（经费）管理及验收

（五）减少各类检查、评估。对自由探索类基础研究一般不作过程检查，对其他科研项目由每年年度检查改为每年在科技项目管理信息系统中提交年度进展报告进行备案，省科技厅、省财政厅或行业主管部门采取"双随机、一公开"检查方式，提高检查效率，对重大、重点项目进行必要的抽查。

（六）简化科研项目预算编制。简化科研项目预算编制要求，精简说明和报表。项目直接费用中除设备费外，其他费用只提供基本测算说明，不提供明细，设备购置不需提供详细设备型号清单，仅需列明设备名称。提倡采用财务助理制度，鼓励科研项目通过购买财会等专业服务，其费用可列入项目专项经费。基础研究计划项目实行概算管理。

（七）改革财务验收和技术验收方式。对于自然科学基金、应用基础研究项目，在验收时由承担单位提交决算表备案，不再组织专家进行财务验收。对于其他省级科技计划项目，项目验收不再以通过财务验收为前置条件，将财务验收和技术验收合并为期末一次性综合验收。

（八）简化财务验收手续。项目承担单位可自主选择具有省级科技经费审计资质的第三方中介机构进行财务审计，对出具的项目财务审计报告或结论，省科技厅直接使用，不再进行财务验收。

科研经费 100 万元以下（含 100 万元）的项目验收不要求提供财务审计报告。

（九）建立重结果、重绩效的评价体系。实行科研项目绩效分类评价。基础研究突出原创导向，以同行评议为主；社会公益性研究突出需求导向，以行业用户和社会评价为主；应用技术开发和成果转化评价突出企业主体、市场导向，以用户评价、第三方评价和市场绩效为主。

（十）建立科研容错免责机制。对已履行科研尽责义务但因不可抗力或科研不确定性未能实现预期研究目标的承担单位和项目负责人予以免责，且合理合规的已支出资金不予追缴。

四、赋予科研人员和项目承担单位更大科研自主权

（十一）赋予科研人员更大技术路线决策权。科研项目除主持人以外的参与人员、协作单位调整，审批权限下放到项目承担单位。项目负责人在研究方向不变和不降低研究指标的前提下，可自主调整研究方案和技术路线。项目直接费用除设备费外，其他费用调剂权下放至项目承担单位。项目承担单位应完善管理制度，及时为科研人员办理调剂手续。

（十二）简化科研仪器设备采购流程。对高校、科研院所科研急需的专业设备、试验材料、耗材，按相关规定特事特办，不进行招投标程序，可自行采购科研项目仪器设备，自行选择仪器设备评审专家，并要做好设备采购的监督管理，做到全程公开透明、可追溯。

（十三）扩大基本科研业务费使用自主权。允许科研机构提取不超过 20% 基本科研业务费作为奖励经费，其使用范围和标准由科研机构在绩效工资总量内自主决定，在单位内部公示。

（十四）扩大转制科研院所科技发展补助费使用自主权。科技发展补助费由各转制科研院所自主安排使用，支持转制科研院所自主选题开展科研工作，进行科技合作与交流，加强团队建设和人才培养，促进科技成果转移转化，提升转制科研院所的创新能力。

（十五）赋予科研人员职务科技成果所有权或长期使用权。除有前期约定的科技成果外，利用财政资金形成的科技成果，承担单位按照权利与责任对等、贡献与回报匹配的原则，赋予科研人员所有权或长期使用权。具体办法由职务科技成果所在单位自行制定。

五、营造创新环境

（十六）强化科研诚信建设。推进科研活动全流程诚信管理，在科技计划项目、科研经费使用、科技奖励等工作中推行科研诚信承诺制度，对科研不端行为零容忍，完善调查核实、公开公示、惩戒处理等制度。建设完备的失信行为记录信息系统，对严重失信行为责任主体实行"一票否决"，一定期限、一定范围内禁止其获得政府奖励和申报政府科技项目等。推进科研信用与其他社会领域诚信信息共享，实施联合惩戒。

（十七）加大对高端创新人才及团队的稳定支持。依托省自然科学基金面上项目、创新团队项目及重点实验室等专项，加大对高端创新人才及团队的培养和支持力度。对基础性、长期性工作，由项目支持改变为对创新团队进行支持，每年进行绩效评价，根据绩效评价结果决定下一步是否继续支持。同时将绩效评价结果与科研人员诚信进行挂钩。

（十八）增强主动服务意识。建立省科技厅与市（州）政府、行业主管部门会商制度，及时了解和掌握社会各界的科技需求。围绕科技发展战略和经济社会发展目标，加强与企业、高等院校、科研院所的工作对接，研究解决阶段性重大关键技术。在各市（州）、高新区、工业园区、农业科技园区定期开展科技政策解读和科技项目申报、知识产权管理培训。推进企业与高等院校、科研院所协同创新。

（十九）优化公共服务功能。进一步优化、规范行政审批和相关服务事项的行为，依托省政府

行政服务大厅窗口和科技管理信息系统的联网对接，完善科技项目申报、技术合同认定登记、重点实验室认定、工程技术研究中心认定、科技型企业认定和高新技术企业认定等公共服务事项的受理和办理，努力实现科研人员办事"最多跑一次"。

（二十）提升科研协调监管能力。加强政府部门、科研单位、第三方管理机构等各类主体之间的相互配合和协同联动，强化科研管理统筹协调。加强政策解读和宣传引导，加大对科研单位干部教育培训，提升科研管理水平。把廉政建设和执纪监督贯穿科研管理全过程，为科研活动保驾护航。

本办法自2018年11月29日执行，现行规定与本通知不一致的，按本通知规定执行。

青海省科学技术厅关于印发《青海省省级科技计划科研诚信管理办法》的通知

(青科发政〔2019〕98号)

各有关单位：

为加强青海省科研诚信体系建设，增强省级科技计划项目相关责任主体的诚信意识，建立良好的科技创新环境氛围，规范省级科技计划管理工作，根据中办、国办《关于进一步加强科研诚信建设的若干意见》（厅字〔2018〕23号）精神，我们制定了《青海省省级科技计划科研诚信管理办法》，现印发给你们，请遵照执行。

2019年10月12日

青海省省级科技计划科研诚信管理办法

第一章 总则

第一条 为加强科研诚信体系建设，增强省级科技计划项目相关责任主体的诚信意识，建立良好的科技创新环境氛围，规范省级科技计划管理工作，根据《中共中央办公厅 国务院办公厅印发〈关于进一步加强科研诚信建设的若干意见〉》（厅字〔2018〕23号）等相关文件精神，结合我省实际制定本办法。

第二条 本办法适用于承担（参与）青海省省级科技计划项目（课题）、专项及享受财政科技经费奖励、补助（以下简称"科技计划任务"）的相关责任主体。相关责任主体包括科技计划任务的负责人、参与人员、评审评估咨询专家等自然人，以及承担单位、合作单位、第三方项目管理服务机构、第三方评价专业机构等科技计划相关的法人和机构，其中负责人、参与人员、承担单位、合作单位作为科技计划承担者，评审评估咨询专家、第三方项目管理服务机构、第三方评价专业机构作为科技计划评价者。

第三条 科研诚信管理是指省科技厅对相关责任主体在项目指南、立项评审、过程管理、结题验收和监督评估等科技计划全过程遵守承诺、履行约定义务、遵守科技界公认行为准则的客观记录和公正评价，并据此对各类责任主体进行守信激励、失信惩戒等相关工作。

第四条 科研诚信管理工作应在保护科技创新积极性和相关责任主体合法权益的基础上，实行科技计划责任主体信用承诺制度，遵循客观公正、科学合理，鼓励创新、宽容失败，标准统一、分级分类，强化监督、奖惩并举的原则。

第二章 主要内容

第五条 对科技计划承担者的诚信管理工作主要包括以下内容：

（一）立项管理。对承担者遵守项目申报有关规定、履行有关承诺、保证申报内容真实性和有效性等行为中的诚信状况,以及项目立项评审中的诚信状况进行记录和评价。

(二)实施管理。对承担者组织实施项目、日常管理、年度进展报告、科研经费使用情况等行为中的诚信状况进行记录和评价。

(三)验收管理。对承担者的工作及科技报告、合同指标完成、项目经费决算、经济和社会效益,以及其他项目验收工作中的诚信状况进行记录和评价。

第六条 对科技计划评价者的诚信管理工作主要包括:对评价者在参与科技项目评价服务中是否公平、公正、合规的诚信状况进行记录和评价。

第七条 对相关责任主体的诚信记录内容包括基本信息、诚信行为和作出处理时间。基本信息指相关责任主体法人单位的统一社会信用代码或自然人身份证信息以及与科技计划任务相关的信息,如所参与科技计划任务的类型、名称、主要职责和工作内容等。诚信行为指相关责任主体的诚信和失信行为记录。作出处理时间是指本次诚信记录决定作出的时间和移出失信名单时间。

第三章 诚信与失信行为

第八条 诚信行为的内容包括:

(一)承担者、评价者从科技计划项目立项、实施到验收的全过程遵守有关规定,执行合同,如期较好完成科技计划任务,履行相关承诺的行为。

(二)承担者在执行科技计划项目过程中获得与之相关的科技奖励,以及对我省经济、社会发展做出重大贡献等客观事实。

第九条 失信行为的内容包括:一般失信行为、严重失信行为。

(一)一般失信行为主要包括:

1. 承担者违反科技计划项目管理规定,未按规定签订项目合同书,未按项目合同书要求报送项目执行情况、资金到位及使用情况、年度报告等。

2. 科技计划项目因承担者存在以下情况之一的:自身原因被终止、无正当理由未能完成项目考核指标、无正当理由未能通过项目验收、逾期3个月未提交验收申请材料、无正当理由拒不按合同书约定保障自筹资金到位;包庇、纵容相关人员严重失信行为、未按规定报批即自行调整项目合同约定内容造成一定影响的行为等。

3. 评价者违反回避原则,泄露相关信息,影响科技项目公开公正评审的行为。

4. 由于承担者管理不力、监管不严、不作为、不尽责等造成不良后果的行为。

5. 不配合科技管理部门工作的行为。

6. 其他未按规定履行职责并造成一定不良影响的行为。

(二)严重失信行为主要包括:

1. 承担者提供虚假资料或隐蔽真实信息,未按要求进行科技计划任务验收等活动,经费未按规定开支、违反财务相关规定以及除不可抗因素项目进度严重滞后等其他未按规定执行的行为。

2. 由于承担者管理不力、监管不严、不作为、不尽责等造成严重不良后果的行为。

3. 评价者未按要求进行科技计划任务评价并提供评审结论,违反科技计划管理规定、职业道德、保密原则、行为准则和服务协议或未遵循回避原则等行为。

4. 责任主体提供资料不真实,违反相关科技活动行为准则的行为。包括抄袭、剽窃他人成果,捏造、篡改、虚报数据、材料等信息。

5.责任主体违反科技计划管理工作规定的行为。包括出具违反客观事实的项目评审、评价、审查意见，瞒报或谎报重大事项、恶意串通，未经批准擅自调整科技项目合同内容，以及违反相关法律法规等。

6.其他违法违纪，并造成严重不良影响的行为。

第四章　诚信分级分类

第十条　实行诚信评级分类管理，诚信评价等级分为优秀（90~100分）、良好（80~89分）、正常（70~79分）、一般失信（60~69分）、严重失信（59分及以下）五个级别。当同一责任主体作为承担者和评价者的诚信等级评级不同时，在承担科技任务时，按照二者中较低诚信等级评级对待。

第十一条　各责任主体默认信用分数为80分，法人、机构、自然人发生失信行为时单独计算；发生一次一般失信行为的扣3~10分，由科技计划项目主管处室会同科研诚信主管处室进行核定；发生严重失信行为的直接扣至59分及以下，由省科技厅厅务会审定后将评价结果信息推送全国信用信息共享平台（青海）并在"信用中国（青海）"网站及科技部科研诚信平台公示；非严重失信行为责任主体连续3年未发生失信行为的加5分，不累计加分；非严重失信行为责任主体连续5年无失信行为的加10分，可累计加分。

第五章　激励与处罚

第十二条　承担者相关诚信评价等级管理如下：

（一）诚信评价等级为优秀的，省科技厅在凝练重大科技专项及重点科技项目，以及组织申报国家科技计划项目时同等条件下予以优先立项和推荐。项目结余资金按规定在一定期限内由项目承担单位统筹安排用于科研活动的直接支出。对成功申报国家重点（重大）科研项目的，给予一定额度的省级财政经费配套。

（二）诚信评价等级为良好的，在省级科技计划项目申报、立项、管理和组织申报国家科研项目时同等条件下予以优先。项目结余资金按规定在一定期限内由项目承担单位统筹安排用于科研活动的直接支出。

（三）诚信评价等级为正常的，可以承担及参与省级科技计划项目。

（四）诚信评价等级为一般失信的，采取约谈问责、警告；在一定范围内通报批评；中止项目，并责令限期改正；终止项目，收缴剩余项目经费，追缴已拨付项目经费。责任主体为自然人的，自诚信评级生效起两年内不得承担（参与）科技计划任务相关工作。责任主体为法人的，自诚信评级生效起一年内不得承担（参与）科技计划任务相关工作。

（五）诚信评价等级为严重失信的，责任主体自诚信评级生效起终身不得参与科技计划任务相关工作。若在承担科技计划任务期间，则直接终止承担科技计划任务，全部资金按原渠道退回。责任主体为法人的，对以依托法人单位建设的重点实验室、工程技术研究中心等各类创新平台进行摘牌处理。

第十三条　评价者相关诚信评价等级管理如下：

（一）诚信评价等级为优秀的，首选参评各类科技计划任务。

（二）诚信评价等级为良好的，优先参评各类科技计划任务资格。

（三）诚信评价等级为正常的，具有参评各类科技计划任务的资格。

（四）诚信评价等级为一般失信的，取消其三年内参评各类科技计划任务的资格。并在其恢复资格后，对其再次参与科技计划任务进行科研诚信重点监督。

（五）诚信评价等级为严重失信的，自诚信评级生效起终身不得参与科技计划任务相关工作。

第十四条 除第十二条及第十三条规定的情况外，每发生一般失信行为1次，由科技计划管理处室会同科研诚信主管处室做出书面整改或禁止申报（参评）下一年度省级各类科技计划的处理。

第六章 信用监督与管理

第十五条 相关责任主体应配合省科技厅进行信用信息征集、记录、调查、告知及维护等工作。

第十六条 失信行为记录由科技管理部门，及其授权的项目管理专业机构、监督和评估机构使用，严格执行信息发布、查询、获取和修改的权限。

失信行为记录应及时向责任主体通报，对于责任主体为自然人的还应向其所在单位通报。对行为恶劣、影响较大的严重失信行为按程序向社会公布。

第十七条 省科技厅依据相关责任主体的正式承诺、相关管理办法及科技界公认的行为准则，在科技计划的立项、实施、验收、绩效考评等各个阶段，利用立项过程中的论证和评审、实施过程中的相关检查、验收过程中的专家验收意见，以及随时受理举报信息等管理手段，及时发现、调查、确认和客观记录承担者的科研诚信状况。

第十八条 省科技厅依托青海省科技管理信息系统公共服务平台建设"青海省科研诚信管理系统"，对相关责任主体的诚信记录和诚信评级进行信息化管理，并根据需要进行相关责任主体诚信信息查询。实现与全国信用信息共享平台（青海）及科技部科研诚信平台互联互通。

第十九条 任何单位和个人均有权监督和报告相关责任主体的诚信状况，并可通过实名或匿名方式向省科技厅举报。相关责任主体应协助省科技厅进行诚信调查、记录及维护管理工作。

第二十条 省科技厅协同相关部门通过"双公示"等措施，对科技计划任务承担者及评价者的诚信情况建立守信联合激励和失信联合惩戒的机制。

第二十一条 建立科研诚信"红黑名单"制度，并将认定的"红黑名单"信息归集至全国信用信息平台（青海），通过"信用中国（青海）"网站向社会公示。

"红名单"制度：获得国家科技进步奖以及省级科技进步奖一等奖、重大贡献奖的完成人和在省级科研诚信等级评定中，被评为科研诚信优秀的责任主体，列入守信"红名单"，纳入守信联合激励序列。凡列入守信"红名单"的各类责任主体，发生失信行为的应移出守信"红名单"。凡被省科技厅及其他部门依法依规列入守信"红名单"的责任主体，在推荐国家科技项目、申报省本级科技计划项目、参与科技评估评审咨询活动、承担科技管理服务事项、评奖评优等方面，在同等条件下优先扶持。

"黑名单"制度：在省级科研诚信等级评定中，不论是承担者或评价者被评为科研诚信严重失信的责任主体，均列入失信"黑名单"，纳入失信联合惩戒序列。凡被省科技厅及其他部门依法依规列入黑名单的单位，一律不得参与科技计划任务相关工作。

第二十二条 相关责任主体诚信记录长期有效，省科技厅对相关责任主体的诚信评级按年度进行维护更新。失信行为记录及时向责任主体通报，对于责任主体为自然人的，要同时向其所在单位通报。

第二十三条 相关责任主体在诚信调查和确认阶段对其诚信记录具有申辩权,对已确认的诚信记录内容有异议的,可根据有关规定按相关程序进行申诉。省科技厅在自收到异议申请之日起15日内予以回复复核结果并说明理由。

第七章 附则

第二十四条 本办法自2019年12月1日起施行。有效期至2024年11月30日,除国家有关法律法规对国家科研项目相关责任主体所涉及的严重失信行为另有规定的,依照其规定执行外,其他与本办法规定不一致的,按本办法相关规定执行。

中共青海省委办公厅　青海省人民政府办公厅印发《青海省关于优化科技创新体系提升科技创新供给能力的若干政策措施》的通知

(青办字〔2020〕76号)

各市州委和人民政府，省委各部委，省直各机关单位，各人民团体：

《青海省关于优化科技创新体系提升科技创新供给能力的若干政策措施》已经省委省政府领导同志同意，现印发给你们，请认真贯彻执行。

中共青海省委办公厅
青海省人民政府办公厅
2020年6月23日

青海省关于优化科技创新体系提升科技创新供给能力的若干政策措施

为全面落实中央关于科技体制改革的部署，深入贯彻省委省政府印发的《青海省贯彻国家创新驱动发展战略纲要实施方案》要求，推动科技体制机制改革向纵深发展，进一步释放创新创造活力，加快促进科技成果转化，努力破解发展短板，构建举全省之力的科技创新体系，为实施"一优两高"战略、统筹"五个示范省"建设、强化"四种经济形态"引领提供强有力的科技支撑，特制定如下政策措施。

一、强化企业技术创新主体地位

（一）大力培育创新型企业。进一步健全国有企业科技创新经营业绩考核制度。对工业和科研等科技进步要求高的企业，提高科技创新投入在经营业绩考核中的权重，在计算企业负责人经营业绩考核相关指标时，将研发投入视同利润予以加回。（责任单位：省国资委，省工业和信息化厅。第一责任单位为牵头单位，其他单位按职责分工分别负责，下同）对新认定的高新技术企业奖励10万元，对高新技术企业中认定为"省级科技小巨人"的企业，再奖励90万元，采取更加积极的扶持政策支持高新技术企业、科技型企业，在创新风险补偿、人才引进培养、土地供应、要素保障等方面予以倾斜。引进、培育一批创新竞争能力强的高新技术企业，努力打造创新型领军企业。（责任单位：省科技厅，省发展改革委、省工业和信息化厅、省财政厅）

（二）鼓励企业加大研发投入。对高新技术企业和科技型企业按照当年研发费用加计扣除免税额的10%给予最高不超过200万元奖补。鼓励企业引进国内外先进适用技术增强核心竞争力，对引进技术落地转化效果显著的企业，择优按转移转化项目研发总投入的20%，给予不高于企业三年累计缴税总额，最高200万元的财政资金补助，所需补助资金按行政隶属由省和市（州）根据财政事权8∶2比例承担。企业申请科技计划项目时，上年度研发经费支出应达到所申请财政资金1倍以上。（责任单位：省科技厅，省财政厅、国家税务总局青海省税务局，各市州政府）对主导制定或修订国家标准的企业,给予50万元一次性奖励;主导制定或修订国际标准的,给予100万元一次性奖励。(责任单位:省工业和信息化厅,省发展改革委、省科技厅、省财政厅)企业新购进的设备、器具,符合相关政策规定的,允许一次性计入当期成本费用在计算应纳税所得额时扣除,不再分年度计算折旧。(责任单位:国家税务总局青海省税务局,省科技厅)

(三)多元化支持企业技术创新。支持企业主导建立科技创新平台和新型研发机构,开展共性关键技术攻关和成果转移转化,由企业先行投入,财政根据绩效给予后补助、奖励等支持。鼓励企业与高等院校、科研机构、科研人员以多种形式建立长期稳定的合作关系,促进大中小企业和各类主体融通创新。深入实施科技创新券制度,扩大创新券规模,按照高新技术企业和科技型企业每年度累计发放不超过20万元、注册成立不满3年的创新创业企业和团队每年度累计发放不超过5万元标准的科技创新券,用于鼓励企业向高校、科研机构和创新载体购买技术创新服务。加大对重大创新产品、服务和关键核心技术首购、订购的支持力度,对暂不具备市场竞争力,但符合重点产业发展方向、首次投向市场的科技成果转化产品推行首购和订购制,对我省采购方按照成交金额的10%给予补助,最高补助200万元。对世界500强、中国500强、中国民营500强企业在青海建立的独立法人研发机构或创新平台,分别给予500万元、400万元、300万元一次性科研经费奖励。(责任单位:省科技厅,省发展改革委、省工业和信息化厅、省财政厅)

二、完善科技成果转移转化体系

(四)支持技术转移服务机构发展。对在省内注册设立,服务我省产业发展的技术转移服务机构,按服务技术交易和科技成果转化年营业收入20%,择优给予技术转移机构最高不超过100万元的工作经费补助。支持国内外高校、科研机构和技术转移服务机构与市(州)政府或相关县(市、区、行委)、园区共建服务机构,服务青海产业发展,按共建机构技术转移营业收入的20%,给予合作伙伴最高不超过50万元的奖励。(责任单位:省科技厅,省教育厅、省财政厅)

(五)吸引科技成果转化服务平台落地。鼓励国内外科技成果转化平台落地青海,对促成不低于3项科技成果在省内转化的科技成果转化平台,年度技术交易额度在1000万元(含)以内的,给予1.5%的补助;1000万元以上的部分,给予1%的补助,每个平台每年最高补助100万元。(责任单位:省科技厅,省财政厅、省市场监管局)

(六)鼓励支持各类技术成果交易转化。根据技术合同交易实际到位金额或有关股权折算金额,对科技成果来源于省内高校、科研机构并在省内转化的项目,分别给予成果出让方和成果受让方各20%的财政资金补助,每个项目最高补助100万元;对科技成果来源于省外并落地成功转化的,给予成果受让方20%的财政资金补助,每项最高补助100万元。(责任单位:省科技厅,省财政厅)

(七)落实科技成果转化收益税收优惠。依法批准设立的非营利性研究开发机构和高等学校从职务科技成果转化收入中给予科技人员的现金奖励,减按50%计入科技人员当月"工资、薪金所得"依法缴纳个人所得税。高校、非营利科研机构对科技成果转化收入进行现金奖励的,可在取得科技成果转化收入之日起一定时期内分期兑现,最长不超过3年。(责任单位:国家税务总局青海省税务局,省科技厅、省教育厅、省财政厅)

三、建设高水平创新人才队伍

(八)加强创新型人才培养和引进。建立健全以科研诚信为基础,以创新能力、质量、贡献、绩效为导向的科技人才评价体系。对从我省申报入选为两院院士的,对其团队给予一次性科研经费补助1000万元;对从我省申报入选国家级科研创新人才的,对其团队给予100~300万元科研经费补助。(责任单位:省科技厅,省人才办、省财政厅、省人力资源社会保障厅)依据全省人才政策,对于符合条件的博士研究生、硕士研究生分别给予一次性40万元和10万元税后特殊支持(安家费)。(责任单位:省人才办,省科技厅、省工业和信息化厅、省财政厅、省人力资源社会保障厅)深入实施青海省"高端创新人才千人计划",每年培养引进200名左右高端人才、30个左右高端创新创业团队。坚持自主培养与引进并举,用好省内优秀人才,每年培养引进1000名35岁以下青年人才和急需紧缺青年专门人才。(责任单位:省人才办,省科技厅、省工业和信息化厅、省财政厅)对设立的博士后科研流动站、工作站,省财政一次性给予30万元建站经费支持。(责任单位:省人力资源社会保障厅,省人才办、省财政厅)

(九)畅通科技人才合理流动渠道。定期举办面向全国的产学研合作人才项目洽谈会,为企业与高校、科研机构等进行产学研合作打通渠道,搭建平台,促进跨区域、跨行业、跨专业的人才合作与交流。(责任单位:省人才办,省委组织部、省发展改革委、省教育厅、省科技厅、省工业和信息化厅、省人力资源社会保障厅)支持高校、科研机构各类科技人才通过挂职、离岗创业、"周末工程师""假日专家""候鸟式专家"等方式,围绕企业技术需求开展服务,并获得相关收益,也可带科研项目和成果离岗创业。(责任单位:省人才办,省教育厅、省科技厅、省工业和信息化厅、省人力资源社会保障厅)加大柔性引才力度,支持省外高层次人才与我省的高校、科研机构、企业进行合作交流,签订合作协议的,允许其经合作单位同意后,以项目负责人的身份申报我省的科研项目。(责任单位:省人才办,省科技厅、省人力资源社会保障厅)允许高校、科研机构设立5%的流动岗位,采取年薪制、协议工资制、项目工资等灵活多样形式聘用高层次或紧缺人才。(责任单位:省人力资源社会保障厅,省人才办、省教育厅、省科技厅、省财政厅)在高校、科研机构、国有控股企业探索建立符合行业特点的工资制度,对关键创新岗位、承担国家任务做出突出贡献的科研人员、高层次人才、创新团队和优秀青年人才进行倾斜。(责任单位:省人力资源社会保障厅,省人才办、省教育厅、省科技厅、省国资委、省财政厅)

四、构建区域协同创新体系

(十)优化区域创新发展布局。聚焦创新型省份建设目标,注重发挥各地区比较优势,充分发挥创新型城市引领作用、创新型县(市)示范作用、科技园区集聚作用、重点科创企业龙头作用、科研机构和人才支撑作用、科技计划项目载体作用,打造区域科技创新高地。(责任单位:各市州政府,省科技厅、省工业和信息化厅)对新获批的国家高新区、国家创新型城市、国家可持续发展议程创新示范区、农业高新技术产业开发区,根据创新绩效情况给予一次性500万元奖励性后补助;对新获批的国家创新型县(市)、国家农业科技园,根据创新绩效情况给予一次性100万元奖励性后补助。(责任单位:省科技厅,省财政厅,各市州政府)强化区域创新开放合作,设立科技援青专项,全面加强省市对口支援和科技援青工作,广泛开展创新协作,联合攻克一批产业关键核心技术,并依托对口援青平台,将科技金融援青纳入科技援青范畴。深度融入"一带一路"战略,加大与沿线国家及地区开展全方位合作,支持特色优势产业向境外拓展。(责任单位:省科技厅,省发展改革委、省财政厅、省地方金融监管局)

(十一)打造高新技术产业创新高地。支持"一区多园"建设,做大做强国家高新区和省级高新区。对国家年度综合评估排名较历史最好位次前进5位以上的国家高新区和我省评估排名第一的在建省级高新区,在重点研发计划项目、创新团队、创新载体等方面,分别给予1000万元和500万元以上的省级科技专项经费组合支持。(责任单位:省科技厅,省财政厅)

五、提升科技创新治理能力

（十二）深化科技管理体制改革。改革科研组织管理和项目形成机制，除采取公开竞争的方式外，还可采用定向组织、并行支持、悬赏揭榜、全国招标等新型科研组织模式，确定项目承担单位。优先保障重大科技项目用地，新增的非营利性科技项目用地计划指标由省有关部门统筹解决。简化科研项目过程管理，减少项目实施周期内的各类评估、检查、抽查、审计等活动，对同一项目同一年度的监督、检查、评估等结果互通互认，避免重复多头检查。强化项目验收绩效评价，建立以项目创新质量和贡献为导向的绩效评价体系，构建高质量的项目研发导向，提升项目层次和质量。对重点领域优秀团队开展分期稳定支持试点，并在预算绩效管理方面，弱化年度绩效目标考核，重点对一期稳定支持结束后开展整体绩效评估。完善省财政科研项目资金管理办法，制定科研项目经费"包干制"试点管理办法，直接费用中除设备费外，其他科目费用调剂权全部下放给项目承担单位，对劳务费不设比例限制，参与项目的研究生、博士后、访问学者及聘用的研究人员、科研辅助人员等均可参照当地科学研究和技术服务业从业人员平均工资水平，根据其在项目研究中承担的工作任务确定劳务费，其社会保险补助纳入劳务费科目列支。加大省级财政科技专项资金机动财力，建立省级科技计划项目应急启动机制，对重大科技应急需求当年立项并拨付资金，对引进省外优秀科研团队做到科研启动经费即时拨付，支持面向全国开展关键和共性技术全年招标。（责任单位：省科技厅，省发展改革委、省财政厅、省自然资源厅）

（十三）进一步扩大高校、科研机构自主权。推动高校、科研机构完善章程管理，高校、科研机构按规定自主拟定岗位设置方案，自主聘用人员，聘用结果报同级行业主管部门和事业单位人事综合管理部门备案。（责任单位：省委组织部，省委编办、省教育厅、省科技厅、省人力资源社会保障厅）合理扩大高校、科研机构科研基建项目自主权，缩短审批周期，将利用自有资金、不申请政府投资的科研基建项目由审批制改为备案制。（责任单位：省发展改革委，省教育厅、省科技厅、省财政厅）高校、科研机构自主制订横向项目经费管理办法，可作为评估、检查、审计等依据，实行有别于财政科研经费的分类管理方式；横向项目结余经费70%以上可用于奖励项目组成员，横向项目给予科技人员的报酬和奖励支出在核定的单位绩效工资总量外单列。高校、科研机构通过招投标或购买服务获取的财政性规划类、专题调研类、科技服务与管理类项目，可按横向项目管理。（责任单位：省财政厅，省教育厅、省科技厅、省人力资源社会保障厅）开展探索赋予科研人员职务科技成果所有权或长期使用权试点工作，高校、科研机构以市场委托方式取得的横向项目，可约定其成果权属归科技人员所有；对利用财政资金形成的新增职务科技成果，高校、科研机构可按照有利于提高成果转化效率的原则，与科技人员共同申请知识产权，赋予科技人员成果所有权。（责任单位：省科技厅，省教育厅、省财政厅、省市场监管局）

（十四）建立诚信与容错并举的监督机制。加快建立职责明确、高效协同的科研诚信管理体系，加强作风和学风建设，强化科研人员的科研诚信和科研伦理教育。生命科学、医学、人工智能等前沿领域和对社会、环境具有潜在威胁的科研活动，应当在立项前实行科研伦理承诺制。（责任单位：省科技厅，省发展改革委、省教育厅、省人力资源社会保障厅、省卫生健康委）建立容错机制，对在推进创新驱动发展因地制宜的改革探索中，出现一些偏差失误的，只要不违反党的纪律和国家法律法规，勤勉尽责、未谋私利，能够及时纠错改正的，不作负面评价，免除相关责任或从轻减轻处理；对已履行科研职责，但因不可抗力或科研不确定性未能实现预期研究目标的承担单位和负责人予以免责，合理合规的已支出资金不予追缴，在全社会形成既充满活力又规范有序的正向激励。（责

任单位：省科技厅，省教育厅、省财政厅、省人力资源社会保障厅）

六、营造良好科技创新生态

（十五）健全创新考核评价体系。进一步强化市（州）和县级科技行政管理机构的工作职能，将全社会研发（R&D）经费支出占地区生产总值比重、技术合同交易额等创新驱动成效指标纳入目标考核范围。加大政府财政科技投入，确保财政科技投入只增不减，引导全社会不断加大科技投入。支持地方和单位结合科技创新工作实际，因地制宜、差异化制定实施创新驱动发展的相关政策文件和系列配套政策，开展先行先试，率先实现突破。（责任单位：省委组织部，省科技厅、省财政厅、省统计局）

（十六）加强科技创新平台建设。大力支持创建国家级科技创新平台，对新认定的省部共建或企业国家重点实验室、国家技术创新中心、国家临床医学研究中心、国家野外科学观测研究站，建设期内给予每年200万元的建设与运行经费支持，支持期限不超过5年。探索"科研飞地"模式，鼓励、引导和支持各类科技研发机构主动对接国内外高端创新资源、知名科学家、海外高层次人才创新创业团队等，建立一批布局合理、特色突出、形式多样、运作灵活的新型研发机构，对经评估命名为省级新型研发机构的，一次性给予100万元奖补。进一步推动各类创新平台向社会开放，加快大型实验装置、科学仪器、数据资源、文献和专利信息等科技基础服务平台共建共享，对服务制度健全、提供服务量大、用户评价高、综合效益突出的供给方，按其上年度实际服务的创新券总额的30%给予奖励补助，同一供给方每年最高补助50万元，用于服务人员绩效奖励和服务能力提升等。（责任单位：省科技厅，省发展改革委、省教育厅、省工业和信息化厅、省财政厅）

（十七）提升创新创业服务能力。支持"双创"示范基地、孵化器等发展，鼓励大学生创新创业，全面落实创业孵化基地奖补政策，对于业绩突出的众创空间（星创天地）和孵化器给予最高100万元的奖励。（责任单位：省科技厅，省财政厅）自2019年1月1日至2021年12月31日，对国家级、省级科技企业孵化器、大学科技园和国家备案众创空间自用以及无偿或通过出租等方式提供给在孵对象使用的房产、土地，免征房产税和城镇土地使用税；对其向在孵对象提供孵化服务取得的收入，免征增值税。（责任单位：国家税务总局青海省税务局，省教育厅、省科技厅、省财政厅）鼓励科技人员领办创办企业进行成果转化，离岗创业人员依法继续在人事关系所在单位参加社会保险，享受相应待遇。（责任单位：省人力资源社会保障厅，省教育厅、省科技厅、省财政厅）

（十八）推动科技金融业务模式创新。鼓励金融机构开展科技信贷特色服务，创新外部投贷联动服务模式，加大对科技型中小企业的信贷支持力度，落实创业担保贷款贴息政策，对符合条件的，财政按规定给予贴息。对省内金融机构为科技型小微企业发放贷款形成的损失或开展融资担保业务形成的担保代偿损失，符合规定的给予一定比例的风险补偿，帮助民营科技型中小企业解决融资难、融资贵问题。发挥科技创新基金引导作用，积极吸引和支持天使投资机构、创业投资机构及头部私募基金管理公司投资在我省科创专板挂牌的企业或开展业务合作，联合设立各类创业投资子基金，精准投资科技成果转化项目。（责任单位：省科技厅，省财政厅、省市场监管局、省地方金融监管局、青海银保监局、人行西宁中心支行）公司制创业投资企业采取股权投资方式直接投资于种子期、初创期科技型企业满2年的，可以按照投资额的70%在股权持有满2年的当年抵扣该公司制创业投资企业的应纳税所得额；当年不足抵扣的，可在以后纳税年度结转抵扣。（责任单位：国家税务总局青海省税务局，省科技厅、省财政厅）

本措施自发布之日起施行，原有相关规定与此不一致的，以本措施为准。

第三十八章　宁夏回族自治区科研项目和资金管理法规政策

关于调整宁夏回族自治区科技项目经费管理办法若干规定的通知

[宁财（教）发〔2014〕377号]

自治区各有关厅局、高等院校、科研机构，各市、县（区）财政局、科技局，有关单位：

根据《财政部、科技部关于调整国家科技计划和公益性行业科研专项经费管理办法若干规定的通知》、《财政部科技部关于调整国家科技计划和公益性行业科研专项经费管理办法若干规定的通知》（财教〔2011〕〔2011〕434号）、《国务院关于改进加强中央财政科研项目和资金管理的若干意见》（国发〔2014〕〔2014〕11号）和《自治区党委人民政府关于加快推进科技创新的若干意见》（宁党发〔2013〕〔2013〕37号）有关要求，针对科技经费执行过程中存在需要进一步明确和解决的问题，加强自治区科技支撑计划、应用技术研究、科技惠民等公益性行业科研专项项目和科技计划课题（以下统称课题）经费管理和使用，现将有关事项通知如下：

一、调整课题经费开支范围

为适应科研活动规律的需要，落实财政科学化、精细化管理要求，建立课题间接成本补偿机制，将课题经费分为直接费用和间接费用。

（一）直接费用是指在课题研究开发过程中发生的与之直接相关的费用，主要包括设备费、材料费、测试化验加工费、燃料动力费、差旅费、会议费、国际合作与交流费、出版/文献/信息传播/知识产权事务费、劳务费、专家咨询费和其他支出等。

其中，劳务费是指课题研究开发过程中支付给课题组成员中没有工资性收入的相关人员（指参加项目研究但在所在单位和所在岗位没有工资收入的人员，如在校研究生）和课题组临时聘用人员的劳务性费用。劳务费应当结合当地实际以及相关人员参与项目的全时工作时间等因素合理支出。

专家咨询费是指在课题研究开发过程中支付给临时聘请的咨询专家的费用。专家咨询费不得支付给参与课题管理相关的工作人员。

以会议形式组织的咨询，专家咨询费的开支一般参照院士（知名专家）1000元/人天、高级专业技术职称人员500~800元/人天、其他专业技术人员300~500元/人天的标准执行。会期超过两天的，第三天及以后的咨询费标准参照高级专业技术职称人员300~400元/人天、其他专业技术人员200~300元/人天执行。

以通讯形式组织的咨询，专家咨询费的开支一般参照高级专业技术职称人员 60~100 元／人次、其他专业技术人员 50~80 元／人次的标准执行。

（二）间接费用是指承担课题任务的单位在组织实施课题过程中发生的无法在直接费用中列支的相关费用。主要包括承担课题任务的单位为课题研究提供的现有仪器设备及房屋，水、电、气、暖消耗，有关管理费用的补助支出，以及绩效支出等。其中，绩效支出是指承担课题任务的单位为提高科研工作绩效安排的相关支出。

间接费用使用分段超额累退比例法计算并实行总额控制，按照不超过课题经费中直接费用扣除设备购置费后的一定比例核定，具体比例为：50 万元及以下部分不超过 15%；超过 50 万元至 100 万元的部分不超过 13%；超过 100 万元的部分不超过 10%。

间接费用中绩效支出不超过直接费用扣除设备购置费后的 5%。

间接费用按课题统一核定，由课题承担单位和课题合作单位根据各自承担的研究任务和经费额度，协商提出分配方案，在课题预算（书）中明确，并分别纳入各自单位财务统一管理，统筹安排使用。其中绩效支出，应当在对科研工作进行绩效考核的基础上，结合科研人员实绩，由所在单位根据国家有关规定统筹安排。课题承担单位和课题合作单位不得在核定的间接费用以外再以任何名义在课题经费中重复提取、列支相关费用。

二、规范预算编制和评估评审要求

课题申请单位应当在认真学习理解对应专项经费管理暂行办法和本通知的基础上，根据课题研究开发任务特点和实际需要，按照政策相符性、目标相关性和经济合理性的原则，科学、合理、真实地编制课题经费预算。课题直接费用各项支出不得简单按比例编列。其中，劳务费预算没有比例限制，课题申请单位应当结合单位实际和相关人员参与课题的全时工作时间，科学合理、实事求是地编制，并严格按照经费管理办法规定的开支范围使用；专家咨询费预算应当按照规定的标准据实编制；设备费预算编制中应严格控制设备购置，鼓励共享。试制、租赁专用仪器设备以及对现有仪器设备进行升级改造，确有必要购买的，单位应当对拟购置设备的必要性、现有同样设备的利用情况以及购置设备的开放共享方案等进行单独说明。

课题经费预算评审采取合并式评审和分离式评审两种方式，一般 100 万元以下项目采取合并式评审，100 万元以上重大项目采取分离式评审。合并式评审是指项目可行性论证与经费预算合并进行评审，原则上要求评审专家组中有 1~2 名财务专家。分离式评审是指项目可行性论证与经费预算评审分开进行的评审方式。预算评审在项目可行性论证确定立项后，组织相关专家对经费预算单独进行评审，原则上要求评审专家组由 3 名财务专家、1 名管理专家和 1~2 名参加过项目可行性论证的技术专家组成。单独实行经费预算评审的项目，根据经费预算评审意见和建议，确定项目的预算安排意见。

三、加强资金拨付和结存结余经费的管理

自治区科技厅、相关主管部门根据部门预算管理规定，提前组织课题立项等相关工作，按照部门预算编报的时间要求及时将预算安排建议报送财政厅，提高年初预算到位率。财政厅审核并通过部门预算下达课题经费预算。相关部门和项目牵头单位要结合项目实施进度，及时拨付项目资金。课题承担单位应根据课题年度实施的实际需要申请预算，本着勤俭节约的原则合理安排支出，最大限度地减少资金的结存结余，提高课题年度预算执行效率。课题结存结余经费的管理按照相关经费管理暂行办法执行。

四、规范预算调整程序

（一）课题预算总额调整，课题承担单位变更应当报财政厅批复，科技厅备案。

（二）相关自治区科技计划课题总预算不变，课题合作单位之间以及增加或减少课题合作单位的预算调整，应当按原申报程序报科技厅批准。

（三）课题总预算不变的情况下，直接费用中材料费、测试化验加工费、燃料动力费、出版/文献/信息传播/知识产权事务费、其他支出预算如需调整，课题组和课题负责人根据实施过程中科研活动的实际需要提出申请，由课题承担单位审批，科技厅或相关主管部门在中期财务检查或财务验收时予以确认。设备费、会议费、差旅费、国际合作与交流费、劳务费、专家咨询费预算一般不予调增，如需调减可按上述程序调剂用于课题其他方面支出。会议费、差旅费、国际合作与交流费三项支出间可以调剂使用，但不得突破三项支出预算总额。间接费用不得调整。

五、强化课题承担单位和课题合作单位的职责

（一）课题承担单位是课题经费使用和管理的责任主体，应当建立健全经费管理制度，完善内部控制和监督制约机制，严格课题预算调整审批程序，按时提出财务验收申请，配合做好财务审计、财务验收等工作，及时按规定办理财务结账手续，并采取有效措施切实保障科研、财务、行政等管理部门对课题实施的全面支撑，积极推动本单位现有仪器设备等科研条件对课题的开放共享。课题承担单位和课题合作单位应当严格执行国家关于政府采购、招投标、资产管理等规定。行政事业单位使用课题经费形成的固定资产属于国有资产，一般由单位进行使用和管理，国家有权进行调配。企业使用课题经费形成的固定资产，按照《企业财务通则》等相关规章制度执行。

（二）课题承担单位应当及时按预算核拨课题合作单位经费，并加强对外拨经费的监督管理。课题承担单位和课题合作单位不得层层转拨、变相转拨经费。

（三）课题承担单位和课题合作单位应当按照国家有关规定，强化间接费用的管理，制定具体的管理办法。遵循公开、公平、公正的原则，合理统筹安排绩效支出，提升科研人员工作绩效水平。

（四）课题承担单位必须对课题经费和自筹经费分别单独核算，专款专用，自觉接受有关监督检查。

六、加强项目资金监管和监督检查

（一）加大科研项目资金监管力度。自治区财政厅、科技厅及相关主管部门按照相应专项资金管理办法对课题经费通过专项审计、中期财务检查、财务验收、绩效评价等多种方式实施监督检查，严肃处理各类违法违规使用经费的行为，按规定采取通报批评、暂停项目拨款、终止项目执行、追回已拨项目资金、取消项目承担者一定期限内项目申报资格等措施，涉及违法的移交司法机关处理，切实维护财经法规的严肃性。

（二）规范科研项目资金使用行为。科研人员和项目承担单位要依法依规使用项目资金，不得擅自调整外拨资金，不得利用虚假票据套取资金，不得通过编造虚假合同、虚构人员名单等方式虚假冒领劳务费和专家咨询费，不得通过虚构测试化验内容、提高测试化验支出标准等方式违规开支测试化验加工费，不得随意调账变动支出、随意修改记账凭证、以表代账应付财务审计和检查。项目承担单位要建立健全科研和财务管理等相结合的内部控制制度，规范项目资金管理，在职责范围内及时审批项目预算调整事项。对于从财政以外渠道获得的项目资金，按照国家有关财务会计制度规定以及相关资金提供方的具体要求管理和使用。

（三）改进科研项目资金结算方式。科研院所、高等学校等事业单位承担项目所发生的会议费、差旅费、小额材料费和测试化验加工费等，具备"公务卡"结算条件的要按规定执行；企业承担的项目，上述支出也应当采用非现金方式结算。项目承担单位对设备费、大宗材料费和测试化验加工费、劳务费、专家咨询费等支出，原则上应当通过银行转账的方式结算。

（四）建立健全信用管理机制。自治区科技厅、相关主管部门对课题承担单位和课题合作单位、课题负责人等科研人员、中介机构和咨询专家在经费管理使用、评估评审方面的信誉度进行评价和记录，建立"黑名单"制度，将严重不良信用记录者列入"黑名单"，阶段性或永久性取消其申报项目或参与项目的资格。

（五）积极推进信息公开。自治区科技厅、相关主管部门应当及时对非涉密课题预算安排情况进行公示，接受社会监督；逐步探索建立课题绩效情况公示制度。课题承担单位应当逐步建立课题信息公开制度，在单位内部对课题组人员构成、课题设备购置、预算调整、外拨经费、间接费用使用情况等进行公示。

本通知自发布之日起施行。各有关部门和单位要按照本通知和相应经费管理办法的要求，加强专项经费管理，切实提高经费使用效益。执行中若有问题，请及时函告自治区财政厅、科技厅。财政厅、科技厅将针对本通知及有关科技经费管理政策实施情况，选择有代表性的单位，进行跟踪、指导和推动政策落实，总结、评估政策实施效果。

（宁夏财政厅 科学技术厅 2014 年 4 月 16 日印发）

宁夏回族自治区财政科研项目和资金管理办法

(宁政办发〔2015〕8号)

第一章 总则

第一条 为提高自治区财政科研项目和资金管理的科学化、规范化、精细化水平,改进加强自治区财政科研项目和资金管理,增强科技对经济社会发展的支撑引领作用,推进实施创新驱动战略,根据《国务院关于改进加强中央财政科研项目和资金管理的若干意见》(国发〔2014〕11号),结合我区实际,制定本办法。

第二条 遵循科学研究、技术创新和成果转化规律,坚持改革创新、公正公开、科学规范、高效透明的原则,加强管理创新,提高科研项目和资金管理水平,充分发挥财政科技投入的引导激励作用和市场配置各类创新要素的导向作用。

第三条 加强宏观统筹,优化整合自治区各部门管理的科技计划(专项、基金等),加快建立适应科技创新规律、职责清晰、科学规范、监管有力的科研项目和资金管理机制,使科研项目和资金配置更加聚焦全区经济社会发展重大需求。

第二章 统筹协调科研项目和资金配置

第四条 建立健全统筹协调和决策机制。科技行政主管部门会同有关部门充分发挥科技工作重大问题会商与沟通机制的作用,按照国民经济和社会发展规划的部署,加强科技发展优先领域、重点任务、重大项目等方面的统筹协调,形成年度科技计划(专项、基金等)重点工作安排和部门分工。财政部门要加强科技预算安排统筹,做好各类科技计划(专项、基金等)年度预算方案的综合平衡。

第五条 优化整合各类科技计划资金。自治区财政部门按照资金渠道不变,捆绑使用的原则,对定位不清、重复交叉、实施效果不好的科技计划(专项、基金等)资金,通过撤、并、转等方式进行必要的调整和优化,统筹安排,整合使用。自治区财政科技投入增量部分主要用于R&D,由自治区科技行政主管部门统筹安排。

第六条 科技计划(专项、基金等)的设立应根据自治区发展战略需求和科技发展需要,明确各自功能定位、目标任务。建立各类科技计划(专项、基金等)的绩效评估、动态调整和终止机制。各项目主管部门要按照各自职责,科学组织安排科研项目,提升项目层次和质量,合理控制项目数量。

第七条 建立统一的科技管理信息系统。自治区科技行政主管部门、财政部门会同有关部门按照国家统一的数据结构、接口标准和信息安全规范,建立财政科研项目数据库,建成统一的自治区科技管理信息系统,并向社会开放服务。

第三章 分类管理科研项目

第八条 基础及前沿科研项目要突出创新导向,充分尊重专家意见,通过同行评议、公开择优的方式确定研究任务和承担者。引导支持企业增加基础科研投入,与高等学校、科研院所联合开展应用基础研究,推动应用基础研究与产业发展的紧密结合。突出人才培养,强化对优秀人才和团队的支持，加大对青年科研人员的支持力度，营造"鼓励探索、宽容失败"的创新环境。

第九条 公益性科研项目要聚焦重大需求，重点解决制约公益性行业发展的重大科技问题，强化需求导向和应用导向，提高项目的系统性、针对性和实用性。项目采取征集需求，专家评审，择优选择的方式确定。项目主管部门要充分发挥组织协调作用，及时解决项目实施中存在的问题，保证项目成果服务社会公益事业发展。加强对基础数据、基础标准、种质资源等工作的稳定支持，为科研提供基础性支撑。

第十条 市场导向类项目重点突出企业主体，明晰政府与市场的边界，充分发挥市场对技术研发方向、路线选择、要素价格、各类创新要素配置的导向作用，政府主要通过制定政策、营造环境，引导企业成为技术创新决策、投入、组织和成果转化的主体。对于政府支持企业开展的产业重大共性关键技术研究等公共科技活动，在立项时要加强对企业资质、研发能力的审核，鼓励产学研协同攻关。对于政府引导企业开展的科研项目，主要由企业提出需求、先行投入和组织研发，政府采用"后补助"及间接投入等方式给予支持，形成主要由市场决定技术创新项目和资金分配、评价成果的机制以及企业主导项目实施的机制，补助标准按照《自治区党委人民政府关于加快推进科技创新的若干意见》（宁党发〔2013〕37号）文件和自治区"后补助"管理办法的相关规定执行。

第十一条 重大项目要突出自治区战略目标导向，重点解决我区经济转型和特色优势产业发展中的重大关键技术问题。项目设定要有明确的目标、关键节点和考核指标。采取定向择优方式遴选承担单位，必要时进行公开招标，鼓励产学研协同创新。强化承担单位主体责任，探索实行项目专员制，完善项目监理制，加强项目实施全过程的管理和节点目标考核，保证项目目标的实现。

第四章 科研项目管理流程

第十二条 建立项目指南制定和发布机制。项目主管部门要结合科技计划（专项、基金等）的特点，针对不同项目类别和要求编制项目指南，每年固定时间予以发布。项目指南编制要扩大参与范围，在发布前应广泛征求有关科研单位、企业、相关部门、地方、协会、学会等方面意见，建立由各方参与的论证机制，充分体现经济社会发展需求。要通过多种方式扩大项目指南知晓范围，鼓励符合条件的科研人员申报项目。自指南发布日到项目申报受理截止日，原则上不少于50天，以保证科研人员有充足时间申报项目。

第十三条 规范项目立项。项目申请单位应认真组织项目申报，根据科研工作实际需要选择项目合作单位。企业科技创新后补助项目实行科技行政主管部门备案制；稳定支持科技专项，由自治区科技部门会同财政部门组织专家审定。项目主管部门要完善公平竞争的项目遴选机制，通过公开择优、定向择优等方式确定项目承担者；要规范立项审查行为，健全立项管理的内部控制制度，对项目申请者及其合作方的资质、科研能力等进行重点审核，加强项目查重，避免一题多报或重复资助，杜绝项目打包和"拉郎配"。

第十四条 明示项目审批流程。评审结果应及时向申报单位反馈，从受理项目申请到反馈立项结果原则上不超过120个工作日。推行网络评审和视频答辩评审，留存评审录音录像资料，明示审批流程，规范项目评审行为，提高项目评审质量，使立项过程"可申诉、可查询、可追溯"。

第十五条 加强项目过程管理。项目承担单位负责项目实施的具体管理。项目主管部门应健全服务机制，积极协调解决项目实施中出现的新情况新问题，针对不同科研项目管理特点组织开展检查或抽查。对项目实施不力的要加强督导，对存在违规行为的要责成项目承担单位限期整改，对问题严重的要暂停项目实施。

第十六条 加强项目验收和结题审查。项目完成后，项目承担单位应当及时做好总结，编制项目决算，按时提交验收或结题申请。无特殊原因未按时提出验收或结题申请的，按不通过验收或结题处理。项目主管部门应当及时组织开展验收或结题审查，严把验收和审查质量。根据不同类型项目，可以采取同行评议、第三方评估、用户测评等方式，依据项目任务书组织验收，将项目验收结果纳入科技报告。

第五章 科研项目资金管理

第十七条 规范项目预算编制。项目申请单位应当按照规定科学合理、实事求是地编制项目预算，并对仪器设备购置、合作单位资质及拟外拨资金进行重点说明。相关部门要改进预算编制方法，完善预算编制指南和评估评审工作细则，健全预算评估评审的沟通反馈机制。评估评审工作的重点是项目预算的目标相关性、政策相符性、经济合理性，在评估评审中不得简单按比例核减预算。

第十八条 完善预算评审制度。项目经费预算评审采取合并式评审和分离式评审两种方式，对100万元以下的项目，采取项目可行性论证与经费预算合并式评审方式；对100万元及以上的重大项目，采取在项目可行性论证确定立项后，单独组织专家进行预算评审的分离式评审方式，预算评审不得简单按比例核减预算。

第十九条 及时拨付项目资金。项目主管部门要合理控制项目和预算评估评审时间，加强项目立项和预算下达的衔接，及时批复项目和预算。各级财政部门应当及时、足额拨付专项资金，不得滞留、截留和挪用。相关部门和单位要按照财政国库管理制度相关规定，结合项目实施和资金使用进度，及时合规办理资金支付。探索实行部门预算批复前项目资金预拨制度，保证科研任务顺利实施。对于有明确目标的重大项目，按照关键节点任务完成情况进行拨款。

第二十条 科研专项资金支出范围为科研项目实施过程中发生的直接费用和间接费用。

直接费用是指在项目研究开发过程中发生的与之直接相关的费用，主要包括设备费、材料费、测试化验加工费、燃料动力费、差旅费、国际合作与交流费、出版/文献/信息/传播/知识产权事务费、劳务费、专家咨询费和其他支出等。各类科技计划（专项、基金等）的支出科目和标准原则上应保持一致。将项目临时聘用人员的社会保险补助纳入劳务费科目中列支；严格控制会议费、差旅费、国际合作与交流费，项目实施中发生的三项支出可以调剂使用，但不能突破三项支出预算总额。

间接费用是指项目承担单位在组织实施项目过程中发生的无法在直接费用中列支的相关费用。主要包括为项目科研提供的现有仪器设备及房屋，水、电、气、暖消耗，有关管理费用的补助支出及绩效支出等。间接费用按项目统一核定，由项目承担单位和合作单位根据各自承担的任务和经费额度，协商提出分配方案，并分别纳入单位财务统一管理。项目承担单位应当建立健全间接费用的内部管理办法，合规合理使用间接费用，结合一线科研人员实际贡献公开公正安排绩效支出，充分发挥绩效支出的激励作用。项目承担单位不得在核定的间接费用或管理费用以外，再以任何名义在项目资金中重复提取、列支相关费用。

第二十一条 加强项目结转结余资金管理。项目在研期间，年度剩余资金可以结转下一年度继续使用。项目按时完成任务目标并通过验收，且承担单位信用评价好的，项目结余资金按规定在两年内由单位统筹安排用于科研活动的直接支出，并将使用情况报项目主管部门；未通过验收和整改后通过验收的项目，或承担单位信用评价差的，结余资金按原渠道收回。

第二十二条 完善单位预算管理办法。财政部门按照核定收支、定额或者定项补助、超支不补、结转和结余按规定使用的原则，合理安排科研院所和高等学校等事业单位预算。科研院所和高等学校等事业单位要按照国家和自治区规定合理安排人员经费和公用经费，保障单位正常运转。

第六章 科研项目和资金监管

第二十三条 规范科研项目资金使用行为。项目承担单位要建立健全科研和财务管理等相结合的内部控制制度，规范项目资金管理，在职责范围内及时审批项目预算调整事项。科研人员和项目承担单位要依法依规使用项目资金，不得擅自调整外拨资金，不得利用虚假票据套取资金，不得通过编造虚构人员名单等方式虚假冒领劳务费和专家咨询费，不得通过虚构测试化验内容、提高测试化验支出标准等方式违规开支测试化验加工费，不得随意调账变动支出、随意修改记账凭证、以表代账应付财务审计和检查。对于从财政以外渠道获得的项目资金，按照国家有关财务会计制度规定以及相关资金提供方的具体要求管理和使用。

第二十四条 改进科研项目资金结算方式。科研院所、高等学校等事业单位承担项目所发生的会议费、差旅费、小额材料费和测试化验加工费等，要按规定实行"公务卡"结算；企业承担的项目，上述支出也应当采用非现金方式结算。项目承担单位对设备费、大宗材料费和测试化验加工费、劳务费、专家咨询费等支出，原则上应当通过银行转账的方式结算。

第二十五条 建立健全信用管理机制。建立覆盖指南编制、项目申请、评估评审、立项、执行、验收全过程的科研信用记录制度。项目主管部门委托专业机构对项目承担单位、项目负责人等科研人员、中介机构和评审专家在经费管理使用、评估评审方面的信誉度进行评价和记录，作为今后参加自治区科技计划专项申请和评估评审等活动的重要依据。项目主管部门应共享信用评价信息，建立"黑名单"制度，将严重不良信用记录者记入"黑名单"，阶段性或永久取消其申请自治区（中央）财政资助项目或参与项目评审的资格。

第二十六条 加大对违规行为的惩处力度。建立覆盖项目决策、管理、实施主体的逐级考核问责机制。财政、科技等相关部门要按照相应的职责分工，加强科研项目和资金监管工作，通过专项审计、中期财务检查、财务验收、绩效评价等多种方式实施监督检查，严肃处理各违法违规使用经费的行为，按规定采取通报批评、暂停项目拨款、终止项目执行、追回已拨项目资金、取消项目承担者一定期限内项目申报资格等措施，涉及违法的移交司法机关处理，并将有关结果向社会公开。建立责任倒查制度，倒查项目主管部门及其相关人员的履职尽责和廉洁自律情况，确实存在问题的依法依规严肃处理。

第七章 制度建设和管理责任

第二十七条 完善激发创新创造活力的相关制度和政策。完善科研人员收入分配政策，健全与岗位职责、工作业绩、实际贡献紧密联系的分配激励机制。健全科技人才流动机制，鼓励科研院所、高等学校与企业创新人才双向交流。加强知识产权运用和保护，落实激励科技创新的税收政策，推进科技评价和奖励制度改革，充分调动项目承担单位和科研人员的积极性、创造性。

第二十八条 健全信息公开制度。除涉密及法律法规另有规定外，项目主管部门应当按规定将项目立项、验收结果、资金安排以及绩效评价等情况向社会公开，接受社会监督。项目承担单位要将项目立项、主要研究人员、经费使用、大型仪器设备购置以及项目研究成果信息向单位内部公开，接受内部监督。

第二十九条 建立科技报告制度。科技行政主管部门要会同有关部门按照国家科技报告的标准和规范，建立科技报告共享服务平台。对财政资金支持的科研项目，项目承担者必须按规定提交科技报告，科技报告提交和共享情况作为后续支持的重要依据。

第三十条 改进专家遴选制度。建立专家数据库，实行评估评审专家轮换、调整机制和回避制度。规范评审专家行为，强化专家自律，接受同行质询和社会监督，提高项目评审质量。项目评估评审应当以同行专家为主，吸收区外高水平专家参与，评估评审专家中一线科研人员比例应达到75%左右。

第三十一条 加强科研项目绩效评价。建立贯穿预算编制、执行、监督的预算绩效管理体系，专项资金实施全过程绩效管理；进一步完善绩效评价指标，建立科技计划整体评价框架，对科研资金投入产生的经济效益、社会效益和环境效益等方面进行全面综合的定量考核和评价。绩效评价结果作为财政科研项目和资金支持的重要依据。

第三十二条 强化项目承担单位法人责任。项目承担单位是项目经费使用和管理的责任主体，要切实履行在项目申报、组织实施、资金使用和项目验收等方面的管理职责。采取有效措施切实保障科研、财务、行政等管理部门对科研项目实施的全面支撑，积极推动本单位现有仪器设备等科研条件对项目的开放共享。建立内部监督机制，严肃处理本单位出现的违规违纪行为。科研人员要弘扬科学精神，恪守科研诚信，强化责任意识，严格遵守科研项目和资金管理的各项规定，自觉接受有关方面的监督。

第三十三条 强化相关部门管理和服务责任。科技行政主管部门要会同有关部门制定科技工作重大问题会商与沟通的工作规则；项目主管部门和财政部门要制定或修订各类科技计划（专项、基金等）管理制度。各有关部门要建立健全本部门内部控制和监管体系，加强对所属单位科研项目和资金管理内部制度的审查；督促指导项目承担单位和科研人员依法合规开展科研活动，做好经常性的政策宣传、培训和科研项目实施中的服务工作。

第八章 附则

第三十四条 本办法2015年3月1日起施行。此前相关规定与本办法相抵触的，以本办法为准。

（宁夏回族自治区人民政府办公厅2015年1月23日印发）

关于深化自治区财政科技计划（专项、基金等）管理改革方案

(宁政发〔2016〕15号)

为贯彻落实党中央、国务院决策部署，加快实施创新驱动发展战略，按照深化科技体制改革、财税体制改革的总体要求和《国务院关于改进加强中央财政科研项目和资金管理的若干意见》（国发〔2014〕11号）、《国务院印发关于深化中央财政科技计划（专项、基金等）管理改革方案的通知》（国发〔2014〕64号）精神，结合我区实际，制定本方案。

一、总体目标和基本原则

（一）总体目标。

强化顶层设计，打破条块分割，改革管理体制，统筹科技资源，加强部门功能性分工，建立公开统一的自治区科技管理平台，构建总体布局合理、功能定位清晰、符合宁夏实际的科技计划（专项、基金等）体系，建立目标明确和绩效导向的管理制度，形成职责规范、科学高效、公开透明的组织管理机制，更加聚焦自治区发展战略，更加符合科技创新规律，更加高效配置科技资源，更加强化科技与经济紧密结合，最大限度激发科研人员创新热情，充分发挥科技计划（专项、基金等）在促进经济社会发展中的战略支撑作用。

（二）基本原则。

转变职能，强化监管。政府各部门要简政放权，主要负责科技发展战略、规划、政策、布局、评估、监管，对自治区各类财政科技计划（专项、基金等）实行统一管理，建立统一的评估监督体系，加强事中、事后的监督检查和责任倒查。各部门不再直接管理具体项目，充分发挥专家和专业机构在科技计划（专项、基金等）具体项目管理中的作用。

围绕重点，科学布局。围绕自治区经济社会发展重大战略需求，优化自治区财政科技计划（专项、基金等）布局，完善项目形成机制，优化资源配置，以需求为导向，分类指导，超前部署，瞄准突破口和主攻方向，加大财政投入，建立围绕重大任务推动科技创新的新机制。

聚焦需求，服务发展。加强科技与经济在规划、政策等方面的相互衔接。科技计划（专项、基金等）要围绕产业链部署创新链，围绕创新链完善资金链，统筹衔接基础研究、应用开发、成果转化、产业发展等各环节工作，更加主动有效地服务于经济结构调整和提质增效升级，促进科技与经济深度融合。

政府引导，市场推动。政府重点支持市场不能有效配置资源的基础研究、社会公益、重大共性关键技术研究等公共科技活动，积极营造激励创新的环境，解决好"越位"和"缺位"问题。充分发挥好市场配置技术创新资源的决定性作用和企业技术创新的主体作用，突出成果导向，以税收优惠、政府采购等普惠性政策和引导性为主的方式支持企业技术创新和科技成果转化活动。

公开透明，高效规范。自治区科技计划（专项、基金等）项目全部纳入统一的宁夏科技管理信息系统和宁夏科技报告系统，加强项目实施全过程的信息公开和痕迹管理。除涉密项目外，所

有信息向社会公开，接受公众监督。营造遵循科学规律、鼓励探索、宽容失败的创新氛围。

二、建立公开统一的自治区科技管理平台

（一）建立部门联席会议制度。

建立由自治区科技厅总牵头，自治区发展改革委、经济和信息化委、财政厅、农牧厅等相关部门参加的科技计划（专项、基金等）管理部门联席会议（以下简称联席会议）制度，制定议事规则，负责审议科技发展战略规划、科技计划（专项、基金等）的布局与设置、重点任务、战略咨询与综合评审委员会的组成、专业机构的遴选择优等事项。在此基础上，自治区财政厅按照预算管理的有关规定，统筹配置科技计划（专项、基金等）预算。各相关部门按照职能分工，分别牵头做好产业和行业政策、规划、标准与科研工作的衔接，充分发挥在提出基础研究、社会公益、重大共性关键技术需求，以及任务组织实施和科技成果转化推广应用中的积极作用。科技发展战略规划、科技计划（专项、基金等）布局和重点专项设置等重大事项，每年向自治区科技教育体制改革工作领导小组报告，经审议后，按程序报自治区人民政府，特别重大事项报自治区党委。

（二）依托专业机构管理项目。

将现有具备条件的科研管理类事业单位等改造成规范化的项目管理专业机构，由专业机构通过统一的宁夏科技管理信息系统受理各方面提出的项目申请，按照规范程序组织立项、评审、过程管理和结题验收等，对实现任务目标负责。加快制定专业机构管理制度和标准，明确规定专业机构应当具备相关科技领域的项目管理能力，建立完善的法人治理结构，设立理事会、监事会，制定章程。按照联席会议确定的任务，由自治区科技厅与专业机构签订委托合同，接受委托，开展工作，并对联席会议负责。加强对专业机构的监督、评价和动态调整，确保其按照委托协议的要求和相关制度的规定进行项目管理工作。项目评审专家应从自治区科技项目评审专家库中选取，重大项目论证评审应邀请国家级专家参与指导。鼓励具备条件的社会化科技服务机构参与竞争，推进专业机构的市场化和社会化。

（三）发挥战略咨询与综合评审委员会的作用。

战略咨询与综合评审委员会由科技界、产业界和经济界的高层次专家组成，对科技发展战略规划、科技计划（专项、基金等）布局、重点专项设置和任务分解等提出咨询意见，为联席会议提供决策参考；对制定项目评审规则、建设自治区科技项目评审专家库、规范专业机构的项目评审等工作，提出意见和建议；接受联席会议委托，对特别重大的科技项目组织开展评审。战略咨询与综合评审委员会要与学术咨询机构、协会、学会等开展有效合作，不断提高咨询意见的质量。

（四）建立统一的评估和监管机制。

自治区科技厅、财政厅要对科技计划（专项、基金等）的实施绩效、战略咨询与综合评审委员会和专业机构的履职尽责情况等统一组织评估评价和监督检查，完善科研信用体系建设和"黑名单"制度，建立责任倒查机制。对科技计划（专项、基金等）的绩效评估通过公开竞争等方式择优委托第三方机构开展，评估结果作为自治区财政予以支持的重要依据。各有关部门要加强对所属单位承担科技计划（专项、基金等）任务和资金使用情况的日常管理和监督。要建立健全科研成果评价监督制度，强化责任，加强对财政科技资金管理使用的审计监督，对发现的违法违规行为要坚决予以查处，查处结果向社会公开，发挥警示教育作用。

（五）建立动态调整机制。

自治区科技厅、财政厅要根据绩效评估和监督检查结果以及相关部门的建议，提出科技计划（专项、基金等）动态调整意见。完成预期目标或达到设定时限的，应当自动终止；确有必要延续实施的，或新设立科技计划（专项、基金等）以及重点专项的，由自治区科技厅、财政厅会同有关部门组织论证，提出建议，意见、建议经联席会议审议后按程序报批。

（六）完善宁夏科技管理信息系统。

自治区科技厅牵头负责建立全区统一的科技管理信息系统和科技报告系统，通过统一的信息系统，对科技计划（专项、基金等）的需求征集、指南发布、项目申报、立项和预算安排、监督检查、结题验收等全过程进行信息管理。科技管理信息系统平台向联席会议成员单位开放，实施项目信息共享，并主动向社会公开非涉密信息，接受公众监督。分散在各相关部门、尚未纳入科技管理信息系统的项目信息要尽快纳入，已结题的项目要及时纳入统一的科技报告系统。未按规定提交并纳入的，不得申请中央和自治区财政资助的科技计划（专项、基金等）项目。

三、整合优化现有科技计划（专项、基金等）

根据全区经济社会发展需求、政府科技管理职能和科技创新规律，将自治区有关部门管理的科技计划（专项、基金等），通过撤、并、转等方式，优化整合为4四类科技计划（专项、基金等），大幅减少科技计划（专项、基金等）数量。

（一）基础研究计划（自然科学基金）。

坚持以应用基础研究为重点，加大对宁夏自然科学基金的投入力度，鼓励自主创新和自由探索，加强青年科技创新人才培养，支持科技人才队伍建设，进一步增强源头创新能力。

（二）重点研发计划。

结合自治区经济社会发展的重大科技需求，针对科技发展优先领域和重大社会公益性研究，统筹加强跨部门、跨行业开展协同创新和集成攻关，为经济社会发展的主要领域提供持续性支撑和引领。重点研发计划分为重大专项（重大项目）、重点项目和一般项目3种类型。重大专项主要针对自治区经济社会发展重大战略任务，聚焦重大战略产品和重大产业化目标，开展集成式协同攻关，不断突破瓶颈制约，提升产业核心竞争力。重点项目以攻克重大共性关键技术和产品为目标，开展新技术、新工艺、新品种、新产品的研究开发和技术引进，推动产业技术升级和民生科技进步。一般项目侧重先进适用性技术的开发和示范，培育壮大地方特色优势产业，开展软科学研究，提升科技服务和辐射带动能力。

将自治区有关部门管理的科技富民强县、农业科技园区、科学技术普及规划论证费、科技惠民、科技支撑计划、对外科技交流与合作、农业特色优势产业新品种选育、科技创新先导资金等专项进行整合归并，形成自治区重点研发计划，凝练形成若干目标明确、边界清晰的重点项目，开展从重大共性关键技术到应用示范的全链条创新设计，一体化组织实施。

（三）技术创新引导计划。

根据企业技术创新活动不同阶段的需求，通过后补助、风险补偿等方式，发挥财政资金的杠杆作用，运用市场机制引导支持企业开展自主创新活动，促进科技成果转移转化和产业化，加快特色产业基地建设，推动产业结构调整、扩大产业规模。

将自治区有关部门管理的科技成果转化、科技金融、科技型中小企业技术创新资金、企业科技创新后补助等专项，整合归并为自治区技术创新引导计划，使专项资金功能定位更加明确，避免交叉重复、低效使用。企业科技创新后补助专项主要用于落实企业科技创新后补助政策，促进企业提升自主创新能力；其他资金用于引导和支持部门、行业的重大科技成果转移转化，通过市场机制引导社会资金和金融资本进入技术创新领域，形成风险补偿、贷款贴息、知识产权质押融资、科技担保、创业投资、科技成果转化引导基金等多元化支持方式。要通过间接措施加大支持力度，落实和完善研发费用加计扣除等支持科技创新的普惠性政策，激励企业加大研发投入，真正成为技术创新的主体。

（四）科技基础条件建设计划。

主要用于推进科技创新平台、科技资源共享平台、科技服务平台等各类创新平台的优化布局和能力提升，支持科技创新基地等创新载体的建设，促进科技资源开放共享，全面改善提升科技创新服务的条件和保障能力。

将自治区科技基础条件建设、特派员创业行动、扶贫（科技扶贫指导员百人团）、大型科技仪器共享补贴、国家级高新区公共服务平台建设、科技创新平台建设、自主科技成果孵化转化及示范基地建设，以及其他部门管理的科技基础条件专项，整合归并为自治区科技基础条件建设计划。对自治区重点实验室、自治区工程技术研究中心、自治区技术创新中心、自治区工程实验室（研究中心）等合理归并，进一步优化布局，按功能定位分类整合，健全完善评价机制，提高高校、科研院所科研设施的开放共享程度，盘活存量，扩大增量，鼓励各类科技创新平台向社会开放和提供技术服务，形成跨地区、跨部门、跨机构的开放运行和共享格局。

上述4类科技计划（专项、基金等）要全部纳入统一的宁夏科技管理信息系统管理，制定相应的管理办法，加强对项目的审查、监督、检查和评价，避免重复申报、重复部署、和重复资助重复投入，提升财政科研资金使用效益。自治区财政厅要统筹安排预算资金，加大对科技计划（专项、基金等）的支持力度，确保财政科技计划管理改革的顺利实施。

四、方案实施进度和工作要求

（一）把握时间节点，积极稳妥实施。

优化整合工作按照整体设计、试点先行、逐步推进的原则开展。2016年至2018年，预算资金管理渠道和资金用途不变。3年改革过渡期满后，自2019年起，不再保留优化整合前的科技计划（专项、资金等）经费渠道。

2016年，启动宁夏科技管理平台建设，初步建成自治区财政科研项目数据库，基本建成宁夏科技报告系统，进一步完善跨部门查重机制，选择若干具备条件的科技计划（专项、基金等）按照新的4个类别进行优化整合。科技主管部门会同有关部门充分发挥科技工作会商机制作用，按照自治区经济社会发展规划统一部署，在重点领域先行组织5~8个重点专项进行试点，并在2016年财政预算中体现。

2017年，按照创新驱动发展战略顶层设计的要求和"十三五"科技发展的重点任务，基本完成科技计划（专项、基金等）4个类别优化整合工作，改革形成新的管理机制和组织实施方式。基本建成公开统一的宁夏科技管理平台，实现科技计划（专项、基金等）安排和预算配置的统筹协调，建成统一的宁夏科技管理信息系统，向社会开放。

2018年，按照优化整合后的4四类科技计划（专项、基金等）运行，并在实践中不断深化改革，修订或制定科技计划（专项、基金等）和资金管理制度，营造良好的创新环境。各项目承担单位和专业机构建立健全内控制度，依法合规开展科研活动和管理业务。

（二）强化协同推进，确保改革实效。

科技计划（专项、基金等）管理改革工作是实施创新驱动发展战略、深化科技体制改革的突破口，任务重，难度大。要在自治区科技计划（专项、基金等）管理部门联席会议的统筹组织下，协同推进实施。自治区科技厅、财政厅要发挥好统筹协调作用，率先改革，作出表率，加强与有关部门的沟通协商。各有关部门要统一思想，强化大局意识、责任意识，积极配合，主动改革，共同做好本方案的落实工作。

（宁夏回族自治区人民政府2016年1月15日印发）

宁夏回族自治区中央引导地方科技发展专项资金管理实施细则

[宁财（教）发〔2017〕736号]

第一章 总则

第一条 为规范和加强中央引导地方科技发展专项资金（以下简称专项资金）的管理，提高专项资金使用绩效，根据《中央引导地方科技发展专项资金管理办法》（财教〔2016〕81号）的要求，结合我区实际，制定本实施细则。

第二条 本细则所称专项资金是指中央财政通过专项转移支付安排的，用于支持我区围绕国家科技发展战略和自治区经济社会发展目标，改善地方科研基础条件，优化科技创新环境，支持基层科技工作，促进科技成果转移转化，提升区域科技创新能力的资金。

第三条 专项资金管理遵循"中央引导地方、省级统筹，整合资源、完善体系，绩效导向、激励相容"的原则。根据专项资金支持范围要求，按照国家科技创新工作部署，结合我区"十三五"科技发展重点工作编制三年滚动规划，并相应建立三年滚动项目库公开遴选项目。

第四条 专项资金按照财政预算公开的要求，采取公开竞争方式，实行制度办法、申报流程、评审结果、分配结果、绩效评价全过程面向社会公开。

第二章 管理机构及职责分工

第五条 自治区财政厅主要负责专项资金的资金管理工作。具体如下：

（一）制定中央引导地方科技发展专项资金管理实施细则。

（二）编制专项资金年度实施方案。

（三）下达专项资金预算，拨付项目资金。

（四）对专项资金使用情况进行监督检查，组织开展绩效评价。

第六条 自治区科技厅主要负责专项资金的项目管理工作。具体如下：

（一）组织申报三年滚动规划项目。

（二）对申报的项目进行审核筛选和对当年拟支持项目组织评审。

（三）根据审核筛选结果，纳入备选项目库管理。编制专项资金三年滚动规划。

（四）根据当年中央专项资金额度，提出项目资金预算安排建议。

（五）加强项目的跟踪管理，组织项目验收、绩效评价及项目资金的日常监管工作。

第七条 项目承担单位职责

（一）据实编报项目。

（二）组织项目实施，落实项目实施条件和配套资金。

（三）严格项目资金支出管理，做到专账核算、专款专用。

（四）按要求开展项目绩效自评价，及时向自治区科技厅、自治区财政厅报送绩效评价报告。

（五）主动配合有关部门的监督检查和审计。

第三章 支持范围与方式

第八条 专项资金主要支持以下四个方面：

（一）科研基础条件和能力建设。主要支持地市级以上政府所属科研单位（不含转为企业或其他事业单位的单位）的科研仪器设备购置和科研基础设施维修改造。

（二）专业性技术创新平台。主要支持依托大学、科研院所、企业、转制科研机构建立的，通过产学研协同创新机制为区域发展提供研究开发支撑的专业性平台，包括产业技术研究院、技术创新中心、协同创新中心、重点实验室、工程技术研究中心、新型研发组织等。

（三）科技创新创业服务机构。主要支持为中小微企业技术创新、基层科技创新活动提供技术转移、检验检测认证、创业孵化、知识产权、科技咨询、科技金融、科技资源共享等专业或综合性服务机构，包括科技园区、众创空间、科技企业孵化器、生产力促进中心、分析测试中心、技术转移机构、科技特派员工作站、科技金融服务中心等。

（四）科技创新项目示范。主要支持各类主体围绕国家、自治区区域发展战略，结合科技惠民、县域科技、科技扶贫等任务，对政策目标明确、公益性属性明显、引导带动作用突出、惠及人民群众的科技成果进行转移转化的项目示范。

第九条 支持科研基础条件建设的资金采取直接补助的方式，支持专业性技术创新平台、科技创新创业服务机构和科技创新项目示范的资金，综合采用后补助、以奖代补、贷款贴息、发放创新券等多种投入方式。

第四章 项目申报

第十条 自治区科技厅、自治区财政厅依据科技部、财政部的部署，按照"中央地方双向互动，聚焦产业发展重点，布局整合现有资源，强化资金绩效导向，激励平台开放共享"的要求，组织编报项目三年滚动规划。

第十一条 符合条件的市、县（区）单位根据每年的项目申报指南，编制项目申报书，确需滚动支持的项目，要编制滚动规划，并提交同级科技部门初审。经初审后，会同同级财政部门上报自治区科技厅、财政厅（符合条件的自治区直属单位直接报送至自治区科技厅）。自治区科技厅会同自治区财政厅对专项资金三年滚动规划中的项目进行审核筛选。审核筛选的内容包括项目内容是否符合专项资金支持范围，申报单位（或申报人）是否符合申报条件，绩效目标是否明确具体，申报资料是否符合要求，同一项目是否存在多头或重复申报等。将审核筛选后的项目纳入备选项目库。

第十二条 自治区科技厅、财政厅将专项资金三年滚动规划报科技部、财政部审核，并抄送财政部驻宁夏财政监察专员办事处（以下简称专员办）。三年滚动规划应包括项目安排、支持内容、支持方式、项目绩效目标、组织实施能力与条件、预期社会经济效益等。

第十三条 自治区科技厅会同自治区财政厅在财政部、科技部下达预算数30日内，对当年拟支持的项目组织专家进行评审，根据评审结果，编制专项资金实施方案报财政部、科技部备案，并抄送专员办。对经过专家评审的拟分配到企业的专项资金，自治区科技厅通过官方网站向社会公示7天，公示无异议后，方可上报备案并组织实施。当年专项资金实施方案安排的项目应当在经科技部、财政部审核后的三年滚动规划重点任务及项目范围内。

第五章 资金管理

第十四条 自治区财政厅根据专项资金实施方案下达预算。

第十五条 专项资金支付按照国库集中支付有关规定执行。涉及政府采购的，应当按照政府采购有关规定执行。

第十六条 项目预算调整。专项资金下达后，项目承担单位应按照项目任务书规定的预算内容加快预算执行，不得随意调整。因客观原因确需调整预算的，按以下程序办理：

（一）项目承担单位变更、项目预算总额调整等重大事项应由项目承担单位提出书面申请，经自治区科技厅、财政厅审核后，报科技部、财政部审批。

（二）项目总预算不变，项目合作单位之间预算安排变化或增减项目合作单位需要调整预算的报自治区科技厅批准。

（三）项目预算总额不变，材料费、测试化验加工费等预算如需调整，项目组和项目负责人根据实施过程中科研活动的实际需要提出申请，由项目承担单位审批，自治区科技厅在中期财务检查或验收时予以确认。会议费/差旅费/国际合作与交流费、劳务费、专家咨询费和设备费支出预算可以调减，不得调增。若调减可按上述程序调剂用于项目其他预算支出。

第十七条 资金结算方式。科研院所、高等学校等事业单位承担项目所发生的会议费、差旅费、材料费和测试化验加工费等，按财政部门相关规定实行银行转账或"公务卡"结算，专家咨询费、劳务费等支出，应当通过银行转账方式结算，从严控制现金支出事项。企业承担的项目，上述支出也应当采用非现金方式结算。

第十八条 结余资金管理。项目实施期间，年度剩余资金可结转下一年度继续使用。完成任务目标并通过验收，且承担单位信用评价好的项目，项目结余资金按规定留归项目承担单位使用，在2年内由单位统筹安排用于其他科研活动的直接支出，2年后未使用完的，按规定收回。未通过验收和整改后未通过验收的项目，或承担单位信用评价差的，项目结余资金按原渠道收回。

第十九条 项目承担单位是项目资金使用和管理的责任主体，应当严格执行国家有关财经政策和财务制度，建立健全经费管理制度，完善内部控制和监督制约机制。加强经费管理和核算，实行专账核算、专款专用。严格执行项目预算及预算调整审批程序，确保资金规范、合理使用。项目承担单位应当及时按预算核拨项目合作单位资金，并加强对外拨资金的监督管理。

第二十条 专项资金不得用于支付各种罚款、捐款、赞助、投资、偿还债务，不得用于编制内在职人员工资性支出和离退休人员离退休费，以及国家规定禁止列支的其他支出。

第六章 监督与绩效

第二十一条 项目承担单位应主动接受财政、审计、科技等部门的监督检查和财务审计。

第二十二条 项目验收前，项目承担单位应当对照项目支出绩效目标完成情况进行自评价。评价的内容主要包括产出指标、效益指标、满意度指标等完成情况。同时，项目承担单位应当及时做好总结。项目承担单位在项目完成后两个月内将绩效评价报告和项目验收申请提交自治区科技厅。

第二十三条 自治区科技厅对项目支出绩效目标完成情况、专项资金整体支出进行评价。项目支出评价的内容主要包括产出指标、效益指标、满意度指标完成情况。整体支出评价的内容主要包括预算绩效目标编报的合理性和明确性、预算支出执行进度、项目综合管理等情况。自治区科技厅及时组织开展项目验收，严把验收质量。自治区财政厅根据情况选择部分重点项目实施绩效评价或再评价。

第二十四条 评价结果应用。绩效评价结果良好，对改善本地区科研基础条件、优化科技创新环境、促进科技成果转化及落实国家、自治区重大政策较好的,优先安排申报中央专项资金,自治区财政厅、科技厅在安排有关科技项目资金时给予倾斜。

第二十五条 凡有下列行为之一的,将采取通报批评、停止拨款、收回专项资金等措施,并依照《财政违法行为处罚处分条例》规定处理。对严重违规、违纪、违法犯罪的相关责任主体,按程序纳入科研严重失信行为记录。

1. 编报虚假材料,套取专项资金的;
2. 挤占、截留、挪用专项资金的;
3. 提供虚假会计资料的;
4. 其他违反国家财经纪律的行为。

第七章 附则

第二十六条 本细则由自治区财政厅、科技厅负责解释。

第二十七条 本细则自2017年10月19日施行,有效期至2022年10月19日。

(宁夏财政厅 科技厅2017年10月19日印发)

自治区财政厅　自治区科技厅　自治区人才办关于印发《关于完善自治区财政科研项目资金管理等政策的实施意见》的通知

[宁财（教）发〔2017〕838号]

各市、县（区）财政局、科技局、人才办，自治区有关单位：

为贯彻落实《中共中央办公厅国务院办公厅印发〈关于进一步完善中央财政科研项目资金管理等政策的若干意见〉的通知》（中办发〔2016〕50号）和《自治区党委人民政府关于推进创新驱动战略的实施意见》（宁党发〔2017〕26号）等文件精神，自治区财政厅、科技厅、人才办制定了《关于完善自治区财政科研项目资金管理等政策的实施意见》，经请示自治区人民政府同意，现印发给你们，请认真贯彻执行。

附件：关于完善自治区财政科研项目资金管理等政策的实施意见

2017年12月7日

附件

关于完善自治区财政科研项目资金管理等政策的实施意见

为贯彻落实《中共中央办公厅国务院办公厅印发〈关于进一步完善中央财政科研项目资金管理等政策的若干意见〉的通知》（中办发〔2016〕50号）和《自治区党委人民政府关于推进创新驱动战略的实施意见》（宁党发〔2017〕26号）等文件精神，进一步改革和创新科研经费使用与管理方式，促进形成充满活力的科技管理和运行机制，激发广大科研人员的积极性和创造性，按照"以人为本、遵循规律、'放管服'结合、政策落地"的原则，结合我区实际，现提出以下实施意见。

一、改进自治区财政科研项目资金管理

（一）简化预算编制。根据科研活动规律和特点，改进预算编制方法，实行部门预算批复前项目资金预拨制度，保证科研人员及时使用项目资金，加快科研项目资金执行进度。项目主管部门在当年完成下年项目评审、建库和预算申报工作。财政部门在项目执行年度预算批复前，根据需要可预拨部分科研资金。简化预算编制科目，合并会议费、差旅费、国际合作与交流费科目，由科研人员结合科研活动实际需要，编制预算并按规定统筹安排使用，其不超过直接费用10%的，不需要提供预算测算依据。项目承担单位参照预算编制指南，科学合理、实事求是地编制科研项目资金预算及项目资金使用计划。对跨年度实施的项目，必须编制项目滚动规划，纳入三年中期财政规划管理。纳入规划的项目在编制当年预算时不再评审，直接列入年度预算。自治区财政根据项目规划和中期财政规划编制年度预算，分年度拨付资金。（自治区财政厅、项目主管部门、项目承担单位负责）

（二）明确科研项目经费开支范围。为适应科研活动规律的需要，落实财政科学化、精细化管理要求，建立科研项目间接成本补偿机制，将科研项目经费分为直接费用和间接费用。

直接费用是指在项目研究开发过程中发生的与之直接相关的费用，主要包括设备费、材料费、测试化验加工费、燃料动力费、差旅费、会议费、国际合作与交流费、出版/文献/信息传播/知识产权事务费、劳务费、专家咨询费和其他支出等。其中，劳务费是指项目研究开发过程中支付给项目组成员中没有工资性收入的相关人员（指参加项目研究但在所在单位和所在岗位没有工资收入的人员，如在校研究生）和项目组临时聘用人员的劳务性费用。

间接费用是指承担项目任务的单位在组织实施项目过程中发生的无法在直接费用中列支的相关费用。主要包括承担项目任务的单位为项目研究提供的现有仪器设备及房屋，水、电、气、暖消耗，有关管理费用的补助支出，以及绩效支出等。其中，绩效支出是指承担课题任务的单位为提高科研工作绩效安排的相关支出。（自治区财政厅、项目主管部门、项目承担单位负责）

（三）提高间接费用比重，加大绩效激励力度。自治区财政科技计划（专项、基金等）中实行公开竞争方式的研发类项目，均要设立间接费用。核定比例可以提高到不超过直接费用扣除设备购置费的一定比例：200万元（含200万元）以下的部分为25%，200万元至500万元（含500万元）的部分为20%，500万元以上的部分为15%。项目承担单位应当避免重复购置科研仪器设备，鼓励共建共享，提高仪器设备使用效率。加大对科研人员的激励力度，取消绩效支出比例限制。间接费用在扣除科研项目所需的水、电、暖、气、房租、场地、仪器设备使用费用和有关费用后，余额可全部用于科研人员绩效支出，不纳入单位绩效工资总量。项目承担单位在统筹安排间接费用时，要处理好合理分摊间接成本和对科研人员激励的关系，绩效支出安排与科研人员在项目工作中的实际贡献挂钩。（项目主管部门、项目承担单位、自治区人社厅负责）

（四）劳务费开支不设比例限制。参与科研项目研究的实习生、研究生、博士后、访问学者以及项目聘用的研究人员、科研辅助人员等，均可开支劳务费。项目聘用人员的劳务费开支标准，参照我区科学研究和技术服务业从业人员平均工资水平，根据其在项目研究中承担的工作任务确定，其社会保险补助纳入劳务费科目列支。劳务费预算不设比例限制，由项目承担单位和科研人员据实编制。（项目承担单位、项目主管部门负责）

（五）改进结转结余资金管理。项目实施期间，年度剩余资金可结转下一年度继续使用。项目完成任务目标并通过验收后，结余资金按规定留归项目承担单位使用，在2年内（自验收结论下达后次年的1月1日起计算）由项目承担单位统筹安排用于科研活动的直接支出；2年后未使用完的，按规定收回。（项目承担单位、项目主管部门、自治区财政厅负责）

（六）自主规范管理横向经费。项目承担单位以市场委托方式取得的横向经费，纳入单位财务统一管理，由项目承担单位按照委托方要求或合同约定管理使用。在职称评聘、业绩考核、科技奖励等方面，对科研人员承担的横向课题与纵向课题同等对待。（项目承担单位负责）

（七）下放预算调剂权限，规范预算调整程序。下放预算调剂权限，在科研项目总预算不变的情况下，将直接费用中的材料费、测试化验加工费、燃料动力费、出版/文献/信息传播/知识产权事务费及其他支出预算调剂权下放给项目承担单位。科研项目预算总额调整，项目承担单位变更应当报自治区项目主管部门批准，自治区财政部门根据项目主管部门的批准意见，调整项目预算。（项目承担单位、项目主管部门、自治区财政厅）。

二、完善自治区属高校、科研院所差旅会议管理

（一）改进自治区属高校、科研院所教学科研人员差旅费管理。自治区属高校和科研院所可根据教学、科研、管理工作的实际需要，按照精简高效、厉行节约的原则，研究制定差旅费管理实施细则，合理确定教学科研人员乘坐交通工具等级和住宿费标准。对于难以取得住宿费发票的，自治区属高校、科研院所在确保真实性的前提下，据实报销城市间交通费，并按规定标准发放伙食补助费和市内交通费。（自治区属高校、科研院所负责）

（二）完善自治区属高校、科研院所会议管理。自治区属高校、科研院所因教学、科研需要举办的业务性会议（如学术会议、研讨会、评审会、座谈会、答辩会等），会议次数、天数、人数以及会议费开支范围、标准等，由自治区属高校、科研院所按照实事求是、精简高效、厉行节约的原则确定。会议代表参加会议所发生的城市间交通费，原则上按差旅费管理规定由所在单位报销；因工作需要，邀请国内外专家、学者和有关人员参加会议，对确需负担的城市间交通费、国际旅费，可由主办单位在会议费等费用中报销。（自治区属高校、科研院所负责）

三、完善自治区属高校、科研院所科研仪器设备采购管理

（一）改进自治区属高校、科研院所科研仪器设备采购管理。自治区属高校、科研院所可在公开招标限额（50万元）以内自行采购科研仪器设备，自行选择科研仪器设备评审专家。自治区财政厅要简化政府采购项目预算调剂和政府采购方式审批流程。自治区属高校、科研院所要切实做好设备采购的监督管理，做到全程公开、公正、透明、可追溯。（自治区属高校和科研院所、自治区财政厅负责）

（二）优化进口仪器设备采购服务。对自治区属高校、科研院所采购进口仪器设备实行备案制管理。备案内容应当包含产品所属行业主管部门（或行政主管部门）意见、专家论证意见以及是否属于国家限制进口的设备。继续落实进口科研教学用品免税政策。（自治区财政厅、自治区国税局、银川海关负责）

四、完善自治区属高校、科研院所基本建设项目管理

（一）扩大自治区属高校、科研院所基本建设项目管理权限。对自治区属高校、科研院所利用自有资金、不申请政府投资建设的项目，由自治区属高校、科研院所自主决策，报主管部门备案，不再进行审批。自治区发展改革委和自治区高校、科研院所主管部门要加强对自治区属高校、科研院所基本建设项目的指导和监督检查。（自治区发改委、自治区属高校和科研院所主管部门负责）

（二）简化自治区属高校、科研院所基本建设项目审批程序。自治区属高校、科研院所主管部门要指导自治区属高校、科研院所编制五年建设规划，对列入规划的基本建设项目不再审批项目建议书。简化自治区属高校、科研院所基本建设项目城乡规划、用地以及环评、能评等审批手续，缩短审批周期。（自治区属高校、科研院所主管部门负责）

五、规范管理，优化服务

（一）强化法人责任，规范资金管理。项目承担单位是科研项目实施和科研经费使用管理的责任主体，要认真落实国家有关政策规定，按照权责一致的要求，强化自我约束和自我规范，确保接得住、管得好。加强预算审核把关，规范财务支出行为，完善内部风险防控机制，强化资金使用绩效评价，保障资金使用安全规范有效；实行内部公开制度，主动公开项目预算、预算调剂、资金使用（重点是间接费用、外拨资金、结余资金使用）、研究成果等情况。（项目承担单位负责）

（二）规范科研项目资金使用行为。科研人员和项目承担单位要依法依规使用项目资金，不得擅自调整外拨资金，不得利用虚假票据套取资金，不得通过编造虚假合同、虚构人员名单等方式虚假冒领劳务费和专家咨询费，不得通过虚构测试化验内容、提高测试化验支出标准等方式违规开支测试化验加工费，不得随意调账变动支出、随意修改记账凭证、以表代账应付财务审计和检查。项目承担单位要建立健全科研和财务管理等相结合的内部控制制度，规范项目资金管理，在职责范围内及时审批项目预算调整事项。对于从财政以外渠道获得的项目资金，按照国家有关财务会计制度规定以及相关资金提供方的具体要求管理和使用。（项目承担单位负责）

（三）改进科研项目资金结算方式。科研院所、高等学校等事业单位承担项目所发生的会议费、差旅费、小额材料费和测试化验加工费等，具备"公务卡"结算条件的要按规定执行；企业承担的项目，上述支出也应当采用非现金方式结算。项目承担单位对设备费、大宗材料费和测试化验加工费、劳务费、专家咨询费等支出，原则上应当通过银行转账的方式结算。（项目承担单位负责）

（四）建立健全信用管理机制。自治区科技厅、相关主管部门对课题承担单位和课题合作单位、课题负责人等科研人员、中介机构和咨询专家在经费管理使用、评估评审方面的信誉度进行评价和记录，建立"黑名单"制度，将严重不良信用记录者列入"黑名单"，阶段性或永久性取消其申报项目或参与项目的资格。（自治区科技厅、项目主管部门负责）

（五）加强统筹协调，精简检查评审。科技厅、项目主管部门、财政厅要加强对科研项目资金监督的制度规范、年度计划、结果运用等的统筹协调，建立职责明确、分工负责的协同工作机制。科技厅、项目主管部门要加快清理规范委托中介机构对科研项目开展的各种检查评审，加强对已开展相关检查结果的运用，推进检查结果共享，减少检查数量，改进检查方式，避免重复检查、多头检查、过度检查。（自治区科技厅、项目主管部门、项目承担单位负责）

（六）创新服务方式，让科研人员潜心从事科学研究。项目承担单位要建立健全科研财务助理制度，为科研人员在项目预算编制和调剂、经费支出、财务决算和验收等方面提供专业化服务，科研财务助理所需费用可由项目承担单位根据情况通过科研项目资金等渠道解决。充分利用信息化手段，建立健全单位内部科研、财务部门和项目负责人共享的信息平台，提高科研管理效率和便利化程度。制定符合科研实际需要的内部报销规定，切实解决野外考察、心理测试等科研活动中无法取得发票或财政性票据，以及邀请外国专家来华参加学术交流发生费用等的报销问题。（项目承担单位负责）

六、加强制度建设和工作督查，确保政策措施落地见效

（一）尽快出台操作性强的实施细则。项目主管部门要完善预算编制指南，指导项目承担单位和科研人员科学合理编制项目预算；制定预算评估评审细则，优化评估评审程序和方法，规范评估行为，建立健全与项目申请者及时沟通反馈机制；制定财务验收工作细则，规范委托中介机构开展的财务检查。项目主管部门要按照全过程预算绩效管理的要求，落实项目预算绩效管理主体责任，扎实做好项目绩效评价工作，努力提高财政科研项目资金使用效益。2018年1月31日前，自治区属高校、科研院所要制定出台差旅费、会议费等内部管理办法，其主管部门要加强工作指导和统筹；2018年3月31日前，项目主管部门要制定出台相关实施细则，项目承担单位要制定或修订项目资金内部管理办法和报销规定。以后年度承担科研项目的单位要于当年制定出台相关管理办法或规定。（项目主管部门、项目承担单位负责）

（二）加快内控制度建设。项目承担单位应当结合本单位实际，抓紧制定和完善项目预算调剂、间接费用统筹使用、劳务费分配管理、结余资金使用、政府采购、科研财务助理岗位设立、内部信息公开公示等内部管理办法。各单位在制定制度时，应当严格按照本单位决策程序开展工作，有关制度应当以单位正式文件形式印发，并在单位内部以适当的方式公开。各项制度应当做到权责明确、流程清晰、操作性强、务实管用。各项制度以及自治区属高校、科研院所按规定制定的差旅会议内部管理办法，应当作为预算编制、评估评审、F经费管理、审计检查、财务验收等工作的依据。（项目承担单位负责）

（三）加强工作督查。财政厅、科技厅要适时组织开展对项目承担单位科研项目资金管理权限落实、内部管理办法制定、创新服务方式、内控机制建设、相关事项内部公开等情况的督查，对督查情况以适当方式进行通报，并将督查结果纳入信用管理，与间接费用核定、结余资金留用等挂钩。审计机关要依法开展对政策措施落实情况和财政资金的审计监督。项目主管部门要督促指导所属单位完善内部管理，确保国家政策规定落到实处。（自治区财政厅、自治区科技厅、自治区审计厅、项目主管部门）自治区财政厅、自治区级社科类科研项目主管部门要结合社会科学研究的规律和特点，参照本意见尽快修订自治区级社科类科研项目资金管理办法。（自治区财政厅、项目主管部门负责）

各市、县（区）要参照本意见精神，结合实际，加快推进科研项目资金管理改革等工作。

现有政策中与本意见不一致的，按本意见执行。

宁夏科技型中小微企业风险补偿专项资金管理办法

(宁财规发〔2018〕5号)

第一章 总则

第一条 为创新财政科技投入方式，切实发挥财政资金杠杆作用，引导和撬动金融资本支持科技型中小微企业（以下简称"科技企业"）研发、成果转化或产业化，根据自治区党委、人民政府《关于推进创新驱动战略的实施意见》(宁党发〔2017〕26号)和《自治区人民政府办公厅转发自治区科技厅等部门关于促进科技和金融结合加快科技型中小微企业发展的实施意见》(宁政办发〔2012〕225号)等有关要求，自治区财政厅、科技厅设立科技型中小微企业风险补偿专项资金。为规范补偿资金管理，制定本办法。

第二条 本办法所称科技型中小微企业风险补偿专项资金（以下简称"补偿资金"）是指由自治区和有关市县财政预算安排，用于补偿合作金融机构在支持科技企业研发、科技成果转化和产业化过程中所发生的贷款损失的资金。

第三条 补偿资金按照《宁夏回族自治区政府投资基金管理暂行办法》(宁政办发〔2017〕204号)要求，纳入自治区政府投资基金资产监管范畴，由自治区财政厅、科技厅共同管理。

第四条 补偿资金的使用遵循"政府引导、市场运作、鼓励创新、风险共担"的原则，其风险责任由自治区、各市县（区）科技管理部门（以下简称"试点单位"）、合作金融机构及项目单位共同承担。

第二章 支持对象

第五条 补偿资金贷款支持的科技企业，应当符合以下条件：

（一）有从事研究开发活动的科技人员，拥有自主知识产权或引进大学、科研机构等单位的科研成果并将其转化或产业化，从而实现可持续发展的企业。

（二）企业职工总数不超过500人、年销售收入不超过2亿元、资产总额不超过2亿元，当期贷款余额原则上不超过500万元。国家或自治区认定的高新技术企业、科技小巨人企业、科技型中小企业可以不受此条限制，当期贷款余额不超过1000万元。

（三）企业未发生重大安全、重大质量事故和严重环境违法、科研严重失信行为，且企业未列入经营异常名录和严重违法失信企业名单，其法定代表人无不良信用记录。

第六条 补偿资金贷款优先支持各类高新技术开发区、科技园区、众创空间、科技企业孵化器内的科技企业；各类高层次人才引进计划资助对象所创办的科技企业；与高校、科研院所开展产学研合作，并实施科技成果转化的科技企业；大学生、科技人员自带科技成果领办、创办的科技企业；实施东西部科技合作项目并开展科技成果转化的科技企业等。

第七条 补偿资金贷款用于扶持科技企业研发、成果转化或产业化项目。其项目应符合以下条件：

（一）符合国家、自治区产业政策，技术创新性强。

（二）拥有作为申报项目依托的知识产权、成果或引进大学、科研机构等单位的科研成果。

（三）项目实施能产生较好的经济效益和社会效益。

（四）有研究开发基础或已完成研究开发，技术成熟度高。

第三章　管理机构及职责

第八条　自治区科技厅、财政厅共同负责补偿资金的管理工作。

科技厅主要职责：会同财政厅制定完善补偿资金管理办法；制定完善风险补偿实施细则及相关政策；研究确定合作金融机构和试点单位；审定贷款安排建议、不良贷款代偿与核销建议；负责专项资金实施监管与绩效考核等。

财政厅主要职责：牵头制定完善补偿资金管理办法；负责统筹安排补偿资金年度预算；会同科技厅确定合作金融机构和试点单位；审核不良贷款代偿与核销；与科技厅共同对专项资金实施绩效评价。

试点单位主要职责：协调本级财政安排风险补偿资金年度预算；筛选本地区补偿资金贷款项目；负责贷款项目跟踪管理；协调各方共同推进项目实施；协助合作金融机构开展不良贷款追偿等。

第九条　科技厅、财政厅委托科技厅1家直属事业单位（以下简称"委托单位"）负责补偿资金的日常管理工作。其主要职责：与合作金融机构签署合作协议；负责项目受理、评估、审核；跟踪了解项目实施情况；提出贷款安排建议；会同合作金融机构和试点单位做好贷后服务和管理工作；提出不良贷款代偿建议；负责补偿资金专户的日常管理工作等。

第四章　运作方式

第十条　补偿资金作为信用保障资金，引导和撬动合作金融机构以项目贷款的方式支持科技企业发展。

第十一条　补偿资金由委托单位在合作金融机构开设专户管理，专款专用，单独核算。每年年初，委托单位向自治区政府投资基金管理机构报送上一年度财务报表。

第十二条　鼓励各试点单位安排相应的补偿资金，科技厅会同财政厅根据自治区预算规模，合理确定试点单位配套额度。试点单位补偿资金存入由委托单位在合作金融机构开设的专户，专款专用，单独核算。自治区及试点单位可以定期存款进行收益，产生的利息应统一纳入其补偿资金账户进行管理。自治区及试点单位相关工作经费由科技厅从科技金融专项预算中适当安排。

第十三条　鼓励各类金融机构参与补偿资金贷款工作，有合作意向的金融机构可向科技厅提出申请，科技厅会同财政厅择优确定合作金融机构。

第十四条　经科技厅、财政厅认定的合作金融机构，由委托单位按规定程序在该金融机构设立补偿资金专户，并根据金融机构补偿资金贷款额度，不定期调整补偿资金规模。

第十五条　合作金融机构在补偿资金规模的基础上给予5~10倍放大的贷款规模，并在利率上予以一定的优惠。

第十六条　对不良贷款进行代偿时，自治区补偿资金与试点单位补偿资金和合作金融机构按4∶4∶2的比例共同承担风险。

第五章　项目申报与审核

第十七条　项目申报实行属地化管理。对于首次申请风险补偿贷款的科技企业，试点单位依据申报科技企业条件和项目申报要求，对科技企业运营状况、申报项目的技术先进性、可行性，知识产权的法律状态等进行审核，审核通过的项目，推荐至委托单位。

委托单位对试点单位推荐的项目进行形式审查后，将符合条件的项目报科技厅审定，同时，推荐至合作金融机构，由其对申报项目的科技企业进行贷前审查。

经科技厅审定通过的项目，由委托单位向合作银行出具同意贷款项目的科技企业名单。对科技厅审定不通过的项目的科技企业，金融机构如继续执行贷款的，补偿资金将不承担其贷款损失。

对同意贷款的科技企业，合作金融机构与其签订《借款合同》，在《借款合同》签署后向委托单位提交银行审查意见和抵质押办结告知书。委托单位向其出具该笔贷款的补偿承诺确认书。合作金融机构收到确认书后应对借款科技企业全面履行《借款合同》，发放贷款。

第十八条 对于续贷科技企业，原则上科技厅不再进行审核，只对部分续贷科技企业进行抽查。试点单位对续贷科技企业进行审核把关，同意续贷后直接推荐至金融机构；合作金融机构在认真审核的基础上，提出续贷意见，并将续贷科技企业及贷款额度报委托单位备案，对不报备的续贷科技企业，补偿资金将不再承担其贷款损失。

第十九条 补偿资金支持企业首次贷款额度不超过300万元，续贷额度不超过500万元，续贷次数不超过4次。

第二十条 贷款项目申报材料包括：

（一）《宁夏科技型中小微企业风险补偿专项资金项目贷款申报书》。

（二）企业营业执照副本、法人代码证、税务登记证副本复印件（已办理了三证合一或五证合一的企业提供企业营业执照副本）。

（三）企业章程、注册资本验资报告、上年度财务报表。

（四）项目情况的佐证材料（市级以上科技计划项目批准文件、技术报告、检测报告、用户意见等）。

（五）项目知识产权归属的证明文件（商标专用权证书、专利证书、著作权登记证书及新药证书等）。

（六）与申报项目和企业有关的其它佐证材料（高新技术企业、科技型中小企业、科技小巨人企业等认定证书复印件；国家专卖、专控及特殊行业的产品，需提供主管机关出具的批准文书复印件）。

（七）企业、法人及股东的征信报告。

第六章 项目管理与代偿

第二十一条 委托单位、试点单位与合作金融机构应共同做好贷款项目的管理工作。其中：试点单位负责贷款项目进展情况的日常跟踪管理，协调各方共同推进项目实施，及时向委托单位报告项目实施情况和项目实施过程中出现的重大问题。合作金融机构负责项目贷款后的财务监管，并督促项目承担单位按时归还贷款。委托单位不定期对贷款项目进行抽查，科技厅会同财政厅不定期对试点单位、合作银行贷款项目推荐、审核、贷后管理等情况进行抽查。

第二十二条 补偿资金贷款科技企业在贷款期内被并购重组的，其还款责任由并购重组后的企业承担。

第二十三条 补偿资金贷款科技企业因经营行为导致项目失败、中止，致使贷款无法归还的，合作金融机构可在启动追偿工作程序后向委托单位提出代偿申请。委托单位对代偿申请进行审核后，报科技厅、财政厅审批。经批准的代偿项目委托单位据此办理资金划款手续，按各自承担比例从补偿资金中划拨代偿金至合作金融机构，同时通知有关试点单位。

因不可抗力因素导致的项目贷款风险，按国家相关金融政策办理，补偿资金不予补偿。

第二十四条 对发生代偿的项目，补偿资金贷款科技企业承担相应的法律责任，合作金融机构会同相关试点单位负责追偿，通过法律程序追偿欠款及超期利息，依法处置其抵质押物，所得收入按自治区、有关试点单位及合作金融机构风险责任比例分配，自治区、试点单位分配收入返回原补偿资金账户中。

第二十五条 原则上每年项目的代偿比例不超过补偿资金总额的40%。自治区科技厅、试点单位根据各自出资额为限承担有限责任，当试点单位代偿额超过本级出资额度时，停止代偿，自治区科技厅也相应停止该试点地区的代偿业务。

第七章 考核奖惩

第二十六条 科技厅、财政厅可根据贷款情况对委托单位及试点单位、合作银行进行考核。对组织管理工作好、支持科技企业数量和贷款额度多、首贷率高、风险补偿率低的参与地区和合作金融机构，给予表彰；对支持科技企业数量少，风险补偿率高，续贷管理不严、续贷项目质量不高的，参与地区和合作金融机构，可提高其风险补偿责任分担比例或取消合作。

第二十七条 自治区科技厅、财政厅可适时开展风险补偿资金贷款情况绩效评价工作，对绩效评价好的科技企业将优先推荐到科技担保、风险投资、科技创新投资基金管理等机构进行直接融资。对评价差的科技企业三年内不能享受科技金融专项其他政策的扶持。

第二十八条 补偿资金贷款科技企业发生下列情形之一的，合作金融机构和委托单位有权提前追讨贷款本息，并依法追究其法律责任：

（一）弄虚作假骗取贷款的；

（二）违反财经纪律，挪用或挤占贷款资金的；

（三）在日常管理中不配合项目实施及贷款资金使用情况核查，不按要求提供完整财务报表、项目进展情况报告等材料的。

第二十九条 对发生代偿的补偿资金贷款科技企业，列入自治区科技项目信用管理体系，五年内各类科技项目不予支持。合作金融机构根据有关规定记录科技企业和其法定代表人或主要管理者个人的不良信用。

第三十条 自治区财政厅会同科技厅加强专项资金的预算监管和监督检查，发现问题及时督促整改。

第三十一条 自治区财政厅、科技厅及委托单位、各试点单位等相关工作人员在专项的审核和资金分配中，存在违规贷款、滥用职权、玩忽职守、徇私舞弊等违法违纪行为的，按照《预算法》《行政监察法》《财政违法行为处罚处分条例》等国家有关规定追究相应责任；涉嫌犯罪的移送司法机关处理。

第八章 附则

第三十二条 本办法自2018年3月23日施行，有效期至2021年3月23日，由自治区财政厅、科技厅负责解释。原《宁夏科技型中小微企业风险补偿专项资金管理暂行办法》[宁财（企）发〔2014〕497号]同时废止。

（宁夏财政厅2018年3月20日印发）

宁夏回族自治区企业研究开发费用财政后补助办法

(宁科工字〔2018〕8号)

第一条 为推动企业以市场为导向加大研发投入，强化企业的创新主体地位，根据自治区党委人民政府《关于加快推进科技创新的若干意见》(宁党发〔2013〕37号)和《关于推进创新驱动战略的实施意见》(宁党发〔2017〕26号)，制定本办法。

第二条 本办法所称后补助，是指对宁夏区内注册企业的研发投入，予以一定额度资金补助的财政支持方式。

第三条 后补助分为企业年度研发费用后补助和规上工业企业新增研发费用奖励两种类型，不同类型实行不同的管理方式和补助标准。

第四条 企业年度研发费用后补助，是指最高按照税务部门开展加计扣除时确定的企业年度研发费用总额的10%，给予企业后补助支持，高新技术企业、科技型中小企业补助标准最高提高到15%，支持资金最多不超过500万元。

第五条 企业科技创新后补助的主要流程为：

（一）企业申报。所得税汇算清缴结束后2个月内，企业凭当年享受研发费用加计扣除政策的证明材料，向所属市、县（区）科技主管部门申请年度研发费用后补助支持，市、县（区）科技主管部门会同同级财政、税务部门共同审核本地区拟补助清单并推荐至自治区科技厅。

（二）公示名单。自治区科技厅会同财政厅汇总、建立补助清单，经自治区税务部门审核后向社会公示。有异议的，由自治区科技厅、财政厅、国税局、地税局共同组织进行核实，必要时可以组织专家或委托第三方中介机构进行核实。

（三）资金下达。由自治区财政厅会同科技厅下达补助资金，并将名单抄送自治区国税局、地税局。

第六条 规上工业企业新增研发费用奖励，指规上工业企业研发投入占主营业务收入达到3%的，按其新增研发投入的10%、最高不超过500万元给予支持。

第七条 当年所得税汇算清缴结束后2个月内，规上工业企业凭当年和上一年度享受研发费用加计扣除政策的证明材料及企业最近一个财务年度研发投入达到主营业务收入3%以上的其他证明材料，经由所属市、县（区）科技、财政、税务部门审核推荐，向自治区科技厅申请新增研发费用奖励支持，科技厅会同财政厅汇总、建立支持清单，在自治区税务部门审核后公示、下达，并将名单抄送自治区国税局、地税局、经信委。

第八条 后补助资金由自治区和企业所在地的市、县（区）财政按照7∶3的比例承担，山区九县区（西吉、隆德、泾源、彭阳、原州、海原、同心、盐池、红寺堡）补助资金由自治区财政承担。

第九条 享受企业年度研发费用后补助的企业可同时享受规上工业企业新增研发费用奖励。

第十条 自治区科技厅会同自治区财政厅，于每年9月30日前完成两类后补助资金预算清单的编制，自治区财政和市、县（区）财政根据预算清单将补助资金列入次年预算。

第十一条 各市、县（区）收到自治区后补助资金15个工作日内，将自治区资金转拨到企业，并及时将配套资金拨付到企业。

第十二条 企业获得的后补助资金应主要用于科技研发活动，应在研发支出会计科目下设明细科目，进行独立核算，确保资金使用规范合理，有据可查。

第十三条 后补助资金符合现行财税政策规定中不征税收入的，在计算应纳所得税额时从收入总额中减除。

第十四条 科技、财政、税务部门对享受自治区企业研究开发费用财政后补助政策的企业进行抽查、核实，对不符合规定的企业，由财政部门会同科技部门追回拨付资金。获得后补助资金的企业要接受和配合财政、审计等部门的监督检查。

第十五条 企业在申报过程中存在弄虚作假、骗取补助资金等违法违规情况的，将列入自治区科研失信企业黑名单，并向社会公告。对自治区科研失信企业黑名单内的企业，以及具有其他严重违法失信行为的企业，不受理其后补助申报。

第十六条 本办法由自治区科技厅、财政厅负责解释，自发布之日起施行，原《自治区企业科技创新后补助暂行办法》（宁科工字〔2013〕12号）及《自治区企业科技创新后补助暂行办法补充规定》（宁科工字〔2015〕13号）同时作废。

（宁夏科学技术厅　财政厅　国税局　地税局 2018年4月19日印发）

宁夏回族自治区科技计划经费监督管理办法

(宁科规发〔2018〕3号)

第一章　总则

第一条　为落实《自治区党委人民政府关于推进创新驱动战略的实施意见》(宁党发〔2017〕26号),进一步加强自治区科技计划经费(以下简称"科技经费")的管理,建立和完善经费管理与监督制度体系,提高资金使用效益,依据《自治区人民政府印发〈关于深化自治区财政科技计划(专项、基金等)管理改革方案〉的通知》(宁政发〔2016〕15号)、《宁夏回族自治区财政科研项目和资金管理办法》(宁政办发〔2015〕8号)及《自治区财政厅自治区科技厅自治区人才办〈关于完善自治区财政科研项目资金管理等政策的实施意见〉的通知》[宁财(教)发〔2017〕838号]等文件精神和有关财务制度规定,制定本办法。

第二条　科技经费监督是指自治区科技厅依据相关规定,对自治区科技厅管理的各类科技计划(包括基础研究计划、重点研发计划、技术创新引导计划、基础条件建设计划)经费的申请、使用、验收等进行全过程检查监督的行政行为,以实现监督关口前移,确保科技计划项目的顺利实施。

第三条　科技经费监督的主要对象是承担自治区科技厅管理的各类科技计划项目的承担单位及其合作(协作)单位(以下简称承担单位)、项目负责人及项目组成员等。

第四条　承担科技项目的单位应当建立健全内部监督制约机制,完善内部控制制度,落实单位法人责任管理,加强财务审核和会计核算,规范科技计划经费支出,并自觉接受自治区科技厅、五市和宁东科技部门及委托的中介机构的监督。

第五条　自治区科技厅按照依法、客观、公正、透明的原则,建立职责明确、措施有力、程序规范的管理和监督机制。同时,建立统一的自治区科技经费监督管理信息系统,对科技经费实行日常化、动态化管理。

第二章　监督内容与方法

第六条　自治区科技厅根据有关规定,对科技经费预算编报、预算执行情况进行全程监督检查,重点检查科技经费支出的合法性、合规性和合理性。主要内容包括:

(一)承担单位内部科研项目资金管理办法制定及执行情况。包括是否根据国家、自治区科研项目资金管理等制度制定内部科研经费管理办法,办法对科研经费报销、使用、绩效奖励等是否有明确规定,是否按照办法规定执行等。

(二)承担单位的科技经费会计核算情况。包括科研经费是否单独核算,会计科目设置规范性、核算内容和财务报告信息的真实、准确和完整性,经费开支审批程序和手续的完备性等。

(三)承担单位和项目负责人的预算执行情况。包括自筹资金到位情况;按照核定的支出范围和标准执行预算情况;预算调整的必要性和程序规范性;拨付合作、协作单位预算资金规范性及监管情况等。

（四）承担单位的设备购置及管理情况。包括批复购置设备预算的执行情况，购置设备的开放共享情况，购置设备纳入单位固定资产管理情况等。

（五）承担单位的决算和财务验收制度执行情况。包括编报决算和结题财务报告情况，及时清理账目、确定项目支出情况，结余经费的认定、使用及上缴情况等。

第七条 自治区科技厅综合运用预算评审、动态管理、中期检查、财务验收、绩效评价、受理举报等方法，通过日常监督与专项检查相结合的方式，对科技经费实施监督管理。

（一）预算评审。申请财政无偿资助资金50万元以上的科技项目立项前，项目立项单位组织专家或委托中介机构对申报项目经费预算的目标相关性、政策相符性和经济合理、合规性进行评审，预算评审可和项目评审一并进行，也可独立进行。

（二）动态管理。科技项目实施期间，承担单位应按照要求，通过自治区科技项目管理信息平台，实时填报项目执行和经费使用情况，在系统审核基础上，根据需要可抽取部分项目进行实地检查。

（三）中期检查。重大科技项目实施期间，自治区科技厅对项目经费预算执行情况进行中期检查。中期检查包括：项目承担单位自查、区科技厅组织专家或委托中介机构检查等。中期检查结果，将作为调整项目预算经费、核拨后续经费、项目结题财务验收的重要依据。

（四）财务验收。对于50万元以上的无偿资助项目，在项目验收前，由承担单位委托中介机构对项目预算执行情况、经费使用情况等进行专项审计，审计结果作为财务验收的重要依据；对于50万元以下的无偿资助项目，由承担单位编制项目财务决算报告，并按要求提供相关财务资料。项目立项单位负责财务验收工作，财务验收和项目（课题）验收可一并进行，聘请的财务专家单独对财务验收出具意见。

（五）绩效评价。自治区科技厅依据项目特点，制定绩效评价指标体系，采用量化指标，对科技经费投入产生的经济效益、社会效益和生态效益及项目管理情况等方面进行全面、综合的定量考核与评价，对于技术创新引导类项目以绩效评价作为项目日常监管验收的手段，每2年进行专项资金绩效评价一次；重点研发计划等直接资助类项目在中期检查、动态管理等日常检查的基础上，适当安排专项资金使用情况绩效评价工作。

（六）受理举报。自治区科技厅接受社会各方的举报投诉，并对涉及的单位或个人开展核实调查工作。

第三章 管理职责

第八条 监督检查工作按照"谁安排，谁监管"的原则，自治区科技厅安排的项目通过直接组织检查组、委托地方科技部门或中介机构等多种形式开展监督检查工作。监督检查结果将作为后续项目资金拨付和科技项目管理决策的依据。由五市和宁东管委会科技部门立项的科研项目，经费监督检查工作由五市和宁东管委会科技部门负责，自治区科技厅不定期对五市及宁东管委会转移支付项目资金进行整体绩效评价工作，并将绩效评价结果作为转移支付资金数额的调整依据。

第九条 承担单位主管部门或项目推荐单位，应积极督促承担单位及项目负责人按照要求提供科技经费监督检查所需的各种材料，保证其完整性、真实性，并对信息虚假导致的后果承担责任。

第十条 充分发挥专家和中介机构对监督检查工作的独立咨询作用，建立对专家和中介机构的遴选、培训、考核和评价制度。中介机构由自治区科技厅组织在全区范围内遴选确定（科技部公开招标确定的中介机构不再参加遴选，直接作为入选中介机构）。

第十一条 建立健全科技经费监督管理信息数据库。全面记录科技经费预算编报与预算执行情况、监督检查结果、整改情况等。推进信用记录制度建设，对承担单位和相关人员在科技经费使用与管理方面的信用进行评价和记录。

第四章 处罚措施

第十二条 承担单位要完善内部经费管理制度和会计核算制度，对科研经费要实行单独核算，内部科技经费管理制度不健全或不单独核算的，将责令限期改正，拒不改正的将通过停拨经费、通报批评、终止项目等措施进行处罚。

第十三条 承担单位、项目负责人及项目组成员要根据项目需求，据实编报项目预算，严格预算执行，不得提供虚假资金承诺及财务会计资料，有下述情况的，将通过限期整改、停拨经费、通报批评、终止项目、追回已拨经费、列入失信黑名单，取消其项目申报资格等措施进行处罚。

（一）截留、挤占、挪用科技项目经费；

（二）违反规定转拨、转移经费或将科技经费在个人账户间流转；

（三）承诺配套资金不及时足额到位；

（四）不配合监督检查工作，以及采取不正当手段，影响监督检查结果；

（五）其他违反经费使用及财经纪律的行为。

第十四条 项目承担单位主管部门或推荐单位，未按要求履行科技经费监督责任造成重大损失的，一定时限内取消其项目申报或推荐资格。

第十五条 专家和中介机构在项目预算评审、验收、专项审计、监督检查、绩效评价等过程中，发现弄虚作假，掩盖项目执行和资金使用真相，编制虚假报告等行为，根据情节，将采取通报批评、取消资格、列入失信黑名单，取消资格等措施进行处罚。专家或中介机构和项目申报或承担单位存在直系亲属关系或利益关系的要申请回避，如未申请回避，被举报或发现的，专家或中介机构列入失信黑名单。

第十六条 经费监管人员应当实事求是、客观公正、清正廉洁、严守纪律，对可能影响验收、监管结果的，应申请回避。

第五章 附则

第十七条 本办法自印发之日起施行，原《自治区科技经费监督管理暂行办法》（宁科财字〔2008〕157号）同时废止。

（宁夏科技厅 2018 年 5 月 3 日印发）

关于进一步做好自治区财政科研项目资金管理等政策贯彻落实工作的通知

[宁财（教）发〔2018〕550号]

自治区有关部门，自治区属高校、科研院所，相关项目承担单位：

为了进一步做好自治区财政科研项目资金管理等政策的贯彻落实工作，促进各项管理改革举措落地生根，切实增强科研人员改革"成就感""获得感"，现就有关问题通知如下：

一、提高思想认识，强化责任担当

自治区科研项目主管部门、项目承担单位要进一步提高思想认识，全面深入学习，准确把握自治区财政科研项目资金管理等政策的精神和具体要求，切实增强做好贯彻落实工作的责任感和紧迫感。科研项目主管部门要加强统筹协调，督促和指导所属单位落实好相关政策。自治区属高校、科研院所等相关单位要切实履行法人责任，加快制度建设，完善内控机制，规范工作流程，创新服务方式，确保下放的管理权限"接得住、管得好"。

二、细化政策措施，狠抓政策执行

（一）加快制度建设。项目承担单位应当结合本单位实际，抓紧制定和完善本单位科研项目资金管理办法，进一步明确项目预算调剂、间接费用统筹使用、劳务费分配管理、结余资金使用、科研财务助理岗位设立、内部信息公开公示等程序和内容，尽快完成相关制度的制定工作。各单位在制定制度时，应当严格按照本单位内部决策程序开展工作，有关制度应当以单位正式文件形式印发，并在单位内部以适当的方式公开。各项制度应当做到权责明确、流程清晰、操作性强、务实管用。各项制度以及自治区属高校、科研院所按规定制定的差旅会议内部管理办法，应当作为预算编制、评估评审、经费管理、审计检查、项目验收等工作依据。项目主管部门应当尽快完善预算编制指南，制定预算评估评审和项目验收工作细则等具体操作规范。

（二）大力推进信息公开。项目承担单位应当完善内部信息公开制度，明确单位内部信息公开的责任主体、程序、方式、范围和期限等，除涉密信息外，财政科研项目预决算、预算调剂、资金使用（重点是间接费用、外拨资金、结余资金使用）、研究成果等情况均应以适当方式在单位内部公开。要充分运用信息公开的手段，加强内部监督和管理。

（三）细化和完善劳务费和间接费用管理。项目承担单位应当建立健全劳务费管理办法，进一步细化访问学者、项目聘用研究人员的管理要求，规范对访问学者、项目聘用研究人员的资格认定、审批或备案、公开公示程序，明确管理责任，细化岗位设立、工作协议、劳务费标准和发放办法等日常管理规定。项目聘用研究人员应当为项目承担单位通过劳务派遣方式或者签订劳动合同、聘用协议等方式为项目聘用的研究人员（包括退休人员）。项目承担单位应当建立健全间接费用管理办法，进一步明确间接费用分配原则和流程，完善绩效考核办法，以及绩效支出与科研人员在项目工作中的实际贡献挂钩的机制，妥善处理合理分摊间接成本和对科研人员激励的关系。

（四）加强结余资金统筹管理。对于完成任务目标并一次性通过验收的项目，验收结论确定的结余资金全部留归项目承担单位使用，由其统筹用于本单位科研活动的直接支出。2年后（自验收结论下达后次年的1月1日起计算）结余资金未用完的，按规定原渠道收回。未一次性通过验收的项目，结余资金按规定原渠道收回。项目承担单位应当认真落实结余资金使用管理权限，加强结余资金统筹管理，在内部管理办法中明确具体统筹方式和管理要求，提高科研项目资金使用效益，激发科研人员创新创造活力。

（五）做好在研项目政策衔接。《关于完善自治区财政科研项目资金管理等政策的实施意见》[宁财（教）发〔2017〕838号]发布时，已进入结题验收环节的项目，继续按照原政策执行，不作调整；尚在执行环节的项目，由项目承担单位统筹考虑本单位实际情况，与科研人员特别是项目负责人充分协商后，在项目预算总额不变的前提下，自主决定是否执行新规定。

（六）规范会计师事务所开展的财务审计。项目主管部门制定项目验收工作细则，明确科研项目验收的责任主体、主要内容、程序规范等。加强对承接科研项目财务审计的会计师事务所的指导和培训，提高其政策理解和把握能力，促进提升财务审计工作质量。承担科研项目财务审计的会计师事务所应当建立健全相关质量控制机制，切实提升服务能力和审计质量。

三、发挥部门作用，加强统筹指导

自治区科研项目主管部门、项目承担单位应当进一步加大宣传培训力度，在官方网站开辟专栏，登载自治区财政科研项目资金管理有关政策文件及解读，及时发布本部门、本单位制定的相关管理办法。加大对财务人员、科研财务助理、科研人员等相关人员的培训力度。同时，加强对自治区财政科研项目资金的事中事后监管，严肃查处违法违纪问题。项目主管部门应当结合本部门实际情况，对共性问题统筹研究，提出解决方案或指导意见。加强对本部门所属高校、科研院所等单位落实自治区财政科研项目资金管理等政策的跟踪指导，及时总结典型做法，并予以推广。自治区财政厅、自治区科技厅将持续跟踪改革进展，加大督促检查力度，促进财政科研项目资金管理等政策落实落地。

（宁夏财政厅 科学技术厅2018年7月26日印发）

宁夏回族自治区重点研发计划管理暂行办法

(宁科规发〔2018〕8号)

第一章 总则

第一条 为深入实施创新驱动战略,根据《国家重点研发计划管理暂行办法》(国科发资〔2017〕152号)、《关于深化自治区财政科技计划(专项、基金等)管理改革方案》(宁政发〔2016〕15号)、《宁夏回族自治区财政科研项目和资金管理办法》(宁政办发〔2015〕8号)、《关于完善自治区财政科研项目资金管理等政策的实施意见》(宁财教发〔2017〕838号)等有关规定,规范重点研发计划管理,制定本办法。

第二条 本办法所称重点研发计划,是指围绕自治区经济社会发展的重大战略部署,聚焦传统产业提升、新兴产业提速、特色产业品牌及现代服务业提档的重大科技需求,开展重大共性关键技术和产品研发、先进技术集成创新与应用示范等。资金来源为重点研发计划相关专项。

第三条 自治区重点研发计划分为重大项目、重点项目和一般项目三类,分层次管理。重大项目是指以攻克自治区经济社会发展重大技术瓶颈和应用基础关键核心问题为目标,开展全链条创新设计和一体化组织实施,须设立若干个目标明确、边界清晰的课题。重点项目是指以攻克重点领域共性关键技术为目标,开展新技术、新工艺、新品种、新产品的研究开发和技术引进消化吸收集成再创新,可设立若干个课题。一般项目侧重于先进适用性技术的研发和示范应用,不设课题。

第四条 重点研发计划资金使用和管理遵循"突出重点,分类支持,科学安排,注重绩效"的原则。

第五条 自治区科学技术厅是重点研发计划的行政主管部门,各市县科技管理部门、宁东管委会、园区管委会、科研院所、高校、自治区有关部门及中央驻宁单位作为项目归口管理部门,负责组织、审查和项目申报推荐,协助自治区科学技术厅对所属项目实施过程监管。

第二章 申报受理与筛选

第六条 重点研发计划项目通过公开征集和顶层设计等方式形成。

(一)公开征集。自治区科学技术厅项目主管业务处根据全区经济社会发展需求和科技创新发展规划,面向全区征集技术需求,自治区科学技术厅有关综合处凝练形成项目申报指南并经厅务会审定后,统一在自治区科学技术厅门户网站发布项目指南申报通知。

(二)顶层设计。自治区科学技术厅项目主管业务处跟踪了解全区产业技术发展趋势和产业技术路线,开展企业技术需求调研,会同区内外行业专家、技术专家及产业部门主动设计对我区发展有重大影响的重大项目和重点项目,面向全社会公开申报(或进行公开招标)。

第七条 重点研发计划项目的申报主体为宁夏区内注册1年以上企业、高等院校、科研院所及其它事业单位。各类主体申报的项目须经归口管理部门审核后推荐上报。

第八条 鼓励重点研发计划项目实行对外开放与合作。区外科研机构、高等院校、企业在宁夏境内注册独立法人机构,可根据申报指南要求承担或参与项目申报。

第九条 重点研发计划项目通过宁夏科技管理信息系统（以下简称"管理信息系统"）进行网上申报和推荐，不见面办理，常年受理。管理信息系统与宁夏政务服务网项目信息互通共享。涉及国家技术保密的项目，项目承担单位、归口管理部门及自治区科学技术厅项目主管业务处按照国家、自治区有关规定加强保密管理，防止泄密。

第十条 项目申报应当提供以下材料：

（一）通过管理信息系统生成的项目申报书，须加盖申报单位和推荐单位公章（保密项目按照有关规定执行）；

（二）重大、重点项目须提交项目可行性研究报告和项目资金预算书等材料；

（三）申报单位认为与所申报项目直接相关的其他说明材料。如单位资质证明、前期研究成果及工作基础材料、合作协议等；申报单位为企业的，还须提供企业上年度研发投入占主营销售收入的比例及R&D统计报表及财务报表；

（四）申报指南规定的其他材料。

第十一条 通过网上申报推荐的项目，自治区科学技术厅项目主管业务处负责审查和筛选，筛选后的项目实行入库管理。加强对入库项目的审核，严格查重，从源头上杜绝多头申报、重复立项等情况。

第三章 评审论证与立项

第十二条 重大项目由自治区科学技术厅组织委托区内外专业科技评估机构进行项目立项评审；重点项目和一般项目采取网上评审和会议评审相结合的方式，由自治区科学技术厅项目主管业务处委托专业机构开展。

第十三条 建立专家遴选制度。原则上所有参与项目评审的专家从专家库中随机抽取，专家遴选应当充分考虑专家组成的专业性、配置的合理性和回避制度。优化完善现有的专家库数据，建立完善评审评估专家轮换、调整机制，建立专家评审评估活动公示、监督、后评估机制和信用档案。

第十四条 自治区科学技术厅项目主管业务处根据专家评审意见，提出拟立项项目，经厅务会审定后在自治区科学技术厅门户网站上向社会公示，接受社会监督。公示时间一般不少于5个工作日。公示期间有异议，经调查反映情况属实并需调整的，报厅务会重新审定。项目公示期满后，自治区科学技术厅将项目纳入本部门项目库。

第四章 资金配置与管理

第十五条 以企业承担的项目，根据专家预算评审确定的总研发经费，给予总研发投入的30%以内财政资金支持，企业自筹资金不低于70%；以科研院所、高校及其他事业单位承担，企业参与的产学研合作项目，企业也须有自筹资金。同等条件下，对科研院所、高校及其他事业单位有自筹资金的项目优先给予支持。

第十六条 重点研发计划项目财政支持资金按照实施计划，分年度拨付。

第十七条 项目资金使用、管理等具体事项根据《国家重点研发计划资金管理办法》《关于完善自治区财政科研项目资金管理等政策的实施意见》《宁夏回族自治区财政科研项目和资金管理办法》中相关规定实施。

第五章 实施管理与监督

第十八条 项目承担单位为企业的，自治区科学技术厅与项目承担单位签订项目合同书；项目承担单位为科研院所、高校及其他事业单位的，自治区科学技术厅与项目承担单位、项目归口管理部门签订项目任务书。

（一）立项文件下达后10个工作日内须完成项目合同书或任务书的签订，逾期未签作自动放弃处理。项目合同书或任务书通过管理信息系统按要求进行网上填写，经自治区科学技术厅项目主管业务处审核后在线打印并上报。

（二）项目实施周期一般不超过3年，重大项目最多不超过5年。项目由多家单位合作实施的，项目承担单位应与合作单位签订合作协议书，明确各方权利义务、资金安排、知识产权归属、法律责任等。

（三）在签订合同书（任务书）之前，自治区科学技术厅有关处室组织项目承担单位法定代表人、项目主持人和财务负责人进行廉政风险预警谈话。

第十九条　项目管理实行回避制度。在评审立项、经费分配、项目验收、争议处理等环节中，相关管理人员与项目负责人有直接利害关系的要主动申请回避；评审、咨询专家与项目或负责人有直接利害关系的、项目负责人因正当理由而事先正式申请回避的专家应当回避。

第二十条　项目实行年度检查制度。项目承担单位应通过管理信息系统向自治区科学技术厅项目主管业务处提交项目年度执行和经费使用等情况的总结报告。自治区科学技术厅项目主管业务处组织专家对重大、重点项目执行情况进行年度检查。

第二十一条　项目实行中期评估制度。实施周期在3年及以上的重大、重点项目，在项目实施中期，自治区科学技术厅项目主管业务处委托专业机构对项目执行情况和经费使用情况进行评估，形成中期执行情况报告，评估结果作为项目实施方案、目标任务、技术路线、后续资金拨付、执行进度等调整的重要依据。

第二十二条　项目实行绩效评价制度。重点研发计划项目在年度检查、中期评估等管理的基础上，3~5年对重大、重点和一般项目资金使用整体情况进行一次绩效评价工作。

第二十三条　项目实行科研信用管理制度。建立重点研发计划项目科研信用管理机制，根据相关规定，客观、规范地记录项目管理过程中的各类科研信用信息，对项目承担单位、专家、专业机构及相关个人按照信用评级实行分类管理，建立企业黑名单管理制度。

第二十四条　项目实行科技报告制度。项目承担单位要按照《宁夏回族自治区科技计划科技报告制度管理办法》规定，负责项目科技报告的撰写、呈交，未按规定提交并纳入科技报告服务系统的，不得通过结题验收。

第二十五条　项目立项后，由于客观原因造成必须要调整的事项，应按程序报批。变更项目（课题）负责人，项目承担单位、合作单位等重大调整事项，由项目承担单位提出书面申请，经归口管理部门同意后报自治区科学技术厅，自治区科学技术厅项目主管业务处组织专家对项目已执行情况进行评议，形成综合意见报厅务会审定后批复调整。涉及项目预算调整事项经自治区科学技术厅批准后报自治区财政厅，自治区财政厅根据自治区科学技术厅批准意见调整项目预算。

第二十六条　由于不可抗力因素或其他客观原因，不能执行合同书（任务书）需要终止的项目，项目承担单位提出申请，并提供已开展工作情况报告，经归口管理部门同意后报自治区科学技术厅。自治区科学技术厅项目主管业务处委托专业机构对项目任务执行和资金使用情况进行评估，提出处理建议报厅务会审定执行。对因非正当理由致使项目撤销的，自治区科学技术厅项目主管业务处组织调查核实或评估，提出处理建议报厅务会审定执行，明确收回财政支持资金，并将项目承担单位和负责人纳入科研信用记录，违纪违法的移交监察和司法机关。

第二十七条 建立自治区重点研发计划项目监察系统，实行项目全过程嵌入式监督，项目管理全过程接受自治区科学技术厅驻厅纪检监察组和机关纪委监督。

第二十八条 重点研发计划项目通过管理信息系统对项目申报、评审、立项、监督检查、结题验收、绩效评价等全过程进行信息管理，全程留痕，可查询、可申诉、可追溯。

第六章 验收与成果管理

第二十九条 自治区科学技术厅项目主管业务处负责项目验收工作，可委托专业机构负责具体实施。项目承担单位须在项目到期前3个月内完成验收准备并通过管理信息系统提交验收材料，在6个月内完成项目验收，不得无故逾期。项目下设课题的，项目承担单位应在项目验收前组织完成课题验收。

第三十条 项目因故不能按期完成须申请延期的，项目承担单位应于项目执行期结束前3个月提出延期申请，经项目管理部门提出意见报自治区科学技术厅项目主管业务处审核批复后执行，项目延期原则上只能申请1次，延期时间原则上不超过1年。

第三十一条 重点研发计划研究过程形成的档案材料，项目验收通过后30天内，由项目承担单位负责将项目电子文档按规定上传管理信息系统，纸质文档按要求和程序报自治区科学技术厅项目主管业务处存档。项目文档包括：项目实施总结报告；项目所获科技成果、专利等证明文件；项目验收申请书和项目验收证书；其他材料。

第三十二条 重点研发计划应当明确项目承担单位的科技成果转化义务，产生的科技成果按照技术秘密保护、科技成果管理、知识产权保护、技术合同认定登记、科学技术奖励等有关法律、法规和规章执行。

第七章 附则

第三十三条 本办法自2018年8月27日起施行，有效期至2020年8月26日。同时，《宁夏回族自治区科技支撑计划管理暂行办法》（宁科计字〔2012〕5号）、《科技厅项目管理制度》（宁科办发〔2008〕22号）、《宁夏回族自治区科技计划项目监督办法（试行）》（宁科计字〔2010〕203号）、《自治区应用技术研究与开发资金管理暂行办法》（宁财企发〔2005〕182号）、《自治区应用技术研究与开发资金项目绩效评价暂行办法》（宁财企发〔2006〕76号）废止。

（宁夏科技厅 宁夏财政厅2018年7月27日印发）

宁夏回族自治区科技计划项目验收管理暂行办法

(宁科规发〔2018〕12号)

第一章 总则

第一条 为了贯彻落实党中央、国务院关于推进科技领域"放管服"改革要求，建立完善以信任为前提的科研管理机制，规范项目验收管理，根据《国务院关于优化科研管理提升科研绩效若干措施》(国发〔2018〕25号)等有关规定，制定本办法。

第二条 项目验收是科技计划项目管理的重要环节。凡经自治区科技厅批准立项，获得自治区财政经费资助的科技计划项目（后补助、贷款贴息、风险补偿、奖励等项目除外），在按项目合同书（任务书）规定的时间内完成任务后，均应按照本办法规定做好验收工作。

第三条 本办法所指科技计划项目包括：基础研究计划（自然科学基金）、重点研发计划、技术创新引导计划、科技基础条件建设计划中竞争类项目。技术创新引导计划、科技基础条件建设计划中的奖补类项目按照其专项管理办法执行。

第四条 项目验收工作坚持实事求是、客观公正、注重质量、讲求实效的原则，做到公平、公正、公开，保证验收工作的严肃性和科学性。

第五条 自治区科技计划项目验收以《宁夏回族自治区科技计划项目合同书（任务书、预算书、实施方案或组建方案）》为依据，对项目任务目标和考核指标完成情况、经费使用等情况进行客观的、实事求是的评价。主要内容包括：

（一）项目合同书（任务书）规定的技术、经济指标的完成情况；

（二）项目合同书（任务书）确定的总经费（包括财政支持资金、配套经费及自筹经费）的到位情况，项目经费的实际支出情况，以及使用的合理性、合规性和合法性；

（三）项目获得的知识产权及取得的经济、社会效益情况；

（四）项目实施的组织管理、机制创新及人才队伍建设等情况。

第六条 自治区科技厅主管业务处制定自治区科技计划项目年度验收计划。项目具体验收工作按照"谁立项、谁验收"的原则，重大、重点科技项目由科技厅主管业务处组织验收，一般项目由科技厅主管业务处委托市县科技管理部门、归口管理部门或专业机构组织开展（以下统称为"验收组织单位"）验收。自治区科技厅委托五市及宁东管理的项目，由五市及宁东科技管理部门负责验收，验收结束后向科技厅主管业务处备案。

第二章 验收申请

第七条 项目验收申请程序。到期项目，由项目负责人通过"自治区科技管理信息系统"在线填写验收申请书，提交验收材料。经项目承担单位、市县（区）科技管理部门或归口管理部门审核同意后，提交验收组织单位。

第八条 项目承担单位应在项目执行期满3个月内按要求提交验收申请材料，6个月内完成项目验收工作。项目因故不能按期完成须在项目执行期结束前3个月内向自治区科技厅主管业务处提出延期申请，经审核批准后方可执行。项目延期原则上只能申请1次，延期时间原则上不超过1年。

第九条 项目验收材料主要包括：

（一）验收申请表；

（二）工作技术总结报告；

（三）项目承担单位财务部门出具的经费决算报告；

（四）项目实施绩效资料：

1.项目研究成果（专利、论文、人才培养、操作规程、相关标准、获奖证书、可转化成果登记表等），须标注资助计划名称及编号；

2.涉及技术、经济指标的有关证明资料，包括具有法定资质单位出具的技术检测报告、用户报告和相关的经济社会效益等。

（五）财政支持经费50万元（含50万元）以上的项目还需提交以下材料：

1.委托具有资质的中介机构出具的项目经费支出专项审计报告；

2.项目执行期内企业向统计部门提交的研发投入统计报表。

（六）根据项目验收要求需提供的其他相关资料。

第十条 验收资料审核。验收组织单位对项目负责人、项目承担单位提交的验收申请进行在线形式审查。形式审查合格的项目，通知项目承担单位提交相关验收材料，由项目承担单位加盖公章、项目负责人签字后报送验收组织单位，超过项目任务合同书（任务书）约定完成时限6个月的项目须提供项目延期手续。

第三章 验收过程和结论

第十一条 根据项目不同类型，项目验收方式采取会议验收、网络评审验收、结题三种。

（一）会议验收指由验收专家组采用会议形式，听取项目执行情况介绍，经现场考察、测试、质询、讨论等程序，形成验收意见。自治区财政资金支持50万元（含50万元）以上的项目以及自治区自然科学基金重点项目、自治区软科学项目采用会议验收形式进行验收。

一般科技示范和产业化项目应当在试验、产业化现场进行验收，或由验收组织单位事先委派2名以上行内技术专家和财务专家到现场考察，核实产业化情况及经费使用情况后，再组织会议验收。

（二）网络评审验收指通过"自治区科技管理信息系统"从专家库中随机抽取技术专家和财务专家，依据网络评审验收评分指标体系和项目验收材料，开展网络在线评审，形成得分和验收意见。自治区财政资金支持50万元以下的项目可以采用网络评审验收形式进行验收。

（三）结题指由验收组织单位依据验收考核指标审核验收材料，形成审核意见。自治区自然科学基金一般项目采用结题。

第十二条 项目验收工作包括技术验收和财务验收两部分。项目技术验收与财务验收合并进行，财政支持50万元（含50万元）以上的项目由聘请的财务专家单独出具财务验收意见。

第十三条 重大项目验收工作由科技厅或委托高水平专业机构组织区内外专家现场考察后再组织会议验收，现场考察结论作为会议验收的重要依据。

第十四条 对下设课题的重点研发计划重大项目和重点项目，项目牵头单位应在项目验收前组织完成课题验收。

第十五条 科技计划项目的会议验收和网络评审验收工作实行专家负责制。验收专家组由相关领域技术和财务专家组成且为单数，原则上专家应在专家库中选取确定，严格控制同一专家参加自治区级科技计划项目验收的频次。财政支持50万元（含50万元）以上的项目，验收专家组成员一般不少于7人，其中财务专家不少于2人；财政支持50万元以下的项目，验收专家组成员一般不少于5人，其中财务专家不少于1人。

第十六条 验收专家要以科学的态度和方法，严格依照项目验收的程序和办法，实事求是、独立、客观、公正地对项目作出验收评价意见。

第十七条 项目验收实行回避制度。项目组人员不能作为验收专家参加项目验收工作。在项目验收时，验收专家与被验收项目承担单位或项目组人员存在直接利害关系情况时，应主动提出申请回避。

第十八条 采取会议验收和网络评审验收的项目，验收意见可以有"通过验收"（包括整改后通过）、"不通过验收"和"结题"三种结论。

（一）凡完成合同（任务）约定的主要研究内容和技术、经济指标，资金到位且使用合理、合规的项目，验收资料齐全，给予"通过验收"的结论。其中，采取网络评审验收的项目按照评分指标体系得分达到及格分且半数以上专家意见为合格的，给予"通过验收"的结论。

（二）凡有下列情况之一的，给予"不通过验收"的结论。

1.因主观原因，未完成合同书（任务书）约定的主要技术经济指标；

2.采取网络评审验收的项目按照评分指标体系得分未达到及格分或半数以上专家意见为不合格的；

3.所提供的验收资料存在内容抄袭、数据造假等重大问题，或项目承担（依托）单位无法提供验收指标完成情况有效证明资料的；

4.资金管理使用存在违规问题拒不整改的；

5.经费管理使用混乱，财政资金存在虚构财务会计资料、虚假票据、擅自挪作他用等重大问题；违反规定转拨、转移财政科研经费，未按规定执行和调剂预算，虚假承诺其他来源资金，且情节严重的。

（三）凡有下列情况之一的，给予"结题"的结论。

1.因不可抗拒因素，致使项目不能继续或不能完成研究开发内容和目标的；

2.因其他客观原因，导致项目不能继续实施的。

第十九条 凡首次验收中要求整改的项目，可有一次整改机会。要求整改项目，应当在接到整改通知后2个月内完成整改，并提请按首次验收方式进行重新验收。整改到位的验收结论为"通过验收"，整改不到位的验收结论为"不通过验收"。

第二十条 对"通过验收"和"结题"的项目，应在验收工作结束之日起2个月内，登陆"自治区科技管理信息系统"按规定提交科技报告和电子版项目档案材料，在线打印科技报告收录证书和验收证书。

第二十一条 对"通过验收"的项目，视同通过自治区科技成果评价，应按照自治区科技成果登记有关规定，进行科技成果登记。

第二十二条 对"不通过验收"的项目，视情况，按有关规定记入自治区科研诚信失信行为记录，并实施管理。

第四章 附则

第二十三条 在项目验收过程中,项目负责人、验收专家和验收组织单位有下列行为的,将按规定记入自治区科研诚信失信行为记录,并追究其违纪违法责任。

(一)验收专家或验收组织单位在验收工作中出现玩忽职守、渎职、弄虚作假、徇私舞弊等行为的;

(二)项目验收材料造假或拒不验收的。

第二十四条 参与项目验收的有关人员,应当维护项目的知识产权,对项目涉及未公开且在申请阶段的专利及其他技术秘密保密。未经允许擅自披露、使用的,依据有关规定追究其责任。

第二十五条 本办法自 2018 年 12 月 1 日起施行,有效期至 2020 年 11 月 30 日。原《宁夏回族自治区科技计划项目(课题)财务验收办法(试行)》(宁科财字〔2009〕53 号)同时废止。

第二十六条 本办法由自治区科技厅负责解释。

(宁夏科技厅 2018 年 10 月 19 日印发)

自治区人民政府关于优化科研管理提升科研绩效若干措施的通知

(宁政规发〔2019〕2号)

为加快科技领域"放管服"改革,建立完善以信任为前提的科研管理机制,按照能放尽放的要求赋予科研人员更大的人财物自主支配权,充分调动科研人员创新创业活力,推动创新驱动战略实施和经济高质量发展,根据《国务院关于优化科研管理提升科研绩效若干措施的通知》(国发〔2018〕25号)精神,结合我区实际,制定以下措施。

一、优化科研项目管理

(一)优化项目申报。实行自治区科技计划年度指南定期发布制度,常年受理项目申报,分批出库评审。精简自治区科技计划管理材料和申报环节,实行"材料一次报送"制度,承担单位通过自治区科技计划管理信息系统已提交的材料,不再重复提供,相关资料发生变更后及时修改完善。加强项目查重,避免重复申报立项、交叉支持,实现管理过程"可申诉、可查询、可追溯"。

(二)严格项目立项。聚焦自治区重大战略任务和重点产业需求,采取公开征集和顶层设计相结合,确定自治区级科研项目。根据项目类别和评审指标,重点审核项目的创新性、可行性、可考核性,实现绩效管理科学合理。评审专家组由技术专家和财务专家组成,评审方式以通讯评审为主,在通讯评审基础上,对拟支持资金数额较大的项目进行会议评审。对亟须解决的制约自治区产业发展重大关键共性问题、社会公益性技术难题等,采取项目管理部门顶层设计,面向全国公开征集承担单位和解决方案。

(三)简化项目过程管理。实行科研项目分类管理,高校、科研院所等事业单位承担的,项目管理部门与承担单位签订任务书;企业承担的,项目管理部门与承担单位签订合同书。每年度末项目承担单位在自治区科技计划管理信息系统中提交项目年度进展报告。推动项目管理由重过程管理向重目标和标志性成果转变,加强项目结果及阶段性成果的考核。支持资金数额较小的项目,承担单位自我管理为主,一般不再进行过程管理;支持资金数额较大的项目,项目管理部门采取"双随机、一公开"方式进行检查,必要时依据任务书(合同书)中设定的重点内容和环节,由项目管理部门委托专业机构进行中期评估,对实施进度严重滞后或难以达到预期目标的项目,调整或取消后续经费支持。

(四)从严项目验收。实行项目实施期末一次性综合验收,不再分别开展单独的技术验收和财务验收。综合验收严格按照任务书(合同书)所设定的目标实施,重点对任务书(合同书)规定的技术、经济、社会效益等指标完成情况,获得的知识产权及经费实际支出的合理性、合规性和合法性等进行评价,并对目标实现程度作出明确结论。支持资金数额较大的项目,承担单位可自主选择具有资质的第三方中介机构进行财务审计;支持资金数额较小的项目,不再提供财务审计报告,由承担单位在验收时提供财务决算报告。

(五)强化项目绩效导向和结果应用。实行以创新质量和贡献为导向的分类绩效评价,建立重质量、重结果的评价体系。基础研究突出原创导向,以同行评议为主;社会公益性研究突出需求导向，以相关部门、行业用户和社会评价为主；应用技术开发和成果转化评价突出企业主体、市场导向，以用户评价、第三方评价和市场绩效为主。绩效评价结果作为项目调整、后续支持的重要依据，以及相关研发和管理人员、承担单位、专业机构业绩考核的依据。

二、改革项目经费管理

（六）改革项目经费预算编制。遵循科研活动规律和特点，完善预算编制方式，实行综合预算编制管理。将直接费用中的预算科目缩减归并为设备费、材料费/测试化验加工费/燃料动力费、差旅费/会议费/国际合作与交流费、劳务费/专家咨询费以及其他支出等5类，上述科目预算只需提供基本测算说明，不提供明细。

（七）拓宽项目直接费用列支范围。参与项目实施并与高校、科研院所等事业单位签订劳动合同的编制外、退休返聘和短期临时用工人员费用可在劳务费中列支。承担单位因科研或学术交流活动需要，邀请国内外专家、学者和有关人员参加由其主办的会议，会议代表参加会议所发生的城市间交通费，原则上按差旅费规定由会议代表所在单位报销，对确需负担的城市间交通费、国际旅费，也可在直接费用相关科目中列支。

（八）改进项目资金拨付和留用处理方式。非自治区级预算单位项目资金直接拨付到承担单位基本账户。自治区级预算单位可将间接费用、内部机构之间合理的结算支出、合作项目经费支出等部分项目资金从本单位零余额账户向本单位或本部门其他预算单位实有资金账户划转。科研项目完成任务目标并通过验收（结题）后，若有结余资金，2年内可留归项目组用于后续科研活动直接支出或由承担单位统筹用于科研活动直接支出，2年后未使用完的按规定收回。

三、赋予项目负责人和承担单位更大科研自主权

（九）扩大项目预算调剂权、经费使用权和技术路线决策权。在总预算不变的情况下，项目负责人可根据科研活动实际需要，调整直接费用中除设备费外的其他科目费用支出，由承担单位审核并办理调剂手续。项目负责人具有自主选择和调整技术路线的权利，项目申报期间，以项目负责人提出的技术路线为主进行论证。项目实施期间，项目负责人可以在研究方向不变、不降低研究目标的前提下自主调整研究方案和技术路线，报项目管理部门备案。项目负责人可按规定自主组建科研团队并结合项目实施进展情况进行相应调整。对自治区级科技项目经费中列支的国际合作与交流费，不计入本单位因公临时出国批次限量管理范围，出访团组、人次数和经费单独统计。对基础研究、软件开发、集成电路设计、软科学研究、科技服务、哲学社会科学等特定智力密集型项目，提高间接经费比例，500万元以下的部分为不超过30%，500万元至1000万元的部分为不超过25%，1000万元以上的部分为不超过20%。

（十）健全学术助理和财务助理制度。高校、科研院所根据科研活动需要，采取固定岗位、短期聘用、第三方外包等形式，可聘用学术助理和财务助理，为项目实施提供科研辅助、经费管理等服务，其费用可在相应项目劳务费或间接费用中列支。

（十一）自主规范管理横向委托项目经费。高校、科研院所以市场委托方式取得的横向项目经费，纳入单位统一管理，自主确定经费使用范围、标准以及分配方式。横向委托项目完成后获得的净收入，如合同约定分配事项，按合同约定提取报酬；如合同未约定，允许全部留归项目组成员自主分配并依法缴纳所得税。科研人员承担横向委托项目所取得的科技成果，经自治区科技部门认定后，在业绩考核、职称评定中与自治区级科技项目同等对待。

（十二）简化科研仪器设备采购流程。简化高校、科研院所等事业单位科研仪器采购流程，对依据项目任务书购买急需的设备、试验材料、耗材，采用特事特办、随到随办的采购机制，可不进行招投标程序，缩短采购周期。对于独家代理或生产的仪器设备，按程序确定采取单一来源采购等方式进行采购。对高校、科研院所等事业单位采购进口仪器设备实行备案管理制度。继续落实进口科研教学用品免税政策。

（十三）推动大型科学仪器等科技公共资源开放共享。高校、科研院所等事业单位对外提供大型科学仪器开放共享获取的服务净收入和补贴可作为绩效工资的经费来源，单位内部绩效工资分配时应向从事资源服务的人员倾斜。加大大型科学仪器等科技公共资源开放共享力度，对开放共享贡献突出的单位，在基础条件建设等项目立项评审上给予倾斜支持。

四、营造激励创新的浓厚氛围

（十四）强化高校、科研院所的主体责任。单位主管部门、项目管理部门和其他相关部门在岗位设置、人员聘用、内部机构调整、绩效工资分配、评价考核、科研组织等方面赋予高校和科研院所更大管理权。支持高校和科研院所严格落实国家和自治区科技体制改革要求，制定完善本单位科研、人事、财务、成果转化、科研诚信等具体管理办法，强化服务意识，推行一站式服务。允许高校、科研院所自主确定基础性绩效工资和奖励性绩效工资比例，自主决定绩效考核和绩效分配办法。

（十五）鼓励企业加大科技创新。加大企业自主创新支持力度，制定科技型企业发展优惠政策，实施"高新技术企业倍增""百家科技小巨人企业培育"和"千家科技型中小企业发展"三大计划。探索设立创新基金，通过直接补助、研发投入后补助、科技创新券、科技金融等政策引导企业加大创新投入力度。对企业申报的自治区级科研项目，先行组织开展研发活动已投入的资金，项目批复后可从项目资金中冲抵。企业自主研发并实施转化的科技创新成果，自治区科技成果转化专项资金给予适当资助。支持企业与东部地区高校、科研院所、企业等联合实施技术攻关、人才培养、成果转化、平台建设等东西部科技合作项目，适度降低自筹资金比例。

（十六）加大对创新人才激励。对全时全职承担自治区重大科技项目主持人或团队负责人以及引进的高层次领军人才，实行一项一策、清单式管理和年薪制。鼓励和支持企业充分利用东西部科技合作机制，柔性引进区外高校、科研院所高层次人才，在科研项目、创新团队建设等方面给予倾斜支持。支持高校、科研院所科研人员到企业兼职开展研发和成果转化，加大高校、科研院所和国有企业科研人员科技成果转化股权激励，科研人员获得的职务科技成果转化现金奖励计入当年本单位绩效工资总量，但不受总量限制，不纳入总量基数。

（十七）建立诚信与容错并举的科研机制。加强科研活动全流程诚信管理，在科技计划项目、科研经费使用、科技奖励等科研活动中全面推行科研诚信承诺制度，完善调查核实、公开公示、惩戒处理等机制。对科研不端行为零容忍，对严重失信行为责任主体在一定期限、一定范围内禁止其申报科技项目、科技奖励，对严重违背科研诚信行为实行终身追究、联合惩戒。对已履行科研职责，但因不可抗力或科研不确定性未能实现预期研究目标的承担单位和负责人予以免责，合理合规的已支出资金不予追缴。

（十八）建立科研项目监督检查审计信息共享机制。对同一科研项目，实行监督、检查、审计结果互认，减少对科研活动的审计和财务检查，避免重复检查。自治区有关部门可直接运用相关监督、检查、审计结果，出现对相关政策理解不一致的，应及时与政策制定部门沟通并调查澄清。自治区科技、财政、审计等部门要制定自治区级科研项目财务审计指引，规范会计师事务所从事科研项目财务审计工作，将科研项目财务审计纳入执业质量检查范围。对会计师事务所出具的科研项目财务审计报告或结论，自治区有关部门可直接使用。

自治区有关部门、高校、科研院所应在本措施出台后1个月内制定实施细则和内部操作办法，并参照有关条款建立完善本单位财务管理和内部控制制度。本措施自印发之日起1个月后相关规定与自治区现行科研管理政策不一致时，以本措施为准。

本措施自2019年4月12日起实施，有效期至2023年4月11日。

（宁夏回族自治区人民政府2019年3月7日印发）

宁夏回族自治区科技创新券管理实施细则

(宁科规发〔2019〕1号)

第一条 根据《宁夏回族自治区科技创新券管理暂行办法》(宁科规发〔2018〕10号),为进一步细化科技创新券(以下简称"创新券")申领、使用及科技服务机构管理、考核等工作,制定本细则。

第二条 自治区科技厅委托宁夏高新技术创业服务中心(以下简称"创业中心")作为管理机构,负责创新券的日常管理工作。主要职责是:

(一)对科技服务机构入库进行备案、审核;

(二)对创新券申领及兑付资料进行审定确认,并开展监督抽查;

(三)对科技服务机构年度工作进行考核并提出补贴额度;

(四)为创新主体和科技服务机构合作、研发、技术转移等活动提供相关服务;

(五)负责创新券政策宣传、培训等工作。

创业中心可委托专业机构开展自治区科技创新券管理服务平台(以下简称"管理平台")运营及培训、科技服务机构入库评审、创新券申领及兑付资料的复核、服务对接等相关工作。

第三条 自治区各相关单位及市县科技管理部门(以下简称"主管部门")负责本单位、辖区内创新券申领的审查工作。

第四条 创新券主要支持创新主体开展以下创新活动:

(一)在新产品、新技术研发过程中委托检验、检测、动物实验、实验分析、设计、模具开发等技术服务;

(二)购买50万元以下的技术成果、专利技术及委托开展的小型研发活动;

(三)科技培训、科技咨询、科研仪器维修维护、科技查新、科技成果评价;知识产权法律服务、知识产权贯标辅导、专利权质押贷款等。

(四)自带科技成果在孵化器、众创空间、星创天地内租赁孵化服务场地、购买财务、咨询管理、众筹众包等创新创业服务活动。

(五)其他相关科技服务且适用创新券的活动。

第五条 科技服务机构入库采取自愿申报、择优选择的方式,分为直接备案入库和审核入库两种类型。

(一)直接备案入库:经自治区级以上部门认定的创新平台依托单位,国家或自治区级科技企业孵化器、众创空间、星创天地、技术转移机构,国家或自治区认可的法定检测机构、知识产权代理机构,已在区外省市创新券平台注册运营并经当地科技管理部门认定的科技服务机构,只需在管理平台注册并填报相关信息,经创业中心备案后直接入库。

(二)审核入库:在管理平台注册并提交相关信息,由专业机构组织专家评审,经创业中心审核备案后入库。基本条件如下:

1. 具备从事相关科技服务的业务基础和必要的设备设施；

2. 专职服务团队不少于10人；

3. 有完善的管理制度和规范流程；

4. 无不良信用记录。

第六条 科技服务机构实行动态管理，可随时申报、随时审核，科技服务机构名录即时更新。科技服务机构在服务年度内评价结果为差且拒不整改的，将取消科技服务机构资格。

第七条 创新主体按需求在管理平台上选择相应的科技服务机构进行对接，在线填写"科技创新券服务合同"后提交主管部门。主管部门接到创新主体申请后，在5个工作日内完成对服务合同及服务真实性的初审，提交专业机构复核，由创业中心审定确认后生成创新券。创新主体在一个年度内可根据需要多次申领创新券，但申领创新券达到规定额度时（法人机构、社会组织20万元，个人5万元），系统将自动停止申领。

第八条 创新主体与科技服务机构签订的服务合同属于委托开发、合作研发或购买技术成果、专利技术等活动的，应当订立技术开发合同或技术转让合同，并经认定登记。

第九条 选择区内科技服务机构的，创新主体在支付服务费用时可直接抵用创新券，科技服务机构不得拒绝创新券抵用。选择区外科技服务机构的，创新主体先行支付全部服务费用，服务完成后申请兑付创新券。

第十条 创新主体在委托服务完成后10个工作日内，对科技服务机构的服务情况进行评价，并在管理平台上传以下材料：

1. 发票或行政事业性收费票据等费用支付证明；

2. 服务结果证明（如检测报告、技术解决方案、合作研发情况总结等）。

第十一条 专业机构对兑付材料进行复核后，科技服务机构（创新主体）可选择即时兑付也可选择累积兑付。创业中心收到科技服务机构（创新主体）在线提交的创新券兑付申请后，在7个工作日内完成确认并兑付资金。当年创新券兑付额度超过预算额度时结转下年度安排。

第十二条 创业中心每年底对科技服务机构的创新券兑付额度、服务收入及质量进行综合评价，并给予一定的服务补贴。对高校、科研院所等事业单位，按照不超过创新券兑付额度的50%给予补贴；对社会化服务机构，按照不超过创新券兑付额度的20%给予补贴；对科技查新、成果评价等公益性服务，按照每张合同200元的标准给予补贴，每个科技服务机构当年补贴额度最高不超过30万元。补贴资金主要用于设备运行维护及科技服务人员的绩效工资支出。

第十三条 自治区科技厅依据当年创新券工作运行总体情况对创业中心进行评价，并按照不超过创新券年度兑付资金总额的10%核定创业中心下年度工作经费。

第十四条 本细则由自治区科技厅负责解释。

第十五条 本细则自2019年8月1日施行，有效期至2020年10月7日。

（宁夏科技厅2019年6月20日印发）

关于印发《关于深化科技领域"放管服"改革优化创新服务环境的实施意见》的通知

(宁科发〔2019〕37号)

各市、县(区)科技局,科研院所、高等院校,高新技术产业开发区、国家农业科技园区、工业园区管委会,银川经济技术开发区管委会,相关单位:

为深化自治区科技领域"放管服"改革,优化创新服务环境,根据中共中央、国务院和自治区党委、政府关于推进科技体制改革的部署要求,自治区科技厅研究制定了《关于深化科技领域"放管服"改革优化创新服务环境的实施意见》,现予印发,请结合实际,抓好贯彻落实。

宁夏回族自治区科学技术厅
2019年7月16日

关于深化科技领域"放管服"改革优化创新服务环境的实施意见

根据中共中央、国务院和自治区党委、政府关于深化科技体制及"放管服"改革、优化营商环境的部署要求,为进一步深化我区科技体制改革,优化创新服务环境,深化科技领域"放管服"改革,充分调动企业、科研人员积极性,激发全社会创新活力,助推创新驱动战略,结合实际,提出如下实施意见。

一、总体要求

(一)指导思想。以习近平新时代中国特色社会主义思想为指导,全面贯彻党的十九大和自治区第十二次党代会精神,坚持问题导向、目标导向,聚焦企业和科研人员创新创业的痛点、难点、堵点,遵循创新发展规律、科技管理规律和人才成长规律,进一步发挥市场机制作用,着力破除制约创新驱动发展的体制机制瓶颈,赋予科研机构和科研人员更大的科研活动自主权,激发创新主体活力,提升创新体系效能,持续优化创新生态,为全区高质量发展提供有力支撑。

(二)基本原则。坚持简政放权,将具备下放条件的管理职能下放市县科技管理部门、中介服务机构承担,提高科研管理效能;坚持优化流程,全面梳理项目管理等政务服务环节,充分运用互联网和信息化发展成果,精简材料,压缩时限,减轻科研人员负担;坚持激发活力,围绕制约企业、科研人员等创新主体开展创新活动的关键问题,持续深化改革,增强创新活力和动力。

二、全面征集创新需求

(三)改革项目形成机制。聚焦多数创新主体有创新需求、无研发能力,科技与经济结合不紧密,成果供给与产业需求不匹配等突出问题,全面开展创新需求征集工作。在需求征集基础上,智能分析,精准对接,精准立项,面向社会公开竞争、择优遴选优势团队解决技术难题,逐步形成以市场为导向的科技项目形成机制和创新支持体系。

（四）畅通需求征集途径。充分发挥科技管理信息平台在"放管服"改革中的载体作用，在"宁夏科技管理信息系统"设置"需求征集"模块，在自治区政务服务大厅科技厅窗口开设创新需求受理业务，常年受理和广泛征集各行业、各领域创新需求，推动科技项目形成机制由征集项目向征集需求转变。

（五）创新需求征集方式。各市县（区）科技管理部门、科研院所、高等院校、园区管委会、企业等是需求报送的主体。重点围绕地方特色产业、企业发展实际凝练创新需求，或邀请专业机构、专家团队帮助设计创新需求，激发各类创新主体的创新积极性。各市、县（区）科技管理部门年度报送创新需求数量和质量，将作为自治区创新资源统筹布局的重要依据。

三、优化项目申报流程

（六）改革项目申报时限。在自治区科技厅门户网站、微信公众号定期发布项目申报指南，通过宁夏科技管理信息系统常年受理项目申报，建立项目储备库，根据财政资金预算安排及执行进度，分批评审、出库、立项。

（七）拓宽项目申报渠道。科技项目一律通过宁夏科技管理信息系统注册申报。企业由注册地所在县（市、区）、市科技管理部门逐级审核推荐。宁东管委会、银川经济技术开发区内的企业可由所在管委会直接推荐申报。

（八）放宽申报人员条件。除自治区重大科技项目外，其他各类科技计划项目申报人员职称、学历不作限制，突出技术路线先进性和预期成果的应用价值判定，鼓励科研人员自由探索。项目申报人同期主持或参与项目数不超过3项，其中主持项目数不超过2项（同一计划类别同期只能主持1项）。各类科技创新平台、科技创新券补贴以及科技基础条件建设不计入限项范围。

（九）整合精简项目材料。减少项目申报、评审、验收、绩效评价等环节需要提供的相关材料，坚持"一表多用、一表多能"，实行项目全周期"信息一次填报、材料一次报送"制度。凡通过宁夏科技管理信息系统已提交的材料，不再要求重复提供，除项目计划任务书（合同书）、预算书外，不再要求提供纸质文本。联合申报项目的单位，不要求合作单位在项目计划任务书（合同书）、预算书上盖章。

四、改革项目评审立项方式

（十）完善评审体系。自治区重大科技项目委托国家专业机构评审。其他科技项目以通讯评审为主，在通讯评审基础上，对申请资金100万元以上的项目可进行会议评审。根据科技计划类别特点，制定科学合理的项目评分指标体系。既体现项目必要性、可行性、创新性的总体评价，又体现项目对自治区经济社会发展、产业技术进步、优势学科建设、创新能力提升的作用，促进评审工作公平公正。

（十一）下放管理权限。自治区科技厅只管理重大、重点科技项目，其他一般科技项目管理职权下放市县（区）科技管理部门和宁东管委会。加快培育建设项目管理专业机构，委托开展项目受理、评审、立项、过程管理、验收、评价等具体事务性工作，逐步建立依托市县（区）科技管理部门、科技事业单位和专业机构管理评价项目新机制。

（十二）改革企业创新支持方式。在落实企业研发费用加计扣除和科技创新后补助等政策基础上，对企业自主研发或引进技术成果实施转化的，由市县科技管理部门予以审核认定，自治区财政按照研发投入总额和经登记后的技术合同成交额，给予一定比例的补助，逐步扩大财政资金补助支持覆盖面，引导企业发挥创新主体作用。

五、精简项目管理验收环节

（十三）减少过程管理。对自由探索类基础研究项目、软科学项目一般不作过程检查，其他科研项目每年度末在宁夏科技管理信息系统中提交年度进展报告进行备案。支持资金100万元以下的项目，以承担单位自我管理为主，一般不再进行日常管理；支持资金100万元（含100万元）以上的项目，项目管理部门采取"双随机、一公开"方式进行检查，必要时委托专业机构进行中期评估，原则上1个年度内对1个项目的现场检查不超过1次。

（十四）简化预算编制。简化科研项目预算编制要求，精简说明和报表，实行综合预算编制管理。项目直接费用只提供基本测算说明，不提供明细。提倡采用财务助理制度，鼓励科研项目购买财会等专业服务，其费用可列入项目专项经费。自然科学基金、软科学研究项目经费使用实行"包干制"，不设科目，由科研人员自主决定使用。

（十五）改革验收方式。自然科学基金、软科学研究项目，在验收时由项目承担单位提交决算表备案，不进行财务验收。其他科技计划项目，实行期末财务和技术合并一次性综合验收。支持资金50万元（含50万元）以上的项目，承担单位可自主选择具有资质的第三方中介机构进行财务审计；支持资金50万元以下的项目，不要求提供财务审计报告，只提供财务决算报告。

（十六）建立分类评价体系。实行以创新质量和贡献为导向的科技计划绩效分类评价。基础研究突出原创导向，以同行评议为主；社会公益性研究突出需求导向，以行业用户和社会评价为主；应用技术开发和成果转化评价突出企业主体、市场导向，以用户评价、第三方评价和市场绩效为主。

（十七）建立科研容错免责机制。建立科技项目立项预警谈话制度，加强科研资金廉政风险防范，强化科研失信行为监管。对已履行科研尽责义务，没有牟取非法利益，但因技术路线选择失误、不可抗力或科研不确定性未能实现预期研究目标的项目承担单位和项目负责人予以减责或免责，且合理合规的已支出资金不予追缴。

六、扩大科研活动自主权

（十八）赋予科研人员更大技术路线决策权。科研项目除负责人以外的参与人员、协作单位调整，审批权限下放到项目承担单位。项目负责人在研究方向不变和不降低研究指标的前提下，可自主调整研究方案和技术路线。项目直接费用除设备费外，其他费用调剂权下放至项目承担单位。

（十九）简化科研仪器设备采购流程。对高等院校、科研院所等事业单位依据项目任务书购买急需的专业设备、试验材料、耗材，按相关规定特事特办，可不进行招投标程序。对于独家代理或生产的仪器设备，按程序采取单一来源方式进行采购。进口仪器设备采购实行备案管理制度。

七、强化科技成果转化激励

（二十）建立技术经理人全程参与科技成果转化服务模式。鼓励科研院所、高等院校建立技术转移机构，探索引入技术经理人全程参与成果转化，整合技术供给方、需求方与中介服务组织，集成技术、人才、政策、资金、服务等创新资源，提高科研院所、高等院校成果转化效率和成功率。

（二十一）推行技术股现金股组合激励机制。鼓励科研院所和事业单位管理人员、科研人员，在按有关规定履行审批程序后，以"技术股+现金股"组合形式持有股权，与企业合作转化科技成果，建立利益捆绑机制，加速科技成果转移转化。

（二十二）建立定向研发转化服务机制。鼓励高等院校、科研院所依托校（院）地产业研院、科研基地等平台，建立"定向研发、定向转化、定向服务"订单式研发和成果转化机制。有针对性为企业设计和实施研发项目，研发团队全程参与企业技术攻关和成果转化，帮助企业突破发展急需的关键技术，提高高校和科研院所科技成果供给有效性。

八、优化创新服务环境

（二十三）优化科技计划体系。坚持围绕产业链部署创新链、完善资金链，以整合资源、聚焦重点、高效管理、提升效益为目标，改革自治区科技计划体系，对原有专项进行归并调整。区本级财政科技资金配置突出市场导向和企业创新主体地位，建立基于绩效评价的科技资源配置动态调整机制。

（二十四）强化科研诚信建设。推进科研活动全流程诚信管理，在科技计划项目、科研经费使用、科技奖励等工作中推行科研诚信承诺制度，对科研不端行为零容忍，完善调查核实、公开公示、惩戒处理等制度。建设完备的失信行为记录信息系统，对严重失信行为责任主体实行"一票否决"，在一定期限、一定范围内禁止其获得政府奖励和申报政府科技项目等。推进科研信用与其他社会领域诚信信息共享，实施联合惩戒。

（二十五）建立优秀创新团队和领军人才稳定支持机制。依托自治区各类科技计划，加大对优秀科技创新团队及领军人才的培养与支持力度。对公益性、基础性、长期性研发任务，可采取定向委托方式，支持优秀科技创新团队或领军人才承担实施，每年进行绩效评价，根据绩效评价结果决定是否继续支持，并记入科研人员诚信档案。

（二十六）全面推行创新券制度。落实自治区科技创新券支持政策，建立科技服务机构名录，开展创新券兑付与申领工作，支持各类创新主体应用科技创新券开展检验检测、实验分析、科技咨询、科技成果评价、知识产权法律服务等活动，激发全社会创新活力。

（二十七）完善政务服务内容。在自治区科技厅门户网站和政务大厅服务窗口，集中全面公开与科技厅政务服务事项相关的法律法规、政策文件、办事指南、常见问题、监督举报方式，以及行政审批涉及的中介服务事项清单、机构名录等信息，并实行动态调整，确保线上线下信息内容准确一致。指导各市县科技管理部门按照全国统一事项目录清单，梳理规范政务服务事项，实现"同一事项、同一名称、同一编码、同一标准"，推进办事要件和办事指南标准化、规范化，做到网上服务信息准确、规范、有效，线上线下标准统一。

九、保障措施

（二十八）加强政策宣传。区市县科技管理部门建立与企业、园区、科研院所、高等院校等各类主体的协同联动机制，因地制宜，采取多种方式，加强科技创新政策宣传。探索通过政府购买服务方式，委托专业机构每年定期到市县、园区、科研院所、高等院校开展政策宣传解读，提高政策知晓度和覆盖率，提升创新服务水平。

（二十九）转变工作作风。各级科技管理部门要进一步转变工作作风，增强服务意识，把推进"放管服"改革与落实工作质量提升年相关要求紧密结合，主动到科研院所、高等院校、园区、企业等了解创新需求，帮助科技人员解决实际问题，营造尊重科学、尊重人才的良好环境。

（三十）狠抓任务落实。各市县科技管理部门、科研院所、高等院校、园区管委会等要充分认识推进"放管服"改革，优化创新环境的重要意义，把推进科技领域"放管服"改革作为深入实施创新驱动战略的重要任务，全面履行主体责任，细化工作举措，完善内控制度，突破难点瓶颈，确保各项改革措施落地见效。

关于印发《关于建立以需求为导向的科技项目形成机制改革方案》的通知

(宁科发党〔2019〕56号)

各市、县(区)科技局,科研院所、高等院校,高新技术产业开发区、国家农业科技园区、工业园区管委会,银川经济技术开发区管委会,相关单位:

现将《关于建立以需求为导向的科技项目形成机制改革方案》印发给你们,请结合实际,认真贯彻落实。

2019年7月17日

关于建立以需求为导向的科技项目形成机制改革方案

为认真贯彻落实习近平总书记"以问题为导向,以需求为牵引,在实践载体、制度安排、政策保障、环境营造上下功夫"等一系列关于科技创新的重要讲话精神,解决"不忘初心、牢记使命"主题教育中检视出的科技创新资源配置还不够科学、项目形成机制比较单一、企业创新主体作用发挥不够、科技中介服务还不活跃、科技成果转移转化难等问题,进一步深化科技体制改革,建立以需求为导向的科技项目形成机制,加速推进科技成果转移转化,以高质量科技供给助推经济社会高质量发展,特制订本方案。

一、总体要求

(一)指导思想

以习近平新时代中国特色社会主义思想为指导,深入实施创新驱动发展战略,坚持科技创新和制度创新"双轮驱动",以持续推进"放管服"改革为抓手,以最大限度调动和激发全社会创新能力和创新活力为目标,深化科技计划管理改革,充分发挥财政资金的引导和撬动作用,让市场在科技创新资源配置中起决定性作用,建立以需求为导向的科技项目形成机制。

(二)基本原则

——深化科技供给侧结构性改革。立足支撑高质量发展,从需求侧发力,开展技术需求征集工作,全面挖掘自治区各领域、各行业的技术需求,通过分析凝练、科学分类,围绕产业链部署创新链,统筹配置创新资源,提高我区科技创新供给质量和水平。

——坚持顶层设计和需求导向并重。在现有科技计划管理基础上,按照"需求出发、目标导向、精准对接、主动布局"的思路,支持企业深入挖掘技术需求,依托"科技支宁"东西部合作、宁夏技术市场、中国创新挑战赛(宁夏)等机制和载体,通过购买成果、委托开发等方式引进国内外优质科技成果在宁转化,推动企业成为科技成果转化的主体。

——持续推进"放管服"改革。加快转变政府科技管理职能,发挥好市、县(区)科技管理部门的组织优势，充分调动各市、县（区）在技术需求挖掘、解决方案征集、创新主体精准对接等方面的主动性和积极性，提升科技计划执行效率。通过改革项目形成机制，促进政府职能由管理项目向提供高质量服务转变。

（三）改革目标

——建立健全顶层设计和需求导向并重的科技项目形成机制，构建区市县三级联动、定位清晰、布局合理、运营顺畅、充满活力的科技创新管理体系，打造自主研发和成果转化并重的区域创新格局。

——聚焦产业和区域发展难题，凝练一批技术需求，面向全球征集技术解决方案，通过市场化方式解决大部分技术需求（难题），培育一批核心技术能力突出、集成创新能力强的科技企业，力争2020年全区规模以上工业企业开展研发活动或形成研发投入的比例有新突破，国家高新技术企业数量有大幅提高。

——进一步提升科技创新服务能力，完善科技成果供给和技术市场体系，培育一批高水平、专业化的科技中介服务示范机构，培养一支专家型技术经理人队伍，为科技成果转移转化提供全流程服务，力争2020年全区技术合同成交额达到20亿元。

二、实施路径

围绕能源化工、先进装备制造、新材料、生物医药、现代农业等我区主导产业、特色优势产业和战略新兴产业以及民生改善、社会发展等领域的科技创新需求，按照"需求征集 → 梳理凝练 → 智能分析 → 发布需求 → 精准对接"的实施路径，采取"征集一批、成熟一批、发布一批、对接一批"的组织方式，聚合全国优势创新资源，汇集精锐力量，全力突破技术难题。

需求征集。各市、县（区）科技管理部门负责面向本区域开展需求征集工作，组织动员本市、县（区）相关部门和企业根据创新发展和转型升级需求，自行（也可委托科技中介服务机构和专家团队进行辅导）挖掘需重点突破的技术难点和创新需求，包括制约本区域重点产业发展和行业转型升级的关键共性技术需求、中小企业在生产研发过程中遇到的企业个性化技术需求、关系民生改善和社会发展方面的技术需求等。由需求方通过宁夏科技管理信息系统填报《技术创新需求调查表》（附件1）。

梳理凝练。各市、县（区）科技管理部门组织科技中介服务机构和专家团队通过现场诊断、交流研讨等方式对本区域的全部技术需求进行分析凝练，审查该技术需求是否符合所在地区重点产业和特色优势产业发展要求，是否与企业生产经营相关，是否真实有效，确定需求的核心技术难题所在，形成一批技术需求项目，填报《需求分析报告》（附件2）。

智能分析。自治区科技厅委托专业服务机构和专家团队，通过知识产权检索、成果库精准匹配以及国家、各省市奖励项目查询等方式，对上报的技术需求进行大数据分析，以甄别技术需求的技术先进性和解决的可能性，挖掘潜在的技术解决专家团队、研发机构、科技成果、知识产权，形成成果包，向各市、县（区）科技管理部门和企业推送，为快速寻找和对接技术解决方案提供参考依据。同时，通过组织调研、技术预测、专家研讨等形式，对各市、县（区）科技管理部门上报的关键共性技术需求按照重要性、可行性、难易程度等指标进行分析，形成科技项目指南。

发布需求。自治区科技厅负责对梳理凝练形成的技术需求项目，按产业或行业领域、共性或个性需求、基础研究或应用技术开发等进行科学分类，通过宁夏技术市场、中国创新挑战赛官网、媒体、APP等各类平台向全国公开发布和推送，同时面向东西部科技合作"8+6"主体、全国各大高校、科研院所、技术转移机构等定向发送邀请函，有针对性开展技术需求解决方案征集工作。

精准对接。自治区科技厅各处室、各市县（区）科技管理部门围绕征集的技术需求，依托宁夏技术市场、中国创新挑战赛（宁夏）等平台开展多种形式的对接服务，常态化举办项目路演、会展、对接、培训等各种活动，多途径寻找和动员社会各界的科技成果持有者以及有解决方案能力者积极参加技术需求的解决。

对直接对接成功和通过中国创新挑战赛等方式找到成熟科技成果并引进转化的项目，在签订技术合同并进行认定登记后，按促进科技成果转化规定给予一定比例资金支持；对未找到成熟科技成果的技术需求，鼓励企业进行自主研发或通过东西部科技合作机制联合研发，自治区科技厅、市科技管理部门通过评审立项给予资金支持。

三、保障措施

（一）加强组织领导

各市、县（区）科技管理部门要把技术需求征集工作作为当前一项重点任务，作为推进科技体制改革的重要举措，大力宣传，广泛动员，实现项目形成机制由征集项目向征集需求转变；科研院所、高等院校及广大科技人员要主动对接需求，服务创新发展；自治区科技厅各处室（单位）要把需求征集工作与"不忘初心、牢记使命"主题教育相结合，解放思想，增强服务意识，以需求征集的成果提升主题教育成效。

（二）强化职能转变

自治区科技厅各处室（单位），各市、县（区）科技管理部门要强化政府科技管理职能从研发管理向创新服务转变，积极主动谋划需求征集工作，加强交流沟通和协作配合，深入基层调查研究，组织、协调、指导需求征集工作，理清我区各领域、各行业、各市县（区）的技术需求，为有针对性统筹布局科技资源奠定基础。

（三）完善规章制度

加快制定和完善与以需求为导向科技项目形成机制改革相配套的项目和资金管理办法，明确参与各方的权利和责任，规范需求征集、梳理凝练、精准对接等各环节，确保改革向纵深发展并取得实实在在效果。

（四）建立激励机制

按照"大干大支持、小干小支持、不干不支持"的原则，对技术需求挖掘报送工作成效好的市、县（区）加大支持力度，自治区科技厅在安排有关科技项目资金时给予倾斜，适当提高支持资金额度；对推进改革措施不力的市、县（区）科技局，通报给当地党委、政府。

（五）加快推进落实

自治区科技厅在门户网站"宁夏科技管理信息系统"设置"需求征集"模块，在政务服务大厅窗口开通需求征集业务，实行需求征集与项目征集"两个窗口"同步运行，采取"征集一批、成熟一批、发布一批、对接一批"的方式，常年组织开展，保障改革工作顺利进行。2019年需求征集工作自7月份启动，10月份完成本年度以需求为导向的科技项目立项工作；2020年将技术需求征集工作作为一项日常工作常抓不懈，进一步细化各个环节，改革不相适应的制约因素，推动以需求为导向的科技项目形成机制发挥重要作用。

附件：1.技术创新需求调查表（略）
　　　2.需求分析报告（略）
　　　3.以需求为导向的科技项目形成路径图

附件3

以需求为导向的科技项目形成路径图

```
                    ┌─────────────────────────┐
                    │        需求征集          │
                    │ 责任主体：各市县(区)科技管理部门 │
                    └─────────────────────────┘
                                │
         ┌──────────────────────┼──────────────────────┐
         ▼                      ▼                      ▼
  ┌─────────────┐       ┌─────────────┐       ┌─────────────┐
  │关键共性技术需求│       │企业个性化技术需求│       │民生社发领域技术需求│
  └─────────────┘       └─────────────┘       └─────────────┘
                                │
                                ▼
                    ┌─────────────────────────┐         ┌──────────────┐
                    │        需求征集          │────────▶│  形成一批      │
                    │ 责任主体：各市县(区)科技管理部门 │         │  技术需求项目   │
                    └─────────────────────────┘         └──────────────┘
                                │
                                ▼
                    ┌─────────────────────────┐         ┌──────────────┐
                    │        职能分析          │         │ 形成成果包推动 │
                    │    责任主体：自治区科技厅    │────────▶│ 给各市县(区)   │
                    │                         │         │ 科技管理部门和企业│
                    └─────────────────────────┘         └──────────────┘
                                │
                                ▼
                    ┌─────────────────────────┐
                    │        发布需求          │
                    │    责任主体：自治区科技厅    │
                    └─────────────────────────┘
                                │
                                ▼
                    ┌─────────────────────────┐
                    │        精准对接          │
                    │ 责任主体：自治区科技厅、各市县 │
                    │     (区)科技管理部门       │
                    └─────────────────────────┘
                                │
                  ┌─────────────┴─────────────┐
                  ▼                           ▼
        ┌──────────────────┐         ┌──────────────────┐
        │对直接对接成功和通过中国│         │对未找到成熟科技成果的│
        │创新挑战赛等方式找到  │         │技术需求，鼓励企业自主│
        │成熟科技成果并引进化的│         │研发或通过东西部科技 │
        │给予一定比例资金支持  │         │合作机制联合研发，通过│
        │                  │         │评审立项给予资金支持 │
        └──────────────────┘         └──────────────────┘
```

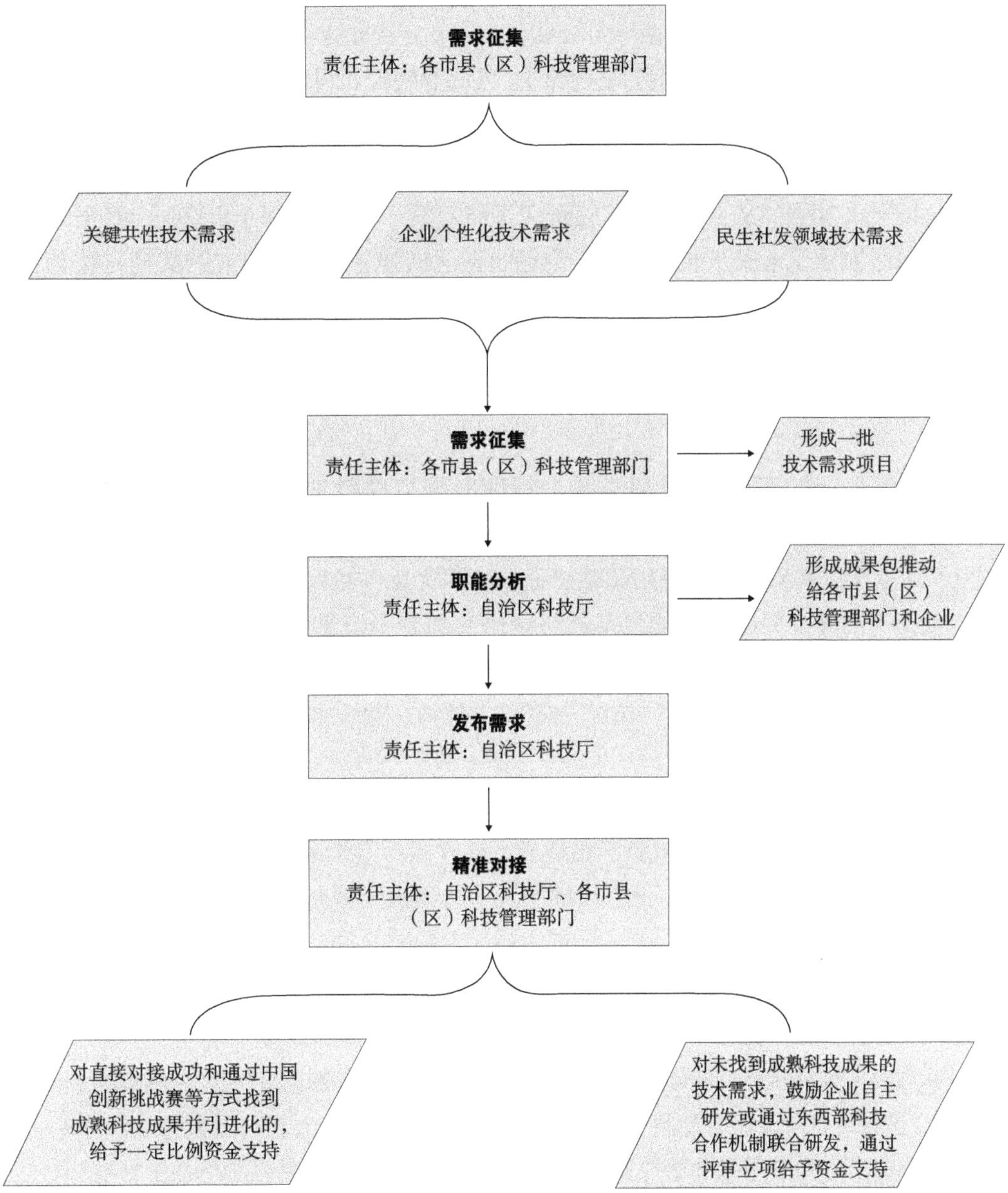

自治区科技厅关于印发《关于改革自然科学基金管理加强基础科学研究的实施方案》的通知

(宁科规发〔2020〕1号)

各市、县(区)科技局,自治区各有关部门,各高等院校、科研院所、企业:

为进一步加强自治区基础研究和应用基础研究,培养和稳定基础研究队伍,提高基础研究支撑经济社会高质量发展的能力。根据《国务院关于全面加强基础科学研究的若干意见》(国发〔2018〕4号)《加强"从0到1"基础研究工作方案》(国科发基〔2020〕46号)等文件精神,自治区科技厅制定了《关于改革自然科学基金管理加强基础科学研究的实施方案》,现印发给你们,请遵照执行。

2020年3月31日

关于改革自然科学基金管理加强基础科学研究的实施方案

为了加强全区基础研究和应用基础研究,统筹优化自然科学基金设置和管理,提升原始创新能力,根据《国务院关于全面加强基础科学研究的若干意见》(国发〔2018〕4号)《加强"从0到1"基础研究工作方案》(国科发基〔2020〕46号)及《自治区人民政府关于优化科研管理提升科研绩效若干措施》(宁政规发〔2019〕2号)等精神,制定本方案。

一、改革目标

发挥财政资金引导作用,形成基础研究多元投入机制;统筹优化基础研究资助体系和项目布局;围绕重大基础科学问题和优势学科建设,建立目标导向和自由探索相结合的项目形成机制;稳定现有青年科技人才,培养一批科技领军人才和高水平创新团队;建设一批具有较高基础研究水平的创新平台,产出一批具有区域代表性和学术影响力的基础研究成果,为全区经济社会高质量发展提供基础科技支撑。

二、强化基础研究投入

(一)加大财政基础研究投入力度。加强自治区基础研究投入力度,提高项目单项资助额度,优化资金配置。加入国家自然科学基金区域创新发展联合基金,与国家自然科学基金形成合力,解决我区基础研究和应用基础研究重大问题,提升基础研究水平。

(二)拓宽基础研究投入渠道。鼓励和引导社会力量支持和参与基础研究,自治区科技厅与基础研究能力强的高等院校、科研机构和大中型企业共同出资设立自治区自然科学基金联合基金(以下简称"联合基金"),支持开展有特色、有目标的定向基础研究和应用基础研究,全力提升行业、机构未来竞争力和综合创新力。联合基金合作单位出资不低于财政资金出资额度。

三、优化基础研究项目分类设置

（三）调整自治区自然科学基金项目设置。将自治区自然科学基金（含自治区自然科学基金联合基金）项目类型优化调整为一般项目、优秀青年项目、重点项目和创新群体项目。

一般项目主要支持科研人员开展基础研究和"非共识"创新项目研究，稳定科研队伍，培育创新人才。单项资助额度不超过10万元。

优秀青年项目以培育高层次科技人才为目标，支持在基础研究领域已取得突出成绩的青年学者，立足科学前沿，自主选择研究方向开展创新研究。单项资助额度不超过20万元。

重点项目主要支持科研人员围绕自治区经济社会发展的重大关键科学问题开展原创性研究和系统、深入的应用基础研究，推进在重要领域或学科前沿取得突破。单项资助额度不超过30万元。

创新群体项目面向国家级重点实验室、工程技术研究中心，创新能力强的自治区重点实验室及引进的高层次人才团队，聚焦重大原创性、交叉学科创新研究和一流学科建设，通过稳定支持培养造就一批创新能力强、基础研究水平在国内领先的人才与群体。单项资助额度不超过100万元。

（四）实施国家自然科学基金区域创新发展联合基金项目。主要围绕自治区能源化工、新材料、先进装备制造、优势特色农业、医疗卫生与人口健康、生态环境等领域的科学问题和技术瓶颈，凝练形成项目指南，吸引和集聚区内外科研人员开展重大基础研究和应用基础研究，为经济社会发展提供源头科技供给。

四、创新自然科学基金项目管理

（五）建立鼓励自由探索的项目形成机制。自治区自然科学基金项目原则上不设指南限制，以稳定基础研究队伍，提升基础研究能力和培养科学家精神为目标。鼓励科技人员立足科学前沿，自主选择研究方向，围绕关键科学问题开展探索性、原创性研究，提升基础研究水平。

（六）建立鼓励潜心研究的稳定支持机制。坚持"潜心研究、突出绩效、培养人才"的原则，支持国家级重点实验室、工程技术研究中心、创新能力强的自治区重点实验室及引进的高层次人才团队，围绕其既定的主要研究方向提出3~5年的持续性研究任务及预期目标，分年度给予稳定支持。

（七）探索实施联合基金下沉式管理机制。对建立联合基金单位，采用"一事一议"原则商定基金管理事项，先期选择基础研究能力强、管理基础好的高等院校、科研机构，下放自然科学基金部分项目的申请受理、立项评审、结题验收等权限。在先行试点的基础上，逐步扩大管理下沉范围。

（八）探索建立项目"包干制"管理机制。建立以信任为前提，以诚信为底线的项目经费管理机制，在自然科学基金优秀青年项目中探索实行项目经费"包干制"，由科研人员在规定科目内自主使用。放宽申报人员职称、学历条件和承担项目数量限制。简化项目管理流程，实行项目"常年申报、分批评审"，一般不开展过程检查，创新群体项目、重点项目、优秀青年项目到期后采取一次性综合评审验收，一般项目采取结题验收。

五、提升基础科学研究水平

（九）提升优势特色学科发展水平。充分发挥全区高等院校、科研机构在基础研究领域的主体作用，围绕各自优势特色学科建设规划，实施一批重点基础研究项目，产出一批有影响、有分量的原创性成果，全面带动优势特色学科发展，全力建设一批一流学科。

（十）提升创新平台基础研究水平。围绕全区经济社会发展和优势特色学科，有计划、有重点地布局建设创新平台。依托高等院校、科研机构建设的重点实验室，以提升原始创新能力为目标，加强基础研究和应用基础研究，推动学科建设，解决经济社会发展的科学问题，为创新发展提供源头供给。依托企业建设的工程技术研究中心等机构，以提升企业自主创新能力、核心竞争力和培养技术人才为目标，加强应用基础研究和关键共性技术研究，引领产业技术进步。鼓励各类新型研发机构开展基础研究与应用基础研究，推进产学研深度融合及成果工程化。

（十一）壮大基础研究人才队伍。强化自然科学基金"引人、稳人、留人"作用，通过差异化支持机制，培养一支相对稳定、结构合理、积极投身基础研究的人才梯队。围绕国家和自治区重大战略需求，从基础前沿和产业重大技术攻关整体布局，支持培养学科带头人和领军人才。通过广泛支持自由探索、扶持独立科研的方式，培养具有科研能力及创新潜力的青年拔尖人才。

（十二）促进基础研究开放合作。充分发挥东西部科技合作机制和国家自然科学基金区域创新发展联合基金优势，引进区外智力资源解决自治区产业发展中的重大科学问题和关键共性技术问题。持续深化与全国著名高等院校、科研机构、重点实验室间的合作交流，通过联合办学、建设伙伴实验室、设立开放课题等形式吸纳区外科研智力资源，联合开展基础研究和应用基础研究，提升自治区基础研究水平与原始创新能力。深化国际科技人才交流与合作，建立与国外高水平大学及研究机构的长效合作机制和科学家、学者互访机制，选派优秀青年科研人员到国外一流研究机构学习深造。

六、保障措施

（十三）完善管理平台功能。持续完善自治区自然科学基金管理平台功能，自治区自然科学基金项目全部采取竞争性评审方式，择优立项，实施全过程管理，切实做到各环节可追溯、可查询。

（十四）加强绩效评价。建立完善符合基础与应用基础研究特点及规律的绩效评价机制和绩效评价指标体系。每3年对自然科学基金项目和资金使用情况实施综合绩效评价；对下沉自然科学基金管理的联合基金单位，采取"双随机、一公开"的方式检查，每3年进行一次综合绩效评价，检查和综合绩效评价结果将作为后续合作及资金配置的依据。

（十五）营造创新氛围。充分发挥基础研究对传播科学思想、弘扬科学精神和创新文化的重要作用，鼓励科学家积极参与科学知识普及；鼓励科研人员大胆探索、挑战未知，大力提倡学术民主；规范科研伦理和学术道德行为，及时查处和公布各类违规违纪科研行为，对科研不端行为实行"零容忍"，夯实科研诚信基础。

自治区科技厅关于印发《宁夏回族自治区自然科学基金管理办法》的通知

(宁科规发〔2020〕2号)

各市、县(区)科技局，自治区各有关部门，各高等院校、科研院所、企业：

为了保障自然科学基金改革的有效实施，统筹优化自治区自然科学基金设置和管理，根据《自治区人民政府关于优化科研管理提升科研绩效若干措施》(宁政规发〔2019〕2号)和自治区科技厅《关于改革自然科学基金管理加强基础科学研究的实施方案》(宁科规发〔2020〕1号)等精神，制定了《宁夏回族自治区自然科学基金管理办法》，现印发给你们，请遵照执行。

2020年3月31日

宁夏回族自治区自然科学基金管理办法

第一章 总则

第一条 为了统筹优化自治区自然科学基金设置和管理，提高自然科学基金使用效益，鼓励自由探索，培养和稳定科研人员，增强自主创新能力，依据《自治区人民政府关于优化科研管理提升科研绩效若干措施》(宁政规发〔2019〕2号)和自治区科技厅《关于改革自然科学基金管理加强基础科学研究的实施方案》(宁科规发〔2020〕1号)等精神，制定本办法。

第二条 宁夏回族自治区自然科学基金(以下简称"自然科学基金")面向科技前沿，聚焦自治区经济社会发展中的基础性、战略性、前瞻性科学问题和优势学科建设，支持科研人员开展创新性基础研究与应用基础研究。旨在稳定青年科技人才，培养科技领军人才和高水平创新团队，形成具有区域代表性和学术影响力的基础研究成果，为推进自治区经济社会高质量发展提供基础科技支撑。

第三条 自然科学基金的经费主要来源于自治区财政拨款。高等院校、科研机构和大中型企业可出资共同设立自治区自然科学基金联合基金(以下简称"联合基金")，出资额度不低于自治区财政资金，联合基金主要用于培养和稳定联合基金单位的基础研究人才，解决联合单位急需的关键共性科学问题。联合基金采取"一事一议"的方式在联合协议中明确出资及项目管理等事宜。

第四条 自然科学基金资助工作遵循公开、公平、公正的原则，实行尊重科学、提倡竞争、激励创新、引领未来的方针。

第五条 自治区科技厅是自然科学基金项目的主管部门，负责项目受理、评审、立项、验收和绩效评价等全过程管理，经费从自然科学基金专项经费中列支。对建立联合基金的单位，自治区科技厅可选择基础研究能力强、管理规范的单位，探索下放自然科学基金项目受理、评审及结题验收等管理权限，在先行试点的基础上，逐步扩大管理下放范围。

第二章 申请与受理

第六条 自然科学基金项目实行"常年申报、分批评审"，所有项目通过宁夏科技管理信息系统进行网上申报。

第七条 自然科学基金资助的项目类型分为一般项目、优秀青年项目、重点项目和创新群体项目。

第八条 一般项目主要支持科研人员围绕本学科方向开展基础研究和"非共识"创新性研究，稳定科研队伍，培育创新人才，推进学科均衡发展。单项资助额度不超过10万元，实施周期一般不超过2年。具备一定的基础研究条件的科研人员均可申请。

第九条 优秀青年项目主要支持在科研领域已取得突出成绩的青年学者，立足本学科的学术前沿，自主选择研究方向开展创新研究。单项资助额度不超过20万元，实施周期一般不超过3年。申请人应具备以下条件：

（一）申请项目当年1月1日未满40周岁；

（二）具有高级职称或硕士以上学位，有志于长期从事基础和应用基础研究的优秀青年科技工作者。

第十条 重点项目主要支持科研人员围绕自治区经济社会发展和产业关键技术中的科学问题开展重大原创性研究和系统、深入的应用基础研究，推进在重点领域或学科前沿取得突破。单项资助额度不超过30万元，实施周期一般不超过3年。申请人应具备以下条件：

（一）具有主持国家或省部级基础研究项目的经历；

（二）在本研究领域具有较高的活跃度和学术影响力。

第十一条 创新群体项目主要支持国家级重点实验室、国家级工程技术研究中心、创新能力强的自治区重点实验室及引进的高层次人才团队，围绕既定的研究方向开展持续性基础研究。单项资助额度不超过100万元，分年度给予稳定支持，实施周期一般不超过5年。申请人及研究团队应具备以下条件：

（一）项目主持人为国家级重点实验室、国家级工程技术研究中心、评估为优秀的自治区重点实验室及引进高层次人才团队的学科带头人或每个研究方向的学术带头人；

（二）研究团队一般不超过10人。

第十二条 同一年度项目申请人只能申报1项自然科学基金项目，在研主持的自治区科技计划项目不能超过2项。

第十三条 相同或基本相同的项目进行多头申请的不予支持；已列入国家自然科学基金或其他机构单位资助的项目不予支持。

第十四条 自然科学基金项目鼓励开放合作，支持与国内外著名大学、一流科研机构、知名企业开展合作研究；鼓励区内基层科研人员与自治区高等院校、科研机构等单位联合申报。

第三章 评审与立项

第十五条 自然科学基金项目坚持"突出重点、鼓励创新、公平公正、竞争择优"的评审原则。自治区科技厅根据项目类别定位分别确定评审标准，采取网上同行评议或会议评审方式，评审可委托专业机构开展。重点项目、创新群体项目可在网上同行评议的基础上，实行第二轮会议评审，并按一定比例确定拟立项项目数，原则上重点项目不超过当年总立项项目数的10%，创新群体项目每年不超过10项。

第十六条 下放项目管理权限的联合基金单位按照自治区科技厅确定的评审标准及下放权限组织专家评审,确定拟立项项目建议并报自治区科技厅审定。

第十七条 自然科学基金项目评审专家从科技厅专家库中遴选,遴选评审专家要充分考虑专家组成的专业性、配置的合理性和回避制度,原则上区外专家比例不低于专家总量的50%。实行评审专家轮换、调整,建立专家评审活动的后评估机制和信用档案。

第十八条 自治区科技厅根据专家评审意见及下放项目管理权限的联合基金实施单位立项建议,结合年度经费预算总额,研究确定年度立项项目,向社会公示5个工作日后下达立项文件,公示期间有异议,经调查情况属实的予以调整。

第四章 实施与管理

第十九条 立项文件下达后要及时签订项目计划任务书,计划任务书是项目结题验收和绩效评价的依据。

第二十条 项目实施期间,项目主持人可根据项目需要自主组建科研团队,并结合项目实施进展情况进行相应调整。科研人员可以在研究方向不变、不降低项目任务指标的前提下,自主调整研究方案和技术路线。

第二十一条 在自然科学基金优秀青年项目中探索实行项目经费"包干制",由科研人员在规定科目内自主使用。根据试点情况,逐步扩大"包干制"项目范围。

第二十二条 项目实施以项目承担单位自我管理为主,一般不开展过程检查;重点项目、创新群体项目在实施周期内进行一次中期检查。

第二十三条 项目负责人应当按计划任务书组织开展研究工作,如实做好项目实施情况的原始记录,按照相关规定和规范要求撰写并提交相关科技报告,于每年2月底前,在线提交项目年度进展情况报告。项目承担单位应当为基金资助项目的实施提供必要的基础条件;跟踪检查项目的实施情况,审查并督促按期提交项目年度进展报告等材料。

第二十四条 项目主持人工作发生变动,调出或调入单位应根据有利于项目顺利实施、结题验收的原则进行协商。属区内变动的,如果调入单位具备项目继续实施的条件,经调出和调入单位同意并报自治区科技厅审批后,项目可随同转至调入单位;属区外变动或调入单位不具备项目继续实施条件的,项目主持人可在原单位完成项目研究或由原单位更换项目主持人,并报自治区科技厅备案,如无合适人选更换,由原承担单位办理项目中止手续。

第二十五条 自然科学基金项目全过程实行科研诚信管理。参与项目管理和实施的相关责任主体,应当加强自律,遵守科研伦理和学术道德,对于违背科研诚信要求的行为,依法依规予以处理。

第五章 验收与绩效评价

第二十六条 自然科学基金项目验收以签订的项目计划任务书为基本依据。一般项目采取结题验收,优秀青年项目、重点项目、创新群体项目采取一次性综合评审验收。项目负责人须在线提交科技报告和相关验收材料。

第二十七条 项目验收或结题要给出"通过验收(结题)"、"不通过验收(结题)"的明确结论。因特殊原因在项目实施期限内未完成研究目标任务的,项目承担单位应提前3个月向自治区科技厅提出延期申请,延期一般不超过1年。无正当理由不按期验收的,未验收期间不得申报自然科学基金项目。

第二十八条 对已履行勤勉尽责义务但因技术路线选择失误导致难以完成预定目标的项目也可结

题，但必须在结题报告中写明项目未完成的原因，认真总结经验教训，并以适当的形式予以公开。

第二十九条 通过结题或验收的项目，结余资金按照自治区相关项目资金管理规定使用。

第三十条 项目产生的科研成果（论文、专著及专利等）应当标注"宁夏自然科学基金资助项目"及"项目立项编号"。符合科技成果登记条件的项目，要及时登记并纳入自治区科技成果库，推进科技成果信息公开和社会共享。

第三十一条 建立科学合理的绩效评价指标体系，基础研究项目重点评价新发现、新原理、新方法、新规律的原创性和科学价值，注重评价代表性成果水平；应用基础研究项目重点评价解决自治区经济社会发展重大需求中关键科学问题的效能和应用价值。

第三十二条 自治区科技厅委托第三方专业机构，每3年对项目实施情况进行综合绩效评价；对下放联合基金资助的项目，采取"双随机、一公开"的方式检查，每3年进行一次综合绩效评价，检查和综合绩效评价结果将作为后续合作及资金配置的依据。

第六章 附则

第三十三条 本办法由自治区科技厅负责解释。

第三十四条 本办法自 2020 年 5 月 1 日施行，有效期至 2025 年 4 月 30 日。原《宁夏基础研究计划（自然科学基金）管理暂行办法》（宁科规发〔2018〕5 号）废止。

自治区科技厅关于深化自治区科研项目管理改革的通知

(宁科资配字〔2020〕51号)

各市、县（区）科技管理部门，自治区有关部门，有关单位：

为全面落实自治区党委十二届十次、十一次全会决策部署，加快推进科技领域"放管服"改革，建立符合科技创新规律的科研项目管理机制，支撑黄河流域生态保护和高质量发展先行区建设。根据《自治区人民政府关于优化科研管理提升科研绩效若干措施的通知》（宁政规发〔2019〕2号）、《自治区党委办公厅 人民政府办公厅印发〈关于深化自治区项目评审、人才评价、机构评估改革实施意见〉的通知》（宁党办〔2019〕101号）等文件精神，现就进一步深化自治区科研项目管理改革有关事项通知如下。

一、改革项目立项评审

深入推进项目管理"两头严、中间松"改革，规范立项审查程序。研发项目以专家评审结合项目实施主体赋分作为立项依据，确保评审过程公平公正、立项结果科学精准。

（一）权重分配。

专家评审权重占60%，项目实施主体赋分权重占40%。

（二）专家评审内容

遵循科研活动规律和特点，在审核项目的必要性、创新性、可行性、可考核性的基础上，将成果应用性、绩效目标可实现性、将研发总预算合理性纳入评审指标。预算评审由过去的财政资金预算评审为主改为研发总资金预算评审，研发总资金支出范围限于科研经费支出科目。强化重大重点项目预算评审，确保研发资金用途和财政资金支持符合政策规定。

（三）项目实施主体赋分

为确保项目实施主体具备项目承担能力，在项目通过专家评审后，由相关处室对项目实施主体进行赋分（具体赋分标准见附件1）。

项目实施主体为企业的，赋分因素为：现场核查、企业经营状况、研发投入、企业规模、科技型企业类型、产学研合作方式及科技创新团队建设、科技创新平台建设。

项目实施主体为高校、科研院所等事业单位和社会组织的，赋分因素为：产业（企业）技术需求对接情况、合作企业资金配套情况（仅针对有明确技术应用示范和产业化任务的产学研合作项目）、单位上年财政科研资金预算执行情况。

二、改革财政资金配置

（一）改革财政资金支持方式。

1. 强化企业技术创新主体地位。针对企业牵头承担的研发项目，根据财政资金预算管理要求和项目研发特点，分别采取实施前引导、验收后支持两种财政资金支持方式，激发企业科技创新的积极性和主动性。

（1）实施前引导方式：重点支持基础性、公益性研究，以及突破产业技术瓶颈的关键共性技术研究、开发、集成等项目。立项后，按补助额度分年度拨付财政资金。

（2）验收后支持方式：重点支持以科技成果产品化、工程化、产业化为目标任务，并且具有量化考核指标的研发项目。立项后，承担企业先行投入资金组织实施，待取得预期成果并通过验收后，在下一年度预算安排并一次性拨付财政支持资金。验收后支持项目科技部门不再进行过程管理。

（3）拟采取实施前引导方式支持的项目，其承担企业可在项目公示期间申请调整为验收后支持项目。

2.试点科研资金"包干制"改革。选择自治区自然科学基金优秀青年基金项目、软科学项目开展试点改革。探索构建"以信任为前提、诚信为底线、激励为导向"的科研管理机制，赋予科研人员更大自主权，充分激发科研人员创新活力。

（1）项目负责人据实提出资金申请，无须编制预算。支出使用范围限于科研经费支出科目，不设科目比例限制。

（2）绩效支出由项目负责人根据实际科研需要、研究人员贡献大小和相关薪酬标准自主确定，承担单位按照相关规定执行。

（3）项目验收（结题）时，项目负责人按科研经费支出科目编制项目决算，经承担单位审核后，由自治区科技厅进行一次性综合验收（结题）。

（4）项目完成任务目标、专项资金支出规范、通过验收（结题）后，结余资金2年内可留归项目组用于后续研究活动直接支出或由承担单位统筹用于科研活动直接支出，2年后未使用完的按规定收回。

（5）项目负责人作为包干资金支出的责任主体，应弘扬科学家精神，遵守学风作风和科研诚信建设要求，认真开展科学研究工作，厉行节约、专款专用、不得挪用。

（6）项目承担单位应明确权责范围，制定完善内部管理制度，认真审核项目资金支出。在单位内部建立项目资金决算和项目成果报告主动公开机制，接受监督。

（二）改革财政资金配置标准。

1.企业承担研发项目资金配置标准。

（1）实施前引导项目。根据专家预算评审确定的研发总资金，重大项目财政资金按30%比例给予支持，原则上支持资金最高不超过500万元；重点项目财政资金按25%比例给予支持，原则上支持资金最高不超过300万元；一般项目财政资金按20%比例给予支持，原则上支持资金最高不超过100万元；企业申请财政资金低于规定比例的，以企业申请数额为准。

（2）验收后支持项目。项目验收时，由自治区科技厅委托第三方机构核定研发总资金。通过验收的项目，财政资金按30%给予支持，最高不超过1000万元。

2.高校、科研院所等事业单位和社会组织承担研发项目资金配置标准。

（1）重大项目财政资金给予300万至500万元（含500万元）支持；重点项目财政资金给予100万至300万元（含300万元）支持；一般项目财政资金给予100万元以内（含100万元）支持。

3.规范科技合作项目资金分配比例。

对高校、科研院所等事业单位和社会组织承担的科技合作项目，以合作单位承担研发任务工作量作为依据，据实提出财政资金分配计划。为突出研发主体责任，原则上，财政资金外拨合作单位的比例不得高于40%。

（三）改革重大项目管理。

1.为落实自治区党委、政府决策部署，针对性设立的公益性、战略性重大项目，采取"一事一议"方式评审立项，促进重大科技成果产出。财政支持资金根据实际需求测算，由专家评审后确定。

2.对实施周期长（三年以上）的战略性重大科研项目，实行总额控制，分阶段确定绩效目标和财政支持额度，通过阶段性绩效考核的方式予以滚动支持。

三、改革项目储备机制

聚焦自治区党委、政府确定的重点产业发展目标，突出"高端化、绿色化、智能化、融合化"产业发展方向，按照"围绕产业、聚焦瓶颈、重点突破"原则，在电子信息、新型材料、绿色食品、清洁能源、文化旅游、枸杞、葡萄酒、奶产业、肉牛和滩羊九大产业和生态环境保护、人口健康、公共安全等民生领域，实行"常年受理、分批评审"的常态化项目储备机制，切实提升入库项目质量、提高研发技术层级，支撑产业转型、动能转换。

现有政策中与本通知不一致的，按本通知执行。

附件：1.自治区科技研发项目立项因素加权赋分表（略）

2.自治区科技研发项目评审专家打分表（略）

宁夏回族自治区科学技术厅

2020年9月11日

第三十九章　新疆维吾尔自治区科研项目和资金管理法规政策

关于印发《新疆维吾尔自治区重点实验室专项资金管理办法》的通知

(新财教〔2014〕221号)

第一章　总则

第一条　根据《国务院关于改进和加强中央财政科研项目和资金管理的若干意见》(国发〔2014〕11号)和《财政部科技部关于印发国家重点实验室专项经费管理办法的通知》(财教〔2008〕531号)精神,为规范自治区重点实验室专项资金(以下简称专项资金)管理,提高专项资金使用效益,制定本办法。

第二条　专项资金是指为推动自治区重点实验室建设,提升实验室自主创新能力,发挥实验室在人才培养与引进、学术交流与合作、资源开放与共享中的作用,由自治区财政安排的用于支持自治区重点实验室建设发展需要的专项经费。

第三条　专项资金主要用于支持经自治区科技部门认定的自治区重点实验室以及自治区与科技部共建国家重点实验室。

第四条　专项资金管理和使用原则:

(一)稳定与竞争相协调的支持机制。稳定性经费支持依托单位为高等学校、科研院所的重点实验室,为其正常运转提供保障;竞争性经费支持重点实验室开展的开放研究课题。

(二)分类管理,动态调整。按照稳定与竞争不同的经费性质实行不同的预算管理,对重点实验室运行管理进行定期评估和动态调整。

(三)单独核算,专款专用。重点实验室专项资金应当纳入依托单位财务统一管理,单独核算,专款专用,加强监督管理。

第二章　资金使用范围

第五条　专项资金使用范围包括重点实验室直接使用、与重点实验室任务直接相关的开放运行费、开放研究费、科学仪器设备费以及重点实验室评审评估费。

(一)开放运行费是指重点实验室正常运转、组织学术交流、研究设施对外共享等发生的费用。开支范围包括:办公及印刷费、水电暖气燃料费、物业管理费、图书资料费、公共试剂和耗材费、差旅费、会议费、出版/文献/信息传播/知识产权事务费、高级访问学者经费、专家咨询费、劳务费。

（二）开放研究费是指依托重点实验室条件平台，围绕重点实验室主要任务和研究方向，开展的持续深入的系统性研究和具前瞻性、探索性研究发生的费用。具体包括与研究工作直接相关的材料费、测试化验加工费、差旅费、会议费、出版/文献/信息传播/知识产权事务费、专家咨询费、劳务费等。

（三）科学仪器设备费是指正常运行且通过评估的重点实验室，按照科研需要进行的仪器设备更新改造等发生的费用。包括直接为科学研究工作服务的仪器设备购置；利用成熟技术对尚有较好利用价值、直接服务于科学研究的仪器设备所进行的功能扩展、技术升级；与重点实验室研究方向相关的专用设备研制；为科学研究提供特殊作用及功能的配套设备和系统的维修改造等费用。

（四）评审评估费是指自治区科技部门组织重点实验室评审和评估发生的费用。

第六条 专项资金允许开支的劳务费是指在开展重点实验室相关工作中支付给重点实验室成员或相关项目组成员中没有工资性收入的人员（如在校研究生）和临时聘用人员等的劳务性费用和社会保险补助费用。

专项资金中差旅费、会议费的开支标准应当按照国家和自治区有关规定执行；严格控制会议规模、会议数量、会议开支标准和会期。

专项资金不得开支有工资性收入的人员工资、奖金、津补贴和福利支出，不得开支罚款、捐赠、赞助、投资等，严禁以任何方式牟取私利。

依托单位不得以任何名义从专项资金中提取管理费。

第三章 预算管理与执行

第七条 自治区科技部门根据自治区重点实验室发展规划，批准重点实验室的建立、调整和撤销，定期组织重点实验室评估，将评估结果送自治区财政部门备案。

第八条 自治区科技部门负责编制专项资金预算，会同自治区财政部门审定、下达专项资金计划，办理专项资金拨付手续。

（一）开放运行费预算实行分类分档管理。自治区科技部门根据重点实验室定期评估结果，结合年度考核情况、学科领域特点、规模等，提出重点实验室档次划分建议，送自治区财政部门。自治区财政部门会同自治区科技部门根据分档情况，结合财力可能，确定重点实验室基本运行费分类分档支持标准。

（二）开放研究费预算实行评审与验收管理。重点实验室提出开放研究方向指南，自治区科技部门负责发布指南、受理申请与组织专家评审，并提出开放研究费预算安排建议，送自治区财政部门。开放研究费预算执行一般为3年，研究完成后，自治区科技部门组织项目验收。

开放研究费预算执行实行报账制管理，即开放研究费使用单位或个人根据预算和用款进度，凭合法有效支出凭证向重点实验室提出用款申请，由重点实验室依托单位按规定报销。不得将开放研究费直接转拨。

（三）科学仪器设备费预算以重点实验室五年评估为一个周期，由自治区财政部门、自治区科技部门确定预算额度，参加评估的重点实验室在评估当年编制科研仪器设备工作方案（含经费预算）。工作方案编报年限一般为3年。重点实验室应当按照研究方向和发展目标，结合基础条件和人员队伍现状等，以形成各具特色的研究实验体系为目标，根据实际需求和预计可以完成的工作量，科学合理地进行编制。工作方案经依托单位审核后报送自治区科技厅评审。

自治区科技部门、财政部门组织专家或委托中介机构对科学仪器设备工作方案进行评审评估。

自治区科技部门结合重点实验室定期评估结果和工作方案评审评估结果、学科领域特点，提出科学仪器设备费预算安排建议，送自治区财政部门。自治区财政部门核定并下达预算。

第九条 重点实验室应当严格按照下达的经费预算执行，一般不予调整。确有必要调整的，应报自治区财政和科技部门批准。

第十条 专项资金支出属于政府采购范围的应按照《政府采购法》及政府采购有关规定执行。

第十一条 使用专项资金形成的固定资产、无形资产等属于国有资产，按照国家国有资产管理有关规定进行管理。专项资金形成的科学数据、自然科技资源等，按照规定开放共享。

第十二条 专项资金预算执行中有经费结余的，其中，开放运行费的年度结余经费，用于次年重点实验室基本运转；开放研究费、科学仪器设备费的结余经费，按照自治区财政部门关于财政拨款结余资金管理的有关规定执行。

第十三条 专项资金的年度决算纳入依托单位决算编制。

第十四条 鼓励其他渠道的经费投入重点实验室，支持重点实验的建设与发展。

第四章 监督检查与绩效评价

第十五条 依托单位应当加强对专项资金管理使用的监督检查，并将有关情况及时报自治区财政部门、科技部门备案。

第十六条 依托单位应当建立健全专项资金内部管理机制，制定内部管理办法，将专项资金纳入依托单位财务统一管理，单独核算，专款专用。

第十七条 自治区财政部门、科技部门采取年度抽查的方式，对专项资金执行情况进行监督检查。

第十八条 专项资金绩效评价工作与重点实验室评估相结合，有关内容包含在后者之中，其结果作为预算安排的重要依据。

第五章 附则

第十九条 本办法由自治区财政部门、自治区科技部门负责解释。

第二十条 本办法自发布之日起执行，原有的《新疆维吾尔自治区重点实验室专项资金管理办法》（新财教〔2003〕199号）同时废止。

印发《关于改进加强自治区财政科技项目和资金管理的意见》的通知

(新财教〔2016〕14号)

为深入贯彻党的十八大、十八届三中全会精神和习近平总书记系列重要讲话精神，全面落实第二次中央新疆工作座谈会和自治区党委八届八次全委（扩大）会议精神，根据《中共中央国务院关于深化体制改革加快实施创新驱动发展战略的若干意见》和《国务院关于改进加强中央财政科研项目和资金管理的若干意见》，按照自治区党委、自治区人民政府《关于实施创新驱动发展战略加快创新型新疆建设的意见》，为深入推进财政科研项目和资金管理改革，提高项目预算管理的科学性和财政科研经费使用绩效，进一步激发科研人员的积极性和创作性，不断发挥科技对经济社会发展的支撑引领作用，加快推进创新型新疆建设，现提出如下意见：

一、改进加强科研项目和资金管理的总体要求

（一）总体目标。

通过深化改革，加快建立适应科技创新规律、统筹协调、职责清晰、科学规范、公开透明、监管有力的科研项目和资金管理机制，使科研项目和资金配置更加聚焦自治区经济社会发展重大需求，基础研究、应用开发、重大共性关键技术研究、成果转化、人才培养、科研平台建设能力显著增强，财政资金使用效益明显提升，科研人员的积极性和创造性充分发挥，科技对经济社会发展的支撑引领作用不断增强，为实现创新型新疆建设提供有力保障。

（二）基本原则。

——坚持遵循规律。结合我区经济社会发展和科技创新实际，遵循科学研究、技术创新和成果转化规律，实行分类管理，提高科研项目和资金管理水平。突出企业技术创新决策、投入、组织和成果转化的主体地位。

——坚持改革创新。推进政府职能转变，发挥好财政科技投入的引导激励作用和市场配置各类创新要素的导向作用。加强管理创新和统筹协调，对科研项目和资金管理各环节进行系统化改革，以改革释放创新活力。

——坚持公正公开。强化科研项目和资金管理信息公开，加强科研诚信建设和信用管理，着力营造以人为本、公平竞争、充分激发科研人员创新热情的良好环境。

——坚持规范高效。明确科研项目、资金管理和执行各方的职责，优化管理流程，建立健全决策、执行、评价相对分开、互相监督的运行机制，提高管理的科学化、规范化、精细化水平。

二、加强科研项目和资金配置的统筹协调

（三）优化整合各类科技计划。科技计划的设立，应当更加聚焦自治区经济社会发展重大需求，按照政府职能转变的要求，优化整合自治区各类科技计划，对定位不清、重复交叉、实施效果不好的，要通过撤、并、转等方式进行必要调整和优化。建立各类科技计划的绩效评估、动态调整和终止机制。明确功能定位，科学组织安排科研项目，提升项目层次和质量，合理控制项目数量。

（四）建立健全统筹协调与决策机制。建立由自治区科技厅牵头，财政厅、发展改革委等相关部门参加的科技计划（专项、基金等）管理部门联席会议制度，制定议事规则，负责审议科技发展战略规划、科技计划（专项、基金等）的布局与设置、重点任务和指南、战略咨询与综合评审委员会的组成、专业机构的遴选择优等事项。自治区科技厅要充分发挥对全区科技工作的规划引领和统筹协调作用，加强对科技创新工作的顶层设计和整体部署，提出科技发展优先领域、重点任务和重大项目。自治区财政厅要加强科技预算安排的统筹，做好各类科技计划年度预算方案的综合平衡。涉及自治区经济社会发展的重大科技事项，按程序报自治区人民政府决策。

（五）切实加强对基层科技工作指导和协调。加强对基层科技资源配置和管理工作的指导和协调，建立健全自治区科技厅与地（州、市）的厅地会商机制。在科技计划中，体现"民生优先，基层重要"的原则，加大对基层科技项目的支持力度，加大对基层科技成果的奖励，鼓励和支持基层开展国际科技合作，积极培训基层科技创新人才，有效集成政策、人才、项目、资金等科技资源，共同推动地州市重大科技工作，提升区域创新能力。

（六）建设自治区科技管理信息系统。科技行政管理部门会同有关部门在现有各类科技计划科研项目数据库基础上，建立统一的自治区科技计划项目管理信息平台。统筹建立科技管理信息系统，将优化整合后的各类科技计划纳入平台集中管理。加强科技资源的优化配置和统筹协调，实现科研项目数据资源的互联互通，并向社会开放。

三、实行科研项目分类管理

（七）基础前沿科研项目突出创新导向。基础、前沿类科研项目要立足原始创新，充分尊重专家意见，通过同行评议、公开择优的方式确定研究任务和承担者，激发科研人员的积极性和创造性。引导支持企业增加基础研究投入，与科研院所、高等学校联合开展基础研究，推动基础研究与应用研究的紧密结合。对优秀人才和团队给予持续支持，加大对青年科研人员的支持力度。项目主管部门要减少项目执行中的检查评价，发挥好学术咨询机构、协会、学会的咨询作用，营造"鼓励探索、宽容失败"的实施环境。

（八）公益性科研项目聚焦重大需求。公益性科研项目要重点解决制约公益性行业发展的重大科技问题，强化需求导向和应用导向。行业主管部门应当充分发挥组织协调作用，提高项目的系统性、针对性和实用性，及时协调解决项目实施中存在的问题，保证项目成果服务社会公益事业发展。加强对基础数据、基础标准、种质资源等工作的稳定支持，为科研提供基础性支撑。

（九）市场导向类项目突出企业主体。明晰政府与市场的边界，充分发挥市场对技术研发方向、路线选择、要素价格、各类创新要素配置的导向作用，政府主要通过制定政策、营造环境，引导企业成为技术创新决策、投入、组织和成果转化的主体。对于政府支持企业开展的产业重大共性关键技术研究等公共科技活动，在立项时要加强对企业资质、研发能力的审核，鼓励产学研协同攻关。对于政府引导企业开展的科研项目，主要由企业提出需求、先行投入和组织研发，政府采用"后补助"及间接投入等方式给予支持，形成主要由市场决定技术创新项目和资金分配、评价成果的机制以及企业主导项目组织实施的机制。

（十）重大专项突出自治区战略发展导向。聚焦自治区重大战略任务和重大产业发展部署，聚焦新疆实现社会稳定和长治久安、加快丝绸之路经济带核心区建设、解决民生和增加就业等重大战略需求，聚焦对产业竞争力整体提升具有全局性影响、带动性强的关键共性技术。成立自治区重大科技专项协调指导小组，采取政府直接组织开展、政府支持开展、政府鼓励开展等三类组织方式，提升实施效果。

四、改进科研项目管理流程

（十一）改革项目指南制定和发布机制。项目主管部门要结合科技计划的特点，针对不同项目类别和要求编制项目指南，市场导向类项目指南要充分体现产业需求；项目指南发布前要充分征求科研单位、企业、相关部门、地方、协会、学会等有关方面意见，建立由各方参与的项目指南论证机制。每年固定时间发布项目指南，并通过多种方式扩大项目指南知晓范围。自指南发布日到项目申报受理截止日，原则上不少于60天，保证科研人员有充足时间申报项目。

（十二）规范项目立项。项目申请单位应当认真组织项目申报，根据科研工作实际需要选择项目合作单位。项目主管部门要完善公平竞争的项目遴选机制，通过公开择优、定向择优等方式确定项目承担者；要规范立项审查行为，健全立项管理的内部控制制度，对项目申请者及其合作方的资质、科研能力等进行重点审核，加强项目查重，避免一题多报或重复资助，杜绝项目打包和"拉郎配"；要规范评审专家行为，提高项目评审质量，推行网络评审和视频答辩评审，合理安排会议答辩评审，评审意见应当及时反馈项目申请者。从受理项目申请到反馈立项结果原则上不超过120个工作日。完善项目审批流程查询机制，使项目申请者能够及时查询立项工作进展，实现立项过程可申诉、可查询、可追溯。

（十三）明确项目过程管理职责。项目承担单位负责项目实施的具体管理。项目主管部门要健全服务机制，积极协调解决项目实施中出现的新情况新问题，针对不同科研项目管理特点组织开展巡视检查或抽查，对项目实施不力的要加强督导，对存在违规行为的要责成项目承担单位限期整改，对问题严重的要暂停项目实施。

（十四）加强项目验收和结题审查。项目完成后，项目承担单位应当及时做好总结，编制项目决算，按时提交验收或结题申请，无特殊原因未按时提出验收申请的，按相关管理办法处理。项目主管部门应当及时组织开展验收或结题审查，并严把验收和审查质量。根据不同类型项目，可以采取同行评议、第三方评估、用户测评等方式，依据项目任务书组织验收，将项目验收结果纳入自治区科技报告。

五、改进科研项目资金管理

（十五）规范项目预算编制和评审。项目申请单位应当按规定科学合理、实事求是地编制项目预算，并对仪器设备购置、合作单位资质及拟外拨资金进行重点说明。改进预算编制方法，完善预算编制指南和评估评审工作细则，健全预算评估评审的沟通反馈机制。评估评审工作的重点是项目预算的目标相关性、政策相符性、经济合理性，在评估评审中不得简单按比例核减预算。除以定额补助方式资助的项目外，应当依据科研任务实际需要和财力可能核定项目预算，不得在预算申请前先行设定预算控制额度。劳务费预算应当结合当地实际以及相关人员参与项目的全时工作时间等因素合理编制。

（十六）及时拨付项目资金。项目主管部门要合理控制项目和预算评估评审时间，加强项目立项和预算下达的衔接，及时批复项目和预算。相关部门和单位要按照财政国库管理制度相关规定，结合项目实施和资金使用进度，及时合规办理资金支付。

（十七）规范直接费用支出管理。科学界定与项目研究直接相关的支出范围，各类科技计划的支出科目和标准原则上应保持一致。调整劳务费开支范围，将项目临时聘用人员的社会保险补助纳入劳务费科目中列支。进一步下放预算调整审批权限，同时严格控制会议费、差旅费、国际合作与交流费，项目实施中发生的三项支出之间可以调剂使用，但不得突破三项支出预算总额。

（十八）完善间接费用和管理费用管理。间接费用用于补偿项目承担单位为项目实施所发生的间接成本和绩效支出，项目承担单位应当建立健全间接费用的内部管理办法，合规合理使用间接费用，结合一线科研人员实际贡献公开公正安排绩效支出，体现科研人员价值，充分发挥绩效支出的激励作用。项目承担单位不得在核定的间接费用或管理费用以外再以任何名义在项目资金中重复提取、列支相关费用。

（十九）改进项目结转结余资金管理办法。项目在研期间，年度剩余资金可以结转下一年度继续使用。项目完成任务目标并通过验收后形成的结余资金，财政拨款结余资金按照自治区财政结余资金管理办法处理，其他结余资金按规定在一定期限内由单位统筹安排用于科研活动的直接支出，并将使用情况报项目主管部门；未通过验收和整改后通过验收的项目，或承担单位信用评价差的，结余资金按原渠道收回。

（二十）建立和完善绩效评价制度。建立健全第三方评估机制，提高资金使用效益。对不同类型的科研项目，明确相应的绩效目标，重点加强重大科技计划和专项的综合绩效评价，逐步扩大科研机构绩效评价范围，建立周期性评估制度，并将结果作为改进管理、延续设立、调整或中止的重要依据。

六、加强科研项目和资金监管

（二十一）规范科研项目资金使用行为。科研人员和项目承担单位要依法依规使用项目资金，不得擅自调整外拨资金，不得利用虚假票据套取资金，不得通过编造虚假合同、虚构人员名单等方式虚报冒领劳务费和专家咨询费，不得通过虚构测试化验内容、提高测试化验支出标准等方式违规开支测试化验加工费，不得随意调账变动支出、随意修改记账凭证、以表代账应付财务审计和检查。项目承担单位要建立健全科研和财务管理等相结合的内部控制制度，规范项目资金管理，在职责范围内及时审批项目预算调整事项。对于从中央财政以外渠道获得的项目资金，按照国家有关财务会计制度规定以及相关资金提供方的具体要求管理和使用。

（二十二）改进科研项目资金结算方式。科研院所、高等学校等事业单位承担项目所发生的会议费、差旅费、小额材料费和测试化验加工费等，要按规定实行"公务卡"结算；企业承担的项目，上述支出也应当采用非现金方式结算。项目承担单位对设备费、大宗材料费和测试化验加工费、劳务费、专家咨询费等支出，原则上应当通过银行转账方式结算。

（二十三）完善科研信用管理。建立覆盖指南编制、项目申请、评估评审、立项、执行、验收全过程的科研信用记录制度，由项目主管部门委托专业机构对项目承担单位和科研人员、评估评审专家、中介机构等参与主体进行信用评级，并按信用评级实行分类管理。各项目主管部门应共享信用评价信息。建立"黑名单"制度，将严重不良信用记录者记入"黑名单"，阶段性或永久取消其申请自治区财政资助项目或参与项目管理的资格。

（二十四）加大对违规行为的惩处力度。建立完善覆盖项目决策、管理、实施主体的逐级考核问责机制。有关部门要加强科研项目和资金监管工作，严肃处理违规行为，按规定采取通报批评、暂停项目拨款、终止项目执行、追回已拨项目资金、取消项目承担者一定期限内项目申报资格等措施，涉及违法的移交司法机关处理，并将有关结果向社会公开。建立责任倒查制度，针对出现的问题倒查项目主管部门相关人员的履职尽责和廉洁自律情况，经查实存在问题的依法依规严肃处理。

七、加强相关制度建设

（二十五）建立健全信息公开制度。除涉密及法律法规另有规定外，项目主管部门应当按规定向社会公开科研项目的立项信息、验收结果和资金安排情况等，接受社会监督。项目承担单位应当在单位内部公开项目立项、主要研究人员、资金使用、大型仪器设备购置以及项目研究成果等情况，接受内部监督。

（二十六）建立自治区科技报告制度。科技厅会同有关部门制定科技报告的标准和规范，建立自治区科技报告共享服务平台，实现自治区科技资源持续积累、完整保存和开放共享。对自治区财政资金支持的科研项目，项目承担者必须按规定提交科技报告，科技报告提交和共享情况作为对其后续支持的重要依据。

（二十七）改进专家遴选制度。充分发挥专家咨询作用，项目评估评审应当以同行专家为主，吸收区外高水平专家参与，评估评审专家中一线科研人员的比例应当达到75%左右。扩大企业专家参与市场导向类项目评估评审的比重。推动学术咨询机构、协会、学会等更多参与项目评估评审工作。建立专家数据库，实行评估评审专家轮换、调整机制和回避制度。对采用视频或会议方式评审的，公布专家名单，强化专家自律，接受同行质询和社会监督；对采用通讯方式评审的，评审前专家名单严格保密，保证评审公正性。

（二十八）完善激发创新创造活力的相关制度和政策。完善科研人员收入分配政策，健全与岗位职责、工作业绩、实际贡献紧密联系的分配激励机制。健全科技人才流动机制，鼓励科研院所、高等学校与企业创新人才双向交流，完善兼职兼薪管理政策。加快推进事业单位科技成果使用、处置和收益管理改革，完善和落实促进科研人员成果转化的收益分配政策。加强知识产权运用和保护，落实激励科技创新的税收政策，推进科技评价和奖励制度改革，制定导向明确、激励约束并重的评价标准，充分调动项目承担单位和科研人员的积极性创造性。

八、明确和落实各方管理责任

（二十九）项目承担单位要强化法人责任。项目承担单位是科研项目实施和资金管理使用的责任主体，要切实履行在项目申请、组织实施、验收和资金使用等方面的管理职责，加强支撑服务条件建设，提高对科研人员的服务水平，建立常态化的自查自纠机制，严肃处理本单位出现的违规行为。科研人员要弘扬科学精神，恪守科研诚信，强化责任意识，严格遵守科研项目和资金管理的各项规定，自觉接受有关方面的监督。

（三十）有关部门要落实管理和服务责任。自治区科技厅要会同有关部门根据本意见精神制定科技工作重大问题会商与沟通的工作规则；项目主管部门和财政部门要制定或修订各类科技计划管理制度。各有关部门要建立健全本部门内部控制和监管体系，加强对所属单位科研项目和资金管理内部制度的审查；督促指导项目承担单位和科研人员依法合规开展科研活动，做好经常性的政策宣传、培训和科研项目实施中的服务工作。

关于印发《新疆维吾尔自治区"天山众创行动"专项资金管理暂行管理办法》的通知

(新财教〔2016〕229号)

第一章 总则

第一条 为落实《自治区人民政府办公厅关于发展众创空间推进大众创新创业的实施意见》(新政办发〔2015〕115号)要求,加强自治区财政"天山众创行动"专项资金管理(以下简称专项资金),提高资金使用效益,根据国家和自治区有关财务管理规定,制定本办法。

第二条 本办法所称自治区"天山众创行动"是指为推进大众创业、万众创新,在自治区加快构建一批众创空间、星创天地、科技企业孵化器等新型服务平台,激发各类创新创业人才活力,营造科技创新创业良好生态环境。

众创空间是指为创业者提供低成本的工作空间、网络空间、社交空间和资源共享空间的新型创业服务平台;科技企业孵化器是指以促进科技成果转化、培养高新技术企业和企业家为宗旨的科技创业服务载体;星创天地是指发展现代农业的众创空间,是新型农业创新创业一站式开放性综合服务平台。

第三条 专项资金由自治区财政预算安排,主要用于支持在自治区科技厅备案的自治区级众创空间、星创天地和科技企业孵化器(以下简称创服机构)的运营和发展。专项资金主要采用后补助方式,通过绩效评价,对运行良好的创服机构的运行费用给予一定补贴。

第四条 专项资金由自治区财政厅和科技厅共同管理。自治区财政厅主要负责专项资金预算管理和资金拨付,会同自治区科技厅监督专项资金使用情况,组织开展绩效评价。自治区科技厅主要负责具体组织实施,包括创服机构的备案,编制专项资金计划,监督检查运营情况,开展评价及考核等。

第五条 专项资金的使用和管理遵守国家有关法律、行政法规和相关规章制度,遵循政府引导、讲求绩效、择优支持、公开透明的原则。

第二章 开支范围与补贴标准

第六条 专项资金的开支范围包括运行费用补贴和综合服务管理支出。

第七条 运行费用补贴主要用于补助创服机构的运行费用,主要包括:

(一)基本运维费,包括运行场地租赁及水、电、暖、物业、宽带接入等支出。

(二)服务能力支出,包括公共软硬件购置和检验检测、研发设计、成果转化、知识产权、工商注册、财务法务咨询等公共服务能力建设和运行支出。

(三)创新创业活动支出,包括举办投资路演、创新大讲堂、创业训练营、创业辅导培训、专题论坛讲座等活动支出;创服机构辅导队伍、从业人员培训相关支出。

(四)科技金融服务支出,包括科技与金融对接平台建设及运行支出;设立种子基金并提供融资服务等支出。

第八条　运行费用补贴采取因素法开展绩效评价，依据绩效评价结果确定补贴标准。评价因素包括：创服机构的场地面积、服务对象的数量和质量、创新创业活动数量和质量、服务功能的全面性和专业性、创业辅导队伍的规模和素质、金融服务能力和可持续发展能力等。

第九条　创服机构绩效评价结果分为优秀、良好、一般和差四个等次，不同等次的补贴额度依次递减，绩效评价结果为差的创服机构不予补贴。众创空间和科技企业孵化器每年平均运行费用补贴为30万元，星创天地每年平均运行费用补贴为15万元。创服机构享受运行费用补贴最多不超过三次；连续两年绩效评价差或不参加绩效评价的，取消自治区级创服机构备案资格。

第十条　综合服务管理支出主要采取政府购买公共服务方式，由主管部门委托第三方机构开展创服机构的培训交流、绩效评价、统计分析等。每年根据实际需要和年度预算，由自治区科技厅提出预算方案，报自治区财政厅审核确定。

第三章　申请与拨付

第十一条　创服机构每年1月30日前向自治区科技厅委托的第三方机构提交运行费用补贴资金申请材料；第三方机构对申请材料进行审查，并组织专家开展绩效评价，形成专家绩效评价结论，同时依据绩效评价结果提出补贴经费安排建议。绩效评价工作每年第一季度完成。

第十二条　自治区科技厅对绩效评价结果向社会公示。根据绩效评价结果和第三方机构提出的补贴经费安排建议，提出专项资金预算安排建议，报自治区财政厅批复。自治区财政厅根据批复结果，按照国库集中支付管理要求及时拨付资金。

第四章　监督管理

第十三条　创服机构要建立健全内部财务制度，严格按照本办法规定的开支范围使用资金，不得以任何借口挪作他用，确保专款专用。对弄虚作假、骗取专项资金或不按规定用途使用资金的创服机构，追回已拨付资金，取消其备案资格，并予以通报。涉嫌犯罪的依法移送司法机关处理。

第十四条　自治区财政厅、自治区科技厅定期或不定期对创服机构的运行情况和资金使用情况监督检查。

第五章　附则

第十五条　本办法由自治区财政厅、科技厅负责解释。

第十六条　本办法自2016年10月10日起执行。

关于印发《新疆维吾尔自治区"上海合作组织科技伙伴计划"专项经费管理暂行办法》的通知

(新财教〔2016〕234号)

第一章 总则

第一条 为规范和加强新疆维吾尔自治区"上海合作组织科技伙伴计划"（以下简称"伙伴计划"）专项资金管理，提高资金使用效益，根据《国务院关于改进加强中央财政科研项目和资金管理的若干意见》（国发〔2014〕11号），财政部、科技部《国际科技合作与交流专项经费管理办法》（财教〔2007〕428号），新疆财政厅、科技厅《关于改进加强自治区财政科技项目和资金管理的意见》（新财教〔2016〕14号）和国家、自治区有关财务管理规定，制定本办法。

第二条 "伙伴计划"专项经费（以下简称专项经费）指自治区设立的由自治区财政预算安排的专项经费。

第三条 专项经费主要用于支持自治区境内具有独立法人资格的科研院所、高等学校、各类园区、内资或内资控股企业。

第四条 专项经费由自治区财政厅和科技厅共同管理，自治区科技厅主要负责具体组织实施。

第五条 专项经费支持的主要领域包括：环境和能源、生命科学与健康、农业、信息技术、水资源、材料、空间技术与应用、装备制造、食品、减灾防灾。

主要支持的项目包括：开展联合研究和先进技术示范与推广；共建技术转移中心；举办先进适用技术培训；共建数据共享及应用平台；共建联合实验室（联合研究中心）；共建农业科技示范园；共建高新技术产业园。专项经费不支持属于基本建设支出范围的国际合作与交流项目。

第六条 专项经费项目的组织实施按照"集中力量、突出重点、政府引导、合理配置、专款专用"的原则，紧密围绕《新疆丝绸之路经济带核心区建设行动计划（2014—2020年）》和《新疆维吾尔自治区中长期（2006—2020年）科学技术发展规划纲要》的重点任务与要求，立足自治区经济、社会发展和国家安全的重大需求，围绕成员国共同面对的社会经济发展中的科技问题，开展联合研究开发活动，有效发挥科技合作在中亚对外开放中的先导和带动作用，增强新疆在中亚科技方面的影响力，促进新疆科技进步和区域竞争力的提高。

第二章 专项经费开支范围

第七条 专项经费主要用于支付在项目组织实施过程中发生的，与"伙伴计划"科技合作与交流直接相关的各项费用。其开支范围主要包括：设备费、材料费、测试化验加工费、燃料动力费、技术引进费、差旅费、会议费、国际合作与交流费、出版/文献/信息传播/知识产权事务费、劳务费、专家咨询费、管理费用等。

（一）设备费：是指在项目研究开发过程中购置或试制专用仪器设备，对现有仪器设备进行升级改造，以及租赁外单位仪器设备而发生的费用。专项经费严格控制设备购置费支出。

（二）材料费：是指在项目研究开发过程中消耗的各种原材料、辅助材料等低值易耗品的采购及运输、装卸、整理等费用。

（三）测试化验加工费：是指在项目研究开发过程中支付给外单位（包括项目承担单位内部独立经济核算单位）的检验、测试、化验及加工等费用。

（四）燃料动力费：是指在项目研究开发过程中相关大型仪器设备、专用科学装置等运行发生的可以单独计量的水、电、气、燃料消耗费用等。

（五）技术引进费：是指在项目组织实施过程中用于引进必要的国外先进适用技术经费。

（六）差旅/会议/国际合作与交流费：差旅费是指在项目研究开发过程中开展科学实验（试验）、科学考察、业务调研、学术交流等所发生的境内差旅费、市内交通费用等；会议费是指组织开展学术研讨、咨询以及协调项目或课题等活动而发生的会议费用；国际合作与交流费是指项目研究人员出国及外国专家来华工作的费用。以上相关支出可由科研人员结合科研活动实际需要编制预算并按规定统筹安排使用。相关开支标准应当按照国家和自治区有关规定执行。

（七）出版/文献/信息传播/知识产权事务费：是指在项目研究开发过程中，需要支付的出版费、资料费、专用软件购买费、文献检索费、专业通信费、专利申请及其他知识产权事务等费用。

（八）劳务费：是指在项目研究开发过程中支付给项目研究开发过程中支付给参与项目或课题研究的研究生、博士后、访问学者以及项目聘用的研究人员、科研辅助人员等的劳务性费用，以及聘请海外专家来华进行合作研发、技术培训、业务指导、讲学等支出的劳务性费用。项目聘用人员的劳务费开支标准，参照自治区科学研究和技术服务业从业人员平均工资水平，根据其在项目研究中承担的工作任务确定，其社会保险补助纳入劳务费科目列支。支付给海外专家的劳务费标准应当与国内同等水平人员的标准相一致。

（九）专家咨询费：是指在项目研究开发过程中支付给临时聘请的咨询专家的费用。专家咨询费不得支付给参与科技计划及其项目、项目管理相关的工作人员。专家咨询费的开支标准应当按照国家和自治区有关规定执行。

（十）管理费：是指在项目研究开发过程中对使用本单位现有仪器设备及房屋，日常水、电、气、暖消耗，以及其他有关管理费用的补助支出。管理费实行总额控制，由项目承担单位管理和使用，核定比例严格按照《新疆维吾尔自治区科技专项经费管理办法》执行。

第八条 项目在研究开发过程中发生的除上述费用之外的其他支出（如托运费、租赁费等），应当在申请预算时单独列示，单独核定。

第三章 申请和立项

第九条 申请专项经费应具备以下条件：

（一）项目承担单位与外方合作单位具有良好合作基础，且与外方合作单位签订了合作协议或者意向书。

（二）外方合作单位具有较强的技术实力或者较高的科研水平，并有一定人员、资金或设备投入。特殊情况下，外方合作单位可以技术投入（包括知识产权、专有技术和资料）的方式参与合作。

（三）科技厅根据对外科技合作政策认为应当具备的其他申请条件。

第四章 项目预算的编制与审批

第十条 项目申请单位在申请立项、编制项目申报材料的同时，应当编制项目经费预算。科技厅在对征集项目进行筛选、凝练、整合时，应对项目申请单位提出的项目经费预算提出审核意见。

第十一条　项目预算编制要求：

（一）项目预算的编制应当根据课题研究的合理需要，坚持目标相关性、政策相符性和经费合理性原则。

（二）项目预算编制时应当编制来源预算与支出预算。

来源预算除申请专项经费外，有自筹经费来源的，应当提供出资证明及其他相关财务资料。自筹经费包括单位的自有货币资金，专项用于该项目研究的其他货币资金等。项目承担单位在项目实施前已有的仪器设备、图书资料、实验材料等非货币形式的投入不能作为项目自筹资金的组成部分。

支出预算应当按照经费开支范围确定的支出科目和不同经费来源编制，同一支出科目一般不得同时列支专项经费和自筹经费。支出预算应当对各项支出的主要用途和测算理由等进行详细说明。

（三）有多个单位共同承担一个课题的，应当同时编列各单位承担的主要任务、经费预算等。

（四）项目预算书应当由项目负责人协助项目承担单位财务部门共同编制。

（五）编制项目预算时，应当同时申报项目承担单位的现有组织实施条件和资源，以及从单位外部可能获得的共享服务，并针对项目实施可能形成的科技资源和成果，提出社会共享的方案。

第十二条　项目预算按有关要求经项目组织单位审核汇总后报送科技厅。

科技厅、财政厅组织专家或委托中介机构对重大项目预算进行独立评审或评估，并对预算评审或评估结果进行审核。对于项目预算存在重大异议的，应当按照程序进行复评。

第十三条　科技厅按照财政科技经费管理的要求，提出项目预算安排建议，会同财政厅审定会签后，由科技厅向项目申请单位下达项目立项批复和预算批复。经批准的项目预算应当纳入科研项目预算管理数据库统一管理，分年度滚动安排。

第五章　项目预算执行

第十四条　科技厅根据下达的项目预算，与项目组织单位、课题承担单位签订项目（课题）预算责任书。项目（课题）预算书是预算执行、监督检查和财务验收的重要依据。

第十五条　实行招标投标管理的项目（课题），其经费预算的确定按国家招投标的有关规定执行。

第十六条　专项经费的拨付，按照财政国库集中支付管理的有关规定执行。经费使用中涉及政府采购的，按照政府采购有关规定执行。

第十七条　项目承担单位应当严格按照下达的项目预算执行，一般不予调整，确有必要调整时，应当遵循《新疆维吾尔自治区科技专项经费管理办法》规定的预算调整程序核批。

第十八条　项目承担单位应当严格按照本办法的规定，制定内部管理办法，建立健全内部控制制度，加强对专项经费的监督和管理，对专项经费及其自筹经费分别进行单独核算。

第十九条　项目承担单位应当严格按照本办法规定的项目经费开支范围和标准办理支出。严禁使用项目经费支付各种罚款、捐款、赞助、投资等，严禁以任何方式变相谋取私利。

第二十条　项目承担单位应当按照规定编制项目经费年度财务决算报告。项目经费下达之日起到年度终了不满三个月的项目，当年可不编报年度决算，其经费使用情况在下一年度的年度决算报表中编制反映。项目决算报告由项目承担单位财务部门会同项目负责人编制。项目决算报告由项目组织单位审核汇总后，于次年的3月20日前报科技厅。

第二十一条 项目结转结余资金按照自治区财政科技项目结转结余资金管理规定处理。

第二十二条 项目计划下达后，由于各种原因导致项目变更、中止、撤销，项目组织单位应向科技厅提出书面申请报告，经科技厅审核批准后，停止项目预算的拨款。需要变更项目的，按照项目立项程序重新报批后，方能按项目预算进行拨款。

第二十三条 预算执行过程实行重大事项报告制度。在项目实施期间，出现项目计划任务调整、项目负责人变更或调动单位、项目承担单位变更等影响经费预算执行的重大事项，项目负责人、项目承担单位应当及时报项目组织单位及科技厅批准。

第二十四条 专项经费形成的固定资产属国有资产，一般由项目承担单位进行管理和使用，自治区有权调配用于相关科学研究开发。专项经费形成的知识产权等无形资产的管理，按照国家有关规定执行。

专项经费形成的大型科学仪器设备、科学数据、自然科技资源等，按照国家有关规定开放共享，以减少重复浪费，提高资源利用率。

第七章 监督检查

第二十五条 财政厅、科技厅对专项经费拨付使用的情况进行监督检查。

第二十六条 科技厅会同财政厅组织专家或委托中介机构对专项经费的使用和管理进行专项财务检查或中期评估。专项财务检查和中期评估结果，将作为调整项目或课题预算安排，按进度核拨经费的重要依据。

第二十七条 项目完成后，项目组织单位应当及时向科技厅提出财务验收申请，财务验收是进行项目验收的前提。科技厅负责组织对项目进行财务审计和财务验收。

第二十八条 存在下列行为之一的，不得通过财务验收：

（一）编报虚假预算，套取国家财政资金；

（二）未对专项经费进行单独核算；

（三）截留、挤占、挪用专项经费；

（四）违反规定转拨、转移专项经费；

（五）提供虚假财务会计资料；

（六）未按规定执行和调整预算；

（七）虚假承诺，自筹经费不到位；

（八）其他违反国家财经纪律的行为。

第二十九条 项目通过验收后，各项目承担单位应当在一月内及时办理财务结账手续。项目经费如有结余予以收回，不得归项目组成员所有，长期挂账，严禁用于发放奖金和福利支出。

第三十条 科技厅应当结合财务审计和财务验收，逐步建立科研项目经费的绩效评价制度。

第三十一条 专项经费管理建立承诺机制。项目承担单位法定代表人、项目负责人在编报预算时，应当共同签署承诺书，保证所提供信息的真实性，并对信息虚假导致的后果承担责任。

第三十二条 专项经费管理建立信用管理机制。科技厅对项目组织单位、项目承担单位、项目负责人、中介机构和评审评议专家在专项经费管理方面的信誉度进行评价和记录。

第三十三条 对于预算执行过程中，不按规定管理和使用专项经费、不及时编报决算、不按规定进行会计核算的单位，科技厅将会同财政厅予以停拨经费或通报批评，情节严重的可以终止项目或课题。对于未通过财务验收，存在弄虚作假、截留、挪用、挤占专项经费等违反财经纪律的行为，科技厅、财政厅可以取消有关单位或个人今后三年内申请自治区科技计划的资格。同时建议有关部门给予纪律处分。构成犯罪的，依法移送司法机关追究刑事责任。

第八章 附则

第三十四条 本办法由科技厅、财政厅负责解释。

第三十五条 本办法自 2016 年 10 月 20 日起执行。

新疆维吾尔自治区重大科技专项实施细则（暂行）

（新科计字〔2016〕112号）

第一章 总则

第一条 为加强自治区重大科技专项（以下简称"重大专项"）的规范化管理，提高管理效率，确保重大专项的实施效果，根据《自治区科技计划（专项、基金等）项目管理办法（暂行）》中的相关内容，特制定本实施细则。

第二条 重大专项是指由政府组织实施的重大科技项目，聚焦自治区重大战略任务和重大产业发展部署，聚焦实现社会稳定和长治久安、加快丝绸之路经济带核心区建设、解决民生和增加就业等重大战略需求，聚焦对产业竞争力整体提升具有全局性影响、带动性强的关键共性技术。

第三条 重大专项开展集成式协同攻关，形成大联盟和集团化组织方式，为加强我区自主创新，促进科技成果转化和产业化，培养创新型科技人才，推动经济、社会协调发展提供引领和支撑。

第四条 重大专项要围绕以下重点任务：

（一）围绕我区新能源、新材料、先进装备制造、云计算、大数据、生物、电子信息、节能环保八大战略性新兴产业以及解决产业发展中的重大关键技术问题，推动产业竞争力的整体提升，形成对产业发展具有引领作用的战略产品。

（二）围绕我区经济社会发展的重大需求，解决制约我区经济社会发展的重大科技问题，形成核心自主知识产权、规模化生产能力，为我区经济增长和转型升级提供新动能。

（三）培养和凝聚一批能够扎根新疆的高水平创新、创业、创优人才，形成一批具有竞争力的创新型企业，建成一批创新创业平台基地。

第二章 管理制度

第五条 设立重大专项协调领导小组（简称"协调领导小组"）、战略咨询组（简称"咨询组"）。

（一）协调领导小组的组长由自治区人民政府主管领导担任，副组长由自治区人民政府分管领导担任，成员单位包括自治区科技厅、财政厅、发改委及其他相关厅局。协调领导小组主要职责是研究确定年度重大专项立项任务、项目组织实施单位、项目经费安排等专项实施和管理中的重大问题。

（二）协调领导小组下设重大专项协调管理办公室（简称"重大办"），挂靠在科技厅，成员由相关厅局领导组成，办公室主任由科技厅领导担任，负责完成重大专项的具体组织协调和日常服务管理。

（三）咨询组由高层次技术、管理、财政金融和知识产权等方面专家组成，具体负责研究讨论提出年度重大专项指南建议、项目实施咨询建议等。

第六条 重大专项实行两级管理：项目和课题，项目实施期一般为3~5年。重大专项的各项目分别设立项目负责人和技术负责人，项目负责人从项目牵头单位产生，负责项目、课题的组织、协调；技术负责人由项目牵头单位根据项目实际需要，聘请专家担任，具体负责项目技术研发、技术监督等工作。鼓励企业面向国内外公开聘任技术负责人。课题负责人负责课题实施方案的制订，组织实施，接受项目负责人和技术负责人的监督和检查。

第七条 实行项目监理制度。重大办可委托专业监理机构对项目执行的全过程进行监理。监理机构要制定项目监理计划，实行阶段评估监理。根据合同要求对项目执行情况进行阶段评估，并提出监理报告，包括项目的组织实施情况、阶段执行进度、经费及时到位与使用的合理性、实施绩效等，发现和查找项目实施中存在的问题，提出建议性措施和解决办法。监理报告与事实有重大出入，项目（课题）承担单位可向重大办提出复议申请。监理机构不得参与项目或课题的实施。

第八条 实行项目评估考核制度。项目实施期过半时，重大办委托项目管理专业机构（简称"专业机构"）对项目进行评估考核。

第三章 立项和管理

第九条 重大专项的立项必须符合下列条件：

（一）战略意义重大。项目要符合自治区战略导向，是具有全局性影响的重大技术创新，是关系到我区民生改善、产业命脉的核心关键技术，是自治区人民政府最为关心的重大问题。

（二）技术创新突破性和集成性强。项目的技术创新性强、技术含量高、能够实现核心技术的突破；技术要素的集成性强，能够整合各类创新资源要素，实现产业链、创新链和资金链的对接。

（三）目标具体可行。项目研究目标明确，技术路线清晰，技术方案科学合理，切实可行，经过3~5年实施，能够实现成果的转化和产业化，能够直接投入应用或具有较强的应用前景。

（四）成果显示度强。能够形成具有自主知识产权的重大成果、建立国家及行业重大技术标准、形成重大战略性产品，推动行业科技进步、推动经济增长，形成新的经济增长点，带动就业、增加农牧民收入。

（五）协同攻关的机制完善。能充分发挥企业技术创新的主体作用，联合区内外高等院校、科研机构、工程技术研究中心、重点实验室等协作攻关。建立多元化的投融资模式，引导和鼓励企业、金融机构及社会资金投入。对创新链上所需的技术平台、基地建设、人才团队、标准规范、知识产权等要素进行统筹部署。

第十条 重大专项的申报，必须以企业为申报主体，科研院所、高等院校等其他单位为项目协作单位的产学研联合方式申报。

第十一条 按照全产业链设计的项目需由一家单位联合若干单位按项目整体申报，项目内容覆盖该项目指南的所有考核指标；非全产业链设计的项目可按项目的分项任务进行申报。

第十二条 重大专项的立项程序主要包括：指南发布、项目申报、项目论证、协调领导小组审定、项目公示、计划下达。

（一）经咨询组评审、协调领导小组审定，向社会发布重大专项年度申报指南。

（二）符合条件的申报单位按照申报指南的要求提交申报书。重大办组织或委托专业机构对项目进行形式审查、项目可行性论证和项目预算评审。

（三）项目论证结果和经费审核意见提交协调领导小组审定。

（四）通过审定的项目在网上公示，公示无异议后确定立项，下达项目计划。专项计划归口管理部门或委托专业机构根据项目计划，与项目（课题）承担单位签订合同书。经费管理部门按年度拨付经费。

（五）项目（课题）的管理按照《自治区科技计划（专项、基金等）项目管理办法（暂行）》执行。

第十三条 重大专项的验收分为两级：课题验收和项目验收，课题验收完成后，方可组织项目验收。验收工作按照《自治区科技计划（专项、基金等）项目管理办法（暂行）》执行。

第四章　附则

第十四条 本细则由科技厅负责解释。

第十五条 本细则自发布之日起施行。原《自治区重大科技专项管理办法（暂行）》同时废止。

新疆维吾尔自治区重点研发任务专项实施细则（暂行）

（新科计字〔2016〕113号）

第一章　总则

第一条　根据自治区科技计划改革的安排，加强改革前后有关计划（项目）管理制度的衔接，确保重点研发任务专项的实施效果，根据《新疆维吾尔自治区科技计划（专项、基金等）项目管理办法（暂行）》中的相关内容，特制定本实施细则。

第二条　重点研发任务专项是将改革前的自治区科技支撑计划（不包括软科学项目）、高技术研究发展计划调整合并后形成的。2016年重点研发任务专项的试点项目及按照原有渠道立项的项目均按照此细则进行管理。2016年以前立项的项目仍按照原有管理方式进行。

第三条　重点研发任务专项是聚焦自治区重大战略任务，遵循研发和创新活动的规律和特点，加强顶层设计，从基础研究、重大共性关键技术到应用示范的纵向研发链，以及横向协作的产业价值链进行全链条一体化设计的专项。

第四条　重点研发专项要围绕以下重点任务：

（一）事关国计民生，需要长期演进的重大社会公益性研究，以及事关产业核心竞争力、整体自主创新能力和我区的战略性、基础性、前瞻性重大科学问题、重大共性关键技术和产品。

（二）瞄准我区经济社会发展的重大需求，解决制约我区产业发展的重大问题，形成的产业、产品、服务为我区经济增长和转型升级提供有力支撑。

（三）培养和凝聚一批能够扎根新疆的高水平创新、创业、创优人才，形成一批具有竞争力的创新型企业，建成一批创新创业平台基地。

第二章　管理制度

第五条　重点研发任务专项的管理设立自治区重点研发任务专项战略咨询组（简称"咨询组"）。咨询组由高层次技术、管理和财政金融等方面专家组成，具体负责研究讨论提出重点研发专项的年度指南建议、项目实施咨询建议等。咨询组成员不得参与项目和课题的实施。科技厅综合计划管理部门负责重点研发任务专项指南征集和发布，专项计划归口管理部门组织或委托项目管理专业机构（以下简称"专业机构"）完成申报受理、评审和日常管理工作。

第六条　重点研发任务专项实行两级管理：项目和课题。项目实施期一般为3年。重点研发任务专项设立项目负责人、课题负责人。项目负责人负责项目、课题的组织、协调。课题负责人负责课题实施方案的制订、组织实施，接受项目负责人的监督和检查。

第三章　立项和管理

第七条　重点研发任务专项的申报，鼓励由企业牵头、科研院所、高等院校等单位进行产学研联合申报，每个课题的承担和协作单位不得超过5家。

第八条　按照全产业链设计的项目需由一家单位联合若干家单位按项目整体申报，项目内容覆盖该项目指南的所有考核指标；非全产业链设计的项目可按项目的分项任务进行申报。

第九条 重点研发任务专项的立项程序主要包括：指南征集、项目申报、项目初评、项目论证、科技计划项目委员会审定、项目公示、计划下达。

（一）经公开征集、咨询组评审、科技计划项目审定委员会审议后，向社会发布重点研发任务专项年度申报指南。

（二）符合条件的申报单位按照申报指南的要求提交申报书，科技厅综合计划管理部门或委托专业机构汇总申报项目，交专项计划归口管理部门或委托专业机构进行形式审查和初评、论证实施方案、审核经费预算。

（三）项目论证结果和经费审核意见提交科技计划项目审定委员会审定。

（四）通过审定的项目在网上公示，公示无异议后确定立项，下达项目计划。专项计划归口管理部门或委托专业机构根据项目计划，与项目（课题）承担单位签订合同书。经费管理部门按年度拨付经费。

（五）项目（课题）的管理按照《自治区科技计划（专项、基金等）项目管理办法（暂行）》执行。

第十条 重点研发任务专项的验收分为两级：课题验收和项目验收。课题验收完成后，方可组织项目验收。验收工作按照《自治区科技计划（专项、基金等）项目管理办法（暂行）》执行。

第四章 附则

第十一条 本细则由科技厅负责解释。

第十二条 本细则自发布之日起施行。

关于印发《新疆维吾尔自治区科技成果转化引导基金管理暂行办法》的通知

(新财教〔2016〕374号)

第一章 总则

第一条 为推动科技成果转化与应用，引导社会力量和各级政府加大科技成果转化投入，根据《国家科技成果转化引导基金管理暂行办法》(财教〔2011〕289号)、《国家科技成果转化引导基金设立创业投资子基金管理暂行办法》(国科发财〔2014〕229号)、《国家科技成果转化引导基金贷款风险补偿管理暂行办法》(国科发资〔2015〕417号)、《政府投资基金暂行管理办法》(财预〔2015〕210号)，自治区统筹资金设立新疆科技成果转化引导基金（以下简称"引导基金"）。为规范引导基金的管理，特制定本办法。

第二条 引导基金的资金来源为自治区财政拨款、投资收益和社会捐赠。

第三条 引导基金以设立创业投资子基金、科技贷款风险补偿和绩效奖励等方式，重点支持在我区实施的科技成果的转化。

第四条 引导基金遵循引导性、间接性、非营利性和市场化原则。

第二章 科技成果转化项目库

第五条 自治区科技厅、财政厅建立新疆科技成果转化项目库（以下简称"成果库"），为引导基金的运行提供信息和项目运作支持。

第六条 成果库由科技厅委托具有资质的科技中介服务机构负责管理和运行。

第七条 成果库的内容包括：

（一）承担国家（行业、部门）、自治区、地州市的应用型科技计划（专项、项目）产生的成果，应当提交成果信息，经自治区科技厅审核后，进入成果库；

（二）企业事业单位利用自筹资金开展应用型研究产生的成果，由完成单位自愿申请，经自治区科技厅审核后，进入成果库；

（三）自治区区外机构（单位）、引导基金参股子基金管理机构、符合条件的科技中介服务机构，可以向自治区科技厅推荐成果，推荐成果经科技厅审核后，进入成果库。

第八条 成果库的建设和运行实行统筹规划、分层管理、开放共享、动态调整。

第九条 成果库中的科技成果摘要信息，除涉及国家安全、重大社会公共利益和商业秘密外，可向社会公开。

第三章 引导基金的管理、运行与监督

第十条 引导基金由科技厅会同财政厅成立引导基金管理委员会（以下简称"管委会"），负责确定引导基金的资金筹集、支持方向，决策引导基金管理使用中的重大事项。委托国有创业投资管理公司为受托机构，根据授权代行出资人职责，负责引导基金的日常经营管理工作。成立专家咨询委员会，由法律、财务、科技、创业投资、银行信贷等领域的专家组成，负责对受托机构提交的尽职调查报告和子基金设立方案、贷款风险补偿方案等提供咨询建议和指导性意见。

第十一条 管委会主要工作职能包括：

（一）审议并批准引导基金资金使用方案；

（二）审定子基金的合作投资机构和科技贷款合作机构；

（三）审议子基金管理机构资质；

（四）审定引导基金、子基金服务机构目录，包括商业银行、会计师事务所、律师事务所等；

（五）审定引导基金管理费用与资金使用方案；

（六）审议《子基金年度会计报告》和《子基金年度运行情况报告》等；

（七）其他决策事项。

第十二条 受托机构的主要职能包括：

（一）向管委会提交引导基金的资金使用方案；

（二）受管委会委托，受理子基金的设立申请；

（三）对拟参股子基金开展尽职调查、入股谈判，签订子基金章程或合伙协议；

（四）代表引导基金以出资额为限对子基金行使出资人权利并承担相应义务；

（五）向子基金派遣代表，监督子基金的运营管理、投资决策、收益分配等；

（六）定期向管委会报告引导基金和子基金投资运作情况及其他重大事项；

（七）承办管委会交办的其他事项。

第十三条 管委会应当选聘服务机构目录中的银行作为托管银行。托管银行依据托管协议负责账户管理、资金清算等事务，对投资活动实施动态监管。应向受托机构出具监管报告，对重大事项出具报告。

托管银行应当符合以下条件：成立时间在 5 年以上的全国性股份制商业银行；具有专门的基金托管机构和创业投资基金托管经验；无重大过失以及受行政主管机关或司法机关处罚的不良记录。

第十四条 引导基金建立公示制度。

第四章 创业投资子基金

第十五条 引导基金与符合条件的投资企业或创业投资管理企业（以下简称"投资机构"）共同发起设立创业投资子基金（以下简称"子基金"），为转化科技成果的企业提供股权投资。

鼓励各地、州、市及国家级高新区、经济技术开发区等发起建立科技成果转化引导基金子基金，自治区引导基金作为母基金，参股符合条件的子基金。

第十六条 子基金应在自治区注册，募集资金总额不低于 1 个亿人民币，且以货币形式出资，经营范围为创业投资业务，组织形式为公司制或有限合伙制。

第十七条 引导基金对子基金的参股比例不高于子基金总额的 20%，且始终不作为第一大股东或最大出资人，子基金的其余资金应依法募集。

第十八条 在中国大陆境内注册的投资企业或创业投资管理企业可以作为申请者，向受托机构申请设立子基金。多家投资机构拟共同发起子基金的，应推举一家机构作为申请者。

第十九条 申请者为投资企业的，其注册资本或净资产应不低于 5000 万元；申请者为创业投资管理企业的，其注册资本应不低于 500 万元。

第二十条 申请者应当确定一家创业投资管理企业作为拟设立的子基金的管理机构。该管机构应具备以下条件：

（一）在自治区注册，主要从事创业投资业务；

（二）具有完善的创业投资管理和风险控制流程，规范的项目遴选和投资决策机制，健全的内部财务管理制度；

（三）至少有3名具备5年以上创业投资或相关业务经验的专职高级管理人员；

（四）应参股子基金或认缴子基金份额，且出资额不得低于子基金总额的1%；

（五）企业及其高级管理人员无重大过失，无受行政主管机关或司法机关处罚的不良记录。

第二十一条 申请者向受托机构提交的申请应包括以下材料：

（一）子基金组建或增资方案；

（二）主要出资人的出资承诺书或出资证明；

（三）会计师事务所出具的投资机构近期的审计报告；

（四）申请者过往投资项目材料和过往投资业绩证明材料；

（五）其他应当提交的资料。

第二十二条 受托机构收到申请后，应对申请材料进行审查，向基金管委会提交尽职调查报告和子基金设立方案等。

第二十三条 子基金的投资资金由管委会选聘服务机构目录中的银行作为托管银行开设托管账户。存续期内产生的股权转让、分红、清算等资金应进入子基金托管账户，不得循环投资。

第二十四条 子基金投资于成果库中科技成果的企业的资金应不低于子基金总额的60%，单个项目投资不超过子基金总额的20%。投资于自治区区内企业的资金一般不低于子基金总额的80%。

第二十五条 子基金不得从事以下业务：

（一）投资已上市企业（所投资企业上市后，子基金所持股份未转让及其配售部分除外）；

（二）从事担保、抵押、委托贷款、房地产（包括购买自用房地产）等业务；

（三）投资于股票、期货、企业债券、信托产品、理财产品、保险计划及其他金融衍生品；

（四）进行承担无限连带责任的对外投资；

（五）吸收或变相吸收存款，以及发行信托或集合理财产品的形式募集资金；

（六）向任何第三方提供资金拆借、赞助、捐赠等；

（七）其他国家法律法规禁止从事的业务。

第二十六条 引导基金以出资额为限对子基金债务承担责任。子基金清算出现亏损时，首先由子基金管理机构以其对子基金的出资额承担亏损，剩余部分由引导基金和其他出资人按出资比例承担。

第二十七条 子基金的存续期一般不超过8年，在子基金股权资产转让或变现受限的情况下，经子基金出资人协商一致，最多可延长2年。

第二十八条 子基金存续期内，鼓励子基金的股东（出资人）或其他投资者购买引导基金所持子基金的股权或份额。同等条件下，子基金的股东（出资人）优先购买。

注册之日起4年内（含4年）购买的，以引导基金原始出资额转让；4年至6年内（含6年）购买的，以引导基金原始出资额及从第5年起按照转让时中国人民银行公布的1年期贷款基准利率计算的利息之和转让；6年以上仍未退出的，将与其他出资人同股同权在存续期满后清算退出。

第二十九条 出现下列情况之一时，引导基金要选择退出，且无须经由其他出资人同意：

（一）子基金方案获得基金管委会批准后，未按规定程序完成设立手续超过一年的；

（二）引导基金向子基金账户拨付资金后，子基金未开展投资超过一年的；

（三）子基金投资项目不符合本办法规定的政策目标的；

（四）子基金未按照章程或合伙协议约定投资的；

（五）子基金管理机构发生实质性变化的。

第三十条 引导基金投资子基金的所得收入上缴国库（包括引导基金退出时应收回的原始投资及应取得的收益、子基金取得的剩余财产清偿收入等），纳入财政预算管理。

第三十一条 受托机构向子基金派出代表，担任子基金的董事、监事或企业顾问，在子基金中行使如下权利：

（一）参与任免子基金管理机构主要成员的决策；

（二）参与子基金的投资决策；

（三）监督子基金运营管理、投资决策、收益分配等合法、合规性；

（四）查阅、复制子基金的财务账册、投资文件等经营管理文件；

（五）参与审定子基金的年度管理报告、年度财务审计报告；

（六）引导基金与其他投资人约定的其他权益。

第三十二条 子基金存续期满时，子基金出资各方按照出资比例或相关协议获取投资收益。子基金的年平均收益率不低于子基金出资时中国人民银行公布的一年期贷款基准利率的，引导基金可将其不超过20%的净收益奖励子基金管理机构。

第三十三条 子基金实施过程中涉及信息提供的单位，应当保证所提供信息的真实性，并对信息虚假导致的后果承担责任。

第三十四条 子基金设立后，应接受科技、财政、审计管理部门对基金的运作情况进行监督。

第三十五条 子基金应当在公司章程或合伙人协议等载明本章规定的相关事项。

第三十六条 投资基金管理机构应严格遵守《私募投资基金监督管理暂行办法》（证监会〔2014〕105号令）及有关规定。

第三十七条 符合条件的子基金可申请国家科技成果转化引导基金创业投资子基金的支持。

第五章 科技贷款风险补偿

第三十八条 科技贷款风险补偿是指引导基金对合作商业银行发放用于成果库中科技成果的贷款给予一定的风险补偿。

第三十九条 科技成果转化贷款应符合以下条件：

（一）向年销售额1亿元以下的科技型中小企业发放的用于科技成果转化和产业化的贷款；

（二）贷款期限为1年期（含1年）以上。

第四十条 引导基金按照政府引导、共同支持、风险共担、适当补偿的原则，与设立贷款风险补偿资金的各地、州、市联合实施贷款风险补偿工作。

第四十一条 受托机构通过招标确定合作商业银行，报管委会批准后，与合作商业银行签订贷款风险补偿合作协议。

第四十二条 对合作商业银行年度风险补偿按照合作商业银行当年实际发放的科技成果转化贷款额进行核定，最高不超过当年实际发生的科技成果转化贷款额的2%。

第四十三条 合作商业银行地、州、市分行向地、州、市科技局报送在当地发生的科技成果转化贷款项目，科技局对符合条件的贷款项目给予确认，同时报送受托机构。合作商业银行在自治区境内的法人银行或分行汇总、审核经确认的成果转化贷款项目情况，向受托机构提交贷款风险补偿申请，经科技厅、财政厅审核，受托机构向管委会提交科技贷款风险补偿方案，批准后，引导基金拨付补偿额。

第六章 绩效奖励

第四十四条 设立绩效奖励资金，对于转化科技成果做出突出贡献的企业、科研院所、高等院校、中介服务机构，给予一次性资金奖励。

第四十五条 奖励对象所转化的科技成果应同时符合如下条件：

（一）利用财政资金形成的科技成果；

（二）在培育战略性新兴产业和支撑当前自治区重点行业、关键领域发展中发挥了重要作用；

（三）未曾获得中央和地方财政用于科技成果转化方面的资金支持。

第四十六条 组织专家或委托中介机构对申请绩效奖励的项目的经济效益和社会效益进行评价，依据评价结果提出奖励对象和额度提交管委会审定。

第四十七条 绩效奖励资金应当分别用于以下方面：

（一）获奖企业的研究开发活动；

（二）获奖科研机构、高等院校的研究开发、成果转移转化活动；

（三）获奖科技中介服务机构的技术转移活动；

（四）获奖单位对创造科技成果和提供技术服务的科研人员的奖励。

第七章 附则

第四十八条 本办法由自治区科技厅、财政厅负责解释。

第四十九条 本办法自发布之日起施行。

关于印发《新疆维吾尔自治区财政科研项目经费管理办法（试行）》的通知

(新财教〔2019〕196号)

第一章 总则

第一条 根据党中央、国务院推进科技领域"放管服"改革精神和自治区党委、人民政府进一步促进科技创新的要求，依据《自治区党委办公厅 自治区人民政府办公厅印发〈关于进一步完善自治区财政科研项目资金管理等政策的若干意见〉的通知》（新党办发〔2017〕54号）、《关于优化科研管理提升科研绩效若干措施的实施意见》（新政发〔2018〕79号）、自治区人民政府办公厅《印发关于赋予科研机构和人员更大自主权有关问文件贯彻落实工作方案的通知》（新政办发〔2019〕37号），为规范自治区财政科研项目资金管理，提升科研项目资金绩效，激发创新活力，特制定本办法。

第二条 本办法所称"财政科研项目资金"是指自治区科技厅设立、由自治区财政预算安排的各类科技计划（专项、自然科学基金等，以下简称科研项目）专项资金。

第三条 财政科研项目资金主要用于自治区境内具有独立法人资格的科研院所、高等院校、企业等单位开展科技研发、科技创新基地建设发展、科技成果转移转化、区域创新体系建设、科学普及、科研机构改革和发展建设、科技交流与合作等活动。

第四条 财政科研项目资金管理和使用原则：

（一）遵循规律，分类管理。结合我区经济社会发展和科技创新实际，遵循科学研究、技术创新和成果转化规律，实行分类管理，提高科研项目资金管理水平。

（二）科学安排，优化配置。严格按照财政科研项目的目标和任务，科学合理地编制和安排预算，杜绝随意性。强化科研项目和资金管理信息公开，加强科研诚信建设和信用管理。

（三）放管结合，权责对等。进一步转变政府职能，坚持做好"放管服"，充分发挥相关管理机构的作用，明确职责，强化担当，落实资金管理责任，项目资金的使用实行承担单位法定代表人及项目负责人双重负责制。

（四）多元投入，注重绩效。坚持多元化投入原则，积极发挥市场配置技术创新资源的决定性作用和企业技术创新的主体作用，突出需求牵引和成果绩效导向，提高资金使用效益。

（五）单独核算，专款专用。科研项目资金纳入单位财务统一管理，单独核算，确保专款专用。项目资金按全额预算和成本核算进行管理，对项目资金管理和使用应当建立面向结果的追踪问效机制。

第二章 职责分工

第五条 科研项目承担单位是财政科研项目资金管理的责任主体，具体职责包括：

1. 制定并完善本单位财务、资产、政府采购、绩效管理和评价、成果转化及与此相关的科研、人事、科研诚信及科研伦理等内部管理制度和实施办法，明确本单位科研项目预算调剂、直接费用开支管理、间接费用统筹、绩效支出分配、绩效管理、结题财务审计、结余资金使用、成果转化收益分配、急需科研设备耗材采购等管理权限和审核流程。

2.负责预算审核把关，规范财务支出行为，建立岗位分离、内部互为约束的财务风险防控机制，完善财政科研项目资金使用监督检查和绩效评价。

3.负责本单位财政科研项目资金管理，按照有关财务制度，对资金实行单独核算；按规定开展绩效评价，定期向科技厅报告项目实施、资金使用情况；自觉接受和配合有关部门的监督管理。因故终止或撤销的项目须及时向科技厅报批，并按要求退回财政资金。

4.实行内部公开制度，定期公开财政科研项目预算、预算调整、资金使用、资金结余、科研成果等项目信息。

5.建立科研财务助理制度，为科研人员提供专业化服务。

第六条 科研项目负责人是财政科研项目资金使用的直接责任人，对项目资金使用的真实性、合法性、合规性和相关性负责，具体职责包括：

1.据实编制项目预算和绩效目标，组织预算执行，开展项目资金绩效自评，真实编列项目决算。

2.建立并落实科研项目日志管理制度，据实记录科研项目研究方向和技术路线调整、研究团队人员变动、预算调整、资金使用、设备和耗材使用情况等内容，真实反映科研项目研究过程及资金开支情况。

3.对因故需终止实施的项目，须提出明确处理意见并及时报告项目承担单位。

第七条 自治区科技厅是自治区科研项目的行政管理部门，是财政科研项目资金分配和监管主体，具体职责包括：

1.组织科研项目论证评审、立项，编制资金分配方案和绩效目标。

2.指导科研项目承担单位完善项目管理、内控制度，适时开展项目资金管理自主权落实情况核查；监督项目承担单位规范管理，提高科研项目绩效。

3.组织开展财政科研项目资金年度绩效评价和期末综合绩效评价，强化绩效评价结果应用。

4.对因故需终止实施及被撤销的项目，核定剩余的财政科研项目资金并提出明确处理意见报送财政厅。对需收回自治区财政统筹使用的，配合财政厅收回项目资金。

5.落实科研诚信管理和联合惩戒机制，对严重违背科研诚信和科研伦理要求的项目承担单位和科研人员，会同相关部门实施责任追究，联合惩戒。

第八条 自治区财政厅主要负责自治区财政科技经费总的预算编制、拨付、决算，制定经费管理制度等，不直接参与科研项目审批、管理。具体职责包括：

1.会同科技厅制订自治区本级财政科研项目资金管理办法。

2.会同科技厅编制自治区本级科研经费预算，负责审核并批复年度项目经费预算和决算；按照国库集中支付管理有关规定及时拨付资金。

3.会同科技厅组织开展自治区财政科技经费绩效评价管理工作，强化绩效评价结果应用。

4.开展财政科研项目资金使用管理情况监督检查，指导单位完善资金管理制度。

5.及时收回经科技厅确认需收回财政的项目资金。

第三章 资助方式

第九条 财政科研项目资金资助方式包括无偿资助、事后补助、股权投资、风险补偿、贷款贴息等。

第十条 对需要长期投入的基础研究、原始创新和公益性科技事业以及共性关键技术研究，注重定向委托和竞争性选择相结合，以无偿资助方式给予持续稳定支持。对市场导向明确的技术创新项目，注重发挥市场配置资源的导向作用，综合运用后补助、股权投资、风险补偿、贷款贴息等资助方式予以支持。

第十一条 采用除无偿方式以外的资助方式，由科技厅会商财政厅等有关部门确定后执行。

第四章 科研项目资金开支范围

第十二条 无偿资助的科研项目资金开支分为直接费用和间接费用。

第十三条 直接费用是指在项目实施过程中发生的与之直接相关的费用，具体包括：

1.设备费：是指在项目实施过程中购置或试制专用仪器设备，对现有仪器、设备进行升级改造，以及租赁外单位仪器设备而发生的费用。

2.材料费：是指在项目实施过程中消耗的各种原材料、辅助材料、低值易耗品的采购及运输、装卸、整理等费用。

3.测试化验加工费：指项目实施过程中支付给外单位（包括项目承担单位的内部独立经济核算单位）的检验、测验、化验、加工及分析等费用。

4.燃料动力费：是指在项目实施过程中相关大型仪器设备、专用科学装置等运行发生的可以单独计量的水、电、气、燃料消耗等费用。

5.差旅、会议、国际合作与交流费。是指在项目实施过程中发生的会议费、差旅费和国际合作与交流费。

差旅费：是指在项目实施过程中开展科学实验（试验）、科学考察、业务调研、学术交流等所发生的外埠差旅费、市内交通费用等。

会议费：是指在项目实施过程中为组织开展学术研讨、咨询以及协调项目等活动而发生的会议费用。

国际合作与交流费：是指项目实施过程中相关人员出国（境）、外国专家及港澳台专家来访工作以及开展学术交流而发生的费用。

在编制项目预算时，本科目支出预算不超过直接费用10%的，不需要提供预算测算依据。项目承担单位和项目负责人应当严格执行国家、自治区和单位的有关规定，按照实事求是、精简高效、厉行节约的原则统筹安排使用。

6.出版、文献、信息传播、知识产权事务费：是指在项目实施过程中，需要支付的出版费、资料费、专用软件购买费、文献检索费、专业通信费、专利申请及其他知识产权事务等费用。

7.劳务费：是指项目实施过程中支付给参与项目实施的研究生、博士后、访问学者以及项目聘用的研究人员、科研辅助人员等劳务性费用。

项目聘用人员的劳务费标准，参照当地科学研究和技术服务业从业人员平均工资水平，根据其在项目实施中承担的工作任务确定，其社会保险补助纳入劳务费科目列支。劳务费预算不设比例限制，据实编制。

8.专家咨询费：是指在项目实施过程中支付给临时聘请的咨询专家的费用。专家咨询费不得支付给参与项目实施及其管理的相关人员。专家咨询费的标准，可参照国家和自治区相关文件执行。

9.其他费用：其他费用是指项目实施过程中发生的除上述费用之外的其他直接相关的支出。

其他费用应该在申请预算时提供基本测算说明，单独列示、单独核定。

第十四条 间接费用。间接费用是指项目承担单位在组织实施项目过程中发生的无法在直接费用中列支的相关费用。主要包括项目承担单位为了项目实施提供的现有仪器设备及房屋，水、电、气、暖消耗，有关管理费用的补助支出，以及激励科研人员的绩效支出等。

间接费用实行总额控制，按照不超过项目资金中直接费用扣除设备购置费后的一定比例核定。自然科学项目核定比例：500万元及以下的部分为20%，500万元至1000万元的部分为15%，1000万元及以上的部分为13%；社会科学项目核定比例：50万元及以下的部分为30%，50万元至500万元的部分为20%，500万元及以上的部分为13%。

间接费用由项目承担单位统筹使用和管理，并向创新绩效突出的团队和个人倾斜。项目承担单位应当建立健全间接费用的内部管理办法，公开透明、合规合理使用间接费用；处理好成本分摊和对科研人员激励的关系，绩效支出安排不设比例限制，绩效分配应当与科研人员在项目实施中的实际贡献挂钩。

项目中有多个单位的，间接费用在总额范围内由项目牵头单位与参与单位协商分配。项目承担单位不得在核定的间接费用以外再以任何名义在项目资金中重复提取、列支相关费用。

第五章　科研项目预算编制

第十五条 科研项目预算编制实行承诺制。科研项目承担单位法定代表人（或授权代表人）、科研项目负责人在编报预算时应当共同签署承诺书，保证所提供信息的真实性，并对提供虚假信息导致的后果承担责任。

第十六条 科研项目预算编制要求

1. 科研项目预算编制应当按照项目实施的合理需要，坚持目标相关性、政策相符性和资金合理性的原则。

2. 科研项目申报单位按有关要求申报自治区科研项目时，应当编制项目资金预算。项目推荐（组织）单位应当对申报的项目资金预算进行审核，并签署书面审核意见。

3. 科研项目预算包括收入预算和支出预算。

收入预算包括用于同一项目的各种不同渠道的资金，其中单位自筹资金必须是货币资金。有自筹资金来源的，应当提供出资证明及其他相关财务资料。项目申报单位在项目实施前已有的仪器设备、图书资料、实验材料等非货币形式的投入不能作为项目自筹资金部分。

支出预算包括与科研项目实施有关的所有直接费用和间接费用，并严格按照本办法第四章规定的开支范围编制。不得编制赤字预算。

4. 科研项目预算应当由科研项目负责人协同项目申报单位财务部门共同编制；由多个单位共同申报一个科技项目的，由牵头申报项目的单位负责编制总预算，并根据合作协议同时编列各参加单位的资金预算。

5. 科研项目申报单位在编制预算时，应当同时申报单位的现有组织实施条件和资源，以及从单位外部可能获得的共享服务，并针对科研项目实施可能形成的科技基础条件资源，提出社会共享的方案。

第十七条 科研项目立项环节评审实行技术专家和财务专家共同审核机制，在项目评审的同时进行预算评审。

第十八条 科技厅对评审结果进行审核后，会同财政厅签发下达科技计划文件；并根据确定的年度科技项目专项资金预算金额，提出具体支持项目年度预算建议。财政厅根据预算管理相关规定，会同科技厅审定下达年度科技项目资金预算。经批准的项目预算纳入科研项目预算管理数据库统一管理。

第十九条 科技厅根据下达的项目预算，与项目组织推荐单位、项目承担单位签订项目预算书。项目预算书是项目合同书的组成部分，是预算执行、监督检查和财务验收的重要依据。

第二十条 实行招投标管理的项目，其资金的确定按国家及自治区招投标的有关规定执行。

第六章 科研项目预算执行与调剂

第二十一条 科研项目资金应当专款专用，严格按照批复的预算用于与项目实施相关的支出，不得将项目资金用于非预算支出。与项目实施相关的必要支出，应当在保证工作的前提下，按照勤俭节约的原则，严格控制开支标准。资金使用中涉及政府采购的，按政府采购有关规定执行。同一科研项目不同渠道的资金应当纳入项目资金预算统一管理和核算，项目承担单位应按合同规定及时提供配套资金。

第二十二条 下放预算调剂权限。直接费用中除设备费外，其他科目费用调剂权全部下放给项目承担单位。项目承担单位应按照国家和自治区有关规定完善管理制度，据实核准，及时为科研人员办理预算调剂手续。验收时，项目承担单位需提供相关管理制度和调剂后的项目预算书。

1. 项目负责人根据科研的实际需要，经项目承担单位批准后对直接费用中除设备费外其他各项费用进行调剂；
2. 科研项目间接费用不得调增；
3. 科研项目预算总额不变，合作单位之间发生预算调剂，或者由于合作单位增加（减少）发生预算调剂的，应协商一致并重新签订合作协议后办理，并报科技厅备案。
4. 预算调整情况应在结题验收报告中予以说明，并在项目承担单位内部公开。

第二十三条 项目预算执行中有以下情况需要预算调整的，由项目负责人提出申请，经项目承担单位审核同意后，报科技厅审批。

1. 由于研究内容或研究计划作出重大调整等原因，需要增加或减少项目预算总额；
2. 增列原项目预算中未列示的外拨资金。

第二十四条 科研项目实施期间，年度剩余财政科研项目资金可结转下一年度继续使用。科研项目完成任务目标并通过验收后，结余资金按规定留归项目承担单位使用，在2年内由项目承担单位统筹安排用于科研活动的直接支出；2年后未使用完的，按规定收回。因故终止或撤销的项目，由科技厅委托具有资质的第三方中介机构对科研项目资金使用情况进行专项审计，财政厅按规定收回剩余或全部资助资金。

第二十五条 项目承担单位应当严格按照本办法规定，制定内部管理办法，建立健全内部财务管理制度，加强对科研项目资金的监督和管理，对科研项目资金及其自筹资金分别进行单独核算；应当严格按照本办法规定的资金开支范围和标准办理支出。不得擅自调整外拨资金，不得利用虚假票据套取资金，不得通过编造虚假劳务合同、虚构人员名单等方式虚报冒领劳务费和专家咨询费，不得通过虚构测试化验内容、提高测试化验支出标准等方式违规开支测试化验加工费，不得随意调账变动支出、随意修改记账凭证，严禁以任何方式使用项目资金列支应当由个人负担的有关费用和支付各种罚款、捐款、赞助、投资等。

第二十六条 对因故被终止实施及被撤销的科研项目，科技厅应及时通知项目承担单位缴回剩余或全部财政资金。项目承担单位应在接到有关通知后30日内退回财政资金。

第二十七条 财政科研项目资金100万元及以上的项目在完成后，承担单位可自主选择在科技厅备案的具有资质的第三方中介机构进行结题财务审计；100万元以下的项目，由科技厅随机抽取进行结题财务审计。项目实施期末，科技厅严格依照合同约定，合并进行财务验收和技术验收。

第二十八条 科研项目实施结束后，项目负责人应会同科研、财务、资产等管理部门及时清理账目与资产，如实编制项目资金决算，不得随意调账变动支出、修改记账凭证。项目承担单位按照国家和自治区有关规定进行资产核算和管理。

第二十九条 项目承担单位应当在每年3月20日前按照规定编制项目经费年度财务决算报告，并报自治区科技厅。项目经费下达之日起年度终了不满三个月的项目，当年可不编报项目年度财务决算，其经费使用情况在下一年度的年度决算报表中反映。由多个单位共同承担的科研项目，由项目牵头单位汇总形成项目年度财务决算报告。决算报告应当真实、完整，账表一致。

第三十条 属于高校和科研院所的项目承担单位，可自行采购科研仪器设备，自行选择科研仪器设备评审专家。高校和科研院所应简化科研仪器设备采购流程；对科研急需的设备和耗材，按照单位内部管理制度和实施办法，采用特事特办、随到随办的采购机制，可不进行招投标程序，缩短采购周期。对于独家代理或生产的仪器设备，可按规定程序采取单一来源采购等方式，增强采购灵活性和便利性。

第七章 财政科研项目绩效管理

第三十一条 项目承担单位应根据自治区预算绩效管理制度，设定年度绩效目标，对跨年项目还应设立中长期绩效目标，并设立可量化的绩效指标。对项目负责人开展定期跟踪监督，对项目绩效目标运行情况进行跟踪管理。

第三十二条 财政科研项目立项审议通过后，由项目承担单位按要求向科技厅提交财政科技项目绩效目标申请报表。科技厅可委托项目管理专业机构或具有资质的第三方中介机构，严格依据任务书审核确定绩效目标。科技厅会同财政厅签发科技计划的同时下达财政资金绩效目标。

第三十三条 项目承担单位应按照批复的财政资金绩效目标组织执行预算以及开展绩效监控、绩效评价。科技厅组织、指导和监督自治区科研项目绩效监控和绩效评价工作，对科研项目每年至少组织开展一次绩效监控，实施年度绩效评价和期末一次性综合绩效评价。科技厅负责项目决算和绩效目标的公开工作。

第三十四条 财政资金绩效评价结果作为项目调整、后续支持的重要依据，以及对相关研发、管理人员和项目承担单位、项目管理专业机构业绩考核的参考依据。

项目承担单位在评定职称、制定收入分配制度等工作中，应注重运用财政资金绩效评价结果。

绩效评价应合理区分因科研不确定性造成未能完成项目目标和因科研态度不端导致项目失败等不同情形，鼓励大胆创新，严惩弄虚作假。

第八章 监督与检查

第三十五条 财政厅、科技厅对财政科研项目资金使用情况和效果进行监督检查，并根据监督检查结果做出相应处理决定。

第三十六条 存在以下行为之一的，不得通过财务验收：

1.编报虚假预算，套取国家财政资金；

2. 未对科研项目资金进行单独核算；

3. 截留、挤占、挪用科研项目资金；

4. 违反规定转拨、转移科研项目资金；

5. 提供虚假财务会计资料；

6. 未按规定执行和调整预算；

7. 虚假承诺、自筹资金不到位；

8. 其他违反国家财经纪律的行为。

第三十七条 科技厅建立科研项目资金信用管理机制，对项目组织单位、项目承担单位、项目负责人、中介机构和评审评议专家在项目资金管理方面的信誉度进行评价和记录。

第三十八条 地州市、县市区所属单位承担国家和自治区科技项目、使用财政科研项目资金的，应自觉接受所在地审计、财政、科技管理部门的监督检查。

第三十九条 对于预算执行过程中，不按规定管理和使用项目资金、不及时编制决算、不按规定进行会计核算的单位，科技厅将会同财政厅予以停拨资金或通报批评，情节严重的可以终止项目。对于存在弄虚作假，截留、挪用、挤占项目资金等违规、违纪、违法行为的，科技厅、财政厅可以取消有关单位或个人以后三年内申请自治区科研项目的资格。同时建议有关部门依规、依纪、依法进行问责、追责。构成犯罪的，依法移送司法机关追究刑事责任。

第四十条 具有资质的第三方中介机构在对科研项目资金执行情况和财务管理状况进行检查过程中，存在弄虚作假、隐瞒事实真相、同项目组织单位或项目承担单位串通作弊等行为的，取消其检查资格。

第九章 附则

第四十一条 本办法由财政厅、科技厅负责解释。

第四十二条 本办法自公布之日起执行。2017年12月印发的《新疆维吾尔自治区财政科研项目经费管理办法（试行）》（新财教〔2017〕329号）同时废止。

关于印发《自治区众创空间管理办法》的通知

(新科高字〔2019〕34号)

伊犁哈萨克自治州科技局，各地州市科技局：

为深入实施创新驱动发展战略，推动大众创业、万众创新，引导和推动我区众创空间健康可持续发展，努力营造良好的创新创业生态环境，支撑和服务实体经济转型升级，根据《自治区人民政府办公厅关于发展众创空间推进大众创新创业的实施意见》(新政办发〔2015〕115号)、《科技部发展众创空间工作指引》(国科发火〔2015〕297号)、《国家众创空间备案暂行规定》(国科火字〔2017〕120号)要求，自治区科技厅研究制定了《自治区众创空间管理办法》。现印发给你们，请认真贯彻执行。

2019年3月15日

第一章 总则

第一条 为落实《自治区人民政府办公厅关于发展众创空间推进大众创新创业的实施意见》(新政办发〔2015〕115号)，指导和推动我区众创空间健康可持续发展，努力营造良好的创新创业生态环境，支撑和服务实体经济转型升级，根据科技部《发展众创空间工作指引》(国科发火〔2015〕297号)、《国家众创空间备案暂行规定》(国科火字〔2017〕120号)要求，结合我区实际，制定本办法。

第二条 众创空间是指为满足大众创新创业需求，提供工作空间、网络空间、社交空间和资源共享空间，积极利用众筹、众扶、众包等新手段，以社会化、专业化、市场化、网络化为服务特色，实现低成本、便利化、全要素、开放式运营的创新创业平台。

第二章 主要功能与服务

第三条 众创空间的发展目标是降低创业门槛、完善创新创业生态系统、激发全社会创新创业活力、加速科技成果转移转化、培育经济发展新动能、以创业带动就业。

第四条 众创空间的主要功能是通过创新与创业相结合、线上与线下相结合、孵化与投资相结合，以专业化服务推动创业者应用新技术、开发新产品、开拓新市场、培育新业态。

第五条 众创空间主要提供创业场地、投资与孵化、辅导与培训、技术服务、项目路演、信息与市场资源对接、政策服务、国际合作等方面的服务。

第三章 备案条件

第六条 申请自治区众创空间，应同时具备下列条件：

1. 发展方向明确、模式清晰，具备可持续发展能力。

2. 应设立专门运营管理机构，原则上应具有独立法人资格。

3. 机构实际注册并运营时间满1年，且已报送真实完整的统计数据。

4. 拥有不低于500平方米的服务场地，或提供不少于30个创业工位。同时须具备公共服务场地和设施。提供的创业工位和公共服务场地面积不低于众创空间总面积的75%。公共服务场地是指众创空间提供给创业者共享的活动场所，包括公共接待区、项目展示区、会议室、休闲活动区、专业设备区等配套服务场地。公共服务设施包括免费或低成本的互联网接入、公共软件、共享办公设施等基础办公条件。

5. 年协议入驻创业团队和企业不低于20家。

6. 入驻创业团队每年注册成为新企业数不低于8家，或每年有不低于3家获得融资。

7. 每年有不少于3个典型孵化案例。

8. 具备职业孵化服务队伍，至少3名具备专业服务能力的专职人员，聘请至少3名专兼职导师，形成规范化服务流程。

9. 每年开展的创业沙龙、路演、创业大赛、创业教育培训等活动不少于10场次。

10. 按照自治区科技厅的要求上报统计数据，且数据真实、完整。

第七条 服务对象及时限应满足下列要求：

众创空间主要服务于大众创新创业者，其中主要包括以技术创新、商业模式创新为特征的创业团队、初创公司或从事软件开发、硬件研发、创意设计的创客群体及其他群体。入驻时限一般不超过24个月。

第四章 备案管理

第八条 自治区科技厅负责自治区众创空间的管理工作，每年开展一次备案工作，经备案的众创空间纳入自治区级科技企业孵化器管理服务体系。备案为自治区众创空间的，自治区科技厅择优推荐申报国家众创空间备案。

第九条 各地州市科技行政主管部门负责各地众创空间的备案工作，并依照本办法择优推荐。

第十条 申请自治区众创空间的基本程序：

1. 申报机构向所在地州市科技局提出申请。

2. 各地州市科技局负责进行初审并实地核查，初审通过后书面推荐到自治区科技厅。

3. 自治区科技厅负责对推荐申报材料评审、审核，并公示结果。公示无异议的，以科技厅文件形式确认为自治区众创空间。

第十一条 在申报过程中存在弄虚作假行为的，取消其自治区备案资格，且2年内不得再次申报。

第十二条 自治区科技厅对自治区众创空间进行动态管理，并适时开展自治区众创空间的考核评价工作。对连续2次考核评价不合格或未上报统计数据的众创空间取消自治区众创空间备案资格。

第十三条 各地州市科技行政主管部门可参照本办法制定本地众创空间管理办法和实施细则。

第十四条 本办法由自治区科技厅负责解释，自2019年4月1日起实施。

关于印发《新疆维吾尔自治区科技计划项目管理办法》的通知

(新科规〔2019〕1号)

伊犁哈萨克自治州科技局，各地、州、市科技局，自治区各委、办、厅、局科技处，自治区各高校科研处，各科研院所：

为加强自治区科技计划项目管理，健全决策、执行、监督相互协调与制约的运行机制，提高项目管理和实施成效，根据国家有关规定，结合自治区实际情况，经研究，现将《新疆维吾尔自治区科技计划项目管理办法》印发你们，请认真遵照执行。

2019年10月10日

第一章 总则

第一条 为加强自治区科技计划项目（以下简称"项目"）管理，健全决策、执行、监督相互协调与制约的运行机制，提高项目管理和实施成效，根据《关于深化项目评审、人才评价、机构评估改革的意见》（中办发〔2018〕37号）、《关于优化科研管理提升科研绩效若干措施的实施意见》（新政发〔2018〕79号）等国家和自治区有关规定及科技体制改革精神，结合我区实际，制定本办法。

第二条 本办法所称的项目，是指根据自治区科技发展战略和规划设立，以财政资金支持引导，由自治区科学技术厅（以下简称"科技厅"）组织、实施或指导的科学研究、技术开发、推广示范等类型的项目。项目立项属于"三重一大"事项，由科技厅党组会议研究决定。项目可根据需要设置一定数量的课题。

第三条 项目遵循权责清晰、程序规范、公开透明、绩效导向的原则，组织实施以激发科研人员的积极性创造性为核心，实行项目申报、立项、过程管理、科技报告、评价、验收、科研诚信等全过程信息化管理。

第二章 组织体系

第四条 项目责任主体包括科技厅、项目推荐单位（以下简称"推荐单位"）、项目（课题）承担单位（以下简称"承担单位"）、项目管理专业机构（以下简称"专业机构"）四类。

第五条 科技厅是项目的行政管理部门，根据职能及自治区有关规定单独或会同其他职能部门对项目进行管理、协调。主要职责是：

（一）研究制定自治区科技计划相关管理制度；

（二）编制年度申报指南，制定下达年度科技计划；

（三）组织或委托专业机构进行项目申报受理、评审、立项，会同财政部门下达经费；

（四）组织或委托专业机构进行项目管理，对项目实施情况和经费使用情况进行监督检查，批准项目变更和终止的申请；

（五）组织或委托专业机构进行项目验收和绩效评价；

（六）组织开展项目的科研诚信管理，调查处理违背科研诚信要求的行为；

（七）开展项目科技报告管理工作，推动项目成果的转化应用和信息共享。

第六条 推荐单位是承担单位的上级主管部门。推荐单位包括自治区行业厅局，地州市科技行政管理部门，有关高校、科研院所、国家高新技术产业开发区、国家农业科技园区、国家经济技术开发区等四类。主要职责是：

（一）负责申报项目的审查、经费预算审核、推荐等工作；

（二）参与项目实施过程管理，督促承担单位按期完成项目，监督经费使用，协助核查并报告项目实施进展和出现的重大问题等；

（三）受科技厅委托，参与或组织项目的中期检查、监督检查、绩效评价和验收等工作；

（四）协调推动项目成果的转移转化与应用示范。

第七条 承担单位是在自治区境内注册具有独立法人资格，并承担自治区项目的科研院所、高等学校、企业、事业单位以及其他机构。主要职责是：

（一）按申报指南要求申报项目，保证申报材料的真实性；

（二）负责项目实施管理，落实配套条件，完成项目内容，实现目标任务；

（三）严格执行自治区科技计划各项管理规定，向科技厅和推荐单位报告项目实施情况、经费到位及使用情况等；

（四）接受科技厅等相关部门的指导、检查并配合做好监督、评价和验收等工作；

（五）在权限范围内调整项目任务和经费预算，及时报告项目实施中出现的重大问题，按程序报批需要调整的重大事项；

（六）提交项目验收、绩效报告、科技报告、成果登记等材料，确保报送材料的真实性、准确性和完整性；

（七）履行保密、知识产权保护等责任和义务，推动项目成果转化应用。

第八条 项目负责人是项目组织实施的直接责任人，承担项目组织、协调、执行等具体工作。主要职责是：

（一）拟定项目技术路线和实施方案，安排项目研究任务分工，检查、督促项目实施进度和质量；

（二）按时组织完成项目合同书规定的阶段目标任务，及时报送阶段性成果、重要进展和绩效报告、科技报告等，报告影响项目实施的重大问题及事项；

（三）规范使用项目经费；

（四）建立并落实科研项目日志管理制度，据实记录科研项目研究方向和技术路线调整、研究团队人员变动、预算调整、资金使用、设备和耗材使用情况等内容，真实反映科研项目研究过程及资金开支情况。

第九条 专业机构是指经科技厅及有关部门认定的，具有独立法人资格，受科技厅委托开展项目管理、科技评估、绩效评价、监督和服务工作的事业单位或社会化科技服务机构。专业机构的管理按照自治区有关办法执行。

第三章 组织管理

第十条 项目管理实行单位法人责任制。承担单位对项目任务的实施和资金管理负责，建立健全科研、财务、诚信管理等相结合的内部控制制度，落实配套条件，完成预定目标。

第十一条 科技厅利用"新疆科技计划管理公共服务平台"（以下简称"服务平台"）对项目进行全过程管理，做到可查询、可申诉、可追溯、可问责。

第十二条 项目（保密项目除外）管理实行公开公示制度。项目申报指南、拟立项项目信息、项目检查结果、绩效评价结果、验收结果、信用评价记录等，以及涉及项目管理的其他重要事项、重大决策和行政措施，均通过科技厅网站、服务平台和新疆科技政务微信平台等向社会公开、公示。

公示时间不少于5个工作日。公示期内，单位和个人对公示内容有异议的，可提出书面意见，法人单位提出的须加盖公章，个人提出的须实名反映。

项目检查结果、验收结果、信用评价记录在服务平台上公开。

第十三条 项目管理实行回避制度。在项目立项、过程管理、验收等程序中，与项目有直接利害关系且可能影响公正性的当事人、单位必须回避。

第十四条 项目实行信用管理制度。科技厅制定项目信用评价管理办法，对项目负责人、承担单位、推荐单位、受委托的专业机构、评审专家等相关责任主体建立信用评价档案，评定相应的信用等级。

第十五条 项目实行科技报告制度。财政资金支持的项目（后补助类项目等除外）应按要求提交科技报告。在项目验收前呈交一份最终科技报告，作为验收的必备条件。科技报告完成情况记入单位和个人信用评价记录。

第十六条 项目实行绩效目标考核制度。项目指南按照分类评价要求提出项目绩效目标，其中目标导向类项目申报书和合同书（任务书）要有科学、合理、具体的绩效目标和适用于考核的结果指标；加强关键环节绩效考核，项目实施进度严重滞后或难以达到预期绩效目标的，应及时予以调整或取消后续支持。具体考核按照自治区相关科技项目绩效考评办法执行。

第十七条 科技计划项目的经费管理按照《新疆维吾尔自治区财政科研项目资金管理办法》执行。

第十八条 整合工作环节，减轻基层负担。服务平台按权限向承担单位、受委托的专业机构、推荐单位等相关主体开放，加强数据共享，服务平台已有的材料或已提供过的材料，不再重复提供。

第四章 立项程序

第十九条 项目的立项管理包括指南发布、项目受理与项目初评、自治区科技计划管理委员会（以下简称"委员会"）审议、项目实施方案论证、项目拟立项公示、科技厅党组会议决定、项目立项（编制下达计划、签订合同、拨付经费）等环节。

第二十条 科技厅根据自治区经济社会发展需要和科技创新规划部署，结合年度工作重点和财政经费预算，按照广泛征集各方意见和充分论证的原则，组织研究、编制年度项目申报指南。项目指南经委员会审议、科技厅党组会议决定后予以发布。

第二十一条 建立公平、公正、公开的项目立项评审工作规则。项目评审采用现场会议评审、视频会议评审、网上评审等方式，实行评审结果反馈、立项公示等措施，实现评审过程可查询、可追溯。评审实行技术专家、管理专家和财务专家共同审核机制，在项目评审的同时进行预算评审。

第二十二条 按照自治区财政支持方式，科技计划项目主要包括无偿资助项目、后补助项目等。

第二十三条 无偿资助类项目的立项按照以下工作流程进行：

（一）项目申报

1. 申请者对照项目指南的相关要求，通过服务平台统一填写和提交项目申请书及相关附件材料；

2. 申报单位对申请书进行审核并予以提交；

3. 推荐单位对申报项目进行审核推荐。

（二）项目受理与初评

1. 科技厅或受委托的专业机构根据项目指南的要求对申报项目进行形式审查；

2. 科技厅或受委托的专业机构对申报项目的主要内容、负责人等进行查重，避免一题多报或重复资助，查重结果记入项目申报单位和个人信用评价记录；

3. 科技厅或受委托的专业机构组织专家对通过查重的项目进行初评，需时可对项目进行实地考察，提出通过初评的项目提交委员会审议。

（三）项目审议

委员会对初评通过的项目进行审议。

（四）项目论证

对通过委员会审议的项目，科技厅或受委托的专业机构组织专家对项目可行性研究报告（实施方案）和经费预算进行论证。

（五）项目公示

1. 科技厅对通过专家论证的项目进行网上公示；

2. 科技厅或受委托的专业机构根据公示结果编制项目计划方案。

（六）项目审定

科技厅党组对公示后的项目进行会议审定。

（七）项目立项

1. 科技厅会同财政厅签发下达科技计划文件；

2. 项目申报的预算与下达的科技计划文件不一致的，由申报单位根据科技计划安排调整预算；

3. 科技厅或受委托的专业机构与承担单位在项目计划下达的30个工作日内，签订由服务平台在线打印的项目合同书（任务书）和经费预算书；

4. 未立项的项目由科技厅或受委托的专业机构向申报单位反馈，时限为自项目受理申请截止日期到反馈结果原则上不超过120个工作日。

（八）经费拨付

科技厅依照科技计划文件拨付项目经费。

第二十四条 后补助项目包括事前立项事后补助、奖励性后补助及共享服务后补助等项目。

（一）事前立项事后补助项目执行第二十三条（一）、（二）、（三）、（四）、（五）、（六）、（七）规定进行立项管理，项目通过验收后，科技厅按照项目后补助预算安排，拨付后补助经费，经费由单位统筹安排使用。

（二）奖励性后补助及共享服务后补助项目不需签订合同书（任务书），项目承担单位依据计划下达文件按相关规定办理经费拨付手续，其管理按照国家及自治区有关办法执行。

第二十五条 建立应急立项程序。自治区党委、自治区人民政府交办或科技厅党组决定需紧急立项的任务，可按特事特办、一事一议的方式启动立项程序。

第二十六条 项目实施期限一般不超过 5 年。项目实施期从计划下达日开始计算。

第二十七条 申报限制。有下列情况之一的属于限制申报范围：

（一）项目负责人在研项目（不包括自然科学基金项目等）和当年申报项目累计不得超过 1 项；

（二）项目负责人之外的前 2 名项目组成员中有人参与的在研项目达到 2 项的；

（三）项目承担单位存在到期未验收项目累计超过 3 项的；

（四）同一内容项目在同一年度申报不同的科技计划类别的；

（五）项目主要技术经济指标与自治区已立项项目相同或相近的；

（六）有不良诚信记录的单位或项目负责人；

（七）申报指南提出明确申报限制的。

第五章 过程管理

第二十八条 项目承担单位和项目负责人认真履行合同书（任务书）的各项约定；及时向科技厅和推荐单位报告项目的重大进展以及影响项目实施的重大事项和重大问题等；对项目经费进行单独核算，专款专用，并接受有关部门的监督检查。

第二十九条 项目实行年度执行情况报告制度。承担单位在每年 1 月底前，向科技厅或受委托的专业机构报送项目年度执行情况报告。每年 3 月底前，科技厅汇总形成各专项实施年度报告。

第三十条 项目实施中有关事项作出必要调整的，项目承担单位和项目负责人按程序申请报批和调整：

（一）变更项目承担单位、课题承担单位、项目（含课题）负责人、项目实施周期、项目（含课题）主要研究目标和考核指标等重大调整事项，由项目承担单位向科技厅或受委托的专业机构提出变更或调整合同书（任务书）内容的书面建议，经科技厅批准后进行变更或调整。对项目负责人变更时，新任负责人需具备相应的专业技术能力和资格。合同书（任务书）内容调整幅度较大的项目须重新签订合同书（任务书）。

（二）变更项目参与单位、研发骨干人员，项目科研经费直接费用中除设备费外的其他科目费用及其他一般性调整事项，由项目承担单位和项目负责人自行负责。

第三十一条 项目实施中遇到下列情况之一的，由项目承担单位向科技厅或受委托的专业机构提出撤销或终止项目的申请。科技厅党组会议审定后，批复执行。

（一）经实践证明，项目技术路线不可行，或项目无法实现任务书规定的进度且无改进办法；

（二）项目实施中出现严重的知识产权纠纷；

（三）完成项目任务所需的资金、原材料、人员、支撑条件等未落实或发生改变导致研究无法正常进行；

（四）组织管理不力或者发生重大问题导致项目无法进行；

（五）项目合同书（任务书）规定其他可以撤销或终止的情况。

第三十二条 在项目实施过程中，因故无法正常实施的项目，可按以下方式处置。

（一）项目有下列情形之一的，科技厅可以撤销立项：

1. 承担单位在项目申请阶段伪造或者编造申请材料，骗取立项；

2. 承担单位不能按期签订项目合同；

3. 科技厅规范性文件规定的其他情形。

（二）项目实施过程中有下列情形之一的，科技厅可直接终止项目：

1. 经实践证明，项目技术路线不可行，或项目无法实现合同约定的进度且无改进办法；

2. 完成项目任务所需的资金、原材料、人员、支撑条件等未落实或发生改变导致项目无法正常进行；

3. 承担单位在项目实施过程中，出现严重违规违纪行为，不按规定进行整改或拒绝整改；

4. 承担单位未按合同书（任务书）约定的计划进度执行项目，或者不接受科技厅的项目监督检查，经催告后在规定期限仍不配合的、不整改的。

5. 承担单位存在倒闭、破产或长期失联等情况的；

6. 承担单位在执行期结束 6 个月后，仍未提交验收材料的；

7. 依据抽查评估结果或其他按规定应予终止的。

第三十三条 对项目实施期的变更应在到期前 3 个月提出，延长期限不得超过 1 年，最多延期 1 次。

第三十四条 科技厅、财政厅会同相关部门加强科研项目监督检查工作统筹，在相对集中的时间对重点项目开展联合检查。监管过程中随机抽取检查对象，随机选派检查人员，抽查情况及查处结果及时向社会公开。

第三十五条 被撤销项目的承担单位应当返还全部财政项目资金。被终止项目的承担单位应当对项目已开展的工作、经费使用、购置的设备仪器、取得的阶段性成果和知识产权等情况做出书面报告，报科技厅或受委托的专业机构提出处理意见，经科技厅批复后，将尚未使用的和使用不符合规定的财政资金按规定原渠道退回。因承担单位和项目负责人主观过错，导致项目撤销或终止的，纳入科研诚信记录。

第六章 验收管理

第三十六条 承担单位在合同书约定的完成期限后六个月内须提交验收材料，九个月内须完成项目验收工作。对于自治区财政支持经费在 100 万元及以上的项目，由承担单位自主选择在科技厅备案具有资质的第三方中介机构进行结题财务审计，形成项目财务审计报告。100 万元以下的项目，由科技厅随机抽取进行结题财务审计。

第三十七条 项目验收时，由承担单位在服务平台上提交项目验收报告以及相关资料。科技厅或受委托的专业机构对项目验收材料进行审核。审核通过后的项目，由科技厅或受委托的专业机构组织技术专家、管理专家和财务专家等组成专家组，依据合同书合并一次性进行技术验收和财务验收。

第三十八条 项目验收以项目合同书约定的内容和确定的考核目标为基本依据，逐项考核结果指标完成情况，对项目的完成情况作出客观的评价。验收结论分为"通过验收""需要复议""不通过验收"三种。

第三十九条 项目存在下列情况之一的，不能通过验收：

（一）项目经费使用严重违反相关财政科研项目经费管理办法的；

（二）未完成合同书（任务书）约定的主要任务和关键考核指标的；

（三）承担单位提供的验收材料不真实的；

（四）承担单位或项目科研人员存在严重失信行为并造成重大影响的；

（五）承担单位拒不配合验收工作的。

第四十条 项目存在下列情况之一的，需要复议：

（一）验收专家认为提交的验收资料不全，不足以满足验收需要的；

（二）承担单位不能清晰答复验收专家询问的重要问题的；

（三）验收专家不能达成一致意见的。

对于需要复议的项目，承担单位应在接到通知后修改并完善项目计划任务和财务的有关材料，三个月内提出再次验收的申请。如仍未达到验收标准的为不通过验收。

第四十一条 对不通过验收的项目，根据项目实际情况分别进行处置：

（一）承担单位已积极主动采取措施，但因客观原因导致项目未能达到合同书规定的目标和技术经济指标的，按照工作量与经费使用相配比的原则，确认支出后收回剩余的财政经费。

（二）因承担单位、项目负责人不积极主动实施项目，或弄虚作假企图欺骗通过验收的，全额收回所安排的财政经费。

科技厅按照信用管理办法对不通过验收项目的承担单位和项目负责人进行处理。

第四十二条 项目所产生的知识产权归属和利益分配，按照《中华人民共和国科学技术进步法》、《中华人民共和国促进科技成果转化法》和科技部《关于加强国家科技计划知识产权管理工作规定》等执行。依法取得知识产权的单位应当积极应用和有序扩散项目成果，促进技术交易和成果转化，并落实支持成果转化的科研人员激励政策。

第四十三条 实行项目科技成果登记制度。项目验收后，承担单位须将验收报告进行科技成果登记，获得成果登记号。项目形成的研究成果，包括论文、专著等，应标注"新疆维吾尔自治区科技计划资助"字样及项目立项编号。承担单位应按照《档案法》对项目形成的技术文件和数据资料进行整理、立卷。项目管理形成的项目档案由受委托的专业机构统一保管。

第七章 监督考核

第四十四条 建立和完善覆盖项目决策、管理、实施主体的逐级考核问责机制，按照谁主责谁接受考核的权责对等原则，对科技厅各部门、受委托的专业机构、承担单位、项目负责人和专家进行考核、督导和问责。

第四十五条 科技厅是监督考核工作的主管部门。监督考核的主要内容包括：

（一）专项计划归口管理部门在计划管理及资源配置上、项目管理上的科学性、规范性，履职尽责和实施绩效情况；

（二）受委托的专业机构在项目管理上的科学性、规范性，履职尽责和绩效情况；

（三）项目承担单位在落实法人责任制、项目实施、资金管理等方面的情况；

（四）项目负责人在项目组织实施管理、完成目标任务、绩效等方面的情况；

（五）专家在参与相关咨询、评议、服务等工作中的履职尽责情况。

第四十六条 监督考核一般应在不影响项目承担单位正常科研活动的情况下集中时间开展，应加强项目实施情况和资金管理使用考核的协同。监督考核主要有专项检查、专项审计等方式。避免在同一年度对同一项目重复检查、多头检查，对一个项目实施情况的考核原则上一年内不超过1次。对风险较高、信用等级差的承担单位及其承担的项目，可加大考核频次。

第四十七条 针对监督检查中发现存在问题的专家、受委托的专业机构、承担单位、项目负责人等，分别采取约谈、责令限期改正、通报批评、阶段性或永久性取消相应资格，终止项目、追回已拨资金、阶段性或永久性取消项目申报资格等处理措施，并记入单位或个人信用评价记录。具体按照自治区相关信用管理办法执行。存在违纪违法行为的，应移交纪检监察机关和司法机关处理。

第四十八条 严格执行考核问责机制，有下列情形之一的，按照相关制度和规定对责任单位或责任人进行处理：

（一）不认真履行职责，管理措施不到位，导致工作目标任务不能完成，影响科技计划管理工作如期完成的；

（二）未依照法律法规和政策规定的权限、程序和时间（特殊情况除外）进行决策或审批，造成决策错误、工作贻误或损失的；

（三）虚报、瞒报、迟报造成不良影响或损失的；

（四）项目管理中存在突出问题，长期得不到改进和治理的。

第八章　附则

第四十九条 各类科技计划项目可根据需要单独制订项目管理办法。保密项目管理按照国家有关保密规定执行。

第五十条 各地州市科技行政管理部门可参照本办法制定相应的管理办法。

第五十一条 本办法由科技厅负责解释。

第五十二条 本办法自发布之日起施行，原办法同时废止。

关于印发《新疆维吾尔自治区重点技术创新专项资金管理办法》的通知

(新财规〔2020〕1号)

伊犁哈萨克自治州财政局、工信局，各地州市财政局、工信局：

为规范和加强重点技术创新资金管理，提高资金使用效率，自治区财政厅和自治区工信厅研究制定了《新疆维吾尔自治区重点技术创新专项资金管理办法》，现印发你们，请遵照执行。

附件：新疆维吾尔自治区重点技术创新专项资金管理办法

新疆维吾尔自治区财政厅　新疆维吾尔自治区工业和信息化厅

2020年5月14日

关于印发《新疆维吾尔自治区重点技术创新专项资金管理办法》的通知

第一章　总则

第一条　为贯彻落实《新疆维吾尔自治区人民政府办公厅关于进一步推进企业技术创新的实施意见》(新政办发〔2013〕131号)和《中国制造2025新疆行动方案》(新政发〔2016〕60号)精神，根据《新疆维吾尔自治区制造业创新中心建设实施意见》(新经信科装〔2018〕615号)，为规范自治区重点技术创新专项资金管理，提高资金使用效益，制定本管理办法。

第二条　本办法所称重点技术创新专项资金(下称专项资金)是指由自治区财政预算安排，用于支持企业实施技术创新、开展新产品新技术新工艺研发的专项资金。

第三条　专项资金由自治区财政厅会同自治区工业和信息化厅(下称自治区工信厅)按照职责分工共同管理。

自治区工信厅按照专项资金的功能定位和支持重点，编制专项资金年度绩效目标和实施方案，报自治区财政厅审核后，组织开展项目申报、评审、验收等工作，会同财政厅开展项目绩效监控管理，确保资金效益充分发挥。

自治区财政厅负责审核年度专项资金实施方案、绩效目标、下达年度专项资金预算，负责会同工信厅开展专项资金绩效管理，审核绩效评估结果、绩效自评报告，确保绩效目标按期实现。

第二章　支持范围和申报条件

第四条　专项资金主要用于鼓励企业开发新产品、新技术，提高企业的自主创新能力；鼓励企业开展产学研合作，增强企业市场竞争能力。

(一)重点技术创新和产学研合作项目；

(二)当年培育或认定的自治区级制造业创新中心；

(三)当年评审的自治区级优秀新产品；

（四）其他符合当年技术创新的重点支持方向。

第五条 项目申报必须具备以下条件：

（一）项目属于产业链核心或关键环节，其关键技术达到自治区先进水平，产品市场前景广阔，对推动产业发展具有重要的引领作用；

（二）项目单位具有独立法人资格，在新疆境内登记注册、依法纳税；

（三）项目单位管理规范，具有健全的财务管理制度和会计核算制度，无不良信用记录；自觉遵守法律法规；未发生安全生产和环境污染重大事故。

第六条 专项资金分配和使用坚持"突出重点、扶优扶强"的原则。专项资金管理坚持公开、规范、实效的原则；及时向社会公开，接受有关部门和社会监督。

第三章 项目申报、评审、公示

第七条 由自治区工信厅下发《年度专项资金项目申报通知》，明确专项资金申报条件和重点支持类别。

第八条 项目申报

（一）企业自主申报。项目申报单位按照《年度专项资金项目申报通知》要求准备申报资料，报送所属地、州、市工信部门初审。

（二）地州初审推荐。各地、州、市工信部门对申报材料进行初审，确保申报材料真实可靠，并将初审推荐意见、项目汇总表、企业申报资料，汇总报送自治区工信厅。

第九条 项目评审

（一）资格审查。自治区工信厅对各地、州、市报送的项目资料进行项目资格审查，对不符合支持方向和不符合申报条件的项目予以剔除。

（二）专家评审。对通过资格审查的项目，自治区工信厅组织召开专家评审会，按照行业分组进行专家评审，每组专家由行业管理人员、专业技术人员、财务审计人员构成，通过专家集中打分的方式，兼顾各行业和地域，按照得分排名提出拟支持项目名单。

（三）项目公示。拟支持项目名单通过互联网等媒介向社会公示，公示期不少于5个工作日。

第四章 资金分配下达

第十条 专项资金分配计划和绩效目标由自治区工信厅提出，经自治区财政厅审核通过后，按计划下达专项资金。自治区工信厅报送的材料具体包括：年度资金安排方案；年度专项资金项目专家评审会方案及评审结果；年度专项资金分配计划；年度专项资金分配计划表；公示结果情况说明；年度申请专项资金拨付函。

第十一条 专项资金按照后补助和奖励的方式进行支持。对制造业创新中心建设、重点技术创新及产学研项目采取后补助方式支持；对当年评定的自治区级优秀新产品采取奖励方式支持。

第十二条 专项资金按照项目法分配，分行业择优支持，实施全过程绩效管理。

（一）对申请支持制造业创新中心建设的，按照企业当年研发费用投入10%以内，最高不超过500万元予以补助。

（二）对申报重点技术创新及产学研项目的，按照每个项目研发经费投入额度20%予以补助，最高不超过100万元。

（三）对于申报自治区级优秀新产品的，根据相关办法按照评审确定的等级给予奖励。

第十三条 各地、州、市财政部门和工信部门要严格按照资金管理有关规定，切实加强专项资金管理；企业应按照国家税收法规、会计准则和本细则的要求核算和管理项目专项资金，确保专项资金规范使用。

第十四条 对当年已获得财政支持的项目不予重复安排。

第五章 绩效目标及绩效评价

第十五条 项目公示期满且无异议后，自治区工信厅根据公示结果和资金总体额度，制定专项资金分配计划，并按照专项资金的功能定位和支持重点，从产出指标、效益指标、满意度指标等方面，制定专项资金绩效目标，报自治区财政厅审核。

第十六条 自治区财政厅对资金预算和绩效目标进行审核，并在下达预算时，同步将绩效目标分解下达至各地、州、市财政部门，确保绩效目标按期实现，资金效益充分发挥。

第十七条 各地、州、市财政部门和工信部门要扎实开展专项资金绩效评价工作，在预算执行中，常态化开展绩效监控。项目承担单位应自觉接受监督，如实提供相关资料。

第十八条 项目绩效监控的主要内容包括：

（一）预算执行情况。资金到位情况，资金执行情况，执行进度与项目进度是否匹配等。

（二）绩效目标完成情况。项目绩效目标阶段性完成情况，项目实施进度与预期目标的契合程度、偏离程度，是否需要调整项目绩效目标和指标等。

（三）目标偏离及应对情况。项目的绩效目标是否发生偏离、发生偏离的主要原因及采取的应对措施等。

第十九条 预算执行结束后，自治区工信厅应对年度项目实施及资金绩效进行自评，并于年度末向自治区财政厅报送绩效报告。

第六章 监督管理

第二十条 自治区财政厅和工信厅对专项资金履行监督检查职责，坚决杜绝截留、挤占、挪用、套取专项资金现象。对违规套取专项资金的，一律追回资金并依法依纪追究责任。

第二十一条 有关单位或个人违规使用专项资金的，以及其他滥用职权、玩忽职守、徇私舞弊等违法违纪行为的，按照《预算法》《公务员法》《行政监察法》《财政违法行为处罚处分条例》等有关规定追究相应责任；涉嫌犯罪的，移送司法机关处理。

第二十二条 本办法自发布之日起施行。自治区财政厅、原经信委联合印发的《新疆维吾尔自治区新产品新技术开发推广资金管理办法》（新财企〔2010〕164号）文件同时废止。

第二十三条 本办法由自治区财政厅、自治区工信厅按部门职责负责解释。

关于印发《自治区科技企业孵化器管理办法》的通知

(新科规〔2020〕1号)

伊犁哈萨克自治州科技局，各地州市科技局：

为贯彻落实自治区《关于强化实施创新驱动发展战略进一步推进大众创业万众创新深入发展的实施意见》和《关于推动全区创新创业高质量发展打造"双创"升级版的实施意见》，推进自治区科技企业孵化器建设，引导科技企业孵化器高质量发展，构建良好的创新创业生态，根据《科技企业孵化器管理办法》（国科发区〔2018〕300号），自治区科技厅研究制定了《科技企业孵化器管理办法》，现印发给你们，请认真贯彻执行。

2020年5月18日

关于印发《自治区科技企业孵化器管理办法》的通知

第一章 总则

第一条 为贯彻落实自治区《关于强化实施创新驱动发展战略进一步推进大众创业万众创新深入发展的实施意见》和《关于推动全区创新创业高质量发展打造"双创"升级版的实施意见》，推进自治区科技企业孵化器建设，引导科技企业孵化器高质量发展，构建良好的创新创业生态，根据《科技企业孵化器管理办法》（国科发区〔2018〕300号），制订本办法。

第二条 科技企业孵化器（以下简称"孵化器"）是以促进科技成果转化，培育科技企业和企业家精神为宗旨，提供物理空间、共享设施和专业化服务的科技创业服务机构，是创新体系的重要组成部分、创新创业人才的培养基地、大众创新创业的支撑平台。

第三条 孵化器的主要功能是围绕科技企业的成长需求，集聚各类要素资源，推动科技型创新创业，提供创业场地、共享设施、技术服务、咨询服务、投资融资、创业辅导、资源对接等服务，降低创业成本，提高创业存活率，促进企业成长，以创业带动就业，激发全社会创新创业活力。

第四条 孵化器的建设目标是落实国家创新驱动发展战略，构建完善的创业孵化服务体系，不断提高服务能力和孵化成效，形成主体多元、类型多样、业态丰富的发展格局，持续孵化新企业、催生新产业、形成新业态，推动创新与创业结合、线上与线下结合、投资与孵化结合，培育经济发展新动能，促进实体经济转型升级，为建设现代化经济体系提供支撑。

第五条 自治区科技厅和各地州市科技局负责对自治区及所在地区的孵化器进行宏观管理和业务指导。

第二章 自治区科技企业孵化器备案条件

第六条 申请自治区级科技企业孵化器应具备以下条件：

1.需在自治区境内注册，具有独立法人资格，发展方向明确，具备完善的运营管理体系和孵化服务机制。机构实际注册并运营满1年，且已备案为所在地（州、市）、县（市、区）级科技企业孵化器；

2. 孵化场地集中，可自主支配的孵化场地面积不低于5000平方米。其中，在孵企业使用面积（含公共服务面积）占75%以上；

3. 孵化器配备自有种子资金或合作的孵化资金规模不低于200万元人民币，获得投融资的在孵企业占比不低于10%，并有不少于1个的资金使用案例；

4. 孵化器拥有职业化的服务队伍，专业孵化服务人员（指具有创业、投融资、企业管理等经验或经过创业服务相关培训的孵化器专职工作人员）占机构总人数80%以上，每20家在孵企业至少配备1名专业孵化服务人员和1名创业导师（指接受科技部门、行业协会或孵化器聘任，能对创业企业、创业者提供专业化、实践性辅导服务的企业家、投资专家、管理咨询专家）；

5. 孵化器在孵企业中已申请专利的企业占在孵企业总数比例不低于40%或拥有有效知识产权的企业占比不低于30%；

6. 孵化器在孵企业不少于20家且每千平方米平均在孵企业不少于2家；

7. 孵化器累计毕业企业应达到5家以上。

第七条 在同一产业领域从事研发、生产的企业占在孵企业总数的75%以上，且提供细分产业的精准孵化服务，拥有可自主支配的公共服务平台，能够提供研究开发、检验检测、小试中试等专业技术服务的可按专业孵化器进行认定管理。专业孵化器场地面积不低于3000平方米，在孵企业应不少于15家且每千平方米平均在孵企业不少于2家，累计毕业企业应达到3家以上。

第八条 本办法中孵化器在孵企业是指具备以下条件的被孵化企业：

1. 主要从事新技术、新产品的研发、生产和服务，应满足科技型中小企业相关要求；

2. 企业注册地和主要研发、办公场所须在本孵化器场地内，入驻时成立时间不超过24个月；

3. 孵化时限原则上不超过48个月。技术领域为生物医药、现代农业、集成电路的企业，孵化时限不超过60个月。

第九条 企业从孵化器中毕业应至少符合以下条件中的一项：

1. 经国家认定通过的高新技术企业；

2. 累计获得天使投资或风险投资超过200万元；

3. 连续2年营业收入累计超过500万元；

4. 被兼并、收购或在国内外资本市场挂牌、上市。

第十条 南疆四地州和边境县市的科技企业孵化器，孵化场地面积、在孵和毕业企业数量、孵化资金规模、知识产权比例等要求可降低20%。

第三章 申报与管理

第十一条 自治区级科技企业孵化器申报程序：

1. 申报机构向所在地州市科技局提出申请。

2. 各地州市科技局负责进行初审并实地核查，初审通过后书面推荐到自治区科技厅。

3. 自治区科技厅负责对推荐申报材料评审、审核，并公示结果。公示无异议的机构，确认为自治区级科技企业孵化器。

第十二条 自治区级科技企业孵化器，按照国家和自治区的有关政策文件规定享受相关优惠政策，并择优推荐申报国家级科技企业孵化器评定。

第十三条　自治区科技厅依据科技部、国家统计局审批的统计报表对孵化器进行规范统计，自治区级科技企业孵化器应按要求及时提供真实完整的统计数据。

第十四条　自治区科技厅依据孵化器评价指标体系定期对自治区级科技企业孵化器开展考核评价工作，并进行动态管理。对连续2次考核评价不合格的，取消其自治区级科技企业孵化器资格。

第十五条　自治区级科技企业孵化器发生名称变更或运营主体、面积范围、场地位置等认定条件发生变化的，需在三个月内向所在地州市科技局报告。经地州市科技局审核并实地核查后，符合本办法要求的，向自治区科技厅提出变更建议；不符合本办法要求的，向自治区科技厅提出取消资格建议。

第十六条　在申报过程中存在弄虚作假行为的，取消其自治区级科技企业孵化器评审资格，2年内不得再次申报；在评审过程中存在徇私舞弊、有违公平公正等行为的，按照有关规定追究相应责任。

第四章　促进与发展

第十七条　孵化器应加强服务能力建设，利用互联网、大数据、人工智能等新技术，提升服务效率。有条件的孵化器应形成"众创—孵化—加速"机制，提供全周期创业服务，营造科技创新创业生态。

第十八条　孵化器应加强从业人员培训，打造专业化创业导师队伍，为在孵企业提供精准化、高质量的创业服务，不断拓宽就业渠道，推动留学人员、科研人员及大学生创业就业。

第十九条　孵化器应提高市场化运营能力，鼓励企业化运作，构建可持续发展的运营模式，提升自身品牌影响力。

第二十条　鼓励孵化器积极融入全球创新创业网络，开展国际技术转移、离岸孵化等业务，引进海外优质项目、技术成果和人才等资源，帮助创业者对接海外市场。

第二十一条　各级地方政府和科技部门、高新技术产业开发区管理机构及其相关部门应在孵化器发展规划、用地、财政等方面提供政策支持。

第二十二条　各地区应结合区域优势和现实需求引导孵化器向专业化方向发展，支持有条件的龙头企业、高校、科研院所、新型研发机构、投资机构等主体建设专业孵化器，促进创新创业资源的开放共享，促进大中小企业融通发展。

第二十三条　各地区应发挥协会、联盟等行业组织的作用，促进区域孵化器之间的经验交流和资源共享。

第二十四条　鼓励各类孵化机构在疆外、国外建立离岸孵化基地，实现离岸孵化、新疆落地加速，培育科技型企业的目标，自治区将给予支持。

第五章　附则

第二十五条　各地州市科技局可参照本办法制定本地区孵化器管理办法。

第二十六条　本办法由自治区科技厅负责解释，自发布之日起实施。

关于印发《新疆维吾尔自治区自然科学基金项目管理办法（试行）》的通知

（新科规〔2020〕4 号）

伊犁哈萨克自治州科技局，各地、州、市科技局，各相关单位：

为规范自治区自然科学基金项目管理，加强我区基础研究和应用基础研究工作，发挥自然科学基金提升原始创新能力、推动学科建设、加强人才培养的积极作用，根据国家和自治区有关规定，自治区科技厅研究制定了《新疆维吾尔自治区自然科学基金项目管理办法（试行）》。现印发给你们，请结合实际认真贯彻执行。

2020 年 12 月 31 日

关于印发《新疆维吾尔自治区自然科学基金项目管理办法（试行）》的通知

第一章 总则

第一条 为规范和加强新疆维吾尔自治区自然科学基金（以下简称"自治区基金"）项目管理，根据《国家自然科学基金条例》、自治区人民政府《关于全面加强基础科学研究的实施意见》（新政发〔2018〕80号）、《新疆维吾尔自治区科技计划项目管理办法》（新科规〔2019〕1号）和《新疆维吾尔自治区财政科研项目资金管理办法》（新财教〔2019〕196号）等有关规定，结合自治区实际，制定本办法。

第二条 自治区基金项目是自治区科技计划体系的重要组成部分，主要用于支持开展基础研究和应用基础研究，面向科技前沿、面向经济主战场、面向重大需求、面向人民生命健康，实现前沿引领技术、颠覆性技术、关键共性技术创新，提升原始创新能力、推动学科建设、加强人才培养，为建设创新型新疆和实现经济社会高质量发展提供科技支撑。

第三条 自治区基金项目资金主要来源为自治区财政资金。鼓励建立基础研究多元化投入机制，引导行业管理部门、地州市、高等院校、科研院所以及有条件的企业、社会组织等共同出资设立联合基金，加大基础研究投入。

第四条 自治区基金项目按照"鼓励探索、聚焦前沿、需求牵引、交叉融通"的思路，坚持自主申请、公开透明、竞争择优、公平公正原则，鼓励探索，突出问题导向、需求导向和目标导向。

第五条 自治区基金项目的组织实施与管理由自治区科学技术厅（以下简称"科技厅"）、项目管理专业机构（以下简称"专业机构"）、项目依托单位（以下简称"依托单位"）、项目推荐单位（以下简称"推荐单位"）、项目申请人（以下简称"申请人"）共同完成。

科技厅是自治区基金项目的行政管理部门，负责项目的全流程管理，包括指南编制与发布、申请受理、评审立项、过程管理、结题验收、绩效评价等主要流程。

专业机构是经科技厅及有关部门认定的事业单位或社会化科技服务机构，受科技厅委托，负责承办自治区基金项目申请受理、评审立项、过程管理、结题验收、绩效评价等服务工作。

依托单位是指自治区境内具有独立法人资格的高等院校、科研院所、企业以及其他具有开展基础研究能力的公益性机构，是项目组织实施的责任主体，负责组织与管理本单位自治区基金项目的申请、审核、实施、变更、验收等工作。

推荐单位是依托单位的上级主管部门，包括自治区行业管理部门、地州市科技行政管理部门、中央驻疆单位和区属高等院校、科研院所等单位。主要负责所属依托单位自治区基金项目申报推荐、审查把关、实施管理，及时反映项目实施中的重大事项，协调解决项目实施中遇到的问题。

申请人是申请自治区基金资助项目的负责人，具体开展项目申请、实施、变更与验收等工作。

第六条 自治区基金项目申请人应当具备下列基本条件：

（一）申请人政治立场坚定，热爱祖国，维护祖国统一，维护民族团结；具有良好的科学道德，自觉践行新时代科学家精神；

（二）所在依托单位具备项目组织开展必需的创新性研究能力和基本条件；

（三）申请人是依托单位的在职在岗科技人员（或正式受聘科技人员），每年在依托单位工作时间不少于 6 个月；

（四）具有良好的社会信用记录。

第二章 资助体系

第七条 自治区基金项目一般设立重点项目、面上项目、杰出青年科学基金项目、青年科学基金项目和地州科学基金项目等项目类型。项目类型可根据实际作出调整。

第八条 重点项目支持具有较强创新能力和较好研究基础的科研人员，围绕学科发展前沿、全区经济社会发展重大需求，提炼重大科学问题及关键共性技术难题，深入系统地开展引领性、战略性和原创性研究，推动实现前瞻性基础研究、引领性原创成果重大突破。项目研究期限不超过 4 年。申请人具有高级专业技术职务（职称）；具有承担国家或者主持自治区级基础研究项目（课题）的经历。

第九条 面上项目支持具有一定科研基础的科研人员，在自然科学范畴内自主选题、自由探索，开展创新性科学研究，促进各学科均衡、协调和可持续发展。项目研究期限不超过 3 年。申请人具有高级专业技术职务（职称），或者具有硕士以上（含硕士）学位；具有参与基础研究项目（课题）的经历。

第十条 杰出青年科学基金项目支持在基础研究与应用基础研究方面已取得突出成绩的青年学者，立足科学前沿，自主选择研究方向开展创新研究，培养造就优秀学术带头人。项目研究期限不超过 3 年。申请人具有高级专业技术职务（职称），或者具有博士学位；具有承担国家或者主持自治区级基础研究项目（课题）的经历；申报当年 1 月 1 日未满 45 周岁。

第十一条 青年科学基金项目支持青年科技人员自主选题，开展基础研究、应用基础研究和"非共识"创新项目研究，培养青年科技人员独立主持科研项目、进行创新研究的能力，激发青年科技人员的创新思维，培育基础研究后继人才队伍。项目研究期限不超过 3 年。申请人申报当年 1 月 1 日未满 35 周岁。

第十二条 地州科学基金项目支持地州市科研人员开展创新研究，主要培养和扶持地州市科研人员，稳定和凝聚地州市优秀人才，为区域创新体系建设和经济社会发展提供科技服务。项目研究期限不超过 3 年。申请人应当是地州市归口管理单位的全职科研人员；具有中级以上（含中级）专业技术职务（职称）或学士以上（含学士）学位；申报当年 1 月 1 日未满 50 周岁。

第三章 申请与受理

第十三条 科技厅根据自治区经济社会发展需求、科技发展规划、学科发展战略、项目年度预算等，在广泛听取意见和专家论证的基础上制定年度项目申报指南。年度项目指南公布 30 日后开始受理项目申请。

第十四条 自治区基金项目每年集中受理。只接收推荐单位提交至"自治区科技计划管理公共服务平台"的申请书，不接收个人独立申请。

第十五条 参与者与申请人不是同一单位的，参与者所在单位视为合作研究单位，合作研究单位的数量不得超过 2 个。

第十六条 按相关规定对申请人实行限项管理。申请人同年仅能申请 1 项自治区基金项目；有未验收的自治区基金项目负责人不得申请；申请人之外的前 2 名自治区基金项目参与者有未验收项目达到 2 项的不得申请。

第十七条 自治区基金项目实行推荐申报制。申请人按照自治区基金项目申报要求，在规定期限内提交项目申请书。申请书经依托单位审查通过后，由推荐单位统一推荐至科技厅。项目申请人、依托单位、推荐单位应当对所提交材料的真实性负责。

第十八条 依托单位应建立完善科研伦理和科技安全审查机制，防范科研伦理和安全风险，按照有关法律法规，加强审查和过程监管。

第十九条 受委托的专业机构承办自治区基金项目申请受理工作。专业机构自项目申请截止之日起 15 个工作日内完成对申请材料的形式审查。符合受理条件的，予以受理。有下列情形之一的，不予受理，通过推荐单位书面通知申请人并说明理由：

（一）申请人不符合本办法规定条件的；

（二）申请材料不符合年度项目指南要求的；

（三）未在规定期限内提交申请的；

（四）同一内容项目在同一年度申报不同的科技计划类别的；

（五）申报项目已获得科技计划资助的；

（六）申请人、参与者有不良信用记录，且在处罚期内的；

（七）依托单位有不良信用记录，且在处罚期内的。

第四章 评审与立项

第二十条 科技厅或受委托的专业机构组织同行专家对受理的项目进行评审。

面上项目、青年科学基金项目和地州科学基金项目，采取网络（通讯）评审。

重点项目、杰出青年科学基金项目，采取网络（通讯）评审和会议论证。

第二十一条 评审专家是从"自治区科技计划管理公共服务平台"专家库中随机抽取具有较高学术水平、良好的科学道德和社会信誉的同行专家。

第二十二条 评审专家对受理的项目应当从科学价值、创新性、社会影响以及研究方案的可行性等方面进行独立判断和评价，提出评审意见。评审专家提出评审意见时应当考虑以下几个方面：

（一）重点项目着重考虑选题的针对性、引领性、战略性，以及申请人和团队的研究基础等方面；

（二）面上项目着重考虑科学研究的创新性，以及学科发展的均衡性等方面；

（三）杰出青年科学基金项目着重考虑申请人的学术视野、创新思维、学术带头人潜力等方面；

（四）青年科学基金项目着重考虑申请人的自主性、创新思维、人才发展潜力等方面；

（五）地州科学基金项目着重考虑地方发展需求和地州市科技人才的培养扶持。

第二十三条　在评审工作中，评审专家是申请人、参与人或其近亲属，或者与其有可能影响公正评审的其他关系，应当回避。

申请人可以向科技厅或受委托的专业机构提供2名以内（含2名）不适宜评审其项目申请的评审专家名单。

第二十四条　科技厅或受委托的专业机构根据受理项目的学科领域和有关评审要求进行分组，抽取5名同行专家进行网络（通讯）评审。

根据网络（通讯）评审结果和统一排序规则，对项目进行排序，按照竞争择优原则形成网络（通讯）评审结论，报科技计划管理委员会审议。

（一）审议面上项目、青年科学基金项目和地州科学基金项目拟资助的项目建议。

（二）审议重点项目和杰出青年科学基金项目拟进入会议论证的项目清单。

拟资助或进入会议论证的项目应当获得不少于3份专家同意资助意见。

第二十五条　科技厅或受委托的专业机构根据进入会议论证的项目数量及学科领域等进行项目分组，抽取5名相同或相近学科领域的专家进行会议论证。

被确定参加会议论证且要求答辩的项目，其申请人应当亲自答辩，不参加答辩的，视为放弃申请。确因不可抗力不能到会或视频答辩的，申请人经科技厅批准可以委托项目参与者代为答辩。

会议论证专家采用投票和打分方式确定建议资助的项目清单。建议资助的项目应当获得出席会议论证专家的半数以上同意资助意见。

自治区科技厅根据会议论证排序结果，形成拟资助的项目建议。

第二十六条　拟资助项目在自治区科技厅门户网站进行公示。公示期内，对拟资助项目有异议的，应实名向科技厅书面反映。对评审专家的学术判断有不同意见，不能作为提出异议的理由。公示期不少于5个工作日。

第二十七条　科技厅对公示期内收到的异议，应当自收到之日起30日内组织核查。认为原决定符合本办法的，予以维持，并书面通知异议人；认为评审工作中存在问题且影响评审结果的，应进行认真核实，必要时重新对异议项目组织专家进行评审，报自治区科技计划管理委员会和科技厅党组会审定后重新作出是否予以资助的决定，并书面通知异议人和项目申请人。

第二十八条　对公示无异议的项目经科技厅党组审定后，科技厅按程序向推荐单位下达自治区基金项目立项资助计划。对不予资助的项目，向申请人反馈评审意见。

第五章　实施管理

第二十九条　自治区基金项目立项计划下达后，获得资助的项目负责人由依托单位组织在规定的时间内与科技厅签订项目合同书或任务书（以下简称"合同书"）。无正当理由而逾期未签合同书者按自动放弃处理。

第三十条 自治区基金项目实行年度进展情况报告制度。依托单位在每年 1 月底前，向科技厅或受委托的专业机构报送项目上年度进展情况报告。

第三十一条 依托单位和项目负责人应当认真履行合同书的各项约定，及时向科技厅和推荐单位报告项目的重大进展以及影响项目实施的重大事项和重大问题等。项目实施中有关事项作出必要调整的，依托单位和项目负责人按以下程序申请报批和调整：

变更项目依托单位、项目负责人、项目实施期限、项目主要研究内容和考核指标等调整事项，由推荐单位向科技厅提出书面变更申请。面上项目、青年科学基金项目和地州科学基金项目经科技厅主管处室审核报分管厅领导同意后进行变更或调整；重点项目和杰出青年科学基金项目需经科技计划管理委员会审议、科技厅党组会议审定后进行变更或调整。

由于客观原因不能按期完成研究计划的，项目负责人可以申请延长研究期限。负责人应在项目到期前 3 个月提出延期申请，每个项目只能延期 1 次，延长期限不得超过 1 年。

变更项目参与单位、研发骨干人员，由依托单位和项目负责人结合项目实施进展自行调整，并将调整报告上报推荐单位和科技厅。

第三十二条 项目实施过程中，因故无法正常实施的项目采取撤项或终止方式处置。由推荐单位向科技厅提出撤销或终止项目的申请。经自治区科技计划管理委员会审议、科技厅党组会议审定后，批复执行。

第三十三条 项目实施过程中有下列情形之一的，采取撤销项目方式处置：

（一）在项目申请阶段和实施过程中伪造或编造材料，骗取立项的；

（二）项目实施中出现严重知识产权纠纷的；

（三）科技厅规范性文件规定的其他情形。

第三十四条 项目实施过程中有下列情形之一的，采取终止项目方式处置：

（一）经实践证明，项目技术路线不可行，或项目无法实现合同约定进度且无改进办法的；

（二）完成项目任务所需的原材料、人员、支撑条件等未落实或发生改变导致项目无法正常进行的；

（三）截留、挪用、挤占项目经费的；

（四）组织管理不力或者发生重大问题导致项目无法进行的；

（五）出现严重违规违纪行为，不按规定进行整改或拒绝整改的；

（六）未按合同书约定的计划进度执行项目，或者不接受科技厅的项目监督检查，经催告后在规定期限内仍不配合、不整改的；

（七）依托单位存在倒闭、破产或长期失联等情况的；

（八）在项目执行期内由于不可抗力等特殊原因无法继续实施或完成目标任务的；

（九）依据抽查评估结果或其他按规定应予终止的。

第三十五条 被撤销项目的依托单位应当返还全部财政项目资金。被终止项目的依托单位应当对项目已开展的工作、经费使用、购置的设备仪器、取得的阶段性成果和知识产权等情况做出书面报告，报科技厅提出处理意见，经科技厅批复后，将尚未使用的和使用不符合规定的财政资金按规定原渠道退回。依托单位应在接到有关通知后 30 日内退回财政资金。因依托单位和项目负责人主观过错，导致项目撤销或终止的，纳入科研诚信记录。

第六章 验收管理

第三十六条 科技厅或受委托的专业机构或受委托的单位组织同行专家对项目进行验收。根据项目类型采取不同的验收方式，重点项目和杰出青年科学基金项目采取会议验收；面上项目和青年科学基金项目采取会议验收或者网络（通讯）验收或者委托验收；地州科学基金项目委托地州市科技局组织会议验收或网络（通讯）验收，科技厅随机抽查验收情况。

第三十七条 项目负责人应自项目资助期满之日起 60 日内提交验收材料。通过"自治区科技报告服务系统"和"自治区科技计划管理公共服务平台"，提交项目科技报告、研究总结报告、项目经费决算表或审计报告、项目研究成果（论文、专利等）、项目变更审批表，以及相关证明材料。

第三十八条 项目验收前应进行项目经费支出决算。具体要求依据自治区财政科研项目资金管理相关规定执行。

第三十九条 受委托的专业机构在收到验收申请后的 1 个月内对材料的完整性、合规性进行审查，向依托单位反馈审查意见。通过审查的验收申请半年内完成验收。科技厅或受委托的专业机构或受委托的相关单位组织技术专家和财务专家组成专家组，依据合同书合并一次性进行技术验收和财务验收。

第四十条 验收评审专家应当从以下方面审查项目完成情况，并注重研究工作质量和标志性成果的质量、贡献和影响，提供评价意见：

（一）项目执行情况；

（二）研究成果情况；

（三）人才培养情况；

（四）资助经费的使用情况。

第四十一条 验收结论分为通过、结题、不通过三类。

（一）能按期完成项目合同书确定的主要目标和任务，经费使用合规，无科研诚信问题的，验收结论为"通过"。

（二）对未完成项目合同书确定的主要目标和任务，基于基础研究工作具有探索的不确定性，项目实施（电子）档案或原始记录能够证明其已经履行了勤勉尽责义务，且经费使用合规、无科研诚信问题的，验收结论为"结题"，并收回结余经费。

（三）项目基本未开展实质性研究工作，违规使用资助经费，提供的验收材料、数据弄虚作假或存在其他科研诚信问题，未按相关要求报批重大调整事项的，验收结论为"不通过"。验收不通过的项目，全额收回财政经费，项目负责人三年内（含三年）不得申报自治区基金项目。

第四十二条 项目产生的研究成果，包括经过科学研究取得的论文、专著、标准、重要报告、数据库、标本库及科研仪器设备等有价值的科学技术产出，应当标注"新疆维吾尔自治区自然科学基金资助项目"（或英文标注"Sponsored by Natural Science Foundation of Xinjiang Uygur Autonomous Region"）及项目编号。对于受多个资助机构资助产生的项目成果，自治区基金项目为主要资助渠道或者发挥主要资助作用的，应当将自治区基金项目作为第一顺序标注。

第四十三条 项目形成的知识产权的归属、使用和转移，按照国家、自治区有关法律、法规和政策执行。

第七章 经费管理

第四十四条 自治区基金项目经费按项目类型确定拨付方式。面上项目、青年科学基金项目和地州科学基金项目经费可以一次性全额拨付至依托单位；重点项目和杰出青年科学基金项目经费在项目执行期内逐年拨付至依托单位。经费统一纳入依托单位财务管理，实行独立核算、专款专用。

第四十五条 根据管理工作需要，自治区基金项目组织实施管理经费由财政经费列支，主要用于自治区基金项目网络（通讯）评审和会议论证，以及专家咨询、学术交流、过程检查、调研和项目抽查等。

第四十六条 联合基金由联合出资方提出申请，经协商一致后，与科技厅签署设立联合基金的合作协议，明确各方出资额度、合作期限、运行方式等。原则上，联合基金合作单位出资不低于自治区财政资金的2倍。联合基金范围为面上项目和青年科学基金项目。

联合基金自筹经费须纳入项目资金预算统一管理和核算，依托单位应按协议规定及时提供配套资金，由科技厅统一下达。

第四十七条 自治区基金项目资金开支分为直接费用和间接费用。直接费用中除设备费外，其他科目费用调剂权全部下放给依托单位。间接费用不得调增。预算调整情况应在结题验收报告中予以说明。

第四十八条 项目实施期间，年度剩余经费可结转下一年度继续使用；项目完成任务目标并通过验收后，结余经费在两年内由依托单位统筹安排用于科研活动的直接支出，两年后未使用完的，由科技厅按规定收回。

第四十九条 项目实施结束后，项目负责人应会同科研、财务、资产等管理部门及时清理账目与资产，如实编制项目资金决算，不得随意调账变动支出、修改记账凭证。依托单位按照国家和自治区有关规定进行资产核算和管理。

第八章 监督管理

第五十条 自治区基金项目实施过程及经费使用等情况，接受自治区科技、财政、审计等有关部门的检查、监督、绩效评估和信用监管等。

第五十一条 任何单位和个人发现自治区基金项目在申请、评审、立项、实施及验收过程中存在违背科研诚信要求以及违反本办法规定的行为，可向科技厅实名举报。

第五十二条 科技厅营造风清气正的良好科研氛围，对项目管理机构、推荐单位、依托单位、科学技术人员、咨询评审专家、第三方机构等单位和人员在自治区基金项目组织实施过程中出现的违规行为，按照国家和自治区有关规定进行处理。

违规行为涉嫌违反党纪政务、违法犯罪的，移交有关机关处理。

第五十三条 相关责任主体在自治区基金项目资助活动中发生科研诚信不端问题，依据科学技术部《科学技术活动违规行为处理暂行规定》（科学技术部令第19号）、《科研诚信案件调查处理规则（试行）》（国科发监〔2019〕323号）要求，按照《新疆维吾尔自治区科技厅关于科研失信行为调查处理的办法（试行）》（新科监字〔2020〕63号）规定进行处理。

第九章 附则

第五十四条 申请项目涉及国家秘密的，按有关保密规定进行管理。

第五十五条 本办法自发布之日起施行，由科技厅负责解释。

附 录

科技部关于印发
《国家科技计划和专项经费监督管理暂行办法》的通知

(国科发财字〔2007〕393号)

各省、自治区、直辖市、计划单列市科技厅(委、局),新疆生产建设兵团,国务院各部委、各直属机构,各有关单位:

为贯彻落实《国家中长期科学和技术发展规划纲要(2006—2020年)》,进一步加强国家科技计划和专项经费的管理,提高资金使用效益,根据《中华人民共和国预算法》《国务院办公厅转发财政部 科技部关于改进和加强中央财政科技经费管理若干意见的通知》(国办发〔2006〕56号)和国家有关财务管理制度,科技部制定了《国家科技计划和专项经费监督管理暂行办法》(见附件)。现印发给你们,请遵照执行。

附件:国家科技计划和专项经费监督管理暂行办法

科学技术部
二〇〇七年七月二日

国家科技计划和专项经费监督管理暂行办法

第一章 总则

第一条 为贯彻落实《国家中长期科学和技术发展规划纲要(2006—2020年)》,进一步加强国家科技计划和专项经费(以下简称科技经费)的管理,建立和完善经费管理与监督制度体系,提高资金使用效益,根据《中华人民共和国预算法》《国务院办公厅转发财政部 科技部关于改进和加强中央财政科技经费管理若干意见的通知》(国办发〔2006〕56号)和国家有关财务管理制度,制定本办法。

第二条 科技经费监督是指科技部对管理的各类科技计划、科技专项经费使用情况组织开展监督检查,并对违规违纪行为追究责任的工作。目的是规范科技经费管理和使用行为,帮助单位建立健全内部制度,实现关口前移、预防为主,更好地为科技计划和专项的顺利实施服务。

第三条 科技经费监督的主要服务对象是承担科技部管理的各类科技计划、科技专项的单位及其合作单位(以下简称承担单位)、项目(或课题,以下统一简称项目)负责人和项目组成员等。

第四条 科技经费监督工作,在财政部、审计署等相关部门的指导下,根据有关计划和专项经费管理办法的规定,按照依法、客观、公正、透明的原则组织开展,建立职责明确、措施有力、程序规范的监督管理机制。

第五条 承担单位上级主管部门和地方科技行政管理部门在科技经费监督过程中要切实履行

职责，按照分级管理的原则，对所属单位（属地单位）承担项目的预算申报、预算执行和经费使用情况进行全面的监督、检查和指导。

第六条 科技经费的使用遵循承担单位法人负责制的原则。承担单位应当建立健全内部监督制约机构，完善内部控制制度，负责科技经费的日常管理和使用。承担单位财务部门要切实履行职责，加强对经费使用的财务审核和会计核算，保障专项经费规范、合理、有效使用，并自觉接受科技部或其委托的部门和单位组织的监督工作。

第二章　监督内容和方法

第七条 科技经费监督贯穿科技经费管理的全过程，必须突出重点、务求实效。监督的主要内容是：

（一）承担单位内部财务管理制度建设及执行情况。包括对财经法规及各项科技经费管理制度、规定的贯彻落实情况，针对本单位财务工作特点制定内部财务管理制度情况，以及单位内部控制制度建设情况等。

（二）承担单位对科技经费会计核算情况。包括单独核算情况，会计科目设置规范性，核算内容和财务报告信息的真实、准确和完整性，经费开支审批程序和手续的完备性，以及相关财务档案资料保存管理情况等。

（三）承担单位和项目负责人执行预算情况。包括按照规定的支出范围和标准执行预算情况，预算调整的必要性和程序规范性，拨付合作单位预算资金规范性及监管情况，配套资金及时足额到位情况；有无超预算、超范围、超标准支出，挤占、挪用、转移项目经费，自行分解、擅自转拨科技经费等问题。

（四）设备购置和管理情况。包括批复购置设备预算的执行情况，购置设备的开放共享情况，购置设备纳入单位固定资产管理情况等。

（五）承担单位对决算和财务验收制度的执行情况。包括编报决算和结题财务报告情况，及时清理账目、确定项目支出情况，结余经费的认定和上缴情况，以及有无拖延财务结账、长期挂账报销费用等问题。

第八条 建立和完善科技经费监督管理运行机制。根据需要，综合利用财务报告、巡视检查、专项审计、财务验收、绩效评价、受理举报等多种方法，通过日常监督与专项监督相结合的方式，对科技经费实施监督。

（一）财务报告。承担单位按照相关制度的规定和具体要求，定期或不定期地向科技部报告项目预算执行情况和重大财务事项。科技部对财务报告进行合规性审查。

（二）巡视检查。科技部定期派出巡视组，对使用科技经费数额较大的单位进行制度化的督促检查。通过听取汇报、召开座谈会、资料查验等多种方式，全面检查承担单位及其负责人在贯彻国家科技经费管理制度、建立内部管理机制、执行科技经费预算等方面的情况。

（三）专项审计。科技部或其委托的单位，不定期地对科技经费使用的合法性、合规性和合理性，以及财务收支信息的真实性和完整性等进行的专项检查和评价。

（四）财务验收。科技部或其委托的单位在项目验收期间，对项目预算执行情况、经费使用情况和财务决算报告等进行专门审核与评价。财务验收是项目验收的重要组成部分，未通过财务验收的项目不得通过项目验收。

（五）绩效评价。科技部运用一定的考核方法、量化指标及评价标准，对项目的实施过程及其完成结果进行综合性考核与评价。具体组织实施按照财政部《中央级教科文部门项目绩效考评管理办法》(财教〔2005〕149号)和科技部的有关规定执行。绩效评价的结果将作为单位和个人今后申请立项及预算的重要参考依据。

（六）受理举报。科技部根据举报，对相关单位或个人科技经费管理、使用中的问题组织开展专项调查处理工作。

第三章 组织实施

第九条 科技经费监督工作可以采用科技部直接组织检查组，委托主管部门、地方科技行政管理部门或委托会计师事务所等社会中介机构等多种方式进行。委托主管部门和地方科技行政管理部门开展的监督工作，可以采用跨部门监督、属地监督或异地交叉监督等形式进行。

第十条 委托开展的科技经费监督工作，需要履行规范的委托程序和手续。接受委托的部门和单位在具体的监督工作实施中，承担委托人赋予的监督责任。

第十一条 科技经费监督工作按照以下程序组织实施：

（一）制定监督计划。科技部根据管理工作需要，制定科技经费年度监督计划，确定年度监督的重点和内容，部署开展监督工作。

（二）通知被检查单位。科技部根据年度监督计划，遴选确定开展监督检查的单位和项目，并书面通知被检查单位。

（三）被检查单位准备资料。被检查单位根据监督检查工作的有关要求准备相关资料，主要包括自查报告、项目任务书、项目预算书、购置资产清单、相关账簿、会计凭证以及需要填报的财务报表等。

（四）现场检查。检查组或受委托单位根据需要对被检查单位进行现场检查，调查了解单位的规章制度建立情况和经费开支情况，收集有关资料和会计凭证，并就检查结果与被检查单位进行沟通和交流。

（五）出具监督检查报告。检查组或受委托单位对调查中取得的素材和资料进行归类、汇总和分析确认，按要求出具监督检查报告报送科技部。

（六）监督检查结果处理。科技部针对监督检查中发现的问题，按照相关制度规定，下达监督检查意见书。被检查单位应在监督检查意见书的规定时限内整改执行完毕，并将执行结果书面报告科技部。对监督检查意见书中认定问题有异议的，可以申请重新核查确认。

第十二条 充分发挥专家和中介机构对监督工作的咨询作用，建立对专家和中介机构的遴选、考核和评价制度。专家和中介机构在现场检查过程中，有责任就科技经费管理政策法规向被检查单位进行解释说明。在选择专家和会计师事务所的过程中，应坚持以下原则和要求：

（一）对专家的选择应坚持客观、公正和回避的原则，紧密围绕项目所属领域和自身特点选择专家，根据监督工作需要，检查专家可包括财务、技术、经济以及国际合作专家等。专家应了解被检查项目的基本情况，在检查过程中能够客观、公正的发表意见，并对通过检查获得的项目技术和财务情况保守秘密。

（二）对会计师事务所的选择应坚持公开、竞争和择优的原则。会计师事务所应当秉持第三方的独立原则开展审计工作，审计人员应熟悉国家财经法规和科技经费管理各项规定，客观、公正地发表审计意见。

第十三条 建立健全经费监督管理信息数据库，纳入全国统一的科研项目数据库，全面记录科技经费监督计划、组织实施情况、监督检查结果及整改落实情况等。积极推进信用记录制度，根据监督检查结果对承担单位和相关人员在经费管理方面的信用进行评价和记录，并作为今后申请科技经费的重要依据。

第四章　处罚措施

第十四条　对监督检查中发现的违规违纪行为，根据情节轻重予以处理，并记录相关单位和当事人的信用，通过适当的方式向社会公告。

第十五条　承担单位在科技经费内部管理制度和会计核算方面有下述行为之一的，将视情节轻重限期整改、停拨经费、通报批评、不通过财务验收直至一定时限内取消其项目申报资格。

（一）科技经费不按项目核算的；

（二）科技经费内部管理制度不健全，财务管理和会计基础性工作薄弱的；

（三）固定资产管理不规范，购置的固定资产不及时入账，形成账外资产的；

（四）不按要求及时编报决算，或脱离财务部门编报决算，造成报表数据不准确、账表不一致的；

（五）其他违反财经制度的行为。

第十六条　承担单位、项目负责人及项目组成员在监督检查中被发现在预算申报过程中有下述行为之一的，将视情节轻重停拨经费、通报批评、不通过财务验收、终止项目、追回已拨经费直至一定时限内取消其项目申报资格。

（一）编报虚假预算，套取国家财政资金的；

（二）提供虚假财务会计资料的；

（三）提供虚假配套资金承诺的；

（四）采用不正当手段影响预算评审评估结果的；

（五）其他违反财经制度的行为。

第十七条　承担单位、项目负责人及项目组成员在预算执行方面有下述行为之一的，将视情节轻重限期整改、停拨经费、通报批评、不通过财务验收、终止项目、追回已拨经费直至一定时限内取消其项目申报资格。

（一）不严格执行预算，存在超预算、超范围、超标准支出行为的；

（二）截留、挤占、挪用经费的；

（三）违反规定开支人员费，乱发津贴、补贴，超额提取管理费的；

（四）未按规定自行调整预算的；

（五）违反规定转拨、转移经费的；

（六）已承诺的配套资金不及时足额到位的；

（七）其他违反财经制度的行为。

第十八条　承担单位、项目负责人及项目组成员在结题验收方面有下述行为之一的，将视情节轻重限期整改、通报批评、不通过财务验收，直至一定时限内取消其项目申报资格。

（一）少报、漏报、隐匿不报结余资金，以及结余资金不按规定及时上缴的；

（二）单位财务不及时结账、长期挂账报销费用的；

（三）不配合监督检查工作，以及采取不正当手段，影响监督检查人员客观发表意见的；

（四）其他违反财经制度的行为。

第十九条 承担单位、项目负责人及项目组成员发生违反科技经费管理规定问题触犯财经纪律的,移交行政监察机关处理,涉嫌犯罪的,移送司法机关依法追究刑事责任。

第五章 附则

第二十条 本办法由科技部负责解释。

第二十一条 本办法自发布之日起执行。

第二十二条 地方科技行政管理部门可参照执行。

关于印发《国防科工局基础科研管理办法》的通知

(科工技〔2010〕136号)

教育部，中科院，各省、自治区、直辖市国防科技工业管理部门，国防科技大学，各军工集团公司，中国工程物理研究院，工业和信息化部所属各高校：

《国防科工局基础科研管理办法》经第45次局长办公会讨论通过，现印发给你们，请遵照执行。

二○一○年一月二十九日

国防科工局基础科研管理办法

第一章 总则

第一条 为规范国防基础科研计划管理工作，提高投资效益，依据国防科工局科研项目管理的有关规定，制定本办法。

第二条 国防基础科研计划是以建设先进的国防科技工业为目标、以增强自主创新能力为主线、以提升军工核心能力为主要任务，对国防科技和武器装备发展发挥重要支撑作用的专项科研计划。

第三条 国防基础科研计划包括先进工业技术研究和国防基础研究两个领域。根据国防科技发展趋势和武器装备研制生产需要，在领域内设立专题。

（一）先进工业技术研究，是指为解决武器装备研制生产中的瓶颈制约问题，提高先进设计、工艺与装备、试验与测试、材料工程化等技术水平，促进国防科技工业转型升级和支撑武器装备升级换代，开展的共性关键技术研究和工程应用研究。

（二）国防基础研究，是指为推动国防科技原始创新，增强基础和核心技术储备，开展具有新思想、新概念、新原理和新方法特色的国防应用基础研究，以及制约国防科技工业发展和武器装备研制的基础理论和关键机理研究。

第四条 国防基础科研项目分为重大项目、重点项目和一般项目。

（一）重大项目，是指围绕国家和国防重大战略需求，以提升军工核心能力，实现共性关键技术群体性突破和工业技术升级应用为目标，具有集成性、示范性、带动性和标志性特点的项目。以跨领域、跨专题形成产品工程样机、重大技术系统并实现工程应用为主要成果。

（二）重点项目，是指具有较明确应用背景，以实现关键技术突破或工程应用为目标的项目。以形成原理（验证）样机、实用新技术、先进装（设）备或集成应用系统、标准规范等为主要成果。

（三）一般项目，是指探索性、基础性较强，以增强原始创新能力、支撑国防特色学科发展和获取自主知识产权为目标的项目。以实现原理验证，形成专项技术报告、发明专利等为主要成果。

第五条 国防基础科研计划管理分为规划与指南、年度预算与计划、项目论证与审批、项目组织实施、验收与后评价等五个阶段。

第六条 国防基础科研计划遵循分级负责、程序规范、决策科学、考核严密、注重绩效的管理原则。鼓励国防科技实验室、国防科技工业先进技术研究应用中心、国防科技创新团队等创新平台或团队参与国防基础科研活动,在项目申报、立项过程中同等条件下优先支持。

第七条 鼓励有关部门和单位采取联合资助、自筹资金等方式,多渠道筹集资金开展国防基础科研活动。

联合资助的项目,项目的论证审批、组织实施、监督检查和验收后评价等工作由国防科工局会同有关主管部门(单位)组织开展。

第八条 国防基础科研项目预决算和经费使用管理按照《国防科技工业科研经费管理暂行办法》(财防〔2008〕11号)、《军工科研事业单位财务制度》(财工字〔1997〕第93号)和《军工科研事业单位会计制度》(财工字〔1997〕第384号)的规定执行。项目经费应合理配置、专款专用、单独核算。

第九条 国防基础科研项目管理按照保密管理的有关法律法规执行。

第二章 组织管理

第十条 国防科工局负责管理国防基础科研计划。主要职责是:

(一)编制发展规划与项目指南;

(二)负责项目审批;

(三)编制年度预算及年度计划;

(四)监督组织实施,协调处理项目执行中重大问题;

(五)组织开展项目验收与后评价工作。

第十一条 国务院有关部门,省、自治区、直辖市国防科技工业管理部门,中国科学院,军工集团公司,中国工程物理研究院(以下称有关部门和单位)承担本部门(单位)的国防基础科研计划与项目管理职责,负责项目的论证和申报、组织实施过程管理,提出年度计划建议,协助国防科工局开展五年规划编制、项目实施情况检查、验收与后评价等工作。

第十二条 有关部门和单位所属的承担研究任务的单位(以下简称承研单位)是项目实施的责任主体,应具备法人资格和保密资质。多个单位联合承担研究任务的,主承研单位为项目牵头责任单位。

项目负责人应是承研单位正式在编人员,负责的国防基础科研在研项目不得超过1项。

第十三条 国防基础科研计划设立专家库。专家库中的专家通过有关部门和单位推荐,由国防科工局核准后统一入库,参与项目评估、评审、检查和验收等工作。专家各项活动应遵循回避原则。

第十四条 国防科工局业务主管部门设立国防基础科研项目管理办公室(以下简称项目办)。项目办协助承担国防基础科研计划的过程管理和基础性工作。

第十五条 国防基础科研计划实行信用管理制度,对承研单位、项目负责人、专家等在实施计划过程中的信用情况进行客观记录、管理和使用。

第三章 规划与指南

第十六条 国防基础科研计划实施五年期规划。规划与指南是项目论证与审批、预算和年度计划编制的依据。应包括总体发展目标、发展思路、重点支持的领域和方向、重大项目和政策措施等。

第十七条 根据军队武器装备发展战略和国防科技工业中长期科技发展规划，国防科工局成立总体专家组和专题专家组，组织开展发展战略研究，提出规划思路。

第十八条 有关部门和单位根据规划思路和实际需求，提出本部门（单位）国防基础科研规划建议。国防科工局在规划思路基础上，结合有关部门和单位的规划建议，组织编制规划与指南。

第十九条 国防基础科研规划与指南经批准后，在相应的范围内发布。根据实际执行情况，国防科工局适时组织规划与指南的调整工作。

第二十条 国防科工局在有关部门和单位自评的基础上，组织专家或委托中介评估机构开展规划中期和五年评估。

第四章 年度预算与计划

第二十一条 有关部门和单位按规定时间向国防科工局提出下一年度的经费预算建议，国防科工局对经费预算建议进行审查，依据财政部下达的科研经费预算控制指标，经综合平衡，向财政部提出下一年度预算安排意见。

第二十二条 有关部门和单位根据有关要求及财政部下达的预算控制指标，编制本部门和单位年度计划建议，于每年1月底前报送国防科工局。国防科工局在年度计划建议的基础上，编制下达年度计划。

第二十三条 有关部门和单位申请列入年度计划的项目应符合以下基本要求：

（一）符合年度计划安排原则和重点支持方向；

（二）首次列入年度计划的项目，应符合批复启动时间和预算管理要求；

（三）结转安排的项目，其上一年度计划执行情况良好，本年度计划研究内容、进度节点和具体指标明确；

（四）承研单位没有受到国防科工局有关处罚。

第二十四条 有关部门和单位及承研单位应严格按照下达的年度计划执行，不得擅自调整。出现重大情况必须调整的，有关部门和单位应于当年8月底前上报年度计划调整请示。

第五章 项目论证与审批

第二十五条 国防基础科研项目应按照规划与指南，进行论证和审批。审批分为项目建议书审批和项目任务书审批两个阶段。

第二十六条 项目建议书（附件1）重点论证开展研究的必要性、现有的研究基础（含已掌握的知识产权）、研究目标、主要研究内容、研究周期、研究经费匡算以及预期成果等。

第二十七条 项目建议书的申报审批程序：

（一）论证申报。有关部门和单位根据国防基础科研规划与指南，组织所属单位开展项目论证，编制项目建议书，在规定时间内向国防科工局提出项目立项申请（附项目建议书2份）。重大项目建议书应提交技术成熟度评价报告（附件2，2份）。

（二）形式审查。国防科工局对项目建议书进行形式审查，主要审查项目是否符合规划与指南要求、承研单位的资格要求、项目建议书的规范性、有效性、完整性等。不符合要求的，建议书退回有关部门和单位。

（三）专家审查与评估。国防科工局对通过形式审查的项目建议书，委托中介机构咨询评估或组织专家评审。重点审查项目的必要性，研究成果、技术指标的先进性，研究目标、研究方案、研究经费的合理性以及所具备的研究基础等。

（四）意见反馈。国防科工局将评估或评审意见及时通告有关部门和单位，有关部门和单位应在规定时限内将意见反馈给国防科工局。评估或评审通过的项目纳入项目储备库。

（五）批复。国防科工局根据项目建议书评估或评审结论、规划总经费和年度预算经费控制指标，结合有关部门和单位的反馈意见，经综合平衡，商财政部审批项目建议书。批复中应明确研究目标、研究周期、研究经费、启动时间、后续论证工作要求等。不具备批复条件的项目，由国防科工局通告有关部门和单位。规划有效期内未被立项批复的项目将从项目储备库中删除。

第二十八条 有关部门和单位应在国防科工局批复项目建议书后6个月内或按项目建议书批复中明确的时限要求，上报项目任务书（附件3，4份）。项目任务书重点论证研究目标和技术指标、具体技术方案、预期的研究成果（含知识产权）、任务分工、经费细化测算等。

第二十九条 项目任务书的申报审批程序：

（一）论证申报。有关部门和单位根据国防科工局批复的项目建议书，组织承研单位开展项目实施方案论证，编报项目任务书。

（二）形式审查。国防科工局对项目任务书进行形式审查，主要审查与项目建议书批复要求或项目指南的符合程度，以及与项目任务书有关编制要求的符合程度等。不符合要求的项目任务书，退回有关部门和单位。

（三）专家审查与评估。国防科工局对通过形式审查的项目任务书，组织专家评审或委托中介机构咨询评估。重点审查项目研究方案可行性，研究阶段与目标要求、预期成果与技术指标先进性、任务分工、研究周期、研究经费的合理性和准确性等。

（四）意见反馈。国防科工局将评审意见及时通告有关部门和单位。有关部门和单位应及时将修改后的项目任务书和相关意见报国防科工局。

（五）批复。国防科工局根据任务书评审或评估意见及有关部门和单位的反馈意见，批复下达项目任务书。项目任务书是项目实施和验收的依据。

第三十条 有关部门和单位在上报项目建议书和任务书时，须对项目材料的真实性和申报渠道的唯一性做出承诺。

第六章 项目组织实施

第三十一条 有关部门和单位根据国防科工局在项目建议书批复中明确的启动时间，组织承研单位及时开展实质性研究工作。

第三十二条 有关部门和单位应严格按照项目批复、年度计划和有关规定要求，指导、督促承研单位完成科研任务，及时协调处理各种问题。重大事项报国防科工局协调处理。

第三十三条 有关部门和单位应于每年6月和12月底前对年度计划执行情况进行总结，并按规定要求提交本部门（单位）和项目的半年、年度总结报告（附件4、附件5），内容包括项目实施进展情况、经费使用情况、存在的问题和解决措施、建议等。

第三十四条 国防科工局组织或委托有关部门和单位，采取抽查、现场检查、阶段评审等多种方式，对项目进展、预算执行情况和经费使用情况进行监督和检查。对于研究周期超过2年

(含)的项目,每年至少组织一次检查。

第三十五条 重大项目和重点项目实施中期评估制度,由国防科工局组织或委托中介机构开展,评估结果作为项目调整、终止或撤销依据。有关部门和单位应根据要求组织承研单位编报项目中期评估总结报告(附件6)。

第三十六条 项目实施过程中发生以下情况之一的,应按要求填写项目调整申请表(附件7),经有关部门和单位审核后,报国防科工局批准:

(一)改变项目研究目标、研究内容或关键技术指标的;

(二)研究周期延长1年以上的;

(三)增加中央财政科研经费或提高中央财政科研经费比例的;

(四)主要承研单位发生变更的。

其他情况委托有关部门和单位审批,报国防科工局备案。

第三十七条 项目实施过程中发生以下情况,有关部门和单位应及时报国防科工局审批终止科研项目:

(一)因技术发展而使项目失去研究开发意义;

(二)由于时间推移,技术指标已低于国内已有同类水平;

(三)技术方案和技术指标无法达到预期目标,并无有效解决办法;

(四)科研经费或配套的技术改造、基本建设计划无法落实,并已影响到研究工作开展;

(五)项目负责人或技术骨干发生变更,致使项目无法按计划继续进行;

(六)因不可抗拒因素致使项目无法按计划进行。

第三十八条 国防基础科研项目实施过程中发生以下情况,国防科工局可直接做出撤销项目的决定:

(一)已列入国家其他科研计划,重复申报;

(二)挪用中央财政科研经费;

(三)组织管理不力,严重影响项目顺利实施或发生重大失泄密事件;

(四)两次任务书评审或评估未通过;

(五)监督检查中发现重大违规违纪行为;

(六)有严重弄虚作假行为;

(七)连续2年未按年度计划要求完成研究任务;

(八)国家规定的其他情况。

第三十九条 被终止和撤销的项目,国防科工局会同国家有关部门停止安排计划科研经费。有关部门和单位应组织承研单位在1个月内完成项目研究工作总结和财务决算,连同固定资产购置情况一并报国防科工局核批。项目剩余的中央财政科研经费全部上交财政部。

第七章 验收与后评价

第四十条 按照经费规模和项目性质,国防科工局组织或委托有关部门和单位组织项目验收。

第四十一条 有关部门和单位应在每年12月底前向国防科工局提交下一年度项目验收计划建议,国防科工局于年初下达项目年度验收计划,明确验收时间、验收组织部门等。原则上应在研究周期结束后半年内完成项目验收工作。

第四十二条 有关部门和单位应在项目最后一批科研计划下达后 12 个月内，组织承研单位编制完成项目验收申请报告（附件 8），报国防科工局申请验收。不能按期验收的需填写项目调整申请表，报国防科工局申请延期。

项目验收申请报告包括科研工作总结报告和财务决算审计报告。科研工作总结报告主要包括项目验收书、研究工作总结和国防科技工业科技报告。

第四十三条 申请项目验收应当具备以下条件：

（一）全面完成批复的各项工作内容；

（二）达到了批复的技术指标和工作目标；

（三）完成项目验收测试；

（四）完成了财务决算审计，有明确的审计结论；

（五）完成项目资料审查工作；

（六）按档案部门规定完成了归档资料编写。

第四十四条 有关部门和单位根据项目实际情况，成立不少于 3 人的验收测试组或委托第三方检测机构进行项目验收测试。第三方检测机构应为国家、省、自治区、直辖市和国务院有关部门认定的专业技术检测机构。验收测试组或检测机构名单应报国防科工局核准。

验收测试组应根据任务书规定的技术指标要求，拟定测试大纲，开展验收测试；第三方检测机构应根据有关标准或规范，开展验收测试。测试工作结束后应出具测试报告和测试意见。

第四十五条 总经费在 300 万元以上（含 300 万）项目的财务决算由国防科工局组织审计；总经费在 300 万元以下项目的财务决算由国防科工局委托有关部门和单位组织审计，审计意见报国防科工局备案。

第四十六条 有关部门和单位组织不少于 3 人的资料审查组，对项目验收申请报告的完整性、规范性、真实性和有效性进行审查，形成资料审查意见。资料审查组名单应报国防科工局备案。

第四十七条 验收组织部门成立验收组，采取会议方式进行项目验收。验收组应当由技术、经济和管理方面的专家组成，不少于 7 人。专家主要从专家库内遴选，优先选择参与项目前期评审工作的专家，原则上应包括验收测试组、资料审查组专家和财审专家各 1 名。

验收组听取项目研究工作总结，视情进行现场检查或观看成果演示，形成验收意见。项目验收时可以进行评分，作为项目验收等级评定的参考。

第四十八条 项目验收主要核查以下内容：

（一）批复的各项目标和内容完成情况；

（二）经费使用情况；

（三）研究成果试用（使用）及应用情况；

（四）研究成果的意义和水平；

（五）研究成果转化和知识产权管理情况。

第四十九条 国防科工局组织项目验收审查后办理验收批复；委托有关部门和单位验收的项目，应在验收工作完成后 20 个工作日内将验收批复上报国防科工局备案。

第五十条 凡具有下列情况之一的项目不能通过验收。

（一）各项目标或主要研究内容未完成的；
（二）验收文件资料不真实、弄虚作假的；
（三）未经批准，承研单位或研究周期等发生变更的；
（四）违反其他有关规定的。

未通过验收的项目，承研单位应根据专家意见进行整改，在三个月内申请二次验收。二次验收未通过的，按终止处理。

第五十一条 项目实施形成的研究成果，包括论文、专著、专利、软件、数据库等，均应标注"国防基础科研计划资助"及项目编号。英文标注"Defense Industrial Technology Development Program"。项目实施形成的知识产权应依照有关规定进行管理。

第五十二条 国防科工局根据项目具体情况，适时组织开展后评价工作。后评价结论作为有关部门和单位后续申报国防基础科研项目的重要参考。

第八章 奖励与处罚

第五十三条 国防科工局对在国防基础科研计划研究开发和管理工作中做出突出成绩的单位和个人，给予表彰。对项目完成优秀的单位和个人，再次申请项目时将予以优先支持。

第五十四条 国防基础科研项目管理工作人员，在项目申报、评审、验收及经费管理过程中，违反规定的程序或滥用职权、徇私舞弊，给国家利益造成损害的，视情节轻重，给予批评教育或依法进行行政处分；构成犯罪的，依法追究刑事责任。

项目负责人因执行不力或管理不善，导致项目被终止或撤销的，国防科工局将在3年内，暂停受理其项目申请。

第五十五条 有关部门和单位以及承研单位，违反本办法规定造成项目严重脱离计划预期的，国防科工局给予通报批评，并根据实际情况要求相关单位限期整改，同时将视情节给予调减相关项目科研经费或暂停受理其他国防基础科研项目申报的处罚。拒不执行处理决定的，在整改前，国防科工局将不再受理其项目申报。

第五十六条 项目管理出现以下问题，国防科工局在1年内暂停受理承研单位申报的其他项目。
（一）列入年度计划的项目有2个以上（含）未能按计划要求完成研究任务的；
（二）项目实施过程中，重大调整事项未按规定程序及时报批的；
（三）出现2个以上（含）项目研究工作结束后首次验收未通过的；
（四）出现2个以上（含）项目被终止的；
（五）发生失泄密事件，后果严重的。

第五十七条 项目管理出现以下问题，国防科工局在2年内暂停受理承研单位申报的其他项目。
（一）项目重复申请国家科研经费支持的；
（二）中央财政科研经费被挪用的；
（三）擅自终止项目研究，或隐瞒项目实施中重大质量事故的；
（四）出现项目被撤销的。

第九章 附则

第五十八条 本办法自2010年3月1日起施行。

附件：附件1：项目建议书格式（略）
　　　附件2：国防基础科研计划技术成熟度评价报告（略）
　　　附件3：国防基础科研计划项目任务书（略）
　　　附件4：国防基础科研计划部门（单位）年度（半年）总结报告（略）
　　　附件5：国防基础科研计划项目年度（半年）总结报告（略）
　　　附件6：国防基础科研计划项目中期评估总结报告（略）
　　　附件7：国防基础科研计划项目调整申请表（略）
　　　附件8：国防基础科研计划项目验收申请报告（略）

核能开发科研项目管理办法

(科工二司〔2010〕592号)

第一章 总则

第一条 为规范核能开发科研项目管理，提高投资效益，根据国家国防科技工业局科研管理有关规定，制定本办法。

第二条 本办法所称核能开发科研，是指使用中央财政科研经费，由核能开发科研计划安排的，与核科技发展相关的研究与开发活动。包括反应堆及核动力、核燃料循环、核安全与辐射防护、核技术应用、核基础及相关支撑技术等专业领域。

第三条 核能开发科研项目分为应用基础研究、技术与开发研究、工程研制三类。

应用基础研究类项目是指为推动核科技应用与创新，为突破关键工业技术而开展的新原理、新概念、新方法的研究项目。

技术与开发研究类项目是指运用核基础研究和其他科学技术的成果，开展单项或多项新技术的研究开发或试验验证，从而形成实用新技术或新产品、新系统的研究项目。

工程研制类项目是指集成技术研究成果，研制开发可直接交付使用或直接推向市场的重大产品、重大系统。

第四条 核能开发科研项目管理遵循程序规范、决策科学、权责明确、竞争择优的原则。

第五条 核能开发科研面向全国，鼓励国内相关企业、科研院所、高等院校等法人单位承担或参与核能开发科研工作。

第六条 鼓励承研单位自筹资金开展核能开发科研工作。国拨资金比例根据市场应用前景、技术成熟程度等进行合理安排，提高政府投资的导向和带动作用。

基础性或公益性研究项目，以及能带动整个行业技术进步的战略性项目，国拨资金比例为100%；具有比较明确的应用背景，可面向市场的科研项目，国拨资金比例原则上不超过80%。

第七条 核能开发科研项目管理划分为五个阶段，即规划与指南、年度计划、论证和审批、组织实施、验收与后评价。

第八条 核能开发科研项目预决算和经费使用管理按照《国防科技工业科研经费管理暂行办法》(财防〔2008〕11号)有关规定执行。

第九条 涉密科研项目按照国家相关保密管理规定的要求执行。

第二章 组织管理

第十条 国家国防科技工业局(以下简称国防科工局)负责核能开发科研规划与指南编制、科研项目审批、年度计划下达，并组织实施项目监督检查、项目验收与后评价等工作。

第十一条 财政部参与规划与指南编制、科研项目审批等有关工作，并根据国防科工局提出的年度预算建议，下达年度经费预算指标。

第十二条 国务院有关部门，省、自治区、直辖市国防科技工业管理部门，中央直属企业集团公司，中国科学院，中国工程物理研究院［以下简称有关部门（单位）］承担本部门（单位）的项目管理职责，负责组织项目的论证和申报，提出年度计划建议，组织实施过程管理，协助国防科工局开展规划编制、项目实施情况检查、验收与后评价等工作。

第十三条　承研单位承担项目实施职责，必须具备法人资格。承担涉密研究任务的单位，应具有保密资质。多个单位联合承担项目，应明确牵头责任单位（主要承研单位）。

第十四条　国防科工局组织成立专家委员会或专题专家组，协助开展核科技发展战略研究、规划研究，项目指南编制，项目评审、检查和验收工作。建立健全专家评审制度、问责制度和回避制度等。

第三章　规划与指南

第十五条　国防科工局负责组织编制核能开发科研五年规划，用于指导核能开发中长期发展及项目的论证和审批。有关部门（单位）根据实际需求，提出本部门（单位）的规划建议。

第十六条　规划内容主要应包括：总体目标、思路、重点支持的领域和方向、重大项目和政策措施等。

第十七条　规划经商财政部同意后，由国防科工局按规定的密级要求，在相应的范围内发布。

第十八条　对列入五年规划、适合统筹论证分项实施的特定技术领域，国防科工局定向或公开发布《项目指南》，明确提出该领域拟支持的具体项目及其研究内容、主要技术指标、进度要求等，指导项目的申报。

第十九条　国防科工局适时组织专家或委托中介机构对规划执行情况进行评估，并进行动态调整。

第四章　项目论证和审批

第二十条　核能开发科研项目的论证和审批分为项目建议书和项目任务书两个阶段。

工程研制类项目可同步论证条件保障建设内容，建设项目建议书按国防科工局有关管理程序报批。

特别重大、复杂的工程研制类项目可视具体情况分阶段审批。

第二十一条　项目建议书（见附件1）应重点论证研究的必要性、研究目标、主要研究内容、配套条件及措施、研究周期、研究经费、成果形式（含知识产权）等。

第二十二条　项目建议书的申报审批程序。

（一）论证申报。有关部门（单位）根据国防科工局印发的规划、指南或项目申报通知，组织所属单位开展科研项目论证，编制项目建议书，经预审后报国防科工局，并抄报财政部。

（二）形式审查。国防科工局对项目建议书进行形式审查，主要审查项目是否符合规划与指南要求、承研单位资质、项目建议书的完整性等。未通过形式审查的项目建议书，退回有关部门（单位）。

（三）专家审查与评估。国防科工局对通过形式审查的项目建议书，组织专家评审或委托中介机构评估。重点审查科研项目的必要性，技术的先进性（含已有知识产权状况），研究目标、方案和经费的合理性等，并形成评估（审）意见。

（四）审查与评估意见反馈。国防科工局应及时将评估（审）意见通告有关部门（单位），有关部门（单位）应在规定时限内将意见反馈给国防科工局。

（五）立项批复。综合考虑评估（审）意见及有关部门（单位）的反馈意见后，国防科工局会同财政部对项目进行批复。批复中应明确研究目标、主要研究内容及成果形式、研究周期、研究经费、承研单位、后续论证工作要求等。不具备批复条件的项目，由国防科工局通告有关部门（单位）。

第二十三条 核能开发科研项目实行储备库管理。通过形式审查的项目列入储备库，根据项目的轻重缓急安排评审，并办理批复手续。规划有效期内未批复立项的项目将从储备库中清除。

第二十四条 项目任务书（见附件2）应重点论证研究目标及研究内容、总体技术方案、关键技术及其解决途径、技术指标及预期成果（含知识产权）、组织管理及任务分工、研究周期及进度安排、经费概算及测算依据等。

第二十五条 项目任务书的申报审批程序。

（一）论证申报。有关部门（单位）依据批复的项目建议书，组织承研单位论证编制项目任务书。应在项目建议书批复后6个月内或按批复的时限要求，上报国防科工局。

（二）形式审查。国防科工局对项目任务书进行形式审查，主要审查与项目建议书批复及项目任务书编写要求的符合程度等。未通过形式审查的项目任务书，退回有关部门（单位）。

（三）专家审查与评估。国防科工局对通过形式审查的项目任务书，组织专家评审或委托中介机构咨询评估。重点审查技术方案的可行性，预期成果与技术指标的先进性及可考核性，任务分工、研究进度、研究经费的合理性等。

（四）审查与评估意见反馈。国防科工局应及时将评估（审）意见通告有关部门（单位），有关部门（单位）应在规定时限内将意见反馈给国防科工局。

（五）批复。国防科工局根据评估（审）意见以及有关部门（单位）的反馈意见，批复下达项目任务书，作为项目实施和验收的依据。批复中应细化明确研究目标、研究内容或研究方案、成果形式（含知识产权）、主要技术指标、研究周期、研究经费、任务分工、组织实施管理要求等。不具备批复条件的科研项目，由国防科工局通告有关部门（单位）。

工程研制类项目，应在任务书批复后下达首批经费。应用基础研究、技术与开发研究类项目，应在建议书批复后下达首批经费。

第二十六条 有关部门（单位）在上报项目建议书和项目任务书时，必须提交诚信承诺书，对申报材料的真实性和申报渠道的唯一性做出承诺。

第五章 年度预算与计划

第二十七条 核能开发科研项目年度经费预算的编制程序按照《国防科技工业科研经费管理暂行办法》（财防〔2008〕11号）有关规定执行。

第二十八条 有关部门（单位）根据国防科工局年度计划编制工作要求和财政部下达的预算控制指标，编制本部门（单位）下一年度计划建议。在此基础上，国防科工局编制下达年度计划。

第二十九条 科研项目申请列入年度计划，应符合下列要求：

（一）符合年度计划安排原则和重点支持方向；

（二）首次列入年度计划的科研项目，应符合批复启动时间和预算管理的要求；

（三）结转安排的科研项目，其上一年度计划执行情况良好，本年度计划研究内容、进度节点和具体指标明确；

（四）承研单位未受到国防科工局有关处罚；

（五）国家规定的其他条件。

第三十条　有关部门（单位）与承研单位应严格遵照下达的年度计划执行，不得擅自调整。因出现重大情况必须调整的，应于当年7月底之前向国防科工局上报年度计划调整申请。国防科工局综合平衡后，于当年8月底前向财政部提出预算调整建议，包括调整事项、原因、必要性及金额等。

第六章　项目组织实施

第三十一条　承研单位是项目实施的责任主体，应制定管理措施，提供必要的保障条件，保证项目顺利实施。项目负责人是项目实施责任人，负责项目的具体实施。

有关部门（单位）是项目组织管理责任主体，负责组织项目实施全过程的监督、检查，应严格按照科研项目批复、年度计划和有关规定，指导、督促承研单位完成科研任务，及时协调处理各种问题。重大事项报国防科工局协调处理。

国防科工局视情采取抽查、现场检查、阶段评审等形式，对项目进展、预算执行情况和经费使用情况进行监督和检查。

第三十二条　核能开发科研项目实行半年（见附件3）、年度（见附件4）和重大事项报告制度。有关部门（单位）应于每年6月底和12月底前，向国防科工局书面报告项目进展情况、经费使用情况、存在的问题及解决措施等。项目实施过程中出现重大情况时，必须及时上报国防科工局。

第三十三条　工程研制类项目的主要承研单位签订的分系统研制合同，应报国防科工局备案。

第三十四条　重大项目实施实行中期评估制度。国防科工局组织或委托中介机构开展中期评估工作，评估结果作为项目调整、终止或撤销的依据。有关部门（单位）应根据要求组织承研单位编报项目中期总结报告（见附件5）。

第三十五条　项目实施过程中，有关部门（单位）及承研单位不得擅自调整批复内容。出现以下情况的，应按规定程序上报国防科工局审批。项目研究目标或国拨经费需调整的，由国防科工局商财政部后进行批复。

（一）改变科研项目研究目标、主要研究内容或关键技术指标；

（二）增加中央财政科研经费或提高中央财政科研经费比例；

（三）主要承研单位发生变更；

（四）研究周期需要延长1年以上；

（五）国家规定的其他情况。

第三十六条　项目实施过程中发生以下情形的，有关部门（单位）应及时报国防科工局审批终止项目。

（一）因技术发展或市场需求发生重大变化，使项目已失去研究开发意义；

（二）技术、经济指标低于国内已有同类水平；

（三）技术方案和技术指标无法达到预期目标，并无有效解决办法；

（四）自筹资金或配套条件无法落实，致使研究工作无法顺利进行；

（五）项目负责人或技术骨干发生重大变更，致使项目无法按计划继续进行；

（六）因其他不可抗拒的因素致使项目无法按计划进行。

第三十七条　项目实施过程中发生以下情形的，国防科工局可直接作出撤销项目的决定。

（一）重复申报，已列入国家其他科研计划；

（二）挪用中央财政科研经费；

（三）组织管理不力，严重影响项目顺利实施或发生重大失泄密事件；

（四）有重大违纪行为；

（五）弄虚作假，未在科研项目诚信承诺书中如实说明情况；

（六）连续2年未按年度计划要求完成研究任务；

（七）国家规定的其他情况。

第三十八条 被撤销或终止的项目，停止拨付国家专项资金，由有关部门（单位）组织项目承担单位在1个月内完成项目决算，连同固定资产购置情况一并报国防科工局核批。项目剩余的中央财政科研经费全部上缴国库。

第七章 项目验收与后评价

第三十九条 核能开发科研项目按照经费规模和项目性质，由国防科工局组织或委托有关部门（单位）组织验收。

第四十条 有关部门（单位）应于每年12月底前向国防科工局提交下一年度项目验收计划建议，国防科工局于年初下达项目年度验收计划，明确验收时间、验收组织部门等。核能开发科研项目原则上应在研究周期结束后半年内完成项目验收工作。

第四十一条 有关部门（单位）应在最后一批科研计划下达后12个月内，提交验收申请报告（见附件6）。不能按期提请验收的，应向国防科工局提出延期申请。

第四十二条 科研项目验收申请必须同时具备以下条件：

（一）全面完成批复的各项研究内容；

（二）达到批复的研究目标和技术指标；

（三）完成财务决算审计，有明确的审计结论；

（四）完成相关的测试或鉴定工作；

（五）按档案部门规定，完成归档资料编写。

第四十三条 验收审查以批复下达的项目任务书为依据，主要核查批复的研究内容完成情况，研究目标和技术指标的实现情况、经费使用情况、知识产权管理和科研成果试用（应用）情况、科研成果的效益和水平等。

第四十四条 凡出现下列情况之一的项目不能通过验收：

（一）批复的研究目标和主要研究内容未完成；

（二）提供的验收文件、资料、数据等不真实；

（三）未经批准，承研单位、研究周期等发生变更；

（四）违反其他有关规定。

验收审查应明确通过验收或未通过验收。未通过验收的项目，国防科工局应及时告知有关部门（单位），令其限期整改后在3个月内申请第二次验收。二次验收审查仍未通过的，按项目终止处理。

第四十五条 国防科工局组织项目验收审查后办理验收批复。委托有关部门（单位）验收的科研项目，应在验收工作完成后20个工作日内将验收批复上报国防科工局备案，并抄报财政部。

第四十六条 科技成果管理依照科学技术保密、知识产权保护、科学技术奖励等有关规定执行。

第四十七条 国防科工局根据项目的具体情况，适时组织开展后评价工作。后评价结论作为以后安排核能开发科研项目的重要参考依据。

第八章 奖励与处罚

第四十八条 项目实施成效显著的，国防科工局按有关规定对项目实施责任人、承研单位和有关部门（单位）给予表彰。

第四十九条 在核能开发科研项目实施过程中，发生重大质量和安全事故，违反经费使用、财务和审计制度，发生重大失泄密事件等问题，按国家有关规定予以处理。对项目实施责任人、项目承研单位及相关有关部门（单位）的处罚按《国防科工局科研项目管理办法》和《国防科工局科研项目责任制暂行办法》有关规定执行。

第九章 附则

第五十条 本办法中未明确规定的相关事项，按《国防科工局科研项目管理办法》、《国防科工局科研项目责任制暂行办法》等有关规定执行。

第五十一条 本办法由国防科工局、财政部负责解释。

第五十二条 本办法自发布之日起施行。

附件：核能开发科研项目附件.doc（略）

关于印发《国防科工局科研项目管理办法》的通知

(科工技〔2012〕34号)

各有关单位：

修订后的《国防科工局科研项目管理办法》已经第98次局长办公会审议通过，现予以印发。请遵照执行。

2012年1月9日

国防科工局科研项目管理办法

第一章 总则

第一条 为加强国防科技工业科研项目管理，促进自主创新，规范管理行为，提高投资效益，依据国家有关规定，制定本办法。

第二条 本办法所称科研项目，是指由国家国防科技工业局（以下简称国防科工局）审批或审核后报国务院审批，全部或部分使用中央财政国防科研经费的科研项目（国家科技重大专项科研项目除外）。

第三条 科研项目管理遵循统筹规划、分类管理、分级负责、程序规范、决策科学、监督有力、考核严密的原则。

第四条 科研项目分为基础研究类、技术研究与开发类和工程研制类三类。

基础研究类项目是指探索新原理、新概念、新方法，并进行原理性验证的研究项目；支撑行业发展的技术基础项目。

技术研究与开发类项目是指运用基础研究和其他科学技术研究成果，开展单项或若干项新技术研究开发或验证，从而形成实用新技术或基础性产品的研究项目。

工程研制类项目是指集成相关技术研究成果，研制开发可直接交付使用或直接推向市场的新型号、新产品或新系统的项目。

第五条 科研项目管理按阶段划分为：规划与指南、论证和审批、年度计划、组织实施、验收五个阶段。

第六条 国防科工局是国防科技工业科研工作的主管部门，负责科研项目规划与指南编制、科研项目审批、年度计划下达、监督组织实施、组织验收等工作。

国务院有关部门，中国科学院，省、自治区、直辖市国防科技工业管理部门，中央直属企业，中国工程物理研究院，工业和信息化部直属单位（以下简称项目主管单位）承担本部门（单位）的科研项目管理职责，负责科研项目的论证和申报、组织实施过程管理，提出年度计划建议、协助国防科工局开展五年规划编制、组织实施情况检查和报告、验收准备等工作。

项目主管单位所属的承担研究任务的单位（以下简称承研单位）是科研项目实施的责任主体，按要求负责开展具体科研工作。

第七条 科研项目承研单位应具备企事业法人资格。承担有保密要求科研项目的单位，应具有相应资质。多个单位联合承担科研项目，应明确牵头责任单位。

第八条 国防科工局鼓励和引导有资格的承研单位有序竞争科研项目，具备条件的科研项目要招标择优确定承研单位。对于技术难度特别大的科研项目，可以安排采用不同技术路线和研究方案的承研单位分别承担。

第九条 科研项目预决算和经费使用管理按照《国防科技工业科研经费管理暂行办法》（财防〔2008〕11号）等规定执行。

第十条 涉密科研项目严格执行保密管理有关规定。

第二章 规划与指南

第十一条 科研项目规划与指南用于指导科研项目的论证和申报，科研项目规划时间期一般为5年，科研项目指南时间期根据实际需要确定。

第十二条 科研项目规划与指南按照国防科技工业中长期发展规划的总体部署，根据实际需要分科目编制。应包括总体发展目标、发展思路、重点支持的领域和方向、重大科研项目、政策措施等。

第十三条 科研项目规划由国防科工局商财政部后公布，科研项目指南由国防科工局公布。

第十四条 根据实际执行情况，国防科工局负责适时组织科研项目规划与指南的调整工作。

第三章 论证和审批

第十五条 科研项目应按照规划与指南，分类进行论证和审批。原则上应审批科研项目建议书和任务书（或可行性研究报告）。对于特定研究需求，国防科工局可印发科研项目申报通知，部署科研项目的论证工作。

特别重大、复杂的工程研制类科研项目也可视具体情况分阶段审批，但应在科研项目建议书批复中明确审批节点与要求。

在规划与指南或申报通知中已明确立项的科研项目，可直接论证和审批科研项目任务书（或可行性研究报告），不再审批科研项目建议书。

第十六条 科研项目建议书的申报审批程序：

（一）论证申报。项目主管单位根据国防科工局印发的科研项目规划与指南，组织所属单位开展科研项目的论证，编制科研项目建议书。科研项目建议书重点论证开展科研的必要性、现有的研究基础（含已掌握的知识产权）、研究目标和主要研究内容、研究周期、研究经费匡算等。重大项目建议书应附技术成熟度评价报告。

（二）形式审查。国防科工局对科研项目建议书进行形式审查，主要审查科研项目是否符合规划与指南要求、承研单位的资格要求和科研项目建议书的完整性等。不符合要求的科研项目建议书退回申报单位。

（三）评审与评估。国防科工局对通过形式审查的科研项目建议书，组织专家评审或委托中介机构咨询评估，重点审查科研项目的必要性，研究目标、研究方案与研究经费的合理性等，并将评审或评估意见反馈项目主管单位。

（四）批复。国防科工局根据评审或评估意见，商财政部审批科研项目建议书。批复中应明确项目名称、承研单位、研究目标、研究周期和经费概算等。

第十七条 科研项目任务书（或可行性研究报告）的申报审批程序：

（一）论证申报。项目主管单位依据国防科工局的科研项目建议书批复或有关项目申报通知，组织承研单位开展科研项目论证，编制科研项目任务书（或可行性研究报告），在规定的时限内上报国防科工局。科研项目任务书重点论证具体技术方案、主要进度节点和阶段目标要求、任务分工、研究经费细化测算、预期的研究成果（含知识产权）等。工程研制类科研项目还应进行技术储备、研制风险、投资效益等分析。

（二）形式审查。国防科工局对科研项目任务书（或可行性研究报告）进行形式审查，主要审查与科研项目建议书批复要求以及科研项目任务书（或可行性研究报告）编制有关要求的符合程度等。不符合要求的科研项目任务书（或可行性研究报告）返回申报单位。

（三）评审与评估。国防科工局对通过形式审查的科研项目任务书（或可行性研究报告），组织专家评审或委托中介机构咨询评估。重点审查科研项目研究方案可行性，研究阶段与目标要求、任务分工、研究周期、研究经费的合理性和准确性等，并将评审或评估意见反馈项目主管单位。

（四）批复。项目主管单位按照评审或评估意见，修改完善项目任务书（或可行性研究报告）。国防科工局依据评审或评估意见审批科研项目任务书（或可行性研究报告），批复中应明确项目名称、承研单位、研究目标、研究内容、技术方案、研究成果、研究周期、研究经费、任务分工及经费分配等。

第十八条　项目主管单位在上报科研项目建议书和任务书（或可行性研究报告）时，必须提交科研项目诚信承诺书，对申报材料的真实性和申报渠道的唯一性作出承诺。

第四章　年度计划

第十九条　国防科工局负责编制下达科研项目年度计划。年度计划是科研项目组织实施和监督检查的重要依据，明确当年科研任务的目标要求、主要研究内容、进度节点和成果形式、年度经费安排等。

第二十条　科研项目年度计划申报和下达程序：

（一）部署编制。国防科工局每年10月底前布置下一年度计划编制工作，明确下一年度科研计划的政策、原则、重点和要求。

（二）建议申报。项目主管单位按要求于每年12月底前上报下一年度计划建议。计划建议需列明科研项目名称、类别、研究周期、经费规模及资金来源、累计安排经费、累计完成经费、本次计划申请经费及研究内容、成果形式等内容。

（三）审批下达。国防科工局对年度计划建议进行审核，根据财政部下达的预算，审批下达科研项目年度计划。

第二十一条　科研项目申请列入年度计划，应符合以下要求：

（一）符合年度计划安排原则和重点支持方向；

（二）首次列入年度计划的科研项目，应符合预算管理的要求；

（三）结转安排的科研项目，其上一年度计划执行情况良好，本年度计划研究内容、进度节点和具体指标明确；

（四）承研单位没有受到国防科工局有关处罚；

（五）国家规定的其他条件。

第二十二条　项目主管单位与承研单位应严格执行下达的年度计划，不得擅自调整。因出现重大情况必须调整的，项目主管单位应于当年6月底之前上报年度计划调整请示。

第五章 组织实施

第二十三条 项目主管单位根据国防科工局的审批要求，组织承研单位及时开展研究工作。

第二十四条 项目主管单位应严格按照科研项目批复、年度计划和有关规定，指导、督促承研单位完成科研任务，及时协调处理各种问题。重大事项报国防科工局协调处理。

第二十五条 项目主管单位应分别于每年 6 月和 12 月底前将科研项目实施进展情况、经费使用情况、存在的问题和解决措施、建议等向国防科工局报告。

第二十六条 国防科工局直接或组织项目主管单位，采取抽查、现场检查、阶段评审、自查等多种方式，对科研项目进展、预算执行情况和经费使用情况进行监督和检查。对于研究周期超过 2 年（含 2 年）的科研项目，每年至少组织 1 次检查。

对于重大科研项目，国防科工局制定年度监督检查计划，开展监督检查。

第二十七条 分阶段审批实施的特别重大、复杂的工程研制类科研项目，根据科研项目批复中明确的节点，在研究工作转入下一阶段前，应组织转阶段评审。评审通过后，由国防科工局或委托项目主管单位批准转入下一阶段工作。

第二十八条 工程研制类科研项目承研单位将主要分系统转包、分包给其他单位的，应及时报国防科工局备案。原则上应采取公开招标方式确定转包、分包单位。招标工作由项目主管单位参照国家招投标管理的规定组织实施。

第二十九条 科研项目实施过程中，项目主管单位及承研单位不得擅自调整批复内容，出现以下情况的，按程序报国防科工局审批调整。

（一）改变科研项目研究目标、主要研究内容或技术指标的；

（二）增加中央财政科研经费或提高中央财政科研经费比例的；

（三）主要承研单位发生变更的；

（四）研究周期预计需要延长 6 个月以上的；

（五）国家规定的其他情况。

第三十条 科研项目实施过程中发生以下情况，项目主管单位应及时报国防科工局审批终止科研项目：

（一）因技术发展或市场需求发生重大变化，科研项目已失去研究开发意义；

（二）由于时间推移，技术、经济指标低于国内已有同类水平；

（三）技术方案和技术指标无法达到预期目标，并无有效解决办法；

（四）科研经费或配套的技术引进、技术改造、基本建设计划无法落实；

（五）承研单位的负责人或技术骨干发生重大变更，致使项目无法按计划继续进行；

（六）因不可抗拒因素致使科研项目无法按计划进行。

第三十一条 科研项目实施过程中发生以下情况，国防科工局可直接作出撤销科研项目的决定：

（一）已列入其他科研计划，重复申报；

（二）挪用中央财政科研经费；

（三）组织管理不力，严重影响科研项目顺利实施或发生重大失泄密事件；

（四）监督检查中发生重大违规违纪行为；

（五）弄虚作假，未在科研项目诚信承诺书中如实说明情况；

（六）连续2年未按年度计划要求完成研究任务；

（七）国家规定的其他情况。

第三十二条 被终止和撤销的科研项目，国防科工局会同国家有关部门停止安排计划科研经费。项目主管单位组织承研单位在1个月内完成科研项目决算，连同固定资产购置情况一并报国防科工局核批。科研项目剩余的中央财政科研经费全部上缴财政部。

第六章 验收

第三十三条 科研项目按照经费规模和项目性质，由国防科工局组织或委托项目主管单位组织验收。

第三十四条 国防科工局根据批复的研究周期，结合科研项目进展情况，编制下达科研项目年度审计计划和验收计划。

第三十五条 科研项目研究工作完成后，项目主管单位按照审计计划和验收计划的有关要求，组织承研单位编制完成验收申请报告，报国防科工局申请验收。不能按期提请验收的，应专题报告国防科工局申请延期。

验收申请报告包括科研工作总结报告和财务决算审计报告。科研工作总结报告主要包括：研究工作总结，经费决算报告，主要科研成果及知识产权报告，工艺规程、技术标准，相关图纸和数据、软件、样品试验或试用报告、经济和社会效益分析等与研究工作有关的材料。

第三十六条 国防科工局负责科研项目审计管理，直接或委托局属有关事业单位等开展审计。

第三十七条 科研项目申请验收必须同时具备以下条件：

（一）完成批复的各项内容；

（二）完成财务决算审计，有明确的审计结论；

（三）研究成果为实物或软件的，要完成相关测试，有测试报告和测试结论；

（四）按档案部门规定完成归档资料编写。

第三十八条 科研项目验收主要核查以下内容：

（一）批复的研究内容完成情况、研究目标及技术指标的实现情况；

（二）经费使用情况及财务决算审计发现问题整改情况

（三）研究成果试用（使用）及应用情况；

（四）研究成果的意义和水平；

（五）知识产权管理及成果转化情况。

第三十九条 国防科工局组织科研项目验收评审后办理验收批复。委托验收的科研项目，受托单位应在验收工作完成后20个工作日内，将验收意见报国防科工局备案同意后办理验收批复。

第四十条 科研项目产生的科技成果，依照科学技术保密、科技成果登记、知识产权保护、技术合同认定登记、科学技术奖励等有关规定进行管理。

第七章 罚则

第四十一条 项目主管单位以及承研单位，违反本办法规定造成科研项目严重脱离计划预期的，国防科工局给予通报批评，并根据实际情况要求相关责任单位限期整改。

科研项目管理出现以下问题，国防科工局调减项目主管单位下一年度科研经费并通报批评。

（一）列入各项年度计划的科研项目有5个以上（含5个）未能按计划要求完成研究任务的；

（二）出现3个以上（含3个）项目未通过验收的；

（三）出现科研项目被终止或撤销的。

第四十二条 科研项目管理出现以下问题，国防科工局将在1年内暂停受理承研单位非型号保障科研项目。

（一）列入各项年度计划的科研项目有2个以上（含2个）未能按计划要求完成研究任务的；

（二）科研项目实施过程中，重大调整事项未按规定程序及时报批的；

（三）出现2个以上（含2个）科研项目研究工作结束后未通过验收的；

（四）出现科研项目被终止的；

（五）发生重大失泄密事件，情节严重的。

第四十三条 科研项目管理出现以下问题，国防科工局将在2年内暂停受理承研单位非型号保障科研项目。

（一）科研项目重复申请国家科研经费支持的；

（二）中央财政科研经费被挪用的；

（三）擅自终止项目研究，或隐瞒项目实施中重大事故的；

（四）出现科研项目被撤销的。

第四十四条 项目主管单位与承研单位拒不执行国防科工局作出的处理决定，在彻底整改前，国防科工局将不再受理其科研项目申报。

第八章 附则

第四十五条 按照本办法的规定，相关单位可根据不同科研项目的特点和具体工作要求，制定实施细则。

第四十六条 本办法自印发之日起施行。2009年3月6日印发的《国防科工局科研项目管理办法》（科工计〔2009〕289号）同时废止。

财政部 科技部关于印发
《国家重点实验室专项经费管理办法》的通知

(财教〔2008〕531号)

有关单位:

为贯彻落实《国家中长期科学和技术发展规划纲要(2006—2010年)》,中央财政设立国家(重点)实验室专项经费。为规范和加强国家重点实验室专项经费的管理,提高资金使用效益,根据《国务院办公厅转发财政部科技部关于改进和加强中央财政科技经费管理若干意见的通知》(国办发〔2006〕56号)和国家有关财务管理制度,财政部、科技部制定了《国家重点实验室专项经费管理办法》。现印发给你们,请遵照执行。

财政部 科学技术部
二〇〇八年十二月二十六日

国家重点实验室专项经费管理办法

第一章 总则

第一条 为贯彻落实《国家中长期科学和技术发展规划纲要(2006—2020年)》,中央财政设立国家(重点)实验室专项经费。为规范和加强国家重点实验室专项经费(以下简称专项经费)的管理,提高资金使用效益,根据《国务院办公厅转发财政部科技部关于改进和加强中央财政科技经费管理若干意见的通知》(国办发〔2006〕56号)和国家有关财务规章制度,制定本办法。

第二条 专项经费主要用于支持按照《国家重点实验室建设与运行管理办法》设立的国家重点实验室(以下简称重点实验室,不包括依托单位为企业的重点实验室)开放运行、自主创新研究和仪器设备更新改造等。

第三条 专项经费管理和使用的原则:

(一)稳定支持,长效机制。按照科学研究的规律,加大对重点实验室稳定支持力度,为其正常运转提供保障,推动建立有利于重点实验室持续发展、不断创新的长效机制。

(二)分类管理,追踪问效。按照专项经费用途分类实行不同的预算管理方式,建立相应的绩效评价制度,提高资金使用效益。

(三)动态调整,择优委托。对重点实验室运行管理进行定期评估和动态调整,被撤销的重点实验室不纳入专项经费支持范围。国家级科技计划专项经费、基金等应当按照项目、基地、人才相结合的原则,优先委托有条件的重点实验室承担。

(四)单独核算,专款专用。重点实验室专项经费应当纳入依托单位财务统一管理,单独核算,专款专用,加强监督管理。

第二章 经费开支范围

第四条 专项经费开支范围包括由重点实验室直接使用、与重点实验室任务直接相关的开放运行费、基本科研业务费和仪器设备费。

（一）开放运行费包括日常运行维护费和对外开放共享费。

1.日常运行维护费是指维持重点实验室正常运转、完成日常工作任务发生的费用，包括办公及印刷费、水电气燃料费、物业管理费、图书资料费、差旅费、会议费、日常维修费、小型仪器设备购置改造费、公共试剂和耗材费、专家咨询费和劳务费等。

2.对外开放共享费是指重点实验室支持开放课题、组织学术交流合作、研究设施对外共享等发生的费用。包括对外开放共享过程中发生的与工作直接相关的材料费、测试化验加工费、差旅费、会议费、出版/文献/信息传播/知识产权事务费、专家咨询费、劳务费、高级访问学者经费等。重点实验室固定人员不得使用开放课题经费。

（二）基本科研业务费是指重点实验室围绕主要任务和研究方向开展持续深入的系统性研究和探索性自主选题研究等发生的费用。具体包括与研究工作直接相关的材料费、测试化验加工费、差旅费、会议费、出版/文献/信息传播/知识产权事务费、专家咨询费、劳务费等。

（三）科研仪器设备费是指正常运行且通过评估或验收的重点实验室，按照科研工作需求进行五年一次的仪器设备更新改造等发生的费用。包括直接为科学研究工作服务的仪器设备购置；利用成熟技术对尚有较好利用价值、直接服务于科学研究的仪器设备所进行的功能扩展、技术升级；与重点实验室研究方向相关的专用仪器设备研制；为科学研究提供特殊作用及功能的配套设备和实验配套系统的维修改造等费用。

第五条 专项经费允许开支的劳务费是指在开展重点实验室相关工作中支付给重点实验室成员或相关课题组成员中没有工资性收入的人员（如在校研究生）和临时聘用人员等的劳务性用。

专项经费中差旅费的开支标准应当按照国家有关规定执行；会议费的开支应当按照国家有关规定执行，严格控制会议规模、会议数量、会议开支标准和会期。

专项经费中咨询费的开支标准为：以会议形式组织的咨询，专家咨询费的开支一般参照高级专业技术职称人员500~800元/人天、其他专业技术一般人员300~500元/人天的标准执行。会期超过两天的，第三天及以后的咨询费标准参照高级专业技术职称

人员300~400元/人天、其他专业技术人员200~300元/人天执行。以通讯形式组织的专家咨询，专家咨询费的开支一般参照高级专业技术职称人员60~100元/人次、其他专业技术一般人员40~80元/人次的标准执行。

专项经费不得开支有工资性收入的人员工资、奖金、津补贴和福利支出，不得开支罚款、捐赠、赞助、投资等，严禁以任何方式牟取私利。

依托单位不得以任何名义从专项经费中提取管理费。

第三章 预算管理

第六条 科技部根据重点实验室总规划，批准重点实验室的建立、调整和撤销，定期组织重点实验室评估，将评估结果送财政部。

第七条 开放运行费和基本科研业务费预算实行分类分档管理，下达程序包括：

（一）科技部根据重点实验室定期评估结果，结合年度考核情况、学科领域特点、规模等，提出重点实验室档次划分建议，送财政部。

（二）财政部会同科技部根据分档情况，结合财力可能，确定分类分档支持标准。

（三）财政部按照分类分档情况和支持标准，按照相应预算渠道下达开放运行费和基本科研业务费预算，并抄送科技部。

第八条 科研仪器设备经费预算申报和下达程序：

（一）每一年重点实验室评估结束后，当年参加评估（不含建设期）的重点实验室编制科研仪器设备工作方案（含经费预算）。工作方案编报年限一般为三年。重点实验室应当按照研究方向和发展目标，结合基础条件和人员队伍现状等，以形成各具特色的研究实验体系为目标，根据实际需求和预计可以完成的工作量，区分轻重缓急，科学合理、实事求是地进行编制。

（二）科研仪器设备工作方案由依托单位出具审核意见并汇总后报主管部门或按相应预算渠道报相关地方财政部门，主管部门或相关地方财政部门商科技行政主管部门出具审核意见并汇总后报送财政部，同时抄送科技部。

（三）依托单位超过一个的重点实验室应统一编制总体工作方案，再分解到实验室各组成部分，经各自依托单位审核后报送至第一依托单位，由第一依托单位审核汇总后按相应渠道上报。

（四）财政部、科技部组织专家或委托中介机构对科研仪器设备工作方案进行评审评估。财政部结合重点实验室定期评估结果和专项经费评审评估结果、学科领域特点，核定并按相应预算渠道下达仪器设备经费年度预算，并抄送科技部。

第九条 依托单位超过一个的重点实验室，专项经费预算分别下达到各依托单位主管部门或相关地方。

第十条 重点实验室依托单位主管部门或相关地方要及时下拨专项经费。

第十一条 购置价值超过200万元以上的单台或成套仪器设备，按照《财政部 科技部 教育部 中国科学院关于印发〈中央级新购大型科学仪器设备联合评议工作管理办法（试行）〉的通知》（财教〔2004〕33号）有关规定执行。

第十二条 财政部建立专项经费预算管理数据库，将专项经费预算安排情况、执行情况等内容纳入数据库进行管理。

第十三条 已获批准但尚未通过验收的重点实验室在建设期间所需经费，包括基本建设费和仪器设备经费等，主要通过原渠道由主管部门和依托单位解决。专项经费可以适当安排开放运行费和基本科研业务费补助。

第十四条 鼓励其他渠道的经费投入重点实验室，同时应当注意与专项经费支持内容有效衔接，避免交叉重复。

第四章 预算执行

第十五条 专项经费的支付按照财政国库管理制度的有关规定执行。

第十六条 重点实验室应当严格按照下达的经费预算执行，一般不予调整。确有必要调整的，应按原渠道报经财政部批准。

第十七条 专项经费支出属于政府采购范围的，应按照《政府采购法》及政府采购的有关规定执行。

第十八条 使用专项经费形成的固定资产、无形资产等属于国有资产，按照国家国有资产管理有关规定进行管理。专项经费形成的大型科学仪器设备、科学数据、自然科技资源等，按照规定开放共享，提高资源使用效率。

第十九条 专项经费的年度结余经费,按照财政部关于财政拨款结余资金管理的有关规定执行。

第二十条 专项经费决算纳入依托单位决算编制。

第五章 监督检查与绩效评价

第二十一条 依托单位及其主管部门或地方财政部门应当按照各自职责加强对专项经费管理使用的监督检查,并将有关情况及时向财政部、科技部通报。

第二十二条 依托单位应当建立健全专项经费内部管理机制,制定内部管理办法,将专项经费纳入依托单位财务统一管理,单独核算,专款专用。

第二十三条 重点实验室依托单位和主管部门应当建立专项经费的绩效评价制度,按照定性与定量评价相结合的原则,对实验室经费使用情况进行绩效评价,有关制度和情况报送财政部、科技部备案。

第二十四条 财政部、科技部采取年度抽查与五年评估相结合的方式,对专项经费执行情况进行监督检查。经费执行情况的五年评估与重点实验室五年评估时间相衔接,有关内容包含在后者之中,其结果作为预算安排的重要依据之一。经费执行情况具体评估指标另行制定。

第二十五条 对于违反规定管理和使用专项经费的,按照《财政违法行为处罚处分条例》(国务院令第427号)有关规定执行。

第六章 附则

第二十六条 本办法由财政部、科技部负责解释。

第二十七条 本办法自发布之日起实施。

科技部关于印发
《科技部科技计划课题预算评估评审规范》的通知

(国科发财字〔2006〕99号)

机关各厅、司、局，各直属事业单位：

为进一步提高我部归口管理的国家科技计划课题预算管理的科学性，规范课题预算评估评审工作，保证预算评估评审活动质量，充分发挥评估评审活动对课题预算决策的咨询作用，我部研究制定了《科技部科技计划课题预算评估评审规范》。现印发给你们，请遵照执行。

科学技术部
二〇〇六年四月七日

科技部科技计划课题预算评估评审规范

第一条 为了提高科技部归口管理的国家科技计划课题（或项目，以下统一简称为"课题"）预算管理的科学性，推进和规范课题预算评估评审工作，明确相关各方职责，保证预算评估评审活动质量，充分发挥评估评审活动对课题预算决策的咨询作用，根据《关于国家科研计划实施课题制管理的规定》和《国家科研计划课题评估评审暂行办法》精神，制定本规范。

第二条 预算评估是指科技部或其授权的单位（以下简称"管理部门"）在审定课题预算前，按照专业化的原则，委托具有科技评估能力的单位（以下简称"评估机构"），按照规范的程序和公允的标准对课题预算进行的专业化咨询和评判活动。

预算评审是指管理部门在审定课题预算前组织评审专家组，由专家组按照规范的程序和公允的标准对课题预算进行的咨询和评判活动。

第三条 科技部归口管理的国家科技计划课题，应引入预算评估评审机制，建立课题立项与预算评估评审之间既相互衔接、又相互制约的机制。因重大自然灾害、突发重大疾病疫情等需要紧急决策的国家特殊目标的课题，可不进行预算评估评审，但必须建立严格的内部决策审批程序，由条件财务司商业务管理司提出预算安排建议，报部务会讨论通过后执行。

第四条 预算评估评审工作的主要任务是对课题申报预算的目标相关性、政策相符性和经济合理性进行评价，目的是为管理部门对课题预算决策提供咨询。预算评估评审坚持独立、客观、公正、科学的原则，并自觉接受有关方面的监督。

第五条 课题预算评估评审工作实行归口管理，分级组织实施。科技部主要负责预算评估评审工作制度和程序的制定、对评估评审过程和结果的检查和监督、财务专家库队伍建设以及预算评估评审信用管理等工作。

第六条 专项经费1000万元以上重大课题原则上采取预算评估的方式，由科技部条件财务司组织；专项经费1000万元以下的课题一般采取预算评审的方式，由承担科技计划过程管理工作的相关部属事业单位或科技部授权的其他单位（以下简称"评审组织单位"）组织。预算评审工作可以在课题立项工作完成后开展，也可与课题立项评审工作同时进行，但必须出具单独的预算评审意见，保证其独立性。

第七条 管理部门应逐步建立评估评审机构信用记录和动态调整机制，促进评估评审机构的良性发展，保障预算评估评审工作的顺利开展。

第八条 评估评审专家是课题预算评估评审工作的重要支撑，应大力加强财务专家队伍建设，逐步建立统一的预算评估评审财务专家库，动态更新和调整评估评审专家，并加强对专家的培训工作。

第九条 预算评估评审应坚持以下要求：

（一）政策相符性。课题预算应符合国家财经法规和科技经费管理制度的相关规定，如有关预算科目的开支范围、开支标准等方面的具体规定。

（二）目标相关性。课题预算应以任务目标为依据，预算支出应与研究任务紧密相关，预算的总量、强度与结构等应符合研究任务的规律和特点。

（三）经济合理性。参照国内外同类研究开发活动的状况以及我国的国情，课题预算应与同类科研活动的支出水平相匹配，材料、设备费等支出应与市场同类产品一般价格水平相匹配，在考虑技术创新风险和不影响研究任务的前提下，提高资金的使用效率。

第十条 预算评估评审的主要依据是课题正式申报的预算书、计划任务书以及在评估评审过程中采集的其他信息。

第十一条 预算评估评审的主要内容包括预算来源和支出的总量、比例结构、人均强度以及与预算支出相应的实物量等方面的合规性、合理性。

人员费：重点审核列支人员费是否符合有关标准及相关管理规定，课题组成员从专项经费预算中列支人员费的合理性，参与课题研究的流动人员列支人员费的情况。

设备费：重点审核仪器设备预算与课题研究内容的相关性、仪器设备共用共享情况，符合《中央级新购大型科学仪器设备联合评议工作管理办法（试行）》的，按其规定执行。

国际合作与交流费：重点审核国际合作与交流费预算与课题研究任务的相关性，压缩一般性出国考察任务。

间接费用：重点审核列支间接费用是否符合相关管理规定，依托单位提供的各种支撑条件与课题研究任务的相关性。

协作研究支出：协作研究支出应严格控制，必须以课题任务书中明确列示的协作研究任务为依据。重点审核协作研究支出与任务内容的相关性及开支合理性。

对材料费、测试化验费等业务性支出，重点审核各项支出内容是否存在交叉重复，支出标准是否符合国家有关政策规定和公允性原则，支出结构和总量是否符合经济合理性原则等。

第十二条 预算评估活动包括形式评估、基本评估、重点评估和报告形成与提交四个基本程序。

（一）形式评估。评估机构接受委托，受理委托方提供的待评课题的材料，依据相关管理规定对申报材料进行形式核查，包括材料的完备性和规范性、关键数据的一致性与平衡关系等。

（二）基本评估。评估机构对课题预算的政策相符性、目标相关性和经济合理性进行分析与评价，形成基本评估结论。如果还存在疑难问题，则启动重点评估程序，否则，进入报告形成和提交阶段。

（三）重点评估。本程序为非强制程序，当课题预算存在问题较多或分析判断难度较大时，启动本程序。评估机构根据课题的具体情况，确定重点评估的内容和方法，如对申请购置的大型设备进行专题论证，对重点问题深入咨询调研或组织答辩等。

（四）报告形成和提交。评估机构综合上述工作，形成预算评估正式报告提交给委托方。

第十三条 预算评审活动主要包括以下基本程序：

（一）材料核查。评审组织单位受理课题预算申报材料，依据相关管理规定对申报材料进行核查。

（二）聘请评审专家。评审组织单位按规定遴选评审专家，并将专家名单报科技部条件财务司备案。在聘请评审专家时应向专家阐明评审的目的、任务与要求、行为准则，对有关评审内容和课题背景作必要的介绍与说明，并提供必要的工作条件和费用。

（三）组织召开专家评审会。评审组织单位召开专家评审会，由专家组对课题预算进行评审，形成专家组评审意见。

专家评审会由专家组组长主持。专家组依据预算申报材料，对课题预算的合规性、合理性进行讨论与评价；每个专家独立填写专家意见表；专家组集中讨论评议，专家组组长综合整理各个专家的意见，形成专家组集体评审意见，完成正式的评审报告，并向专家组所有成员和评审机构代表宣布专家组评审意见。

根据课题预算规模、预算复杂程度等具体情况，在预算评审过程中，可以要求课题组对预算情况进行陈述，并对专家组的疑问进行答辩。但在专家组评审的其他程序，课题组人员应回避。

（四）报告提交。评审专家组向评审组织单位提交评审报告及各专家的评审意见，评审组织单位汇总形成正式评审工作报告，并对评审活动的重要内容进行记录存档。

（五）与课题立项评审合并开展的预算评审工作，应保证评审专家组中包括不少于两名财务专家，专家组在评审过程中应设置专门的环节对课题预算进行评议，并出具单独的预算评审意见。

第十四条 单独开展预算评审工作时，评审专家的群体组成应配置合理，专业具有针对性和互补性。专家组应包括熟悉课题研究内容的技术专家和熟悉财政财务政策的财务专家以及管理专家，每个课题的评审专家总人数不得少于5人，并且为单数，来自相同单位的专家不得超过2人。

第十五条 建立评估评审活动的质量控制体系，采取有效措施保证预算评估评审活动的质量。建立预算评估评审结果复核机制，课题负责人或依托单位对预算评估评审结果存在重大异议的，可以申请复核，复核工作由条件财务司组织。

第十六条 预算评估评审的正式结果为预算评估评审报告，在评估评审活动结束时提交。评估评审机构有义务对管理部门解释评估评审报告。

第十七条 评估评审报告内容描述应明确、具体和充分。除包括评估评审结论外，还应对评估评审活动的目的、范围、依据、方法等主要内容进行说明；预算数据应满足平衡关系，数据调整意见应与文字意见相符；较大幅度预算调整等重大问题必须在评估评审报告中反映。评审报告中除体现评审专家组的一致意见外，还必须对评审专家的不同意见作出说明，并将各评审专家的意见作为附件附于评审报告后面。

第十八条 评估报告必须经过评估主持人和评估机构负责人的审查，正式评估报告上必须有评估机构负责人签字以及评估机构公章。评审报告上必须有评审专家组组长的签字以及专家组全体成员名单。评审组织单位提交的工作报告，必须加盖单位公章。

第十九条 管理部门及工作人员、评估机构及评估人员、评估评审专家、课题依托单位及课题负责人等预算评估评审相关各方的行为准则与规范，按《国家科技计划项目评审行为准则与督查办法》的相关规定执行。

第二十条 预算评估评审工作经费从计划管理费中列支，开支标准按照《科技部科技计划管理费管理试行办法》的规定执行。

第二十一条 本规范自发布之日起执行。

科技部关于印发
《科技部科技计划课题经费国库支付管理暂行办法》的通知

(国科发财字〔2006〕113号)

机关各厅、司、局，各直属事业单位，各有关单位：

为进一步规范科技计划课题经费国库支付管理工作，保障财政科技资金的安全，根据《中央单位财政国库管理制度改革试点资金支付管理办法》等有关文件规定，特制定《科技部科技计划课题经费国库支付管理暂行办法》。现印发给你们，请遵照执行。

附件：科技部科技计划课题经费国库支付管理暂行办法

科学技术部
二〇〇六年四月十三日

科技部科技计划课题经费国库支付管理暂行办法

第一条 为加强科技计划课题经费国库支付管理工作，保障财政科技资金的安全，根据《中央单位财政国库管理制度改革试点资金支付管理办法》等有关文件规定，制定本办法。

第二条 本办法适用于科技部部门预算内的科技计划课题（或项目，以下统称为"课题"）经费的国库支付工作。

第三条 课题经费的支付程序主要包括：课题依托单位提供财务信息、科技部承担课题事务管理的机构（以下统一简称"课题管理机构"）编制课题经费支付申请书、科技部科技计划业务主管司（以下统一简称"业务主管司"）审核课题经费支付申请书，科技部条件财务司（以下统一简称"条件财务司"）根据审核无误的课题经费支付申请书办理国库支付手续。

第四条 课题依托单位报送财务信息。课题依托单位在编制课题预算申报材料时，应由本单位财务人员会同课题负责人填写《课题依托单位财务信息表》（见附件1），加盖财务部门负责人人名章、财务专用章、法定代表人名章和单位公章后，与预算申报材料一并报送课题管理机构。课题依托单位应对《课题依托单位财务信息表》的真实性、完整性和有效性负责，不得提供虚假、错误或内容不明确的财务信息。

课题实施过程中，课题依托单位财务信息（主要包括单位名称、收款人全称、开户银行、银行账号等）发生变更的，应当及时向课题管理机构提出变更申请，重新填写《课题依托单位财务信息表》，按原渠道报送给课题管理机构。

第五条 课题依托单位提供银行账户信息的具体要求：

1.课题依托单位必须提供本单位日常资金往来使用的银行账户信息。银行账户信息中的收款人全称应与课题依托单位的单位名称一致，确有差异的，要做出情况说明，并加盖上级主管部门公章予以确认。

2. 课题依托单位所提供的银行账号必须是完整有效的，开户银行名称必须填写完整，应有明显的地区信息。例如：××银行××省××市××支行××分理处。

第六条 课题管理机构编制课题经费支付申请书。在课题预算下达后，课题管理机构根据科技计划整体工作安排和课题拨款进度，依据《课题依托单位财务信息表》中填写的有关信息，编制《××科技计划课题经费支付申请书》（见附件2）。由业务部门经办人、负责人，财务部门经办人、负责人以及单位负责人签章确认并加盖单位公章后，将《××科技计划课题经费支付申请书》（含电子文档）报送业务主管司审核。课题管理机构应保证报送资料的真实、完整。

《课题依托单位财务信息表》是课题管理机构填写《××科技计划课题经费支付申请书》的重要依据。课题管理机构应对课题依托单位财务信息变动前后的资料进行整理和分类汇总，将其作为科技计划课题经费支付的重要档案进行长期妥善保存。

第七条 业务主管司审查课题经费支付申请书。业务主管司根据课题立项及预算文件等，审查课题管理机构报送的《××科技计划课题经费支付申请书》，由经办人、处长和司长签章确认并加盖公章后，将《××科技计划课题经费支付申请书》（含电子文档）报送条件财务司，申请办理国库支付手续。

第八条 条件财务司支付课题经费。条件财务司在收到《××科技计划课题经费支付申请书》后，应按照国库支付要求和内部经费支付管理规定，做进一步审核。对支付申请内容有异议的，可以责成主管业务司和课题管理机构进一步核实。审核无误后，统一办理课题经费的国库支付手续。课题经费支付业务截止日为每年12月15日，逾期将不予办理。

条件财务司应积极协调财政部国库司、国库支付代理银行，确保课题经费及时支付到课题依托单位。

第九条 核对确认课题经费。条件财务司在收到国库代理银行送交的入账通知书后，应在科技部网站适时公告相关支付信息，及时将课题经费支付结果反馈给课题管理机构和业务主管司。课题依托单位在收到课题经费和相应预算文件后，应及时向课题管理机构核对确认，并于下一年度一月底之前完成课题经费的对账确认工作。

第十条 课题经费发生退款，重新办理支付的有关要求。对于国库代理银行退回的课题经费，条件财务司应及时与业务主管司和课题管理机构取得联系，查明原因，按照上述支付程序，重新办理国库支付相关手续。

第十一条 课题依托单位、课题管理机构、业务主管司和条件财务司应高度重视课题经费国库支付工作，严格执行上述规定，建立健全内部监督制约和责任追究机制，保障课题经费支付安全。

课题依托单位未能及时提供完整有效的财务信息或办理财务信息变更手续，造成课题经费滞留的，由此产生的后果由课题依托单位承担。科技部将视具体情况对其给予警告并暂缓支付课题经费。

课题依托单位故意提供虚假错误财务信息，恶意转移课题经费的，科技部将在一定时限内取消该单位课题申报资格，并建议有关部门给予课题依托单位相关人员纪律处分；构成犯罪的，依法移送司法机关追究相关人员责任。

第十二条 科技专项工作经费的国库支付工作参照本办法执行。

第十三条 本办法自发布之日起实行。

附：1. 课题依托单位财务信息表（略）

2. 科技计划课题经费支付申请书（略）

科技部关于印发《国家软科学研究计划管理办法》的通知

(国科发办字〔2007〕87号)

各省、自治区、直辖市科技厅(委、局),各计划单列市、新疆生产建设兵团科技局,国务院各有关部委、各有关直属机构,科技司局:

为更好地适应国家软科学事业发展的需要,充分发挥软科学研究对决策的支撑作用,特制定《国家软科学研究计划管理办法》。现印发给你们,请遵照执行。

附件:国家软科学研究计划管理办法

科学技术部
二〇〇七年三月六日

国家软科学研究计划管理办法

第一章 总则

第一条 为了加强国家软科学研究计划的管理,根据《国家科技计划管理暂行规定》等相关规定,制定本办法。

第二条 国家软科学研究计划是国家科技计划的重要组成部分。计划的主要任务是:以实现决策科学化、民主化为目标,综合运用自然科学、社会科学和工程技术多门类、多学科知识,为科技和经济社会发展的重大决策提供支撑。

第三条 国家软科学研究计划资助的项目包括重大项目、面上项目和出版项目三类。重大项目是根据科技和经济社会发展重大决策需求,由科技部综合各部门、地方和专家建议确定的年度重点研究任务;面上项目是指各申报单位提出,经科技部组织专家评审同意立项的研究任务;出版项目是指各申报单位提出,经科技部组织专家评审同意资助出版的软科学研究成果。

第四条 国家软科学研究计划项目按照管理规范、职责明确、公开公正、简明高效的原则组织实施。

第二章 组织与职能

第五条 科技部负责编制国家软科学研究计划,并会同国务院有关部门,各省、自治区、直辖市和计划单列市科技厅(委、局)、新疆生产建设兵团科技局共同组织实施。

第六条 国务院各部门归口管理本部门的软科学研究工作,并协助科技部组织国家软科学研究计划的实施。

各级地方科技厅(委、局)归口管理本地区的软科学研究工作,负责编制本地区的软科学研究计划,并协助科技部组织国家软科学研究计划的实施。

第七条 科技部负责对各部门、各地区的软科学研究工作进行宏观指导与协调,组织跨地区、跨部门、跨行业的重大软科学研究。

第三章 计划管理

第八条 科技部负责编制和发布《国家软科学研究计划年度项目指南》（以下简称《项目指南》），确定年度研究重点和申报要求。

第九条 国务院各部门、地方科技厅（委、局）根据《项目指南》要求，组织本部门和本地区的申报工作。

第十条 国家软科学研究计划按规定程序确定项目责任人和依托单位。项目责任人可以是自然人，也可以是法人。自然人作为责任人的项目必须有一个依托单位；法人责任人是当然的项目依托单位，必须指定项目组长，并由项目责任人与部门或地方软科学归口管理部门（以下简称"归口管理部门"）和科技部签订合同，明确项目组长的权利与义务。

国家软科学研究计划鼓励跨部门、跨地区、跨学科的合作研究，一个项目只能确定一个项目责任人和依托单位。项目责任人和依托单位通过子合同形式明确与协作单位的权利与义务。

第十一条 国家软科学研究计划的重大项目和面上项目根据经费预算评估结果进行资助；出版项目采取定额补偿的方式进行资助。

第十二条 科技部负责组织专家对申报项目进行评审。评审程序包括形式审查、选题评审和学术评价、经费评估等环节。

形式审查是指对项目申报书的完整性以及申请单位与个人的信用进行审查。

选题评审是根据《项目指南》对申报项目选题的针对性、战略性和前瞻性进行评审。

学术评价是指对申报项目的研究内容、研究方法，以及项目申报单位和申请人的研究能力、研究基础等进行评审。

经费评估是在年度预算的基础上，对项目的任务量、经费额度、子课题的任务和经费分配进行综合评估。

第十三条 评审通过的项目由科技部向社会公示，如无异议予以审批立项。对于涉及国家安全、国防以及其他保密项目，由科技部通过定向招标方式择优选择承担单位。

第十四条 国家软科学研究计划项目经批准后，由承担单位、归口管理部门、科技部共同签订《国家软科学研究计划项目合同书》（以下简称《合同书》）。

第四章 项目管理

第十五条 各级软科学研究归口管理部门应加强对项目实施的过程管理，建立项目中期检查、报告制度，按《合同书》规定检查和督促项目的进展，及时解决项目实施中出现的问题。

第十六条 项目负责人原则上不得更换，如有特殊情况确需更换项目负责人，必须通过归口管理部门向科技部提出申请。科技部对申请进行审核，符合条件的予以批准；对不符合条件的，按终止计划项目实施办理。

第十七条 项目因特殊原因无法按期完成或继续实施时，项目承担单位应通过归口管理部门向科技部提交项目延期、终止或撤销的申请。经批准后可办理延期、终止或撤销手续。

第十八条 国家软科学研究计划项目完成后，承担单位必须在两个月内通过归口管理部门向科技部提出结题书面申请，并按合同规定提交研究报告、出版物等研究成果。科技部按《合同书》验收结题。

第十九条 对未通过验收的国家软科学研究计划项目，项目责任人应在规定期限内，根据评审意见进行修改、完善，并重新提出结题申请。对两次仍未通过验收的项目责任人，根据合同规定终止研究任务，同时两年内不得申请国家软科学研究计划项目，并记入国家软科学研究计划信用管理不良记录名单。对累计出现两个（含两个）以上终止研究任务的依托单位，一年内不得申请国家软科学研究计划项目。

第五章 经费管理与监督

第二十条 国家软科学研究计划实行课题制管理。项目经费按照国家科技计划经费有关规定进行管理，独立核算，专款专用。

第二十一条 项目承担单位应认真编制项目经费预算，合理安排经费支出；对项目执行过程中根据研究需要确需调整预算的，应通过归口管理部门向科技部提出申请，经批准后予以调整。

第二十二条 在验收结题时，项目承担单位应通过归口管理部门如实向科技部提交项目经费决算报告。

第二十三条 经科技部批准终止或撤销的项目，由科技部根据科技计划经费管理的有关规定做出全部或部分收回已拨款项的处理。

第二十四条 各级软科学研究归口管理部门应加强项目经费使用的监督检查，发现有违规、违纪、违法行为时，按国家有关规定进行处理。

第六章 成果管理

第二十五条 项目依托单位应通过归口管理部门向科技部提交中期研究成果，并在项目结题后将最终研究成果及相关资料提交科技部。

第二十六条 国家软科学研究计划项目的归口管理部门及项目承担单位，应按照科研档案管理的有关规定，做好项目档案管理工作。

第二十七条 项目形成的报告、论文、专著、数据库以及应用、获奖等成果，需注明国家软科学研究计划资助和项目编号。

第二十八条 科技部按照国家科技计划成果管理的有关规定做好软科学成果的管理工作。

第二十九条 国家软科学研究计划成果的知识产权，按《关于国家科研计划项目研究成果知识产权管理的若干规定》等规定管理。

第三十条 各级软科学研究归口管理部门应会同成果完成单位共同加强软科学成果的推广、应用和共享。除涉及保密的成果外，应以多种形式促进软科学成果的出版、发表和宣传。

第三十一条 科技部组织专家每年对上一年度结题的软科学成果进行综合评价，对优秀成果的责任人和依托单位进行表彰。

第七章 附则

第三十二条 本办法自发布之日起执行，原《国家科委软科学研究计划管理办法》同时废止。

第三十三条 本办法由科技部负责解释。

科技部关于印发《关于进一步加强国家科技计划项目（课题）承担单位法人责任的若干意见》的通知

(国科发计〔2012〕86号)

各省、自治区、直辖市、计划单列市科技厅（委、局），新疆生产建设兵团科技局，国务院有关部门科技司，各有关单位：

为贯彻落实《国家"十二五"科学和技术发展规划》，推进科技计划和科研经费管理制度改革，充分发挥项目（课题）承担单位在国家科技计划以及国家科技重大专项过程管理中的组织、协调、服务和监督作用，保障国家科技计划顺利实施，科技部在深入调查、认真研究和广泛听取意见的基础上，研究制定了《关于进一步加强国家科技计划项目（课题）承担单位法人责任的若干意见》。现印发给你们，请结合各地区、各部门实际，认真贯彻落实。

特此通知。

附件：关于进一步加强国家科技计划项目（课题）承担单位法人责任的若干意见

关于进一步加强国家科技计划项目（课题）承担单位法人责任的若干意见

为贯彻落实《国家"十二五"科学和技术发展规划》，推进科技计划和科研经费管理制度改革，充分发挥项目（课题）承担单位在国家科技计划以及国家科技重大专项过程管理中的组织、协调、服务和监督作用，保障国家科技计划顺利实施，提出如下意见。

一、充分认识加强项目（课题）承担单位法人责任的重要意义

1. 进一步发挥项目（课题）承担单位的法人作用是加强科技计划管理的必然要求。"十一五"以来，国家科技计划管理改革深入推进，明确项目实施各方责任，赋予课题组科研自主权，有效调动了科研人员的积极性和创造性，在保障国家科技计划任务完成，促进科技成果产出和转化应用方面发挥了重要作用。随着我国经济社会发展对科技需求的持续增加，科研规模日益扩大，课题承担单位日趋多元，创新复杂程度不断提高，对科研活动的组织管理提出了新的更高要求。面对新形势，进一步完善国家科技计划管理责任体系、强化计划项目（课题）过程管理的需求十分迫切。法人单位作为国家科技计划项目（课题）管理的重要环节，在了解项目研发信息、把握项目进度、加强资源整合、组织协调和服务于项目实施等方面具有优势。加强国家科技计划的组织管理，要进一步推进国家科技计划项目（课题）过程管理重心下移，增强承担单位法人责任，明晰项目（课题）研究和管理各方的责权关系，保障项目（课题）任务顺利完成。

二、明确加强项目（课题）承担单位法人责任的总体要求

2. 进一步加强承担单位法人责任，就是坚持以人为本，把保障科研活动顺利进行作为计划管理工作的根本出发点和落脚点，积极引导和鼓励项目（课题）承担单位按照服务支撑与管理监督

并重的基本原则，加强申报立项阶段的组织和指导，加强预算编制阶段的咨询和服务，加强组织实施阶段的协调和支撑，加强经费使用过程中的审核和监督，加强结题验收阶段的检验和凝练，加强计划成果的应用推广和产业化，切实提高国家科技计划项目管理的科学化水平。

3. 进一步加强项目（课题）承担单位法人责任的根本目的，就是要充分调动项目（课题）研究和管理各方积极性。要通过加强承担单位法人责任，进一步改进科研活动的氛围和环境，优化科研力量布局和科技资源配置，充分调动和发挥承担单位和科研人员的积极性、主动性和创造性；进一步建立和完善国家科技计划责任机制，强化计划过程管理，提升财政资金使用效益；进一步促进计划统筹和成果集成，推动科技成果向现实生产力转化。

三、健全立项机制，发挥法人单位在项目申报立项阶段的组织协调作用

4. 科技管理部门积极支持科研单位面向国家战略和经济社会发展需求，组织申报项目。科研单位应结合本单位学科建设、基础研究和技术进步与创新需求，协调组织本单位以及相关合作单位的优势科研力量共同参与，合理配置研发资源。

5. 各科研单位应按照国家科技计划管理办法要求，结合项目（课题）研究开发任务的特点和实际需要，协助本单位科技人员共同完成项目申请书、经费预算书等申报材料的填报工作，认真做好咨询服务和审核把关。

四、加强过程管理，发挥法人单位在项目实施阶段的指导服务作用

6. 承担单位要依据国家科技计划项目任务书或合同的约定条款，合理配置单位研发资源，为项目（课题）实施提供实验室、研究仪器等必要的条件保障，促进项目（课题）间资源的开放共享。行政事业单位使用课题经费形成的固定资产属于国有资产，应将其纳入单位固定资产账户进行核算与管理，行使使用权、经营权及收益权。企业法人使用课题经费形成的固定资产，按照《企业财务通则》等规章制度执行。

7. 各级科技管理部门要充分依靠承担单位，加强项目（课题）的过程管理。承担单位要根据项目（课题）合同书要求，督促科研人员按进度完成项目（课题）实施，并及时向项目组织单位或计划主管部门报告项目（课题）执行情况、经费到位及使用情况等。

8. 依据计划管理办法，承担单位应在充分听取项目（课题）负责人意见并做必要论证的基础上，对本单位承担项目（课题）的技术路线、经费预算和主要研究人员变动等事项提出调整建议。

9. 承担单位要加强科研规范和伦理道德教育，严肃调查处理科研不端行为，为计划实施创造良好环境。

五、规范经费管理，发挥法人单位在经费使用中的审核监督作用

10. 承担单位应根据国家科技计划经费管理办法，建立健全经费管理制度，完善内部控制和监督制约机制，认真行使经费管理、审核和监督权，对本单位使用、外拨项目（课题）经费情况实行有效监管。

11. 承担单位应根据国家科技计划经费管理办法，按照项目（课题）预算中核定的金额，与合作单位共同安排好间接费用支出。间接费用中的绩效支出要充分尊重课题负责人的意见，注重发挥对一线科研人员的激励作用，由承担单位按照国家工资津补贴政策统筹安排。

12. 承担单位应在经费管理使用方面为科研人员提供必要的政策咨询、培训支撑等相关服务，确保项目（课题）经费支出符合国家财政资金的使用要求，提高经费使用效益，有效促进科研活动开展。

六、完善成果管理，发挥法人单位在项目验收阶段的统筹集成作用

13. 承担单位应根据国家相关法规，鼓励和引导本单位科研人员加强项目（课题）知识产权保护、管理和运用，并采取切实措施，加快国家科技成果的应用推广和产业化。对项目（课题）实施过程中产生的研究成果应及时采取知识产权保护措施，依法取得相关知识产权，并保障研究人员的合法权益。

14. 承担单位应按照有关国家科技计划管理办法和项目（课题）任务书要求，及时提醒和督促项目（课题）负责人做好验收准备，并认真审核验收材料。承担单位要高度重视项目（课题）经费审计和检查验收的意见建议，及时制定和落实整改措施。

15. 承担单位应按照要求落实国家科技报告制度，做好项目（课题）执行过程中产生的信息和数据管理工作，及时提交相关部门汇交共享。承担单位应建立健全科研文件材料的形成、整理和归档制度，确保国家科技计划项目（课题）归档文件的完整、准确和系统。

七、加强制度建设，提升项目（课题）承担单位管理能力与服务水平

16. 承担单位应按照国家科技计划项目（课题）管理要求，建立健全完善内部科研管理制度，加强科研管理机构和队伍建设，提升国家科技计划项目（课题）管理的科学化水平。

17. 承担单位应依据国家科技管理相关法规，建立健全有利于提升科研水平和确保公平公正的决策机制，充分尊重科研自主权，合理安排工作，合理分配资源，保证科研人员的时间投入，有效运用奖惩措施，充分保护、调动和发挥科研人员积极性。

八、强化激励引导，营造有利于法人单位发挥作用的良好环境

18. 科技部将会同有关部门，适时对法人单位承担国家科技计划项目（课题）实施情况进行绩效评估，并将评估结果作为后续经费拨付的重要依据。对在国家科技计划项目（课题）管理中表现突出的法人单位，及时给予表彰。

19. 科技部将加快建设国家科技计划信用管理系统，科学记录、管理和评价承担单位信用信息，据此作为评价研发基础的重要指标。信用优良的承担单位，优先考虑参与国家科技计划和国家创新基地建设。

20. 对于拒不履行项目（课题）任务书中的约定责任造成一定损失，以及违规操作甚至存在科研不端行为的项目（课题）承担单位，一经查实，视情节轻重采取通报批评、停止拨款、撤销项目（课题）直至取消其1~3年项目申报资格的处罚措施。

21. 各国家科技计划将依据本意见要求，结合计划定位，对计划项目（课题）任务书的格式和内容进行调整完善，明确承担单位在项目（课题）实施过程中的具体权利和责任。

中国科学院与地方共建研究机构财务管理办法

(科发条财字〔2013〕207号)

第一章 总则

第一条 为了加强对中国科学院与地方政府共同出资建设的研究机构的财务管理，规范财务行为，提高资金使用效益，促进科技创新与各项事业发展，根据财政部颁发的《事业单位财务规则》和《科学事业单位财务制度》、中国科学院颁发的《中国科学院研究所综合管理条例》等有关规定，制定本办法。

第二条 本办法适用于中国科学院与地方政府共同出资建设的、具有事业法人资格的中国科学院序列研究机构（以下简称共建所）。中国科学院序列的其他研究机构可参照执行。

第三条 共建所财务管理的基本原则是：坚持中国科学院办院方针，围绕建设"一流成果、一流效益、一流管理、一流人才"和"地方政府满意、合作企业满意、老百姓满意、科技同行认同"的目标，遵守国家有关法律、法规和财务规章制度，统筹协调并有效利用各类资金资源，正确处理资金供给与需求、积累与分配的关系，充分发挥财务管理的杠杆作用，为加快科技创新、建设创新队伍、促进成果转移转化、服务经济社会发展提供财务保障。

第四条 共建所财务管理的主要任务是：（1）根据本单位发展战略与发展目标，制定财务规划；（2）建立健全财务规章制度，规范内部经济秩序；（3）合理编制年度预算，多渠道依法组织收入，合理安排支出，集中配置调控各类经济资源；（4）对预算执行实施全程监管，对科研项目实行成本核算，规范资产管理，提高资源使用效益；（5）合理、合规编制年度财务报告，真实、全面反映本单位财务状况及收支情况；（6）发挥财务管理的能动性，对本单位经济活动进行监督、预测与分析，有效控制财务风险。

第五条 共建所法定代表人对本单位财务活动负全责；内设独立财务管理部门在法定代表人的领导下履行财务管理职责。

第二章 财务管理体制

第六条 共建所实行符合理事会领导下的法人治理结构要求的财务管理体制，建立有效的内部财务管理级次，分设独立的财务与资产管理部门，配备必要的管理人员，有效开展财务与资产管理工作。

第七条 共建所应建立财务管理决策制度，明确决策规则、程序、权限和责任，建立内部制约机制。

第八条 共建所应建立预算管理制度，根据本单位年度发展目标，对经费筹集、支出管理、基本建设、对外投资、成果转移转化、结余分配等财务活动，实施全面预算管理。

第九条 共建所应建立成本核算制度，明确各类活动的成本费用列支渠道、比例与标准。财务管理部门应从内部管理需要出发，加强对科研经费的统计核算工作。

第十条 共建所应建立内部资金调控制度，规定资金调度的条件、权限和程序，统一筹集、使用与管理资金。

第十一条 共建所应建立财务风险管理制度，明确理事会、所（院）务会、法定代表人、财务管理部门及相关人员的管理权限和责任，按照不相容职务分离等原则，控制财务风险。

第十二条 共建所理事会的财务管理职责主要包括：

（一）批准共建所财务战略、财务规划及筹资等重大财务事项；

（二）审议财务报告和年度预算方案；

（三）实施财务监督和财务考核。

理事会可将部分财务管理职责授予法定代表人。

第十三条 共建所法定代表人的财务管理职责主要包括：

（一）遵守国家有关法律及财经制度，对共建所财务收支的真实、合法、有效负责；

（二）主持召开所（院）务会议，审议财务战略、财务规划、年度预算方案、年度财务报告，审定年度预算调整方案；

（三）主持召开所（院）务会议，审定内部财务管理制度；审定基本建设、对外投资、资产处置等方案；审定重大分配方案；

（四）按程序批准员工社会保障费用缴纳方案；

（五）根据财务运行状况的预测分析报告，必要时采取有效管理措施；

（六）支持财务管理部门履行财务管理职责，提供必要的人员与条件保障，加强财务管理人员的在岗学习与培训；

（七）组织协调相关部门配合有关机构的财务检查、审计或稽查。

第十四条 共建所财务管理部门的财务管理职责主要包括：

（一）拟订财务战略、财务规划与内部财务管理制度；

（二）编制年度预算方案；

（三）执行经批准的年度预算，提出年度预算调整方案；

（四）进行财务核算，强化各类活动的成本核算，提出财务运行状况的预测分析报告；

（五）对财务活动实施监管；

（六）依法缴纳各类税费和员工社会保障费用；

（七）编制年度财务报告；

（八）配合有关机构的财务检查、审计或稽查。

第三章 财务规划与预算管理

第十五条 共建所应根据本单位中长期发展战略与发展目标，研究制定财务规划。财务规划应纳入本单位的发展规划。财务规划的期限一般与法定代表人任期一致。

第十六条 财务规划应包含以下内容：

（1）在规划期限内，各种来源的经费收入总量与比例的预期目标；

（2）在人才引进、前瞻部署、条件建设、成果转化等方面的经费支出总量与控制比例；

（3）通过成果转移转化、技术服务等形式实现的社会经济效益指标；

（4）人均经费占有量、人均固定资产占有量及员工人均收入等增长指标；

（5）为实现目标拟采取的政策措施与风险防范策略。

第十七条 共建所在财务规划的指导下，依据本单位年度发展目标与任务，编制年度预算。年度预算由收入预算和支出预算组成，全面反映本单位资金收支与资产增减的内容。

第十八条　年度预算管理的原则是：

（1）发展的原则，年度预算的编制应贯穿发展的思想，年度预算应成为本单位实现发展目标的经济表达；

（2）全面预算的原则，年度预算应全面反映本单位各类活动相关人员、资金、资产的运动，反映过程控制及考核的相关要素；

（3）实事求是的原则，年度预算编制要从实际出发，兼顾需求与可能，具有可执行性；

（4）全员参与的原则，年度预算编制涉及本单位科技管理、人力资源管理、资产管理、投资管理、基建管理、财务管理、综合事务管理等各个方面，应在法定代表人的直接领导下、各个部门及各类人员的直接参与下完成；

（5）追踪问效的原则，对安排项目的实施过程及其完成结果进行考评，追踪问效。

第十九条　年度预算的编制、审批与调整按照国家规定的程序执行。年度预算一经国家批准，具有法律效力，应严格执行。

第二十条　年度预算管理应贯穿于财务管理的全过程，通过编制预算、动态检查、纠正偏差或修订预算、衡量绩效等阶段的迭代循环，不断提高年度预算编制与执行的效果和质量。

第四章　收入与支出管理

第二十一条　收入指本单位为开展业务及其他活动依法取得的非偿还性资金，包括财政补助收入、上级补助收入、事业收入、经营收入、附属单位上缴收入、其他收入等。其中，事业收入包括科研收入、技术收入、学术活动收入、科普活动收入、预算外收入、试制产品收入等；经营收入包括产品（商品）销售收入、经营服务收入、工程承包收入、租赁收入与其他经营收入。

第二十二条　共建所应加强收入管理。由本单位授权的部门统一对外签署与收入相关的合同或协议，并将相关信息及时准确地提供给财务管理部门。各项收入应由财务管理部门统一收取，及时入账，全部纳入年度预算管理，防止流失。各部门、各研究单元及个人不得以任何形式滞留、截留或挪用收入，不得形成"小金库"。

第二十三条　支出指本单位开展业务及其他活动发生的资金耗费和损失，包括事业支出、经营支出、对附属单位补助支出与上缴上级支出等。其中，事业支出与经营支出包括工资福利支出、商品和服务支出、对个人和家庭补助支出、基本建设支出与其他资本性支出等。

第二十四条　共建所应在避免因大量存储商品而占用资金的前提下，原则上对货物、工程与服务实行集中采购制度，凡纳入政府集中采购目录、我院部门集中采购目录或达到政府采购限额标准的货物、工程与服务，均应按政府采购相关程序采购。未经授权，各部门、各研究单元及个人不得自行采购。

第二十五条　共建所应强化成本控制意识，建立支出的内控制度，保障支出的合理和合法性，并进行使用效能分析和人均耗费分析。

第二十六条　共建所应根据国家和地方的有关规定，合理确定支出及成本费用开支的范围和标准。如国家或地方没有明确规定的，共建所可自行确定，并报上级财务主管部门或地方财政部门备案。

第五章　资产与负债管理

第二十七条　资产是共建所占有或者使用的能以货币计量的经济资源，包括流动资产、固定资产、在建工程、无形资产、对外投资等。

第二十八条　共建所应采取资产集中管理模式，包括对资金、商品与服务采购、公共技术支撑、知识产权、股权、固定资产等实行集中管理。

（一）在遵守国家有关法律法规及政策的前提下，将本单位各种来源的资金，通过一定的内部成本核算方式集中起来，科学配置，有效保障本单位发展对资金的需求。

（二）对于本单位各类活动所需要的商品与服务，在年度预算的框架内进行集中采购，建立完善的验收、入库、出库手续，逐步实现统一配送。

（三）对于承担对内对外服务职能的公共技术支撑体系，可先期对中型以上设备进行集中管理，实行统一的专业化运行维护，制定使用考核方法、依据与标准，提高服务水平与设备使用效率效益。

（四）对于本单位持有的专利、专有技术、著作权等知识产权，由授权部门集中进行应用开发与运营维护。

（五）对于本单位持有的股权，由授权部门集中运营管理。

（六）对于各类固定资产，由授权部门集中进行内部调配、报废、转让等处置。

第二十九条　对外投资指共建所用货币资金、实物、无形资产等向其他单位的投资。共建所的对外投资，应根据国家与中国科学院有关规定，办理相关手续。共建所在做出对外投资的决策前，应进行充分的可行性研究，进行资产评估，以降低投资风险，实现同股同利同权，提高投资的成功率。

第三十条　共建所应以投资、技术转移、许可等多种形式，积极推进科技成果转移转化，并按国家和中国科学院有关规定对相关人员进行奖励，包括：（1）以一定比例的技术转移净收益，奖励技术发明人和转移转化有功人员；（2）以本单位所持有的科技成果作价入股的一部分股份，对带着科技成果自主创业或到企业创业的人员进行奖励，由个人持有企业股权；（3）在科技成果作价入股设立的企业获利年度起连续三年获得的分红中，按一定的比例奖励有突出贡献人员，并允许受奖人员购买企业中的相关国有股权。

第三十一条　负债指共建所所承担的能以货币计量、需要以资产或者劳务偿还的债务，包括借入款项、应付款项、暂存款项、预收款项、应缴款项等。

第三十二条　共建所应本着事前控制、事中监管、事后清理的原则，建立严格的负债审批、管理与分析制度，控制债务风险。对不同性质与不同期限的负债，应分类纳入年度预算进行管理，按时清偿。原则上不得借入大宗款项，确需借入的，应按规定报财政部门或主管部门审批。对临时借入款项，需经所（院）务会审议批准，重大事项需报理事会审议。

第六章　专用基金管理及结余分配

第三十三条　专用基金是指共建所按照规定提取的或者设置的具有专门用途的资金，包括修购基金、职工福利基金和其他基金。

（一）修购基金，按本单位事业收入和经营收入的一定比例提取，在其他资本性支出的购置和修缮中列支（各列50%），以及按其他规定转入，用于本单位固定资产维修和购置。

（二）职工福利基金，按结余的一定比例提取以及按照其他规定提取转入，用于本单位员工集体福利设施、集体福利待遇等。

（三）其他基金，按其他有关规定提取或者设置。

第三十四条　各项基金的提取比例和管理办法，国家有统一规定的，按照统一规定执行；没有统一规定的，由共建所所（院）务会研究确定。

第三十五条　结余指共建所年度收入与支出相抵后的余额，财政拨款结余与经营收支结余应分别单独反映、管理。财政拨款结余的动用，应严格执行财政部门有关规定。

第三十六条　共建所应统筹积累与消费的关系，对形成的结余（不包括财政拨款结余）进行分配与使用，除按照国家有关规定结转下一年度继续使用的专项资金外，可以提取职工福利基金，剩余部分可作为事业基金，纳入年度预算管理与使用。

第七章　科研项目核算管理

第三十七条　共建所应根据各类活动的特点、规律与工作需要，制定内部成本费用管理办法，确定财务调控单元，划分财务核算单元，设定成本核算对象，建立公共支撑与发展费用的分摊标准与方法，在财务核算单元之间采用内部市场化方式管理，对财务调控单元实施全成本核算，对项目、产品等成本核算对象进行成本核算。共建所不以体量较小的课题组作为财务调控单元。

第三十八条　共建所在承担各类科研项目与编制项目预算时，对于直接支出部分，应由承担科研项目的财务核算单位提出方案，报科技管理部门与财务管理部门审核；对于购置设备支出部分，由资产管理部门会同承担科研项目的财务核算单位共同编制，报财务管理部门审核；对于应从该科研项目分摊的公共支撑与发展费用，由财务管理部门会同相关部门编制。

第三十九条　共建所财务管理部门应设立科研项目经费辅助台帐，加强对各类科研项目经费支出的管理。

第四十条　共建所应按科研项目管理的有关规定，对各类科研项目实行严格的结题制度。除国家规定外，对形成的项目经费结余，按一定比例在所（院）、财务调控单元、财务核算单元之间进行分配。

第八章　财务报告与财务分析

第四十一条　财务报告是共建所一定时期经济活动的总结性书面文件，总括反映本单位预算执行、调整与结果，财务状况与收支情况，财务制度与财经纪律执行等方面的情况。共建所应按规定定期向有关部门提供财务报告。

第四十二条　共建所的年度财务报告包括资产负债表、收入支出表、基本建设收入支出表、事业基金表、专用基金表、有关附表和财务情况说明书。

第四十三条　财务情况说明书包括：（1）本单位收入与支出、结余与分配、资产负债变动、资产处置、基本建设、绩效考评、会计政策调整等情况；（2）对本单位本期或下期财务状况产生重大影响的事项；（3）需要说明的其他事项。

第四十四条　财务分析的内容包括对本单位基本情况、各类活动开展情况、财务状况、收入支出结构、预算执行情况、资产结构、变动与重大增减情况、债务结构、变动与风险情况、各项积累资金结构、变动情况、财务工作开展情况等的分析，并提出改进的建议。

第四十五条　财务分析的指标包括：预算完成率，经费自给率，人员支出与公用支出分别占基本支出的比率，人均基本支出，资产负债率，固定资产利用率等。共建所可根据本单位活动特点增加财务分析指标。

第九章　财务监督

第四十六条　共建所依法接受国家审计机构及有关部门的财务监督。

第四十七条　共建所应建立财务活动及相关经济活动的内部监督检查机制。

第十章　附则

第四十八条　本办法由中国科学院条件保障与财务局负责解释。第四十九条本办法自颁布之日起实施，原《中国科学院与地方共建研究机构财务管理办法》（科发计字〔2009〕190号）同时废止。

Postscript 后 记

科研项目和资金管理改革是推动科技体制改革的切入点和突破口，事关我国科技事业发展的全局，意义重大，内容丰富。为了便于广大科研人员及科研财务助理全面准确地掌握改革脉络和政策体系，我们组织编写了《科研人员及科研财务助理项目与资金管理工作手册》（简称《手册》）。《手册》涵盖了2014年以来科研项目和资金管理改革的背景、理念、主要规定等，可作为学习理解和贯彻落实科研项目和资金管理政策的重要参考资料。

《手册》的资料收集整理和编写工作历时两年，数易其稿，反复修改。本书的编写人员是科技日报社长期从事科技计划项目与经费管理宣传工作的人员和全国高端会计人才培养工程行政事业类五期学员。该期学员主要来自中央各部委、各省级人民政府、中央军委总部机关及其所辖直属行政事业单位、大型科研院所、高等院校，是长期从事或分管科研项目、计划财务工作的负责人，经过财政部、厦门国家会计学院6年多的系统培养，基于服务国家加强科研项目和资金管理的需要，为进一步强化理论知识学习和深化实践案例研究，做到知行合一、学以致用，带动本系统和本单位整体科研经费管理水平提高，他们投入了大量的精力和时间参与书籍的编写。

陈昕负责对全书的框架结构和主要内容进行总体设计，并与周霖、李建荣、张烨、董时剑、杨扬、种瑞负责全国性科研项目和资金管理法规政策及教育部、中国科学院、国防科工局科研项目和资金管理法规政策章节的编写工作；王琨负责国家自然科学基金法规政策章节的编写工作；曹洪杰负责北京市、天津市、河北省科研项目和资金管理法规政策章节的编写工作；白雪娟负责山西省、内蒙古自治区、青海省、宁夏回族自治区科研项目和资金管理法规政策章节的编写工作；

张延辉负责辽宁省、吉林省、黑龙江省、新疆维吾尔自治区科研项目和资金管理法规政策章节的编写工作；毕春梅负责上海市、江苏省、浙江省、安徽省科研项目和资金管理法规政策章节的编写工作；柴楠负责福建省、江西省、山东省、河南省科研项目和资金管理法规政策章节的编写工作；查良春负责湖北省、湖南省、四川省、贵州省科研项目和资金管理法规政策章节的编写工作；张友昌负责广东省、广西壮族自治区、海南省、重庆市科研项目和资金管理法规政策章节的编写工作；邓畅负责云南省、西藏自治区、陕西省、甘肃省科研项目和资金管理法规政策章节的编写工作。本书的出版得到了科技日报社领导的高度重视和科学技术文献出版社的大力支持，他们对本书的编写提出了很好的修改意见并予以审定。

因时间仓促，本书难免存在不足和尚需改进之处，敬请读者批评指正。

编写组
2020 年 12 月